# FLUGZEUG TYPEN DER WELT

# FLUGZEUG TYPEN DER WELT

## Modelle · Technik · Daten

BECHTERMÜNZ VERLAG

Genehmigte Lizenzausgabe
für Bechtermünz Verlag
im Weltbild Verlag GmbH, Augsburg 1997

Titel der Originalausgabe:
The Encyclopedia of World Aircraft
Übersetzung: Thema Produkt Marketing
und Werbung GmbH, München
Neu zusammengestellt durch
Bechtermünz Verlag
im Weltbild Verlag GmbH, Augsburg 1997
Einbandgestaltung: Georg Lehmacher
Gesamtherstellung: Industrie per le Arti Grafiche
Garzanti Verga, Cernusco sul Naviglio
Printed in Italy
ISBN 3-86047-593-2

**17. Dezember 1903**
In Kitty Hawk, North Carolina, macht Orwell Wright mit dem *Wright Flyer* den ersten gesteuerten Motorflug.

**1. Januar 1914**
In Florida eröffnet die erste Passagierfluglinie die Strecke zwischen St. Petersburg und Tampa Bay.

**27. Mai 1919**
Das erste Flugzeug, das den Atlantik überquert, ist ein Curtiss-Flugboot des Air Service der US Navy mit Lieutenant-Commodore Albert Read als Pilot.

**31. August 1924**
Nach einem fast 175 Tage dauernden Flug rund um die Welt erreichen sechs Offiziere des Air Service der US Army Labrador.

**30. September 1929**
Der deutsche Automobilkonstrukteur Fritz von Opel vollführt einen 1,6 km langen Flug mit einem raketengetriebenen Flugzeug, der *Ente*.

**24. Mai 1930**
Die 26 Jahre alte Engländerin Amy Johnson erreicht nach ihrem epochalen, 19 Tage währenden Flug von England aus Darwin in Australien.

**21. Mai 1932**
Die Amerikanerin Amy Johnson wird die erste Frau, die den Atlantik nonstop im Alleinflug überquert – in 14 Stunden 54 Minuten.

**5. März 1936**
Supermarine stellt den Prototyp der Spitfire vor, welche eines der berühmtesten und erfolgreichsten Flugzeuge aller Zeiten werden sollte.

**27. August 1939**
Heinkel-Testpilot Hauptmann Erich Warsitz ist der Pilot des Jungfernflugs des ersten Düsenflugzeugs, der He-178.

**13. Mai 1940**
Der Hubschrauber VS-300 des aus Rußland gebürtigen Igor Sikorsky absolviert seinen ersten Freiflug.

**14. Oktober 1947**
In einem historischen Flug von Muroc Dry Lake in Kalifornien aus fliegt Captain Charles „Duck"Yeager mit einer liebevoll Glamorous Glennis getauften Bell X-1 erstmals schneller als der Schall.

**2. März 1949**
Ein Bomber vom Typ B-50A, genannt Lucky Lady, absolviert in 94 Stunden den ersten Nonstopflug rund um die Welt.

**8. November 1950**
Im ersten Luftkampf zwischen Düsenflugzeugen schießt Lieutenant Russell J. Brown über Südkorea in einer F-80C Shooting Star eine chinesische MiG-15 ab.

**15. August 1951**
In Brigdeman wird mit der zweiten Douglas Skyrocket D-558-II ein neuer Höhenweltrekord aufgestellt: 25 924 m.

**3. Mai 1952**
Das erste Düsenpassagierflugzeug, die Comet, beginnt bei der BOAC den Linienflug auf der Route London-Südafrika, welcher mit Zwischenlandungen fast 24 Stunden dauert.

**24. Mai 1956**
Die Piper Comanche kommt auf den Markt.

**21. Dezember 1957**
Die Boeing 707-120 absolviert ihren ersten Flug.

**6. Juni 1967**
Boeing liefert den tausendsten Jet-Airliner 707-323 aus.

**9. April 1969**
Die ersten Absprung-Jets von Harrier gehen bei der britischen Royal Air Force in Dienst.

**21. Januar 1970**
Eine erste auf den Namen Clipper Young America getaufte Boeing 747 geht bei PanAm in Dienst und eröffnet damit eine neue Ära der kommerziellen Luftfahrt.

**1. September 1974**
Ein hochgeheimer Aufklärer SR-71A Blackbird der US Air Force überquert den Atlantik in weniger als zwei Stunden.

**21. Januar 1976**
Air France und British Airways beginnen den Linienpassagierdienst mit der Concorde.

**11. August 1986**
Ein Hubschrauber Westland Lynx mit Rotorblättern aus einer Spezial-legierung stellt mit einem Stundendurchschnitt von 400,87 km auf einem 15-km-Rundkurs einen neuen Geschwindigkeits-Weltrekord für Hubschrauber auf.

**23. Dezember 1986**
Dick Rutan und Ko-Pilotin Jeanna Yeager landen wohlbehalten nach einem Nonstopflug rund um die Welt ohne Auftanken mit der *Voyager*.

**10. November 1988**
Die US Air Force macht den Stealth-(Tarnkappen-)Jäger Lockheed F-117A Nighthawk öffentlich bekannt. Das geheimnisumwitterte Flugzeug fliegt bereits seit 1983.

**17. Juli 1989**
Northrop stellt den revolutionären Stealth-(Tarnkappen-)Bomber B-2 vor. Dieses Flugzeug soll in der Produktion pro Stück 500 Millionen Dollar kosten.

**25. Mai 1995**
Der neue Erkundungshubschrauber RAH-66 Comanche der Firma Boeing-Sikorsky kommt heraus.

# Einführung

*Kitty Hawk, North Carolina, 17. Dezember 1903. Der historische erste Flug der Brüder Orville und Wilbur Wright in einem Heavier-Than-Flugzeug, der Wright Flyer.*

Bei der Einschätzung der Anzahl und Vielfältigkeit aller bisher im 20. Jh. entworfenen, gebauten und geflogenen Flugzeuge kann man gar nicht zu hoch greifen, und genausowenig Grenzen hat unsere Faszination über die Myriaden Arten, auf welche alle die Flugzeuge benutzt wurden. Wir müssen nur einen Blick auf das vergangene Jahrhundert werfen, um richtig zu begreifen, welcher ganz erstaunliche Fortschritt sich auf dem Gebiet des Flugzeugbaus in dieser Zeit vollzogen hat. Das vorliegende umfassende Typenbuch der Flugzeuge betrachtet Tausende Flugzeuge eingehend, von den aus Holz und Stoff gebastelten fliegenden Kisten der frühen Pioniere wie Blériot und Farnam bis zu den ungeheuer komplexen „Stealth"-Tarnkappenflugzeugen, die sich im Golfkrieg in das Bewußtsein der Weltöffentlichkeit brachten.

Man kann durchaus die Luftüberlegenheit als den wichtigsten Aspekt aller modernen Kriegführung ansehen, den zu ignorieren die Militärstrategen sich längst nicht mehr erlauben können. Militärflugzeuge hatten denn auch ganz zweifellos den mit Abstand größten Einfluß auf die moderne Kriegführung, und dies hatte die inzwischen allgemein akzeptierte Erkenntnis zur Folge, daß, „wer den Himmel, auch das Land beherrscht".

**Vierzig rasante Jahre**

Der Flugzeugbau hat sich mit atemraubender Geschwindigkeit entwickelt. Die Sopwith Camel und die Hawker Hunter etwa sind so radikal verschieden, daß kaum zu glauben ist, wie gerade einmal vierzig Jahre zwischen beiden liegen. Im Rückblick läßt sich sagen, daß Flugzeuge wie die Supermarine Spitfire, die P-51 Mustang und die Fliegende Festung B-36 ganz ohne Zweifel den Ausgang des Zweiten Weltkriegs maßgeblich mit beeinflußt haben, und es ist ebenso ganz unvorstellbar, daß die Koalitonsstreitkräfte des 1991 im Golfkrieg zur Befreiung Kuwaits ohne ihre Luftüberlegenheit gewonnen hätten. Andererseits ist hier aber auch von Flugzeugen die Rede, wie z. B. der BAC TSR2, dem ungeheuer ehrgeizigen Projekt *Valkyrie* von North American oder der bizarren Bell X-22A, welche es nie über das Stadium des Prototyps hinaus brachten, trotzdem aber beträchtlichen Einfluß auf die Entwicklung ausübten. So wird dieses Buch zu einem detaillierten Führer durch alle maßgeblichen Militärflugzeuge, die seit dem Ersten Weltkrieg in der Luft kämpften, mit der Geschichte ihrer Entwicklung, mit ihren Anforderungen und technischen Daten, ihrer militärischen Aufgabe und ihrem tatsächlichen Einsatz; ein Überblick und eine Orientierungshilfe zum Wandel der technischen Erfordernisse moderner Luftstreitkräfte in den vergangenen neunzig Jahren.

Die kommerzielle Zivilluftfahrt machte aber gleichfalls eindrucksvolle Fortschritte. Im Mai 1919 schaffte ein Pilot der US Navy die erste Atlantiküberquerung in der Luft. Sein Flug im offenen Pilotensitz dauerte an die 53 Stunden und er mußte viermal zwischenlanden. Achtzig Jahre später ist die Atlantiküberquerung in einer Concorde in gerade zwei Stunden möglich, und die Passagiere speisen inzwischen in klimatisiertem Komfort geräucherten Lachs und trinken Champagner. Der Aufstieg der Passagierluftfahrt vollzog sich meteorhaft. Der letzte Winkel der Erde ist heute für Millionen Menschen erreichbar. Transkontinentale Flüge sind Alltag. Und doch lebt der Geist der frühen Abenteurer der Luft noch immer. 1986 flogen Dick Rutan und Jeanna Yeager mit dem *Rutan Voyager* nonstop und mit einer einzigen Tankfüllung rund um die Welt – einer Tradition folgend, die schon in den Tagen Orvilles und der Gebrüder Wright begann. Eben dieser Geist ist es, welcher die Luftfahrtpioniere auch noch in das nächste Jahrhundert begleiten wird, dessen drängendste Probleme die Treibstoffersparnis, die Sicherheit und die Umweltverträglichkeit sein werden.

Flugzeuge haben zahlreiche Verwendungszwecke gefunden – Kranken- und Verletztentransport, Feuerbekämpfung, Verkehrsüberwachung, Wetterforschung und, selbst im australischen Outback, Viehtrieb. Die vielleicht weitestreichende Realisierung der „Flugmaschine"

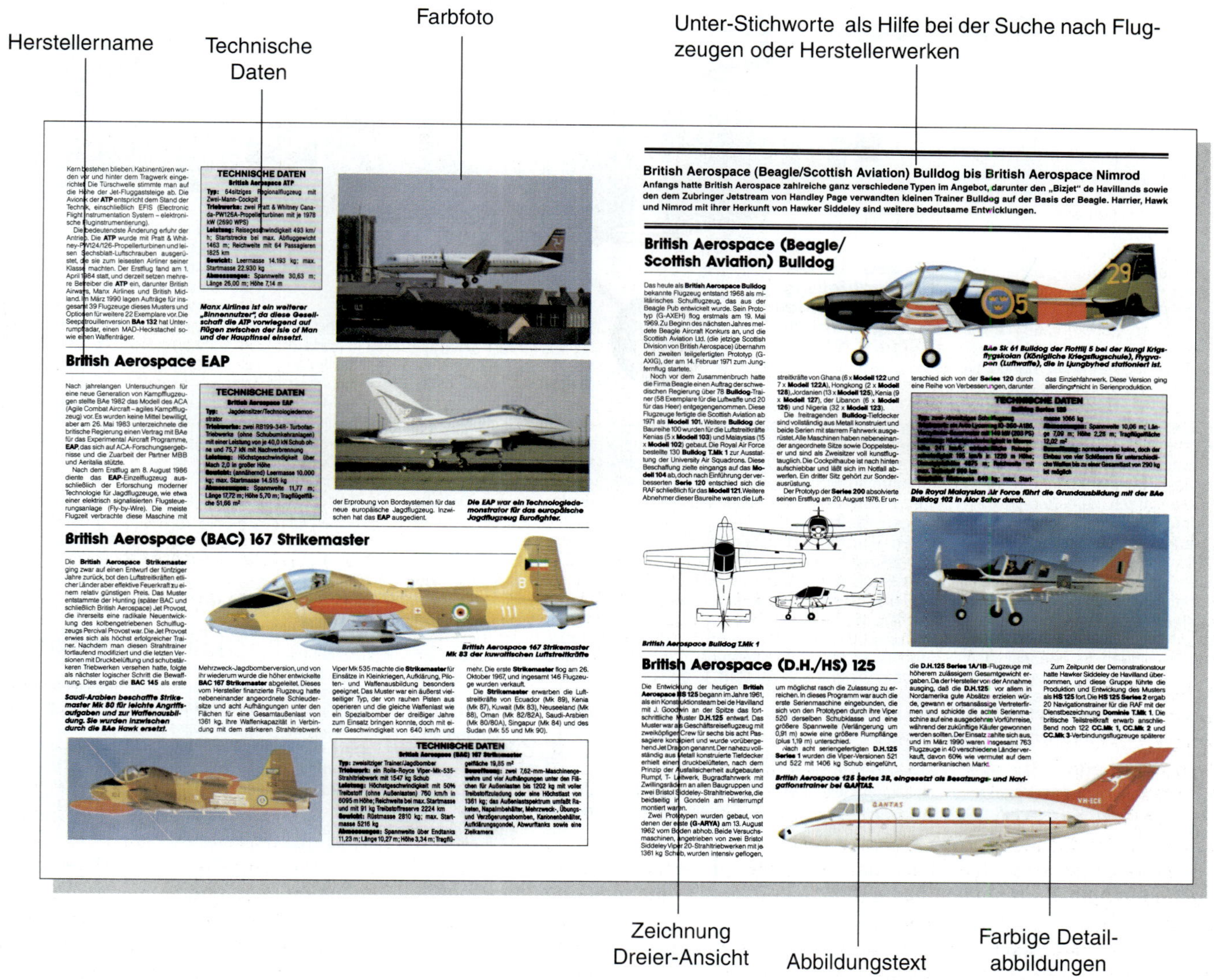


bisher war der Space Shuttle, eines der sichtbarsten Zeugnisse des alten Drangs der Menschheit, sich „den Himmel zu erobern". Dieses Buch hier liefert auch einen umfassenden Überblick über die Hunderte Flugzeugwerke in aller Welt, von den heutigen Giganten McDonnell-Douglas, Boeing oder British Aerospace bis hin zu den kleineren Flugzeugbauern, die mit wenig mehr arbeiteten und arbeiten als mit ihren Ideen und ihrem Einfallsreichtum. Für alle an der Luftfahrt und ihrer Geschichte Interessierten ist dies ein unschätzbares und unerläßliches Nachschlagewerk.

### Benutzungshinweise

Jede Seite enthält sämtliche wesentlichen Informationen, dazu Fotos und Illustrationen. Das Durchblättern allein wird so schon interessant, und dabei handelt es sich um eine Form, die jeden Beitrag so wertvoll wie einen enzyklopäischen Lexikonartikel macht.

Durchgehend sind die Flugzeuge alphabetisch aufgelistet. Jede Seite ist in kleine Einzelabschnitte unterteilt, jeder mit einer Überschrift, welche den ersten und letzten Absatz des Abschnitts anspricht. Dies ist eine große Hilfe beim Durchblättern auf der Suche nach einem bestimmten Flugzeug.

Jeder Artikel beginnt mit einer Beschreibung des Flugzeugs. Es folgen Herkunft, Entstehungs- und weitere Entwicklungsgeschichte. Außerdem werden in Fettdruck sämtliche Varianten aufgeführt, die es von dem betreffenden Typ je gab.

Unter der Überschrift Technische Daten erscheinen alle Angaben und Zahlen über Bestandteile und Ausstattung des betreffenden Flugzeugs. Dazu gehören die Typangaben und alle technischen Informationen, vom Triebwerk bis zum Gewicht und den Abmessungen, und die Flugleistungen wie Geschwindigkeit, Steigrate, Reise- oder Marschgeschwindigkeit, Dienstgipfelhöhe, Reichweite etc.

Viele Flugzeuge sind auch mit Fotos oder detaillierten Aufrissen/Längsschnitten illustriert, jeweils mit Einzelerläuterungen. Außerdem gibt es von vielen Flugzeugen Strichprofil- oder -umrißzeichnungen.

Außer der alphabetischen Reihenfolge stellt das vierseitige Register am Ende des Buchs sämtliche Flugzeuge auch nach Typ vor: Zivilflugzeuge, Düsenjäger, Bomber und so weiter.

# AEG Serien B, C und J bis Aermacchi MB.326

**Gegründet in der Nähe Berlins als Luftfahrt-Abteilung der AEG, Allgemeine Electricitätsgesellschaft, die ihre ersten Flugzeuge 1910 baute und sich dann im Ersten Weltkrieg auf Mehrzweckflugzeuge und Bomber konzentrierte. Alenia ist der jetzige Name für Aeritalia, die in den 50er Jahren den Namen Fiat ablöste. Macchi entstand 1913 in Varese für die Lizenzproduktion von Nieuport-Flugzeugen, begann aber bald auch eigene Konstruktionen zu bauen.**

## AEG B, C und J

Bei Ausbruch des Ersten Weltkriegs hatte sich AEG bereits einen Namen als Flugzeugbauer gemacht und erhielt bald Militäraufträge von der deutschen Luftwaffe.

Die Luftwaffe erwarb 1914 einige Exemplare eines unbewaffneten zweisitzigen Aufklärers mit der Bezeichnung **B.I**. Es handelte sich um einen dreistieligen Doppeldecker mit ungleicher Spannweite, der ein neues Konstruktionsprinzip einführte, das zum Markenzeichen der Firma werden sollte: Fast die gesamte Struktur bestand aus geschweißten Stahlrohren. Auch die stoffbespannten Tragflächen besaßen je zwei röhrenförmige Stahlholme mit hölzernen Rippen, die für das nötige Flügelprofil sorgten. Zudem hatte die **B.I** nicht nur ein Hauptfahrwerk mit Hecksporn, sondern auch eine für damalige Verhältnisse höchst ungewöhnliche Einrichtung: ein Bugrad. Unter dem Motor angebracht, sollte es den Propeller schützen, wenn die Nase einmal bei der Landung zu weit nach unten geriet. Der Motor selbst war höchst unsauber eingebaut. Ein Großteil des 100 PS starken Mercedes-D.I-Reihenmotors ragte über die stromlinienförmige Bugverkleidung hinaus. Die Kühler für den Motor waren seitlich vom Rumpf angebracht.

Das Nachfolgemodell **B.II**, das Ende 1914 herauskam, war ein Versuch, die in mancher Hinsicht unsaubere erste Konstruktion zu bereinigen. Es handelte sich um einen zweistieligen Doppeldecker mit reduzierter Spannweite und einen auf 120 PS verstärkten Mercedes-D.II-Motor. Die mangelhafte Triebwerks- und Kühlerunterbringung war jedoch nicht korrigiert worden. 1915 folgte eine **B.III** mit gleichem Triebwerk nach, die sich von ihrer Vorläuferin nur durch einige Detailverbesserungen unterschied. Sie sollte das letzte unbewaffnete AEG-Aufklärungsflugzeug sein, da inzwischen Waffen entwickelt worden waren, mit denen man ein feindliches Flugzeug aus der Luft angreifen konnte.

Die Antwort auf diese Entwicklung kam im März 1915 in Form der **C.I**. Sie war im Prinzip eine **B.II** (das beste Modell aus der B-Serie), die mit einem 150 PS starken Benz-Bz.III-Reihenmotor und einem Maschinengewehr für den Beobachter, das auf einem Drehgestell hinten im Cockpit angebracht war, versehen wurde. Da der Trend von der unbeweglichen Aufklärungsplattform hinging zu einem wendigeren Flugzeug, das feindliche Erkundungsflugzeuge ausmanövrieren und abschießen konnte, brachte AEG im Oktober 1915 die **C.II**, eine verbesserte Version der **C.I** heraus. Sie war kleiner; mit der Gewichtsreduzierung von knapp 5 Prozent erhöhte sich auch ihre Leistung.

Eine experimentelle **C.III** folgte bald darauf. Sie zeichnete sich durch einen mächtigen Rumpf aus, der den gesamten Zwischenraum zwischen dem oberen und dem unteren Flügelpaar ausfüllte. Zweck dieser Konstruktion war es, der Besatzung eine uneingeschränkte Sicht nach vorne zu geben (ohne störende Oberflügel) und es dem vorne sitzenden Schützen zu ermöglichen, sein Maschinengewehr nach vorne abzufeuern, ohne ständig in den Propellerkreis zu geraten. Trotz dieser sinnvollen Lösung ging die Maschine nie in Serienproduktion.

Das am aufwendigsten konstruierte C-Modell war die **C.IV**. Die Entwicklung dieses Musters wurde schnell vorangetrieben, da die Luftwaffe die Bedeutung der Luftaufklärung erkannt hatte. Insgesamt war das neue Modell ein wenig größer als die **C.II**, wies aber eine ähnliche Konfiguration auf. Neu waren das stärkere Mercedes-**D.III**-Triebwerk, ein fest installiertes nach vorne feuerndes Maschinengewehr für den Piloten und ein Höhenleitwerk, dessen Anstellwinkel am Boden eingestellt werden konnte. Genaue Produktionszahlen für die **C.IV** sind nicht bekannt – Schätzungen gehen von ca. 400 Stück aus.

Die C-Serie schloß mit einigen Versuchsexemplaren, darunter ein Nachtbomber mit der Bezeichnung **C.IV.N**, der sich von der **C.IV** durch sein dreistieliges Tragwerk mit höherer Spannweite und einen 150 PS starken Benz-Bz.III-Motor unterschied. Dazu kamen ein zweisitziger Aufklärungsprototyp mit der Bezeichnung **C.V**, ähnlich wie die **C.IV**, aber mit einem 220 PS starken Mercedes-Motor; zwei einstielige **C.VIIIs** mit Mercedes-**D.III**-Motoren; eine verbesserte einteilige **C.VIII** mit dem gleichen Triebwerk; eine **C.VIII.Dr**, eine Dreidecker-Version der **C.VIII**.

1916 führte die Luftwaffe Infanterie-Flieger-Einheiten ein, die man heute als Nahunterstützungs- oder Erdkampfstaffeln bezeichnen würde. Nachdem sich die ersten Einheiten in der Schlacht von Verdun bewährt hatten, erhielten die Einrichtung solcher Staffeln und ihre Ausrüstung höchste Priorität. AEG konstruierte daraufhin im Schnellverfahren ihre **J.I**, die aber im Grunde nur als Überbrückung bis zur Entwicklung eines für diese spezifische Aufgabe eigens zugeschnittenen Flugzeugs dienen sollte. Die **J.I** war daher im Prinzip auch nur eine **C.IV**, die mit einem 200 PS starken Benz-Bz.IV-Motor und einer 390 kg schweren Panzerplatte zum Schutz der Besatzung und des Triebwerks ausgerüstet war. Hinten im Cockpit waren im Boden zwei LMG-08/15-Maschinengewehre so lafettiert, daß sie im 45°-Winkel nach vorne abwärts zeigten. Damit konnte der Schütze auch feindliche Gräben oder Infanterie unter Beschuß nehmen. Zusätzlich verfügte der Beobachter über ein Parabellum-Maschinengewehr auf einem Ringgestell. Die **J.II** aus dem Jahre 1918 wies Verbesserungen an Steuersystemen und Steuerflächen auf. Von der **J**-Serie waren über 600 Exemplare gebaut worden.

***Die AEG C.IV der Fliegerabteilung (A) 224, Château Bellingkamps im Frühjahr 1917.***

### TECHNISCHE DATEN

**AEG C.IV**

**Typ:** zweisitziger bewaffneter Aufklärer

**Triebwerk:** ein 160 PS starker Mercedes-D.III-Reihenmotor

**Leistung:** Höchstgeschwindigkeit 158 km; Dienstgipfelhöhe 5.000 m; Höchstflugdauer 4 Stunden

**Abmessungen:** Spannweite 13,45 m; Länge 7,15 m; Höhe 3,35 m; tragende Fläche 39,00 $m^2$

**Gewicht:** Leergewicht 800 kg, maximales Startgewicht 1120 kg

**Bewaffnung:** ein fest installiertes, nach vorne gerichtetes 7,92-mm-LMG-08/15-Maschinengewehr sowie ein 7,92-mm-Parabellum-Maschinengewehr für den Beobachter auf einem Ringgestell.

## Aeritalia G91R

Die Fiat G91 war der Gewinner einer NATO-Ausschreibung für ein leichtes Jagd- und taktisches Unterstützungsflugzeug vom Dezember 1953, die Anfang 1954 an die europäischen Flugzeughersteller weitergegeben wurde. Obwohl die G91 dann entgegen allen Erwartungen nicht zur Standardausrüstung der NATO-Luftstreitkräfte erkoren wurde, entstanden in Italien und, im Rahmen von Lizenzverträgen, auch in der Bundesrepublik, zahlreiche Exemplare, die die Luftstreitkräfte von drei Ländern ausrüsteten.

Die Fiat G91, die wie eine kleinere Ausgabe der North American F-86K Sabre aussieht, absolvierte am 9. August 1956 ihren Jungfernflug. Während der 1957 in Frankreich durchgeführten technischen Auswertungstests erfüllte die Maschine alle in der Ausschreibung genannten Vorgaben, insbesondere auch die verlangte Fähigkeit, mit oder ohne Außenlasten auf Graspisten starten und landen zu können.

Die erste Serienversion der Fiat G91 war ein Erdkampfflugzeug. Die Auslieferung begann Anfang 1958; im Februar 1959 war die G91 bei der italienischen Luftwaffe bereits einsatzfähig. Nach umfassenden Versuchen entschied sich 1958 auch die bundesdeutsche Luftwaffe für die Fiat G91, und so unterzeichnete Fiat am 11. März 1959 ein Lizenzfertigungsabkommen mit der Flugzeug Union Süd (ein Unternehmen der Gruppe Messerschmitt-Dornier-Heinkel).

Die Fiat G91 ist leicht und angenehm zu fliegen. Das Grundmodell wurde im Laufe der Zeit dank verschiedener Unterflügelaufhängungen und der Entwicklung neuer Kampftechniken immer vielseitiger. Die wachsende Bedeutung eines bewaffneten Hochgeschwindigkeitsaufklärers führte noch im Jahre 1957 zu einer speziellen Photoaufklärungsvariante des Grundmodells G91. Die erste Variante, die **Fiat G91R/1** (Erstflug 1959), ist im Prinzip eine gewöhnliche G91, in deren verkürzter Nase drei 70-mm-Kameras für Schräg- und Frontaufnahmen untergebracht sind. Aus großer Höhe lassen sich damit auch Senkrechtaufnahmen schießen. Die USAF nahm zwischen 1961 und 1962 zehn G91R/1 genauer in Augenschein.

***Die Aeritalia G91R/4 der Escuadra 121 „Tigres" der portugiesischen Luftwaffe war 1967 in Portugiesisch-Guinea stationiert.***

Die **G91R/1A** ist ähnlich, weist aber wie die **G91R/3** verbesserte Navigationshilfen auf, die sie von Bodeneinrichtungen unabhängig machen. Darüber hinaus wurde auch die Unterflügelbewaffnung erweitert. Eine Variante mit verstärkter Struktur, stärkeren Radbremsen, schlauchlosen Reifen und leicht veränderter Ausrüstung ist die **G91R/1B**, die ebenfalls von der italienischen Luftwaffe übernommen wurde. Auf sie folgte die G91R/3, eine Version, die der G91R/1B ähnelt, aber nach deutschen Vorgaben gebaut wurde. Sie führt anstelle der Maschinengewehre zwei 30-mm-Kanonen mit. Sie ist zudem mit einem Doppler-Radar und einem PHI-Anzeiger versehen. Der erste deutsche Verband wurde am 5. Mai 1962 mit G91R/3 ausgerüstet. Diese Version war auch die erste, die im Rahmen des Lizenzabkommens mit Fiat von der Flugzeug Union Süd gefertigt wurde: von den insgesamt 344 Stück baute 74 Fiat (12 wurden von Dornier zusammengesetzt), die restlichen 270 entstanden in der Bundesrepublik. Es war dies das erste düsengetriebene Kampfflugzeug, das seit Ende des Zweiten Weltkriegs wieder in Deutschland gebaut wurde.

Die erste von Dornier montierte G91R/3 startete am 20. Juli 1965, die letzte im Mai 1966 zum Jungfernflug. Zwei Fiat G91R/3 ließ die US Army Anfang 1961 auf Tauglichkeit untersuchen.

Die nächste Variante, die **G91R/4**, ist im wesentlichen eine G91R/3 mit R/1-Bewaffnung und einigen Ausrüstungsänderungen. 50 Exemplare dieses Typs erwarben amerikanische Behörden, die sie im Rahmen des MAP-Programms in Griechenland und in der Türkei einsetzen wollten. Am Ende landeten die Maschinen dann aber bei der bundesdeutschen Luftwaffe. Später übernahm die portugiesische Luftstreitkraft noch 40 Exemplare.

***Ein Teil des bedeutenden Beschaffungsauftrags, den die Luftwaffe für die G91R erteilt hatte, wurde bei Dornier in Oberpfaffenhofen gefertigt. Wie man sieht, sind die für das Aufklärungsgeschwader 54 in Oldenburg bestimmten Maschinen bereits so gut wie komplett. Dieser Verband bestätigte sich als Vorreiter für die Lizenzversion.***

***Die Aeritalia G91R/1A der 51° Aero brigata, 14° Stormo der italienischen Luftwaffe. Auffällig ist die Bewaffnung mit vier Maschinengewehren.***

### TECHNISCHE DATEN

**Typ:** einsitziges taktisches Kampf- und Aufklärungsflugzeug
**Triebwerk:** ein 2268 kg starkes, bei Fiat gebautes Bristol-Siddeley-Orpheus-803-Turbojet-Triebwerk
**Leistung:** (bei normaler Startmasse) Höchstgeschwindigkeit in Meereshöhe 1075 km/h; Höchstgeschwindigkeit im Horizontalflug in 1.520 m Höhe 1086 km/h oder Mach 0,87; wirtschaftliche Reisegeschwindigkeit 650 km/h; Anfangssteiggeschwindigkeit 30 m/sek; Dienstgipfelhöhe 13.100 m; Kampfradius (bei Standard-Treibstoffmenge) 320 km; Überführungsreichweite 1.850 km
**Gewicht:** Leermasse 3.100 kg; normale Einsatz-Startmasse 5.440 kg; max. Startmasse 5.500 kg
**Abmessungen:** Spannweite 8,56 m; Gesamtlänge 10,30 m; Gesamthöhe 4,00 m; Flügelfläche 16,42 m²
**Bewaffnung:** (G91/R1) vier 12,7-mm-Colt-Browning-Maschinengewehre (mit je 300 Schuß) plus vier Außenlastträger (zwei innere) für zwei 227-kg-Bomben, taktische Nuklearwaffen, Nord-5103-Luft-Luft-Lenkflugkörper, Rakentenbehälter mit sechs 76-mm-Luft-Luft-Raketen oder 31 Luft-Boden-Raketen mit Klappleitwerk bzw. mit einem 12,7-mm-Maschinengewehr für 250 Schuß; zwei äußere Träger für Nord-5103-Flugkörper, 113-kg-Bomben, Raketenbehälter mit 19 Raketen mit Klappleitwerk oder MG-Behälter wie oben; Photoausrüstung: drei 70-mm-Vinten-Kameras
G91R/1A: wie oben, nur verbessertes Navigationssystem
G91R/1B: wie oben, mit Detailverbesserungen
G91R/3: zwei 30-mm-DEFA-Kanonen (mit je 125 Schuß Munition) anstelle der Maschinengewehre; drei 70-mm-Vinten-Kameras; ähnliche Außenlasten
G91R/4: wie die G91R/3, aber mit vier 12,7-mm-Maschinengewehren; Kameraausrüstung und Außenlasten identisch
G91R/6: Experimentelle Variante mit zwei 30-mm-DEFA-Kanonen und zwei AS.20- oder AS.30-Flugkörper an Unterflügelpylonen

## Aeritalia G91T

Die **Fiat G91T**, eine zweisitzige Version des Erdkampfflugzeugs G91, entstand 1958 als Ausbildungsflugzeug für den Überschallbereich. Fiat wollte die G91T mit einem Mindestaufwand an Änderungen entwickeln, um ein Flugzeug zu haben, das kurzfristig sowohl für Ausbildungs- als auch für Kampfzwecke einsatzfähig ist. Die Zelle entspricht daher der des Grundmodells G91; nur der Rumpf ist zur Unterbringung des neuen Tandem-Cockpits etwas länger konstruiert worden.

Die erste G91T absolvierte am 31. Mai 1960 mit einem Bristol-Orpheus-BOr.803-2-Turbojet-Triebwerk ihren Jungfernflug. Insgesamt wurden für die italienische Luftwaffe 76 Maschinen unter der Bezeichnung **G91T/1** gebaut. Die **Fiat G91T/3** un-

***Die portugiesische Luftwaffe ist die letzte Streitkraft, die die ersten G91-Varianten noch in größeren Stückzahlen verwendet, darunter auch einige Schulungsmodelle.***

***Unten: Diese G91T/3 der Waffenschule 50 ist mit Signalfarben versehen, damit sie deutlich zu erkennen ist.***

### TECHNISCHE DATEN

**Typ:** zweisitziges Überschall-Ausbildungsflugzeug
**Triebwerk:** ein 2268 kg starker, bei Fiat gebauter Bristol-Siddeley-Orpheus-803-Turbojet
**Leistung:** (bei Mindeststartmasse) Höchstgeschwindigkeit im Horizontalflug in 1.524 m Höhe 1030 km/h; wirtschaftliche Reisegeschwindigkeit 650 km/h; Dienstgipfelhöhe 12.200 m; Startstrecke 15-m-Hindernis 1.450 m
**Gewicht:** Standardkampfmasse 3.865 kg; Mindest-Startmasse 5.500 kg; höchstzulässige Startmasse 6.050 kg
**Abmessungen:** Spannweite 8,56 m; Länge 11,67 m; Höhe 4,45 m; Flügelfläche 16,42 m²
**Bewaffnung:** zwei 12,7-mm-Colt-Browning-Maschinengewehre; zwei Außenlastträger für leichte Bomben, Flugkörper oder zusätzliche Treibstofftanks

terscheidet sich lediglich durch einige Ausrüstungsänderungen. Von diesem Modell entstanden etwa 66 Exemplare für die bundesdeutsche Luftwaffe (44 bei Fiat und 22 auf Lizenz in der BRD). Die letzte bei Dornier gebaute G91T/3 wurde am 19. Oktober des Jahres 1972 an die deutsche Luftwaffe geliefert.

Die **G91T/4** war eine G91T/1-Variante mit der Elektronikausrüstung der Lockheed F-104G Starfighter. Sie gelangte jedoch nie über das Entwicklungsstadium hinaus.

***Die Aeritalia G91T/1 der 1966 in Amendola (Foggia) stationierten Scuola Basico e Avanzata Aviogetti.***

# Aeritalia G91Y

Die **Aeritalia (Fiat) G91Y** ist eine zweimotorige Weiterentwicklung der G91. Die Arbeiten an dem Projekt begannen 1965, nachdem die italienische Luftwaffe eine Ausschreibung für ein leichtes Erdkampf-/Jagd-/Aufklärungsflugzeug herausgegeben hatte. Die G91Y basierte auf der Zelle der G91T, wies aber im Gegensatz zu dieser zwei General-Electric-J85-GE-13A-Strahltriebwerke anstelle des einzelnen Bristol Siddeley Orpheus 803 auf, was eine Leistungssteigerung von über 60 Prozent bei geringfügig erhöhtem Triebwerkgewicht brachte. Dank dieses so verbesserten Schub-Gewichts-Verhältnisses kann die G91Y wesentlich schwerere militärische Lasten und/oder mehr Treibstoff befördern. Ein zusätzliches Plus ist der erhöhte Sicherheitsfaktor im Luftkampf und die Möglichkeit, zur Erhöhung der Flugdauer nur mit einem Triebwerk zu fliegen.

**TECHNISCHE DATEN**

**Typ:** einsitziges taktisches Kampf- und Aufklärungsflugzeug
**Triebwerk:** zwei General-Electric-J85-GE-13A-Turbojet-Triebwerke, 1.850 kp Schub mit, 1.236 kp ohne Nachbrenner
**Leistung:** (bei höchstzulässiger Startmasse) Höchstgeschwindigkeit in Meereshöhe Mach 0,93; Höchstgeschwindigkeit in 9.145 m Mach 0,95; wirtschaftliche Reisegeschwindigkeit in 10.670 m Mach 0,75; max. Steiggeschwindigkeit Meereshöhe (mit Nachbrenner) 86 m/sek; Dienstgipfelhöhe 12.500 m; Startstrecke über 15-m-Hindernis 1.100 m; typischer Einsatzradius in Meereshöhe 600 km; Einsatzprofil lo-lo-lo-Einsatz mit 1.320-kg-Last 385 km; Überführungsreichweite mit max. Treibstoffmenge 3.500 km
**Gewicht:** Leermasse 3.682 kg; normale Startmasse 7.800 kg; max. Überlastmasse 8.700 kg
**Abmessungen:** Spannweite 9,01 m; Länge 11,67 m; Höhe 4,43 m; Flügelfläche 18,13 $m^2$
**Bewaffnung:** zwei 30-mm-DEFA-Kanonen; vier Außenlastträger für 454-kg-Bomben, 340-kg-Napalm-Behälter, Raketenbündel zu je 70 oder 28 50-mm-Raketen oder vier 127-mm-Raketen-Behälter

Die gesamte Zelle war gründlich überarbeitet und mit den modernsten aerodynamischen Neuerungen und High-Tech-Avionik (darunter ein integriertes Navigations/Waffeneinsatzsystem) versehen worden.

Zwei Prototypen der G91Y wurden gebaut. Die italienische Luftwaffe wollte den neuen Typ abnehmen. In einer Vorserie wurden 20 Exemplare gefertigt, von denen das erste im Juli 1968 zum Jungfernflug startete. Zu dieser Zeit entstanden bereits die Pläne für einige Varianten des Grundmodells G91Y, so die **G91Y/T**, ein Ausbildungsflugzeug für Anfänger und Fortgeschrittene, und die **G91Y/S**, die auf Schweizer Vorgaben für ein Erdkampfflugzeug entworfen wurde. Von diesen beiden Varianten wurde keine gebaut.

Inzwischen folgten auf die Vorserie die ersten 35 Serien-Exemplare der G91Y.

Die Serienversion der G91Y unterscheidet sich von den Prototypen durch ihr schlankeres Heck, bei dem man auf die anfangs installierten Kielflossen verzichtet hatte.

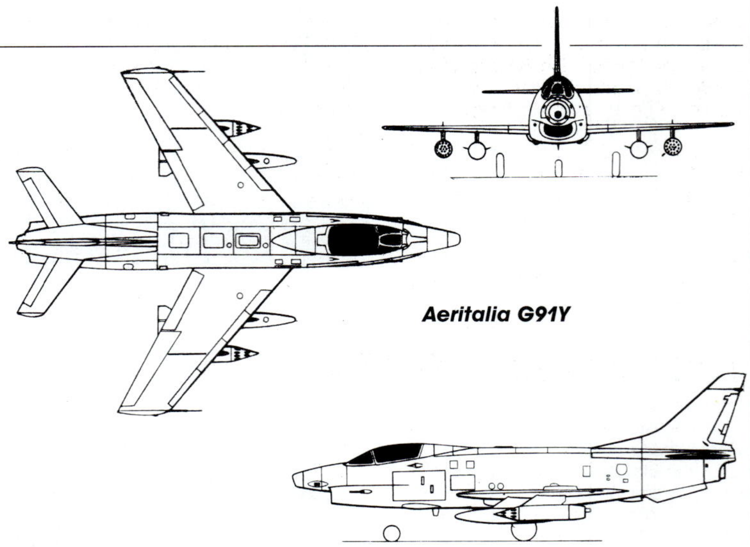

***Aeritalia G91Y***

Der Pilot fliegt in einem gepanzerten, klimatisierten Cockpit mit Druckkabine auf einem Zero-Zero-Schleudersitz.

***Die G91Y sieht kampfstärker aus als die früheren Modelle. Das Triebwerk und die zusätzliche Avionik machen aus ihr eine nützliche Kampfplattform.***

# Aeritalia G222

Die erste **Aeritalia G222** entstand zur 1962 herausgegebenen NATO-Ausschreibung NBMR-4 (NATO Basic Military Requirement Four), die etliche taktische V/STOL-Transportkonstruktionen (mit einer Kombination aus PTL-Triebwerken und Auftriebsdüsen) zur Folge hatte, von denen jedoch keine in die Tat umgesetzt wurde. Der Forschungsprojektauftrag für das V/STOL-Transportmodell G222, den die italienische Luftwaffe 1963 Fiat zusprach, sollte daher auch die Weiterentwicklung des Typs zu einer herkömmlicheren Form beinhalten. 1968 wurde schließlich ein offizieller Vertrag für zwei militärische Transport-Prototypen (mit der ursprünglichen Bezeichnung G222TCM) und ein feststehendes Zellentestgerüst unterzeichnet, da die italienische Luftwaffe dringend ein Nachfolgemodell für ihre allmählich veralteten Fairchild C-119 suchte. Politische Meinungsänderungen, eine Übernahme der Muttergesellschaft und Finanzierungsprobleme verzögerten jedoch die Fertigstellung des ersten Prototypen, der erst am 18. Juli 1970 zum Jungfernflug aufstieg. Der zweite Prototyp stieß am 21. Juli 1971 zum Flugtestprogramm. Die beiden Exemplare besitzen 2.283/2.141 kW starke CT64-820-Propellerturbinen, haben aber noch keine Druckkabine.

Nach den ersten, äußerst erfolgreich verlaufenen Versuchen bestellte die italienische Luftwaffe im August 1972 44 Serienexemplare der G222. Fast alle italienische Flugzeughersteller machten mit.

Die Zelle der G222 wurde zur Aufnahme der stärkeren General-Electric-T64-P4D-Turboprop-Triebwerke noch einmal überholt und in einigen Details verbessert. Der Serienprototyp startete am 23. Dezember 1975 zum Jungfernflug, als Aeritalia bereits den ersten Exportauftrag aus Argentinien in der Tasche hatte.

***Die G222 hat für ein Transportflugzeug ein hervorragendes Leistungspotential. Sie ist selbst auf schlecht präparierten und kurzen Pisten einsatzfähig.***

Der Rumpf des Basistransportmodells der G222 besteht aus einer ausfallsicheren Ganzmetallstruktur, deren Unterseite eine Laderampe bildet. In der herkömmlichen Konfiguration zum Truppentransport faßt die G222 44 voll ausgerüstete Soldaten (auf 32 Wand- und 12 Klappsitzen) als Fallschirmspringer-Transporter 32 (auf Wandsitzen). Als Rettungsflugzeug finden in der G222 36 Krankenbahren und zwei Verletzte auf Sitzen sowie vier Sanitäter Platz, in der Frachttransporterkonfiguration sogar 1.500 kg Fracht und 135 Haltevorrichtungen.

Die Basiszelle der G222 läßt sich ausgezeichnet auch für andere militärische Aufgaben wie Seepatrouille, U-Boot-Abwehr, Beobachtungs- und Vermessungsflüge verwenden. Der Prototyp einer ECM-Version mit der Bezeichnung G222VS (Versione Speciale), der am 9. März 1978 zu seinem Jungfernflug gestartet war, wurde umfangreichen Einsatztauglichkeitsversuchen unterzogen. Er ist mit zahlreichen elektronischen Systemen ausgestattet und faßt neben seiner zweiköpfigen Besatzung 10 Systembediener.

Daneben war noch eine Flugvermessungsversion mit der Bezeichnung **G222RM** entwickelt worden, die ebenfalls zur italienischen Luftwaffe ging. Äußerlich der Standard-Transportversion ähnlich, weist dieses Modell Einrichtungen zur Überprüfung von VOR, ILS, TACAN und DME auf; daneben verfügt es (wahlweise) noch über Einrichtungen zur gleichzeitigen Überwachung mehrerer Landeanflug- und Weitbereichsradargeräte.

Eine weitere neue, vorwiegend für den Export in den Nahen Osten gedachte Version ist der taktische Transporter **G222T** mit 3.400 WPS starken Rolls-Royce-Tyne-Turboprop-Triebwerken. Daneben gibt es eine zur Brandbekämpfung umgebaute Version mit der Bezeichnung G222 SAMA (der zweite Prototyp der **G222**).

### TECHNISCHE DATEN

**Typ:** zweimotoriges Allzweck-Transportflugzeug

**Triebwerk:** zwei 2.536 kW (3.400 WPS) starke, bei Fiat gebaute General-Electric-T64-GE-P4D-Turboprop-Triebwerke mit verstellbaren dreiblättrigen Hamilton-Standard-63E60-Propellern; Vorrichtungen für acht Aerojet-General-Starthilfsraketen, die einen zusätzlichen Gesamtschub von 3600 kg für Starts mit Übergewicht liefern

**Leistung:** (Standard-Transportversion bei höchstzulässiger Startmasse) Höchstgeschwindigkeit in 4.575 m Höhe 540 km/h; Reisegeschwindigkeit in 4.500 m 360 km/h; max. Steiggeschwindigkeit in Meereshöhe 8,6 m /sek; Steigzeit auf 4.500 m 8 Minuten 35 Sekunden; Dienstgipfelhöhe 7.620 m; Startstrecke 840 m; Reichweite bei max. Nutzlast und optimaler Reisegeschwindigkeit in 6.000 m 700 km; Reichweite mit 44 voll ausgerüsteten Soldaten 2.220 km; Überführungsreichweite mit max. Treibstoffmenge 4.950 km

**Gewicht:** (Standard-Transportversion) Leermasse 14.590 kg; max. Nutzlast 8.500 kg; normale Startmasse 24.500 kg; max. Start- und Landemasse 26.500 kg

**Abmessungen:** Spannweite 28,70 m; Länge 22,70 m; Höhe 9,80 m; Flügelfläche 82,00 m$^2$

# Aermacchi M.B.326

***Tunesien erwarb 1965 acht Exemplare der Schulungsvariante M.B.326B und ließ sie in diesem auffälligen Orangeton streichen.***

Im Laufe seiner ununterbrochenen Unternehmensgeschichte, die sich bis in die Zeit vor dem Ersten Weltkrieg zurückverfolgen läßt, hat Aeronautica Macchi über 7.000 selbstentworfene Flugzeuge produziert. Etwa zehn Prozent davon gehören zur Familie der leichten Kampf- und Ausbildungsflugzeuge vom Typ **M.B.326**. Neben der BAC Jet Provost und der Fouga Magister zählt dieser Typ, der zwanzig Jahre lang ununterbrochen in Produktion blieb, zu den Klassikern seines Genres.

Die Entwicklungsarbeiten begannen 1954. Zwei Jahre später, am 10. Dezember 1957, startete der erste Prototyp mit einem Viper-8-Turbojet-Triebwerk, das 794 kg Standschub lieferte, zu seinem Jungfernflug. Der zweite Prototyp und die 15 Vorserienexemplare, die die Aeronautica Militare geordert hatte, erhielten hingegen das 1.134 kg starke Viper 11. Die vom Aermacchi-Ingenieur Dr. Emanno Bazzocchi entworfene Basiszelle ist einfach und robust (sie hält Belastungen zwischen +8 und -4 g stand). Mit dem gut ausgerüsteten Tandemcockpit mit Druckkabine und Schleudersitzen ist sie für alle Phasen der Flugausbildung gedacht. Die ersten M.B.326 gingen im Februar 1962 in italienische Militärdienste.

Erdkampfkapazitäten bot Aermacchi dann mit einem weiterentwickelten Modell namens **M.B.326A**, das mit sechs Unterflügel-Aufhängevorrichtungen für Maschinenkanonen, Raketenbehälter, Bomben oder andere Waffen versehen war. Die italienische Luftwaffe hatte zwar zu dieser Zeit keinen Bedarf an einer solchen Version, aber Tunesien und Ghana bestellten ähnliche bewaffnete Modelle (Tunesien acht **M.B.326B** und Ghana neun **M.B.326F**. Vier Exemplare einer unbewaffneten Variante namens **M.B.326D** orderte Alitalia zur Ausbildung ihrer Piloten. Die **M.B.326H** für die australische Luftwaffe (87) und Marine (10) hatten hingegen Vorrichtungen zur vollen Bewaffnung. Sie wurden in Australien von der CAC (Commonwealth Aircraft Corporation) zusammengesetzt, bzw. direkt in Lizenz gebaut. Zwei Modelle der **M.B.326M** konstruierte Aermacchi für die südafrikanische Luftwaffe: 40 Exemplare des unbewaffneten Ausbilders wurden in Italien gebaut, die restlichen 125 von der Atlas Aircraft Corporation in Transvaal zusammengesetzt bzw. in Lizenz gefertigt. Letzteres Modell, als **Impala Mk 1** bezeichnet, hat Vorrichtungen für Außenbewaffnung.

Alle obengenannten Modelle flogen mit dem Viper-11-Triebwerk. Erst im Frühjahr 1967 fand mit dem ersten Viper 540, das in den Prototyp **M.B.326G** eingebaut wurde, eine Leistungssteigerung statt. In Kombination mit punktuellen Verstärkungen an der Zelle faßt dieser Typ eine fast doppelt so schwere Waffenlast wie die mit dem Viper 11 ausgerüsteten Modelle. In der Serienversion erhielt diese Variante die Bezeichnung **M.B.326GB**. Aermacchi baute davon acht Stück für die argentinische Marine, 17 für die Luftwaffe von Zaire und 20 für die Luftwaffe von Zambia. Eine der GB ähnliche Version, aber mit Viper-11-Triebwerk, ist die von der Aeronautica Militare genutzte Variante **M.B.326E**, von der sechs Exemplare neu gebaut wurden und sechs aus früheren M.B.326 entstanden. Der größte Exportauftrag kam aus Südamerika, wo die Firma EMBRAER in Sao José dos Campos die Fertigstellung von 170 bewaffneten GC (ähnlich der GB) unter der Bezeichnung **AT-26 Xavante** übernommen hat, die für die Luftwaffen von Brasilien (167) und Togo (3) bestimmt sind.

Der Aermacchi-Zweisitzer **M.B.326L** basiert auf der einsitzigen **M.B.326K** (siehe eigene Beschreibung) und verfügt wie diese über erhöhte Leistung, die mit Hilfe eines Viper-600-Triebwerks erzielt werden konnte. Zwei der Kunden des K-Modells hatten auch den L-Typ bestellt, nämlich Dubai (1) und Tunesien (4). Die M.B.326L ist zwar mit Doppelsteuerung voll für Ausbildungszwecke ausgestattet, hat aber dennoch das gesamte Kampf-/Nahunterstützungspotential der K-Variante.

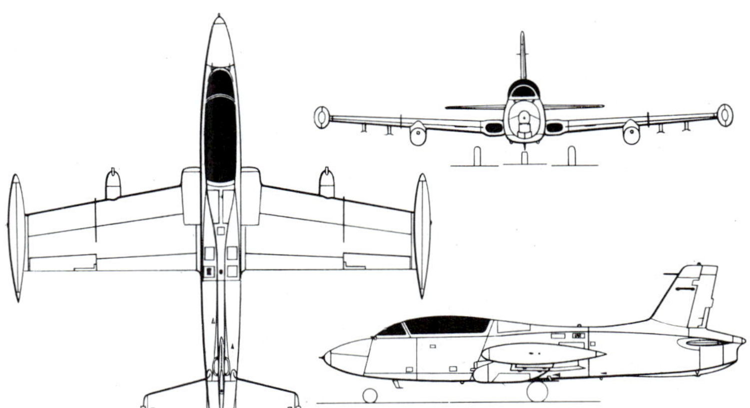

***Die Aermacchi M.B.326E mit 4 Unterflügel-Aufhängevorrichtungen.***

### TECHNISCHE DATEN

**Typ:** zweisitziges leichtes Kampf- und Ausbildungsflugzeug (für Grund- und Fortgeschrittenenausbildung)

**Triebwerk:** ein Rolls-Royce-Viper-Turbojet-Triebwerk: Viper 11 mit 1.134 kp Standschub bei den ersten Modellen; Viper 20 Mk 540 mit 1.547 kp Standschub bei der GB, H und M; Viper 632-43 mit 1.814 kp Standschub in den L-Modellen

**Leistung:** Höchstgeschwindigkeit (326) 806 km/h, (GB unbewaffnet) 867 km/h; Reichweite mit internem Treibstoff (326) 1.665 km, (GB unbewaffnet) 1.850 km; Einsatzradius (B, bewaffnet) 460 km, (GB, bewaffnet) 648 km; max. Steiggeschwindigkeit in Meereshöhe (B, bewaffnet) 15,75 m/sek, (GB, bewaffnet) 15,75 m/sek; Dienstgipfelhöhe (326, unbewaffnet) 12.500 m, (GB, unbewaffnet) 14.325 m, (GB bewaffnet) 11.900 m

**Gewicht:** Leermasse (326) 2.237 kg, (E) 2.618 kg, (GB, Ausbildungsversion) 2.685 kg; höchstzulässige Startmasse (326) 3.765 kg, (B) 4.535 kg, (GB, Ausbildungversion) .4577 kg, (GB bewaffnet) 5226 kg

**Abmessungen:** Spannweite über Flügelspitzentanks (erste Modelle) 10,56 m, (GB) 10,85 m; Länge (erste Modelle) 10,65 m, (GB) 10,67 m; Höhe 3,72 m; Flügelfläche (erste Modelle) 19.00 m$^2$, (GB) 19,35 m$^2$

**Bewaffnung:** wahlweise zwei 7,7-mm-Maschinengewehre im Rumpf (bei frühen Modellen) mit sechs Unterflügelhalterungen für MG-Behälter, Raketen und/oder Bomben, oder Kamerabehälter; höchstzulässige Außenlast 907 kg bei frühen Modellen, 1814 kg bei GB- und L-Modellen

## Aermacchi MB.326K/Atlas Impala Mk 2 bis Aero A. 18

**Die Serie MB.326 war das wichtigste Nachkriegsflugzeug von Aermacchi. Als zwei- und einsitzige Impala wurde es auch in Südafrika in Lizenz gebaut, von den Atlas-Flugzeugwerken, die jetzt zur Denel Corporation gehören. Aero entstand 1919 in der neuen Tschechoslowakei, zuerst als Zulieferer, dann mit eigener Konstruktion und Produktion.**

# Aermacchi M.B.326K/Atlas Impala Mk 2

*Die in Lizenz von Atlas als Impala Mk.II gebaute M.B.326K verwendet die South African Air Force für leichte Angriffsaufgaben. Während der Kämpfe in Angola kam dieses Muster häufig zum Einsatz.*

Diese Einsitzerversion der **M.B. 326** erschien überraschend spät. Dabei hatte Aermacchi bereits früh nachgewiesen, daß die zweisitzige **M.B.326** in ihrer Grundform äußerst beweglich war und auch eine stabile Waffenplattform abgab. Die ersten bewaffneten Versionen, die **M.B.326B** und **F**, würden Erdkampfeinsätze in der Regel ohnehin mit leerem hinteren Sitz fliegen. Die Entwicklung einer echten Einsitzer-Variante aber bot attraktivere Möglichkeiten, besonders in Verbindung mit einer schubstärkeren Version des Viper-Strahltriebwerks von Rolls-Royce.

Der Wechsel vom Viper 11 auf das Viper 540 hatte nahezu eine Verdoppelung der Waffenzuladung ergeben. Als die noch schubstärkere Serie 600 dieses Triebwerks zur Verfügung stand, ergriff Aermacchi die Gelegenheit zur Entwicklung der einsitzigen **M.B.326K**. Eine höhere Feuerkraft für offensive Einsätze sicherte ein Paar elektrisch betätigter Kanonen in der Bugwanne, wobei die zugehörigen Munitionsbehälter in dem Teil der Rumpfzelle installiert wurden, den bislang das zweite Cockpit beansprucht hatte. Dort ließen sich zudem ein weiterer Kraftstofftank und alle Avionikkomponenten, die wegen des Einbaus der Kanonen aus dem Bug weichen mußten, ohne weiteres unterbringen. Wegen der größeren Belastung in der neuen Rolle – höhere Geschwindigkeit, niedrige Höhe, Waffenzuladung und Kampftaktik – war die Zelle in bestimmten Bereichen zu verstärken und die Quersteuerung durch einen Kraftverstärker zu ergänzen. Anfangs war die Firma Aermacchi der Meinung, daß diese tiefgreifenden Änderungen die neue Bezeichnung **M.B.336** rechtfertigten, doch später entschied sich das Unternehmen zur Beibehaltung der bekannten Grundbezeichnung mit einem neuen Zusatzbuchstaben – **M.B.326K**.

Zwei Prototypen wurden gebaut, von denen der erste seinen Jungfernflug am 22. August 1970 absolvierte. Während dieser Versuchsmaschine ein Viper 540 mit 1.524 kp Standschub als Antrieb diente, erhielt der zweite Prototyp das vorgesehene schubstärkere Viper 632-43; 1971 wurde er in das laufende Flugtestprogramm eingebunden. Erster Käufer für die K-Version wurde 1974 das Luftpolizeigeschwader von Dubai mit drei Exemplaren (und einem Doppelsitzer **M.B.326L**). Im weiteren Verlauf des Jahres lieferte Aermacchi sieben **M.B.326K** an Südafrika, wo die Lizenzproduktion der zweisitzigen **M.B. 326M** (Impala 1) bei Atlas Aircraft Corporation auslief. 1975 folgten weitere 15 Einsitzer in Form von in Italien gefertigten Bausätzen, die Atlas vor Ort montierte. Im Anschluß daran fertigte Atlas die K als Impala 2 mit anderer Avionikausrüstung und dem schwächeren Triebwerk Viper 540. Diese Kampfflugzeuge wurden intensiv über Angola eingesetzt. 1976 bestellten die Luftstreitkräfte Ghanas und Tunesiens sechs bzw. acht **M.B.326K** italienischer Fertigung. Beide Länder nutzten bereits die ersten bewaffneten Versionen der **M.B.326**.

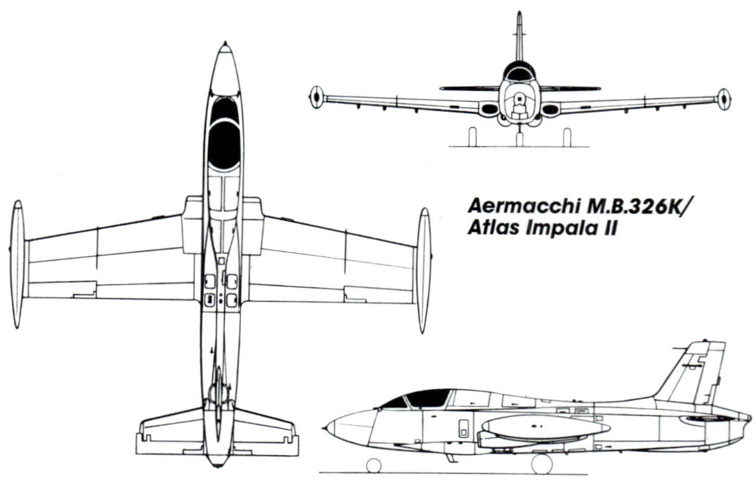

*Aermacchi M.B.326K/ Atlas Impala II*

Die intern eingebauten Kanonen und das breitgefächerte verfügbare Waffenspektrum sollten nicht zu der Annahme verleiten, daß die **M.B.326K** nur Tiefflugangriffs- und Nahunterstützungseinsätze fliegen kann. Sie läßt sich mit einem Kamerabehälter für taktische Aufklärung in niedriger und mittlerer Höhe ausrüsten, ohne daß die Waffenkapazität dadurch wesentlich beeinträchtigt wäre. Mit zwei Bordkanonen und hitzesuchenden Lenkraketen für kurze Kampfentfernungen unter den Flächen kann die **M.B.326K** auch die Rolle eines visuellen Abfangjägers übernehmen. Des weiteren sind alle technischen Voraussetzungen zum Einbau eines Laserentfernungsmessers und eines Waffenrechners gegeben.

### TECHNISCHE DATEN

**Typ:** einsitziges Kampfflugzeug für Nahunterstützung, Aufklärung und eingeschränkte Abfangjagd
**Triebwerk:** ein Rolls-Royce Viper 632-43, Strahltriebwerk mit 1814 kp Standschub (MB.326K); Viper 540 mit 1524 kp Standschub (Impala Mk 2)
**Leistung:** (MB.326K) Höchstgeschwindigkeit ohne Außenlasten in 1525 m Höhe 890 km/h; Höchstgeschwindigkeit mit Waffenlast in 9150 m Höhe 686 km/h; typischer Einsatzradius 268 km – 1036 km, je nach Höhe und Außenlasten; Überführungsreichweite mit zwei Abwurftanks 2130 km; maximale Steiggeschwindigkeit ohne Außenlasten in Meereshöhe 33 m/sek; maximale Steiggeschwindigkeit mit Waffenlast in Meereshöhe 19 m/sek:
**Gewicht:** Leermasse 3123 kg; Startmasse ohne Außenlasten 4645 kg; maximale Startmasse mit Waffenlast 5897 kg
**Abmessungen:** Spannweite über die Flügelspitzentanks 10,85 m; Länge 10,67 m; Höhe 3,72 m; tragende Fläche 19,35 m$^2$
**Bewaffnung:** zwei 30-mm-Kanonen, DEFA 553, in der Rumpfwanne mit 125 Schuß Munition pro Rohr und Außenlasten bis zu 1814 kg an sechs Trägern unter den Flächen; typische Beladungen: vier 454-kg-Bomben oder zwei 340-kg- und vier 227-kg-Bomben oder sechs 7,62-mm-Kanonenbehälter, zwei Luft-Boden-Raketen AS.11 oder AS.12, zwei Luft-Luft-Raketen Matra Magic 550, diverse Startgeräte für 37-mm-, 68-mm-, 100-mm- und 127-mm-Raketen oder einen Aufklärungsbehälter mit vier Kameras (am inneren Außenlastträger, backbord)

# Aermacchi M.B.339

Ein Studienauftrag der italienischen Luftstreitkräfte aus dem Jahre 1972 ergab bei Aeronautica Macchi neun verschiedene Entwürfe für einen strahlgetriebenen Trainer der zweiten Generation, der die **M.B.326** und die Aeritalia (Fiat) G91T in den achtziger Jahren ablösen sollte. Sieben davon waren Varianten eines Entwurfs mit der Bezeichnung **M.B.338**, die auf unterschiedlichen Antriebskonzepten aufbauten – Viper, Larzac, Adour, RB.401 und TFE 731, einzeln und doppelt ausgelegt. Es lag auf der Hand, daß Versionen mit einem einzigen Viper-Strahltriebwerk keine Leistungssteigerung gegenüber den neuesten Modellen der **M.B.326** ergeben würden. Bei den Flugzeugen mit Triebwerken der mittleren Leistungsklasse gelangte man zu ähnlichen Erkenntnissen, abgesehen davon, daß sie in der Herstellung teurer gewesen wären als die **M.B.326**. Die beiden schubstärksten Versionen – eine mit einem einzelnen Adour, die andere mit zwei Larzac – boten deutlich mehr Leistung, aber nur zu einem erheblich höheren Preis.

Die besten Aussichten boten die beiden Versionen der vorgeschlagenen MB.339 mit einem einzelnen Larzac-Turbofan-Triebwerk **(M.B.339L)** oder einem einzelnen Viper-Strahltriebwerk der Serie 600 **(M.B.339V)**. Beide hatten zudem den Vorteil, daß ein Großteil der Zelle mit der der **M.B.326K** übereinstimmte. Im wesentlichen bestanden die neuen Hauptbaugruppen lediglich aus dem Vorderrumpf mit seinem modifizierten Cockpit, das eine erheblich bessere Sicht nach allen Seiten bot, und dem größeren Seitenleitwerk. Im Februar 1975 traf die italienische Luftwaffenführung die Entscheidung zur Einführung der Viper-Version; am 12. August des Folgejahres absolvierte der erste von zwei Prototypen seinen Jungfernflug vom Venegono-Flugplatz aus. Nur vergleichsweise geringfügige Änderungen – ein Anti-Blockiersystem für das Hauptfahrwerk und eine effektivere Klimaanlage – flossen in die zweite Versuchsmaschine ein, die am 20. Mai 1977 erstmals flog.

Die Neukonzeption des Vorderrumpfes hatte eine abgestufte Sitzanordnung erlaubt, so daß der Fluglehrer (hinten) das Gelände über den Schüler hinweg nach vorn einsehen konnte. Im Vergleich zur **M.B.326** gewährleistete die langgestreckte Tandem-Cockpithaube weitaus bessere Rundumsicht. Beide Besatzungsmitglieder flogen auf Zero/Zero-Schleudersitzen von Martin-Baker, wie sie bislang nur in der **M.B.326E, K** und **L** eingebaut worden waren. Auch die Avionikausrüstung hatte an Umfang und Qualität gewonnen; TACAN, Navigationsrechner, alle für den Blindflug notwendigen Instrumente, Freund-Feind-Kenngerät und zwei Funkgerätesätze – UHF und VHF – gehörten zur Grundausstattung. Rumpftanks und fest montierte Treibstoffbehälter an den Flächenenden ergaben eine nutzbare Treibstoffmenge von 1.413 Litern, die sich durch 340-Liter-Abwurftanks unter den Flächen erweitern ließ.

Nach den beiden Prototypen (von denen der zweite dem Serienstandard entsprach) genehmigte das italienische Luftfahrtministerium 15 **M.B.339** als erstes Baulos einer geplanten Serie von 100 Exemplaren. Ursprünglich als reines Ausbildungsflugzeug für die italienischen Luftstreitkräfte entwickelt, übernahm die **M.B.339** gleichwohl die sechs Waffenstationen der Vorgängermodelle. Dem italienischen Strahltrainer mag ein Teil der technischen Brillanz und des Leistungsvermögens des britischen Hawk (BAe) und des Alpha Jets (Dassault-Breguet/Dornier) abgehen, doch der niedrigere Stückpreis und die weitreichende Baugleichheit mit einem bewährten Muster gleichen dieses Manko vollkommen aus.

Italien beschaffte 101 **M.B.339**, zumeist in Gestalt des Standardtrainers **M.B. 339A**, denen im Verteidigungsfall eine Nahunterstützungsrolle zufällt.

Die Gruppe der aufgewerteten Versionen wird angeführt von dem einsitzigen Jagdbomber **M.B.339K** (früher Veltro II), der am 30. Mai 1980 erstmals flog. Die auf eigenes Risiko entwickelte Variante erhielt einen neuen Vorderrumpf mit intern eingebauter Kanone und größerer Tankkapazität. Sein Viper-Mk-680-Strahltriebwerk erzeugt 19,57 kN Schub. Dieses leistungsgesteigerte Triebwerk dient auch einem neuen Doppelsitzerpaar als Antrieb, der **M.B.339B** mit stärkerer Bewaffnung für Luft-Boden-Einsätze und der **M.B.339C**, deren moderne digitalisierte Avionikausrüstung sowohl der Ausbildungs- als auch der Nahunterstützungsrolle zugutekommt. Ihr Erstflug fand am 17. Dezember 1985 statt. In der Entwicklung befindet sich die **M.B.339D** mit zwei Turbofan-Triebwerken (JT15D von Pratt & Whitney), die auf der Tragflächenoberseite angeordnet sind.

***Die Aermacchi M.B.339A – eine Weiterentwicklung der M.B.326 mit stärkerem Antrieb, verbesserter Aerodynamik und erhöhtem Sitz für den Fluglehrer.***

***Die M.B.339K mit Treibstoff, Avioniksystemen und Munitionsbehältern im Rumpfraum, ist als schlagkräftiger leichter Jagdbomber ausgelegt.***

### TECHNISCHE DATEN

**Typ:** zweisitziger Strahltrainer zur fliegerischen Grund-/Fortgeschrittenenausbildung und Kampfflugzeug für Nahunterstützung
**Triebwerk:** ein Rolls-Royce Viper 632-43, (von Piaggio gebautes) Strahltriebwerk mit 1814 kg Schub
**Leistung:** Grenzgeschwindigkeit Mach 0,86 (971 km/h); Höchstgeschwindigkeit in Meereshöhe 898 km/h; Höchstgeschwindigkeit in 9150 m Höhe 917 km/h oder Mach 0,77; max. Reichweite mit Interntreibstoff 1760 km; max. Reichweite mit zwei Zusatztanks unter den Flächen 2110 km; max. Steiggeschwindigkeit in Meereshöhe 33,5 m/sek; Dienstgipfelhöhe 14.630 m Höhe
**Gewicht:** Leermasse 3215 kg; Startmasse ohne Außenlasten 4400 kg; max. Startmasse mit Außenlasten 5895 kg
**Abmessungen:** Spannweite über die Fügelspitzentanks 10,86 m; Länge 10,97 m; Höhe 3,99 m; tragende Fläche 19,30 m$^2$
**Bewaffnung:** sechs Außenlastträger unter den Flächen; das äußere Paar mit je 340 kg, alle anderen Stationen mit 454 kg bis zur Höchstlast von 1800 kg beladbar; die beiden inneren Träger können 30-mm- oder mehrere 7,62-mm-Maschinenkanonen im Macchi-Behälter, die mittleren Träger Abwurftanks aufnehmen. Waffenspektrum: Bomben, Napalmbehälter, AS.11/AS.12 und Magic-Lenkraketen, Luft-Boden-Raketen (50 mm, 68 mm und 2,75 in), Aufklärungsbehälter.

## Aermacchi AM.3C

Die **AM.3** war ein Gemeinschaftsprojekt von Aerfer Industrie Aerospaciali Meridionali SpA in Turin und Aermacchi in Varese. Der von Macchi gebaute Prototyp startete am 12. Mai 1967 zum Erstflug; am 22. August des nächsten Jahres folgte die zweite Versuchsmaschine, von Aerfer gefertigt. In beiden Fällen sorgte der Boxermotor Continental GTSIO-520-C mit 254 kW (345 PS) für den Antrieb. Die **AM.3C** ist ein Beobachtungs- und Verbindungsflugzeug, das als Ersatz für die seinerzeit beim italienischen Heer eingesetzten Cessna L-19 gedacht war.

Das Tragwerk des Hochdeckers ist beidseitig mit einer einzelnen Strebe gegen den Rumpf abgestützt. Die Tragfläche ist ähnlich konzipiert wie bei der Aermacchi AL.60 mit D-Holm und stabilem Torsionskasten in Ganzmetallbauweise, Querruder mit durchgehendem Scharnierband und Landeklappe nach dem Fowler-Prinzip. Das Rumpfgerüst besteht aus geschweißtem Chrom-Molybden-Stahlrohr, vorn mit Leichtmetall beplankt, während im Kabinenbereich glasfaserverstärktes Kunststoffmaterial zum Einsatz kam. Der Hinterrumpf ist aus Leichtmetall in Halbschalenbauweise gefertigt. Die Tragflächen sind lediglich mit drei leicht lösbaren Verbindungen an den Rumpf angeschlossen, so daß diese Teile mühelos ausgetauscht werden können. Das freitragende Ganzmetall-Leitwerk enthält trimmbare Höhenflossen und ein Seitenruder, das mit einer Federklappe ausgestattet ist.

Das nicht einziehbare Hauptfahrwerk ist mit Öl-Luft-Stoßdämpfern abgefedert, das Spornrad ist lenkbar. In die rundum vergla-

***Aermacchi AM.3CM Bosbok der No. 42 Squadron, South African Air Force.***

### TECHNISCHE DATEN

**Typ:** dreisitziges Leichtflugzeug für taktische Unterstützung und Beobachtung
**Triebwerk:** ein Piaggio-Lycoming GSO-480-B1B6, luftgekühlter Sechszylinder-Boxermotor mit 254 kW (345 PS)
**Leistung:** Höchstgeschwindigkeit in 2440 m Höhe 278 km/h; Höchstgeschwindigkeit im Marschflug mit 75% Triebwerkleistung in 2440 m Höhe 246 km/h; Reichweite 990 km; Dienstgipfelhöhe 8400 m; Startstrecke 85 m; Landestrecke 66 m
**Gewicht:** Leermasse 1080 kg; max. Startmasse (mit Waffen) 1700 kg
**Abmessungen:** Spannweite 12,64 m; Länge 8,73 m; Höhe 2,72 m; trag. Fläche 20,26 m$^2$
**Bewaffnung:** Außenlasten bis zu 170 kg; alternativ zwei 7,62-mm-MGs oder eine General Electric Minigun oder sechs 70-mm-Raketen oder eine Panzerabwehrrakte AS.11 bzw. AS.12 oder eine 113-kg-Bombe

ste, erhöhte Kabine sind Tandemsitze und Doppelsteuerung eingebaut. Der dritte Sitz im hinteren Kabinenteil läßt sich zur Unterbringung einer Trage oder Fracht mühelos entfernen.

Der Einsatz der seriengefertigten **AM.3C** reicht von Fliegerleitung, Beobachtung, Verbindung, Fracht- und Personaltransport über die Bergung von Verwundeten bis hin zur taktischen Unterstützung. Die erhoffte Beschaffung durch das italienische Heer blieb aus, weil die SIAI-Marchetti SM.1019 den Vorzug erhielt. Die **AM.3C** ist besonders in Afrika ein beliebtes Flugzeug. Die Republik Südafrika kaufte 40 Exemplare des Typs **AM.3C**; die letzte Maschine aus dieser umfangreichen Bestellung wurde im Mai des Jahres 1972 ausgeliefert. Die SAAF hat diesem Muster den Beinamen Bosbok gegeben. Der schwarzafrikanische Staat Ruanda erwarb drei Exemplare dieser Maschine.

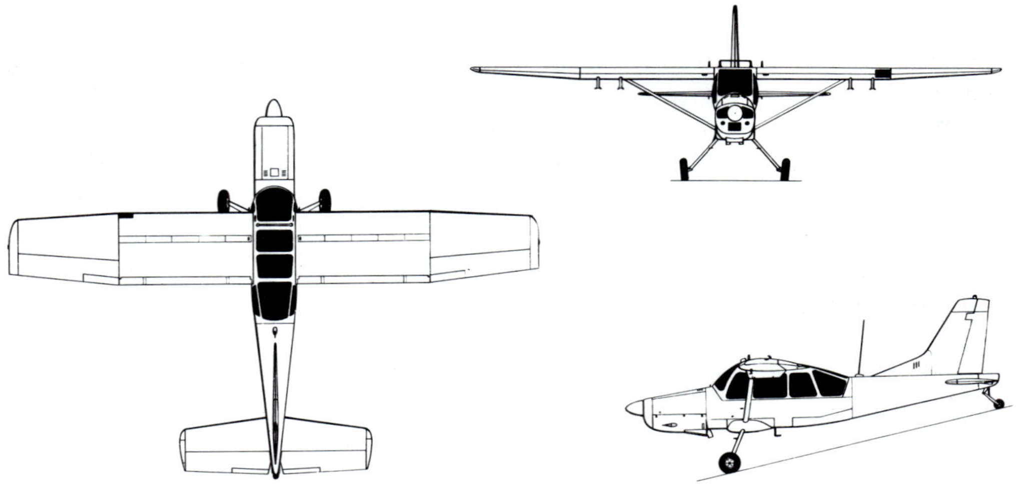

# Aero A.10

**Mitte der zwanziger Jahre stellte die nationale Fluggesellschaft CSA die Aero A.10 als erstes Verkehrsflugzeug heimischer Herstellung in Dienst. Fünf Fluggäste fanden in der Kabine Platz, während der Pilot in seiner offenen Kanzel Wind und Wetter ausgesetzt war.**

Aero Tovarna Letadel Dr. Kabes etablierte sich 1919 in Prag, zunächst als Hersteller von Ausrüstungsgegenständen und Zubehör für die Luftfahrtindustrie. Nach kurzer Zeit begann die Firma, die von der Phönix-Flugzeugwerft in Österreich entwickelten Doppeldecker nachzubauen. Die Phönix-Entwürfe wiederum waren von der Serie Hansa-Brandenburg abgeleitet, die Ernst Heinkel, der Chefkonstrukteur dieses Unternehmens, entworfen hatte. Vom Nachbau der Muster fremden Ursprungs zur Entwicklung und Konstruktion eigener Entwürfe war es – dank der exzellenten Vorarbeit, die der Konstrukteur Ernst Heinkel bereits geleistet hatte – nur noch ein vergleichsweise kleiner Schritt.

Die Aero **A.10** war ein Doppeldecker mit sechs Sitzen, der zum ersten in der Tschechoslowakei gebauten Verkehrsflugzeug wurde. Der kastenförmige Rumpf, aus Holz konstruiert und mit Stoff bezogen, nahm an den unteren Längsgurten die Unterflügel auf. Hierauf stützten sich die Oberflügel über mittlere und äußere Verbindungsstreben, ergänzt durch ein Gewirr von Spanndrähten. Nur die Oberflügel hatten bei dieser Maschine Querruder mit großflächigem Hornausgleich.

Der breite Rumpf ermöglichte eine fünfsitzige Passagierkabine und einen hinteren Gepäckraum, über dem das offene Cockpit für den Flugzeugführer eingerichtet war. Das Leitwerk setzte sich aus Höhenflossen mit aerodynamisch ausgeglichenen Höhenrudern und einem direkt auf dem Rumpfheck gelagerten Seitenruder mit Hornausgleich ohne weitere Seitenflosse zusammen. Die Haupträder des fest montierten kurzen Fahrgestells mit Spornrad waren durch eine Querstrebe miteinander verbunden. Für den Antrieb sorgte ein Sechszylinder-Maybach-Reihenmotor; von diesem Motormodell hatten die Deutschen nach dem Ersten Weltkrieg große Mengen zurückgelassen, die man sich jetzt zunutze machte.

Die Konstruktion des Prototyps begann 1921, ein Jahr später flog diese Maschine erfolgreich. Es folgten vier **A.10**-Serienflugzeuge, die die Československe Aerolinie 1924 in Dienst stellte und auf der Strekke Prag-Preßburg einsetzte.

**TECHNISCHE DATEN**

**Typ:** sechsitziges Verkehrsflugzeug
**Triebwerk:** ein Maybach Mb IVa Reihenmotor mit 132 kW (240 PS)
**Leistung:** Höchstgeschwindigkeit im Horizontalflug 160 km/h; Reisegeschwindigkeit 130 km/h; Dienstgipfelhöhe 5800 m; Reichweite 520 km
**Gewicht:** Leermasse 1297 kg; max. Startmasse 2046 kg
**Abmessungen:** Spannweite 14,20 m; Länge 10,14 m; tragende Fläche 51,00 $m^2$

# Aero A.18

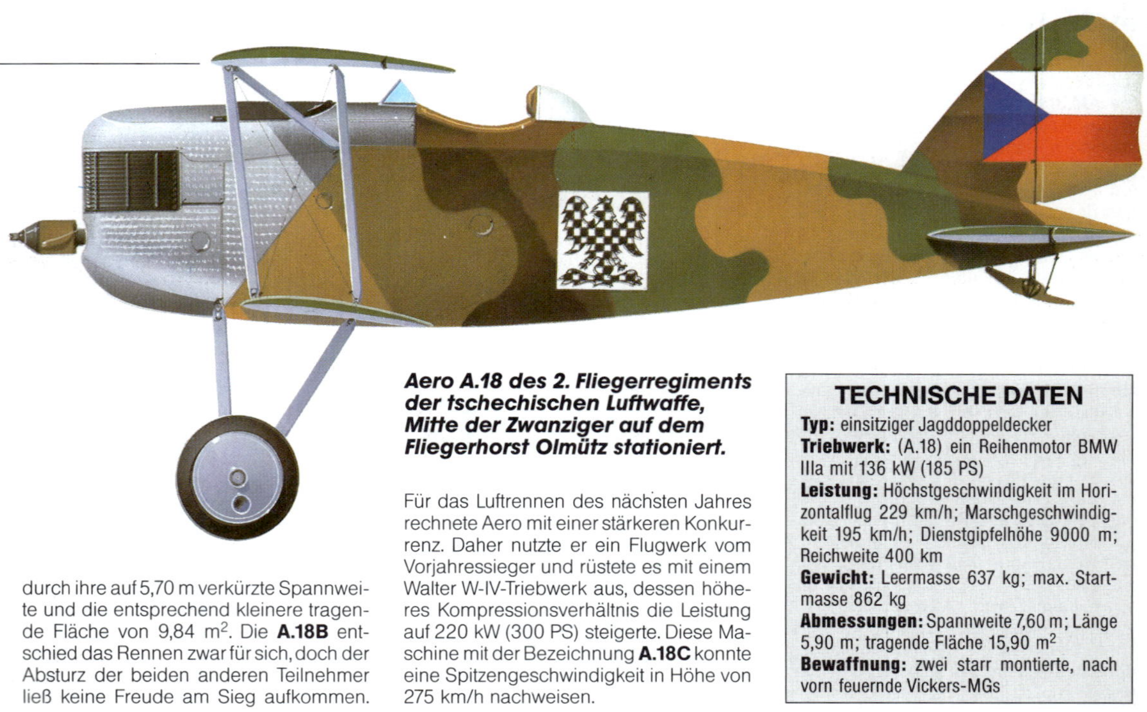

**Aero A.18 des 2. Fliegerregiments der tschechischen Luftwaffe, Mitte der Zwanziger auf dem Fliegerhorst Olmütz stationiert.**

Eine Ausschreibung der tschechischen Luftstreitkräfte für einen neuen Jagdeinsitzer veranlaßte Aero zur Entwicklung eines erfolgreichen **A.11**. Der einstielige Doppeldecker mit unterschiedlicher Spannweite zwischen Ober- und Unterflügel, die Aero **A.18**, entsprach in der Konstruktion der A.11, mit Ausnahme der oben montierten Querruder, die keinen Hornausgleich mehr bekamen. Auch Fahrwerk, Rumpf und Leitwerk folgten der Linie der A.11, so daß nurmehr die Kanzel einsitzig gemacht werden mußte. In die erste **A.18**-Version, von der 20 Exemplare an die Fliegertruppe gingen, wurde der Reihenmotor BMW IIIa mit 136 kW (185 PS) eingebaut. Die Bewaffnung bestand aus zwei Vickers-Maschinengewehren, die synchronisiert durch die hölzerne Zweiblatt-Luftschraube nach vorn feuern konnten.

Zu Beginn der Zwanzigerjahre organisierte der tschechische Aero-Club ein nationales Luftrennen. Auf die erste Veranstaltung im Jahre 1923 bereitete sich Aero mit einer Spezialversion ihres kleinen Jägers vor. Von den Standardjägern der Fliegertruppe unterschied sich die **A.18B** durch ihre auf 5,70 m verkürzte Spannweite und die entsprechend kleinere tragende Fläche von 9,84 $m^2$. Die **A.18B** entschied das Rennen zwar für sich, doch der Absturz der beiden anderen Teilnehmer ließ keine Freude am Sieg aufkommen.

Für das Luftrennen des nächsten Jahres rechnete Aero mit einer stärkeren Konkurrenz. Daher nutzte er ein Flugwerk vom Vorjahressieger und rüstete es mit einem Walter W-IV-Triebwerk aus, dessen höheres Kompressionsverhältnis die Leistung auf 220 kW (300 PS) steigerte. Diese Maschine mit der Bezeichnung **A.18C** konnte eine Spitzengeschwindigkeit in Höhe von 275 km/h nachweisen.

**TECHNISCHE DATEN**

**Typ:** einsitziger Jagddoppeldecker
**Triebwerk:** (A.18) ein Reihenmotor BMW IIIa mit 136 kW (185 PS)
**Leistung:** Höchstgeschwindigkeit im Horizontalflug 229 km/h; Marschgeschwindigkeit 195 km/h; Dienstgipfelhöhe 9000 m; Reichweite 400 km
**Gewicht:** Leermasse 637 kg; max. Startmasse 862 kg
**Abmessungen:** Spannweite 7,60 m; Länge 5,90 m; tragende Fläche 15,90 $m^2$
**Bewaffnung:** zwei starr montierte, nach vorn feuernde Vickers-MGs

# Aero L-29 Delfin bis Aérospatiale (Fouga) CM.170 Magister/CM.175 Zéphyr

**Nach dem Zweiten Weltkrieg konzentrierte sich Aero auf leichte Schul- und Nutzflugzeuge, wandte sich später aber der Konstruktion und dem Bau hochentwickelter Ausbildungs-Düsenjäger zu. Die Aeronautical Corporation of America wurde 1928 zum Bau von Leichtflugzeugen gegründet und änderte ihren Namen 1941 in Aeronca. Die staatliche Aérospatiale begann 1971 als Zusammenfassung von Nord-Aviation und Sud-Aviation.**

## Aero L-29 Delfin

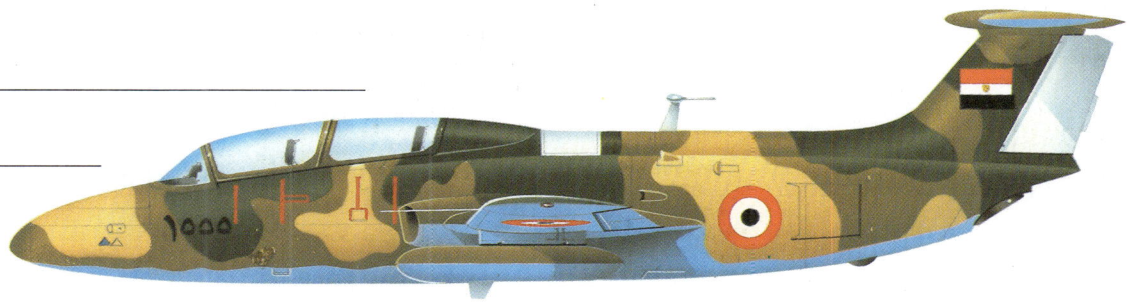


***Die Sowjetunion und ihre Brudernationen nutzten die L-29 Delfin einst in großer Stückzahl, doch heute ist der Bestand bis auf einen kleinen Rest zusammengeschmolzen. Diese Maschine trägt den Wüstentarnanstrich der ägyptischen Luftstreitkräfte.***

Die Luftstreitkräfte der ehemaligen Warschauer-Pakt-Länder erteilen zwar allgemein Großaufträge, aber der Bau von mehr als 3.000 Exemplaren eines einzelnen Strahltrainertyps ist ein eindeutiges Indiz für die besondere Klasse dieses Entwurfs. Die ersten Studien, die zur tschechischen **Aero L-29** führten, erarbeitete ein Konstruktionsteam unter K. Tomas und Z. Rublic im Jahre 1955. Angetrieben von einem Strahltriebwerk Bristol Siddeley Viper flog der XL-29 genannte Prototyp am 5. April 1959 zum ersten Mal. Im Juli 1960 folgte der Erstflug einer zweiten Versuchsmaschine, der – ebenso wie der Serie zur Erprobung in den Verbänden – das in der Tschechoslowakei entwickelte Turbojet-Triebwerk M 701 als Antrieb diente.

Ein Jahr später wurde die auf den Beinamen Delfin getaufte L-29 einer eingehenden Bewertung gegen die Jakowlew Jak-30 und PZL-Mielec TS-11 Iskra unterzogen. Das Ergebnis dieses Wettbewerbs war, daß alle Länder des Warschauer Pakts die Delfin als Standard-Schulflugzeug für Anfänger und Fortgeschrittene einführten, mit Ausnahme Polens, das seiner eigenen TS-11 den Vorzug gab. Die erste Delfin der Serie war im April 1963 fertiggestellt. Als die Produktion 12 Jahre später eingestellt wurde, waren schätzungsweise 3.500 Exemplare vom Montageband gelaufen. Mehr als 2.000 Delfins, die bei der NATO den Meldenamen „Maya" erhielt, gingen an die sowjetischen und rund 400 Exemplare an die tschechischen Luftstreitkräfte. Auch Bulgarien, die ehemalige DDR, Ungarn und Rumänien beschafften die Delfin für ihre Luftstreitkräfte. Dieses Muster gewährleistete eine durchgehende Ausbildung des fliegenden Personals auf Strahlflugzeugen, so daß die bisherigen Propellermaschinen ausgesondert bzw. anderen Zwecken zugeführt werden konnten. Die Delfin diente nicht nur der fliegerischen Grundschulung, sondern auch der Waffen- und Einsatzausbildung.

Beim Entwurf der L-29 Delfin standen die Forderungen einer möglichst einfachen Konstruktion, einer simplen Handhabung und einer anspruchslosen Wartung im Vordergund. Die Flugsteuerung ist daher manuell ausgelegt, das Landeklappensystem großzügig bemessen, und für eine wirksame negative Beschleunigung sorgen durchbrochene Bremsklappen beidseitig am Hinterrumpf. Ihre Abkipp- und Trudelneigung ist schwach ausgeprägt, während ihre Sicherheit und Zuverlässigkeit allgemein gelobt werden. Das Fahrwerk läßt sich im Notfall per Hand bedienen, und für beide Besatzungsmitglieder sind Schleudersitze eingebaut. Zu bemängeln wäre allenfalls, daß der hintere Sitz des Fluglehrers nicht – wie bei modernen Trainern üblich – höher als der Schülersitz im Frontcockpit installiert ist. Die L-29 kommt mit bescheidenen Start- und Landebahnen aus und braucht den Betrieb auf Gras-, Sand- und anderen weichen Flugfeldern nicht zu scheuen.

In kleiner Stückzahl fertigte Aero dieses Muster auch als kunstflugtauglichen Einsitzer **L-29A Delfin Akrobat**. Eine leichte Jagdbomberversion, die **L-29R**, gelangte nicht zur Serienfertigung, aber eine Reihe von Ländern (u.a. Ägypten) hat die standardmäßige L-29 mit entsprechenden Vorrichtungen für diese Rolle erworben.

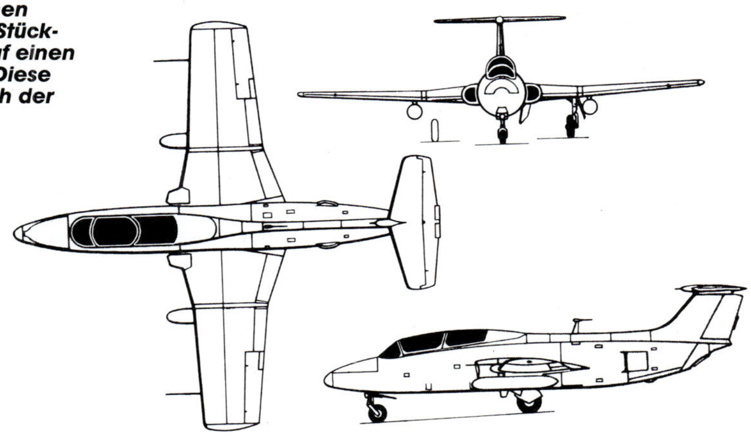

***Grundschulflugzeug Aero L-29 Delfin mit Zusatztanks unter den Flächen.***

**Versionen**
**L-29:** Grundschulflugzeug für Bulgarien, CSFR, die ehemalige DDR, Ägypten, Guinea, Ungarn, Indonesien, Irak, Nigeria, Rumänien, Syrien, Uganda und UdSSR
**L-29A:** einsitzige Kunstflugmaschine
**L-29R:** Prototyp – Jagdbomberversion

**TECHNISCHE DATEN**

**Aero L-29 Delfin**

**Typ:** zweisitziger Strahltrainer für Anfänger und Fortgeschrittene
**Triebwerk:** ein Strahltriebwerk Motorlet M 701 VC-150 oder S-50 mit 890 kg Schub
**Leistung:** Höchstgeschwindigkeit in 5000 m Höhe 655 km/h; Höchtgeschwindigkeit in Meereshöhe 610 km/h; max. Steiggeschwindigkeit in Meereshöhe 14 m/sek; Dienstgipfelhöhe 11.000 m; max. Reichweite mit Interntreibstoff 640 km; max. Reichweite mit Abwurftanks unter den Flächen 895 km
**Gewicht:** Leermasse 2280 kg; max. Startmasse 3280 kg
**Abmessungen:** Spannweite 10,29 m; Länge 10,81 m; Höhe 3,13 m; tragende Fläche 19,80 $m^2$

## Aero L-39 Albatros

***Eine L-39 Albatros der Luftstreitkräfte des Irak zur fliegerischen Ausbildung von Anfängern und Fortgeschrittenen. Im Irak fliegt auch die einsitzige Version L-39ZO.***

Im Jahre 1968 entworfen, hat die Aero L-39 Albatros inzwischen die L-29 Delfin als Standard-Strahltrainer bei den ehemaligen Warschauer-Pakt-Luftstreitkräften (außer den polnischen) verdrängt. Der mittlere von drei Prototypen, mit denen Aero begonnn hatte, absolvierte seinen Jungfernflug am 4. November 1968, während an den beiden anderen Maschinen Bodentests hinsichtlich der Festigkeit der Zelle und der Materialermüdung vollzogen wurden. Den Erstflug machte Rudolf Duchon, unter dessen Leitung neun Jahre zuvor die erste Phase der Delfin-Flugerprobung abgelaufen war. Als Antrieb für die L-39 hatte man das in der Sowjetunion entwickelte • Iwtschenko-Turbofan-Triebwerk AI-25 gewählt. Es wird angenommen, daß ein Großteil der Anfangsverzögerung in der Entwicklung dieses Musters auf die Anpassung des Triebswerks auf die Zelle als Voraussetzung für die Lizenzproduktion in der CSSR zurückzuführen war. Eine der Hauptschwierigkeiten schien darin zu bestehen, dem Triebwerk die nötige Luft bereitzustellen. Ende 1970 jedenfalls, als bereits fünf Prototypen zur Erprobung im Flug fertiggestellt worden waren, konnte man an diesen Vorserienflugzeugen neue Lufteinlaufkanäle (länger und mit größerem Querschnitt) beobachten. 1971 wurde ein Versuchslos von 10 L-39 in der geänderten Form fertiggestellt. Ende 1972 lief die Serienpoduktion an, und bis 1989 waren Bestellungen über mehr als 2000 Exemplaren eingegangen.

Die Albatros gibt es in drei unterschiedlichen Versionen. Das Grundmuster **L-39C** zur Erst- und Anschlußausbildung von Strahlflugzeugführern haben die CSSR und die UdSSR für ihre Luftstreitkräfte in großer Stückzahl beschafft. Aber auch die anderen Warschauer-Pakt-Länder haben ihre L-29 allmählich durch die L-39 ersetzt, deren Indienststellung 1974 begonnen hatte. Die für das Waffentraining ausgerüstete zweisitzige Version ist die **L-39ZA**, im Unterschied zur bewaffneten Einsitzerversion **L-39ZO**, für Luftnahunterstützung und leichte Angriffsaufgaben; der Irak ist einer von zwei Nutzern der L-39ZO.

Leiter des Aero-Konstruktionsteams für die L-39 war Dipl.-Ing. Jan Vlcek. Ihm und seinen Mitarbeitern ist ein recht attraktiver Entwurf gelungen, der trotz geringer Abmessungen deutlich mehr Leistung bot (Spitzengeschwindigkeit Mach 0,83 im Vergleich zu Mach 0,75 der L-29). An der Tandemsitzanordnung der L-29 hielt Aero fest, baute dieses Mal aber den hinteren Sitz erhöht ein, um die Sicht des Fluglehrers nach vorn zu verbessern. Dies bot zugleich den Vorteil, die Linie des Kabinendachs vom nunmehr tieferen Frontcockpit flacher zum fein zugespitzten Bug überzuleiten. Damit konnte der Luftwiderstand verringert und die Leistung erhöht werden. Ab der L-39C sind Schleudersitze eingerüstet, die einen sicheren Rettungsausschuß aus Höhe Null gewährleisten.

Im Sinne einer vereinfachten Wartung und Grundüberholung wurde das Prinzip der Modulbauweise zugrundegelegt; die Zelle besteht eigentlich nur aus den drei Hauptbaugruppen Rumpf, Tragflächen und Hinterrumpf mit Leitwerk. Das gesamte Tragwerk wird – abgesehen von den beweglichen Kontrollflächen – in einem Stück gefertigt, einschließlich der Flügelendtanks. Die gepfeilte Seitenflosse ist integraler Bestandteil des hinteren Rumpfabschnitts, der sich zur Triebwerkinstandsetzung mühelos abziehen läßt. Die metallenen Verbindungen von Bugkonus, Kontrollflächen, Fahrgestell und Kabinenhauben sind leicht lösbar, und die gesamte Zelle der L-39 umfaßt lediglich ein paar Dutzend Unterbaugruppen, die ohne weiteres austauschbar sind. Eine Vielzahl von Wartungs- und Inspektionsklappen ermöglicht es, alle Einzelsysteme problemlos zu erreichen.

Beide druckbelüfteten Cockpits bieten eine erstklassige Rundumsicht. Die Ausrüstung mit Doppelsteuerung versteht sich von selbst. Bei der L-39ZO ist der hintere Sitz ausgebaut, und das so gewonnene Raumvolumen wird vermutlich für zusätzliche Avionikausrüstung oder einen weiteren Treibstofftank genutzt. Ein kleines Hilfstriebwerk (APU) in Form einer Druckluftturbine macht die Albatros von Bodenaggregaten unabhängig.

**Versionen**

**L-39C:** zweisitziger Strahltrainer zur fliegerischen Grundausbildung in Afghanistan, Bulgarien, CSSR, DDR, Ungarn, Rumänien und UdSSR

**L-39ZA:** Zweisitzer zur Waffenausbildung

**L-39ZO:** einsitzige Version für leichte Angriffsaufgaben; Nutzer: Irak und Libyen

**L-39MS:** neue Ausbildungsversion mit stärkerem Triebwerk und modernerer Avionik für die höheren Ausbildungsstufen

***Einfache Wartung, stabile Flugeigenschaften und niedrige Betriebskosten waren die bestimmenden Merkmale beim Entwurf der Albatros. Mit Raketenbehältern und leichten Bomben bewaffnet hat sich dieses Muster dennoch zu einem effektiven leichten Kampfflugzeug entwickelt. Dies ist die Standard-Trainerversion, die von den sowjetischen und tschechischen Luftstreitkräften beschafft wurde.***

### TECHNISCHE DATEN

**Aero L-39 Albatros**

**Typ:** zweisitziger Strahltrainer für Anfänger und Fortgeschrittene (L-39C), zweisitziges Schulflugzeug zur Waffen- und Einsatzausbildung (L-39Z) und einsitziger leichter Jagdbomber

**Triebwerk:** ein Walter Titan Turbofan-Triebwerk (Lizenzfertigung des Iwtschenko AI-25-TL von Motorlet) mit 1720 kg Schub

**Leistung:** Höchstgeschwindigkeit in Meereshöhe 700 km/h; Höchstgeschwindigkeit (Trainer, ohne Außenlasten) in 6000 m Höhe 780 km/h; (L-39ZO) mit vier Raketenbehältern in derselben Höhe 630 km/h; max. Steiggeschwindigkeit in Meereshöhe (Trainer) 22 m/sek, (L-39ZO) 16 m/sek; Dienstgipfelhöhe (Trainer) 11.500 m, (L-39ZO) 9.000 m; Reichweite mit Interntreibstoff (Trainer) 850 km, (L-39ZO) mit Raketenbehältern 780 km; max. Reichweite (Trainer) mit zwei Zusatztanks und ohne Waffen 1600 km, (L-39ZO) 1750 km

**Gewicht:** Leermasse 3330 kg; normale Startmasse (Trainer, ohne Außenlasten, mit leeren Tanks an den Flächenenden) 4570 kg; max. Startmasse 5270 kg

**Abmessungen:** Spannweite 9,46 m; Länge 12,32 m; Höhe 4,75 m; tragende Fläche 18,80 $m^2$

**Bewaffnung:** (L-39ZO) bis zu 1100 kg Außenlasten an vier Trägern unter den Flächen, wie max. 500 kg schwere Bomben, 57- und 130-mm-Raketenbehälter, Kanonenbehälter, ein einzelner Aufklärungsbehälter mit fünf Kameras oder zwei Abwurftanks; ein Träger unter dem Mittelrumpf kann einen Anbaubehälter mit einer 23-mm-Zwillingskanone (GSh-23) und 180 Schuß Munition aufnehmen

## Aerocar Aerocar

Seit jeher träumte Moulton B. Taylor von der Entwicklung eines Familienautos, mit dem man „in die Luft gehen" konnte, wenn einem danach zumute war. Im Prinzip benötigt man für solch ein „straßentaugliches Luftfahrzeug" lediglich ein paar rasch ansetzbare Tragflächen, ein Leitwerk und einen Propeller. Die Idee selbst war nicht neu, denn auf dem Pariser Luftsalon von 1921 hatte René Tampier solch ein Vehikel bereits vorgestellt.

Kurz nach dem Ende des Zweiten Weltkriegs gründete Moulton Taylor eine Firma, um seinen Traum Wirklichkeit werden zu lassen. Ende 1949 flog der Prototyp seines Flugautos **Aerocar**, und am 13. Dezember 1956 erteilte die FAA der verbesserten Version **Aerocar I** die Zulassung. Vier weitere Vorführ- und Verkaufsexemplare wurden gebaut. Alle sechs Fahrzeuge legten insgesamt mehr als 320.000 Straßenkilometer zurück – neben 5000 Flugstunden. Eine erheblich verbesserte Version war der durch Umrüstung eines frühen Aerocar I entstandene **Aerocar III**. Die Basis für dieses Vehikel war ein gewöhnliches Automobil mit Frontantrieb. Ein im Heck eingebauter Avco Lycoming O-320 Flugmotor gab seine Leistung auf die Vorräder oder über eine verlängerte Antriebswelle im anbaubaren Ausleger für das Y-Leitwerk auf den Propeller. An den hinteren Fahrzeugaufbau mit Streben montierte Tragflächen machten das Auto zum Hochdecker. Nur bei korrekt verriegelten Tragflächen- und Auslegeranschlüssen ließ sich der Motor im Flugmodus starten. Die Verwandlung vom Luft- zum Straßenfahrzeug und umgekehrt konnte eine Person innerhalb von fünf Minuten bewerkstelligen. Nach der Landung auf einem Flugfeld baute man die Flächen und das Leitwerk ab, packte sie auf ein vorn in den Flächenansätzen mitgeführtes Radgestell und setzte die Reise als Autofahrt mit Anhänger fort.

Moulton Taylor's Traum machten schließlich neue Zulassungsbestimmungen für amerikanische Autos zunichte. Um der in den siebziger Jahren erlassenen Verordnung zu genügen, wäre der Aerocar viel zu schwer und für den Normalbürger unerschwinglich geworden.

In Italien untersuchte Aerauto SA das Konzept eines straßentauglichen Luftfahrzeugs oder flugtauglichen Kraftfahrzeugs mit der PL.5C. Dieses Fahrzeug stützte sich auf einen Heckmotor in Verbindung mit einer Druckschraube, sowohl für den Vortrieb in der Luft als auch für den Antrieb am Boden. Dieses Gefährt, wenn es realisiert worden wäre, hätte auf der Straße nur sehr begrenzt verwendet werden können.

***Der Aerocar war weltweit der erfolgreichste Vorstoß zum „fliegenden Auto". Das Trag- und Leitwerk des straßentauglichen Luftfahrzeugs war als Anbausatz zum Fahrzeugaufbau ausgelegt.***

### TECHNISCHE DATEN

**Aerocar Aerocar III**

**Typ:** zweisitziges straßengängiges Luftfahrzeug

**Triebwerk:** ein gedrosselter Avco Lycoming O-320-A1A Vierzylinder-Boxermotor mit 107 kW (145 PS)

**Leistung:** (A: Luftfahrzeug; B: Kraftfahrzeug) Reisegeschwindigkeit A in 1525 m Höhe 201 km/h, B 113 km/h; Dienstgipfelhöhe A 3660 m; Reichweite A 805 km, B 483 km

**Gewicht:** Leergewicht A 680 kg, B 499 kg; max. Startmasse A 953 kg

**Abmessungen:** Spannweite 10,36 m; Länge A 7,01 m, B 3,35 m, B mit Flächen/Leitwerk am Hänger 8,08 m; Höhe A 2,13 m, B 1,32 m, B mit Trailer 2,44 m; tragende Fläche 17,65 $m^2$

## Aeronca L-3 Grasshopper

Das US Army Air Corps (USAAC) erkannte den Wert des Leichtflugzeugs für Beobachtungs- und Verbindungsflüge erst relativ spät. Den Anstoß gaben letztendlich Erkenntnisse aus dem Zweiten Weltkrieg in Europa, wo sich dieses Mittel als äußerst nützlich erwiesen hatte. (Das war Ende 1940, als der Krieg bereits ein Jahr tobte.) Folglich startete die US Army 1941 eine eigene Bewertung dieser Flugzeuggattung, indem sie bei jedem der drei renommierten Hersteller – Aeronca, Piper und Taylorcraft – je vier Exemplare erwarb. Nur kurze Zeit später orderte die US Army bei allen drei Unternehmen eine größere Stückzahl zur Vollerprobung durch die Truppe, die sie noch bei den Herbstmanövern jenes Jahres einsetzen sollte. Die amerikanische Heeresführung erkannte rasch, welche Möglichkeiten diese Leichtflugzeuge, sowohl für den Verbindungsdienst als auch zur Unterstützung der Feldtruppe, boten.

Ende 1928 als Aeronautical Corporation of America gegründet, änderte das Unternehmen seinen Firmennamen 1941 in Aeronca Aircraft Corporation. Eines ihrer erfolgreichsten Produkte war **Model 65**, ein zuverlässiges ziviles Schulflugzeug mit Tandemsitzen und Doppelsteuer in der Auslegung eines Hochdeckers. Die ersten vier vom USAAC beschafften Flugzeuge erhielten die Bezeichnung **YO-56**. Ihnen folgten 50 **O-58**, 20 **O-58A** und 335 **O-58B** für die USAF, die am 20. Juni 1941 aufgestellt worden war. Im Jahr darauf änderte sich der Kennbuchstabe „O“ (Observation – Beobachtung) in „L“ (Liason – Verbindung), so daß die O-58, O-58A und O-58B zur **L-3, L-3A** und **L-3B** wurden. Weitere Serien von 540 L-3B und 490 L-3C wurden geliefert bzw. fertiggestellt, bevor die Produktion 1944 auslief. Die Bezeichnungen **L-3D/-3E/-3F/-3G/-3H/-3J** betrafen das zivile Modell 65 mit unterschiedlichem Antrieb, das mit Eintritt der Vereinigten Staaten in den Zweiten Weltkrieg dienstverpflichtet wurde.

Die meisten L-3 waren grundsätzlich gleich, lediglich die Ausrüstung änderte sich geringfügig von einer Version zur anderen. Allen gemeinsam war das Rumpf-/Leitwerksgerüst aus geschweißtem Stahlrohr und Stoffbespannung. Auch die Tragflächen mit Fichtenholm und Leichtmetallrippen und die in einen Metallrahmen gefaßten Querruder waren mit Stoff abgedeckt. Das Fahrgestell mit Spornrad war nicht einziehbar, und die getrennten Hauptbeine enthielten Öl-Feder-Stoßdämpfer in der seitlichen V-Verstrebung. Zur Segelfliegerausbildung entwickelte Aeronca eine Version der Model 65 ohne Antrieb. Die Flächen, das Leitwerk und der hintere Rumpfabschnitt der L-3 blieben unverändert, aber der neu konzipierte Vorderrumpf hatte vorn einen dritten Sitz für den Segelfluglehrer, so daß zwei Schüler die beiden ursprünglichen Sitze einnehmen konnten. Allen drei Besatzungsmitgliedern standen ähnliche Steuer- und Kontrolleinrichtungen sowie Instrumente zur Verfügung. Insgesamt 250 solche Segelschulflugzeuge gingen mit der Bezeichnung **TG-5** an die USAF, während die Navy ihre drei Erprobungsgleiter als **LNR** führte. Die Produktion der Aeronca-Verbindungsflugzeuge wurde nach dem Krieg fortgeführt. Die **L-16** wurde für die USAF entwickelt.

***Die US Army nutzte die L-3 Grasshopper ebenso wie die Aeronca Model 65 für den Beobachtungs- und Verbindungsdienst im Zweiten Weltkrieg. Das Muster konnte praktisch auf jeder freien Fläche in der Nähe amerikanischer Truppen landen und starten.***

**TECHNISCHE DATEN**

**Typ:** zweisitziges leichtes Verbindungs- und Beobachtungsflugzeug
**Triebwerk:** ein Continental O-170 Vierzylinder-Boxermotor mit 48 kW (65 PS)
**Leistung:** Höchstgeschwindigkeit 140 km/h; Reisegeschwindigkeit 74 km/h; Dienstgipfelhöhe 3050 m; Reichweite 322 km
**Gewicht:** Leermasse 379 kg; max. Startmasse 590 kg
**Abmessungen:** Spannweite 10,67 m; Länge 6,40 m; Höhe 2,34 m; tragende Fläche 14,68 m²
**Bewaffnung:** keine

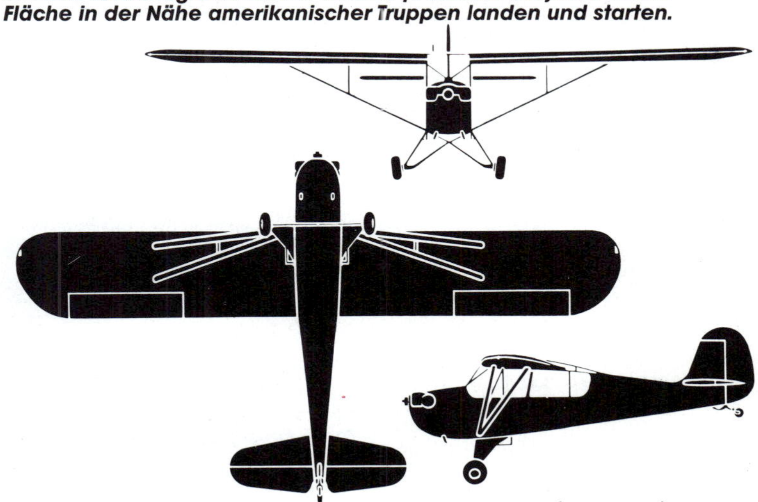

***Aeronca L-3 (Model 65) Grasshopper***

## Aeromarine 75

In der Periode unmittelbar nach dem Ersten Weltkrieg entwarf Aeromarine das zivile Flugboot Modell 75 für 12 Passagiere. Aeromarine hatte – wie zahlreiche andere Hersteller in Europa und in den Vereinigten Staaten auch – die Bedeutung dieser Luftfahrzeugkategorie für den zivilen Luftverkehr der Zukunft erkannt. Wie alle Flugzeugbauer mußte auch Aeromarine feststellen, daß dieses und ähnlich ehrgeizige Projekte verfrüht waren. Aeromarine hatte sich in der Einschätzung des Bedarfs um einige Jahre vertan.

Aeromarines Flugboot für den kommerziellen Luftverkehr basierte auf der Umrüstung einer Curtiss F-5L. Für die 12 Passagiere waren zwei Kabinen vor und hinter dem Doppeldecker-Tragwerk ungleicher Spannweite eingerichtet, während die zweiköpfige Besatzung in einem offenen Cockpit im Bug direkt unter dem Oberflügel untergebracht war. Der aus Holz konstruierte Bootsrumpf bestach durch eine saubere Linienführung. Die Primärstruktur der Tragflächen und des abgestrebten Leitwerks bestand aus stoffbespanntem Holz, und Schwimmer an den äußeren Enden der Unterflügel sorgten für das nötige Gleichgewicht auf dem Wasser. Den Antrieb lieferten zwei Liberty-Reihenmotoren, die, in gehörigem Abstand zum Bootsrumpf auf Stützstreben des Unterflügels ruhend, je eine Zweiblatt-Zugschraube drehten.

Zwei Aeromarine Model 75 wurden bis 1923 auf der Strecke zwischen Key West und Havanna eingesetzt.

**TECHNISCHE DATEN**

**Typ:** ziviles Flugboot
**Triebwerke:** zwei Liberty 12 Vee Reihenmotoren je 261 kW (355 PS)
**Leistung:** Reisegeschwindigkeit 121 km/h; Reichweite 1335 km
**Gewicht:** max. Startmasse 6508 kg
**Abmessungen:** obere Spannweite 32,62 m, untere Spannweite 23,77 m;
**Länge** 15,04 m; Höhe 5,72 m; tragende Fläche 129,78 m²

***Das Flugschiff Aeromarine 75 „Mendoza“ läuft mit 27 Personen an Bord in New York ein. Dies war die größte Passagierzahl eines Flugbootes in Amerika.***

## Aérospatiale (Fouga) CM.170 Magister/CM.175 Zéphyr

Die zunächst von Air Fouga und später von Potez gebaute **Aéropatiale CM.170 Magister** war weltweit das erste Schulflugzeug mit Strahlantrieb. Es entsprach einer Forderung der Armée de l'Air. Der Prototyp absolvierte seinen Erstflug am 23. Juli 1952, und im Jahr darauf erging ein Auftrag für eine Vorserie von 10 Maschinen. Das erste Serienflugzeug einer Baureihe von 95 Exemplaren für die Armée de l'Air hob am 29. Februar 1956 zum ersten Mal vom Boden ab.

Der Forderung der Aéronavale nach einer eigenen Marineversion dieses Musters wurde mit der CM.175 Zéphyr entsprochen. Zwei Prototypen und 30 Serienflugzeuge wurden gefertigt.

Neben der Armée de l'Air ging die Magister auch an die Luftstreitkräfte von Brasilien, Deutschland, Israel, Österreich, Finnland, Belgien, Kambodscha, dem Kongo und dem Libanon. Aus zweiter Hand erwarben Algerien, Bangladesch, Kamerun, Gabun, Guatemala, Irland, Libyen, Marokko, Salvador, Senegal und Togo dieses Muster.

Außer den exportierten Maschinen französischer Herstellung fertigte die deutsche Flugzeug-Union Süd dieses Muster in Lizenz für die Flugzeugführerschule der Luftwaffe. Nachdem die fliegerische Ausbildung Ende der sechziger Jahre größtenteils in die Vereinigten Staaten ausgelagert worden war, sonderte die Luftwaffe die Fouga Magister allmählich aus. In Finnland fertigte Valmet OY 62 Magister in Lizenz, nachdem 18 Exemplare gekauft worden waren. Israel Aircraft Industries, die ebenfalls Lizenzrechte an diesem Muster erworben hatte, fertigte diesen Typ in großer Stückzahl als leichtes taktisches Kampf- und Schulflugzeug. Insgesamt belief sich die Produktion auf 916 Exemplare.

Die Magister ist eine Ganzmetallkonstruktion in der Auslegung eines Mitteldeckers, dessen Flächen mit einfachen Spaltklappen und Luftbremsen bestückt sind. Die Flossen des Schmetterlings-Leitwerks, die mit kombinierten Seiten- und Höhenrudern ausgestattet sind, stehen im Winkel von 110° zueinander.

Der Treibstoff wird in zwei Rumpftanks mit einer Kapazität von 225 und 475 Litern sowie Flügelspitzentanks, je 125 Liter, mitgeführt.

Das druckbelüftete und klimatisierte Tandemcockpit enthält getrennte Sauerstoffanlagen für die Besatzung, aber keine Schleudersitze. VHF-Funkgeräte, Blindflug-Instrumentierung und Radiokompaß sind Teil der Standardausstattung der Trainer, während die bewaffneten Magister mit UHF-Funk, TACAN und IFF ausgerüstet sein können.

Zum Waffenspektrum gehören zwei Maschinengewehre im Bug, Kaliber 7,5 mm oder 7,62 mm, mit 200 Schuß Munition pro Rohr. Beiden Flugzeugführern steht ein Kreiselvisier zur Verfügung, dem hinteren Besatzungsmitglied zusätzlich ein Periskop-Sichtgerät. Die Tragflächen lassen sich mit zwei Matra Typ 181 Raketenbehältern mit je 18 37-mm-Projektilen, zwei Behältern mit je sieben 68-mm-Raketen, vier ungelenkten 25 kg schweren Luft-Boden-Raketen, acht 88-mm-Raketen, zwei 50-kg-Bomben oder zwei Nord AS.11 Lenkraketen beladen.

Etwa 310 der angeschafften Magister hielt die Armée de l'Air bis Mitte der achtziger Jahre im Dienst. Die französischen Fluganwärter erhielten im Grundlehrgang 150 Flugstunden auf der Magister, entweder bei der Ecole de l'Air in Salon-de-Provence oder beim Groupement Ecole 315 in Cognac. Auch Groupement Ecole 313 nutzte die Magister zur Fluglehrerausbildung im Bereich der Armée de l'Air und der Flugschüler aus Übersee. Die Magister der Force Aérienne Belge bei der Ecole de Pilotage Avancé in Brustem wurden 1979 durch Alpha Jets von Dassault-Breguet/Dornier ersetzt. In Finnland löste eine Erstserie von 50 British Aerospace Hawk Anfang der achtziger Jahre die Magister der zentralen Flugschule in Kauhava ab.

Israel, der Hauptnutzer der Magister als leichtes Kampfflugzeug, unterhält nach wie vor 80 Maschinen dieses Typs für Ausbildungs- und Einsatzzwecke.

Zwischen 1981 und 1987 modernisierte die Bedek Division von IAI etwa 80 Exemplare. Der neue Standard Tzukit (Drossel) umfaßte u.a. den Einbau von Marboré VIC-Triebwerken je 480 kg Schub und dem Stand der Technik entsprechenden Avioniksystemen. Der Triebwerktyp Marboré VI kam aber auch bei einigen Magister während der französischen Urproduktion zum Einsatz, eine andere Version wurde als Super Magister bekannt.

**Versionen**

**CM.170-1:** Grundserienversion der Magister mit zwei Strahltriebwerken Marboré IIA; drei Prototypen, 10 Vorserienflugzeuge, 257 Maschinen für die Armée de l'Air und fünf Exemplare für das CEV sowie Export- und Lizenzproduktionen für die Luftwaffe (250), Österreich (18), Belgien (48), Kambodscha (4), Kongo/Leopoldville (6), Finnland (82), Israel (52) und Libanon (4).

**CM.170-2:** wie CM.170-1 mit 480 kg Schub starken Marboré VIC-Strahltriebwerken; die letzten 130 Flugzeuge für die Armée de l'Air und sieben Exemplare für Brasilien wurden fertiggestellt; sechs CM.170-1 für das Irish Army Air Corps erhielten nachträglich den Standard -2.

**CM.170-3:** wie CM.170-2, jedoch mit Martin-Baker Schleudersitzen, modifiziertem Kabinendach und erhöhter Treibstoffkapazität; genannt Supermagister.

**CM.171:** eine einzelne Magister als Testträger für Turboméca Gabizo Triebwerke je 1100 kg Schub.

**CM.173:** Super Magister; siehe CM.170-3.

**CM.175:** für den Einsatz bei der Aéronavale konzipierte Version namens Zéphyr mit Fanghaken und anderen Modifikationen; ein Prototyppaar (Erstflug am 30. Mai 1959) und 30 Serienflugzeuge; Indienststellung 1992.

**CM.191:** gemeinsam von Heinkel und Potez entwickelte Magister-Version als viersitziges Reiseflugzeug mit Marboré VI-Antrieb; nur ein Versuchsflugzeug, das am 19. März 1962 erstmals flog.

**Potez 94:** geplante Serienversion der Super Magister (siehe CM.170-3) als P.94B und Umbezeichnung des Prototyps CM.173 in P.94A.

**Fouga 90:** verbesserter Abkömmling der CM.170 von Aérospatiale, zunächst als FanJet 600 bekannt; zwei Turbofan-Triebwerke vom Typ Turboméca Astafan IIG mit je 700 kg Schub, ein weitgehend neu entworfenes Cockpit und moderne Bordsysteme; nur ein Prototyp, der am 20. August 1978 erstmals flog.

***Eine CM.170 Magister des französischen Kunstflugteams „Patrouille de France" in den Farben, wie sie 1972 eingeführt wurden. Das in Salon-de-Provence beheimatete Team fliegt heute mit Alpha Jets.***

***Diese CM.170 Magister der Luftwaffe wurde in Deutschland in Lizenz gefertigt. Sie war eine der Maschinen, die das Vorführteam der Flugzeugführerschule A in Landsberg 1962 flog.***

***Dies ist eine der von Messerschmitt gebauten CM.170 Magister der Luftwaffe, die später an die algerischen Luftstreitkräfte weitergegeben wurden, in den Farben des neuen Halters in Oran im Jahre 1975.***

***Den Kernbestand an Flugzeugen des Irish Air Corps bildet eine kleine Zahl Super Magister mit 7,62-mm-Maschinengewehren und Raketenbehältern als Bewaffnung. In erster Linie zur Ausbildung eingesetzt, verfügen die Super Magister über eine schubstärkere Version des Marboré-Strahltriebwerks.***

## TECHNISCHE DATEN

**Aérospatiale CM.170 Magister**

**Typ:** zweisitziger Strahltrainer und leichtes Kampfflugzeug

**Triebwerke:** zwei Turboméca Marboré IIA Strahltriebwerke mit je 400 kg Schub

**Leistung:** Höchstgeschwindigkeit 715 km/h in 9.150 m Höhe; Anfangssteiggeschwindigkeit 17 m/sek; Dienstgipfelhöhe 11.000 m; Reichweite 925 km

**Gewicht:** Leermasse 2150 kg; Startmasse mit Außentanks 3100 kg; max. Startmasse 3200 kg

**Abmessungen:** Spannweite über die Flächenendtanks 12,12 m; Länge 10,06 m; Höhe 2,80 m; tragende Fläche 17,30 m$^2$

**Bewaffnung:** zwei Maschinengewehre im Bug, Kaliber 7,5 mm oder 7,62 mm, und Raketen, Bomben oder Nord AS.11 Lenkraketen unter den Flächen

# Aero Spacelines, Guppy-Serie, bis Aérospatiale SE 313B/SA 318C Alouette II

**Aero Spacelines war eine Gründung aus dem Jahr 1960 zur Vergrößerung des Rumpfs von Transportflugzeugen für übergroße Frachtstücke. Aérospatiale, inzwischen der französische Zweig des deutsch-französischen Eurocopter, hat auch Starrflügelflugzeuge gebaut, ist an sich aber auf Hubschrauber spezialisiert. Deren bedeutendster unter den frühen Hubschraubern war der Alouette II, konstruiert von Sud-Est. Dieses Werk ging in der Sud-Aviation auf, welche ihrerseits heute zu Aérospatiale gehört.**

## Aero Spacelines Guppy (Serien)

Aero Spacelines, seinerzeit noch im kalifornischen Van Nuys ansässig, erkannte als erste Firma die kommerziellen Möglichkeiten übergroßer Frachtflugzeuge für den Lufttransport von Raketenstufen, wie sie früher im amerikanischen Raumfahrtprogramm verwendet wurden, von Hauptbaugruppen zu montierender Verkehrsflugzeuge, Großgerät der Ölindustrie und anderen Frachtguts, das verfügbare Luftfahrzeuge nicht an Bord nehmen konnten. 1961 begann die Firma mit dem Umbau einer Boeing B-377 Stratocruiser: hinter den Tragflächen verlängerte man den Rumpf um 5,08 m und setzte eine gewaltige neukonstruierte Rumpfröhre auf das alte, oben offene Flugwerk. Auf diese Weise erhielt man eine Kabine, die Frachtstücke mit einem Durchmesser von bis zu 6,02 m aufnehmen konnte. Diese **B-377PG Pregnant Guppy** (trächtiger Guppy) flog erstmals am 19. September 1963 und transportierte ab Sommer 1963 Saturn Raketenstufen im Auftrag der NASA.

Ein noch größeres Flugzeug folgte mit der **B-377SG Super Guppy**: diese Maschine hatte nicht nur einen übergroßen Rumpf mit einer Frachtkabine von 33,17 m x 7,62 m x 7,77 m (LBH) sondern auch eine größere Spannweite und vier Turboprop-Triebwerke je 5220 kW (7099 PS) Äquivalentleistung. Die Super Guppy wurde ebenfalls im Dienst des US-Raumfahrtprogramms eingespannt. Sie war das einzige Flugzeug, das die dritte Stufe einer Saturn V Startrakete und die Lunarmodul-Adapterbaugruppe befördern konnte.

In Europa besorgen vier Guppy-201 den Transport von Hauptbaugruppen der Airbus-Flugzeuge zwischen den verschiedenen Herstellerfirmen und Montagewerken. Diese Maschinen fliegt Union de Transports Aériens (UTA), als Aéromaritime bekannt, im Auftrag von Airbus Industries. Auch diese Großtransporter gründen auf dem Flugwerk der Boeing B-377/C-97 und erhielten außer dem „aufgeblasenen" Rumpf weiter gespannte Tragflächen und Allison 501-D22C-Triebwerke. Der Frachtraum ist 33,99 m lang, 7,77 m hoch und 7,65 m breit und bietet ein Nutzvolumen von 1104,4 $m^3$. Zur Erleichterung der Be- und Entladevorgänge läßt sich der gesamte Vorderrumpf einschließlich Flugdeck um 110° nach links aufklappen. Die Guppy-201 sind seit 1972/73 im Einsatz.

***Der riesige Buckelrumpf der Guppy-201 ermöglicht den Lufttransport von Frachtgut mit Übergrößen. Aéromaritime fliegt dieses und vier weitere Großtransportflugzeuge für Airbus Industries. Sie befördern Airbus-Baugruppen zwischen den einzelnen Herstellern und dem Montagewerk in Toulouse.***

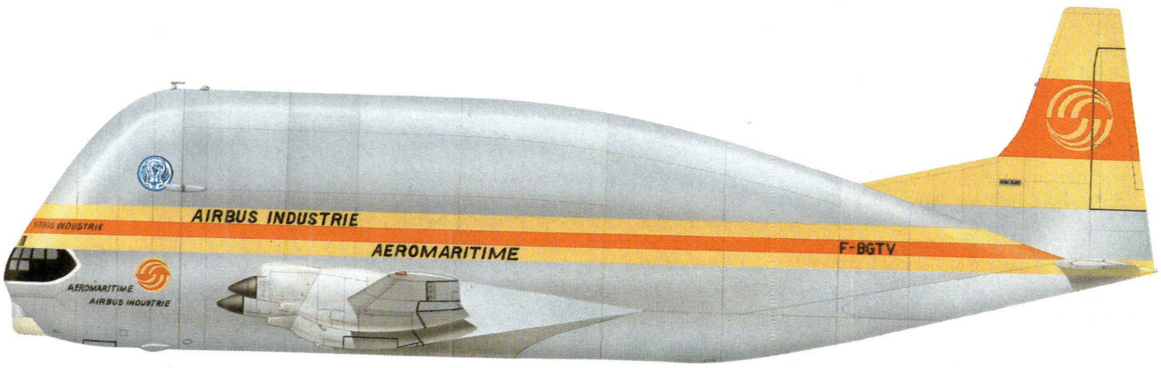


**TECHNISCHE DATEN**

**Aero Spacelines Guppy 201**

**Typ:** Schwerlast-Transportflugzeug
**Triebwerke:** vier Allison 501-D22C Propellerturbinen je 3663 kW (4981 PS) Äquivalentleistung
**Leistung:** Höchstgeschwindigkeit 463 km/h; wirtschaftliche Reisegeschwindigkeit in 6100 m Höhe 407 km/h; Dienstgipfelhöhe 7620 m; Reichweite mit max. Zuladung und 45-Min-Treibstoffreserve 813 km
**Gewicht:** Leermasse 45.359 kg; max. Startmasse 77.111 kg
**Abmessungen:** Spannweite 47,63 m; Länge 43,84 m; Höhe 14,78 m; tragende Fläche 182,51 $m^2$
**Betreiber:** Aéromaritime

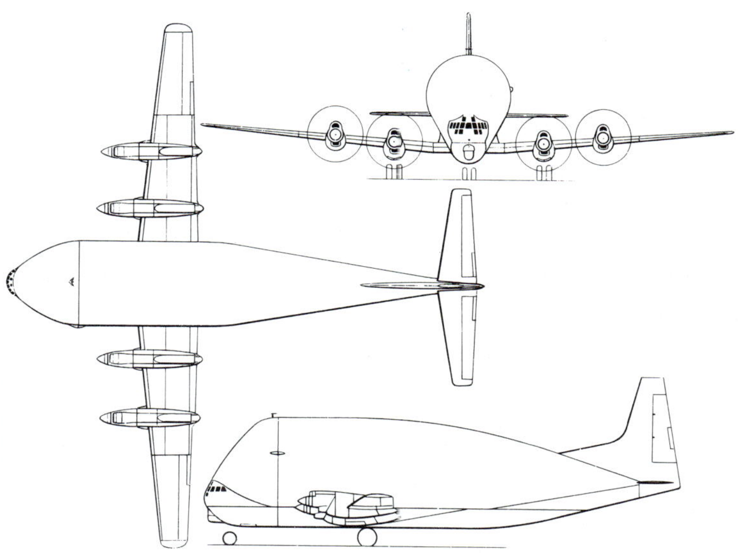

*Aero Spacelines Guppy-201*

## Aérospatiale Epsilon

Erste Einzelheiten zu einem neuen kolbengetriebenen Schulflugzeug namens **Aérospatiale TB-30** wurden im September 1978 verlautbart. Dem Entwurf lag eine Forderung der Armée de l'Air für einen leichten Trainer zur Vorauswahl der Fluganwärter zugrunde, bevor diese für die fliegerische Grundausbildung auf der strahlgetriebenen Air Fouga-Potez Magister zugelassen wurden. Dahinter stand der Zwang zur Kosteneinsparung, und dementsprechend war die zwischenzeitlich umbenannte **Epsilon** ein einfacher und robuster Tandem-Zweisitzer, dessen Konzept Aérospatiale über mehrere Jahre hinweg kontinuierlich verfeinerte. So wurde die vollständig aus Metall gefertigte Zelle für eine Lebensdauer von 10.000 Flugstunden (in harter militärischer Ausbildung) ausgelegt. Das Cockpit im Stil eines modernen Strahljägers enthält alle zur Grundschulung notwendigen Ausrü-

***Aérospatiale entwickelte die Epsilon als effizientes, kunstflugtaugliches Schulflugzeug für die fliegerische Grundausbildung bei der Armée de l'Air.***

stungskomponenten, vom Kunst-, Instrumenten-, Nacht-, Formations- und VFR/IFR-Navigationsflug bis hin zu Kampfmanövern. Möglicherweise werden später weitere Versionen für den Verbindungsdienst (viersitzig) und für leichte Angriffsaufgaben vermarktet. Der erste von zwei Prototypen absolvierte seinen Jungfernflug am 22. Dezember 1977, doch anschließend verursachten Stabilitätsschwächen bei hohen Geschwindigkeiten um die Quer- und Hochachse eine Verzögerung, bis die Endfläche neu entworfen, das Höhenleitwerk tiefer gelegt und eine Kielflosse hinzugefügt waren. Die französischen Luftstreitkräfte bestellten 150 Epsilon, deren Lieferung durch SOCATA, der Aérospatiale-Tochter in Tarbes, 1982 begann. Die Luftstreitkräfte Portugals erteilten einen Auftrag für 18 Flugzeuge, 17 davon wurden von der Firma OGMA im eigenen Lande montiert.

### TECHNISCHE DATEN

**Aérospatiale Epsilon**

**Typ:** Schulflugzeug
**Triebwerk:** ein Avco Lycoming AEI0-540-K Sechszylinder-Boxermotor mit 224 kW (305 PS)
**Leistung:** Höchstgeschwindigkeit 355 km/h in Meereshöhe; Anfangssteiggeschwindigkeit 9,17 m/sek; Dienstgipfelhöhe 6100 m; Reichweite 1300 km
**Gewicht:** Leermasse 870 kg; max. Startmasse 1190 kg
**Abmessungen:** Spannweite 7,90 m; Länge 7,60 m; Höhe 2,70 m; tragende Fläche 9,00 $m^2$
**Bewaffnung:** vier Träger unter den Flächen für Außenlasten bis zu 480 kg an Kanonenbehältern, Bomben und Raketen

# Aérospatiale Caravelle

***Eine Aérospatiale (Sud) SE.210 Caravelle Super 12 der dänischen Fluggesellschaft Sterling Airways. Es gibt nur noch fünf Caravelles im Liniendienst.***

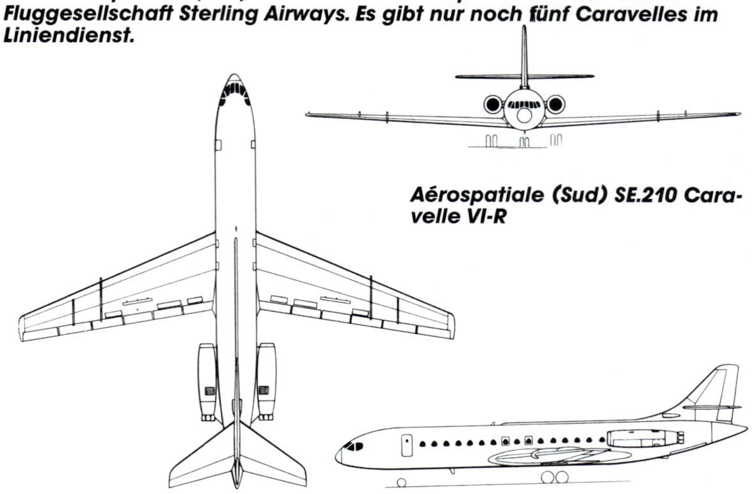

***Aérospatiale (Sud) SE.210 Caravelle VI-R***

Drei Erstmerkmale kennzeichneten die **Caravelle**: Frankreichs erstes Verkehrsmuster mit Strahlantrieb, der erste strahlgetriebene Kurz- und Mittelstrecken-Airliner der Welt und erstmals Gondeltriebwerke am Heck. Die vom französischen Luftfahrtministerium im November 1951 veröffentlichte Leistungsbeschreibung beinhaltete einen turbinengetriebenen Airliner, der auf dem internationalen Markt gegen britische und amerikanische Muster dieser Kategorie bestehen konnte, die bereits flogen bzw. in der Entwicklung waren.

Sechs nationale Hersteller reichten auf diese Ausschreibung hin Angebote ein, von denen der Entwurf der Sud-Est den Zuschlag erhielt. Im Januar 1953 vergab das Secrétariat d'Etat à l'Air einen Auftrag zur Konstruktion von zwei Versuchsflugzeugen, für die wenige Wochen später der Name Caravelle gefunden wurde. Sud-Est oder Société Nationale de Constructions Aéronautiques du Sud-Est (SNCASE), wie die korrekte Bezeichnung lautet, wurde am 1. März 1957 mit Sud-Ouest (SNCASO) zur Sud-Aviation verschmolzen. In der Folgezeit wurde diese Organisation mit Nord-Aviation und SEREB vereint, um am 1. Januar 1970 die Société Nationale Industrielle Aérospatiale zu bilden.

Sud-Est hatte die Caravelle, damals noch als SE 210 geführt, für 52 Passagiere ausgelegt. In dieser Form flog der erste der beiden Prototypen mit zwei Rolls-Royce Avon RA.26 Turbojet-Triebwerken mit je 4536 kg Schub als Antrieb am 27. Mai 1955 zum ersten Mal. Bei der ersten Serienmaschine **Caravelle I** aber war der Rumpf um 141 cm gestreckt worden, so daß in der Mischklassen-Sitzkonfiguration 64 Fluggäste Platz fanden.

Die Caravelle war eine Ganzmetallkonstruktion in der Auslegung eines Tiefdekkers. Die Pfeilflächen waren mit hydraulisch betätigten Querrudern, Fowler-Landeklappen sowie oberen und unteren Luftbremsklappen vor dem Auftriebsklappensystem ausgestattet. Auch die Leitwerksruder wurden über hydraulische Kraftverstärker ausgelenkt, und die Höhenflossen waren am Seitenleitwerk montiert, um sie vom Abgasstrahl der seitlich am Rumpfheck angeordneten Gondeltriebwerke frei zu halten. Mit diesem Konzept wollte man vor allem eine aerodynamisch optimale Tragfläche erreichen, deren Anströmung durch keinerlei Zusätze wie Triebwerke, Gondeln und Stiele gestört wurde. Das zweite Ziel war eine Minderung des Geräuschpegels in der Passagierkabine. Hiervon profitierten die weiter vorn sitzenden Fluggäste am meisten, und zahlreiche Flugreisende, die später einen Vergleich zwischen der Caravelle und der Boeing 707 oder der de Havilland Comet anstellen konnten, schwärmten von der „leisen" Caravelle-Kabine. Das hydraulisch nach hinten einziehende Fahrgestell bestand aus drei Baugruppen mit Zwillingsrädern vorn und Vierrad-Achsträgern unter den Innenflächen. Den Antrieb der Caravelle I (19 Maschinen) besorgten zwei Avon RA.29 Mk 522 mit je 4763 kg Schub, während die nächsten 13 **Caravelle IA** mit RA.29/1 Mk 526 ausgerüstet wurden.

Es folgte die Baureihe **Caravelle III** mit 78 Flugzeugen, die sich durch das RA.29/3 mit 5307 kg Schub von früheren Caravelles unterschieden. Mit Ausnahme einer Mk I erhielten aber alle älteren Maschinen nachträglich den Standard der Mk III. Anschließend wurde die Serienfertigung auf die Caravelle VI in zwei Varianten, die VI-N (53 Exemplare) und VI-R (56 Exemplare), umgestellt. Während in die VI-N RA.29/6 Mk 531 mit 5534 kg Schub eingebaut wurden, erhielt die VI-R das 5715 kg Schub Mk 532R oder Mk 533R mit Schubumkehrern zur Verkürzung der Landestrecke. Zu den weiteren Verbesserungen der VI-R zählten eine erweiterte Cockpitverglasung, stärkere Bremsen und Störklappen zur Auftriebsminderung.

Die Anschlußbaureihe brachte die **Super Caravelle**, die am 3. März 1964 zum ersten Mal vom Boden abhob, hervor. Dies war eine gründlich überarbeitete Version des Grundmusters Caravelle mit einer Vielzahl aerodynamischer Verfeinerungen. So waren die Flächenansätze weiter vorgezogen, Doppelspaltklappen mit 10° größerem Fahrbereich, eine Kegelverkleidung am Leitwerk zwischen Seiten- und Höhenrudern und eine um 140 cm größere Spannweite des Höhenleitwerks eingeführt worden. Den Antrieb dieser 22 Maschinen besorgten neue Mantelstromtriebwerke, JT8D-7 von Pratt & Whitney mit je 6350 kg Schub, und ein Rumpfstrekkungsteil von 1 m Länge ermöglichte es, die Zahl der Passagiersitze auf 104 in der Touristenklasse zu erhöhen. Ein Hilfstriebwerk (APU), neue Elektrik- und Hydrauliksysteme und als Sonderausstattung eine erweiterte Kraftstoffkapazität vervollständigten die Weiterentwicklung.

Auf die Super Caravelle, anfangs **Caravelle 10B** bezeichnet, folgte die **10R** mit einem Erstflug am 18. Januar 1965. Diese 20 Maschinen verbanden die Zelle der Caravelle VI mit JT8D-7-Mantelstromtriebwerken und Kaskaden-Schubumkehranlagen, die Sud-Aviation entwickelt hatte. Geringfügige Änderungen am Flugwerk zielten auf eine Erweiterung der unteren Frachträume ab. Nachdem sich gezeigt hatte, daß die Frachtkapazität für Mittel-

***Die attraktive Caravelle gehörte zur ersten Generation strahlgetriebener Verkehrsflugzeuge und war – besonders in Europa – ein glatter Erfolg. Air Inter verfügte über eine beachtliche Flotte für Flüge innerhalb Frankreichs.***

streckenflüge nicht ausreichte, entwickelte das Unternehmen die **Caravelle 11R** als kombinierte Passagier-/Frachtversion mit einer typischen Sitzeinrichtung für 50 Fluggäste in der Touristenklasse und 66 $m^3$ Frachtvolumen. Ermöglicht hatten dies ein Streckungsteil von 93 cm Länge, der vor dem Tragwerk in den Vorderrumpf eingefügt wurde, ein höher belastbarer Kabinenboden in Verbindung mit punktuellen Strukturverstärkungen, eine Frachtklappe (332 cm x 184 cm) auf der linken Seite des Vorderrumpfes und eine flexible Trennwand zwischen Passagier- und Frachtkabine. Von dieser Version wurden allerdings nur sechs Flugzeuge gefertigt, von denen das erste am 21. April 1967 seinen Jungfernflug absolvierte.

Die abschließende Caravelle-Serie war die aus der Super Caravelle entwickelte **Mk 12**, deren Rumpf nochmals um 323 cm für maximal 140 Passagiere verlängert worden war. Wegen der höheren Betriebsmasse mußte die Zelle verstärkt werden. Gleichzeitig erneuerte man den Antrieb in Form des Pratt & Whitney JT8D-9. Genau ein Dutzend Caravelle 12 wurden gebaut. Die erste hatte sich am 29. Oktober 1970 in die Luft geschwungen. Die Prototypen mit eingerechnet, belief sich die Produktion der Caravelle auf 280 Flugzeuge. Auf dem Höhepunkt ihrer Dienstzeit flog die Caravelle bei 35 Fluggesellschaften. 1992 war die Caravelle in der zivilen Luftfahrt auf eine kleine Gruppe zusammengeschmolzen, während einige unbedeutendere Luftstreitkräfte dieses Muster im Transport- und Militärdienst nutzten.

### TECHNISCHE DATEN

**Aérospatiale Caravelle 12**

**Typ:** Kurz-/Mittelstreckenverkehrsflugzeug
**Triebwerke:** zwei Pratt & Whitney JT8D-9 Turbofan-Triebwerke je 6577 kg Schub
**Leistung:** Höchstgeschwindigkeit im Reiseflug bei einem Gesamtgewicht von 50.000 kg 825 km/h; Reichweite mit einer Nutzlast von 11.200 kg 4040 km ohne Treibstoffreserve; Reichweite mit einer Nutzlast von 13.200 kg 3465 km ohne Treibstoffreserve
**Gewicht:** Leermasse 29.500 kg; max. Startmasse 58.000 kg
**Abmessungen:** Spannweite 32,29 m; Länge 36,23 m; Höhe 9,02 m; tragende Fläche 146,70 $m^2$

# Aérospatiale SE 313B/SA 318C Alouette II

Der **Aérospatiale Alouette II** war einer der ersten echten Mehrzweck-Leichthubschrauber, der sich in einer Vielzahl unterschiedlicher Rollen glänzend bewährte. Zu dieser hohen Anpassungsfähigkeit trugen eine zuverlässige Wellenturbine, die einfache Wartbarkeit und ein flexibles Fahrwerkskonzept mit Landekufen, Rad- und Schwimmerfahrgestell bei.

Der Alouette II erschien als Sud-Est SE 3120 Alouette (Lerche), ein dreisitziger Leichthubschrauber, der in erster Linie für den Einsatz in der Landwirtschaft gedacht war. Der Prototyp des SE 3120 flog am 31. Juli 1952 mit einem 147 kW (200 PS) starken Salmson 9NH Sternmotor als Antrieb. Einen Monat später stellte dieser Hubschrauber einen neuen internationalen Rekord mit einer Flugdauer von 13 Stunden und 56 Minuten auf einem geschlossenen Rundkurs auf. Anschließend wurde die Zelle zur Installation einer Wellenturbine vom Typ Turboméca Artouste I mit 265 kW (360 WPS) völlig neu entwickelt. Der erste von zwei Prototypen mit der neuen Bezeichnung **SE 3130** flog erstmals am 12. März 1955, und 1956 folgten die ersten drei Serienhubschrauber. Am 2. Mai 1956 erteilte die französische Luftfahrtbehörde dem Alouette II die Musterzulassung, und die Nachfrage auf dem internationalen Markt entwickelte sich rasch. 1957 fusionierte Sud-Est mit Sud-Aviation und die zwischenzeitlich in **SE 313B** geänderte Bezeichnung wurde nach der Übernahme von Sud durch Aérospatiale beibehalten. Der Alouette II erwies sich auf Anhieb als ein höchst erfolgreicher Entwurf, der sich vor allem für den Einsatz in größerer Höhe eignete. Zwischen dem 9. und 13. Juni 1958 stellte ein von einer Artouste-Wellenturbine angetriebener Alouette mit 10.981 m einen neuen Höhenweltrekord für Hubschrauber aller Klassen und mit 9583 m einen Höhenrekord für die Klasse der 1000 bis 1750 kg schweren Helikopter auf. Bis September 1960 hatten Käufer in 22 verschiedenen Ländern nicht weniger als 598 Exemplare geordert. In den Vereinigten Staaten fertigte Republic und in Schweden Saab dieses Muster. Dies war das erste französische Luftfahrzeug und weltweit der erste Auslandshubschrauber, dem das US-Luftfahrtbundesamt eine Zulassung erteilte.

Im Mai 1957 kündigte das Unternehmen die Entwicklung einer Version **SE 3140** mit der 294 kW (400 WPS) starken Wellenturbine Turboméca Turmo II an, stoppte diese aber noch vor Aufnahme der Serienproduktion. Mehr Erfolg war einer anderen Ableitung mit der wirtschaftlicheren Wellenturbine Astazou IIA und einer neuen Fliehkraftkupplung beschieden. Nach dem Erstflug des Prototyps SA 3180 am 31. Januar 1960 und umfassender Erprobung erweiterte die französische Luftfahrtbehörde die Musterzulassung des Alouette II am 18. Februar 1964 auf die neue Variante. Die Serienfertigung als **SA 318C** lief an, und die ersten Exemplare wurden 1964 geliefert. Im äußeren Erscheinungsbild und in der Vielseitigkeit nahezu unverändert, hatte der **SA 318C** eine etwas höhere Geschwindigkeit im Horizontalflug, verfügte über eine größere Reichweite und konnte schwerere Lasten heben. Andererseits büßte er einen Teil der Höhenqualität ein. Bis Juni 1957 waren 988 Alouette II (einschließlich der Astazou-Träger) bestellt und 969 Hubschrauber geliefert; bis 21. Mai 1970 war die Gesamtzahl auf 1200 Exemplare (923 mit Artouste und 277 mit Astazou) gestiegen, davon 450 Alouette II an die französischen Luftstreitkräfte (Luftwaffe, Heer und Marine) und Private ausgeliefert. Bis Produktionsende im Frühjahr 1975 waren 1300 Alouette II an 126 zivile und militärische Betreiber in 46 Ländern verkauft worden.

Im militärischen Einsatz lassen sich beide Versionen des Alouette II mit Raketen, Lenkwaffen und Kanonen bewaffnen. 1992 flogen insgesamt noch 20 Luftstreitkräfte diese Maschinen.

***Bei zivilen wie militärischen Haltern gleichermaßen beliebt, avancierte der Alouette II zu durchschlagendem Erfolg. Dieses Muster fand weltweit Verwendung als Nutztransport-, Rettungs-, Verbindungs-, Beobachtungs- und leicht bewaffneter Kampfhubschrauber. Dieses Exemplar diente in Innsbruck als Lufttaxi. Die Produktion ist längst ausgelaufen, aber eine große Zahl Alouette II leistet weiterhin unverdrossen Dienst, sowohl in privater Hand als auch bei einigen nachrangigen Luftstreitkräften.***

### TECHNISCHE DATEN

**Aérospatiale SE 313B Alouette II**

**Typ:** leichter Mehrzweckhubschrauber
**Triebwerk:** eine Turboméca Artouste II C6, Wellenturbine mit 390 kW (530 WPS), auf 265 kW (360 WPS) gedrosselt
**Leistung:** (bei maximaler Startmasse) Höchstgeschwindigkeit in Meereshöhe 185 km/h; max. Marschgeschwindigkeit in Meereshöhe 165 km/h; Steiggeschwindigkeit in Meereshöhe 4,2 m/sek; Dienstgipfelhöhe 2150 m; max. Schwebeflughöhe im Bodeneffekt 1650 m; max. Schwebeflughöhe außerhalb Bodeneffekt 920 m; Reichweite mit max. Treibstoffzuladung in Meereshöhe 565 km; Reichweite mit 545 kg Nutzlast in Meereshöhe 100 km; Reichweite mit 390 kg Nutzlast in Meereshöhe 300 km; Flugdauer mit max. Treibstoffzuladung in Meereshöhe 4 Stunden und 6 Minuten
**Gewicht:** Leermasse 895 kg; max. Startmasse 1600 kg
**Abmessungen:** Durchmesser des Hauptrotors 10,20 m; Durchmesser des Heckrotors 1,81 m; Länge (Rotorblätter gefaltet) 9,70 m; Höhe 2,75 m; Hauptrotorkreisfläche 81,7 $m^2$

**Aérospatiale SE 318C Alouette II Astazou**

**Typ:** leichter Mehrzweckhubschrauber
**Triebwerk:** eine Turboméca Astazou IIA Wellenturbine mit 390 kW (530 WPS)
**Leistung:** (bei maximaler Startmasse) Höchstgeschwindigkeit in Meereshöhe 205 km/h; max. Marschgeschwindigkeit in Meereshöhe 170 km/h; Steiggeschwindigkeit in Meereshöhe 6,6 m/sek; Dienstgipfelhöhe 3300 m; max. Schwebeflughöhe im Bodeneffekt 1520 m; max. Schwebeflughöhe außerhalb Bodeneffekt 900 m; Reichweite mit max. Treibstoffzuladung in Meereshöhe 720 km; Reichweite mit 600 kg Nutzlast in Meereshöhe 100 km; Reichweite mit 480 kg Nutzlast in Meereshöhe 300 km; Flugdauer mit max. Treibstoffzuladung in Meereshöhe 5 Stunden und 18 Minuten
**Gewicht:** Leermasse 890 kg; max. Startmasse (zivile Version) 1600 kg
**Abmessungen:** Durchmesser des Hauptrotors 10,20 m; Durchmesser des Heckrotors 1,91 m; Länge (mit drehendem Heckrotor) 9,75 m; Höhe 2,75 m; Hauptrotorkreisfläche 81,7 $m^2$

## Aérospatiale SA 315B Lama bis SA 332 Super Puma und SA 532 Cougar

**Aérospatiale, besonders konzentriert auf die Entwicklung von Hubschraubern aus den Konstruktionsbüros der einstigen Sud-Aviation, bot in den 70er und frühen 80er Jahren auch leicht- und mittelgewichtige Nutzflugzeuge an, die besonders gute Kompaktlandeeigenschaften („hot and high") besaßen. Das Erfolgsgeheimnis bestand in der Kombination von Leichtgewichts-Turboshaft-Triebwerken mit stabil-robusten Flugzellen. Verkaufserfolge weltweit folgten auch für die Serien Lama, Alouette III und Puma.**

# Aérospatiale SA 315B Lama

Die indischen Streitkräfte stellten 1968 die Leistungsbeschreibung für einen Hubschrauber auf, der fähig sein sollte, den heimischen Bedingungen entsprechend von hochgelegenen Plätzen und in heißen Klimazonen zu operieren. Diese Unterlage bestimmte die Entwicklung des **Aérospatiale SA 315B Lama**, der die verstärkte Zelle des Alouette II mit den dynamischen Komponenten des **SA 316B** Alouette III, einschließlich Artouste-Wellenturbine und Rotorsystem, verbindet. Der Prototyp **SA 315** flog erstmals am 17. März 1969.

Der **SA 315B** bewies von Anfang an, daß er Lasten auf enorme Höhe tragen konnte. Im Rahmen einer Serie von Demonstrationsflügen, die im indischen Himalaya-Gebirge 1969 durchgeführt wurde, landete und startete ein **SA 315B** in einer Höhenlage, wie sie noch niemals zuvor aufgezeichnet worden war: 7500 m. Am 21. Juni 1972 stellte ein nur mit einem Hubschrauberführer besetzter Lama mit 12.442 m einen absoluten Höhenweltrekord für Hubschrauber auf. Diese Erfolge und seine Verwandtschaft mit dem Alouette II und III, bekannt für hohe Zuverlässigkeit, sorgten dafür, daß der Lama bereitwillig vom Markt aufgenommen wurde. 1971 waren bereits Lizenzverträge zur Produktion des **SA 315B** durch HAL in Bangalore abgeschlossen. Der erste Lama flog am 6. Oktober 1972, und die Lieferungen setzten im Dezember 1973 ein. Der von HAL gebaute **SA 315** heißt Chetah.

Ähnlich wie die Alouette-Serien kann der **SA 315B** Lama auf etliche zivile Rollen ausgerichtet werden, etwa als leichter Passagier- oder Agrarhubschrauber. Noch vielfältiger sind aber die militärischen Varianten: vom üblichen Verbindungs- und Beobachtungsdienst über Luftbild- und Transportunterstützung mit Winde (max. Außenlast 1135 kg) bis hin zum Rettungs- und Sanitätshubschrauber, der Platz für einen Sanitäter und zwei Krankentragen hat. Die gute Höhenleistung macht den Lama zu einem idealen Gerät für Gebirgsregionen; die normale Serienversion kann eine 1000 kg schwere Hängelast auf 2500 m Höhe tragen. Ein anderer wichtiger Faktor ist das flexibel handhabbare Fahrgestell – Landekufen, Anbauräder für den Bodenbetrieb, Vorrichtungen zur Schwimmerausrüstung für geplante Einsätze auf dem Wasser und Schwimmerzusätze, die sich im Notfall in der Luft aufblasen.

1978 kam ein Vertrag zwischen Aérospatiale und Helibras zur Montage des **SA 315B** Lama in Brasilien zustande, diese Absprache mündete schließlich in eine reguläre Lizenzproduktion.

***Der Aérospatiale SA 315B Lama verbindet die Zelle des Alouette II mit dem Rotor und der Artouste-Wellenturbine des Alouette III. Diese Kombination verhalf dem Lama zu einem Höhenweltrekord, der bislang ungebrochen ist.***

### TECHNISCHE DATEN

**Aérospatiale SA 315B Lama**

**Typ:** ziviler und militärischer Mehrzweckhubschrauber, 5 Sitze
**Triebwerk:** eine Turboméca Artouste IIIB Wellenturbine mit 405 kW (550 WPS)
**Leistung:** (bei 1750 kg Betriebsmasse); max. Reisegeschwindigkeit 192 km/h; max. Steiggeschwindigkeit in Meereshöhe 3,9 m/sek; Dienstgipfelhöhe 6400 m; max. Schwebeflughöhe im Bodeneffekt 2950 m; max. Schwebeflughöhe außerhalb Bodeneffekt 1550 m
**Gewicht:** Leermasse 995 kg; normale Startmasse 1750 kg; max. Startmasse mit Hängelast 1850 kg
**Abmessungen:** Hauptrotor-Durchmesser 11,02 m; Durchmesser des Heckrotors 1,91 m; Rumpflänge 10,23 m; Höhe 3,09 m; Hauptrotorkreisfläche 95,38 $m^2$

# Aérospatiale SA 316B/SA 319B Alouette III

Eine größere und höchst erfolgreiche Weiterentwicklung des Alouette II ist der **Aérospatiale Alouette III**. Er bietet eine größere Kabine, eine bessere Ausrüstung, eine stärkere Turbine und insgesamt bessere Flugleistungen. Der Prototyp mit der Bezeichnung **SE 3160** erhob sich am 28. Februar 1959 zum ersten Mal in die Luft, bald gefolgt vom ersten Serienhubschrauber, dem **SA 316A**. Im Juni 1960 führte ein Alouette sein außerordentliches Leistungsvermögen in überzeugender Weise vor: Mit sieben Personen an Bord landete und startete er in 4810 m Höhe auf dem Mont Blanc in den französischen Alpen. Fünf Monate später machte derselbe Alouette III erneut auf sich aufmerksam, als er mit einer Zwei-Mann-Besatzung und einer Nutzlast von 250 kg Landungen und Starts in 6004 m Höhe im Himalaya durchführte – Leistungen, wie sie bislang kein Hubschrauber erzielt hatte. Der **SA 316A** wurde sowohl für den Binnen- als auch für den Exportmarkt produziert. Im Juni 1962 erwarb das indische Unternehmen HAL die Lizenzrechte an diesem Muster. Der erste in Indien gefertigte Alouette startete zu seinem Jungfernflug am 11. Juni 1965.

Es folgten diverse Versuchsentwicklungen, darunter eine allwettertaugliche Variante mit seinem Erstflug am 27. April 1964. Damit war der Grundstein für den **SA 316B** gelegt, und der erste Vertreter dieser neuen Baureihe startete am 27. Juni 1968. Der Antriebsstrang für den Haupt- und Heckrotor war für stärkere Leistung ausgelegt, und insgesamt war dieser Hubschrauber etwas schwerer, konnte dafür aber auch eine höhere Nutzlast tragen. Die ersten Maschinen dieser Hauptserie, die auf Anhieb zum Exportschlager wurde, lieferte Aérospatiale 1970. Den Prototypen und den beiden ersten Alouette-III-Serien diente als Antrieb eine Wellenturbine vom Typ Turboméca Artouste IIIB, die beim **SA 316C** der Artouste IIID wich. Diese Version des Alouette wurde aber nur in kleiner Stückzahl gebaut.

Bis zu sieben Passagiere kann die im Vergleich zum Alouette II erheblich erweiterte Kabine des Alouette III aufnehmen. Die Sitzeinrichtung läßt sich zudem rasch ausbauen, um das gesamte Raumvolumen für Frachtladungen ausschöpfen zu können. Es gibt ein Lastengeschirr für 750 kg an der Schlinge und eine mit 175 kg

***Ein Aérospatiale Alouette III der No. 3 Squadron, Royal Malaysian Air Force. Die Einheit ist in Kuala Lumpur für Verbindungs- und Fliegerleitdienste stationiert.***

***Für den Einsatz gegen die „Befreiungskräfte“ in Portugiesisch Guinea im Jahre 1971 verlegten die Luftstreitkräfte Portugals ihre Alouette-III-Hubschrauber auf den Flughafen von Bissau. Für diese Operation wurden großflächige Sandfilter vor die Turbinen-Lufteinläufe gesetzt.***

belastbare Rettungswinde. Wie die meisten leichten Mehrzweckhubschrauber seiner Kategorie bewährt sich auch der Alouette III im Katastrophenfall, indem er zwei liegende Verletzte und zwei begleitende Betreuer auf Sitzen hinter dem Hubschrauberführer befördert.

Versuche zur Verbesserung des thermischen Wirkungsgrads und Reduzierung des Treibstoffverbrauchs der Astazou-Wellenturbine führten schließlich zum **SA 319B** Alouette III Astazou, direkt abgeleitet vom **SA 316B**. Der Experimentalhubschrauber **SA 319B** flog zwar schon 1967, aber die volle Serienproduktion lief erst 1973 an.

Ein Volltreffer auf weltweiter Ebene, die Varianten des Alouette III, heimsten noch größere Erfolge als die Vorgängermodelle auf dem internationalen Markt ein. Bis 1984 waren nicht weniger als 1453 Maschinen an 190 zivile und militärische Nutzer in 92 Ländern verkauft worden. Neben HAL in Bangalore, wo bis 1992 300 schon geliefert waren, fertigten ICA-Brasov in Rumänien (230) und die Schweiz (60) dieses Muster in Lizenz.

***Im Nahen Osten kam der Alouette III gut an, weil er für das trockene und heiße Klima dieser Region sehr geeignet war. Dieser „Wüstensohn“ zeigt die Farben der Königlich-Jordanischen Luftstreitkräfte.***

### TECHNISCHE DATEN

**Aérospatiale SA 316B Alouette III**

**Typ:** Mehrzweckhubschrauber
**Triebwerk:** eine Turboméca Artouste IIIB Wellenturbine mit 640 kW (870 WPS), auf 410 kW (550 WPS) gedrosselt
**Leistung:** (Standardversion mit max. Startmasse) Höchstgeschwindigkeit in Meereshöhe 210 km/h; max. Reisegeschwindigkeit in Meereshöhe 185 km/h; Steiggeschwindigkeit in Meereshöhe 4,3 m/sek; Dienstgipfelhöhe 3200 m; max. Schwebeflughöhe im Bodeneffekt 2880 m; max. Schwebeflughöhe außerhalb Bodeneffekt 1520 m; Reichweite mit max. Treibstoffzuladung in Meereshöhe 400 km; Reichweite in optimaler Höhe 540 km
**Gewicht:** Leermasse 1230 kg; max. Startmasse 2200 kg
**Abmessungen:** Durchmesser des Hauptrotors 11,02 m; Durchmesser des Heckrotors 1,91 m; Gesamtlänge (Rotorblätter gefaltet) 10,03 m; Höhe 3,00 m; Hauptrotorkreisfläche 95,38 m²

**Aérospatiale SA 319C Alouette III Astazou**

**Typ:** Mehrzweckhubschrauber
**Triebwerk:** eine Turboméca Astazou XIV Wellenturbine mit 640 kW (870 WPS), auf 442 kW (600 WPS) gedrosselt
**Leistung:** (bei max. Startmasse) Höchstgeschwindigkeit in Meereshöhe 220 km/h; max. Reisegeschwindigkeit in Meereshöhe 197 km/h; Steiggeschwindigkeit in Meereshöhe 4,5 m/sek; max. Schwebeflughöhe im Bodeneffekt 3100 m; max. Schwebeflughöhe außerhalb Bodeneffekt 1700 m; Reichweite mit sechs Passagieren (Start in Meereshöhe) 605 km
**Gewicht:** Leermasse 1146 kg; max. Startmasse 2250 kg
**Abmessungen:** Durchmesser des Hauptrotors 11,02 m; Durchmesser des Heckrotors 1,91 m; Gesamtlänge (Rotorblätter gefaltet) 10,03 m; Höhe 3,00 m; Hauptrotorkreisfläche 95,38 m²

# Aérospatiale SA 321 Super Frelon

Der **SA 3200** Frelon (Hornisse) wurde als mittlerer Transporthubschrauber von Sud-Aviation konstruiert und flog erstmals am 10. Juni 1959. Der von drei Turboméca Turmo IIIB-Wellenturbinen angetriebene **SA 3200** war mit großen externen Treibstofftanks ausgestattet, um im Innenraum 28 Soldaten zu beherbergen. Die Kraftübertragung sollte Fiat in Italien herstellen. Zwei Prototypen des Super Frelon in militärischer Ausführung wurden gebaut: der Truppentransporthubschrauber **SA 3210.01** (F-ZWWE) mit Erstflug am 7. Dezember 1962 und die Marineversion **SA 3210.02** (F-ZWWF) mit Erstflug am 28. Mai 1963.

Für die vier Vorserienhubschrauber änderte sich die Bezeichnung in **SA 321**. Die erste Baureihe bildeten 24 **SA 321G** für die Aéronavale zur U-Bootbekämpfung. Der **SA 321H** stellte das Äquivalent des **SA 321G** für den Landeinsatz dar. Die Anschlußbaureihe galt dem **SA 321F**, einem Verkehrshubschrauber zur Beförderung von 34-37 Personen. Der Zivilhubschrauber **SA 321J** war gedacht für den Transport von 27 Passagieren oder 4000 kg Fracht in der Kabine bzw. 5000 kg als Außenlast. Dieses Modell wurde allerdings vom **SA 321Ja** mit höherer Betriebsmasse überholt, von dem die Volksrepublik China 16 Exemplare kaufte. Zu den militärischen Exportversionen zählten 12 **SA 321K** Transporthubschrauber für Israel, 16 **SA 321L** für Südafrika und neun **SA 321M** für Libyen. Als die Produktion 1983 auslief, hatte man 99 Super Frelon fertiggestellt. Mit französischer Unterstützung nahm China den **SA 321** bei der Changhe Aircraft Factory in der Provinz Jiangxi als Z-8 (Zhishengji-8) in Serie. Der erste **Z-8** flog am 11. Dezember 1985 mit Turmo-Triebwerken, die in China als Changzhou WZ6 gebaut wurden. Die Auslieferung an die Marineluftstreitkäfte der Volksbefreiungsarmee begann am 5. August 1989.

***Der Frelon bei einer Rettungsaktion. Ein Käfig wird nach unten gekurbelt, um Überlebende aufzunehmen. Frelons wurden zudem als U-Bootabwehr verwendet.***

### TECHNISCHE DATEN

**Aérospatiale SA 321G Super Frelon**

**Typ:** U-Jagdhubschrauber
**Triebwerke:** drei Turboméca Turmo IIIC6-Wellenturbinen je 1140 kW (1550 WPS)
**Leistung:** Marschgeschwindigkeit 248 km/h in Meereshöhe; Anfangssteigeschwindigkeit 5 m/sek; Dienstgipfelhöhe 3100 m; Schwebeflughöhe im Bodeneffekt 1950 m; Flugdauer im Einsatz U-Bootbekämpfung 4 Stunden
**Gewicht:** Leermasse 6863 kg; max. Startmasse 13.000 kg
**Abmessungen:** Durchmesser des Hauptrotors 18,90 m; Länge bei laufenden Rotoren 23,03 m; Höhe 6,76 m; Hauptrotorkreisfläche 280,55 m²
**Bewaffnung:** vier Zielsuchtorpedos oder gegen Schiffe zwei Exocet-Lenkraketen

# Aérospatiale SA 330 Puma

Anfang der sechziger Jahre begann Sud-Aviation mit dem Entwurf und der Entwicklung eines zweimotorigen Hubschraubers, der nicht nur dem allwettertauglichen taktischen Transport- und Versorgungshubschrauber entsprach, wie vom französischen Heer gefordert, sondern auch den Bedarf fremder Streitkräfte decken konnte. Der erste von zwei Prototypen absolvierte seinen Jungfernflug am 15. April 1965.

Der Rumpf des **SA 330 Puma** ist in üblicher Ganzmetall-Schalenbauweise konstruiert. Die Triebwerke sind auf der Oberschale des Vorderrumpfes vor der Hauptrotorbaugruppe gelagert. Der Rotor wird über ein Hauptgetriebe angetrieben, dessen Sammelstufe die Abtriebswellen der beiden Turbinen über das Freilauf-Stirnradgetriebe aufnimmt und die kombinierte Leistung auf eine einzelne Antriebswelle überträgt. Der Leitwerksausleger mit dem Fünfblatt-Heckrotor rechts und einer Stabilisierungsflosse links am Rotorbock führt die Monocoque-Bauweise des Rumpfhecks fort.

Der Antrieb wechselte mehrfach: die ersten **SA 330B** für die französischen Teilstreitkräfte Heer und Luftwaffe und die **SA 330E** für die Royal Air Force wurden von Turmo III C4 Wellenturbinen mit einer Startleistung von je 977 kW (1328 WPS) angetrieben; die militärische Exportversion **SA 330C/H** wurde anfangs mit 1030 kW (1400 WPS) starken Turmo IVB Wellenturbinen ausgerüstet, doch ab Ende 1973 erhielten die **SA 330H** Turmo IVC Turbinen je 1160 kW (1575 WPS). In die ersten Zivilversionen **SA 330F/G**, die ab Ende 1970 geliefert wurden, waren Turmo IVA mit 1056 kW (1435 WPS) eingebaut. Parallel zum **SA 330H** griff man Ende 1973 auch beim **SA 330G** auf das Turmo IVC Triebwerk zurück. Dieser Triebwerktyp diente auch dem **SA 330J** (zivil) und dem **SA 330L** (militärisch), die 1976 erschienen, als Antrieb.

Der **SA 330 J** konnte außer seiner Zwei-Mann-Flugbesatzung zwischen acht und zwölf Passagiere in einer VIP-Kabine oder 20 Fluggäste befördern. Mit Enteisungsanlagen für Haupt- und Heckrotorblätter, geschützten Triebwerklufteinläufen und Wetterradar ausgestattet, kann der **SA 330J** immer geflogen werden.

***Westland/Aérospatiale SA 330E Puma HC.Mk 1 der No. 230 Squadron, Royal Air Force, mit Standort Odiham.***

***Der Puma wird von vielen zivilen Unternehmen eingesetzt, insbesondere als küstennahe Unterstützung für die Ölindustrie.***

**TECHNISCHE DATEN**
**Aérospatiale SA 330J Puma**

**Typ:** mittelgroßer Transporthubschrauber
**Triebwerke:** zwei Turboméca Turmo IVC Wellenturbinen je 1160 kW (1575 WPS) .
**Leistung:** max. Reisegeschwindigkeit 258 km/h; Dienstgipfelhöhe 4800 m; max. Reichweite ohne Treibstoffreserven 550 km
**Gewicht:** Leermasse 3766 kg; max. Startmasse 7400 kg
**Abmessungen:** Durchmesser des Hauptrotors 15,00 m; Durchmesser des Heckrotors 3,05 m; Gesamtlänge bei laufenden Rotoren 18,15 m; Höhe 5,14 m; Hauptrotorkreisfläche 177 m²

# Aérospatiale SA 332 Super Puma und SA 532 Cougar

Der Aérospatiale **SA 332** Super Puma ist eine Weiterentwicklung des **SA 330** Puma mit stärkeren Makila-Wellenturbinen, Mehrzweck-Lufteinläufen, leichtem Starflex-Rotorkopf mit verbesserter Leistungsübertragung und thermisch enteisten Hauptrotorblättern sowie größerer Spurbreite des einrädrigen Hauptfahrwerks. Im August 1978 lief die Serienfertigung des neuen Modells an, und der erste **SA 332C** wurde 1981 geliefert. Die Bezeichnung aller **SA 332** änderte sich in **AS 332**.

Der **AS 332** Super Puma für die zivile Luftfahrt hatte die gleiche Transportkapazität wie der **SA 330** (zweiköpfige Besatzung und 19 Passagiere), zeigte aber einen deutlich besseren Flugleistungsbereich. Noch mehr Kapazität bot die gestreckte Version **SA 332L**, die erstmals am 10. Oktober 1980 flog. Im Vergleich zum **AS 332** Super Puma hatte sie einen um 76 cm längeren Rumpf und Extrafenster. Um Nachteile in puncto Reichweite zu überwinden, entwickelte Aérospatiale neue Blattspitzen, die eine höhere Startmasse erlaubten und die die Reichweite des **AS 332L** auf die des **AS 332C** anhoben.

1991 waren über 400 Super Puma/Cougar Hubschrauber verkauft, mehr als die Hälfte davon für den militärischen oder paramilitärischen Bereich. Alternative Bezeichnungen für den Super Puma lauten in Brasilien CH-34, in Spanien HD.21 und HT.21 (SAR respektive Truppentransport) und in Schweden Hkp 10. In Indonesien montiert und teilfertigt IPTN den Super Puma als NAS-332 in kurzer Ausführung „C" und langer Ausführung „L".

**Varianten**

**AS 331:** Versuchseinbau von zwei Makila-Turbinen je 1292 kW (1755 WPS) in einen Prototyp SA 330 Puma; Erstflug am 5. September 1977.

**AS 332:** Super Puma Prototyp. Erstflug am 13. September 1978; sechs gebaut.

**AS 332B:** erste militärische Version des Super Puma mit Makila 1A, 21-Soldaten-Kapazität; 1986 Steigerung zum AS 332B1 mit verstärktem Kabinenboden für 23 Soldaten; 1990 in AS 532 Cougar umbenannt.

**AS 332C:** erste Zivilversion ähnlich dem AS 332B; zugelassen am 24. April 1981.

**AS 332F:** Marineversion des AS 332B mit Bewaffnung in Form von Luft-Boden-Flugkörpern oder Torpedos und Sonar oder Such- und Rettungsausrüstung; 1986 Aufwertung zum AS 332F1 mit Makila 1A1-Triebwerken.

**AS 332L:** wie AS 332C mit längerem Rumpf für 22 Passagiere; Erstflug am 10. Oktober 1980, zugelassen am 2. Dezember 1981; 1986 Aufwertung zum AS 332L1 mit Makila 1A1-Triebwerken und bis zu 24 Sitzen. Für den Betrieb unter Bristow Helicopters „Tiger" getauft. Abgelöst vom AS 332L2 Super Puma Mk II mit Spheriflex-Rotorkopf, größerem Durchmesser des Haupt- und Heckrotors und Makila 1A2-Triebwerken je 1356 kW (1843 WPS); Erstflug am 6. Februar 1987; für den Betrieb unter Bristow Helicopters (Erstkäufer) „Tiger II" getauft.

**AS 332M:** wie AS 332B mit längerem Rumpf für max. 25 Soldaten; 1986 Aufwertung zum AS 332M1 mit Makila 1A1-Triebwerken; Fortentwicklung zum AS 332M2 analog AS 332L2; heute AS 532 Cougar.

**AS 532UC:** militärischer Nutzhubschrauber Cougar mit kurzem Rumpf (C = court) als Nachfolger des AS 332B1; auch als Kampfhubschrauber AS 532AC erhältlich.

**AS 532SC:** bewaffnete Marineversion als Nachfolger des AS 332M mit Luft-Boden-Lenkrakete Exocet oder Torpedos.

**AS 532UL:** militärischer Nutzhubschrauber Cougar mit langem Rumpf.

**AS 532U2:** Cougar Mk II; militärischer Nutzhubschrauber wie AS 532UL, jedoch mit Rotor, Leistungsübertragung und Triebwerken wie beim AS 332L2.

**TECHNISCHE DATEN**
**Aérospatiale SA 332L2 Super Puma Mk II**

**Typ:** mittlerer Mehrzweckhubschrauber
**Triebwerke:** zwei Turboméca Makila 1A2 Wellenturbinen je 1356 kW (1843 WPS)
**Leistung:** Höchstgeschwindigkeit 315 km/h; normale Reisegeschwindigkeit 276 km/h; max. Steiggeschwindigkeit 6,5 m/sek; max. Schwebeflughöhe im Bodeneffekt 2500 m; max. Schwebeflughöhe außerhalb Bodeneffekt 1585 m; Reichweite mit 23 Passagieren 371 km
**Gewicht:** Leermasse 4650 kg; max. Startmasse 9070 kg
**Abmessungen:** Durchmesser des Hauptrotors 16,20 m; Länge bei laufenden Rotoren 19,50 m; Höhe 4,97 m; Hauptrotorkreisfläche 206 m²

## Aérospatiale SA 341/342 Gazelle bis Agusta A 106

**Nach der Entwicklung von Hubschraubern aus den Konstruktionsbüros ihrer Mutterfirmen erweiterte die Aérospatiale ihr Programm auf die Gazelle-Varianten SA 341 und SA 342 (Nutz- und zweimotorige Dauphin-Hubschrauber). Agusta wurde 1907 gegründet und ist damit eines der ältesten italienischen Flugzeugwerke, das seit 1952 auch Hubschrauber baut, mit dem trägerstationierten U-Boot-Bekämpfer A 106 als erstem erfolgreichem Typ.**

# Aérospatiale SA 341/342 Gazelle

***Die Luftstreitkräfte Kuwaits verfügen über zwei Staffeln mit 24 Aérospatiale SA 342K Gazelles. Jeder ist mit einem Kanonenbehälterpaar bewaffnet.***

***Ein Westland/Aérospatiale SA 341D Gazelle HT.Mk 3 der No. 2 Flying Training School auf dem RAF-Flugplatz Shawbury.***

Der leichte Mehrzweckhubschrauber **Aérospatiale SA 341 Gazelle** entstand als Projekt X 300 auf der Grundlage einer Leistungsbeschreibung des französischen Heeres für einen leichten Beobachtungshubschrauber. Kurze Zeit später änderte sich die Bezeichnung in **SA 340**. Der abschließende Entwurf offenbarte nicht nur eine hochgradige Affinität mit dem **SA 318C** Alouette II, sondern benutzte auch dessen Astazou II-Triebwerk und dieselben Übertragungsbaugruppen. Im Gegensatz zum Alouette II bildete die Zelle des neuen Musters ein geschlossenes Ganzes, und jedem der beiden nebeneinander sitzenden Hubschrauberführer standen die Bedienorgane der Flugsteuerung zur Verfügung. Zudem brachte dieser Hubschrauber zwei wichtige Neuerungen: den Fenestron-Heckrotor (vom Leitwerk ummantelt) und einen gelenklosen Hauptrotor nach dem Muster von Bölkow. Dieser Entwurf ließ auf den Verkaufserfolg und die Popularität seiner Vorgänger hoffen. Bereits in der letzten Entwurfsphase weckte der **SA 340** das Interesse des britischen Militärs. Letztlich führte dies zu einem gemeinsamen Entwicklungs- und Bauprogramm (am 22. Februar 1967 paraphiert und am 2. April 1968 genehmigt). Der erste Prototyp **SA 340.001** flog am 7. April 1967, und am 17. April 1968 folgte der zweite. Anschließend erschienen vier Vorserienhubschrauber **SA 341** Gazelle, von denen der dritte nach den Vorstellungen des britischen Heeres ausgerüstet, in Frankreich zusammengebaut und bei Westland in Großbritannien als Prototyp Gazelle AH Mk1. komplettiert wurde. Er absolvierte seinen Erstflug am 28. April 1970.

Der erste **SA 341** Vorserienhubschrauber aus der Fertigung bei Aérospatiale, der bereits seit dem 2. August 1968 flog, stellte in leicht modifizierter Form drei neue Geschwindigkeitsrekorde für Hubschrauber seiner Klasse auf.

Der erste Gazelle-Serienhubschrauber französischer Fertigung, der **SA 341.1001**, erhielt am 6. August 1971 die Startfreigabe zum Jungfernflug. Im Unterschied zu der Vorserie war die Kabine verlängert und das Heck verbreitert worden. Den Antrieb lieferte die überarbeitete Version IIIA der Astazou-Wellenturbine.

**Varianten**

**SA 341B Gazelle AH Mk1.:** britische Heeresversion; Antrieb Astazou IIIN; Ausrüstung mit Nightsun Suchscheinwerfer, Decca Doppler 80 Radar- und automatischem Kartendarstellungsgerät; Erstflug des von Westland gefertigten AH Mk1 am 31. Januar 1972; Indienststellung am 6. Juli 1974 (insgesamt 197 Exemplare).

**SA 341C Gazelle HT Mk2:** von Westland gebaute Ausbildungsversion der Fleet Air Arm; Antrieb Astazou IIIN; Stabilisierungsanlage und Rettungswinde; Erstflug am 6. Juli 1972; Indienststellung am 10. Dezember 1974 (insgesamt 30 Exemplare).

**SA 341D Gazelle HT Mk3:** von Westland gebaute Ausbildungsversion der RAF; Antrieb Astazou IIIN; Stabilisierungsanlage, Schermuly-Leuchtfackelwerfer; erste Lieferung zur Indienststellung am 16. Juli 1973 (insgesamt 34 Exemplare).

**SA 341E Gazelle HCC Mk4:** RAF-Verbindungshubschrauber mit Astazou IIIN Turbine (Einzelexemplar).

**SA 341F Gazelle:** französische Heeresversion; Antrieb Astazou IIIC (insgesamt 166 Exemplare).

**SA 341G Gazelle:** zivile Nutzversion; Antrieb Astazou IIIA; zur Beförderung von Passagieren offiziell am 7. Juni 1972 zugelassen; erhielt als erster Hubschrauber die amerikanische Zulassung für IFR-Landeanflug nach Cat. 1 mit nur einem Hubschrauberführer; Untervariante „Stretched Gazelle" mit modifiziertem hinteren Kabinenteil und 20 cm mehr Beinfreiheit für hintere Passagiere.

**SA 341H Gazelle:** militärische Exportversion; Antrieb Astazou IIIB; Lizenzvergabe an SOKO in Jugoslawien am 1. Oktober 1971 (insgesamt 220 Exemplare).

**SA 342J Gazelle:** zivile Ausführung des SA 342L; Triebwerk Astazou XIV mit 640 kW (870 WPS); verbesserter Fenestron-Heckrotor und erhöhte Startmasse; Zulassung am 24. April 1976.

**SA 342K Gazelle:** militärische Exportversion zum Einsatz in großen Höhenlagen/heißen Klimazonen; Astazou XIVH mit 640 kW (870 WPS) und Fremdkörperabscheider an den Lufteinläufen; Erstflug am 11. Mai 1973, Erstkunde Kuwait.

**SA 342L Gazelle:** militärische Parallele zum SA 342J; auf ein breitgefächertes Waffenspektrum anpaßbar, zum Beispiel sechs HOT-Panzerabwehrraketen. Gefolgt von der SA 342L1 mit 640 kW (870 WPS) Astazou XIVM.

**SA 342M Gazelle:** französische Panzerabwehrhubschrauberversion der SA 342L1; ausgerüstet mit vier HOT-Lenkraketen und stabilisiertem Zielvisier SFIM APX M397.

**SA 349:** Der erste SA 340 Prototyp. 1972 mit Starrflügel ausgestattet zwecks Verbund-Drehflügelforschung. Ein zweiter SA 349 flog Anfang 1977 mit einer Astazou XIVH und erreichte 300 km/h.

### TECHNISCHE DATEN

**Aérospatiale SA 341L Gazelle**

**Typ:** fünfsitziger Nutzhubschrauber

**Triebwerk:** eine Turboméca Astazou XIVM Wellenturbine mit 640 kW (870 WPS)

**Leistung:** (SA 341L mit max. Startmasse) Höchstgeschwindigkeit in Meereshöhe 280 km/h; höchste Reisefluggeschwindigkeit in Meereshöhe 260 km/h; max. Steiggeschwindigkeit in Meereshöhe 468 m/min; Dienstgipfelhöhe 4100 m; max. Schwebeflughöhe im Bodeneffekt 2370 m; max. Schwebeflughöhe außerhalb Bodeneffekt 2000 m; Reichweite in Meereshöhe mit max. Treibstoffzuladung 710 km.

**Gewicht:** Leermasse 999 kg; max. Startmasse 2000 kg

**Abmessungen:** Durchmesser des Hauptrotors 10,50 m; Durchmesser des Heckrotors 0,695 m; Gesamtlänge 11,97 m; Höhe 3,19 m; Hauptrotorkreisfläche 86,59 m²

***Der Nutzhubschrauber Gazelle wurde zwar hauptsächlich für militärische Verwendungen entwickelt, aber mit dem SA 341G und dem SA 342J erschienen auch zwei zivile Varianten. Letztere bekam eine leistungsstärkere Turbine sowie einen verbesserten Fenestron.***

# Aérospatiale SA 360 und AS 365 Dauphin

Der **Aérospatiale Dauphin** wurde in mehreren Versionen mit einem und zwei Triebwerken entwickelt, zunächst als Ersatz für den Alouette III. Den ersten Flug absolvierte der **SA 360** am 2. Juni 1972, angetrieben von einer einzelnen Wellenturbine Astazou XVI. Nach seiner Ummotorisierung auf die Astazou XVIIIA und etlichen anderen Modifizierungen stellte er im Mai 1973 drei Geschwindigkeitsrekorde für seine Klasse auf. Ein zweiter Prototyp **SA 360** hob erstmals am 29. Januar 1973 ab und erhielt im Dezember 1975 die Musterzulassung. Der erste zweimotorige Dauphin war der **SA 365** (später **AS 365**), dessen Erstflug am 24. Januar 1975 stattfand. Die Grundbezeichnung wandelte sich später in **AS 365**, und die Militärhubschrauber wurden zu **AS 565**. Ende 1990 war der 500. Dauphin fertiggestellt, und seitdem entstanden rund 50 weitere Exemplare.

**Varianten**

**SA 360:** Versuchshubschrauber, von denen der erste am 2. Juni 1972 mit einer 721 kW (980 WPS) starken Turboméca-Wellenturbine Astazou XVI als Antrieb flog; dieser erste Hubschrauber erhielt später das Astazou XVIIIA mit 773 kW (1050 WPS), das für die Serienversion vorgesehen war. Das Flugtestprogramm bestritten dieser und der nächste Prototyp.
**SA 360C Dauphin:** erste Serienversion (30 Exemplare) mit der Astazou XVIIIA-Wellenturbine; Standardauslegung für einen Piloten und neun Passagiere bzw. eine interne oder externe Nutzlast von max. 1420 kg respektive 1300 kg; Leistungsspiegel/Technische Daten: max. Reisegeschwindigkeit 275 km/h in Meereshöhe; Anfangssteiggeschwindigkeit 9 m/sek; max. Schwebeflughöhe im Bodeneffekt 3850 m; Reichweite 680 km; Leermasse 1580 kg; Hauptrotordurchmesser 11,50 m; Rumpflänge 10,98 m; Höhe 3,50 m und Hauptrotorkreisfläche 103,87 m$^2$.
**SA 361:** auf dem SA 360 basierende Versuchsreihe mit Starflex-Rotorkopf und einer 957 kW (1300 WPS) starken Wellenturbine Astazou XX als Antrieb; flog erstmals am 12. Juli 1976 und diente der Entwicklung des SA 361H.
**SA 361H:** Entwicklung des SA 361 zum leichten Kampf- und Panzerabwehrhubschrauber mit 1030 kW (1400 WPS) starker Wellenturbine Astazou XXB; konnte 13 Soldaten mit Kampfausrüstung oder Startgeräte für acht HOT-Panzerabwehrraketen mitführen; stabilisiertes SFIM-Dachvisier und Venus-Nachtvisier im Bug.
**SA 365 Dauphin 2:** zweimotorige Weiterentwicklung des SA 360C mit Turboméca Arriel je 478 kW (650 WPS); Prototyp mit starrem Fahrgestell flog am 24. Januar 1975 und kurz darauf der zweite Versuchshubschrauber mit einziehbarem Fahrwerk, das zur Standardausstattung der Serienhubschrauber SA 365 wurde.
**SA 365C:** erste Serienversion des Dauphin 2 für die zivile Luftfahrt; für den Instrumentenflug mit nur einem Hubschrauberführer zugelassen; Indienststellung Anfang 1978. Fortentwicklung zum SA 365C1 und SA 365C2. Der Dauphin X380 ist ein Experimentalhubschrauber mit einem Fünfblatt-Spheriflex-Rotorkopf und weiteren Verbesserungen, sowie zwei Arriel 1C1 als Antrieb. Mit Arriel 1X-Triebwerken je 660 kW (895 WPS), einer neu abgestimmten Kraftübertragung und aerodynamischen Verbesserungen, wurde er zum Dauphin Grande Vitesse (DGV), der Anfang 1992 mit 371 km/h einen neuen Geschwindigkeitsrekord aufstellte.
**SA 365F:** Marineversion des SA 365C mit Arriel 1M-Wellenturbinen je 515 kW (700 WPS). Der erste seriengefertigte SA 365F flog am 2. Juli 1982. Auch die französische Marine und Irland erwarben diese Version. Die neuere Version SA 365F1 wurde der AS 565MA/SA Panther.
**SA 365K:** die speziell für die Streitkräfte auf der Grundlage des Prototyps SA 365M entwickelte Version des Dauphin 2, 1986 in Panther umbenannt. Der endgültige Prototyp flog am 30. April 1986 mit Arriel 1M1, je 559 kW (760 WPS) als Antrieb. Diese Variante beschaffte das brasilianische Heer. 1990 Umbezeichnung in AS 565.
**SA 365M:** militärischer Prototyp, der erstmals am 29. Februar 1984 flog; konnte 10-12 Soldaten oder acht HOT-Panzerabwehrraketen bzw. 44 SNEB Luft-Boden-Raketen mitführen; basierte auf dem SA 361H und wurde vom SA 365K überholt.
**SA 365N:** verbesserter SA 365C für die zivile Luftfahrt (8-12 Personen); Erstflug am 31. März 1979. Antrieb durch Arriel 1C mit 522 kW (710 WPS) und Grundlage für einen Lizenzvertrag mit China zur Serienfertigung als Harbin Z-9. Überholt durch verbesserten AS 365N1 und AS 365N2 mit Arriel 1C2 je 552 kW (750 WPS). Der 1993 zur Einführung vorgesehene AS 365N3 wird den vom Dauphin X380 erprobten Fünfblatt-Spheriflex-Rotorkopf, EFIS und Wellenturbinen vom Typ Arriel 2 erhalten.
**SA 366:** zweiter Prototyp Dauphin 2, dessen Erstflug am 28. Januar 1975 stattfand; ausgestattet mit Lycoming LTS101-Wellenturbinen und starrem Fahrgestell; später mit Arriel-Triebwerken zum zweiten Prototyp SA 365 avanciert.
**SA 366G:** Gegenstand eines Auftrags der US Coast Guard (99 Hubschrauber) von 1979 für den Such- und Rettungsdienst im Nahbereich; Dienstbezeichnung HH-65A Dolphin; Erstflug des Prototyps am 23. Juli 1980; den Antrieb besorgen zwei LTS 101-750A1 je 461 kW (627 WPS); Lieferung ab November 1984 bis April 1989; Ausführung SA 366G-1 mit modifiziertem Fenestron-Heckrotor.
**AS 565AA:** militärische und bewaffnete Version Panther nach der Umbenennung des SA 365K; auch als AS 565CA-Panzerabwehr- und AS 565UA-Nutzhubschrauber erhältlich.
**AS 565SA:** bewaffnete Marineversion nach der Umbenennung des SA 365F1; auch als unbewaffneter AS 565MA für Such- und Rettungsdienste oder andere Aufgaben erhältlich.
**Z-9 Haitun:** der in Lizenz von der Harbin Aircraft Manufacturing Company als Zhishengji (Senkrechtstarter) Nr. 9 gebaute AS 365N; Jungfernflug des ersten in China montierten Hubschraubers (mit Teilen französischer Herstellung) am 6.2.1982.

***Die amerikanische Küstenwache unterhält eine ansehnliche Flotte des Aérospatiale SA 366G Dauphin für den Seepatrouillen- und Rettungsdienst. Im amerikanischen Sprachgebrauch heißt dieses Muster HH-65 Dolphin.***

**TECHNISCHE DATEN**

**Aérospatiale SA 365N2 Dauphin 2**

**Typ:** zweimotoriger Mehrzweckhubschrauber

**Triebwerke:** zwei Turboméca Arriel 1C2 Wellenturbinen mit je 552 kW (750 WPS)

**Leistung:** (bei max. Betriebsmasse) höchstzulässige Geschwindigkeit 287 km/h; max. Reisegeschwindigkeit 285 km/h; wirtschaftliche Reisegeschwindigkeit 260 km/h; max. Steiggeschwindigkeit in Meereshöhe 6 m/sek; Dienstgipfelhöhe 3700 m; Schwebeflughöhe im Bodeneffekt 2000 m; Schwebeflughöhe außerhalb Bodeneffekt 1200 m; Reichweite 880 km

**Gewicht:** Leermasse 2239 km; max. Startmasse 4250 kg

**Abmessungen:** Durchmesser des Hauptrotors 11,94 m; Länge 13,68 m; Höhe (Oberkante Rotorkopf) 3,52 m; Hauptrotorkreisfläche 111,90 m$^2$

# Aérospatiale SN 601 Corvette

Ende der sechziger Jahre begann Aérospatiale mit dem Entwurf eines mittelgroßen Mehrzweckflugzeugs, das bei enger Bestuhlung bis zu 12 Fluggäste aufnehmen konnte. Beim Konzept dachte man an so verschiedene Rollen wie Lufttaxi-, Ambulanz-, Geschäftsreise-, Fracht- und Ausbildungsdienste. Eine Versuchsmaschine, die **SN 600**, mit zwei Turbofan-Triebwerken JT15-D-1 von Pratt & Whitney Aircraft of Canada mit je 998 kp Schub beidseitig in Gondeln am Hinterrumpf montiert, flog erstmals am 16. Juli 1970. Nach 270 Flugstunden wurde diese Maschine bei einem Unfall am 23. März 1971 zerstört. Das Flugprogramm konnte folglich erst am 20. Dezember 1972 mit der ersten Serienmaschi-

***Aérospatiale SN 601 Corvette in den Farben der französischen Regionalfluggesellschaft Air Alsace.***

***Die SN 601 Corvette hatte sicherlich manche Vorzüge, wurde aber letztendlich das Opfer eines heißumkämpften Marktsegments. Nur vierzig Maschinen liefen zwischen 1974 und 1978 vom Band.***

ne **SN 601**, zwischenzeitlich auf den Namen Corvette getauft, fortgeführt werden.

Unterdessen hatte der Entwurf einige Änderungen erfahren. Der Rumpf fiel länger aus, die Flächenenden wurden mit größeren Tanks versehen, und die leistungsstärkere Triebwerkversion JT15D-4 besorgte den Antrieb. Die Corvette stellte sich als schmucker Tiefdecker vor, in Ganzmetallbauweise mit zurückgepfeilten Tragflächen einschließlich Doppelspaltklappen, drei Spoilern und hydraulisch betätigten Luftbremsklappen an Ober- und Unterseiten. Das Höhenleitwerk war erhöht an der Seitenflosse befestigt, um nicht mit dem Abgasstrahl der beiden Turbofan-Triebwerke in Berührung zu kommen. Das einziehbare einrädrige Bugfahrwerk enthielt eine Anti-Blockieranlage. Der gestreckte Rumpf der Serienflugzeuge ermöglichte eine Sitzeinrichtung für 14 Passagiere, die sich – ebenso wie die Crew im abgetrennten Flugdeck – der Klimatisierung und Druckbelüftung erfreuen konnten. Blindfluginstrumente waren Teil der Standardausstattung, während die Avioniksysteme nach Kundenangaben installiert wurden.

Die ersten Serienmaschinen wurden im September 1974 geliefert, doch nach 40 Exemplaren stellte man die Produktion wegen fehlender Nachfrage 1978 ein. Der internationale Markt für diese besondere Kategorie von Flugzeugen war offensichtlich heiß umkämpft.

**TECHNISCHE DATEN**

**Aérospatiale SN 601 Corvette**

**Typ:** Mehrzweck-Transportflugzeug

**Triebwerke:** zwei JT15D-4 Turbofan-Triebwerke von Pratt & Whitney Aircraft of Canada mit je 1134 kg Schub

**Leistung:** Höchstgeschwindigkeit für Reiseflug in 9145 m Höhe 760 km/h; wirtschaftliche Reisefluggeschwindigkeit 566 km/h; Dienstgipfelhöhe 12.500 m; Reichweite mit max. Treibstoffzuladung und Reserve für 45 Flugminuten 2555 km; Reichweite mit 12 Passagieren und 45 Minuten Reserve 1555 km

**Gewicht:** Leermasse 3510 kg; max. Startmasse 6600 kg

**Abmessungen:** Spannweite 12,87 m; Länge 13,83 m; Höhe 4,23 m; tragende Fläche 22,00 m²

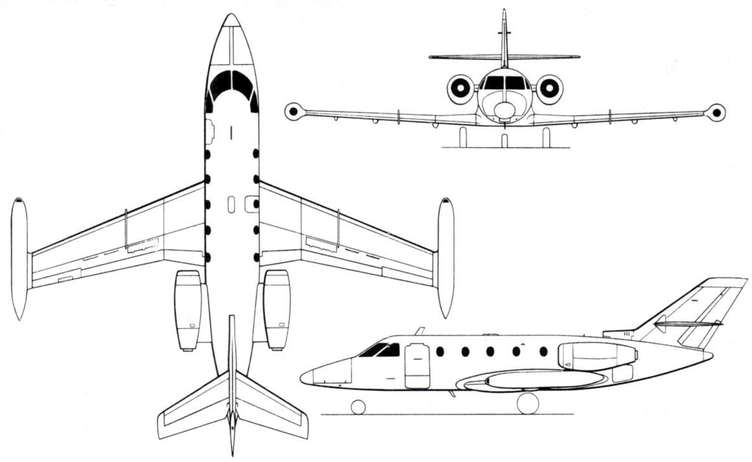

***Aérospatiale SN 601 Corvette***

# Aérospatiale/British Aerospace Concorde

Ende der fünfziger Jahre faßten zwei europäische Unternehmen unabhängig voneinander den Entwurf eines überschallschnellen Verkehrsflugzeuges (SST – Super Sonic Transport) ins Auge, nämlich Bristol Aircraft Ltd. in Großbritannien (1960 in den Besitz von British Aircraft Corporation über- und anschließend ganz in BAC aufgegangen) und Sud-Aviation in Frankreich (die 1970 mit Nord-Aviation und SEREB zur Société Nationale Industrielle Aérospatiale zusammengeführt wurde). Beide Unternehmen gelangten übereinstimmend zu dem Schluß, daß solch ein Muster zwar technisch realisierbar, die Entwicklungskosten jedoch für jedes Einzelunternehmen und – wie sich bald zeigte – auch fürs jeweilige nationale Staatssäckel zu hoch gewesen wären.

Gestützt durch positive Marktanalysen trat man folglich zur Verwirklichung des SST als Gemeinschaftsprojekt in Verhandlungen. Ein entsprechendes Abkommen wurde am 29. November 1962 unterzeichnet. Die britische und französische Regierung vereinbarten die Übernahme der Entwicklungskosten. BAC und Rolls-Royce sowie Sud-Aviation und die Société Nationale d'Etude et de Construction de Moteurs d'Aviation (SNECMA) schlossen Verträge über den gemeinsamen Entwurf und die Konstruktion eines supersonischen Verkehrsflugzeugs ab.

Man taufte es Concorde (Eintracht), um sowohl dem Entschluß der beiden Nationen zur Zusammenarbeit auf luftfahrttechnischem Gebiet als auch den Bemühungen der nationalen Herstellerfirmen Ausdruck zu verleihen, ein sicheres, verläßliches und erstklassiges Luftfahrzeug zu schaffen. Diesen Zielen stand eine Menge technologisch äußerst komplexer Probleme gegenüber. Zunächst galt es, die Höchstgeschwindigkeit für das SST zu bestimmen. Bei einer Reisefluggeschwindigkeit zwischen Mach 2,5 und Mach 3,0 war eine Reibungshitze an bestimmten Stellen der Concorde zu erwarten, der eine Zelle aus üblichem Leichtmetall nicht widerstehen konnte. Bemannte Forschungsflugzeuge erreichen zwar noch beträchtlich höhere Geschwindigkeiten, und auch etliche militärische Einsatzmuster fliegen schneller als Mach 3,0 – deren Struktur aber enthält in weiten Teilen hitzebeständige Werkstoffe wie Titan und rostfreie Stähle. Die Verwendung solch hochwertiger Materialien in großem Maßstab für eine Mach 2,5 bis Mach 3,0 schnelle Concorde hätte die Zelle unverhältnismäßig verteuert, daher wurde die Geschwindigkeit der Concorde auf Mach 2,2 begrenzt.

Aérospatiale und BAC teilten die Arbeit für Entwurf, Entwicklung und Konstruktion der Concorde partnerschaftlich untereinander auf. Die Franzosen waren für die Tragflächen, Flügelklappen, hintere Kabinensektion, Klimaanlage, Hydraulik, Funk- und Navigationssysteme sowie die Flugsteuerung zuständig. BAC zeichnete für die drei vorderen Rumpfabschnitte, Hinterrumpf, Seitenleitwerk, Triebwerkzellen einschließlich Luftführung, Triebwerkeinbau, Feuerwarn- und Löschsystem, Bordstromversorgung, Kraftstoff- und Sauerstoffanlage sowie Geräusch- und Wärmedämmung verantwortlich. Die Konstruktion der ersten beiden Prototypen begann im Februar 1965. Aérospatiale baute die Concorde 001 in Toulouse und BAC die 002 in Filton, Bristol. Der Erstflug der 001 (F-WTSS) fand am 2. März 1969 statt, und die britische 002 (G-BSST) folgte am 9. April 1969.

Da keine ernsthaften Schwierigkeiten bei den Versuchsmaschinen auftraten, machte sich 001 am 4. September 1971 auf eine ausgedehnte Demonstrations- und Werbetour. Mehr oder weniger gleichzeitig präsentierte sich 002 den Vertretern der interessierten Fluggesellschaften, der Medien und der Politik durch Angebote zum Mitflug. Erst am 2. Juni 1972 startete 002 zu einer Verkaufstour in den mittleren und fer-

***Der aerodynamisch gestaltete Rumpf und die ogivale Tragflächenform ergeben eine maximale Effizienz für eine Reiseflug-geschwindigkeit knapp oberhalb Mach 2. Die Maschine ist im Farbkleid der Air France abgebildet.***

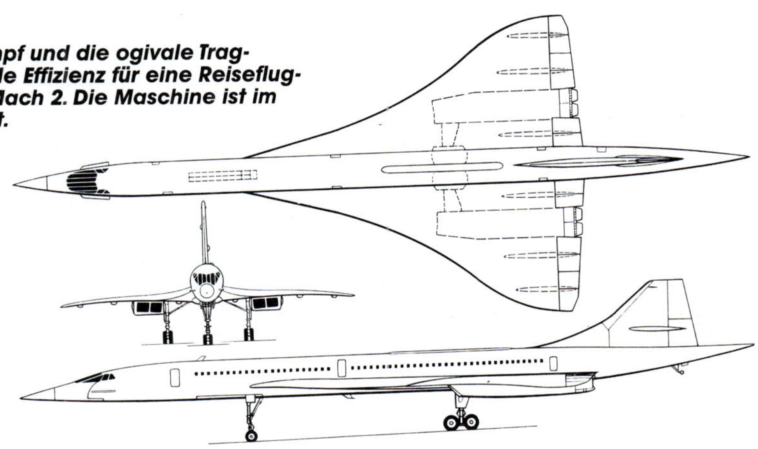

nen Osten bis Japan und Australien. Trotz der unbestrittenen Probleme, die mit einem SST verbunden sind – Triebwerklärm, Überschallknall, Treibstoffverbrauch und Betriebskosten –, war das Interesse an diesem Muster groß. Es dauerte nicht lange, bis 70 Flugzeuge in die Auftragsbücher eingetragen waren, und ein solider Geschäftserfolg schien durchaus im Bereich des Möglichen. Daß dies kein reines Wunschdenken war, belegte die Bestellerliste mit Namen wie Air Canada, Air France, American Airlines, BOAC, Eastern Air Lines, Japan Air Lines, Lufthansa, Pan American, Qantas, Sabena, TWA und United Airlines. War die Concorde erst einmal bei diesen Gesellschaften im planmäßigen Flugdienst, dürften weitere Aufträge zu erwarten zu sein.

Das Erscheinungsbild der Concorde ist bekannt, nachdem in der Presse wie in der Fachliteratur regelmäßig Artikel mit Farbfotos, Dreiseitenansicht und Rißzeichnungen veröffentlicht wurden, in denen die Concorde entweder in den Himmel gelobt oder verrissen wurde. Das riesige Deltatragwerk schließt mit der Unterseite des langgestreckten Rumpfes (größter Innendurchmesser 2,63 m) ab. Das Leitwerk besteht lediglich aus der Seitenflosse mit Rudern, denn die Nick- und Quersteuerung besorgen sechs Elevons an der Hinterkante des Deltatragwerks. Das hydraulisch einfahrbare Dreibein-Fahrgestell ist mit Zwillingsrädern vorn und Vierrad-Achsträgern an beiden Hauptbaugruppen ausgestattet, das Flugdeck für eine dreiköpfige Besatzung mit einem vierten Sitz hinter dem Piloten. Die Kabine ist den Angaben der einzelnen Fluggesellschaften entsprechend unterschiedlich eingerichtet. Maximal finden 144 Passagiere in Vierersitzreihen Platz. Den Antrieb liefern vier speziell für die Concorde entwickelte Rolls-Royce/SNECMA Olympus 593 Mk 610 Strahltriebwerke.

Das Konzept und die Handhabung der Concorde ergaben mehrere recht interessante Entwurfsaspekte. Die Deltafläche bedingt beispielsweise einen recht hohen Anstellwinkel beim Flug mit niedrigen Unterschallgeschwindigkeiten. Dies hätte eine erheblich eingeschränkte Bodensicht der Flugzeugführer beim Start, in der Anfangssteigphase sowie beim Lande- und Endanflug zur Folge gehabt, wenn man nicht besondere Vorkehrungen getroffen hätte. Die Lösung bestand in einem im Flug absenkbaren Bug und einem hydraulisch aus der Frontscheibe aufrichtbaren Periskop.

Den größten Teil der 119.787 Liter Treibstoff, die die Concorde mitführt, nehmen Tragflächentanks auf, aber daneben gibt es vier Rumpftanks. Über die Versorgung der Triebwerke hinaus erfüllt der Kraftstoff nämlich noch zwei weitere Aufgaben: Zunächst fungiert die große Treibstoffmenge in den Flächen als Kühlblock für die bei längerem Überschallflug aufgeheizte Deltastruktur; und zweitens sorgt eine automatische Umverteilung von Kraftstoff in Zwischentanks dafür, daß der Schwerpunkt beim Reiseflug im zulässigen Bereich gehalten wird. Eine Gruppe von Trimmtanks stellt zudem sicher, daß der Schwerpunkt des Flugzeugs und das aerodynamische Druckzentrum ständig im richtigen Verhältnis zueinander stehen, indem Kraftstoff während der Beschleunigung nach hinten und beim Rückfall in den subsonischen Geschwindigkeitsbereich nach vorn gepumpt wird.

In erster Linie ist die hohe Effizienz und Zuverlässigkeit der Triebwerke auf die rechnergesteuerten variablen Lufteinläufe zurückzuführen. Sie gewährleisten eine optimale Luftversorgung der Triebwerke unter allen Betriebsbedingungen. Das Flugdeck und die Kabine der Concorde sind selbstverständlich druckbelüftet und klimatisiert. Zu der modernen Avionikausrüstung zählen eine automatische Flugsteuerung und ein dreifach redundantes Trägheitsnavigationssystem.

Als die britische und französische Luftfahrtbehörde der Concorde Ende 1975 die uneingeschränkte Zulassung zur Personenbeförderung erteilten, hatten die Prototypen, die Vorserienmaschinen und das erste Serienflugzeug insgesamt 5335 Test- und Erprobungsflugstunden absolviert. Am 21. Januar 1976 führten Air France und British Airways zeitgleich das SST im Liniendienst ein. Zu dem Zeitpunkt hatten die eskalierenden Kosten dieses Musters sowie die Aktivitäten der Umweltbewegung, der die Concorde ein Dorn im Auge sein mußte, die Bestelliste auf ganze neun Flugzeuge dieser beiden Gesellschaften schmelzen lassen. Wer erwartet hatte, daß der erfolgreiche Betrieb der Concorde bei Air France und British Airways Nachbestellungen auslösen würde, sah sich getäuscht. Ein wesentlicher Faktor für das Ausbleiben der Käufer war die nicht vorhersehbare Preisexplosion des Erdöls.

Die Concorde hat wahrscheinlich mehr für den Stolz ihrer Erbauer getan, als jeder andere seriengefertigte Airliner. Ähnliches gilt aber auch für das geschärfte Umweltbewußtsein ihrer Gegner. Unabhängig vom jeweiligen Lager aber dürften die meisten Menschen darin übereinstimmen, daß die Concorde – zumal als Frucht einer internationalen Zusammenarbeit – eine technologische Glanzleistung war.

***British Airways setzt seine sieben Concordes für Nordatlantik- und Charterflüge ein.***

**TECHNISCHE DATEN**

**Aérospatiale/ British Aerospace Concorde**

**Typ:** überschallschnelles Verkehrsflugzeug
**Triebwerke:** speziell entwickelte vier Rolls-Royce/SNECMA Olympus 593 Mk 610 Strahltriebwerke mit 17.259 kg Schub mit 17% Nachverbrennung
**Leistung:** Reisefluggeschwindigkeit für optimale Reichweite Mach 2,04 oder 2179 km/h in 15.635 m Höhe; Dienstgipfelhöhe 18.290 m; Reichweite mit max. Treibstoffzuladung, 8845 kg Nutzlast und FAR-Treibstoffreserve 6582 km; Reichweite mit max. Nutzlast, Reisegeschwindigkeit Mach 2,02 und FAR-Treibstoffreserve 6228 km
**Gewicht:** Leermasse 78.690 kg; max. Startmasse 185.066 kg
**Abmessungen:** Spannweite 25,55 m; Länge 62,10 m; Höhe 11,40 m; tragende Fläche 358,22 m²

# Agusta A 106

Eines der ältesten Luftfahrtunternehmen Italiens ist Agusta, 1907 gegründet. Die Hubschrauberszene betrat Agusta aber erst 1952 mit dem Erwerb der Lizenzrechte am Bell 47. Anschließend produzierte das Unternehmen etliche andere Muster von Bell und Sikorsky in Lizenz, doch in jüngerer Vergangenheit entwickelte Agusta mehrere eigene Hubschrauberentwürfe.

Das kleinste erfolgreiche Muster, wenngleich in bescheidener Auflage, war der Agusta A 106, dessen Prototyp im November 1965 seinen Erstflug absolvierte. Anfang der siebziger Jahre folgte eine kleine Baureihe, von der die italienischen Marineflieger (Marinavia) fünf Exemplare übernahmen, um sie von Schiffen der Impavido-Klasse aus zur Ergänzung größerer U-Jagdhubschrauber der Marine wie SH-3D, AB 204S und AB 212ASW einzusetzen.

Der A 106 war mit einem Zweiblatt-Hauptrotor und einem üblichen Heckrotor ausgestattet. Die Landekufen konnten sowohl mit Notschwimmern als auch mit Rädern für den Landeinsatz problemlos versehen werden.

***Der winzige Agusta A 106 war ein tüchtiger U-Bootjäger. Der Hubschrauberführer war die ganze Besatzung. Er führte zwei Torpedos oder zehn Wasserbomben unter dem Rumpf mit.***

Den Einsatz bei schlechter Sicht erleichterte eine umfassende Instrumentierung und Elektronikausrüstung. Die von Ferranti für den A 106 entwickelte elektronische Stabilisierungsanlage um drei Achsen machte diesen Hubschrauber zu einem ruhig in der Luft schwebenden Waffenstand, dem witterungsbedingte Störungen nichts anhaben konnten.

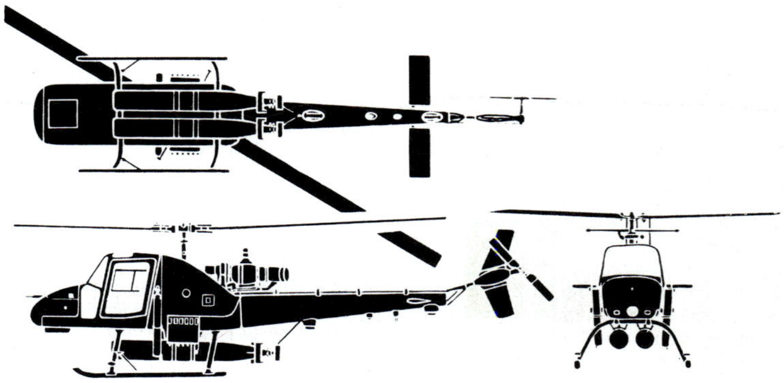

**TECHNISCHE DATEN**

**Agusta A 106**

**Typ:** schiffsgestützter einsitziger U-Jagdhubschrauber
**Triebwerk:** eine Turboméca-Agusta TAA 230 Wellenturbine mit 220 kW (300 WPS), auf 191 kW (260 WPS) gedrosselt
**Leistung:** (für Start mit zwei Torpedos) Höchstgeschwindigkeit in Meereshöhe 176 km/h; Marschgeschwindigkeit 167 km/h; Anfangssteiggeschwindigkeit 6,2 m/sek; max. Schwebeflughöhe im Bodeneffekt 3000 m; max. Schwebeflughöhe außerhalb Bodeneffekt 1150 m; Reichweite mit max. Treibstoffzuladung, intern und extern, 740 km
**Gewicht:** Leermasse 590 kg; max. Startmasse 1400 kg
**Abmessungen:** Durchmesser des Hauptrotors 9,50 m; Länge bei laufenden Rotoren 9,50 m; Höhe 2,50 m; Hauptrotorkreisfläche 70,88 m²
**Bewaffnung:** zwei Mk 44 Torpedos oder zehn Wasserbomben; für Luft-Boden-Einsatz zwei 7,62-mm-Maschinengewehre und zehn 80-mm-Raketen

# Agusta A 109A bis Aichi E11A

**Agusta, jetzt Teil der staatlichen Finmeccanica, ist am bekanntesten als italienischer Lizenzproduzent von Bell und Sikorsky, hat aber auch selbst die erfolgreichen A 109 (Mehrzweckhubschrauber) und A 129 Mangusta (Kampfhubschrauber) entwickelt. Aichi begann vor der ab 1920 betriebenen Produktion von Flugzellen als Uhren- und Elektrikfirma, wurde 1943 in Aichi Kokuki K.K. (= Aichi Flugzeugwerke) umbenannt und 1945 liquidiert.**

## Agusta A 109A

***Agusta A 109 der italienischen Polizei***

Der **Agusta 109A** war der erste von Agusta entworfene und in Großserien gefertigte Hubschrauber, das Endprodukt einer umfassenden, 1965 gestarteten Marktanalyse. Der zunächst ausschließlich für zivile Betreiber gedachte **A-109** war um eine einzelne Wellenturbine vom Typ Turboméca-Agusta herum entwickelt, die auf dem Astazou-Triebwerk basierte und 508 kW (690 WPS) erzeugte. Zwar plante der Hersteller von Anfang an auch militärische Versionen mit Bewaffnung, aber die einmotorigen Entwürfe **A 109A** und **A 109B** wurden 1969 zugunsten des achtsitzigen Hubschraubers **A 109C** mit zwei Triebwerken aufgegeben. Vorgesehen waren zwei Allison-Wellenturbinen 250-C14 je 276 kW (375 WPS).

Zum Zeitpunkt des Erstflugs von einem der drei Prototypen am 4. August 1971 war das Muster auf den Namen Hirundo (Schwalbe) getauft – unter gleichzeitigem Rückgriff auf die Ausgangsbezeichnung **A 109**. Verzögerungen innerhalb der Erprobung, geringfügige Änderungen und andere Umstände führten dazu, daß der erste seriengefertigte **A 109** erst im April 1975 abnahmebereit war. Die Lieferung des **A 109A**, so die Bezeichnung dieser Baureihe, begann 1976.

***Unten: Ein mit vier TOW-Panzerabwehrraketen bewaffneter Agusta-A-109-Hubschrauber des italienischen Heeres.***

Neben seiner Erstbestimmung als leichter Passagierhubschrauber läßt sich der **A 109A** auf andere Aufgaben wie Frachtbeförderung, Luftambulanz oder Such- und Rettungsdienst anpassen. Rund 150 Exemplare wurden gebaut, einschließlich einer beachtlichen Stückzahl für nichtkommerzielle Zwecke und zahlreicher militärischer Transport-, Verbindungs- und Panzerabwehrhubschrauber. Beträchtlichen Erfolg sicherte dem Hersteller auch der im September 1981 eingeführte **A 109 Mk II**, der die Grundlage für die Entwicklung weiterer Varianten bildete.

### TECHNISCHE DATEN
**Agusta A 109 A Mk II**

**Typ:** leichter Nutzhubschrauber
**Triebwerke:** zwei Allison-250-C20B-Wellenturbinen mit je 313 kW (425 WPS)
**Leistung:** (Betriebsmasse 2600 kg) höchstzulässige Geschwindigkeit im Horizontalflug 311 km/h; max. Marschgeschwindigkeit 278 km/h; wirtschaftliche Marschgeschwindigkeit 233 km/h; max. Steigrate in Meereshöhe 8,38 m/sek; Dienstgipfelhöhe 4450 m; max. Schwebeflughöhe im Bodeneffekt 2410 m; max. Schwebeflughöhe außerhalb Bodeneffekt 1493 m; max. Reichweite (Standardtreibstoffzuladung, keine Reserven) 615 km; Höchstflugdauer 2 Stunden, 57 Minuten
**Gewicht:** Leermasse 1418 kg; max. Startmasse 2600 kg
**Abmessungen:** Durchmesser des Hauptrotors 11,00 m; Durchmesser des Heckrotors 2,03 m; Rumpflänge 10,71 m; Höhe 3,30 m; Hauptrotorkreisfläche 95,00 $m^2$
**Bewaffnung:** (Gefechtsfeldversion) zwei schwenkbare 7,62-mm-Maschinengewehre und zwei XM157-Raketenstartgeräte (je sieben 70-mm-Raketen) als Grundbewaffnung; alternativ mögliche Waffenzuladungen bestehen aus vier HOT- oder TOW-Lenkraketen mit entsprechender Visiereinrichtung und einer elektrisch angetriebenen 7,62-mm-Minikanone auf Schwenklafette oder einem vollautomatischem 7,62-mm-Maschinengewehr oder einem XM159C-Startgerät für 19 70-mm-Raketen oder einem Agusta-Raketenbehälter mit sieben 81-mm-Raketen oder einem 200A-1 Startgerät für 19 70-mm-Raketen

**Varianten**

**A 109:** Agusta-Erstprojekt für einen Hochleistungs-Hubschrauber mit sieben Sitzen, einem Gesamtgewicht von 2400 kg und einer 508 kW (690 WPS) starken Turboméca Astazou Wellenturbine als Antrieb; 1965 begonnen, doch die Produktion wurde nicht realisiert.

**A 109B:** 1967 projektierter militärischer Nutzhubschrauber mit ähnlichem Rumpf wie beim Bell Model 205; Allison 250-C14-Triebwerke; nicht gebaut.

**A 109C:** überarbeiteter Entwurf des ursprünglichen A 109 mit zwei Allison 250-C14 Turbinen und acht Sitzen; die gleiche Rumpfauslegung mit Leitwerksträger und in seitliche Behälter einziehbarem Fahrgestell.

**A 109 Hirundo:** grundlegender Neuentwurf des A 109C (siehe oben) im Jahre 1969 mit 299 kW (407 WPS) starken Allison 250-C20-Turbinen, stromlinienförmigem Rumpf, abgestufter Frontverglasung, bündig eingearbeiteten, widerstandsarmen Lufteinläufen und in die Rumpfwanne einziehbarem Fahrgestell. Der erste von drei Prototypen flog am 4. August 1971, die beiden anderen ab Januar bzw. Mai 1973. Vorserie von 10 A 109 gefertigt, für die am 30. Mai 1975 die Musterzulassung erteilt wurde.

**A 109A:** erste Hauptserienversion mit Allison 250-C20B Wellenturbinen je 313 kW (425 WPS), Ende 1975 aufgelegt. Die Lieferung begann 1976, und insgesamt wurden rund 150 Exemplare gebaut. Fünf Hubschrauber, davon drei mit TOW-Lenkwaffen zur Panzerabwehr, gingen an das italienische Heer.

**A 109A Mk II:** löste im September 1981 die erste Hauptversion in der Serienfertigung ab; Getriebe/Kraftübertragung für höhere Leistung, neue Heckrotorantriebswelle und zahlreiche Systemverbesserungen. Ab 1985 alternative Version Widebody mit seitlich erweitertem Rumpf und angepaßten Unterflur-Treibstofftanks. Beim Mk II Plus wurden Allison 250-C20R1 Wellenturbinen je 336 kW (457 WPS) eingeführt. Auch für diverse militärische Verwendungen angeboten, etwa für bewaffnete Aufklärung/Beobachtung mit Kanonen und Raketen, für leichte Angriffsaufgaben mit TOW-Panzerabwehrraketen, Kanonen und/oder Raketen, für den Transport von sieben Soldaten oder zur Bergung von Verwundeten. Das belgische Heer hat 18 A 109OH Beobachtungshubschrauber und 28 A 109AH Panzerabwehrhubschrauber mit TOW-Bewaffnung in Auftrag gegeben. Die Lieferung hat 1992 eingesetzt und dauert noch an.

**A 109 Max:** Version des A 109A Mk II zum Abtransport Kranker, Verletzter und Verwundeter; erweiterte, nach oben aufklappbare Seitentüren, Vorrichtungen für zwei auf Tragen liegende und zwei sitzfähige Patienten oder Sanitäter.

**A 109C:** wie Mk II mit -C20R-1 Triebwerken und Kraftübertragungssystem von 552 kW (710 WPS) auf 589 kW (800 WPS) erhöht; höchstzulässige Startmasse auf 2720 kg erhöht.

**A 109EOA:** Bezeichnung von 24 Hubschraubern zur vorgeschobenen Beobachtung (Elicottero d'Observazione Avanzata) für das italienische Heer; längerer Bug, starres Fahrgestell, diverse Waffenoptionen, andere Ausrüstung und Allison 250-C20R-Triebwerke; Beschaffung erfolgte 1988.

**A 109K:** militärische Mehrzweckversion des A 109A Mk II für den Einsatz in hochgelegenen Gebieten und heißen Klimazonen; ermöglicht durch Verwendung von 538 kW (732 WPS) starken Turboméca Arriel 1K Wellenturbinen. Prototypen flogen im April 1983 und März 1984; projektierte Marinevariante mit der Bezeichnung A 109KN.

**A 119:** vom A 109 abgeleiteter Transporthubschrauber mit elf Sitzen. Vorgesehen war der Einbau des gleichen Kraftübertragungssystems und die Konstruktion eines neuen Rumpfes. Nicht gebaut.

***Der A 109 kann sowohl im bewaffneten Beobachtungs- und Verbindungsdienst als auch in der Panzerabwehr operieren. Der abgebildete Hubschrauber führt Raketenbehälter unter den Stummelflächen mit, es könnten auch TOW-Lenkraketen zur Panzerjagd diesen Platz einnehmen.***

# Agusta A 129 Mangusta

Der **A 129** Mangusta (Mungo) wurde auf der Grundlage einer Forderung des italienischen Heeres nach einem leichten Beobachtungs- und Panzerabwehrhubschrauber (ital. Akronym ELECC) aus dem Jahre 1972 entwickelt. Nach anfänglichen Bemühungen, dieses Projekt wegen eines ähnlichen Bedarfs mit der Bundesrepublik gemeinsam als Agusta-MBB zu verwirklichen, verfolgte Agusta das Vorhaben auf der Basis des **A 109** allein weiter. Später erkannte man, daß die vorgeschriebenen Leistungen doch praktisch einen Neuentwurf erforderlich machten, der 1980 abgeschlossen war.

Fünf Prototypen des **A 129** wurden gebaut, von denen der erste seinen Jungfernflug am 11. September 1983 und der letzte am 1. März 1986 absolvierte. Anschließend begann die Serienfertigung von 60 Hubschraubern, für die Festbestellungen und Optionen des italienischen Heeres vorlagen. Die Lieferung an die Truppe setzte am 6. Oktober 1990 ein. Zwischenzeitlich hatte Agusta den fünften Prototyp versuchsweise auf Allison/Garrett LHTEC T800-LHT-800 Wellenturbinen anstelle der Gem-Triebwerke von Rolls-Royce, die den Mungo-Entwurf wesentlich bestimmt hatten, umgerüstet.

Bei üblicher Bauweise und Auslegung ist der **A 129** mit zwei Sitzen in Tandemanordnung ausgestattet. Der Hubschrauberführer ist erhöht hinter dem Bordschützen untergebracht, der das Saab/Emerson Heli-TOW-Waffeneinsatzsystem mit optischen Direktsichtgeräten, Infrarotsensor und Laserentfernungsmesser bedient. Die normale Bewaffnung besteht aus acht drahtgelenkten Panzerabwehrraketen TOW 2 und wahlweise zwei Maschinengewehren, Kaliber 7,62 mm und 12,7 mm, oder zwei 20-mm-kalibrigen Kanonen oder Raketenbehältern mit sieben Projektilen. Statt der TOW-Lenkwaffen können zusätzliche Raketenbehälter mitgeführt werden. Alternativ kann der **A 129** mit diversen Luft-Boden- und Luft-Luft-Raketen bewaffnet und mit einem mastmontierten Visier ausgerüstet werden.

Unter Verwendung der dynamischen Systemkomponenten des **A 129** hat Agusta einen Nutz- und Transporthubschrauber als leichten Gefechtsfeldhubschrauber (LBH) projektiert, dem die Folgebezeichnung **A 139** zufiel. Diese Version ist durch einen völlig neu konzipierten Kabinenrumpf gekennzeichnet, doch die Konstruktion eines Prototypen läßt weiterhin auf sich warten.

Ein anderes nicht realisiertes Vorhaben, das auf dem **A 129** basierte, war der TONAL. Er sollte gegen Panzer und Hubschrauber als auch für Aufklärungszwecke eingesetzt werden. Neben Agusta waren Westland, CASA und Fokker an der Definitionsphase dieses Gefechtsfeldhubschraubers beteiligt.

**TECHNISCHE DATEN**
**Agusta A 129 Mangusta**

**Typ:** zweisitziger leichter Panzerabwehrhubschrauber
**Triebwerke:** zwei Rolls-Royce-Gem-2-Mk-01004D-Wellenturbinen (in Lizenz von Piaggio gefertigt); je 615 kW (836 WPS) Dauerleistung
**Leistung:** kurzzeitige Jagdgeschwindigkeit 315 km/h; Höchstgeschwindigkeit in Meereshöhe 259 km/h; max. Steiggeschwindigkeit in Meereshöhe 10,9 m/sek; max. Schwebeflughöhe außerhalb Bodeneffekt 3015 m; Höchstflugdauer 3 Stunden
**Gewicht:** Leermasse 2529 kg; max. Startmasse 4100 kg; max. Waffenlast 1200 kg
**Abmessungen:** Durchmesser des Hauptrotors 11,90 m; Durchmesser des Heckrotors 2,24 m; Spannweite der Stummelflächen 3,20 m; Gesamtlänge bei laufenden Rotoren 14,29 m; Höhe 3,35 m; Hauptrotorkreisfläche 111,2 m²
**Bewaffnung:** acht Panzerabwehrraketen TOW 2 oder HOT, Luft-Boden-Raketen und Raketen- oder Kanonenbehälteran vier Trägern unter den Flächen; Luft-Luft-Raketen wie Sidewinder, Stinger und Mistral können zum Selbstschutz am Träger unter der Endfläche mitgeführt werden

***Acht TOW-Panzerabwehrraketen stellten die Hauptbewaffnung des A 129 dar; Raketen- und Kanonenbehälter kommen erst an zweiter Stelle.***

# Agusta-Bell AB 102

**TECHNISCHE DATEN**
**Agusta-Bell AB 102**

**Typ:** Mehrzweckhubschrauber
**Triebwerk:** ein Pratt & Whitney-R-1340-S1H4-Sternmotor mit 447 kW (608 PS)
**Leistung:** (bei normalem Startgewicht) Höchstgeschwindigkeit im Horizontalflug in Meereshöhe 177 km/h; Reisegeschwindigkeit in 1830 m Höhe 160 km/h; Dienstgipfelhöhe 3900 m; Reichweite 400 km;
**Gewicht:** Leermasse 1810 kg; Standardstartmasse 2725 kg; max. Startmasse 3025 kg
**Abmessungen:** Durchmesser des Hauptrotors 14,50 m; Durchmesser des Heckrotors 2,59 m; Länge 17,92 m; Höhe 3,23 m; Hauptrotorkreisfläche 165,13 m²

Agusta entwarf den **Agusta-Bell AB 102** als 7/9sitzigen Transporthubschrauber für zivile und militärische Nutzer. Der Name Agusta-Bell war auf die Verwendung eines Zweiblatt-Hauptrotors einschließlich des rechtwinklig darunter montierten Stabilisierungsarms von Bell zurückzuführen. Ansonsten hielt sich dieser Entwurf an die übliche Konfiguration mit Rumpfgondel und Leitwerksausleger für einen Zweiblatt-Heckrotor zum Ausgleich des Drehmoments. Als Fahrgestell dienten Landekufen, für den Antrieb sorgte ein R-1340-Sternmotor von Pratt & Whitney im hinteren Kabinenteil. Die Hauptkabine war für sieben bis neun Passagiere und einen Hubschrauberführer eingerichtet; alternative Konzepte sahen dieses Muster im Ambulanzdienst mit vier Krankentragen und einem Betreuer sowie im gemischten Passagier- und Frachttransport. Für den Einsatz als reiner Frachthubschrauber konnte die Kabine mit 880 kg beladen werden. Für den Einsatz im Such- und Rettungsdienst war eine elektrische Rettungswinde als Zusatzausstattung vorgesehen. Nur sehr wenige **AB 102** wurden gebaut, darunter zwei Exemplare für den Passagierverkehr zwischen Mailand und Turin.

***Der AB 102 mit dem Zweiblatt-Hauptrotorsystem von Bell war für den zivilen und militärischen Sektor gedacht. Trotz vielfältiger Einsatzmöglichkeiten fand er bei potentiellen Nutzerkreisen keinen Anklang, so daß nur wenige Exemplare gebaut wurden.***

# Aichi B7A Ryusei

Der Bedarf an einem großen Torpedo-/Sturzkampfbomber zum Einsatz auf einer neuen größeren Flugzeugträgerklasse veranlaßte die Kaiserlich-Japanische Marine 1941 zur Aufstellung eines Lastenheftes für ein Muster, das die Nakajima B6N und die Yokosuka D4Y ablösen sollte. Die Forderung beinhaltete eine interne Bombenlast von bis zu 500 kg oder einen 800 kg schweren Torpedo als Außenlast, gekoppelt mit einer hohen Spitzengeschwindigkeit und großer Reichweite; ein leistungsstarker Motor war daher unabdingbar. Die japanische Marineführung riskierte die Verwendung des Doppelsternmotors Nakajima Homare 11 mit rund 1325 kW (1800 PS), der sich praktisch noch im Versuchsstadium befand.

Der Prototyp **AM-23** (Erstflug 1942), seinerzeit als Marine-Experimentalbomber 16-Shi für den Einsatz auf Flugzeugträgern (Aichi B7A1) geführt, war ein Mitteldecker mit negativen Knickflügeln. Diese Auslegung hatte man gewählt, um die Hauptfederbeine des einziehbaren Heckradfahrwerks möglichst kurz zu halten, indem sie am Tiefpunkt des Flügelknicks gelagert wurden. Die äußeren Flächenteile ließen sich nach oben klappen, um Abstellraum an Bord einzusparen. Rumpf und Leitwerk entsprachen der üblichen Bauweise, ersterer mit einer geschlossenen Kanzel für eine zweiköpfige Besatzung.

Die Größe des Flugwerks in Verbindung mit den Anfangsschwierigkeiten eines neuen Triebwerks erforderten viel Entwicklungsengagement, so daß noch zwei Jahre verstrichen, bis dieses Muster als trägergestützter Marinebomber Ryusei (Sternschnuppe) oder Aichi **B7A2** in Serie gehen konnte. Nach den neun **B7A1**-Prototypen hatte Aichi erst 80 Exemplare fertiggestellt, als das Werk durch ein schweres Erdbeben im Mai 1945 zerstört wurde. Das Marinefliegerarsenal in Omura montierte anschließend noch 25 Ryusei.

Als dieses Muster in Dienst gestellt wurde, verfügte Japan über keine Flugzeugträger mehr, auf denen diese Flugzeuge (alliierter Kodename „Grace") hätten eingesetzt werden können. Von Landestützpunkten aus blieb ihre Wirkung begrenzt.

**Varianten**

**Aichi B7A2** Versuchsmaschine: eine einzelne B7A2 mit einem 1472 kW (2000 PS) starken Sternmotor Nakajima Homare 23

**Aichi B7A3:** geplante Version mit einem 1619 kW (2200 PS) starken Mitsubishi Mk-9A Sternmotorantrieb

***Oben: Die hier wiedergegebene Maschine ist die Aichi B7A2 „Grace" vom Yokosuka-Kokutai.***

***Die große und leistungsstarke B7A hätte den Ablauf des Krieges im Pazifik erheblich beeinflussen können, wäre sie nicht für den Einsatz auf Flugzeugträgern zu spät erschienen.***

## TECHNISCHE DATEN

**Aichi B7A2**

**Typ:** trägergestützter Torpedo-/Sturzkampfbomber
**Triebwerk:** ein Nakajima-Nk9C-Homare-12-Sternmotor mit 1343 kW (1825 PS)
**Leistung:** Höchstgeschwindigkeit im Horizontalflug in 6550 m Höhe 565 km/h; Steigzeit auf 4000 m 6 Minuten, 55 Sekunden; Dienstgipfelhöhe 11.250 m; Reichweite 3040 km
**Gewicht:** Leermasse 3810 kg; max. Startmasse 5625 kg
**Abmessungen:** Spannweite 14,40 m; Länge 11,49 m; Höhe 4,08 m; tragende Fläche 35,40 m²
**Bewaffnung:** (späte Baulose) zwei flächenmontierte 20-mm-Kanonen (Typ 99, Modell 2) und eine 13-mm-Maschinenkanone auf hinterer Drehlafette und ein 800-kg-Torpedo oder eine entsprechend schwere Bombenlast

# Aichi D1A

Aichi Tokei Denki Kabushiki Kaisha, 1899 als Hersteller von Elektrogeräten und Uhren gegründet, entwickelte sich im Zweiten Weltkrieg zu einem der bedeutendsten japanischen Flugzeugbauer. Die Firma vollzog Fremdentwürfe nach, um auf diese Weise die nötige Erfahrung für eigene Konstruktionen zu gewinnen. Als das Unternehmen an einer Ausschreibung der Kaiserlich-Japanischen Marine für einen zweisitzigen trägergestützten Sturzkampfbomber aus dem Jahre 1931 teilnehmen wollte, vertraute es der deutschen Firma Heinkel Entwurf und Konstruktion eines entsprechenden Flugzeugs an. Das Ergebnis war der Prototyp Heinkel He 50, der im Sommer 1931 flugbereit war. Während diese Versuchsmaschine mit Zwillingsschwimmern ausgestattet war, hatte die wenig später an Aichi ausgelieferte zweite Version He 66 ein Radfahrgestell.

Die He 66 war ein zweistieliger Doppeldecker in Metallbauweise mit Stoffbespannung. Die Maschine hatte ein drahtverspanntes Leitwerk, und ein Schleifsporn ergänzte das starre Hauptfahrwerk.

## TECHNISCHE DATEN

**Aichi D1A2**

**Typ:** zweisitziger trägergestützter Sturzkampfbomber
**Triebwerk:** ein Nakajima-Hikari-1-Sternmotor mit 537 kW (730 PS)
**Leistung:** Höchstgeschwindigkeit im Horizontalflug in 3200 m Höhe 310 km/h; Marschgeschwindigkeit in 1000 m Höhe 220 km/h; Steigzeit auf 3000 m 7 Minuten, 50 Sekunden; Dienstgipfelhöhe 7000 m; Reichweite 930 km
**Gewicht:** Leermasse 1516 kg; max. Startmasse 2610 kg
**Abmessungen:** Spannnweite 11,40 m; Länge 9,30 m; Höhe 3,41 m; tragende Fläche 34,70 m²
**Bewaffnung:** zwei fest eingebaute 7,7-mm-Maschinengewehre Typ 92 und ein schwenkbares 7,7-mm-Maschinengewehr Typ 92 sowie eine 250-kg-Bombe und zwei 30-kg-Bomben

***Aichi D1A2 „Susie"***

Die He 66 wurde mit einem Siemens-SAM-22B (Jupiter VI)-Sternmotor geliefert, der 360 kW (490 PS) abgab. Aichi nahm an dem Muster geringfügige Änderungen vor, indem das Fahrgestell verstärkt und statt des Siemens-Triebwerks ein Nakajima Kotobuki 2 Kai 1 mit 412 kW (560 PS) eingebaut wurde. In dieser Form setzte sich der Aichi Spezialbomber gegen die konkurrierenden Prototypen von Nakajima und Yokosuka durch und erreichte als Marinetyp 94 Flugzeugträgerbomber **(Aichi D1A1)** die Serienproduktion. Die 162 Serienbomber wurden mit einem Townend-Ring um ihren Sternmotor, leicht zurückwinkelten Pfeilflügeln und einem starr montierten Heckrad statt des Schleifsporns fertiggestellt. Die letzten 44 Exemplare erhielten den Kotobuki 3 mit 427 kW (580 PS).

Eine verbesserte Version erschien 1936/37 mit der **Aichi D1A2** (Marinetyp-96-Flugzeugträgerbomber), angetrieben von dem leistungsstärkeren Sternmotor Nakajima Hikari 1. Gleichzeitig führte Aichi eine NACA-Motorverkleidung, eiförmige Schutzbleche an den Haupträdern und neue Windschutzscheiben ein. Von dieser Version wurden 428 Exemplare gefertigt. Beim Überfall auf Pearl Harbor am 7. Dezember 1941 befanden sich nur noch eine kleine Zahl D1A1 bei Ausbildungseinheiten und etwa 70 DF1A2 bei Unterstützungsverbänden im Dienst. Letztere erhielten bei den Alliierten den Decknamen „Susie".

***Im chinesisch-japanischen Krieg kam die D1A noch voll zum Zuge, im Zweiten Weltkrieg war dieses Muster fast nur noch für Ausbildungszwecke zu gebrauchen.***

# Aichi D3A

Das Nachfolgemuster für den D1A-Doppeldeckerjäger, die **Aichi D3A**, sollte das erfolgreichste Muster im Kampf gegen die Schiffe der Alliierten im Zweiten Weltkrieg werden. Der im wesentlichen aus Metall konstruierte Tiefdecker-Prototyp hatte elliptische Flächen wie Heinkels Schnellflug-Eindecker He 70, ein konventionelles Leitwerk und einen Rumpf mit kreisrundem Querschnitt. Den Luftwiderstand des nicht einziehbaren Fahrwerks mit Spornrad versuchte man durch windschlüpfige Verkleidungen möglichst klein zu halten. Für den Antrieb sorgte wie bei der D1A2 ein Hikari-1-Sternmotor mit 537 kW (730 PS). Die Erprobung ergab, daß die Versuchsmaschine untermotorisiert war, zu ungesteuertem Rollen bei eng gezogenen Kurven neigte, und daß die Wirkung der Sturzflugbremsen zu wünschen übrig ließ. Der zweite Prototyp erhielt daher eine größere Spannweite, neu gestaltete Außenflächen, die der Rolltendenz wirksam begegneten, kräftigere Sturzflugbremsen und den Mitsubishi-Sternmotor Kinsei 3 mit 618 kW (840 PS). In dieser Auslegung war das Aichi-Flugzeug dem Mitbewerber von Nakajim deutlich überlegen, so daß die Serien des Marinetyps 99 Flugzeugträgerbomber Modell 11 **(Aichi D3A1)** im Dezember 1939 genehmigt wurden.

Die Serie unterschied sich von der zweiten Versuchsmaschine durch eine leicht zurückgenommene Spannweite und eine betonte Rückenfinne, die die Richtungsstabilität verbessern half. Bei den ersten Maschinen steigerte der Mitsubishi Kinsei 43 den Antrieb auf 736 kW (1000 PS). Nach der Indienststellung setzte die Marine die **D3A1** zunächst nur von Landflugplätzen aus gegen China und Indochina ein. Am Angriff auf Pearl Harbour waren 129 solcher Sturzkampfbomber beteiligt. Im April 1942 versenkten **D3A1** den britischen Flugzeugträger HMS Hermes und die beiden Kreuzer HMS Cornwall und HMS Dorsetshire.

In verschiedenen Versionen wurden fast 1500 **D3A** gebaut, darunter 210 Exemplare bei Showa. In der zweiten Hälfte des Krieges im Pazifik operierte die „Val", wie die Alliierten dieses Muster nannten, nur noch bei landgestützten Einheiten der Kaiserlich-Japanischen Marineluftstreitkräfte.

***Oben: Eine Aichi D3A1 Modell 11 „Val" vom Yokusuka-Kokutai im Jahre 1940.***

***In der Eröffnungsphase des Zweiten Weltkriegs galt die Aichi D3A als äußerst effektiver Sturzkampfbomber; sie veraltete jedoch rasch. Am Anfang ihrer aufsehenerregenden Karriere standen die Teilnahme am Überfall auf Pearl Harbour und die Versenkung des britischen Flugzeugträgers Hermes.***

**Varianten**

**Aichi D3A2 Modell 12:** Prototyp einer verbesserten Version mit dem 957 kW (1300 PS) starken Mitsubishi-Kinsei-54-Triebwerk, größerem Tankvolumen, geändertem hinteren Kabinendach und neuer Propellerhaube (nur ein Exemplar gebaut)
**Aichi D3A2 Modell 22:** Serienversion des Versuchsmodells 12; Höchstgeschwindigkeit im Horizontalflug in 6200 m Höhe 430 km/h; Dienstgipfelhöhe 10.500 m; Leermasse 2570 kg; max. Startmasse 3800 kg
**Aichi D3A2-K:** zu Schulflugzeugen umgerüstete D3A1/2

### TECHNISCHE DATEN

**Aichi D3A1** (spätere Baureihe)

**Typ:** zweisitziger träger- und landgestützter Sturzkampfbomber
**Triebwerk:** ein Mitsubishi-Kinsei-44-Sternmotor mit 788 kW (1070 PS)
**Leistung:** Höchstgeschwindigkeit im Horizontalflug in 3000 m Höhe 385 km/h; Marschfluggeschwindigkeit in 3000 m Höhe 295 km/h; Steigzeit auf 3000 m Höhe 6 Minuten, 25 Sekunden; Dienstgipfelhöhe 9300 m; Reichweite 1470 km
**Gewicht:** Leermasse 2408 kg; max. Startmasse 3650 kg
**Abmessungen:** Spannweite 14,37 m; Länge 10,20 m; Höhe 3,85 m; tragende Fläche 34,90 m²
**Bewaffnung:** zwei nach vorn feuernde 7,7-mm-Maschinengewehre Typ 97 und ein schwenkbares 7,7-mm-Maschinengewehr Typ 92 in der hinteren Kanzel plus eine 250-kg-Bombe und zwei 60-kg-Bomben

# Aichi E11A

### TECHNISCHE DATEN

**Aichi E11A**

**Typ:** Nachtaufklärungs-Flugboot
**Triebwerk:** ein Hiro Typ 91, Modell 22, Reihenmotor mit 456 kW (620 PS)
**Leistung:** Höchstgeschwindigkeit in 2400 m Höhe 215 km/h; Marschgeschwindigkeit 130 km/h; Steigzeit auf 3000 m 18 Minuten, 30 Sekunden; Dienstgipfelhöhe 4425 m; Reichweite 1945 km
**Gewicht:** Leermasse 1927 kg; max. Startmasse 3300 kg
**Abmessungen:** Spannweite 14,50 m; Länge 10,70 m; Höhe 5,50 m
**Bewaffnung:** ein 7,7-mm-Maschinengewehr auf Drehlafette im Bugstand

***Aichi E11A „Laura": Nachtaufklärungsflugboot***

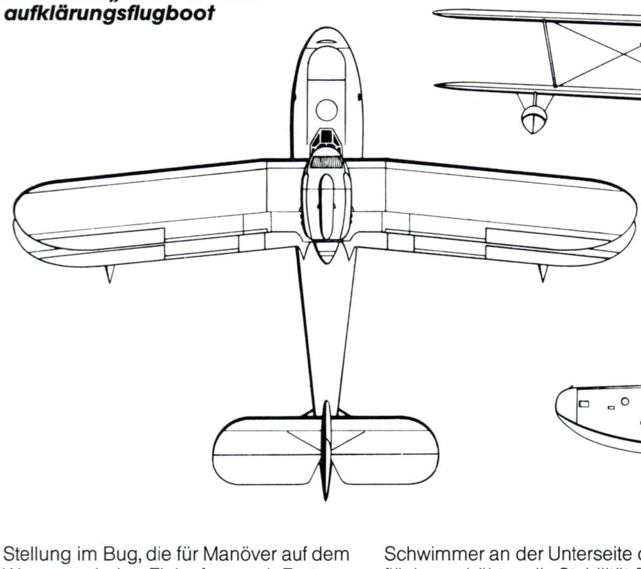

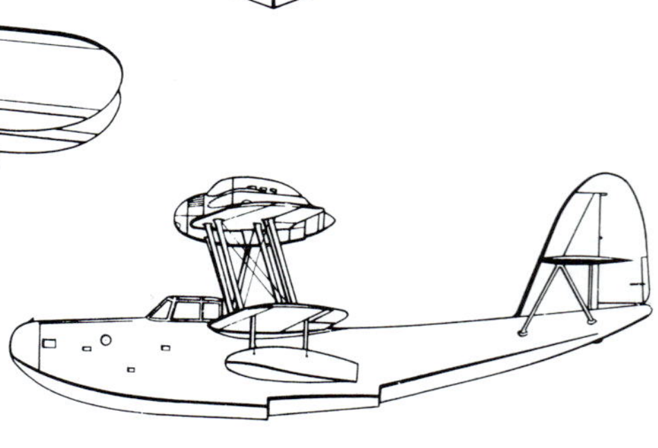

Das Nachtaufklärungs-Flugboot **Aichi E11A1**, Alliierten-Codename „Laura", flog erstmals im Juni 1937 als Prototyp. Seinem Mitbewerber Kawanishi E11K1 gegenüber erwies sich das Aichi-Muster als überlegen und ging daher als Marinetyp-98-Nachtaufklärungs-Wasserflugzeug in Serie. Das Doppeldecker-Flugboot hatte einen zweifach gestuften Gleitboden und fast auf halber Höhe des Seitenleitwerks angeordnete, abgestrebte Höhenflossen. Die Kabine war für eine dreiköpfige Besatzung ausgelegt, ergänzt durch eine offene Stellung im Bug, die für Manöver auf dem Wasser – beim Einlaufen und Festmachen – bemannt, aber als Alternative auch mit einem Maschinengewehr zur Abwehr bestückt werden konnte. Schwimmer an der Unterseite der Außenflächen erhöhten die Stabilität. Für den Antrieb sorgte ein Hiro-Reihenmotor Typ 91, Modell 22, der auf dem Mittelstück des oberen Tragwerks aufgehängt war und seine Leistung auf eine Druckschraube gab. Insgesamt wurden 17 **E11A1** gebaut. Ihr Einsatz beschränkte sich jedoch auf die erste Phase des Zweiten Weltkrieges im Pazifik.

## Aichi E13A bis Airbus Industrie A 330 und A340

**Seit 1955 hat sich Air Tractor auf landwirtschaftliche Flugzeuge spezialisiert. Airbus Industrie wurde im Dezember 1970 als multinationales europäisches Unternehmen für Großraumflugzeuge gegen die amerikanische Konkurrenz gegründet. Man begann mit der zweistrahligen Turbofan-A 300 für Kurz- und Mittelstrecken. Mittlerweile hat sich das Airbusprogramm auf fünf Basistypen erweitert, der jüngste ist der vierstrahlige Langstrecken-Turbofan A 340.**

# Aichi E13A

Die aus dem Entwurf eines zweisitzigen Wasserflugzeugs zur Seeaufklärung (E12A) entwickelte **Aichi E13A** sollte dem von der Japanischen Marine im Jahre 1937 geforderten Langstrecken-Aufklärer in der Auslegung eines Schwimmerflugzeugs zum Geleitschutz von Schiffskonvois gerecht werden. Der Prototyp dieses dreisitzigen Musters wurde 1938 fertiggestellt: ein Tiefdecker mit klappbaren Außenflächen, herkömmlichem Leitwerk und großen Zwillingsschwimmern. Von einem Kinsei-43-Sternmotor angetrieben, erwies sich die **E13A** dem Mitbewerber **E13K1** von Kawanishi während der Diensterprobung als überlegen und wurde folglich als **Marinetyp-0-Aufklärungs-Wasserflugzeug Modell 11 (Aichi E13A1)** zur Serienproduktion in Auftrag gegeben. Aichi hatte 133 Exemplare gebaut, als 1942 Watanabe (später Kyushu) Hauptauftragnehmer wurde. Neben dessen Produktion von rund 1100 Maschinen fertigte das Hiro-Marinearsenal weitere 50 **E13A**.

Die Alliierten führten dieses Muster, als **E13A1** Ende 1941 bei der japanischen Marine in Dienst gestellt, unter dem Decknamen „Jake“. Die **E13A1** blieb während des gesamten Krieges im Pazifik im Einsatz. Beim Angriff gegen Pearl Harbor war sie mit Aufklärungspatrouillen beteiligt. Von Schiffen und Küstenstützpunkten aus operierend, flog sie im Such- und Rettungsdienst, führte bis zu 15 Stunden dauernde Seepatrouillen durch, griff Schiffe an und agierte in der Schlußphase des Krieges als Kamikaze-Flugzeug.

**Varianten**

**Aichi E13A1a Modell 11A:** Erschien Ende 1944 mit verbesserter Schwimmeraufhängung, verkleideter Propellernabe und neuer Funkausrüstung

**Aichi E13A1b Modell 11B:** Grundmuster mit Seezielsuchradar

***Aichi E13A „Jake“ Aufklärungs-Schwimmerflugzeug der Kaiserlich-Japanischen Marine***

**TECHNISCHE DATEN**

**Aichi E13A1**

**Typ:** Fernaufklärungs-Schwimmerflugzeug
**Triebwerk:** ein Mitsubishi-Kinsei-43-Sternmotor mit 795 kW (1080 PS)
**Leistung:** Höchstgeschwindigkeit im Horizontalflug in 2180 m Höhe 375 km/h; Marschgeschwindigkeit in 2000 m Höhe 220 km/h; Steigzeit auf 3000 m 6 Minuten, 5 Sekunden; Dienstgipfelhöhe 8730 m; Reichweite 2090 km
**Gewicht:** Leermasse 2642 kg; max. Startmasse 3640 kg
**Abmessungen:** Spannweite 14,50 m; Länge 11,30 m; Höhe 4,78 m; tragende Fläche 36,00 m²
**Bewaffnung:** ein schwenkbares 7,7-mm-Maschinengewehr (Typ 92) in hinterer Position und bis zu 250 kg Bomben; zur Schiffsbekämpfung ließ sich die Bewaffnung durch eine 20-mm-Kanone (Typ 99) auf unterer Drehlafette verstärken

***Aichi E13A1***

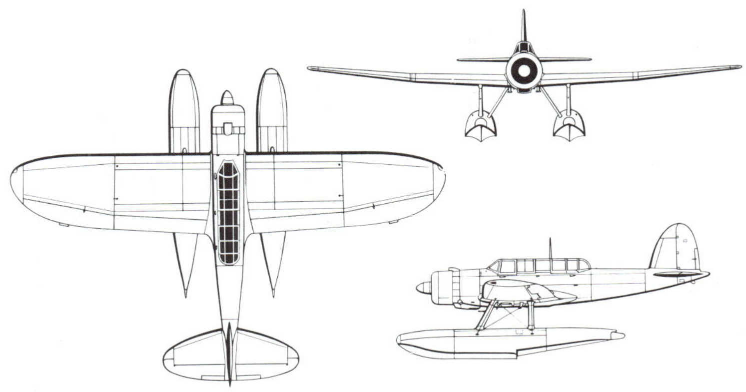

# Air Tractor Model AT-301 Air Tractor

Leland Snow gründete 1955 die Firma Snow Aeronautical Company zur Konstruktion und Entwicklung eines von ihm selbst entworfenen Agrarflugzeugs. Seine Snow S-2A und S-2B erhielten ihre Musterzulassung 1958 bzw. 1959. Auf diese Maschinen folgten verbesserte S-2C, bis Rockwell Standard Corporation die Firma 1965 aufkaufte.

Leland Snow gründete anschließend die Air Tractor Inc. zur Herstellung eines von der S-2B abgeleiteten Agrarflugzeugs. Der Prototyp mit der Bezeichnung **Model AT-300** Air Tractor flog erstmals im September 1973. Der freitragende Tiefdekker war eine Ganzmetallkonstruktion, mit Ausnahme der stoffbezogenen Ruder am Leitwerk. Die Tragflächen hatten große Fowler-Klappen. Die Zelle war gut gegen eindringende ätzende Chemikalien abgedichtet. Die freitragenden Hauptbaugruppen des nicht einziehbaren Heckradfahrwerks waren robust ausgelegt. Für den Antrieb sorgte ein unverkleideter Pratt & Whitney-R985-AN1 oder, beim ähnlichen **AT-301**, der R-1340-Sternmotor. Die landwirtschaftliche Ausrüstung bestand aus einem 1211-Liter-Chemikalienbehälter und einer Sprühvorrichtung mit 72 Spritzdüsen. Ein Streugerät für Trockenchemikalien gehörte zur wahlweisen Ausstattung.

***Die Air Tractor ist ein klassisches Agrarflugzeug mit vielen fachspezifischen Eigentümlichkeiten. Das Cockpit läßt keinerlei toxische Chemikalien eindringen, und die Zelle ist korrosionsfest ausgelegt.***

**Varianten**

**Model AT-302 Air Tractor:** Turboprop-Version der AT 301 (Erstflug Juni 1977) mit einer 447 kW (608 WPS) starken Avco-Lycoming-LTP-101-600A1A-Propellerturbine; Höchstgeschwindigkeit im Horizontalflug 274 km/h; max. Reisegeschwindigkeit 266 km/h; Reichweite bei max. Treibstoffzuladung 644 km; Leermasse mit Sprühausrüstung 1474 kg; max. Startmasse 2994 kg; Länge 8,99 m

**Model AT-302A Air Tractor:** ähnlich wie die AT-302, jedoch mit 1514-Liter-Chemikalienbehälter zum sparsamen Einsatz von Trockenstreumitteln; max. Startmasse 3266 kg

**Model AT-400 Air Tractor:** antriebsstärkere Variante der 1980 eingeführten AT-302A mit der PT6A-15AG-Propellerturbine von Pratt & Whitney Canada mit 507 kW (670 WPS)

**TECHNISCHE DATEN**

**Air Tractor AT-301 Air Tractor**

**Typ:** einsitziges Agrarflugzeug
**Triebwerk:** ein Pratt & Whitney-R-1340-Sternmotor mit einer Leistung von 447 kW (608 PS)
**Leistung:** Höchstgeschwindigkeit im Horizontalflug 266 km/h in Meereshöhe; max. Reisegeschwindigkeit 241 km/h in 2440 m Höhe; Reichweite mit max. Treibstoffzuladung 563 km
**Gewicht:** Rüstmasse 1656 kg; max. Startmasse 3130 kg
**Abmessungen:** Spannweite 13,72 m; Länge 8,23 m; Höhe 2,59 m; tragende Fläche 25,08 m²

# Airbus Industrie A300

Als Boeing in den USA mit den Abschlußarbeiten am Entwurf des weltweit ersten Großraumflugzeugs, Modell 747, befaßt war, zog die europäische Luftfahrtindustrie den gemeinsamen Bau einer Kurzstrecken-Verkehrsmaschine mit großer Passagierkapazität in Erwägung. Die HBN-100, das Gemeinschaftsprojekt von Hawker Siddeley, Breguet und Nord, war der aussichtreichste Entwurf.

Am 28. Mai 1969 entschieden sich Frankreich und die Bundesrepublik zur gemeinsamen Entwicklung des europäischen Airbus, wie das Projekt genannt wurde, mit Hawker Siddeley als britischem Interessenvertreter ohne staatliche Unterstützung. Die Konstruktion der **A300** begann im September 1969. Im Dezember 1970 folgte die Gründung von Airbus Industrie als Dachorganisation für das Vorhaben. Als Antrieb wählte man das CF6-Turbofan-Triebwerk von General Electric, doch die Serienmaschinen ließen sich auch, je nach Kundenwunsch, mit jedem anderen Triebwerktyp dieser Leistungsklasse ausstatten. Der zylinderförmige Rumpf konnte zwischen 220 und 336 Passagiere aufnehmen. Die meisten Nutzer wählten eine Mehr-Klassen-Einrichtung, um den europäischen Geschäftsbedürfnissen Rechnung zu tragen. Das fortschrittliche Tragwerk mit einer ganzen Palette hocheffektiver Auftriebshilfen stammte aus dem Hause Hawker Siddeley.

Die beiden ersten Maschinen erhielten die Bezeichnung **A300B1**. Der Jungfernflug des ersten Airbus (F-WUAB) fand am 28. Oktober 1972 statt, das zweite Versuchsflugzeugs startete am 5. Februar 1973. Auf diese Flugzeuge folgte das erste Paar **A300B2**, die geplante Serienversion. Die ersten vier Flugzeuge bestritten ein ziemlich ausgedehntes Flugerprobungsprogramm, um die europäische Musterzulassung am 15. März 1974 zu erwirken. Am 30. Mai lag die amerikanische Zulassung vor. Am gleichen Tag nahm Air France den Liniendienst mit diesem Muster zwischen Paris und London auf. Der **A300** zeichnete sich durch Komfort und Geräuscharmut aus.

Erstkunde auf dem amerikanischen Markt war Eastern Air Lines mit einer Bestellung über 38 **A300B4** mit erweiterter Treibstoffkapazität, Krügerklappen und erhöhter Betriebsmasse für größere Reichweiten. 1978 beteiligte sich die britische Regierung mit 20% am Airbus-Konsortium. Aérospatiale und die Deutsche Airbus GmbH blieben mit je 37,9% die Hauptpartner, während das spanische Unternehmen CASA einen Anteil von 4,2% erworben hatte. Als assoziierte Partner beteiligten sich der holländische Konzern Fokker und die belgische Organisation Belairbus am Programm.

Als umrüstbare Frachtversion mit einer großen Frachtladeklappe auf der linken Seite erschien als nächtes die **A300C4**. Diese Variante und eine reine Passagierversion wurden von einer neuen Airbus-Serie abgelöst, die sich durch eine zusätzliche Sitzreihe, ein neues Zweimann-Cockpit und zahlreiche kleinere Änderungen zur Reduzierung von Widerstand und Gewicht auszeichnete. Ergebnis war die **A300-600** (Erstflug 8. Juli 1983), die zur Hauptserie wurde. Als Varianten fertigte Airbus die **A300-600R** mit erhöhter Betriebsmasse und Trimmtank im Höhenleitwerk zur Reichweitensteigerung und die **A300-600** Convertible für den Transport von Passagieren und/oder Fracht.

***Airbus Industrie A300B4-203 von Thai Airways***

**TECHNISCHE DATEN**

**Airbus A300-600R**

**Typ:** Mittel-/Langstreckengroßraumflugzeug
**Triebwerke:** zwei Turbofan-Triebwerke der Leistungsklasse 249 kN bis 273,6 kN, wie Pratt & Whitney JT9D-7R4H1, PW4156, PW4158, PW4160, General Electric CF6-80-C2A1 und CF6-80C2A5
**Leistung:** Höchstgeschwindigkeit für Reiseflug in 7620 m Höhe 890 km/h; Langstrecken-Reisegeschwindigkeit in 9450 m Höhe 875 km/h; Reichweite mit 267 Passagieren, Gepäck und PW4156-Triebwerken 6968 km; Startstrecke 2332 m
**Gewicht:** (mit PW4156-Antrieb) Leermasse 78.201 kg; max. Startmasse 165.000 kg
**Abmessungen:** Spannweite 44,84 m; Länge 54,08 m; Höhe 16,62 m; tragende Fläche 260,00 m²

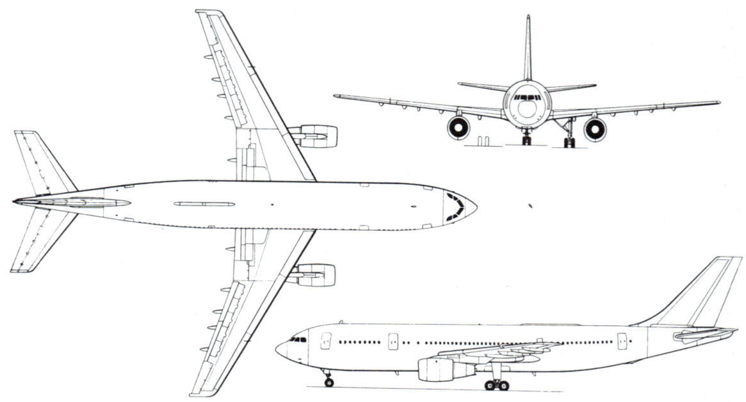

***Eastern trat als erster amerikanischer Großkunde für die A300 auf, gefolgt von Pan Am und American.***

# Airbus Industrie A310

Eine der Hauptschwierigkeiten in der ersten Entwicklungsphase des Airbus bereiteten die fehlenden Kapazitätsvorgaben der Fluggesellschaften. So wurde ein Entwurf zeitweilig in elf verschiedenen Varianten mit unterschiedlicher Rumpflänge angeboten, um allen potentiellen Betreibern gerecht zu werden. Noch während der Entwicklung der A300 faßte Airbus Industrie aufgrund der Nachfrage eine Variante mit geringerem Platzangebot ins Auge (die spätere **A310**).

Der Rumpf entsprach im wesentlichen dem der A300, war jedoch beträchtlich kürzer. Die Höhenflossen und Tragflächen wurden neu konzipiert, letztere von BAe mit superkritischem Profil, das eine Reduzierung von Spannweite und Flügelfläche ermöglichte. Das mit fortschrittlicher Digitalavionik ausgestattete Cockpit wurde von Anfang an für eine zweiköpfige Flugbesatzung ausgelegt.

Das **A310**-Programm startete im Juli 1978. Mit einer Mischklassen-Sitzeinrichtung konnte dieses Flugzeug zwischen 210 und 250 Passagiere befördern. Der Prototyp (F-WZLH) startete am 3. April 1982 zum Erstflug. Ab April 1983 setzten die Erstkunden, Lufthansa und Swissair, die **A310** im Liniendienst ein. Weitere Bestellungen, darunter ein Großauftrag von Pan Am, häuften sich.

Die Grundserie bildete die **A310-200**, ab Mai 1986 mit widerstandsmindernden Grenzschichtzäunen an den Flächenenden ausgeliefert. Die **A310-200C** und **A310-200F** sind Umrüst- bzw. Nur-Frachtversionen. Erste bedeutende Weiterentwicklung war die **A310-300** mit gesteigerter Reichweite. Diese Variante flog erstmals am 8. Juli 1985 und ist standardmäßig mit Grenzzaun an den Flächenenden, hinterem Trimmtank und wahlweise mit einem zentralen Tank als Teil des Frachtraums ausgestattet.

***Die A310-200 ist die Standardversion für den Mittelstreckenbetrieb, erhältlich als reines Passagier-, Fracht- und Passagier- oder Nur-Frachtflugzeug. Die türkische Staatslinie THY verfügt über sieben Exemplare dieses Modells. Kenya Airways verfügt über drei -300 für Langflugstrecken.***

**TECHNISCHE DATEN**

**A310-300**

**Typ:** Mittelstrecken-Großraumflugzeug
**Triebwerke:** zwei Turbofan-Triebwerke der Leistungsklasse 213,5 kN bis 262,4 kN, wie Pratt & Whitney JT9D-7R4E1, PW4152-, 6 und General Electric CF6-80C2A2
**Leistung:** Langstrecken-Reisegeschwindigkeit in 10.000 m Höhe 862 km/h; Reichweite mit 216 Passagieren, Gepäck und PW4156-Triebwerken 9765 km; Startstrecke 2225 m
**Gewicht:** (mit PW4156-Antrieb) Leermasse 80.163 kg; max. Startmasse 164.000 kg
**Abmessungen:** Spannweite 43,89 m; Länge 46,66 m; Höhe 15,80 m; tragende Fläche 219 m²

***Das Mittelstrecken-Großraumflugzeug A310-300 erhielt ein Tragwerk mit superkritischer Profilierung und neuartigen Grenzzäunen an den Flächenenden, die inzwischen zur Standardausstattung aller Airbus-Modelle zählen. Kenya Airways setzt drei A310-300 auf Langstrecken ein.***

# Airbus Industrie A320

**TECHNISCHE DATEN**

**A320-200**

**Typ:** Kurz-/Mittelstreckenverkehrsflugzeug mit Standardrumpf
**Triebwerke:** zwei Turbofan-Triebwerke je 111,2 kN, CFM56-5-A1 von CFM International oder V2500-A1 von IAE
**Leistung:** typische Reisegeschwindigkeit Mach 0,8; Reichweite mit 150 Passagieren, Gepäck und V2500-Triebwerken 5615 km; Startstrecke 2180 m
**Gewicht:** (V2500-Antrieb) Leermasse 41.640 kg; max. Startmasse 75.500 kg
**Abmessungen:** Spannweite 33,91 m; Länge 37,57 m; Höhe 11,80 m; tragende Fläche 122,4 m²

***Braniff war mit 40 Flugzeugen der zweite US-Käufer der A320 – Zeichen für den hohen Absatzerfolg dieses Muster. Für den Antrieb stehen dem Käufer momentan die Triebwerke CFM56 und V2500 zur Auswahl.***

Zu Beginn der Planung für die Airbus-Familie hatte die Kabinenauslegung mit einem oder zwei Gängen breiten Raum eingenommen. Die beiden ersten Modelle erhielten zwei Gänge, das dritte einen Mittelgang. Die **A320** war ein im wesentlichen neuer Entwurf auf dem Stand modernster Technik. Zu den erstmals angewandten Technologien zählten eine elektrisch signalisierte Flugsteuerung („Fly-by-Wire") mit seitlichen Steuerhandgriffen, Böenglättungsfunktion sowie ein zentralisiertes Störungsanzeige- und Warnsystem. Auf den Marktsektor der Boeing 737 und MD-80 ausgerichtet, bietet die **A320** 150 bis 179 Passagieren Sitzplätze, die in der – im Vergleich zu anderen Verkehrsmaschinen mit Mittelgang – viel breiteren Kabine günstiger angeordnet werden konnten. Die Fluggäste kamen in den Genuß eines höheren Komforts, und ihr Gepäck ließ sich in Standard-Containern transportieren.

Am 2. März 1984 genehmigten die zuständigen Regierungen das Bauprogramm; die erste **A320** (F-WWAI) mit CFM56-Triebwerken startete am 22. Februar 1987 in Toulouse zum Jungfernflug. Die erste Baureihe ergab 21 **A320-100,** die von der definitiven Version **A320-200** mit zusätzlichem Treibstofftank und Flügelendzaun abgelöst wurden. 1989 kündigte Airbus Industrie eine gestreckte Variante an, die **A321-100** mit einem 44,51 m langen Rumpf. In einer typischen 2-Klassen-Bestuhlung wird dieses Flugzeug 186 Passagiere befördern und schließt damit die Kapazitätslücke zwischen der **A320** und A310. Es soll 1994 in Dienst gehen.

Ihre hohe Zuverlässigkeit und Wirtschaftlichkeit haben die **A320** zum Bestseller der Airbus-Familie gemacht. Air France nahm die erste Maschine am 28. März 1988 entgegen. 1989 wurde die Zulassung für den Betrieb mit V2500-Triebwerken von IAE erteilt. Das Muster hat in den Vereinigten Staaten große Verkaufserfolge (Northwest und Braniff) erzielt. Bestellungen übertreffen 660 Exemplare.

# Airbus Industrie A330 und A340

Nach Abschluß einer mehrjährigen Projektstudie startete Airbus Industrie am 5. Juni 1987 das Programm zur Vollentwicklung, Vermarktung und Produktion der **A330** und **A340**. Beide Muster sollten für Fluggesellschaften maßgeschneidert werden, die Fernrouten mit hoher Passagierkapazität bedienen. **A330** und **A340** gemeinsam sind der Rumpf, das Leitwerk, das Fahrgestell, das Flugdeck und die Tragflächengeometrie. Um die Reichweiten- und Nutzlastkapazität mit optimalen Betriebskosten in Übereinstimmung zu bringen, erhielt die **A330** zwei Motoren, während die **A340** für Superlangstrecken vier Triebwerke benötigte. Dennoch kam dasselbe Tragwerk zum Einsatz, wobei sich die Unterschiede auf geringfügige Änderungen an der Struktur und am Vorflügelsystem beschränkten.

Beide Muster profitieren in hohem Maße von dem für frühere Airbus-Flugzeuge entwickelten richtungsweisenden Technologie-Standard, wie etwa der Fly-by-Wire-Flugsteuerung und dem fortschrittlichen Zweimann-Cockpit. Der mit der **A300** und **A310** übereinstimmende Rumpfquerschnitt erlaubte teilweise die Verwendung derselben Kabinenausrüstung und gewährleistete eine kontinuierliche Fortführung des Konzepts. Wie bei allen früheren Airbus-Modellen sind für die Entwicklung und Fertigung der **A330** und **A340** die einzelnen Mitglieder des europäischen Konsortiums nach ihren Anteilen zuständig.

Am 25. Oktober 1991 startete die **A340-300**, die längere der beiden von Anfang an geplanten Versionen des vierstrahligen Musters, in Toulouse zum Jungfernflug. In typischer Drei-Klassen-Auslegung kann die **A340-300**, die Lufthansa im Februar 1993 in Dienst stellen wird, 295 Fluggäste befördern. In ähnlicher Drei-Klassen-Auslegung bietet die **A340-200** mit kürzerem Rumpf 262 Passagieren Platz. Über denselben Rumpf verfügt die erste Version der **A330**, die voraussichtlich im Oktober 1992 zum ersten Mal fliegen und im Jahr darauf ihren Dienst als Linienflugzeug antreten wird. Das für die **A330** vorgesehene Triebwerk CF6-80E1 wurde in der rechten Triebwerkgondel eines **A300**-Testträgers zum ersten Mal am 14. Februar 1992 im Flug erprobt.

**Varianten**

**A330-300:** Grundversion des zweistrahligen Mittelstrecken-Großraumflugzeugs; als Antrieb stehen die Turbofan-Triebwerke General Electric CF6-80E1 je 300 kN Schub, das PW4164 von Pratt & Whitney und das Trent von Rolls-Royce in derselben Schubklasse zur Auswahl.

**A330-300X:** vorgeschlagene Version der -300 mit größerer Reichweite; Triebwerke mit bis zu 320 kN Schub und max. Betriebsmasse von 223.000 kg für 9800 km Reichweite; 1996 verfügbar.

**A330-400X:** vorgeschlagene gestreckte Version der -300 mit ähnlichen Betriebsmassen und Triebwerken zur Beförderung von 379 Passagieren in zwei Klassen über Entfernungen bis zu 7300 km; Rumpf um 6,35 m verlängert; in der zweiten Hälfte 1996 verfügbar.

**A340-200:** vierstrahliges Langstrecken-Großraumflugzeug, dessen Rumpf im Vergleich zur ersten Version A340-300 um zwei Spanten kürzer ist; in typischer Zwei-Klassen-Auslegung finden 303 Passagiere Platz; Triebwerkoptionen wie für die A340-300.

**A340-200X:** angebotene Variante der -200 mit zusätzlichem Tankvolumen im Tragflächenmittelstück zur Erhöhung der Reichweite um 400 km; Antrieb durch CFM56-5C-4 Turbofan-Triebwerke mit 151 kN Schub; 1996 verfügbar.

**A340-300:** erste Grundversion des viermotorigen Langstrecken-Verkehrsflugzeugs mit langem Rumpf; mehr Sitzplätze, aber kürzere Reichweite als die -200; Erstausrüstung mit vier CFM56-5C-2 Turbofan-Triebwerken je 140 kN; wahlweise CFM56-5C-3 mit 145 kN Schub; Reichweite mit 262 Passagieren 14.000 km.

**TECHNISCHE DATEN**

**A330-300**

**Typ:** Mittelstrecken-Großraumflugzeug
**Triebwerke:** zwei General Electric CF6-80E1 Turbofan-Triebwerke je 300 kN Schub
**Leistung:** Höchstgeschwindigkeit im Reiseflug 914 km/h in 11.300 m Höhe; wirtschaftliche Reisefluggeschwindigkeit 871 km/h; Dienstgipfelhöhe 12.500 m; Reichweite mit 335 Passagieren und Gepäck 8800 km
**Gewicht:** Leermasse 118.500 kg; max. Startmasse 212.000 kg
**Abmessungen:** Spannweite 60,30 m; Länge 63,65 m; Höhe 16,80 m; tragende Fläche 363,00 m²

**A340-300 Combi:** Passagier- und Frachtversion der -300 mit großer Tür zum Hauptdeck auf der linken Seite des Hinterrumpfes; transportiert beispielsweise vier Frachtpaletten und 221 Passagiere in drei Klassen.

**A340-300X:** Variante der -300 mit größerer Reichweite und CFM56-5C-4 je 151 kg Schub; Betriebsmasse bis zu 267.000 kg und 13.200 km Reichweite; Ende 1995 verfügbar; Erstaufträge von Northwest Airlines und Singapore Airlines.

**A340-400X:** vorgeschlagene gestreckte Version der A340-300X mit denselben Betriebsmassen, Triebwerktyp und Rumpfstreckung wie bei der A330-400X; Bestuhlung für 335 Flugreisende in drei Klassen und 10.940 km Reichweite; erst 1997 verfügbar.

**A340M:** projektierte Militärvariante der Grundversion A340-300 für diverse Rollen, wie zum Beispiel Personentransport mit 434 Sitzen, VIP-Dienst bei der Flugbereitschaft, Mischtransportflüge für Personal und Material – beispielsweise 295 Personen und 20 Tonnen Fracht – bei ähnlicher Auslegung wie die A340-300 Combi, reine Frachtflüge und Versorgung anderer Flugzeuge mit Treibstoff in der Luft an drei Stationen.

**TECHNISCHE DATEN**

**A340-300**

**Typ:** Langstrecken-Großraumflugzeug
**Triebwerke:** vier DVM International CFM-56-5C-2 Turbofan-Triebwerke je 138,8 kN Schub
**Leistung:** Höchstgeschwindigkeit im Reiseflug 914 km/h in 11.300 m Höhe; wirtschaftliche Reisefluggeschwindigkeit 871 km/h; Dienstgipfelhöhe 12.500 m; Reichweite mit 262 Passagieren und Gepäck 14.000 km
**Gewicht:** Leermasse 122.100 kg; max. Startmasse 253.500 kg
**Abmessungen:** Spannweite 60,30 m; Länge 59,39 m; Höhe 16,80 m; tragende Fläche 363,00 m²

***Als erstes Mitglied dieser Airbus-Familie wird die A340-300 mit vier CFM56 in Dienst gestellt. Die kürzere Serie -200 mit den gleichen Triebwerken wird eine beträchtlich größere Reichweite aufweisen.***

# Airco D.H.2 bis Airspeed AS.57 Ambassador

**Die Aircraft Manufacturing Co. wurde 1912 zum Zweck des Baus der Farman-Flugzeuge in französischer Lizenz gegründet, expandierte aber 1914 zu Flugzeugen von Geoffrey de Havilland, die im Ersten Weltkrieg bekannt wurden, den die Firma aber nicht überdauerte. Airspeed entstand 1934 für die Produktion von Leichtflugzeugen und hatte großen Erfolg im Zweiten Weltkrieg mit dem Vielzweck-Schulflugzeug Oxford.**

## Airco D.H.2

Geoffrey de Havillands zweiter Entwurf für Airco, die **D.H.2**, war im Grunde nur eine kleinere Version der D.H.1. Der Antrieb mit Druckschraube blieb unverändert, damit der Pilot ein nach vorn feuerndes Maschinengewehr bedienen konnte. Dies ergab sich zwangsläufig aus der Tatsache, daß Anfang 1915, als der Prototyp **D.H.2** flog, in Großbritannien noch keine effektive Unterbrechereinrichtung zur Verfügung stand. Erst Ende 1916 erreichte das Constantinesco, ein hydraulisches Unterbrechergetriebe, die Fliegereinheiten. Die Verwendung eines Synchronisationsgetriebes ermöglichte, daß die hinter den Propellern montierten Maschinengewehren automatisch abgefeuert werden konnten. Auch wenn das Lewis-Maschinengewehr keine Schäden am Propeller der **D.H.2** anrichten konnte, stellte die Erstinstallation der Waffe die britischen Jagdpiloten doch auf eine harte Probe. Man hatte an beiden Seiten des Bugs Auflagen für das Maschinengewehr eingerichtet, damit der Pilot selbst die für die Zielbekämpfung effektivste Richtung wählen konnte. Er sollte also nicht nur die schwere Waffe von einer Seite auf die andere wuchten, sondern gleichzeitig die Maschine unter Kontrolle halten.

Verglichen mit dem Vorgängermodell war die **D.H.2** mit nur einer Kanzel in der zentralen Rumpfgondel beträchtlich kleiner. Sie besaß strukturelle Verstärkungen und ein stärkeres Triebwerk. Aufgrund eines vielfach verfeinerten Entwurfs war der Luftwiderstand verringert worden. Der Kritikpunkt „schwierig zu fliegen" ergab sich aus der recht feinfühligen Flugsteuerung; gerade sie aber war es auch, die die **D.H.2** zu einem erstklassigen Jäger ihrer Zeit machte, nachdem Anfang 1916 eine beträchtliche Anzahl die Einsatzverbände erreicht hatte. Gegen die einst so gefürchteten Fokker-Eindecker konnten sie für das Royal Flying Corps die Luftherrschaft zurückerobern und so lange halten, bis Ende 1916 die Albatros D.I und D.II eintrafen.

Auch die Lewis-Waffe bereitete keine Probleme mehr, nachdem kampferfahrene Jagdpiloten eine zentrale Aufhängung durchgesetzt hatten. Die Waffe ließ sich zwar vertikal schwenken, doch die Piloten arretierten sie, um die Maschine in eine schußgünstige Position zu manövrieren. Im Herbst 1918 stand bereits keine **D.H.2** mehr im Dienst der RAF. Die Gesamtproduktion belief sich auf 400 Exemplare.

**TECHNISCHE DATEN**

**Airco D.H.2**

**Typ:** einsitziger Jagddoppeldecker
**Triebwerk:** ein Gnôme Monosoupape-Umlaufmotor mit 74 kW (100 PS); einige Exemplare der letzten Baureihe hatten den Le Rhône mit 81 kW (110 PS)
**Leistung:** (Gnôme-Triebwerk) Höchstgeschwindigkeit im Horizontalflug in Meereshöhe 150 km/h; Steigzeit auf 1830 m Höhe in 11 Minuten; Dienstgipfelhöhe 4265 m; Flugdauer 2 Stunden, 45 Minuten
**Gewicht:** Leermasse 428 kg; max. Startmasse 654 kg
**Abmessungen:** Spannweite 8,61 m; Länge 7,68 m; Höhe 2,91 m; tragende Fläche 23,13 m²
**Bewaffnung:** ein nach vorn feuerndes 7,7-mm-Lewis-Maschinengewehr

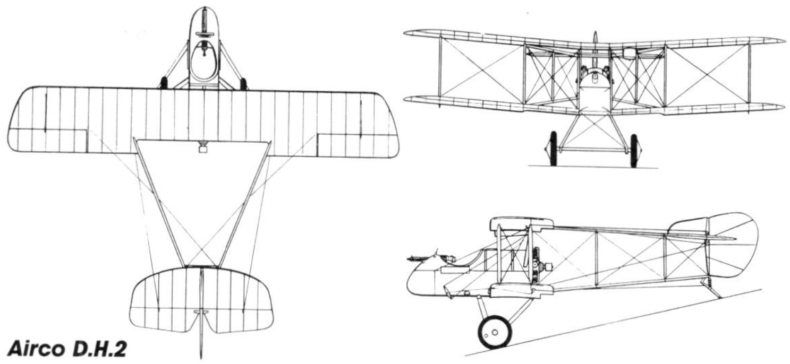

*Airco D.H.2*

***Für ihre Zeit war die D.H.2 ein erstklassiger Jäger. In geübten Händen entfaltete er erstaunliche Beweglichkeit, kampfunerfahrene Piloten aber konnten böse Überraschungen erleben.***

## Airco D.H.3

Unter der Bezeichnung **Airco D.H.3** hatte Geoffrey de Havilland einen großen zweistieligen Doppeldecker entworfen, der die Rolle eines Bombers erfüllen sollte. Die weit gespannten Tragflächen ließen sich beiklappen, um Abstellraum einzusparen. Der schlanke Rumpf endete in einem formschönen Ruder, das zum Markenzeichen zahlreicher de Havilland-Konstruktionen wurde. Das herkömmliche Fahrgestell mit zwei Haupträdern und Schleifsporn unter dem Heck vervollständigten zwei Bugräder, die man in recht großem Abstand zum Hauptfahrwerk montiert hatte, um ein Springen der Maschine am Boden zu verhindern. Zwischen den Flächen direkt über dem Hauptfahrwerk waren zwei Beardmore-Reihenmotoren aufgehängt; sie trieben Druckschrauben an, die auf Verlängerungswellen saßen, um einen Sicherheitsabstand zwischen Propeller und Abströmkante zu gewährleisten. Der Pilot saß in einem offenen Cockpit unmittelbar vor dem Tragwerk, die beiden Schützen waren in getrennten Kanzeln im Bug und Rumpf hinter den Tragflächen untergebracht.

Der zweite Prototyp erhielt stärkere Beardmore-Triebwerke mit je 119 kW (162 PS). Die Flächen versah man hinten auf Höhe der Propeller mit Einschnitten, so daß die Verlängerung der Antriebswellen entfallen konnte. Dieser Versuchsbomber erhielt den Namen **D.H.3A**. Keines der beiden Flugzeuge erreichte die Serienfertigung. Beide Maschinen wurden innerhalb von zwölf Monaten verschrottet, ohne daß die Truppe sie erprobt hätte.

**TECHNISCHE DATEN**

**Airco D.H.3**

**Typ:** Bomber
**Triebwerke:** zwei Beardmore-Reihenmotoren je 89 kW (121 PS)
**Leistung:** Höchstgeschwindigkeit in Meereshöhe 153 km/h; Steigzeit auf 1980 m Höhe in 23 Minuten, 30 Sekunden; Flugdauer 8 Std.
**Gewicht:** Leermasse 1805 kg; max. Startmasse 2635 kg
**Abmessungen:** Spannweite 18,54 m; Länge 11,23 m; Höhe 4,42 m; tragende Fläche 73,67 m²
**Bewaffnung:** zwei schwenkbare 7,7-mm-Lewis-Maschinengewehre und eine nicht näher bekannte Bombenlast

## Airco D.H.4

Die **Airco D.H.4** wird allgemein als bester Tagbomber des Ersten Weltkriegs eingeschätzt. Im Entwurfsstadium war als Antrieb eine verbesserte Version des Beardmore-Triebwerks vorgesehen. Dieser Motor zeichnete sich im Grunde lediglich durch die Tatsache aus, daß es Frank Halford gelang, die Ausgangsleistung von nur 89 kW (121 PS) auf 119 kW (162 PS) zu steigern. Auch das Flugwerk wies keinerlei besonders fortschrittliche Merkmale auf. Es handelte sich um einen gewöhnlichen zweistieligen Doppeldecker in Holzbauweise und Stoffbespannung, dessen Vorderrumpf durch eine Außenhaut aus dünnem Schichtholz verstärkt war. Das verspannte Leitwerk hatte eine verstellbare Höhenflosse, so daß der Pilot die Maschine im Flug austrimmen konnte. Die beiden starr montierten Haupträder wurden durch einen Schleifsporn unter dem Hinterrumpf ergänzt. Der Rumpf enthielt zwei offene Kanzeln in recht weitem Abstand zueinander, den die großen Abmessungen dieses Musters ermöglichten. Diese Konzeption erwies sich jedoch später als Nachteil.

Als der Entwurf der **D.H.4** nahezu fertig vorlag, erschien der neue Flugmotor B.H.P., ein Gemeinschaftsprodukt der Konstrukteure Sir William Beardmore, Frank Halford und T.C. Pullinger. Der Prototyp mit einer Nennleistung von 172 kW (234 PS) wurde in die **D.H.4**-Versuchsmaschine eingebaut und Anfang 1916 im Fluge erprobt. Die Versuche verliefen überaus zufriedenstellend. Leider verzögerte sich die Serienfertigung des B.H.P., so daß man auf eine Alternative mit 186 kW (253 PS) von Rolls-Royce zurückgreifen mußte. Dieses Triebwerk wurde als Eagle bekannt; dank seiner hervorragenden Leistung und Zuverlässigkeit sollte sich die **D.H.4** in der Fliegergeschichte verewigen können. Die Ausführung dieses Motors als Eagle VIII mit 280 kW (381 PS) machte die **D.H.4** nahezu überlegen.

Zu Beginn des Jahres 1917 rüstete die **D.H.4** No. 55 Squadron des RFC aus; im Frühjahr 1918 setzten bereits nicht weniger als neun britische und dreizehn amerikanische Staffeln dieses Muster ein. Der Royal Naval Air Service (am 1. April 1918 mit dem RFC zur Royal Air Force zusammengefaßt) flog Küstenpatrouillen mit der **D.H.4**, und sie diente ebenfalls bei etlichen Heimatschutzstaffeln. Das ausgezeichnete Leistungsvermögen dieses Musters hatte natürlich zur Folge, daß es an alle Brennpunkte des Krieges beordert wurde. Die Teilnahme an höchst unterschiedlichen Operationen, wie dem Versenken eines U-Bootes oder dem Angriff auf Mole bei Zeebrugge, trugen maßgeblich zu seinem Ruhm bei. Eine **D.H.4** mit Major E. Cadbury als Pilot und Captain R.Leckie als Bordschütze zerstörte am 5. August 1918 den Stolz der deutschen Marine-Luftschiff-Abteilung, das Luftschiff L.70, das vom Kommandeur der Luftschiff-Abteilung, Fregattenkapitän Peter Strasser, persönlich geführt wurde. Sein Tod markierte den Untergang der Starrluftschiffkräfte der Kaiserlichen Marine.

Die Bedeutung der **D.H.4** steht außer Frage, denn sie zeigte sich allen zeitgemäßen Flugzeugen ihrer Klasse eindeutig überlegen. Eine fundamentale Schwäche aber ergab sich aus dem großen Abstand zwischen den beiden Cockpits. Man hatte mit dieser Anordnung eine optimale Sicht nach vorn und unten erreichen wollen, um dem Piloten den gezielten Bombenwurf zu erleichtern und dem Bordschützen ein maximales Schußfeld für die Lewis-Maschinengewehre zu bieten. Kommunikationsschwierigkeiten zwischen den beiden Besatzungsmitgliedern machten die **D.H.4** jedoch äußerst verwundbar, wenn Feindjäger sie in ein Gefecht verwickelt hatten.

Die Gesamtproduktion von Subunternehmen wie F.W. Berwick and Company, Glendower Aircraft Company, Palladium Autocars Ltd., The Vulcan Motor and Engineering Company, Waring & Gillow Ltd. und Westland Aircraft Works sowie der Hauptfirma selbst ergab insgesamt 1449 Flugzeuge. Diese Maschinen erhielten nicht nur den Rolls-Royce III und IV sowie den Eagle-Motor, sondern auch zahlreiche andere Motortypen, darunter den R.A.F.3a mit 149 kW (203 PS), den Siddeley Puma mit 172 kW (234 PS) und einen Fiat-Motor mit 191 kW (260 PS). Versuchsweise wurden der Renault 12Fe mit 221 kW (300 PS), der Jaguar I von Armstrong Siddeley mit 239 kW (325 PS), der Rolls-Royce „G" mit 263 kW (358 PS), der Sunbeam Matabele mit 289 kW (405 PS) und ein Ricardo-Halford-Ladermotor eingebaut. Die gesteigerte Motorleistung erforderte Propeller mit größerem Durchmesser. Dadurch verringerte sich allerdings der Abstand zwischen Propellerblattspitze und Erdboden allmählich immer mehr.

Die Bewaffnung des Standard-Tagbombers **D.H.4** bestand aus einem nach vorn feuernden Vickers-Maschinengewehr, das starr montiert und durch einen Constantinesco-Unterbrecher synchronisiert war. Der Beobachter/Bordschütze bediente ein oder zwei Lewis-Maschinengewehre auf einem Scarf-Drehkranz. Bombenschlösser an Rumpf und Tragflächen konnten eine Last von insgesamt 209 kg aufnehmen. Die von Westland für den RNAS gebauten Bomber besaßen zwei Vickers-Maschinengewehre für den Piloten; das hintere Lewis-MG war auf einer Drehstütze gelagert. Zwei Exemplare der **D.H.4** wurden modifiziert, um die Bewaffnung mit einer Schnellfeuerkanone von Coventry Ordnance Works (C.O.W.) zu ermöglichen, die 0,68-kg-Granaten verschoß. Die Waffe war so eingerichtet, daß sie fast senkrecht nach oben feuerte und sich daher optimal zur Bekämpfung deutscher Luftschiffe eignete. Als diese Flugzeuge jedoch endlich zur Verfügung standen, flogen deutsche Zeppeline bereits keine Angriffe mehr auf Großbritannien.

Der Waffenstillstand von 1918 setzte der Karriere der **D.H.4** keineswegs ein Ende. Zahlreiche Exemplare aus Überschußbeständen gingen nach dem Krieg an die belgischen, griechischen, japanischen und spanischen Luftstreitkräfte. In den USA gebaute **DH-4** dienten weiterhin beim United States Army Air Corps sowie bei den Luftstreitkräften mehrerer südamerikanischer Länder. In den ersten Nachkriegsjahren tauchten zahlreiche Varianten dieses Musters auf, zumeist Umbauten ehemaliger Militärflugzeuge, die durch eine Reihe von Pionierleistungen auf sich aufmerksam machten. So führten zwei **DH-4B** des USAAC, um nur ein Beispiel zu nennen, erfolgreiche Betankungsversuche in der Luft durch.

Auch beschränkte sich die Verwendung der **D.H.4** in den ersten Friedensjahren keineswegs ausschließlich auf den militärischen Bereich. Im Vereinigten Königreich wurde sie als zivile Verkehrsmaschine von der Firma Holt Thomas' Aircraft Transport & Travel Ltd. für eine Kanalverbindung zwischen London und Paris genutzt. Auch die Handley Page Transport Ltd. und die belgische Fluggesellschaft SNETA setzten Flugzeuge dieses Typs ein. In den USA erwarb das US Post Office Department 1919 eine große Zahl von **D.H.4**, baute sie zu Postflugzeugen um und hielt sie bis 1927 im Dienst.

***Eine von Westland gebaute D.H.4 der No. 5 Squadron des Royal Naval Air Service aus dem Jahre 1918. Mit der Eingliederung des RNAS in das Royal Flying Corps (RFC) wurde diese Einheit zu No. 205 Sqn, RAF.***

### TECHNISCHE DATEN
**Airco D.H.4**

**Typ:** zweisitziger Tagbomber
**Triebwerk:** ein Rolls-Royce Eagle VIII-Reihenmotor mit 280 kW (375 PS)
**Leistung:** Höchstgeschwindigkeit im Horizontalflug 230 km/h; Steigzeit auf 1830 m Höhe in 4 Minuten, 50 Sekunden; Dienstgipfelhöhe 6705 m; Flugdauer 3 Stunden, 45 Minuten
**Gewicht:** Leermasse 1083 kg; max. Startmasse 1575 kg
**Abmessungen:** Spannweite 12,92 m; Länge 9,35 m; Höhe 3,35 m; tragende Fläche 40,32 m²
**Bewaffnung:** ein (RFC) oder zwei (RNAS) nach vorn feuernde 7,7-mm-Vickers-Maschinengewehre, starr montiert, und ein oder zwei 7,7-mm-Lewis-Maschinengewehre in der hinteren Kanzel sowie eine Bombenlast von 209 kg an Aufhängungen unter Rumpf und Tragflächen; die amerikanischen DH-4 hatten statt des Vickers-MG zwei nach vorn feuernde 7,62-mm-Marlin-Maschinengewehre, ansonsten war die Bewaffnung identisch

**Varianten**
**Airco D.H.4A:** Bezeichnung für britische Militärflugzeuge, die nach dem Krieg zu zivilen Verkehrsmaschinen mit einer geschlossenen Kabine für zwei Personen umgebaut wurden
**DH-4A:** Bezeichnung für US-Fertigung mit geänderter Kraftstoffanlage und erweiterter Tankkapazität
**DH-4B/-4C/-4L/-4M/-4Amb/-4Ard:** Sammelbezeichnungen für eine Vielzahl amerikanischer Varianten; DH-4B umfaßte beispielsweise die DH-4B, DH-4B-1, DH-4BD usw. bis zu 60 Subvarianten, darunter etliche Experimentalflugzeuge
**Airco D.H.4R:** Bezeichnung für eine einzelne Rennmaschine mit gekappten Unterflächen und einem Napier Lion-Reihenmotor, der 336 kW (457 PS) abgab; Höchstgeschwindigkeit im Horizontalflug 241 km/h, Leermasse 1129 kg, max. Startmasse 1447 kg, Länge 8,36 m

***Die Airco D.H.4 war ein großartiger Bomber. Eine Vielzahl unterschiedlicher Motortypen verhalf ihm zu einer ausgezeichneten Flugleistung, und seine Bewaffnung (offensiv wie defensiv) übertraf die der meisten zeitgenössischen Kriegsflugzeuge. Der einzige Nachteil dieses Bombers bestand im zu großen Abstand zwischen den beiden Kanzeln.***

# Airco D.H.5

Die Hauptschwächen der D.H.1 und D.H.2 resultierten aus ihrem Druckschraubenantrieb, der den Einbau einer nach vorn feuernden Waffe ermöglicht hatte. Es war aber auch gewährleistet, daß den Piloten dieser Flugzeuge ein ausgezeichnetes Sichtfeld zur Verfügung stand. Der Vorteil von Synchronisiervorrichtungen, die nach vorn durch den Propellerkreis feuernde Waffen gestatteten, mußte mit einer deutlichen Verschlechterung der Sichtverhältnisse bezahlt werden.

Die 1916 entworfene **Airco D.H.5** sollte den Jagdeinsitzer D.H.2 ersetzen. Sie war de Havillands erster Patrouillenjäger mit einer Constantinesco-Unterbrecheranlage. Der Zugpropeller stellte zwar weitaus bessere Flugleistungen in Aussicht, doch Geoffrey de Havilland wollte auf jeden Fall verhindern, daß der Pilot in der **D.H.5** eine schlechtere Sicht hatte als in der D.H.2. Dieses Bestreben führte zu einer ungewöhnlichen Konfiguration der **D.H.5**. Die Flächen des Doppeldeckers waren in der

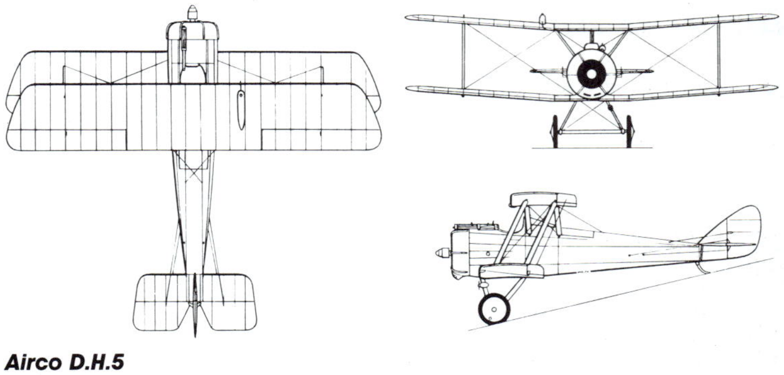

***Airco D.H.5***

Vertikalen beträchtlich gegeneinander versetzt, damit der Pilot vor der Nasenkante des Oberflügels im Rumpf untergebracht werden konnte.

Ansonsten war der Entwurf konventionell. Dazu gehörten die gewohnte Holzbauweise und Stoffbespannung, ein starr montiertes Fahrgestell mit Schleifsporn und der 81 kW (110 PS) starke Umlaufmotor Le Rhône. Im Mai 1917 wurde die **D.H.5** bei No. 24 und No. 32 Squadron des RFC in Dienst gestellt. In geübten Händen erwies sie sich als durchaus zweckmäßiges Einsatzmuster. Ihre Flugeigenschaften und Höhenleistung standen jedoch eindeutig hinter denen zeitgemäßer Muster von Freund und Feind zurück, kampfunerfahrene **D.H.5**-Piloten stellten daher eine leichte Beute dar. Nach hohen Verlusten im November 1917 wurde die **D.H.5** nur noch für Angriffe gegen Erdziele eingesetzt. Im Januar 1918 hatte die S.E.5a der Royal Aircraft Factory sie vollends aus dem Fronteinsatz verdrängt. Auch als Schulflugzeug für Fortgeschrittene konnte sie sich nur kurze Zeit halten.

### TECHNISCHE DATEN

**Airco D.H.5**

**Typ:** einsitziger Patrouillenjäger
**Triebwerk:** ein Le Rhône Umlaufmotor mit 81 kW (110 PS)
**Leistung:** Höchstgeschwindigkeit im Horizontalflug in 3050 m Höhe 164 km/h; Steigzeit auf 1980 m Höhe in 6 Minuten, 55 Sekunden; Dienstgipfelhöhe 4875 m; Flugdauer 2 Stunden, 45 Minuten
**Gewicht:** Leermasse 458 kg; max. Startmasse 677 kg
**Abmessungen:** Spannweite 7,82 m; Länge 6,71 m; Höhe 2,78 m; tragende Fläche 19,70 m²
**Bewaffnung:** ein starres, nach vorn feuerndes 7,7-mm-Vickers-Maschinengewehr und vier 11,3-kg-Bomben an Aufhängungen unter den Flächen; eine Versuchsmaschine flog mit einem Maschinengewehr, das im Winkel von etwa 45° schräg nach oben feuern konnte.

# Airco D.H.9

Die deutschen Luftangriffe auf London ließen die britische Regierung im Sommer 1917 die Entscheidung fällen, das RFC aufzustocken und einen großen Teil der neuen Staffeln mit Bombern auszurüsten. Großserien der D.H.4 wurden in Auftrag gegeben; man verkannte allerdings nicht, daß ein neuer Fernbomber nötig war, um die Bombardierungslinie weiter vorzutreiben. Verständlicherweise wollte man die riesigen Fertigungsstraßen der D.H.4 nicht verschrotten, sondern sie nach Möglichkeit verwerten, um die Zelle des neuen Airco-Musters herzustellen.

Der Prototyp **Airco D.H.9** entstand durch Modifikation einer D.H.4. Die **D.H.9** übernahm die Flächen, das Leitwerk und das Fahrgestell des Vorgängermodells, erhielt aber einen völlig neuen Rumpf. Der Bug war wesentlich stromlinienförmiger konstruiert und das Cockpit des Piloten unmittelbar über der Hinterkante des Unterflügels angeordnet. Damit hatte man den einzigen Schwachpunkt der D.H.4, die mangelhafte Kommunikation zwischen Pilot und Beobachter, beseitigt. Für den Antrieb des Prototyps sorgte ein 172 kW (234 PS) starker B.H.P. von der Galloway Engineering Company, der häufig auch als Galloway Adriatic bezeichnet wird. Die Flugerprobung begann Ende Juli 1917 und verlief so erfolgreich, daß man einen Teil der an Subunternehmen vergebenen D.H.4-Aufträge in **D.H.9**-Orders umwandelte. Einige der ersten neuen Serienbomber wurden mit einem von Siddeley gefertigten B.H.P.-Triebwerk ausgerüstet; die Hauptserie sollte jedoch eine neue Leichtversion dieses Motors, den von Siddeley Deasy entwickelten Puma, erhalten. Seine Nennleistung von 224 kW (305 PS) versprach, der **D.H.9** ein hervorragendes Leistungsvermögen zu vermitteln. Entwicklungsschwierigkeiten machten diese Erwartung zunichte, denn um die nötige Zuverlässigkeit zu gewährleisten, mußte die Leistung auf 172 kW (234 PS) gedrosselt werden. Dies bedeutete, daß der neue Bomber eine schwächere Leistung bot als die D.H.4, die er ersetzen sollte.

Trotz dieses Mankos bauten Airco und zwölf britische Subunternehmen insgesamt mehr als 3200 solcher Bomber. Mit ihrer Indienststellung im April 1918 stiegen auch die Verluste bei den Staffeln in Frankreich dramatisch an. Folglich blieb die D.H.4 an der heißumkämpften Westfront weiter im Einsatz und wurde von der **D.H.9** nur ergänzt, aber keineswegs ersetzt. Auf ruhigeren Kriegsschauplätzen, wie Mazedonien und Palästina, konnte sich die **D.H.9** allerdings durchaus bewähren und für die britische Küstenverteidigung und Zeppelinsperre bedeutete sie eine echte Verstärkung. Bald nach dem Krieg wurde die D.H.9 durch das Nachfolgemuster **D.H.9A** ersetzt und verschwand vollständig aus den Reihen der RAF.

**D.H.9**-Muster aus Überschußbeständen dienten nach dem Krieg in Afghanistan, Australien, Belgien, Kanada, Chile, Estland, Griechenland, Indien, Irland, Lettland, den Niederlanden, Neuseeland, Polen und Südafrika. Hispano-Suiza fertigte für die spanischen Luftstreitkräfte in Lizenz rund 500 Exemplare, von denen bei Ausbruch des Spanischen Bürgerkrieges im Juli 1936 noch mindestens 25 im Dienst standen. SABCA in Belgien bauten weitere **D.H.9**, und die Netherlands Army Aircraft Factory montierte 10 neue **D.H.9** aus Teilen, die die de Havilland Aircraft Company im Jahre 1923 produziert hatte. In diese Zellen wurde 1934 ein Wright Whirlwind mit 347 kW (472 PS) eingebaut.

Neben den bereits erwähnten Standard-Triebwerken flog die **D.H.9** versuchsweise bzw. im Rahmen von Umrüstungen auch mit etlichen anderen Motorentypen wie dem Fiat A-12 mit 184 kW (250 PS), dem hochverdichteten Siddeley Puma mit 216 kW (294 PS), dem A.D.C. Nimbus und Hispano-Suiza 8Fg mit 220 kW (300 PS), dem Napier Lion mit 321 kW (436 PS) und dem Liberty 12A mit 324 kW (440 PS). Die südafrikanische Luftwaffe nahm Umrüstungen der **D.H.9** mit dem Wolseley Viper (149 kW/203 PS), dem Bristol Jupiter VI (336 kW/457 PS) und dem Bristol Jupiter VIII (358 kW/487 PS) vor; sie ergaben die **Mantis**, die **M'pala I** und **M'pala II**.

***Die D.H.9 rückte Pilot und Beobachter/Bordschützen wieder enger zusammen und beseitigte somit den Hauptmangel der D.H.4.***

### Varianten

**Airco D.H.9B:** Bezeichnung für ehemalige Militärflugzeuge, die nach Umrüstung mit zwei Passagierplätzen vor und hinter der Pilotenkanzel einer zivilen Nutzung zugeführt wurden
**Airco D.H.9C:** Bezeichung für ehemalige Militärflugzeuge, die nach Umrüstung mit drei Passagierplätzen, einem vor und zwei hinter dem Cockpit, vorzugsweise zu zivilen Zwecken eingesetzt wurden
**Airco D.H.9J:** Bezeichnung für M'pala I der SAAF und Ende der zwanziger Jahre modernisierte D.H.9, die von der de Havilland School of Flying zur Ausbildung eingesetzt wurden. Letztere hatten einen verstärkten Vorderrumpf und Verbesserungen hinsichtlich Fahrwerk, Querruder und Kraftstoffanlage, von Handley Page entwickelte Nasenklappen und den 287 kW (390 PS) starken Sternmotor Jaguar III von Armstrong Siddeley

### TECHNISCHE DATEN

**Airco D.H.9** (RAF-Standardflugzeug)

**Typ:** zweisitziger Tagbomber
**Triebwerk:** ein Siddeley Puma Reihenmotor mit 172 kW (234 PS)
**Leistung:** Höchstgeschwindigkeit im Horizontalflug 178 km/h in 1980 m Höhe; Steigzeit auf 1980 m Höhe in 10 Minuten, 20 Sekunden; Dienstgipfelhöhe 4725 m; Flugdauer 4 Stunden, 30 Minuten
**Gewicht:** Leermasse 1012 kg; max. Startmasse 1508 kg
**Abmessungen:** Spannweite 12,92 m; Länge 9,27 m; Höhe 3,44 m; tragende Fläche 40,32 m²
**Bewaffnung:** ein starres, nach vorn feuerndes 7,7-mm-Vickers-Maschinengewehr, ein oder zwei 7,7-mm-Lewis-Maschinenwehre auf Scarf-Drehkranz in der hinteren Kanzel und eine Bombenlast von 209 kg

# Airco D.H.9A

Um die enttäuschende Leistung der D.H.9 zu überwinden, wurden Liberty-12-Triebwerke aus den USA bestellt. Airco war mit der Produktion der neuen D.H.10 jedoch ausgelastet und vertraute die konstruktive Anpassung der D.H.9 auf das Liberty-Triebwerk den Westland Aircraft Works in Yeovil, Somerset, an. Dieses Unternehmen,

***Eine D.H.9A der „B" Flight, No. 8 Squadron der RAF, die Anfang der zwanziger Jahre in Hinaidi, Irak, stationiert war. Der Zusatzkühler unter dem Bug ist für den Wüsteneinsatz erforderlich.***

das bereits sowohl die D.H.4 als auch die D.H.9 in großer Stückzahl gebaut hatte, beschränkte sich nicht auf die reine Anpassung, sondern verband die besten Entwurfsmerkmale dieser beiden Modelle mit dem amerikanischen Triebwerk. Um die erhöhte Motorleistung voll ausschöpfen zu können, verstärkte man die Rumpfzelle und entwickelte ein neues Tragwerk mit größerer Spannweite und Profiltiefe. Der Prototyp **Airco D.H.9A** flog mit einem 280 kW (381 PS) starken Eagle VIII, da die Lieferung der Liberty-Motoren noch ausstand. Doch nur wenig später folgte das erste Flugzeug mit Liberty-Antrieb, und im Juni 1918 konnte die RAF die ersten Serienmaschinen übernehmen.

Westland und andere Subunternehmen bauten insgesamt 885 **D.H.9As**. Dieses Muster fand Anerkennung als bester strategischer Bomber des Ersten Weltkriegs. Im Gegensatz zu fast allen anderen Kriegsflugzeugen lief die Produktion der **D.H.9A** auch in der Nachkriegszeit weiter, da die RAF dieses Muster für Polizeiaufgaben im Irak und im Nordwesten Indiens benötigte. Westland und andere britische Firmen fertigten mehrere Hundert **D.H.9-As**, die auch „Nine-Ack" oder kurz „Ninak" genannt wurden. Bis die RAF diese Flugzeuge 1931 schließlich ausmusterte, war Westland mit ihrer Instandsetzung und Überholung beschäftigt.

Über die Polizeistaffeln im Ausland hinaus rüsteten **D.H.9As** auch acht Tagbomberstaffeln der RAF und sechs Staffeln der Hilfsluftwaffe in England aus. Die Maschinen von No. 30 und No. 47 Squadron unterhielten den regulären Luftpostdienst zwischen Kairo und Bagdad, leisteten Dienst in Ägypten und Palästina und erfreuten auch Tausende von Zuschauern bei den Kunstflugvorführungen der RAF in Hendon.

**Varianten**

**de Havilland D.H.9AJ Stag:** Bezeichnung eines einzelnen Prototyps mit verbessertem Hauptfahrwerk und 347 kW (472 PS) starkem Sternmotor vom Typ Bristol Jupiter VI als Antrieb

**de Havilland D.H.9R:** Bezeichung einer einzelnen Rennmaschine in der Auslegung eines Anderthalbdeckers, angetrieben von einem Napier Lion II-Reihenmotor mit 347 kW (472 PS)

**Engineering Division USD-9A:** Bezeichnung von neun in den USA ähnlich gebauten Flugzeugen, bei denen das 7,7-mm-Browning-Maschinengewehr auf der rechten (statt auf der linken) Seite im Bug installiert und das Seitenruder modifiziert war

**Engineering Division USD-9B:** Bezeichnung einer einzelnen USD-9A nach Einbau eines Liberty 12A-Reihenmotors mit 313 kW (426 PS)

**TECHNISCHE DATEN**

**Airco D.H.9A:** (RAF-Standardflugzeug)
**Typ:** zweisitziger Tagbomber
**Triebwerk:** ein Packard Liberty 12-Reihenmotor mit 298 kW (405 PS)
**Leistung:** Höchstgeschwindigkeit in Meereshöhe 198 km/h; Steigzeit auf 1980 m Höhe 8 Minuten, 55 Sekunden; Dienstgipfelhöhe 5105 m; Flugdauer 5 Stunden, 15 Minuten
**Gewicht:** Leermasse 1270 kg; max. Startmasse 2107 kg
**Abmessungen:** Spannweite 14,01 m; Länge 9,22 m; Höhe 3,45 m; tragende Fläche 45,22 m²
**Bewaffnung:** ein starres, nach vorn feuerndes 7,7-mm-Vickers-Maschinengewehr, ein oder zwei 7,7-mm-Lewis-Maschinengewehre auf Scarf-Drehkranz in der hinteren Kanzel und eine Bombenlast von 299 kg

# Airspeed AS.6 Envoy

Ende 1933 begann Airspeed mit der Entwicklung der **AS.6 Envoy**, die das Vorgängermodell AS.5 Courier an Größe übertreffen und von zwei Motoren angetrieben werden sollte. Der Prototyp startete zu seinem Jungfernflug am 26. Juni 1934. Die **Envoy** erreichte die für ein britisches ziviles Luftfahrzeug dieser Ära erstaunlich hohe Produktionszahl von insgesamt 50 Exemplaren.

Die **Standard-Envoy** war für einen Piloten und sieben Fluggäste eingerichtet. Airspeed hielt sich, wie bei der Courier, an die herkömmliche Holzbauweise, nur die Steuerflächen erhielten eine Stoffbespannung. Die Hauptteile des Spornrad-Fahrgestells waren einziehbar und die Höhenflossen im Anstellwinkel verstellbar. Das in der Zeitspanne von 1934 bis 1939 gebaute Muster erschien in drei Versionen: die erste Baureihe **Serie I** (17 Exemplare) hatte keine Landeklappen; bei der **Serie II** wurden Spaltklappen eingeführt, die von den Querrudern bis zu den Flächenansätzen und von Flügelwurzel zu Flügelwurzel am Mittelstück reichten; die **Serie III** (19 Exemplare) war grundsätzlich ähnlich, wies jedoch eine Reihe von Detailverbesserungen auf.

Ungewöhnlich war die Vielfalt der Motortypen, die bei der **Envoy-Familie** zum Einsatz kamen. Es gab die **AS.6** mit zwei Wolseley AR.9 je 149 kW (203 PS), die **AS.6A** mit Armstrong Siddeley Lynx IVC je 179 kW (243 PS), die **AS.6D** mit Wright R-760-E2 Whirlwind 7 je 261 kW (355 PS), die **AS.6E** mit Walter Castor II je 254 kW (345 PS), die **AS.6G** mit Wolseley Scorpio I je 186 kW (253 PS), die **AS.6H** mit Wolseley Aries III je 168 kW (228 PS) und die **AS.6J** sowie **AS.6JM/C** mit Armstrong Siddeley Cheetah IX je 261 kW (355 PS).

Die **Envoys** wurden in verschiedenste Länder, wie China, Frankreich, Indien, Japan und die Tschechoslowakei, geliefert. Im militärischen Bereich dienten sie bei der RAF, der Royal Navy und der South African Air Force, und etliche Exemplare nahmen am Spanischen Bürgerkrieg teil. Der ersten **Envoy Serie II**, die der RAF übergeben wurde, kam geradezu historische Bedeutung zu: Sie begründete die King's Flight (heute Queen's Flight), anfangs mit der Zulassung G-AEXX, später L7270. Mit zwei **Envoys** richtete die RAF einen Verbindungsdienst in Indien ein, mit fünf weiteren Exemplaren ein Transportkommando in der Heimat. Mindestens eine dieser Maschinen nutzte die Fleet Air Arm im Zweiten Weltkrieg, während die RAF zusätzlich drei requirierte **Envoys** einsetzte. Südafrika beschaffte 1936 sieben **Envoys**; drei dieser Exemplare mit einem vorwärts feuernden Maschinengewehr und einem Waffenturm auf dem Rumpfrücken leisteten bei der SAAF Dienst. Die vier zivilen **Envoys**, die für South African Airways bestimmt waren, ließen sich ohne weiteres auch für militärische Einsätze umrüsten.

**TECHNISCHE DATEN**

**AS.6 Envoy**
**Typ:** siebensitziges leichtes Transportflugzeug
**Triebwerke:** (AS.6J) zwei Armstrong Siddeley Cheetah IX-Sternmotoren je 261 kW (355 PS)
**Leistung:** Höchstgeschwindigkeit 338 km/h in 2225 m Höhe; Reisegeschwindigkeit 290 km/h in 3050 m Höhe; Dienstgipfelhöhe 6860 m; Reichweite 1045 km
**Gewicht:** Leermasse 1840 kg; max. Startmasse 2858 kg
**Abmessungen:** Spannweite 15,95 m; Länge 10,52 m; Höhe 2,90 m; tragende Fläche 31,49 m²

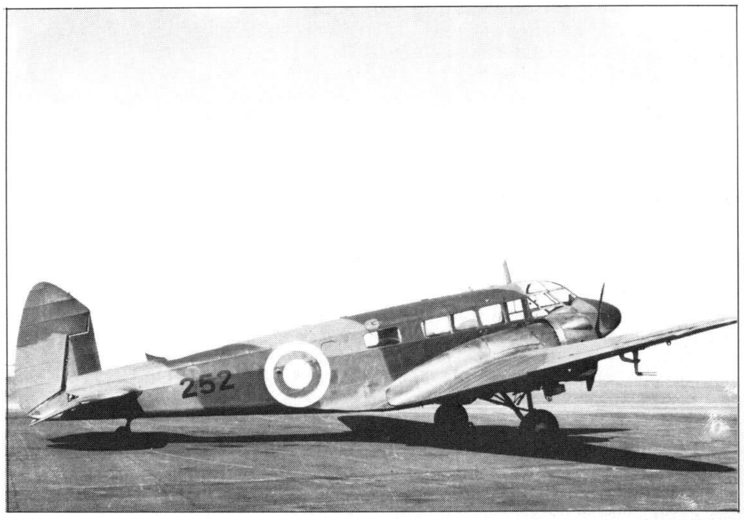

***Eine der drei Airspeed AS.6JM(II) Envoys, die 1936 an die südafrikanischen Luftstreitkräfte geliefert wurden. South African Airways stellte noch vier zivile Envoys in Dienst, die sich für militärische Einsätze mit einem Waffenturm auf dem Rumpfrücken umrüsten ließen.***

# Airspeed AS.10 Oxford

Die 1931 gegründete Firma Airspeed hatte in ihrer Anfangsphase kaum Aussichten, einen bedeutenden Auftrag vom Verteidigungsministerium zu erhalten. 1936 erhielt das Unternehmen jedoch Gelegenheit, ein Angebot für die Ausschreibung T.23/36 des Air Ministry einzureichen, das ein zweimotoriges Schulflugzeug benötigte. Airspeed legte seinem Entwurf die erfolgreiche AS.6 Envoy zugrunde, von der bereits 24 Exemplare bei zivilen Betreibern flogen und als überaus zuverlässig galten. Dies gab möglicherweise den Ausschlag für die Entscheidung des Air Ministry, ein Erstlos von 136 Exemplaren der **AS.10** zu beschaffen.

Der Prototyp **AS.10**, der inzwischen den Beinamen **Oxford** trug, absolvierte am 19. Juni 1937 seinen Erstflug. Die ersten sechs Maschinen wurden im November desselben Jahres ausgeliefert; davon gingen vier an die Central Flying School der Royal Air Force und die beiden an No. 11 Flying Training Squadron. Die **AS.10** war der AS.6 Envoy in Größe und allgemeiner Auslegung sehr ähnlich; sie zeigte auch die übliche Holzbauweise, die gleiche Fahrwerkskonzeption – einziehbares Hauptfahrwerk und Spornrad – und eine analoge Zelle. Die Unterschiede bestanden im Antrieb, im Innenausbau und, bei der **Oxford I**, in der Ausstattung mit einem Waffenturm von Armstrong Whitworth, der zur Ausbildung von Bordschützen diente.

Die Grundausstattung sah eine dreiköpfige Besatzung vor, doch über die Sitze

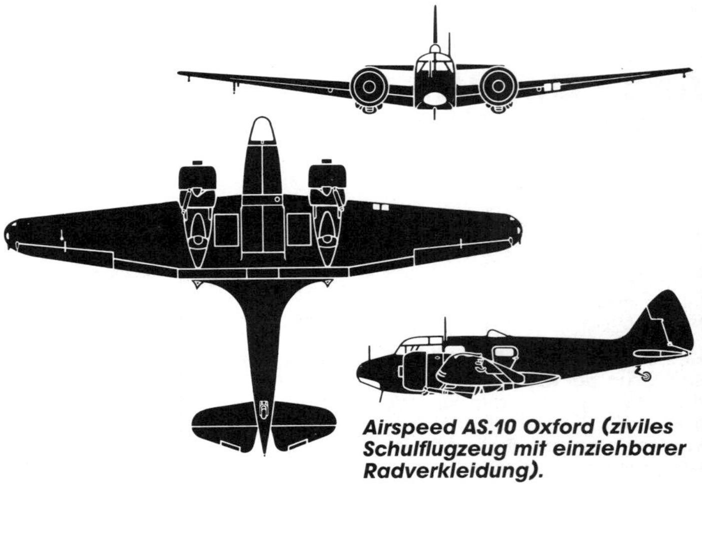

***Airspeed AS.10 Oxford (ziviles Schulflugzeug mit einziehbarer Radverkleidung).***

für Piloten/Schülerpiloten und einen Co-Piloten/Fluglehrer hinaus gab es Ausbildungsplätze für einen Bordschützen, Bombardier, Kamerabediener, Navigator oder Funker. Das Doppelsteuer gehörte zur Standardausrüstung, so daß sich die **Oxford** auch zur Umschulung auf mehrmotorige Flugzeuge eignete. Baute man die Steuerungsanlage auf der Seite des Co-Piloten aus, konnte ein liegender Bombardier von hier aus Übungsrauchbomben abwerfen, die in einem Schacht im Tragflächenmittelstück mitgeführt wurden. Zur Navigatorausbildung ließ sich der Sitz nach hinten schieben und ein Kartentisch von der Kabinenwand aufklappen. Hinter der Position des Co-Piloten war ein Sitz mit Blickrichtung nach rückwärts für einen Bordfunker eingerichtet. Die **Oxford I** konnte außerdem mit einem Waffenturm zur Ausbildung von Bordschützen sowie mit einer Kabinenhaube für die Blindflugunterweisung ausgerüstet werden.

Die Triebwerke variierten je nach Marke. So wiesen die **Mk I**, eine Mehrzweck- und Schulversion für Bombardiere und Bordschützen, und die **Mk II**, ein Schulflugzeug für Flugzeugführer, Funker und Navigatoren, zwei Armstrong Siddeley Cheetah X Sternmotoren auf, die ihre 260 kW (354 PS) auf Festpropeller abgaben. Für dieselbe Ausbildungsrolle dienten der **Mk V** zwei Pratt & Whitney R-985-AN6 Sternmotoren je 336 kW (457 PS) als Antrieb für Verstellluftschrauben mit konstanter Drehzahl. Die **Oxford Mk III**, eine Einzelanfertigung, hatte zwei 318 kW (432 PS) starke Cheetah XV Sternmotoren und Rotol-Verstellpropeller mit Gleichdrehzahlregelung. Die **Mk IV** war eine projektierte Trainerversion der **Mk III**, wurde aber nicht verwirklicht. Ein Exemplar der **Mk II** rüstete man versuchsweise mit zwei Gipsy-Queen-Reihenmotoren je 186 kW (253 PS) von de Havilland aus.

Zu den Sonderausführungen der **AS.10** zählten eine **Oxford I** mit einem Laren-Fahrgestell, das sich zum Ausgleich von Seitenwind bei Start und Landung versetzen ließ, sowie eine andere Maschine mit doppeltem Seitenleitwerk, mit der man verschiedene Abfangmethoden aus Trudelmanövern erprobte.

Wie schon erwähnt, löste der Ausbruch des Zweiten Weltkriegs eine enorme Nachfrage für diesen Trainer aus, und zwar nicht nur bei der RAF, sondern bei allen Ländern, die sich dem Commonwealth Air Training Scheme angeschlossen hatten. Dazu gehörten Australien (mit fast 400 **Oxfords**), Neuseeland (300), Rhodesien (10) und Südafrika (700). Über ihre normale Schulverwendung hinaus bewährte sich die **Oxford** auch als fliegendes Lazarett. Zahlreiche Maschinen waren zur Zusammenarbeit mit der Flugabwehr bei Staffeln eingesetzt. Die Fleet Air Arm verfügte ebenfalls über eine Ausbildungsstaffel, No. 758 Instrument Flying Squadron, die ab Juni 1942 auf die **Oxford** umstellte.

Der Bedarf überstieg die Produktionskapazität bei Airspeed, die immerhin 4411 Flugzeuge in Portsmouth, Hants, und 550 Exemplare in Christchurch, Hants, fertigte. De Havilland in Hatfield baute 1515, Percival Aircraft in Luton 1360 und Standard Motors in Coventry 750 **Oxfords**.

Die letzte von insgesamt 8586 Maschinen stellte Airspeed im Juli 1945 fertig. Nach dem Krieg wurde eine große Stückzahl auch an die holländischen Luftstreitkräfte ausgeliefert. Die RAF hielt dieses Muster bei der No. 10 Advanced Flying Training School in Pershore bis 1954 im Dienst. Viele **AS.10** gingen nach dem Kriege an die Niederlande.

### TECHNISCHE DATEN
**AS.10 Oxford**

**Typ:** dreisitziges Mehrzweckschulflugzeug
**Triebwerke:** (Mk V) zwei Pratt & Whitney R-985-AN6 Wasp Junior Sternmotoren je 336 kW (457 PS)
**Leistung:** Höchstgeschwindigkeit 325 km/h in 1250 m Höhe; Dienstgipfelhöhe 6400 m; Reichweite 1127 km
**Gewicht:** Leermasse 2572 kg; max. Startmasse 3269 kg
**Abmessungen:** Spannweite 16,26 m; Länge 10,52 m; Höhe 3,38 m; tragende Fläche 32,33 m²
**Bewaffnung:** (nur Oxford I) ein 7,7-mm-Maschinengewehr im Rückenturm

# Airspeed Cambridge AS.45

Dieser Entwurf sollte dem Trainer für Fortgeschrittene entsprechen, den die Spezifikation T.34/39 des Air Ministry forderte. Die **Airspeed AS.45** war ein Tiefdecker mit einziehbarem Spornrad-Fahrwerk und einem luftgekühlten Sternmotor als Antrieb.

### TECHNISCHE DATEN
**AS.45 Cambridge**

**Typ:** zweisitziges Schulflugzeug für Fortgeschrittene
**Triebwerk:** ein Bristol Mercury VIII Sternmotor mit 544 kW (740 PS)
**Leistung:** Höchstgeschwindigkeit 381 km/h in 4875 m Höhe; Dienstgipfelhöhe 7560 m; Reichweite 1094 km
**Gewicht:** keine Angaben vorhanden
**Abmessungen:** Spannweite 12,80 m; Länge 11,00 m; Höhe 3,51 m; tragende Fläche 26,94 m²
**Bewaffnung:** keine

Sie lag also in etwa auf der gleichen Linie wie die Miles Master. Das Air Ministry stimmte dem vorgelegten Entwurf zu und gab zwei Prototypen in Auftrag; der erste absolvierte am 19. Februar 1941 einen erfolgreichen Jungfernflug.

Die Konstruktion der **Cambridge**, wie dieses Muster vorläufig genannt wurde, zeigte die typischen Merkmale jener Ära. Die Tragflächen und das Leitwerk hatten Holzbeplankung und die Ruderflächen einen Stoffüberzug. Die Hinterkante beider Flügel bildeten zu etwa gleichen Teilen Querruder und Landeklappen; sie waren in die Rumpfstruktur integriert, um für Fluglehrer und Schüler bei einem Unfall ein gewisses Maß an Schutz zu gewährleisten. Je zwei Türen stellten auf beiden Seiten in einem Notfall den Ausstieg sicher. Die Hauptteile des Dowty-Fahrwerks zogen nach innen ein, so daß die in Mulden ruhenden Räder bündig mit der Unterseite des Tragflächenmittelstücks abschlossen.

*Die mit Mängeln behaftete Airspeed AS.45 Cambridge, ein Trainer für Fortgeschrittene, wurde 1942 aufgegeben.*

Fluglehrer und Schüler flogen auf Tandemsitzen in einer verglasten Kanzel. Für den Antrieb sorgte ein 544 kW (740 PS) starker Bristol Mercury VIII Sternmotor, der mit einem Dreiblatt-Verstellpropeller mit konstanter Drehzahl verbunden war.

Die Flugerprobung der beiden Prototypen deckte Verhaltensschwächen im Langsamflug auf, und die Geschwindigkeit entsprach nicht der erwarteten Leistung. Beide Flugzeuge wurden im Juli 1942 der RAF übergeben, doch man traf die Entscheidung, dieses Muster nicht in Serie gehen zu lassen. Die **Cambridge** sollte ursprünglich einen Mangel an Schulflugzeugen für Fortgeschrittene abdecken, der indes durch die Master und die ausgezeichnete North American Harvard aus dem Lend-Lease-Programm jedoch nicht entstanden.

# Airspeed AS.57 Ambassador

Noch während des Zweiten Weltkriegs gründete Großbritannien die Brabazon-Kommission, die Richtlinien für die Entwicklung ziviler Luftfahrzeuge nach dem Kriege aufstellen sollte. Der Anfang 1943 vorgelegte Bericht enthielt unter anderem die Empfehlung, ein zweimotoriges Verkehrsflugzeug mit 30 Sitzen für den Kurz- und Mittelstreckenbetrieb zu entwickeln. Hieraus ergab sich die **Airspeed AS.57 Ambassador**, die ein Team unter der Leitung von Arthur Hagg entwarf. Noch während des Krieges nahm der Entwurf dieser Maschine auf den Reißbrettern bereits Gestalt an.

### TECHNISCHE DATEN
**Airspeed AS.57 Ambassador**

**Typ:** zweimotoriges Kurz-/Mittelstreckenverkehrsflugzeug
**Triebwerke:** zwei Bristol Centaurus 661-Doppelsternmotoren mit Schiebersteuerung und je 1939 kW (2637 PS)
**Leistung:** Höchstgeschwindigkeit im Reiseflug 438 km/h; wirtschaftliche Reisegeschwindigkeit 399 km/h; Reichweite mit max. Nutzlast 1159 km
**Gewicht:** Leermasse 16.230 kg; max. Startmasse 23.814 kg
**Abmessungen:** Spannweite 35,05 m; Länge 24,69 m; Höhe 5,59 m; tragende Fläche 111,48 m²

Der Erstflug des **Ambassador**-Prototyps (G-AGUA) fand am 10. Juli 1947 statt. Ein Jahr später erfolgte der erste (und letzte) Auftrag für dieses Muster – British European Airways zögerte nicht und bestellte gleich 20 Exemplare.

Die **Ambassador** war ein äußerst attraktives Luftfahrzeug in der Auslegung eines freitragenden Hochdeckers in Ganzmetallbauweise mit verstärktem Rumpf für eine druckbelüftete Kabine. Das dreiteilige Leitwerk erhob sich hoch über einem kaum verjüngten Hinterrumpf, und das dreiteilige Einziehfahrwerk wies Zwillingsräder an allen Baugruppen auf.

Das Flugdeck sah eine dreiköpfige Besatzung vor, und die Kabine nahm eine Sitzeinrichtung für maximal 47 Passagiere auf. Als Antrieb dienten zwei Bristol Centaurus Sternmotoren, die mit Schiebersteuerung ausgestattet waren.

Verzögerungen in der Entwicklung führten dazu, daß BEA die **AS.57** erst ab 13. März 1952 im planmäßigen Liniendienst einsetzen konnte. Unterdessen hatten modernere Muster, wie die Vickers Viscount mit Turbopropantrieb, die Ambassador technisch überholt, so daß sich keine weiteren Verkaufsabschlüsse mehr erzielen ließen. Während ihres sechsjährigen Liniendienstes bei BEA erwies sich die **AS.57** jedoch als erfolgreicher und geschätzter Airliner.

*Ihre elegante Silhouette machte die Ambassador, ihrem Namen getreu, zu einer wahren „Botschafterin" der Luftfahrt. Durch verschiedene Verzögerungen in der Entwicklung geriet dieses Muster jedoch völlig ins Abseits, da der Turbopropantrieb, wie zum Beispiel bei der Vickers Viscount, eine radikale Marktveränderung bewirkt hatte.*

Der zweite **AS.57**-Prototyp (G-AKRD) diente später zur Entwicklung und Erprobung der Propellerturbinen Bristol Pegasus 705, Rolls-Royce-Tyne und Rolls-Royce-Dart. Diese Maschine war 1969, mehr als 20 Jahre nach dem Erstflug, immer noch uneingeschränkt flugtüchtig. Der dritte Prototyp (G-ALFR) wurde als Testträger für das Napier Eland Turboprop-Triebwerk verwendet, später aber zum Standard-Airliner ausgebaut und an Dan Air verkauft.

# Albatros C.III bis Albatros D.V und D.Va

**Die Flugzeugwerke Albatros wurden 1909 in Johannisthal bei Berlin gegründet. Anfangs bauten sie in französischer Lizenz den Eindecker Antoinette. 1913 trat Ernst Heinkel als Konstrukteur in die Firma ein und nach dem Krieg Robert Thelen. Beide waren die Schöpfer der vielen sehr bewährten Jäger, die Deutschlands Rückgrat in der Luft bildeten, nämlich die bewaffneten Zweisitzer der Albatros-C-Klasse und der einsitzigen D-Klasse.**

## Albatros C.III

Der meistgebaute Jagdzweisitzer dieser Firma, deren Modelle in der deutschen Luftwaffe während des Ersten Weltkrieges dominierten, war die **Albatros C.III**, deren Auslegung grundsätzlich der des Vormodells C.I entsprach. Der Unterschied bestand in der angenäherten Spannweite zwischen Ober- und Unterflügel, vor allem aber im völlig neuentworfenen Leitwerk. Statt eckiger Höhen- und Seitenruder sowie Höhenflossen wie bisher führte man nunmehr rundliche Steuerflächen ein. Sie stellen eine Zwischenstufe zur Heckkonfiguration dar.

Die **C.III** ging Ende 1916 an der Westfront in Dienst. Es zeigte sich bald, daß sich ein nach vorn feuerndes Maschinengewehr mit Synchronisiereinrichtung einbauen ließ, um die vorhandene Heckwaffe (vom hinteren Bordschützen bedient) zu ergänzen, ohne daß man erhebliche Leistungsverluste in Kauf nehmen mußte. Dies war der erste Jäger der deutschen C-Serie mit einer derartigen Bewaffnung. Er bedeutete einen wichtigen Schritt auf dem Weg zum Jagdaufklärer. Ein weiteres Offensivmerkmal bestand in einem kleinen Bombenschacht zwischen den beiden Kanzeln. Da jedoch Bombenzielgeräte fehlten, brachte diese Errungenschaft kaum einen taktischen Gewinn.

Lizenzfertigungen der **C.III** erfolgten durch Ostdeutsche Albatros Werke, Deutsche Flugzeugwerke A.G. (D.F.W.), Hanseatische Flugzeugwerke (Hansa), Linke-Hofmann Werke, Luft Verkehrs Gesellschaft (L.F.V.) und Siemens-Schuckert Werke.

***Oben:* Diese Albatros C.III flog Leutnant Bruno Mass (s. die stilisierten Initialen am Rumpf), Angehöriger der Fliegerabteilung 14, im Januar 1917 beim Feldzug gegen Rußland.**

***Unten:* Die C.III war das meistgebaute doppelsitzige Albatros-Jagdflugzeug der Serie C. Im Spätherbst 1916 griff die C.III erstmals in die Kampftätigkeit an der Westfront ein.**

**TECHNISCHE DATEN**
**Albatros C.III**

**Typ:** zweisitziges Mehrzweckflugzeug
Triebwerk: ein Benz Bz.III oder Mercedes D.III Reihenmotor mit 110 kW (150 PS) bzw. 118 kW (160 PS)
**Leistung:** Höchstgeschwindigkeit im Horizontalflug 140 km/h; Steigzeit auf 1000 m Höhe in 9 Minuten; Dienstgipfelhöhe 3350 m; Flugdauer 4 Stunden
**Gewicht:** Leermasse 851 kg; max. Startmasse 1353 kg
**Abmessungen:** Spannweite 11,69 m; Länge 8 m; Höhe (Benzmotor) 3,07 m, (Mercedesmotor) 3,10 m; tragende Fläche 36,91 m²
**Bewaffnung:** ein 7,92-mm-Maschinengewehr (Parabellum) auf Drehstütze in hinterer Kanzel und ein nach vorn feuerndes starres 7,92-mm-Maschinengewehr (LMG 08/15) sowie eine kleine Bombenlast

## Albatros C.V

Mit dem neuen, leistungsstärkeren Mercedes-Triebwerk D.IV ergab sich eine günstige Gelegenheit, den Albatros-Jagdzweisitzer als Nachfolgemuster für die C.III weiterzuentwickeln. Dies war jedoch ein vergleichsweise viel schwierigeres Unterfangen als der Übergang von der C.I zur C.III; der neue Reihenmotor hatte acht und nicht sechs Zylinder wie der D.III und war entsprechend länger und schwerer. Die Länge und das Gewicht erhöhten zusätzlich das Untersetzungsgetriebe, doch eine veränderte Lage der Propellerantriebswelle ermöglichte schließlich einen erheblich günstigeren Motoreinbau. Die Nabenverkleidung des Zweiblatt-Propellers verlieh der neuen **Albatros C.V** ein außerordentlich modernes, windschnittiges Aussehen, das nur durch beidseitig am Rumpf unmittelbar vor dem Tragwerk montierte „Ohrkühler" beeinträchtigt wurde. Die Zelle entsprach weitgehend der der C.III, abgesehen von einer erhöhten Spannweite, einer veränderten Seitenflosse, die dem definitiven Albatros-Leitwerk schon recht nahe kam, und dem Ruderausgleich.

Bei der Indienststellung im Jahre 1916 litt die **C.V** unter einer Reihe technischer Probleme: Die Steuerung war schwergängig, das neue Triebwerk unzuverlässig, und die Ohrkühler versagten. Um diese Mängel zu beheben, wurden neue Unterflügel mit Querruderausgleich entwickelt, die Höhenruder ausgeglichen und die Ohrkühler durch eine neue Anlage im oberen Tragflächenmittelstück ersetzt. Die beiden Versionen erhielten die Bezeichnungen **C.V/16** (1916) und **C.V/17**. Der Motor blieb unverändert, und andauernde Störungen an der Kurbelwelle des Achtzylinders führten schließlich dazu, daß man die Produktion der **C.V** nach insgesamt 424 Flugzeugen einstellte.

**Varianten**
**Albatros C.V-Versuchsmaschine:** die

***Der im Vergleich zu seinen Vorgängern aerodynamisch deutlich verbesserte Jagddoppeldecker Albatros C.V hätte ein wertvolles Instrument abgegeben, wenn nur sein Triebwerk zuverlässiger gewesen wäre.***

Bezeichnung eines Einzelexemplars der C.V/16, deren Standard-Stiele versuchsweise durch große I-Streben ersetzt worden waren

**TECHNISCHE DATEN**
**Albatros C.V**

**Typ:** zweisitziges Mehrzweckflugzeug
Triebwerk: ein Mercedes D.IV Reihenmotor mit 162 kW (220 PS)
**Leistung:** Höchstgeschwindigkeit im Horizontalflug 170 km/h; Steigzeit auf 1000 m Höhe in 8 Minuten; Flugdauer zirka 3 Stunden, 15 Minuten
**Gewicht:** Leermasse 1069 kg; max. Startmasse 1585 kg
**Abmessungen:** Spannweite (C.V/16) 12,78 m, (C.V/17) 12,62 m; Länge 8,95 m; Höhe 4,50 m; tragende Fläche 43,4 m²
**Bewaffnung:** ein nach vorn feuerndes 7,92-mm-Maschinengewehr (LMG 08/15) und ein 7,92-mm-Maschinengewehr (Parabellum) auf Drehstütze in hinterer Kanzel

## Albatros C.XII

Das zweisitzige Aufklärungs-/Mehrzweckflugzeug **Albatros C.XII**, das die C.X ersetzen sollte, war der erste Entwurf des Unternehmens, der der C-Serie bedeutende Änderungen brachte. Dazu gehörte die Ellipsenform des Rumpfes, die man ursprünglich für den Jagdeinsitzer/Aufklärer der D-Serie entwickelt hatte. Zusätzlich gewann der Rumpf an Kontur durch den großen Spinner, der einst bei der C.V eingeführt worden war. Änderungen am Leitwerk ergaben eine beträchtlich geringere Höhenleitwerksfläche und eine dreieckige Kielflosse, die den Schleifsporn aufnahm. In anderer Hinsicht ähnelte die **C.XII** der C.X, deren Tragflächen, Fahrwerk und Motor sie geringfügig modifiziert übernahm.

All diese Neuerungen ergaben dennoch praktisch keine Leistungssteigerung im Vergleich zur C.X, zweifelsfrei die Folge eines untauglichen Tragflächenentwurfs. Die **C.XII** erreichte Ende 1917 die Einsatzverbände, die sie bis zum Schluß des Krieges flogen.

**TECHNISCHE DATEN**
**Albatros C.XII**
**Typ:** zweisitziges Aufklärungs-/Mehrzweckflugzeug
**Triebwerk:** ein Mercedes D.IVa-Reihenmotor mit 191 kW (260 PS)
**Leistung:** Höchstgeschwindigkeit im Horizontalflug 175 km/h; Steigzeit auf 1000 m Höhe in 5 Minuten; Dienstgipfelhöhe 5000 m; Flugdauer 3 Stunden, 15 Minuten
**Gewicht:** Leermasse 1021 kg; max. Startmasse 1639 kg
**Abmessungen:** Spannweite 14,37 m; Länge 8,85 m; Höhe 3,25 m; tragende Fläche 42,70 m²
**Bewaffnung:** ein nach vorn feuerndes 7,92-mm-Maschinengewehr (LMG 08/15), starr eingebaut, und ein 7,92-mm-Maschinengewehr (Parabellum) auf Drehstütze in hinterer Kanzel sowie eine leichte Bombenlast an Außenschlössern

***Die kritische Lage Deutschlands ab 1917 war nicht zuletzt darauf zurückzuführen, daß viele Jagdverbände mit der Albatros C.XII ausgerüstet waren, die keine Verbesserung in Flugleistung und Bewaffnung bot.***

## Albatros D.III

Die Serienfertigung der einsitzigen Albatros D.II lief noch, als Robert Thelen bereits die Entwicklung einer neuen Version einleitete; dabei zielte er in erster Linie auf eine bessere Wendigkeit ab. Das Resultat war ein völlig neu konzipiertes Tragwerk: Die Unterflügel erhielten eine geringere Profiltiefe, die Oberflügel eine größere Spannweite und nach hinten zugespitzte Flächenenden. Ober- und Unterflügel waren nicht mehr vertikal gegeneinander versetzt, und V-Stiele erhöhten die Festigkeit. Während der Produktion dieser Flugzeuge wurde die Motorleistung durch eine höhere Kompression von 125 kW (170 PS) auf 129 kW (175 PS) gesteigert und der Kühler vom oberen Mittelstück nach außen auf den rechten Oberflügel verlegt.

**TECHNISCHE DATEN**
**Albatros D.III**
**Typ:** Jagdeinsitzer/Aufklärer
**Triebwerk:** ein Mercedes D.IIIa Reihenmotor mit 125/129 kW (170/175 PS)
**Leistung:** Höchstgeschwindigkeit im Horizontalflug 175 km/h; Steigzeit auf 1000 m Höhe in 4 Minuten; Dienstgipfelhöhe 5500 m; Flugdauer 2 Stunden
**Gewicht:** Leermasse 661 kg; max. Startmasse 886 kg
**Abmessungen:** Spannweite 9,05 m; Länge 7,33 m; Höhe 2,98 m; tragende Fläche 20,50 m²
**Bewaffnung:** zwei starre 7,92-mm-Maschinengewehre (LMG 08/15)

Die **D.III** wurde in den ersten Monaten des Jahres 1917 in Dienst gestellt, und die Alliierten bekamen ihre Anwesenheit schon bald schmerzhaft zu spüren. Das Muster sicherte den Deutschen die Luftüberlegenheit, bis Ende 1971 S.E.5 und Sopwith Camel sie für die Alliierten zurückeroberten.

***Die D.III brachte der Albatros-Jägerserie eine höhere Beweglichkeit, allerdings nur auf Kosten der strukturellen Integrität des Tragwerks. Dennoch konnte sie den Verlauf des Luftkrieges zeitweilig entscheidend beeinflussen.***

## Albatros D.V und D.Va

Angestrengte Bemühungen, der wachsenden Jägerstärke auf seiten der Alliierten zu begegnen, ließen Albatros 1917 die Entwicklung einer besseren Version der D.III einleiten. Eine grundlegende Änderung betraf den Rumpf, dessen Ellipsenform noch stärker betont werden sollte, um den Luftwiderstand des Jägers weiterhin zu verringern. Diesem Ziel diente auch die Verkleinerung der Lücke zwischen Oberflügel und Rumpf, während neue Seiten- und Querruder dem Jäger zu höherer Beweglichkeit verhelfen sollten. Hinzu kamen eine Nabenhaube mit beträchtlich größerem Durchmesser und eine Kopfstütze für den Jagdpiloten. Letztere wurde bei den Frontmaschinen häufig entfernt, da sie die Sicht nach hinten behinderte.

Die **Albatros D.V** wurde im Mai 1917 in Dienst gestellt und schon bald durch die **Albatros D.Va** ergänzt, bei der man zum Oberflügel und der Quersteuerung der D.III zurückgekehrt war. Obwohl beide Versionen den Operationen der alliierten Jäger kaum Einhalt gebieten konnten, wurde die in großem Maßstab angelegte Produktion fortgeführt. Im Mai 1918 befanden sich mehr als 1000 **D.V** und **D.Va** an der Westfront, in Italien und in Palästina im Einsatz. Die Verwendung dieses Musters in so großer Zahl zeigte den Versuch, den Gegner mit Masse statt Klasse niederzuringen. Die Folge waren hohe Verluste, die nicht immer die Feindjäger, sondern vielfach die zu schwach konstruierten Unterflächen verursacht hatten.

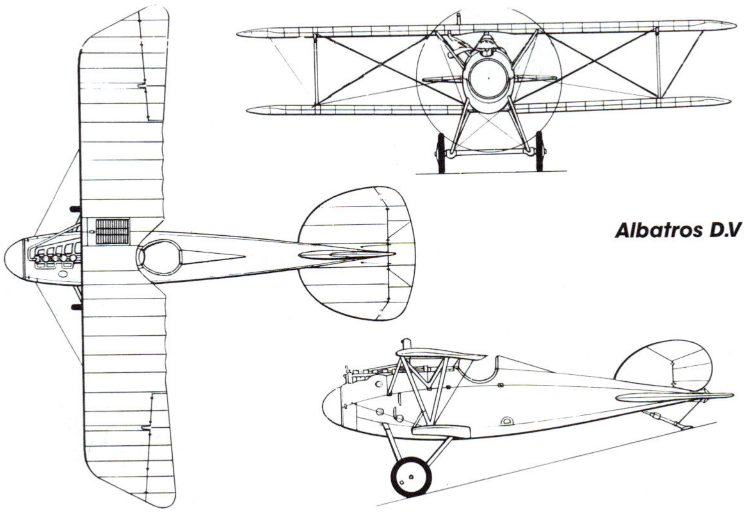

***Albatros D.V***

**Varianten**

**Albatros D.IV:** Bezeichnung eines einzelnen Prototyps, der das Tragwerk der D.II mit dem Rumpf der D.Va verband. Als Antrieb diente ein D.III-Versuchsmotor von Mercedes, der 118 kW (160 PS) abgab und samt Untersetzungsgetriebe so eingebaut wurde, daß sich eine völlig harmonische Rumpfkontur ergab. Die Leistung steigerte sich dadurch nicht, folglich stellte man die Produktion ein

**Albatros D.Va Versuchsmaschine:** Einzelexemplar mit einem BMW IIIa-Triebwerk, das 136 kW (185 PS) erzeugte; diese Maschine soll bis auf 10.500 m gestiegen sein

## TECHNISCHE DATEN

**Albatros D.V und D.Va**

**Typ:** Jagdeinsitzer/Aufklärer

**Triebwerk:** ein Mercedes D.IIa Reihenmotor mit 132/147 kW (180/200 PS, abhängig von der Kompression)

**Leistung:** Höchstgeschwindigkeit im Horizontalflug 186 km/h; Steigzeit auf 1000 m Höhe in 4 Minuten; Dienstgipfelhöhe 5700 m; Flugdauer 2 Stunden

**Gewicht:** Leermasse 687 kg; max. Startmasse 937 kg

**Abmessungen:** Spannweite 0,05 m; Länge 7,33 m; Höhe 2,70 m; tragende Fläche 21,20 $m^2$

**Bewaffnung:** zwei starre, nach vorn feuernde 7,92-mm-Maschinengewehre (LMG 08/15)

***Diesen Albatros-Jäger D.V flog Vizefeldwebel Clausnitzer der Jagdstaffel 4. Am Oberflügel ragt der Kühler hervor, der nach rechts verlegt wurde. Diese Maßnahme sollte den Piloten vor Verbrühungen schützen, wenn nach Kampfschäden Kühlwasser austrat.***

***Diese D.V mit dem schmucken Edelweiß war die Maschine der Jastaführer 5, Oberleutnant Paul Bäumer und Leutnant Wilhelm Lehmann. Das Hauptunterscheidungsmerkmal zwischen der D.V und D.Va bestand in den Steuerseilen der Querruder zwischen Ober- und Unterflügel der Va.***

***Eine Albatros D.V der Jagdstaffel 5. Verglichen mit den farbenfrohen Bemalungen, mit denen andere deutsche Jagdpiloten ihre Maschinen schmückten, hielt sich der nicht näher bekannte Flugzeugführer dieser Maschine sehr zurück. Er faßte lediglich das Leitwerk passend zum Spinner in Rot ein.***

***Die Albatros D.Va mit dem „Blitz" des Leutnant H.J. von Hippel, Flugzeugführer der Jagdstaffel 5, im Frühjahr 1918. Zu diesem Zeitpunkt war die D.V bereits eindeutig deklassiert. Sie mußte bei der Frühjahrsoffensive im März, dem letzten Aufbäumen der Deutschen gegen die Alliierten, hohe Verluste hinnehmen.***

# Albatros L.72 bis Amiot 143

**Albatros überdauerte den Ersten Weltkrieg und ging 1931 in Focke-Wulff auf. Die Societá Aeronautica Italiana Ing. A. Ambrosini & Co. existierte seit 1934, als die SAI von der Industriegruppe Ambrosini übernommen wurde. Ihr herausragender Kopf war der Konstrukteur Sergio Stefanutti. Avions Amiot erschien 1920 auf dem Markt als Hersteller der unansehnlichen langen und schlaksigen Bomber, auf die Frankreich sich zu kaprizieren schien.**

## Albatros L.72

Die **Albatros L.72** war ein recht ungewöhnliches Verkehrsflugzeug. Neben einem Piloten und vier Passagieren konnte es auch Fracht, zumeist in Form von Zeitungen, befördern. Die Grundstruktur der Tragflächen dieses Doppeldeckers bestand aus stoffbespanntem Metall, während der breite Rumpf und das Leitwerk auf einem geschweißten Stahlrohrgerüst aufbauten, das mit Stoff überzogen war. Beim Fahrwerk hielt sich Albatros an das bewährte Heckspornkonzept, und der BMW-Motor im Bug war teilverkleidet. Hinter dem Triebwerk befand sich eine offene Kanzel für die Piloten. Die geschlossene Kabine konnte mit vier Passagiersitzen ausgestattet werden. Für den Transport von Zeitungen ließen sich zwei Klappsitze und zwei senkrechte, nach unten aus dem Rumpf ragende Fallschächte einrichten. Jeder Schacht bot Raum für 16 Zeitungspakete von je 10 kg, die der Pilot einzeln oder ingesamt abwerfen konnte.

**_Heute trüge die Albatros L.72 den Zusatz „Convertible" oder „Quick Change", denn sie konnte vier Passagiere oder 16 Zeitungspacken befördern._**

### TECHNISCHE DATEN
**Albatros L.72**

**Typ:** leichtes Transportflugzeug
**Triebwerk:** ein BMW-IV-Reihenmotor mit 221 kW (300 PS)
**Leistung:** Höchstgeschwindigkeit im Horizontalflug 160 km/h; Reisegeschwindigkeit 148 km/h; Dienstgipfelhöhe 3100 m
**Gewicht:** Leermasse 1345 kg; max. Startmasse 2090 kg
**Abmessungen:** Spannweite 13,00 m; Länge 10,50 m; Höhe 3,60 m; trag. Fläche 44,50 m²

## Albatros L.73

Das zweimotorige Verkehrsflugzeug **Albatros L.73** wurde für die Deutsche Lufthansa entwickelt, die es für Nachtflüge einsetzen wollte. Der große, eindrucksvolle Doppeldecker hatte eine metallene Primärstruktur, abgedeckt mit Leichtblech und Gewebematerial. Das Leitwerk war wie üblich verspannt, und das Heckspornfahrgestell besaß eine große Spurbreite. Zwischen Ober- und Unterflügel waren beidseitig zwei BMW-Motoren montiert, deren Aufhängungspunkte mit denen des Innenstiels zusammengefaßt wurden. Die beiden Triebwerke ragten recht weit über die Vorderkante des Tragwerks hinaus. Die beiden Piloten saßen nebeneinander in einem Bugraum, der mit Dach und Windschutz ausgestattet war, die Seiten aber blieben offen. Doppelsteuer, Funkgerät und der Vorläufer eines kreiselgestützten Wendehorizonts bezeugten die Modernität dieses Entwurfs. Die geschlossene Kabine war beheizt und belüftet; die Fluggäste fanden acht bequeme Sitze vor.

Drei oder vier **L.73** wurden 1926 bei der Lufthansa in Dienst gestellt und blieben bis 1930 auf Nachtflugverbindungen im In- und Ausland im Einsatz.

**_Der Airliner L.73 hatte ein Zweimann-Cockpit mit Windschutzscheibe und Kanzeldach, doch die Seiten boten keinerlei Wetterschutz. Nur wenige dieser Nachtlinienflugzeuge wurden gebaut. Lufthansa setzte die L.73 bis 1930 ein._**

### TECHNISCHE DATEN
**Albatros L.73**

**Typ:** achtsitziges Nachtverkehrsflugzeug
**Triebwerke:** zwei BMW-IVa-Reihenmotoren mit je 177 kW (240 PS)
**Leistung:** Höchstgeschwindigkeit im Horizontalflug 145 km/h; Steigzeit auf 1000 m Höhe in 14 Minuten; Flugdauer 4 Stunden
**Gewicht:** Leermasse 3024 kg; max. Startmasse 4610 kg
**Abmessungen:** Spannweite 17,00 m; Länge 14,60 m; Höhe 4,70 m; trag. Fläche 92,00 m²

## Albatros W.4

Häufige Angriffe britischer Flugboote und Wasserflugzeuge auf deutsche Flugfelder entlang der Nordseeküste veranlaßten die deutsche Admiralität, die Entwicklung eines Flugbootjägers zum Schutz dieser Einrichtungen in Auftrag zu geben. Da diese Forderung als dringlich eingestuft wurde, kürzten die Hersteller das Verfahren ab, indem sie bestehende Aufklärungsjäger mit Schwimmerausrüstung versahen.

Die Albatros-Werke gründeten ihr neues Muster auf der D.I, und zahlreiche Fachjournalisten beschrieben die **Albatros W.4** – so die Bezeichnung des neuen

### TECHNISCHE DATEN
**Albatros W.4**

**Typ:** einsitziger Schwimmerjäger zum Schutz der Seefliegerhorste
**Triebwerk:** ein Mercedes-D.III-Reihenmotor mit 118 kW (160 PS)
**Leistung:** Höchstgeschwindigkeit im Horizontalflug 160 km/h; Steigzeit auf 1000 m Höhe in 5 Minuten; Dienstgipfelhöhe 3000 m; Flugdauer 3 Stunden
**Gewicht:** Leermasse 790 kg; max. Startmasse 1070 kg
**Abmessungen:** Spannweite 9,50 m; Länge 8,50 m; Höhe 3,65 m; tragende Fläche 31,60 m²
**Bewaffnung:** 1 oder 2 nach vorn feuernde 7,92-mm-Maschinengewehre (LMG 08/15)

**_Oberhalb des Unterflügels hat man einen reinen Albatros-Landjäger vor sich: Der Schwimmerjäger Albatros W.4 wurde gebaut, um den Zerstörungen an norddeutschen Küstenstützpunkten Einhalt zu gebieten._**

Küstenschutzjägers – als D.I mit Schwimmerfahrgestell. Dies ist allerdings nicht ganz zutreffend, denn außer den insgesamt größeren Abmessungen gab es beträchtliche Unterschiede bei den Hauptbaugruppen Rumpf und Leitwerk. So fehlte die Kielflosse, und das Seitenleitwerk war entsprechend größer ausgefallen. Zu den Änderungen gehörten ferner eine größere Fläche des Höhenleitwerks und der erweiterte Abstand zwischen Oberflügel und Rumpf, der dem Piloten eine bessere Sicht nach vorn über den Unterflügel hinweg ermöglicht. Die beidseitig am Rumpf montierten Ohrkühler früherer Exemplare wichen bei späteren **W.4** zentralen Kühleinheiten auf dem Mittelstück des Oberflügels. Während der Produkion von insgesamt 117 Flugzeugen baute man recht unterschiedliche, aber stets einstufige Schwimmermodelle, um ein Höchstmaß an Effektivität zu erzielen. Die Lieferung begann im September 1916 und endete im Dezember 1917.

Die **W.4** schützte Küsteneinrichtungen. Der Schwimmerjäger war allen Feindflugzeugen gewachsen, mit Ausnahme der britischen Flugboote, die im Sommer 1917 in Dienst gestellt wurden. Ende 1917 lösten zweisitzige Hansa-Brandenburg W.12, die speziell für diese Rolle entworfen und folglich effektiver waren, die **Albatros W.4** ab.

# Alon Model A-2 Aircoupe

Die **Alon Model A-2 Aircoupe**, ein klassisches amerikanisches Leichtflugzeug, war ein Entwurf der 1930 gegründeten Engineering and Research Company. Der Prototyp **Ercoupe Model 415-C** flog erst 1937, doch insgesamt stellte dieser Entwurf seinerzeit einen gewaltigen Fortschritt dar.

Der freitragende Tiefdecker war aus Metall konstruiert, bis auf die Stoffbespannung an den Außenflächen. Das freitragende Höhenleitwerk bildete eine Linie mit der Oberseite des Hinterrumpfes und trug das Doppelseitenleitwerk in Form von Endplatten und Rudern. Das nicht einziehbare Bugrad-Fahrwerk enthielt Ölstoßdämpferstreben an allen drei Baugruppen. Für den Antrieb sorgte ein A65-Vierzylinder-Boxermotor von Continental.

Das ungewöhnlichste Merkmal der **Ercoupe** war die Flugsteuerung mit nur zwei Bedienorganen. Querruder, Seitenruder und Bugrad waren so miteinander verbunden, daß Kurven in der Luft und am Boden allein mit dem Handsteuerrad ausgeführt werden konnten. Die Höhensteuerung funktionierte in der üblichen Weise.

Mit dem Ausbruch des Zweiten Weltkriegs endete die Produktion der **Ercoupe Model 415**. Bis dahin waren 112 Flugzeuge fertiggestellt worden. In der Nachkriegszeit bis 1951 baute und vermarktete **Ercoupe** nochmals rund 5000 Exemplare. Zwischen 1955 und 1959 wurde die Serienfertigung in kleinem Maßstab (115) als **Forney F-1 Aircoupe** fortgeführt, und anschließend baute Air Products Inc. 50 weitere Maschinen als **Model F-1A**. Als nächstes erwarb die am letzten Tag des Jahres 1963 gegründete Firma Alon Inc. alle Rechte am Entwurf. Eine verbesserte Version der **Ercoupe** wurde als **Alon Model A-2 Aircoupe** herausgebracht. Das erste Exemplar startete am 24. Oktober 1964 zu seinem Jungfernflug. Hauptunterschiede zur **Ercoupe** waren die Ganzmetallbauweise, ein verbessertes Fahrwerk, eine feiner gestaltete Cockpithaube, eine höherwertige Cockpit-Instrumentierung und ein leistungsstärkeres Triebwerk. Die Steuerung mit zwei oder drei Bedienorganen blieb erhalten. Die **Aircoupe** wurde bis zur Fusion mit Mooney Aircraft Inc. im Jahre 1967 gebaut.

Bis zur Fusion hatte Alon 244 **A-2** und 64 ähnliche **A-2A** produziert. Mooney nutzte die **A-2A** als Grundlage für den Entwurf M-10 Cadet mit nur noch einer Seitenflosse. Hieraus gingen 61 Flugzeuge namens Aerostar 90 hervor, nachdem Mooney von Butler Aviation aufgekauft worden war.

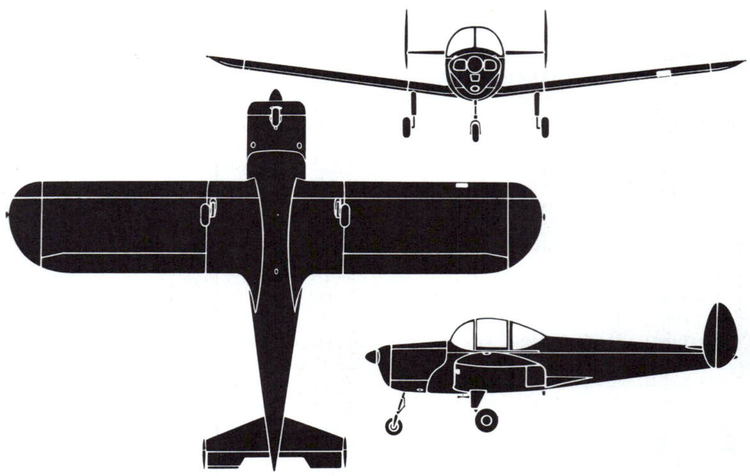

***Alon A-2 Aircoupe***

**TECHNISCHE DATEN**
**Alon Model A-2 Aircoupe**

**Typ:** zweisitziges Leichtflugzeug
**Triebwerk:** ein Continental-C90-16F, Vierzylinder-Boxermotor mit 67 kW (91 PS)
**Leistung:** Höchstgeschwindigkeit in Meereshöhe 208 km/h; max. Reisegeschwindigkeit 200 km/h; Dienstgipfelhöhe 5275 m; Reichweite 732 km
**Gewicht:** Leermasse 422 kg; max. Startmasse 658 kg
**Abmessungen:** Spannweite 9,14 m; Länge 6,20 m; Höhe 1,91 m; tragende Fläche 13,25 m²

***Die Alon A-2 Aircoupe ging aus der Erco Ercoupe hervor, einem der ersten Leichtflugzeuge mit Bugrad-Fahrgestell.***

# Ambrosini S.7

Sergio Stefanutti entwarf das zweisitzige Hochgeschwindigkeits-Reiseflugzeug **Ambrosini S.A.I.7** zwischen Oktober 1938 und April 1939. Die **S.7** war zweifellos eines der bestaussehenden Flugzeuge aller Zeiten, ein schlanker freitragender Tiefdekker in Holzbauweise mit voll einziehbarem Fahrwerk. Die ersten zwei Maschinen sollten am IV Avio Raduno del Littorio, einem renommierten Rennen für Reiseflugzeuge, teilnehmen und starteten beide innerhalb weniger Tage zu ihrem Erstflug, kurz bevor der Wettbewerb am 15. Juli 1939 in Rimini eröffnet wurde. Für diese Veranstaltung verlieh Ambrosini den Maschinen eine besonders strömungsgünstige Verglasung zwischen dem Bug und der normalen Kabinenabdeckung.

Die **S.A.I.7** gingen zwar nicht als Sieger aus dem Wettbewerb hervor, nicht zuletzt aufgrund der allzu kurzen Erprobungszeit, doch die Vertreter der italienischen Luftfahrtbehörden zeigten sich von der Leistung beeindruckt, zumal eine der Maschinen am 27. August desselben Jahres einen internationalen Geschwindigkeitsrekord über einen 100-km-Rundkurs aufstellen konnte. Dennoch hörte man im Zweiten Weltkrieg kaum noch etwas von der **S.7**, auch wenn die leichten Versuchsjäger **S.A.I.107, S.A.I.207** und **S.A.I.403** auf ihr basierten. 1943 erschienen zehn doppelsitzige **S.A.I.7** zur Ausbildung von Jagdpiloten. 1949 nahm S.A.I. Ambrosini die Serienfertigung auf. Bei der Nachkriegsversion ersetzte ein Alfa Romeo-Triebwerk den Hirth-Motor HM.508D der Rekordflugzeuge bzw. den Beta RC.10 der militärischen Version von Isotta-Fraschini, die beide 206 kW (280 PS) erzeugten. Von einzelnen, relativ kleinen Verbesserungen in der Konstruktion abgesehen, gab es keinerlei wesentliche Änderungen.

Die Mehrzahl der 145 **Ambrosini S.7** aus der Zeit nach dem Kriege, darunter etliche Einsitzer, diente bei verschiedenen Flugschulen, die der Aeronautica Militare angehörten. Abgesehen von der militärischen Verwendung, die 1956 endete, zeichnete sich die **S.7** bei zahlreichen Flugrennen aus. Am 21. Dezember 1951 stellte Leonardo Bonzi internationale Rekorde für die 100- und 1000-km-Strecke mit Durchschnittsgeschwindigkeiten von 367,36 km/h bzw. 358,63 km/h auf.

***Die Nachkriegsversion der Ambrosini S.7 diente der Aeronautica Militare zur Ausbildung erfahrener Piloten.***

**Varianten**

**Ambrosini 'S.A.I.7:** Rennflugzeug mit dem 206 kW (280 PS) starken Hirth HM.508D; Höchstgeschwindigkeit 405 km/h; Reichweite 3250 km; Leermasse 750 kg, Höchstmasse 1370 kg; Spannweite 8,95 m, Länge 7,25 m; (insgesamt zwei Flugzeuge)

**TECHNISCHE DATEN**
**Ambrosini S.7 (Nachkriegsmodell)**

**Typ:** ein- oder zweisitziges Reise-/Schulflugzeug
**Triebwerk:** ein Alfa-Romeo-115-Reihenmotor mit 166 kW (225 PS)
**Leistung:** Höchstgeschwindigkeit im Horizontalflug 358 km/h; wirtschaftliche Reisegeschwindigkeit 264 km/h; Anfangssteigrate 5,58 m/sek; Dienstgipfelhöhe 5250 m; Reichweite 1000 km
**Gewicht:** Leermasse 1105 kg; max. Startmasse 1317 kg
**Abmessungen:** Spannweite 8,79 m; Länge 8,17 m; Höhe 2,80 m; tragende Fläche 12,80 m²

**Ambrosini S.A.I.7 Trainer:** zweisitziger Schulungsjäger von 1941 mit normaler Kabinenverglasung und dem 206 kW (280 PS) starken Reihenmotor Beta RC.10 von Isotta-Fraschini; Höchstgeschwindigkeit 400 km/h; max. Betriebsmasse 1362 kg; Spannweite 9,00 m, Länge 8,20 m; (insgesamt zehn Flugzeuge)

**Ambrosini S.A.I.107:** Experimentaljäger von 1941 mit dem 397 kW (540 PS) starken Gamma-Reihenmotor von Isotta-Fraschini; Höchstgeschwindigkeit 560 km/h; max. Startmasse 1000 kg; (insgesamt ein Exemplar)

**Ambrosini S.A.I.207:** voll entwickelte Version der S.107 mit einem zweireihig hängenden Isotta-Fraschini Delta RC.40 mit 552 kW (750 PS); Höchstgeschwindigkeit 640 km/h; Dienstgipfelhöhe 12.000 m; Reichweite 850 km; Leermasse 1750 kg, max. Startmasse 2415 kg; Spannweite 9,99 m, Länge 8,02 m, Höhe 2,40 m, tragende Fläche 13,90 m²; bewaffnet mit zwei (MG151/20) 20-mm-Kanonen und zwei (Breda-SAFAT) 12,7-mm-Maschinengewehren; (von 2000 ursprünglich bestellten Flugzeugen wurden jedoch nur 15 fertiggestellt)

**Ambrosini S.A.I.403 Dardo (Pfeil):** Weiterentwicklung der S.207 mit dem Isotta-Fraschini Delta RC.21/60 mit 552 kW (750 PS); Höchstgeschwindigkeit 650 km/h; Dienstgipfelhöhe 10.000 m; Reichweite 1875 km; max. Betriebsmasse 2640 kg; Spannweite 9,80 m, Länge 8,20 m; Bewaffnung zwei 20-mm-Kanonen und/oder zwei 12,7-mm-Maschinengewehre (nur ein Exemplar gebaut, 3000 wurden jedoch bestellt)

**Ambrosini S.7:** Nachkriegsversion, als ein- oder zweisitziges Reise-/Schulflugzeug konzipiert

**Ambrosini Super S.7 Supersette:** leistungsgesteigerte Version der S.7, die 1952 erschien; angetrieben vom Reihenmotor de Havilland Gipsy Queen 70 mit 261 kW (355 PS); modifizierte Flächen und insgesamt größere Abmessungen; eine Maschine flog mit abgeflachtem Hinterrumpf und einem 294 kW (400 PS) starken Alfa Romeo 121 RC, während ein anderes Exemplar als Teil des Entwicklungsprogramms für den leichten Düsenjäger Aerfer Sagittario Pfeilflächen erhielt; Höchstgeschwindigkeit 430 km/h; Spannweite 9,30 m; (zehn Flugzeuge)

# Ambrosini Sagittario

Nach den Tests mit einer Ambrosini S.7, genannt Freccia (Pfeil), deren Tragwerk Sergio Stefanutti um 45° zurückgepfeilt hatte, entwarf er den Düsenjäger **Sagittario** (Schütze) mit einem 400 kg Schub erzeugenden Turboméca-Marboré-Strahltriebwerk. Die **Sagittario** war in erster Linie für Forschungszwecke und Untersuchungen des Kompressibilitätseffekts im schallnahen Geschwindigkeitsbereich gedacht. Sie wurde weitgehend aus Holz konstruiert und flog erstmals am 5. Januar 1953. Aus diesem ersten Prototyp entwickelte Stefanutti die **Sagittario II**, die ihren Jungfernflug am 19. Mai 1956 absolvierte. Die neue Version mit einem Rolls-Royce-Derwent 9 als Antrieb stellte praktisch einen völlig neuen Entwurf in Ganzmetallbauweise dar. Die **Sagittario II** war auch das erste Muster aus italienischer Konstruktion, das die Schallmauer überwinden konnte, als sie am 4. Dezember 1956 Mach 1,1 im Sturzflug erreichte.

Die **Aerfer Ariete** (Widder) von Industrie Aeronautiche Meccaniche Meridionali-Aerfer ähnelte der **Sagittario II** und war der nächste Schritt auf dem Wege zum leichten Abfangjäger **Leone** (Löwe) mit Mischantrieb, der mit finanzieller Unterstützung der US-Regierung entstand. Die **Aerfer** hatte einen dickeren Hinterrumpf, der außer dem Derwent 9 ein Hilfstriebwerk in Form des Rolls-Royce-R.Sr 2 mit 821 kg Schub aufnahm, um die Leistung insgesamt zu steigern. Der **Ariete-Prototyp** (MM 568) flog erstmals am 27. März 1958, doch die Serienfertigung erfolgte nicht, da das Projekt später aufgegeben wurde.

**TECHNISCHE DATEN**
**Ambrosini Sagittario II**
**Typ:** einsitziger Abfangjäger/taktisches Erdkampfflugzeug
**Triebwerk:** ein Rolls-Royce-Derwent 9, Strahltriebwerk mit 1633 kg Schub
**Leistung:** Höchstgeschwindigkeit im Horizontalflug 1040 km/h; Dienstgipfelhöhe 14.000 m; Reichweite 765 km
**Gewicht:** Leermasse 550 kg; max. Startmasse 3293 kg
**Abmessungen:** Spannweite 7,50 m; Länge 8,50 m; Höhe 2,02 m; tragende Fläche 14,73 m²
**Bewaffnung:** (vorgeschlagen) zwei nach vorn feuernde 30-mm-Kanonen und Abwurfwaffen an Trägern unter den Flächen

***Die Sagittario wurde speziell zur Untersuchung von Problemen gebaut, die sich beim Flug mit schallnahen Geschwindigkeiten ergaben.***

***Die Ambrosini Ariete war eine Zwischenstufe zum geplanten Strahljäger Leone. Die Besonderheit dieses Musters bestand in einem Hilfstriebwerk im hinteren Rumpfrücken mit fahrbarem Lufteintritt.***

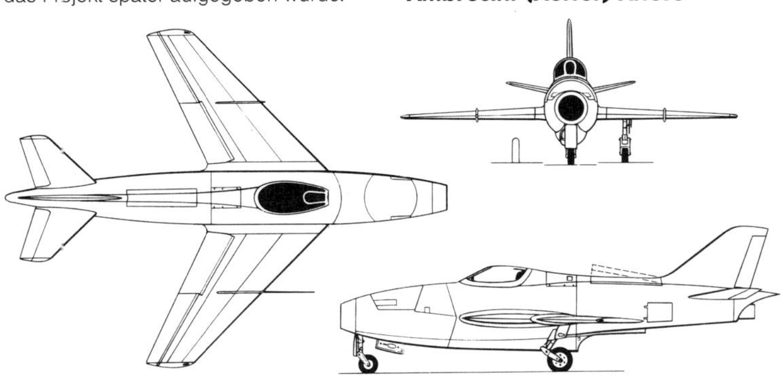

***Ambrosini (Aerfer) Ariete***

# Ambrosini S.A.I.3

Die **Ambrosini S.A.I.3** war als leichtes zweisitziges Schul- und Reiseflugzeug in der Auslegung eines Tiefdeckers entworfen und gab mit ihrem weit gespannten, elliptischen Tragwerk und dem breiten Hauptrumpf eine äußerst elegante Erscheinung ab, die nur das feste Spornrad-Fahrgestell leicht beeinträchtigte. Für den Antrieb sorgte entweder ein Fiat A.50-Sternmotor mit 63 kW (85 PS) oder ein zweireihig hängender Alfa Romeo A.110 mit 96 kW (130 PS). Die **S.A.I.3** wurde in kleinen Serien gefertigt. Einige Exemplare erhielten eine geschlossene Kabine anstelle der häufiger verlangten offenen Tandem-Cockpits. Das Modell mit dem Alfa-Romeo-Triebwerk erwies sich verständlicherweise als leistungsstärker, trotz der um 40 kg auf 830 kg gestiegenen Abflugmasse. Die Höchstgeschwindigkeit betrug

## TECHNISCHE DATEN
**Ambrosini S.A.I.3 (Fiat-Triebwerk)**

**Typ:** zweisitziges leichtes Schul- und Reiseflugzeug
**Triebwerk:** ein Fiat-A.50-Sternmotor mit 63 kW (85 PS)
**Leistung:** Höchstgeschwindigkeit 200 km/h; Reisegeschwindigkeit 170 km/h; Dienstgipfelhöhe 4000 m; Reichweite 620 km
**Gewicht:** Leermasse 550 kg; max. Startmasse 790 kg
**Abmessungen:** Spannweite 10,45 m; Länge 7,05 m; Höhe 2,80 m; tragende Fläche 14,00 m²

230 km/h, die Dienstgipfelhöhe 5200 m und die Reichweite 680 km.

**Varianten**
**Ambrosini S.A.I.3S:** Version mit dem 118 kW (160 PS) starken Sternmotor Bramo Sh.14 A-4 und etwas geringerer Profiltiefe; leistungsmäßig dem Standard-S.A.I.3-Modell mit Fiat- oder Alfa-Triebwerk allgemein überlegen

***Ambrosinis S.A.I.3 war ein überaus eleganter Zweisitzer. In der Ausführung mit deutschem Sternmotor, offenem Cockpit und dem unvorteilhaften starren Fahrwerk büßte sie optisch allerdings erheblich ein.***

# Amiot 143

***Die Amiot 143M war zweifellos eines der häßlichsten Flugzeuge, das die Franzosen zwischen den Weltkriegen produzierten.***

Avions Amiot wurde ursprünglich von Félix Amiot als Société d'Emboutissage et de Constructions Mécaniques (SECM) im Jahre 1916 gegründet. Sie war eines von vier Unternehmen, die an der Ausschreibung des französischen Service Technique de l'Aéronautique von 1928 für ein viersitziges Kriegsflugzeug teilnahmen. Das sogenannte multiplace de combat sollte zum Einsatz als Tag- und Nachtbomber, schwer bewaffneter Eskortjäger und Aufklärer geeignet sein.

Die Franzosen sind zwar für ihren Schönheitssinn bekannt, aber im Falle des multiplace de combat, das zwischen den beiden Weltkriegen entwickelt wurde, schien er versagt zu haben. Es ging sogar das Gerücht, die **Amiot 140** habe den Produktionszuschlag (gegen die Konkurrenten Blériot 137, Breguet 410 und SPCA) nur deswegen erhalten, weil sie das unansehnlichste der vier Modelle war. Wahr oder unwahr, der Prototyp **Amiot 140**, der erstmals im April 1931 flog, ging jedenfalls nach der Diensterprobung in Serie, nachdem die Armée de l'Air einen Erstauftrag für 40 Exemplare erteilt hatte.

Die 31 Monate, die zwischen dem Jungfernflug des Prototyps (zwei wurden gebaut) und dem Auftragseingang lagen, nutzte Amiot zur Verfeinerung des Entwurfs. Das Resultat war die **Amiot 142**, die von zwei Hispano-Suiza-12Ybrs-Reihenmotoren mit stehenden Zylindern je 633 kW (860 PS) angetrieben wurde. Auf diese Version folgte die **Amiot 143** mit zwei aufgeladenen Gnome-Rhône-Sternmotoren, und sie wurde für die Serienproduktion erwählt. Die **Amiot 143** war völlig aus Metall konstruiert und wies einige ungewöhnliche Entwurfsmerkmale auf. So ermöglichte die Profildicke des Tiefdeckers dem Bordmechaniker im Fluge Zugang zu den Motoren. Die Hauptfahrwerksbaugruppen des nicht einziehbaren Spornrad-Fahrgestells hatten enorme Geschwindigkeitsverkleidungen, die in Längsrichtung 2,13 m maßen. Die gegenläufigen Triebwerke des Serien-Prototyps **Amiot 143.01**, der im August 1934 zum ersten Mal flog, gaben eine Startleistung von 589 kW (800 PS) ab. Der Treibstoff war in sechs Tanks untergebracht, die alle abgeworfen werden konnten. Ab der 41. Serienmaschine entfiel diese Technik.

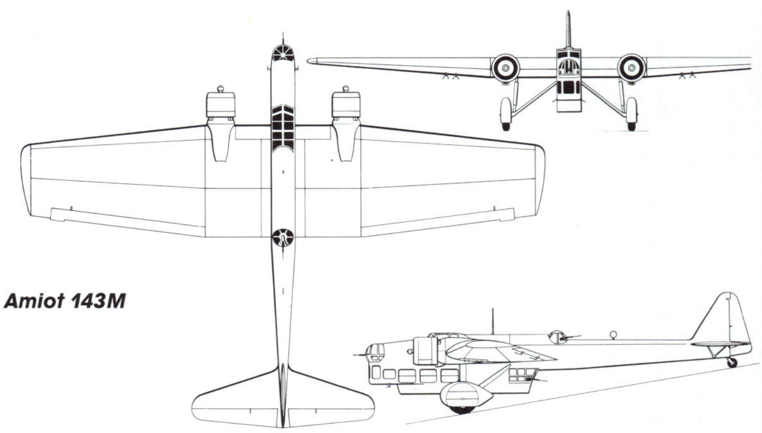

***Amiot 143M***

Der unschönste Aspekt der **Amiot 143** war zweifellos der zweistöckige Rumpf. Die obere Etage nahm drei Positionen auf: einen Bugwaffenstand, die Pilotenkanzel oberhalb der Nasenkante des Tragwerks und einen Rückenturm auf Höhe der Tragflächenhinterkante. Eine Art Bauchgondel beherbergte den Navigator/Bombenschützen, die Bomben und für Nachtbombardierungen zudem ein fünftes Besatzungsmitglied. Das hintere Ende der Bauchgondel war ebenfalls zum Waffenstand ausgebaut. Die Bewaffnung bestand zunächst aus je einem Lewis-Maschinengewehr in den drei Gefechtsständen. Ab der 41. Maschine wurden alle Waffentürme mit einem 7,5-mm-Maschinengewehr (MAC) ausgerüstet, und ein weiteres MG konnte durch eine Bodenluke im Vorderrumpf das Abwehrfeuer verstärken.

Im Juli 1935 erreichten die ersten **Amiot 143** die Armée de l'Air, so daß die 3. Gruppe der 22. Bomberstaffel gegen Ende des Sommers ausgerüstet war. Anschließend erhielten die 14. (unabhängige) Gruppe und die 21., 22., 34., 35. und 38. Bomberstaffel dieses Muster. Bei Kriegsausbruch 1939 befanden sich noch 60 Exemplare bei fünf Bombergruppen im Einsatz, dienten bis zum 10. Mai 1940 aber nur dazu, das Dritte Reich mit Flugblättern zu bombardieren. Ab diesem Tage bis zur Eroberung Frankreichs durch die Wehrmacht flogen die veralteten Bomber ausschließlich Nachteinsätze. Die einzige Ausnahme bildete der verzweifelte und heroische Versuch der 34. und 38. Bomberstaffel am 14. Mai, die Brücken bei Sedan über die Meuse mit 13 Flugzeugen bei Tag zu zerstören. Nur ein einziger Bomber überstand diesen Angriff.

**Varianten**
**Amiot 140:** Prototyp (2)
**Amiot 142:** überarbeiteter Prototyp (1)
**Amiot 143:** Vorserien- und Serienflugzeug (insgesamt 138)
**Amiot 142 (revidiert):** fußte auf dem dritten Prototyp mit anderem Motortyp (1)
**Amiot 144M:** Versuchsmaschine mit modifiziertem Tragwerk und Einziehfahrwerk (insgesamt 1)
**Amiot 150BE:** Prototyp einer Aufklärer/Torpedobomberversion; zwei Sternmotoren Gnome-Rhône mit je 545 kW (740 PS); austauschbares Rad-/Schwimmerfahrgestell (insgesamt 1)

***Die Amiot 143M mit der Werknummer 78 gehörte zur 3° Escadrille der GB II/35 und war im September 1939 zur Nachtaufklärung in Pontarlier, Frankreich, stationiert.***

## TECHNISCHE DATEN
**Amiot 143**

**Typ:** zweimotoriger Bomber/Aufklärer mit vier-/sechsköpfiger Besatzung
**Triebwerke:** (143M) zwei Gnome-Rhône 14 Kirs/Kjrs-Mistral-Major-Sternmotoren je 640 kW (870 PS) in 3215 m Höhe und 662 kW (900 PS) in 4210 m Höhe
**Leistung:** Höchstgeschwindigkeit in 4000 m Höhe 310 km/h; Marschgeschwindigkeit in 4000 m Höhe 270 km/h; Dienstgipfelhöhe 7900 m; Reichweite 1200 km
Gewicht: Leermasse 6100 kg; max. Startmasse 9700 kg
**Abmessungen:** Spannweite 24,50 m; Länge 18,00 m; Höhe 5,50 m; tragende Fläche 100,00 m²
**Bewaffnung:** (ab Werknummer 41) vier 7,5-mm-Maschinengewehre (je eines im Bug- und Rückenturm sowie in vorderer und hinterer Rumpfwanne) und bis zu 800 kg Bomben im internen Schacht

# Amiot 350, Serie, bis Antonow An-4

**Von Mitte der 30er Jahre an setzte sich in Frankreich ein konzeptioneller Wandel durch, der zu hervorragenden und ganz untypisch stil-„sauberen“ Flugzeugen wie der Amiot 350 führte. Die Societá Anonima Aeronautica Ansaldo, gegründet im Ersten Weltkrieg, war der Flugzeugzweig des Schiffsbaukonzerns Ansaldo. Antoinette spielte eine maßgebliche Rolle im französischen Flugzeugbau, verschwand aber bald nach dem Beginn des Ersten Weltkriegs.**

## Amiot 350 Serie

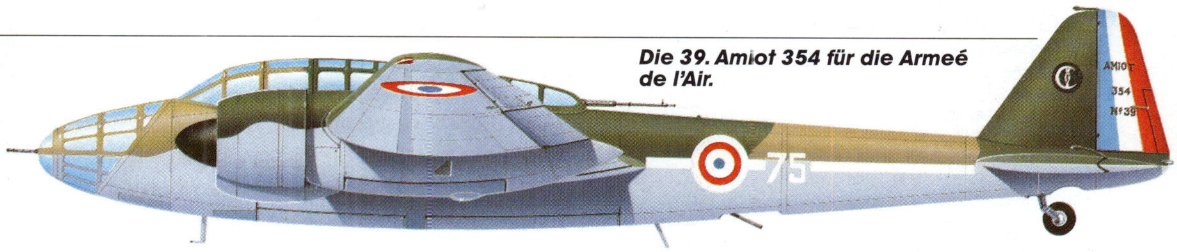

*Die 39. Amiot 354 für die Armeé de l'Air.*

Die Amiot 143 war mit dem Etikett behaftet, das häßlichste Flugzeug zu sein, das die Franzosen zwischen den Weltkriegen produzierten. Im Gegensatz dazu galt der Prototypbomber **Amiot 340.01**, der am 6. Dezember 1937 zum ersten Mal flog, als bis dahin elegantester Entwurf aller Staaten. Das eigentlich als Langstrecken-Postflugzeug gedachte Muster rüstete man noch vor dem Erstflug zum zweimotorigen Bomber für eine dreiköpfige Besatzung um. Als Antrieb dienten zwei Sternmotoren vom Typ Gnome-Rhône 14N 0/1 mit je 677 kW (920 PS). In dieser Form erhielt das Muster die Bezeichnung **Amiot 340.01**. Ende März 1938 begannen die offiziellen Abnahmeprüfflüge des Prototyps.

Am Ende dieser Erprobung empfahl der Service Technique de l'Aéronautique der Firma Amiot bestimmte Änderungen, bevor ein Serienauftrag erteilt würde. Diese Modifikationen und während der Entwicklung eingebrachte Verbesserungen seitens des Unternehmens ergaben folgende Neuerungen: den Einbau von 751 kW (1020 PS) starken Triebwerken Gnome-Rhône 14N 20/21, die Erweiterung der Kabine für ein viertes Besatzungsmitglied, das den neuen Waffenstand in der Rumpfwanne hinter dem Bombenschacht bediente, und die Einführung eines anderen Leitwerks mit deutlich positiver V-Stellung der Höhenflossen sowie Endplatten mit Rudern als doppeltem Seitenleitwerk. Mit dieser Neukonfiguration war die Umbezeichnung in **Amiot 351.01** verbunden. Ende Januar 1939 ging das Flugzeug in die Flugerprobung.

Die erfolgreiche Abnahmeprüfung führte zu zahlreichen Varianten, von denen drei zu Prototypen ausgeführt wurden, während die übrigen in der Konzeptionsphase steckenblieben. Zu den Serienversionen zählten die **Amiot 351** und **354**, die sich vom Versuchsflugzeug **351.01** durch eine um 17 cm kürzere Spannweite, eine um 50 cm erhöhte Länge und eine um 0,50 m² reduzierte tragende Fläche unterschieden. Die **Amiot 351** übernahm das Doppelseitenleitwerk des Prototyps, allerdings großflächiger ausgelegt, bei der **Amiot 354** aber kehrte man zum herkömmlichen Leitwerk des Prototyps 340.01 mit nur einer Seitenflosse und Ruder zurück. Ansonsten stimmte die Auslegung beider Versionen grundsätzlich überein. Es handelte sich um freitragende Mitteldecker mit weitgespannten Querrudern und einfachen Spaltklappen. Der Rumpf mit kreisrundem Querschnitt spitzte sich nach hinten allmählich zu und war in Schalenbauweise konstruiert, und die Hauptbaugruppen des Spornrad-Fahrgestells zogen nach hinten in die Motorgondeln ein. Der Bombenschütze/Navigator war im Bug, der Pilot auf Höhe der Propeller im vorderen Rumpfabschnitt, der Bordschütze im Gefechtsstand auf dem mittleren Rumpfrücken und der Funker/Abwehrschütze in der Rumpfwanne hinter dem Bombenschacht untergebracht.

Die unterschiedlichen Motortypen beider Serienversionen hatte mehrere Varianten zur Folge. So war die **Amiot 350** die projektierte Ummotorisierung der **Amiot 340.01** auf zwei Hispano-Suiza 12Y 28/29. Die Baureihe **Amiot 351** hatte zwei Gnome-Rhône 14N 38/39, die je 699 kW (950 PS) in 3700 m Höhe entwickelten, und die geplante **Amiot 352** sollte zwei Hispano-Suiza 12A 50/51 als Antrieb erhalten, die 810 kW (1100 PS) in 3260 m Höhe abgaben. Ein weiteres Vorhaben war die **Amiot 353** mit zwei Merlin III von Rolls-Royce, die in 4950 m Höhe je 768 kW (1044 PS) entwickelten, und auf die Serienversion **Amiot 354** mit zwei 854 kW (1160) starken Gnome-Rhône 14N 48/49 folgten zwei Prototypen sowie eine geplante Neuversion. Zu dem Versuchspaar gehörte die **Amiot 355.01** mit zwei Sternmotoren Gnome-Rhône 14R 2/3, die je 883 kW (1200 PS) erzeugten und mit einem Zweiganglader versehen waren. Dann folgte die **Amiot 356.01** mit zwei Rolls-Royce-Triebwerken, Merlin X je 843 kW (1146 PS), und die **Amiot 357**, die als Höhenbomber mit Druckkabine und zwei turbogeladenen Hispano-Suiza 12Z gedacht war.

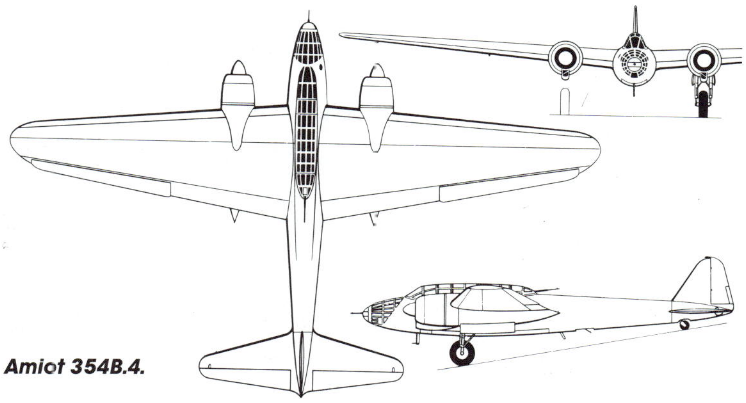

*Amiot 354B.4.*

All diese Aktivitäten hätten, so sollte man meinen, ein reichhaltiges Produktionsprogramm ergeben müssen, doch leider trat dies nicht ein. Vor dem Hintergrund der internationalen Probleme, die Frankreich betrafen, erfolgte die Umorganisation der heimischen Flugzeughersteller in eine nationale Luftfahrzeugindustrie zu einem denkbar ungünstigen Zeitpunkt. Selbst Firmen, die sich gegen die Verstaatlichung entschieden – und zu ihnen zählte Amiot –, bekamen die Unterbrechung in allen Sparten dieser Industrie zu spüren. Dies hatte zur Folge, daß die Serienexemplare des vielversprechenden Prototyps, der Anfang Dezember 1937 den Erstflug absolviert hatte, zu spät in Dienst gestellt wurden, um noch einen entscheidenden Beitrag im Abwehrkampf gegen die unerbittlich vorstoßenden Divisionen der deutschen Wehrmacht leisten zu können. Die beiden ersten **Amiot 354** gingen beispielsweise erst am 7. April 1940 an die Truppe, und nur wenige der 62 Bomber, die bis zur Niederlage Frankreichs ausgeliefert wurden, kamen überhaupt zum Einsatz. Entweder reichte die Bewaffnung, die Ausrüstung oder beides nicht aus, oder die Angriffe der Deutschen zerstörten sie am Boden.

Einige wurden später grundüberholt, mit zusätzlichen Tanks im Bombenschacht versehen und von Air France auf Routen zwischen Vichy Frankreich und französischen Territorien in Übersee eingesetzt. Die Luftwaffe flog vier Beutemaschinen, mußte aber beim Rückzug eine **Amiot 354** stehen lassen. Diese Maschine diente ab 1946 eine Zeitlang bei der Groupe de Liaisons Aériennes Ministérielles.

### TECHNISCHE DATEN
**Amiot 354**

**Typ:** viersitziger mittlerer Bomber
**Triebwerke:** zwei Sternmotoren Gnome-Rhône 14N 48/49 je 780 kW (1060 PS)
**Leistung:** Höchstgeschwindigkeit 480 km/h in 4000 m Höhe; Marschgeschwindigkeit 350 km/h; Dienstgipfelhöhe 10.000 m; Reichweite 2500 km
**Gewicht:** Leermasse 4725 kg; max. Startmasse 11.300 kg
**Abmessungen:** Spannweite 22,83 m; Länge 14,50 m; Höhe 4,08 m; tragende Fläche 67,00 m²
**Bewaffnung:** eine 20-mm-Kanone im Rückenturm und zwei 7,5-mm-Maschinengewehre (in Bug und Rumpfwanne) sowie bis zu 1200 kg Bomben

***Die Amiot 354 war einer der besten Bomber der Armée de l'Air zwischen 1939 und 1940. Verzögerungen im Entwicklungsprogramm hatten zur Folge, daß nur wenige Exemplare fertiggestellt wurden.***

## Andreasson BA-4B

Der schwedische Ingenieur Björn Andreasson entwarf etliche Leichtflugzeuge, darunter die **Andreasson BA-4**. Um den Mitgliedern des schwedischen Verbandes für Experimentalflugzeuge (Experimental Aircraft Association – EAA) eine Basis für den Selbstbau zur Verfügung zu stellen, brachte Andreasson seine **BA-4** auf den neuesten Stand. Nach diesem Entwurf bauten Lehrlinge der AB Malmö Flygindustri (MFI) Mitte der sechziger Jahre einen Prototypen mit der Bezeichnung **BA-4B**.

Dieser kleine, voll kunstflugtaugliche Doppeldecker ist eine Ganzmetallkonstruktion in durchweg herkömmlicher Auslegung mit starrem Spornrad-Fahrgestell, der Entwurf gestattet alternativ aber auch Tragflächen auf Holzbasis. Für den

Antrieb des Prototyps sorgte ein Rolls-Royce/Continental O-200-Boxermotor. Das Flugzeug läßt sich aber auch mit einer Vielzahl anderer Motortypen derselben Leistungsklasse ausstatten, einschließlich eines modifizierten VW-Motors. Außer den Bauanleitungen der schwedischen EAA bot auch die britische Crosby Aviation Pläne und Bausätze für mehrere Versionen der **BA-4B** an.

**TECHNISCHE DATEN**
**Andreasson BA-4B (Prototyp)**
**Typ:** einsitziger leichter Doppeldecker für den Selbstbau
**Triebwerk:** ein Vierzylinder-Boxermotor Rolls-Royce/Continental O-200 mit 75 kW (100 PS)
**Leistung:** Höchstgeschwindigkeit im Horizontalflug 225 km/h; Mindestgeschwindigkeit 56 km/h; Reichweite mit Standardtreibstoffmenge 282 km
**Gewicht:** max. Startmasse 375 kg
**Abmessungen:** Spannweite 5,34 m; Länge 4,60 m; tragende Fläche 8,30 $m^2$

***Das Leichtflugzeug Andreasson BA-4B war ein typischer Vertreter der kleinen, aber gefälligen Maschinen, die Andreasson für den Selbstbau entwarf.***

# A.N.F. Mureaux 113

1926 wurde André Brunet zum Chefkonstrukteur der Ateliers de Constructions du Nord et des Mureaux ernannt.

Brunets erste Entwürfe für das Unternehmen waren die Jäger 3C.2 und 4C.2, gefolgt von dem Beobachtungsflugzeug Mureaux 130A.2. Bei allen handelte es sich um zweisitzige Schirmeindecker in Metallbauweise mit robustem, breitspurigem Fahrgestell. Als Weiterentwicklungen ergaben sie die sechs Prototypflugzeuge **Mureaux 110A.2** und **112GR**, die erstmals 1931 flogen. Das französische Luftfahrtministerium zeigte sich von dem Modell 110 so beeindruckt, daß es eine Serienversion in Auftrag gab, die später die Bezeichnung **Mureaux 113R.2** erhielt. Bei den 49 Serienmaschinen blieb das Markenzeichen Brunets erhalten, ein offenes Tandem-Cockpit, in dem Pilot und Beobachter dicht hintereinander saßen. Neu war die riesige Windschutzscheibe der hinteren Kanzel. Der 478 kW (650 PS) starke Hispano-Suiza 12Ybrs hatte einen großen Kinnkühler.

Zwei Nachtjäger **Mureaux 114CN.2** wurden neu gebaut, aber auch mehrere **Mureaux 113** mit kleinen Suchscheinwerfern unter den Flächen für dieselbe Aufgabe angepaßt. Zu den Serienentwicklungen gehörte die **Mureaux 117R.2** mit dem leistungsstärkeren 12Ycrs-Triebwerk (626 kW/850 PS), kräftigeren Tragflächenstreben und Chauvière-Holzpropellern anstelle der metallenen Ratier-Luftschraube der **Mureaux 113**. Nach dem Erstflug des Prototyps Anfang 1935 wurden 115 Serienflugzeuge fertiggestellt, davon 16 Exemplare unter der Bezeichnung **Mureaux 117R.2B.2** (Aufklärer und Bomber) mit

***Die A.N.F. Mureaux 114CN.2 war ein vom Grundmuster Mureaux 113 abgeleiteter Nachtjäger.***

Bombengestellen unter den Flächen für eine Last von ingesamt 400 kg. Die letzte Baureihe war die **Mureaux 115R.2**. Sie erschien 1935 als Prototyp und flog erstmals am 6. März desselben Jahres. Mehrere der 119 Serienflugzeuge dieser Version wurden für die Doppelrolle R.2B.2 angepaßt. Die **Mureaux 115** ließ sich an dem Frontkühler ihres 12Ycrs-Motors erkennen.

Ende der dreißiger Jahre waren die Mureaux-Schirmeindecker ein äußerst wichtiger Faktor bei der Armée de l'Air, die zu Beginn des Jahres 1937 195 Exemplare aller Versionen übernommen hatte. Bei Kriegsausbruch standen 221 Flugzeuge dieses Musters im Dienst. Die Auslieferung der letzten **Mureaux 115** erfolgte im September 1939.

In den ersten Kriegswochen operierten die Mureaux-Einheiten über der Front und erlitten starke Verluste. Der erste Abschuß einer französischen Maschine traf eine **Mureaux 115** von GAO 553. Sie fiel am 8. September 1939 bei einem Foto-Aufklärungsflug über Karlsruhe der deutschen Flak zum Opfer. Zum Ende jenes Monats wurden die Mureaux-Flugzeuge auf frontnahe Einsätze eingeschränkt. Frankreich unternahm zwar gewaltige Anstrengungen, diverse veraltete Muster zu ersetzen, doch als die Deutschen am 10. Mai 1940 zum Blitzkrieg gegen Frankreich stürmten, setzten die französischen Aufklärungseinheiten immer noch 119 Mureaux-Flugzeuge ein. Die meisten beschränkten sich allerdings auf Ausbildungs- und Verbindungsdienste. Nach dem Waffenstillstand vom 25. Juni 1940 wurden alle 53 Mureaux-Eindecker aus der unbesetzten Zone Frankreichs verschrottet.

Erwähnenswert ist noch, daß die Sonderanfertigung **Mureaux 113GR** Nr. 8 mit einem aufgeladenen Hispano-Suiza 12Ybrs 1934 den begehrten Coupe Bibesco in dem Flugrennen zwischen rumänischen und französischen Militärflugzeugen davontragen konnte. Im Unterschied zum Modell 115 besaß der im Januar 1936 für Beobachtungs- und Aufklärungseinsätze getestete Prototyp **Mureaux 200A.3** eine vollständig verglaste Kanzel.

**TECHNISCHE DATEN**
**Mureaux 113**
**Typ:** zweisitziges Aufklärungsflugzeug oder Nachtjäger
**Triebwerk:** ein Reihenmotor Hispano-Suiza 12Ybrs mit 478 kW (650 PS)
**Leistung:** Höchstgeschwindigkeit 290 km/h in 4000 m Höhe; Dienstgipfelhöhe 10.400 m; Reichweite 920 km
**Gewicht:** Leermasse 1680 kg; max. Startmasse 2570 kg
**Abmessungen:** Spannweite 15,40 m; Länge 10,00 m; Höhe 3,81 m; tragende Fläche 34,90 $m^2$
**Bewaffnung:** zwei starr eingebaute, synchronisierte 7,5-mm-MAC-Maschinengewehre, zwei schwenkbare 7,5-mm-MAC-Maschinengewehre in hinterer Kanzel und ein 7,5-mm-MAC-Maschinengewehr, das durch eine Klappe an der Rumpfunterseite feuerte

# A.N.F. Mureaux 170C.1

Der Jagdeinsitzer **Mureaux 170C.1**, ein rassiger Knickflügel-Eindecker mit nicht einziehbarem, geteilten Hauptfahrwerk und windschnittig verkleideten Rädern, flog erstmals am 19. November 1932 als Prototyp **(Mureaux 170.01)**. Sechzehn Monate später folgte ein zweites Versuchsflugzeug **(Mureaux 170.02)**. Diese Mureaux-Jäger zeichneten sich durch etliche Innovationen und eine besonders leichte Zelle aus: So war die Rumpfstruktur mit dünnem Duraluminblech abgedeckt, und die Querruder konnten als Landeklappen genutzt werden. Die Bewaffnung bestand aus zwei 7,5-mm-Maschinengewehren. Die Flugzeuge wurden von einem Reihenmotor Hispano-Suiza HS 12Xbrs mit 508 kW (690 PS) angetrieben und erreichten die Höchstgeschwindigkeit von 380 km/h.

***Die ästhetisch ansprechende Mureaux 170C.1 erreichte trotz ihrer erwiesenen Leistungen nicht die Produktionsstufe.***

# Ansaldo A-1 Balilla

Der Aufklärungsjäger **Ansaldo A-1 Balilla** flog im November 1917 zum ersten Mal. Der neue Doppeldecker hatte den Rumpf der Serie Ansaldo S.V.A. mit dreieckigem Querschnitt beibehalten, zeigte aber statt der W-förmigen Streben früherer Muster einen Stiel mit Senkrechtstreben auf jeder Seite. Nach gründlicher Prüfung durch eine Militärkommission kam man überein, bei der jüngsten Entscheidung zu bleiben und die italienischen Squadriglie mit der französischen SPAD S.7 auszurüsten, da die **A-1** weniger beweglich als die meisten zeitgenössischen Muster zu sein schien. Mit größerem Abstand zwischen Ober- und Unterflügel und insgesamt mehr tragender Fläche wurde die **A-1** im März 1918 erneut vorgeführt. Diese Modifikationen und der Einbau des effektiveren Reihenmotors S.P.A. 6A ergab eine deutliche Steigerung über den gesamten Leistungsbereich. Es folgte der Auftrag zur Serienfertigung, und bis zum Ende des Ersten Weltkriegs wurden 166 **A-1** ausgeliefert.

Polen hatte ein Kontingent von **Ansaldo** gekauft, und diese Jäger kämpften unter der berühmten Kosciuszko-Staffel während des polnisch-russischen Krieges von 1920. Ein Jahr später jedoch lieferte Ansaldo 30 Exemplare an Rußland! Zwischen 1921 und 1924 fertigte die polnische Firma Plage & Laskiewicz 30 **A-1** in Lizenz.

**TECHNISCHE DATEN**
**Ansaldo A-1 Balilla**

**Typ:** einsitziger Jagdaufklärer
**Triebwerk:** ein Reihenmotor S.P.A. 6A mit 162 kW (220 PS)
**Leistung:** Höchstgeschwindigkeit 220 km/h; Dienstgipfelhöhe 5000 m; Reichweite 550 km
**Gewicht:** Leermasse 640 kg; max. Startmasse 885 kg
**Abmessungen:** Spannweite 7,68 m; Länge 6,60 m; Höhe 2,85 m; tragende Fläche 21,30 m²
**Bewaffnung:** zwei starr eingebaute, synchronisierte Vickers-Maschinengewehre, Kaliber 7,7 mm

***Bei den Italienern kam die Ansaldo A-1 Balilla nur begrenzt zum Einsatz, kämpfte aber im russischpolnischen Krieg von 1920 für beide Seiten.***

In den Nachkriegsjahren nahm die **A-1** an einer Reihe verschiedener Luftfahrtausstellungen und Flugrennen teil. Eine leichte Rennversion mit verkürzter Spannweite belegte im Wettbewerb um den Pulitzer-Preis von 1920 in den Vereinigten Staaten den dritten Platz. Bemühungen, die **Balilla** dort zu verkaufen, blieben jedoch ohne Erfolg, und damit fand ihre Karriere ein baldiges Ende.

# Ansaldo S.V.A.5 Primo

Im Frühjahr 1916 nahmen die Konstrukteure U. Savoia und R. Verduzio mit der Unterstützung von Celestino Rosatelli die Arbeiten an einem Jagddoppeldecker auf, der mit dem 162 kW (220 PS) starken Reihenmotor S.P.A. 6A als Antrieb allen zeitgenössischen Mustern überlegen sein sollte. Im Herbst stärkte das italienische Kriegsministerium der Gruppe den Rücken, und das Schiffbauunternehmen Giovanni Ansaldo & Co in Genua erhielt den Auftrag, Prototypen zu bauen und Werftkapazität für die Serienfertigung bereitzustellen. Die **S.V.** wurde so zur **S.V.A.**, und der erste Prototyp absolvierte am 19. März 1917 vom Grosseto-Flugplatz aus die erforderlichen Tests.

Besondere Merkmale der **S.V.A.** stellten die Diagonalverstrebung des Tragwerks und der dreieckige Querschnitt des Hinterrumpfs dar, der die Bodensicht deutlich verbessern sollte.

Die ersten Serienjäger **S.V.A.4** erwiesen sich zwar als sehr schnell, aber auch als zu unbeweglich, um im Kurvenkampf bestehen zu können. Sie wurden daher Aufklärungseinheiten zugewiesen. Zu Beginn des Jahres 1918 legte man zusätzlich die Serie **S.V.A.5** auf. Sie brachte Vorrichtungen für eine Bombenzuladung und Tanks für eine Flugdauer von sechs Stunden; die **S.V.A.4** dagegen konnte sich nur vier Stunden in der Luft halten und war mit einer Kamera für Luftbildaufklärung ausgestattet. Nachdem man die Produktion auf mehrere andere Werke ausgedehnt hatte, ging auch die **S.V.A.3** in Dienst. Bei dieser Version hatte man die Spannweite gekürzt, um sie als Abfangjäger einzusetzen. Sie hatte ein hohes Leistungsvermögen und war den **S.V.A.4** und **S.V.A.5** in puncto Beweglichkeit deutlich überlegen.

Dies galt nicht für die beiden Zweisitzerversionen **S.V.A.9** und **S.V.A.10**. Erstere verfügte über Doppelsteuer zur Schulung, letztere war ein Aufklärungsbomber. Nach der Prüfung Ende 1917 wurden beide Versionen zur Truppenverwendung akzeptiert, und Anfang 1918 setzte die Lieferung beider Varianten ein.

Die **S.V.A.**-Doppeldecker zeichneten sich durch Ferneinsätze gegen Ziele jenseits der Alpen aus. Der berühmteste Verbandsflug dieses Musters erfolgte am 9. August 1918 unter der Führung des namhaften Dichters und Fliegers Gabriele D'Annunzio. Acht Maschinen der 87. Squadriglia, der vielgerühmten „Serenissima", erreichten Wien, machten 30 Minuten lang Luftaufnahmen und ließen Flugblätter auf die Hauptstadt des Gegners herabregnen, bevor sie wohlbehalten in die Heimat zurückkehrten.

In den Nachkriegsjahren wurden noch mehrere Serien **S.V.A.5** und **S.V.A.10** gebaut, letztere zum Teil mit dem Isotta-Fraschini V.6-Triebwerk, das 184 kW (250 PS) erzeugte. Die **S.V.A.** blieben auch nach der Aufstellung der Regia Aeronautica (1923) im Dienst und nahmen Ende der zwanziger Jahre an der Eroberung Libyens teil.

Der wohl bemerkenswerteste von mehreren herausragenden Fernflügen der **S.V.A.** war ein von Leutnant Arturo Ferrarin geführter Formationsflug nach Tokio in Einzeletappen. Sechs Flugzeuge starteten am 26. Februar 1920 in Rom, und zwei landeten am 21. Mai 1920 in Tokio, nachdem sie eine Strecke von 15.200 km zurückgelegt hatten.

1928 schließlich endete die Fertigung, nachdem rund 2000 **S.V.A.** aller Versionen gebaut worden waren. Auch im Ausland war dieses Muster erfolgreich. Etwa 100 Exemplare wurden exportiert.

**TECHNISCHE DATEN**
**Ansaldo S.V.A.4 und S.V.A.5**

**Typ:** S.V.A.4, einsitziges Aufklärungsflugzeug (A), und S.V.A.5, einsitziger Aufklärungsbomber (B)
**Triebwerk:** (A und B) ein Reihenmotor S.P.A. 6A mit 195 kW (265 PS)
**Leistung:** Höchstgeschwindigkeit im Horizontalflug 226 km/h (A) bzw. 205 km/h (B); Steigzeit auf 3000 m Höhe in 12 Minuten (A) bzw. 10 Minuten (B); Dienstgipfelhöhe 7000 m (A), 5400 m (B); Flugdauer 3 Stunden und 15 Minuten (A) bzw. 3 Stunden (B)
**Gewicht:** Leermasse 690 kg (A), 700 kg (B); max. Startmasse 940 kg (A), 1050 kg (B)
**Abmessungen:** (A und B) Spannweite 9,10 m; Länge 8,10 m; Höhe 2,65 m; tragende Fläche 24,20 m²
**Bewaffnung:** ein nach vorn feuerndes, synchronisiertes Vickers-Maschinengewehr, Kaliber 7,7 mm (A), zwei Vickers-Maschinengewehre (B)

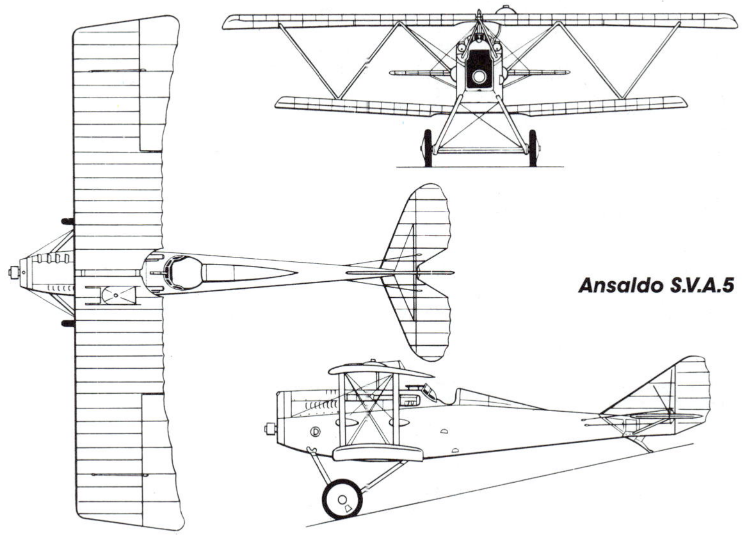

***Ansaldo S.V.A.5***

***Die Ansaldo S.V.A.9 des Leutnant Ferrarin in Osaka, nach dem klassischen Verbandsflug von Italien nach Japan.***

# Antoinette Monoplanes

Der Konstrukteur Leon Levavasseur bei Antoinette hatte bereits mehrere Versuchsentwürfe geschaffen, bis seine erste wirklich erfolgreiche Maschine, die **Antoinette IV**, am 9. Oktober 1908 zum Erstflug abhob. Das endgültige Modell **Antoinette**

**IV**, das im Februar des Folgejahres getestet wurde, war ein Hochdecker mit eckigen Tragflügeln von beträchtlicher Fläche und einem sehr schmalen Rumpf mit dreieckigem Querschnitt. Hier spiegelte sich die Erfahrung des Konstrukteurs als Erbauer motorisierter Rennboote wider. Querruder an den Flügelspitzen und hintere Kontrollflächen in Kreuzform sorgten für die Steuerung.

Am 9. Februar 1909 startete die **Antoinette IV** in Mourmelon zum erfolgreichen Jungfernflug und landete nach einer Strecke von rund 5000 m. Zu diesem Zeitpunkt war die Firma Antoinette mit Hubert Latham, einem in Frankreich lebenden britischen Sportler, eine geschäftliche Verbindung eingegangen, die beiden Teilen zu Ruhm und Ehre verhelfen sollte. Zweimal versuchte Latham, den Ärmelkanal im Flug zu überqueren. Am 19. Juli 1909 startete er mit einer **Antoinette IV** in Sangatte an der französischen Küste und legte 11,2 km zurück, als sein Motor ausfiel und ihn zur Notwasserung zwang.

Innerhalb der nächsten Woche schaffte es Blériot, den Ärmelkanal mit Erfolg zu überqueren und auf den Klippen von Dover zu landen. Unbeeindruckt unternahm Latham zwei Tage danach, am 27. Juli 1909, einen zweiten Versuch. Diesmal flog er die neue **Antoinette VII**, die über die seinerzeit übliche Steuerung durch eine Verwindung der Tragflächen anstelle der Querruder der **Antoinette IV** verfügte. Er kam bis in Sichtweite der englischen Küste, als der Motor ihn erneut im Stich ließ. Doch Latham ließ sich noch immer nicht entmutigen. Einen Monat später führte er die rechtzeitig reparierte **Antoinette VII** zur Grande Semaine d'Aviation de la Champagne nach Reims, wo er die Höhendisziplin mit 155 m gewann und im Geschwindigkeitslauf mit 68,9 km/h den zweiten Platz errang.

Während der beiden nächsten Jahre lagen Latham und andere Luftfahrtpioniere mit **Antoinette**-Eindeckern bei jedem Flugwettbewerb in der Spitzengruppe. 1912 jedoch meldete Jane's All the World's Aircraft, daß die Firma Antoinette nicht mehr existierte.

**Varianten**

**Antoinette I:** unvollendetes Projekt von 1907/1908 für einen Canard-Eindecker mit Druckschraubenantrieb

**Gastambide-Mengin I:** Vorläufer der klassischen Antoinette-Eindeckerserie mit einem 37 kW (50 PS) starken Antoinette-Flugmotor als Antrieb für eine Druckschraube; Vierpunkt-Fahrgestell; zwischen dem 8. und 14. Februar 1908 machte Mechaniker Boyer vier Versuchsflüge, der weiteste davon 150 m; Spannweite 10,50 m, tragende Fläche 24,00 m² und Gewicht 350 kg

**Antoinette II (oder Gastambide-Mengin II):** Zwischen Februar und März 1908 wurde die Gastambide-Mengin I überarbeitet. Mit Dreieck-Querrudern an den Flügelspitzen und etlichen anderen Verfeinerungen erhielt sie die neue Bezeichnung; der beste ihrer insgesamt drei Flüge am 21. August 1908 dauerte 1 Minute und 36 Sekunden und stellte überdies den ersten Kreisflug eines Eindeckers dar; am 20. August 1908 wurde Robert Gastambide zum ersten Passagier eines Eindeckers

**Antoinette III:** alternative Bezeichnung für die gescheiterte Ferber IX während der kurzen Tätigkeit von Capitaine Ferdinand Ferber für die Société Antoinette

**Antoinette IV:** erster erfolgreicher Antoinette-Eindecker mit einem Antoinette-Triebwerk von 37 kW (50 PS); absolvierte zwischen Oktober 1908 und August 1909 rund 50 Flüge; der beste ergab am 26. August 1909 mit 154,6 km in zwei Stunden, 17 Minuten und 21 Sekunden einen Langstreckenweltrekord; die Maschine hatte anfangs eine tragende Fläche von 30,00 m² und wog 460 kg

**Antoinette V:** ähnlich wie die Antoinette IV, jedoch mit Querrudern; rund 20 Flüge zwischen Dezember 1908 und September 1909; der beste dauerte 15 Minuten

**Antoinette VI:** ähnlich wie die Antoinette IV und V, jedoch mit Flächenverwindung zur Steuerung um die Längsachse; sie startete zu rund 15 Flügen zwischen April und Juli; der beste dauerte 12 Minuten

**Antoinette VII:** ähnlich wie die Antoinette IV, V und VI, aber mit Tragflächenverwindung zur Steuerung um die Längsachse und stärkerem Antrieb durch ein Antoinette-Triebwerk mit 44 kW (65 PS); wurde zwischen Juli und August 1909 eingesetzt; Bestflug von 70 km in 1 Stunde, 1 Minute und 52 Sekunden am 23. August 1909

**Antoinette VIII:** ähnlich wie die Antoinette IV, V, VI und VII mit Tragflächenverwindung zur Steuerung um die Längsachse und Antoinette-Motor mit 37 kW (50 PS) ausgestattet; ihr längster Flug dauerte 16 Minuten

**Antoinette (Normalversion von 1909):** Serienmodell im Zeitraum 1909-1911, das zu einem Verkaufspreis von 1000 Pfund Sterling angeboten wurde; Antoinette-Achtzylinder-Reihenmotor mit 37 kW (50 PS), Geschwindigkeit 70 km/h, maximales Startgewicht 520 kg, Spannweite 12,80 m, Länge 11,50 m und tragende Fläche 50 m²

***Die Antoinette-Eindecker waren durch große Flügel und einen Rumpf mit dreieckigem Querschnitt gekennzeichnet.***

**TECHNISCHE DATEN**

**Antoinette IV und Antoinette VII**

**Typ:** einsitziger Eindecker

**Triebwerk:** ein Antoinette-Reihenmotor mit 37 kW (50 PS) bei Antoinette IV und ein Antoinette-Reihenmotor mit 44 kW (65 PS) bei Antoinette VII

**Leistung:** Höchstgeschwindigkeit 70 km/h

**Gewicht:** max. Startmasse 590 kg

**Abmessungen:** Spannweite 12,80 m; Länge 11,50 m, Höhe 3,00 m; tragende Fläche 50,00 m²

# Antonow An-2 „Colt"

Schon als Schüler interessierte sich Oleg Antonow für die Segelfliegerei, und später wurde er der bedeutendste Konstrukteur sowjetischer Segelflugzeuge und Lastensegler. Während des Zweiten Weltkriegs war er in erster Linie mit der Entwicklung und Produktion von Flugzeugen befaßt, er arbeitete jedoch auch als Ingenieur in der Jakowlew-Organisation mit. Nach dem Krieg gründete er sein eigenes Konstruktionsbüro, um ein echtes Allzweckflugzeug zu entwickeln. Das Ergebnis war die **An-2 „Colt"**, vorübergehend SKh-1 (russ. Abk. für „Landwirtschaft 1") genannt. Diese Bezeichnung ist nicht zuletzt insofern zutreffend, als auch das Wort Anachronismus mit den zwei Buchstaben An beginnt. Und als ein Anachronimus muß jedem Betrachter in den neunziger Jahren dieser Anderthalbdecker erscheinen. Die **An-2** flog erstmals am 31. August 1947 als Prototyp. Die Produktion wurde bis in die frühen neunziger Jahre hinein fortgesetzt, seit Ende der sechziger Jahre allerdings nicht mehr bei Antonow in der UdSSR.

Die **An-2** ist ein einstieliger Anderthalbdecker mit stromlinienförmigen Doppel-T-Streben und doppelter Drahtverspannung, nahezu vollständig aus Metall konstruiert. Die einzige Ausnahme bilden die Tragflächenteile hinter dem Vorderholm und die Höhenflossen, die mit Stoff bespannt sind. Der großvolumige Rumpf wurde in Halbschalenbauweise gefertigt und verfügt vorn über eine komfortable, beheizte und belüftete Kabine für die zweiköpfige Besatzung. Das Höhenleitwerk ist zum Rumpf hin abgestrebt, und das robuste Spornrad-Fahrgestell mit großer Spurbreite läßt sich mit Niederdruckreifen, Schwimmern und Schneekufen für den Betrieb auf jeder nur erdenklichen Oberfläche ausrüsten.

Die Tragflächen sorgen für ausgezeichnete Flugeigenschaften: Die Oberflügel sind mit elektrisch angetriebenen, automatischen Vorflügeln, Spaltklappen an der Hinterkante und Querrudern bestückt, die wie üblich der Rollsteuerung dienen, aber gemeinsam auch auf bis zu 20° zur Ergänzung der Landeklappen abgesenkt werden können. Der Unterflügel ist mit Spaltklappen versehen, die sich über die gesamte Hinterkante erstrecken. Das Triebwerk des Prototyps war der 559 kW (760 PS) starke Schwetsow-Sternmotor ASh-1, doch die späteren Serienflugzeuge aus der Herstellung Antonows erhielten den ASh-62IR mit 736 kW (1000 PS).

Bis 1960 wurden über 5000 in der Sowjetunion gebaut. Danach erfolgte die Fertigung von ungefähr 12.000 Exemplaren durch WSK-PZL in Polen. Auch in China wurde die **An-2** als **Yun-5** oder **Typ-5**-Transportflugzeug von der Shijiazhuang Aircraft Plant in Lizenz gebaut. Fast 1000

Flugzeuge wurden dort gefertigt, so daß sich die Produktion von **An-2** weltweit auf insgesamt 18.000 Stück beläuft – ohne Zweifel ist das ein Rekord in der gesamten Flugzeuggeschichte nach dem Zweiten Weltkrieg.

Die **An-2** befindet sich nach wie vor weitverbreitet im Einsatz und leistet auch eine Vielzahl von Aufgaben, die aus der obigen Bezeichnung nicht ersichtlich sind. Die Aeroflot wie auch andere Fluggesellschaften von Staaten, die enge Beziehungen zur Sowjetunion pflegen, haben die **An-2** in großem Maßstab für den Passagiertransport (12 Erwachsene und zwei Kinder) genutzt, doch heute befinden sich nur noch wenige Exemplare im regulären Liniendienst. Man darf allerdings davon ausgehen, daß viele dieser besonders verläßlichen Maschinen neben zahlreichen anderen Aufgaben auch weiterhin Personen befördern.

***Selbst 45 Jahre nach ihrem Debüt ist die Antonow An-2 immer noch ein effektives und beliebtes Nutzflugzeug. Sie wird von Polen weiterhin in zahlreichen Varianten, insbesondere für landwirtschaftliche Zwecke, produziert.***

**Varianten (sowjetischer Herstellung)**

**An-2F:** Versuchsmodell zur Feuerleitung

der Artillerie von 1948 mit verglaster Beobachterkuppel im Mittelrumpf, Waffenturm mit Maschinengewehr auf dem Rumpfrücken und Doppelseitenleitwerk
**An-2L:** Feuerlöschmodell mit Chemikalienbehälter unter den Tragflächen und Rumpf
**An-2P:** (Passazhirski) Mehrzweck-Grundversion für 12 Passagiere oder 1240 kg Fracht
**An-2P:** (Protivo pozharnyi) 1964 aus der An-2V entwickeltes Schwimmerflugzeug, das 1240 Liter Wasser in seinen Schwimmern aufnehmen konnte
**An-2S:** Agrarversion der An-2 Passazhirski mit Sprühvorrichtung und Hauptfahrwerk mit langem Federweg
**An-2V:** Wasserflugzeug mit Zwillingsschwimmern und kürzeren Propellerblättern. Entwicklungsname An-6
**An-2ZA:** geophysikalisches Forschungsflugzeug für große Höhe mit zusätzlicher Beobachterkanzel vor der Seitenflosse zur Kontrolle von Eisansatz. Entwicklungsname An-4

**Varianten (polnischer Herstellung)**
**An-2 Geofiz:** Version für geophysikalische Messungen
**An-2M:** Zwillingsschwimmerversion der An-2T, ähnlich der russischen An-2V
**An-2P:** Passagierversion mit besserem Schallschutz als beim Sowjetmodell und verbesserter Luftschraube
**An-2PK:** fünfsitziges Geschäftsflugzeug
**An-2P-Photo:** Spezialversion für Photogrammetrie (Luftbildvermessung)
**An-2PR:** fliegende Relaisstation für Fernsehübertragungen
**An-2R:** 1954 eingeführte Spezialversion für den Einsatz in der Landwirtschaft mit hermetisch abgedichtetem Cockpit, neu entworfenem Leitwerk mit größeren Flächen, modernerem Propeller und Glasfaserbehälter für 1960 Liter chemischer Flüssigmittel oder 1350 kg Dünger in Pulverform
**An-2S:** Sanitätsflugzeug mit Vorrichtungen für sechs Krankentragen und Begleitpersonal
**An-2T:** Mehrzweck-Transportmodell
**An-2TD:** Fallschirmspringerversion mit 12 Klappsitzen
**An-2TP:** auf der An-2TD basierende Passagier-/Frachtversion
**Lala-1:** Versuchsmodell von 1972 zur Einrüstung eines Turbofan-Triebwerks im amputierten Rumpf mit Doppelseitenleitwerk an Auslegern als Vorentwicklung für das Agrarflugzeug M-15 Belphegor
**Yun-5N:** chinesische Zivilversion für landwirtschaftlichen Einsatz und regionale Transportdienste; zunächst in Nanchang gebaut (727 Exemplare), wo die erste Maschine am 7. Dezember 1957 flog; spätere Produktion in Shijiazhuang (mindestens 225 Flugzeuge). Antrieb durch PZL Kalisch Sternmotor ASz-621R-16 mit 736 kW (1000 PS) oder das chinesische Gegenstück Zhuzhou HS5
**Yun-5B:** eigens für Agrar- und Forstdienste ausgelegte Version der Yun-5N; Erstflug am 2. Juni 1989. Produktionsumfang in Angaben für die Yun-5N enthalten

***Antonow An-2 wurden in großer Zahl für ein breitgefächertes Aufgabenspektrum an alle Staaten geliefert, die enge Beziehungen zur Sowjetunion unterhalten. Diese Maschine zeigt die farbenprächtige Aufmachung der kubanischen Staatslinie.***

***Seit 1960 baut WSK-PZL die An-2 in Polen. Dieses Unternehmen hat mehrere neue Versionen herausgebracht, die größtenteils auf Verwendungen in der Landwirtschaft angepaßt sind. Auch China fertigt dieses Muster in Lizenz.***

**TECHNISCHE DATEN**
**Antonow (WSK-PZL) An-2P**

**Typ:** Mehrzweck-Doppeldecker
**Triebwerk:** ein Schwetsow-Neunzylinder-Sternmotor ASh-62IR mit 736 kW (1000 PS)
**Leistung:** Höchstgeschwindigkeit 258 km/h in 1750 m Höhe; wirtschaftliche Reisegeschwindigkeit 185 km/h; Dienstgipfelhöhe 4400 m; Reichweite mit 500 kg Nutzlast in optimaler Höhe 900 km
**Gewicht:** Leermasse 3450 kg; max. Startmasse 5500 kg
**Abmessungen:** obere Spannweite 18,18 m, untere Spannweite 14,24 m; Länge 12,74 m; Höhe 4,00 m; tragende Fläche 43,60 m² oben und 28,00 m² unten

## Antonow An-3 und An-4

Als neues Standard-Agrarflugzeug für den Betrieb in der Sowjetunion und in den Ländern Osteuropas stellte das Antonow-Konstruktionsbüro eine Turboprop-Version der An-2 vor. Dieses Muster sollte die Antwort auf den von WSK-PZL Mielec eingebrachten Vorschlag der M-15 mit Turbofan-Triebwerk sein. Erste Planungen zu diesem Projekt erfolgten bereits 1972, doch konkrete Gestalt gewann es erst 1979. In diesem Jahr erschienen Illustrationen, die die Existenz eines neuen Prototypen **An-3** eindeutig belegten. Der einzige Unterschied zur An-2 war die eingebaute Gluschenko-Propellerturbine TVD-10. Sie verfügte über 760 kW (960 WPS).

**Antonow An-4** ist die Bezeichnung für die An-2ZA, eine Variante der An-2 für meteorologische Forschungszwecke mit einer verglasten Kanzel vor der Seitenflosse. Der ASh-62IR verfügt über einen Turbolader außen rechts an der Triebwerkverkleidung. Damit reicht die Antriebsleistung der **An-4** bis auf 10.000 m Höhe. Die Verkleidung der Propellernabe ist entfernt, die Steuerung um die Längsachse besorgen Querruder ohne Luftspalt.

***Die Zusatzkabine vor dem Leitwerk der An-4 war der Arbeitsplatz für einen geophysikalischen Beobachter.***

## Antonow An-12 „Cub“ bis Antonow An-225 Mrija

**Oleg Konstantinowitsch Antonow war Konstrukteur von Segel- und danach Leichtflugzeugen, ehe er sich im 2. Weltkrieg der Konstruktion von Jagdflugzeugen widmete. Er arbeitete bis 1946 im Konstruktionsbüro Yakovlev und konnte dann sein eigenes Werk gründen, das sich auf große Transportflugzeuge konzentrierte, hauptsächlich für militärische und Zwecke der Bodenschätze-Erschließung. Seit dem Ende der Sowjetunion ist letzteres auch der Schwerpunkt der ukrainischen Luftfahrtindustrie.**

# Antonow An-12 „Cub“

Die parallel zur An-10 entwickelte **An-12 „Cub“** war ein entsprechend ähnliches Transportflugzeug für den Dienst bei der Aeroflot und den sowjetischen Luftstreitkräften. Der Hauptunterschied bestand in dem völlig neu gestalteten Hinterrumpf, dessen Unterseite viel steiler zum Leitwerk hin anstieg, damit ein Hecktor für das direkte Be- und Entladen von Kraftfahrzeugen integriert werden konnte. Das äußerste Rumpfende baute man zum Waffenturm aus, so daß der Schütze direkt unter dem Seitenruder hockte. Bei den sowjetischen Transportfliegern wurde die **An-12** das Standardmodell zur Frachtbeförderung und für Fallschirmjägereinsätze. Zu diesem Zweck standen 1992 noch ungefähr 100 Exemplare im Dienst, ferner eine kleine Zahl **An-12 „Cub-A“** und **„Cub-B“** für elektronische Aufklärung sowie **An-12 „Cub-C“** für elektronische Abwehr. Die **„Cub-A“** ist an zusätzlichen Blattantennen zu erkennen, die **„Cub-B“** an einer Reihe von Radomen an der Unterseite, und die **„Cub-C“** verfügt über andere Radome einschließlich einer klobigen Ausrüstungsbirne im Heck anstelle der 23-mm-Kanonen der Standard-Cub. Eine andere Variante besitzt Kugelverschalungen an den Tragflächen- und Seitenflossenspitzen. Weitere werden für Wetteraufklärungsflüge eingesetzt. Die **An-12** wurde auch an die Luftstreitkräfte befreundeter Nationen wie Algerien, Ägypten, Bangladesch, Indien, Indonesien, Irak, Polen, Sudan, Syrien und dem ehemaligen Jugoslawien geliefert.

Auf dem Pariser Luftsalon von 1965 stellte die Sowjetunion eine Zivilversion der **An-12** aus. Bei dieser Maschine war das Hecktor so konzipiert, daß Kraftfahrzeuge über eine separate Rampe in den Frachtraum gelangen konnten. Zwischen dem Hauptfrachtraum und dem Flugdeck lag eine druckbelüftete Kabine für 14 Passagiere. Den Heckwaffenturm hatte man sauber verkleidet. Diese Fracht- und Passagierversion begann ihren Dienst bei der Aeroflot im Februar 1966, und seitdem verwendeten sie auch etliche andere Fluggesellschaften. Die Produktion lief im Jahre 1973 aus, nachdem rund 850 **An-12** für zivile und militärische Nutzer gefertigt worden waren. In China wird die **An-12** als **Shaanxi Y-8** noch weiter produziert. Zu ihren Varianten gehört der Drohnenträger **Y-8E** und das Küstenüberwachungsflugzeug **Y-8X**.

***Von vier An-12 Frachtflugzeugen im Dienst der Balkan Bulgarian Airlines verbleiben noch drei.***

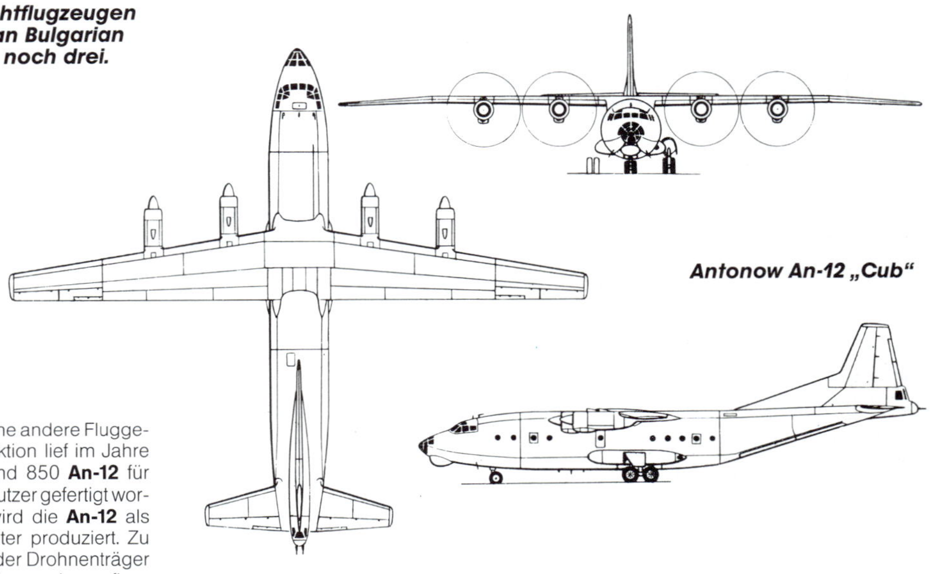

***Antonow An-12 „Cub“***

**TECHNISCHE DATEN**
**Antonow An-12**

**Typ:** Transportflugzeug für Fracht und Passagiere
**Triebwerke:** vier Iwtschenko AI-20K Propellerturbinen mit je 2944 kW (4000 PS)
**Leistung:** Höchstgeschwindigkeit für Reiseflug 600 km/h; normale Reisefluggeschwindigkeit in 7620 m Höhe 550 km/h; Dienstgipfelhöhe 10.200 m; Reichweite mit 10.000 kg Nutzlast und Treibstoffreserven für eine Flugstunde 3400 km
**Gewicht:** normale Startmasse 54.000 kg; max. Startmasse 61.000 kg
**Abmessungen:** Spannweite 38,00 m; Länge 33,10 m; Höhe 10,53 m; tragende Fläche 121,70 m²

***An-12 fliegen für etliche zivile Fluggesellschaften, doch das Gros befindet sich im militärischen Unterstützungsdienst. Viele An-12 sind für Aufgaben der elektronischen Kampfführung ausgerüstet.***

# Antonow An-14/-28

***Eine Antonow An-13 „Clod" der ehemaligen NVA-Luftstreitkräfte.***

Die Antonow **A-14 „Clod"** wurde 1957 als Fracht- und Zubringerflugzeug für den Betrieb auf Kurzpisten (STOL) entworfen. Zudem sollte sie sich für Piloten mit relativ wenig Erfahrung eignen. Mit ihrem weitgespannten, abgestrebten Tragwerk und dem doppelten Seitenleitwerk erinnert sie stark an die französische Versuchsreihe Hurel-Dubois der frühen fünfziger Jahre, die auch zur britischen Shorts Skyvan und 330 führte.

Die Entwicklung der **An-14** dauerte recht lange, so daß ihre Indienststellung erst 1965 erfolgte. Bei den Serienversionen hatten sich im Vergleich zum Prototyp nicht nur das Heck, sondern auch die Tragflächenform und die Auftriebshilfen geändert. Die Nase war leicht gestreckt und in das Rumpfende eine zweischalige Frachttür eingebaut worden.

Der Werdegang der Turbopropversion **An-28 „Cash"** verlief sogar noch schleppender als bei der **An-14**. Sie wurde 1967 angekündigt, und im September 1969 flog der Prototyp **An-14M** in Kiew zum ersten Mal. Die von zwei Turboprop-Triebwerken TVD-850 je 596 kW (810 WPS) angetriebene neue Maschine war so gestreckt worden, daß sie maximal 14 Passagieren Platz bot. Voll beladen wog sie nunmehr 5600 kg. Der Serienprototyp erschien 1974, und zu diesem Zeitpunkt gab man die neue Bezeichnung **An-28** bekannt. Die Fertigung übernahm PZL in Polen, und das Muster wird sowohl im zivilen als auch im militärischen Bereich verwendet.

Allen Varianten der **An-14** und **An-28** gemeinsam ist die Grundauslegung mit Rumpfgondel und Leitwerksausleger, damit diese Maschinen im Frachttransportdienst problemlos be- und entladen werden können. Der Hochdecker ist mit Doppelspaltklappen und Vorflügeln über die volle Spannweite ausgestattet, wobei die Querruder in die Landeklappen des Außenflügels eingelassen sind.

### TECHNISCHE DATEN

**Antonow An-14**

**Typ:** leichtes STOL-Transportflugzeug
**Triebwerke:** zwei Iwtschenko AI-14RF Sternmotoren mit je 220 kW (300 PS)
**Leistung:** Reisegeschwindigkeit in 2000 m Höhe 170-180 km/h; max. Reichweite mit sechs Passagieren oder 570 kg Nutzlast 650 km; Dienstgipfelhöhe 5000 m; Startstrecke 100-110 m; Landestrecke 110 m
**Gewicht:** Leermasse 2600 kg; normale Startmasse 3450 kg; max. Startmasse 3630 kg
**Abmessungen:** Spannweite 22,00 m; Länge 11,36 m; Höhe 4,63 m; tragende Fläche 39,72 m²

**Antonow An-28**

**Typ:** leichtes STOL-Transportflugzeug
**Triebwerke:** zwei (von PZL gebaute) Gluschenkow TVD-10V Turboprop-Triebwerke zu je 707 kW (960 WPS)
**Leistung:** Höchstgeschwindigkeit im Reiseflug 350 km/h; wirtschaftliche Reisegeschwindigkeit 300 km/h; Reichweite mit 20 Passagieren 510 km
**Gewicht:** Leermasse 3500 kg; max. Startmasse 6100 kg
**Abmessungen:** Spannweite 22,06 m; Länge 12,98 m; Höhe 4,60 m; tragende Fläche 40,28 m²

# Antonow An-22

***Jahrelang war die An-22 das größte Flugzeug der Welt. Die mächtigen Propellerturbinen ermöglichten ihr den Transport übergroßer Lasten. Sie konnte zudem das Tragwerk der An-124 im „Huckepack"-Verfahren befördern.***

Schon immer stand die ehemalige Sowjetunion vor dem schwierigen Problem, Frachtgut innerhalb ihres ausgedehnten Territoriums weit transportieren zu müssen. Als Lösung bot sich der Luftweg an, und hieraus erklärt sich die bemerkenswerte Entwicklung und Produktion von Schwerlast- und Großtransportflugzeugen in der ehemaligen UdSSR.

Anfang 1962 wurde Antonow mit dem Entwurf eines Musters beauftragt, das schwere Lasten oder Stückgut mit ungewöhnlichen Abmessungen über große Entfernungen befördern und auf unbefestigten Betriebspisten unterschiedlichster Kategorien starten und landen können sollte. Das Ergebnis war der Prototyp Antonow **An-22 „Cock"**, der am 27. Februar 1965 seinen Jungfernflug absolvierte und sechs Monate später der westlichen Luftfahrtindustrie beim Pariser Luftsalon vorgestellt wurde. Es handelte sich hier zweifellos um den Prototyp, denn die Sowjets erklärten, daß dieses Muster neben der Transportversion für Massenfracht auch als Airliner für die zivile Luftfahrt erscheinen solle, mit Passagierkabinen im oberen und unteren Deck für insgesamt 724 Fluggäste. Diese Variante wurde jedoch nicht weiterverfolgt.

Antonow erfüllte die äußerst anspruchsvollen Vorgaben für diesen Entwurf mit einem sehr großen Flugzeug in Ganzmetallbauweise und in der Auslegung eines Hochdeckers. Die Tragflächen sind mit Doppelspaltklappen ausgestattet, die sich über die volle Spannweite erstrecken. Der großvolumige Rumpf endet in einem hochgezogenen hinteren Abschnitt mit einer großen Laderampentür, über die Kraftfahrzeuge direkt an Bord gelangen können. Einziehbare Hubzylinder auf Höhe der Laderampengelenke sorgen für die notwendige Stabilität beim Be- und Entladen. Doppelte Seitenflossen ragen über und unter das Höhenleitwerk, und auch die Ruder sind halbiert. Das einziehbare Bugfahrwerk ist für den Betrieb auf unbefestigten Oberflächen ausgelegt: Die lenkbare Baugruppe unter dem Bug trägt Zwillingsräder, doch jede der beiden Hauptbaugruppen besteht aus drei Schwinghebel-Radpaaren in Tandemanordnung, so daß die **An-22** am Boden von nicht weniger als 14 Rädern getragen wird. Der Reifendruck läßt sich auch im Flug verändern, um eine optimale Anpassung auf die jeweilige Oberfläche zu gewährleisten. Dem Vernehmen nach kann dieses Muster sogar auf nässedurchweichten Grasflugfeldern landen und starten.

Den Antrieb der Serienmaschinen liefern vier Kuznezow-Propellerturbinen in Verbindung mit je zwei gegenläufigen Vierblatt-Luftschrauben. Wie die meisten sowjetischen Transportflugzeuge hat auch die **An-22** im hinteren Teil des Vorderrumpfes, im Anschluß an das Flugdeck für die fünf- bis sechsköpfige Besatzung, eine kleine Kabine für 28 oder 29 Passagiere.

Die **An-22** stellten zahlreiche Rekorde in den Disziplinen Nutzlast/Höhe und Geschwindigkeit/Nutzlast auf und sind in der Lage, den sowjetischen Kampfpanzer T-62 zu transportieren. 1992 leisteten bei der Aeroflot 20-30 und bei den ehemaligen sowjetischen Luftstreitkräften noch 55 Exemplare Dienst.

### TECHNISCHE DATEN

**Antonow An-22**

**Typ:** schweres Ferntransportflugzeug
**Triebwerke:** vier Kuznezow NK-12MA-Turboprop-Triebwerke mit je 11.040 kW (15.000 WPS)
**Leistung:** Höchstgeschwindigkeit 740 km/h; Marschgeschwindigkeit 560-640 km/h; Reichweite mit max. Nutzlast 5000 km; Reichweite mit max. Treibstoff und 45.000 kg Nutzlast 10.950 km
**Gewicht:** Leermasse 114.000 kg; max. Startmasse 250.000 kg
**Abmessungen:** Spannweite 64,40 m; Länge 57,80 m; Höhe 12,53 m; tragende Fläche 345 m²

# Antonow An-24

Ende 1956 begann Antonow mit dem Entwurf eines turbinengetriebenen Kurzstrecken-Verkehrsflugzeugs als Ersatz für die kolbengetriebene Iljuschin Il-14 im Dienst der Aeroflot. Das neue Muster sollte 32 bis 40 Passagiere befördern und auf schwach ausgebauten Kleinflugplätzen operieren können, ferner Flugeigenschaften besitzen, die den Einsatz an Bestimmungsorten mit beträchtlichem Höhen- und/oder Temperaturunterschied erlaubten. Erst zwei Jahre später, im April 1960, stand der erste von zwei Prototypen flugbereit. Inzwischen war die Sitzzahl auf 44 angestiegen.

Die **An-24 „Coke“** ist als typischer Antonow-Hochdecker ausgelegt und hat ein Tragwerk mit weit gespannten Landeklappen nach dem Prinzip Fowler mit Doppelspalt im Bereich Triebwerkgondel-Flächenende und Einfachspalt am Innenflügel. Das Heck hält sich an das übliche Konzept, abgesehen von einer recht großen Kielflosse bei den Serienmaschinen. Der Rumpf ist in Halbschalenbauweise konstruiert, wobei erstmals Klebe- und Schweißverfahren nebeneinander angewandt wurden. Das hydraulisch einziehbare Bugfahrwerk trägt an allen drei Baugruppen Zwillingsräder. Das Bugrad ist lenkbar, und der Reifendruck kann im Flug (wie auch am Boden) eingestellt werden, um den Betrieb auf unterschiedlichen Bodenbelägen zu ermöglichen. Für den Antrieb sorgen zwei Iwtschenko-AI-24K-Propellerturbinen, die ihre Leistung auf gleichdrehzahlgeregelte und in Segelstellung verstellbare Luftschrauben übertragen.

Im September 1963 wurden die ersten 50sitzigen **An-24V** zwischen Moskau, Woronesch und Saratow von Aeroflot eingesetzt. Zu den späteren Versionen gehörten die **An-24 Srs II**, die mit unterschiedlichem Innenausbau als 50-Sitzer, als Mischtransporter für Fracht und Passagiere, als umrüstbares Fracht- oder Passagierflugzeug, als Nur-Frachtmaschine und als Geschäftsreiseflugzeug erhältlich war; die ähnliche **An-24RV** mit einem zusätzlichen 900 kg Schub starken Strahltriebwerk in der rechten Triebwerkgondel, das nicht nur die Funktion des APU zum Starten der Triebwerke auf abgelegenen Flugplätzen übernahm, sondern auch die Start- und Flugleistung steigerte; die **An-24T** als besondere Frachtversion, bei der man die Passagiertür im hinteren Teil der Kabine durch eine nach oben aufklappbare Frachtluke an der Unterseite ersetzt, die Kielflosse doppelt ausgeführt und eine Frachtwinde sowie Fördereinrichtungen installiert hatte; ferner die **An-24RT**, die der **An-24T** entsprach, aber das zusätzliche Strahltriebwerk besaß. Daneben wurde die **An-24P** bewertet, die zur Sofortreaktion bei Waldbrandmeldungen mit Absetzeinrichtungen für Feuerwehrpersonal und Gerät per Fallschirm ausgestattet war.

Die Produktion der **An-24** ergab insgesamt 1100 Flugzeuge für zivile und militärische Nutzer. In China wird dieses Muster weiterhin gefertigt unter der Bezeichnung **Xian Y-7**.

***Das chinesische Flugzeugwerk Xian entwickelt und produziert neue Versionen der An-24 unter der Bezeichnung Y-7.***

**TECHNISCHE DATEN**

**Antonow An-24V**

**Typ:** Kurzstrecken-Transportflugzeug
**Triebwerke:** zwei Iwtschenko AI-24A Turboprop-Triebwerke mit je 1877 kW (2550 PS)
**Leistung:** Reisefluggeschwindigkeit 450 km/ h; Dienstgipfelhöhe 8400 m; Reichweite mit max. Nutzlast 550 km; Reichweite mit max. Treibstoffmenge 2440 km
**Gewicht:** Leermasse 13.300 kg; max. Startmasse 21.000 kg
**Abmessungen:** Spannweite 29,20 m; Länge 23,53 m; Höhe 8,32 m; tragende Fläche 74,98 m²

# Antonow An-26, An-30 und An-32

Die Entwicklung einer militärischen Frachtversion auf der Grundlage des Antonow-Airliners An-24 war ein logischer Schritt, besonders angesichts der Leistungssteigerung durch das zusätzliche Strahltriebwerk, das man bei der An-24RV eingeführt hatte.

Dieses Vorhaben wurde in drei Variationen verwirklicht. 1970 begann die Indienststellung der ersten Version Antonow **An-26 „Curl“**. Sie zeichnet sich durch antriebsstärkere Iwtschenko-Propellerturbinen AI-24T je 2075 äkW (2820 äPS) und einem neu entworfenen Hinterrumpf aus. Letzterer enthält eine große, unten angeschlagene Frachtluke/Rampe, die sich zum Abwurf von Luftlasten und zur Beladung der Fracht (bis zu 5500 kg) von der Lkw-Ladefläche nach vorn unter den Kabinenboden schieben läßt. Kleinfahrzeuge können direkt in den Frachtraum gefahren werden, und eingebaute elektrische Fördereinrichtungen und Winden erleichtern das Rangieren anderer Frachtstücke. Auf der linken Seite des Rumpfes hinter dem Flugdeck ist ein großes, ausgewölbtes Beobachtungsfenster eingerichtet, um die Genauigkeit beim Absetzen von Luftlasten zu erhöhen. Die **An-26** befindet sich bei den osteuropäischen Luftstreitkräften als leichtes taktisches Transportflugzeug (40 Soldaten oder eine entsprechend schwere Fracht) im Einsatz. Darüber hinaus hat man Anstrengungen unternommen, um dieses Muster zu exportieren. Ein elektronisches Aufklärungsmuster wurde neulich im Dienste der GUS bei Sperenberg, Berlin, gesichtet. Es bietet sich als Nachfolgegerät für die Lisunow Li-2 und Iljuschin Il-14 an. Die Chinesen entwickelten eine eigene Variante **Xian Y-14**.

Die zweite Variation war die Antonow **An-30 „Clank“**, deren Erstflug 1974 stattfand. Dies ist eine Spezialversion der **An-26** zur Luftbildvermessung und Kartografie. Das Flugdeck wurde angehoben und die Bugspitze komplett verglast. Für Kameras und andere Vermessungsgeräte sind Öffnungen an der Unterseite eingelassen. Hauptaufgabe der **An-30** scheint derzeit die Ortung von Mineralschätzen innerhalb eines geophysikalischen Großprogramms in der ehemaligen UdSSR zu sein.

1979 erschien die dritte Variation, die Antonow **An-32 „Cline“**, eine Spezialausführung für den Einsatz in hochgelegenen und/oder heißen Regionen. Sie wird von zwei Iwtschenko-Propellerturbinen AI-20M je 3812 äkW (5180 äPS) angetrieben, die die Antriebsleistung im Vergleich zu den AI-24 der **An-26** um 83% erhöhen. Das AI-24M ist eine aufgewertete Version des Turboprop-Triebwerks der viel größeren Antonow An-12 und erfordert einen viel größer bemessenen Propeller als die AI-24-Turbine der **An-26**. Um das Tragwerk nicht völlig neu entwickeln zu müssen, ordnete man die Triebwerke der **An-32** daher oberhalb der Flächen an. Die Propellerachsen liegen somit über dem höchsten Punkt des Rumpfes. Diese Lösung bietet den Vorteil, daß sich das Problem des asymmetrischen Schubs bei Ausfall eines Triebwerks weniger stark auswirkt, als wenn man die Triebwerke nach außen verlegt hätte. Dennoch mußte der destabilisierende Effekt der größeren Triebwerkzellen und Propeller durch eine erweiterte Kielflosse ausgeglichen werden. Die hö-

***Die An-26 war das Standard-Transportflugzeug der einstigen UdSSR und ihrer Satellitenstaaten. Das Bild zeigt eine Maschine der ehemaligen DDR.***

here Schubachse bedingte eine größere Profiltiefe des Außenflügels, was einen Sägezahn am Tragwerk und hängende Vorflügel über die gesamte Breite des Höhenleitwerks nach sich zog. Ein zusätzliches Strahltriebwerk war nicht erforderlich. Die Produktion dieser Version für zivile und militärische Betreiber lief 1980 an. Die **An-32** kann ohne Schwierigkeit von Flugplätzen mit einer Höhenlage von 4600 m aus operieren und bis zu 6000 kg Nutzlast transportieren.

### TECHNISCHE DATEN
**Antonow An-26**

**Typ:** Kurzstreckentransportflugzeug
**Triebwerke:** zwei Iwtschenko-AI-24T-Propellerturbinen mit je 2103 kW (2820 PS)
**Leistung:** Reisegeschwindigkeit bei normaler Startmasse in 6000 m Höhe 435 km/h; anfängliche Steiggeschwindigkeit 480 m pro Minute; Dienstgipfelhöhe 8100 m; Reichweite mit 4500 kg Nutzlast 900 km
**Gewicht:** leer 15.020 kg; normale Startmasse 23.000 kg; max. Startmasse 24.000 kg
**Abmessungen:** Spannweite 29,20 m; Länge 23,80 m; Höhe 8,575 m; tragende Fläche 74,98 m²

***An-32, deren Zelle derjenigen der An-26 entspricht, ist für den Hochleistungseinsatz konzipiert.***

# Antonow An-72/-74

Die am 22. Dezember 1977 erstmals geflogene **An-74** wurde in erster Linie als Ersatz für das Frachtflugzeug An-26 entwickelt. Im Aussehen ein wenig an die Boeing YC-14 erinnernd, ist die **An-72** ein kurzstartfähiges Frachttransportflugzeug mit zahlreichen modernen Ausstattungsmerkmalen, die diesem Zweck entgegenkommen. Das Hochdecker-Tragwerk nimmt auf der Oberseite zwei große D-36-Turbofan-Triebwerke nahe am Rumpf auf, so daß Beschädigungen durch Fremdkörper nahezu ausgeschlossen sind.

Der Abgasstrahl der Triebwerke wird nach hinten über die Fläche geblasen. Werden die großen Mehrspaltklappen abgesenkt, folgt der Abgasstrahl dem geänderten Überflächenprofil (Coanda-Effekt) – der Strahl haftet an der Klappe. Dies bewirkt eine enorme Auftriebssteigerung. Die **An-72** ist maßgeschneidert für den Einsatz auf notbedürftig hergerichteten Flugplätzen, erkennbar an dem vierrädrigen Hauptfahrwerk, den Niederdruckreifen und der Heckladerampe.

**Varianten:**
**An-72 „Coaler-A":** Vorserie mit zwei flugfähigen Prototypen, einem Bodenprüfstand und acht Erprobungsflugzeugen
**An-72A „Coaler-D":** Hauptserienversion mit längerem Rumpf und größerer Spannweite
**An-72AT „Coaler-C":** Transportversion für Spezialfracht
**An-72S „Coaler-C":** Geschäftsreiseflugzeug mit drei Kabinen, die durch Schotten voneinander getrennt sind; im vorderen Abteil sind Toilette, Bordküche und Kleiderschränke eingerichtet; der mittlere Teil dient als Arbeits- und Ruheraum; der hintere Teil ist mit 24 Sesseln ausgestattet. Möglichkeiten zum Transport von Fracht oder Fahrzeugen sind gegeben
**An-74 „Coaler-B":** Unterstützungsversion für arktische Operationen, erkennbar an großen Beobachtungskuppeln an den Rumpfseiten und einem größeren Bugradar hinter einem bauchigen Radom. Diese mit Rad- oder Schneekufenfahrgestell ausrüstbare An-74 hat eine erhöhte Treibstoffkapazität
**An-74 „Madcap":** Frühwarnversion mit neu entworfenem Heck; auf die gegen die Flugrichtung gepfeilte Seitenflosse ist ein großes Rotodom für das Überwachungsradar montiert, und die Höhenflossen sind im herkömmlichen Stil am Hinterrumpf angeordnet. Die Kabine enthält die Arbeitsplätze des Radarführungspersonals und die zugehörige Avionik

### TECHNISCHE DATEN
**Antonow An-72A „Coaler-C"**

**Typ:** kurzstartfähiges Transportflugzeug
**Triebwerk:** zwei Lotarew D-36 Turbofan-Triebwerke mit je 63,74 kN Schub; vorgesehen zwei Lotarew D-436 Turbofan-Triebwerke mit je 73,6,kN Schub
**Leistung:** Höchstgeschwindigkeit in 10.000 m, Höhe 705 km/h; Dienstgipfelhöhe 10.700 m; Startstrecke 930 m; Landestrecke 465 m; Reichweite mit max. Zuladung 800 km; Reichweite mit max. Treibstoff 3250 km
**Gewicht:** max. Startmasse für 1800-m-Betriebspiste 34.500 kg; Startmasse für 1000-m-Betriebspiste 27.500 kg
**Abmessungen:** Spannweite 31,89 m; Länge 28,07 m; Höhe 8,65 m; Tragflügelfläche 98,62 m²

***Diese An-72 der Vorserie zeigt die ungewöhnliche Triebwerkanordnung, die einen zusätzlichen Auftrieb ermöglicht.***

# Antonow An-124

Bei ihrem Erstflug am 26. Dezember 1982 war die **An-124** das größte Flugzeug der Welt. In den Entwurf des neuen Giganten floß nicht nur Antonows Erfahrung mit dem riesigen Turboprop-Transportflugzeug An-22 ein, sondern auch seine Kenntnisse von der etwas kleineren Lockheed C-5 Galaxy. Die **An-124** weist, abgesehen von dem etwas tiefer angeordneten Höhenleitwerk, eine starke Ähnlichkeit mit dem Lockheed-Produkt auf.

Vier Lotarew D-18T Mantelstromtriebwerke, die in Gondeln unter den großen, deutlich nach unten abgewinkelten Tragflächen gehängt sind, treiben den sowjetischen Transportriesen an. Vorflügel über die volle Spannweite und große Landeklappen verleihen der **An-124** bemerkenswerte Eigenschaften für Kurzstrekkenstart und -landung, und 20 Hauptfahrwerksräder ermöglichen den Einsatz auf Feldflugplätzen. Die beiden Fahrwerksbaugruppen unter dem Bug mit Radpaaren lassen sich am Boden einfahren, so daß die Maschine „kniet". Wie bei der Galaxy ist der Bug der **An-124** nach Art eines Visiers aufklappbar, und das Heck hat eine vierteilige Ladeklappe/Rampe, so daß Fahrzeuge von vorn wie von hinten in die Frachtkabine fahren können.

Das Flugdeck ist für eine sechsköpfige Besatzung (zwei Flugzeugführer, zwei Bordingenieure, ein Navigator und ein Funker) ausgelegt. Dahinter schließt sich ein Ruheraum an. Hinter dem Tragwerk im Oberdeck lassen sich bis zu 88 Passagiere unterbringen. Die 36 m lange Hauptkabine ist druckbelüftet und mit zwei elektrischen, mit je 20 Tonnen belastbaren Dekkenkränen ausgestattet. Daneben gibt es zwei Winden, mit denen Frachtstücke durch die Kabine gezogen werden können. Die Flugsteuerung erfolgt über „Fly-by-Wire" mit vierfacher Redundanz.

Jährlich werden angeblich acht bis zehn Flugzeuge produziert, und 1991 waren mehr als 25 Exemplare fertiggestellt. Die NATO führt dieses Muster unter der Meldebezeichnung „Condor".

***Sowohl die Aeroflot als auch die sowjetischen Luftstreitkräfte nutzen die immense Transportkapazität der An-124 „Condor".***

**TECHNISCHE DATEN**
**An-124 Ruslan**

**Typ:** schweres Transportflugzeug
**Triebwerke:** vier Lotarew D-18T Turbofan-Triebwerke mit je 229,5 kN Schub
**Leistung:** Höchstgeschwindigkeit im Reiseflug 865 km/h; Anfluggeschwindigkeit 240 km/h; Startstrecke bei max. Betriebsmasse 3000 m; Landestrecke mit höchstzulässiger Masse 800 m; Reichweite mit max. Nutzlast 4500 km; Reichweite mit max. Treibstoffzuladung 16.500 km
**Gewicht:** max. Startmasse 405.000 kg; max. Treibstoffzuladung 230.000 kg; max. Nutzlast 150.000 kg
**Abmessungen:** Spannweite 73,30 m; Länge 69,10 m; Höhe 20,78 m; tragende Fläche 628,00 m²

# Antonow An-225 Mrija

Das derzeit größte Flugzeug der Welt, die **An-225 Mrija** (Traum), entstand aus der Notwendigkeit, verschiedene Großlasten für das sowjetische Raumfahrtprogramm zu transportieren.

Mitte 1985 wurde Antonow mit dem Entwurf eines neuen Musters betraut, das in der Lage sein sollte, den Raumgleiter Buran, dessen Stufenelemente der Energija-Startrakete und anderes Großgerät der Konstruktions- und Bergbauindustrie zu transportieren.

Rumpf und Tragwerk sind ähnlich wie bei der An-124, und die Kabine behielt denselben Durchmesser, ist jedoch erheblich länger. Zur Einsparung von Gewicht entfiel bei der **An-225** die Heckladerampe, doch der Klappbug wurde übernommen. Man koppelte die Standard-Tragflächen der An-124 mit einem neuen Mittelstück, so daß sich die Spannweite vergrößerte. Die Installation der Triebwerke blieb unverändert, doch das neue Mittelstück nahm zwei weitere Turbofan-Triebwerke D-36T auf. Damit stieg der Gesamtschub auf den erstaunlichen Wert von 1377 kN. Um den Zuwachs an Masse aufzufangen, montierte man auf jeder Seite sieben Hauptradpaare im Unterschied zu fünf bei der An-124.

Übergroße Lasten, die nicht in die Kabine der **An-225** passen, werden „Huckepack" genommen. Dabei ruht die Last auf zwei Hauptschienen des Tragflächenmittelstücks. Diese und kleinere Stützauflagen längs der Rumpfoberseite sind mit Verkleidungen abgedeckt, wenn man sie nicht benötigt. Doppelte Seitenflossen an den Enden eines groß bemessenen Höhenleitwerks verhindern Schütteleffekte durch Rückenlasten.

Der Prototyp hob am 21. Dezember 1988 erstmals vom Boden ab und stellte im März 1989 während eines einzigen Fluges von Kiew aus nicht weniger als 106 Welt- und Klassenrekorde auf. Dabei lag die Startmasse über 500 Tonnen. Bislang wurden nur zwei Exemplare fertiggestellt, und die erste Maschine flog mit Buran am 13. Mai 1989. Einen Monat darauf gab dieses Gespann bei der Luftfahrtschau in Le Bourget 1989 seinen ersten eindrucksvollen Auftritt im Westen.

**TECHNISCHE DATEN**
**Antonow An-225**

**Typ:** schweres Transportflugzeug
**Triebwerke:** sechs Lotarew D-18T Turbofan-Triebwerke mit je 229,5 kN Schub
**Leistung:** (Schätzwerte) Reisegeschwindigkeit 800 km/h; Startstrecke mit Buran 2500 m; Wenderadius 50 m
**Gewicht:** max. Startmasse 600.000 kg; max. Nutzlast (intern oder extern) 250.000 kg
**Abmessungen:** Spannweite 88,40 m; Länge 84,00 m; Höhe 18,10 m; Spannweite des Höhenleitwerks 32,65 m; Länge der Frachtkabine 43 m

***Das größte Flugzeug der Welt, die gigantische sechstrahlige An-225, wurde primär für den Transport des sowjetischen Shuttle-Orbiter Buran und der Energija-Startraketenelemente entwickelt.***

# Arado Ar 64 und Ar 65 bis Arado Ar 234 Blitz

**Aus der 1925 als Nachfolgerin der Werft Warnemünde der Flugzeugbau Friedrichshafen entstandenen Arado Handelsgesellschaft wurden im März 1939 die Arado Flugzeugwerke. Deren Chefkonstrukteur war Walter Rethel, bis ihm Mitte der 30er Jahre Walter Blume nachfolgte. Arado befaßte sich anfangs mit Jägern und Schulflugzeugen, dann auch mit Wasser- und Transportflugzeugen, bis gegen Ende des Zweiten Weltkriegs der erste Düsenbomber, Ar 234 Blitz, dazukam.**

## Arado Ar 64 und Ar 65

Die Jäger SD II und SD III, die von Ing. Walter Rethel entworfen und auch entwickelt wurden, dienten als Ausgangsbasis für die **Arado Ar 64**. Letztere war eigentlich als Ersatz für die Fokker D XIII gedacht, die seinerzeit die Jagdfliegerschule im sowjetischen Lipeck ausrüstete. Die gemischte Bauweise – stoffbespannter Stahlgitterrumpf und hölzerne Tragflächen – des früheren Musters wurde beibehalten, und als Antrieb des Prototyps **Ar 64a** von 1930 diente ein Jupiter-VI-Sternmotor mit 390 kW (530 PS). Der von Siemens in Lizenz gefertigte Kolbenmotor gab seine Leistung auf einen Vierblatt-Holzpropeller ab. Mit der **Ar 64c** wurden einige strukturelle Änderungen eingeführt, und die erste Serienversion **Ar 64d** erschien mit modifiziertem Fahrgestell und großflächigerem Seitenleitwerk. Die letzte Version war die **Ar 64e**, die bis auf ihre Zweiblatt-Luftschraube der **Ar 64d** entsprach. Wie die Varianten vor ihr war sie mit zwei 7,92-mm-Maschinengewehren bewaffnet. Rund 20 **Ar 64** befanden sich in der Flotte der Deutschen Verkehrsfliegerschule in Schleißheim, wo sowohl zivile als auch militärische Flugzeugführer ausgebildet wurden.

**Varianten**

**Ar 64b:** Die beiden Prototypen Ar 64b wurden von dem BMW-VI-Zwölfzylinder-Reihenmotor mit 471 kW (640 PS) angetrieben; bei den Serienmaschinen kam dieses Triebwerk noch nicht zum Einsatz, sondern erst beim Abkömmling Ar 65

**Ar 65:** Dies war einer der ersten Kampfjäger für die neu aufzustellende deutsche Luftmacht; das Muster lehnte sich eng an die Ar 64 an, abgesehen vom BMW-VI 7,3-V-12-Reihenmotor statt des Sternmotors der früheren Serie; erste Testflüge mit dem Prototyp Ar 65a ließen weitere Entwicklung nötig erscheinen

**Ar 65d:** Weiterentwicklung der Ar 65a mit tiefer gelegter Antriebsachse/Vorderrumpf, breiterem Hinterrumpf und zusätzlichem Stiel; trotz des von 1830 kg auf 1920 kg gestiegenen Startgewichts war das Leistungsvermögen verbessert

**Ar 65E:** Serienversion der Ar 65d; Leistungsspiegel im Ausschnitt: Höchstgeschwindigkeit in 1650 m Höhe 300 km/h, Marschgeschwindigkeit 245 km/h, Steigzeit auf 1000 m 1 Minute und 30 Sekunden, Dienstgipfelhöhe 7600 m; Leergewicht 1510 kg, max. Startgewicht 1930 kg; Spannweite 11,20 m, Länge 8,40 m, Höhe 3,42 m und Tragflügelfläche 23,00 m²; Bewaffnung: zwei 7,92-mm-Maschinengewehre MG 17 mit 500 Schuß pro Rohr; bereits nach wenigen Dienstmonaten wurde dieser Jäger durch die Heinkel He 51 ergänzt und schließlich ersetzt; bis 1936 diente die Ar 65E noch weiter zur Jägerschulung.

**Ar 65F:** Während der Fertigung modifizierte Ar 65E mit modernerer Ausrüstung, die das Gesamtgewicht um 40 kg steigerten

**TECHNISCHE DATEN**
**Arado Ar 64**
**Typ:** Jagdeinsitzer
**Triebwerk:** ein Sternmotor Jupiter VI (Siemens-Lizenzprodukt) mit 390 kW (530 PS)
**Leistung:** Höchstgeschwindigkeit 250 km/h in 5000 m Höhe
**Gewicht:** Leermasse 1210 kg; max. Startmasse 1680 kg
**Abmessungen:** Spannweite 9,90 m; Länge 8,43 m
**Bewaffnung:** zwei starr montierte, vorwärtsfeuernde 7,92-mm-Maschinengewehre

## Arado Ar 67 und Ar 68

In den letzten Monaten des Jahres 1933 flog bei Arado das – wie sich später ergab – einzige Exemplar der **Ar 67**. Das neue Muster war etwas kleiner und leichter als die Ar 65 und wurde von einem 477 kW (649 PS) starken Rolls-Royce-Kestrel-IV-Motor angetrieben, der ihm zu einer Höchstgeschwindigkeit von 340 km/h verhalf. Die Mischbauweise der Vorgänger blieb erhalten, und entsprechend sollte die Bewaffnung aus zwei 7,92-mm-Maschinengewehren bestehen.

Die Entwicklung wurde jedoch zugunsten der **Arado Ar 68** abgebrochen, die als letzter Doppeldecker der Luftwaffe in Dienst ging. Das neue Muster entsprach dem zeitgemäßen Standard aerodynamischer Effektivität, ausgestattet mit einem Stahlgitterrumpf mit ovalem Querschnitt und Metallabdeckung im Bereich des Hinter- und Vorderrumpfes. Das einstielige Doppeldecker-Tragwerk in Holzbauweise war mit Sperrholz und Stoff beplankt. Die **Ar 68** führte die unverwechselbare Form der Seitenflosse ein, die Arado allen späteren einmotorigen Entwürfen zukommen ließ. Neu war auch das stromlinienförmig verkleidete Fahrgestell.

Der Prototyp **Ar 68a** flog 1934 zum ersten Mal unter dem Antrieb eines BMW-VId-Zwölfzylinder-Reihenmotors in V-Form. Er stellte eine max. Dauerleistung von 405 kW (550 PS) bereit, was ein enttäuschendes Leistungsvermögen ergab. Der zweite Prototyp **Ar 68b** überwand diese Schwäche teilweise, denn er wurde mit einem aufgeladenen Junkers Jumo-210-Zwölfzylinder-Reihenmotor in A-Form ausgerüstet, der 449 kW (610 PS) abgab. Dieser Motor verbesserte nicht nur die Sicht aus der Kanzel nach vorn, sondern erzeugte seine Nennleistung auch in größerer Höhe. Doch hohe Luftwiderstandswerte, bedingt durch den Kinnkühler, beeinträchtigten weiterhin das mögliche Leistungspotential. Daher baute man in den Prototypen **Ar 68c** einen geänderten Motor ein. Dies war die erste Maschine, die mit der vorgesehenen Bewaffnung von zwei 7,92-mm- Maschinengewehren ausgerüstet wurde, nachdem sie im Sommer 1935 zum ersten Mal geflogen war. Der vierte und fünfte Prototyp dieser Maschine, **Ar 68d** und **Ar 68e**, erhielten als Antrieb den BMW VI bzw. Jumo 210. Sie wurden zu Vorserienflugzeugen gekürt.

Die ersten Lieferungen an die Luftwaffe erfolgten im Spätsommer 1936. Den Anfang machte die I./JG134 „Horst Wessel". Beim Ausbruch des Zweiten Weltkriegs war bereits die Mehrzahl der noch existierenden **Ar 68** Jagdfliegerschulen zugeführt worden.

***D-ITEP war der Prototyp Ar 68e (spätere Bezeichnung Ar 68 V5) für die Serienversion Ar 68E mit dem Jumo 210 Da als Antrieb und aerodynamisch verbesserter Motorverkleidung. Die E-1 stellte die hauptsächliche Baureihe dar, wenn auch die Lieferung der Flugzeuge durch den Mangel an Jumo-Motoren verzögert wurde.***

**Varianten**

**Ar 68E:** zweite Serienversion, deren Lieferung sich wegen fehlender Jumo 210-Triebwerke bis Frühjahr 1937 verzögerte. Ein Unterrumpfgestell konnte sechs 10-kg-Bomben aufnehmen

**Ar 68F:** erste Serienversion mit 552 kW (750 PS) starkem BMW VI-Triebwerk ausgestattet

**Ar 68G:** aufgegebene Version, für die ein Ladermotor vorgesehen war

**Ar 68H:** nur ein Prototyp mit einem 626 kW (850 PS) starken Neunzylinder-Sternmotor BMW 132, der die Höchstgeschwindigkeit um 65 km/h steigerte; ausgerüstet mit Schiebehaube und zwei MG 17-Maschinengewehren auf dem Oberflügel

**TECHNISCHE DATEN**
**Arado Ar 68E-1**
**Typ:** Jagdeinsitzer
**Triebwerk:** ein 515 kW (700 PS) starker Junkers Jumo 210 Da mit zweireihig-hängenden Zylindern
**Leistung:** Höchstgeschwindigkeit 305 km/h in Meereshöhe; Dienstgipfelhöhe 8100 m; Reichweite 415 km
**Gewicht:** Leermasse 1840 kg; max. Startmasse 2475 kg
**Abmessungen:** Spannweite 11,00 m; Länge 9,50 m; Höhe 3,28 m; Tragflügelfläche 27,20 m²
**Bewaffnung:** zwei starr montierte vorwärtsfeuernde 7,92-mm-Maschinengewehre

# Arado Ar 79

***Eine Arado Ar 79 mit deutscher Zivilkennung vor dem Kriege***

Als zweisitzige Maschine zur Kunstflugausbildung und als Reiseflugzeug konzipiert, erschien die Arado **Ar 79** mit einem 77 kW (105 PS) starken Hirth-HM-504A-2-Reihenmotor als Antrieb im Jahre 1938. Der vordere Rumpfabschnitt war aus geschweißtem Stahlrohr konstruiert, der hintere in Schalenbauweise gefertigt. Sperrholz und Gewebe bildeten die Außenhaut der einholmigen Tragflächen in Holzbauweise. Die Haupträder des Fahrgestells mit Spornrad zogen seitlich nach innen in das Tragflächenmittelstück ein.

Die **Ar 79** stellten 1938 eine Reihe internationaler Geschwindigkeitsrekorde auf: 229,04 km/h über 1000 km solo am 15. Juli und 227,029 km/h über 2000 km solo am 29. Juli. Im Spätherbst wurde eine **Ar 79** für einen Langstrecken-Rekordversuch vorbereitet, indem ein abwerfbarer 106-LiterTank an der Rumpfunterseite und ein 520-Liter-Tank im hinteren Teil der Kabine eingerüstet wurden. Die Flugzeugführer Oberleutnant Pulkowski und Leutnant Jennett überführten die Maschine von Brandenburg nach Benghazi in Libyen, dem Ausgangspunkt für einen Nonstop-Flug über 6303 km nach Gaya, Indien. Dieser wurde zwischen dem 29. und 31. Dezember mit einer Durchschnittsgeschwindigkeit von 160 km/h durchgeführt.

## TECHNISCHE DATEN
**Arado Ar 79**

**Typ:** zweisitziges Kunstflug- und Reiseflugzeug
**Triebwerk:** ein Hirth HM 504A-2-Reihenmotor, zweireihig-hängend, mit 77 kW (105 PS)
**Leistung:** Höchstgeschwindigkeit 230 km/h; Reisegeschwindigkeit 205 km/h; Dienstgipfelhöhe 5500 m; Reichweite 1025 km
**Gewicht:** Leermasse 460 kg; max. Startmasse 760 kg
**Abmessungen:** Spannweite 10,00 m; Länge 7,62 m; Höhe 1,87 m; Tragflügelfläche 14,00 m²

# Arado Ar 95

1935 entwarf Dipl.-Ing. Walter Blume die **Arado Ar 95** für Küstenpatrouillen, Aufklärung und leichte Angriffsaufgaben. Das zweisitzige Seeflugzeug mit Zwillingsschwimmern war völlig aus Metall konstruiert. Die Doppeldeckerauslegung zeigte sich insofern ungewöhnlich, als die Tragflächen gleicher Profiltiefe an Mittelstücke unterschiedlicher Tiefe und Dicke befestigt waren. Vom tiefer und dicker profilierten Ansatz des Unterflügels gelangte man leichter in die Cockpits, während das schmalere und dünnere Oberteil die Sicht nach oben verbesserte. Die einstufigen Schwimmer waren gegen den Rumpf und das obere Tragflächenmittelstück abgestrebt. Die Schiebehaube der Doppelkanzel ließ das hintere Ende für das 7,92-mm-Maschinengewehr frei, das die ähnliche, vorwärtsfeuernde Waffe im oberen Rumpfteil ergänzte.

1937 flog der erste Prototyp, dem ein BMW-132-De-Neunzylinder-Sternmotor mit 648 kW (880 PS) als Antrieb diente. Der zweite Prototyp erhielt den 515 kW (700 PS) Zwölfzylinder-Reihenmotor Junkers Jumo 210. Beide Prototypen wurden gegen Focke-Wulfs Einschwimmer-Flugzeug Fw 62 bewertet. Man empfahl zwar die Weiterentwicklung der Version mit dem BMW-Motor, und sechs Vorserienflugzeuge wurden unter der Legion Condor im Spanischen Bürgerkrieg erprobt, doch eine unmittelbare Einführung in deutsche Militärdienste blieb vorerst aus.

Arado ließ sich dadurch nicht beirren und bot das Muster im Export als Schwimmerflugzeug **Ar 95W** an, von der Türkei 1938 in Auftrag gegeben und als **Ar 95L** mit starrem Fahrwerk, wie von Chile, geordert. Der letztgenannte Auftrag wurde noch vor Ausbruch des Zweiten Weltkriegs erfüllt, doch die für die Türkei vorgesehenen Maschinen gingen stattdessen als **Ar 95A** an die Luftwaffe. Während des Krieges wurden sie hauptsächlich als Schulflugzeuge bei den Seeaufklärungsgruppen eingesetzt.

**Varianten**
**Ar 195:** Arado baute drei Prototypen der Marineversion Ar 195, deren Erstflug im Jahre 1937 stattfand. Die Hauptänderungen bestanden zum Beispiel in einem zusätzlichen Fanghaken, Katapultspulen und einer höheren Kanzelhaube, um die Sicht nach vorn für Deckslandungen zu verbessern.
Leistungsspiegel im Auszug:
Höchstgeschwindigkeit von 280 km/h, Marschgeschwindigkeit 250 km/h, Dienstgipfelhöhe 6000 m, Reichweite 650 km; Leermasse 2380 kg, max. Startmasse 3745 kg;
Spannweite 12,50 m, Länge 10,50 m, Höhe 3,60 m und Tragflügelfläche 46,00 m²

## TECHNISCHE DATEN
**Arado Ar 95A-1**

**Typ:** zweisitziges Küstenpatrouillen- und leichtes Angriffsflugzeug
**Triebwerk:** ein Sternmotor BMW 132De mit 648 kW (880 PS)
**Leistung:** Höchstgeschwindigkeit 310 km/h in 3000 m Höhe; Marschgeschwindigkeit 255 km/h in 1200 m Höhe; Dienstgipfelhöhe 7300 m; Reichweite 1100 km
**Gewicht:** Leermasse 2450 kg; max. Startmasse 3560 kg
**Abmessungen:** Spannweite 12,50 m; Länge 11,10 m; Höhe 3,60 m; Tragflügelfläche 45,40 m²
**Bewaffnung:** ein starres, vorwärtsfeuerndes 7,92-mm-Maschinengewehr MG 17 und ein schwenkbares 7,92-mm-Maschinengewehr MG 15 in der hinteren Kanzel; ein 800-kg-Torpedo oder eine 500-kg-Bombe an einer Aufhängung unter dem Rumpf

# Arado Ar 96

Insgesamt 11.500 Exemplare des Standard-Schulflugzeugs der Luftwaffe für Fortgeschrittene, **Arado Ar 96,** waren bei Einstellung der Kampfhandlungen produziert. Das von Walter Blume entworfene Muster flog erstmals 1938. Der durchweg aus Leichtmetall konstruierte Prototyp wurde von einem Argus As 10C-Achtzylinder-Reihenmotor mit 177 kW (240 PS) angetrieben und zunächst mit einem nach außen in die Flächen einziehenden Hauptfahrwerk ausgestattet. Dann lagerte man die Fahrwerksbeine weiter außen und ließ sie nach innen einklappen, um eine größere Spurbreite zu erhalten.

Die Flugerprobung stellte das Reichsluftfahrtministerium zufrieden, und 1939 wurde die Vorserie **Ar 96A** gebaut. Diese führte zu Großaufträgen der leistungsgesteigerten Version **Ar 96B** im Jahre 1940. Mit der Herstellung wurden die Junkers-Tochter Ago Flugzeugwerke in Oschersleben/Bode und ab Mitte 1941 die tschechische Firma Avia beauftragt. 1944 spannte man zusätzlich die Letov-Organsition in Prag in dieses Programm ein. Die tschechische Produktion versorgte die nationalen Luftstreitkräfte mit der Avia C.2B.

Die Luftwaffe verwendete die **Ar 96** zur weiteren Ausbildung des fliegenden Personals, für Aufgaben der Nacht- und Blindflugschulung an Flugzeugführerschulen, für Jagdflieger-Ausbildungs- und Ergänzungseinheiten sowie Kadettenschulen.

***Der Ausstoß an Arado Ar 96 war gewaltig. Nach der Ar 96A kam die Ar 96B (abgebildet) mit verlängertem Rumpf, um mehr Treibstoff unterbringen zu können. Ein stärkerer Motor wurde ebenfalls installiert. Mit diesem Muster betrieb die Luftwaffe die Ausbildung des fliegerischen Nachwuchses. Die Mehrzahl der Maschinen war unbewaffnet für die Grundschulung.***

## TECHNISCHE DATEN
**Arado Ar 96B**

**Typ:** zweisitziges Schulflugzeug für Fortgeschrittene
**Triebwerk:** ein Argus As 410A-1-Reihenmotor, zweireihig-hängend, mit 342 kW (465 PS)
**Leistung:** Höchstgeschwindigkeit 330 km/h in Meereshöhe; Marschgeschwindigkeit 295 km/h; Steigzeit auf 3000 m Höhe 6 Minuten und 50 Sekunden; Dienstgipfelhöhe 7100 m; Reichweite 990 km
**Gewicht:** Leermasse 1295 kg; max. Startmasse 1700 kg
**Abmessungen:** Spannweite 11,00 m; Länge 9,10 m; Höhe 2,60 m; Tragflügelfläche 17,10 m²
**Bewaffnung:** ein starres, vorwärtsfeuerndes 7,92-mm-Maschinengewehr MG 17

**Varianten**
**Ar 96B:** Hauptserienversion mit gestrecktem Rumpf für mehr Treibstoff und stärkerem Motor; die Baureihe Ar 96B-1 war ein unbewaffnetes Schulflugzeug, während die Baureihe Ar 96B-2 zur Einsatzausbildung ein einzelnes 7,92-mm-Maschinengewehr oder eine Luftbildkamera besaß
**Ar 96C:** nur als Vorserie zur Bomberschulung mit einem Sichtfenster im Kanzelboden und einem 353 kW (480 PS) starken Argus As 410C als Antrieb gebaut

# Arado Ar 196

Im Herbst 1936 gab das Technische Amt des Reichsluftfahrtsministeriums einen Leistungskatalog für ein Katapult-Schwimmerflugzeug als Nachfolger für die Heinkel He 50 heraus, mit der man seinerzeit die Bordfliegerstaffeln ausgerüstet hatte. Diese Luftwaffeneinheiten zeichneten sich für den Einsatz der Aufklärungsflugzeuge auf Großkampfschiffen der Kriegsmarine verantwortlich. Gefordert war ein zweisitziges Wasserflugzeug mit Einzel- oder Doppelschwimmer und einem einzelnen Motor in der Leistungsklasse 589/662 kW (800/900 PS) als Antrieb. Aus den Vorschlägen wurden der Doppeldecker Focke-Wulf Fw 62 und der Eindecker **Arado Ar 196** zur Entwicklung ausgewählt.

Die **Ar 196** war eine Ganzmetallkonstruktion. Das viereckige Gerüst des Stahlrohrrumpfes erhielt durch Formspanten und Stringer einen ovalen Querschnitt. Im vorderen Rumpfbereich setzte man Metallbeplankung und Stoffbespannung hinten ein. Die Zweiholmflügel mit metallener Außenhaut ließen sich über Gelenke an der Hinterkante gegen den Rumpfseiten klappen, sobald die äußeren Flügel-Schwimmer-Streben am Schwimmer gelöst waren. Jeder der beiden Schwimmer enthielt einen 300-Liter-Tank.

Im Sommer 1937 fand die Überprüfung beider Muster mit jeweils zwei Prototypen bei der Erprobungsstelle Travemünde statt. Die unverkennbare Überlegenheit der Arado ließ den Mitbewerber von Focke-Wulf jedoch rasch ausscheiden. Vier Prototypen **Ar 196** wurden in Auftrag gegeben, mit dem 648 kW (880 PS) starken Sternmotor BMW 132 De als Antrieb. Das erste Paar (wie in Travemünde getestet) mit der Bezeichnung **Ar 196A** besaß Zwillingsschwimmer, die beiden anderen, **Ar 196B**, einen zentralen Einzelschwimmer und äußere Stabilisierungsschwimmer.

Der vierte Prototyp erhielt die erste Bewaffnung in Form von zwei flächenmontierten 20-mm-Kanonen MG FF und einem einzelnen 7,92-mm-Maschinengewehr MG 17 in der rechten Seite des Vorderrumpfes. In den fünften Prototyp, abermals eine **Ar 196B**, wurde mit dem BMW 132K (699 kW/950 PS) ein entschieden stärkerer Motor eingebaut in Verbindung mit einem Dreiblatt-Verstellpropeller anstelle der zweiblättrigen Luftschraube mit zwei Regelstellungen der ersten vier Versuchsmaschinen.

Die Vergleichsprüfung der hydrodynamischen Qualitäten der alternativen Schwimmerkonfiguration unternahmen die Aerodynamische Versuchsanstalt Göttingen und die Erprobungsstelle Travemünde. Es ergaben sich zwar keine eindeutigen Vorteile für eine der beiden Auslegungen, doch man zog die Zwillingsschwimmerversion vor und gab eine Nullserie mit zehn **Ar 196A-0** in Auftrag.

Die Gesamtproduktion der **Ar 196** belief sich auf mehr als 500 Flugzeuge, einschließlich der im Zeitraum 1942/43 von der Société Nationale de Construction Aéronautique in St. Nazaire, Frankreich, und zwischen April und August 1943 von Fokker in Amsterdam gebauten Exemplare. Die ersten Lieferungen gingen an die für den Einsatz der Kriegsmarine unterstellten Bordfliegerstaffeln 1./196 und 2./196 der Luftwaffe in Wilhelmshaven und Kiel-Holtenau. Der erste Bordeinsatz erfolgte mit **Ar 196A-1** auf der Admiral Graf Spee. Nachdem das Schlachtschiff in der Mündung des Rio de la Plata von einem britischen Kreuzerverband unter Commodore Henry Harwood eingeschlossen war, gelang ihm im Dezember 1939 ein Ausbruch.

Das Muster war auch weitverbreitet zur Küstenüberwachung eingesetzt. Einen Ersterfolg verbuchten zwei **Ar 196A-2** der 1.Staffel/Küstenfliegergruppe 706, die in Aalborg, Dänemark, stationiert war, mit der Einnahme des britischen U-Boots HMS Seal. Das auf eine Mine gelaufene und nicht mehr tauchfähige Schiff ergab sich, nachdem die Arados es mit Bomben und Bordkanonen angegriffen hatten.

***Die Ar 196 war Deutschlands bedeutendstes Schwimmerflugzeug im Zweiten Weltkrieg.***

**Varianten**

**Ar 196A-0:** zehn Nullserienflugzeuge mit Bombenaufhängungen und nur einem Maschinengewehr MG 15 in der hinteren Kanzel

**Ar 196A-1:** 20 Flugzeuge mit kleinen Änderungen, die 1939 gebaut und auf Großkampfschiffen (darunter Admiral Graf Spee, Deutschland, Scharnhorst, Gneisenau, Admiral Scheer und Prinz Eugen) zum Einsatz kamen; eine Maschine der Bordfluggruppe von Admiral Hipper wurde in Norwegen erbeutet und 1940 beim Marine Aircraft Establishment in Helensburgh ausgewertet

**Ar 196A-2:** Küstenpatrouillenversion mit verstärkter Bewaffnung durch zwei zusätzliche 20-mm-Kanonen MG FF in den Tragflächen und einem 7,92-mm-Maschinengewehr MG 17 im Vorderrumpf; Leergewicht 2075 kg; max. Startmasse 3175 kg

**Ar 196A-3:** Version mit verstärkter Zelle, erweiterter Funkausrüstung und neuem Dreiblatt-Verstellpropeller; auch von SCNA und Fokker gebaut

**Ar 196A-4:** Katapultversion der Ar 196A-3, von der 24 Flugzeuge als Ersatz für die A-1 der Bordfliegerstaffeln in Auftrag gegeben wurden

**Ar 196A-5:** letzte Serienversion mit besserer Funkausrüstung und MG 81Z (7,92-mm-Zwillingsmaschinengewehr) in der hinteren Kanzel; das letzte von 91 Flugzeugen fertigte Fokker im August 1944

**Ar 196B-0:** Vorserie einer Version mit einzelnem Haupt- und zwei Stabilisierungsschwimmern; zur Truppenerprobung im Zeitraum 1940/41 geliefert

**Ar 196C:** mit dem Ziel aerodynamischer Verfeinerungen projektierte Version, die 1941 aufgegeben wurde

**TECHNISCHE DATEN**
**Arado Ar 196A-3**

**Typ:** zweisitziges Schwimmerflugzeug für Bordeinsatz/Küstenüberwachung

**Triebwerk:** ein Sternmotor BMW 132K mit 707 kW (960 PS)

**Leistung:** Höchstgeschwindigkeit 310 km/h in 4000 m Höhe; Marschgeschwindigkeit 255 km/; Dienstgipfelhöhe 7000 m; Reichweite 1070 km

**Gewicht:** Leermasse 2990 kg; max. Startmasse 3730 kg

**Abmessungen:** Spannweite 12,40 m; Länge 11,00 m; Höhe 4,45 m; Tragflügelfläche 28,40 m²

**Bewaffnung:** zwei starre, vorwärtsfeuernde 20-mm-Kanonen MG FF in den Flächen, ein starres, vorwärtsfeuerndes 7,92-mm-Maschinengewehr MG 17 im Vorderrumpf, steuerbord, und ein schwenkbares 7,92-mm-Maschinengewehr MG 15 im hinteren Cockpit sowie Aufhängungen für zwei 50-kg-Bomben unter den Tragflächen

# Arado Ar 232

Anfang 1940 begannen die Arbeiten an dem Entwurf eines Transportflugzeugs, das die Junkers Ju 52/3m ergänzen sollte. Bis zum 1. September 1939, als der Zweite Weltkrieg mit dem Überfall auf Polen begann, waren mehr als 500 Junkers Ju 52 in Dienst gestellt. Der zweimotorige Entwurf **Arado Ar 232** gründete auf einer Rumpfgondel und doppelten Leitwerksträgern. Neben einer hydraulisch betätigten Heckladeklappe war das Fahrwerkskonzept eine absolute Neuerung: Während der Be- und Entladephase sollte sich der Rumpf auf elf kleine Radpaare stützen, nachdem das Dreibein-Hauptfahrgestell mit Hilfe zweier hydraulischer Widder teilweise angehoben worden war.

Den ersten beiden Prototypen, die erstmals 1941 flogen, dienten zwei Sternmotoren BMW 801MA je 1178 kW (1600 PS) als Antrieb. Der unersättliche Motorbedarf zur Fertigung der Focke-Wulf Fw 190 zwang jedoch dazu, für die nachfolgenden Flugzeuge ein anderes Triebwerk einzuführen. Die Entscheidung für den schwächeren BMW-Bramo 323R bedeutete eine viermotorige Auslegung. Um die vier Motoren unterbringen zu können, führte man beim dritten Flugzeug ein um 170 cm weiter gespanntes Tragflächenmittelstück ein. Dies war der erste Vertreter von 20 **Ar 232B**, von denen einige bei Luftwaffeneinheiten Dienst leisteten. Eine Maschine der 3./KG 200 wurde nach der Kapitulation von

***Die wenigen seriengefertigten Transportflugzeuge Ar 232 wurden Ende 1943 in Dienst gestellt. Das für Sondereinsätze im Bereich der Luftwaffe zuständige Kampfgeschwader 200 flog mehrere dieser Arado-Transporter.***

Flensburg zum Royal Aircraft Establishment nach Farnborough überführt. Andere **Ar 232** dienten (während der Krieges) zu Versuchszwecken, darunter ein Exemplar mit einer Kontrollanlage für Grenzschichtströmungen, ein Erprobungsträger für Gnome-Rhône-14M-Sternmotoren und eine andere Maschine mit starrem Fahrgestell und Schneekufen.

### TECHNISCHE DATEN
**Arado Ar 232**

**Typ:** schweres Transportflugzeug
**Triebwerke:** vier Sternmotoren BMW-Bramo 323R-2 je 883 kW (1200 PS)
**Leistung:** Höchstgeschwindigkeit 340 km/h in 4800 m Höhe; Marschgeschwindigkeit 290 km/h in 2000 m Höhe; Dienstgipfelhöhe 8000 m; Reichweite 1060 km
**Gewicht:** Leermasse 12.802 kg; max. Startmasse 21.135 kg
**Abmessungen:** Spannweite 33,50 m; Länge 23,52 m; Höhe 5,69 m; Tragflügelfläche 142,60 m²
**Bewaffnung:** ein 13-mm-Maschinengewehr MG 131 im Bug, eine oder zwei ähnliche Rohrwaffe(n) im hinteren Teil der Rumpfgondel und eine 20-mm-Kanone MG 151/20 im motorgetriebenen Rückenturm

# Arado Ar 234 Blitz

Deutschland hatte mit der Messerschmitt Me 262 nicht nur den ersten strahlgetriebenen Jäger, sondern mit der **Arado Ar 234 Blitz** auch den ersten Strahlbomber der Welt herausgebracht. Der Arado-Entwurf ging allerdings auf ein Lastenheft des Reichsluftfahrtsministeriums für ein schnelles Aufklärungsflugzeug zurück. Ende 1940 hatten die Arbeiten an der **Ar 234** begonnen, und im Frühling des nächsten Jahres hatte die Konstruktionsabteilung unter Walter Blume und Hans Rebeski Projekt E.370, wie es genannt wurde, fertiggestellt. Anfang 1943 war daraus der Prototyp **Ar 234** geworden. Der Schulterdecker mit zwei unter die Flächen gehängten Triebwerkgondeln zeigte einen schlanken Rumpf, dessen Querschnitt den Einbau eines herkömmlichen Einziehfahrwerks verwehrte. Zur Lösung dieses Problems entwickelte man zunächst ein Konzept mit einem abwerfbaren Startwagen und einziehbaren Landekufen.

Verzögerungen in der Entwicklung der Strahltriebwerke führten dazu, daß das erste Triebwerkpaar Jumo 004B erst im Februar 1943 in Warnemünde eintraf. Es wurde in den bereitstehenden Prototypen eingebaut, und im März konnten die Rollversuche beginnen. Bis Mai waren zwei flugklare Triebwerke installiert, und die Maschine wurde nach Rheine transportiert, wo am 15. Juni der Erstflug stattfand. Als größtes Sorgenkind erwies sich der Startwagen. Das Verfahren sah vor, daß er in 60 m Höhe über Grund ausgeklinkt wurde, um mit Hilfe von fünf Bremsschirmen heil am Boden zu landen, so daß man ihn wiederverwenden konnte. Nachdem die ersten beiden Startwagen zerstört waren, weil das Schirmsystem versagt hatte, ging man dazu über, das Radgestell unmittelbar nach dem Start freizugeben.

Die Startwagen-Version erhielt die Bezeichnung **Ar 234A**. Die dritte Versuchsmaschine (V3), die am 22. August 1943 flog, wurde mit Starthilfsraketen, sogenannten „Rauchgeräten", unter den Flächen, Druckkabine und Schleudersitz ausgerüstet. V4 und V5 folgten mit Erstflügen am 15. September bzw. 20. Dezember 1943. Als nächstes flog der achte Prototyp, ausgerüstet mit vier paarweise montierten BMW 003A-1-Strahlturbinen je 800 kg Schub. Derselbe Triebwerktyp, jedoch in vier Einzelgondeln installiert, diente V6 beim Jungfernflug am 8. April 1944 als Antrieb. Zu dem Zeitpunkt waren die Junkers-Triebwerke 004B auf eine Leistung von 890 kg Schub verbessert worden. V7 (die letzte Versuchsmaschine der A-Serie) diente als Erprobungsträger für zwei dieser schubstärkeren Strahlturbinen. Nach einem Triebwerkbrand, der während eines Fluges entstanden war, stürzte die Maschine ab, und Flugkapitän Selle – dienstältester Testpilot bei Arado – fand den Tod.

Das Unvermögen, die **Ar 234** vor der Montage des Startwagens mühelos zu bewegen, war für den Einsatz nicht akzeptabel. Aus diesem Grunde entwickelte man die B-Version mit etwas breiterem Rumpf, der ein herkömmliches Fahrwerk – wenngleich mit relativ kleiner Spurbreite – aufnehmen konnte. Als erster Vertreter der neuen Version flog V8 am 10. März 1944. Es folgte am 2. April die zehnte Versuchsmaschine ohne Druckkabine und Schleudersitz, aber sie war mit Bombenschlössern an der Unterseite der Triebwerkgondeln und einer Bombenzielanlage für Sturzflug (BZA) ausgerüstet. Weitere herausragende Prototypen der B-Serie waren V13 mit zwei Paaren BMW-003A-1-Strahlturbinen sowie V15 und V17 mit zwei Strahlturbinen desselben Typs, die als Prüfstände zur raschen Behebung der Probleme mit der Triebwerkregelung dienten.

Ungeachtet der mangelnden Beweglichkeit am Boden wurden V5 und V7 im Juli 1944 durch 1./Versuchsverband Oberbefehlshaber der Luftwaffe in Jivincourt nahe Reims für den Einsatz in der Aufklärungsrolle bewertet. Mit Walter-Rauchgeräten ausgestattet, entgingen sie bei zahlreichen Einsätzen über alliiertem Territorium allen Abfangversuchen. Später wurden die Sonderkommandos Götz, Hecht, Sperling und Sommer (Versuchsaufklärungsgruppen) mit der **Ar 234B-1** in geringer Stärke ausgerüstet. Zwei andere Einheiten, 1.(F)/33 und 1.(F)/100, waren bei Kriegsende noch einsatzbereit. Die Bomberversion wurde erstmals durch die Stabsstaffel des KG 76 eingesetzt. Auch das Kommando Bonow, eine Nachtjagd-Versuchseinheit, flog die **Ar 234**.

**Varianten**
**Ar 234B-0:** 20 Vorserienflugzeuge, die in der Mehrzahl zur eingehenden Entwicklung nach Rechlin gingen; keine Druckkabine, kein Schleudersitz
**Ar 234B-1:** Aufklärungsversion, die mit zwei Rb 50/30 oder Rb 75/30 bzw. einer Rb 50/30 und einer Rb 20/30 ausgerüstet werden konnte
**Ar 234B-2:** Bomberversion mit einer max. Bombenlast von 2000 kg an ETC 503-Trägern unter den Triebwerkgondeln
**Ar 234C:** vierstrahlige Serienversion mit BMW 003A-1; diesem Standard entsprach der 19. Prototyp, der am 30. September 1944 erstmals flog
**Ar 234C-1:** vierstrahliges Pendant der B-1 mit Druckkabine und zwei nach hinten feuernden 20-mm-Kanonen MG 151/20
**Ar 234C-2:** viermotoriges Pendant der B-2
**Ar 234C-3:** Mehrzweckversion; V21-V25 mit erhöhter und überarbeiteter Kanzel; Bewaffnung wie C-1, jedoch durch zwei 20-mm-Kanonen MG 151/20 in der Bugwanne verstärkt; variable Bombenzuladung an drei ETC 504; Leergewicht 5200 kg und höchstzulässiges Startgewicht 11.000 kg; Höchstgeschwindigkeit 855 km/h in 6000 m Höhe, Dienstgipfelhöhe 11.000 m und max. Reichweite 1230 km
**Ar 234C-3/N:** geplanter zweisitziger Nachtjäger mit zwei vorwärtsfeuernden 20-mm-Kanonen MG 151/20 und zwei 30-mm-Maschinenkanonen MK 108 sowie FuG 217 Neptun V als Bordradargerät
**Ar 234C-4:** Version für bewaffnete Aufklärung mit zwei Luftbildkameras und vier 20-mm-Kanonen
**Ar 234C-5:** V28 hatte zwei nebeneinander angeordnete Sitze für einen Flugzeugführer und einen Bombenschützen; Entwicklungsflugzeug für ein neues Bomberkonzept
**Ar 234C-6:** vorgeschlagene, zweisitzige Aufklärerversion
**Ar 234C-7:** Nachtjagdversion ähnlich der C-3/N, jedoch mit nebeneinander angeordneten Sitzen und leistungsstärkerem Zentimeterradargerät FuG 245 Bremen
**Ar 234C-8:** vorgeschlagene, einsitzige Bomberversion mit zwei Jumo-004D-Strahltriebwerken je 1080 kg Schub
**Ar 234D:** V31-V40, die gegen Kriegsende gebaut wurden, wären Vertreter dieser Version mit zwei Strahlturbinen vom Typ Heinkel-Hirth HeS 011A je 1300 kg Schub geworden
**Ar 234D-1:** vorgeschlagene Aufklärerversion mit Heinkel-Hirth-Triebwerken HeS 011A

***Im Einsatz, als Aufklärer ebenso wie als Bomber, erwies sich die Ar 234B als äußerst schwierig zu bekämpfendes Muster. Ihre Achillesferse war die schlechte Beschleunigung bei niedriger Geschwindigkeit, die sie beim Landeanflug verwundbar machte.***

**Ar 234D-2:** vorgeschlagene Bomberversion mit Heinkel-Hirth-Triebwerken HeS 011A
**Ar 234P:** projektierte Nachtjägerserie
**Ar 234P-1:** zweisitzige Version mit vier BMW 003A-1-Triebwerken; eine 20-mm-Kanone MG 151/20 und eine 30-mm-Maschinenkanone MK 108
**Ar 234P-2:** ebenfalls eine zweisitzige Version mit neu entworfener Kanzel, die durch 13-mm-Panzerplatten geschützt war
**Ar 234P-3:** P-2 mit HeS 011A als Antrieb und je einem Kanonenpaar MG 151/20 und MK 108 als Bewaffnung
**Ar 234P-4:** wie P-3, jedoch mit Antrieb durch Jumo 004D
**Ar 234P-5:** dreisitzige Version mit HeS 011A, einer 20-mm-Kanone MG 151/20 und vier Maschinenkanonen MK 108

### TECHNISCHE DATEN
**Arado Ar 234B-2**

**Typ:** zweistrahliger Bomber/Aufklärer
**Triebwerk:** zwei Strahlturbinen Junkers Jumo 004B je 890 kg Schub
**Leistung:** Höchstgeschwindigkeit 740 km/h in 6000 m Höhe; Steigzeit auf 6000 m 17 Minuten und 30 Sekunden mit einer Bombenlast von 1500 kg; Dienstgipfelhöhe 10.000 m; max. Reichweite 1630 km
**Gewicht:** Leermasse 5200 kg; max. Startmasse 9850 kg
**Abmessungen:** Spannweite 14,10 m; Länge 12,64 m; Höhe 4,30 m; Tragflügelfläche 26,40 m²

# Armstrong Whitworth Argosy bis Armstrong Whitworth A.W.41 Albemarle

**Sir W. G. Armstrong und Whitworth & Co., der Schiffsbau-, Maschinen- und Waffengigant, schufen im Juni 1913 ein „Aerial Department“, eine Luftfahrtabteilung. Diese konzentrierte sich anfangs nur auf Konstruktion und Bau von Flugballons, ging aber auf Betreiben von Frederick Koolhoven bald in den eigentlichen Flugzeugbau. Im April 1920 wurde der Firmenzweig auch offiziell die Sir W. G. Armstrong Whitworth Aircraft Co.**

## Armstrong Whitworth Argosy

***Die Argosy hatte zwar ein wenig schmeichelhaftes Aussehen, diente aber wirtschaftlich und zuverlässig sowohl auf europäischen als auch auf Empire-Strecken. Dies ist eine Mk 1 von Imperial Airways.***

Armstrong Whitworth entwarf die **Argosy**, einen Doppeldecker mit starrem Fahrgestell und Schleifsporn – ihren ersten Airliner – auf der Grundlage einer Spezifikation aus dem Jahre 1922 für ein dreimotoriges Muster mit einer Reichweite von 805 km. Das erste Exemplar (G-EBLF) flog im März 1926, nachdem Imperial Airways den Bau von drei Flugzeugen in Auftrag gegeben hatte. Die zweite **Argosy** (G-EBLO) hob am 18. Juni 1926 zum ersten Mal vom Boden ab und wurde einen Monat später als erste Imperial Airways übergeben.

Imperial stellte das neue Muster unverzüglich in Dienst, und am 26. Juli 1926 beförderte G-EBLO erstmals zahlende Fluggäste auf der Strecke Croydon-Paris. Die Verkehrsstatistik verzeichnete einen sofortigen Aufschwung, während die Kosten pro Tonnenmeile spürbar sanken. Am 1. Mai 1927 führte man auf dieser Strecke den Luxusdienst „Silver Wing“ ein.

Im Regeldienst flog die **Argosy** mit 20 Passagieren in der Kabine, während der Flugkapitän und der Co-Pilot das offene Cockpit hinter dem Bugmotor einnahmen. Um Platz für einen Steward zu schaffen, der die vielgerühmten Gourmet-Speisen auf der „Silver Wing“-Verbindung auftrug, mußten zwei Passagiersitze ausgebaut werden.

Später bediente die **Argosy** von Croydon aus Strecken nach Basel, Brüssel und Köln. Imperial bestellte drei weitere Flugzeuge und erhöhte den Auftrag im nachhinein auf vier Exemplare, die ab 1929 zugeführt wurden.

Die Angehörigen des zweiten Bauloses erhielten die Bezeichnung **Argosy II**, da drei 313 kW (426 PS) starke Armstrong Siddeley Jaguar IVA anstelle des ersten Motortyps Jaguar III zum Einsatz kamen, die eine Erhöhung des Gesamtgewichts auf 8165 kg ermöglichten. In die ersten drei **Argosy Mk I** wurden nachträglich ebenfalls Jaguar IVA installiert.

Am 30. März 1929 eröffnete die **Argosy** die erste Empire-Luftpostlinie nach Indien. Die Post gelangte auf dem Luftweg nach Basel, wurde dort in die Eisenbahn nach Genua umgeladen und dann wieder auf dem Luftweg mit verschiedenen Zwischenstopps nach Karatschi befördert. Allmählich dezimierte sich die Flotte: Im Juni 1931 ging eine **Argosy** bei einer Notlandung in der Nähe von Aswan verloren; zwei Monate zuvor hatte eine **Argosy** bei einem Ausbildungsflug eine Notlandung in Croydon machen müssen und war vollständig ausgebrannt. Bei keinem dieser Unfälle kamen Personen zu Schaden. Im März 1933 brach jedoch ein unerklärliches Feuer an Bord einer **Argosy** über Belgien aus. Die Maschine stürzte ab, und alle 12 Insassen fanden den Tod. Die letzte **Argosy** im Einsatz war die sechste Maschine, von United Airways in Blackpool im zweiten Halbjahr 1935 für Vergnügungsflüge genutzt. Das im Januar des nächsten Jahres von British Airways übernommene Flugzeug wurde im Dezember 1936 schließlich ausgemustert.

**Varianten**

**Argosy Mk I:** Bezeichnung der ersten Baureihe, zunächst mit 287 kW (390 PS) starken Jaguar IIIA-Sternmotoren ohne Untersetzungsgetriebe, später auf Jaguar IVA-Sternmotor ummotorisiert; Leistungsdaten wie für die Mk II mit Ausnahme der Reichweite von 531 km; Leergewicht 5443 kg und max. Startgewicht 8165 kg; Spannweite 27,64 m, Länge 20,07 m, Höhe 6,05 m und Tragflügelfläche 175,22 m²

**Argosy Mk II:** Bezeichnung des zweiten Bauloses mit drei Jaguar IVA Sternmotoren je 313 kW (426 PS); diese Version hatte eine verfeinerte Flugsteuerung durch Servoklappen der Unterflügel

**TECHNISCHE DATEN**
**Armstrong Whitworth**

**Typ:** 20sitziges Verkehrsflugzeug
**Triebwerke:** drei Armstrong Siddeley Jaguar IVA-Sternmotoren mit Untersetzungsgetriebe je 313 kW (426 PS)
**Leistung:** Höchstgeschwindigkeit 177 km/h; Reisegeschwindigkeit 145-153 km/h; Steigzeit auf 915 m Höhe 4 Minuten und 30 Sekunden; Reichweite 837 km
**Gewicht:** Leermasse 5484 kg; max. Startmasse 8709 kg
**Abmessungen:** Spannweite 27,53 m; Länge 20,42 m; Höhe 6,10 m; Tragflügelfläche 174,01 m²

## Armstrong Whitworth Siskin

***Eine Armstrong Whitworth Siskin IIIA der No. 43 Squadron, RAF, im Jahre 1925. Dies war die meistproduzierte Version des für die RAF entwickelten Ganzmetalljägers. Auch im Ausland konnte das Muster beachtliche Verkaufserfolge erzielen.***

1919 von der Muttergesellschaft Armstrong Whitworth als Siddeley Deasy **S.R.2 Siskin** hervorgebracht, bildete die vollentwickelte Armstrong Whitworth Siskin ab Mitte der zwanziger Jahre das Rückgrat der RAF-Jagdflieger.

Die **S.R.2** war für einen 224-kW-Sternmotor (305 PS) entworfen, der seinerzeit als R.A.F.8 in Farnborough entwickelt wurde. Mit der weiteren Motorentwicklung betraute man Siddeley Deasy. Da diese Firma jedoch mit dem Puma-Triebwerk ausgelastet war, wurde die Fortentwicklung des R.A.F.8 vorerst zurückgestellt. Die **S.R.2** flog deshalb zunächst mit dem A.B.C. Dragonfly, der 239 kW (325 PS) abgab. Die Flugleistungen waren gut, aber der Motor taugte nichts. Daher wurde der Entwurf nachträglich auf den Armstrong Siddeley Jaguar mit einer Nennleistung von 242 kW (329 PS) angepaßt. Die erste von drei **Siskins** flog im März 1921.

Die neue Weisung des Air Ministry, nur noch Flugzeuge in Ganzmetallbauweise zu beschaffen, zwang Armstrong Siddeley zur Überarbeitung des **Siskin**-Entwurfs. Die erste vollständig aus Metall gebaute **Siskin III** für die RAF, 1920 in Auftrag gegeben, stand im Mai 1923 flugbereit.

Verkaufstouren in Europa schlugen sich in einem Auftrag Rumäniens für 65 Flugzeuge nieder. Im Oktober 1924 startete die erste Maschine dieser Baureihe zum Jungfernflug, gefolgt von sechs weiteren gegen Ende des Jahres. Nach dem Absturz einer rumänischen Siskin, bei dem der Pilot den Tod fand, wurde der gesamte Auftrag widerrufen.

Die ersten **Siskin III** der RAF gingen im Mai 1924 an No. 41 Squadron in Northolt, und im Monat darauf tauschte No. 111 Squadron ihre Sopwith Snipe gegen die **Siskin** ein. 465 **Siskin III** wurden produziert, einschließlich einiger Doppelsitzer. Estland, die RCAF und die Armstrong Whitworth Flugschule verfügten über je ein Paar Doppelsitzer. Die RAF hatte ebenfalls etliche Doppelsitzer als neugebaute Flugzeuge beschafft, während andere aus späteren Umrüstungen hervorgingen.

Die ergiebigste Serie war die **Siskin IIIA**, deren Prototyp in Gestalt des umgebauten Vorläufers für die **Siskin III** im Oktober 1925 flog.

Ein aufgeladener Armstrong Siddeley Jaguar IV verlieh dem Jäger ein bestechendes Leistungsvermögen, so daß anschließend insgesamt 387 Exemplare, darunter 47 Schulflugzeuge mit Doppelsteuer, für die RAF gebaut wurden. Bis auf 135 Maschinen erfolgte die Produktion im Unterauftrag durch Bristol (84), Gloster (74), Vickers (52) und Blackburn (42).

Als erste Staffel rüstete No. 111 Squadron im September 1926 auf die neue Version um, und zehn weitere Staffeln setzten die **Siskin IIIA** ein, bis sie im Oktober 1932 bei No. 52 Squadron der Bristol Bulldog wich. Zu Recht wird behauptet, daß die **Siskin**-Staffeln den Formations-Kunstflug innerhalb der RAF einführten und seine Entwicklung zur Höchstreife förderten, allen voran No. 43 Squadron, deren Flugfiguren in enger Formation bei den Vorführungen in Hendon die Herzen der Zuschauer höher schlagen ließen.

Nach gründlicher Prüfung zweier **Siskin IIIA** bestellte die RCAF ein Dutzend IIIA, die zwischen 1926 und 1931 als neugebaute oder RAF-Flugzeuge zur Auslieferung kamen. Die **Siskin**-Jäger bei No. 1 (Fighter) Squadron, RCAF, wurden 1939 von Hawker Hurricanes abgelöst und 1947 vom Inventar gestrichen.

**Varianten**

**S.R.2 Siskin:** von Siddeley Deasy Motor Car Co gebaute Originalversion (insgesamt 3 Flugzeuge)

**Siskin II:** Prototyp von 1923 für die zivile Luftfahrt; flog in ein- und zweisitziger Ausführung (insgesamt 1 Exemplar)

**Siskin III:** Serienversion in Ganzmetallbauweise und einem Armstrong Siddeley Jaguar III Sternmotor mit 242 kW (329 PS) als Antrieb; Höchstgeschwindigkeit 216 km/h in 1980 m, Steigzeit auf 1980 m 5 Minuten, Dienstgipfelhöhe 6250 m, Flugdauer 3 Stunden, Leergewicht 830 kg und max. Startgewicht 1241 kg; Spannweite 10,08 m, Länge 7,01 m, Höhe 2,95 m und Tragflügelfläche 27,22 m² (insgesamt 64 Flugzeuge, alle für die RAF)

**Siskin IIIA:** Hauptserienversion (insgesamt 348 Flugzeuge, davon 340 für die RAF und 8 für die RCAF)

**Siskin IIIB:** Prototyp mit Ladermotor Jaguar VIII und Untersetzungsgetriebe; Steigzeit auf 4570 m Höhe 11 Minuten und 30 Sekunden, gut 2 Minuten besser als die Siskin IIIA; in dieser Höhe erwies sich die Siskin IIIB um 32 km/h schneller als die Siskin IIIA, obwohl das höchstzulässige Startgewicht um 104 kg gestiegen war; die Piloten in Martlesham Heath beanstandeten die Handhabung und die Flugdauer von nur 1 Stunde unter Vollast (insgesamt 1 Flugzeug)

**Siskin IIIDC:** abgeleitete zweisitzige Schulversion mit Doppelsteuer; diente bei der Central Flying School, dem RAF College, Cranwell und den Flying Training Schools No. 3 und No. 5; weitere Exemplare standen den Siskin-Jagdstaffeln zur Verfügung (insgesamt 53 Flugzeuge: 47 für die RAF, 2 für die RCAF, 2 für die AST und 2 für Estland)

**Siskin IV:** Zivilversion, die für das King's Cup-Rennen, das im Jahre 1925 stattfand, gebaut wurde; basierte auf der Siskin V mit kürzer gespannten Tragflächen (insgesamt 1 Flugzeug)

**Siskin V:** für Rumänien entwickelte Zivilversion, deren einzelne Vertreter nach der Streichung des rumänischen Auftrags für Rennen genutzt wurden; Mischkonstruktion aus Holz und Metall mit zweiholmigen Unterflügel; F.L. Barnard gewann das King's Cup Rennen von 1925 mit einer Siskin V bei einer Geschwindigkeit von 243 km/h; Antrieb durch einen 287 kW (390 PS) starken Jaguar-Kolbenmotor; Höchstgeschwindigkeit 249 km/h in Meereshöhe; Dienstgipfelhöhe 7620 m; max. Startgewicht 1107 kg; Spannweite 8,64 m, Länge 6,50 m und Tragflügelfläche 23,78 m²

**TECHNISCHE DATEN**

**Armstrong Siddeley Siskin IIIA**

**Typ:** Jagdeinsitzer

**Triebwerk:** ein Armstrong Siddeley Jaguar IV-Sternmotor mit 313/336 kW (426/457 PS)

**Leistung:** Höchstgeschwindigkeit 251 km/h in Meereshöhe; Steigzeit auf 3050 m Höhe 6 Minuten und 20 Sekunden; Dienstgipfelhöhe 8230 m; Flugdauer unter Vollast 1 Stunde und 12 Minuten

**Gewicht:** Leermasse 935 kg; max. Startmasse 1366 kg

**Abmessungen:** Spannweite 10,11 m; Länge 7,72 m; Höhe 3,10 m; Tragflügelfläche 27,77 m²

**Bewaffnung:** zwei starr eingebaute, synchronierte 7,7-mm-Vickers-Maschinengewehre im Vorderrumpf und bis zu vier 9-kg-Bomben unter den Flächen

# Armstrong Whitworth A.W.27 Ensign

1934 beschloß die britische Regierung, sämtliche Empire-Briefpost künftig auf dem Luftweg zu versenden. Imperial Airways benötigte daher für die Strecken nach Südafrika und Australien größere Luftfahrzeuge. Short-Flugboote hätten zwar den meisten Anforderungen genügt, aber für die Routen nach Europa und in den Mittleren Osten brauchte man ein neues viermotoriges Landflugzeug.

Im Mai 1934 lag Armstrong Whitworth eine entsprechende Spezifikation der Fluggesellschaft vor. Das Ergebnis war die **A.W.27 Ensign**, für die im September 1934 ein Auftrag über Bau eines Flugzeuges zum Preis von £70.000 erging. Die Lieferung sollte innerhalb der beiden nächsten Jahre erfolgen. Im Mai 1935 ging eine Bestellung für weitere 11 Flugzeuge ein, diesmal zum Stückpreis von £37.000. Der Preisunterschied wurde mit Entwurfsänderungen und anderen Herstellungsverfahren als bei der ersten Maschine begründet. Ein Anschlußauftrag für zwei Flugzeuge steigerte den **Ensign**-Produktionsumfang auf insgesamt 14 Flugzeuge.

Da Armstrong Whitleys Coventry-Werk mit der Fertigung des Whitley-Bombers ausgelastet war, erfolgte die Endmontage der Airliner in den Air Service Training Werkstätten in Hamble. Fortwährende Änderungsbegehren der Imperial Airways während der Entwurfs- und Konstruktionsphase (in der Nachkriegszeit von BOAC trefflich nachgeeifert) führten dazu, daß die erste **Ensign** fast zwei Jahre zu spät fertig wurde. Am 24. Januar 1938 fand der Erstflug in Hamble statt.

Die anschließend in Martlesham Heath im Juni 1938 durchgeführten Tests zeigten, daß die Maschine eindeutig untermotorisiert war. Obwohl zudem eine Reihe kleinerer Pannen auftrat, erteilten die Behörden dennoch die Musterzulassung. Im folgenden Monat flog die erste **Ensign** zwar einmal von Croydon nach Paris, aber der eigentliche Routendienst begann erst im Oktober. Kurz vor Weihnachten 1938 stießen drei weitere **Ensign** zur Flotte, die England als Ersatz- und Ablöseflugzeug mit Weihnachtspost für Australien verließen. Alle drei Maschinen wurden flugunklar: eine in Athen, eine in Karatschi und eine in Indien. Das Muster wurde vorübergehend aus dem Verkehr gezogen und dem Hersteller zur Nachbesserung hinsichtlich Leistung und Zuverlässigkeit übergeben. Eine bescheidene Leistungssteigerung erreichte man durch den Einbau stärkerer Sternmotoren vom Typ Armstrong Siddeley Tiger IXC in die sechste **Ensign**. Trotz weiterer Probleme diente die **Ensign**-Flotte auf den Europa-Strecken der Gesellschaft. Bei Kriegsausbruch waren elf Flugzeuge geliefert. Imperial Airways betrieb dieses Muster in zwei Ausführungen: vier Maschinen (Eddystone, Ettrick, Empyrean und Elysian genannt) bildeten den Europatyp mit 40 Passagiersitzen, während die anderen sieben Flugzeuge (**Ensign** Egeria, Elsinore, Euterpe, Explorer, Euryalus und Echo) die Empire-Routen mit 27 Passagieren in drei Kabinen oder – alternativ – mit 20 Schlafliegen für Flugreisende bedienten. Die zwölfte **A.W.27** (Endymion) wurde im Oktober 1939 zugelassen, und die gesamte Ensign-Flotte wurde zusammen mit etlichen anderen Verkehrsflugzeugen zum Flughafen Whitchurch in Bristol evakuiert. In aller Eile erhielten die **A.W.27** einen Tarnanstrich und flogen zweimal täglich die Strecke Heston-Paris (Le Bourget).

Im November 1939, als BOAC aus der Verschmelzung von British Airways und Imperial Airways entstand, ging der **A.W.-27**-Besitz auf das neue Unternehmen über. Der Betrieb in Kriegszeiten forderte bald seinen Tribut: Am 23. Mai 1940 wurde Elysian am Boden in Merville zerstört. Ettrick mußte in Le Bourget zurückgelassen werden (und wurde nach Reparatur und Ausrüstung mit Daimler-Benz-Motoren später von den Deutschen geflogen). Endymion fiel dagegen einem Luftangriff auf Whitchurch im November 1940 zum Opfer.

Die beiden letzten **A.W.27**, deren Produktion man gestoppt hatte, wurden in der Folge 1941 fertiggestellt. Die Everest und Enterprise erhielten vier Wright Cyclone GR-1820 je 708 kW (963 PS), die ihre Antriebskraft um 298 kW (405 PS) im Vergleich zum Tiger-Antrieb erhöhten. In dieser Form bekam das Muster die Bezeichnung **A.W.27 Ensign 2**. Die verbliebenen acht Mk 1 wurden ebenfalls ummotorisiert. Mit dem stärkeren Antrieb befand man das Muster für einsatztauglich in heißen Klimazonen. Im Dienst zwischen West- und Ostafrika sowie Ägypten waren die **A.W.27** extrem gefordert und, nachdem die amerikanischen Motoren nicht mehr hergestellt wurden, nur noch schwierig zu warten.

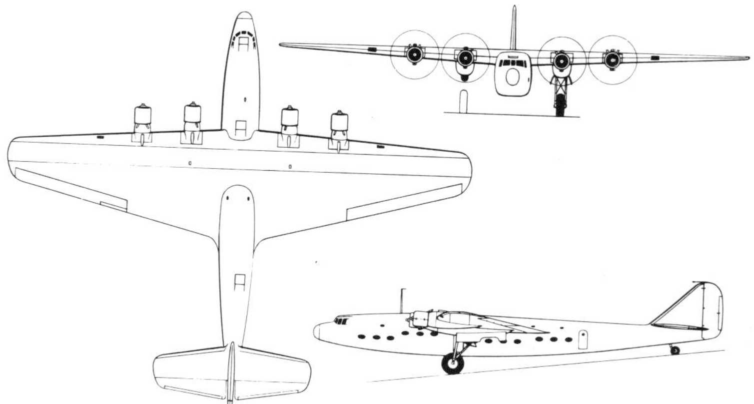

***Armstrong Whitworth A.W.27 Ensign***

***Die Ensign wirkte zwar wie ein brauchbarer und recht moderner Airliner, war aber insgesamt zu schwach motorisiert, vor allem für den Einsatz in tropischen Regionen.***

**TECHNISCHE DATEN**

**Armstrong Whitworth A.W.27 Ensign Mk 1**

**Typ:** 40sitziges Verkehrsflugzeug

**Triebwerke:** vier Armstrong Siddeley Tiger IXC-Sternmotoren mit je 634 kW (862 PS)

**Leistung:** Höchstgeschwindigkeit 330 km/h in 2135 m Höhe; max. Reisegeschwindigkeit 274 km/h in 2135 m Höhe; Dienstgipfelhöhe 5485 m; Reichweite mit Maximaltreibstoff 1384 km

**Gewicht:** Leermasse 14.932 kg; max. Startmasse 22.226 kg

**Abmessungen:** Spannweite 37,49 m; Länge 34,75 m; Höhe 7,01 m; Tragflügelfläche 227,61 m²

Angesichts der zunehmenden Schwierigkeiten in Betrieb und Unterhaltung beschloß man, die Restflotte in die Heimat zurückzubeordern. Sieben Maschinen (Egeria, Elsinore, Explorer, Eddystone, Empyrean, Echo und Everest) wurden 1947 in Hamble verschrottet. Die 1942 in Westafrika aufgegebene Enterprise fiel Vichy-Anhängern in die Hände. Sie diente, ebenso wie die Ettrick, nach Ummotorisierung den Deutschen. Die Original-**Ensign** wurde 1943 in Lagos beschädigt und 1945 endgültig verschrottet. Euterpe und Euryalus, in Almaza beziehungsweise Lympne beschädigt, schlachtete man aus zur Ersatzteilbeschaffung.

Eddystone flog als letzte **A.W.27** im Juni 1946 von Kairo nach Hurn.

**Varianten**

**A.W.27 Ensign Mk 1:** nachträgliche Bezeichnung der ersten 12 Flugzeuge mit Armstrong Siddeley Tiger-Sternmotoren

**A.W.27 Ensign Mk 2:** Bezeichnung der beiden letzten Flugzeuge mit vier Wright Cyclone GR-1820-G102A Sternmotoren je 707 kW (962 PS); acht Mk 1 erhielten nachträglich den Standard Mk 2; Höchstgeschwindigkeit 338 km/h, Reisegeschwindigkeit 290 km/h, Dienstgipfelhöhe 7315 m, Reichweite 2205 km, Leergewicht 16.595 kg und max. Startmasse 25.174 kg

# Armstrong Whitworth A.W.38 Whitley

Im Juli 1934 veröffentlichte das Air Ministry die Unterlage B.3/34, die Grundlage für den Entwurf der Armstrong Whitworth **A.W.38 Whitley**. Dieses Muster erreichte mit 1814 gebauten Exemplaren die höchste Auflage unter den firmeneigenen Entwürfen. Zugleich markierte die **Whitley** die Abkehr von der traditionellen Stahlrohrkonstruktion, denn der Rumpf war bei diesem Muster in Schalenbauweise aus Leichtmetall gefertigt.

Noch während der Entwurfsphase wurde die Produktion genehmigt nach einem Auftrag für 80 Flugzeuge vom August 1935. Am 17. März 1936 führte Alan Campbell-Orde den ersten Prototyp in Whitley Abbey zum Jungfernflug, wobei zwei Armstrong Siddeley Tiger X die neuen Dreiblatt-Verstellpropeller von de Havilland antrieben. Ein zweiter, der Spezifikation B.21/35 entsprechender Prototyp war mit den stärkeren Tiger XI-Motoren ausgerüstet. Ihn flog Charles Turner Hughes am 24. Februar 1937 zum ersten Mal.

Die Erprobung fand im Herbst 1936 beim Aircraft & Armament Experimental Establishment (Luftfahrzeug- und Waffenerprobungsstelle) in Martlesham Heath statt. Anfang 1937 begann die Auslieferung der ersten seriengefertigten **Whitley Mk I**, und die zweite, für No. 10 Squadron bestimmte Maschine wurde am 9. März zum RAF-Flugplatz Dishforth überführt. 34 **Mk I** waren gebaut, als man die Fertigung auf die **Whitley Mk II** umstellte. Diese Version erhielt Tiger VIII-Motoren mit Zweistufenlader, erstmals bei RAF-Flugzeugen eingeführt. 46 **Mk II** komplettierten den Erstauftrag für 80 Maschinen.

Die **MK I** und **Mk II Whitleys** waren mit handbetätigten Waffenständen von Armstrong Whitworth an Bug und Heck mit je einem 7,7-mm-Vickers-Maschinengewehr bewaffnet, doch mit der **Whitley Mk III** änderte sich dieses Konzept. Den einfachen MG-Stand im Bug ersetzte ein motorgetriebener Nash- und Thompson-Waffenturm, und an der Unterseite kam ein einziehbarer Waffenturm mit zwei 7,7-mm-Browning-Maschinengewehren hinzu. Die 80 **Whitley III** hatten auch modifizierte Bombenschächte, um größere Bomben einsetzen zu können.

Die meisten **Whitley**-Varianten waren Maschinen mit Rolls-Royce-Motoren. Eine **Whitley Mk I** erhielt den Merlin II und wurde am 11. Februar 1938 in Hucknall getestet. Obwohl ein Motorausfall den zweiten Flug vorzeitig beendete, führte man das Programm mit Erprobungsflügen im April und Mai in Martlesham Heath fort.

Die Serie **Whitley IV** wurde mit Merlin IV je 768 kW (1044 PS) ausgerüstet. Der erste Vertreter dieser Version flog am 5. April 1939. Zu den weiteren Neuerungen zählten ein motorgetriebener Nash- und Thompson-Waffenturm mit vier 7,7-mm-Browning-Maschinengewehren, eine durchsichtige Bugschale zur Sichtverbesserung für den Bombenschützen und zwei zusätzliche Tanks in den Flächen, die die Gesamtkapazität auf 3205 Liter Kraftstoff steigerten. Die Produktion belief sich auf 33 Flugzeuge, neben sieben **IVA** mit Merlin X je 854 kW (1161 PS).

An diesem Motortyp hielt man für die **Whitley V** fest, die ansonsten aber eine Reihe von Verbesserungen aufwies. Die auffälligsten bestanden in den modifizierten Seitenflossen mit geradliniger Nasenkante und einer Verlängerung des Rumpfhecks um 38 cm, um das Schußfeld des Heckschützen zu erweitern. Die Nasenkanten beider Tragflächen waren mit Enteisermatten aus Gummi versehen, und die Treibstoffkapazität ließ sich auf 3805 Liter bzw. 4405 Liter erhöhen, wenn der Bombenschacht mit Zusatztanks belegt wurde. Die Produktion umfaßte 1466 Flugzeuge.

Die **Whitley Mk VI** stellte eine projektierte Version mit Pratt & Whitney-Motoren dar, die man für einen möglichen Engpaß an Merlin-Triebwerken geplant hatte. Sie wurde aber nicht gebaut. Die letzte **Whitley**-Serienversion war die **Mk VII**, bei der es sich im wesentlichen um die **Mk V** mit Zusatztanks im Bombenschacht und Hinterrumpf handelte. Die auf 5001 Liter erhöhte Treibstoffkapazität steigerte die Reichweite auf 2701 km für Seepatrouillendienste. Das äußere Unterscheidungsmerkmal der **Mk VIII** waren die Rückenantennen des ASV **Mk II** Luft-Boden-Radargeräts. Produziert wurden 146 Flugzeuge und einige **Mk V** auf diesen Standard umgerüstet.

Wie bereits erwähnt, rüstete No. 10 Squadron in Dishforth als erste Staffel im März 1937 von der Handley Page Heyford auf die **Whitley** um. Bald folgten No. 51 und No. 58 Squadron in Leconfield. Zehn **Whitley III** dieser beiden Staffeln warfen in der Nacht des 3. September 1939 Flugblätter über Bremen, Hamburg und dem Ruhrgebiet ab. Knapp einen Monat später, in der Nacht des 1. Oktober, flog No. 10 Squadron einen ähnlichen Propagandaeinsatz über Berlin. Die ersten Bomben auf Berlin warfen **Whitleys** der No. 51 und No. 78 Squadron in der Nacht des 25. August 1940. Den Kriegseintritt Italiens markierte ein Luftangriff mit 36 von No. 10, 51, 58, 57 und 102 Squadron abgezogenen **Whitleys** gegen Genua und Turin in der Nacht des 11. Juni 1940. Nur 13 Bomber erreichten ihre Ziele, da Schlechtwetter und Motorstörungen ihren Tribut forderten.

Nach dem letzten Einsatz in der Nacht des 29. April 1942 gegen Ostende wurden die **Whitleys** aus dem Bomberkommando herausgelöst. Einige **Whitley**-Bomber der Einsatzausbildungseinheiten waren allerdings am „Tausend-Bomber"-Angriff gegen Köln in der Nacht des 30. Mai 1942 beteiligt.

Das Küstenkommando machte im September 1939 mit der **Whitley** Bekanntschaft, als No. 58 Squadron nach Boscombe Down verlegte, um U-Boot-Patrouillen über dem Kanal zu fliegen. Diese Unterstellung währte bis Februar 1940, als der Verband wieder in das Bomberkommando eingegliedert wurde. Noch im selben Jahr nahm No. 58 Squadron, von St. Eval und Stornoway aus operierend, aber wieder Seepatrouillenflüge zur Sicherung der westlichen Seezugänge auf. Im gleichen Zeitraum mit ähnlichen Aufgaben betraut waren No. 51 und No. 77 Squadron. Letztere operierte über dem Golf von Biscaya.

Im Herbst 1940 lösten **Whitley Mk V** die Avro Anson bei No. 502 Squadron in Aldergrove ab, und im Mai 1941 wurde No. 612 Squadron als zweite **Whitley**-Staffel des Küstenkommandos aufgestellt. Die **Mk V** ersetzte man durch **Mk VII** mit ASV-Suchradar, und als erste **Whitley** versenkte eine Maschine von No. 502 Squadron am 30. November 1941 ein deutsches Unterseeboot, U-205, im Golf von Biscaya.

Auch No. 1 Parachute Training School in Ringway, Manchester, verwendete **Whitleys**. Ferner wurden **Whitleys** zu Schleppflugzeugen für Lastensegler umfunktioniert und No. 21 Glider Conversion Unit in Brize Norton zur Ausbildung von Schlepppiloten zugewiesen. Den Fallschirmjägereinsatz gegen die deutsche Radarstellung in Bruneval führten **Whitleys** von No. 51 Squadron durch, und die Maschinen der Sondereinheiten auf dem RAF-Flugplatz Tempsford (No. 138 und No. 161 Squadron) flogen zahlreiche Einsätze, bei denen sie Agenten über feindbesetztem Gebiet absetzten und Widerstandsgruppen mit Waffen, Munition und Ausrüstung versorgten. 15 **Whitley Mk V** wurden im Mai 1942 zur BOAC überstellt. Ohne Bewaffnung, aber mit zusätzlichen Tanks im Bombenschacht flogen diese Maschinen regelmäßig von Gibraltar nach Malta und versorgten die belagerte Insel mit Nachschub.

**TECHNISCHE DATEN**

**Armstrong Whitworth A.W.38 Whitley**

**Typ:** fünfsitziger Nachtbomber/Fernbomber

**Triebwerke:** (Mk V) zwei Rolls-Royce-Merlin X-Reihenmotoren mit je 854 kW (1161 PS)

**Leistung:** Höchstgeschwindigkeit 370 km/h in 5000 m Höhe; Marschgeschwindigkeit 338 km/h in 4570 m Höhe; Dienstgipfelhöhe 7925 m; Reichweite 2414 km

**Gewicht:** Leermasse 8777 kg; max. Startmasse 15.195 kg

**Abmessungen:** Spannweite 25,60 m; Länge 21,49 m; Höhe 4,57 m; Tragflügelfläche 105,63 m²

**Bewaffnung:** vier 7,7-mm-Maschinengewehre im Heckwaffenturm und eine ähnliche Waffe im Bugturm; bis zu 3175 kg Bomben

***Armstrong Whitworth Whitley Mk I der No. 10 Squadron, RAF. Die Einheit war 1937 in Dishforth stationiert.***

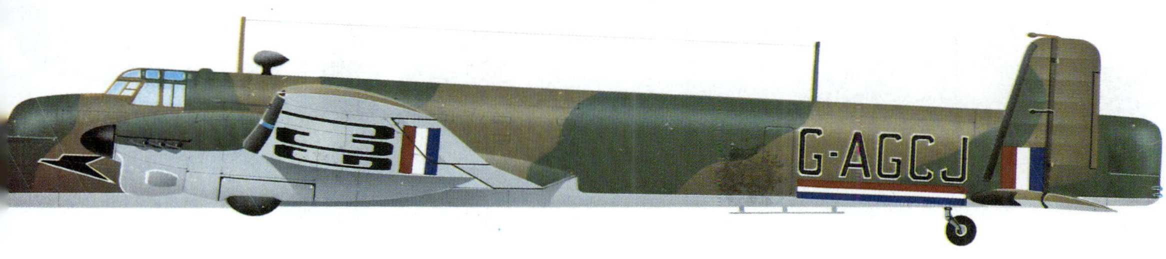


***Diese Whitley Mk V wurde zum Passagierflugzeug für BOAC umfunktioniert.***

# Armstrong Whitworth A.W.41 Albemarle

Bristol Aeroplane Company hatte die **Albemarle** als zweimotorigen Bomber gemäß Unterlage P.9/38 des Air Ministry entworfen und dieses Projekt intern unter Typ 155 geführt. Mit einer Änderung der offiziellen Spezifikation verlagerte sich jedoch die Verantwortlichkeit für den Entwurf auf Armstrong Whitworth. Ein von John Lloyd geführtes Team wurde mit der schwierigen Aufgabe betraut, das begonnene Werk einer Fremdfirma zu übernehmen und so umzugestalten, daß es der Spezifikation B.18/38 für einen Aufklärungsbomber genügte. So entstand die Armstrong Whitworth **A.W.41, Albemarle** genannt, deren Auslegung und Konstruktion beträchtlich vom Bristol-Original abwich.

Der für eine Mischbauweise, Holz und Stahl, konzipierte Prototyp flog 1939, stürzte jedoch ab, bevor der zweite Prototyp seinen Erstflug am 20. März 1940 absolvierte. Der strukturelle Aufbau der **Albemarle** ermöglichte die Vergabe von Teilaufträgen in großem Maßstab, und selbst kleine Firmen außerhalb der Luftfahrzeugindustrie konnten als Unterauftragnehmer verpflichtet werden. Dies ergab einen zusätzlichen Bonus in Form des eingesparten Leichtmetalls und anderer strategischer Werkstoffe; das Dreibein-Fahrwerk lieferte beispielsweise Lockheed.

Die ersten 32 Flugzeuge wurden als Bomber fertiggestellt, aber nicht als solche verwendet, und es gab erhebliche Verzögerungen in der Einrichtung der Fertigungsstraßen. Die ersten drei seriengefertigten **Albemarle** verließen das Werk im Dezember 1941. Zu diesem Zeitpunkt hatte man dem Muster bereits eine neue Rolle als Lastenseglerschlepp- und Transportflugzeug für Fallschirmjäger zugedacht.

Die Lieferung an die RAF setzte im Januar 1943 ein, als No. 295 Squadron ihre ersten Flugzeuge entgegennahm. Seine Feuertaufe erhielt das Muster mit No. 296 und No. 297 Squadron, Teilen der von Nordafrika aus operierenden No. 38 Wing, bei der Invasion Siziliens im Juli 1943. Am D-Day (6. Juni 1944) dienten sechs **Albemarle** der No. 295 Squadron als Pfadfinder für die 6th Airborne Division.

In der Schlepprolle für Lastensegler waren vier **Albemarle**-Staffeln tätig, die Airspeed Horsas nach Frankreich zur Unterstützung des Landkrieges zogen. Im September 1944 nahmen zwei Staffeln der No. 38 Group an der blutigen Operation bei Arnheim mit Gleitern für Truppen der 1st Airborne Division im Schlepp teil.

Die Produktion der **Albemarle**, abgesehen von den Prototypen, unternahm A.W. Hawksley Ltd., Teil der Hawker Siddeley Group; nach dem Bau von 600 **Albemarle** lief die Fertigung im Dezember 1944 aus. Ursprüngliche Aufträge sollten für 1080 Flugzeuge sein, doch 478 Exemplare des zweiten Bauloses wurden gestrichen.

***Die Albemarle wurde eigentlich als Bomber entwickelt, doch nur wenige Flugzeuge der ersten Serie verließen das Band in dieser Funktion. Die meisten Albemarles wurden für Transportdienste geliefert.***

An die RAF gingen 380 Transportflugzeuge (99 **Mk I**, 99 **Mk II**, 49 **Mk V** und 133 **Mk VI**) und 186 Schleppflugzeuge (69 **Mk I** und **117 Mk VI**). Hinzu kamen die ersten 32 Bomber, die man zu Transportflugzeugen umrüstete. Zehn **Albemarles** aus RAF-Beständen wurden den russischen Luftstreitkräften zugeführt, die diese Maschinen ebenfalls als Transporter nutzten.

Den Antrieb sämtlicher **Albemarles** besorgten 1186 kW (1613 PS) starke Bristol Hercules XI-Sternmotoren, mit Ausnahme des einzelnen Prototyps **Mk IV**, der Wright Double Cyclones hatte. Die ersten Bomber waren auf dem Rumpfrücken mit einem Boulton-Paul-Waffenturm mit vier Rohrwaffen bestückt, der aber aus Gründen der Gewichtseinsparung bei den Transport- und Schleppflugzeugen wegfallen mußte. Statt dessen erhielten sie manuell zu bedienende Vickers „K" Zwillingsmaschinengewehre.

Die **Albemarle** spielte eine nützliche Rolle, als sie andere Muster für wichtigere Aufgaben frei machte. Durch die Art ihrer Konstruktion und das verwendete Material beeinträchtigte die Produktion darüber hinaus in keiner Weise den Strom an Kriegsflugzeugen, die für das Überleben Großbritanniens in dieser Phase entscheidend waren.

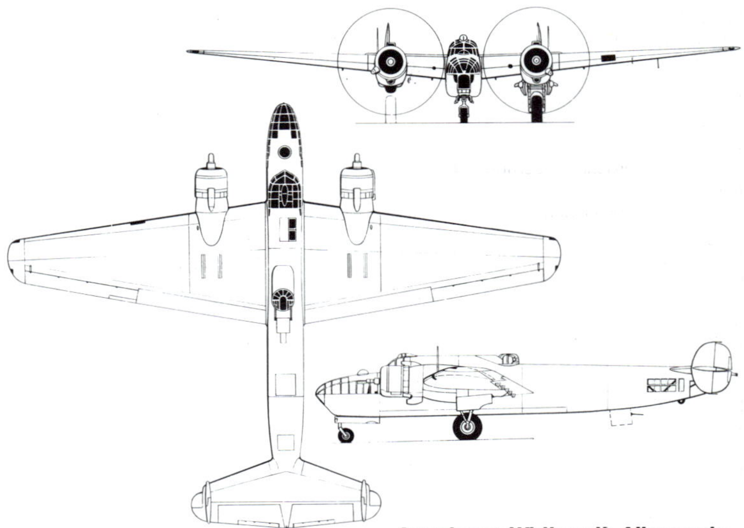

***Armstrong Whitworth Albemarle Mk V.***

## TECHNISCHE DATEN

**Armstrong Whitworth A.W.41 Albemarle**

**Typ:** viersitziges Transport- und Schleppflugzeug

**Triebwerke:** zwei Bristol Hercules XI Sternmotoren mit je 1186 kW (1613 PS)

**Leistung:** (Schleppversion) Höchstgeschwindigkeit 426 km/h in 3200 m Höhe; Marschgeschwindigkeit 274 km/h; Dienstgipfelhöhe 5485 m; Reichweite 2092 km

**Gewicht:** max. Startmasse 10.251 kg

**Abmessungen:** Spannweite 23,47 m; Länge 18,26 m; Höhe 4,75 m; Tragflügelfläche 74,65 $m^2$

**Bewaffnung:** (Schlepp- und Transportversion) Vickers „K" 7,7-mm-Zwillingsmaschinengewehr auf dem Rumpfrücken

***Eine Albemarle Mk V der No. 297 Squadron im Juli 1944. Die Staffel war in Brize Norton für Transport- und Gleiterschleppdienste stationiert. Diesen Aufgaben kam bei der Landung der Alliierten in der Normandie enorme Bedeutung zu.***

## Armstrong Whitworth Argosy bis Atlas C4M Kudu

**Armstrong Whitworth war seit 1935 eine Tochter der Hawker Siddeley Aircraft Co. gewesen und wurde 1961 mit Gloster sowie 1963 mit Avro fusioniert, um dann bei der Durchrationalisierung von Hawker Siddeley Aviation ganz zu verschwinden. Die Atlas Aircraft Corporation of South Africa war im Januar 1965 eine Gründung von Bonuskor und der Industrial Development Corporation mit dem Ziel, eine leistungsfähige einheimische Flugzeugindustrie aufzubauen.**

# Armstrong Whitworth Argosy

*Armstrong Whitworth A.W.650 Argosy 100 von Air Bridge Carriers*

Eine 1955 vom Air Ministry herausgegebene Spezifikation für ein Frachtflugzeug mittlerer Reichweite, das sich sowohl zivil als auch militärisch nutzen ließ, war der erste Schritt zur **AW.650 Argosy**. In jenem Jahr liefen bei Armstrong Whitworth die Arbeiten für einen Entwurf mit doppelten Leitwerksträgern und zwei Propellerturbinen an. 1956 erkannte man jedoch, daß kaum Aussichten auf militärische Aufträge bestanden, und man konzentrierte sich auf eine zivile Version.

Im September beschloß das Unternehmen, das überarbeitete Projekt auf eigenes Risiko fortzuführen. Das neue **AW.650** bezeichnete Muster war durch einen Gondelrumpf zwischen zwei Leitwerksauslegern und vier Propellerturbinen gekennzeichnet. Der Name „Freightliner" änderte sich im Juli 1958 in **Argosy** und die Bezeichnung in **HS.650**, was die Zugehörigkeit von Armstrong Whitworth zur Hawker Siddeley Group widerspiegelte.

Die erste **Argosy** flog in Bitteswell am 8. Januar 1958. Bis Ende 1959 hatte man weitere fünf Flugzeuge in die Luft gebracht. Die ersten vier Maschinen übernahmen das Zulassungsprogramm, so daß im Mai 1959 eine eingeschränkte Musterzulassung erteilt wurde. Im Dezember 1960 folgte das uneingeschränkte Lufttüchtigkeitszeugnis der britischen und amerikanischen Behörden. Dem vierten Flugzeug fiel der erste Auftritt in der Öffentlichkeit anläßlich der Pariser Luftfahrtschau 1959 zu, und 1960 nahmen diese und die fünfte Maschine an der Luftfahrtausstellung in Farnborough teil.

Eine im Oktober 1959 in Europa durchgeführte Demonstrationstournee als kombiniertes Passagier- und Frachtflugzeug zum Kaufpreis von 460.000 Pfund brachte zwar reges Interesse, aber leider keine konkreten Aufträge. Im Februar 1959 hatte sich Riddle Airlines in Miami als Erstbesteller für vier (später plus drei) **Argosies** zum Transport von sperrigem Frachtgut im Auftrag der USAF gezeigt. Nachdem dieser Vertrag abgelaufen war, dienten die sieben **Argosies** für Capitol Airlines und Zantop Air Transport weiterhin in den USA.

BEA übernahm 1961 die erste von drei **Argosy 102**, um ab Dezember dieses Jahres die Douglas DC-3 und die Avro Yorks im Frachtdienst zu ersetzen. Zehn **Argosies** der **Serie 100** wurden gebaut, die, mit Ausnahme des dritten Exemplars, schließlich alle ihren Weg zu den oben erwähnten US-Betreibern fanden. Mindestens vier Maschinen kehrten jedoch nach Großbritannien zurück, um von East Midlands Airport für Sagittair und später für ABC zu fliegen. Auf der Grundlage der zivilen **Argosy 100** wurde eine Serie von 56 **AW.660** für die RAF gebaut, die dieses Muster als **Argosy C.Mk 1** führte.

Die Schlußvariante der **Argosy** war die **Serie 222**, deren Erstflug im März 1964 stattfand. Ein erweiterter Frachtraum und breitere Türen ermöglichten den Transport von sechs 2,74-m-Frachtpaletten – die seinerzeit für internationale Jets übliche Standardgröße. Das neuentworfene Tragwerk hatte eine Gewichtsersparnis von 181 kg und eine entsprechend größere Reichweite ergeben. Aufgrund dieser Verbesserungen willigte BEA in den Tausch von Flugzeugen der **Serie 100** gegen fünf **Argosy 222** ein. Der Verlust einer **222** im Juli 1965 in Mailand veranlaßte BEA zum Kauf des letzten Exemplars von insgesamt sieben Serienflugzeugen. Nachdem im Dezember 1967 eine weitere **Argosy** am Boden ausgebrannt war, ergingen keine Regenerationsaufträge mehr.

Der **Argosy**-Betrieb blieb für BEA stets ein Verlustgeschäft, und im April 1970 zog sie das Muster aus dem Dienst. Alle vier Flugzeuge wurden an Transair in Winnipeg veräußert. Zwei stießen schließlich zum australischen Luftfrachtunternehmen IPEC, die beiden anderen wurden an Safe Air in Neuseeland weiterverkauft. Eine kleine Zahl der RAF-**Argosies** erreichte letztendlich noch zivile Betreiber, die dieses Muster bereits flogen. Ein Einzelexemplar landete bei Philippine Air Lines.

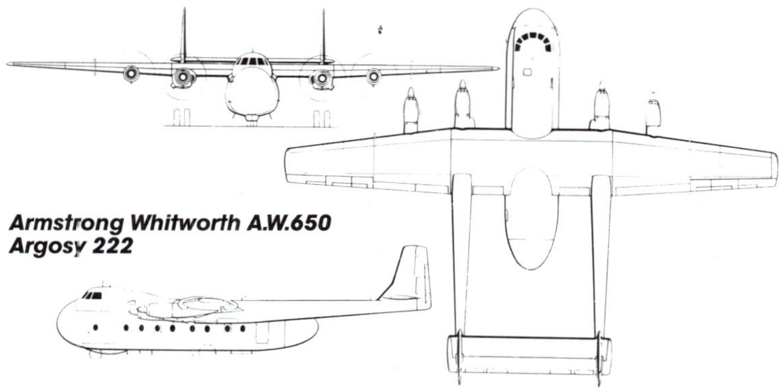

*Armstrong Whitworth A.W.650 Argosy 222*

**TECHNISCHE DATEN**
**Armstrong Whitworth AW.650**

**Typ:** viermotoriges Transportflugzeug
**Triebwerke:** vier Rolls-Royce Dart 526, Propellerturbinen je 1506 kW (2048 WPS)
**Leistung:** mittlere Reisegeschwindigkeit 451 km/h; Dienstgipfelhöhe 6100 m; Reichweite 3219 km
**Gewicht:** Leermasse 20.865 kg; max. Startmasse 39.916 kg
**Abmessungen:** Spannweite 35,05 m; Länge 26,44 m; Höhe 8,23 m; Tragflügelfläche 135,45 m²

***Einer der wenigen noch verbliebenen Argosy-Betreiber ist IPEC, die noch drei Maschinen dieses Musters für Frachtflüge in Australien nutzt.***

# Armstrong Whitworth F.K.8

Als Ersatz für die B.E.2c entwarf Koolhoven die **Armstrong Whitworth F.K.8**, ein durchweg stärkeres Muster mit erheblich größerem Rumpf, um all die Sonderausrüstung aufnehmen zu können, die seine geplante Verwendung als Heeresunterstützungsflugzeug erforderte. Die **F.K.8** wurde gleichzeitig wie die für dieselbe Rolle vorgesehene R.E.8 der Royal Aircraft Factory produziert und erwies sich allgemein als beträchtlich überlegen. Ohne Zweifel waren es politische Aspekte, die der Maschine des Staatsunternehmens zum größeren Auftragspaket verhalfen.

Nach dem Erstflug im Mai 1916 schickte man die **F.K.8** zur Erprobung durch die Central Flying School nach Upavon. Hier kam sie nicht ganz an die spezifizierte Leistung heran, auch wenn die Handhabung durchweg zufriedenstellend war. Dennoch wurden Bestellungen in beachtlicher Größenordnung erteilt. Ab August 1916 trafen bei Armstrong Whitworth Aufträge für über 700 Flugzeuge ein, während Angus Sanderson in Newcastle nochmals weitere 950 Exemplare bauen sollte. Ende 1917 hatte Armstrong Whitworth die Fertigung auf 80-100 **F.K.8** pro Monat hochgefahren. Das Unternehmen hielt diese hohe Rate an, bis es im Juli 1918 in die Produktion des Bristol Fighter einstieg und die Verantwortlichkeit für die **F.K.8** der Firma Sanderson übertrug.

Die **F.K.8** diente unter mehreren Staffeln in Frankreich und Übersee, wobei No. 35 Squadron die erste vollständig umgerüstete Einheit war. Nach dem Krieg trugen sich acht **F.K.8** in die zivilen Zulassungslisten ein. Den höchsten Bekanntheitsgrad dürften dabei wohl die beiden Maschinen erreicht haben, die in Australien der bunten Flotte von Mietflugzeugen bei Queensland and Northern Territory Aerial Services Ltd. (später QANTAS) angehörten.

**Varianten**

Einige Flugzeuge waren mit dem 110 kW (150 PS) starken Reihenmotor Lorraine Dietrich, andere mit dem R.A.F. 4A gleicher Leistung ausgestattet.

***Eine Armstrong Whitworth F.K.8 aus einer Baureihe von 200 Flugzeugen, die bei Angus Sanderson & Co. in Newcastle-upon-Tyne gefertigt wurden. Sanderson war der Hauptthersteller dieses Musters.***

### TECHNISCHE DATEN
**Armstrong Whitworth F.K.8**

**Typ:** zweisitziges Mehrzweckflugzeug
**Triebwerk:** ein Beardmore Reihenmotor mit 119 kW (162 PS)
**Leistung:** Höchstgeschwindigkeit 153 km/h in Meereshöhe; Steigzeit auf 1980 m Höhe 19 Minuten; Dienstgipfelhöhe 3960 m; Flugdauer 3 Stunden
**Gewicht:** Leermasse 869 kg; max. Startmasse 1275 kg
**Abmessungen:** Spannweite 13,26 m; Länge 9,58 m; Höhe 3,33 m; Tragflügelfläche 50,17 m²
**Bewaffnung:** ein starr eingebautes, synchronisiertes Vickers-Maschinengewehr und ein schwenkbares Lewis-Maschinengewehr im hinteren Cockpit, beide 7,7 mm kalibrig

# Arrow Active

Arrow Aircraft Ltd. stellte in erster Linie Flugzeugteile her, baute aber 1931 einen einsitzigen Kunstflug-Doppeldecker. In der üblichen Auslegung eines Doppeldeckers mit einer Aussparung an der Hinterkante des Oberflügels und Doppel-T-Stiel hatte diese **Arrow Active I** ein geteiltes Achsfahrgestell mit Schleifsporn. Den Antrieb besorgte ein Cirrus Hermes-IIB-Reihenmotor.

**Varianten**

**Arrow Active II:** Bezeichnung eines einzelnen Flugzeugs (G-ABVE), das generell dem oben beschriebenen Muster entsprach; die hauptsächlichen Unterschiede bestanden im abgestrebten Mittelteil des Oberflügels und im Antrieb durch den de Havilland Gipsy III mit 89 kW (121 PS); bei der Restaurierung im Jahre 1957 erhielt die Maschine einen 108 kW (147 PS) starken de Havilland Gipsy Major; 1989 war die Active II noch im britischen Zulassungsregister eingetragen

***Jahrelang war sie die Attraktion bei Luftfahrtschauen – die einzige Arrow Active II, die der Tiger Club stellte. Die kleinen Tragflächen und der kräftige Motor verhalfen ihr zum Leistungsvermögen eines Jägers.***

### TECHNISCHE DATEN
**Arrow Active I**

**Typ:** einsitziger Kunstflug-Doppeldecker
**Triebwerk:** ein Cirrus Hermes-IIB-Reihenmotor mit 86 kW (117 PS)
**Leistung:** Höchstgeschwindigkeit 225 km/h; Reisegeschwindigkeit 210 km/h
**Gewicht:** Leermasse 387 kg; max. Startmasse 549 kg
**Abmessungen:** Spannweite 7,32 m; Länge 5,66 m

# Atlas C4M Kudu

Atlas Aircraft Corporation ist der einzige nationale Hersteller von Militärflugzeugen für die South African Air Force (SAAF) und ist bekannt für die Produktion einsitziger und zweisitziger Versionen der italienischen Aermacchi M.B.328 unter der Bezeichnung Impala. Darüber hinaus hat dieses Unternehmen Baugruppen für die Dassault Mirage F1 der SAAF gefertigt. Atlas behauptet, die **C4M Kudu** ohne fremde Hilfe in Afrika entwickelt zu haben, doch eindeutige konzeptionelle Verbindungen zu einem früheren italienischen Muster, der Aeritalia/Aermacchi AM-3C, lassen sich nicht verleugnen. Für die SAAF wurden 40 AM-3C gebaut, die als Beobachtungs- und leichte Nahunterstützungsflugzeuge dienen sollten. Das Avco Lycoming-Triebwerk der Kudu ist ebenfalls ein italienisches Lizenzprodukt.

Die **Kudu**, wie die militärische **C4M** genannt wird, ist als Mehrzweck-Transportflugzeug gedacht. Sie besitzt eine im Vergleich zur AM-3C sparsamere Cockpitverglasung und kann neben der zweiköpfigen Besatzung vier bis sechs Soldaten oder Passagiere in der Kabine befördern. Anstelle von Personen läßt sich bis zu 560 kg Fracht transportieren, die über eine Doppeltür auf der linken Rumpfseite eingebracht wird. Auf der rechten Seite befindet sich eine Schiebetür für Fallschirmspringer. Ferner dürfte die **Kudu** im Versorgungs- und Luftbildvermessungsdienst tätig sein, denn in den Kabinenboden ist eine Falltür eingelassen, die man als Öffnung für Kameras oder zum Abwurf von Nachschub nutzen kann. Zweifellos vermag die **Kudu** auch als Sanitätsflugzeug zu dienen. Der erste (zivile) Prototyp der **C4M** absolvierte am 16. Februar 1974 seinen Erstflug, an den sich am 18. Juni 1975 der des militärischen **Kudu**-Prototyps anschloß. Die Zurückhaltung, mit der sich Südafrika über seine militärischen Angelegenheiten äußert, erschwert die Beschaffung genauer Informationen. Es erscheint jedoch durchaus möglich, daß mehr als 40 **Kudus** gebaut waren, als die Produktion Anfang der achtziger Jahre eingestellt wurde.

### TECHNISCHE DATEN
**Atlas C4M Kudu**

**Typ:** sechs-/achtsitziges kurzstartfähiges Nutz- und Transportflugzeug
**Triebwerk:** ein Avco Lycoming GSO-480-B1B3 6-Zylinder-Boxermotor mit 345 PS
**Leistung:** Höchstgeschwindigkeit in 2440 m Höhe 259 km/h; max. Marschgeschwindigkeit in 3050 m Höhe 233 km/h; max. Steiggeschwindigkeit in Meereshöhe 4,06 m/sek; Dienstgipfelhöhe 4270 m; Reichweite mit 400kg Nutzlast 740 km; Reichweite mit max. Treibstoffzuladung (einschließlich Reserven) 1297 km
**Gewicht:** Leermasse 1230 kg; max. Startmasse 2040 kg
**Abmessungen:** Spannweite 13,08 m; Länge 9,31 m; Höhe 3,66 m; Tragflügelfläche 20,97 m²

***Atlas C4M Kudu der South African Air Force***

## Auster, Serie I-V, bis Avia BH-21

**Taylorcraft Aeroplanes (England) wurde 1938 zum Zwecke der Vermarktung der Leichtflugzeuge der amerikanischen Taylorcraft Aviation Company gegründet, welche man später auch selbst in Lizenz als Auster-Serie baute. 1946 wurde die Firma in Auster Aircraft umbenannt und 1961 in Beagle-Auster Aircraft. Avia ack. Spolecnost Pro Prumysl Letecky entstand 1919 zur Produktion von Zivil- und Militär-Flugzeugen. Bis 1939 blieb das Werk der wichtigste Flugzeugbauer der Tschechoslowakei.**

# Auster I-V Serien

1936 wurde in den USA die Taylorcraft Aviation Company gegründet, um Leichtflugzeuge für die allgemeine Luftfahrt zu konstruieren und zu bauen. Die erfolgreichsten Produkte dieses Unternehmens in der Zeit vor dem Kriege waren die Modelle B, C und D. Im November 1938 wurde Taylorcraft Aeroplanes (England) in Thurmaston, Leistershire, gegründet, die diese Muster in Lizenz fertigen sollte.

Sechs in Amerika gebaute Model A wurden nach Großbritannien importiert, gefolgt von einer Model B. Diese Muster waren typisch für die Flugzeuge, die die neue Firma in Thurmaston produzierte: abgestrebte Hochdecker mit stoffbespannten Tragflächen in gemischter Holz- und Metallbauweise, deren Rumpf und Leitwerk auf einem mit Stoff überzogenen, geschweißten Stahlrohrgerüst aufbauten. In der geschlossenen Kabine fanden zwei Personen auf nebeneinander angeordneten Sitzen Platz, und das nicht einziehbare Spornrad-Fahrgestell wurde durch Gummipuffer abgefedert. Das Triebwerk der importierten Model A war ein 30kW (41 PS) starker 4-Zylinder-Boxermotor Continental A-40, das von Model B ein A-50 desselben Herstellers mit 37 kW (50 PS).

Das in England gebaute Äquivalent der Model A erhielt zunächst die Bezeichnung Model C, doch diese änderte sich bald in Auster Plus C, um die gesteigerte Leistung durch den neuen Motor O-145-A2 mit 41 kW (56 PS) hervorzuheben. Insgesamt 23 Plus C, einschließlich Prototyp (G-AFNW), wurden gebaut. Mit dem 67 kW (91 PS) starken Motor Cirrus Minor 1 wandelte sich die Bezeichnung in Plus D, und bis zum Ausbruch des Zweiten Weltkriegs waren neun Zivilflugzeuge fertiggestellt.

Von den 32 Maschinen britischer Fertigung beschlagnahmte die RAF 20 Plus C und vier Plus D. Die Plus C wurden für den Dienst bei der RAF auf den Cirrus Minor ummotorisiert und erhielten die Neubezeichnung Plus C.2. Die Mehrzahl ging an die No. 651 Squadron, die ihre Eignung im Beobachtungs- und Verbindungsdienst prüfen sollte. Dies führte zu einem Erstauftrag für 100 grundsätzlich ähnliche Militärflugzeuge der Kategorie **Auster I**.

Die Muster erhielten Spreizklappen an der Hinterkante zur Verbesserung der Kurzpisten-Leistung, veränderten sich ansonsten während des Krieges aber kaum. In dieser Zeit rollten mehr als 1600 Flugzeuge für den militärischen Dienst unter der Bezeichnung **Auster I, III, IV** und **V** vom Band. Die **Auster I** wurde bei No. 654 Squadron im August 1942 in Dienst gestellt. Nur zwei **Auster II** mit dem Lycoming O-290 à 97 kW (132 PS) wurden fertiggestellt, weil das amerikanische Triebwerk nicht mehr lieferbar war. Dies führte zur **Auster III**, die grundsätzlich mit der **Auster I** übereinstimmte, aber einen 97 kW (132 PS) starken Gipsy Major I als Antrieb besaß. Auf 470 **Auster III** folgten 254 **Auster IV**, bei denen man wieder auf den Lycoming-Motor zurückgriff und eine etwas größere Kabine für drei Sitze einführte. Die Hauptserienversion mit annähernd 800 Exemplaren wurde die **Auster V**. Sie unterschied sich von der **Auster IV** durch ihre Blindfluginstrumentierung.

Auf dem Höhepunkt ihrer Verwendung rüstete die **Auster** folgende Staffeln aus: No. 652, 653, 657, 658, 659, 660, 661, 662, 664 und 665 Squadron im Bereich der 2nd Tactical Air Force und No. 651, 654, 655, 656, 663, 666, 671, 672 und 673 Squadron der Desert Air Force. Eine kleine Zahl flogen auch die zugeordneten kanadischen und holländischen Staffeln. Ihr operativer Einsatz begann während der Invasion in Algerien, und bei den Feldzügen in Sizilien und Italien erwiesen sie sich als unentbehrliches Instrument. Knapp drei Wochen nach D-Day befanden sich diese unbewaffneten Leichtflugzeuge beim Vormarsch der alliierten Armeen durch Frankreich in vorderster Linie im Einsatz. Sie wurden von britischen Heeresoffizieren geflogen, die die RAF zum Dienst bei den AOP-Staffeln ausgebildet hatte, und fungierten als vorgeschobene Artilleriebeobachter. Eine andere Version lieferte zudem Luftbildaufnahmen, die die Wirkung des Artilleriefeuers dokumentierten.

***Britische Taylorcraft Auster I***

***Die Auster IV unterschied sich nur geringfügig von der Auster V.***

**TECHNISCHE DATEN**

**Auster I-V Serien**

**Typ:** leichtes Verbindungs-/Beobachtungsflugzeug
**Triebwerk:** (Auster V) ein Lycoming O-290-3 4-Zylinder-Boxermotor mit 97 kW (132 PS)
**Leistung:** Höchstgeschwindigkeit 209 km/h in Meereshöhe; Marschgeschwindigkeit 180 km/h; normale Reichweite 402 km
**Gewicht:** Leermasse 499 kg; max. Startmasse 839 kg
**Abmessungen:** Spannweite 10,97 m; Länge 6,83 m; Höhe 2,44 m; Tragflügelfläche 15,51 m²
**Bewaffnung:** keine

# Auster A.O.P.6

Der Einsatz von Luftfahrzeugen als fliegende Beobachtungsstationen für das Heer begann im Ersten Weltkrieg, und im Zweiten Weltkrieg wurde eine beträchtliche Zahl amerikanischer Leichtflugzeuge für denselben Zweck eingezogen. In Großbritannien hatte die Fortentwicklung des amerikanischen Vorkriegsentwurfs der Firma Taylorcraft eine Serie von Flugzeugen hervorgebracht, deren letzte Version die Auster 5 mit einem 97 kW (132 PS) starken Avco Lycoming als Antrieb war. 1946 änderte die Firma ihren Namen in Auster Aircraft.

Als sich das Ende des Krieges abzeichnete, beschloß man, ein Nachfolgemuster für die Auster 5 mit britischem Triebwerk zu bauen. 1945 erschien die **Auster A.O.P.6** mit verstärktem Hinterrumpf, höherem Gesamtgewicht und stärkerem Antrieb, dem de Havilland Gipsy Major 7, der seine Leistung von 108 kW (147 PS) auf einen Propeller mit größerem Durchmesser abgab. Um die nötige Bodenfreiheit zu erhalten, mußten die Fahrwerksbeine verlängert werden. Eine deutliche Änderung im äußeren Erscheinungsbild ergab sich aus nicht einziehbaren Flügelklappen an der Hinterkante des Tragwerks, die die Startleistung verbessern sollten.

Die Produktion der ersten Serie mit 296 **A.O.P.6** wurde 1949 abgeschlossen, doch 1952 wieder angefahren. Am Ende dieser Baureihe hatte sich die Gesamtzahl der **A.O.P.6** auf rund 400 erhöht. Davon gingen 22 vormals britische Flugzeuge an die belgische Luftwaffe und zwei Maschinen an die Royal Hong Kong Auxiliary Air Force. Neugebaute Exemplare wurden an die Royal Canadian Air Force (36), South African Air Force (5) und die Arab Legion (4) geliefert.

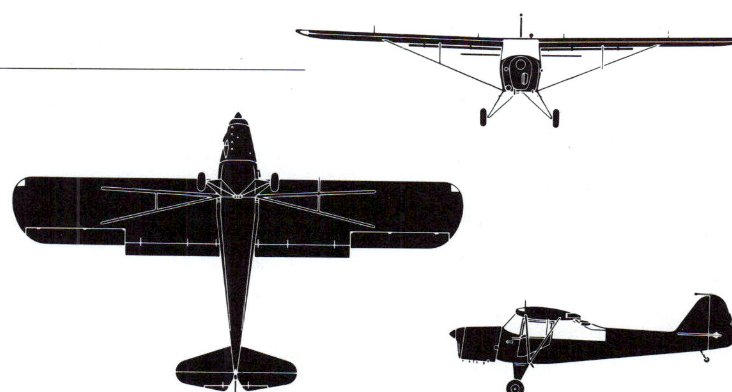

In seinem Buch „Soldiers in the Air" verglich Brigadier Peter Mead die **A.O.P.6** mit der Auster 5. Er hob hervor, daß sie keinen künstlichen Horizont hatte, daß die Maschine schwerer und somit die Flugsteuerung schwergängiger war und eine schlechtere Leistung beim Start brachte.

***Die A.O.P.6 war das Nachfolgemuster für die Auster 5 in der Beobachtungsrolle. Nach dem Krieg wurde sie durch die leistungsfähigere und insgesamt besser geeignete A.O.P.9. ersetzt.***

Bei vielen Piloten, so behauptet Mead, habe die Tatsache, daß ihre Startstrecke deutlich länger als die Landestrecke war, Zweifel und Befürchtungen hervorgerufen, wenn sie ihre Maschine zum Start auf fremden kleinen Flugplätzen ausrichteten.

Dennoch leistete die **A.O.P.6** etliche Jahre Dienst, bis ihre Ablösung durch die **A.O.P.9** 1955 einsetzte. Als überschüssige **A.O.P.6** im Angebot erschienen, wurden zudem die entsprechend umgerüsteten Maschinen rasch von der allgemeinen Luftfahrt als **Auster Mk 6A** und später als Beagle Terrier aufgesogen.

**Varianten**

**Auster Mk 6A Tugmaster:** Umrüstung zum zivilen Segelschleppflugzeug mit dem Reihenmotor Gipsy Major 10 à 108 kW (147 PS); eine beachtliche Zahl wurde für den Schleppdienst in Großbritannien, Finnland und Schweden umgebaut und mindestens 22 kanadische, 12 belgische und zwei südafrikanische Exemplare zu normalen Zivilflugzeugen umfunktioniert; Auszug aus dem Datenblatt: Höchstgeschwindigkeit 195 km/h; Reisegeschwindigkeit 169 km/h; Leermasse 671 kg und max. Startmasse 998 kg

**Auster Mk 6B/Beagle Terrier 1 und 2:** mindestens 20 Flugzeuge wurden von Beagle Aircraft zu Terrier 1 und 2 umgebaut; das erste seriengefertigte Flugzeug war am 25. April 1962 flugbereit; Antrieb wie bei der Mk 6A Tugmaster; ansonsten beinhaltete die Umrüstung eine komplette Überholung der Zelle und des Motors, neue Leitwerksflächen und Querruder sowie schalldichte Innenauskleidung der Kabine; Auszug aus dem Datenblatt: Höchstgeschwindigkeit 192 km/h in Meereshöhe; max. Reisegeschwindigkeit 172 km/h in 760 m Höhe; Reichweite 451 km; Leermasse 726 kg und max. Startmasse 1066 kg

**Auster S:** Fortentwicklung der A.O.P.6 in Eigeninitiative mit Reihenmotor Blackburn Cirrus Bombardier à 134 kW (182 PS), einziehbaren Spreizklappen an der Hinterkante, kugelsicherem Tank und besonders großen Rädern/Reifen für den Betrieb auf weichem Untergrund; nur ein Prototyp, der im September 1955 abgeschrieben wurde

**Auster T.7:** Trainerversion der A.O.P.6 mit Doppelsteuer, rasch rückrüstbar auf den A.O.P.-Standard; nach Umrüstung des A.O.P.6-Prototyps zum T.7-Prototyp wurden mehr als 80 Exemplare gefertigt; zu den Nutzern im Ausland zählten die RCAF (6), die Luftstreitkräfte Birmas (3) und die Arab Legion (2)

**TECHNISCHE DATEN**
**Auster A.O.P.6**

**Typ:** zweisitziges Beobachtungsflugzeug
**Triebwerk:** ein Reihenmotor de Havilland Gipsy Major 7 mit 108 kW (147 PS)
**Leistung:** Höchstgeschwindigkeit 200 km/h in 305 m Höhe; Marschgeschwindigkeit 174 km/h; Dienstgipfelhöhe 4265 m, Reichweite 507 km
**Gewicht:** Leermasse 641 kg; max. Startmasse 980 kg
**Abmessungen:** Spannweite 10,97 m; Länge 7,24 m; Höhe 2,55 m; Tragflügelfläche 17,09 m²

# Auster A.O.P.9

Mitte der fünfziger Jahre wurde die **Auster A.O.P.9** als Ersatz für die Auster 6 vorangetrieben. Sie hatte eine etwas niedrigere höchstzulässige Startmasse, aber ein beträchtlich stärkeres Triebwerk in Form des Blackburn Cirrus Bombardier mit 134 kW (182 PS), so daß sich die Start- und Landeleistungen erheblich verbesserten. Dank des robusten Fahrwerks mit Niederdruckreifen konnte diese Maschine auf gepflügten Äckern und Schlammböden operieren. Der hintere Cockpitboden ließ sich gegen einen anderen Boden austauschen, der genügend Platz für Funktionen wie zum Beispiel Verwundetenevakuierung, Verlegung von Fernmeldekabeln und Luftbildtätigkeiten bot.

Der Prototyp **A.O.P.9** flog beim Hersteller erstmals am 19. März 1954. Schon bald kam das neue Muster unter No. 656 Squadron im Rahmen der Operation „Firedog" gegen Terroristen in Malaysia zum Einsatz. Im September 1957 wurde das Army Air Corps gebildet, und übernahm die A.O.P.-Dienste von der RAF. Bis dahin hatte No. 656 Squadron 143.000 Flugstunden absolviert, mehr als jede andere „Firedog" Einheit.

Bei No. 653 Squadron in Aden begannen jedoch Motorprobleme den Betrieb ernsthaft zu beeinträchtigten. Die verminderte Motorleistung beim Einsatz von Flugfeldern in Höhenlagen zwischen 1220 2135 m ergab einen lahmen Steigflug, der angesichts der bewaffneten feindlichen Stämmen höchst gefährlich war. Zu diesem Zeitpunkt zog das Heer aber bereits die Einführung von Hubschraubern für den Beobachtungsdienst in Erwägung, so daß man keine Mittel mehr zur Verbesserung der Auster bewilligte. Insgesamt 145 Flugzeuge wurden gebaut, von denen einige an das Heer und die Luftstreitkräfte Indiens sowie an die südafrikanische Luftwaffe gingen.

**Varianten**

**Auster 9M:** 1967 aus Überschußbeständen des Heeres von Captain M. Somerton-Rayner aufgekaufte Flugzeuge, die später mit einem Avco Lycoming O-360-A1D à 134 kW (182 PS) ausgerüstet und für die zivile Luftfahrt zugelassen wurden

**Auster A.O.P.11:** eine dreisitzige STOL-Version der A.O.P.9 mit einem Rolls-Royce Continental IO-470-D Triebwerk à 194 kW (264 PS); Beagle Aircraft produzierte lediglich ein Einzelexemplar, Beagle A.115 oder E.3 genannt; in privater Hand tauchte die Maschine 1971 wieder im Zulassungsregister auf; Daten wie für A.O.P.9 mit Ausnahme der Höchstgeschwindigkeit von 238 km/h, Leermasse von 961 kg und max. Startmasse von 1157 kg

**TECHNISCHE DATEN**
**Auster A.O.P.9**

**Typ:** zwei-/dreisitziges Beobachtungsflugzeug
**Triebwerk:** ein Reihenmotor Blackburn Cirrus Bombardier 203 mit 134 kW (182 PS)
**Leistung:** Höchstgeschwindigkeit 204 km/h; Marschgeschwindigkeit 177 km/h; Anfangssteiggeschwindigkeit 4,75 m/sek; Dienstgipfelhöhe 5945 m; Reichweite 389 km
**Gewicht:** Leermasse 721 kg; max. Startmasse 1057 kg
**Abmessungen:** Spannweite 11,10 m; Länge 7,23 m; Höhe 2,72 m; Tragflügelfläche 18,35 m²

# Avia B.534

Die **Avia B.534** war das bedeutendste tschechische Flugzeug zwischen den beiden Weltkriegen. Die Produktion belief sich auf insgesamt 566 Maschinen. Der klassische einsitzige Doppeldeckerjäger repräsentierte die höchste Entwicklungsstufe dieser Luftfahrzeuggattung. Die Endstufe bildeten Doppeldecker mit einziehbarem Fahrgestell, wie die sowjetische Polikarpow I-153 und die Grumman-Jäger für die US Navy.

Der Konstrukteur František Novotny hatte den glücklosen Prototyp **Avia B.34/2** mit einem Hispano-Suiza 12Ybrs ummotorisiert. Die **B.534/1**, wie ihre neue Bezeichnung lautete, flog im August 1933 zum ersten Mal mit Václav Koci am Steuer und erwies sich als äußerst vielversprechend. Ober- und Unterflügel des einstieligen Doppeldeckers mit N-Streben besaßen eine ungleiche Spannweite und waren horizontal gegeneinander versetzt. In der Mitte stützte sich der Oberflügel zusätzlich auf gestauchte N-Streben gegen den Rumpf. Querruder befanden sich am Ober- und Unterflügel. Der genietete Zweiholmflügel war stoffbespannt, während der auf Stromlinienform bedachte Rumpf auf einem Stahlrohrgerüst mit Niet- und Schraubverbindungen fußte. Dieser hatte im vorderen Bereich eine Abdeckung aus abnehmbaren Blechen und im hinteren Teil aus Gewebe. Das Höhenleitwerk stützte sich mit Streben gegen den Hinterrumpf, und das geteilte Fahrgestell mit Halbachsgelenken an der Unterseite des Rumpfes war ölgefedert. Der zweite Prototyp **(B.534/2)** erhielt ein geschlossenes Cockpit, ein größeres Seitenruder und ein überarbeitetes Fahrgestell mit verkleideten Haupträdern. Er stellte am 18. April 1934 mit 365,74 km/h einen neuen tschechischen Geschwindigkeitsrekord auf.

Die Bruchlandung beider Prototypen im Jahre 1934 unterbrach die Entwicklung, aber die Beschaffung der **B.534** für die tschechischen Luftstreitkräfte war bereits entschieden. Die erste Serienversion **Avia B.534-I** lehnte sich eng an den Entwurf des zweiten Prototyps an. Dessen Metallpropeller wurde allerdings durch eine hölzerne Luftschraube ersetzt, und der Pilot flog – wie beim ersten Prototyp – in einer offenen Kanzel. Die Haupträder waren noch unverkleidet.

Die Produktion der **B.534-I** belief sich auf insgesamt 46 Exemplare. Die Bewaffnung bestand aus einem leichten Zwillings-Maschinengewehr im Rumpf und zwei weiteren in Verkleidungen am Unterflügel. Die Serie **Avia B.534-II** ergab 100 Flugzeuge. Hauptunterschied der neuen Version war die seitliche Rumpfposition aller vier Maschinengewehre mit entsprechenden Seitenwülsten für die Gehäuse. Da man den neuen Jäger auch als tauglich für den Erdkampf beurteilte, versah man den Unterflügel mit Schlössern für Leichtbomben. Die anschließend in Auftrag gegebenen 46 **B.534-III** bekamen Radverkleidungen und einen kinnmontierten Vergaserlufteinlauf. Sechs Flugzeuge dieser Version wurden nach Griechenland und 14 nach Jugoslawien exportiert. Die **B.534-IV** hatte eine Schiebehaube und eine angeglichene hintere Rumpfabdeckung. Die tschechischen Aufträge für diese Version umfaßten 253 Flugzeuge. Die **Avia Bk.534** entsprach grundsätzlich der Serie IV, erhielt jedoch eine Kanonenbewaff-

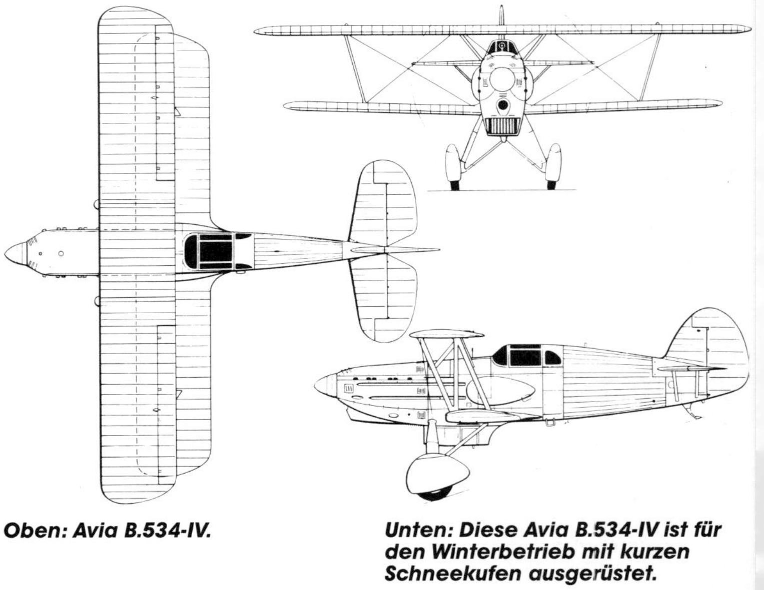

***Oben: Avia B.534-IV.***

***Unten: Diese Avia B.534-IV ist für den Winterbetrieb mit kurzen Schneekufen ausgerüstet.***

*Dies ist einer der drei B.534-IV Jäger, die während des slowakischen Nationalaufstands im September 1944 für die slowakischen Luftstreitkräfte flogen. Die Insignien gründen auf der Markierung, die vor dem Zusammenschluß zur Tschechoslowakei praktiziert wurde.*

*1942/43 flog diese B.534-IV als Schleppflugzeug mit ziviler ungarischer Kennung. In Ferihegy stationiert, hatte die von den Slowaken erbeutete Maschine zuvor bei den ungarischen Luftstreitkräften im Verbindungsdienst gestanden.*

*Eine Avia B.534-IV des 2. Luftregiments der Königlich-Bulgarischen Luftstreitkräfte im Zeitraum 1941/42. In Ermangelung einer effektiven Luftfahrtindustrie im eigenen Lande war Bulgarien weitgehend auf ausländische Produkte angewiesen. Dabei handelte es sich meistens um Beutestücke oder von den Achsenmächten erworbene Militärflugzeuge.*

*Diese B.534-IV diente Ende 1939 bei der 3. Staffel/Jagdgeschwader 71 in Eutingen bei Stuttgart. Die deutsche Verwendung erbeuteter Frontflugzeuge war zeitlich begrenzt, und diese Einheit (ebenso wie die 6./JG 51) rüstete in den Folgemonaten zügig auf die Messerschmitt Bf 109 um.*

nung. Vorgesehen war der Einbau einer 20-mm-Oerlikon-Kanone im V des Hispano-Suiza 12Ycrs mit der Mündung in der hohlen Propellernabe. Aus Mangel an Oerlikon-Waffen flogen aber zahlreiche **Bk.354** mit drei Maschinengewehren, von denen eines anstelle der Kanone und zwei in den Rumpfseiten installiert waren. Bei einigen **B.534-IV** und **Bk.534**-Jägern wurde der Standard-Schleifsporn durch ein frei bewegliches Spornrad ersetzt.

Beim Züricher Internationalen Fliegertreffen im Juli 1937 demonstrierte die **B.534** ihre hervorragende Manövrierbarkeit und zeigte gute Werte über den gesamten Flugleistungsbereich. Im Wettbewerb erwies sich dieses Muster als der herausragende Doppeldecker.

Zum Zeitpunkt des Münchener Abkommens im September 1938 waren 21 tschechische Jagdstaffeln mit der **B.534** ausgerüstet. Nach der Besetzung des Landes durch die Deutschen im März 1939 setzte die slowakische Marionettenregierung einige **B.534** im kurz währenden Grenzkrieg mit Ungarn ein. Anschließend nahmen drei slowakische Staffeln an der Invasion der Sowjetunion entlang der ukrainischen Front teil. Mitte 1942 waren jedoch sämtliche Staffeln umgerüstet, und das Muster leistete nur noch Ausbildungsaufgaben. Im Winter 1942/43 erhielt Bulgarien 72 **B.534** zur Ausrüstung von fünf Jagdstaffeln. Diese Einheiten blieben auf bulgarischem Territorium, und ihr einziger Kampfeinsatz richtete sich gegen Consolidated B-24 Liberator-Bomber, die vom verheerenden Bombenangriff gegen die Ploesti-Erdölfelder in Rumänien am 1. August 1943 zurückkehrten. Die unzureichende Leistung der **B.534** führte bald darauf zur Ablösung durch in Frankreich gebaute Eindecker vom Typ Dewoitine D.520.

Die Luftwaffe nutzte **B.534** und **Bk.534** zur Fortgeschrittenenschulung und als Schleppflugzeuge für Ausbildungs-Lastensegler. Einige Maschinen wurden mit Vollsichthauben ausgerüstet, andere mit Fanghaken zur Erprobung von Deckslandungen und zur Ausbildung in Zusammenhang mit Luftschiff-Flugzeugträger Graf Zeppelin, ein nie vollendetes Vorhaben, herangezogen.

Schließlich flogen die Slowaken während des Nationalaufstands noch drei **Avias**, die ihnen bei der Einnahme des Flugplatzes Tri Duby im Spätsommer 1944 in die Hände gefallen waren. Zwei Maschinen gingen bei Luftangriffen der Deutschen am Boden verloren, und das dritte Exemplar wurde verbrannt, um eine Vereinnahmung durch die Deutschen zu verhindern.

**Varianten**

**Avia B.234:** projektierte Weiterentwicklung der B.34 mit neuem Antrieb
**Avia B.334:** projektierte Weiterentwicklung der B.34 mit neuem Antrieb
**Avia B.434:** projektierte Weiterentwicklung der B.34 mit neuem Antrieb
**Avia B.634:** als „bereinigte Fortentwicklung" der B.534 1935 in Auftrag gegeben, und als aerodynamisch verfeinertes Muster mit einem strömungsgünstigen, sorgfältig verkleideten freitragenden Fahrgestell erschienen; im Vergleich zur B.534 war die Profiltiefe des Oberflügels gewachsen, die des Unterflügels verringert und der Betrag des Versatzes zwischen Ober- und Unterflügel reduziert; trotz aller Bemühungen um Stromlinienform ergab sich lediglich eine schwache Leistungsverbesserung aufgrund des Gewichtszuwachses; Auszug aus dem Datenblatt: Antrieb durch einen von Avia gebauten Reihenmotor Hispano-Suiza HS 12Ycrs mit 626 kW (850 PS); Höchstgeschwindigkeit 415 km/h; Anfangssteiggeschwindigkeit 16 m/sek; Reichweite 500 km; Leermasse 1710 kg; Spannweite 9,40 m und Länge 8,35 m

## TECHNISCHE DATEN

**Avia B.534-IV**

**Typ:** Jagdeinsitzer
**Triebwerk:** ein Reihenmotor Hispano-Suiza HS 12Ycrs mit 626 kW (850 PS)
**Leistung:** Höchstgeschwindigkeit 394 km/h in 4400 m Höhe; Marschgeschwindigkeit 345 km/h; Anfangssteiggeschwindigkeit 15 m/sek; Dienstgipfelhöhe 10.600 m; Reichweite 580 km
**Gewicht:** Leermasse 1460 kg; max. Startmasse 2120 kg
**Abmessungen:** Spannweite 9,40 m; Länge 8,20 m; Höhe 3,10 m; Tragflügelfläche 23,56 m²
**Bewaffnung:** vier starre 7,7-mm-Maschinengewehre, Modell 30 mit Synchronisiereinrichtung, im Vorderrumpf und bis zu sechs 20-kg-Bomben an Pantof-Aufhängungen unter den Flächen

# Avia BH-9

*Avia B.9 Schulflugzeug des 3. Luftregiments der tschechischen Luftstreitkräfte.*

Das Sport- und Reiseflugzeug **Avia BH-9** war ein abgestrebter Tiefdecker, der direkt von der BH-5 abgeleitet wurde. Der Prototyp flog erstmals 1923, angetrieben von einem Walter-NZ-Sternmotor mit 44 kW (60 PS). Die Armee zeigte sich interessiert, und erteilte einen Auftrag über zehn Flugzeuge für den Verbindungs- und Ausbildungsdienst. Diese Maschinen erhielten die militärische Bezeichnung **B.9**.

Durch eine Reihe bemerkenswerter Flüge hob sich die **B.9** von anderen Mustern ihrer Klasse ab. So trug beispielsweise ein Exemplar den Sieg beim berühmten Coppa d'Italia 1925 davon. Im Sommer 1926 flog Leutnant Jira die **B.9.11** (L-BONG) von Prag nach Paris und zurück und legte die Distanz von 1800 km mit einer Durchschnittsgeschwindigkeit von 131,2 km/h zurück. 1928 standen neun **B.9** bei der tschechischen Heeresfliegerschule in Cheb im Dienst, und selbst 1939 wurden immer noch zwei Exemplare bei Fliegerclubs eingesetzt.

**Varianten**

**Avia BH-10:** einsitzige Kunstflugversion der BH-9; das erste Exemplar erschien 1924, und mindestens 20 Maschinen wurden gebaut, davon zehn als B.10 für die tschechischen Luftstreitkräfte; Auszug aus dem Datenblatt: Antrieb durch einen Walter-NZ-Sternmotor mit 44 kW (60 PS); Höchstgeschwindigkeit 160 km/h; Leermasse 280 kg und max. Startmasse 414 kg; Spannweite 8,80 m, Länge 6,64 m und Tragflügelfläche 9,80 m²

**Avia BH-11:** ähnliche zweisitzige Ausführung der BH-9 von 1929; 15 Flugzeuge wurden als B.11 an die tschechischen Luftstreitkräfte geliefert; 1929 erschien auch die zivile Sportversion BH-11B Antelope mit einem Walter Vega als Antrieb; die in kleiner Stückzahl produzierte BH-11B war etwas größer und schwerer als die BH-11; Auszug aus dem Datenblatt: Antrieb durch einen Walter-Vega-Sternmotor mit 63 kW (85 PS); Höchstgeschwindigkeit 176 km/h; Reisegeschwindigkeit 155 km/h; Dienstgipfelhöhe 3500 m; Reichweite 700 km; Leermasse 379 kg und max. Startmasse 627 kg; Spannweite 10,40 m, Länge 6,82 m und Tragflügelfläche 13,75 m²

**BH-11C:** Motor wie BH-11 (Walter NZ mit 44 kW/60 PS), aber erhöhte Spannweite von 11,10 m

**Avia BH-12:** andere zweisitzige Weiterentwicklung der BH-9 mit leicht geändertem Tragflächenprofil, aber ansonsten ähnlich wie das frühere Muster; die BH-12 kam 1924 heraus, um den Bedarf an Sportflugzeugen zu decken; für Transport- und Abstellzwecke ließen sich die Tragflächen mühelos über vordere Holmgelenke beiklappen und an den Rumpfseiten sichern; in dieser Form konnte die BH-12 von einem Kraftfahrzeug geschleppt oder per Hand geschoben werden, da sie sehr leicht war

**TECHNISCHE DATEN**
**Avia BH-9**

**Typ:** zweisitziges Sport- und Schulflugzeug
**Triebwerk:** ein Walter-NZ-Sternmotor mit 44 kW (60 PS)
**Leistung:** Höchstgeschwindigkeit 158 km/h; Reisegeschwindigkeit 125 km/h; Dienstgipfelhöhe 4500 m; Reichweite 470 km
**Gewicht:** Leermasse 345 kg; max. Startmasse 550 kg
**Abmessungen:** Spannweite 9,72 m; Länge 6,64 m; Höhe 2,53 m; Tragflügelfläche 13,60 m²

***Sechs der 15 Avia B.11 für die tschechischen Luftstreitkräfte. Diese Schulflugzeuge wurden für das Militär direkt von dem zivilen Muster BH-11 abgeleitet. Sie leisteten Mitte der zwanziger Jahre grundsolide Arbeit im harten Schulungsalltag.***

# Avia BH-21

***Eine Avia B.21 des 3. Luftregiments der tschechischen Luftstreitkräfte, die 137 Jäger dieses Typs beschaffte. Sie dienten zwischen 1925 und 1933.***

Die im Januar 1925 getestete **Avia BH-21** wurde von Benes und Hajn entwickelt, um die Schwierigkeiten mit dem früheren Jagdeinsitzer BH-17 auszuräumen. Die beiden Kühler des von Avia gebauten Reihenmotors Hispano Suiza 8Fb, die bei der BH-17 am Fahrgestell montiert waren, ersetzte man durch eine Baugruppe unter dem Rumpf der **BH-21**. Ein anderes Problem der BH-17 hatte in der Sichtbeeinträchtigung der Piloten bestanden, die eine pyramidenförmige Verkleidung zwischen Rumpf und Oberflügel verursachte. Diesen Schwachpunkt beseitigte man bei der **BH-21** durch Baldachinstreben. Ferner wichen die I-Streben der BH-17 den herkömmlichen N-Streben eines einstieligen Doppeldeckers.

Als **B.21** von den tschechischen Luftstreitkräften in Dienst gestellt, erwies sich der neue Jäger als robust und leistungsfähig, so daß insgesamt 137 Exemplare beschafft wurden. Aus einer Wettbewerbsveranstaltung, die die zuständigen belgischen Behörden im Juni 1925 abhielten, ging die **B.21** als Sieger hervor. Dies zog den Kauf eines in der Tschechei gebauten Flugzeugs und die Lizenzfertigung von 44 weiteren Exemplaren (39 durch SABCA und fünf durch SEGA) nach sich.

Nach weitverbreitetem Einsatz in den tschechischen Jagdstaffeln trat die **B.21** Anfang der dreißiger Jahre ihren Platz an die Avia B.33 ab. Die ausgezeichnete Kurvengeschwindigkeit der B-21 führte jedoch zu den nachfolgend beschriebenen Entwicklungen.

**Varianten**

**Avia BH-21J:** Standard-BH-21 mit gestutzten Tragflächen, die versuchsweise mit einem Bristol-Jupiter-Sternmotor ausgerüstet wurde; der Typ überzeugte und führte zur Entwicklung der BH-33

**Avia BH-21R:** Rennversion des Jägers BH-21, erstmals Anfang 1925 geflogen; den Antrieb lieferte ein getrimmter Hispano-Suiza 8Fb, der 294 kW (400 PS) erzeugte und einen eigens entwickelten Reed-Levavasseur-Propeller drehte; die Tragflügelfläche war um 8,20 m² reduziert; die vom Werkspiloten Fritsch geflogene Avia BH-21R gewann das nationale Flugrennen der Tschechei im September 1925, als die Maschine die 200-km-Strecke mit einer durchschnittlichen Geschwindigkeit von 300,59 km/h zurücklegte.

**TECHNISCHE DATEN**
**Avia BH-21**

**Typ:** Jagdeinsitzer
**Triebwerk:** ein Hispano-Suiza-8Fb-Reihenmotor (Avia-Lizenzfertigung) mit 228 kW (310 PS)
**Leistung:** Höchstgeschwindigkeit im Horizontalflug 245 km/h in 3000 m Höhe; Steigzeit auf 5000 m Höhe 13 Minuten; Dienstgipfelhöhe 5500 m; Reichweite 550 km
**Gewicht:** Leermasse 720 kg; max. Startmasse 1084 kg
**Abmessungen:** Spannweite 8,90 m; Länge 6,87 m; Höhe 2,74 m; Tragflügelfläche 21,96 m²
**Bewaffnung:** zwei starre 7,7-mm-Vickers-Maschinengewehre mit einer Synchronisiereinrichtung

## Aviamilano P.19 Scricciolo bis Avro 531 Spider

**Die Automobil- und Aviatik-AG spielte im Ersten Weltkrieg eine wichtige Rolle für die Flugzeugindustrie Deutschlands und Österreich-Ungarns. Das einzige „Serienflugzeug" der Aviation Traders (England) vor der Übernahme 1958 durch Airwork war die Frachtvariante Carvair der DC-4 von Douglas. Avions Fairey war die belgische Filiale von British Fairey. Avro, seit 1910 bestehend, wurde 1913 zur A.V. Roe & Co.**

# Aviamilano P.19 Scricciolo

Professor Ing. Ermenogildo Preti entwarf die zweisitzige **Aviamilano P.19 Scricciolo** (Zaunkönig) gemäß den Vorstellungen des italienischen Aero Clubs. Der Prototyp flog am 13. Dezember 1959 zum ersten Mal, und nach der Musterzulassung im nächsten April wurde er dem Mailänder Aero Club übergeben.

Das Werk Avianomilano in Bresso, Mailand, legte eine Erstserie mit 25 Flugzeugen auf, die Mitte 1963 ausgeliefert waren, so daß eine ähnliche Serie anlaufen konnte. Die **Scricciolo** wurde in drei Ausführungen angeboten. Das erste Baulos mit der Bezeichnung **P.19** hatte einen Continental O-200-A, der seine 75 kW (102 PS) auf einen nicht verstellbaren Dreiblatt-Holzpropeller abgab. Einige Maschinen waren mit einem starren Bugfahrwerk anstelle des normalen Spornrad-Fahrgestells ausgestattet und erhielten in dieser Form die Bezeichnung **P.19 trs**. Die Versuchsmaschine dieser Variante war 1965 fertiggestellt, aber mehrere frühere Flugzeuge wurden nachträglich auf das Dreibein-Fahrwerk umgestellt. Der Bedarf an einem Segelschleppflugzeug führte 1964 zur **P.19R** mit einem 112 kW (152 PS) starken Lycoming-O-320-A1A-Motor, der entweder einen Festblatt- oder einen Verstellpropeller drehte.

Alle Versionen der **Scricciolo** hatten einen geschweißten Stahlrohrrumpf mit Stoffbespannung, während die Tragflächen und das Leitwerk aus Holz bestanden. Die Nasenkanten des Tragwerks waren mit einer Kunststofflage aus Glasfasermaterial verstärkt.

**TECHNISCHE DATEN**
**Aviamilano P.19 Scricciolo**

**Typ:** zweisitziges Eindecker-Leichtflugzeug
**Triebwerk:** ein Continental 0-200-A Vierzylinder-Boxermotor mit 75 kW (102 PS)
**Leistung:** Höchstgeschwindigkeit 210 km/h in Meereshöhe; Reisegeschwindigkeit 185 km/h; Dienstgipfelhöhe 3100 m; Reichweite 644 km
**Gewicht:** Leermasse 525 kg; max. Startmasse 785 kg
**Abmessungen:** Spannweite 10,24 m; Länge 7,03 m; Höhe 2,02 m; Tragflügelfläche 14,0 m²

# Aviatik B.I und B.II

Die Automobil und Aviatik AG wurde 1910 in Mülhausen, Elsaß-Lothringen, gegründet und baute anfangs Flugzeuge französischen Entwurfs. Die so gewonnene Erfahrung vermittelte dem Unternehmen das nötige Selbstvertrauen zur Konstruktion und Entwicklung eigener Muster. Zu Beginn des Ersten Weltkriegs sah sich die Firma bereits in der Lage, innerhalb kurzer Zeit ein zweisitziges Aufklärungsflugzeug hervorzubringen. Die Maschine basierte auf dem Entwurf eines Doppeldecker-Rennflugzeugs, war aber viel robuster konstruiert. Unter der Bezeichnung **Aviatik B.I** erschien 1914 eine Reihe von Dienstflugzeugen dieses Musters, sowohl zweistielig als auch dreistielig mit erhöhter Spannweite. Wie bei den früheren B-Typen anderer Hersteller saß der Pilot hinten, da der Beobachter keinerlei Waffe schwenken und feuern mußte. Ein Schleifsporn ergänzte das Fahrgestell, und für den Antrieb sorgte ein 74 kW (100 PS) Mercedes-D.I-Reihenmotor in Verbindung mit einer Druckschraube.

Als die verbesserte Version **B.II** 1915 in Dienst gestellt wurde, war Aviatik von Mülhausen nach Freiburg, tiefer ins Mutterland, umgezogen. Die Grundauslegung des Vorgängers blieb erhalten, aber das Flugwerk der **B.II** war beträchtlich verfeinert und leichter konstruiert. Hinzu kam ein stärkerer Mercedes-Motor. Genaue Zahlen über die Produktion der **B.I/B.II** liegen nicht vor.

**TECHNISCHE DATEN**
**Aviatik B.II**

**Typ:** zweisitziges Beobachtungsflugzeug
**Triebwerk:** ein Mercedes-D.II-Reihenmotor mit 88 kW (120 PS)
**Abmessungen:** Spannweite 12,50 m; Länge 7,10 m

# Aviation Traders ATL.90 Accountant

Bereits Anfang der fünfziger Jahre befaßten sich zahlreiche Firmen mit einem Nachfolgemuster für die Douglas DC-3, doch selbst heute fliegt die DC-3 immer noch ohne tauglichen Ersatz.

Die **ATL.90 Accountant**, ein zweimotoriges leichtes Verkehrsflugzeug mit 28 Passagiersitzen, war ein recht gediegener Versuch, diese Lücke zu schließen, zumal es sich bei Aviation Traders nicht um einen Luftfahrzeughersteller handelte. Die bei der Vickers Viscount erfolgreiche Propellerturbine Rolls-Royce-Dart bestimmte die Triebwerkwahl, und die **Accountant** startete am 9. Juli 1957 zum Jungfernflug vom Werkflugsplatz in Southend. Im September hatte die Maschine genügend Flugzeit (15 Stunden) gesammelt, um an der SBAC-Ausstellung in Farnborough teilzunehmen. Im Januar 1958 erwarb Airwork die Firmengruppe Aviation Traders. Da keine unmittelbaren Aufträge in Aussicht standen, gab man die Entwicklung der **Accountant** auf. Als einziges fertiggestelltes Exemplar wurde der Prototyp in Southend eingemottet und im Februar 1960 schließlich verwertet.

**TECHNISCHE DATEN**
**Aviation Traders ATL.90 Accountant**

**Typ:** Mittelstrecken-Verkehrsflugzeug
**Triebwerke:** zwei Rolls-Royce-Dart-R.Da 6 Mk 512 Propellerturbinen mit je 1298 äkW (1765 äPS)
**Leistung:** Höchstgeschwindigkeit 475 km/h in 7620 m Höhe; max. Reisegeschwindigkeit 470 km/h in 4570 m Höhe; Reichweite mit max. Treibstoffzuladung 3364 km in 7620 m Höhe
**Gewicht:** Leermasse 7693 kg; max. Startmasse 12.928 kg
**Abmessungen:** Spannweite 25,15 m; Länge 18,93 m; Höhe 7,70 m; Tragflügelfläche 58,71 m²

***Bei der Suche nach einem „DC-3-Ersatz" blieb die Accountant auf der Strecke.***

# Aviation Traders ATL.98 Carvair

***Aer Lingus, die irische Nationallinie, gehörte zur Käuferschar der Umrüstflugzeuge Carvair.***

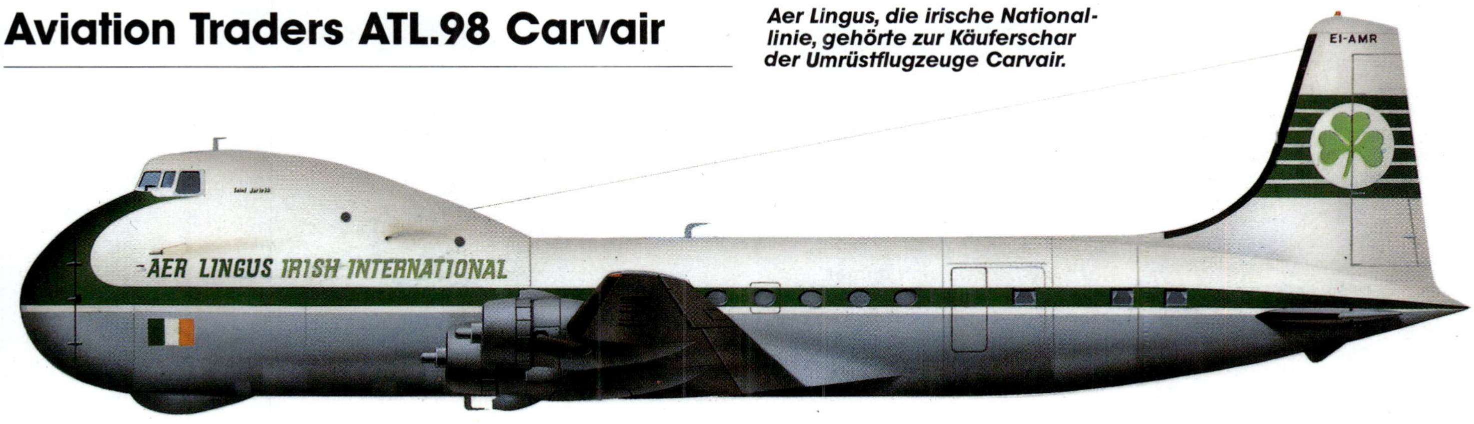

In der Periode unmittelbar nach dem Zweiten Weltkrieg entwickelte die Bristol Aeroplane Company das erste britische Verkehrsflugzeug der Nachkriegszeit, die Bristol Type 170. Die Mehrzahl der 214 Maschinen gehörten zur Serie I Freighter, die in der Ausführung Mk 32 drei Kraftfahrzeuge im vorderen Frachtraum und bis zu 22 Passagiere in der hinteren Kabine aufnehmen konnte. Es war die Bristol Type 170, die am 13. Juli 1948 mit Silver City Airways den einst berühmten Luftfrachtdienst über den Kanal zwischen Lympne und Le Touquet eröffnete.

Die Notwendigkeit, die Mk 32 Freighter in dieser Rolle zu ergänzen und schließlich zu ersetzen, ließ Aviation Traders die **ATL.98** entwickeln, die sie **Carvair** (Abk. von Car-via-air) nannte. Benötigt wurde eine größere Reichweite und eine höhere Nutzlastkapazität, und Aviation Traders gelangte zu dem Schluß, daß die Umrüstung existierender Flugzeuge wirtschaftlicher war als die Entwicklung eines völlig neuen Musters.

Als Ausgangsprodukt wählte man die Douglas DC-4, da sie robust, zuverlässig und samt Ersatzteilen preiswert von großen Gesellschaften zu erstehen war, die gerade ihre Flotten erneuerten. Der mit technischer Unterstützung von Douglas Aircraft geplante Umbau beinhaltete im Prinzip einen neuen, längeren Vorderrumpf mit einem Flugdeck, das hoch über dem neuen vorderen Frachtraum angeordnet war, und einem zur Seite aufklappbaren Bugtor zur Be- und Entladung von Kraftfahrzeugen. In der Standardauslegung paßten fünf Wagen in den Bug und 22 Passagiere in die hintere Kabine. Aber auch eine alternative Konfiguration für den reinen Passagierverkehr mit 65 Sitzen war vorgesehen. Der neu konzipierte Vorderrumpf verlangte ein in Höhe und Fläche angepaßtes Leitwerk. Die **Carvair** flog erstmals am 21. Juni 1961 und wurde im März 1962 bei British United Air Ferries in Dienst gestellt. Die Umrüstung durchliefen 21 Flugzeuge, die anfangs bei Aer Lingus, Aviaco, Ansett-ANA, British United Air Ferries und Inter-Ocean Airways dienten. Nur wenige sind heute noch aktiv.

***Der „aufgeblasene" Vorderrumpf der Carvair erforderte ein größeres Leitwerk im Vergleich zur DC-4, auf der sie gründete.***

### TECHNISCHE DATEN
**Aviation Traders ATL.98 Carvair**

**Typ:** Luftfrachter
**Triebwerke:** vier Pratt & Whitney R-2000-7M2 Twin Wasp Sternmotoren je 1081 kW (1470 PS)
**Leistung:** Höchstgeschwindigkeit 402 km/h; wirtschaftliche Reisegeschwindigkeit 333 km/h in 3050 m Höhe; Dienstgipfelhöhe 5700 m; Reichweite mit max. Nutzlast 3700 km
**Gewicht:** Leermasse 18.999 kg; max. Startmasse 33.475 kg
**Abmessungen:** Spannweite 35,81 m; Länge 31,27 m; Höhe 9,09 m; Tragflügelfläche 135,82 m²

# Avions Fairey Fox

Mit dem zweisitzigen Tagbomber Fox hatte die britische Fairey Aviation Company die Royal Air Force mit einem Muster versorgt, das schneller als jeder zeitgemäße Jäger war. Die Aéronautique Militaire in Belgien zeigte Interesse und Avions Fairey erhielt die Lizenzfertigung der **Fox IIM**, einer Ganzmetallversion mit einem 358 kW (487 PS) starken Triebwerk. Die erste von insgesamt 31 Maschinen erreichte die belgischen Luftstreitkräfte im Jahre 1933, fast sieben Jahre nach der Einführung dieses Typs bei der RAF. Das Leistungsvermögen des Flugzeugs veranlaßte Avions Fairey zur Entwicklung einer modernen Version. Das Ergebnis war die **Fox VI**, bei der statt des Kestrel ein Hispano-Suiza-12-Zylinder-Motor eingebaut wurde, der die Antriebsleistung um 80% steigerte. In Verbindung mit anderen Verfeinerungen, darunter eine komplette Haubenabdeckung für beide Cockpits und windschlüpfrige Verkleidungen am Fahrgestell, vermittelte dies der **Fox VI** eine Spitzengeschwindigkeit von 365 km/h. Insgesamt 94 solcher Flugzeuge gingen an die Aéronautique Militaire, und zum Ende der Fertigung im Jahre 1939 stand die Produktionszahl für alle Versionen bei 195.

### TECHNISCHE DATEN
**Avions Fairey Fox VI**

**Typ:** zweisitziger Aufklärungsjäger
**Triebwerk:** ein Hispano-Suiza-12-Zylinder-Reihenmotor mit 641 kW (872 PS)
**Leistung:** Höchstgeschwindigkeit 365 km/h in 4000 m Höhe; Steigzeit auf 6000 m 8 Minuten, 30 Sekunden; Dienstgipfelhöhe 11.200 m; Reichweite 600 km
**Gewicht:** max. Startmasse 2245 kg
**Abmessungen:** Spannweite 11,58 m; Länge 9,17 m; Höhe 3,35 m
**Bewaffnung:** ein oder zwei starre 7,7-mm-Maschinengewehre mit Synchronisiereinrichtung, ein schwenkbares 7,7-mm-Maschinengewehr und eine Leichtbombe

***Eine Avions Fairey Fox VI des 2e Régiment d'aéronautique der belgischen Luftstreitkräfte. Diese Aufklärungsjäger flogen im Mai 1940 von La Zoute aus.***

**Varianten**
**Avions Fairey Fox III:** Serienversion des

***Bei der deutschen Invasion im Mai 1940 befand sich immer noch eine kleine Zahl der einsitzigen Jägervariante Mono Fox VI im Dienst. Der mächtige Bauchkühler bescherte ihm den Beinamen „Känguruh".***

Prototyps Fox II mit Armstrong Siddeley Serval Sternmotor à 254 kW (345 PS), eingesetzt als Aufklärungsjäger (insgesamt 12 Flugzeuge)
**Avions Fairey Fox IIIC:** modifizierte Fox II mit geschlossenen Cockpits und Kestrel V als Antrieb; ein Einzelexemplar mit Doppelsteuerung als Untervariante Fox IIICS; (insgesamt 48 Flugzeuge)
**Avions Fairey Fox IIIS:** Schulungsversion mit Doppelsteuer (insgesamt wurden 4 Flugzeuge gebaut)
**Avions Fairey Fox V:** Prototyp der Fox VI, entstanden durch Einrüstung eines Hispano-Suiza 12-Zylinder-Reihenmotors mit 485 kW (660 PS) in eine Fox II
**Avions Fairey Mono Fox VII:** Bezeichnung eines Jagdeinsitzers, der wegen seines großen Bauchkühlers auch Känguruh genannt wurde
Auszug aus dem Datenblatt: Höchstgeschwindigkeit 375 km/h; mit sechs Maschinengewehren (zwei im Rumpf und je zwei in den Oberflügeln) bewaffnet (zwei Versuchsmaschinen wurden gebaut)
**Avions Fairey Fox VIII:** verbesserte Entwicklung der Fox VI (insgesamt wurden 12 Flugzeuge gebaut)

# A.V. Roe Triplane III und IV

Die ersten Konstruktionen von **A.V. Roe** waren Dreidecker. Bald folgte ein ehrgeizigeres Projekt in ähnlicher Auslegung, die Avro Mercury. Es handelte sich um einen Zweisitzer, dessen Rumpf mit Schichtholz bedeckt war und der von einem 26 kW (35 PS) starken Green-Motor für die Zweiblatt-Luftschraube (die früheren Maschinen hatte vierblättrige Propeller) angetrieben wurde. Sein Preis betrug £600. Die Mercury hatte eine Spannweite von 7,92 m, eine Länge von 7,47 m, eine Tragflügelfläche von 22,85 m², ein Leergewicht von 204 kg und eine Spitzengeschwindigkeit von 64 km/h. Es sollte allerdings angemerkt werden, daß die Spannweite laut anderer Quellen 6,10 m betrug.

Die seinerzeit rasch aufblühende aerodynamische Norm war an Roe nicht vorübergegangen. Es erschien die **Avro Triplane No. 3 (Roe III)**, die in Manchester sechs Mal gebaut wurde. Sie war wie die Mercury ein Zweisitzer, behielt auch den Antrieb bei (ein Green oder J.A.P mit 26 kW/35 PS), ebenso das dreistufige Trag- und Leitwerk, wurde aber erheblich kräftiger gestaltet. Querruder für die Rollsteuerung ersetzten die Flächenverwindung, während die Längssteuerung normalen Höhenrudern statt der im Einstellwinkel veränderlichen Flächen früherer Dreidecker übertragen wurde. Die zweite und dritte **Triplane No. 3** traf ein ungewöhnliches Schicksal: Beim Bahntransport zum Blackpool Meeting im Juli und August 1910 fingen sie Feuer, ausgelöst durch Funken von der Lokomotive, und verbrannten. Roe nutzte daher in Blackpool ein viertes Exemplar, das man eiligst mit Ersatzteilen in Manchester gefertigt hatte. Die letzten beiden **Triplane No. 3** waren für die Harvard Aeronautical Society und für Cecil Grace bestimmt.

Die **Avro Triplane No. 4 (Roe IV)** erschien ebenfalls 1910. Dies war ein großer Einsitzer, wiederum mit einem 26 kW (35 PS) starken Green-Motor. Die Tragflächen waren 12,80 m weit gespannt, und die Quersteuerung wurde durch entgegengesetzte Verwindung der beiden oberen Flügel bewirkt. Der 9,14 m lange Rumpf endete in einer großen einzelnen Höhenflosse mit wuchtigen Rudern. Der Einsitzer wog beladen 295 kg und wurde zu Lehrzwecken verwendet. Die dreieckige Rumpfform hatte man beibehalten, aber den vorderen Abschnitt mit dünnem Aluminiumblech ausgekleidet.

***Alliot Verdon Roe thront etwas unsicher im „Cockpit" seiner Roe III (Triplane No. 3) während seines Fluges in die Vereinigten Staaten im September 1910.***

**TECHNISCHE DATEN**
**Avro Triplane No. 3 (Roe III)**
**Typ:** zweisitziger Dreidecker
**Triebwerk:** ein Green-Reihenmotor mit 26 kW (35 PS)
**Leistung:** Höchstgeschwindigkeit 64 km/h
**Gewicht:** max. Startmasse 249 kg
**Abmessungen:** Spannweite am Ober- und Mittelflügel 9,45 m, am Unterflügel 6,10 m; Länge 7,01 m; Höhe 2,74 m; Tragflügelfläche 33,63 m²

# Avro Type D

Der Doppeldecker **Avro Type D** markierte die Abkehr A.V. Roes von der Dreidecker-Auslegung, die ihn drei Jahre lang in Bann gehalten hatte. Es wurden nur sechs **Type D** gebaut, aber alle waren unterschiedlich.

Die erste Maschine, die am 1. April 1911 in Brooklands flog, wurde von einem Green-Motor mit 26 kW (35 PS) angetrieben. Verschiedene Piloten bezeugten, dieser Doppeldecker sei „stabil, gutmütig und leicht zu fliegen". Die ersten Wochen waren ausgefüllt mit Rekordversuchen für Flugdauer, der Teilnahme an Flugrennen, Vorführungen für das Parliamentary Aerial Defence Committee usw. Die **Type D** wurde zur Erprobung mit dem Luftschifftender Hermione der Marine gekauft und mit Schwimmerausrüstung geprüft. Der erste britische Wasserstart erfolgte am 18. November 1911.

Zur Teilnahme am Cirquit of Britain Race der Daily Mail stattete man eine modifizierte **Type D** mit einem wassergekühlten, 45 kW (61 PS) starken E.N.V.-Triebwerk aus, doch sie stürzte noch vor dem Rennen ab.

Offenbar wurden sechs **Type D** gefertigt, doch diese Zahl ist nicht bestätigt. Außer den genannten Motoren kamen noch der Green mit 34 kW (46 PS), der Viale mit 26 kW (35 PS) und der Isaacson mit 37 kW (50 PS) zum Einsatz. Drei dieser Flugzeuge überlebten noch bis Mai 1914, als sie in Shoreham außer Dienst gestellt wurden.

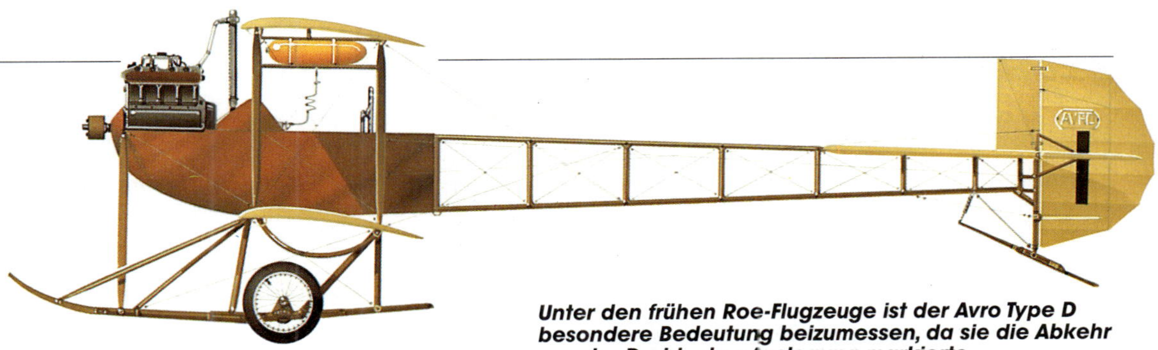

***Unter den frühen Roe-Flugzeuge ist der Avro Type D besondere Bedeutung beizumessen, da sie die Abkehr von der Dreidecker-Auslegung markierte.***

***Der Avro Type D kommt die Ehre zu, das erste erfolgreiche britische Wasserflugzeug zu sein. Der mit Schwimmern ausgerüstete Doppeldecker flog am 18. November 1911 zum ersten Mal.***

**TECHNISCHE DATEN**
**Avro Type D**
**Typ:** zweisitziger Doppeldecker
**Triebwerk:** ein Green-Reihenmotor mit 26 kW (35 PS)
**Leistung:** Höchstgeschwindigkeit beträgt 78 km/ h
**Gewicht:** max. Startmasse 227 kg
**Abmessungen:** Spannweite 9,45 m; Länge 8,53 m; Höhe 2,79 m; Tragflügelfläche 28,80 m²

# Avro-504-Serie

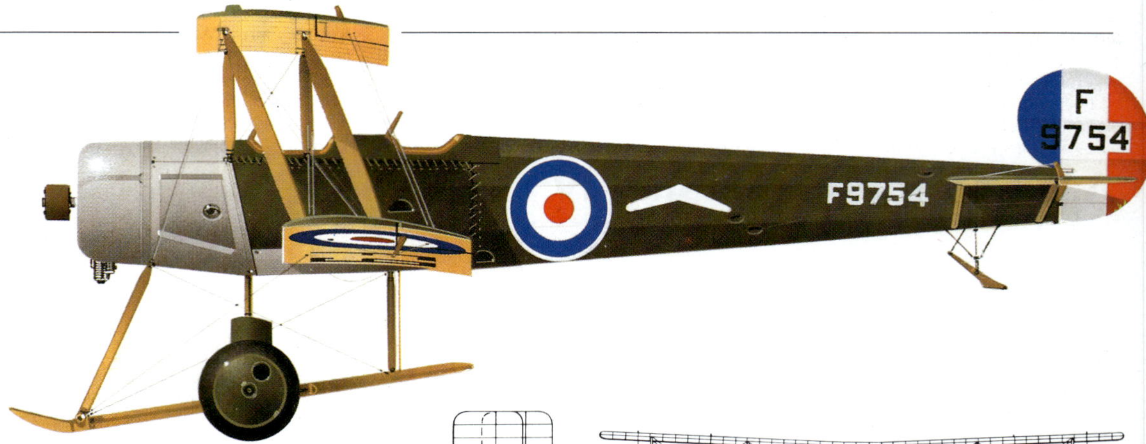


An jedem Standard gemessen war die **Avro 504** ein bemerkenswertes Flugzeug. Sie ist in der Tat in die Klasse solch großartiger Flugzeuge wie der Spitfire, Lancaster, Mosquito und Dakota einzuordnen. Wehmütig und mit Hochachtung denken Tausende an dieses Muster zurück, mit dem sie das Fliegen lernten oder die Freuden eines Mitflugs im Doppeldecker erlebten.

Die Ursprünge der **Avro 504** lagen in der Avro 500. Angetrieben von einem 59 kW (80 PS) starken Gnome-Umlaufmotor, flog die **Avro 504** in Brooklands erstmals im Juli 1913. Im September nahm die Maschine am Second Aerial Derby in Hendon teil und beendete den Wettbewerb als Vierte mit einer Durchschnittsgeschwindigkeit von 107 km/h.

Nachdem das Muster einen ordentlichen Betrag an Flugstunden gesammelt hatte, plazierte das War Office im Sommer 1914 einen Auftrag über 12 Exemplare für das Royal Flying Corps (RFC). Private bestellten weitere **Avro 504**, darunter einige mit Schwimmern und anderen Modifikationen. Doch ihre Berühmtheit erlangte die **504** im militärischen Dienst. Zunächst fiel ihr die zweifelhafte Auszeichnung zu, als erstes britisches Flugzeug vom Gegner abgeschossen zu werden. Am 22. August 1914 trafen Kugeln von Infanteriewaffen eine Maschine der No. 5 Squadron über Belgien.

Die Admiralität hatte ebenfalls **Avro 504** geordert. Die ersten vier Marineflugzeuge waren an dem berühmten Angriff vom 21. November 1914 auf die Zeppelinhallen in Friedrichshafen beteiligt, bei dem eine Maschine verlorenging. Ansonsten aber wurde die **Avro 504** kaum im Gefecht eingesetzt, sondern in den Ausbildungsdienst relegiert, wo sie sich in bewundernswerter Weise bewährte.

Änderungen am Grundentwurf begannen mit der **Avro 504A**, die kleinere Querruder und breitere Stielstreben erhielt. Auf die Produktion von 63 **Avro 504** folgten 50 **Avro 504A**, und am Ende des Krieges 1918 waren mehr als 8000 Flugzeuge gefertigt. Davon entfielen 3696 Exemplare auf Roe, die restlichen auf Vertragsnehmer wie Brush Electrical, Parnall, Saunders und Bleriot & Spad.

In die ersten **504**-Serienflugzeuge wurde der Gnome Monosoupape 7-Zylinder-Motor mit 59 kW (80 PS) statt des Gnome im Prototypen eingebaut, der seine Nennleistung von 59 kW/80 PS nie erreichte und real etwa 46 kW (62 PS) abgab. Nach der **504A** kamen die **Avro 504B** für den Royal Navy Air Service (RNAS – brit. Seeluftstreitkräfte) mit einem größeren Seitenleitwerk und modifiziertem Schleifsporn; die **Avro 504C** als einsitzige RNAS-Patrouillenversion zur Abwehr von Zeppelinen und eine ähnliche Einsitzerversion, die **Avro 504D**, für das RFC. All diese Flugzeuge krankten an dem Gnome mit 59 kW/80 PS.

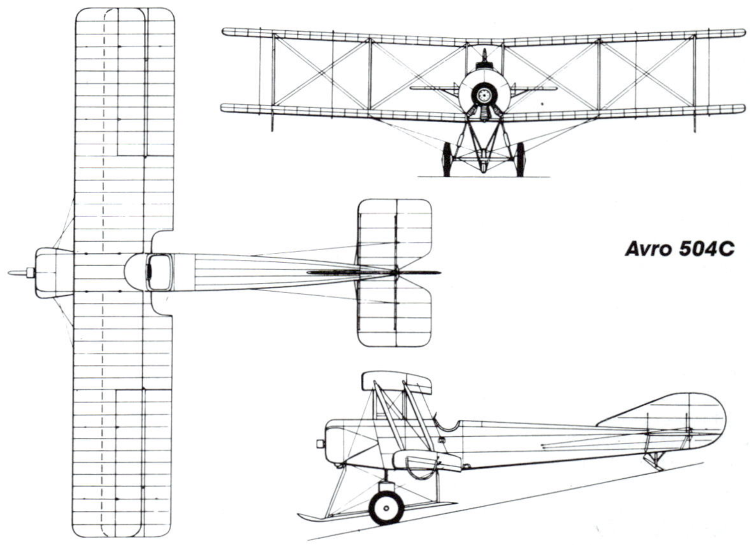

Avro 504C

Eine strukturell verstärkte und modifizierte **504C** wurde zur Katapulterprobung verwendet und in dieser Form **Avro 504H** bezeichnet. Zuvor hatte man eine **Avro 504B** mit Fanghaken getestet.

Als Trainer kam die **Avro 504** erst richtig zur Geltung mit dem Erscheinen der Version **Avro 504J** im Jahre 1916, ausgestattet mit dem gleichen Motor wie die **Avro 504E**. Ab 1917 erfolgte die Auslieferung. Zu den Einheiten, die mit der neuen Version ausgerüstet werden sollten, gehörte die School of Special Flying des RFC in Gosport, geführt von dem legendären Major R.R. Smith-Barny. Das von ihm entwickelte neue Lehrverfahren wurde rasch zum Standard innerhalb des RFC erhoben. Auf diesem Gebiet brillierte die **504J** und löste entsprechend große Aufträge aus.

Da die **Avro 504** als Frontflugzeug relativ früh ausgedient hatte, waren die Aufträge für den Monosoupape-Motor zurückgefahren worden. In der Folge konnte die Lieferung der Triebwerke nicht mit dem Bau der Flugwerke Schritt halten. Zur Überbrückung rief man überschüssige Umlaufmotoren ab und baute sie in die neuen Zellen ein. So wurden **504J** mit 96 kW (130 PS) starken Clergets, 81 kW (110 PS) oder 59 kW (80 PS) starken Rhône-Triebwerken geliefert. Die nötigen Änderungen zur Einpassung der unterschiedlichen Motortypen in das Flugwerk unternahm Avro selbst und bezeichnete diese Flugzeuge unabhängig vom Motortyp in **Avro 504K** um.

Nach dem Krieg blieb der Trainer weiterhin als Standardgerät innerhalb der RAF erhalten, bis die Nachfolgeversion **Avro 504N** seinen Platz einnahm. Das Royal Aircraft Establishment (RAE) in Farnborough nutzte etliche **Avro 504K** für vielfältig angelegte Versuche.

Nach der Massenproduktion in Großbritannien war offensichtlich, daß bei Kriegsende riesige Mengen an Militärflugzeugen freigestellt würden. Die **Avro 504K** eignete sich besonders für zivile Zwecke, so daß zwischen 1919 und 1930 über 300 solcher Maschinen im Luftfahrtregister eingetragen waren. Schulung, Sportfliegerei und Bannerschlepp machten ihre Haupttätigkeitsfelder aus. Hier betätigten sie sich bis in die dreißiger Jahre hinein, als Moths von de Havilland und **Avro Avians** die **504K** verdrängten.

Zahlreiche **Avro 504K** wurden ins Ausland an zivile und militärische Betreiber verkauft. Zu den militärischen Nutzern zählten Argentinien, Australien, Belgien, Brasilien, Kanada, Chile, China, Dänemark, Finnland, Guatemala, Irland, Japan, Mexiko, Niederländisch-Indien, Neuseeland, Norwegen, Portugal, Südafrika, Spanien, Schweden und die USA. Noch umfangreicher war die Länderliste der Zivilkäufer. In Australien, Belgien, Kanada und Japan wurde das Muster in Lizenz produziert.

Zwei weitere Varianten der **504** sind erwähnenswert, bevor die **504N** gesondert beschrieben wird. Die **Avro 504L**, die erste Nachkriegsvariante, war ein Wasserflugzeug. Sechs Maschinen wurden als Dreisitzer mit einem Bentley-B.R.1-Umlaufmotor von 112 kW (152 PS) gebaut und ausschließlich innerhalb der Sportfliegerei verwendet. Außerdem rüstete man etliche vom Clerget mit 96 kW (130 PS) angetriebene **Avro 504K** mit Schwimmern aus.

Die **Avro 504M** war der Versuch hin zu einem Kabinen-Doppeldecker für zwei Personen. Der Rumpf einer standardmäßigen **Avro 504K** wurde ausgebaut und mit einem Sperrholzrahmen samt Bullaugen überdacht. Als Antrieb diente ein Neun-Zylinder Gnome Monosoupape mit 74 kW (100 PS). Die einzige **Avro 504M** kam im Sommer 1919 zum Einsatz.

***Unter die Bezeichnung 504K fielen alle Avro 504J mit Umlaufmotoren verschiedener Art aus Beständen für andere Muster. Diese Triebwerkinstallation machte sie zu hervorragenden Trainern während des Ersten Weltkriegs bis sogar weit in die Nachkriegsperiode.***

***Die Avro 504Q war ein einzelnes Sonderflugzeug, das 1924 mit interner Kabine und einem Armstrong Siddeley Lynx als Antrieb für die Arktis-Expedition der Oxford University gebaut wurde.***

Im Bemühen, die Flugleistungen zu steigern, entwickelte das Unternehmen die **Avro 504E** mit einem Gnome Monosoupape von 74 kW (100 PS) für den RNAS. Man nahm noch eine Reihe von Änderungen vor, darunter eine reduzierte Staffelung der Flügel. Insgesamt 10 Flugzeuge dieser Version wurden gebaut.

**Varianten**

**Avro 504J** mit einem 59 kW (80 PS) starken Le Rhône oder 74 kW (100 PS) starken Gnome Monosoupape

**Avro 504K** flog mit diversen Motortypen wie R.A.F. 1A und Thulin (91 PS), Gnome Monosoupape, Curtiss K6 und Sunbeam Dyak (100 PS), Clerget (130 PS), Bentley B.R.1 (152 PS), A.B.C. Wasp 1 (173 PS) und Hispano-Suiza (220 PS)

### TECHNISCHE DATEN
**Avro-504-Serie**

**Typ:** zweisitziges Schulflugzeug zur fliegerischen Grundausbildung
**Triebwerk:** ein Le Rhône Umlaufmotor mit 81 kW (110 PS)
**Leistung:** Höchstgeschwindigkeit 145 km/h; Reisegeschwindigkeit 126 km/h; Steigzeit auf 1065 m Höhe in 5 Minuten; Dienstgipfelhöhe 4875 m; Reichweite mit max. Kraftstoff 402 km
**Gewicht:** Leermasse 558 kg; max. Startmasse 830 kg
**Abmessungen:** Spannweite 10,97 m; Länge 8,97 m; Höhe 3,17 m; Tragflügelfläche 30,66 m²

# Avro 504N

***Die Avro 504N entstand nach dem Krieg durch Modifizierung des Type-504-Flugwerks aus der Kriegszeit, so daß es ein neues Fahrgestell und den Lynx-Sternmotor von Armstrong Siddeley aufnehmen konnte. Dieses Muster befand sich bei der RAF weitverbreitet im Einsatz.***

Der Erste Weltkrieg hinterließ eine Fülle von Avro 504, die im militärischen Dienst nicht mehr gebraucht wurden, und die Zahl der Umrüstungen könnte ein ganzes Buch füllen.

Der auffälligste äußere Unterschied zwischen der **Avro 504N** und den Vorläufern war das neu konzipierte Fahrgestell, das ohne Bauchkufe auskam. Gleichzeitig führte man Querruder ein, die sich in Richtung Spannweite verjüngten. Etliche individuelle Umrüstungen, die dem Standard der **504N** teilweise entsprachen, hatten bereits vor 1925 stattgefunden, als das Air Ministry die ersten beiden echten **504N** in Auftrag gab. Für sie wurden 1918 gebaute, aber nicht benutzte Flugwerke verwendet. Die eine Zelle erhielt einen 75 kW (102 PS) starken Bristol Lucifer, die andere einen Armstrong Siddeley Lynx mit 134 kW (182 PS). Nach einem Vergleichstest, der in Martlesham Heath stattfand, entschied man sich zum Einsatz des Lynx-Motors für die Serienmaschinen, von denen zwischen 1925 und 1932 598 Exemplare gebaut wurden.

Die Lynx-Avro, wie die **504N** genannt wurde, löste die 504K bei den fünf RAF-Flugschulen ab – in Netheravon, Digby, Grantham, Sealand und Ägypten. Andere flogen bei Staffeln der Auxiliary Air Force und bei den University Air Squadrons im Verbindungsdienst. Der erste RAF-Blindflug-Lehrgang begann im September 1931 in Wittering, nachdem man sechs **504N** mit entsprechenden Hauben, Wendezeigern und um 1° reduzierter V-Stellung des Tragwerks (zur Minderung der natürlichen Stabilität) versehen hatte.

Im Gegensatz zu den ersten Serienflugzeugen mit hölzernem Rumpf und zugespitzten Querrudern erhielten die späteren Maschinen einen geschweißten Stahlrohrrumpf und rechteckige Querruder. Aus Gründen der Sparsamkeit rüstete man fast 80 frühe 504K auf den Standard der **504N** um.

Im Export gingen 17 Maschinen an die belgische Luftwaffe, vier an die brasilianischen Marineflieger, sechs an die chilenischen Seeluftstreitkräfte (Dienstbezeichnung 5040), eine an die dänische Marine, sechs an die Königlich-Griechische Marineluftwaffe, 20 an die Königlich-Thailändische Luftwaffe und ein weiteres Kontingent an die Luftstreitkräfte Südafrikas. Einzelexemplare wurden nach Japan und Schweden geliefert. Die Erprobungsmaschine der Königlich-Schwedischen Luftwaffe stürzte ein Jahr nach der Auslieferung ab. Darüber hinaus fanden Lizenzfertigungen in Dänemark (5) und bei SABCA in Belgien (31) statt. Die kanadische Vickers rüstete nicht nur einige 504K der RCAF auf den Standard **504N** um, sondern produzierte auch mehrere andere **504N**, darunter ein Schwimmerflugzeug.

Die einzelne im Januar 1927 nach Japan gelieferte **504N** und eine ältere 504K, die zur Marineversion Yokosuka K1Y1 umfunktioniert worden war, führte 1928 zur K2Y1 mit einem 97 kW (132 PS) starken Armstrong-Siddeley-Mongoose-Triebwerk. Ein Jahr später befand sich die K2Y2 Type 3 mit dem Gasen Japsu gleicher Leistung in der Serienfertigung. Die Produktion der in Japan von verschiedenen Unternehmen gebauten 504-Varianten währte bis 1940. 1932 wurde die Avro Tutor zum Nachfolgemuster für die 504N im Unterstellungsbereich der RAF bestimmt und letztere im Jahr darauf offiziell für veraltet erklärt. Etliche Maschinen dienten weiterhin in der Luftfahrt als Sport- und Bannerschleppflugzeuge, so daß dieses Muster in Großbritannien sehr bekannt wurde.

Eine überraschende Rückkehr in den Militärdienst traten sieben zivile **504N** an, die die RAF 1940 für sich requirierte. Zwei Maschinen wurden im Juli 1940, noch bevor sie zum Einsatz kamen, zerstört, als ihre Abstellhalle abbrannte, und zwei andere Exemplare verschrottet. Die restlichen drei Flugzeuge gingen an eine Special Duty Flight in Christchurch, Hampshire. Dort mußten sie hölzerne Segelflugzeuge auf See schleppen, damit auszubildende Radarbediener in Matravers, Dorset, sich in der Zielverfolgung in unterschiedlichen Höhenbändern versuchen konnten.

### TECHNISCHE DATEN
**Avro 504N**

**Typ:** zweisitziges Schulflugzeug
**Triebwerk:** ein Armstrong-Siddeley-Lynx-IV-Sternmotor mit 119 kW (162 PS)
**Leistung:** Höchstgeschwindigkeit 161 km/h; Reisegeschwindigkeit 137 km/h; Dienstgipfelhöhe 4450 m; Reichweite 402 km
**Gewicht:** Leermasse 718 kg; max. Startmasse 1016 kg
**Abmessungen:** Spannweite 10,97 m; Länge 8,69 m; Höhe 3,33 m; Tragflügelfläche 29,73 m²

# Avro 531 Spider

In der Hoffnung, sich einen Auftrag des Air Ministry für einen neuen Jagdeinsitzer zu sichern, konstruierte Avro die 531 **Spider** auf eigenes Risiko. Im April 1918 flog diese Maschine zum ersten Mal in Hamble, angetrieben von einem Le Rhône Umlaufmotor mit 81 kW (110 PS), wurde aber später auf den Clerget-Umlaufmotor umgestellt. Die weitgehende Verwendung von Bauteilen der 504K ermöglichte eine höchst wirtschaftliche und rasche Herstellung, und der Zusammenbau wurde durch die Einführung starrer, geschweißter Stahlstreben zwischen Ober- und Unterflügel erheblich erleichtert. Bei der umfassenden Flugerprobung erwies sich die **Spider** als außerordentlich beweglich, und die kreisrunde Aussparung im Oberflügel gewährte dem Jagdpiloten ein ausgezeichnetes Sichtfeld. Zum Leidwesen Avros waren die Würfel für die Sopwith Snipe als neuen RAF-Jäger bereits gefallen, so daß der einzelne Spider-Prototyp seine Tage als Versuchsmodell beendete. Die modifizierte **531A** wurde nicht mehr fertiggestellt.

**Varianten**

**Avro 538:** die vermutlich mit Teilen der Avro 531A gebaute Avro 538 war eine beträchtlich modifizierte Entwicklung des Grundmusters Avro 531 mit Tragflächen gleicher Spannweite, nomaler Flügelverstrebung und größerem Abstand zwischen Oberflügel und Rumpf; die als Rennflugzeug gedachte 538 wurde als solches nie verwendet, weil der Hauptholm der Belastung nicht standhielt. Mit einem Bentley-B.R.2-Umlaufmotor ausgestattet, der 112 kW (152 PS) erzeugte, diente diese Maschine statt dessen der Avro Transport Co. von Mai 1919 bis September 1920 für Verbindungsflüge; Daten ähnlich wie bei der **Avro 531** mit Ausnahme der Reichweite von 515 km, dem Leergewicht von 442 kg, dem höchstzulässigen Startgewicht von 635 kg, der Spannweite von 8,53 m, der Höhe von 2,59 m und der Tragflügelfläche von 19,51 m²

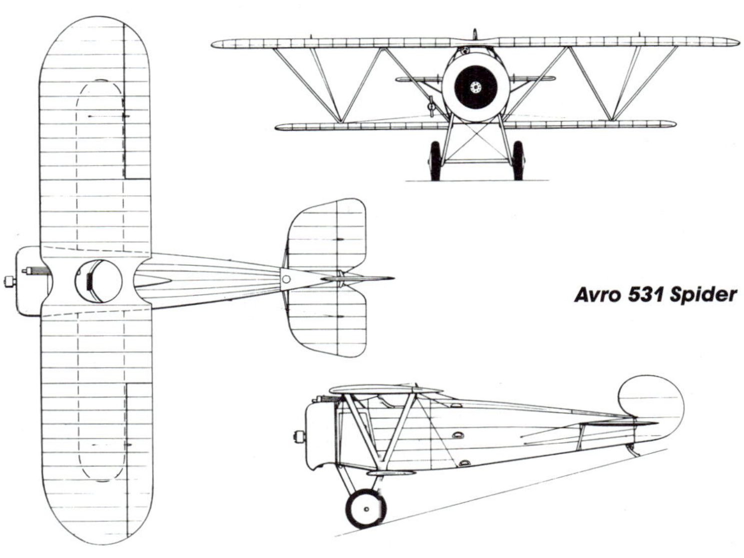

***Avro 531 Spider***

### TECHNISCHE DATEN
**Avro 531 Spider**

**Typ:** Jagdeinsitzer
**Triebwerk:** ein Clerget-Umlaufmotor mit 96 kW (130 PS)
**Leistung:** Höchstgeschwindigkeit 193 km/h in Meereshöhe; Steigzeit auf 1525 m Höhe in 4 Minuten; Dienstgipfelhöhe 5970 m; Reichweite ca. 400 km
**Gewicht:** Leermasse 437 kg; max. Startmasse 688 kg
**Abmessungen:** Spannweite 8,69 m; Länge 6,25 m; Höhe 2,39 m; Tragflügelfläche 17,56 m²
**Bewaffnung:** ein starres 7,7-mm-Vickers-Maschinengewehr mit Synchronisiereinrichtung im Vorderrumpf

## Avro 555 Bison bis Avro 679 Manchester

**Die ganzen 20er und 30er Jahre hindurch produzierte Avro Flugzeuge in Serie, als bedeutendstes den Küstenaufklärer Anson, der dann zu einem der wichtigsten Schulflugzeuge des Zweiten Weltkriegs weiterentwickelt wurde, sowie den mittelschweren zweimotorigen Bomber Manchester mit dem allerdings unzureichenden Vulture-Motor. Am Ende wurde daraus dann der hervorragende viermotorige schwere Bomber Lancaster.**

# Avro 555 Bison

*Die Avro 555 Bison war das erste Marineflugzeug der Firma. Dieses Exemplar wurde Ende der zwanziger Jahre auf dem Trägerschiff HMS Eagle eingesetzt.*

Der **Typ 555 Bison**, entworfen nach Spezifikation 3/21 für ein trägergestütztes Beobachtungs- und Aufklärungsflugzeug, war Avros erstes Muster für die Marine. Der Prototyp flog 1921, und schon bald folgte eine zweite Versuchsmaschine, die der revidierten Grundlage 33/22 genügen sollte. Der Hauptunterschied zwischen den beiden Doppeldeckern bestand in der Anordnung des Oberflügels, der nunmehr im Abstand von 38 cm zur Oberseite des Rumpfes abgestrebt war. 1923 erschien ein dritter Prototyp und anschließend eine Erstserie von 12 Flugzeugen.

Diese entsprachen Spezifikation 16/21, basierten auf dem zweiten Prototyp und erhielten die Bezeichnung **Bison IA**. Im Juli und Dezember 1924 ergingen Anschlußaufträge für 18 beziehungsweise nochmals 12 Maschinen sowie für weitere fünf Exemplare im Februar 1927, die alle unter der Bezeichnung **Bison II** zusammengefaßt wurden. Im April 1927 lief die Serienfertigung aus.

Die **Bison** war zwar ein Marineflugzeug, doch die ersten Maschinen gingen 1922 an No. 3 Squadron der Royal Air Force in Gosport, wo sie die Westland Walruses im Küstenaufklärungsdienst ersetzten. No. 423 Fleet Spotter Flight am selben Standort erhielt als erste Marineeinheit die **Bison**, mit der sie in der Folgezeit auf der HMS Eagle eine Kreuzfahrt ins Mittelmeer absolvierte. Mehrere andere Halbstaffeln auf demselben Träger und auf der HMS Furious stellten sich ebenfalls auf dieses Muster um, desgleichen No. 448 Flight in Hal Far auf Malta. Sämtliche Einheiten empfingen 1929 die Fairey IIIF, und die **Bison** wurde ausgemustert.

Eine frühe **Bison**-Serienmaschine wurde mit einem zentralen und zwei Flügelschwimmern sowie einziehbaren Fahrwerksrädern ausgestattet, aber die Testergebnisse des Maritime Aircraft Experimental Establishment in Felixstowe blieben unbefriedigend. Eine andere frühe **Bison** diente ein Jahr lang der Engine Research Flight des RAE in Farnborough für Motor- und Kühlererprobungen.

**Varianten**
**Bison I:** zwei Prototypen
**Bison IA:** erste Serienversion
**Bison II:** spätere Serienversion; Auszug aus dem Datenblatt: Reichweite 579 km, Leermasse 1867 kg, max. Startmasse 2781 kg, Höhe 4,32 m und Tragflügelfläche 58,53 m²

### TECHNISCHE DATEN
**Avro 555 Bison IA**

**Typ:** drei-/viersitziger Doppeldecker für Beobachtung/Aufklärung im Flotteneinsatz
**Triebwerk:** ein Napier Lion II Reihenmotor mit 336 kW (457 PS)
**Leistung:** Höchstgeschwindigkeit 177 km/ h; Marschgeschwindigkeit 145 km/h; Dienstgipfelhöhe 4265 m; Reichweite mit max. Treibstoffzuladung 547 km
**Gewicht:** Leermasse 1887 kg; max. Startmasse 2631 kg
**Abmessungen:** Spannweite 14,02 m; Länge 10,97 m; Höhe 4,22 m; Tragflügelfläche 57,60 m²
**Bewaffnung:** ein schwenkbares Lewis-Maschinengewehr, Kaliber 7,7 mm

# Avro 594 Avian

Die D.H.60 Moth von de Havilland und die **Avro 594 Avian** waren Zeitgenossen, aber der Moth-Prototyp flog im Februar 1925, und die **Avian** wurde für einen Wettbewerb für zweisitzige Leichtflugzeuge gebaut, den die Daily Mail im September 1926 in Lympne veranstaltete. Dieser Vorsprung hatte weitreichende Folgen, denn er verhalf de Havilland zur Spitzenstellung im europäischen Leichtflugzeugbau.

Der **Avian**-Prototyp Avro 581 mit einem 56 kW (76 PS) starken Armstrong Siddeley Genet als Antrieb hatte mit Bert Hinkler als Pilot bei drei von insgesamt sechs Ausscheidungen den zweiten Platz belegt, als Probleme mit den Zündmagneten ihn endgültig aus dem Rennen warfen. Er wurde daraufhin zur Avro 581E mit einem 60 kW (82 PS) starken A.D.C. Cirrus-Triebwerk modifiziert und machte bei Rennen und anderen Flugveranstaltungen auf sich aufmerksam, besonders durch Hinklers Langstreckenflug von Croydon nach Darwin in 15 ½ Tagen. Die Maschine gehört zu den wenigen erhaltenen **Avian** und ist im Brisbane Museum ausgestellt.

Die zwei ersten Serienflugzeuge **Type 594** erreichten als **Avian Mk I** das RAE und den Lancashire Aero Club. Es folgten neun **Avian Mk II**, von denen sechs den gleichen Cirrus-Motor, aber ein geändertes Fahrgestell, die drei für Australien bestimmten Maschinen hingegen Genet-II-Triebwerke mit 56 kW (76 PS) hatten.

Die erste **Avian Mk III** mit dem 63 kW (86 PS) starken A.D.C. Cirrus II flog im Sommer 1927. Sie unterschied sich von der **Mk II** lediglich durch schlankere, aus Stahlrohr gefertigte Stiele und Baldachinstützen. Bis zur Einführung der **Avian Mk IIIA** wurden insgesamt 33 **Avian Mk III** gebaut, darunter ein Exemplar für die RAF. Zur neuen Variante hatten drei frühe **Avians** geführt, die man zur Teilnahme am King's Cup Race von 1928 mit dem Cirrus III à 67 kW (91 PS) ausstattete. Die insgesamt 58 seriengefertigten **Mk IIIA** erhielten eine stärkere Zelle und zwei Exemplare eine Schwimmerausrüstung.

Die Entwicklung der Versionen in Holzbauweise endete mit der **Avian Mk IV**, bei der Querruder und Fahrgestell geändert waren. Als Standard-Triebwerk diente abermals der Cirrus III, aber einige der 90 Serienflugzeuge besaßen auch den Genet II mit 60 kW (82 PS) oder Cirrus Hermes I mit 78 kW (106 PS). Das Gros der **Mk IV** war für den Export bestimmt, und zu den Empfängern zählten der Chinese National Air Service, die Norwegian Antarctic Expedition sowie private Betreiber in Argentinien, Australien, Brasilien, Kanada, Mexiko, Südafrika und Spanien.

Bei Ausbruch des Zweiten Weltkriegs wurden die meisten noch existierenden **Avians** als Schulflugzeuge requiriert. Vier Exemplare erlangten nach dem Krieg ihre zivile Zulassung in Großbritannien zurück, und drei weitere sind eingelagert.

Nach der Erprobung eines Prototyps mit einem Cirrus III im Jahre 1929 wurde neben den **Avians** in Holzbauweise die Avro 616 **Avian Mk IVM** mit Stahlrohrrumpf in kleiner Stückzahl gefertigt. Die schwerere Zelle verlangte den Einsatz eines stärkeren Motors. Die ersten Serienmaschinen **Mk IVM** erhielten daher Sternmotoren vom Typ Cirrus Hermes I mit 78 kW (106 PS) oder Armstrong Siddeley Genet Major mit 75 kW (102 PS). Exportflugzeuge erreichten Argentinien, Australien, Estland, Mexiko, Neuseeland, Singapur, Südafrika, Spanien und Kanada, wo die Ottawa Car Manufacturing Co. 18 Maschinen für die RCAF mit dem 101 kW (137 PS) starken Genet Major fertigte. Fünf Exemplare baute die Whittlesey Body Co. in den USA.

Ferner wurde eine kleine Serie Avro 616 **Sports Avian** produziert, einige mit Hermes-Triebwerk von 78 kW (106 PS), andere mit Gipsy-Motoren im Leistungsbereich zwischen 75 kW und 89 kW (102 PS bis 121 PS) von de Havilland. Eine Nebenlinie dieser Version bildeten zwei Eindecker **Avro 625 Avian Monoplane**, der eine mit Genet Major-, der andere mit Hermes-Triebwerk.

Eine **Avian Mk IVA** (auf den Namen Southern Cross Minor getauft) wurde als Langstrecken-Einsitzer für Sir Charles Kingsford-Smith gebaut, der später eine ähnliche **Avian Mk V** für einen Rekordversuch an W.N. Lancaster weiterreichte. Dieser Flug von England nach Kapstadt hatte im April 1933 begonnen. Von da an blieb die Maschine verschollen, bis man im März 1962 ihre Überreste in der Sahara auffand, nach England überführte und 1979 ausstellte.

**Varianten**
Innerhalb der einzelnen Versionen gab es zahlreiche Varianten. Die Auflistung beschränkt sich auf die Hauptversionen.
**Avro 581 Avian:** Prototyp der anschließend zur Avro 581E modifiziert wurde; Auszug aus dem Datenblatt: Höchstge-

*Die Avian war zwar ein grundsolider Entwurf, aber den Markt für Leichtflugzeuge eroberte die de Havilland Moth.*

schwindigkeit 113 km/h; Leermasse 340 kg und max. Startmasse 717 kg; Spannweite 9,75 m, Länge 7,47 m und Tragflügelfläche 27,31 m²; (1 Flugzeug)
**Avro 594 Avian I:** Vorserienflugzeug mit tiefer installiertem Motor und geteilter Fahrwerksachse (2 Flugzeuge)
**Avro 594 Avian II:** erste Serienversion; Auszug aus dem Datenblatt: Höchstgeschwindigkeit 158 km/h, Reisegeschwindigkeit 132 km/h, Dienstgipfelhöhe 4570 m, Reichweite 523 km; Leermasse 411 kg und max. Startmasse 665 kg; (insgesamt 9 Flugzeuge)
**Avro 594 Avian III:** im wesentlichen eine Mk II mit Stielen und Baldachinstützen aus Stahlrohr (33 Flugzeuge)
**Avro 594 Avian IIIA:** Serienversion mit teilweise verstärkter Zelle (58 Flugzeuge)
**Avro 594 Avian IV:** fortentwickelte Version der Mk IIIA mit modifizierten Querrudern und geändertem Fahrgestell (insgesamt 90 Flugzeuge)
**Avro 605 Avian:** Schwimmer-Avian (zwei umgerüstete Mk IIIA)
**Avro 616 Avian IVM:** neu entwickelte Version mit Stahlrohrrumpf; Auszug aus dem Datenblatt: Höchstgeschwindigkeit 169 km/h, Reisegeschwindigkeit 145 km/h, Reichweite 579 km; Leermasse 456 kg und max. Startmasse 691 kg; (ca. 190 Flugzeuge)
**Avro 616 Sports Avian:** in erster Linie Rennversion mit abgeflachtem Hinterrumpf und widerstandsarmen Windschutzscheiben; Auszug aus dem Datenblatt: Höchstgeschwindigkeit 193 km/h, Reisegeschwindigkeit 169 km/h und max. Startmasse 726 kg
**Avro 616 Avian VIA:** modifizierte Version für Sir Charles Kingsford-Smith mit einem 90 kW (122 PS) starken Gipsy-Reihenmotor von de Havilland und erweiterter Tankkapazität für eine Reichweite von 2736 km (1 Flugzeug)
**Avro 616 Avian V:** Sonderanfertigung eines einzigen Langstrecken-Einsitzers für Sir Charles Kingsford-Smith (1 Flugzeug)
**Avro 625 Avian Monoplane:** abgestrebter Tiefdecker mit verkleidetem Fahrgestell (2 Flugzeuge)

### TECHNISCHE DATEN

**Avro 594 Avian Mk IIIA**

**Typ:** zweisitziger Reiseflug-Doppeldecker
Triebwerk: ein A.D.C.-Cirrus-III-Reihenmotor mit 71 kW (97 PS)
**Leistung:** Höchstgeschwindigkeit 164 km/h; Reisegeschwindigkeit 140 km/h; Dienstgipfelhöhe 5485 m; Reichweite mit max. Treibstoffzuladung 644 km
**Gewicht:** Leermasse 424 kg; max. Startmasse 651 kg
**Abmessungen:** Spannweite 8,53 m; Länge 7,39 m; Höhe 2,59 m; Tragflügelfläche 22,76 m²

# Avro 621 Tutor/Sea Tutor

Anfang der dreißiger Jahre mußte die Avro 504 IV als Schulflugzeug der RAF abgelöst werden, und als Nachfolgemuster bot sich die **Avro 621** an, später **Tutor** genannt.

Die von Roy Chadwick 1929 entworfene **Tutor** hatte einen geschweißten Stahlrohrrumpf mit Stoffbespannung. Der Prototyp wurde von einem Armstrong Siddeley Mongoose-IIIA-Sternmotor mit 116 kW (158 PS) angetrieben und für Vergleichstests im Dezember 1929 mit ziviler Zulassung zum AA&EE nach Martlesham Heath geschickt. In der Öffentlichkeit erschien das neue Muster erstmals am 28. Juni 1930 anläßlich der RAF-Luftfahrtausstellung im New Types Park, Hendon.

Nach einer vergleichenden Erprobung in der Truppe entschied sich die RAF 1930 für die **Tutor**. Es schloß sich ein Auftrag an für eine Versuchsserie von 21 Flugzeugen gemäß Spezifikation 3/30 mit dem Fünfzylinder-Mongoose-Triebwerk. Fast alle nachfolgenden Serienmaschinen wurden mit dem 179 kW (243 PS) starken Armstrong Siddeley Lynx IVC fertiggestellt, der im Unterschied zu dem unverkleideten Mongoose mit einem schmalen Townend-Ring abgedeckt war.

Neben zahlreichen zivilen **621** baute Avro dieses Muster auch für ausländische Luftstreitkräfte. Drei gingen an das Irish Air Corps, sieben an die Royal Canadian Air Force, zwei an die South African Air Force, 30 an die griechische Luftwaffe, drei an die dänische Marine und fünf an die Kwangsi-Luftwaffe (China).

Die größten Aufträge aber kamen von der RAF, die im Mai 1936, am Ende der **Tutor**-Produktion, 394 von insgesamt 975 Maschinen übernommen hatte. Das Gros war nach Spezifikation 18/31 gefertigt, doch die Lieferungen zwischen 1934 und 1936 umfaßten auch Seeflugzeuge mit Zwillingsschwimmern gemäß Unterlage 26/34. Diese **Sea Tutors** gingen zur Erprobung auf See nach Felixstowe und zum Ausbildungsdienst an die Seaplane Training School in Calshot. Im April 1938 wurde die **Sea Tutor** ausgemustert.

Die Zuschleusung der Standard-**Tutor** für die RAF begann 1933 mit einer Serie für die Central Flying School. Die nächsten Empfänger waren das RAF College in Cranwell, No. 5 Flying Training School in Sealand und No. 3 FTS in Grantham. Als Ersatz für die Avro 504N wurde die **621** das Standard-Ausbildungsgerät bei den RAF-Flugschulen. Auch die Universitäts-Fluggruppen und die Ausbildungsabteilungen der Auxiliary Air Force erhielten dieses Muster. Ihre ausgezeichneten Flug- und Steuereigenschaften machten die **Tutor** zum idealen Gerät für Kunstflugvorführungen. In dieser Rolle traten die **621** der CFS erstmals bei der RAF-Flugschau in Hendon am 26. Juni 1933 auf, die Oberseiten beider Tragflächen rot-weiß im Muster des Sonnenbanners gestrichen.

Südafrika erwarb Lizenzrechte und baute insgesamt 57 **Avro 621**.

Die RAF-Jägerstaffeln sollten Ende der dreißiger Jahre auf die Supermarine Spitfire und die Hawker Hurricane umgestellt werden, und darauf paßte die RAF die fliegerische Grundausbildung an. Der Doppeldecker **Tutor** hatte ausgedient, und der Eindecker-Trainer Miles Magister übernahm seine Rolle.

***Avro 621 Tutor im typischen Gelb der RAF-Schulflugzeuge***

***Die Tutor ließ sich gut handhaben und leistete der RAF hervorragende Dienste in der Grundausbildung bis zur Ankunft des Eindeckers Miles Magister. Rund 380 Tutor wurden beschafft, zumeist mit dem verkleideten Sternmotor Armstrong Siddeley Lynx IVC ausgestattet.***

### TECHNISCHE DATEN

**Avro 621 Tutor/Sea Tutor**

**Typ:** zweisitziges Schulflugzeug (Grundausbildung)
**Triebwerk:** (Tutor) ein Armstrong Siddeley-Lynx-IVC-Sternmotor mit 179 kW (243 PS)
**Leistung:** Höchstgeschwindigkeit 196 km/h; Reisegeschwindigkeit 169 km/h in 300 m Höhe; Dienstgipfelhöhe 4940 m; Reichweite 402 km
**Gewicht:** Leermasse 839 kg; max. Startmasse 1115 kg
**Abmessungen:** Spannweite 10,36 m; Länge 8,08 m; Höhe 2,92 m; Tragflügelfläche 27,96 m²
**Bewaffnung:** keine

**Varianten**
**Avro 621 Tutor II:** Einzelexemplar mit modifizierter Tragflächenverstrebung
**P.W.S.18:** polnische Bezeichnung für 40 lizenzgefertigte Tutors

# Avro 652A Anson

***Eine Avro Anson Mk I der No. 220 Squadron, RAF Coastal Command. Die Maschine zeigt den für die Vorkriegszeit typischen silbernen Anstrich.***

***Avro 652A Anson Mk X***

Kaum ein anderes britisches Muster kann mit einer so langen Produktionsdauer aufwarten wie die **Avro Anson**. Sie durchlief diesen Status von 1934 bis zum 15. Mai 1952, als die Abnahmeprüfung der letzten **Anson T.21** stattfand. Das Muster basierte auf einem Lastenheft von Imperial Airways, das im April 1933 an A.V. Roe ging. Das geforderte Flugzeug sollte vier Passagiere über eine Distanz von 676 km bei einer Geschwindigkeit von mindestens 210 km/h befördern können. Andere Leistungskriterien waren eine Abreißgeschwindigkeit unter 100 km/h und die Fähigkeit, die Höhe von rund 600 m mit nur einem Triebwerk zu halten.

Im August 1933 legte das Entwurfsteam unter der Bezeichnung **Avro 652** eine Studie für einen zweimotorigen Tiefdecker mit Einziehfahrwerk, Armstrong Siddeley Cheetah V als Antrieb und einem Gesamtgewicht von 2948 kg vor. Geänderte Vorgaben von Imperial Airways, die dem Muster Nachtpostflüge auf der Verbindung Karatschi-Bombay-Colombo ermöglichen sollten, führten zu einer Erhöhung des Gesamtgewichts auf 3470 kg.

Im April 1934 wurden zwei **Avro 652** in Auftrag gegeben, von denen die erste am 7. Januar 1935 zum Jungfernflug startete. Im März lag die Musterzulassung vor, und am 11. des Monats wurden beide Maschinen in Croydon an Imperial Airways übergeben, wo sie bis 1938 im Einsatz waren.

Am 7. Mai 1934 informierte die für die Auftragsvergabe zuständige Abteilung des Air Ministry A.V. Roe über eine Forderung für zweimotorige Landflugzeuge, die zur Küstenaufklärung dienen sollten. Man wollte wissen, ob die Möglichkeit bestehe, vorhandene Entwürfe an diese Forderung anzupassen. Die neue, auf der Imperial Airways-Maschine gründende Entwurfsstudie trug die Bezeichnung **Avro 652A**.

Daraufhin erteilte das Air Ministry einen Auftrag für eine erste Lieferung im März 1935. In weniger als sechs Monaten mußte das Unternehmen den Detailentwurf und die Konstruktion des Prototyps für die militärische Version eines Musters fertigstellen, das in jener Phase auch als ziviles Luftfahrzeug noch nicht geflogen war. Zu den äußeren Veränderungen gehörten rechtwinklige statt der runden Kabinenfenster der **652** und ein Waffenturm mit einem einzelnen Lewis-Maschinengewehr auf dem Rumpfrücken.

Der Prototyp wurde erstmals am 24. März geflogen und im Folgemonat zur amtlichen Erprobung nach Martlesham Heath überführt. Nach unwesentlichen Modifikationen des Höhenleitwerks und der Höhenruder reichte man die Maschine an die Coastal Defence Development Unit in Gosport zur fliegerischen Gegenüberstellung mit der D.H.89M weiter. Eine Flottenübung bot beiden Mustern praktische Gelegenheit, ihr Leistungspotential zu zeigen, und die überlegene Reichweite und Flugdauer gaben den Ausschlag für die **Avro 652A**.

Für die Serienflugzeuge wurde die Spezifikation 18/35 aufgestellt, und die erste **Anson Mk I** flog am 31. Dezember 1935. Am 6. März 1936 stand No. 48 Squadron in Manston als erster Anson-Verband der RAF einsatzbereit, und diese Einheit sollte auch die letzte sein, als sie im Januar 1942 auf die Lockheed Hudson umrüstete. 21 Staffeln des Küstenkommandos flogen die **Anson** im allgemeinen Aufklärungs- sowie Such- und Rettungsdienst.

Weitere RAF- und Exportaufträge für Australien, Ägypten, Irland, Estland, Finnland und Griechenland folgten. Bis zum Ausbruch des Zweiten Weltkriegs waren knapp 1000 Flugzeuge produziert worden, darunter etliche Schulmaschinen. In dieser Rolle sollte die **Anson** ihren wichtigsten Kriegsbeitrag leisten. A.V. Roe hatte zwar bereits im November 1936 eine Trainerversion vorgeschlagen, doch es dauerte geraume Zeit, bis die ersten Anson Trainer mit Doppelsteuer und Landeklappen erschienen. In verschiedener Ausführung dienten sie bei Operational Training Units, Pilots Advanced Flying Units, Schools of Air Navigation and Army Cooperation, Air Observer Schools und Air Gunnery Schools. Letztere setzten **Ansons** mit motorisierten Waffentürmen vom Typ Bristol B1 Mk VI ein. Die Gesamtproduktion der **Mk I** ergab 6742 Flugzeuge.

Am 18. Dezember 1939 trat der British Commonwealth Air Training Plan in Kraft, und die Anson wurde zu einem der Standard-Ausbildungsmuster erkoren. Die Produktion sollte in England erfolgen und die motorlosen Zellen nach Woodford in Kanada verschifft werden, um Sternmotoren vom Typ Jacobs L-6MB oder Wright Whirlwind R-975-E3 zu erhalten. Erstgenannte Triebwerke machten sie zur **Anson III**, letztere zur **Anson IV**. Später erhielten die **Mk III** Dowty-Hydraulikanlagen für Landeklappen und Fahrwerk. Die Waffentürme blieben erhalten, sofern die von England gelieferten Zellen damit bestückt waren, bei den meisten kanadischen Ansons aber fehlten sie.

Die Lage in England verschlechterte sich zunehmend, und nach Auslieferung von 223 Flugwerken lief die Produktion in Kanada an. Die Federal Aircraft Ltd. wurde eingerichtet, um eine Fertigung der **Anson** durch mehrere Firmen zu koordinieren. Die erste komplett in Kanada gebaute Version war die **Anson Mk II** mit Jacobs-Triebwerken, einem Bug aus Formsperrholz und mit hydraulisch betätigten Landeklappen und Fahrwerk.

Die Verwendung von Formsperrholz bei der **Mk II** leitete zur Einführung dieses Materials für den gesamten Rumpf über. Dabei wich die rechteckige Fensterreihe kreisrunden Bullaugen. Die Kombination von Standardbaugruppen der **Mk II** mit dem neuen Rumpf ergab die **Anson V**, angetrieben von Pratt & Whitney R-985-AN-12B je 336 kW (457 PS). Die **Mk V** wies fünf statt der drei Ausbildungsplätze für Besatzungsmitglieder früherer Versionen auf. Es entstanden insgesamt 1050 **Mk V**-Navigationstrainer, und 1943 erschien das Einzelexemplar einer Ausbildungsversion für Bordschützen mit einem Bristol-Rückenturm B1 Mk VI.

Sämtliche anschließenden Markenziffern entfielen auf in England entwickelte und gefertigte Versionen. Den Anfang machte die **Anson X**, eine **Mk I** mit verstärktem Kabinenboden für den Transport von Fracht und/oder Personal. Die Organisation Air Transport Auxiliary verwendete diese Variante als Verbindungsflugzeug für Überführungspiloten. Der Antrieb der späten **Mk I** in Form der Cheetah IX je 261 kW (355 PS) und das handbetätigte Fahrgestell blieben erhalten, aber an die Stelle der gerippten Verkleidungsteile traten glatte wie bei den beiden **Avro 652**.

Für mehr Komfort beim Passagiertransport sorgte eine Anhebung des Kabinendaches. Diese Änderung führte zur **Anson XI** und **XII** mit hydraulisch betätigten Landeklappen/Fahrgestell und drei großen quadratischen Kabinenfenstern auf beiden Seiten. Die **Anson XI** wurde von Cheetah XIX mit je 295 kW (401 PS) in Verbindung mit Fairey-Reed-Festpropellern aus Metall angetrieben, die **Mk XII** hingegen mit Cheetah XV je 313 kW (426 PS) und Rotol-Verstellpropellern. Spätere **Mk XII** liefen unter der Bezeichnung Serie 2, um die Ganzmetallkonstruktion der Flächen anstelle der Standardbaugruppen in Holzbauweise hervorzuheben. Von beiden Versionen wurden Sanitätsflugzeuge gebaut, deren Erstflüge am 30. Juli bzw. am 27. Oktober 1944 stattfanden. Yeadon lieferte 90 **Mk XI** und 254 **Mk XII**.

Die als Schulmaschinen für Bordschützen gedachten **Anson XIII** und **XIV** mit Cheetah XI oder XIX bzw. Cheetah XV kamen nicht zur Produktion, ebensowenig die zur Ausbildung von Navigatoren und Bombenschützen vorgesehenen **Anson XV** und **XVI**. Die Bezeichnung **Anson XVII** wurde nicht vergeben. Als Anfang 1945 das Ende des Krieges bereits abzusehen war, baute das Unternehmen eine **Mk XI** zur Vorführmaschine um mit fünf ovalen

Kabinenfenstern auf beiden Rumpfseiten und kompletter Inneneinrichtung für ein Passagierflugzeug entsprechend Spezifikation 19 des Brabazon Committee. So entstand die Avro Nineteen, eingesetzt auf britischen Inlandsstrecken, für die seinerzeit das Associated Airways Joint Committee zuständig war. Anschließend wurde diese Version als Zubringerflugzeug in Produktion genommen.

Dieselbe Version hieß im RAF-Dienst Anson C.19. Zwischen 1945 und 1947 wurden 264 Exemplare gebaut. 20 **C.19** waren umgerüstete **Mk XII**, und 158 entstammten der Serie 2 mit metallenen Tragflächen und Höhenflossen. Die Fertigungsstraße in Woodford wurde reaktiviert, um drei Maschinen der Serie 1 und 167 Serie 2 hervorzubringen, während in Yeadon 137 Serie 1 und 18 Serie 2 entstanden. Aus der Avro 19 entwickelt man 12 **Anson** mit Sonderausrüstung für Polizeipatrouillen-, Verbindungs- und Luftbildvermessungsdienste. Diese von der Royal Afghan Air Force georderte Version erhielt die Bezeichnung Avro 18. Ferner bestellte die indische Regierung zur Ausbildung ziviler Flugbesatzungen 13 **Anson 18C** mit Cheetah 15. Alle 25 Maschinen dieser Variante wurden in Woodford gefertigt.

Die **Anson T.20** wurde aus der **Anson 19** Serie 2 nach Spezifikation T.24/46 zur Verwendung als Bomber- und Navigationstrainer in Süd-Rhodesien entwickelt. Für diese Rolle erhielt das Muster eine durchsichtige Bugkuppel sowie Aufhängungen für 16 Übungsbomben unter dem Rumpf und den Tragflächen. Der Prototyp flog am 5. August 1947, und in Woodford wurden weitere 59 Flugzeuge dieser Version fertiggestellt. Die Spezifikation T.25/46 betraf den Navigationstrainer **Anson T.21**, der weder die transparente Bugkuppel noch Bombenhalterungen besaß, ansonsten aber ähnlich wie die **T.20** ausgelegt war. Nach dem Erstflug des Prototyps am 6. Februar 1948 baute das Yeadon-Werk 252 **T.21** für das Flying Training Command. Nach der letzten **T.21** kam das Fertigungsband in Yeadon im Mai 1952 endgültig zum Stillstand. Die Schlußvariante war die **T.21** allerdings nicht, sondern diese Ehre fiel der nach Spezifikation T.26/46 ausgerichteten **T.22** zu. Vierundfünfzig solcher Funkerausbildungsflugzeuge wurden gebaut, nachdem die Versuchsmaschine am 21. Juni 1948 ihren Jungfernflug absolviert hatte.

Die 22jährige Dienstkarriere der **Anson** endete offiziell am 28. Juni 1958 mit dem Überflug einer Sechser-Formation der Southern Communications Squadron an ihrem Fliegerhorst Bovington, Hampshire.

***Die Anson T.Mk 20 war als Bomber- und Navigationstrainer für den Einsatz in Rhodesien gedacht und daher mit einer transparenten Visierkuppel sowie Bombenhalterungen an der Unterseite von Rumpf und Tragwerk ausgestattet.***

### TECHNISCHE DATEN
**Avro 652A Anson**

**Typ:** drei-/fünfsitziges Schulflugzeug für Flugzeugführer, Navigatoren, Bordkanoniere, Bombenschützen und Funker oder 8/11-sitziges Verbindungsflugzeug
**Triebwerke:** (Mk I) zwei Armstrong Siddeley Cheetah IX Sternmotoren je 261 kW (355 PS)
**Leistung:** Höchstgeschwindigkeit 303 km/h in 2135 m Höhe; Marschgeschwindigkeit 254 km/h; Dienstgipfelhöhe 5790 m; Reichweite 1271 km
**Gewicht:** Leermasse 2438 kg; max. Startmasse 3629 kg
**Abmessungen:** Spannweite 17,20 m; Länge 12,88 m; Höhe 3,99 m; Tragflügelfläche 38,09 $m^2$
**Bewaffnung:** ein starres 7,7-mm-Maschinengewehr im Bug, backbord, ein 7,7-mm-Maschinengewehr im Rückenturm und eine Bombenlast von max. 163 kg

# Avro 679 Manchester

Die Verbindung von neuer Zelle mit neuen Triebwerken gerät selten zufriedenstellend, und die **Avro 679 Manchester** machte keine Ausnahme. Sie wurde entsprechend ihrer Spezifikation P.13/36 als mittlerer zweimotoriger Bomber mit dem neuen 24-Zylinder-Reihenmotor Vulture von Rolls-Royce entworfen und wäre in Konkurrenz zur Handley Page H.P.56 getreten, hätte man deren Pläne nicht im Jahre 1937 zu den Akten gelegt. So aber blieb das Feld allein dem Avro-Entwurf überlassen, während sich Handley Page mit dem viermotorigen Halifax-Bomber befaßte. Dieser sollte später zum Rivalen der berühmten Lancaster werden, des Nachfolgemusters der **Manchester**.

Der erste von zwei **Manchester**-Prototypen flog am 25. Juli 1939, der andere erst am 26. Mai 1940. Am 1. Juli 1937 erteilte das Air Ministry bereits einen Auftrag für 200 Bomber, die der geänderten Spezifikation 19/37 genügen sollten. Später stieg die Order auf 400 Flugzeuge.

Nach der Flugerprobung wurde die Spannweite um 3,05 m erhöht und das Leitwerk durch eine mittlere Fläche zur Verstärkung des kleinen Doppelseitenleitwerks samt Rudern ergänzt. Etliche **Manchester Mk I** waren bereits ausgeliefert, als man die mittlere Seitenflosse wieder aufgab und statt dessen die Fläche des Doppelseitenleitwerks erweiterte. In dieser Ausführung erhielt das Muster die Bezeichnung **Mk IA**. Für Tests gingen der eine Prototyp und die beiden ersten Serienbomber an das Armament Experimental Establishment in Boscombe Down und der andere Prototyp an das Royal Aircraft Establishment in Farnborough.

Die am 1. November 1940 in Waddington neuaufgestellte No. 207 Squadron erhielt als erster Einsatzverband die **Manchester**. In der Nacht vom 24./25. Februar 1941 flog die Staffel mit sechs ihrer 18 **Manchester** den ersten Kriegseinsatz im Raum Brest.

***Eine Avro 679 Manchester Mk I der No. 207 Squadron des RAF Bomber Command im Frühjahr 1941.***

Mit steigenden Lieferzahlen wurden mehr Staffeln mit dem neuen Bomber ausgerüstet, wie die No. 49, 50, 57, 61, 83, 97, 106, 408 und 420 Squadron; No. 144 Squadron des Coastal Command erhielt genug **Manchester** für eine Halbstaffel.

Das Versagen der **Manchester** ging in erster Linie auf die Vulture-Motoren zurück, die unzuverlässig waren und nie ihre Nennleistung brachten. Hinzu kamen Schwächen im Bereich der Zelle. Mit Erleichterung tauschten die Bomberverbände daher ab Mitte 1942 die **Manchester** gegen die Lancaster ein.

Das Bomber Command flog seinen letzten **Manchester**-Einsatz am 25./26. Juni 1942 gegen Bremen. Die Statistik zeigte, daß dieses Muster 1269 Kampfeinsätze absolviert und 1885 Tonnen Sprengbomben abgeworfen hatte. Von 202 gebauten Maschinen gingen 40% im Einsatz und 25% durch Unfälle verloren.

Auf der anderen Seite bereitete die **Manchester** aber auch den Weg für die Lancaster, und es bleibt fraglich, ob der beste Bomber der RAF ohne sie je entstanden wäre.

### TECHNISCHE DATEN
**Avro 679 Manchester**

**Typ:** siebensitziger mittlerer Bomber
**Triebwerke:** zwei Rolls-Royce-Vulture-Reihenmotoren mit je 1312 kW (1784 PS)
**Leistung:** Höchstgeschwindigkeit 426 km/h in 5180 m Höhe; Marschgeschwindigkeit 298 km/h in 4570 m Höhe; Dienstgipfelhöhe 5.850 m; Reichweite 2623 km mit einer Bombenlast von 3674 kg
**Gewicht:** Leermasse 13.350 kg; max. Startmasse 25.401 kg
**Abmessungen:** Spannweite 27,46 m; Länge 21,13 m; Höhe 5,94 m; Tragflügelfläche 105,63 $m^2$
**Bewaffnung:** acht 7,7-mm-Maschinengewehre (je ein Paar im Bug- und Rückenturm plus vier im Heckwaffenstand), sowie bis zu 4695 kg Bomben

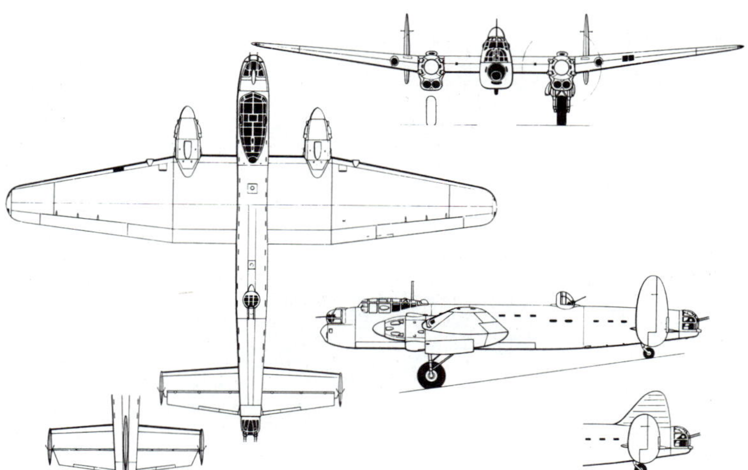

***Avro 679 Manchester Mk IA (Teilskizzen: Leitwerk der Manchester Mk I).***

# Avro 683 Lancaster bis Avro 696 Shackleton

**Bemerkenswert an dem viermotorigen Bomber Lancaster war seine Entwicklung aus einem zweimotorigen Typ sowie die ständige Weiterentwicklung nicht nur zur „Sieger"-Waffe des Zweiten Weltkriegs, sondern auch zu einem verwandten Flugzeugtyp, nämlich dem Transporter York, dem modernisierten schweren Langstreckenbomber Lincoln und dem Militär-Küstenaufklärer Shackleton, aus dem seinerseits später ein langlebiges Frühwarnflugzeug wurde.**

## Avro 683 Lancaster

*Eine Lancaster Mk I der No. 463 Squadron, RAF, mit Standort Waddington im Frühjahr 1945.*

*Avro 683 Lancaster Mk III*

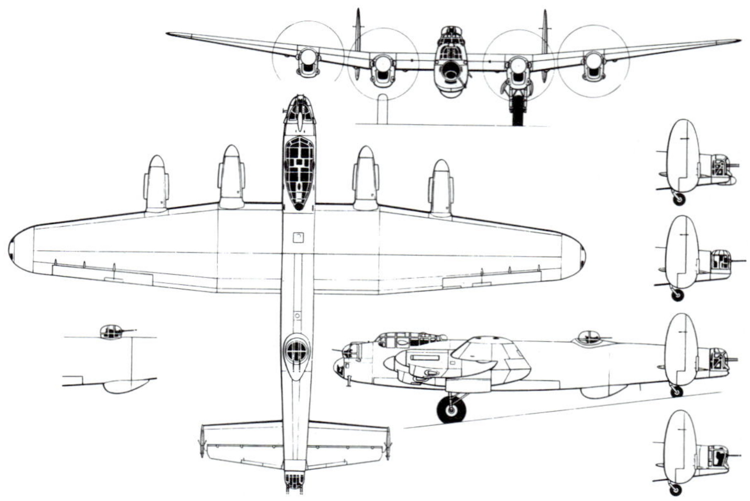

Die **Avro 683 Lancaster** gilt als bester schwerer Bomber Großbritanniens im Zweiten Weltkrieg, und Kenner halten sie sogar für das beste schwere Bombenflugzeug auf beiden Seiten dieses Konflikts. Ihr Erfolg ist um so bemerkenswerter, als sie ihren Ursprung von der erfolglosen zweimotorigen Manchester nahm.

Man darf die **Lancaster** aber nicht als bloße viermotorige Manchester ansehen, denn den Einbau von vier Motoren in das Grundmodell hatte man schon vorgeschlagen, bevor die ersten Manchester an die RAF geliefert wurden. Der erste **Lancaster**-Prototyp war in der Tat eine umgebaute Manchester mit erweitertem Tragflächenmittelstück und vier Triebwerken vom Typ Rolls-Royce Merlin X mit je 854 kW (1161 PS). Dieser Prototyp übernahm auch das dreifache Seitenleitwerk der Manchester, erhielt aber später das geteilte Standardseitenleitwerk der **Lancaster**-Serienbomber in Form von Endplatten mit Seitenrudern an den Höhenflossen.

Nach dem Erstflug am 9. Januar 1941 wurde der Prototyp-Bomber noch im selben Monat nach Boscombe Down zum Aeroplane and Armament Experimental Establishment (AA&EE) für eingehende Erprobungsflüge überführt. Der zweite Versuchsbomber – mit etlichen Änderungen und Merlin XX Motoren – flog erstmals am 13. Mai 1941. Im September jenes Jahres erreichte der erste Prototyp die No. 44 Squadron in Waddington, um die Ausbildung von Besatzungen und die Truppenerprobung aufzunehmen.

Der neue Bomber zeigte sich so erfolgreich, daß sofort Großaufträge ergingen. Der Krieg beschleunigte die Entwicklung derart, daß der erste **Lancaster**-Serienbomber bereits im Oktober 1941 flog. Eine Reihe teilmontierter Manchester-Flugwerke wurden noch auf der Fertigungsstraße in **Lancaster I** (ab 1942 in **Lancaster B.I** umbenannt) verwandelt.

Avro erhielt zunächst einen Auftrag über 1070 **Lancaster**-Bomber, doch schon bald folgten Anschlußaufträge. Als sich abzeichnete, daß die Produktionsstätten in Chadderton und Yeadon überfordert wären, wurden zusätzlich Fremdfirmen mit der kompletten Flugzeugfertigung beauftragt, darunter Armstrong Whitworth in Coventry, Austin Morris in Birmingham, Metropolitan Vickers in Manchester und Vickers-Armstrong in Chester und in Castle Bromwich.

**Lancaster**-Bomber lösten bald die Manchester in den Verbänden ab. Die Produktion steigerte sich so, daß die Merlin-Motoren knapp zu werden drohten. Abhilfe schuf die Lizenzfertigung des Merlin für die **Lancaster** und andere Muster bei Packard in den USA. Außerdem griff man auf Bristol-Sternmotoren vom Typ Hercules VI und XVI mit einer Leistung von 1294 kW (1760 PS) zurück.

In dieser Auslegung als **Lancaster II** flog ein Prototyp am 26. November 1941 zum erstenmal. Die nachgewiesene Leistung ermutigte zur Serienfertigung der Version durch Armstrong Whitworth.

Die ersten beiden **Lancaster** mit Hercules-Antrieb waren im September 1942 fertiggestellt. Sie gingen an das AA&EE und wurden später durch den dritten Bomber dieser Serie ergänzt. Andere Bomber dieser ersten Baureihe übernahm die in Syerston, Nottingham, beheimatete No. 61 Squadron, die vorher die **Lancaster I** geflogen hatte und mit der Truppenerprobung beauftragt war.

In der Folgezeit rüsteten weitere Staffeln auf die **Lancaster B.II** um, die aber nie die Leistung dieses Typs mit Merlin-Antrieb erreichte. Dienstgipfelhöhe, Geschwindigkeit und Bombenlast der **Mk II** lagen niedriger als bei den Versionen mit Merlin-Triebwerken. Nach 301 **Mk II** wechselte die Produktion bei Armstrong Whitworth zur **Lancaster B.I**.

Unterdessen reiften die Merlin-**Lancaster** weiter. Die Motoren des Prototyps wichen dem Merlin XX und XXII mit 954 kW (1297 PS), während die Serienbomber Merlin XXIV zu je 1208 kW (1643 PS) erhielten. Erste Gedanken an einen Waffenturm unter dem Bauch wurden bald verworfen zugunsten von acht 7,7-mm-Maschinengewehren in drei Frazer-Nash-Drehtürmen mit Hydraulikmotor: je ein MG-Paar im Bug und auf dem mittleren Rumpfrücken sowie vier im Heckgefechtsstand. Der Bombenschacht wurde erweitert und für schwerere Sprengkörper ausgelegt: von 3629 kg über 5443 kg bis hin zur „Grand Slam" mit 9979 kg, der schwersten Fliegerbombe im Zweiten Weltkrieg.

Sowie die Packard-Merlin eintrafen, erschien die **Lancaster B.III**. Parallel dazu lief die Produktion der **B.I** weiter. Abgesehen von einer erweiterten Bugkuppel für den Bombenschützen und unbedeutenden Änderungen in der Ausrüstung unterschieden sich die beiden Versionen kaum.

Zur Steigerung der **Lancaster**-Produktion wählte Großbritannien 1942 Victory Aircraft in Kanada aus, um **Lancaster B.X** mit Packard-Triebwerken zu bauen. Diese gingen ab 6. August 1943 auf dem Luftweg nach England, wo die Bewaffnung eingebaut wurde. Die kanadische Fertigung ergab 430 Bomber.

Erwähnenswert ist auch die mit Merlin-Motoren, entweder Merlin-85 oder -87 zu je 1219 kW (1658 PS), vorgeschlagene Version **Lancaster B.VI**, obwohl sie nicht zur Serienfertigung gelangte. Für Vergleichstests hatte Rolls-Royce neun Zellen umgebaut, bei denen die Schützenstände im Bug und auf dem Rücken weggelassen und statt dessen ein H2S-Bombenzielradar und erste elektronische Störgeräte installiert wurden. No. 635 Squadron flog mit diesen Maschinen etliche Pfadfinder-Einsätze. Trotz eindeutiger Überlegenheit im Vergleich zu früheren Versionen blieb es jedoch bei der Versuchsreihe.

Die abschließende Serienversion der **Lancaster** war die **B.VII**, die statt des üblichen Frazer-Nash einen amerikanischen Martin-Schützenstand mit zwei 12,7-mm-Maschinengewehren weiter vorn auf dem Rumpfrücken hatte.

Neben der zeitweiligen Fertigung anderer Versionen wurde die **Lancaster B.I** (ab 1945 **B.1**) den ganzen Krieg hindurch gebaut. Das letzte Exemplar verließ die

***Im Zweiten Weltkrieg wurde die Lancaster zu einer der stärksten Waffen der Alliierten.***

Werkshalle von Armstrong Whitworth am 2. April 1946. Insgesamt belief sich die Produktion auf zwei Prototypen **Mk I**, 3425 Serienbomber **Mk I**, 301 **Mk II**, 3039 **Mk III**, 180 **Mk VII** und 430 **Mk X**. Die 7377 Flugzeuge bauten Avro (3673), Armstrong Whitworth (1329), Austin Motors (330), Metropolitan Vickers (1080), Vickers-Armstrong (535) und Victory Aircraft (430). Einige Exemplare gingen aus Umrüstungen verschiedener Versionen hervor.

Laut Statistik setzten mindestens 59 Staffeln des Bomber Command die **Lancaster** ein, die mehr als 156.000 Feindflüge absolvierte und 618.350 Tonnen Bomben neben 51 Millionen Brandsätzen abwarf. Als ein Ende des Krieges in Europa abzusehen war, lief die geplante Modifikation der **Lancaster** für Einsätze in Fernost als Teilbeitrag des Bomber Command für die „Tiger Force" an. Die Aufstellung erübrigte sich durch die Kapitulation Japans.

Eine Reihe von **Lancaster** wurde zur Rückführung von Kriegsgefangenen nach Europa verwendet. In Großbritannien und anderen europäischen Ländern dienten etliche modifizierte **Lancaster** als Erprobungsträger. Einige Maschinen wurden an die französische Marine geliefert und andere zu provisorischen Verkehrsflugzeugen, **Lancastrian** genannt, umgebaut; die Änderung der Zelle beschränkte sich im wesentlichen auf die Demontage der Glaskuppeln an Bug und Heck und entsprechende Neuverkleidungen. Die zivile Avro York hingegen verwendete nur noch die Tragflächen und die Motoren der **Lancaster** sowie die mittlere Seitenflosse zwischen den beiden Endplatten des Höhenleitwerks des frühen **Lancaster**-Prototyps.

Heute sind nur noch wenige **Lancaster** in flugtüchtigem Zustand.

**TECHNISCHE DATEN**

**Avro 683 Lancaster**

**Typ:** siebensitziger schwerer Bomber
**Triebwerke:** (Mk I) vier Rolls-Royce-Merlin-24-Reihenmotoren mit je 1223 kW (1663 PS)
**Leistung:** Höchstgeschwindigkeit 462 km/h in 3505 m Höhe; Marschgeschwindigkeit 338 km/h; Dienstgipfelhöhe 7468 m; Reichweite 4072 km mit einer Bombenlast von 3175 kg
**Gewicht:** Leermasse 16.738 kg; max. Startmasse 31.751 kg
**Abmessungen:** Spannweite 31,09 m; Länge 21,18 m; Höhe 6,10 m; Tragflügelfläche 120,49 m²
**Bewaffnung:** acht 7,7-mm-Maschinengewehre (je zwei im Bug- und Rückenturm sowie vier im Heckstand) und eine Bombenlast in Form einer 9979 kg schweren Einzelbombe oder bis zu 6350 kg kleinerer Sprengkörper

# Avro 685 York

*Avro 685 York Mk I, die dritte Serienmaschine, wurde 1944 geliefert.*

Eine der zwischen England und den USA vereinbarten Rüstungsabsprachen sah den Bau aller alliierten Transportflugzeuge durch die Amerikaner vor. Dieses Abkommen ermöglichte es der britischen Industrie, sich auf die Produktion von Jägern und Bombern zu konzentrieren. Dessenungeachtet, erstellten der Konstrukteur Roy Chadwick und seine Mitarbeiter im Avro-Chadderton-Werk im Februar 1942 den Entwurf für die **Avro 685 York**. Das viermotorige Langstrecken-Transportflugzeug verband das Trag- und Leitwerk, die Motoren und das Fahrwerk der Lancaster mit einem neuen Rumpf rechteckigen Querschnitts.

Kurz vor dem Erstflug des Prototyps am 5. Juli 1942 in Ringway, Manchester, erging ein offizieller Auftrag für vier Flugzeuge. Die ersten beiden Exemplare sollten Rolls-Royce Merlin XX und die beiden anderen Bristol Hercules VI erhalten. Alle vier Maschinen flogen schließlich mit Merlin-Motoren, und nur der Prototyp wurde Ende 1943 auf Hercules XVI ummotorisiert zur **York II**. Um die zusätzliche seitliche Fläche vor dem Schwerpunktbereich auszugleichen, ergänzte man das geteilte Seitenleitwerk durch eine mittlere Flosse. Die Ascalona genannte Maschine ging im März 1943 an die No. 24 Squadron auf dem RAF-Fliegerhorst Northolt. Sie war als fliegender Konferenzraum ausgerüstet und zur primären Verwendung durch Winston Churchill vorgesehen.

Die Produktion lief behutsam an, zunächst in Ringway, ab Oktober 1945 jedoch in Yeadon. Das erste Paar wurde ebenfalls an die No. 24 Squadron für VIP-Dienste ausgeliefert. Zu den weiteren **Yorks** in VIP-Auslegung zählten die Dienstflugzeuge für Louis Mountbatten,

*Die York erbte von dem erfolgreichen Lancaster-Bomber sowohl das Trag- und Leitwerk wie die Motoren. Bei der Luftbrücke nach Berlin war der geräumige Rumpf dieses Musters sehr gefragt.*

Field Marshal Smuts und den Duke of Gloucester. Fünf frühe Maschinen stießen zur BOAC zum Einsatz auf der Verbindung England-Marokko-Kairo ab April 1944. Weitere 25 Exemplare wurden ab August 1945 geliefert zur gemeinsamen Nutzung mit dem Transport Command.

1945 war No. 511 Squadron in Lyneham die erste Staffel mit kompletten **York**-Flugzeugbestand. Von zehn RAF-Staffeln, die dieses Muster schließlich flogen, hatte man sieben früh genug umgerüstet, um an der Luftbrücke nach Berlin ab 1. Juli 1948 teilzunehmen. Die Produktion endete mit Übergabe der 257. **York** auf dem RAF-Fliegerhorst Honington am 29. April 1948. Die Gesamtproduktion ergab vier Prototypen, 208 Flugzeuge für die RAF, 25 für BOAC, 12 für die British South American Airways Corporation, fünf für die Luftstreitkräfte Argentiniens (FAMA) und zwei für Skyways Ltd. sowie eine in Kanada gefertigte **York**.

**TECHNISCHE DATEN**

**Avro 685 York**

**Typ:** Langstrecken-Passagier-/Frachtflugzeug
**Triebwerke:** vier Rolls-Royce-Merlin-XX-Reihenmotoren mit je 954 kW (1297 PS)
**Leistung:** Höchstgeschwindigkeit 480 km/h in 6400 m Höhe; Marschgeschwindigkeit 338 km/h; Dienstgipfelhöhe 7010 m; Reichweite 4345 km
**Gewicht:** Leermasse 19.069 kg; max. Startmasse 31.115 kg
**Abmessungen:** Spannweite 31,09 m; Länge 23,93 m; Höhe 5,44 m; Tragflügelfläche 120,49 m²
**Bewaffnung:** keine

# Avro 689 Tudor

Im ersten Entwurfsstadium stellte die **Avro 689 Tudor** eine gestreckte Version der **Tudor 1** dar, mit einem um 7,62 m längerem Rumpf und einem 30 cm größeren Durchmesser. Die 60sitzige Verkehrsmaschine war für den BOAC-Einsatz im Kurzstreckenbereich der Empire Air Routes gedacht und wurde in dieser Form als **Avro 689** geführt, die projektierte BEA-Version hingegen als **Avro 699**. BOAC plazierte einen Auftrag für 30 Flugzeuge, den sie im November 1944 auf 79 Exemplare erhöhte, entsprechend einem Übereinkommen mit QANTAS und South African Airways, dieses Musters als Standardtyp auf den Commonwealth-Strecken zu verwenden. Zu diesem Zeitpunkt befand sich das Muster

*British South American Airways war der Hauptnutzer der zweiten Tudor-Generation.*

immer noch im Reißbrettstadium. Die größere **Tudor** machte ähnliche Verzögerungen durch, weil die Fluggesellschaften mit immer neuen Änderungen aufwarteten. Am 10. März 1946 startete sie schließlich als **Tudor 2** in Woodford zum Erstflug.

Vergleichbare Probleme wie bei der **Tudor 1** führten zu Modifikationen, die im Endeffekt das Gesamtgewicht erhöhten und zusammen mit weiteren Änderungen das Leistungsvermögen auf ein unannehmbares Maß verschlechterten. QANTAS und SAA zogen ihre Order zurück, und das Auftragsvolumen sank auf 50 Flugzeuge – alle für BOAC. Ein Startunfall am 23. August 1947, bei dem Roy Chadwick und Testpilot S.A. Thorn den Tod fanden, war eindeutig durch falsch montierte Querruder verursacht. Die Entwicklung wurde daher fortgeführt.

In der Zwischenzeit hatte man die erste seriengefertigte **Tudor 2** mit Bristol-Hercules-Sternmotoren zu je 1305 kW (1775 PS) ausgerüstet, um das Leistungsvermögen wiederherzustellen. Die am 17. April 1947 zum ersten Mal geflogene Version wurde die **Tudor 7**. Ihr einziger Vertreter ging schließlich an das Ministry of Supply zur Verwendung beim Telecommunications Research Establishment in Defford (Fernmeldeversuchsanstalt), ohne daß die neuen Triebwerke die Leistung erheblich verbessert hätten.

Nach der Tropenerprobung mit der zweiten seriengefertigten **Tudor 2**, die nicht zufriedenstellte, wurde das Auftragspaket auf 18 Flugzeuge gekürzt. Diese setzten sich aus zwei **Tudor 2**, zehn Avro 711A Trader mit Bugfahrwerk und sechs **Tudor 5** für BSAA zusammen. Letztere wurden von etwas stärkeren Merlin 621 angetrieben und konnten 44 Passagiere befördern, traten ihren Dienst bei BSAA aber nie an. Statt dessen baute man die gesamte Inneneinrichtung aus und setzte die Maschinen – ebenso wie eine **Tudor 2** – als Tankflugzeuge im Rahmen der Berliner Luftbrücke ein. Bei Ende dieser Operation nach 3160 Einsätzen wurden die **Tudors** grundüberholt und in Passagierflugzeuge rückgewandelt. Der Absturz einer Maschine mit 80 Toten im März 1950 leitete das Ende dieses Musters ein.

Mehrere **Tudors** dienten im Charterdienst weiter, und ein Exemplar flog noch eine Zeitlang in Kanada, aber nach und nach wurden auch sie außer Dienst gestellt und verschrottet. Von der **Type 711A** wurde kein einziges Exemplar fertiggestellt, ebensowenig die sechs **Tudor 6** für eine argentinische Fluggesellschaft. So ergab die Gesamtproduktion der **Tudor 2, 5** und **7** in England lediglich 11 Maschinen.

### TECHNISCHE DATEN
**Avro 689 Tudor 2**

**Typ:** viermotoriges Verkehrsflugzeug
**Triebwerke:** vier Rolls-Royce-Merlin-621-Reihenmotoren mit je 1320 kW (1795 PS)
**Leistung:** Höchstgeschwindigkeit 475 km/h; Reisegeschwindigkeit 378 km/h; Dienstgipfelhöhe 7790 m; Reichweite mit max. Treibstoffzuladung 3750 km
**Gewicht:** Leermasse 21.001 kg; max. Startmasse 36.287 kg
**Abmessungen:** Spannweite 36,58 m; Länge 32,18 m; Höhe 7,39 m; Tragflügelfläche 132,01 m$^2$

# Avro 691 Lancastrian

An die **Avro 691 Lancastrian** erinnert man sich hauptsächlich als Verkehrsflugzeug der Nachkriegszeit, in der in Großbritannien wie auch anderswo Transportmaschinen rar waren. Nur wenigen ist bekannt, daß dieses Muster seinen Ursprung in Kanada hatte. Hier hatte 1942 Victory Aircraft aus Toronto eine in England gebaute Lancaster III von ihren Waffentürmen und Tarnfarben befreit und mit rundlichem Bug und Heck sowie drei zusätzlichen Kabinenfenstern ausgestattet. Trans Canada Airlines erprobte diese Maschine im Frachtdienst zwischen Moncton und Goose Bay, auf einer Distanz von rund 850 km, und beurteilte Flugleistungen wie Frachtkapazität als befriedigend.

Der Bedarf an schnellen Transportflugzeugen war so hoch, daß Avro diese Lancaster nach England zurückholte, um sie auf längere Sicht hin umzurüsten. Sie erhielt u.a. zusätzliche Kraftstofftanks, die die Reichweite auf mehr als 6430 km erhöhten, und zehn Passagiersitze. In dieser neuen Auslegung weihte die Maschine am 22. Juli 1943 den Canadian Government Trans Atlantic Air Service (von TCA betrieben) mit vier Tonnen Feldpost ein. Die umgebaute Lancaster stellte mit zwölf Stunden und 26 Minuten einen neuen Nonstop-Rekord zwischen Dorval (Montreal) und Prestwick auf.

Die britische Musterzulassung wurde am 1. September 1943 erteilt, und TCA leitete die Umrüstung zweier Lancaster X kanadischer Herstellung durch Victory Aircraft ein. Es folgten fünf weitere Exemplare. Eine Maschine ging im Dezember 1944 über dem Atlantik verloren, und die zuerst umgebaute Lancaster brannte bei Motortests im Juni 1945 völlig aus. Die restlichen Flugzeuge aber bedienten die im September 1946 auf London ausgedehnte Route weiterhin im regelmäßigen Passagierverkehr. Dieser Betrieb erwies sich als so unwirtschaftlich, daß im Folgejahr Lockheed

***Die Lancastrian war eine „zivilisierte“ Lancaster mit neu entworfenem Bug und Heck.***

Constellations die Lancasters nach 1900 Atlantiküberquerungen ablösten.

Probleme mit der Avro Tudor, die BOAC für Australienflüge bestellt hatte, gaben den Anstoß, 20 Lancaster nach Ende der Produktion umzurüsten. Sie waren umfassender umgestaltet als die kanadischen Flugzeuge und erhielten die neue Bezeichnung **Avro 691 Lancastrian**.

Mit 2273-Liter-Tanks im Bombenschacht verfügte die **Lancastrian** über eine Reichweite von knapp 6450 km. Die erste, Anfang 1945 gelieferte Maschine stellte in einem 3½-Tage-Flug von Großbritannien nach Neuseeland einen neuen Rekord auf. Die Commonwealth-Routen wurden gemeinsam mit QANTAS beflogen, wenngleich anfangs noch mit RAF-Markierungen. Eine **Lancastrian** ging im März 1946 über See verloren. Die schnelle Fernverbindung wurde jedoch aus Prestigegründen aufrecht erhalten, obwohl der Betrieb völlig unrentabel war.

Nach der Südatlantik-Streckenerprobung mit einer **Lancastrian 1** von BOAC erging ein Auftrag der neuen Gesellschaft British South American Airways über sechs **Lancastrian 3**, die 1946 in Dienst gehen sollten. Sie erhielten eine verbesserte Inneneinrichtung für 13 Fluggäste.

Auf die erfolgreiche Einführung in die zivile Luftfahrt hin orderte die RAF das Muster als **Lancastrian C.Mk 2**. Ähnlich wie die **Lancastrian 1**, jedoch mit nur neun Sitzplätzen ausgestattet, wurde die **C.Mk 2** im Oktober 1945 in Dienst gestellt. Die RAF übernahm 13 Transportflugzeuge dieser Version, gefolgt von 20 **Lancastrian C.Mk 4** mit 10/13 Sitzen entsprechend der zivilen **Lancastrian 3**. Diese Transportflugzeuge dienten bei der No. 24 Squadron und der Empire Air Navigation School.

Die BSAA-Flüge nach Südamerika waren vom Unheil verfolgt: Von den sechs für diesen Betrieb gekauften **Lancastrians** stürzten vier zwischen August 1946 und November 1947 ab (die beiden anderen Maschinen wurden an Flight Refuelling verkauft); zwei der als Nachfolger beschafften Tudors verschwanden spurlos über See. BSAA wurde anschließend von BOAC vereinnahmt und das bestellte Dutzend **Lancastrian 3** an andere Betreiber ausgeliefert, darunter Alitalia, QANTAS, Silver City Airways und Skyways. Die unabhängigen Gesellschaften nutzten ihre **Lancastrians** ausgiebig, besonders während der Berliner Luftbrücke im Jahre 1949. Hier flogen sie hauptsächlich als Lufttanker mit einer Ladung von 11.365 l Benzin und Dieselkraftstoff.

Die meisten RAF-**Lancastrian** kamen nach dem militärischen Dienst auf dem Zivilmarkt unter, aber etliche dienten als Versuchsträger für Triebwerke. Die erste Maschine dieser Gruppe, 1946 von Rolls-Royce umgerüstet, erprobte zwei Nene-Strahltriebwerke mit je 2268 kg Schub an den Außenstationen. Sie flog als erstes kommerzielles Luftfahrzeug der Welt mit reinem Strahlantrieb, wenn die inneren Kolbentriebwerke abgestellt waren. Allein von den Nenes angetrieben schaffte die **Lancastrian** im November 1946 den Flug von London nach Paris in 50 Minuten. Neben einem weiteren Nene-Erprobungsträger testeten zwei **Lancastrians** das de Havilland Ghost, zwei andere das Rolls-Royce Avon und eine weitere das Armstrong Siddeley Sapphire. Zwei Maschinen wurden ferner für Kolbentriebwerktests mit Rolls-Royce Griffon 57 innen und Merlin T.24/4 außen ausgerüstet.

In Großbritannien entstanden insgesamt 82 **Lancastrians**, ergänzt durch neun Flugzeuge kanadischer Herstellung.

### TECHNISCHE DATEN
**Avro 691 Lancastrian 1/C.Mk 2**

**Typ:** viermotoriges Transportflugzeug
**Triebwerke:** vier Rolls-Royce-Merlin-T.24/2-Reihenmotoren mit je 1219 kW (1658 PS)
**Leistung:** Höchstgeschwindigkeit 499 km/h in 3660 m Höhe; max. Reisegeschwindigkeit 370 km/h in 5335 m Höhe; Dienstgipfelhöhe 9145 m; Reichweite mit max. Treibstoffzuladung 6679 km
**Gewicht:** Leermasse 13.801 kg; max. Startmasse 29.484 kg
**Abmessungen:** Spannweite 31,09 m; Länge 23,42 m; Höhe 5,94 m; Tragflügelfläche 120,49 m$^2$

# Avro 694 Lincoln

Im Jahre 1943, als die Lancaster noch das Hauptmittel für die Offensivschläge des Bomber Command war, stellte das Air Ministry bereits die Spezifikation B14/43 zur Lösung der Nachfolgefrage auf. Avros neuer Entwurf, Lancaster IV genannt, basierte auf dem früheren Modell, sollte aber mit Rolls-Royce Merlin 85 wesentlich weiter und höher fliegen können.

Obwohl zahlreiche Baugruppen der Lancaster übernommen wurden, waren die Änderungen doch so umfangreich, daß man eine neue Bezeichnung wählte. Die **Avro 694 Lincoln** hatte ein neues Tragwerk mit größerer Spannweite und höherer Flügelstreckung, einen längeren Rumpf, eine schwerere Bewaffnung und – wegen des höheren Gesamtgewichts – ein stärkeres Fahrwerk. Den unbewaffneten Prototyp flog Captain H.A. Brown in Ringway, Manchester, am 9. Juni 1944. Vier Tage danach ging die Maschine zur Erprobung nach Boscombe Down. Später wurde ein Martin-Waffenturm auf dem Rumpfrücken installiert, der bei den anderen Versuchs- und Serienflugzeugen einem Bristol-Drehturm wich. Der zweite **Lincoln**-Prototyp startete am 13. November 1944 zum Jungfernflug. Man plante eine Produktion von insgesamt 2254 Bombern durch Avro in Chadderton und Yeadon, durch Metropolitan Vickers in Trafford Park und durch Armstrong Whitworth in Baginton und Bitteswell. Tatsächlich entstanden in Großbritannien drei Prototypen, 72 **Mk I** und 465 **Mk II**. Die letzte der 168 von Avro gebauten **Lincoln** wurde im Frühjahr 1946 ausgeliefert und der letzte von 299 Bombern, die Armstrong Whitworth gefertigt hatte, am 5. April 1951. 1947 erhielt die argentinische Luftwaffe 30 **Mk II**. In Kanada baute Victory Aircraft eine **Mk XV**, und die Government Aircraft Factory in Australien produzierte 43 **Mk 30** und 30 **Mk 30A**. 1951 wurde ein Streckungsteil von 1,98 m Länge in den Bug von 20 australischen **Lincoln** eingebaut, um zwei Radarbediener und ihre Ausrüstung unterbringen zu können. Diese Maschinen erhielten die Bezeichnung **Mk 31**.

Hauptnutzer aber war die RAF, die ab Februar 1945 ihre **Lincoln B.I** übernahm. Am 7. Mai 1945 waren rund 50 Bomber fliegerisch abgenommen und Depot-oder Erprobungsdienststellen zugeführt worden wie der Telecommunications Flying Unit in Defford und der Aircraft Torpedo Development Unit in Gosport sowie Rolls-Royce in Hucknall für Triebwerktests und dem AA&EE in Boscombe Down. Die Bomber Development Unit in Feltwell empfing ihre ersten **Lincolns** am 21. Mai

**TECHNISCHE DATEN**
**Avro 694 Lincoln**
**Typ:** siebensitziger Fernbomber
**Triebwerke:** (B.I) vier Rolls-Royce-Merlin-85-Reihenmotoren mit je 1305 kW (1775 PS)
**Leistung:** Höchstgeschwindigkeit 475 km/h in 4750 m Höhe; Marschgeschwindigkeit 346 km/h in 6100 m Höhe; Dienstgipfelhöhe 9295 m; Reichweite 2366 km mit max. Bombenlast
**Gewicht:** Leermasse 19.686 kg; max. Startmasse 34.019 kg
**Abmessungen:** Spannweite 36,58 m; Länge 23,86 m; Höhe 5,27 m; Tragflügelfläche 132,01 m²
**Bewaffnung:** je zwei 12,7-mm-Maschinengewehre im Bug-, Rücken- und Heckturm sowie eine Bombenlast von bis zu 6350 kg

***Die Lincoln war das primäre Bombenflugzeug der RAF in der Nachkriegszeit. Hier ist eine Lincoln während eines Kolonial-Bombeneinsatzes.***

1945. Als erster RAF-Verband übernahm No. 57 Squadron drei **Lincoln B.II** zur Ausrüstung ihrer **Lincoln** Trials Flight im August 1945. Die **B.II** wurde von Merlin 66 oder 68 angetrieben und war mit dem Bristol B17-Rückenturm, dem Boulton-Paul-„D"-Heckturm und einem H2S-Radargerät in der Ausführung **Mk IIIG** ausgerüstet. Die Kapitulation Japans und die Auflösung der für den Einsatz im Pazifikraum aufgestellten „Tiger Force" sowie Verzögerungen bei der Indienststellung der **Lincoln** führten dazu, daß sie im Zweiten Weltkrieg nicht mehr eingesetzt wurde. Die **Lincoln** geleitete die RAF in das Jet-Zeitalter, das ihr Nachfolgemuster Canberra einläutete.

# Avro 696 Shackleton

Die Avro 694 Lincoln wurde entwickelt, um eine verbesserte Lancaster zum Fernosteinsatz gegen Japan bereitzustellen. Sie brachte bessere Flugleistungen, eine größere Reichweite und eine schwerere Bewaffnung. Mit Rolls-Royce Merlin sollte dieses Muster zur Lancaster IV bzw. mit Packard-Merlin zur Lancaster V werden. Da dies jedoch zu Verwechslungen führen konnte, teilte man ihnen die Bezeichnungen Lincoln 1 und 2 zu. Als Großbritannien 1946 einen neuen maritimen Fernaufklärer brauchte, entstand in Gesprächen der Vorschlag, eine Lincoln 3 für diese Rolle zu entwickeln. Dazu mußte Avro die Lincoln jedoch in weiten Teilen neu entwerfen. So ergab sich der passende Name **Shackleton** für diesen Langstrecken-Ozeanflieger.

Die **Avro 696 Shackleton** übernahm das Trag- und Fahrwerk von der Lincoln und vereinte diese Baugruppen mit einem völlig neuen Rumpf – kürzer, höher und breiter. Das Leitwerk wechselte die Stellung von unten nach oben, während der Abstand zwischen den Endplatten des Höhenleitwerks, die das für die Lancaster/Lincoln typische Seitenleitwerk bildeten, enorm zunahm. Zudem wurden die Endplatten rundlicher und fülliger. Die Merlin-Triebwerke wichen Rolls-Royce Griffons, die jeweils ein Paar gegenläufiger Dreiblatt-Luftschrauben antrieben. Der neue Rumpf bot Platz für eine zehnköpfige Besatzung und eine Bewaffnung mit einem Paar 20-mm-Bugkanonen, zwei weiteren 20-mm-Kanonen im Rückenturm und zwei 12,7-mm-Maschinengewehren im Heck sowie Sprengkörper und Wasserbomben im großen Bombenschacht. Als **Shackleton GR.1** (später **Shackleton MR.1**) flog dieses Muster erstmals am 9. März 1949. Der Jungfernflug der ersten Serienmaschine folgte am 24. Oktober 1950, und im Februar 1951 begann die Indienststellung bei No. 120 Squadron und No. 236 OCU in Kinloss. Nach einer gewissen Anlaufzeit erreichten diese Flugzeuge die Staffeln des Coastal Command als Ersatz für Lancaster MR.3.

Den Antrieb der MR.1 besorgten zwei Griffon 57A an den inneren Positionen und zwei Griffon 57 außen. Das zweite **Shackleton**-Baulos wurde ausschließlich mit Griffon 57A fertiggestellt. Dies führte zu den entsprechend breiten Motorgondeln an den Außenpositionen und zur Bezeichnung **Shackleton MR.1A**. Die Entwicklung der **Shackleton MR.2** sollte Mängel beseitigen, die sich beim Einsatz mit der **MR.1** und **MR.1A** gezeigt hatten, vor allem das begrenzte Leistungsvermögen des Suchradars und die unzureichende Effektivität der Bug- und Heckbewaffnung. Der Vorderrumpf erhielt einen völlig neuen stromlinienförmigen Bug mit 20-mm-Zwillingskanonen über der Position des Bombenschützen. Anstelle des Kinnradoms hatte die „Shack" einen teilweise einziehbaren Radarantennenbehälter, der hinter dem Bombenschacht angeordnet war und eine Abtastung um 360° sicherstellte. Weitere Modifizierungen im Heckbereich ergaben die Einführung eines transparenten Heckkonus in Verbindung mit dem Ausbau der Maschinengewehre und ein einziehbares Zwillings-Spornrad anstelle des bisherigen starren Einzelrads. Der Prototyp (WB833) beeindruckte die Zuschauer bei der SBAC-Luftfahrtschau in Farnborough 1953, als er majestätisch über ihre Köpfe hinwegzog, während die Propeller an drei Triebwerken in Segelstellung geregelt waren.

Die letzte Serienversion war die zur allgemeinen Leistungssteigerung entwickelte **Shackleton MR.3** mit geänderter Tragflächenform, verbesserten Querrudern und Zusatztanks an den Flächenenden. Für die Besatzung brachte sie eine Vollsichtkanzel und einen schallisolierten Kabinenraum für eine Ablöse-Crew bei langwierigen Patrouillen. Höhere Betriebsmassen zogen die Einführung eines einziehbaren Bugfahrwerks mit Zwillingsrädern an allen drei Baugruppen nach sich. Der Wegfall des Waffenturms auf dem Rücken war eine auffällige Änderung im äußeren Erscheinungsbild. Neue Halterungen an der Unterseite der Tragflächen ermöglichten die Beladung mit einer Reihe anderer Waffen, darunter auch Raketen. Acht Exemplare einer Baureihe von 43 **MR.3** gingen an die South African Air Force. Nach Produktionsende erfuhr die **Shackleton** Mitte der sechziger Jahre eine neuerliche Kampfwertsteigerung, als man die Zelle für den Einbau zusätzlicher Treibstofftanks und zweier kleiner Strahltriebwerke vom Typ Rolls-Royce Viper 203 mit je 1134 kg Schub verstärkte. Die in Außengondeln an beiden Tragflächen montierten Viper-Strahlturbinen lieferten zusätzliche Antriebskraft beim Start und Steigflug des schwerbeladenen Flugzeugs.

Alle diese frühen Versionen der Shackleton wurden im militärischen Dienst von der British Aerospace Nimrod MR.1/2 abgelöst, bis auf die letzte Variante des Veteranenmusters, die **Shackleton AEW.2**. British Aerospace entwickelte diese Spezialversion 1971 als Alternative für die Fairey/Westland Gannet AEW.3, der die Basis auf See fehlte, nachdem man die Flugzeugträger der Royal Navy gestrichen hatte. Zwölf **AEW.2** gingen aus Umrüstungen von **MR.2** hervor. Der fahrbare Radarbehälter war durch ein starres Bauchradom unmittelbar vor dem Waffenschacht ersetzt worden, der nunmehr als Gehäuse für das APS-20 Suchradar fungierte. Weitere äußere Änderungen bestanden in einer Vielzahl von Antennen und Sonden. Wesentlicher aber war im Innenraum die Installation der hochwertigen Ausrüstung und Konsolen für drei diensthabende Radarbediener. No. 8 Squadron der RAF unterstützte die britischen Seestreitkräfte mit diesen Maschinen im AEW-Dienst (Frühwarnung), bis 1991 Boeing E-3D Sentry AEW Mk 1 an ihre Stelle traten.

***Neben der RAF als Hauptnutzer der Shackleton zur Seeaufklärung, Seezielbekämpfung und Frühwarnung erwarb Südafrika acht Exportflugzeuge MR. Mk 3a.***

**Varianten**
**Shackleton MR.1:** eine (vermutlich mehrere) zu Testzwecken mit MAD (Detektor für magnetische Anomalien) ausgerüstete Maschine zur Ortung tieftauchfähiger Unterseeboote
**Shackleton MR.2C:** Bezeichnung für eine Reihe von MR.2 mit der Navigatons- und Waffeneinsatzausrüstung der MR.3, die die No. 205 Squadron der FEAF in Singapore flog
**Shackleton MR.4:** Bezeichnung für eine projektierte Version mit vier Napier-Nomad-E.145-Gasturbinen-Diesel-Verbundtriebwerken; nicht gebaut
**Shackleton T.Mk 4:** Bezeichnung einer zum Navigationstrainer umgerüsteten Mk 1 für die Maritime Reconnaissance School

**TECHNISCHE DATEN**
**Avro Shackleton MR.3**
**Typ:** Seeaufklärungs-/Seezielbekämpfungsflugzeug
**Triebwerke:** vier Rolls-Royce-Griffon-57A-Reihenmotoren mit je 1831 kW (2490 PS); (Serie 3 plus zwei Viper-Strahlturbinen)
**Leistung:** Höchstgeschwindigkeit 486 km/h; Marschgeschwindigkeit bei Fernpatrouillen 322 km/h; Dienstgipfelhöhe 5850 m; Reichweite 5890 km
**Gewicht:** Leermasse 26.218 kg; max. Startmasse 44.452 kg
**Abmessungen:** Spannweite 36,52 m; Länge 28,19 m; Höhe 7,11 m; Tragflügelfläche 132,01 m²
**Bewaffnung:** zwei 20-mm-Bugkanonen und bis zu 4536 kg Wasserbomben, Torpedos und Abwurfmittel im unteren Rumpfschacht

# Avro 698 Vulcan bis BAC Canberra

**Das letzte Militärflugzeug von Avro war der klassische „V-Bomber" Vulcan. Der Name Avro verschwand 1963 bei der Reorganisation der Hawker-Siddeley-Gruppe (zu der Avro seit 1935 gehört hatte); Siddeley wurde mit Hawker fusioniert. In der Folge der staatlichen Rationalisierung der britischen Flugzeugindustrie entstand 1960 durch Verschmelzung von Bristol, English Electric, Vickers und Hunting die British Aircraft Corporation.**

## Avro 698 Vulcan

Als sich die Kriegswolken über Europa auflockerten, konnte man in England mit Stolz auf den von der RAF geleisteten Beitrag zurückblicken. Doch das Fighter Command erkannte, daß ein starkes Bomberkommando – ausgestattet mit den modernsten Flugzeugen, die atomare Waffen über große Entfernungen hin absetzen konnten – unverzichtbar sein würde. Man war überzeugt, daß dies genügend Abschreckung böte, um den Ausbruch eines neuen Weltkriegs zu verhindern. Vor diesem Hintergrund entstand die Spezifikation B.14/46 für ein Flugzeug, das überall auf dem Globus stationierbar war, eine Bombenlast von 4536 kg gegen Ziele in einer Entfernung von 2735 km zum Einsatz bringen konnte, mit voller Zuladung eine Reichweite von 6437 km besitzen und in der Lage sein sollte, in 12.190 m Höhe mit hoher Marschgeschwindigkeit zu fliegen sowie Bombenangriffe aus Höhen bis zu 13.715 m durchzuführen. Dieser Leistungskatalog fand seine Schlußfassung in der Spezifikation B.35/46, die zum Entwurf und zur Entwicklung der sogenannten V-Bomber des britischen Bomberkommandos führte: Vickers Valiant, **Avro Vulcan** und Handley Page Victor.

Jeder dieser drei Hersteller verfolgte einen anderen Ansatz zur Lösung der anliegenden technischen Probleme. Die **Avro 698 Vulcan**, die die Einsatzverbände als zweites Muster dieses Bombertrios erreichte, hatte ein Tragwerk in Deltaform. Dieses Konzept bot hohe strukturelle Integrität in Verbindung mit einer außerordentlich hohen Nutzlastkapazität in den voluminösen (rund 2,13 m dicken) Flächenansätzen und eine Reihe aerodynamischer Eigenschaften, die man für wünschenswert hielt, aber nicht erprobt hatte. Der Entwurf stieß hier in einen Bereich der Aerodynamik vor, über den kaum verläßliche Daten vorlagen. Um diese essentiellen Daten zu erhalten, konstruierte das Unternehmen drei Forschungsflugzeuge im Maßstab 1:3, die unter der Bezeichnung Avro 707 geführt wurden.

Der erste von zwei **Vulcan**-Prototypen (VX770) flog erstmals am 3. August 1952, damals mit vier Rolls-Royce-Avon-RA.3-Strahltriebwerken zu je 2948 kg Schub. Anschließend flog die Maschine mit Sapphire-Triebwerken von Armstrong Siddeley mit 3629 kg Schub und mit 6804 kg Schub starken Rolls-Royce Conway R.Co 7, bevor sie am 14. September 1958 durch einen Unfall verlorenging. Der zweite Prototyp startete am 3. September 1953 und der erste Serienbomber **Vulcan B.Mk 1** am 4. Februar 1955. Bei der offiziellen Erprobung in Boscombe Down hatte sich herausgestellt, daß starke g-Belastungen in großer Höhe Schüttelreaktionen einleiten konnten. Noch vor der Indienststellung wurde daher das Tragwerk modifiziert, indem man die Pfeilung zwischen dem Flächenansatz und der halben Spannweite reduzierte. Die Anströmkante zeigte daher einen Knick im bisher geradlinigen Verlauf. Die **Vulcan** flog in dieser Form am 5. Oktober 1955. Durch weiche Übergänge floß der kreisrunde Rumpf geschmeidig in das Deltatragwerk ein. Das einziehbare Dreipunkt-Fahrgestell war vorn mit Zwillingsrädern ausgestattet und das Hauptfahrwerk mit zwei Achtrad-Achsträgern. Das Leitwerk bestand lediglich aus einer Seitenflosse samt Ruder, denn die Höhenruder waren an der Hinterkante des Tragwerks montiert. In der druckbelüfteten Kabine fand eine fünfköpfige Besatzung Platz: Pilot und Kopilot nebeneinander auf Schleudersitzen und ebenfalls nebeneinander, doch mit dem Rücken zur Flugrichtung, der elektronische Kampfführungsoffizier, der Navigator und der Radarbediener. Abwehrwaffen wurden nicht mitgeführt, aber der interne Waffenschacht faßte insgesamt 21 454-kg-Bomben oder Minen. Der Antrieb variierte: Die ersten **B.Mk 1** besaßen Bristol-Siddeley-Olympus-Mk-101-Strahltriebwerke je 4990 kg Schub und spätere **Mk 1** das Olympus Mk 102 mit 5443 kg Schub oder das Olympus Mk 104 mit 6123 kg Schub. 1961 durchliefen sämtliche Einsatzbomber **Mk 1** eine Nachrüstungsmaßnahme, die ihnen einen neuen Heckkonus als Gehäuse für ECM-Geräte (elektronische Gegenmaßnahmen) verschaffte. Nach dieser Modifikation lautete ihre neue Bezeichnung **Vulcan B.Mk 1A**.

Der zweite Prototyp flog erstmals am 31. August 1957 in einer neuen Konfiguration, die die Gesamtkapazität des Bombers erhöhen sollte. Die Hauptänderungen bestanden in schubstärkeren Triebwerken, einem beträchtlich modifizierten Tragwerk mit erweiterter Tragflügelfläche und Ele-

***Avro 698 Vulcan B.2 des Bombergeschwaders in Waddington, RAF Strike Command.***

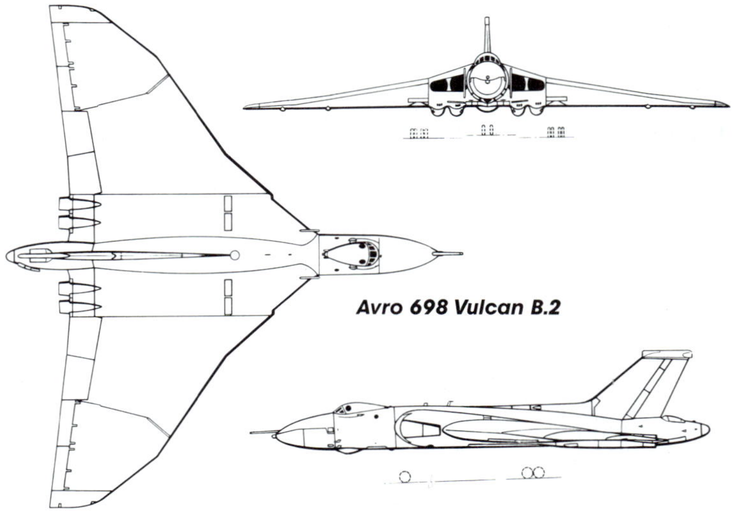

***Avro 698 Vulcan B.2***

***Die Avro Vulcan B.2 wurde als Höhenbomber für den Einsatz nuklearer Waffen entwickelt, doch später als Tiefflug-Eindringbomber mit einer maximalen Zuladung von 21 454-kg-Bomben verwendet.***

### TECHNISCHE DATEN
**Avro Vulcan B.2**

**Typ:** taktischer Bomber für den Einsatz in niedriger Höhe
**Triebwerke:** vier Rolls-Royce-Olympus-301-Strahltriebwerke mit je 9072 kg Schub Leistung: Höchstgeschwindigkeit in großer Höhe 1038 km/h; Marschgeschwindigkeit in großer Höhe 1006 km/h; Dienstgipfelhöhe 19.810 m; Reichweite mit normaler Bombenlast rund 7400 km
**Gewicht:** max. Startmasse 113.398 kg
**Abmessungen:** Spannweite 33,83 m; Länge 30,45 m; Höhe 8.28 m; Tragflügelfläche 368,26 m²
**Bewaffnung:** bis zu 21 454-kg-Bomben im internen Waffenschacht

vons anstelle der separaten Quer- und Höhenruder der **Mk 1**. Darüber hinaus erhielten sie ein Hilfstriebwerk (APU), einen Luftbetankungsstutzen und sämtliche Komponenten zum Start der Abstandsbombe Blue Steel bzw. des amerikanischen Flugkörpers Skybolt. Die Indienststellung der **Vulcan B.Mk 2** begann 1960. Nachdem man die Entwicklung der Skybolt 1963 eingestellt hatte, sollte Blue Steel die Primärwaffe der **Vulcan** werden. Mit der Einführung der Polaris-Raketen auf U-Booten als Hauptabschreckungswaffe der Nation paßte man die **Vulcan** jedoch auf offensive Langstreckeneinsätze in geringer Höhe an, wobei moderne Gerätschaften für elektronische Gegenmaßnahmen das Eindringen in den gegnerischen Luftraum unterstützen und ausschließlich konventionelle Mehrzweckbomben zum Einsatz kommen sollten. Zwischen 1962 und 1964 wurden die **B.Mk 2** der Einsatzverbände auf Olympus 301 Strahltriebwerke mit einer Leistung von 9072 kg Schub umgerüstet. 1973 zog man einige **Vulcan**-Bomber zeitweilig von den Verbänden ab, um sie für die strategische Aufklärungsrolle vorzubereiten. Das Ergebnis war die **Vulcan SR.Mk 2**, die 1974 bei No. 27 Squadron den Status der Einsatzbereitschaft erreichte. Die RAF hielt dieses Muster bei der No. 1 Group (Bomber) des Strike Command bis in die achtziger Jahre im Dienst. Dieser Gruppe unterstanden sechs Einsatzstaffeln mit **Vulcan B.Mk 2** (No. 9, 35, 44, 50, 101 und 617 Squadron) und No. 27 Strategic Reconnaissance Squadron mit **SR.Mk 2** und **B.Mk 2**. Kurz nach dem Falklandkrieg wurden diese Maschinen ausgemustert. Anzumerken wäre noch, daß man zwei **B.Mk 2** zur Entwicklung neuer Triebwerke verwendete. Die XA902 leistete 1000 Flugstunden mit dem Rolls-Royce R.Co.11 und diente anschließend als Versuchsträger für das Turbofan-Triebwerk Spey von Rolls-Royce. XA903 flog mit einem fünften Triebwerk, das mit geteiltem Lufteinlauf in einem Behälter unter dem Rumpf lag. Dieses Triebwerk war die Überschallversion des Olympus, vorgesehen für die TSR.2 und das Überschallverkehrsflugzeug Concorde.

# Avro 701 Athena

Die Unterlage T.7/45 des Air Ministry spezifizierte ein dreisitziges Schulflugzeug mit Turboprop-Triebwerk für die weiterführende Ausbildung. In diesen Wettbewerb traten die Boulton Paul P.108 und die **Avro 701 Athena**. Aus Mangel an einer geeigneten Propellerturbine flog die P.108 anfangs mit einem 611 kW (830 PS) starken Sternmotor Bristol Mercury, doch am 24. März 1948 wurde die zweite P.108 zum ersten einmotorigen Turboprop-Flugzeug der Welt. Den Antrieb lieferte das Armstrong Siddeley Mamba. Avro baute drei **Athena**-Prototypen mit Propellerturbine, zwei mit dem Mamba und einen mit dem Dart von Rolls-Royce. Die erste **Athena** mit dem Mamba absolvierte ihren Jungfernflug in Woodford am 12. Juni 1948.

Zwischenzeitlich hatte das Air Ministry beschlossen, einen überarbeiteten Leistungskatalog herauszugeben, weil sich die Erfordernisse innerhalb des RAF-Ausbildungsprogramms geändert hatten und es Beschaffungsschwierigkeiten auf dem Gebiet der Propellerturbinen gab. T.14/47 schrieb den Einsatz des Kolbentriebwerks Merlin 35 von Rolls-Royce vor, da große Bestände dieses Typs vorrätig waren. Beide Unternehmen brachten ihre Entwürfe mit dem Merlin in Einklang: Das Boulton-Paul-Produkt war die Balliol T.Mk 2 und das Avro-Produkt die **Athena T.Mk 2**.

Der erste von vier **Athena**-Prototypen mit Merlin-Antrieb hob am 1. August 1948 zum ersten Mal vom Boden ab. Im Oktober 1949 übernahm dann das Central Flying Establishment die beiden ersten **Athena**-Serienflugzeuge. Am flächenmäßig reduzierten Seitenleitwerk hatte man ein weiter gespanntes Ruder eingesetzt und die Kabine verkürzt, weil der dritte Sitz aufgrund geänderter RAF-Ausbildungserfordernisse entfallen war. Nur 15 **Athena**-Serienflugzeuge wurden gebaut, die beim RAF Flying College in Marby dienten, wo sie die Havard in der Waffenausbildung ersetzten. Die vierte Serienmaschine wurde im Februar 1950 mit ziviler Kennung in Indien vorgestellt. Sie nahm nach ihrer Rückkehr im Mai den militärischen Ausbildungsdienst wieder auf.

**TECHNISCHE DATEN**
**Avro 701 Athena T.Mk 2**

**Typ:** zweisitziger Trainer für die weiterführende Ausbildung
**Triebwerk:** ein Rolls-Royce-Merlin-35-Reihenmotor mit 954 kW (1297 PS)
**Leistung:** Höchstgeschwindigkeit 472 km/h in 6100 m Höhe; Marschgeschwindigkeit 359 km/h; Dienstgipfelhöhe 8840 km; Reichweite mit max. Treibstoffzuladung 885 km
**Gewicht:** Leermasse 2966 kg; max. Startmasse 4256 kg
**Abmessungen:** Spannweite 12,19 m; Länge 11,37 m; Höhe 3,94 m; Tragflügelfläche 25,08 m²
**Bewaffnung:** Vorrichtungen für zwei 27-kg-Raketen unter beiden Tragflächen

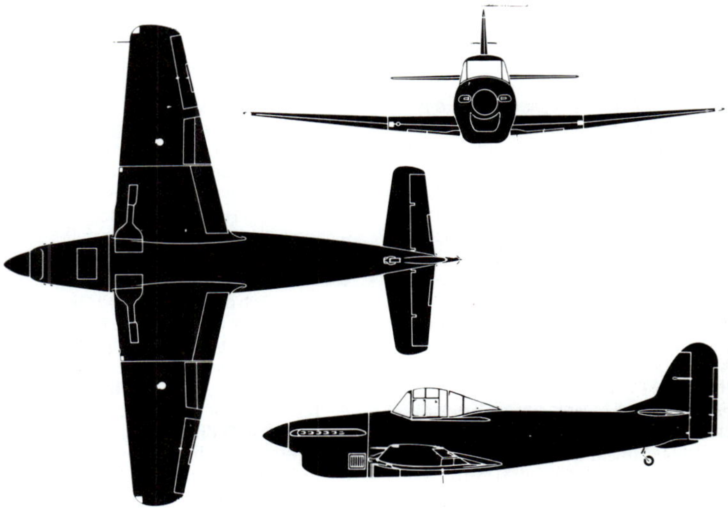

*Avro 701 Athena T.2*

***In Übereinstimmung mit Spezifikation T.7/45 wurde die Avro 701 Athena T.Mk 1 von einer Propellerturbine angetrieben. Das potentiell hervorragende Mamba-Triebwerk von Armstrong Siddeley ist – wie man hier sieht – gut in den schlanken Vorderrumpf eingepaßt.***

# Avro Canada C-102 Jetliner

Zu den ersten Aufgaben der neuen kanadischen Firma nach der Gründung von Avro Aircraft Ltd. gehörte die Ausarbeitung des Entwurfs für eine 50sitzige Mittelstrecken-Verkehrsmaschine. Das Flugzeug ähnelte in Größe und Auslegung der britischen Avro Tudor, unterschied sich aber in erster Linie durch sein Bugfahrwerk, sein neu konzipiertes Heck und seinen Strahlantrieb. Nur sechs Tage nach dem Erstflug am 10. August 1949 wurde der Prototyp schwer beschädigt, als das Fahrwerk versagte. Die Maschine war nach kurzer Zeit repariert und durfte wieder fliegen. Die vier Derwent 5 Triebwerke hatte man versuchsweise durch zwei Derwent 8 (steuerbord außen, backbord innen) und zwei Derwent 9 ersetzt. Trotz intensiver Vorführaktivitäten des Herstellers zog das Muster keine Käufer an, und die Entwicklung wurde eingestellt. Die folgenden technischen Daten beziehen sich auf den Originalprototyp.

**TECHNISCHE DATEN**
**Avro Canada C-102 Jetliner**

**Typ:** Mittelstrecken-Verkehrsflugzeug
**Triebwerke:** vier Rolls-Royce-Derwent-5-Strahltriebwerke mit je 1633 kg Schub
**Leistung:** Höchstgeschwindigkeit 733 km/h in 9145 m Höhe; Reisegeschwindigkeit 649 km/h in 9145 m Höhe; Dienstgipfelhöhe 12.285 m; Reichweite 2012 km
**Gewicht:** Leermasse 16.738 kg; max. Startmasse 29.484 kg
**Abmessungen:** Spannweite 29,90 m; Länge 25,12 m; Höhe 8,06 m; Tragflügelfläche 107,49 m²

***Der Avro Canada C-102 Jetliner war ein ehrgeiziger, fortschrittlicher Entwurf. Trotz seines erwiesenermaßen hervorragenden Leistungspotentials konnte sich der Jetliner keine Produktionsaufträge sichern.***

# Avro Canada CF-100

Im Juli 1945 wurde die Avro Aircraft Ltd. als Teil der Hawker Siddeley Group gegründet, nachdem man die Firma Victory Aircraft Ltd. mit Sitz in Malton, Ontario erworben hatte. Die Arbeiten am Entwurf der **Avro Canada CF-100** begannen im Oktober 1946, und der erste von zwei Prototypen **CF-100 Mk 1** flog am 19. Januar 1950. Beide Flugzeuge wurden von Rolls-Royce-Avon-RA-3-Strahltriebwerken mit je 2948 kg Schub angetrieben. Es handelte sich um einen Tiefdecker in Ganzmetallbauweise, dessen schlanker Hinterrumpf in einem kreuzförmigen Leitwerk endete. Das einziehbare Dreibein-Fahrwerk war an allen Baugruppen mit Zwillingsrädern ausgestattet, und der Vorderrumpf nahm eine druckbelüftete Kanzel mit Tandemsitzen für die Besatzung auf. Die erfolgreiche Erprobung der Prototypen führte zu einem Erstauftrag von zehn unbewaffneten Serienflugzeugen **CF-100 Mk 2**. Sie sollten erstmals das Orenda 2 mit 2722 kg Schub erhalten, das die Triebwerkgruppe von Avro Canada gebaut hatte. Die erste **CF-100 Mk 2** absolvierte am 21. Juni 1951 ihren Jungfernflug, und zwar als erstes – von der Entwicklung bis zur Fertigung – rein kanadisches Flugzeug. Eine Maschine dieser Vorserie wurde als Trainer mit Doppelsteuer fertiggestellt, der die Bezeichnung **CF-100 Mk 2T** erhielt. Ein anderes Exemplar dieser Baureihe leitete am 17. Oktober 1951 die Indienststellung bei der RCAF ein.

Weitere Aufträge für Serienflugzeuge mit der Bezeichnung **CF-100 Mk 3** folgten. Kurz nach dem Erstflug dieser Version Anfang September 1952 erreichte die Canuck, wie sie bei der RCAF hieß, einzelne Jagdgeschwader. Von der Vorserie unterschied sich die **Mk 3** durch ihre Orenda 8 Strahltriebwerke, durch ihre Bewaffnung mit acht Colt-Browning-Maschinengewehren vom Kaliber 12,7 mm im Unterrumpf-Anbaubehälter und ihre Ausrüstung mit dem APG-33 Radargerät. Insgesamt wurden 70 Jäger dieser Version gebaut, von denen 50 später als **CF-100 Mk 3CT** und **3DT** im Ausbildungsdienst zum Einsatz kamen.

Die Anschlußserie ergab die **CCF-100 Mk 4**, deren Prototyp am 11. Oktober 1952 zum ersten Mal flog. Bei der neuen Version war die Zelle teilweise neu entworfen, Orenda 9 Strahltriebwerke je 2948 kg Schub und das modernere Radargerät APG-40 installiert und die Bewaffnung grundlegend geändert. An den Endflächen saßen Behälter mit ungelenkten Raketen, so daß auf jeder Seite 29 70-mm-Projektile zur Verfügung standen. Dazu kamen 48 ähnliche Raketen im Anbaubehälter unter dem Rumpf, austauschbar gegen einen anderen Rüstsatz mit acht Maschinengewehren. Diese Version wurde in **CF-100 Mk 4A** umbezeichnet, als man die grundsätzlich ähnliche **CF-100 Mk 4B** einführte, die sich in erster Linie durch Orenda-11-Strahltriebwerke mit je 3300 kg Schub von ihrer Schwester abhob. Nach der Produktion von 134 **CF-100 Mk 4A** und 144 **Mk 4B** lief die Fertigung der Hauptserienversion **CF-100 Mk 5** an. Diese Flugzeuge erhielten Orenda 11 oder Orenda 14 der gleichen Leistungsklasse, und zur Verbesserung der Höhenleistung hatte man die Spannweite um 1,83 m erhöht und das Höhenleitwerk erweitert. Der Erstflug des **Mk 5** Prototyps fand im September 1954 statt, gefolgt vom ersten Serienflugzeug dieser Version am 12. Oktober 1955. Von insgesamt 329 gebauten **Mk 5** gingen 53 an die belgischen Luftstreitkräfte zum Einsatz durch das 1. Allwetterjagdgeschwader in Beauvechain. Außer den echten Serienflugzeugen **Mk 5**, die nur noch mit den Raketentöpfen an den Flächenenden bewaffnet waren, rüstete man 50 **Mk 4B** zu **Mk 5** um. Die letzten **CF-100** im kanadischen Dienst wurden 1981 abgezogen.

***Eine Avro Canada CF-100 Mk 4A in den Farben der Royal Canadian Air Force, die diesen allwettertauglichen Langstreckenjäger 30 Jahre lang einsetzte.***

**Varianten**

**CF-100 Mk 5D:** Bezeichnung für eine kleine Zahl von Flugzeugen der Version Mk 5, die für Aufgaben der elektronischen Kampfführung (ECM) umgerüstet wurden

**CF-100 Mk 5M:** unter diese Bezeichnung fiel eine kleine Flugzeuggruppe, die für Schießversuche mit Sparrow Luft-Luft-Raketen beladen werden konnten

**CF-100 Mk 6:** geplante Version mit Orenda-Triebwerken einschließlich Nachbrenner und einer Bewaffnung mit Sparrow II Luft-Luft-Raketen; nicht gebaut

**TECHNISCHE DATEN**
**Avro Canada CF-100 Mk 5**

**Typ:** zweisitziger allwettertauglicher Langstreckenjäger
**Triebwerke:** zwei Orenda-11 oder -14-Strahltriebwerke mit je 3300 kg Schub
**Leistung:** Höchstgeschwindigkeit 1046 km/h in 3050 m Höhe; Höchstgeschwindigkeit in 12.190 m Höhe 945 km/h; Dienstgipfelhöhe 16.460 m; Einsatzradius ohne Außenlasten 1046 km; max. Reichweite 3220 km
**Gewicht:** Leermasse 10.478 kg; max. Startmasse 16.783 kg
**Abmessungen:** Spannweite 17,68 m; Länge 16,48 m; Höhe 4,74 m; Tragflügelfläche 54,90 m²
**Bewaffnung:** wie im Text beschrieben

# Avro Canada CF-105 Arrow

Für die kanadische Luftfahrtindustrie allgemein und Avro Canada im besonderen entwickelte sich die Geschichte der **Avro Canada CF-105** zum gleichen Trauma wie die der BAC TSR.2 in Großbritannien. Beide Muster fielen Politikern zum Opfer, die 1957 überzeugt waren, daß der rapide Fortschritt auf dem Gebiet der Raketentechnologie bemannte Abfangjäger künftig überflüssig machte. Die Entwicklung eines neuen zweisitzigen und allwetterfähigen Langstreckenjägers für die RCAF hatte Anfang 1953 eingesetzt – mitten in der Aufstellungsphase der ersten CF-100-Staffeln. Die Bemühungen um ein neues Muster bedeutete keineswegs, daß die kanadischen Luftstreitkräfte mit der Leistung der Canuck nicht zufrieden waren, sondern trugen allein dem Umstand Rechnung, daß bis zur Indienststellung eines neuen Hochleistungs-Waffensystems für die Abfangjagd im Schnitt zehn Jahre verstrichen. Die Avro-Konstruktionsabteilung widmete sich der neuen und herausfordernden Aufgabe mit viel Engagement, so daß das Unternehmen bereits ab April 1954 mit der Konstruktion der ersten fünf Prototypen **Arrow 1** befaßt war. Der Name leitete sich vom Deltatragwerk auf dem kastenförmigen Rumpf dieses Musters ab. Der nadelspitze Bug weitete sich erst im Anschluß an das Cockpit aus, wo beidseitig am Rumpf angeordnete Lufteinläufe zwei nebeneinander im Rumpf montierten Strahltriebwerken die nötige Luft zuführten. Die **Arrow 1** wurde von einem Paar Pratt & Whitney J75 angetrieben, aber für die **Arrow 2** war das kanadische Strahltriebwerk PS-13 Iroqois vorgesehen. Dieses Triebwerk versprach bei vollem Nachbrennereinsatz eine Leistung von 12.700 kg Schub.

Der Jungfernflug der **Arrow 1** fand am 25. März 1958 statt. Alle fünf Prototypen waren in Prüfungen, Versuche und Tests eingespannt, als das gesamte Programm am 20. Februar 1959 gestrichen wurde. Hinzu kam noch durch die bittere Weisung, sämtliche fünf **Arrow 1**, eine **Arrow 2**, die noch nicht geflogen war, und vier nahezu fertiggestellte **Arrow 2** zu vernichten. Als Bewaffnung für die **Arrow 2** waren acht Sparrow-Luft-Luft-Raketen im internen Waffenschacht vorgesehen.

***Die Arrow wurde von Politikern gestoppt, die glaubten, daß Raketen solche Flugzeuge bald entbehrlich machten.***

**TECHNISCHE DATEN**
**Avro Canada CF-105 Arrow**

**Typ:** zweisitziger supersonischer Allwetter-Abfangjäger mit großer Reichweite
**Triebwerke:** zwei Pratt-&-Whitney-J75-P-3-Strahltriebwerke mit je 10.659 kg Nachbrennerschub
**Leistung:** Mach 2,3 im Horizontalflug nachgewiesen
**Gewicht:** Leermasse 22.244 kg; durchschnittliche Startmasse während der Erprobung 25.855 kg
**Abmessungen:** Spannweite 15,24 m; Länge 23,72 m; Höhe 6,48 m; Tragflügelfläche 113,80 m²

# BAC Canberra

Noch vor seinem Ausscheiden bei Westland Aircraft, dem Petter-Familienunternehmen, hatte W.E.W („Teddy") Petter den Entwurf eines modernen Strahlbombers zu Papier gebracht. In seiner neuen Funktion als Chefkonstrukteur bei der English Electric Company war Petter bald mit der Entwicklung eines Flugzeugs befaßt, das nicht nur Großbritanniens erster Strahlbomber wurde, sondern auch 1990 noch bei etlichen Luftstreitkräften Dienst leistete.

Bevor der Entwurf, der zur **EE.A1** führte, abgeschlossen war, mußte Petter tiefgreifende Änderungen an seinem Originalkonzept für dieses Flugzeug vornehmen. Einer der Schlüsselfaktoren für den Erfolg des Entwurfs lag in seiner besonderen Tragflächenform. Pfeilflügel mit der ihnen eigentümlichen hohen Flächenbelastung kamen nicht in Frage. Man entschied sich für ein breites Tragflächenmittelstück gleichbleibender Tiefe, an das vergleichsweise kurze Außenflächen in Trapezform angebunden wurden. In die Naht zwischen Außenflügel und Mittelstück wurden die beiden Triebwerke, Rolls-Royce, teilversenkt eingebaut. Die Kombination dieser neuen, starken Strahltriebwerke mit einem wenig belasteten Tragwerk geringer Flügelstreckung ergab ein Flugzeug, das sich durch beachtliche Wendigkeit in großer Höhe, hervorragende Eigenschaften im Langsamflug und geringen Treibstoffverbrauch auszeichnete. Ein herkömmliches Leitwerk und ein einziehbares Bugfahrwerk vervollständigten die Konfiguration der **EE.A1**, für die anfangs eine zweiköpfige Besatzung (Pilot und Navigator) auf nebeneinander angeordneten Schleudersitzen in einer recht weit vorn im Bug eingerichteten Druckkanzel vorgesehen war. In dieser Auslegung und mit zwei Avon-R.A 2-Strahltr ebwerken je 2722 kg Schub als Antrieb flog der Proto-

***Eine Canberra B.Mk 66 der indischen Luftstreitkräfte – eines von zehn Flugzeugen, die Indien für die Strike-Rolle beschaffte.***

typ (VN799) erstmals am 13. Mai 1949. Dieser halbstündige Jungfernflug verlief nahezu störungsfrei wie bei so vielen langlebigen Serienmaschinen.

Die weitere Entwicklung des Prototyps orientierte sich an der Spezifikation B.3/45. Drei weitere Versuchsbomber wurden gebaut, von denen der zweite Rolls-Royce Nene R.Ne 2 zu je 2268 kg Schub erhielt. Das Nene sollte eine vorübergehende Alternative abgeben, falls sich die Entwicklung des neuen Avon verzögerte. Bei den beiden anderen Prototypen sorgten wiederum Avons für den Antrieb, und alle vier wurden unter der Bezeichnung **English Electric Canberra B.Mk 1** zusammengefaßt. Eigentlich wollte man dieses Muster mit einem Bombenzielgerät ausrüsten, doch Verzögerungen in der Entwicklung dieses Geräts ergaben einen Erstauftrag für eine taktische Tagbomberversion nach Spezifikation B.5/47. Die erste Maschine flog am 23. April 1950, angetrieben von zwei Avon 101 R.A.3 zu je 2948 kg Schub. Die modifizierte Kabine nahm eine dreiköpfige Besatzung mit dem Bombenschützen als drittem Mann auf. Der erste Bomber mit der neuen Bezeichnung **Canberra B.Mk 2** ging am 25. Mai 1951 an No. 101 Squadron in Binbrook, Lincolnshire. Diese Einheit wurde die erste Düsenbomberstaffel des RAF Bomber Command. 415 **B.Mk 2** wurden produziert.

Am Ende der Fertigung waren 1352 **Canberras** von den Montagebändern gerollt. Davon hatten English Electric und ihre Unterauftragnehmer (Avro, Handley Page und Shorts) 901 Exemplare gebaut; 48 Bomber für die RAAF waren Lizenzfertigungen durch Australia's Department of Defence Production; und in den Vereinigten Staaten produzierte die in Baltimore, Maryland, ansässige Martin Company 401 Exemplare in Lizenz. Einen Überblick über die Vielzahl von Varianten mit kurzen Details bietet die Auflistung weiter unten.

Wie der Kriegsbomber de Havilland Mosquito war die **Canberra** für den Einsatz in großer Höhe mit hohen Geschwindigkeiten ausgelegt, so daß man auf eine Abwehrbewaffnung verzichten konnte. Dieses Leistungsvermögen manifestierte sich zwangsläufig in einer Reihe von Rekorden. Eine **Canberra** mit Bristol-Olympus-Strahltriebwerken erreichte am 29. August 1955 mit 20.079 m einen neuen Höhenweltrekord. Diesen Rekord stellte eine **Canberra** mit zwei Avon-Triebwerken und einem Napier-Double-Scorpion-Raketenmotor am 28. August 1957 ein, als sie bis auf 21.336 m Höhe stieg.

**Varianten**

**Canberra PR.Mk 3:** grundsätzlich ähnlich wie die B.Mk 2, jedoch für Luftbildaufklärung in großer Höhe ausgerüstet (insgesamt 37 Flugzeuge)
**Canberra T.Mk 4:** grundsätzlich ähnlich wie die B.Mk 2, jedoch mit Doppelsteuer für den Ausbildungsdienst unter Erhalt der Navigatorposition (67 Trainer)
**Canberra B.Mk 5:** ähnlich wie die B.Mk 2, jedoch mit erweiterter Tankkapazität und Avon-109-Triebwerken zu je 3357 kg Schub (103 Flugzeuge)
**Canberra B(I).Mk 6:** Interdictorversion der B.Mk 6 als Zwischenlösung für Abriegelungseinsätze bei Nacht; Abwurfwaffen an Unterflügelstationen und Kanonen-Anbaubehälter unter dem Rumpf (insgesamt 22 Flugzeuge)
**Canberra PR.Mk 7:** grundsätzlich ähnlich wie die PR.Mk 3, jedoch mit den schubstärkeren Avon-Triebwerken der B.Mk 6 (75 Flugzeuge)
**Canberra B(I).Mk 8:** Mehrzweckversion (Langstrecken-Nachtinterdictor/Höhenbomber/Zielmarkierer); die RAF-Flugzeuge wurden 1963 auf Bewaffnung mit Luft-Luft-Raketen angepaßt (73 Flugzeuge)
**Canberra PR.Mk 9:** Höhenaufklärerversion mit erhöhter Spannweite, Tragflächenmittelstück mit erweiterter Tiefe, kraftbetätigten Rudern, Navigatorposition im Bug und Avon-206-Strahltriebwerken zu je 4990 kg Schub (1 Prototyp durch Umbau und 23 Serienflugzeuge)
**Canberra U.Mk 10:** modifizierte B.Mk 2 zur Verwendung als Zielflugzeug
**Canberra T.Mk 11:** modifizierte B.Mk 2 mit AI/17-Radarausrüstung im Vorderrumpf und Unterbringung für eine zweiköpfige Flugbesatzung und zwei Schüler; diente zur Einweisung von Flugzeugführern und Navigatoren der Allwetterjagdverbände in den Gebrauch des Abfangradars (7 Umrüstflugzeuge)
**Canberra B(I).Mk 12:** umgerüstete B(I).Mk 7 für die RNZAF (10) und SAAF (6)
**Canberra T.Mk 13:** Version der T.Mk 4 für die RNZAF (2 Flugzeuge)
**Canberra B.Mk 15:** modifizierte Version der B.Mk 6 mit Bombenschlössern für zwei 454-kg-Sprengkörper oder Startbehälter mit ungelenkten Raketen unter den Flächen und modernere Navigations-/Funkausrüstung (38 Umrüstflugzeuge)
**Canberra B.Mk 16:** ähnlich wie die B.Mk 15 mit zusätzlicher „Blue Shadow“ Ausrüstung (20 Umrüstflugzeuge)
**T.Mk 17:** Umrüstversion der B.Mk 2 für elektronische Gegenmaßnahmen
**Canberra B.Mk 20:** in Lizenz gebaute taktische Bomber mit Avon 109 australischer Herstellung (48 Flugzeuge für die RAAF)
**Canberra T.Mk 21:** Bezeichnung für in Australien umgerüstete Trainer (5 ehemalige Mk 20 und 2 ehemalige Mk 2 britischer Fertigung)
**Canberra PR.Mk 57:** Version der PR.Mk 7 für die Luftstreitkräfte Indiens (insgesamt 10 Flugzeuge)
**Canberra B(I).Mk 58:** Version der B(I).Mk 8 für die Luftstreitkräfte Indiens (insgesamt 71 Flugzeuge)
**Martin B-57A:** US-Lizenzbau entsprechend der britischen B.Mk 2, jedoch mit Wright J65-W-1 Strahltriebwerken (insgesamt 8 Flugzeuge)
**Martin RB-57A:** ähnlich wie die B-57A, aber mit Kameras in einer Zelle hinter dem Bombenschacht (67 Flugzeuge)
**Martin B-57B:** umfassend modifizierte Version der B-57A für taktische Eindringflüge bei Nacht; zwei Schleudersitze in Tandem-Anordnung, starre Bewaffnung von acht Maschinengewehren und vier Kanonen, drehbare Bombenschachtklappe und Träger für Bomben oder Raketen unter den Flächen (202 Flugzeuge)
**Martin EB-57B:** für mehrere Aufgaben der elektronischen Kampfführung umgerüstete B-57B

***Die „GT-Ausführung“ der Canberra war die PR.Mk 9 mit leistungsgesteigerten Avon-Triebwerken, Tragflächenmittelstück mit erhöhter Tiefe und erweiterten Endflächen. Dank des Cockpits im Stil eines Jagdflugzeugs und ihrer eindrucksvollen Leistung wurde sie zum absoluten Favoriten der Canberra-Piloten. Diese Variante fliegt derzeit bei der 1st Photographic Reconnaissance Unit der RAF und bei der Fuerza Aérea de Chile.***

**Martin B-57C:** ähnlich wie die B-57B, jedoch mit Doppelsteuer (38 Flugzeuge)
**Martin B-57E:** grundsätzlich ähnlich wie die B-57B, jedoch mit Zielschleppgeschirr (68 Flugzeuge)
**Martin EB-57E:** für Aufgaben der elektronischen Kampfführung umgerüstete B-57E
**Martin B-57G:** modifizierte B-57E mit Spezialsensoren für Abriegelungseinsätze bei Nacht
**Martin RB-57D:** strategische Höhenaufklärerversion mit erhöhter Spannweite, Radarkuppeln am Rumpf und Pratt & Whitney-J57-Strahltriebwerken (insgesamt 20 Flugzeuge)
**Martin EB-57D:** für Aufgaben der elektronischen Kampfführung umgerüstete RB-57D
**RB-57F:** Neuentwurf und Konstruktion einer Version durch General Dynamics unter Verwertung von B-57B und RB-57D zur Spezialaufklärung in großer Höhe; insgesamt 21 Flugzeuge mit einer auf 37,19 m erhöhten Spannweite und neuem Antrieb in Form von zwei Pratt & Whitney-TF33-P-11-Mantelstomtriebwerken zu je 8165 kg Schub und zwei Pratt & Whitney-J60-P-9-Strahltriebwerken zu je 1497 kg Schub in Gondeln unter den Flächen

## TECHNISCHE DATEN
**Canberra PR.Mk 9**

**Typ:** Luftbildaufklärungsflugzeug für große Höhen
**Triebwerke:** zwei Rolls-Royce-Avon-206-Strahltriebwerke mit je 4990 kg Schub
**Leistung:** Höchstgeschwindigkeit 871 km/h in 12.190 m Höhe; Dienstgipfelhöhe 14.630 m; Reichweite mit max. Treibstoffzuladung 5842 km
**Gewicht:** max. Startmasse 24.925 kg
**Abmessungen:** Spannweite 20,68 m; Länge 20,32 m; Höhe 4,78 m; Tragflügelfläche 97,08 $m^2$
**Bewaffnung:** (Bomberversionen) bis zu 2722 kg Bomben im internen Waffenschacht und Lasten bis 907 kg an Trägern unter den Tragflächen

***WH874 wurde bei Shorts Brothers Harland als Canberra B.Mk 2 fertiggestellt und später von BAC zur T.17 umgerüstet. Diese Maschine war auf dem RAF-Fliegerhorst Wyton stationiert und wurde für eine Vielzahl unterschiedlicher Rollen auf dem Felde der elektronischen Kampfführung verwendet.***

## BAC Lightning bis Bachem Ba 349 Natter

**Die beiden größten Militärflugzeuge von BAC waren der Abfangjäger Lightning und der Angreifer/Aufklärer TSR.2, Konstruktionen von English Electric, letzterer zusammen mit Vickers-Armstrong. Die British Aerial Transport Co. bestand von 1917-19; am bekanntesten wurde ihr Jäger Bantam von Frederick Koolhoven. Die außergewöhnliche Ba 349 der Bachem-Werke war zu gefährlich, um zu Ende entwickelt zu werden.**

# BAC Lightning

Mit der Einführung des Abfangjägers **BAC Lightning** im Jahre 1960 begann ein neues Zeitalter für die Royal Air Force. W.E. „Teddy" Petter, Vater des Canberra-Bombers, hatte 1947 den Zuschlag erhalten, eine Studie für ein überschallschnelles Forschungsflugzeug zu erarbeiten. Daraus resultierte die English Electric P.1A, die am 4. August 1954 erstmals flog. Drei Forschungsprototypen wurden gebaut – zwei für intensive Erprobungsflüge und eine Zelle für Bruchlastversuche am Boden. Diese ersten Versuchsflugzeuge hatten einen elliptisch geformten Triebwerklufteinlauf am Bug.

1954 erfuhr der Entwurf tiefgreifende Änderungen, um im Alltagsbetrieb der Jagdverbände bestehen zu können. Drei operationelle Prototypen mit Avon-Strahltriebwerken und einem zentralen Lufteintrittskörper wurden gefertigt und als English Electric P.1B bezeichnet. Die erste P1.B (XA847) flog am 4. April 1957. Rund 19 Monate später taufte das Air Ministry dieses Muster **Lightning**. Am 25. November 1958 erreichte die P1.B unter dem Antrieb zweier Avon-Nachbrennertriebwerke erstmals doppelte Schallgeschwindigkeit. Nachdem weitere 20 Vorserienflugzeuge gebaut und vom Air Ministry abgenommen waren (von einem grundlegend neuen Muster), genehmigte man 1960 die Einführung der **Lightning** in den Truppendienst. Nun hatte die RAF einen echten Allwetter-Überschalljäger mit Abfang- und Feuerleitradargerät im Eintrittskonus (Ferranti Airpass Mk 1), Lenkraketen (Firestreak mit Wärmesuchkopf) sowie Überschallgeschwindigkeit. Das erste Serienflugzeug der Einsatzversion **Lightning F.1** flog am 29. Oktober 1959, und im nächsten Sommer begann die Auslieferung an No. 74 Squadron. Weiterer Empfänger der **F.1** waren No. 56 und No. 111 Squadron. Der letzte Serienjäger dieser Version, die **Lightning F.1A**, wurde mit Luftbetankungsstutzen und UHF-Funkgerät ausgerüstet. Der nächste Entwicklungsschritt ergab die **Lightning F.2** mit besserer Reichweite, Dienstgipfelhöhe und Geschwindigkeit, moderneren Elektronikgeräten, Flüssigsauerstoffanlage, lenkbarem Bugrad und verstellbaren Nachbrennern. Die erste **F.2** hob am 11. Juli 1961 erstmals vom Boden ab und rüstete später No. 19 und 92. Squadron in der Bundesrepublik Deutschland aus. Die fortentwickelte Lightning **F.3** wurde von zwei 7420 kg Schub starken Avon-Nachbrennertriebwerken der Serie 300 angetrieben. Diese Abfangjäger hatten keine Bordkanonen mehr, sondern vertrauten auf ihre Rundumeinsatzraketen vom Typ Red Top. Für Langstrecken-Überführungsflüge ließen sich zwei große abwerfbare Oberflügeltanks, zusätzlich zur Betankungssonde unter der Backbordfläche, montieren. Die erste **F.3** mit dem erweiterten Seitenleitwerk, dessen Kappe waagerecht verlief, und einem Feuerleitrechner für das Kollisionskursverfahren startete am 16. Juli 1962 zum Erstflug. Mitte 1964 folgte die Indienststellung bei No. 74 Squadron und anschließend bei No. 23, 29, 56 und 111 Squadron. Die **Lightning F.6** ergab sich aus dem überfälligen Beschluß von 1965, die Treibstoffkapazität dieses Musters zu verdoppeln und die eingeknickte Anströmkante mit gewölbtem Profil einzuführen, wie von BAC vor neun Jahren vorgeschlagen. Die letztgenannte Modifikation ermöglichte es, das zulässige Betriebsgewicht beträchtlich anzuheben. Die erhöhte Treibstoffkapazität (durch ei-

***Eine BAC Lightning F.6 der No. 5 Squadron vor der Einführung des Tarnanstrichs.***

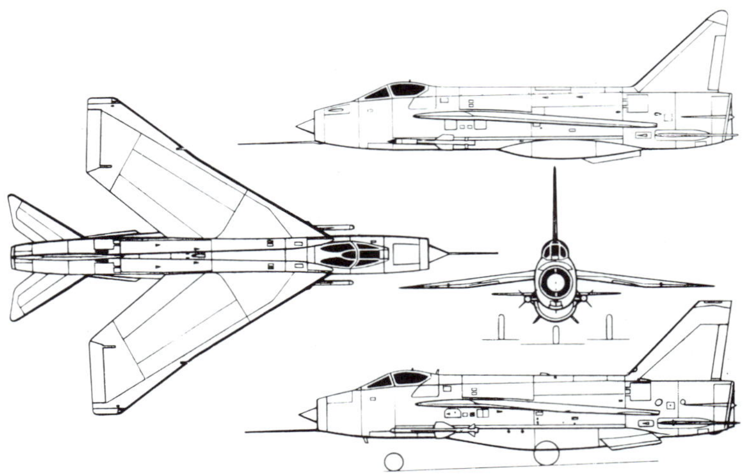

***BAC Lightning F.6 (obere Seitenansicht: F.1).***

***Eine Lightning F.6 der Lightning Training Flight (Ausbildungsgruppe) auf dem RAF-Fliegerhorst Binbrook. 1988 schied die Lightning bei der RAF aus, nachdem sie seit 1960 die Abfangjagdrolle erfüllt hatte.***

### TECHNISCHE DATEN

**BAC Lightning F.6**

**Typ:** einsitziger, überschallschneller Allwetter-Abfangjäger, Angriffs- und Aufklärungsflugzeug

**Triebwerke:** zwei Rolls-Royce-Avon-302-Nachbrennertriebwerke mit je 7112 kg Schub

**Leistung:** Höchstgeschwindigkeit Mach 2,3 oder 2415 km/h in 12.190 m Höhe; Reichweite mit internem Treibstoff 1287 km; Anfangssteiggeschwindigkeit 254 m/sek; Steigzeit auf Einsatzhöhe (etwa 12.190 m) mit Mach 0,9 zwei Minuten und 30 Sekunden

**Gewicht:** Rüstmasse 12.700 kg; max. Startmasse 22.280 kg

**Abmessungen:** Spannweite 10,61 m; Länge 16,84 m; Höhe 5,97 m; Tragflügelfläche 35,31 m²

**Bewaffnung:** großer Zweikammer-Bauchbehälter für Treibstoff (hinten) und Rüstsatz für zwei Aden-Kanonen, Kaliber 30 mm, mit 120 Schuß Munition pro Rohr (vorn, alternativ für zusätzlichen Treibstoff nutzbar); vor dem Bauchbehälter zwei Lenkflugkörper vom Typ Firestreak oder Red Top beziehungsweise 44 stabilisierte 50,4-mm-Raketen oder fünf 70-mm-Kameras Vinton 360 oder (für Nachtaufklärung) Kamera- und Zeilenabtastausrüstung sowie Blitzlichtkartuschen unter den Tragflächen; Unter- und Oberflügelstationen können insgesamt 144 Raketen oder sechs 454-kg-Bomben aufnehmen

nen viel größeren Bauchtank) und der geringe Luftwiderstand der neuen Nasenkante beim Flug mit Unterschallgeschwindigkeit verhalfen der **F.6** (zunächst **Lightning F.3A** bezeichnet) zu einer enormen Effektivitätssteigerung. Sowohl Saudi-Arabien als auch Kuwait beschafften eine weiterentwickelte Version der **F.6** mit der Bezeichnung **Lightning F.53**.

**Varianten**

**Lightning T.4:** auf der F.1A basierender RAF-Einsatztrainer mit nebeneinander angeordneten Sitzen
**Lightning T.5:** auf der F.3 basierender RAF-Einsatztrainer mit nebeneinander angeordneten Sitzen
**Lightning F.52:** Bezeichnung ehemaliger RAF-F.2 für Saudi-Arabien
**Lightning F.53:** Abfangjägerversion für Saudi-Arabien und Kuwait
**Lightning T.54:** Bezeichnung ehemaliger RAF-T.4 für Saudi-Arabien
**Lightning T.55:** Bezeichnung der Trainerversion für Saudi-Arabien und Kuwait

# BAC One-Eleven

Die Geschichte der **BAC One-Eleven** begann 1956, als Hunting Aircraft ein 32sitziges Verkehrsflugzeug mit Strahlantrieb entwarf. Für die projektierte Hunting H.107 waren zwei Bristol-Orpheus-12B-Strahltriebwerke am hinteren Rumpfabschnitt vorgesehen. Nach Auswertung der Windkanalversuche beschloß man jedoch, den Entwurf auf neue Turbofan-Triebwerke umzustellen, die sich in der Entwicklung befanden. Dies führte zu einer Verzögerung von vier Jahren, während der Hunting Aircraft von der British Aircraft Corporation vereinnahmt wurde. BAC entschied, vor der Entwicklung der H.107 durch das Konstruktionsteam von Hunting und Vickers in Weybridge neue Marktuntersuchungen durchführen zu lassen. Die Geschäftswelt zeigte wenig Begeisterung für die **BAC.107** in ihrer letzten Hunting-Auslegung mit Sitzplätzen für 59 Fluggäste. Eine Version mit einer Bestuhlung für maximal 80 Passagiere hingegen stieß auf genug Interesse, um die Konstruktion eines Prototyps und der üblichen Zellen für statische Prüfungen zu rechtfertigen.

Das endgültig überarbeitete Flugzeug, die **BAC.111** (später **One-Eleven** genannt), hatte einen druckbelüfteten Ganzmetallrumpf mit kreisrundem Querschnitt und ein tief angesetztes Tragwerk mit Fowler-Klappen an der Hinterkante und Luftbremsklappen/Spoiler an der Oberseite vor den Landeklappen. Die Höhenflossen des T-Leitwerks ließen sich im Einstellwinkel verändern, und das hydraulisch einziehbare Dreibein-Fahrwerk war an allen Baugruppen mit Zwillingsrädern ausgestattet. In dichter Bestuhlung mit Fünfersitzreihen konnte die Kabine maximal 79 Passagiere aufnehmen. Neben der wie üblich am vorderen Ende der Kabine, backbord, eingerichteten Passagiertür verfügte die

***BAC One-Eleven Serie 500 von Cyprus Airways.***

**BAC.111** über eine Einstiegstreppe unter dem Heck, so daß man auch von hinten ein- und aussteigen konnte. Der Antrieb des Prototyps **One-Eleven Serie 200** (G-ASHG), Vorläufer für die erste Serienversion, bestand aus zwei Rolls-Royce-Spey-Mk-506-Mantelstromtriebwerken je 4722 kg Schub. So ausgestattet startete er am 20. August 1963 in Hurn, Hampshire, zum Erstflug. Zwei Monate später, am 22. Oktober, stürzte dieses Flugzeug bei einem Erprobungsflug mit seiner siebenköpfigen Besatzung ab, darunter der Testpilot M. J. Lithgow. Die Untersuchung ergab als Unfallursache einen Strömungsabriß („deep stall"), der aufgrund des T-Leitwerks und der am Heck montierten Triebwerke fliegerisch nicht korrigierbar war. Die Mängelbeseitigung umfaßte den Einbau eines Kraftverstärkers für die Höhenruder, eines Steuerknüppelrüttlers und modifizierter Anströmkanten des Tragwerks. Diese Änderungen verhinderten, daß die Maschine einen unbeabsichtigten Zustand mit gefährlich hohen Anstellwinkeln herbeiführte, der für diese Auslegung eigentümlich ist. Dabei erzeugen die Flächen keinen Auftrieb mehr, und die Höhenflossen sind außerstande, die Längsstabilität zur Anströmung der Tragflächen wiederherzustellen. Auch wenn dieser Unfall das Test- und Entwicklungsprogramm der **One-Eleven** erheblich hinauszögerte (das uneingeschränkte Lufttüchtigkeitszeugnis lag erst am 5. April 1965 vor), erwies sich die eingehende Erforschung dieser spezifischen Form des Strömungsabrisses, seiner Ursache und Beseitigung als äußerst wertvolle Grundlagenhilfe für Konstrukteure und Hersteller von Luftfahrzeugen in aller Welt.

Noch vor der Erteilung des Tüchtigkeitszeugnisses hatte **BAC** verlautbart, daß neben der **Serie 200** zwei weitere Versionen entwickelt würden. Die **One-Eleven Serie 300** sollte ein größeres Reichweiten-/Nutzlastpotential aufweisen und von Spey Mk 511 je 5171 kg Schub angetrieben werden, während die ähnliche **One-Eleven Serie 400** den Bedürfnissen des amerikanischen Marktes Rechnung trug. Außer den schubstärkeren Triebwerken erhielten die Flugzeuge der Baureihe 300 ein größeres Tankvolumen sowie ein verstärktes Trag- und Fahrwerk, um den Gewichtszuwachs von 3856 kg aufzufangen.

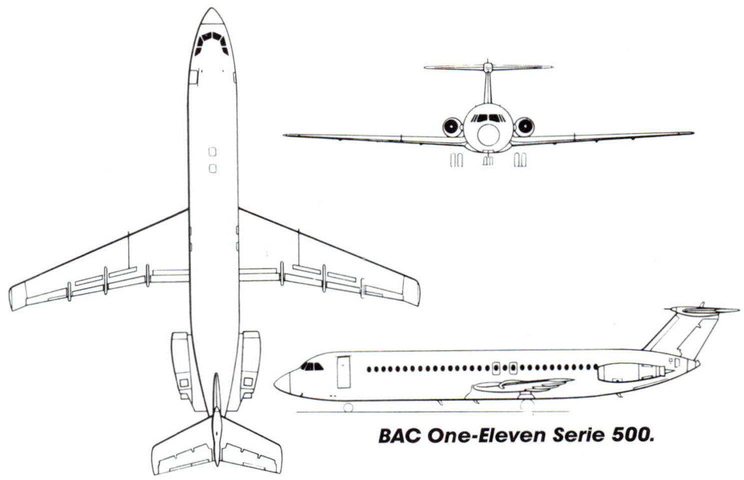

***BAC One-Eleven Serie 500.***

***Philippine Airlines ist nur eine der zahlreichen Fluggesellschaften, die dieses konzeptionell gelungene und ausdauernde Muster betreiben. Die Aufnahme zeigt ein Exemplar der Serie 500.***

Nach dem ersten Auftrag von British United Airways (BUA) für zehn Flugzeuge der **Serie 200** stieg das Interesse an der **One-Eleven** merklich an, und die Erstbestellung von sechs Maschinen für Braniff International zeigte, daß der amerikanische Markt aufnahmebereit war. Weitere Aufträge anderer US-Gesellschaften, darunter auch American Airlines, folgten, so daß gute Aussichten für Großverkäufe in den USA bestanden. Als das FAA am 16. April 1965 die Musterzulassung erteilte, sah sich die **One-Eleven** jedoch einer wachsenden Konkurrenz in der gleichen Nutzlast-/Reichweitenkategorie gegenüber. Die Folge war, daß die für die USA angepeilten Verkaufszahlen insgesamt nicht erreicht wurden. In England führte British United die **One-Eleven** am 9. April 1965 im Liniendienst von Gatwick nach Genua ein, gefolgt von Braniff in den USA mit einem Linienflug von Corpus Christi nach Minneapolis. Im Januar 1966 setzte BUA die **One-Eleven** erstmals für Inlandsflüge London-Schottland und London-Nordirland ein. Die Gesamtproduktion der ersten drei Versionen der **BAC One-Eleven** belief sich auf 134 Flugzeuge: 56 **Serie 200**, neun **Serie 300** und 69 **Serie 400**.

Die stetig wachsende Zahl der Flugreisenden ließ die Luftfahrtgesellschaften nach Verkehrsmaschinen mit größerer Transportkapazität – Passagiere und/oder Fracht – Ausschau halten. „Gestreckte" Versionen der **One-Eleven** hatte **BAC** bereits in Erwägung gezogen, als die **Serie 200, 300** und **400** angekündigt wurden. Die Entwicklung einer größeren Variante der **One-Eleven** begann jedoch erst, nachdem British European Airways (BEA) Interesse bekundet hatte. Der Entwurf mit der Bezeichnung **One-Eleven Serie 500** wies einen um 2,54 m vor und 1,54 m hinter dem Tragwerk verlängerten Rumpf auf, so daß maximal 119 Passagiere Platz finden konnten. Leistungsstärkere Triebwerke wurden eingeführt, die Spannweite um 1,52 m erhöht und die Struktur von Fahrwerk und Tragflächen verstärkt, um wesentlich höhere Betriebsmassen zu ermöglichen. Anfangs lag die neue Startmasse bei 41.277 kg, stieg seitdem aber auf ein Maximum von 47.400 kg. Der Prototyp für die Serie 500 entstand durch den Umbau des Entwicklungsflugzeugs der Serie 400 (G-ASYD). Er flog erstmals am 30. Juni 1967. Die ARB-Zulassung (Air Registration Board/Airworthiness Requirements Board = Zulassungs- und Prüfstelle für Luftfahrtgerät in Großbritannien) einer Serienmaschine erfolgte am 15. August 1968, und drei Monate später, am 17. November, gab die neue Version ihr Debüt im BEA-Liniendienst.

Als letzte Variante erschien die **One-Eleven Serie 475**, vorgesehen für den Betrieb auf kleineren Flughäfen oder unter „heißen/hohen" Einsatzbedingungen. Dieses Flugzeug verband den Standardrumpf samt Inneneinrichtung der **Serie 400** mit dem Antrieb sowie Tragwerk der **Serie 500**.

Außer den Serienflugzeugen der Baureihen **475** und **500**, die BAe in Standardkonfiguration anbot, waren zwei Spezialvarianten erhältlich. Hierbei handelte es sich um Geschäftsreise- und Frachtflugzeuge, von denen weltweit etwa 40 Exemplare in der erstgenannten Ausführung abgesetzt wurden. Die Umrüstung zum Frachtflugzeug beinhaltet den Einbau einer hydraulisch betätigten Frachtklappe mit den Maßen 3,05 m x 1,85 m im vorderen Rumpfabschnitt, backbord, und eines rasch einrüstbaren Frachtfördersystems. Für neue Maschinen bietet der Hersteller Wahlausstattungen modernster Technologien an, darunter Bordsysteme für automatische Landeanflüge nach Cat II, automatische Vortriebsregelung und Lärmdämpfungspakete für die Triebwerke. In bestimmten Fällen eignen sich diese Pakete auch für Nachrüstungen.

Als die Produktion in England eingestellt wurde, hatte BAC/BAe insgesamt 230 **One-Eleven** fertiggestellt. Die Verantwortlichkeit für dieses Muster ging auf Rumänien über, das es weiterhin produziert. Dort werden derzeit zwei Varianten gebaut, die **Serie 495** und **Serie 560**, die der britischen **Serie 475** und **500** entsprechen. Der Verlagerung der Gesamtproduktion ging die Lieferung eines Frachtflugzeugs **Serie 487** und zweier **Serie 525** im Zeitraum 1981/82 voraus. Danach wurden 22 Bausätze zur Endmontage durch die neu gegründete Firma ROMBAC geliefert. Das erste in Rumänien zusammengebaute Flugzeug, eine **Serie 560**, hob am 18. September 1982 erstmals vom Boden ab und ging dann an die staatliche Fluggesellschaft TAROM. Seitdem wurden etwa ein Dutzend **One-Eleven** in Rumänien fertiggestellt.

### TECHNISCHE DATEN
**BAC One-Eleven Serie 475/500**

| | |
|---|---|
| **Typ:** | Kurz-/Mittelstrecken-Verkehrsflugzeug |
| **Triebwerke:** | zwei Rolls-Royce-Spey-Mk-512DW-Turbofan-Triebwerke je 5693 kg Schub |
| **Leistung:** | Reisegeschwindigkeit 871 km/h in 6400 m Höhe; wirtschaftliche Reisegeschwindigkeit 742 km/h in 7620 m Höhe; Dienstgipfelhöhe für Reiseflug 10.670 m; Reichweite mit max. Treibstoff mit Reserve für Series 475 3700 km, für Series 500 3484 km; Reichweite mit typischer Nutzlast und Reserve für Series 475 3000 km, für Series 500 2744 km |
| **Gewicht:** | Betriebsleermasse Series 475 23.348 kg, Series 500 24.454 kg; max. Startmasse Series 475 44.680 kg, Series 500 47.400 kg |
| **Abmessungen:** | Spannweite 28,50 m; Länge Series 475 28,50 m, Series 500 32,61 m; Höhe 7,42 m; Tragflügelfläche 95,78 m² |

# BAC TSR.2

Anfang der fünfziger Jahre wurden zahlreiche Definitionspapiere für ein Nachfolgemuster der English Electric Canberra in den RAF-Bomberverbänden erarbeitet. Ende 1955 sah der RAF-Führungsstab, daß diese Frage zunehmend an Bedeutung gewann und eine Entscheidung hierzu nicht länger hinausgezögert werden durfte. Die Diskussionen und Untersuchungen beherrschten das Jahr 1956, und erst gegen Ende 1957 wurde GOR.339 (General Operational Requirement) mit den einzelnen Anforderungen der RAF an das neue Flugzeug veröffentlicht. Der daraufhin vom kombinierten Konstruktionsteam der Firmen English Electric in Preston, Lancashire, und Vickers-Armstrong in Weybridge, Surrey, erarbeitete Vorschlag erwies sich als recht vielversprechend, so daß am 1. Januar 1959 die Entscheidung fiel, die Entwicklung der **TSR.2** fortzuführen. Nur wenig später erschien OR.343 (Operational Requirement), die die Einsatzforderungen dieses Musters definierte. Das fliegende Waffensystem sollte zum Allwettereinsatz mit sehr hohen Geschwindigkeiten in niedriger und großer Höhe in den Rollen Tactical Strike und Reconnaissance (TSR – Angriff mit taktischen Atomwaffen und Aufklärung) befähigt sein.

English Electric und Vickers-Armstrong wurden später als Gruppen unter dem Dach der British Aircraft Corporation zusammengefaßt. Ein gemeinsames Projektteam bearbeitete fortan das komplexe Flugzeug, das einen riesigen Technologiesprung auf sämtichen Gebieten – Zelle, Avionik, Triebwerk und Ausrüstung – erforderte. Zur Konstruktion verwandte man Werkstoffe wie Aluminium-Kupfer-Legierungen in Teilen der Zelle mit niedriger Temperaturbelastung, Aluminium-Lithium-Legierungen in Bereichen mit starker kinetischer Aufheizung, Titanlegierungen in Strukturteilen nahe der Triebwerke und extrem hochzugfesten Stahl bei den Fahrwerksträgern. Man hatte die Auslegung als freitragender Hochdecker gewählt, um die Anströmung der einzigartigen und wichtigen Leitwerksbaugruppe nicht zu komplizieren zu gestalten. Aus dem selben Grund erhielt das Tragwerk – ein Delta mit 60° Pfeilwinkel – keinerlei V-Stellung, weder positiv noch negativ. Für die nötige Querstabilität sorgten nach unten abgewinkelte Flächenenden, die über die Spannweite des Höhenleitwerks hinausragten. Das Tragwerk besaß keinerlei Querruder, Grenzschichtzäune, Vorflügel oder Strömungsschlitze, sondern ausschließlich weitgespannte, angeblasene Klappen an der Hinterkante, die dem Flugzeug zu einer fast unglaublichen Kurzstartleistung verhalfen. Der Rumpf nahm den Piloten und Navigator auf Martin-Baker-Schleudersitzen in Tandemanordnung auf, enthielt auf beiden Seiten zwischen Trag- und Leitwerk mächtige Bremsklappen und barg die beiden Strahltriebwerke Bristol Siddeley Olympus 320.

Im Bordrechner der **TSR.2** liefen die Meßwerte der Luftdatenanlage, der Trägheitsplattform und der nach vorn und seitwärts gerichteten Radargeräte zusammen. Die stets aktuellen Informationen speiste der Rechner als Positions- und Steueranzeigen in das Frontscheibensichtgerät des Piloten, die Instrumentenanzeigen des Navigators, den Autopiloten und die Waffeneinsatzsysteme ein. Das Radar und die zugehörigen Ausrüstungskomponenten sorgten für vielfältige Möglichkeiten zum Geländefolgeflug. Für den unwahrscheinlichen Fall eines totalen Systemausfalls stellte ein Regler die automatische Einleitung eines Steigflugs sicher.

Mit Wing Commander R.P. Beamont am Knüppel absolvierte der Prototyp **TSR.2** (XR219) von Boscombe Down, Sitz des Aircraft & Armament Experimental Establishment, aus am 27. Dezember 1964 einen erfolgreichen Erstflug für die Dauer von 14 Minuten. Von einem fertiggestellten Quartett war dies die einzige Maschine, die jemals abheben sollte. Nur fünf Monate nach dem Jungfernflug und einer Gesamtflugzeit von 13 Stunden und 9 Minuten wurde am 6. April 1965 offiziell bekannt gegeben, daß man das gesamte Programm **TSR.2** im Umfang von 49 Flugzeugen gestrichen habe. Die Ursache war eine Mischung von Kostensteigerung und politischen Ambitionen, die entsprechenden Druck ausübte. Die **TSR.2** hatte ebenso wie die Concorde ihre Fürsprecher und Widersacher. Roland Beamont kannte dieses Flugzeug besser als jeder andere und hatte gerade die Leistung des hervorragenden Geländefolgeradarsystems schätzen gelernt, die einen Tiefflug in Baumwipfelhöhe mit bislang nicht gekannter Geschwindigkeit bei „traumhafter Stabilität und Sicherheit" ermöglichte. In seinen Augen war dieses Flugzeug „einer der bemerkenswertesten Entwürfe in der Luftfahrtgeschichte". Wie viele andere, die mit der Beschaffung und Entwicklung der **TSR.2** befaßt waren, bewertete auch er die Annulierung dieses Projekts als einen gravierenden Verlust für die RAF.

### TECHNISCHE DATEN
**BAC TSR.2**

| | |
|---|---|
| **Typ:** | zweisitziges Angriffs- und Aufklärungsflugzeug |
| **Triebwerke:** | zwei Bristol-Siddeley-Olympus-320-Strahltriebwerke je 13.884 kg Schub, steigerungsfähig auf bis zu 14.969 kg Schub |
| **Leistung:** | (nachgewiesen im November 1962) Höchstgeschwindigkeit Mach 2,25 oder 2390 km/h in großer Höhe; max. Marschgeschwindigkeit Mach 1,1 oder 1345 km/h oberhalb 10.950 m Höhe; Anfangssteiggeschwindigkeit 254 m/sek; max. Einsatzhöhe 16.460 m; Einsatzradius mit einer Bombenlast von 907 kg bei Einsatzprofil High-High 1850 km, bei Einsatzprofil Low-Low 1287 km; Überführungsreichweite 6840 km |
| **Gewicht:** | durchschnittliche Startmasse für Kampfeinsätze 36.287 kg; max. Startmasse 43.545 kg |
| **Abmessungen:** | Spannweite 11,28 m; Länge 27,13 m; Höhe 7,32 m; Tragflügelfläche 65,03 m² |
| **Bewaffnung:** | (geplant) bis zu 2722 kg konventioneller oder nuklearer Waffen im internen Schacht und bis zu 1814 kg Bomben, Raketenbehälter oder Zusatztanks an vier Außenlastträgern unter den Tragflächen |

***Nach jahrelanger schöpferischer Arbeit wurde die TSR.2, ein brillantes taktisches Angriffs- und Aufklärungsflugzeug, nur fünf Monate nach ihrem Jungfernflug aufgegeben.***

# B.A.T. F.K.23 Bantam

***Der fünfte Serienjäger B.A.T. F.K.23 Bantam, hier als Zivilflugzeug in Rennmontur. Die Zahl 5 gibt zu erkennen, daß dieses Flugzeug K-155 beziehungsweise G-EAFN (spätere Zulassung) war.***

Nach seiner Trennung von Armstrong Whitworth im Jahre 1917 fertigte Frederick Koolhoven als ersten Entwurf für seinen neuen Arbeitgeber, die British Aerial Transport Co. Ltd. (B.A.T.), den Jagdeinsitzer **F.K.22**. Der zweistielige Doppeldecker, dessen Tragwerk und Rumpfschale aus Holz konstruiert waren, sollte von einem A.B.C. Mosquito Sternmotor mit 89 kW (121 PS) angetrieben werden. Da dieses Triebwerk versagte, baute man in das erste und dritte von insgesamt sechs geplanten Entwicklungsflugzeugen den 127 kW (173 PS) starken Sternmotor A.B.C. Wasp I ein. Die zweite Maschine mit einem Gnome Monosoupape Umlaufmotor, der 74 kW (100 PS) erzeugte, flog zuerst und bestritt im Januar 1918 die Erpobung in Martlesham Heath. Dieses Flugzeug wurde später auf den Umlaufmotor Le Rhône 9J mit 81 kW (110 PS) umgestellt.

Die drei anderen Exemplare, die man mit dem ersten Entwicklungsauftrag bestellt hatte, wurden als **F.K.23 Bantam I** konstruiert, der zweite **F.K.22** Prototyp als **Bantam II**. Bei den **Bantam I** Prototypen blieb die hölzerne Grundstruktur erhalten, allerdings mit kleineren Abmessungen. So war die Spannweite von 7,52 m auf 6,10 m und die Länge von 6,30 m auf 5,61 m gekürzt worden. Als Antrieb für die **Bantam I** wählte man den Wasp I, und im Mai 1918 begannen die Flugtests. Zwei weitere Versuchsflugzeuge, vom Entwurf etwas größer und leicht modifiziert, wurden ebenfalls fertiggestellt. Ihnen folgten mindestens neun Entwicklungsflugzeuge eines Bauloses für insgesamt zwölf Exemplare. Die erste dieser Maschinen flog am 26. Juli 1918 nach Farnborough zum Royal Aircraft Establishment. Ein Jäger ging nach Villacoublay in Frankreich und ein anderer nach Wright Field in den Vereinigten Staaten, um dort bewertet zu werden. Die Amerikaner führten ihre Maschine unter der Projektnummer P.167 und lagerten sie schließlich am 30. September 1922 ein.

Die **Bantam**-Serienjäger wiesen etliche Änderungen am Entwurf auf, die vor allem darauf abzielten, das unbefriedigende Trudelverhalten der Prototypen zu beheben. Man hatte die Spannweite erhöht, größere Höhenflossen/Höhenruder eingesetzt und dem in der Fläche verkleinerten Seitenleitwerk ein größeres Ruder gegeben.

Andauernde Motorprobleme und die Schrumpfung der RAF nach dem Kriege bekamen der **Bantam** schlecht, auch wenn man nochmals einen Versuch unternahm, die Motorprobleme in den Griff zu bekommen, indem man in den letzten Serienjäger nachträglich einen A.B.C. Wasp II Sternmotor mit 149 kW (203 PS) einbaute. Diese Maschine kaufte Koolhoven, als **B.A.T.** die Werkstore für immer schloß, und nahm sie mit nach Holland. Dort wurde sie nochmals ummotorisiert, diesmal mit einem Lynx-Sternmotor gleicher Leistung von Armstrong Siddeley.

***Eine B.A.T. F.K.22 bei der Erprobung in Martlesham Heath. Seine langwierige Entwicklung ließen den geplanten Jäger scheitern.***

**TECHNISCHE DATEN**
**B.A.T. F.K.23 Bantam**

**Typ:** einsitziger Doppeldeckerjäger
**Triebwerk:** ein A.B.C.-Wasp-I-Sternmotor mit 127 kW (173 PS)
**Leistung:** Höchstgeschwindigkeit 206 km/h in 1980 m Höhe; Steigzeit auf 1980 m Höhe 5 Minuten und 10 Sekunden; Dienstgipfelhöhe 6100 m; Flugdauer 2 Stunden und 30 Minuten
**Gewicht:** Leermasse 378 kg; max. Startmasse 599 kg
**Abmessungen:** Spannweite 7,62 m; Länge 5,61 m; Höhe 2,06 m; Tragflügelfläche 17,19 m²
**Bewaffnung:** zwei starre, vorwärts feuernde Vickers-Maschinengewehre, Kaliber 7,7 mm

# Bachem Ba 349 Natter

Die Luftwaffe brauchte in den letzten Kriegsjahren dringend ein fliegendes Waffensystem, mit dem sie die Bomberströme der Alliierten effektiver bekämpfen konnte. Dies führte Anfang 1944 zu einer Art bemannter Rakete gemäß einer Unterlage, die das Reichsluftfahrtministerium an die Unternehmen Heinkel, Junkers, Messerschmitt und Bachem verteilt hatte. Die Entscheidung zur Entwicklung fiel auf das Projekt **BP 20 Natter**, vom RLM in **Ba 349** umbenannt.

Das Bachem-Konstruktionsbüro entwarf eine relativ primitive Zelle. Die stämmigen Stummelflügel erhielten keinerlei Querruder, sondern Differential-Höhenruder besorgten die Steuerung um die Längsachse. Der Rumpf, ausgestattet mit einer winzigen Kanzel vorn, bildete das Gehäuse für den Flüssigtreibstoff-Raketenmotor-Walter-109-509A-2, der bei Vollgas 1700 kg Schub für die Dauer von sieben Sekunden erzeugen konnte. Das Flugzeug sollte senkrecht gestartet werden. Den Antrieb dazu lieferten vier Schmidding-109-533-Feststoffraketen, die paarweise übereinander an den hinteren Rumpfflanken montiert waren und jeweils 1200 kg Schub für die Dauer von zehn Sekunden erzeugten.

Die erste von 15 **Nattern**, die für das Testprogramm entstanden, war im Oktober 1944 verfügbar und wurde zur Erprobung ihres Verhaltens und ihrer Steuerbarkeit im antriebslosen Flug hinter einer Heinkel He 111 als Schleppflugzeug eingesetzt. Nach weiteren Gleitflügen mit Pilot lief im Dezember 1944 die nächste Erprobungsphase mit unbemannten Flügen unter ausschließlichem Einsatz der Startraketen an. Der erste Senkrechtstart mit Hilfsraketen und gezündetem Marschtriebwerk fand am 23. Februar 1945 statt. Nur wenige Tage später wurde Testpilot Lothar Siebert beim einzigen bemannten Start getötet.

Die Einsatzverfahren für die **Natter** sahen einen Start mit Autopilot vor, der die Maschine oberhalb der anfliegenden Bomber in Position brachte. Dann sollte der Flugzeugführer die Steuerung per Hand übernehmen. Im leichten Sinkflug wäre dann der Bugkonus abgesprengt worden, so daß die Batterie von 24 „Föhn"-Raketen freie Bahn hatte. Nachdem der Pilot seine 73-mm-Projektile verschossen hatte, sollte er die **Natter** aus der Kampfzone führen und seinen Ausstieg vorbereiten. Er würde die Anschnallgurte lösen, dann den Steuerknüppel auskuppeln und nach vorn drücken, um den gesamten Bug vom Flugzeug zu trennen. Ohne den vom Fahrtwind abgerissenen Vorderrumpf würde der Pilot effektiv nach vorn aus der Kanzel gezogen werden, weil sich ein Brems- und Bergungsschirm hinter dem Heck entfaltete. Der Hinterrumpf würde geborgen werden, um den wertvollen Walter-Raketenmotor erneut einsetzen zu können, und der Pilot am eigenen Fallschirm am Boden landen.

***Der Natter sollte ein effektives Mittel gegen die Bomberströme der Alliierten sein, doch die Reichweite des raketengetriebenen Abfangjägers hätte nur eine Nächstbereichabwehr erlaubt.***

**Varianten**

**BA 349A:** erste Serienversion, von der man 50 für die Luftwaffe und 150 für die SS in Auftrag gegeben hatte; rund 20 Flugzeuge wurden fertiggestellt

**BA 349B:** verbesserte Version mit erweitertem Heck und dem leistungsgesteigerten Raketenmotor Walter 109-509C, der maximal 2000 kg Schub entwickelte und eine effektivere Triebwerkregelung bis runter auf 200 kg Schub besaß

**TECHNISCHE DATEN**
**Bachem Ba 349 Natter**

**Typ:** einsitziger Abfangjäger
**Triebwerke:** ein Walter-109-509A-2-Raketenmotor mit 1700 kg Schub und vier Schmidding 109-533 Starthilfsraketen je 1200 kg Schub
**Leistung:** Höchstgeschwindigkeit 800 km/h in Meereshöhe; Anfangssteiggeschwindigkeit 185 m/sek; Dienstgipfelhöhe 14.000 m; Einsatzradius in 12.000 m Höhe 40 km
**Gewicht:** max. Startmasse 2200 kg
Abmessungen: Spannweite 3,60 m; Länge 6,10 m; Tragflügelfläche 2,75 m²
**Bewaffnung:** 24 ungelenkte „Föhn"-Raketen

# Beagle B.121 bis Beech, Modell 18

**1960 wurde Auster von BEAGLE (British Executive and General Aircraft) übernommen und 1962 in Beagle Aircraft umbenannt. Nach dem Konkurs 1969 wurde der Firmenmantel als Scottish Aviation (Bulldog) aufgekauft. Einer der großen Namen der Luftfahrtgeschichte, die Beechcraft Corporation, ist eine Gründung aus dem Jahr 1932 von Walter und Olive Beech.**

## Beagle B.121

Vor dem Zweiten Weltkrieg war die führende Rolle Großbritanniens beim Bau leichter Flugzeuge unbestritten. Es lag deshalb auf der Hand, daß die britische Industrie nach Umstellung auf Friedensproduktion versuchen würde, auf diesem lukrativen Markt erneut Fuß zu fassen. Als die Firma Miles mit einem mutigen Versuch letztlich scheiterte, setzte man große Hoffnungen auf Beagles Ganzmetallkonstruktion **Beagle B.121 Pup**. Angetrieben von einem 75 kW (100 PS) Rolls-Royce-Continental-0-200-A-Motor absolvierte der zweisitzige Prototyp am 8. April 1967 auf dem Firmengelände in Shoreham seinen Jungfernflug. Die neue Maschine erfüllte alle Erwartungen. Die Prototypen für die **Pup Serie 2**, die im Oktober 1967 bzw. Januar 1968 erstmals starteten, waren ausgestattet mit einem vergrößerten Seitenruder, vier Sitzen und einem 112 kW (150 PS) Avco Lycoming 0-320A2B als Antrieb. Die **Pup Serie 3** wurde von einem Avco Lycoming 0-360-A angetrieben. Die Baureihen **Pup 1, 2** und **3** waren besser bekannt als **Pup 100** beziehungsweise **Pup 150** und **Pup 160**.

Nachdem man die **Pup** auf der Pariser Luftfahrtschau der Öffentlichkeit vorgestellt hatte, startete Beagle eine erfolgreiche Verkaufskampagne. Erster Betreiber war die Fliegerschule Shoreham. Sie erhielt die erste von insgesamt vier **Pup** am 12. April 1968 und betrieb sie 18 Monate unverändert. Damals hieß es, Beagle konzentriere sich so intensiv auf das Verkaufsgeschäft, daß für eine wirksame Kundenbetreuung keine Zeit bliebe. Ersatzteile waren kaum zu bekommen. Dennoch stiegen die Verkaufszahlen. Die Maschinen gingen nicht nur ins Inland, sondern auch nach Australien, Dänemark, Deutschland, Finnland, Irak, Iran, Irland, Luxemburg, in die Niederlande, nach Österreich, Schweden, Südafrika und in die USA.

Forderungen nach einem militärischen Schulflugzeug führten im April 1969 zu einem Prototyp mit 149 kW (200 PS) Avco Lycoming Motor. Bereits im Folgemonat absolvierte das Serienmodell, die B.125 Bulldog, seinen Erstflug.

Die Produktionsgeschwindigkeit läßt sich daraus ersehen, daß die 100. **Pup** schon am 23. September 1969 ausgeliefert werden konnte, nur 17 Monate nach dem Jungfernflug des Serienmodells. Beagle hatte jedoch damals schon wirtschaftliche Schwierigkeiten, und als die Regierung ihre finanzielle Unterstützung einstellte, stellte man die Gesellschaft unter Konkursverwaltung. Die letzte **Pup** wurde am 12. Januar 1970 ausgeliefert.

Es wirkt paradox, daß beim Zusammenbruch des Unternehmens 121 **Pup** ausgeliefert und weitere 276 bestellt waren. Schuld am Zusammenbruch sollen die zu hohen Fertigungskosten gewesen sein. Kaum hatte Beagle geschlossen und Scottish Aviation in Prestwick die Weiterentwicklung der Bulldog übernommen, wurden umfassende Maßnahmen ergriffen, um die Serienproduktion zu vereinfachen und wirtschaftlich günstiger zu gestalten. Die Fertigung für militärische Betreiber lag bei mehr als 320 Bulldog.

**TECHNISCHE DATEN**
**Beagle B.121 Pup 150**

**Typ:** viersitziger leichter Doppeldecker
**Triebwerk:** ein 112 kW (150 PS) Avco-Lycoming-0-320-A2B-Vierzylinder-Boxermotor
**Leistung:** Höchstgeschwindigkeit in Meereshöhe 222 km/h; Reisegeschwindigkeit in 2285 m Höhe 211 km/h; Dienstgipfelhöhe 4480 m; Reichweite 1019 km
**Gewicht:** Leermasse 494 kg; max. Startmasse 873 kg
**Abmessungen:** Spannweite 9,45 m; Länge 7,06 m; Höhe 2,29 m; Tragflügelfläche 11,10 m²

***Die Pup war ein gutes Flugzeug, problematisch waren jedoch seine komplizierte Konstruktion und die zu hohen Betriebskosten.***

## Beagle B.206 Basset

Beagles erster völlig eigener Entwurf war die attraktive Ganzmetallkonstruktion **Beagle B.206**, die am 15. August 1961 in Shoreham als **B.206X** ihren Erstflug absolvierte. Sie hatte in dieser Konfiguration fünf Sitze und zwei 194 kW (260 PS) Continental-Motoren als Antrieb. Der Öffentlichkeit wurde das neue Flugzeug im darauffolgenden Monat auf der Luftfahrtschau in Farnborough vorgeführt. Später vergrößerte Beagle die Kabine für sieben Sitze, erweiterte die Spannweite um 1,44 m und baute Continental-Getriebemotoren ein. Als **B.206Y** flog das neue Modell erstmals am 12. August 1962.

Die ersten Bestellungen wurden für die militärische Ausführung **Beagle Basset CC.Mk1** erteilt, von der die RAF ab Mai 1965 20 Exemplare einführte. Zwei Vorserienmodelle **B.206Z** gingen zur weiteren Erprobung und Bewertung nach Boscombe Down. Die erste zivile Serienmaschine **B.206 Serie 1**, gebaut im früheren Auster-Werk Rearsby, flog am 17. Juli 1964, und am 13. Mai 1965 konnte Rolls-Royce die erste Lieferung übernehmen. Insgesamt wurden elf Flugzeuge der Baureihe 1 für verschiedene britische Auftraggeber, meist Firmen, gebaut und zwei später auf den Standard der **Serie 2** nachgerüstet mit Ladermotoren und einigen kleineren Modifizierungen.

Von der **B.206 Serie 2** wurden 47 Exemplare gebaut, davon 28 für britische und 19 für ausländische Betreiber. Die exportierten Maschinen gingen nach Argentinien, Australien, Brasilien, Nigeria, Sambia, Spanien, in den Sudan, nach Südafrika und in die USA. Zwei Maschinen führte der Royal Flying Doctor Service, Sydney, ein.

**TECHNISCHE DATEN**
**Beagle B.206 Serie 2**

**Typ:** fünf-/achtsitziger Eindecker
**Triebwerk:** zwei 254 kW (340 PS) Rolls-Royce-Continental-GTSIO-520-C-Sechszylinder-Boxermotoren
**Leistung:** Höchstgeschwindigkeit 415 km/h in 4875 m Höhe; Reisegeschwindigkeit 351 km/h in 2440 m Höhe und 3175 kg max. Startmasse; Dienstgipfelhöhe 8260 m; Reichweite 2575 km
**Gewicht:** Leermasse 2177 kg; max. Startmasse 3401 kg
**Abmessungen:** Spannweite 13,96 m; Länge 10,26 m; Höhe 3,45 m; Tragflügelfläche 19,88 m²

***Eine Beagle B.206 (Vordergrund) und ein Pup-Prototyp über der Küste von Sussex. In den Farben der RAF flog die B.206 als Basset CC.Mk1.***

Sie waren für zwei Tragbahren, einen Arzt und einen Assistenten ausgelegt. Die Baureihen 1 und 2 (Prototyp **B.206S**) unterschieden sich hauptsächlich durch die 254 kW (340 PS) Ladermotoren Rolls-Royce Continental der **Serie 2** sowie ein zusätzliches Fenster und eine 1,07 m x 0,96 m große Frachttür.

Andere **B.206** bewährten sich als Instrumentenflugtrainer. Drei Maschinen, bekannt als **B.206 Serie 3**, hatten einen gestreckteren Heckrumpf und Platz für zehn Personen. Diese Version wurde jedoch nicht weiterentwickelt.

1969 endete die Serienfertigung der **B.206** mit 85 gebauten Maschinen, die meisten davon für zivile Betreiber. Als die RAF ihre **Basset** Ende der 70er Jahre ausmusterte, kamen etliche ebenfalls in zivile Hände.

# Beech Modell 17 Staggerwing

***Typisch für Beechs klassische Modell 17 waren gestaffelt angeordnete Tragflügel. Ein einziehbares Hauptfahrwerk und eine geschlossene Kabine verliehen ihr sowohl Geschwindigkeit wie Leistung und machten sie zu einem echten Verkaufsschlager.***

Die Kunstflugpiloten der frühen zwanziger Jahre zeigten atemberaubende fliegerische Kunststücke wie Spaziergänge auf den Tragflächen oder Kletterpartien über Strickleitern von einem Flugzeug zum anderen. Wo sie auftauchten, hatte sich bald eine begeisterte Zuschauermenge versammelt. Gern forderten sie dann auch einige Passagiere zu kurzen Platzrunden auf. Viele Piloten waren dem Fliegen verfallen und wollten mit ihrem im Ersten Weltkrieg erworbenen Können in dieser neuen und aufregenden Welt nur ihren Lebensunterhalt verdienen, andere aber auch die ganze Nation für die Luftfahrt begeistern. Viel zu viele dieser Männer kamen in ihren mangelhaft konstruierten oder unzureichend gewarteten Maschinen ums Leben. Wer überlebte, beteiligte sich häufig an Luft-Taxi-Unternehmen. Andere, wie zum Beispiel Walter Beech und Clive Cessna, sahen die positive Entwicklung der Luftfahrt voraus und widmetem sich dem Bau von Flugzeugen für den „Mann auf der Straße".

Zusammen mit Lloyd Stearman gründeten Beech und Cessna 1924 die Travel Air Manufacturing Company. Als das Unternehmen sechs Jahre später von der Curtiss-Wright Corporation übernommen wurde, stellte sich Walter Beech auf eigene Füße und schuf 1932 mit seiner Frau die Beech Aircraft Corporation. Er starb Ende 1950, aber noch heute, gut 50 Jahre nach der Gründung, ist Olive Beech Vorstandsvorsitzende eines erfolgreichen Unternehmens, das rund 45.000 Flugzeuge fertigte.

Einer der Schlüssel zum Erfolg war die **Beech Modell 17**. Wegen seiner hohen Leistungsfähigkeit forderte die erste **Modell 17R**, von der nur zwei Exemplare gebaut wurden, einen erfahrenen Piloten und war folglich für den angestrebten Massenmarkt ungeeignet. In Anwesenheit der acht Mitarbeiter des Unternehmens absolvierte die **17R** im November 1932 ihren Erstflug und demonstrierte einen beachtlichen Geschwindigkeitsbereich von 97–322 km/h. Auffälligstes Konstruktionsmerkmal des Doppeldeckers war der rückwärts versetzte obere Flügel. Dieser Anordnung verlieh Piloten ein gutes Sichtfeld und dem Flugzeug strukturelle Festigkeit. Windkanaltests bewiesen, daß diese Konstruktion eine ideale Verbindung von Geschwindigkeit und Stabilität gewährleistete. Basis der Maschine bildeten eine geschweißte, fast ganz mit Stoff bespannte Stahlröhre, ein konventionell versteifter Heckrumpf und ein außergewöhnlich schmalspuriges Heckradfahrwerk mit starrem Spornrad. Die Hauptfahrwerksbeine waren stromlinienförmig verkleidet. Nach dem Start konnten die Hauptfahrwerksräder etwa 15 cm angehoben und somit komplett in die Fahrwerksverkleidung eingezogen werden. Die geschlossene Kabine nahm den Piloten und drei oder vier Fluggäste auf. Der 313 kW (420 PS) Sternmotor Wright R-975-E2 war in einer ungewöhnlichen, tunnelförmigen Verkleidung installiert.

Dank der ausgezeichneten Flugleistungen der **„Staggerwing"** (Staffelflügel bzw. gestaffeltes Tragwerk), wie das Modell bald allgemein genannt wurde, konnte sich das Herstellerwerk ganz auf eine vereinfachte Handhabung der Maschine, besonders am Boden, konzentrieren. Zu den zahlreichen Verbesserungen gehörte auch ein breitspurigeres Hauptfahrwerk. Der wirkliche Durchbruch gelang Beech jedoch erst mit der **Modell B17L**, die Ende Februar 1934 ihren Jungfernflug absolvierte. Ihre untere Tragfläche hatte ein so breites Profil erhalten, daß sich das Hauptfahrwerk nun komplett einziehen ließ. In Verbindung mit dem Sternmotor Jacobs L-4 ergab sich eine wesentlich einfachere Handhabung der Maschine, und es konnte ein Geschwindigkeitsbereich von 72–282 km/h beibehalten werden. Durch den Einbau des 213 kW (285 PS) Jacobs L-5 erhielt die **Modell 17** das fehlende Quentchen zusätzliche Leistung, das sie zum Verkaufsschlager machte und das Beechs Ruf als einer der führenden Flugzeughersteller begründete.

Es folgte eine umfassende Serie von **Staggerwing**-Mustern für zivile und militärische Betreiber. Sie wurden ständig verbessert und im Laufe der Jahre mit vielen unterschiedlichen Motoren ausgestattet. Vor dem Ausbruch des Zweiten Weltkriegs gehörten zu den zivilen Versionen die **Modell B17, C17, D17, E17** und **F17**. In den ersten Nachkriegsjahren folgte die erheblich leistungsgesteigerte **Modell G17S**, von der gemäß einem Sonderauftrag nur 20 Exemplare entstanden. Die letzte dieser Maschinen wurde zwar schon 1949 gefertigt, doch es ist durchaus möglich, daß Ende dieses Jahrhunderts immer noch einige von Walter Beechs exzellenten **Staggerwing** in der Luft sind.

Als das US Army Air Corps 1939 ein leichtes Verbindungsflugzeug forderte, entschied man sich wegen ihrer außerordentlichen Flugeigenschaften für die **Modell 17** und unterzog drei Maschinen unter der militärischen Bezeichnung **YC-43** einem umfassenden Erprobungs- und Bewertungsprogramm. Erst 1941/42 jedoch erteilte die USAAF im Rahmen ihrer Aufrüstungsmaßnahmen einen ersten Beschaffungsauftrag über 27 Maschinen. Insgesamt führte die USAAF 207 **Beech 17** unter der Bezeichnung **UC-43** ein. Ihnen diente als Antrieb der 336 kW (450 PS) Pratt & Whitney R-985-AN-1. Mit dem Eintritt der USA in den Zweiten Weltkrieg wurden weitere 118 zivile **Modell 17** für militärische Aufgaben requiriert. Es waren dies Maschinen der Muster D17R, D17S, F17D, E17B, C17R, D17A, C17B, B17R, C17L und D17W, die unter den militärischen Bezeichnungen **UC-43A, UC-43B, UC-43C, UC-43D, UC-43E, UC-43F, UC-43G, UC-43H, UC-43J** und **UC-43K** geführt wurden.

Die US Navy hatte schon 1939 eine **Staggerwing** beschafft, eine zivile C17R, die die militärische Bezeichnung **JB-1** erhielt. Im selben Jahr kamen noch weitere zehn zivile D17 hinzu, dazu später acht Maschinen desselben Typs, die alle die militärische Bezeichnung **GB-1** erhielten. Insgesamt wurden im Verlauf des Krieges 342 **GB-2** beschafft, von denen 105 im Rahmen des US-Gesetzes zur Verpachtung von Kriegsmaterial an Großbritannien gingen. Dort setzte sie vor allem die Royal Navy ein, die sie Traveller nannte. Diesen Namen übernahm auch die US Navy.

### TECHNISCHE DATEN
**Beech Modell G17S**

**Typ:** vier-/fünfsitziger Kabinen-Doppeldecker
**Triebwerk:** ein Sternmotor 336 kW (450 PS) Pratt & Whitney R-985-AN-4 Wasp Junior
**Leistung:** Höchstgeschwindigkeit 341 km/h; Sparfluggeschwindigkeit in 2895 m Höhe 298 km/h; max. Reichweite im Sparflug 1609 km
**Gewicht:** Leermasse 1270 kg; max. Startmasse 1928 kg
**Abmessungen:** Spannweite 9,75 m; Länge 8,15 m; Höhe 2,44 m; Tragflügelfläche 27,65 m²

# Beech Modell 18

Die Beech 17 hatte sich auf dem Markt etabliert, als Beech 1935 mit der Entwicklung eines zivilen sechs-/achtsitzigen Passagierflugzeugs begann, der Beech **Modell 18**. Das neue Muster unterschied sich grundsätzlich vom Modell 17: Es war ein Ganzmetall-Tiefdecker mit einem in Halbschalenbauweise aus Aluminiumlegierung gefertigten Rumpf, freitragendem Leitwerk mit doppelten, als Endscheiben konstruierten Seitenflossen und -rudern sowie elektrisch betätigtem Heckradfahrwerk. Auf Wunsch ließen sich später auch Schwimmer- und Kufenfahrwerke installieren. Die für zwei Besatzungsmitglieder und sechs Fluggäste ausgelegte Standardversion wurde von zwei 239 kW (320 PS) Sternmotoren Wright R-760-E2 angetrieben, deren Gondeln in die Flügelvorderkanten eingebaut waren.

Die ursprüngliche Version **Modell 18A** absolvierte ihren Erstflug am 15. Januar 1937. Damals dürfte das Erscheinen eines weiteren leichten zweimotorigen Passagierflugzeugs selbst den enthusiastischsten Zuschauer kaum sonderlich beeindruckt haben, und Marktkenner beurteilten die Verkaufschancen vermutlich sehr skeptisch.

Das Modell blieb jedoch nicht nur 32 Jahre lang (ein Rekord!) in der Serienfertigung, sondern wurde von zahlreichen US-Firmen auch gern als Basis für leistungssteigernde Maßnahmen genutzt.

Doch zurück zu den Anfängen, als vielleicht nur Walter Beech an eine Zukunft für sein **Modell 18** glaubte. Auch von der verbesserten **Modell 18B** mit schwächeren Motoren konnte er nur wenige Exemplare absetzen. Erst 1939 schien Beech mit der

***Varianten der Beech Modell 18 wurden im Zweiten Weltkrieg für Schulungs- und Verbindungsaufgaben verbreitet eingesetzt. Hier ist ein Trio von AT-11 Kansan, das mit modifizierter Bugsektion für Bombenschützen ausgerüstet war.***

**Modell 18D** endlich auf dem richtigen Weg zu sein, denn trotz stärkerer 246 kW (330 PS) Jacobs-L-6-Motoren blieben die Betriebskosten bei verbesserten Flugleistungen im Vergleich zur **Modell 18B** unverändert niedrig. 1940 waren erst 30 **18D** verkauft, doch der Absatz stieg während des Krieges ununterbrochen schnell auf mehr als 4000 Maschinen.

Eine erste Bestellung des US Army Air Corps ging 1940 ein und umfaßte 11 **C-45**. Sie waren mit der zivilen **Modell B18S** identisch und operierten als Stabsmaschinen. Weitere Beschaffungsaufträge umfaßten 20 Mehrzweckttransporter **C-45A**, von denen weitere 223 Exemplare mit modifizierter Innenausstattung und Ausrüstung als **C-45B** bestellt wurden. Im Rahmen des US-Gesetzes zur Verpachtung von Kriegsmaterial gelangten einige dieser Flugzeuge nach Großbritannien, wo sie die RAF als Expediter I betrieb. Hinter den USAAF-Bezeichnungen **C-45C, C-45D** und **C-45E** verbargen sich zwei requirierte zivile **B18S**, zwei für Transportaufgaben umgerüstete **AT-7** beziehungsweise sechs in ähnlicher Weise umgebaute **AT-7B**. Wichtigstes und endgültiges Serienmodell für die USAAF wurde mit nicht weniger als 1137 gebauten Maschinen die siebensitzige **C-45F** mit einer etwas längeren Bugsektion. Im Rahmen des US-Gesetzes zur Verpachtung von Kriegsmaterial ging die **C-45F** bei der britischen Marine und Luftwaffe als Expediter II und bei der kanadischen Luftwaffe als Expediter III in Dienst. Im Januar 1943 erhielten alle **C-45**-Muster die neue Bezeichnung **UC-45**.

1941 wurde die **Beech AT-7 Navigator** als Navigatortrainer eingeführt. Ihre Kabine bot genügend Raum für drei Ausbildungsplätze, und im Rumpfrücken war eine Astrokuppel eingebaut. Die Produktion umfaßte 577 Maschinen dieses Musters. Es folgten sechs **AT-7A** mit Schwimmern und einer großen Kielflosse. Neun **AT-7B**, im Grunde winterfest gemachte **AT-7**, entstanden für die USAAF. Davon gingen fünf an Großbritannien und eine diente Prinz Bernhard der Niederlande im Exil. Letzte Version der **Navigator** war die **AT-7C** mit neuem Triebwerk, von der insgesamt 549 Exemplare gefertigt wurden.

Ebenfalls 1941 erschien eine weitere Ausführung der **Modell 18**, der Fortgeschrittenentrainer **AT-11 Kansan**, ursprünglich Kansas genannt, der der USAAF als Bombenwurf- und Bordwaffenschulflugzeug diente. Er besaß einen kleinen Bombenschacht, hatte statt der rechteckigen Kabinenfenster kleine, runde Schießscharten und im modifizierten Bug eine Bombenschützenposition. Bewaffnet war die **AT-11** mit zwei 7,62 mm MG lafettiert im Bug bzw. in einer Rumpfrückenkanzel. Für die USAAF wurden insgesamt 1582 gefertigt und davon 36 zur Navigationsschulung mit der militärischen Bezeichnung **AT-11A** umgebaut. Die Niederlande hatten 24 **AT-11** für den Einsatz in ihren ostindischen Kolonien bestellt, doch geliefert wurden sie an die USAAF und von dieser im Frühjahr 1942 der Royal Netherlands Military Flying School in Jackson, Mississippi, übergeben.

Letztes Kriegsmodell der **Beech Modell 18** für die USAAF war der Bildaufklärer F-2. Dabei handelte es sich um 14 aufgekaufte zivile **B18S**, in deren Kabine man Reihenmeßkameras und Sauerstoffgeräte installiert hatte. Ihnen folgten 13 **F-2A** (umgerüstete **C-45A**) mit vier Kameras und 42 **F-2B** (umgerüstete **UC-45E**) mit zusätzlichen Kameraöffnungen an beiden Rumpfseiten. Als die USAF im Juni 1948 ein neues Bezeichnungssystem einführte, wurden alle noch vorhandenen Aufklärungsmaschinen **F-2** in **RC-45A** und einige Drohnen-Leitflugzeuge CQ-3 (umgerüstete UC-45F) in **DC-45F** umbenannt, und sämtliche **AT-7, -7C** und **-11** verloren den Anfangsbuchstaben „A".

Auch US Navy und US Marine Corps betrieben die **Beech Modell 18** in großem Umfang von mehr als 1500 Maschinen. Zuerst wurde ein Muster eingeführt, das der **F-2** der USAAF ähnlte, die **JRB-1**. Ihr folgten die Transportmaschinen **JRB-2** sowie **JRB-2** und **JRB-3**, die Pendants zur **C-45B** bzw. **UC-45F**. Die Bezeichnungen **SNB-1, SNB-2** und **SNB-3** entsprachen den **AT-11, -7** und **-7C** der USAAF. Als Sanitätsflugzeuge und Bildaufklärer betrieb die US Navy **SNB-2H** bzw. **SNB-2P**, und als ECM-Trainer für elektronische Gegenmaßnahmen diente die **SNB-3Q**.

1951/52 ließ die USAF ihre noch einsatzbereiten **UC-45E, T-7** und **T-11** umrüsten und modernisieren. Sie erhielten die Bezeichnungen **C-45G** und **C-45H**. Die G-Version hatte einen Autopiloten und R-985-AN-3-Motoren, die **C-45H** besaß keinen Autopiloten und das R-985-AN-14B als Antrieb. Zur gleichen Zeit wurden die **SNB-2** und **SNB-2C** der US Navy umgerüstet und in **SNB-5** und **SNB-5P** umbenannt. Als man 1962 das Bezeichnungssystem für alle US-Waffengattungen vereinheitlichte, hießen die noch bei der Truppe befindlichen Schul- bzw. -Bildaufklärungsmuster fortan **TC-45J** und **RC-45J**.

Nach dem Krieg nahm Beech die Produktion der zivilen **Modell 18** wieder auf und brachte 1953 eine neue, größere und leistungsstärkere Version der **D18S** auf den Markt. Als **Super 18 (E18S)** absolvierte der Prototyp am 10. Dezember 1953 seinen Erstflug. Zu den strukturellen Verbesserungen gehörten externe Modifizierungen zur Verringerung des Luftwiderstandes, ein Geisse-Sicherheitsfahrgestell für

***Beech Modell 18 (C-45)***

Seitenwindlandungen, die Einrichtung eines separaten Cockpits und verbesserte Schalldämmung. Auch während der Serienfertigung der insgesamt 754 **Super 18** wurden die Maschinen ständig der modernsten technischen Entwicklung angepaßt. Die letzten Exemplare des Abschlußmusters **Modell H18** entstanden bis 1969.

Seit September 1963 konnte auf Wunsch auch ein Bugradfahrwerk eingebaut werden, das Volpar Inc. in Los Angeles, Kalifornien, entwickelt hatte. Diese Firma baute auch serienmäßige **Beech 18** zu **Volpar Turbo 18** mit Bugradfahrwerk und Turboprop-Triebwerken TPE331 oder mit gestreckter Kabine für 15 Fluggäste und Turboprop-Antrieb zu **Volpar Turboliner** um. Zu den Umbauten bei anderen Unternehmen gehörten die **Dumod I** für neun Passagiere und die **Dumod II** für 15 Passagiere, entstanden bei der Dumond Corporation, sowie die **PAC Tradewind** für zehn Passagiere und die **PAC Turbo Tradewind** mit Turboprop-Triebwerken, beide von Pacific Airmotive Corporation. Noch Ende 1981 bot Hamilton Aviation die Umrüstmuster **Hamilton Westwind II STD** und **Westwind III** mit Turboprop-Antrieb und ausgelegt für 17 bzw. acht Fluggäste an.

## TECHNISCHE DATEN

**Beech Super H18**

**Typ:** zweimotoriges leichtes Passagierflugzeug

**Triebwerk:** zwei Sternmotoren 336 kW (450 PS) Pratt & Whitney R-985-AN-14B

**Leistung:** max. Reisegeschwindigkeit in 3050 m Höhe 354 km/h; Sparfluggeschwindigkeit in 3050 m Höhe 298 km/h; Dienstgipfelhöhe 6525 m; max. Reichweite 3060 km

**Gewicht:** Leermasse 2651 kg; max. Startmasse 4491 kg

**Abmessungen:** Spannweite 15,15 m; Länge 10,73 m; Höhe 2,84 m; Tragflügelfläche 33,51 m²

***In der Nachkriegszeit wurden Beech 18 häufig im zivilen Luftverkehr eingesetzt, besonders in Amerika.***

***Beech Modell H18 der Air Cortez mit Bugradfahrwerk.***

# Beech, Modell 23, bis Beech, Modell 45 Mentor

**An sich wollte sich Beech nur mit leichten Transportflugzeugen für vornehmlich private Abnehmer befassen, speziell mit den klassischen Modellen Bonanza 33, 35 und 36, doch dann entwickelte man auch eine Anzahl wichtiger Schulflugmaschinen, von denen am bekanntesten die Mentor, Modell 45, wurde, die als T-34 für militärische Zwecke in beachtlichen Stückzahlen gebaut wurde, konstruiert und ausgeliefert mit Kolbenmotoren, später modernisiert auf Turboprop-Betrieb.**

## Beech Modell 23

Beim Erstflug des Prototyps **Beech Modell 23 Musketeer** am 23. Oktober 1961 trat die Familienähnlichkeit zur früheren Bonanza/Debonair klar zutage. Der freitragende Tiefdecker, als kostengünstiges, leichtes Geschäftsflugzeug in Ganzmetallbauweise entwickelt, hatte eine geschlossene Kabine für vier Personen und ein nicht einziehbares Dreibein-Bugfahrgestell. Für den Antrieb der ersten Version, deren Lieferung im Herbst 1962 begann, sorgte ein Avco Lycoming O-320-D2B Vierzylinder-Boxermotor mit 119 kW (162 PS).

Die rasch wachsende Popularität dieses Musters führte dazu, daß die **Musketeer** Ende 1965 bereits in drei Versionen vermarktet wurde. Die **Musketeer Custom**, die **Musketeer Sport** (Standardausführung zweisitzig, auf Wunsch viersitzig) und die **Musketeer Super** unterschieden sich in erster Linie durch ihre Avco-Lycoming-Kolbenmotoren mit 134 kW (182 PS), 112 kW (152 PS) und 149 kW (203 PS). Für die **Musketeer Custom** und **Musketeer Sport** gab es wahlweise Kunstflug-Ausstattungen, wenn sie zweisitzig geflogen wurden. Ende 1969 wurde eine vierte Variante eingeführt, die **Musketeer Super R**. Sie entsprach grundsätzlich der **Musketeer Super**, besaß jedoch ein einziehbares Fahrgestell.

Das 1971 geänderte Vermarktungskonzept hatte zur Folge, daß man den Namen **Musketeer** aufgab und die Produktion der **Musketeer Super** einstellte. Die anderen drei Varianten wurden in **Sundowner C23** (vormals Custom), **Sport B19** (Sport) und **Sierra A24R** (Super R) umbenannt. 1974 änderten sich die Bezeichnungen erneut, um die jeweilige PS-Leistung zu verdeutlichen: **Sundowner 180, Sport 150** und **Sierra 200**. Bei Produktionsende im Jahre 1984 waren weit mehr als 4400 **Musketeers** aller Versionen gebaut. Neben dem üblichen Absatz als zivile Geschäftsflugzeuge wurden Musketeers auch für zivile und militärische Schulungszwecke an Algerien, die kanadischen Streitkräfte, Indonesien und Mexiko geliefert.

### TECHNISCHE DATEN
**Beech Sierra 200**

**Typ:** vier-/sechssitziger Kabineneindecker
**Triebwerk:** ein Avco Lycoming-IO-360-A1B6-Vierzylinder-Boxermotor mit 149 kW (203 PS)
**Leistung:** Höchstgeschwindigkeit in Meereshöhe 262 km/h; wirtschaftliche Reisegeschwindigkeit in 3050 m Höhe 213 km/h; Dienstgipfelhöhe 4690 m; Reichweite mit max. Treibstoff 1271 km
**Gewicht:** Leermasse 772 kg; max. Startmasse 1247 kg
**Abmessungen:** Spannweite 9,98 m; Länge 7,85 m; Höhe 2,46 m; Tragflügelfläche 13,56 m²

***Die Beech Sundowner war eine von drei Versionen der Musketeer-Leichtflugzeugserie.***

## Beech Modell 26

Ein von T.A. Wells geführtes Beech-Konstruktionsteam entwarf die **Beech Modell 26**, das erste Schulflugzeug in reiner Holzbauweise, die die US Army Air Force annehmen sollte. Es erhielt die Bezeichnung **AT-10 Wichita**. Beim Entwurf der Zelle hatte man sich bemüht, eine Formgebung im Wärmeverfahren möglichst zu vermeiden, damit man die Fertigung der Baugruppen auch an Firmen vergeben konnte, die nicht in der holzverarbeitenden Industrie zu Hause waren: 85% des Flugwerks wurden auf dieser Grundlage fertiggestellt, und Beech konnte sich auf die Endmontage konzentrieren.

Die Verwendung von Metall beschränkte sich auf den Motoren- und Cockpitbereich. Die vielleicht interessanteste Innovation stellten hölzerne Kraftstofftanks dar, ausgekleidet mit synthetischem Gummi. Um zur Ausbildung auf mehrmotorigen Flugzeugen zu dienen, war die **Wichita** mit Doppelsteuer und Autopilot ausgerüstet. Der Einstieg ins Cockpit erfolgte über nach hinten aufschiebbare Seitenfenster.

Die **AT-10** wurde von zwei Lycoming-R-680-9-Sternmotoren zu je 220 kW (299 PS) angetrieben. 1943 hatte Beech vier Aufträge über 150, 191, 1080 und 350 Flugzeuge erfüllt, so daß sich die Produktion in Wichita auf 1771 Exemplare belief. Die letzte Maschine wurde am 15. September 1943 ausgeliefert. Danach reichte Beech die Konstruktions- und Produktionspläne an die in Dallas, Texas beheimatete Globe Aircraft Corporation weiter.

***Die AT-10 war ein besonders typischer Beech-Entwurf, der der USAAF zu einem einfachen und kostengünstigen Trainer verhalf, ohne kriegswichtige Rohstoffe wie Aluminium zu verbrauchen.***

### TECHNISCHE DATEN
**Beech Modell 26**

**Typ:** zweisitziges Schulflugzeug für Fortgeschrittene
**Triebwerke:** zwei Lycoming R-680-Sternmotoren je 220 kW (299 PS)
**Leistung:** Höchstgeschwindigkeit 319 km/h; Dienstgipfelhöhe 5150 m; Reichweite 1239 km
**Gewicht:** Leermasse 2155 kg; max. Startmasse 2781 kg
**Abmessungen:** Spannweite 13,41 m; Länge 10,46 m; Tragflügelfläche 27,68 m²

## Beech Modell 28 Destroyer

Die **Beech Modell 28** verdient kurze Erwähnung, weil sie ein für den Hersteller ungewöhnliches Projekt war. 1943 erhielt Beech den Auftrag, ein Duo zweimotoriger Angriffsflugzeuge XA-38 zu konstruieren. Das Prototyppaar **Modell 28** waren große Tiefdecker, deren Rumpf eine dreiköpfige Besatzung aufnahm und hinten mit einem geteilten Seitenleitwerk abschloß. Den Antrieb besorgten zwei Wright-R-3350-43-Sternmotoren. Über die Abwehrwaffen hinaus war die **Destroyer** für ihre Offensivrolle mit einer 75-mm-Kanone bewaffnet. Nur dieses Pärchen wurde gebaut und 1945 zur Bewertung ausgeliefert.

### TECHNISCHE DATEN
**Beech Modell 28 Destroyer**

**Typ:** zweimotoriges Angriffsflugzeug
**Triebwerke:** zwei Wright-R-3350-43-Cyclone-Sternmotoren zu je 1715 kW (2380 PS)
Leistung: Höchstgeschwindigkeit im Horizontalflug 605 km/h
**Gewicht:** max. Startmasse 15.995 kg
**Abmessungen:** Spannweite 20,52 m; Länge 15,77 m

***Die Beech Modell 28 besaß eine auffällige 75-mm-Bugkanone.***

# Beech Modelle 33, 35 und 36 Bonanza

Die **Beech Modell 35 Bonanza** war das Gründungsmuster für eine ganze Flugzeugfamilie. Es wurden nicht nur mehr als 15.000 **Bonanza** aller Versionen gebaut, sondern die **Bonanza** mit V-Leitwerk wurde auch länger als 35 Jahre gefertigt.

Der Prototyp des **Modells 35**, leicht erkennbar durch sein V-Leitwerk, flog erstmals am 22. Dezember 1945. Er sollte erneut zu einem überragenden Erfolg auf der Grundlage der **Modelle 17** und **18** führen. Im Unterschied zu letzteren setzte die Erfolgskurve des neuen Musters jedoch früher ein, denn als das Unternehmen den Beginn der Serienfertigung für März 1947 ankündigte, lagen bereits rund 1500 Bestellungen vor. Nun zahlte sich die Erfahrung aus der Kriegsproduktion aus, und gegen Ende dieses Jahres waren schon 1000 Exemplare ausgeliefert.

Die allgemeine Konfiguration des **Modells 35** blieb während ihres Bestehens so gut wie unverändert. Der freitragende Tiefdecker war samt „Schmetterlings-Leitwerk" aus Metall konstruiert und hatte eine geschlossene Kabine für einen Piloten sowie drei oder vier Passagiere. Das **Modell 35** besaß von Anfang an ein einziehbares Bugfahrgestell, die Originalversion jedoch nur ein frei drehendes Bugrad. Ein lenkbares Bugrad wurde erst 1949 bei dem **Modell A35** eingeführt. Zur permanenten Wahlausstattung gehörte ein von Beech entwickeltes Sicherheitssystem für das Fahrwerk, genannt „Magic Hand". Es verhindert, daß man die Fahrwerksräder versehentlich am Boden einfährt oder eine Landung mit eingezogenem Fahrgestell vollzieht. Den Antrieb lieferte anfangs ein Continental-E-185-1-Sechszylinder-Boxermotor mit 138 kW (188 PS), doch während der langen Produktionszeit wurden etliche andere Motortypen als Standard- oder Wahltriebwerk eingebaut. Turbogeladene Triebwerke zeichneten die Versionen V35 TC und V35B TC aus.

Ungeachtet der regen Nachfrage für das **Modell 35** mit V-Leitwerk, betrachteten doch eine Reihe potentieller Käufer diese Leitwerkskonfiguration als Spielerei, die ihrem Besitzer möglicherweise Scherereien einbrächte. Um dieser Gruppe entgegenzukommen, führte Beech die **Modell 33 Debonair** ein, die erstmals am 14. September 1959 flog. Sie war mit einem herkömmlichen Leitwerk und etwas leistungsschwächerem Motor ausgestattet und bot einem Flugzeugführer und drei Passagieren Platz. Diese kostengünstigere Version wurde parallel zur **Bonanza** gebaut und verkauft. Als die Produktion der **Debonair** 1966 auslief, waren bereits knapp 1200 Exemplare vom Band gerollt. Ihre Nachfolge in der Fertigung trat 1967 als **Modell E33 Bonanza** an, eine vier-/fünfsitzige Variante. Sie war praktisch mit dem **Modell 35** identisch, abgesehen vom konventionellen Leitwerk mit zurückgepfeilter Seitenflosse. Diese Version stand in zwei Ausführungen, Standardversion **F33A** und Kunstflug-/Nutzversion **F33C**, bis Ende 1992 zur Verfügung, als sich die Produktionszahl der **Modell 33 Debonair/Bonanza** der Dreitausender-Marke näherte. Zu den zivilen und militärischen Betreibern dieser Flugzeuge zählten unter anderem die Luftstreitkräfte des Iran, die Lufthansa, die mexikanische Marine, die niederländische Regierung, Pacific Southwest Airlines und die spanische Regierung/Luftwaffe.

***Der interessanteste militärische Vertreter der Bonanza war die QU-22B, die in Vietnam als fliegende Relaisstation zur Übertragung der Daten seismischer Sensoren fungierte.***

1968 bekam die **Bonanza**-Familie Nachwuchs in Gestalt des **Modells 36**, eines sechssitzigen Nutzflugzeugs. Grundsätzlich handelte es sich hierbei um eine geringfügig (0,25 m) verlängerte Version der **V35B**, die das Heck des **Modells 33** mit dem verstärkten Fahrgestell der Beech Baron verband. Doppelte Türen auf der rechten Rumpfseite erleichtern das Be- und Entladen von Frachtgut im Einsatz als Nutzflugzeug. Diese Frachttüren sind optional auch für die **Modelle 33** und **35** verfügbar. Seit 1979 gibt es eine Turboversion des **Modells 36** als **Modell B36 TC Turbo Bonanza**. Anfang 1989 waren insgesamt 3390 **Modell 36 Bonanzas** gebaut worden, und die Produktion lief weiter.

Zwei militärische Varianten der **A36 Bonanza** sollten kurz gestreift werden. Unter der Bezeichnung **QU-22B** beschaffte man eine Reihe von Flugzeugen mit besonderer Avionikausrüstung im Rahmen des USAF-Programms „Pave Eagle". Sie wurden in Vietnam eingesetzt, um die Empfangsdaten ihrer Geräuschempfänger im Relaisverfahren an Bodenstationen zu übermitteln. Man warf die Akustiksensoren entlang bekannter oder vermuteter Nachschubwege im Flug ab, um Feindbewegungen im dichten Dschungel zu erfassen. Gemäß der „Pave Coin"-Ausschreibung der USAF entwickelte Beech eine zweisitzige Version der **A36** für Luftnahunterstützung. Dieses Versuchsmuster, **Modell PD 249**, wurde mit vielfältigen Waffen an mit maximal 535 kg belastbaren Außenlastträgern unter den Tragflächen erprobt. Die Serienfertigung blieb allerdings aus.

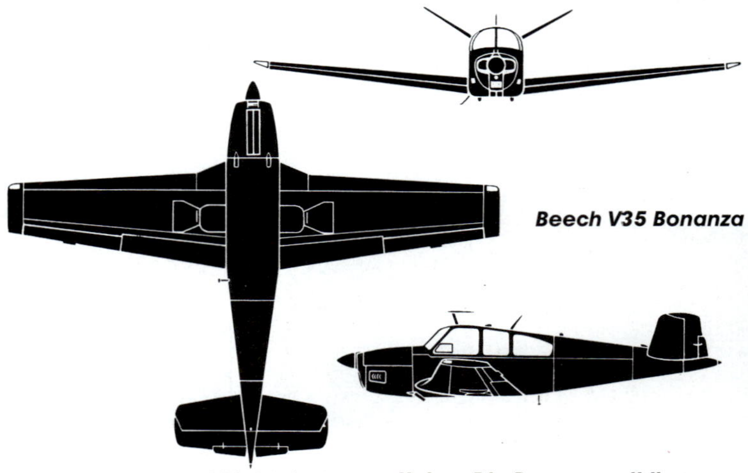

***Beech V35 Bonanza***

**TECHNISCHE DATEN**

**Beech Bonanza Modell V35B**

**Typ:** vier-/fünfsitziger Kabineneindecker

**Triebwerk:** ein Continental-IO-520-BB-Sechszylinder-Boxermotor mit 213 kW (290 PS)

**Leistung:** Höchstgeschwindigkeit in Meereshöhe 338 km/h; wirtschaftliche Reisegeschwindigkeit in 2440 m Höhe 253 km/h; Dienstgipfelhöhe 5445 m; Reichweite mit max. Treibstoff in 2440 m Höhe 1648 km

**Gewicht:** Leermasse 955 kg; max. Startmasse 1542 kg

**Abmessungen:** Spannweite 10,21 m; Länge 8,05 m; Höhe 2,31 m; Tragflügelfläche 16,81 m$^2$

***Unten: Die Bonanza mit ihrem markanten V-Leitwerk war ein Klassiker unter den amerikanischen Leichtflugzeugen der Nachkriegszeit und nahm an mehreren Rekordversuchen in ihrer Klasse teil.***

***Die Beech 33 Debonair erschien als Neuausgabe der Bonanza mit herkömmlichem Leitwerk. Der Name Bonanza fiel aber erst späteren Entwicklungen dieses Musters zu.***

# Beech Modell 45 Mentor

*Beech T-34C-1 Turbo Mentor der ecuadorianischen Luftstreitkräfte.*

Auf eigene Initiative baute Beech 1948 ein zweisitziges Schulflugzeug, das aus der zivilen Bonanza mit V-Leitwerk entwickelt war. Der Hauptunterschied bestand in der Tandemanordnung der Sitze für Schüler und Fluglehrer sowie im Austausch des V-Leitwerks gegen eine herkömmliche Baugruppe. Dieses Flugzeug erhielt die Bezeichnung **Beech Modell 45 Mentor** und flog erstmals am 2. Dezember 1948.

In dieser Periode versuchte die USAF ebenso wie zahlreiche andere Luftstreitkräfte, das Konzept für die künftige fliegerische Grundausbildung zu finden. Sie stand vor der Entscheidung, ob man die Anwärter sofort auf Strahlflugzeugen schulen sollte oder nicht, nachdem man allgemein Turbinentriebwerke eingeführt hatte. Damals war diese Frage nicht leicht zu beantworten: Ein Ja bedeutete nicht nur, daß selbst die ungeeignetsten Flugschüler von Anfang an mit Flugzeugen einer anderen Leistungsklasse zurechtkommen mußten, sondern auch mit einem Triebwerk konfrontiert würden, das noch nicht zu einem hohen Zuverlässigkeitsgrad gereift war. Auf der Habenseite stand, daß sie es während ihrer gesamten Ausbildung nur mit Turbinentriebwerken und somit gleichbleibenden Verfahren zu tun hätten. Das Festhalten an der Anfängerschulung auf kolbengetriebenen Flugzeugen zöge zwangsläufig eine Übergangsphase von Kolben- auf Turbinentriebwerke zu einem späteren Zeitpunkt nach sich. Der Führungsstab der USAF beschloß, letzteren Weg als die aus damaliger Sicht klügere Lösung einzuschlagen. Unter der Bewerbergruppe verschiedener Muster befanden sich drei **Beech Modell 45**, davon zwei mit dem 153 kW (208 PS) starken Continental-E-185-8 und eine mit dem Continental-E-225-8 als Antrieb, der 168 kW (228 PS) abgab. Die USAF faßte alle drei Maschinen unter der Bezeichnung **YT-34** zusammen. Nach ihren Erstflügen im Mai, Juni und Juli 1950 wurden sie während der Wettbewerbsperiode einer umfassenden Erprobung unterzogen. Dabei flogen nicht allein Prüfpiloten die **YT-34**, sondern sie mußte sich auch in der Ausbildungsrolle mit Schüler und Fluglehrer bewähren. Fast drei Jahre später, am 4. März 1954, wählte die USAF **Modell 45** als **Trainer T-34A Mentor** für die fliegerische Grundausbildung. Für diese Aufgabe wurden schließlich 450 Flugzeuge gebaut, davon 350 Exemplare beim Hersteller Beech und 100 bei der Canadian Car & Foundry Company in Montreal, Kanada.

Schon bald nach dem ersten USAF-Auftrag unterzog auch die US Navy das **Modell 45** einer Bewertung, und am 17. Juni 1954 bestellte sie ebenfalls 290 Trainer dieses Musters als **T-34B**. Beschafft wurden schließlich 429 Exemplare. Im Juli 1951 modifizierte man einen der Originalprototypen zur Bewaffnung mit zwei 7,62-mm-Maschinengewehren in den Tragflächen und mit Halterungen für sechs Raketen oder zwei 68-kg-Bomben unter den Flächen. Die USAF prüfte diese Versuchsmaschine als leichtes Kampfflugzeug für Luftnahunterstützung, doch daraus resultierte keinerlei Auftrag zur Serienfertigung.

Die US Navy beschloß 1973, die Möglichkeiten zu prüfen, ob sich die bewährte **Mentor** durch Austausch des Kolbentriebwerks gegen eine Propellerturbine im Dienst halten ließe. Dieses Konzept gewährleistete, daß man weitere Erfahrung mit dem **Mentor**-Flugzeug und seinen hervorragenden Flug- und Steuereigenschaften sammelte und die Schüler während der Ausbildung eine kontinuierliche Folge von Turbinentriebwerken in die Hand bekamen. Zur Prüfung dieses Vorschlags wies die USN Beech an, zwei **T-34B** auf Turbinenantrieb umzustellen. Diese Erprobungsflugzeuge erhielten die Bezeichnung **YT-34B**.

Für die Ummotorisierung wählte Beech das PT6A-25 von Pratt & Whitney Aircraft of Canada. In dieser besonderen Anwendung wurde die Propellerturbine mit einem Torque Limiter ausgestattet, der die Ausgangsleistung auf 56% des Gesamtpotentials begrenzte. Somit war nicht nur eine konstante Leistung über ein breites Spektrum an Temperatur- und Höhenbedingungen gewährleistet, sondern auch eine lange Lebensdauer des Triebwerks. Die erste **YT-34B** flog am 21. September 1973. Die zufriedenstellenden Prüfergebnisse beider Flugzeuge brachten Beech Aufträge zum Bau von 184 neuen Trainern im Wert von annähernd 72 Millionen US-Dollar ein. Mit der Installation des neuen Triebwerks gingen strukturelle Verstärkungen für diese Baureihe einher, die die Lebensdauer der Zelle auf 16.000 Flugstunden erhöhten. Die erste **T-34C Turbo-Mentor** wurde im November 1977 beim Naval Air Training Command (Ausbildungskommando) der US Navy in Dienst gestellt. Im Januar des Folgejahres begann die Ausbildung der USN-Fluganwärter auf dem neuen Muster. Seitdem wurden 353 Flugzeuge gefertigt, von denen sechs an die US Army gingen.

Anschließend entwickelte Beech die Version **T-34C-1** zur Waffenausbildung, ausgerüstet mit vier Aufhängungen unter den Tragflächen für eine Waffenlast von insgesamt 544 kg. Die **T-34C-1** läßt sich auch zur Einweisung in Fliegerleitdienste verwenden. Flugzeuge dieser Version wurden an die Marinestreitkräfte Argentiniens, Ecuadors, Perus und Uruguays sowie an die Luftstreitkräfte Ecuadors, Indonesiens und auch Marokkos geliefert.

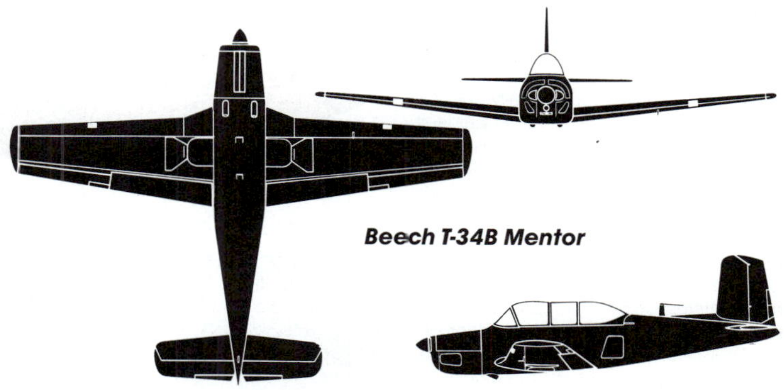

*Beech T-34B Mentor*

*Dies ist eine Turbo Mentor in ziviler Ausführung der algerischen Pilotenschule.*

*Seit 1977 dient die T-34C Turbo Mentor der US Navy als Schulflugzeug für die fliegerische Grundausbildung. Die Maschinen sind im Südosten der Vereinigten Staaten stationiert.*

**TECHNISCHE DATEN**

**Beech Modell 45 T-34C Turbo-Mentor**

**Typ:** zweisitziger Anfängertrainer

**Triebwerk:** eine P-&-WC-PT6A-25-Propellerturbine, auf eine Höchstleistung von 298 kW (405 WPS) gedrosselt

**Leistung:** max. Marschgeschwindigkeit in 5180 m Höhe 396 km/h; Dienstgipfelhöhe oberhalb 9145 m; max. Reichweite in 6095 m Höhe 1311 km

**Gewicht:** Leermasse 1342 kg; max. Startmasse 1950 kg

**Abmessungen:** Spannweite 10,16 m; Länge 8,75 m; Höhe 2,92 m; Tragflügelfläche 16,68 m²

## Beech, Modelle 55, 56 und 58 Baron, bis Beech, Modell 99 Airliner und Modell 1900

**In den späten 50er und den 60er Jahren entwickelte Beech eine beachtliche Palette konzeptionell einander ähnlicher zweimotoriger Passagierflugzeuge — vom viersitzigen Modell 55 Baron mit zwei Kolbenmotoren bis zum Modell 90 King Air mit zehn Passagierplätzen (militärisch als U-21 und C-6) und zwei Turboprop-Triebwerken, dem Modell 99 Airliner mit tiefstehender Höhenflosse und 15 Passagiersitzen und dem Modell 1900 (militärisch C-12) mit hochgesetzter Höhenflosse.**

# Beech Modell 55, 56 und 58 Baron

Das „Schaltjahrflugzeug" **Beech Modell 95-55 Baron**, das erstmals am 29. Februar 1960 flog, basierte auf dem früheren Modell 95 Travel Air. Es unterschied sich hauptsächlich durch stärkere Motoren und Verfeinerungen am Entwurf, darunter ein zurückgepfeiltes Seitenleitwerk, sowie durch gesteigerte Allwetterfähigkeit. Die ersten Auslieferungen erfolgten im November 1960. 1963 wurde **Modell B55** als Standardviersitzer eingeführt, wahlweise aber auch als Fünf-/Sechssitzer angeboten. 1965 erschien zusätzlich **Modell C55** mit 213 kW (290 PS) starken Continental-IO-520-C-Boxermotoren. Die neue Version **C55** enthielt etliche Verbesserungen, einschließlich eines weiter gespannten Höhenleitwerks und eines größeren Gepäckraums im Bug. Ihre Entwicklung wurde später als separate **Baron-Linie** von der **B55** fortgeführt.

Wenige Monate vor Einführung der **C55** gab die US Army bekannt, daß die Entscheidung für den neuen militärischen Blindflugtrainer zugunsten der **Modell 95-B55** gefallen sei. Geplant war eine Erstbeschaffung von 55 Flugzeugen mit der Bezeichnung **T-42A Cochise**. Schließlich erwarb die amerikanische Teilstreitkraft zehn weitere Exemplare. 1971 lieferte der Hersteller nochmals fünf solcher Schulflugzeuge, die im Rahmen des Militärhilfeprogramms an die Türkei gingen. Als die Produktion 1984 eingestellt wurde, waren mehr als 2400 zivile und militärische **95-B55** sowie 1201 Exemplare der **Modell E55** (vormals C/D55) vom Band gerollt.

Im September 1967 lieferte der Hersteller die ersten Flugzeuge der neuen Version **Modell 56TC Baron**. Sie führten turbogeladene Motoren in Form von zwei Avco Lycoming-TIO-541-E1B4W mit je 283 kW (385 PS) ein, die eine deutliche Leistungssteigerung ergaben. Wegen des höheren Kaufpreises dieser Version fanden sich jedoch nur 93 Interessenten, und im Dezember 1971 wurde die Fertigung eingestellt.

Zuvor hatte Beech die Produktpalette aber bereits ausgeweitet und Ende 1969 die größere **Modell 58 Baron** eingeführt. Diese Version zeigte einen um 25 cm längeren Rumpf, der eine geräumigere Kabine in Verbindung mit einem vergrößerten Radstand ergab. Doppelte Türen auf der rechten Rumpfseite erleichterten den Zugang zum Gepäck-/Frachtraum hinter den Rücksitzen, und der Antrieb entsprach dem der **Modell E55**. Der Markt nahm diese verbesserte **Baron** bereitwillig an, so daß zwölf Jahre lang zwei Flugzeuge pro Woche ausgeliefert werden konnten. Auf diesen Erfolg hin entwickelte Beech die druckbelüftete **Modell 58P**, deren Lieferung Ende 1975 einsetzte. Die Zelle stellte ein Verbundwerk von Baugruppen anderer Modelle dar: Die Tragflächen stammten von der **Modell 95-B55**, das Leitwerk und der Rumpf, für die Druckbelüftung verstärkt, von der **Modell 58**, und das Fahrgestell war für die Modell 60 Duke entwickelt. Für den Antrieb sorgten zwei turbogeladene Continental-Motoren, derzeit TSIO-520-WB mit Propeller-Synchronphasenschiebern als Standardausstattung. Als jüngstes Mitglied stieß **Modell 58TC** zur Familie, deren Auslieferung im Juni 1976 begann. Bis auf den Wegfall der Druckkabine entsprach die neue Version grundsätzlich dem Vorgängermodell.

Die zweimotorige **Baron** erwies sich als beliebt, und Ende Januar 1992 waren 2282 **Modell 58** ausgeliefert. Neben der **Baron**-Produktion durch Beech kamen mindestens zwei Turboprop-Umrüstungen anderer Hersteller heraus. Dazu gehört die SFERMA Marquis, die in kleiner Stückzahl in Frankreich gefertigt wurde und die **Baron**-Zelle des Originalherstellers mit Turboméca Astazou Propellerturbinen mit je 324 kW (440 WPS) verband, und die American Jet Industries **Turbo Star Baron** mit zwei 298 kW (405 PS) starken Allison 250-B17 Turboprop-Triebwerken.

***Beech Modell 95-E55 Baron***

***Die Baron 95-E55 führte ein größeres Höhenleitwerk und einen erweiterten Gepäckraum ein. Diese Version war äußerst populär.***

***Die US Army wählte diese Baron B55 namens T-42A als Instrumentenflug- und Navigationstrainer.***

### TECHNISCHE DATEN

**Beech Baron Modell 58P**

**Typ:** vier-/sechssitziger Kabineneindecker
**Triebwerke:** zwei turbogeladene Continental-TSIO-520-WB-Sechszylinder-Boxermotoren je 242 kW (329 PS)
**Leistung:** Höchstgeschwindigkeit 483 km/h; wirtschaftliche Reisegeschwindigkeit 375 km/h; Dienstgipfelhöhe oberhalb 7620 m; max. Reichweite 2277 km
**Gewicht:** Rüstmasse 1822 kg; max. Startmasse 2812 kg
**Abmessungen:** Spannweite 11,53 m; Länge 9,12 m; Höhe 2,79 m; Tragflügelfläche 18,51 m²

# Beech Modell 60 Duke

*Die Duke rangierte leistungsmäßig genau zwischen der Baron und der Queen Air/King Air.*

Nach dem Erstflug der **Beech Modell 60 Duke** am 29. Dezember 1966 rückte Beech auf das Feld druckbelüfteter Flugzeuge für die allgemeine Luftfahrt vor. Die **Duke** war nur wenig größer als die Mitglieder der Baron-Familie und als luxuriöses vier-/sechssitziges Flugzeug mit einer reichhaltigen Bordausrüstung als Standard konzipiert. Die Gesamtauslegung ähnelte der anderer zweimotoriger Beech-Modelle. Da dieses Muster aber für höhere Betriebsmassen vorgesehen war, erhielt es ein stärkeres Fahrwerk und wesentlich leistungsstärkere Avco Lycoming-TIO-541-E1C4-Kolbenmotoren mit Turbolader. Das in die damaligen Serienflugzeuge eingebaute Druckbelüftungssystem hatte einen modernen Regler, der die Wahl der Kabinenhöhe vor dem Start oder der Landung gestattete. Die Anlage konnte eine Kabinendruckhöhe von 3050 m bis auf eine Höhe von 7620 m halten.

Lediglich zwei überarbeitete Versionen der ursprünglichen **Modell 60** erschienen im Verlauf der Produktion, 1971 **Modell A60** und 1974 **Modell B60**. Erstere war für eine 23 kg höhere max. Startmasse zugelassen, letztere hatte eine etwas größere Kabine und ein erweitertes Tankvolumen. Solch ein Flugzeug kostete keineswegs wenig, so daß die Fertigung nach nur 596 Exemplaren auslief.

**TECHNISCHE DATEN**
**Beech Modell 60 Duke**

**Typ:** vier-/sechssitziger Kabineneindecker
**Triebwerke:** zwei Avco Lycoming-TIO-541-E1C4-Sechszylinder-Boxermotoren mit je 283 kW (385 PS)
**Leistung:** Höchstgeschwindigkeit 455 km/h in 7010 m Höhe; wirtschaftliche Reisegeschwindigkeit 402 km/h in 7620 m Höhe; Dienstgipfelhöhe 9145 m; max. Reichweite 2165 km
**Gewicht:** Rüstmasse 2006 kg; max. Startmasse 3073 kg
**Abmessungen:** Spannweite 11,97 m; Länge 10,31 m; Höhe 3,76 m; Tragflügelfläche 19,78 m²

# Beech Modell 65, 70, 80 und 88 Queen Air

Am 28. August 1958 flog Beech den Prototyp des neuen Geschäftsreiseflugzeugs **Beech Modell 65 Queen Air**. Um die wachsende Nachfrage für diese Luftfahrzeugkategorie zu decken, hatte Beech die **Queen Air** als sieben-/neunsitzigen Tiefdecker mit einziehbarem Fahrwerk und zwei Avco Lycoming-IGSO-480-A1B6-Sechszylinder-Boxermotoren mit je 254 kW (345 PS) als Antrieb entwickelt. Eine komplette Blindfluginstrumentierung gehörte zur Standardausstattung, während wahlweise angebotene Zusatzgeräte wie Autopilot und Navigations-/Wetterradar die **Queen Air** auf die Leistungsstufe eines zeitgemäßen Airliners hoben. Im nächsten Januar flog bei Beech die erste von drei **Modell 65**, die zur Auswertung durch die US Army vorgesehen waren. Diese Bemühungen trugen schließlich eine Beschaffung von insgesamt 71 **L-23F Seminole** ein. Die Bezeichnung wurde wegen der allgemeinen Ähnlichkeit zwischen der Twin Bonanza und der **Modell 65 Queen Air** gewählt, die sich in erster Linie nur durch den breiteren Rumpf und zusätzlich durch die stärkeren Triebwerke letztere unterschied. 1962 wurden die **L-23F** in **U-8F** umbenannt und einige Exemplare später zu **U-8G** mit verbesserter Inneneinrichtung modifiziert. Die japanische Marine (JMSDF) erwarb eine Reihe ziviler **Queen Air** zur Schulung von Navigatoren und für allgemeine Transportaufgaben. Andere Maschinen gingen an die Luftstreitkräfte Uruguays und Argentiniens. Die zu einem späteren Zeitpunkt eingeführte verbesserte Version **Modell A65 Queen Air** brachte ein zurückgepfeiltes Seitenleitwerk und ein erweitertes Tankvolumen. Eine andere Version mit dichter Bestuhlung für zehn oder neun Passagiere neben der ein- bzw. zweiköpfigen Besatzung wurde als **Queen Airliner** bekannt. Eine **Modell 65 Queen Air** erhielt zwei Pratt & Whitney-PT6A-6-Propellerturbinen, die je 373 kW (507 PS) abgaben. Diese firmenseitig **Modell 65-90T Queen Air** bezeichnete Maschine wurde ab 7. März 1964 als **NU-8F** einer Prüfbewertung durch die US Army unterzogen.

Die **Queen Air**-Linie verzweigte sich mit dem Erstflug der **Modell 80 Queen Air** am 22. Juni 1961, die sich durch leistungsstärkere Triebwerke (283 kW/385 PS) auszeichnete. Die im Januar 1964 eingeführte **Queen Air A80** besaß ein weiter gespanntes Tragwerk, um höhere Betriebsmassen zu ermöglichen. Schlußversion war die **Queen Air B80** mit vielfältigen Verbesserungen hinsichtlich Entwurf und Ausrüstung. Beide Grundversionen ließen sich zur 11sitzigen **Queen Airliner** ausbauen. Im August 1965 erschien eine druckbelüftete Version der **Modell 80**, die **Modell 88 Queen Air**. Sie entsprach grundsätzlich der **Queen Air B80**, abgesehen von dem für die Druckkabine modifizierten Rumpf und rundlichen Kabinenfenstern. Ihre Produktion lief 1969 nach 45 fertiggestellten Flugzeugen aus. 1968 gesellte sich ein drittes Mitglied zur Familie, die **Modell 70 Queen Air**. Grundsätzlich handelte es sich hierbei um eine A65 mit dem erweiterten Tragwerk der **B80**.

Die Produktion der **Modell 65** und **70** lief Ende 1971 aus, nachdem 404 (einschließlich U-8F) bzw. 42 Flugzeuge gebaut worden waren. Die Fertigung der **Modell 80 Queen Air** hielt noch bis Ende 1978 an, als rund 510 Exemplare die Montagestrecke durchlaufen hatten.

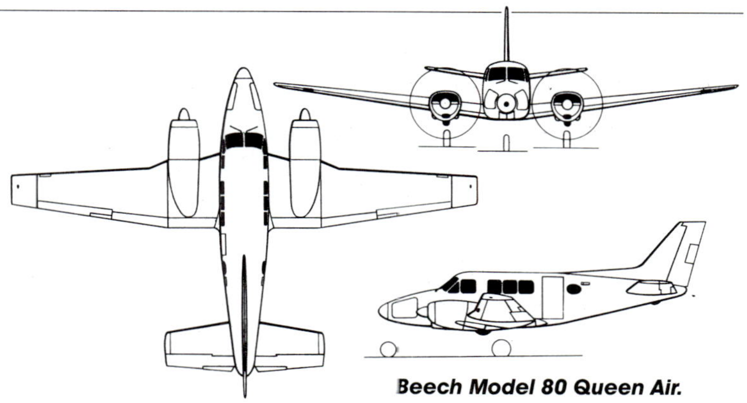

*Beech Model 80 Queen Air.*

**TECHNISCHE DATEN**
**Beech Modell B80 Queen Air**

**Typ:** sieben-/elfsitziges Geschäftsreise-, Zubringer- und Nutzflugzeug
**Triebwerke:** zwei Avco Lycoming IGSO-540-A1D aufgeladene Sechszylinder-Boxermotoren mit je 283 kW (385 PS)
**Leistung:** Höchstgeschwindigkeit 400 km/h in 3505 m Höhe; wirtschaftliche Reisegeschwindigkeit 294 km/h in 4570 m Höhe; Dienstgipfelhöhe 8170 m; max. Reichweite 2441 km
**Gewicht:** Rüstmasse 2394 kg; max. Startmasse 3992 kg
**Abmessungen:** Spannweite 15,32 m; Länge 10,82 m; Höhe 4,33 m; Tragflügelfläche 27,30 m²

*Die B80 war die größte und leistungsstärkste Ausführung der Queen Air. Diese Maschine zeigt eine philippinische Zulassung.*

# Beech Modell 90 King Air

Anfang 1963 begann die Flugerprobung eines Modells, das seinerzeit als **Beech Queen Air Modell 65-80** bezeichnet und von zwei 373 kW (507 WPS) starken Propellerturbinen vom Pratt & Whitney Aircraft of Canada angetrieben wurde. Damals betrachtete man diese Maschine, die den Anforderungen der US Army für ein Stabs-/Nutzflugzeug entsprachen, als eine Fortführung der Serie Queen Air. Die Anfangsbezeichnung war leicht verwirrend, da die beiden Queen Air Modelle 65 und 80 bereits produziert wurden. So führte man diese Version vorübergehend als **Modell 65-90T** (T für Turboprop), doch erst die Umbenennung der turbogetriebenen Queen Air in **King Air** klärte die Lage ab. **Modell 65-90T** war daher eigentlich der Prototyp für die Serie **Beech Modell 90 King Air**, insbesondere aber der Vorläufer für die militärischen **King Air**-Flugzeuge ohne Druckkabine. Nach dem Jungfernflug der **Modell 65-90T** wurde parallel eine druckbelüftete Variante für die zivile Luftfahrt entwickelt. Die erste Versuchsmaschine dieser Baureihe, **Modell 90 King Air** bezeichnet, hob am 20. Januar 1964 erstmals vom Boden ab. Diese Flugzeuge markierten den Beginn der **King Air**-Serie, die derzeit einen bedeutenden Teil der Beech-Geschäftstätigkeit ausmachen. Am 17. April 1981 wurde das 3000. Exemplar der **King Air** seinem Käufer ausgehändigt.

Die Erprobung der **Modell 65-90T** als **NU-8F** durch die US Army hatte gezeigt, daß dieses Flugzeug den militärischen Anforderungen genügte. Daraus ergab sich ein Erstauftrag für 48 Exemplare mit der Bezeichnung **U-21A**. Beech trennte die militärische und zivile Ausführung der **King Air** von der zivilen durch die Bezeichnung **Modell 65-A90-1** und leitete die Modifikation des zivilen Musters zum Nutzflugzeug mit entsprechender Inneneinrichtung ein. Außer der zweiköpfigen Besatzung konnte die Kabine zehn Soldaten oder Stabspersonal zwischen sechs und acht Personen oder drei Krankenliegen aufnehmen. Die Sitze ließen sich zum Transport von Frachtgut bis 1361 kg mühelos ausbauen.

Die Lieferung der seriengefertigten **U-21A**, denen die US Army den Beinamen Ute gab, begann am 16. Mai 1967, und Anschlußaufträge ergaben schließlich eine Produktion von nicht weniger als 160 Flugzeugen. Hierunter fielen aber nicht nur die **U-21A**, sondern auch die Varianten **RU-21A/RU-21D** mit Pratt & Whitney-PT6A-20-Propellerturbinen mit je 410 kW (558 WPS) und die **RU-21B/RU-21C/RU-21E**, deren PT6A-29 je 462 kW (628 WPS) abgaben. Die eigens zur elektronischen Aufklärung in Südostasien entwickelten **RU-21** zeigten außen eine befremdliche Kollektion von Antennen und Sensoren, die zu Geräten im Innern der Maschinen gehörten. Besondere Navigations- und Fernmeldegeräte gewährleisteten den Einsatz unter allen Wetterbedingungen. Die Herstellerbezeichnungen für die **RU-21B** und **RU-21C** lauteten **Modell 65-A90-2** beziehungsweise **Modell 65-A90-3**. Unter der Bezeichnung **RU-21G** waren 17 Flugzeuge für die USAF zusammengefaßt, die im wesentlichen der **U-21A** entsprachen.

Ende 1964 begann die Lieferung der zivilen **Modell 90 King Air**, deren Kabine druckbelüftet war und zehn Personen, einschließlich Flugzeugführer, Platz bot. Dieses Modell wurde Anfang 1966 von der **King Air A90** abgelöst, für deren Antrieb stärkere PT6A-20 Propellerturbinen sorgten. Das Militär führte es unter der Bezeichnung **VC-6A**.

Auf die **A90** folgten die **King Air B90** mit Detailverbesserungen und im September 1970 die **King Air C90**, die ein moderneres Druckbelüftungs- und Klimatisierungssystem einführte. Bis Ende 1982 hatte die **C90** eine Auflage von 1000 Stück erreicht. Eine dieser Maschinen fliegt als **VC-6B** der 1245th SAM Squadron bei der USAF. Derzeit liefern PT6A-21 den Antrieb. Zehn **C90 King Air** fliegen bei den spanischen Luftstreitkräften und bei der zivilen Flugschule zur Ausbildung im Blindflug und im Verbindungsdienst.

Eine erste Nebenlinie der **King Air 90** erschien zu Beginn des Sommers 1972 in Gestalt der **King Air E90**. Sie folgte im wesentlichen dem Hauptstamm, hat aber leistungsstärkere, auf 410 äkW (558 äPS) gedrosselte PT6A-28-Turboprop-Triebwerke. 1990 wurde diese Version immer noch serienmäßig gefertigt. Beech erhielt 1976 den Auftrag der US Navy für einen Trainer zur weiteren Ausbildung ihrer Flugzeugführer. Er erhielt die Bezeichnung **T-44A**.

Der jüngste Sproß der **King Air**-Familie, die **Modell F90 Super King Air**, wurde erstmals im Sommer 1979 ausgeliefert. Diese Version verband den Druckkabinenrumpf der **Modell 90** mit den Tragflächen der **Modell 100 King Air** und dem Leitwerk der **Modell 200 Super King Air**. Für den Antrieb sorgten zwei PT6A-135-Propellerturbinen in Verbindung mit langsam drehenden Vierblatt-Luftschrauben. Während die Fertigung der **F90** nach 231 Flugzeugen auslief, wird die **C90** weiterhin produziert. Bis Anfang 1992 waren insgesamt 1515 Exemplare der Version mit dem herkömmlichen Leitwerk ausgeliefert.

## TECHNISCHE DATEN

**Beech Modell F90 Super King Air**

**Typ:** sieben-/zehnsitziges Geschäftsreiseflugzeug
**Triebwerke:** zwei P&WC PT6A-135-Propellerturbinen je 559 kW (760 WPS)
**Leistung:** Höchstgeschwindigkeit im Reiseflug 495 km/h in 3660 m Höhe bei einem Gesamtgewicht von 4309 kg; Dienstgipfelhöhe 9085 m; max. Reichweite 2920 km
**Gewicht:** Leermasse 2971 kg; max. Startmasse 4966 kg
**Abmessungen:** Spannweite 13,99 m; Länge 12,13 m; Höhe 4,60 m; Tragflügelfläche 25,98 m²

***Oben:** Die Beech U-21A entspricht grundsätzlich der King Air 90, allerdings besitzt sie keine Druckkabine, wie an den rechteckigen Kabinenfenstern zu erkennen ist. Über den üblichen Verbindungs- und Transportdienst hinaus wurden etliche Maschinen zu fliegenden Plattformen zur Nachrichtenbeschaffung modifiziert.*

***Unten:** Die King Air F90 ist die leistungsfähigste Version der kurzen King Air. Sie verbindet den druckbelüfteten Rumpf der King Air 90 mit dem T-Leitwerk der Modell King Air 200 und den Tragflächen der 100. Die Vierblatt-Luftschrauben senken den Geräuschpegel nicht nur in der Kabine, sondern auch außerhalb der Maschine.*

***Die US Navy beschaffte die King Air E90 als T-44A zur Ausbildung ihrer Piloten auf mehrmotorigen Flugzeugen. Ähnliche Maschinen werden von den japanischen Streitkräften eingesetzt.***

# Beech Modell 99 Airliner und Modell 1900

Die zunehmende Bedeutung und das wachsende Verkehrsaufkommen von Zubringergesellschaften in den USA regten Beech Anfang der sechziger Jahre zum Entwurf und zur Konstruktion eines Flugzeugs an, das einen Teil dieses lukrativen Marktsegments einbringen sollte. So befaßte sich das Unternehmen 1965 mit der Entwicklung des seinerzeit größten Serienflugzeugs aus dem Hause Beech. Im Juli 1966 absolvierte der Prototyp seinen Jungfernflug. Von der Grundauslegung ähnelte der neue, **Beech Modell 99 Airliner** genannte Typ der zeitgleichen Queen Air, doch sein längerer Rumpf bot Platz für eine zweiköpfige Flugbesatzung und bis zu 15 Passagiere. Den Antrieb besorgten zwei 410 kW (558 WPS) starke PT6A-20-Propellerturbinen von Pratt & Whitney. Zur Sonderausstattung gehörten eine Frachttür und ein bewegliches Kabinenschott, das diesem Muster eine beträchtliche Flexibilität im Einsatz verlieh, da es die Beladung mit unterschiedlichen Kombinationen von Fluggästen und Fracht ermöglichte. Als die erste Serienmaschine am 2. Mai 1968 an Commuter Airlines Inc. ausgeliefert wurde, bot Beech bereits eine Alternative in Form der **Modell 99 Executive** an. Sie entsprach im wesentlichen dem Standardmodell **99 Airliner** und wartete mit einer Vielzahl an Optionen hinsichtlich Bestuhlung und Inneneinrichtung auf.

Es folgten die verbesserten Serienversionen **Airliner A99** und **Airliner B99**. Beide waren auch in der **Executive**-Ausführung verfügbar und wurden von zwei PT-6A-27-Propellerturbinen mit je 507 kW (690 WPS) angetrieben. Ende 1976 ließ die Nachfrage für die **Modell 99** nach und die Produktion lief Ende 1977 aus, nachdem man insgesamt 164 Flugzeuge gebaut und an 64 zumeist amerikanische Betreiber ausgeliefert hatte.

Am 7. Mai 1979 ließ das Unternehmen jedoch verlautbaren, daß man erneut in den Markt für Commuter Airliner einsteigen wolle. Um das Zulassungsverfahren zu beschleunigen, wurde ein vom Allegheny Commuter Consortium zurückgekauftes Flugzeug der **Serie B99** von Grund auf überholt, bevor man die neuen Turboprop-Triebwerke-PT6A-34 einbaute. Die **Commuter C99** bezeichnete Maschine flog erstmals am 20. Juni 1980 und rund drei Monate später lief die Serienfertigung an. Die Musterzulassung wurde in der letzten Juliwoche 1981 erteilt, und zwei oder drei Tage später konnte Beech die ersten Maschinen ausliefern. Von der früheren **B99** unterschied sich das neue Muster in erster Linie durch seine stärkeren Triebwerke, aber es gab auch eine Reihe verschiedener Detailverbesserungen.

Mit der Bauankündigung der **Commuter C99** hatte Beech gleichzeitig Einzelheiten einer etwas größeren Version mit Druckkabine veröffentlicht. Die Entwicklung der **Commuter 1900**, wie dieses Muster bezeichnet wurde, zögerte man hinaus, um vorrangig das Zulassungsprogramm für die **C99** abschließen zu können. Das neue Modell sollte bis zu 19 Passagiere befördern und hatte zwei PT6A-65-Propellerturbinen als Antrieb, deren Leistung auf je 746 kW (1015 WPS) gedrosselt war. Der **Commuter 1900** Prototyp flog erstmals im September 1982. Das Muster hat sich nicht nur auf dem Zubringermarkt etabliert, sondern auch militärische Betreiber gefunden. Ägypten nutzt diesen Typ zur elektronischen Überwachung und die Air National Guard als **C-12J** im Unterstützungsdienst. Die Produktion von 1989 bis 1991 ergab insgesamt 255 Flugzeuge.

***Oben: Beech 99 Airliner der Mississippi Valley Airlines.***

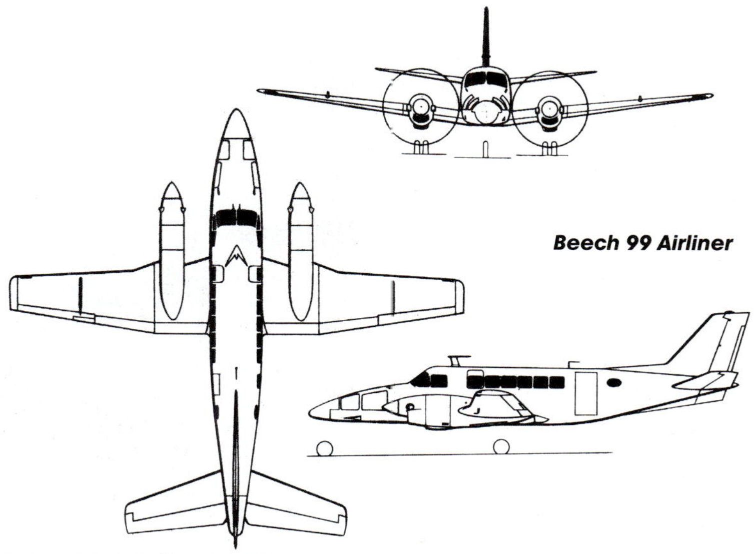

***Beech 99 Airliner***

***Unten: Ein militärischer Nutzer der 1900 ist die ägyptische Luftwaffe, die sie zur elektronischen Überwachung einsetzt.***

**TECHNISCHE DATEN**
**Beech Modell C99 Commuter**

**Typ:** Zubringer-/Frachtflugzeug
**Triebwerke:** zwei P&WC PT6A-36-Propellerturbinen, auf je 533 kW (725 WPS) gedrosselt
**Leistung:** Höchstgeschwindigkeit 496 km/h in 2440 m Höhe; Reisegeschwindigkeit 462 km/h in 2440 m Höhe bei einem Gesamtgewicht von 4536 kg; Dienstgipfelhöhe 8560 m; Reichweite mit max. Treibstoffzuladung 1687 km
**Gewicht:** Grundbetriebsmasse 2946 kg; max. Startmasse 5126 kg
**Abmessungen:** Spannweite 13,98 m; Länge 13,58 m; Höhe 4,38 m; Tragflügelfläche 25,98 m²

***Unten: Die Höhenflossen des T-Leitwerks der Beech 1900 werden durch kleine horizontale Flossen am Hinterrumpf ergänzt.***

## Beech, Modell 100 King Air, bis Bell P-59 Airacomet

**Ungeachtet des Erfolgs der King Air, Modell 100, und Super King Air, Modell 200 (militärisch U-21 und C-12), entging Beech 1980 nicht der Übernahme durch die Raytheon Aircraft Company. Lawrence C. Bell gründete die Bell Aircraft Corporation 1935 als Zulieferer, entwickelte aber bald eigene Konstruktionen wie den radikalen Bodenangreifer-Jäger P-39 Aircobra und die P-59 Airacomet, den ersten amerikanischen Düsenjäger.**

# Beech Modell 100 King Air

Im August 1969 bereicherte Beech seine reiche Angebotspalette für Geschäftsreiseflugzeuge durch die **Beech Modell 100 King Air**, die sich in mehrfacher Hinsicht von den früheren King Airs unterschied: sie hatte eine kürzere Spannweite, einen längeren Rumpf für maximal 15 Personen, erweiterte Seiten- und Höhenruder, Zwillingsräder am Hauptfahrwerk und stärkere Triebwerke. Das neue Tragwerk der Maschine entsprach im wesentlichen demjenigen, das man für die Modell 99 Airliner entwickelt hatte.

Im Oktober 1971 begann die Auslieferung der **King Air A100**, die Verbesserungen im Detail aufwies. Bis Ende des Jahres 1981 wurden 250 Exemplare produziert. Die ersten fünf Maschinen erhielt die US Army, die ihnen die Bezeichnung **U-21F** zuteilte. Auch die spanische Luftwaffe erwarb einige Exemplare. Eine UNACE (Universal Aircraft Com/Nav Evaluation) genannte Sonderausführung zur Inspektion und Kalibrierung von Flugnavigationsanlagen beschafften Länder wie Algerien, Belgien, Kanada, Indonesien, Malaysia, Mexiko und die USA. Für Kanada, Chile, Frankreich, Jamaica, Saudi-Arabien, Thailand und die USA produziert Beech inzwischen speziell modifizierte **King Airs** zur Luftbildvermessung mit einer entsprechenden Ausrüstung.

***Die gestreckte King Air 100 hat eine beträchtlich höhere Nutzlastkapazität im Vergleich zur Modell 90.***

Parallel zur **King Air 100** fertigte Beech seit Ende 1975 die komplementäre Version **King Air B100** mit höherer Leistung. Insgesamt wurden über 100 Exemplare von diesem Flugzeug gebaut. Sie führte Garrett-TPE331-6-252-Propellerturbinen mit je 533 kW (725 WPS) und Ausrüstungskomponenten ein, die in direktem Zusammenhang mit dem Einbau dieser Triebwerke standen. Die Produktion der **King Air 100** lief 1983 aus.

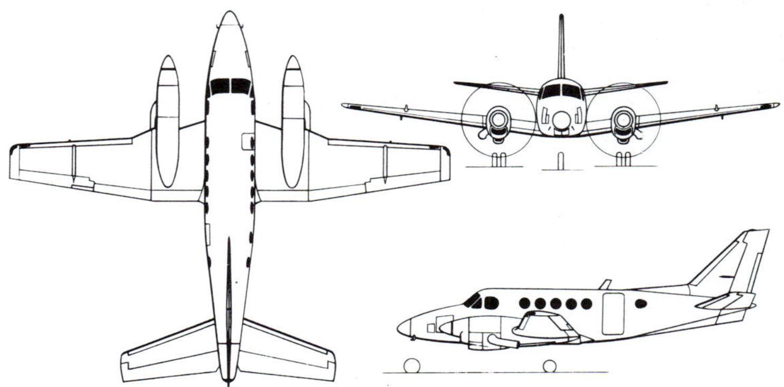

***Beech King Air 100***

**TECHNISCHE DATEN**
**Beech King Air A100**

**Typ:** leichtes Geschäfts-, Fracht- und Passagierflugzeug
**Triebwerke:** zwei P&WC-PT6A-28-Propellerturbinen mit je 507 kW (690 äPS)
**Leistung:** Höchstgeschwindigkeit 459 km/h in 3050 m Höhe bei einem Gesamtgewicht von 4762 kg; Dienstgipfelhöhe 7575 m; max. Reichweite 2483 km
**Gewicht:** Leermasse 3083 kg; max. Startmasse 5216 kg
**Abmessungen:** Spannweite 14,00 m; Länge 12,17 m; Höhe 4,70 m

# Beech Modell 200 Super King Air

Am 27. Oktober 1972 flog bei Beech der Prototyp eines neuen und verbesserten Flugzeugs der King Air Serie, das als **Beech Modell 200 Super King Air** bekannt wurde. Von der 100 unterschied es sich durch größere Spannweite, ein T-Leitwerk anstelle der gewohnten Anordnung der Höhenflossen am Rumpfheck und ein erweitertes Tankvolumen für die leistungsstärkeren Pratt & Whitney-PT6A-41-Turboprop-Triebwerke. Diese Änderungen ermöglichten eine deutliche Steigerung der Betriebsmasse.

Die ersten Lieferungen der ersten **Super King Airs** erfolgten Anfang 1974. Die US Army interessierte sich für das gesteigerte Leistungspotential dieses Musters und bestellte 34 für den militärischen Dienst modifizierte Flugzeuge mit PT6A-38-Propellerturbinen mit je 559 kW (760 WPS). Die Maschinen erhielten die Bezeichnung **C-12A**. Anschlußaufträge ergaben nochmals 27 Exemplare für die US Army und 30 **C-12A** für die USAF. Weitere militärische Varianten sind die **UC-12B** für die US Navy/Marine Corps (66) mit 634 kW (862 WPS) starken PT6A-41-Propellerturbinen; die **C-12C** für die US Army (14) mit PT6A-41; die grundsätzlich ähnliche **C-12D** für die US Army (27) mit zusätzlicher Frachttür und die mit Antennen übersäte **RU-21J** für die US Army, die eine Spezialausrüstung im Zusammenhang mit dem Programm „Cefly Lancer" erhielt. Zu den neueren Varianten zählen die **RC-12D** „Guardrail V" zur elektronischen Aufklärung, die **-12F** als Transportflugzeug für die USAF und ihr Äquivalent **UC-12F** für die Navy, die **RC-12H** als Aufklärungsflug-

***Die US Army beschaffte drei RU-21J, die zur elektronischen Aufklärung im Rahmen des Programms „Cefly Lancer" ausgerüstet waren. Von der ähnlichen RC-12D wurden größere Stückzahlen geordert.***

**TECHNISCHE DATEN**
**Beech Super King Air B200**

**Typ:** Geschäftsreise- und leichtes Passagierflugzeug
**Triebwerke:** zwei P&WC-PT6A-42-Propellerturbinen mit je 634 kW (862 WPS)
**Leistung:** Höchstgeschwindigkeit 545 km/h in 7620 m Höhe; wirtschaftliche Reisegeschwindigkeit 523 km/h in 7620 m Höhe; Dienstgipfelhöhe 10.670 m; max. Reichweite 3756 km
**Gewicht:** Leermasse 3419 kg; max. Startmasse 5670 kg
**Abmessungen:** Spannweite 16,61 m; Länge 13,34 m; Höhe 4,57 m; Tragflügelfläche 28,15 m²

zeug für die US Army und die **UC-12M** als Marinenutzflugzeug.

Die für die **C-12D** der US Army entwickelte Frachttür wurde ab 1979 auch als wahlweise Ausstattung für zivile Serienflugzeuge angeboten. Im April 1971 führte Beech eine neue Version, die **Super King Air B200**, ein. Sie brachte PT6A-42-Propellerturbinen heraus, die eine bessere Leistung im Reiseflug ergaben.

**Varianten**

**Super King Air Model 200T:** Bezeichnung zweier Flugzeuge des französischen Institut Géographique National mit Spezialausrüstung für Höhenluftbild- und Wetterbeobachtungsflüge

**Super King Air Maritime 200T:** Seepatrouillen- und Mehrzwecküberwachungsflugzeug mit neuen Außenflächen zur Aufnahme von 200-Liter-Tanks an den Enden, verstärktem Fahrgestell, Abwurfluke für Überlebensausrüstung, Beobachtungskuppel im hinteren Kabinenteil und Suchradar mit 360°-Abdeckung durch Bauchradom; als Auftraggeber zeichneten die Japan Maritime Safety Agency (13) und die Marine Uruguays (1)

**Super King Air B200C:** zivile Version der B200 mit Frachttür als Standard

**Super King Air B200CT:** zivile Version der B200 mit der Frachttür und abnehmbaren Flächenendtanks als Standard

**Super King Air B200T:** zivile Version der B200 mit abnehmbaren Flächenendtanks als Standard

**Super King Air 300:** verbesserte Version mit PT6A-60A-Propellerturbinen à 783 kW (1065 WPS) und entsprechend höherer Betriebsmasse; die 300LW ist eine auf den Einsatz in Europa zugeschnittene Leichtversion

**Super King Air 350:** Nachfolgemuster für die King Air 300 mit Winglets und längerem Rumpf; mit Frachttür auch als 350C erhältlich

**1300 Commuter:** Version der King Air B200 für Regionalflüge; bietet 13 Passagierplätze und kann mit einer Gepäckzelle unter dem Bauch ausgestattet werden

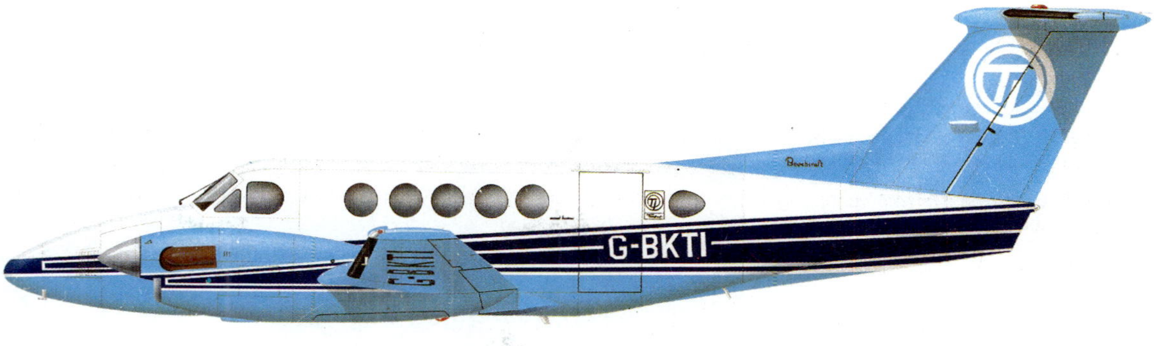


***In Großbritannien zugelassene Beech Modell 200 Super King Air der TI Industries.***

***Unten: Der grundsolide und erfolgreiche Entwurf der Beech King Air 200 verleitete Beech, eine strahlgetriebene Version zu entwickeln. Das Ergebnis war die Fan Jet 400, ausgerüstet mit JT15D-Turbofan-Triebwerken in ähnlichen Gondeln wie für die PT6A-Propellerturbinen.***

***Die amerikanischen Streitkräfte erwarben viele King Air 200 als Verbindungs-, leichte Transport- und Aufklärungsflugzeuge. Hier fing die Kamera eine Zweierformation C-12A ein: je eine Maschine der US Army (im Hintergrund) und der USAF Botschaftsfluggruppen.***

## Beech Modell 400 Beechjet

Im Dezember 1985 erwarb die Beech Aircraft Corporation von Mitsubishi die Rechte am Entwurf der **Diamond II**, eines strahlgetriebenen Geschäftsreiseflugzeugs, und vermarket dieses Flugzeug nun weltweit (außer in Japan) als **Modell 400 Beechjet**. Anfangs beschränkte sich Beech auf die Endmontage der von Mitsubishi gelieferten Baugruppen, übernahm aber ab Juni 1989 die Gesamtproduktion in den Salina- und Wichita-Werken.

Das erste von Beech zusammengebaute Flugzeug rollte am 19. Mai 1986 aus der Halle, und die Auslieferung begann im Juni. Bis Anfang 1989 hatte Beech 46 **Beechjets** geliefert. Die amerikanische Firma betreut auch andere Mitsubishi-Produkte, darunter die MU-2 und frühere Diamond-Versionen.

Im Jahre 1989 kündigte Beech **Modell 400A Beechjet** an, die sich durch größere Nutzlast, verbesserte Dienstgipfelhöhe, größeres Kabinenvolumen mit einem Waschraum im Heck und wirkungsvollere Schalldämpfung auszeichnet. Ein Collins Pro Line EFIS gehört zur Standardaustattung dieses Musters.

Für den Wettbewerb um das neue Tanker-Transport Trainer System (TTTS) der USAF tat sich Beech mit McDonnell Douglas und FlightSafety International zusammen, um die **Beechjet** vorzuschlagen. Das Team sicherte einen Auftrag für wahrscheinlich insgesamt 211 Flugzeuge. Die Indienststellung der **T-1A Jayhawk** lief 1992 an.

***Die T-1A Jayhawk der USAF ist zur Ausbildung angehender Tanker-, Transport- und Bomberbesatzungen ausgelegt.***

### TECHNISCHE DATEN

**Beechjet 400A**

**Typ:** zehnsitziges Geschäftsreise- oder (T-1A) mehrmotoriges Ausbildungsflugzeug
**Triebwerke:** zwei P&WC-JT15D-5-Turbofan-Triebwerke mit je 12,9 kN Schub
**Leistung:** Höchstgeschwindigkeit 854 km/h in 8840 m Höhe; Reisegeschwindigkeit 828 km/h in 11.890 m Höhe; Dienstgipfelhöhe 13.715 m; Reichweite mit vier Passagieren 5375 km
**Gewicht:** Grundbetriebsmasse 4588 kg; max. Startmasse 7303 kg
**Abmessungen:** Spannweite 13,25 m; Länge 14,75 m; Höhe 4,19 m; Tragflügelfläche 22,43 m²

## Beech Modell 2000 Starship

Für den Entwurf einer neuen Generation von Geschäftsflugzeugen wandte sich Beech an Bert Rutans Firma Scaled Composites Inc. Sie wartete mit der SCAT 1 auf, einem Technologiedemonstrator für ein Entenflügelmuster im verkleinerten Maßstab von 0,85 zu 1, die zur Konstruktion der **Modell 2000 Starship 1** führte.

Die **Starship** hat Tragflächen, die sich nach außen hin stark verjüngen und die beiden Druckschrauben-Triebwerke aufnehmen. Große Endplatten an den Flächenenden, „Tipsails" genannt, sorgen für die Längsstabilität. Sie werden ergänzt durch zwei kleine Flossen an der Hinterkante des Tragwerks. Zusätzlich dient eine

### TECHNISCHE DATEN

**Beech 2000 Starship 1**

**Typ:** zehnsitziges Geschäftsflugzeug
**Triebwerke:** zwei P&WC-PT6A-67A-Propellerturbinen, die auf eine Leistung von je 895 kW (1217 WPS) gedrosselt sind und in Segel- und Bremsstellung regelbare Fünfblatt-Hartzell-Druckschrauben antreiben
**Leistung:** max. Reisegeschwindigkeit 621 km/h in 7620 m Höhe; Gipfelhöhe 12.495 m; Reichweite in 10.670 m Höhe 3132 km
**Gewicht:** Rüstmasse 4484 kg; max. Startmasse 6531 kg
**Abmessungen:** Spannweite 16,60 m; Länge 14,05 m; Höhe 3,96 m; Tragflügelfläche 26,09 m²

am äußersten Rumpfende montierte Kielflosse der Steuerung um die Gierachse. Die großen vorgelagerten Canard-Flügel variabler Geometrie haben einen Schwenkbereich von 4° nach vorn (Langsamflug) bis 30° zurück (Reiseflug). Praktisch die gesamte Zelle ist aus Nomex Wabenkern- und Graphit/Epoxid-Verbundmaterial gefertigt, und nur in stark belasteten Bereichen wurde Titan verwendet. Die erste von drei Versuchsmaschinen der Baureihe **Starship 1** flog am 15. Februar 1986. Weitere drei Flugwerke dienten der statischen Erprobung, zu Bruchlastversuchen und zu Druckprüfungen. Die Musterzulassung der FAA lag am 14. Juni 1988 vor, und das erste Serienflugzeug hob am 25. April 1989 zum Jungfernflug ab.

***Die futuristische Starship verbindet die Turboprop-Zuverlässigkeit mit einer aerodynamisch effizienten Zelle des renommierten Konstrukteurs Burt Rutan.***

# Bell P-39 Airacobra

***Eine Bell Airacobra Mk I von No. 601 Squadron im Oktober 1941.***

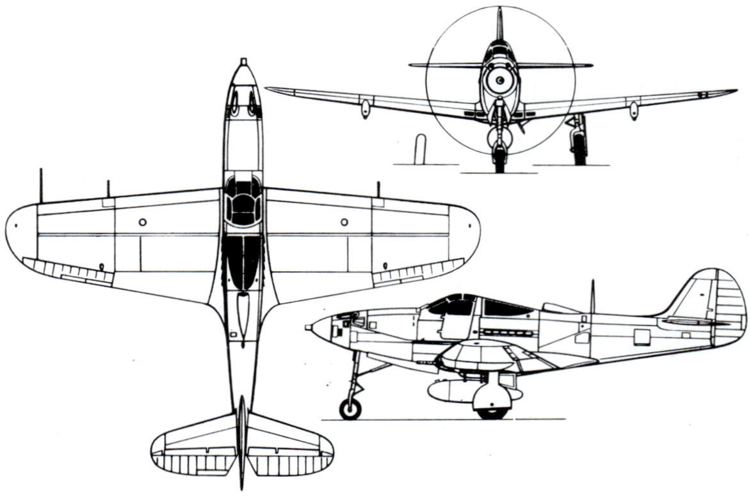

Äußerlich hob sich die **Bell P-39 Airacobra** kaum von anderen amerikanischen Jagdflugzeugtypen des Zweiten Weltkriegs ab. Einzigartig an diesem Jagdeinsitzer aber waren der Einbauort des Motors und das Bugfahrwerk. Beide Merkmale ergaben sich aus der Forderung nach einer schweren Bugbewaffnung, die sämtliche Nationen Mitte bis Ende der dreißiger Jahre bei der Entwicklung von Jagdflugzeugen anstrebten.

Anfang 1935 hatten Vertreter der Bell Aircraft Corporation die Vorführung der 37-mm-Kanone T9 von der American Armament Corporation erlebt. Der Eindruck, den diese Waffe hinterließ, regte sie zum Entwurf eines Jagdflugzeugs mit einer durch die Propellernabe feuernden T9 und zwei bugmontieren 12,7-mm-Maschinengewehren an, die synchronisiert durch den Propellerkreis schießen sollten. Die Entscheidung für eine nabenfeuernde Bugkanone bedeutete, daß der Motor direkt oberhalb der hinteren Hälfte der Tiefdeckertragflächen in den Rumpf eingebaut und die Luftschraube über eine unter den Cockpitboden geführte Fernwelle angetrieben werden mußte. Andererseits bot dieser Einbauort für das Triebwerk, das praktisch oberhalb des Flugzeugschwerpunkts lag, die ideale Möglichkeit, ein Dreibein-Fahrgestell einzuführen. Die Unterbringung der Bugfahrwerksbaugruppe würde kaum Schwierigkeiten bereiten, da genügend Platz im Bug vorhanden war.

Das Konzept erschien dem US Army Air Corps so überzeugend, daß es die Konstruktion eines einzelnen Prototyps **Bell XP-39 (Modell 12)** in Auftrag gab. Diese Maschine flog erstmals am 7. Oktober 1937. Zwölf Monate später, nach einer umfassenden Bewertung durch die US Army, erging ein Auftrag zum Bau von 12 Vorserienflugzeugen **YP-39** zur Truppenerprobung und einer einzelnen **YP-39A** mit turbogeladenem Allison-V-1710-Motor. Im Anschluß an die Erprobung der **YP-39** durch die Truppe prüfte das National Advisory Committee for Aeronautics (Vorläufer der NASA) den Prototyp und empfahl eine Reihe von Änderungen, darunter Abdeckklappen für den Hauptfahrwerksschacht, eine flachere Kabinenhaube, die Verlegung des Triebwerkslufteinlaufs und der Kühler und die Abschaffung des Turboladers. Der entsprechend modifizierte Originalprototyp mit der Bezeichnung **XP-39B** zeigte bei der Flugerprobung bessere Leistungen. Man entschied daher, auf den Turbolader für dieses Muster zu verzichten. So wurden die 13 Vorserienflugzeuge nach dem Standard **XP-39B** fertiggestellt, allerdings mit zwei zusätzlichen 7,62-mm-MG im Bug, und nahmen als **YP-39** die Truppenerprobung auf.

Am 10. August 1939 wurde die Serienfertigung des neuen Jägers als **P-45** genehmigt und ein Erstauftrag über 80 Flugzeuge erteilt. Noch vor Auslieferung des ersten Exemplars griff man auf die frühere Bezeichnung **P-39** zurück. Die ersten 20 Maschinen, nach dem Standard **XP-39B** gefertigt, erhielten die Bezeichnung **P-39C (Modell 13)**. Bei den restlichen 60 Flugzeugen wurden zwei weitere 7,62-mm-MG (alle vier MG waren nunmehr flächenmontiert), selbstdichtende Tanks und eine Aufhängung unter dem Rumpf für eine 227-kg-Bombe oder einen 284-Liter-Tank eingeführt. Diese Änderungen führten zur **P-39D (Modell 15)**.

Der erste Großauftrag erfolgte im September 1940, und die ersten von insgesamt 369 **P-39D** konnten etwa sieben Monate später geliefert werden. Gleichzeitig rollten die ersten Export-**Airacobras** vom Band, die eine britische Einkaufskommission bestellt hatte. Die britische Order umfaßte 675 **Modell 14**, die der **P-39D** entsprachen, aber eine 20-mm- statt der 37-mm-Kanone und sechs MG mit einem Kaliber von 7,7 mm statt 7,22 mm besaßen.

Im Juli 1941 erreichten die ersten **Airacobras** Großbritannien, und im September tauschte No. 601 Squadron ihre Hawker Hurricane gegen den neuen US-Jäger aus. Die Maschinen wurden sofort an die Front geschickt, und jetzt trug die Entscheidung, den Turbolader abzuschaffen, reale Folgen. Die Steiggeschwindigkeit und die Höhenleistung dieses Musters waren für den europäischen Kriegsschauplatz völlig unzulänglich. Vom britischen Gesamtauftrag übernahm die RAF nur rund 80 Flugzeuge, um einzig die No. 601 Squadron auszurüsten, die die **Airacobra** im März 1942 zugunsten der Supermarine Spitfire wieder abgab. Vom Gros der **Modell 14A** gingen 250 Exemplare im Rahmen britischer Militärhilfe an Rußland, rund 200 Maschinen wurden Ende 1942 in England zur 8. Air Force überstellt, und etwa 200 übernahm die US Army Air Force in Amerika, nachdem die USA im Dezember 1941 in den Krieg eingetreten waren. Die USAAF führte die ehemals britischen **Airacobras** unter der Bezeichnung **P-400**.

Die in großen Stückzahlen produzierte Airacobra erfuhr kaum wesentliche Änderungen innerhalb der Anschlußbaureihen. Die **P-39F**, von der 229 Exemplare gebaut wurden, schloß an die Produktion der **P-39D** an. Die F-Version unterschied sich in erster Linie durch ihren Aeroproducts-Propeller mit hydraulischem Gleichdrehzahlregler anstatt der Curtiss-Luftschraube früherer Versionen. Die kleine Baureihe **P-39J** (25 Maschinen) hatte eine andere Version des Allison V-1710, während die **P-39K** (210) und die **P-39L** (250), beide zunächst als **P-39G** (Modell 26) bestellt, hinsichtlich einzelner Komponenten der Bordausrüstung und der stärkeren Motorversion V-1710-63 von den Vorgängern abwichen. Erstere hatte einen Aeroproducts, letztere einen Curtiss-Propeller. Die **P-39M** (240) war mit dem leistungsschwächeren V- 1710-83-Triebwerk und einem Propeller mit größerem Durchmesser ausgestattet. Die letzten Serienversionen **P-39N** und **P-39Q** wurden in großen Stückzahlen für Rußland auf der Grundlage des Lend-Lease-Act (US-Gesetz zur Verpachtung von Kriegsmaterial an Länder, die für US-Interessen als wichtig galten) gefertigt. Zur Verbesserung der Flugleistungen führte die **P-36N** weniger Treibstoff und Panzerschutz mit. Die **P-39Q** verzichtete auf die vier flächenmontierten 7,62-mm-MG zugunsten zweier 12,7-mm-MG in Anbaubehältern unter den Tragflächen.

Die Gesamtproduktion der **P-39** belief sich auf 9558 Flugzeuge, davon 4773

***Für einen echten Luftkampfjäger mangelte es der P-39 an Agilität, aber als Jagdflugzeug für Luftnahunterstützung wurde sie oft gebaut.***

(hauptsächlich **P-39D/-39N/-39Q**) für Rußland. Zu den von der Hauptlinie abweichenden Varianten zählten drei **XP-39E**-Versuchsmaschinen, mit laminar angeströmten Tragflächen als Prototypen für die nicht verwirklichte **P-76** mit dem Continental-IV-1430-1 als Antrieb, und eine kleine Zahl zweisitziger Schulflugzeuge **TP-39F** und **RP-39Q**. Die US Navy beschaffte sieben **P-39** zur Verwendung als Zieldarstellungsdrohnen mit der Bezeichnung **F2L**. Außerdem hatte die US Navy Interesse für dieses Muster als trägergestützten Jäger bekundet und eine einzelne **XFL-1 Airabonita** mit Spornradfahrwerk, verstärktem Rumpf und Fanghaken erprobt. Die Maschine flog erstmals am 13. Mai 1940. Sie erreichte die Serienfertigung nicht, da die Trägererprobung keine zufriedenstellenden Ergebnisse brachte. Eine funkgesteuerte Zieldrohnenversion wurde vorgeschlagen, doch auch diese A-7 wurde nicht verwirklicht.

Der Verzicht auf den Turbolader hatte zwar das Potential der **Airacobra** als Jagdflugzeug deutlich limitiert, aber Ende 1942 errang dieses Muster in Nordafrika dennoch beachtliche Erfolge im Luft-Boden-Einsatz, und auf dem pazifischen Kriegsschauplatz bewährte sich die **Airacobra** unter der USAAF. Die **P-39** rüstete zusammen mit der Curtiss **P-40** das Gros der Jagdstaffeln der USAAF aus, bis 1944 verschiedene leistungsstärkere Jagdflugzeuge aufkamen. Auch die portugiesische Luftwaffe nutzte eine kleine Zahl **P-39**, die ihnen nach mehreren Notlandungen in die Hände gefallen war. Den frei-französischen Luftstreitkräften und den italienischen Luftstreitkräften, die gegen Ende des Krieges auf alliierter Seite kämpften, wurden jeweils rund 150 **P-39** zur Verfügung gestellt.

### TECHNISCHE DATEN
**Bell P-39M Airacobra**

**Typ:** einsitziger Jäger/Jagdbomber
**Triebwerk:** ein Allison-V-1710-83-Reihenmotor mit 895 kW (1217 PS)
**Leistung:** Höchstgeschwindigkeit 621 km/h in 2895 m Höhe; Marschgeschwindigkeit 322 km/h; Dienstgipfelhöhe 10.970 m; Reichweite 1046 km
**Gewicht:** Leermasse 2545 kg; max. Startmasse 3810 kg
**Abmessungen:** Spannweite 10,36 m; Länge 9,19 m; Höhe 3,61 m; Tragflügelfläche 19,79 m²
**Bewaffnung:** eine 37-mm-Kanone T9, zwei 12,7-mm-Maschinengewehre und vier 7,62-mm-Maschinengewehre plus eine 227-kg-Bombe

# Bell P-59 Airacomet

Einzelheiten über die Entwicklung des Strahltriebwerks in England, das maßgeblich auf Frank (später Sir Frank) Whittle beruhte, wurden routinemäßig an die Vereinigten Staaten weitergeleitet. Mit dem Abkommen zum gegenseitigen Austausch von technologischen Fortschritten wollte man ein schnelleres Ende des Zweiten Weltkriegs erreichen. In Amerika hatte man zunächst die General Electric Company wegen ihrer profunden Erfahrung in der Entwicklung und Konstruktion industrieller Turbinen dazu ausersehen, nationale Luftfahrzeug-Gasturbinen auf der Grundlage des Whittle-Triebwerks weiterzuentwickeln. Da die Bell Aircraft Corporation am nächsten zum General Electric Werk lag, beschloß man, dieses Unternehmen mit dem Entwurf und der Konstruktion eines Jagdflugzeugs zu betrauen.

Die ersten Strahltriebwerke konnten nur eine begrenzte Schubleistung entwickeln. Bell entschied sich für eine zweimotorige Auslegung der **Bell Modell 27**. Der Mitteldecker nahm je ein Triebwerk unter den Tragflächen am Rumpf auf, und das Hauptfahrwerk erhielt eine entsprechend große Spurbreite, um nach innen in die Flächen einziehen zu können. Das nach hinten einfahrende Bugrad ließ sich ohne weiteres im unteren Bugraum unterbringen. Ansonsten hielt sich der Entwurf an bewährte Konzepte. Dabei setzte man das Höhenleitwerk bewußt recht hoch an, um es vom Düsenstrahl fernzuhalten.

Die erste **XP-59A**, angetrieben von zwei General Electric-Typ-I-A-Strahltriebwerken mit je 567 kg Schub, hob am 1. Oktober 1942 vom Muroc-Salzsee in Kalifornien zum Erstflug ab. Zwei weitere **XP-59A** wurden gebaut, gefolgt von 13 Vorserienflugzeugen **YP-59A** für Erprobungszwecke. Die Mehrzahl dieser Flugzeuge waren mit General-Electric-I-16- (später J31)-Strahltriebwerken zu je 748 kg Schub ausgerüstet. Die 20 **P-59A** und 30 **P-59N Airacomets**, die sich anschlossen, erhielten J31-GE-3 beziehungsweise J31-GE-5 als Antrieb. Bei der **P-59B** hatte man zudem die Treibstoffkapazität erhöht. Die 412. Fighter Group der USAAF, ein Spezialverband zur Erprobung von Luftfahrtgerät, prüfte und bewertete die **P-39** als eine enttäuschende Waffenplattform mit einer unzureichenden Flugleistung. Folglich wurden keine weiteren Flugzeuge gebaut.

***Bell XP-59A Airacomet, der dritte und letzte Prototyp dieses Entwurfs, während der Erprobungsphase in Muroc Dry Lake im Sommer 1943. Er trägt die Markierungen der USAAF.***

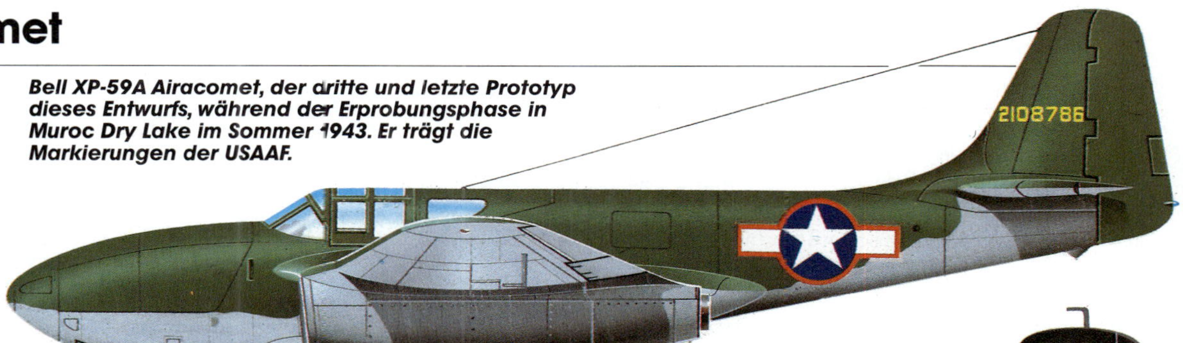

***Die Airacomet-Einsatzjäger hatten eine kürzere Seitenflosse als die Prototypen und die gewölbte Cockpithaube der YP-59. Diese P-59B diente der USAF als Drohnenleitflugzeug. Die Maschine ist mit der kompletten Bugbewaffnung, Zusatztanks unter den Flächen und einer zweiten offenen Kabine im Vorderrumpf für den Drohnenleitoffizier ausgestattet.***

### TECHNISCHE DATEN
**Bell P-59 Airacomet**

**Typ:** einsitziger Strahljäger
**Triebwerke:** zwei General Electric-J31-GE-5-Strahltriebwerke mit je 907 kg Schub
**Leistung:** Höchstgeschwindigkeit 658 km/h in 10.670 m Höhe; Marschgeschwindigkeit 604 km/h; Dienstgipfelhöhe 14.080 m; Reichweite 644 km
**Gewicht:** Leermasse 3704 kg; max. Startmasse 6214 kg
**Abmessungen:** Spannweite 13,87 m; Länge 11,62 m; Höhe 3,66 m; Tragflügelfläche 35,84 m²
**Bewaffnung:** eine 37-mm-Kanone M4 und drei 12,7-mm-Maschinengewehre im Bug

## Bell P-63 Kingcobra bis Bell, Modell 209 HueyCobra und SeaCobra

**Nach der Produktion des Bodenangreifers P-63 Kingcobra befaßte sich Bell mit Drehflüglern, und das Modell 47 bekam die erste zivile Zulassung eines Hubschraubers. Im Juni 1960 wurde Bell von Textron übernommen und produzierte unter dem neuen Namen Bell Helicopter Company verschiedene Typen wie die klassischen Modelle 204/205, 206 und 209, die militärisch UH-1, OH-58 und AH-1 heißen.**

# Bell P-63 Kingcobra

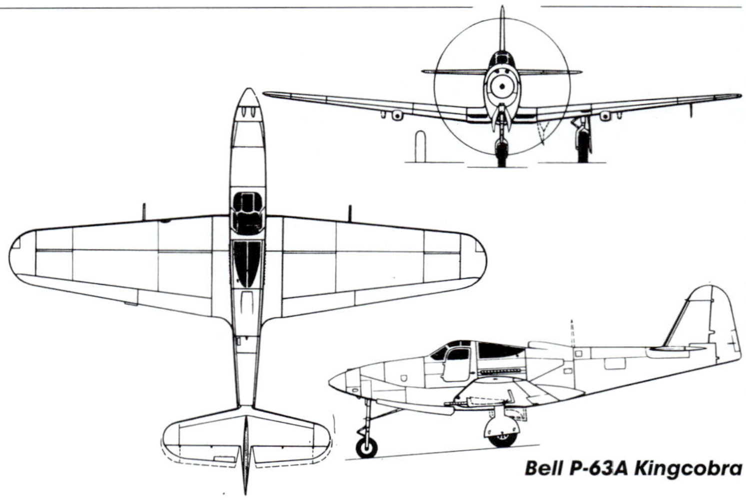

***Bell P-63A Kingcobra***

Bereits in einer recht frühen Entwicklungsphase der Bell P-39 Aircobra hatte man daran gearbeitet, die Leistung dieses Musters durch aerodynamische Verfeinerungen zu steigern. Drei Versuchsflugzeuge wurden konstruiert, die alle auf dem Rumpf der P-39D aufbauten. Hinzu kamen ein neues Tragwerk mit Laminarströmung und rechteckig geformten Flächenenden sowie ein neu entworfenes Leitwerk. Tatsächlich hatten alle drei XP-39E, wie diese Flugzeuge bezeichnet wurden, unterschiedliche Leitwerke. Ursprünglich war geplant, die Prototypen mit dem Continental Aviation and Engineering Corporation IV-1430 auszurüsten, einem 12-Zylinder-Reihenmotor in hängender V-Form, der eine Leistung von mehr als 1491 kW (2028 PS) nachgewiesen hatte. Dennoch wurden Allison-V-1710-Triebwerke eingebaut, die kaum mehr als halb soviel Leistung brachten. Der Grund war angeblich die Unzuverlässigkeit des Continental. Die Flugerprobung der XP-39E begann im Februar 1942 und verlief zufriedenstellend, so daß man die Serienfertigung als P-76 genehmigte. Rund 4000 Exemplare sollten in Bells Marietta-Werk entstehen, doch nur drei Monate später wurde der Auftrag zurückgezogen.

Man hatte beschlossen, eine größere und antriebsstärkere Version zur Verwendung als Jäger/Jagdbomber für Luftnahunterstützung zu bauen. Die für die XP-39E aufgewandte Forschungs- und Entwicklungsarbeit sollte in den Entwurf dieser späteren **Bell Modell 33** oder **P-63 Kingcobra** einfließen. In ihrer Auslegung entsprachen die Muster im wesentlichen der P-39, waren aber größer und mit einer stärkeren Ausführung des V-1710 als die Serienjäger P-39K und P-39L ausgerüstet. Die Anpassung auf die Luftnahunterstützungsrolle des neuen Flugzeugs erforderte jedoch einiges andere mehr.

Das US Army Air Corps bestellte im Juni 1941 zwei **XP-63**-Prototypen, deren Erstflüge am 7. Dezember 1942 und 5. Februar 1943 stattfanden. Beide Maschinen wurden vom Allison-V-1710-47 mit 988 kW (1344 PS) angetrieben. Sie gingen jedoch zu einem relativ frühen Zeitpunkt ihres Testprogramms verloren, so daß ein dritter Prototyp, die **XP-63A**, konstruiert wurde. Sie flog erstmals am 26. April 1943 unter dem Antrieb eines V-1710-93 mit einer Notleistung von 1119 kW (1522 PS). Der Plan, diesen Prototyp später als **XP-63B** mit einem Packard-Merlin-V-1650-5 im Flug zu erproben, blieb unausgeführt.

Die Leistungen der **XP-63A** wurden als zufriedenstellend bewertet, und im September 1943 erging der Auftrag zur Serienproduktion. Die Auslieferung der **P-63A** begann im Oktober 1943. Als die Produktion 1945 eingestellt wurde, waren über 3300 **Kingcobras** verschiedener Versionen gebaut. Der überwiegende Teil von gut 2400 Exemplaren ging im Rahmen des Pacht- und Leihabkommens an die UdSSR und weitere 300 an die Armée de l'Air (freifranzösische Luftstreitkräfte). Die USAAF selbst erhielt nur sehr wenige **P-63** Nahunterstützungsjäger/-jagdbomber. Soweit bekannt, hat die amerikanische Teilstreitkraft die **Kingcobra** nie für Kampfeinsätze verwendet.

Die unterschiedliche Ausrüstung innerhalb der einzelnen Baureihen führte zu etlichen Varianten. Die ersten Serienflugzeuge **P-63A-1** hatten den V-1710-93-Motor, eine 37-mm-Bugkanone M4 und zwei 12,7-mm-Maschinengewehre in Behältern unter den Tragflächen. Andere Unterversionen waren mit zwei zusätzlichen 12,7-mm-MG im Bug bewaffnet. Die **P-63A-1** und **P-63A-5** konnten einen abwerfbaren 284- oder 662-Liter-Tank oder eine 237-kg-Bombe unter dem Mittelflügel aufnehmen, die **P-63A-6** waren mit Schlössern für zwei ähnliche Bomben oder Außentanks unter den Tragflächen ausgestattet, und die **P-63A-10** ließ sich mit je drei Raketen unter den Flächen beladen. Das Gewicht des Panzerschutzes, der in erster Linie dem Schutz gegen das Abwehrfeuer vom Boden galt, stieg von 39,8 kg bei der P-63A-1 auf 107,2 kg bei der **P-63A-10**.

Auf die **P-63A** folgte die **P-63C** mit dem V-1719-117, der mit Wassereinspritzung eine Notleistung von 1342 kW (1825 PS) abgab. Das eindeutige Erkennungsmerkmal der **P-63C** war eine kleine Kielflosse. Zu den weiteren Varianten zählten die P-63D mit dem V-1710-109-Triebwerk, einer blasenförmigen Cockpithaube und größerer Spannweite, die **P-63E** (oder **Bell Modell 41**), von der bei Kriegsende, als die Produktion gestoppt wurde, 13 Exemplare einer Bestellung für 2930 Flugzeuge fertiggestellt waren und die, abgesehen von der Rückkehr zum Standard-Kabinendach, grundsätzlich der **P-63D** entsprach, sowie zwei **P-63F** als Abwandlung der **P-63E** mit einem V-1710-135-Motor und modifiziertem Leitwerk.

Eine andere ungewöhnliche Version der **Kingcobra** wurde in großer Stückzahl (über 300 Exemplare) für ein Ausbildungsprogramm der USAAF gebaut, zu dem der Einsatz scharfer Munition gehörte. Entwicklungsgrundlage war die **P-63A**. Der interne Panzerschutz und die Waffen wurden ausgebaut und die Außenhaut von Tragflächen, Rumpf und Leitwerk mit einer zweiten Schutzhülle aus Duralumin versehen, die rund 680 kg wog. Hinzu kamen eine kugelsichere Kabinenverglasung, ein Stahlgitter vor den Motorlufteinlauf und Stahlschilde für die Abgasstutzen sowie ein Propeller mit dickwandigen Hohlblättern. All diese Schutzvorkehrungen sollten den Einsatz dieser **Kingcobra** als bemanntes Luftziel ermöglichen, das den Beschuß mit Zerfallmunition schadlos überstand. Erzielte der angreifende Jäger einen Treffer, so bestätigte ein rotes Blinklicht die Genauigkeit seiner Waffen.

Die ersten fünf dieser Zielflugzeuge erhielten die Bezeichnung **RP-63A-11**. Es folgten 95 **RP-63A-12** mit erweitertem Tankvolumen. In die Anschlußversion **RP-63C** (200 gebaute Exemplare) wurde der V-1710-117 installiert, und die letzte Luftzielversion, die **RP-63G** (32 Exemplare), erhielt das V-1710-135-Triebwerk. Die Bezeichnung änderte sich später in **QF-63A, QF-63C** und **QF-63G**, obwohl der Q-Kode üblicherweise unbemannte Drohnen kennzeichnete und diese Maschinen nie ohne Piloten flogen.

### TECHNISCHE DATEN
**Bell P-63A Kingcobra**

**Typ:** einsitziger Jäger/Jagdbomber für Luftnahunterstützung
**Triebwerk:** ein Allison-V-1710-93 Reihenmotor mit 988 kW (1344 PS)
**Leistung:** Höchstgeschwindigkeit 660 km/h in 7620 m Höhe; Marschgeschwindigkeit 608 km/h; Dienstgipfelhöhe 13.110 m; Reichweite mit max. Waffenlast und Interntreibstoff 724 km; Überführungsreichweite mit max. Treibstoff, intern und extern, 3541 km
**Gewicht:** Leermasse 2892 kg; max. Startmasse 4763 kg
**Abmessungen:** Spannweite 11,68 m; Länge 9,96 m; Höhe 3,84 m; Tragflügelfläche 23,04 $m^2$
**Bewaffnung:** eine 37-mm-Kanone M4, je zwei 12,7-mm-Maschinengewehre im Bug und unter den Tragflächen sowie bis zu drei 237-kg-Bomben

***Die Kingcobra wurde während des Zweiten Weltkriegs in großer Stückzahl gebaut, verrichtete bei der USAAF aber ausschließlich Ausbildungsdienste.***

# Bell Modell 47

Am 8. Dezember flog bei Bell der Prototyp des klassischen Hubschraubers **Bell Modell 47**. Am 8. März 1946 erfolgte die Musterzulassung, die weltweit erste für einen Zivilhubschrauber.

1947 beschaffte die USAF (damals noch USAAF) 28 Hubschrauber der verbesserten Version **Modell 47A** mit dem Kolbentriebwerk Franklin-O-335-1 zur Truppenerprobung: 15 als **YR-13**, drei als winterfeste **YR-13A** für Kältetests in Alaska, und die US Navy überprüfte zehn auf ihre Tauglichkeit als **HTL-1 Trainer**. Beide Teilstreitkräfte beurteilten die **Modell 47** als ausgezeichnetes Luftfahrtgerät, und die Aufträge liefen an.

Die US Army erteilte 1948 ihre erste Order für insgesamt 65 **H-13B**. Später verlieh die US Army sämtlichen Hubschraubern dieses Musters den Beinamen Sioux. 1952 wurden 15 Exemplare zur Ausrüstung mit externen Krankentragen ergänzt und als **H-13C** bezeichnet. Es folgten zweisitzige H-13D mit Kufenfahrgestell, Vorrichtungen für Krankentragen und Franklin-Motor-O-335-5 sowie dreisitzige **H-13E** mit Doppelsteuer. Der **H-13G** unterschied sich von seinen Vorgängern durch eine kleine Höhenflosse, und der **H-13H** führte den Lycoming-Boxermotor-VO-435 ein. Auch die USAF flog einige **H-13H** sowie zwei **H-13J** mit 179 kW (243 PS) starken Lycoming-VO435, die sie speziell zum Transport des amerikanischen Präsidenten beschaffte. Zwei **H-13H** erhielten einen Hauptrotor größeren Durchmessers und den Franklin-Motor-6VS-335 mit 168 kW (228 PS) zur Erprobung, sowie die neue Bezeichnung **H-13K**. Das im Jahre 1962 geänderte Bezeichnungsverfahren für Luftfahrzeuge ergab den Zusatzbuchstaben **O** (für Observation/Beobachtung) für die Heereshubschrauber **H-13E, -G, -H** und **-K**, und den Zusatzbuchstaben **U** (für Utility/Nutz) für die **H-13J** der US Air Force. Später wurden der dreisitzige **OH-13S** als Nachfolger des **OH-13H** und der zweisitzige **TH-13T** zur Instrumentenflugausbildung eingeführt.

Die US Navy leitete ihre Beschaffung mit zwölf **HTL-2** und neun **HTL-3** ein. Die erste Hauptversion aber war der **HTL-4**, gefolgt vom **HTL-5** mit dem O-335-5 als Antrieb. Die Schulhubschrauber **HTL-6** waren mit der kleinen Höhenflosse ausgerüstet. Der **HUL-1** wurde für den Einsatz an Bord von Eisbrechern erworben, und die letzte Version für die US Navy war der **HTL-7**, ein zweisitziger Trainer mit Doppelsteuer und Allwetter-Instrumentierung. 1962 erfolgte die Umbenennung des **HTL-4, HTL-6, HTL-7** und **HUL-1** in **TH-13L, TH-13M, TH-13N** und **UH-13P**.

In Lizenz fertigte den **Modell 47** Agusta in Italien, Kawasaki in Japan und Westland in Großbritannien (den **47G-2** mit dem Beinamen Sioux für das britische Heer).

Es gab zahlreiche Experimentalversionen. Die vielleicht wichtigsten waren der **Bell Modell 201** (Dienstbezeichnung **XH-13F**) und der **Bell Modell 207 Sioux Scout**. Den Antrieb des **Modell 201** besorgte eine Continental-XT51-T-3-Wellenturbine (Lizenzversion der Turbomeca Artouste). Der **Modell 207** war der erste richtig bewaffnete Hubschrauber. Er wurde vom Avco-Lycoming-TVO-435-A1A-Kolbenmotor samt Turbolader angetrieben und hatte eine neu konzipierte Kabine mit zwei Sitzen in Tandemanordnung, kleine Stummelflächen für zusätzlichen Treibstoff und zur Entlastung des Hauptrotors im Marschflug sowie eine fernbedierte Geschützbank unter dem Kinn mit zwei 7,62-mm-Maschinengewehren, die sich im Azimuth durch 200° schwenken und vertikal von −45° bis +15° richten ließen.

Parallel zur Produktion der Militärhubschrauber bei Bell und den Lizenznehmern wurde eine große Zahl ziviler Versionen für verschiedene Verwendungszwecke entwickelt. Dazu zählten der **Modell 47B** (das Pendant des militärischen **YR-13/HTL-1**) und der **Modell 47B-3** mit offener Kabine als Agrar-/Nutzhubschrauber. Die nächste Version, **Modell 47D**, erschien erstmals mit kugelförmiger Verglasung („Goldfischschale") und **Modell 47D-1** von 1949 zeigte die offenen, gitterförmigen Heckausleger des **H-13C**.

Eine erste bedeutende Änderung kam mit **Modell 47G**, der die dreisitzige Kabine des **Modell 47D-1** mit einem Franklin Motor à 149 kW (203 PS) verband. Der Austausch des Avco-Lycoming-VO-435 mit ähnlicher Leistung führte zum **Modell 47G-2 (H-13H)**. Ein VO-435-Motor mit 179 kW (243 PS) brachte die neue Bezeichnung **Modell 47G-2A**. 1963 folgte **Modell 47G-2A-1** mit erweiterter Kabine, verbesserten Rotorblättern und erhöhter Kraftstoffkapazität. Als weitere Triebwerke wurden der 168 kW (228 PS) starke Ladermotor Franklin-6VS-335-A eingebaut **(Modell 47G-3)**, der Avco-Lycoming-TVO-435 mit 209 kW (284 PS) und Turbolader **(Modell 47G-3B)** sowie die normal beatmeten Avco-Lycoming-VO-540 und -VO-435 der dreisitzigen Nutzversionen **Modell 47G-4** und **Modell 47G-5**. Eine Zweisitzer-Agrarvariante des letztgenannten Modells wurde als Ag-5 bekannt, und eine zivile Ausführung des VIP-Transporthubschraubers **H-13J** kam als **Modell 47J Ranger** auf den Markt. Ende 1973 stellte Bell die Produktion des **Modell 47** ein. Das Schlußlicht bildete **Modell 47G-5**.

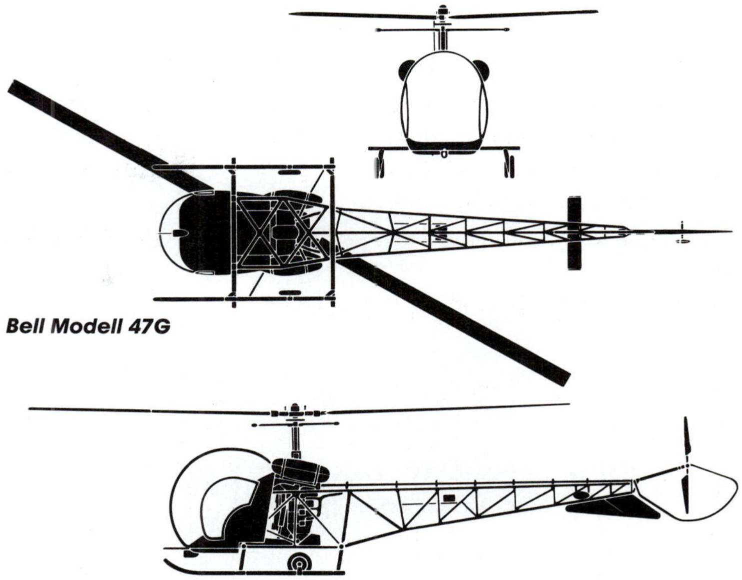

Bell Modell 47G

### TECHNISCHE DATEN
**Bell Modell 47G-5A**

**Typ:** Mehrzweck-Nutzhubschrauber
**Triebwerk:** ein Avco-Lycoming-VO-435-B1A-Sechszylinder-Boxermotor mit 198 kW (269 PS)
**Leistung:** Höchstgeschwindigkeit in Meereshöhe 196 km/h; Reisegeschwindigkeit 137 km/h in 1525 m Höhe; Dienstgipfelhöhe 3200 m; Reichweite mit max. Treibstoff 412 km
**Gewicht:** Leermasse 786 kg; max. Startmasse 1293 kg
**Abmessungen:** Hauptrotordurchmesser 11,32 m; Heckrotordurchmesser 1,87 m; Länge bei drehenden Rotoren 13,30 m; Höhe 2,84 m; Hauptrotorkreisfläche 100,61 m²

Agusta in Italien und Kawasaki in Japan fertigten Hubschrauber, die mit einigen der zivilen **Bell Modell 47** vergleichbar waren, aber auch etliche eigenständige Varianten. Darüber hinaus haben sich mindestens zwei amerikanische Firmen auf Umrüstungen des **Modell 47** spezialisiert, wie den der Hochleistungshubschrauber **Carson Super C-4** und eine Reihe **El Tomcat** für verschiedene landwirtschaftliche Einsätze von Continental Copter Inc. Soloy in den USA stellte zudem mehrere Modelle auf Antrieb mit Wellenturbinen um.

***Der Bell-47-Hubschrauber hat sich als äußerst langlebig erwiesen. Zahlreiche Exemplare wurden nachträglich auf Turbinenantrieb umgestellt, um ihr Dienstende hinauszuschieben.***

# Bell Modell 204

Die Ausschreibung der US Army von 1955 sollte die Beschaffung eines neuen Hubschraubers vorantreiben, der zur Bergung von Verwundeten, zur Blindflugschulung und zum allgemeinen Transport- und Verbindungsdienst geeignet war. Im Juni 1955 entschied man sich für das Angebot der Bell Helicopter Company mit der Bezeichnung **Bell Modell 204**. Die US Army führte das Muster zunächst als **H-40**, doch mit der Indienststellung änderte sich dies in **HU-1** mit dem Beinamen **Iroquois**. Er war zugleich das erste Mitglied der sogenannten „Huey"-Familie. Dieser Spitzname rührte von der ursprünglichen **HU**-Bezeichung her. (Im Rahmen des 1962 eingeführten, für die drei Teilstreitkräfte standardisierten Luftfahrzeug-Bezeichnungswesens änderte sich **HU-1** in **UH-1**).

Der Erstauftrag der US Army beinhaltete den Bau von drei Prototypen **XH-40** zur Erprobung. Zu diesem Zeitpunkt war dem Muster die Bezeichnung **H-40** zugeordnet, um seine Beziehung zur USAF zu unterstreichen. Der erste Prototyp flog am 22. Oktober 1956, und Bell nutzte das Trio für die üblichen Prüfungen und Testflüge. Unmittelbar vor dem Erstflug wurden sechs Erprobungshubschrauber **YH-40** geordert, die alle im August 1958 bereitstanden. Bell behielt ein Exemplar, und der Rest ging zur Erprobung nach Eglin AFB (1), Edwards AFB (1) und Fort Rucker (3). Die Serienfertigung lief rechtzeitig an, so daß am 30. Juni 1959 neun **HU-1A** der definitiven Vorserienversion ausgeliefert werden konnten. Es folgten 74 Serienhubschrauber. Davon erhielt die Army Aviation School in San Diego 14 Exemplare mit Doppelsteuer zur Instrumentenflugausbildung. Erster Nutzer in Übersee wurde die 55. Aviation Company in Korea: **HU-1A** gehörten zu den Hubschraubern, die unter der US Army in Vietnam operierten.

Der **Modell 204** gab seine Bell-Herkunft durch den oberen, im rechten Winkel zu den beiden Blättern des Hauptrotors angeordneten Stabilisierungsknochen und durch die kleinen, beidseitig am Leitwerksträger montierten Höhenflossen zu erkennen. Das Landekufen-Fahrgestell aus kräftigem Stahlrohr eignete sich optimal für alle möglichen Versorgungsflüge. Neben der zweiköpfigen Besatzung konnte der Hubschrauber sechs Soldaten oder zwei Krankenliegen aufnehmen. Den Antrieb besorgte eine Avco-Lycoming-T53-L-1A-Wellenturbine mit 522 kW (710 WPS). Sie machte den **Modell 204** zum ersten turbinengetriebenen Luftfahrzeug, Dreh- oder Starrflügler, das die US Army beschaffte.

Auf den Diensthubschrauber **HU-1A** der US Army folgte der **HU-1B**, von dem mehr als 700 Exemplare gebaut wurden. Die ersten Lose erhielten den Avco-Lycoming-T53-L-5 à 716 kW (974 WPS) und die letzten Baureihen die 820 kW (1115 WPS) erzeugende Wellenturbine-T53-L-11. Zu den weiteren Verbesserungen des **HU-1B** zählten neu entworfene Hauptrotorblätter und eine erweiterte Kabine für zwei Hubschrauberführer plus sieben Soldaten oder drei Krankentragen. Im Herbst 1965 wurde der **UH-1B** in der Fertigung von dem **UH-1C** abgelöst, der eine neuartige Lagerung des Hauptrotors mit breiteren Blättern erhielt. Dies ergab eine etwas höhere Geschwindigkeit und eine bessere Manövrierbarkeit. Einige in Vietnam operierende **UH-1A** waren mit Raketenbehältern und zwei 7,62-mm-Maschinengewehren bewaffnet. Diese Hubschrauber dienten erfolgreich in der Nahunterstützungsrolle, so daß man zahlreiche **UH-1B** für ähnliche Aufgaben einsetzte. Sie wurden hauptsächlich mit vier seitlich montierten 7,62-mm-MG oder zwei Behältern je 24 Raketen ausgerüstet. Eine weitere

***Der UH-1B war die Hauptserienversion des Modell 204, ausgestattet mit einer größeren Kabine und breiteren Rotorblättern.***

militärische Version des **Modell 204** stellte der **UH-1E** für das US Marine Corps dar. Er entsprach im wesentlichen dem **UH-1B**, war aber mit einer Personenwinde, einer Rotorbremse und besonderen Avioniksystemen ausgerüstet. Am 21. Februar 1964 stieß der **UH-1E** zur Marine Air Group 26, und ab Oktober 1965 wurden die Serienhubschrauber mit dem neuen Hauptrotorlager ausgestattet. Dazu gehörten der **UH-1F** für die USAF, grundsätzlich ähnlich dem **UH-1B**, jedoch mit einer General Electric-T58-GE-3-Wellenturbine mit 962 kW (1308 WPS), größerem Hauptrotordurchmesser und Platz für zehn Personen neben der zweiköpfigen Besatzung, die ähnliche Schulungsversion **TH-1F** für die USAF, die SAR-Version **HH-1K** für die US Navy, ähnlich dem **UH-1E**, jedoch mit der T53-L-13 à 1044 kW (1420 WPS), die Trainerversion **TH-1L** und die Nutzversion **UH-1L** des **UH-1E** mit T53-L-13-Triebwerk sowie drei **UH-1M** mit Nachtsensorausrüstung zur Bewertung durch die US Army.

Den **Modell 204B** fertigte Bell nur in kleiner Stückzahl für die zivile Luftfahrt und zum militärischen Export. Diese Hubschrauber ähnelten grundsätzlich dem **UH-1B**, hatten aber zehn Sitzplätze, die größer bemessenen Rotoren des **UH-1F** und die Wellenturbine-T53-L-11. Als Sublizenznehmer von Mitsubishi baute Fuji in Japan **Modell 204B** und **UH-1**. 1967 brachte dieses Unternehmen den **Fuji-Bell 204B-2** heraus, der sich von **Modell 204B** durch ein stärkeres Triebwerk und einen Zugschrauben-Heckrotor unterschied. Die italienische Agusta, ein weiterer Bell-Lizenznehmer, produzierte den **Bell Modell 204B** in großer Stückzahl für den militärischen und zivilen Bereich, darunter viele Exemplare mit der Gnome-Wellenturbine von Rolls-Royce.

### TECHNISCHE DATEN
**Fuji-Bell Modell 204B-2**

**Typ:** Mehrzweckhubschrauber
**Triebwerk:** eine Avco-Lycoming-T5313B-Wellenturbine mit 1044 kW (1420 WPS)
**Leistung:** Höchstgeschwindigkeit 204 km/h; max. Schwebeflughöhe im Bodeneffekt 4635 m; Dienstgipfelhöhe 5790 m; Reichweite in Meereshöhe 383 km
**Gewicht:** Leermasse 2177 kg; max. Startmasse 3856 kg
**Abmessungen:** Hauptrotordurchmesser 14,63 m; Rumpflänge 12,31 m; Höhe 3,77 m; Hauptrotorkreisfläche 168,10 m²

# Bell Modell 205

Der unbestrittene Erfolg des Bell UH-1A/B Iroquois hatte den klaren Nachweis erbracht, daß der Grundentwurf dieses Nutzhubschraubers richtig war. Wie im Eintrag unter Modell 204 beschrieben, wurde der UH-1A/B kontinuierlich weiterentwickelt, auf neue Rollen abgestimmt und mit zunehmend leistungsstärkeren Triebwerken ausgestattet.

Anfang 1960 bot Bell eine verbesserte Version des Modell 204 an, mit längerem Rumpf und zusätzlichem Kabinenraum, den man durch Verlegung der Kraftstoffzellen gewann. Der vorgeschlagene Hubschrauber konnte einen Piloten und 14 Soldaten oder sechs Krankentragen oder bis zu 1814 kg Fracht transportieren. Folglich beauftragte die US Army im Juli 1960 Bell mit dem Bau von sieben solchen Hubschraubern zur Truppenerprobung. Die US Army führte die Versuchshubschrauber als YUH-1D, während die Herstellerbezeichnung **Bell Modell 205** lautete. Das erste Exemplar dieser Vorserie flog am 16. August 1961, und nach der erfolgreichen Flugerprobung wurde die Serienfertigung für die US Army genehmigt. Den ersten **UH-1D** erhielt die 11. Air Assault Division in Fort Benning, Georgia, am 9. August 1963. Den Antrieb der ersten Hubschrauber lieferte die Avco-Lycoming-T53-L-11-Wellenturbine mit 820 kW (1115 WPS), und die Standardtreibstoffzuladung von 832 Litern ließ sich durch zwei intern untergebrachte Zusatztanks auf eine Überlastmenge von 1968 Litern erhöhen. Anschließend liefen Großserien für die US Army und die Streitkräfte anderer Nationen an. In der Bundesrepublik fertigte Dornier 352 Exemplare für das Heer und die Luftwaffe.

Nach dem **UH-1D** belegte der mehr oder weniger identische **UH-1H** das Montageband. Der Hauptunterschied lag im stärkeren Antrieb durch die Avco-Lycoming-T53-L-13-Wellenturbine mit 1044 kW (1420 WPS). Die Auslieferung des **UH-1H** an die USAF begann im September 1967. Er sollte die letzte Serienversion dieses Hubschraubers sein.

Der **UH-1H** wurde für die US Army oft gebaut, neun Exemplare beschaffte die RNZAF, und auf der Grundlage eines 1969 verhandelten Lizenzvertrages produzierte die Republik China (Taiwan) insgesamt 118 solcher Hubschrauber für das nationalchinesische Heer. Als Varianten des **UH-1H** erschienen der **CH-118** (ursprünglich **CUH-1H**) aus dem Hause Bell für das Mobile Command der Canadian Armed Forces, das den ersten von zehn Hubschraubern am 6. März 1968 erhielt, und der **HH-1H** als Such- und Rettungshubschrauber auf Einsatzflugplätzen. Seine Beschaffung für die USAF wurde am 4. November 1970 genehmigt und die Lieferung von 30 Exemplaren 1973 abgeschlossen.

Der **UH-1D/H** diente für vielfältige Aufgaben in Vietnam, und viele sahen in ihm den Vietnam-Arbeitshubschrauber „par excellence". Dieses Muster spielte eine herausragende Rolle beim Einsatz der Sondertruppen in Laos, Kambodscha und etlichen schwer zugänglichen Räumen in Südvietnam. Historiker kommentierten, daß alle Verwundeten aus dem letztgenannten Operationsgebiet von **UH-1**-Hubschraubern evakuiert wurden.

Seitdem bestimmte man eine kleine Zahl von **UH-1H** für Aufgaben der elektronischen Kampfführung, insbesondere zur Durchführung von Gegenmaßnahmen. Die Auslieferung dieser **EH-1H** genannten Muster mit moderner Funktionsausrüstung begann 1981. Im Rahmen des Stand-Off-Target-Acquisition-System (SOTAS – System zur Zielerfassung im Abstandsverfahren) Programms der USAF wurden vier **UH-1H** zu Prüfzwecken modifiziert. Ihre Aufgabe war es, Radardaten über Bewegungen auf dem Gefechtsfeld zu gewinnen und an die Führungsgefechtsstände der Kampftruppen zu übermitteln, um die Kommandeure mit Echtzeitinformationen über die taktische Lage zu versorgen.

Die US Army beabsichtigt, den **UH-1H** in seiner Grundform bis in das einundzwanzigste Jahrhundert hinein im Dienst zu hal-

***Bell Modell 205 (UH-1H)***

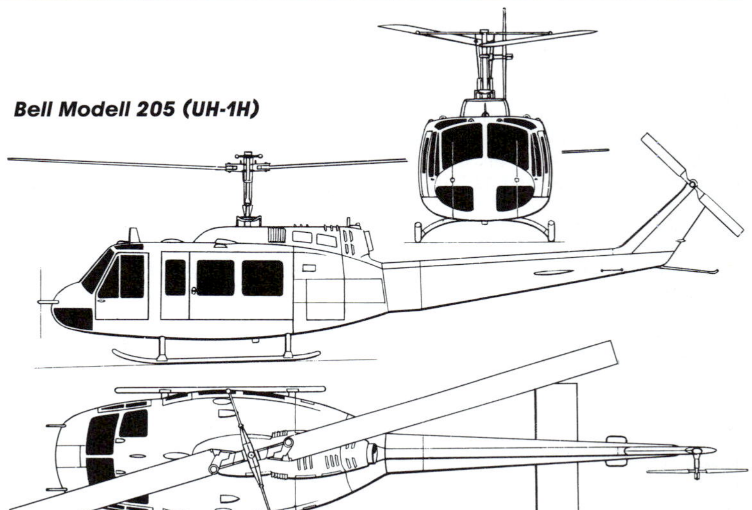

***Der UH-1H ist im Einsatz bei der US Army weit verbreitet, hauptsächlich als Transporthubschrauber für Kampftruppen, aber auch als Rettungs-, Verbindungs- und Versorgungshubschrauber.***

***Modell 205 erschien mit einer längeren Kabine und unterscheidet sich vom 204 durch zwei große Fenster in der Kabinentür statt bislang einem.***

### TECHNISCHE DATEN

**Bell Modell 205/UH-1H**

**Typ:** ziviler/militärischer Nutzhubschrauber

**Triebwerk:** eine Avco-Lycoming-T53-L-13-Wellenturbine mit 1044 kW (1420 WPS)

**Leistung:** Höchstgeschwindigkeit 204 km/h; Schwebeflughöhe im Bodeneffekt 4145 m; Dienstgipfelhöhe 3840 m; Reichweite mit max. Treibstoff in Meereshöhe 511 km

**Gewicht:** Rüstmasse 2363 kg; normale Startmasse 4100 kg; max. Startmasse 4309 kg

**Abmessungen:** Hauptrotordurchmesser 14,63 m; Heckrotordurchmesser 2,59 m; Länge bei drehenden Rotoren 17,62 m; Höhe bei drehendem Heckrotor 4,43 m; Hauptrotorkreisfläche 168,06 m²

ten und für Einsätze wie Führung und Leitung, elektronische Kampfführung, Sanitätsversorgung, Legen von Minenfeldern, Nachschub und Truppentransport zu verwenden. Zur Verwirklichung dieses Vorhabens durchläuft die existierende **UH-1H**-Flotte ein Grundmodernisierungsprogramm. Es soll diesen Hubschraubern das geforderte Leistungsvermögen durch zusätzliche fortschrittliche Avioniksysteme und Ausrüstungsgegenstände sowie die notwendige Verlängerung der Lebensdauer vermitteln.

Unter der Bezeichnung **Modell 205A-1** produziert Bell auch eine zivile Version des **UH-1H** mit einer auf 932 kW (1267 WPS) gedrosselten Avco-Lycoming-T53-13B-Wellenturbine als Antrieb. Die normale Treibstoffkapazität des **Modell 205A-1** beträgt 814 Liter, wahlweise 1495 Liter. Da dieses Muster für ein breites Nutzerspektrum vorgesehen ist, legte Bell großen Wert auf eine flexible Inneneinrichtung, die eine rasche Umrüstung für Luftfracht, Ambulanz, Geschäftsreisen, fliegenden Kran und SAR-Dienst gestattet. Die Maximalbesetzung umfaßt einen Hubschrauberführer und 14 Passagiere.

Die italienische Firma Agusta fertigt den **Modell 205** in Lizenz als **AB.205A-1**, der praktisch mit dem Bell Serienhubschrauber identisch ist. In Japan ist der **Fuji-Bell Modell 205A-1** erhältlich.

# Bell Modell 206 JetRanger

1960 gab die US Army eine Ausschreibung für einen neuen Hubschrauber heraus, der nur als LOH (Light Observation Helicopter – leichter Beobachtungshubschrauber) eingestuft wurde. In Wirklichkeit erwartete man vom LOH, daß er das Ausfliegen von Verwundeten ebenso wie Luftnahunterstützung-, Beobachtungs-, Luftbildaufklärungs- und Transporteinsätze erfüllen konnte. Die Spezifikation schrieb zudem vier Sitze, eine Nutzlast von 181 kg und eine Marschgeschwindigkeit von rund 190 km/h vor. Zwölf US-Hubschrauberfirmen reichten Angebote ein, von denen drei, Bell, Hiller und Hughes, den Auftrag erhielten, je fünf Prototypen zur Erprobung zu konstruieren. Die anschließenden Tests bestand der Hughes HO-6 (später OH-6A) eindeutig am besten und wurde folglich zum LOH-Serienhubschrauber der US Army bestimmt.

Sollte die US Army irgendwelche Zweifel an der Leistungsfähigkeit des **Bell HO-4** gehegt haben, so teilte der Hersteller diese jedenfalls nicht. Nach der Niederlage in diesem Wettbewerb baute Bell einen neuen Prototypen mit der Bezeichnung **Modell 206A JetRanger**. Dieser flog erstmals am 10. Januar 1966, und am 20. Oktober 1966 lag die Musterzulassung vor. Anschließend lief die Serienfertigung für zivile Nutzer an, und die italienische Agusta beteiligte sich wiederum als Lizenzhersteller. Der **JetRanger** war im Grunde genau der gleiche Hubschrauber wie die **OH-4A** (vormals HO-4)-Prototypen, abgesehen vom modifizierten Rumpf für fünf Sitzplätze. Ab 1966 wurde der **JetRanger** in großer Stückzahl produziert und 1989 in Kanada als **Modell 206B JetRanger III** immer noch gefertigt. Vorausgegangen waren umfangreiche Entwicklungs- und Verbesserungsprogramme.

Die US Army hatte geplant, rund 4000 **OH-6A** zu beschaffen, doch Hughes fiel in Ungnade, weil die Stückkosten plötzlich steil zu klettern und die Produktionsraten gleichzeitig zu sinken begannen. Daher wurde die LOH-Ausschreibung 1967 wiederholt und **Bells Modell 206A** am 8. März 1968 zum Sieger erklärt. Die Produktion des **OH-58 Kiowa** lief unverzüglich an, und Ende 1973 waren 2200 Exemplare ausgeliefert. Der **OH-58** unterschied sich vom **JetRanger** durch seinen Hauptrotor mit größerem Durchmesser, einer in Einzelheiten anderen Inneneinrichtung und seiner militärspezifischen Avioniksysteme. Die ersten **Kiowa** übernahm die US Army am 23. Mai 1969, und knapp vier Monate später befand sich dieser Hubschrauber im Einsatz in Vietnam.

Aus dem geplanten Beschaffungspaket von 2200 Hubschraubern für die US Army wurden noch während der Fertigung 74 abgezweigt, um ab Dezember 1971 als **COH-58A** (später CH-136) an die Canadian Armed Forces zu gehen. Im Januar 1973 unterzeichnete die US Army einen Folgeauftrag, um die nach Kanada gelieferten Exemplare zu ersetzen.

In den ersten Monaten des Jahres 1971 begann Bell mit der Lieferung des verbesserten **Modell 206B JetRanger II**, der schließlich den **Modell 206A** aus der Serienfertigung verdrängte. Die neue Version wurde von der leistungsstärkeren Allison-250-C20-Wellenturbine mit 298 kW (405 WPS) angetrieben. Da die Installation dieses Triebwerks nur geringfügige Änderungen an der Zelle erforderte, konnte man Bausätze zur Anhebung des **Modell 206A** auf den Standard des **Modell 206B** anbieten. Australien beschaffte diese Version als **Modell 206B-1 Kiowa**. Davon lieferte Bell zwölf Exemplare komplett, und 44 Hubschrauber wurden in Zusammenarbeit produziert. Die Commonwealth Aircraft Corporation in Australien war für die Endmontage verantwortlich, und nur das Triebwerk sowie die Avioniksysteme kamen aus den Vereinigten Staaten. Ein Entwicklungsauftrag der US Army führte zur Ausrüstung eines einzelnen OH-6A mit einer Allison-T63-A-720-Wellenturbine à 313 kW (426 WPS) und einer günstigeren Cockpitverglasung mit Planscheiben. Dieser modifizierte **Kiowa** erhielt die Dienstbezeichnung **OH-58C**. Anschließend wurden noch zwei weitere **OH-58A** auf den Standard des **OH-58C** umgerüstet, um eine gründlichere Erprobung durch Bell und die US Army zu ermöglichen. Als Ergebnis dieser Tests begann im März 1978 die serienmäßige Umrüstung von 275 **OH-58A** zu weiterhin aufgewerteten **OH-58C**. Weitere Versionen waren der **OH-58B**, von dem 1976 ein Dutzend an die Luftstreitkräfte Österreichs geliefert wurden, und der **TH-57A SeaRanger** für die US Navy. Während die B-Version im wesentlichen dem **OH-58A** entsprach, waren die 40 **SeaRanger**, vorgesehen als primärer Ausbildungshubschrauber des Naval Air Training Command in Pensacola, Florida, mit Doppelsteuerung ausgestattet. Bei diesen am 31. Januar 1968 bestellten Hubschraubern handelte es sich im Grunde um zivile **Modell 206A JetRangers** mit den in der US Navy üblichen Avionikgeräten.

Die Produktion des **JetRanger II** endete im Sommer 1977, als der **Modell 206B JetRanger III** in Serie ging. Mit diesem Muster wurde eine leistungsstärkere Version der Allison-Wellenturbine eingeführt, die eine weitere Verbesserung der Flugleistungen ergab und auch als Einbausatz erhältlich war, um den **JetRanger II** in einen **JetRanger III** zu verwandeln. Ende 1981 stellte der **JetRanger III** die aktuelle Produktionsversion dar.

Das Leistungsvermögen und die Zuverlässigkeit der **JetRanger**-Hubschrauberfamilie veranlaßte Bell zur Entwicklung eines mittleren Lasthubschraubers mit der Bezeichnung **Modell 206L LongRanger**. Diese neue Version bekam das Triebwerk des **JetRanger III** und einen um 0,63 m längeren Rumpf, um insgesamt fünf Pas-

***Die Modell 206 hat sich nicht nur im militärischen Einsatz bewährt, sondern ist auch bei zivilen Nutzern überaus beliebt. Die Mehrzahl verrichtet gewöhnliche Transportaufgaben, aber etliche dieser Hubschrauber wurden für Spezialdienste (wie beispielsweise das Sprühen) ausgerüstet.***

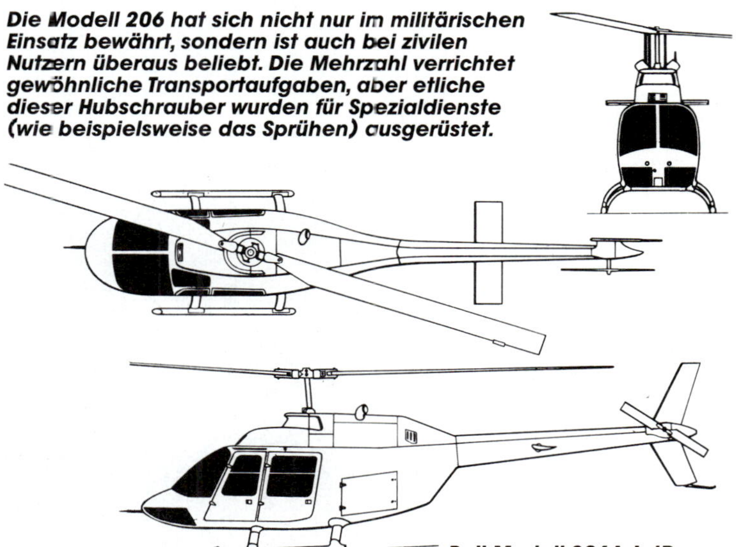

***Bell Modell 206A JetRanger***

sagiere aufnehmen zu können. Mit einem Raumvolumen von 2,35 m³ besitzt der **LongRanger** eine beachtliche Frachttransportkapazität. Zur Vereinfachung der Be- und Entladung sperriger Frachtstücke wurde eine Doppeltür in die Backbord-Rumpfseite eingearbeitet. Weitere Verbesserungen bestanden in einem fortschrittlichen Hauptrotor, verbunden mit der schwingungsgedämpften Noda-Matic-Rotorlagerung, die sich Bell hatte patentieren lassen.

Die Lieferung des seriengefertigten **LongRangers** begann im Oktober 1975, doch Mitte 1978 kam bereits die neue Version **Modell 206L LongRanger II** heraus. Er unterschied sich von seinem Vorgänger durch die leistungsstärkere Wellenturbine-Allison-250C-28B mit einer max. Dauerleistung von 365 kW (496 WPS), einer darauf abgestimmten Kraftübertragung und etlichen Detailverbesserungen. Im Jahre 1981 entwickelte das Unternehmen den **LongRanger III** mit der Allison-250-C30P-Wellenturbine à 485 kW (660 WPS) und zahlreichen kleinen Änderungen. Diese Version produziert Bell derzeit im Mirabel-Werk in Kanada.

Anschließend brachte Bell eine militärische Mehrzweckversion des zivilen **LongRanger** mit der Bezeichnung **Modell 206L TexasRanger** heraus. Der **Modell 406** mit neuem Vierblatt-Hauptrotor wurde vom **OH-58A** abgeleitet und verhalf der US Army zu einem leistungsfähigeren Beobachtungshubschrauber mit der Bezeichnung **OH-58D**. Er ist mit einem mastmontierten Visier ausgestattet und wird von einer Allison-250-C30R-Wellenturbine mit 485 kW (660 WPS) angetrieben. Die erste Umrüstung flog am 6. Oktober 1983, und die Übergabe von 578 solcher Hubschrauber an die US Army ist noch nicht abgeschlossen. Unter ihnen befinden sich einige **AH-58D** Warrior Kampfhubschrauber.

Ende 1992 hatte die Gesamtproduktion an Hubschraubern der **Modell 206**-Familie durch Bell die Zahl 7000 weit überschritten. Daneben fertigte die italienische Firma Agusta sowohl den **JetRanger** als auch den **LongRanger** in Lizenz. Beide gleichen grundsätzlich ihren amerikanischen Gegenstücken.

### TECHNISCHE DATEN
**Bell Modell 206B JetRanger**

**Typ:** leichter Mehrzweckhubschrauber
**Triebwerk:** eine Allison-250C-C20B-Wellenturbine mit 313 kW (426 WPS), gedrosselt auf 236 kW (321 WPS)
**Leistung:** Höchstgeschwindigkeit für Reiseflug in 1525 m Höhe 216 km/h; Dienstgipfelhöhe 4115 m; Reichweite mit max. Treibstoff und Nutzlast in 1525 m Höhe 608 km
**Gewicht:** Leermasse 730 kg; max. Startmasse 1451 kg
**Abmessungen:** Hauptrotordurchmesser 10,16 m; Länge bei drehenden Rotoren 11,82 m; Höhe 2,91 m; Hauptrotorkreisfläche 81,10 m²

# Bell Modell 209 HueyCobra & SeaCobra

Im März 1965 leitete Bell die selbstfinanzierte Entwicklung eines bewaffneten Hubschraubers für Luftnahunterstützung/Bodenangriff auf der Grundlage des bewährten Modell 204 (UH-1B/-1C Iroquois) ein. Er war als Zwischenlösung eines modernen fliegenden Feuerunterstützungssystems (Advanced Aerial Fire Support System – AAFSS) für die US Army gedacht und kombinierte einen neuen, schmalen, flachen Rumpf mit Tandemsitzen mit dem Hauptrotor, dem Triebwerk sowie der Leistungsübertragung des UH-1C. Nach dem Erstflug des Prototyps am 7. September 1965 erprobte die US Army ab Dezember den neuen **Bell Modell 209**. Im April 1966 erging ein Auftrag für zwei Vorserien- und 110 Serienhubschrauber. Der **AH-1G** mit dem Beinamen **HueyCobra** erreichte die US Army im Juni 1967, und es dauerte nicht einmal zwei Monate, bis das neue Muster in Vietnam kämpfte. Das US Marine Corps brannte ebenfalls darauf, diesen Hubschrauber zu erhalten. 1969 wurden daher 38 AH-1G aus der Fertigung für die US Army zum USMC umgeleitet, um die Zeit bis zur Lieferung der im Mai 1968 bestellten 49 **AH-1J SeaCobra** zu überbrücken. Hubschrauber, die im großen und ganzen dem **AH-1G** der US Army entsprachen, gingen an die spanische Marine (acht **Z.14**) und nach Israel (sechs).

Die kleinen Stummelflächen des **HueyCobra** erfüllen eine doppelte Funktion: Sie entlasten den Hauptrotor im Flug und nehmen eine Waffenpalette auf, die im Falle des **AH-1G** Raketen- und Minigun-Behälter umfaßt. Darüber hinaus ist diese Version mit einem M-28-Waffenturm ausgerüstet, der mit zwei Minikanonen oder zwei 40-mm-Granatwerfern oder je einer der beiden Waffen beladen werden kann. Die Besatzung ist durch Naroc-Panzerplatten an den Cockpitseiten und im Sitzbereich geschützt. Andere empfindliche Bereiche des Hubschraubers haben die gleiche Absicherung.

**Varianten**
**JAH-1G HueyCobra:** ein Versuchshubschrauber zur Waffenerprobung; wurde mit Hellfire-Panzerabwehrraketen und mehrrohriger Kanone geflogen
**TH-1G HueyCobra:** Bezeichnung für die zum Trainer mit Doppelsteuer umgerüsteten AH-1G
**AH-1J SeaCobra:** erste Version für das US Marine Corps mit Zwillingstriebwerk T400-CP-400; dieses Antriebspaket besteht aus zwei Turbinentriebwerken, die zur Dauerleistung auf 820 kW (1115 WPS) gedrosselt sind, aber beim Start oder im Notfall 932 kW (1267 WPS) abgeben können; bis Anfang 1975 wurden 69 solcher Hubschrauber an das USMC geliefert; ab 1974 erhielt die Kaiserlich-Iranische Heeresfliegertruppe insgesamt 202 ähnliche Hubschrauber
**AH-1Q HueyCobra:** Bezeichnung von 98 AH-1G, die zum Einsatz der TOW-Panzerabwehrrakete modifiziert wurden
**AH-1R HueyCobra:** ähnlich wie AH-1G, jedoch mit der leistungsstärkeren Wellenturbine T53-L-703
**AH-1S HueyCobra:** Sammelbezeichnung für vorhandene AH-1 der US Army, die auf die TOW angepaßt wurden und weitere Verbesserungen erhielten, und für neugebaute Hubschrauber desselben oder eines höheren Standards; weitere aktuelle Versionen sind: der Modified AH-1S in Form von 198 umgerüsteten AH-1G und 93 AH-1Q mit T53-L-703 Triebwerk, geändertem Hauptgetriebe und Leistungsübertragungssystem, verbessertem Rotor und TOW-Kapazität; 100 grundsätzlich ähnliche Production AH-1S als neugebaute Hubschrauber mit dem Stand der Technik entsprechender Avionik, Instrumentierung und Bordausrüstung; 98 Up-Gun AH-1S, die im wesentlichen dem Production AH-1S gleichen, jedoch mit verbessertem Kinnturm und Waffenmanagementsystem, und der Modernised AH-1S, von dem 126 Exemplare als neugebaute Luftfahrzeuge mit den Verbesserungen der anderen AH-1S Hubschrauber plus fortschrittlicher Avionik, Panzerung und Nav/Com Ausrüstung bestellt wurden. All diese Hubschrauber wurden beim Militär unter der Bezeichnung AH-1F zusammengefaßt, um Verwechslungen mit anderen Varianten auszuschließen
**AH-1T Improved SeaCobra:** ähnlich wie der AH-1J, jedoch mit dem neuen Zwillingstriebwerk T400-WW-402, den dynamischen Systemkomponenten des Bell Modell 214 und einem um 1,09 m längeren Rumpf; 57 neue, zum Einsatz der TOW taugliche Serienhubschrauber
**AH-1W SuperCobra:** neue Version des USMC mit zwei General Electric T700-GE-700 Wellenturbinen je 1260 kW (1713 WPS), verbessertem Panzerschutz und modernen Avionikgeräten; auch als Umrüstung des AH-1T
**Modell 249:** Firmenbezeichnung für einen Modernised AH-1S, der mit einem fortschrittlichen Vierblatt-Hauptrotor, wie für den Bell Modell 412 vorgesehen, ausgerüstet und getestet wurde
**AH-1(4B)W Viper:** AH-1W mit Vierblatt-Hauptrotor

***Bell Modell 209 (AH-1T) Improved SeaCobra***

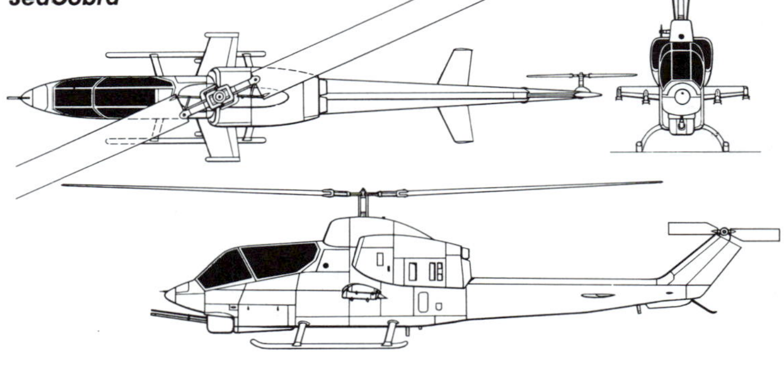

### TECHNISCHE DATEN
**Bell Modell 209 AH-1J SeaCobra**

**Typ:** Nahunterstützungshubschrauber
**Triebwerk:** ein P&WC-T400-CP-400-Zwillingsturbinentriebwerk mit einer kombinierten Leistung von 1342 kW (1825 WPS), die wie oben beschrieben gedrosselt wurde
**Leistung:** Höchstgeschwindigkeit in Meereshöhe 333 km/h; Schwebeflughöhe im Bodeneffekt 3795 m; Reichweite mit max. Treibstoff 577 km
**Gewicht:** Leermasse 3294 kg; max. Startmasse 4535 kg
**Abmessungen:** Hauptrotordurchmesser 13,41 m; Heckrotordurchmesser 2,59 m; Länge bei drehenden Rotoren 16,26 m; Hauptrotorkreisfläche 141,26 m²

***Bis zur Indienststellung des McDonnell Douglas AH-64 Apache war der Bell AH-1 der primäre Panzerabwehrhubschrauber der US Army. Außer den Waffen unter der Bugschale kann der Cobra acht TOW-Panzerabwehrraketen aus Startbehältern unter den Stummelflächen zum Einsatz bringen.***

# Bell, Modell 212 Twin Two-Twelve, bis Bell X-1

**Die weitere Entwicklung der Modelle 204 und 205 führte das Konstruktionskonzept der „Huey"-Serie zu dem zweimotorigen Modell 212, dem ebenfalls zweimotorigen, aber mit einem Vierblatthauptrotor versehenen Modell 412, dem größeren Modell 214 und dem „saubereren" Modell 222. Bell war nach dem Zweiten Weltkrieg auch der Produzent der X-1, eines raketengetriebenen Experimental- und Forschungsflugzeugs, das als erstes der Welt im Horizontalflug Mach 1 überschritt.**

## Bell Modell 212 Twin Two-Twelve

Am 1. Mai 1968 gab die Bell Helicopter Company bekannt, daß man nach Verhandlungen mit der kanadischen Regierung und Pratt & Whitney Aircraft of Canada (PWAC) übereingekommen war, einen neuen Hubschrauber zu entwickeln, der auf der Zelle des Bell Modell 205/UH-1H Iroquois gründete. Vorausgegangen war die Lieferung der ersten zehn Iroquois als CUH-1H für die kanadischen Streitkräfte (CAF) am 6. März 1968. Der Antrieb des UH/CUH-1 bestand aus einer Avco-Lycoming-T53-L-13-Wellenturbine mit 1044 kW (1420 WPS). Die CAF-Führungsstäbe sprachen sich für den Einbau von zwei Wellenturbinen aus, und dies gab den Ausschlag für die Entwicklung des ersten militärischen **Bell Modell 212** mit dem PT6T von PWAC als Antrieb.

Das revolutionäre Merkmal dieses neuen Hubschraubers war sein Antrieb in Form des PT6T Twin Pac, das PWAC konstruiert und entwickelt hatte. Es bestand aus zwei Wellenturbinen, die als Doppelmotor mit gemeinsamen Getriebe und einer einzigen Antriebswelle nebeneinander montiert waren. In seiner ersten Serienausführung hatte das Zwillingspaket eine Ausgangsleistung von 2,86 WPS pro 0,454 kg (4,66 kW/kg) Trockengewicht im Vergleich zu 2,58 WPS/0,454 kg (4,19 kW/kg) der vollentwickelten Lycoming-T53-Wellenturbine. Darüber hinaus gab es einen weiteren Vorteil: So wie es in Modell 212 installiert ist, ist das PT6T-3 auf eine Startleistung von 962 kW (1308 WPS) begrenzt. Bei Ausfall einer der beider Turbinen veranlassen Drehmomentfühler im gemeinsamen Getriebe die verbliebene Turbine, eine Ausgangsleistung zwischen 764 kW (1040 WPS) und 596 kW (810 WPS) für den Not-/Dauerbetrieb zu erzeugen.

Die ersten militärischen **Modell 212** gingen 1970 als **UH-1N** an die USAF, und ein Jahr später begann die Auslieferung an die US Navy und das Marine Corps. Der erste **CUH-1N** (später in **CH-135** umbezeichnet) für die CAF wurde am 3. Mai 1971 übergeben. Dieses Muster beschafften auch die Luftstreitkräfte Argentiniens (acht) und Bangladeschs (sechs). Das Flugwerk entsprach weitgehend dem UH-1H Iroquois mit einem Rumpf in Ganzmetallbauweise, Kufenfahrgestell und Rotorsystemen, die aus einem halbstarren Zweiblatt-Hauptrotor und einem Zweiblatt-Heckrotor bestanden.

Mehr oder weniger gleichzeitig wurde eine zivile Passagierversion mit 14 Sitzplätzen entwickelt, genannt **Twin Two-Twelve**. Am 30. Juni 1971 lag die FAA-Zulassung (Transport Type Category A) vor. Es folgte die Zulassung für IFR-Flüge, die neue Avionikgeräte, ein anderes Instrumentenbrett und Flugstabilisierungsanlagen erforderte. Im Juni 1977 stellte die FAA diesem Muster als erstem Hubschrauber mit starren Schwimmern die Zulassung für IFR-Flüge mit nur einem Piloten aus.

Die durch das Twin-Pac erreichte höhere Flugsicherheit ergab einen großen Absatz an Kunden, die Firmen bei der Suche und Ausbeutung von Erdgas/Erdöl im Offshore-Bereich unterstützten, und an Lufttaxi-Unternehmen. Acht Exemplare der **Modell 212** gingen 1979 an die CAAC als erste Hubschrauber eines amerikanischen Herstellers für die Volksrepublik China.

In Italien fertigt Agusta den **Modell 212** als **Agusta-Bell AB.212**. 1971 wurden die ersten Exemplare geliefert, die im wesentlichen dem amerikanischen Hubschrauber entsprachen. Agusta hat mit dem **AB. 212ASW** auch eine U-Jagdversion entwickelt. Dazu waren strukturelle Verstärkungen, ein Deckzurrgeschirr und ein PWAC PT6T-6 Twin-Pac mit einer Startleistung von 1398 kW (1900 WPS) nötig.

### TECHNISCHE DATEN
**Bell Modell 212 Twin Two-Twelve**

**Typ:** ziviler/militärischer Nutzhubschrauber
**Triebwerk:** ein PWAC-PT6T-3-Turbo-Twin-Pac-Zwillingstriebwerk, auf eine Startleistung von 962 kW (1308 WPS) und eine Dauerleistung von 843 kW (1146 WPS) gedrosselt
**Leistung:** max. Reisegeschwindigkeit in Meereshöhe 230 km/h; Dienstgipfelhöhe 4330 m; Reichweite mit Standardtreibstoff in Meereshöhe ohne Reserven 420 km
**Gewicht:** Leermasse 2786 kg; max. Startmasse 5080 kg
**Abmessungen:** Hauptrotordurchmesser 14,69 m; Gesamtlänge bei drehenden Rotoren 17,46 m; Höhe 4,53 m; Hauptrotorkreisfläche 168,06 m²

***Bei dem Modell 212 wurde ein Zwillingstriebwerk mit dem bewährten Flugwerk der Bell Modell 204 Serie kombiniert. Die doppelmotorige Betriebssicherheit machte dieses Muster für Offshore-Ölfirmen besonders interessant.***

## Bell Modell 214B BigLifter

Wie im Eintrag unter Bell Modell 214ST beschrieben, entwickelte das Unternehmen den Nutzhubschrauber Modell 214A. Insgesamt 293 Exemplare gingen an die Heeresfliegertruppe des Iran, die sie Isfahan nannten. Anschließend beschaffte die iranische Luftwaffe 39 ähnliche Hubschrauber mit der Bezeichnung **Bell Modell 214C**, die für den Such- und Rettungsdienst ausgerüstet waren.

Bei der Erprobung dieser Hubschrauber für den Militärdienst gelangte Bell zu der Überzeugung, daß der Markt für eine zivile Variante aufnahmebereit sein müßte, da Hebe- und Tragkraft besser waren als bei jedem zeitgemäßen Hubschrauber der mittleren Klasse. So kündigte die Firma Anfang 1974 die Entwicklung solch eines Musters unter der Bezeichnung **Bell Modell 214B BigLifter** an. Die Grundauslegung übernahm man weitgehend von der militärischen Version, so daß Zelle, Rotor- und Leistungsübertragungssysteme und Antrieb erhalten blieben. Die Hauptunterschiede des **BigLifter** bestanden in Notausstiegsfenstern der Frachttüren, einer Triebwerk-Feuerlöschanlage und Avioniksystemen, die besser für die Zivilluftfahrt als für die Militärfliegerei geeignet waren. Von zwei angebotenen Versionen war **Mo-**

### TECHNISCHE DATEN
**Bell Modell 214B**

**Typ:** ziviler Mehrzweckhubschrauber
**Triebwerk:** eine Avco-Lycoming-T5508D-Wellenturbine mit 2185 kW (2971 WPS), auf eine Startleistung von 1678 kW (2282 WPS) gedrosselt
**Leistung:** Reisegeschwindigkeit 259 km/h
**Gewicht:** max. Startmasse des 214B mit Internlast 6260 kg, des 214B/214B-1 mit Außenlast 7257 kg
**Abmessungen:** Hauptrotordurchmesser 15,24 m; Heckrotordurchmesser 2,95 m; Hauptrotorkreisfläche 182,41 m²

***Bell Modell 214A Isfahan der Kaiserlich-Iranischen Heeresfliegertruppe, der ersten Abnehmerin dieses fortschrittlichen Nutzhubschraubers.***

**dell 214B** das für vielfältige Aufgaben gedachte Standardmodell. Diese Hubschrauber beförderten neben der zweiköpfigen Besatzung bis zu 14 Passagiere, transportierten Fracht am Lasthaken bis maximal 3629 kg, betätigten sich mit einer ähnlich schweren Ladung mit chemischen Mitteln in der Landwirtschaft oder warfen bei der Brandbekämpfung 2725 Liter Löschmittel ab, die sie in der Kabine und in mehreren Unterrumpfbehältern mitführten. Die alternative Version **Modell 214B-1** wurde jedoch nach anderen Bestimmungen zugelassen, die einen Betrieb mit niedrigerem Gesamtgewicht bei interner Zuladung gestatteten. Zivile Nutzer konnten den **Modell 214B** nach Erteilung der Musterzulassung am 27. Januar 1976 bis zur Einstellung der Produktion im Jahre 1981 erwerben.

# Bell Modell 214ST

Ende 1970 war die Konstruktion des Prototyphubschraubers **Bell Modell 214 Huey Plus** beendet. Es handelte sich um eine verbesserte Version des gelungenen und bewährten UH-1H Iroquois mit der gleichen Zelle, einem stärkeren Antrieb, einigen moderneren Elementen und punktuellen Strukturverstärkungen für höher zulässige Betriebsmassen. Aus diesem Hubschrauber wurde die 16sitzige Nutzversion **Bell Modell 214A** mit einer Avco-Lycoming-LTC4B-8D-Wellenturbine à 2185 kW (2971 WPS) entwickelt. Nach einer Vorführung im Iran erhielt das Unternehmen einen Auftrag über 287 Luftfahrzeuge, die der Iran über die amerikanische Regierung beschaffen wollte. Kurze Zeit später trat die iranische Regierung in Verhandlungen mit europäischen und amerikanischen Luftfahrzeugherstellern, um eine heimische Flugzeugindustrie ins Leben zu rufen. Eine entsprechende Vereinbarung mit Bell Helicopters kam 1975 zustande. Sie sah vor, daß iranische Regierungsorgane und Bell gemeinsam die Voraussetzungen schufen, um zunächst den Bell 214A zu produzieren. Als nächstes sollte die Fertigung des **Bell Modell 214ST** erfolgen, eigens für den Betrieb im Iran entwickelt. Diese Pläne scheiterten an der Revolution im Iran und den veränderten politischen Beziehungen, die sich daraus ergaben. Bell entschied, die Entwicklung des **Modell 214ST** dennoch fortzuführen als vielseitig einsetzbaren Transporthubschrauber für die zivile Luftfahrt.

Ein Prototyp des **Modell 214ST** flog erstmals im Februar 1977. Anfang 1978 folgte die Konstruktion von drei Vorserienhubschraubern, von denen der erste im Sommer flugbereit war. Diese Maschinen wurden alle in das Entwicklungsprogramm eingespannt, und 1982 erfolgte die FAA-Zulassung für IFR-Flüge mit zwei Mann Besatzung. Anfang 1989 waren insgesamt 96 Exemplare ausgeliefert, darunter 45 für die Luftstreitkräfte des Irak.

Die Zelle des **214ST** zeichnet ein geräumiger Ganzmetallrumpf aus, einschließlich eines in die Primärstruktur integrierten Überschlagbügels, eines Führerraums für zwei Personen und einer Kabine mit 16 oder 17 Sitzplätzen, je nach Kundenangaben. Der Zweiblatt-Hauptrotor beruht auf modernen Technologien und ist weitgehend aus Glasfasermaterial konstruiert. Ein Titanstreifen schützt die Blattnasenkanten vor Erosion, und die Endkappen aus rostfreiem Stahl sind auswechselbar. Die Rotornabe enthält schmierfreie Elastomerlager. Das Rotorsystem ist an einem von Bell entwickelten Knotenschwingungsträger montiert, der den Rumpf vibrationsgedämpft aufnimmt. Letzteres basiert auf der Tatsache, daß sich ein vertikalen Schwingungen ausgesetzter Träger in Wellenform biegt, wobei die Knotenpunkte bei keiner relativen Bewegung gleich weit vom Mittelpunkt der induzierten Wellenform entfernt sind. Bell hing den Rumpf des Hubschraubers an die Knotenpunkte eines solchen Trägers auf, was die rotorinduzierte Schwingung um mehr als 70% reduzierte.

Eine weitere Neuerung im Vergleich zum Modell 214A ist der Einbau von zwei General-Electric-Wellenturbinen statt des einzelnen Lycoming-Triebwerks. Da beide Turbinen den Rotor über ein gemeinsames Hauptgetriebe antreiben, ergibt sich eine echte Flugfähigkeit mit nur einem Motor. Für die Mehrzweckrolle sorgen eine problemlos ausbaubare Sitzeinrichtung für insgesamt 16 Passagiere, um 8,95 m³ Frachtraum zu erzielen, Instrumentierung und komplette Avionik für IFR-Flüge, eine Notschwimmerausrüstung sowie Vorrichtungen für Hängelasten und eine interne Rettungswinde.

**TECHNISCHE DATEN**
**Bell Modell 214ST**

**Typ:** ziviler Transporthubschrauber
**Triebwerke:** zwei General-Electric-CT7-2-Wellenturbinen mit je 1212 kW (1648 WPS)
**Leistung:** max. Reisegeschwindigkeit 250 km/h in 1220 m Höhe; normale Reisegeschwindigkeit in Meereshöhe 256 km/h; Schwebeflughöhe im Bodeneffekt 3170 m; Reichweite mit Standardtreibstoff ohne Reserven 780 km
**Gewicht:** max. Startmasse mit interner oder externer Last 7802 kg
**Abmessungen:** Hauptrotordurchmesser 15,85 m; Gesamtlänge bei drehenden Rotoren 18,95 m; Höhe 4,84 m; Hauptrotorkreisfläche 197,32 m²

***Der Modell 214ST ist für den Offshore-Unterstützungsdienst ideal. Er kann 19 Passagiere transportieren und Seenotrettungseinsätze vornehmen.***

# Bell Modell 222

Im April 1974 gab Bell die Entwicklung eines neuen kommerziellen Helikopters bekannt, des ersten zweimotorigen Leichthubschraubers amerikanischer Herstellung. Das bekundete Interesse förderte die Entscheidung zum Bau von fünf Prototypen, von denen der erste am 13. August zum Jungfernflug startete.

Diese Prototypen, firmenintern als **Bell Modell 222** bezeichnet, führte der Hersteller im Eiltempo durch das Entwicklungsprogramm und das Zulassungsverfahren. So gab das FAA das Muster am 20. Dezember 1979 für den Betrieb nach Sichtflugregeln frei. **Modell 222** kam in den Genuß neuer Technologien, die zuvor für zivile und militärische Hubschrauber entwickelt worden waren. Dazu gehörten die Knotenschwingungsaufhängung, wie unter Bell Modell 241ST beschrieben, die elastomerisch gelagerte und somit schmierfreie Hauptrotornabe und die aus Glasfasermaterial und nichtrostendem Stahl gefertigten Hauptrotorblätter.

***Ein Bell Modell 222 der in Oslo ansässigen Firma Helicopter Service.***

Die Zelle ist größtenteils aus Leichtmetallegierungen konstruiert. Die freitragenden Stummelflächen an den Rumpfflanken sind vom Profil her so ausgelegt, daß sie im Flug Auftrieb erzeugen und somit den Hauptrotor unterstützen. Zugleich bilden sie das Gehäuse für die Hauptbaugruppen des Dreibein-Fahrgestells in eingefahrenem Zustand. Der Entwurf enthält mehr Heckflächen als bei den meisten Hubschraubern. So ergänzt eine Kielflosse das gewohnte Seitenleitwerk, und weiter vorn am Leitwerksträger sind Höhenflossen mit relativ großen Endplatten montiert. Bei dichter Bestuhlung lassen sich Sitze für maximal zehn Personen, einschließlich einer zweiköpfigen Besatzung, einrichten. Die Serie wird jedoch in drei Versionen angeboten. Den Standard bildet das Grundmodell **222** mit einer Sitzkonfiguration für einen Piloten und sieben Passagiere. Man kann ferner den **Modell 222 Executive** wählen, uneingeschränkt IFR-tauglich, mit einem oder zwei Hubschrauberführern und Komfortausstattung für sechs beziehungsweise fünf Fluggäste, und den **Modell 222UT** (Utility Twin), der für den IFR-Betrieb mit einer Zwei-Mann-Besatzung ausgerüstet ist und standardmäßig Notschwimmer, zusätzliche Treibstofftanks und ein Kufenfahrgestell statt des Radfahrwerks bietet.

Den Antrieb des **Modell 222** besorgen zwei Avco-Lycoming-LTS-101-650C-2-Wellenturbinen. Ihr Trockengewicht von nur 110 kg pro Triebwerk stellt bei Vollast ein maximales Leistungs-/Gewichtsverhältnis von 4,58 kW/kg bereit. Mit der Serienversion **Modell 222B** wurden leistungsgesteigerte LTS-101-750C-1-Triebwerke eingeführt.

Die ersten für Flüge nach Sichtflugregeln zugelassenen **Modell 222** wurden im Januar 1980 an Petroleum Helicopters und Schiavone Construction geliefert. Der am 25. Januar 1981 an Omniflight Helicopters übergebene **Modell 222** war der 25.000. Hubschrauber, den Bell gebaut hatte. 1992 wechselte die Produktion zum Modell 230, einem ähnlichen Hubschrauber, aber mit Allison-250-C30G2-Triebwerken zu je 522 kW.

**TECHNISCHE DATEN**
**Bell Modell 222**
**Typ:** leichter Zivilhubschrauber
**Triebwerk:** zwei Avco-Lycoming-LTS-101-650C-2-Wellenturbinen mit einer Startleistung von je 503 kW (684 WPS) und einer max. Dauerleistung von je 446 kW (607 WPS)
**Leistung:** max. Reisegeschwindigkeit 265 km/h in Meereshöhe; wirtschaftliche Reisegeschwindigkeit 241 km/h in 2440 m Höhe; Dienstgipfelhöhe 6095 m; Reichweite mit max. Treibstoff 523 km
**Gewicht:** Rüstmasse 2204 kg; max. Startmasse 3650 kg
**Abmessungen:** Hauptrotordurchmesser 12,12 m; Rumpflänge 10,98 m; Höhe 3,51 m; Hauptrotorkreisfläche 115,29 m²

***Der Bell Modell 222 ist äußerst elegant und für acht Personen, einschließlich Pilot, ausgelegt. Die Version Modell 222 Executive kann sieben Personen befördern, während der 222 Offshore zwei Piloten und fünf Passagieren Platz bietet.***

# Bell Modell 412

Bell entwickelte den **Modell 412** als Version des Modell 212 mit einem Vierblatt-Hauptrotor fortschrittlichen Entwurfs. Die Blätter sind aus Glasfasermaterial mit Nomex-Wabenkern konstruiert und besitzen an der Nasenkante eine Erosionsschutzleiste aus Titan sowie eine integrierte Blitzschutzmatte. Heizelemente zur Enteisung können auch installiert werden. Die ebenfalls neu entworfene Rotornabe ist eine Stahl- und Leichtmetallkonstruktion mit Elastomerlagern und -dämpfern.

Zwei neue Modell 212 wurden für das Entwicklungsprogramm des neuen Hubschraubers modifiziert und am 13. Februar 1980 für VFR- und IFR-Flüge zugelassen.

Eine Leistungssteigerung brachte der **Modell 412SP** mit einem um 55% höherem Tankvolumen und weiteren Verbesserungen. IPTN in Indonesien baute 100 solcher Drehflügler, während Helicopter Services A/S 17 Exemplare für die Norwegische Luftwaffe endmontierte. Bis Januar 1989 waren 162 **Modell 412** ausgeliefert.

Der italienische Hersteller Agusta fertigt dieses Muster als **AB 412SP** und lieferte mehr als 75 Exemplare. Agusta entwickelte den **Griffon**, eine für den Militärdienst verstärkte Version.

**TECHNISCHE DATEN**
**Bell Modell 412**
**Typ:** ziviler/militärischer Nutzhubschrauber
**Triebwerk:** ein PWAC-PT6T-3B-1-Twin-Pac-Zwillingstriebwerk, auf eine Startleistung von 975 kW (1326 WPS) gedrosselt
**Leistung:** max. Reisegeschwindigkeit in Meereshöhe 230 km/h; Dienstgipfelhöhe 4330 m; max. Reichweite in Meereshöhe 420 km
**Gewicht:** Leermasse 2823 kg; max. Startmasse 5262 kg
**Abmessungen:** Hauptrotordurchmesser 14,02 m; Länge bei drehenden Rotoren 17,07 m; Höhe bei drehenden Rotoren 4,32 m; Hauptrotorkreisfläche 154,39 m²

***Bei Modell 412 verzichtete man auf den Bell-Zweiblatt-Rotor und verlieh ihm vier Blätter an der Hauptrotorbaugruppe.***

Die neueste Serienversion heißt **Modell 412HP**. Diese Variante wählten die kanadischen Streitkräfte als Ersatz für den größten Teil ihrer Hubschrauberflotte.

# Bell X-1

Die Verfügbarkeit des Raketenmotors und des Düsentriebwerks versetzte Konstrukteure in die Lage, die Entwicklung von überschallschnellen Luftfahrzeugen anzugehen. Sie mußten aber die sogenannte „Hitzemauer" überwinden. Dies setzte neue Werkstoffe voraus, die der beim Überschallflug durch Reibung erzeugten Hitze standhalten konnten.

Im Februar 1945 verständigten sich die United States Army Air Force und das National Advisory Committee for Aeronautics auf die gemeinsam geförderte und finanzierte Entwicklung einer Serie von Forschungsflugzeugen, um diese Probleme zu untersuchen. Mit der Konstruktion dieser Maschinen beauftragte man Bell. Der geschoßförmige Prototyp **Bell XS-1** (später **Bell X-1**) wurde erstmals am 19. Januar 1946 zum antriebslosen Flug von einer eigens modifizierten Boeing B-29 in der Luft abgesetzt. Am 9. Dezember desselben Jahres folgte der erste angetriebene Flug mit dem zweiten Prototyp, den Chalmere Goodlin führte. Am 14. Oktober 1947 durchbrach Captain Charles „Chuck" Yeager zum ersten Mal die Schallmauer, als er in 12.800 m Höhe eine Geschwindigkeit von 1078 km/h oder Mach 1,05 erreichte. Nur wenige Tage später stellte diese Maschine, die heute im National Air and Space Museum in Washington ausgestellt ist, einen Höhenrekord von 21.372 m (70.119 ft) auf. Es wurde noch eine dritte **X-1** gebaut, die aber später bei einem Unfall auf dem Luftwaffenstützpunkt Edwards zerstört wurde.

***Mit dieser zweiten Bell X-1 durchbrach Yeager die Schallmauer. Sämtliche Landungen wurden antriebslos durchgeführt.***

**Varianten**

**Bell X-1A:** erstes von drei, im Jahre 1948 in Auftrag gegebenen X-1-Flugzeugen; es hatte eine gewölbte Cockpithaube anstelle des flachen Kabinendachs der XS-1, einen längeren Rumpf mit erweiterter Treibstoffkapazität und turbogetriebene Treibstoffpumpen statt des Originalsystems mit druckbeaufschlagtem Stickstoff; am 12. Dezember 1953 flog Yeager die X-1A mit Mach 2,35 und erreichte im Juni 1954 eine Höhe von mehr als 27.430 m
**Bell X-1B:** diente der Thermalforschung; heute Exponat im Alabama Space and Rocket Center in Huntsville
**Bell X-1D:** drittes Exemplar des zweiten Bauloses; wurde im August 1951 zerstört, als es nach einer Explosion vom Trägerflugzeug B-50 abgesprengt wurde
**Bell X-1E:** überarbeiteter Prototyp X-1, ausgerüstet mit einem neuen Tragwerk von Stanley Aviation, das ein Dickenverhältnis von 4 Prozent aufwies, und mit neu entworfener Cockpithaube; steht heute vor dem NASA-Komplex auf Edwards AFB

**TECHNISCHE DATEN**
**Bell X-1**
(mit turbogetriebenen Kraftstoffpumpen)
**Typ:** Überschallforschungsflugzeug mit Raketenantrieb
**Triebwerk:** ein Raketenmotor mit 2722 kg Schub von Reaction Motors
**Leistung:** Höchstgeschwindigkeit 2736 km/h in 18.290 m Höhe
**Gewicht:** Leermasse einschließlich Testausrüstung 2219 kg; max. Startmasse 6078 kg
**Abmessungen:** Spannweite 8,53 m; Länge 9,45 m; Höhe 3,30 m

# Bell X-2 bis XP-83

**Von den späten 40er bis in die 60er Jahre baute Bell eine Anzahl faszinierender Experimentalflugzeuge, so die X-2 (erstmals schneller als Mach 3), die X-5 mit variabler Geometrie und die X-22 mit vier Kippmantel-Propellern für Auf- und Vortrieb. Die XP-77 und XP-83 waren Prototypen im Zweiten Weltkrieg als Leichtjäger mit Kolbenmotoren bzw. als Langstrecken-Turbojet-Jäger, gelangten aber beide nicht in die Produktion.**

## Bell X-2

Bei oberflächlicher Betrachtung ähnelte die **Bell X-2** der früheren Baureihe von X-1 Forschungsflugzeugen, aber sie war als Versuchsmaschine für den Hochgeschwindigkeitsflug (bis Mach 3) in großer Höhe konzipiert. Die Tragflächen aus rostfreiem Stahl und andere Teile der Zelle enthielten Meßeinrichtungen, um Informationen über die Hitzewirkung auf unterschiedliche Werkstoffe des Flugwerks zu sammeln. Die **X-2** wurde von einem regulierbaren Curtiss-Wright-XLR25-CW-1-Raketenmotor angetrieben. Das Fahrgestell bestand aus einem herkömmlichen Bugrad und einer breiten einziehbaren Hauptkufe, ergänzt durch Hilfskufen unter den Flächen auf Höhe der mittleren Spannweite. Mit Hilfe eines Radkarrens wurde die **X-2** unter dem Startflugzeug, einer speziell angepaßten Boeing B-50, in Position gebracht. Die B-50 wurde per Hubzylinder angehoben.

Im Juni 1952 begann das Testprogramm mit zunächst antriebslosen Flügen. Während man Tests am Drucksystem und der Raketentreibstoffanlage zur Vorbereitung eines angetriebenen Flugs durchführte, sprengte eine Explosion den Prototypen von der B-50 ab. Bells Cheftestpilot kam dabei ums Leben. Die zweite **X-2** absolvierte am 18. November 1955 den ersten Flug mit Motorkraft und erreichte am 7. September 1956 38.405 m Höhe. Beim nächsten Flug am 27. September 1956 stürzte auch sie nach der Geschwindigkeit von Mach 3,2 ab, die erst 1961 verbessert wurde. Der Pilot, Captain Milburn G. Apt, fand dabei den Tod.

***Die Bell X-2 war ein Forschungsflugzeug, das die Wirkung des Hochgeschwindigkeitsflugs in großer Höhe untersuchen sollte.***

**TECHNISCHE DATEN**
**Bell X-2**

**Typ:** einsitziges Versuchsflugzeug
**Triebwerk:** ein Curtiss-Wright-XLR25-CW-1-Raketentriebwerk mit einer Leistung von 6804 kg Schub
**Leistung:** Höchstgeschwindigkeit 3058 km/h; Dienstgipfelhöhe 38.405 m
**Abmessungen:** Spannweite 9,75 m; Länge 13,41 m; Höhe 4,11 m

## Bell X-5

Als US-Truppen im April 1945 in Oberammergau einmarschierten, entdeckten sie ein Versuchswerk, in dem der nahezu fertiggestellte Prototyp Messerschmitt P.1101 stand. Mit diesem einsitzigen Strahljäger hatte der Hersteller Erkenntnisse über die Wirkung verschiedener Pfeilwinkel des Tragwerks gewinnen wollen. Leiter des Teams war Bells Chefkonstrukteur Robert J. Woods. Nachdem diese Maschine untersucht worden war, gelang es Woods im Herbst 1948, sie als Versuchsträger des von ihm entwickelten Flügelverstellmechanismus für Bell zu ergattern. Leider wurde die P.1101 bei der Überführung beschädigt. Im Februar 1949 schlug Bell die Konstruktion zweier Prototypen mit variabler Geometrie vor und fand Gehör.

Unter dem Antrieb eines Allison-J35-A-17-Strahltriebwerks führte die erste **Bell X-5**, die große Ähnlichkeit mit dem Messerschmitt-Entwurf aufwies, Rollversuche in Niagara Falls, New York, durch. Anschließend wurde sie nach Edwards AFB transportiert. Von diesem Testzentrum aus flog „Skip" Ziegler sie erstmals am 20. Juni 1951. Beim fünften Flug am 27. Juli 1951 wurde die Flügelpfeilung zum ersten Mal im Flug verändert. Die Maschine konnte mit drei Pfeilwinkeln zwischen 20° und 60° operieren. Dabei bewegte sich das Tragwerk zur Erhaltung des Schwerpunkts auf Schienen vor- und zurück.

Der erste Prototyp wickelte sein Flügelverstellprogramm makellos ab und blieb als Begleitjäger in Edwards. Der zweite Prototyp stürzte am 13. Oktober 1953 ab, und der Testpilot, Major Raymond Popson, kam ums Leben. Das verbliebene Exemplar ist eines der Prunkstücke des USAF-Museum auf Wright-Patterson AFB in Dayton, Ohio.

**TECHNISCHE DATEN**
**Bell X-5**

**Typ:** einsitziges Forschungsflugzeug
**Triebwerk:** ein Allison-J35-A-17-Strahltriebwerk mit 2223 kg Schub
**Leistung:** Höchstgeschwindigkeit im Horizontalflug etwa 1045 km/h
**Gewicht:** max. Startmasse 4536 kg
**Abmessungen:** Spannweite 9,39 m in vorderster Stellung und 5,66 m in hinterster Stellung; Länge 10,16 m; Höhe 3,66 m

***Die von der Messerschmitt P.1101 abgeleitete Bell X-5 diente zu Forschungen auf dem Gebiet der variablen Geometrie.***

## Bell X-22

Eines der bizarrsten, senkrechtstartfähigen Luftfahrzeuge war die **Bell X-22A**. Sie entsprach einem im November 1962 von der US Navy erteilten Forschungsauftrag für Fluggerät mit ummantelten Kipppropellern. Der konventionelle Rumpf hatte hintere Stummelflächen mit je einem Mantelpropeller an der Nasenkante und Elevon-Steuerflächen im Nachstrom der Hamilton-Standard-Dreiblatt-Luftschrauben mit einem Durchmesser von 2,13 m. Das vordere Tragwerk, unmittelbar hinter dem Flugdeck am Rumpf montiert, war mit ähnlichen Mantelschrauben und Steuerflächen ausgestattet. Den Antrieb lieferten vier General-Electric-YT58GE-8D-Wellenturbinen, die paarweise am Ansatz der hinteren Flächen saßen. Über Kreuz geführte Antriebswellen stellten sicher, daß bei Ausfall eines Triebwerks alle vier Mantelschrauben weiter versorgt wurden.

Die erste **X-22A** flog am 17. März 1966 und führte vier Senkrechtstarts bis auf eine Höhe von 7,62 m durch. Kurzstreckenstarts fanden ebenfalls statt, doch am 8. August 1966 verursachte das Versagen einer Hydraulikanlage eine harte Landung. Das zweite Versuchsflugzeug flog erstmals am 26. Januar 1967 und brachte das Pro-

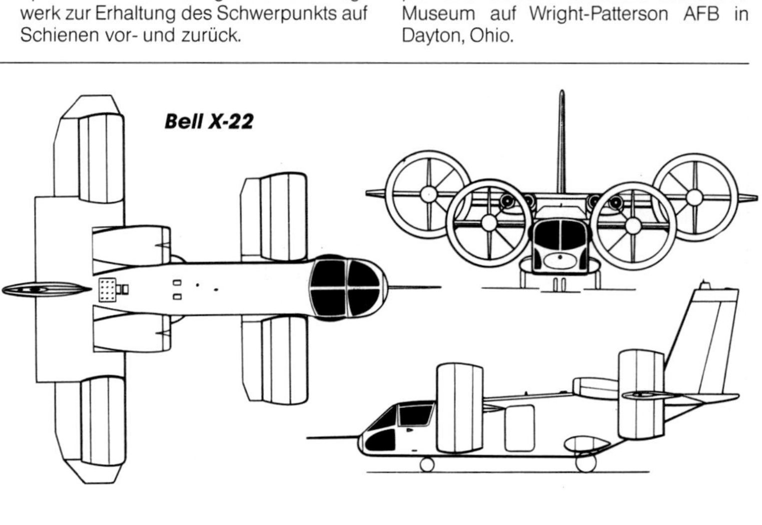

gramm erfolgreich zum Abschluß. Am 19. Mai 1969 wurde die **X-22** nach 110 Flugstunden zur Erprobung durch alle drei Teilstreitkräfte für Forschungsvorhaben der FAA und NASA übergeben. Bis dahin hatte das Versuchsflugzeug 185 Übergänge vom Senkrechtstarter zum Flächenflugzeug und umgekehrt, annähernd 400 Senkrechtstarts und rund 200 Kurzstreckenstarts/-Kurzstreckenlandungen nachgewiesen.

**TECHNISCHE DATEN**
**Bell X-22**

**Typ:** V/STOL-Versuchsflugzeug mit ummantelten Kipppropellern
**Triebwerke:** vier General-Electric-YT58-GE-8D-Wellenturbinen zu je 932 kW (1267 WPS)
**Leistung:** Höchstgeschwindigkeit 509 km/h in Meereshöhe; Marschgeschwindigkeit in 3355 m Höhe 343 km/h
**Gewicht:** max. Startmasse für Senkrecht- und Kurzstreckenstart 8172 kg
**Abmessungen:** Spannweite 11,96 m; Spannweite der Vorflügel 7,01 m; Länge 12,06 m; Höhe 6,30 m

***Die vier kippbaren Mantelpropulsoren an den „Ecken" der Bell X-22A ermöglichten sowohl Senkrechtstarts/-Senkrechtlandungen als auch den flächengestützten Flug. Für den Antrieb dieser Mantelpropeller sorgten Wellenturbinen am hinteren Tragwerk mit gekreuzten Verbindungswellen, um dem Ausfall eines Fans vorzubeugen.***

# Bell XP-77

Die zusehends wachsenden Bomber- und Jägerflotten ließen im Zweiten Weltkrieg Befürchtungen aufkommen, daß das zur Flugzeugproduktion benötigte Leichtmetall knapp werden könnte. **Bells Tri-4**, wie man sie ursprünglich nannte, war eines von mehreren Projekten zur Fertigung von Jagdflugzeugen aus sogenannten „nichtstrategischen" Werkstoffen. Die Zelle dieses freitragenden Tiefdeckers mit einziehbarem Dreibein-Fahrwerk bestand weitgehend aus Holz, und als Antrieb diente ein Ranger-Reihenmotor.

Nach etlichen Änderungen gewann der von Bell eingereichte Entwurf einen Auftrag zum Bau von sechs **XP-77** Prototypen. Verzögerungen und steigende Kosten führten jedoch zur Kürzung dieses Auftrags auf zwei Flugzeuge, von denen das erste am 1. April 1944 zum Jungfernflug abhob. Spätere Flugtests deckten noch etliche Schwächen auf, so wurde das Programm Ende 1944 eingestellt.

**TECHNISCHE DATEN**
**Bell XP-77**

**Typ:** leichter einsitziger Jagdbomber
**Triebwerk:** ein Ranger-XV-770-7-Reihenmotor mit 388 kW (528 PS)
**Leistung:** Höchstgeschwindigkeit 531 km/h; Dienstgipfelhöhe 9175 m; Reichweite 885 km
**Gewicht:** Leermasse 1295 kg; max. Startmasse 1827 kg
**Abmessungen:** Spannweite 8,38 m; Länge 6,97 m; Höhe 2,50 m; Tragflügelfläche 9,29 m²

***Die Bell XP-77 wurde als Leichtjäger entworfen und aus nichtstrategischem Material konstruiert, doch ihre Leistung war unzureichend.***

# Bell XP-83

Der Hauptnachteil früher strahlgetriebener Jagdflugzeuge war ihr bedrückend hoher Treibstoffverbrauch. 1944 begann Bell daher mit dem Entwurf eines Langstreckenjägers, bei dem das Unternehmen im wesentlichen an der Auslegung der Airacomet festhielt. Am 31. Juli 1944 sicherte sich der Bell-Vorschlag einen Auftrag der USAF für zwei Prototypen **XP-83**, von denen der erste am 25. Februar 1945 erstmals flog.

Der neue Typ war, wie die P-59, ein freitragender Mitteldecker mit einziehbarem Dreibein-Fahrwerk und zwei unter die Flächenansätze gehängten Strahltriebwerken. Eine größere Reichweite ließ sich damals nur durch mehr Treibstoff und nicht durch bessere Triebwerktechnologien erzielen. Daher wurde der Rumpf nach Höhe und Breite erweitert, um ein größeres Tankvolumen zu ermöglichen. Notfalls ließ sich diese Kapazität noch durch zwei Abwurftanks unter den Tragflächen erweitern. Die Flugerprobung ergab jedoch unbefriedigende Leistungen, und das Projekt wurde aufgegeben.

***Die Tonnenform der Bell XP-83 läßt erkennen, daß es hier darum ging, das Tankvolumen für eine vernünftige Reichweite zu erhöhen. Dadurch verschlechterte sich ihre Leistung aber erheblich.***

**TECHNISCHE DATEN**
**Bell XP-83**

**Typ:** einsitziger Langstreckenjäger
**Triebwerke:** zwei General-Electric-J33-GE-5-Strahltriebwerke zu je 1814 kg Schub
**Leistung:** Höchstgeschwindigkeit 840 km/h in 4775 m Höhe; Dienstgipfelhöhe 13.715 m; Reichweite in 9145 m Höhe mit Abwurftanks 2784 km
**Gewicht:** Leermasse 6398 kg; max. Startmasse 10.927 kg
**Abmessungen:** Spannweite 16,15 m; Länge 13,66 m; Höhe 4,65 m; Tragflügelfläche 40,04 m²
**Bewaffnung:** sechs 12,7-mm-Bugmaschinengewehre

## Bell/Boeing V-22 Osprey bis Berijew A-40 Albatross

**Die amerikanische Bellanca Aircraft Corporation war 1927 von Giuseppe Bellanca gegründet worden. Firmenzweck war der Bau von Hoch-(Schulter-)deckerflugzeugen mit Breitprofilsehnen-Streben und Profilverkleidung für zusätzlichen Auftrieb. Georgi Michailowitsch Berijew spezialisierte sich schon seit 1920 auf Wasserflugzeuge. Sein Konstruktionsbüro, das er 1932 gründete, wurde 1990 zum Wissenschaftlich-Technischen Luftfahrt-Komplex „G. M. Berijew" Taganrog.**

# Bell/Boeing V-22 Osprey

Seit dem Ende des Zweiten Weltkriegs versuchte sich die Luftfahrtindustrie sporadisch an Kipprotor- und Verwandlungsflugzeugen. Die **Bell/Boeing V-22 Osprey** aber ist das erste Ergebnis einer konzertierten Bemühung, das Tiltrotorkonzept zum praktischen Gebrauch zu führen und in seriengefertigten Nutzflugzeugen umzusetzen. Die **V-22** baute auf Bells XV-15 Kipprotor-Technologiedemonstrator auf und diente zur Ablösung herkömmlicher Hubschrauber in Transport-, Rettungs- und Sonderdiensten, wie dem Ein- und Ausschleusen von Kommandotrupps.

Die **Osprey** (Fischadler) hat eine konventionelle Kabine, die für insgesamt 24 Soldaten mit voller Kampfausrüstung ausgelegt ist. Zwei Flugzeugführer und ein Ladungsmeister bilden die Besatzung. Die Tragflächen des Schulterdeckers sind leicht negativ gepfeilt und mit gewöhnlichen Kontrollflächen ausgestattet. Das hochgezogene Rumpfheck enthält eine Laderampe und nimmt das Leitwerk in Form von Höhenflossen mit Rudern und großen Endplatten als Seitenflossen mit Rudern auf.

Für den Antrieb sorgen zwei an den Flächenenden kippbar gelagerte Allison-T406-Wellenturbinen. Ihr Schwenkbereich beträgt 97,5°, so daß neben Schwebe- und Vorwärtsflug sogar die Möglichkeit zur leichten Rückwärtsbewegung besteht. Zur Unterbringung auf Flugzeugträgern läßt sich die Flächen-/Triebwerk-Baugruppe beiklappen.

Die erste **Osprey** absolvierte ihren Jungfernflug am 19. März 1989 bei Bell in Arlington. Am 9. September folgte die zweite Versuchsmaschine, und Nr. 4 flog am 21. Dezember vom Boeing-Werk in Wilmington. Nr. 3 hob erstmals am 9. Mai 1990 in Arlington ab. Beim Erstflug der Nr. 5 am 11. Mai in Wilmington verursachte eine falsche Verdrahtung innerhalb der Avionik einen Unfall ohne tödliche Folgen. In einer späteren Phase des Flugprogramms stürzte Nr. 3 ab. Alle Personen an Bord fanden den Tod.

Die **Osprey**, Gegenstand fortwährender Haushaltsdebatten, mußte schwere politische Turbulenzen durchfliegen. Ihre Entwicklung zur Serienreife wurde dadurch nur in sehr kleinem Maßstab genehmigt. Ende 1992 waren sechs Prototypen fertiggestellt, drei „repräsentative Serienflugzeuge" in das Haushaltsjahr 1992 eingestellt und drei weitere Exemplare in das Haushaltsjahr 1993. Die ersten Lieferungen an das US Marine Corps, ursprünglich für Ende 1991 vorgesehen, sind nunmehr frühestens 1994 zu erwarten.

**Varianten**

**MV-22A:** Transportversion für Luftsturmtruppen des US Marine Corps; Anfangsforderung von 552 Exemplaren als Ersatz für CH-46 Sea Knight und CH-53 Sea Stallion; Einsatzavionik und FLIR im Kinnturm und APQ-174 Geländefolgeradar im versetzt montierten Fingerhut-Radom

**HV-22A:** Such- und Rettungsversion der US Navy; 50 Exemplare gefordert, aber für den Rettungsdienst beschaffte die US Navy vor kurzem den HH-60H

**CV-22A:** Unterstützungversion für Sonderkräfte der US Air Force mit Avionik und Bewaffnung für Nachteinsätze als Ersatz für MH-53 und MH-60; Erstforderung von 80 Flugzeugen auf 55 reduziert; kann maximal 12 Soldaten der Special Forces mit kompletter Ausrüstung befördern

**SV-22A:** vorgeschlagene trägergestützte U-Jagdversion als Ersatz für die S-3 Viking der US Navy; angegebene Forderung bis zu 300 Flugzeuge

### TECHNISCHE DATEN
**Bell Boeing YV-22A**

**Typ:** Kipprotor-Transportflugzeug
**Triebwerke:** zwei Allison-T4066-AD-400-Wellenturbinen mit je 4586 kW (6237 WPS)
**Leistung:** max. Marschgeschwindigkeit als Hubschrauber 185 km/h und als Flugzeug 582 km/h; Dienstgipfelhöhe 7925 m; Reichweite 2224 km bei Senkrechtstart und 5443 kg Nutzlast, 3336 km bei Rollstart und 9072 kg Nutzlast oder 3892 km bei Rollstart zum Überführungsflug
**Gewicht:** Rüstmasse 14.463 kg; max. Abflugmasse mit Senkrechtstart 21.545 kg; max. Abflugmasse mit Rollstart 24.947 kg, max. Abflugmasse für Überführungsflug mit Rollstart 27.442 kg
**Abmessungen:** Rotordurchmesser je 11,58 m; Spannweite mit Triebwerkgondeln, 15,52 m; Gesamtbreite bei laufenden Rotoren 25,78 m; Rumpflänge, ohne Luftbetankungssonde 17,47 m; Höhe über den Seitenflossen 5,28 m; Rotorkreisfläche, je 105,4 m²; Tragflügelfläche, einschließlich Mittelstück, 35,49 m²

# Bellanca Citabria

Der Aufkauf der Champion Aircraft Corporation durch Bellanca im September 1970 führte zur Serienfertigung von Flugzeugen, die von der **Modell 7AC Champ** abgeleitet wurden. Von diesem Muster hatte man mehr als 7000 Exemplare produziert. Die langlebigsten Abkömmlinge stellten die **Bellanca Citabria** („airbatic" rückwärts gelesen) und die **Bellanca Scout** dar. Bevor die Fertigung 1990 auslief waren drei Versionen der **Citabria** erhältlich.

Die **Citabria** ist ein abgestrebter Hochdecker mit Tragflächen in gemischter Bauweise. Rumpf und Leitwerk sind aus geschweißtem Stahlrohr konstruiert und sämtliche Kontrollflächen mit Stoff bespannt. Das Spornradfahrwerk mit freitragenden Federstahl-Hauptbaugruppen ist nicht einziehbar. Bei den beiden moderneren Versionen **Citabria 150** kamen Radabdeckungen hinzu. Die geschlossene Kabine ist für zwei Personen ausgelegt und die Tür – wegen der Kunstflugtauglichkeit (+5g/–2g) – im Notfall abwerfbar.

***Die Bellanca Citabria ist kunstflugtauglich und bietet zwei Insassen in einer geräumigen Kabine eine ordentliche Reisegeschwindigkeit.***

Die bis 1979 erhältlichen drei Versionen waren die **Citabria Standard** mit einem Avco Lycoming-O-235-K2C, die fortschrittlichere **Citabria 150** mit 112 kW (152 PS) starkem Avco Lycoming-O-320-A2D-Boxermotor und generell höherem Ausrüstungsstandard und die grundsätzlich ähnliche **Citabria 150S**, die sich nur durch ihr weiter gespanntes Tragwerk mit Landeklappen unterschied. Als die Produktion 1980 auslief, waren mehr als 5000 Flugzeuge gebaut.

### TECHNISCHE DATEN
**Bellanca Citabria**

**Typ:** zweisitziger Kabinen-Eindecker
**Triebwerk:** (Standard) ein Avco-Lycoming-O-235-K2C-Vierzylinder-Boxermotor mit 86 kW (117 PS)
**Leistung:** (A: Standard, B: 150S) Höchstgeschwindigkeit A 201 km/h, B 209 km/h; Reisegeschwindigkeit A 189 km/h, B 198 km/h; Dienstgipfelhöhe A 3660 m, B 5180 m; Reichweite A 1154 km, B 966 km
**Gewicht:** Leermasse A 484 kg, B 522 kg; max. Startmasse A und B 748 kg
**Abmessungen:** Spannweite A 10,19 m, B 10,49 m; Länge 6,92 m; Höhe 2,35 m; Tragflügelfläche A 15,33 m², B 15,79 m²

# Bellanca Decathlon

Die speziell für den Kunstflug entworfene **Champion Modell 8KSAB Decathlon** ähnelte in der Grundauslegung der Citabria, erhielt aber eine kürzere Spannweite und größere Flügeltiefe. Die Zelle wurde für Belastungen von +6g bis –5g verstärkt. **Bellanca** führte die Entwicklung und Produktion fort, so daß man 1979 drei Versionen anbieten konnte. Die **Bellanca Decathlon** war praktisch mit dem Originalmodell **8KCAB** identisch und wurde von einem 112 kW (152 PS) starken Avco-Lycoming-AEIO-320-E1B-Kolbenmotor und Festpropeller angetrieben. Die **Bellanca Decathlon CS** hatte ein ähnliches Triebwerk, aber einen Propeller mit konstanter Drehzahl und eine höherwertige Ausrüstung. Die **Bellanca Super Decathlon** unterschied sich von der **CS** durch einen stärkeren Avco-Lycoming-AEIO-3660-H1A-Vierzylinder-Boxermotor mit gleichdrehzahlgeregeltem Propeller. Bei Produktionsende 1980 hatten mehr als 550 **Decathlon** das Werk verlassen.

***Die Bellanca Decathlon, die sich im Grundentwurf an die Citabria anlehnte, erhielt ein Tragwerk geringerer Streckung, um ihre Kunstflugeigenschaften etwas zu verfeinern.***

**TECHNISCHE DATEN**
**Bellanca Super Decathlon**

**Typ:** zweisitziger Kabinen-Eindecker
**Triebwerk:** ein Avco-Lycoming-EIO-3660-H1A-Vierzylinder-Boxermotor mit 134 kW (182 PS)
**Leistung:** Höchstgeschwindigkeit 254 km/h; Reisegeschwindigkeit 241 km/h; Dienstgipfelhöhe 4875 m; Reichweite 1005 km
**Gewicht:** Leermasse 596 kg; max. Startmasse 816 kg
**Abmessungen:** Spannweite 9,75 m; Länge 6,98 m; Höhe 2,36 m; Tragflügelfläche 15,71 m²

# Bellanca Cruisair

Der Firma Bellanca verdankt die Fliegerwelt einige unvergängliche Muster, darunter die **Cruisair**, gelegentlich auch **Cruisair Senior** genannt. Diese Maschine baute Bellanca vor und nach dem Zweiten Weltkrieg, Downer Aircraft Industries ab 1959 und zuletzt die Firma International Aircraft Manufacturing Inc.

Die Nachkriegsversion **Bellanca Modell 14-13-3** unterschied sich nur wenig von ihren Vorgängern. Es handelte sich um einen freitragenden Tiefdecker mit durchweg aus Holz konstruierten Tragflächen und einfachen Wölbungsklappen. Der Rumpf und das drahtverspannte Leitwerk bestanden aus einem geschweißten Stahlrohr-Fachwerk mit Stoffbespannung. Ein ungewöhnliches und kennzeichnendes Merkmal des Leitwerks waren kleine Endplatten an den Höhenflossen, die das normale Seitenleitwerk mit Ruder ergänzten. Das Spornradfahrwerk ließ sich einziehen, wobei die Räder der nach hinten einfahrenden Hauptbaugruppen aus der Unterseite des Tragwerks hervorlugten.

Die geschlossene Kabine konnte vier Personen paarweise nebeneinander und Gepäck in einer Zelle hinter der Rückbank aufnehmen. Für den Antrieb sorgte ein Franklin-Sechszylinder-Boxermotor. Die Fortführung der Produktion sicherte diesem nicht sonderlich aufregenden Flugzeug seinen Ruf, leicht zu fliegen, rundum zuverlässig, einfach in der Wartung und sparsam im Betrieb zu sein.

Die **Bellanca Modell 14-13-3W** war grundsätzlich ähnlich, aber stärker als Nutzflugzeug konzipiert. So hatte man die Kabine mit Sperrholz verkleidet, um Beschädigungen beim Be- und Entladen von Frachtgut vorzubeugen. Durch den einfachen Ausbau der Rücksitze ergab sich beträchtlicher Frachtraum, dessen Zugang eine zweite Kabinentür auf der linken Rumpfseite erleichterte.

**TECHNISCHE DATEN**
**Bellanca Cruisair**

**Typ:** Kabinen-Eindecker
**Triebwerk:** ein Franklin-Sechszylinder-Boxermotor mit 112 kW (152 PS)
**Leistung:** max. Reisegeschwindigkeit 266 km/h in 1980 m Höhe; Reisegeschwindigkeit in Meereshöhe 241 km/h; Dienstgipfelhöhe 6705 m
**Gewicht:** Leermasse 567 kg; max. Startmasse 975 kg
**Abmessungen:** Spannweite 10,41 m; Länge 6,50 m; Höhe 1,89 m; Tragflügelfläche 14,966 m²

***Der Rumpf dieses Leichtflugzeugs, der Bellanca Modell 14-13-3 Cruisair, war wie das Profil einer Tragfläche geformt.***

# Bellanca Cruisemaster/Viking

Die **Bellanca Viking** stammt vom Original-Modell 14-9 Junior der Vorkriegszeit ab. Sie nahm ihren Weg über zwei Modelle, die 14-13-3 Cruisair und die **Modell 14-19 Cruisemaster** der Nachkriegsperiode bei wechselnden Herstellern.

Bellanca Aircraft Corporation verkaufte sämtliche Rechte und die komplette Werkzeugausstattung für **Modell 14-19 Cruisemaster** an Northern Aircraft Inc., die im Januar 1959 in Downer Aircraft Company Inc. umfirmierte. Mehr als 100 **Cruisemaster** waren gebaut, als die Produktion auf die Downer Bellanca 260 umgestellt wurde, eine modifizierte Version des früheren Musters mit Dreibein-Fahrwerk und einem 194 kW (264 PS) starken Continental-Motor. Der Prototyp flog am 6. November 1958 und das erste Serienflugzeug am 20. Februar 1959. Veränderungen in der Firmenstruktur ließen Anfang der sechziger Jahre Inter-Air (International Aircraft Manufacturing Inc.) in Minnesota als Hersteller dieses Musters entstehen. Bis dahin hatte sich die Bezeichnung in **Modell 14-19-3A** geändert, und die **Viking** mit dem markant zurückgepfeilten Seitenleitwerk, wie wir sie heute kennen, erschien.

***Wie andere Bellanca-Entwürfe erwies sich die Bellanca Viking als äußerst zählebig. Sechs verschiedene Firmen bauten dieses Muster über einen Zeitraum von mehr als 40 Jahren.***

1967 war aus Inter-Air die Bellanca Sales Company (eine Tochter des Miller Flying Service) geworden, und das Muster hatte sich zur **Bellanca 260C Modell 14-19-3C** fortentwickelt. In dieser Zeit erschien die **Viking 300**, die die Zelle der 260C mit einem 224 kW (305 PS) starken Continental-Triebwerk verband. Die Fertigung beider Muster hielt mit 20 Flugzeugen pro

**TECHNISCHE DATEN**
**Bellanca Modell 17-30A Super Viking 300A**

**Typ:** viersitziges Leichtflugzeug
**Triebwerk:** ein Continental-IO-520-K-Sechszylinder-Boxermotor mit 224 kW (305 PS)
**Leistung:** Höchstgeschwindigkeit 364 km/h; max. Reisegeschwindigkeit 303 km/h; Dienstgipfelhöhe 5180 m; Reichweite 1366 km
**Gewicht:** Leermasse 1006 kg; max. Startmasse 1508 kg
**Abmessungen:** Spannweite 10,41 m; Länge 8,03 m; Höhe 2,24 m; Tragflügelfläche 15 m²

Monat an. 1970 erwarb die Bellanca Sales Company die Champion Aircraft Corporation. Der Firmenname änderte sich erneut, dieses Mal in Bellanca Aircraft Corporation. Anfang 1980 zwangen finanzielle Probleme das Unternehmen zur Einstellung der Produktion. Insgesamt 1670 **Vikings** in folgenden drei Versionen waren gebaut worden: **Modell 17-30A Super Viking 300A** mit dem Continental-IO-520-K-Triebwerk à 224 kW (305 PS), **Modell 17-31A Super Viking 300A** mit dem Avco-Lycoming-IO-540-KK1E5 gleicher Leistung und **Modell 17-31ATC Turbo Viking 300A** mit demselben Lycoming-Triebwerk und zwei Rajay-Turboladern.

# Bellanca Skyrocket

Die aus der Pacemaker-Serie hervorgegangene **Bellanca Skyrocket** flog erstmals im Jahre 1930. Von dem früheren Flugzeug unterschied sie sich lediglich in Einzelheiten und durch den Antrieb in Form des Pratt-&-Whitney-Wasp mit 317 kW (431 PS). Sechs Sitze waren in der **Skyrocket** eingerichtet, und für das Standard-Radfahrgestell wurden wahlweise Edo-Schwimmer angeboten.

Überraschenderweise war die **Skyrokket** nur 8 km/h schneller als die Pacemaker. Ihre Anfangssteiggeschwindigkeit von 6,35 m/sek und die Dienstgipfelhöhe von 6100 m im Vergleich zu 4,57 m/sek und 5485 m zeigten jedoch die Vorteile des stärkeren Motors. Wenig später bot man eine **De Luxe Skyrocket** an, deren Wasp mit 336 kW (457 PS) die Maschine auf 277 km/h beschleunigte. Dieses Muster wurde im April 1932 zugelassen und als **Bellanca Modell D** bekannt. Die Produktion ergab aber nur sieben Flugzeuge. Im Unterschied zum Vorgängermodell **Bellanca CH-400** waren sie mit einem neuen Fahrwerk einschließlich Radabdeckungen und Radbremsen ausgestattet.

***Das US Marine Corps setzte eine einzelne Bellanca CH-400 mit der Bezeichnung RE-3 als Sanitätsflugzeug ein. Zwei ähnliche, ebenfalls von der US Navy finanzierte Flugzeuge, erfüllten verschiedene Funkversuchs- und Transportaufgaben.***

1932 erwarb die US Navy drei zivile **CH-400**. Die erste Maschine, **Bellanca XRE-1**, wurde zur Funkerprobung auf NAS Anacostia verwendet. Die zweite **Bellanca XRE-2** diente als leichtes Transportflugzeug, während die dritte, **Bellanca XRE-3**, als Sanitätsflugzeug mit zwei Krankenliegen an das US Marine Corps ging.

1935 erweiterte Bellanca das Angebot durch **Modell 31-42 Senior Skyrocket** mit neu entworfenen Leitwerksflächen und einem Pratt-&-Whitney-Wasp-S3H1-Sternmotor à 410 kW (558 PS). Die Sitzeinrichtung für einen Piloten und fünf Passagiere blieb bestehen, aber wahlweise ließen sich sieben Passagiersitze einrichten. Dieses Modell wurde bis 1939 gefertigt. Daneben erschien die Version De Luxe Senior Skyrocket. Sie brachte etliche Verfeinerungen und einen Pratt-&-Whitney-Wasp-Sternmotor mit 391 kW (532 PS).

Nach dem Krieg baute Northwest Industries in Kanada in Lizenz eine kleine Zahl **Skyrocket** als **Modell 31-55A**.

### TECHNISCHE DATEN
**Bellanca Modell 31-42 Senior Skyrocket**

**Typ:** leichtes Transportflugzeug mit sechs/acht Sitzen
**Triebwerk:** ein Pratt - & - Whitney - Wasp - S3H1-Sternmotor mit 410 kW (558 PS)
**Leistung:** Höchstgeschwindigkeit 306 km/h; Reisegeschwindigkeit 290 km/h in 3660 m Höhe; Dienstgipfelhöhe 7620 m; Reichweite mit max. Treibstoffzuladung 2060 km
**Gewicht:** Leermasse 1560 kg; max. Startmasse 2540 kg
**Abmessungen:** Spannweite 15,39 m; Länge 8,51 m; Höhe 2,59 m; Tragflügelfläche 33,35 m²

# Bensen Aircraft Corporation

Dr. Igor Benson, vormals leitender Versuchskonstrukteur der Hubschrauberfirma Kaman Aircraft Corporation, gründete Anfang der fünfziger Jahre seine eigene Firma in Raleigh, North Carolina. Er hatte eine Serie kommerzieller Leichthubschrauber entwickeln wollen, zielte dann aber auf Privatpiloten ab, denen ein Drehflügler seiner Sicherheit wegen attraktiv erscheinen müßte.

Für diesen Marktsektor waren niedrige Einstiegskosten Vorbedingung. So entwikkelte Benson zunächst einen antriebslosen Rotorgleiter zum Schlepp hinter einem Motorfahrzeug. Für diesen **Benson B-8 Gyro-Glider** brauchte man in den USA keine Pilotenlizenz. Sollten die Aufwendungen auf ein Minimum begrenzt werden, so konnte man detaillierte Konstruktionspläne und Bauanleitungen erwerben. Selbst das Flughandbuch für den Eigenbauer fehlte nicht. Für etwas besser gestellte Interessenten bot Benson einen Bausatz leicht montierbarer Fertigteile an, und für Wohlhabendere fertigte die Firma auch das komplette Luftfahrzeug.

Die Produktion der Rotorblätter und Bausätze für den **Gyro-Glider** und den motorisierten **Benson Gyro-Copter** währte bis 1987. Im Zeitraum von mehr als 25 Jahren lieferte Benson Tausende solcher Fluggeräte. Weitere Benson-Produkte werden im folgenden Absatz kurz vorgestellt.

**Varianten**

**Modell B-8HD:** Variante des Modell B-8 Super Bug (s. unten) mit Hydraulikmotor, der dafür sorgte, daß sich der Rotor unter allen Flugaspekten drehte. Diese Einrichtung verbrauchte rund 3 kW (4 PS) der Motorleistung und ermöglichte kürzere Startstrecken und nahezu senkrechte Landungen

**Modell B-8M Gyro-Copter:** Autogiro-Version des Gyro-Glider mit McCulloc Motor und Druckschraube

**Modell B-8MH Hover-Gyro:** moderne Version des B-8M, die schweben, rückwärts und seitwärts fliegen konnte; ermöglicht durch zwei koaxiale Rotoren, der obere autorotierend und der untere von einem gesonderten Motor angetrieben

**Modell B-8MW Hydro-Copter:** Version des B-8M mit Schwimmerausrüstung

**Modell B-8V Gyro-Copter:** Bezeichnung einer Version des B-8M mit alternativem Antrieb, darunter ein modifizierter Volkswagenmotor

**Modell B-8 Super Bug:** moderne Version des B-8M mit Zwillingsmotor, der es ermöglicht, den Rotor vor dem Start auf Touren zu bringen und die Startstrecke somit erheblich zu verkürzen

***Eine Verfeinerung des Benson-B-8-Entwurfs ergab den B-9 Little Zipster mit gegenläufigen Zwillingsrotoren.***

### TECHNISCHE DATEN
**Modell B-8M (Standardausführung)**

**Typ:** einsitziger leichter Autogiro
**Triebwerk:** ein McCulloc-Modell-4318-Vierzylinder-Boxermotor mit 54 kW (73 PS) oder 67 kW (91 PS)
**Leistung:** Höchstgeschwindigkeit in Meereshöhe 137 km/h; wirtschaftliche Reisegeschwindigkeit 72 km/h; Dienstgipfelhöhe 3810 m; normale Reichweite 161 km
**Gewicht:** Leermasse 112 kg: max. Startmasse 227 kg
**Abmessungen:** Rotordurchmesser 6,10 m; Rumpflänge 3,45 m; Höhe 1,19 m; Rotorkreisfläche 29,19 m²

***Die US Air Force erprobte den Benson-Autogiro unter der militärischen Bezeichnung X-25B.***

***Dieser B-8 hat zwei übereinander montierte Triebwerke. Man beachte den direkt an den Rotorkopf gekoppelten Steuerarm.***

***Die B-10 Flying Platform gehörte zu den ungewöhnlichen Benson-Entwürfe. Das Fluggerät wurde von zwei kleinen Rotoren getragen, die jeweils ein McCulloch Motor mit 53,7 kW (73 PS) antrieb.***

***Der von zwei Staustrahltriebwerken an den Blattspitzen angetriebene Benson Mid-Jet wog nur 45 kg. Hier sieht man ihn mit Betty Skelton, einer berühmten Stunt-Pilotin der frühen fünfziger Jahre.***

# Berijew Be-6 „Madge“

1945 begann das Konstruktionsbüro Berijew mit der Entwicklung eines großen Seeaufklärungs- und Bomberflugboots, und 1947 hob der Prototyp **Berijew LL-143** zum ersten Mal ab. Der Hochdecker in Ganzmetallbauweise wurde von zwei Schwezow-ASh-Sternmotoren mit je 1472 kW (2000 PS) angetrieben. Die Bewaffnung bestand aus zwei 23-mm-Kanonen (NS-23) im Heckturm (hinter dem Doppelseitenleitwerk) und einem ähnlich bestückten, fernbedienten Waffenstand auf dem Rumpfrücken. Im Bug war eine einzelne NS-23 installiert.

Die Versuchsmaschine **LL-143** wurde zum Serienflugzeug **Berijew Be-6** fortentwickelt, und M.I. Tschepilow flog 1947 das erste Exemplar. Dieses Modell unterschied sich vom Prototyp durch eine weitaus komplexere Bordausrüstung, einschließlich eines fahrbaren Radarbehälters hinter der zweiten Stufe und eines neu entworfenen Bugs ohne Kanone. Später wich das Zwillingsgeschütz im Heck einer Magnetfeldsonde. Die **Be-6**, der die NATO den Decknamen „Madge“ zuteilte, führte eine schwere Offensivlast mit in Form verschiedener Kombinationen von Minen, Wasserbomben und Torpedos an Trägern außerhalb der beiden Triebwerke unter den Tragflächen.

Bis Anfang der siebziger Jahre erfüllten die **Be-6** Aufgaben der Seeaufklärung und U-Bootabwehr. Eine sehr geringe Zahl wurde noch bis Ende der siebziger Jahre im Transport- und Patrouillendienst zur Einhaltung der Fischfangabkommen eingesetzt.

**TECHNISCHE DATEN**
**Berijew Be-6**
**Typ:** Seeaufklärungs- und Bomberflugboot
**Triebwerke:** zwei Schwezow-ASh-73TK-Sternmotoren mit je 1693 kW (2300 PS)
**Leistung:** Höchstgeschwindigkeit 415 km/h in 2400 m Höhe; Dienstgipfelhöhe 6100 m; Reichweite 4800 km
**Gewicht:** Rüstmasse 18.827 kg; normale Startmasse 23.456 kg
**Abmessungen:** Spannweite 33,00 m; Länge 23,50 m; Höhe 7,45 m; Tragflügelfläche 120 m²
**Bewaffnung:** fünf (später vier) 23-mm-Kanonen NS-23 plus Minen, Wasserbomben oder Torpedos

***Berijew Be-6 „Madge“ der sowjetischen Marine mit Magnetfeldsonde im Heckausleger***

***Die erste Serienversion der Berijew Be-6 hatte ein fahrbares Bauchradom (hier ausgefahren) und ein Zwillingsgeschütz im Heck.***

# Berijew Be-8 „Mole“

Die **Berijew Be-8 „Mole“** von 1947 war ein Amphibien-Flugboot in Ganzmetallbauweise, dessen Haupträder seitlich in den Bootsrumpf unterhalb der Kabine einzogen. Das Tragwerk ruhte auf einem zentralen Sockel auf dem Rumpfrücken, gegen beide Seiten mit Parallelstreben abgestützt. In der Passagierkabine fanden insgesamt sechs Personen Platz. Die kleine Serie **Be-8** fand auch mehrseitige Verwendung im Sanitäts-, Verbindungs- und Ausbildungsdienst.

**TECHNISCHE DATEN**
**Beriev Be-8 „Mole“**
**Typ:** amphibisches Nutzflugboot
**Triebwerk:** ein Schwezow-ASh-21-Sternmotor mit 515 kW (700 PS)
**Leistung:** Höchstgeschwindigkeit 266 km/h in 1800 m Höhe; normale Marschgeschwindigkeit 246 km/h; Dienstgipfelhöhe 5550 m; normale Reichweite 810 km
**Gewicht:** Rüstmasse 2815 kg; normale Betriebsmasse 3624 kg
**Abmessungen:** Spannweite 19,00 m; Länge 13,00 m; Tragflügelfläche 40,00 m²

***Die Berijew Be-8 „Mole“ war der Versuch, ein amphibisches Nutzflugboot zu schaffen. Ihre Produktion blieb jedoch begrenzt.***

# Berijew Be-10 „Mallow“

Der **Berijew Be-10 „Mallow“** kommt die Ehre zu, als einziges strahlgetriebenes Flugboot der Welt die Serienreife erlangt zu haben. Sie wurde aus der **R-1** entwickelt und erstmals in einer Viererformation am Tag der Luftfahrt im Jahre 1961 beobachtet. Im Verlauf jenes Sommers stellte das als **M-10** bezeichnete Muster nicht weniger als zwölf Weltrekorde in seiner Klasse auf. Zu ihren Leistungen gehörten eine Geschwindigkeit von 912 km/h über 15/25 km, eine Geschwindigkeit von 875,86 km über einen geschlossenen 1000-km-Rundkurs mit 5000 kg Nutzlast und eine Höhe von 12.733 m mit 10.000 kg Nutzlast.

Die **Be-10** war ein Metall-Hochdecker, dessen scharf zurückgepfeiltes und nach unten abgewinkeltes Tragwerk beidseitig zwei Grenzschichtzäune und Stabilisierungsschwimmer an den Enden aufwies. Die Bewaffnung bestand aus zwei NS-23 Bugkanonen und einem radargesteuerten Zwillingsgeschütz im Heck.

**TECHNISCHE DATEN**
**Beriev Be-10 „Mallow“**
**Typ:** Seepatrouillen- und Aufklärungsflugboot
**Triebwerke:** zwei Ljulka-AL-7PB-Strahltriebwerke zu je 6500 kg Schub
**Leistung:** Höchstgeschwindigkeit 912 km/h; absolute Dienstgipfelhöhe 14.962 m; Reichweite 4800 km
**Gewicht:** Leermasse 24.100 kg; max. Startmasse 46.500 kg
**Abmessungen:** Spannweite 22,30 m; Länge 31,10 m; Tragflügelfläche 111,80 m²
**Bewaffnung:** vier 23-mm-NS-23 Kanonen und eine Waffenlast von 2000 kg, die über eine Entfernung von 2100 km mitgeführt werden konnte

***Die Berijew Be-10 „Mallow“ war weltweit das einzige Flugboot mit Strahlantrieb, das serienmäßig produziert wurde, allerdings nur in relativ kleiner Stückzahl.***

# Berijew Be-12 Tschaika „Mail“

Neben der japanischen und chinesischen Marine zählten die AV-MF (die sowjetischen Marineflieger) zu den letzten Teilstreitkräften, deren Kriegsflotten weiterhin Flugboote und Amphibienflugzeuge umfassen. Überall sonst übernahmen in den fünfziger Jahren Landflugzeuge die Rolle der Patrouillenflugboote.

Seit 1945 versorgte das Berijew-Konstruktionsbüro mit Sitz in Taganrog am Asowschen Meer die Nord- und Schwarzmeerflotte mit seetüchtigen Luftfahrzeugen. Der Ursprung der **Be-12 Tschaika** (Möwe) mit dem NATO-Decknamen **„Mail“** geht auf den LL-143 Prototyp von 1945 zurück, der 1949 zur Be-6 „Madge“ führte. Dieses zweimotorige Flugboot leistete bis 1967 erfolgreich Dienst.

Nach der Be-6 investierte das Berijew-Team beträchtliche Forschungsarbeit in das strahlgetriebene Flugboot und brachte 1952 die Be-R-1 mit geraden Flächen sowie 1960/61 die Be-10 mit Pfeilflächen hervor. Letztere, angetrieben von zwei Ljulka AL-7RV (einer nachbrennerlosen Triebwerkversion der Su-7), stellte 1961 eine Reihe von Rekorden für Seeflugzeuge auf. Es sollen jedoch nur drei oder vier Exemplar gebaut worden sein.

Die mit der Be-R-1 und Be-10 gewonnene Erfahrung floß in den Entwurf eines stark verbesserten Flugboots ein, das lokker auf der Be-6 gründete. Die NATO stufte es zunächst als ummotorisierte Version des früheren Musters ein. Tatsächlich aber hatte die **Be-12**, im Truppendienst bei der AV-MF als **M-12** bezeichnet, mit der Be-6 kaum mehr als die Kickflügel und das Doppelseitenleitwerk gemeinsam. Die höhere Leistung und das geringere Gewicht der Propellerturbinen gestatteten es, den vorderen Teil des Rumpfboots zu strecken und ihm einen neuen Gleitboden ähnlich dem der Be-10 zu geben. Der Spritzwasser unterdrückende Gürtel um den Bug der Be-10 ist ebenfalls ein Merkmal des Turboprop-Flugboots. Die bedeutendste Änderung aber bestand in dem kompakten einziehbaren Fahrgestell. Es machte die **Be-12** zum Amphibienflugzeug und somit im Einsatz erheblich vielseitiger als die älteren Berijew-Entwürfe. Die Kanonenbewaffnung der Be-6 entfiel zugunsten einer Magnetfeldsonde im Heck über dem Spornradschacht und eines Suchradars im vorgereckten Bugradom statt des fahrbaren Bauchradoms der Be-6. Einen Nachteil der Hochdeckerauslegung, die enorm hoch über dem Boden thronenden Triebwerke, schwächte man durch absenkbare Verkleidungsbleche ab, die tragfähige Wartungsbühnen bilden.

Das außerordentliche Leistungsvermögen der **Be-12** zeigte sich in einer Serie von Klassenrekorden für Amphibien-Luftfahrzeuge in den Jahren 1964, 1968 und 1970. Dies ließ auf eine normale Waffenlast von 5000 kg schließen. Die **Be-12** kann auf See durch besonders große Luken an den Seiten des Hinterrumpfs beladen werden, und eine wasserdichte Bodenluke hinter der Stufe erlaubt den Abwurf von Lasten. Im Gegensatz zu landgestützten U-Jagdflugzeugen ist ein Seeflugzeug bei relativ ruhiger See in der Lage, zur Suche und Ortung mit der bordeigenen Sonarausrüstung auf dem Meer niederzugehen, statt ausschließlich auf ausgesetzte Sonarbojen angewiesen zu sein. Vermutlich kann dies auch die **Be-12**.

Mit vermehrtem Einsatz des U-Jagdhubschraubers Mil Mi-14 „Haze“ und der Iljuschin Il-38 „May“ dürfte die ASW-Rolle der **Be-12** an Bedeutung verlieren. Dennoch wird man dieses Muster sicher weiterhin als Hochgeschwindigkeitsfahrzeug im Such- und Rettungsdienst nutzen. Vermutlich wurde die **Tschaika** auch zur Luftbildvermessung, geophysikalischen Überwachung und Marineversorgungsflügen verwendet. Nach sowjetischem Standard entstand dieses Muster nicht in großer Stückzahl. Meldungen besagen, daß Ende der achtziger Jahre nur etwa 90 Flugzeuge im Dienst standen.

***Berijew Be-12 Tschaika***

***Die markanten Knickflügel und das Doppelseitenleitwerk der Berijew Be-6 finden sich beim turbinengetriebenen Nachfolgemuster, der Be-12 Tschaika („Mail“) wieder.***

### TECHNISCHE DATEN
**Beriev Be-12 Tchaika „Mail“**

**Typ:** amphibisches Seepatrouillenflugzeug
**Triebwerke:** zwei Iwtschenko-AI-20D-Propellerturbinen mit je 3084 kW (4190 WPS)
**Leistung:** Höchstgeschwindigkeit 610 km/h; wirtschaftliche Patrouillengeschwindigkeit 320 km/h; max. Reichweite 4000 km
**Gewicht:** (geschätzt) Leermasse 21.700 kg; max. Startmasse 30.000 kg
**Abmessungen:** Spannweite 29,70 m; Länge 30,20 m; Höhe an Land 7,00 m
**Bewaffnung:** Bomben, Raketen oder Lenkflugkörper an Trägern unter den Flächen; Wasserbomben und Sonarbojen

# Berijew A-40 Albatross

1983 begann Berijew mit dem Entwurf eines neuen strahlgetriebenen Großflugboots als Nachfolger für die Be-12 im Dienst der sowjetischen Marine. Im Dezember 1986 absolvierte die **Berijew A-40 Albatross** (NATO-Kodename **„Mermaid“**) ihren Jungfernflug in Taganrog. Am 20. August 1989 wurde sie der Öffentlichkeit beim Paradeflug zum Tag der Luftfahrt in Tuschino vorgestellt.

Die **Albatross** ist ein ungewöhnlicher Entwurf mit einfach gestuftem Bootsrumpf, der aber ein unterschiedliches Steigungsprofil aufweist. Wie Berijew behauptet, verbessert er die Stabilität auf dem Wasser außerordentlich. Flankenschächte unter dem Flächenansatz beherbergen das staksige Amphibien-Fahrgestell. Sie bilden zugleich die Stützstruktur für die beiden oberen Turbofan-Triebwerke, die bewußt hoch angeordnet wurden, um das Ansaugen von Wasser zu vermeiden. Starthilfstriebwerke sind im Heck der Flankenkammern untergebracht. Straken an der Buguntenseite verhindern ebenfalls, daß Gischt in die Triebwerke gelangt. An den Enden der leicht zurückgepfeilten Tragflächen sind Stützschwimmer und Kegelbehälter für elektronische Unterstützungsmaßnahmen montiert. Die Flugzeugnase beherbergt ein Suchradar und eine obere Luftbetankungssonde.

Die **A-40** ist zur Küstenüberwachung und U-Bootabwehr als Ersatz für die Be-12 und Iljuschin Il-38 vorgesehen. Ein Auftrag für 20 GUS-Marineflugzeuge wurde erteilt. Die Zahl der bisher gebauten Exemplare (bis 1992 war es vermutlich zwei Prototypen) und des gegenwärtigen Produktionsstatus ist jedoch unbekannt. Die erste Maschine stellte 14 Klassenrekorde für Seeflugzeuge auf.

**Varianten**

**A-40/Be-40 „Mermaid“:** Grundversion für Seepatrouille und U-Bootabwehr; möglicherweise auch Minenlegen
**Be-40P:** projektierte Passagierversion zur Beförderung von insgesamt 105 Personen über 4000 km
**Be-40PT:** projektierte Transportversion für gemischte Zuladung, Passagiere und Fracht
**Be-42:** Such- und Rettungsversion mit neunköpfiger Besatzung, Rettungsschlauchbooten und medizinischer Ausrüstung; Wegfall der ASW-Ausrüstung und ESM-Behälter und Erhalt des Vorwärtssicht-Infrarot- und anderer Sensoren für den Suchdienst; Einrichtungen für den Transport von bis zu 54 Geretteten
**Be-200:** Vorschlag für einen kleineren, von der Grundversion A-40 abgeleiteten Entwurf; in mehreren Varianten für SAR, Brandbekämpfung, Ambulanz und Passagier-/Frachttransport angeboten

***Der Prototyp A-40, hier beim Vorüberflug am Tag der Luftfahrt 1990 in Tuschino, zeigt die ungewöhnliche Konfiguration dieses Typs.***

### TECHNISCHE DATEN
**Berijew A-40 Albatross**

**Typ:** küstengestütztes Amphibien-Großflugboot
**Triebwerke:** zwei Perm/Solowjew-D-30-KPV-Turbofan-Triebwerke mit je 117,7 kN (12.000 kg) Schub; zwei RD-60K Starthilfsstrahltriebwerke je 24,5 kN (2500 kg) im hinteren Teil der Flankenbehälter unter dem Flächenansatz
**Leistung:** Höchstgeschwindigkeit 760 km/h in 6000 m Höhe; Abreißgeschwindigkeit 182 km/h; Steigrate in Meereshöhe 30 m/sek; Startstrecke 1000 m; Landestrecke 900 m; Reichweite mit max. Nutzlast 4100 km, mit max. Treibstoff 5500 km
**Gewicht:** max. Startmasse 86.000 kg; max. Nutzlast 6500 kg; max. Treibstoff 35.000 kg
**Abmessungen:** Spannweite 41,62 m; Länge einschließlich Tanksonde 43,84 m; Höhe 11,07 m; Tragflügelfläche 200 $m^2$
**Bewaffnung:** Waffenschacht im Bootsrumpf hinter der Stufe für ASW-Mittel wie Sonarbojen und Torpedos oder Minen

## Berijew Be-30 „Cuff“ bis Bernard 20

**Berijew produzierte sowohl den Landtransporter Be-30 als auch Wasserflugzeuge. 1929 folgte die Berliner-Joyce Aircraft Corporation der Berliner Aircraft Company nach, produzierte aber nur wenig, ehe sie wieder verschwand. Hochentwickelte Konstruktionen waren das Markenzeichen der 1916 entstandenen Firma Etablissements Adolphe Bernard, welche nach zwei Umorganisationen ab 1922 SIMB hieß (Société Industrielle de Métaux et du Bois) und 1935 ihre Tätigkeit einstellte.**

# Berijew Be-30 „Cuff“

Die **Berijew Be-30** war das erste Landflugzeug, das das Konstruktionsbüro Berijew entworfen und entwickelt hatte. Das Kurzstrecken-Transportflugzeug wurde erstmals bei der Ausstellung zum Tag der Luftfahrt in Domodevodo 1967 beobachtet und erschien 1969 auf der Pariser Luftfahrtmesse. Die bei der NATO als „Cuff“ geführte **Be-30** soll erstmals am 3. März 1967 geflogen sein. Der Hochdecker ist durchweg aus Metall konstruiert, unter Verwendung moderner Verfahren wie Metallkleben und Punktschweißen sowie starker Strukturteile in Leichtmetall-Wabenkernbauweise. Das hoch angeordnete Tragwerk zog ein recht staksiges Dreibahn-Fahrgestell nach sich, dessen Hauptbaugruppen in den hinteren Teil der Triebwerkgondeln einzogen. Als Antrieb des Prototyps dienten zwei 545 kW (740 PS) starke Schwezow-ASh-21-Sternmotoren. Die kleine Zahl der nachfolgenden Serienflugzeuge aber erhielten zwei Gluschenkow-TVD-10 Propellerturbinen. Der Rumpf ist für zwei Flugzeugführer sowie insgesamt 14 Passagiere eingerichtet und klimatisiert. Die moderne Blindflugausrüstung umfaßt einen Autopiloten und ein automatisches Anflugsystem.

Man hatte angenommen, daß die **Be-30** in großer Stückzahl für die Aeroflot entstände, doch nur sehr wenige Flugzeuge wurden produziert. Dies lag vermutlich an der Entscheidung, die tschechische Let L-410 Turbolet mit etwas größerer Kapazität als Standard-Regionalflugzeug der Aeroflot zu verwenden.

*Die Berijew Be-30 war das erste Landflugzeug dieses Konstruktionsbüros. Der kastenförmige Rumpf und das staksige Hauptfahrwerk lassen das Muster vierschrötig erscheinen. Nur eine kleine Baureihe wurde jedoch produziert, da sich die Aeroflot schließlich auf die Let L-410 als Standard-Zubringerflugzeug festlegte.*

### TECHNISCHE DATEN
**Beriev Be-30 „Cuff“**

**Typ:** Kurzstrecken-Verkehrsflugzeug
**Triebwerke:** zwei Gluschenkow-TVD-10-Propellerturbinen je 699 kW (950 WPS)
**Leistung:** max. Reisegeschwindigkeit 480 km/h in 2000 m Höhe; Reichweite mit max. Treibstoff und 900 kg Nutzlast 1300 km
**Gewicht:** max. Startmasse 5860 kg
**Abmessungen:** Spannweite 17,00 m; Länge 15,70 m; Höhe 5,46 m; Tragflügelfläche 32,00 m²

# Berijew KOR-2 (Be-4)

Mehr oder weniger parallel zur Konstruktion und Entwicklung des Schwimmerflugzeugs KOR-1 befaßte sich das Konstruktionsbüro Berijew mit dem Entwurf eines kleineren Flugboots. Es sollte denselben Anforderungen genügen, die man für die hastig entwickelte KOR-1 aufgestellt hatte, jedoch ein weitaus größeres Leistungsvermögen bieten.

Das neue, vollständig aus Metall konstruierte und grundsätzlich attraktive Flugboot flog erstmals 1940. Der Ausdruck „grundsätzlich attraktiv“ wurde bewußt gewählt, denn ohne das auf dem Tragwerk montierte Triebwerk bestach dieses Modell durch hervorragende Linienführung. Der bullige Motor auf dem Rücken aber dominierte alles andere und verdarb die Ästhetik des Berijew-Flugzeugs gründlich. Die **Berijew KOR-2**, wie man das neue Muster bezeichnete, war ein Schirmeindecker. Sein Tragwerk ruhte auf einem Rückenbock des gestuften Bootsrumpfs, ergänzt durch zwei widerstandsarme Stützstreben gegen die Rumpfseiten. Den ungewöhnlichen negativen Knickflügel hatte man sicherlich gewählt, um das Triebwerk möglichst hoch positionieren zu können. Dies gab dem Dreiblatt-Verstellpropeller genügend Bodenfreiheit, und die Aufhängungsstreben für die Stabilisierungsschwimmer konnten sehr kurz ausfallen. Das Leitwerk war ähnlich wie bei der KOR-1 gestaltet, abgesehen von den hoch angeordneten Höhenflossen, die keine Streben mehr hatten.

Das Muster wurde in Taganrog an der Küste des Asowschen Meers gebaut. Man hatte nur eine kleine Zahl fertiggestellt und an die sowjetische Marine übergeben, als die Wehrmacht im Herbst 1941 die Region um Taganrog überrollte. Die Produktion der **KOR-2** oder **Berijew Be-4** wurde 1942 in einem Werk in Zentralasien fortgeführt. Bislang bot sich aber keinerlei Aufschluß über die Produktionszahlen.

*Berijew KOR-2 der sowjetischen Marine.*

### TECHNISCHE DATEN
**Beriev KOR-2 (Be-4)**

**Typ:** zweisitziges Aufklärungs-Flugboot
**Triebwerk:** ein Schwezow-M-62-Sternmotor mit 662 kW (900 PS)
**Leistung:** Höchstgeschwindigkeit 360 km/h; Dienstgipfelhöhe 8100 m; normale Reichweite 950 km
**Gewicht:** Leermasse 2055 kg; max. Startmasse 2760 kg
**Abmessungen:** Spannweite 12,00 m; Länge 10,50 m; Höhe 4,05 m; Tragflügelfläche 25,50 m²
**Bewaffnung:** ein schwenkbares 7,62-mm-Maschinengewehr im hinteren Cockpit und bis zu 300 kg Bomben oder Wasserbomben unter den Tragflächen

# Berijew MBR-2

Georgij Michailowitsch Berijew konstruierte 1932 im Moskauer Menschinsky-Werk seinen ersten Entwurf, Flugzeug Nr. 25. Berijew hatte als Assistent des französischen Konstrukteurs Paul-Aimé Richard, der sich von 1928 bis 1930 in der Sowjetunion aufhielt, beträchtliche Erfahrung gesammelt. Der von einem B.M.W. VIF angetriebene Prototyp wurde zur Flugerprobung nach Sewastopol am Schwarzen Meer geschafft. Nach zufriedenstellenden Tests lief die Produktion des neuen Flugboots als **MBR-2** (Morskoi Blischnij Razwetschik oder Marine - Kurzstrecken - Aufklärung) an. Die Serienflugzeuge erhielten danach den M-17B-Reihenmotor sowjetischer Herstellung.

Die Auslieferung der **MBR-2M-17**, vorgesehen zur Nahaufklärung über See und Zielbekämpfung mit Bomben, begann 1934. Es handelte sich um einen freitragenden Schulterdecker, dessen Reihenmotor M-17B mit zwei N-Streben auf den Rumpfrücken montiert war. Der zweifach abgestufte Bootsrumpf hatte Sperrholz-Beplankung, und die Kanzel war unmittelbar vor den Tragflächen angeordnet. Das abgestrebte Höhenleitwerk setzte hoch an der einteiligen Seitenflosse an. Den Bordschützen im Bug und Mittschiff standen PV-1, 7,62-mm-Maschinengewehre zur Verfügung.

*Das Kurzstrecken-Flugboot Berijew MBR-2M-17 wurde von einem auf dem Tragwerk aufgebockten Reihenmotor mit Druckschraube angetrieben. Die Motorstirn bildete ein großer ovaler Kühler.*

**Varianten**
**Berijew MBR-2AM-34:** 1935, als man die erste Serienversion bereits in Dienst gestellt hatte, unternahm Berijew einen radikalen Neuentwurf der MBR-2; die Pilotenkanzel war vollkommen geschlossen und

der Gefechtsstand des Mittschiffs-Bordschützen mit einer gläsernen Schutzkuppel versehen; das MB-17B-Triebwerk wich dem M-34NB (ab 1937 AM-34NB) mit 610 kW (830 PS); ein völlig neu entworfenes rundliches Seitenleitwerk trat an die Stelle der einst kantigen Seitenflosse, und ShKAS-Maschinengewehre ersetzten die veralteten PV-1. Die neue Version befand sich rasch in einer groß angelegten Serienfertigung, die bis 1942 anhielt. Bis dahin waren rund 1300 Exemplare aller Varianten fertiggestellt. Die Höchstgeschwindigkeit der MBR-2AM-34 mit 245 km/h bedeutete eine erhebliche Verbesserung gegenüber der ersten Serienversion. Die Reichweite betrug 800 km, und die Gipfelhöhe stieg auf 7150 m. Leer wog die Maschine 2718 kg und beladen 4000 kg. Die MBR-2AM-34 diente bei allen vier Hauptflotten der sowjetischen Marine und wurde intensiv im Kampf eingesetzt, zunächst im Winterkrieg 1939/1940 gegen Finnland und anschließend den ganzen Großen Patriotischen Krieg von 1941 bis 1945 hindurch. Das Muster war zäh, verläßlich und vielseitig, zumal es sich auch mit Rad- und Schneekufen-Fahrgestell ausrüsten ließ. Nach dem Krieg wurde die MBR-2 noch ein Jahrzehnt lang im Fischerei-Überwachungsdienst eingesetzt. Die NATO teilte diesem Muster den Kodenamen „Mote“ zu.

**Berijew MBR-2M-103:** eine einzelne Standard-MBR-2AM-34, die 1937 auf den stärkeren M-103 ummotorisiert wurde; erreichte nicht die Serienfertigung

**Berijew MP-1:** zivile Passagierversion der MBR-2M-17, die sechs Fluggäste in einer geschlossenen Kabine oder Fracht mit entsprechendem Gewicht befördern konnte; nur eine kleine Zahl fand Verwendung in der sowjetischen Zivilluftfahrt

**Berijew MP-1bis:** zivile Ausführung der MBR-2AM-34 von 1937 mit ähnlicher Kapazität wie die MP-1; eine MP-1bis, von Paulina Osipenka geflogen, stellte eine Reihe von Weltrekorden für Frauen auf; zwischen dem 22. und 25. Mai 1937 stieg sie auf 7605 m Höhe mit einer 500 kg schweren Nutzlast beziehungsweise auf 7000 m mit einer Nutzlast von 1000 kg; am 2. Juli des selben Jahres legte sie 2416 km im Nonstop-Flug von Nowgorod nach Archangelsk zurück.

*Eine Berijew MBR-2 der sowjetischen Marine mit gestreiftem Tarnanstrich in Meeresgrau*

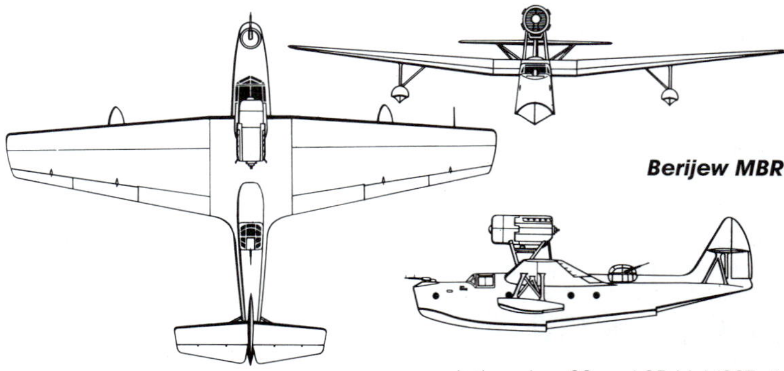

*Berijew MBR-2*

**TECHNISCHE DATEN**
**Berijew MBR-2M-17**

**Typ:** Nahaufklärungs- und Bomberflugboot
**Triebwerk:** ein M-17B-Reihenmotor mit 500 kW (680 PS)
**Leistung:** Höchstgeschwindigkeit 200 km/h; Dienstgipfelhöhe 4400 m; Reichweite 650 km
**Gewicht:** Leermasse 2475 kg; max. Startmasse 4100 kg
**Abmessungen:** Spannweite 19,00 m; Länge 13,50 m; Tragflügelfläche 55,00 m²
**Bewaffnung:** je ein ShKAS 7,62-mm-Maschinengewehr auf Ringlafette im Bug- und Mittschiffgefechtsstand sowie bis zu 500 kg Bomben oder Wasserbomben unter den Tragflächen

# Berliner-Joyce OJ-2

Das US Bureau of Aeronautics schrieb 1930 ein leichtes Beobachtungsflugzeug zur Verwendung durch die US Navy aus. Es konkurrierten die Firmen Berliner-Joyce Aircraft Corporation und Keystone Aircraft Corporation, die beide ein Versuchsflugzeug konstruierten. Den Navy-Auftrag sicherte sich die **XOJ-1** von Berliner-Joyce.

Der konventionelle Doppeldecker mit Querrudern am Ober- und Unterflügel enthielt im stoffbespannten Rumpf zwei offene Cockpits. Das Leitwerk bestand aus einer einzelnen Seitenflosse samt Ruder und abgestrebten Höhenflossen mit Rudern auf Höhe der Oberkante des Hinterrumpfs. Das Spornrad-Fahrwerk ließ sich nicht einziehen, und für den Antrieb sorgte ein Pratt & Whitney-Wasp-Junior-Sternmotor. Zu den Sondereinrichtungen gehörten Beschläge, die einen Katapultstart von leichten Kreuzern gestatteten.

Insgesamt 39 solcher Flugzeuge mit der Bezeichnung **OJ-2** wurden für die US Navy gebaut und 1933 in Dienst gestellt. Die Squadron VS-5B und Squadron VS-6B flogen diese Doppeldecker, die paarweise an Bord von Kreuzern der amerikanischen Flotte eingesetzt wurden.

*Berliner-Joyce OJ-2 der VS-6B, US Navy, im Jahre 1933*

**TECHNISCHE DATEN**
**Berliner-Joyce OJ-2**

**Typ:** zweisitziger Beobachtungsdoppeldecker
**Triebwerk:** ein Pratt & Whitney-R-985-A-Wasp-Junior-Sternmotor mit 298 kW (405 PS)
**Leistung:** Höchstgeschwindigkeit 243 km/h
**Gewicht:** max. Startmasse 1646 kg
**Abmessungen:** Spannweite 10,26 m; Länge 7,82 m

# Berliner-Joyce P-16/PB-1

Die Berliner-Joyce Aircraft Corporation wurde am 4. Februar 1929 gegründet, als sie die Anlagen der ehemaligen Berliner Aircraft Company Inc. erworben hatte. Die neue Firma wollte ursprünglich die Berliner Monoplane fertigen, beteiligte sich dann aber am Entwurf für einen Jagd-Zweisitzer gemäß einer Leistungsbeschreibung des USAAC. Der Prototyp **Berliner-Joyce XP-16** flog erstmals im Oktober 1929. Er hatte eine Grundstruktur aus Metall und war in weiten Teilen mit Stoff bespannt. Das Tragwerk des einstieligen Anderthalbdeckers war nach vorn gestaffelt. Dabei wiesen die an der Rumpfunterseite befestigten Unterflügel nicht nur eine kleinere Spannweite, sondern auch eine geringere Profilsehne auf. Der Oberflügel

*Die Berliner-Joyce P-16 hatte zwar vorzügliche Merkmale, wie ein gutes Sichtfeld für die beiden Besatzungsmitglieder, aber ihre Leistung überzeugte nicht.*

***Der erste Träger der Bezeichnung „Pursuit, Biplace" war der Doppeldeckerjäger P-16/P-1. Sein bestechendstes Merkmal waren die eleganten oberen Knickflügel.***

zeigte einen kleinen Knick in der Mitte, um dem Jagdpiloten eine gute Sicht nach vorn zu ermöglichen. Der Beobachter/Bordschütze war in einer offenen Kanzel unmittelbar hinter dem Cockpit des Piloten untergebracht. Ein in herkömmlicher Weise abgestrebtes Leitwerk und ein Hecksporn-Fahrwerk mit kompakten Streben für die Hauptbaugruppen vervollständigten das Flugwerk. Den Prototyp trieb ein aufgeladener Reihenmotor vom Typ Curtiss-V-1570A-Conqueror mit 447 kW (608 PS) an.

Die Prüfbewertung des USAAC ergab zwei im Fiskaljahr 1931 erteilte Aufträge für 15 und zehn Vorserienflugzeuge **Y1P-16**. Die 1932 ausgelieferten Jäger unterschieden sich kaum vom Prototyp, abgesehen vom fehlenden Lader des Conqueror. Das später von **P16** in **PB-1** (Pursuit Biplace – zweisitziges Verfolgungsflugzeug) umbezeichnete Muster offenbarte jedoch Leistungsschwächen. Hinzu kam die fatale Neigung, die Nase bei der Landung in den Grund zu bohren. Dies alles führte im Januar 1934 zur Ausmusterung.

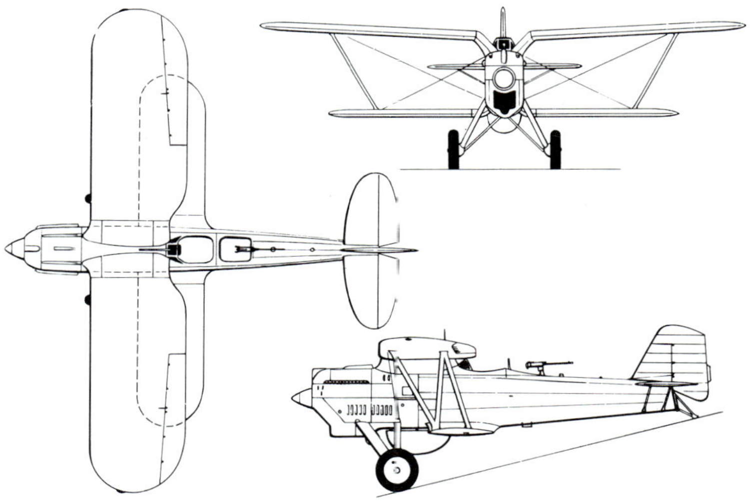

**TECHNISCHE DATEN**
**Berliner-Joyce P-16 (PB-1)**

**Typ:** Jagd-Zweisitzer
**Triebwerk:** ein Curtiss-V-1570-25-Conqueror-Reihenmotor mit 447 kW (608 PS)
**Leistung:** Höchstgeschwindigkeit 282 km/h in Meereshöhe; Marschgeschwindigkeit 243 km/h; Reichweite 1046 km
**Gewicht:** Leermasse 1271 kg; max. Startmasse 1813 kg
**Abmessungen:** Spannweite 10,36 m; Länge 8,59 m; Höhe 2,74 m; Tragflügelfläche 25,92 $m^2$
**Bewaffnung:** zwei starre 7,62-mm-Maschinengewehre im Bug und eine ähnliche, schwenkbar gelagerte Waffe im hinteren Cockpit sowie eine max. Bombenlast von 102 kg

# Bernard 20

Das Modell des Jagdeinsitzers **Bernard 20** in der Auslegung eines freitragenden Tiefdeckers wurde auf dem Pariser Salon de l'Aéronautique 1928 im Maßstab 1:1 ausgestellt. Bechéreau leitete seine **Bernard 20** von der Rennmaschine R.2 ab, um der amtlichen Forderung für einen leichten Abfangjäger zu genügen. Bei Versuchen im Windkanal hatte das Modell einige ausgezeichnete Werte erbracht. Im Juli 1929 flog der einzige Prototyp von Orly aus zum ersten Mal. Mit dieser Maschine erreichte der Testpilot Roger Baptiste 1930 eine Geschwindigkeit von 280 km/h in 4000 m Höhe. Leider erachteten offizielle Kreise Tiefdecker als ungeeignet für die Jagdfliegerei, so daß das Projekt nach mehreren Monaten Testentwicklung aufgegeben wurde.

***Die Bernard 20 kann ihre Abstammung vom Rennflugzeug nicht leugnen. Sie war ein Versuch, die Vorliebe französischer Militärs für Doppeldeckerjäger zu durchbrechen.***

**TECHNISCHE DATEN**
**Bernard 20**

**Typ:** Jagdeinsitzer
**Triebwerk:** ein Hispano-Suiza-12Jb-Reihenmotor mit 294 kW (400 PS)
**Leistung:** Höchstgeschwindigkeit 280 km/h
**Gewicht:** Rüstmasse 1023 kg; max. Startmasse 1370 kg
**Abmessungen:** Spannweite 10,80 m; Länge 7,45 m; Höhe 2,50 m; Tragflügelfläche 16,70 $m^2$
**Bewaffnung:** zwei starre, synchronisierte 7,7-mm-Maschinengewehre

## Bernard 190 bis Blackburn B-25 Roc

**Schon bevor Besson der A.N.F. Mureaux angegliedert wurde, bauten andere Werke einige Besson-Wasserflugzeuge. Der britische Luftfahrtpionier Robert Blackburn sah die kommerzielle Bedeutung der Luftfahrt bereits 1911 voraus und gründete die Blackburn Aeroplane Company.**

# Bernard 190

Die **Bernard 190T** war eine vergrößerte und verbesserte Entwicklung der Bernard 18T. Der von Jean Galtier entworfene Prototyp (F-AIXX) absolvierte im Frühling 1928 seinen Jungfernflug unter Antoine Paillard. Insgesamt acht Flugzeuge wurden gebaut, die CIDNA (Compagnie Internationale des Navigation Aérienne) auf verschiedenen Strecken ihres europäischen Netzes einsetzte. Im Vergleich zur Bernard 18T besaß die **Bernard 190T** eine größere Kabine mit acht Passagiersitzen, einen geschlossenen Führerraum vor dem Tragwerk und ein neu gestaltetes Leitwerk. Die Holzkonstruktion und die Hochdeckerauslegung des Vorgängers blieben unverändert, aber den Antrieb lieferte ein Gnome-Rhône-9-Ady-Jupiter-Sternmotor mit 353 kW (480 PS).

***Bernard 191 G.R. No. 2 „Oiseau Canari". Die Maschine ist im Pariser Musée de l'Air ausgestellt.***

**Varianten**

**Bernard 191 G.R. No. 1:** flog erstmals im April 1928; im wesentlichen eine Ausführung der Bernard 190T für Langstrecken-Rekordversuche mit einem 442 kW (600 PS) starken Reihenmotor Hispano-Suiza-12Lb als Antrieb; die France war ganz in Rot gestrichen und um ihren Hinterrumpf wand sich ein Tricolore-Diagonalband, das berühmte Wappen der Cicognes (Störche) Escadrille im Ersten Weltkrieg; bei einem Versuch, den Nordatlantik zu überqueren, stürzte die Maschine am 7. Juli 1929 ab, und der Pilot (Capitaine Coudouret) fand den Tod.

**Bernard 191 G.R. No. 2:** flog erstmals am 5. August 1928; das rundum gelb gestrichene Flugzeug erhielt bald den Spitznamen Oiseau Canari (Kanarienvogel); im September 1928 versuchte der Militärpilot Jean Assollant mit dieser Maschine, den Nordatlantik von Ost nach West zu überqueren; der Flug endete mit einer Notlandung in Casablanca, ausgelöst durch das überhitzte Triebwerk; Assollant schaffte die Maschine an Bord eines Schiffes über den Atlantik und vollzog den ersten Nordatlantiküberflug eines französischen Flugzeugs und einer französischen Crew; die Oiseau Canari startete am 13. Juni 1929 in Old Orchard, Maine, und landete nach einem Flug von 29 Stunden und 52 Minuten an der Küste Nordspaniens in der Nähe von Santander; das Muster ist im Pariser Musée de l'Air erhalten; Auszug aus dem Datenspiegel: Höchstgeschwindigkeit 245 km/h; Reisegeschwindigkeit 180 km/h; Reichweite mit 3760 Liter Kraftstoff 5800 km; Leermasse 2420 kg; max. Startmasse 5710 kg

**Bernard 191 G.R. No. 3:** Diese Maschine stellte unter Antoine Paillard im November und Dezember 1928 zwei Klassenweltrekorde auf – die Beförderung einer Nutzlast von 2000 kg über 100 km mit einer Durchschnittsgeschwindigkeit von 223,546 km/h und einen Geschwindigkeitsrekord für 1000 kg Nutzlast über 1000 km; dies war das letzte Exemplar der Baureihe Bernard 191 und eine Notlandung im Januar 1929 beendete ihre Karriere.

**Bernard 192T:** einzelnes Transportflugzeug für Aéropostale; mit einem 353 kW (480 PS) starken Gnome-Rhône 9Kkx Jupiter als Antrieb zeigte die Maschine mit 200 km/h eine enttäuschende Spitzengeschwindigkeit.

**Bernard 193T:** einzelnes Transportflugzeug auf der Grundlage der Bernard 197 G.R. mit einem 331 kW (420 PS) starken Lorraine-12Eb-Reihenmotor; Höchstgeschwindigkeit 220 km/h

**Bernard 197 G.R.:** von der Société des Moteurs Lorraine in Auftrag gegebenes Flugzeug, das ihren Flugmotor auf einer Werbetour durch Südamerika nach einer Prestigeüberquerung des Südatlantiks vorstellen sollte; wegen technischer Schwierigkeiten wurde das Vorhaben jedoch aufgegeben und die Maschine statt dessen für einen Pionierflug nach Indochina benutzt; mit Joseph Le Brix und Antoine Paillard als Piloten startete die Bernard 197 G.R. am 18. Februar 1929 in Istres, Südfrankreich, zur ersten Etappe eines Fluges über 11.000 km nach Saigon; die Maschine mit dem Schriftzug Marseille-Saigon und einem besonders attraktiven Farbanstrich in Blau-Weiß war auf der letzten Teilstrecke nach dem Start in Rangoon, am 26. Februar 1929 zur Notlandung gezwungen.

### TECHNISCHE DATEN

**Bernard 190T**

**Typ:** Passagierflugzeug
**Triebwerk:** ein Gnome-Rhône-9Ab-Jupiter-Sternmotor mit 309 kW (420 PS)
**Leistung:** Höchstgeschwindigkeit 216 km/h; Reisegeschwindigkeit 200 km/h in 2000 m Höhe; Dienstgipfelhöhe 3700 m; Reichweite 1000 km
**Gewicht:** Leermasse 1956 kg; max. Startmasse 3400 kg
**Abmessungen:** Spannweite 17,30 m; Länge 12,58 m; Höhe 3,59 m; Tragflügelfläche 42,90 m²

# Besson LB Flugboote

Der Konstrukteur Marcel Besson wandte sich 1915 Seeflugzeugen zu und produzierte gemeinsam mit Georges Lévy eine Reihe von Dreidecker-Flugbooten mit der Bezeichnung **LB**, ihren Initialen. Die Entwicklung und Produktion fand im Werk Hydravions Georges Levallois et Lévy statt.

Zwischen 1917 und 1918 wurden drei eigenständige Typen getestet, alle von Motoren mit Druckschraube angetrieben. Das erste Muster war ein Dreidecker-Jagdeinsitzer mit I-Stielen und einem 132 kW (180 PS) starken Hispano-Suiza-Flugmotor. Der dreisitzige Hochsee-Patrouillentyp hatte, wie der Einsitzer, ein Oberflügelpaar gleicher Spannweite und kürzer gespannte Unterflügel. Für seinen Antrieb sorgte ein Renault-Triebwerk mit 331 kW (450 PS). Aber nur der dritte Typ sollte in nennenswerter Größenordnung (eine Serie von zwölf Flugzeugen) gebaut werden. Dies war ein Küstenpatrouillen-Flugboot mit einem schwächeren Renault-Motortyp. Wie der Hochsee-Patrouillentyp konnte es eine dreiköpfige Besatzung aufnehmen und besaß einen Schützenstand im Bug.

***Das Besson LB Küstenpatrouillen-Flugboot wurde nur in kleiner Stückzahl gefertigt, denn der Entwurf war bereits vor der Indienststellung veraltet.***

Bei diesem Flugboot waren die Ober- und Unterflügel gleich weit gespannt, während die mittlere Tragfläche eine größere Spannweite hatte.

### TECHNISCHE DATEN

**Besson LB Küstenpatrouillen-Flugboot**

**Triebwerk:** ein Renault-12Fe-Reihenmotor mit 221 kW (300 PS)
**Leistung:** Höchstgeschwindigkeit 170 km/h in 1500 m Höhe; Steigzeit auf 1000 m 4 Minuten; Reichweite 500 km
**Gewicht:** Leermasse 840 kg; max. Startmasse 1570 kg
**Abmessungen:** Spannweite 13,00 m; Länge 9,00 m; Höhe 3,20 m; Tragflügelfläche 47,00 m²
**Bewaffnung:** ein 7,7-mm-Maschinengewehr auf Ringlafette und Schlösser für zwei 50-kg-Bomben

**Besson LB Hochsee-Flugboot**

**Triebwerk:** ein Renault-Reihenmotor mit 331 kW (450 PS)
**Leistung:** Höchstgeschwindigkeit 150 km/h in 1000 m Höhe
**Gewicht:** Leermasse 2500 kg; max. Startmasse 4400 kg
**Abmessungen:** Spannweite 21,00 m; Länge 16,50 m; Höhe 4,80 m; Tragflügelfläche 100 m²
**Bewaffnung:** zwei 7,7-mm-Maschinengewehre und bis zu 400 kg Bomben

# Besson MB.410 und MB.411

Im Herbst 1932 flog die **Besson M.B. 410.01** zum ersten Mal. Sie wurde von Marcel Besson aus der MB.35 entwickelt und ließ sich zum Abstellen in der Halle rasch demontieren und wieder zusammenbauen. Das vom Salmson-Stermotor mit 99 kW (135 PS) angetriebene Seeflugzeug war mit einem großen Hauptschwimmer und zwei Stabilisierungsschwimmern unter den Endflächen ausgestattet. Die Erprobung dauerte bis 1933 an, als der Prototyp abstürzte und sein Pilot den Tod fand.

Dennoch war das öffentliche Interesse an diesem Muster geweckt, vor allem zur Ausrüstung der Surcouf, dem einzigen hochseetauglichen großen U-Boot, das Frankreich für den Handelskrieg gebaut hatte. Der Entwurf der **MB.410** wurde umgearbeitet zur **Besson MB.411**, von der 1935/36 zwei Prototypen entstanden. **MB.411 Nr. 1** flog im Juni 1935. Die Unterschiede zur **MB.410** lagen in erster Linie in einer leistungsstärkeren Version des Salmson-Triebwerks und im geänderten Leitwerk mit zwei Hilfsseitenflossen.

Im September 1935 wurde die erste **MB.411** an Bord der Surcouf eingesetzt. Anfang 1936 zog man die Maschine vorübergehend für Versuche als Einsitzer ab. Danach erhielt sie die zweisitzige Konfiguration und das Surcouf-Bordkommando zurück. Die zweite **MB.411** diente zeitweilig bei der Aéronavale Escadrille 7-S-4 mit Standort in Saint-Mandrier.

Im Juni 1940 floh das Schiff mitsamt der **MB.411 Nr. 1** aus Brest und erreichte Plymouth. Das kleine Seeflugzeug startete mehrfach zu Flügen südlich der Küste von Devon und Dorset und dürfte den dortigen Flugmeldern sicher einige Rätsel aufgegeben haben. Wegen einer Beschädigung bei einem Luftangriff befand sich die Maschine nicht an Bord der Surcouf, als das U-Boot am 18. Februar 1942 während einer Fahrt zu den West Indies von einem amerikanischen Frachter in der Dunkelheit gerammt wurde. Der geplante Einsatz der **MB.411** von einem britischen Handelsschiff aus wurde nie verwirklicht, und über das weitere Schicksal des Flugzeugs ist nichts bekannt.

***Das kleine Schwimmerflugzeug Besson MB.411 sollte dem mit zwei 203-mm-Geschützen bewaffneten Unterseeboot Surcouf die „Augen" liefern, die seinen Sichthorizont deutlich erweitern würden.***

***Besson MB.411***

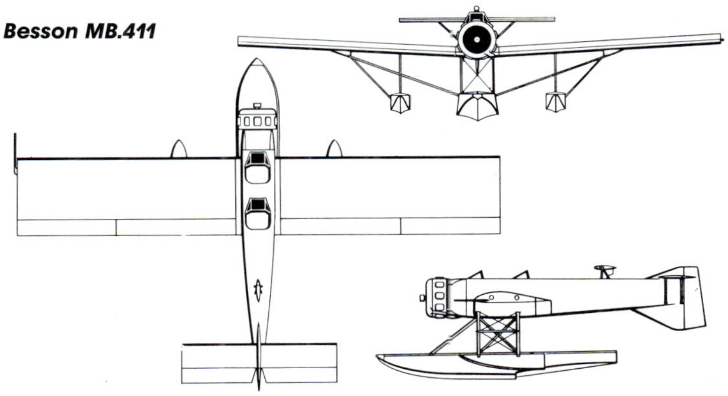

***Besson MB.411, wie auf dem französischen Handelsstör-Unterseeboot Surcouf eingesetzt***

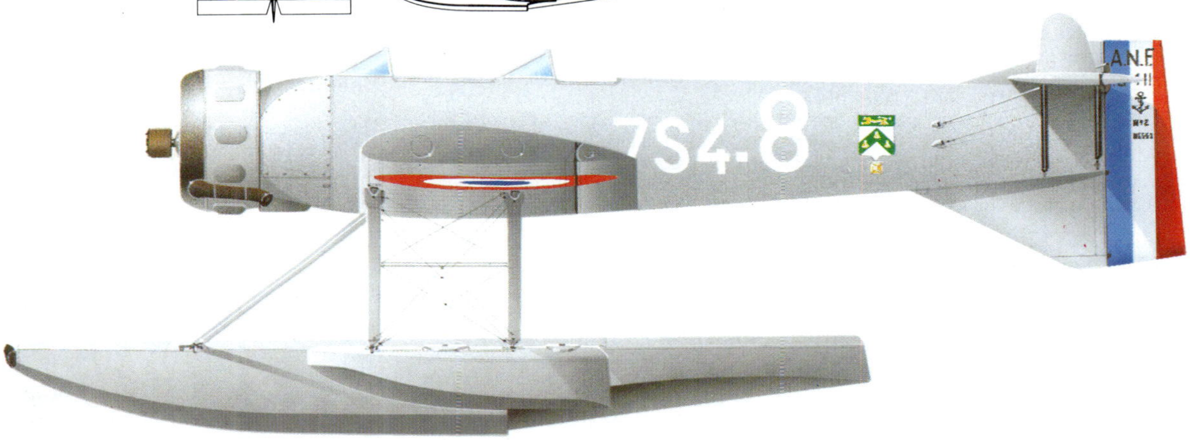


**TECHNISCHE DATEN**
**Besson MB.411**

**Triebwerk:** ein Salmson-9Nd-Sternmotor mit 129 kW (175 PS)
**Leistung:** Höchstgeschwindigkeit 190 km/h; Dienstgipfelhöhe 5000 m; Reichweite 400 km
**Gewicht:** Rüstmasse 760 kg; max. Startmasse 1140 kg
**Abmessungen:** Spannweite 12,00 m; Länge 8,25 m; Höhe 2,85 m; Tragflügelfläche 22,00 m²
**Bewaffnung:** keine

# Blackburn B-2

Der Erfolg der Bluebird-Serie, Doppeldeckern mit zwei nebeneinander angeordneten Sitzen, regte Blackburn zur Entwicklung eines neuen Musters, der **Blackburn B-2** mit unveränderter Grundauslegung, aber einem Ganzmetallrumpf in Halbschalenbauweise. Die Tragflächen waren aus Stahl und Duralumin mit Stoffbespannung konstruiert. Der Prototyp **B-2** flog am 10. Dezember 1931 in Brough, angetrieben von einem 89 kW (121 PS) starken de Havilland-Gipsy-III. Die Öffentlichkeit bekam dieses Muster erstmals im Juni 1932 anläßlich der SBAC-Ausstellung in Hendon zu Gesicht. Im nächsten Monat nahm die Maschine gemeinsam mit dem ersten **B-2** Serienflugzeug am King's Cup Air Race teil.

Eine Demonstrationstour durch Portugal, bei der die **B-2**, die Tiger Moth von de Havilland und zwei ausländische Fabrikate um einen Regierungsauftrag wetteiferten, entschied die Tiger Moth für sich. Die Sitzanordnung der **B-2** hatte leider keinen Gefallen gefunden. Dennoch führte Blackburn die Produktion fort in der Hoffnung, die Situation würde sich bessern.

***Die Blackburn B-2 war ein Versuch, ein ausdauerndes Schul- und Reiseflugzeug zu schaffen. Das abgebildete Exemplar flog noch in den fünfziger Jahren unter dem Antrieb eines Blackburn Cirrus-Major-3 mit 112 kW (152 PS).***

Verschiedene Motortypen wurden ausprobiert. So erhielt die zweite **B-2**-Serienmaschine einen Cirrus-Hermes-IVA mit 89 kW (121 PS), und andere den D.H.-Gipsy-Major-1 mit 97 kW (132 PS) und den Blackburn-Cirrus-Major-1 mit 101 kW (137 PS). Eines der beiden Exemplare, die als einzige den Krieg überleben sollten, rüstete man 1956 mit einem Cirrus-Major-3 aus, der 112 kW (152 PS) erzeugte.

Eine Reihe ziviler **B-2** entstand für die Blackburn-Flugschulen in Hanworth, Middlesex, und Brough in Yorkshire, die beide von Tochterunternehmen betrieben wurden. Mitte der dreißiger Jahre befand sich die Flugausbildung in einem mächtigen Aufwind, und Blackburn baute insgesamt 42 **B-2**. Bis auf die letzten drei Maschinen, die 1937 das Air Ministry kaufte und der Elementary and Reserve Flying Training School in Brough zuführte, dienten sämtliche **B-2** der Zivilfliegerei. Bei Ausbruch

**TECHNISCHE DATEN**
**Blackburn B-2**

**Typ:** zweisitziges Schulflugzeug für Anfänger
**Triebwerk:** ein de Havilland-Gipsy-Major-1-Reihenmotor mit 97 kW (132 PS)
**Leistung:** Höchstgeschwindigkeit 180 km/h; Reisegeschwindigkeit 153 km/h; Reichweite mit max. Treibstoff 515 km
**Gewicht:** Rüstmasse 533 kg; max. Startmasse 839 kg
**Abmessungen:** Spannweite 9,19 m; Länge 7,39 m; Höhe 2,74 m; Tragflügelfläche 22,85 m²

des Zweiten Weltkriegs im September 1939 wurden die **B-2** von Hanworth nach Brough verlegt und mit dem dortigen Flugzeugpark vermischt.

Im Februar 1942 übernahm die RAF die Regie der Flugschulen und wies 24 der noch existierenden **B-2** dem Air Training Corps als Schulflugzeuge zu. Blackburn verblieben zwei Exemplare. Diese 26 Flugzeuge überstanden den Krieg, aber die achte seriengefertigte **B-2** (G-ACLD) wurde bei einem Unfall im Juni 1951 zerstört. Das einzige im Jahre 1990 noch vorhandene Exemplar, die 30. Serienmaschine (G-AEBJ), bleibt in Brough flugtüchtig und gehört British Aerospace.

## Blackburn B-5 Baffin

*In der Blackburn B-5 Baffin darf man einen grundlegenden Fortschritt im Vergleich zur Blackburn Ripon und Blackburn Shark sehen. Er wurde durch den innovativen Einsatz des Sternmotors in finnischen Ripons ermöglicht, die den Vorteil eines solchen Triebwerks für ein Marineflugzeug aufgezeigt hatten.*

Man ist versucht, Blackburn zu unterstellen, daß er mit der Ripon den Grundentwurf ausgereizt hat, der von der Swift im Jahre 1921 über die Dart und die Velos führte. Als die Produktion der Ripon 1932 eingestellt wurde, standen viel bessere und vor allem auch leichtere Sternmotoren zur Verfügung. Daher beschloß Blackburn dem Beispiel der Finnen zu folgen, die ihre lizenzgefertigten Ripons mit verschiedenen Sternmotoren ausgerüstet hatten. Zwei Ripons der Fleet Air Arm (Seeluftstreitkräfte) wurden zu Versuchsträgern bestimmt, eine für den Armstrong Siddeley-Tiger-I mit 485 kW (660 PS), die andere für den Bristol-Pegasus-I.MS mit 406 kW (552 PS). Beiden erhielten die Bezeichnung **T.5J Ripon V**, waren aber auch als **Blackburn B-4** beziehungsweise **Blackburn B-5** bekannt.

Nach einer vergleichenden Bewertung wählte man letztere für ein Pegasus-I.M3-Triebwerk mit 421 kW (573 PS) aus, und bestellte zwei Vorserienflugzeuge. Frühere Ripon IIC wurden beim Hersteller auf den neuen Standard angepaßt und der Name **Blackburn Baffin** genehmigt. Im Januar 1934 rüstete die erste Staffel, No. 812 Squadron an Bord der HMS Glorious, von der Ripon auf die **Baffin** um. Die beiden anderen **Baffin**-Staffeln waren No. 810 (HMS Courageous) und No. 811 Squadron (HMS Furious). Über die auf der Fertigungsstraße umgerüsteten Flugzeuge hinaus wurden anschließend mehr als 60 Ripons auf den **Baffin**-Standard gebracht. Da sich ihre Leistung vom Vorgängermodell kaum abhob, blieb ihre Dienstzeit begrenzt. Die letzte FAA-Maschine dieses Musters wurde 1937 ausgesondert.

Die Royal New Zealand Air Force ergriff die Gelegenheit, die Ausstattung ihrer Territorial Squadrons zu verbessern, und kaufte zwölf **Baffins**. Es folgten 17 weitere Flugzeuge, so daß drei Staffeln mit ihr ausgerüstet werden konnten. Die neuseeländischen **Baffins** waren die einzigen Vertreter dieses Musters, die im Zweiten Weltkrieg eingesetzt wurden. Um 1941 war diese Flotte größtenteils aus den Einsatzverbänden abgezogen und entweder verschrottet oder nur noch im Ausbildungsdienst eingesetzt.

### TECHNISCHE DATEN
**Blackburn B-5 Baffin**

**Typ:** zweisitziger Torpedobomber
**Triebwerk:** ein Bristol-Pegasus-I.Mk-3-Sternmotor mit 421 kW (573 PS)
**Leistung:** Höchstgeschwindigkeit 219 km/h in 1980 m Höhe und 206 km/h in 3050 m Höhe; Dienstgipfelhöhe 4570 m; Reichweite mit max. Treibstoff 869 km
**Gewicht:** Rüstmasse 1444 kg; max. Startmasse 3452 kg
**Abmessungen:** Spannweite 13,88 m; Länge 11,68 m; Höhe 3,91 m; Tragflügelfläche 63,45 m²
**Bewaffnung:** ein vorwärts feuerndes Vikkers-Maschinengewehr und ein Lewis-Maschinengewehr auf Drehlafette im hinteren Cockpit, beide vom Kaliber 7,7 mm, und ein Torpedo oder bis zu 907 kg Bomben

## Blackburn B-6 Shark

*Die Blackburn B-6 Shark über dem Trägerschiff HMS Courageous in Begleitung einer Fairey 3F. Die Shark wurde als Torpedo- und Aufklärungs-Doppeldecker entwickelt und befand sich zu Beginn des Zweiten Weltkriegs noch im Einsatz.*

Den Abschluß einer Linie überragender Doppeldecker-Torpedobomber von Blackburn für die Fleet Air Arm bildete die **Blackburn B-6 Shark**, die die ausgezeichnete Reputation der Vorgängermodelle Dart, Ripon und Baffin aufrecht erhielt.

Das Muster basierte auf dem Prototyp **M.1/30A**, den das Unternehmen gemäß Spezifikation S.15/33 auf eigenes Risiko konstruiert und am 24. Februar 1933 erstmals geflogen hatte. Der **Shark**-Prototyp oder **B-6**, wie seine offizielle Bezeichnung lautete, absolvierte am 24. August 1933 in Brough seinen Jungfernflug. Am 26. November 1933 wurde er nach Martlesham Heath überführt, um vom AA&EE erprobt zu werden. Die zu Beginn des nächsten Jahres durchgeführten Decklandeversuche auf der HMS Courageous verliefen erfolgreich, und im August 1934 erging ein Auftrag zum Bau von 16 Flugzeugen für die Fleet Air Arm.

Im April flog der mit Zwillingsschwimmern ausgerüstete Prototyp in Brough und stellte anschließend von Felixstowe aus seine Seetüchtigkeit unter Beweis. Weitere Aufträge folgten, und Blackburn lieferte während der dreijährigen Produktionsphase insgesamt 238 **Sharks** an die Fleet Air Arm. Die britischen Marineflieger setzten die **Shark** in beiden Konfigurationen, als Land- und Wasserflugzeug, ein. Die **Shark** des ersten Bauloses erreichten die No. 820 Squadron in Gosport Anfang 1935 als Ersatz für die Fairey Seals an Bord der HMS Courageous.

Die **Shark I** hatte, wie der Prototyp, den Armstrong Siddeley-Tiger-IV-Sternmotor mit 522 kW (710 PS) als -Antrieb. Die letzte Maschine dieser Baureihe wurde jedoch zur Erprobung des leistungsgesteigerten Tiger VI mit 567 kW (771 PS) genutzt. In nur sieben Tagen absolvierten in Schichten eingeteilte Flugzeugführer diesem Erprobungsträger 100 Flugstunden. Das Triebwerk wurde in die **Shark II** eingebaut, deren Produktion 1936 anlief. Für die nächste Serienversion **Shark III** stand ein neuer Motor zur Verfügung, der Bristol-Pegasus-III mit 597 kW (812 PS). Zwischen April 1937 und dem Ende desselben Jahres lieferte Blackburn 95 **Shark III** aus.

Sechs **Shark IIA** Schwimmerflugzeuge erwarb die portugiesische Marine, die sie im März 1936 erhielt. Die vom Armstrong Siddeley-Tiger-VIC mit 522 kW (710 PS) angetriebenen Flugzeuge leisteten mehrere Jahre lang Dienst in der Sicherung von Küstenabschnitten.

Als einziger weiterer Fremdnutzer der **Shark** kaufte Kanada 1936 sieben **Shark II** für die Royal Canadian Air Force. Der durchschlagende Erfolg dieses Musters veranlaßte Boeing Aircraft of Canada, einen Ableger des amerikanischen Großkonzerns, zum Abschluß eines Lizenzvertrages. Nach der Übergabe zweier Musterflugzeuge von Blackburn fertigte das Unternehmen in Vancouver 17 **Shark III** mit dem 626 kW (851 PS) starken Bristol-Pegasus-IX als Antrieb. Die kanadischen **Shark** wurden 1944 ausgemustert und fünf Exemplare im Juni dieses Jahres zur British Air Observers' School in Trinidad versetzt.

### TECHNISCHE DATEN
**Blackburn B-6 Shark II**

**Typ:** zwei/dreisitziger Torpedo-/Aufklärer-Doppeldecker
**Triebwerk:** ein Armstrong Siddeley-Tiger-VI-Sternmotor mit 567 kW (771 PS)
**Leistung:** (Torpedo-Landflugzeug) Höchstgeschwindigkeit 241 km/h in Meereshöhe; Marschgeschwindigkeit 190 km/h; Dienstgipfelhöhe 4875 m; Reichweite 1006 km
**Gewicht:** Leermasse 1832 kg; max. Startmasse 3651 kg
**Abmessungen:** Spannweite 14,02 m ; Länge 10,74 m; Höhe 3,68 m; Tragflügelfläche 45,43 m²
**Bewaffnung:** ein starres, vorwärtsfeuerndes Vickers-Maschinengewehr und ein Lewis oder Vickers-VGO-Maschinengewehr auf Schwenklafette im hinteren Cockpit, beide vom Kaliber 7,7 mm, sowie ein 608-kg-Torpedo oder eine Bombenlast von 907 kg

# Blackburn B-24 Skua

Die nach Spezifikation O.27/34 entworfene **Blackburn B-24 Skua** beendete die Tradition stoffbespannter Doppeldecker für die Royal Navy. Sie war der erste Marinesturzkampfbomber Großbritanniens und das erste decklandungstaugliche Flugzeug Englands mit Flügelklappen, Einziehfahrwerk und Verstellpropeller.

Die ganz aus Metall konstruierte **Skua** konkurrierte mit Entwürfen, die Avro, Boulton Paul, Hawker und Vickers für den Marineauftrag eingereicht hatten. Im April 1935 wurden zwei Prototypen bestellt, von denen der erste am 9. Februar 1937 in Brough flog, angetrieben von einem Bristol-Mercury-IX mit 626 kW (851 PS).

Der Prototyp wurde am 26. Juni 1937 im New Types Park des RAF Display in Hendon und zwei Tage später beim SBAC Display in Hatfield vorgeführt und danach dem AA&EE in Martlesham Heath zur Erprobung übergeben. Der Ergebnisbericht unterstrich die Qualitäten der **Skua**, so daß Schießversuche in Martlesham und später Notwasserungsexperimente in Gosport folgten. Sechs Monate vor dem Erstflug des Prototyps waren bereits 190 **Skua** in Auftrag gegeben und einige Unteraufträge zur Beschleunigung der Produktion vergeben. Da man sämtliche Mercury-Motoren für die Bristol Blenheim benötigte, erhielten die **Skua**-Serienflugzeuge den Bristol Perseus-XII-Schiebermotor und die Bezeichnung **Skua II**.

Das erste Serienflugzeug startete am 28. August 1938 zum Jungfernflug in Brough. Nur wenige Änderungen am Grundentwurf waren erforderlich. Man mußte lediglich die Flügelenden nach oben wölben und das Ölfederbein des Spornrads modifizieren, um das Vibrieren auszumerzen. Die gesamte Baureihe von 190 Flugzeugen wurde im Zeitraum Oktober 1938 und März 1940 ausgeliefert. Dies war eine beachtliche Leistung, auch wenn das Programm ein Jahr hinter dem Zeitplan zurücklag.

***Die Blackburn B-24 Skua war vom Entwurf her ein Kompromiß zweier grundsätzlich unvereinbarer Forderungen. Die Flugzeuge im Bild gehörten zu No. 803 Squadron der FAA.***

Als erste Staffeln der Fleet Air Arm erhielten No. 800 Sqn und No. 803 Sqn die **Skua** zum Einsatz an Bord der HMS Ark Royal. Anschließend wurde No. 801 Sqn auf HMS Furious umgestellt, und auch die No. 806 Sqn, seinerzeit in Eastleigh stationiert, erhielt die **Skua** noch vor Ausbruch des Zweiten Weltkriegs.

Als Marinejäger war die **Skua** bereits veraltet, aber in der Rolle des Sturzkampfbombers konnte sie sich in der ersten Kriegsphase bewähren, als 16 Maschinen der Staffeln No. 800 und No. 803, von Hatson auf den Orkney-Inseln aus eingesetzt, am 10. April 1940 den deutschen Kreuzer Königsberg im Hafen von Bergen versenkten. Obwohl sie an der Grenze ihrer Reichweite operierten, kehrten bis auf eine alle **Skua** von diesem langen Nachteinsatz zurück. Elf Tage später mußten die Staffeln jedoch schwere Verluste bei einem Angriff auf Narvik hinnehmen.

Im Sommer 1940 sicherten **Skua** der No. 801 Squadron von Detling aus die Evakuierung britischer Truppen aus Dünkirchen. 1941 zog man sie aus den Einsatzverbänden ab. Die No. 800 Sqn und No. 806 Sqn wurden auf die Fairey Fulmar umgerüstet, während No. 801 und No. 803 die Hawker Sea Hurricane erhielten.

Das ausgebrannte Wrack einer **Skua** wurde aus einem norwegischen See geborgen und ist im Fleet Air Arm Museum in Yeovilton zu besichtigen.

**TECHNISCHE DATEN**
**Blackburn B-24 Skua**

**Typ:** zweisitziger Marinejäger/Sturzkampfbomber
**Triebwerk:** ein Bristol-Perseus-XII-Sternmotor mit 664 kW (903 PS)
**Leistung:** Höchstgeschwindigkeit 362 km/h in 1980 m Höhe; Marschgeschwindigkeit 266 km/h in 4570 m Höhe; Anfangssteiggeschwindigkeit 8,03 m/sek; Dienstgipfelhöhe 6160 m; Reichweite 1223 km
**Gewicht:** Leermasse 2490 kg; max. Startmasse 3732 kg
**Abmessungen:** Spannweite 14,07 m; Länge 10,85 m; Höhe 3,81 m; Tragflügelfläche 23,98 $m^2$
**Bewaffnung:** vier starre, vorwärtsfeuernde 7,7-mm-Browning-Maschinengewehre in den Tragflächen und ein 7,7-mm-Lewis-Maschinengewehr auf Schwenklafette im hinteren Cockpit plus eine 227-kg-Bombe unter dem Rumpf und acht 14-kg-Übungsbomben an Schlössern unter den Flächen

# Blackburn B-25 Roc

Die **Blackburn B-25 Roc** wurde aus dem Skua-Sturzkampfbomber entwickelt und war das erste Muster der Fleet Air Arm mit angetriebenem Waffendrehturm. Mit diesem Vierlingsgeschütz wollte man gegnerische Bomberpulks von der Seite her angreifen. Bei einer Spitzengeschwindigkeit von 322 km/h erschien es jedoch zweifelhaft, daß die **Roc** einen Feindbomber gefährden konnte, und das Konzept wurde verworfen.

Am 28. April 1937 erhielt Blackburn den Auftrag zum Bau von 136 **Rocs** gemäß Spezifikation O.15/37. Da Blackburn mit dem Skua-Programm ausgelastet war, übernahm Boulton Paul in Wolverhampton die Fertigung. Die erste Maschine flog am 23. Dezember 1938. Nach Testflügen in Brough wurde die **Roc** im März 1939 zum AA&EE nach Martlesham Heath geschickt. Dort stießen die beiden nächsten Serienflugzeuge hinzu, so daß man die Flug- und Waffenerprobung gleichzeitig durchführen konnte. Erwartungsgemäß erwies sich der schwere Waffenturm der **Roc** als Nachteil, aber im steilen Sturzflug unter Einsatz der Luftbremsen gab die **Roc** dennoch eine äußerst stabile Waffenplattform ab. Die Maschinen erhielten einen größeren Propeller und etliche andere Verbesserungen, doch der Erfolg blieb aus.

Vier **Roc** wurden mit Schwimmern der Blackburn Shark ausgestattet und als Seeflugzeuge erprobt. Ein **Roc**-Schwimmerflugzeug wurde als Zielschleppmaschine mit einer vom Fahrtwind angetriebenen Winde anstelle des Waffenturms getestet. Es konnte das Luftziel immerhin an einem 1830 m langen Seil hinter sich schleppen. So wurden mehrere **Roc**-Landflugzeuge zu Zielschleppern für die Air Gunnery Schools umfunktioniert.

Nach der Einweisung mehrerer FAA-Einheiten auf das Muster, gingen die ersten vier **Roc** im Februar 1940 bei No. 806 Squadron in Eastleigh in Dienst, um neben acht Skua eingesetzt zu werden. Vier Monate später ergänzten sechs **Roc** die Skua der No. 801 Squadron in Hatston, Orkney. No. 2 Anti-Aircraft Cooperation Unit in Gosport erhielt im Juni 1940 16 **Roc** als Ersatz für die Blackburn Shark und als Ergänzung ihres Skua-Kontingents. Eine ungewöhnliche Verwendung traf vier **Roc**-Flugzeuge, die bei einem Luftangriff mit Junkers Ju 87 auf Gosport beschädigt worden waren: Sie dienten anschließend als permanent besetzte MG-Gefechtsstände. Im August 1943 wurden die beiden letzten Flugzeuge außer Dienst gestellt.

**TECHNISCHE DATEN**
**Blackburn B-25 Rock**

**Typ:** zweisitziges Marinejagd-/Zielschleppflugzeug
**Triebwerk:** ein Bristol Perseus-XII-Sternmotor mit 675 kW (918 PS)
**Leistung:** (Landflugzeug) Höchstgeschwindigkeit 359 km/h in 3050 m Höhe; Marschgeschwindigkeit 217 km/h; Dienstgipfelhöhe 5485 m
**Gewicht:** Leermasse 2778 kg; max. Startmasse 3606 kg
**Abmessungen:** Spannweite 14,02 m; Länge 10,85 m; Höhe 3,68 m; Tragflügelfläche 28,80 $m^2$
**Bewaffnung:** vier 7,7-mm-Browning-Maschinengewehre im elektrisch angetriebenen Boulton Paul Waffenturm

***Die Blackburn B-25 Roc und die Boulton Paul Defiant dienten bei der RAF. Beide Muster zeigten aber die gleichen Schwächen: mangelnde Flugleistung, Wendigkeit und Feuerkraft.***

# Blackburn B-26 Botha bis Blackburn R.B. 1 Iris

**Blackburn produzierte in den 20er und 30er Jahren eine ganze Typen-Palette, spezialisierte sich dann auf Wasser- und trägerstationierte Flugzeuge, fusionierte 1948 mit General Aircraft zu Blackburn and General Aircraft, und die letzten Entwicklungen waren der Beverly-Transporter B-101 und der militärische überschallschnelle Angreifer Buccaneer B-103.**

## Blackburn B-26 Botha

***Die Blackburn B-26 Botha war erheblich untermotorisiert und für Kriegseinsätze so gut wie untauglich.***

Das Air Ministry hatte die Unterlage M.15/35 für einen dreisitzigen, zweimotorigen Aufklärungsbomber veröffentlicht, der auch mit einem Torpedo bewaffnet werden konnte. Blackburn und Bristol reichten Vorschläge ein, die als Antrieb Bristol Perseus-Motoren mit 634 kW (862 PS) vorsahen. Die Forderung änderte sich jedoch auf eine vierköpfige Besatzung hin und ergab folglich die neue Spezifikation 10/36. Beide Muster wurden als **B-26 Botha** beziehungsweise als Beaufort in Auftrag gegeben.

Wegen des Gewichtszuwachses der Neuentwürfe erhielt die Beaufort 843 kW (1146 PS) starke Bristol-Taurus-Sternmotoren. Da diese knapp waren, mußte Blackburn für die erste **Botha**-Serienversion jedoch Bristol Perseus-X je 656 kW (892 PS) verwenden.

1936 erging ein Auftrag für 442 Flugzeuge, und am 28. Dezember 1938 flog die erste Serienmaschine. Aus der Flugerprobung durch das AA&EE in Martlesham Heath resultierten größere Leitwerksflächen und ein Hornausgleich für die Höhenruder zur Verbesserung der Steuerung um die Querachse. Ende 1939 begann die Torpedo Development Unit in Gosport mit ihrem Testprogramm, und in Brough und Dumbarton wurden Fertigungsstraßen eingerichtet. Die erste an die RAF ausgelieferte **Botha**, das dritte Serienflugzeug vom Dumbarton-Montageband, erreichte No. 5 Maintenance Unit in Kemble am 12. Dezember 1939.

Im ersten Halbjahr 1940 kam es zu einer Reihe unerklärlicher Unfälle mit Todesfolge. Herbe Kritik an der **Botha** setzte ziemlich schnell ein, die allgemeine Mängel und vor allem die Untermotorisierung hervorhob. Danach gelang es Bristol, die Leistung des Perseus-Motors etwas zu steigern, so daß die Version Mk XA 694 kW (944 PS) entwickelte.

Da die **Botha** untermotorisiert und für Kriegseinsätze nicht tauglich war, stellte der Air Staff sie für Ausbildungseinrichtungen ab. Es kann nicht verwundern, daß sich die tödlichen Unfälle auch hier fortsetzten. Die bestgeeigneten und zweifelsfrei sichersten **Botha** waren die abgeflogenen Maschinen, die Ende 1942 an die RAF Schools of Technical Training gingen. Einige **Botha** wurden mit Winde ausgerüstet und bei der Target Towing Unit in Abbotsinch als TT.1 verwendet.

Insgesamt entstanden 580 **Botha**, 380 in Brough und 200 in Dumbarton. Im September 1944 wurde die **Botha** jedoch ausgemustert.

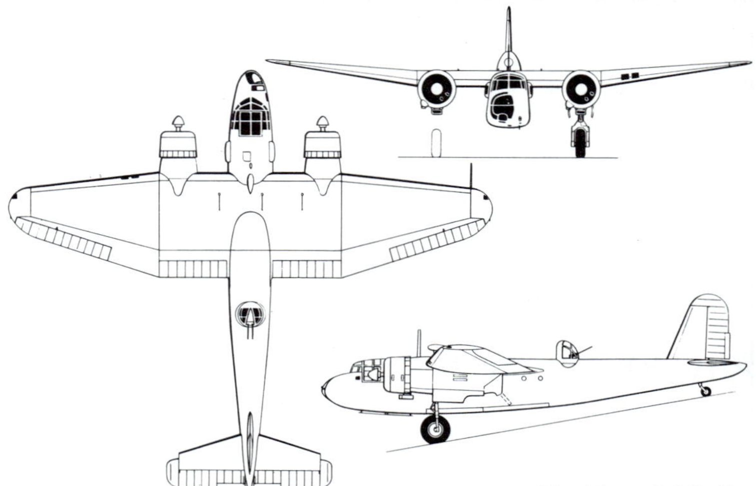

***Blackburn B-2 Botha***

### TECHNISCHE DATEN
**Blackburn B-26 Botha**

**Typ:** viersitziger Aufklärer/Torpedobomber
**Triebwerke:** zwei Bristol Perseus-XA-Sternmotoren mit je 694 kW (944 PS)
**Leistung:** Höchstgeschwindigkeit 401 km/h in 1675 m Höhe; Marschgeschwindigkeit 341 km/h in 4570 m Höhe; Dienstgipfelhöhe 5335 m; Reichweite 2044 km
**Gewicht:** Leermasse 5366 kg; max. Startmasse 8369 kg
**Abmessungen:** Spannweite 71,98 m; Länge 15,58 m; Höhe 4,46 m; Tragflügelfläche 48,12 m²
**Bewaffnung:** ein starres, vorwärts feuerndes 7,7-mm-Maschinengewehr und zwei 7,7-mm-Maschinengewehre im Rückenturm sowie ein Torpedo, Bomben oder Wasserbomben bis zu 907 kg im internen Waffenschacht

## Blackburn B-37 Firebrand

***Diese Firebrand TF.5 der No. 813 Squadron trägt einen Torpedo mit dem Kursstabilisierungsheck MAT Mk IV unter dem Bauch.***

Die **Blackburn B-37 Firebrand** basierte auf der Unterlage N.9/39 der Marineführung vom Dezember 1939 für einen einsitzigen Marinejäger mit vier flächenmontierten Kanonen. Im Januar 1941 wurden drei Prototypen gemäß Spezifikation N.11/40 bestellt, und ein Jahr später rollte die erste Versuchsmaschine aus der Werkshalle. Am 27. Februar 1942 führte Flight Lieutenant Arthur Thompson sie durch den Erstflug. Der zweite Prototyp mit je zwei 20-mm-Hispano-Kanonen in den Tragflächen und mit Aufhängungen für zwei 227-kg-Bomben flog erstmals am 15. Juli, gefolgt vom dritten am 5. September. Alle drei Maschinen wurden von einem Napier-Sabre-III mit 1719 kW (2338 PS) angetrieben, ebenso wie die neun Serienjäger **Firebrand F.I.**

Im Februar 1943 führte man mit dem zweiten Prototyp von Machrihanish in Kintyre aus Decklandeversuche an Bord der HMS Illustrious durch. Nach einem Unfall wurde diese Maschine zum Prototyp **Firebrand TF.II** mit einem um 46 cm erweiterten Tragflächenmittelstück umgebaut, damit ein 907-kg-Torpedo zwischen die Radschächte paßte. Der Erstflug des Prototyps fand am 31. März 1943 statt, und es entstanden zwölf Serienflugzeuge. No. 708 Squadron auf dem Seefliegerhorst Lee-on-Solent flog die TF.II als Versuchsstaffel und blieb der einzige Verband, der im Zweiten Weltkrieg mit der **Firebrand** ausgerüstet wurde.

Die Zuweisung der Sabre-Triebwerkproduktion an die Hawker Typhoon führte zur **Firebrand TF.III** mit dem 1790 kW (2434 PS) starken Bristol-Centaurus VII. Der Prototyp absolvierte seinen Erstflug am 21. Dezember 1943, gefolgt von einer zweiten Versuchsmaschine und 27 Serienjägern. Die Richtungsinstabilität beim Start wurde durch Einführung einer größeren Seitenflosse und Ruder für die **Firebrand TF.4** behoben. Außerdem erhielten diese Flugzeuge Sturzflugbremsen und zwei Torpedoklammern. Die erste von insgesamt 102 **TF.4** flog am 17. Mai 1945, und am 1. September 1945 wurde das Muster bei No. 813 Squadron, auf RNAS Ford neu formiert, in Dienst gestellt.

***Rechts: Eine Blackburn Firebrand TF.4. Das Muster wurde als Hochleistungs-Torpedojäger entworfen, der seine Waffen direkt gegen Schiffe einsetzen konnte.***

***Unten: Der Torpedojäger Blackburn B-48 war konzeptionell von der Firebrand abgeleitet und um einen Bristol Centaurus Sternmotor herum entworfen. Dieser Entwurf, der dem Flugzeugführer eine exzellente Sicht nach vorn bot, scheiterte letztlich am nachlassenden Interesse an Kampfflugzeugen mit Kolbentriebwerk.***

Erwähnt werden sollte noch die **Blackburn B-48**, der potentielle Nachfolger der **Firebrand** mit dem 2047 kW (2784 PS) starken Sternmotor Bristol-Centaurus-59 als Antrieb. Um dem Piloten ein besseres Blickfeld nach vorn zu bieten, hatte man die Kanzel erhöht und weiter nach vorn verlegt. Umgekehrte Knickflügel sollten die Verwendung kürzerer Hauptfahrwerksbeine ermöglichen.

***Blackburn B-37 Firebrand TF.1***

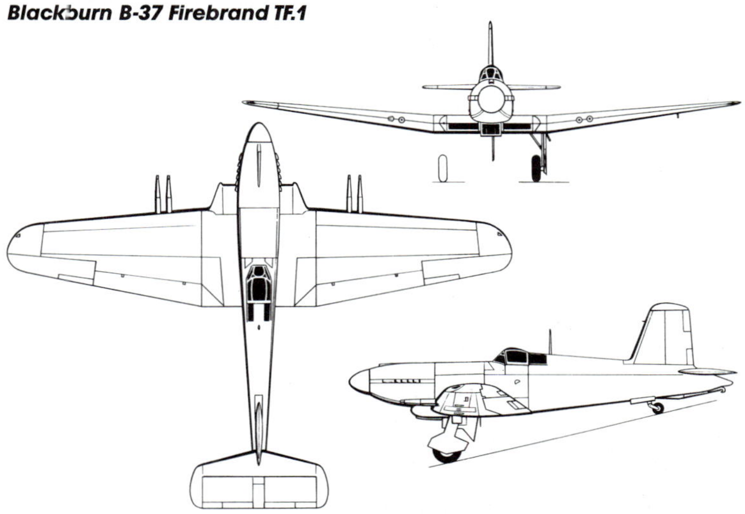

Der erste von zwei **B-48**-Prototypen (auch **Y.A.1** bezeichnet) flog in Leconfield am 1. April 1947. Der zweite Prototyp wurde nicht als solcher fertiggestellt, sondern als modifizierter **B-48**-Entwurf zur Erforschung kraftbetätigter Querruder. Das Aufkommen der Propellerturbine beendete die Entwicklung der **B-48**, aber die Testdaten erwiesen sich als wertvoll für den U-Bootjäger B-54.

Als letzte Serienversionen entstanden die **Firebrand TF.5** und **Firebrand TF.5A.** Letztere hatte kraftverstärkte Querruder außer den Seiten- und Höhenrudern mit Hornausgleich und den weiter gespannten Querruder-Servoklappen, die allen Mk 5 gemeinsam waren. Insgesamt 86 Exemplare dieser Versionen wurden gefertigt und an die No. 813 Sqn und die No. 827 Sqn zugeführt.

## TECHNISCHE DATEN

**Blackburn B-37 Firebrand TF.5**

**Typ:** einsitziger, trägergestützter Torpedojäger
**Triebwerk:** ein Bristol Centaurus-IX-Sternmotor mit 1879 kW (2555 PS)
**Leistung:** Höchstgeschwindigkeit 547 km/h in 3960 m Höhe; Marschgeschwindigkeit 412 km/h; Dienstgipfelhöhe 8685 km; Reichweite 1191 km
**Gewicht:** Leermasse 5368 kg; max. Startmasse 7938 kg
**Abmessungen:** Spannweite 15,63 m; Länge 11,81 m; Höhe 4,04 m; Tragflügelfläche 35,58 m²
**Bewaffnung:** vier 20-mm-Kanonen und ein Torpedo oder 16 Raketen je 27 kg

# Blackburn B-54 und B-88

Auf die Spezifikation GR.17/45 für ein trägergestütztes U-Jagdflugzeug reichten die Firmen Fairey, Shorts und Blackburn Angebote ein. Blackburn schlug die **B-54** (oder **Y.A.5**) vor, einen zweisitzigen Knickflügel-Eindecker, dessen Höhenleitwerk eine ausgeprägte positive V-Stellung aufwies. Er wurde von einem Rolls-Griffin-56-Kolbenmotor angetrieben, der seine 1491 kW (2028 PS) auf gegenläufige Luftschrauben abgab. Ursprünglich war Napiers Propellerturbine-Double-Naiad vorgesehen, aber man hatte ihre Entwicklung abgebrochen. Das neue Triebwerk brachte dem Muster, das am 20. September 1949 erstmals flog, die geänderte SBAC-Bezeichnung **Y.A.7** ein. Im Februar des nächsten Jahres fanden Decklandungsversuche statt.

***Die Blackburn B-54 hatte unter dem Bauch einen fahrbaren Radombehälter für das Suchradar und einen gewaltigen Bombenschacht.***

## TECHNISCHE DATEN

**Blackburn B-88**

**Typ:** trägergestützter U-Bootjäger
**Triebwerk:** ein Armstrong Siddeley-Double-Mamba-Turboprop-Triebwerk mit 2200 äkW (2992 äPS)
**Leistung:** Höchstgeschwindigkeit 515 km/h
**Gewicht:** max. Startmasse 5938 kg
**Abmessungen:** Spannweite 13,46 m; Länge 13,00 m; Höhe 5,11 m
**Bewaffnung:** (vorgeschlagen) unterschiedliche Angriffswaffen im internen Schacht und Raketen oder Wasserbomben als Außenlast

Das als **Y.A.8** bekannte zweite Flugzeug entsprach der geänderten Forderung der Marine nach einer dreiköpfigen Besatzung. Die Modifizierungen betrafen den Rumpf sowie das Trag- und Leitwerk. Beide Maschinen, die **Y.A.7** und die **Y.A.8**, erwiesen sich als Wegbereiter für den dritten Prototyp, die turbinengetriebene **Y.B.1** oder **B-88** nach dem Typnummernsystem des Herstellers. Unter dem Antrieb eines Armstrong Siddeley-Double-Mamba-Turboprop-Triebwerks in Verbindung mit gegenläufigen Propellern hob dieser Prototyp am 19. Juli 1950 in Brough zu seinem Jungfernflug ab.

Auf die Vergleichsprüfung hin ging der Serienauftrag jedoch an Fairey mit der Gannet. Die **Y.B.1** wurde der Erprobungsträger des Double-Mamba bei Armstrong Siddeley. Die **Y.A.7** und **Y.A.8** wurden noch mehrere Jahre lang beim RAE in Farnborough eingesetzt, bis man sie schließlich verschrottete.

# Blackburn B-101 Beverley

***Eine Beverley (Ende der fünfziger Jahre) zeigt ihren massigen Rumpf. Sie war zwar in Geschwindigkeit und Reichweite begrenzt, konnte aber ein großes Spektrum an militärischer Ausrüstung und zusätzlich 36 Soldaten befördern.***

Nahezu 17 Jahre trennten die beiden größten Blackburn-Muster, das Flugboot Perth von 1933 und die neue **Blackburn B-101 Beverley**. Tatsächlich war letztere kein Blackburn-Entwurf, sondern stammte von General Aircraft.

Diese Firma hatte verschiedene Studien für ein großes- Frachtflugzeug erarbeitet. Als das Air Ministry die Spezifikation C.3/46 für ein taktisches Transportflugzeug mit mittlerer Reichweite herausgab, reichte sie den Entwurf **G.A.L. 60** ein. Sie erhielt den Auftrag zur Konstruktion eines Prototyps, für dessen Antrieb eine neue Version des Bristol Hercules-Kolbenmotors entwickelt werden sollte.

Der Prototyp **G.A.L. 60**, ausgelegt als einfaches Transportflugzeug mit starrem Fahrgestell und ohne Druckkammer, wurde beim General Aircraft Werk in Hanworth, Middlesex, gebaut. Am 1. Januar 1949 schlossen sich General Aircraft und Blackburn zu Blackburn and General Aircraft Ltd. zusammen. Die **G.A.L. 60** wurde per Lastkraftwagen nach Brough geschafft, um dort am 20. Juni 1950 zum Erstflug zu starten.

Das Flugerprobungsprogramm kam zügig voran, doch es schienen einige Änderungen geboten. Diese brachte die zweite Versuchsmaschine mit vier Bristol-Centaurus mit je 2125 kW (2890 PS) als Antrieb. Neue Verfahren zum Abwurf von Fallschirmlasten bedingten eine Änderung der Heckklappen, und es wurden viel größere, demontierbare Türen eingebaut. Man erweiterte den Leitwerksträger, um Passagiere aufnehmen zu können, und die großen Einzelräder am Hauptfahrwerk wichen Vierrad-Achsträgern, die sich für den Betrieb auf weichem Untergrund besser eigneten.

Das zweite Flugzeug, **G.A.L.65** oder **Blackburn B-100** bezeichnet, flog im Juni 1953, als bereits 20 Exemplare für das RAF Transport Command bestellt waren. Die RAF teilte diesem Muster die Dienstbezeichnung **Blackburn 101** und verlieh im später den Namen **Beverley**. Die beiden ersten Serienmaschinen flogen im Januar beziehungsweise März 1955 und blieben für Tests und Modifikationen beim Hersteller, während die beiden nächsten Exemplare dem AA&EE in Boscombe Down zur Abnahmeprüfung übergeben wurden. Der Erprobung unter heißen Klimabedingungen in Tripolis folgten Kältetests in Kanada, und am 12. März 1956 nahm No. 47 Squadron in Abingdon als erste Einsatzstaffel das bislang größte Transportflugzeug der RAF entgegen.

Der gewaltige Rumpf der **Beverley** enthielt eine Hauptkabine oder einen Frachtraum, der 10,97 m x 3,05 m x 4,72 m maß und eine enorme Vielfalt militärischer Ausrüstungsgegenstände bis zu einem Gewicht von 22,4 Tonnen aufnehmen konnte. Versuche mit Fallschirmlasten steigerte man bis auf 18.144 kg, die an acht Schirmen zu Boden schwebten. Als Truppentransporter konnte die **Beverley** insgesamt 94 Soldaten oder 70 Fallschirmjäger befördern, davon 36 beziehungsweise 30 in der Leitwerksträgerkabine.

Im Mai 1954 erteilte die RAF einen Auftrag für weitere 27 **Beverley**. So diente das Muster bei fünf Staffeln (No. 30, 34, 47, 53 und 84 Sqn.), die weit verstreut in Afrika, Brunei, Mittelost, Singapur, Vietnam und natürlich Großbritannien im Einsatz waren. Ende 1967 gab die RAF die letzte **Beverley** zugunsten der Lockheed Hercules ab.

Verschiedene Projekte zur Anpassung des Entwurfs auf zivile Verwendungen verliefen im Sande. Zwei Versuchsflugzeuge und die beiden ersten seriengefertigten Exemplare erhielten zwar zivile Zulassungen, wurden aber bis auf einen dokumentierten Flug offenbar nicht genutzt. Die vierte Maschine machte von ihrer zivilen Kennung Gebrauch, als sie Ende 1955 schweres Bohrgeschirr für die Iraq Petroleum Company transportierte.

**TECHNISCHE DATEN**
**Blackburn B-101 Beverley**

**Typ:** Mittelstrecken-Transportflugzeug
**Triebwerke:** vier Bristol-Centaurus-273-Sternmotoren mit je 2125 kW (2890 PS)
**Leistung:** Höchstgeschwindigkeit 383 km/h in 1735 m Höhe; Marschgeschwindigkeit 278 km/h in 2440 m Höhe; Dienstgipfelhöhe 4875 m; max. Reichweite 2092 km
**Gewicht:** Leermasse 35.940 kg; max. Startmasse 64.864 kg
**Abmessungen:** Spannweite 49,38 m; Länge 30,03 m; Höhe 11,81 m; Tragflügelfläche 270,90 m²

# Blackburn B-103 Buccaneer

***Blackburn Buccaneer S.2B der auf dem RAF-Fliegerhorst Laarbruch in Deutschland stationierten No. 16 Squadron***

Das von B.P. Laight geführte Konstruktionsteam schuf mit der **Blackburn B-103 Buccaneer** ein gutes Flugzeug. Es war das erste zweisitzige Kampfflugzeug der Welt für den trägergestützten Offensiveinsatz, konzipiert als Hochgeschwindigkeitsinstrument, um in den gegnerischen Luftraum durch Unterfliegen des Radargürtels einzudringen. Der Entwurf der Zelle umfaßte eine Reihe äußerst fortschrittlicher Merkmale, darunter ein System zur Erhöhung des Auftriebs, das die Grenzschichtströmung an Trag- und Leitwerk beeinflußte, ein nach der Flächenregel gestalteter Rumpf, ein vertikal geschnittener Heckkonus, dessen gespreizte Hälften als Bremsklappen fungierten, und eine rotierende Bombenschachtklappe mit konventionellen oder nuklearen Waffen an der Innenseite. Die Bombenschachtklappe dreht sich, um die Waffen für den Abwurf zu exponieren und vermeidet somit den Luftwiderstand, den herkömmliche Bombenklappen verursachen, wenn sie sich gegen den Hochgeschwindigkeits-Luftstrom aufstemmen.

Der **Blackburn**-Entwurf **B-103** erhielt 1955 die Zustimmung für die Forderung NA.39, und im Juli desselben Jahres folgte ein Auftrag für 20 Vorserienflugzeuge. Zwei de Havilland-Gyron-Junior-DGJ.1-Strahltriebwerke mit je 3175 kg Schub sorgten für den Antrieb der Vorserie, deren erste Maschine am 30. April 1958 flog. Das vierte Exemplar erhielt das komplette Marinepaket mit faltbaren Tragflächen-/Flugzeugnase, Fanghaken und Katapultbeschlägen, um die Trägererprobung durchzuführen. Im Oktober 1959 erging ein Auftrag für 40 Exemplare der Serienversion **Buccaneer S.1**, deren Gyron-Junior-101 je 3221 kg Schub erzeugten. Der Jungfernflug der ersten S.1 fand am 23. Januar 1962 statt, und am 17. Juli wurde No. 801 Squadron die erste **Buccaneer**-Einsatzstaffel der Fleet Air Arm. Im Januar des Folgejahres führte die Staffel das Muster auf HMS Ark Royal ein.

Die **Buccaneer S.1** war entschieden untermotorisiert, und für die Hauptserie **Buccaneer S.2** wählte man daher das Turbofan-Triebwerk-Spey von Rolls-Royce. Am 5. Juni 1964 startete die erste von 84 Serienmaschinen zum Jungfernflug. Die **Buccaneer S.2** verfügte über eine wesentlich größere Reichweite als die **S.1**, denn die Spey-Triebwerke verbrauchten weniger Treibstoff, obwohl sie rund 30 Prozent mehr Schub lieferten. Zudem konnte die S.2 Treibstoff in der Luft aufnehmen. Ab Oktober 1965 lief die **S.2** den FAA-Verbänden zu, so daß schließlich No. 800, 801, 803 und 809 Sqn diese **Buccaneer**-Variante von Bord der Träger HMS Ark Royal, Eagle und Victorious flogen. No. 809 Squadron auf HMS Ark Royal wurde als letzte Bordstaffel 1979 aufgelöst. Die Maschinen waren zwar für den Einsatz von Küstenbasen vorgesehen, doch die South African Air Force beschaffte 1965 mit der **Buccaneer Mk 50** eine reine Trägerversion. Dieses Muster besaß zudem den BS.605-Raketenmotor von Bristol Siddeley, der 30 Sekunden lang 3629 kg Zusatzschub für den Start auf heißen und hochgelegenen Flugplätzen lieferte.

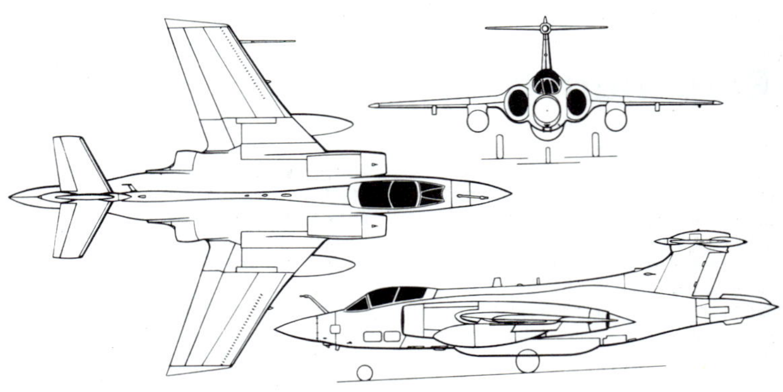

***Blackburn Buccaneer S.2B***

Die **Buccaneer S.2** der Royal Navy wurden nicht außer Dienst gestellt, als Großbritannien seine Trägerflotte allmählich auflöste. Ab 1969 versetzte man die **Buccaneer** zur RAF, und im Juli 1970 erklärte die RAF No. 12 Squadron zur ersten einsatzbereiten Staffel mit **Buccaneer S.2**. Etwa 70 Maschinen erfuhren Modifikationen an Bordsystemen und Ausrüstung, um den Forderungen der RAF zu genügen, und erhielten die Bezeichnung **Buccaneer S.2A**. Aus einem weiteren Nachrüstungs-/Modernisierungsprogramm gingen sie als **Buccaneer S.2B** hervor. Die Hauptneuerung bestand in der Möglichkeit, den fernsehgelenkten Radarbekämpfungsflugkörper Martel einzusetzten.

### TECHNISCHE DATEN
**Buccaneer S.2B**

**Typ:** zweisitziges Tiefflug-Kampfflugzeug für den träger- und landgestützten Einsatz
**Triebwerke:** zwei Rolls-Royce-RB.168-Spey-Mk 101-Turbofan-Triebwerke mit je 5105 kg Schub
**Leistung:** Höchstgeschwindigkeit 1040 km/h in 60 m Höhe; Dienstgipfelhöhe oberhalb 12.190 m; typische Reichweite mit Waffenlast 3700 km
**Gewicht:** Leermasse 13.608 kg; max. Startmasse 28.123 kg
**Abmessungen:** Spannweite 13,41 m; Länge 19,33 m; Höhe 4,97 m; Tragflügelfläche 47,82 m²
**Bewaffnung:** vier 454-kg-Bomben, Treibstofftank oder Aufklärungsmittel auf der Innenseite der rotierenden Schachtklappe und bis zu 5443 kg Bomben und/oder Raketen an vier Außenstationen

Eine neue bauchige Waffenschachtklappe gestattete ferner die Einrüstung eines zusätzlichen Treibstofftanks. Darüber hinaus wurden 43 neue Serienflugzeuge **Buccaneer S.2B** in Auftrag gegeben, von denen die erste Maschine am 8. Januar 1970 erstmals flog. Vor ihrer Außerdienststellung hatte man die restlichen **Buccaneer** der Royal Navy ähnlich wie die **S.2B** modifiziert, was ihnen folglich die Bezeichnung **Buccaneer S.2C** und **Buccaneer S.2D** einbrachte, ohne beziehungsweise mit Martel-Eignung.

Nach dem Verlust einer RAF-**Buccaneer** am 7. Februar 1980 stellte sich Materialermüdung der Tragflächen als Unfallursache heraus. Bis zur Vorlage eines ausführlichen Untersuchungsberichts erhielt die RAF-Flotte daraufhin Flugverbot und konnte erst Ende Juli dieses Jahres den normalen Einsatzbetrieb wiederaufnehmen. Später wurde No. 216 Squadron aufgelöst, und 1990 setzten noch No. 12 Squadron, No. 208 Squadron und No. 237 OCU auf dem RAF-Fliegerhorst Lossiemouth dieses Muster ein.

***Ein Schwarm Buccaneer S.2B der No. 15 Squadron prescht zum Tiefflugangriff über die Nordsee. Die Hauptwaffenlast wird im internen Bombenschacht mitgeführt.***

# Blackburn R.B.1 Iris

Blackburns Einstieg in die Flugbootkonstruktion wurde durch die Spezifikation R.14/24 des Air Ministry ausgelöst, die ein großes Fernaufklärungsflugzeug forderte. Das Ergebnis war die **Blackburn R.B.1 Iris**, ein dreimotoriger Doppeldecker in Holzbauweise mit Einrichtungen für eine fünfköpfige Besatzung. Das erstmals am 19. Juni 1926 geflogene Großflugboot kam Ende des Sommers zum Marine Aircraft Experimental Establishment in Felixstowe, um dort erprobt zu werden.

Blackburn hatte bereits beschlossen, einen neuen Bootsrumpf aus Metall zu konstruieren. Im nächsten Jahr kehrte die **Iris** daher zum Werk zurück, um diese Umrüstung und weitere Verbesserungen zu erhalten. Die bisherigen Rolls-Royce-Condor-III mit je 485 kW (660 PS) wurden gegen Condor-IIIA mit je 503 kW (684 PS) ausgetauscht. Nun trug die einzelne **Iris** die Bezeichnung **R.B.1A Iris II**.

Nach der Erprobung durch die RAF unternahm die **Iris II** eine Vorführreise durch den Mittelmeerraum, den Mittleren Osten, Indien und Skandinavien. Ihre Vorstellung belohnte das Air Ministry mit dem Auftrag zum Bau von drei **R.B.1B Iris III**. Das erste Exemplar dieses Trios flog im November 1929. Aufgrund der neuen Duralumin-Konstruktion und weiterer Modifikationen zeigte es sich dem Vorläufer deutlich überlegen. Alle drei Flugboote wurden No. 209 Squadron zugewiesen, die in Mount Batten, Plymouth, neu aufgestellt war. Im Februar 1931 ging eine **Iris III** bei einem Unfall mit Todesfolge verloren, und ein Ersatzflugzeug wurde genehmigt.

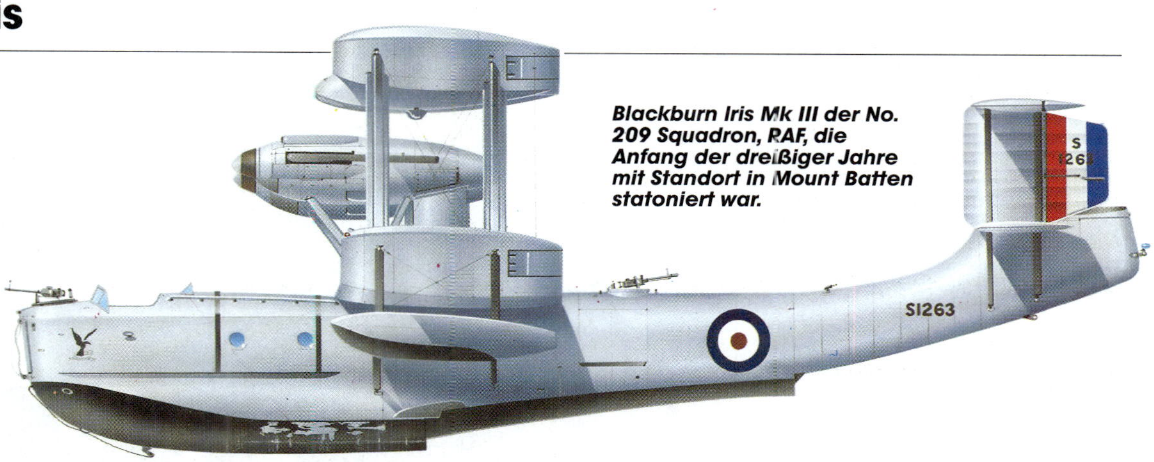


***Blackburn Iris Mk III der No. 209 Squadron, RAF, die Anfang der dreißiger Jahre mit Standort in Mount Batten statoniert war.***

Die **R.B.1C Iris IV** war die auf Armstrong Siddeley-Leopard-III-Sternmotoren umgestellte **Iris II**. Das mittlere dieser 597 kW (812 PS) starken Triebwerke drehte eine Druckschraube und die beiden anderen Zugschrauben. Diese Version ergab eine Gewichtseinsparung von 649 kg und eine Erhöhung der Geschwindigkeit in Meereshöhe auf 209 km/h.

Die letzte Variante **R.B.1D Iris V** war keine Neukonstruktion, sondern entstand durch den Einbau des Rolls-Royce-Buzzard-IIMS mit je 615 kW (836 PS) in die drei **Iris III**. Die erste so ummotorisierte **Iris** flog im März 1932. Der **Iris V** war nur eine kurze Dienstzeit beschieden. Im Januar 1933 gingen zwei **Iris V** verloren, und das dritte Exemplar kehrte nach Brough zurück. Dort diente es als Erprobungsträger für den Junkers Jumo-IVC, den Napier als Culverin Series 1 in Lizenz fertigte.

***Die Blackburn R.B.1 Iris III war der letzte Vertreter dieses Musters mit herkömmlicher Zugschrauben-Auslegung. Bei der Iris IV wurde die Kombination einer Druckschraube und zweier Zugpropeller eingeführt. Später glich man die verbliebenen Iris III diesem Standard an unter der Bezeichnung Iris V.***

### TECHNISCHE DATEN
**Blackburn R.B.1B Iris III**

**Typ:** fünfsitziges Fernaufklärungsflugboot
**Triebwerke:** drei Rolls-Royce Condor-IIIB-Reihenmotoren mit je 503 kW (684 PS)
**Leistung:** Höchstgeschwindigkeit 190 km/h in Meereshöhe; max. Marschgeschwindigkeit 156 km/h; Dienstgipfelhöhe 3230 m; Reichweite mit max. Treibstoff 1287 km
**Gewicht:** Leermasse 8640 kg; max. Startmasse 13.376 kg
**Abmessungen:** Spannweite 29,57 m; Länge 20,54 m; Höhe 7,77 m; Tragflügelfläche 207,07 m²
**Bewaffnung:** drei 7,7-mm-Lewis Maschinengewehre (je eines im Bug, Mittelrumpf und Heck) und eine Bombenlast von bis zu 907 kg

## Blackburn R.B. 3A Perth bis Blériot-SPAD S.33

**1959 dreiteilte sich Blackburn. Die Aeronautics wurde Blackburn Aircraft, diese1963 eine Tochter von Hawker Siddeley, um danach allerdings nur noch bis 1965 zu existieren. Der Luftfahrtpionier Blériot erwarb 1914 die berühmte SPAD, deren Kürzel er zu dem neuen Namen Société Pour L'Aviation et ses Dérives ergänzte und weiterführte.**

# Blackburn R.B. 3A Perth

Die **Blackburn R.B.3A Perth** wurde aus der Iris entwickelt, um das ältere Flugbootmuster im Einsatz bei No.209 Squadron in Plymouth abzulösen. Die **Perth** unterschied sich von der Iris V in erster Linie durch eine geschlossene Kanzel und einen mit korrosionsbeständigem Material verkleideten Bug. Der Einbau einer 37-mm-Kanone im Buggefechtsstand zur Bekämpfung von Schiffen bedeutete eine beträchtliche Verbesserung der Bewaffnung, aber es gab auch eine Alternative in Form eines schienenlafettierten 7,7-mm-Maschinengewehrs wie bei der Iris V.

Die Indienststellung der **Perth** erfolgte im Januar 1934, als das zweite Flugboot nach Plymouth geliefert wurde. Das erste Exemplar blieb zur Erprobung in Felixstowe, doch Ende Mai 1934 waren alle drei Flugboote des Erstauftrags ausgeliefert. Im April flog eine vierte **Perth**, aber diese Maschine verblieb für weitere Versuche beim MA&EE in Felixstowe.

**TECHNISCHE DATEN**
**Blackburn R.B.3A Perth**

**Typ:** fünfsitziges Fernaufklärungs-Flugboot
**Triebwerke:** drei Rolls-Royce-Buzzard-IIMS-Reihenmotoren mit je 615 kW (836 PS)
**Leistung:** Höchstgeschwindigkeit 212 km/h in Meereshöhe; wirtschaftliche Marschgeschwindigkeit 175 km/h; Dienstgipfelhöhe 3505 m; Reichweite mit max. Treibstoffzuladung 2414 km
**Gewicht:** Leermasse 9492 kg; max. Startmasse 17.237 kg
**Abmessungen:** Spannweite 29,57 m; Länge 21,34 m; Höhe 8,06 m; Tragflügelfläche 233,27 m²
**Bewaffnung:** eine 37-mm-Kanone (Coventry Ordnance Works) und ein 7,7-mm-Lewis-Maschinengewehr im Bug, je ein 7,7-mm-Lewis-MG mittschiffs und achtern sowie eine Höchstbombenlast von 907 kg

Mehrere Leitwerksprobleme erforderten eine gründliche Modifikation der Flugboote in Brough, so daß sie etliche Monate keinen Einsatz leisteten. Im September 1935 ging bei schwerer See die erste **Perth** verloren, und die drei anderen wurden 1936 entlassen. Das letzte Exemplar hielt noch zwei weitere Jahre in Felixstowe durch.

***Wie die anderen Doppeldecker-Großflugboote, die die RAF zwischen den beiden Weltkriegen einsetzte, wurde auch die Blackburn R.B.3A Perth nur in sehr kleiner Stückzahl gefertigt. Das Muster verfügte mit einer 37-mm-Kanone im Bug über eine außerordentlich starke Bewaffnung.***

# Blackburn T.5 Ripon

Blackburn glaubte offenbar, daß aus einem Grundmuster das meiste herauszuholen sei, denn die gemäß Spezifikation 21/23 konstruierte **Blackburn T.5 Ripon** war eine Weiterentwicklung der Swift/Dart/Velos-Flugzeugfamilie. Im April 1926 flog der erste von zwei Prototypen als Landflugzeug, und vier Monate später folgte die zweite als Schwimmerflugzeug fertiggestellte Versuchsmaschine. Die **Ripon**, die als Ersatz für die Dart bei der Fleet Air Arm gedacht war, mußte als Aufklärungsflugzeug laut Leistungskatalog eine Flugdauer von zwölf Stunden vorweisen.

Die beiden Versuchsmaschinen **Ripon I** wurden vom Reihenmotor Napier-Lion-V mit 348 kW (473 PS) angetrieben. Nach dem Vergleichswettbewerb erging ein Auftrag für einen weiteren Prototyp und 20 verbesserte Vorserienflugzeuge **Ripon II**. Diese Maschinen waren aerodynamisch beträchtlich verfeinert, und der Einbau des Lion-XI mit 425 kW (578 PS) ergab eine weitere Leistungssteigerung. Die Indienststellung erfolgte im Juli 1929.

Weitere Neuerungen führten zur Hauptserienversion **Ripon IIA**, von der 40 Exemplare Anfang 1930 in Auftrag gegeben wurden. Diese Maschinen ließen sich mit vielfältigen Waffen, darunter auch mit einem Torpedo, beladen. Die Schlußbaureihe **Ripon IIC** erhielt ein Tragwerk aus Stahl und Duralumin statt der bisherigen Holzkonstruktion, doch der Antrieb in Form des Lion-XI-Flugmotors blieb bestehen. Als die Produktion 1932 auslief, waren 31 **Ripon IIC** fertiggestellt. Eine Reihe früherer Flugzeuge erhielt den Standard der **Ripon IIC**, und einige wurden später auf einen Sternmotor umgerüstet, was sie zu Blackburn Baffins machte. Es entstand ein Prototyp **Ripon III**, doch die Entwicklung dieses Ganzmetallflugzeugs wurde eingestellt.

Für den Export wurde die **Ripon** mit unterschiedlichen Flugmotoren angeboten, aber nur Finnland stellte sich als Käufer ein. Als Musterflugzeug erwarb die finnische Regierung eine **Ripon IIF** mit dem 395 kW (537 PS) starken Sternmotor Bristol-Jupiter-VIII und auswechselbarem Rad-/Schwimmer-Fahrwerk. Anschließend begann die Lizenzfertigung von 25 Maschinen bei der National Aircraft Factory in Tampere. Die ersten sieben Exemplare hatten den Gnome-Rhône-Jupiter-VI à 353 KW (480 PS), die nächsten acht den Armstrong Siddeley-Panther-IIA mit 399 kW (543 PS) und die letzten zehn den 433 kW (589 PS) starken Bristol-Pegasus-II.Mk 3. Im Dezember 1944 wurde die letzte finnische **Ripon** außer Dienst gestellt, und eine Maschine blieb im Flugzeugpark der finnischen Luftstreitkräfte erhalten.

***Diese Blackburn Ripon IIC der Fleet Air Arm ist mit einem Torpedo Mk 10 beladen. Von 1929 bis Ende der dreißiger Jahre diente die Ripon bei der FAA.***

**TECHNISCHE DATEN**
**Blackburn Ripon IIA**

**Typ:** zweisitziger trägergestützter Torpedobomber
**Triebwerk:** ein Napier-Lion-XIA-Reihenmotor mit 425 kW (578 PS)
**Leistung:** Höchstgeschwindigkeit 203 km/h in Meereshöhe; Marschgeschwindigkeit 175 km/h; Dienstgipfelhöhe 3050 m; Reichweite mit max. Treibstoff 1706 km
**Gewicht:** Rüstmasse 1930 kg; max. Startmasse 3359 kg
**Abmessungen:** Spannweite 13,67 m; Länge 11,20 m; Höhe 3,91 m; Tragflügelfläche 63,45 m²
**Bewaffnung:** ein starres, nach vorn feuerndes 7,7-mm-Vickers-Maschinengewehr, ein 7,7-mm-Lewis-MG im hinteren Cockpit und ein Torpedo oder bis zu 680 kg Bomben unter dem Rumpf

# Blériot XI

1908 beendete Blériot, damals 34 Jahre alt, die Zusammenarbeit mit dem Luftfahrtpionier Gabriel Voisin und begann, selbstkonstruierte Luftfahrzeuge zu fliegen. Er glaubte, daß die Zukunft den Eindeckern gehöre, und sein erster Entwurf dieser Kategorie war die Blériot V – ein Entenflugzeug (Leitwerk vorn). Es war zwar flugfähig, stürzte aber bald ab und wurde folglich aufgegeben. Noch im selben Jahr wurde die Blériot VI Libellule (Libelle) mit Tandemflächen konstruiert, doch sie erreichte nie mehr als 12 m über Grund. Die Blériot VII, ein Eindecker mit Zugschraube, brachte die Entwicklung jedoch weit voran. Es folgte die Blériot VIII, die später zur Blériot VIIIbis mit Tragflächenverwindung und zur Blériot VIIIter mit gelenkigen End-

flächen zur Steuerung um die Längsachse modifiziert wurde. Die stark verbesserte Blériot IX mit papierbedeckten Tragflügeln kürzerer Spannweite, einem weitgehend mit Stoff überzogenen Rumpf und einem 48 kW (65 PS) starken Flugmotor stellte sich im September 1908 beim Pariser Automobilsalon vor, flog aber niemals. Auf dieses Muster folgte der unvollendete Doppeldecker Blériot X mit einem Druckschraubenantrieb.

Mit seinen Eindeckern hatte Blériot nur begrenzt Erfolg erzielt, doch dann kam die **Blériot XI**, die ihrem Konstrukteur einen festen Platz in der Luftfahrtgeschichte sichern sollte.

Der Rumpf dieses Flugzeugs war aus Esche mit Stützstreben und Spanndrähten konstruiert, und die geschulterten Tragflügel stellten ebenfalls eine Holzkonstruktion dar mit Verwindung zur Steuerung um die Längsachse. Das Leitwerk bestand aus einem zentralen Seitenruder und Höhenrudern an beiden Enden einer starren horizontalen Heckfläche. Das Hauptfahrgestell bildeten zwei große Räder eines Fahrrads, befestigt an zwei stählernen Gabelpaaren und einer hölzernen Querstange. Die dritte Komponente des Fahrgestells, ein kleineres Rad, war mit einem Strebengerüst am hinteren Rumpfdrittel montiert.

Die erste **Blériot XI** wurde Ende 1908 in Neuilly (einem Außenbezirk von Paris) gebaut und im Dezember auf der Exposition Internationale de la Locomotion Aérienne ausgestellt. Am 23. Januar 1909 startete das Muster in Issy-les-Moulineux zum Jungfernflug, angetrieben von einem R.E.P.-Flugmotor mit 21 kW (28 PS). Diese erste Maschine war durch eine starre vertikale Flosse auf dem Vorderrumpf gekennzeichnet, die sich aber als völlig ineffektiv erwies und rasch wieder verschwand. Vor dem nächsten Flug am 27. Mai 1909 wich

***Der Erfolg der Blériot XI, als erstes „Fahrzeug, schwerer als Luft" den Ärmelkanal überquert zu haben, sicherte Blériot auch einen Erfolg als Luftfahrzeughersteller. Eine groß angelegte Serienfertigung des Typs XI folgte, und die französischen Streitkräfte nutzten dieses Muster in beachtlichem Umfang für Aufklärungs- und Beobachtungsflüge.***

der R.E.P. Motor einem Anzani mit 18,4 kW (25 PS) als Antrieb für eine wirksame Chauvière-Luftschraube. Am 26. Juni erhöhte Blériot mit seiner **Blériot XI (mod)** den europäischen Flugdauerrekord auf 36 Minuten und 55 Sekunden, und am 13. Juli holte er sich den Preis für einen Überland-Wettbewerb. Wen wundert es, daß ihn diese Erfolge ermutigten, in das Rennen um den ersten Flug über den Ärmelkanal einzutreten, den die Daily Mail mit einem Preis von £1000 (damals DM 40.000) ausgeschrieben hatte.

Um 4.41 Uhr am 25. Juli 1909 startete Blériot auf einem Feld in der Nähe von Calais, hielt im Schnitt eine Höhe von 100 m und landete um 5.17 Uhr auf den Klippen bei Dover Castle. Auf einen Schlag war damit der Name Louis Blériot auf beiden Seiten des Ärmelkanals berühmt, und eine wahre Auftragsflut für die **Blériot XI** setzte ein. Blériot nahm die Serienfertigung auf, war aber von Anfang an auf Subunternehmer angewiesen. Zwischen 1909 und 1912 zählten **Blériot XI** bei allen europäischen Flugwettbewerben zu den Gewinnern, und sämtliche Spitzenflieger in Europa bedienten sich dieses Musters. Ende 1913 hatte Blériot 800 Exemplare von insgesamt 1294 Flugzeugen aller Muster geliefert, die in jenem Jahr in Frankreich entstanden waren.

Als Frankreich im Juli 1914 zur Mobilmachung aufrief, hatte die Aéronautique Militaire insgesamt 25 **Blériot XI** in ihrem Bestand. Zwei escadrilles de cavalerie waren mit Einsitzern und vier weitere escadrilles mit zweisitzigen **Blériot XI-2** ausgerüstet. Letztere wurden von Gnome-Triebwerken mit 52 kW (70 PS) angetrieben, hatten eine etwas größere Flügelfläche und konnten Granaten und Fliegerpfeile (fléchettes) abwerfen.

Erste Felderfahrung konnte die **Blériot XI** 1911 und 1912 bei italienischen Einheiten im Kampf gegen die Türken in der Cyrenaika und Libyen sammeln. Vor Beginn des Ersten Weltkriegs hatten das britische RFC und der RNAS eine Reihe von Blériot-Jägern übernommen, und bei Kriegsausbruch flogen fünf RFC-Staffeln die **Blériot XI**. Über die aus Frankreich importierten Flugzeuge hinaus hatten Großbritannien und Italien 104 beziehungsweise 70 Maschinen in Lizenz gefertigt.

Die **Blériot XI BG** oder Blériot-Gouin war als zweisitzige Schirmeindeckervariante entwickelt worden, um dem Beobachter ein besseres Sichtfeld bei Aufklärungs- und Artilleriebeobachtungsflügen zu bieten. In der Anfangsphase des Ersten Weltkriegs nutzten in Frankreich eingesetzte britische Staffeln und drei französische escadrilles diese Blériot-Variante. Weitere militärische Ausführungen waren die **Blériot XI-3**, ein Dreisitzer mit einem 88 kW (120 PS) starken Motor, die **Blériot XI E1** als einsitziges Schulflugzeug, die **Blériot XI-2bis** in der Auslegung eines Doppelsitzers mit nebeneinander angeordneten Sitzen und einem Leitwerk, das an die Rumpler Taube erinnerte, und die **Blériot XI R1 Pingouin**, ein Bodentrainer („rouleur") mit gestutzten Flügeln, der bei französischen und amerikanischen Einheiten in Frankreich weitverbreitet war.

***Die Blériot XI erfreute sich als eines der historisch bedeutsamen Flugzeuge bei Replica-Erzeugern recht großer Beliebtheit. Das Bild zeigt eine getreue Nachbildung dieses Musters aus Brienne, Frankreich.***

Diese Maschinen hatte man dadurch startuntauglich gemacht, da man sehr große Teile der Stoffbespannung am Tragwerk entfernt hatte.

Anfang 1915 waren die meisten Blériot vom Frontdienst abgezogen und an Flugschulen verteilt. Zu Beginn der dreißiger Jahre wurde eine Maschine bis zur Flugtüchtigkeit restauriert und von der „Escadrille Blériot" bei Flugveranstaltungen vorgeführt.

**TECHNISCHE DATEN**

**Blériot XI-2**

**Typ:** zweisitziger Reise-, Schul- und Aufklärungseindecker
**Triebwerk:** ein Gnome-7B-Umlaufmotor mit 52 kW (70 PS)
**Leistung:** Höchstgeschwindigkeit 106 km/h in Meereshöhe; Flugdauer 3 Stunden, 30 Minuten
**Gewicht:** Leermasse 349 kg; max. Startmasse 625 kg
**Abmessungen:** Spannweite 10,25 m; Länge 8,45 m; Höhe 2,50 m; Tragflügelfläche 23,00 $m^2$

**Blériot XI mit Anzani-Motor**

**Typ:** „La Manche" Einsitzer
**Leistung:** Höchstgeschwindigkeit 74 km/h
**Gewicht:** max. Abflugmasse 320 kg
**Abmessungen:** Spannweite 7,81 m; Länge 7,05 m; Höhe 2,52 m; Tragflügelfläche 140 $m^2$

# Blériot-SPAD S.XX

Die **Blériot-SPAD S.XX**, die aus der mißglückten **Blériot-SPAD S.XVIII** mit Kanonenbewaffnung hervorging, beruhte auf einem ungewöhnlichen Konzept. Als C.1 (Jagdeinsitzer) eingestuft, sollte dieses Muster wie ein einsitziges Jagdflugzeug kämpfen und wurde als „geschützter Einsitzer" (monoplace „protégé") beschrieben. Den Schutz übernahm ein zweites Besatzungsmitglied, das ein schwenkbares Lewis-Maschinengewehr im hinteren Cockpit bediente. Der Entwurf offenbarte sämtliche Merkmale, die später zum unverwechselbaren Stempel des Konstrukteurs André Herbemont wurden: Es handelte sich um einen Doppeldecker mit ungleicher Spannweite der Ober- und Unterflügel und einzelnem I-Stiel; die Oberflügel waren zurückgepfeilt, während die Unterflügel mit Querrudern im rechten Winkel zum Rumpf standen, und letzterer war in Schalenbauweise aus Holz konstruiert.

Der bekannte Testpilot Sadi Lecointe flog den Prototyp am 7. August 1918 zum ersten Mal vom Flugfeld Buc. Die Diensterprobung war so erfolgreich, daß die Aéronautique Militaire 300 Flugzeuge pro Monat bestellte. Das Ende des Ersten Weltkriegs führte jedoch zu einer drastischen Kürzung dieses Auftrags. So entstanden nur 100 Maschinen, von denen 95 die französischen Streitkräfte erreichten, angefangen mit dem 2e Régiment d'Aviation in Strasbourg. Drei Exemplare der **S.XX** wurden nach Japan zur Firma Mitsubishi exportiert, und der Staat Bolivien erwarb ein Exemplar.

Zwischen 1918 und 1922 trugen **S.XX** zahlreiche Siege bei Luftsport- und Rekordveranstaltungen davon, darunter einen Weltgeschwindigkeitsrekord mit Passagier von 230 km/h im Jahre 1918 und einen Höhenweltrekord von 8900 m im Juli des nächsten Jahres.

***Das ungewöhnliche Jagdflugzeug Blériot-SPAD S.XX sollte die Beweglichkeit und die Voraus-Feuerkraft des Jagdeinsitzers mit dem Schutz und der taktischen Flexibilität verbinden, die die Besetzung mit einem Heckschützen bot. Nach Beendigung des Ersten Weltkriegs reifte das Muster zu einem berühmten Rennflugzeug heran.***

**Varianten**

**SPAD S.XXbis:** eine modifizierte S.XX mit erweitertem Trag- und Leitwerk sowie unausbalanciertem Seitenruder; ein weiteres Exemplar wurde an Japan verkauft
**SPAD S.20bis-1, bis-2 und bis-3:** im harten Ringen mit Nieuport-Délage-Rennflugzeugen, den Weltrekord für Geschwindigkeit nach Frankreich zu holen, modifizierte Herbemont den Entwurf seiner S.XX zum Einsitzer und nahm die Spannweite

und Flügelfläche zurück; die S.20bis-1, bis-2 und bis-3 mit jeweils kleinerer Flügelfläche im Vergleich zum Vorgänger wurden für den Prix Henry Deutsche de la Meurthe im September 1920 gemeldet; die Trophäe ging zwar an eine Nieuport-Délage, aber die S.20bis-3 erreichte eine Durchschnittsgeschwindigkeit von 252 km/h über die 190-km-Strecke
**SPAD S.20bis-4:** mit einer auf 6,60 m gekürzten Spannweite stellte die von Jean Casale geflogene S.20bis-4 am 28. Februar 1920 mit 283,864 km/h einen neuen Geschwindigkeitsweltrekord auf
**SPAD S20bis-5:** die für einen neuen Geschwindigkeitswettbewerb, die James Gordon Bennett Trophy, nominierte S.20-bis-5 wies eine auf 15 m² reduzierte Tragflügelfläche auf, und man hatte die Baldachinstreben abgeschafft, so daß die Oberflügel direkt mit dem Rumpf verbunden waren; an dem Wettbewerb in Etampes vom 20. September 1920 nahmen zwei S.20bis-5 teil, eine belegte den zweiten Platz
**SPAD S.20bis-6:** die erstmals am 7. Oktober 1920 geflogene S.20bis-6 wurde von einer Sonderausführung des Hispano-Suiza-Motors mit 235 kW (320 PS) angetrieben; die Oberflügel hoben sich mit kurzen Baldachinstützen über den Rumpf; mit Bernard de Romanet am Steuer legte die Maschine den Weltgeschwindigkeitsrekord am 3. November 1920 auf 309,012 km/h fest
**SPAD S.26:** ein 250 kW (340 PS) starker Hispano-Suiza trieb das Schwimmerflugzeug S.26 an, dessen untere Flügel eine größere Spannweite als die oberen aufwiesen. Die Maschine war als Nr. 6 für das Rennen um die Schneider-Preis im Jahre 1919 in Bournemouth gemeldet, aber wenige Tage vor der Veranstaltung trat ein Schaden am Zwillingsschwimmer auf und führte zur Streichung; die Maschine nahm als S.26bis mit dem weiter gespannten Tragwerk der S.XX am „Grand Meeting" in Monaco teil; am 27. April 1920 errang sie die Roland Garros Höhen-Preis, als sie in 1 Stunde und 16 Minuten auf 6500 m stieg; vorübergehend zur S.26-Konfiguration zurückverwandelt, hatte sie vier Tage zuvor das Prix Guyenemer Geschwindigkeitsrennen mit einer Durchschnittsgeschwindigkeit von 211,395 km/h gewonnen
**SPAD S.31:** dieses Seeflugzeug mit dem Rumpf der S.XX und einer Tragflügelfläche von 31 m² war für das Rennen um den Schneider-Preis im Jahre 1920 in Venedig vorgesehen; es nahm nicht am Rennen teil und wurde zur S.31bis modifiziert
**SPAD S.31bis:** experimenteller Jagdeinsitzer in der Auslegung eines Wasserflugzeugs; mit zwei synchronisierten Maschinengewehren bewaffnet; nutzte das Tragwerk der S.XX und wurde mit den neuen Schwimmern von Tellier ausgerüstet; 1921 nach Japan verkauft

**TECHNISCHE DATEN**
**Blériot-SPAD S.XX**

**Typ:** zweisitziges Jagdflugzeug
**Triebwerk:** ein Hispano-Suiza-Reihenmotor mit 221 kW (300 PS)
**Leistung:** Höchstgeschwindigkeit 217 km/h in 4000 m Höhe; Dienstgipfelhöhe 8000 m; Reichweite 400 km
**Gewicht:** Rüstmasse 867 kg; max. Startmasse 1306 kg
**Abmessungen:** Spannweite 9,72 m; Länge 7,30 m; Höhe 2,80 m; Tragflügelfläche 30,00 m²
**Bewaffnung:** zwei vorwärtsfeuernde 7,7-mm-Vickers-Maschinengewehre mit Synchronisiereinrichtung und ein oder zwei 7,7-mm-Lewis-MG auf Ringlafette im hinteren Cockpit

# Blériot-SPAD S.33

*Blériot-SPAD S.56-5 Passagierflugzeug der CIDNA um 1930*

Der Prototyp (F-CMAZ) der **Blériot-SPAD S.33** flog erstmals am 12. Dezember 1920. Diese Versuchsmaschine und ein Vorserienflugzeug wurden von einem einzelnen Salmson-Sternmotor mit 184 kW (250 PS) angetrieben, während die Serienflugzeuge einen Salmson mit 191 kW (260 PS) erhielten. Die geschlossene vordere Kabine nahm vier Passagiere in komfortablen Korbsesseln auf und bot ihnen eine gute Sicht durch drei Bullaugen pro Seite. Hinter ihnen im offenen Cockpit saßen der fünfte Passagier (steuerbord) und der Luftfahrzeugführer nebeneinander.

Die **S.33** schlug erfolgreich ein, und 41 Exemplare wurden gebaut. Fünfzehn flogen für die Messageries Aériennes, die später in Air-Union aufging, 20 setzte die Compagnie Franco-Roumaine auf den Strecken zwischen Frankreich und Osteuropa ein, und fünf erwarb die belgische Gesellschaft SNETA, die im Mai 1923 in der Staatslinie SABENA aufging. Die **S.33** wurde zum gewohnten Anblick auf nahezu allen europäischen Zivilflughäfen.

1925 firmierte das Unternehmen Franco-Roumaine um zur berühmten CIDNA (Compagnie Internationale De Navigation Aérienne) mit Maurice Nogues als Chefpilot. Die CIDNA-Strecken, die Paris mit zahlreichen Hauptstädten in Osteuropa verbanden, wurden nach Konstantinopel (heute Istanbul) ausgedehnt. Hauptträger dieser Dienste war die **S.33**. Im Mai 1926 eröffnete Air-Union eine Direktverbindung von Paris nach Marseilles mit fünf **S.33** und einer **S.56-3**.

Die **S.33**, zugelassen als F-AICC, wurde mit größerem Tragwerk und Doppelsteuer zum Blindflugtrainer für CIDNA-Piloten modifiziert. Die Schülerpiloten flogen diese Maschine aus der Kabine mit abgedunkelten Fenstern heraus!

Die **S.33** und ihre Ableger beherrschten die Klasse kleinerer europäischer Verkehrsflugzeuge während der gesamten dreißiger Jahre.

**Varianten**
**SPAD S.46:** zur Leistungssteigerung wurde der S.33-Grundentwurf so modifiziert, daß er einen Lorraine-Dietrich 12 Da mit 272 kW (370 PS) aufnehmen konnte, und die Spannweite um 94 cm erhöht; nach dem Erstflug der S.46 am 16. Juni 1921 kaufte die Compagnie Franco-Roumaine 38 Flugzeuge
**SPAD S.48:** Bezeichnung einer S.33, die kurzzeitig mit einem 202 kW (275 PS) starken Lorraine-Triebwerk ausgerüstet war
**SPAD S.50:** nach zwei Prototypen dieser Version, die sich hauptsächlich durch ihren Hispano-Suiza 8Fb mit 221 kW (300 PS) unterschieden, wurden drei S.33 von CMA entsprechend ummotorisiert; ein Prototyp mit dem Tragwerk der S.46 flog als Regierungsmaschine
**SPAD S.56:** das erste Exemplar startete am 3. Februar 1923 zum Jungfernflug; es wies das Grundflugwerk der S.33 auf, ausgestattet mit 13,08 m gespannten Metallflächen und angetrieben von einem Gnome-Rhône-Jupiter-Sternmotor mit 280 kW (380 PS); die veränderte Inneneinrichtung brachte zwei nebeneinander montierte Sitzpaare und eine zweite Einstiegstür; auf den Prototyp folgten eine einzelne S.56/2 mit einem Jupiter-Sternmotor à 294 kW (400 PS), die S.56/3 mit einem 280 kW (380 PS) starken Jupiter und verbessertem Fahrgestell (8 Flugzeuge gebaut) und die S.56/4. Die letztgenannte Variante war radikal geändert: Der Pilot und der „Freiluftpassagier" saßen in nebeneinander angeordneten Kanzeln unmittelbar hinter dem 309 kW (420 PS) starken Jupiter-Triebwerk; die für sechs Fluggäste eingerichtete Kabine (mit vier Bullaugen pro Seite) war etwas weiter nach hinten verlegt; die Oberflügel standen ein wenig höher über dem Rumpf, und die Unterflügel zeigten eine leichte V-Stellung; acht S.56/4 wurden durch zwei nachgebesserte S.56/3 ergänzt und von Air-Union und CIDNA zu gleichen Teilen geflogen. Die S.56/5 hob erstmals 1928 ab. Bei dieser Version war die Kabine in zwei Abteile für vier beziehungsweise zwei Fluggäste unterteilt, und die hintere Zelle ließ sich ohne weiteres zum Frachtraum umrüsten. Sechs S.56/3 der CIDNA erhielten nachträglich den Standard S.56/5. Von der letzten Version S.56/6 wurden nur zwei Maschinen gebaut. Es handelte sich um Verkehrsflugzeuge mit vier Passagiersitzen, und der Flugzeugführer befand sich wieder im Cockpit hinter der Kabine. Dieses Duo wurde eigens für die Firma Air-Publicité produziert, die sich auf Werbeflüge mit Großbannern spezialisiert hatte.
**SPAD S.66:** als 1925 die CIDNA aus der Compagnie Franco-Roumaine entstand, erhielten die 34 seinerzeit im Dienst stehenden S.46 fellüberzogene Kopfstützen für den Flugzeugführer und den Passagier im offenen Cockpit, was ihnen die Bezeichnung S.66 einbrachte; acht S.33 wurden umfassend modifiziert, um sie auf den Standard S.66 anzuheben
**SPAD S.116:** 1928 wurde die SPAD S.66 mit der Werknummer 32 zur einzigen S.116 mit einem Renault 12Ja á 331 kW (450 PS) anstelle des Lorraine-Dietrich-Triebwerks umgebaut
**SPAD C.128:** Einzelexemplar, das 1925 durch Umrüstung einer S.66 zur S.86 mit 331 kW (450 PS) starkem Lorraine als Antrieb entstand; nach neuerlicher Ummotorisierung auf einen Hispano-Suiza 12 Ha mit 331 kW (450 PS) erhielt die Maschine die Bezeichnung S.126

***Die Verkehrsmaschine Blériot-SPAD S.33 war ein für Herbemont typischer Doppeldecker. Sie hatte zurückgepfeilte Oberflügel und kürzere, gerade Unterflügel, gepaart mit einfachen Stielen, und konnte vier Passagiere befördern. Man beachte die Kühlschlitze in der Ringverkleidung des wassergekühlten Salmson-Sternmotors.***

**TECHNISCHE DATEN**
**Blériot-SPAD S.33**

**Typ:** Verkehrsflugzeug
**Triebwerk:** ein Salmson-CM.9-Sternmotor mit 191 kW (260 PS)
**Leistung:** Höchstgeschwindigkeit 180 km/h; wirtschaftliche Reisegeschwindigkeit 160 km/h; Dienstgipfelhöhe 3800 m; Reichweite 1080 km
**Gewicht:** Leermasse 1050 kg; max. Startmasse 2062 kg
**Abmessungen:** Spannweite 11,66 m; Länge 9,08 m; Höhe 3,20 m; Tragflügelfläche 42,18 m²

# Blériot 125 bis Bloch M.B.130 und M.B.131

**Blériot-SPAD existierte mit abnehmender Reputation bis 1936, um dann verstaatlicht und in eine Gruppe übernommen zu werden, zu der auch Bloch gehörte. Bloch war 1930 für Konstruktion und Bau leichter Transportflugzeuge entstanden, wandelte sich aber rasch zu einem wichtigen Produzenten von Bombern, Jägern und schweren Transportern.**

## Blériot 125

Die **Blériot 125** war ein ungewöhnliches Passagierflugzeug, das beim Pariser Salon de l'Aéronautique von 1930 beträchtliches Aufsehen erregte. Die Tragflächen des im wesentlichen aus Holz konstruierten Schulterdeckers wurden von zwei Rümpfen getragen, jeder ausgestattet mit luxuriösen Kabinen für sechs Passagiere, einer Toilette und einem Gepäckabteil. Auf dem Tragflächenmittelstück befand sich eine geschlossene Kanzel für drei Besatzungsmitglieder. An das Höhenleitwerk, als Querverbindung zwischen den beiden Rumpfhecks ausgeführt, waren vier Seitenflossen und Ruder montiert. Das Fahrgestell bestand aus zwei teilweise von den Rumpfwannen umschlossenen Tandem-Radpaaren. Für den Antrieb sorgten zwei Hispano-Suiza-Motoren, die in Tandem-Anordnung auf dem Tragflächenmittelstück saßen und je eine Zug- und Druckschraube drehten.

***Die Blériot 125 war eine Doppelrumpfkonstruktion. In den beiden Rumpfzellen fanden die Passagiere Platz, während eine zentrale Gondel die Flugbesatzung und die Motoren aufnahm. Ein gelungenes Merkmal dieses Entwurfs war das Fahrgestell.***

Der Entwurf von Léon Kirste war dem Stand der Technik wohl etwas voraus, denn die **Blériot 125** offenbarte schwache Flugeigenschaften, als sie am 9. März 1931 erstmals startete. Die Erprobung dauerte bis 1933 an, und obwohl die Maschine die Kennung F-ALZD erhielt, wurde sie amtlich nicht zugelassen. Im Jahr darauf wurde sie verschrottet.

**TECHNISCHE DATEN**
**Blériot 125**

**Typ:** Verkehrsflugzeug
**Triebwerke:** zwei Hispano-Suiza-12Hbr-Reihenmotoren mit je 405 kW (550 PS)
**Leistung:** Höchstgeschwindigkeit 220 km/h; Reichweite 1000 km
**Gewicht:** Leermasse 4440 kg; max. Startmasse 7260 kg
**Abmessungen:** Spannweite 29,40 m; Länge 13,83 m; Höhe 4,00 m; Tragflügelfläche 100 m²

## Blériot 127

***Um 1930: Blériot 127 Nr. 16 des in Metz-Frescaty liegenden 11e Régiment***

Léon Kirste projektierte 1922 die Blériot 107M als mögliches Nachfolgemuster für die Caudron R-XI bei den französischen escadrilles de protection (Bomberschutzstaffeln). Der Entwurf wurde zur Blériot 117M weiterentwickelt, die am 19. Juni 1924 erstmals flog. Das kleine Seitenflossenpaar des Leitwerks erwies sich als ineffektiv, und die Flugeigenschaften waren schwach. Kirste hielt jedoch am Grundentwurf fest, tauschte die 294 kW (400 PS) starken Lorraine-2Db-Motoren gegen leistungsstärkere Hispano-Suiza-12Gb aus und konstruierte ein neues Leitwerk mit nur noch einer einzigen großen Seitenflosse samt Ruder. Der Einzelprototyp **Blériot 127** startete am 7. Mai 1926 zum Erstflug. Die modifizierte **Blériot 127/2** hob am 10. Januar 1928 vom Boden ab mit leistungsgesteigerten Hispano-Suiza-12Hb-Reihenmotoren, deren Kühler zur Minderung des Luftwiderstands unter die Tragflächen montiert waren. Die beiden Flugzeugführer saßen nebeneinander in offenen Kanzeln mit Doppelsteuer. Nach den Tests wurden 42 Flugzeuge bestellt.

Die **Blériot 127** war ein weitgehend aus Holz konstruierter Mitteldecker, der eine ungewöhnliche Anordnung der Bordschützenstände aufwies: Ein Waffenstand befand sich wie üblich in der Flugzeugnase, aber zwei weitere Positionen waren im Heck der Motorzellen vorgesehen, um ein praktisch unbegrenztes Schußfeld nach hinten zu ermöglichen. Die Bordschützen konnten diese Positionen im Flug vom Rumpf über die erweiterten, dickprofilierten Mittelflügel erreichen. Die **Blériot 127** gehörte der Kategorie M.4 (viersitzige Mehrzweckflugzeuge) an und war für Bomben-, Aufklärungs- und Jagdschutzeinsätze gedacht. Im April 1929 begann die Auslieferung der Serienflugzeuge, die zwei escadrilles de protection des 11e Régiment de Bombardement in Metz ausrüsteten. Im Truppeneinsatz erwies sich die **Blériot 127/2** als schwerfällig und wenig effektiv. Dennoch wurde sie erst 1934 von den Einsatzverbänden abgezogen.

Die **Blériot 127/3** war ein Einzelexemplar zur Nachtbombardierung; die **Blériot 127/4** stellte eine **Blériot 127/2** dar, deren Standard-Doppelräder am Hauptfahrwerk man durch Einzelräder ersetzt und mit „Hosen-Verkleidungen" versehen hatte.

**Varianten**

**Blériot 137:** Dies war eine Entwicklung zum Hochdecker in Ganzmetallbauweise mit zwei nebeneinander im Mittelrumpf unmittelbar hinter einem großen Einschnitt in der Hinterkante des Tragwerks angeordneten Schützenständen. Sie ersetzten die Positionen der Blériot 127 in den hinteren Motorzellen. Die erste Blériot 137 wurde von Hispano-Suiza-Motoren angetrieben und flog am 21. Dezember 1930. Wenige Monate später erschien das zweite Exemplar mit Salmson-Triebwerken. Die Blériot 137 hatte in etwa die gleichen Abmessungen wie das Vorgängermuster und eine Spitzengeschwindigkeit von 230 km/h.

***Ende der zwanziger Jahre erzeugte die französische Luftfahrzeugindustrie etliche Muster, die bereits bei ihrer Entstehung veraltet waren. Dazu gehörte auch die Blériot 127. Auffällig waren die beiden in die hinteren Motorzellen eingearbeiteten MG-Schützenstände.***

**TECHNISCHE DATEN**
**Blériot 127/2**

**Typ:** Mehrzweck-Kriegsflugzeug
**Triebwerke:** zwei Hispano-Suiza-12Hb-Reihenmotoren mit je 405 kW (550 PS)
**Leistung:** Höchstgeschwindigkeit 199 km/h; Dienstgipfelhöhe 6850 m
**Gewicht:** Leermasse 3750 kg; max. Startmasse 4966 kg
**Abmessungen:** Spannweite 23,20 m; Länge 14,68 m; Höhe 3,41 m; Tragflügelfläche 88 m²
**Bewaffnung:** sechs 7,7-mm-Lewis-Maschinengewehre, je ein Paar in Gefechtsständen im Bug und in den hinteren Motorzellen lafettiert, sowie eine Bombenlast von 250 kg im Rumpfwaffenschacht

## Blériot 165

Die **Blériot 165** war ein zweistieliger Doppeldecker mit rechteckigem Rumpf sowie einer einzelnen großen Seitenflosse samt Ruder und als Ersatz für das Verkehrsmuster Farman „Goliath" konzipiert, das sich damals im Liniendienst befand. Die voneinander unabhängigen Hauptfahrwerksbeine standen in großem Abstand und waren mit Zwillingsrädern ausgestattet. Den Antrieb der **Blériot 165** besorgten zwei Gnome-Rhône-Jupiter-Triebwerke mit je 309 kW, die mit Stützstreben zwischen Ober- und Unterflügel gleicher Spannweite montiert waren.

Pilot und Kopilot saßen nebeneinander in einem offenen Cockpit des Vorderrumpfes, und die Kabine bot 16 Passagieren Platz.

Am 27. Oktober 1926 hob die **Blériot 165 Nr. 1** zum ersten Mal vom Boden ab. Das zweite Flugzeug erhielt Renault-Triebwerke und eine Blindflugausrüstung. Es wurde anschließend als **Blériot 175** auf Jupiter-Motoren umgestellt. Beide Exemplare beflogen die „Golden Ray“ Verbindung der Air-Union zwischen Paris und London neben einer größeren Zahl Lioré-et-Olivier 21, die zwischenzeitlich entstanden waren. Da man das Lioré-et-Olivier-Muster für besser hielt, wurden keine weiteren **Blériot 165** mehr gefertigt.

Man plante, eine militärische Version **Blériot 123** als dreisitzigen Bomber und eine zweite **Blériot 175** (vorgesehen für einen Langstreckenflug nach Tokio mit Paul Codos als Pilot) zu bauen, doch dies zerschlug sich.

### TECHNISCHE DATEN
**Blériot 165**

**Typ:** Verkehrsflugzeug
**Triebwerke:** zwei Gnome-Rhône-9Ab-Jupiter-Sternmotoren mit je 309 kW (420 PS)
**Leistung:** Höchstgeschwindigkeit 185 km/h; praktische Gipfelhöhe 5000 m; Reichweite 525 km
**Gewicht:** Rüstmasse 2919 kg; max. Startmasse 5600 kg
**Abmessungen:** Spannweite 23,00 m; Länge 14,85 m; Höhe 4,85 m; Tragflügelfläche 119,10 m²

***Der Kraftstoff für die beiden Sternmotoren der Blériot 165 wurde in zwei Satteltanks auf den Oberflügeln mitgeführt. Dieses Exemplar erhielt seinen Namen nach einem der Pioniere in der Entwicklung früher Flugmaschinen.***

## Blériot 195

Die **Blériot 195** war ein großer freitragender Tiefdecker mit vier zu Tandem gebündelten Motoren, die über den Tragflächen von komplexen Gerüsten gehalten wurden. Das Muster, das eigentlich zur Luftpostbeförderung auf einer in Etappen unterteilten Strecke in Nordafrika gedacht war, hob am 9. März 1929 zum ersten Mal vom Boden ab. Als reines Landflugzeug mit der Bezeichnung **Blériot 195/2** nutzte die Maschine das Fahrwerk der Serie **Blériot 127/2**. Mit Zwillingsschwimmern ausgerüstet, wurde sie zur **Blériot 195/3** und im September 1929 im Flug erprobt. Im März 1930 rüstete man sie auf Gnome-Rhône-Titan-Triebwerke mit je 169 kW (230 PS) um und nannte sie **Blériot 195/4**. Man hatte einen Regierungsauftrag für ein Postfracht-Seeflugzeug erwartet, doch keines der Muster für diesen Wettbewerb wurde für tauglich befunden. Im April 1931 erhielt die eingelagerte Blériot ein neues Fahrgestell mit großen einzelnen Haupträdern und die neue Bezeichnung **Blériot 195/6**. Die Maschine wurde als Frachtflugzeug für die Firma Air-Union getestet, doch die Luftfahrtbehörde stellte ihr kein Lufttüchtigkeitszeugnis aus.

## Blériot-SPAD S.510

Die **Blériot-SPAD S.510** wurde aus der Versuchsmaschine **SPAD S.91** entwickelt, um einer amtlichen Forderung von 1930 für einen neuen Jagdeinsitzer zu entsprechen. Sie war der einzige Bewerber in der Auslegung eines Doppeldeckers.

Der Prototyp **S.510.01**, der erstmals am 6. Januar 1933 flog, hatte einen aus Stahl und Duralumin konstruierten Rumpf mit ovalem Querschnitt. Der hintere Rumpfabschnitt war in Duralumin-Schalenbauweise gefertigt. Die tragende Struktur der gleich weit gespannten Ober- und Unterflügel hatte man mit einem I-Stiel pro Seite abgestützt und mit Stoff bespannt. Nur die Oberflügel waren leicht zurückgepfeilt, mit Querrudern in Ober- und Unterflügel. Der V-Reihenmotor Hispano-Suiza-12Xbrs hatte einen Frontkühler, und sowohl die freitragenden Hauptfahrwerksbeine als auch die Räder wiesen Verkleidungen auf. Die offene Flugzeugführerkanzel befand sich unmittelbar unter dem Ausschnitt des Oberflügels. Nach der Flugerprobung wurde der Rumpf verlängert, um die Kurs- und Längsstabilität zu verbessern. Änderungen an den Querrudern ergaben eine bessere Rollsteuerung.

***Blériot-SPAD S.510 der ERC 4/561, Standort Havre-Octeville, im Oktober 1939***

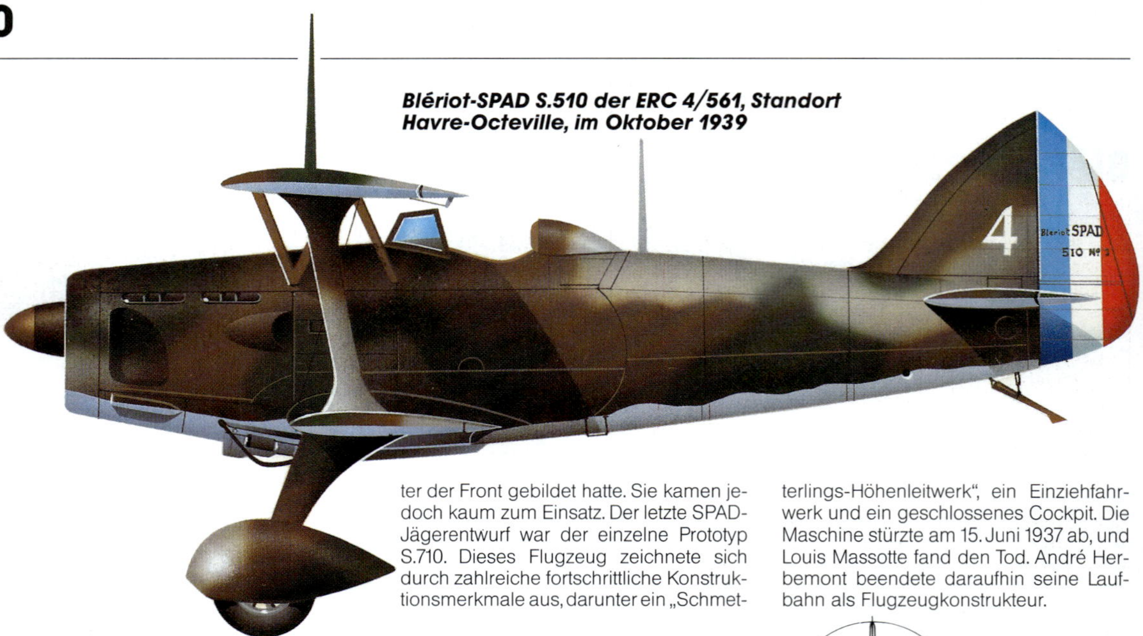

Der Dewoitine-Tiefdecker D.500 war schneller als der Doppeldecker **S.510** und ging als Sieger aus dem Musterwettbewerb hervor. Der Ausnahmepilot Louis Massotte führte dem französischen Luftfahrtminister, General Dénain, eine **S.510** vor und demonstrierte die beispiellose Manövrierfähigkeit und Steigleistung des Doppeldeckers. Daraufhin wurde im August 1935 ein Auftrag für 60 **S.510** erteilt. Ab April 1935 erreichten die Serienflugzeuge die II/7 Groupe de Chasse der Armée de l'Air, und drei Monate später war das gesamte 7<sup>e</sup> Escadre auf das neue Muster umgerüstet. Die Bewaffnung der **S.510** Serienjäger bestand aus vier Chaterault-7,5-mm-Maschinengewehren in zwei kleinen Wannen an der Unterseite der Unterflügel anstelle der beiden synchronisierten MG des Prototyps.

Bei Ausbruch des Zweiten Weltkriegs waren die **S.510** bereits ins zweite Glied zu Flugschulen und escadrilles régionales gerückt, die man zum Objektschutz in Städten und Industriekomplexen weit hinter der Front gebildet hatte. Sie kamen jedoch kaum zum Einsatz. Der letzte SPAD-Jägerentwurf war der einzelne Prototyp S.710. Dieses Flugzeug zeichnete sich durch zahlreiche fortschrittliche Konstruktionsmerkmale aus, darunter ein „Schmetterlings-Höhenleitwerk“, ein Einziehfahrwerk und ein geschlossenes Cockpit. Die Maschine stürzte am 15. Juni 1937 ab, und Louis Massotte fand den Tod. André Herbemont beendete daraufhin seine Laufbahn als Flugzeugkonstrukteur.

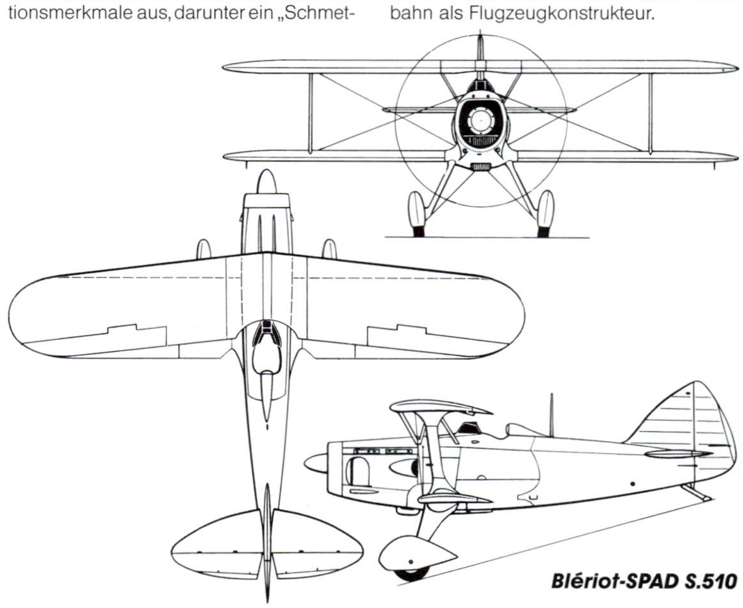
***Blériot-SPAD S.510***

### TECHNISCHE DATEN
**SPAD S.510 (Serienjäger)**

**Typ:** Jagdeinsitzer
**Triebwerk:** ein Hispano-Suiza-12Xbrs-Reihenmotor mit 515 kW (700 PS)
**Leistung:** Höchstgeschwindigkeit 372 km/h in 4000 m Höhe; Steigzeit auf 4000 m 4 Minuten und 31 Sekunden; Dienstgipfelhöhe 10.500 m
**Gewicht:** Rüstmasse 1250 kg; max. Startmasse 1677 kg
**Abmessungen:** Spannweite 8,84 m; Länge 7,46 m; Höhe 3,41 m; Tragflügelfläche 22,00 m²
**Bewaffnung:** vier 7,5-mm-Chaterault-Maschinengewehre in Wannen unter den Flächen

## Bloch M.B.81

Die ersten Entwürfe der Firma Avions Marcel Bloch, die 1930 gegründet wurde, waren die Bloch M.B.60 (später M.B.61) und die M.B.71 Hochdecker-Postflugzeuge. Beide gelangten nicht über den Status des Prototyps hinaus. 1932 entstand die Bloch M.B.80 entsprechend einer Ausschreibung des französischen Luftfahrtministeriums für ein Sanitätsflugzeug. Die französischen Behörden betonten den großen Wert eines „avion sanitaire“, nachdem eine Ambulanzversion des Doppeldeckers Breguet 14T im Jahre 1918 erschienen war.

***Das Sanitätsflugzeug Bloch M.B.81 war ein weiterer kantiger Entwurf, für den die französischen Flugzeugkonstrukteure offenbar eine Vorliebe hatten. Das Muster wurde in den ausgedehnten französischen Territorien in Afrika stark beansprucht.***

Bre 14T und Harriot HD.14S Doppeldecker hatte man in den zwanziger Jahren vielfach zum Transport von Verletzten in den französischen Kolonien eingesetzt.

Der M.B.80 Prototyp war ein kantiger freitragender Tiefdecker mit nicht einziehbarem, breitspurigem Fahrgestell zum Betrieb auf Notflugfeldern und einem 88 kW (120 PS) starken Lorraine 5Pc als Antrieb. Der Pilot saß in einer offenen Kanzel, und hinter ihm im Rumpf konnte unter leicht abnehmbaren Verkleidungsteilen eine einzelne Trage für den Krankentransport abgesetzt werden.

Auf die M.B.80 folgte die **M.B.81.01** mit der Kennung F.301, die ihren Erstflug im Oktober 1932 unter dem Antrieb eines Salmson-9Nc-Sternmotors mit 99 kW (135 PS) absolvierte. Sie brachte einen Auftrag für 20 Serienflugzeuge **M.B.81** ein, die 1935 zur Auslieferung gelangten. Das Muster wurde in Afrika und im Nahen Osten vielfältig eingesetzt, und einige Exemplare nahmen sogar noch am Zweiten Weltkrieg teil. Die vierte Maschine flog als AX677 bei der Royal Air Force.

**TECHNISCHE DATEN**
**Bloch M.B.81**
**Typ:** Sanitätsflugzeug
**Triebwerk:** ein Salmson-9Nd-Sternmotor mit 129 kW (175 PS)
**Leistung:** Höchstgeschwindigkeit 188 km/h; wirtschaftliche Fluggeschwindigkeit 161 km/h in 2500 m Höhe; Dienstgipfelhöhe 6400 m; Reichweite 654 km
**Gewicht:** Rüstmasse 581 kg; max. Startmasse 880 kg
**Abmessungen:** Spannweite 12,59 m; Länge 8,40 m; Höhe 2,90 m; Tragflügelfläche 17,80 m²

# Bloch M.B.120

Die **Bloch M.B.120**, ein freitragender Tiefdecker in Ganzmetallbauweise, wurde von der französischen Regierung aus einer Gruppe von Transportflugzeugen ausgewählt, um Kolonialdienst (Beförderung von Passagieren, Fracht, Post- und Polizeikräften) in den französischen Übersee-Territorien zu leisten. Die Versuchsmaschine **M.B.120.01** war der überarbeitete Eindecker M.B.71. Am 11. Mai 1934 stellte die von der französischen Regierung gegründete Gesellschaft Air Afrique das Flugzeug in Dienst, um verschiedene französische Territorien in Afrika miteinander zu verbinden. Auf den Prototyp folgten zehn Serienmaschinen, davon sechs für die zivile Luftfahrt und vier für die Armée de l'Air, die aber alle in Französisch-Afrika eingesetzt wurden. Die Zivilmaschinen von Air Afrique flogen planmäßig zwischen Algiers, Niamey, Fort Lamy und Französisch-Kongo, und ein Duo verband Tananarive auf Madagaskar mit Broken Hill in Südafrika. Die vier militärischen **M.B.120** wurden später durch ein fünftes Exemplar verstärkt, die ehemalige F-APZV. Eine Maschine (F-ANTK, Ville de Paris) soll sogar noch 1942 im Einsatz gewesen sein.

Standardmäßig war die **M.B.120** für eine dreiköpfige Besatzung und maximal zehn Passagiere eingerichtet. In der Regel transportierten die zivilen **M.B.120** aber vier Fluggäste und eine beachtliche Frachtmenge. Die Auslegung der dreimotorigen **M.B.120** entsprach in etwa der des zweimotorigen Bombers M.B.200.

***Die für den Kolonialdienst gedachte Bloch M.B.120 sollte lediglich ein mäßiges Leistungsvermögen besitzen, dafür aber einfach konstruiert und leicht zu warten sein.***

**TECHNISCHE DATEN**
**Bloch M.B.120**
**Typ:** Transportflugzeug für Kolonialdienste
**Triebwerke:** drei Lorraine-Algol-9Na-Sternmotoren mit je 221 kW (300 PS)
**Leistung:** Höchstgeschwindigkeit 260 km/h; wirtschaftliche Fluggeschwindigkeit 230 km/h; Dienstgipfelhöhe 6300 m
**Gewicht:** Rüstmasse 3700 kg; max. Startmasse 6000 kg
**Abmessungen:** Spannweite 20,54 m; Länge 15,30 m; Tragflügelfläche 61,00 m²

# Bloch M.B.130 und M.B.131

Marcel Blochs kleines Flugzeugwerk in Courbevoie war zur Konstruktion und Fertigung von Leichtflugzeugen geplant. Kurz nach der Einrichtung bot sich der Firma jedoch die Gelegenheit, einen Aufklärungsbomber gemäß der BCR-Forderung (Bombardement, Chasse, Reconnaissance) des französischen Luftfahrtministeriums zu entwickeln.

Der Prototyp Bloch **M.B.130** flog erstmals am 29.Juni 1934 und sicherte sich trotz mäßiger Leistungen einen Auftrag für 40 Serienflugzeuge. Um weitere Bestellungen zu erzielen, galt es allerdings, noch zahlreiche Probleme zu lösen, und so führte das Unternehmen seine Entwicklung zur **M.B.131** fort. Man reichte den geänderten Entwurf und die geschätzten Leistungswerte beim Ministerium ein, und der Auftrag für die 40 **M.B.130** wurde auf die Beschaffung der verbesserten **M.B.131** abgeändert. Eine Versuchsmaschine der letztgenannten Version hob am 16. August 1936 zum Erstflug ab. Es war ein durchweg aus Metall gebauter freitragender Tiefdekker mit herkömmlichem Rumpf und abgestrebtem Höhenleitwerk, einziehbarem Spornrad-Fahrwerk und zwei Sternmotoren als Antrieb.

Auch das Leistungsspektrum der **M.B.131** ließ noch manche Wünsche offen. So wurde ein zweiter Prototyp konstruiert, der am 8. Mai 1937 erstmals flog. Er unterschied sich von seinem Vorgänger durch eine größere Tragflügelfläche, ein vergrößertes Leitwerk und einen neuen Rumpf. In dieser Form startete Ende 1937 die Serienfertigung bei dem neu gegründeten Staatsunternehmen Société Nationale de Constructions Aéronautiques du Sud-Ouest (SNCASO), vormals Bloch und Blériot. Die erste Baureihe ergab 13 viersitzige Aufklärungsflugzeuge **M.B.131 R.4**, gefolgt von fünf **M.B.131** Ins Schulmaschinen mit Doppelsteuer. Hauptserienversion war die **M.B.131 RB.4**, ein aus der **R.4** entwikkelter Aufklärungsbomber mit internem Waffenschacht und geänderter Ausrüstung. Insgesamt 119 **RB.4** wurden produziert. Zu den weiteren Varianten zählten ein Prototyp **M.B.133** mit neu entworfenem Leitwerk und eine Versuchsmaschine **M.B.134** mit zwei Gnome-Rhône-14N-48/49-Sternmotoren mit je 839 kW (1140 PS).

Im Herbst 1938 begann die Auslieferung an die Armée de l'Air, und beim Ausbruch des Zweiten Weltkriegs waren sechs Aufklärungsgruppen in Frankreich und eine groupe in Nordafrika mit der **M.B.131** ausgerüstet. Man mußte bald erkennen, daß das Muster nur unter schweren Verlusten Tagaufklärung fliegen konnte, selbst wenn es nur in deutsche Randzonen eindrang. Daher wurde es nur noch bei Nacht eingesetzt. Beim Zusammenbruch Frankreichs existierten nur noch **M.B.131**, die in Übersee stationiert waren. Die Vichy-Luftstreitkräfte nutzten allerdings später einige Exemplare noch als Zielschleppmaschinen.

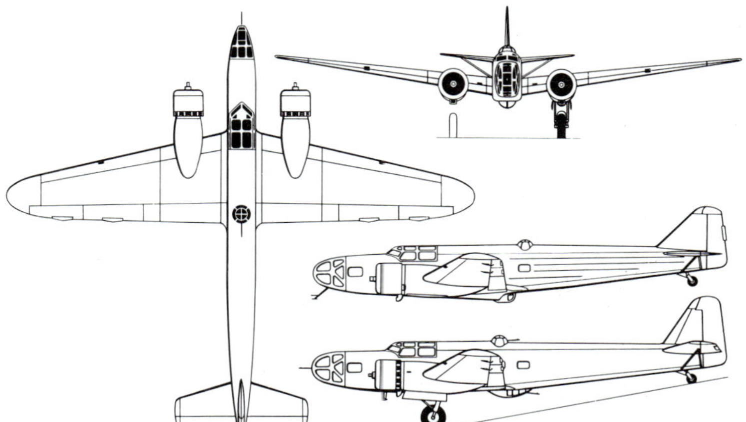

***Bloch M.B.131 (obere Seitenansicht: Prototyp)***

**TECHNISCHE DATEN**
**Bloch M.B.131 RB.4**
**Typ:** viersitziger Aufklärungsbomber
**Triebwerke:** zwei Gnome-Rhône-14M-10/11-Sternmotoren mit je 699 kW (950 PS)
**Leistung:** Höchstgeschwindigkeit 350 km/h in 3750 m Höhe; Marschgeschwindigkeit 270 km/h; Dienstgipfelhöhe 7250 m; Reichweite 1300 km
**Gewicht:** Leermasse 4690 kg; max. Startmasse 8600 kg
**Abmessungen:** Spannweite 20,30 m; Länge 17,85 m; Höhe 4,10 m; Tragflügelfläche 54,00 m²
**Bewaffnung:** drei 7,5-mm-Maschinengewehre (je eines pro Waffenstand im Bug, auf dem Rücken und unter dem Bauch) sowie bis zu 800 kg Bomben

# Bloch M.B. 151 und M.B. 152 bis Bloch M.B. 174

**Bloch hatte bis zur Verstaatlichung und Übernahme in die Société Nationale de Constructions Aéronautiques de Sud-Ouest 1936 keine große Reputation errungen, weshalb auch die späteren Jäger, Bomber und Transporter des Werks nur als SNCASO-Maschinen bekannt wurden.**

## Bloch M.B.151 und 152

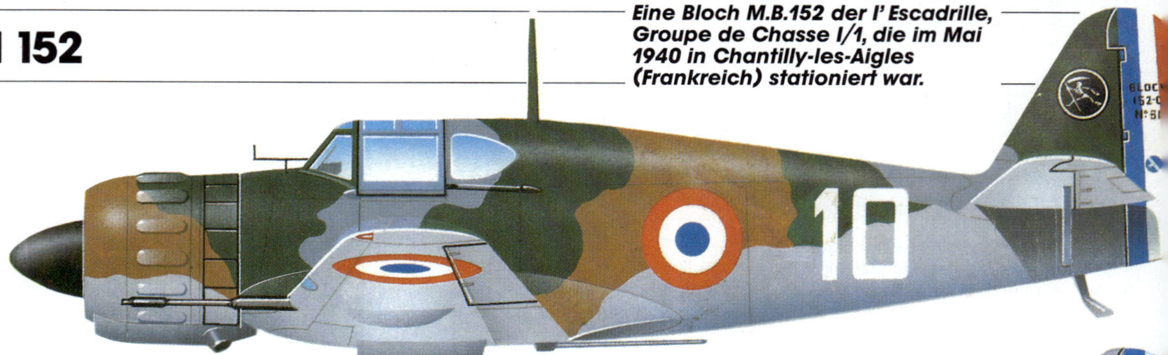


***Eine Bloch M.B.152 der l' Escadrille, Groupe de Chasse I/1, die im Mai 1940 in Chantilly-les-Aigles (Frankreich) stationiert war.***

***Mai 1940: Eine Bloch M.B.152 der 3e Escadrille, Groupe de Chasse II/9, mit Standort in Marseille-Marignane (Frankreich).***

Im Juli 1936 beteiligte sich die Firma Avions Marcel Bloch an der Ausschreibung des französischen Luftfahrtministeriums für einen neuen Jäger. Auch Dewoitine, Loire, Morane-Saulnier und Nieuport reichten Entwürfe ein, und Morane-Saulnier ging schließlich als deutlicher Sieger hervor. Bloch hatte wenig Chancen, denn die Versuchsmaschine **Bloch M.B.150.01** war nicht zu bewegen, vom Erdboden abzuheben.

Rund neun Monate lang tat sich nichts, bis man Anfang 1937 beschloß, das „häßliche Entlein" doch noch in die Luft zu bringen. Dies glückte im Oktober 1937 nach dem Einbau eines stärkeren Tragwerks mit größerer Flügelfläche, eines überarbeiteten Fahrwerks und des Sternmotors Gnome-Rhône 14No mit 699 kW (950 PS) in Verbindung mit einem Dreiblatt-Verstellpropeller. Die Flugerprobung durch das Centre d'Essais du Matériel Aérien (CEMA) ergab Leistungen, die eine Weiterentwicklung rechtfertigten. Diese brachte zu Beginn des Jahres 1938 eine etwas größere Spannweite und die Installation eines Gnome-Rhône-14N-7-Triebwerks. Nach dem Abschluß der neuerlichen Erprobung gegen Ende des Frühjahrs 1938 erhielt SNCASO einen Auftrag zum Bau einer Vorserie von 25 Flugzeugen.

Bei der Einrichtung für die Produktion in einem neuen SNCASO-Werk wurde man gewahr, daß die **M.B.151.01** zur Serienfertigung völlig ungeeignet war. Als einzige Möglichkeit blieb ein kompletter Neuentwurf. Man nahm die Flügelfläche wieder zurück und wählte das Gnome-Rhône-14N-11. In dieser Form flog der Prototyp **M.B.151.01** erstmals am 18. August 1938. Zu diesem Zeitpunkt war die Konstruktion der anderen Vorserienflugzeuge bereits angelaufen. Die internationale Situation spitzte sich zu, und doch stellte man bis April 1939 nur vier Maschinen fertig.

Parallel dazu hatte das SNCASO-Konstruktionsteam eine verbesserte Version in Angriff genommen. Der einzige bedeutende Unterschied zur **M.B.151.01** aber bestand im Einsatz eines Gnome-Rhône-14N-21 mit 758 kW (1030 PS). Der neue Prototyp mit der Bezeichnung **M.B.152.01** flog erstmals im Dezember 1938. Er erhielt den etwas stärkeren Gnome-Rhône-14N-25, bevor er im Februar 1939 der CEMA zur Flugerprobung übergeben wurde. Das gesteigerte Leistungsvermögen dieser Version schlug sich in einem Auftrag für 400 Serienjäger nieder, davon 340 **M.B.152** und der Rest **M.B.151**.

Eine ähnlich schnelle Reaktion des Flugzeugwerks blieb leider aus, und bei Ausbruch des Zweiten Weltkriegs im September 1939 hatte man erst 120 **M.B.151** und **M.B.152** ausgeliefert. Weitaus schlimmer aber war, daß sich diese Jäger nicht einsetzen ließen, da das Kanonenvisier fehlte. 95 Exemplare waren nicht einmal flugfähig, denn man hatte sie ohne Propeller ausgeliefert. Selbst jetzt beeilte man sich nicht, die Schwierigkeiten auszuräumen. Ende November 1939, als 358 Maschinen das Werk verlassen hatten, fehlte 157 weiterhin der Propeller, und der zur Überhitzung neigende Motor stellte ein weiteres Problem dar, das dringender Lösung bedurfte.

Dennoch tat die Armée de l'Air alles Erdenkliche, um das Muster schnellstmöglich in Dienst zu stellen, denn dieser Jäger bedeutete eine wertvolle Stärkung des Arsenals. Im September 1939 wurde eine Versuchsstaffel aufgestellt, und im nächsten Monat begann die Zuweisung an die Jagdgruppen. Als erster Verband rüstete die Groupe de Chasse I/1 um, und gegen Jahresende verfügten die II/1, II/10, III/9 und III/10 sowie Escadrille AC-3 der französischen Marine über den neuen Jäger. Diese Einheiten kamen mit der **M.B.152** und **M.B.151** in den Genuß eines veritablen Kampfflugzeugs. Andere mutige Jagdpiloten der Armée de l'Air mußten jedoch aufgrund politischer Gleichgültigkeit und Intrigen ihr Leben in veralteten Flugzeugen lassen, statt den Jagdpiloten der Luftwaffe mit gleichwertigem Gerät wie der **M.B.152** begegnen zu können.

Als die deutschen Panzerdivisionen im Mai 1940 Frankreich überrollten, verfügten die Groupes I/8, II/8 und II/9 ebenfalls über den neuen Jäger, und kurz zuvor waren neun **M.B.151** an die griechische Luftwaffe geliefert worden. Nach dem Zusammenbruch Frankreichs und der Unterzeichnung des deutsch-französischen Waffenstillstandsabkommens behielten sechs Gruppen der Vichy-Luftstreitkräfte die **M.B.152** und **M.B.151**: I/1 und I/8; II/1, II/8 und II/9 sowie III/9. Zum gleichen Zeitpunkt wurde die Produktion bei SNCASO nach insgesamt 600 Flugzeugen eingestellt. Als drei der oben genannten Gruppen auf Dewoitine-Jäger umrüsteten, kamen ihre **M.B.151** und **M.B.152** den rumänischen Luftstreitkräften zugute.

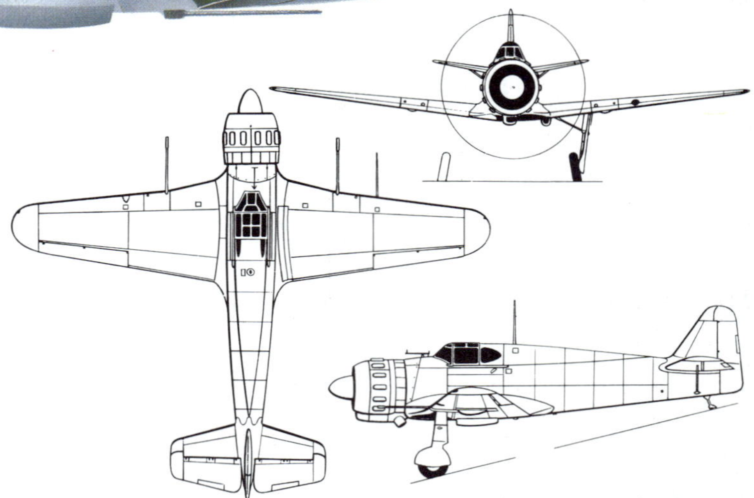

***Bloch M.B.152 (Spätserie)***

Die einzige Variante war der Prototyp **M.B.153.01** in Gestalt einer **M.B.152**, die von der Montagestraße abgezweigt und mit einem Pratt & Whitney-R-1830-SC3-G-Twin-Wasp à 783 kW (1065 PS) ausgerüstet wurde.

### TECHNISCHE DATEN
**M.B.152**

**Typ:** einsitziger Jäger
**Triebwerk:** ein Gnome-Rhône-14N-25- oder 14N-49-Sternmotor mit 795 kW (1080 PS) bzw. 810 kW (1100 PS)
**Leistung:** Höchstgeschwindigkeit 515 km/h in 4000 m Höhe; max. Marschgeschwindigkeit 450 km/h; Dienstgipfelhöhe 10.000 m; Reichweite 600 km
**Gewicht:** Leermasse 2020 kg; max. Startmasse 2680 kg
**Abmessungen:** Spannweite 10,55 m; Länge 9,10 m; Höhe 3,95 m; Tragflügelfläche 15 m²
**Bewaffnung:** vier 7,5-mm-Maschinengewehre oder zwei 7,5-mm-MG und zwei 20-mm-Kanonen

## Bloch M.B.155

Nachdem die Serienfertigung der M.B.152 und M.B.151 angelaufen war, begann SNCASO mit der Entwicklung einer verbesserten Version dieses Jägers, denn die Flugerprobung sowohl beim Hersteller wie beim CEMA hatte deutlich das beachtliche Potential des Grundentwurfs aufgezeigt. Ziel aller Konstrukteure, die einen Jäger verbessern wollen, ist es, Geschwindigkeit, Manövrierfähigkeit und Reichweite zu steigern. Dies wurde auch von den Blochkonstrukteuren angestrebt.

Wiederum verhinderten äußere Umstände eine grundlegende Leistungssteigerung mit Ausnahme der Reichweite, denn man wollte die Werkstattausrüstung der M.B.152 nutzen, damit die Produktion zügig anlaufen konnte. Diese Entscheidung sollte sich Ende 1939 als schwerwiegend erweisen. Ein Hauptproblem stellte sich mit der Unterbringung von zusätzlichem Interntreibstoff. Dies ließ sich nur durch einen weitgehend neu entworfenen Rumpf erreichen, bei dem man das Cockpit weiter nach hinten verlegte. Ansonsten blieb die Auslegung als freitragender Tiefdecker mit abgestrebtem Leitwerk und einziehbarem Spornrad-Fahrwerk gänzlich unverändert.

Bei dem neuen Prototyp (einer umgebauten M.B.152) führte man eine größere Profiltiefe und eine Motorverkleidung mit geringerem Luftwiderstand ein. Nach erfolgreichen Flugtests Anfang 1940 begann im Mai die Serienfertigung dieses Musters als **M.B.155**. Weitere Verbesserungen flossen in die vom Gnome-Rhône-14N-49 angetriebenen Serienjäger mit erweitertem Panzerschutz ein. Kurz nach dem Anfahren der Produktion ereilte die französische Nation bereits die Kapitulation, ohne daß ein einziger neuer Jäger ausgeliefert worden war. Nach der Ratifizierung des deutsch-französischen Waffenstillstandsvertrags wurden rund 20 **M.B.155**, die sich auf dem Montageband in Châteroux-Déols befanden, fertiggestellt und den Vichy-Luftstreitkräften übergeben. Im November 1942, als die Streitkräfte Vichy-Frankreichs aufgelöst wurden, konfiszierten die Deutschen alle noch vorhandenen **M.B.155**.

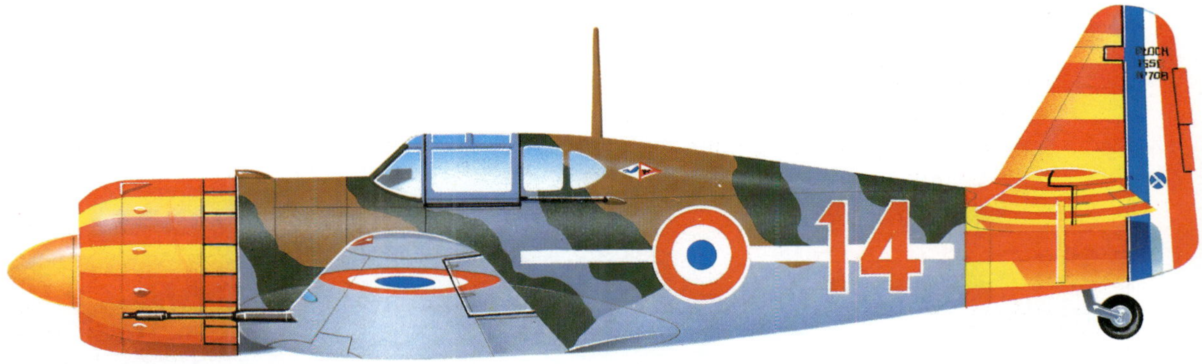


***Die Bloch M.B.155 des Kommandeurs der Groupe de Chasse II/8, Vichy-französische Luftstreitkräfte, die im Juli 1940 in Marignane stationiert war.***

### TECHNISCHE DATEN
**Bloch M.B.155**

**Typ:** einsitziger Jäger
**Triebwerk:** ein Gnome-Rhône-R14-49-Sternmotor mit 810 kW (1100 PS)
**Leistung:** Höchstgeschwindigkeit 520 km/h in 5500 m Höhe; Dienstgipfelhöhe 10.000 m; Reichweite 1050 km
**Gewicht:** Leermasse 2100 kg; max. Startmasse 2900 kg
**Abmessungen:** Spannweite 10,55 m; Länge 9,05 m; Höhe 3,95 m; Tragflügelfläche 17,30 m²
**Bewaffnung:** zwei 20-mm-Kanonen und zwei oder vier 7,5-mm-Maschinengewehre oder sechs 7,5-mm-Maschinengewehre

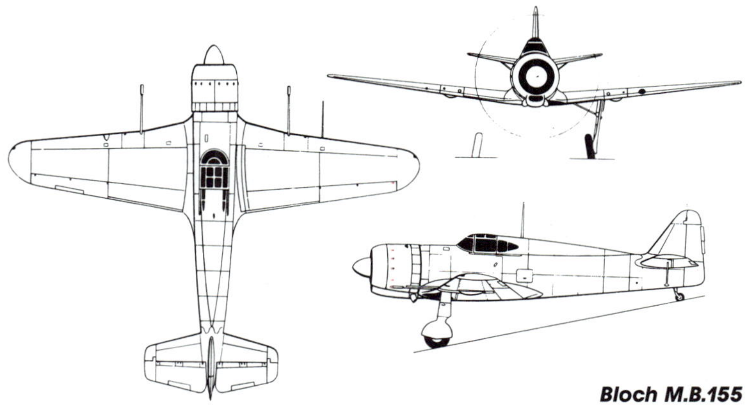

***Bloch M.B.155***

# Bloch M.B.157

Der letzte Jäger-Sprößling der M.B.150, die 1936 den Start verweigert hatte, war die **Bloch M.B.157**. Sie entsprang den Bemühungen, die Zelle der M.B.152 mit einem neuen und leistungsstärkeren Gnome-Rhône-14R zu verbinden. Dieser luftgekühlte Sternmotor entsprach den Motoren der früheren Bloch-Jäger, erzeugte aber für den Start 1170 kW (1590 PS) und war mit einem Turbolader ausgestattet, der eine Nennleistung von 1251 kW (1700 PS) in 8000 m Höhe bereitstellte.

Solch ein Antrieb versprach vorzügliche Möglichkeiten für einen Höhenjäger, aber die größeren Abmessungen und das höhere Gewicht dieses Triebwerks verwehrten den Einbau in die Zelle der M.B.152. Die Schlußfolgerung, daß der Leistungszugewinn aus dem Gnome-Rhône 14R durch die Anpassung des Flugwerks wieder aufgehoben würde, führte zu der Entscheidung, einen neuen Jäger mit denselben Grundzügen zu entwerfen.

Nachdem diese Entwurfsstrategie festlag, konnten die Einzelheiten zur Konstruktion der **M.B.157** sehr schnell definiert werden, da der Grundentwurf bereits existierte. Knapp sechs Monate nach der Konzeptionsphase standen die einzelnen Baugruppen des Prototyps zum Zusammenbau bereit, doch für Frankreich abermals zu spät. Als die Wehrmacht Paris in die Zange nahm, packte man die Baugruppen der **M.B.157** auf einen Sattelzug, um sie in Sicherheit zu bringen. Dieses Fahrzeug wurde von den Deutschen gestoppt und der Transport zu einem SNCASO-Werk in der besetzten Zone umgeleitet.

So kam es, daß die **M.B.157** 1942 unter deutscher Leitung zum Erstflug antrat. Das Flugzeug wies hervorragende Leistungen nach, bevor man es nach Orly überführte, um den Motor für Windkanalversuche auszubauen. Nach Abschluß der Tests wurde das Triebwerk nach Deutschland geschickt. Dieses Flugzeug der SNCASO hatte in Verbindung mit dem Gnome-Rhône-14R einen Leistungsstand erbracht, der ansonsten erst viel später im Krieg erreicht wurde, doch es fiel leider einem Luftangriff der Alliierten zum Opfer.

***Der wahrscheinlich beste französische Jäger des Zweiten Weltkriegs war die Bloch M.B.157. Der Prototyp legte ein hohes Maß an Zuverlässigkeit an den Tag. Nach der Erbeutung durch die vorrückende Wehrmacht im Juni 1940 unterzog die Luftwaffe diesen Prototyp gründlichen Tests.***

### TECHNISCHE DATEN
**Bloch M.B. 157**

**Typ:** einsitziger Jäger
**Triebwerk:** ein Gnome-Rhône-14R-4-Sternmotor mit 1170 kW (1590 PS)
**Leistung:** Höchstgeschwindigkeit 710 km/h in 7850 m Höhe; Marschgeschwindigkeit 400 km/h; Reichweite 1095 km
**Gewicht:** Leermasse 2390 km; max. Startmasse 3250 kg
**Abmessungen:** Spannweite 10,70 m; Länge 9,70 m; Höhe 3,20 m; Tragflügelfläche 19,40 m²
**Bewaffnung:** (geplant) zwei 20-mm-Kanonen und vier 7,5-mm-Maschinengewehre

# Bloch M.B.161 Languedoc und M.B.162

Erstaunlicherweise besaß die Armée de l'Air beim Ausbruch des Zweiten Weltkriegs keine strategischen Fernbomber, mit denen Frankreich aufgrund seiner geographischen Lage praktisch alle Ziele in Europa und Nordafrika hätte erreichen können. Dies war keineswegs den französischen Luftstreitkräften anzulasten, sondern es lag ähnlich wie beim US-Army Air Corps daran, daß zur gleichen Zeit nicht ausreichend Boeing B-17 zur Verfügung standen. Kurz: Jede Mittelzuweisung ergab mehr kleine als große Flugzeuge, und aus bestimmten Gründen schienen die Regierungen jener Zeit mehr an Quantität als an einer kleineren Stückzahl sorgfältig ausgewählter Flugzeuge mit spezifischem Kampfpotential interessiert zu sein.

Nachdem Bloch 1936 in SNCASO aufgegangen war, befaßte sich das von Avions Marcel Bloch eingebrachte Konstruktionsteam mit einem Entwurf, der auf der früheren, nicht verwendeten zwölfsitzigen Passagiermaschine Bloch M.B.160 basierte. Der daraus resultierende Prototyp **Bloch M.161.01** (F-ARTV) flog erstmals im September 1939. Die Früherprobung verlief zufriedenstellend und brachte einen Auftrag der Air France ein. Bis zur Auslieferung sollten jedoch fast sieben Jahre vergehen. Dies lag in erster Linie an Hinhaltetaktiken der französischen Luftfahrtindustrie, die verhindern wollte, daß keins der 1942 von Deutschland geforderten 20 Flugzeuge zur Auslieferung gelangten. In der Folge startete die umbenannte **SE.161.1** erst am 17. September 1945 zum Jungfernflug. Das Muster war ein freitragender Mitteldecker in Ganzmetallbauweise mit aufgesetztem Höhenleitwerk und Endplatten als Seitenflossen/Seitenruder, einziehbarem Spornrad-Fahrwerk und vier Gnome-Rhône-14N-44/45 Sternmotoren mit je 846 kW (1150 PS) in Gon-

***Nach dem Zweiten Weltkrieg wurde der Entwurf der M.B.161 für die zivile Transportvariante, Sud Est SE 161 Languedoc, wieder ins Leben gerufen.***

***Der M.B.162-Prototyp erschien zu spät, um Frankreich im Zweiten Weltkrieg dienlich zu sein. Andernfalls hätten diese schwer bewaffneten Serienbomber eine wertvolle Stärkung der französischen Streitkräfte bewirken können.***

deln an der Nasenkante. Standardmäßig war das Muster für eine vierköpfige Besatzung und 33 Passagiere eingerichtet, aber 1951 ließ Air France einige Maschinen auf eine dichte Bestuhlung für maximal 44 Fluggäste umrüsten.

**Bloch 161.1**, zwischenzeitlich **Languedoc** genannt, beflogen ab 28. Mai 1946 für Air France die Verbindung Paris–Algier, gefolgt von den Strecken Paris–Oran–Casablanca und Paris-Marseille im Juni bzw. Juli. Im Oktober waren die meisten **Languedoc** vom Liniendienst abgelöst, weil sie, neben Schwierigkeiten mit dem Fahrwerk, nicht für den Wintereinsatz taugten. Bis zur Wiederaufnahme des Liniendienstes im März 1947 stattete man sie mit Pratt & Whitney-R-1830-Triebwerken, Enteisungsanlagen, Heizgeräten und anderen Neuerungen aus.

Bei Einstellung der Produktion waren insgesamt 100 **Languedoc** gebaut, die trotz anhaltender Fahrwerksprobleme lange Zeit sowohl unter Air France als auch bei den französischen Luft- und Seestreitkräften dienten. Darüber hinaus beschaffte die polnische Staatslinie Polskie Linie Lotnicze (LOT) fünf Exemplare.

Ein anderer Abkömmling der Bloch 160 war die **Bloch M.B.162**. Dieses Flugzeug stellte eine hervorragende Reichweite in Aussicht, die, gekoppelt mit gutem Tragfähigkeitsvermögen, das Potential für einen strategischen Bomber versprach.

Die Vorarbeiten für den Entwurf liefen an, und es wurde ein Modell im Maßstab 1:1 konstruiert, das man beim Pariser Salon de l'Aéronautique im November 1938 ausstellte. Der „Großbomber", nur wenig kleiner als die Boeing B-17, erregte beachtliches Interesse, so daß man den Bau eines Prototyps genehmigte. Er verzögerte sich jedoch zum Nachteil Frankreichs bis zum Frühjahr 1940, da die Fertigung der zivilen **M.B.161** Vorrang erhielt. Für ein so großes Flugzeug wurde der Bomber allerdings in bemerkenswert kurzer Zeit fertiggestellt, so daß er bereits am 1. Juni 1940 seinen Jungfernflug absolvierte. Der freitragende Hochdecker **M.B.162 B.5** war durchweg aus Metall konstruiert, das Höhenleitwerk mit Endplatten als Seitenflossen/Seitenruder zeigte eine deutliche positive V-Stellung, das Spornrad-Fahrwerk ließ sich einziehen, und die vier Motoren befanden sich in Gondeln an der Vorderkante des Tragwerks.

Bei der Überführung von Villacoublay nach Bordeaux-Mérignac fiel die **M.B.162** in die Hände der Deutschen. Nun unter Leitung der deutschen Firma Focke-Wulf wurde das Testprogramm im Jahr 1942 zu Ende geführt, und die Luftwaffe nutzte die Maschine anschließend für Langstrecken-Geheimflüge.

### TECHNISCHE DATEN
**M.B. 161 Languedoc**

**Typ:** fünfsitziger strategischer Fernbomber
**Triebwerke:** vier Gnome-Rhône-14N-48/49-Sternmotoren mit je 810 kW (1100 PS)
**Leistung:** Höchstgeschwindigkeit 550 km/h in 5500 m; Reichweite mit 1600 kg Bomben 2400 km
**Gewicht:** Leermasse 11.865 kg; max. Startmasse 19.000 kg
**Abmessungen:** Spannweite 28,10 m; Länge 21,90 m; Höhe 3,75 m; Tragflügelfläche 109 m²
**Bewaffnung:** ein 7,5-mm-Maschinengewehr im Bug, eine 20-mm-Kanone im Waffenturm auf dem Rücken sowie eine 20-mm-Kanone und ein 7,5-mm-Maschinengewehr in der Rumpfwanne plus bis zu 3600 kg Bomben

# Bloch M.B.174

Ende 1936 begann SNCASO mit dem Entwurf eines zwei-/dreisitzigen Mehrzweckbombers mit der Bezeichnung Bloch M.B.170. Am 15. Februar 1938 stand die Versuchsmaschine M.B.170.01 zum Erstflug bereit. Es handelte sich um einen freitragenden Tiefdecker mit markanter positiver V-Stellung am Trag- und Höhenleitwerk, und letzteres nahm doppelte Seitenflossen/Ruder als Endplatten auf. Das Spornrad-Fahrwerk war einziehbar, und für den Antrieb sorgten zwei Gnome-Rhône-14N-6/7-Sternmotoren mit je 699 kW (950 PS). Der Prototyp wies eine ungewöhnliche Kuppel unter dem Rumpf auf, die für Aufklärungseinsätze mit einer Kamera oder einer zusätzlichen Abwehrwaffe bestückt werden sollte. Die M.B.170.01 wurde jedoch bei einer Bruchlandung zerstört und das Flugtestprogramm mit dem zweiten Prototyp M.B.170.02 fortgeführt, der sich vom ersten wesentlich unterschied. Er war primär als Hochgeschwindigkeitsbomber ausgelegt: Man hatte die Bauchkuppel abgeschafft, die Unterseite des Vorderrumpfs weitgehend verglast und die Seitenleitwerksteile in der Fläche vergrößert.

Im Verlauf dieses Programms entwickelte das Konstruktionsteam eine Reihe von Varianten für unterschiedliche Rollen als M.B.171, M.B.172, M.B.173 und **M.B.174**. Letztere stieß beim Luftfahrtministerium auf Interesse und führte zur Konstruktion der Versuchsmaschine **M.B.174.01**. Dieser Prototyp flog erstmals am 5. Januar 1939. Die Kanzelhaube war weiter nach hinten gerückt, der Bug rundum verglast, und der Antrieb bestand aus zwei Gnome-Rhône 14N-20/21 mit je 758 kW (1030 PS). Noch vor der Flugerprobung wurden sechs Vorserienflugzeuge in Auftrag gegeben. Das Luftfahrtministerium konnte jedoch zufrieden sein, denn die Erprobung verlief problemlos. So erging ein Auftrag für eine Baureihe von 50 Serienflugzeugen.

Die Erprobungs- und Serienmaschinen erhielten leistungsstärkere Gnome-Rhône-14N-48/49-Triebwerke, deren Kühlung sich bei den Testflügen der ersten Vorserienmaschine als unzureichend erwies. Man reduzierte die Propellerhaube im Durchmesser, um die die Zylinder umgebende Luftströmung zu vergrößern. Kurz bevor die ersten Exemplare an die Einsatzstaffeln gingen, beschloß man eine geänderte Abwehrbewaffnung aufgrund erster Kampferfahrungen mit anderen Mustern. Die ersten **M.B.174 A.3** Serienflugzeuge trafen daher erst Mitte März 1940 bei Aufklärungsgruppe II/33 ein, und am 29. März absolvierten sie ihren ersten Einsatz.

Im Laufe des nächsten Monats empfingen auch die Gruppen I/33, I/52 und II/36 erste Exemplare. Die Einsatzerfahrungen der Anfangsphase zeigten, daß dieses Muster einen ausgezeichneten Aufklärer abgab. Die Maschinen waren schnell und wendig genug, um die Höhenjäger der Luftwaffe auszukurven. Unmittelbar vor dem Zusammenbruch Frankreichs mußten die Einsatzverbände die Mehrzahl ihrer **M.B.174** zerstören, um sie nicht in deutsche Hand fallen zu lassen. Die Vichy-Luftstreitkräfte in Tunesien setzten einige **M.B.174** aber noch bis zum Kriegsende ein. Einzelne Exemplare wurden noch zwei bis drei Jahre lang nach dem Krieg für Entwicklungsvorhaben genutzt.

### TECHNISCHE DATEN
**Bloch M.B.174**

**Typ:** dreisitziger Aufklärer/leichter Bomber
**Triebwerke:** zwei Gnome-Rhône-14N-48/49-Sternmotoren mit je 810 kW (1100 PS)
**Leistung:** Höchstgeschwindigkeit 530 km/h in 5200 m Höhe; Marschgeschwindigkeit 400 km/h; Dienstgipfelhöhe 11.000 m; Reichweite mit 400 kg Bombenlast 1290 km; max. Reichweite mit Internkraftstoff 1650 km
**Gewicht:** Leermasse 5600 kg; max. Startmasse 7160 kg
**Abmessungen:** Spannweite 17,90 m; Länge 12,25 m; Höhe 3,55 m; Tragflügelfläche 38 m²
**Bewaffnung:** zwei vorwärtsfeuernde 7,5-mm-Maschinengewehre, zwei 7,5-mm-Maschinengewehre auf dem Rücken und drei 7,5-mm-Maschinengewehre auf Schwenklafetten unter dem Bauch zur Abwehr nach hinten sowie eine maximale Bombenlast von 400 kg

***Eine Bloch M.B.174 der Groupe de Reconnaissance II/33. Dieser Verband nutzte das Muster während des Frankreichkrieges zu Aufklärungsflügen. Später setzten Vichy-Luftstreitkräfte in Tunesien einige Vertreter dieses Typs ein.***

## Bloch M.B.200 bis Blohm &Voss BV 142

**Die Bloch M.B.200 war ein älterer und obsoleter Bomber, der in Frankreich zu Beginn des Zweiten Weltkriegs immer noch in Dienst war. Die Schiffswerft Blohm & Voss gründete 1933 als Ableger die Hamburger Flugzeugbau mit Walter Blohm und Reinhold Mewes als Chefs. Chefkonstrukteur wurde Richard Vogt.**

# Bloch M.B.200

***Bloch M.B.200 der 77. Staffel, Section de Remorquage d'Otange, im Mai 1940***

Als das französische Luftfahrtministerium 1932 die Ausschreibung für einen fünfsitzigen Nachtbomber veröffentlichte, bestand eine sehr geringe Nachfrage nach neuen Militärflugzeugen. Fünf Firmen reichten acht Vorschläge ein, ein Zeichen dafür, wie sehr die Hersteller um Aufträge besorgt waren. In diesem Fall gingen sowohl Bloch wie Farman als Gewinner hervor, obwohl ihre späteren Serienbomber verschiedenen Klassen angehörten.

Der Bloch-Entwurf wurde als viersitziger Bomber fertiggestellt, dessen Auslegung den zeitgleichen britischen Flugzeugen Bristol Bombay und Handley Page Harrow glich. Der Prototyp **Bloch M.B.200.1**, ein freitragender Hochdecker in Ganzmetallbauweise mit starrem Spornradfahrgestell, flog erstmals im Juli 1933 unter dem Antrieb von zwei Gnome-Rhône-14-Kirs-Sternmotoren mit je 559 kW (760 PS). Die anschließende Flugerprobung ergab am 1. Januar 1934 einen Erstauftrag für 25 Flugzeuge, obwohl die Spitzengeschwindigkeit des Prototyps rund 18% unter den Erwartungen lag. Die Serienbomber **M.B. 200**, deren Indienststellung gegen Ende des Jahres begann, erwiesen sich als zuverlässig und gutmütig. Der Tatsache, daß die Serie trotz stärkerer Gnome-Rhône-Triebwerke weiterhin ein Geschwindigkeitsdefizit aufwies, maß man zu dem Zeitpunkt keine besondere Bedeutung zu. So flossen der Armée de l'Air schließlich 208 Exemplare zu, die bei Bloch (4), Breguet (19), Hanriot (45), Loire (19), Potez (111) und SNCASO (10) gefertigt wurden.

Zu Beginn des Zweiten Weltkriegs waren immer noch sieben Bombergruppen mit diesem veralteten Muster ausgerüstet, aber bis zur deutschen Offensive gegen Frankreich hatte man sämtliche **MB.200** in den Ausbildungsdienst überführt. Die in der Tschechoslowakei von Aero und Avia in Lizenz gefertigten Bomber fielen den Deutschen in die Hände, die sie ebenso wie die in Frankreich erbeuteten Exemplare zur Schulung von Besatzungen und Verbindungsflügen nutzten. Das Gros aber reichten die Deutschen an Gefolgsländer weiter.

**TECHNISCHE DATEN**
**Bloch M.B.200**

**Typ:** viersitziger, mittelschwerer Bomber
**Triebwerke:** zwei Gnome-Rhône-14Kirs/Kjrs-Sternmotoren mit je 649 kW (870 PS)
**Leistung:** Höchstgeschwindigkeit 285 km/h in 4300 m Höhe: Dienstgipfelhöhe 8000 m; Reichweite 1000 km
**Gewicht:** Leermasse 4463 kg; max. Startmasse 7280 kg
**Abmessungen:** Spannweite 22,45 m; Länge 16 m; Höhe 3,90 m; Tragflügelfläche 67 m²
**Bewaffnung:** drei 7,5-mm-Maschinengewehre (je eins im Bug, auf dem Rücken und unter dem Bauch) und bis zu 1200 kg Bomben

# Bloch M.B.220

Die **Bloch M.B.220**, ein freitragender Tiefdecker in Ganzmetallbauweise mit zwei Gnome-Rhône-Sternmotoren und Einziehfahrwerk, stellte das französische Pendant zur Douglas DC-2/DC-3/Dakota-Serie dar. Sie wurde aber nur in einer kleinen Baureihe gefertigt. Der Prototyp flog im Dezember 1935, gefolgt von insgesamt 16 Serienflugzeugen. Neben der vierköpfigen Besatzung fanden 16 Passagiere in einer geräumigen Kabine mit acht Sitzen auf beiden Seiten des Mittelgangs Platz. Bis Mitte 1938 waren zehn **M.B.220** ausgeliefert, die Air France ausgiebig für ihr europäisches Streckennetz nutzte. Die fünfte Maschine (Aunis, F-AOHE) weihte am 27. März 1938 die Route Paris-London ein und reduzierte die Flugzeit auf 1 Stunde und 15 Minuten.

***Das Passagierflugzeug M.B.220 war ein später Zeitgenosse der Douglas DC-3, konnte seinen Haltern aber nicht den gleichen Standard an Wirtschaftlichkeit und Passagierfreundlichkeit bieten. Dennoch hat sich das Muster im bescheidenen europäischen Luftverkehr vor dem Zweiten Weltkrieg bewährt.***

Im Zweiten Weltkrieg wurden die meisten **M.B.220** zum Dienst bei den Transportstaffeln der Armée de l'Air eingezogen. Später flogen einige **M.B.220** unter deutscher, freifranzösischer und Vichy-französischer Flagge in Europa, Nordafrika und Nahost. Mindestens fünf Exemplare überstanden den Krieg und wurden mit Wright-Cyclone-R-1820-97 zu **M.B.221** modifiziert. Sie bedienten die europäischen Kurzstrecken der Air France, die 1949 vier Exemplare an die SANA (Société Auxiliaire de Navigation Aérienne) verkaufte. 1950 waren alle Exemplare ausgemustert.

**TECHNISCHE DATEN**
**M.B.220**

**Typ:** Passagierflugzeug
**Triebwerke:** zwei Gnome-Rhône-14N-16/17-Sternmotoren mit je 735 kW (985 PS)
**Leistung:** Höchstgeschwindigkeit 330 km/h; wirtschaftliche Reisegeschwindigkeit 280 km/h; Dienstgipfelhöhe 7000 m; Reichweite 1400 km
**Gewicht:** Rüstmasse 6807 kg; max. Startmasse 9500 kg
**Abmessungen:** Spannweite 22,82 m; Länge 19,25 m; Tragflügelfläche 75,00 m²

# Blohm & Voss BV 40

Die **Blohm & Voss BV 40** von Dr. Ing. Richard Vogt war einer von mehreren Entwürfen, die 1943 dem Reichsluftfahrtministerium vorgelegt wurden. Ihre Entwicklung stand unter dem Zwang, strategische Werkstoffe einzusparen und gleichzeitig ein fliegendes Waffensystem mit minimaler Stirnfläche zu liefern. Die Abwehr der USAAF-Bomberströme bei Tag kostete immer mehr Verluste, weil die enorme Frontfläche der Sternmotoren der Focke-Wulf Fw 190 den Bordschützen der Boeing B-17 ein gutes Ziel bot. Ohne Motor würde ein von vorn angreifender Jäger bis zur Feuereröffnung unentdeckt bleiben.

Das Ergebnis war ein Gleitjäger mit zwei 30-mm-Kanonen in den Flächenwurzeln. Er hatte einen Mittelrumpf aus Metall mit schwer gepanzerter Kanzel und einen Hinterrumpf, Tragflächen sowie ein Leitwerk aus Holz. Das zweirädrige Fahrgestell sollte nach dem Start abgeworfen und die Landung mit einer halbwegs eingezogenen Kufe durchgeführt werden. Die Zelle war vergleichsweise einfach konstruiert, damit man fachfremde Arbeiter in die Fertigung einspannen konnte. Ein weiterer Vorteil bestand darin, daß die Piloten normalerweise nur eine Segelfliegerausbildung brauchten.

Die **BV 40** sollte einzeln oder paarweise von einer Messerschmitt Bf 109G in eine

***Ein interessantes Beispiel für die Anstrengungen der Deutschen, ein effektives Mittel gegen die Bomberströme der Alliierten zu finden, ist der Gleitjäger Blohm & Voss BV 40. Er bot dem Gegner eine geringe Stirnfläche, guten Panzerschutz für den Piloten und eine hohe Feuerkraft durch zwei 30-mm-Kanonen. Das Foto zeigt die erste Versuchsmaschine BV 40 V1.***

Gefechtsposition oberhalb der anfliegenden Bomberformation geschleppt werden, um diese mit 20° Bahnneigungswinkel frontal zu attackieren. Dem Überfall mit Kanonenbeschuß würde ein zweiter Angriff mit einem kleinen Sprengkörper folgen, den die **BV 40** an einem Drahtseil abließ. Bei Verwendung der letztgenannten Waffe hätte man jedoch auf eine der beiden Kanonen verzichten müssen. Daher gab man dieses Konzept wieder auf.

19 Prototypen und 200 serienmäßige **BV 40** wurden in Auftrag gegeben. Das erste Exemplar flog erstmals Ende Mai 1944 im Schlepp einer Messerschmitt Bf 110. Sechs Prototypen bestritten das Testprogramm, doch das fast abgeschlossene Projekt wurde im Herbst 1944 eingestellt.

### TECHNISCHE DATEN
**Blohm & Voss BV 40**

**Typ:** einsitziger Gleitjäger
**Triebwerk:** keins
**Leistung:** Höchstgeschwindigkeit im Sinkflug 900 km//h; Höchstgeschwindigkeit der Bf 109G mit einer BV 40 im Schlepp 555 km/h in 6000 m Höhe
**Gewicht:** Leermasse 835 kg; max. Startmasse rund 950 kg
**Abmessungen:** Spannweite 7,90 m; Länge 5,70 m; Höhe 1,63 m; Tragflügelfläche 8,70 m²
**Bewaffnung:** zwei 30-mm-Kanonen MK 108

# Blohm & Voss BV 138

Das erste Flugboot der Hamburger Flugzeugbau GmbH war die von Chefingenieur Dr. Ing. Richard Vogt konstruierte **Ha 138**. Vorausgegangen waren der zweisitzige Doppeldecker Ha 135, der einsitzige Eindecker Ha 136 und der Sturzkampfbomber Ha 137. Drei Prototypen des zunächst zweimotorigen Flugboots sollten zur Vergleichsbewertung 746 kW (1000 PS) starke Motoren unterschiedlicher Hersteller erhalten. Verzögerungen in der Entwicklung zwangen jedoch zur Anpassung des Entwurfs auf drei Junkers-Jumo-205C mit je 485 kW (650 PS). Fast zwei Jahre nach der Fertigstellung des Modells hob am 15. Juli 1937 die erste Versuchsmaschine **(Ha 138 V1)** ab. Im November erreichte eine zweite Versuchsmaschine **(Ha 138 V2)** mit modifiziertem Bug das Testzentrum in Travemünde. Beide Flugzeuge erwiesen sich jedoch als unstabil, sowohl hydrodynamisch als auch aerodynamisch. Modifikationen am Seitenleitwerk konnten diesen Mangel nicht beheben, so daß ein grundlegender Neuentwurf erforderlich wurde. Das Ergebnis war die **BV 138A**, deren Bezeichnung die Schiffswerft Blohm & Voss als Inhaber wiedergab. Der Bug war beträchtlich erweitert, der Gleitboden verbessert, und kräftigere Ausleger trugen die überarbeiteten Leitwerksflächen. Auf den Prototyp folgten fünf **BV 138A** Vorserienflugzeuge, bevor die Serienfertigung für Aufklärungsstaffeln der Luftwaffe anlief. Einen ersten Einsatz absolvierte das Muster 1940 beim Norwegenfeldzug.

***Blohm & Voss BV 138C-1 der 2./KüFlGr 406, die im März 1942 in Nordnorwegen stationiert war.***

***Blohm & Voss BV 138MS der 6./MSGr 1, die 1944-45 in Großenbrode stationiert war.***

**Varianten**

**BV 138A-1:** erste Serienversion, die im April 1940 erstmals flog und in kleiner Stückzahl gebaut wurde; bewaffnet mit einer 20-mm-Kanone im Bugstand und zwei 7,92-mm-Maschinengewehren in offenen Schützenständen hinter dem Mittelmotor und im Heck; insgesamt 25 Exemplare gebaut

**BV 138B-1:** strukturell verstärkte Version, die nach der Modifikation der vierten BV 138A der Vorserie zur BV 138B-0 entwickelt wurde; Antrieb durch drei Jumo-205D mit je 656 kW (880 PS) und geänderter Bewaffnung (je eine 20-mm-Kanone MG 151 in Bug- und Heckständen sowie eine Bombenlast von 150 kg unter dem rechten Flächenansatz); insgesamt 19 Exemplare

**BV 138C-1:** weitere Verstärkungen der Zelle ergab die Einführung dieser Version im März 1941; Antrieb durch Jumo-205D; der Mittelmotor wurde mit einem Vierblatt-Propeller ausgerüstet, während die beiden Außenmotoren Dreiblatt-Luftschrauben, allerdings in breiterer Ausführung behielten; hinzu kam ein Maschinengewehr MG 131 im Schützenstand hinter der zentralen Motorgondel; insgesamt 227 BV 138C-1 wurden gebaut, bei einer Gesamtproduktion von insgesamt 279 BV 138 zwischen 1938 und 1943

**BV 138MS:** Minensuchversion, entstanden durch Umrüstung von BV 138B der Nullserie; die Waffen wurden zugunsten eines Dural-Entmagnetisierungsrings und einer MES-Anlage (magnetischer Eigenschutz) ausgebaut

### TECHNISCHE DATEN
**Blohm & Voss BV 138**

**Typ:** Aufklärerflugboot
**Triebwerke:** drei Junkers-Jumo-205D-Reihenmotoren mit je 656 kW (880 PS)
**Leistung:** Höchstgeschwindigkeit 275 km/h in Meereshöhe; Marschgeschwindigkeit 235 km/h; Dienstgipfelhöhe 5000 m; max. Reichweite 5000 km
**Gewicht:** Leermasse 8100 kg; max. Startmasse 14.700 kg
**Abmessungen:** Spannweite 27,00 m; Länge 19,90 m; Höhe 6,60 m; Tragflügelfläche 112 m²
**Bewaffnung:** eine 20-mm-Kanone MG 151 im Bugturm, eine ähnliche Rohrwaffe im hinteren Heckschützenstand und ein 13-mm-Maschinengewehr MG 131 im Gefechtsstand hinter der zentralen Motorgondel plus drei 50-kg-Bomben unter der rechten Flächenwurzel oder (BV 138C-1/U-1) sechs 50-kg-Bomben bzw. vier 150-kg-Wasserbomben

# Blohm & Voss BV 139

Für ihren neu eingerichteten Luftpostdienst über den Atlantik schrieb die Lufthansa 1935 ein neues Seeflugzeug aus. Es sollte in der Lage sein, bei rauher See zu starten und zu landen, einen Katapultstart vorzunehmen und eine 500 kg schwere Nutzlast mit einer Reisegeschwindigkeit von 250 km/h über eine Mindestdistanz von 5000 km zu befördern. Die Hamburger Flugzeug GmbH, Tochter der Schiffswerft Blohm & Voss, erarbeitete eine Reihe von Entwurfsstudien. Dazu gehörte das Projekt P.15, dem später ein Auftrag zur Konstruktion von drei Prototypen zufiel. Als Antrieb wählte man eine Dieselversion des Junkers-Jumo-205, dessen spezifischer Treibstoffverbrauch fast 25% niedriger lag als der vergleichbarer Benziner.

Der erste Prototyp **Ha 139** absolvierte seinen Erstflug im Herbst 1936. Bis März 1937 waren die beiden ersten Maschinen an die Lufthansa ausgeliefert, um zwischen Horta auf den Azoren und New York zu operieren. In der Periode von August bis November 1937 leisteten sie sieben Atlantiküberquerungen in Zusammenarbeit mit den Depotschiffen Friesenland und Schwabenland, die beide mit Startkatapulten ausgerüstet waren. In Ost-West-Richtung erreichten sie im Schnitt eine Geschwindigkeit von 231 km/h und von West nach Ost von 250 km/h. Im November wurde der Dienst vorübergehend eingestellt, um die Flugzeuge zu modifizieren. Ein größeres Seitenleitwerk sollte die Kursstabilität verbessern, und alle vier Motoren erhielten neue Kühler unter den Flächen, um die bisherigen Kühlprobleme zu beheben. Das etwas größere und schwerere dritte Flugzeug mit der Bezeichnung **Ha 139B** wurde Mitte 1939 in das Programm eingebunden. Zwischen dem 21. Juli und 19. Oktober 1938 führte es 13 Atlantiküberquerungen auf der Strecke Horta–

***Die Blohm & Voss Ha 139 war als Postflugzeug für die Lufthansa-Atlantikrouten entworfen und für Katapultstarts verstärkt. Nur drei solcher Flugzeuge wurden gebaut und im Zweiten Weltkrieg eingesetzt, zwei als Truppentransporter und die V3 als Minensucher.***

New York durch. In diesem Jahr flogen die drei **Ha 139** insgesamt 597 Stunden. Die kürzesten Flugzeiten für eine Überquerung betrugen 13 Stunden und 40 Minuten in Ost-West- und 11 Stunden 53 Minuten in West-Ost-Richtung. Die Flugzeuge wechselten dann auf die Südatlantik-Route über, die Bathurst und Natal/Recife miteinander verband.

Ende 1939 gingen die **Ha 139** und ihre Besatzungen in der Luftwaffe auf, und der dritte Prototyp wurde für Aufklärungsaufgaben modifiziert. Zur Unterbringung eines Beobachters verlängerte und verglaste man den Bug, was eine entsprechende Erweiterung der Seitenflosse nach sich zog. Diese Maschine mit der Bezeichnung **Ha 139V3/U-1** wurde anschließend zum Minensuchdienst bestimmt und dazu mit einem Entmagnetisierungsring samt felderzeugendem Gerät im Rumpf ausgestattet. Danach erhielt das Flugzeug die neue Dienstbezeichnung **Ha 139B/MS**. Alle drei **Ha 139** nahmen 1940 am Norwegenfeldzug teil, die beiden ersten Seeflugzeuge als Truppentransporter.

### TECHNISCHE DATEN
**Blohm & Voss BV 139**

**Typ:** Langstrecken-Postfracht-, Minensuch- und Aufklärungsflugboot
**Triebwerke:** vier Junkers-Jumo-205C-Dieselmotoren mit je 447 kW (600 PS)
**Leistung:** Höchstgeschwindigkeit 315 km/h; Reisegeschwindigkeit 260 km/h, Dienstgipfelhöhe 3500 m; max. Reichweite 5300 km
**Gewicht:** Leermasse 10.360 kg; max. Startmasse 17.500 kg
**Abmessungen:** Spannweite 27,00 m; Länge 19,50 m; Höhe 4,80 m; Tragflügelfläche 117 m²
**Bewaffnung:** Ha 139V3/U-1) vier 7,92-mm-Maschinengewehre MG 17, je eines in Waffenständen im Bug, auf dem Rücken und den Leitwerksträgern

# Blohm & Voss BV 141

1937 veröffentlichte das Reichsluftfahrtministerium die Unterlage für ein dreimotoriges, dreisitziges Nahaufklärungs- und Beobachtungsflugzeug mit Betonung auf einer guten Rundumsicht. An dieser Ausschreibung beteiligte sich neben Arado und Focke-Wulf auch die Hamburger Flugzeugbau GmbH mit einem völlig unorthodoxen Entwurf in asymmetrischer Auslegung von Dr. Ing. Richard Vogt. Der 637 kW (865 PS) starke BMW-132N-Sternmotor lag in der Frontpartie einer nach links versetzten Rumpfröhre, die am hinteren Ende das Leitwerk aufnahm, und die

***Blohm & Voss BV 141-04 (V7), wie von der Luftwaffe Ende 1939 erprobt***

umfassend verglaste Besatzungskanzel war steuerbord montiert. Den Vorzug erhielt Focke-Wulfs Fw 189, aber die Hamburger Flugzeugbau konstruierte auf eigene Kosten den Prototyp **BV 141**, der am 25. Februar 1938 zum ersten Mal flog. Im Herbst 1938 erschienen zwei weitere Versuchsflugzeuge, beide etwas größer als das erste. Die dritte Versuchsmaschine wurde mit zwei starren, vorwärtsfeuernden 7,92-mm-Maschinengewehren MG 17 und zwei MG 15 mit ähnlichem Kaliber zur Abwehr nach hinten bewaffnet. Darüber hinaus konnte sie eine Kamera mitführen und verfügte über Aufhängungen für vier 50-kg-Bomben. Die Ersterprobung verlief so erfolgreich, daß das Reichsluftfahrtministerium einen Auftrag für eine Vorserie von insgesamt fünf **BV 141A** erteilte.

***Die BV 141 war ein ungewöhnliches Aufklärungs- und Beobachtungsflugzeug mit asymmetrischer Auslegung, die der Besatzung zu einem erstklassigen Rundum-Sichtfeld verhelfen sollte.***

Die Erprobungsstelle Rechlin bewertete das Muster positiv. Im April 1940 wurde jedoch wegen Untermotorisierung gegen eine Serienfertigung entschieden. Dennoch erging ein Auftrag zum Bau von fünf Exemplaren der neuentworfenen, verstärkten und antriebsstärkeren Version **BV 141B**. Im Herbst 1941 nahm die zweite Maschine die Truppenerprobung bei der Aufklärungsschule 1 auf, doch 1943 wurde die schleppende Entwicklung abgebrochen.

**Varianten**
**BV 141A:** fünf Vorserienflugzeuge mit größerer Spannweite (15,45 m) und Flügelfläche (42,86 m²) und einem BMW-Bramo-323-Sternmotor mit 746 kW (1000 PS) als Antrieb
**BV 141B:** fünf weitgehend neu entworfene Vorserienflugzeuge; zu den auffälligsten äußeren Unterschieden gehörten gleichgeformte Außenflächen und ein asymmetrisches Höhenleitwerk, um das Schußfeld des Heckschützen in der verglasten Besatzungszelle zu verbessern.

### TECHNISCHE DATEN
**BV 141B**

**Typ:** Nahaufklärungs- und Beobachtungsflugzeug
**Triebwerk:** ein BMW-801A-Sternmotor mit 1164 kW (1560 PS)
**Leistung:** Höchstgeschwindigkeit 370 km/h in Meereshöhe; Dienstgipfelhöhe 10.000 m; Reichweite 1200 m
**Gewicht:** Leermasse 4700 kg; max. Startmasse 5700 kg
**Abmessungen:** Spannweite 17,46 m; Länge 13,95 m; Höhe 3,60 m; Tragflügelfläche 53 m²
**Bewaffnung:** zwei starre vorwärtsfeuernde 7,92-mm-Maschinengewehre MG 17 und zwei schwenkbare Maschinengewehre MG 15 zur Abwehr nach hinten sowie Bombenschlösser für vier 50-kg-Sprengkörper

# Blohm & Voss BV 142

Die **Blohm & Voss BV 142** mit der anfänglichen Bezeichnung **Ha 142** war für transatlantische Postflüge bestimmt. Sie stammte in direkter Linie vom Schwimmerflugzeug Ha 139 ab, so daß größte Übereinstimmung mit der Zelle des Vorgängers gegeben war. Das neue Muster basierte auf dem dritten Prototyp Ha 139 und übernahm die umgekehrten Knickflügel. Die Triebwerke des Originals aber weichen vier BMW-132H-Sternmotoren. Dazu wurden die Zellen der äußeren Motoren so weit verlängert, daß sie die nach hinten einziehenden Fahrwerksbeine aufnehmen konnten. Das Zwillingsspornrad war ebenfalls einholbar.

Der Prototyp Ha 139 flog erstmals am 11. Oktober 1938, gefolgt von der zweiten Maschine mit der Bezeichnung BV 141. Zwei weitere **BV 142** nahmen am Test- und Prüfprogramm einschließlich der Erprobung durch die Lufthansa teil. Doch bei Ausbruch des Zweiten Weltkriegs befanden sich alle vier Maschinen wieder beim Hersteller. Man beschloß, die beiden ersten Prototypen für den militärischen Einsatz als Seepatrouillenflugzeug/Fernaufklärer umzurüsten. Die grundsätzlichen Änderungen bestanden im Einbau einer längeren, verglasten Flugzeugnase, ähnlich der der Ha 139 V3/U-1, und Waffenständen im Bug, auf dem Rücken und unter dem Rumpf. Das Duo wurde in den letzten Monaten des Jahres 1940 an die Luftwaffe übergeben und bei der 2. Aufklärungsgruppe des Oberbefehlshabers der Luftwaffe eingesetzt, die dem Führungsstab der Luftflotte III in Frankreich angegliedert war. Die beiden anderen Versuchsmaschinen (3 und 4) dienten für Transporteinsätze während der Invasion Norwegens. 1942 waren jedoch alle vier aus dem Luftwaffendienst ausgeschieden.

### TECHNISCHE DATEN
**BV 142**

**Typ:** Langstreckentransport- und Seeaufklärungsflugzeug
**Triebwerke:** vier BMW-132H-Sternmotoren mit je 656 kW (880 PS)
**Leistung:** Höchstgeschwindigkeit 375 km/h in Meereshöhe; Reisegeschwindigkeit 325 km/h; Dienstgipfelhöhe 9000 m; Reichweite 3900 km
**Gewicht:** Leermasse 11.000 kg; max. Startmasse 16.500 kg
**Abmessungen:** Spannweite 29,53 m; Länge 20,45 m; Höhe 4,44 m; Tragflügelfläche 130 m²
**Bewaffnung:** je ein 7,92-mm-Maschinengewehr MG 15 in Bug, Leitwerksträgern, Bauchkuppel und Rückenturm

***Die Ha 142 war als landgestütztes Postflugzeug gedacht. Die erste Versuchsmaschine (V1) wurde mit der Zivilkennung D-AHFB (Adolf-Hitler-Flugboot) erprobt, später aber zum Fernaufklärer umgerüstet.***

## Blohm & Voss BV 222 Wiking bis Boeing Modell 80

**Obwohl Blohm & Voss auch allerlei Kurioses baute, wie etwa den asymmetrischen taktischen Aufklärer BV 141, war man sehr erfolgreich mit Konstruktion und Bau von Wasserflugzeugen. William E. Boeing gründete 1916 die Pacific Aero Products Company, benannte sie aber schon binnen Jahresfrist in Boeing Airplane Company um.**

# Blohm & Voss BV 222 Wiking

*Blohm & Voss BV 222A-0 (V5) der LTS 222, die im März 1943 in Petsamo, Finnland, stationiert war.*

Das größte Flugboot, das während des Zweiten Weltkriegs zum Einsatz gelangte, war die **Blohm & Voss 222 Wiking**. Der Entwurf von Dr. Ing. Richard Vogt und R. Schubert (Abteilungsleiter Aero- und Hydrodynamik) ging auf eine Forderung der Lufthansa aus dem Jahre 1937 für ein Langstrecken-Passagierflugzeug zurück. In zwanzig Stunden sollte es 16 Fluggäste von Berlin nach New York oder auf kürzeren Strecken bis zu 24 Passagiere befördern können.

Im September 1937 wurden drei Flugzeuge bestellt mit je sechs BMW-Sternmotoren-Bramo-Fafnir-323R mit je 736 kW (1000 PS) als Antrieb, und im Januar 1938 begann die Konstruktion des ersten Exemplars. Der Entwurf enthielt eine Reihe herausragender Merkmale, darunter ein weitreichend hindernisfreier Kabinenboden, ermöglicht durch einen fast 3,05 m breiten Träger, und keinerlei Zwischenschotts oberhalb des Kabinenbodens. Der röhrenförmige Hauptholm des Tragwerks diente zugleich als Kraftstoff- und Schmierölbehälter (eine Idee von Vogt), und die äußeren Stabilisierungsschwimmer ließen sich in zwei Hälften teilen und seitlich in die Flächen einziehen.

Am 7. September 1940 führte Flugkapitän Helmut Rodig den Erstflug der Versuchsmaschine durch, die deutlich militärisches Potential bewies. Tatsächlich erhielt der Prototyp anschließend erweiterte Türen für den Transportdienst bei der Luftwaffe, den er erstmals am 10. Juli 1941 ausübte. Nach der ersten Truppenverwendung in Norwegen wechselte das Flugboot zum Operationsgebiet Mittelmeer, um deutsche Truppen in Nordafrika mit Nachschub zu versorgen.

Die Bewaffnung brachten der zweite und dritte Prototyp, die erstmals am 7. August bzw. am 28. November 1941 flogen. Letzterer führte nur ein 7,92-mm-Maschinengewehr MG 81 im Bug mit, aber die zweite Versuchsmaschine erhielt auch vier seitliche und zwei obere MG-Stände sowie zwei Waffengondeln unter dem Mittelstück mit je einem Maschinengewehrpaar MG 131, Kaliber 13 mm. Der erste Prototyp wurde am Bug und den Seiten entsprechend nachgerüstet und je ein MG 131 in die beiden Rückentürme eingebaut. Am 10. Mai 1942 ging er als erste **BV 222** an die Luft-Transportstaffel (See). Im August folgte der zweite Prototyp. Er führte einen modifizierten Gleitboden ein, den man im Anschluß an die Erprobung in Travemünde entwickelt hatte, um die hydrodynamischen Eigenschaften zu verbessern.

Ende 1942 beschloß man die Modifizierung einer **BV 222** für Aufklärungsflüge über See durch die umbenannte Aufklärungsstaffel (See) 222 und später durch die 1. Fern-/See-Aufklärungsgruppe 129 im französischen Biscarosse. Für diese Aufgabe erhielten vier der bereits an die Luftwaffe ausgelieferten **BV 222** das Suchradar FuG 200 Hohentwiel und eine geänderte Bewaffnung in Form von drei angetriebenen Rückentürmen und zwei MG-Türmen auf den Tragflächen, die etwa auf 1/4 der Spannweite angeordnet waren. Serienmäßig gefertigte **BV 222C** wurden ebenfalls in Norwegen eingesetzt. Bei Kriegsende überführte man ein in Trondheim erbeutetes Exemplar zur Auswertung auf den RAF-Flugplatz Calshot und von dort weiter zum Marine Aircraft Experimental Establishment in Felixstowe. Dieses Flugboot ging an No. 201 Squadron.

***Der Prototyp BV 222 absolviert seinen Erstflug im Zivilkleid. Später versah man die Maschine mit einem Tarnanstrich, um sie der Luftwaffe für Transportdienste zu übergeben.***

**Varianten**

**BV 222A:** weitere Versuchsflugzeuge im Fracht- und Truppentransportdienst bei der Luftwaffe für bis zu 76 voll ausgerüstete Soldaten; insgesamt vier Exemplare
**BV 222B:** vorgeschlagene Version mit Junkers-Jumo-208-Triebwerken
**BV 222C:** Standardserienversion, in fünf Exemplaren fertiggestellt und geflogen; der siebte Prototyp war das Entwicklungsflugzeug, das am 1. April 1943 mit sechs Junkers-Jumo-207C-Dieselmotoren zu je 721 kW (980 PS) erstmals flog; zusätzliche MG im Bug und an den Rumpfseiten

**TECHNISCHE DATEN**
**BV 222C**

**Typ:** Ferntransport-/Seeaufklärungs- und Seepatrouillenflugzeug
**Triebwerke:** sechs Junkers-Jumo-207C-Dieselmotoren mit je 746 kW (1000 PS)
**Leistung:** Höchstgeschwindigkeit 390 km/h in 5000 m Höhe; Marschgeschwindigkeit 345 km/h in 5550 m Höhe; Dienstgipfelhöhe 7300 m; Reichweite 6095 km
**Gewicht:** Leermasse 30.650 kg; max. Startmasse 49.000 kg
**Abmessungen:** Spannweite 46,00 m; Länge 37,00 m; Höhe 10,90 m; Tragflügelfläche 255 m²
**Bewaffnung:** (BV 222C-09) drei 20-mm-Kanonen MG 151 (je eine im vorderen Rükken- und zwei in Flächentürmen) und fünf MG 131 Maschinengewehre (eins im Bug und vier seitlich im Rumpf)

# Blohm & Voss BV 238

Anfang 1940, als man in Deutschland noch an ein rasches Ende des Krieges glaubte, beschäftigte sich Dr. Richard Vogt mit dem Entwurf eines Großflugboots mit extremer Reichweite für die Lufthansa. Im Frühjahr 1941 wies das Reichsluftfahrtministerium ihn an, den Entwurf zum Mehrzweck-Langstrecken-Großflugboot umzugestalten. Das Ergebnis war die **Blohm & Voss BV 238**, von der vier Versuchsflugzeuge in Auftrag gegeben wurden, drei **BV 238A** und eine **BV 238B** mit je sechs Motoren, erstere mit Flüssigkeitskühlung und letztere mit Luftkühlung.

Ein interessanter Aspekt war der enorme Kapitalaufwand für dieses Vorhaben, denn die **BV 238** sollte ein echter Gigant der Lüfte werden. Um das finanzielle Risiko weitestgehend zu begrenzen, beschloß man, ein Forschungsmodell im Maßstab 1:4 mit sechs Kleinmotoren à 15,7 kW (21 PS) zu bauen. In der Nähe von Prag entstand so die FGP 227, die sich als finanzieller Reinverlust erweisen sollte. Sie war erst wenige Monate vor der ersten und einzigen **BV 238** flugbereit, und ihren Jungfernflug beendete sie mit einer Notlandung. Für die Entwicklung des **BV 238**-Programms lieferte sie daher keinerlei verwertbare Daten.

Die **BV 238** war zwar wesentlich größer als die BV 222 Wiking, aber ähnlich ausgelegt. Den Hauptunterschied machte die Anordnung des Tragwerks aus: Die BV 222 war ein Schulterdecker, die **BV 238**

**TECHNISCHE DATEN**
**Blohm & Voss BV 238 V1**

**Typ:** Mehrzweck-Langstrecken-Flugboot
**Triebwerke:** sechs Daimler-Benz-DB-603V-Reihenmotoren mit je 1305 kW (1750 PS)
**Leistung:** Höchstgeschwindigkeit bei einer Gesamtmasse von 60.000 kg 425 km/h in 6000 m Höhe; Reichweite rund 3900 km
**Gewicht:** Leermasse 50.800 kg; max. Startmasse 80.000 kg
**Abmessungen:** Spannweite 60,17 m; Länge 43,50 m; Höhe 13,40 m; Tragflügelfläche 365 m²

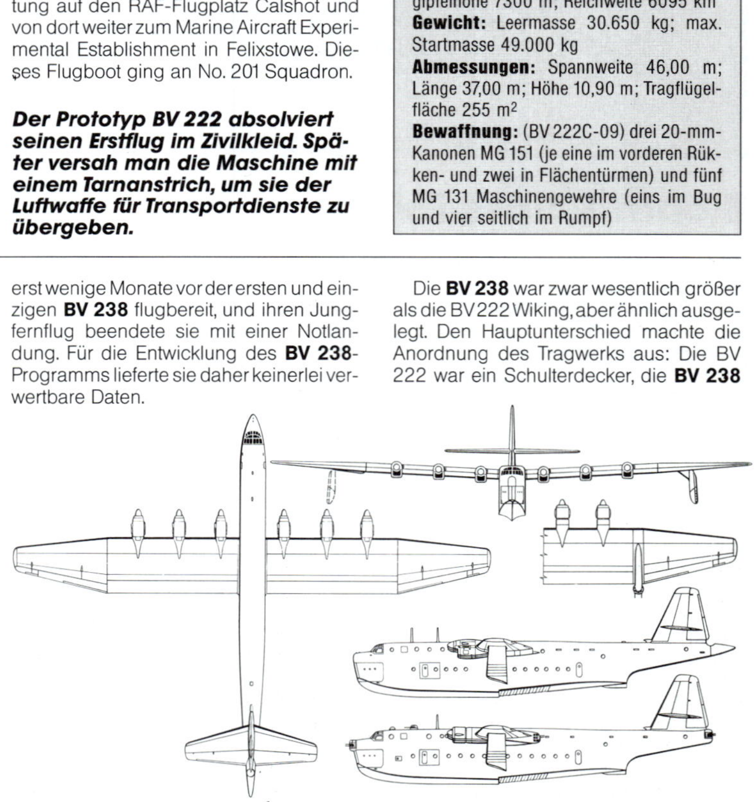
***Blohm & Voss BV 238 V1 (untere Seiten- und Teilansichten: BV 238B (V4) mit geplanter Abwehrbewaffnung)***

hingegen ein Hochdecker. Hinzu kamen ein entsprechend modifiziertes Leitwerk und einteilige (statt halbierte) einziehbare Stabilisierungsschwimmer. Im Frühjahr 1945 absolvierte die **BV 238 V1,** das einzige fertiggestellte Exemplar, einen erfolgreichen Erstflug, wurde aber wenige Tage vor Kriegsende auf dem Schaalsee von Mustangs der USAAF zerschossen. Die Erprobung hatte die Einsatztauglichkeit des Musters gezeigt, aber das Schicksal wollte es anders. Immerhin kann die **BV 238** für sich in Anspruch nehmen, daß sie das größte militärische Flugboot war, das im Zweiten Weltkrieg jemals gebaut und geflogen wurde.

# Boeing Modell 1

Das allererste Boeing-Flugzeug einer langen Reihe verdient eine kurze Erwähnung. **Modell 1** oder die **B & W** entstand in Zusammenarbeit von William E. Boeing und seinem Freund Cdr. G.C. Westervelt bei der US Navy, wie die Bezeichnung **B & W** bezeugt. **Modell 1** war ein Doppeldecker mit ungleicher Spannweite und Querrudern nur am Oberflügel, eine Konstruktion aus Holz und Gewebe, vielfach abgestrebt und verspannt. Der direkt am Unterflügel befestigte Rumpf hatte zwei Cockpits in Tandemanordnung, und das hintere Ende nahm ein, wie damals üblich, verstrebtes Leitwerk auf. Den Antrieb lieferte ein Hail-Scott-Reihenmotor in Verbindung mit einer Zugschraube an der Flugzeugnase. Das Schwimmerfahrgestell bestand aus zwei einfach gestuften Körpern, die mit Streben und Spanndrähten an die Rumpfunterseite angebunden waren. Ein dritter Schwimmer wurde angebracht, um das Heck vor Beschädigungen bei schwanzlastigen Landungen zu schützen.

***Boeings erster Entwurf war Modell 1, die damals nach ihren Konstrukteuren B & W genannt wurde. Das Bild zeigt eine Nachbildung, die 1966 zum fünfzigjährigen Boeing-Jubiläum entstand.***

Als das erste Exemplar der beiden **Modell 1** am 29. Juni 1916 zum Jungfernflug startete, hatte man Cdr. Westervelt bereits auf die andere Seite des amerikanischen Kontinents versetzt. William Boeing beschließt, seine eigene Firma zum Bau dieser Flugzeuge zu gründen. Am 15. Juli 1916 wurde die Pacific Aero Products Company in das Register eingetragen. Die erste Firma mit dem Namen Boeing war die am 26. April 1917 etablierte Boeing Airplane Company. Die beiden **Modell 1**, Konstruktionsnummern 1 und 2, wurden an die Regierung von Neuseeland verkauft.

**TECHNISCHE DATEN**
**Boeing Modell 1**
**Typ:** zweisitziges Schwimmerflugzeug
**Triebwerk:** ein Hail-Scott-A-5-Reihenmotor mit 93 kW (125 PS)
**Leistung:** Höchstgeschwindigkeit 121 km//h; Reisegeschwindigkeit 108 km/h; Reichweite 515 km
**Gewicht:** Leermasse 953 kg; max. Startmasse 1270 kg
**Abmessungen:** Spannweite 15,85 m; Länge 9,50 m; Tragflügelfläche 53,88 m²

# Boeing Modell 15

Boeing hatte als Unterauftragnehmer bei der Produktion etlicher Flugzeugtypen von anderen Herstellern, vor allem der Thomas-Morse MB-3A, Erfahrung gesammelt. So reifte der Entschluß, einen eigenen Jagdeinsitzer, die **Boeing Modell 15,** zu entwickeln, die erstmals am 2. Juni 1932 flog. Es handelte sich um einen einstieligen Doppeldecker mit ungleicher Spannweite, wobei der Unterflügel auch eine geringere Tiefe hatte. Die Tragflächen waren aus Holz konstruiert und mit Stoff bespannt, aber der Rumpf gründete auf einem geschweißten Stahlrohrgerüst. Das abgestrebte Leitwerk bestand ebenfalls aus Holz und enthielt Höhenflossen, deren Einstellwinkel sich im Flug ändern ließ. Das starre Fahrgestell mit durchgehender Achse wurde von einem Schleifsporn unter dem Heck ergänzt. Für den Antrieb sorgte ein Curtiss-D-12-Reihenmotor mit 324 kW (435 PS).

Noch bevor **Modell 15** flog, bekundete die US Army Interesse an diesem Jäger und ließ ihn nach der ersten Erprobung durch Boeing als **XPW-9** auf McCock Field testen. Im fliegerischen Wettbewerb gegen eine Fokker XPW-7 und die Curtiss XPW-8A schnitt der Boeing-Jäger so gut ab, daß ein Auftrag über zwei weitere **XPW-9** zur umfassenden Bewertung folgte. Diese Maschinen wurden im Mai 1924 geliefert. Der dritte Prototyp unterschied sich von den beiden anderen durch eine geteilte Fahrwerksachse. Diesem Konzept stimmte man für die 30 **PW-9** Serienjäger zu, die in zwei Losen (12 und 18) im September und Dezember 1925 bestellt wurden.

Auch die US Navy orderte den neuen Boeing-Jäger. Ihr erstes Exemplar aus einem Auftrag von 14 **FB-1** für das US Marine Corps traf am 1. Dezember 1925 ein. Nur zehn Flugzeuge wurden als **FB-1** produziert, die praktisch mit der **PW-9** der US Army identisch waren. Die elfte und zwölfte Maschine erhielten den 380 kW (510 PS) starken Reihenmotor Packard-1A-1500 eingebaut, ein Fahrgestell mit durchgehender Achse und einen Fanghaken für den trägergestützten Einsatz. Diese Änderungen führten bei der US Navy zur Neubezeichnung **FB-2 (Boeing Modell 53)**. Das 13. Flugzeug mit der Dienstbezeichnung **FB-3 (Boeing Modell 55)** entsprach der Version **FB-2**, mit Ausnahme des Zwillingsschwimmer-Fahrgestells.

***Boeing PW-9C der 19. Pursuit Squadron, die 1927 auf Hickam Field, Hawaii, stationiert war.***

Die 14. und letzte Maschine der Erstbeschaffung durch die US Navy hatte ebenfalls Zwillingsschwimmer, führte aber den Wright-P-1-Sternmotor mit 336 kW (450 PS) ein. Ihr fiel die Bezeichnung **FB-4 (Boeing Modell 54)** beziehungsweise **FB-6** mit dem Pratt & Whitney-Wasp-Sternmotor à 298 kW (400 PS) zu. Dies waren die ersten Mitglieder einer ganzen Familie ähnlicher Boeing-Jäger bei der US Army und US Navy, die kurz als Varianten gestreift werden.

**Varianten**

**Boeing Modell 15A:** 24 von 25 für die US Army bestellte PW-9A mit dem verbesserten Triebwerk D-12C bei gleicher Nennleistung des D-12 und mit duplizierten Steuerseilen und Tragflächenkabel
**Boeing Modell 15B:** die 25. PW-9A (oben) der US Army erhielt Detailverbesserungen und sollte den Curtiss D-12D erproben; dies veranlaßte die US Army, die Bezeichnung in PW-9B zu ändern; 15 PW-9B wurden bestellt, aber als solche nicht gebaut
**Boeing Modell 15C:** die 15 PW-9B (oben) wurden als PW-9C mit dem D-12D-Triebwerk und modifizierten Beschlägen für die Steuer- und Tragflächenkabel gefertigt; im August 1926 erging ein Auftrag für weitere 25 Jäger dieser Version
**Boeing Modell 15D:** die letzte der 40 PW-9C erhielt sämtliche Änderungen, die in die Anschlußserie von 16 PW-9D einfließen sollten; neben einzelnen Verfeinerungen des Entwurfs wurde das großflächigere Seitenruder aerodynamisch ausgeglichen und entsprechend bei allen PW-9 nachgerüstet
**Boeing Modell 58:** die 30. PW-9 wurde als Versuchsjäger mit der Bezeichnung XP-4 fertiggestellt; sie unterschied sich vom PW-9-Original durch einen aufgeladenen Motor und gleich weit gespannte Ober- und Unterflügel; ein Auftrag zur Serienfertigung blieb aus
**Boeing Modell 67:** Boeings Modellnummer für die Hauptserienversion der Modell-15-Familie, die für die US Navy als FB-5 gebaut wurde; diese Jäger hatten das Packard-2A-1500-Triebwerk, ein neu entworfenes Fahrgestell und stärker versetzte Ober- und Unterflügel; insgesamt 27 Exemplare wurden gebaut und bis Anfang 1926 ausgeliefert; Modell 67A (FB-7) mit einem Pratt & Whitney Wasp kam aber nicht zustande
**Boeing Modell 68:** unter dieser Modellnummer wurde die 24. PW-9A zum Versuchstrainer für Fortgeschrittene umgerüstet; der Curtiss-Motor wich einem Wright-Hispano der Version E mit 134 kW (180 PS) ersetzt; die bei der US Army als AT-3 geführte Maschine ging nicht in Serie, weil die im Vergleich zum Originaltriebwerk um mehr als die Hälfte reduzierte Motorleistung das Leistungsvermögen insgesamt zu stark herabsetzte

**TECHNISCHE DATEN**
**Modell 67 (FB-5)**
**Typ:** schiffsgestützter Jagdeinsitzer
**Triebwerk:** ein Packard-2A-1500-Reihenmotor mit 388 kW (520 PS)
**Leistung:** Höchstgeschwindigkeit 283 km/h in Meereshöhe; Marschgeschwindigkeit 241 km/h; Reichweite 675 km
**Gewicht:** Leermasse 1115 kg; max. Startmasse 1474 kg
**Abmessungen:** Spannweite 9,75 m; Länge 7,24 m; Höhe 2,87 m; Tragflügelfläche 22,39 m²
**Bewaffnung:** zwei starre, vorwärtsfeuernde Browning-Maschinengewehre, Kaliber 7,62 mm

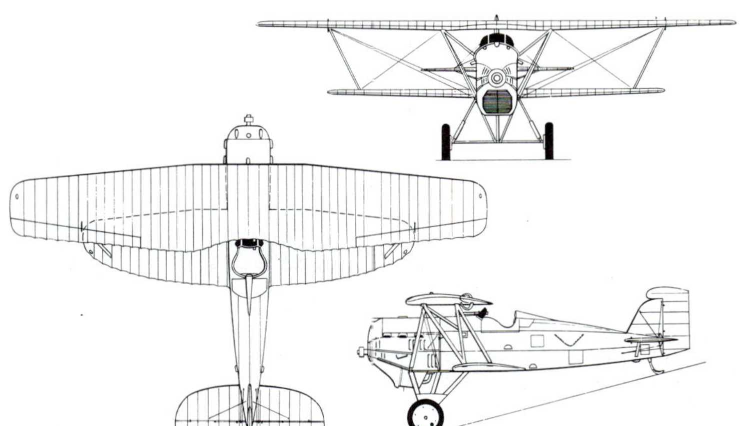

***Boeing Modell 67 (FB-5)***

# Boeing Modell 21

Boeing war als Lieferant der Modell 15 sowohl für die US Army (PW-9) als auch für die US Navy (FB-1) ein anerkannter Hersteller von Militärflugzeugen geworden. Als nächstes entwarf das Unternehmen die **Boeing Modell 21** entsprechend einer Forderung der US Navy für ein Anfängerschulflugzeug. Es handelte sich um einen Doppeldecker, dessen gleich weit gespanntes Tragwerk eine ungewöhnliche Tiefe im mittleren Abschnitt aufwies. Zudem war ein N-Stiel eingeführt worden, um auf Drahtauskreuzungen verzichten zu können. Das Schleifsporn-Fahrgestell mit geteilter Achse · enthielt Gummi-Stoßdämpfer und sämtliche Vorrichtungen zur raschen Umstellung auf Schwimmer. Lehrer und Schüler waren hintereinander in offenen Cockpits untergebracht. Ein Lawrance-J-1-Sternmotor diente als Antrieb.

Die US Navy begann die Erprobung der **Modell 21** mit dem als **VNB-1** bezeichneten Prototyp. Das Muster war für die vorgesehene Rolle nicht geeignet, da es sich zu leicht fliegen und nicht trudeln ließ. Nach Vereinbarung von Modifikationen, die größere Anforderungen an die Flugschüler einschließlich Trudeln ergeben sollten, erging ein Auftrag für 41 **NB-1**-Serienflugzeuge. Am 5. Dezember 1924 wurde die erste **NB-1** geliefert, doch es stellte sich rasch heraus, daß Boeings Trudel-Modifikationen zu effektiv waren. Die Maschine konnte ohne weiteres ins Flachtrudeln geraten, aus dem es praktisch keine Rettung mehr gab. Weitere Änderungen führten schließlich zu einem akzeptablen Kompromiß. Einige **NB-1** wurden mit Lawrance-J2- oder J-4-Motoren ausgerüstet und mehrere Flugzeuge nachträglich auf Wright-J-5-Triebwerke mit 164 kW (220 PS) ummotorisiert. Nach Auslieferung der **NB-1** wurden zusätzlich insgesamt 30 **NB-2** beschafft, die sich hauptsächlich im Antrieb durch den Wright-Hispano E-4 à 134 kW (180 PS) unterschieden.

**Varianten**

**NB-3:** Boeing hatte die beiden letzten NB-1 im Werk einbehalten, um sie für weitere Verbesserung der Flugeigenschaften des Modellls 21 zu nutzen; die erste Maschine wurde zur NB-3 mit verlängertem Rumpf, geändertem Leitwerk und einem Wright-Hispano E-4 als Antrieb; die Mitte 1925 durchgeführte Erprobung zeigte keine deutliche Verbesserung, so daß die NB-3 auf den Standard der NB-1 zurückgeführt und als solche ausgeliefert wurde.
**NB-4:** wie die NB-3 für Versuchszwecke genutzt mit denselben Änderungen am Rumpf, aber dem leichteren Lawrance-Motor als Antrieb; auch diese Maschine ergab keine Verbesserung; sie wurde auf den Standard der NB-1 zurückgeführt und als solche ausgeliefert.

***Die US Navy erwarb den Boeing-Trainer Modell 21 als NB-1. In den Jahren 1924/25 wurden insgesamt 41 Maschinen geliefert. Abgebildet ist ein spätes Exemplar mit dem Wright-Motor J-5, das das US Marine Corps mit Sprühausrüstung gegen die Mosquito-Plage in den Tropen versah.***

**TECHNISCHE DATEN**
**Boeing Modell 21 (NB-1)**

**Typ:** zweisitziges Anfängerschulflugzeug
**Triebwerk:** ein Lawrance-J-1-Sternmotor mit 149 kW (200 PS)
**Leistung:** Höchstgeschwindigkeit 160 km/h; Marschgeschwindigkeit 145 km/h; Dienstgipfelhöhe 3110 m; Reichweite 483 km
**Gewicht:** Leermasse 969 kg; max. Startmasse 1287 kg
**Abmessungen:** Spannweite 11,23 m; Länge (Schwimmerflugzeug) 8,76 m; Höhe 3,56 m; Tragflügelfläche 31,96 m²
**Bewaffnung:** (als Waffentrainer) ein schwenkbares 7,62-mm-Maschinengewehr im hinteren Cockpit

# Boeing Modell 40

1925 entwarf Boeing ein großes Doppeldecker-Transportflugzeug mit der Bezeichnung **Boeing Modell 40**. Es basierte auf einer Ausschreibung der Luftpostabteilung des US Post Office, die ein neues Muster als Ersatz für ihre betagten DH-4 brauchte. Es sollte im Wettbewerb gegen die Vorschläge anderer Hersteller stehen, einen Liberty-Motor besitzen und Luftpostfracht von 454 kg befördern können. **Modell 40** war ein recht herkömmlicher Doppeldecker dieser Periode, mit Schleifsporn-Fahrgestell, Liberty-Antrieb, einer Postfrachtzelle im Vorderrumpf und einem recht weit hinten angeordneten, offenen Cockpit für den Piloten. Nach dem Erstflug am 7. Juli 1925 unterlag die **Modell 40** dem Douglas-Rivalen im Wettbewerb. Die Boeing-Konstruktion blieb daher 18 Monate lang im Werk stehen, bis das US Post Office im Frühjahr 1927 den staatlichen Postdienst an Privatunternehmen abzutreten begann.

Boeing überholte die **Modell 40**, um sie für jede Route tauglich zu machen, für die man ein Angebot einreichen wollte. Weitreichende Umrüstungen ergaben die **Modell 40A**, die sich in drei wesentlichen Punkten vom Original-Prototyp unterschied: der Liberty war einem Pratt & Whitney-Wasp-Sternmotor gewichen, die gemischte Rumpfstruktur war durch eine Stahlrohrkonstruktion mit Stoffbespannung ersetzt worden, und das Raumvolumen des Rumpfes wurde besser genutzt. Die Position des Flugzeugführers blieb unverändert, aber direkt über dem Unterflügel lag eine geschlossene Kabine für zwei Personen, und zwischen Cockpit und Kabine sowie zwischen Kabine und Triebwerkbrandschott waren Postfrachtzellen eingerichtet. Das Post Office genehmigte Boeings Antrag und wies dem Unternehmen die Strecke San Francisco-Chicago zu. Auch das Zulassungsverfahren für **Modell 40A** verlief erfolgreich, und nach den vorgeschriebenen Testflügen stellte das US Department of Commerce das Approved Type Certificate No. 2 für **Modell 40A** aus. Insgesamt 25 Flugzeuge wurden gebaut, davon 24 für die neue Boeing Air Transport Corporation und eines als fliegender Motorprüfstand für Pratt & Whitney. Das erste Exemplar der **Modell 40A** startete am 20. Mai 1927 zum Jungfernflug. Bis zur Einweihung des Postdiensts am 1. Juli 1927 standen der Boeing Air Transport Corporation sämtliche 24 Flugzeuge zur Verfügung.

**Varianten**

**Boeing Modell 40B:** diese Bezeichnung fiel 19 Modell 40A zu, nachdem ihr Standardmotor Pratt & Whitney Wasp dem 391 kW (525 PS) starken Hornet-Sternmotor desselben Herstellers gewichen war, der eine große Leistungssteigerung brachte

**TECHNISCHE DATEN**
**Boeing Modell 40A**

**Typ:** Passagier- und Postfrachtflugzeug
**Triebwerk:** ein Pratt & Whitney-Wasp-Sternmotor mit 313 kW (420 PS)
**Leistung:** Höchstgeschwindigkeit 206 km/h; Reisegeschwindigkeit 169 km/h; Dienstgipfelhöhe 4420 m; Reichweite 1046 km
**Gewicht:** Leermasse 1602 kg; max. Startmasse 2722 kg
**Abmessungen:** Spannweite 13,47 m; Länge 10,12 m; Höhe 3,73 m; Tragflügelfläche 50,82 m²

**Boeing Modell 40B-2:** nachträgliche Bezeichnung für die Modell 40B, um die Sitzplatzkapazität für zwei Passagiere zu unterstreichen, nachdem Modell 40B-4 für vier Passagiere herausgekommen war
**Modell 40B-4:** unter dieser Bezeichnung wurden 38 neue Flugzeuge gebaut; sie behielten den Hornet-Antrieb, führten aber etliche Verbesserungen ein, darunter eine Bestuhlung für insgesamt vier Fluggäste, Kabinenfenster, die sich öffnen ließen, ein Spornrad anstelle des Schleifsporns und Abschirmung zur Verbesserung des Funkverkehrs
**Modell 40B-4A:** eine 40B-4 als Motortestträger für Pratt & Whitney, anfangs von einem R-1860 Hornet mit 503 kW (684 PS) angetrieben
**Modell 40C:** Bezeichnung von insgesamt zehn Flugzeugen mit vier Passagiersitzen, aber dem Wasp-Motor der Modell 40A; die erste Maschine flog am 16. August 1928; bis auf eine wurden später alle zu Modell 40B-4 umgerüstet
**Modell 40H-4:** vier von Boeing-Canada gebaute Standardflugzeuge 40B-4; die geänderte Bezeichnung sollte auf den neuen Hersteller verweisen; zwei 40H-4 wurden nach Neuseeland exportiert
**Modell 40X:** Bezeichnung einer Sonderanfertigung; grundsätzlich eine Modell 40C, jedoch mit einer geschlossenen Kabine für zwei Personen und einem zweiten offenen Cockpit vor dem Flugzeugführer
Modell 40Y: Bezeichnung einer Sonderanfertigung ähnlich Modell 40X, jedoch mit dem stärkeren Hornet-Motor anstelle des Wasp

***Die entscheidende Überlegenheit des Sternmotors gegenüber den Reihenmotoren der zwanziger Jahre zeigte sich überdeutlich in der gesteigerten Leistung der Boeing Modell 40A im Vergleich zur ersten Modell 40 mit Liberty-Reihenmotor. Obwohl der Antrieb nur 15 kW (20 PS) stärker war, konnte die 40A ohne größere Einbußen an Höchstgeschwindigkeit und Reichweite zwei Fluggäste und zusätzlich 91 kg Post transportieren.***

# Boeing Modell 69 (F2B)

Im April 1925 veröffentlichte das USAAC die Spezifikation für einen Jagdeinsitzer, der von einem neuen Packard-Triebwerk mit hängenden Zylindern und 447 kW (600 PS) angetrieben werden sollte. Das Boeing-Flugzeug für diese Ausschreibung entsprach im wesentlichen der Modell 15 Serie, ließ sich jedoch leicht durch seinen Flüssigkeitskühler unter dem Mittelstück des Unterflügels unterscheiden. Diese **XP-8 (Boeing Modell 66)** konnte keinen Produktionsauftrag erringen.

Die Prüfung einer FB-4 mit Wright-P-1-Sternmotor durch die US Navy hatte die

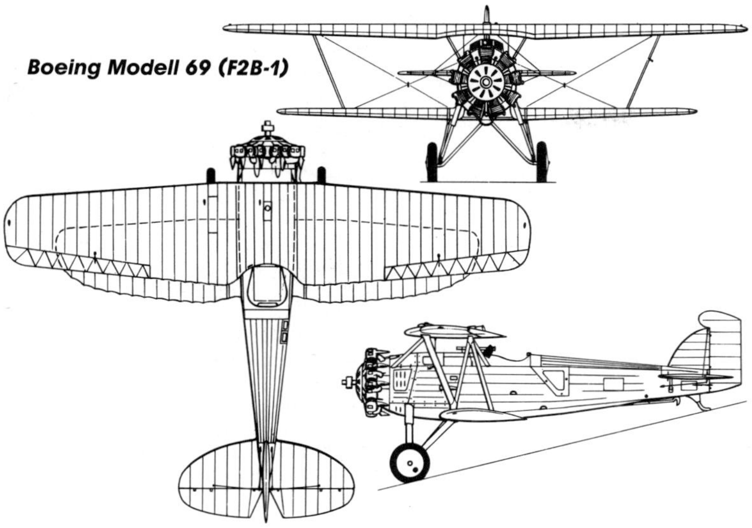

***Boeing Modell 69 (F2B-1)***

Vorteile luftgekühlter Flugmotoren aufgezeigt. Dies gab den Ausschlag, die Maschine mit einem Pratt & Whitney Wasp ausgerüstet. Sie wurde in **FB-6** umbenannt und einer umfassenden Flugerprobung unterzogen, die deutlich die Überlegenheit des Wasp zeigte. So fiel die Entscheidung, dieses Triebwerk mit einer auf dem Modell 66 basierenden Zelle zu kombinieren. Daraus entstand die **Boeing Modell 69** oder **XF2B-1** bei der US Navy, die am 3. November 1926 als Prototyp ihren Jungfernflug absolvierte. Diese Maschine unterschied sich vor allem durch die nahezu gleiche Spannweite von Ober- und Unterflügel und den übergroßen Spinner am Propeller. Die zufriedenstellenden Ergebnisse der Prototyperprobung brachten einen Auftrag für 32 Serienflugzeuge mit der Bezeichnung **F2B-1**, deren Auslieferung am 30. Januar 1928 begann. Diese Jäger dienten unter den Navy-Staffeln VF-1B (Jäger) und VB-2B (Bomber) auf dem Träger USS Saratoga. Die **F2B-1** hatten nun keine Propellerhaube mehr, und ihr Seitenruder war ausgeglichen.

***Lieutenant Tomlinson, Staffelkapitän der VB-2B Squadron, trifft Vorbereitungen, um seine F2B-1-Gruppe nach Los Angeles zu einer Ausstellung zu führen.***

**Varianten**

**Boeing Modell 69-B:** zwei Flugzeuge, die grundsätzlich der F2B-1 der US Navy entsprachen, aber für den Export nach Brasilien (1) und Japan (1) bestimmt waren

### TECHNISCHE DATEN

**Boeing Modell 69 (F2B-1)**

**Typ:** trägergestützter Jagdeinsitzer

**Triebwerk:** ein Pratt & Whitney-R-1340-B-Wasp-Sternmotor mit 317 kW (425 PS)

**Leistung:** Höchstgeschwindigkeit 254 km/h in Meereshöhe; Marschgeschwindigkeit 212 km/h; Anfangssteiggeschwindigkeit 9,6 m/sek; Dienstgipfelhöhe 6555 m; Reichweite 507 km

**Gewicht:** Leermasse 902 kg; max. Startmasse 1272 kg

**Abmessungen:** Spannweite 9,17 m; Länge 6,98 m; Höhe 2,81 m; Tragflügelfläche 22,57 m$^2$

**Bewaffnung:** zwei starre vorwärtsfeuernde Maschinengewehre, gewöhnlich ein 7,62-mm- und ein 12,7-mm-MG, und bis zu fünf 11,3-kg-Bomben an Halterungen unter dem Rumpf und unter den Flächen

# Boeing/Stearman Modell 75 Kaydet

Die Stearman Aircraft Company, 1927 von Lloyd Stearman gegründet, wurde 1939 die Wichita Division der Boeing Airplane Company. 1933 hatte die Firma mit dem Entwurf und der Konstruktion eines neuen Doppeldecker-Schulflugzeugs begonnen, das von der früheren Stearman Modell C abgeleitet war. Mit der Bezeichnung Stearman X-70 nahm sie 1934 an einer Ausschreibung des USAAC für einen neuen Trainer zur Anfängerausbildung teil.

Als erste Teilstreitkraft erteilte die US Navy Anfang 1935 einen Auftrag zur Beschaffung von 61 Stearman Modell 70 mit der Dienstbezeichnung NS-1 (Trainer, Stearman, 1). Da in den Depots der US Navy große Bestände des Sternmotors Wright-J-5 (R-790-8) mit 168 kW (225 PS) lagerten, erging jedoch die Auflage, in das erste Kontingent diesen Motor zu installieren. Der Hersteller änderte daraufhin die Bezeichnung in Modell 73. Die X-70 wurde der US Army zur Auswertung zur Verfügung gestellt und einer umfassenden Prüfung unterzogen. Erst Anfang 1936 entschied das USAAC, 26 solcher Schulflugzeuge als PT-13 (Primary Trainer, 13) zu beschaffen. Diese Trainer, angetrieben vom Lycoming-R-680-5 mit 160 kW (215 PS), waren die ersten Vertreter der **Stearman Modell 75**-Serie.

Die zögerliche Haltung der US Army hatte nichts mit dem Leistungsvermögen dieses Trainers zu tun. Dem USAAC fehlte in jener Zeit einfach das nötige Geld, um neue Flugzeuge einzukaufen. Die Teilstreitkraft mußte sich nicht nur vergewissern, daß sie das beste am Markt verfügbare Gerät beschaffte, sondern konnte selbst dann nur bescheidene Aufträge vergeben. Wenig später sollten die Kriegswogen Boeing jedoch mit Aufträgen über Tausende von Stearman-Trainern überschwemmen. Die Flugzeuge wurden zwar ab 1939 unter der offiziellen Bezeichnung **Boeing Modell 75** produziert, den ganzen Krieg hindurch aber **Stearman 75** genannt. Der Beiname **Kaydet**, der diesem Muster in Kanada verliehen und allgemein auf diese Flugzeuge übertragen wurde, war, außer in Kanada, ebensowenig amtlich. Dieser attraktive zweisitzige Doppeldecker stellte eine Mischkonstruktion dar: das einstielige Tragwerk war primär aus Holz gefertigt und mit Stoff bespannt, während die übrige Zelle auf einem Stahlrohrgerüst aufbaute, das ebenfalls in weiten Teilen mit Gewebe überzogen war. Das Spornrad-Fahrwerk ließ sich nicht einziehen, und die freitragenden Hauptbaugruppen enthielten verkleidete Ölfeder-Stoßdämpfer. Das Triebwerk wechselte ständig während des Produktionslaufs, der bis Anfang 1945 anhielt und weit über 10.000 Exemplare hervorbrachte.

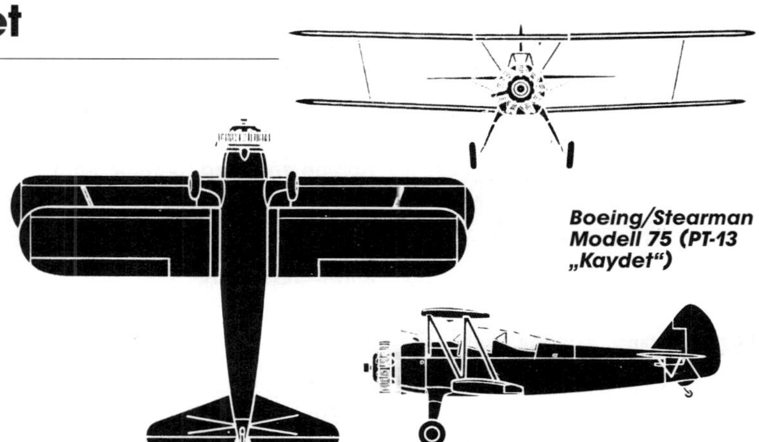

***Boeing/Stearman Modell 75 (PT-13 „Kaydet")***

Das USAAC setzte die Beschaffung mit der **PT-13A** fort, von der ab 1937 92 Exemplare ab 1937 geliefert wurden. Diese Trainer besaßen einen R-680-7 mit 164 kW (220 PS) und eine bessere Instrumentierung. Bis Ende 1941 hatte die USAAF zusätzlich 255 **PT-13B** mit R-680-11-Triebwerk und unbedeutenden Änderungen hinsichtlich der Ausrüstung übernommen. Die Dienstbezeichnung **PT-13C** wurde 1941 sechs **PT-13A** zugewiesen, die Ausrüstungskomponenten für Nacht- und Blindflugtauglichkeit erhalten hatten. Der in eine **PT-13A** eingebaute Continental-R-

***Sowohl die USAF als auch die US Navy verwendeten die Modell 75 als Standardschulflugzeug im Kriege. Dieses Paar wurde vom Marineflugplatz Anacostia bei Washington aus eingesetzt.***

670-5-Sternmotor mit 164 kW (220 PS) ergab die neue Bezeichnung **PT-17** für 3519 Flugzeuge, die 1940 zur Deckung des riesigen Bedarfs an Ausbildungsgerät entstanden. 18 **PT-17** wurden zur Instrumentenflugausbildung ausgestattet und erhielten die Bezeichnung **PT-17A**. Drei Maschinen mit landwirtschaftlichen Sprühanlagen zur Seuchenkontrolle wurden als **PT-17B** geführt.

Im gleichen Zeitraum beschaffte die US Navy ein erstes Los von 250 **Modell 75** mit Continental-R-670-14 und der Dienstbezeichnung **N2S-1**, gefolgt von 125 **N2S-2** mit Lycoming-R-680-8-Triebwerk. Die Version **N2S-3** mit insgesamt 1875 gebauten Exemplaren, wurde mit dem Continental-R-670-4 ausgerüstet, und 99 von der PT-17-Produktion für die US Army abgezweigte Flugzeuge sowie 577 ähnliche Maschinen aus dem Beschaffungsumfang der US Navy erhielten die Bezeichnung **N2S-4**. 1942 verfügten die US Army und Navy erstmals über ein gemeinsames Modell, bei dem es sich im Grunde um die Zelle der **PT-17A** mit einem Lycoming-R-680-17 handelte. Diese Flugzeuge fielen unter die Bezeichnung **PT-13D** bzw. **N2S-5**. Sie waren zugleich die letzten Hauptserienvarianten für die amerikanischen Streitkräfte, mit 318 Exemplaren für die US Army und 1450 für die US Navy. Die Knappheit an Motoren im Zeitraum 1940/41 führte jedoch zu zwei weiteren Bezeichnungen: **PT-18** und **PT-18A**. Erstere betraf 150 Flugzeuge mit der Zelle der **PT-13A** und einem Jacobs-R-755-7 à 168 kW (225 PS), und die sechs **PT-18A** waren **PT-18**, die später eine Blindflugausrüstung erhielten.

Unter der Dienstbezeichnung **PT-27** wurden 300 Maschinen zusammengefaßt, die die US Army beschaffte, um sie nach den Bestimmungen des Leih-Pacht-Gesetzes an die kanadischen Luftstreitkräfte weiterzureichen. Eine kleine Zahl dieser Flugzeuge und der an die US Navy gelieferten **N2S-5** hatte Cockpithauben, eine Cockpit-Heizung und eine komplette Blindfluginstrumentierung, einschließlich Abdeckhaube, die zur Instrumentenflugausbildung dient.

In Nordamerika haftet der **Stearman Kaydet** weiterhin ein Hauch von Nostalgie an, vergleichbar mit der Avro 504 und der Tutor, der de Havilland Tiger Moth in England oder der Bücker in Deutschland.

Als dieses Muster bei Kriegsende zum Überschußbestand erklärt wurde, dienten viele Exemplare weiterhin bei den Luftstreitkräften anderer Nationen. Eine große Zahl wurde zu landwirtschaftlichen Nutzflugzeugen umgerüstet, und viele arbeiten noch heute in dieser Rolle.

***Boeing/Stearman N2S-5 einer Ausbildungsstaffel der US Navy***

**TECHNISCHE DATEN**

**Boeing Modell E-75 (N2S-5)**

**Typ:** zweisitziges Anfängerschulflugzeug
**Triebwerk:** ein Avco Lycoming-R-680-17-Sternmotor mit 164 kW (220 PS)
**Leistung:** Höchstgeschwindigkeit 200 km/h; Marschgeschwindigkeit 171 km/h; Dienstgipfelhöhe 3415 m; Reichweite 813 km
**Gewicht:** Leermasse 878 kg; max. Startmasse 1232 kg
**Abmessungen:** Spannweite 9,80 m; Länge 7,63 m; Höhe 2,79 m; Tragflügelfläche 27,59 m²

# Boeing Modell 77

Um die Entwicklung der Modell 69 (F2B-1) fortzuführen, produzierte Boeing eine verbesserte Version dieses Musters auf eigene Kosten. Der Prototyp war grundsätzlich ähnlich wie der Serienjäger F2B-1, wurde aber zu Testzwecken als Seeflugzeug fertiggestellt mit einem einzelnen Hauptschwimmer und Stützschwimmern unter den Außenflächen. Der Hersteller führte dieses Flugzeug als **Boeing Modell 74**, und die US Navy testete es als **XF3B-1**. Die Maschine brachte jedoch einen zu geringen Leistungsgewinn, um eine Serienfertigung zu rechtfertigen, und ging daher an Boeing zurück.

Um weiterhin als Auftragnehmer für die US Navy zu bestehen, nahm das Unternehmen die Arbeit an der **Modell 74** erneut auf. Der Antrieb blieb unverändert, und der Rumpf wurde lediglich um 61 cm gestreckt, aber alles andere entstand völlig neu. Das Tragwerk mit erhöhter Spannweite erhielt eine leichte Pfeilung, die Unterflügel mit konstanter Profiltiefe blieben ungepfeilt, und die Leitwerksflächen sowie das Hauptfahrwerk waren neu entworfen. Schon beim Erstflug am 3. Februar 1928 wies sich die **Boeing Modell 77** deutlich als weitaus gelungenere Konstruktion aus. Die Prüfungsergebnisse stellten die US Navy so weit zufrieden, daß sie einen Auftrag für 74 **F3B-1** (einschließlich Prototyp) erteilte. Im August 1928 begann die Indienststellung dieser Flugzeuge, und die VF-2B an Bord der USS Langley machte den Anfang.

***Eine Boeing F3B-1 der Bomber Squadron VB-1B, die an Bord des Flugzeugträgers Lexington der US Navy eingesetzt war. Die Aufnahme entstand zu Beginn der Dienstkarriere dieses Musters, denn die US Navy entwickelte für ihre Modell 77 bald einen Townend-Ring zur Minderung des Stirnwiderstands.***

**TECHNISCHE DATEN**

**Boeing Modell 77 (F3B-1)**

**Typ:** trägergestützter Jagdeinsitzer
**Triebwerk:** ein Pratt & Whitney-R-1340-80-Sternmotor mit 317 kW (425 PS)
**Leistung:** Höchstgeschwindigkeit 253 km/h in Meereshöhe; Marschgeschwindigkeit 211 km/h; Anfangssteigrate 10,27 m/sek; Dienstgipfelhöhe 6566 m; Reichweite 547 km
**Gewicht:** Leermasse 988 kg; max. Startmasse 1336 kg
**Abmessungen:** Spannweite 10,06 m; Länge 7,57 m; Höhe 2,79 m; Tragflügelfläche 25,55 m²
**Bewaffnung:** ein 7,62-mm- und ein 12,7-mm-Maschinengewehr plus Halterungen für fünf 11,3-kg-Bomben

# Boeing Modell 80

Der Verkehrszuwachs auf der von Boeing Air Transport bedienten Strecke San Francisco-Chicago veranlaßte das Unternehmen, ein zweckmäßig konzipiertes Passagierflugzeug zu entwickeln, die **Boeing Modell 80**. Das Muster flog erstmals im August 1928. Es handelte sich um einen großen Doppeldecker mit unterschiedlich weit gespanntem Tragwerk, und der kürzere Unterflügel hatte eine geringere Tiefe. Die Primärstruktur des Tragwerks war aus Holz gefertigt und mit Stoff überzogen. Der Rumpf und das Leitwerk bestanden aus geschweißtem, mit Stoff bespanntem Stahlrohr. Das Fahrgestell war starr mit Spornrad, und für den Antrieb sorgten drei Pratt & Whitney-Wasp-Sternmotoren mit je 306 kW (410 PS). Die Triebwerke hatte man in der klassischen Form des dreimotorigen Flugzeugs angebracht: eins in der Flugzeugnase und je eines an den Rumpfseiten zwischen Ober- und Unterflügel des Doppeldeckers.

Die Hauptkabine der **Modell 80** bot zwölf Passagieren und einer Stewardeß Platz. Einige Fluggesellschaften in Europa hatten zwar bereits männliche Stewards eingeführt, doch die Boeing-Stewardessen, alle ausgebildete Krankenpflegerinnen, repräsentierten die ersten Lufthostessen, die heute als integraler Bestandteil der zivilen Luftfahrt gelten. Ein weiteres kennzeichnendes Merkmal der **Modell 80** war das geschlossene Flugdeck für den Pilot und den Kopiloten/Navigator. Vier solche Flugzeuge wurden gebaut und im Spätsommer des Jahres 1928 bei Boeing Air Transport in Dienst gestellt.

Auf das **Modell 80** folgten zehn stark verbesserte **Modell 80A**. Diese Maschinen wurden von beträchtlich stärkeren Sternmotoren vom Typ Pratt & Whitney-Hornet angetrieben, hatten ein verfeinertes Tragwerk und waren stromlinienförmiger gestaltet. Wegen der höheren Antriebsleistung konnte man die Kabineneinrichtung für 18 Passagiere erweitern.

**Varianten**

**Modell 80A-1:** Bezeichnung für die zehn Modell 80A nach einer Modifikation, die erweiterte senkrechte Leitwerksflächen in Form zweier Zusatzflossen samt Ruder brachte, je eine seitlich von der bisherigen Seitenflossenbaugruppe am Höhenleitwerk montiert

**Modell 80B-1:** die zwölfte Maschine auf der Montagestrecke der Modell 80A wurde wegen der unterschiedlichen Meinung über die „Vorzüge" des geschlossenen Flugdecks mit offenem Deck für die Flugbesatzung fertiggestellt; nach der Bewertung durch Flugbesatzungen des Unternehmens stimmte man darin überein, daß ein geschlossenes Flugdeck einen effizienteren Betrieb gewährleistete; die Maschine wandelte in eine 80A-1 zurück

**Modell 226:** Bezeichnung des elften Exemplars auf der Montagestrecke der Modell 80A; es wurde als Geschäftsreiseflugzeug für die Standard Oil Company mit den Zusatzflossen/Rudern der Modell 80A fertiggestellt

**TECHNISCHE DATEN**

**Boeing Modell 80A-1**

**Typ:** Verkehrsflugzeug für 18 Passagiere
**Triebwerke:** drei Pratt & Whitney-Hornet-Sternmotoren mit je 391 kW (525 PS)
**Leistung:** Höchstgeschwindigkeit 222 km/h; Reisegeschwindigkeit 201 km/h; Dienstgipfelhöhe 4265 m; Reichweite 740 km
**Gewicht:** Leermasse 4800 kg; max. Startmasse 7938 kg
**Abmessungen:** Spannweite 24,38 m; Länge 17,22 m; Höhe 4,65 m; Tragflügelfläche 113,34 m²

***Die Erfahrungen der Boeing Air Transport Company zeigten, daß sich die Zusatzeinnahmen vom Passagiertransport durch eine höhere Sitzplatzkapazität steigern ließen. Verglichen mit der Modell 40B-4 konnte die Modell 80 die dreifache Zahl an Fluggästen bei etwas geringerer Fluggeschwindigkeit über nur wenig kürzere Etappen befördern.***

# Boeing Modell 200 bis Boeing Modell 299 (B-17 Flying Fortress)

**Die frühen Boeing-Flugzeuge waren meistens Doppeldecker-Jäger und Hochdecker-Transporter. Der Bedarf für schnelle Luftpostflugzeuge regte Boeing zum Bau eines Ganzmetall-Tiefdeckers mit einziehbarem Fahrwerk an. Dessen Erfolg führte zu einer Serie von Weiterentwicklungen, die ihren Höhepunkt in der Flying Fortress (Fliegenden Festung) erreichten.**

## Boeing 200

Der wachsende Bedarf an Fracht-/Postflugzeugen regte Boeing 1929 zur Entwicklung einer modernen Version an, die das Leistungsvermögen dieser Flugzeuggattung entscheidend verbessern sollte. Das neue Muster, die **Boeing Modell 200 Monomail**, war ein Tiefdecker in Ganzmetallbauweise, dessen Leistung von einer Reihe neuer Ideen profitierte. Freitragende Tragflächen ohne Stützstreben und Spanndrähte reduzierten den Luftwiderstand, und der aus Halbschalen konstruierte Rumpf sorgte für eine strömungsgünstigere Form. Das halbeinziehbare Spornrad-Fahrgestell stellte sicher, daß die Hauptstruktur während des Fluges in den Flächen verschwand. Ferner umgab den Sternmotor Pratt & Whitney-Hornet-B ein Ring, der den Stirnwiderstand herabsetzte. Zwei typische Merkmale des früheren **Modells 40** blieben erhalten: das offene, recht weit hinten angeordnete Cockpit für den Piloten und die vorderen Fracht-/Luftpostzellen.

Nach dem Erstflug am 6. Mai 1930 wurde die **Monomail** einer Serie von Test- und Versuchsflügen unterzogen, bevor sie im Juli 1931 auf der Boeing-Poststrecke San Francisco-Chicago in Dienst ging. Das fortschrittliche Konzept dieses Flugzeugs führte zur Entwicklung der Versuchsbomber **Modell 214** und **215** und zweier Varianten des zivilen Grundmusters.

***Die Boeing Modell 200 Monomail war ein in vieler Hinsicht richtungweisendes Muster, das man später zum achtsitzigen Passagierflugzeug Modell 221A umbaute. Letzteres wurde auch mit starrem, strömungsgünstig verkleideten Fahrgestell getestet.***

**Varianten**

**Boeing Modell 221 Monomail:** dieses Einzelexemplar entsprach im wesentlichen dem Modell 200, hatte jedoch einen um 20 cm längeren Rumpf und eine von 1043 kg auf 340 kg reduzierte Postfrachtkapazität, um sechs Passagiere in einer geschlossenen Kabine unterbringen zu können; flog erstmals im August 1930 und wurde anschließend bei Boeing Air Transport in Dienst gestellt.

**Boeing Modell 221A:** Bezeichnung für die Modelle 200 und 221 mit Rumpfstreckungen, die eine Unterbringung von insgesamt acht Passagieren ermöglichten; beide Muster nutzte die neu gegründete United Air Lines auf der Strecke Cheyenne-Chicago.

**TECHNISCHE DATEN**
**Boeing Modell 200**

**Typ:** einsitziges Fracht-/Postflugzeug
**Triebwerk:** ein Pratt & Whitney-Hornet-B-Sternmotor mit 429 kW (575 PS)
**Leistung:** Höchstgeschwindigkeit 254 km/h; Reisegeschwindigkeit 217 km/h; Dienstgipfelhöhe 4265 m; Reichweite 853 km
**Gewicht:** Leermasse 2158 kg; max. Startmasse 3629 kg
**Abmessungen:** Spannweite 18,02 m; Länge 12,56 m

## Boeing Modell 214, 215 und 246

Auf eigenes Risiko begann Boeing 1930 mit der Entwicklung eines Bombers, von dem man sich einen lohnenden Militärauftrag erhoffte. Um eine herausragende Leistung zu erreichen, beschloß man, den Bomberentwurf auf dem revolutionären Modell 200 Monomail aufzubauen. In der Tat waren die folgenden Prototypen und Erprobungsbomber im Maßstab vergrößerte Ausführungen der Monomail. Der Unterschied bestand im zweimotorigen Antrieb und einem schlanken Rumpf, der auf die Besatzung und die Waffen abgestimmt war. Für die Bomberbesatzung mußte der Rumpf vor allem vor dem Tragwerk verlängert werden. Im Bug waren der Bombenschütze und, in einer internen Zelle unmittelbar dahinter, der Funker untergebracht. Auf dieses Abteil folgten zwei offene Tandem-Cockpits. Unmittelbar hinter der Abströmkante des Tragwerks war eine vierte Kanzel für einen Heckschützen eingerichtet. Eine Bombenlast von 1025 kg konnte zur Hälfte im internen Schacht und an Schlössern unter den Flächen mitgeführt werden.

Als erste flog die **Boeing Modell 215** am 13. April 1931, angetrieben von zwei Pratt & Whitney-R-1860-13-Hornet Sternmotoren mit je 429 kW (575 PS). Diesen Bomber prüfte das USAAC zunächst als XB-901 (Versuchsbomber), und das zufriedenstellende Ergebnis führte zur Beschaffung dieses Flugzeugs als **YB-9**. Gleichzeitig erging ein Auftrag für die noch nicht komplettierte **Boeing Modell 214** als **Y1B-9** und für fünf zusätzliche Testbomber **Y1B-9A (Modell 246)**.

Das **Modell 214**, dessen Antrieb zwei 447 kW (600 PS) starke V-1570-29-Conqueror-Reihenmotoren von Curtiss besorgten, hob erstmals am 5. November 1931 ab. Nach einer Reihe von Testflügen wurde der Bomber auf Pratt & Whitney-Hornet-Sternmotoren mit Lader ummotorisiert. Diesen Antrieb erhielten auch die fünf **Y1B-9A**, deren erster Vertreter am 14. Juli flugbereit war. Letztere Version unterschied sich von den früheren Prototypen durch ein modifiziertes Seitenleitwerk und etliche interne Änderungen hinsichtlich Ausrüstung und Zellenaufteilung, wie von der Truppe gefordert.

Die nachfolgende Erprobung und Bewertung gegen Modell 123 von Martin führte zur Indienststellung des letztgenannten Bombers als B-10. Diese Entscheidung traf Boeing besonders hart, zumal der wirklich revolutionäre Bomber die meisten Jäger dieser Zeit leistungsmäßig deutlich überlegen war. Immerhin leitete die kleine B-9-Serie die Spezialisierung des Boeing-Konzerns auf die Bomberkonstruktion ein.

***Die Boeing Modell 215 (und die ähnliche Modell 214) war ein Übergangsbomber, der etliche neue Konstruktionsmerkmale (freitragende Flächen und Einziehfahrwerk), aber auch einige althergebrachte Konzepte (offene Kanzeln, getrennte Positionen der Besatzungsmitglieder) aufwies. Der Einzelbomber wurde als XB-901 getestet und als YB-9 gekauft.***

**TECHNISCHE DATEN**
**Boeing Modell 246 (Y1B-9A)**

**Typ:** fünfsitziger Bomber
**Triebwerke:** zwei aufgeladene Pratt & Whitney-SR-1860-11-Sternmotoren mit je 447 kW (600 PS)
**Leistung:** Höchstgeschwindigkeit 299 km/h; Marschgeschwindigkeit 266 km/h; Dienstgipfelhöhe 6325 m; Reichweite 869 km
**Gewicht:** Leermasse 4056 kg; max. Startmasse 6495 kg
**Abmessungen:** Spannweite 23,42 m; Länge 15,77 m; Höhe 3,66 m; Tragflügelfläche 88,63 m²
**Bewaffnung:** zwei 7,62-mm-Maschinengewehre (je eines auf Schwenklafette im vorderen und hinteren Cockpit) und bis zu 1025 kg Bomben

## Boeing Modell 234 (Serien)

Unter den Ausgangsbezeichnungen **Boeing Modell 83** und **Boeing Modell 89** konstruierte das Unternehmen auf eigene Kosten zwei Jagdeinsitzer-Prototypen zur Bewertung durch die US Navy. Sie waren als Nachfolger für die F2B und F3B bei der Marine und, wie erhofft, auch für die PW-9 bei der US Army gedacht. So hielt man am Antrieb durch den Pratt & Whitney-Wasp fest und zielte darauf ab, die Leistung allein durch eine Verfeinerung der Zelle zu erreichen. Beide Prototypen waren einstielige Doppeldecker, deren Ober- und Unterflügel unterschiedliche Spannweiten bei gleicher Profiltiefe hatten. Das Tragwerk bestand aus Holz mit einer Stoffbespannung, und der Rumpf baute auf einem Stahlrohrgerüst auf, das ebenfalls mit Gewebe überzogen war. Beide Versuchsjäger hatten ein starres Schleifsporn-Fahrgestell, aber beim **Modell 83** befand sich zwischen den Haupträdern eine Spreizstange, in deren Mitte das V-Strebenpaar zusammenlief. Dieser Prototyp war zudem mit einem Fanghaken ausgestattet. Das **Modell 89** besaß eine geteilte Hauptwerksachse und eine Aufhängung für eine 249-kg-Bombe unter dem Rumpf. 1928 testete die US Navy beide Modelle unter der Sammelbezeichnung **XF4B-1**: Das beim Navy Test Center Anacostia in Maryland erprobte Modell 89 flogen auch Heerespiloten, die zu dieser Einrichtung überstellt waren.

Die Erprobung der Marine ergab einen Auftrag für 27 **F4B-1** Serienjäger, die den

***Eine Boeing Modell 100 mit den Markierungen einer P-12B der 95. Attack Squadron, 17. Attack Group. Die P-12-Serienjäger wurden mit stromlinienförmigen Gebilden hinter jedem Zylinderkopf geliefert. Später wurde eine Ringverkleidung angesetzt.***

***Das Äquivalent der P-12C des Heeres war bei der Marine die F4B-2 oder Modell 223, die sich im übrigen kaum von der F4B-1 unterschied. Die abgebildete Maschine gehörte zur VF-6B Squadron an Bord des Flugzeugträgers USS Saratoga. Alle F4B-2 erhielten nachträglich das für die Serie F4B-4 entwickelte Seitenleitwerk.***

Fanghaken des **Modells 83** mit der Testauslegung des **Modells 89** verbanden. Der Hersteller fertigte diese Serie als **Modell 99**. Das erste Exemplar flog am 6. Mai 1929, und innerhalb von vier Monaten wurden alle Maschinen ausgeliefert. Die Produktion dieser Flugzeugfamilie belief sich auf insgesamt 586 Exemplare, und entsprechend lang ist die Variantenliste.

**Varianten**

**Modell 99 (F4B-1A):** Bezeichnung des vierten Jägers der Serie F4B-1 nach Umrüstung zum Sonderflugzeug für den Assistant Secretary of the US Navy

**Modell 100:** Bezeichnung des Herstellers für vier Exemplare ähnlich der F4B-1, die als zivile Exportflugzeuge fertiggestellt wurden

**Modell 100A:** zweisitzige Sonderausführung für Howard Huges

**Modell 100E:** zwei Flugzeuge an Thailand ausgeliefert, ähnlich wie die P-12E (Modell 234) der US Army

**Modell 100F:** ein Flugzeug, ähnlich wie die P-12F (Modell 251) der US Army, die für Pratt & Whitney als Triebwerktestträger gebaut wurde

**Modell 101 (XP-12A):** Bezeichnung der letzten von 10 P-12 (s. unten) mit modifizierten Quer- und Höhenrudern sowie kürzeren Hauptfahrwerksstreben und schwenkbarem Schleifsporn

**Modell 102 (P-12):** Bezeichnung der ersten neun von zehn Flugzeugen, die im wesentlichen dem Modell 89 (XF4B-1) entsprachen und von der US Army nach der Prüfung dieses Musters in Anacostia beschafft wurden

**Modell 102B (P-12B, XP-12G):** erste Großserie von 90 P-12B mit den verbesserten Quer- und Höhenrudern des Modells 101 (XP-12A) für die US Army; die Teilstreitkraft nutzte die erste ausgelieferte Maschine als XP-12G zur Erprobung der Laderversion des Pratt & Whitney-R-1340-Sternmotors; wurde später rückgerüstet auf den Standard P-12B

**Modell 218:** Bezeichnung eines firmeneigenen Flugzeugs mit einem Rumpf in

***Die Boeing Modell 251, die beim US Army Air Corps als P-12F flog, war die Schlußversion der P-12/F4B-Serie. 25 P-12F wurden als P-12E bestellt. Sie wichen von diesem Standard nur durch einen Motor ab, der die Nennleistung in ein größeres Höhenband schob.***

***Die Boeing Modell 235 leistete als F4B-4 bei der US Navy (70 Flugzeuge) und beim US Marine Corps (22 Jäger) Dienst. Das Bild zeigt einer der auf dem Träger USS Langley stationierten F4B-4 von VF-3B, eine der beiden ersten Staffeln, die mit diesem Muster ausgerüstet wurden.***

Halbschalenbauweise, das die US Army und Navy als Prototyp für die P-12E beziehungsweise F4B-3 erprobten; wurde anschließend nach China verkauft

**Modell 222 (P-12C):** Bezeichnung von 95 Jägern für die US Army; verbesserte Version der P-12B mit strömungsgünstiger Ringverkleidung für die neue Ausführung des Triebwerks und einem Hauptfahrwerk mit Spreizstange, ähnlich wie beim Modell 83; von insgesamt 131 Flugzeugen wurden die letzten 36 als P-12D fertiggestellt

Modell 223 (F4B-2): Bezeichnung für die Marineversion des Modells 222 (P-12C, oben), jedoch mit Spornrad; insgesamt 46 Flugzeuge

**Modell 227 (P-12D, XP-12H):** die Bezeichnung der letzten 36 P-12C, die sich aber nur in kleinen Details unterschieden; in die 33. Maschine wurde versuchsweise ein anderer Motor eingebaut, was ihr vorübergehend die Bezeichnung XP-12H einbrachte; anschließend Rückrüstung auf den Standard P-12D

**Modell 234 (P-12E):** Bezeichnung für 110 von 135 im Jahre 1931 bestellten Jägern; im Grunde genommen P-12D mit dem in Halbschalen konstruierten Rumpf, der erstmals beim Modell 218 im Flug eingesetzt worden war; einzelne P-12E dienten als XP-12E, P-12J, YP-12K und XP-12L zur Flugerprobung von Triebwerken, erhielten aber anschließend alle den Standard der P-12E zurück

**Modell 235 (F4B-3, F4B-4):** 21 F4B-3 für die US Navy, die, abgesehen von einzelnen Ausrüstungskomponenten, allgemein der P-12E beim Heer entsprachen; die 92 F4B-4 hatten ein großflächigeres Seitenleitwerk, und in den Kopfstützen der letzten 45 Jäger war ein Schlauchboot verstaut; einige 1940 von der US Army zur Navy versetzte P-12 wurden unter der Sammelbezeichnung F4B-4A zusammengefaßt

**Modell 251 (P-12F):** Bezeichnung der letzten 25 Flugzeuge der bestellten Baureihe P-12E (Modell 234); sie unterschieden sich in erster Linie durch ihre Ausrüstung mit einer neueren Version des Pratt & Whitney-SR-1340, der seine Nennleistung auch noch in größerer Höhe brachte; das Cockpit der 25. Maschine wurde zudem versuchsweise abgedeckt

**Modell 256:** Bezeichnung von 14 Flugzeugen, ähnlich der F4B-4 der US Navy, die 1932 nach Brasilien geliefert wurden; waren als Landflugzeuge ohne Fanghaken und Schwimmerausrüstung gefordert

***Boeing P-12E der 27. Pursuit Squadron, 1. Pursuit Group, formiert zu einer höhengestaffelten Reihe, rechts.***

**Modell 267:** Bezeichnung weiterer neun Flugzeuge für Brasilien, die das Tragwerk der P-12E mit dem übrigen Flugwerk der F4B-3 verbanden

**TECHNISCHE DATEN**

**Boeing Modell 235 (F4B-4)**

**Typ:** trägergestützter Jagdeinsitzer

**Triebwerk:** ein Pratt & Whitney-R-1340-16-Sternmotor mit 410 kW (550 PS)

**Leistung:** Höchstgeschwindigkeit 303 km/h in 1830 m Höhe; Steigzeit auf 1525 m: 2 Min., 42 Sek.; Dienstgipfelhöhe 8200 m; Reichweite 595 km

**Gewicht:** Leermasse 1068 kg; max. Startmasse 1638 kg

**Abmessungen:** Spannweite 9,14 m; Länge 6,12 m; Höhe 2,84 m; Tragflügelfläche 21,13 m²

**Bewaffnung:** zwei starr eingebaute, vorwärtsfeuernde 7,62-mm-Maschinengewehre

# Boeing Modell 247

Am 8. Februar 1933 flog bei Boeing der Prototyp eines neuen Verkehrsflugzeugs, das der Hersteller als **Boeing Modell 247** führte. Das Muster war über das einmotorige zivile Modell 200 Monomail und das zweimotorige Modell 215 (bei der US Army als B-9 Bomber geführt) entstanden, beides Tiefdecker.

Die **Boeing 247**, ein revolutionärer Entwurf, fand als Vorläufer des modernen Airliners Anerkennung. Der schnörkellose, freitragende Tiefdecker in Ganzmetallbauweise wurde von zwei Motoren angetrieben, hatte ein einziehbares Fahrwerk und bot neben dem Piloten, dem Kopiloten und einer Stewardeß zehn Passagieren Platz.

Selbst bei Ausfall eines Triebwerks konnte die vollbeladene Maschine weitersteigen und die Höhe halten. Für ein Verkehrsflugzeug völlig neu waren pneumatische Enteisungsmatten an den Nasenkanten von Trag- und Leitwerk, die verhinderten, daß der Eisansatz gefährlich wurde.

60 **Boeing 247** wurden „vom Reißbrett weg" zur Ausrüstung der Boeing Air Transport System bestellt, um kurz darauf zur Hauptstütze der United Air Lines zu werden. Anschließend trafen Aufträge anderer Gesellschaften und individueller Betreiber für weitere 15 Maschinen ein. Das für Roscoe Turner und Clyde Pangborn (zur Teilnahme am „MacRobertson" Luftrennen England-Australien von 1934) gebaute Flugzeug wurde mit Rumpftanks anstelle der üblichen Kabinenausrüstung fertiggestellt und führte NACA-Ringverkleidungen (zur Minderung des Luftwiderstands) und verstellbare Luftschrauben mit optimalen Einstellmöglichkeiten für den Start und für den Reiseflug ein. Diese Verbesserungen erhielten nachträglich die meisten **Boeing-Airliner 247** und damit die Bezeichnung **Modell 247D**.

Als die USA Ende 1941 in den Zweiten Weltkrieg eintraten, flogen diese **247D** weiterhin für ihre Gesellschaften, bis auf 27 Exemplare, die zum Dienst bei der USAAF als **C-73** requiriert wurden. Man hatte sie für den Fracht- und Truppentransport nutzen wollen, mußte aber feststellen, daß die Kabinentüren zu schmal waren. So setzte man diese Airliner zum Transport von Besatzungen und im späteren Kriegsverlauf zur Ausbildung ein. Im Truppendienst erhielten sie Pratt & Whitney-R-1340-AN-1-Wasp-Sternmotoren, die 447 kW (600 PS) abgaben. Ende 1944 wurden sie im Militärdienst nicht mehr gebraucht und an die zivilen Gesellschaften zurückgegeben.

**Varianten**

**Modell 247E:** Bezeichnung für die erste Boeing Modell 247 während der Erprobungszeit der für das Modelll 247D vorgesehenen Verbesserungen; nach Aufnahme des Liniendienstes in der Konfiguration einer 247D blieb diese Bezeichnung

**Modell 247Y:** unter dieser Bezeichnung wurde eine 247D nach einer Dienstphase bei United Air Lines zum Militärflugzeug in privater Hand umgerüstet; es ging mit zwei starren, vorwärtsfeuernden 12,7-mm-Maschinengewehren und einer Rohrwaffe ähnlichen Kalibers auf einer Schwenklafette im hinteren Schützenstand an einen Käufer in China

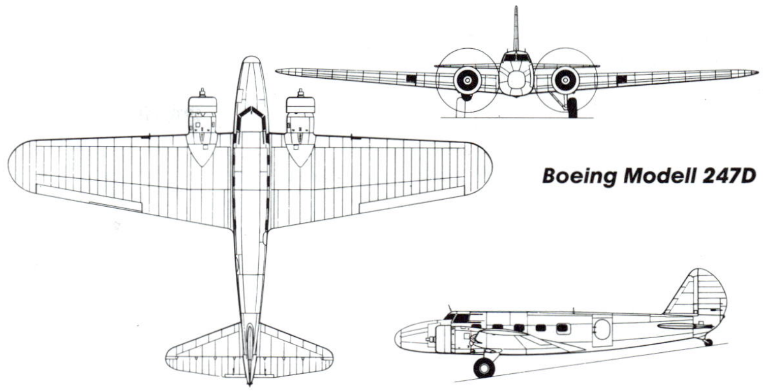

***Boeing Modell 247D***

**TECHNISCHE DATEN**
**Boeing Modell 247D**

**Typ:** Verkehrsflugzeug
**Triebwerke:** zwei Pratt & Whitney-S1H-1G-Wasp-Sternmotoren mit je 410 kW (550 PS)
**Leistung:** Höchstgeschwindigkeit 322 km/h; Reisegeschwindigkeit 304 km/h in 2440 m Höhe; Reichweite 1199 km
**Gewicht:** Leermasse 4148 kg; max. Startmasse 6192 kg
**Abmessungen:** Spannweite 22,56 m; Länge 15,72 m; Höhe 3,60 m; Tragflügelfläche 77,68 m²

# Boeing Modell 266 (P-26)

Beim Eintritt der USA in den Zweiten Weltkrieg war der kleine Boeing-Jäger bereits aus den Einsatzverbänden zurückgenommen worden. Dennoch stiegen die **Boeing P-26** beim Überfall der Japaner auf Pearl Harbor zum Kampf auf. Die Jäger der 6. Pursuit Squadron der philippinischen Heeresluftstreitkräfte waren in Gefechte verwickelt, als die japanischen Truppen das Archipel freikämpfen wollten.

Die Arbeiten an der selbst finanzierten **Boeing Modell 248** begannen im September 1931, obwohl das US Army Air Corps Triebwerke und Instrumente für drei Erprobungsflugzeuge mit der Bezeichnung **XP-936** vergeben hatte. Dies sollte der erste Ganzmetall-Tiefdecker des USAAC zur Verfolgungsjagd werden. Boeing hielt am offenen Cockpit, starrem Fahrgestell und abgestrebten Flächen fest, obwohl Erfahrungen mit Einziehfahrwerk und freitragenden Flächen bestanden. Diese Schwächen waren jedoch bei der **Boeing Modell 264** oder **YP-29** behoben, die 1934 als **XP-940** im Flug erprobt wurden, aber nicht in Serie gingen.

Die erste **XP-936** flog am 20. März 1932 und durchlief später ein Bewertungsprogramm auf Wright Field, wohin man auch das zweite Flugzeug für Bodenversuche geliefert hatte. Am 25. April wurde eine dritte Versuchsmaschine nach Selfridge Field, Michigan, zur Prüfung durch eine Einsatzstaffel geschickt. Im Anschluß daran erhielt Boeing einen Auftrag für 111 Serienjäger **Modell 266**, denen das USAAC die Bezeichnung **P-26A** zuwies. Später erhöhte man diesen Auftrag auf 136 Jäger mit einigen Verbesserungen, darunter einer überarbeiteten Flächenstruktur und zusätzlicher Schwimmer- sowie Funkausrüstung. Die Kopfstützen der letzten Flugzeuge waren so erweitert, daß sie die Jagdpiloten bei einer Bruchlandung mit Überschlag schützten. Der erste Serienjäger **P-26A** absolvierte seinen Jungfernflug am 10. Januar 1934. Ende Juni 1934 wurde die 111. Maschine ausgeliefert.

***Boeing P-26A der 19. Pursuit Squadron, 18. Pursuit Group, des USAAC***

***Die Boeing Modell 264 war einer von mehreren Eindecker-Versuchsjägern, die das Unternehmen Ende der zwanziger, Anfang der dreißiger Jahre entwickelte. Das erste Exemplar wurde als YP-29A erprobt, nachdem man das ursprünglich offene Cockpit abgeschafft hatte. Neue Auslegungsmerkmale waren die freitragenden Tiefdeckerflächen und das einziehbare Fahrgestell.***

Die Landegeschwindigkeit der **P-26** mußte reduziert werden, und dies führte zur Entwicklung von Auftriebsklappen an der Hinterkante. Die Jäger in den Einsatzstaffeln und auf der Fertigungsstraße wurden entsprechend nachgerüstet. Zu letzteren zählten auch 25 Flugzeuge einer Nachbestellung, die man als zwei **P-26B (Modell 266A)** mit Einspritzanlage für den Pratt & Whitney-Wasp-R-1340-33 und als 23 **P-26C** mit leicht geänderter Kraftstoff- und Vergaseranlage fertigstellte. Später wurden viele Flugzeuge auf den Standard **P-26B** umgerüstet. Zwölf **Boeing Modell 281** wurden produziert.

**TECHNISCHE DATEN**
**Boeing Modell 266 (P-26A)**

**Typ:** Jagdeinsitzer
**Triebwerk:** ein Pratt & Whitney-R-1340-27-Sternmotor mit 373 kW (500 PS)
**Leistung:** Höchstgeschwindigkeit 377 km/h in 2285 m Höhe; Reisegeschwindigkeit 322 km/h; Anfangssteiggeschwindigkeit 11,98 m/sek; Dienstgipfelhöhe 8350 m; Reichweite 579 km
**Gewicht:** Leermasse 997 kg; max. Startmasse 1340 kg
**Abmessungen:** Spannweite 8,52 m; Länge 7,19 m; Höhe 3,06 m; Tragflügelfläche 13,89 m²
**Bewaffnung:** zwei starre, vorwärtsfeuernde 12,7-mm-Maschinengewehre oder ein 12,7-mm-MG und ein 7,62-mm-MG sowie Bomben

# Boeing Modell 294 (XB-15)

Die Mehrheit der Amerikaner hielt in den dreißiger Jahren entschlossen an der bewährten Isolationspolitik fest. Dennoch gab es eine Reihe von Persönlichkeiten, sowohl innerhalb der amerikanischen Regierung als auch der Streitkräfte, die erkannten, daß auch die USA zwangsläufig in die Kriegshandlungen eintreten würden. In diesem Fall aber gehörten strategische Bomber zur wichtigsten Ausrüstung. Bei der US Army kämpften Männer wie die Obristen Hugh Knerr und C.W. Howard unablässig dafür, daß ein solcher Bomber im gegebenen Moment kurzfristig bereitstünde. Diese Denkweise führte dazu, daß Bomber wie die Boeing B-9 und die Martin

B-10 und B-12 in Dienst gestellt wurden. Man wußte zwar, daß diese Muster keineswegs ideal waren, aber immerhin bereiteten sie den Weg für einen echten strategischen Bomber.

1933 ließ die US Army eine Entwurfsstudie für solch einen Bomber unter der Projektbezeichnung **XBLR-1** (Experimental Bomber Long Range – experimenteller Fernbomber) ausschreiben. Gefordert war unter anderem eine Reichweite von 8050 km für strategische Operationen. Sowohl Boeing als auch Martin reichten Vorschläge ein, und dieses Mal erhielt Boeing den Zuschlag zur Konstruktion und Entwicklung der Boeing **Modell 294** als **XB-15**. Als dieser Tiefdecker am 15. Oktober 1937 erstmals flog, stellte er das größte bis dahin in den Vereinigten Staaten gebaute Luftfahrzeug dar.

Wie zu erwarten war, führte dieses Muster eine Reihe neuer Merkmale. Dazu gehörten Kriechgänge in den Flächen, um im Flug einfache Wartungs- und Einstellungsmaßnahmen an den Motoren durchführen zu können, zwei Zusatzaggregate im Rumpf zur Versorgung des 110V-Gleichstromnetzes, Schlafkojen für den Schichtbetrieb mit zwei Besatzungen und die Aufnahme eines Flugingenieurs in die Crew zur Entlastung der Flugzeugführer. Die vorgesehenen Triebwerke mit einer Leistung von 1491 kW (2000 PS) standen erst Jahre später zur Verfügung, so daß statt dessen vier Pratt & Whitney-Twin-Wasp-Senior-Sternmotoren mit je 746 kW (1000 PS) eingesetzt wurden. Dies ergab einen wesentlich schwächeren Antrieb als ursprünglich geplant. Das reine Versuchsflugzeug wurde dennoch mit großen Frachttüren ausgestattet und diente im Zweiten Weltkrieg als Frachtflugzeug mit der Bezeichnung **XC-105**.

***Boeings Modell 294 war ein erstaunliches Flugzeug, doch es scheiterte daran, seiner Zeit voraus zu sein, da keine hinreichend starken Motoren zur Verfügung standen. Dennoch belegt die XB-15 einen Platz in der Geschichte als der erste „moderne" Schwerbomber, gekennzeichnet durch einen sauber durchkonstruierten Entwurf, Abwehrwaffen in Drehtürmen, Antrieb durch vier Motoren und eine funktionsgerechte Besatzungsstärke.***

### TECHNISCHE DATEN

**Boeing Model 294 (XB-15)**

**Typ:** Fernbomber/-transportflugzeug
**Triebwerke:** vier Pratt & Whitney-R-1830-11-Twin-Wasp-Senior-Sternmotoren mit je 746 kW (1000 PS)
**Leistung:** Höchstgeschwindigkeit 314 km/h; Dienstgipfelhöhe 5760 m; Reichweite 8256 km
**Gewicht:** Leermasse 17.105 kg; max. Startmasse 41.731 kg
**Abmessungen:** Spannweite 45,42 m; Länge 26,70 m; Höhe 5,51 m; Tragflügelfläche 258,26 m²

# Boeing Modell 299 (B-17 Flying Fortress)

Im Mai 1934 hatte die US Army eine Spezifikation für einen modernen mehrmotorigen Bomber veröffentlicht, der eine Bombenlast von 907 kg über eine Distanz von mindestens 1604 km bis optimal 3540 km mit einer Geschwindigkeit zwischen 322 km/h und 402 km/h transportieren konnte. Im Sprachgebrauch der US Army bedeutete „mehrmotorig" lediglich mehr als ein Motor. Das zu einem Angebot aufgeforderte Unternehmen Boeing aber hatte beschlossen, für den Antrieb der **Modell 299**, deren Entwurf sich ab Juni 1934 konkretisierte, vier Triebwerke einzusetzen.

Knapp drei Wochen nach dem Erstflug am 28. Juli 1935 flog die **Boeing 299** nonstop nach Wright Field in Ohio, wo die amtliche Abnahmeprüfung stattfinden sollte. Die 3380 km lange Strecke legte die Maschine mit einer durchschnittlichen Geschwindigkeit von 406 km/h zurück. An diese beachtliche Leistung knüpften sich verständlicherweise großartige Erwartungen für die Zukunft dieses Musters, und auch der Verlauf der Anfangserprobung stützte Boeings Optimismus. Am 30. Oktober 1935 aber zerstörte eine Nachricht alle Hoffnungen: Der Prototyp war bei einem Startunfall vernichtet worden. Die Unfalluntersuchung ergab, daß man die Maschine mit blockierten Rudern gestartet hatte. Die guten Erprobungsergebnisse vor dem Unfall führten das USAAC zur Entscheidung, 13 **YB-17** (später **Y1B-17**) und ein Flugwerk für Bodentests zu beschaffen.

Der in Wright Field verunglückte Prototyp (X13372) war von vier Pratt & Whitney-R-1680-E-Hornet-Sternmotoren mit je 559 kW (750 PS) angetrieben worden. Die Profildicke des freitragenden Mitteldekkers entsprach am Flächenansatz ungefähr dem halben Durchmesser des kreisrunden Rumpfes. Weitgespannte Klappen an der Hinterkante trugen dazu bei, die Start- und Landegeschwindigkeit auf ein erträgliches Maß zu reduzieren. Das Spornrad-Fahrwerk war elektrisch einziehbar. Die Abwehrbewaffnung bestand aus fünf Maschinengewehren, und im Rumpf konnten maximal 2177 kg Bomben mitgeführt werden.

Die erste **Y1B-17** (36-149) flog erstmals am 2. Dezember 1936. Sie unterschied sich vom Prototyp durch ihre Wright-GR-1820-39-Cyclone-Sternmotoren mit 694 kW (930 PS), volleingerichtete Plätze für eine neunköpfige Crew und einige unwesentliche Detailänderungen. Zwischen Januar und August 1937 wurden zwölf Bomber an die 2. Bomb Group des USAAC auf Langley Field in Virginia übergeben. Das 13. Exemplar überführte man zur weiteren Erprobung nach Wright Field. Nachdem eine der **Y1B-17** die Turbulenzen eines Orkans schadlos überstanden hatte, beschloß man jedoch, auch das für Statiktests vorgesehene Flugwerk als Einsatzbomber fertigzustellen. Dieses Flugzeug (37-369), ausgerüstet mit GR-1820-51 à 746 kW (1015 PS) und Moss/General Electric Abgasturbolader, erhielt die Bezeichnung **Y1B-17A (Modell 299F)** und startete am 29. April 1939 zum Erstflug. Die anschließende Erprobung überzeugte das USAAC von der Überlegenheit des Ladermotors im Vergleich zum normal belüfteten Kolbentriebwerk. Daher wurden solche Motoren zum Standard für alle künftigen Versionen der Fortress erklärt.

Dem Auftrag für die **Y1B-17** folgte eine Bestellung von 39 **B-17B** (**Modell 299E**, später **Modell 299M**), die mehr oder weniger der **Y1B-17A** mit aufgeladenen Motoren entsprachen. Die erste Maschine der

***Die Form der frühen B-17 zeigt diese Y1B-17, eines von 13 Vorserienflugzeugen zur Prüfung und Bewertung. Während der Erprobungsphase innerhalb des USAAC flog das Muster bei der 2. Bombardment Group.***

***Eine Boeing Fortress Mk IIA der No. 220 Squadron, RAF Coastal Command, Ende 1942. Die Staffel flog von Ballykelly in Nordirland aus Fernpatrouillen.***

***Die B-17F war eine Hauptserienversion, von der 3405 Exemplare bei Boeing-Seattle, Douglas-Long Beach und Lockheed-Vega gebaut wurden. Sie führte die einteilige, durchsichtige Bugkuppel ein.***

neuen Baureihe flog am 27. Juni 1939, und bis März 1940 waren alle ausgeliefert. 1939 wurde die **B-17C (Modell 299H)** in Auftrag gegeben, deren erster Vertreter einer Serie von 38 Maschinen am 21. Juli 1941 seinen Jungfernflug absolvierte. Der Hauptunterschied zur früheren Serie bestand in den R-1820-65-Triebwerken mit je 895 kW (1200 PS) und sieben Maschinengewehren.

Die **B-17C** war die erste Version dieses Bombers, die die Royal Air Force beschaffte. Die 20 Exemplare, die Anfang 1941 in England eintrafen, wurden dort Fortress I genannt. Sie führten am 8. Juli 1941 unter No. 90 Squadron ihren ersten Feindflug aus, als sie Wilhelmshaven aus 9145 m Höhe bombardierten. Bei den 26 Luftangriffen gegen deutsche Ziele innerhalb der nächsten zwei Monate erwiesen sich die **Fortress I** als nicht zufriedenstellend. Die Amerikaner machten allerdings geltend, daß sie falsch eingesetzt worden seien. Dennoch hatten die Aktionen bei Tageslicht über Deutschland gezeigt, daß die Flughöhe allein keinen Schutz bot. Das Muster brauchte dringend eine stärkere Abwehrbewaffnung, um sich der Messerschmitt-Jäger Bf 109E und F erwehren zu können, die es in 9750 m Höhe nahezu mühelos abfingen. Für Operationen über Europa schieden die **Fortress I** aus, bis man Verbesserungen durchgeführt oder andere Möglichkeiten zum effektiveren Einsatz gefunden hätte.

Gegen Ende des Jahres 1941 kündigte sich der Eintritt der USA in den Zweiten Weltkrieg immer deutlicher an. Nachdem die Japaner Pearl Harbor überfallen hatten, griffen die Amerikaner zunächst nur auf dem pazifischen Kriegsschauplatz ein. Doch sobald der ungestüme Vormarsch der Japaner gebrochen war, entschieden sich die Alliierten, ihre Kräfte und Mittel für eine rasche Beendigung des Krieges in Europa zu konzentrieren. Daher wurden große Mengen **B-17** zur Ausrüstung der 8. Air Force in England bereitgestellt. Die den anglo-amerikanischen Luftflotten in Nordwestafrika zugeteilten Bomber wurden später Teil der US 15. Air Force.

1940 erhielt Boeing einen Auftrag zur Prodution von 42 **B-17D**. Diese Bomber unterschieden sich kaum von der **B-17C**, so daß die Modellbezeichnung gleich blieb. Immerhin hatten erste Kriegsberichte aus Europa dazu geführt, daß man ihre Tanks kugelsicher ausführte und die Besatzung einen erweiterten Panzerschutz erhielt. Diese Bomber wurden 1941 ausgeliefert. Die Anschlußserien **B-17E**, **B-17F** und **B-17G (Modell 299-O)** hatten ein neu entworfenes Seitenleitwerk, dessen größere Fläche die Steuerung des Flugzeugs in großer Höhe erleichterte. Das Hauptunterscheidungsmerkmal zu den Vorgängerversionen war eine große Rückenfinne. Von diesen neuen Varianten stießen als erste die **B-17E** und die **B-17F** zur 8. Air Force in Europa. Sie unterschieden sich primär durch ihre Abwehrbewaffnung und Ausrüstung. Dies waren die seinerzeit fortschrittlichsten Entwicklungen der **B-17**, doch bei den beiden Großoperationen gegen strategische Ziele in Deutschland, am 17. August und 14. Oktober 1943, gingen insgesamt 120 Bomber verloren. Die Abwehrbewaffnung der Fortress erwies sich eindeutig als zu schwach, welch ausgeklügelte Rottenformation sie auch fliegen mochten. Ohne angemessenen Jagdschutz über große Entfernungen waren die **Fortress** beim Tagangriff mit massierten Kräften

***Zwei B-17G der 381. Bomb Group sind von ihrem Stützpunkt Ridgewell gestartet. Diese Bombergruppe erlitt die schwersten Verluste bei dem verheerenden Angriff gegen Schweinfurt.***

eindeutig zu verwundbar. Die meisten Abschüsse erzielten deutsche Jäger, die frontal angriffen. Die letzte Hauptserienversion sollte diese Schwäche beseitigen.

Die **B-17G** wurden daher mit zwei 12,7-mm-Maschinengewehren im Drehturm unter dem Kinn bewaffnet, so daß diese Version insgesamt 13 Waffen dieses Kalibers mitführte. Um dennoch die Dienstgipfelhöhe zu steigern, erhielten die R-1820-97-Triebwerke der späteren Baureihen einen besseren Turbolader. Insgesamt 8680 **B-17G** wurden gebaut, davon 4035 Exemplare bei Boeing, 2395 bei Douglas und 2250 bei Lockheed Vega.

Der Intensiveinsatz der **B-17** fand in Europa und im Nahen Osten statt, doch dieses Muster war überall dort vertreten, wo Amerikaner kämpften. Im pazifischen Operationsgebiet leistete es unschätzbare Dienste in Form von Seepatrouillen, Aufklärung und Bombardierung, einschließlich Nahunterstützung. Für Sonderzwecke entstand eine Reihe von Varianten, die unten beschrieben werden. Von den rund 13.000 gebauten **B-17** behielt die USAAF nach dem Kriege nur wenige Hundert im Einsatz, die sie aber bald aussonderte.

**Varianten**

**B-17H:** eine kleine Zahl von Luft- und Seenotrettungsflugzeugen mit Suchradar und aussetzbarem Rettungsboot; spätere Bezeichnung SB-17G
**B-40:** Begleitbomber, hervorgegangen aus der XB-40, die ihrerseits eine umgerüstete B-17F war; vier TB-40 Trainer wurden gefertigt, und einige YB-40 führten bis zu 30 Rohrwaffen mit; versagten im Einsatz
**BQ-7:** funkgesteuerte Flugbombe, deren zweiköpfige Besatzung absprang, nachdem sie den Träger auf Kurs gebracht hatte; ungenau und selten eingesetzt
**CB-17G und VB-17G:** zum Transport von Stabspersonal ausgerüstete B-17G
**DB-17P:** Drohnenleitflugzeuge
**F-9:** Luftbildaufklärungsversionen, deren unterschiedliche Kameraausrüstung die Varianten F-9A, -9B und -9C ergab; weitere Bezeichnungen für Fotoaufklärungsflugzeuge waren FB-17 und RB-17G
**Modell 299-Z:** zwei B-17G, die zur Flugerprobung eines Turboprop-Triebwerks im Bug umfassend modifiziert wurden
**Modell 299AB:** nach dem Modell 299-Z war das Alphabet für Serienflugzeuge und Entwurfsstudien verbraucht, und man verwendete Doppelbuchstaben; Modell 299-AB war ein Geschäftsreiseflugzeug für Trans World Airlines, die dieses Exemplar nach dem Krieg zur Erschließung ihrer Strecken nach Nahost einsetzte
**PB-1:** Bezeichnung einer B-17F und einer B-17G, die die US Navy für verschiedene Testvorhaben nutzte
**PB-1G:** Luft- und Seenotrettungsversion der US Coast Guard; 17 ähnlich wie die B-17H der USAAF umgerüstete B-17G
**PB-1W:** Bezeichnung der 31 B-17G, die die US Navy zur U-Bootbekämpfung und Frühwarnung verwendete; ausgerüstet mit APS-20 Suchradargerät und Radom auf dem Rücken oder unter dem Bauch
**QB-17L und QB-17N:** Zieldrohnen
**TB-17G:** Sondertrainer
**XB-38:** ein Flugzeug, das versuchsweise mit Allison-V-710-89-Reihenmotoren ausgerüstet wurde
**XC-108:** Umrüstung zum Transportflugzeug für 38 Personen
**XC-108A:** Frachtflugzeug mit Frachttür auf der linken Rumpfseite
**XC-108B:** experimenteller Lufttanker
**YC-108:** VIP-Transportflugzeug

## TECHNISCHE DATEN

**Boeing Modell 299-O (B-17G)**

**Typ:** neun-/zehnsitziger, mittelschwerer Fernbomber/Fernaufklärer
**Triebwerke:** vier Wright-R-1820-97-Cyclone-Sternmotoren mit je 895 kW (1200 PS)
**Leistung:** Höchstgeschwindigkeit 462 km/h in 7620 m Höhe; Marschgeschwindigkeit 293 km/h; Dienstgipfelhöhe 10.850 m; Reichweite mit einer Bombenlast von 2722 kg 3219 km
**Gewicht:** Leermasse 16.391 kg; max. Startmasse 29.710 kg
**Abmessungen:** Spannweite 31,62 m; Länge 22,66 m; Höhe 5,82 m; Tragflügelfläche 131,92 m$^2$
**Bewaffnung:** 13 12,7-mm-Maschinengewehre und bis zu 7983 kg Bomben

***Die B-17H war eine für den Such- und Rettungsdienst umgerüstete Version der B-17G. Das Radar befand sich unter dem Kinn und das abwerfbare Rettungsboot an der Rumpfunterseite.***

## Boeing Modell 307 Stratoliner bis Boeing Modell 400 (XF8B)

**Ende der 30er Jahre entwickelte Boeing zwei Zivilmaschinen, ein Landflugzeug mit Druckkabine und ein Flugboot. Es folgten eine Anzahl Bomber, einschließlich der Superfortress, und eine Nachkriegsserie ziviler und militärischer Flugzeuge, darunter das Modell 400, das es jedoch nur bis zum Prototyp brachte.**

# Boeing Modell 307 Stratoliner

Boeings Modell 299, der Prototyp des militärischen Bombers B-17 Flying Fortress, wurde parallel zu einer zivilen Version desselben Flugzeugs unter der Firmenbezeichnung Boeing Modell 300 entwickelt. Geplant war, beiden Versionen baugleiche Komponenten wie Tragflächen, Leitwerk und Antrieb zu geben, doch man hatte den Rumpf der zivilen Version geräumiger bemessen. Im weiteren Verlauf der Entwurfsarbeiten entschied man sich für einen Rumpf mit kreisrundem Durchmesser und einer mäßigen Druckbelüftung von 0, 18 kg/cm². Damit stieg die Kabinendruckhöhe von 2440 m auf 4480 m, so daß das **Boeing Modell 307**, wie dieser Entwurf abschließend bezeichnet wurde, mit Passagieren in 6095 m Höhe operieren konnte. Bei der Indienststellung erhielt dieses „Höhenpassagierflugzeugs" daher den Namen **Stratoliner**.

Zehn **Modelle 307** wurden gebaut, von denen das erste am 31. Dezember 1938 seinen Jungfernflug absolvierte. Leider ging diese Maschine verloren, noch bevor sie an Pan American ausgeliefert wurde.

***Bei der Stratoliner führte Boeing eine Druckbelüftung ein, die dem Muster einen Reiseflug über dem größten Teil des Wettergeschehens ermöglichte. Insgesamt wurden nur zehn Exemplare gebaut.***

Drei Flugzeuge gingen an Pan Am **(S-307)**, fünf an Transcontinental & Western Air (TWA) **(SA-307B)** und eines an Howard Hughes **(SB-307B)**.

Die für TWA vorgesehenen Flugzeuge wurden 1942 zum Dienst bei der USAAF als **C-75** eingezogen. TWA-Besatzungen flogen mit diesen für 33 Personen eingerichteten Maschinen im Auftrag des Air Transport Command der USAAF in der Regel hohe Regierungsbeamte und hochrangige Militärs. Nach zweieinhalb Dienstjahren, in denen die fünf Maschinen den Atlantik rund 3000mal überquert, 45.000 Flugstunden geleistet und zwölf Millionen km zurückgelegt hatten, wurde ihre Mobilmachung aufgehoben, und sie kehrten zur Grundinstandsetzung zum Hersteller zurück. Diese kam fast einer Neufertigung gleich, denn unter anderem wurden das Trag- und Leitwerk erneuert sowie stärkere Motoren eingebaut.

**TECHNISCHE DATEN**
**Boeing Modell S-307**

**Typ:** Langstrecken-VIP-Transportflugzeug
**Triebwerke:** vier Wright-GR-1820-Cyclone-Sternmotoren mit je 671 kW (900 PS)
**Leistung:** Höchstgeschwindigkeit 396 km/h; Reisegeschwindigkeit 354 km/h; Dienstgipfelhöhe 7985 m; Reichweite 3846 km
**Gewicht:** Leermasse 13.608 kg; max. Startmasse 19.050 kg
**Abmessungen:** Spannweite 32,61 m; Länge 22,66 m; Höhe 6,34 m; Tragflügelfläche 138,05 m²

# Boeing Modell 314 Clipper

Bereits im Januar 1935 hatte Pan American Airways dem US Bureau of Air Commerce ihr Interesse bekundet, eine Transatlantiklinie einzurichten.

Boeings Angebot auf die Ausschreibung von Pan American war erfolgreich, so daß man am 21. Juli 1936 einen Vertrag über sechs Flugboote **Boeing Modell 314 Clipper** unterzeichnete. Der Hersteller nutzte einige Merkmale des früheren schweren Bombers XB-15. So stimmte er dessen Tragflächen und Höhenflossen auf das Flugboot mit einer Betriebsmasse von 37.421 kg ab, das in vier getrennten Kabinen bis zu 74 Reisende aufnehmen konnte. Den Antrieb besorgten nicht die Pratt & Whitney-R-1830-Twin Wasp der XB-15, sondern Wright-GR-2600-Double Cyclone à 1119 kW (1500 PS), die diesem Muster eine Höchstgeschwindigkeit von 311 km/h verliehen. Die Treibstoffmenge von 15.898 Litern gewährleistete eine Reichweite von maximal 5633 km. Ein Teil des Kraftstoffs war in den Stabilisierungsschwimmern, die zugleich als Ladeplattform dienten, untergebracht.

Am 7. Juni 1939 startete die erste **Boeing 314** zum Jungfernflug. Diese Originalversion hatte eine einzelne Seitenflosse/Seitenruder, die später einem Doppelseitenleitwerk zur Verbesserung der Kursstabilität wich. Dieses Konzept korrigierte die Stabilität jedoch nur unzureichend, so daß man erneut die zentrale Seitenflosse, allerdings ohne Ruder, montierte. Das Flugboot erhielt die Musterzulassung Nr. 704 zugeteilt und nahm am 20. Mai 1939 den transatlantischen Postdienst auf. Ab 28. Juni folgten regelmäßige Passagierflüge. Zu jener Zeit war das **Modell 314** der größte seriengefertigte Airliner im planmäßigen Passagierdienst.

Pan American bestellte eine weitere Gruppe von sechs Flugbooten der **Modell 314A**, die vom Einbau der Double Cyclone mit je 1193 kW (1600 PS) und größerer Propeller profitierten. Hinzu kam ein um 4542 Liter erweitertes Tankvolumen und eine überarbeitete Inneneinrichtung. Die erste **Modell 314A** flog am 20. März 1941, und am 20. Januar 1942 war die Lieferung abgeschlossen. Fünf Flugboote erhielten 1942 den Standard **314A**. Drei Maschinen wurden später an BOAC für Transatlantikflüge und für die Etappe Foynes-Lagos der „Horseshoe Route" verkauft.

Vier der neun **Modell 314/314A** von Pan American requirierte das Army Transport Command als **C-98**. Sie kamen allerdings kaum zum Einsatz, so daß die Gesellschaft im November 1942 ein Exemplar zurückerhielt. Die anderen drei Flugboote wurden zur US Navy versetzt und ergänzten ein Paar, das die Navy direkt von Pan American erworben hatte. Die Gesellschaft stellte die Besatzungen für den Betrieb der **B-314** bei der US Navy. Die Maschinen waren teilweise mit einem Tarnanstrich versehen, flogen aber weiterhin mit ihrer zivilen Kennung. 1946 gaben BOAC und Pan American den Betreib des **Modells 314** auf und verkauften die Restflotte an amerikanische Charterunternehmen.

**TECHNISCHE DATEN**
**Boeing Modell 314A**

**Typ:** Langstrecken-Verkehrsflugboot
**Triebwerke:** vier Wright-R-2600-Cyclone-Vierzehnzylinder-Sternmotoren mit je 1193 kW (1600 PS)
**Leistung:** Höchstgeschwindigkeit 311 km/h in 3050 m Höhe; Reisegeschwindigkeit 295 km/h; Dienstgipfelhöhe 4085 m; Reichweite 5633 km
**Gewicht:** Leermasse 22.801 kg; max. Startmasse 37.421 kg
**Abmessungen:** Spannweite 46,33 m; Länge 32,31 m; Höhe 8,41 m; Tragflügelfläche 266,34 m²

***Die größten Passagierflugboote im regulären Liniendienst waren zweifellos die Boeing-Modelle 314 und 314A (je sechs Flugboote). Boeings Motto, Bewährtes wiederzuverwenden, traf teilweise auch auf diese Flugboote zu, denn bei der Kombination von Trag- und Triebwerk hatte das Modell 294/XB-15 Pate gestanden. Hinzu kamen ein neuer Rumpf und ein anderes Leitwerk.***

# Boeing Modell 345 (B-29 Superfortress)

Der Kriegsausbruch in Europa im Jahre 1939 führte den amerikanischen Planungsstäben vor Augen, wie wichtig Fernbomberprojekte waren. Erste Pläne in diese Richtung verwendeten das Kürzel VHB für Very Heavy Bomber (sehr schwerer Bomber). Als sich abzeichnete, daß solch ein Muster auch Riesenentfernungen über den Pazifischen Ozean überbrücken mußte, erschien die Abkürzung VLR für Very Long Range (sehr große Reichweite) treffender. Anfang 1940 brachte General Henry H. („Hap") Arnold, Chef des USAAC, das VLR-Projekt auf den Weg.

Fünf US-Hersteller wurden am 29. Januar 1940 zur Abgabe eines Angebots aufgefordert, und vier legten rechtzeitig ihre Entwurfsstudien vor: Boeing, Consolidated, Douglas und Lockheed mit den zugehörigen Bezeichnungen **XB-29**, XB-32, XB-31 und XB-30. Douglas und Lockheed zogen sich dann vom Wettbewerb zurück, und am 6. September 1940 ergingen Aufträge an Boeing und Consolidated (später Convair) zur Konstruktion und Enwicklung von je zwei (später drei) Prototypen. Convairs XB-32 Dominator hatte die Nase

***B-29 auf dem Feindflug nach Japan. Bekannt wurde die B-29 zwar durch den Einsatz der beiden ersten Atombomben, aber dieses Muster setzte den Japanern auch mit konventionellen Waffen hart zu.***

beim Erstflug am 7. September 1942 vorn, aber der gewaltige Erprobungsaufwand verzögerte die Indienststellung.

Dank seines unternehmerischen Weitblicks befand sich Boeing 1940 viel weiter auf der Entwicklungsstraße als die Konkurrenz. Im Endeffekt konnte man das USAAC sogar davon überzeugen, daß innerhalb von zwei oder drei Jahren Serienbomber verfügbar wären. So lagen Boeing bereits Aufträge für 1500 Serienbomber vor, noch bevor ein Prototyp geflogen war. Der Grund für das fortgeschrittene Entwurfsstadium des Boeing-Vorschlags bestand darin, daß Boeing seit 1938 dem USAAC Vorschläge zur Verbesserung der B-17 unterbreitet hatte, darunter die Integration einer Druckkammer, die den Besatzungen den Einsatz in großer Höhe erleichterte. Zwar benötigte man zu dem Zeitpunkt solch ein Flugzeug nicht, aber die US Army empfahl Boeing, den Entwurf entsprechend den sich ändernden Gegebenheiten des Luftkrieges zu aktualisieren. Dies spiegelten die Modellbezeichnungen **316, 322, 333, 334** und **341** wider. Der **XB-29**-Entwurf gründete auf dem Modell 341 und trug die Bezeichnung **Modell 345**. Der erste Prototyp hob am 21. September 1942 zum Jungfernflug ab.

Das USAAC hatte eine Geschwindigkeit von 644 km/h gefordert, die die Auslegung der **XB-29** als freitragenden Mitteldecker mit hoher Flügelstreckung bestimmte. Da solch ein Tragwerk eine hohe Landegeschwindigkeit nach sich zog, wählte man als Auftriebshilfen an der Hinterkante weitgespannte Fowler-Klappen. Sie vergrößerten die tragende Fläche effektiv um rund 20% und ermöglichten so eine Landung bei niedrigerer Geschwindigkeit. Ein elektrisch einfahrbares Dreibein-Fahrwerk vervollständigte das Konzept, und der Vorschlag Boeings zur Druckbelüftung des Flugdecks wurde aufgegriffen. Darüber hinaus richtete man eine zweite druckbelüftete Zelle unmittelbar hinter dem Tragwerk für Besatzungsmitglieder ein, die beim dritten Versuchsbomber und beim Serienbomber aus Beobachtungskuppeln heraus seitliche Abwehrwaffen richteten. Beide Druckzellen waren durch einen Kriechtunnel miteinander verbunden, der über vordere und hintere Bombenschächte hinwegführte. Auch der Heckschütze befand sich in einer Druckkammer, die von den anderen Gefechtsstationen isoliert war. Für den Antrieb sorgten vier Wright-R-3350-Cyclone-Doppelsternmotoren, jeder ausgestattet mit zwei General Electric-Turboladern.

Auf die Versuchsbomber folgten 14 **YB-29** Vorserienbomber zur Erprobung durch die Truppe, und der erste flog am 26. Juni 1943. Die **YB-29** wurden umgehend dem am 1. Juni aufgestellten Sonderverband 58. Very Heavy Bombardment Wing (VHBW) zugeführt. Die Produktion der **B-29** gehörte zu den am stärksten aufgesplitterten Flugzeugbauprogrammen der USA im Zweiten Weltkrieg. Buchstäblich Tausende von Unterauftragsnehmern lieferten Teile oder Baugruppen zur Montage durch die vier Hauptwerke: Boeing in Renton und Wichita, Bell in Marietta, Georgia und Martin in Omaha, Nebraska.

Insgesamt 1644 **B-29** wurden im Boeing-Werk Wichita, 668 Exemplare von Bell und 536 von Martin produziert. Nur im Renton-Werk entstand die Version **B-29A** mit etwas größerer Spannweite, geänderter Treibstoffkapazität und Bewaffnung. Diese Produktion dauerte bis Mai 1946 und ergab insgesamt 1122 Bomber.

Die Bezeichnung **B-29B** kennzeichnete 311 Bomber aus der Fertigung bei Bell. Diese Maschinen waren leichter durch den Verzicht auf sämtliche Abwehrgeschütze mit Ausnahme der Heckkanonen, die bis dahin nicht mehr bemannt waren, sondern automatisch vom AN/APG-15B Feuerleitradar gerichtet und abgefeuert wurden. Die Gesamtzahl von rund 4000 **B-29** aller Versionen muß man angesichts der Größe und Kosten dieser Flugzeuge als sehr hoch einschätzen. Daher überrascht es auch nicht, daß sie in den Jahren nach dem Kriege ein weites Betätigungsfeld unter mehreren anderen Dienstbezeichnungen hatten. Einige **B-29** wurden sogar noch im Koreakrieg verwendet.

**Varianten**

**RB-29/RB-29A:** Luftbildaufklärungsversion der B-29/B-29A, von denen 118 Flugzeuge modifiziert und zunächst als F-13 eingesetzt wurden

**SB-29:** Bezeichnung der für den Luft- und Seenotrettungsdienst umgebauten B-29; sie führten ein Rettungsboot mit, das per Fallschirm abgesetzt werden konnte

**B-29D:** Dienstbezeichnung, die eigentlich einer verbesserten Version der B-29 mit Pratt & Whitney-R-4360-Triebwerken zugedacht war; ergab nach dem Krieg die B-50A

**XB-29E:** eine einzelne B-29, die zum Versuchsträger für Feuerleitanlagen modifiziert wurde

**B-29F:** Bezeichnung für sechs B-29, die man für Kaltwettertests in Alaska präpariert hatte; nach Abschluß der Kälteerprobung wurden diese Maschinen zu gewöhnlichen B-29 rückgerüstet

**XB-29G:** ein modifiziertes Flugzeug zur Erprobung von General Electric Strahltriebwerken im Fluge; das im Bombenschacht mitgeführte Strahltriebwerk konnte für Tests in den Propellernachstrom abgesenkt werden

**XB-29H:** Umrüstung einer B-29A zum Versuchsträger für Abwehrwaffen

**RB-29J:** Umrüstungen einiger YB-29J (unten) für eine Aufklärungsrolle

**YB-29J:** unter dieser Bezeichnung wurde eine kleine Gruppe von B-29 (angeblich sechs) mit Wright-R-3350-CA-2-Einspritzmotoren in verbesserten Gondeln zusammengefaßt

**YKB-29J:** zwei anschließend zu Luftbetankungsflugzeugen umfunktionierte Exemplare der YB-29J

**B-29K:** eine als Frachttransportflugzeug verwendete B-29

**B-29L:** erste Bezeichnung der zu Lufttankern mit britischem Schlauchtrommelsystem umgerüsteten B-29

**B-29MR:** Bezeichnung von 79 B-29, die als Luftbetankungs-Empfängerflugzeuge ausgestattet waren

**KB-29M:** 92 B-29, die zu Luftbetankungsflugzeugen mit einem Schlauchsystem umgebaut wurden

**KB-29P:** unter diese Bezeichnung fielen insgesamt 116 B-29, die zu Luftbetankungsflugzeugen mit dem von Boeing entwickelten steuerbaren Tankausleger umgebaut wurden

**YKB-29T:** Bezeichnung einer einzelnen B-29, die zum Lufttanker mit drei Schlauchtrommeln umgerüstet wurde, so daß sie drei Jäger gleichzeitig mit Kraftstoff in der Luft versorgen konnten

**XB-39:** unter dieser Bezeichnung wurde eine B-29 zum Erprobungsträger für neu entwickelte Allison-V-3420-Reihenmotoren umgerüstet

**XB-44:** Bezeichnung einer B-29A nach der Umrüstung zum Versuchsträger für Pratt & Whitney; den Standardantrieb ersetzten vier 28-Zylinder-Sternmotoren R-4360 in neuen Motorzellen; dies war die Prototypumrüstung für die geplante B-29D, die erst nach dem Krieg als B-50A zum Zuge kam

**P2B-1S:** Bezeichnung eines B-29-Paares, das die US Navy nach dem Krieg zur U-Bootbekämpfung und für Forschungsvorhaben nutzte

**P2B-2S:** Bezeichnung eines B-29-Duos, von der US Navy wie oben genutzt

**Washington I:** Bezeichnung der 88 B-29, die der Royal Air Force leihweise für die Dauer von fünf Jahren überlassen wurden

***Die B-29 leistete wichtige Beiträge zur Erforschung des Überschallflugs. Die Superfortress betätigte sich beispielsweise als Startplattform für raketengetriebene Versuchsjäger.***

**TECHNISCHE DATEN**

**Boeing B-29 Superfortress**

**Typ:** zehnsitziger, strategischer Bomber/Aufklärer

**Triebwerke:** vier Wright-R-3350-23-23A/-41-Cyclone-18-Sternmotoren mit Turbolader zu je 1641 kW (2200 PS)

**Leistung:** Höchstgeschwindigkeit 576 km/h in 7620 m Höhe; Marschgeschwindigkeit 370 km/h; Dienstgipfelhöhe 9710 m; Reichweite 5230 km

**Gewicht:** Leermasse 31.815 kg; max. Startmasse 56.245 kg

**Abmessungen:** Spannweite 43,05 m; Länge 30,18 m; Höhe 9,02 m; Tragflügelfläche 161,27 m$^2$

**Bewaffnung:** je zwei 12,7-mm-Maschinengewehre in vier fernbedienten Waffentürmen und drei 12,7-mm-MG oder zwei 12,7-mm-MG und eine 20-mm-Kanone im Heckturm

# Boeing Modell 345-2 (B-50)

Zur Leistungssteigerung der B-29 Superfortress nahm Boeing 1944 einen B-29A-Standardbomber als Prototyp für das verbesserte **Modell 345-2**, dem die USAAF vorübergehend die Bezeichnung **B-29D** zuwies. Sollte das neue Muster eine größere Bombenlast tragen können, waren vor allem neue Triebwerke gefordert. Der gewählte Antrieb bestand daher aus vier 2610 kW (3500 PS) starken Pratt & Whitney-R-4360-45-Sternmotoren, die in neu entworfenen Zellen montiert und mit einer anderen B-29 im Flug erprobt wurden. Diese Maschine führte die USAAF als **XB-44**. Unterdessen führte Boeing die Modifizierung der B-29A fort: Dazu zählte ein leichteres Tragwerk, ein ebenfalls leichteres, aber stärkeres Fahrwerk und ein großflächigeres Seitenleitwerk, um die gute Kursstabilität trotz der um rund 60% gesteigerten Antriebsleistung zu erhalten.

Die Verwendung der Leichtmetallegierung 75-S statt der bisherigen 24ST ergab eine Gewichtseinsparung von 295 kg, wobei das Tragwerk im Vergleich zum B-29-Serienbomber um 16% stärker war. Das neu entworfene Fahrgestell ermöglichte höhere Betriebsmassen, und die größere Fläche des Seitenleitwerks erreichte man durch eine Erhöhung der Flosse samt Ruder um 1,52 m. Daraufhin paßte die „D" in keine Standardabstellhalle mehr hinein, so daß man die Seitenflosse und das Ruder nach steuerbord beiklappen mußte.

Die USAAF bestellte 200 neue **B-29D**, doch bei Kriegsende im Pazifik kürzte man dieses Kontingent auf 60 Exemplare. Die tiefgreifenden Änderungen hinsichtlich Antrieb und Zelle führten zur Neubezeichnung **B-50**. Der erste Serienbomber **B-50A** (46-002) startete am 25. Juni 1947 zum Jungfernflug. Er wies nicht nur eine beachtliche Leistungssteigerung auf, sondern auch einen Zuwachs der zulässigen Betriebsmasse von nahezu 20% im Vergleich zur B-29A. Die Produktion der **B-50A** ergab insgesamt 79 Flugzeuge, von denen 57 später zu Lufttankern umgebaut wurden. In dieser Rolle diente die **B-50** noch im Vietnamkrieg, bevor man sie in der zweiten Hälfte der sechziger Jahre ausmusterte.

**Varianten**
**KB-50:** Sammelbezeichnung aller zu ersten Betankungsflugzeugen umgerüsteten B-50 mit drei Tankschläuchen (132 Flugzeuge)
**WB-50:** zu Wetteraufklärungsflugzeugen umgerüstete B-50
**B-50A:** Bezeichnung für erste Serienversion (59 Flugzeuge)
**TB-50A:** elf B-50A, die zu Schulzwecken für die B-36 modifiziert wurden
**B-50B:** verbesserte Serienversion mit einer um 590 kg auf 77.112 kg erhöhten maximalen Abflugmasse und einer Vielzahl anderer Verfeinerungen (45 Flugzeuge)
**EB-50B:** von Boeing einbehaltene B-50B für Versuchszwecke, darunter die zeitweilige Erprobung eines Raupenfahrwerks
**RB-50B:** alle 44 im Einsatz befindlichen B-50B erhielten nachträglich diesen Standard mit einer Kapsel für Luftbild- und Elektronikaufklärung im hinteren Bombenschacht, und die Besatzung erhöhte sich um einen Spezialisten
**YB-50C:** Bezeichnung für die 60. B-50A, die während der Konstruktion eine Modifikation zum höherwertigen Standard mit R-4360-51-Turboverbundmotoren für eine max. Startmasse von 93.895 kg durchlief; nicht fertiggestellt
**B-50D (Modell 345-9-6):** überarbeitete Serienversion, deren Bugkonus aus Plexiglas „in einem Stück" geformt war; auf 77.473 kg gesteigerte Abflugmasse, Ausrüstung mit Zusatztanks unter den Flächen, ab 16. Exemplar Vorrichtung zur Luftbetankung (222 Flugzeuge gebaut)
**DB-50D:** zu Startflugzeugen für die GAM-63 Rascal, eine Abstandsversuchsrakete, modifizierte B-50D
**TB-50D:** Bezeichnung von 11 B-50S, die einer Ausbildungsrolle für die Convair B-36 angepaßt wurden
**WB-50D:** zu Wetteraufklärungsflugzeugen umgebaute B-50D
**RB-50E:** 14 RB-50B, die für besondere Luftbildaufklärungseinsätze hergerichtet wurden
**RB-50F:** 14 RB-50B mit SHORAN-Navigationsradar für Sondereinsätze
**RB-50G:** 15 RB-50B, die ähnlich wie die RB-50F modifiziert wurden, aber das zusätzliche Radar und den Bugabschnitt der B-50D erhielten
**TB-50H:** 24 neugebaute Flugzeuge zur Verwendung als Systemtrainer für B-47-Crews
**WB-50H:** Umrüstungen einiger TB-50H zu Wetteraufklärungsflugzeugen
**KB-50J:** Bezeichnung von 112 KB-50 mit höherwertigem Standard durch erweiterte Treibstoffkapazität, drei Betankungsstationen, Verzicht auf sämtliche Ausrüstungskomponenten bis auf ein Paar General Electric-Strahltriebwerke mit je 2359 kg Schub in Behältern unter den Flächen, die die Geschwindigkeit auf 715 km/h erhöhten, so daß die Lufttanker mit den Empfängerdüsenjägern mithalten konnten
**KB-50K:** modifizierte TB-50H entsprechend Standard KB-50J
**B-54A:** vorgeschlagene Serienversion der YB-50C
**RB-54A:** vorgeschlagene Bomber-/Aufklärerversion der YB-50C

***Die B-50D war die meistverbreitete Version des Serienbombers B-50. Das auffälligste Unterscheidungsmerkmal waren die beiden 2650-Liter-Außentanks.***

***Die KB-50J war die letzte und höchstentwickelte Variante der B-50. J47-Strahltriebwerke in Anbaubehältern unter den Flächen sollten ihre Geschwindigkeit steigern.***

**TECHNISCHE DATEN**
**Boeing B-50A**
**Typ:** viermotoriger schwerer Bomber
**Triebwerke:** vier Pratt & Whitney-R-4360-35-Wasp-Major-Sternmotoren mit Turbolader mit je 2610 kW (3500 PS)
**Leistung:** Höchstgeschwindigkeit im Horizontalflug 620 km/hM Marschgeschwindigkeit 378 km/h; Dienstgipfelhöhe 11.280 m; Reichweite 7483 km
**Gewicht:** Leermasse 36.764 kg; max. Startmasse 76.389 kg
**Abmessungen:** Spannweite 43,05 m; Länge 30,18 m; Höhe 9,96 m; Tragflügelfläche 161,55 m²
**Bewaffnung:** zwölf 12,7-mm-Maschinengewehre, davon je zwei in drei fernbedienten Waffentürmen, vier im Bugturm und zwei plus eine 20-mm-Kanone im Heckturm sowie bis zu 9072 kg Bomben

# Boeing Modell 367 (C/KC-97)

Im Frühjahr 1942 ließ Boeing eine Entwurfsstudie für eine Tranportversion der B-29 Superfortress anfertigen und legte sie der USAAF zur Bewertung vor. Am 23. Januar 1943 erfolgte ein Auftrag für drei Prototypen. Das vom Hersteller als **Boeing Modell 367** und von der USAAF **XC-97** bezeichnete Muster startete am 15. November 1944 zum Jungfernflug.

Die **XC-97** hatte viele Bauteile mit der B-29 gemeinsam, einschließlich des kompletten Tragwerks und der Triebwerkkonstellation. Auf den ersten Blick erschien der „Doppelröhrenrumpf" völlig neu, aber tatsächlich stammten die untere Längsschale und das Leitwerk, das die neue (und größere) obere Rumpfhälfte aufnahm, von der B-29. Am 6. Juli 1945, nach einer Kurzerprobung der Prototypen, wurden zehn Flugzeuge zur Bewertung durch die Truppe bestellt. Diese Gruppe setzte sich aus sechs **YC-97** Frachtflugzeugen, drei **YC-97A** Truppentransportmaschinen und einer einzelnen **YC-97B** mit 80 Sitzen im Stil eines Verkehrsflugzeugs zusammen.

Der erste Serienauftrag vom 24. März 1947 für 27 Flugzeuge mit 2425 kW (3250 PS) starken Pratt & Whitney-R-4360-27-Sternmotoren forderte den Einbau von 134 Truppensitzen oder die Fähigkeit zum Transport einer Nutzlast von 24.040 kg. Mit der **C-97C** und **VC-97C** folgten zwei weitere Transportversionen. Nach der Erprobung von drei **KC-97A** mit zusätzlichen Tanks und einem von Boeing entwickelten Tankausleger lief 1951 die Serienfertigung der **KC-97E** Luftbetankungsflugzeuge an. Diese Lufttanker wurden von R-4360-35C mit je 2610 kW (3500 PS) angetrieben. Die Anschlußbaureihe **KC-97F** unterschied sich lediglich durch ihre R-4360-59B-Triebwerke. Sowohl die **KC-97E** als auch die **KC-97F** waren umrüstbare Transport-/Luftbetankungsflugzeuge, aber um die Transportkapazität dieser Maschine gänzlich ausschöpfen zu können, mußte man sämtliche Einrichtungen zur Abgabe von Treibstoff ausbauen. Die zahlenmäßig

***Die KC-97G brachte die Möglichkeit, Fracht oder Truppen zu befördern, ohne den Innenraum umgestalten zu müssen. Die Zusatztanks unter den Flächen waren ständig montiert, wurden aber bei der KC-97L im Dienst unter der Air National Guard durch zwei J47-Strahltriebwerke ersetzt.***

stärkste Variante war die **KC-97G** mit 592 Exemplaren, die ohne zeitraubende Umrüstungen in beiden Rollen optimale Leistungen brachten.

Bei Einstellung der Produktion im Jahre 1956 waren insgesamt 888 **C-97** gebaut, von denen viele später für andere Aufgaben umgerüstet wurden. Die **KC-97L** erhielt einen stärkeren Antrieb in Form von zwei General Electric-J47-GE-23-Strahltriebwerken mit je 2359 kg Schub, die man zusätzlich unter die Flächen gehängt hatte, um den Rendezvousablauf mit der Boeing B-47 zu verbessern. **KC-97G**, die zu reinen Frachtflugzeugen umgebaut wurden, erhielten die Dienstbezeichnung **C-97G** beziehungsweise **C-97K** als reine Truppentransporter. Umrüstungen für den Such- und Rettungsdienst waren **HC-97G**, und drei **KC-97L** stießen als **TK-1** zur spanischen Luftwaffe. Mehrere **C-97** leisteten in unterschiedlichen Rollen Dienst bei den israelischen Luftstreitkräften.

**Varianten**

**C-97D:** Bezeichnung für die dritte YC-97A, die YC-97B und zwei C-97A, nachdem sie die Konfiguration eines normalen Standard-Passagierflugzeugs erhalten hatten; die drei VC-97D wurden daraufhin in C-97D umbenannt

**KC-97H:** Bezeichnung für eine KC-97F, die zur Truppenerprobung als Lufttanker mit einem in Großbritannien entwickelten Schlauchtrommelsystem ausgerüstet beziehungsweise modifiziert wurde

***Ein YC-97J Transportflugzeug, das aus einer Umrüstung von KC-97G Lufttankern mit YT43-Turboprop-Triebwerken hervorging.***

**YC-97J:** Endbezeichnung zweier KC-97G, die zur Erprobung durch die USAF mit vier Pratt & Whitney-YT43-P-5-Propellerturbinen mit je 4250 kW (5700 WPS) ausgerüstet wurden

### TECHNISCHE DATEN
**KC-97G**

**Typ:** militärisches Transport- oder Luftbetankungsflugzeug mit großer Reichweite
**Triebwerke:** vier Pratt & Whitney-R-4360-59B-Sternmotoren mit je 2610 kW (3500 PS)
**Leistung:** Höchstgeschwindigkeit 604 km/h; Marschgeschwindigkeit 483 km/h; Dienstgipfelhöhe 9205 m; Reichweite 6920 km
**Gewicht:** Leermasse 37.421 kg; max. Startmasse 79.379 kg
**Abmessungen:** Spannweite 43,05 m; Länge 33,63 m; Höhe 11,66 m; Tragflügelfläche 164,34 m$^2$

# Boeing Modell 377 Stratocruiser

Die **Boeing Modell 377 Stratocruiser** war eine Ableitung der Modell 367 (C-97) zum zivilen Verkehrsmuster. Sie basierte auf der verbesserten Zelle der YC-97A mit Pratt & Whitney-R-4360-Triebwerken. Der Prototyp **Modell 377-10-19** flog erstmals am 8. Juli 1947 und ging anschließend an Pan American World Airways, den Hauptnutzer der **Stratocruiser**. Verschiedene Inneneinrichtungen ergaben die **Modelle 377-10-26, -28, -29, -30** und **-32**, die zwischen 55 bis 112 Passagiersitze bzw. 28 obere und untere Schlafliegen plus fünf Sitze für Nachtflüge boten. Die Hauptkabine bildete die obere Hälfte des „Doppelrumpfs", und im Unterdeck war eine Luxus-Lounge oder Bar mit 14 Sitzen eingerichtet, die man über eine Wendeltreppe erreichte. Insgesamt 55 **Stratocruiser** wurden gebaut.

Pan Am setzte zeitweilig 27 Exemplare ein, darunter zehn **Super Stratocruiser**, die eine erweiterte Treibstoffkapazität für Transatlantikflüge erhalten hatten. In einer späteren Phase wurde die gesamte Flotte mit CH-10-Turboladern von General Electric nachgerüstet, die die Ausgangsleistung jedes Triebwerks um 37,3 kW (50 PS) erhöhten. BOAC erwarb ebenfalls eine Flotte von 17 **Stratocruiser**: Nur sechs Maschinen lieferte der Hersteller, der Rest stammte von anderen Fluggesellschaften. Nach etwas mehr als neun Dienstjahren unter BOAC wurden 1958 zehn Flugzeuge an Transocean Airlines in den USA verkauft. Von dieser Gruppe erhielten vier Maschinen eine dichte Bestuhlung für 117 Passagiere und die übrigen zwölf Sitze zusätzlich zur Standardeinrichtung von 63 oder 84 Sitzplätzen.

Bevor die **Stratocruiser** 1963 endgültig aus dem Dienst schied, hatten einige Maschinen eine reine Frachtkonfiguration erhalten. Die seltsamste Änderung erfuhren die von Aero Spacelines Inc. aufgekauften Flugwerke. Unter der Bezeichnung **377-PG** konstruierte diese Firma ein übergroßes Frachtflugzeug, genannt „Pregnant Guppy" (trächtiger Guppy), und baute ausschließlich weitere Guppy-Versionen unter Verwendung von 367- und 377-Zellen.

***Caledonia war die erste von nur sechs Stratocruiser (Modell 377-10-32), die BOAC direkt bei Boeing bestellte. Elf weitere Maschinen dieses Typs erwarb BOAC aus zweiter Hand und setzte sie für ihre beliebten Nordatlantikflüge und andere Strecken ein.***

### TECHNISCHE DATEN
**Boeing Modell 377 (Stratocruiser)**

**Typ:** Verkehrsflugzeug
**Triebwerke:** vier Pratt & Whitney-R-4360-Wasp-Major-Sternmotoren mit je 2610 kW (3500 PS)
**Leistung:** Höchstgeschwindigkeit 604 km/h in 7620 m Höhe; max. Reisegeschwindigkeit 547 km/h in 7620 m Höhe; Dienstgipfelhöhe oberhalb 9755 m; Reichweite mit max. Treibstoffmenge 6759 km
**Gewicht:** Leermasse 37.875 kg; max. Startmasse 66.134 kg
**Abmessungen:** Spannweite 43,05 m; Länge 33,63 m; Höhe 11,66 m; Tragflügelfläche 164,34 m$^2$

# Boeing Modell 400 (XF8B)

Im Zweiten Weltkrieg waren die Flugzeugträger der US Navy, wie auch die anderer Länder, durch Luftangriffe überaus gefährdet. Als sich abzeichnete, daß die US Navy zum Angriff auf die japanischen Heimatinseln übergehen müßte, wurden einige Bedenken laut, diese Schiffe innerhalb der Reichweite zahlreicher landgestützter Kampfflugzeuge einzusetzen. Verfügte die US Navy jedoch über einen Langstreckenjäger/-jagdbomber, so könnte man den Gegner sofort stellen, ohne die Träger entsprechend zu gefährden.

Die Forderung für solch eine Flugzeuggattung wurde Boeing übermittelt, und das Unternehmen arbeite sofort den Entwurf **Boeing Modell 400** aus. Auf die Entwurfsstudie hin erteilte die US Navy am 4. Mai 1943 einen Auftrag zur Konstruktion von drei **XF8B-1**-Prototypen. Das erste Versuchsflugzeug startete im November 1944 zum Jungfernflug und fand sofort Anerkennung als der größte kolbengetriebene Jagdeinsitzer, der in den USA gebaut werden sollte. Tatsächlich erwies sich die **XF8B-1** als einer der antriebsstärksten einmotorigen Jäger im Zweiten Weltkrieg. Diese Tatsache gründete auf einem Pratt & Whitney-XR-4360-10-Kolbenmotor mit vier Sternen à sieben Zylinder, dessen Ausgangsleistung von 2237 kW (3000 PS) zum Antrieb zweier gegenläufiger Dreiblatt-Metallpropeller diente.

Boeing konnte jedoch nur den ersten Prototyp vor Ende des Zweiten Weltkriegs fertigstellen und fliegen. Die beiden anderen Versuchsjäger wurden zwar nach dem Sieg über Japan noch übergeben, aber der Trend ging zur Entwicklung turbinengetriebener Muster, so daß man weitere Tests und die Erprobung der **XF8B-1** schließlich aufgab.

***Boeings Modell 400 war der schwerste trägergestützte Jäger des Zweiten Weltkriegs und hätte ein äußerst starkes Kampfflugzeug abgegeben: Die vorgeschlagene Serienversion F8B-1 versprach eine hohe Geschwindigkeit und große Reichweite, gepaart mit einer offensiven Bewaffnung von sechs 20-mm-Kanonen und einer Vielzahl unterschiedlicher Waffen an Außenstationen.***

### TECHNISCHE DATEN
**Boeing Modell 400 (XF8B)**

**Typ:** einsitziger Langstreckenjäger/-jagdbomber für den Trägereinsatz
**Triebwerk:** ein Pratt & Whitney-XR-4360-10-Sternmotor mit 2237 kW (3000 PS)
**Leistung:** Höchstgeschwindigkeit 695 km/h in 8200 m Höhe; Marschgeschwindigkeit 306 km/h; Dienstgipfelhöhe 11.430 m; Reichweite 4506 km
**Gewicht:** Leermasse 6132 kg; max. Startmasse 9302 kg
**Abmessungen:** Spannweite 16,46 m; Länge 13,18 m; Höhe 4,95 m; Tragflügelfläche 45,43 m$^2$
**Bewaffnung:** sechs 12,7-mm-Maschinengewehre oder sechs 20-mm-Kanonen plus eine Bombenlast von 1451 kg

# Boeing Modell 450 (B-47 Stratojet) bis Boeing Modell 707

**Von 1934 bis 1947 firmierte Boeing als Boeing Aircraft Company, ehe der alte Name Boeing Airplane Company wieder in Gebrauch genommen wurde. Vom Ende des Zweiten Weltkriegs bis in die 50er Jahre waren die wichtigsten Produkte die schweren strategischen Düsenbomber Stratojet und Stratofortress sowie der Jet-Airliner 707.**

## Boeing Modell 450 (B-47 Stratojet)

***Dies war die erste von zehn B-47A, die in erster Linie zur Truppenerprobung beschafft wurden. Sie entsprachen der zweiten XB-47, hatten aber schubstärkere Triebwerke.***

Als die ersten strahlgetriebenen Jäger in Europa während der Endphase des Zweiten Weltkriegs in Dienst gestellt waren, erkannte die USAAF klar, daß Bombern und Aufklärern mit ähnlichem Antrieb künftig große Bedeutung zukommen würde. Anfang 1944 befaßten sich daher vier Firmen mit dem Entwurf eines Flugzeugs, das der Leistungsbeschreibung der USAAF genügen konnte.

Der erste Boeing-Vorschlag **(Modell 424)** weckte kein Interesse, und Ende 1944 reichte Boeing eine neue Unterlage **(Modell 432)** ein. Bei diesem Flugzeug waren die Triebwerke im Mittelrumpf installiert, und das gerade Tragwerk ähnelte dem des **Modells 424.** Diesem Angebot folgte ein Auftrag, der die Definition des Entwurfs und sämtliche Vorarbeiten für ein Modell abdeckte. Im Laufe dieser Entwicklung hörte Boeing von den Forschungsergebnissen der Deutschen auf dem Gebiet der Aerodynamik, die nach Kriegsende in Europa verfügbar wurden. Deutsche Untersuchungen über Pfeilflügel regten Boeing zum **Modell 448** mit zurückgepfeilten Tragflächen und insgesamt sechs im Rumpf untergebrachten Triebwerken an. Dieses Antriebskonzept war für die USAAF aus Gründen der Wartung und Sicherheit nicht akzeptabel. So folgte ein vierter Vorschlag, **Modell 450**, bei dem die sechs Triebwerke unter die gepfeilten Tragflächen gehängt waren. In dieser Konfiguration fertigte Boeing das Modell, und die amtliche Inspektion im Frühjahr 1946 ergab einen Auftrag für zwei **XB-47 (Modell 450-3-3)** Prototypen. Diese unterschieden sich vom Modell unter anderem durch eine größere Spannweite und ein modifiziertes Fahrwerk.

Am 17. Dezember 1947 startete der erste der beiden Prototypen zum Jungfernflug und vermittelte sofort einen Eindruck von Geschwindigkeit und Effektivität. Die **XB-47** hatte laminar angeströmte Tragflächen hoher Streckung, die in Schulterhöhe angesetzt und so dünn waren, daß man keinen Treibstoff darin unterbringen konnte. Diese dünne Struktur bedeutete auch, daß sich die Flächen bogen und die Flügelenden sich um 152 cm von ihrer Normalposition auf- und abbewegten. Die Tragwerkstruktur zog auch ein ungewöhnliches Fahrwerkskonzept nach sich, denn für flächenmontierte Hauptfahrwerksbeine war kein Platz. So wurden einziehbare Doppelräder in Tandemanordnung auf der Mittellinie unter dem schlanken Rumpf montiert und zur besseren Stabilität am Boden durch kleine Ausleger-Stützräder ergänzt, die in die inneren Triebwerkgondeln einzogen. Schon früh erkannte man, daß die mit gehörigem Abstand zueinander plazierten Hauptradpaare das übliche Rotieren beim Start verhindern würden. Man entwarf daher die Höhe der beiden Baugruppen so, daß die Maschine in derselben Stellung stand, in der sie auch abhob, sobald die Fluggeschwindigkeit erreicht war. Jede Fläche trug drei Gondeltriebwerke, innen im Zweierbündel und außen ein Einzelaggregat. Beim Prototyp handelte es sich um General Electric-J35-Strahltriebwerke mit je 1701 kg Schub. Der Rumpf nahm eine dreiköpfige Besatzung, Pilot, Kopilot/Bordschütze und Navigator/Bombenschütze, auf, enthielt einen großen Bombenschacht für die schweren thermonuklearen Bomben jener Zeit, der sich aber auch für eine konventionelle Last von 9979 kg Bomben modifizieren ließ, und war zur Beladung mit Starthilfsraketen (JATO) vorbereitet. Hinzu kam eine fernbediente Abwehrbewaffnung im Heck, die vom Kopiloten manuell eingesetzt oder vom Feuerleitradar automatisch betätigt wurde.

Die Prüfung der **XB-47** durch die neuorganisierte USAF zog einen Vertrag über zehn **B-47A (Modell 450-10-9)** zur weiterführenden Truppenerprobung und Einweisung nach sich. Die **B-47A** entsprachen im wesentlichen den Prototypen, unterschieden sich aber durch ihre leistungsstärkeren J47-GE-11-Strahltriebwerke à 2359 kg Schub. Sie dienten vor allem dazu, die beste Art der Abwehrbewaffnung im Heck und die optimale Feuerleiteinrichtung zu finden. Die erste **B-47A** flog am 25. Juni 1950. An diesem Tag begann auch der Koreakrieg, der den Beschaffungsumfang für den neuen Bomber der USAF rasch gewaltige Ausmaße erreichen ließ. Die Forderung war so dringend, daß die alte Produktionsgemeinschaft aus der Zeit des Zweiten Weltkriegs wieder auflebte. Neben Boeing in Wichita wurden die zwei Flugzeughersteller Douglas-Tulsa und Lockheed-Marietta in die Fertigung eingeschaltet.

Die erste echte Serienversion, von der 399 Flugzeuge gebaut wurden, war die **B-47B (Modell 450-11-10)**. Douglas baute zehn beziehungsweise acht und Lockheed acht Exemplare, die der Einrichtung und Erprobung ihrer Fertigungsstraßen dienten. Die neue Version hob sich von der **B-47A** durch Änderungen der Zelle für höhere Betriebsmassen, eine Luftbetankungsanlage und Vorrichtungen für Unterflügel-Treibstofftanks ab. Die späteren Bomber dieser Baureihe (ab Nr. 88) wurden mit J47-GE-23-Triebwerken ausgestattet, die 2631 kg Schub erzeugten. Der erste flog am 26. April 1951, und rund zwei Monate später lief die Indienststellung bei der USAF an.

Die Hauptserienversion war die **B-47E (Modell 450-157-35)**, von der über 1600 Exemplare als Bomber und Aufklärer gebaut wurden. In diesen Flugzeugen wurden zahlreiche wichtige Änderungen vorgenommen, darunter ein verstärktes Fahrwerk für höhere Abflugmassen, ein modifizierter Bug mit Luftbetankungsstutzen und Schleudersitzen für die Besatzung. Hinzu kam ein Bremsschirm zur Verkürzung der Ausrollstrecke, 20-mm-Kanonen im Heck, ein abwerfbares Gestell für insgesamt 33 Starthilfsraketen mit je 454 kg Schub anstelle der internen JATO-Anlage und J47-GE-25-Triebwerke, die mit Wassereinspritzung bis zu je 3266 kg Schub entwickelten.

Die **B-47E** hob am 30. Januar 1953 zum ersten Mal vom Boden ab und ging darauf beim Strategic Air Command der USAF in Dienst. 1957, auf dem Höhepunkt der **B-47**-Verwendung, hatten 28 mittlere Bombergeschwader des SAC eine Sollstärke von 45 **B-47**, weitere 300 Exemplare waren in anderen Rollen eingesetzt und nochmals 300 Stück bildeten einen Reservebestand. Insgesamt ergab dies über 1800 **Stratojets**. Man hatte geschätzt, daß bis 1957 ein moderneres Muster als Nachfolger bereitstünde, doch schon bald war klar, daß die **B-47** bis weit in die sechziger Jahre durchhalten mußte. Dieser Faktor und die neu erhobene Forderung, Ziele künftig in geringer Höhe „unterhalb der Radarkeule" anzufliegen, führte zu Ermüdungserscheinungen am Tragwerk. Tiefflugangriffe legten den Bombern neue Einsatzverfahren auf, darunter den Schulterwurf von Nuklearmitteln, wie in der Vergangenheit für Jagdflugzeuge entwickelt. Diese Methode beinhaltete einen Hochgeschwindigkeitsanflug zum Ziel in geringer Höhe, gefolgt vom steilen Hochziehen zum halben Looping (unmittelbar vor der senkrechten Haltung wurde die Waffe ausgelöst) und einer halben Rolle am Scheitelpunkt. Der letzte Teil bestand im klassischen Immelmann (hochgezogene 180°-Kehrtkurve), der die **B-47** aus dem Zielbereich führte, bevor die Bombe detonierte. Die Tragflächen der **B-47** waren weder für solche Manöver noch für die verlängerte Lebensdauer konzipiert. So verschlangen die nötige Überarbeitung und Verstärkung der Tragflächenstruktur gewaltige Summen. Die veränderten **B-47E** erhielten die neue Bezeichnung **B-47E-II**. Die noch umfassendere Modifikation der **B-47B** zum Standard der **B-47E**, einschließlich der Grunderneuerung des Tragwerks, führte zur **B-47B-II**.

Dieses und weitere Programme zur Modernisierung der Ausrüstung stellten sicher, daß die **B-47** 15 Jahre lang Dienst in Einsatzverbänden leistete, bis sie 1966 ausschied. Einige Exemplare flogen sogar noch bis Ende 1969 Wetteraufklärung für das Military Airlift Command. Die **B-47** stellt eine technologische Glanzleistung Boeings dar, und sie belegt einen Ehrenplatz in

***Die strategische Aufklärung der US Air Force leisteten eine große Flotte RB-47H und drei ERB-47H (im Bild). Erstere war auf elektronische Überwachung spezialisiert, letztere experimentierten auf anderen Teilgebieten der elektronischen Aufklärung.***

***Eine Spezialversion für Luftbildaufklärung war die RB-47E, erkennbar am verlängerten Bug. Diese Maschine fliegt hier im Verband mit einer frühen B-47E, der Hauptbomberversion.***

der USAF-Geschichte als der weltweit erste strahlgetriebene Pfeilflügelbomber, der in großer Stückzahl gebaut wurde. Der enorme Ausstoß hatte unweigerlich eine Vielzahl an Varianten zur Folge.

**Varianten**

**B-47B-II:** Bezeichnung der B-47B, die den erweiterten Standard B-47E durch Umrüstung, wie bereits im Text beschrieben, erhielten

**B-47B/L-52:** eine zur Royal Canadian Air Force abgestellte B-47B, die an Canadair Ltd. weitergereicht wurde; diente hier als Testträger für das in Kanada entwickelte Strahltriebwerk Orenda Iroquois, das in einer Gondel auf der rechten Seite des Hinterrumpfs montiert war

**DB-47B:** zu Leitflugzeugen, vor allem für die QB-47E (s. unten), aber auch für andere Drohnenflugzeuge umgerüstete B-47B; die Heckwaffen waren aus- und Funkausrüstung eingebaut

**RB-47B:** 24 zu Aufklärern umgerüstete B-47B, die mit acht Kameras und anderen Geräten in einer beheizten Zelle des Bombenschachts ausgerüstet waren (einige Erprobungsflugzeuge trugen die Bezeichnung YRB-47B)

**TB-47B:** Bezeichnung von 66 Standard B-47B mit zusätzlicher (vierter) Crew-Position für einen Fluglehrer zur Ausbildung von Piloten und Navigatoren

**YDB-47B:** eine zur Beladung, Start und Kontrolle eines Bell-Flugkörpers GAM-63 Rascal während der ersten Absetzerprobung modifizierte B-47B

**XB-47D:** unter dieser Bezeichnung wurden zwei B-47B zu Erprobungsträgern für Wright-YT49-W-1-Propellerturbinen umgerüstet; anstelle der J47-Paare war auf beiden Seiten je ein solches Turboprop-Triebwerk mit einer Leistung von 7241 äkW (9847 äWPS) eingebaut; die äußeren J47 blieben unangetastet

**DB-47E:** Bezeichnung zweier B-47B und zweier grundsätzlich ähnlicher YDB-47E, die ebenfalls zur Erprobung von Start und Kontrolle der Bell GAM-63 umgerüstet wurden

**QB-47E:** insgesamt 14 B-47E wurden unter dieser Bezeichnung zu funkgesteuerten Zieldrohnen umgebaut, die aber aus Kostengründen nicht abgeschossen werden durften; daneben erfüllten sie Aufgaben, die für eine menschliche Besatzung zu riskant waren

**RB-47E:** Hauptversion der B-47 als strategischer Aufklärer; 240 von Boeing auf der Fertigungsstraße produzierte Exemplare; die gesamte Bombenausrüstung wurde durch bis zu elf Kameras und zugehörige Ausrüstungskomponenten für Nachtaufnahmen ersetzt

**WB-47E:** 24 für den Wetterdienst des MAC umgebaute B-47E

**YB-47F:** eine B-47B mit Tanksonde, die zu Luftbetankungsversuchen mit Schlauchtrommelgerät diente

**KB-47G:** eine B-47B, die zum Lufttanker mit Schlauchtrommelausrüstung für die Versuche mit dem Empfängerflugzeug YB-47F (oben) modifiziert wurde

**RB-47H:** 32 von Boeing gebaute B-47, die noch auf dem Band für elektronische Aufklärungseinsätze fertiggestellt wurden; Ausrüstung mit Radarkuppeln an Bug, Bauch und Tragflächen; Umgestaltung des Bombenschachts zur Unterbringung von drei Aufklärungsspezialisten mit ihrem Gerät.

**ERB-47H:** unter dieser Bezeichnung wurden drei B-47E für den gleichen Zweck wie die RB-47H, aber mit nur fünfköpfiger Besatzung umgebaut

**YB-47J:** ein Standardbomber, der zum Versuchsträger für ein neues Bombeneinsatz-/Navigationssystem (MA-2) umgerüstet wurde

**RB-47K:** unter dieser Bezeichnung wurden 15 neue RB-47E für Luftbild-/Wetteraufklärungsflüge in allen Höhenbändern fertiggestellt

**EB-47L:** Bezeichnung, die 35 B-47E 1963 nach ihrer Umrüstung zu fliegenden Fernmelderelaisstationen erhielten

**TECHNISCHE DATEN**

**Boeing B-47E-II Stratojet**

**Typ:** mittlerer strategischer Bomber

**Triebwerke:** sechs General Electric-J47-GE-25- oder -25A-Strahltriebwerke mit je 3266 kg Schub mit Wassereinspritzung

**Leistung:** Höchstgeschwindigkeit 975 km/h in 4970 m Höhe; Marschgeschwindigkeit 896 km/h in 11.735 m Höhe; Dienstgipfelhöhe 12.345 m; Reichweite 6437 km

**Gewicht:** Leermasse 36.630 kg; max. Startmasse 89.893 kg

**Abmessungen:** Spannweite 35,36 m; Länge 33,48 m; Höhe 8,51 m; Tragflügelfläche 132,66 m$^2$

**Bewaffnung:** zwei 20-mm-Kanonen im ferngesteuerten Heckturm und bis zu 9071 kg Bomben in internen Schächten

# Boeing Modell 464 (B-52 Stratofortress)

Die mächtige **Boeing B-52 Stratofortress** hätte wegen ihrer nicht akzeptierbaren Verwundbarkeit gegenüber Boden-Luft-Flugkörpern normalerweise längst ausgesondert werden müssen. Statt dessen aber überlebte sie zwei mögliche Nachfolger und ist weiterhin eines der drei strategischen Abschreckungsmittel der USA (die beiden anderen sind land- und seegestützte Interkontinentalraketen). Es erforderte mehr als 1 Milliarde US Dollar, um rund 230 Flugzeuge dieses Musters einsatzfähig zu erhalten und ihre Sicherheit, Zuverlässigkeit, Leistung und Waffenablieferung zu verbessern.

Auf dem Luftwaffenstützpunkt Offut in Nebraska, dem Sitz des Strategic Air Command der US Air Force, teilte man 1976 einem Journalisten mit, daß einige **B-52** noch im 21. Jahrhundert operieren würden. Sollte die **B-52** tatsächlich das Jahr 2000 erleben, dürfte sie das Muster mit der längsten Dienstzeit im aktiven Einsatz sein. Der jüngste dieser unterschallschnellen Bomber könnte dann 40 Einsatzjahre nachweisen.

Was einmal der „lange Arm" des SAC werden sollte, begann 1948 als Turboprop-Nachfolger für die Boeing B-50. Diese basierte ihrerseits auf der B-29 Superfortress, deren Atombombenabwürfe auf Japan den Zweiten Weltkrieg beendet hatten. Die Konstrukteure standen vor dem Problem, daß das Nachfolgemuster von Luftstrahlturbinen angetrieben werden mußte. Gewöhnliche Strahltriebwerke dieser Periode verbrauchten soviel Treibstoff, daß man ihn nur in einem riesigen Flugwerk unterbringen konnte. Die Lösung war eine Kombination mit großen Propellern, wie sie die Sowjetunion später mit der Tupolew Tu-95 „Bear" verwirklichte. Die Entscheidung über das Antriebssystem des neuen Strahlbombers bereitete den Konstrukteuren die größten Schwierigkeiten. Propellerturbinen boten sich zwar an, weil sie wirtschaftlicher als reine Strahltriebwerke arbeiteten, aber andererseits waren sie komplizierter und weniger zuverlässig.

1949 erschien dann das Strahltriebwerk J57 von Pratt & Whitney. Es war jedem anderen US-Turbojet-Triebwerk haushoch überlegen. Dieses Triebwerk, das zunächst 3402 kg Schub abgab, trug wesentlich dazu bei, die Grundeinstellung Boeings und der USAF zu ändern.

Boeing und Convair, der Rivale auf dem Großbombermarkt, lieferten sich ein erbittertes Gefecht um den Auftrag für den neuen Bomber der US Air Force. Convair hatte bereits die gigantische B-36 geliefert und konnte somit fundierte Erfahrungen mit Schwergewichtlern vorweisen. Doch die von ihr vorgeschlagene YB-60 kam an die Leistung des Konkurrenzmodells **B-52** nicht heran, und Boeing trug den Sieg davon, obwohl das Convair-Flugzeug preiswerter war.

Der Prototyp **XB-52 (Modell 464-67)** hob erstmals am 15. April 1952 ab. Seine Technologie basierte auf dem mittelschweren Bomber B-47, der fünf Jahre zuvor geflogen war. So hatte die **XB-52** ein ähnlich dünnes Tragwerk, das in Schulterhöhe montiert war und gebündelte Triebwerke in untergehängten Gondeln aufnahm. Auch die Fahrwerkskonzeption in Form von Tandem-Hauptbaugruppen und Stützrädern an Auslegern unter den Außenflächen stimmte überein. Bemerkenswert an der **XB-52** war die Tandemanordnung der Flugzeugführersitze.

Die ersten drei Serienbomber erhielten die Bezeichnung **B-52A (Modell 464-201-0)**. Sie verblieben als Test- und Entwicklungsflugzeuge bei Boeing und bestritten ein Verbesserungsprogramm, das bis heute fortdauert. Zur USAF stieß als erste Version die **B-52B (Modell 464-201-3)**, die praktisch mit der **B-52A** identisch war, aber ein Navigations- und Bombeneinsatzsystem besaß. Von den 50 Serienflugzeugen dieser Baureihe wurden insgesamt 27 Exemplare zu RB-52B-Aufklärern umgerüstet.

Die **B-52C (Modell 464-201-6)** war in Leistung und Ausrüstung wesentlich verbessert. Diese Version (35 Flugzeuge) erhielt auch erstmals den weißen Schutzanstrich an der Unterseite, der die Hitzestrahlung von Atombomben reflektieren sollte. Ihr folgte die **B-52D (Modell 464-201-7)**, von der 170 Exemplare mit verbessertem Feuerleitgerät für die vier 12,7-mm-Maschinengewehre im Heckwaffenturm gebaut wurden. Als die **B-52D** aus dem Boeing-Werk in Wichita rollten (wohin sich die Fertigung wegen der Massenproduktion der KC-135-Lufttanker in Seattle zunehmend verlagert hatte), bedachte die USAF die Nachfolgefrage für den Großbomber. Man entschied sich für die WS-110, die spätere North American B-70.

Die B-70 lag allerdings noch in weiter Ferne. So liefen die Verbesserungen der **B-52** weiter und führten zur Version **B-52E (Modell 464-259)**; diese 100 Flugzeuge hatten ein moderneres Navigations- und Waffeneinsatzsystem sowie ein zur Integration von Ausrüstungsanzeigen neu ausgelegtes Flugdeck. Das fortwährend gestiegene Gewicht erforderte einen stärkeren Antrieb, vor allem für den Start. Die **B-52F (Modell 464-260)**, von der insgesamt 89 Exemplare gefertigt wurden, erhielt daher eine neuere Version des J57 mit Wassereinspritzanlage zur Steigerung der Startschubleistung.

Die **B-52G (Modell 464-253)**, die als Schlußversion bis zur Verfügbarkeit der B-70 geplant war, brachte eine Fülle an Hauptverbesserungen. Zur Einsparung von Gewicht und Erhöhung der Sicherheit hatte man die Zelle in weiten Teilen neu entworfen; Tragflächenintegraltanks ergaben eine beträchtlich höhere Treibstoffkapazität; der Heckschütze war in der Besatzungszelle untergebracht, so daß man beachtlich an Gewicht sparte; das Seitenleitwerk war verkleinert, und man hatte Vorrichtungen zum Start von ECM-Täuschkörpern und Abstandsraketen eingebracht. Insgesamt wurden 193 **B-52G** produziert, die letzte im Jahre 1960. Der für die „G" bestimmte Marschflugkörper AGM-28 Hound Dog hatte eine Reichweite von rund 1200 km. Die **B-52G** war somit eigentlich die erste Stufe einer Fernrakete.

Unterdessen planten Boeing und die USAF gemeinsam eine weitere Version, die **B-52H (Modell 464-261)**, die in der Tat

*Eine B-52H Stratofortress im taktischen Sichtschutz. Von der kontinuierlichen Erneuerung dieses Musters mit offensiven und defensiven Avioniksystemen zeugen die zahlreichen Ausbuchtungen und Antennen an Ober- und Unterseiten des Bugs sowie am Rumpf. Weitere Modifikationen sind unumgänglich, wenn die USAF die ehrwürdige B-52 bis zu Beginn des 21. Jahrhunderts im Dienst halten will.*

das letzte Modell sein sollte. Sie war durch zwei Hauptänderungen gekennzeichnet: die Einführung neuer Pratt & Whitney-TF33-Mantelstromtriebwerke, die mehr Schub bei gleichzeitig deutlich geringerem Treibstoffverbrauch erzeugten, und strukturelle Neuerungen, die dem Muster den Einsatz in geringer Höhe ohne übermäßige Ermüdungsprobleme gestatteten. Ferner wichen die vier 12,7-mm-Maschinengewehre einer einzigen „Gatling-Schnellfeuerkanone". Diese war zur Beladung mit ballistischen Raketen vom Typ Skybolt unter den Flächen und Quail-Täuschkörpern in den Bombenschacht ausgelegt.

Im Juni 1962 verließ die letzte **B-52H** von insgesamt 744 **B-52** das Wichita-Werk. Da sowohl das Skybolt als auch das B-70-Projekt eingestellt wurden, mußte die **B-52** offensichtlich noch lange Zeit im Einsatz bleiben.

1963 wurde eine Studie für die **B-52D** als CBC (Conventional Bomb Carrier – Träger für konventionelle Bomber) erarbeitet, und im Jahr darauf begann Boeing-Wichita mit einem Umbauprogramm, das die Beladung der **B-52D** mit 103 „Eisenbomben" von nominell je 340 kg, in Wirklichkeit aber je 374 kg gestattete. Ab 1965 wurden derart umgerüstete CBC-Flugzeuge gegen vermutete Schlupfwinkel des Vietcong in Südvietnam und die Nachschubroute von Nordvietnam, den sogenannten Ho-Tschi-Minh-Pfad, eingesetzt. Als die Friedensverhandlungen stagnierten, wurden im April 1966 Bombeneinsätze gegen mehrere Ziele in Nordvietnam genehmigt.

Während der späten sechziger und frühen siebziger Jahre warfen die **B-52** Sprengbomben auf Vietnam ab. Verbesserte Navigations- und Waffeneinsatzverfahren erleichterten diese Aufgabe, und fortwährend weiterentwickelte elektronische Gegenmittel boten einen gewissen Schutz. Ende 1972 wurden sie zu vernichtenden Schlägen gegen die Hauptstadt Nordvietnams und ihren Hafen (Haiphong) eingesetzt und richteten verheerende Schäden an. Die USAF verlor jedoch 15 strategische Bomber durch gegnerische Boden-Luft-Raketen. Nur wenig später wurden sämtliche US-Streitkräfte von diesem Kriegsschauplatz abgezogen.

Zehn Jahre zuvor hatte die USAF die Erstellung von Unterlagen eingeleitet, die 1965 zur Forderung nach dem Advanced Manned Strategic Aircraft (AMSA – fortschrittliches, bemanntes, strategisches Kampfflugzeug) führten. In diesem Muster sah man damals den Tiefflug-Eindringbomber, der die **B-52** des SAC ab 1980 ablösen sollte. Im Sommer 1970 wurde die Los Angeles Division von North American Rockwell als Hauptvertragsnehmer für ein politisch umstrittenes Rüstungsprogramm genannt. Die Produktion dieses Flugzeugs mit der Bezeichnung B-1 ließ Präsident Carter am 30. Juni 1977 stoppen, da seine Regierungsmannschaft für die Entwicklung des Marschflugkörpers optierte. Im September 1981 revidierte Präsident Reagan diese Entscheidung mit der Folge, daß 100 verbesserte B-1B produziert wurden.

Auf den Schultern der **B-52** ruht weiterhin ein hohes Maß an Verantwortung, und die 1976 vorhergesagte Weiterverwendung der **B-52** bis ins 21. Jahrhundert scheint sich zu bewahrheiten. Dies bedeutet allerdings auch, daß die enormen Ausgaben für die Verbesserungsprogramme nicht vergeudet waren. Es wurde das OAS-Programm (Offensive Avionics System – Offensivavionikpaket) aufgestellt, um die Navigations- und Waffeneinsatzsysteme der **B-52G** und **B-52H** in den Einsatzverbänden der USAF dem Stand der Technik anzupassen. Die erste Phase dieses Programms begann am 3. September 1980 mit dem ersten Flug einer OAS-gerüsteten **B-52G**. Nach zwölfmonatiger Flugerprobung hob man die gesamte **B-52G**-Flotte auf diesen Standard an und trieb ferner die Entwicklung der **B-52** als Träger von Marschflugkörpern voran. Insgesamt 173 **B-52G** wurden so modifiziert, daß sie zwölf Boeing AGM-86B ALCM (Air-Launched Cruise Missile – luftgestarteter Marschflugkörper) an Trägern unter den Flächen mitführen können, zusätzlich zu den acht Boeing AGM-69 SRAM (Short-Range Attack Missile – Kurzstrecken-Angriffsraketen) oder anderen Waffen im internen Schacht. Alle verbliebenen **B-52H** wurden entsprechend diesen Standard modifiziert.

Bei der „Operation Wüstensturm" gegen den Irak waren die **B-52** erneut an Kampfhandlungen beteiligt. Ihre enorme Reichweite und ihr Nutzlastvermögen wurden wirkungsvoll zum Einsatz konventioneller Mittel genutzt. Die Beendigung des Kalten Krieges erlaubt heute eine beträchtliche Reduzierung des Abschreckungspotentials. So sollen die derzeit noch im Dienst befindlichen 80 **B-52G** Mitte der neunziger Jahre ausgesondert werden. Etwa 95 **B-52H** bleiben dem neu aufgestellten Air Combat Command erhalten. Mit der Außerdienststellung der G-Version kommt den **B-52G** ein erweitertes Auftragsspektrum zu. 1991 begann die Umstellung der **B-52H** auf die AGM-129 Advanced Cruise Missile. Zu den weiteren Waffenoptionen zählen konventionelle Marschflugkörper, präzisionsgelenkte Angriffsraketen und konventionelle Bomben.

### TECHNISCHE DATEN

**Boeing B-52H Stratofortress**

**Typ:** sechssitziger strategischer Bomber

**Triebwerke:** acht Pratt & Whitney-TF33-P-3-Turbofan-Triebwerke mit je 7711 kg Schub

**Leistung:** Höchstgeschwindigkeit in optimaler Höhe 958 km/h; Marschgeschwindigkeit in optimaler Höhe 819 km/h; Dienstgipfelhöhe 16.765 m; max. Reichweite ohne Luftbetankung 16.093 km

**Gewicht:** max. Startmasse 221.353 kg

**Abmessungen:** Spannweite 56,39 m; Länge 49,05 m; Höhe 12,40 m; Tragflügelfläche 371,60 m$^2$

**Bewaffnung:** eine fernbediente Vulcan 20-mm-Kanone im Heckturm sowie bis zu 20 AGM-86 ALCM und nukleare Freifallbomben

# Boeing Modell 707

In den USA erkannte Boeing als erstes Unternehmen das Potential von Gasturbinen als Antrieb für eine neue Generation ziviler Verkehrsflugzeuge und leitete den Entwurf und die Konstruktion solch eines Luftfahrzeugs ein. Der Prozeß begann mit Studien für eine strahl- oder turbinengetriebene Version der militärischen C-97 Stratofreighter. Dieses schwere Fracht- und Truppentransportflugzeug war von der B-29 Superfortress abgeleitet. Da die Vorschläge auf kein oder nur geringes Interesse stießen, faßte Boeing im August 1952 den kühnen Entschluß, rund 16 Millionen US-Dollar in die Konstruktion eines völlig neuen Verkehrsmusters mit Strahlantrieb zu investieren. Um das Vorhaben bis zu einem gewissen Grad geheimzuhalten, erhielt das Projekt die Bezeichnung **Modell 367-80**, intern „Dash-80" genannt. Das Stabspersonal wußte allerdings, daß diese Maschine als **Modell 707** vermarktet werden sollte.

Boeing verkannte von Anfang an keineswegs, daß der riesige Aufwand an Eigenkapital für dieses Projekt nicht annähernd dem Betrag entsprach, den eine Serienfertigung dieses zivilen Airliners erfordern würde. Daher plante man, den Entwurf zunächst als militärisches Hochgeschwindigkeits-Tranportflugzeug oder als Lufttanker herauszubringen, und setzte darauf, die Kosten für die Werkzeugausstattung und die Entwicklung eines erstklassigen zivilen Verkehrsflugzeugs über einen Auftrag vom Militär aufzufangen.

Das **Modell 367-80**, das am 14. Mai 1954 aus der Werkshalle rollte, trug unverkennbare Züge des kolbengetriebenen Zivilmodells 377 Stratocruiser und der militärischen KC-97. Aerodynamisch war es jedoch eher mit der B-47 Stratojet verwandt, die die USAF 1950 in Dienst gestellt hatte. Der für den Strahlbomber typische, mit 35° zurückgepfeilte Flügel blieb erhalten, und man zog auch die beiden paarweise in Gondeln unter die Innenflächen gehängten Triebwerke für die „Dash-80" in Betracht. Unter bestimmten Umständen konnte aber der Ausfall einer Triebwerkseinheit das Abstellen des noch funktionstüchtigen Aggregats erforderlich machen, so daß die verbliebene Leistung erheblich beeinträchtigt war. Man entschied sich daher für die Sicherheit und den Einbau der Triebwerke in getrennten Gondeln an Stielen. Diese Triebwerkanordnung sollte ein charakteristisches Merkmal der 707/720 und der späteren 747 werden.

Unter dem Antrieb von vier Pratt & Whitney-JT3P-Strahltriebwerken mit je 4309 kg Schub hob die „Dash-80" am 15. Juli 1954 als rein militärischer Demonstrator zum ersten Mal vom Boden ab. Bereits in einer frühen Phase des Flugtestprogramms erhielt die „Dash-80" einen von Boeing entwickelten Betankungsausleger, der die rasche Übergabe des Treibstoffs vom Lufttanker an den Empfänger vereinfachte. Mit dieser Kombination – Hochleistung-Großflugzeug plus Luftbetankungssystem – konnte Boeing der USAF das Potential solch eines Tankflugzeugs vor Augen führen, wenn es im

***Die erste 707-Version mit Mantelstromtriebwerken war die Serie 400, die den längeren Rumpf der Serie 300 mit Rolls-Royce-Conway-Triebwerken verband. Als Hauptnutzer trat BOAC auf.***

***Die Boeing Modell 707 kann für sich den Ruhm in Anspruch nehmen, wahrhaft die Ära des strahlgetriebenen Airliner-Luftverkehrs eingeläutet zu haben. Die Bedeutung dieses Musters läßt sich aus der Tatsache ablesen, daß zahlreiche Exemplare weiterhin im Liniendienst fliegen, wie etwa diese 707-320 von Avianca, der kolumbianischen Staatslinie, die drei Boeing 707 betreibt.***

Dienst befindliche und künftige Bomber, Jäger, Aufklärer und Transporter unterstützte, in oder zumindest nahe ihrer Einsatzhöhe und unter Geschwindigkeiten, die für keines der Muster mehr echte Probleme aufwerfen würden. Weniger als drei Monate nach dem Erstflug der **Modell 367-80** erhielt Boeing am 5. Oktober 1954 den ersten Auftrag für 29 KC-135A Tanker-/Transportflugzeuge. Boeings Plan hatte sich ausgezahlt, denn langfristig sollte das Unternehmen 800 Militärflugzeuge unter der Grundmodellbezeichnung 717 bauen.

Als die militärische Beschaffung gesichert war, wurde die „Dash-80" zur zivilen Vorführmaschine umgerüstet. Man bot zunächst US-Fluggesellschaften den Jet-Airliner an, der die existierenden Verkehrsmaschinen mit Kolbentriebwerk in Kürze von den transkontinentalen Strecken der USA verdrängen sollte. Der erste Auftrag kam von der Pioniergesellschaft Pan American, die am 13. Oktober 1955 sechs Exemplare der ersten Version **Modell 707-120** bestellte. Nur drei Monate zuvor hatte die USAF zugestimmt, daß Boeing parallel zur Herstellung der C/KC-135 zivile Entwicklungen der „Dash-80" bauen dürfe, und man richtete zügig eine Montagestrecke für zivile Airliner ein. Pan Americans erste **707-120** startete am 20. Dezember 1957 zum Jungfernflug. Im August des Folgejahres wurde die Maschine an die Airline übergeben, und am 26. Oktober 1958 weihte sie den transatlantischen Düsenverkehr auf der PanAm Strecke New York–London ein, obwohl sie eigentlich für Kontinentalflüge vorgesehen war. Mit diesem Vorstoß wollte man jedoch eher Flagge zeigen als einen regulären Liniendienst praktizieren. Wenig später jedenfalls befanden sich die **707-120** der Pan Am, wie geplant, im US-amerikanischen Inlandsnetz. Erst als die Gesellschaft die erste echte Langstreckenversion der **707**, das interkontinentale **Modell 707-320**, erhielt, wurden ab 10. Oktober 1959 planmäßig Flüge über den Atlantik abgewickelt.

Die Produktion der **Modell 707** lief praktisch 1990 aus. In 30 Jahren waren insgesamt 999 Flugzeuge dieses Musters, einschließlich seiner militärischen Ausführungen, entstanden. Die in diesem Zeitraum entwickelten Varianten sind weiter unten kurz aufgeführt.

Die abschließende Serienversion war das **Modell 707-320C Convertible**, ein Mehrzweckflugzeug, das in typischer Auslegung 14 Passagiere in der ersten Klasse und 133 Reisende in der Standardklasse befördern kann, aber auch für maximal 219 Personen bei dichter Bestuhlung zugelassen. Alternativ vermag sie mit gemischter Nutzlast, Fracht und Passagiere, oder als reines Frachtflugzeug zu operieren. In der letztgenannten Konfiguration kann sie bis zu 13 Container Typ A im Frachtraum des Hauptdecks aufnehmen und verfügt zudem über ein Raumvolumen von 48,14 m³ im unteren Standardfrachtdeck. Während der 30 Produktionsjahre wurde die **707** ständig weiterentwickelt, um Leistung, Wirtschaftlichkeit, Nutzlastkapazität und Reichweite zu verbessern.

Bei einem Muster, dessen Geschichte zeitgleich mit der Entwicklung der Gasturbine verlief, konnte es nicht ausbleiben, daß es diverse Triebwerktypen erhielt. Das JT3P mit 4309 kg Schub, das der „Dash-80" als Antrieb diente, wurde bei der ersten Serienversion durch 6123 kg Schub starke JT3C-6 ersetzt. Für das **Modell 707-120B** standen Pratt & Whitney-JT3D-1 oder -3 à 7711 kg bzw. 8165 kg Schub zur Auswahl. Die stärksten Strahltriebwerke für die erste Langstreckenversion **707-320** waren JT-4A-11 mit 7938 kg Schub. Das von BOAC für ihre **707-420** spezifizierte Turbofan-Triebwerk Rolls-Royce-Conway-Mk-508 erzeugte eine ähnliche Leistung. Die späten Serienflugzeuge **707-320C** wurden mit Pratt & Whitney-JT3D-7-Mantelstromtriebwerken ausgestattet. Das Nettoergebnis dieser Triebwerksfolge ist, daß das interkontinentale **Modell 707-320C** als Nur-Frachter ein um 30% höheres Abfluggewicht hat als die **707-220** von 1959 für den Inlandsverkehr.

Die Beschreibung des **Modells 707** wäre unvollständig ohne eine abschließende Bemerkung zur „Dash-80", die während ihrer knapp 18 Jahre im Liniendienst vermutlich die meisten Änderungen durchmachte. Über die Modifikationen im Rahmen der allgemeinen Weiterentwicklung der **707** hinaus wurde die „Dash-80" einer Vielzahl aerodynamischer und struktureller Hauptänderungen unterzogen, um neue Konzepte und fortschrittliche Merkmale späterer Boeing-Verkehrsflugzeuge zu testen. Dazu gehörten neue Tragflächenformen, Profile, Triebwerke und völlig neuartige Klappensysteme an Nasen- und Hinterkanten. Das Muster flog sogar mit einem fünften Triebwerk am Heck, damit man die für das Modell 727 vorgesehene Triebwerksinstallation bewerten konnte.

Zum Glück fiel die „Dash-80" nicht der Schrottpresse zum Opfer, sondern kehrte am Mai 1990 nach Seattle zurück, um einen Ehrenplatz als Exponat einzunehmen.

**Varianten**

**Modell 707-120B:** Weiterentwicklung der ersten Serienversion mit schubstärkeren Turbofan-Triebwerken und den aerodynamischen Verbesserungen an Trag- und Leitwerk, die beim Modell 720 eingeführt wurden

**Modell 707-220:** entspricht im wesentlichen der Originalserienversion, jedoch mit Pratt & Whitney-JT4A-3-Triebwerken

**Modell 707-320 Intercontinental:** transozeanische Langstreckenversion mit erhöhter Spannweite, längerem Rumpf (3,53 m bzw. 2,03 m), stärkeren Triebwerken und 189 Passagiersitzen

**Modell 707-320B Intercontinental:** Weiterentwicklung der 707-320 mit schubstärkeren Turbofan-Triebwerken und aerodynamischen Verfeinerungen

**Modell 707-320C Convertible:** Passagier-, Fracht- und Passagier- oder reine Frachtversion der 707-320B mit Frachtladeklappe und einem vom Boeing entwickelten Frachtfördersystem; in der Konfiguration eines Nur-Passagierflugzeugs finden 215 Fluggäste Platz

**Modell 707-320C Freighter:** Frachtversion der 707-320C, bei der sämtliche Passagiereinrichtungen entfielen

**Modell 707-420 Intercontinental:** grundsätzlich ähnlich wie Modell 707-320, jedoch mit Rolls-Royce-Conway-Mk-508-Turbofan-Triebwerken

**VC-137B/-137C:** Bezeichnung von fünf VIP-Transportflugzeugen für die USAF; die ersten drei Maschinen entsprachen dem Modell 707-120, jedoch mit besonderer Inneneinrichtung und Avionik; wurden als VC-137A ausgeliefert und nach der Umstellung auf Turbofan-Triebwerke in VC-137B umbenannt; die beiden VC-137C für eine sieben- oder achtköpfige Crew und 49 weitere Personen basieren auf dem Modell 707-320B

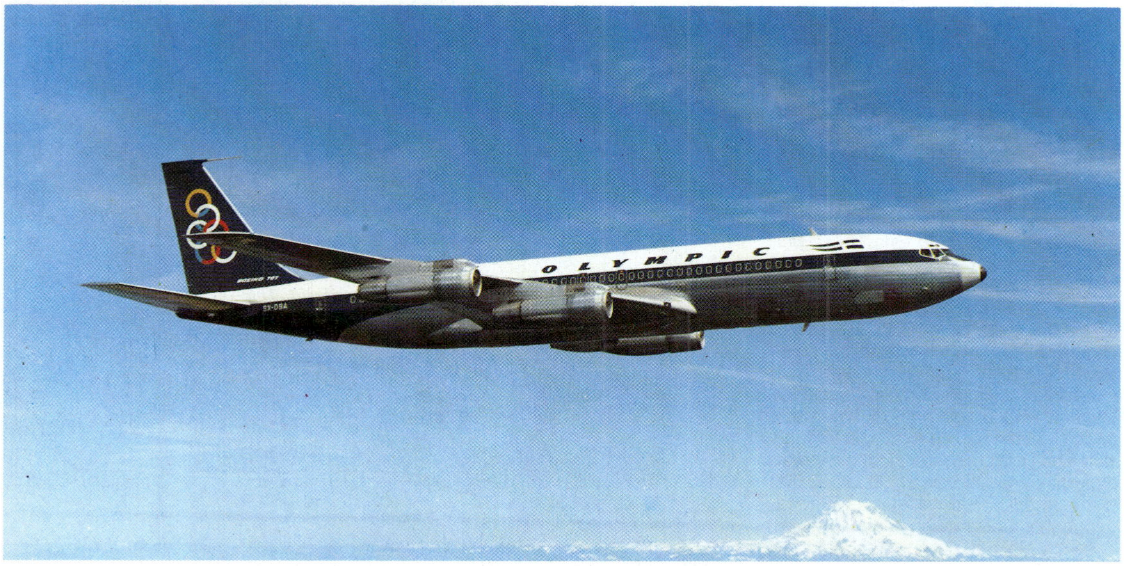


***Die 707-Schlußversion war die Serie 320C, eine umrüstbare Passagier- und Frachtvariante mit JT3D-Mantelstromtriebwerken.***

## TECHNISCHE DATEN

**Boeing Modell 707-320C**

**Typ:** vierstrahliges Verkehrsflugzeug

**Triebwerke:** vier Pratt & Whitney-JT3D-7-Turbofan-Triebwerke mit je 8618 kg Schub

**Leistung:** Höchstgeschwindigkeit 1009 km/h; max. Reisegeschwindigkeit 974 km/h; wirtschaftliche Reisegeschwindigkeit 885 km/h; Dienstgipfelhöhe 11.890 m; Reichweite mit max. Treibstoff, 147 Passagieren und IFR-Treibstoffreserven 9262 km

**Gewicht:** Leermasse Passagierversion 66.406 kg, Frachtversion 64.002 kg; max. Startmasse 151.318 kg

**Abmessungen:** Spannweite 44,42 m; Länge 46,61 m; Höhe 12,93 m; Tragflügelfläche 283,35 m²

# Boeing (Modell 707) E-3A Sentry bis Boeing Modell 720

**Seit der Firmenname 1961 in Boeing Company geändert wurde, konzentrierte das Werk sich auf zivile Passagiermaschinen. Nennenswerte Ausnahmen waren lediglich die militärischen Varianten der 707 wie die AWACS und Flugzeuge für U-Boot-Verbindung, Frontaufklärung und Zielerkennung sowie Militärtransporter und -elektronik.**

## Boeing (Modell 707) E-3 Sentry

***Das AWACS-Flugzeug Boeing E-3A Sentry bietet gewaltige Vorteile für Luftoperationen. Das leistungsstarke Überwachungsradar und rechnergestützte Betriebsabläufe im Gefechtsstand ermöglichen die zügige Koordination amerikanischer und alliierter Kampfflugzeuge für offensive und defensive Maßnahmen, selbst im Umfeld intensiver elektronischer Gegenmaßnahmen.***

Die USAF formulierte 1963 eine Forderung für ein AWACS (Airborne Warning And Control System) Frühwarn- und Leitflugzeug. Wie man ermittelt hatte, bestand damals ein Bedarf an bis zu 64 solcher Spezialflugzeuge. Wirtschaftliche Sachzwänge führten nach Erarbeitung dieses Konzepts allerdings zu einer beträchtlichen Reduzierung der Erstbeschaffung.

Hieraus resultierte die **Boeing E-3A Sentry** als flexible, störfeste und überlebensfähige Radarstation einerseits und als Führungs-, Fernmelde- und Leitzentrale andererseits – all dies in der Zelle einer Boeing 707. Außer der Überwachung eines weiten Luftraums in niedrigen und großen Höhen vermag das AWACS-Flugzeug auch Ziele unter allen Wetterbedingungen über jedem Gelände zu identifizieren und zu verfolgen. AWACS können Abfangjagd, Abriegelung, Aufklärung und Gegenangriff sowie Unterstützung in Form von Lufttransport und Versorgung übernehmen.

Die USAF sah AWACS-Kräfte für zwei Kommandobereiche vor. Das Tactical Air Command (TAC – Kommando taktische Luftstreitkräfte) sollte dieses System zur Überwachung des Luftraums im aktuellen Operationsgebiet und als Kommandozentrale zur Entfaltung der Verbände im eigenen Unterstellungsbereich nutzen. Das Aerospace Defense Command (ADC – Luftverteidigungskommando) hingegen sah im AWACS primär die „schwierig auszumachende" Führungs- und Leitzentrale. Das ADC wurde inzwischen Teil des TAC.

Boeing erhielt am 23. Juli 1970 den Auftrag zum Bau von zwei Prototypen **EC-137D**. Der Boeing-Vorschlag gründete auf dem Flugwerk des Verkehrsmodells **707-320B**, und die Anfangsmodifizierungen der beiden Prototypen waren primär auf die vergleichende Bewertung der Abwärtssicht-Weitbereichsradargeräte ausgerichtet, die die Firmen Hughes Aircraft und Westinghouse Electric entwickelt hatten. Am 5. Oktober 1972 gab die USAF Westinghouse als Vertragsnehmer für das Überwachungsradar bekannt, das den Sensorkern des AWACS bilden sollte. Er sollte tieffliegende Luftziele in bis zu 370 km Entfernung und mehr bei Angriffen in größerer Höhe erfassen und identifizieren.

Die Zelle der 707-320B brauchte zur Anpassung an die neue Rolle kaum geändert zu werden. Wichtigste Ergänzung und ein spezielles Erkennungsmerkmal ist das große Rotodom auf zwei breiten Stelzen über dem hinteren Drittel des Rumpfrückens. Die anderen essentiellen Avionikantennen sind im Trag- und Leitwerk sowie im Rumpf untergebracht. Für die leistungsstärkeren Turbofan-Triebwerke der beiden Versuchsflugzeuge **EC-137D** und der Serienmaschinen **E-3A** mit dem Beinamen **Sentry** mußten die Gondelstiele neu entworfen werden. Zu den wichtigsten internen Veränderungen zählten ein verstärkter Kabinenboden, die Aufstellung von Mehrzweckkonsolen und Ausrüstungsschränken sowie die Einrichtung eines Ruheraums für die Besatzung. Letztere besteht grundsätzlich aus einer fliegerischen Vier-Mann-Crew und 13 AWACS-Spezialisten. Je nach Einsatzart, TAC oder ADC, kann diese Zahl jedoch variieren.

Die Menge an Avionikausrüstung, die die **E-3A** für die AWACS-Rolle benötigte, bedingte die Installation umfassender Kühl- und Leitungssysteme, die die Funktionstüchtigkeit der Systeme und eine arbeitsfreundliche Umgebung für die Crew sicherstellen. So schützen Flüssigkeitskühlanlagen die Radarsender, und eine herkömmliche Stau- und Luftumwälzanlage sorgt für das Wohlbefinden der Crew. Den hohen Strombedarf decken Generatoren mit einer Gesamtleistung von 600 kVA ab. Das Rotodom auf dem Rumpfrücken hat einen Durchmesser von 9,14 m bei einer maximalen Dicke von 1,83 m. Hier ist sowohl das AN/APY-1 Überwachungsradar als auch die Freund-Feind-Funkkennanlage IFF/TADIL C untergebracht. Während des Einsatzes dreht sich das Rotodom hydraulisch mit 6 U/min. Im Normalflug reicht jedoch der 24. Teil dieser Drehgeschwindigkeit, um zu verhindern, daß das Schmieröl aufgrund der niedrigen Temperaturen steif wird und den Einsatzbetrieb gefährdet.

Das Westinghouse-Radar, ab der 22. **Sentry** eingebaut und zur nachträglichen Einrüstung in frühere Maschinen vorgesehen, kann als Impuls- oder als Impuls-Dopplerradar mit sechs verschiedenen Betriebsarten arbeiten. Der IBM-Hochgeschwindigkeitsrechner 4 Pi CC-1 besorgt die Datenverarbeitung. Zu seinen Leistungseckwerten gehören eine Verarbeitungsgeschwindigkeit von 740.000 Operationen pro Sekunde, eine Hauptspeicherkapazität von 114.688 Wörtern und ein Massenspeicher für 802.816 Wörter. Der bei der 24. Serienmaschine eingeführte IBM CC-2 Rechner kann im Hauptspeicher 665.360 Wörter festhalten. Diese **Sentry** wurde auch mit dem neuen JTIDS (Joint Tactical Information Distribution System – Verbundsystem für die Verteilung taktischer Informationen) ausgestattet. Es stellt einen abhörsicheren Hochgeschwindigkeits-Fernmeldekanal für bis zu 98.000 Nutzer sicher und ist weniger verwundbar gegenüber Störsendungen des Gegners.

Am 24. März 1977 wurde die erste **E-3A** Serienmaschine an die 552. Airborne Warning and Control Squadron der USAF auf Tinker AFB in Oklahoma übergeben. Derzeit verfügt die USAF über 34 AWACS-Flugzeuge. Darüber hinaus beschaffte die NATO 18 grundsätzlich ähnliche Frühwarn- und Leitflugzeuge. Die ersten **E-3A** für die NATO trafen 1982 ein und sind in Geilenkirchen stationiert. Von der USAF-Ausgabe unterscheiden sich die NATO-AWACS durch vergleichsweise geringfügige Änderungen an der installierten Avionikausrüstung, um fernmeldetechnischen NATO-Forderungen zu genügen. Bei den NATO-Maschinen wurden auch Waffenstationen für den Eigenschutz eingeführt, die sich alternativ mit ECM-Störbehältern beladen lassen.

22 **Core E-3A** und zwei **EC-137D** erhielten den Standard E-3B mit dem schnelleren IBM CC-2 Rechner. Die erste modifizierte **E-3B** kehrte im Juli 1984 zur Truppe zurück. Die Modifizierung von neun **E-3B** auf den Standard **E-3C** begann 1984. Diese Maschinen zeichnen sich durch sichere Fernmeldeverbindungen, verbesserte interne Systeme und eine stärkere Besatzung aus.

**E-3** wurden nach Saudi-Arabien, Frankreich und Großbritannien exportiert und mit SNECMA CFM56-2A-Mantelstromtriebwerken ausgestattet. 1986 nahm Saudi-Arabien fünf **E-3A** und acht **KE-3A** Lufttanker/Transporter in Empfang. Die Royal Air Force erhielt sieben **E-3D Sentry AEW.Mk 1**, mit denen sie im Juli 1991 No. 8

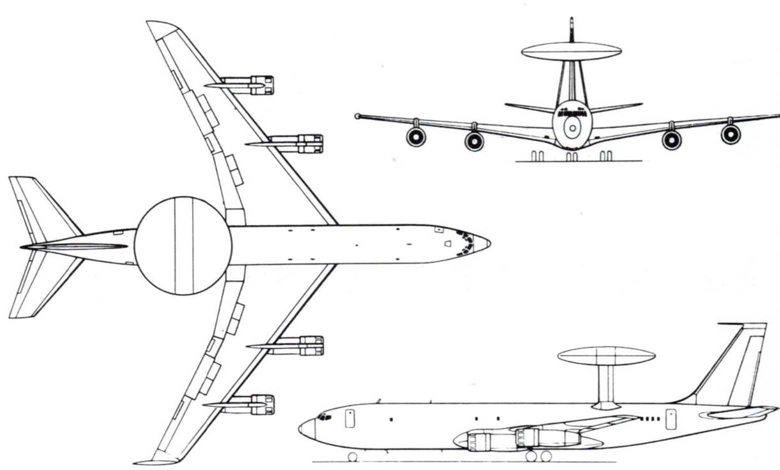

***Boeing EC-137D (E-3A Sentry)***

***Frankreich und Großbritannien erhielten die neuesten Sentry-Varianten mit CFM56-Turbofan-Triebwerken.***

Squadron in Waddington aufstellte. Diese Maschinen sind mit „Yellow Gate" ESM-Behältern von Loral an den Flächenenden und einer Luftbetankungssonde über der Kabine ausgestattet. Frankreich nahm vier **E-3F SDA** (Système de Détection Aéroportée) entgegen, ebenfalls mit Luftbetankungsrohr ausgerüstet. Mit diesem Quartett wurde im März 1990 die 36e Escadre de Détection Aéroportée in Avord gebildet.

Die **E-3** der USAF verlegten regelmäßig nach Island (seit 1979 ein permanentes Kommando), Südkorea und Saudi-Arabien, und AWACS unterstützten die US-Kampfoperationen in Grenada, Libanon, Panama und Irak. Bei der Operation Wüstensturm arbeiteten sie mit saudischen E-3 zusammen und wiesen bei der Leitung von insgesamt 3000 Einsätzen pro Tag eine anerkennenswerte Einsatzrate von 98% nach.

**TECHNISCHE DATEN**
**Boeing (Modell 707) E-3A Sentry**
**Typ:** Frühwarn- und Leitflugzeug
**Triebwerke:** vier Pratt & Whitney-TF33-PW-100/100A-Turbofan-Triebwerke mit je 9525 kg Schub
**Leistung:** Höchstgeschwindigkeit 853 km/h; Dienstgipfelhöhe 8840 m; Einsatzdauer in 1600 km Entfernung vom Stützpunkt 6 Stunden
**Gewicht:** max. Startmasse 147.418 kg
**Abmessungen:** Spannweite 44,42 m; Länge 46,61 m; Höhe 12,60 m; Tragflügelfläche 283,35 m²

# Boeing (Modell 707) E-6 Hermes

Im April 1983 erhielt Boeing den Auftrag, ein EC-130Q Hercules-Nachfolgemuster für die US Navy zu entwickeln, die die Fernmeldeanbindung der atomaren, mit Trident-Raketen bestückten U-Bootflotte gewährleistete. Diese TACAMO-Flugzeuge (TAke Charge And Move Out – Übernehmen und Nachsetzen) mußten auch in höchst schwierigen Situationen äußerst überlebensfähig sein. Boeing griff erneut auf die 707-Zelle zurück und rüstete die Fernmeldegerätschaft sowie die Arbeitsplätze für die Spezialisten ein. Zur Effektivitätssteigerung kamen CFM56-Turbofan-Triebwerke zum Einsatz. Zahlreiche Bordsysteme waren von denen der E-3A abgeleitet und durch die TACAMO ergänzt worden, darunter VLF-Schleppantennen (Längstwellenbereich) und ESM-Antennenbehälter an den Flächenenden.

**TECHNISCHE DATEN**
**Boeing (Modell 707) E-6 Hermes**
**Typ:** Langstrecken-Kommunikationsplattform für U-Boote
**Triebwerke:** vier CFM-International-F108-Mantelstromtriebwerke mit je 106,76 kN Schub
**Leistung:** Spitzengeschwindigkeit 981 km/h; normale Marschgeschwindigkeit 842 km/h; Startstrecke 1650 m; Dienstgipfelhöhe 12.800 m; normale Patrouillenhöhe 7620-9150 m; Reichweite ohne Luftbetankung 11.760 km; Flugdauer in 1850 km Entfernung vom Stützpunkt 10 Stunden, 30 Minuten oder 28 Stunden, 54 Minuten bei einmaliger Luftbetankung
**Gewicht:** Leermasse 78.378 kg; max. Startmasse 155.128 kg
**Abmessungen:** Spannweite 45,16 m; Länge 46,61 m; Höhe 12,93 m; Tragflügelfläche 283,40 m²

Die US Navy meldete einen Bedarf von 16 Flugzeugen als Ersatz für die EC-130Q bei VQ-3 und -4 an. Der erste Prototyp **E-6A Hermes** flog am 19. Februar 1987, und im Juni begann die Systemerprobung. Die Indienststellung der **Hermes** erfolgte im August 1989 bei VQ-3 und VQ-4 mit je acht Flugzeugen. Beide Staffeln durchlaufen derzeit eine Konsolidierungsphase unter Strategic Wing One auf Tinker AFB in Oklahoma. In Zukunft könnte die Funktion der strategischen Befehlsstellen der USAF jedoch auf die **E-6** übergehen.

***Die E-6A kombiniert einen durchgehend nutzbaren Innenraum, eine hohe Spurtgeschwindigkeit und eine vorzügliche Ausdauer – optimale Attribute für die U-Boot-unterstützungsrolle.***

# Boeing (Modell 707) E-8 J-STARS

Grumman wurde im September 1985 mit der Entwicklung von **J-STARS** (Joint Surveillance and Target Attack Radar System) beauftragt. Dieses System sollte die Gefechtsfeldaufklärung aus dem Abstand ermöglichen. Das Norden-Radargerät bedient sich der synthetischen Strahlöffnung, um ein hochauflösendes Feindlagebild in großer Schrägentfernung zu liefern, so daß das Trägerflugzeug weit vor der Front operieren kann.

Zwei modifizierte Boeing 707-323C Transportflugzeuge gingen an Grumman zur Integration der auftragsbezogenen Avionikausrüstung. Den Hauptsensor bildet das Radarsystem, das in einem 9,10 m langen Kanubehälter unter dem Vorderrumpf montiert ist. Die beiden zunächst mit **EC-18C** bezeichneten Flugzeuge wurden in **E-8A** umbenannt. Die **E-8B** ist eine vorgeschlagene Version, die auf neugebauten Flugzeugen mit F108-Mantelstromtriebwerken von CFM International basiert.

Die erste Maschine flog bei Boeing im April 1988 und bei Grumman in kompletter **J-STARS**-Konfiguration am 22. Dezember 1988. Weit vor der abschließenden Systembewertung wurden beide **E-8A** im Januar 1991 im Rahmen der Vorbereitung für die Operation Wüstensturm nach Riad geschickt. Die eilends formierte 44. **Joint STARS** Squadron flog 49 Einsätze und bestätigte das Konzept. Die gelieferten Radardaten erleichterten die Erstellung des Feindlagebilds und die Bekämpfung der irakischen Bodentruppen. Die **E-8** wurden mit der Aufklärung von Bodenzielen, Aufmarschräumen, „Scud"-Startkomplexen und -Depots, Fahrzeugkolonnen, Panzergruppen, Gefechtsfahrzeugen und sogar SAM-Raketenstellungen beauftragt.

***Die erste E-8A mit dem riesigen Norden J-STARS Radar unter dem Vorderrumpf startet zu einem Testeinsatz.***

# Boeing Modell 717 (C/KC-135 Stratolifter/Stratotanker)

Im August 1954 kündigte die USAF die geplante Beschaffung von Luftbetankungs-/Transportflugzeugen an. Sie sollten vom Prototyp Boeing 387-80 abgeleitet werden, der wenige Wochen zuvor erstmals geflogen war. Die erste **KC-135A**, wie man dieses Muster bezeichnete, absolvierte ihren Jungfernflug am 31. August 1956. Zehn Monate später, am 28. Juni 1957, wurde die erste Maschine auf dem Luftwaffenstützpunkt Castle in Kalifornien an die USAF übergeben. Seitdem entstand eine weitverzweigte Flugzeugfamilie für die USAF, deren Hauptvertreter Luftbetankungsflugzeuge **(Stratotanker)** und Frachttransportflugzeuge **(Stratolifter)** sind. Zwei modifizierte **KC-135A** nutzt die US-Luftfahrtbehörde (FAA) zur Vermessung von Navigationshilfen im Bereich der Vereinigten Staaten.

Die militärische Version des Modells **367-80** heißt **Boeing Modell 717**. Der Hauptunterschied zur späteren 707 besteht im kleineren Rumpfdurchmesser, dem Wegfall der Kabinenfenster, kleineren Abmessungen und geringerem Gewicht sowie Unterbringungsmöglichkeiten für 80 Soldaten oder eine entsprechende Frachtmenge auf dem Hauptdeck. Die gesamte Ausrüstung für die Tankerrolle befindet sich im Unterdeck oder normalen Frachtraum, einschließlich des steuerbaren Tankauslegers (Flying Boom). Diese Einrichtung wurde nachträglich durch einen Adapter ergänzt, der die Übergabe von Treibstoff an Kampfflugzeuge des TAC, der USN und des USMC per Fangtrichter-Betankungsanlage ermöglicht. Den Antrieb besorgen vier Pratt & Whitney-J57-P-59W-Strahltriebwerke mit je 6123 kg Schub.

Die Serie der **717 Stratolifter** unterscheidet sich von den Tankflugzeugen durch besondere Ausrüstungskomponenten für Langstrecken-Transporteinsätze. Der Tankausleger fehlt, und die Kabine ist für 126 Soldaten oder 44 Krankenliegen plus 54 Plätze für sitzfähige Verwundete ausgelegt. Küchen und Toiletten befinden sich im Heck, und sämtliche Voraussetzungen für eine rasche Umgestaltung zum Nur-Frachtflugzeug sind gegeben. Die erste Version war die **C-135A** mit vier Strahltriebwerken. Sie flog erstmals am 19. Mai 1961 und wurde am 8. Juni 1961 an MATS als erster strategischer Jet-Transporter übergeben.

Heute, nach mehr als 30 Dienstjahren und der Lieferung von 820 Exemplaren, gibt es eine lange Variantenliste, die im folgenden Absatz kurz gestreift wird. Modifikationen der jüngeren Vergangenheit brachten dem Muster strukturelle Verstärkungen und CFM56-Mantelstromtriebwerke, die mehr Schub erzeugen und weniger Treibstoff verbrauchen.

**Varianten**

**C-135B:** neue Bezeichnung für die letzten 30 Exemplare der Serie C-135A wegen des weiter gespannten Höhenleitwerks und der Einführung von Turbofan-Triebwerken
**C-135C:** Wetteraufklärungsflugzeuge WC-135B nach ihrer Rückrüstung zu Transportern
**C-135E:** auf TF33-Mantelstromtriebwerke ummotorisierte C-135A
**C-135F:** 12 Luftbetankungs-/Transportflugzeuge für die französischen Luftstreitkräfte; bei diesen Maschinen endet der Tankausleger in einem Fangtrichter
**C-135FR:** auf CFM56-Turbofan-Triebwerke umgestellte C-135F
**EC-135A:** Bezeichnung der KC-135A, die als Ergänzung zur EC-135C zu fliegenden Gefechtsständen umgebaut wurden
**EC-135B:** von TF33 angetriebene Flugzeuge mit einer riesigen Antenne im glockenförmigen Bugradom
**EC-135C:** spätere Bezeichnung der fliegenden Befehlsstellen KC-135B (s. unten)
**EC-135G:** ähnlich wie EC-135A, jedoch mit anderer Inneneinrichtung
**EC-135H:** Bezeichnung der fliegenden Gefechtsstände KC-135A mit fortschrittlicher Ausrüstung
**EC-135J:** Version der EC-135H mit Turbofan-Antrieb
**EC-135K:** KC-135A mit zusätzlicher Fernmeldeausrüstung zur Unterstützung der Verlegekommandos taktischer Jagdflugzeuge
**EC-135L:** neue Bezeichnung für KC-135A, die für die Doppelrolle als Fernmelderelaisstation und fliegender Gefechtsstand umgerüstet wurden
**EC-135N:** Bezeichnung von acht C-135A, die als Träger einer übergroßen Parabolantenne (Durchmesser 2,13 m) im Bug zur Verfolgung von Raumfahrzeugen modifiziert wurden; mit TF33-Mantelstromtriebwerken in EC-135E umbenannt
**EC-135P:** Bezeichnung der fünf KC-135A, die für die erste Phase des ABNCP-Programms, das zur Boeing E-4 führte, zu fliegenden Befehlsständen für den nationalen Notstand modifiziert wurden
**EC-135Y:** zum fliegenden Gefechtsstand umgebautes Einzelflugzeug
**JKC-135A:** Bezeichnung der KC-135A, die das Air Force System Command (Luftwaffenkommando Waffen und Gerätesysteme) für besondere Testzwecke nutzte
**KC-135B:** Bezeichnung von 17 fliegenden Befehlsständen mit Turbofan-Triebwerken und Luftbetankungsanlage zur Steigerung der Reichweite und/oder Flugdauer; nachträglich in EC-135C umbenannt
**KC-135D:** vier für Luftbetankungsaufgaben modifizierte RC-135A
**KC-135E:** auf TF33 umgestellte KC-135A
**KC-135Q:** zu Spezialtankflugzeugen für die Lockheed SR-71 umgerüstete KC-135A (56 Exemplare)
**KC-135R:** Bezeichnung von vier für besondere Aufklärungsflüge bestimmte RC-135A
**KC-135R:** Hauptumrüstprogramm für die Tankerflotte, das die Ausrüstung mit CFM-56-Turbofan-Triebwerken, APU und modernen Avioniksystemen beinhaltet
**NC-135A:** drei Flugzeuge mit Sonderausrüstung zur Überwachung von Atomwaffentests; 1965 mit Spezialgerät zur Beobachtung der totalen Sonnenfinsternis verwendet
**NKC-135A:** Bezeichnung von KC-135A, die das AFSC für besondere Testzwecke nutzte und mit vielfältigen Zusatzausrüstungen versehen wurden; mit TF33 auch NKC-135E
**RC-135A:** vier KC-135A ohne Tankausleger, ausgerüstet für Luftbildaufklärung und Kartographie; von Boeing als Modell 739 bezeichnet
**RC-135B:** zehn elektronische Aufklärungsflugzeuge, die auf der C-135B mit Turbofan-Antrieb basieren; von Boeing ebenfalls als Modell 739 bezeichnet
**RC-135C:** Bezeichnung von RC-135B nach dem Einbau anderer elektronischer Aufklärungskomponenten durch Martin; äußeres Kennzeichen waren Backentaschen mit zahlreichen Antennen
**RC-135D:** Bezeichnung von KC-135A nach Anpassung auf die Rolle der elektronischen Aufklärung; Ausbau des Tankauslegers
**RC-135E:** Bezeichnung einer C-135B nach Verwandlung zum elektronischen Aufklärungsflugzeug; kein Tankausleger

***Boeing KC-135E Stratotanker der 126. Air Refueling Wing der Nationalgarde des Bundesstaates Illinois.***

***Drei McDonnell Douglas F-4D Phantom haben vor einem Angriff auf Ziele in Nordvietnam zum Lufttanker Boeing KC-135 aufgeschlossen. Der weiträumige Einsatz der KC-135-Flotte verleiht der US Air Force unvergleichliche taktische und strategische Flexibilität.***

***Die C-135B war die primäre Transportversion, ausgestattet mit Turbofan-Triebwerken und einem weiter gespannten Höhenleitwerk, um der höheren Schubkraft zu begegnen. Diese Maschinen nutzte MATS eine relativ kurze Periode sehr intensiv, da sie fast doppelt so schnell wie die C-118 und C-124 waren, die sie verstärkten.***

***Die KC-135R hat F108-Turbofan-Triebwerke neuester Technologie, die Sicherheit, Wirtschaftlichkeit und Zuverlässigkeit deutlich erhöhen. Bis zu einem gewissen Grad sorgt das backbord im Heck installierte Hilfstriebwerk für einen unabhängigen Betrieb.***

***Für Spezialeinsätze wurden C-135 grotesk modifiziert. Dies ist eine RC-135U, übersät mit Antennen für ihre elektronische Aufklärungsrolle. Zwei solcher Maschinen setzt die 55. SRW neben RC-135V und RC-135W ein.***

**RC-135M:** Sechs C-135B mit Bläsertriebwerken, die anstelle des Tankauslegers mit einem Spezialradom und Antennengehäusen an beiden Seiten des Hinterrumpfes ausgestattet wurden
**RC-135S:** Bezeichnung von drei Flugzeugen ähnlich der RC-135M, zusätzliche Heckantennen und Dipolstäbe oben und seitlich am Vorderrumpf; große Bullaugen und geschwärzte Tragflächen zur Fotografie von Wiedereintritts-Raumfahrzeugen
**RC-135T:** Bezeichnung einer einzelnen KC-135R, die mit zusätzlichen Avioniksystemen und einem fingerhutförmigen Bugradom modifiziert wurde
**RC-135U:** Bezeichnung von drei nochmals tiefgreifend modifizierten RC-135C mit zusätzlichen hochspezialisierten und geheimen Avionikgeräten; Kinnradom, erweiterte Backentaschen und zusätzliche Antennen an Hinterrumpf und Leitwerk
**RC-135V:** Sieben RC-135C und eine RC-135U nach einer Modifikation, die die Merkmale der RC-135M und der RC-135U vereinte; hinzu kamen sieben große Blattantennen unter dem Rumpf
**RC-135W:** Mehrere RC-135M, bei denen der Tankausleger ausgebaut und große Backentaschen sowie Zusatzantennen installiert wurden; ähnlich wie RC-135V
**RC-135X:** Einzelexemplar mit TF33-Triebwerken zur Überwachung des Wiedereintritts von Raketen in die Erdatmosphäre; ähnlich wie RC-135S
**TC-135S:** Aufklärungstrainer; ähnlich RC-135S, mit reduzierter Ausrüstung
**TC-135W:** einzelner Trainer mit reduzierter Ausrüstung für die RC-135V/W-Flotte
**VC-135A:** VIP-Modifikation von Flugzeugen mit J57-Antrieb
**VC-135B:** Bezeichnung von 11 C-135B mit Innenausstattung für VIP-Flüge
**WC-135B:** Bezeichnung von 10 C-135B nach Umrüstung zu Langstrecken-Wetteraufklärungsflugzeugen

**TECHNISCHE DATEN**
**Boeing C/KC-135B**
**Typ:** turbinengetriebenes Luftbetankungs-/Transportflugzeug
**Triebwerke:** vier Pratt & Whitney-TF33-P-5-Turbofan-Triebwerke mit je 8165 kg Schub
**Leistung:** Höchstgeschwindigkeit 966 km/h; durchschnittliche Marschgeschwindigkeit 853 km/h in 10.670 m Höhe
**Gewicht:** Leermasse 46.403 kg; max. Startmasse 124.965 kg
**Abmessungen:** Spannweite 39,88 m; Länge 41,00 m; Höhe 11,68 m; Tragflügelfläche 226,03 m²

# Boeing Modell 720

Der frühe Erfolg der 707 spornte Boeing zur Entwicklung einer Mittelstreckenversion mit der Bezeichnung **Boeing Modell 707-020** an. Sie war im äußeren Erscheinungsbild der 707-120 sehr ähnlich und hatte dieselbe Spannweite des Trag- und Höhenleitwerks. Nur der scharfe Blick eines Luftfahrtbegeisterten erkannte das modifizierte Profil der Flächen mit erhöhtem Pfeilwinkel und die geänderte Verkleidung am hinteren Flächenansatz. Das Äußere täuschte allerdings, denn in bezug auf die Zelle und das Gewicht war der Entwurf völlig neu. Das Muster wurde in **Modell 720** umbenannt, um zu unterstreichen, daß es sich nicht nur um eine ummotorisierte 707 handelte.

Zu den bedeutendsten aerodynamischen Veränderungen gehörten verfeinerte Anströmkanten, die später mit der 707-120B Variante in die 707-Familie einflossen. Sie verbesserten die Startleistung und die Reisegeschwindigkeit. Im Vergleich zur 707-120 und 707-220 fiel der Rumpf um 2,36 m kürzer aus, und das reduzierte Tankvolumen ermöglichte es, die Zelle leichter zu gestalten. Die typische Inneneinrichtung bot 38 Passagieren in der ersten Klasse und 74 Reisenden in der Touristenklasse Platz. Für sie standen drei Bordküchen und Toiletten zur Verfügung.

Die Grundversion **720**, angetrieben von vier Pratt & Whitney-JT3C-7-Strahltriebwerken mit je 5670 kg Schub, flog erstmals am 23. November 1959 und nahm am 5. Juli 1960 den Liniendienst für United Airlines auf. Es folgte das verbesserte **Modell 720B**, bei dem Pratt & Whitney-Turbofan-Triebwerke eingeführt wurden, zunächst JT3D-1 à 7711 kg Schub. Sie ermöglichten den Betrieb auf noch kürzeren Start- und Landebahnen, und ihre gesteigerte Effektivität ergab eine Reichweitensteigerung trotz höherer Nutzlast. Nach dem Erstflug am 6. Oktober 1960 stellte American Airlines diese Version am 12. März 1961 in Dienst. Die Nachfrage nach der **720** und **720B** blieb begrenzt, so daß die Produktion 1969 auslief, nachdem insgesamt 154 Flugzeuge gebaut und ausgeliefert worden waren.

**TECHNISCHE DATEN**
**Boeing Modell 720B**
**Typ:** Mittelstrecken-Verkehrsflugzeug
**Triebwerke:** vier Pratt & Whitney-JT3D-3-Turbofan-Triebwerke mit je 8165 kg Schub
**Leistung:** Höchstgeschwindigkeit 1009 km/h; max. Reisegeschwindigkeit 983 km/h in 7620 m Höhe; wirtschaftliche Reisegeschwindigkeit 896 km/h in 12.190 m Höhe; Dienstgipfelhöhe 12.800 m; Reichweite mit max. Nutzlast und ohne IFR-Reserven 6687 km
**Gewicht:** Leermasse 51.203 kg; max. Startmasse 106.141 kg
**Abmessungen:** Spannweite 39,88 m; Länge 41,68 m; Höhe 12,66 m; Tragflügelfläche 234,20 m²

***Boeing Modell 720-051B von Monarch Airlines (Großbritannien)***

***Nach der Verabschiedung aus dem US-Inlandsverkehr gingen viele 720 an kleinere Fluggesellschaften, wie zum Beispiel Air Malta.***

# Boeing Modell 727 bis Boeing Modell 747

**Boeing trieb die Entwicklung des Zivilflugverkehrs mit dem Mittelstreckler 727 und dem Kurzstreckler 737, den Bestsellern ihrer Generation, entscheidend voran. Als der wachsende Passagierverkehr die Flughäfen zu blockieren drohte, antwortete Boeing mit der gewaltigen Passagierkapazität des „Jumbo-Jet“, der 747.**

## Boeing Modell 727

Noch bevor die Boeing 707 für den Liniendienst bereitstand, erkannte Boeing die Notwendigkeit, dieses Muster durch einen neuen Airliner für kurze und mittlere Strekken zu ergänzen. Im Februar 1956 startete das Unternehmen daher entsprechende Markt- und Bedarfsanalysen. Eine Reihe wichtiger Faktoren, teilweise auferlegt durch Bedingungen dieser Periode, spielten eine wesentliche Rolle bei der Definition dieses Entwurfs. Der Luftverkehr etwa verzeichnete einen sprunghaften Anstieg, so daß sich das Verhältnis Passagierzahl/Sitzplatzangebot rapide verschlechterte. Kurzfristig konnte man das Problem vergleichsweise schnell durch eine dichtere Bestuhlung vorhandener Flugzeuge oder eine Rumpfstreckung geeigneter Muster lösen. Der Ausbau der Flughäfen für den Betrieb derart umgerüsteter Flugzeuge in aller Welt aber ließ sich nur langfristig realisieren.

Dies war der Ausgangspunkt für den Entwurf, denn das neue Flugzeug mußte gute Start- und Landeeigenschaften aufweisen, um mit der damals üblichen durchschnittlichen Pistenlänge auszukommen. Der Kurzstreckenbetrieb verlangte eine effektive Antwort auf die unangenehme Frage, wie die höchstmögliche Reisegeschwindigkeit auf einer möglichst niedrigen Flugfläche bei minimalen Sitzmeilenkosten zu erreichen war. Die Kurzstreckenfliegerei bedeutete zugleich eine hohe Landefrequenz. Dies hatte nicht nur Auswirkungen auf die Konstruktion des Fahrwerks, sondern auch auf die Wartbarkeit in Anbetracht vermehrter Standzeiten am Boden, die kein Geld einbrachten. Mit der Möglichkeit, auch kleinere, häufig unweit der Stadtzentren gelegene Flughäfen zu bedienen, entschied möglicherweise die Lärmemission der Triebwerke darüber, ob dieses Flugzeug akzeptiert oder abgelehnt würde.

Es kann daher nicht verwundern, daß die Boeing Preliminary Design Group drei Jahre lang rund 70 unterschiedliche Konstruktionsvorschläge prüfte, bis die Grobdefinition eines Airliners stand, der sich für dieses spezifische Spektrum des zeitgemäßen Luftverkehrs am besten eignete. Die Marktanalysen hatten ein Potential von 300 oder mehr Flugzeugen ergeben. Dieser Faktor wirkte sich auch auf den Entwurf aus, da es ratsam erschien, aus Gründen der Wirtschaftlichkeit möglichst viele Baugruppen der Modelle Boeing 707 und 720 zu verwenden.

Man nahm an, daß Triebwerke der entsprechenden Schubklasse verfügbar wären, unabhängig von der Entscheidung für eine zwei-, drei- oder viermotorige Auslegung. Schwieriger gestaltete sich die Frage, wo diese Triebwerke montiert werden sollten. Die nötige Entwicklung eines effektiven Tragwerks vereinfachte sich, wenn die Flächen keine Triebwerke aufnehmen mußten. Diese Überlegung gab den Anstoß, verschiedene Konfigurationen mit Hecktriebwerken zu untersuchen. Mehrere flächenmontierte Varianten, zwei- und viermotorig, wurden ebenso geprüft wie heckmontierte Gondeltriebwerke, ähnlich der Anordnungen, wie sie für die Aérospatiale Caravelle (2) und die BAC VC10 (4) bestimmt waren. Schließlich entschied man sich für eine dreimotorige Auslegung: Ein Triebwerk war im Rumpfheck mit dem Lufteinlauf vor dem Seitenleitwerk und je zusätzlich ein Gondeltriebwerk auf beiden Seiten des Hinterrumpfes vorgesehen. Anfangs beabsichtigte man, eine Allison-Version des Rolls-Royce Spey einzusetzen, doch später wählte man das Pratt & Whitney JT8D. Alle drei Triebwerke wurden mit Schubumkehranlagen versehen, um die Landung auf kurzen Pisten zu erleichtern.

Von größter Bedeutung für den Erfolg dieses Vorhabens war ein fortschrittliches Tragflächenkonzept, um die nötige Leistungsbandbreite des Musters zu gewährleisten: Am unteren Ende der Geschwindigkeitsskala stand die Kurzpistenfähigkeit, am oberen der ökonomische Reiseflug auf unteren Flugflächen im Kurzstrekkenbetrieb. Die Detailkonstruktion und Entwicklung einer so modernen Tragfläche setzte entsprechend weit vor der Entscheidung zum Bau des neuen Airliners ein, den man inzwischen **Boeing Modell 727** getauft hatte. Der fertiggestellte Entwurf zeigte ein für damalige Zeiten recht komplexes Tragwerk und mit Sicherheit eines der fortschrittlichsten, die jemals für ein ziviles Verkehrsflugzeug projektiert worden waren. Es folgten umfangreiche Windkanalversuche. „Dash-80“, der 707-Prototyp, wurde in das Programm eingespannt und erprobte nicht nur ein Jahr lang die Dreifachspaltklappen des neuen Musters, sondern auch ein fünftes Gondeltriebwerk, das backbord am Hinterrumpf montiert war. Auf lange Sicht erwies sich all dies als äußerst wertvoll, denn daraus resultierte die Entwicklung eines Tragwerks mit der breiten Geschwindigkeitsspanne und den wichtigen Auftriebswerten, die man für entscheidend hielt. Ohne Zweifel trug diese Struktur wesentlich zum Erfolg der **Modell 727** bei.

Der neue Rumpf erhielt die für das Modell 707 entwickelte obere Halbschale, die ein Plus an Wirtschaftlichkeit brachte. Die völlig neu konstruierte untere Halbschale enthielt zwei Merkmale, die dieses Muster für Kurzstreckenbetreiber besonders interessant machte: eine hydraulisch betätigte Einstiegstreppe an der Unterseite und ein Hilfstriebwerk (APU) zur Bereitstellung von Druckluft und Strom für das Bordnetz. Damit konnte die Maschine auf kleinen Flughäfen unabhängig operieren (und die Umlaufzeiten verkürzen). Mit eigenstartfähigen Triebwerken (durch das APU) und ohne auf die Unterstützung der Flughafenorganisation zum Ein- und Ausstieg der Flugreisenden angewiesen zu sein, war die Boeing **727** in der Lage, die Rolle eines Omnibus der Luft zu übernehmen. Für das übliche Ein- und Ausschleusen der Passagiere gab es eine Tür backbord im Vorderrumpf.

United Airlines hatte bereits zu einem frühen Zeitpunkt großes Interesse an diesem Muster bekundet, und die Vorstellungen dieser Gesellschaft nahmen erheblichen Einfluß auf die endgültige Konfiguration der **727**. Ein weiterer potentieller Betreiber war Eastern Air Lines. Auf der Basis einer erwarteten Beschaffung von je 40 Flugzeugen für diese beiden Gesellschaften genehmigte das Boeing-Management im August 1960 die Konstruktion.

Die erste **727**, eine Serienmaschine in United-Farben, flog erstmals am 9. Februar 1963, einige Monate in Verzug gegenüber dem Zeitplan. Am 12. März folgte ein firmeneigenes Vorführflugzeug und kurze Zeit später zwei weitere Serienmaschinen. Mit diesen vier Exemplaren zog Boeing das FAA-Zulassungsprogramm bis zum Jahresende durch. Damit war die verlorene Zeit gutgemacht, so daß die ersten Lieferungen an Eastern und United vertragsgemäß erfüllt werden konnten und sie bald im Linienverkehr eingesetzt wurden.

Eastern Air Lines führte das erste **Modell 727-100** am 1. Februar 1964 im Liniendienst ein, und fünf Tage später folgte United Airlines. Beide Gesellschaften fanden bald heraus, daß das Muster kaum unter Kinderkrankheiten litt. Auf lange Sicht wichtiger aber war, daß die **727** eine weitaus bessere Wirtschaftlichkeit an den Tag legte als erwartet. United stellte fest, daß die **727** selbst auf den kürzesten Strecken günstigere Betriebskosten entwickelte als die zweimotorige Caravelle. Trotz dieser ermutigenden Ergebnisse stagnierten die Verkaufszahlen vom I. Quartal bis Ende 1962 bei 127 Flugzeugen. Sollte der erhoffte Absatz von 300 und mehr Maschinen erreicht werden, mußte der Airliner an Attraktivität für ein breiteres Kundenspektrum gewinnen. Dies führte zu einer Zulassung von Versionen mit höheren Betriebsmassen und verschiedenen Treibstoffoptionen, so daß mehr operationelle Flexibilität gegeben war. Bis zum Sommer 1964 stieg das Auftragsvolumen langsam über die Marke 200, aber es gab keinerlei Anzeichen, daß die **727** die erhofften Verkaufsabschlüsse erzielen oder gar übertreffen würde.

Ende 1964 zeichnete sich jedoch deutlich ab, daß eine wachsende Nachfrage für ein Kurzstrecken-Verkehrsflugzeug mit größerer Kapazität bestand. Im August 1965 fiel die Entscheidung, eine gestreckte Version der **Modell 727** zu entwickeln. Dies erwies sich als Wendepunkt in der Vermarktung der **727**. Die neue Version mit der Bezeichnung **Modell 727-200** zeigte keinerlei signifikante Unterschiede zur früheren **727-100**, abgesehen von zwei vor und hinter dem Hauptfahrwerksschacht in den Rumpf eingefügten Erweiterungssektionen mit je 3,05 m Länge. Das Tankvolumen, die Betriebsmasse und der Antrieb blieben unverändert, so daß die einzelnen Fluggesellschaften selbst bestimmen konnten, ob sie mit einem Maximum an Treibstoff für große Reichweite eine kleinere Passagierzahl oder bis zu 189 Fluggäste auf Kurzstrecken mit reduziertem Treibstoff befördern wollte.

Kurz nach der ersten Verlautbarung stellte sich Northwest Airlines (inzwischen in Delta aufgegangen) als erster Käufer der neuen Version ein. Nach Erteilung der Zulassung am 29. November 1967 flog diese Gesellschaft am 14. Dezember 1967 erstmals mit zahlenden Gästen an Bord der **727-200**. Bis dahin waren die Verkaufszahlen für die **Modell 727** auf über 500 gestiegen, davon 130 Aufträge für die **727-200**. Die Beschaffung der **727-100** näherte sich der Marke 400, steigerte sich aber nur knapp über 500, bis die Produktion dieser Version Ende 1973 eingestellt wurde. Dies unterstreicht, wie weise die Entscheidung war, eine verlängerte Version zu entwickeln, denn die **Modell 727** verkaufte sich bis zum Ende der Fertigung Anfang der achtziger Jahre insgesamt 1831mal mit fast 1300 **Modell 727-200** und **Advanced Modell 727-200**.

Der Einsatz moderner Technologien, gekoppelt mit fortwährender Verbesserung und Verfeinerung der Zelle, verhalf der **727** zu einer Spitzenposition auf dem Markt turbinengetriebener Großflugzeuge der Zivilluftfahrt. Erst vor kurzem räumte sie diesen Platz der Boeing 737 ein. Der Beschluß von 1978, die Boeing 757, ein Kurz-/Mittelstreckenflugzeug neuer Technologie, das auf dem Rumpf der **727** basierte, zu entwickeln, bedeutete das Aus für das dreistrahlige Muster.

Die Mehrzahl der gegenwärtig 1500 im Flugdienst stehenden **727** wird die stren-

***Sechs Boeing 727-200 Advanced fliegen für die irakische Staatslinie auf Strecken im gesamten Mittleren Osten.***

***Der US-Luftfahrtgigant Delta Air Lines verfügt über eine mächtige Airliner-Flotte. Den Kern bilden etwa 130 Boeing 727, die den Inlandsverkehr für die Gesellschaft bestreiten.***

geren Lärmschutzbestimmungen gemäß FAR Part 36 Stage 3 zum Ende dieses Jahrhunderts nicht erfüllen können. Daher wurden mehrere Programme entwickelt, um die **727** noch etliche Jahre länger im Dienst halten zu können. Dazu gehören Triebwerkrüstsätze zur Geräuschminderung (Anbieter Pratt & Whitney als Hersteller des JT8D) und Ummotorisierungen, beispielsweise durch Rolls-Royce (über Dee-Howard) auf das Tay 651, aber auch durch Valsan auf das JT8D Serie 200, das neuere Technologien enthält.

**Varianten**

**Modell 727-100C:** Umrüstversion des Grundmodells 727-100 mit verstärktem Kabinenboden, Frachtraumtür und Frachtfördersystem, wie für die 707-320C entwickelt; die Umrüstung vom Nur-Frachtflugzeug zum Passagier- und Frachtflugzeug (maximal 94 Passagiere) oder umgekehrt dauert etwa zwei Stunden

**Modell 727-100QC:** Umrüstversion ähnlich der 727-100C, aber mit Schnellrüstsätzen in Form von palettisierten Passagiereinrichtungen; Umrüstung von einer Konfiguration in die andere dauert etwa eine halbe Stunde

**Modell 727-200:** Version mit gestrecktem Rumpf und Modifikationen für höhere Betriebsmassen; Standard- und maximale Passagierkapazität 163 bzw. 189 Personen; Standardantrieb drei Pratt & Whitney-JT8D-9-Turbofan-Triebwerke mit je 6577 kg Schub; optional JT8D-Triebwerke mit maximal 7031 kg Schub

**Advanced Modell 727-200:** letzte Serienversion; ähnlich wie 727-200, jedoch mit fortschrittlichen Merkmalen, darunter ein Leistungswerterechner zur Steigerung der Wirtschaftlichkeit und Flugsicherheit, verbesserte Kabineneinrichtung/-ausrüstung und wahlweise JT8D-17R-Triebwerke mit automatischer Leistungsreserve (APR); fällt der Schub eines Triebwerkes merklich ab, so erhöht sich automatisch der Schub der beiden anderen Triebwerke

**Modell 727RE:** diese Bezeichnung war den auf PW2000- oder RB.211-535-Turbofan-Triebwerken umgestellten 727-200 zugedacht; gilt nunmehr für Flugzeuge, die auf JT8D-217C-Mantelstromtriebwerke von Pratt & Whitney (nur die äußeren Motoren) umgerüstet wurden

### TECHNISCHE DATEN

**Boeing Advanced Model 727-200**

**Typ:** Kurz-/Mittelstrecken-Verkehrsflugzeug
**Triebwerke:** (Standardausführung) drei Pratt & Whitney-JT8D-9A-Turbofan-Triebwerke mit je 6577 kg Schub
**Leistung:** (bei maximalem Abfluggewicht) Höchstgeschwindigkeit 999 km/h in 6250 m Höhe; wirtschaftliche Reisegeschwindigkeit 917 km/h in 7530 m Höhe; max. Reichweite mit max. Nutzlast 4002 km
**Gewicht:** Leermasse 46.675 kg; max. Startmasse 95.027 kg
**Abmessungen:** Spannweite 32,92 m; Länge 46,69 m; Höhe 10,36 m; Tragflügelfläche 157,93 m²

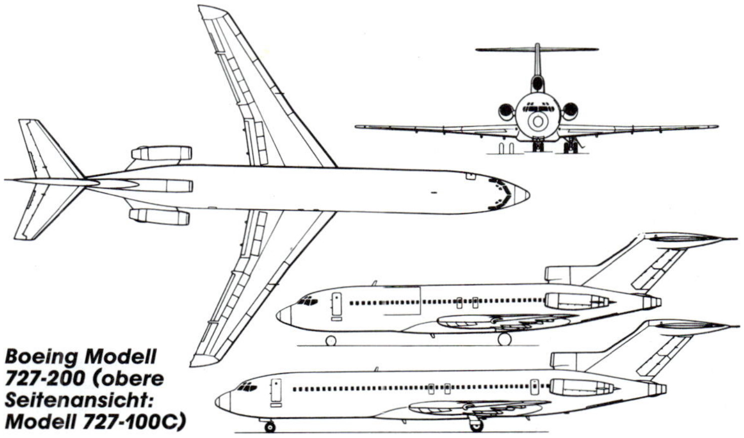

***Boeing Modell 727-200 (obere Seitenansicht: Modell 727-100C)***

# Boeing Modell 737

Zur Vervollständigung der „Airliner-Familie", die mit dem Langstreckenmodell 707 gegründet wurde, kündigte Boeing am 19. Februar 1965 die Konstruktion einer zweistrahligen Verkehrsmaschine **Modell 737** für den Kurzstreckenbetrieb an. Der im November 1964 getroffenen Entscheidung war eine Periode konzentrierter Marktstudien und Entwurfsarbeiten vorangegangen, doch bis zur öffentlichen Verlautbarung wartete man die erste verbindliche Kaufzusage ab. Sie kam von der Lufthansa, die damit als erste nichtamerikanische Fluggesellschaft die Kundenliste für einen neuen Airliner amerikanischer Herstellung eröffnete. Die Kranich-Linie unterzeichnete einen Kaufvertrag über 21 **Boeing 737**, den Boeing gleichzeitig mit der Produktionsentscheidung bekannt gab.

Die Ähnlichkeit des neuen Musters mit den älteren Geschwistern war unübersehbar, da der Rumpf im wesentlichen vom Modell 727 stammte und das Leitwerk weitgehend dem 707 entsprach. Tatsächlich stimmten Zelle und Bordsysteme der 727 und **737** zu 60% überein, aber das neue Modell war dennoch ein ganz anderes Flugzeug. Ursprünglich hatte Boeing eine Sitzplatzkapazität für 60 bis 85 Passagiere vorgesehen, doch bei den Kaufverhandlungen bestand die Lufthansa auf 100 Sitzplätzen, die Rumpflänge wurde entsprechend angepaßt. Die untere Einstiegstreppe der Modell 727 entfiel zugunsten zweier Passagiertüren im vorderen und hinteren Kabinenbereich, backbord. Die interne Kabinenlänge von knapp 19,00 m und die maximale Innenbreite der 727 boten eine recht geräumige Unterbringung, die zweifellos die Attraktivität dieses Verkehrsflugzeugs förderte.

Wie bei der Boeing Modell 727 mußte das Tragwerk hohen Auftrieb und gute Flugeigenschaften bei niedrigen Geschwindigkeiten für den Kurzpistenbetrieb bereitstellen, verbunden mit einer ökonomischen Hochgeschwindigkeitsleistung auf relativ niedrigen Flugflächen im Zubringerdienst. Das neue Muster enthielt folglich etliche der Technologien, die ursprünglich für die Boeing Modell 727 entwickelt worden waren.

***Britannia Airways war der erste britische Betreiber der Boeing 737. Diese Maschine traf im Jahre 1969 bei der Gesellschaft ein. Seitdem ist die Flotte auf 33 Maschinen im Jahre 1990 gewachsen. 1984 kamen Vertreter der Serie 300 hinzu.***

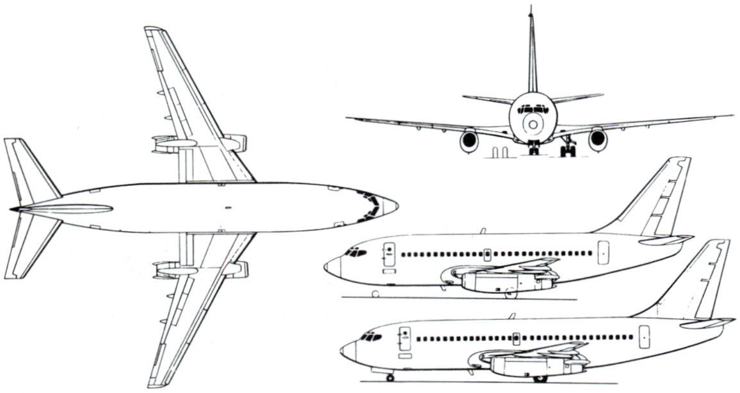

***Ansichten der Boeing Modell 737-200 (obere Seitenansicht: Modell 737-100)***

***Die zweite 737-Generation hat wegen der CFM56-Mantelstromtriebwerke und der Rückenfinne vor dem Seitenleitwerk ein neues Erscheinungsbild.***

Die hauptsächliche Änderung betraf den Antrieb, da die technischen Analysen des Unternehmens ergeben hatten, daß das neue Muster nur zwei Triebwerke benötigte. Dies diktierte praktisch den Einbau der Triebwerke am Tragwerk, um jegliche aerodynamischen Probleme in Verbindung mit einer Triebwerkanordnung am Heck und T-Leitwerk auszuschließen. Zunächst wählte man das Pratt & Whitney-JT8D-1-Turbofan-Triebwerk mit 6350 kg Schub, doch bis zum Vertragsabschluß mit der Lufthansa hatte man sich für das JT8D-7 umentschieden. Das Dash-7, das bei höheren Umgebungstemperaturen die selbe Nennleistung wie das JT8D-1 entwikkelte, ergab das Standardtriebwerk für das **Modell 737-100**. Wahlweise wurde das JT-8D-9 mit 6577 kg Schub angeboten.

Die erste **737-100** Boeing-Vorführmaschine absolvierte ihren Jungfernflug am 9. April 1967, und einen Monat später flog die erste Maschine der Lufthansa. Das FAA erteilte die Musterzulassung am 15. Dezember 1967, und die Lufthansa weihte den Typ schließlich am 10. Februar 1968 im Liniendienst ein.

Knapp zwei Monate nach der Absichtserklärung, die **737** zu entwickeln und zu vermarkten, gab Boeing bekannt, daß nahezu gleichzeitig eine Variante mit größerer Kapazität entstehen sollte. Diese Version, **Modell 737-200**, wurde das neue Standardflugzeug. Das erste Exemplar flog am 8. August 1967, erhielt am 21. Dezember die Zulassung und nahm ab 29. April 1968 bei United Airlines den Liniendienst auf. Diesen Typ mit einem um 1,83 m verlängerten Rumpf für maximal 130 Passagiere hatte Boeing für Betreiber entwikkelt, die eine größere Sitzplatzkapazität für Nahbereichsstrecken forderten. Der rasche Anstieg des Luftverkehrs und damit des Sitzplatzbedarfs bedeutete, daß die **737-100** für lediglich 100 bis 103 Fluggäste praktisch nicht mehr gefragt war. Folglich lief die Produktion nach nur 30 Flugzeugen aus.

Die relativ kurzen Start- und Landestrekken der **Modell 737** ermöglichten den Betrieb auf Flughäfen mit unbefestigten Pisten oder Schotterpisten. Diese Flugzeuge und vor allem die Triebwerke mußten daher vor Fremdkörperschäden geschützt werden. Boeing entwickelte entsprechende Schutzeinrichtungen als Rüstsätze, die dem FAA genügten, um die **737** zum Betrieb auf Flugplätzen mit Schotter- und Sandpisten zuzulassen.

Auch die US Air Force beschaffte eine kleine Zahl **737**, da Erfahrungen in Vietnam gezeigt hatten, daß das Ausbildungsgerät für die USAF-Navigatoren unzureichend war. Der Führungsstab beschloß die Sofortbeschaffung eines existierenden Flugzeugs mit den spezifischen Eigenschaften zum Ersatz der Convair T-29 (einer militärischen Version der Convair-Liner). Im Mai 1971 verlautbarte die USAF, daß die **Modell 737** diese Rolle übernehmen würde. Boeing wurde mit der Fertigung und Lieferung von 19 T-43A im Wert von 82,4 Millionen US-Dollar beauftragt. Der Erstflug fand am 10. April 1973 statt, und Ende Juli 1974 waren sämtliche Maschinen nach Mather AFB in Kalifornien geliefert.

Die allgemeine Auslegung dieser Trainer entsprach zwar derjenigen der kommerziellen **737-200**, aber erst eine Reihe kleinerer Änderungen und eine andere Inneneinrichtung machte die T-43A für ihre Aufgaben tauglich. Die Zahl der Türen und Fenster wurde verringert, der Kabinenboden zur Aufnahme schwerer Avionikkonsolen verstärkt und ein zusätzlicher 3027-Liter-Tank eingebaut.

Über die standardmäßige Flugbesatzung hinaus bietet jede T-43A 12 Navigationsschülern, vier fortgeschrittenen Schülern und drei Navigationslehrern Platz. Die Maschinen werden im Zusammenspiel mit Bodensimulatoren eingesetzt, um ein weitgefächertes Ausbildungsspektrum mit Navigationsflügen in niedriger und großer Höhe, am Tag und bei Nacht, Hochgeschwindigkeitseinsätzen und Streckennavigation auf Luftstraßen zu gewährleisten. Die Bordausrüstung wird von Zeit zu Zeit erneuert, um die Übereinstimmung mit den Geräten der USAF-Einsatzflugzeuge sicherzustellen.

Boeing setzte die Entwicklung der **737**-Serie mit dem **Modell 737-300** fort, das erstmals im Februar 1984 flog. Dies bleibt das aktuelle Produktionsmodell, ausgestattet mit leiseren und treibstoffsparenden SNECMA-CFM56-Turbofan-Triebwerken (an überarbeiteten Gondelstielen), modifiziertem Tragwerk, neuen Cockpitsystemen und verlängertem Rumpf. Diese Version ist ferner durch eine Rükkenfinne gekennzeichnet. Anschließend führte Boeing zwei Varianten der **737-300** ein, die gestreckte **Modell 737-400** und die **Modell 737-500** mit kurzem Rumpf. Diese Muster flogen erstmals im Februar 1988 beziehungsweise Juni 1989.

Der Absatz dieser Versionen kürte die **737** zum meistverkauften Airliner der Welt: Bis März 1993 waren 3054 Maschinen bestellt und davon 2446 ausgeliefert.

**Varianten**

**Modell 737-200C:** umrüstbare Passagier- und Frachtversion der Modell 737-200

**Modell 737-200QC:** rasch umrüstbare Passagier- und Frachtversion der Modell 737-200 mit palettisierten Passagiereinrichtungen

**Advanced Modell 737-200:** derzeitige Standardproduktionsversion, erstmals 1971 verfügbar; Unterbringung für max. 130 Passagiere; kann mit einer max. Betriebsmasse (Option) von 53.070 kg operieren; wahlweise JT8D-15, JT8D-17 oder JT8D-17R mit je 7031, 7257 bzw. 7711 kg Schub

**Advanced Modell 737-200C/QC:** Umrüst- oder Schnellumrüstversion der Advanced Modell 737-200

**Advanced Modell 737-200 Executive Jet:** grundsätzlich ähnlich wie Advanced Modell 737-200, jedoch in einer Ausführung ausgeliefert, die die Installation besonderer Geschäfts- und Luxuseinrichtungen nach Kundenangaben gestattet

**Advanced Modell 737-200 High Gross Weight Structure:** grundsätzlich ähnlich wie Advanced Modell 737-200, jedoch mit strukturellen Änderungen, wie verstärkten Tragflächen und Fahrwerk, neuen Reifen, Rädern und Bremsen; Einbau eines zusätzlichen Treibstofftanks

**Modell 737-200 SLAMMR:** drei Flugzeuge für die Luftstreitkräfte Indonesiens zum Seeüberwachungs- und Transportdienst; dazu Ausrüstung mit Multifunktions-Seitensichtradar (SLAMMR – Side-Looking Airborne Multi-Mission Radar)

**Modell 737-300:** grundsätzlich ähnlich wie Advanced Modell 737-200, jedoch mit verlängertem Rumpf (plus 2,64 m) zur Unterbringung von max. 148 Passagieren; fortschrittliche CFM-International-CFM-56-3-Turbofan-Triebwerke mit je 9072 kg Schub; weitaus leiser und wirtschaftlicher als Modell 737; erste Lieferungen 1984

**Modell 737-400:** nochmals gestreckte Variante zur Erhöhung der Sitzplatzkapazität; Gesamtlänge 36,45 m; CFM56-Triebwerke; auch als ER-Version verfügbar; zugelassen für bis zu 188 Passagiere

**Modell 737-500:** neue Kurzrumpf-Generation (31,00 m) mit hervorragender Reichweite (über 5500 km mit voller Zuladung)

## TECHNISCHE DATEN

**Boeing Advanced Model 737-200**

**Typ:** Kurzstrecken-Verkehrsflugzeug

**Triebwerke:** zwei Pratt & Whitney-JT8D-15-Turbofan-Triebwerke mit je 7031 kg Schub

**Leistung:** Höchstgeschwindigkeit 943 km/h in 7165 m Höhe; max. Reisegeschwindigkeit 927 km/h in 6890 m Höhe; wirtschaftliche Reisegeschwindigkeit Mach 0,73 in 9145 m Höhe; Reichweite mit max. Nutzlast 4262 km

**Gewicht:** Leermasse 27.692 kg; max. Startmasse 53.070 kg

**Abmessungen:** Spannweite 28,35 m; Länge 30,53 m; Höhe 11,28 m; Tragflügelfläche 91,04 m²

***Royal Brunei Airlines gehört zu den zahlreichen kleineren Nationalgesellschaften, die die 737 für den Kurz- und Mittelstreckenbetrieb beschaffen.***

# Boeing Modell 747

1963 leitete die USAF Studien zur Definition eines schweren Versorgungs- und Transportflugzeugs ein als späteren Ersatz für die Lockheed C-141 StarLifter, die kurz vor der Indienststellung stand. Das Projekt CX-4 (Cargo, Experimental – Luftfrachter, experimentell) zielte auf eine Maschine mit einer Betriebsmasse von 272.155 kg ab. Im Jahr darauf wurde dieser Wert erhöht, da weitere Faktoren zu berücksichtigen waren: Das Muster sollte eine Nutzlast von 56.699 kg über 12.875 km befördern, auf befestigten und halbbefestigten Pisten gleicher Länge wie die C-141 operieren und auf feldmäßig befestigten Bahnen in der Kampfzone mit einer Länge von 1220 m landen können. Die militärische Forderung, in dieser Phase CX-HLS (Cargo, Experimental-Heavy Logistics System) betitelt, ergab im Mai 1964 einen Entwurfswettbewerb, zu dem man die Firmen Boeing, Douglas und Lockheed vertraglich aufforderte. Am 30. September 1965 wurde Lockheed zum Sieger erklärt, eine Entscheidung, die das Unternehmen später zum Hauptvertragsnehmer für die C-5A Galaxy der USAF machte.

Boeing war tief enttäuscht über den Verlust dieses militärischen Auftrags. Möglicherweise hatte man mit dem Gedanken gespielt, daß der Rüstungsauftrag, ähnlich wie bei der 707, als Sprungbrett für eine zivile Version dienen könnte. Marktuntersuchungen zufolge wünschten die Fluggesellschaften Anfang der siebziger Jahre einen Airliner mit großer Sitzplatzkapazität, und bereits vor der Entscheidung der US Air Force hatte Boeing eine Arbeitsgruppe der Konstruktionsabteilung mit dem Entwurf einer zivilen Verkehrsmaschine beauftragt.

Nachdem die C-5-Order an Lockheed vergeben war, konnte sich Boeing auf den Entwurf der neuen Verkehrsmaschine konzentrieren, die von Anfang an als **Boeing Modell 747** geführt wurde. Erste Untersuchungen deckten ein Flugzeug mit einer Betriebsmasse von maximal 272.155 kg und 430 Sitzplätzen ab. Wie von etlichen Luftfahrtgesellschaften in Erwägung gezogen, wies der Vorentwurf einen Doppelrumpf mit zwei Decks auf, jedes 4,57 m breit. Die angesprochenen Betreiber zeigten daran jedoch kein Interesse, so daß Boeing neu ansetzen mußte. Dies führte Anfang 1966 zum „großen Bruder“ des Modells 707. Er zeichnete sich durch ein aerodynamisch fortschrittliches Tragwerk aus, das aber in gleicher Weise tief angesetzt war, mit vier Gondeltriebwerken, einer ähnlich herkömmlichen Leitwerks-Hauptbaugruppe und Bugradfahrwerk. Der Rumpf hatte ein nahezu kreisrundes Schnittprofil mit hoch auf dem Vorderrumpf, innerhalb des sich andeutenden Buckels angeordnetem Flugdeck, das es ermöglichte, die Hauptkabine bis in die Flugzeugnase auszudehnen.

Das verblüffendste Merkmal des Rumpfes war seine Größe, die eine Kabine von 6,13 m Breite und 56,39 m Länge erlaubte. Neunersitzreihen, durch zwei Gänge getrennt, gaben keinen Anlaß für klaustrophobische Gefühle, wie sie die Interieurs mancher früherer Airliner verursachten. Hinter dem Cockpit im Oberdeck befand sich eine Lounge mit 16 Sitzen für Passagiere der Ersten Klasse.

Anfänglich war eine Mischklassen-Bestuhlung für insgesamt 386 Fluggäste vorgesehen in der typischen Auslegung mit einer Betriebsmasse von 283.495 kg, die ein entsprechend konzipiertes Fahrwerk nach sich zog. Sollte die **Modell 747** die vorhandenen Start- und Landebahnen nutzen, so mußte sie die 283-Tonnen-Last verkraften und effektiv verteilen können, um Beschädigungen der Betriebsflächen unbedingt auszuschließen. Die daraus resultierenden vier Hauptfahrwerksbaugruppen hatten vier Räder an Achsträgern, und das Bugfahrwerk wies Zwillingsräder auf. Über den Triebwerkstyp war man sich zu diesem Zeitpunkt noch uneins. Zur Wahl standen Mantelstromtriebwerke der Hersteller General Electric, Pratt & Whitney und Rolls-Royce.

Mit dieser Entwurfsform tastete Boeing die Zielgruppe ab. Pan American galt als möglicher Erstkäufer, doch ohne fundiertes Interesse der Fluggesellschaften konnte das Unternehmen die Konstruktion der **Modell 747** nicht riskieren. Bei einem Stückpreis von rund 16,8 Millionen US-Dollar im Jahre 1966 war das für eine Finanzierung der Konstruktion und Entwicklung mit Eigenkapital entschieden zu gewagt. Am 13. April 1966 gab Boeing bekannt, daß man das neue Langstrecken-Verkehrsflugzeug **Modell 747** bauen werde und Pan Am nicht weniger als 25 solcher Giganten der Luft in Auftrag gegeben habe. Doch erst nach weiteren Bestellungen von Japan Air Lines und Lufthansa fiel am 25. Juli 1966 der endgültige Startschuß für die Konstruktion.

Als Erstkunde hatte Pan American einige Änderungen am Entwurf durchgesetzt, darunter eine größere Spannweite, ein modifiziertes Fahrwerk und eine auf 308.443 kg angehobene höchstzulässige Gesamtmasse. Die ersten Presseberichte nach der Boeing-Ankündigung überboten sich mit Beschreibungen, die auf die gewaltigen Ausmaße abzielten. Jedes Element war großmaßstäblich, so daß das Muster bald nur noch der „Jumbo-Jet“ hieß. Weite Teile der Bevölkerung kennen das Muster unter diesem geläufigen Begriff besser als unter seiner offiziellen Modellbezeichnung **747**.

Auf die Konstruktion eines Prototyps wurde verzichtet, und das erste Serienflugzeug zur firmeneigenen Vorführmaschine bestimmt. Diese rollte am 30. September 1968 von der **747**-Fertigungsstraße im neu errichteten Everett-Werk. Der Erstflug am 9. Februar 1969 verlief reibungslos. Die nächsten vier Serienflugzeuge wurden ab ihrer Fertigstellung in das Zulassungsprogramm eingespannt, das mit fünf Maschinen Ende 1969 abgeschlossen war. Am 30. Dezember lag die FAA-Zulassung vor, und am 22. Januar 1970 führte Pan Am das Muster auf der Strecke New York-London in den Liniendienst ein.

***Eine Boeing 747-256B der spanischen Staatslinie Iberia, die vier solcher Flugzeuge betreibt. Das Modell 747-200B (ursprünglich 747B genannt) besitzt aufgewertete Triebwerke, die wesentlich höhere Startgewichte ermöglichen und einen entsprechenden Gewinn an Nutzlast- und/oder Reichweitenpotential bringen.***

Der Zeitraum zwischen Konstruktionsbeginn und Zulassung war nicht problemfrei verlaufen. Die Hauptschwierigkeit hatte darin bestanden, den Gewichtszuwachs unter allen Umständen zu begrenzen. Um die verlautbarte Nutzlast-/Reichweitenleistung erfüllen zu können, führte jedoch kein Weg an einem gesteigerten maximalen Abfluggewicht vorbei. Bei der Erstserie **Modell 747-100** stieg dieser Wert auf insgesamt 322.051 kg.

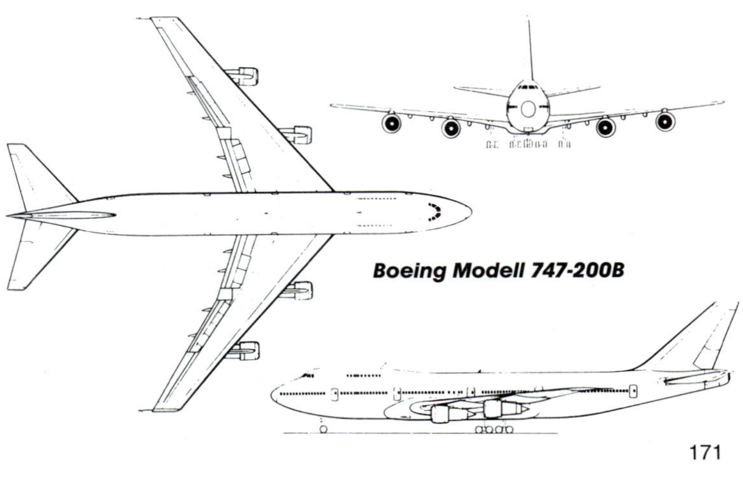

***Boeing Modell 747-200B***

***Die E-4B, eine zum nationalen fliegenden Befehlsstand modifizierte Version der 747-200, ist vollgepackt mit Fernmeldeausrüstung. Ihre Aufgabe besteht darin, dem Präsidenten der Vereinigten Staaten und seinem Krisenstab in Spannungszeiten die Führung der strategischen Kräfte und Mittel an Bord zu ermöglichen.***

***Die enorme Reichweite der Boeing 747SP (annähernd 12.500 km) machte diese Variante besonders attraktiv für Gesellschaften, die transpazifische Strecken fliegen. Diese Maschine zeigte ursprünglich die Markierungen der staatlichen Fluggesellschaft CAAC, fliegt aber nunmehr für Air China.***

Das andere Kernproblem, eng mit dem Gewicht verknüpft, betraf das Triebwerk. Pan American hatte sich für Pratt & Whitney ausgesprochen, und das JT9D war ein völlig neues Aggregat, das für dieses Muster mit einer Anfangsleistung von 18.597 kg Schub vorgeschlagen war. Das Triebwerk litt nicht nur unter eigenen Entwicklungsproblemen, sondern das höhere Gewicht der Zelle bedingte auch eine höhere Schubleistung. Die beschleunigte Entwicklung des neuen Turbofan-Triebwerks konfrontierte Pratt & Whitney mit gewaltigen Schwierigkeiten. Zwar stellte das Unternehmen das JT9D-3 mit einer Nennleistung von 19.731 kg Schub für die ersten zum Liniendienst vorgesehenen Serienmaschinen bereit, doch diese Motoren waren zahllosen Kinderkrankheiten unterworfen. Erst Ende 1970, nach der Einsatzreife des modifizierten JT9D-3A ähnlicher Leistung, waren diese Probleme behoben.

Die von Pan Am in Dienst gestellte **Modell 747-100** hatte eine maximale Treibstoffkapazität von 178.703 Liter. Damit konnte ein zweisitziges Leichtflugzeug wie die Cessna 150 1,8 Millionen Kilometer weit fliegen. Überraschenderweise vermochte die **747-100** damit 385 Passagiere über eine Distanz von 9136 km zu befördern und mit FAR-Reserve zu landen. Somit hatte der Turbofan-Airliner in etwa die gleiche Effektivität wie das Leichtflugzeug, außer daß seine Reisegeschwindigkeit sechsmal höher war.

Sämtliche Kontrollflächen der **747** sind kraftbetätigt, und ein fortschrittliches automatisches Flugführungssytem entlastet die Piloten nicht nur während der langdauernden Reiseflugperioden, sondern auch durch automatische Landungen nach den vorgeschriebenen Kriterien. In der Tat sind das Flugdeck und die Ausrüstung so gut geplant, daß eine dreiköpfige Flugbesatzung, in der Regel alle Flugzeugführer oder zwei Piloten und ein Flugingenieur, diesen riesigen Airliner mühelos handhaben kann. Für eine präzise Navigation sorgen Standardavioniksysteme und Trägheitsnavigationsanlagen (ursprünglich doppelt, inzwischen dreifach ausgelegt).

Als Pan Am die erste **747** in Dienst stellte, lagen Boeing rund 190 Aufträge von 28 Fluggesellschaften vor. Dies klingt nach einem großen Geschäft, aber das Unternehmen hatte weitaus mehr investiert, und Mitte der siebziger Jahre dürften es Zweifel an dem Gesamtvorhaben befallen haben. Die Liniengesellschaften bekamen damals die Rezession zu spüren, und es schien höchst unwahrscheinlich, daß der prognostizierte Absatz je erreicht würde. Diese schwierige Situation änderte sich jedoch, und im April des Jahres 1990 belief sich die Auftragsziffer aller **747**-Versionen auf 982 Flugzeuge, von denen 777 ausgeliefert waren.

Bislang kam nur das Grundmodell **747-100** zur Sprache, doch Boeing hatte von Beginn an eine **747**-Flugzeugfamilie geplant. Eine Kurzbeschreibung der einzelnen Mitglieder findet sich unter den Varianten. Alle Maschinen sind wahlweise mit Triebwerken von Pratt & Whitney, General Electric und Rolls-Royce verfügbar.

Die Indienststellung der **Modell 747** warf kaum ernsthafte Probleme für die Betreiber auf. Der Hersteller hatte sein Bestes getan, um sicherzustellen, daß das neue Muster vom Prinzip her eine größere Ausgabe der 727 war, die von einer entsprechenden Dreimann-Crew geflogen und von Technikpersonal, vertraut mit anderen Mitgliedern der Boeing-7X7-Familie, gewartet werden konnte. Die Fluglotsen begrüßten das Erscheinen dieser Großraum-Airliner mit hoher Sitzplatzkapazität, denn zwei **747**-Flüge konnten fünf bis zehn Liniendienste kleinerer Muster ersetzen. Die Passagiereinrichtungen auf den Flughäfen waren allerdings hoffnungslos überfüllt, wenn zwei oder drei **747** nahezu gleichzeitig landeten und 700 bis 1000 Passagiere ausstiegen. Diese Bedingungen trafen allerdings auf die Anfänge der **747** zu. Inzwischen haben sich die Airports auf den Betrieb der Airbus, Boeing, Lockheed und McDonnell Douglas Großraum-Jets, die einen hohen Anteil des weltweiten Passagierverkehrs bewältigen, eingestellt. Bis März 1993 waren 1187 **747** aller Versionen bestellt worden, davon insgesamt 965 ausgeliefert.

**Varianten**

**Modell 747-100B:** Variante der 747-100 mit verstärkter Zelle und stärkerem Fahrwerk Modell 747-200B: ähnlich wie Modell 747-100B, jedoch mit anderen Triebwerken und erweitertem Tankvolumen; höchstzulässige Startmasse 377.842 kg

**Modell 747-200B Combi:** Variante der 747-200B mit Backbord-Frachttür als Standardausrüstung zur Verwendung als reines Passagierflugzeug oder als Passagier- und Frachtflugzeug; bewegliches Schott ermöglicht die Trennung der Funktionsräume

**Modell 747-200B Convertible:** diese Version des Modells 747-200 ist für den Betrieb als reines Passagier- oder Nur-Frachtflugzeug oder als Passagier-/Frachtflugzeug in fünf vorbestimmten Variationen ausgerüstet

**Modell 747-200F Freighter:** Spezialversion der 747-200 als Nur-Frachtflugzeug mit aufklappbarem Bug, der unbehinderten Zugang zum Hauptdeck bietet, und einem von zwei Mann bedienbarem Frachtfördersystem; wahlweise Frachttür seitlich am Rumpf; maximale Frachtlast insgesamt 112,5 Tonnen

**Modell 747SP:** leichtere Langstreckenversion; Rumpflänge um 14,35 m reduziert und neues Leitwerk mit größeren Kontrollflächen; die 747SP hat eine dichte Bestuhlung für maximal 440 Passagiere und kann 331 Fluggäste samt Gepäck nonstop über eine Entfernung von insgesamt 10.841 km befördern

**Modell 747SR:** Kurzstreckenvariante der 747-100B; strukturelle Modifikationen, die eine etwas höhere Start- und Landefrequenz gestatten

**Modell 747SUD:** Ausführung mit erweitertem Oberdeck (SUD – Stretched Upper Deck); verfügbar für 747-100B/-200B/-200B Combi und 747SR; wird mit 69 Touristensitzen im Oberdeck und sechs weiteren im Unterdeck bei Ausbau der Wendeltreppe angeboten

**Modell 747-300:** neugebaute Version der 747SUD

**Modell 747-400:** komplett überarbeitete Version mit erweitertem Oberdeck, Triebwerken neuer Technologie, Zweimann-„Glascockpit", erweiterten Flächenenden und 1,83 m hohen Winglets, die den induzierten Widerstand mindern

**Boeing E-4 Advanced Airborne Command Post:** die USAF beschaffte insgesamt vier Boeing 747 mit der Dienstbezeichnung E-4 zur Verwendung als überlebensfähige fliegende Kommandozentralen; jede einzelne von ihnen wäre in der Lage, sämtliche Interkontinentalraketen (ICBM), die bemannten Bomber und die nukleare, raketenbewaffnete U-Bootflotte der USA zu kontrollieren; zunächst wurden drei E-4A in Dienst gestellt, die mit Führungs- und Fernmeldegerät der EC-135, deren Stelle sie einnahmen, ausgerüstet waren; hinzu kam eine E-4B mit moderner Führungs- und Fernmeldeausrüstung; die drei E-4A erhielten nachträglich den Standard E-4B; alle im Einsatz befindlichen E-4 werden von General Electric-CF6-50E-Turbofan-Triebwerken mit je 24.404 kg Schub angetrieben

**Boeing 747-123 Space Shuttle Carrier:** eine einzelne 747-100, die die NASA von American Airlines erwarb und zum Transport des Space Shuttle Orbiter modifizieren ließ; die ersten 13 Flüge erfolgten mit dem Space Shuttle Orbiter Enterprise

## TECHNISCHE DATEN

**Boeing Modell 747-200B**

**Typ:** schweres Langstrecken-Verkehrsflugzeug

**Triebwerke:** (Version mit 365.142 kg Gesamtgewicht) vier Pratt & Whitney-JT9D-7FW-Turbofan-Triebwerke mit je 22.680 kg Schub

**Leistung:** Höchstgeschwindigkeit 969 km/h in 9145 m Höhe; max. Reiseflughöhe 13.715 m; Reichweite mit 442 Passagieren und Gepäck bei maximalem Abfluggewicht 9624 km

**Gewicht:** Leermasse 171.004 kg; max. Startmasse 365.142 kg

**Abmessungen:** Spannweite 59,64 m; Länge 70,51 m; Höhe 19,33 m; Tragflügelfläche 510,95 m²

***Winglets stellen das Markenzeichen der neuesten 747-Version Serie 400 dar. Größere Reichweite, aerodynamische Verfeinerungen und gründlich modernisierte Bordsysteme sind die Hauptverbesserungen gegenüber der Serie 300.***

## Breguet 521 Bizerte bis Breguet 1001 Taon

**In den 30er Jahren waren ein Flugboot und eine Serie militärischer Mehrzweckflugzeuge Blériots erfolgreich. Im Zweiten Weltkrieg mußte das Werk für Deutschland produzieren. Danach begann man neu mit Zweideck-Transportmaschinen und dem leichten Jäger Taon mit STOL-Fähigkeit.**

# Boeing Modell 757

Über die Jahre entstanden Studien für mehrere Versionen der überaus erfolgreichen Modell 727 mit größerer Kapazität, doch sie erregten nicht das nötige Kaufinteresse, um die Auflage einer neuen Serie zu rechtfertigen. Anfang 1978 gab das Unternehmen jedoch die Absicht bekannt, eine neue Flugzeugfamilie moderner Technologie zu entwickeln. Unter Beibehaltung der 7X7-Typenformel hießen die drei neuen Entwürfe **Modell 757**, 767 und 777. Die **757** unterschied sich von den beiden anderen dadurch, daß sie denselben Rumpfquerschnitt wie die 727 beibehielt, während er bei der 767 praktisch zwischen dem der 727 und 747 angesiedelt war.

Als Kurz-/Mittelstrecken-Airliner mit einer Sitzplatzkapazität von 178 in Mischklassenauslegung oder 196 in Touristenklasse beziehungsweise 224 bei dichter Bestuhlung setzte die **757** neue Maßstäbe im Treibstoffverbrauch, einem heute überaus wichtigen Faktor in der Betriebskostenrechnung aller Fluggesellschaften. Die **Modell 757** ist eine der weltweit wirtschaftlichsten Verkehrsmaschinen mit Turbofan-Antrieb für den Kurz- und Mittelstreckenbetrieb und erspart seinen Haltern im Vergleich zu früheren Mittelstreckenflugzeugen 45 Prozent Treibstoff pro Passagier. Dies resultiert aus der Konstruktion von einem Tragwerk moderner Technologie, Turbofan-Triebwerken mit hohem Nebenstromverhältnis und einer Avionikausrüstung, die für ein Optimum an Betriebseffektivität sorgt.

Das Entwicklungsprogramm der 767 eilte dem der **757** um rund fünf Monate voraus. Dies lag in erster Linie daran, daß grünes Licht für die Konstruktion der 767 etwa acht Monate früher als für die **757** erteilt wurde. Erste Auftragseingänge für die **Modell 757-200** gab Boeing am 31. August 1978 bekannt. British Airways hatte 19 und Eastern Air Lines 21 Flugzeuge vorbestellt. Nach den endgültigen Vertragsabschlüssen Anfang 1979 kündigte Boeing am 23. März 1979 die Serienfertigung an. Der Abstand von fünf Monaten zwischen den beiden Programmen war dem Boeing-

***Boeing Modell 757-225 von Eastern Air Lines (USA)***

Management sehr wichtig, um zwei neue Hauptmuster nahezu parallel entwickeln zu können. Bei der **757** profitierte man zwar von den Arbeiten, die für die größere Schwester bereits geleistet waren, da ein hohes Maß an Baugleichheit besteht, aber etwa 53% der Bauteile (gemessen am Wert) wird außer Haus produziert. Hauptzulieferer sind Avco Aerostructures (Tragflächenmittelstück und Rumpfkiel), Fairchild Industries (obere Kabinensektion und Vorflügel), Rockwell International (vordere und hintere Rumpfabschnitte) und die Vought Corporation (Heckkonus und Leitwerk).

Den Antrieb besorgen zwei Rolls-Royce RB211-535C- oder Pratt & Whitney-PW-2037-Triebwerke, in Gondeln unter den Flächen montiert. Die beiden Erstkunden entschieden sich für das Triebwerk von Rolls-Royce, so daß Boeing erstmals einen Airliner einführte, der nicht Triebwerke amerikanischer Provenienz aufwies. Inzwischen werden Anschlußversionen (RB211-535E4 und PW2040) mit höherer Schubleistung angeboten. Die modernen Tragflächen haben einen kleineren Pfeilwinkel als bei der 727, und der Rumpf der **757** ist 5,97 m länger. Die Hauptbaugruppen des Bugradfahrwerks sind mit vier Rädern an Achsträgern ausgestattet, während das Bugfahrwerk Zwillingsräder besitzt. Die **757** kommt mit einer Zweimann-Flugbesatzung aus, wird auf Wunsch aber auch für eine Dreier-Crew ausgelegt. Ihnen stehen außerordentlich fortschrittliche Avioniksysteme zur Verfügung, darunter eine auf Laserkreisel gestützte Trägheitsplattform und Rechner für das Flugma-

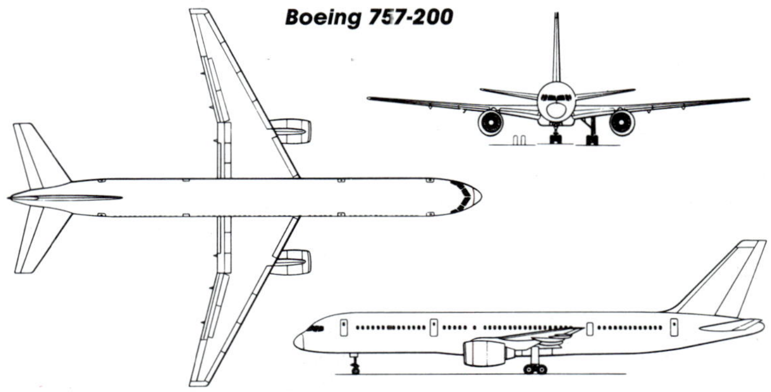

***Boeing 757-200***

nagementsystem sowie für die digitalisierte Luftwerteanlage. Im Zusammenspiel mit automatischen Flugführungs- und Schubregelungssystemen bewirken diese Komponenten einen optimalen Treibstoffverbrauch. Die neue Avionikgeneration kann praktisch die gesamte Kontrolle eines Fluges übernehmen, so daß die Crew im Grunde nur noch als Systemmanager fungiert.

Der Erstflug der **757** fand im Februar 1982 statt, und seitdem hat sich dieses Muster beachtliche Aufträge sichern können. Im März 1993 wiesen die Bücher 823 Festbestellungen aus, davon 534 erfüllt. Eine **757-200M Combi** ist ebenso verfügbar wie die **757-200PF Package Freighter** und eine Geschäftsreiseversion.

### TECHNISCHE DATEN

**Boeing Modell 757-200**

**Typ:** Kurz-/Mittelstrecken-Verkehrsflugzeug

**Triebwerke:** zwei Rolls-Royce-RB211-535C-Turbofan-Triebwerke mit je 16.964 kg Schub

**Leistung:** Reisegeschwindigkeit Mach 0,8; Anfangsreiseflughöhe 11.705 m; max. Reichweite 3985 km

**Gewicht:** Leermasse 59.430 kg; max. Startmasse 104.326 kg

**Abmessungen:** Spannweite 37,95 m; Länge 47,32 m; Höhe 13,56 m; Tragflügelfläche 181,25 $m^2$

# Boeing Modell 767

Die **Boeing Modell 767**, gleichzeitig mit der Modell 757 angekündigt, führte einen völlig neuen, 1,24 m breiten Rumpf ein, so daß Siebener- oder Achtersitzreihen mit zwei Gängen eingerichtet werden konnten. Geplant waren Auslegungen für insgesamt 211 Passagiere im Klassenmix mit 18 Sitzen der Ersten Klasse in Sechserreihen und den restlichen 193 Touristensitzen in Siebenerreihen oder 230 Touristensitze in Siebenersitzreihen oder Achtersitzreihen Dichtbestuhlung für maximal 298 Flugreisende.

Der Startschuß für die **Boeing Modell 767** fiel schließlich am 14. Juli 1978, nachdem die amerikanische Fluggesellschaft United Airlines einen Auftrag für 30 Flugzeuge dieses Typs erteilt hatte.

CAD (computergestütztes Entwerfen) wurde zur beschleunigten Vorbereitung der Rißzeichnungen für einen Großteil der Struktur genutzt. In diesem Fall war die außerordentlich hohe Genauigkeit dieses Verfahrens besonders vorteilhaft, weil die Konstruktion weitgehend an Fremdfirmen vergeben wurde. Dazu zählten Firmen der verschiedensten Nationalitäten wie Aeritalia, Canadair, Grumman und Vought sowie ein japanisches Konsortium namens Civil Transport Development Corporation, dem die Firmen Fuji, Kawasaki und Mitsubishi angehörten. Insgesamt 28 Unternehmen stellen Baugruppen und Teile im Wert von 45 Prozent der Gesamtkosten einer **Boeing Modell 767** her.

Der Entwurf des Tragwerks unterscheidet sich von dem der 757 durch einen größeren Pfeilwinkel, eine erhöhte Spannweite und eine längere Profilsehne, um die Tragflügelfläche um etwa 53 Prozent aufzustocken. Heck und Fahrwerk sind ähnlich wie bei der 757 ausgelegt, mit der die **767** auch die zwei Mantelstromtriebwerke in Gondeln unter den Flächen teilt. Die bei der **Boeing Modell 767** eingesetzten Pratt & Whitney-JT9D-7R4D- oder General Electric-CF6-80A-Triebwerke sind allerdings beide in der höheren Schubklasse von 21.772 kg eingeordnet. Inzwischen werden auch neuere GE-, PW- und RR-Triebwerke angeboten.

Zunächst plante Boeing zwei Versionen: die **Modell 767-100** mit kürzerem Rumpf, in dem etwa 180 Passagiere Platz finden konnten, und die eingangs beschriebene **Modell 767-200**. Dann beschloß man, auf die Fertigung der **767-100** völlig zu verzichten und statt dessen die **767-200** für unterschiedliche Betriebsmassen zuzulassen. Daher hat die von American Airlines für den Inlandsverkehr bestellte Version eine maximale Startmasse von 127.913 kg. Die für eine Betriebsmasse von 140.614 zugelassene Version hingegen kann bis zu 211 Passagiere über rund 6000 km befördern. Damit ist letzteres Muster weitaus vielseitiger als die **Modell 767-100** und eignet sich insbesondere für transkontinentale Nonstop-Flüge und viele internationale Langstrecken.

Mit einer zwei- oder dreiköpfigen Flugbesatzung und den unter Modell 757 beschriebenen Avioniksystemen wies dieser neue Airliner enorm geringe Sitzmeilenkosten nach, die um rund 32% unter denen anderer dreistrahliger Großraumflugzeuge lagen. Der neue Rumpf bietet auch ein beachtliches Frachtpotential, und er kann 22 LD-2-Container oder LD-3/-4/-8-Container gleichen Raumvolumens aufnehmen. Ist die zur Sonderausstattung gehörende Frachtraumtür von 1,75 m x 3,40 m am Vorderrumpf eingerichtet, so können noch zusätzlich zwei Paletten Typ 2 geladen werden.

Die erste **767** rollte am 4. August 1981 aus dem Everett-Werk, Washington. Am 26. September, nur wenige Tage vor dem

Zieldatum, das im 1978 gestarteten Programm angesetzt war, absolvierte sie von dort aus einen Jungfernflug von 2 Stunden und 4 Minuten.

Im Februar 1983 kündigte Boeing die **767-300** mit einer Rumpfstreckung von 6,42 m an, um eine höhere Sitzplatzkapazität bereitzustellen. Sowohl die **-200** als auch die **-300** sind als ER-Variante (Extended Range) mit erweitertem Tankvolumen und erhöhter Betriebsmasse für Langstreckenflüge verfügbar und damit für transkontinentale Fluglinien von besonderem Interesse.

Ende März 1993 hatte Boeing insgesamt 640 Festbestellungen für die **Modell 767** entgegengenommen, von denen 479 ausgeliefert waren.

**TECHNISCHE DATEN**
**Boeing Modell 767-200 (Grundmodell)**

**Typ:** Mittelstrecken-Verkehrsflugzeug
**Triebwerke:** zwei Pratt & Whitney-JT9D-7R4D-Turbofan-Triebwerke mit je 21.772 kg Schub
**Leistung:** normale Reisegeschwindigkeit Mach 0,8; Anfluggeschwindigkeit 248 km/h; Dienstgipfelhöhe 11.885 m; Nennreichweite mit 211 Passagieren 5152 km
**Gewicht:** Leermasse 81.230 kg; max. Startmasse 136.078 kg
**Abmessungen:** Spannweite 47,57 m; Länge 48,51 m; Höhe 15,85 m; Tragflügelfläche 283,35 m²

***Boeing Modell 767-222 von United Airlines (USA)***

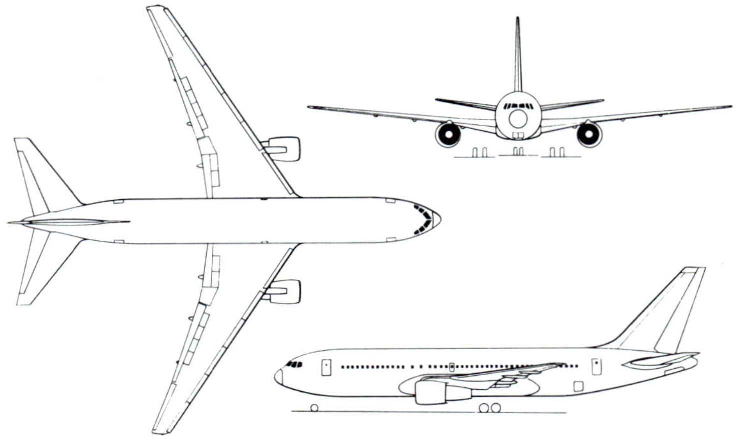

***Boeing 767-200***

***Einen neuerlichen Sprung auf den Airliner-Markt landete Boeing mit der 757 und 767. Letztere bietet aufgrund ihres Großraumrumpfes mehr Reichweite und Sitzplätze. Die Flugzeuge der Baureihe -300 sind beträchtlich länger als die der Serie 200 (im Bild) und beide in ER-Ausführung (Extended Range) erhältlich.***

# Boeing Modell 777

Das von zahlreichen Fluggesellschaften bekundete Interesse an einer Boeing mit einer Kapazität zwischen der 767-300 und der 747-400 führte Ende 1986 zu einer Bedarfsanalyse. Sie gipfelte am 29. Oktober 1990 im Programmstart für die **Modell 777**, nachdem United Airlines 34 Festbestellungen unterzeichnet hatte. Erste Lieferungen sind für Mai 1995 anberaumt.

Die **777** ist ein turbofangetriebener Langstrecken-Airliner. Wesentliche Beiträge leistete die japanische Luftfahrtindustrie, die für rund 20% der Zelle verantwortlich zeichnet. In weiten Teilen werden neue Aluminium-Legierungen und gewichtssparende Verbundwerkstoffe verwendet. Das Flugdeck wird ähnlich wie bei der 747-400 ausgelegt, d.h., sämtliche Grundfluginformationen erscheinen auf sechs Flachbildschirmen mit Flüssigkeitskristallanzeige. Dank der zunehmenden Zuverlässigkeit der Triebwerke und Bordsysteme konnte Boeing die ETOPS-Zulassung für den Liniendienst beantragen (extended-range twin-engined operations; nach der 180-Minuten-Regel kann das zweimotorige Flugzeug im Langstrekkenverkehr Routen befliegen, die, nach Ausfall eines Triebwerks, beim einmotorigen Weiterflug innerhalb von drei Stunden eine Landung auf einem geeigneten Flughafen gestatten).

Mit einem Durchmesser von 6,20 m hat die **777** einen breiteren Innenraum als jeder andere Airliner, ausgenommen die 747. Die Gesamtlänge von 63,70 m ermöglicht eine Bestuhlung für bis zu 400 Passagiere in zwei Klassen oder bis 328 Fluggäste in drei Klassen oder für 400 Reisende bei reiner Economy-Auslegung.

Die **777** wird in zwei Versionen mit gleichartigen Triebwerken angeboten. Das Ausgangsmodell **777 A Market** hat eine Startmasse von 229.250 kg und eine Reichweite von 7500 km, die sich aber in zwei Wahlausführungen mit Startmassen bis 242.670 kg auf 9020 km steigern läßt. Die **777 Market B** ist eine schwerere Variante mit größerer Reichweite, deren Lieferung Ende 1996 beginnen soll. Sie wird dieselben äußeren Abmessungen wie die A-Version besitzen, aber mit schubstärkeren Triebwerken, mehr Treibstoff und Sitzplätzen für bis zu 328 Passagiere in drei Klassen ausgestattet sein. Das Standardabfluggewicht wird auf 263.080 kg erhöht, mit einer Option auf 267.620 kg für Strekken bis zu 12.200 km.

Der Tragflächenentwurf der **777** gründet auf einem aerodynamisch hocheffizientem Flügelprofil bei einer Pfeilung von 31,6° an der t/4-Linie. Der gesamte Treibstoff wird in den Flächen und im mittleren Rumpfabschnitt mitgeführt. Einige Fluggesellschaften wollten die **777** für den Bodenbetrieb so konzipiert wissen, daß sie vorhandene, für die DC-10 und größengleiche Muster entwickelte Fluggaststeige und Rollwege weiternutzen kann. Boeing bietet daher wahlweise hochklappbare Außenflächen an, die die Spannweite pro Seite um 6,80 m verkürzen. Die **777** verwendet Triebwerke aller drei führenden Hersteller: das Rolls-Royce Trent 800, das General Electric GE90 und das Pratt & Whitney PW4000. Beim Ausgangsmodell entwickeln sie zwischen 315,8–329,2 kN Standschub und 364,7-378,1 kN Standschub bei der B-Version. Schlüsselfaktoren zur Leistungssteigerung sind neue Bläser mit breiten Schaufeln und Nebenstromverhältnisse von 6:1 bis 9:1.

**TECHNISCHE DATEN**
**Boeing Modell 777 A Market (United Airlines)**

**Typ:** zweistrahliges Langstrecken-Großraumflugzeug
**Triebwerke:** zwei P&W-PW4073-Turbofan-Triebwerke mit je 327 kN
**Leistung:** (Schätzwerte) Reisefluggeschwindigkeit Mach 0,83; Reichweite mit 363 Passagieren in zwei Klassen 7785 km
**Gewicht:** (Schätzwerte) Leermasse 135.580 kg; max. Startmasse 234.000 kg
**Abmessungen:** Spannweite 60,93 m; Spannweite bei hochgeklappten Außenflächen 47,29 m; Länge 63,73 m; Höhe 18,44 m ; Tragflügelfläche (projektiert) 427,8 m²

# Boeing Modell 953 (YC-14)

1971 entwickelte die USAF einen Forderungskatalog für ein neues Transportflugzeug, das die Lockheed C-130 Hercules ablösen konnte. Bei der Zusammenstellung der Einzelforderungen für das neue Muster standen dem Planungsstab vor allem die Fortschritte vor Augen, die seit 1951 auf dem Gebiet des Triebwerks und der Aerodynamik erreicht worden waren. Anfang 1972 forderte die USAF neun amerikanische Firmen zur Abgabe eines Angebots auf und wählte die Vorschläge der Boeing Company und der McDonnell Douglas Corporation zur vergleichenden Bewertung als **YC-14** bzw. YC-15.

Vor der Vergabe dieser Bezeichnungen hatte die USAF dieses Projekt allgemein als AMST (Advanced Military STOL Transport) geführt, und von den erfolgreichen Teilnehmern der Ausschreibung erwartete man eine besonders gelungene Umsetzung der STOL-Forderung (Short Take-Off and Landing = Kurzstreckenstart und -landung). Die STOL-Leistung des Boeing-Entwurfs **Modell 953** beruhte auf der Verwendung eines superkritischen Tragflächenprofils, das die NASA anhand der Windkanal-Forschungsergebnisse von Dr. Richard Whitcomb entwickelt hatte. Solch ein Tragwerk stellt eine hohe Effektivität bei hohen Unterschallgeschwindigkeiten sicher. Boeing ergänzte dieses Tragwerk durch ein modernes Anblaskonzept, indem die beiden Triebwerke aufgesattelt wurden, so daß ihr Abgasstrahl über die Oberseiten strich. Bei ausgefahrenen Nasen- und hinteren Coanda-Klappen „klebte" der von den Triebwerken ausgestoßene Hochgeschwindigkeits-Luftstrom praktisch an der Oberfläche des Flügel-/Klappensystems, und der abwärts gerichtete Luftstrom erzeugte somit zusätzliche Auftriebskraft.

Die **YC-14** flog erstmals am 9. August 1976 und wies ein hervorragendes Leistungsvermögen nach. Beim Betrieb auf Normpisten betrug die Nutzlast 150 Soldaten oder 36.742 kg Fracht, während bei STOL-Einsätzen von Flugplätzen mit einer Pistenlänge von weniger als 572 m noch Lasten bis zu 12.247 kg verkraftet wurden.

Nach Abschluß der Erprobung 1977 überließ die USAF den **YC-14**-Prototyp seinem Hersteller zur Weiterentwicklung.

***Die Triebwerksanordnung resultierte aus der Nutzung des Coanda-Effekts für Kurzstreckenstarts und -landungen. Der Abgasstrahl wird nach unten gelenkt, um einen senkrechten Auftrieb zu erzeugen.***

### TECHNISCHE DATEN
**Boeing Modell 953 (YC-14)**

**Typ:** modernes militärisches STOL-Transportflugzeug
**Triebwerke:** zwei General Electric-CF6-50D-Turbofan-Triebwerke mit je 23.133 kg Schub
**Leistung:** Höchstgeschwindigkeit 811 km/h in optimaler Höhe oder 649 km/h in Meereshöhe; Dienstgipfelhöhe 13.715 m; Einsatzradius 740 km; Überführungsreichweite 5133 km
**Gewicht:** Leermasse 53.297 kg; max. STOL-Startmasse 77.111 kg; max. Startmasse 107.501 kg
**Abmessungen:** Spannweite 39,32 m; Länge 40,13 m; Höhe 14,73 m; Tragflügelfläche 163,69 m²

# Boeing Vertol Modell 107 (H-46 Sea Knight)

Kurz nach ihrer Gründung im März 1956 erarbeitete die Vertol Aircraft Corporation eine Entwurfstudie für ein kommerzielles Luftfahrzeug mit zwei Gasturbinen als Antrieb. Bei der Definition des Entwurfs achtete die Firma darauf, daß dieses Transportflugzeug auch für militärische Zwecke geeignet war. Man entschied sich daher für die Verwendung des Tandem-Rotorkonzepts, das die Piasecki Helicopter Corporation entwickelt und Vertol vollendet hatte, weil es erwiesenermaßen äußerst leistungsfähig und zuverlässig war. Zwillingsturbinen sollten diesen neuen Hubschrauber antreiben, denn obwohl diese Triebwerke zu dem Zeitpunkt noch keinen Ruf für Zuverlässigkeit und Wirtschaftlichkeit erworben hatten, bestand kein Zweifel, daß sie ein ausgezeichnetes Verhältnis von Antriebsleistung zu Gewicht boten. Zudem verbesserten sich diese Aggregate stetig. Um die Geräuschbelastung einzuschränken und ein Maximum an Kabinenraum zu gewinnen, wurden die Triebwerke auf dem Rumpf am hinteren Kabinenende montiert. Zur beschleunigten Be- und Entladung bildete man die Rückseite des aufwärts geschwungenen Rumpfhecks zu einer robusten Laderampe aus, die eine direkte Beladung des Hubschraubers mit Fahrzeugen und/oder sperrigem Frachtgut gestattete. Eine abgedichtete und in mehrere Kammern unterteilte untere Rumpfwanne ermöglichte den Betrieb dieses neuen Drehflüglers zu Wasser und zu Lande.

Die Konstruktion des Prototyps mit der Bezeichnung **Vertol Modell 107** begann im Mai 1957, und der Erstflug erfolgte am 22. April 1958. Erprobung und Entwicklung beim Hersteller liefen zügig voran, und eine ausgedehnte Vorführtour weckte beachtliches Interesse. Als erste Teilstreitkraft wollte die US Army den neuen Hubschrauber prüfen und bestellte im Juli 1958 10 leicht modifizierte Exemplare mit der Bezeichnung **YHC-1A**. Der erste Hubschrauber dieser Vorserie flog erstmals am 27. August 1959. Inzwischen war die US Army eher an einem größeren, antriebsstärkeren Muster interessiert, das Vertol vom **Modell 107** abgeleitet hatte, und kürzte ihren Erstauftrag auf drei **YHC-1A**. Das dritte Exemplar rüstete die Firma schließlich mit General Electric-T58-GE-6-Wellenturbinen und -Rotoren größeren Durchmessers aus. Es erhielt eine zivile Inneneinrichtung und wurde zum Prototyp **Modell 107-II** erklärt. Zum Zeitpunkt des Erstflugs am 25. Oktober 1960 war Vertol eine Abteilung der Firma Boeing geworden.

Als das US Marine Corps Interesse an diesem Muster bekundete, wurde ein Exemplar zum **Boeing Vertol Modell 107M** modifiziert. Dieser Hubschrauber, angetrieben von zwei T58-GE-8-Turbinen, ging im Februar 1961 als Sieger aus dem Entwurfs-Wettbewerb des USMC hervor. Die Serienmaschinen hatten die Bezeichnung **HRB-1** (1962 in **CH-46A** geändert) und den Beinamen **Sea Knight**. Seitdem haben sowohl das USMC als auch die US Navy dieses Muster intensiv genutzt. Das Marinekorps verwendet diese Hubschrauber in erster Linie zum Truppentransport, während die schwimmende Marine es zur VERTREP-Versorgung einsetzt, bei der Nachschub, Munition und Personal von Versorgern zu den Kampfschiffen transportiert werden.

Der erste **CH-46A** flog am 16. Oktober 1962, und die Erprobung hielt bis Ende 1964 an. Anfang 1965 erfolgte die Indienststellung bei Staffeln des US Marine Corps. Seit dieser Zeit wurde eine Reihe von Versionen produziert, darunter der **CH-46D** für das USMC, grundsätzlich ähnlich wie der **CH-46A**, aber mit T58-GE-10-Wellenturbinen mit je 1044 kW (1420 WPS) als Antrieb; der **CH-46F** für das USMC, ähnlich wie der **CH-46D**, aber mit zusätzlicher Avionik; der **UH-46A Sea Knight**, ähnlich wie der **CH-46A**, von der US Navy Utility Helicopter Squadron 1 im Juli 1964 zugeführt, und der **UH-46D** für die US Navy, praktisch identisch mit dem **CH-46D**. Das US Marine Corps hat 273 seiner **Sea Knights** den Standard CH-46E mit General Electric-T58-GE-16-Wellenturbinen mit je 1394 kW (1895 WPS) und anderen Verbesserungen zukommen lassen. Sechs Nutzhubschrauber, die nahezu dem CH-46A entsprachen, beschaffte die RCAF 1963-64 als **CH-113 Labrador**, und 1964-65 wurden 12 ähnliche Hubschrauber für das kanadische Heer gebaut, die die Bezeichnung **CH-113A Voyageur** erhielten. Unter dem Projektnamen SARCUP (Search And Rescue Capability Upgrade Project) der kanadischen Streitkräfte wurde Boeing of Canada Mitte 1984 mit der Modifikation von sechs **CH-113** und fünf **CH-113A** zur Verbesserung der SAR-Leistung beauftragt. Im Zeitraum 1962/63 lieferte Boeing Vertol **107-II-Modelle** nach Schweden für den Such- und Rettungsdienst der dortigen Luftwaffe und zur U-Bootabwehr sowie zum Minenräumen durch die Marine. Beide Versionen sind unter der Dienstbezeichnung **HKP-4** zusammengefaßt.

1965 erwarb Kawasaki in Japan das Recht zum weltweiten Vertrieb des **Modells 107-II**, und 1981 führte das japanische Unternehmen die Produktion dieser Hubschrauber als **KV-107/IIA** fort. Etliche Versionen wurden konstruiert und werden auch weiterhin produziert, wie im nächsten Absatz dargelegt.

***Die Sea Knight befindet sich im Einsatz beim USMC zum Transport von Landungstruppen und bei der US Navy (im Bild) zur Schiffsversorgung und zum Rettungsdienst.***

**Varianten**

**KV-107/II-2:** Zubringerversion für eine Zweimann-Crew, eine Stewardeß und 25 Passagiere; inzwischen in verbesserter Ausführung als KV-107/IIA-2 verfügbar
**KV-107/II-3:** Minenabwehrversion für die JMSDF (zwei) plus sieben aufgewertete KV-107/IIA-3
**KV-107/II-4:** taktischer Fracht- und Truppentransporthubschrauber für die JGSDF mit verstärktem Kabinenboden; 42 als solche geliefert, davon Ende 1981 die letzten 18 als aufgewertete KV-107/IIA-4
**KV-107/II-5:** 13 Langstrecken-SAR-Hubschrauber für die JASDF; 19 aufgewertete Hubschrauber mit der Bezeichnung KV-107/IIA-5, von denen die letzten drei Exemplare 1981 geliefert wurden; acht KV-107/II-5 gingen ohne Triebwerke an die schwedische Marine, die sie vor Ort mit Gnome-H.1200-Wellenturbinen von Rolls-Royce ausrüsten ließ
**KV-107/II-7:** Bezeichnung eines sechs-/elfsitzigen VIP-Transporthubschraubers
**KV-107/IIA-17:** Bezeichnung eines Langstrecken-Transporthubschraubers für das Tokyo Metropolitan Police Department
**KV-107/II-SM-1:** Hubschrauberquartett zur Brandbekämpfung
**KV-107/IIA-SM-2:** Sanitäts- und Rettungsversion

### TECHNISCHE DATEN
**Kawasaki KV-107/IIA-2**

**Typ:** Zwillingsrotor-Verkehrshubschrauber
**Triebwerke:** zwei General Electric-CT58-140-1- oder Ishikawajima-Harima-CT58-IHI-110-1-Wellenturbinen mit je 1044 kW (1420 WPS)
**Leistung:** Höchstgeschwindigkeit in Meereshöhe 254 km/h; Reisegeschwindigkeit 241 km/h in 1525 m Höhe: Dienstgipfelhöhe 5180 m; Reichweite mit max. Treibstoff 1097 km
**Gewicht:** Leermasse 5251 kg; max. Startmasse 9707 kg
**Abmessungen:** Rotordurchmesser je 15,24 m; Geamtlänge bei laufenden Rotoren 25,40 m; Höhe 5,09 m; Rotorkreisfläche je 182,41 m²

# Boeing Vertol Modell 114 (CH-47)

***Boeing Vertol Modell 234LR von British Airways Helicopters, eingesetzt zur Unterstützung der Ölbohrtürme in der Nordsee***

Aus Angeboten von fünf US-Hubschrauberherstellern wählte die US Army das **Boeing Vertol Modell 114**, das den Anforderungen für einen Kampfzonentransporthubschrauber zur Erhöhung der Beweglichkeit auf dem Gefechtsfeld am nächsten kam. Zu den Anforderungen an dieses Muster zählten: Allwetterfähigkeit, eine Tragkraft für eine Internlast von 1814 kg oder eine Schlinglast von 7257 kg, der Transport von maximal 40 Soldaten mit Kampfausrüstung, die Möglichkeit zur direkten Beladung über das Heck, die Eignung zur Bergung und Evakuierung von Verwundeten sowie der Lufttransport sämtlicher Komponenten des Raketensystems Pershing von Martin Marietta. Im Juni 1959 erging ein Erstauftrag für fünf **YHC-1B** Vorserienhubschrauber, die kurz nach der Indienststellung in **YHC-47A** umbezeichnet und **Chinook** getauft wurden.

Im Grunde war das **Modell 114** eine größere und antriebsstärkere Ausgabe des Modells 107 (CH-46 Sea Knight). Das nicht einziehbare Fahrgestell besteht aus vier Rädern, angeordnet in der Form einer Rechteckfläche, und der Rumpf enthält an den beiden Unterseiten in Kammern unterteilte Flankenbehälter. Diese nehmen nahezu drei Viertel der Rumpflänge ein, um die Schwimmfähigkeit und Stabilität des Hubschraubers beim Wassern zu unterstützen. Als der erste **YHC-1B** am 21. September 1961 zum Jungfernflug startete, war der erste Auftrag zur Serienfertigung des **CH-47A** bereits erteilt. Die anfangs von Lycoming-T55-L-5-Wellenturbinen mit je 1641 kW (2232 WPS) und später von 1976 kW (2687 WPS) starken T55-L-7 angetriebenen **CH-47A** gelangten ab Dezember 1972 zur Auslieferung.

Seither wurde das Muster in etlichen Versionen gebaut, darunter der weiterentwickelte **CH-47B** mit leistungsstärkeren T55-L-7C-Wellenturbinen, die je 2125 kW (2890 WPS) abgaben, neu entworfenen Rotorblättern und weiteren Detailverbesserungen. Der erste Prototyp flog erstmals im Oktober 1966, und am 10. Mai 1967 begann die Auslieferung. Als nächstes folgte der **CH-47C (Modell 234)** mit zwei 2796 kW (3802 WPS) starken T55-L-11C-Wellenturbinen als Antrieb, einem darauf abgestimmten Kraftübertragungssystem und erweitertem Tankvolumen. Neun weitgehend dem **CH-47C** entsprechende Hubschrauber wurden als **CH-147** für die kanadischen Streitkräfte gefertigt und ab September 1974 geliefert. Der **CH-147** enthält die neuesten Sicherheitsmerkmale und ein modernes Flugsteuerungssystem. An Land kann er mit einer Höchstmasse von 22.680 kg und auf See notfalls mit 20.865 kg starten. Während des Vietnamkrieges wurden vier **ACH-47A** gebaut, deren Auslegung der des **CH-47A** entsprach. Sie waren jedoch mit Panzerschutz und einer schweren Bewaffnung versehen: ein 40-mm-Granatwerfer im Bug, eine vorwärtsfeuernde 20-mm-Kanone, je ein 7,62-mm-Maschinengewehr oder ein Raketenbündel mit 19 Projektilen an seitlichen Rumpfträgern plus fünf Schützenstände in der Kabine mit 12,7-mm- oder 7,62-mm-MG auf Schwenklafetten. Drei Exemplare wurden in Vietnam erprobt, aber keine weiteren gebaut.

***Die meisten CH-47 Chinook-Hubschrauber transportieren Personal und Material in die Kampfzone, hier in Schlinge am Haken.***

In Südostasien erwiesen sich die **Chinooks** als überaus wertvoll, nicht nur beim Transport von Truppen und Nachschubmaterial sowie beim Ausfliegen von Verwundeten, sondern auch zur Bergung notgelandeter Flugzeuge und zur Evakuierung von Flüchtlingsströmen auf dem Luftweg. Die US Army erachtet die **Chinooks** weiterhin als wichtigen Bestandteil ihrer Hubschrauber-Versorgungsflotte und plant daher ihre Modernisierung. Im Rahmen eines Entwicklungsprogramms wird je ein Vertreter der Versionen **CH-47A**, **-47B** und **-47C** bis auf die Grundzelle zurückgeführt und zum Prototyp **CH-47D** mit neuer Ausrüstung umgebaut. Die **CH-47D** zeichnen sich durch stärkere Triebwerke und Leistungsübertragungssysteme aus. Hinzu kommen neu entwickelte Avioniksysteme, einschließlich eines modernen Flugdecks, kompatibel mit Nachtsichtgläsern der Crew, sowie zahlreiche Verfeinerungen des Entwurfs. Zudem erhalten diese Hubschrauber ein Hilfstriebwerk (APU) und drei Haken zum Transport von Außenlasten. Nach erfolgreicher Erprobung dieser Prototyphubschrauber durch die US Army lief bei Boeing Vertol ein Programm zum Umbau der **CH-47A** zu **CH-47D** an. Der erste serienmäßig modifizierte **CH-47D** kehrte 1982 zur Truppe zurück.

Die RAF erteilte einen Auftrag für 33 Hubschrauber als **Chinook HC.Mk 1**, die dem kanadischen **CH-147** ähnelten. Diese mit britischer Avionik und Ausrüstung ausgestatteten Helikopter weisen eine Reihe von Besonderheiten auf. Im August 1980 wurde das erste Exemplar übergeben, und Anfang 1982 war die Lieferung sämtlicher 33 Maschinen abgewickelt. Derzeit läßt die RAF ihre **Chinook** von Boeing auf den Standard **CH-47D** bringen, um sie künftig als **Chinook HC. Mk 2** einzusetzen.

Seit 1970 werden **Chinook**-Hubschrauber für Abnehmer in Europa und im Nahen Osten in Italien produziert, nachdem Elicotteri Meridionali entsprechende Rechte von Boeing Vertol erworben hatte. SIAI-Marchetti und weitere italienische Unternehmen sind in dieses Programm eingespannt. Beim italienischen Heer dienen 26 **CH-47C Plus** mit Triebwerken einer höheren Leistung und aus Verbundwerkstoffen konstruierten Rotorblättern.

Auf den **CH-47D** der US Army folgte der **CH-47D International Chinook (Modell 414)** für den Exportmarkt. Erster Kunde war Japan mit Kawasaki als Lizenzhersteller des **CH-47J**. Die andere aktuelle Produktionsversion ist der **MH-47E**, eine Variante des **CH-47D** für die Special Forces. Das Cockpit weist eine nachtsichtglaskompatible, elektronische Fluginstrumentenanlage (EFIS) auf, und das Avionikpaket enthält zwei MIL-STD-1553-Datenbusse, ein automatisches Zielübergabesystem, störsichere Fernmeldeverbindungen, GPS-Empfänger, ein APQ-174-Radargerät für Bodendarstellung und Geländekonturenflug bis auf 30 m Höhe über Grund in einem Behälter backbordseitig am Vorderrumpf und ein AAQ-16-Vorwärtssicht-Infrarotgerät im Kinnturm. Zu der umfassenden Abwehrausrüstung zählen Raketen-, Laser- und Radarwarnempfänger, Impuls- und Dauerstrichstörgeräte sowie Düppel- und Leuchtfackelwerfer. Die Bewaffnung besteht aus zwei M2-12,7-mm-MG und Stinger-Lenkraketen.

Zur Sonderaustattung gehören anschraubbare Zusatztanks, die die Treibstoffkapazität verdoppeln. Eine Luftbetankungssonde ermöglicht dem **MH-47E**, während dem Flug Treibstoff von einer Hercules zu übernehmen.

Bis zur Lieferung des **MH-47E** nutzte die US Army 32 **Chinook**, die vorübergehend den Standard **CH-47D SOA** erhielten. Diese Hubschrauber der Sondertruppen sind mit Luftbetankungssonde, Wärmebildgeneratoren, Wetterradar, besseren Navigations- und Fernmeldegeräten sowie türmontierten 7,62-mm-Maschinengewehren ausgestattet. Während des Golfkriegs rüstete die Royal Air Force einige ihrer **Chinook HC.Mk 1B** mit besseren Navigationsgeräten und Mitteln zur Warnung sowie Abwehr von Flugkörpern und Raketen zur Unterstützung der Special Forces aus.

1978 kündigte der Hersteller die Entwicklung eines zivilen Pendants zum militärischen **Chinook** an, vorgesehen für kommerzielle Dienste. Zwei Grundversionen waren geplant: das **Modell 234LR** mit großer Reichweite für reine Passagier-, Passagier- und Fracht- und reine Frachtflüge sowie das **Modell 234UT** als Nutzvariante für Sonderdienste wie die Exploration von Bodenschätzen, Forstarbeiten und allgemeine Unterstützung beim Hochbau.

Großen Wert legte man auf eine Inneneinrichtung mit vier Sitzen nebeneinander im Airliner-Stil für 44 Personen, die sich rasch vom Nur-Passagier- für den Kombi- und Nur-Frachtdienst umrüsten ließ.

In der typischen Kombi-Auslegung finden 18 Personen im vorderen Teil der Kabine Platz, während der hintere Kabinenabschnitt 7258 kg Fracht aufnehmen kann. In der Auslegung als Nur-Frachthubschrauber können intern 9072 kg oder 12.701 kg als Außenlast an einem oder an mehreren Haken mitgeführt werden.

Um die essentielle Reichweite bereitzustellen, wurden Außentanks in großen Verkleidungen entlang den unteren Rumpfflanken eingerichtet, die zugleich als Notschwimmer fungieren. Für Fernflüge über dem Meer sind vielfältige Sicherheiten eingebaut, wie ein Wetterradar, Blindfluginstrumente in doppelter Ausführung, ein doppelt ausgelegtes, automatisches Flugführungssystem um vier Achsen, zwei Rettungsschlauchboote und die Möglichkeit zum Antrieb beider Rotoren bei Ausfall eines der Triebwerke.

Nach dem Jungfernflug des **243LR** am 19. August 1980 begann das Entwicklungsprogramm mit diesem und zwei weiteren Exemplaren. Die Musterzulassung der FAA und CAA wurde am 19. beziehungsweise 26. Juni 1981 erreicht.

## TECHNISCHE DATEN

**Boeing Vertol CH-47C Chinook**

**Typ:** mittlerer Tandemrotor-Transporthubschrauber

**Triebwerke:** zwei Avco Lycoming-T55-L11A-Wellenturbinen mit je 2796 kW (3802 WPS)

**Leistung:** Höchstgeschwindigkeit in Meereshöhe 286 km/h; Marschgeschwindigkeit 257 km/h; Dienstgipfelhöhe 3290 m; Einsatzradius 185 km

**Gewicht:** Leermasse 9736 kg; max. Startmasse 17.463 kg

**Abmessungen:** Rotordurchmesser je 18,29 m; Gesamtlänge bei laufenden Rotoren 30,18 m; Höhe 5,68 m; Rotorkreisfläche je 262,67 m$^2$

# Boeing Vertol Modell 179 bis Brantly-Hynes Modell 305

**Das Werk Boulton & Paul baute im Ersten Weltkrieg Flugzeuge in fremdem Auftrag, begann erst danach mit Eigenproduktionen und existierte noch bis in die 50er Jahre. Brantly-Hynes Helicopter war 1975 eine Gründung von Michael Hynes zum Bau von Hubschrauberkonstruktionen seines hubschrauberfliegenden Partners.**

## Boeing Vertol Modell 179

1971 erließ das amerikanische Verteidigungsministerium eine Taktisch-Technische Forderung (TTF) für einen neuen militärischen Nutzhubschrauber, der den Bell UH-1 bei der US Army ablösen sollte. Für dieses UTTAS (Utility Tactical Transport Aircraft – taktisches Nutz- und Transport-Luftfahrzeug) gab es in etwa die gleiche Transportkapazität wie beim UH-1, nur war die Nutzlast in größerer Höhe und unter beträchtlich höheren Umgebungstemperaturen zu befördern. Als Spitzenbewerber um das UTTAS traten Sikorsky mit dem S-70, als YUH-60A zur Vergleichsprüfung in Auftrag gegeben, und Boeing Vertol mit dem **Boeing Vertol Modell 179 (YUH-61A)** auf. Das **Modell 179** war Boeing Vertols erster Hubschrauberentwurf mit einem einzelnen Hauptrotor. Dabei profitierte das Unternehmen von der Lizenzfertigung des deutschen Nutzhubschraubers MBB BO105, da es das **Modell 179** um einen ähnlichen gelenklosen Hauptrotor aus Verbundmaterial herum entworfen hatte. Als Antrieb dienten zwei vorgeschriebene General Electric-YT700-Wellenturbinen, die in Gondeln an den Rumpfseiten hinter dem flachen Kraftübertragungsblock auf dem hinteren Kabinendach installiert waren. Die Kabine konnte elf Soldaten oder Fracht auf einer Ladefläche von 8,3 m² aufnehmen. Der Rumpf war eine Spant- und Stringerkonstruktion, bei der sehr viel Glasfaser- und Wabenmaterial zur höheren Festigkeit und leichteren Wartung verwendet wurde. Die Rumpfgondel ging in einen Leitwerksträger über, der einen Heckrotor mit vier Glasfaserblättern und eine große Höhenflosse aufnahm mit automatisch entsprechend der Geschwindigkeit variierendem Einstellwinkel. Das starre Fahrgestell bestand aus drei in Dreiecksform angeordneten Baugruppen mit Zwillingsrädern vorn und einzelnen Haupträdern hinten. Drei militärische Prototypen wurden gefertigt. Aus der ab 1975 durchgeführten Vergleichsbewertung des YUH-60A und YUH-61A ging der Sikorsky-Teilnehmer als Sieger hervor. Boeing Vertol konstruierte einen vierten Prototyp als zivilen Vorführhubschrauber **Modell 179** mit Sitzeinrichtung für 14 bis 20 Passagiere. Später wurde die Entwicklung beider Muster eingestellt.

***Das Modell 179 nahm im Rahmen des UTTAS-Programms der US Army als YUH-61A am Flugvergleich teil, unterlag jedoch dem S.70 von Sikorksy (YUH-60A).***

### TECHNISCHE DATEN
**Boeing Vertol Modell 179**

**Typ:** militärischer Nutzhubschrauber
**Triebwerke:** zwei General Electric-YT700-GE-700-Wellenturbinen mit je 1146 kW (1536 WPS)
**Leistung:** Höchstgeschwindigkeit 290 km/h in Meereshöhe; Marschgeschwindigkeit 216 km/h in Meereshöhe; Schwebeflughöhe außerhalb des Bodeneffekts 1722 m; max. Reichweite 964 km
**Gewicht:** Leermasse 4302 kg; max. Startmasse 8481 kg
**Abmessungen:** Hauptrotordurchmesser 14,93 m; Länge bei lfd. Rotoren 18,13 m; Höhe 4,63 m; Hauptrotorkreisfläche 175,19 m²

## Boulton & Paul P.3 Bobolink

Das erste Luftfahrzeug von Boulton & Paul wurde zwar nur als Prototyp gebaut, verdient aber dennoch Erwähnung. Die **Boulton & Paul P.3 Bobolink** war das Ergebnis eines Entwurfswettbewerbs für ein Nachfolgemuster der Camel.

Als Sieger ging die Sopwith Snipe hervor, so daß die **Bobolink** nicht zur Serienfertigung gelangte. Drei Seriennummern waren für Prototypen vergeben, doch soweit dokumentiert, wurde nur einer konstruiert. Ein interessantes Entwurfsmerkmal der **Bobolink** bot dem Piloten die Möglichkeit, die Hauptkraftstofftanks abzuwerfen, falls der Doppeldecker während des Fluges in Brand geriet.

Wie nicht anders zu erwarten, wies die **Bobolink** Parallelen zu der Camel auf, und die Leistung war mit der der Sopwith Snipe vergleichbar.

***Die Bobolink war ein guter Entwurf, der einem noch besseren unterlag. Die zweistielige Tragwerkszelle war eindeutig von Vorteil, da sich wegen der N-Streben die Diagonaldrähte erübrigten.***

### TECHNISCHE DATEN
**Boulton & Paul P.3 Bobolink**

**Typ:** Jagdeinsitzer
**Triebwerk:** ein Bentley-B.R.2-Umlaufmotor mit 172 kW (230 PS)
**Leistung:** Höchstgeschwindigkeit 201 km/h in 3050 m Höhe und 175 km/h in 4570 m Höhe; Steigzeit auf 1980 m 5 Minuten und 20 Sekunden; Dienstgipfelhöhe 5945 m; Flugdauer 3 Stunden und 15 Minuten
**Gewicht:** Leermasse 557 kg; max. Startmasse 904 kg
**Abmessungen:** Spannweite 8,84 m; Länge 6,10 m; Höhe 2,54 m; Tragflügelfläche 24,71 m²
**Bewaffnung:** zwei vorwärtsfeuernde synchronisierte Vickers-Maschinengewehre, Kaliber 7,7 mm, auf dem Rumpfrücken; Vorrichtungen für ein Lewis-Maschinengewehr gleichen Kalibers auf dem Mittelteil des Oberflügels

## Boulton & Paul P.29 Sidestrand

Nachdem Boulton & Paul mit den zweimotorigen Doppeldecker-Bomberprototypen Bourges und Bugle Erfahrung gesammelt hatte, nahm das Unternehmen an der Ausschreibung 9/24 für einen neuen mittleren Tagbomber mit einer drei- bis vierköpfigen Besatzung teil. Der erste von zwei **Boulton & Paul P.29 Sidestrand Mk I** Prototypen flog 1926, und die Firma erhielt einen Auftrag für 18 Serienbomber. Die Auslieferung an die neu aufgestellte No. 101 Squadron in Bircham Newton begann 1928, und das erste Los bestand aus sechs **Sidestrand Mk II** mit Bristol Jupiter VI Motoren ohne Untersetzungsgetriebe. Es folgten neun **Sidestrand Mk III** mit Jupiter-VIIIF-Motoren und Getriebe, und die letzten drei Serienflugzeuge ersetzten Mk II Bomber. Die **Sidestrand** hatte die gute Wendigkeit der Bourges geerbt, doch trotz erwiesener hervorragender Qualitäten beim Bombenwurf wie beim Schießen mit Bordwaffen rüstete man nach No. 101 Squadron keine weitere Bomberstaffel mit diesem Muster aus. Drei **Sidestrand Mk III** wurden zur **Sidestrand Mk V** modifiziert, anschließend aber in Overstrand umbenannt. Diese Bomber lösten im Dezember 1934 ihre Vorgänger ab.

***Die Sidestrand war das erste Luftfahrzeug der RAF, das als mittlerer Bomber eingestuft wurde. Die Maschine war erstaunlich wendig, konnte Loopings, Rollen und Trudelmanöver ausführen und ließ sich auch mit nur einem Motor fliegen.***

### TECHNISCHE DATEN
**Boulton & Paul Sidestrand Mk III**

**Typ:** drei-/viersitziger mittlerer Bomber
**Triebwerke:** zwei Bristol Jupiter-VIIIF-Sternmotoren mit je 343 kW (460 PS)
**Leistung:** Höchstgeschwindigkeit 225 km/h in 3050 m Höhe; Dienstgipfelhöhe 7315 m; Reichweite 805 km
**Gewicht:** Leermasse 2726 kg; max. Startmasse 4627 kg
**Abmessungen:** Spannweite 21,92 m; Länge 14,02 m; Höhe 4,52 m; Tragflügelfläche 91,04 m²
**Bewaffnung:** drei Lewis 7,7-mm-Maschinengewehre (je ein MG im Bug, auf dem Rücken und unter dem Bauch) sowie eine Bombenlast von 476 kg

# Boulton & Paul P.31 Bittern

***Boulton & Paul P.31 Bittern (J7937, zweiter Prototyp) mit tiefergelegten, verkleideten Motoren und in der Höhe richtbaren MG-Barbettenlafetten im Vorderrumpf.***

Mit Spezifikation 27/24 forderte das Air Ministry einen einsitzigen Nachtjäger zur Bekämpfung feindlicher Bomberformationen. Der Vorschlag von Boulton & Paul war ein zweimotoriger Eindecker zu einer Zeit, als generell einmotorige Doppeldecker-Jagdeinsitzer das Bild der RAF-Jagdstaffeln bestimmten. Er war so revolutionär, daß nur ein überragendes Leistungsvermögen und ein hohes Maß an Beweglichkeit Aussicht auf Erfolg bieten konnten.

Zwei Prototypen mit der Bezeichnung **Boulton & Paul P.31** wurden gebaut und **Bittern** getauft. Die erste Versuchsmaschine (J7936) war ein Schulterdecker mit zwei Armstrong Siddeley-Lynx-Sternmotoren, montiert in mittlerer Spannweite an der Vorderkante des Tragwerks. Die Motorverkleidung war so gestaltet, daß der Propellernachstrom die Zylinderköpfe umspülte. Der zweite Prototyp (J7937) unterschied sich vom ersten in mehrfacher Hinsicht. Das umgearbeitete Tragwerk zeigte eine um 1,52 m größere Spannweite und Handley Page-Schlitze an der Anströmkante. Die Motoren waren wesentlich tiefer am Tragwerk angeordnet und in Gondeln mit Townend-Ring ohne eng anliegende Verkleidung um die Zylinder gefaßt. Im Unterschied zur ersten Versuchsmaschine (J7936) mit zwei starren vorwärtsfeuernden Vickers-Maschinengewehren seitlich im Bug verfügte der zweite Prototyp (J7937) über je ein Lewis-Maschinengewehr auf Barbettenlafette mit Ringkornvisier in den Bugseiten, das sich von 0° bis 45° in der Höhe richten ließ. Dies sollte dem Jagdpiloten den Angriff gegen Bomberverbände von unten erleichtern.

Trotz aller Neuerungen waren beide Prototypen hochgradig untermotorisiert, obwohl zu dem Zeitpunkt bereits Sternmotoren mit nahezu doppelter Leistung zur Verfügung standen. Beide Prototypen zeigten daher bei der Prüfung eine so schwache Leistung, daß jegliche Weiterentwicklung entfiel.

**TECHNISCHE DATEN**
**Boulton & Paul P.31 Bittern (1. Prototyp)**

**Typ:** einsitziger Nachtjäger
**Triebwerke:** zwei Armstrong Siddeley-Lynx-Sternmotoren mit je 172 kW (230 PS)
**Leistung:** Höchstgeschwindigkeit 233 km/h
**Gewicht:** max. Startmasse 2041 kg
**Abmessungen:** Spannweite 12,50 m; Länge 9,75 m
**Bewaffnung:** zwei starre, vorwärtsfeuernde Vickers-Maschinengewehre, Kaliber 7,7 mm

# Boulton & Paul P.64 Mailplane und P.71A

***Boulton & Paul P.64 Mailplane***

1939 konstruierte Boulton & Paul im Auftrag von Imperial Airways einen zweimotorigen Ganzmetall-Doppeldecker. Die Fluggesellschaft hatte Bedarf an einem Postflugzeug, das eine 454 kg schwere Nutzlast mit angemessener Geschwindigkeit über 1600 km befördern konnte, und hielt die **Boulton & Paul P.64 Monoplane** für die richtige Lösung. Leider war dieses Flugzeug nicht nur teuer, sondern auch von seiner Leistung her unbefriedigend. Die Maschine flog erstmals im März 1933 vom Werksflugplatz in Mousehold, Norwich, aus und stürzte kaum sieben Monate später, im Oktober 1933, aus ungeklärten Gründen während der Erprobung in Martlesham Heath ab. Alle Insassen kamen ums Leben.

Die Entwicklung des Grundmusters wurde dennoch fortgesetzt und führte zur leichteren, schlankeren und längeren **Boulton & Paul P.71A**. Statt der 414 kW (555 PS) starken Bristol Pegasus-Motoren der P.64 erhielt die **P.71** Armstrong Siddeley-Jaguar-VIA-Triebwerke mit je 365 kW (490 PS). Im Februar 1935 wurden zwei Flugzeuge an Imperial Airways in Croydon geliefert.

Inzwischen war die Gesellschaft jedoch nicht mehr am Luftpostgeschäft interessiert. Man baute daher beide Maschinen, Boadicea und Britomart getauft, zu Passagierflugzeugen mit 13 Sitzen um, die sich für den Frachttransport mühelos ausbauen ließen.

Neunzehn Monate nach Auslieferung waren beide **P.71A** verlorengegangen. Die erste Maschine wurde im Oktober 1935 bei einem Landeunfall in Brüssel so stark beschädigt, daß sich eine Reparatur nicht mehr lohnte, und die zweite verschwand im September 1936 über dem Ärmelkanal.

***Die P.71A stammte von der unseligen P.64 ab. Abgebildet ist G-ACOX Boadicea von Imperial Airways, die sie nach einem Landeunfall abschreiben mußte.***

**TECHNISCHE DATEN**
**Boulton & Paul P.71A**

**Typ:** zweimotoriges Postflugzeug
**Triebwerke:** zwei Armstrong Siddeley-Jaguar-VIA-Sternmotoren mit je 365 kW (490 PS)
**Leistung:** Höchstgeschwindigkeit 314 km/h in 1525 m Höhe; Reisegeschwindigkeit 267 km/h in 1525 m Höhe; Reichweite 966 km
**Gewicht:** Leermasse 2767 kg; max. Startmasse 4309 kg
**Abmessungen:** Spannweite 16,46 m; Länge 13,46 m; Höhe 4,62 m; Tragflügelfläche 66,75 m²

# Boulton Paul P.75 Overstrand

Der Prototyp **Boulton Paul P.75 Overstrand**, der 1933 flog, entstand durch Umrüstung des achten Serienbombers Sidestrand. Weitere Umrüstungen folgten, die anfangs die Bezeichnung Sidestrand Mk V erhielten, bis im März 1934 der Name **Overstrand** eingeführt wurde.

Bis dahin war der Firmenname in Boulton Paul Aircraft Ltd. geändert und in Wolverhampton ein neues Werk errichtet. Es erging ein Auftrag zur Serienfertigung von 24 **Overstrand**, die die Sidestrand-Bomber bei No. 101 Squadron ersetzen sollten. Das erste Exemplar, das im Januar 1935 eintraf, war eine umgerüstete Sidestrand, und einen Monat später folgte eine entsprechende Maschine. Erst zu Beginn des Folgejahres wurden die ersten echten **Overstrand**-Bomber geliefert.

Die umgerüsteten Maschinen wurden vom 414 kW (555 PS) starken Bristol Pegasus-I-Motor angetrieben und die Serienflugzeuge vom Pegasus II mit je 433 kW (580 PS). Darüber hinaus unterschied sich die **Overstrand** vom Vorgängermodell durch einen geschlossenen, motorisierten

***Eine Postkarte mit der optimistischen Aufschrift „Britain Prepared" zeigt eine Overstrand-Kette der No. 101 Squadron. Der motorgetriebene Waffenturm war eine Neuerung der RAF-Kriegsflugzeuge.***

***Boulton Paul P.75 Overstrand der No. 101 Squadron, Royal Air Force, die 1936–37 in Bicester, Oxford, stationiert war.***

Waffenturm im Bug, eine Neuerung für RAF-Flugzeuge. Diese Entwicklung führte in einem Jahrbuch dieser Zeit zu der Voraussage, daß sie „wahrscheinlich die Lufttaktik revolutioniert". Neben dieser komfortablen Einrichtung für den Bugschützen hatte die **Overstrand** ein geschlossenes Cockpit mit beweglicher Windschutzscheibe für den Piloten und eine regulierbare Warmluftversorgung für alle bemannten Positionen, ermöglicht durch ein neuartiges, in die Abgasanlage integriertes Heizgerät. Der fortschrittliche Entwurf der **Overstrand** wies zudem einen Autopiloten, Boulton Paul-Motorverkleidungen und Abgassammler auf, die dazu beitrugen, das Motorengeräusch zu dämpfen und die Auspuffflammen zu unterdrükken – beides besonders für Nachteinsätze von großem Vorteil.

Alle **Overstrand**-Bomber enstanden in Norwich. Bei Auslieferung des letzten Exemplars Ende 1936 war das neue Wolverhampton-Werk in Betrieb, und die Anlage in Ostanglien wurde geschlossen.

No. 101 Squadron, inzwischen in Bicester, Oxon, stationiert, war der Hauptnutzer der **Overstrand**. Vier Exemplare wurden jedoch leihweise No. 144 Squadron überlassen, die man im Januar 1937 in Bicester neu aufgestellt hatte.

No. 101 Squadron verabschiedete das Muster 1937, um im Juni 1938 mit der Umrüstung auf die Bristol Blenheim Mk I zu beginnen. Einige wenige **Overstrand** dienten noch bis 1941 als Ausbildungsflugzeuge für das Schießen mit Bordwaffen.

Für die vorgeschlagene fortentwickelte Version Superstrand waren ein Einziehfahrwerk und ein insgesamt aerodynamisch bereinigtes Flugwerk vorgesehen, aber das Aufkommen neuer Eindeckerbomber setzte diesem Vorhaben ein Ende.

**TECHNISCHE DATEN**
**Boulton Paul P.75 Overstrand**

**Typ:** fünfsitziger mittlerer Bomber
**Triebwerke:** zwei Bristol Pegasus-IIM3-Sternmotoren mit je 433 kW (580 PS)
**Leistung:** Höchstgeschwindigkeit 246 km/h in 1980 m Höhe; Dienstgipfelhöhe 6860 m; Reichweite 877 km
**Gewicht:** Leermasse 3600 kg; max. Startmasse 5443 kg
**Abmessungen:** Spannweite 21,95 m; Länge 14,02 m; Höhe 4,72 m; Tragflügelfläche 91,04 $m^2$
**Bewaffnung:** drei Lewis-7,7-mm-Maschinengewehre (je eines im Waffenturm unter dem Bug, auf dem Rücken und unter dem Bauch) sowie eine Bombenlast von bis zu 726 kg

# Boulton Paul P.82 Defiant

***Boulton Paul Defiant TT.Mk I der No. 286 Squadron, RAF, die 1943 in Colerne stationiert war.***

***Boulton Paul Defiant TT.Mk I einer in Nahost stationierten Jagdausbildungseinheit der RAF. Zur besseren Erkennbarkeit der Zielschleppflugzeuge führte man schwarz-gelbe Markierungen ein.***

Ein neues taktisches Einsatzkonzept, ausgearbeitet 1935, schlug die Verwendung angetriebener, mehrrohriger Waffentürme für Jäger vor. Dies schien mehr als nur einen Vorteil zu bieten: Erstens befreite es den Piloten von der Doppelaufgabe, die Maschine zu führen und sich gleichzeitig auf Suche, Anvisieren und Treffen eines gegnerischen Zieles zu konzentrieren, und zweitens ließen sich diese Waffen sowohl defensiv als auch offensiv über ein viel größeres Schußfeld einsetzen als bei einer starren Batterie. Dennoch war diese Idee nicht völlig neu, denn bereits 1934 hatte man einen Demon-Doppeldecker von Hawker so ausgerüstet, allerdings aus ganz anderen Gründen. Den Ausschlag gab damals die Tatsache, daß die hohe Leistung dieses zweisitzigen Jägers es dem Beobachter/Bordschützen im hinteren Cockpit praktisch unmöglich machte, das Lewis-Einzel-MG mit hinreichender Genauigkeit einzusetzen. Im Unterauftrag von Hawker fertigte Boulton Paul Aircraft Ltd. insgesamt 59 Demon mit eingebautem, hydraulisch betriebenem Frazer-Nash Waffenturm, und zahlreiche von Hawker produzierte Demon wurden entsprechend nachgerüstet.

Als das Air Ministry Spezifikation F.9/35 für einen zweisitzigen Jäger mit kraftbetätigtem Waffenturm erließ, reichten daher sowohl Hawker als auch Boulton Paul Angebote ein. Der Hawker-Prototyp Hotspur sollte jedoch nicht gegen die beiden von Boulton Paul angeforderten Flugzeuge antreten. Dies lag vor allem daran, daß die Hawker-Werke nicht über genügend freie Produktionskapazität verfügten. In der Folge wurde der Prototyp Hotspur endgültig aufgegeben.

Der erste der beiden Prototypen **Boulton Paul P.82 Defiant** flog erstmals am 11. August 1937. Der freitragende Tiefdecker in Ganzmetallbauweise war mit einem einziehbaren Spornrad-Fahrwerk ausgestattet und wurde von einem Rolls-Royce Merlin-I-Reihenmotor mit 768 kW (1030 PS) angetrieben. Die zweite Maschine erhielt einen Rolls-Royce Merlin II. Beide waren mit dem großen, schweren Vierlingswaffenturm auf dem Rumpfrücken hinter der Pilotenkanzel ausgerüstet. Das Gewicht und der hohe Luftwiderstand dieses Turms, den das Oberteil auch bei noch so guter Verkleidung hervorrief, beeinträchtigten gravierend die Geschwindigkeit und die Manövrierbarkeit des Flugzeugs.

Der erste seriengefertigte Jäger **Defiant F.Mk I** startete am 30. Juli 1939 zum Jungfernflug, und im Dezember desselben Jahres begann die Auslieferung an No. 264 Squadron. Die Staffel setzte dieses Muster am 12. Mai 1940 über der Küste von Dünkirchen zum ersten Mal im Kampf ein und erzielte damit die perfekte taktische Überraschung. Feindjäger, die, wie gewohnt, von hinten angriffen, sahen sich beispiellosen Feuerstößen aus vier Maschinengewehren ausgesetzt. Bis Ende Mai meldeten die **Defiant**-Piloten 65 Abschüsse, davon 38 an einem einzigen Tag. Die Luftüberlegenheit sollte allerdings nicht lange währen, denn die Jagdpiloten der Luftwaffe fanden rasch heraus, daß sie die **Defiant** ungestraft von vorn oder unten angreifen konnten.

Man beschloß daher, das Muster nur noch zur Nachtjagd zu verwenden. In viele

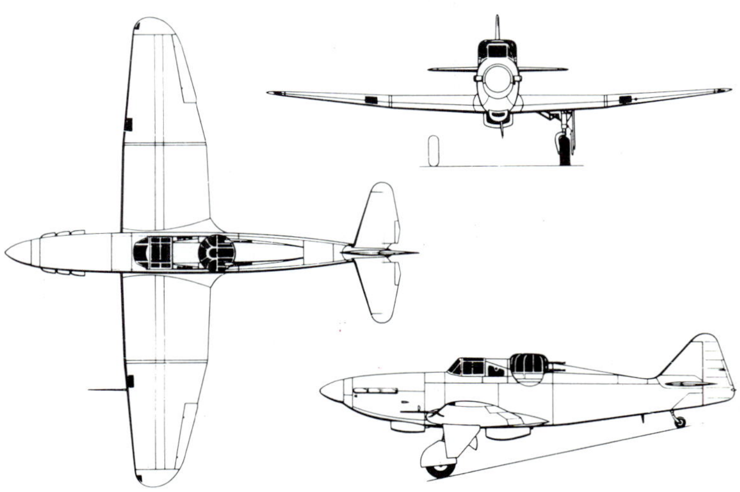

***Boulton Paul P.82 Defiant Mk I mit verkleidetem Waffenturm.***

**Mk I** wurde das neue und streng geheime Abfangradar AI-Mk-IV oder Mk-VI eingebaut. So ausgerüstete Flugzeuge erhielten die Bezeichnung **Defiant NF.Mk 1A**. Im Winter 1940/41 erwiesen sich diese Maschinen als eine äußerst wertvolle Ergänzung der britischen Nachtabwehr.

Um eine Leistungssteigerung zu erzielen, rüstete man zwei **Mk I** zu Prototypen für die neue Version **Defiant Mk II** um. Neben dem Einbau des stärkeren Merlin-XX-Triebwerks wurde die Kraftstoffkapazität erhöht, ein großflächigeres Seitenruder installiert und Änderungen an der Motorverkleidung sowie am Treibstoffsystem vorgenommen. Nach dem Erstflug am 20. Juni 1940 entstanden 210 **Defiant Mk II**, von denen man manche später zu **Defiant TT.Mk I** Zielschleppflugzeugen modifizierte. Darüber hinaus wurden 150 **Mk I** zu **Defiant TT.Mk III** Zielschleppflugzeugen umgerüstet und 140 **TT.Mk I** neu gebaut. Sie brachten die Produktionszahl der **Defiant** auf insgesamt 1065 Exemplare, einschließlich der Prototypen, als die Fertigung 1943 eingestellt wurde.

Auf dem Höhepunkt ihres Einsatzes bei der Nachtjagd rüstete die **Defiant** 13 RAF-Staffeln aus. Das Muster leistete weiterhin Dienst als Zielschleppflugzeug. Außerdem wurden etwa 50 **Mk I** für den Luft- und Seenotrettungsdienst modifiziert.

***Defiant F.Mk I Tagjäger der No. 264 Squadron, Royal Air Force.***

### TECHNISCHE DATEN
**Defiant Mk II**

**Typ:** zweisitziger Nachtjäger
**Triebwerk:** ein Rolls-Royce Merlin-XX-Reihenmotor mit 954 kW (1280 PS)
**Leistung:** Höchstgeschwindigkeit 504 km/h in 5790 m Höhe; Marschgeschwindigkeit 418 km/h; Dienstgipfelhöhe 9250 m
**Gewicht:** Leermasse 2849 kg; max. Startmasse 3821 kg
**Abmessungen:** Spannweite 11,99 m; Länge 10,77 m; Höhe 3,45 m; Tragflügelfläche 23,23 m²
**Bewaffnung:** vier Browning 7,7-mm-Maschinengewehre im angetriebenen Waffenturm auf dem Rumpfrücken

# Boulton Paul P.108 Balliol

***Boulton Paul Balliol T.Mk 2 der No. 7 Flying Training School, RAF, Anfang der fünfziger Jahre in Cottesmore stationiert.***

Die Spezifikation T.7/45 des Air Ministry beinhaltete ein dreisitziges Turboprop-Schulflugzeug für Fortgeschrittene, und entsprechend dieser Forderung wurde die **Boulton Paul P.108 Balliol** entworfen. Da das Flugwerk eher fertiggestellt war als das Triebwerk, fand der Erstflug am 30. Mai 1947 mit einem 611 kW (820 PS) starken Sternmotor vom Typ Bristol Mercury statt. Zehn Monate später flog ein zweiter Prototyp mit dem eigentlich vorgesehenen Triebwerk, dem Mamba von Armstrong Siddeley. Er stellte das erste flugtüchtige einmotorige Turboflugzeug der Welt dar, und die erste **P.108** wurde später entsprechend ummotorisiert.

Da das Air Ministry ein dreisitziges Turboprop-Flugzeug gefordert hatte, kamen Bedenken auf, und man beschloß, statt dessen ein zweisitziges Kolbenmotorflugzeug zu beschaffen. Der neue Forderungskatalog T.14/47 schrieb einen Rolls-Royce Merlin als Antrieb vor, und Boulton Paul wurde mit der Konstruktion von vier Prototypen beauftragt, die auf der Zelle des ersten Paares basierten. Als Mitbewerber trat die Athena von Avro auf, die ebenso wie die **P.108** mit dem Mamba gemäß T.7/45 geflogen war. Avros Beitrag für das Beschaffungsvorhaben bestand aus drei Athena T.Mk 1 (zwei mit Mamba und einer mit dem Rolls-Royce Dart), vier Prototypen T.Mk 2 mit Merlin-Motor und 15 ähnlichen Serienflugzeugen. Boulton Paul traf es besser, denn die Firma baute die beiden Turboprop-Maschinen **P.108,** vier Prototypen **Balliol T.Mk 2** mit Merlin-Motor und eine Vorserie von 17 Flugzeugen, bevor die Serienfertigung anlief.

Die Erprobung der **Balliol** verlief zufriedenstellend, und es gingen Aufträge für dieses Muster als Ersatz für die Havard der RAF ein. Bis 1951 hatte das Air Ministry seine Meinung erneut geändert und zielte nunmehr auf eine durchgehende Düsenjägerausbildung ab. Folglich wurden die Aufträge reduziert. Verschiedene Quellen weisen unterschiedliche Produktionszahlen der **Balliol** aus, doch über die Prototypen und Vorserienmaschinen hinaus entstanden wahrscheinlich insgesamt 162 Exemplare für die RAF, einschließlich der 30 im Unterauftrag von Blackburn produzierten Flugzeuge. Boulton Paul unterhielt von 1954 bis 1956 eine firmeneigene Vorführmaschine.

Die Vorserien-**Balliols** gingen an die Central Flying School und die Serienflugzeuge an No. 7 Flying Training School in Cottesmore sowie später an das RAF College, Cranwell, bis sie 1956 von der Vampire T.Mk 11 abgelöst wurden. Die Fleet Air Arm beschaffte die Marineversion **Sea Balliol T.Mk 21**, und das letzte von 30 Exemplaren traf im Dezember 1954 ein. Die **Sea Balliol** unterschied sich von der RAF-Version durch eine Luftschraube mit kleinerem Durchmesser, ein stärkeres Fahrwerk, einen Fanghaken für Deckslandungen und andere Bordausrüstungskomponenten. No. 781 Squadron in Lee-on-Solent und No. 1843 Squadron der RNVR in Abbotsinch, Glasgow, flogen dieses Muster.

***Der erste Prototyp der Boulton Paul P.108 Balliol flog mit einen Bristol-Mercury-Sternmotor, da die Propellerturbine Mamba von Armstrong Siddeley noch nicht einsatzreif war. Die Serienflugzeuge wurden mit dem bewährten Merlin ausgestattet.***

### TECHNISCHE DATEN
**Boulton Paul Balliol T.Mk 2**

**Typ:** zweisitziges Schulflugzeug für Fortgeschrittene
**Triebwerk:** ein Rolls-Royce Merlin-35-Reihenmotor mit 928 kW (1245 PS)
**Leistung:** Höchstgeschwindigkeit 463 km/h in 2745 m Höhe; Dienstgipfelhöhe 9905 m; Reichweite 1062 km
**Gewicht:** Leermasse 3043 kg; max. Startmasse 3815 kg
**Abmessungen:** Spannweite 11,99 m; Länge 10,71 m; Höhe 3,81 m; Tragflügelfläche 23,23 m²
**Bewaffnung:** ein Browning 7,7-mm-Maschinengewehr in der Backbordfläche und Halterungen für vier 27-kg-Raketen

# Boulton Paul P.111 und P.120

Die Deltaflügler **Boulton Paul P.111** und **P.120** waren Versuchsflugzeuge, mit denen man die Hochgeschwindigkeitseigenschaften eines Deltatragwerks erprobte. Die **P.111** flog im Oktober 1950 mit einem Nene-Strahltriebwerk der Firma Rolls-Royce. Die Deltaflächen wiesen eine Pfeilung von 45° an der Vorderkante auf, und die Flächenenden ließen sich demontieren, um Vergleichstests mit spitzen und stumpfen Enden durchführen zu können. Die Seitenflosse war ähnlich variabel aus-

### TECHNISCHE DATEN
**Boulton Paul P.111A**

**Typ:** einsitziges Experimentalflugzeug
**Triebwerk:** ein Rolls-Royce Nene-Strahltriebwerk mit 2313 kg Schub
**Leistung:** Höchstgeschwindigkeit im Horizontalflug Mach 0,98
**Gewicht:** Leermasse 2948 kg; max. Startmasse 4354 kg
**Abmessungen:** (mit spitzem Trag- und Leitwerk) Spannweite 10,21 m; Länge 7,95 m; Höhe 3,82 m; Tragflügelfläche 18,58 m²

*Die P.111 erprobte die Überschalleistung von Deltaflächen.*

*Die P.120 ähnelte der P.111 bis auf das T-Leitwerk.*

gelegt, und die Maschine hatte kein eigentliches Höhenleitwerk. Nach der Erprobung in Originalform wurde das Flugzeug mit einer Bugsonde und vier rechteckigen Luftbremsklappen am Vorderrumpf ausgestattet. In dieser neuen Form erhielt die Maschine die Bezeichnung **P.111A** und nahm im Juli 1953 die Flugerprobung wieder auf. Die **P.111A** konnte im Horizontalflug eine Geschwindigkeit von Mach 0,95 bis 0,98 halten und durchbrach im flachen Sinkflug die Schallmauer. Die **P.120**, die erstmals am 6. August 1952 flog, ähnelte in der Grundauslegung der **P.111**, besaß aber als Ganzes bewegliche Höhenflossen an einem geduckten Seitenleitwerk. Viel neue Information konnte die neue Maschine nicht liefern, da sie am 29. August abstürzte. Die Unfallursache war vermutlich ein Flattern des Hecks.

# Brantly-Hynes Modell B-2

N.P. Brantly begann 1943 mit dem Entwurf eines leichten Hubschraubers, der 1948 als **Brantly B-1** flog. Wie zahlreiche andere Konstrukteure dieser Ära setzte auch Brantly auf die koaxiale Anordnung zweier Rotoren, um das Gegendrehmoment auszuschalten. Er erkannte jedoch bald, daß dieser Entwurf viel zu schwer und zu komplex war, um Privatpiloten als Kunden gewinnen zu können. Die verbesserte Version **Brantly B-2** mit Haupt- und Heckrotor hob am 21. Februar 1953 erstmals vom Boden ab, und ein weiter verfeinerter Prototyp flog am 14. August 1956. Letzterer führte 1958 zur Serienfertigung.

Die Rechte am **Brantly** wechselten mehrfach den Besitzer. Michael K. Hynes gründete am 1. Januar 1975 die Brantly Helicopter Inc., um die große Zahl der im Einsatz befindlichen Brantly-Hubschrauber technisch zu betreuen. Später richtete er eine eigene Fertigungsstraße für den **B-2B** und das größere Modell 305 ein.

Das **Modell B-2B** weist einen Dreiblatt-Haupt- und einen Zweiblatt-Heckrotor auf, seine Zelle besteht durchweg aus Metall, und es läßt sich mit Kufen-, Rad- oder Schwimmer-Fahrgestell betreiben. In der geschlossenen Kabine sind zwei Sitzplätze nebeneinander eingerichtet, und Doppelsteuerung gehört zur Standardausstattung. Der Avco Lycoming-Kolbenmotor ist senkrecht im Rumpf unmittelbar hinter der Kabine montiert.

Im März 1989 gingen der Besitz der Musterzulassung und die Rechte zur Vermarktung und Herstellung dieses Hubschraubers von Hynes auf James T. Kimura über, und im Mai wurde Brantly Helicopters Industries gegründet.

**TECHNISCHE DATEN**
**Modell B-2B (Kufenfahrgestell)**
**Typ:** zweisitziger Leichthubschrauber
**Triebwerk:** ein Avco Lycoming-Vierzylinder-Boxermotor mit 134 kW (180 PS)
**Leistung:** Höchstgeschwindigkeit in Meereshöhe 161 km/h; max. Reisegeschwindigkeit 145 km/h; Dienstgipfelhöhe 3290 m; Reichweite mit max. Treibstoff 402 km;
Gewicht: Leermasse 463 kg; max. Startmasse 757 kg
**Abmessungen:** Hauptrotordurchmesser 7,24 m; Rumpflänge 6,63 m; Höhe 2,06 m; Hauptrotorkreisfläche 41,06 m²

*Der Brantly B-2B wurde bis in die achtziger Jahre gefertigt. Während der langen Produktionszeit änderte sich seine Gestalt kaum. Die kleinen Räder erleichterten die Handhabung am Boden.*

# Brantly-Hynes Modell 305

**TECHNISCHE DATEN**
**Brantly-Hynes Modell 305**
**Typ:** fünfsitziger Leichthubschrauber
**Triebwerk:** ein Avco-Lycoming-IVO-540-A1A-Sechszylinder-Boxermotor mit 227 kW (305 PS)
**Leistung:** Höchstgeschwindigkeit in Meereshöhe 193 km/h; max. Reisegeschwindigkeit in Meereshöhe 177 km/h; Dienstgipfelhöhe 3660 m; Reichweite mit max. Treibstoff und Nutzlast 354 km
**Gewicht:** Leermasse 816 kg; max. Startmasse 1315 kg
**Abmessungen:** Hauptrotordurchmesser 8,74 m; Rumpflänge 7,44 m; Höhe 2,44 m; Hauptrotorkreisfläche 59,96 m²

Der Prototyp des Original **Brantly Modell 305**, der im wesentlichen eine größere Ausgabe des Modells B-2B war, flog erstmals im Januar 1964. Außer den größeren Abmessungen unterscheidet sich dieses Modell im äußeren Erscheinungsbild von seinem Vorgänger durch eine kleine, im Einstellwinkel verstellbare Höhenflosse. Eine beträchtlich höhere Antriebskraft stellt der Avco-Lycoming-Sechszylinder-Boxermotor bereit, und die erweiterte Kabine bietet insgesamt fünf Personen auf zwei nebeneinander angeordneten Sitzen vorn und einer Dreierbank hinten Platz.

*Das fünfsitzige Modell ließ sich mit Kufen, Schwimmern (im Bild) oder Schneekufen ausrüsten.*

# Bratuchin-Hubschrauber bis Breda Ba.88 Lince

**Iwan Pawlowitsch Bratuchin liebte Hubschrauber. Er führte von 1933 bis 1940 ein Spezialteam von Konstrukteuren und danach bis 1951 auch noch ein Elite-Konstruktionsbüro. Die Societá Italiana Ernesto Breda baute seit 1917 Caproni-Flugzeuge, entwickelte sich aber dann zu einem bedeutenden eigenständigen Flugzeugwerk.**

## Bratuchin Hubschrauber

Im Januar 1940 wurde beim Moskauer Luftfahrtinstitut ein Konstruktionsbüro für Rotorflugzeuge eingerichtet und Iwan P. Bratuchin mit der Leitung betraut. Er war von der Leistung des deutschen Drehflüglers Focke-Achgelis Fa 61 so beeindruckt, daß er beschloß, den ersten Hubschrauber seiner Abteilung ähnlich mit zwei Rotoren auszulegen. Die beiden Drehflügel des Fa 61 wurden von einem einzelnen Motor angetrieben, doch Bratuchin hielt separate Triebwerke pro Rotor für problemloser und effektiver. Der **Omega** genannte Prototyp hatte daher zwei Reihenmotoren à 162 kW (220 PS), montiert am jeweiligen Auslegerende. Das Rotorantriebssystem war technisch immerhin so weit entwickelt, daß es Autorotation ermöglichte und bei Triebwerksausfall beide Rotoren vom verbliebenen Motor angetrieben werden konnten.

Die Frühversuche litten unter einer Reihe von Problemen, und die deutsche Invasion im Jahre 1941 führt zu einer Unterbrechung von rund sechs Monaten. In dieser Zeit wurde das Konstruktionsbüro nach Osten verlegt, so daß sich **Omega** erst Ende 1942 in die Luft erhob. Die unzuverlässigen Motoren führten schließlich zum Abbruch der Tests. Man hatte jedoch erkannt, daß das Grundkonzept vielversprechend war, und wollte diese Linie fortentwickeln. Die Reihe verwandter Hubschrauber mit zwei seitlich angeordneten Rotoren wird im folgenden Absatz kurz beschrieben.

**Varianten**

**Bratuchin Omega II:** verbesserte Omega-Version mit 184 kW (250 PS) starken Motoren, verstärkter Zelle und weiteren Neuerungen; Einzelexemplar; erreichte im Januar 1941 3000 m Höhe; diente anschließend zur Ausbildung von Hubschrauberführern

**Bratuchin G-3:** grundsätzlich ähnlich wie der Omega II, jedoch mit Pratt & Whitney-R-985-Wasp-Junior- Sternmotoren mit je 336 kW (457 PS) als Antrieb; auf zwei Prototypen folgten fünf Serienhubschrauber für Forschung (4) und Ausbildung (1)

**Bratuchin G-4:** das Grundkonzept dieses Modells ähnelte mit seinen zwei nebeneinander angeordneten Rotoren dem ersten Omega sehr stark, erhielt aber das von A. Iwtschenko eigens für Hubschrauber entwickelte Triebwerk AI-26GR à 368 kW (500 PS); zwei Prototypen und vier Serienhubschrauber

**Bratuchin B-5:** verbesserter und vergrößerter Entwurf mit zwei AI-26-Motoren als Antrieb, die 405 kW (550 PS) abgaben; dieser Drehflügler, 1945 begonnen und 1947 fertiggestellt, machte aufgrund struktureller Schwächen nur kurze Luftsprünge und wurde schließlich aufgegeben

**Bratuchin B-9:** grundsätzlich ähnlich wie der B-5, jedoch mit einer für den Einsatz als Sanitätshubschrauber ausgelegten Zelle; das Versagen des B-5 führte zur Aufgabe dieses Projekts

**Bratuchin B-10:** übernahm die Grundkonfiguration des B-5 und B-9, doch den Antrieb besorgten zwei AI-26 mit je 423 kW (575 PS); Rumpf zur Verwendung in der Artillerie-Feuerleitrolle konzipiert; obwohl dieser Hubschrauber 1947 flog, wurde die Entwicklung eingestellt, da einrotorige Rotorflügler erfolgversprechender schienen

Bratuchin B-11: letzter zweirotoriger Bratuchin-Hubschrauber vor Auflösung des Konstruktionsbüros; im wesentlichen dem B-5 entsprechend und mit dessen Motoren ausgestattet, aber mit verbessertem Rotorsystem; nur zwei Prototypen, von denen einer am 13. Dezember 1948 mit Todesfolge für die Besatzung abstürzte; in den anderen Versuchshubschrauber wurden die stärkeren Motoren des B-10 eingebaut, aber seine Entwicklung fiel den gleichen Gründen wie beim B-10 zum Opfer

***Der B-11 litt unter Vibrations- und Schwingungsproblemen, und sein Versagen führte letztlich zur Schließung des Konstruktionsbüros. Der B-11 sollte im Verbindungsdienst eingesetzt werden.***

***Der G-4 ähnelte mit seinen zwei nebeneinander angeordneten Rotoren dem ersten Omega und wurde um den von Iwtschenko für Drehflügler entwickelten AI-26-Motor entworfen.***

**TECHNISCHE DATEN**
**Bratuchin B-11**

**Typ:** Prototyp eines Transporthubschraubers
**Triebwerke:** zwei Iwtschenko-AI-26GR-(F)-Sternmotoren mit je 423 kW (575 PS)
**Leistung:** Höchstgeschwindigkeit 155 km/h in 1500 m Höhe; Dienstgipfelhöhe 2550 m; Reichweite 328 km
**Gewicht:** Leermasse 3398 kg; max. Startmasse 4510 kg
**Abmessungen:** Rotordurchmesser je 10,00 m; Rumpflänge 9,76 m; Rotorkreisfläche je 74,71 m²

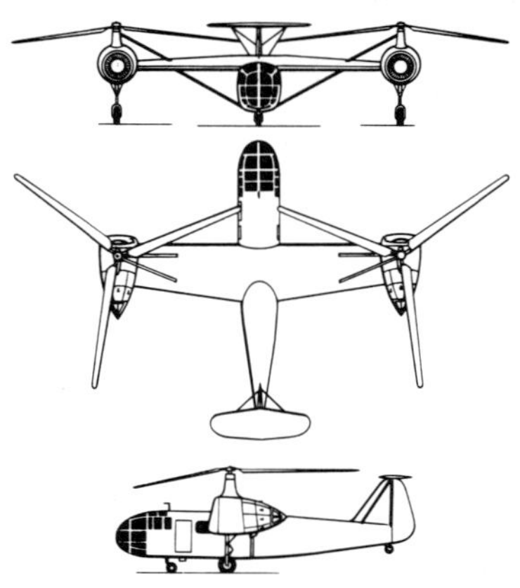

***Bratuchin B-10***

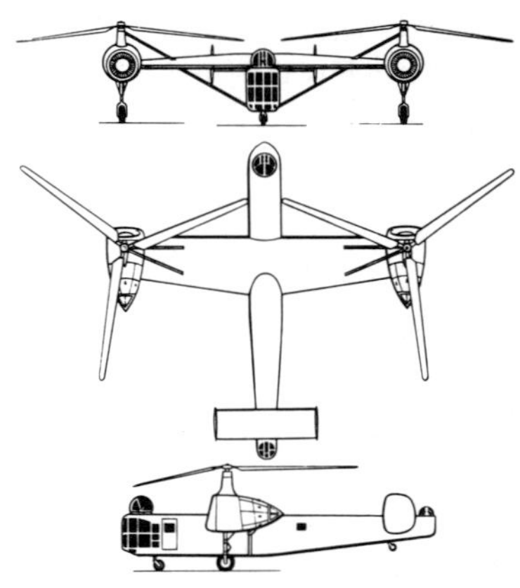

***Bratuchin B-11***

## Breda Ba.27

Das Originalkonzept für die **Breda Ba. 27** stammte von Cesare Pallavicino. Als dieser Breda verließ und zu Caproni-Bergamaschi wechselte, entwickelte Ing. Antonio Parano den Entwurf des angestrebten Tiefdeckers für einen Jagdpiloten weiter. Drei Prototypen wurden konstruiert, die alle 1934 flogen. Die beiden ersten Maschinen zeigten einen flachseitigen Rumpf mit offener Kanzel auf Höhe der Hinterkante des Tragwerks. Den Antrieb lieferte ein Bristol Jupiter IV, von Alfa Romeo in Lizenz produziert. Beim dritten Prototyp blieb das Stahlrohr-Rumpfgerüst, das die hölzernen Flächen aufnahm, erhalten, aber der Rumpf hatte rundliche Konturen gewonnen. Das Cockpit war weiter vorgerückt, und Ausschnitte an der Hinterkante der Flächenansätze erweiterten das Sichtfeld

***Die Breda Ba. 27, oft auch Metallico (der Metallene) genannt, ähnelte verblüffend der Boeing P-26, war aber ein völlig anderes Flugzeug und in Wirklichkeit der Travel Air Modell R nachempfunden. Eine chinesische Staffel setzte dieses Muster zwischen 1935 und 1938 ein.***

**TECHNISCHE DATEN**
**Breda Ba. 27**

**Typ:** Jagdeinsitzer
**Triebwerk:** ein Alfa Romeo (Bristol) Mercury-VI-Sternmotor mit 481 kW (654 PS)
**Leistung:** Höchstgeschwindigkeit 380 km/h in 5000 m Höhe; Steigzeit auf 5000 m 7 Minuten und 30 Sekunden; Dienstgipfelhöhe 9000 m; Reichweite 750 km
**Gewicht:** Rüstmasse 1260 kg; max. Startmasse 1790 kg
**Abmessungen:** Spannweite 10,70 m; Länge 7,60 m; Höhe 3,40 m; Tragflügelfläche 18,85 m²
**Bewaffnung:** zwei starre vorwärtsfeuernde Breda-SAFAT-Maschinengewehre, Kaliber 7,7 mm

***Breda Ba. 27 der national-chinesischen Luftstreitkräfte.***

des Piloten. Die einzeln gelagerten, drahtverspannten Hauptfahrwerksbeine wiesen große stromlinienförmige Verkleidungen auf. Ein Mercury-VI-Sternmotor mit langsehniger Verkleidung ersetzte den Jupiter IV und Townend-Ring der beiden ersten Versuchsjäger. Dieser dritte Prototyp flog 1936 eine kurze Zeit bei der italienischen 86. Squadriglia d' Assalto.

Die zuständigen italienischen Behörden erteilten keine Genehmigung für die Serienfertigung der **Ba. 27**, aber die chinesische Regierung erteilte einen Auftrag für 18 Jäger zur Abwehr der Japaner. Tatsächlich gelangten aber nur 11 Flugzeuge 1937 zur Auslieferung, von deren vermutlich wenig erfolgreichem Kampfeinsatz wenig zu hören war.

# Breda Ba. 39

Die **Breda Ba. 39** war eine größere und schwerere Weiterentwicklung der Ba. 33 und flog erstmals im September 1932. Ihre noch besseren Flugeigenschaften im Vergleich zum Vorgänger sicherten der **Ba. 39** eine beachtliche Serienfertigung. Bei zahlreichen Flugsportveranstaltungen war sie erfolgreich, und Einzelexemplare machten durch außergewöhnliche Langstreckenflüge auf sich aufmerksam. Wegen des höheren Gesamtgewichts erreichte sie allerdings nicht die Spitzengeschwindigkeit der Ba. 33.

Die zivile Produktion wurde durch einen Auftrag des italienischen Luftfahrtministeriums für 60 Verbindungsflugzeuge gestärkt. Von diesen 60 Maschinen waren 20 Exemplare als **Ba. 39 Met** (Metropolitano) für den Inlandsverkehr und 20 weitere als **Ba. 39 Col** (Coloniale) für den Kolonialdienst spezifiziert.

***Die größere Ausführung der Ba.33, die Breda Ba.39, war ein noch tüchtigeres Reiseflugzeug, da Vorflügel und Landeklappen die Leistungsfähigkeit insgesamt beträchtlich steigerten. Die Vorflügel öffneten sich bei hohen Anstellwinkeln automatisch und ermöglichten es, die Landegeschwindigkeit von 85 km/h bei der Ba.33 trotz des höheren Gewichts der Ba.39 auf nur noch 65 km/h zu reduzieren.***

***Die Breda Ba.42 war eine Weiterentwicklung der Ba.39 mit eng verkleidetem Sternmotor und Breda-Mazzini-Flügelventilschlitzen anstelle der bisherigen Vorflügel. Bei dieser nach dem Zweiten Weltkrieg entstandenen Aufnahme kann man die Ventile in offener Stellung erkennen.***

**TECHNISCHE DATEN**
**Breda Ba.39**

**Breda Ba. 39S:** Version von 1934 mit Sitzplätzen für drei Passagiere
**Breda Ba. 42:** eine kleine Baureihe dieser Variante wurde 1934 gefertigt; ein Exemplar nahm am Challenge de Tourisme Internationale dieses Jahres teil; den Antrieb lieferte ein 133 kW (180 PS) starker Fiat A.70S-Sternmotor mit NACA-Verkleidung; die Vorflügel waren durch besondere Breda-Mazzini-Flügelventilschlitze ersetzt
**Typ:** zweisitziges Reise- und Verbindungsflugzeug mit Colombo-S.63-Reihenmotor mit 96 kW (130 PS)
**Leistung:** Höchstgeschwindigkeit 211 km/h; Dienstgipfelhöhe 5000 m; Flugdauer 3,5 Stunden; Reichweite 900 km
**Gewicht:** Rüstmasse 430 kg; max. Startmasse 730 kg
**Abmessungen:** Spannweite 10,48 m; Länge 7,58 m; Höhe 2,23 m; Tragflügelfläche 15 m²

# Breda Ba. 65

***Breda Ba. 65 der 5. Jagdstaffel, irakische Luftwaffe, ausgerüstet mit Breda-MG-Turm.***

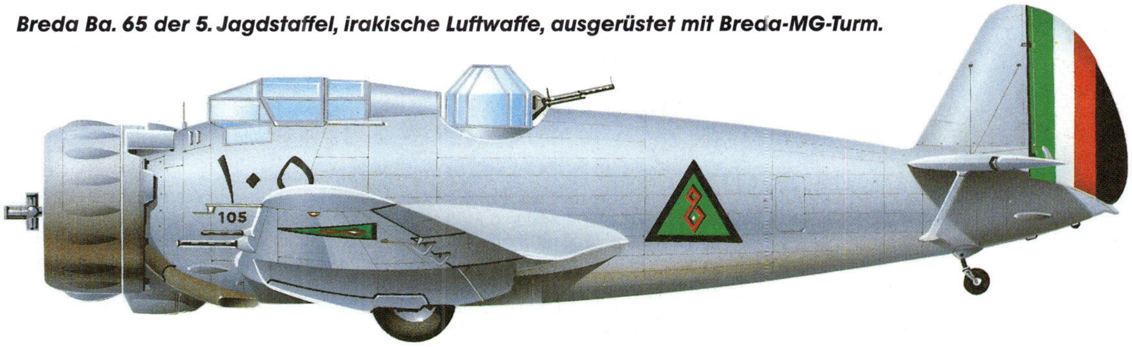


Als Aeroplano di Combattimento für den Einsatz als Abfangjäger, leichter Bomber und bewaffneter Aufklärer gedacht, absolvierte der Prototyp **Breda Ba. 65** (MM 325) im September 1935 den Jungfernflug mit Ambrogio Colombo am Steuer. Es handelte sich um einen freitragenden Tiefdecker, dessen Hauptfahrwerksbeine nach hinten in Verkleidungen unter den Flächen einzogen. Die Struktur von Rumpf und Tragwerk baute auf einem Chrommolybden-Stahlgerüst auf, das bis auf die stoffbespannten Hinterkanten der Tragflächen mit Duraluminblech abgedeckt war. Die Tragflächen wiesen Landeklappen und Handley Page-Vorflügel auf. Das aus Stahlrohr und Leichtmetallbeplankung konstruierte Leitwerk war abgestrebt und drahtverspannt.

1936 erging ein Auftrag für insgesamt 81 **Ba. 65** mit dem französischen 515 kW (700 PS) starken Gnome-Rhône K-14-Motor, wie bereits im Prototyp installiert. Mit 13 Flugzeugen dieser Serie wurde die 65. Squadriglia der Aviazione Legionaria ausgerüstet, des Kontingents der italienischen Luftstreitkräfte, das im Spanischen Bürgerkrieg die faschistische Sache unterstützte. Die Einheit nahm 1937 an den Operationen in Santander, dann in Teruel und an den Kämpfen um den Ebro teil. Die Maschinen waren wie bereits der Prototyp einsitzige Kampfflugzeuge mit geschlossener Pilotenkanzel, deren Haube sich nach hinten zuspitzte.

Die Erfahrung in Spanien lehrte, daß sich die **Ba. 65** nur für die Angriffsrolle eignete. Folglich diente das Muster beim Gros der acht Squadriglie, die den beiden Jagdbombergeschwadern der Regia Aeronautica, 5° und 50° Stormi, zugeordnet waren. Breda und Caproni-Vizzola fertigten noch eine zweite Serie von 137 Flugzeugen (80/57), bevor die Produktion im Juli 1939 endete. Diese Serie unterschied sich von der ersten durch den Fiat-Motor A.80. Sechs **Ba. 65** mit Fiat-Motor und vier weitere Exemplare mit Gnome-Rhône-Antrieb wurden 1938 zur Aviazione Legionaria nach Spanien überstellt.

Breda Ba. 65 der 65. Squadriglia, Aviazione Legionaria, im Spanischen Bürgerkrieg.

Nach dem Eintritt Italiens in den Zweiten Weltkrieg im Juni 1940 wurden **Ba. 65** zur Bekämpfung britischer Truppen an die Front nach Nordafrika verlegt. Unter den Bedingungen der Wüste zeigte das Muster einen schlechten Klarstand und wenig beeindruckende Kampfleistungen. Das letzte einsatzklare Exemplar wurde bei der britischen Offensive auf der Cyrenaika im Februar 1941 zerstört.

Bei den italienischen Verbänden diente eine große Zahl zweisitziger **Ba. 65**, bei denen ein Beobachter/Bordschütze im hinteren offenen Cockpit auf Höhe der Tragflächenhinterkante im Rumpf untergebracht war. Ein kleiner Teil dieser Version besaß einen Breda-Waffenturm Typ L, aber in jedem Fall stand dem Bordschützen ein einzelnes 7,7-mm-Maschinengewehr zur Verfügung. Die offensive Bewaffnung konnte theoretisch bis zu 1000 kg Bomben ausmachen, doch die **Ba. 65** führten gewöhnlich nur eine Bombenlast von 300 kg im Rumpfschacht oder bis zu 200 kg Bomben an Schlössern unter den Flächen mit.

1938 wurden 25 zweisitzige **Ba. 65** mit Fiat-Motor in den Irak exportiert, darunter zwei Trainer mit Doppelsteuer und alle anderen mit Breda-L-Waffenturm. Zu einem späteren Zeitpunkt desselben Jahres importierte Chile 20 **Ba. 65** mit Piaggio-P.XI-C.40-Triebwerk, 17 Einsitzer und drei Trainer mit Doppelsteuer. Im November 1939 erhielt Portugal 10 **Ba. 65** mit Fiat-Antrieb und Breda-L-Waffenturm. In Erwartung eines Auftrags der chinesischen Regierung testete man im Juni des Jahres 1937 eine einzelne Serienmaschine mit dem Pratt & Whitney-R-1830-Sternmotor statt des Fiat-Triebwerks, aber die Bestellung blieb aus. Die irakischen **Ba. 65** wurden bei Unruhen im eigenen Lande gegen britische Truppen eingesetzt.

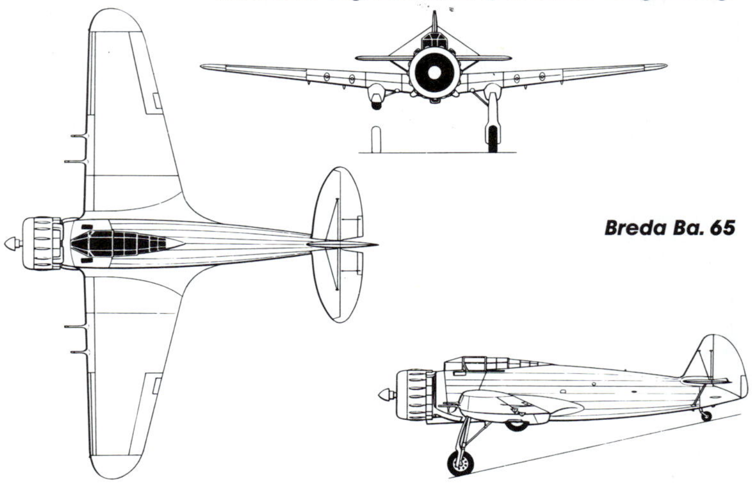

Breda Ba. 65

### TECHNISCHE DATEN

**Breda 65/A.80 (Einsitzer)**

**Typ:** Erdkampfflugzeug
**Triebwerk:** ein Fiat-A.80-RC.41-Sternmotor mit 736 kW (1000 PS)
**Leistung:** Höchstgeschwindigkeit 430 km/h; Höchstgeschwindigkeit des Doppelsitzers 410 km/h; Dienstgipfelhöhe 6300 m; Reichweite 550 km
**Gewicht:** Rüstmasse 2400 kg; max. Startmasse 2950 kg
**Abmessungen:** Spannweite 12,10 m; Länge 9,30 m; Höhe 3,20 m; Tragflügelfläche 23,50 m²
**Bewaffnung:** zwei 12,7-mm-MG und zwei starre, vorwärtsfeuernde Breda-SAFAT-7,7-mm-Maschinengewehre in den Flächen plus bis zu 300 kg Bomben im internen Waffenschacht oder 200 kg Bomben unter den Flächen

***Die Doppelsitzerversion der Ba. 65, allgemein Ba.65bis genannt, wurde von einem anderen Motor angetrieben, dem Gnome-Rhône 14Kdrs, von Isotta-Fraschini als K.14 in Lizenz gefertigt. Das Erkennungsmerkmal war die unterschiedliche Anordnung der Kipphebelverkleidungen an der Motorzelle.***

# Breda Ba. 88 Lince

***Breda Ba. 88 Lince der 7° Gruppo, 5° Stormo da Combattimento, Regia Aeronautica, die 1940 in Castel Benito (Libyen) stationiert war.***

Die von Antonio Parano und Guiseppe Panzeri konstruierte **Breda Ba. 88 Lince** (Luchs) war ein schlanker zweimotoriger Schulterdecker in Ganzmetallbauweise, und wurde bei ihrem Erscheinen im Jahre 1936 von der faschistischen Mussolini-Regierung als Propagandatriumph herausgestellt. Der Prototyp (MM 302) mit einzelnem Seitenleitwerk/Ruder absolvierte im Oktober 1936 seinen Erstflug unter Furio Niclot, Cheftestpilot bei Breda. Im April 1937 stellte Niclot zwei Rekorde mit 517 km/h über 100 km und 475 km/h über 1000 km auf. Im Dezember desselben Jahres steigerte er diese Werte auf 554 km/h beziehungsweise 524 km/h.

Der Prototyp mit einziehbarem Spornrad-Fahrwerk und zwei Gnome-Rhône K-14-Sternmotoren mit je 662 kW (900 PS) als Antrieb erhielt dann ein modifiziertes Heck mit doppelten Seitenflossen/Rudern. Als Aeroplano di Combattimento geplant, das sich für Angriff, Fernaufklärung und Bombardierung eignete, erhielt die **Ba. 88** nunmehr militärische Geräte und Waffen. Daraufhin verschlechterten sich abrupt die Leistungswerte und die Flugeigenschaften, aber zu dem Zeitpunkt war die Serienfertigung bereits angelaufen.

Das erste Baulos von 80 Einsatzflugzeugen plus acht Trainern mit Doppelsteuer fertigte Breda zwischen Mai und Oktober 1939. Schwierigkeiten mit dem Prototypen ergaben eine Reihe von Änderungen zur Gewichtseinsparung und zum Einbau der 736 kW (1000 PS) starken Piaggio-P.XI-RC.40-Sternmotoren.

Am 16. Juni 1940, kurz nachdem Italien Frankreich und seinen Verbündeten den Krieg erklärt hatte, nahm die **Ba. 88** erstmals am Kampfgeschehen teil. Zwölf Maschinen der 19° Gruppo Autonomo der Regia Aeronautica griffen die Hauptflugplätze auf Korsika mit Bomben und Rohrwaffen an, und drei Tage später wiederholten dies neun **Ba. 88**.

Die Auswertung der Einsätze zeigte, daß die **Ba. 88** nur einen geringen Kampfwert besaß. Jeder Zweifel schwand, als **Ba. 88** der 7° Gruppo Autonomo in Libyen gegen britische Kampftruppen ins Gefecht geworfen wurden. Die mit Staubfiltern ausgerüsteten Motoren überhitzten und blieben weit hinter ihrer Solleistung zurück. Im September 1940 mußte man Angriffe auf Ziele in Sidi Barrani abbrechen, weil die Maschinen nicht die für den Waffeneinsatz erforderliche Höhe erreichten und keine Formation einhalten konnten. Die Maschinen beschleunigten nicht einmal auf die Hälfte der vom Hersteller angegebenen Geschwindigkeit.

Mitte November 1940 waren die verbliebenen **Ba. 88** ausgeschlachtet und auf verschiedenen Einsatzflugplätzen als Scheinziele für angreifende britische Kampfflugzeuge aufgestellt. Unterdessen lieferten die Hersteller weitere **Ba. 88**, Breda 19 und I.M.A.M. (Meridionali) 48 Maschinen. Die meisten landeten direkt auf dem Schrottplatz, ohne daß sie jemals eingesetzt worden wären.

Agusta modifizierte 1942 drei **Ba. 88** zu Erdkampfflugzeugen. Man erhöhte die Spannweite um 2 m, um die Tragflächenbelastung nicht zu überziehen, tauschte die Triebwerke gegen Fiat A.74 aus, verstärkte die Bugbewaffnung auf vier 12,7-mm-MG und installierte Sturzflugbremsen. Diese **Breda Ba. 88M** wurden am 7. September 1943 der 103° Gruppo Autonomo Tuffatori (selbständige Sturzkampfbombergruppe) in Lonate Pozzolo zugeführt. Piloten der deutschen Luftwaffe prüften die Flugzeuge, doch dann hörte man nichts mehr von der **Breda Ba. 88**.

Sie war offenbar der größte Versager, den es bei den Einsatzmustern des Zweiten Weltkriegs gegeben hat.

### TECHNISCHE DATEN

**Breda Ba. 88 Lince**

**Typ:** Jagdbomber/Aufklärer
**Triebwerke:** zwei Piaggio-P.XI-RC.40-Sternmotoren mit je 736 kW (1000 PS)
**Leistung:** Höchstgeschwindigkeit 490 km/h; Dienstgipfelhöhe 8000 m; Reichweite 1640 km
**Gewicht:** Rüstmasse 4650 kg; max. Startmasse 6750 kg
**Abmessungen:** Spannweite 15,60 m; Länge 10,79 m; Höhe 3,10 m; Tragflügelfläche 33,34 m²
**Bewaffnung:** drei starre, vorwärtsfeuernde Breda-SAFAT-12,7-mm-Maschinengewehre und ein 7,7-mm-MG auf Schwenklafette im hinteren Cockpit sowie bis zu 1000 kg Bomben im internen Waffenschacht oder drei 200-kg-Bomben in Vertiefungen unter dem Bauch

# Breguet 4 bis Breguet 393T

**Louis Breguets erste Konstruktion war 1907 ein untauglicher Hubschrauber. 1911 gründete er die Société des Ateliers d'Aviation Louis Breguet und baute wenig elegante, aber robuste Militärflugzeuge, die im Ersten Weltkrieg viel eingesetzt wurden. Unter der Nachkriegsproduktion waren Beobachtungs-, Kampf- und Transportflugzeuge.**

## Breguet 4

Der Prototyp SN3 gewann im Oktober 1915 für Breguet als dreistieliger Doppeldecker ungleicher Spannweite den von der französischen Regierung ausgeschriebenen Bomberwettbewerb. Er wurde aus der BU3 entwickelt und erreichte rasch die Serienreife als **Breguet 4 (BrM.4)**. Dieser zweisitzige Bomber (Kategorie B.2) übernahm die vertraute Heckkonfiguration seiner Vorgänger – ein von vier Auslegern getragenes Höhenleitwerk und ein großes einzelnes Seitenruder, ergänzt durch zwei kleine Flossen. Die schwerste Bombenlast betrug 290 kg. Zur Standardausstattung gehörte ein Vierrad-Fahrgestell. Der Typ 4 diente in recht beachtlicher Zahl bei den französischen Luftstreitkräften.

**Varianten**

**Breguet 5:** Diese Jägerentwicklung der BrM.4 B.2 erhielt die Bezeichnung Bre.5 Ca.2 und war mit einer Hotchkiss-37-mm-Kanone sowie einem Lewis-7,7-mm-Maschinengewehr bewaffnet; sie wurde in begrenzter Zahl bei den Br.M.4-Bombereinheiten eingesetzt, um ihnen Geleitschutz zu gewähren; später kam eine Bomberversion der Bre.5 heraus, von denen mehrere Baulose an die französischen Luftstreitkräfte und 30 Exemplare an die RNAS geliefert wurden; die offensive Bewaffnung bestand aus sechs 50-kg-Bomben

**Breguet 6:** eine Bre.5 mit Salmson-A9-Sternmotor à 168 kW (225 PS) und mehreren zusätzlichen Modifikationen. Das Flugwerk spitzte sich nach hinten zu und umschloß ganz den direkt über den hinteren Fahrwerksbeinen angeordneten Salmson; dieser trieb eine Zweiblatt-Luftschraube über eine Fernwelle an; die Motorkühlung besorgten Jalousien am hinteren Ende der Zelle; eine kanonenbewaffnete Version erhielt die Bezeichnung Bre.6 Ca.2; insgesamt 50 Exemplare der Bre.6 wurden gefertigt

**Breguet 12:** Das letzte von Breguet mit Druckschraube produzierte Muster war der aus der Bre.5 entwickelte Nachtjäger Bre.12 Ca.2; an die Hotchkiss-37-mm-Kanone wurde ein Suchscheinwerfer gekoppelt, der die Bewegungen der Waffe mitmachte; unter dem Unterflügel waren acht Landescheinwerfer montiert; für den Einbau der Kanone und der Lampen mußte die Rumpfgondel verkürzt werden. Die transparenten Felder der meisten früheren Breguet-Flugzeuge mit Druckschraubenantrieb entfielen bei der Bre.12; mit Erscheinen des bemerkenswerten Zugschrauber-Doppeldeckers Breguet 14 im Jahre 1918 wurden die verbliebenen Breguet-Druckschraubenflugzeuge nur noch zur Nachtbombardierung eingesetzt

***Breguet Bre.5 Ca.2***

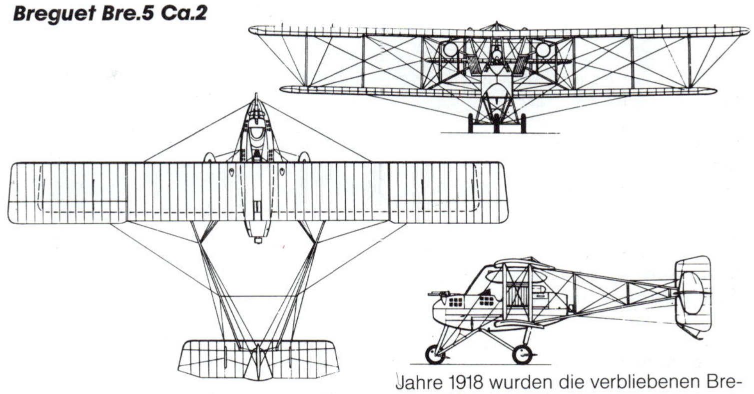

### TECHNISCHE DATEN

**Breguet 5 Ca.2**

**Typ:** zweisitziger Begleitjäger
**Triebwerk:** ein Renault-12Fb-Reihenmotor mit 164 kW (225 PS)
**Leistung:** Höchstgeschwindigkeit 133 km/h in 2000 m Höhe; Dienstgipfelhöhe 3700 m; Flugdauer 6 Stunden und 15 Minuten
**Gewicht:** Rüstmasse 1350 kg; max. Startmasse 2150 kg
**Abmessungen:** Spannweite 17,50 m; Länge 9,90 m; Höhe 3,90 m; Tragflügelfläche 57,70 m²
**Bewaffnung:** eine Hotchkiss-37-mm-Kanone und (spätere Flugzeuge) ein 7,7-mm-Maschinengewehr

## Breguet 14

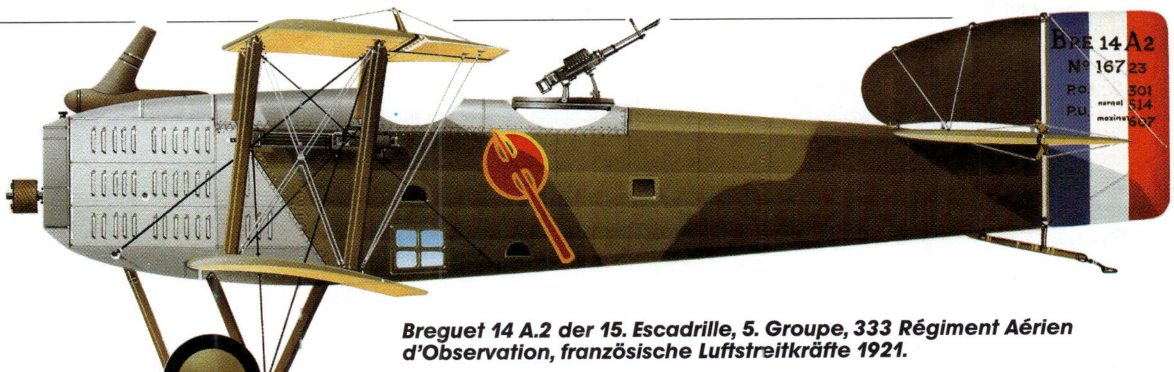


***Breguet 14 A.2 der 15. Escadrille, 5. Groupe, 333 Régiment Aérien d'Observation, französische Luftstreitkräfte 1921.***

Das vielleicht berühmteste französische Kriegsflugzeug aller Zeiten, der zweisitzige Zugschrauben-Doppeldecker **Breguet 14**, nahm im Sommer 1916 auf den Reißbrettern des Werks in Vélizy-Villacoublay Gestalt an. Die Produktion dieses Musters hielt von März 1917 bis 1928 an, und die Aéronautique Militaire Frankreichs trennte sich erst 1932 von ihm.

Die Versuchsmaschine mit der Bezeichnung **Breguet AV Type XIV** absolvierte ihren Erstflug am 21. November 1916, mit Louis Breguet als Pilot, begleitet vom Chefkonstrukteur Louis Vullierme. Die vorangestellten Buchstaben „AV" bedeuteten „avant" und sollten anzeigen, daß sich der neu entwickelte 12-Zylinder-Motor von Renault vorn im Flugzeug befand, ganz im Gegensatz zur behördlichen Einstellung der S.T.Aé (Section Technique des l' Aéronautique). Die **Type 14** (die römischen Zahlen wurden bald abgeschafft) war ein recht häßliches, doch äußerst praktisches und zähes Flugzeug. Der kastenförmige Rumpf und die Rechteckflächen waren aus Duralumin, Stahl und Holz konstruiert und mit Stoff überzogen. Sowohl am Oberals auch am Unterflügel befanden sich Querruder. Der Pilot und der Beobachter/Bordschütze saßen dicht hintereinander in offenen Kanzeln. Mit einem kräftigen Fahrgestell samt Querachse stützte sich die Maschine gegen den Boden, und der mit einem rechteckigen Frontkühler ausgestattete Renault-Motor leistete gute Arbeit. Die zuständigen Behörden zeigten sich beeindruckt und genehmigten am 16. März 1917 die Beschaffung von 150 Aufklärungsflugzeugen (Kategorie A.2). Bis zum Ende dieses Jahres stieg das Auftragsvolumen auf insgesamt 2650 Aufklärer und Bomber (Kategorie B.2), die Breguet zusammen mit nicht weniger als fünf Lizenznehmern produzierte.

Die Aufklärungsversion **Bre.14 A.2** war mit Kamera, Funkgerät und Halterungen für vier leichte Bomben ausgerüstet. Der Bomberprototyp, der im Frühjahr 1917 im Flug erprobt wurde, hatte neben Querrudern auch Landeklappen am Unterflügel und eine größere Spannweite als die Aufklärungsversion **A.2.** In die Cockpitseiten des Beobachters waren durchsichtige Felder eingearbeitet. An beiden Rumpfseiten wurde die Nasenkante des Unterflügels ein wenig vorgezogen, um die Michelin-Bombengestelle so montieren zu können, daß sie den Landeklappenbetrieb nicht störten. Bei beiden Versionen waren Schiebeklappen in die Kanzelböden eingelassen, damit Flugzeugführer und Beobachter Übersicht über das Gelände unter ihnen hatten.

Die **Bre.14 A.2** begann im Sommer 1917 die Sopwith 1½-Strutter (Anderthalbdekker) zu ersetzen. Das Muster wurde einer Reihe namhafter Aufklärerescadrilles, darunter der 11., 35. und 227., sowie zahlreichen anderen escadrilles zugewiesen, die an schwere Artillerieregimenter des französischen Heeres, die Sections Artillerie Lourdes, angegliedert waren. Eine der letztgenannten Einheiten (SAL 224) zeichnete sich 1917 und 1918 in mehreren Landschlachten aus. **Bre.14 B.2**-Bomberverbände flogen eine Reihe eindrucksvoller Tageinsätze gegen deutsche Ziele weit hinter der Front.

Zur Verbesserung der Quersteuerung führte Breguet 1918 aerodynamisch ausgeglichene Querruder ein. Gleichzeitig wurde die Spannweite des Unterflügels der **Bre.14 A.2** erhöht, während man die der **B.2** kürzte und den Randbögen eine neue Form verlieh. Die Landeklappen der **B.2** am Unterflügel entfielen, so daß sich die für die Michelin-Bombengestelle vorgezogenen Nasenkantenteile erübrigten. Am Ende ersetzte man sie durch verbesserte Bombenschlösser.

Der Renault-Motor 12F war für eine zuverlässige Leistung von 224 kW (300 PS) entwickelt worden, doch parallel dazu probierte man eine Reihe anderer Motortypen aus, die teilweise bei einigen Baulosen zum Zuge kamen. Dazu gehörte der Renault 12K mit 298 kW (400 PS), der Fiat A.12bis mit 224 kW (300 PS) und der Liberty mit 298 kW (400 PS). Die geplante Fertigung von **Bre.14** mit Fiat- und Liberty-Antrieb zur Indienststellung im Jahre 1919 entfiel, als im November 1918 der Waffenstillstand vereinbart wurde. Zu dem Zeitpunkt rüsteten **Bre.14 B.2** die 15 escadrilles der 1. Brigade de Bombardement aus, während 12 Tagaufklärerescadrilles und die 19 escadrilles der Aviation des Corps d'Armées die **Bre.14 A.2** flogen. Fünf selbständige Heeresdivisionen verfügten über je eine **Bre.14 A.2 escadrille**, und insgesamt 27 SAL **Bre.14 A.2 escadrilles** unterstützten die schweren Artillerieregimenter.

Zu den weiteren Versionen der Kriegszeit zählten der einsitzige Bomber **Bre.14 B.1**, der nicht in Großserien gefertigt wurde, und das Sanitätsflugzeug **Bre.14S**. 1917 hatte man versuchsweise eine **Breguet 14** zur Bergung und Evakuierung von Verwundeten an der Front verwendet. 1918 operierten an der Aisne-Front vier **Bre. 14S**-Ambulanzflugzeuge, die zwei Personen auf Krankentragen befördern konnten. Ende 1918 diente die **Breguet 14** bei 14 escadrilles in Griechenland, Serbien und in Nahost, doch erst im französischen Kolonialreich kam sie während der beiden Jahrzehnte zwischen den Kriegen voll zur Geltung. Die in den weit entfernten Kolonien benutzte Version war die **Breguet 14 TOE** (Théatres des Operations Extérieures).

Bis Dezember 1918 wurden insgesamt 5300 **Breguet 14** gebaut. Drei **Breguet 14**

***Der US Army Air Service beschaffte 367 Breguet 14 und E2 zur Schulung. Das Gros war Tagbombereinheiten zugewiesen, wie die hier abgebildete Maschine der 96. Aero Squadron in Frankreich.***

**A.2** und sechs **Breguet 14 B.2 escadrilles** bildeten einen Teil der französischen Besatzungsmacht Armée du Rhin, die ab 1919 im westlichen Teil Deutschlands stationiert war. Andere **Breguet 14** unterstützten die französischen Interventionsstreitkäfte im russischen Bürgerkrieg nach der Oktoberrevolution 1917.

Es entstanden eine kleine Zahl **Breguet 14** mit Fiat-Antrieb und 24 **Bre.14 A.2**, angetrieben vom Renault 12FeR (mit Rateau-Lader für Höheneinsätze), die 1921 dem 34. Régiment d'Aviation in Le Bourget zugewiesen wurden. In dieser Phase waren 17 escadrilles in Frankreich mit der **Breguet 14 A.2** ausgerüstet.

Die **Breguet 14** entwickelte sich nach dem Krieg zum Exportschlager und fand zu den Luftstreitkräften der Länder Belgien, Brasilien, Dänemark, Griechenland, Jugoslawien, Polen, Portugal, Rumänien, Siam, Spanien und der Tschechoslowakei. Bei den französischen Streitkräften spielte sie eine aktive Rolle in blutigen Gefechten mit syrischen und marokkanischen Aufständischen während der zwanziger Jahre. Der Kampf gegen die Rif-Rebellen in Marokko endete sogar erst 1934.

Acht escadrilles flogen die **Bre.14 A.2** in der Levantine, und zu den zehn Breguet escadrilles des 37. Régiment d'Aviation, das 1922 nach Marokko geschickt wurde, kamen 1925 vier **Bre.14 B.2**-Einheiten hinzu. Zur gleichen Zeit war Spanien in heftige Gefechte in seinen Marokko-Gebieten verwickelt und setzte dort ab 1922 vier **Breguet 14**-Staffeln ein, verstärkt durch 40 weitere 1923 erworbene **Bre.14**.

Im September 1926 setzte Frankreich 301 **Breguet 14 A.2** und etliche **Bre.14 B.2**-Bomber in Französisch-Marokko ein. Diese wurden durch **52 Breguet 14T bis Sanitaire** (Sanitätsflugzeuge) Doppeldecker ergänzt. Frankreich hatte an der Luftambulanz für die Front festgehalten und diese „Zivilversion" der **Breguet 14T** für den Einsatz in Übersee gebaut. Allein im Jahre 1923 flogen **Breguet**-Sanitätsflugzeuge 870 Verwundete aus der Levantine und Marokko aus. Der United States Air Service in Frankreich, der 1918 die **Breguet 14** für seine Tagbomberstaffel verwendete, beschaffte auch eine beachtliche Zahl **Bre.14 Et.2**-Schulflugzeuge. Die Aéronautique Militaire Frankreichs nutzte die **Breguet 14** in den zwanziger Jahren in großem Maßstab zur Ausbildung, und erst 1932 schieden die letzten Exemplare aus.

Bei solch einem Bedarf kann es kaum überraschen, daß zwischen 1919 und 1928 insgesamt 2500 **Breguet 14 A.2** und **B.2** produziert wurden. (Allein das französische Budget für 1925 wies den Erwerb von 376 **Breguet 14 A.2** und 95 **Breguet 14T bis**–Sanitätsflugzeugen aus.) Nicht weniger als 19 Firmen außer Breguet bauten diese Maschinen. Eine bestimmte Anzahl Breguet hatte man in Auftrag gegeben, um die Existenz der französischen Flugzeugindustrie zu erhalten. Sie wurden nach den Abnahmeflügen zunächst eingelagert und zuletzt verschrottet.

Abgesehen von ihren militärischen Erfolgen führte die **Breguet 14** in der Periode unmittelbar nach dem Ersten Weltkrieg eine Reihe ausgezeichneter Langstreckenflüge durch. So überquerten im Januar 1919 Capitaine Coli und Lieutenant Roget zweimal das Mittelmeer und legten dabei rund 1600 km zurück. Am 5. April desselben Jahres flog Lt. Roget von Lyon über Rom nach Nizza. Anschließend stellten Coli und Roget einen neuen französischen Langstreckenrekord mit insgesamt 1900 km von Le Bourget nach Kenitra (Marokko) auf.

**Varianten**

**Breguet 14 T.2 Salon:** zivile Umrüstung der Breguet 14, bei der das hintere Cockpit für den Piloten erhalten blieb, während der Vorderrumpf erweitert und in eine Kabine mit zwei Sitzen verwandelt wurde; Erstflug im Jahre 1919; die C.M.A (Compagnie des Messageries Aériennes) nutzte einige Exemplare dieser Version auf ihrem internen Streckennetz, einschließlich Verbindungen nach London und Brüssel, neben gewöhnlichen Breguet 14 mit Postpacktaschen unter den Tragflächen

**Breguet 14T bis:** Diese Version erschien 1921 mit stark verbesserter Kabine, einschließlich vier Fenstern pro Seite und Bullaugen im Dach; der Kraftstoff wurde in stromlinienförmigen Behältern mitgeführt, die beidseitig unter dem Oberflügel innen vom ersten Fach des Doppeldeckertragwerks montiert waren; die Kabine nahm den Raum ein, den zuvor das vordere Cockpit und die Treibstofftanks beansprucht hatten; die Lignes Aériennes Latécoère flog Anfang der zwanziger Jahre mehr als 100 Breguet 14, die Mehrzahl davon Bre.14T bis: Diese Maschinen absolvierten Pionierflüge für die Gesellschaft, indem sie Toulouse mit Barcelona verbanden und schließlich Brücken über das Mittelmeer nach Dakar in Französisch-Westafrika schlugen. Die Aéronautique Militaire hatte die Breguet 14 mit Zwillingsschwimmern und einem Zentralschwimmer plus zwei Stützschwimmern an den Flächenenden getestet. Man nimmt an, daß sich die militärische Verwendung der Bre.14 Schwimmerflugzeuge auf wenige Bre.14T bis Sanitätsflugzeuge in den Kolonialgebieten beschränkte; bekannt ist, daß fünf zivile Schwimmerflugzeuge Bre.14T bis mehrere Jahre lang in Französisch-Guyana dienten

**TECHNISCHE DATEN**
**Breguet 14 A.2**

**Typ:** zweisitziges Aufklärungsflugzeug
**Triebwerk:** ein Renault-12Fe-Reihenmotor mit 224 kW (300 PS)
**Leistung:** Höchstgeschwindigkeit 184 km/h; Dienstgipfelhöhe 6000 m; Flugdauer 3 Stunden
**Gewicht:** Rüstmasse 1030 kg; max. Startmasse 1565 kg
**Abmessungen:** Spannweite, Oberflügel (Originalquerruder) 14,36 m oder (Querruder mit Hornausgleich) 14,86 m; Spannweite, Unterflügel (Originalquerruder) 12,40 m oder (Querruder mit Hornausgleich) 13,66 m; Länge 8,87 m; Höhe 3,30 m; Tragflügelfläche (Originalquerruder) 47,50 m² oder (Querruder mit Hornausgleich) 49,20 m²
**Bewaffnung:** ein starres, backbord am Rumpf montiertes Vickers-7,7-mm-Maschinengewehr und zwei Lewis-7,7-mm-Maschinengewehre auf Ringlafette im Beobachter-Cockpit plus eine Bombenlast von 40 kg

# Breguet 17

Der Prototyp des zweisitzigen Jägers (Kategorie C.2) **Breguet 17** flog im Sommer 1918. Für 1919 war die Produktion von mindestens 1000 Exemplaren geplant, doch nach dem Waffenstillstand wurden die Aufträge gekürzt und insgesamt nur 100 Flugzeuge Anfang der zwanziger Jahre gefertigt. **Die Bre.17** war für damalige Zeiten ein äußerst effektives Flugzeug. Sie wirkte wie eine kleinere, kompakte Ausgabe der Bre.14, hatte aber einen stärkeren Antrieb. Der zweistielige Doppeldecker ungleicher Spannweite besaß einen 313 kW (420 PS) starken Renault-12K-Motor, der insgesamt eine deutliche Leistungsverbesserung ergab. Querruder mit Hornausgleich waren nur am Oberflügel eingerichtet. Die Versuchsmaschine wurde als Nachtjäger jedoch nur getestet.

Die Serienjäger erhielten den Renault 12Kl mit etwas höherer Leistung. Zudem änderte man das Seitenleitwerk insofern, als das Ruder in Verbindung mit Hornausgleich ausgerundet wurde. Der Jäger erhielt eine für diese Periode immens starke Bewaffnung von zwei Vickers-Maschinengewehren auf dem Nasenrücken, die synchronisiert waren, um durch den Propellerkreis feuern zu können, und Lewis-Zwillingsmaschinengewehre auf Ringlafette im Beobachter-Cockpit mit einem dritten Lewis-MG, das durch eine Fallklappe im Rumpfboden unter das Heck feuern konnte. **Bre.17** flogen bei etlichen französischen escadrilles, aber keine Einheit war nur mit diesem Muster ausgerüstet.

**TECHNISCHE DATEN**
**Breguet 17**

**Typ:** Jagdzweisitzer
**Triebwerk:** ein Renault-12Kl-Reihenmotor mit 336 kW (450 PS)
**Leistung:** Höchstgeschwindigkeit 218 km/h in 2000 m Höhe; Steigzeit auf 2000 m 5 Minuten, 45 Sekunden; Dienstgipfelhöhe 7500 m
**Gewicht:** max. Startmasse 1840 kg
**Abmessungen:** Spannweite 14,28 m; Länge 8,10 m; Höhe 3,42 m; Tragflügelfläche 43,30 m²
**Bewaffnung:** fünf 7,7-mm-Maschinengewehre

***Die Bre.17 profitierte von der hervorragend konstruierten Zelle der Bre.14, war aber kompakter und antriebsstärker. Die Bewaffnung bestand aus fünf Maschinengewehren, davon zwei auf Scarff-Lafette.***

# Breguet 19

Vom Breguet-Chefkonstrukteur Vuillerme als Nachfolgemuster für die Bre.14 entworfen, sollte die **Breguet 19** entweder einen zweisitzigen Tagbomber (Kategorie B.2) oder einen Aufklärer (Kategorie A.2) abgeben. Der Prototyp **Bre.19.01** wurde auf dem Pariser Salon de l' Aéronautique im November 1921 ausgestellt. Als Versuchsmotor war ein Breguet-Bugatti-16-Zylinder eingebaut, der aus zwei gekoppelten 8-Zylinder-Bugatti-Motoren zum Antrieb eines einzelnen Propellers bestand. Den Jungfernflug im März 1922 absolvierte die Versuchsmaschine allerdings mit einem Renault 12Kb, der 336 kW (450 PS) abgab.

Es folgten elf Vorserienflugzeuge, die im Laufe eines umfangreichen Erprobungsprogramms mit diversen Motortypen ausgerüstet wurden. 1923 begann die Serienfertigung, und bis 1927 waren rund 2000 **Breguet 19** (zu fast gleichen Teilen Bomber und Aufklärer) an die Aviation Militaire Frankreichs ausgeliefert.

Die **Breguet 19** hatte einen Rumpf mit kreisrundem Querschnitt, dessen Duraluminrohrgerüst bis zum hinteren Cockpit mit Duraluminblech und im Heckbereich mit Stoff abgedeckt war. Die stoffbespannten Tragflächen ungleicher Spannweite bauten auf zwei Holmen und Rippen aus Duralumin auf. Die Primärstruktur des Leitwerks mit aerodynamisch ausgeglichenen Höhenrudern bestand ebenfalls aus Duralumin, das mit Gewebe überzogen war. Die Serienflugzeuge hatten ein einfaches Querachsen-Fahrgestell, dessen sich nach unten verjüngende Einzelbeine zusätzlich mit Querdrähten abgespannt waren. Die offene Pilotenkanzel befand sich unmittelbar unterhalb eines Ausschnitts in der Hinterkante des Oberflügels und direkt dahinter die des Beobachters/Bordschützen.

Zuerst wurde die Aufklärerversion **Bre.19 A.2** in Dienst gestellt, die ab Herbst 1924 die 32., 33., 34. und 35. Régiments d'Aviation ausrüstete. Im Juni 1926 stießen die ersten Bomber **Bre.19 B.2** zum 11. Régiment d'Aviation de Bombardement.

Die **Breguet 19** französischer Herstellung wurden von flüssigkeitsgekühlten 12-Zylinder-Motoren angetrieben, entweder dem Renault 12K oder dem Lorraine-Dietrich 12D bzw. 12E. Zwar waren einige strukturelle Verstärkungen in der ersten Einsatzperiode nötig, aber ansonsten leistete dieses Muster der französischen Aviation Militaire hervorragende Dienste. **Breguet 19** flogen bei Staffeln, die Aufstandsbewegungen der Drusenstämme in Syrien und der Rifkabylen in Marokko bekämpften, und bildeten auch jahrelang das Rückgrat der Tagbomber- und Aufklärungseinheiten. Das Muster rüstete sogar vier Nachtjagd-escadrilles aus, eine Rolle, für die es denkbar ungeeignet war, und so dehnte sich die Verwendung unweigerlich bis zur Überalterung. Anfang 1933 befanden sich nur noch 230 **Bre.19 A.2**, 28 **B.2** und 40 Nachtjäger **Bre.19 Cn.2** in Einsatzverbänden, und 1934 rückte Breguet 19 endlich ins zweite Glied, um Unterstützungsaufgaben zu übernehmen.

Bereits 1923 hatte das Unternehmen Breguet eine aggressive Werbekampagne für den Export gestartet. So wurde der Prototyp **Bre.19.01** bei einem internationalen Wettbewerb des spanischen Kriegsministeriums vorgeführt, und kurze Zeit später lieferte man die ersten **Bre.19.02**-Vorserienflugzeuge nach Jugoslawien. Dies zog die Beschaffung von 400 **Breguet 19** durch die jugoslawischen Luftstreitkräfte im Zeitraum 1925-32 nach sich: Davon lieferte Frankreich 185 komplette Flugzeuge, 40 Exemplare wurden in Jugoslawien aus Baugruppen und Teilen französischer Produktion montiert und 175 Maschinen in Jugoslawien in einem neuen Werk in Kraljewo gebaut. Die ersten 150 Flugzeuge hatten Lorraine-Triebwerke, die nächsten 150 Hispano-Suiza (12Hb oder 12Lb) à 373 kW (500 PS) und die letzten 100 (alle in Kraljewo gefertigt) 313 kW (420 PS) starke Gnome - Rhône - Jupiter - 9Ab - Sternmotoren, die Jugoslawien in Lizenz produzierte.

Bei der Invasion Jugoslawiens im April 1941 kamen die **Breguet 19** kaum zum Einsatz, und die Mehrzahl wurde am Boden zerstört. Etwa 40 Exemplare fielen der kroatischen Marionetten-Regierung zur Partisanenbekämpfung in die Hände.

Spanien importierte 19 komplette Flugzeuge, von denen die ersten drei Exemplare als Muster für die Lizenzproduktion dienten. CASA montierte anschließend 26 Maschinen unter Verwendung französischer Fertigteile und produzierte dann 177 eigene Breguet 19, davon 127 mit Lorraine-Lizenzmotor und 50 mit importierten Hispano-Suiza-Triebwerken.

Die spanischen **Breguet 19** absolvierten ihren ersten Einsatz gegen rebellische Stämme in Marokko. 1936 befanden sich immer noch 136 Exemplare im Verfügungsbestand, zumeist heimatstationiert. Obwohl dieses Muster grundsätzlich überholt war, nutzten es beide Seiten im Spanischen Bürgerkrieg. Das Kontingent war in etwa je zur Hälfte an die Republikaner und die Nationalisten gegangen, die zusätzlich 20 grundüberholte **Breguet 19** aus Polen erwarben. Die **Breguet 19** wurden in erster Linie gegen Truppen und Bodenziele, aber auch zur Küstenpatrouille eingesetzt. Mitte 1937 hatten beide Seiten ihre betagten **Bre.19** vom Fronteinsatz abgezogen und nutzten die verbliebenen Maschinen nur noch für Ausbildungs- und Reservezwecke.

***Breguet Bre.19 der spanischen Luftstreitkräfte in den dreißiger Jahren***

Weitere Auslandsabnehmer waren Rumänien mit 108 gekauften **Breguet 19** und die Türkei mit 20 Exemplaren. Zwischen 1925 und 1930 erwarb Polen 250 vom Lorraine angetriebene Flugzeuge dieses Musters und stellte das letzte kurz vor dem Überfall der Deutschen im Jahre 1939 außer Dienst. Die chinesischen Behörden erhielten insgesamt 74 Flugzeuge, die gegen die Japaner in der Mandschurei kämpften. Restbestände der 30 **Bre.19**, die Griechenland importiert hatte, versuchten im Oktober 1940 den Ansturm italienischer Truppen zu brechen.

Belgien erstand 1924 sechs **Breguet 19 B.2** und leitete anschließend die Lizenzfertigung durch SABCA ein. Zwischen 1926 und 1930 übernahm die belgische Aéronautique Militaire insgesamt 146 **Bre.19**, einige mit Lorraine 12 Eb und andere mit Hispano-Suiza 12Ha. Auch in Lateinamerika war die **Breguet 19** populär. Die argentinische Republik beschaffte 25 Exemplare, Brasilien fünf, Bolivien 15 und Venezuela 12. Sowohl die bolivianischen als auch die paraguayanischen **Bre.19** waren Anfang der dreißiger Jahre in Kampfhand ungen verwickelt.

Die Regierungen Großbritanniens, Italiens und Persiens (Iran) erwarben je zwei **Breguet 19** zur technischen Prüfung. Die japanische Firma Nakajima kaufte ebenfalls zwei Flugzeuge, nahm aber Abstand von der geplanten Lizenzfertigung.

**Varianten**

**Breguet 19 G.R.:** Die Firma Breguet stellte sicher, daß die Breguet 19 während der zwanziger und Anfang der dreißiger Jahre in den Schlagzeilen blieb, indem sie eine Serie von Langstreckenflugzeugen, sogenannte „Grand Raid", entwickelte; das erste war die Bre.19 No. 3, ein frühes Standardexemplar mit Lorraine-Dietrich-12Db Motor. Mit Zusatztanks an den Bombengestellen flog diese Maschine mit Pelletier d'Oisy und Bésin in den Kanzeln von Paris nach Schanghai, wo sie am 20. Mai 1924 eintraf; die **Bre.19 No. 64,** ausgestattet mit zusätzlichen internen Kraftstofftanks, erreichte einen neuen Streckenweltrekord, als Lemaitre und Arrachart sie am 3./4. Februar 1925 über 3166 km von Etampes nach Cisneros (spanische Sahara) führten; auf eine belgische G.R.-Maschine folgte die Umrüstung der beiden japanischen **Bre.19** zu Grand Raid Flugzeugen, die die Asahi-Shimbun-Verlagsgruppe kaufte und im Sommer 1925 von Tokio nach Paris einsetzte; es entstanden vier weitere französische G.R.-Flugzeuge, von denen eines auf einen Hispano-Suiza 12Lb mit 447 kW (600 PS) ummotorisiert wurde; Costes und Le Brix umrundeten mit dieser auf den Namen Nungesser-Coli getauften Maschine die Erde zwischen Oktober 1927 und April 1928; in 350 Flugstunden legten sie rund 57.000 km zurück, bewältigten die Teilstrecke San Francisco–Tokio allerdings per Schiff

**Breguet 19 Bidon:** Die Variante Bidon (franz. Kanister) war eine natürliche Fortentwicklung der G.R.; speziell für Langstreckenflüge gebaut, enthielt die Bidon zahlreiche Modifikationen, wie ein größeres internes Tankvolumen, abgerundete Flächenenden, ein neu entworfenes Seitenleitwerk/Ruder und Verkleidungen für die Haupträder; das erste Exemplar ging an Belgien; die zweite Maschine stellte mit einer Durchschnittsgeschwindigkeit von 188,1 km/h über 5000 km im Mai 1928 einen neuen Weltrekord auf; Breguet fertigte noch zwei weitere Bidon, von denen eine schließlich an China verkauft wurde; in Spanien baute CASA mindestens eine Bidon

**Breguet 19 Super Bidon:** mit dieser abschließenden Version wollte man das Maximum an Reichweite aus dem Entwurf herausholen und installierte Zusatztanks im Oberflügel und im verlängerten Rumpf; das erste Exemplar wurde für Frankreich gebaut und Point d'Interrogation (Fragezeichen) genannt; nach einem gescheiterten Transatlantikflug erhielt die Maschine einen Hispano-Suiza 12Lb und flog in zwei Tagen von Le Bourget zur Mandschurei,

***Spanien war ein Hauptnutzer der Bre.19 in den Kolonialkriegen während der zwanziger und Anfang der dreißiger Jahre. Neben importierten Flugzeugen (19 komplett und 26 in Bausätzen) fertigte Spanien 177 Maschinen in Lizenz.***

wo sie am 29. September 1929 landete und so mit 7905 km einen neuen Streckenweltrekord aufstellte; im September 1930 absolvierte das Exemplar mit Costes und Bellonte als Besatzung den ersten Nonstop-Flug von Paris nach New York; CASA in Spanien produzierte die einzige weitere Super Bidon, die sich vom Original durch geschlossene Kanzeln mit hochgezogenem hinterem Rumpfrücken und zusätzliche Seitenflossen unterschied; diese Maschine ging auf einem Flug von Sevilla nach Lateinamerika zwischen Kuba und Mexiko in der Karibik verloren

**Breguet 19 Wasserflugzeug:** Einzelexemplare einer Version mit zwei Schwimmern, eines von Breguet konstruiert und eines von Nakajima für einen Wettbewerb der Kaiserlich-Japanischen Marine vorübergehend umgerüstet

**Breguet 19er:** Dieser experimentelle, aus der Bidon entwickelte militärische Prototyp hatte einen Hispano-Suiza 12Lb mit 447 kW (600 PS) als Antrieb, elliptische Flächenenden und gebogene Seitenflossen; wurde 1928 im Export angeboten

**Breguet 19.7:** Fünf jugoslawische Breguet 19 kehrten zur Modifikation beim Hersteller nach Vélizy-Villacoublay zurück: Sie erhielten halbelliptische Flächenenden, eine auf 14,99 m erhöhte Spannweite, eine Län-

***Breguet Bre.19.7 der türkischen Luftstreitkräfte in den dreißiger Jahren***

ge von 9,60 m, eine Tragflügelfläche von 29,28 m² und vier zusätzliche Stützstreben zwischen Oberflügel und Rumpf; die fünf Flugzeuge wurden auf den Hispano-Suiza 12Nb mit 442 kW (600 PS) ummotorisiert und 1930 an Jugoslawien zurückgeliefert; fünf ähnliche Maschinen für Rumänien erhielten dieselbe Bezeichnung (Breguet 19.7); alle 10 Exemplare nahmen am militärischen Flugwettbewerb der Petite Entente teil, bei dem die jugoslawischen Breguet 19.7 besonders gut abschnitten; 125 jugoslawische Breguet 19.7 sollten im Kraljewo-Werk fertiggestellt werden, doch wegen fehlender Hispano-Suiza-Triebwerke waren 1933 nur 75 Flugzeuge fertiggestellt; etliche dieser Maschinen waren im Frühjahr 1941 am kurzen Widerstand gegen die Deutschen beteiligt, und das kroatische Regime nutzte später einige Exemplare für seine Zwecke; 1933 hatten die Türken 50 Breguet 19.7 bestellt, die letzten vom Stammhaus gebauten Vertreter der Serie Breguet 19; die Breguet 19.7 hatte eine Spitzengeschwindigkeit von 242 km/h im Horizontalflug

**Breguet 19.8:** Breguet testete eine einzelne jugoslawische Breguet 19.7 mit dem 515 kW (690 PS) starken Gnome-Rhône 14Kbrs-Sternmotor; weitere Prüfungen in Jugoslawien führten zur Ablehnung dieses Motors für die antriebslosen 50 Bre.17.9; schließlich beschloß man, den Wright - Cyclone - GR - 1820 - F - 56, einen 9-Zylinder-Sternmotor mit 582 kW (780 PS), für einen Hamilton-Propeller einzubauen; die 50 Maschinen wurden entsprechend vervollständigt und das letzte Exemplar im November 1937 ausgeliefert; eine Handvoll überstand den jugoslawischen Zusammenbruch 1941 und wurde nach der Niederlage Jugoslawiens von der kroatischen Regierung benutzt; die Bre. 19.8 hatte eine Spitzengeschwindigkeit von 279 km/h in ca. 2500 m Höhe

**Breguet 19.9:** eine auf den Hispano-Suiza 12Ybrs à 641 kW (860 PS) umgestellte jugoslawische Bre.19.7

**Breguet 19.10:** eine andere ummotorisierte Bre.19.7 Jugoslawiens, die 1935 mit einem 537 kW (720 PS) starken Lorraine 12Hfrs Petrel flog

### TECHNISCHE DATEN
**Breguet 19 A.2**

**Typ:** zweisitziger Aufklärungsdoppeldecker
**Triebwerk:** ein Lorraine-12Ed-Reihenmotor mit 336 kW (450 PS)
**Leistung:** Höchstgeschwindigkeit 214 km/h in Meereshöhe; Dienstgipfelhöhe 7200 m; Reichweite 800 km
**Gewicht:** Rüstmasse 1387 kg; max. Startmasse 2500 kg
**Abmessungen:** Spannweite 14,83 m; Länge 9,61 m; Höhe 3,69 m; Tragflügelfläche 50,00 m²
**Bewaffnung:** ein starres vorwärtsfeuerndes Vickers 7,7-mm-Maschinengewehr, synchronisiert; zwei Lewis 7,7-mm-Maschinengewehre auf Drehlafette in hinteren Cockpit; Halterungen für leichte Bomben

# Breguet 27/270 (Serie)

Gemäß einer amtlichen Forderung von 1928 für ein zweisitziges Beobachtungsflugzeug konstruierte ein ausgezeichnetes Team mit Marcel Vuillerme an der Spitze und René Dorand, René Leduc sowie Paul Deville die **Breguet 270.** Der Prototyp **Bre.270.01** startete am 23. Februar 1929 mit Bucquet, Breguets Cheftestpiloten, am Steuer zum Jungfernflug.

Der zweisitzige Ganzmetall-Anderthalbdecker wies interessante Entwurfsmerkmale auf: Hochfester Stahl hatte die Aluminiumlegierung abgelöst, und der kurze Rumpf, Motor, Unterflügel und Heckausleger waren an einem Stahlchassis befestigt, so daß sich eine sehr hohe Belastbarkeit ergab. Nach ersten Tests kehrte die Maschine zum Villacoublay-Werk zurück, wo man dem Seitenleitwerk/Ruder eine eckigere Form verlieh und die Höhenflossen tiefer ansetzte. Neun weitere Prototypen mit der Bezeichnung **Bre.270/271** folgten.

Ungeachtet der recht mäßigen Gesamtleistung erhielt das Unternehmen 1930 Aufträge für insgesamt 85 **Breguet 270,** alle für die französische Armée de l'Air. 1932 ging eine Bestellung über 45 **Breguet 271** mit einem Motor ein, der 112 kW (150 PS) mehr als der Originalmotor Hispano-Suiza 12Hb abgab und daher eine beträchtlich höhere Nutzlast tragen konnte. Mehrere **Bre.270** wurden für den VIP-Verbindungsdienst mit einer Glashaus-Abdeckung über beiden Cockpits modifiziert.

1932 absolvierte der Originalprototyp mit der zivilen Kennung F-AJRC und einem Zusatztank unter dem Bauch einen Langstreckenflug quer durch Afrika nach Madasgaskar. Außer kleinen **Bre.270**-Baulosen für Brasilien und Venezuela wurden 15 **Breguet 273**-Aufklärungsbomber nach Venezuela und sechs solcher Flugzeuge nach China exportiert. Der Prototyp **Bre.273** war erstmals im April 1934 geflogen. Angetrieben von einem Hispano-Suiza 12Ybrs mit Frontkühler, bestach die **Bre.273** durch bessere Leistungen und eine auf 400 kg gesteigerte Bombenlast.

Zu den Experimentalversionen dieses Musters zählten die **Bre.272 TOE** mit Sternmotor, zunächst dem Gnome-Rhône 9K und schließlich dem Renault 9Fas, und die **Bre.274** mit einem 557 kW (760 PS) starken Gnome-Rhône 14K. Das letztgenannte Flugzeug, als Bomber gedacht, siegte unter der französischen Pilotin Marie-Louise Hilsz, besser bekannt unter ihrem Spitznamen „Maryse", beim Coupe Hélène Boucher von 1936 mit einer Durchschnittsgeschwindigkeit von 277 km/h.

Eine Serie zweimotoriger Versuchsdoppeldecker Breguet 41, die das Chassis und die Konstruktion des Heckträgers mit der **Breguet 270** gemein hatten, erzielte Anfangserfolge und sicherte sich einen Auftrag für die Armée de l'Air, die für dieses Muster die Rolle „multiplace de combat" vorsah, geeignet zur Jagd, Bombardierung und Aufklärung. Es erschien jedoch eine Reihe von Konkurrenzmodellen, die weitaus mehr versprachen, so daß die Bestellung noch vor Beginn der Lieferung zurückgezogen wurde.

Am 1. Januar 1936 befanden sich **Bre.270** und **Bre.271** bei französischen Beobachtungsstaffeln im Dienst, und bei Ausbruch des Zweiten Weltkriegs waren etliche Groupes Aériens d'Observation **Bre.27** ausgerüstet. Mehrere **Bre.27** der GOA 509, 543 und 547 wurden bei Aufklärungspatrouillen abgeschossen, bevor man sie Ende 1939 außer Dienst stellte.

***Die Bre.274 war eine Bomberversion des Grundmusters Bre.27, die ihre Bombenlast außen mitführte.***

### TECHNISCHE DATEN
**Breguet 270**

**Typ:** zweisitziges Beobachtungsflugzeug
**Triebwerk:** ein Hispano-Suiza-12Hb-Reihenmotor mit 373 kW (500 PS)
**Leistung:** Höchstgeschwindigkeit 236 km/h; absolute Dienstgipfelhöhe 7900 m; Reichweite 1000 km
**Gewicht:** Rüstmasse 1756 kg; max. Startmasse 2393 kg
**Abmessungen:** Spannweite 17,01 m; Länge 9,76 m; Höhe 3,55 m; Tragflügelfläche 49,67 m²
**Bewaffnung:** ein starres vorwärtsfeuerndes Vickers-7,7-mm-Maschinengewehr, synchronisiert; zwei Lewis-7,7-mm-Maschinengewehre auf Ringlafette, das der Beobachter bediente, und 120 kg Bomben am Unterflügel

# Breguet 393T

Die Entwicklung des dreimotorigen Passagierflugzeugs **Breguet 393T** begann mit dem Prototyp Breguet 390T, einem Anderthalbdecker in Ganzmetallbauweise, der im Februar 1931 erstmals flog. Bei einem Testflug am 3. Juli 1931 brach ein Propeller ab. Der Pilot sprang ab, kam aber dennoch ums Leben, weil sich der Fallschirm nicht öffnete, und die Breguet 390T zerschellte am Boden.

Es folgte eine einzelne Breguet 392T, bei der man die 179 kW/240 PS starken Gnome - Rhône - 5Kd - Sternmotoren der Bre.390T gegen Hispano-Suiza 9Qc mit je 224 kW (300 PS) ausgetauscht und als Frachtflugzeug fertiggestellt hatte. An dieses Einzelexemplar schloß später im Jahre 1933 der Prototyp **Breguet 393T** an, der sich durch anders ausgeführte Stiele, Stoffbespannung statt Metallbeplankung, ein neu eingeführtes Spornrad und verkleidete Haupträder unterschied. Dieses Flugzeug erreichte Air France im Juli 1934, und im Laufe dieses Jahres folgten zwei weitere Exemplare. Die restlichen drei Maschinen, die Air France bestellt hatte, wurden 1935 übergeben.

Die **Breguet 393T** war für eine zweiköpfige Besatzung und zehn Passagiere auf bequemen Sesseln neben großen Kabinenfenstern eingerichtet. Das Muster beflog Standardstrecken zwischen Toulouse und Casablanca, die Route nach Südamerika und später die brasilianische Etappe Natal–Buenos Aires. Zuletzt bediente es mehrere europäische Strecken, die strahlenförmig von Paris abgingen.

### TECHNISCHE DATEN
**Breguet 393T**

**Typ:** Passagierflugzeug
**Triebwerke:** drei Gnome-Rhône-7Kd-Titan-Major-Sternmotoren mit je 261 kW (350 PS)
**Leistung:** Höchstgeschwindigkeit 249 km/h; wirtschaftliche Reisegeschwindigkeit 235 km/h; Dienstgipfelhöhe 5850 m; Reichweite 975 km
**Gewicht:** Rüstmasse 3966 kg; max. Startmasse 6000 kg
**Abmessungen:** Spannweite 20,71 m; Länge 14,76 m; Tragflügelfläche 66,46 m²

***Breguet 393T der Air France, die 1934 auf der Strecke zwischen Toulouse und Casablanca eingesetzt waren.***

# Breguet 521 Bizerte bis Breguet 1001 Taon

**In den 30er Jahren waren ein Flugboot und eine Serie militärischer Mehrzweckflugzeuge Blériots erfolgreich. Im Zweiten Weltkrieg mußte das Werk für Deutschland produzieren. Danach begann man neu mit Zweideck-Transportmaschinen und dem leichten Jäger Taon mit STOL-Kazapität.**

## Breguet 521 Bizerte

***Breguet 521 Bizerte der 1. Seenotstaffel der Luftwaffe, die im Winter 1943/44 in Brest-Hourtin stationiert war.***

1931 hatte Breguet eine Lizenz zum Bau des Doppeldecker-Flugboots Calcutta von Shorts Brothers in Großbritannien erworben. Als die Aéronautique Maritime 1932 ein Lastenheft für ein Langstrecken-Flugboot zur Seeaufklärung veröffentlichte, legte Breguet seinem Angebot den Entwurf der Calcutta zugrunde. Die **Bre.521 Bizerte**, wie dieses Luftfahrzeug heißen sollte, war vollständig aus Metall konstruiert und hatte Stabilisierungsschwimmer an Streben unter dem Unterflügel, ein abgestrebtes Höhenleitwerk und drei Motoren im Strebengerüst zwischen Ober- und Unterflügel.

Den Antrieb des Prototyps **Bre.521.01**, der erstmals am 11. September 1933 flog, besorgten drei Gnome-Rhône-14Kdrs-Sternmotoren mit je 622 kW (845 PS). Beim Jungfernflug und bei den ersten Testflügen waren diese Motoren gänzlich unverkleidet. Bis zum Beginn der offiziellen Erprobung im Januar 1934 hatte man die Motoren jedoch in NACA-Verkleidungen eingefaßt. Noch vor Abschluß der Erprobung bestellte die französische Marine drei Vorserienexemplare der **Bre.521**, von denen das erste 1935 flog. Das zweite brachte zahlreiche Modifikationen, die in den Standard der Serienflugboote eingingen. Dazu gehörten u.a. die Abschaffung des offenen Maschinengewehrstands im Bug, eine Erweiterung der Cockpithaube nach vorn, zwei neue Waffenstationen in Außenbuchten an den Rumpfseiten direkt hinter dem Flugdeck und ein neuer Gefechtsstand im Heck. Den Antrieb der Serienflugzeuge übernahmen Gnome-Rhône-Triebwerke mit je 662 kW (900 PS), entweder 14 Kirs oder 14N-11.

Die Lieferung der Serienflugboote an die Aéronautique Maritime setzte 1935 ein und hielt in konstanter Rate bis 1940 an. Bis dahin waren insgesamt 31 Exemplare fertiggestellt, einschließlich des Prototyps. Zunächst wurden die Marinestaffeln E2 und E3 mit der **Bizerte** ausgerüstet, gefolgt von zwei weiteren Staffeln, E1 und E5, zu Beginn des Krieges, und eine fünfte Einheit, E9, bildete sich am 10. Oktober 1939. Nur zwei dieser Staffeln, 1E und 9E (von E1 und E9 umbenannt), dienten im Krieg bei den Marinefliegern der Vichy-Regierung, die übrigen wurden nach dem deutsch-französischen Waffenstillstand aufgelöst. Im November 1942 beschlagnahmten die Deutschen vier **Bizerte** der Vichy-Streitkräfte. Zusammen mit vier weiteren Exemplaren aus Depots gingen diese Flugboote an die deutsche Luftwaffe, die sie für Luft-/Seenotrettungsflüge entlang der französischen Atlantikküste einsetzte.

**Varianten**

**Breguet 522:** eine einzelne Bre.521, die auf drei Hispano-Suiza 14AA mit je 736 kW (1000 PS) ummotorisiert wurde

**Breguet 530 Saigon:** Passagierversion der Bre.521 mit drei flüssigkeitsgekühlten Hispana-Suiza 12Ybr mit je 578 kW (785 PS) als Antrieb; das Flugdeck für zwei Mann war höher angeordnet, und drei Kabinen boten elf Personen 2. Klasse, sechs Fluggästen 1. Klasse und drei Reisenden in der Luxusklasse Platz; die höchstzulässige Startmasse betrug 15.000 kg, die maximale Reisegeschwindigkeit 235 km/h und die wirtschaftliche Reisegeschwindigkeit 200 km/h; nur zwei Saigon-Flugboote wurden gebaut, grundsätzlich ähnlich wie die Bizerte, jedoch mit aerodynamisch ausgeglichenem Ruder; Air France stellte das Duo Anfang 1935 auf der Strecke Marseille-Ajaccio-Tunis in Dienst

### TECHNISCHE DATEN
**Breguet Bre.521 Bizerte**

**Typ:** achtsitziges Langstrecken-Marineflugboot
**Triebwerke:** drei Gnome-Rhône 14Kirs- oder 14N-11-Kolbenmotoren mit je 662 kW (900 PS)
**Leistung:** Höchstgeschwindigkeit 245 km/h in 1000 m Höhe; max. Reisegeschwindigkeit 200 km/h; Dienstgipfelhöhe 6000 m; max. Reichweite 3000 km
**Gewicht:** Leermasse 9470 kg; max. Startmasse 16.600 kg
**Abmessungen:** Spannweite 35,15 m; Länge 20,50 m; Höhe 7,45 m; Tragflügelfläche 162,60 m²
**Bewaffnung:** fünf Darue 7,5-mm-Maschinengewehre (Handfeuerwaffen, je zwei Schützenstände backbord und steuerbord im Rumpf und ein Gefechtsstand im Heck) und in ganzen bis zu 300 kg Bomben unter den Flächen

***Die zivile Ausführung der Bre.521, die Bre.530 Saigon, war mit Reihenmotoren und einer anderen Kabinenauslegung ausgestattet.***

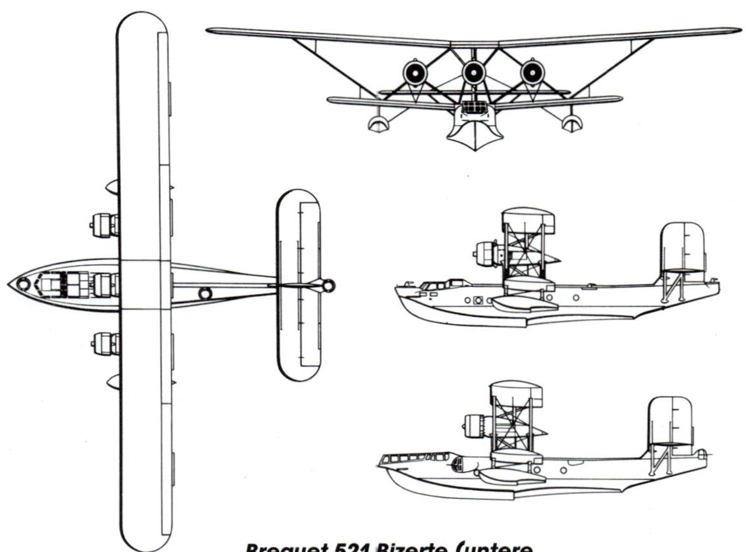

***Breguet 521 Bizerte (untere Ansicht: spätes Serienmodell)***

## Breguet 690 (Serie)

1934 schrieb das französische Luftfahrtministerium einen dreisitzigen Jäger (Chasse, 3) in zweimotoriger Auslegung aus. Aus den von mehreren Herstellern eingereichten Vorschlägen ging die Potez 630 als Sieger hervor und gelangte in der Kategorie C.3 zur Serienfertigung. Breguet fühlte sich bei der Entwicklung eines neuen Musters von dieser Spezifikation zu stark eingeengt und beschloß, ein weitaus schwereres und antriebsstärkeres Flugzeug zu konstruieren, das mehreren Einsatzkategorien gerecht werden konnte.

Der Entwurf der **Breguet 690** entstand 1935, und wenig später begann die Konstruktion eines Prototyps, der allerdings erst 1937 fertiggestellt war. Da die Potez 630 vorrangig mit Hispano-Suiza-Motoren beliefert wurden, fand der Erstflug des Prototyps **690.01** erst am 23. März 1938 statt, angetrieben von zwei gegenläufigen Hispano-Suiza-14AB-02/03-Motoren mit je 500 kW (680 PS). Bei der offiziellen Erprobung durch das CEMA ab Sommer jenen Jahres stellte sich heraus, daß dieses Flugzeug der Potez 630 leistungsmäßig eindeutig überlegen war, aber Ende August kehrte es zu Breguet zurück zur Modifikation des Fahrwerks.

Während der zwölf Monate vor dem Erstflug der **Bre.690** hatte das französische Luftfahrtministerium die Entwicklung eines zweimotorigen Angriffsbombers ins Auge gefaßt. Erste Werksflüge der **Bre.690** schienen diese Planung zu stützen, so daß Breguet noch vor Beginn der CEMA-Erprobung einen Auftrag zur Fertigung von 100 Flugzeugen erhielt, die besonders für diese Rolle ausgelegt waren.

Daraus ergab sich die **Bre.691**, ein freitragender Mitteldecker in Ganzmetallbauweise. Im Gegensatz zu den kantigen und teilweise häßlichen Doppeldeckern, den bislang typischen Breguet-Konstruktionen, gefiel das neue Muster durch seine schnörkellose Linienführung.

Mit zwei flächenmontierten Motoren und kurzem Bug erinnerte die **Bre.691** aus der Vorderansicht stark an die Bristol Beaufighter. Hinter dem Tragwerk aber spitzte sich der Rumpf rasch zum Leitwerk mit zwei Endplatten als Seitenflossen/Seitenruder zu. Das Spornrad-Fahrwerk war einziehbar, und zwei 515 kW (700 PS) starke Hispano-Suiza 14AB-10/11 dienten dem Prototyp **Bre.691.01** beim Erstflug am 22. März 1939 als Antrieb. Die Umwandlung der **Bre.690** zur **Bre.691** bereitete keine größeren Schwierigkeiten, da es im Kern lediglich darum ging, die Zelle des Navigators in einen Bombenschacht für eine Last von 400 kg umzugestalten. Erhebliche Gedanken hatte man sich über die Bewaffnung gemacht, die die Bekämpfung von Luft- und Erdzielen gestatten sollte. Sie bestand aus einer 20-mm-Kanone und zwei 7,5-mm-Maschinengewehren, alle vorwärtsfeuernd und zum Erdkampf durch 15° abwärts richtbar. Zur Abwehr nach hinten war für den Beobachter/Bordschützen ein einzelnes 7,5-mm-Maschinengewehr auf Schwenklafette im hinteren Cockpit eingerichtet, und ein weiteres starr montiertes Maschinengewehr desselben Kalibers konnte auf Erdziele nach dem Überflug abgefeuert werden. Das erste Serienexemplar der **Bre.691** absolvierte seinen Jungfernflug am 15. Mai 1939, und ab Oktober 1939 liefen GBA I/54 die ersten Maschinen zu.

Längere Erfahrungen mit der **Bre.691** erwiesen den Hispano-Suiza-Antrieb als unzuverlässig, und so wurde eine Serienmaschine auf Gnome-Rhône-Motoren abgestimmt. Die Versuchsmaschine **Bre. 693.01**, die erstmals am 25. Oktober 1939 flog, führte zur Hauptserienversion der **Bre.690**-Familie. Nach 78 Flugzeugen lief diese Serie aus. Die Flugwerke auf der Montagestraße erhielten ab Nummer 79 ebenfalls Gnome-Rhône-Triebwerke. Ansonsten waren diese 234 **Bre.693** mit den früheren Serienversionen praktisch identisch. Späte Serienflugzeuge wurden allerdings mit zwei zusätzlichen 7,5-mm-Maschinengewehren bewaffnet, je eines im hinteren Teil der Motorgondel zur Stärkung der Abwehr nach hinten.

Das Interesse des Auslands an der **Bre. 690** schnitt der Westfeldzug der Wehrmacht ab. Der einzige Prototyp **Bre. 694.01**, zunächst als dreisitziger taktischer

***Breguet 695 AB.2 der 1. Escadrille, GBA I/151 der Armée de l'Armistice, im Juni 1942 in Lézignan-Corbières stationiert.***

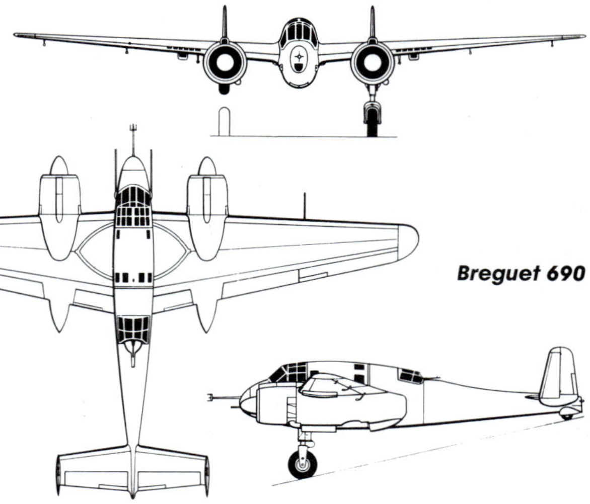

***Breguet 690***

Aufklärer (Belgien) und später als zwei-/dreisitziger Bomberaufklärer (Schweden) gedacht, wurde am 1. Juni 1940 an die Aéronavale ausgeliefert. Diese Maschine entsprach im wesentlichen der Originalversion **Bre.690** mit wiederhergestellter Navigatorzelle und wurde von zwei 523 kW (710 PS) starken Gnome-Rhône 14M-4/5-Motoren angetrieben.

Die abschließende Serienversion, die **Bre.695**, war praktisch mit der **Bre.693** identisch, abgesehen vom Antrieb. Die französische Regierung hatte sicherstellen wollen, daß für den Fall der Zerstörung einheimischer Motorenwerke vergleichbare Triebwerke ausländischer Herstellung in bestimmte Fertigungsstrecken einfließen konnten. Es war jedoch weitaus schwieriger als vermutet, die Zelle der **Bre.693** mit den gewählten SB4G Twin Wasp Junior mit je 615 kW (836 PS) von Pratt & Whitney zu koppeln. Anfang 1940 war der Prototyp **Bre.695.01** aber flugbereit, und am 23. April 1940 hob das erste Serienexemplar ab. Insgesamt 50 Flugzeuge dieser Version wurden gebaut, von denen die ersten im Juni Groupe 18 (vormals GBA I/54) erreichten.

Man entwickelte zwei weitere Prototypen, die allerdings nicht zur Serienreife gelangten. Der erste, **Bre.696.01**, war ein zweisitziger leichter Bomber, der am 3. November 1939 zum ersten Mal flog. Er unterschied sich nur wenig von der **Bre.693**, die als Vorlage gedient hatte. Nur die Abwehrbewaffnung war geringfügig geändert und der Bombenschacht erweitert, um eine größere Flexibilität hinsichtlich der Mittelzuladung zu erreichen.

Die andere Versuchsmaschine, die **Bre.697**, war als Vorläufer für einen zweisitzigen, schwer bewaffneten „Zerstörer" gedacht, der die Bezeichnung **Bre.700** erhalten sollte. Den Antrieb besorgten zwei Gnome-Rhône 14N-48/49-Sternmotoren mit je 788 kW (1070 PS), die eine gute Steigleistung bereitstellten. Während der Erprobung nach dem Erstflug vom 19. Oktober 1939 erreichte diese Maschine eine Spitzengeschwindigkeit von 570 km/h.

Die Franzosen zerstörten später die **Bre.697** absichtlich, damit sie nicht den Deutschen in die Hände fallen und ihnen wertvolles technisches Know-How zukommen würde.

Der erste Kriegseinsatz der **Breguet 693** am 12. Mai 1940 gegen die durch Belgien vorstoßende Wehrmacht brachte ein niederschmetterndes Ergebnis: Zehn der elf Angreifer wurden im Gefecht zerstört oder mußten nach der Landung abgeschrieben werden. Bei anschließenden Kampfeinsätzen mit Jagdschutz oder Zielannäherung in geringer Höhe erwies sich das Muster jedoch als durchaus effizient. Dennoch war am 25. Juni fast die Hälfte der 106 **Bre.693**, die die Armée de l'Air erhalten hatte, vernichtet. Nach dem deutsch-französischen Waffenstillstandsabkommen operierten zwei Gruppen (GBA I/51 und I/54) weiterhin mit **Bre.693** und **Bre.695**, aber im November 1942 konfiszierten die Deutschen diese Flugzeuge und überführten sie nach Italien, wo sie schließlich im Ausbildungsdienst verwendet wurden.

## TECHNISCHE DATEN

**Breguet Bre.693**

**Typ:** zweisitziger Bomber
**Triebwerke:** zwei Gnome-Rhône-14M-6/7-Sternmotoren mit je 515 kW (700 PS)
**Leistung:** Höchstgeschwindigkeit 490 km/h in 5000 m Höhe; max. Marschgeschwindigkeit 400 km/h in 4000 m Höhe; max. Reichweite 1350 km
**Gewicht:** Leermasse 3010 kg; max. Startmasse 4900 kg
**Abmessungen:** Spannweite 15,37 m; Länge 9,67 m; Höhe 3,19 m; Tragflügelfläche 29,20 $m^2$
**Bewaffnung:** eine Hispano-Suiza-20-mm-Kanone und zwei vorwärtsfeuernde Darne 7,5-mm-Maschinengewehre sowie eine ähnliche Waffe auf Schwenklafette im hinteren Cockpit; ein starres 7,5-mm-Maschinengewehr in der Rumpfwanne, das diagonal nach unten feuerte, und (spätere Modelle) je ein 7,5-mm-Maschinengewehr im Heck der Motorgondeln zur Abwehr nach hinten plus bis zu 400 kg Bomben

***Breguet 693 AB.2, die die Regia Aeronautica im Jahre 1943 zur Schulung verwendete.***

# Breguet 761 Deux Ponts/763 Sahara (Serie)

Die Arbeiten am Entwurf der **Breguet 761 Deux Ponts**, eines Nutztransportflugzeugs mit zwei Decks, begannen 1944. Der Prototyp, angetrieben von vier Gnome-Rhône-14R-Sternmotoren mit je 1163 kW (1580 PS) aus der Fertigung von SNECMA startete am 15. Februar 1949 zum Erstflug. Dieser freitragende Mitteldecker in Ganzmetallbauweise ließ sich an seinem fülligen Rumpf leicht erkennen. Er hatte ein einziehbares Dreibein-Fahrwerk mit Zwillingsrädern und ein auf den Hinterrumpf gesatteltes Höhenleitwerk, an dessen Enden Seitenflossen mit Rudern montiert waren. Es folgten drei Vorserienflugzeuge **Br.761S**, die sich vom Prototyp durch Pratt & Whitney-R-2800-B31-Sternmotoren mit je 1506 kW (2048 PS), modifizierte Flächenenden und eine dritte Seitenflosse in der Mitte unterschieden.

Alle vier Exemplare waren für eine vierköpfige Flugbesatzung ausgelegt. Eine **Br.761S** flog zeitweilig für Air Algérie, aber

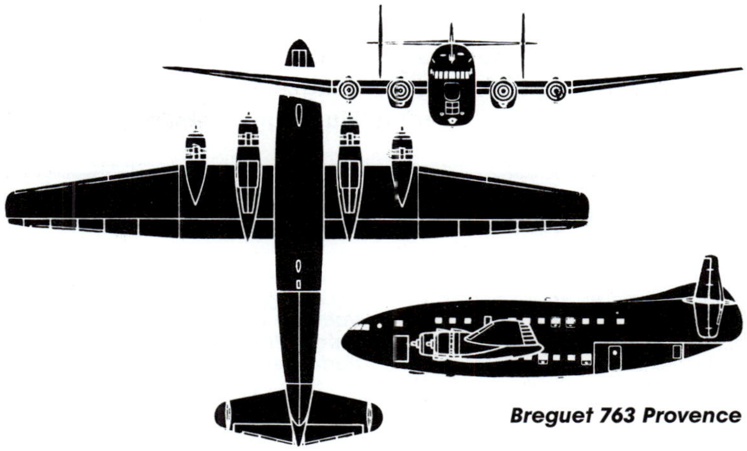

*Breguet 763 Provence*

***Die Bre.761S war das Vorserienmodell, das kurzzeitig für Air Algérie flog.***

Mitte der fünfziger Jahre befanden sich alle drei Vorserienmaschinen bei der Armée de l'Air zur Erprobung.

Air France hatte Interesse an der **Br.761** bekundet und bestellte 1951 zwölf Exemplare einer verbesserten Version mit der Bezeichnung **Br.763**. Diese Variante führte eine größere Spannweite, verstärkte Tragflächen sowie ein Flugdeck für eine dreiköpfige Crew ein und erhielt stärkere Pratt & Whitney-Triebwerke. Am 20. Juli 1951 hob die erste Maschine zum Jungfernflug ab, und ab August 1952 setzte Air France diesen Typ, genannt Provence, im Liniendienst ein mit Sitzeinrichtungen für 59 Passagiere im Oberdeck und 48 Flugreisende im Unterdeck. Bei dichter Bestuhlung konnten maximal 135 Personen befördert werden. Alternative Auslegungen erlaubten die Nutzung des Modells für Fracht- und Passagierflüge, reine Frachtflüge oder Luftfährdienste.

1964 überließ Air France sechs **Br.763** der Armée de l'Air, die dem Muster den Namen Sahara verlieh. Diese Maschinen dienten bei der 64. Escadre de Transport, ebenso wie die drei Vorserienflugzeuge und vier Exemplare einer neuen Version mit demontierbaren Frachttüren. Die letztgenannte konnte bis zu 146 Soldaten mit kompletter Kampfausrüstung, 85 Personen auf Krankentragen und Sanitäter oder Fracht, Fahrzeuge und schwere Ausrüstungsgegenstände befördern. Damit stand der Armée de l'Air eine wertvolle Transportflotte zur Verfügung, deren letzter Vertreter erst 1972 ausschied. Air France behielt ihre sechs verbliebenen **Br.763** bis 1971. Dieses Modell wurde nun allerdings primär in der Funktion eines Frachttransporters eingesetzt und bekam den Namen Universal.

**TECHNISCHE DATEN**
**Breguet Br.763**

**Typ:** Kurz-/Mittelstreckenverkehrsflugzeug
**Triebwerke:** vier Pratt & Whitney R-2800-CA18-Sternmotoren mit je 1790 kW (2434 PS)
**Leistung:** max. Reisegeschwindigkeit 390 km/h in 3000 m Höhe; wirtschaftliche Reisegeschwindigkeit 335 km/h in 3000 m Höhe; Dienstgipfelhöhe 7300 m; Reichweite mit max. Nutzlast 2165 km
**Gewicht:** Leermasse 32.535 kg; max. Startmasse 51.600 kg
**Abmessungen:** Spannweite 42,99 m; Länge 28,94 m; Höhe 9,55 m; Tragflügelfläche 185,40 m²

# Breguet 941

Breguet entwarf ein viermotoriges STOL-Transportflugzeug (Short Take-Off and Landing – Kurzstreckenstart und -landung), das sowohl für die zivile als auch für die militärische Luftfahrt geeignet war. Diese **Breguet 941** wandte das gesteuerte Propellernachstromverfahren an, um zusätzlichen Auftrieb zu erzeugen. Zu diesem Zweck waren die vier Triebwerke in Gondeln an der Vorderkante des Tragwerks montiert, so daß ein Optimum an Nachstrom der Propeller über die Spannweite des Tragwerks verteilt wurde. Auch die ebenfalls über die volle Spannweite reichenden Doppelspaltklappen lagen im Propellerstrahl, um ihre Wirkung beim Einsatz zu erhöhen. Da die Hinterkante keinen Platz für Querruder bot, wurden an der Oberseite beider Flächen vier bewegliche Spoiler zur Rollsteuerung eingebaut.

Breguets Angebot fand beim französischen Luftfahrtministerium Zustimmung, und am 22. Februar 1960 erging ein Auftrag zum Bau eines Prototyps. Wie die meisten Großraum-Transportflugzeuge war auch dieses Muster ein freitragender Mitteldecker mit einem Rumpf von gleichbleibendem Durchmesser, der am Ende mit einer Heckladerampe abzuschloß. Das niedrige Bugrad-Fahrwerk, vorn mit Zwillingsrädern und an den Hauptbaugruppen mit Tandemrädern ausgestattet, die in Behälter an den unteren Rumpfflanken einzogen, betonte die Schwerlastfähigkeit dieses Musters. Der Prototyp, angetrieben von vier Turboméca-Turmo-IIID-Propellerturbinen mit je 883 kW (1200 WPS), flog erstmals am 1. Juni 1962. Die anschließende Erprobung ergab einen Auftrag der französischen Regierung über vier Serienflugzeuge, denen die Bezeichnung **Breguet 941S** zugewiesen wurde.

***Die Br.941S diente ausschließlich bei der Armée de l'Air. Die Firma McDonnell konnte sie in den USA nicht vermarkten.***

Diese unterschieden sich vom Prototyp durch stärkere Turboméca-Turmo-Triebwerke, einen längeren Bug zur Aufnahme einer größeren Radarantenne und eine für das Absetzen von Schirmlasten modifizierte Heckfrachtklappe. Von einer Zwei-Mann-Besatzung geflogen, konnten diese Maschinen 57 Zivilreisende oder 40 Soldaten mit kompletter Ausrüstung oder 24 Patienten auf Tragen befördern. Die Erprobung zeigte, daß die **Br.941S** bei einem Gesamtgewicht von 22.000 kg nach nur 185 m abhob. Alle vier Serienmaschinen wurden bei der Armée de l'Air in Dienst gestellt, aber keine weiteren Exemplare gefertigt. Man hatte sich über die McDonnell Aircraft Corporation Aufträge aus den USA erhofft, die aber ausblieben.

**TECHNISCHE DATEN**
**Breguet Br.941S**

**Typ:** STOL-Transportflugzeug
**Triebwerke:** vier Turboméca-Turmo-IIID3-Propellerturbinen mit je 1104 kW (1500 PS)
**Leistung:** Höchstgeschwindigkeit 450 km/h in Meereshöhe; wirtschaftliche Marschgeschwindigkeit 400 km/h in 3000 m Höhe; Dienstgipfelhöhe 9500 m; Reichweite mit maximaler Nutzlast 1000 km
**Gewicht:** Rüstmasse 13.460 kg; max. Startmasse 26.500 kg
**Abmessungen:** Spannweite 23,40 m; Länge 23,75 m; Höhe 9,65; Tragflügelfläche 83,80 m²

# Breguet 1001 Taon

Als die NATO ein leichtes einsitziges Jagdflugzeug forderte, entwarf Breguet einen kleinen Mitteldecker mit zurückgepfeiltem Trag- und Leitwerk. Das einziehbare Bugrad-Fahrwerk war besonders für den Betrieb auf Feldflugplätzen konstruiert. Der nach den Grundsätzen der Flächenregel geformte Rumpf nahm den Piloten in einer geschlossenen Kanzel recht weit vorn im Bug auf und das Bristol-Orpheus-BOr.3-Strahltriebwerk. Im Wettbewerb mit den Angeboten anderer Hersteller sicherte sich der Breguet-Vorschlag einen Auftrag zum Bau dreier Prototypflugzeuge, von denen das erste am 26. Juli 1957 zum Jungfernflug startete. Die zweite Versuchsmaschine wies geringfügige aerodynamische Verfeinerungen und einen etwas längeren Rumpf auf.

Zur Steigerung der Hochgeschwindigkeitsleistung weitete Breguet die Flügelwurzeln aerodynamisch aus, so daß eine noch bessere Querschnittsverteilung erreicht und gleichzeitig zusätzlicher Tankraum gewonnen wurde. In dieser Konfiguration stellte die **Br.1001 Taon** (Viehbremse) am 25. April 1958 mit 1046,65 km/h in 7620 m Höhe einen internationalen Geschwindigkeitsrekord über einen 1000-km-Rundkurs auf. Drei Monate später, am 23. Juli, verbesserte die **Taon** ihren eigenen Rekord auf 1075 km/h. Trotz dieser Leistung wurde die Entwicklung nach dem Bau dieser beiden Prototypen eingestellt.

**Varianten**

**Br.1002:** Bezeichnung für die vorgeschlagene Abfangjägerversion der Taon mit Raketenbewaffnung

**Br.1003:** Bezeichnung für Serienversionen der Taon, von denen keine zum Zuge kam; vorgesehen waren ein streng nach den Gesetzen der Strömungslehre geformter Rumpf und ein Bristol-Orpheus-BOr.12-Strahltriebwerk, das mit Nachverbrennung 3706 kg Schub erzeugt hätte

**TECHNISCHE DATEN**
**Breguet 1001 Taon**

**Typ:** einsitziges Jagdflugzeug
**Triebwerk:** ein Bristol-Orpheus-BOr.3-Strahltriebwerk mit 2200 kg Schub
**Leistung:** Höchstgeschwindigkeit 1194 km/h in Meereshöhe
**Gewicht:** rund 5000 kg Abflugmasse
**Abmessungen:** Spannweite 6,80 m; Länge 11,68 m; Höhe 3,70 m

# Breguet 1050 Alizé bis Bristol Typen 10, 11, 20 und 77 M.1A Monoplane Scout

**In den 60er Jahren wurde aus Breguet die Breguet Aviation, die dann an Dassault verkauft wurde. Die Brewster Aeronautical Corporation ging 1932 aus der Flugzeugabteilung von Brewster & Co. hervor, überlebte aber den Zweiten Weltkrieg nicht lange. Das als Bristol bekannte Flugzeugwerk entstand 1910 in der Nähe dieser Stadt.**

## Breguet 1050 Alizé

In einer relativ frühen Entwicklungsphase der Turbinentriebwerke, als es noch keine wirtschaftlichen Mantelstrom- und ummantelte Propellerturbinen gab, wählten etliche Konstrukteure militärischer Luftfahrzeuge einen gemischten Antrieb. Dies bot für den Langstreckenbetrieb die Wirtschaftlichkeit der Propellerturbine, während zum Start mit schwerer Waffenlast oder zur Beschleunigung auf hohe Geschwindigkeit beim Luftkampf zusätzlich ein Strahltriebwerk zur Verfügung stand. Mit solch einem gemischten Antrieb hatte Breguet den Marineangriffsjäger Breguet 960 Vultur ausgestattet: es verfügt über eine Mamba-Propellerturbine von Armstrong Siddeley im Bug und ein Nene-Strahltriebwerk von Hispano-Suiza im Hinterrumpf.

**TECHNISCHE DATEN**

**Breguet 1050 Alizé**

**Typ:** dreisitziges trägergestütztes U-Jagdflugzeug

**Triebwerk:** eine Rolls-Royce-Dart-R.Da7-Mk-21-Propellerturbine mit 1473 kW (1975 WPS)

**Leistung:** Höchstgeschwindigkeit 518 km/h in 3050 m Höhe; Patrouillengeschwindigkeit 240–370 km/h; Dienstgipfelhöhe 8000 m; normale Reichweite 2500 km; max. Flugdauer 7 Stunden, 40 Minuten Gewicht: Rüstmasse 5700 kg; max. Startmasse 8200 kg

**Abmessungen:** Spannweite 15,60 m; Länge 13,86 m; Höhe 5,00 m; Tragflügelfläche 36,00 m²

**Bewaffnung:** ein Torpedo oder drei 160-kg-Wasserbomben im Unterrumpfwaffenschacht; Halterungen unter den Innenflächen für zwei 160-kg- oder 175-kg-Wasserbomben; Halterungen unter den Außenflächen für sechs 12,7-cm-Raketen oder zwei Nord AS.12 Luft-Boden-Raketen; Sonarbojen in Waffen/Fahrwerksgondeln unter den Flächen

***Unter den Faltflächen hat die Alizé Träger für Wasserbomben, Raketen und Flugkörper. An der Unterseite ist der fahrbare Radarbehälter zu erkennen.***

Nach anfänglichen Erfahrungen mit der Vultur, die am 3. August 1951 erstmals geflogen war, lehnte die französische Marine dieses Antriebskonzept für ein Angriffsflugzeug ab und beauftragte Breguet, aus der Vultur ein dreisitziges U-Jagdflugzeug für den Trägereinsatz zu entwickeln. Zu diesem Zweck wurde der zweite Vultur-Prototyp zum aerodynamischen Versuchsflugzeug modifiziert, bei dem ein Mamba-Triebwerk mit einer Leistung von 1230 kW (1650 WPS) die 731 kW (980 WPS) starke Mamba-Propellerturbine im Bug ersetzte. Das Strahltriebwerk im Heck wich einem fahrbaren Radombehälter, und unter die Flächen des Eindeckers waren stromlinienförmige Gondel-Attrappen montiert. Letztere sollten als Serienmaschinen das Hauptfahrwerk und Sonarbojen aufnehmen. Als man diese Testmaschine im Flug erprobt hatte, erhielt Breguet den Auftrag zum Bau von zwei kompletten Prototypen und drei Vorserienflugzeugen mit der Bezeichnung **Breguet 1050** und dem Beinamen **Alizé** (Passatwind). Der erste Prototyp absolvierte seinen Jungfernflug am 6. Oktober 1956, und die erste Serienmaschine wurde am 29. Mai 1959 übergeben.

In der endgültigen Ausführung war die **Breguet 1050** ein freitragender Tiefdekker mit hydraulisch hochklappbaren Außenflächen, einziehbarem Bugrad-Fahrwerk, Fanghaken für den Trägereinsatz und einer Dart-Propellerturbine von Rolls-Royce als Antrieb. Die Einsitzerkanzel der Vultur hatte man umfassend modifiziert, um einen Flugzeugführer und zwei Radarspezialisten unterzubringen. Der Waffenschacht in der Rumpfwanne konnte mit einem Torpedo oder mehreren Wasserbomben beladen werden, und an Aufhängungen unter den Flächen ließen sich vielfältige Außenlasten mitführen. Die Produktion ergab 75 Maschinen für die französische Marine, zwölf weitere wurden für die indische Marine gebaut.

***Unten: Die Breguet 690 Vultur war ein Muster mit gemischtem Antrieb – einer Propellerturbine im Bug und einem Strahltriebwerk im Heck. Letzteres lieferte zusätzlichen Vortrieb für den Luftkampf und zum Start.***

***Unten: Die Alizé hat einen tonnenförmigen Rumpf, um eine dreiköpfige Besatzung, ein Suchradar, Sonarbojenwerfer und einen internen Waffenschacht aufzunehmen. Die Aéronavale nutzt dieses Muster noch heute.***

## Brewster F2A

***Brewster F2A-2 der VF-2 „The Flying Chiefs", US Navy, im März 1941 auf dem Flugzeugträger USS Lexington.***

Der erste Eindeckerjäger der US Navy, die **Brewster F2A Buffalo**, ging aus einer Forderung dieser Teilstreitkraft von 1936 für eine neue Generation trägergestützter Jagdflugzeuge hervor. Die an die amerikanische Flugzeugindustrie gerichtete Angebotsaufforderung der US Navy schrieb u.a. die Eindeckerauslegung, Flügelklappen, Fanggeschirr, Einziehfahrwerk und ein geschlossenes Cockpit vor. Aus dieser Spezifikation ging klar hervor, daß die Zeit der Doppeldecker im Trägereinsatz ihrem Ende zuging.

Brewster, Grumman und Seversky reichten Angebote ein, denen die Bezeichnungen XF2A-1, XF4F-1 und XFN-1 zugewiesen wurden. Von den beiden letztgenannten kam nur dem Grumman-Entwurf auf längere Sicht Bedeutung zu, da die US Navy diese anfänglich als Doppeldecker ausgelegte Maschine als Rückversicherung für den Fall in Erwägung zog, daß die neumodischen Eindecker versagten.

Am 22. Juni 1936 erhielt Brewster den Auftrag zur Konstruktion eines **XF2A-1** Prototyps, der im Dezember 1937 erstmals flog. Die Familienähnlichkeit mit der XSBA-1 von 1934 war unverkennbar, aber der neue Jäger wirkte korpulenter und stämmiger. Bei einem Vergleich der Abmessungen stellte sich dies jedoch als Täuschung heraus. Der Mitteldecker war bis auf die stoffbespannten Kontrollflächen aus Metall gefertigt. Die Tragflächen wiesen hydraulisch betätigte Spreizklappen auf, und die Hauptbaugruppen des Spornrad-Fahrwerks zogen nach innen in Rumpfschächte ein. Für den Antrieb sorgte ein Wright XR-1820-22 Cyclone-Sternmotor mit 708 kW (950 PS).

Die Truppenerprobung des Prototyps begann im Januar 1938, und am 11. Juni schloß die US Navy mit Brewster einen Vertrag zur Beschaffung von 54 **F2A-1**-Serienflugzeugen. Zwölf Monate später setzte die Auslieferung ein, bei der man neun Flugzeuge der US Navy Staffel VF-3 an Bord der USS Saratoga direkt zuführte. Der Rest wurde zum Reservebestand erklärt und schließlich Finnland übergeben, das sich gegen die mächtige Sowjetunion stemmte. Die Maschinen blieben bis Mitte 1944 bei HLeLv 24 und HLeLv 26 der finnischen Luftwaffe im Einsatz.

Anfang 1939 bestellte die US Navy insgesamt 43 Exemplare einer verbesserten Version mit stärkerem Motor, darauf angepaßtem Propeller und eingebauter Schwimmerausrüstung. Diese **F2A-2** wurden im September 1940 in Dienst gestellt. Es folgten 108 **F2A-3** mit stärkerer Panzerung und kugelsicherer Windschutzschei-

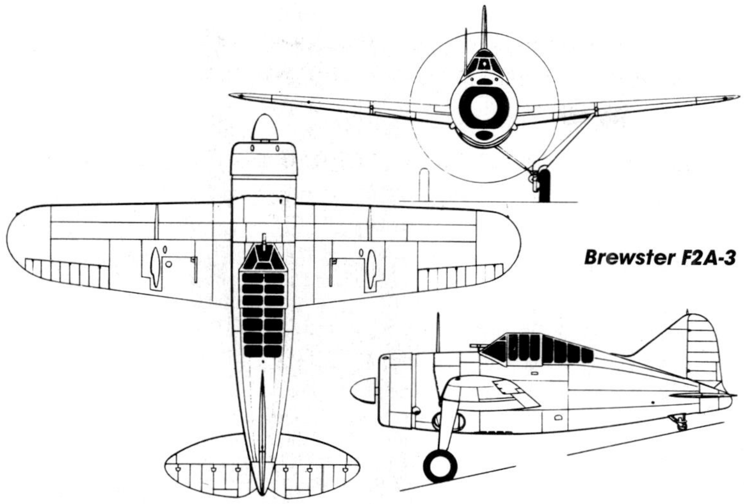

*Brewster F2A-3*

be. Diese beiden Serienversionen rüsteten VF-2 und VF-3 der US Navy sowie VFM-221 des US Marine Corps aus. Ein Teil dieser Flotte kämpfte im Pazifik, doch die japanischen Jagdflugzeuge hatten mit den leider überschweren, instabilen und schwerfälligen Brewster-Jägern, die nur wenig kampferprobt waren, ein leichtes Spiel.

Belgische und britische Beschaffungsgremien bestellten **40 B-339** bzw. **170 B-339E**, von denen die Mehrheit an Großbritannien ging, nachdem Belgien überrannt worden war. Diese Aufträge betrafen landgestützte Flugzeuge ohne Fanghaken und andere für den Trägereinsatz spezifische Ausrüstungskomponenten, die ansonsten grundsätzlich der **F2A-3** entsprachen. Von den für Belgien gedachten Maschinen diente eine kleine Zahl bei No. 805 und No. 885 Squadron der Fleet Air Arm, doch bei der Abwehrschlacht von Kreta leisteten die B-339E der No. 805 Sqadron in erster Linie Unterstützungsdienste.

Die Auslieferung der Flugzeuge für die RAF, die dieses Muster auf den Namen **Buffalo** getauft hatte, begann im Juli 1940. Im September übernahm No. 71 Squadron das erste Exemplar zur Truppenerprobung, und man erkannte sofort, daß die Leistung der **Buffalo** viel zu schwach war, um auf dem europäischen Kriegsschauplatz bestehen zu können. Folglich wurde das Muster in Fernost eingesetzt, wo es No. 67, 146 und 243 Squadron der RAF, No. 21 und 453 Squadron der RAAF und No. 488 Squadron der RNZAF zur Verteidigung Singapurs und Malayas ausrüstete. Die wenigen Maschinen, die die Invasion der Japaner überlebten, kämpften anschließend zusammen mit der American Volunteer Group in Burma. Die meisten Erfolge erzielte eine kleine Gruppe der 100 **Buffalo**, die für die Heeresflieger in Niederländisch-Ostindien beschafft worden waren und in Java und Malaya fochten. Diese Flugzeuge führten die Brewster-Modellbezeichnungen **B-339D** und **B-439.** Der erstgenannte Typ ähnelte der **B-339E,** aber die **B-439** war mit dem 895 kW (1200 PS) starken Wright-GR-1820-G205A-Sternmotor ausgerüstet.

### TECHNISCHE DATEN
**Brewster F2A-3**

**Typ:** land- oder trägergestützter Jagdeinsitzer
**Triebwerk:** ein Wright-R-1820-40-Cyclone-Sternmotor mit 895 kW (1200 PS)
**Leistung:** Höchstgeschwindigkeit 517 km/h in 5030 m Höhe; Marschgeschwindigkeit 415 km/h; Dienstgipfelhöhe 10.120 m; Reichweite 1553 km
**Gewicht:** Leermasse 2146 kg; max. Startmasse 3247 kg
**Abmessungen:** Spannweite 10,67 m; Länge 8,03 m; Höhe 3,68 m; Tragflügelfläche 19,41 m²
**Bewaffnung:** vier vorwärtsfeuernde 12,7-mm-Maschinengewehre und zwei 45-kg-Bomben

## Brewster SBA/SBN

Die Brewster Aeronautical Corporation wurde Anfang der dreißiger Jahre gegründet, und in den ersten Jahren fertigte sie Schwimmer, Tragflächen und Leitwerke im Unterauftrag für andere Hersteller. Erst 1934 konstruierte die Firma ihren ersten eigenen Prototyp, einen zweisitzigen Patrouillenbomber, wie ihn die US Navy zum Einsatz an Bord der Flugzeugträger USS Enterprise und Yorktown gefordert hatte, die 1936 vom Stapel laufen sollten. Die **Brewster XSBA-1** erschien als sauberer Mitteldecker in Ganzmetallbauweise, abgesehen von den stoffbezogenen Kontrollflächen. Sie besaß Landeklappen, um den Flugbetrieb auf dem Träger zu erleichtern. Den Antrieb des Prototyps besorgte ein Wright R-1820-e-Cyclone-Sternmotor mit lediglich 559 kW (750 PS). Das Spornrad-Fahrwerk war einziehbar, und im internen Schacht konnten Bomben mitgeführt werden.

Am 15. April 1936 hob die **XSBA-1** zum Erstflug ab, doch die weitere Erprobung zeigte, daß sie nur mit stärkerem Antrieb eine zufriedenstellende Leistung erreichen konnte. Daher wurde 1937 ein XR-1820-22-Cyclone-Sternmotor eingebaut, der 708 kW (950 PS) abgab. Nach einer weiteren Prüfung zögerte die US Navy nicht, diesen Typ nun zur Serienfertigung freizugeben.

Zu dem Zeitpunkt besaß Brewster jedoch keine Fertigungskapazität, so daß entschieden wurde, die 30 von der US Navy geforderten Flugzeuge von der Naval Aircraft Factory (NAF) in Philadelphia, Pennsylvania, bauen zu lassen.

Die 1918 eingerichtete NAF hatte bis 1922 laufend Serienflugzeuge produziert und dann pausiert. Erst Mitte der dreißiger Jahre lief hier die Herstellung für rund zehn Prozent des Flugzeugbedarfs der US Navy wieder an. Dieses Verfahren wurde eingeführt, um die Kosten der Hersteller, die die US Navy belieferten, kontrollieren zu können und mit den aktuellen Fertigungsmethoden vertraut zu bleiben. Von 1936 bis zum Ende des Zweiten Weltkriegs war die NAF wieder in recht großem Maßstab an der Flugzeugproduktion beteiligt.

Der von Brewster entworfene und von der NAF gebaute Aufklärungsbomber erhielt die Bezeichnung **SBN-1.** Die Lieferung zog sich von November 1940 bis März 1942 hin. In dieser Zeit wurden modernere Typen verfügbar, so daß die **SBN**-Produktion auslief. Die Indienststellung erfolgte bei der US Navy Squadron VB-3, doch die Mehrzahl der Muster wurde später fast ausschließlich für Ausbildungsdienste eingesetzt. Squadron VT-8 setzte das Muster ein, um Marinepiloten an Bord der USS Hornet zu schulen.

*Naval Aircraft Factory (Brewster) SBN-1*

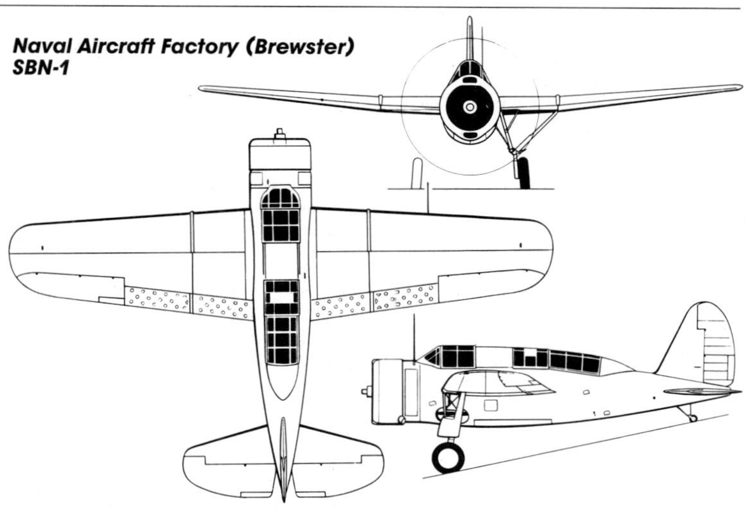

### TECHNISCHE DATEN
**Brewster SBN-1**

**Typ:** zweisitziger trägergestützter Patrouillenbomber/Aufklärungsbomber/Trainer
**Triebwerk:** ein Wright-XR-1820-22-Cyclone-Sternmotor mit 708 kW (950 PS)
**Leistung:** Höchstgeschwindigkeit 409 km/h; Dienstgipfelhöhe 8625 m; Reichweite 1633 km
**Gewicht:** Leermasse 1851 kg; max. Startmasse 3066 kg
**Abmessungen:** Spannweite 11,89 m; Länge 8,43 m; Höhe 2,62 m; Tragflügelfläche 24,06 m²
**Bewaffnung:** ein starres vorwärtsfeuerndes 12,7-mm-Maschinengewehr und ein 7,62-mm-Maschinengewehr auf Schwenklafette im hinteren Cockpit sowie bis zu 227 kg Bomben im internen Waffenschacht

## Brewster SB2A Buccaneer

Da die Naval Aircraft Factory die Fertigung des ersten Brewster-Flugzeugs als SBN für die US Navy übernommen hatte, konnte sich das Unternehmen dem Entwurf einer verbesserten Version zuwenden. Man wollte einen effektiveren Aufklärungsbomber mit einer schwereren Abwehrbewaffnung, einer gesteigerten Bombenzuladung und insgesamt höherem Leistungsvermögen schaffen. Voraussetzung dazu waren ein etwas größer Rumpf und ein beträchtlich stärkerer Motor.

Die Auslegung des neuen Flugzeugs ähnelte im Prinzip derjenigen der SBA. Den Hauptunterschied machten der größere Bombenschacht und das Hauptfahrwerk aus, das nicht in den Rumpf, sondern in die Flächen einzog. Der einzige innovative Vorschlag bestand in der Einführung eines motorisierten Waffenturms im hinteren Cockpit (wie bei der britischen Boulton Paul Defiant), wurde bei den Serienflugzeugen aber nicht realisiert. Nur der Prototyp wies einen solchen Waffenturm auf, und das in Form einer Attrappe.

Der von der US Navy am 4. April 1939 bestellte einzelne Prototyp **Brewster XSB-2A-1** flog erstmals am 17. Juni 1941. Zu dem Zeitpunkt lagen der Firma bereits mehrere Serienaufträge vor. So orderte die US Navy 140 Exemplare, die Niederlande 162 und die Royal Air Force insgesamt 750, nachdem sich eine britische Einkaufskommission 1940 von der Klasse dieses Entwurfs

*Brewster SB2A-4 Buccaneer*

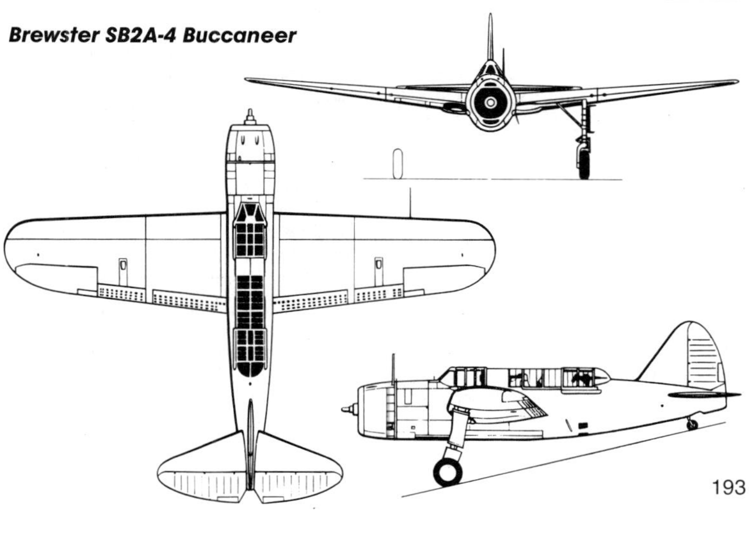

überzeugt hatte. Auch die USAF beabsichtigte die Beschaffung dieses Musters und teilte ihm die Bezeichnung **A-34** zu, doch der Auftrag wurde noch vor Beginn der Fertigung gestrichen. Die schwerere Bewaffnung konnte der Hersteller problemlos realisieren und bestückte die **SB2A-1 Buccaneer** der US Navy mit acht 7,62-mm-Maschinengewehren, davon sechs vorwärtsfeuernd und zwei im hinteren Cockpit lafettiert. Leider waren die Flugleistungen weitaus schlechter als erwartet, und dem größeren, viel schwereren Muster fehlte die gebotene Wendigkeit.

Dessen ungeachtet, beschaffte die US Navy weiterhin kleine Serien und erwarb 80 **SB2A-2** mit geänderter Bewaffnung und 60 **SB2A-3**. Letztere waren für den Trägereinsatz vorgesehen und dementsprechend mit Fanghaken und beiklappbaren Flächen ausgestattet. Die 162 für die Niederlande gebauten Flugzeuge übernahm die US Navy als **SB2A-4** und wies sie dem US Marine Corps für Ausbildungszwecke zu. Die Marines aber nutzten die Buccaneer zur Aufstellung ihrer ersten Nachtjagdstaffel VFM (N)-531.

Im Juli 1942 trafen die ersten Maschinen für die Royal Air Force ein. Das Muster wurde unter dem Lend-Lease-Abkommen beschafft und diente bei der Royal Air Force als Bermuda. Sein viel zu geringes Leistungsvermögen verwehrte jegliche Kampfeinsätze, so daß man die Mehrzahl zu Zielschleppflugzeugen umrüstete. Soweit bekannt, waren Unterstützungsdienste das Schicksal aller 771 von Brewster produzierten Flugzeuge.

**TECHNISCHE DATEN**
**Brewster SB2A-2**

**Typ:** zweisitziger land- oder trägergestützter Patrouillen-/Aufklärungsbomber
**Triebwerk:** ein Wright-R-2600-8-Cyclone-Sternmotor mit 1268 kW (1700 PS)
**Leistung:** Höchstgeschwindigkeit 441 km/h in 3660 m Höhe; Marschgeschwindigkeit 259 km/h; Dienstgipfelhöhe 7590 m; Reichweite ohne Bombenlast 2696 km
**Gewicht:** Leermasse 4501 kg; max. Startmasse 6481 kg
**Abmessungen:** Spannweite 14,33 m; Länge 11,94 m; Höhe 4,70 m; Tragflügelfläche 35,21 m²
**Bewaffnung:** zwei 12,7-mm-Maschinengewehre im Rumpf und vier 7,62-mm-Maschinengewehre (zwei MG in den Flächen und zwei MG auf Schwenklafette im hinteren Cockpit) sowie bis zu 454 kg Bomben

***Die Buccaneer war ursprünglich für Bombereinsätze von Flugzeugträgern aus gedacht, verrichtete aber aufgrund ihrer schlechten Flugleistungen wie beispielsweise einer äußerst geringen Wendigkeit fast nur Unterstützungsdienste.***

# Bristol Boxkite

Zur Luftfahrtschau 1910 in Olympia importierte die neugegründete Firma British and Colonial Aeroplane Company (Bristol) einen von Voisin entworfenen Zodiac-Doppeldecker aus Frankreich. Mit einem 37 kW (50 PS) starken Darracq-Motor als Antrieb blieben dieser Maschine jedoch fliegerische Erfolge versagt, und auf den geplanten Bau weiterer fünf Exemplare verzichtete man zugunsten einer reiferen Version, die Henri Farman entwickelt hatte. Diese **Bristol Boxkite** (oder **1910 Biplane**) enthielt eine Reihe von Detailverbesserungen und flog mit unterschiedlichen Motoren. Das erste Exemplar, ursprünglich mit einem Gregoire-Vierzylindermotor mit 37 kW (50 PS) ausgestattet, der sich als unzuverlässig erwies, wurde auf einen Gnome-Umlaufmotor gleicher Leistung umgestellt. Der erfolgreiche Erstflug dieser Maschine fand am 30. Juli 1910 in Larkhill statt. Das zweite Exemplar hatte einen E.N.V.-Achtzylindermotor mit 37 kW (50 PS) als Antrieb. Dieses Duo bildete die Ausrüstung der neu eingerichteten Flugschulen in Brooklands und Larkhill. Vier weitere Maschinen wurden zu Flugvorführungen paarweise nach Australien und Indien verschifft, wo sie im Dezember 1910 eintrafen. Den ersten Auftrag einer ausländischen Regierung aber erteilte Rußland mit einer Bestellung von acht **Boxkite.** Die im April 1911 nach Petersburg gelieferten Flugmaschinen waren mit Gnome-Motor mit 52 kW (70 PS), größeren Kraftstofftanks, weiter gespanntem Tragwerk und drei Seitenrudern ausgestattet. Die erste Order des Kriegsministeriums (War Office) vom März 1911 betraf vier Flugzeuge. Diese Maschinen waren für die in Larkhill stationierte No. 2 (Aeroplane) Company des Air Battalion des britischen Heeres bestimmt, das man am 1. April 1911 aufgestellt hatte. Zwei frühe **Boxkite**, davon eine mit 52 kW (70 PS) starkem Gnome-Motor, nutzte der Royal Naval Air Service, und die Admiralität bestellte zusätzlich sechs Schulexemplare für Eastchurch, Chingford und andere Seefliegerhorste. Insgesamt 76 **Boxkite** wurden gebaut.

***Die Bristol Boxkite war ein verfeinerter Farman-Doppeldecker. 76 wurden gebaut, eine für diese Zeit sehr hohe Zahl.***

**TECHNISCHE DATEN**
**Bristol Boxkite**

**Typ:** zweisitziges Schulflugzeug
**Triebwerk:** ein Gnome-Umlaufmotor mit 37 kW (50 PS)
**Leistung:** Höchstgeschwindigkeit im Horizontalflug 64 km/h
**Gewicht:** Leermasse 408 kg; max. Startmasse 522 kg
**Abmessungen:** Spannweite 14,17 m; Länge 11,73 m; Höhe 3,61 m; Tragflügelfläche 48,03 m²

# Bristol Biplane Type „T“

Den Doppeldecker **Bristol Biplane Type „T“** hatte die British and Colonial Aeroplane Company aus der Boxkite entwikkelt. Er hatte eine geschlossene Kabine für den Flugzeugführer, ein weit vor die Haupträder gezogenes Kufengestell, das ein Überschlagen verhindern sollte, und einen stärkeren Gnome-Motor. Außer der Maschine, die für Tabuteau zur Teilnahme am Cirquit de l'Europe von 1911 entstand, fertigte Bristol vier weitere, um sie für den Flugwettbewerb Circuit of Britain desselben Jahres zu melden. Kein Flugzeug konnte jedoch einen Siegerplatz belegen. Mindestens einer der vier **Type „T“**, die am Circuit of Britain teilnahmen, hatte einen Renault-Motor mit 45 kW (60 PS).

**Varianten**

**Bristol Challenge-England:** eine 1911 von Gordon England ummotorisierte Type „T“ mit E.N.V.-Reihenmotor mit 45 kW (60 PS)

**TECHNISCHE DATEN**
**Bristol Biplane Type „T“**

**Typ:** einsitziger Flugsport-Doppeldecker
**Triebwerk:** ein Gnome-Umlaufmotor mit 52 kW (70 PS)
**Leistung:** Höchstgeschwindigkeit 88 km/h
**Gewicht:** Leermasse 295 kg; max. Startmasse 386 kg
**Abmessungen:** Spannweite 10,67 m; Länge 7,47 m; Tragflügelfläche 32,52 m²

***Das Foto zeigt die erste der sechs gebauten Type „T“ (Nummer 45) während des Cirquit de l'Europe im Jahre 1911 beim Start in Vincennes mit Maurice Tabuteau.***

# Bristol Types 1-5 Scout

Als der italienische Auftrag für den S.B.5 Eindecker von Henri Coanda im November 1913 gestrichen wurde, übernahm Frank Barnwell den Entwurf, um ihn zum **Scout A**-Doppeldecker umzugestalten. Er komplettierte den unvollständigen Rumpf der S.B.5 und verband ihn mit einem einstieligen Tragwerk von 6,71 m Spannweite sowie einem geänderten Leitwerk. Von einem Gnome-Motor mit 60 kW (80 PS) angetrieben, wurde das Flugzeug im Februar 1914 zur Erprobung nach Larkhill überstellt und tauchte bei der Olympia-Luftfahrtschau jenes Jahres wieder auf. Ende April kehrte die **Scout** nach Filton zurück, um ein neues, weiter gespanntes Tragwerk zu erhalten, das die Flugleistung bei niedriger Geschwindigkeit verbessern sollte. Im Juni 1941 kaufte Lord Carberry die Maschine und rüstete sie mit einem 60 kW (80 PS) starken Le Rhône-Motor aus. Beim Flugrennen von London nach Manchester am 20. Juni überlebte er einen Unfall, und während der zweiten Etappe des Rennens London–Paris–London am 7. Juli ging ihm der Sprit aus. Lord Carberry konnte aus dem Ärmelkanal gerettet werden, aber die **Scout** ging verloren.

Im Laufe des Sommers 1914 entstanden zwei weitere, nahezu identische Flugwerke, die den Gnome-Motortyp der Original-**Scout** erhielten. Diese **Scout B** wurden im September No. 3 Squadron und No. 5 Squadron des Royal Flying Corps in

Frankreich zugeführt. Die von der Truppe vorgenommene Bewaffnung bestand im ersten Fall aus zwei Gewehren und im zweiten aus einem Gewehr, einer Pistole und fünf Gewehrgranaten. Es folgten weitere Serienaufträge, doch nur wenige **Scout**-Doppeldecker verfügten über eine wirklich effektive Bewaffnung. Dennoch wurde im März 1916 eine **Scout** mit einem Vickers-Maschinengewehr als erstes britisches Flugzeug mit einer synchronisierten Rohrwaffe in Frankreich eingesetzt.

**Scout**-Doppeldecker dienten sowohl beim Royal Flying Corps als auch beim Royal Naval Air Service, bei Staffeln, die primär mit anderen Mustern ausgestattet waren. Sie operierten als Geleitmaschinen für zweisitzige Aufklärer und im Falle der RNAS-Flugzeuge als Zeppelinzerstörer mit Rankin-Wurfpfeilen.

**Varianten**

**Type 1 Scout C:** 161 gebaute Flugzeuge, 74 für die Admiralität und 87 für das War Office; der erste Serienauftrag wurde im November 1914 erteilt, das letzte Exemplar im März 1916 geliefert; gefordert war der Gnome-Motor mit 60 kW (80 PS), der wegen seiner Verläßlichkeit auch in alle RNAS-Flugzeuge eingebaut wurde. Aus Mangel an diesen Triebwerken erhielten die meisten RFC-Maschinen jedoch den gleich starken Le Rhône

**Types 2, 3, 4 und 5 Scout D:** Diese im November 1915 eingeführte Version war mit geänderten Kraftstoff- und Schmieröltanks ausgestattet; spätere Exemplare erhielten ein neues Tragwerk mit größerer Spannweite, stärkerer V-Stellung und kürzeren Querrudern sowie weiter nach außen verlegten Kufen der Unterflügel; rund 130 Exemplare des Typs 3 für das War Office wurden zwischen Februar und September 1916 ohne Motor geliefert; die ersten 50 Flugwerke behielten die Flächen der Scout C, und der Rest war mit standardisierten Waffenhalterungen versehen; zwischen April und Dezember 1916 erfolgte die Lieferung von 80 Scout D für den RNAS; die ersten 60 Flugzeuge (Type 4) hatten den Gnome-Monosoupape mit 76 kW (100 PS) und einen Ausschnitt im mittleren Teil des Oberflügels mit Schwenkzapfen für ein Lewis-Maschinengewehr; die letzten 20 Maschinen (Type 2) wurden von dem Gnome-Motor mit 60 kW (80 PS)

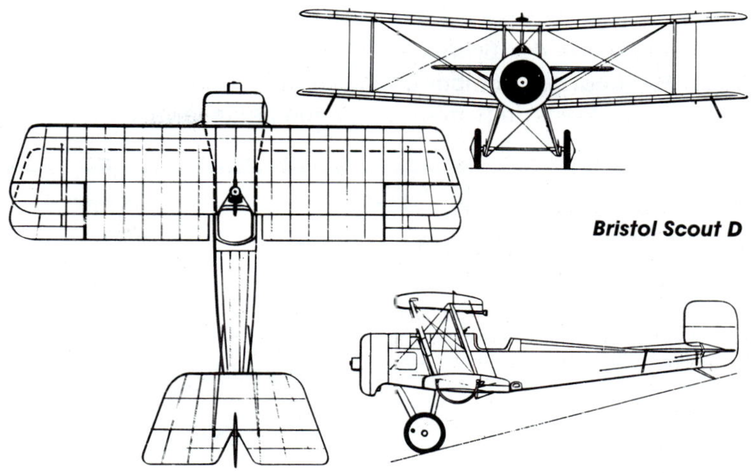

***Bristol Scout D***

angetrieben und dienten bei den RNAS-Flugschulen; drei Exemplare (Type 5) erhielten das 81 kW (110 PS) starke Clerget-Triebwerk, nachdem das RFC Interesse an einer antriebsstärkeren Version bekundet hatte

**S.S.A:** von Coanda für die französische Regierung entworfener einsitziger Doppeldecker mit Panzerschutz; diese Maschine hatte eine kugelsichere Stahlblechwanne, die den Piloten, die Tanks, den Motor und die Propellernabe schützte; die von einem Clerget-Umlaufmotor mit 60 kW (80 PS) angetriebene S.S.A. brachte es auf eine Geschwindigkeit von 171 km/h; ihre Spannweite betrug 8,33 m und das maximale Abfluggewicht 544 kg; am 3. Juli 1914 wurde sie den Franzosen übergeben.

**G.B.1:** nicht verwirklichtes einsitziges Rennflugzeug mit einem Gnome Monosoupape-Motor mit 76 kW (100 PS)

**S.2A:** zweisitziger Abkömmling der Scout D, der den Anforderungen der Admiralität für einen zweisitzigen Jäger genügen sollte; im Auftrag des War Office wurden schließlich zwei Exemplare als Trainer mit nebeneinander angeordneten Sitzen zur Fortgeschrittenenausbildung im Auftrag des War Office gebaut, angetrieben von einem Le Clerget-Motor mit 82 kW (110 PS) beziehungsweise einem Gnome-Motor mit 76 kW (100 PS)

**TECHNISCHE DATEN**
**Bristol Scout D**

**Typ:** einsitziges Erkundungsflugzeug
**Triebwerk:** ein Le Rhône-Umlaufmotor mit 60 kW (80 PS)
**Leistung:** Höchstgeschwindigkeit 161 km/h in Meereshöhe; 138 km/h in 3050 m Höhe; Steigzeit auf 3050 m 18 Minuten, 30 Sek.
**Gewicht:** Leermasse 345 kg; max. Startmasse 567 kg
**Abmessungen:** Spannweite 8,33 m; Länge 6,02 m; Höhe 2,59 m; Tragflügelfläche 18,59 m²
**Bewaffnung:** unterschiedliche Handfeuerwaffen und Granaten; später ein Lewis 7,7-mm-Maschinengewehr

# Bristol Types 10, 11, 20 und 77 M.1A Monoplane Scout

***Bristol Type 77 M.1D, Sieger der Flugrennen Croydon Whitsun Handicap und Aerial Derby im Jahre 1922. Diese Maschine war ein für Rennen modifizierter M.1B Prototyp.***

Der Erfolg der deutschen Eindeckerjäger vom Typ Fokker E gegenüber den schlecht bewaffneten Doppeldeckern der Briten unterstrich den dringenden Bedarf des RFC an einem wendigen Hochleistungs-Jagdeinsitzer. Der von Frank Barnwell Mitte 1916 fertiggestellte Entwurf war um einen eng verkleideten Umlaufmotor samt großer, halbkugelförmiger Propellernabe herum entworfen. Das zweite Flugzeug der Serie **Scout D** diente als Erprobungsträger eines Clerget mit 82 kW (110 PS). Als feststand, daß der Einbau dieses Motors machbar war, entwarf Barnwell einen stromlinienförmigen Rumpf, der auf einem einfachen, drahtverspannten Kastenträger basierte, aufgebaut aus hölzernen Längsgurten und Abstandshaltern, die dem Gerüst einen kreisförmigen Durchmesser verliehen. Das Cockpit war unter einem Baldachin in Form zweier Stahlbügel angeordnet, um den Piloten bei einem Überschlag zu schützen und zudem die oberen Spanndrähte der Eindeckertragfläche aufzunehmen. Die unteren Spanndrähte wurden zur Stabilisierung an den unteren Längsgurten befestigt.

Die Firma konstruierte den Prototyp **M.1A (Type 10)** auf eigenes Risiko, und am 14. Juli 1916 führte F.P. Raynham ihn zum Erstflug. Noch im selben Monat erreichte die **M.1A Monoplane Scout** bei der Erprobung durch die Central Flying School in Upavon eine Geschwindigkeit von 206 km/h in 1645 m Höhe und stieg in acht Minuten und 30 Sekunden auf 3050 m. Am 9. Oktober wies das War Office den Kauf der **M.1A** und den Bau vier weiterer Flugzeuge an. Letztere, **M.1B (Type 11)** bezeichnet, enthielten eine Reihe kleinerer Änderungen, darunter einen Baldachin in Pyramidenform mit vier geraden Streben, einen Ausschnitt im Ansatz der Steuerbordfläche, um dem Flugzeugführer eine begrenzte Bodensicht zu ermöglichen, und ein am oberen Längsgurt, backbord, montiertes Vickers-Maschinengewehr. Die beiden ersten **M.1B**, im Dezember 1916 bzw. Januar 1917 übergeben, waren mit Clerget-Umlaufmotoren ausgerüstet, die 82 kW (110 PS) abgaben. In das dritte Exemplar, das im Februar 1918 ausgeliefert wurde, war eine Version dieses Motors mit 97 kW (130 PS) eingebaut, und die vierte Maschine verließ das Werk im März 1918 mit einem Bentley A.R.1 mit 122 kW (150 PS).

Die Erprobung bei der Central Flying School zeigte, daß das Muster eine Landegeschwindigkeit von 79 km/h benötigte. Für die kleinen Flugfelder in Frankreich wurde dies als zu hoch bewertet und die **Monoplane Scout** daher an der Westfront nie eingesetzt. Im August 1917 erging eine Weisung zur Serienproduktion, doch weniger als 30 Flugzeuge ergänzten schließlich die Ausrüstung einiger Einheiten, darunter je einer Halbstaffel von No. 17 und No. 47 Squadron in Mazedonien (im April 1918 zu No. 150 Squadron zusammengefaßt), No. 111 Squadron in Palästina und No. 72 Squadron im Irak. Andere Maschinen wurden Flugschulen zugeteilt oder von Führungsoffizieren als persönliche Luftfahrzeuge genutzt, und sechs Exemplare gingen 1917 an die chilenische Regierung. Nach dem Krieg bauten man sechs Monoplane Scout für die zivile Luftfahrt um. Diese Maschine wurde im Juli 1919 vom Aircraft Disposals Board erworben und von Captain Harry Butler in seine Heimat Australien mitgenommen. Dort gewann sie im September 1920 das australische Aerial Derby und, nach Umstellung auf einen de Havilland Gipsy II mit 89 kW (120 PS), das Adelaide Aerial Derby im Jahre 1931 und 1932. Die Maschine ist in Minalton als das Harry Butler Memorial erhalten.

**Varianten**

**Type 20 M.1C:** 125 Serienflugzeuge wurden gemäß diesem Standard gefertigt mit dem Le Rhône-Motor mit 82 kW (110 PS) als Antrieb; das Vickers-Maschinengewehr war vor den Piloten auf die Rumpfmittellinie verlegt, und im Flächenansatz, backbord, wurde ein Ausschnitt für Erdsicht vorgenommen

**Type 77 M.1D:** ein auf einen 75 kW (100 PS) starken Bristol Lucifer-Sternmotor umgerüsteter Prototyp M.1B

**TECHNISCHE DATEN**
**Bristol M.1C**

**Typ:** Jagdeinsitzer
**Triebwerk:** ein Le Rhône 9J-Umlaufmotor mit 82 kW (110 PS)
**Leistung:** Höchstgeschwindigkeit 209 km/h in Meereshöhe; Dienstgipfelhöhe 6100 m; Flugdauer 1 Stunde, 45 Minuten
**Gewicht:** Leermasse 406 kg; max. Startmasse 611 kg
**Abmessungen:** Spannweite 9,37 m; Länge 6,24 m; Höhe 2,37 m; Tragflügelfläche 13,47 m²
**Bewaffnung:** ein starres vorwärtsfeuerndes Vickers 7,7-mm-Maschinengewehr mit Synchronisiereinrichtung

# Bristol Typen 12, 14-17 und 22 F.2 Fighter bis Bristol Typen 142M, 149 und 160 Blenheim

**1920 wurde aus der British and Colonial Aeroplane Co. die Bristol Aeroplane Co. Zu deren Vorkriegsmodellen gehörten der Jäger Bulldog, der Bomber und Transporter Bombay sowie die Blenheim-Eindecker, welche, obwohl schon obsolet, zu Beginn des Zweiten Weltkriegs noch Englands beste leichte Bomber waren.**

## Bristol Type 12, 14-17 und 22 F.2 Fighter

***Bristol F.2B Fighter der Royal New Zealand Air Force im Jahre 1919.***

Im März 1916 stellte Frank Barnwell den Entwurf eines zweisitzigen Aufklärungsflugzeugs fertig, das in Konkurrenz zur R.E.8 der Royal Aircraft Factory die Nachfolge der B.E.2 antreten sollte. Der R.2A (später Type 9) bezeichnete zweistielige Doppeldecker gleicher Spannweite wurde von einem Beardmore-Motor mit 89 kW (121 PS) angetrieben. Der später verfügbare 110 kW (150 PS) starke Hispano-Suiza-Motor führte zum Entwurf der R.2B (Type 9A) als Anderthalbdecker. Als der Rolls-Royce Falcon mit 142 kW (193 PS) erschien, gestaltete man den Rumpf neu, so daß er entweder diesen Motor oder den Hispano-Suiza aufnehmen konnte. Am 28. August 1916 erging ein Auftrag zur Konstruktion von Prototypen beider Versionen und einer Serie von 50 Flugzeugen.

Der erste Prototyp erhielt die Bezeichnung **F.2A (Type 12)**, um den Wechsel zur Jagdrolle hervorzuheben. Er flog erstmals am 9. September 1916, gefolgt vom zweiten Prototyp am 25. Oktober. Die Serienjäger **F.2A** wurden alle vom Rolls-Royce-Falcon angetrieben und hatten eine geänderte Motorverkleidung sowie eine in der Draufsicht andere Flügelform. Im Gegensatz zu den Prototypen war der Pilotensitz nicht gepanzert. Die Bewaffnung bestand aus einem Lewis-MG auf Scarff-Ring im hinteren Cockpit und einem Vickers-MG unter der Bugmitte.

No. 48 rüstete als erste RFC-Squadron auf die **F.2A** um. Im Februar 1917 erhielt sie die ersten Maschinen, und am 8. März flog sie nach Frankreich, um sich in Bellevue einzurichten. Am 5. April starteten sechs **F.2A** zur ersten Jagdpatrouille dieser Staffel. Nach einem Gefecht mit einer gleichen Zahl Albatros D.III der von Freiherr Manfred von Richthofen geführten Jagdstaffel 11 kehrten nur zwei Maschinen von diesem Einsatz zurück. Ähnlich katastrophale Ergebnisse bei Feindbegegnungen beruhten auf taktischen Fehlern, vor allem der Verwendung dieses Flugzeugs als Waffenplattform für den Bordschützen. Als die Piloten Jagdeinsitzerverfahren praktizierten und das Vickers-Maschinengewehr als Offensivwaffe einsetzten, entwickelte sich die „Brisfit" zu einem der wirkungsvollsten Jäger des Ersten Weltkriegs.

Nach dem Krieg nutzte man den Bristol Fighter für das Zusammenwirken der Waffengattungen beim Heer und als Trainer. Bei RAF-Einheiten in Übersee diente dieses Muster bis Ende 1932, als No. 6 Squadron auf die Fairey Gordon umrüstete. Weitere Betreiber waren die Luftsteitkräfte Australiens, Belgiens, Griechenlands, des Freistaats Irland, Kanadas, Mexikos, Neuseelands, Norwegens, Perus und Spaniens. Die Produktion ergab insgesamt 5308 Flugzeuge, die von Bristol in Filton und Brislington sowie Subunternehmen wie Angus Sanderson, Armstrong Whitworth, Austin Motors, Gloucestershire Aircraft, Harris and Sheldon, Marshall and Sons, Standard Motors und Cunard Steamship gefertigt wurden.

**Varianten**

**Type 14 F.2B Fighter:** Hauptserienversion mit einer Reihe von Änderungen: die oberen Längsgurte waren anders geführt, so daß der Pilot eine bessere Sicht nach vorn erhielt und der Kraftstofftank sowie der Munitionsbehälter für die Vickers-Waffe erweitert werden konnten; zudem war die bislang unverkleidete Verankerung des Unterflügels aerodynamisch geformt und mit Gewebe überzogen; die erste Baureihe hatte den Rolls-Royce Falcon I mit 142 kW (193 PS), die zweite den Falcon II mit 164 kW (223 PS) und das Gros den Falcon III mit 205 kW (279 PS). Andere Triebwerke wurden eingeführt, als die F.2B-Bestellungen die Liefermöglichkeiten der Falcon-Motoren überstiegen, wie der Hispano-Suiza mit 147 kW (200 PS) und 224 kW (305 PS) bei Type 16 und 17, der Sunbeam Arab mit 149 kW (200 PS) bei Type 15, der R.A.F.4d mit 149 kW (200 PS), der Wolseley Viper mit 134 kW (182 PS) und der Siddeley Puma mit 172 kW (234 PS)

**Type 22 F.2C Fighter:** zu den in die F.2B eingebauten Motoren gehörten ein Salmson-Sternmotor mit 147 kW (200 PS), der zur Type 22 F.2C führte, der A.B.C.-Dragonfly-Sternmotor mit 224 kW (305 PS), der die Type 22A F.2C ergab, und der Bentley-B.R.2-Umlaufmotor mit 172 kW (234 PS), der zur Type 22B F.2C führte

**Type 14 F.2B Mk II:** flog erstmals im Dezember 1919 Kooperation für das Heer und wurde mit Wüstenausrüstung und Tropenkühlung ausgestattet; 435 Flugzeuge, zum Teil neu gebaut oder durch Umrüstung entstanden

**Type 96 Fighter Mk III:** strukturell verstärkte Version, von der zwischen Oktober und Dezember 1926 50 Exemplare geliefert wurden; Anschlußbaureihe ergab 30 unbewaffnete Schulflugzeuge mit Doppelsteuer zwischen Januar und Juni 1927

**O-1:** Die F.2B war eines der Muster, die die USA bei Kriegseintritt im Jahre 1917 zur heimischen Produktion ausgewählt hatten; im Dezember 1917 lagen der Curtiss Aeroplane and Motor Company Bestellungen für 2000 Flugzeuge vor, von denen das erste seinen Jungfernflug unter dem Antrieb eines Liberty 12 mit 298 kW (405 PS) am 5. März 1918 absolvierte; diese Flugwerk-Motor-Kombination erwies sich als untauglich, woraufhin der Auftrag im Juli 1918 zugunsten einer Version mit einem 224 kW (305 PS) starken Hispano-Suiza gestrichen wurde; eines der beiden Musterexemplare, die man von Filton nach Amerika geschickt hatte, flog im Juni mit diesem Motor; in das zweite Flugzeug wurde ein Liberty 8 mit 216 kW (294 PS) eingebaut, doch die Maschine stürzte noch vor Beginn der offiziellen Erprobung ab

**Type 96A Fighter Mk IV:** umgerüstete Mk III mit verstärkten oberen Längsgurten und massiverem Fahrwerk für ein höheres zulässiges Betriebsgewicht; zudem mit größerer Seitenflosse, Hornausgleich für das Seitenruder und automatischen Nasenklappen ausgerüstet

***Wie andere großartige Jagdflugzeuge des Ersten Weltkriegs hielt man die Bristol Fighter anfangs für einen Fehlschlag. Dies änderte sich jedoch, als die Piloten gelernt hatten, das Leistungsvermögen des Musters auszuschöpfen. Dieses Flugzeug war die erste F.2B Mk II, die für das Zusammenwirken von Heeresteilen in der Wüste entwickelt wurde.***

***Dies war der erste Advanced Trainer Type 89A, der sich von der Type 89 durch seinen mit Sperrholz beplankten Rumpf unterschied. Es handelte sich um die letzte Nebenlinie des Grundmusters F.2B Fighter.***

### TECHNISCHE DATEN
**Bristol F.2B Fighter**

**Typ:** zweisitziger Jäger und Kooperationsflugzeug für das Heer

**Triebwerk:** ein Rolls-Royce-Falcon-III-Reihenmotor mit 205 kW (279 PS)

**Leistung:** Höchstgeschwindigkeit 198 km/h in 1525 m Höhe; Dienstgipfelhöhe 5485 m; Flugdauer 3 Stunden

**Gewicht:** Leermasse 975 kg; max. Startmasse 1474 kg

**Abmessungen:** Spannweite 11,96 m; Länge 7,87 m; Höhe 2,97 m; Tragflügelfläche 37,62 m²

**Bewaffnung:** ein starres vorwärtsfeuerndes Vickers 7,7-mm-Maschinengewehr mit Synchronisiereinrichtung und ein oder zwei Lewis 7,7-mm-Maschinengewehr(e) im hinteren Cockpit plus bis zu 12,9 kg Bomben unter den Flächen

# Bristol Type 105 Bulldog

Um die RAF-Staffeln mit einem Jäger auszurüsten, der Bombern in der Kategorie der Fairey Fox gewachsen war, erarbeitete das Air Ministry das Leistungsheft F.9/26. Gefordert wurde ein Jagdeinsitzer, der sich bei Tag und bei Nacht einsetzen ließ, einen luftgekühlten Sternmotor als Antrieb hatte und mit zwei Vickers-Maschinengewehren bewaffnet sein sollte. Die **Bristol Type 105 Bulldog** gewann knapp vor der Hawker Hawfinch.

Der Bristol-Prototyp **Bulldog Mk I** flog erstmals am 17. Mai 1927. Anschließend wurde er für Höhen- und Steigzeitrekordversuche mit einem weiter gespannten Tragwerk ausgestattet. Die **Mk I** wurde zu Testzwecken vom Prototyp **Bulldog Mk II** mit längerem Rumpf abgelöst, dessen Serienversion im Juni 1929 die Indienststellung durch die RAF bei No. 3 Squadron in Upavon, Wiltshire, erreichte. Dieser Doppeldecker hatte ein einstieliges Tragwerk ungleicher Spannweite, und die Ganzmetallstruktur war mit Stoff bespannt. Das Leitwerk enthielt im Einstellwinkel verstellbare Höhenflossen, und die Hauptbaugruppen des Schleifspornfahrwerks hatten eine Querachse und Gummistoßdämpfer. Für den Antrieb dieser Version sorgte ein Sternmotor von Bristol, Jupiter VII. Zu den fortschrittlichen Ausrüstungskomponenten zählten eine Sauerstoffflasche und ein Kurzwellenfunkgerät. Die **Bulldog** war in der RAF weit verbreitet; insgesamt 312 Flugzeuge aller Versionen stellten die Ausrüstung für nicht weniger als 10 Staffeln und blieben bis 1937 im Einsatz. Darüber hinaus wurden zahlreiche Export-**Bulldogs** den Streitkräften in Australien, Dänemark, Estland, Finnland, Litauen, Schweden und Siam zugeführt.

**Varianten**

**Bulldog Mk IIA:** Hauptserienversion ähnlich der Bulldog Mk I, jedoch mit dem Bristol Jupiter VIIF mit 365 kW (496 PS) als Antrieb, verstärkter Zelle für höhere Betriebsmassen und Fahrwerk mit größerer Spurbreite; spätere Mk IIA mit Spornrad anstelle des Schleifsporns und Bremsen an den Haupträdern

**Bulldog Mk IIIA:** Bezeichnung zweier Flugzeuge, die zeitweilig mit dem Bristol Mercury IVS.2-Triebwerk mit 418 kW (568 PS) ausgerüstet waren

**Bulldog Mk IVA:** letzte Serienversion als Jäger mit verstärkten Querrudern und dem 477 kW (649 PS) starken Bristol-Mercury-IVS.2-Triebwerk

**Bulldog TM:** Trainerversion (TM=Training Machine) mit austauschbarem Hinterrumpf; der Ausbildungsrumpf mit dem zweiten Cockpit ließ sich durch einen Standardhinterrumpf ersetzen, der die Installation von Maschinengewehren zuließ, so daß die TM mühelos zum Jäger umfunktioniert werden konnte; die Standardausstattung des unbewaffneten Trainers umfaßte Doppelsteuerung

**TECHNISCHE DATEN**

**Bristol Type 105 Bulldog**

**Typ:** einsitziger Tag/Nachtjäger
**Triebwerk:** (Mk II) ein Bristol Jupiter VII-Sternmotor mit 328 kW (446 PS)
**Leistung:** Höchstgeschwindigkeit 280 km/h in 3050 m Höhe; Dienstgipfelhöhe 8230 m; Reichweite 443 km
**Gewicht:** Leermasse 998 kg; max. Startmasse 1583 kg
**Abmessungen:** Spannweite 10,34 m; Länge 7,62 m; Höhe 3,00 m; Tragflügelfläche 28,47 m²
**Bewaffnung:** zwei starre vorwärtsfeuernde Vickers-Maschinengewehre, synchronisiert, und vier 9-kg-Bomben unter den Flächen

***Bristol Type 105A Bulldog Mk IIA der No. 17 Squadron, RAF, die 1935 in Kenley statoniert war.***

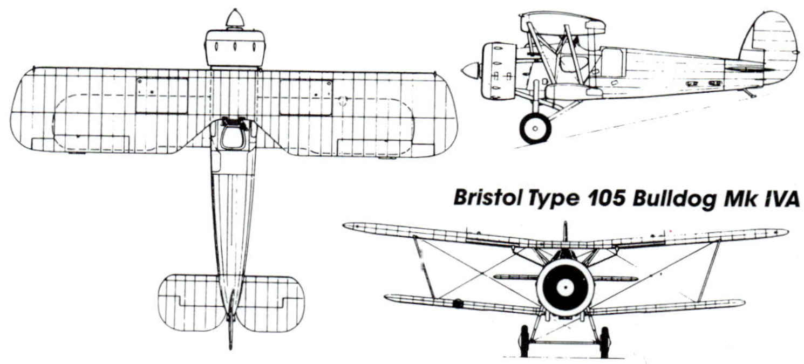

***Bristol Type 105 Bulldog Mk IVA***

***Die Bristol Type 105 Bulldog gehörte zu den Eckpfeilern der RAF-Jagdkräfte in der Periode zwischen den Kriegen. Den Anfang machten 25 Type 105A Bulldog II, darunter die abgebildete J9576. Der Erfolg der ersten Bulldog-Jäger bei RAF-Staffeln zog bald etliche Exportaufträge nach sich.***

# Bristol Type 130

Die **Bristol Type 130 Bombay**, die auf der Spezifikation C.26/31 des Air Ministry basierte, sollte die im Nahen Osten und Indien eingesetzten Vickers Valentia für den Truppen- und Frachttransport ablösen. Diese Flugzeuge mußten aber auch in der Lage sein, sich selbst zu verteidigen und in Zweitfunktion als Langstreckenbomber zu operieren – man ist versucht, in diesem derart spezifizierten Modell die Antwort Großbritanniens auf die Junkers Ju 52/3m zu sehen.

Im März 1933 wurde ein Prototyp in Auftrag gegeben, den Cyril Uwins am 23. Juni 1935 in Filton zum Jungfernflug führte. Seinerzeit war dies das größte Muster, das in Filton gebaut wurde. Die militärische Erprobung durch das AA&EE in Martlesham Heath leitete Flight Lieutenant „Bill" Pegg, der später zu Bristol stieß und zum Cheftestpilot aufstieg. Die Weiterentwicklung brachte etliche Verbesserungen, darunter stärkere Motoren Bristol Pegasus XXII mit je 753 kW (1024 PS) statt der ursprünglichen Pegasus III mit je 559 kW (760 PS).

Es erging ein Serienauftrag über 50 Maschinen, die der überarbeiteten Spezifikation 47/36 genügten. Da die Fertigungsstraßen in Filton auf die Bristol Blenheim ausgerichtet waren, beschloß man, die **Bombay** von Short Brothers & Harland im neuen staatlichen Werk in Belfast produzieren zu lassen, da es noch über freie Kapazitäten verfügte.

Die ersten **Bombay**-Serienmaschinen flogen im März 1939, und im September übernahm No. 216 Squadron in Ägypten als erste Staffel dieses Muster. Weitere Lieferungen gingen an No. 117, 267 und 271

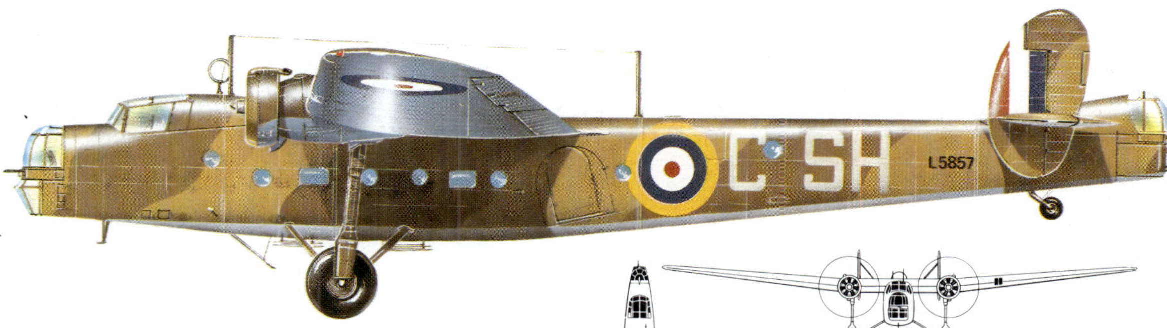


***Bristol Type 130A Bombay Mk I der No. 216 Squadron, RAF, die in den Jahren 1940/41 in Ägypten stationiert war.***

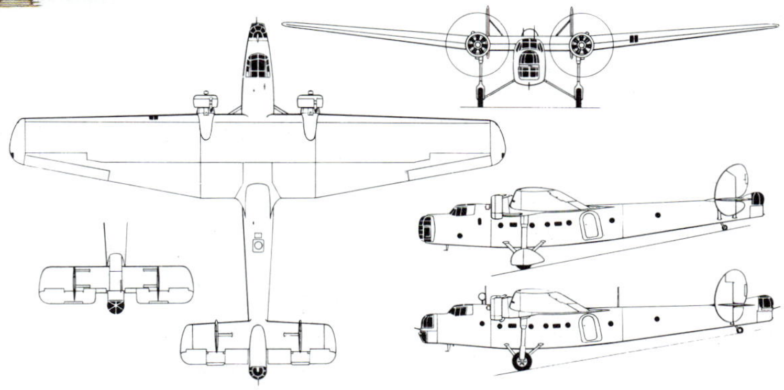

***Bristol Type 130A Bombay (obere Seitenansicht und Heckausschnitt: Type 130).***

Squadron. Beim Feldzug in Libyen 1940 erfüllten die **Bombay** ihre Doppelrolle als Transporter und Bomber. Wenn die Bombay im Zweiten Weltkrieg auch nur in geringer Zahl vertreten waren, so waren sie im Krieg doch äußerst aktiv. Mit diesem Muster wurde beispielsweise die griechische Königsfamilie von Kreta nach Ägypten evakuiert. Einige in Großbritannien stationierte **Bombay** transportierten Nachschub über den Ärmelkanal nach Frankreich bis zu seinem militärischen Zusammenbruch.

Als das Bomber/Transporter-Konzept überholt war, mußten die **Bombay** ihren Platz moderneren und leistungsfähigeren Transportflugzeugen räumen. Mitte der vierziger Jahre schieden sie endgültig aus dem Dienst.

**TECHNISCHE DATEN**

**Bristol Bombay**

**Typ:** Bomber/Transporter mit dreiköpfiger Crew und bis zu 24 Soldaten
**Triebwerke:** zwei Bristol Pegasus-XXII-Sternmotoren mit je 753 kW (1024 PS)
**Leistung:** Höchstgeschwindigkeit 309 km/h in 1980 m; Marschgeschwindigkeit 257 km/h in 3050 m; Dienstgipfelhöhe 7620 m; Reichweite 1415 km/3588 km mit Rumpftanks
**Gewicht:** Leermasse 6260 kg; max. Startmasse 9072 kg
**Abmessungen:** Spannweite 29,18 m; Länge 21,11 m; Höhe 5,94 m; Tragflügel 124,49m²
**Bewaffnung:** zwei Vickers „K" 7,7-mm-Maschinengewehre (im Bug- und Heckwaffenturm) und eine Bombenlast von 907 kg

# Bristol Type 138

Am 11. April 1934 steigerte der italienische Pilot Renato Donati mit einem Caroni-Doppeldecker, der von einem Bristol Pegasus angetrieben wurde, den Höhenweltrekord Cyril Uwins' von 13.404 m auf 14.435 m. In Großbritannien wuchs der Druck, diesen Rekord zurückzuerobern, und im Juni erhielt Bristol die Aufforderung, ein Angebot für zwei Prototypen eines dazu geeigneten Flugzeugs abzugeben. Frank Barnwell hatte im November 1933 ein einsitziges Höhenforschungsflugzeug vorgeschlagen, angetrieben von einem getrimmten Pegasus-Motor mit zweistufigem Lader. Diesen Entwurf stimmte man auf die neue Spezifikation 2/34 ab und teilte ihm die Firmenbezeichnung **Type 138A** zu.

Im September stand die Konstruktion als Tiefdecker in Holzbauweise fest, um das Gewicht möglichst gering zu halten, und aus dem gleichen Grunde kam ein simples, starres Fahrwerk zum Einsatz. Das Cockpit des Piloten war mit einer klappbaren Kunststoffhaube abgedeckt, die gegen Beschlag mit Warmluft angeblasen werden konnte. Für ein zweites Besatzungsmitglied war ein Platz vor der Pilotenkanzel vorgesehen. Für die Crew wurden Druckanzüge und Helme mit Druckluft-Sauerstoffversorgung entwickelt. Der Schlüssel zum Erfolg lag im Pegasus P.E.-VIS-Motor, der einen mechanischen Lader besaß, aber auch, über eine flexible Welle und Kupplung, einen am Brandschott montierten Hilfslader antreiben konnte.

Anfang 1936 war das erste Flugzeug fertiggestellt, und Cyril Uwins führte die Maschine am 11. Mai in Filton zum Jungfernflug. Bei diesem und weiteren Flügen am 22. Mai und 16. Juli besorgte ein Standard-Pegasus IV den Antrieb in Verbindung mit einem Dreiblatt-Propeller. Nach einer Prüfung der Sauerstoffausrüstung in Farnborough Anfang August kehrte die Maschine am 15. August nach Filton zurück, um den Spezialmotor und dessen Vierblatt-Propeller aufzunehmen.

Squadron Leader F.R.D. Swain wurde als Pilot für den Rekordversuch ausgewählt. Er holte die **Bristol 138A** am 5. September von Filton ab und brachte sie nach Farnborough. Dort startete er am 28. September und erreichte die von der FAI anerkannte Rekordhöhe von 15.230 m, bevor er in Netheravon landete.

Zwar holten sich die Italiener im Mai 1937 mit einem Flug auf 15.655 m Höhe den Rekord zurück, aber kleinere Verbesserungen an der **Type 138A** ermöglichten es Flight Lieutenant M. J. Adam, ihn am 3. Juni 1937 nochmals, nämlich auf eine Höhe von 16.440 m weiter zu steigern.

***Hier sieht man die Bristol Type 138A über Farnborough während ihres Rekordflugs am 3. Juni 1937, bei dem sie eine Höhe von 16.440 m erreichte.***

**TECHNISCHE DATEN**

**Bristol Type 138**

**Typ:** einsitziges Höhenforschungsflugzeug
**Triebwerk:** ein Bristol Pegasus P.E.VIS-Sternmotor mit 373 kW (507 PS)
**Leistung:** Höchstgeschwindigkeit 285 km/h in 13.715 m Höhe; theoretische Dienstgipfelhöhe 16.459 m; Flugdauer 2 Stunden, 15 Minuten
**Gewicht:** Leermasse 1992 kg; max. Startmasse 2409 kg
**Abmessungen:** Spannweite 20,12 m; Länge 13,41 m; Höhe 3,12 m; Tragflügelfläche 52,77 m²

**Varianten**

**Type 138B:** Das zweite Flugzeug sollte für Leistungsvergleiche von einem aufgeladenen Rolls-Royce Kestrel mit 373 kW (507 PS) angetrieben werden; die Maschine wurde 1937 nach Farnborough geschafft, der Motor aber nie eingebaut

# Bristol Type 142M, 149 und 160 Blenheim

Der britische „Zeitungskönig" Lord Rothermere wünschte 1934 ein schnelles und geräumiges Privatflugzeug zur persönlichen Verwendung. Der Besitzer der Daily Mail wußte schon damals den Wert des heute als Geschäfts- oder Firmenflugzeugs genutzten Modells zu schätzen. Ihm schwebte eine schnelle Maschine für eine zweiköpfige Besatzung und sechs Passagiere vor, und zufällig hatte die Bristol Aeroplane Company bereits Konstruktionszeichnungen für solch ein Transportflugzeug angefertigt.

Dieses neue Muster, von Frank Barnwell entworfen, sollte von zwei 373 kW (507 PS) starken Bristol Aquila I angetrieben werden, die sich gerade in der Entwicklung befanden. Das Interesse von Lord Rothermere für ein Hochgeschwindigkeits-Verkehrsflugzeug regte Barnwell zu dem Vorschlag an, seinen Entwurf auf zwei Bristol Mercury VIS mit je 485 kW (660 PS) umzustellen. Daraus resultierte die **Bristol Type 142**, deren Jungfernflug am 12. April 1935 in Filton stattfand. Während der Ersterprobung sorgte sie für einen Sturm im Blätterwald, als sich zeigte, daß sie knapp 50 km/h schneller als der Prototyp des jüngst beschafften britischen Jägers war. Lord Rothermere stellte seine auf den Namen Britain First getaufte Maschine der Nation vor, nachdem das Air Ministry sie auf ihr Potential als leichter Bomber geprüft hatte. So wurde die Maschine zum Vorläufer der **Bristol Blenheim**, die sich zu Beginn des Zweiten Weltkriegs als wichtiges Übergangswaffensystem erwies. Die Aquila-motorisierte Type 143 war ähnlich und flog im Januar 1936 zum ersten Mal. Es kam allerdings nur zu einer begrenzten Erprobung, da die Leistung durch fehlende Verstellpropeller zu stark beschnitten war.

Das Interesse des Air Ministry an der **Type 142** veranlaßte Bristol, zügig eine militärische Version dieses Flugzeugs, **Type 142M**, zu entwickeln. Im Sommer 1935 erteilte das Air Ministry dem Bristol-Angebot den Zuschlag und bestellte im September eine Erstserie von 150 Flugzeugen entsprechend Spezifikation 28/35. Das neue Muster ähnelte stark der **Type 142**, hatte allerdings etliche Änderungen erfahren, um „wehrtauglich" zu sein. Vor allem ging es darum, eine Station für einen Bombenschützen und einen Bombenschacht zu schaffen sowie einen Waffenturm auf dem Rumpfrücken zu montieren. Weder Bristol noch das Air Ministry verschwendeten Zeit, denn nach dem Erstflug des Prototyps am 25. Juni 1936 begannen schom im März 1937 erste Lieferungen an RAF-Staffeln. Im Juli 1937 erteilte das Air Ministry einen Anschlußauftrag über 434 **Blenheim Mk I**, wie man das Muster inzwischen bezeichnet hatte.

Bis auf ihre stoffbespannten Steuerflächen war die Bristol Type **Blenheim Mk I** als freitragender Tiefdecker vollständig aus Metall konstruiert. Der Bug ragte nur wenig über die Propellernaben hinaus, und sowohl der Rumpf wie auch das Leitwerk waren in herkömmlicher Weise aus Leichtmetall konstruiert. Das Spornradfahrwerk ließ sich einziehen, und der Antrieb bestand aus zwei Bristol Mercury VIII-Sternmotoren mit je 626 kW (851 PS), die in Gondeln an der Tragflächenvorderkante montiert waren. Crewpositionen bestanden für einen Flugzeugführer, einen Navigator/Bombenschützen und einen Bordschützen/Funker. Der Bombenschacht im Tragflächenmittelstück konnte maximal 454 kg Bomben aufnehmen, und die Standardabwehrbewaffnung umfaßte ein 7,7-mm-Maschinengewehr in der Backbordfläche und ein Vickers „K"-Maschinengewehr gleichen Kalibers, das sich im Rükkenturm befand.

Als erste RAF-Squadron erhielt No. 114 auf dem Fliegerhorst Wyton die **Blenheim Mk I**. Diese Staffel führte das neue Muster auch erstmals offiziell vor beim letzten Hendon Display der RAF im Jahre 1937. Die Blenheim-Bomber riefen lebhafte Kommentare über ihre hohe Geschwindigkeit und das moderne Erscheinungsbild hervor. Allgemein klang der Glaube durch, daß die RAF das beste Bombenflugzeug der Welt erhielte. Die Serienaufträge strömten nur so herein, so daß zwei weitere Fertigungsstraßen bei A.V. Roe in Chadderton und Rootes Securities in Lancashire eingerichtet werden mußten. Gemeinsam produzierten diese drei Werke insgesamt 1552 **Blenheim Mk I**, die zu ihrer Glanzzeit nicht weniger als 26 RAF-Staffeln in der Heimat und in Übersee aus-

***Bristol Blenheim Mk I des 1. Bomberregiments der Königlich-Jugoslawischen Luftwaffe im April 1941.***

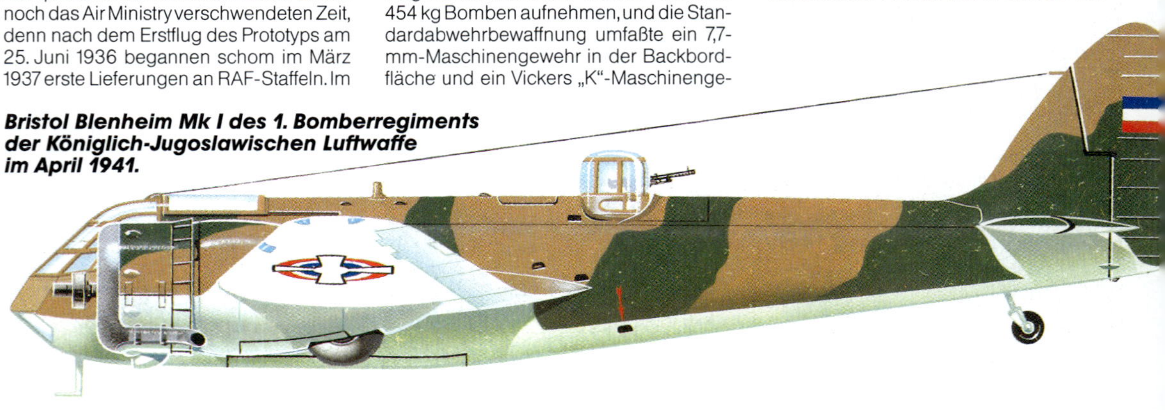

***Blenheim Mk IVF der Esquadrilha ZE, Arma de Aeronautica (Portugal), die 1943 in Ota stationiert war.***

rüsteten. Als erste Überseestaffeln flogen No. 30 Squadron im Irak und No. 11 Squadron in Indien die **Blenheim** ab Januar bzw. Juli 1938.

Beim Ausbruch des Zweiten Weltkriegs befanden sich nur noch wenige **Blenheim Mk I** bei den heimatstationierten Bomberstaffeln. Sie hatten ihre Bomberrolle an die **Blenheim Mk IV** abgetreten, in die sämtliche Erkenntnisse aus dem Einsatz der **Blenheim Mk I** eingeflossen waren. Die **Mk I** wurde dadurch aber keinesfalls überflüssig. Viele Exemplare dienten weiterhin zur Einweisung und Umschulung sowie anfangs als Schulflugzeuge für Besatzungen bei den Operational Training Units (OTU). Weitaus wertvoller aber waren die rund 200 Maschinen, die man zu Nachtjägern umrüstete und mit fortschrittlichen AI Mk III oder Mk VI-Abfangradargeräten ausstattete. Das einzelne vorwärtsfeuernde Maschinengewehr reichte für diese Rolle keineswegs aus, und es wurden Anbauwannen mit vier 7,7-mm-Maschinengewehren gefertigt. So ausgerüstet erzielte eine **Blenheim Mk IF** in der Nacht vom 2./3. Juli den ersten Abschuß eines Feindflugzeugs mit Hilfe des Bordradargeräts. Die abschließende Entwicklung des Grundmusters **Type 142M** war der Prototyp **Blenheim Mk II** in Form einer umgerüsteten **Mk I** mit erweiterter Kraftstoffanlage.

Exportflugzeuge der **Blenheim Mk I** wurden vor dem Krieg an Finnland, die Türkei und Jugoslawien verkauft. Die beiden erstgenannten Länder bauten dieses Muster auch in Lizenz. Darüber hinaus ging eine kleine Zahl aus diplomatischen Erwägungen heraus 1939 an Rumänien. Dies sollte sich jedoch als Fehlschlag erweisen, denn von da an kämpfte die **Blenheim Mk I** auf beiden Seiten.

Im August 1935 hatte das Air Ministry die Spezifikation G.24/35 herausgegeben, um einen Nachfolger für die Avro Anson als Küstenaufklärer/leichter Bomber zu finden, und Bristol die **Type 149** vorgeschlagen. Diesem Flugzeug, das der **Blenheim Mk I** sehr ähnelte, sollten Bristol Aquila-Motoren zu einer großen Reichweite bei gleichbleibender Tankkapazität verhelfen. Diese Lösung hielt das Air Ministry jedoch für nicht akzeptabel. Später stieß die **Type 149** auf neuerliches Interesse für allgemeine Aufklärungseinsätze. Durch Umrüstung einer **Blenheim Mk I** entstand ein Prototyp, der die Mercury-VIII-Motoren beibehielt, aber ein erweitertes Tankvolumen aufwies. Der verlängerte Bug bot Platz zur Unterbringung des Navigators/Beobachters und seiner Ausrüstung. Diese Version, die **Blenheim Mk IV**, fand Zustimmung als Nachfolger für die Modell Blenheim Mk I.

Das Air Ministry befürchtete allerdings, daß die Fertigung der **Type 149** die Produktion der dringend benötigten Blenheim-Bomber stören könnte, und so ließ die Royal Canadian Air Force **Type 149** in Kanada als **Bolingbroke Mk I** produzieren. Der Bristol-Prototyp wurde nach Kanada verschifft, um die Errichtung einer Fertigungsstrecke bei Fairchild Aircraft in Longueuil, Quebec, zu erleichtern. Die ersten **Bolingbroke Mk I** erhielten Mercury VIII-Motoren, aber nach 18 Maschinen stellte man die Produktion auf die endgültige kanadische Version, die **Bolingbroke Mk IV** mit Mercury-XV-Triebwerken und Ausrüstungskomponenten kanadischer und amerikanischer Herstellung, um. Spätere Varianten umfaßten die **Bolingbroke Mk IV** W, mit 895 kW (1217 PS) starken R-1830 Twin Wasp von Pratt & Whitney und die Mehrzweck-Schulflugzeuge **Bolingbroke Mk IV T.**

Nach diesem Wechselbad rückte die **Type 149** plötzlich erneut ins Interesse, in erster Linie als Zwischenlösung bis zur Verfügbarkeit des von der **Blenheim** abgeleiteten Torpedobombers **Type 152.** Man beschloß daher, den längeren Bug und die abgestufte Frontverglasung der **Bolingbroke** einzuführen und der Tankraum der Tragflächen zu erweitern, um eine größere Reichweite zu erzielen Diese neue Version behielt die Bristol-Bezeichnung **Type 149** bei, doch die RAF wies ihr die Dienstbezeichnung **Blenheim Mk IV** zu. Ende 1938 vollzog sich der Wechsel auf den Fertigungsstraßen, wenn auch die ersten 68 **Blenheim Mk IV** ohne die „Langstreckenflügel" fertiggestellt wurden. Für den Antrieb sorgten zwei stärkere Mercury-XV-Motoren, so daß man das zulässige Gesamtgewicht um 16 Prozent erhöhen konnte. No. 90 Squadron rüstete im März 1938 als erste Staffel auf die **Blenheim Mk IV** um, und zuletzt flogen mehr als 70 Einheiten der Kommandos Heereskooperation, Bomber, Küste, Fernostbomber, Jäger und Nahost dieses Muster. Eine derart umfassende Verwendung brachte unweigerlich Modifikationen hinsichtlich Ausrüstung und Bewaffnung mit sich. Letztere war besonders betroffen, da sie sich seit der **Blenheim Mk I** mit zwei Maschinengewehren nicht verändert hatte. Auch der Panzerschutz wurde erweitert. Da es nicht möglich war, den Bombenschacht zu vergrößern, wich man auf eine extern mitgeführte Bombenlast von 145 kg für Kurzstreckeneinsätze aus.

Bei so vielen Staffeln, die dieses Muster flogen, konnte es nicht ausbleiben, daß die **Blenheim** im Krieg etliche Ersterfolge für die RAF leistete. Dazu gehörte auch der erste Aufklärungsflug über deutschem Gebiet, den eine **Blenheim Mk IV** der No. 139 Squadron am 3. September 1939 durchführte. Das Muster warf ferner die ersten Bomben auf deutsche Ziele, als zehn Maschinen von No. 107 und No. 110 Squadron Teile der deutschen Kriegsflotte an der Schillingsreede vor Wilhelmshaven angriffen. Vom Beginn des Krieges bis zur Ablösung durch die Douglas Boston und de Havilland Mosquito in den Heimatverbänden des Bomberkommandos im Jahre 1942 wurden die **Blenheim Mk IV** intensiv auf den europäischen Kriegsschauplätzen eingesetzt. Obwohl sie leichte Beute für die Jäger des Gegners waren, mußten sie häufig bei Tag ohne Jagdschutz operieren. Zweifellos verdankte die **Blenheim** ihr Überleben in erster Linie dem Geschick der Besatzungen und der Tatsache, daß sie recht viel verkraften konnte, denn Geschwindigkeit und Feuerkraft waren sicher nicht ihre Stärke. Bei den Staffeln in Übersee diente die **Blenheim** noch lange Zeit, nachdem ihre Einsatzverwendung in Europa beendet war. Hier erwies sie sich als nützliches Instrument, außer in Singapur, wo die japanischen Jäger leichtes Spiel mit ihr hatten. Bei Produktionsende waren 3983 **Blenheim Mk IV** und **Bolingbroke** von den Bändern. gelaufen. Neben der RAF nutzten auch die Luftstreitkräfte des freien Frankreichs, Finnlands, Griechenlands und Südafrikas diesen leichten Bomber. Die Jagdversion **Blenheim Mk IVF** war eine Umrüstung entsprechend der **Blenheim Mk IF.**

Die letzte direkte Entwicklung der Blenheim-Konstruktion war die **Bristol Type 160**, kurzzeitig „Bisley" genannt, die im Sommer 1942 als **Blenheim Mk V** den Dienst aufnahm. Sie war ursprünglich als Tiefflugbomber für Nahunterstützung mit vier Maschinengewehren im „massiven" Bug gedacht, wurde aber als Höhenbomber gebaut mit Mercury XV oder XXV als Antrieb.

Abgesehen von der modifizierten Bugpartie, einigen Detailveränderungen und der modernisierten Ausrüstung waren diese Maschinen im Grunde genommen ihren Vorgängern gleich. Etwa 945 Exemplare wurden gebaut, die alle aus der Fertigung der Rootes-Werke in Speke und Stoke-on-Trent stammten. Als erste Einheit erhielt No. 18 Squadron die **Blenheim Mk V.** Sechs Staffeln in Nahost und vier in Fernost setzten dieses Muster ohne herausragende Erfolge ein. Die Ursache war ein Gewichtszuwachs von 17 Prozent, einen beträchtlichen Leistungsabfall zur Folge hatte. Als die **Blenheim Mk V** in den italienischen Feldzug eingriff und mit den modernen Jägern der Luftwaffe konfrontiert wurde, stiegen die Verluste so erheblich an, daß man sie vom Einsatz abzog.

## TECHNISCHE DATEN

**Bristol Blenheim Mk IV**

**Typ:** dreisitziger leichter Bomber
**Triebwerke:** zwei Bristol Mercury-XV-Sternmotoren mit je 675 kW (918 PS)
**Leistung:** Höchstgeschwindigkeit 428 km/h in 3595 m Höhe; Marschgeschwindigkeit 319 km/h; Dienstgipfelhöhe 8310 m; max. Reichweite 2350 km
**Gewicht:** Leermasse 4441 kg; max. Startmasse 6532 kg
**Abmessungen:** Spannweite 17,17 m; Länge 12,98 m; Höhe 3,00 m; Tragflügelfläche 43,57 m²
**Bewaffnung:** fünf 7,7-mm-Maschinengewehre (eines in der Backbordfläche, vorwärtsfeuernd, zwei im servogetriebenen Rückenturm und zwei fernbediente MG in einer Kuppel unter dem Bug, nach hinten feuernd) sowie bis zu 454 kg Bomben intern und 145 kg Bomben extern

***Blenheim Mk IVF der No. 235 Squadron, RAF Coastal Command (Küstenkommando). Deutlich erkennbar ist die MG-Wanne unter dem Bug, die die Blenheim zum Jäger machte.***

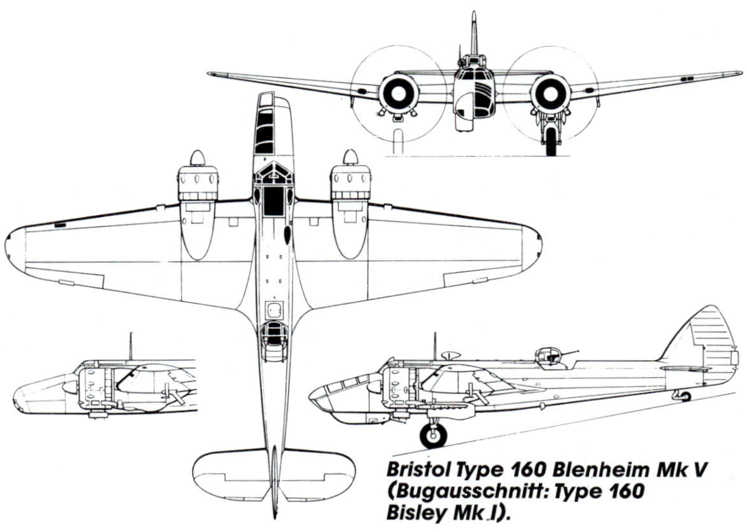

***Bristol Type 160 Blenheim Mk V (Bugausschnitt: Type 160 Bisley Mk I).***

## Bristol Typ 152 Beaufort bis Bristol Typ 166 Buckmaster

**Im Zweiten Weltkrieg konzentrierte Bristol Konstruktion, Entwicklung und Produktion auf zweimotorige Militärflugzeuge — den Torpedobomber Beaufort, den Tagesbomber Buckingham, den Angriffsbomber Brigand und das Schulflugzeug Buckmaster. Eine Schwesterfirma entwarf und baute Motoren.**

# Bristol Type 152 Beaufort

1935 gab das Air Ministry zwei Spezifikationen, M.15/35 und G.24/35, mit den Einzelforderungen für einen Torpedobomber und einen allgemeinen Aufklärer heraus. Letzterer sollte die Avro Anson in dieser Rolle ablösen. Hierfür erhielt, wie unter Bristol Blenheim beschrieben, die Bristol Type 149, in Kanada als Bolingbroke gebaut, den Zuschlag. Für den geforderten Torpedobomber erwog Bristol zunächst eine Anpassung der Blenheim als Type 150. Diesen Entwurf, der primär auf einen geänderten Rumpf zur Aufnahme des Torpedos und für den Einbau stärkerer Motoren abzielte, legte Bristol dem Air Ministry im November 1935 vor.

Nachdem die Unterlagen abgeschickt waren, gelangte das Bristol-Konstruktionsteam zu der Erkenntnis, daß sich beide Forderungen möglicherweise durch ein einziges, von der Blenheim abgeleitetes Muster erfüllen ließen. Man legte die Umrisse eines neuen Entwurfs mit der Bezeichnung **Type 152** an. Im Vergleich zur Blenheim Mk IV war diese Konstruktion etwas länger, damit ein Torpedo in einer Rinne unter dem Bauch mitgeführt werden konnte. Das Cockpit wies nebeneinander angeordnete Sitze für den Piloten und einen Navigator auf, und dahinter befand sich eine Zelle für Funkgeräte und Kamerasätze, die ein Bordschütze/Funker/Kameramann bedienen sollte. **Type 152** erschien dem Air Ministry attraktiver, doch man hielt eine vierköpfige Besatzung für unabdingbar. Bristol überarbeitete daraufhin den Entwurf und gab ihm eine hohe Kabinenlinie, die sich stetig bis zum Waffenturm hinzog. Sie war das kennzeichnende Merkmal des neuen Flugzeugs, das nach Spezifikation 10/36 gefertigt wurde und später offiziell den Namen **Beaufort** erhielt.

Man nahm den detaillierten Entwurf sofort in Angriff, doch erste Analysen und Berechnungen ließen erkennen, daß die beiden vorgesehenen Bristol Perseus-Motoren zu antriebsschwach wären, um den Gewichtszuwachs in Höhe von rund 25 Prozent ohne Flugleistungseinbußen auffangen zu können. Man beschloß daher, den neu entwickelten Taurus-Doppelsternmotor mit Schieberventilsteuerung in die **Beaufort** einzubauen, in der Hoffnung, daß er bis zur Fertigstellung des neuen Flugwerks die Serienreife erreichen würde. Der erste Auftrag für 78 Flugzeuge traf im August 1936 ein, aber der erste Prototyp flog erst gut zwei Jahre später am 15. Oktober 1938. Für diese lange Arbeitsperiode gab es viele Gründe, darunter Motorprobleme durch Überhitzen und der Zwang, die Blenheim-Produktion in Schattenfabriken auszulagern, bevor die Konstruktion der **Beaufort** anlaufen konnte.

Die Testflüge des Prototyps zeigten etliche Schwächen auf. In der Folge entwickelte man Schachtklappen, die das Fahrwerk in eingezogenem Zustand gänzlich abdeckten, verlegte die Motorabgasanlage und bestückte den Rückenturm mit zwei Maschinengewehren. Diese und andere Maßnahmen trugen zur Fortdauer der Kinderkrankheiten des neuen Motors bei und verzögerten die Indienststellung der **Beaufort Mk I** bis Januar 1940, als No. 22 Squadron des Küstenkommandos die ersten Maschinen übernahm. Ihr erster

***Eine Bristol Type 152 Beaufort Mk I der No. 217 Squadron, RAF Coastal Command, zeigt den imposanten Vorderrumpf, der die Crew, ein Funkabteil, die Abwehrbewaffnung und einen Torpedo aufnahm.***

Einsatz erfolgte am 15./16. April 1940 in Form von Minenlegen in feindlichen Gewässern, doch im Monat darauf wurden sämtliche im Dienst befindlichen **Beaufort** mit einem Flugverbot belegt, bis Modifikationen am Triebwerk erfolgt wären.

Zuvor hatte sich die australische Regierung für die **Beaufort** interessiert, und nach dem Besuch einer britischen Kommission (British Air Mission) Anfang 1939 gelangte man zu der Überzeugung, daß Eisenbahninstandsetzungs- und Lehrwerkstätten die Produktion dieses Flugzeugs nach Anleitung und Einweisung übernehmen könnten. Zwei Montagewerke (in Fishermen's Bend, Melbourne, und in Mascot, Sydney) wurden errichtet, denen die Eisenbahnwerke in Chullora, Islington und Newport Teile zulieferten. Man verschiffte 20 Bausätze und die achte Serienmaschine als Mustervorlage nach Australien, doch die Australier entschieden sich schon frühzeitig gegen die Verwendung des Taurus. Sie besorgten sich eine Lizenz von Pratt & Whitney zum Bau des Twin Wasp, und dieser Motor trieb alle 700 in Australien gebauten **Beaufort** an.

Die australische Produktion begann 1940, und die erste australische **Beaufort Mk V** absolvierte ihren Jungfernflug im Mai 1941. Abgesehen vom Triebwerkswechsel und einer größeren Seitenflosse zur Verbesserung der Stabilität bei den stärkeren Twin Wasp-Motoren, entsprach die australische **Beaufort** grundsätzlich dem britischen Pendant. Auch den verschiedenen Varianten, die die australischen Werke hervorbrachten, lagen vor allem Änderungen an Motor und Propeller zugrunde. Dazu gehörten die **Beaufort Mk V** (50) und die **Beaufort Mk VA** (30) mit lizenzgefertigten Twin Wasp S3C4-G, die **Beaufort Mk VI** (60 mit Curtiss-Propellern) und die **Beaufort Mk VII** (40 mit Hamilton-Propellern). Alle 100 Flugzeuge wurden von importierten S1C3-G Twin Wasp-Motoren angetrieben, weil die Lizenzproduktion nicht nachkam, und die **Beaufort Mk VIII** mit lizenzgebauten S3C4-G. Die **Mk VIII** war die endgültige Serienversion, von der 520 Exemplare mit erweitertem Tankvolumen, LORAN-Empfänger und unterschiedlicher Bewaffnung produziert wurden. Nach Einstellung der Fertigung im August 1944 wurden 46 Exemplare der letzten Baureihe zu Transportflugzeugen umgerüstet. Bei dieser Variante, der **Beaufort Mk IX**, war der Rückenturm ausgebaut und die Öffnung sauber verkleidet. Die Motorleistung aller Versionen betrug 895 kW (1217 PS). Die Royal Australian Air Force setzte die **Beaufort** intensiv vom Sommer 1942 bis zum Ende des Zweiten Weltkriegs im Operationsgebiet Pazifik ein.

Die Erprobungsergebnisse der australischen **Beaufort Mk V** mit Twin Wasp-Triebwerken veranlaßte das Air Ministry, diesen Motor für die nächste Bestellung festzuschreiben. Im November 1940 flog daher ein Prototyp mit amerikanischen Motoren in England. Die erste seriengefertigte **Beaufort Mk II** hob im September 1941 vom Boden ab und wies eine deutlich verbesserte Startleistung auf. Aus Mangel an Twin Wasp-Motoren in England wurden allerdings nur 164 Exemplare der Serie Mk II gebaut, bis wieder **Mk I** mit verbesserten Taurus XII oder XVI die Bänder belegten. Abgesehen vom Antriebswechsel zeigte diese Version strukturelle Verstärkungen, einen veränderten Waffenturm und ein Suchradar mit Yagi-Antennen. Als die Produktion dieser Version 1944 auslief, waren in England weit mehr als 1200 **Beaufort** gebaut worden.

***Bristol Type 152 Beaufort Mk I***

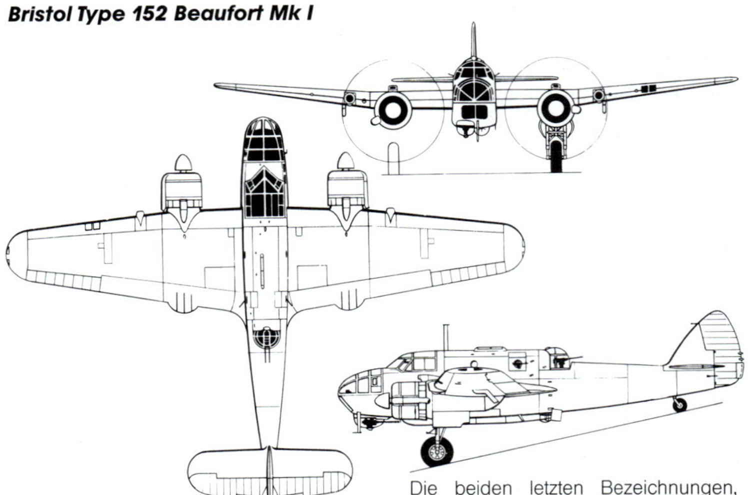

Die beiden letzten Bezeichnungen, **Beaufort Mk III** und **Beaufort Mk IV**, bezogen sich auf eine Version mit Rolls-Royce Merlin XX-Motoren, die nicht zum Zuge kam, bzw. auf eine Version mit Taurus XX-Motoren mit je 932 kW (1267 PS), von der nur ein Prototyp fertiggestellt wurde.

Von 1940 bis 1943 war die **Beaufort** der Standard-Torpedobomber des Küstenkommandos, eingesetzt von No. 42, 86, 217, 415 und 489 Squadron in heimischen Gewässern und No. 39, 47 und 213 Squadron im Nahen Osten. Sie erfüllten ihre Aufgabe gut, bis die Beaufighter sie ersetzte, und waren in viele der ersten Gefechte gegen die Schlachtschiffe Gneisenau und Scharnhorst sowie den schweren Kreuzer Prinz Eugen verwickelt.

### TECHNISCHE DATEN
**Bristol Beaufort Mk I**

**Typ:** viersitziger Torpedobomber
**Triebwerke:** zwei Bristol Taurus-VI-, XII- oder -XVI-Sternmotoren mit je 843 kW (1146 PS)
**Leistung:** Höchstgeschwindigkeit 418 km/h in 1830 m Höhe; Marschgeschwindigkeit 322 km/h; Dienstgipfelhöhe 5030 m; normale Reichweite 1666 km
**Gewicht:** Leermasse 5945 kg; max. Startmasse 9630 kg
**Abmessungen:** Spannweite 17,63 m; Länge 13,59 m; Höhe 3,78 m; Tragflügelfläche 46,73 m²
**Bewaffnung:** vier 7,7-mm-Maschinengewehre (je ein Paar im Bug und im Rückenturm), doch einige Maschinen hatten drei zusätzliche 7,7-mm-MG (eines in einer Wanne unter dem Bug und zwei seitlich postierte Waffen), plus max. 680 kg Bomben oder Minen oder ein 728-kg-Torpedo

# Bristol Type 156 Beaufighter

Der Entwurf **Bristol Type 156**, die später vielgerühmte **Beaufighter**, war das improvisierte Produkt des Bristol-Konstruktionsstabs unter Leitung von Roy Fedden und Leslie Frise. Den Anstoß gab die Münchner Krise von 1938, als die RAF dringend moderne Jäger, vor allem aber schwer bewaffnete Langstreckenflugzeuge für Geleitschutz und Nachtjagd benötigte. Damals hatte Bristol den Entwurf des Beaufort-Torpedobombers praktisch fertiggestellt, und der Improvisationsvorschlag lief daraus hinaus, die Hauptbaugruppen dieses Flugzeugs für einen Neuentwurf zu verwenden, der innerhalb kürzester Zeit den gewünschten Langstreckenjäger ergeben würde. Das vorgeschlagene Konzept gründete auf der Verwendung von Tragflächen, Heck und Fahrwerk der Beaufort, gekoppelt mit zwei schiebergesteuerten Hercules-Motoren eigener Herstellung als Antrieb, so daß nur ein neuer Rumpf erforderlich war, um diese Baugruppen miteinander zu verbinden. Ein vorläufiger Entwurf, in wenigen Tagen durchgezogen und im Oktober 1938 dem Air Ministry vorgelegt, ergab einen Auftrag zur Konstruktion von vier Prototypen. Der erste Vertreter dieses Quartetts hob am 17. Juli 1939 erstmals vom Boden ab und zeigte, was Improvisation zu vollbringen vermag.

Als Mitteldecker in Ganzmetallbauweise (nur die Kontrollflächen waren stoffbespannt) ausgelegt, hatte die **Beaufighter** konventionelle Rumpf- und Leitwerksstrukturen und ein einziehbares Spornradfahrwerk. Für den Antrieb sorgten zwei Hercules-Sternmotoren, wobei die vier Prototypen mit drei unterschiedlichen Ausführungen dieses Motors experimentierten. Die dritte und die vierte Versuchsmaschine erhielten beide den Hercules II.

Die Werks- und Truppenerprobung deckte geringe Schwachstellen der Zelle auf, wenngleich etliche Verbesserungen für den künftigen Einsatz wünschenswert erschienen. Sorgen bereitete lediglich der Motor, denn nachdem der erste Prototyp die erwartete Spitzengeschwindigkeit von 539 km/h nachgewiesen hatte, blieb der zweite 7,5 % unter diesem Wert. Weitaus schwerwiegender aber war die Tatsache, daß die Maschinen in dieser Phase noch ohne die vorgesehene Einsatzausrüstung flogen. Der Firma wurde rasch klar, daß die Einführung des geplanten Hercules III mit 1044 kW (1420 PS) bestenfalls eine leichte Verbesserung ergeben würde. Das einzige kurzfristig verfügbare Alternativtriebwerk war der Hercules XI mit 1119 kW (1522 PS), eine leistungsgesteigerte Ausführung des Hercules III, der Kraftstoff mit 100 Oktan verbrannte. Man entschied sich daher, diese Motoren bei den ersten Baureihen einzusetzen.

Ein anderer wichtiger Problemkreis, den es vor der Indienststellung der **Beaufighter** zu lösen galt, betraf die Bewaffnung. Diese mußte entsprechend der spezifischen Rolle der einzelnen Varianten variabel sein. Die **Beaufighter Mk IF** wurde zum Nachtjäger bestimmt, sobald feststand, daß der Bug genügend Raum für das damals noch recht sperrige Abfangradar bot. Dies diktierte eine Konzentration hoher Feuerkraft, um ein Feindflugzeug sofort außer Gefecht zu setzen, sobald die Maschine per Radarkontakt auf optimale Schußreichweite herangekommen war. Die Standardbewaffnung der **Beaufighter Mk IF** bestand daher aus vier 20-mm-Kanonen im Bug plus vier 7,7-mm-Maschinengewehren in der Steuerbordfläche und zwei weiteren in der Backbordfläche. Frühe Serienflugzeuge des Filton-Werks waren allerdings nur mit den vier Bugkanonen ausgestattet. Zur Radarausrüstung zählte auch die Marke AI IV, die schließlich zum Standard für die **Beaufighter** des Fighter Command erhoben wurde.

Lange vor Einführung dieses Typs in die Einsatzverbände hatte das Auftragsvolumen für die **Beaufighter** einen hohen Stand erreicht, und drei Fertigungsstrecken waren eingerichtet worden: im Bristol-Werk in Filton, in einem neuen Bristol-Werk in Weston-super-Mare, Somerset, und im Fairey-Werk in Stockton, Lancashire. Die erste **Beaufighter Mk IF** aus der Produktion des letztgenannten Werks startete am 7. Februar 1941 und die erste Maschine aus Weston-super-Mare am 20. Februar zum Jungfernflug. Bedeutend früher, am 27. Juli 1940, hatte man die ersten **Beaufighter** der RAF übergeben.

Am 2. September 1940 erhielten No. 25 Squadron und No. 29 Squadron ihre ersten **Beaufighter**, und am 12. September war No. 29 Squadron mit dem neuen Muster voll einsatzbereit, gefolgt von No. 25 Squadron am 10. Oktober. Wenig später erreichten No. 219, 600 und 640 Squadron denselben Status. Die letztgenannte Einheit verbuchte auch den ersten **Beaufighter**-Luftsieg unter Einsatz des AI-Mk-IV-Bordradars am 19. November 1940, als eine Junkers Ju 88 über Oxfordshire schwer getroffen wurde und abstürzte, bevor sie den Ärmelkanal überqueren konnte. Zum Bedauern der RAF erwies sich das AI Mk IV allein als unzureichend für die Abfangjagd, und erst nach Inbetriebnahme der GCI-Stationen (GCI – Ground Controlled Interception = vom Boden geleitetes Abfangen) im Januar 1941, die die Nachtjäger bis auf Reichweite des Bordradars an den Gegner heranführen konnten, erfüllte die **Beaufighter** die Erwartungen.

Eine alternative Einsatzverwendung für die **Beaufighter Mk IF** ergab sich bereits während der Ausrüstung der ersten Nachtjagdstaffeln im Herbst 1940, denn man brauchte dringend Langstrecken-Tagjäger, die im Mittelmeerraum und in der westlichen Sahara operieren konnten. Für den Sofortbedarf wurden rund 80 **Beaufighter Mk IF** wüstentauglich gemacht und zur Steigerung der Reichweite mit einem 227-Liter-Behelfstank auf dem Rumpfboden versehen. Später erhöhte man das Tankvolumen durch Kraftstoffzellen in den Außenflächen, doch diese Maßnahme setzte den Verzicht auf die flächenmontierten Maschinengewehre voraus.

Die Ausrüstung mit besonderen Funk- und Navigationsgeräten kennzeichnete die erste Baureihe **Beaufighter Mk IC** für das Küstenkommando (C = Coastal), die im Frühjahr 1941 bei No. 143 Squadron in Dienst gestellt wurde. Die Flugzeuge dieser Version erwiesen sich von Anfang an als eine wertvolle Waffe, deren Bedeutung durch die fortschreitende Leistungssteigerung noch zunahm.

Der große Bedarf an Hercules-Motoren, der auch dem Short Stirling-Bomber als Antrieb diente, ließ Experimente mit alternativen Triebwerken ratsam erscheinen, damit die Produktion der **Beaufighter**-Jäger nicht stockte, falls die Versorgung mit Hercules-Motoren vorübergehend oder gänzlich abriß. So stattete man zwei der drei Flugwerke, die Rolls-Royce in Hucknall zur Verfügung gestellt wurden, mit 802 kW (1090 PS) starken Merlin-X-Reihenmotoren aus. Die Flugerprobung dieser Maschinen ergab eine leichte Leistungsverbesserung, aber durch den Einbau dieser Motoren hatte sich auch der Schwerpunkt etwas verschoben. Dies zeigte sich durch eine Kursinstabilität, der man mit dem Einsatz eines nach oben abgewinkelten Höhenleitwerks begegnete. Diese V-Stellung der Höhenflossen wurde zum Standard für alle nachfolgenden Baureihen erklärt und auch bei allen bestehenden Flugzeugen nachgerüstet. Die vom Merlin angetriebenen **Beaufighter** erhielten die Bezeichnung **Mk II**, und die erste **Beaufighter Mk IIF** mit Merlin XX mit je 954 kW (1297 PS) hob am 22. März 1941 zum ersten Mal vom Boden ab. Tatsächlich blieb die **Beaufighter Mk II** die einzige Version mit Merlin-Antrieb. Sie diente primär als Heimatschutz-Nachtjäger, wurde aber auch von No. 721, 723, 775 und 789 Squadron der Fleet Air Arm eingesetzt.

Als einzige weitere Variante der ersten Generation flog die **Beaufighter Mk V**, die mit zwei nach vorn feuernden 20-mm-Kanonen und einem Boulton Paul-Vierlingswaffenturm im Rumpf unmittelbar hinter dem Cockpit bewaffnet war. Letzterer verschlechterte jedoch die Flugleistungen derart, daß man von diesem Vorhaben Abstand nahm.

Zum Glück für Bristol und die RAF blieb der befürchtete Mangel an Hercules-Motoren aus. Die Produktion stieg im Gegenteil sogar an, und der stärkere Hercules VI mit einer Nennleistung von 1245 kW (1693

***Bristol Beaufighter Mk X der Escuadrilha 8, portugiesische Forcas Aereas du Armada, Portela de Sacavem, 1945.***

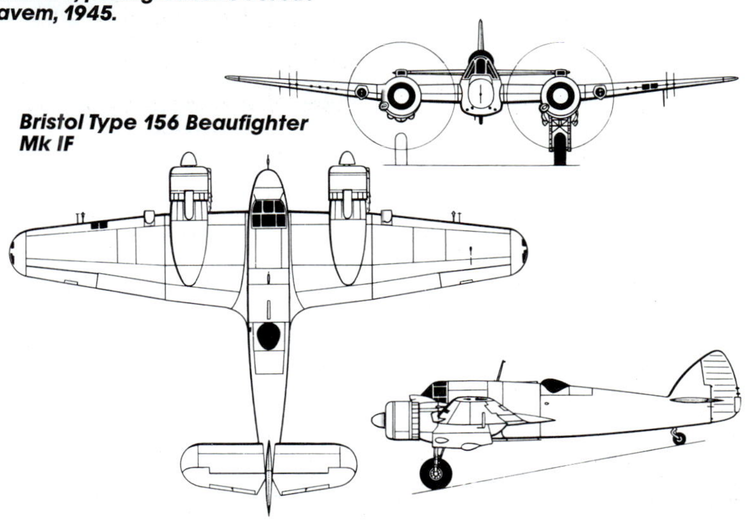

***Bristol Type 156 Beaufighter Mk IF***

***Beaufighter Mk IF der No. 29 Squadron, RAF Fighter Command, mit schwarzem Vollanstrich der Nachtjäger aus dem Jahre 1942. Gut zu erkennen ist die positive V-Stellung der Höhenflossen, die die Richtungsstabilität deutlich verbesserte.***

**TECHNISCHE DATEN**

**Bristol Beaufighter TF.Mk X**

**Typ:** zweisitziger Angriffsjäger gegen Seeziele

**Triebwerke:** zwei Hercules-XVII-Sternmotoren mit je 1320 kW (1795 PS)

**Leistung:** Höchstgeschwindigkeit 488 km/h in 395 m Höhe; max. Marschgeschwindigkeit 401 km/h in 1525 m Höhe; Dienstgipfelhöhe 4570 m; Reichweite 2366 km

**Gewicht:** Leermasse 7076 kg; max. Startmasse 11.431 kg

**Abmessungen:** Spannweite 17,63 m; Länge 12,70 m; Höhe 4,83 m; Tragflügelfläche 46,73 m²

**Bewaffnung:** vier vorwärtsfeuernde 20-mm-Kanonen, sechs vorwärtsfeuernde 7,7-mm-Maschinengewehre und ein schwenkbares Vickers-„K"-7,7-mm-Maschinengewehr im Rückenturm plus ein Torpedo und zwei 113-kg-Bomben oder acht Luft-Boden-Raketen mit je 41 kg

***Die Beaufighter zeichneten sich vor allem bei der Bekämpfung von Seezielen aus. Dazu waren sie mit acht Raketen gegen kleinere Ziele oder mit Torpedos (im Bild) gegen größere Schiffe bewaffnet.***

PS) in 2285 m Höhe wurde für die **Beaufighter** verfügbar. Nach Testflügen mit drei Maschinen akzeptierte man den Hercules IV oder XVI als Standardtriebwerk. Die Flugzeuge mit diesem Antrieb erhielten die Bezeichnung **Beaufighter Mk VI** und lösten die **Mk I** und **Mk II** gegen Ende 1941 auf den Fertigungsstrecken ab.

Die höhere Leistung dieser Motoren ermöglichte es, die Ausrüstung und Bewaffnung der **Beaufighter** vielfältiger zu gestalten und ihre Rollen auszuweiten. Zur Steigerung der Reichweite ließen sich die flächenmontierten Waffen durch einen 227-Liter-Tank steuerbord und einen 109-Liter-Tank backbord ersetzen. Zwei 1130-kg-Bomben konnten unter den Tragflächen mitgeführt und statt der Flächen-MG acht 41-kg-Raketen geladen werden. Nach erfolgreichen Versuchen im Mai 1942 war die **Beaufighter** ferner in der Lage, einen Standardtorpedo amerikanischer oder britischer Produktion zum Einsatz zu bringen. Eine Erstserie von 16 **Beaufighter Mk VIC** wurde für No. 254 Squadron entsprechend umgerüstet. Die „Torbeau", wie diese Maschinen inoffiziell hießen, flogen im April 1943 den ersten erfolgreichen Angriff gegen die Marine des Gegners. Die Kombination **Beaufighter** und Torpedo ergab eine höchst wirkungsvolle Waffe im Luft-Seekrieg.

Die **Beaufighter Mk VIF** vertrat dieses Muster erstmals auf den Kriegsschauplätzen Burma und Indien, eingesetzt von No. 176 Squadron zur Verteidigung Kalkuttas. Zudem flogen vier Staffeln des 1. Tactical Air Command der USAAF diese **Beaufighter**-Version im Mittelmeerraum. Die **Beaufighter Mk VIC** des Küstenkommandos wurden durch den Torpedojäger **Beaufighter TF.Mk X** verstärkt. Diese Maschinen hatten eine modifizierte Version des Hercules VI als Antrieb, die für eine Spitzenleistung in niedrigen Flughöhen ausgelegt war. Die **TF.Mk X** führte ferner das AI Mk VIII in einer „Fingerhutnase" ein. Diese Kombination eignete sich besonders zur Seezielbekämpfung, wie die Tatsache beweist, daß **TF.Mk X** der No. 236 und 254 Squadron im März 1945 innerhalb von 48 Stunden fünf deutsche U-Boote orteten und zerstörten. Zu den weiteren **Beaufighter**-Versionen des Coastal Command gehörten 60 Torpedoträger **Mk VIC** mit Hercules XVI-Antrieb und acht Raketen unter den Flächen statt der flügellafettierten MG. Diese **Beaufighter Mk VI (ITF)** sollten die Zeit bis zur Lieferung der **TF.Mk X** überbrücken (ITF – Interim Torpedo Fighter = Interimtorpedojäger) und wurden später zu **TF.Mk X** umgerüstet. Die letzte britische Serienversion war die **Beaufighter Mk XIC** für das Coastal Command, ähnlich wie die **Mk X**, jedoch ohne Torpedokapazität. Die 163 Exemplare dieser Version erhöhten die britische Gesamtproduktion auf über 5500 Flugzeuge. Davon hatte man 50 Exemplare 1941/42 nach Australien geliefert, wo 1944/45 nochmals 364 Flugzeuge in Lizenz gebaut wurden als **Beaufighter Mk 21**. Diese Maschinen entsprachen im wesentlichen der britischen **TF.Mk X**. Die australischen **Beaufighter**, die die japanischen Kriegs- und Handelsschiffe gnadenlos versenkten, erhielten vom Gegner den grimmigen Beinamen „Flüsternder Tod" (Whispering Death). Nach dem Krieg rüstete man zahlreiche **Beaufighter** der RAF zu Zielschleppflugzeugen mit der Bezeichnung **Beaufighter TT.10** um. Das letzte Exemplar wurde 1960 ausgemustert.

# Bristol Type 163 Buckingham

Als das Konstruktionsteam mit dem Entwurf eines Nachfolgemusters für die Bristol Blenheim begann, konnte es nicht ahnen, daß sein neuer taktischer Tagbomber **Type 163 Buckingham** noch vor dem Erstflug durch die Superleistung eines in Eigeninitiative entwickelten Jagdbombers in Holzbauweise überholt sein würde. Das „Holzwunder" war die de Havilland Mosquito, die dieselbe Bombenlast von 1814 kg mit zwei statt vier Mann Besatzung 80 km/h schneller befördern konnte, wenngleich über eine kürzere Distanz.

Bristols früheres Projekt Type 162 gemäß Spezifikation B.2/41, seinerseits ein Ersatz für die zuvor als Type 161 Beaumont geplante Bomberversion der Bristol Beaufighter, wurde aufgrund der verzögerten Herausgabe des amtlichen Forderungskatalogs überarbeitet. Weitere Verzögerungen ergaben sich durch Kinderkrankheiten des Bristol Centaurus-Motors, so daß der unbewaffnete **Buckingham**-Prototyp erst am 4. Februar 1943 flog. Wenig später folgten der zweite bewaffnete Versuchsbomber und ein weiteres Paar, alle von Centaurus-VI-Höhenmotoren angetrieben. Die Serienbomber sollten Centaurus VII oder XI für mittlere Höhen erhalten.

Geringfügige Änderungen an den Steuerflächen wurden vorgenommen, bevor der erste **Buckingham**-Serienbomber am 12. Februar 1944 vom Boden abhob. Nachdem zehn Maschinen fertigtgestellt waren, mußten jedoch die Kontrollflächen am Leitwerk modifziert werden, um die Stabilität zu verbessern.

Die Mosquito deklassierte die **Buckingham** zwar auf den europäischen Kriegsschauplätzen, doch man war der Meinung, daß ihre überlegene Reichweite sich beim Kampf gegen die Japaner auszahlen würde. Als die Lieferungen einsetzten, ließ sich das Kriegsende im Fernen Osten aber bereits absehen, so daß man die Bestellung von 400 Bombern auf 119 Exemplare plus die vier Prototypen kürzte.

Da eine Verwendung als Bomber nicht mehr sinnvoll erschien, beschloß man die Umrüstung der **Buckingham** zu schnellen Kurierflugzeugen. Die letzten 65 Exemplare auf dem Montageband wurden daher als **Buckingham-C.Mk-1**-Transportflugzeuge fertiggestellt, und die früheren Bomber **Buckingham B.Mk 1** sollten nachträglich denselben Standard erhalten. In dieser Auslegung (mit erweiterter Tankkapazität, vier Passagiersitzen und einer dreiköpfigen Crew) verfügte die **Buckingham** über eine Reichweite von 4828 km und diente für Verbindungsflüge nach Malta und Ägypten, obwohl der Betrieb unwirtschaftlich war. Man modifizierte zwei Maschinen so, daß sie sieben Fluggäste aufnehmen konnten, aber die Maßnahme erwies sich als zu teuer und wurde daher nicht fortgeführt. Die letzte **Buckingham** diente bis 1950 als Bodenprüfstand.

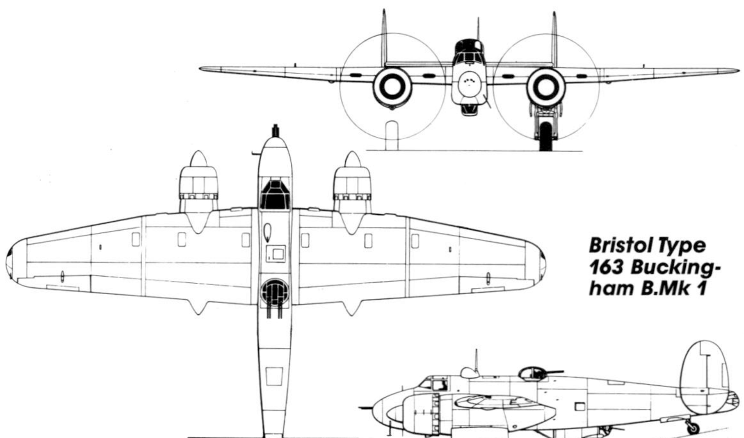

***Bristol Type 163 Buckingham B.Mk 1***

**TECHNISCHE DATEN**
**Bristol Buckingham B.Mk 1**

**Typ:** zweisitziger taktischer Tagbomber
**Triebwerke:** zwei Centaurus-VII-oder -XI-Sternmotoren mit je 1879 kW (2555 PS)
**Leistung:** Höchstgeschwindigkeit 531 km/h in 3660 m Höhe; Marschgeschwindigkeit 459 km/h; Dienstgipfelhöhe 7620 m; Reichweite 5118 km
**Gewicht:** Leermasse 10.905 kg; max. Startmasse 17.259 kg
**Abmessungen:** Spannweite 21,89 m; Länge 14,27 m; Höhe 5,33 m; Tragflügelfläche 65,77 m²
**Bewaffnung:** zehn 7,7-mm-Maschinengewehre (je vier starr eingebaute MG im Vorderrumpf und in der Wanne unter dem Rumpf sowie ein Paar im Rückenturm) und bis 1814 kg Bomben

# Bristol Type 164 Brigand

Nach dem Erfolg der Beaufighter als Torpedobomber veröffentlichte das Air Ministry die Spezifikation H.7/42 für einen Beaufighter-Nachfolger beim Küstenkommando. Bristol reichte die **Bristol Type 164** ein, die später den Namen **Brigand** erhielt. Im April 1943 bestellte das Amt vier Prototypen, von denen der erste am 4. Dezember 1944 flog. Zur Serienproduktion ließ sich ein Teil der Werkstattausrüstung für die Buckingham nutzen. Die ersten elf **Brigand**-Torpedobomber liefen 1946 No. 35 und 42 Squadron sowie der Air/Sea Weapons Development Unit des Coastal Command zu. Zu diesem Zeitpunkt bestand aber kein Bedarf mehr an küstengestützten Angriffsflugzeugen, und die **Brigand** wurden zur Umrüstung nach Filton zurückbeordert, um eine neue Forderung der RAF abzudecken: leichte Bomber für den Einsatz in Birma und Malaya.

Mit der Bezeichnung **Brigand B.1** erreichten die für die neue Rolle vorgesehenen Flugzeuge Anfang 1949 zunächst No. 84 Squadron in Habbaniyah, Irak. Weitere **Brigand** stießen zu No. 8 Squadron in

***Der leichte Bomber B.Mk 1 ging aus dem Torpedojäger Brigand TF.Mk 1 hervor, verzichtete aber auf dessen hintere Abwehrwaffe. Für den Einsatz im Fernen Osten reichten Bomben und Raketen aus.***

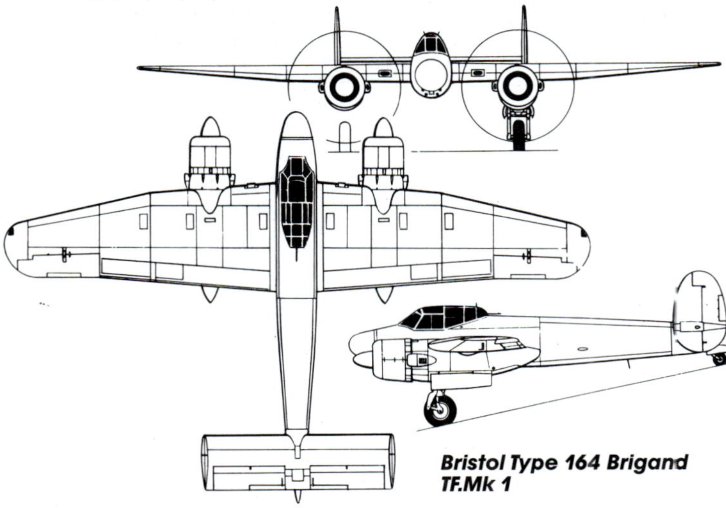

***Bristol Type 164 Brigand TF.Mk 1***

Aden, um die Hawker Tempest dieser Staffel abzulösen. Die Jagdstaffel wurde somit zur Bomberstaffel, bis im Dezember 1952 die de Havilland Vampire die Nachfolge der **Brigand** antrat.

Die letzten Beaufighter der RAF flog No. 45 Squadron in Ceylon, die im Mai 1949, kurz vor der Verlegung nach Malaya, ihre ersten **Brigand** übernahm. Diese Maschine diente während der nächsten fünf Jahre zum Kampf gegen Terroristen. Die **Brigand B.1** verfügte über Panzerschutz, ein neu entworfenes Cockpit und eine einteilige Kabinenhaube, die im Notfall abgeworfen werden konnte. Die nach hinten feuernden Maschinengewehre hatte man entfernt, die vier 20-mm-Bugkanonen aber beibehalten.

Sechzehn unbewaffnete Wetteraufklärungsmaschinen erreichten No.1301 Flight in Ceylon als **Brigand Met.3**. Bei Einstellung der Produktion im Frühjahr 1949 waren 147 **Brigand** gebaut, einschließlich der vier Prototypen. Zwei **Brigand B.1** wurden 1948 der pakistanischen Luftwaffe zur Bewertung überlassen. Eine dieser Maschinen stürzte ab, und die andere kehrte nach einer Grundüberholung zur RAF zurück, die ihr eine neue Seriennummer zuteilte. Als Ersatz für das abgestürzte Flugzeug erhielt die RAF eine neue **Brigand B.1**.

Neun neue Radartrainer mit der Bezeichnung **Brigand T.4** wurden 1950 an No. 228 Operational Conversion Unit in Leeming geliefert, die mit diesen Maschinen ein Jahr lang Radarbeobachter ausbildete, bevor man sie im Juni 1952 zu No. 238 OCU in Colerne umorganisierte. 1955 erschien die **Brigand T.5** mit anders eingebautem Bordradar, bei der es sich um umgerüstete **Brigand B.1** und **Brigand T.4** handelte.

Mit der Auflösung von No. 238 OCU, inzwischen in North Luffenham stationiert, schied die **Brigand** im März 1958 aus dem Dienst. Rund 600 Radarnavigatoren hatten ihre Ausbildung auf der **Brigand T.4** und **T.5** erhalten. Die **Brigand** war der letzte kolbengetriebene Jagdbomber der RAF, der seinen Platz der English Electric Canberra räumen mußte.

### TECHNISCHE DATEN
**Bristol Brigand B.1**

**Typ:** dreisitziger Jagdbomber
**Triebwerke:** zwei Bristol Centaurus-57-Sternmotoren mit je 1842 kW (2505 PS)
**Leistung:** Höchstgeschwindigkeit 576 km/h in 4875 m Höhe; Marschgeschwindigkeit 501 km/h; Dienstgipfelhöhe 7925 m; Reichweite 4506 km mit Abwurftanks
**Gewicht:** Leermasse 11.611 kg; max. Startmasse 17.690 kg
**Abmessungen:** Spannweite 22,05 m; Länge 14,15 m; Höhe 5,33 m; Tragflügelfläche 66,70 $m^2$
**Bewaffnung:** vier starre 20-mm-Bugkanonen und Aufhängungen unter den Flächen für Raketen oder 907 kg Bomben

# Bristol Type 166 Buckmaster

Vom Modell 163 Buckingham wurde die **Bristol Type 166 Buckmaster** als Trainer für Fortgeschrittene abgeleitet. Die Baugleichheit zwischen den beiden Mustern war groß, und tatsächlich wurden die letzten 110 Buckingham durch Einrüstung einer Doppelsteuerung und andere Modifikationen in **Buckmaster** verwandelt.

Der **Buckmaster**-Prototyp flog am 27. Oktober 1944 in Filton, gefolgt von einer zweiten Versuchsmaschine. Beide waren durch Umrüstung fast fertiger Buckingham entstanden. Man hatte bereits Baugruppen für 150 zusätzliche Buckingham hergestellt, als die Order gekürzt wurde. Diese Fertigteile nutzte man für die **Buckmaster,** um die ersten 100 Exemplare 1945 und die letzte Maschine im Jahr darauf zusammenzubauen.

Mehrere **Buckmaster** flogen im Verbindungsdienst bei No. 8 Squadron in Aden, aber die Mehrzahl wurde den Operational Conversion Units zur Ausbildung der Brigand-Piloten zugeschleust. Der **Buckmaster** kam die Ehre zu, bei ihrer Einführung eines der schnellsten und leistungsstärksten Trainer in RAF-Diensten zu sein. Sowohl Blindflugausbildung als auch Instrumentenflüge konnte sie durchführen. Die letzten **Buckmaster** des Training Command dienten bis Mitte der fünfziger Jahre bei No. 238 OCU in Colerne, abgesehen von einem oder zwei Exemplaren für Erprobungszwecke in Filton. Eine dieser Maschinen wurde zu Lehrzwecken dem Fliegerhorst RAF Halton überstellt, bis man im Jahre 1958 schließlich auch dieses Flugwerk verschrottete.

### TECHNISCHE DATEN
**Bristol Buckmaster**

**Typ:** dreisitziger Trainer für Fortgeschrittene
**Triebwerke:** zwei Bristol Centaurus-VII-Sternmotoren mit je 1879 kW (2555 PS)
**Leistung:** Höchstgeschwindigkeit 566 km/h in 3660 m Höhe; Dienstgipfelhöhe 9145 m; Reichweite 3219 km
**Gewicht:** Leermasse 10.433 kg; max. Startmasse 15.286 kg
**Abmessungen:** Spannweite 21,89 m; Länge 14,50 m; Höhe 5,33 m; Tragflügelfläche 65,77 $m^2$

***Bristol Buckmaster T.Mk 1***

## Bristol Type 167 Brabazon bis British Aerospace (BAC) 167 Strikemaster

**1956 wurde aus der Bristol Aircraft Division die Bristol Aircraft, welche 1960 zusammen mit English Electric und Vickers die British Aircraft Corporation bildete und ihre Hubschrauber-Abteilung an Westland verkaufte. Aus der Fusion von Hawker Siddeley und Scottish Aviation entstand 1977 die British Aerospace.**

# Bristol Type 167 Brabazon

*Die „Motorgondeln" der Brabazon Mk I verraten, daß sie lediglich die Antriebswellen für die gegenläufigen Luftschrauben enthielten. Die zugehörigen Bristol Centaurus-Sternmotoren waren paarweise in den Flächen montiert. Den Antrieb der definitiven Brabazon Mk II hätte der Bristol Coupled-Proteus besorgt und eine Spitzengeschwindigkeit von knapp 580 km/h erzeugt.*

Der britische Nachholbedarf der zivilen Luftfahrt nach dem Krieg war Gegenstand einer Studie, die ein interministerieller Fachausschuß (Inter-Departmental Committee) unter Vorsitz von Lord Brabazon of Tara unternahm. Anfang 1943 empfahl der Ausschuß die Entwicklung fünf unterschiedlicher Muster, darunter eine Verkehrsmaschine für Nonstop-Transatlantikflüge zwischen London und New York. Am 11. März 1943 wurde die Bristol Aeroplane Company als Hersteller bekanntgegeben, der dieses prestigeträchtige transozeanische Verkehrsflugzeug konstruieren und entwickeln sollte. Die **Bristol Type 167 Brabazon I**, wie man diesen Typ bezeichnete, war dazu auserkoren, die Vorherrschaft der Amerikaner auf dem Gebiet der Verkehrsmaschinen zu brechen.

Nach zahllosen Diskussionen über die Abmessungen, die Passagierkapazität und das Flugleistungsvermögen des projektierten Flugzeugs verständigte man sich schließlich auf die Spezifikation 2/44 für eine Transportmaschine mit 50 Passagiersitzen und einer maximalen Abflugmasse von 113.858 kg. Im November 1944 stand die Grundauslegung fest: ein Rumpf mit 5,11 m als größtem Durchmesser, ein mehrrädriges Bugradfahrwerk und vier paarweise gekoppelte Sternmotoren vom Typ Bristol Centaurus als Antrieb für gegenläufige Luftschrauben.

Die ersten Zeichnungen wurden im April 1945 freigegeben, und im Oktober begann die Konstruktion des ersten Prototyps. Der Rumpf, das Flügelmittelstück und das Höhenleitwerk wurden als integrale Baugruppe gefertigt, die man am 4. Oktober 1947 in die Endmontagehalle verfrachtete. Das komplettierte Flugzeug verließ die Halle im Dezember 1948, und am 4. September 1949 führte Cheftestpilot A.J. („Bill") Pegg den Prototyp zum Jungfernflug. Am 14. Juni 1950 wurde dem Muster ein eingeschränktes Lufttüchtigkeitszeugnis ausgestellt, und am nächsten Tag startete **Brabazon I** auf London Airport zu mehreren Vorführflügen, für die man im hinteren Kabinenabschnitt eigens 30 Sitze eingebaut hatte.

Zahlreiche und gefährliche Haarrisse durch Materialermüdung im Bereich der Propelleraufhängung waren einer der Gründe, aus denen das Air Registration Board keine uneingeschränkte Zulassung für kommerzielle Passagierflüge erteilte. Damit entfiel mit einem Schlag natürlich auch die geplante Erprobung dieses Flugzeugs mit 180 Sitzen auf der Strecke London–Nizza von British European Airways.

Nachdem Großbritannien bereits rund drei Millionen Pfund für sein größtes Landflugzeug ausgegeben hatte, mußte es dieses ehrgeizige Projekt fallen lassen und die Versuchsmaschine, die weniger als 400 Stunden geflogen war, im Oktober 1953 in Filton verschrotten lassen.

### TECHNISCHE DATEN

**Bristol Brabazon I**

**Typ:** Langstrecken-Verkehrsflugzeug
**Triebwerke:** acht Bristol Centaurus-Sternmotoren mit je 1864 kW (2535 PS)
**Leistung:** Höchstgeschwindigkeit 483 km/h; Reisegeschwindigkeit 402 km/h; Reiseflughöhe 7620 m; Reichweite 8851 km
**Gewicht:** Leermasse 65.816 kg; max. Startmasse 131.542 kg
**Abmessungen:** Spannweite 70,10 m; Länge 53,95 m; Höhe 15,24 m; Tragflügelfläche 493.95 m²

# Bristol Type 170 Freighter

***Bristol Type 170 Freighter Mk 31 von Safe Air Limited (Neuseeland)***

Eines der ersten Nachkriegsprojekte der Bristol Aeroplane Company war das Nutztransportflugzeug **Type 170** für den Kurzstreckenbetrieb. Es wurde in der Endphase des Krieges entwickelt und seine Auslegung größtenteils durch die Forderungen des britischen Heeres bestimmt. Unter anderem sollte es den drei Tonnen schweren Standard-Lastkraftwagen der British Army auf dem Luftweg befördern können. Der Entwurf sah einen Hochdecker mit muschelförmigen Bugtüren, einem Flugdeck über dem Frachtraum bzw. der Kabine, starrem Fahrgestell und zwei flächenmontierten Bristol Hercules-Schiebermotoren vor. Das Ministry of Supply (Beschaffungsministerium) genehmigte den Bau von zwei zivilen Prototypmaschinen, da sich das Ende des Bedarfs an militärischen Transportflugzeugen abzeichnete. Allerdings sollte der Hersteller die Kosten für die Werkzeugausrüstung und die Fertigung zweier weiterer Versuchsflugzeuge selbst tragen.

Folglich nutzte Bristol die Gelegenheit, die beiden „Firmenflugzeuge" als Passagier-/Frachtvarianten zu konzipieren. Die MoS-Maschinen erschienen als **Type 170 Mk I Freighter** und behielten die Frachtladetüren im Bug bei, während die firmeneigenen Versuchsmaschinen als **Type 170 Mk II Wayfarer** mit „solidem" Bug, seitlicher Einstiegs-/Frachttür und wahlweise verstärktem Frachtboden konstruiert wurden. Die Wayfarer-Maschinen waren mit unterschiedlicher Auslegung erhältlich, darunter eine für maximal 32 Passagiere, einschließlich Toilette und Bordküche.

Zuerst flog am 2. Dezember 1945 der **Freighter**-Prototyp (G-AGPV), gefolgt von einer 32sitzigen **Wayfarer** (G-AGVB) am 30. April 1946. Der erste Prototyp wurde zur amtlichen Eprobung nach Boscome Down geschickt. Anschließend vergrößerte man die Spannweite um 3,05 m, um höhere Betriebsmassen zu ermöglichen. Diese wiederum verlangten den Einbau stärkerer Triebwerke, was zu der neuen Bezeichnung **Type 170 Freighter Mk 21** führte. Die bekannteste Version aber wurde die **Type 170 Freighter Mk 32** mit 152 cm längerem Rumpf. Diese Variante hatte man für Silver City Airways entwickelt, um dieser Gesellschaft mehr Kapazität für den Passagier- und Autotransport auf der Luftbrücke über den Kanal zu bieten. Die „Superfreighter" der Silver City konnten zwei oder drei Kraftfahrzeuge und bis zu 23 Passagiere aufnehmen. Später kamen „Super-Wayfarer" hinzu, die sogar Raum für 60 Passagiere boten. 1962 schlossen sich Air Charter und Silver City Airways zu British United Air Ferries zusammen und betrieben gemeinsam eine Flotte von 24 **Type 170**, die bis 1970 auf 41 Exemplare anwuchs. Bei Einstellung der Produktion Anfang 1958 waren Exemplare aller Versionen gefertigt.

**Varianten**

**Type 170 Freighter Mk IA:** Variante der Mk I mit 16 Passagiersitzen und Toilette bis zum Hinterholm
**Type 170 Freighter Mk IB:** BEA-Ausführung der Mk I
**Type 170 Freighter Mk IC:** BEA-Ausführung der Mk IA

**Type 170 Freighter Mk ID:** BSAA-Ausführung der Mk IA
**Type 170 Wayfarer Mk IIA:** Version der Mk II mit 32 Sitzen, Bordküche und Toilette
**Type 170 Wayfarer Mk IIB:** BEA-Ausführung der Mk IIA mit zwei Toiletten
**Type 170 Wayfarer Mk IIC:** Version der Mk II mit 20 Sitzen vor dem Hinterholm, Gepäckraum und Toilette
**Type 170 Freighter Mk XI:** Version der Mk I mit einer Spannweite von 32,92 m und erweitertem Tankvolumen
**Type 170 Freighter Mk XIA:** Variante der Mk XI für den gemischten Verkehr
**Type 170 Freighter Mk 21E:** Umrüstversion der Mk 21 mit Kabinenheizung, Schalldämmung und 32 ausbaubaren Sitzen
**Type 170 Freighter Mk 31:** Version der Mk 21 mit Rückenfinne
**Type 170 Freighter Mk 31E:** Umrüstversion der Mk 31
**Type 170 Freighter Mk 31M:** Militärversion der Mk 31 mit Vorrichtungen zum Absetzen von Luftlasten
**Type 179 Freighter:** vorgeschlagene Version mit doppelten Leitwerksträgern
**Type 179A Freighter:** vorgeschlagene Version mit hochgezogenem Heck und hinterer Frachtladerampe
**Type 216 Freighter:** Projekt für eine Autoluftfähre mit zwei Dart-Propellerturbinen als Antrieb

**TECHNISCHE DATEN**
**Bristol Freighter Mk 32**
**Typ:** Nutztransportflugzeug
**Triebwerke:** zwei Bristol Hercules 734-Sternmotoren mit je 1476 kW (2007 PS)
**Leistung:** Höchstgeschwindigkeit 362 km/h; Reisegeschwindigkeit 262 km/h; Dienstgipfelhöhe 7470 m; Reichweite 1320 km
**Gewicht:** Leermasse 13.404 kg; max. Startmasse 19.958 kg
**Abmessungen:** Spannweite 32,92 m; Länge 22,35 m; Höhe 7,62 m; Tragflügelfläche 138,14 m²

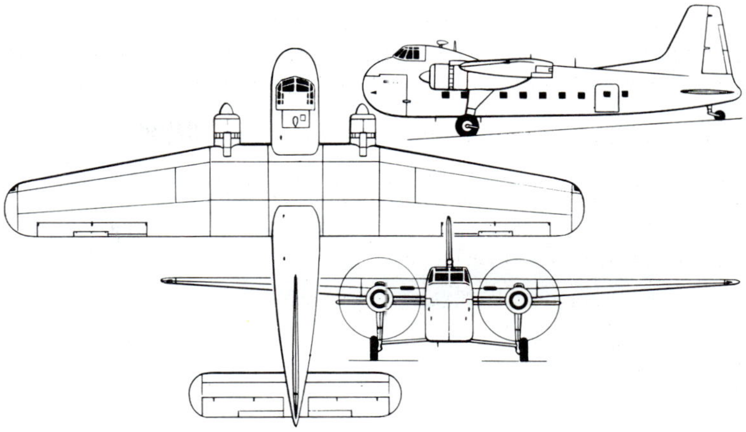

***Bristol Type 170 Freighter Mk 31***

# Bristol Type 171 Sycamore

Ende 1944 gründete die Bristol Aeroplane Company eine Hubschrauber-Fachgruppe in Filton und gewann als Leiter Raoul Hafner vom Airborne Forces Experimental Establishment, wo er ein Entwicklungsteam für britische Rotorflugzeuge geführt hatte. Hafner nutzte seine Vorkriegserfahrung mit dem A.R. III Gyproplane und entwarf einen einmotorigen, viersitzigen Hubschrauber für den zivilen und militärischen Bereich. In Ermangelung eines hinreichend entwickelten Motors dieser Leistungsklasse griff Hafner auf den Wasp Junior (456 PS) von Pratt & Whitney als Antrieb für den ersten von zwei Prototyp-Hubschraubern **Type 171 Mk I** zurück, die nach Spezifikation E.20/45 des Ministry of Supply konstruiert werden sollten.

Der Entwurf sah eine Kabinensektion aus Leichtmetall und einen Heckausleger in Schalenbauweise vor, zusammengeführt in einer zentralen Motor- und Getriebezelle für einen Rotorkopf mit drei Blättern aus Schichtholz. Nach gründlichen Tests der einzelnen Baugruppen begannen am 9. Mai 1947 die Bodentestläufe. Am 27. Juli führte H.A. Marsh den ersten ungefesselten Flug durch. Im Februar 1948 wurde der zweite Prototyp in die Erprobung einbezogen, und dieses Exemplar erhielt als erster britischer Hubschrauber ein Lufttauglichkeitszeugnis, um seinen Überführungsflug zum Pariser Luftsalon zu ermöglichen. In das dritte Flugwerk, das zur statischen Vorführung auf der SBAC-Ausstellung von 1948 in Farnborough vorgesehen war, wurde ein Alvis Leonides-Sternmotor eingebaut. Dieser als **Type 171 Mk 2** bezeichnete Hubschrauber absolvierte seinen Jungfernflug am 3. September 1949, doch beim zweiten Start zerlegte sich der Hauptrotor. Mit einem stärkeren Rotor wurde die Entwicklung dieses Hubschraubers parallel zur Serienfertigung von **15 Mk 3** fortgeführt.

***Der Bristol Sycamore HR.14 war der RAF-Mehrzweckhubschrauber des Grundmusters Type 171. Tatsächlich vereinte diese Universalmaschine in sich alle erfolgreichen Merkmale früherer Sycamore-Varianten.***

**Varianten**
**Type 171 Mk 3:** Änderungen der Zelle ergaben einen kürzeren Bug und eine 20 cm breitere Kabine, um drei Passagiere auf der Rückbank unterbringen zu können; damit kritische Systemkomponenten bei einem Motorausfall funktionstüchtig blieben, wurde der Abtrieb für die Anbaugeräte vom Motor auf das Rotorgetriebe verlegt; die erste Baureihe ergab einen Sycamore HC.10 und vier Sycamore HC.11 Sanitäts- und Verbindungshubschrauber zur Bewertung durch das Army Air Corps sowie vier Sycamore HR.12 Rettungshubschrauber für das RAF-Küstenkommando; zwei Mk 3A mit einem Frachtraum hinter der Motorzelle wurden für British European Airways gefertigt
**Type 177 Mk 4:** Hauptserienversion, in die Modifizierungen aufgrund der Erfahrung mit dem Mk 3 eingeflossen waren, darunter ein höheres Fahrgestell, vier Kabinentüren und die von backbord nach steuerbord verlegte Position des Hubschrauberführers; geliefert wurden drei Sycamore HR.50 und sieben Sycamore HC.51 für die Royal Australian Navy, drei Sycamore Mk 14 für die belgischen Luftstreitkräfte zum Einsatz im Kongo und 50 Sycamore Mk 52 für das Bundesheer und die Bundesmarine; die RAF erhielt zwei Sycamore HR.13 und über 80 Sycamore HR.14 mit Winde für den Luft- und Seenotrettungsdienst; erster Empfänger war No. 275 Squadron, Fighter Command, die ihren Hubschrauber am 13. April 1953 entgegennahm; Sycamore-Helicopter operierten auch als Transport- und Beobachtungshubschrauber in Malaya, Zypern und Borneo.

**TECHNISCHE DATEN**
**Sycamore HR.14**
**Typ:** fünfsitziger Verbindungs-, SAR- und leichter Transporthubschrauber
**Triebwerke:** ein Alvis Leonides 73-Sternmotor mit 410 kW (558 PS)
**Leistung:** Höchstgeschwindigkeit 204 km/h in Meereshöhe; Marschgeschwindigkeit 169 km/h; Flugdauer 3 Stunden
**Gewicht:** Leermasse 1728 kg; max. Startmasse 2540 kg
**Abmessungen:** Hauptrotordurchmesser 14,81 m; Länge bei zusammengefalteten Rotoren 14,07 m; Höhe 3,71 m; Hauptrotorkreisfläche 172,22 m²

# Bristol Type 173 & 192 Belvedere

Der erste britische Hubschrauber mit zwei Rotoren in Tandem-Anordnung war der **Bristol Type 173**. Er kombinierte zwei Rotor- und Steuerungssätze des Sycamore, die von je einem Alvis Leonides mit 429 kW (583 PS) angetrieben wurden. Diese hatte eine Freilaufkupplung, so daß jeder Motor beide Rotoren antreiben konnte, falls ein Triebwerk ausfiel.

Der erste von zwei Prototypen gemäß Spezifikation E.4/47 des Ministry of Supply, absolvierte am 3. Januar 1952 seinen ersten Schwebeflug. Schwierigkeiten aufgrund von Bodenresonanzen verzögerten jedoch bis Juli weitere Fortschritte. Der erste Flug vom Werksplatz Filton fand am 24. August statt, und dieser mit **Type 173 Mk 1** bezeichnete Hubschrauber nahm an der SBAC-Ausstellung im September teil. Anschließend prüfte die RAF das Muster, und 1953 folgte die Marineerprobung an Bord des Flugzeugträgers HMS Eagle. Daraufhin wurde der erste Prototyp mit Verblattrotoren und tief angesetztem Höhenleitwerk ohne V-Stellung, aber mit kleinen Endflossen ausgerüstet.

Zwei Paar Stummelflächen, vorn und hinten zur Entlastung der Rotoren im Flug montiert, kennzeichneten den zweiten Versuchshubschrauber, dessen Fronträder zudem freibeweglich aufgehängt waren. Nach dem Erstflug am 31. August 1953 wurde diese Maschine als **Type 173 Mk 2** im August 1954 der RAF zur weiteren Erprobung der Seetüchtigkeit übergeben. Man hatte die Stummelflächen entfernt bzw. das hintere Paar durch das waagerechte Höhenleitwerk des Mk 1 ersetzt. Im August 1956 wurde dieser Hubschrauber leihweise der BEA zur Verfügung gestellt, doch nach einem Unfall in Filton am 16. September aus dem Verkehr gezogen. Drei weitere Prototypen entstanden als **Type 173 Mk 3** für das Ministry of Supply, ausgestattet mit 634 kW (862 PS) starken Leonides Major-Motoren, vierblättrigen Metallblättern und größerem Heckrotorbock. Nur der erste Prototyp gelangte über die Bodentestphase hinaus und führte ab 9. November 1956 Schwebeflüge an aus. Das dritte Exemplar hatte den kürzeren Rumpf und das langbeinige Fahrgestell der Marineversion **Type 191**, die sich im April 1956 einen Auftrag für drei Prototyp-

***Der Prototyp Type 173 (G-ALBN) litt unter Problemen durch Bodenresonanzen und offenbarte allgemeine Stabilitätsschwächen.***

hubschrauber mit Leonides Major-Triebwerken und 65 Serienhubschrauber mit Napier-Gazelle-Wellenturbinen sicherte.

Die Royal Air Force benötigte einen Hubschrauber zum Truppentransport und zum Ausfliegen von Verwundeten, der aber auch in der Lage sein mußte, Schwerlasten mit Übergröße am Haken zu befördern. Im April 1956 wurden 22 **Type 192** bestellt, die, ebenso wie die vier nachbestellten Exemplare, Gazelle-Turbinen als Antrieb erhalten sollten. Den erstmals am 5. Juli 1958 geflogenen Prototyp unterstützten neun Vorserienhubschrauber im Entwicklungsprogramm. Diese Maschinen waren urspünglich mit Rotorblättern in Holzbauweise und Höhenflossen mit negativer V-Stellung und Endscheiben ausgestattet. Vor der Auslieferung an die RAF erhielten sie jedoch den gültigen Serienstandard. Die Modifikation umfaßte den Einsatz metallener Rotorblätter und nach unten abgewinkelter Höhenflossen in Mischbauweise, Kraftverstärker für Kontrollflächen, Schiebetüren, verbesserte Triebwerkslufteinläufe und größere Räder mit Niederdruckreifen. Die elfte Maschine wurde als erster Serienhubschrauber **Belvedere HC.1** fertiggestellt und im August 1961 No. 66 Squadron in Odiham übergeben. Sie war die letzte Einheit, die **Belvedere**-Hubschrauber flog. Als No. 66 Squadron ihren ersten **Belvedere** erhielt, hatte Westland Aircraft Ltd. die Bristol-Hubschraubergruppe übernommen. Diese Gruppe war mit der weiteren Produktion des **Belvedere** für die RAF und der technischen Betreuung betraut.

***Der Type 192 Belvedere wurde mit Gazelle-Wellenturbinen und nach unten abgewinkelten Höhenflossen stabilisiert.***

**TECHNISCHE DATEN**

**Bristol Belvedere HC.1**

**Typ:** taktischer Kurzstrecken-Transporthubschrauber
**Triebwerke:** zwei Napier Gazelle N.Ga 2-Wellenturbinen mit je 1092 kW (1485 WPS)
**Leistung:** höchste Marschgeschwindigkeit 222 km/h; Dienstgipfelhöhe 5275 m; Reichweite mit einer Nutzlast von 2722 kg 120 km; Überführungsreichweite 750 km
**Gewicht:** Leermasse 5277 kg; max. Überlast-Startmasse 9072 kg
**Abmessungen:** Rotordurchmesser je 14,91 m; Länge bei laufenden Rotoren 27,36 m; Höhe 5,26 m; Rotorkreisfläche insgesamt 349,30 m²

# Bristol Type 175 Britannia

Auf die Ausschreibung für das MRE-Verkehrsflugzeug (Medium Range Empire) zur Regeneration der BOAC-Langstrekkenflotte nach dem Zweiten Weltkrieg gingen insgesamt acht Entwürfe von Bristol und vier anderen britischen Herstellern ein. Der Leistungsbeschreibung am nächsten kam die **Bristol Type 175**, ein druckbelüfteter Tiefdecker mit Bugradfahrwerk, der von vier Bristol Centaurus-Kolbentriebwerken mit Schieberventilsteuerung angetrieben werden sollte und 32 bis 36 Passagieren Platz bot. Da diese Motoren mehr Leistung bereitstellten, als für die geplante Nutzlast nötig war, beschloß man, den Entwurf auf eine Passagierkapazität von 40-44 aufzubohren. Diese stieg später sogar auf 42–48 Sitze. Bristol rechnete damit, daß BOAC diese Version bestellen würde, tatsächlich aber stellte sich das Ministry of Supply als Auftraggeber für drei Prototypen am 5. Juli 1948 ein.

Weitere Änderungen am Entwurf folgten, und als der erste Prototyp (G-ALBO) am 18. August 1952 zum Erstflug abhob, zeigte er schon die Grundauslegung der ersten Baureihe 100, die maximal 90 Passagiere in der Touristenklasse befördern konnte. Den Antrieb des Prototyps besorgten vier Bristol Proteus-Propellerturbinen, die jeweils 2088 äkW (2840 äPS) abgaben. Die Serie 100 erhielt allerdings die weiterentwickelte Proteus-Version 705 mit 2819 äkW (3834 äPS). Fünfzehn Maschinen dieser Version wurden für BOAC als **Britannia 102** gefertigt und am 1. Februar 1957 auf den Südafrika-Strecken der Gesellschaft in Dienst gestellt.

Es folgte die **Britannia 300** mit gesteigerter Kapazität, deren Prototyp **Britannia 301** (G-ANCA) erstmals am 31. Juli 1956 flog. Diese Version mit 3,12 m längerem Rumpf sollte nicht nur die Passagierkapazität auf 133 Reisende in der Touristenklas-

***Bristol Britannia 253C von Gemini Air Transport (Ghana)***

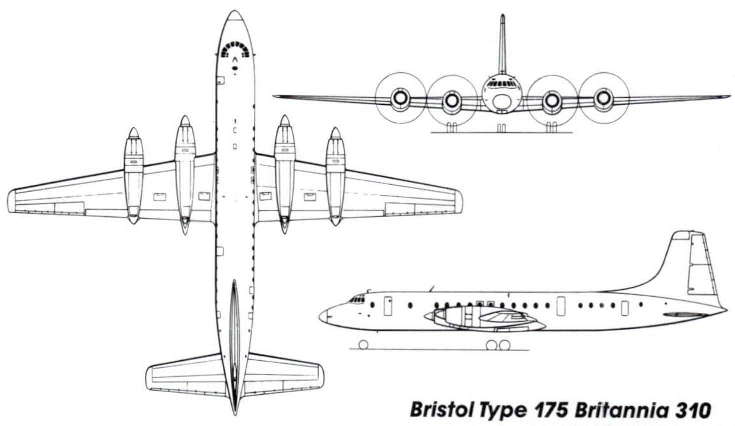

***Bristol Type 175 Britannia 310***

***Britannia 253F war die zivile Bezeichnung der als C.Mk 1 für die RAF gebauten Transportmaschinen. Dieses Exemplar der Redcoat Air Cargo diente als eines der letzten im aktiven Flugbetrieb.***

se anheben, sondern auch Nonstop-Transatlantikflüge ermöglichen. BOAC bestellte zwar sieben Exemplare, nahm sie aber letztendlich nicht ab. Statt dessen flogen sie für Aeronaves de Mexico (zwei **Britannia 302**), Transcontinental SA (zwei **Britannia 305**), Air Charter (zwei **Britannia 307**) und Ghana Airways (eine **Britannia 309**).

BOAC änderte ihren Auftrag auf **Series 300LR-**(Long Range)-Flugzeuge mit erweitertem Tankvolumen um, die zunächst von Proteus 755-Propellerturbinen mit je 3072 äkW (4178 äPS) angetrieben wurden. Später wechselte die Bezeichnung zu Series 310. Der Prototyp **Britannia 311** (G-AOVA) hob am 31. Dezember 1957 zum ersten Mal vom Boden ab, und am 10. September 1957 übernahm BOAC ihre erste **Britannia 312** für Streckenerprobungsflüge über dem Nordatlantik. Dies führte zur Einweihung der BOAC-Verbindung London–New York mit **Britannia 312**, der ersten transatlantischen Passagierstrecke, die von turbinengetriebenen Airlinern beflogen wurde. Am 19. Dezember 1957 beförderte G-AOVC erstmals zahlende Fluggäste auf dieser Linie. Die abschließende Entwicklung ergab die **Series 320**, die sich in erster Linie durch den Antrieb in Form von Proteus 765 mit 3318 äkW (4512 äPS) unterschied. Nur zwei Exemplare wurden gebaut und per Mietkaufvertrag Canadian Pacific Air Lines (heute CP Air) zur Verfügung gestellt.

Zu Beginn der **Britannia**-Produktion schien alles auf ein hohes Auftragsvolumen hinzudeuten, doch der Airliner wurde von der neuen Boeing 707 abgehängt und holte sie nicht mehr ein. Neben 60 **Britannia**-Verkehrsflugzeugen fertigten Short Brothers und Harland in Belfast 23 Transportmaschinen (drei **Britannia 252** und 20 **Britannia 253**) für die RAF, die ihnen die Bezeichnung **Britannia C.Mk 2** beziehungsweise **C.Mk 1** zuwies. Diese Maschinen entsprachen im wesentlichen der **Series 310** und waren mit einer großen Frachttür ausgestattet. 1975 wurden die 22 im Dienst verbliebenen RAF-Britannia ausgemustert und an kleinere Fluggesellschaften in Afrika, Europa und Nahost verkauft. Anfang 1982 flogen noch rund zehn Exemplare.

Die letzte **Britannia**, die Ende November 1960 das Filton-Werk verließ, war der Originalprototyp (G-ALBO), der zu dem Zeitpunkt einen ungewöhnlichen Mischantrieb erhalten hatte. Die vier Turboprop-Triebwerke setzten sich aus zwei Proteus 705 innen sowie einer Proteus 755 und einer Bristol Orion mit 4101 kW (5577 PS) in den Außengondeln steuerbord bzw. backbord zusammen. Dieses Exemplar beschloß seinen Dienst als Lehrflugzeug auf dem RAF-Fliegerhorst St. Athan.

Damit endete die Geschichte der **Britannia** aber noch nicht ganz, denn Canadair Ltd. hatte 1954 Lizenzrechte zur Produktion von Nachfolgemodellen erworben. Die Firma fertigte zunächst 33 **CL-28 Argus**, die man für die Royal Canadian Air Force von der **Britannia** abgeleitet hatte. Anschließend konstruierte Canadair die Transportversion **CL-44** für den militärischen und den zivilen Bereich.

### TECHNISCHE DATEN
**Bristol Type 175 Britannia Series 310**

**Typ:** viermotoriges Verkehrsflugzeug
**Triebwerke:** vier Bristol Proteus 755-Propellerturbinen mit je 3072 äkW (4178 äPS)
**Leistung:** Höchstgeschwindigkeit 639 km/h; Reisegeschwindigkeit 575 km/h; Dienstgipfelhöhe 7315 m; Reichweite mit max. Nutzlast 6869 km
**Gewicht:** Leermasse 37.438 kg; max. Startmasse 83.915 kg
**Abmessungen:** Spannweite 43,36 m; Länge 37,87 m; Höhe 11,43 m; Tragflügelfläche 192,77 m²

# Bristol Type 188

Der erste strahlgetriebene Bristol-Entwurf, der über die Flugtestphase hinausgelangte, war **Type 188**, entwickelt nach Spezifikation ER.134 vom Februar 1953. Es wurde ein Forschungsflugzeug gefordert, das zur Untersuchung der Wirkung kinetischer Aufheizungsvorgänge an der Zelle doppelte Schallgeschwindigkeit fliegen können sollte. **Type 188**, aus rostfreiem Stahl konstruiert, sollte ursprünglich zwei Rolls-Royce-Avon RA.24R-Strahltriebwerke erhalten, aber statt dessen baute man Gyron DGJ.10 von de Havilland ein. Der Auftrag für sechs Flugzeuge reduzierte sich später auf nur drei, von denen eines im Mai 1960 zur Festigkeitsprüfung der Zelle nach Farnborough transportiert wurde. Der erste Prototyp rollte am 26. April aus der Montagehalle, aber technische Mängel wie Unstimmigkeiten der Triebwerkslufteinläufe verzögerten den Erstflug bis zum 14. April 1962. Mit Cheftestpilot Godfrey Auty startete **Type 188** in Filton, um nach 23 Minuten beim Aircraft and Armament Experimental Establishment (AA&EE) in Boscombe Down zu landen. Der zweite Prototyp flog erstmals am 29. April 1963.

### TECHNISCHE DATEN
**Bristol Type 188**

**Typ:** einsitziges Hochgeschwindigkeits-Forschungsflugzeug
**Triebwerke:** zwei de Havilland Gyron-Junior-DGJ.10-Strahltriebwerke mit je 6350 kg Schub
**Leistung:** Höchstgeschwindigkeit Mach 1,88
Gewicht: Leermasse 12.701 kg; max. Startmasse 17.022 kg
**Abmessungen:** Spannweite 10,69 kg; Länge 21,64 m; Höhe 4,06 m; Tragflügelfläche 36,79 m²

Die Forschungslaufbahn der **Type 188** endete nach kurzer Zeit, weil die Flugdauer im erforderlichen Geschwindigkeitsbereich viel zu kurz war.

***Zur Untersuchung kinetischer Aufheizungsvorgänge bei Mach 2 war Type 188 größtenteils aus rostfreiem Stahl konstruiert.***

# British Aerospace 1000

Als die Zukunft des erfolgreichen strahlgetriebenen Geschäftsreiseflugzeugs BAe 125 durch die neue Version Series 800 gesichert war, entwickelte British Aerospace eine größere Variante. Das als **BAe 1000** bekannte Muster gründet auf dem bewährten 125-Flugwerk, das man um ein 46-cm-Rumpfsegment vor und ein 38-cm-Segment hinter dem Tragwerk verlängerte, so daß es 15 Passagiersitze aufnehmen kann.

Um dem Flugzeug eine beträchtlich größere Reichweite zu ermöglichen, wurde die Verkleidung unter dem Tragflächenmittelstück als Treibstoffzelle nach vorn erweitert und genügsame Pratt & Whitney-Canada-PW305-Mantelstromtriebwerke mit Schubumkehrern eingesetzt. Die Kabine bietet Stehhöhe, der Gepäckraum ist von außen zugänglich, und die moderne Avionik läßt keine Wünsche offen.

Der Prototyp **BAe 1000** flog erstmals am 16. Juni 1990. Nach seiner Debütvorstellung am 28. Juni zeigte er sich im Herbst bei der SBAC-Ausstellung in Farnborough. Ende Juni 1993 waren Aufträge für 32 Flugzeuge eingegangen.

### TECHNISCHE DATEN
**British Aerospace 1000**

**Typ:** 15sitziges Geschäftsreiseflugzeug mit 2-Piloten-Cockpit
**Triebwerke:** zwei Pratt & Whitney-PW-305-Mantelstromtriebwerke mit je 23,23 kN Schub
**Leistung:** Höchstgeschwindigkeit 867 km/h in 8840 m Höhe; Dienstgipfelhöhe 13.100 m; Startstrecke 1830 m; Reichweite mit maximaler Nutzlast 6375 km
**Gewicht:** Leermasse 7629 kg; max. Startmasse 14.060 kg
**Abmessungen:** Spannweite 15,66 m; Länge 16,42 m; Höhe 5,21 m; Tragflügelfläche 34,75 m²

***Ersten Auftritt der BAe 1000 war in Farnborough 1990. Gut zu erkennen ist die erweiterte Wanne unter dem Mittelrumpf.***

# British Aerospace ATP

Die 748 hatte Avro, Hawker Siddeley und British Aerospace über Jahre hinweg eine beständige Orderliste verschafft. Es lag daher auf der Hand, diese Linie fortzuführen, und am 1. März 1984 kündigte BAe die Entwicklung der **ATP** (Advanced Turbo-Prop) an.

Ausgehend von der 748, ließ BAe den Durchmesser des Rumpfes unverändert, gestaltete diesen aber wesentlich länger, so daß die **ATP** in der Standardausführung mit 1-Klassen-Kabine 64 Passagiere oder bis zu 72 Personen bei dichter Bestuhlung befördern konnte. Bug und Heck erhielten eine grundlegend neue Form, während die Tragflächen des Vorgängermodells im

***British Midland fliegt die ATP auf britischen Binnenstrecken. Ihre geringe Lärmemission macht die ATP zum gegenwärtig „freundlichsten" Airliner.***

Kern bestehen blieben. Kabinentüren wurden vor und hinter dem Tragwerk eingerichtet. Die Türschwelle stimmte man auf die Höhe der Jet-Fluggaststeige ab. Die Avionik der **ATP** entspricht dem Stand der Technik, einschließlich EFIS (Electronic Flight Instrumentation System – elektronische Fluginstrumentierung).

Die bedeutendste Änderung erfuhr der Antrieb. Die **ATP** wurde mit Pratt & Whitney-PW124/126-Propellerturbinen und leisen Sechsblatt-Luftschrauben ausgerüstet, die sie zum leisesten Airliner seiner Klasse machten. Der Erstflug fand am 1. April 1984 statt, und derzeit setzen mehrere Betreiber die **ATP** ein, darunter British Airways, Manx Airlines und British Midland. Im März 1990 lagen Aufträge für insgesamt 39 Flugzeuge dieses Musters und Optionen für weitere 22 Exemplare vor. Die Seepatrouillenversion **BAe 132** hat Unterrumpfradar, einen MAD-Heckstachel sowie einen Waffenträger.

### TECHNISCHE DATEN
**British Aerospace ATP**

**Typ:** 64sitziges Regionalflugzeug mit Zwei-Mann-Cockpit
**Triebwerke:** zwei Pratt & Whitney Canada-PW126A-Propellerturbinen mit je 1978 kW (2690 WPS)
**Leistung:** Reisegeschwindigkeit 493 km/h; Startstrecke bei max. Abfluggewicht 1463 m; Reichweite mit 64 Passagieren 1825 km
**Gewicht:** Leermasse 14.193 kg; max. Startmasse 22.930 kg
**Abmessungen:** Spannweite 30,63 m; Länge 26,00 m; Höhe 7,14 m

***Manx Airlines ist ein weiterer „Binnennutzer", da diese Gesellschaft die ATP vorwiegend auf Flügen zwischen der Isle of Man und der Hauptinsel einsetzt.***

## British Aerospace EAP

Nach jahrelangen Untersuchungen für eine neue Generation von Kampfflugzeugen stellte BAe 1982 das Modell des ACA (Agile Combat Aircraft – agiles Kampfflugzeug) vor. Es wurden keine Mittel bewilligt, aber am 26. Mai 1983 unterzeichnete die britische Regierung einen Vertrag mit BAe für das Experimental Aircraft Programme, **EAP**, das sich auf ACA-Forschungsergebnisse und die Zuarbeit der Partner MBB und Aeritalia stützte.

Nach dem Erstflug am 8. August 1986 diente das **EAP**-Einzelflugzeug ausschließlich der Erforschung moderner Technologie für Jagdflugzeuge, wie etwa einer elektrisch signalisierten Flugsteuerungsanlage (Fly-by-Wire). Die meiste Flugzeit verbrachte diese Maschine mit der Erprobung von Bordsystemen für das neue europäische Jagdflugzeug. Inzwischen hat das **EAP** ausgedient.

### TECHNISCHE DATEN
**British Aerospace EAP**

**Typ:** Jagdeinsitzer/Technologiedemonstrator
**Triebwerke:** zwei RB199-34R- Turbofan-Triebwerke (ohne Schubumkehranlagen) mit einer Leistung von je 40,0 kN Schub ohne und 75,7 kN mit Nachverbrennung
**Leistung:** Höchstgeschwindigkeit über Mach 2,0 in großer Höhe
**Gewicht:** (annähernd) Leermasse 10.000 kg; max. Startmasse 14.515 kg
**Abmessungen:** Spannweite 11,77 m; Länge 17,72 m; Höhe 5,70 m; Tragflügelfläche 51,66 m²

***Die EAP war ein Technologiedemonstrator für das europäische Jagdflugzeug Eurofighter.***

## British Aerospace (BAC) 167 Strikemaster

***British Aerospace 167 Strikemaster Mk 83 der kuwaitischen Luftstreitkräfte***

Die **British Aerospace Strikemaster** ging zwar auf einen Entwurf der fünfziger Jahre zurück, bot den Luftstreitkräften etlicher Länder aber effektive Feuerkraft zu einem relativ günstigen Preis. Das Muster entstammte der Hunting (später BAC und schließlich British Aerospace) Jet Provost, die ihrerseits eine radikale Neuentwicklung des kolbengetriebenen Schulflugzeugs Percival Provost war. Die Jet Provost erwies sich als höchst erfolgreicher Trainer. Nachdem man diesen Strahltrainer fortlaufend modifiziert und die letzten Versionen mit Druckbelüftung und schubstärkeren Triebwerken versehen hatte, folgte als nächster logischer Schritt die Bewaffnung. Dies ergab die **BAC 145** als erste Mehrzweck-Jagdbomberversion, und von ihr wiederum wurde die höher entwickelte **BAC 167 Strikemaster** abgeleitet. Dieses vom Hersteller finanzierte Flugzeug hatte nebeneinander angeordnete Schleudersitze und acht Aufhängungen unter den Flächen für eine Gesamtaußenlast von 1361 kg. Ihre Waffenkapazität in Verbindung mit dem stärkeren Strahltriebwerk Viper Mk 535 machte die **Strikemaster** für Einsätze in Kleinkriegen, Aufklärung, Piloten- und Waffenausbildung besonders geeignet. Das Muster war ein äußerst vielseitiger Typ, der von rauhen Pisten aus operieren und die gleiche Waffenlast wie ein Spezialbomber der dreißiger Jahre zum Einsatz bringen konnte, doch mit einer Geschwindigkeit von 640 km/h und mehr. Die erste **Strikemaster** flog am 26. Oktober 1967, und ingesamt 146 Flugzeuge wurden verkauft.

Die **Strikemaster** erwarben die Luftstreitkräfte von Ecuador (Mk 89), Kenia (Mk 87), Kuwait (Mk 83), Neuseeland (Mk 88), Oman (Mk 82/82A), Saudi-Arabien (Mk 80/80A), Singapur (Mk 84) und des Sudan (Mk 55 und Mk 90).

***Saudi-Arabien beschaffte Strikemaster Mk 80 für leichte Angriffsaufgaben und zur Waffenausbildung. Sie wurden inzwischen durch die BAe Hawk ersetzt.***

### TECHNISCHE DATEN
**British Aerospace (BAC) 167 Strikemaster**

**Typ:** zweisitziger Trainer/Jagdbomber
**Triebwerk:** ein Rolls-Royce Viper-Mk-535-Strahltriebwerk mit 1547 kg Schub
**Leistung:** Höchstgeschwindigkeit mit 50% Treibstoff (ohne Außenlasten) 760 km/h in 6095 m Höhe; Reichweite bei max. Startmasse und mit 91 kg Treibstoffreserve 2224 km
**Gewicht:** Rüstmasse 2810 kg; max. Startmasse 5216 kg
**Abmessungen:** Spannweite über Endtanks 11,23 m; Länge 10,27 m; Höhe 3,34 m; Tragflügelfläche 19,85 m²
**Bewaffnung:** zwei 7,62-mm-Maschinengewehre und vier Aufhängungen unter den Flächen für Außenlasten bis 1202 kg mit voller Treibstoffzuladung oder eine Höchstlast von 1361 kg; das Außenlastspektrum umfaßt Raketen, Napalmbehälter, Mehrzweck-, Übungs- und Verzögerungsbomben, Kanonenbehälter, Aufklärungsgondel, Abwurftanks sowie eine Zielkamera

# British Aerospace (Beagle/Scottish Aviation) Bulldog bis British Aerospace Nimrod

**Anfangs hatte British Aerospace zahlreiche ganz verschiedene Typen im Angebot, darunter den „Bizjet“ de Havillands sowie den dem Zubringer Jetstream von Handley Page verwandten kleinen Trainer Bulldog auf der Basis der Beagle. Harrier, Hawk und Nimrod mit ihrer Herkunft von Hawker Siddeley sind weitere bedeutsame Entwicklungen.**

## British Aerospace (Beagle/ Scottish Aviation) Bulldog

***BAe Sk 61 Bulldog der Flottilj 5 bei der Kungl Krigsflygskolan (Königliche Kriegsflugschule), Flygvapen (Luftwaffe), die in Ljungbyhed stationiert ist.***

Das heute als **British Aerospace Bulldog** bekannte Flugzeug entstand 1968 als militärisches Schulflugzeug, das aus der Beagle Pub entwickelt wurde. Sein Prototyp (G-AXEH) flog erstmals am 19. Mai 1969. Zu Beginn des nächsten Jahres meldete Beagle Aircraft Konkurs an, und die Scottish Aviation Ltd. (die jetzige Scottish Division von British Aerospace) übernahm den zweiten teilgefertigten Prototyp (G-AXIG), der am 14. Februar 1971 zum Jungfernflug startete.

Noch vor dem Zusammenbruch hatte die Firma Beagle einen Auftrag der schwedischen Regierung über 78 **Bulldog**-Trainer (58 Exemplare für die Luftwaffe und 20 für das Heer) entgegengenommen. Diese Flugzeuge fertigte die Scottish Aviation ab 1971 als **Modell 101.** Weitere **Bulldog** der Baureihe 100 wurden für die Luftstreitkräfte Kenias (5 x **Modell 103**) und Malaysias (15 x **Modell 102**) gebaut. Die Royal Air Force bestellte 130 **Bulldog T.Mk 1** zur Ausstattung der University Air Squadrons. Diese Beschaffung zielte eingangs auf das **Modell 104** ab, doch nach Einführung der verbesserten **Serie 120** entschied sich die RAF schließlich für das **Modell 121.** Weitere Abnehmer dieser Baureihe waren die Luftstreitkräfte von Ghana (6 x **Modell 122** und 7 x **Modell 122A**), Hongkong (2 x **Modell 128**), Jordanien (13 x **Modell 125**), Kenia (9 x **Modell 127**), der Libanon (6 x **Modell 126**) und Nigeria (32 x **Modell 123**).

Die freitragenden **Bulldog**-Tiefdecker sind vollständig aus Metall konstruiert und beide Serien mit starrem Fahrwerk ausgerüstet. Alle Maschinen haben nebeneinander angeordnete Sitze sowie Doppelsteuer und sind als Zweisitzer voll kunstflugtauglich. Die Cockpithaube ist nach hinten aufschiebbar und läßt sich im Notfall abwerfen. Ein dritter Sitz gehört zur Sonderausrüstung.

Der Prototyp der **Series 200** absolvierte seinen Erstflug am 20. August 1976. Er unterschied sich von der **Series 120** durch eine Reihe von Verbesserungen, darunter das Einziehfahrwerk. Diese Version ging allerdings nicht in Serienproduktion.

### TECHNISCHE DATEN
**Bulldog Series 120**

**Typ:** zwei-/dreisitziges Schulflugzeug
**Triebwerk:** ein Avco Lycoming IO-360-A1B6, Vierzylinder-Boxermotor mit 149 kW (203 PS)
**Leistung:** Höchstgeschwindigkeit in Meereshöhe 241 km/h; wirtschaftliche Reisegeschwindigkeit 195 km/h in 1220 m Höhe; Dienstgipfelhöhe 4875 m; Reichweite mit max. Treibstoff 999 km
**Gewicht:** Rüstmasse 649 kg; max. Startmasse 1066 kg
**Abmessungen:** Spannweite 10,06 m; Länge 7,09 m; Höhe 2,28 m; Tragflügelfläche 12,02 m²
**Bewaffnung:** normalerweise keine, doch der Einbau von vier Schlössern für unterschiedliche Waffen bis zu einer Gesamtlast von 290 kg ist möglich

***Die Royal Malaysian Air Force führt die Grundausbildung mit der BAe Bulldog 102 in Alor Sator durch.***

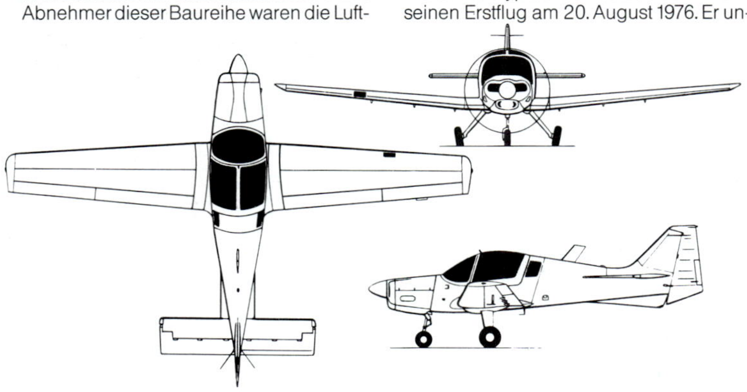

***British Aerospace Bulldog T.Mk 1***

## British Aerospace (D.H./HS) 125

Die Entwicklung der heutigen **British Aerospace HS 125** begann im Jahre 1961, als ein Konstruktionsteam bei de Havilland mit J. Goodwin an der Spitze das fortschrittliche Muster **D.H.125** entwarf. Das Muster war als Geschäftsreiseflugzeug mit zweiköpfiger Crew für sechs bis acht Passagiere konzipiert und wurde vorübergehend Jet Dragon genannt. Der nahezu vollständig aus Metall konstruierte Tiefdecker erhielt einen druckbelüfteten, nach dem Prinzip der Ausfallsicherheit aufgebauten Rumpf, T- Leitwerk, Bugradfahrwerk mit Zwillingsrädern an allen Baugruppen und zwei Bristol Siddeley-Strahltriebwerke, die beidseitig in Gondeln am Hinterrumpf montiert waren.

Zwei Prototypen wurden gebaut, von denen der erste **(G-ARYA)** am 13. August 1962 vom Boden abhob. Beide Versuchsmaschinen, angetrieben von zwei Bristol Siddeley Viper 20-Strahltriebwerken mit je 1361 kg Schub, wurden intensiv geflogen, um möglichst rasch die Zulassung zu erreichen. In dieses Programm war auch die erste Serienmaschine eingebunden, die sich von den Prototypen durch ihre Viper 520 derselben Schubklasse und eine größere Spannweite (Verlängerung um 0,91 m) sowie eine größere Rumpflänge (plus 1,19 m) unterschied.

Nach acht seriengefertigten **D.H.125 Series 1** wurden die Viper-Versionen 521 und 522 mit 1406 kg Schub eingeführt, die **D.H.125 Series 1A/1B**-Flugzeuge mit höherem zulässigem Gesamtgewicht ergaben. Da der Hersteller von der Annahme ausging, daß die **D.H.125** vor allem in Nordamerika gute Absätze erzielen würde, gewann er ortsansässige Vertreterfirmen und schickte die achte Serienmaschine auf eine ausgedehnte Vorführreise, während der zukünftige Käufer gewonnen werden sollten. Der Einsatz zahlte sich aus, und im März 1990 waren insgesamt 763 Flugzeuge in 40 verschiedene Länder verkauft, davon 60% wie vermutet auf dem nordamerikanischen Markt.

Zum Zeitpunkt der Demonstrationstour hatte Hawker Siddeley de Havilland übernommen, und diese Gruppe führte die Produktion und Entwicklung des Musters als **HS 125** fort. Die **HS 125 Series 2** ergab 20 Navigationstrainer für die RAF mit der Dienstbezeichnung **Dominie T.Mk 1**. Die britische Teilstreitkraft erwarb anschließend noch 122 **CC.Mk 1, CC.Mk 2** und **CC.Mk 3**-Verbindungsflugzeuge späterer

***British Aerospace 125 Series 3B, eingesetzt als Besatzungs- und Navigationstrainer bei QANTAS.***

*Die Series 700 ist ein erheblicher Fortschritt gegenüber den früheren 125-Varianten. Äußere Veränderungen zur Widerstandsminderung und TFE731-Mantelstromtriebwerke haben die Reichweite gesteigert.*

Baureihen. Die **HS 125 Series 3** und **HS 125 Series 400** unterschieden sich in erster Linie durch stärkere Varianten des Viper-522-Triebwerks. Eine wichtige Änderung kam mit der **HS 125 Series 600**, deren Rumpf um eine geringe Länge von 0,94 m gestreckt worden war, um bei dichter Bestuhlung maximal 14 Passagieren Platz bieten zu können.

Die nächste Serienversion, eingeführt 1976, hieß **HS 125 Series 700**. Sie profitierte von Garrett-Mantelstromtriebwerken, die weitaus weniger Treibstoff als die Viper-Triebwerke verbrauchten. Hinzu kamen zahllose Detailverbesserungen zur Optimierung der Leistung und des Komforts, die die Attraktivität des Musters bedeutend erhöhten.

Am 26. Mai 1983 flog erstmals die nächste Version, **Series 800**. Sie zeichnete sich durch beträchtliche Neuerungen aus, wie eine glatt gewölbte Frontverglasung, erweiterte Tragflächen und eine verlängerte Nasenkante des Seitenleitwerks. Bis März 1990 waren 183 Flugzeuge der **Serie 800** verkauft, die auch heute noch produziert wird. Sechs Maschinen beschaffte die US Air Force als **C-29A** zur Vermessung von Navigationsanlagen, und drei ähnliche Exemplare entstanden für Japan. Die erste dieser Maschinen wurde Ende 1992 geliefert, und weitere 27 Flugzeuge sind in Auftrag gegeben. Über die **HS 125** der Royal Air Force hinaus gingen kleine Stückzahlen dieses Musters an die Luftstreitkräfte von Botswana, Brasilien, Malawi, Malaysia und Südafrika. Von diesen Ländern ist Brasilien mit zwölf Exemplaren, von denen zehn **VC-93** für VIP-Dienste und zwei **EC-93** für Radarflugvermessungen eingesetzt werden, der größte Nutzer. Die Royal Saudi Air Force stellte sechs Flugzeuge in VIP-Ausführung für die Royal Flight in Dienst. 1988 wurden vier **CC.Mk 3** der RAF mit einer Schutzausrüstung gegen Infrarotwaffen versehen.

*Die Royal Air Force beschaffte die 125 als Dominie T.Mk 1, einschließlich Decca-Dopplerradar, zur Navigationsausbildung. Diese Maschinen setzt die 6 FTS neben der Jetstream ein.*

**TECHNISCHE DATEN**
**BAe HS 125 Series 700**

**Typ:** leichtes Geschäftsreise- und militärisches Transportflugzeug
**Triebwerke:** zwei Garrett-TFE-731-3-1H-Mantelstromtriebwerke mit je 1678 kg Schub
**Leistung:** Höchstgeschwindigkeit 808 km/h in 7620 m Höhe; wirtschaftliche Reisegeschwindigkeit 723 km/h zwischen 11.280 und 12.495 m Höhe; Dienstgipfelhöhe 12.495 m; Reichweite mit max. Treibstoff und Nutzlast sowie Reserven für 45 Flugminuten 4482 km
**Gewicht:** Leermasse 5826 kg; max. Startmasse 11.567 kg
**Abmessungen:** Spannweite 14,33 m; Länge 15,46 m; Höhe 5,36 m; Tragflügelfläche 32,79 m²

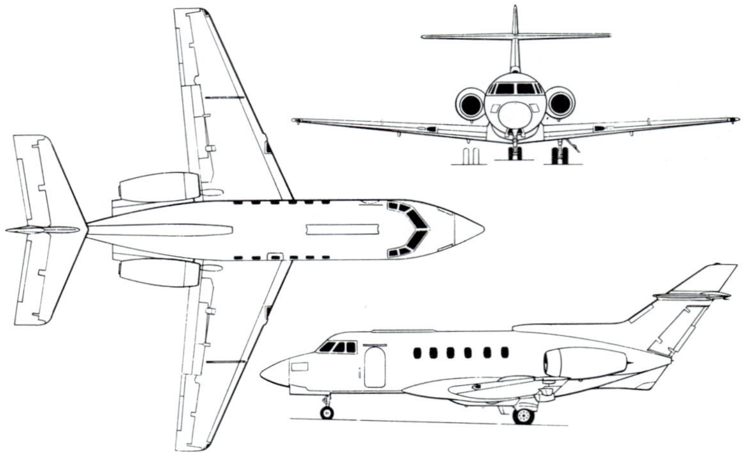

*British Aerospace 125 Series 700*

# British Aerospace (Scottish Aviation) Jetstream

Der Name Handley Page, einst fester Bestandteil der britischen Luftfahrtindustrie, gehörte ab 1970 nunmehr zur Luftfahrtgeschichte, nachdem das Unternehmen am 17. Juni 1969 sein fünfzigjähriges Bestehen gefeiert hatte. Den Garaus machte dieser Firma letztendlich das Projekt Handley Page H.P.137, ein zweimotoriges Geschäftsreise- und Zubringerflugzeug mit einer Sitzkapazität für zwölf bis 20 Personen. Als Handley Page im Januar 1966 beschloß, vier Prototypen zu konstruieren, schätzte man die Startkosten auf drei Millionen Pfund, doch in einer fortgeschrittenen Phase des Zulassungsprogramms im August 1969 waren diese bereits auf über 13 Millionen Pfund gestiegen. Am 8. August meldete das Unternehmen Konkurs an.

Nachdem die Produktion als Handley Page Aircraft Ltd. und später als Jetstream Aircraft Ltd. fortgeführt wurde, übernahm schließlich Scottish Aviation Ltd. die Fertigung des Musters. Aber auch diese Firma gab ihre Eigenständigkeit am 1. Januar 1978 an die Scottish Division der British Aerospace Aircraft Group ab.

Die endgültige Zivilversion war die **Jetstream Series 200**, anfangs von Handley Page als herkömmlicher Tiefdecker in ausfallsicherer Ganzmetallbauweise konstruiert. Das Bugradfahrwerk ließ sich einziehen, und der druckbelüftete Rumpf nahm eine zweiköpfige Besatzung auf dem Flugdeck sowie maximal 18 Passagiere in der Kabine auf. Den Antrieb der zivilen **Jetstream 200** besorgten zwei Turboméca Astazou-XVI-Propellerturbinen. Frühere Maschinen (**Jetstream 1**), die noch Handley Page gefertigt und an die International Jetstream Corporation in den USA ausgeliefert hatte, wurden von Astazou XIV mit 618 kW (840 äPS) Äquivalentleistung angetrieben. Riley Aircraft in Carlsbad, Kalifornien, rüstete später viele Flugzeuge zu Riley Jetstream mit Astazou XVI-Antrieb um. Ein Exemplar, genannt „Life of Riley", erhielt zwei 584 äkW (794 äPS) starke Propellerturbinen vom Typ Pratt & Whitney of Canada PT6A-34.

Bereits 1967 erteilte die USAF einen ersten Auftrag zur militärischen Nutzung der

*Eine British Aerospace Jetstream T.Mk 1 zur Ausbildung für mehrmotorige Flugzeuge, die No. 6 Flying Training Squadron auf dem RAF-Fliegerhorst Finningley einsetzt.*

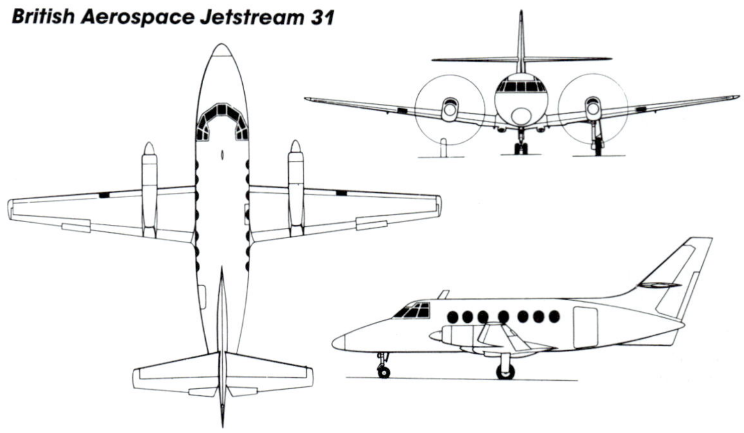

*British Aerospace Jetstream 31*

**Jetstream**. Er beinhaltete elf **Jetstream 3M**, die die Dienstbezeichnung **C-10A** erhalten sollten, sowie eine Option auf 300 weitere Flugzeuge. Diese Order wurde später annulliert, aber im Februar 1972 bestellte die RAF 26 **Jetstream 201**. Ähnlich wie die **Series 200** für die zivile Luftfahrt waren diese Maschinen mit Turboméca Astazou-XVID-Propellerturbinen ausgerüstet, die 743 äkW (1010 äPS) abgaben. Neu waren obere Seitenscheiben des Flugdecks plus Instrumentierung und Avionik. Das erste Exemplar **(XX475)** flog am 13. April 1973, und bis Anfang 1976 waren alle ausgeliefert. Im Oktober jenes Jahres gab man bekannt, daß acht Maschinen der RAF als **Jetstream T.Mk 1** zur Pilotenausbildung für mehrmotorige Flugzeuge und 16 Exemplare der Royal Navy als **Jetstream T.Mk 2** zur Beobachterausbildung zugewiesen würden. Letztere unterschieden sich von der RAF-Version in erster Linie durch ihre Ausrüstung mit dem MELE 190 Wetter- und Geländefolgeradar unter einem Bugradom. Die **Jetstream T.Mk 3** besaß ein Radargerät im Bauchradom.

Am 5. Dezember 1978 kündigte British Aerospace die Entwicklung einer neuen Version mit der Bezeichnung **Jetstream 31** an. Eine durch Umrüstung einer **Jetstream 1** entstandene Versuchsmaschine (**G-JSSD**) flog erstmals am 28. März 1980,

***British Aerospace Jetstream I der Apollo Airways (USA)***

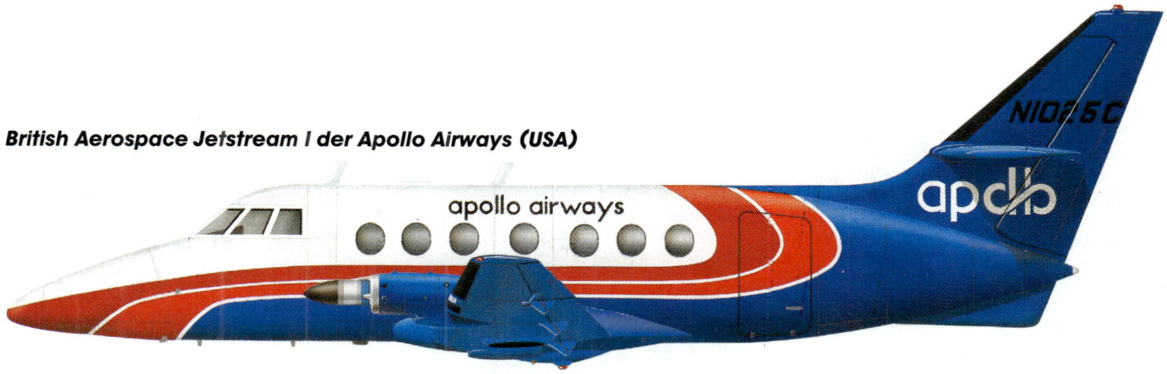


und das erste Serienflugzeug (**GTALL**) verließ die Montagehalle am 25. Januar 1982. Die beschleunigte Zulassung dieser Maschine sollte die weitaus bessere Kabinenhöhe im Vergleich zur direkten Konkurrenz unterstreichen. Sie erhielt am 29. Juni die britische Musterzulassung, und am 30. November lag auch das Lufttüchtigkeitszeugnis der amerikanischen Luftfahrtbehörde vor. Im Dezember nahmen Käufer in Großbritannien und den USA ihre ersten **Jetstream 31** in Empfang. Angeboten werden folgende vier Versionen: die **Jetstream 31 Airliner** zur Beförderung von 18–19 Passagieren mit Gepäck, die **Jetstream 31 Corporate** als Geschäftsreiseflugzeug für 8–10 Personen, die **Jetstream Executive Shuttle** mit zwölf Sitzen und Inneneinrichtung eines Büros und die **Jetstream 31 Special**, vorgesehen für Flugplatzvermessung und Frachttransport, Verwundetenevakuierung, militärischen Verbindungsdienst, Ausbildung von Besatzungen für mehrmotorige Flugzeuge, Umweltschutz und Suche nach Bodenschätzen. 1987 bestellte die Royal Saudi Air Force zwei Navigationstrainer, die die Avioniksysteme des Tornado IDS hatten.

Insgesamt 356 **Jetstream 31** waren bis November 1991 bestellt. Im März 1989 wurde die Entwicklung der gestreckten und verbesserten Version **Jetstream 41** angekündigt. Die Rumpfstreckung von rund 4,88 m und das tief angesetzte Tragwerk größerer Spannweite ermöglichen einen stufenfreien Kabinenboden und die Einrichtung von bis zu 29 Passagiersitzen. Der Erstflug der **Jetstream 41** fand am 25. September 1991 statt, und 1991 lagen dem Hersteller 34 Festbestellungen vor.

**TECHNISCHE DATEN**
**BAe Jetstream 31**

**Typ:** leichtes Verbindungs-/Geschäftsreiseflugzeug
**Triebwerke:** zwei Garrett-TPE331-10-Propellerturbinen mit je 671 kW (913 WPS)
**Leistung:** (geschätzt) Höchstgeschwindigkeit im Reiseflug 488 km/h; Dienstgipfelhöhe 9630 m; Reichweite mit max. Nutzlast und Treibstoffreserve 779 km
**Gewicht:** (geschätzt) Leermasse 3450 kg; max. Startmasse 6600 kg
**Abmessungen:** Spannweite 15,85 m; Länge 14,36 m; Höhe 5,32 m; Tragflügelfläche 25,08 m²

# British Aerospace (HS) 146

Am 29. August 1973 erklärte Hawker Siddeley Aviation, daß die britische Regierung die Entwicklung des neuen Kurzstrecken-Verkehrsflugzeugs namens **Hawker Siddeley HS 146** unterstützen werde. Die erste Serienversion **HS 146 Series 100** sollte für 71-88 Passagiere sowie für den Betrieb auf halbbefestigten Kurzpisten ausgelegt sein und niedrige Betriebskosten verursachen. Der Jungfernflug der **Series 100** war für Dezember 1975 anberaumt. Dazu kam es jedoch nicht, denn die Ölkrise von 1973/74 führte zu einer weltweiten Rezession. Man wandte nur geringe Mittel für dieses Programm auf, um es am Leben zu erhalten und die Konstruktion und Forschungsarbeiten in eingeschränktem Maße fortführen zu können. Am 29. April 1977 wurde Hawker Siddeley in die British Aerospace Corporation eingebunden. Die Entscheidung, das Programm **HS 146** in die Produktionsliste aufzunehmen, fiel im Juli 1978 nach intensiven Marktforschungen.

Bei Hawker Siddeley hatte das Projekt **HS 146** Entwurfsstudien als Hoch- und Tiefdecker durchlaufen. Der Großkonzern entschied sich für die **BAe 146** als freitragender Hochdecker in Leichtmetallbauweise. Der Rumpf erhielt einen runden Durchmesser von 3,56 m für 71 Passagiere in Fünfersitzreihen. Eine alternative Bestuhlung mit sechs nebeneinanderliegenden Sitzen bot 93 Passagieren Platz, und die **BAe 146 Series 200** mit einem um 2,39 m verlängerten Rumpf ermöglicht den Transport von 109 Fluggästen.

***Die 146 verbindet gute STOL-Eigenschaften mit ausgezeichneter Lastkapazität und außerordentlich niedriger Lärmemission.***

***British Aerospace 146 Series 100 in den Farben der argentinischen Gesellschaft LAPA***

Man entschied sich für das Mantelstromtriebwerk Avco Lycoming ALF-502R-3 mit hohem Nebenstromverhältnis. Vier solcher Aggregate sollten in Gondeln unter die Flächen montiert werden. Entsprechend dem Betrieb auf einfachen Flugfeldern erhielt das einziehbare Dreibein-Fahrwerk Zwillingsräder an allen Baugruppen, Hochleistungsbremsen sowie ABS, Auftriebsdämpfer und eine Luftbremsanlage.

Am Risiko beteiligte Partner sind die Avco Corporation in den USA (Triebwerk und Flügelkasten) und Saab Scania in Schweden (Höhenleitwerk und Kontrollflächen). Short Brothers in Großbritannien fertigt als Unterauftragnehmer die Gondelstiele für die Triebwerke. Der Prototyp der Baureihe 100 **(G- SSSH)** startete am 3.

**TECHNISCHE DATEN**
**BAe 146-100**

**Typ:** Kurzstrecken-Verkehrsflugzeug
**Triebwerke:** vier Avco Lycoming-ALF-502R-3-Mantelstromtriebwerke mit je 3039 kg Schub
**Leistung:** (geschätzt) max. Reisegeschwindigkeit 776 km/h in 7925 m Höhe; wirtschaftliche Reisegeschwindigkeit 687 km/h in 9145 m Höhe; Reichweite mit max. Treibstoff, einschließlich Reserve, 2872 km
**Gewicht:** (geschätzt) Rüstmasse 20.670 kg; max. Startmasse 36.628 kg
**Abmessungen:** Spannweite 26,34 m; Länge 26,16 m; Höhe 8,61 m; Tragflügelfläche 77,29 m²

***British Aerospace 146 Series 100 (untere Seitenansicht: Series 200)***

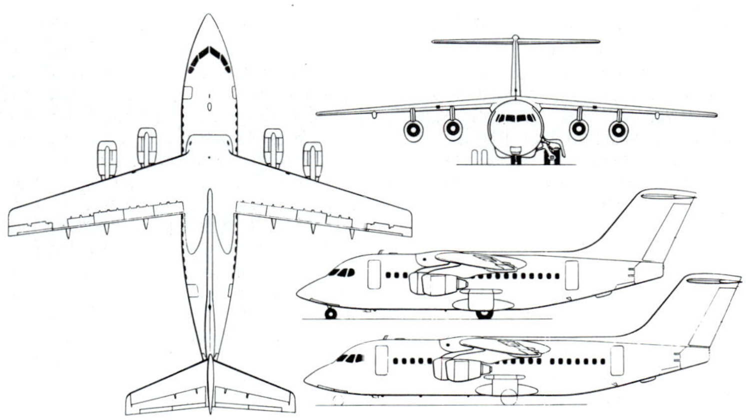

September 1981, gefolgt von einer zweiten Versuchsmaschine **(G-SSHH)** am 25. Januar 1982. Die erste **Series 200** flog am 1. August 1982, und am 1. Mai 1987 schloß sich die gestreckte **Series 300** mit Sitzplätzen für 128 Passagiere an. Mehrere Spezialversionen bereicherten das Angebot, darunter die **146QT** (Quiet Trader) als Frachtflugzeug, die **146QC** als umrüstbares Passagier-/Frachtflugzeug, die **Statesman** als VIP- und Firmenflugzeug und die auf der **Series 100** basierende **146STA** als militärisches Transportflugzeug mit seitlicher Frachtklappe, Luftbetankungssonde und Fallschirmspringertüren. Im Juni 1993 lagen dem Hersteller insgesamt 211 Festbestellungen für die **146** vor, von denen 207 erfüllt waren.

Im Juni 1992 bildeten British Aerospace und Taiwan Aerospace Corporation das gemeinsame Tochterunternehmen Avro International Aerospace, um die RJ-Airlinerfamilie als Nachfolgemuster für die **146** zu entwickeln. Die RJ-Flugzeuge sind mit Textron LF507-Triebwerken, die noch weniger Treibstoff verbrauchen, Avioniksystemen für Anflüge nach Cat IIIa und Spaceliner-Interior ausgerüstet und bieten ein besseres Nutzlast/Reichweitenverhältnis. Vier Avroliner-Versionen werden gegenwärtig angeboten: die RJ70, RJ85 und RJ100 mit Fünfersitzreihen und die RJ115 mit Sechsersitzreihen sowie Sonderausführungen. Seit dem Start gingen 39 Bestellungen ein, und die erste RJ erhielt die Schweizer Crossair.

# British Aerospace (HS) Harrier

24 Jahre nach seiner Indienststellung ist der **BAe (HS) Harrier** immer noch das einzige V/STOL- (Senkrecht-/Kurzstrekkenstart-)-Einsatzmuster der Welt, mit Ausnahme des weniger weit entwickelten sowjetischen Senkrechtstarters Jak-36 „Forger". Die Ursprünge des Entwurfs reichen bis 1957 zurück, als Sir Sidney Camm von Hawker Aircraft und Dr. Stanley Hooker von Bristol Siddeley Engines ein taktisches Kampfflugzeug um das neue Turbofan-Triebwerk BS.53 von Bristol herum entwarfen. Der Abgasstrahl des speziell zur Schuberzeugung für senkrecht startende Starrflügler konzipierten Triebwerks BS.53 wurde durch vier paarweise vorn und hinten angeordnete Düsen ausgestoßen, die durch einen Winkel von über 90° schwenkbar waren, um den Vektorschub von hinten über jeden Zwischenwinkel bis senkrecht nach unten zu richten. Um das Pegasus herum, wie dieses Triebwerk schließlich getauft wurde, entwarf Camm einen im Kern konventionellen Ganzmetall-Hochdecker in recht kompakter Auslegung mit negativer V-Stellung des Trag- und Höhenleitwerks, Einsitzerkabine im Vorderrumpf und großen halbkreisförmigen Lufteinläufen an beiden Seiten des Rumpfes. Das Fahrwerk war weniger orthodox und bestand aus einem einzelnen Bugrad, Hauptzwillingsrädern in Tandemanordnung unter dem Mittelrumpf sowie kleinen Stützrädern an einziehbaren Auslegern unter den Flächenenden.

Der erste von sechs Prototypen **Hawker P.1127**, wie diese Flugzeuge anfangs hießen, absolvierte seinen ersten Schwebeflug am 21. Oktober 1960. Am 12. September 1961 vollzog man erstmals die Übergänge vom Vertikal- zum Horizontalflug und umgekehrt. Für den Senkrechtstart wurde der Vektorschub des Triebwerks abwärts gerichtet. Nachdem die Harrier eine sichere Flughöhe erreicht hatte, regelte man die vier Düsen allmählich nach hinten, um den Vortrieb für den Wechsel zum Horizontalflug zu liefern. Sobald die Maschine so weit beschleunigt hatte, daß der von den Flächen erzeugte Auftrieb ausreichte, um die Maschine zu tragen, wurden die Düsen voll nach hinten geschwenkt. Zur Senkrechtlandung erfolgte diese Regelung in umgekehrter Reihenfolge. Um die Maschine im Schwebe- und Langsamflug zu stabilisieren, schaltete man über den Steuerknüppel und die Seitenruderpedale kleine Strahlruder im Bug, Heck und an den Flügelspitzen zu. Den Antrieb für die Strahlruder besorgte vom Triebwerk abgezapfte Druckluft.

Flugwechsel in der Luft wurden rasch Routinevorgänge, und Hawker Siddeley erhielt einen Auftrag über neun weitere Vorserienflugzeuge zur Bewertung im Einsatz als Jäger und Jagdbomber. Diese Modelle wurden als **Kestrel F(GA).1** bekannt, und das erste Exemplar startete am 7. März 1964 zum Jungfernflug. Anschließend bildete man in Großbritannien eine trinationale Staffel aus Flugzeugführern der RAF, der Bundesluftwaffe und aller drei US-Teilstreitkräfte, die 1965 die Kestrel-Flugzeuge testete.

Im Februar 1965 hatte die britische Regierung bereits den Bau von sechs weiteren Entwicklungsflugzeugen genehmigt, denen der Name **Harrier** zugeteilt wurde. Der erste Prototyp hob am 31. August 1966 vom Boden ab. Zu diesem Zeitpunkt hatte man das Mach 2 schnelle V/STOL-Mehrzweckkampfflugzeug Hawker Siddeley P.1154, das für die RAF und die Royal Navy vorgesehen war, durch Serien-**Harrier** für die RAF ersetzt. Die einsitzige Version **Harrier GR.1** wurde für Luft-Boden-Einsätze und Aufklärung entwickelt, während der Tandem-Zweisitzer **Harrier T.2** die Waffen- und Einsatzausbildung übernehmen sollte. Die Aufträge für die RAF beinhalteten 132 Einsitzer und 19 Zweisitzer, und die ersten Serienexemplare starteten am 28. Dezember 1967 bzw. am 24. April 1969 zum Jungfernflug.

Die offizielle Indienststellung der **Harrier** bei der RAF fand am 1. April 1969 statt, und die erste Maschine wurde der OCU auf dem RAF-Fliegerhorst Wittering zugewiesen. Im Jahr darauf übernahm die RAF die ersten **Harrier T.2**. Beide Erstversionen verfügten über Pegasus 101 Turbofan-Triebwerke mit 8618 kg Standschub. Nach ihrer Nachrüstung auf das Pegasus 102, das 9072 kg Schub lieferte, wurden sie in **Harrier GR.1A** bzw. **Harrier T.2A** umbezeichnet. Später erhielten sie das Pegasus 103 und die neuen Namen **GR.3** bzw. **Harrier T.4**. Eine Staffel in Großbritannien und drei in der Bundesrepublik stationierte Staffeln waren mit diesem Typ ausgerüstet. Die RAF setzte die **Harrier GR.3** in der Regel als STOVL-Flugzeug ein, da so eine schwerere Waffenzuladung als beim Senkrechtstart möglich war. Zur Bordausrüstung gehören eine Trägheitsnavigationsanlage, ein Frontscheibensichtgerät und ein Laserentfernungsmesser. Der Einsitzer und der Zweisitzer haben die gleiche Waffenkapazität, doch der Zweisitzer weist eine höhere Leermasse auf.

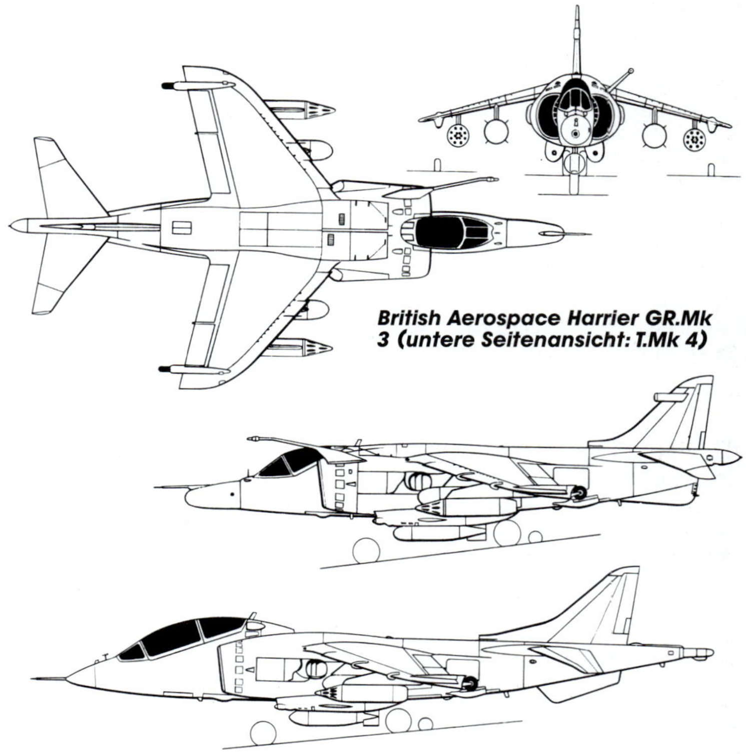

***British Aerospace Harrier GR.Mk 3 (untere Seitenansicht: T.Mk 4)***

***Wegen der Komplexität beim Einsatz des weltweit ersten V/STOL-Düsenjägers benötigte die RAF eine Reihe von Harrier-Doppelsitzern. Diese Maschine trägt die Markierungen der No. 4 Squadron in Gütersloh.***

## TECHNISCHE DATEN

**BAe Harrier GR.Mk 3**

**Typ:** Senkrecht-/Kurzstart-Kampfflugzeug für Luftnahunterstützung und Aufklärung
**Triebwerk:** ein Rolls-Royce-Pegasus-Mk-103-Turbofan-Triebwerk mit 9752 kg Vektorschub
**Leistung:** Höchstgeschwindigkeit im Tiefflug über 1186 km/h; Dienstgipfelhöhe oberhalb 15.240 m; Reichweite mit Luftbetankung über 5560 km
**Gewicht:** Leermasse mit Flugzeugführer 5579 kg; max. Startmasse 11.340 kg
**Abmessungen:** Spannweite 7,70 m; Länge 13,87 m; Höhe 3,45 m; Tragflügelfläche 18,68 m$^2$
**Bewaffnung:** normale Beladung mit Außenlasten bis zu 2268 kg unter dem Rumpf und unter den Flächen

Derzeit fliegen bei der RAF nur noch wenige **GR.3** und **T.Mk 4**. Diese Versionen sind größtenteils der zweiten **Harrier**-Generation (**GR.Mk 5, GR.Mk 7** und **T.Mk 10**) gewichen, die allgemein der McDonnell Douglas AV-8B entspricht.

Ungefähr zeitgleich mit der Indienststellung der **Harrier** bei der RAF erwarb auch das USMC seine ersten zwölf Exemplare. Das Marinekorps wußte die Einsatzflexibilität des VTOL-Konzepts wohl zu schätzen. Ein derartiges Leistungsvermögen bei einem strahlgetriebenen Starrflügel-Kampfflugzeug vorzufinden war überaus verlokkend, und so erhöhte man den Erstauftrag bald auf 110 Exemplare, einschließlich acht Zweisitzer. Die **Harrier** des USMC, **AV-8A** und **TAV-8A** bezeichnet, waren mit Pegasus 103 ausgerüstet, doch einige der Navigations- und Waffeneinsatzsysteme der RAF **Harrier GR.Mk 3** fehlten. Statt dessen führten sie AIM-9 Siderwinder-Lenkraketen für den Einsatz Luft-Luft mit. Das USMC rüstete eine Ausbildungs- und drei Einsatzstaffeln mit dem **Harrier** aus. Ab 1979 erhielten 47 Exemplare den höherwertigen Standard **AV-8C,** der Modifikationen der Zelle und einige der für die Version **AV-8B** vorgesehenen Bordsysteme umfaßte. Die **AC-8C** flogen neben den nicht modifizierten **AV-8AA** bis zur Außerdienststellung im Jahre 1987.

Der einzige weitere Nutzer der Standard-**Harrier** ist die spanische Marine, bei der dieses Flugzeug **Matador** heißt. Elf **AV-8A(S)** gemäß Standard AV-8A Mod und zwei Trainer **TAV-8A(S)** wurden als **VA.1 Matador** bzw. **VAE.1 Matador** beschafft. Diese Maschinen setzte Escuadrilla 008 von Bord des Flugzeugträgers Dédalo (1988 außer Dienst gestellt) und vom Küstenstützpunkt Cádiz/Rota aus ein. Die Arma Aérea de la Armada will ihre relativ wenig strapazierten **AV-8S** bis Mitte der neunziger Jahre weiternutzen.

***Die Harrier GR.Mk 3 dienen derzeit nur noch bei der OCU No. 233 und einer Halbstaffel (No. 1417) in Belize, nachdem auf die GR.Mk 5 und Mk 7 umgerüstet wurde. Das Muster lieferte über 20 Jahre lang wertvolle VTOL-Einsatzerfahrung.***

# British Aerospace (HS) Hawk

Die ursprünglich als **Hawker Siddeley HS.1182** bekannte **British Aerospace Hawk** löste die RAF-Schulflugzeuge Gnat und Hunter ab.

1971 zog die RAF die **HS.1182** einem Entwurf von BAC vor, und fünf Monate später wählte man das Adour-Mantelstromtriebwerk anstelle des Viper-Strahltriebwerks von Rolls-Royce. Im März 1972 erging ein Auftrag für 176 **Hawk T.Mk 1**. Es gab keinen Prototyp und nur ein einziges Vorserienflugzeug. Das gesamte Testprogramm vollzogen daher die ersten zehn Serienmaschinen. Auf diese Weise sparte man eine Menge Zeit, so daß die beiden ersten **Hawk** bereits im November 1976 der Truppe zugeführt wurden.

Die **Hawk** ist ein zweisitziges leichtes Kampf- und Ausbildungsflugzeug im schallnahen Geschwindigkeitsbereich. Die Primärstruktur des herkömmlich konstruierten Tiefdeckers wurde für eine Lebensdauer von 6000 Flugstunden unter den von der RAF geforderten harten Betriebsbedingungen ausgelegt. Ein Schlüsselfaktor war die Einfachheit der Konstruktion und Herstellung, um eine hohe Nutzungsrate und niedrige Betriebskosten sicherzustellen. Ein Wart vermag die **Hawk** innerhalb von 20 Minuten für den nächsten Flug vorzubereiten, und zur Waffen- und Einsatzausbildung eingesetzt, können vier Mann die **Hawk** in weniger als 15 Minuten neu bewaffnen.

Zu den niedrigen Betriebskosten trägt das effiziente Adour-Mantelstromtriebwerk bei, eine nachbrennerlose Version des in die SEPECAT Jaguar eingebauten Triebwerks. Das Adour ist in Modulbauweise erstellt, was die Ersatzteilbevorratung erheblich reduziert. Jedes Modul läßt sich austauschen, ohne daß man die rotierenden Baugruppen anschließend auswuchten muß. Große Wartungsklappen unter der Triebwerkszelle vereinfachen den Zugang und Ausbau. Ein integrierter Gasturbinenanlasser macht die **Hawk** vom Bodenaggregat unabhängig.

Die **Hawk** durchlief ein bemerkenswert störungsfreies Entwicklungsprogramm, und nur 27 Monate nach dem Jungfernflug konnte dieses Muster in Dienst gehen. Sämtliche Solleistungen wurden erreicht, und die Spitzengeschwindigkeit lag sogar höher als erwartet. Im Sinkflug erreichte die **Hawk** Mach 1,15 und im Horizontalflug in geringer Höhe Mach 0,88, so daß die Flugschüler Erfahrung auf einem transsonischen Düsenjäger sammeln konnten, bevor sie auf ein echtes Überschallmuster

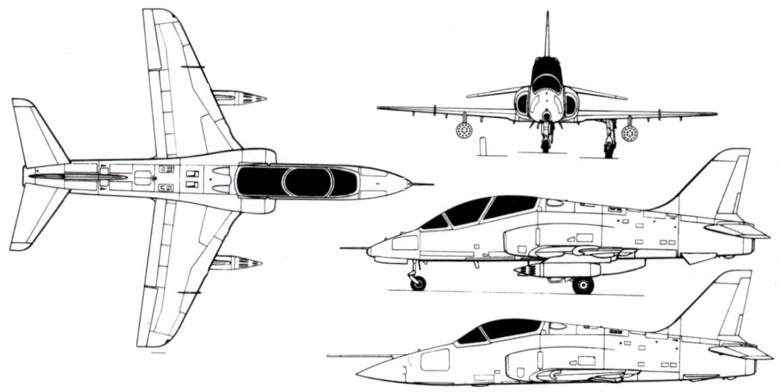

***British Aerospace Hawk Mk 60 (untere Seitenansicht: Hawk 200)***

***Über die reine Strahlflugzeugführerschulung hinaus stellt die Hawk eine günstige Plattform zur Einsatz- und Waffenausbildung dar. Für letztere verwendet die RAF die Hawk T.Mk 1A.***

umsteigen. Die RAF betreibt die **Hawk** sowohl zur Waffenausbildung **(Hawk T.Mk 1A)** als auch zur normalen Flugschulung mit drei Außenlastträgern. Den Träger unter dem Rumpf belegt üblicherweise der Aden-Kanonenbehälter, während Matra-Raketenbehälter oder Übungsbomben die Stationen unter den Flächen einnehmen. Nicht selten wünschen potentielle Exportabnehmer jedoch eine schwerere Bewaffnung, und British Aerospace testete die **Hawk** daher mit rund 40 Kombinationen verschiedener Luft-Boden- und Luft-Luft-Waffen. Unter jede Fläche lassen sich zwei Stationen montieren, so daß sich insgesamt fünf ergeben. Die Verwendung von Mehrfachträgern erlaubt eine Beladung mit 2954 kg in Form von sechs 454-kg-Bomben plus Aden-Kanonenrüstsatz.

Die Bewaffnung mit Luft-Luft-Raketen an den Flächenenden ist möglich, setzt allerdings eine Modifikation voraus. Zu den Export-**Hawks** zählen die **Mk 50**-Flugzeuge mit Adour 851 für Finnland (50 Exemplare, davon 46 in Lizenz gefertigt), Indonesien und Kenia. Die Serie **Mk 60** mit dem aufgewerteten Adour 861 ging an Abu Dhabi, Dubai, Kuwait, Saudi-Arabien, die Schweiz, Simbabwe und Südkorea.

Am 19. November 1981 stellte die US Navy ein Team aus Fachkräften von British Aerospace, McDonnell Douglas und Sperry in den USA zusammen, um das VTX/TS-Entwicklungsprogramm der Navy fortzuschreiben. Dies ergab die McDonnell Douglas/BAe **T-45A Goshawk**, die für die Trägerausbildung mit verstärktem Fahrwerk und Fanghaken modifiziert wurde. Die Beschaffung für 302 **Goshawk** ist eingeleitet worden.

Zwei Nebenlinien der **Mk 60** sind auf Kampfeinsätze ausgerichtet. Die **Hawk 100** ist mit Einsatzavionik wie Frontscheibensichtgerät, Laserentfernungsmesser und Vorwärtssicht-Infrarotgerät ausgestattet, um das Waffenpotential der **Hawk** auszuloten. Startschienen an den Flächenenden können Luft-Luft-Raketen aufnehmen. Die **Hawk 200** dagegen wurde als Einsitzer weitaus stärker modifiziert und mit Laser-, FLIR- oder APG-66-Radargerät im Bug ausgerüstet. Zu den Abnehmern dieser Versionen gehörten bislang die Staaten Abu Dhabi, Brunei, Indonesien, Malaysia, Oman, Saudi-Arabien und Südkorea. Mitte 1993 belief sich die Auftragsziffer für sämtliche Varianten der **Hawk** auf insgesamt 746 Flugzeuge.

### TECHNISCHE DATEN
**BAe Hawk T.Mk 1**

**Typ:** zweisitziger Strahltrainer für Anfänger und Fortgeschrittene
**Triebwerk:** ein Rolls-Royce/Turboméca Adour-151-Turbofan-Triebwerk mit 2359 kg Schub
**Leistung:** Höchstgeschwindigkeit 1038 km/h; Dienstgipfelhöhe 15.240 m; Überführungsreichweite (ohne Außenlasten) 2430 km; Flugdauer 4 Stunden
**Gewicht:** Leermasse 3647 kg; max. Startmasse 7750 kg
**Abmessungen:** Spannweite 9,39 m; Länge ohne Tanksonde 11,17 m; Höhe 3,99 m; Tragflügelfläche 16,69 m²
**Bewaffnung:** Außenlasten bis zu 2567 kg an Stationen unter dem Rumpf und unter den Flächen

# British Aerospace (HS) Nimrod MR

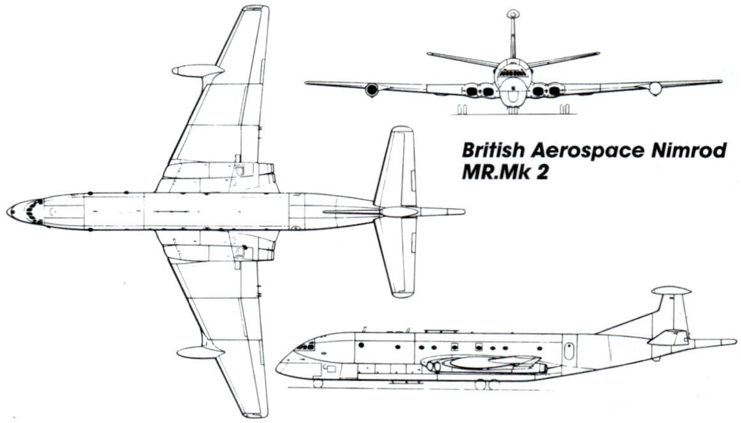

***British Aerospace Nimrod MR.Mk 2***

Die **BAe Nimrod MR**, benannt nach dem „mächtigen Jäger" aus dem Buch der Genesis, wurde vom ersten strahlgetriebenen Airliner der Welt, der de Havilland Comet, abgeleitet. Die RAF hatte die Comet 1955 als militärisches Transportflugzeug eingeführt, und als Anfang 1965 die Beschaffung eines neuen Seepatrouillenflugzeugs anstand, ordnete die britische Regierung eine Untersuchung an, ob sich dieser Bedarf nicht durch eine entsprechende Form der Comet 4 abdecken ließ. Das Ergebnis war eines der gegenwärtig besten maritimen Aufklärungs- und Seezielbekämpfungsflugzeuge.

Zwei Comet 4C wurden zu Hawker Siddeley HS 801-Prototypen modifiziert, von denen man den ersten (XV148) mit Rolls-Royce Spey-Turbofan-Triebwerken ausrüstete, während die zweite Versuchsmaschine (XV147) die Avon-Strahltriebwerke der Comet beibehielt. Die hauptsächliche Änderung der Struktur betraf den Rumpf, der 1,98 m kürzer ausfiel und durch eine Wanne ohne Druckbelüftung zur Unterbringung der Einsatzausrüstung sowie einen 14,78 m langen Waffenschacht ergänzt wurde. Tragflächen, Höhenflossen und Fahrwerk ähnelten den Baugruppen der Comet 4C, abgesehen von den für höhere Betriebsmassen verstärkten Fahrwerksteilen. Neue Komponenten der Zelle waren das Seitenleitwerk mit einer großflächigen Rückenfinne, ein Behälter für elektronische Unterstützungsmaßnahmen auf der Leitwerksspitze, ein MAD-Heckausleger (Sonde für magnetische Anomalien), ein im vorderen Teil des Nasenkanten-Treibstofftanks installierter Suchscheinwerfer und Träger für Luft-Boden-Flugkörper unter den Flächen. Die erste HS 801 (mit Spey-Antrieb) absolvierte ihren Jungfernflug am 23. Mai 1967, gefolgt vom zweiten Prototoyp (mit Avon-Antrieb) am 31. Juli 1967.

Es erging ein Auftrag zur Produktion von 38 Serienflugzeugen, und die erste **Nimrod MR.1**, wie diese Maschinen bezeichnet wurden, flog am 28. Juni 1968. Im Oktober des nächsten Jahres erhielt No. 201 Squadron des RAF Strike Command das neue Muster. 1972 erfolgte eine Nachbestellung für acht **Nimrod MR.1**, um die Ausrüstung von sechs RAF-Staffeln (No. 42, 120, 201, 203, 206 und ein anderer Verband) mit dieser **Nimrod**-Version zu ermöglichen. Im Jahr zuvor hatte No. 51 Squadron jedoch drei Exemplare der Version **Nimrod R.1** erhalten. Diese drei Maschinen zeigten einen kürzeren, stumpfen Heckkonus und Nasenkantenbehälter an den Tragflächen, die eine andere Größe und Form hatten. Ihre Ausrüstung war auf Einsätze zur elektronischen Aufklärung ausgerichtet.

Der Hauptauftrag der **Nimrod** besteht in der maritimen Überwachung und der Bekämpfung von Seezielen mit Schwerpunkt Unterseeboote. Dazu ist die **Nimrod** standardmäßig mit zwölf Mann besetzt. Der riesige Waffenschacht kann eine Vielzahl unterschiedlicher Waffen aufnehmen, während sich im druckbelüfteten hinteren Rumpfabschnitt gewaltige Mengen an Sonarbojen, Seemarkierungs- und weiteren Ortungsmitteln lagern lassen. Ein typischer Patrouillenflug dauert zwölf Stunden, und in 1850 km Entfernung vom Küstenstützpunkt vermag die **Nimrod** mühelos 6 Stunden lang im zugewiesenen Einsatzgebiet zu verweilen. Diese Ausdauer wird dadurch ermöglicht, daß die **Nimrod** mit zwei abgeschalteten Triebwerken patrouilliert. Notfalls fliegt und steigt die **Nimrod** sogar nur mit einem einzigen Triebwerk. Die Reichweite läßt sich durch den Einbau von maximal sechs Zusatztanks im Waffenschacht weiter strecken. Das Überwachungsradar ASV.21D im Bug stammt von EMI, und eine rechnergestützte Marconi-Anlage sorgt automatisch für Navigation, Wahl und Einsatz der Waffen sowie entsprechende Anzeigen an den Bedienerkonsolen im taktischen Gefechtsstand. Falls erforderlich, kann die **Nimrod** auch bis zu 45 Soldaten auf Sitzen befördern.

Ab 1975 wurden 32 Exemplare der RAF-**Nimrod-R.1**-Flotte einem Modernisierungsprogramm unterzogen. Das erste „runderneuerte" Flugzeug kehrte am 23. August 1979 als **Nimrod MR.2** zur Truppe zurück. Nur fünf der 1972 nachbestellten **Nimrod MR.1** wurden als solche geliefert: Eine Maschine diente als Entwicklungsflugzeug für die **Nimrod MR.2** und die beiden anderen zur Entwicklung der **Nimrod AEW.3.** Hauptzweck der Umrüstung zum Standard **MR.2** ist die Modernisierung und Verbesserung der Einsatzausrüstung. Die **Nimrod**-Flugzeuge sollen bis in die späten neunziger Jahre hinein dienen, und in mancher Hinsicht zeigt sich die **Nimrod MR.2** jedem anderen Muster in dieser oder einer ähnlichen Rolle weit überlegen.

***Diese Aufnahme einer Nimrod MR.Mk 2 im senffarbenen Standardtarnmuster entstand vor Durchführung des Hauptmodifikationsprogramms, das eine Luftbetankungssonde, ESM-Behälter an den Flächenenden und Blattantennen an den Höhenflossen brachte. Nimrods wurden intensiv im Falklandkrieg eingesetzt und nach der Invasion von Kuwait durch den Irak in die Golfregion verlegt.***

### TECHNISCHE DATEN
**BAe Nimrod MR.1**

**Typ:** Seeüberwachungs- und Seezielbekämpfungsflugzeug
**Triebwerke:** vier Rolls-Royce-RB.168-20-Spey-Mk-250-Mantelstromtriebwerke mit je 5507 kg Schub
**Leistung:** max. Einsatzgeschwindigkeit 925 km/h; max. Marschgeschwindigkeit 880 km/h; Patrouillengeschwindigkeit in Wellenhöhe 370 km/h; normale Einsatzgipfelhöhe 12.800 m; typische Überführungsreichweite 9262 km; typische Flugdauer 12 Stunden
**Gewicht:** typische Leermasse 39.009 kg; max. Überlaststartmasse 87.090 kg
**Abmessungen:** Spannweite 35,00 m; Länge 38,63 m; Höhe 9,98 m; Tragflügelfläche 197,04 m²
**Bewaffnung:** breitgefächertes Waffenspektrum zur U-Bootbekämpfung im internen Waffenschacht, obwohl die RAF vorzugsweise Torpedos und Bomben verwendet; im hinteren druckbelüfteten Rumpfabschnitt ist eine weitere Zelle für Sonarbojen und Werfer eingerichtet; beide Flächen können mit Minen, Kanonen- oder Raketenbehältern und Luft-Boden-Flugkörpern beladen werden

# British Aerospace Nimrod AEW.3 bis Britten-Norman BN-2A Mk III Trislander

**Die Nimrod AEW.3 war eine erfolglose Frühwarnvariante der Patrouillen- Nimrod. Die Sea Harrier ist dagegen ein erfolgreicher Abkömmling der Harrier für Flugzeugträger. Britten-Norman kam 1972 zu Fairey, machte 1977 Konkurs und wurde nach der Übernahme 1979 durch die schweizerische Holding Oerlikon-Bührle Teil von Pilatus Britten-Norman.**

## British Aerospace Nimrod AEW.3

Im Jahre 1973 wurden Studien für eine Frühwarn- und Leitversion der Nimrod in Auftrag gegeben, die die Avro Shackleton der RAF ersetzen sollte. Das große Rumpfvolumen und die Leistungsreserven der Standard-MR-Nimrod boten ein beträchtliches Potential, um andere Ausrüstungskomponenten zu integrieren und dieses Muster auf anderen Feldern zu nutzen. Nach der Debatte, ob sich England an der Beschaffung der E-3A Sentry für die NATO beteiligen sollte, entschied die britische Regierung 1977, statt dessen eine entwikkelte Version der Nimrod zu finanzieren.

Schon die MR-Nimrod hatte die einst schöne Linienführung der Comet beeinträchtigt, die **BAe Nimrod AEW.3** aber, die nun entstand, verunstaltete sie von Grund auf. Radome mit je einer Zweifrequenzantenne hatten beide Rumpfenden grotesk anschwellen lassen. Die Antennenanordnung in Bug und Heck brachte den Vorteil, daß andere Teile der Zelle die Effektivität des Weitbereichsradars nicht beeinträchtigen konnten, wie es bei der Boeing E-3A Sentry und der Grumman E-2C mit dem Rotodom auf dem Rumpfrücken der Fall ist. Eine weitere äußerliche Veränderung der **Nimrod AEW.3** waren Behälter an den Flächenenden mit Geräten für elektronische Unterstützungsmaßnahmen.

Ein digitaler Bordrechner steuerte den Datenstrom von den Antennen und stimmte diese Nachricht mit einer Leitzentrale am Boden ab. Die Radarantennen waren mit der IFF-Anlage (Freund-Feind-Funkkennanlage) der **Nimrod** gekoppelt und zugleich Bestandteil des Impuls-Dopplersystems, so daß sie sowohl Schiffe überwachen als auch Luftfahrzeuge entdecken konnten und von elektronischen Störmaßnahmen unbeeinflußt blieben. Statt AEW (Airborne Early Warning) hätte daher die Bezeichnung AWACS (Airborne Warning And Control System), wie die Amerikaner ihre Boeing E-3A Sentry nannten, die Funktion der **Nimrod** viel treffender wiedergegeben. Die **Nimrod**-

***Bei der AEW.Mk 3 wurde das Nimrod-Grundflugwerk durch Radome an Bug und Heck ergänzt, die die Antennen des Radars beherbergten.***

Bordsysteme zielten darauf ab, Luftfahrzeuge, Flugkörper und Schiffe zu entdekken und zu klassifizieren, Jagdfliegerkräfte zu führen, als luftgestütztes Verkehrskontrollzentrum zu fungieren sowie Such- und Rettungseinsätze zu leiten.

Das erste Entwicklungsflugzeug, eine umgebaute Comet 4C (XW626), hob erstmals am 28. Juni 1977 vom Boden ab, allerdings nur mit dem Bugradom ausgestattet. Die erste aerodynamisch repräsentative **Nimrod AEW.3** (XZ286) startete am 16. Juli 1980 zum Erstflug. Die durch die Eingriffe in das Flugwerk verursachten Verluste in der Kursstabilität hielten sich in Grenzen, so daß eine Erhöhung der Seitenflosse um 0,91 m ausreichte, um diese Schwäche zu beheben. Zunächst wurden elf Serienflugzeuge **Nimrod AEW.3** für die Royal Air Force geordert, die Anfang 1982 bei No. 8 Squadron in Waddington, Lincs, in Dienst gehen sollten. Technische Probleme mit den Bordsystemen führten je-

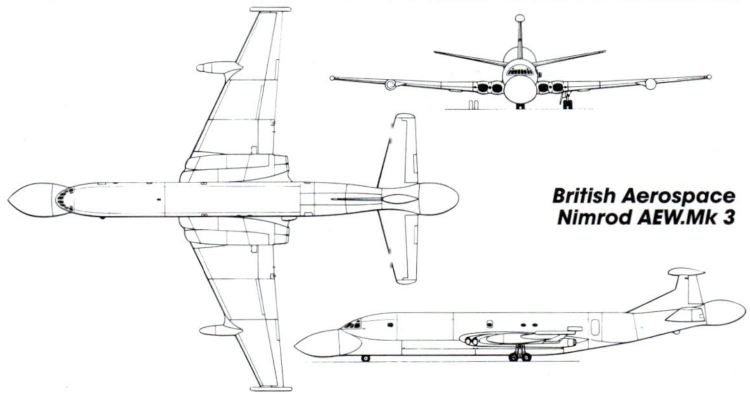

***British Aerospace Nimrod AEW.Mk 3***

doch zur Aufgabe des Projekts. Großbritannien beschaffte statt dessen sieben Boeing E-3D Sentry, deren erster Vertreter im Juli 1990 bei No. 8 Squadron eintraf.

**TECHNISCHE DATEN**
**British Aerospace Nimrod AEW.3**

**Typ:** Frühwarn- und Leitflugzeug
**Triebwerke:** vier Mantelstromtriebwerke Rolls-Royce RB.168-20 Spey Mk 250 mit je 5507 kg Schub
**Leistung:** keine Daten verfügbar, aber ähnlich wie bei der Nimrod MR.2
**Gewicht:** keine Daten verfügbar
**Abmessungen:** Spannweite, einschließlich Außenbehälter, 35,08 m; Länge 41,97 m; Höhe 10,67 m

## British Aerospace Sea Harrier

Der Senkrechtstart einer **Harrier** vom Achterdeck der USS Coronado veranlaßte einen amerikanischen Admiral 1969 angeblich zu dem Kommentar: „Erst habt ihr Briten uns das Winkelflugdeck, den Landespiegel und das Dampfkatapult gegeben – und nun werft ihr das alles über Bord!" Dieser Admiral traf den Nagel auf den Kopf. Dieses Muster revolutionierte nicht nur die Lufttaktik landgestützter Kampfflugzeuge, sondern ihre Fähigkeit, vom Achterdeck gewöhnlicher Kampfschiffe ebenso wie von Flugzeugträgern aus zu operieren, brachte einen neuen Faktor in die taktische Seekriegsführung mit Überwasserschiffen ein.

Standard-**Harrier** (d.h. Landflugzeuge) führten unzählige Erprobungs- und Demonstrationsflüge von einem breitgefächerten Marineschiffspektrum aus durch. Da sowohl die Royal Navy als auch das US Marine Corps an einer verbesserten **Harrier**-Version für den eigenen Unterstellungsbereich interessiert waren, hoffte man auf eine gemeinsame Entwicklung durch Hawker Siddeley und deren amerikanischen Lizenzpartner McDonnell Douglas. Die britische Regierung gelangte aber 1975 zu der Einsicht, daß die beiden projektierten Modelle zu wenig gemein hatten und Großbritannien daher die fortschrittliche Harrier für die Royal Navy im Alleingang entwickeln sollte. Daraus darf keineswegs geschlossen werden, daß der **BAe Sea Harrier FRS.Mk 1** so etwas wie ein „AV-8B des kleinen Mannes" ist. In mancherlei Hinsicht bietet die Marineversion erheblich gesteigerte Kampfleistungen im Vergleich zur Harrier GR.Mk 3 der Royal Air Force. Diese Verbesserungen resultieren aus Veränderungen wie dem neu eingeführten erhöhten Cockpit, der modernisierten Einsatzavionik und – am wichtigsten – dem Einbau des Mehrbetriebsartenradargeräts Blue Fox von Ferranti. Es ist in einem neugeformten Bug untergebracht, der sich zu Abstellzwecken an Bord zur Seite klappen läßt. Die **Sea Harrier** kann nicht nur die gesamte Waffenpalette und Sensorik, die den landgestützten

***British Aerospace Sea Harrier FRS.Mk 1***

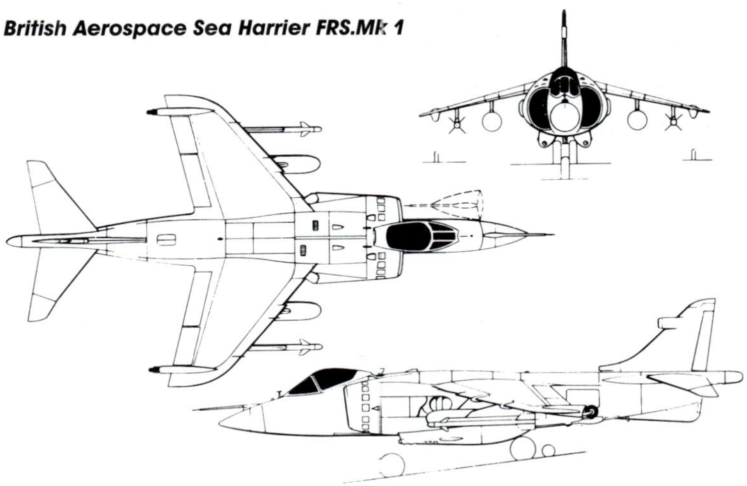

Harrier-Versionen zur Verfügung steht, mitführen, sondern darüber hinaus auch vier Sidewinder-Lenkraketen mit Hitzesuchkopf oder zwei Schiffsbekämpfungsflugkörper Sea Eagle oder Harpoon.

Insgesamt 57 **Sea Harrier** wurden für die Royal Navy in Auftrag gegeben. Ferner beschaffte die RN vier **Harrier T.Mk 4N** als Standarddoppelsitzer für die Ausbildung an Land. Die **Sea Harrier** rüsten No. 899

**TECHNISCHE DATEN**
**BAe Sea Harrier FRS.Mk 1**
**Typ:** V/STOL-Marinejäger, Jagdbomber und Aufklärer
**Triebwerk:** ein Mantelstromtriebwerk Rolls-Royce Pegasus Mk 104 mit 9752 kg Vektorschub
**Leistung:** Höchstgeschwindigkeit 1184 km/h; Marschgeschwindigkeit in Wellenhöhe 650-834 km/h; Einsatzradius 463 km
**Abmessungen:** Spannweite 7,70 m; Länge 14,50 m; Höhe 3,71 m; Tragflügelfläche 18,68$^2$
**Bewaffnung:** max. Waffenlast von 3629 kg an Trägern unter dem Rumpf und unter den Flächen, einschließlich vier Sidewinder

HQ Squadron auf dem Marinefliegerhorst Yeovilton sowie No. 800 und No. 801 Squadron zum Einsatz an Bord der Zerstörer HMS Ark Royal, Illustrious und Invincible aus. Startrampen ermöglichen der **Sea Harrier** nicht nur eine größere Nutzlastkapazität, sondern erhöhen zugleich den Anfangsauftrieb, so daß diese Maschinen auch dann starten können, wenn widrige Wetterverhältnisse andere Trägerflugzeuge an oder unter Deck fesseln. Die Sprungschanzen der Invincible und Illustrious haben eine Steigung von 7°, die der Royal Ark von 12°. Der Sprungstart von einer 20°-Rampe würde die Nutzlast der **Sea Harrier** nachweislich um 1100 kg (Waffen oder Treibstoff) steigern. Die indische Marine hat sechs grundsätzlich ähnliche **Sea Harrier FRS.Mk 51** plus zwei **Sea Harrier T.Mk 60** bestellt. Die auf dem Träger INS Vikrant eingesetzten Maschinen wurden ab 1983 geliefert. Von ihren britischen Gegenstücken unterscheiden sie sich nur in einigen Details und durch ihre Lenkraketenbewaffnung mit Matra Magic anstelle der Sidewinder.

Im März 1990 orderte Großbritannien zehn neue **Sea Harrier FRS.Mk 2** und die Modernisierung der vorhandenen 31 **FRS.Mk 1**. Die **Mk 2**, deren Erstflug nach der Umrüstung eines Versuchsflugzeugs am 19. September 1988 stattfand, ist mit dem Impulsdoppler-Radargerät Blue Vixen ausgestattet, das die Bekämpfung von Luftzielen aus der Überhöhung ermöglicht. Damit einher geht die Bewaffnung mit bis zu vier AIM-120 AMRAAM.

***Im Falklandkrieg bewies die Sea Harrier ihren Kampfwert und ließ konventionellen Flugzeugen keine Chance.***

# British Klemm L.25 Swallow

Die Zuverlässigkeit, Sicherheit und das ausgezeichnete Leistungsvermögen des zweisitzigen Leichtflugzeugs **Klemm L.25** aus Deutschland machte es vor allem für Privatpiloten interessant. Die **Klemm** flog erstmals 1927, und bis 1933 hatten britische Luftfahrzeugführer 27 Exemplare erworben. In jenem Jahr etablierte sich die British Klemm Aeroplane Company in Hanworth, Middlesex, um dieses Muster vor Ort zu produzieren. Der britische Prototyp **(G-ACMK)** hob im November 1933 zum ersten Mal vom Boden ab. Von der Original-**Klemm** unterschied er sich durch Verstärkungen in Teilen der Zelle, um britischen Zulassungsvoraussetzungen zu genügen. Der freitragende Tiefdecker, der bis auf stoffbezogene Ruder ganz aus Metall konstruiert war, verfügte über faltbare Flächen, um Abstellplatz einzusparen. Er hatte ferner zwei offene Kanzeln in Tandemanordnung, ein starres Fahrgestell mit Schleifsporn und einen verläßlichen Flugmotor geringer Leistung.

**TECHNISCHE DATEN**
**B.K Swallow 1A**
**Typ:** zweisitziges Leichtflugzeug
**Triebwerk:** ein Sternmotor Pobjoy Cataract II mit 63 kW (86 PS)
**Leistung:** Höchstgeschwindigkeit 167 km/h; Reisegeschwindigkeit 145 km/h; Dienstgipfelhöhe 5180 m; Reichweite 676 km
**Gewicht:** Leermasse 435 kg; max. Startmasse 680 kg
**Abmessungen:** Spannweite 13,00 m; Länge 8,00 m; Höhe 2,15 m; Tragflügelfläche 20,00 m$^2$

Unabhängig vom jeweils eingebauten Motortyp hieß die erste Serienversion **British Klemm L.25C 1A Swallow** (Schwalbe). Der Prototyp sowie fünf andere Exemplare erhielten den Sternmotor British Salmson A.D.9 mit 56 kW (76 PS) und der Rest, bis auf eine Maschine, den 63 kW (86 PS) starken Sternmotor Pobjoy Cataract II. Nach der Fertigung von 28 Flugzeugen wurden sämtliche Randbögen begradigt, um die Produktion zu beschleunigen. Dem gleichen Ziel fiel auch die gewölbte obere Rumpfabdeckung zum Opfer. Gleichzeitig änderte sich der Firmenname in British Aircraft Manufacturing Company, und in der Folge wurde die modifizierte **Swallow** in **British Aircraft Swallow 2** umbezeichnet. Es entstanden über 100 Flugzeuge, die entweder vom Pobjoy Cataract III oder vom Blackburn Cirrus Minor 1, beide mit einer Leistung von 67 kW (91 PS), angetrieben wurden. Einige dieser Maschinen dienten im Zweiten Weltkrieg zur Ausbildung beim Air Training Corps und als inoffizielle Verbindungsflugzeuge einiger Fliegerhorstkommandanten.

***Die Klemm L.25 war bei britischen Piloten sehr beliebt, so daß sie bald in Lizenz gebaut wurde. Die British Aircraft Swallow 2 erhielt eckige Formen, die die Herstellung vereinfachten.***

# Britten-Norman BN-2 Islander

Desmond Norman und der verstorbene John Britten hatten Sprühausrüstungen entwickelt, bevor sie 1964 ein neues Leichtflugzeug für Zubringerdienste, die **Britten Norman BN-2 Islander**, entwarfen. Sie war als Ersatz für die betagte de Havilland Dragon Rapide sowie andere Muster dieser Klasse konzipiert und stieß schon bald auf beachtliches Interesse. Im September 1964 stellte daher der Bau eines Prototyps kein größeres Risiko mehr dar. Dieses Flugzeug (G-ATCT) hob am 13. Juni 1965 erstmals vom Boden ab, angetrieben von zwei Boxermotoren Rolls-Royce/Continental IO-360-B mit je 157 kW (214 PS) und mit einem 13,72 m weit gespannten Tragwerk. Die Flugerprobung zeigte, daß eine Reihe von Änderungen nötig waren, darunter die Erhöhung der Spannweite um 1,22 m und der Einbau von Triebwerken des Typs Avco Lycoming O-540-E, die 194 kW (264 PS) abgaben. Dieser Motor wird in der Version -E4C5 auch heute noch in **Islander**-Serienflugzeuge eingebaut. Die erste Serie brachte die **BN-2 Islander** hervor, einen Hochdecker mit funktionalem Rechteckrumpf, herkömmlichem Leitwerk, starrem Bugradfahrwerk mit Zwillingsrädern an den Hauptbaugruppen und einem Platzangebot für neun Passagiere neben dem Flugzeugführer. Um diese Kapazität zu erreichen, mußte eine neue Art „Dichtbestuhlung" verwirklicht werden, denn die Kabine maß an der breitesten Stelle nur 1,09 m. Die Lösung bestand aus Sitzen, die von Wand zu Wand reichten, wobei zwei Türen auf der linken und eine auf der rechten Seite den Zugang ermöglichten. Den Ausstieg im Notfall gewährleisteten entsprechend ausgelegte Türfenster. Die erste seriengefertigte **BN-2** absolvierte ihren Jungfernflug am 24. April 1967, und am 13. August, nicht einmal vier Monate später, befand sich die erste **Islander** im Liniendienst. Mitte 1969 folgte die verbesserte Version **BN-2A Islander**. Seit 1978 ist die **BN-2B Islander II** die Standardserienversion. Sie verfügt über eine höhere Landemasse, eine verbesserte Inneneinrichtung und kleiner bemessene Propeller, die den Geräuschpegel in der Kabine absenken sollen.

Über die Jahre haben diverse alternative Ausrüstungskomponenten das Angebot bereichert und die Verwendungsbreite der **Islander** erhöht. Dazu gehörten vor allem Kolbenmotoren Avco Lycoming IO-540-K1BS mit 224 kW (305 PS) und Propellerturbinen Allison 250-B17C mit 239 kW (325 WPS). Letztere ergaben die Bezeichnung **BN-2T Turbine Islander**. Die Wahlausstattung umfaßt auch einen erweiterten Bug, der den verfügbaren Gepäckraum um 0,62 $m^3$ erhöht, schräg geschnittene Flächenenden, die Treibstofftanks enthalten, und Rajay-Turbolader zur Leistungssteigerung.

Über den Passagierdienst hinaus kann die **Islander** als Frachtflugzeug genutzt werden, indem man die Passagiersitze in der hinteren Gepäckzelle verstaut, ferner als Luftambulanz mit drei Krankentragen

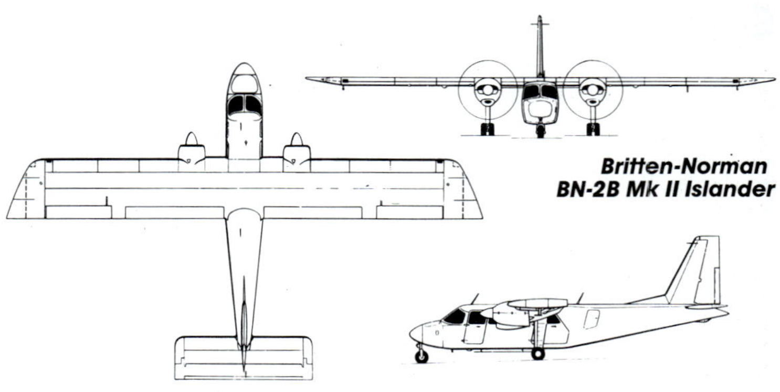

***Britten-Norman BN-2B Mk II Islander***

***Gerade bei kleinen Fluggesellschaften erfreute sich dieses in großer Stückzahl gefertigte Muster sofort großer Beliebtheit. Dies ist eine BN-2B mit erweiterten Flächenenden.***

und zwei Sanitätern sowie mit entsprechender Ausrüstung auch für zahlreiche andere Zwecke. Die militärischen Versionen **Defender** und **Maritime Defender** lassen sich auf den Transport von Verwundeten, auf Verbindungs- und Versorgungsflüge sowie Aufklärungs-, Such- und Rettungsdienste anpassen. Den Erfolg dieses Musters, das von vornherein als preisgünstiges, verläßliches Flugzeug zur wahlweisen breitgefächerten Nutzung gedacht war, spiegelt der weltweite Absatz in rund 120 verschiedene Länder wider. 1989 hatte der Verkauf die Marke 1100 überschritten.

Davon wurden über 300 Exemplare von Rumänien in Lizenz gefertigt und 65 **Islander** mit Baugruppen von Britten-Norman auf den Philippinen montiert.

Finanzielle Schwierigkeiten führten 1972 zur Übernahme von Britten-Norman durch The Fairey Group. Im Jahr darauf verlegte man die **Islander**-Produktion von Bembridge nach Gosselies in Belgien. Doch 1977 ging auch The Fairey Group in Konkurs, und den Britten-Norman-Teil der Gruppe erwarb Pilatus. Unter Pilatus Britten-Norman Ltd. läßt dieses Unternehmen das Muster weiterhin auf der Isle of Wight mit Fertigteilen rumänischer Herstellung montieren.

**Varianten**

**Defender:** militärische Version, beispielsweise zur Aufstandsbekämpfung, Fliegerleitdienst, Verwundetentransport, Verbindungs- und Versorgungsflüge; den Hauptunterschied zur Zivilversion machen vier Aufhängungen unter den Flächen für Außenlasten (Maschinengewehr- und Raketenbehälter, Bomben, Flugkörper, Leuchtfackelsätze und Zusatztanks) von bis zu 1134 kg aus; mehrere Versionen sind erhältlich, darunter die AEW und ASTOR Defender mit großen Radargeräten

**Maritime Defender:** Islander-Version für Küstenpatrouillenflüge, Such- und Rettungsdienste sowie Überwachung der Fischerei mit einer Flugdauer von 8 Stunden und Bendix RDR1400-Suchradar im Bugradom; das Muster kann auch Rettungsgerät (Schlauchboote usw.) oder Waffen unter den Flächen mitführen

**TECHNISCHE DATEN**
**Britten-Norman BN-2B Islander II**

**Typ:** Zubringerflugzeug
**Triebwerke:** zwei Boxermotoren Avco Lycoming 0-540-E4C5 mit je 194 kW (264 PS)
**Leistung:** max. Reisegeschwindigkeit 257 km/h in 2135 m Höhe; wirtschaftliche Reisegeschwindigkeit 241 km/h in 3660 m Höhe; Dienstgipfelhöhe 4450 m; Reichweite bei wirtschaftlicher Reisegeschwindigkeit mit voller Nutzlast 1400 km
**Gewicht:** Rüstmasse 1638 kg; max. Startmasse 2994 kg
**Abmessungen:** Spannweite 14,94 m; Länge 10,86 m; Höhe 4,18 m; Tragflügelfläche 30,19 m²

# Britten-Norman BN-2A Mk III Trislander

Den Bedarf nach einer „gestreckten" Version der Britten-Norman Islander zu dekken, erforderte weitaus mehr, als das Einfügen eines oder mehrerer Streckteile in den Rumpf. Befragungen hatten ergeben, daß Interessenten eine Erhöhung der Kapazität von mindestens 50% wünschten. Dies führte 1970 zur Entwicklung der dreimotorigen **Britten-Norman BN-2A Mk III Trislander**. Die Integration eines dritten Triebwerks wirft stets Probleme im Zusammenhang mit asymmetrischem Vortrieb auf. Diese lassen sich gelegentlich durch den Einbau des zusätzlichen Triebwerks im Bug oder auf dem Tragflächenmittelstück vermeiden, aber keine dieser beiden Lösungen kam für die Islander in Frage. Man besann sich daher auf ein Konzept, das bei etlichen Großraumflugzeugen zur Anwendung gekommen war, und beschloß, das dritte Triebwerk im Heck zu installieren.

Im Falle der Islander bedeutete dies jedoch, daß man den Motor wegen der Größe des Seitenleitwerks nicht einfach in diese Struktur einbinden konnte, sondern das gesamte Heck beträchtlich modifizieren mußte, damit die Seitenflosse das Triebwerk und dessen Aufhängung aufnehmen konnte. Weitere Änderungen beinhalteten das Einfügen einer 2,29 m breiten Rumpfsektion vor dem Tragwerk, die Verstärkung der hinteren Rumpfstruktur, den Einbau eines neuen Hauptfahrwerks mit größeren Rädern und Reifen sowie die Ausgestaltung des Innenraums für 17 Passagiere. Da sich der Rumpfdurchmesser nicht verändert hatte, behielt man die bei der Islander eingeführte Sitzeinrichtung bei und erhöhte die Zahl der Türen auf fünf, zwei backbord und drei steuerbord.

Der **Trislander**-Prototyp entstand durch Umbau des zweiten Islander-Prototyps (G-ATWU), und am 11. September 1970 schwang sich die umgerüstete Maschine wieder in die Luft. Noch am selben Tag wurde sie nach Farnborough überführt, um an der SBAC-Ausstellung teilzunehmen. Die erste serienmäßig gefertigte **Trislander** flog am 6. März 1971. Diese Maschine besaß die erweiterten Tragflächen der Islander-Sonderausstattung und eine erweiterte Leitwerksfläche oberhalb des Hecktriebwerks. Die zuständige Luftfahrtbehörde erteilte dem Muster am 14. Mai 1971 die britische Zulassung, und am 29. Juni 1971 übernahmen Aurigny Air Services als erste Fluggesellschaft ein Exemplar dieses Musters.

Die Bezeichnung der ersten Serienversion mit dem Standard-Islander-Bug lautete **BN-2A Mk III**. Es folgte die **BN-2A Mk III-1 Trislander**, deren Betriebsmasse auf 4536 kg gestiegen war. Zu den späteren Serienversionen zählen die **BN-2A Mk III-2 Trislander**, die als Standard den erweiterten Bug aus dem Islander-Wahlpaket aufweist, die **BN-2A Mk III-3 Trislander**, deren Propeller bei Triebwerksausfall während des Starts automatisch in Segelstellung geregelt werden, und die **BN-2A Mk III-4 Trislander** mit einem Raketenmotor zur Schuberzeugung bei Triebwerksausfall während des Starts. Die Produktion wurde 1973 nach Belgien verlegt, kehrte aber 1979 zur Isle of Wight zurück. In den achtziger Jahren lag die Produktion brach, doch wird die nach wie vor bestehende Nachfrage möglicherweise zu einer Wiederaufnahme führen.

Die **Trislander M** war eine vorgeschlagene militärische Variante ähnlich der Defender, fand aber keinen Abnehmer.

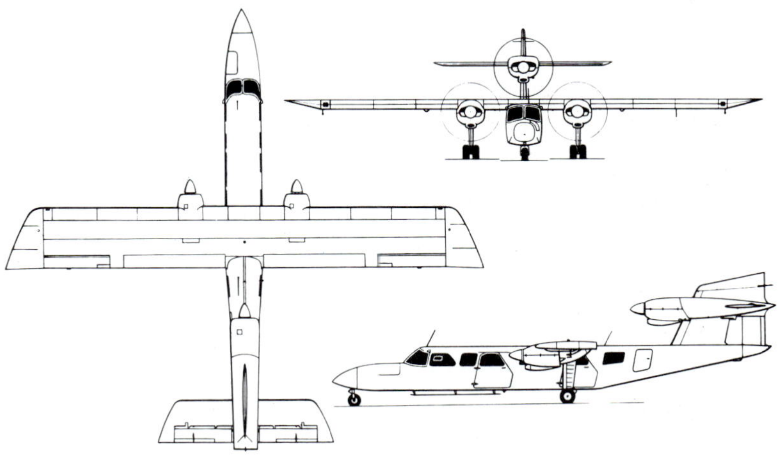

***Britten-Norman BN-2A Mk III-2 Trislander***

**TECHNISCHE DATEN**
**Britten-Norman BN-2A Mk III-2 Trislander**

**Typ:** Regionalflugzeug
**Triebwerke:** drei Boxermotoren Avco Lycoming 0-540-E4C5 mit je 194 kW (264 PS)
**Leistung:** max. Reisegeschwindigkeit 267 km/h in 1980 m Höhe; wirtschaftliche Reisegeschwindigkeit 241 km/h in 3960 m Höhe; max. Reichweite bei wirtschaftlicher Reisegeschwindigkeit 1609 km
**Gewicht:** Rüstmasse 2650 kg; max. Startmasse 4536 kg
**Abmessungen:** Spannweite 16,15 m; Länge 15,01 m; Höhe 4,32 m; Tragflügelfläche 31,31 m²

***Britten-Norman BN-2A Mk III Trislander der Trans-Jamaican Airways***

## Bücker Bü 131 Jungmann bis CASA C-212 Aviocar

**Die Bücker Flugzeugbau entstand 1932 für den Bau von Schulflugzeugen. Als Flugzeugbauzweig der Schiffswerft Cantieri Navali di Monfalcone ging 1923 die Cantiere Navale Triestino hervor. CASA (Construcciones Aeronáuticas) wurde 1923 gegründet und fusionierte 1972 mit Hispano Aviación.**

# Bücker Bü 131 Jungmann

Das erste Produkt von Bücker-Flugzeugbau, 1933 in Berlin-Johannistal gegründet, war das zweisitzige leichte Schulflugzeug **Bücker Bü 131 Jungmann**. Der schwedische Bücker-Chefkonstrukteur Anders Andersson hatte das Muster als herkömmlichen, einstieligen Doppeldecker entworfen, mit stoffbespanntem Tragwerk in Holzbauweise, einem Rumpfgerüst aus geschweißtem Stahlrohr, das, mit Ausnahme von Leichtmetall im Bereich des Motors und der Kanzel, ebenfalls mit Stoff überzogen war, einem ähnlich konstruierten Höhenleitwerk, das mit Draht abgespannt war, und einem Spornradfahrwerk. Für den Antrieb des Prototyps (D- 3150), dessen Erstflug am 27. April 1934 stattfand, sorgte ein 59 kW (80 PS) starker Reihenmotor vom Typ Hirth HM XXA. Die **Bü 131A**, wie man die erste Serienversion bezeichnete, wurde nicht nur für zahlreiche Flugschulen in Deutschland, sondern auch in großer Menge für die Luftwaffe produziert. Im Export erreichte dieses Muster acht europäische Länder, darunter Ungarn (100 Exemplare) und Rumänien (160 Exemplare). Darüber hinaus fertigte die Schweiz 75 solcher Flugzeuge in Lizenz. Die umfangreichste Lizenzproduktion aber erfolgte in Japan, wo 1037 Exemplare für das japanische Heer als **Type 4 Primary Trainer** (Ki-86A) gefertigt wurden. Vorausgegangen war die Lizenzfertigung dieses Modells durch Watanabe (später Kyushu) für die japanische Marine als **Navy Type 2 Primary Trainer Model 11** (K9W1). Unterschiedlichen Quellen zufolge entstanden für die japanische Marine 217 oder 339 Exemplare, doch man darf davon ausgehen, daß die Kaiserlich-Japanische Marine 200 solche Schulflugzeuge zur Ausbildung ihrer Fluganwärter nutzte.

Die Luftwaffe verwendete die **Bü 131A** den ganzen Zweiten Weltkrieg hindurch, ersetzte sie später aber durch die verbesserte Bücker Bü 181. Viele **Bü 131A** dienten anschließend bei Hilfsfliegerstaffeln. Mit 1- und 2-kg-Bomben bewaffnet, flogen sie nachts pausenlos Störeinsätze über den sowjetischen Linien. Auch noch nach dem Krieg, in den fünfziger Jahren, baute Aero in der Tschechoslowakei dieses Muster unter der Bezeichnung C4.

***Auf der Bücker Bü 131 Jungmann erhielten viele der fähigsten Piloten ihren ersten fliegerischen Schliff. Zu den zahlreichen Exemplaren, die den Krieg überstanden haben, gehört diese restaurierte amerikanische Jungmann.***

**Varianten**

**Bücker Bü 131B:** verbesserte Version mit aufgewertetem Hirth HM 504A-2-Triebwerk

**Bücker Bü 131C:** einzelnes Versuchsflugzeug mit Reihenmotor Cirrus Minor, der 66 kW (90 PS) abgab

**TECHNISCHE DATEN**
**Bücker Bü 131B**

**Typ:** zweisitziges Schulflugzeug für Anfänger
**Triebwerk:** ein Reihenmotor Hirth HM 504A-2 mit 77 kW (105 PS)
**Leistung:** Höchstgeschwindigkeit in Meereshöhe 183 km/h; Reisegeschwindigkeit 170 km/h; Dienstgipfelhöhe 3000 m; Reichweite 650 km
**Gewicht:** Leermasse 390 kg; max. Startmasse 680 kg
**Abmessungen:** Spannweite 7,40 m; Länge 6,60 m; Höhe 2,25 m; Tragflügelfläche 13,50 m²

# Bücker Bü 133 Jungmeister

Der Bedarf an Bü 131 Jungmann war so groß, daß die Produktion in Johannistal bald nicht mehr nachkam. Daher wurde in Rangsdorf ein neues Flugzeugwerk errichtet, um die Herstellung ausweiten zu können. Dort begann die Entwicklung eines einsitzigen Schulflugzeugs, das auf der Bü 131 basierte. Der neue Trainer war in allgemeiner Auslegung und Konstruktion ähnlich, unterschied sich aber in erster Linie durch seine kleineren Abmessungen. Dies bedeutete, daß der von einem Hirth HM 6-Reihenmotor mit 99 kW (105 PS) angetriebene Prototyp (D-EVEO) über hervorragende Kunstflugeigenschaften verfügte. Die Erprobung durch die Luftwaffe brachte die Beschaffung von Serienflugzeugen zur Anschlußausbildung der Flugzeugführer, einschließlich der Ersteinweisung von Jagdpiloten. Die erste Serienversion erhielt die Bezeichnung **Bü 133A Jungmeister**. Genaue Angaben über den Umfang der Produktion liegen nicht vor, aber Dornier in der Schweiz und CASA in Spanien fertigten etwa je 50 Exemplare für die nationalen Luftstreitkräfte.

***Die Jungmeister ist bei Privatbesitzern heute sehr begehrt. In letzter Zeit gelangten viele Exemplare der eidgenössischen und spanischen Luftstreitkräfte in private Hand.***

**Varianten**

**Bücker Bü 133B:** Bezeichnung für eine Lizenzversion mit einem Hirth HM 506-Reihenmotor mit 118 kW (160 PS)

**Bücker Bü 133C:** Hauptserienversion mit Siemens-Sternmotor Sh 14A-4 als Antrieb

**TECHNISCHE DATEN**
**Bücker Bü 133C**

**Typ:** einsitziges Schulflugzeug für Fortgeschrittene
**Triebwerk:** ein Siemens Sh 14A-4-Sternmotor mit 118 kW (160 PS)
**Leistung:** Höchstgeschwindigkeit in Meereshöhe 220 km/h; Reisegeschwindigkeit 200 km/h; Dienstgipfelhöhe 4500 m; Reichweite 500 km
**Gewicht:** Leermasse 425 kg; max. Startmasse 585 kg
**Abmessungen:** Spannweite 6,60 m; Länge 6 m; Höhe 2,20 m; Tragflügelfläche 12,00 m²

# Bücker Bü 180 Student

Nach der Konstruktion der Bü 133 und dem Beginn der Serienfertigung dieses Modells wandte sich das Unternehmen der Entwicklung eines zweisitzigen Kabinenhochdeckers mit der Bezeichnung Bücker Bü 134 zu. Der einzelne Prototyp dieses Musters (D-EGPA) erwies sich bei den Testflügen als ungeeignet, so daß die Entwicklung abgebrochen wurde. Da die Firma aber überzeugt war, daß die Zukunft dem Eindecker-Schulflugzeug gehören würde, entwarf sie einen anderen zweisitzigen Trainer in der Auslegung eines freitragenden Tiefdeckers. Die Bezeichnung des Herstellers lautete **Bücker Bü 180**, später ergänzt durch den Beinamen **Student**. Der Prototyp (D-ELIO) flog erstmals im Herbst des Jahres 1937, und es folgte die Fertigung dieses Musters in kleiner Stückzahl für die zivile Luftfahrt.

**TECHNISCHE DATEN**
**Bücker Bü 180 Student**

**Typ:** zweisitziges Sport- und Schulflugzeug
**Triebwerk:** ein Walter Mikron-II-Reihenmotor mit 44 kW (60 PS)
**Leistung:** Höchstgeschwindigkeit 175 km/h; Reisegeschwindigkeit 160 km/h; Dienstgipfelhöhe 4500 m; Reichweite 650 km
**Gewicht:** Leermasse 295 kg; max. Startmasse 540 kg
**Abmessungen:** Spannweite 11,50 m; Länge 7,10 m; Höhe 1,85 m; Tragflügelfläche 15 m²

***Die Student war Bückers erster Eindecker; der Rumpf war aus Metall und die Steuerflächen aus Holz konstruiert.***

# Bücker Bü 181 Bestmann

Die Erfahrung mit der Bü 180 hatte gezeigt, daß der zweisitzige Eindecker sogar mit einem relativ schwachen Flugmotor ein ausgezeichnetes Leistungsvermögen besaß. Dies ermutigte die Firma zum Entwurf eines neuen Schulflugzeugs, das die Besatzung in einer geschlossenen Kabine auf nebeneinander angeordneten Sitzen aufnehmen sollte, um ideale Bedingungen für die fliegerische Grundausbildung zu bieten. Im übrigen wollte man auf die Konstruktionsverfahren der Bü 180 zurückgreifen. Die **Bücker Bü 181**, später **Bestmann** getauft, entstand in gemischter Bauweise mit Stahlrohr-Gitterrumpf und Aluminium-Außenhaut im Bereich des Vorderrumpfs, einer reinen Holzstruktur im hinteren Rumpfabschnitt und stoffbespannten Rudern mit hölzernen Profilrippen. Es blieb beim Spornradfahrgestell, und für den Antrieb sorgte ein Hirth HM 504-Kolbenmotor. Der Prototyp (D-ERBV) war Anfang 1939 flugbereit, und nach seiner Erprobung durch die Luftwaffe erging ein Serienauftrag für die **Bü 181A** als Standardschulflugzeug für die Luftwaffe. Genaue Ziffern über den Produktionsumfang für die Luftwaffe liegen nicht vor, aber es dürften mehrere Tausend gewesen sein.

**TECHNISCHE DATEN**
**Bücker Bü 181A**
**Typ:** zweisitziges Anfängerschulflugzeug
**Triebwerk:** ein Hirth HM 504-Reihenmotor mit 77 kw (105 PS)
**Leistung:** Höchstgeschwindigkeit in Meereshöhe 215 km/h; Reisegeschwindigkeit 195 km/h; Dienstgipfelhöhe 5000 m; Reichweite 800 km
**Gewicht:** Leermasse 480 kg; max. Startmasse 750 kg
**Abmessungen:** Spannweite 10,60 m; Länge 7,85 m; Höhe 2,05 m; Tragflügelfläche 13,50 m²

Mit zunehmendem Verfügungsbestand wurde das Muster auch für den Verbindungs- und in geringer Zahl für den Schleppdienst verwendet.

Über die Fertigung durch Bücker hinaus baute Fokker in Holland während des Krieges 708 Exemplare. Zwischen 1944 und 1946 produzierte Schweden 125 Maschinen als **Sk 25** für die nationalen Luftstreitkräfte. Auch in der Tschechoslowakei war die Produktion während des Krieges angelaufen, und Zlin führte sie nach dem Krieg mit der **Z.281** und **Z.381** für die zivile Luftfahrt sowie der **C.6** und **C.106** für den militärischen Bereich fort. Von der Tschechoslowakei lizensiert, baute auch die Firma Heliopolis Aircraft Works in Ägypten nach dem Krieg dieses Muster, das den Namen **Gomhouria** erhielt. Diese Version ähnelte der Zlin 381 und wurde an mehrere arabische Staaten und an die Luftstreitkräfte Ägyptens geliefert.

***Die Bestmann mit nebeneinander angeordneten Sitzen löste frühere Bücker-Muster als Standardschulflugzeug zur Ausbildung in der Luftwaffe ab.***

**Variante**
**Bücker Bü 181D:** spätere Serienversion mit Detailverbesserungen

# Budd Conestoga

Die **Budd Conestoga** war vermutlich das erste größere Flugzeug, das weitgehend aus rostfreiem Stahl konstruiert wurde. Der Entwurf spiegelte einen anderen Lösungsansatz zur Nutzung alternativer Werkstoffe in der Flugzeugkonstruktion wider, da man nach Ausbruch des Zweiten Weltkriegs eine Knappheit an Aluminium-Legierungen befürchtete.

Die Budd Manufacturing Company entwickelte die **Conestoga** für den Einsatz als Fracht- oder Truppentransportflugzeug in Zusammenarbeit mit dem US Navy Bureau of Aeronautics. Das Tragwerk des Hochdeckers bestand primär aus rostfreiem Stahl in Schalenbauweise, aber die Hinterkante der Außenflächen, die Landeklappen und die Querruder waren stoffbespannt. Das Leitwerk war ähnlich konstruiert, während der Rumpf in Schalenbauweise gefertigt wurde. Der hochgezogene Hinterrumpf enthielt eine elektrisch betriebene Rampe, so daß Militärfahrzeuge direkt in die 2,44 m breite und 2,44 m hohe Frachtkabine rollen konnten. Da das Flugdeck hoch im Bug angeordnet war, erstreckte sich der Frachtraum über eine Länge von insgesamt 7,62 m. Anstelle von Frachtgut ließen sich auch 24 Fallschirmjäger mit Kampfausrüstung oder 24 Personen auf Krankenliegen und 16 sitzfähige Verwundete transportieren. Den Antrieb besorgten zwei Pratt & Whitney Twin Wasp-Sternmotoren.

Im August 1942 erteilte die US Navy der Budd Company einen Auftrag zum Bau von 200 solcher Transportflugzeuge als **RB-1**, und die US Army Air Force schloß sich mit einer Order für 600 **C-93** an. Der Prototyp absolvierte seinen Erstflug am 31. Oktober 1943, doch Verzögerungen, Kostenüberschreitungen und die Einschätzung, daß der befürchtete Mangel an Aluminium nicht eintreten würde, führten zur Streichung der USAAF-Order. Nur wenig später kürzte die US Navy ihren Auftrag auf 25 Flugzeuge, von denen 17 noch vor Kriegsende ausgeliefert wurden. Robert Presscott erwarb 14 Exemplare aus Überschußbeständen und gründete die Luftfrachtgesellschaft National Skyway Freight Corporation. Noch bis vor kurzem operierte diese Linie als Flying Tiger Line.

**TECHNISCHE DATEN**
**Budd Conestoga**
**Typ:** zweimotoriges Fracht- und Truppentransportflugzeug
**Triebwerke:** zwei Pratt & Whitney R-1830-92 Twin Wasp-Doppelsternmotoren mit je 895 kW (1.217 PS)
**Leistung:** Höchstgeschwindigkeit 317 km/h in 2285 m; Marschgeschwindigkeit 266 km/h in optimaler Höhe; normale Reichweite mit Nutzlast 1127 km
**Gewicht:** Leermasse 9143 kg; max. Startmasse 15.359 kg
**Abmessungen:** Spannweite 30,48 m; Länge 20,73 m; Höhe 9,68 m; Tragflügelfläche 130,06 m²

***Die Conestoga war das erste große Flugzeug aus rostfreiem Stahl. Das aufwärts geschwungene Rumpfhinterteil enthielt eine elektrisch betriebene Rampe.***

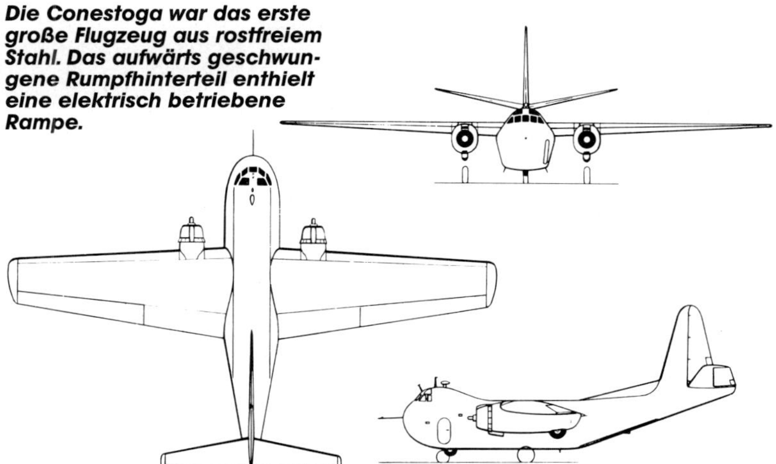

***Budd RB-1 Conestoga***

# CAMS 55

Der Prototyp CAMS 51 war ein zweimotoriges Doppeldecker-Flugboot zur Bombardierung und Aufklärung (Kategorie R.3), dessen Jungfernflug im Januar 1927 stattfand. Den Antrieb lieferten zwei Gnome-Rhône Jupiter-Sternmotoren, die in Tandemanordnung auf einem N-Strebenpaar über dem Rumpfrücken knapp unterhalb des Mittelstücks vom Oberflügel montiert waren. Von dieser CAMS 51 und der CAMS 54GR, die 1928 beim Versuch, den Atlantik von Ost nach West zu überqueren, gescheitert war, wurde das Bomben- und Aufklärungsflugboot **CAMS 55** abgeleitet.

Der Prototyp **CAMS 55.001**, angetrieben von zwei 442 kW (600 PS) starken Hispano-Suiza 12Lbr-Triebwerken, absolvierte seinen Erstflug 1928 unter den Händen seines Konstrukteurs Maurice Hurel. Es folgten vier Erprobungsflugboote, von denen zwei mit Jupiter-Antrieb die Bezeichnung **CAMS 55J** und die anderen beiden mit Hispano-Suiza die Bezeichnung **CAMS 55H** erhielten.

Die **CAMS 55** war eine solide Konstruktion und besonders geeignet für ihre Primärrolle Seeaufklärung. Die Zelle bestand aus Holz, und der zweifach abgestufte Bootsrumpf aus Sperrholz wies vorn eine Beplankung aus verzinktem Stahlblech auf. Die Holzstruktur des einstieligen Doppeldecker-Tragwerks war mit Stoff überzogen, und nur die Unterflügel zeigten eine positive V-Stellung. Den oberen Teil des Bugs, um das Cockpit des Frontschützen herum, hatte man so erweitert, daß er einen umlaufenden Balkon mit kleinen Scheiben zur Sicht nach unten bildete. Die offenen Kanzeln von Pilot und Kopilot waren nebeneinander unmittelbar vor dem Tragwerk angeordnet, direkt dahinter die des Bordfunkers und hinter den Tragflächen die des Mittschiffschützen.

Die französische Aéronautique Maritime zeigte sich von den Versuchsergebnissen des Prototyp- und Erprobungsflugzeugs stark beeindruckt, und schon bald folgten Serienaufträge für die **CAMS 55/1**, **55/2** und **55/10**. Zeitweilig waren nicht weniger als 15 Escadrilles der französischen Marine mit diesem Muster ausgerüstet. Der erste Empfänger, Escadrille 3E1 in Berre, flog 1930 die Versuchsflugboote **CAMS 55H** und **CAMS 55J** und tauschte anschließend ihre unbefriedigenden Latham 47 gegen die **CAMS 55/2** aus. Die Indienststellung des Flugboottyps Breguet Bizerte verdrängte die **CAMS 55** ab 1936 zum Küstenpatrouillendienst. In der ersten Phase des Zweiten Weltkriegs befanden sich noch etliche Exemplare im Dienst, und die letzten Einsatzflugboote operierten unter Escadrille 20S (vormals 8S5) von Tahiti aus bis zu ihrer Verschrottung im Januar des Jahres 1941.

**Varianten**
**CAMS 55/1:** erste Serienversion mit zwei Hispano-Suiza 12Lbr-Reihenmotoren mit je 442 kW (600 PS) als Antrieb; 43 Exemplare gebaut
**CAMS 55/2:** angetrieben von zwei Sternmotoren Gnome-Rhône Jupiter 9Akx mit je 353 kW (480 PS); 29 Exemplare, die parallel zur CAMS 55/1 gefertigt wurden
**CAMS 55/3**: nur ein einzelner Prototyp dieser Version mit Rumpf in Ganzmetallbauweise fertiggestellt, um 1932 an einem Wettbewerb der französischen Marine für ein neues Langstreckenflugboot teilzunehmen; das in Saint-Denis konstruierte Flugboot wurde im Wasserflugzeugwerk der Firma in Sartrouville endmontiert und im Flug erprobt; es verunglückte noch vor Beendigung der Erprobung beim Start am 4. Januar 1932 und stürzte in die Seine. Der Pilot Antoine Brunel kam bei diesem Unfall ums Leben.
**CAMS 55/6:** einziger Prototyp mit Stützschwimmern und Bootsrumpf in Ganzmetallbauweise; das Flugboot profitierte von der Verwendung von Dural- und Vedal-Legierungen, die den Rumpf im Vergleich zur früheren Holzstruktur um 400 kg leichter gestalteten; finanzielle Engpässe verhinderten die Serienfertigung

*Eine CAMS 55/2 der Escadrille 4S1, Aéronavale, die während der dreißiger Jahre in Nordafrika stationiert war.*

**CAMS 55/10:** diese Version erschien 1934 und wurde von zwei Gnome-Rhône Mistral 9Kbr-Sternmotoren mit Untersetzungsgetriebe angetrieben; wie bei den Vorgängern waren die Flächen beiklappbar, und zusätzliche Tanks sorgten für eine größere Reichweite; insgesamt 32 CAMS 55/10 wurden gebaut, davon vier für den Kolonialeinsatz modifiziert
**CAMS 55/14:** Variante von 1934 mit Gnome-Rhône-Antrieb, Metallrumpf und hölzernen Stützschwimmern; erreichte die Serienfertigung nicht

### TECHNISCHE DATEN
**CAMS 55/10**

**Typ:** Seeaufklärungs- und Bomberflugboot
**Triebwerke:** zwei Gnome-Rhône 9Kbr-Sternmotoren mit je 368 kW (500 PS)
**Leistung:** Höchstgeschwindigkeit in Meereshöhe 195 km/h; Marschgeschwindigkeit 150 km/h; Dienstgipfelhöhe 3400 m; normale Reichweite 1280 km; max. Reichweite 1875 km
**Gewicht:** Rüstmasse 4590 kg; max. Startmasse 6900 kg
**Abmessungen:** Spannweite 20,40 m; Länge 15,03 m; Höhe 5,41 m; Tragflügelfläche 113,45 m²
**Bewaffnung:** je ein Lewis-Maschinengewehrpaar, Kaliber 7,7 mm, im Bug und Mittschiff und zwei 75-kg-Bomben vom Typ G2 an Aufhängungen unter den Flächen

# (CRDA) CANT Z.501 Gabbiano

*Eine CANT Z.501 der 2 Escadrilla, Agrupación Española (spanische Nationalluftwaffe), die 1939 auf Mallorca stationiert war.*

1931 wurde die Cantiere Navale Triestino in Cantiere Riuniti dell'Adriadtico (CRDA) umorganisiert, und Marschall Italo Balbo, seinerzeit Luftfahrtminister in Italien, bewegte Ingenieur Filippo Zappata zur Rückkehr aus Frankreich nach Italien, um in der neuen Firma die Stelle des Chefkonstrukteurs einzunehmen. Sein erster Entwurf war die **CRDA Cant 501 Gabbiano** (Seemöwe), ein Fernbomber- und Aufklärungsflugboot in Holzbauweise mit Stoffbespannung im Bereich des oberen Bootsrumpfes, der Tragflächen und des Leitwerks. Für den Antrieb sorgte ein 662 kW (900 PS) starker Isotta-Fraschini Asso XI-Sternmotor in Verbindung mit einem hölzernen Zweiblatt- oder einem metallenen Dreiblatt-Propeller. Die auf dem Tragflächenmittelstück gelagerte Motorgondel war nach hinten erweitert und enthielt eine Kanzel für den Bordmechaniker, der zugleich ein 7,7-mm-Maschinengewehr bediente. Zwei Waffen befanden sich in Bug- und Rückenständen. Die Flügelstreben waren zu Bombengestellen für eine Höchstlast von 640 kg ausgebaut.

Der Prototyp absolvierte seinen Erstflug am 7. Februar 1934, und im Oktober desselben Jahres führte der CANT-Chefpilot Mario Stoppani das Flugboot über eine Distanz von 4120 km: vom Firmenstützpunkt Monfalcone, Triest, nach Massawa in Eritrea – damit stellte er einen neuen Streckenrekord für Wasserflugzeuge auf. Nachdem Frankreich den Rekord geholt hatte, holte Stoppani ihn im Juli 1935 bei einem Flug über 4957 km nach Berbera (Britisch-Somaliland) zurück.

Den Dienst bei der Regia Aeronautica erreichte die **Z.501** im Jahre 1937, und als Italien am 10. Juni 1940 in den Zweiten Weltkrieg eintrat, bildeten über 200 Exemplare die Ausrüstung von mindestens 17 Staffeln und vier Teileinheiten. Das Einsatzdebüt dieses Musters gab eine Einheit der Aviazione Legionaria, die auf Mallorca stationiert war und die Nationalisten im Spanischen Bürgerkrieg unterstützte. Einige **Z.501** dienten bei einer Küstenschutzstaffel der rumänischen Streitkräfte. Bei Produktionsende im Jahre 1943 waren insgesamt 454 Exemplare dieses Modells ausgeliefert worden.

### TECHNISCHE DATEN
**(CRDA) CANT Z.501 Gabbiano**

**Typ:** Aufklärungs- und Bomberflugboot
**Triebwerk:** ein Isotta-Fraschini Asso XI-Sternmotor mit 662 kW (900 PS)
**Leistung:** Höchstgeschwindigkeit 275 km/h in 2500 m Höhe; Marschgeschwindigkeit 240 km/h in 2000 m Höhe; Marschflugreichweite mit voller Zuladung 1.000 km
**Gewicht:** Leermasse 3840 kg; max. Startmasse 7035 kg
**Abmessungen:** Spannweite 22,50 m; Länge 14,30 m; Höhe 4,42 m; Tragflügelfläche 62 m²
**Bewaffnung:** drei schwenkbare 7,7-mm-Maschinengewehre und eine max. Bombenlast von 640 kg

# (CRDA) CANT Z.506

Im Juli 1935 flog der Prototyp eines großen Seeflugzeugs mit Zwillingsschwimmern, angetrieben von drei Isotta-Fraschini Asso XI-Reihenmotoren mit je 618 kW (840 PS). Es handelte sich um die als Postflugzeug entworfene CRDA CANT Z.505. Am 19. August desselben Jahres führte Mario Stoppani die etwas kleinere und leichtere **Z.506** zum Jungfernflug, ein Passagierflugzeug für zwölf bis 14 Personen mit drei Piaggio Stella IX-Sternmotoren mit je 449 kW (610 PS). Das Muster ging 1937 als **Z.506A** in Serie, und die italienische Linie Ala Littoria stellte es noch im selben Jahr auf Strecken im Mittelmeerraum in Dienst. Eine von Mario Stoppani geflogene **Z.506A** mit drei 554 kW (750 PS) starken Alfa Romeo 126 RC 34-Sternmotoren stellte zwischen 1936 und 1938 mehrere Strecken- und Geschwindigkeitsrekorde auf, darunter mit Geschwindigkeiten von 308,25 km/h, 319,78 km/h und 322,06 km/h über 5000 km, 2000 km und 1000 km. Sie beförderte eine Nutzlast von 2000 kg auf 7810 m Höhe sowie 5000 kg auf 6917 m Höhe; später legte sie 5383,6 km in einem geschlossenen Rundkurs zurück. Im Oktober 1937 wurde bei der Luftfahrtausstellung in Mailand eine zivile Version mit der Bezeichnung **Z.506B Airone** (Reiher) vorgestellt. Im nächsten Monat stellte dieses Flugzeug mit einer 1000 kg schweren Nutzlast auf 10.155 m Höhe einen neuen Rekord auf, und anschließend legte es

*Die Z.509 wurde von der Z.506A abgeleitet, um ein Langstreckenflugboot zu erhalten, das den Südatlantik überqueren konnte. Trotz mehrerer Rekordleistungen verfolgte man das Muster nach Kriegsausbruch nicht weiter.*

7020 km im Nonstop-Flug von Cadiz nach Caravelas zurück. Diese Maschine war mit 554 kW (750 PS) starken Alfa Romeo 127 RC 55-Sternmotoren ausgerüstet. Die Produktion der **Z.506B** ergab insgesamt 324 Flugzeuge, einschließlich zweier Prototypen, die an die Regia Aeronautica und die Regia Marine gingen. Letztgenannte Teilstreitkraft übernahm 29 der 30 von Polen bestellten Exemplare, die beim Überfall Deutschlands noch nicht ausgeliefert waren. Fünf Maschinen erhielten die Nationalisten im Spanischen Bürgerkrieg Ende 1938. Eine Reihe von Flugzeugen, die für Aufgaben des Luft-/Seenotrettungsdienstes umgerüstet waren, leisteten noch bis 1959 Dienst.

***Eine CANT Z.506B Airone der Grupo 73, Agrupación Española, 1939 auf Mallorca stationiert.***

***Die Z.506B war die Militärversion mit erweiterter Rumpfwanne, um einen Bombenschütze, die Bombenlast und ein Maschinengewehr zur Abwehr nach hinten unterzubringen. Hinzu kam ein halb versenkbarer Rückenturm.***

**Varianten**

**Z.506B:** militärische Version mit abgestuftem und umfangreich verglastem Tandem-Cockpit und einer Bauchgondel zur Unterbringung des Bombenschützen und der Fliegerbomben; im Heck dieser Wanne befand sich der Gefechtsstand des Bordschützen für ein einzelnes Breda-SAFAT-Maschinengewehr, Kaliber 7,7 mm; im Breda M.1-Rückenturm war ein 12,7-mm-Maschinengewehr lafettiert, und der Bombenschacht konnte einen 800-kg-Torpedo oder ein gleich schweres Bündel kleinerer Waffen aufnehmen; spätere Versionen konnten eine Bombenlast von 1200 kg tragen und waren mit zwei 7,7-mm-Maschinengewehren, Breda-SAFAT, in seitlichen Positionen und einem Caproni Lanciani Delta E-Waffenturm anstelle des Breda M.1 bewaffnet; die Z.506B wurde in den CANT-Werken Monfalcone und Finale Ligure gebaut sowie von Piaggio in Lizenz gefertigt

**Z.506S:** Luft-/Seenotrettungsversion, einschließlich 20 von Savoia-Marchetti 1948 umgerüsteten Z.506B

**Z.506 Landplane:** eine Z.506 baute man für einen Flugdauerrekordversuch des Mario Stoppani zum Landflugzeug mit starrem Fahrgestell um; der Flug wurde zunächst verschoben und anschließend aufgrund einer Schlechtwetterlage endgültig abgesagt

**Z.508:** Prototyp eines schweren Bombers von 1936, der im wesentlichen eine größere Ausführung der Z.501 war; Auszug des Datenspiegels: Antrieb durch drei Isotta-Fraschini Asso XI RC 40-Kolbenmotoren mit je 618 kW (840 PS); Höchstgeschwindigkeit 315 km/h; Spannweite 30 m, Länge 21,45 m; das Einzelexemplar stellte mehrere Rekordleistungen auf, darunter die Beförderung einer 1000-kg-Nutzlast auf 2000 m Höhe und eine Geschwindigkeit von 248,25 km/h über eine 2000-km-Strecke mit einer Nutzlast von 5000 kg

**Z.509:** drei Flugzeuge dieser größeren und schwereren Version der Z.506A wurden 1937 für Ala Littoria zum Einsatz auf deren Poststrecken nach Südamerika gebaut; Antrieb durch drei Fiat A.80 RC 41-Sternmotoren, neues Tragwerk mit einer Spannweite von 28,32 m und 100 $m^2$ Flügelfläche, um das höhere Leergewicht von 9980 kg und die höchstzulässige Startmasse von 15.965 kg aufzufangen

### TECHNISCHE DATEN
**CANT Z.506 Airone**

**Typ:** Aufklärungsbomber- und Rettungsflugboot
**Triebwerke:** drei Alfa Romeo 126 RC 34-Sternmotoren mit je 552 kW (750 PS)
**Leistung:** Höchstgeschwindigkeit 365 km/h; Marschgeschwindigkeit 325 km/h; Dienstgipfelhöhe 8000 m; max. Reichweite 2745 km
**Gewicht:** Leermasse 8300 kg; max. Startmasse 12.300 kg
**Abmessungen:** Spannweite 26,50 m; Länge 19,25 m; Höhe 7,40 m; Tragflügelfläche 87 $m^2$
**Bewaffnung:** ein oder zwei 7,7-mm-Maschinengewehre, ein 12,7-mm-Maschinengewehr plus bis zu 1200 kg Bomben oder ein Torpedo

# (CRDA) CANT Z.1007

***Eine CANT Z.1007bis (MM24248) der Aviazione Nazionale Republicana, aus dem Jahre 1944***

Im Jahre 1935 eingeleitete Entwurfsstudien gipfelten in der **CRDA CANT Z.1007-bis Alcione** (Eisvogel), und der Prototyp **Z.1007**, angetrieben von drei 607 kW (825 PS) starken Isotta-Fraschini Asso XI, startete im März 1937 zum Jungfernflug. Während der ersten Testflugphase wurden Änderungen an den Bauchkühlern vorgenommen und die hölzernen Zweiblatt-Propeller durch metallene Dreiblatt-Luftschrauben von Piaggio ersetzt. Ringkühler kennzeichneten eine Zwischenversion von 34 Serienmaschinen. Einige Exemplare flogen ab 1939 bei der 221. Grupo der Regia Aeronautica, aber sie gehörten nicht zur Einsatzausrüstung.

In der Zwischenzeit hatte Fillipo Zappata die Konstruktion einer verbesserten Version mit drei Piaggio P.XI R2C 40-Sternmotoren mit je 736 kW (1.000 PS) abgeschlossen. Bei den ersten Exemplaren war das Höhenleitwerk tiefer als beim Prototyp an die Seitenflosse angesetzt. Spätere Flugzeuge wiesen ein völlig neu konzipiertes Höhenleitwerk mit deutlich positiver V-Stellung und ovalen Endplatten samt Seitenruder auf. Diese Änderung ergab ein wesentlich besseres Schußfeld für den Rückenturm nach hinten. Die erste derart konzipierte Maschine, das 35. Serienflugzeug, hob erstmals 1938 als **Z.1007bis** vom Boden ab, und nach der Fertigstellung von acht Vorserienmaschinen zur Truppenerprobung in Guidonia lief schließlich die Serienproduktion im Monfalcone-Werk von CANT an. Aber auch IMAM in Capodichino, Neapel, baute dieses Muster in Lizenz. Die Abwehrbewaffnung bestand aus einem Rückenturm, Breda M oder Caproni-Lanciani Delta E, mit einem 12,7-mm-Maschinengewehr (Scotti oder SAFAT), einer ähnlichen Waffe in der Rumpfwanne hinter dem Bombenschacht und zwei seitlichen 7,7-mm-SAFAT-Maschinengewehren. Die Produktion aller **Z.1007**-Varianten ergab insgesamt 561 Flugzeuge.

### TECHNISCHE DATEN
**CANT Z.1007bis Alcione**

**Typ:** mittlerer Bomber
**Triebwerke:** drei Piaggio P.XI R2C 40-Sternmotoren mit je 736 kW (1000 PS)
**Leistung:** Höchstgeschwindigkeit 465 km/h in 4000 m Höhe; Dienstgipfelhöhe 8200 m; Reichweite 1750 km bei 380 km/h mit max. interner Bombenzuladung
**Gewicht:** Leermasse 9395 kg; max. Startmasse 13.620 kg
**Abmessungen:** Spannweite 24,80 m; Länge 18,35 m; Höhe 5,22 m; Tragflügelfläche 75,00 $m^2$
**Bewaffnung:** zwei 12,7-mm-Maschinengewehre (Scotti oder SAFAT im Rückenturm und in der Rumpfwanne) und zwei seitlich im Rumpf montierte 7,7-mm-Maschinengewehre (SAFAT) plus eine maximale Bombenlast von 1200 kg intern oder 1000 kg extern

***Z.1007bis-Bomber der 230. Squadriglia mit einteiliger und zweiteiliger Seitenflosse.***

**Varianten**

**Z.1007ter:** verbesserte Z.1007bis mit drei Piaggio P.XIX-Sternmotoren à 846 kW (1150 PS) und einer auf 1000 kg begrenzten Bombenlast; Höchstgeschwindigkeit 500 km/h, max. Reichweite 2250 km und max. Startmasse 10.465 kg

**Z.1015:** Prototyp einer militärischen Postfrachtversion mit drei Piaggio P.XII RC 35-Sternmotoren mit je 1104 kW (1500 PS); Höchstgeschwindigkeit 560 km/h, Reichweite 3000 km und max. Startmasse 13.600 kg; vorgesehen zur Bomberentwicklung

# CASA C-101 Aviojet

1972 schloß sich Hispano Aviación SA mit CASA zusammen, und bis Mitte 1978 hatten beide Firmen zusammen rund 3500 Flugzeuge gebaut, darunter den Düsentrainer HA.200. Die Beschäftigung mit diesem Flugzeug, der F-5 und der Hansa kam CASA gut zustatten, als man das Unternehmen aufforderte, ein Nachfolgemuster für die HA.200 zu entwerfen. Im September 1975 wurde CASA mit der Entwicklung eines Strahltrainers zur Anfänger- und Fortgeschrittenenausbildung beauftragt. Der Vertrag deckte den Bau von sechs Prototypen ab, vier zur Flugerprobung und zwei für Festigkeits-, Ermüdungs- und Bruchlastversuche. Der erste Prototyp, inzwischen **CASA C-101** bezeichnet, flog am 27. Juni 1977, und im September folgte die zweite Maschine. Nummer drei und vier absolvierten ihre Erstflüge am 26. Januar und am 17. April 1978, so daß die Maschinen nach der Erprobung beim Hersteller Ende 1978 der spanischen Luftwaffe zur Prüfung im Truppendienst übergeben werden konnten. Zu dem Zeitpunkt trug das Muster bereits den Namen **Aviojet** und erhielt die Dienstbezeichnung **E.25**.

Am Entwurf war die deutsche Firma MBB beteiligt, während das amerikanische Unternehmen Northrop die Entwicklung der Triebwerkslufteinläufe und des Tragflächenprofils unterstützte. Zu den importierten Baugruppen zählten das Dowty-Fahrwerk, die Martin Baker-Schleudersitze, eine Klima- und Druckbelüftungsanlage amerikanischer Herstellung, das Turbofan-Triebwerk von Garrett-AiResearch und die integrierte STARS-Flugsteuerungsanlage von Sperry.

Die Fertigung des ersten Bauloses von zehn **C-101EB Aviojet** begann Anfang 1978 als Teil einer Beschaffung von 60 Flugzeugen für die spanischen Luftstreitkräfte. Sie lösten schließlich alle HA.200 und HA.220 ab, so daß sich die Aufträge der spanischen Luftwaffe auf 92 **Aviojet** erhöhten. Die Lieferung setzte 1980 ein, und im Jahr darauf erfolgte die Indienststellung bei den Ausbildungsverbänden.

Um die Wartbarkeit zu erleichtern und die Kosten möglichst niedrig zu halten, ist die **Aviojet** in Modulbauweise konstruiert. Ein großer Schacht hinter dem Lehrercockpit gestattet den Einbau von Rüstsätzen, und an Aufhängungen unter Rumpf und Flächen lassen sich Außenlasten anbringen. Die beiden Schleudersitze Martin Baker Mk 10E fallen unter die Kategorie „Zero/Zero“, und das unterteilte Kabinendach ist seitlich angeschlagen.

***Die mit Hilfe von MBB und Northrop entwickelte CASA 101 ergab einen sinnvollen Trainer und ein brauchbares leichtes Kampfflugzeug. Dies ist der Prototyp im simulierten Farbkleid der spanischen Luftstreitkräfte.***

Ihren ersten öffentlichen Auftritt hatte die **Aviojet** außerhalb Spaniens, als der erste und vierte Prototyp zwei Aviocars zur internationalen Luftfahrtschau in Farnborough 1987 begleiteten. Eine Maschine nahm am Flugvorführungsprogamm teil, während die andere mit einem breitgefächerten Waffenspektrum in der Ausstellung zu sehen war. Anschließend erschienen leicht bewaffnete Versionen wie die **C-101BB** für Chile und Honduras sowie das leichte Kampfflugzeug **C-101CC** mit der aufgewerteten Triebwerksversion TFE731-5-1J, die 20,91 kN Schub erzeugt. Jordanien betreibt dieses Muster als **CC-04**. Die **C-101DD** ist eine leistungsgesteigerte Trainerversion, die am 20. Mai 1985 erstmals flog, aber bislang keinen Käufer fand.

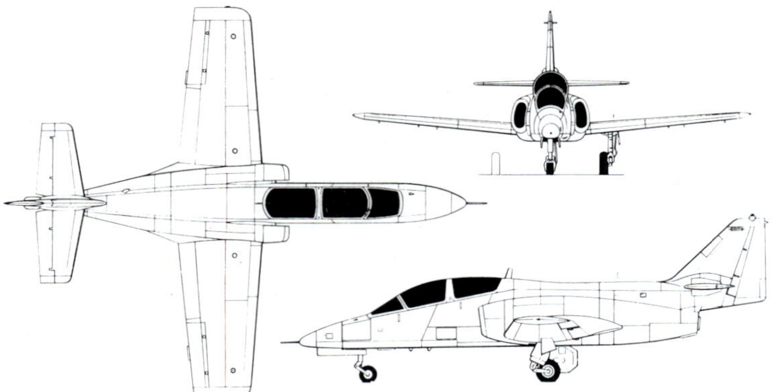

***CASA C-101 Aviojet***

**TECHNISCHE DATEN**
**CASA C-101 Aviojet**

**Typ:** Strahltrainer und leichtes Kampfflugzeug
**Triebwerk:** ein Garrett AiResearch TFE731-2-25-Turbofan-Triebwerk mit 1588 kg Schub
**Leistung:** Höchstgeschwindigkeit Mach 0,69 in großer Höhe oder 685 km/h in Meereshöhe; wirtschaftliche Marschgeschwindigkeit Mach 0,56 in großer Höhe; Dienstgipfelhöhe 12.500 m; Einsatzradius im Profil Lo-Lo-Lo 185 km; max. Reichweite 3800 km
**Gewicht:** Leermasse 3350 kg; max. Startmasse 5600 kg
**Abmessungen:** Spannweite 10,60 m; Länge 12,25 m; Höhe 4,25 m; Tragflügelfläche 20 m²
**Bewaffnung:** eine DEFA-30-mm-Kanone im Anbaubehälter unter dem hinteren Cockpit (kann alternativ mit Kameras oder ECM-Ausrüstung beladen werden) plus Außenlasten bis zu 2000 kg (Raketen, Flugkörper, Bomben, Napalmbehälter etc.) an sechs Stationen unter den Tragflächen

# CASA 202 Halcon

Die in erster Linie für den innerspanischen Verkehr konzipierte **CASA 202 Halcon** (Falke) flog erstmals im Mai 1953. In der Folgezeit wurden 20 Flugzeuge in Auftrag gegeben. Die **Halcon** war etwas größer als die Alcotan und unterschied sich von dieser durch ein Bugradfahrwerk, ein Flugdeck für drei Mann sowie Sitzplätze für 14 Passagiere in einer klimatisierten Kabine. Die 20 **Halcon** gingen als **T.6** an die spanischen Luftstreitkräfte.

***Dies ist die einzige CASA 202B Halcon mit gestrecktem Rumpf, reduzierter Spannweite und R-1820-56 Cyclone-Sternmotoren.***

**TECHNISCHE DATEN**
**CASA 202 Halcon**

**Typ:** zweimotoriges Transportflugzeug
**Triebwerke:** zwei Elizalde 9C-29-750-Sternmotoren mit je 570 kW (775 PS)
**Leistung:** Höchstgeschwindigkeit 345 km/h in 2840 m Höhe; Marschgeschwindigkeit 300 km/h
**Gewicht:** Rüstmasse 5270 kg; max. Startmasse 7750 kg
**Abmessungen:** Spannweite 21,55 m; Länge 16,00 m; Höhe 3,80 m; Tragflügelfläche 57,35 m²

# CASA C-207 Azor

Seit dem Ende des Zweiten Weltkriegs hat die spanische Flugzeugindustrie vier verschiedene zweimotorige Transportmuster produziert. Das erste war die CASA 201 Alcotan mit bescheidener Kapazität zur zivilen und militärischen Verwendung und das zweite die grundsätzlich ähnliche CASA 202 Halcon. Beide Typen wurden nur in geringer Stückzahl gefertigt. Das dritte und bislang größte Muster ist die **CASA 207 Azor**, im Grunde eine größere Ausgabe der Halcon. Die für den innerspanischen Luftverkehr gedachte **Azor** flog erstmals am 28. September 1955, fand jedoch keinen Abnehmer. Die spanische Regierung sprang als Retter ein und erteilte einen Auftrag über zehn Flugzeuge für die Ejército del Aire.

***Bei ihrem Erscheinen 1958 entsprach die Azor bereits nicht mehr dem Stand der Technik; sie wurde daher nur in geringer Zahl gefertigt.***

Die spanischen Luftstreitkräfte wiesen dem ersten Modell, ausgelegt für eine vierköpfige Besatzung und bis zu 40 Passagiere, die Bezeichnung **T.7A** zu. 1960 begann die Indienststellung. Zwei der zehn Maschinen wurden versuchsweise mit Pratt & Whitney Double Wasp-Sternmotoren ausgerüstet. Auf diese erste Baureihe folgten weitere zehn Flugzeuge, die entweder für den Transport und Einsatz von Fallschirmjägern oder für den Frachttransport eingerichtet waren. Diese **CASA 207C** (militärische Dienstbezeichnung **T.7B**) unterschieden sich von der ersten Version durch große doppelte Frachttüren am Hinterrumpf. Sie konnten 37 Fallschirmjäger oder 3350 kg Fracht befördern. Die beiden **CASA 207**-Prototypen und die 20 **Azor**-Serienflugzeuge nutzte die spanische Luftwaffe, die Anfang der achtziger Jahre immer noch einige Exemplare beim 35. Geschwader des Lufttransportkommandos in Madrid-Getafe im Dienst hielt. 1973 schlug CASA eine Kurzpistenversion mit vier Propellerturbinen als Ersatz für die **Azor** vor. Dieses Modell, genannt **CASA 401**, wurde jedoch zugunsten der kleineren CASA 212 Aviocar wieder aufgegeben.

### TECHNISCHE DATEN
**CASA 207 Azur**

**Typ:** Truppen- und Frachttransportflugzeug für den Kurz-/Mittelstreckenbetrieb
**Triebwerke:** zwei Bristol Hercules 730-Sternmotoren mit je 1522 kW (2070 PS)
**Leistung:** Höchstgeschwindigkeit 420 km/h in 1500 m Höhe; max. Marschgeschwindigkeit 400 km/h in 3760 m Höhe; Dienstgipfelhöhe 8000 m; Reichweite mit 300 kg Nutzlast 2350 km
**Gewicht:** Rüstmasse (207A) 10.600 kg; max. Nutzlast (207A) 3087 kg; max. Nutzlast (207C) 4000 kg; max. Startmasse (207A) 16.000 kg; max. Startmasse (207C) 16.500 kg
**Abmessungen:** Spannweite 27,80 m; Länge 20,85 m; Höhe 7,75 m; Tragflügelfläche 85,80 m²

# CASA C-212 Aviocar

Die spanische Luftwaffe benötigte ein Nachfolgemuster für mehrere veraltete Transportflugzeugtypen wie die DC-3, Ju-52/3m und CASA Azor. Dies veranlaßte CASA, ein Konzept für ein zweimotoriges Turboprop-Flugzeug zu entwerfen, das sich an vielfältige Rollen anpassen ließ.

Das Ergebnis war die **CASA C-212 Aviocar**, ausgelegt für eine zweiköpfige Besatzung und bis zu 16 Soldaten oder in ziviler Ausführung bis zu 19 Passagiere. Der erste Prototyp startete am 26. März 1971 zum Jungfernflug. Nur zehn Wochen später demonstrierte er beim Pariser Luftsalon seine Leistung für Kurzstreckenstart und -landung.

Der zweite Prototyp flog im Oktober 1971, so daß das Testprogramm ohne Unterbrechung fortgeführt werden konnte. Das spanische Luftfahrtministerium erteilte einen Auftrag über acht Vorserienflugzeuge, deren Erstflüge zwischen November 1972 und Februar 1974 stattfanden. Die spanische Luftwaffe teilte dem Muster die Grundbezeichnung **T.12** zu, doch es gibt eine Reihe von Varianten. Die **C-212A (T.12B)** ist ein Mehrzwecktransportflugzeug, dessen erster Vertreter für die spanische Luftwaffe am 20. Mai 1974 geliefert wurde. Als erster Verband rüstete die 461. Staffel in Gando auf den Kanarischen Inseln auf das neue Muster um.

Fünf Exemplare der **C-212AV** wurden für VIP-Flüge bestellt, und das erste stand im Mai 1976 zur Übergabe bereit. Von den acht **Aviocar**-Vorserienflugzeugen stellte man sechs gemäß Standard **C-212B (TR.12A)** als Luftbildvermessungsmaschinen mit zwei Wild RC-10-Kameras und Dunkelkammer fertig und baute die beiden anderen zu **C-212E**-Navigationstrainern aus. Nach der Lieferung dieses Duos gab die spanische Luftwaffe eine Nachbestellung über drei weitere Maschinen dieser Version auf. Damit erhöhte sich ihr Beschaffungsumfang insgesamt auf 61 und später auf 88 Exemplare. Als militärische Exportabnehmer stellten sich Chile, Indonesien, Jordanien, Nicaragua und Portugal für die **C-212A** ein, Jordanien importierte auch die **C-212AV** und Portugal die **C-212B**. Die kommerzielle Grundversion ist die **C-212C** (oder **C-212-5**), von der zunächst Pertamina in Indonesien drei Maschinen für den Dienst bei Pelita Air Service und Merpati Nusantara Air Lines bestellte. Die türkische Gesellschaft Bursa Hava Yollari erwarb zwei Exemplare.

*Die CASA 212 wird wegen ihrer guten Kurzstreckenstart- und -landeeigenschaften auf rauhen Betriebsflächen sehr geschätzt.*

Wegen der beachtlichen Nachfrage in Fernost schloß an CASA ein Abkommen zur Lizenzfertigung der **Aviocar** durch Nurtanio Aircraft Industries Ltd. Die dortige Produktion lief Mitte 1976 an. CASA und Nurtanio verzeichneten Anfang 1990 neue Auftragseingänge für die **Aviocar**, die noch nicht abgeschlossen sind.

Im April 1978 flog bei CASA der Prototyp einer antriebsstärkeren und schwereren **Aviocar**, die **C-212-10 (C-212-200)**. Es war die 138. modifizierte **Aviocar** der Serie mit verstärkter Zelle und zwei Garrett-AiResearch TPE331-10-Propellerturbinen mit je 645 kW (877 PS). Diese Triebwerke erhöhen das höchstzulässige Abfluggewicht um 1000 kg auf 7450 kg und die Nutzlast von 2000 kg auf 3200 kg.

In der Konfiguration eines Truppentransporters kann die Standard-**Aviocar** bis zu 18 Soldaten mit kompletter Kampfausrüstung oder leichte Kraftfahrzeuge befördern, und über die Laderampe im Heck lassen sich Fallschirmjäger oder Fallschirmlasten absetzen. Im Sanitätseinsatz können zwölf Verwundete auf Krankentragen und zwei Krankenhelfer transportiert werden. Als Navigationstrainer läßt sich die **Aviocar** mit fünf Schülerplätzen und einem Lehrerpult ausrüsten. Die an die spanische Luftwaffe und Jordanien gelieferten VIP-**Aviocar** sind mit zwölf Passagiersitzen ausgestattet.

Die aktuelle Version **Series 300** zeichnet sich durch erweiterte, nach oben gewölbte Flächenenden und eine verlängerte, spitzere Flugzeugnase aus. Damit sind bessere Flugleistungen und eine größere Kapazität verbürgt.

Der Absatz aller **C-212**-Varianten beläuft sich inzwischen auf rund 450 Flugzeuge, von denen etwa die Hälfte an zivile Betreiber ging. Die Gesamtzahl schließt 155 Flugzeuge der **Serie 155** und 209 Flugzeuge der **Serie 200** ein.

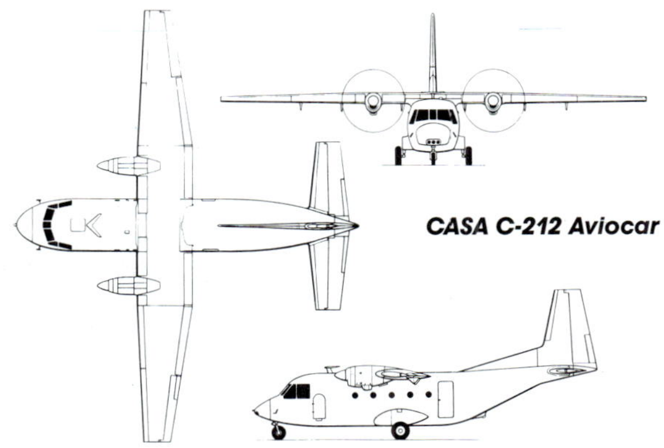

*CASA C-212 Aviocar*

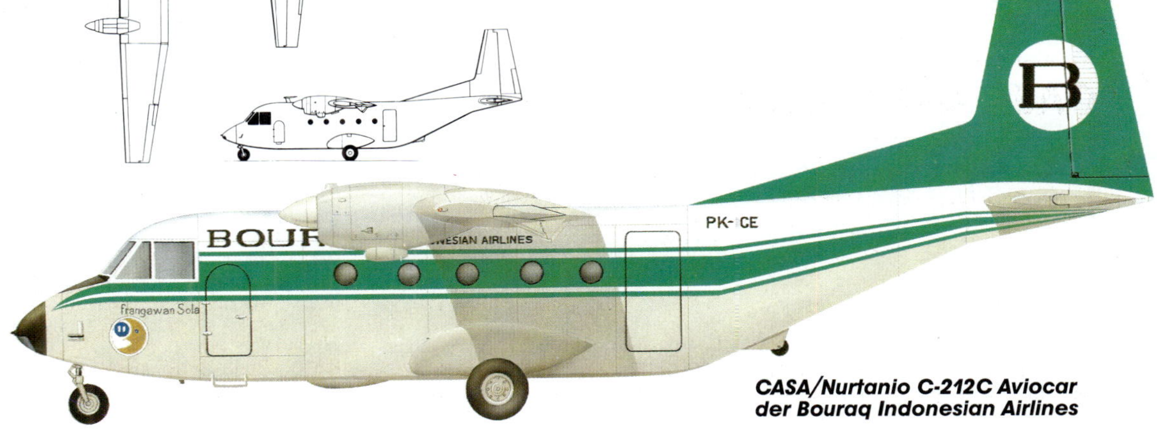


*CASA/Nurtanio C-212C Aviocar der Bouraq Indonesian Airlines*

### TECHNISCHE DATEN
**CASA C-212-200**

**Typ:** Mehrzwecktransportflugzeug
Triebwerke: zwei Garrett AiResearch TPE-331-10-Propellerturbinen mit je 671 kW (912 WPS)
**Leistung:** max. Reisegeschwindigkeit 385 km/h in 3050 m Höhe; Dienstgipfelhöhe 8500 m; Reichweite mit max. Nutzlast (26 Passagiere) 760 km; Reichweite mit max. Treibstoffzuladung 1620 km
**Gewicht:** Leermasse 3915 km; max. Startmasse 7450 km
**Abmessungen:** Spannweite 19,00 m; Länge 15,16 m; Höhe 6,68 m; Tragflügelfläche 40 m²

# CASA (MBB) 223 Flamingo bis Caproni Ca 1/Ca 3

**Canadair (jetzt Canadair Group), eine Gründung von 1944, als Canadian Vickers aus der 1911 entstandenen britischen Mutterfirma hervorging, ist seit 1986 ein Zweig von Bombardier. Der Industriekonzern Societá Italiana Caproni ist eine Gründung des Conte Gianno Caproni di Taliedo von 1908.**

## CASA (MBB) 223 Flamingo

Das heute **CASA 223 Flamingo** genannte Muster war während seiner Entwicklung und Produktion so vielen Führungswechseln ausgesetzt, daß sein geringer Bekanntheitsgrad kaum verwunderlich ist. Seine Ursprünge gehen auf die deutsche Firma SIAT (Siebelwerke-ATG) zurück, die ihrerseits die Nachfolge des namhaften Leichtflugzeugherstellers Klemm aus der Vorkriegszeit angetreten hatte. Als Deutschland ab 1955 wieder Flugzeuge bauen durfte, betätigte sich SIAT als eine der ersten Firmen auf diesem Feld und brachte das viersitzige Sport- und Reiseflugzeug SIAT 222 heraus. Der zweite Entwurf, die **SIAT 223 Flamingo**, gewann Anfang der sechziger Jahre einen von der Regierung ausgeschriebenen Wettbewerb für ein voll kunstflugtaugliches Luftfahrzeug für Fliegerclubs und Flugschulen. Der erste von vier Prototypen flog am 1. März 1967. Das Muster war eigentlich in zwei Ausführungen vorgesehen, dem Kunstflug-Zweisitzer 223K und dem Viersitzer 223N mit größerer Spannweite. Aufgrund einer veränderten Nachfrage erschienen die beiden Serienversionen jedoch als „Zwei-Plus-Zwei“-Nutzflugzeug 223A, und als Kunstflugeinsitzer 223K1. 1970 ging SIAT im Konzern Messerschmitt-Bölkow-Blohm (MBB) auf. Die Fertigung der nunmehr **MBB 223** genannten Maschine hielt bis Anfang 1972 an, als MBB das gesamte **Flamingo**-Programm an das spanische Unternehmen Hispano Aviación abtrat. Bis dahin hatte die deutsche Produktion 50 Maschinen ergeben, davon 15 für die türkische Luftwaffe.

Die erste **Flamingo** spanischer Herstellung flog am 14. Februar 1972, doch noch im Laufe des Jahres wurde Hispano von der in Madrid ansässigen Construcciones Aeronáuticas SA (CASA) übernommen. Hispano/CASA fertigte eine zweite Baureihe von 50 Flugzeugen, darunter angeblich 30 Exemplare für die syrische und drei für die spanische Luftwaffe.

**TECHNISCHE DATEN**
**CASA (MBB) 223 Flamingo**
**Typ:** ein-/viersitziges Schul- und Nutzflugzeug
**Triebwerk:** ein Vierzylinder-Boxermotor Avco Lycoming IO-360-C1B mit 149 kW (203 PS)
**Leistung:** (Zweisitzer) Höchstgeschwindigkeit 243 km/h; Reisegeschwindigkeit (75 % Triebwerksleistung) 216 km/h; Reichweite (einschließlich Reserven) 880 km; max. Reichweite 1150 km; max. Steiggeschwindigkeit in Meereshöhe 4,3 m/sec; Dienstgipfelhöhe 3750 m
**Gewicht:** (Zweisitzer) Rüstmasse 685 kg; max. Startmasse 1050 kg
**Abmessungen:** Spannweite 8,28 m; Länge 7,43 m; Höhe 2,70 m; Tragflügelfläche 11,50 m²

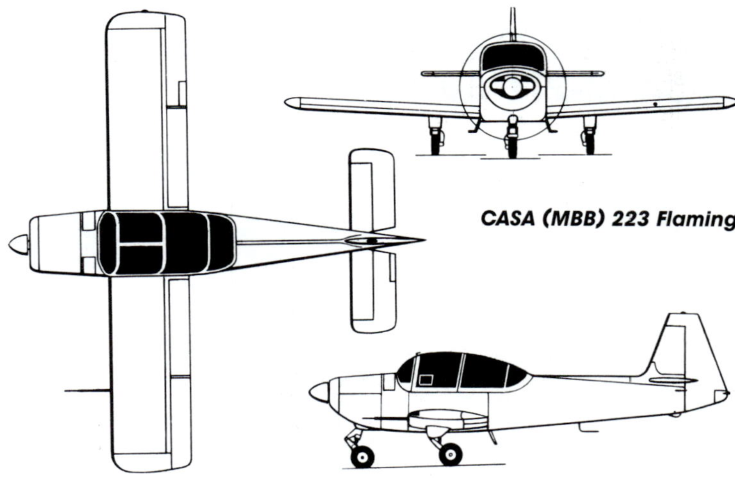

*CASA (MBB) 223 Flamingo*

*Vor dem CASA-Werk in Spanien aufgestellte Flamingo. Die meisten Maschinen gingen an die syrische Luftwaffe zur Grundausbildung.*

## Call-Air Modell A

Ende der dreißiger Jahre entwickelten die Mitglieder der Familie Call, flugbegeisterte Rancher in Wyoming, gemeinsam ein robustes Nutzflugzeug für die Landwirtschaft. 1940 hatte ihr **Modell A** die Serienreife erlangt, doch der in Europa wütende Krieg verhinderte seinerzeit jeglichen Fortschritt. Die Familie gründete in Afton, Wyoming, die Call Aircraft Company und konstruierte auch einen Prototyp des **Modells A** mit einem 60 kW (81,5 PS) starken Continental A-80 als Antrieb, doch erst 1946 konnte das **Modell A-2** in Serie gehen. Die Bezeichnung **A-1** hatte man dem Prototyp nach der Umrüstung auf den Avco Lycoming O-235-A mit 75 kW (102 PS) zugeteilt, und in dieser Form erreichte das Muster am 26. Juli 1944 die Zulassung. Bei der Serienversion **A-2** handelte es sich um einen abgestrebten Tiefdecker, dessen Tragflächen aus Holz konstruiert und mit Stoff bespannt waren. Die Struktur von Rumpf und Leitwerk beruhte auf geschweißtem und ebenfalls mit Stoff überzogenem Stahlrohr. Das Spornradfahrwerk ließ sich nicht einziehen, und für den Antrieb sorgte ein Avco Lycoming O-280A mit 93 kW (126 PS). Auf diese Version folgten das **Modell A-3** mit einem Continental C-125-2 gleicher Leistung und das **Modell A-4** mit einem Avco Lycoming O-290-D2 mit 101 kW (137 PS). Vom Antrieb abgesehen, gab es während der Produktion dieser drei Modelle kaum Änderungen, sondern allenfalls Verfeinerungen. Die letzten von Call entwickelten Modelle waren die **A-4 Modell 150**, die **A-5** und die **A-6**, wie unter den Varianten im einzelnen beschrieben.

***Die CallAir A-9 (hinten) und die IMCO CallAir B-1 sind eng verwandt. Letztere hat ein stärkeres Triebwerk, so daß die Größe des Chemikalienbehälters von 0,64 m³ auf 1,13 m³ gesteigert werden konnte.***

1962 kaufte die Intermountain Manufacturing Company (IMCO) die Call Aircraft Company auf, und aus der **A-5** und **A-6** wurde das Agrarflugzeug **IMCO CallAir A-9** entwickelt. Eine größere Ausführung erschien 1966 als **IMCO CallAir B-1.**

Danach ergaben sich eine Reihe organisatorischer Änderungen: Im Dezember 1966 erwarb die Aero Commander Division der Rockwell Standard Corporation die Firma IMCO, und anschließend veränderte sich die Unternehmensstruktur in Aero Commander Division der North American Rockwell Corporation. 1971 schloß Rockwell International Corporation eine Vereinbarung zur Zusammenarbeit mit Industrias Unidas SA in Mexiko ab. Daraus ging die Aeronautica Agricola Mexicana SA hervor, die die Produktion dieser Flugzeuge fortführte. Die wechselnden Bezeichnungen sind nachstehend aufgeführt.

**Varianten**

**CallAir A-4 Modell 150:** zwei-/dreisitziger Kabineneindecker, angetrieben von einem Avco Lycoming O-320-A2A mit 112 kW (152 PS)

**CallAir A-5:** landwirtschaftliche Stäub- und Sprühversion der A-4 Model 150 mit dem gleichen Antrieb

**CallAir A-6:** verbesserte Version der A-5 mit einem 134 kW (182 PS) starken Avco Lycoming O-360A1A

**IMCO CallAir A-9:** verbessertes Agrarflugzeug, das aus der A-5/A-6 entwickelt und von einem Avco Lycoming O-540-B2B5 mit 175 kW (238 PS) angetrieben wurde

**IMCO CallAir B-1:** maßstäblich vergrößerte Ausführung des CallAir-Flugzeugs mit erhöhter Spannweite, gesteigerter Dünge-/Sprühmittelkapazität und Avco Lycoming IO-720-A1A-Triebwerk mit 298 kW (405 PS)

**Ag Commander A-9:** Bezeichnung der IMCO A-9 aus der Herstellung von Aero Commander

**Ag Commander A-9 Super:** A-9-Version mit gesteigerter Dünge-/Sprühmittelkapazität und Avco Lycoming IO-540-Triebwerk mit 216 kW (294 PS)

**Ag Commander B-1:** Bezeichnung der IMCO B-1 aus der Herstellung von Aero Commander
**Sparrow Commander:** von North American Rockwell eingeführte Bezeichnung für die Commander A-9
**Quail Commander:** von North American Rockwell eingeführte Bezeichnung für die Ag Commander A-9 Super
**Snipe Commander:** von North American Rockwell eingeführte Bezeichnung für die Ag Commander B-1; die Produktion dieser Version endete nach dem Vertragsabschluß von Rockwell International und AAMSA
**AAMSA A9B-M Quail:** Bezeichnung der mexikanischen Serienversion der Quail Commander; enthält eine Reihe struktureller und aerodynamischer Verfeinerungen zur Erleichterung der Wartung und Verbesserung der Flugleistungen
**AAMSA Snipe:** Neubezeichnung der Snipe Commander; die Produktion dieser Version lief Ende 1975 aus

**TECHNISCHE DATEN**
**IMCO CallAir A-9**

**Typ:** einsitziges Agrarflugzeug
**Triebwerk:** ein Sechszylinder-Boxermotor Avco Lycoming 0-540-B2B5 mit 175 kW (238 PS)
**Leistung:** Höchstgeschwindigkeit 192 km/h in Meereshöhe; Dienstgipfelhöhe 4265 m
**Gewicht:** Leermasse 726 kg; max. Startmasse 1497 kg
**Abmessungen:** Spannweite 10,67 m; Länge 7,32 m; Höhe 2,31 m; Tragflügelfläche 13,92 m²

# Canadair CL-28 Argus

Die **Canadair CL-28** (militärische Bezeichnung **CP-107**) **Argus** entsprach einer Forderung aus dem Jahre 1952 für ein Seeaufklärungs- und U-Jagdflugzeug, das die Avro Lancaster Mk 10 und die Lockheed P2V Neptune beim Marine Air Command der Royal Canadian Air Force ablösen sollte. Das Flugzeug basierte auf dem britischen Airliner Bristol Britannia, dessen Trag-, Leit- und Fahrwerk praktisch identisch waren. Der Rumpf wurde jedoch neu konstruiert, um zwei Waffenschächte einzubringen, und die Druckbelüftung konnte entfallen, da Seeaufklärer gewöhnlich in geringer Höhe fliegen.

Die erste **Argus Mk 1** startete am 28. März 1957 vom Canadair-Werksflugplatz in Montreal, Provinz Quebec, zum Jungfernflug. Es folgten zwölf Maschinen, die nach dem Standard Mk 1 das amerikanische Suchradar APS-20 im Kinnradom erhielten. Die 20 **Argus Mk 2** hingegen erhielten das britische ASV-21 in einer kleineren Radarkuppel. Die Produktion endete im Juli 1960 nach Fertigstellung der letzten **Argus Mk 2** für die RCAF.

Die **Argus** flog mit einer Normbesatzung von 15 Mann: drei Flugzeugführer, zwei Techniker, drei Navigatoren und sieben ASW-Spezialisten. Diese Zusammensetzung ermöglichte einen Schichtbetrieb auf Patrouillenflügen, die bis zu 20 Stunden dauern konnten. Ein Ruheraum mit Kojen und eine Küche gehörten zur Standardausrüstung.

Die Funktionsplätze besetzten ein Beobachter/Bombenschütze im verglasten Bug, die beiden Piloten und ein Bordingenieur im Flugdeck, dahinter der Flugnavigator und der Funker sowie eine sechs- bis siebenköpfige Gefechtsmannschaft unter einem Einsatzleiter im hinteren Kabinenraum. Hinter dieser Zelle waren zwei seitliche Beobachterstationen eingerichtet.

Die ASW-Ausrüstung der **Argus** umfaßte ein Suchradar, einen Detektor für magnetische Anomalien (MAD), ECM-Gerätschaften und einen Dieselabgasschnüffler. Sonarbojen, Leuchtkörper und Seemarkierungsmittel befanden sich in einer Zelle im hinteren Rumpfabschnitt und Offensivwaffen wie Zielsuchtorpedos und Wasserbomben in den beiden internen Waffenschächten. Außer zur U-Jagd und Seeaufklärung ließ sich die **Argus** auch zum Minenlegen und notfalls für Transportflüge verwenden.

Als die gesamte Flotte aufgrund von Fahrwerksproblemen 1972 Flugverbot erhielt, arbeitete der Führungsstab rasch eine Spezifikation für ein Long-Range Patrol Aircraft aus, um möglichst bald ein Nachfolgemuster für die **Argus** in Dienst stellen zu können. Dieser Forderung entsprach eine Spezialversion der Lockheed P-3 Orion, der die Bezeichnung CP-140 Aurora zugewiesen wurde. Ende 1981 waren alle **CP-107** im Bereich der kanadischen Streitkräfte ausgesondert.

***Das Radarradom der Argus unter dem Kinn ist hier gut sichtbar.***

**TECHNISCHE DATEN**
**Canadair CL-28 Argus**

**Typ:** Langstreckenpatrouillenflugzeug
**Triebwerke:** vier Turbo-Compound-Sternmotoren Wright R-3350-EA1 Cyclone mit je 2535 kW (3447 PS)
**Leistung:** Höchstgeschwindigkeit 507 km/h in 3050 m Höhe; Dienstgipfelhöhe 7620 m; max. Reichweite 9495 km
**Gewicht:** Rüstmasse 36.741 kg; max. Startmasse 71.214 kg
**Abmessungen:** Spannweite 43,37 m; Länge 39,26 m; Höhe 11,79 m; Tragflügelfläche 192,77 m²
**Bewaffnung:** Höchstlast von 3629 kg Bomben, Wasserbomben, Lenktorpedos oder Minen in zwei internen Waffenschächten plus bis zu 1724 kg Luft-Boden-Raketen oder Freifallwaffen an Stationen unter den Flächen

# Canadair CL-41 Tutor

Die **Canadair CL-41** entwickelte die Firma zunächst mit eigenen Mitteln, da die kanadische Regierung an einem Strahltrainer für Anfänger erst nicht interessiert war. Zwei Prototypen wurden konstruiert, angetrieben vom Strahltriebwerk Pratt & Whitney JT12A-5 mit 1087 kg Schub, von denen der erste am 13. Januar 1960 zum Jungfernflug startete. Im September 1961 bestellte die kanadische Regierung 190 **CL-41A** für die Royal Canadian Air Force (heute nur noch Canadian Forces) mit der Dienstbezeichnung **CT-114 Tutor.** Merkmale sind nebeneinander angeordnete Sitze, ein nach oben auffahrendes Kabinendach, seitliche Luftbremsklappen, ein T-Leitwerk und ein lenkbares Bugrad. Diese Strahltrainer wurden vom General Electric J85-CAN-40 mit 1293 kg Schub angetrieben. Die Auslieferung erfolgte von 1963 bis 1966.

Die Fortentwicklung führte zum Waffentrainer und leichten Kampfflugzeug **CL-41G** mit leistungsgesteigertem Triebwerk und sechs Waffenstationen unter den Tragflächen. Das Fahrwerk wurde zum Betrieb auf weichem Untergrund modifiziert, und man baute Schleudersitze ein, die auch in Höhe Null einen sicheren Rettungsausschuß gewährleisten. Im März 1966 orderte die Royal Malaysian Air Force 20 Flugzeuge, die den Namen **Tebuan** (Wespe) erhielten. 1967 wurde die erste Tebuan geliefert.

Hauptbetreiber der **CT-114 Tutor** innerhalb der kanadischen Streitkräfte ist No. 2 Flying Training School des Training Command in Moose Jaw, Saskatchewan. Nach der fliegerischen Grundausbildung erhal-

***Canadair CL-41G Tebuan der Royal Malaysian Air Force***

ten die kanadischen Flugschüler rund 200 Stunden auf der **CT-114.** Anschließend durchlaufen sie eine spezielle Ausbildung für Strahlflugzeuge, mehrmotorige Muster oder Hubschrauber.

Zehn **Tutor** wurden zu Golden Hawks (später Snowbirds) für das kanadische Kunstflugteam modifiziert, und auch die in Moose Jaw beheimatete Fluglehrerschule verwendet dieses Muster. 1976 leiteten die Canadian Forces ein Modifikationsprogramm für 113 Flugzeuge ein, das die Ausrüstung mit Kraftstoffzusatztanks, die Modernisierung der Avionik, eine Änderung der Haubenelektrik und die Verlegung der Sonde für Triebwerksvereisung beinhaltet.

**TECHNISCHE DATEN: CL-41G Tebuan**

**Typ:** zweisitziges leichtes Kampfflugzeug
**Triebwerk:** ein General-Electric-J85-J4-Strahltriebwerk mit 1338 kg Schub
**Leistung:** Höchstgeschwindigkeit 772 km/h in 8685 m Höhe; Dienstgipfelhöhe 12.860 m; Reichweite 2157 km
**Gewicht:** Leermasse 2402 kg; max. Startmasse 5120 kg
**Abmessungen:** Spannweite 11,13 m; Länge 9,75 m; Höhe 2,76 m; Tragflügelfläche 20,44 m²
**Bewaffnung:** Außenlasten bis zu 1814 kg an Halterungen unter dem Rumpf und unter den Tragflächen

# Canadair CL-44

***Canadair CL-44-6 (CL-44D/CC-106 Yukon) von ANDES (Aerolineas Nacionales del Ecuador)***

Im März 1954 erwarb Canadair Ltd. vom britischen Eigentümer eine Herstellerlizenz für die Bristol Britannia. Dies deckte zunächst eine maritime Aufklärerversion des britischen Airliners für die Royal Canadian Air Force ab, und der erste Vertreter wurde im Herbst 1957 mit der Bezeichnung CL-28 Argus geliefert. Vom Vorfahren unterschied sich der kanadische Abkömmling durch seinen abgewandelten Rumpf ohne Druckbelüftung zur Integration von internen Waffenschächten und durch ökonomischere Turbo-Compound-Kolbentriebwerke, die ihm die nötige Reichweite/Flugdauer für Aufklärungseinsätze über Seegebieten verliehen.

Die RCAF brauchte aber auch eine kleine Flotte für Fracht- und Truppentransporte, und dazu schlug Canadair eine andere Version der Britannia vor. Um das große Fracht- und Nutzlastvolumen bereitzustellen, sah Canadair eine Verlängerung des Rumpfes, eine Erhöhung der Spannweite und alternative Antriebslösungen in Form von Propellerturbinen Bristol Orion, Pratt & Whitney T34 oder Rolls-Royce Tyne und Sternmotoren Wright R-3350 vor. Die RCAF wählte das Orion-Triebwerk, aber als die Entwicklung dieser Propellerturbine in England eingestellt wurde, entschied man sich statt dessen für den Einsatz von Rolls-Royce Tyne. In dieser Form erhielt das Muster die Firmenbezeichnung **Canadair CL-44D** und die Dienstbezeichnung **CC-106 Yukon.** Die letzte von zwölf Maschinen für die RCAF wurde 1961 ausgeliefert.

Die RCAF-Transportflugzeuge waren mit den seinerzeit üblichen Frachtladetüren seitlich im Rumpf vor und hinter dem Tragwerk ausgestattet. Während der Entwicklung und Konstruktion der **CL-44D** regte die Entwurfsabteilung von Canadair ein grundlegend neues Konzept an, das das Be- und Entladen von Fracht wesentlich vereinfachte und beschleunigte: Der gesamte hintere Rumpfabschnitt samt Leitwerk sollte zur Seite schwenkbar sein, so daß das Frachtgut auf direktem Wege in und aus der Kabine gelangen konnte. Auf diese Weise ließen sich sperriges Stückgut oder Frachtpaletten direkt vom Lastwagen in den Frachtraum befördern. Die **CL-44D-4,** wie die Version bezeichnet wurde, führte diese Neuerung als erstes Frachtflugzeug auf dem Montageband ein.

Diese Lösung gefiel den Betreibern von Großtransportflugzeugen, und schon bald gingen bei Canadair Aufträge von The Flying Tiger Line, Seaboard World Airlines und Slick Airways ein. Die erste **CL-44D-4** flog am 16. November 1960, und sieben Monate später lag die Musterzulassung der FAA vor. Im Juli 1961 setzten die Flying Tiger Line und Seaboard dieses Modell erstmals im Liniendienst ein. Als vierter Kunde stellte sich die isländische Loftleidir ein, deren Erstbestellung von drei Exemplaren als Passagiermaschinen für maximal 178 Fluggäste fertiggestellt wurde. Diese Flotte, gedacht für transatlantische Billigflüge, verstärkte man 1966 durch eine vierte Maschine, die sich vom ersten Trio durch einen um 4,62 m längeren Rumpf für maximal 214 Passagiere unterschied. Dieses Exemplar, firmenseitig als **CL-44J** geführt und auch als **Canadair 400** bekannt, flog erstmals am 8. November 1965. Nach Einführung der Maschine in den Linienbetrieb wurden die drei anderen Airliner mit 178 Sitzen auf den Standard der **CL-44J** nachgerüstet.

In den USA entstand eine andere Variante, als die Conroy Aircraft Corporation eine **CL-44D-4** von Flying Tiger Line zum Umbau als Großtransporter erwarb. Der Firmengründer Jack Conroy, der bereits die erste Pregnant Guppy und ihre Nachfolger entwickelt hatte, sah in der **CL-44** eine ausgezeichnete Basis für ein ähnliches Vorhaben. Die neue Form, genannt **CL-44-O,** flog erstmals am 26. November 1969. Ihre Frachtkabine wies eine maximale lichte Höhe von 3,45 m und eine Breite von 4,24 m auf. Insgesamt 27 zivile **CL-44** wurden produziert, und alle **CC-106 Yukon** der RCAF landeten schließlich auf dem zivilen Marktsektor. Viele Maschinen wechselten mehrmals den Besitzer, und 1990 leisteten immer noch einige Dienst, darunter die einzige **CL-44-O** bei Heavylift Cargo Airlines in Großbritannien.

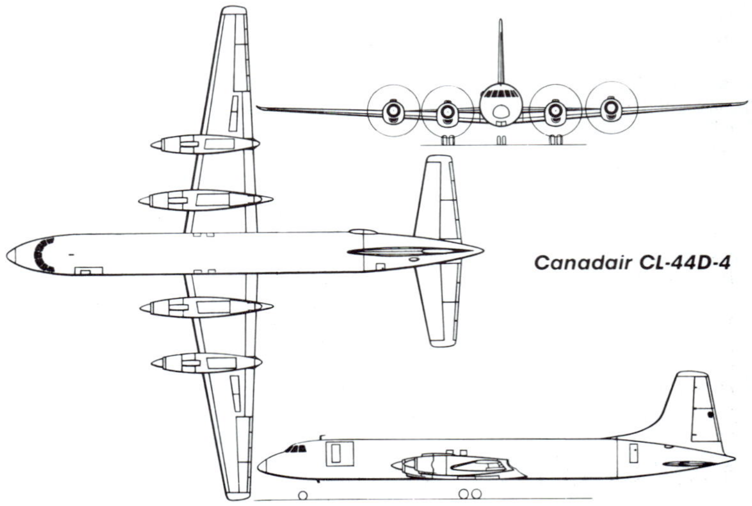

***Canadair CL-44D-4***

**TECHNISCHE DATEN**
**Canadair CL-44D-4**

**Typ:** Langstrecken-Frachtflugzeug
**Triebwerke:** vier Propellerturbinen Rolls-Royce Tyne 515/10 mti je 4273 kW (5810 PS)
**Leistung:** Reisegeschwindigkeit 621 km/h in 6095 m Höhe mit typischer Nutzlast; Dienstgipfelhöhe 9145 m; Reichweite mit max. Nutzlast 4627 km; Reichweite mit max. Treibstoffzuladung 8991 km
**Gewicht:** Leermasse 40.348 kg; max. Startmasse 95.254 kg
**Abmessungen:** Spannweite 43,37 m; Länge 41,73 m; Höhe 11,79 m; Tragflügelfläche 192,77 m²

# Canadair CL-66 Cosmopolitan

Nachdem sich das Turboprop-Triebwerk bewährt hatte, prüften viele Hersteller von Verkehrsmaschinen Möglichkeiten zur Ummotorisierung ihrer für Kolbenmotoren entworfenen Muster. Nur wenige Projekte wurden realisiert, wie die **Cosmopolitan.**

Die Produktion der Convair 440 lief 1958 aus, und bis dahin hatte man nahezu 1000 CV-240/340/440-Transportflugzeuge gefertigt, von denen fast die Hälfte an die amerikanischen Streitkräfte gegangen war. Convair konzentrierte sich auf die Entwicklung der Baureihen CV-880/990, aber die Pacific Airmotive Corporation rüstete eine Reihe von CV-340/440 für mehrere Fluggesellschaften auf Propellerturbinen vom Typ Allison 501 um. Diese Maschinen erhielten die Bezeichnung CV-580.

Die Royal Canadian Air Force benötigte damals ein zweimotoriges Turboprop-Transportflugzeug, und Canadair kam mit Convair überein, die komplette Fertigungsmaschinerie für die CV-440 nach Carterville, Montreal, in das dortige Canadair-Werk zu schaffen. In Zusammenarbeit mit dem britischen Triebwerkshersteller Napier schlug Canadair den Einbau der Propellerturbine Napier Eland in neugebaute Zellen vor.

***Die Canadair CL-66 wurde von der RCAF in kleiner Stückzahl als CC-109 Cosmopolitan genutzt. 1990 standen immerhin noch sieben Exemplare im VIP- und Verbindungsdienst.***

**TECHNISCHE DATEN**
**Canadair CL-66 Cosmopolitan**

**Typ:** militärisches Transportflugzeug
**Triebwerke:** zwei Propellerturbinen Napier Eland NE1.6 Mk 504A mit je 2610 kW (3549 WPS)
**Leistung:** Höchstgeschwindigkeit 547 km/h; Marschgeschwindigkeit 518 km/h in 6095 m Höhe; Reichweite mit 48 Passagieren 2002 km
**Gewicht:** Leermasse 14.666 kg; max. Startmasse 24.131 kg
**Abmessungen:** Spannweite 32,11 m; Länge 24,84 m; Höhe 8,59 m; Tragflügelfläche 89,54 m²

baute CV-440-Zellen vor, um die **Canadair 540** (**CL-66** in firmeneigener Terminologie) zu schaffen. Zwei Vorserienmaschinen, tatsächlich ummotorisierte CV-440, dienten zu Vorführzwecken und zur Ausbildung von RCAF-Besatzungen. Dieses Duo wurde unter der Bezeichnung **Candadair 540C** geführt und später in einer Auslegung für insgesamt 52 Passagiere an Quebecair verkauft.

Die erste seriengefertigte **540** flog im Januar 1960, und zehn Exemplare entstanden für die RCAF, die ihnen die Bezeichnung **CC-109 Cosmopolitan** zuwies. Als ziviles Passagierflugzeug wurde dieses Muster, je nach Konfiguration, mit Sitzen für 48 bis 64 Personen angeboten, während die RCAF-Version umrüstbar war, ausgestattet mit verstärktem Kabinenboden und einer 3,05 m breiten Frachtklappe für eine Nutzlast von 6486 kg.

Über ihre 10 **Cosmopolitan** hinaus beschaffte die RCAF schließlich noch die beiden Quebecair-Maschinen und den Canadair-Demonstrator. Die Flotte wurde später auf Allison 501-Turboprop-Triebwerke umgestellt. 1990 befanden sich noch sieben **Cosmopolitan** im Einsatz.

# Canadair CL-84

Canadair hatte sich ab 1956 mit V/STOL-Flugzeugen befaßt, und 1963 bewilligte die Rüstungsabteilung des kanadischen Verteidigungsministeriums die Mittel, um ein Kippflügel-Versuchsflugzeug zu konstruieren. Das **Canadair CL-84** bezeichnete Muster hatte einen herkömmlichen Rumpf mit einem Flugdeck für zwei Mann und einer Kabine für die Testausrüstung oder zwölf Truppensitze zur militärischen Erprobung. Das Tragwerk ließ sich durch einen Winkel von 100° um die Querachse drehen, so daß außer Vorwärts- und Schwebeflug auch ein Rückwärtsflug mit 56 km/h ermöglicht wurde. Die Tragflächen waren vorn mit Krügerklappen und hinten über die volle Spannweite mit Spaltklappen ausgerüstet, die man zur Quersteuerung differentiell auslenken konnte. Bei Kippwinkeln bis 30° waren die Höhenflossen und die Tragflächen gekoppelt, um gleiche Einstellwinkel zu erzielen, aber bei höheren Kippwinkeln wurde das Höhenleitwerk ausgenullt. Im Langsam- und Schwebeflug besorgten zwei Rotoren am hinteren Rumpfabschnitt die Nicksteuerung.

Der erste Schwebeflug fand am 7. Mai 1965 statt, und danach wurde die Maschine in ein umfassendes Test- und Entwicklungsprogramm eingespannt. Nach 145 Flugstunden stürzte sie am 12. September 1967 ab, ein Unfall, der auf das Versagen der Propellerregelung am linken Triebwerk zurückzuführen war. Das kanadische Verteidigungsministerium hatte allerdings im Juli drei Exemplare der verbesserten Version **CL-84-1** (bei den kanadischen Streitkräften **CX-84**) mit Turboprop-Triebwerken Lycoming LTC1K-4A mit je 1119 kW (1522 WPS) anstelle der 1044 kW (1420 WPS) starken Propellerturbinen des Prototyps bestellt. Dieses Trio sollte zudem eine höhere interne Treibstoffkapazität und zwei Außenlastträger erhalten.

Der Jungfernflug der ersten **CX-84** fand am 19. Februar 1970 statt. Voraus ging ein 150-Stunden-Testprogramm beim Hersteller, einschließlich Probeschießen mit einer mehrrohrigen 7,62-mm-Minikanone im SUU 11A/A-Anbaubehälter von General Electric. 1972/73 nahm das zweite Flugzeug an einem amerikanisch-britisch-kanadischen V/STOL-Instrumentenflugprogramm teil. Auf die Vorführung bei der US Navy im Februar 1972 hin, während der die Maschine mehrere Landungen auf dem Interim Sea Control Ship USS Guam ausführte, wurde im Juli 1973 die erste **CX-84** nach Patuxent River zur eingehenden Erprobung geliefert. Leider stürzte auch dieses Exemplar noch im selben Monat ab. Das zweite Flugzeug vollendete im März 1974 die Erprobung auf See.

***Eines der technisch anspruchsvollsten Muster, die jemals in Kanada gebaut wurden, war das Kippflügelflugzeug CL-84. Hier sieht man ein mit zwei Außentanks beladenes Exemplar.***

**TECHNISCHE DATEN**
**Canadair CL-84**

**Typ:** V/STOL-Versuchsflugzeug
**Triebwerke:** zwei Propellerturbinen Lycoming LTC1K-4C mit je 1119 kW (1522 WPS)
**Leistung:** Höchstgeschwindigkeit 517 km/h; max. Marschgeschwindigkeit 497 km/h; Reichweite 547 km
**Gewicht:** Leermasse 3827 kg; max. VTOL-Startmasse 5715 kg; max. STOL-Startmasse 6577 kg
**Abmessungen:** Spannweite 10,16 m; Länge 14,41 m; Höhe bei Tragflächen in der Waagerechten 4,34 m; Höhe bei 90° gekippten Tragflächen 5,22 m; Tragflügelfläche 21,65 m²

# Canadair CL-215

Die **Canadair CL-215** wurde als amphibisches Feuerlöschflugzeug entworfen. Ihre Grundparameter legte man bei einem Symposium zur Waldbrandbekämpfung im Dezember 1963 in Ottawa fest. Anfang 1966 beschloß man, dieses Muster in Serie zu fertigen. Die kanadische Provinz Quebec und die französische Zivilschutzbehörde waren erste Käufer für 20 bzw. 10 **CL-215** zur Überwachung der Waldbestände und Brandbekämpfung. Das Amphibienflugzeug bot sich auch für militärische Zwecke an wie etwa für den Such- und Rettungsdienst.

Einfachheit des Entwurfs, unkomplizierte Wartung und hohe Zuverlässigkeit waren oberstes Gebot. Der Korrosionsgefahr durch Salzwasser begegnete man durch nichtrostende Werkstoffe und Abdichtung der Baugruppen bei der Montage.

Die **CL-215** ist ein recht großes Flugzeug, ausgestattet mit einem einstufigen Bootskörper und starr montierten Stabilisierungsschwimmern unter den Außenflächen. Das Dreibeinfahrgestell setzt sich aus Zwillingsbugrädern und einfachen Haupträdern zusammen. Erstere ziehen in den Bootsrumpf ein, während letztere für den Betrieb auf dem Wasser eng an die Rumpfseiten angehoben werden.

Die Schulterflächen und das Höhenleitwerk sind einteilig, wobei Querruder und Auftriebsklappen die gesamte Hinterkante des Tragwerks einnehmen. Der Treibstoff wird in Gummitanks in den Tragflächen mitgeführt, und die Triebwerkszellen sind in das Tragwerk integriert. Zur Feuerbekämpfung kann die **CL-215** 5455 Liter Wasser oder Löschmittel in zwei Rumpftanks laden. Das Wasser wird von einem See oder Fluß über zwei einziehbare „Schöpfkellen" unter dem Bootsrumpf eingeholt. Anschließend fliegt die Maschine zum Brandort und entleert ihre Wassertanks in einer Sekunde.

Für Such- und Rettungseinsätze ausgelegt, fliegt die **CL-215** mit einer sechsköpfigen Besatzung. Im Flugdeck ist außer den beiden Piloten auch der Flugingenieur untergebracht. Weiter hinten im Vorderrumpf befindet sich die Station des Navigators, und im hinteren Rumpfabschnitt sind noch zwei Beobachterplätze eingerichtet. Das Grundavionikpaket (HF-, VHF- und VHF/HM-Funkgeräte, ADF-Peiler, VOR/ILS-Anlage) ergänzen ein Suchradar vom Typ AVQ-21 im Bug, ein Funkhöhenmesser, ein VHF/UHF-Peilgerät und ein Entfernungsmesser. Die maximale Flugdauer beträgt zwölf Stunden.

Als die Produktion im April 1990 eingestellt wurde, waren 125 Flugzeuge an die kanadischen Provinzen und Gebietskörperschaften von Alberta (4), Manitoba (5), Neufundland (4), Northwest Territories (2), Ontario (9), Quebec (19), Saskatchewan (4) und Yukon (2) sowie an die Regierungen von Frankreich (15), Griechenland (17), Italien (5), Jugoslawien (5), Spanien (30), Thailand (2) und Venezuela (2) geliefert, alle mit einer Ausrüstung zur Brandbekämpfung. Spanien ließ acht und Thailand

***Eine Canadair CL-215 der thailändischen Marine, die von Bangkok aus für Such- und Rettungsflüge eingesetzt wird.***

***Canadair CL-215***

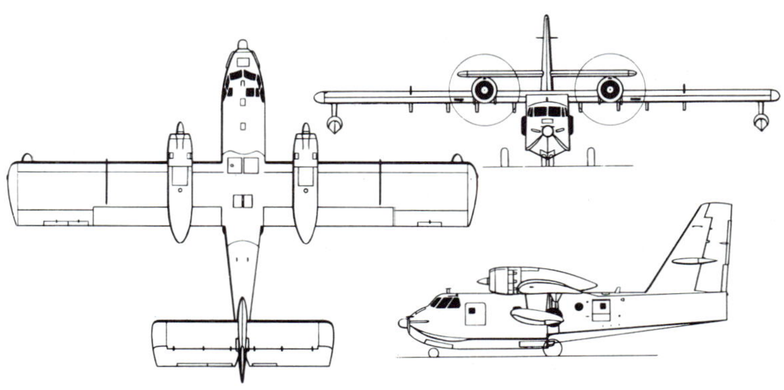

zwei Exemplare für SAR- und Küstenpatrouilleneinsätze ausrüsten, und die beiden venezolanischen **215** fliegt die staatliche CVG Ferrominera Orinocco in Passagierkonfiguration.

1986 kündigte Canadair die Entwicklung einer Turboprop-Version der **CL-125** mit der Bezeichnung **CL-125T** an, die von zwei Pratt & Whitney Canada PW123AF mit je 1775 kW (2414 WPS) angetrieben werden sollte. Der erste von zwei Prototypen flog am 8. Juni 1989, und am 20. September folgte der zweite. Die Bezeichnung gilt für nachträglich auf diesen Standard modifizierte Flugzeuge, bei denen man die Zelle der kolbengetriebenen **CL-215** weiter nutzt, die seltenen Sternmotoren Pratt & Whitney R-2800 aber gegen effizientere und leichtere Propellerturbinen P&WC PW123 austauscht. Letzere bedingen den Einbau von Endplatten an den Randbögen, Finlets (Leitblechen) und anderen aerodynamischen Zusätzen zur Erhaltung der Querstabilität. Weitere Änderungen brachten Kraftverstärker für die Flugsteuerung, eine neue Bordstromversorgungsanlage, einen Druckbetankungsanschluß und EFIS-Fluginstrumentierung.

Als die französische Regierung 12 neue Serienflugzeuge bestellte, gab Canadair den Start der Baureihe CL-415 bekannt. Diese Bezeichnung soll neue Flugzeuge von umgerüsteten **CL-215T** unterscheiden. Mit der Lieferung der ersten Maschinen in Wasserbomber-Konfiguration ist 1994 zu rechnen, und man nimmt an, daß das Muster auch für maritime Einsätze und Passagierdienste entwickelt wird.

### TECHNISCHE DATEN
**Canadair CL-215**

**Typ:** Mehrzweck-Amphibienflugzeug
**Triebwerke:** zwei Sternmotoren Pratt & Whitney R-2800-CA3 mit je 1566 kW (2130 PS)
**Leistung:** Marschgeschwindigkeit 291 km/h in 3050 m Höhe; Reichweite mit 1587-kg-Nutzlast bei Langstrecken-Triebwerksleistung 2092 km
**Gewicht:** Leermasse 12.161 kg; max. Startmasse an Land 19.731 kg, auf dem Wasser 17.100 kg
**Abmessungen:** Spannweite 28,60 m; Länge 19,82 m; Höhe 8,92 m; Tragflügelfläche 100,33 m²

# Canadair CL-600 und CL-601 Challenger

***Die Canadair CL-600 Challenger erwies sich als attraktives Geschäftsreiseflugzeug. Dieses Exemplar ist in Saudi-Arabien registriert.***

Dieses Geschäftsreiseflugzeug wurde von Bill Lear entwickelt, dem Konstrukteur des Lear Jet, und hieß zunächst **LearStar 600.** Nach dem Verkauf der Exklusivrechte an Canadair im April 1973 wurde es in **Canadair CL-600** umbenannt und war inzwischen als **Challenger 600** geläufig. Firmeninterne Marktanalysen hatten ein Absatzpotential von 1000 Maschinen dieser Klasse ergeben. Canadair meinte, 40% dieses Marksegments ergattern zu können, und startete das **Challenger**-Programm am 29. Oktober 1976, gestützt auf ein Auftragsvolumen von 53 Flugzeugen und die Unterstützung durch die kanadische Regierung.

Canadair ließ dem Grundentwurf etliche Änderungen zukommen, von denen die markanteste die Verlegung des Höhenleitwerks von einer rumpfnahen Position auf die Spitze des Seitenleitwerks darstellte. Ein für die Absatzstrategie wichtiger Punkt war der große Rumpfdurchmesser, der der **Challenger** eine Kabinenbreite von 2,49 m und eine Höhe von 1,85 m verlieh. Kein anderer Busineß-Jet wartete mit einer Kabine auf, in der die Passagiere nicht den Kopf einziehen mußten. Selbst 18 Fluggäste ließen sich noch höchst komfortabel unterbringen. Drei Vorserien-**Challenger,** angetrieben von zwei 3402 kg Schub starken Mantelstromtriebwerken ALF 502L, wurden gebaut, von denen der erste am 8. November 1978 flog. Am 21. September 1979 fand der Jungfernflug der ersten Serienmaschine statt. Die kanadische und die amerikanische Musterzulassung erfolgten im August 1980 bzw. am 10. November 1980, beide allerdings mit Einschränkungen. Die zulässige Betriebsmasse blieb auf 14.969 kg und die Geschwindigkeit auf 587 km/h beschränkt, während ein Flug unter Vereisungsbedingungen und der Einsatz von Schubumkehr verboten waren. Um diese Beschränkungen auszuräumen, entwickelte Canadair ein Programm zur Reduzierung von Gewicht und Widerstand.

Im November 1980 lag die uneingeschränkte Zulassung vor, und Anfang 1981 begann die Auslieferung der **Challenger.** Bei Einstellung der Produktion waren 83 **Challenger 600** gefertigt, und ab 1983 nahm das mit neuen Triebwerken ausgestattete und deutlich verbesserte **Modell 601** ihre Stelle auf der Fertigungsstraße ein. In den letzten Jahren rüstete man 63 **Challenger 600** nachträglich mit Winglets aus, die die Leistung steigerten.

Die verbesserte **Modell 601-1A** startete am 17. September 1982 unter dem Antrieb von Mantelstromtriebwerken General Electric CF34-1A zum Erstflug. Im März 1983 stellte das FAA die Musterzulassung aus. Abnehmer dieser Version waren das kanadische Verteidigungsministerium (4) für VIP-Dienste, das kanadische Verkehrsministerium (2) für Flugvermessungen, die deutsche Luftwaffe (7) für die Flugbereitschaft, die Volksrepublik China (3) und die Luftstreitkräfte Malaysias (2).

1986 gab Canadair grünes Licht für die **Challenger 600-3A** mit 4182 kg Schub starken Dash 3A-Triebwerken für bessere Steig- und Startleistung bei hohen Temperaturen, EFIS-Cockpit, kraftbetätigter Passagiertür, doppelten Landescheinwerfern am Bugfahrwerk und Winglets.

Derzeit wird die Version **601-3R** mit CF-34-3A1-Triebwerken gefertigt, die beim Start eine Nennleistung von je 38,84 kN erzeugen. Bis Juni 1993 waren insgesamt 280 **Challenger** aller Versionen gebaut.

**Varianten**

**Challenger 601-3A/ER:** Unterversion des Modells 3A mit größerer Reichweite; flog erstmals im November 1988 und erhielt die kanadische Zulassung im März 1989; verfügbar als neugebautes Flugzeug oder als Änderungssatz für das Modell 1A und 3A; diese Option schließt einen zusätzlichen Treibstofftank ein, der den Rumpf um 46 cm verlängert und die Reichweite auf 3600 Meilen erhöht.

**Challenger 601-S:** kostengünstige Challenger-Version mit reduzierter Gesamtmasse durch Wegfall der Zusatztanks und einiger Avioniksysteme in Verbindung mit einer 12sitzigen Kabine; die 601-S war mehr für Transkontinentalflüge als für transozeanische Strecken gedacht; da sich kein Käufer für diese Version fand, wurde das Projekt eingestellt

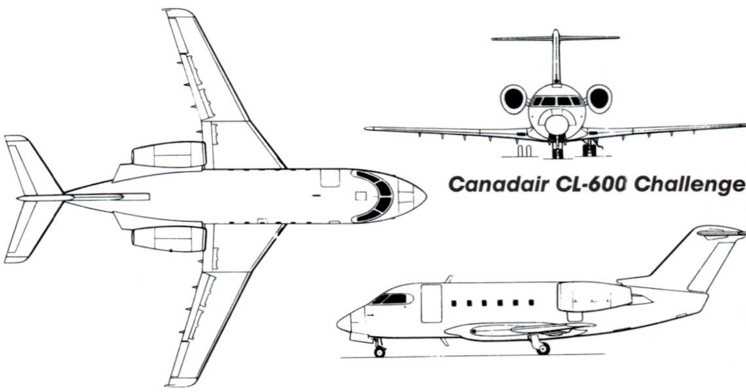
***Canadair CL-600 Challenger***

### TECHNISCHE DATEN
**Challenger 601-3A**

**Typ:** Geschäftsreiseflugzeug
**Triebwerke:** 2 Turbofan-Triebwerke General Electric CF34-3A mit je 3924 kg Schub
**Leistung:** max. Reisegeschwindigkeit 882 km/h; Langstrecken-Reisegeschwindigkeit 786 km/h; max. Betriebshöhe 12.500 m; Reichweite mit max. Treibstoffzuladung 6356 km
**Gewicht:** Leermasse 11.197 kg; max. Startmasse 19.550 kg
**Abmessungen:** Spannweite 19,61 m; Länge 20,85 m; Höhe 6,30 m; Tragflügelfläche 48,31 m²

# Canadair Regional Jet

Canadair stand von Anfang an das Entwicklungspotential des Challenger-Busineß-Jets vor Augen, und nach umfangreichen Studien zur Weiterentwicklung der Challenger zum Mini-Airliner lief das Programm **Regional Jet** oder **RJ** offiziell an. Canadair hatte einen potentiellen Bedarf von mindestens 500 kleinen Verkehrsflugzeugen im Zeitraum 1992 bis 2000 erkannt, die die Lücke zwischen Turboprop-Regionalflugzeugen und strahlgetriebenen Airlinern mit mehr als 100 Passagiersitzen schließen konnten. Folgende Faktoren trugen zu der sich abzeichnenden Nachfrage bei: Besorgnis um die Integrität alternder Airliner der zweiten Generation, zunehmend schärfere Lärmauflagen vieler Flughafengesellschaften, Passagiertrends zum modernen Jetliner und die unaufhaltsame Tendenz zum Luftverkehr mit Drehkreuzsystemen („Hub & Spoke").

Die **RJ** wurde aus der Challenger speziell für den Regionalverkehr entwickelt. Um die **RJ** für unterschiedliche Einsätze (moderne Regionalgesellschaften fordern hohe Umlaufraten und Auslastungsquoten) zu optimieren, mußte das Challenger-Basisflugzeug tiefgreifende Änderungen erfahren. Die Tragflächen wurden von der Challenger abgeleitet, einem fortschrittlichen Profil für transsonische Geschwindigkeit angepaßt und durch Winglets für den Hochgeschwindigkeitsbetrieb ergänzt. Insgesamt stieg die Profiltiefe um 10 Prozent und die Spannweite um 1,84 m. Der (von Short Brothers in Nordirland gefertigte) Rumpf wurde insgesamt um 5,92 m (durch zwei vor und dem hinter dem Tragwerk in den Rumpf eingefügte Segmente) gestreckt. Die 2,69 m breite Kabine läßt sich normalerweise mit 50 Sitzen in Vierersitzreihen im Abstand von 92 cm zueinander bestuhlen. Weitere Änderungen betrafen die Frontverglasung und eine revidierte Cockpit-Avionik, die den Vergleich mit einem Airbus A320 nicht zu scheuen braucht.

Das erste von drei **RJ**-Entwicklungsflugzeugen (**7001** mit der Zulassung C-FCRJ) rollte am 6. Mai 1991 aus der Montagehalle und absolvierte vier Tage später seinen Erstflug. Am 2. August und am 17. November 1991 folgten die **7002** und die **7003.** Alle drei Maschinen nahmen am

### TECHNISCHE DATEN
**Canadair RJ Serie 100**

**Typ:** 50sitziges Regionalflugzeug
**Triebwerke:** zwei Mantelstromtriebwerke General Electric CF34-3A mit einstufigem Fan und einer Leistung von je 41 kN Schub
**Leistung:** normale Reisegeschwindigkeit 850 km/h in 11.277 m Höhe; max. Betriebshöhe 12.496 m; Reichweite 1564 km (RJ 100ER 2626 km)
**Gewicht:** max. Betriebsmasse 21.523 kg
**Abmessungen:** Spannweite 21,44 m; Länge 29,65 m; Höhe 6,30 m; Tragflügelfläche 48,31 m²

Flugtestprogramm teil, das von Wichita in Kansas aus durchgeführt wurde. Im Juli 1992 erteilte Transport Canada dem Muster die Zulassung, und im Januar 1993 bescheinigten die amerikanische Behörde und die europäische JAA der **RJ** die uneingeschränkte Lufttüchtigkeit. Im Mai 1990 unterzeichnete die Lufthansa CityLine, die frühere DLT, auf der ILA in Hannover als Launch Customer einen Vertrag über 13 Festbestellungen und zwölf Optionen. 1991 folgten zwei Bestellungen plus vier Optionen von der MTM, einer Münchener Gesellschaft für Busineß Charter, und die zur Delta-Connection gehörende Regionalfluggesellschaft Comair mit Sitz in Cincinnati, Ohio, schloß sich mit 20 Festbestellungen plus 20 Optionen an. Die Lufthansa CityLine erhielt ihre erste **RJ** am 19. Oktober 1992, und am 1. November stellte sie den „CityLiner" in Dienst. Comair nahm das Muster im Juni 1993 in Betrieb. Bis Juni 1993 waren 36 **RJ** bestellt und Optionen für weitere 36 Flugzeuge gezeichnet.

***Lufthansa CityLine (vormals DLT) war der europäische Erstkunde des Regional Jet. Sie bestellte 13 Exemplare des Musters, das sie im November 1992 im Liniendienst einführte.***

**Varianten**

**Serie 100:** Grundversion mit einer Bestuhlung für 50 Passagiere

**Serie 100ER:** bietet eine größere Reichweite und wahlweise eine auf 23.133 kg erhöhte Startmasse sowie ein erweitertes Treibstoffvolumen, das die Reichweite auf 3000 km hebt

**Corporate Jetliner:** kundenspezifische RJ-Variante; Sitzeinrichtung für 30 Passagiere mit einem Sitzabstand von 86 cm; Erstkunde war die Xerox Corporation im Juni 1993

**Global Express:** strahlgetriebenes Großraum-Firmenflugzeug mit dem Rumpf des Regional Jet, aber völlig neuen superkritischen Tragflächen mit Winglets; Reichweite 12.038 km bei Mach 0,80; Sitze für acht Passagiere und eine vierköpfige Besatzung; als Antrieb sind BMW/Rolls-Royce BR710-48-C2 vorgesehen; Programmbeginn noch 1993 zu erwarten

# Caproni Bergamaschi Ca 135

Der in Bergamo entworfene mittelschwere Bomber **Caproni Bergamaschi Ca 135** wurde nicht in die Typnummern der Caproni Bergamaschi Ca 300 eingereiht, da er im Caproni-Hauptwerk Taliedo gefertigt werden sollte. Das Projekt verblieb jedoch in Ponte San Pietro, und der Anfang 1935 fertiggestellte Prototyp flog erstmals am 1. April jenes Jahres. Die **Ca 135,** angetrieben von zwei 589 kW (800 PS) starken Sternmotoren Isotta-Fraschini Asso XI RC, stellte eine Mischkonstruktion dar: Der Vorderrumpf war in Schalenbauweise gefertigt, während das geschweißte Stahlgerüst des Hinterrumpfs mit Holz und Stoff abgedeckt war, und die Primärstruktur der Flächen bestand aus Metall und Holz mit Stoffüberzug und Holzbeplankung. Im Unterschied zum Prototyp mit Zweiblatt-Holzpropellern wurden die Serienbomber mit metallenen Dreiblatt-Luftschrauben ausgerüstet. 1936 bestellte die Regia Aeronautica einige Flugzeuge mit der Bezeichnung **Ca 135 Tipo Spagna** (Typ Spanien). Diese Bomber hatten Asso-XI-RC-40-Motoren mit je 615 kW (836 PS) und Breda-Waffentürme im Bug, auf dem Rücken und unter dem Bauch. Die Türme an der Ober- und Unterseite waren einziehbar. Die maximale Startmasse hatte sich auf 8390 kg im Vergleich zu 7360 kg beim Prototyp erhöht, und trotz des stärkeren Antriebs sank die Höchstgeschwindigkeit von 400 km/h auf 365 km/h. Um die Ausgangsleistung wiederherzustellen, wurden in die **Tipo Spagna** 1938 Fiat A.80 RC 41 oder Piaggio P.XI RC 40 mit je 736 kW (1000 PS) eingebaut. Die Version mit dem Piaggio-Triebwerk erwies sich als erfolgreicher und erhielt, in **Ca 135 P.XI** umbenannt, neue Motorverkleidungen, eine überarbeitete Bugsektion und einen Caproni-Lanciani-Rückenturm. Bei einem Wettbewerb, den die Kaiserlich-Japanische Heeresluftwaffe im Mai 1938 veranstaltete, unterlag die **Ca 135 P.XI** der Fiat BR.20, die ungarische Luftwaffe aber entschied sich für dieses Muster. Etwa 100 Flugzeuge operierten unter der deutschen Luftflotte IV gegen die Russen. **Caproni** hielt das letzte Exemplar zurück und rüstete es mit einem nach oben abgewinkelten Höhenleitwerk und 1030 kW (1400 PS) starken Sternmotoren Alfa Romeo 135 RC 32 Tornado aus, die der **Ca 135bis Alfa** zu einer Spitzengeschwindigkeit von 480 km/h verhalfen. Auch Peru beschaffte die **Ca 135,** zunächst sechs Exemplare mit Asso-XI-RC-45-Sternmotoren mit je 600 kW (815 PS) und anschließend 32 Bomber mit der Bezeichnung **Ca 135 Tipo Peru** (Typ Peru). Bei den peruanischen **Ca 135** waren die Rohrwaffen anders eingebaut, die Motorzellen modifiziert und auf 662 kW (900 PS) getrimmte Asso XI RC 40 installiert.

***Caproni Bergamaschi Ca 135/P.XI der Königlich-Ungarischen Luftwaffe, Südrußland 1942.***

**Variante**

**Ca 135 Raid:** Dieses Muster ist ein Einzelexemplar einer besonderen Langstreckenversion, das über eine erweiterte Tankkapazität und 736 kW (1000 PS) starke Isotta-Fraschini-Asso-Motoren verfügt; die Maschine wurde nach den Vorgaben des brasilianischen Piloten de Barros gefertigt, der im Jahre 1937 bei einem Versuch, von Italien nach Brasilien zu fliegen, mit der Ca 135 Raid spurlos über Nordafrika verschwand

**TECHNISCHE DATEN**

**Caproni Ca 135 P.XI**

**Typ:** mittlerer Bomber

**Triebwerke:** zwei Sternmotoren Piaggio P.XI RC 40 mit je 736 kW (1000 PS)

**Leistung:** Höchstgeschwindigkeit 440 km/h in 4800 m Höhe; Marschgeschwindigkeit 350 km/h; Dienstgipfelhöhe 6500 m; Reichweite 2000 km

**Gewicht:** Leermasse 6050 kg; max. Startmasse 9550 kg

**Abmessungen:** Spannweite 18,80 m; Länge 14,40 m; Höhe 3,40 m; Tragflügelfläche 60 m²

**Bewaffnung:** drei 12,7-mm-Maschinengewehre im Bug-, Rücken- und Bauchturm sowie eine Bombenlast von 1600 kg

# Caproni Ca 1/Ca 3

1908 gründete Graf Gianni Caproni eines der bedeutendsten luftfahrttechnischen Unternehmen in Italien. 1910 baute er seinen ersten Doppeldecker, und 1913 flog ein von ihm konstruierter Eindecker, der von einem Gnome-Umlaufmotor mit 37 kW (50 PS) angetrieben wurde. Im Oktober 1914 aber war der Prototyp eines dreimotorigen Bombers, die **Caproni Ca 30,** flugbereit. Die Maschine zeichnete sich durch eine zentrale Rumpfgondel für die Besatzung und doppelte Leitwerksträger für insgesamt drei Seitenruder aus. Den Antrieb besorgten ein zentraler Motor im Heck der Rumpfgondel (ein Gnome mit 74 kW/100 PS in Verbindung mit einer Druckschraube) und zwei flügelmontierte Gnome-Motoren, die Zugschrauben mit 59 kW (80 PS) antrieben. Das endgültige Modell mit der Firmenbezeichnung **Ca 31** wurde als **Ca 1** mit drei Fiat A.10 mit je 74 kW (100 PS) seriengefertigt. Der erste Auftrag umfaßte zwar nur 12 Flugzeuge, doch anschließend wurden noch 150 solcher Bomber gebaut.

**Variante**

**Ca2:** neun Flugzeuge mit einem 110 kW (150 PS) starken Isotta-Fraschini V.4B als Zentraltriebwerk

**TECHNISCHE DATEN**

**Caproni Ca 3**

**Typ:** schwerer Bomber

**Triebwerke:** drei Isotta-Fraschini-V.4B-Reihenmotoren mit je 110 kW (150 PS)

**Leistung:** Höchstgeschwindigkeit 140 km/h; Dienstgipfelhöhe 4100 m; Reichweite 450 km

**Gewicht:** Leermasse 2300 kg; max. Startmasse 3312 kg

**Abmessungen:** Spannweite 22,20 m; Länge 10,90 m; Höhe 3,70 m

**Bewaffnung:** zwei oder vier Revelli-Maschinengewehre, Kaliber 7,7 mm, und eine Bombenlast von 450 kg

***Caproni Ca 31 der Escadrille CEP 115, Aéronautique Militaire (französische Luftwaffe), die 1916 auf dem Plateau de Malzéville stationiert war.***

# Caproni Ca 100 bis Caudron C.59

**Die Flugzeuge, welche die Firmen des Caproni-Konzerns bis zum und im Zweiten Weltkrieg produzierten, erlangten nur geringe Bedeutung. Die beiden Brüder Caudron begannen 1908/09 mit dem Bau von Flugzeugen, die im Ersten Weltkrieg und danach eine bedeutende Rolle spielten. Ihr Nachkriegsfirmenname war Société Anonyme des Avions Caudron.**

## Caproni Ca 100

Die **Caproni Ca 100** basiert auf der de Havilland D.H.60 Moth mit einigen kleineren Änderungen, darunter ein weiter gespannter Unterflügel. Sie wurde ab 1929 für den zivilen und militärischen Bereich gefertigt, zunächst mit dem 63 kW (85 PS) starken Gipsy-Motor von de Havilland. Später erhielt das Muster etliche andere Motortypen mit unterschiedlicher Leistung, wie den Blackburn Cirrus Minor mit 67 kW (91 PS), den Isotta Fraschini Asso 80R mit 86 kW (115 PS), den Colombo S.63 mit 107 kW (145 PS) und den Fiat A.50 mit 63 kW (85 PS). Eine Version mit Zwillingsschwimmern, von der Macchi 30 Exemplare produzierte, wurde als **Ca 100 Idro** bekannt. 1934 entstand ein leichter Bombertrainer, der einen Sternmotor mit 96 kW (130 PS) hatte und vier kleine Bomben tragen konnte. 1931 stellte eine von Antonini und Trevisan geflogene **Ca 100 Idro** mit 5018 m einen neuen Höhenrekord für Wasserflugzeuge auf. Die peruanische Regierung unterzeichnete 1935 einen Vertrag mit Caproni, der der italienischen Firma das alleinige Recht zur Herstellung und Reparatur von Militärflugzeugen in diesem Land einräumte. Caproni lieferte mehrere **Ca 100** aus Italien und eröffnete im Mai 1937 ein Werk in Peru. Dort sollten innerhalb der nächsten zwei Jahre 25 **Ca 100** gefertigt werden, doch baute man nur ein Dutzend, und dies zu sehr hohen Kosten. Ein Caproni-Tochterunternehmen in Bulgarien fertigte ebenfalls dieses Muster, und zwar als **KN-1**.

### TECHNISCHE DATEN
**Caproni Ca 100**

**Typ:** zweisitziges Schulflugzeug
**Triebwerk:** ein de Havilland Gipsy-Reihenmotor mit 63 kW (85 PS)
**Leistung:** Höchstgeschwindigkeit 165 km/h; Reisegeschwindigkeit 140 km/h; Dienstgipfelhöhe 4000 m; Reichweite 700 km
**Gewicht:** Leermasse 400 kg; max. Startmasse 680 kg
**Abmessungen:** Spannweite Oberflügel 8,35 m, Unterflügel 10,00 m; Länge 7,30 m; Höhe 2,75 m; Tragflügelfläche 24,40 m²

*Im Kern war die Caproni Ca 100 eine Lizenzversion der de Havilland Moth, allerdings mit etlichen Änderungen, wie etwa dem neu entworfenen Leitwerk und dem tiefer angesetzten Unterflügel.*

## Caproni Ca 101

Eine größere Ausführung der Caproni Ca 97 erschien 1927 als **Caproni Ca 101**, zunächst als zivile Verkehrsmaschine mit drei von Alfa Romeo in Lizenz gefertigten Armstrong-Siddeley-Lynx-Sternmotoren mit je 149 kW (203 PS). Später wurde das Muster zum Bomber entwickelt, der von drei Sternmotoren Piaggio Stella VII à 272 kW (370 PS) angetrieben wurde. Er rüstete einige Nachtbomberstaffeln der Regia Aeronautica aus, die nach der italienischen Invasion Äthiopiens am 3. Oktober 1935 am weiteren Feldzug beteiligt waren. Die italienische Kolonialverwaltung in Italienisch-Ostafrika setzte die **Ca 101** in mehreren Rollen ein, darunter auch für Aufklärungs- und Sanitätsflüge. Für den Antrieb einiger dieser Flugzeuge sorgten Sternmotoren vom Typ Walter Castor mit 177 kW (240 PS) und Alfa Romeo D2 mit 199 kW (270 PS).

*Caproni Ca 101 des C./II Bombázó Osztály (2. Gruppe des 3. Bomberregiments), Magyar Királyi Légierö (Königlich-Ungarische Luftwaffe), stationiert in Pap, Ungarn, Anfang 1941*

### TECHNISCHE DATEN
**Caproni Ca 111**

**Typ:** Fernaufklärer
**Triebwerk:** ein Sternmotor Isotta-Fraschini Asso 750 RC mit 610 kW (830 PS)
**Leistung:** Höchstgeschwindigkeit 290 km/h; Marschgeschwindigkeit 255 km/h; Dienstgipfelhöhe 6700 m; Reichweite 1300 km
**Gewicht:** Leermasse 3490 kg; max. Startmasse 5490 kg
**Abmessungen:** Spannweite 19,65 m; Länge 15,30 m; Tragflügelfläche 61,50 m²

**Varianten**

**Ca 102:** ähnlich wie die Ca 101, jedoch mit zwei Bristol Jupiter à 373 kW (507 PS) anstelle der drei Piaggio Stella-Triebwerke; eingesetzt bei der 62° Sperimentali Bombardieri Pesanti (schwere Versuchsbombereinheit); die Ca 102quater wurde von zwei Tandemmotorpaaren angetrieben

**Ca 111:** einmotorige Version, anfangs mit einem 552 kW (750 PS) starken Fiat-Triebwerk, einer auf 23,00 m erhöhten Spannweite und auf 85 m² gesteigerter Tragflügelfläche; 1934 wurde ein neues Tragwerk konstruiert und ein Isotta-Fraschini Asso 750RC statt des Fiat-Motors eingebaut; auf den Prototyp und vier Vorserienflugzeuge folgten 148 Ca 111, die alle bis 1936 an die Regia Aeronautica ausgeliefert wurden; 25 Exemplare wurden als Ca 111 Idro mit Zwillingsschwimmern für Langstrecken-Seeaufklärungseinheiten fertiggestellt

*Die Ca 101 war zwar als zivile Verkehrsmaschine gedacht, fand aber Verwendung als Kolonial- und militärisches Transportflugzeug.*

*Die Ca 102quater war ein schwerer Versuchsbomber, der von zwei Sternmotorpaaren in Tandem-Anordnung angetrieben wurde.*

## Caproni Ca 133

Die von Ingenieur Rodolfo Verduzio konstruierte **Caproni Ca 133** stellte eine aerodynamisch und strukturell verbesserte Ausführung der Ca 101 dar. Der geschweißte Stahlrohrgitterrumpf war teilweise mit Blech beplankt, teilweise mit Stoff überzogen, und das Leitwerk weitgehend neu konzipiert. NACA-Verkleidungen ergänzten die Motorzellen und Radverkleidungen das Hauptfahrwerk. Ala Littoria flog eine zivile Version, die 16 Passagieren Platz bot, und die Regia Aeronautica nutzte die Militärausgabe in großer Zahl, vor allem für den Einsatz in Italienisch-Ostfrika. Letztere konnte 18 Soldaten mit Kampfausrüstung transportieren und wies vier 7,7-mm-Maschinengewehre auf, von denen eines durch die Türöffnung auf der linken Seite feuerte, während die anderen in oberen und unteren Türmen installiert waren.

**Varianten**

**Ca 133S:** Bezeichnung von Bombern, die

### TECHNISCHE DATEN
**Caproni Ca 133**

**Typ:** Passagier-/Truppentransportflugzeug
**Triebwerke:** drei Sternmotoren Piaggio Stella P.VII C16 mit je 338 kW (460 PS)
**Leistung:** Höchstgeschwindigkeit 280 km/h; Marschgeschwindigkeit 230 km/h; Dienstgipfelhöhe 5500 m; Reichweite 1350 km
**Gewicht:** Leermasse 4000 kg; max. Startmasse 6565 kg
**Abmessungen:** Spannweite 21,25 m; Länge 15,35 m; Höhe 4,00 m; Tragflügelfläche 65 m²
**Bewaffnung:** vier 7,7-mm-Maschinengewehre

zu Sanitätsflugzeugen umgebaut wurden
**Ca 133T:** Bezeichnung einer Reihe von Bombern, die im Transportdienst eingesetzt wurden
**Ca 148:** verbesserte Version der Ca 133, 1938 in kleiner Zahl eingeführt, die in Ostafrika und bei den italienischen Luftstreitkäften der Nachkriegszeit diente; Hauptänderungen: Kanzel um 0,91 m vorverlegt, Hauptkabinentür von der Originalposition auf Höhe der Nasenkante zur Abströmkante des Backbordflügels gerückt und stärkeres Fahrgestell eingeführt

***Die Ca 133 war eine modernisierte Ausgabe der Ca 101, aerodynamisch verfeinert und mit verbesserten Triebwerken, was ihre Dienstzeit als Airliner und als zweitrangiger Bomber/Transporter bis in die erste Phase des Zweiten Weltkriegs verlängerte. Hier sieht man eine Ambulanzversion, die durch ein rotes Kreuz am Rumpf gekennzeichnet ist.***

***Caproni Ca 133 der Bomberstaffel 1B, Bombergeschwader, Fliegerregiment Nr. 2 der österreichischen Luftstreitkräfte, 1937 in Zeltweg stationiert***

***Caproni Ca 148 der italienischen Fluggesellschaft Ala Littoria. Die Ca 148 war eine unbewaffnete Passagierversion der Ca 133, wurde aber dennoch im Zweiten Weltkrieg beim Feldzug gegen Abessinien eingesetzt.***

# Caproni Ca 310 (Serie)

Parallel zur Ghibli entwickelt, zeigte die **Caproni Bergamaschi Ca 310 Libeccio** (Südwestwind) von der Struktur her große Ähnlichkeit mit der früheren Maschine, erhielt aber ein Einziehfahrwerk und zwei Sternmotoren vom Typ Piaggio P.VII C35 mit je 346 kW (470 PS). Der Prototyp, angetrieben von P.VII C.16-Triebwerken mit je 339 kW (460 PS), flog erstmals am 20. Februar 1937. Zwischen 1937 und 1939 wurden insgesamt 161 **Ca 310** an die Regia Aeronautica geliefert, darunter zehn Exemplare, die eigentlich für Rumänien bestimmt waren. Im Export erreichte das Muster Jugoslawien (12), Norwegen (4) und Peru (16). Sechzehn Flugzeuge gingen nach Spanien zur Aviazione Legionaria. Über die Regia Aeronautica beschaffte die ungarische Luftwaffe zwischen Mai und August des Jahres 1939 insgesamt 36 **Ca 310**, gab aber 1940 33 Exemplare im Austausch gegen Bomber vom Typ Caproni Ca 135bis zurück. Diese Maschinen wurden nach einer Grundüberholung in Trient der 50. Stormo d'Assalto der Regio Aeronautica zugewiesen.

**Varianten**
**Ca 310 Idro:** ziviles Wasserflugzeug mit Zwillingsschwimmern
**Ca 310bis:** eine in Capronis Taliedo-Werk gefertigte Zelle Ca 310 mit umfassend verglastem Bug; zwölf Serienflugzeuge für Jugoslawien
**Ca 311:** Der Prototyp Ca 310bis diente als Entwicklungsflugzeug für die Baureihe Ca 311, von der im ganzen 320 Exemplare für die Regia Aeronautica gefertigt wurden; die erste Maschine flog am 1. April 1939. Diese Version und wurde später zur Ca 311M mit abgestufter Windschutzscheibe umgebaut; von den 15 Flugzeugen, die Jugoslawien bestellt hatte, gingen fünf im Jahre 1941 an die Königlich-Jugoslawische Luftwaffe und zehn weitere im Jahre 1942 an die kroatischen Luftstreitkräfte; die Abwehrbewaffnung bestand aus einem Caproni-Lanciani-Rückenturm mit einem einzelnen 7,7-mm-Maschinengewehr und zwei ähnlichen Waffen, von denen eine, nach vorn feuernd, in der Backbordfläche und die andere, nach hinten feuernd, in der Rumpfwanne montiert waren
**Ca 312:** zwei Exemplare der Modell Ca 310, einschließlich des Prototyps, erhielten durch Umrüstung den Standard Ca 312 mit Sternmotoren vom Typ Piaggio P.XVI RC 35 mit je 478 kW (650 PS) und Dreiblatt-Propellern; die norwegische Regierung gab 15 Ca 312bis mit ungestuftem, verglastem Vorderrumpf, ähnlich der Ca 311 und Ca 313, in Auftrag, aber noch vor ihrer Auslieferung erfolgte die deutsche Invasion; diese Maschinen, ebenso wie die 24 für die Königlich-Belgische Luftwaffe bestimmten Flugzeuge, wurden der Regia Aeronautica zugeführt
**Ca 313:** der Prototyp Ca 313 war im wesentlichen eine modifizierte Ca 310 mit Isotta-Fraschini-Asso-120-IRCC-40-Antrieb und flog erstmals am 22. Dezember 1939; bereits am 1. Oktober hatte Frankreich einen Auftrag über 200 Ca 313 festgemacht, dem kurze Zeit später britische und schwedische Bestellungen für 300 bzw. 64 Flugzeuge folgten; der Kriegseintritt Italiens verhinderte jegliche Lieferung an Großbritannien, und Frankreich erhielt nur fünf Ca 313F, der Rest ging an die Regia Aeronautica; Schweden übernahm

***Caproni Ca 310M der 8a Escuadrilla, Grupo 18, Agrupacion Espanola (nationalistische Luftstreitkräfte) in Spanien Ende 1938.***

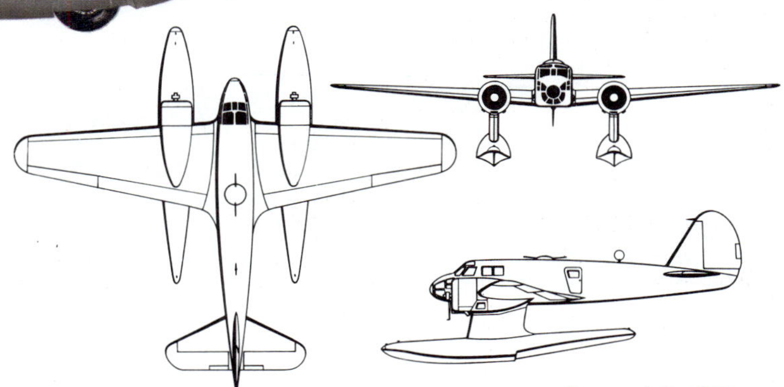

***Caproni Ca 316***

***Die Caproni Ca 316 war ein Schwimmerflugzeug, von dem nur wenige Prototypen gebaut wurden. Die zur Seeaufklärung vorgesehene Maschine konnte Katapultstarts durchführen.***

seine erste Ca 313S im November 1940, und Anfang 1941 war die Lieferung von insgesamt 84 Flugzeugen abgeschlossen; die schwedische Bezeichnung dieses Musters lautete B.16 für Bomber, S.16 für Seeaufklärer, T.16 für Transporter und Tp.16S für Torpedobomber; diese ersten Serienflugzeuge waren im Grunde Ca 311 mit 537 kW (730 PS) starken Isotta-Fraschini-Delta-RC-35-I-DS-Triebwerken und erhielten die Bezeichnung Ca 313 R.P.B1; ein abgestuftes Cockpit war das Erkennungsmerkmal der Version Ca 313 R.P.B.2, von der 122 Exemplare für die Regia Aeronautica entstanden; die Ca 313G wurde als Schul- und Verbindungsflugzeug für die deutsche Luftwaffe entwickelt, doch wurde nur ein kleiner Teil des Auftrags über im ganzen 905 Flugzeuge fertiggestellt; die Gesamtproduktion belief sich schließlich auf 271 Ca 313.

**Ca 314:** Die ersten drei Serienflugzeuge Ca 313 R.P.B.2 dienten als Prototyp für die Ca 314A mit geänderter Abwehrbewaffnung aus je einem 12,7-mm-Maschinengewehr in den Flächenansätzen und einem 7,7-mm-Maschinengewehr (Breda-SAFAT) unter dem Bauch sowie zwei 100-kg- oder 160-kg-Bomben, die außen mitgeführt wurden; die Modell Ca 314A oder 314-SC (Scorta) war ein Begleitschutzjäger für Schiffskonvois und Seeaufklärer, die Ca 314B oder 314-RA (Ricognizione Aerosiluranti) ein Torpedobomber mit einem 900-kg-Torpedo oder einer Bombenlast von einer 500-kg-Bombe oder zwei 250-kg-Bomben, und die Ca 314C war eine Erdkampfversion mit zwei zusätzlichen 12,7-mm-Maschinengewehren (Breda-SAFAT) unter den Flächenwurzeln; die Gesamtproduktion der Ca 314 ergab im ganzen 73 Exemplare der Ca 314A, 80 Exemplare der Version Ca 314B und 134 Exemplare Ca 314C in Taliedo, 60 Exemplare Ca 314C in Ponte San Pietro und weitere 60 Ca 314C, die von AVIS in Castellamare di Stabia gefertigt wurden

***Die Caproni Ca 314 wurde in mehreren Versionen für so unterschiedliche Aufgaben wie Luftkampf und Geleitschutz für Schiffskonvois gebaut. Sie war die beste und leistungsstärkste Ausführung dieses Musters.***

**TECHNISCHE DATEN**
**Caproni Ca 314A**

**Typ:** Schiffsgeleit- und Seepatrouillenflugzeug
**Triebwerke:** zwei Reihenmotoren Isotta-Fraschini Delta RC 35 mit je 537 kW (730 PS)
**Leistung:** Höchstgeschwindigkeit 395 km/h in 4000 m Höhe; Marschgeschwindigkeit 320 km/h in 4200 m Höhe; Dienstgipfelhöhe 6400 m; max. Reichweite 1690 km
**Gewicht:** Leermasse 4560 kg; max. Startmasse 6620 kg
**Abmessungen:** Spannweite 16,65 m; Länge 11,80 m; Höhe 3,70 m; Tragflügelfläche 39,20 $m^2$
**Bewaffnung:** zwei 12,7-mm-Maschinengewehre in den Flächenansätzen und ein 7,7-mm-Maschinengewehr im Rückenturm sowie eine 500 kg schwere Bombenlast

***Die Caproni Ca 310 war ein leichter Aufklärungsbomber, der vor dem Zweiten Weltkrieg eine kurze Exportperiode erlebte. Das Bild zeigt eine der vier Ca 310, die Norwegen erhielt und mit einem komplizierten Sprenkelsichtschutz versah.***

***Sechs Gruppi Osservazione Aerea waren mit der Ca 311 ausgerüstet, und je zwei Einheiten operierten in Rußland, Kroatien und Nordafrika. Im Vergleich zur Ca 310 hatte die Ca 311 einen völlig neu gestalteten Bug mit großflächiger Verglasung.***

# Caproni Vizzola F.4 und F.5

***Die Caproni Vizzola F.5 flog vor der F.4, weil der vorgesehene italienische Sternmotor bereitstand, während die F.4 auf den importierten Daimler-Benz 601A warten mußte.***

Die Jagdeinsitzer **Caproni Vizozola F.4** und **F.5** wurden parallel zueinander entwickelt und hatten ein gemeinsames Flugwerk. Es handelte sich um eine freitragende Tiefdeckerkonfiguration mit herkömmlichem Leitwerk, einziehbarem Spornradfahrwerk und einsitziger Jagdkanzel. Als Antrieb für die **F.4** war ein Reihenmotor Isotta-Fraschini Asso 121 RC 40 mit 655 kW (890 PS) und für die **F.5** der Fiat-Sternmotor A.74 RC 38 mit 640 kW (870 PS) vorgesehen. Bei der **F.4** entschied man sich jedoch später für den leistungsstärkeren deutschen Daimler-Benz 601A–Motor, der jedoch nur mit einer erheblichen Verspätung geliefert werden konnte. Die dadurch bedingte Verzögerung führte dazu, daß der **F.5**-Prototyp Anfang 1939 zuerst in die Luft kam.

Die Flugerprobung zog einen Auftrag für 14 Vorserienflugzeuge nach sich, die sich vom Prototyp durch eine erweiterte Seitenflosse mit größerem Ruder und ein nicht einziehbares Spornrad unterschieden. Die geplante Serienfertigung der **F.5** in mehreren Versionen kam nicht zustande, und nur die 14 Vorserienmaschinen wurden fertiggestellt. Die **F.4** mit dem Daimler-Benz-Triebwerk flog 1940, aber es folgten keine Serienjäger, weil man sich dafür entschied, die weiterentwickelten Caproni Vizzola **F.6** zu produzieren.

**TECHNISCHE DATEN**
**Caproni Vizzola F.5**

**Typ:** einsitziger Jäger
**Triebwerk:** ein Sternmotor Fiat A.74 RC 38 mit 640 kW (870 PS)
**Leistung:** Höchstgeschwindigkeit 510 km/h in 3000 m Höhe; Steigzeit auf 6500 m 6 Minuten und 30 Sekunden; Dienstgipfelhöhe 9500 m; Reichweite 770 km
**Gewicht:** Leermasse 1850 kg; max. Startmasse 2350 kg
**Abmessungen:** Spannweite 11,30 m; Länge 7,90 m; Höhe 3,00 m; Tragflügelfläche 17,60 $m^2$
**Bewaffnung:** zwei vorwärtsfeuernde SAFAT-Maschinengewehre, Kaliber 12,7 mm

***Die F.4 war ein reihenmotorisierter Vizzola-Jäger, der die gleiche Zelle wie der F.5 hatte.***

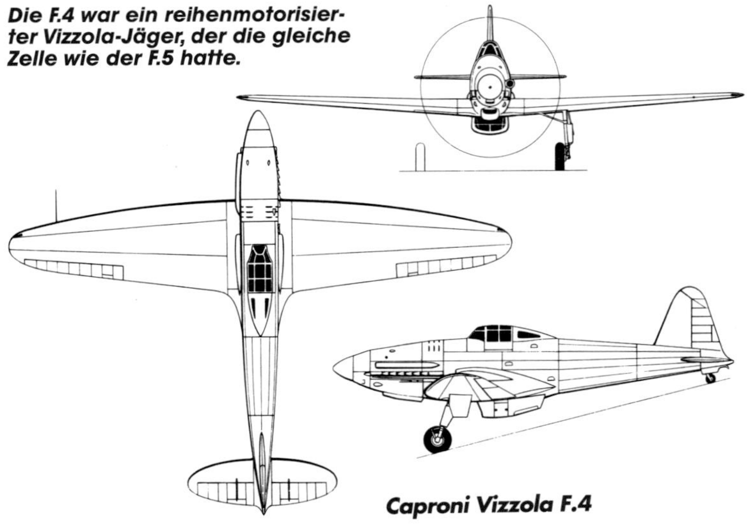

***Caproni Vizzola F.4***

# Caproni Vizzola C22J

Am 21. Juli 1980 flog bei dem seit langem etablierten italienischen Unternehmen Caproni Vizzola Costruzioni Aeronautiche SpA der Prototyp (I-CAVJ) eines leichten Strahltrainers mit der Bezeichnung **C22J**. Er wies eine gewisse Familienähnlichkeit mit den von Carlo Ferrarin und Livio Sonzio entworfenen Calif-Segelflugzeugen des Unternehmens auf und teilte das Mikroturbo-TRS-Triebwerk mit dem strahlgetriebenen Segelflugzeug Calif A-21SJ.

Der freitragende Schulterdecker **Caproni Vizzola C22J** hat einen kaulquappenförmigen Rumpf, der als Auftriebskörper konzipiert ist, ein T-Leitwerk am schlanken Heckausleger, ein einziehbares Bugradfahrwerk und im Rumpf hinter der geschlossenen Kabine montierte Zwillingstriebwerke. In der Kanzel sind zwei Sitze für den Fluglehrer und seinen Schüler nebeneinander eingerichtet. Das Muster wurde weitgehend aus Metall konstruiert, für Verkleidungsteile und zur Beplankung in unbelasteten Bereichen wurde aber auch Glasfasermaterial verwendet.

Da die **C22J** über die Ausbildung hinaus für ein breitgefächertes Rollenspektrum tauglich erschien, plante Agusta (die 1981 mit 50% in das **C22J**-Programm einstieg) die Entwicklung des Prototyps **C22R**, um sein Potential für Fliegerleit-, Aufklärungs- und Teilaufgaben der taktischen elektronischen Kampfführung auszuloten.

**TECHNISCHE DATEN**
**Caproni Vizzola C22J**

**Typ:** zweisitziges Ausbildungsflugzeug für Anfänger
**Triebwerk:** zwei Strahltriebwerke Mikroturbo TRS 18-046 mit je 100 kg Schub
**Leistung:** höchste Marschgeschwindigkeit 480 km/h in Meereshöhe; wirtschaftliche Marschgeschwindigkeit 325 km/h in 3000 m Höhe; Dienstgipfelhöhe 7600 m; Reichweite 740 km
**Gewicht:** Leermasse 720 kg; max. Startmasse 1135 kg
**Abmessungen:** Spannweite 10,00 m; Länge 6,19 m; Höhe 1,88 m; Tragflügelfläche 8,75 m$^2$
**Bewaffnung:** Vorrichtungen für zwei oder vier NATO-Standardträger unter den Flächen zur Beladung mit vielfältigen Außenlasten bis zu einer Höchstlast von 200 kg

***Der auf dem Segelflugzeug A21SJ Calif basierende Strahltrainer Caproni Vizzola C22J bietet angemessene Flugleistungen aufgrund zweier Mini-Turbojet-Triebwerke. SIAI-Marchetti beteiligte sich am erweiterten Programm, das auch Aufklärungsversionen einschloß.***

# Caudron G.3

Die Gebrüder René und Gaston Caudron hatten bereits fünf Jahre lang Luftfahrzeuge konstruiert, als im Mai 1914 ihre **Caudron G.3** (oder **G.III**) erschien. Rund 150 Maschinen von 20 verschiedenen Typen waren dem neuen Muster vorausgegangen, das der früheren Type B viel zu verdanken hatte.

Die **G.3** war in Rue gebaut und vom Flugfeld in Le Crotoy aus geflogen worden, wo die Caudron-Brüder eine erfolgreiche Flugschule eingerichtet hatten. Zur Steuerung um die Längsachse setzte der Anderthalbdecker Flügelverwindung ein, und erst bei den späteren Serienflugzeugen wich dieses System Querrudern an den Oberflügeln. Der Beobachter und der Pilot saßen hintereinander in offenen Cockpits einer hinten gekappten Gondel, in deren Nase ein 59 kW (80 PS) starker Le-Rhône-Umlaufmotor eingebaut war. Einige Maschinen erhielten andere Umlaufmotortypen gleicher Leistung (Gnome oder Clerget). Doppelte Seitenflossen und Ruder waren an vier Heckauslegern montiert, deren unteres Paar als Landekufen fungierten. Das Hauptfahrgestell bildeten zwei Radpaare, die mit großem Abstand zueinander vorn am unteren Heckträgerpaar gelagert waren.

Die **G.3** wurde aus dem unmittelbaren Vorgängermodell, der einsitzigen G.2, entwickelt, die ihrerseits in beachtlicher Stückzahl entstanden war und bei Flugveranstaltungen sowie Wettbewerben im Jahre 1913 und im ersten Quartal 1914 eine herausragende Rolle gespielt hatte. Für militärische Verwendungen entworfen, rüstete die **G.3** bei Kriegsausbruch im August 1914 die Escadrille C.11 der Aviation Militaire aus. Diese Escadrille war in Montmédy stationiert und der 4. Armee angegliedert. Die **G.3** ging bald in Serie und wurde in der ersten Kriegsphase in neuen Werken gebaut, die Caudron in Lyon und Issy-les-Moulineux errichtet hatte. Darüber hinaus fertigten mehrere Vertragsunternehmen dieses Muster, eine Vereinbarung, die die Gebrüder Caudron ohne Lizenzforderungen getroffen hatten, was ihre patriotische Gesinnung bezeugte.

Die **G.3** erreichte rasch hohe Produktionsziffern, so daß das Muster in den beiden ersten Kriegsjahren zur Aufklärung und Artilleriefeuerbeobachtung bei den Korps weit verbreitet im Einsatz war. Wegen ihrer Robustheit, Zuverlässigkeit und allgemeinen Qualität erklärte das französische Kriegsministerium 1914, daß die **G.3** in den Einsatzverbänden bleiben solle und sämtliche anderen Typen, bis auf vier, abzuziehen oder zu verschrotten seien. Die **G.3** zeigte sich allen ihr zugewiesenen Aufgaben gewachsen und war bei den Besatzungen trotz fehlender Bewaffnung äußerst beliebt. Im weiteren Verlauf des Krieges und mit zunehmender Gefährdung durch gegnerische Luftfahrzeuge gereichten die langsame Geschwindigkeit und die Verwundbarkeit dem Muster zunehmend zum Nachteil. Die Franzosen zogen die **G.3** daher Mitte 1916 ab.

Die französische Kriegsproduktion ergab 2450 **G.3**, von denen allein die Caudron-Werke 1423 Exemplare fertigten (einschließlich einiger vor dem Ausbruch des Ersten Weltkriegs gebauter Maschinen). Die britische Caudron-Firma stellte 233 und die Firma A.E.R. in Orbassano bei Turin 166 Exemplare her.

Die italienischen Luftstreitkräfte nutzten die **G.3** bis 1917 in großem Maßstab zur Aufklärung. Die britischen Flugzeuge wurden ebenfalls in den klassischen Rollen Aufklärung und Beobachtung eingesetzt, doch das Royal Flying Corps bewaffnete auch eine Reihe von **G.3** mit einem Maschinengewehr und leichten Bomben für Angriffe gegen deutsche Truppen und Kampfstellungen. Von den **G.3** britischer Fertigung gingen 124 an das RFC und 109 an den Royal Naval Air Service. Der RNAS nutzte dieses Muster von Anfang an zur Ausbildung, setzte es aber auch mehrfach, wenngleich erfolglos, gegen deutsche Luftschiffe ein. Das RFC trennte sich erst im August 1917 von ihren letzten **G.3**-Einsatzflugzeugen.

Die Hauptversionen der **G.3**, die während des Krieges in Dienst gestellt wurden, lassen sich am besten mit den Bezeichnungen der französischen Oberkommandos wiedergeben. Die Standardversion zur Artilleriefeuerbeobachtung, die **Cau 3 A.2**, setzten die Alliierten an der Westfront, in Rußland und im Nahen Osten ein. Die **Cau 3 D.2** war ein Schulflugzeug mit Doppelsteuer, die **Cau 3 E.2** der Standardtrainer mit Umlaufmotor. Die Zahl der zur Ausbildung verwendeten **G.3** stieg zunehmend durch Umrüstung der Exemplare, die die Einsatzverbände aussonderten. Tausende alliierter Piloten erhielten ihre fliegerische Grundausbildung auf diesem Muster, ebenso wie Mitglieder des amerikanischen Expeditionskorps in Frankreich, das zwischen 1917 und 1918 insgesamt 192 Trainer französischer Herstellung übernahm. Eine Sonderumrüstung für Ausbildungszwecke, die **Cau 3. R.1**, verwendeten nur die Franzosen und Amerikaner. Das „R" stand für „rouleur" (Rollflugzeug), bei dem man die Stoffbespannung der Tragflächen zu weiten Teilen entfernt hatte, damit die Maschine nicht abheben konnte. Dieses Gerät diente ausschließlich der Ausbildung, und man sah häufig, wie Anfänger sie über Schulflugplätze rollten. Die letzte bedeutende Version war die **Cau 3.12**, bei der statt des 59 kW (80 PS) starken Umlaufmotors ein Anzani-Sternmotor mit 74 kW (100 PS) installiert wurde.

Nach dem Krieg machte die **G.3** durch eine Reihe bemerkenswerter Flüge von sich reden. Im Januar 1919 landete des Fliegeras Jules Vedrines seine **G.3** zum Entzücken der Einwohner auf dem Dach des berühmten Kaufhauses Galeries Lafayette im Herzen von Paris. Im selben Mo-

***Die Caudron G.3 ging aus den Caudron-Vorkriegstypen wie der N.40 hervor, die Frank Gooddan für Looping-Vorführungen benutzte. Nur das Triebwerk unterscheidet diese Maschine von der G.3, in diesem Fall ein unverkleideter Gnome mit 44 kW (60 PS).***

nat schraubte eine gewisse Madame de Laroche mit ihrer **G.3** den Höhenweltrekord für Frauen auf 3900 m. Bevor die Behörden die Luftverkehrsregeln verschärften, war es ein beliebtes Fliegerkunststück, Brücken zu unterfliegen. Die **G.3** holte sich diese Auszeichnung im September 1919, als eine Pilotin namens Maicon unter einer Brücke über die Var in Nizza hindurchflog.

Adrienne Bolland, eine der ersten weiblichen Piloten, wagte es am 1. April 1921, mit einer **G.3** die Anden zu überqueren. Bei diesem Flug von Tamarindos in Argentinien nach Santiago de Chile erreichte sie eine maximale Höhe von 4200 m. Die Bewunderung der Franzosen galt allerdings vor allem der schweizerischen Pilotin Françoise Durafour, die am 31. Juli 1921 eine **G.3** am Westhang des Mont Blanc sicher landete und ihre Maschine kurz darauf auch wieder ohne Schwierigkeiten in die Luft brachte.

Ab 1919 gelangten **G.3** an private Besitzer, darunter viele ehemalige Piloten der Aviation Militaire. Fliegerclubs und Flugschulen deckten sich ebenfalls mit diesem Muster ein. Bei vielen Flugschauen in Frankreich ist derzeit eine restaurierte **G.3** die Hauptattraktion. Mehrere andere Originalexemplare blieben ebenfalls erhalten, darunter ein Exponat im RAF-Museum in Hendon, England.

### TECHNISCHE DATEN
**Caudron G.3**

**Typ:** zweisitziges Schul- oder Aufklärungsflugzeug
**Triebwerk:** ein Umlaufmotor Le Rhône mit 59 kW (80 PS)
**Leistung:** Höchstgeschwindigkeit 108 km/h; Dienstgipfelhöhe 4000 m; Flugdauer vier Stunden
**Gewicht:** Rüstmasse 420 kg; max. Startmasse 710 kg
**Abmessungen:** Spannweite 13,40 m; Länge 6,40 m; Höhe 2,50 m; Tragflügelfläche 27 m²
**Bewaffnung:** gewöhnlich keine

# Caudron G.4

Die Entwicklung der zweimotorigen **Caudron G.4** (oder **G.IV**), die im März 1915 erschien, war auf den Umstand zurückzuführen, daß die G.3 keinerlei Defensiv- oder gar Offensivwaffen aufnehmen konnte. Von der Struktur her an das direkte Vorgängermodell angelehnt, erhielt die **G.4** eine größere Spannweite, ein Leitwerk mit vier statt zwei Seitenrudern und zwei an Streben zwischen Ober- und Unterflügel montierte Motoren. Eingesetzt wurden entweder 59 kW (80 PS) starke Umlaufmotoren vom Typ Le Rhône mit „Hufeisen"- oder Ringverkleidungen oder unverkleidete Anzani-Sternmotoren mit je 74 kW (100 PS). In die kurze Besatzungsgondel war vorn eine Beobachter-/Schützenkanzel eingearbeitet, wenn auch die Nähe der Motoren das Schußfeld begrenzte. Die enge Zuordnung der Triebwerke an den Rumpf bot jedoch den Vorteil, daß die **G.4** auch bei Ausfall eines Motors noch beherrschbar blieb.

Die gute Steigleistung, die höhere Nutzlast und die hervorragende Zuverlässigkeit versprachen eine deutlich bessere Kampfleistung im Vergleich zu allen anderen damals bei den Alliierten in Dienst stehenden Mustern, so daß die **G.4** in Großserien aufgelegt wurde. Es entstanden zwei Versionen, die **Cau 4 B.2** als Tagbomber und die **Cau 4 A.2** als Artilleriebeobachtungs- und Aufklärungsflugzeug. Als die französische Aviation Militaire die **G.4** im November 1915 in Dienst stellte, war dies das erste zweimotorige Muster in den alliierten Frontfliegerstaffeln. Es spielte eine führende Rolle bei der Bombardierung von Zielen hinter den deutschen Linien bis ins Rheinland hinein. Zunehmende Verluste im Sommer des Jahres 1916 führten jedoch bereits im Herbst zum Abzug der französischen **G.4 B.2** aus den alliierten Bomberstaffeln.

***Als einzigen Unterschied zur Caudron G.4 wies die G.6 einen konventionellen Rumpf auf, der die offenbar unzulängliche Auslegerkonstruktion mit zwei Fachwerksträgern für das Leitwerk der G.4 ersetzte.***

Die Produktion in Frankreich ergab insgesamt 1358 Flugzeuge. Der britische Royal Naval Air Service beschaffte 55 Exemplare, davon 43 Importmaschinen und zwölf aus der Herstellung der British Caudron Company. No. 4 und No. 5 Wing setzten diese Flugzeuge 1916 und Anfang 1917 zu Luftangriffen gegen Seeflug- und Zeppelinhäfen der Deutschen in Belgien ein. Einen der wichtigsten Angriffe flog No. 7 Squadron, RNAS, im Raum Bruges noch im Februar 1917, doch im Herbst 1917 wurden die **G.4** des RNAS von Handley Page O/100 abgelöst.

Die italienische Aeronautica Militare erhielt neben importierten **G.4** 51 Exemplare aus dem Turiner Werk von A.E.R. Im Mai 1917 wurde die 48. Squadriglia als erste Einheit auf die **G.4** umgerüstet, gefolgt von den 49. und 50. Squadriglie. Die italienischen **G.4** operierten in den Alpen und bewiesen dabei ihre Steigqualitäten sowie ihre Eignung zum Höhenflug, oft auch unter widrigen Wetterbedingungen. Während des Krieges stellte der Typ mehrere italienische Höhenrekorde auf. Zahlreiche **Caudron G.4** gingen an die Kaiserlich-Russischen Luftstreitkräfte, die dieses Muster in der Aufklärungsrolle verwendeten.

Neben einem 7,7-mm-Maschinengewehr, Lewis oder Vickers, auf Ringlafette im Frontcockpit waren einige **G.4** zur Abwehr nach hinten mit einem zweiten Lewis-Maschinengewehr auf dem Mittelstück des Oberflügels bewaffnet. Leider konnte der Schütze diese Waffe nur aufrecht stehend bedienen, was einen Angriff während eines schwierigen Manövers erschwerte. Die Bomber **G.4 B.2** vermochten eine Bombenlast von 100 kg zu tragen. Einige **G.4 A.2** waren mit einem Funkgerät für Aufklärungs- und Artilleriefeuerleiteinsätze ausgerüstet.

Gegen Ende des Ersten Weltkriegs rückten die **G.4** ins zweite Glied zur Ausbildung, und für diesen Zweck erwarb der United States Air Service in Frankreich Anfang 1918 zehn Exemplare.

Die **G.4** schuf sich einen Ruf für gute Flugeigenschaften und erntete Lob von so herausragenden Kriegspiloten wie dem italienischen Fliegeras Silvio Scaroni und dem französischen Superas René Fonck. Folglich wurde das Muster nach dem Krieg für eine Reihe bemerkenswerter Flüge ausgewählt und zu Hunderten an Privatbesitzer und Fliegerclubs in Frankreich und Italien verkauft.

### TECHNISCHE DATEN
**Caudron G.4**

**Typ:** zweisitziger Bomber- und Aufklärerdoppeldecker
**Triebwerke:** zwei Umlaufmotoren Le Rhône 9C mit je 59 kW (80 PS)
**Leistung:** Höchstgeschwindigkeit 132 km/h in Meereshöhe; Dienstgipfelhöhe 4300 m; Flugdauer 3,5 Stunden
**Gewicht:** Leermasse 500 kg; max. Startmasse 1330 kg
**Abmessungen:** Spannweite 17,20 m; Länge 7,20 m; Höhe 2,60 m; Tragflügelfläche 36,80 m²
**Bewaffnung:** ein oder zwei 7,7-mm-Maschinengewehre und (B.2) eine Bombenlast von 100 kg

# Caudron R.4

Im Juni 1915 erschien der Prototyp der **Caudron R.4**, ein für damalige Zeit außerordentlich sauber durchkonstruiertes Flugzeug mit glatten Konturen. Die Gebrüder Caudron arbeiteten zwar beim Entwurf ihrer Muster eng zusammen, aber die G.3 und die G.4 waren hauptsächlich das Werk von Gaston Caudron und die **R.4** das von René Caudron.

Die **R.4** stellte eine radikale Abkehr von den bisherigen Modellen dar, denn der attraktive Rumpf war in voller Länge bis zum einteiligen Seitenleitwerk ausgeformt. Das Doppeldeckertragwerk war dreistielig und mit Querrudern am Oberflügel ausgestattet. Die Zwillingshauptträger und der Schleifsporn ergänzte ein Einzelrad unter dem Bug, um die Propeller im Falle einer schlechten Landung zu schützen. Für den Antrieb sorgten zwei Renault-12Db-Reihenmotoren mit je 96 kW (130 PS). Zur dreiköpfigen Besatzung gehörten Bug- und Mittschiffsschützen für Lewis-Zwillings-Maschinengewehre.

Die **R.4** wehrte gegnerische Jäger glänzend ab und errang zahlreiche Luftsiege. Eigentlich als Bomber vorgesehen, diente die **R.4** hauptsächlich in der Kategorie dreisitziger Aufklärungsflugzeuge A.3 und führte häufig Luftbildeinsätze durch. Ihre Steigleistung war nicht sonderlich beeindruckend, so daß in einige Maschinen Hispano-Suiza 8Aa mit 110 kW (150 PS) eingebaut wurden. Dann aber machten sich strukturelle Schwächen bei den Serienflugzeugen bemerkbar. Nach mehreren Abstürzen traf die Firma Caudron am 12. Dezember 1915 der schwerste Schlag, als Gaston Caudron beim Absturz einer von ihm getesteten Serienmaschine ums Leben kam.

***Die R.4 wurde als Bomber entworfen, doch hauptsächlich als Aufklärer mit einer dreiköpfigen Besatzung eingesetzt. In dieser Rolle erwies sich das Muster als äußerst tüchtig, wenngleich untermotorisiert. Ihren beiden Zwillings-MGs verdankte die R.4 eine hohe Abschußzahl gegnerischer Luftfahrzeuge. Eine schwierige Phase durchlebte die Firma, als Gaston Caudron, einer der Brüder, die dieses berühmte Unternehmen schufen, bei einem Flugunfall ums Leben kam.***

In der frühen Einsatzphase hatte Escadrille C.46 mit der **R.4** noch 34 deutsche Flugzeuge innerhalb von acht Wochen zerstört, doch bald zeigte sich, daß außer strukturellen Nachbesserungen sowohl eine bessere Dienstgipfelhöhe als auch eine höhere Beweglichkeit vonnöten waren. Der neue Chefkonstrukteur bei Caudron, Paul Deville, begann daher mit der Entwicklung einer verbesserten Version, der R.11. Die Produktion der **R.4** wurde nach insgesamt 249 Exemplaren schließlich eingestellt, und bei den Aufklärungs-Escadrilles trat 1917 die leistungsfähigere Letord 1 an ihre Stelle.

### TECHNISCHE DATEN
**Caudron R.4**

**Typ:** dreisitziger Bomber- und Luftbildaufklärer-Doppeldecker
**Triebwerke:** zwei Renault 12Db-Reihenmotoren mit je 96 kW (130 PS)
**Leistung:** Höchstgeschwindigkeit 136 km/h in Meereshöhe; Steigzeit auf 2000 m 18 Minuten; Dienstgipfelhöhe 4600 m
**Gewicht:** Leermasse 1710 kg; max. Startmasse 2330 kg
**Abmessungen:** Spannweite 21,10 m; Länge 11,80 m; Tragflügelfläche 70,00 m²
**Bewaffnung:** vier Lewis 7,7-mm-Maschinengewehre auf Zwillingslafetten und eine Bombenlast von 100 kg

# Caudron R.11

Außer dem gescheiterten Jagdeinsitzer O2 und den Prototypen der Aufklärungsbomber R.5 und R.10, entworfen von Paul Deville, erschien im März 1917 die dreisitzige **Caudron R.11**, die sich schon bald als großer Erfolg erwies.

Dieser zweimotorige Doppeldecker, der eigentlich für die französische Kategorie dreisitziger Aufklärer A.3 des Corps d'Armée gedacht war, verdankte vieles der früheren R.4. Von ihr unterschied sich das neue Muster durch ein spitzeres Bugprofil, zwei statt drei Stiele außerhalb der Triebwerke, das fehlende Bugrad und ein beträchtlich vergrößertes Seitenleitwerk. Die **R.11** wies Querruder nur am Oberflügel auf, der eine größere Spannweite als der Unterflügel besaß. Eine technische Errungenschaft stellten die Flächen insofern dar, als sie in einem Stück gefertigt waren. Die 147 kW (200 PS) starken Hispano-Suiza 8Ba-Reihenmotoren des Prototyps befanden sich in strömungsgünstigen Gondeln, die knapp über dem Unterflügel angeordnet waren.

Es gingen Produktionsaufträge für 1000 **R.11** ein, die Caudron, Régy Frères und eine dritte Firma, Grémont, bauten. Die Fertigung begann zwar 1917, aber die erste Maschine wurde erst gegen Jahresende fertiggestellt. Escadrille R.46, die bis dahin C.46 hieß und Letord L.1 flog, rüstete als erster Verband im Februar 1918 auf die **R.11 um**. In den nächsten fünf Monaten folgten vier weitere **R.11**-Escadrilles (R.239, R.240, R.241 und R.242). Die Fertigungsrate war recht niedrig, und im April 1918 hatten erst 20 **R.11** die Truppe erreicht. Als letzte Escadrille wurde R.246 nur wenige Wochen vor dem Waffenstillstand im November 1918 auf die **R.11** umgestellt. Die Produktion endete abrupt nach 370 gebauten Flugzeugen. Das britische RFC und der United States Air Service erwarben je zwei **R.11** zur Prüfung.

Die **R.11** wurde nicht zur Aufklärung, sondern als kampfstarker Begleitjäger verwendet. Dazu war sie mit fünf Lewis-Maschinengewehren bewaffnet, je einem Zwillings-MG auf Ringlafette im Bug und Mittelrumpf und einer fünften Waffe unter dem Cockpit des Frontschützen, so daß sie abwärts und nach hinten feuern konnte. Die **R.11**-Escadrilles flogen Geleitschutz für die Breguet-14-B.2-Tagbomberformationen der 12. und 13. Escadres. Bei Angriffen weit hinter den feindlichen Linien erzielten die Maschinen eindrucksvolle Erfolge gegen deutsche Jäger. Nach den Standards dieser Zeit galt das Muster als mächtige Luftkriegswaffe mit auffallend guten Flugleistungen.

Die Wirkung der **R.11** wäre zweifellos weitaus höher gewesen, wenn im Frühjahr 1918 mehr Flugzeuge zur Verfügung gestanden hätten. Die Schwierigkeiten mit dem Hispano-Suiza-Motor und seinem Getriebe bekam man nie völlig in den Griff, und trotz der Weisung des französischen Luftwaffenoberkommandos, der **R.11** als einem von drei Flugzeugtypen (die beiden anderen waren die Breguet 14 und die Salmson 2 A.2) absolute Priorität bei der Fertigung einzuräumen, wurde das veranschlagte Produktionstempo zu keiner Zeit erreicht.

Das Caudron-Konstruktionsteam hatte beim Entwurf der **R.11** auch zahlreiche Einzelheiten sorgfältig bedacht. Die Kraftstoffanlage etwa war so konzipiert, daß beide Motoren notfalls von einem der beiden Haupttanks versorgt werden konnten. Bei den späten Serienflugzeugen ergänzten Heckbehälter die Motorgondeln, die sich samt Treibstoff im Flug abwerfen ließen. Viele Flugzeuge der Spätserien waren mit Hispano-Suiza 8Beb ausgerüstet, die 173 kW (235 PS) abgaben.

René Caudron und Paul Deville wurde bald bewußt, daß zwei- und mehrsitzige Muster im Einsatz verlorengegangen waren, weil man den Flugzeugführer getroffen hatte. Sie rüsteten daher eine Reihe von Maschinen unter anderem mit Doppelsteuer in der Heckschützenkanzel aus. Dies trug zweifellos zur hohen Moral der Kampfbesatzungen in den Caudron-Staffeln bei.

Die **R.11 A.3** stellten auch nach dem Krieg die Ausrüstung für die Escadrilles de Protection des 11. und des 12. Régiments d'Aviation. Im Juli 1922 wurden die noch vorhandenen Maschinen ausgesondert und der Verwertung zugeführt.

***Caudron R.11 der Escadrille C.46, Aviation Militaire (französische Luftwaffe) zum Schutz des 13. Escadre zwischen Februar und November 1918***

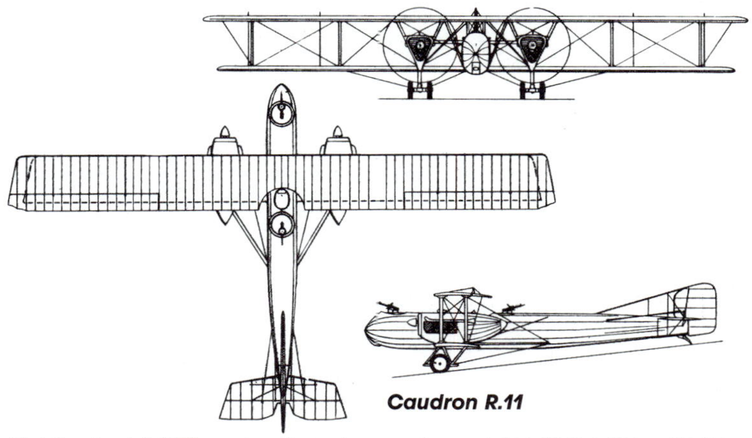

***Caudron R.11***

**Varianten**
**Caudron R.12:** Bezeichnung einer Versuchsversion der R.11 von 1918, ausgerüstet mit Hispano-Suiza 8Fb mit je 221 kW (300 PS) anstelle der 158 kW (215 PS) starken Triebwerke der R.11; als die vielversprechende R.14 erschien, wurde die Entwicklung der R.12 abgebrochen
**Caudron R.14:** größere Ausgabe der R.11; der Prototyp erschien im August 1918, angetrieben von Hispano-Suiza 8Fb, die ursprünglich für die R.12 vorgesehen waren; die Hauptbewaffnung bestand aus einer Hotchkiss-Kanone, Kaliber 37 mm, ergänzt durch Lewis-Maschinengewehre; ausgearbeitete Pläne zur Großserienfertigung wurden nach dem Waffenstillstand im November 1918 nicht mehr verwirklicht

**TECHNISCHE DATEN**
**Caudron R.11**
**Typ:** dreisitziger Begleitjäger
**Triebwerke:** zwei Reihenmotoren Hispano-Suiza 8Ba mit je 158 kW (215 PS)
**Leistung:** Höchstgeschwindigkeit 183 km/h in 2000 m Höhe; Steigzeit auf 2000 m 8 Minuten, 10 Sekunden; Dienstgipfelhöhe 5950 m; Flugdauer 3 Stunden
**Gewicht:** Rüstmasse 1422 kg; max. Startmasse 2167 kg
**Abmessungen:** Spannweite Oberflügel 17,92 m, Unterflügel 16,97 m; Höhe 2,80 m; Tragflügelfläche 54,25 m²
**Bewaffnung:** fünf Lewis 7,7-mm-Maschinengewehre

# Caudron C.59

Der von Paul Deville mit Unterstützung durch René Talpin entwickelte Zwischentrainer **Caudron C.59** war ein herkömmlicher zweistieliger Doppeldecker in Holzbauweise mit Stoffbeplankung. Querruder hatte nur der weiter gespannte Oberflügel, und der Unterflügel wies eine leichte positive V-Stellung auf. Für den Antrieb sorgte ein Hispano-Suiza 8A, dessen Lamblin-Kühler unter dem Rumpf unmittelbar vor den V-Streben des starren Fahrgestells montiert war. Der Flugschüler saß in einer offenen Kanzel unter dem Mittelteil des Oberflügels, und unmittelbar dahinter lag das Lehrer-Cockpit unter einem Ausschnitt in der Hinterkante. Doppelsteuer gehörten zur Standardausstattung.

Der Prototyp (F-ESAN) flog erstmals im August 1921. Die umfassende Erprobung wies eine robuste Konstruktion, gute Flugeigenschaften und einen verläßlichen Antrieb nach, so daß die Aviation Militaire die **C.59** in großer Zahl für den offiziellen Ausbildungsdienst der Kategorie Et.2 (zweisitzige Übergangsschulflugzeuge) bestellte.

**TECHNISCHE DATEN**
**Caudron C.59**
**Typ:** zweisitziges Übergangsschulflugzeug
**Triebwerk:** ein Reihenmotor Hispano-Suiza 8A mit 132 kW (180 PS)
**Leistung:** Höchstgeschwindigkeit 170 km/h; Flugdauer 3,5 Stunden
**Gewicht:** Rüstmasse 700 kg; max. Startmasse 988 kg
**Abmessungen:** Spannweite Oberflügel 10,24 m, Unterflügel 9,52 m; Länge 7,80 m; Höhe 2,90 m; Tragflügelfläche 26,00 m²

Sieben zwischen 1922 und 1924 erteilte Aufträge ergaben die Lieferung von über 1000 **C.59** an das französische Heer und kleinere Kontingente an die Aéronautique Maritime. Das Muster wurde 15 Jahre lang im Dienst gehalten, und am 1. Januar 1936 verfügte die Armée de L'Air noch immer über elf Exemplare. Die Gesamtproduktion belief sich auf 1800 Maschinen, von denen ein Großteil für zivile Flugschulen und für Exportabnehmer bestimmt waren. Argentinien, Brasilien, Bulgarien, Finnland, die Mandschurei, Portugal, Rumänien, Spanien, die Türkei und Venezuela kauften die **Caudron C.59**.

***Die Caudon C.59, ein Schuldoppeldecker für französische Flugzeugführer, war ein für diese Zeit typisches Fluggerät, angetrieben von einem bewährten Hispano-Suiza-Motor mit Lamblin-Brustkühler. Das Muster wurde hauptsächlich für die französischen Teilstreitkräfte gebaut, aber auch in so unterschiedliche Länder wie Argentinien und die Mandschurei exportiert. In Frankreich leistete sie die ganzen zwanziger und dreißiger Jahre hindurch Dienst.***

**Variante**
**Caudron C.59/2:** Diese Muster ist die einzige Variante und wurde als Einzelexemplar mit einem 169 kW (230 PS) starken Lorraine 7Ma als Antrieb und breitspurigem Fahrgestell gefertigt

# Caudron C.61 bis Caudron C.714 Cyclone

**In der Zwischenkriegszeit baute Caudron zahlreiche Flugzeugtypen, konzentrierte sich jedoch vorwiegend auf Touring-Maschinen, leichte Transporter und auf eine zunehmend hochentwickelte Serie von Hochgeschwindigkeitsflugzeugen, darunter reine Rennmaschinen, die später dem Jägertrainer C.690M und dem Leichtsgewichtsjäger Cyclone den Boden bereiteten.**

## Caudron C.61

Der Prototyp der Verkehrsmaschine **Caudron C.61** erschien 1921. Der dreistielige Doppeldecker war aus Holz konstruiert und mit Stoff überzogen, und für seinen Antrieb sorgten drei Hispano-Suiza-Motoren mit je 110 kW (150 PS). Pilot und Kopilot saßen nebeneinander in einer offenen Kanzel hinter dem Bugmotor. Dahinter schloß sich ein Gepäckraum an, gefolgt von einer Kabine für sechs Personen. Das Fahrgestell umfaßte zwei doppelrädrige Haupteinheiten, einen Schleifsporn unter dem Heck und ein Einzelrad unter dem Bug, damit sich die Nase bei der Landung nicht in den Boden bohren konnte.

Zwölf serienmäßig gefertigte **Caudron C.61** wurden von Reihenmotoren Hispano-Suiza 8Ac angetrieben und hatten eine auf insgesamt acht Sitzplätze erweiterte Kabine. Sechs Maschinen erwarb die Compagnie Franco-Roumaine de Navigation Aérienne und betrieb mit ihnen eine Verbindung zwischen Bukarest und Belgrad. Die übrigen **C.61** flogen für verschiedene andere französische Gesellschaften. Eine von ihnen ging bei einem Absturz ins Meer verloren.

**Varianten**

**C.61bis:** Die meisten C.61 wurden 1924 modifiziert, indem man die beiden äußeren Hispano-Suiza-Motoren aus- und Sternmotoren Salmson CM.9 mit 191 kW (260 PS) einbaute; die von CIDNA, dem Nachfolger des Franco-Roumaine-Unternehmens, geflogenen Maschinen wurden anschließend mit zwei Bugrädern ausgestattet; das Gewicht des beladenen Flugzeugs stieg auf 4834 kg, aber die Leistung blieb in etwa gleich, außer daß die Reichweite auf 380 km sank

**C.81:** weiterentwickelte Version der C.61-bis mit drei Lorraine-Dietrich-Triebwerken, von denen der Bugmotor 199 kW (270 PS) und die beiden Außenmotoren je 272 kW (370 PS) abgaben; es folgte eine kleine Baureihe für die Firma Franco-Roumaine; diese Flugzeuge, angetrieben von einem Lorraine-Dietrich 12Db à 294 kW (400 PS) in der Mitte und zwei Salmson CM.9 mit je 191 kW (260 PS) außen, waren größer als die C.61 bei einer Spannweite von 26,30 m, einer Flügelfläche von 145 m² und einer maximalen Startmasse von 6370 kg, beförderten aber nur sieben Personen. Die C.81 unterschied sich noch in mehreren anderen Punkten von der C.61: Die Aufhängung der äußeren Motoren war durch ein V-Strebenpaar verbessert, Pilot und Kopilot saßen in einem offenen Cockpit unter dem Mittelteil des Oberflügels, und das Seitenleitwerk samt Ruder war überarbeitet. Soweit bekannt, wurden außer dem Prototyp vier C.81 gebaut

**C.183:** Einzelexemplar, im Jahre 1925 für CIDNA gefertigt; die Maschine war eng an die C.81 angelehnt, wurde aber von einem Lorraine-Dietrich 12Db à 294 kW (400 PS) in der Mitte und zwei Salmson CM.9 mit je 191 kW (260 PS) außen angetrieben; die Spannweite entsprach derjenigen der C.81, doch das Flugzeug war im ganzen 1,10 m länger und wog vollbeladen 60 kg mehr; die Höchstgeschwindigkeit in 2000 m Höhe betrug 139 km/h, rund 9 km/h mehr als bei der C.81

***Die C.61 wurde von Reihenmotoren angetrieben, aber man hatte, wie in den zwanziger Jahren üblich, Vorsorge für eine Umstellung auf Sternmotoren getroffen. Die Bezeichnung nach der Ummotorisierung lautete C.61bis.***

**TECHNISCHE DATEN**
**Caudron C.61**

**Typ:** achtsitziges Passagierflugzeug
**Triebwerke:** drei Hispano-Suiza-8Ac-Reihenmotoren mit je 132 kW (180 PS)
**Leistung:** Höchstgeschwindigkeit 160 km/h; Dienstgipfelhöhe 4000 m; Reichweite 640 km
**Gewicht:** Leermasse 2200 kg; max. Startmasse 3480 kg
**Abmessungen:** Spannweite Oberflügel 24,14 m, Unterflügel 20,40 m; Länge 14 m; Tragflügelfläche 104 m²

## Caudron C.230

Der Prototyp **Caudron C.230** wurde erstmals im November 1930 von Raymond Delmotte geflogen. Paul Deville hatte diesen leichten Doppeldecker-Zweisitzer mit gleich weit gespanntem, ungestaffeltem und einstieligem Tragwerk entworfen. Der Mittelteil des Oberflügels war mit vier kurzen senkrechten Stahlstreben gegen den Rumpf abgestützt, und die klappbaren Außenflächen waren mit je einem Paar Senkrechtstreben aus Fichtenholz auf jeder Seite miteinander verbunden. Nur die Unterflügel enthielten Querruder. Der Holzrumpf hatte einen Stoffüberzug, und das freitragende Höhenleitwerk bestand aus einem mit Sperrholz beplankten Holzrahmen. Das breitspurige, starre Hauptfahrwerk umfaßte zwei senkrechte Federbeine. Die **C.230** wurde von einem 70 kW (95 PS) starken Salmson-Sternmotor angetrieben und kam auf dem französischen Markt für leichte Reise- und Sportflugzeuge recht gut an. Die Produktion ergab 15 Flugzeuge, gefolgt von etlichen Varianten. **C.230**-Serienmaschinen waren ab 1931 bei allen Flugsportveranstaltungen und Wettbewerben in Frankreich vertreten, doch häufig erschien das Muster auch in anderen westeuropäischen Ländern.

***Die C.232 war mit der C.230 identisch, hatte aber einen Renault-Reihenmotor. Beide Modelle hatten in der Zeit zwischen den beiden Weltkriegen großen Erfolg.***

**TECHNISCHE DATEN**
**Caudron C.232**

**Typ:** leichter Doppeldecker-Zweisitzer für Sport- und Reiseflug
**Triebwerk:** ein Reihenmotor Renault 4Pb mit 70 kW (95 PS)
**Leistung:** Höchstgeschwindigkeit 165 km/h; Dienstgipfelhöhe 4000 m; Flugdauer 4 Stunden
**Gewicht:** Rüstmasse 420 kg; max. Startmasse 700 kg
**Abmessungen:** Spannweite 11 m; Länge 7,87 m; Tragflügelfläche 24 m²

**Varianten**

**Caudron C.232:** insgesamt 50 Flugzeuge dieser Version gebaut; anstelle des Salmson-Sternmotors diente ein Renault-4Pb-Reihenmotor gleicher Leistung als Antrieb; Rumpf mit Sperrholz beplankt

**Caudron C.232/2:** drei Exemplare gefertigt; wie die C.232, aber mit Radbremsen

**Caudron C.232/4:** sieben Exemplare gefertigt; mit der C.232/2 identisch, nur besser ausgerüstet

**Caudron C.233:** Einzelexemplar zur Aufnahme des erfolglosen Flugmotors Michel AM-16; der spätere Einbau eines Salmsons machte diese Maschine zur C.230 mit der Zulassung F-ALBS

**Caudron C.235:** im Auftrag des französischen Luftfahrtministeriums versuchsweise mit einem deutschen Argus As 8R à 74 kW (100 PS) ausgerüstetes Flugzeug

## Caudron C.270 Luciole

Die erste **Caudron C.270**, die Paul Deville aus der C.230 entwickelt hatte, erschien 1931. Das Flugzeug besaß unkompliziertere Faltflächen, modifizierte Quer-, Seiten- und Höhenruder und wieder einen stoffbespannten Rumpf. Im Vergleich zur 230 war das Fahrwerk feiner ausgearbeitet. Die Serienfertigung des Grundmusters **C.270** mit dem 7-Zylinder-Sternmotor Salmson 7Ac à 70 kW (95 PS) ergab 82 Flugzeuge. Die Produktion aller **Luciole**-Versionen belief sich auf 725 Maschinen. Nach Ausbruch des Zweiten Weltkriegs wurden viele **C.272/4** und **C.275** für den militärischen Verbindungsdienst eingezogen. 1946 nutzte die Ecole de l'Air in Salon-en-Provence-Maschinen dieses Typs, die den Krieg überstanden hatten, als Segelschleppflugzeuge.

**Varianten**

**Caudron C.270/1:** Antrieb in Form des verbesserten Salmson 7Ac2

**Caudron C.271:** Einzelexemplar mit Lorraine-5Pc-Reihenmotor, dessen 88 kW (120 PS) von einem Ratier-Metallpropeller umgesetzt wurden

**Caudron C.271/2:** Antrieb in Form eines Lorraine 5Pb mit 81 kW (110 PS); fünf Exemplare gebaut

**Caudron C.272:** Version mit Renault-4Pb-Triebwerk; 52 Serienflugzeuge

**Caudron C.272/2:** Antrieb durch Renault 4Pci; ab dem fünften Exemplar der Baureihe C.272/2 mit 22 Flugzeugen wurde ein größeres, stärker zugespitztes Seitenleitwerk/Ruder eingeführt, das alle späteren Lucioles kennzeichnete

**Caudron C.272/3:** Baureihe von insgesamt 15 Flugzeugen mit Renault 4Pdi à 88 kW (120 PS) und Messier-Bremsen

**Caudron C.272/4:** Version mit Renault 4Pei à 103 kW (140 PS) und Messier-Bremsen; die Gepäckzelle vor den Cockpits war entfallen; 21 Flugzeuge gefertigt

**Caudron C.272/5:** 80 Flugzeuge dieser Version gebaut, alle mit einem 74 kW (100 PS) starken Renault 4Pgi

**Caudron C.273:** 14 Exemplare dieser Version gebaut; für den Antrieb sorgte ein 74

kW (100 PS) starker Michel 4 A-14 in Verbindung mit einem Merville-Propeller der Serie 402

**Caudron C.274:** Einzelexemplar; beim Pariser Salon de l'Aéronautique 1932 ausgestellt; Antrieb in Form des erfolglosen Motors Chaise 4Ba mit 99 kW (135 PS)

**Caudron C.275:** Diese Version ähnelte der C.272/5 und hatte auch deren Motor, den Renault 4Pgi, doch die Flächen waren nicht mehr klappbar; die mit Abstand beliebteste Luciole-Variante fand viele Privatbesitzer im In- und Ausland, flog bei den Caudron-Schulen in Royan, Ambérieu und Guyancourt und nahm in den dreißiger Jahren regelmäßig an Fliegertreffen und Flugsportveranstaltungen teil; 433 C.275 wurden gebaut, davon 296 im Auftrag der französischen Regierung für die Bewegung Aviation Populaire, die Fluganwärter ausbildete, denen das Geld für die von Fliegerklubs erhobenen Gebühren fehlte

**Caudron C.276:** Diese Version wurde mit einem de Havilland Gipsy III à 78 kW (106 PS) und von der Firma Charles konstruierten Radbremsen ausgerüstet; das Höhenleitwerk erinnerte an frühere Lucioles; eines dieser Flugzeuge spielte in dem Film „Der Blaue Max" einen deutschen Jäger aus dem Ersten Weltkrieg; die Bezeichnung C.276H erhielten zwei auf den Hirth HM 504 A2 ummotorisierte C.276

**Caudron C.277:** neun Flugzeuge dieser Version gefertigt; bis auf die nicht klappbaren Flächen waren sie mit der C.272/4 identisch

**Caudron C.277R:** Einzelexemplar in Gestalt einer C.275, die 1949 auf einen Renault 4Po 3 umgestellt wurde

**Caudron C.278:** Einzelexemplar, das mit neuem Fahrgestell und einem Salmson 9Nc à 99 kW (135 PS) fertiggestellt wurde; das Muster nahm am Challenge Internationale de Tourisme teil und trug die Kennung K-4

### TECHNISCHE DATEN
**Caudron C.272**

**Typ:** zweisitziger Doppeldecker für Sport- und Reiseflug
**Triebwerk:** ein Reihenmotor Renault 4Pb mit 70 kW (90 PS)
**Leistung:** Höchstgeschwindigkeit 158 km/h in Meereshöhe; Reisegeschwindigkeit 135 km/h; Dienstgipfelhöhe 4000 m; Reichweite 500 km
**Gewicht:** Leermasse 516 kg; max. Startmasse 780 kg
**Abmessungen:** Spannweite 9,90 m; Länge 7,67 m; Höhe 2,76 m; Tragflügelfläche 24 m²

***Eines der vielen Leichtflugzeugmuster aus dem Hause Caudron zwischen den beiden Weltkriegen war die C.276, die letzte Luciole-Serienversion. Das verglaste Cockpit gehörte nicht zum Standard, sondern stellte eine spezifische Nachrüstung dieser Maschine dar.***

# Caudron C.280 Phalène

Die **Caudron C.280 Phalène** (Spanner), von Paul Deville als Tourenflugzeug entworfen, war ein abgestrebter Kabinen-Hochdecker, ähnlich der Puss Moth von de Havilland.

Der Prototyp **C.280** flog erstmals im März 1932 mit Raymond Delmotte, Cheftestpilot bei Caudron, am Steuer. Die Maschine zeigte ein gutes Leistungsvermögen und konnte sich durchsetzen: Während der sechs Jahre anhaltenden Produktion wurden über 240 Exemplare in verschiedener Ausführung gefertigt. Viele dieser Flugzeuge gingen an Privatleute in Frankreich und mehreren anderen europäischen Ländern. Militärische Versionen, die **C.400** und **C.410**, dienten bei der Armée de l'Air. Die **Phalène** wurde für eine Reihe von Langstrecken-Etappenflügen ausgewählt, so daß sie durch die Berichte der damaligen Fachpresse einen hohen Bekanntheitsgrad erlangten.

Die Originalversion hatte eine dreisitzige Kabine, wobei sich vorn zwei Sitze nebeneinander und dahinter ein Einzelsitz befanden. Die Einstiegstüren auf beiden Seiten waren oben angeschlagen und rasteten geöffnet in die Unterseite der Tragflächen ein. Hinter der Kabine befand sich ein Gepäckraum. Die stoffbespannten Flächen hatten eine gleichbleibende Tiefe und Dicke und stützten sich mit je einem stromlinienförmigen Aluminiumstrebenpaar gegen den Rumpf ab. Die gesamte Hinterkante war beweglich aufgehängt. Ihre äußeren Segmente dienten als Querruder, und die inneren Teile ließen sich nach oben klappen, damit die Flächen gefaltet werden konnten.

Der rechteckige Rumpf war bis zum Ende der Kabine mit Sperrholz beplankt und dahinter mit Stoff abgedeckt. Das geteilte Hauptfahrwerk enthielt Öl-Luft-Federbeine, Niederdruckreifen und Differentialbremsen. Das abgestrebte Höhenleitwerk und die Höhen- und Seitenruder waren aus Fichtenholz konstruiert, während die Primärstruktur der Seitenflosse aus geschweißtem Stahlrohr bestand.

Der Prototyp und die vier ersten Flugzeuge mit der Grundbezeichnung **C.280**

***Caudron machte sich in der Periode zwischen den Kriegen einen Namen als Hersteller von sportlichen Leichtflugzeugen. Die C.282 Phalène war die ergiebigste Baureihe, die in vielen Versionen erschien und nach dem Zweiten Weltkrieg weit verbreitet eingesetzt wurde.***

wurden von einem Vierzylinder-Reihenmotor Gipsy II von de Havilland mit 90 kW (122 PS) angetrieben.

**Varianten**

**C.280/6:** ein Flugzeug mit abgerundeten Flächenenden und neu entworfenem, spitzer ausgeführtem Seitenleitwerk

**C.280/9:** Rumpf 20 cm länger als bei der C.280 (3 Flugzeuge)

**C.282:** Alle C.282-Baureihen hatten Renault-Vierzylinder-Reihenmotoren; in diese erste Version wurde der Renault 4Pci eingebaut (11 Flugzeuge)

**C.282/2:** Die Phalène VI besaß eine Kabine mit vier Sitzen; Antrieb durch Renault 4Pdi (21 Flugzeuge)

**C.282/3:** ähnlich der C.282, mit reduzierter Kraftstoffkapazität (1 Flugzeug)

**C.282/4:** die erste Version, die „Super Phalène" genannt wurde, mit Doppelsteuer und automatischen Spalt- und Landeklappen; konventionelle Türen auf beiden Kabinenseiten; Spannweite und Rumpflänge etwas zurückgenommen (9 Flugzeuge)

**C.282/8:** mit der C.282/2 identisch, mit Ausnahme des 13 cm längeren Rumpfes, erweiterten Tankvolumens und Spornrads statt Schleifsporn (89 Serienmaschinen und drei umgerüstete Flugzeuge)

**C.282/10:** Merville-Propeller der Serie 601 statt der früheren Serie 496 (11 Flugzeuge)

**C.286:** unterschied sich von der C.282 durch einen vom Kabinendach nach unten geführten Steuerknüppel und ein Seitenleitwerk/Ruder mit neuer Form; Antrieb (wie bei allen C.286-Baureihen) durch einen de Havilland-Motor, in diesem Fall ein Gispy III (1 Flugzeug)

**C.286/2:** wie C.286, jedoch mit abgerundeten Flächenenden; die C.286/2 S.4 und die C.286/3 S.4 waren luxuriöse Sonderanfertigungen mit Gipsy Major I (10 Flugzeuge)

**C.286/4:** Seitenflosse/Ruder wie bei der C.280/6 (5 Flugzeuge)

**C.286/5:** Super Phalène mit Gipsy Major I, Nasenspaltklappen, Spornrad, modifiziertem Fahrgestell und vorn zurückgepfeiltem Höhenleitwerk (1 Flugzeug)

**C.286/6:** Super Phalène mit Merville-Propeller der Serie 501 (5 Flugzeuge)

**C.286/7:** Super Phalène mit Ratier-Verstellpropeller der Serie 1175; Seitenflosse/Ruder wie bei der C.286/4 und C.280/6 (8 Flugzeuge)

**C.286/8:** Super Phalène mit etwas längerem Rumpf als bei der C.280/9; Seitenflosse/Ruder wie bei der C.286 (4 Flugzeuge)

**C.286/9:** Super Phalène mit etwas kürzerem Rumpf als bei der C.286/8 (1 Flugzeug)

**C.289/2:** angetrieben vom Sternmotor Hispano-Suiza 5Q mit 110 kW (150 PS); Zelle wie bei der C.286/9, abgesehen von dem der C.286 entsprechenden Seitenleitwerk/Ruder (1 Flugzeug)

**C.289/9:** Triebwerk wie bei der C.289/2; Seitenleitwerk/Ruder wie bei der C.280/6 (5 Flugzeuge)

**C.340 Micro Phalène:** miniaturisierte Phalène; einsitziges Leichtflugzeug mit einfach abgestütztem Tragwerk und 22 kW (30 PS) starkem Chaise 4D als Antrieb; Einzelexemplar, das nach Umrüstung auf den Chaise 4E mit 30 kW (40 PS) die Bezeichnung C.344 erhielt

**C.345 Phalène Junior:** ohne V-Stellung des Tragwerks und mit Motor Train 4T mit 30 kW (40 PS); ansonsten wie C.340 (nur 1 Prototyp fertiggestellt)

**C.400 Phalène:** aus der C.282/8 entwickelte Militärversion der Phalène; 40 für die Ausbildungsabteilungen der Armée de l'Air gebaute Flugzeuge mit den Seriennummern T.001 bis T.040; außer zur Schulung eignete sich das Muster auch für den Sanitäts-, Verbindungs- und Transportdienst; einige wurden später für die zivile Luftfahrt umgerüstet; nach dem Krieg modifizierte SCAN mehrere C.400 für Flugvereine, und etliche Maschinen flogen mit der Bezeichnung C.401 bis 1960; Antrieb durch Renault 4Pdi mit 88 kW (120 PS)

**C.410:** unterschied sich von der C.400 durch einen 103 kW (140 PS) starken Renault 4Pei, eine vordere Gepäckzelle und einen links an der Motorzelle montierten Lufteinlauf (11 Flugzeuge)

### TECHNISCHE DATEN
**Caudron C.282/8**

**Typ:** viersitziger Touren-Eindecker
**Triebwerk:** ein Reihenmotor Renault 4Pdi Bengali mit 107 kW (145 PS)
**Leistung:** Höchstgeschwindigkeit 185 km/h; normale Reisegeschwindigkeit 155 km/h; Dienstgipfelhöhe 4500 m; Reichweite 850 km
**Gewicht:** Leermasse 550 kg; max. Startmasse 1100 kg
**Abmessungen:** Spannweite 11,62 m; Länge 8,25 m; Höhe 2,05 m; Tragflügelfläche 25,35 m²

# Caudron C.440 Goéland

Die **Caudron C.440 Goéland** (Möwe), die Marcel Riffard als schnelles, wirtschaftliches und komfortables Verkehrsflugzeug für kleinere Passagiergruppen entwickelte, erschien im Jahre 1934 als freitragender Tiefdecker mit zwei Motoren. Die von Raymond Delmotte getestete Maschine bewies ihre Klasse durch die außerordentlich vorteilhafte Kombination von Wirtschaftlichkeit und ausgezeichneter aerodynamischer Qualität. Als eines der erfolgreichsten Muster ihrer Zeit wurde die **Goéland** in größerer Zahl als jede andere Verkehrsmaschine dieser Kategorie gebaut.

Der Zweiholmflügel war aus Fichtenholz konstruiert und mit Schichtholz beplankt. Neben den eingesetzten Querrudern nahmen Landeklappen die gesamte Hinterkante, einschließlich der Unterseite des Rumpfes, ein. Den hauptsächlich aus Holz konstruierten Rumpf hatte man ebenfalls mit Sperrholz abgedeckt, aber im Bug- und Rückenbereich eine mittragende Metallhaut eingesetzt. Auch das freitragende Leitwerk war eine Holzkonstruktion, mit Schichtholzbeplankung für die festmontierten Teile und Stoffbespannung für die Ruder. Die stromlinienförmig gestalteten Gondeln für die 162 kW (220 PS) starken Renault-Triebwerke Bengali 6 reckten sich vor und hinter die Tragflächen, und das Hauptfahrwerk, beidseitig mit einer Öl-Federschwinge ausgestattet, zog nach hinten in die Motorgondeln ein. Der Prototyp wies noch Beinklappen auf, die die Radschächte nach dem Einfahren verschlossen, aber die nächsten beiden Exemplare der **Caudron C.440** waren bereits mit zwei Schachtklappen an der Unterseite der Motorzellen ausgerüstet. Unter dem Heck war ein nicht einziehbares, aber lenkbares Rad montiert.

In der Grundauslegung als Passagierflugzeug hatte die **Goéland** eine komfortable Kabine für sechs Personen. Der Pilot und der zugleich als Bordfunker fungierende Kopilot saßen nebeneinander im Cockpit mit Doppelsteuer. Vorn und hinten gab es Gepäckzellen und im hinteren Kabinenbereich eine Toilette.

Die **Goéland** wurde in mehreren Versionen bis zum Zweiten Weltkrieg gefertigt. Das Hauptmodell war die **C.445**, die die Armée de l'Air als **C.445M** für vielfältige Aufgaben, einschließlich Verbindungs- und Ausbildungsdienst, übernahm. Auch die Aéronavale nutzte einige **C.445M**. Zu den zivilen Betreibern zählten Air France, Air Bleu und Régie Air Afrique. Air Bleu setzte eine **C.444** und mehrere **C.445** auf Nachtpoststrecken von Paris zur spanischen Grenze ein, und Régie Air Afrique beflog ihre Routen in Nordafrika mit diesem Typ. Andere **Goéland**-Maschinen beförderten Passagiere auf Linien in Französisch-Westafrika und auf Madagaskar. Im Export erreichte das Muster Jugoslawien, Bulgarien und Spanien. Die belgische Aéronautique Militaire beschaffte 1940 zwei **C.445M**.

Während des Zweiten Weltkriegs wurde die Produktion fortgeführt, und nach der Besetzung Frankreichs durch die Wehrmacht beschlagnahmten die Deutschen 44 **C.445** und zehn **C.445M**. Einige dieser Maschinen flogen auf Lufthansa-Strecken, andere bei der Luftwaffe. Große Stückzahlen der **C.445M** und **C.449** wurden für Deutschland bei Renault in Billancourt und im Caudron-Werk Issy-les-Moulineaux gebaut. Nach einem schweren Luftangriff der RAF auf das Billancourt-Werk im Jahre 1943 verringerte sich der Ausstoß dort auf ein Minimum. Die Deutschen nutzten die **Goéland** zur Piloten-, Funker- und Beobachterausbildung, für den Verbindungsdienst und wenige Exemplare mit verglastem Bug zur Schulung von Bombenschützen. Über die besondere Sanitätsversion **C.447** hinaus wurden einige weitere Maschinen zum Transport von Verwundeten verwendet.

Andere **Goéland** dienten dem Vichy-Regime, und eine unbestimmte Zahl war über die französischen Kolonien verstreut, die Mehrzahl in Nordafrika. Ab Juni des Jahres 1940 flogen mehrere Exemplare in Großbritannien.

1945 wurde Caudron verstaatlicht und als Ateliers Aéronautiques d'Issy-les-Moulineaux neu etabliert. Dort lief die Produktion der **C.445/M** und **C.449** als **AA.1** weiter. Nach dem Krieg gebaute **Goéland**-Maschinen blieben im Dienst der Air France. Anfang 1946 verfügte die Gesellschaft über 23 **C.445** und 19 **C.449**, die sie zwar eine Zeitlang auf französischen Nachtluftpoststrecken einsetzte, aber viele Jahre zur Ausbildung von Besatzungen nutzte. Zu den weiteren Zivilbetreibern zählten SABENA und die beiden französischen Gesellschaften Aigle Azur und CAT (Compagnie Air Transport). Bei der Armée de l'Air erfüllte das Muster mehrere Jahre lang ein breitgefächertes Aufgabenspektrum.

Die Gesamtproduktion der **Goéland** belief sich auf 1702 Exemplare. Eine Reihe früher Flugzeuge wurde später zu neuen Versionen umgerüstet. Die unten aufgeführten Varianten ergeben insgesamt 1446 Maschinen; die restlichen 256 **Goéland** ließen sich den Untertypen nicht eindeutig zuordnen.

**Varianten**

**C.440:** Prototyp und die beiden ersten Serienflugzeuge
**C.441:** zwei Renault 6Q-01-Motoren mit je 162 kW (220 PS); 3° V-Stellung der Außenflächen (4 Flugzeuge)
**C.444:** erste Version mit gegenläufigen Motoren/Propellern (Renault 6Q-00 und 6Q-01) zum Ausgleich des Drehmoments (17 Flugzeuge)
**C.445:** ähnlich der C.444, jedoch mit 4° V-Stellung der Flächen (114 C.445, 2 C.445/1 und 3 C.445/2) (40 Flugzeuge)
**C.445M:** militarisierte Version; Inneneinrichtung variierte der Rolle entsprechend (404 Flugzeuge)
**C.445R:** Langstreckenvariante mit zusätzlichen Kraftstofftanks in der Passagierkabine (1 Flugzeug)
**C.445/3:** eine der Hauptnachkriegsversionen mit gegenläufigen Renault 6Q-10 und 6Q-11 (510 Flugzeuge)
**C.446:** Super Goéland (1 Flugzeug)
**C.447:** Sanitätsflugzeug mit Vorrichtungen für vier Krankentragen und zusätzlichen Seitenfenstern (31 Flugzeuge)
**C.448:** Ladermotoren 6Q-02 und 6Q-03 mit je 177 kW (240 PS); maximales Abfluggewicht auf 3700 kg erhöht (7 Flugzeuge)
**C.449:** letztes Serienmodell (349 Flugzeuge wurden gefertigt, die meisten davon nach dem Krieg: 24 C.449 als Grundversion; 298 C.449/1, /2 und /3; und 27 C.449/4 und /5; die C.449/4 war eine Sonderanfertigung für Luftaufnahmen)

***Caudron C.440 Goéland mit dem Lothringer Kreuz des Freien Frankreich im Zweiten Weltkrieg.***

**TECHNISCHE DATEN**
**Caudron C.445M Goéland**

**Typ:** militärisches Transport- und Schulflugzeug
**Triebwerke:** zwei Reihenmotoren Renault 6Q-00/01 oder 08/09 Bengali 6 mit je 162 kW (220 PS)
**Leistung:** Höchstgeschwindigkeit 300 km/h in Meereshöhe; wirtschaftliche Marschgeschwindigkeit 261 km/h; Dienstgipfelhöhe 7000 m; Reichweite 1000 km
**Gewicht:** Rüstmasse 2292 kg; max. Startmasse 3500 kg
**Abmessungen:** Spannweite 17,59 m; Länge 13,68 m; Höhe 3,40 m; Tragflügelfläche 42 m²

# Caudron C.600 Aiglon

Der leichte Touren-Eindecker **Caudron C.600 Aiglon** (Jungadler) war das Werk des überragenden französischen Flugzeugkonstrukteurs der dreißiger Jahre, Marcel Riffard. Er hatte die Konstruktionsabteilung nach dem Zusammenschluß von Caudron und Renault Ende 1933 übernommen.

Im März 1935 absolvierte der erste von zwei Prototypen seinen Jungfernflug in Issy-les-Moulineaux. Der freitragende Tiefdecker mit offenen Tandem-Cockpits zeichnete sich durch eine hervorragende Aerodynamik aus, die allen Riffard-Mustern gemein war. Bei einer Reihe von Leistungsflügen stellte die **Aiglon** ihre Qualitäten unter Beweis. Zwischen dem 12. und 16. Dezember 1935 flog André Japy eine einsitzige **C.610** mit einer durchschnittlichen Geschwindigkeit von 128 km/h von Paris nach Saigon. Bei den französischen Pilotinnen erfreute sich das Muster großer Beliebtheit: Mesdames Dupeyron und Lion stellten mit einer **Aiglon** 1937 und 1938 neue Streckenweltrekorde für Frauen auf, und Suzanne Kohn führte ihre **Aiglon** im Jahre 1939 von Frankreich nach Madagaskar.

Das Muster war eine reine Holzkonstruktion, abgesehen von den stoffbezogenen Leitwerksrudern. Die Tiefdeckerflächen enthielten weitgespannte Landeklappen. Das nicht einziehbare Spornradfahrwerk hatte Öl-Luft-Federbeine, Differentialbremsen und Radgehäuse zur Minderung des Luftwiderstands. Vor dem Mitflieger-Frontcockpit waren zwei Gepäckzellen eingerichtet. Beim Seitenleitwerk/Ruder kamen insgesamt drei Variationen zur Anwendung.

Insgesamt 203 **Aiglon** wurden produziert, einige davon mit einer durchgehenden Glashaube über beiden Kanzeln. Besonders beliebt war dieses Muster bei französischen Privatpiloten und Fliegerclubs, aber etliche Maschinen gingen auch ins Ausland, nach Spanien (14), Argentinien (2) und Japan (1). Nach dem Kriegsausbruch im Herbst 1939 requirierte die französische Regierung viele **Aiglon** als Verbindungsflugzeuge für die Armée de l'Air. Von der Grundversion **C.600** wurden 178 Flugzeuge gefertigt, alle vom Renault 4Pgi Bengali Junior mit 74 kW (100 PS) angetrieben.

**Varianten**

**C.600G:** Antrieb durch einen de Havilland Gipsy Major mit Ratier-Metallpropeller (5 Flugzeuge)
**C.601 Aiglon Senior:** Version mit dem stärkeren Renault-Motor 4Pei mit 103 kW (140 PS) (18 Flugzeuge)
**C.610:** einsitzige Langstreckenversion mit erhöhter Kraftstoffkapazität (2 Flugzeuge, F-ANSI und F-ANSK)

***Den Hauptunterschied zwischen den Versionen C.600 und C.601 des Leichtflugzeugs Aiglon machte das Triebwerk aus. Erstere (im Bild) verfügte nur über 74 kW (100 PS), letztere über 103 kW (140 PS). Beide Versionen wurden sowohl mit offenen wie geschlossenen Cockpits produziert. Privatpiloten und Fliegerclubs mußten viele der 200 vor dem Krieg gebauten Maschinen an die Armée de l'Air abtreten, die sie für den Kurier- und Verbindungsdienst benötigte.***

**TECHNISCHE DATEN**
**Caudron C.600**

**Typ:** zweisitziger Touren-Eindecker
**Triebwerk:** ein Reihenmotor Renault 4Pgi Bengali Junior mit 74 kW (100 PS)
**Leistung:** Höchstgeschwindigkeit 220 km/h in Meereshöhe; Reisegeschwindigkeit 190 km/h; Dienstgipfelhöhe 4000 m; Reichweite 700 km
**Gewicht:** Leermasse 560 kg; max. Startmasse 880 kg
**Abmessungen:** Spannweite 11,38 m; Länge 7,64 m; Höhe 2,89 m; Tragflügelfläche 14,51 m²

# Caudron C.630 Simoun

Der hervorragende Kabinen-Eindecker **Caudron C.630 Simoun** (Sandsturm) der dreißiger Jahre war äußerst komfortabel mit vier Sitzen ausgelegt und sehr verläßlich. Er hatte technische Merkmale, die Marcel Riffard für die Rennserie Coupe Deutsche de la Meurthe entwickelt hatte.

Die Versuchsflugzeuge **C.500 Simoun IV** und **C.620 Simoun VI** wurden 1934 beim Pariser Salon de l'Aéronautique vorgestellt. Die **C.620** war für den Wettbewerb „Challenge Internationale de Tourisme" vorgesehen, und ihre bequemen Einzelsessel, die breite Frontscheibe und die drei großen Kabinenfenster pro Seite gefielen den Besuchern besser als die herkömmliche Auslegung der C.500. Die **Simoun** mit ihrem neuen Sechszylinder-Renault-Motor hatte offensichtlich gute Absatzchancen, und nach einer einzelnen C.520 und zwei C.620 einer Langstreckenversion mit zusätzlichen Tanks in der Kabine erschien als nächste Serienversion die **C.630**.

Die **C.630** war ein eleganter freitragender Tiefdecker in Holzbauweise. Ihre mit Schichtholz und Stoff abgedeckten Flächen enthielten Klappen, die nach den Querrudern die gesamte Hinterkante einnahmen. Der flachseitige Rumpf war oben und unten mit sorgfältig nach aerodynamischen Grundsätzen geformten Leichtmetallblechen beplankt. Das starre Spornrad-Fahrwerk hatte Öl-Luft-Stoßdämpfer, und die Federbeine, die Haupträder sowie das freibewegliche Heckrad waren windschnittig verkleidet. Differentialbremsen gehörten zur Standardausstattung.

Der Prototyp **C.620**, angetrieben von einem Renault Bengali 6Pfi mit 125 kW (170 PS), flog erstmals im Oktober 1934. Schon Mitte 1935 begann die Auslieferung der Serienflugzeuge **C.630** mit einem Renault 6Pri (oder 6Q-07), dessen Leistung von 132 kW (180 PS) ein verstellbarer Ratier-Metallpropeller umsetzte. Es folgten Privatbestellungen über 70 Flugzeuge. In der kommerziellen Luftfahrt bildeten zwölf C.630 die Grundlage bei der Eröffnung des ersten planmäßigen Luftpostdienstes Frankreichs. Air Bleu, die Luftposttochter

***Der mächtige Rumpf der Simoun gestattete eine großzügige Unterbringung von vier Passagieren und den Transport von viel Gepäck.***

von Air France, betrieb ihre Maschinen in einem schicken Hellblau mit Silberpfeil an den Rumpfseiten. Der erste Flug der Air Bleu von ihrem Sitz in Le Bourget aus fand am 10. Juli 1935 statt. Nach einer leicht konfusen Aufbauphase wurde von Juni 1937 bis Mai 1939 ein kompliziert geknüpftes Luftpoststreckennetz innerhalb Frankreichs betrieben. Während dieser Zeit beförderten die Maschinen über 45 Millionen Briefe mit bisher unerreichter 95prozentiger Regelmäßigkeit. Andere **Simoun** beflogen Poststrecken auf Madagaskar.

Es folgten etliche Varianten, aber nur die **C.635** mit einem 6Q-09 oder 6Q-15 Bengali-Motor à 162 kW (220 PS) erreichte die Serienfertigung. Fünf Maschinen dieses Typs, in roter Livrée, erhielt die französische Ministerstaffel. 1935/36 erteilten die französischen Streitkräfte erste Aufträge für die militärische Version **C.635M**: 110 Exemplare für die Armée de l'Air und 29 Maschinen für die Aéronavale. Weitere Aufträge des Militärs folgten, und die Simoun erfüllte ein breites Aufgabenspektrum als Verbindungsflugzeug, Transportmaschine für Generalstäbler und Ausbildungsgerät für Fortgeschrittene und Navigatoren. Beim Ausbruch des Zweiten Weltkriegs wurden 60 zivile **Simoun** von der Armée de l'Air für die hastig aufgestellten Sections d'Avions Estafettes (Luftkurierabteilungen) und Sections d'Avions Sanitaires (Sanitätsflugabteilungen) eingezogen. Von 103 Maschinen, die den Deutschen im November 1942 bei der Übernahme der unbesetzten Zone Frankreichs von der Vichy-Regierung in die Hände fielen, dienten 65 für den Verbindungs- und Ausbildungsdienst. Zahlreiche **Simoun** flogen bei den französischen Luftstreitkräften in Nordafrika, erlitten aber hohe Verluste.

Viele namhafte französische Piloten der dreißiger Jahre unternahmen Langstreckenrekordversuche mit der **Simoun**. Von Erfolg gekrönt waren Génin und Robert, die am 18. Dezember 1935 mit einer **C.635** (F-ANMA, „Gody Radio") in Le Bourget starteten, um eine Distanz von 8665 km zurückzulegen und 57 Stunden und 36 Minuten später in Antananarivo auf Madagaskar zu landen. Am 12. Dezember 1936 hob Marie Bastié mit ihrer **C.635** „Jean Mermoz" in Orly zu einem Alleinflug ab, erreichte am 19. Dezember Dakar in Westafrika und überquerte anschließend den Südatlantik nach Natal in Brasilien: eine Entfernung von 3100 km bei einer Durchschnittsgeschwindigkeit von 264 km/h. Damit hatte sie den bislang von Jean Batten aus Neuseeland gehaltenen Rekord gebrochen. Bei einem anderen Soloflug erreichte Maryse Hilsz von Frankreich aus Saigon nach weniger als vier Tagen.

Andere, weitaus berühmtere Flieger waren weniger erfolgreich. Beim zweiten Versuch, von Paris nach Tokio zu fliegen, mußten Marcel Doret und sein Partner Micheletti in Japan notlanden und erlitten schwere Verletzungen. Das Vorhaben des weltbekannten Piloten und Schriftstellers Antoine de Saint Exupéry im Jahre 1937, von New York nach Tierra del Fuego zu fliegen, scheiterte an einem Startunfall in Guatemala City, bei dem auch er schwer verletzt wurde.

Nach dem Krieg gab es noch zahlreiche flugtüchtige **Simoun**, und eine von ihnen nahm, leider nur am Boden, an der Verfilmung des Romans „Der Kleine Prinz" von Antoine de Saint Exupéry teil.

**Varianten**

**C.630:** erste Serienversion mit dem 132 kW (180 PS) starken Motor Renault Bengali 6Pri (20 Flugzeuge)
**C.631:** Antrieb durch einen Bengali 6Q-01 mit 162 kW (220 PS) (3 Flugzeuge)
**C.632:** modifizierter Rumpf und Bengali 6Q-07 (6 Flugzeuge)
**C.634:** modifiziertes Tragwerk, erhöhtes Abfluggewicht und Bengali 6Q-01 oder 6Q-09 (3 Flugzeuge)
**C.635:** verbesserte Kabinenauslegung und Bengali 6Q-01 oder 6Q-09 (46 neugebaute Flugzeuge und etliche frühere, auf den Standard C.635 umgerüstete Simoun)
**C.635M:** C.635 mit militärischer Ausrüstung, kleineren Änderungen und Bengali 6Q-09 oder 6Q-15 (489 Flugzeuge)

**TECHNISCHE DATEN**
**Caudron C.635M Simoun**

**Typ:** viersitziges militärisches Verbindungs-, Transport- und Ausbildungsflugzeug
**Triebwerk:** ein Reihenmotor Renault Bengali 6Q-09 mit 162 kW (220 PS)
**Leistung:** Höchstgeschwindigkeit 300 km/h in Meereshöhe; wirtschaftliche Marschgeschwindigkeit 260 km/h; Dienstgipfelhöhe 6000 m; Reichweite 1500 km
**Gewicht:** Rüstmasse 755 kg; max. Startmasse 1380 kg
**Abmessungen:** Spannweite 10,40 m; Länge 9,10 m; Höhe 2,30 m; Tragflügelfläche 16 m²

# Caudron C.640 Typhon

Konzeptionell verdankte die **Caudron C.640 Typhon** viel der britischen de Havilland D.H.88 Comet, die für die Rennen von England nach Australien berühmt war, und angeregt hatte sie der französische Langstrecken-Postfliegerpionier Jean Mermoz. Für den Entwurf des Hochgeschwindigkeits-Luftpostflugzeugs **C.640** aber zeichneten Georges Otfinovsky und Marcel Riffard verantwortlich.

Von Raymond Delmotte geflogen, gab die **C.640** im Juni 1935 ihren Einstand. Der zweimotorige freitragende Tiefdecker in Holzbauweise hatte kurzsehnige, außen eingesetzte Querruder und Spaltklappen an der Hinterkante, Trimmklappen an allen Steuerflächen und ein im Flug verstellbares Höhenleitwerk. Das Hauptfahrwerk zog komplett nach hinten in Motorgondeln ein, die sorgfältig in die Unterseite der Tragflächen eingebunden waren. Die geschlossene Besatzungskabine nahm zwei Personen hintereinander auf und war mit Doppelsteuer und Funkgeräten ausgestattet. Sieben **C.640** wurden konstruiert, die vierte und die siebte Maschine mit erweiterter Seitenflosse und Ruder. Die **Typhon** stellte einen neuen Geschwindigkeitsrekord über 5000 km auf und nahm im August 1937 an dem prestigeträchtigen Luftrennen Istres–Damaskus–Paris teil. Im Postdienst erwies sich das Muster als nicht sonderlich erfolgreich, da die biegsamen

***Caudron C.640 Typhon Nr. 5 Louis Blériot***

Tragflächen gefährliche Flatterschwingungen verursachten.

**Varianten**

**C.641:** Zwei Exemplare dieser einsitzigen Rekordversion der C.640 wurden gebaut; der Pilot saß unter einem erhöhten Kabinendach, wie es später viele Jagdflugzeuge gegen Ende des Zweiten Weltkriegs erhielten; die nahezu verdoppelte Kraftstoffkapazität sorgte für eine Reichweite von mehr als 6700 km; die zweite C.641 wurde nach Rumänien verkauft
**C.670:** Prototyp eines zweimotorigen Schnellbombers oder „avion de représailles" im Sprachgebrauch dieser Zeit; Erstflug im März 1937; dreiköpfige Besatzung in Gestalt eines Bombenschützen im Bug und des Piloten sowie des Bordschützen unter einer Haube im Stil eines Jägers; die vorgesehene Bewaffnung umfaßte zwei 20-mm-Kanonen, ein 7,5-mm-Maschinengewehr und zwei 100-kg- oder 250-kg-Bomben, je nach Zielentfernung; die Flugleistungen stimmten in etwa mit denen der C.640 überein, bei etwas größeren Abmessungen und höheren Betriebsmassen; vorübergehende Dienstbezeichnung FW-006, aber bald aufgegeben

**TECHNISCHE DATEN**
**Caudron C.640 Typhon**

**Typ:** sehr schnelles Langstrecken-Postflugzeug
**Triebwerke:** zwei Reihenmotoren Renault 6Q mit je 162 kW (220 PS)
**Leistung:** Höchstgeschwindigkeit 400 km/h; Reisegeschwindigkeit 370 km/h; Dienstgipfelhöhe 7000 m; Reichweite 3725 km
**Gewicht:** Rüstmasse 1630 kg; max. Startmasse 3400 kg
**Abmessungen:** Spannweite 11,50 m; Länge 10,95 m; Höhe 3 m; Tragflügelfläche 28 m²

# Caudron C.690M

Die **Caudron C.690**, die zur Pilotenschulung für Jagdeinsitzer bestimmt war, wies die Grundzüge der leichten, freitragenden Tiefdecker-Rennflugzeuge in Holzbauweise von Marcel Riffard auf. Mit ihrer großen rundlichen Seitenflosse und dem starren Hauptfahrwerk, freitragend konstruiert und mit Radverkleidungen versehen, ähnelte das Muster der früheren C.720, wurde aber mit einem Renault-Motor 6Q-03 à 162 kW (220 PS) anstelle des Bengali Sport mit nur 103 kW (140 PS) ausgerüstet und war schwerer als die C.720. Der erste Prototyp flog Anfang 1936, und der zweite folgte am 18. Februar 1936. Letzteren führte der Flugdirektor der Firma Caudron, Christian Sarton du Jonchay, im Ausland vor, darunter in Jugoslawien, Österreich, Ungarn und Rumänien. Kurze Zeit später wurde die erste **C.690** japanischen, sowjetischen und amerikanischen Kommissionen vorgestellt. Dies führte zum Kauf je eines **Caudron**-Einsitzers durch die Sowjetunion und Japan, doch die genaue Typenbezeichnung ist nicht bekannt. Man nimmt an, daß es sich grundsätzlich um **C.690** handelte, möglicherweise mit einem eckigeren Höhenleitwerk, wie es die frühere Versuchsmaschine C.580 hatte.

Bei der offiziellen Flugerprobung in Villacoublay am 10. Mai 1937 stürzte der erste Prototyp ab, und der leitende **Caudron**-Testpilot René Paulhan kam ums Leben. Trotz dieses Unfalls hielt das Interesse an, so daß das Muster für die Armée de l'Air in Serie ging. Diese Flugzeuge unterschieden sich von den Versuchsmaschinen durch die Dreiecksform des Seitenleitwerks, längere Fahrwerksbeine und starre Luftschlitze in der Nasenkante. Die Serienfertigung kam nur schleppend voran, so daß die **C.690M** erst Anfang April 1939 für Testflüge bereitstand. Diese Militärflugzeuge waren unbewaffnet, aber mit einer OPL-Schießkamera ausgerüstet. Bis Ende Mai wurden 15 Maschinen geliefert und den CIC (Centres d'Instruction à la Chasse – Jagdschulungszentren) in Salon, Dijon und Etampes zugeführt. Nach dem Zusammenbruch Frankreichs im Juni 1940 war keine dieser Maschinen mehr flugtauglich. Ein Exemplar **(C.690 Nr. 9)** konnten die Franzosen jedoch vor der Besatzungsmacht verstecken. Es wurde nach dem Krieg restauriert und konnte sich am 12. April 1945 wieder in die Luft schwingen. Nach einer Reparatur hat sich seine Spur jedoch verloren.

***Die Caudron C.690 diente zur Einweisung der Jagdpiloten in die Flug- und Steuereigenschaften schneller Eindecker. Sie erwies sich als überaus nützlich, zumal sie erheblich weniger kostete als vergleichbare andere Muster.***

### TECHNISCHE DATEN
**Caudron C690M**

**Typ:** einsitziges Schulflugzeug für Jagdpiloten
**Triebwerk:** ein Reihenmotor Renault 6Q-05 mit 162 kW (220 PS)
**Leistung:** Höchstgeschwindigkeit 370 km/h in 2000 m Höhe; wirtschaftliche Marschgeschwindigkeit 320 km/h; Dienstgipfelhöhe 9700 m; Steigzeit auf 1000 m Höhe 1,5 Minuten; Reichweite 1100 km
**Gewicht:** Rüstmasse 672 kg; max. Startmasse 1050 kg
**Abmessungen:** Spannweite 7,70 m; Länge 7,82 m; Höhe 2,60 m; Tragflügelfläche 90 m²

# Caudron C.714 Cyclone

***Caudron C.714 Cyclone der Groupe de Chasse Polonaise (GC I/145) der französischen Luftstreitkräfte, im Mai 1940 in Lyon-Bron stationiert.***

Marcel Riffard trat 1932 als Chefkonstrukteur in die französische Firma Société Anonyme des Avions Caudron ein. In den nächsten vier Jahren wurde er durch seine schnittigen Rennflugzeuge bekannt, die den Wettbewerb Coupe Deutsch de la Meurthe dreimal in Folge (1934, 1935 und 1936) gewannen. Die hervorragende Qualität dieses Grundentwurfs regte die Firma an, ein leichtes Jagdflugzeug zu entwickeln. Dabei profitierte man von den Erfahrungen, die man bei der Konstruktion und Entwicklung dieser siegreichen Rennflugzeuge gewonnen hatte. Dies führte schließlich zum Prototyp Caudron C.710, der am 18. Juli 1936 erstmals flog.

Trotz der geringen Größe und des niedrigen Gewichts zeigte die C.710 rasch, daß sich eine Weiterentwicklung lohnte. Selbst mit starrem Fahrwerk und einer Bewaffnung von zwei 20-mm-Kanonen würde der Renault-Motor 12Ro1 mit 331 kW (450 PS) diesem Flugzeug eine Spitzengeschwindigkeit vermitteln, die mancher zeitgenössische Jäger nicht vorweisen konnte. Daraus ergab sich die C.713 Cyclone, die erstmals im Dezember 1937 flog. In Grundentwurf und Antrieb stimmte sie mit dem Vorgänger überein, hatte aber ein einziehbares Spornrad-Fahrwerk und ein überarbeitetes Seitenleitwerk. Den Schluß dieser Entwurfsreihe bildete der Prototyp

***Prototyp des Leichtjägers Caudron C.714 war für sein Lei-***

***Die C.760 gehörte zu den letzten Repräsentanten des Leichtjägerkonzepts aus dem Zweiten Weltkrieg.***

**C.714.01**, dessen Erstflug im Sommer 1938 stattfand. Der Hauptunterschied bestand in einer teilweise verstärkten Zelle und im verbesserten Tragflächenprofil.

Die Werkserprobung dieses Typs bestätigte die von Riffard berechneten Leistungswerte, und im September wurde die Maschine dem CEMA zur Prüfung übergeben. Im November erging ein Auftrag über 100 **C.714**-Serienjäger, die mit vier 7,5-mm-Maschinengewehren in den Flächen bewaffnet werden sollten. Der freitragende Tiefdecker **C.714** war vollständig aus Holz konstruiert, die Kontrollflächen aus Leichtmetall mit Stoffbespannung ausgenommen. Das dünne Tragflächenprofil verwehrte den üblichen Einbau der Maschinengewehre innerhalb der Struktur, so daß man widerstandsarme Behälter für ein Maschinengewehrpaar entwickelte und je einen unter die Flächen montierte.

Die Produktion lief im Sommer 1939 an, und 50 der für die Armée de l'Air vorgesehenen Leichtjäger wurden zur Unterstützung Finnlands abgezweigt. Dort trafen bis März 1940 allerdings nur sechs Maschinen ein, und man nimmt an, daß die übrigen unterwegs verlorengingen. Rund 40 **C.714** gingen vermutlich an die französischen Luftstreitkräfte, die nach 90 Exemplaren die Fertigung einstellen ließen, da sie mit der Steigleistung nicht zufrieden waren. Die Maschinen rüsteten eine rein polnische Staffel aus, die die „Warschauer Gruppe" (GC I/145) genannt wurde und im Zeitraum vom 2. bis 13. Juni 1940 Kampfeinsätze gegen die Deutschen flog. Nach dem Zusammenbruch Frankreichs nutzten die Vichy-Luftstreitkräfte eine kleine Zahl **Cyclone**, und etwa 20 **C.714** konfiszierte die deutsche Luftwaffe.

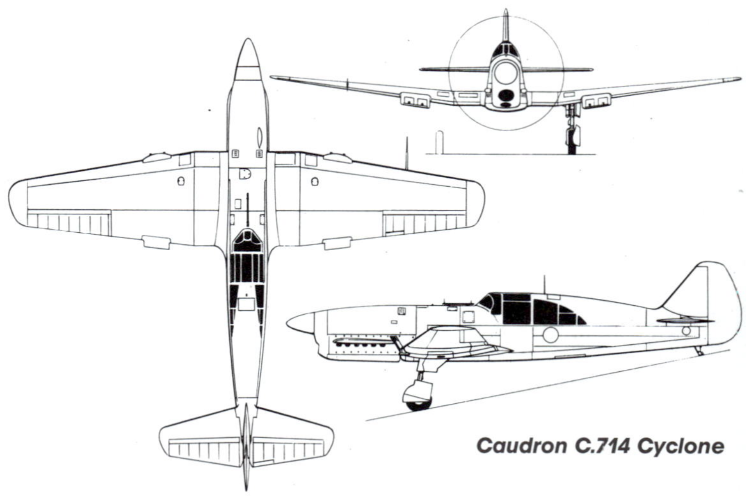

***Caudron C.714 Cyclone***

**Varianten**

**C.720:** Trainerversion der C.714, angetrieben von einem Renault Bengali 6Q mit 162 kW (220 PS) oder einem Renault 4Pei mit 74 kW (100 PS)

**C.760:** Prototyp mit einem 552 kW (750 PS) starken Sternmotor Isotta-Fraschini Delta RC 40

**C.770:** Prototyp mit einem Renault 626 à 589 kW (800 PS)

### TECHNISCHE DATEN
**Caudron C.714 Cyclone**

**Typ:** einsitziger Leichtjäger
**Triebwerk:** ein Reihenmotor Renault 12Ro1 mit 331 kW (450 PS)
**Leistung:** Höchstgeschwindigkeit 485 km/h in 4000 m Höhe; Marschgeschwindigkeit 320 km/h; Dienstgipfelhöhe 9100 m; Reichweite 900 km
**Gewicht:** Leermasse 1400 kg; max. Startmasse 1750 kg
**Abmessungen:** Spannweite 8,97 m; Länge 8,53 m; Höhe 2,87 m; Tragflügelfläche 12,50 m²
**Bewaffnung:** vier vorwärtsfeuernde 7,5-mm-Maschinengewehre

# Cavalier Mustang bis Cessna Modell 177/Cardinal/Cardinal Classic/Cardinal RG

**Die Cavalier Aircraft Corporation entstand Ende der 60er Jahre als Ableger der Trans-Florida Aviation zum Zwecke der Renovierung und Konvertierung von Mustang-Jägern für Drittweltländer. 1925 gründeten Clyde V. Cessna, Walter Beech und Lloyd Stearman die Travel Air Manufacturing Corporation als erstes Stadium der späteren Cessna Aircraft Company.**

## Cavalier Mustang

In den sechziger Jahren erreichte die in Saratoga, Florida, ansässige Cavalier Aircraft Corporation, die Nachfolgefirma der Trans-Florida Aviation, die Musterzulassung für die North American F-51 Mustang. Aus diesem Entwurf entwickelte Cavalier ein zweisitziges Sport- und Geschäftsreiseflugzeug und vermarktete diese Neuausgabe der F-51 als **Cavalier 2000**. Über die reine Veredelung der Mustang von der militärischen zur zivilen Maschine hinaus gewann die **Cavalier 2000** zwei Zusatztanks an den Flächenenden hinzu. Für den Antrieb sorgte ein Rolls-Royce Merlin V-1650-7 von Packard mit einer Leistung von 1189 kW (1617 PS).

Wichtiger aber war ein Auftrag der US Air Force an Cavalier, eine Version der **F-51D Mustang** für Luftstreitkräfte im Ausland zu fertigen, die Militärhilfe von den Vereinigten Staaten bezogen. Daraus ergab sich ein völlig neues Bauprogramm, bei dem Flugzeuge aus neu gefertigten und eingelagerten Baugruppen montiert wurden. Gleichzeitig flossen zahlreiche neuzeitliche Merkmale in das Muster ein, vor allem hinsichtlich Bewaffnung und Avionik. Als dieses Programm gesichert war, entwickelte Cavalier 1967/68 auf eigenes Risiko die Version **Mustang II** zur Aufstandsbekämpfung (COIN – COunter-INsurgence). Die verstärkte Zelle und der Einbau eines stärkeren Merlin-Triebwerks ermöglichten ein höheres Abfluggewicht und eine schwerere Waffenlast.

In dieser Phase beschloß die Firma, sowohl die **F-51D Mustang** als auch die **Mustang II** durch eine moderne Turboprop-Version aufzuwerten. Ein Prototyp mit der Bezeichnung Turbo **Mustang III** erhielt als Antrieb eine Propellerturbine vom Typ Rolls-Royce RDa.6 Dart Mk 510, deren Abmessungen eine längere Motorzelle erforderten. Die Entwicklung wurde mit dem Einbau eines Turboprop-Triebwerks Avco Lycoming T55-L-9 fortgeführt, das in die Standardmotorzelle paßte. Zu den Entwurfsmerkmalen dieses neuen Flugzeugs zählten Panzerschutz im Bereich von Cockpit und Motor, mit netzförmigem Schaumstoff gefüllte Tanks zur Brandverhütung durch Geschosse und der geplante Einbau eines Zero/Zero-Schleudersitzes für den Piloten.

In diesem Entwicklungsstadium erwarb die Piper Aircraft Corporation das Programm und flog den Prototyp mit der Lycoming-Propellerturbine erstmals am 29. April 1971. Im September 1981 erhielt das Unternehmen einen Auftrag der USAF, der die Konstruktion, Entwicklung und Erprobung eines turbinengetriebenen Leichtflugzeugs für Luftnahunterstützung auf der Basis der P-51 abdeckte. Unter der Bezeichnung **PA-48 Enforcer** wurden zwei Prototypen mit T55-L-9-Antrieb gebaut, die im wesentlichen eine verbesserte Ausgabe der **Turbo Mustang** darstellten. An den Jungfernflug der ersten Versuchsmaschine am 9. April 1983 schloß sich eine umfassende Erprobung an, die im August 1984 abgeschlossen war. Sie ergab jedoch keine weitere Förderung des Projekts, und die beiden Prototypen wurden auf dem Luftwaffenstützpunkt Davis-Monthan eingelagert.

### TECHNISCHE DATEN
**Cavalier Turbo Mustang III**

**Typ:** einsitziges Jagdflugzeug für Nahunterstützung
**Triebwerk:** eine Propellerturbine Rolls-Royce RDa.6 Dart Mk 510 mit 1298 äkW (1765 äPS)
**Leistung:** max. Marschgeschwindigkeit 869 km/h; Überführungsreichweite 3700 km
**Gewicht:** Rüstmasse 3037 kg; max. Startmasse 6350 kg
**Abmessungen:** Spannweite 12,60 m; Länge 10,41 m; Höhe 2,67 m; Tragflügelfläche 22,76 m²
**Bewaffnung:** sechs 12,7-mm-Maschinengewehre, Browning M2 oder M3, und bis zu 2268 kg Außenlasten (Bomben, Kleinbombenwerfer, Brandbomben, Kanonenbehälter, Granatwerfer und Raketenbehälter) an sechs Stationen

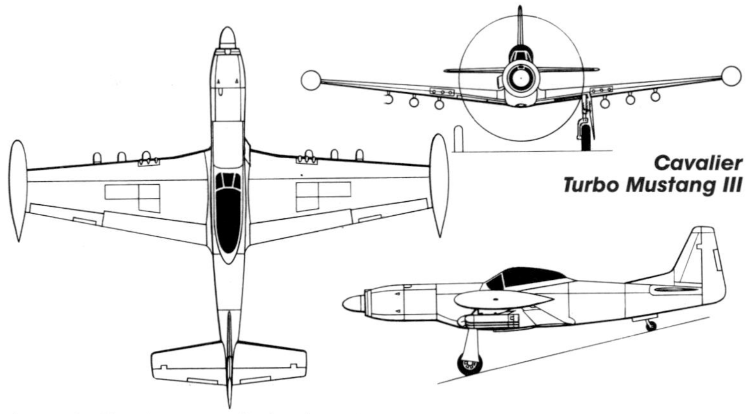

***Cavalier Turbo Mustang III***

***Rechts: Die Cavalier 2000 war eine modernisierte Mustang mit dem Kabinendach der TP-51D, das die Unterbringung eines Passagiers ermöglichte.***

***Die Turbo Mustang III hatte eine Dart-Propellerturbine von Rolls-Royce, die eine Überarbeitung der Flugzeugnase erforderte.***

## Cessna – Frühmodelle

1911 baute Clyde V. Cessna sein erstes Flugzeug, einen Eindecker im Blériot-Stil mit einem 45 kW (61 PS) starken Elbridge-Motor. Im Februar 1925 gründete er gemeinsam mit Walter Beech und Lloyd Stearman die Travel Air Manufacturing Company. Cessna schied jedoch bald wieder aus und tat sich mit Victor Roos zusammen, um im September 1927 die Cessna-Roos Aircraft Company zu gründen. Als Roos die Firma im Dezember 1927 verließ, wurde diese zur Cessna Aircraft Company Inc.

Als erster Cessna-Entwurf erreichte die **Cessna Modell A** die Serienfertigung. Das viersitzige Muster in gemischter Holz- und Stahlrohrbauweise mit Stoffbespannung entstand in mehreren Versionen mit unterschiedlichen Flugmotoren: In **Modell AA** (14 Flugzeuge) wurde ein Anzani mit 88 kW (120 PS) eingebaut, in **Modell AC** (1 Flugzeug) ein Comet mit 97 kW (132 PS), in **Modell AF** (3 Flugzeuge) ein Floco/Axelson mit 110 kW (150 PS), in **Modell AS** (4 Flugzeuge) ein Siemens-Halske mit 92 kW (125 PS) und in **Modell AW** (48 Flugzeuge) ein Warner Scarab mit 93 kW (126 PS). Von einer dreisitzigen Version, die die Bezeichnung **Modell BW** erhielt, wurden insgesamt 13 Exemplare mit dem Sternmotor Wright J-5 à 164 kW (223 PS) gefertigt.

Im November 1928 flog die **CW-6.** Der vom Sternmotor Wright Whirlwind J-5 mit 164 kW (223 PS) angetriebene Sechssitzer erschien 1929 auf der Auto Show in Wichita. Eine viersitzige Version, die **Modell DC-6** mit einem Curtiss Challenger à 127 kW (173 PS), rollte im Februar 1929 aus der Werkshalle. Die Serienfertigung erfolgte in zwei Ausführungen, als **DC-6A** und **DC-6B**, angetrieben von einem Wright R-985 Whirlwind mit 224 kW (305 PS) bzw. einem Wright J-6 mit 168 kW (228 PS). Beide Versionen erhielten im September 1929 das

***Den schwächsten Antrieb der A-Serie hatte die Version AA mit dem Anzani-Sternmotor, der 88 kW (120 PS) erzeugte.***

***Die AW war die vom Warner Scarab angetriebene Version des Modell A, erstes Produkt unter dem heutigen Firmennamen.***

***Aus der Modell A und ihren Abkömmlingen ging die leistungsstärkere Modell BW für vier Personen hervor.***

***Die Modell DC-6A unterschied sich von der DC-6B nur durch den Motortyp. Dies ist eine vom Wright J-6 angetriebene DC-6B.***

***Ein Leichtflugzeug mit sehr sauberer Linienführung war die Modell 34, ein Vorläufer der modernen einmotorigen Cessna.***

***Die Modell C-37 unterschied sich von der C-34 durch eine breitere Kabine und durch die Einführung von Landeklappen.***

***Die Modelle C-145 und C-165 Airmaster hatten Warner-Super-Scarab-Sternmotoren mit unterschiedlicher Nennleistung.***

Lufttüchtigkeitszeugnis. Die Wirtschaftskrise nach dem Zusammenbruch der Börse in New York begrenzte die Produktion beider Modelle auf je zwei Dutzend Flugzeuge, von denen die USAAF 1942 einige Exemplare einzog und als **UC-77** und **UC-77A** verwendete. Um den Betrieb aufrechtzuerhalten, verlegte sich Cessna auf die Konstruktion und Vermarktung des Anfängersegelflugzeugs **CG-2**. Sein Sohn, Eldon Cessna, konstruierte die einsitzige **EC-1** mit einem Cleone-Kleinmotor à 19 kW (25 PS) und die zweisitzige **EC-2** mit einem 22 kW (25 PS) starken Triebwerk E-107A. Beide Muster sollten der wirtschaftlichen Notlage als preisgünstige Flugzeuge Rechnung tragen. Aber nur das Segelflugzeug erreichte die Serienfertigung, bevor die Firma den Betrieb im Januar 1934 einstellen mußte.

Im Juni 1935 absolvierte der Prototyp **Modell C-34** seinen Jungfernflug mit George Harte als Pilot. Der von einem Warner Super Scarab mit 108 kW (147 PS) angetriebene Viersitzer bewies seine aerodynamische Qualität, indem er eine Spitzengeschwindigkeit von 261 km/h im Vergleich zu den 238 km/h der viel stärker motorisierten DC-6B erreichte. Insgesamt 42 Maschinen wurden produziert, von denen die USAAF zwei Exemplare als **UC-77B** requirierte. Die **Modell C-37**, 1937 eingeführt, wies einige Verbesserungen in der Inneneinrichtung der Kabine auf, die man um 12,7 cm verbreitert hatte. Zudem war das Flugzeug mit einem elektrisch betätigten Landeklappensystem ausgestattet. Von insgesamt 46 gebauten **C-37** nutzte die USAAF ein requiriertes Exemplar als **UC-77C**. **Modell C-38** von 1938 enthielt wiederum einige Verfeinerungen, und ein Teil der bislang wahlweise angebotenen Ausstattung war in den Standard eingegangen. Zu den Änderungen der Zelle gehörten ein breitspurigeres Fahrgestell und eine große Klappe unter dem Rumpf, die als Luftbremse zur Verringerung der Geschwindigkeit beim Landeanflug diente. Die letzten viersitzigen Cessna-Vorkriegsmodelle waren die **C-145** und **C-165 Airmaster**. Bei Einstellung ihrer Produktion im Jahre 1941 hatte Cessna 42 **C-145**, 34 **C-165** und drei **C-165D** ausgeliefert, die von einem Warner Super Scarab mit 108 kW (147 PS), 123 kW (165 HP/167 PS) und 130 kW (177 PS) angetrieben wurden.

**TECHNISCHE DATEN**
**Cessna Modell C-38**

**Typ:** viersitziges Reiseflugzeug
**Triebwerk:** ein Sternmotor Warner Super Scarab mit 108 kW (147 PS)
**Leistung:** Höchstgeschwindigkeit 261 km/h; Reisegeschwindigkeit 230 km/h; Dienstgipfelhöhe 5485 m; Reichweite 885 km
**Gewicht:** Leermasse 621 kg; max. Startmasse 1066 kg
**Abmessungen:** Spannweite 10,41 m; Länge 7,52 m; Höhe 2,13 m; Tragflügelfläche 16,81 m²

# Cessna Modell T-50

Cessnas erstes zweimotoriges Leichtflugzeug, 1939 konstruiert und geflogen, war ein fünfsitziges kommerzielles Transportflugzeug wie viele gleichartige Muster, die Ende der dreißiger Jahre in den USA allgemein Anklang fanden. Der freitragende Tiefdecker mit der Herstellerbezeichnung **Cessna Modell T-50** stellte eine Mischkonstruktion dar: Die Tragflächen und das Leitwerk waren aus Holz gefertigt und mit Stoff bespannt, doch der Rumpf bestand aus einem geschweißten Stahlrohrgerüst, abgedeckt mit einer leichten, stoffüberzogenen Holzhaut. Das Einziehfahrwerk und die Landeklappen wurden elektrisch betätigt. Das militärische Potential dieses Musters als Trainer zur Pilotenumschulung von einmotorigen auf zweimotorige Flugzeuge entdeckten 1940 zwei nordamerikanische Nationen fast gleichzeitig. Als erste beschaffte Kanada ein Exemplar dieses Typs für das geplante Commonwealth Joint Air Training, und anschließend wurden 550 Flugzeuge auf der Grundlage des Lend-Lease-Gesetzes geliefert, denen man die Bezeichnung **Crane 1A** zuwies.

Die zweite Beschaffung leitete das US Army Air Corps ein, als es Ende des Jahres 1940 33 **T-50** zur Truppenerprobung in Auftrag ab. Diese als **AT-8** bezeichneten Maschinen hatten zwei Sternmotoren Jacobs R-680-9 mit einer Leistung von je 220 kW (299 PS), doch die Diensterprobung zeigte, daß diese Antriebsleistung für einen zweisitzigen Trainer überbemessen war. Als die ersten echten Serienaufträge erteilt wurden, waren daher leistungsschwächere Motoren desselben Herstellers im Pflichtenheft vorgeschrieben.

Die erste Serienversion, im Dienst als **AT-17** geführt, erhielt Jacobs R-755-9, die hölzerne Luftschrauben antrieben. Insgesamt 450 Exemplare wurden gefertigt, gefolgt von 223 ähnlichen **AT-17A**, die allerdings metallene Hamilton-Standard-Verstellpropeller mit konstanter Drehzahl besaßen. Die späteren **AT-17B** (466 Flugzeuge) unterschieden sich von der A-Version durch unwesentliche Änderungen in der Ausrüstung und die **AT-17C** (60 Flugzeuge) durch andere Funkgeräte.

Die US Army Air Force, die die **Cessna T-50** zunächst nur als leichtes Transportflugzeug verwendet hatte, beschloß 1942, die Kapazität dieses Musters auch für den Verbindungs-, Kommunikations- und Personaltransportdienst zu nutzen. Die Produktion dieser Variante ergab 1287 Flugzeuge, die **Bobcat** genannt und **C-78**, später **UC-78**, bezeichnet wurden. Darüber hinaus betrieb die USAAF eine kleine Zahl mobilgemachter **T-50** unter der Bezeichnung **UC-78A**.

Der USAAF-Bedarf an zweisitzigen Trainern zur Umschulung ließ sich nur schwer abschätzen, und Ende 1942 stellte sich heraus, daß der vereinbarte Beschaffungsumfang den Ausbildungsbedarf bei weitem übertraf. Cessna wurde daher angewiesen, den Überhang an **AT-17B** und **AT-17D** als **UC-78B** und **UC-78C Bobcat** zu erfüllen. Beide Versionen waren praktisch identisch, unterschieden sich aber von der Original-**Bobcat** durch hölzerne Zweiblatt-Festpropeller und einige Änderungen in der Bordausrüstung. Die Produktion dieser beiden Versionen umfaßte 1806 **UC-78B** und 327 **UC-78C**.

Im Zeitraum 1942/43 benötigte die US Navy ein leichtes Transportflugzeug zur Beförderung von Überführungspiloten zwischen den Lieferwerken und den Marinebasen sowie zur räumlichen Versetzung von Flugbesatzungen. Dies zog eine Beschaffung von 67 Flugzeugen nach sich, die grundsätzlich der **UC-78** entsprachen und als **JRC-1** in Dienst gestellt wurden. Viele **Bobcat** der USAAF blieben noch zwei bis drei Jahre nach dem Ende des Zweiten Weltkriegs im Dienst.

**TECHNISCHE DATEN**
**Cessna UC-78**

**Typ:** fünfsitziges leichtes Transportflugzeug
**Triebwerke:** zwei Sternmotoren Jacobs R-755-9 mit je 183 kW (249 PS)
**Leistung:** Höchstgeschwindigkeit 314 km/h; Marschgeschwindigkeit 282 km/h; Dienstgipfelhöhe 6705 m; Reichweite 1207 km
**Gewicht:** Leermasse 1588 kg; max. Startmasse 2585 kg
**Abmessungen:** Spannweite 12,78 m; Länge 9,98 m; Höhe 3,02 m; Tragflügelfläche 27,41 m²

***Im militärischen Dienst fand die Cessna Bobcat Verwendung als leichtes Transportflugzeug und zur Umschulung auf mehrmotorige Muster. Dieses Exemplar ist eine JRC-1 der US Navy.***

# Cessna Modell 120 und 140

Der Prototyp der **Cessna Modell 120**, deren Erstflug am 28. Juni 1945 stattfand, verkörperte die Bemühungen der Firma, nach dem Krieg einen Teil des Marktsegments für Leichtflugzeuge zu ergattern. Dieser zweisitzige, abgestrebte Kabinen-Hochdecker war der Vorläufer zahlreicher abgeleiteter Modelle, die noch bis Ende der achtziger Jahre gebaut wurden. Bis auf die stoffbezogenen Tragflächen war die Zelle durchweg aus Metall konstruiert, das starre Spornrad-Fahrwerk enthielt erstmals freitragende Hauptbaugruppen aus Federstahl, und die geschlossene Kabine bot zwei Sitze nebeneinander und Doppelsteuerung als Standardausstattung. Für den Antrieb sorgte ein Continental-Motor mit 63 kW (86 PS). Diese im Vergleich zu

**TECHNISCHE DATEN**
**Cessna Modell 140**

**Typ:** zweisitziger Kabinen-Eindecker
**Triebwerk:** ein Vierzylinder-Boxermotor Continental C-85-12F mit 63 kW (86 PS)
**Leistung:** Höchstgeschwindigkeit 193 km/h; Reisegeschwindigkeit 169 km/h; Dienstgipfelhöhe 4725 m; Reichweite 724 km
**Gewicht:** Leermasse 408 kg; max. Startmasse 680 kg
**Abmessungen:** Spannweite 10,01 m; Länge 6,40 m; Höhe 1,91 m; Tragflügelfläche 14,82 m²

Konkurrenzmodellen hohe Antriebskraft und der niedrige Kaufpreis sicherten Cessna einen hohen Vertrieb. Das Grundmodell **120** ergänzte eine De-Luxe-Ausgabe **Modell 140**, die als Standardausstattung manuell bediente Landeklappen, zusätzliche Kabinenfenster und eine komplette Bordstromversorgungsanlage brachte. Als im Jahre 1950 die Fertigung der **Modelle 120** und **140** endete, waren vor ersterer mehr als 2200 und von letzterer insgesamt mehr als 5000 Exemplare gebaut worden.

***Die Modell 120 sicherte Cessna nach dem Krieg eine solide Finanzdecke und ebnete den Weg zur Entwicklung einer höchst erfolgreichen Leichtflugzeug-Familie.***

# Cessna Modell 150 und 152

Als die Produktion der Modelle 120 und 140 auslief, konzentrierte sich Cessna auf die Entwicklung viersitziger Flugzeuge in ähnlicher Auslegung. Erst nach dem Erstflug der **Cessna Modell 150** im September 1957 wandte sich die Firma erneut dem Marktsektor der zweisitzigen Leichtflugzeuge zu. Der neue abgestrebte Ganzmetall-Hochdecker ähnelte der Modell 140 und unterschied sich von dieser in erster Linie durch das nicht einziehbare Bugrad-Fahrwerk, Doppelsteuer als Sonderausstattung sowie einen 75 kW (102 PS) starken Continental-Motor O-200.

Zwischen August 1958 und 1977 wurden 23.836 Flugzeuge produziert, einschließlich der 1754 von Reims Aviation in Frankreich gebauten **Reims F-150**. Kurz vor Einstellung der Fertigung gab es dieses Muster in den Ausführungen **Modell 150 Standard, Commuter, Commuter II** und **Aerobat.** Die Unterschiede zwischen den ersten drei Versionen machten verschiedene Standards der eingebauten Ausrüstung aus, und darüber hinaus stand ein breitgefächertes Angebot an Avionik und Bordausrüstung zur Wahl. Die **Aerobat** enthielt strukturelle Verstärkungen, die eine Zulassung zum Kunstflug mit Beastungen bis +6/−3g, so daß Manöver wie gesteuerte Rollen, Faßrollen, gerissene Rollen, Kerzen, Loopings und Rollenkehren möglich waren.

1977 wurde die **Modell 150** auf dem Montageband von der grundsätzlich ähnlichen **Cessna Modell 152** abgelöst. Zu den Verbesserungen zählten der stärkere Motor Avco Lycoming O-235, der 80,5 kW (110 PS) erzeugte, eine lärm- und vibrationsdämpfende Motorzelle sowie ein McCauley-Propeller mit modifiziertem Blattprofil. Dieses Muster wurde zwischen 1977 und 1986 in vier Versionen angeboten: das Standardmodell **152**, die etwas schwerere **Modell 152 II** mit einem Sonderavionikpaket ab Werk und Drehwarnleuchte, die nochmals verbesserte **Modell 152 Trainer** mit anderen Neuerungen wie einer Bordsprechanlage und Transponder sowie die **Modell 152 Aerobat** mit derselben Kunstflugtauglichkeit wie die **150 Aerobat**. Bei Produktionsende im Jahre 1986 waren insgesamt 7482 Exemplare der **Modell 152** und **152 Aerobat** gebaut worden, einschließlich der 640 Lizenzflugzeuge von Reims Aviation.

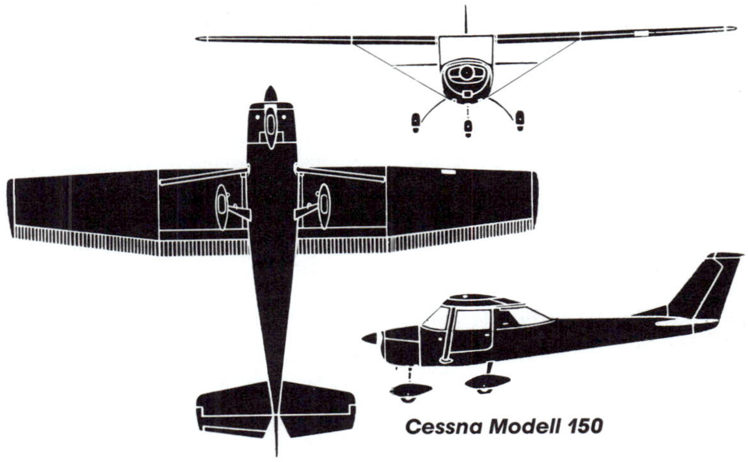
***Cessna Modell 150***

***Die Modellbezeichnung 152 zeigte den Wechsel vom Continental-Motor der 150 zum Avco-Lycoming-Triebwerk. Beide Muster waren in der kunstflugtauglichen Aerobat-Ausführung erhältlich.***

**TECHNISCHE DATEN**
**Cessna Modell 152 Standard**

**Typ:** zweisitziger Kabinen-Eindecker
**Triebwerk:** ein Vierzylinder-Boxermotor Avco Lycoming O-235-N2C mit je 80,5 kW (110 PS)
**Leistung:** Höchstgeschwindigkeit in Meereshöhe 202 km/h; Dienstgipfelhöhe 4480 m; max. Reichweite 1158 km
**Gewicht:** Leermasse 501 kg; max. Startmasse 757 kg
**Abmessungen:** Spannweite 9,97 m; Länge 7,34 m; Höhe 2,59 m; Tragflügelfläche 14,59 m²

# Cessna Modelle 170/172/175/182/Skylark/Skyhawk/Skylane/T-41

Der **Cessna Modell 170** und ihren unmittelbaren Nachfolgern kommt die doppelte Auszeichnung des meistverkauften Leichtflugzeugs aller Zeiten und der meistverbreiteten Flugzeugserie zu, die jemals entwickelt wurde. Über 30.000 Exemplare waren bis zu den achtziger Jahren von den Montagebändern gelaufen.

Der Ursprung dieser Serie reicht bis 1948 zurück, als Cessna die **Modell 170** einführte, im Kern wenig mehr als eine zum Viersitzer ausgebaute und ummotorisierte Entwicklung der früheren Modell 120. Die **Modell 170** erwies sich als recht beliebt, doch der eigentliche Erfolg dieses Musters stellte sich 1953 ein, als Cessna die **Modell 170B** herausbrachte. Es wurde wie das Vorgängermodell von einem luftgekühlten Kolbenmotor Continental CO145-2 mit 108 kW (147 PS) angetrieben, enthielt aber Fowler-Spaltklappen, wie sie erstmals die Cessna Modell 305 eingeführt hatte. Diese wirkungsvolle Auftriebshilfe verbesserte die Start-, Lande- und Langsamfluglei-

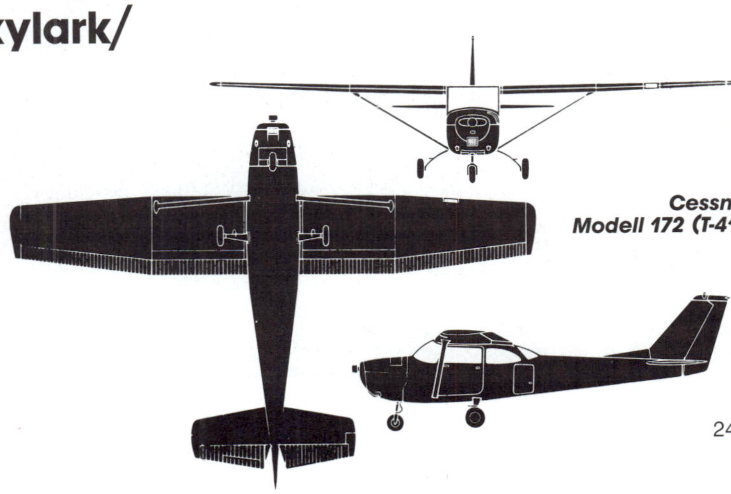
***Cessna Modell 172 (T-41)***

***Die Skylane startete als Luxusversion der Modell 182 mit Sonderausstattungen, die Kunden gewinnen sollten.***

stung der **Modell 170** erheblich, so daß alle nachfolgenden Cessna-Flugzeuge ebenfalls um ähnliche Klappen herum ausgelegt wurden.

1955 entwickelte Cessna die **Modell 172**. Sie basierte auf der **Modell 170B** und war neben Detailverbesserungen mit einem Bugrad- anstelle des Heckrad-Fahrwerks ausgerüstet. Die verbesserte Flugsicherheit der neuen Version am Boden erwies sich als sehr attraktiv, so daß 1956 1170 Exemplare der **Modell 172** verkauft wurden, verglichen mit nur 174 der Version **170B**, deren Produktion endete. 1958 nahm Cessna die **Modell 175** in die Serienfertigung. Tatsächlich war dies die neueste Variante der **Modell 172**, allerdings weitreichend verfeinert (formfrei geblasene Windschutzscheibe, Radverkleidungen aus Glasfasermaterial etc.) und mit einem GO-300-C mit Untersetzungsgetriebe, dessen 131 kW (178 PS) ein auf gleiche Drehzahl geregelter Propeller umsetzte. 1959 folgte eine De-Luxe-Ausgabe der **Modell 175A** als **Skylark**, aber 1963 wurde die Fertigung der **Modell 175/Skylark** aufgegeben.

Gleichzeitig mit dem Luxusmodell **175/Skylark** erschien eine ähnliche Sonderausführung der **Modell 172** unter dem Namen **Skyhawk**. 1960 wurden weitere Verbesserungen eingeführt, darunter ein neuer Hinterrumpf (schlanker und mit Heckfenstern) und ein elegant zurückgepfeiltes Seitenleitwerk. Diese Modifikationen flossen auch in die **Skyhawk** und in die **Skyhawk II** ein. Letztere wies eine noch reichhaltigere Bordausrüstung auf, denn zu der Blindfluginstrumentierung der **Skyhawk** waren noch hochentwickelte Navigations- und Funkgeräte hinzugekommen. Im März 1956 kündigte Cessna die neue **Modell 182** an, eine Ergänzung der Standard-Flugzeuge mit starrem Fahrgestell, aber angetrieben vom Continental O-470-S mit 172 kW (234 PS). Dieses Modell war als **Standard, Skylane** und **Skylane II** erhältlich.

Seitdem wurde die Entwicklung kontinuierlich fortgeführt. Zur Angebotspalette von 1982 gehörten die **Modell 172 Skyhawk** und die **Skyhawk II**, die **Cutlass RG** und die **Cutlass RG II**, bei der es sich im Grunde um die **Modell 172** mit Einziehfahrwerk handelte, die **Skylane/Skylane II** von **Modell 182**, die auch als **Turbo Skylane** und **Turbo Skylane II** mit dem turbogeladenen Avco Lycoming O-540-L3C5D à 175 kW (238 PS) erhältlich ist und mit Einziehfahrwerk **Skylane RG** und **Skylane RG II, Turbo Skylane RG** und **Turbo Skylane RG II** bezeichnet wird.

Die **Modell 172** gefiel auch den US-Streitkräften, und im Juli 1964 bestellte die USAF 170 Standard-Cessna **172K** mit dem Continental O-360 à 134 kW (182 PS) als T-41A für die Air Academy. Im August 1966 kaufte die US Army 255 Exemplare der **Modell R172E** mit dem stärkeren Einspritzmotor IO-360D, der 157 kW (214 PS) abgab. Die US Army teilte diesen Flugzeugen die Bezeichnung **T-41B Mescalero** zu. Anschließend folgten die ähnlich angetriebenen **T-41C** für die US Air Force und Exportflugzeuge mit der Bezeichnung **T-41D** für etliche andere Luftstreitkräfte im Rahmen des Programms der gegenseitigen Militärhilfe. Zwischen 1963 und 1983 wurden insgesamt 864 **T-41** gebaut, und bei Produktionsende übertraf die Zahl der gefertigten **Modelle 170, 172, 175** und **182** einschließlich der zivilen und militärischen Versionen die Marke 60.000.

***Die Grundausbildung erhalten die USAF-Piloten auf der der Modell 172 ähnlichen Cessna T-41 Mescalero. Die Maschinen haben zivile und militärische Kennungen.***

### TECHNISCHE DATEN
**Cessna Turbo Skylane RG**

**Typ:** viersitziger Kabinen-Eindecker
**Triebwerk:** ein turbogeladener Sechszylinder-Boxermotor Avco Lycoming O-540-L3C5D mit 175 kW (238 PS)
**Leistung:** Höchstgeschwindigkeit 346 km/h in 6095 m Höhe; Reisegeschwindigkeit in 6095 m Höhe 320 km/h; zulässige Flughöhe 6095 m; Reichweite mit max. Treibstoffzuladung in 3050 m Höhe 1909 km
**Gewicht:** Leermasse 815 kg; max. Startmasse 1406 kg
**Abmessungen:** Spannweite 10,92 m; Länge 8,72 m; Höhe 2,72 m; Tragflügelfläche 16,16 m²

## Cessna Modell 177/Cardinal/Cardinal Classic/Cardinal RG

Angesichts eines schier unersättlichen Markts für einmotorige Luftfahrzeuge erweiterte die Firma ihr Angebot und brachte im September 1967 die **Cessna Modell 177** heraus. Sie entsprach in der Gesamtauslegung den anderen Mitgliedern der viersitzigen Cessna-Familie, hob sich aber durch ihr freitragendes Hochdecktragwerk unverkennbar ab. Weitere „fortschrittliche" Merkmale bestanden in gewichtssparenden Flügelintegraltanks, einer verbesserten Ausführung des starren Cessna-Bugrad-Fahrwerks Land-O-Matic und einer „bedienerfreundlichen" Flugsteuerungsanlage. Zum Einführungszeitpunkt trug das Grundmuster die Bezeichnung **Modell 177**. Die Luxusversion **Cardinal** hingegen wies eine komplette Blindfluginstrumentierung, reichhaltigere Bordausrüstung und eine Standardinnenausstattung auf, die kaum Wünsche offenließ.

Als Antrieb für die erste Version diente ein Boxermotor Avco Lycoming O-320-E21D mit 112 kW (152 PS), doch spätere Versionen erhielten einen stärkeren Antrieb. Ende 1970 gesellte sich der Familie ein drittes Mitglied hinzu, die **Cardinal RG**, deren einziehbares Fahrwerk durch einen stromgeregelten Hydraulikmotor betätigt wurde. 1971 erschienen die Versionen **Cardinal II** und **Cardinal RG II**, die sich hauptsächlich durch eine umfassendere Standardausrüstung von den Vorgängermodellen unterschieden. 1976 wurde die **Modell 177** gestrichen und die **Cardinal** zum Grundmuster der vier verbliebenen Varianten erklärt. Zwei Jahre später schied auch die **Cardinal** aus, und die **Cardinal II** wurde in **Cardinal Classic** umbenannt. Ende 1978, nachdem mehr als 4000 Exemplare der **Modell 177** und der **Cardinal**-Versionen gebaut worden waren, folgte das endgültige Aus für diese Reihe.

### TECHNISCHE DATEN
**Cessna Cardinal RG**

**Typ:** viersitziger Kabinen-Eindecker
**Triebwerk:** ein Vierzylinder-Boxermotor Avco Lycoming IO-360-A1B6D mit 149 kW (203 PS)
**Leistung:** max. Reisegeschwindigkeit 274 km/h in 2135 m Höhe; wirtschaftliche Reisegeschwindigkeit 224 km/h in 3050 m; Dienstgipfelhöhe 5210 m; max. Reichweite mit max. Treibstoffzuladung bei wirtschaftlicher Reisegeschwindigkeit 1658 km
**Gewicht:** Leermasse 772 kg; max. Startmasse 1270 kg
**Abmessungen:** Spannweite 10,82 m; Länge 8,31 m; Höhe 2,62 m; Tragflügelfläche 16,16 m²

***Die Modell 177 zeichnete sich durch ein freitragendes Hochdeckertragwerk aus. 1971 erschienen Versionen mit Einziehfahrwerk.***

## Cessna Modell 180/185 Skywagon/AGcarryall/U-17 bis Cessna Modell 208 Caravan

**Schon über 60 Jahre lang, seit Ende der 20er Jahre, entwirft, entwickelt, konstruiert und vermarktet Cessna seine Ganzmetall-Hochdecker, motorisiert mit anfangs luftgekühlten Stern-, später Boxermotoren.**

# Cessna Modell 180/185 Skywagon/AGcarryall/U-17

1953 führte Cessna eine antriebsstärkere Ausgabe der Modell 170 ein. Die neue **Cessna Modell 180** nutzte die Tragflächen und das Klappensystem der 170B, erhielt aber völlig neu konstruierte Rumpf- und Leitwerksbaugruppen plus 60 kW (81,5 PS) mehr Antriebskraft durch den Sechszylinder-Boxermotor Continental O-470-A mit 168 kW (228 PS). Gleichzeitig legte Cessna das Höhenleitwerk insgesamt trimmbar aus, so daß separate Trimmklappen überflüssig wurden. Am wichtigsten aber war, daß die höhere Antriebsleistung bei einer unveränderten Flügelfläche von 16,16 m² eine Anhebung des höchstzulässigen Abfluggewichts von 998 kg auf 1157 kg gestattete. Ende der siebziger Jahre war die **Modell 180** in zwei Ausführungen erhältlich: das Grundmuster **Modell 180 Skywagon** und die höherwertige **Modell 180 Skywagon II** mit werksseitig installiertem Avionikpaket. 1981 lief die Produktion der **Modell 180** nach über 6000 gebauten Exemplaren schließlich aus.

Im Juli 1960 flog bei Cessna der Prototyp vom **Modell 185 Skywagon**. Dieses Muster entsprach weitgehend der **Modell 180**, abgesehen vom Continental-IO-520-Motor mit erhöhter Antriebskraft von 224 kW (305 PS). Wie der Vorgänger war die **Modell 185** ein Sechssitzer, verfügbar in der Grundversion **Modell 185 Skywagon** und in der moderneren Variante **Modell 185 Skywagon II**. Ein Cargo-Pack aus Glasfasermaterial, das sich an die Unterseite des Rumpfes montieren und mit 136 kg beladen ließ, verlieh beiden **185**-Versionen größere Flexibilität. Die **185 Skywagon** können zudem mit Sorenson-Sprühgerät für den landwirtschaftlichen Einsatz und, wie die **180**, mit alternativen Ski- oder Schwimmerfahrwerken ausgerüstet werden. Bis Februar 1980 waren rund 4000 Flugzeuge der **Modell 185** ausgeliefert, und Mitte 1985, bei Produktionsende, 4356 **Skywagon** gebaut, darunter 497 **U-17A/B/C** für das Militär.

1971 führte Cessna eine äußerst vielseitige Version der **Modell 185**, die **AGcarryall**, ein. Dieses Muster war für landwirtschaftliche Verwendungen im weitesten Sinne gedacht: Es eignete sich zur Vorführung von Sprühverfahren, zum Transport von Personal und Ausrüstung, zur Ausbildung angehender Agrarpiloten und zum Einsatz als Reservesprühflugzeug in Stoßzeiten. Die **AGcarryall** erzielte aber nicht den erwarteten Absatz, so daß man die Fertigung 1979 nach 108 Flugzeugen einstellte.

1962 sah sich die USAF nach einem leichten Nutzflugzeug zur Belieferung von Ländern um, die für Militärhilfe in Frage kamen. Die Wahl fiel auf Cessnas **Modell 185**. Die Beschaffung von mehr als 450 Flugzeugen unter der Bezeichnung **U-17** umfaßte drei Versionen: die **U-17A** mit dem Sechszylinder-Boxermotor Continental IO-470-7 à 194 kW (264 PS), die **U-17B** mit dem Continental IO-520-D à 224 kW (305 PS) und die letzte Serienversion **U-17C**, die einen Continental O-470-L mit Vergaser statt Einspritzanlage erhielt.

**TECHNISCHE DATEN**
**Cessna Modell 185 (Landflugzeug)**
**Typ:** sechssitziger Kabinen-Eindecker
**Triebwerk:** ein Sechszylinder-Boxermotor Continental IO-520-D mit 224 kW (305 PS)
**Leistung:** Höchstgeschwindigkeit in Meereshöhe 286 km/h; Reisegeschwindigkeit in 2135 m Höhe 274 km/h; Dienstgipfelhöhe 5455 m; max. Reichweite in 3050 m Höhe 1576 km
**Gewicht:** Leermasse 769 kg; max. Startmasse 1520 kg
**Abmessungen:** Spannweite 10,92 m; Länge 7,81 m; Höhe 2,36 m; Tragflügelfläche 16,16 m²

***Die Modell 185 ist eine Maschine mit guten Flugleistungen und starkem Motor, so daß sie jedes Flugfeld benutzen kann.***

# Cessna Modell 188

Nach einer umfassenden Bedarfsanalyse für Agrarmaschinen flog bei Cessna am 19. Februar 1965 der Prototyp von der **Modell 188 AGwagon** (später **AG Wagon** genannt). Der abgestrebte Tiefdecker in Ganzmetallbauweise war mit einem starren Spornradfahrwerk ausgestattet, und der Pilot saß im geschlossenen Cockpit, geschützt von einem massiven Überschlagsstahlgerüst. Den Antrieb für die **AGwagon 230** lieferte ein Continental IO-470-R mit 172 kW (234 PS) und für die **AGwagon 300** ein Continental IO-520-D mit 224 kW (305 PS). Zur Standardausrüstung gehörte ein Chemikalienbehälter aus Glasfasermaterial mit einem Fassungsvermögen von 757 Litern oder 816 kg zwischen Motorbrandschott und Kabine. Der Käufer konnte zwischen Streu- und Sprühausrüstung wählen.

Das wachsende Interesse an der **AGwagon** führte Ende 1971 zu einem neuen Modell dieser Serie, ergänzt durch die beiden zusätzlichen Versionen **AGpickup** und **AGtruck**. **AGpickup** war der neue Name für das erste Basisflugzeug **AGwagon**, ausgestattet mit einem Continental-Motor O-470-R. Die **AGwagon** mit dem Continental IO-520-D wurde in **AGwagon C** umbenannt, nachdem man eine Reihe von Detailverbesserungen eingeführt hat-

**TECHNISCHE DATEN**
**Cessna AG Truck (mit Sprühausrüstung)**
**Typ:** einsitziger Argartiefdecker
**Triebwerk:** ein Sechszylinder-Boxermotor Continental IO-520-D mit 224 kW (305 PS)
**Leistung:** Höchstgeschwindigkeit in Meereshöhe 196 km/h; Reisegeschwindigkeit in 1980 m Höhe 187 km/h; Dienstgipfelhöhe 2375 m; Reichweite mit Reserven 466 km
**Gewicht:** Leermasse 1012 kg; max. Startmasse 1905 kg
**Abmessungen:** Spannweite 12,70 m; Länge 7,90 m; Höhe 2,49 m; Tragflügelfläche 19,05 m²

***Die Modell 188 war ein höchst erfolgreiches Agrarflugzeug, konzipiert für eine Zielgruppe, die eine kostengünstige Maschine verlangte.***

te. Die **AGtruck** ähnelte der **AGwagon C** grundsätzlich, abgesehen vom 1060-Liter-Chemikalienbehälter plus komplettem Sprühsystem und einer reichhaltigen Bordausrüstung als Standard. Die **AGpickup** schieden 1976 und die **AGwagon** 1981 aus der Produktion aus, nachdem 1589 Exemplare gebaut waren.

1979 erschien die **AG Husky**, eine turbogeladene Version der **AGtruck** (später **AG Truck**), deren TSIO-520-T mit 231 kW (314 PS) eine allgemeine Leistungssteigerung brachte. Als die Fertigung beider Typen Ende des Jahres 1985 auslief, hatte Cessna 386 Maschinen der Version **AG Husky** und 1949 **AG Truck** ausgeliefert.

# Cessna Modell 190/195

Die Vertreter der **Cessna Modell 190** und **195** waren insofern einzigartig unter den einmotorigen Cessna-Leichtflugzeugen der Nachkriegszeit, als sie einen Sternmotor besaßen. Beide Typen wurden zwischen 1947 und 1954 parallel gefertigt. Bei der **Modell 190**, von der insgesamt 233 Exemplare entstanden, diente ein 179 kW (243 PS) starker Continental R-670-23 als Antrieb. Die beiden Versionen der **Modell 195** hoben sich von der **Modell 190** kaum ab: **Modell 195** wurde vom Jacobs R-755-A2 mit 224 kW (395 PS) angetrieben, während die **Modell 195A** den Jacobs R-744-A2 à 183 kW (249 PS) erhielt. Die Produktion der **Modell 190** und **195** ergab im ganzen 890 Flugzeuge. Die in den Jahren 1953 und 1954 gebauten Exemplare zeichneten sich durch enger anliegende Motorverkleidungen, kleinere Propellerhauben und eine um 50 Prozent erweiterte Klappenfläche an der Unterkante des strebenlosen Schulterdeckertragwerks aus. Die Serie ist auch für die Einführung der berühmten Cessna-Stahlfeder-Fahrwerksbeine bekannt.

**TECHNISCHE DATEN**
**Cessna Modell 195A**
**Typ:** vier-/fünfsitziger Kabinen-Eindecker
**Triebwerk:** ein Sternmotor Jacobs R-744-A2 mit 183 kW (249 PS)
**Leistung:** Höchstgeschwindigkeit 278 km/h; Reisegeschwindigkeit 249 km/h; Dienstgipfelhöhe 4875 m; Reichweite 1207 km
**Gewicht:** Leermasse 921 kg; max. Startmasse 1520 kg
**Abmessungen:** Spannweite 11,02 m; Länge 8,33 m; Höhe 2,18 m; Tragflügelfläche 20,26 m²

***Die Modelle 190/195 waren die einzigen Cessna-Flugzeuge der Nachkriegszeit mit Sternmotor.***

# Cessna Modell 205

Die 1962 eingeführte **Cessna Modell 205** wurde aus der Modell 182 entwickelt, auch wenn sie im äußeren Erscheinungsbild einer Cessna 210 mit starrem Fahrwerk glich. Tatsächlich lief die Musterzulassung der FFA vom 14. Juni 1962 unter der Bezeichnung **Modell 210-5**. Die **Modell 205**, angetrieben von einem Continental-Motor mit 194 kW (264 PS), ergänzte die 185 Skywagon mit Spornrad-Fahrgestell und bot eine vergleichbare Leistung bei etwas höherem Gewicht. Die Auslieferung begann im August 1962, und im Dezember 1963 brachte Cessna die verbesserte **Modell 205A** heraus. Bis Ende 1963, als neue Muster in Fertigung gingen, wurden rund 600 Flugzeuge der **Modell 205/205A** gebaut.

Die Baureihe **205/205A** war mit Agrarausrüstung erhältlich und konnte, wie die meisten einmotorigen Cessna-Hochdekker, mit Schwimmer-, Schneekufen- und Radfahrwerken mit verschiedenen Reifengrößen fliegen.

***Viele Cessna-Leichtflugzeuge können auf Schwimmern, Schneekufen und Rädern agieren. Dies ist eine kanadische Modell 205.***

**TECHNISCHE DATEN**
**Cessna Modell 205A**
**Typ:** sechssitziges Passagier-/Nutzflugzeug
**Triebwerk:** ein Sechszylinder-Boxermotor Continental IO-460-S mit 194 kW (264 PS)
**Leistung:** Höchstgeschwindigkeit in Meereshöhe 278 km/h; max. Reisegeschwindigkeit 261 km/h in 1980 m Höhe; Dienstgipfelhöhe 4905 m; max. Reichweite mit Standardtreibstoffzuladung 1633 km
**Gewicht:** Leermasse 794 kg; max. Startmasse 1497 kg
**Abmessungen:** Spannweite 11,15 m; Länge 8,46 m; Höhe 2,97 m; Tragflügelfläche 16,30 m²

# Cessna Modell 206 Super Skywagon/Modell 207 Skywagon/Stationair

Da die Modell 185 den zivilen Namen Skywagon trug, wies Cessna einer weiterentwickelten Version die Bezeichnung **Cessna Modell 206 Super Skywagon** zu. Zu den Hauptänderungen zählten der Wechsel vom Spornrad- zum Bugradfahrwerk, die Einführung konisch gewölbter Flächenenden zur Widerstandsminderung, die Erweiterung des Höhenleitwerks und des Landeklappensystems, der Einbau doppelter Frachtklappen (1,22 m x 0,91 m) und ein Sechszylinder-Boxermotor Continental IO-520-A mit 213 kW (290 PS). Die Produktion der **Modell 206** endete 1964, aber bei mehreren Streitkräften befinden sich einige Exemplare weiterhin im Dienst.

Am 3. Januar 1969 flog Cessna das erste Serienexemplar der zum Siebensitzer verlängerten **Modell 207**, die wieder **Skywagon** getauft wurde. Es führte eine zweite Einstiegstür auf der rechten Seite, einen Gepäckraum für 54 kg vor der Kabine und einen leistungsstärkeren IO-520-J-Motor ein. Sowohl die **206** als auch die **207** lassen sich mit ausgebauten Frachttüren fliegen, um Luftlasten abzuwerfen, Fallschirmspringer abzusetzen oder Luftbildaufnahmen zu machen. Beide können unter dem Rumpf einen Kunststoffbehälter für 136 kg Fracht mitführen, und Ambulanz-Rüstsätze enthalten eine Krankenliege, Sauerstoffgerät und einen Sanitätersitz. Auch die **Modell 207** ist bei mehreren Streitkräften im Einsatz.

Mit Produktionsende der Originalmodell **206 Super Skywagon** im Jahre 1964 wurden drei neue Versionen für 1965 eingeleitet. Seitdem änderten sich mehrfach Namen und Bezeichnungen der **Modell 206** und **207**, wie in der Variantenauflistung dargelegt.

Abgelöst von der **Modell 208 Caravan**, endete die eigentliche Serienfertigung der **Modell 206** und **207** im Jahre 1965, obwohl anschließend noch rund 100 Zellen gefertigt und verkauft wurden. Zum Stichtag 31. Dezember 1987 waren nicht weniger als 7652 Flugzeuge der **Modell 206 Skywagon** und **Stationair** ausgeliefert, darunter 643 Exemplare der Luxusversion **Super Skylane**.

**Varianten**

**U206 Super Skywagon:** Standardnutzversion der Originalmodell 206, die im Jahre 1965 eingeführt wurde. Die doppelten Frachtladetüren wurden bei dieser Version beibehalten.

**P206 Utility:** 1965 eingeführt; ähnlich wie U206, aber mit einer Passagiertür auf der rechten Seite des Vorderrumpfs anstelle der Frachttüren; bis 1968 gefertigt

**P206 Super Skylane:** 1965 eingeführt; sechssitzige Luxusversion der Modell 206; Kabinentüren vorn und hinten auf der linken Seite sowie vorn auf der rechten Seite; bis 1971 gefertigt

**TU206 Super Skywagon:** turbogeladene Version der U206 von 1966; ähnlich wie U206, mit Ausnahme des Continental-Turboladermotors TSIO-520C mit 213 kW (289 PS)

**TP206 Super Skylane:** turbogeladene Version der P206 Super Skylane von 1966 mit dem gleichen Triebwerk wie unter

TU206 angegeben
**TU206 Turbo-System Super Skywagon:** neue Bezeichnung der TU206 Super Skywagon ab 1967
**TP206 Turbo-System Super Skylane:** neue Bezeichnung der TU206 Super Skylane, die ab 1967 gefertigt wurde; Einstellung der Produktion 1971.
**T207 Turbo-Skywagon:** turbogeladene Version der Modell 207 Skywagon, beide 1969 eingeführt; Antrieb durch Continental TSIO-520-G mit 224 kW (305 PS) beziehungsweise IO-520-F-Antrieb mit gleicher Leistung

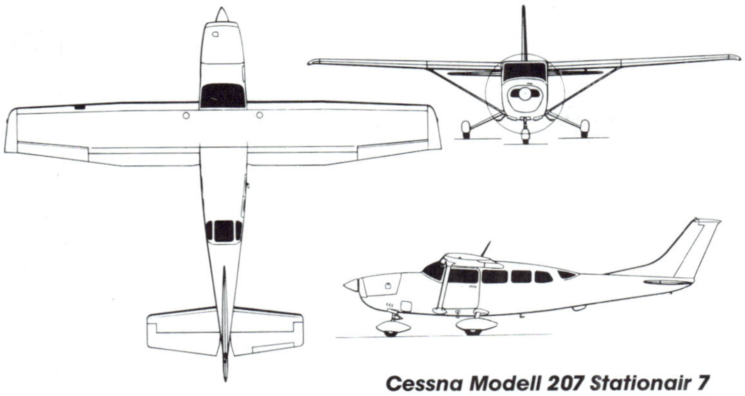

***Cessna Modell 207 Stationair 7***

**Stationair:** Nachfolger der U206 Skywagon ab 1971; verband die U206-Zelle mit einem Continental IO-520-F à 224 kW (305 PS)
**Turbo-Stationair:** neuer Name der TU206 Turbo-Skywagon ab 1971; einige Exemplare fliegen bei der USAF als U-26A
**Stationair 6:** neuer Name der Stationair ab 1978
**Turbo-Stationair 6:** neuer Name der Turbo-Stationair ab 1978; diese Version wurde ab 1977 auf den Antrieb durch Continental TSIO-520-M mit 231 kW (314 PS) umgestellt
**Stationair 7:** neuer Name des Modells 207 ab 1978, angetrieben vom IO-520-F mit 224 kW (305 PS)
**Turbo-Stationair 7:** neuer Name der T207 Turbo-Skywagon ab 1978 bei gleichzeitiger Einführung des Continental-Turboladermotors TSIO-520-M mit 231 kW (314 PS)
**Stationair 8:** neuer Name der Stationair 7 ab 1980 nach Einführung eines achten Passagiersitzes
**Turbo-Stationair 8:** neuer Name der Turbo-Stationair 7 ab 1980 nach einer geringfügigen Sitzplatzänderung, wie unter Stationair 8 beschrieben

### TECHNISCHE DATEN
**Cessna Turbo-Stationair 8**

**Typ:** achtsitziges Nutzflugzeug
**Triebwerk:** ein Sechszylinder-Boxermotor Continental TSIO-520-M mit 231 kW (314 PS)
**Leistung:** Höchstgeschwindigkeit 315 km/h in 5180 m Höhe; Reisegeschwindigkeit in 6095 m Höhe 298 km/h; Dienstgipfelhöhe 7925 m; Reichweite mit max. Treibstoff bei wirtschaftlicher Reisegeschwindigkeit in 3050 m Höhe 1130 km
**Gewicht:** Leermasse 990 kg; max. Startmasse 1724 kg
**Abmessungen:** Spannweite 10,92 m; Länge 9,80 m; Höhe 2,92 m; Tragflügelfläche 16,16 m²

# Cessna Modell 208 Caravan

Die **Modell 208**, die zur Ablösung der großen Flotten alternder Nutzflugzeuge in allen Teilen der Erde wie der Otter und Beaver von DH Canada und der eigenen Muster 180, 185 und 206 gedacht war, entstand konzeptionell in den Jahren 1980–1981 als erstes Original-Turboprop-Flugzeug für die allgemeine Luftfahrt. Der Prototyp **Cessna 208 Caravan I** flog erstmals am 9. Dezember 1982, und im August 1984 rollte die erste Serienmaschine aus der Werkshalle. Im Oktober 1984 lag die FAA-Musterzulassung vor. Inzwischen befindet sich der Typ bei den Luftstreitkräften Brasiliens, Liberias und Thailands sowie bei der Royal Canadian Mountain Police als Amphibienflugzeug im Dienst.

Die **Modell 208A** mit höherer Betriebsmasse, die Federal Express im Dezember 1983 bestellte und intern Cargomaster nannte, ist mit einer umfangreicheren Allwetteravionik und einer Frachtwanne an der Rumpfunterseite ausgerüstet, aber die Kabinenfenster entfielen.

Nach guten Erfahrungen mit der **208A** bestellte Federal Express die **Modell 208B Super Cargomaster** mit einem um 1,22 m gestreckten Rumpf, wiederum ohne Kabinenfenster, und mit Frachtwanne ausgestattet. Die Flugerprobung begann am 3. März 1986, die Musterzulassung und die erste Lieferung folgten im Oktober. Ende 1989 waren mehr als 370 **Modell 208** ausgeliefert.

1985 gab Cessna Einzelheiten zu einer quasi-militärischen Version der **Caravan I** (für Sondereinsätze) bekannt, die das amerikanische Verteidigungsministerium als **U-27A** bezeichnete. Die Vermarktung dieser Version lief unter dem Begriff Low Intensity Conflict Aircraft (LICA – Flugzeug für Regionalkonflikte/Krisenregionen). Die LICA ist mit sechs Anschlüssen für Außenlasten unter den Flächen und einer weiteren Station unter dem Rumpf ausgerüstet, die beispielsweise den Aufklärungsbehälter der General Dynamics F-16 aufnehmen kann. Sie besitzt zudem eine elektrisch betätigte Rollfrachtklappe, die im Flug geöffnet werden darf und mit Abweiser für den Propellernachstrom versehen ist, sowie ausgewölbte Fenster zur Beobachtung und Überwachung des Geländes unter dem Flugzeug. Für Sondereinsätze bietet Cessna eine ähnlich ausgerüstete Version der gestreckten **Modell 208B** an.

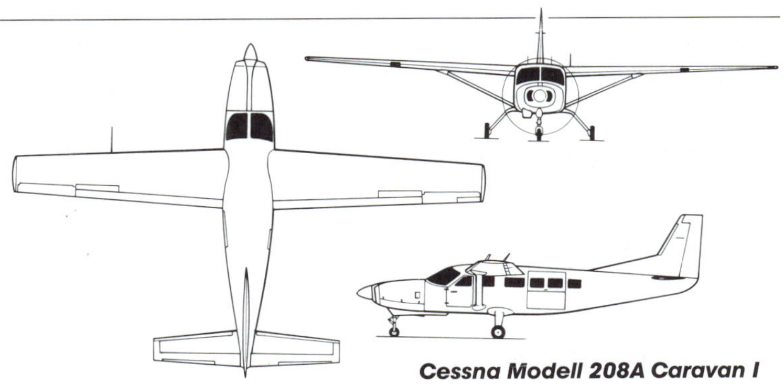

***Cessna Modell 208A Caravan I***

### TECHNISCHE DATEN
**Cessna Modell 208 Caravan I**

**Typ:** einmotoriges Nutzflugzeug
**Triebwerk:** eine Propellerturbine Pratt & Whitney Canada PT6A-114 mit 447 kW (649 PS)
**Leistung:** max. Reisegeschwindigkeit 341 km/h; Dienstgipfelhöhe 8410 m; Reichweite bei wirtschaftlicher Reisegeschwindigkeit in 3050 m 1797 km
**Gewicht:** Leermasse 1752 kg; max. Startmasse 3629 kg
**Abmessungen:** Spannweite 15,88 m; Länge 11,46 m; Höhe 4,32 m; Tragflügelfläche 25,96 m²

***Die Caravan I übertraf die weltweit besten Buschflugzeuge Beaver und Otter. Zahlreiche frühere DHC-Kunden stiegen auf sie um, allen voran die Royal Canadian Mountain Police.***

## Cessna Modell 210 Centurion/Turbo-Centurion bis Cessna Modell 425 Corsair

**In den 50er Jahren unternahm Cessna nachdrückliche Anstrengungen, leistungsfähigere Flugzeuge herauszubringen. Dies waren dann die Hochdecker-Centurion mit einziehbarem Fahrwerk und Druckkabine als Option, ein zweimotoriges Flugzeug ebenfalls mit einziehbarem Fahrwerk. Weitere Neuerungen waren Flugzeuge mit Gegentaktschaltungsmotoren.**

# Cessna Modell 210 Centurion/Turbo Centurion/Pressurized Centurion

Die **Cessna Modell 210**, der erste Hochdecker mit Einziehfahrwerk und zurückgepfeiltem Seitenleitwerk des Unternehmens, absolvierte im Januar 1957 den Jungfernflug. Im Dezember 1959 befand sich das erste Serienexemplar in der Luft, angetrieben von einem Continental-Motor IO-470-E mit 194 kW (264 PS). Seitdem erfuhr dieses Muster Jahr für Jahr ständig Verbesserungen.

So wurden 1961 zwei weitere Kabinenfenster, eine größere Kopffreiheit und ein verbessertes Heiz- und Belüftungssystem eingeführt, und 1963 kam ein Autopilot als Teil der Sonderausstattung hinzu. Im Januar 1965 löste die **Modell 210E Centurion** mit einem Continental IO-520-A mit 213 kW (290 PS) die früheren Versionen ab. 1966 erschien die **Modell 210F**, und noch im selben Jahr folgte die erste Turboversion **T210F Turbo-System Centurion**. Die zusätzliche Antriebskraft des Continental TSIO-520C ergab eine vor allem für Höhenflüge brauchbare Leistungssteigerung. Ein neues Tragwerk, das im Juni des Jahres 1965 mit einer **T210** im Flug erprobt wurde, ging später in die Serienfertigung ein und machte eine Abstrebung der Flächen unnötig.

1970 hatte Cessna das Differenzierungsschema durch nachgestellte Buchstaben aufgegeben, und die beiden neuen Versionen dieses Jahres hießen **Centurion II** und **Turbo Centurion II**. Im Unterschied zu den weiterhin parallel gefertigten Versionen **Centurion** und **Turbo Centurion** enthielten sie hinsichtlich Avionik und Ausrüstung ein Standardpaket ab Werk. Bis dahin hatten sich die Centurion-Flugzeuge zu Sechssitzern entwickelt, und als Antrieb standen der Continental IO-520-L mit 224 kW (305 PS) für die **Centurion** und der TSIO-520H desselben Herstellers mit 213 kW (290 PS) für die **Turbo Centurion** zur Wahl.

Im November 1977 kündigte Cessna eine druckbelüftete Version der **Modell 210** an, die **Pressurized Centurion**. Grundsätzlich ähnlich wie die Standard-Centurion, unterschied sich das neue Muster durch seine Druckkabine und seinen Continental TSIO-520-P, dessen Hochleistungsturbolader die Druckbelüftungsanlage stützte. Wie bisher gab es neben der Standardausführung auch eine **Pressurized Centurion II**.

Alle sechs Versionen blieben bis 1986 verfügbar, als der Absatz spürbar nachließ.

***Die Pressurized Centurion bietet ein Einziehfahrwerk, eine Druckkabine und ein Wetterradar im Flügelbehälter.***

Bei Einstellung der Produktion Ende 1987 hatten insgesamt 8453 Exemplare der **Modell 210** und **Centurion** sowie 851 **Pressurized Centurion** die Fertigungsstrecke passiert.

Die turbogeladenen **Centurion** stellten mehrere Weltrekorde in ihrer Klasse auf, darunter beste Steigzeiten für unterschiedliche Höhen, eine Geschwindigkeit von durchschnittlich 204 km/h für die Erdumrundung und bereits am 13. Mai 1967 die Rekordhöhe von 12.905 m.

### TECHNISCHE DATEN
**Pressurized Centurion**

**Typ:** sechssitziger Kabinen-Eindecker
**Triebwerk:** ein 6-Zylinder-Boxermotor mit Turbolader, Continental TSIO-520-P mit 231 kW (314 PS).
**Leistung:** Höchstgeschwindigkeit 357 km/h in 5180 m Höhe; Reisegeschwindigkeit in 3050 m Höhe 309 km/h; zulässige Gipfelhöhe 7010 m; Reichweite bei wirtschaftlicher Reisegeschwindigkeit in 3050 m Höhe 1593 km
**Abmessungen:** Spannweite 11,20 m; Länge 8,50 m; Höhe 2,95 m; Tragflügelfläche 16,26 m²

# Cessna Modell T303 Crusader

Am 14. Februar 1978 flog bei Cessna der Prototyp (N303PD) eines neuen zweimotorigen Leichtflugzeugs, das damals als **Cessna Modell 303 Clipper** bezeichnet wurde. Es handelte sich um einen viersitzigen Tiefdecker, dessen Tragwerk ein superkritisches Profil aufwies. Zu den weiteren Auslegungsmerkmalen zählten ein einziehbares Bugrad-Fahrwerk, ein zurückgepfeiltes Seitenleitwerk mit langgestreckter Rückenfinne und zwei Boxermotoren mit je 119 kW (162 PS). Die Konstruktion war durch die Verwendung geklebter Bauteile gekennzeichnet. Noch vor Beginn des Zulassungsprogramms wurde diese Versuchsmaschine von der neuen **Modell T303** abgelöst, die wieder in gewohnter Weise konstruiert war, eine sechssitzige Kabine und zwei turbogeladene Motoren höherer Leistung hatte. Da der Beiname **Clipper** aus wettbewerbsrechtlichen Gründen nicht haltbar war, wich man auf den Namen **Crusader** aus. Cessna hob hervor, die **Crusader** sei das erste zweimotorige Leichtflugzeug seiner Klasse mit kompletter Blindflugavionik als Standardausrüstung, und die Handhabung profitiere zudem vom hoch angesetzten Höhenleitwerk und den gegenläufigen Motoren, die das Drehmoment weitgehend ausschalteten. Nach der Zulassung im August 1981 wurden im Oktober die ersten seriengefertigten **Crusader** ausgeliefert. Als die Produktion 1986 endete, hatte Cessna 297 Flugzeuge gebaut.

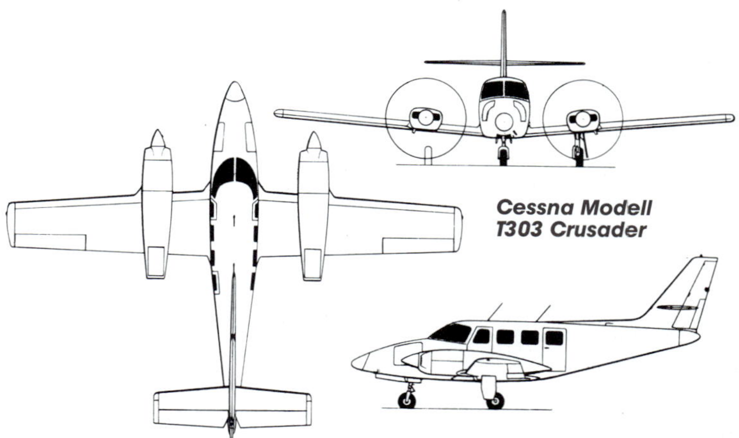

***Cessna Modell T303 Crusader***

### TECHNISCHE DATEN
**Cessna Modell T303 Crusader**

**Typ:** sechssitziger Kabinen-Eindecker
**Triebwerke:** ein Continental TSIO-520-AE und ein LTSIO-520-AE, gegenläufige 6-Zylinder-Boxermotoren mit Turbolader je 186 kW (253 PS)
**Leistung:** Höchstgeschwindigkeit 400 km/h in 5485 m Höhe; Reisegeschwindigkeit in 6095 m Höhe 363 km/h; zulässige Gipfelhöhe 7620 m; max. Reichweite mit Standardtreibstoffreserve in 3050 m Höhe 1889 km
**Gewicht:** Leermasse 1499 kg; max. Startmasse 2336 kg
**Abmessungen:** Spannweite 11,90 m; Länge 9,27 m; Höhe 4,06 m; Tragflügelfläche 17,58 m²

# Cessna Modell 305A/O-1 Bird Dog

Ende der vierziger Jahre veröffentlichte die US Army eine Ausschreibung für ein zweisitziges Verbindungs- und Beobachtungsflugzeug. Das von der Cessna Aircraft Company eingereichte Modell erhielt den Zuschlag. Im Juni 1950 erfolgte ein Erstauftrag für 418 Exemplare dieses Musters, das die Firma als **Cessna Modell 305A** führte.

Der Cessna-Entwurf gründete auf der erfolgreichen Modell 170, einen abgestrebten Hochdecker in Leichtbauweise für einen Piloten und drei Passagiere mit einem 6-Zylinder-Continental-Boxermotor mit 108 kW (147 PS) als Antrieb. Von diesem unterschied sich die **Modell 305A** durch geänderten Hinterrumpf, um den Insassen eine klare Sicht nach hinten zu ermöglichen, und durch eine transparente Abdeckung im Bereich des Tragflächenmittelstücks als Kabinendach. Eine breitere Tür gestattete es, eine Krankentrage ein- und auszuladen, für die ein zweckmäßiges Gestell in der Kabine eingerichtet war.

Die Lieferung der Serienflugzeuge mit der Dienstbezeichnung **L-19A** und dem Beinamen **Bird Dog** begann im Dezember 1950. Bis Oktober 1954 waren 2486 Maschinen ausgeliefert worden, von denen 60 als **OE-1** dem US Marine Corps zugewiesen wurden. 1953 entwickelte Cessna die Version **L-19A-IT** zur Instrumentenflugausbildung, und 1956 erschien die Trainerversion **TL-19D**, deren Propeller auf gleiche Drehzahl geregelt war. Die letzte, für eine höhere Betriebsmasse zugelassene Version **L-19E** brachte die Gesamtproduktion der **Bird Dog** auf 3431 Exemplare. Das 1962 eingeführte Bezeichnungssystem machte aus der **L-19A, TL-19D** und **L-19E** der US Army die **O-1A, TO-1D** und **O-1E** sowie aus der **OE-1** beim USMC die **O-1B**. Diese Teilstreitkraft beschaffte zudem 25 **O-1C** mit stärkerem Antrieb. Schulflugzeuge der US Army, die von Standard-Serienflugzeugen abgeleitet waren, wurden als **TO-1A** und **TO-1E** bezeichnet.

***Cessna O-1A Bird Dog der Königlich-Thailändischen Verbindungs- und Beobachtungsgruppe im Jahre 1957.***

Während die **Bird Dog** im Koreakrieg noch in kleiner Zahl operiert hatte, setzte die US Air Force in Vietnam viele von der US Army übernommene **O-1** für Fliegerleitaufgaben ein. Den ehemaligen **TO-1D** und **O-1A**, die speziell für diese Rolle ausgerüstet worden waren, fielen die Neubezeichnungen **O-1F** bzw. **O-1G** zu. Zahlreiche andere Nationen beschafften die **O-1**, und die japanische Firma Fuji baute noch zahlreiche weitere Exemplare dieses Musters in Lizenz.

**TECHNISCHE DATEN**
**Cessna O-1E**

**Typ:** Verbindungs- und Beobachtungsflugzeug
**Triebwerk:** ein 6-Zylinder-Boxermotor Continental O-470-11 mit 159 kW (216 PS)
**Leistung:** Höchstgeschwindigkeit 209 km/h; Reichweite 853 km
**Gewicht:** Leermasse 732 kg; max. Startmasse 1089 kg
**Abmessungen:** Spannweite 10,97 m; Länge 7,85 m; Höhe 2,22 m; Tragflügelfläche 16,16 m²

***Die amerikanischen und die südvietnamesischen Streitkräfte (Bild) verwendeten zahlreiche O-1 Bird Dog im Vietnamkrieg. Die meisten Flugzeuge waren in den Fliegerleitdienst eingebunden.***

# Cessna Modell 310/320/335/340/U-3

1952 leitete Cessna die Konstruktion eines neuen zweimotorigen Leichtflugzeugs für fünf bis sechs Personen mit der Bezeichnung **Cessna Modell 310** ein, und am 3. Januar 1953 hob der Prototyp zum Erstflug ab. Diese Serie sollte sich als recht populär erweisen. Der Versuchsmaschine dieses Tiefdeckers mit Bugrad-Fahrwerk diente ein 168 kW (228 PS) Continental O-470 als Antrieb, doch die erste Baureihe erhielt die stärkere Motorversion IO-470 mit je 194 kW (264 PS). Dieses Triebwerk war als E225 für militärische Zwecke entwickelt worden, und die **Cessna Modell 310** gehörte zu den ersten zivilen Anwendern. Deutliches Erkennungsmerkmal dieses Musters stellten die beiden Treibstofftanks an den Flächenenden dar, die damals die gesamte Kraftstoffkapazität ausmachten.

1954 begann die Auslieferung der Serienflugzeuge, in die Jahr für Jahr Verfeinerungen einflossen. Eine Luxusversion mit turbogeladenen Motoren, Klimatisierung und Sauerstoffversorgung als Standard erschien 1966. Sie hieß bei der Einführung Turbo-System **Executive Skyknight**, war aber kurze Zeit auch als **Modell 320** bekannt und wurde später als **Turbo T310** vermarktet. Den Abschlußreigen bildeten die **Modell 310** mit Continental IO-520-MB mit je 213 kW (290 PS) als Basisflugzeug, das strukturell identische **Modell 310 II** mit einem spezifischen Avionik-/Ausrüstungspaket ab Werk, die **Turbo T310** mit TSIO-520-BB-Triebwerken und die **Turbo T310 II** mit dem gleichen zusätzlichen Ausrüstungspaket wie in der **Modell 310 II**. Mitte der fünfziger Jahre hatte die US Air Force nach einer vergleichenden Bewertung eine geringfügig modifizierte Version der **Modell 310** für den Verbindungsdienst in Auftrag gegeben. Die Dienstbezeichnung **L-27A** dieser militärischen Variante änderte sich 1962 in **U-3A**. Auf 160 Exemplare folgten 36 U-3B, ausgerüstet für den Betrieb unter allen Wetterbedingungen, die allgemein **Blue Canoes** genannt wurden. Bei Produktionsende 1981 waren 5241 Exemplare der zivilen **Modell 310**, darunter auch eine kleine Zahl für die französische Luftwaffe, und 196 Maschinen für die US Air Force gebaut.

Im Dezember 1971 gab Cessna die Einführung der druckbelüfteten **Modell 340** bekannt. Sie wurde von zwei TSIO-520-NB mit je 213 kW (290 PS) angetrieben und verband die Tragflächen und das Bugrad-Fahrwerk, die man für die Modell 414 entwickelt hatte, mit dem neuen Druckrumpf und dem Leitwerk der **Modell 310**. Mitte der siebziger Jahre folgte die **Modell 340A** mit Triebwerken mit je 231 kW (314 PS), und später erschien das ähnlich motorisierte **Modell 340A II** mit kompletter IFR-Avionik ab Werk. 1978 führte Cessna die **Modell 340A III** ein, deren Avionikpaket nochmals aufgewertet war und beispielsweise ein Wetterradar mit Farbbilddarstellung enthielt. Diese Version blieb bis 1985 in Produktion. Bis dahin entstanden 1287 Flugzeuge dieses Typs.

***Das Geschäftsreiseflugzeug Cessna Modell 340 mit Druckbelüftung war sehr populär. Es war mit den aufwendigen Avionik- und Ausrüstungsoptionen erhältlich, die Cessna bietet.***

Im Jahre 1979 bot Cessna eine Leichtversion der **Modell 340** ohne Druckbelüftung an, zunächst mit der Bezeichnung **Modell 335** und später auch als verbesserte **Modell 335 II**, doch die Fertigung endete bereits im Jahre 1980 nach insgesamt nur 45 Maschinen.

***36 U-3B „Blue Canoes" ergänzten die U-3A der US Air Force. Beide Versionen waren sowohl im Verbindungs- als auch im Frachtdienst eingesetzt.***

**TECHNISCHE DATEN**
**Cessna Modell 310**

**Typ:** fünf-/sechssitziger Kabinen-Eindecker
**Triebwerke:** zwei 6-Zylinder-Boxermotoren Continental IO-520-MB je 213 kW (290 PS)
**Leistung:** Höchstgeschwindigkeit in Meereshöhe 383 km/h; wirtschaftliche Reisegeschwindigkeit 267 km/h in 3050 m Höhe; Dienstgipfelhöhe 6020 m; Reichweite bei wirtschaftlicher Reisegeschwindigkeit mit max. Treibstoffzuladung 2840 km
**Gewicht:** Leermasse 1523 kg; max. Startmasse 2495 kg
**Abmessungen:** Spannweite 11,25 m; Länge 9,74 m; Höhe 3,25 m; Tragflügelfläche 16,63 m²

# Cessna Modell 318/T-37/Modell 318E/A-37 Dragonfly

Anfang der fünfziger Jahre hielt die US Air Force Ausschau nach einem Strahltrainer, und 1953 ging Cessna als Sieger aus diesem Wettbewerb hervor. Es folgte ein Auftrag zur Konstruktion zweier Prototypen XT-37. Die Herstellerbezeichnung lautete **Cessna Modell 318**, und am 12. Oktober 1954 absolvierte der erste Vertreter dieses Typs seinen Erstflug. Die **XT-37** war ein in seiner Schlichtheit perfekter Tiefdecker in Ganzmetallbauweise, der das langersehnte Konzept Wirklichkeit werden ließ, daß Fluglehrer und Schüler nebeneinander saßen (statt hintereinander, wie bislang in den USA praktiziert). Den Antrieb besorgten zwei Continental-Strahltriebwerke (eine amerikanisierte Version des französischen Turboméca Marboré), die beidseitig in die Flächenansätze eingebettet waren. Das Höhenleitwerk lag hoch über dem Rumpf nach dem ersten Drittel der Seitenflosse, damit sichergestellt war, daß seine Anströmung nicht vom Düsenstrahl beeinflußt wurde.

Das erste von elf im Jahre 1954 bestellten Serienflugzeugen **T-37A** startete am 27. September 1955 zum Jungfernflug. Die Indienststellung der **T-37A**, von der anschließend 534 Flugzeuge gebaut wurden, verzögerte sich, da eine Vielzahl von Änderungs- und Modifikationsmaßnahmen erforderlich wurden, bis man das Muster für geeignet zur Ausbildung befand.

Ab 1957 wurde die **T-37** für die fliegerische Grundausbildung der Anwärter verwendet, die den Anfängerkurs auf der Beech T-34 Mentor erfolgreich abgeschlossen hatten. Im April 1961 ging man zur durchgehenden Pilotenschulung auf Strahlflugzeugen über, so daß die Fluganwärter von Anfang an die **T-37** bestiegen, deren Geschwindigkeitsspektrum von 138 km/h bis 684 km/h reichte. Die von vielen befürchtete katastrophale Unfallrate blieb zwar aus, aber ein Faktor, den man zu wenig bedacht hatte, waren die mit Strahlflugzeugen verbundenen viel höheren Ausbildungskosten. Da sich gegen Ende jeder Anfängerschulung unweigerlich eine variierende Ausfallquote ergibt, revidierte man die Entscheidung 1964 und griff für den ersten Ausbildungsabschnitt wieder auf leichte Kolbenmotorflugzeuge mit erheblich niedrigeren Betriebskosten zurück. Die **T-37** flog daher nur noch der Anwärterkreis, der das erste Aussieben überstanden hatte.

Die **T-37B** mit schubstärkeren Triebwerken und verbesserter Navigations- und Funkausrüstung wurden im November 1959 in Dienst gestellt und alle noch existierenden **T-37A** entsprechend nachgerüstet. Die Schlußversion war die **T-37C** mit Waffenträgern und Zusatztanks an den Flächenenden. Bei Einstellung der Produktion im Jahre 1977 hatte Cessna insgesamt 1268 **T-37** an die USAF und Exportabnehmer ausgeliefert. 1962 prüfte das Special Air Warfare Center der USAF zwei **Cessna T-37B** auf ihre Eignung für COIN-Einsätze (COunter-INsurgency = Kleinkrieg/Aufstandsbekämpfung). Die Maschinen wurden zunächst mit Originaltriebwerken in Form von zwei Continental J69-T-25 mit je 465 kg Schub bei einer Abflugmasse von 3946 kg getestet, fast 33 Prozent mehr als das normale Startgewicht. Folglich modifizierte man die Zelle zur Aufnahme zweier J85-GE-5-Strahltriebwerke von General Electric, die je 1089 kg Schub erzeugten. Diese massive Schuberhöhung ermöglichte es, das Startgewicht der **YAT-37D**, wie diese Version inzwischen hieß, nach und nach an eine Obergrenze von 6350 kg heranzuführen. Dadurch ergab sich ein beachtliches Waffenlastpotential.

Bis zum Vietnamkrieg blieb diese Kapazität ungenutzt, doch dann sah sich die USAF genötigt, eine bewaffnete Variante ihres hervorragenden Strahltrainers ins Auge zu fassen. 1966 wurde Cessna daher angewiesen, 39 **T-37B** vom Band weg zu leichten Kampfflugzeugen umzurüsten. Dem neuen Modell lag die Erfahrung mit den beiden **YAT-37D** zugrunde, und es wurde mit acht Waffenstationen unter den Flächen, Zusatztanks an den Flächenenden und gedrosselten Strahltriebwerken General Electric J85-GE-5 ausgerüstet.

Am 2. Mai 1967 begann die Auslieferung an die USAF, und im zweiten Halbjahr unternahm eine Staffel mit 25 solcher Flugzeuge, denen man die Bezeichnung **A-37A** und den Namen **Dragonfly** zugewiesen hatte, eine viermonatige Einsatzbewertung in Südvietnam. Nach dieser Prüfung wurden die Maschinen der 604. Air Commando Squadron in Bien Hoa zugeführt und 1970 zu den Luftstreitkräften Südvietnams überstellt.

In der Zwischenzeit hatte Cessna den Prototyp der **Modell 318E** konstruiert, der auf der **T-37** basierte und von vornherein als leichtes Angriffsflugzeug ausgelegt war. Diese Versuchsmaschine flog erstmals im September 1967. Man verlor nur wenig Zeit mit der Kampferprobung und ließ die erste Baureihe **A-37B** rasch anlaufen, so daß die Auslieferung im Mai 1968 beginnen konnte.

Von den **YAT-37D**-Prototypen hob sich die **A-37B** durch eine verstärkte Zelle ab, die sich mit 6g belasten ließ. Hinzu kamen ein auf 1920 Liter erhöhtes Tankvolumen

***Die Cessna T-37 Tweet dient der Schulung von USAF-Piloten. Zwei Sitze nebeneinander sorgen für eine bessere Koordination.***

**TECHNISCHE DATEN**
**Cessna A-37B**

**Typ:** zweisitziges leichtes Kampfflugzeug
**Triebwerke:** zwei Strahltriebwerke General Electric J85-GE-17A mit je 1293 kg Schub
**Leistung:** Höchstgeschwindigkeit in 4875 m Höhe 834 km/h; max. Marschgeschwindigkeit in 7620 m Höhe 787 km/h; Reichweite mit max. Treibstoffzuladung in 7620 m Höhe mit Standardreserven 1629 km; Reichweite mit max. Nutzlast, einschließlich 1860 kg externer Waffenlast, 740 km
**Gewicht:** Rüstmasse 2817 kg; max. Startmasse 6350 kg
**Abmessungen:** Spannweite 10,93 m; Länge 8,62 m; Höhe 2,71 m; Tragflügelfläche 17,98 m²
**Bewaffnung:** Spreng-, Brand- und Schüttbomben sowie Raketen- und Kanonenbehälter

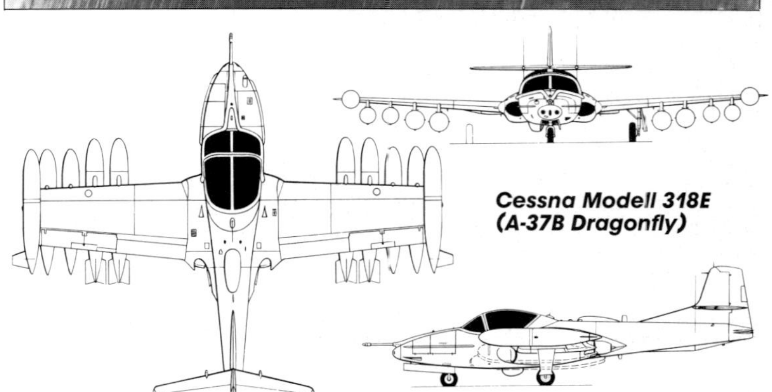

***Cessna Modell 318E (A-37B Dragonfly)***

für Interntreibstoff sowie die Möglichkeit zur Beladung mit vier Zusatztanks für weitere 1516 Liter und eine Luftbetankungsanlage. Für den Antrieb sorgten nun zwei General Electric J85-GE-17A. Eine 7,62-mm-Minikanone GAU-2B/A war eingebaut, und die acht Träger unter den Flächen konnten ein Waffenmix von maximal 2268 kg aufnehmen. Um die Wirkung auswerten zu können, führten die Maschinen getrennte Zielkameras für Rohr- und Abwurfwaffen mit. Nylonlagen im Bereich des Cockpits boten der Besatzung Schutz vor den Geschossen leichter Flugabwehrwaffen. Nach insgesamt 577 **A-37B**, die bei der USAF und einer kleinen Zahl verbündeter Nationen flogen, wurde die Produktion eingestellt. Viele Maschinen gingen an die amerikanische Nationalgarde der Luftwaffe und auch an die Luftstreitkräfte Südvietnams.

***Die US Air Force und eine Reihe anderer Luftstreitkräfte schätzten die Cessna A-37 Dragonfly als leichtes Kampfflugzeug, so daß sie in beachtlicher Stückzahl gefertigt wurde. Die A-37 kann eine ordentliche Waffenlast mitführen und dient primär zur Aufstandsbekämpfung. Das Bild zeigt eine südvietnamesische Maschine, die mit Tanks und Bomben beladen ist.***

# Cessna Modell 336/337 Skymaster/O-2/Reims F337/Milirole

Ende der fünfziger Jahre wandte Cessna das Antriebskonzept mit einer Zug- und einer Druckschraube für ein preiswertes, einfach zu fliegendes Leichtflugzeug an. Der Vorteil im Vergleich zu gewöhnlichen zweimotorigen Mustern bestand darin, daß bei Motorausfall keine Probleme durch asymmetrischen Vortrieb auftraten.

Am 28. Februar 1961 startete der Prototyp der **Cessna Modell 336 Skymaster** zum Erstflug, und 15 Monate später lag die Musterzulassung des FAA vor. Im Mai 1963 lieferte Cessna die ersten Maschinen. Das neue Muster, angetrieben von zwei Continental IO-360-A mit je 157 kW (214 PS), hatte ein starres Dreibein-Fahrwerk und eine viersitzige Kabine, doch es waren auch andere Inneneinrichtungen mit bis zu sechs Plätzen möglich. Ein starres Fahrwerk für zweimotorige Leichtflugzeuge erschien jedoch nicht mehr zeitgemäß, so daß die **Skymaster** nach 195 Exemplaren Anfang 1965 der **Modell 337 Super Skymaster** mit Einziehfahrwerk weichen mußte. Zusätzlicher Gepäckraum wurde in Form eines Anbaukunststoffbehälters unter dem Rumpf mit 136 kg Fassungsvermögen angeboten.

1969 unternahm die französische Firma Reims Aviation die Lizenzmontage der **Modell 337** mit Baugruppen, die Cessna lieferte und von Rolls-Royce in Lizenz gefertigten Continental-Motoren. Die Parallelproduktion in den USA und in Frankreich hielt an, und die französischen Maschinen wurden **Reims F337** bezeichnet. Vorübergehend hieß die **F337** ohne Druckbelüftung auch **Milirole.** 1970 führte **Reims** eine turbogeladene Version, **Modell 337 Turbo System Super Skymaster**, ein. Im Juli 1971 aber flog der Prototyp der druckbelüfteten **T337 Skymaster** (der Begriff Super war inzwischen gestrichen) mit zwei Continental-TSIO-360-Triebwerken mit je 168 kW (228 PS), und die Lieferungen setzten im Mai des folgenden Jahres ein. Ab 1974 entwickelte Reims eine besondere Kurzpistenversion, die **FTB337**, für die ein vielseitiges Ausrüstungsangebot besteht, um sie ohne Druckkammer einem breitgefächerten Aufgabenspektrum wie Patrouillen- und Rettungsflügen über Land und See anpassen zu können.

Militärflugzeuge mit der Bezeichnung **O-2** wurden an die US Air Force für unterschiedliche Zwecke geliefert, darunter auch für den Fliegerleitdienst. Die Erfahrung in Vietnam hatte gelehrt, daß sich solche Einsätze effektiver mit FAC-Flugzeugen ausführen ließen, die mit einem Piloten und einem Forward Air Navigator (FAN) besetzt waren. Letzterer konnte sich voll auf die Fliegerleitaufgaben konzentrieren. Die Wahl eines Fertigprodukts, das für diese Rolle am besten geeignet war, fiel Ende 1966 auf die Cessna **Modell 337**. Hinzu kamen lediglich vier Träger für Leuchtkörper, Raketen und leichte Waffen wie ein 7,62-mm-Minikanonenbehälter unter den Tragflächen. Insgesamt 501 solcher **O-2A** gingen an die USAF. Darüber hinaus führte die USAF die Spezialversion **O-2B** zur psychologischen Kampfführung ein. Diese Maschinen waren mit einer leistungsstarken Lautsprecheranlage ausgestattet, die sich aus drei 600-Watt-Verstärkern und einer ganzen Batterie von Richtlautsprechern zusammensetzte. Die Gesamtbeschaffung der **O-2B** umfaßte 31 Flugzeuge. Beide Versionen führten äußerst fortschrittliche Navigations- und Funkgeräte mit. Anfang 1970 wurden zwölf **O-2A** an die iranische Luftwaffe geliefert.

Mitte 1980 beendete Cessna die Serienfertigung der **Modell 337** nach 1837 Exemplaren des Grundmodells 337, 313 Exemplaren der druckbelüfteten **Modell 337** und 544 militärischen **O-2**. Die französische Produktion bei Reims Aviation ergab 66 Exemplare der **Modell F337**, 27 **F337P** und 61 **FTB337**.

1980 vermarktete Summit Aviation Inc. in Middleton, Delaware, eine militärische Version der **T337**. Es handelte sich um Zivilflugzeuge mit der Bezeichnung **Modell T337**, die zum Null-Stunden-Status gefertigt und für ein vielfältiges militärisches Aufgabenbündel ausgerüstet waren. Zwischen 1980 und 1983 gingen zehn **O2-337** mit vier Standard-NATO-Außenlastträgern unter den Flächen, jeder mit 159 kg belastbar, an die Königlich-Thailändische Marine. Weitere Exemplare, angeblich alle vom CIA bereitgestellt, dienten in Haiti, Honduras, Nicaragua und Senegal.

***Die Gepäckkapazität der Modell 337 läßt sich durch einen Anbaubehälter unter dem Rumpf problemlos erweitern.***

***Im Fliegerleitdienst wurde die Bird Dog von der O-2A unterstützt, die das gegnerische Abwehrfeuer mit ihren vier Kanonenbehältern niederhalten konnte. Zur Zielbekämpfung markierten sie die Objekte mit Phosphorraketen.***

**TECHNISCHE DATEN**
**Cessna Modell 337**

**Typ:** sechssitziger Kabinen-Eindecker
**Triebwerke:** zwei 6-Zylinder-Boxermotoren Continental IO-360-GB mit je 157 kW (214 PS)
**Leistung:** Höchstgeschwindigkeit 332 km/h in Meereshöhe; max. Reisegeschwindigkeit 315 km/h in 1675 m; Dienstgipfelhöhe 5485 m; Reichweite 2288 km in 3050 m Höhe
**Gewicht:** Leermasse 1264 kg; max. Startmasse 2100 kg
**Abmessungen:** Spannweite 11,63 m; Länge 9,07 m; Höhe 2,79 m; Tragflügelfläche 18,81 m²

# Cessna Modell 401/Utiliner/402/Businessliner/411

Bei ihrem Erstflug am 18. Juli 1962 stellte die **Cessna Modell 411** das größte Geschäftsreiseflugzeug dieses Herstellers dar Es war grundsätzlich ähnlich ausgelegt wie die Modell 310, unterschied sich aber durch eine etwas größere Spannweite und Flügelfläche, einen längeren Rumpf, einen stärkeren Antrieb in Form zweier 6-Zylinder-Boxermotoren mit Turbolader, Continental GTSIO-520-C mit je 254 kW (345 PS), und eine Kabine für zwei bis sechs Passagiere neben der zweiköpfigen Besatzung im Cockpit. Im Juni 1978 lief die Produktion der **Modell 411** nach 400 Exemplaren aus, von denen eine kleine Zahl an die französische Luftwaffe geliefert wurde.

***Cessna Modell 402B der TAM Linha Aerea Regional, Brasilien***

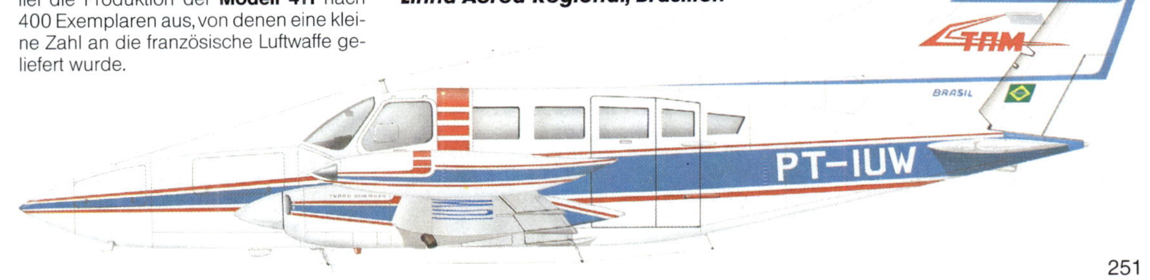

**TECHNISCHE DATEN**
**Cessna Modell 402 Businessliner**

**Typ:** sechs-/achtsitziges Geschäftsreiseflugzeug
**Triebwerke:** zwei turbogeladene 6-Zylinder-Boxermotoren Continental TSIO-520-VB mit je 242 kW (329 PS)
**Leistung:** Höchstgeschwindigkeit 428 km/h in 4875 m Höhe; wirtschaftliche Reisegeschwindigkeit 307 km/h in 6095 m Höhe; Dienstgipfelhöhe 8200 m; max. Reichweite mit max. Treibstoffzuladung in 3050 m Höhe 2359 km
**Gewicht:** Leermasse 1845 kg; max. Startmasse 3107 kg
**Abmessungen:** Spannweite 13,45 m; Länge 11,09 m; Höhe 3,49 m; Tragflügelfläche 20,98 m²

***Über den zivilen Kundenkreis hinaus fand die Modell 402B auch mehrere militärische Abnehmer, wie beispielsweise Malaysia.***

Am 26. August flog Cessna einen im großen und ganzen ähnlichen Prototyp für zwei neue Muster, **Modell 401** und **Modell 402**. Die Zulassung des FAA vom 20. September 1966 für den Prototyp der **Modell 401** deckte zugleich die **Modell 402** ab. Diese beiden Flugzeuge repräsentierten kostengünstigere Versionen der **Modell 411**, von dem sie sich vor allem durch 6-Zylinder-Boxermotoren Continental TSIO-520-E mit je 224 kW (305 PS) und eine reduzierte Grundausrüstung abhoben. Während die **Modell 401** vier bis sechs Passagieren Platz bot, war die Kabine der **Modell 402** zur raschen Umrüstung vom neunsitzigen Zubringer- zum reinen Frachtflugzeug und umgekehrt ausgelegt.

Mitte 1972 lief die Produktion der **Modell 401** aus, und die Entwicklung konzentrierte sich nunmehr auf die **Modell 402**, die im Dezember 1971 den Beinamen **Utiliner** erhalten hatte. Gleichzeitig wurde eine Version der **Modell 402** als Businessliner vorgestellt.

Beide Varianten, nunmehr angetrieben von TSIO-520-VB mit je 242 kW (329 PS), erfuhren stetige Verbesserungen und hielten sich einige Zeit als **Utiliner II** für zehn Passagiere oder Fracht und als **Businessliner II** für zwei bis sechs Fluggäste in der Produktion. Die letzte Variante war das Firmenflugzeug **Businessliner III**, ausgestattet mit einem reichhaltigeren Avionikpaket, einschießlich Wetterradargerät. Der nachlassende Absatz führte 1986 zur Einstellung der Produktion. Bis dahin waren insgesamt 1540 **Cessna 402** gebaut, darunter auch die zwölf im Jahre 1975 an die Königlich-Malayische Luftwaffe gelieferten Exemplare.

# Cessna Modell 404 Titan

Am 26. Februar 1975 flog der Prototyp der neuen zweimotorigen **Cessna Modell 404**, später **Titan** genannt, und die Auslieferung begann im Oktober 1976. Im äußeren Erscheinungsbild glich die Titan der Turboprop-Maschine Conquest, deren Erstflug später stattfand. Beiden Flugzeugen gemeinsam war das für zweimotorige Cessna-Muster neue Höhenleitwerk mit positiver V-Stellung. Von zwei turbogeladenen GTSIO-520-M angetrieben, bot die **Titan** ein um rund 30 Prozent besseres Verhältnis von Tonnenmeilen pro Gallone gegenüber der Modell 402. Zunächst waren zwei Versionen verfügbar, das Passagierflugzeug **Titan Ambassador** mit alternativer Inneneinrichtung für Geschäftsreisende und die **Titan Courier** für den Fracht- oder Passagierdienst mit bis zu zehn Sitzen.

Bis zum Frühjahr 1982 hatte sich das Angebot auf sieben Varianten gesteigert. Dazu gehörten die Standardversion **Titan Ambassador** sowie die **Titan Ambassador II** und die **Titan Ambassador III**, beide mit bestimmten Avionik-/Ausrüstungspaketen ab Werk, die **Titan Courier** und die **Titan Courier II**, letztere mit demselben Avionik-/Ausrüstungspaket wie in der Ambassador II, sowie die beiden Nur-Frachtflugzeuge **Titan Freighter** und **Titan Freighter II**, die jeweils 1588 kg Fracht befördern konnten und ab Werk eine bestimmte Avionikausrüstung sowie eine Polycarbonat-Auskleidung zum Schutz der Zelle vor Beschädigungen erhielten. Als die **Titan**-Produktion im April 1982 auslief, waren 378 Flugzeuge verkauft worden.

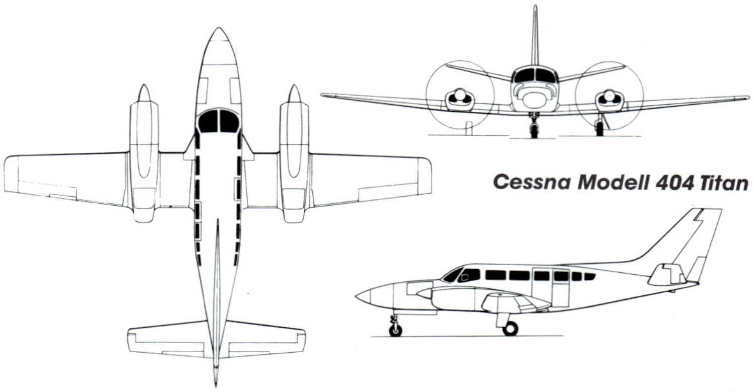

***Cessna Modell 404 Titan***

***Die Titan wurde als vielseitiger Transporter in drei Versionen entwikkelt: das Passagierflugzeug Ambassador, die umrüstbare Courier und die Freighter als reine Frachtmaschine.***

**TECHNISCHE DATEN**
**Cessna Titan Ambassador**

**Typ:** zwei-/zehnsitziges Passagier-, Geschäftsreise- oder Frachtflugzeug
**Triebwerke:** zwei turbogeladene 6-Zylinder-Boxermotoren Continental GTSIO-520-M mit je 280 kW (381 PS)
**Leistung:** Höchstgeschwindigkeit 430 km/h in 4875 m Höhe; wirtschaftliche Reisegeschwindigkeit 303 km/h in 6095 m Höhe; max. Reichweite bei wirtschaftlicher Reisegeschwindigkeit in 6095 m Höhe 3410 km
**Gewicht:** Leermasse 2192 kg; max. Startmasse 3810 kg
**Abmessungen:** Spannweite 14,12 m; Länge 12,04 m; Höhe 4,04 m; Tragflügelfläche 22,48 m²

# Cessna Modell 414 Chancellor

Um Besitzer von zweimotorigen Leichtflugzeugen ohne Druckkabine anzuregen, auf eine druckbelüftete zweimotorige Transportmaschine umzusteigen, verband Cessna den Rumpf der Modell 421 mit dem für die 401 entwickelten Tragwerk. Das neue Muster erhielt die Bezeichnung **Cessna Modell 414** und flog erstmals am 1. November 1968. Die Musterzulassung folgte im August des folgenden Jahres. Den Käufern standen diverse Kabinenauslegungen und Sitzeinrichtungen für bis zu sieben Passagiere zur Wahl. Zu den bei diesem Typ eingeführten Neuerungen zählten Triebwerkzellen, deren Lufteinläufe zur Verbesserung der Motorkühlung bündig mit der Außenhaut abschlossen, und ein von Cessna entwickeltes Kraftstoffüberwachungssystem, das dem Flugzeugführer das Management wesentlich erleichterte.

***Im Modell 414 finden bis zu sieben Passagiere Platz. Die runden Kabinenfenster lassen auf eine Druckkabine schließen.***

Verbesserungen, die seit ihrem Erscheinen bis zum Jahr 1976 für die Modell 402 entwickelt worden waren, führten zu dem neuen Muster, dem man in jenem Jahr den Namen **Chancellor** verlieh. 1976 stand es sowohl in der Standardversion wie als **Modell 414 II** bereit, letzteres mit einem bestimmten Avionik- und Ausrüstungspaket ab Werk. 1978 brachte Cessna mit der **Modell 414A Chancellor** eine verbesserte Version heraus. Die Hauptänderung waren ein Tragwerk mit größerer Spannweite und Integraltreibstofftanks sowie ein erweiterter Bug.

Die zwischen 1978 und 1986 verfügbaren Versionen waren die Standardmodell **414A Chancellor**, die **Chancellor II** und die spätere **Chancellor III**, alle mit unterschiedlichen Avionik- und Ausrüstungpaketen ab Werk. Als die Produktion der **Modell 414/414A** im Jahre 1986 auslief, waren 1067 Exemplare gefertigt worden.

**TECHNISCHE DATEN**
**Cessna Modell 414A Chancellor**

**Typ:** sechs-/achtsitziges leichtes Transportflugzeug mit Druckkabine
**Triebwerke:** zwei turbogeladene 6-Zylinder-Boxermotoren Continental TSIO-520-NB mit je 231 kW (314 PS)
**Leistung:** Höchstgeschwindigkeit 436 km/h in 6095 m Höhe; wirtschaftliche Reisegeschwindigkeit 340 km/h in 7620 m Höhe; Dienstgipfelhöhe 9390 m; max. Reichweite bei wirtschaftlicher Reisegeschwindigkeit in 3350 m Höhe 2459 km
**Gewicht:** Leermasse 1994 kg; max. Startmasse 3062 kg
**Abmessungen:** Spannweite 13,45 m; Länge 11,09 m; Höhe 3,49 m; Tragflügelfläche 20,98 m²

# Cessna Modell 421 Golden Eagle

Im Oktober des Jahres 1965 gab Cessna die Entwicklung eines neuen druckbelüfteten Geschäftsreiseflugzeugs bekannt, das die Bezeichnung **Cessna Modell 421** erhielt. Der Prototyp dieses Musters war am 14. Oktober 1965 erstmals geflogen. Von der Modell 401/411 abgeleitet, hob sich das neue Muster in seiner Originalauslegung vor allem durch seinen nach den Grundsätzen der „Ausfallsicherheit" konstruierten Druckrumpf und durch die Klimatisierungs- und Druckbelüftungsanlage von AiResearch ab. Die Lieferung der Serienflugzeuge setzte schließlich im Mai 1967 ein, nachdem man dem Typ am Ersten desselben Monats die Flugtüchtigkeit bescheinigt hatte.

1970 wurden zwei neue Versionen eingeführt, **Modell 421B Golden Eagle** und **Modell 421B Executive Commuter**. Beide zeichneten sich durch eine Reihe von Verbesserungen aus, wie etwa einen gestreckten Bug zur Unterbringung weiterer Avionikbausteine und mehr Gepäck, eine größere Spannweite, ein stärkeres Fahrgestell für höhere Betriebsmassen und zahlreiche Verfeinerungen im Detail. Die **Executive Commuter** entsprach im Kern der **Golden Eagle**, aber ihre Innenausstattung in Leichtbauweise gestattete den raschen Wechsel vom zehnsitzigen Passagier- zum Frachttransportflugzeug und umgekehrt. Diese beiden Versionen wichen 1976 der **Modell 421C Golden Eagle**, die einige bedeutende Änderungen mit sich brachte. Dazu zählten neue Tragflächen ohne die typischen Außentanks, die durch Integraltanks der Art, wie sie später die Modell 414 einführte, ersetzt worden waren. Zudem hatte man das Seitenleitwerk deutlich erweitert und leistungsstärkere Turbolader eingebaut. Vier Versionen waren erhältlich: die **Modelle 421C Golden Eagle** und **421C Executive Commuter** sowie beide in der Ausführung **Modell 421C II**, die sich durch die Avionik- und Systemausrüstung unterschieden.

Nachdem die Fertigung der **Executive Commuter** 1978 ausgesetzt wurde, gab es die **Golden Eagle** in der Standardversion und in den Ausführungen **Modell 421C II** und **Modell 421C III** mit unterschiedlichen Avionik- und Ausrüstungspaketen.

Als Ende 1985 die Produktion endgültig auslief, waren 1909 **Golden Eagle** aller Versionen ausgeliefert.

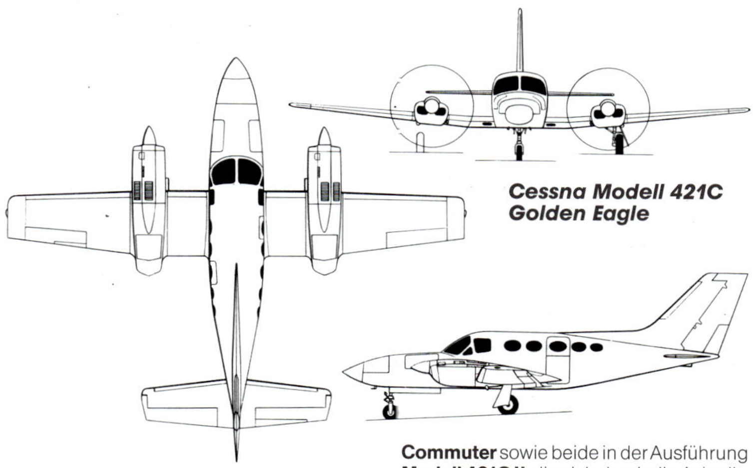

***Cessna Modell 421C Golden Eagle***

**TECHNISCHE DATEN**
**Cessna Modell 421C Golden Eagle**

**Typ:** sechs-/achtsitziges Leichtflugzeug mit Druckkabine
**Triebwerke:** zwei turbogeladene 6-Zylinder-Boxermotoren Continental GTSIO-520-N mit je 280 kW (381 PS)
**Leistung:** Höchstgeschwindigkeit 478 km/h in 6095 m Höhe; wirtschaftliche Reisegeschwindigkeit 356 km/h in 7620 m Höhe; Dienstgipfelhöhe 9205 m; max. Reichweite bei wirtschaftlicher Reisegeschwindigkeit in 3050 m Höhe 2752 km
**Gewicht:** Leermasse 2129 kg; max. Startmasse 3379 kg
**Abmessungen:** Spannweite 12,53 m; Länge 11,09 m; Höhe 3,49 m; Tragflügelfläche 19,97 m²

# Cessna Modell 425 Corsair

Im November 1977 begann Cessna mit dem Entwurf für ein neues leichtes Geschäftsreiseflugzeug mit Druckbelüftung, dessen Prototyp am 12. September 1978 erstmals vom Boden abhob. Das Muster verband die Zelle der Modell 421 Golden Eagle mit zwei PT6A-Propellerturbinen von Pratt & Whitney of Canada. Ein weiteres Merkmal war das nach oben abgewinkelte Höhenleitwerk der Modell 404. Diese Auslegung verhalf der **Cessna Modell 425 Corsair**, die 1980 eingeführt wurde, sowohl zu höheren Geschwindigkeiten im Reiseflug als auch zu größeren Flughöhen. Wie die Modell 421 bot die **Corsair** sechs bis acht Passagieren in unterschiedlicher Kabinenauslegung und verschiedener Inneneinrichtung Platz. Hinzu kam ein hoher Avionik- und Ausrüstungsstandard. Die Musterzulassung erfolgte Mitte 1980, so daß Cessna die ersten Maschinen im November desselben Jahres ausliefern konnte. Ende 1982 wurde das Muster als **Corsair I** vermarktet. Nach 226 Serienflugzeugen endete die Produktion 1986. Die Garrett-motorisierte **Corsair II** wurde als **Modell 441** gebaut.

**TECHNISCHE DATEN**
**Cessna Modell 425 Corsair**

**Typ:** sechs-/achtsitziges Leichtflugzeug mit Druckkabine
**Triebwerke:** zwei Propellerturbinen Pratt & Whitney of Canada PT6A-112, gedrosselt auf je 335,5 kW (456 WPS)
**Leistung:** Höchstgeschwindigkeit 489 km/h in 5400 m Höhe; Dienstgipfelhöhe 10.180 m; max. Reichweite bei wirtschaftlicher Reisegeschwindigkeit in 9145 m Höhe 2919 km
**Gewicht:** Rüstmasse 2229 kg; max. Startmasse 3901 kg
**Abmessungen:** Spannweite 13,45 m; Länge 10,93 m; Höhe 3,84 m; Tragflügelfläche 20,90 m²

***Die Golden Eagle (Modell 421) war eines der erfolgreichsten zweimotorigen Cessna-Flugzeuge, so daß sich eine Umstellung auf Turboprop-Triebwerke anbot. So entstand die Modell 425 Corsair, die die Zelle der Modell 421 mit PT6A-Propellerturbinen von P&WC verbindet, um eine bessere Zuverlässigkeit, höhere Reisefluggeschwindigkeiten und größere Reichweiten zu erzielen. In bezug auf das Flugwerk setzt sich die Corsair durch ihr Höhenleitwerk mit positiver V-Stellung allerdings deutlich von der Golden Eagle ab.***

## Cessna Modell 441 Conquest II bis Chrislea Super Ace

**Nach turbulenten Zeiten in den 70er und 80er Jahren kam die Cessna Aircraft Company 1985 zu General Dynamics und 1992 weiter zu Textron. Die „Bizjets“ brachten neue Belebung. Vought hatte seit seinen Anfängen 1917 als Lewis & Vought eine sehr wechselhafte Erfolgsgeschichte, bis der Name in der LTV Aerospace Company aufging und damit verschwand.**

# Cessna Modell 441 Conquest II

Am 15. November 1974 kündigte Cessna die Entwicklung eines neuen Turboprop-Geschäftsreiseflugzeugs mit Druckkabine an, das die Bezeichnung **Cessna Modell 441** erhielt. Der Prototyp flog erstmals am 26. August 1975, und bis zum Lieferbeginn im Jahre 1977 hatte man dem Muster den Beinamen **Conquest** verliehen. Als Antrieb dienten zwei Garrett-TPE331-Propellerturbinen, die eigens für Spitzenleistungen in bezug auf Höhe und Geschwindigkeit entwickelt worden waren, wie Cessna sie für dieses elfsitzige Muster wünschte.

Cessna hatte erwartet, daß die **Conquest** in das Marktsegment der etablierten Geschäftsreiseflugzeuge eindringen könnte. Die Firma stellte die Vermarktung nach dem Absturz eines der ersten Serienflugzeuge Anfang des Jahres 1978 aber zurück und belegte die **Conquest** mit einem Flugverbot. Vor der Neuzulassung wurde das Leitwerk modifiziert, und folglich mußten sämtliche Flugzeuge, die bereits voher fertiggestellt worden waren, ebenfalls diese neue Baugruppe, d.h. die neue Höhenflosse, erhalten.

***Cessna Modell 441 Conquest mit amerikanischer Zivilzulassung***

Die **Modell 441 Conquest** vereinte in sich das Trag- und Fahrwerk der Modell 404 Titan, allerdings mit erhöhter Spannweite durch erweiterte Flächenenden. Die druckbelüftete und klimatisierte Kabine konnte bis zu zehn Passagiere aufnehmen, doch es gab auch eine viersitzige Luxusausführung. 1983 wurde die **Modell 441** in **Conquest II** umbenannt. Bei Einstellung der Produktion im Jahre 1986 waren insgesamt 353 Exemplare gebaut.

### TECHNISCHE DATEN
**Cessna Modell 441 Conquest II**

**Typ:** fünf-/elfsitziges Geschäftsreiseflugzeug mit Druckkabine
**Triebwerke:** zwei Propellerturbinen Garrett TPE331-8-401S/402S mit je 474 kW (645 WPS)
**Leistung:** Höchstgeschwindigkeit 547 km/h in 4875 m Höhe; Dienstgipfelhöhe 10.670 m: max. Reichweite bei wirtschaftlicher Reisegeschwindigkeit mit Reserven in 10.670 m Höhe 4245 km
**Gewicht:** Leermasse 2631 kg; max. Startmasse 4468 kg
**Abmessungen:** Spannweite 15,04 m; Länge 11,89 m; Höhe 4,01 m; Tragflügelfläche 23,56 m²

# Cessna Modell 500 Citation

Die **Cessna Citation**, 1968 angekündigt, gehörte zu den ersten turbofangetriebenen Geschäftsreiseflugzeugen, die der Forderung von Umweltschützern nach leiseren und ökonomischeren Triebwerken Rechnung trugen. Die Entwicklung bürdete dem Hersteller enorme Investitionen auf, doch als der Prototyp namens Fanjet 500 am 15. September 1969 erstmals flog, stellte er eine ernsthafte Konkurrenz für Muster wie die D.H. 125, Falcon 20, Learjets und Sabreliner dar.

Die allgemeine Auslegung des achtsitzigen Flugzeugs, das kurz nach dem Jungfernflug in **Modell 500 Citation** umbenannt wurde, deckte sich weitgehend mit der früherer zweimotoriger Cessna-Muster, abgesehen vom Antrieb. Dieser bestand aus zwei Mantelstromtriebwerken vom Typ Pratt & Whitney Canada JT15D-1 mit je 9,8 kN Schub in Behältern, die unmittelbar hinter dem Tragwerk beidseitig am Hinterrumpf angeordnet waren. Die Flugerprobung ergab eine Reihe bedeutender Änderungen, so daß erst 1972 die ersten Maschinen ausgeliefert werden konnten. 1976 erschien die verbesserte **Modell 501 Citation I** mit größerer Spannweite und verfeinerten JT15D-1A-Triebwerken bei unveränderter Leistung. Nur wenig später folgte die **Citation 1/SP**, zugelassen für Flüge mit nur einem Piloten (SP = Single Pilot). Nach der Lieferung von 691 **Citation 1** endete die Produktion im Juni des Jahres 1985.

Die Entwicklung der strahlgetriebenen Cessna-Geschäftsreiseflugzeuge setzte sich mit der **Modell 550 Citation II** fort. Der Prototyp wurde im September 1976 angekündigt, und am 31. Januar 1977 startete er zum Erstflug. Die acht- bis zwölfsitzige Maschine wies zwei 11,12 kN schubstarke Triebwerke JT15D-4 auf sowie einen längeren Rumpf, eine größere Spannweite, ein erweitertes Tankvolumen und mehr Gepäckraum. Die Musterzulassung erfolgte im März 1978, während die für die **Citation II/SP** bis Juli 1984 auf sich warten ließ. Nach 503 Flugzeugen lief die Fertigung 1984 aus, wurde jedoch 1987 erneut aufgenommen. Ende 1989 waren insgesamt 667 Exemplare plus 15 **T-47A** ausgeliefert, was die **Modell 550** zum Bestseller unter den Geschäftsreiseflugzeugen machte. Im Oktober 1983 kündigte Cessna die überarbeitete **Citation S/II** an, und die erste Serienmaschine hob am 14. Februar 1984 zum Jungfernflug ab. Diese Version war mit JT15D-4B-Triebwerken, die in großer Höhe mehr Schub erzeugten, Tragflächen mit neuem Profil, erweiterten Flächenansätzen und modifizierten Gondelträgern ausgestattet. Eine nochmals verbesserte Version der **Citation S/II**, die **Modell 552**, erhielt im Mai 1983 den Zuschlag von der US Navy als Schulungsmuster für Radarspezialisten. Derzeit betreibt die US Navy 15 Exemplare mit der Bezeichnung **T-47A**. Diese Maschinen haben eine kürzere Spannweite und einen stärkeren Antrieb durch JT15D-5 mit 12,89 kN Schub. Erstflug war am 15. Februar 1984.

Der Erstflug der acht-/elfsitzigen **Modell 650 Citation III** fand am 30. Mai 1979 statt, gefolgt von der Zulassung im April 1982 und den ersten Lieferungen im Frühjahr 1983. Die von zwei Garrett TFE 731-3-100S mit je 16,24 kN Schub angetriebene **Citation III** brach mit der Tradition durch ihr T-Leitwerk in Verbindung mit einem gestreckten Rumpf und weiter gespannten Tragflächen. Ende 1989 waren 174 Maschinen ausgeliefert, und das Muster wird weiterhin produziert.

***Cessna Modell 500 Citation I mit kanadischer Zivilzulassung***

***Sechs Fenster pro Seite kennzeichnen den verlängerten Rumpf der Cessna Modell 550 Citation II. Die Aufnahme zeigt die fortschrittliche Version S/II mit JT15D-4B-Triebwerken und Tragflächen mit geändertem Profil sowie größerer Flügelspannweite.***

***Neben dem Übergang zum Turbofan-Antrieb durch Garrett TFE731 waren Pfeilflächen und T-Leitwerk die Änderungen, die mit der Citation III eingeführt wurden. Diese Variante stellte das Ausgangsprodukt für die nachfolgenden Citation IV, VI, VII und VIII dar.***

Die **Modell 670 Citation IV** erschien 1989 als zehnsitzige Entwicklung der **Citation III**. Turbofan-Triebwerke TFE 731-4 mit je 17,79 kN Schub sorgten für eine größere Reichweite und bessere Start- und Landeleistungen. Im Mai 1990 wurde die Weiterentwicklung der **Modell 670** zugunsten der **Citation VI** und **VII** eingestellt.

Im August 1987 flog Cessna den technischen Prototyp der achtsitzigen **Modell 560 Citation V**. Dies ist im wesentlichen ein Ableger der **S/II** mit 12,89 kN starken JT15D-5A und längerem Rumpf, der ein siebtes Kabinenfenster aufweist. Am 9. Dezember 1988 lag die Musterzulassung vor, und im April des nächsten Jahres konnten die ersten Lieferungen erfolgen. Ende 1989 hatte Cessna 33 Exemplare geliefert und gab volle Auftragsbücher bis Ende 1991 für die **Citation V** zum Preis von 3,8 Millionen US-Dollar bekannt.

Die **Citation VI** und **VII** mit acht bis zehn Sitzen wurden im Mai 1990 angekündigt. Beide Muster basierten auf der Zelle der **Citation III**, verfügten jedoch über eine besondere Inneneinrichtung und eine Avionik ab Werk. Die „einfachere" und daher preisgünstigere **Citation VI** besitzt ein Tragwerk für niedrige Geschwindigkeiten und ein modifiziertes Fahrgestell, das den Betrieb auf Grasflugplätzen gestattet. Das von zwei Garrett TFE 731-3B-100-Triebwerken angetriebene Muster ist für eine Reisegeschwindigkeit von 874 km/h in 15.544 m Höhe ausgelegt. Die Lieferung der ersten Serienmaschine war für April des Jahres 1991 anberaumt.

Die Langstreckenversion **Citation VII** bietet mit ihren TFE 731-4 mit je 18,36 kN Schub einen stärkeren Antrieb und somit bessere Flugleistungen. Die Lieferung der ersten Vertreter dieses 8,6 Millionen US-Dollar teuren Busineß-Jets mittlerer Größe war für Januar 1992 angesetzt. Im Mai 1990 verkündete Cessna die Entwicklung eines Langstrecken - Geschäftsreiseflugzeugs der „größeren Mittelklasse". Das Muster wurde von Cessna als schnellster Busineß-Jet der Welt gepriesen und offiziell als **Modell 750 Citation X** auf der im Oktober 1990 in New Orleans abgehaltenen NBAA Convention gestartet (die Bezeichnungen **Citation VIII** und **IX** waren offenbar entfallen). Das neue Flugzeug, 152 cm länger als die **Citation III**, hat zwei Turbofan-Triebwerke GM/Allison GMA-3007A mit je 27 kN, die ihm eine Reichweite von 6111 km bei Mach 0,88 in 11.278 m Höhe verleihen. Somit kann die **Citation X** nonstop von Los Angeles nach New York oder die Transatlantikstrecke von New York nach London fliegen. Die Windkanalversuche mit der **Citation X** begannen Mitte 1991. Der Roll-Out sollte im Oktober 1993, der Erstflug Ende 1993 und die Aufnahme des Liniendienstes mit dieser Maschine Mitte 1995 erfolgen. Bis Juni 1992 hatte Cessna 1911 **Citation** aller Versionen geliefert.

**TECHNISCHE DATEN**
**Cessna Modell 550 Citation II**

**Typ:** sieben-/zehnsitziges Geschäftsreiseflugzeug
**Triebwerke:** zwei Turbofan-Triebwerke Pratt & Whitney Canada JT15D-4 mit je 11,12 kN Schub
**Leistung:** Reisegeschwindigkeit 713 km/h; zulässige Gipfelhöhe 13.105 m; Reichweite mit sechs Passagieren plus Reserven 3169 km
**Gewicht:** Leermasse 3364 kg; max. Startmasse 6033 kg
**Abmessungen:** Spannweite 15,90 m; Länge 14,39 m; Höhe 4,57 m; Tragflügelfläche 30 m²

# Cessna Modell 525 CitationJet

Um seine Marktanteile auf dem Sektor leichter Geschäftsreiseflugzeuge mit Strahlantrieb auszuweiten, kündigte Cessna die Entwicklung der **Modell 525 CitationJet** an. Das neue Muster war zwar als direkter Ersatz für die eigene Citation I (deren Produktion 1985 endete) gedacht, sollte sich aber durch fortschrittliche Technologien behaupten. Bei einem Kaufpreis von rund 2,62 Millionen US-Dollar für das Ausgangsmodell will Cessna die Zielgruppe bisheriger Turboprop-Betreiber erreichen und hofft, innerhalb der nächsten zehn Jahre bis zu 1000 **CitationJet** absetzen zu können.

Der Entwurf der **CitationJet** ist von Grund auf neu, wenn auch eine gewisse Baugleichheit mit existierenden Modellen besteht, vor allem durch Verwendung von Bug, Cockpit und Rumpfdurchmesser der Citation II und V, und das Prinzip „einfacher, leichter und preiswerter" zugrunde liegt. Die sechssitzige Kabine wird mit verstellbaren Komfortsesseln ausgestattet und bietet 13 cm mehr Kopffreiheit als die Citation I. Das Gepäckraumvolumen beträgt insgesamt 5,2 m³, aufgeteilt in zwei externe Zellen und ein Abteil im Heck. Ein Schlüsselelement dieses Musters bildet der Antrieb durch zwei Williams-Rolls-Royce FJ44 mit je 8,45 kN Standschub. Die Einfachheit, Robustheit, Wirtschaftlichkeit und der Preis dieses Mantelstromtriebwerks versetzen den Jet in die Lage, in Konkurrenz zum Turboprop-Flugzeug zu treten. Außerdem macht sich der Entwurf ein Tragwerk zunutze, dessen superkritisches Profil mit natürlicher Laminarströmung (NLF = Natural Laminar Flow) den Luftwiderstand im Reiseflug beträchtlich mindert. Das Tragflächenmittelstück ist so durch den Rumpf geführt, daß die Kabine nicht beeinträchtigt wird. Das Cockpit weist moderne Avioniksysteme auf, einschließlich EFIS mit zwei 12,5-cm-Bildschirmen und der digitalen Flugkommando-/Autopilotanlage SPZ-5000 von Honeywell.

Der Startschuß für die **CitationJet** fiel auf der NBAA-Convention 1989 und trug Cessna sogleich 50 Aufträge ein. Der Erstflug fand am 29. April 1991 statt, gefolgt von der zweiten Versuchs- und Vorserienmaschine am 20. November 1991. Nach einem umfangreichen Flugerprobungsprogramm erteilte das FAA dem Muster im Oktober 1992 die Zulassung. Erstkäufer erhielten ihre Maschinen im März 1993.

**TECHNISCHE DATEN**
**Cessna Modell 525 CitationJet**

**Typ:** sechssitziger Busineß-Jet
**Triebwerke:** zwei Mantelstromtriebwerke Williams International/Rolls-Royce FJ44 mit je 8,45 kN Standschub
**Leistung:** max. Reisegeschwindigkeit in 10.668 m Höhe 703 km/h; Dienstgipfelhöhe 12.497 m; Reichweite mit vier Passagieren, Einmann-Besatzung und Treibstoffreserven für 45 Flugminuten 2779 km
**Gewicht:** Leermasse 2599 kg; max. Startmasse 4536 kg
**Abmessungen:** Spannweite 13,78 m; Länge 12,98 m; Höhe 4,18 m; Tragflügelfläche 22,30 m²

***Tragflächen mit natürlicher Laminarströmung, FJ44-Mantelstromtriebwerke und eine sechssitzige Kabine sind die Kernelemente des Einsteigermodells Cessna CitationJet. N525CJ war der Prototyp, der erstmals im April des Jahres 1991 flog.***

# Chance Vought V-166 (F4U Corsair)

***Chance Vought Corsair Mk IV (Goodyear FG-1) der No. 1850 Squadron, Fleet Air Arm, im August 1945 an Bord der HMS Vengeance eingesetzt***

Die **Chance Vought Corsair** gilt allgemein als bestes Jagdflugzeug des Zweiten Weltkriegs im trägergestützten Einsatz. Erste Exemplare bei der Fleet Air Arm der Royal Navy stellten sofort das hervorragende Kampfpotential dieses Musters unter Beweis. Als die US Navy diesen Typ ab April 1944 im Pazifik einsetzte, zerstörte die Corsair nicht weniger als 2140 Feindflugzeuge, bei einem Verlust von nur 189 eigenen Maschinen.

Die **Corsair** basiert auf einer Aufforderung der US Navy von 1938, Angebote für einen trägergestützten Jagdeinsitzer einzureichen. Das Vought-Konstruktionsteam entwickelte die kleinstmögliche Zelle für den stärksten Flugmotor, der seinerzeit zur Verfügung stand, den XR-2800 Double Wasp von Pratt & Whitney. Die Wahl dieses Motors zog ein ungewöhnliches Tragflächenkonzept der **V-166B** nach sich, wie der Entwurf zunächst genannt wurde. Der riesige Propellerdurchmesser, den der Double Wasp benötigte, bedingte ein staksiges Fahrgestell, das für den Trägereinsatz denkbar ungeeignet war. Umgekehrte Möwenflügel aber, faltbar und stark geknickt, ergaben nicht nur eine relativ große Flügelfläche bei geringer Spannweite, sondern die Lagerung des einziehbaren Hauptfahrwerks am Knickpunkt ermöglichte auch kurze und somit trägertaugliche Federbeine. Ansonsten entsprach die Ganzmetall-Konstruktion des Flugwerks dem Gewohnten, abgesehen von der bestechend klaren Linienführung.

Der am 30. Juni 1938 bestellte Prototyp **XF4U-1** hob erstmals am 29. Mai 1940 ab, aber die Kriegsberichte aus Europa zwangen zu einer Änderung der Bewaffnung. Dadurch verzögerte sich die Abnahme des Prototyps durch die US Navy bis Februar 1941, und die Erstbeschaffung von 585 Serienflugzeugen **F4U-1** wurde erst am 30. Juni 1941 genehmigt. Ein Jahr später, am 25. Juni 1942, flog die erste **F4U-1**, und die ersten Exemplare erreichten die US Navy am 31. Juli 1942. Die Trägererprobung verlief enttäuschend, so daß die US Navy das Muster sogar als ungeeignet für den Trägereinsatz beurteilte. Dies führte zu einer Modifikation des Fahrwerks und zur Erhöhung des Cockpits, um die Sicht nach vorn zu verbessern. Als diese Änderungen nach 688 **F4U-1** in die Fertigungsstrecke eingingen, wechselte die Bezeichnung zu **F4U-1A**.

Der amerikanische Ersteinsatz der **Corsair** erfolgte daher bei landgestützten Einheiten des US Marine Corps, und VMF-124 führte dieses Muster am 13. Februar 1943 bei Guadalcanal ins erste Gefecht. Die erste **Corsair**-Einsatzstaffel der US Navy, VF-17, wurde im April 1943 mit der modifizierten **F4U-1A** aufgestellt. Inzwischen lagen bei Vought so viele Großserienaufträge vor, daß die Firmen Brewster und Goodyear in die Fertigung der **F3A-1** bzw. **FG-1** eingeschaltet wurden.

Die Tragflächen der letztgenannten Version waren nicht klappbar. Ab Juni 1943 setzte die Fleet Air Arm der Royal Navy die **Corsair** in großer Zahl ein, und auch die Königlich-Neuseeländischen Luftstreitkräfte übernahmen eine Reihe **F4U-1D.**

Nach zehn Jahren andauernder Produktion wurde im Dezember 1952 die Fertigungsstrecke in Dallas, Texas, geschlossen. In diesem Zeitraum hatten Vought, Brewster und Goodyear gemeinsam 12.571 Exemplare dieses ausgezeichneten Jagdflugzeugs gebaut.

**Varianten**

**F4U-B:** amerikanische Bezeichnung der an Großbritannien nach dem Lend-Lease-Gesetz gelieferten Flugzeuge
**F4U-1C:** Version mit vier flächenmontierten 20-mm-Kanonen anstelle der Standardbewaffnung mit sechs Maschinengewehren
**F4U-1D:** Version mit Wassereinspritzmotor R-2800-8W und revidierter Bewaffnung (auch von Brewster als F3A-1D und von Goodyear als FG-1D gefertigt)
**F4U-1P:** Fotoaufklärungsvariante der F4U-1
**F4U-2:** Nachtjagdversion; ausschließlich durch die Naval Aircraft Factory umgerüstete Flugzeuge mit Abfangradar und reduzierter Bewaffnung
**F4U-3:** Bezeichnung eines Ultrahöhenjägers; erster Prototyp flog nach dem Krieg, aber die anschließend von Goodyear als FG-3 fertiggestellten Flugzeuge nutzte die US Navy für Höhenforschungsflüge
**F4U-4:** Bezeichnung der zweiten Hauptserienversion mit R-2800-18W oder R-2800-42W
**F4U-4C:** Variante mit vier 20-mm-Kanonen anstelle der Standardbewaffnung
**F4U-4E:** Nachtjagdversion mit Abfangradar APS-4
**F4U-4N:** Nachtjagdversion mit Abfangradar APS-5 oder APS-6
**F4U-4P:** Fotoaufklärungsvariante
**F4U-5:** Nachkriegs-Jagdbomber mit R-2800-32W
**F4U-5N:** Nachtjagdversion der F4U-5
**F4U-5P:** taktische Aufklärungsvariante der F4U-5
**XF4U-6:** Prototyp eines Jagdbombers für Tiefflugeinsätze mit R-2800-83W, erweitertem Panzerschutz und schwererer Waffenlast; insgesamt 110 Exemplare als AU-1 gebaut
**F4U-7:** abschließende Baureihe, ähnlich wie AU-1, jedoch mit R-2800-18W; insgesamt 90 Serienflugzeuge für die Aéronavale im Rahmen des Militärhilfeprogramms
**Corsair Mk I:** Bezeichnung der F4U-1 bei der Fleet Air Arm
**Corsair Mk II:** Bezeichnung der F4U-1A bei der Fleet Air Arm
**Corsair Mk III:** Bezeichnung der F3A-1D bei der Fleet Air Arm
**Corsair Mk IV:** Bezeichnung der FG-1D bei der Fleet Air Arm

**TECHNISCHE DATEN**
**Chance Vought F4U-1A**

**Typ:** trägergestützter Jagdeinsitzer
**Triebwerk:** ein Doppelsternmotor Pratt & Whitney R-2800-8 mit 1491 kW (2028 PS)
**Leistung:** Höchstgeschwindigkeit 671 km/h in 6065 m Höhe oder 509 km/h in Meereshöhe; Marschgeschwindigkeit 293 km/h; Anfangssteiggeschwindigkeit 15,85 m/sec; Dienstgipfelhöhe 11.245 m; Reichweite 1633 km
**Gewicht:** Leermasse 4074 kg; max. Startmasse 6350 kg
**Abmessungen:** Spannweite 12,50 m; Länge 10,16 m; Höhe 4,90 m; Tragflügelfläche 29,17 m²
**Bewaffnung:** sechs 12,7-mm-Maschinengewehre in den Flächen

***Die Corsair konnte Bomben ebenso wie Raketen und Napalm zum Einsatz bringen. Dies ist eine F4U-1D, beladen mit zwei 454-kg-Sprengbomben.***

# Chance Vought V-173 (XF5U-1)

Der ungewöhnlichste Entwurf dieses Herstellers war mit Sicherheit die **Chance Vought XF5U-1**. In ausgereifter Form sollte dieses Jagdflugzeug einen Geschwindigkeitsbereich von 32 km/h bis 740 km/h aufweisen. Das fast kreisrunde, flache Tragwerk barg zugleich die Primärstruktur des Luftfahrzeugs. Kontrollflächen waren am Heck zusammengefaßt, bestehend aus zwei Seitenflossen mit Rudern und je einer gepfeilten Höhenflosse an den Seiten, deren Ruder zur Nicksteuerung gleichsinnig und zur Rollsteuerung entgegengesetzt ausschlugen. Das Spornrad-Fahrwerk ließ sich einziehen. Für den Antrieb sorgten zwei beidseitig vom Rumpf in das Tragwerk eingebettete Pratt & Whitney-Sternmotoren, die über 90°-Winkelgetriebe speziell entwickelte Propeller an seitlichen Stirnauslegern drehten. Kupplungen und Antriebswellen waren so gekoppelt, daß im Notfall ein Motor beide Luftschrauben antreiben konnte.

Für die Flugerprobung wurde eine schwächer motorisierte Version im Maßstab 1:1 gebaut. Diese **V-173,** die aus Holz und Stoff konstruiert und mit leistungsschwachen Motoren sowie starrem Fahrwerk ausgestattet war, flog erstmals am 23. November 1942. Der Prototyp mit der Be-

***Die schwach motorisierte V-173 zur aerodynamischen Prüfung der „Pfannkuchen"-Auslegung des grundlegend neuen Jägers F5U bestätigte die prinzipielle Richtigkeit dieses Konzepts.***

zeichnung **XF5U-1** wurde zwar fertiggestellt und zur Erprobung in Muroc Dry Lake (heute AFB Edwards) vorbereitet, kam aber nie in die Luft.

**TECHNISCHE DATEN**
**Chance Vought XF5U-1**

**Typ:** Versuchsjäger
**Triebwerke:** zwei Sternmotoren Pratt & Whitney R-2000 Twin Wasp mit je 1007 kW (1369 PS)
**Leistung:** (geschätzt) Höchstgeschwindigkeit 684 km/h; Landegeschwindigkeit 64 km/h; Anfangssteiggeschwindigkeit 18,23 m/sec; Dienstgipfelhöhe 10.515 m; Reichweite 1143 km
**Gewicht:** Leermasse 5945 kg; max. Startmasse 7585 kg
**Abmessungen:** Spannweite, gemessen über den „Ailevators", 9,91 m; Länge 8,56 m; Höhe 5,08 m; Auftriebsfläche 44,13 m²
**Bewaffnung:** (vorgeschlagen) sechs 12,7-mm-Maschinengewehre oder vier 20-mm-Kanonen plus zwei 454-kg-Bomben

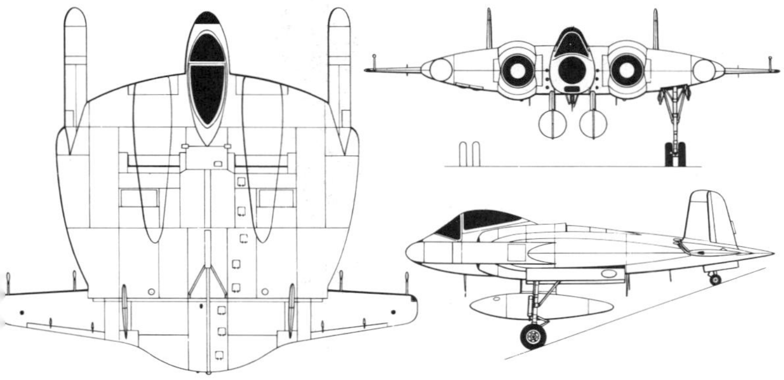

***Chance Vought XF5U-1***

***Die XF5U-1 hob zum Bedauern der Fachwelt nie vom Erdboden ab. Eine enorm starke Zelle war das Hauptmerkmal dieses Flugzeugs.***

# Chance Vought V-340 (F6U Pirate)

Noch vor Ende des Zweiten Weltkriegs befaßte sich Chance Vought mit der Konstruktion eines einsitzigen Strahljägers für die US Navy. Die **Chance Vought V-340** war zwar der erste Düsenjäger dieses Herstellers, stieß bei der US Navy aber auf so viel Interesse, daß am 29. Dezember 1944 ein Auftrag über drei Prototypen **XF6U-1** unterzeichnet wurde.

Die Außenhaut des Tiefdeckers in Ganzmetallbauweise bestand aus Metalite in Form zweier hochfester Leichtmetalllagen mit eingeklebtem Balsaholzkern (ein Chance-Vought-Patent). Das Höhenleitwerk war knapp über dem Rumpf in die Seitenflosse eingebunden, aber die Serienflugzeuge erhielten auch noch Endplatten. Die **Pirate** wies ein einziehbares Dreibein-Fahrwerk, abwerfbare Tanks an den Flächenenden und ein hohes Cockpit, recht weit vorn im Rumpf angeordnet, auf.

Am 2. Oktober 1946 absolvierte der erste von drei Prototypen seinen Jungfernflug in Muroc Dry Lake, angetrieben von einem 1361 kg Schub starken Westinghouse-Strahltriebwerk J34-WE-22 im Hinterrumpf. Die Indienststellung des Serienjägers **F6U-1** begann einen Monat nach dem Erstflug vom Juli 1948. Von 65 Exemplaren, die die US Navy bestellt hatte, wurden nur 30 ausgeliefert und die übrigen gestrichen.

**Varianten**

**F6U-1P:** Bezeichnung einer einzelnen F6U-1, die mit der Grundausstattung der Serien-F6U-1 ausgerüstet war und zur Erprobung als Aufklärer mit Luftbildkameras ausgestattet war

**TECHNISCHE DATEN**
**Chance Vought F6U-1 Pirate**

**Typ:** einsitziger Marinejäger
**Triebwerk:** ein Nachbrennertriebwerk Westinghouse J34-WE-30 mit 1916 kg Schub
**Leistung:** (geschätzt) Höchstgeschwindigkeit 908 km/h in 6095 m Höhe; Dienstgipfelhöhe 14.110 m; Reichweite 1851 km
**Gewicht:** Leermasse 3320 kg; max. Startmasse 5702 kg
**Abmessungen:** Spannweite (ohne Zusatztanks) 10,01 m; Länge 11,46 m; Höhe 3,94 m; Tragflügelfläche 18,91 m²
**Bewaffnung:** vier 20-mm-Kanonen

***Die XF6U-Prototypen erfuhren zahlreiche Modifikationen. Dies ist die zweite Versuchsmaschine, hier mit einer Kegelverkleidung am Leitwerkskreuz.***

# Chance Vought V-346 (F7U Cutlass)

Die deutschen Forschungsergebnisse auf dem Gebiet der Aerodynamik, die Ende 1945 in den Vereinigten Staaten publik wurden, boten den amerikanischen Flugzeugkonstrukteuren eine willkommene Grundlage zur Entwicklung leistungsstärkerer Luftfahrzeuge. Von Arados Nurflügler-Untersuchungen fasziniert, entwarf und konstruierte Chance Vought die „schwanzlose" **F7U Cutlass**. Dieses unkonventionelle Muster frischte die Klasse der trägergestützten Marinejäger erheblich auf. Die **F7U** war das erste Jagdflugzeug im Dienst der US Navy, das mit einer Außenlast von 2250 kg an das Startkatapult angeschlossen werden konnte, und zugleich ihre erste überschallschnelle Serienmaschine. Die **Cutlass** brachte zudem Nachbrenner für ihre Strahltriebwerke, kraftverstärkte Ruder mit künstlichem Steuergefühl und eine automatische Stabilisierungsanlage.

Nach Auswertung der von Chance Vought unter der Projektbezeichnung **Chance Vought V-346** vorgelegten Entwurfsvorschläge erteilte die US Navy am 25. Juni 1946 einen Auftrag über drei Versuchsflugzeuge, von denen das erste am 29. September 1948 flog. Die kurz gespannten Tragflächen der **Cutlass** nahmen nach dem ersten Drittel der Spannweite zwei Rückenflossen mit Seitenrudern und große Stabilisierungsflossen an der Unterseite auf. Die gesamte äußere Hinterkante von den Seitenflossen bis zu den Randbögen belegten Elevons zur Nick- und Quersteuerung. Weitere Merkmale dieses fortschrittlichen Tragwerks bildeten Luftbremsen und Nasenklappen, die sich über die volle Spannweite erstreckten. Das Einziehfahrwerk war so konzipiert, daß sich die Maschine mit hohem Anstellwinkel auf das Flugdeck duckte. Den Antrieb besorgten zwei Westinghouse-Strahltriebwerke im Rumpf, und der Pilot, der im geschlossenen Cockpit hoch im Bug saß, hatte eine ausgezeichnete Rundumsicht. Nach der Eingangserprobung der Prototypen wurden 14 Serienjäger **F7U-1** für Trägerversuche bestellt. Das erste Exemplar dieser Vorserie flog im März 1950. Im Dezember 1955 endete die Produktion der **Cutlass**, deren Varianten unten aufgeführt sind.

**Varianten**

**F7U-2:** vorgeschlagene Einsatzversion der F7U-1 mit Westinghouse-J34-WE-42-Triebwerken; Schwierigkeiten bei der Entwicklung dieses Strahltriebwerks führten zum Widerruf des Serienauftrags

**F7U-3:** Standardserienversion mit zwei Westinghouse J46-WE-8A; klappbare Flächen und Fanghaken für den Trägereinsatz sowie weitere Verfeinerungen; Erstflug am 20. Dezember 1951; insgesamt 162 Flugzeuge

**F7U-3M:** wie F7U-3, aber auf die Bewaffnung mit vier leitstrahlgelenkten Flugkörpern Sparrow I angepaßt; 98 Flugzeuge

**F7U-3P:** Bezeichnung einer Luftbildaufklärungsversion; zwölf Exemplare in Dienst gestellt

***Chance Vought F7U-1 des Kunstflugteams der US Navy, der „Blue Angels"***

**TECHNISCHE DATEN**
**Chance Vought F7U-3**

**Typ:** einsitziges, trägergestütztes Jagdflugzeug
**Triebwerke:** zwei Nachbrennertriebwerke Westinghouse J46-WE-8A mit je 2767 kg Schub
**Leistung:** Höchstgeschwindigkeit 1094 km/h in 3050 m Höhe; Anfangssteiggeschwindigkeit 66 m/sec; Dienstgipfelhöhe 12.190 m; Reichweite 1062 km
**Gewicht:** Leermasse 8267 kg; max. Startmasse 14.365 kg
**Abmessungen:** Spannweite 12,10 m; Länge 13,50 m; Höhe 4,45 m; Tragflügelfläche 46,08 m²
**Bewaffnung:** vier 20-mm-Kanonen und Aufhängungen für Raketen oder andere Lasten unter den Flächen

***Die F7U war ein bemerkenswertes Jagdflugzeug, da sie ohne Leitwerk auskam. Diese F7U-3 ist ein Beispiel für die Hauptserienversion.***

# Chetverikov MDR-6 (Che-2)

Sowohl in aerodynamischer als auch in hydrodynamischer Hinsicht bedeutete die **MDR-6** einen großen Schritt nach vorn im sowjetischen Flugbootbau. Der Prototyp dieses dreisitzigen Küstenaufklärers in Ganzmetallbauweise wurde im Sommer 1937 in Sewastopol mit 537 kW (730 PS) starken M-25E-Sternmotoren fertiggestellt und noch im Dezember dieses Jahres einer staatlichen Prüfung unterzogen. Mit M-63-Sternmotoren mit je 810 kW (1100 PS) erhielt das Flugboot 1938 als **MDR-6A** die Freigabe zur Serienfertigung in Taganrog. Zwischen 1939 und 1941 entstanden rund 50 Exemplare. Nach 1941 änderte sich die Bezeichnung in **Che-2**.

Verfeinerungen des Grundentwurfs führten zur **MDR-6B-1** mit verbessertem Gleitboden, neu entworfenem Bug ohne Waffenturm und neu konzipiertem Leitwerk, bei dem die abgestrebte, einzelne Seitenflosse mit Ruder den ovalen Endplatten an einem Höhenleitwerk mit deutlich positiver V-Stellung gewichen war. Die im Dezember 1940 fertiggestellte **MDR-6B-1** wurde von zwei flüssigkeitsgekühlten Motoren M-105 mit je 773 kW (1050 PS) angetrieben. Die Anschlußversion **MDR-6B-2** von 1941 war grundsätzlich ähnlich und ebenfalls mit einziehbaren Stabilisierungsschwimmern ausgestattet.

Die **MDR-6B-3** unterschied sich durch ihre stärkeren Motoren M-105PF mit je 846 kW (1150 PS) in überarbeiteten Zellen mit Stirnkühler und durch neu entworfene einziehbare Stabilisierungsschwimmer. Trotz beachtlicher Leistungssteigerungen gegenüber der **MDR-6A** erwiesen sich diese Flugboote jedoch aufgrund ihres Schwimmverhaltens auf rauher See als inakzeptabel für die sowjetische Marine. Folglich konstruierte Chetverikov den Bootskörper grundlegend um, so daß 1944 die **MDR-6B-4** entstand. Der M-105-PF-Antrieb blieb unverändert, aber die Stabilisierungsschwimmer waren starr montiert, der Bootsrumpf beträchtlich breiter gestaltet, die Leitwerksbaugruppe durch eine mittlere Seitenflosse ergänzt und seitliche Gefechtspositionen eingeführt. Die Lieferung von PBY Catalinas im Rahmen des Lend-Lease-Programms verhinderte dann aber schließlich die Produktion der **MDR-6B-4**.

Obwohl die sowjetische Marine die Serienfertigung der B-Versuchsreihe abgelehnt hatte, führte Chetverikov die Entwicklung des Grundmusters fort und testete 1946 die **MDR-6B-5** mit VK-107-Motoren mit je 1251 kW (1700 PS). Dieser Prototyp flog mit einer vierköpfigen Besatzung und war mit einer 20-mm-Bugkanone (B-20) sowie einem ähnlichen Zwillingsgeschütz im Rückendrehturm bewaffnet. Die **MDR-6B-5** bot ein hervorragendes Leistungspotential, wie eine Höchstgeschwindigkeit von 450 km/h in 6000 m Höhe und eine Reichweite von 3000 km. Diesmal aber beanstandete die sowjetische Marine, daß das Chetverikov-Flugboot den Besatzungsmitgliedern auf langdauernden Patrouillenflügen zu wenig Raum offerierte, und die Entwicklung wurde eingestellt.

**TECHNISCHE DATEN**
**Chetverikov MDR-6A**

**Typ:** dreisitziges Küstenaufklärungs-Flugboot
**Triebwerke:** zwei Sternmotoren Klimow M-63 mit je 810 kW (1100 PS)
**Leistung:** Höchstgeschwindigkeit 360 km/h in 4000 m Höhe; normale Marschgeschwindigkeit 220 km/h; Steigzeit auf 5000 m Höhe 12 Minuten; Dienstgipfelhöhe 9000 m; max. Reichweite 2650 km
**Gewicht:** Leermasse 4100 kg; normal beladen 6700 kg; max. Startmasse 7200 kg
**Abmessungen:** Spannweite 19,40 m; Länge 15,73 m; Höhe 4,30 m; Tragflügelfläche 52,30 m²
**Bewaffnung:** ein ShKAS-7,62-mm-Maschinengewehr im Bugturm und ein UBT-12,7-mm-Maschinengewehr im Rückenturm plus eine Bombenlast von 1000 kg

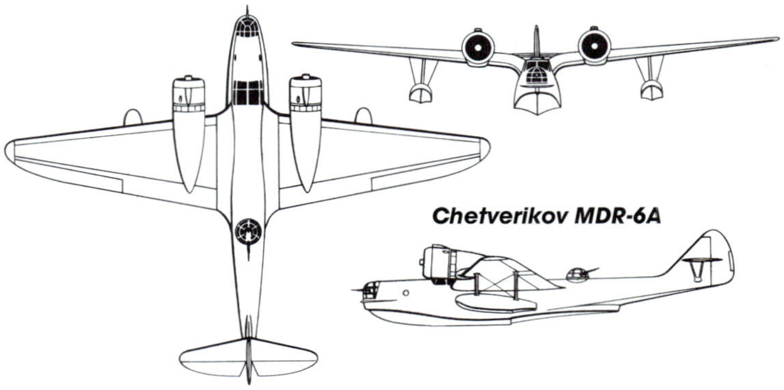

***Chetverikov MDR-6A***

***Mit den vorausgegangenen Flugbooten dieser Serie hatte die MDR-6B-5 nur noch wenig gemein. Sie wurde erst 1946 im Flug erprobt und unterlag im Wettbewerb gegen die Berijew Be-6.***

***Die MDR-6B-1 war das erste Chetverikov-Flugboot mit einziehbaren Stabilisierungsschwimmern. Die ovalen Endplatten wurden bei späteren Varianten vergrößert.***

# Chetverikov TA-1

Die sowjetische Chetverikov **TA-1** war ein kleines Allzweck- Amphibienluftfahrzeug, das ausschließlich für den zivilen Bereich vorgesehen war, und das vergleichbar war mit der Grumman Albatross.

Der abgestrebte Hochdecker in Ganzmetallbauweise hatte zwei ASh-21-Sternmotoren mit je 515 kW (700 PS) als Antrieb. Insgesamt drei Prototypen wurden im Jahre 1947 gebaut, von denen das erste Exemplare im Juli die Flugerprobung aufnahm. Die Flug- und Steuereigenschaften der **TA-1** erwiesen sich in den ausgiebigen Tests jedoch als unbefriedigend. Die Tragflächen des zweiten und dritten Prototyps wurden zwar geringfügig vergrößert und das Gewicht der Zelle leicht reduziert, aber die Schwächen blieben, und die Serienfertigung entfiel.

**TECHNISCHE DATEN**
**Chetverikov TA-1 (dritter Prototyp)**

**Typ:** zehnsitziges, leichtes Amphibiennutzflugzeug
**Triebwerke:** zwei Sternmotoren Schwezow ASh-21 mit je 515 kW (700 PS)
**Leistung:** Höchstgeschwindigkeit 330 km/h in 1700 m Höhe; Dienstgipfelhöhe 5900 m; normale Reichweite 700 km; max. Reichweite 1200 km
**Gewicht:** max. Startmasse 5758 kg
**Abmessungen:** Spannweite 17,80 m; Länge 14 m; Tragflügelfläche 43,60 m²

***Als letztes seetüchtiges Luftfahrzeug konstruierte Chetverikov die amphibische TA-1. Ihren attraktiven Linien zum Trotz offenbarte die TA-1 schwierige Flugeigenschaften, die sich auch nicht durch Modifikationen der Prototypen beheben ließen.***

# Chilton D.W.1

A.H. Dalrymple und A.R. Ward, beide Absolventen der de Havilland Technical School, gründeten 1937 die Firma Chilton Aircraft in Hungerford, Berkshire, um selbständig ein einsitziges Leichtflugzeug zu fertigen. Ihre **Chilton D.W.1** war ein Tiefdecker in Holzbauweise mit Sperrholzbeplankung und stoffüberzogenen Kontrollflächen. Das Spornradfahrwerk ließ sich nicht einziehen, aber Hosenverkleidungen an den Hauptbeinen minderten den Luftwiderstand. Für den Antrieb des Prototyps (**G-AESZ**), der erstmals im April 1937 flog, sorgte ein modifizierter Carden/Ford-Automotor.

**TECHNISCHE DATEN**
**Chilton D.W.1**

**Typ:** einsitziges Sportflugzeug
**Triebwerk:** ein modifizierter Carden/Ford-Automotor mit 23,8 kW (32 PS)
**Leistung:** Höchstgeschwindigkeit 180 km/h; Reisegeschwindigkeit 161 km/h; Reichweite 805 km
**Gewicht:** Leermasse 181 kg; max. Startmasse 318 kg
**Abmessungen:** Spannweite 7,32 m; Länge 5,49 m; Höhe 1,47 m; Tragflügelfläche 7,15 m²

Nach geringfügigen Änderungen wurden drei allgemein ähnliche Flugzeuge gebaut, **G-AFGH**, **G-AFGI** und **G-AFSV**, letzteres mit einem 33 kW (45 PS) starken Train-4T-Motor französischer Herstellung. Diese Maschine, **D.W.1S** bezeichnet, hob im Juli 1939 zum ersten Mal vom Boden ab. Alle Exemplare überlebten den Zweiten Weltkrieg und waren als Rennflugzeuge beliebt. Der Lycoming O-145 mit 41 kW (56 PS) der **G-AFGH** wurde zwar im Mai 1953 schwer beschädigt, aber alle vier Chilton-Flugzeuge existieren noch und befinden sich derzeit zur Langzeit-Restauration in Coventry, Hungerford und White Waltham, zwei mit Carden/Ford-Motoren und zwei mit Walter Mikrons-Triebwerk mit 46 kW (62 PS).

***Die zweite Chilton D.W.1, G-AFGH, war 1938 fertiggestellt. Bei einer Notlandung 1953 wurde sie schwer beschädigt, doch mit Hilfe des halbfertigen Flugwerks der D.W.2 wieder instand gesetzt.***

# Chrislea Super Ace

In den Jahren unmittelbar nach dem Zweiten Weltkrieg widmeten sich in Großbritannien etliche kleinere Luftfahrzeugunternehmen dem Entwurf neuer Leichtflugzeuge als Gegengewicht zu den ausgesonderten militärischen Schulflugzeugen wie der Tiger Moth und Magister, die in Scharen auf den Markt drangen.

Zu diesen Firmen gehörte auch Chrislea Aircraft Ltd. in Heston, deren Konstrukteur, R.C. Christophorides, die viersitzige **Chrislea C.H.3 Ace** als Kabinen-Hochdecker mit einzelner Seitenflosse/Ruder entwarf. Neu für britische Leichtflugzeuge damaliger Zeit war das Bugradfahrwerk. Als Antrieb diente ein Avco Lycoming-Motor mit einer Leistung von isngesamt 93 kW (126 PS), doch die Serienflugzeuge sollten den neuen britischen Monaco-Motor mit 75 kW (102 PS) erhalten. Die stärkste Abweichung von etablierter britischer Fliegerpraxis bestand jedoch in der Flugsteuerung, bei der ein einziges Steuerrad die Funktionen des Steuerknüppels und der Seitenruderpedale zusammenfaßte. Der **Ace-**Prototyp flog schließlich im September 1946, und drei Wochen später war das einzelne Seitenleitwerk einem doppelten gewichen.

1947 verlegte die Firma ihren Sitz nach Exeter, und im Februar 1948 flog die erste **C.H.3 Series 2 Super Ace** unter dem Antrieb eines de Havilland Gipsy Major 10 mit 108 kW (147 PS), den man für die Serienflugzeuge ausgewählt hatte.

Die von vielen Fluglehrern vorgebrachte Kritik an der außergewöhnlichen Flugsteuerung führte zum Einbau von Steuersäule und Ruderpedalen. Eine Serie wurde aufgelegt, und die sechste und siebte Maschine wurde bei der SBAC-Ausstellung in Farnborough 1948 vorgeführt. Eine Reihe von **Super Ace** fanden in der folgenden Zeit Käufer in Argentinien, Australien, Brasilien, Frankreich, Japan, Malaysia, Neuseeland, Pakistan, Rhodesien und in der Schweiz. Von ursprünglich 27 aufgelegten **Super Ace** wurden letztendlich aber nur 21 Exemplare fertiggestellt und geflogen. Die Montage von vier Flugzeugen wurde abgebrochen, während zwei Exemplare zwar komplett waren, aber nie in die Luft kamen. Im Jahre 1952 erwarb C.E. Harper Aircraft Ltd. die Vermögenswerte und ließ sämtliche teilgefertigte Flugzeuge verschrotten.

Im Jahre 1949 war der Prototyp der **C.H.3 Srs 4 Skyjeep** geflogen, der eine konventionelle Flugsteuerung, ein Spornradfahrwerk und einen Blackburn Cirrus Major 3-Motor mit 116 kW (158 PS) besaß. Die abnehmbare Rückenverkleidung des Hecks gestattete die Beladung mit einer Krankentrage oder leichter Fracht. Zwei weitere **Skyjeep**-Flugzeuge wurden gefertigt und nach Argentinien und Australien verkauft, während der Protototyp später nach Indochina gelangte. Nochmals zwei andere teilgefertigte Exemplare wurden nicht mehr fertiggestellt, sondern 1952 durch Harper verschrottet.

Ein letztes Exemplar **Super Ace**, die 14. Serienmaschine, fliegt heute noch. Nach neun Jahren, während derer sie in Pakistan in Dienst stand, kehrte sie 1982 ins Herstellerland zurück und wurde wieder flugtüchtig gemacht.

***Die C.H.3 Skyjeep war ein typischer Chrislea-Entwurf. Ihren ersten öffentlichen Auftritt hatte sie im Mai 1950 auf der Gartenparty der Royal Aeronautical Association in White Waltham.***

**TECHNISCHE DATEN**
**Chrislea C.H.3 Series 2 Super Ace**

**Typ:** viersitziges Leichtflugzeug
**Triebwerk:** ein Reihenmotor de Havilland Gipsy Major 110 mit 108 kW (147 PS)
**Leistung:** Höchstgeschwindigkeit 203 km/h; Reisegeschwindigkeit 180 km/h; Reichweite mit max. Treibstoffzuladung 644 km
**Gewicht:** Rüstmasse 612 kg; max. Startmasse 1066 kg
**Abmessungen:** Spannweite 10,97 m; Länge 6,55 m; Höhe 2,40 m; Tragflügelfläche 16,44 m²

## Cierva Autogiros bis Conroy Aircraft Corporation

**Juan de la Cierva wurde mit seinen unmotorisierten Tragschraubern (Rotor-Autogiros) berühmt. Die Commonwealth Aircraft Corporation sorgte von 1930 bis Mitte der 80er Jahre für Flugzeugkonstruktion und -bau in Australien. In den 60er Jahren begann die Conroy Aircraft Corporation mit dem Bau modernisierter Versionen eingeführter Transportflugzeuge.**

# Cierva-Autogiros

Juan de la Cierva konstruierte 1920 in Madrid seinen ersten Tragschrauber, den **Cierva C.1**. Er kombinierte den Rumpf eines französischen Deperdussin-Eindekkers mit zwei gegenläufigen Vierblatt-Rotoren, zur Seitensteuerung montierte er an der Mastspitze ein Rechteckblatt, und als Antrieb wählte er einen Le-Rhône-Motor mit 44 kW (60 PS). Das Gerät ließ sich jedoch nicht fliegen. Es war unkontrollierbar, und der Auftrieb variierte, weil sich die Rotoren gegenseitig beeinflußten.

Im Jahr darauf startete Cierva einen neuerlichen Versuch, diesmal mit dem **C.2**, einem Hanriot-Doppeldeckerrumpf mit Dreiblatt-Rotor. Der **C.2** erlitt wiederholt Beschädigungen und wurde neunmal neu konstruiert. Schließlich gab Cierva auf und wandte sich dem **C.3** zu, der Anfang 1922 flugbereit war. Der Einsatz eines Rotors mit fünf starren Blättern verbesserte die Seitensteuerung, aber der **C.3** neigte dazu, auf die Seite zu kippen.

Bei Versuchen mit Modellen fand Cierva heraus, daß das Geheimnis des erfolgreichen Fluges in beweglich gelagerten Rotorblättern bestand: Der Geschwindigkeitsunterschied zwischen dem vorlaufenden und rücklaufenden Rotorblatt (Ursache für die ungleiche Auftriebsverteilung) ließ sich durch Blattgelenke ausgleichen. Dieser Theorie folgend baute er 1922 den **C.4** mit einem gelenkig gelagerten Vierblatt-Rotor. Zunächst versagte auch er, aber nach einigen Änderungen gelang am 3. Januar 1923 der erste Flug, durchgeführt von Teniente Alejandro Gomez Spencer auf dem Flugplatz Getafé in Madrid. Der **C.4** flog zwar nur 183 m weit, aber die Richtigkeit des Konzepts war bestätigt. Am Ende dieses Monats startete der **C.4** vom Flughafen Cuatro Vientos, nahe Madrid, und bewältigte in rund 30 m über Grund einen 4-km-Rundkurs in vier Minuten, angetrieben von einem 81 kW (110 PS) starken Le Rhône 9Ja. Im Juli 1923 flog der **C.5** mit Dreiblatt-Rotor und ähnlichem Antrieb in Getafé. Nach diesem Erfolg erhielt Cierva finanzielle Unterstützung von der spanischen Regierung.

Sein nächstes Muster, der **C.6**, leitete eine Reihe erfolgreicher Autogiros ein. Den Begriff „Autogiro" prägte Cierva für seine Konstruktionen, und er sollte daher nur für Cierva-Drehflügler verwendet werden. Im allgemeinen Sprachgebrauch beschreibt er Rotorflugzeuge, die den Auftrieb vom Rotor beziehen, der nicht vom Motor angetrieben wird, sondern frei im Fahrtwind dreht. Der Hubschrauber dagegen erhält seinen Auftrieb im Senkrechtflug vom motorgetriebenen Rotor.

Der **C.6A** mit dem Rumpf einer Avro 504K und einem Umlaufmotor Le Rhône 9Ja mit 81 kW (110 PS) flog im Mai 1924. An Auslegerholmen waren Querruder montiert, und der Vierblatt-Rotor mit einem Durchmesser von 10,97 m hatte Schlaggelenke. Mit einem Seil konnte der Rotor auf 60 U/min gebracht werden, so daß sich die Startstrecke verkürzte. Im Flug erhöhte sich die Rotationsgeschwindigkeit auf 140 U/min. Der erste Autogiro-Überlandflug fand am 12. Dezember 1924 mit einer Distanz von 12 km statt. Mit ähnlichem Antrieb wurde auch der **C.6B** konstruiert.

Auf eine Einladung des Staatssekretärs für wissenschaftliche Forschung beim britischen Luftfahrtministerium hin brachte Cierva den **C.6A** im Oktober 1925 nach England. Das Ministerium bestellte mehrere Autogiros zur Bewertung durch die Royal Air Force. Die Herstellung wurde an A.V. Roe im Hamble-Werk bei Southampton vergeben. 1926 schließlich wurde die Cierva Autogyro Company in Hanworth als Nehmer und Geber von Cierva-Lizenzen gegründet.

Die Bezeichnungen **Avro Type 574** und **Type 575** wurden dem **Cierva C.6C** bzw. **C.6D** zugeteilt, beide von einem Clerget-Motor mit 96 kW (130 PS) angetrieben. Als erster flog der C.6C am 19. Juni 1926, gefolgt vom **C.6D** am 29. Juli. Im Januar 1927 ging der **C.6C** bei einem Flugunfall verloren, nachdem sich ein Rotorblatt gelöst hatte. Der **C.6D** war der erste zweisitzige Autogiro, den Ernst Udet im September in Berlin flog.

**C.7** hießen zwei Autogiros à la Cierva, die Jorge Loring in Spanien gebaut hatte. Sie flogen 1926 in Cuatro Vientos, angetrieben von einem Hispano Suiza mit 221 kW (300 PS). Der **C.7** wurde bei der Luftfahrtschau in Madrid ausgestellt. Mehrere Serientragschrauber **C.8** fertigte Avro in Großbritannien. Die Bezeichnung **C.8R (Avro Type 587)** erhielt ein **C.6D**, den man mit paddelförmigen Rotorblättern und Stummelflächen ausgestattet hatte. Die Maschine behielt den 96 kW (130 PS) starken Clerget-Motor und flog sowohl mit einem Dreiblatt- als auch mit einem Zweiblatt-Rotor. 1929 wurde sie verschrottet.

***Die Serie C.6 basierte auf dem Rumpf des Schulflugzeugs Avro 504K mit Umlaufmotor.***

***Fachleute erkennen an dieser C.17 den Rumpf des Doppeldeckers Avro Avian IIIA wieder.***

***In geschäftlicher Hinsicht war der von Avro als Type 620 gefertigte C.19 sicher der erfolgreichste Cierva-Autogiro.***

Den Rumpf einer zweisitzigen **Avro Type 552** mit einem Wolseley-Viper-Motor mit 134 kW (182 PS) stattete man mit einem ähnlichen Rotorsystem wie beim **C.8R**, aber mit einer Rückenflosse aus. Dieser Typ flog 1926 und wurde zum **C.8V (Avro Type 586)**. 1930 wurde dieser Tragschrauber in die **Avro Type 552** rückgewandelt.

Günstige Versuchsergebnisse ermutigten das Air Ministry, einen anderen Prototyp-Autogiro bei Avro in Auftrag zu geben. Auf der Grundlage eines Type-504N-Rumpfes mit 134 kW (182 PS) starkem Lynx-Motor von Armstrong Siddeley entstand der **C.8L (Avro Type 611)**, den H.J. Hinkler im Jahre 1927 in Hamble erstmals flog. Juan de la Cierva führte den ersten britischen Überlandflug dieser Luftfahrzeuggattung persönlich durch, als er den **C.8L** am 30. September 1927 vom Hamble-Werk nach Farnborough zum RAE überführte. Dort diente das Muster fast drei Jahre lang bis zu seinem Absturz in der Nähe von Andover.

Air Commodore J.G. Weir, Geschäftsführer der Cierva-Firma, bestellte einen zivilen **C.8L Mk II (Avro Type 617)**, der sich nicht nur in Details vom früheren Modell unterschied, sondern auch mit starren Tragflächen kurzer Spannweite und Lynx-IV-Antrieb ausgestattet war. Er flog erstmals im Mai 1928 von Hamble aus und nahm am King's Cup Air Race jenes Jahres teil, schied aber bald aus, weil ihm der Sprit ausging. Eine Vorführreise dieses Autogiros **(G-EBYY)** begann im September 1928 mit einem Flug nach Paris. Von da flog er weiter nach Berlin, Brüssel, Amsterdam und zurück nach Paris, wo man ihn heute noch im Musée de l'Air des Flughafens Le Bourget bewundern kann. Es folgten Aufträge für zwei **C.8L**, einen **C.8L Mk III** für die italienische Regierung, der im September 1928 flog, und einen **C.8L Mk IV** (**C.8W** bezeichnet) für den amerikani-

***Der C.40 war ein Trainer mit nebeneinander angeordneten Sitzen. Er konnte senkrecht starten, indem man den Rotor mit 0° Einstellwinkel auf Touren brachte.***

***Der C.30 beruhte zwar auf dem C.19, hatte aber einen neuen Rotorkopf mit hängendem Steuerhebel. Den abgebildeten C.30P baute Avro im Jahre 1934.***

schen Luftfahrzeughersteller Harold Pitcairn. Der **C.8W** wurde von einem Wright Whirlwind mit 168 kW (228 PS) angetrieben, und im Januar 1929 führte er den ersten Autogiroflug in den Vereinigten Staaten (Willow Grove) aus. Pitcairn erwarb die amerikanischen Rechte und gründete die Pitcairn Autogyro Co. in Pennsylvania. Der **C.8W** ist in der Smithsonian Institution, Washington DC, erhalten.

Der nächste Autogiro in der numerischen Reihenfolge war der **C.9**, der mit der traditionellen Verwendung existierender Flugzeugrümpfe brach. Zwei Rümpfe wurden konstruiert, ein Einsitzer mit der Bezeichnung **Avro Type 576** und der Zweisitzer **Avro Type 581**. Letzterer diente als Prototyp für den berühmten Avian-Doppeldecker. Der **C.9**, angetrieben von 52 kW (71 PS) eines Genet-Motors von Armstrong Siddeley, wurde im September 1927 in Hamble geflogen und in Farnborough mit Rotorblättern getestet, die bis auf halbe Länge ungespitzt waren. Dieser Autogiro ging 1930 an das Science Museum.

Parnall baute zwei zweisitzige Autogiros, denen kein Erfolg beschieden war. Der **C.10** von 1927 mit 52 kW (71 PS) starkem Genet-Motor und Stummelflächen stürzte bei Vergleichstestflügen durch das RAE Farnborough mit dem von Avro gebauten **C.9** ab. Der Parnall **C.11** von 1928 war ähnlich, hatte aber ein A.D.C. Airdisco-Triebwerk mit 89 kW (121 PS). Cierva brachte die Maschine in Yale zu Bruch. Später wurde sie mit einem einfacheren Rotorträger instand gesetzt und in Hamble als Lehrzelle genutzt.

Der von Avro gebaute **C.12**, der auf einem Avian-Rumpf gründete, flog 1929. Er wurde anschließend zum Einsitzer umgebaut und mit Avian-Metallschwimmern ausgestattet. Im April 1930 startete das erste Drehflügel-Wasserflugzeug der Welt auf dem Southampton Water. Dieser sogenannte „Hydrogyro" hatte einen Avro Alpha mit 75 kW (101 PS) als Antrieb, doch über sein weiteres Schicksal ist nichts überliefert. 1926 erhielten Short Brothers die Spezifikation 31/26, die ein Autogiro-Flugboot mit der Bezeichnung **C.14** beschrieb. Für dieses Gerät war ein metallener Bootsrumpf und ein 362 kW (492 PS) starker Bristol Jupiter-Motor vorgesehen. Die Versuche im Seeflugzeug-Testbecken zeigten jedoch Vibrations- und Stabilitätsschwierigkeiten auf, so daß das Projekt aufgegeben wurde.

Die **C.15** und **C.16** waren wahrscheinlich nur reine Projektbezeichnungen. Als nächste Cierva-Nummer trat der **C.17 (Avro Type 612)** auf, eine kleinere Ausgabe des **C.8L Mk III**. Er basierte auf dem Rumpf eines Avian IIIA mit einem A.D.C. Cirrus III, der 67 kW (91 PS) abgab. Als Cierva das Modell im Oktober 1928 flog, stellte es sich als untermotorisiert heraus. In die nächste Version **C.17 Mk II** wurde daher ein Avro Alpha-Sternmotor mit 75 kW (101 PS) eingebaut. Diese Maschine erwies sich jedoch ebenfalls als Fehlschlag, so daß man sie 1935 zum Avian-Doppeldecker umbaute.

Die Bezeichnung **C.18** erhielt ein zweisitziger Kabinen-Autogiro, den Weymann-Lepère 1929 in Frankreich baute. Das von einem unverkleideten Sternmotor Salmson AC7 mit 144 kW (195 PS) angetriebene Einzelexemplar wurde von der Cierva Autogyro Company importiert und im Juni 1929 in das britische Register eingetragen. Man nimmt an, daß es in die USA gelangte.

Mit dem **C.19** folgte der produktivste Entwurf der frühen Cierva-Generation, der in etlichen Varianten entstand, hauptsächlich bei Avro. Die ersten drei Exemplare, **Avro Type 620** bezeichnet, waren als **C.17 Mk II** begonnen, aber als **C.19 Mk I** fertiggestellt worden. Während Cierva die Ro-

***Cierva (Avro) Rota Mk I der No. 529 Squadron, RAF, 1943/44 zur Vermessung von Radarstationen eingesetzt***

***Der C.24 war das Einzelexemplar eines zweisitzigen Kabinen-Autogiros, den de Havilland konstruiert hatte. Hier sieht man ihn nach der Modifikation zum C.26 mit Zweiblatt-Rotor.***

torsysteme für die früheren Modelle entwickelte, hatte sich Avro beim Autogirobau stets auf modifizierte Zellen existierender Starrflügler gestützt. Der **C.19** markierte den Beginn des zweckmäßig konstruierten Autogiros. Er war der erste Vertreter, der seinen Rotor mit einer Startautomatik in Bewegung setzen konnte – eine Aufgabe, die bislang mit einer Schnur ausgeführt worden war. Die drei **C.19 Mk I** wiesen Armstrong Siddeley Genet II mit je 60 kW (82 PS) auf. Es folgten drei **C.19 Mk II**, ein **C.19 Mk IIA** mit verbessertem Rotorkopf, sechs **C.19 Mk III**, 15 **C.19 Mk IVP** und ein experimenteller **C.19 Mk V**, alle mit dem 78 kW (106 PS) starken Genet Major 1.

Die britischen Tragschrauber hatten recht unterschiedliche Lebensläufe. Ein **Mk I** und zwei **Mk II** wurden ins Ausland verkauft, u.a. ein **Mk II** im Dezember 1929 an die Pitcairn Autogyro Co. Zwei **Mk III** gingen ebenfalls ins Ausland, einer nach Neuseeland, und zwei Exemplare stießen zur RAF. **Mk IVP** wurden nach Australien, Deutschland, Japan, Singapur, Südafrika, Spanien und Schweden verkauft.

In Deutschland fertigte Focke-Wulf eine Serie **C.19 Mk IV** mit Siemens-Sternmotor Sh.14B mit 110 kW (150 PS) in Lizenz; ihre Cierva-Typennummer lautete **C.20**. Typ **C.21** betraf die geplante französische Version des **C.19 Mk IV**, die Lioré-et-Olivier fertigen wollte. **C.21** und **C.23** waren offenbar reine Projektbezeichnungen. Den zweisitzigen Autogiro **Cierva C.24** konstruierte und fertigte de Havilland Aircraft Co., und Cierva lieferte die Rotorbaugruppen. Das von einem de Havilland Gipsy III mit 89 kW (121 PS) angetriebene Einzelexemplar mit Dreiblatt-Rotor flog erstmals mit Cierva am Steuer im September 1932. Später wurde die Maschine mit einem Zweiblatt-Rotor ausgestattet und in **C.26** umbezeichnet. Sie ist als Exponat erhalten.

Der **C.25** dazwischen war einer der kleinsten Autogiros. Diesen Einsitzer hatte Comper Aircraft konstruiert und Anfang 1933 geflogen. Der Rumpf schien von der Comper Swift abzustammen. Man hatte aber das Leitwerk modifiziert und tiefe Stummelflächen hinzugefügt. Für den Antrieb sorgte ein Pobjoy Niagara R mit 63 kW (86 PS), doch trotz ausgezeichneter Flugleistungen gingen keine Aufträge ein.

1932 erwarb die französische Firma Lioré-et-Olivier (LeO) eine Cierva-Lizenz und baute den **C.27** nach gründlicher Auswertung des **C.19 Mk IV**. Nach Cierva und dem französischen Konstrukteur Georges Lepère wurde dieses Muster **CL.10** genannt. Der **C.27** war ein zweisitziger Kabinen-Autogiro ohne Tragflächen, dessen Pobjoy-Motor einen freitragenden Dreiblatt-Hauptrotor mit 56 kW (76 PS) antrieb. Nach wenigen Flügen stürzte die Maschine ab.

In numerischer Reihenfolge folgt an dieser Stelle der **CL.20**, ein von Georges Lepère entworfener und von Westland gebauter zweisitziger Kabinen-Autogiro. Er flog am 5. Februar 1935 in Hanworth unter dem Antrieb eines 67 kW (91 PS) starken Sternmotors Pobjoy Niagara III in geschlossenem Gehäuse. Westland selbst nahm keine Weiterentwicklung vor, aber es bleibt anzumerken, daß die amerikanische Pitcairn Autogyro Co. 1937 eine Version mit einem Pobjoy-Motor mit 82 kW (111 PS) als **AC 35** vorschlug und Georges Lepère sich 1936 angeblich auf eigene Kosten mit der Weiterentwicklung seiner Konstruktion von 1934 für die französische Firma Giravia befaßte. Dieser **L.30** sollte dreisitzig ausgelegt und von einem Continental-Motor mit 108 kW (147 PS) angetrieben werden.

G. & J. Weir in Glasgow baute einen einsitzigen Autogiro, der 1933 flog. Seine Weir-Bezeichnung lautete **W-1**, und als Cierva-Lizenzfertigung erhielt er die Cierva-Nummer **C.28**. Der von einem Douglas Dryad-Motor mit 30 kW (40 PS) angetriebene Tragschrauber hatte einen Zweiblatt-Rotor, der mechanisch auf Touren gebracht wurde. Er flog im Sommer 1933. Anschließend baute Weir andere Autogiros, bis Cierva 1943 die Firma übernahm.

An einem größeren Autogiro versuchte sich Westland 1934 mit dem **C.29**. Den fünfsitzigen Kabinen-Drehflügler mit einem unverkleideten Sternmotor Armstrong Siddeley Panther II, der 447 kW (608 PS) erzeugte, entwarf Westland, und Cierva zeichnete für den Rotor und dessen Mechanik verantwortlich. Für die Konstruktion der Zelle griff Westland auf ein Duralumin-Gerüst zurück, doch Bodenresonanzen verhinderten die Flugtüchtigkeit. Als Juan Cierva bei einem Absturz ums Leben kam, wurde das Vorhaben eingestellt.

Die nächste Nummer in der Bezeichnungsfolge, **C.30**, ist die bekannteste, da dieser Autogiro in mehreren Ländern produziert wurde. Man hatte Versuche mit einem modifizierten **C.19 Mk V**, angetrieben von einem Armstrong Siddeley Genet Major mit 75 kW (101 PS), durchgeführt und einen Rotorkopf eingesetzt, der mit Hilfe eines hängenden Steuerhebels geneigt werden konnte. Danach vergab Avro den Bau einer zweisitzigen Version an die National Flying Services. Dieser **C.30** flog erstmals im April 1933, und Avro sicherte sich anschließend die Fertigungsrechte als **Type 671**. Der Prototyp eines verbesserten Modells, der **C.30P** mit 104 kW (141 PS) starkem Genet Major und faltbaren Rotorblättern, entstand 1933 bei Airwork in Heston. Avro in Manchester (das Hamble-Werk war 1932 geschlossen worden) fertigte drei **C.30P** und erwarb das Recht zur Serienproduktion des **C.30A**.

Zwischen August 1934 und Mai 1935 wurden zwölf Exemplare an die RAF geliefert. Mit der Dienstbezeichnung **Rota Mk 1** dienten zehn dieser Autogiros zunächst an der Schule für die Zusammenarbeit Heer/Luftwaffe in Old Sarum. Von den beiden anderen Autogiros wurde einer mit Schwimmern getestet und der andere beim RAE in Farnborough versuchsweise mit einem Civet Major-Motor ausgerüstet. Die zivile Produktion des **C.30A** durch Avro umfaßte 66 Maschinen. Bei Ausbruch des Zweiten Weltkriegs 1939 wurden 13 zivile **C.30A** eingezogen, um die RAF-Drehflügler zu verstärken. Sie flogen alle bei No. 529 Squadron in Halton, wo sie unter anderem auch die Kalibrierung von Radarstationen übernahmen. Einige Autogiros überlebte den Krieg. Mindestens sechs Exemplare existieren noch heute.

Zu den weiteren Herstellerländern des **C.30A** zählte Frankreich, wo Lioré-et-Olivier insgesamt 25 **LeO C301** mit 129 kW

(175 PS) starken Salmson-9Ne-Motoren produzierte. Ein Exemplar ist im Musée de l'Air auf dem Pariser Flughafen Le Bourget ausgestellt. Focke-Wulf fertigte 40 **C.30A** mit Siemens-Sh.14B-Motoren, die 110 kW (150 PS) abgaben.

Zwei Cierva-Projekte setzten die Nummernfolge fort. Der **C.31** von 1934 war ein zweisitziges Autogiro-Coupé mit Einziehfahrwerk, dessen Napier Rapier IV mit 287 kW (390 PS) ihm zu einer geschätzten Geschwindigkeit von 332 km/h verhelfen sollte. Dem ähnlichen **C.322** wollte man einen de Havilland-DH-Gipsy-Six-Motor mit 149 kW (203 PS) und eine Geschwindigkeit von 290 km/h verleihen. Ein Avro-Projekt, **Type 665**, sah die Kombination des viersitzigen Commodore-Doppeldeckerrumpfes mit einem Dreiblatt-Rotor vor. Der Motor dieses Doppeldeckers, ein Armstrong Siddeley Lynx IVC mit 179 kW (234 PS), sollte erhalten bleiben. Die Bezeichnung **C.33** wurde zugewiesen, aber die Umrüstung nicht abgeschlossen.

Der **C.34** von 1937 wurde von der Société Nationale de Constructions Aéronautiques du Sud Est (SNCASE) mit einem Gnome-Rhône K7-Motor mit 258 kW (350 PS) gebaut. Die Notwendigkeit, einen zweisitzigen Autogiro mit so hoher Antriebsleistung auszustatten, ergab sich durch eine Betriebsmasse von 2300 kg.

**C.35, C.36** und **C.38** waren vermutlich reine Projektbezeichnungen, und der **C.37** war ein zweimotoriger Kabinen-Autogiro, von Avro als **Type 668** geplant, aber nicht gebaut. Bei dem **C.39** handelte es sich um das Cierva-Projekt eines zwei-/dreisitzigen Flottenaufklärers gemäß Spezifikation 22/38 für die britischen Seeluftstreitkräfte. Vorgesehen waren ein Dreiblatt-Rotor und ein 447 kW (608 PS) starker Kestrel von Rolls-Royce.

Die letzte Cierva-Nummer erhielt der **C.40**, eine Weiterentwicklung des **C.30** mit zwei Sitzen nebeneinander und einem Rumpf in gemischter Bauweise aus Holz und Metall. Als Antrieb diente ein unverkleideter Salmson-Sternmotor 9Ng mit 129 kW (175 PS). Neun **C.40** montierte die British Aircraft Manufacturing Co. in Hanworth im Jahre 1938. Ein verbesserter Rotorkopf, mit einem **C.30** erprobt, ermöglichte diesem Autogiro den „Sprungstart". Bei angezogener Bremse wurde der Rotor, dessen Blätter auf den Anstellwinkel Null gedreht waren, über die Abhebedrehzahl hinaus beschleunigt. Dann regelte man die Blätter auf einen positiven Einstellwinkel, und der erzeugte Auftrieb ließ den Autogiro einige Meter in die Höhe springen. Sieben **C.40** beschaffte die RAF, und auch die beiden anderen wurden schließlich zum Militärdienst eingezogen.

**TECHNISCHE DATEN**
**Cierva C.30A**

**Typ:** Mehrzweck-Autogiro
**Triebwerk:** ein Sternmotor Armstrong Siddeley Genet Major IA mit 104 kW (141 PS)
**Leistung:** Höchstgeschwindigkeit 177 km/h; Reisegeschwindigkeit 153 km/h; Reichweite 459 km
**Gewicht:** Leermasse 553 kg; max. Startmasse 816 kg
**Abmessungen:** Rotordurchmesser 11,28 m; Länge 6,01 m; Höhe 3,38 m; Rotorkreisfläche 99,89 m²

# Cierva W.11

Unter der Bezeichnung **W.10** wurde das Projekt eines 4/5sitzigen einmotorigen Hubschraubers geführt, aber bei seinem Erstflug am 7. Dezember 1948 war der **W.11 Air Horse** der größte Hubschrauber der Welt. Sein rumpfmontierter Rolls-Royce Merlin 24 mit 1208 kW (1643 PS) trieb drei große Dreiblatt-Rotoren auf einem wuchtigen Auslegergerüst am kastenförmigen Rumpf an, dessen Ende in mittlerer Höhe ein Höhenleitwerk mit Endplatten als geteiltes Seitenleitwerk aufnahm. Das Flugdeck war für drei Mann ausgelegt.

Als Passagierhubschrauber konnte der **W.11** 24 Personen befördern, aber es waren auch andere Verwendungen wie als Luftkran, als Luftambulanz und zum Sprühdienst vorgesehen. Wegen letzterer Möglichkeit trat die Firma Pest Control Ltd. im September 1945 an Cierva heran, und der **W.11** wurde auf diese Rolle angepaßt. In der Folge erhielt Cierva im Juli 1946 den Auftrag, einen **W.11** gemäß Spezifikation E.19/46 zu entwickeln, und Anfang 1947 wurde ein zweiter **W.11**-Hubschrauber bestellt. Man beauftragte Cunliffe-Owen Aircraft Ltd. mit dem Bau der beiden Hubschrauber, unter technischer Leitung durch das Unternehmen Cierva.

**TECHNISCHE DATEN**
**Cierva W.11**

**Typ:** einmotoriger Großhubschrauber mit drei Rotoren
**Triebwerk:** ein Reihenmotor Rolls-Royce Merlin 24 mit 1208 kW (1643 PS)
**Leistung:** Höchstgeschwindigkeit 225 km/h; Reisegeschwindigkeit 153 km/h; Dienstgipfelhöhe 8535 m; Reichweite mit max. Treibstoffzuladung 531 km
**Gewicht:** Rüstmasse 5507 kg; max. Startmasse 7938 kg
**Abmessungen:** Rotordurchmesser je 14,33 m; Länge bei laufenden Rotoren 27 m; Höhe 5,41 m; Rotorkreisfläche insgesamt 483,53 m²

Mit einer Nutzlast von 3048 kg an Insektiziden konnte der **W.11** einen beeindruckenden Sprühhubschrauber abgeben, und die entsprechenden Versuche nach dem Erstflug im Dezember 1948 verliefen vielversprechend. Das Colonial Office unterstützte die Entwicklung mit £ 45.000, da das Muster vor allem für die Kolonialgebiete nützlich erschien (die Gesamtentwicklungskosten für das Ministry of Supply betrugen schätzungsweise £ 350.000). Noch vor dem Erstflug des zweiten Hubschraubers stürzte am 13. Juni 1950 der erste **W.11** ab, und alle drei Besatzungsmitglieder fanden den Tod. Der zweite **W.11** kam nie in die Luft und wurde 1960 verschrottet. Die Bezeichnung **W.11T** galt dem Projekt eines vergrößerten **W.11** mit zwei Rolls-Royce Merlin 502 mit je 1208 kW (1643 PS), und der W.12 war eine geplante Frachtversion dieses Hubschraubers mit Dart-Turboprop-Triebwerken von Rolls-Royce.

Keines dieser beiden Vorhaben wurde verwirklicht, da Cierva unter Auslassung der Bezeichnung W.13 bereits mit der Entwicklung der W.14 befaßt war. Letztere führte schließlich zum Skeeter, den Saunders-Roe Ltd. fertigte.

***Den W.11 hatte Cierva durch die Übernahme der Firma Weir im Jahre 1945 geerbt. Hier sieht man den ersten Prototyp, der am 13. Juni 1950 abstürzte.***

# Commonwealth Aircraft CA-1 Wirraway

Die Commonwealth Aircraft Corporation Pty. Ltd. verdankte ihr Entstehen im Jahre 1936 dem Bemühen der australischen Regierung, eine heimische Luftfahrtindustrie aufzubauen und die Abhängigkeit von Fremdlieferanten zu überwinden. Mehrere Großfirmen beteiligten sich an der Finanzierung des Unternehmens, und nach der USA-Dienstreise einer Air Board Technical Commission im Jahre 1936 wurden die Lizenzverhandlungen zur Fertigung des zweisitzigen Mehrzweck-Tiefdeckers North American NA-16 und seines Pratt & Whitney Wasp-Motors zum Abschluß gebracht. Commonwealth übernahm die Firma Tugan Aircraft Ltd. und ernannte deren Chefkonstrukteur, Wing Commander Lawrence Wackett, zum Geschäftsführer des neuen Unternehmens. Die RAAF erteilte einen Erstauftrag für 40 **NA-33**, wie man die Lizenzversion nannte. Die Herstellerbezeichnung lautete **Commonwealth Aircraft CA-1**, ergänzt durch den Beinamen **Wirraway**.

Die erste in Australien gebaute Maschine flog in Melbourne am 27. März 1939, und vier Monate später verfügte die RAAF bereits über das erste Trio. Der Kriegsausbruch in Europa ließ die Aufträge steigen, und auch die britische Regierung finanzierte die Beschaffung der **Wirraway** für das Empire Air Training Scheme in Australien. Bis Juni 1942 poduzierte Commonwealth 620 Exemplare, und die Fertigung hielt in begrenztem Rahmen bis 1946 an, als das 755. und letzte Flugzeug ausgeliefert wurde. Das Muster entstand in folgenden Versionen und Stückzahlen (in Klammern): **CA-1** (40), **CA-3** (60), **CA-5** (32), **CA-7** (100), **CA-8** (200), **CA-9** (188) und **CA-16** (135). Die **CA-10** sollte einen Bomber und die **CA-10A** einen Sturzkampfbomber ergeben, aber beide Projekte wurden aufgegeben. Die Bezeichnung **CA-20** erhielten die **Wirraway**, die man nach dem Krieg zum Ausbildungsdienst der Royal Australian Navy umrüstete. Das

***Commonwealth Aircraft CA-5 Wirraway der No. 4 Squadron, Royal Australian Air Force, im Dezember 1942 auf Neuguinea stationiert.***

**TECHNISCHE DATEN**
**Commonwealth Aircraft CA-1 Wirraway**

**Typ:** zweisitziger Trainer/leichter Jagdbomber
**Triebwerk:** ein von CAC hergestellter Sternmotor Pratt & Whitney Wasp R-1340 mit 447 kW (608 PS)
**Leistung:** Höchstgeschwindigkeit 354 km/h in 1525 m Höhe; max. Marschgeschwindigkeit 293 km/h in 1525 m Höhe; Dienstgipfelhöhe 7010 m; Reichweite mit max. Treibstoffzuladung 1159 km
**Gewicht:** Rüstmasse 1811 kg; max. Startmasse 2991 kg
**Abmessungen:** Spannweite 13,11 m; Länge 8,48 m; Höhe 2,66 m; Tragflügelfläche 23,76 m²
**Bewaffnung:** zwei starre, vorwärtsfeuernde 7,7-mm-Maschinengewehre Vickers Mk V und eine ähnliche Waffe im hinteren Cockpit plus eine Bombenlast von 454 kg

Muster flog Patrouilleneinsätze für Schiffskonvois von Darwin aus über Malaya, New Britain und Neuguinea, bis leistungstüchtigere Kampfflugzeuge diese Aufgabe übernahmen. Mitte 1943 hatten die meisten **Wirraway**-Einsatzstaffeln auf die CAC Boomerang umgerüstet. Rund 400 freigewordene **Wirraway**-Exemplare wurden langfristig eingelagert, und einige schließlich zu CA-28-Ceres-Agrarflugzeugen umfunktioniert.

# Commonwealth Aircraft CA-12, CA-13, CA-14 und CA-19

Japans Kriegseintritt traf Australien völlig unvorbereitet. An Abfangjägern beispielsweise verfügte die RAAF nur über ein paar veraltete Brewster Buffalo, die in Malaya stationiert waren. Der Lizenzvertrag der CAC für die Wirraway schloß aber Änderungen am Entwurf ein, und Lawrence Wackett nutzte das gesamte Tragwerk, das Fahrgestell sowie das Leitwerk dieses Musters, um sie mit einem neuem Rumpf zu dem Jagdeinsitzer **Commonwealth Aircraft CA-12**, später **Boomerang Mk I** genannt, zu verbinden. Im Februar 1942 erging ein Auftrag über 105 Flugzeuge. Für den Bau des Prototyps benötigte die CAC nur drei Monate, da sie viele Wirraway-Komponenten einsetzte, und am 29. Mai startete er zum Jungfernflug.

Die Produktion dieser Erstserie war im Juni 1943 abgeschlossen, und es folgte eine zweite Baureihe mit 95 **CA-13 Boomerang Mk II**, die nur geringfügige Änderungen gegenüber der **Mk I** aufwiesen. Zur Verbesserung der Höhenleistung entstand eine einzelne **CA-14** mit Turbolader von General Electric. Später wurde diese Maschine zur **CA-14A** mit Rechteckseitenflosse/Ruder umgebaut, aber die Verfügbarkeit der schnelleren Spitfire Mk VIII machte weitere Bemühungen unnötig. Den Schluß bildete eine Baureihe von 49 **CA-19 Boomerang Mk II** mit nur geringfügigen Änderungen. Im Februar 1945 wurde das letzte Exemplar geliefert.

Die **Boomerang** nahm im Oktober 1942 bei der No. 2 Operational Traning Unit in Mildura den Dienst auf. Als erste Jagdstaffel erhielt No. 84 Squadron im April 1943 das neue Muster, und im Monat darauf hatte die **Boomerang** unter der frisch umgerüsteten No. 85 Squadron ihren ersten Feindkontakt. Weitere Jagdstaffeln folgten, darunter No. 4 und No. 5 Squadron, bei denen die **Boomerang** die Wirraway in der Rolle „Zusammenarbeit Heer/Luftwaffe" ersetzte. Mit der Zuführung leistungsstärkerer Jagdflugzeuge mußte die **Boomerang** weichen. Sie hatte sich als äußerst beweglich, zäh und stark im Steigflug erwiesen, hervorragend in Rollen bewährt, für die sie von Hause aus nicht gedacht war, und bei ihren Piloten in gutem Ruf gestanden. Nur eine **CA-12 Boomerang** ist als Museumsstück erhalten.

***Commonwealth Aircraft CA-12 Boomerang der No. 2 Operational Training Unit, RAAF, mit Standort Port Pirie, Südaustralien, im Oktober 1942***

***Commonwealth Aircraft CA-12 Boomerang der No. 2 OTU in Mildura, Victoria, im Jahre 1943 mit neu ausgeführtem Hoheitsabzeichen ohne Rot, um eine Verwechslung mit der japanischen Markierung auszuschließen***

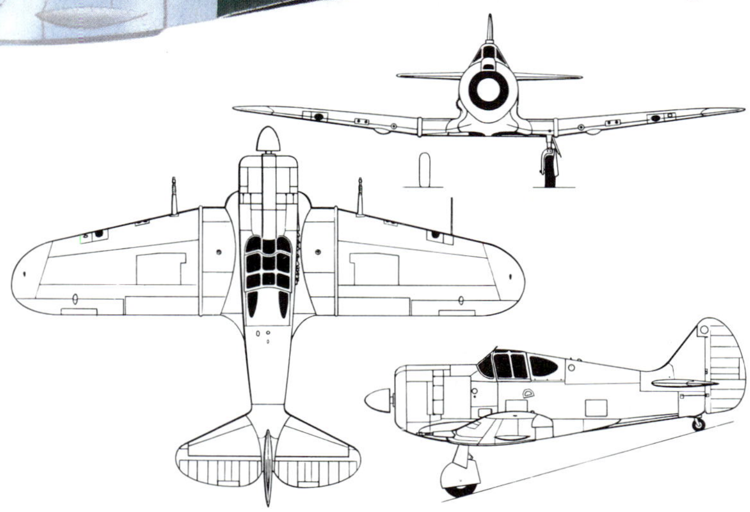

***Commonwealth Aircraft CA-14 Boomerang***

**TECHNISCHE DATEN**
**CAC CA-13 Boomerang Mk II**

**Typ:** einsitziges Jagdflugzeug
**Triebwerk:** ein Sternmotor Pratt & Whitney R-1830-S3C4-G Twin Wasp mit 895 kW (1217 PS)
**Leistung:** Höchstgeschwindigkeit 491 km/h in 4725 m Höhe; Anfangssteigleistung 14,93 m/sec; Dienstgipfelhöhe 10.365 m; Reichweite mit max. Treibstoffzuladung 2575 km
**Gewicht:** Rüstmasse 2437 kg; max. Startmasse 3742 kg
**Abmessungen:** Spannweite 10,97 m; Länge 7,77 m; Höhe 2,92 m; Tragflügelfläche 20,90 m²
**Bewaffnung:** vier Browning 7,7-mm-Maschinengewehre und zwei Hispano 20-mm-Kanonen in den Tragflächen

# Comper C.L.A.7 Swift

Im März 1929 gründete Flight Lieutenant Nicholas Comper, RAF-Hauptmann a.D., die Comper Aircraft Company, um eigene Flugzeugkonstruktionen zu produzieren. Der Prototyp **Comper C.L.A.7 (G-AARX)** mit dem Beinamen **Swift** startete am 17. Mai 1930 in Brooksland zum Erstflug. Der kleine und für damalige Zeiten äußerst schnittige **Swift**-Einsitzer war ein abgestrebter Hochdecker in Holzbauweise mit Stoffbespannung und Sperrholzbeplankung. Das Tragwerk saß direkt auf dem Rumpfrücken, und der Pilot im offenen Cockpit direkt hinter der Abströmkante hatte eine gute Sicht nach vorn. Das Leitwerk stützte sich mit Streben gegen das Rumpfheck ab, dessen Schleifsporn das kurzbeinige Fahrwerk ergänzte. Für den Antrieb des Prototyps sorgte ein A.B.C.-Scorpion-Kolbenmotor mit 30 kW (41 PS).

Nach der Versuchsmaschine wurden 1930 noch sieben **Swift** gefertigt, alle mit einem Salmson-Sternmotor AD9 mit 37 kW (50 PS). Das siebte Serienflugzeug erhielt versuchsweise einen Pobjoy-Prototypmotor J zur Vorbereitung auf ein Flugrennen. In der Folge wurde der Pobjoy R zum **Swift**-Standard und bei den meisten

***Die Swift nahm an manchen Flugrennen teil. Der Pobjoy-Motor war untersetzt, um die Propellerdrehzahl zu mindern.***

frühen **Swift** nachgerüstet. Die Serienproduktion der Standard-**Swift** ergab 41 Flugzeuge, gefolgt von drei Exemplaren, deren de Havilland Gipsy-Motoren für Flugrennen getrimmt waren. Zwei Maschinen erhielten den Gipsy III mit 89 kW (121 PS) und eine den Gipsy Major mit 97 kW (132 PS).

Das britische Zulassungsregister für zivile Luftfahrzeuge führt nach wie vor vier **Swift**, von denen allerdings nur noch zwei Exemplare (**G-ABUU** und **G-ACTF**), Baujahr 1932, flugtüchtig sind. **G-ACTF** kann derzeit im Brooklands Museum besichtigt werden.

**TECHNISCHE DATEN: Comper C.L.A.7 Swift**
**Typ:** einsitziges Sportflugzeug
**Triebwerk:** ein Sternmotor Pobjoy R mit 56 kW (76 PS)
**Leistung:** Höchstgeschwindigkeit 225 km/h; Reisegeschwindigkeit 193 km/h; Dienstgipfelhöhe 6705 m; Reichweite 611 km
**Gewicht:** Leermasse 245 kg; max. Startmasse 447 kg
**Abmessungen:** Spannweite 7,32 m; Länge 5,40 m; Höhe 1,61 m; Tragflügelfläche 8,36 $m^2$

# Comte AC-1

Die Schweizer Flugzeugbau A. Comte in Hargen bei Zürich nahm Anfang der zwanziger Jahre die Lizenzfertigung deutscher Muster auf. Ihr erster eigener Entwurf war die **Comte AC-1**, die entsprechend einer Forderung der Schweizer Fliegertruppe für einen Jagdeinsitzer in Eigeninitiative entwickelt wurde. Der Prototyp, dessen Erstflug am 2. April 1927 stattfand, war ähnlich wie die französische Dewoitine D.9 als abgestrebter Hochdecker mit Schleifspornfahrgestell ausgelegt. Die Primärstruktur bestand aus Metall, das im Bereich von Trag- und Leitwerk einen Stoffüberzug erhielt, doch der gesamte Rumpf war mit Leichtmetall beplankt. Den Antrieb lieferte ein Gnome-Rhône-Sternmotor.

Die Bewertung durch die Fliegertruppe führte zur Beschaffung des Prototyps, aber nicht zur Bestellung weiterer Serienflugzeuge. Die Comte-Tragflächen der **AC-1** wurden später gegen das Tragwerk einer Dewoitine D.L. ausgetauscht, und in dieser Konfiguration stellte die **AC-1** am 19. November 1928 einen Schweizer Höhenrekord auf.

*Comte AC-1 der Fliegertruppe (Schweiz) im Jahre 1927*

**TECHNISCHE DATEN: Comte AC-1**
**Typ:** Jagdeinsitzer
**Triebwerk:** ein Sternmotor Gnome-Rhône Jupiter IX mit 309 kW (420 PS)
**Leistung:** Höchstgeschwindigkeit 152 km/h; Reichweite 450 km
**Gewicht:** Leermasse 920 kg; max. Startmasse 1320 kg
**Abmessungen:** Spannweite 12,00 m; Länge 7,13 m; Höhe 3,12 m; Tragflügelfläche 24 $m^2$
**Bewaffnung:** (geplant) zwei vorwärtsfeuernde Maschinengewehre

# Comte AC-4 Gentleman

1927 konstruierte die Firma den Prototyp eines zweisitzigen Kabinen-Eindeckers für Sport- und Schulflüge, der die Bezeichnung **Comte AC-4 Gentleman** erhielt. Es handelte sich um einen abgestrebten Hochdecker in gemischter Bauweise mit Stoffbespannung und Schleifsporn. In der geschlossenen Kabine waren zwei Sitze leicht gestaffelt nebeneinander eingerichtet, wahlweise mit Doppelsteuer. Für den Antrieb sorgte ein Reihenmotor Cirrus II mit 56 kW (76 PS). In spätere Serienmaschinen wurde ein stärkerer Cirrus Hermes oder Genet Major eingebaut.

**TECHNISCHE DATEN**
**Comte AC-4 Gentleman**
**Typ:** zweisitziges Sport- und Schulflugzeug
**Triebwerk:** ein Reihenmotor Cirrus Hermes mit 86 kW (117 PS)
**Leistung:** Höchstgeschwindigkeit 175 km/h; Reisegeschwindigkeit 140 km/h; Dienstgipfelhöhe 4000 m; Reichweite 700 km
**Gewicht:** Leermasse 500 kg; max. Startmasse 800 kg
**Abmessungen:** Spannweite 12,13 m; Länge 8,05 m; Höhe 2,90 m; Tragflügelfläche 20 $m^2$

***Die zweite Baureihe des Leichtflugzeugs Comte Gentleman mit insgesamt fünf Exemplaren war die AC-4B, die sich von der Erstserie durch ihren Sternmotor Genet Major abhob. Gelegentlich wurde auch der Cirrus Hermes eingebaut.***

# Conroy Aircraft Corporation

John M. Conroy, der für die Entwicklung des übergroßen Frachtflugzeugs Pregnant Guppy und seines Nachfolgers für Aero Spacelines Inc. verantwortlich zeichnete, gründete die **Conroy Aircraft Corporation**, um sich auf die Umrüstung bestehender Flugzeugmuster zu spezialisieren. Eine seiner Schöpfungen war die **Conroy/Douglas Turbo Three** in Form der ehrenwerten DC-3 mit Turboprop-Antrieb. Diese Umrüstung umfaßte im Kern den Einbau zweier Turboprop-Triebwerke vom Typ Rolls-Royce RDa.6 Dart Mk 510 je 1193 kW (1622 WPS) in neuen Triebwerksgondeln, die Rotol-Vierblatt-Propeller antrieben. Die erste so ummotorisierte **Turbo Three** flog erstmals am 13. Mai 1969.

Nach der DC-3 wählte die Firma das Langstrecken-Frachtflugzeug Canadair CL-44, um es zum Transporter für übergroßes Frachtgut umzugestalten. Dazu wurde die obere Rumpfhälfte entfernt und durch eine neue druckbelüftete Struktur ersetzt, die eine maximale lichte Höhe von 4,24 m bot. So konnte man das Frachtraumvolumen fast verdoppeln. Diese **Conroy/Canadair CL-44-0** hob am 26. November 1969 zum Erstflug ab, und seit Oktober 1982 betreibt HeavyLift Cargo Airlines sie von ihrem Stützpunkt in Stansted aus.

Anschließend entwickelte Conroy noch ein Turboprop-Umrüstprogramm für das Cessna-Modell 337 Super Skymaster. Die komplexe Modifikation umfaßte den Ausbau des hinteren Motors der Skymaster, die Erweiterung des Hinterrumpfes, so daß sich das Raumvolumen der Kabine praktisch verdoppelte, und den Einbau einer Propellerturbine Garrett TPE331-25A mit 429 kW (583 WPS) in die Flugzeugnase, die das Standardkolbentriebwerk beherbergt hatte. Gleichzeitig befähigte man die ummotorisierte Cessna 337 zu Kurzstreckenstarts/-landungen, indem man das von der Robertson Aircraft Corporation für die Super Skymaster entwickelte Auftriebssystem integrierte. Dies unterstrich Conroy durch den Namen **Stolifter**.

Conroy entwickelte ferner ein Turbopropkonzept für das Grumman-Amphibienflugzeug HU-16A. Diese **Turbo Albatross** wurde mit zwei Propellerturbinen vom Typ Rolls-Royce RDa.6 Dart Mk 510 samt Triebwerkszelle und Motoraufhängung ausgestattet. Die **Turboprop-Albatross** schwang sich am 25. Februar 1970 zum ersten Mal in die Luft, und das Flugtestprogramm zeigte, daß die leichteren, aber stärkeren Triebwerke die Flugleistung um mehr als 25% verbessert hatten.

***Die anspruchsvollste Conroy-Umrüstung ergab das Einzelexemplar CL-44-0. Die interne Raumkapazität war nahezu verdoppelt, und das Schwenkheck zum Be- und Entladen blieb erhalten.***

# Consolidated Doppeldecker-Schulflugzeuge bis Consolidated P2Y

**Seit 1923 vergrößerte sich die Consolidated Aircraft Corporation stetig durch eigenes Wachstum und Firmenaufkäufe. Frühe Erfolge waren die Schulflugzeuge Trusty, Husky und Courier für Amerika. Bald kamen Entwicklung und Bau nur mittelmäßiger Transport- und Jagdflugzeuge, hingegen hervorragender Flugboote und Bomber dazu.**

## Consolidated Doppeldecker-Schulflugzeuge

Consolidated Aircraft Corporation entstand 1923 in Buffalo, New York, als Nachfolger der Dayton-Wright Airplane Company. Von letzterer gingen Entwurfsrechte, ein Vertrag zur Fertigung des zweisitzigen Anfängerschulflugzeugs TW-3 und die Dienstverpflichtung des Chefkonstrukteurs Colonel Virginius E. Clark auf Consolidated über. Die TW-3 wurde zur **Consolidated PT-1** mit Tandemsitzanordnung, neu entworfenem Leitwerk und einem 134 kW (182 PS) starken Wright E- Sternmotor entwickelt, der außer beim Prototyp unverkleidet war. Insgesamt 221 Exemplare und eine **YPT-2** mit einem Wright J-5 mit 164 kW (223 PS) wurden gebaut.

***Zehn Y1PT-12 hatten den Wright-Sternmotor Wasp Junior. Später wurden sie zur fliegerischen Grundausbildung eingesetzt und erhielten die Bezeichnung BT-7.***

**Varianten**

**NY-1:** Das Interesse der US Navy an der PT-1 ergab die NY-1 mit einigen strukturellen Änderungen, um bei Bedarf einen zentralen Schwimmer unter dem Rumpf und kleinere Stabilisierungsschwimmer unter den Unterflügeln anbauen zu können; für den Betrieb als Schwimmerflugzeug mußten die Seitenflosse und das Ruder vergrößert werden; als Antrieb diente zunächst ein Wright Whirlwind der Serie J-4 mit 149 kW (203 PS), aber spätere Serienflugzeuge erhielten den gleichen Motor mit 164 kW (223 PS), das Tragwerk der NY-2 und die Bezeichnung NY-1B; unter NY-1A liefen alle NY-1, die man zur Schießausbildung umgerüstet hatte; Anfang 1926 erging ein Auftrag über 40 NY-1, und die Gesamtproduktion ergab 76 Exemplare

**NY-2:** um die Tragflächenbelastung der NY-1 zu verringern, führte Consolidated ein Tragwerk mit einer von 10,52 m auf 12,19 m erhöhten Spannweite ein; der damit verbundene Gewichtszuwachs verschlechterte die Flugleistung nur geringfügig, obwohl am Wright J-5 festgehalten wurde; diese Version brachte Serienaufträge für insgesamt 211 Exemplare ein, darunter 25 NY-2A mit Einbauvorrichtungen für starre Maschinengewehre im Frontcockpit zur Schießausbildung des Flugzeugführers und MG-Schwenklafetten im hinteren Cockpit zur Waffenausbildung des Beobachters; 1929 wurde eine NY-2 mit einem Wright-Sternmotor R-790A ausgerüstet und in N3Y-1 umbezeichnet; die NY-2 war die Consolidated Modell 12

**NY-3:** 20 Flugzeuge ähnlich wie die NY-2, jedoch mit Sternmotor Wright R-760-94 mit 179 kW (243 PS) als Antrieb

**PT-3:** Der Wright J-5 blieb der PT-3 erhalten, aber die Leitwerksflächen waren erneut geändert; die Serienfertigung ergab 130 PT-3 und 120 leicht modifizierte PT-3A; die Auslieferung an das US Army Air Corps begann 1928, so daß die PT-1 den Einheiten der National Guard zugeführt werden konnten; die PT-3 war das erste Schulflugzeug, bei dem das USAAC mit Blindflughauben experimentierte; die Herstellerbezeichnung lautete Modell 12 Husky

***Consolidated Modell 21-A (N4Y-1) der US Coast Guard im Jahre 1933***

**XPT-4:** projektierte PT-3 mit Versuchsmotor Fairchild-Caminez; nicht in Serie gefertigt

**XPT-5:** eine PT-3, die man 1929 versuchsweise mit einem Sechszylinder-Sternmotor vom Typ Curtiss Challenger mit 127 kW (173 PS) ausrüstete; wurde später zur Standard-PT-3 rückgerüstet

**O-17:** Parallelentwicklung zur PT-3 mit erweitertem Tankvolumen, einem strömungsgünstigeren Rumpf, ausgeglichenen Höhenrudern und einem modifizierten Fahrwerk mit Ölfederbeinen und Radbremsen; die Verkleidung des hinteren Cockpits war abnehmbar, damit eine Scarff-Ringlafette eingebaut werden konnte; somit verlagerte sich der Verwendungszweck von der Flugzeugführer- zur Beobachterschulung; 29 Exemplare wurden gebaut; für den zivilen Bereich als Courier angeboten

**XPT-8:** Mit dieser Bezeichnung flog eine Maschine mit Packard-Dieselmotor mit 168 kW (228 PS) als Antrieb

**PT-11:** aerodynamisch verfeinerte Entwicklung der PT-3 (Consolidated Modell 21) mit rundlichen statt bislang eckigen Leitwerksflächen; die ersten vier Vorserienflugzeuge führten die Bezeichnung YPT-11 und waren mit Continental R-545-1-Sternmotoren mit 123 kW (167 PS) ausgerüstet, aber das vierte wurde später mit dem Curtiss Challenger R-600 zur PT-11A und anschließend mit dem 164 kW (223 PS) starken Avco Lycoming YR-680-1 zur PT-11C ummotorisiert; die ersten beiden YPT-11 rüstete man auf den Standard PT-11D mit R-680A-Motor mit 149 kW (203 PS) um, ebenso wie vier YPT-11B mit Kinner YR-720-1-Motor; es entstanden insgesamt 21 neugebaute PT-11D

**PT-12:** zehn Flugzeuge ähnlich wie die PT-11, jedoch mit 224 kW (305 PS) starkem Sternmotor Pratt & Whitney Wasp Junior R-985A

**N4Y:** PT-11-Einzelexemplar der US Coast Guard, anfangs vom Wright-Motor J-6-5 angetrieben, aber später auf den Avco Lycoming R-680 mit 164 kW (223 PS) umgestellt; letzterer diente auch drei N4Y als Antrieb, die die US Navy unter der Bezeichnung N4Y-1 beschaffte

**BT-6:** Bezeichnung für die dritte YPT-11 nach der Umrüstung auf einen 224 kW (305 PS) starken Wright R-975

**BT-7:** Anschlußbezeichnung der zehn Y1PT-12 mit Pratt & Whitney Wasp Junior R-985A mit einer Leistung von 224 kW (303 PS) und kleineren Änderungen hinsichtlich der Ausrüstung

### TECHNISCHE DATEN

**Consolidated PT-11D**

**Typ:** zweisitziger Schuldoppeldecker für Anfänger

**Triebwerk:** ein Sternmotor Avco Lycoming R-680A mit 149 kW (203 PS)

**Leistung:** Höchstgeschwindigkeit 190 km/h; Dienstgipfelhöhe 4175 m; Flugdauer 3 Stunden

**Gewicht:** Leermasse 870 kg; max. Startmasse 1173 kg

**Abmessungen:** Spannweite 9,63 m; Länge 8,20 m; Höhe 2,95 m; Tragflügelfläche 26,01 m²

***Vorläufer der vom Wasp Junior angetriebenen BT-7 war diese XBT-937 (Consolidated Modell 21-C), deren 224 kW (303 PS) starker Pratt & Whitney-Sternmotor sauber verkleidet war.***

***Wie Curtiss vor dem Ersten Weltkrieg gab auch Consolidated dem Schwimmerkonzept mit einem Haupt- und zwei Stabilisierungsschwimmern den Vorzug. Abgebildet ist eine NY-2 der Training Sqn. VN-15.***

# Consolidated (Modell 32) B-24 Liberator

Leser, die den Zweiten Weltkrieg erlebt haben, werden sich sicher noch an die große, häßliche und scheinbar langsame **Consolidated B-24 Liberator** erinnern. Auf dem europäischen Kriegsschauplatz stand dieses Muster im Schatten der Boeing B-17 Flying Fortress, und manch einer dürfte überrascht sein, daß die **Consolidated Liberator** nicht nur in viel größerer Stückzahl als die B-17 gebaut wurde, sondern auch das meistproduzierte amerikanische Kriegsflugzeug überhaupt war.

Der Ursprung der **Liberator** geht auf Anfang bis Mitte der dreißiger Jahre zurück, als Projekte wie die Boeing XB-15 und Douglas XB-19 sowie die Entwicklung der B-17 fundierte Erkenntnisse und eine positive Einstellung zum „Großbomber" brachten. Die **Liberator** repräsentierte die nächste Generation dieser neuen Bomberkategorie, deren Entwicklung durch die gespannte politische Situation in Europa und durch die japanische Aufrüstung beschleunigt wurde. Im Januar 1939 forderte das US Army Air Corps Consolidated auf, Entwurfsstudien für einen schweren Bomber mit höherem Leistungsvermögen als dem der B-17 zu erarbeiten.

Consolidated legte in kurzer Zeit die Konstruktionsunterlagen der **Consolidated Modell 32** vor. Da einer großen Reichweite höchste Bedeutung zukam, entwarf die Gesellschaft dieses Muster um das Davis-Tragwerk herum. Letzteres hatte sie erstmals bei der Konzeption des Flugboots Modell 31 verwendet, dessen Prototyp damals kurz vor der Fertigstellung stand. Die Zügigkeit, mit der das USAAC die Konstruktion eines Prototyps der **Modell 32** genehmigte, stand dem von Consolidated vorgelegtem Tempo in nichts nach, und gemäß dem am 30. März 1939 erteilten Auftrag mußten die Arbeiten an dieser **XB-24** bis Jahresende abgeschlossen sein. Consolidated hielt diese Vorgabe ein und brachte den Prototyp am 29. Dezember 1939 zum Erstflug.

Die Abmessungen der **XB-24** waren mit Ausnahme der Spannweite etwas kleiner als die der Fortress. So betrug die Tragflügelfläche der **XB-24** rund 26 Prozent weniger, was auf die sehr hohe Flügelstreckung des Davis-Tragwerks hinweist. Um eine maximale Kapazität innerhalb der Rumpfstruktur sicherzustellen, hatte man die Tragflächen in Schulterhöhe angesetzt. Für gute Flugeigenschaften bei niedrigen Geschwindigkeiten und eine akzeptable Landegeschwindigkeit sorgten Fowler-Klappen, die sich über die volle Spannweite erstreckten. Der herkömmlich konstruierte Rumpf erhielt einen hohen Durchmesser, um einen Waffenschacht für 3629 kg Bomben in senkrechter Position einbringen zu können. Ein Kielträger, zum Gang für die Besatzungsmitglieder zwischen Bug und Heck ausgebaut, unterteilte den Bombenschacht in zwei Sektionen. Das ungewöhnlichste Merkmal dieses Bombenschachts aber waren seine „Rollklappen", die beim Öffnen in das Rumpfinnere verschwanden und somit weniger Luftwiderstand erzeugten. Das Leitwerk mit seinen ovalen Endplatten als Seitenflossen ähnelte dem des Flugboots 31. Ein einziehbares Bugradfahrwerk und vier flächenmontierte Sternmotoren vom Typ Pratt & Whitney Twin Wasp mit je 895 kW (1217 PS) vervollständigten die Auslegung.

Noch vor dem Jungfernflug des Prototyps erhielt Consolidated erste Aufträge zum Bau des neuen Bombers. Dazu gehörten sieben Eprobungsbomber **YB-24**, 36 Serienbomber **B-24A** für das USAAC und 120 Exemplare „wie auf dem Reißbrett" für die französischen Streitkräfte. Die Anfangsflugerprobung verlief erfolgreich,

***Die XPB4Y-2 Privateer markierte einen wesentlichen Fortschritt in der Entwicklung der B-24 durch ihr großes einteiliges Seitenleitwerk, das die Endplatten der früheren Liberator ersetzte.***

aber die vom USAAC geforderte Geschwindigkeit machte weitere Entwicklungsschritte nötig. Davon abgesehen konnte die **XB-24** ihr ausgezeichnetes Reichweitevermögen unter Beweis stellen, und ihr großes Rumpfvolumen bot sich zur Anpassung an eine Vielzahl anderer Rollen an. Diese Vielseitigkeit und die große Reichweite waren die Schlüsselelemente zum Erfolg der **B-24**. Auf die **XB-24** folgten 1940 die sieben **YB-24**-Erprobungsbomber, die sich vom Prototyp durch pneumatische Enteisungsmatten an allen Nasenkanten unterschieden. Als die ersten Serienbomber in San Diego vom Band rollten, hatte Frankreich bereits kapituliert. Folglich wurden die Flugzeuge des französischen Auftrags nach britischen Angaben fertiggestellt, wie in der kurz nach den Franzosen getätigten Bestellung über 164 Bomber spezifiziert. Später ging das gesamte Beschaffungslos von Frankreich auf Großbritannien über.

Die RAF taufte ihren neuen Bomber auf den Namen **Liberator** (Befreier), den die USAAF später ebenfalls übernahm. Der erste britische Bomber (AM258) absolvierte am 17. Januar 1941 den Jungfernflug. Consolidated führte diese Version unter **LB-30A** (Liberator to British specification). Im März 1941 trafen die ersten sechs Maschinen in England ein, nachdem sie den Nordatlantik direkt überflogen hatten. Diese Exemplare nutzten die BOAC und später auch das RAF Ferry Command (Überführungskommando) als unbewaffnete Transportflugzeuge. Das nächste Baulos, das Mitte 1941 kam, stieß als **Liberator Mk I** zur RAF für den Dienst beim Küstenkommando. Diese Maschinen wurden in England modifiziert und u.a. mit einer frühen Version des ASV-Seezielradars (ASV-Air-to-Surface Vessel) sowie mit vier 20-mm-Kanonen in einer Anbauwanne unter dem Vorderrumpf vor dem Bombenschacht ausgestattet, um die Standardbewaffnung von fünf 12,7-mm-Maschinengewehren zu verstärken. Im Juni 1941 erhielt No. 120 Squadron des Coastal Command die **Liberator Mk I**. Dies war das erste Muster der RAF mit genügend Reichweite, um die „Atlantiklücke" schließen zu können, den Bereich des Ozeans, in dem Schiffskonvois ohne Luftunterstützung fahren mußten, weil die nötige Reichweite seinerzeit weder von Nordamerika noch von England aus gegeben war.

Im selben Monat übernahm die USAAF ihre ersten **B-24A**, und auch sie wurden dem Air Corps Ferrying Command zugeführt. Die erste echte Einsatzbomberversion war die **Liberator Mk II (Consolidated LB-30)**, von der es kein USAAF-Äquivalent gab. Die Unterschiede zur **Mk I** bestanden in dem um 79 cm verlängerten Vorderrumpf, der Besatzungshöchststärke von zehn Mann und dem Einbau je eines motorisierten Waffenturms vom Typ Boulton Paul mit vier 7,7-mm-Maschinengewehren auf dem Rücken des Mittelrumpfs und im Heck. Die RAF erhielt 139 solcher Flugzeuge, und als No. 159 und No. 160 Squadron ihre **Liberator** ab Juni 1942 im Nahen Osten einsetzten, waren sie die ersten Verbände, die dieses Muster als Bomber verwendeten. Eine Maschine dieser Baureihe (AL504) operierte unter dem Namen **Commando** als persönliches Transportmittel des britischen Premierministers Winston Churchill.

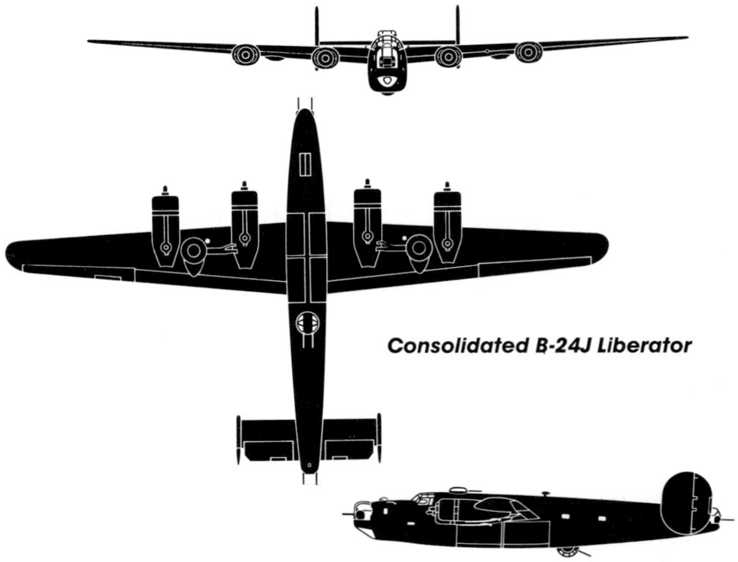

***Consolidated B-24J Liberator***

In der Zwischenzeit hatte man den Prototyp **XB-24** zur neuen **XB-24B** modifiziert. Mit diesem Standard wurden kugelsichere Kraftstofftanks und Panzerschutz eingeführt, aber die bedeutendste Verbesserung bestand in der Einrüstung der turbogeladenen Sternmotoren R-1830-41. Dies ergab das zweite herausragende Erkennungsmerkmal der **Liberator** in Gestalt ovaler Motorstirnflächen, hervorgerufen durch die Verlegung der Ölkühler beidseitig unter die Motorverkleidung. Diese Änderungen sowie zwei Waffentürme mit je einem 12,7-mm-Maschinengewehrpaar auf dem Rumpfrücken und im Heck, die die handbedienten Rohrwaffen in vorderen und seitlichen Gefechtspositionen ergänzten, erhielten neun Flugzeuge für die USAAF mit der Bezeichnung **B-24C**.

Anschließend wurde die Großserie **B-24D** aufgelegt, die die Bomberstaffeln der USAAF in das Kampfgeschehen einführen sollten. Sie unterschieden sich zunächst nur durch ihre R-1830-13-Motoren. Nachfolgende Baulose erfuhren jedoch progressive Änderungen hinsichtlich der Abwehrbewaffnung, den Einbau zusätzlicher Kraftstofftanks in den Außenflächen und im Bombenschacht sowie eine Erhöhung ihrer Betriebsmassen und Bombenlasten. Einige Exemplare der Spätserie wurden mit externen Halterungen unter den Innenflächen für zwei 1814-kg-Bomben ausgerüstet. Die RAF führte die **B-24D** als **Liberator Mk III**. Bei den **Liberator Mk IIIA** handelte es sich um ähnliche Flugzeuge, die mit amerikanischer Bewaffnung und Ausrüstung auf der Grundlage des Lend-Lease-Abkommens geliefert wurden. Die meisten **Liberator Mk III/IIIA** dienten beim Küstenkommando und rüsteten schließlich zwölf Staffeln aus. Insgesamt 122 Exemplare durchliefen in England eine umfassende Modifikation, die ihnen ein ASV-Radar mit Kinn- sowie einziehbarem Unterrumpfradom, einen Leigh-Scheinwerfer zur Zielbeleuchtung bei Nacht (vor allem für aufgetauchte U-Boote) und eine erhöhte Kraftstoffkapazität einbrachten, während man die Abwehrbewaffnung, den Panzerschutz und die Waffenzuladung reduziert hatte. Diese Maschinen erhielten die Bezeichnung **Liberator GR.Mk V**. Einige wurden mit kleinen Stummelflächen am Vorderrumpf ausgestattet, die eine Beladung mit Raketenprojektilen ermöglichten. Die USAAF setzte die **B-24D** auch zur U-Bootabwehr ein, und 1942 nahm die US Navy diese Version in kleiner Stückzahl als **PB4Y-1** entgegen. Ende August 1943 löste die USAAF ihr U-Jagdkommando auf und übergab ihre Flugzeuge an die US Navy im Austausch gegen eine gleiche Bomberzahl aus noch ausstehenden Lieferungen. Die US Navy bezeichnete die ehemaligen **B-24** der USAAF, ausgestattet mit ASV-Radar, ebenfalls als **PB4Y-1**. Später beschaffte diese Teilstreitkraft aber die speziell auf die Marine zugeschnittene **PB4Y-2 Privateer** mit neuem einteiligen Seitenleitwerk/Ruder, einem gestreckten Vorderrumpf, einer auf maximal zwölf Maschinengewehre, Kaliber 12,7 mm, gesteigerten Abwehrbewaffnung und dem Pratt & Whitney R-1830-94 Twin Wasp ohne Turbolader als Antrieb.

Die USAAF begann im Juni 1942 mit dem Einsatz der **B-24D** im Nahen Osten, und einer der ersten Luftangriffe mit 13 Bombern wurde am 11./12. Juni gegen die rumänischen Ölfelder bei Ploesti geflogen. Die USAAF bewertete die Operation der 13 Bomber als „erfolglosen Angriff". Der einzige Erfolg war allenfalls die Aufklärung der Flugabwehr über eigene Schwächen. Der nächste Angriff auf dasselbe Ziel am 1. August 1943 erfolgte daher mit konzentrierten Kräften der 8. und 9. Air Force. Die Schäden, die die 177 **B-24** dieses Mal anrichteten, waren weitaus höher, mußten aber mit dem Verlust von 55 **Liberator,** Kampfbeschädigungen an 53 Maschinen und 440 getöteten oder vermißten Besatzungsmitgliedern bezahlt werden.

Inzwischen wurde die **B-24** mit einer sehr hohen Ausstoßrate produziert, von Consolidated in San Diego und Fort Worth, von Douglas in Tulsa und von Ford in Willow Run.

Mitte 1942 erschienen die ersten Transportflugzeuge ohne Abwehrwaffen in Bug und Heck, aber mit einer großen Frachttür auf der linken Rumpfseite und einer Innenauslegung für Passagiere oder Fracht. Die USAAF beschaffte 276 Transporter mit der Bezeichnung **C-87** für eine fünfköpfige Besatzung und 20 Passagiere. 24 ähnliche Flugzeuge, die mit seitlichen Kabinenfenstern ausgestattet waren, dienten beim RAF Transport Command als **Liberator C.Mk VII**, und die US Navy betrieb einige Exemplare als **RY-2**. Entsprechende Transportmaschinen mit R-1830-45-Antrieb und VIP-Inneneinrichtung hießen bei der US Navy **RY-1** und bei der USAAF **C-87A**. Ferner stellte die US Navy 46 Exemplare der Transportvariante **RY-3** in Dienst, und 27 ähnliche Maschinen wurden Anfang 1945 an die RAF für den Dienst beim Transport Command geliefert. Eine besondere Logistikversion war der Lufttanker **C-109**, der 10.977 Liter Flugkraftstoff über das Himalaja-Gebirge transportieren konnte, um die Boeing B-29 Superfortress, die von vorgeschobenen Basen in China aus operierte, zu versorgen. 1943 entstand auch der Prototyp **XF-7** einer Aufklärerversion, bei dem man die Bombengestelle ausgebaut und zusätzliche Kraftstofftanks im vorderen Teil des Schachts eingebaut hatte. Unter Erhaltung der normalen Abwehrbewaffnung konnte die Maschine bis zu elf Luftbildkameras aufnehmen. Die **F-7** wurde im pazifischen Operationsgebiet intensiv eingesetzt, und zu den späteren Varianten zählten die **F-7A** und **F-7B** mit unterschiedlicher Kameraausrüstung.

Der erste Serienbomber vom Ford-Werk in Willow Run war die **B-24E**, die wesentlich der **B-24D** ähnelte, abgesehen von anderen Propellern und geringfügigen Änderungen im Detail. Auch Consolidated und Douglas bauten diese Version, darunter einige Exemplare mit R-1830-65-Motoren. Es folgte die **B-24G** mit Zwillings-MG-Turm im oberen Teil der um 25 cm verlängerten Flugzeugnase, außer bei den ersten 25 Maschinen. Die **B-24G** wurde von North American Aviation auf einer neuen Fertigungsstrecke in Dallas, Texas, produziert. Entsprechende Flugzeuge, von Consolidated in Fort Worth sowie von Douglas und Ford gefertigt, fielen unter die Bezeichnung **B-24H**.

Die ergiebigste Baureihe war die **B-24J** mit 6678 Exemplaren, die von allen fünf Bändern rollten und sich nur in Kleinigkeiten von der **B-24H** abhoben. **B-24H** und **B-24J**, die unter dem Lend-Lease-Abkommen der RAF zuflossen, trugen die Bezeichnung **Liberator GR.Mk VI**, wenn sie zur Seezielbekämpfung/Seeaufklärung durch das Coastal Command ausgerüstet waren, oder **Liberator B.Mk VI** im Einsatz als schwere Bomber im Nahen und Fernen Osten. Die US Navy führte diese Maschinen als **PB4Y-1**.

Die letzten Serienversionen waren die **B-24L** und die **B-24M**. Erstere ähnelte der **B-24D**, war jedoch mit zwei von Hand bedienten 12,7-mm-Maschinengewehren statt des Heckwaffenturms ausgerüstet. Von ihr fertigte Consolidated in San Diego 417 und Ford 1250 Exemplare. Die **B-24M** unterschied sich von der **B-24J** durch einen anderen Heckwaffenturm. Convair in San Diego baute 916 und Ford weitere 1677 Maschinen dieser Version. Daneben gab es etliche Sondervarianten: eine einzelne **XB-24F** als Versuchsträger einer thermischen Enteisungsanlage auf der Grundlage einer **B-24D**; den Prototyp **XB-24K** als Vorläufer für eine Version mit einteiligem Seitenleitwerk, die in Großserie als **B-24N** gefertigt werden sollte, doch bis zur Einstellung der Produktion am 31. März 1945 entstanden lediglich der Prototyp **XB-24N** und sieben **YB-24N** zur Truppenerprobung. Hinzu kam das experimentelle Bombergeleitflugzeug **XB-41**, das mit 14 2,7-mm-Maschinengewehren bewaffnet war und dann zur **AT-22** (spätere Bezeichnung **TB-24**) für die Flugingenieurausbildung umgebaut wurde. Bei Kriegsende sonderte die USAAF den Großteil ihrer **Liberator** aus, und 1953 verabschiedete sie das letzte der wenigen im Dienst verbliebenen Exemplare.

Rechnet man alle Flugzeuge zusammen, wurden mehr als 19.000 **Liberator** gebaut. Außer der RAF, der USAAF und der US Navy flogen auch Verbände der Royal Australian Air Force, der Royal Canadian Air Force und der South African Air Force dieses Muster. Nirgendwo erwies sich die **Liberator** wertvoller als auf dem pazifischen Kriegsschauplatz, wo ihre Reichweite und Vielseitigkeit sie zum „Mädchen für alles" machten.

***Diese Aufnahme zeigt eine B-24M mit 12,7-mm-Zwillings-MG in vorderen, hinteren, oberen und unteren Waffentürmen sowie seitlichen Gefechtspositionen im Rumpf.***

**Variante**

**Convair Modell 39:** Mit diesem Modell versuchte Convair nach dem Krieg, Fuß auf dem Transportsektor zu fassen; es verband die Tragflächen, den Antrieb und das Fahrwerk der B-24 mit dem Leitwerk der PB4Y-2 und einem neuen Rumpf, der 45 Passagiere oder 5443 kg Fracht befördern konnte; den einzigen Prototyp prüfte die US Navy als R2Y

**TECHNISCHE DATEN**
**Consolidated B-24H/J**

**Typ:** Fernbomber/Fernaufklärer
**Triebwerke:** vier luftgekühlte 14-Zylinder-Doppelsternmotoren, Pratt & Whitney R-1830-65 Twin Wasp mit je 895 kW (1217 PS)
**Leistung:** Höchstgeschwindigkeit 467 km/h in 7620 m Höhe; Marschgeschwindigkeit 346 km/h; Dienstgipfelhöhe 8535 m; Reichweite 3380 km
**Gewicht:** Leermasse 16.556 kg; max. Startmasse 32.296 kg
**Abmessungen:** Spannweite 33,53 m; Länge 20,47 m; Höhe 5,49 m; Tragflügelfläche 97,36 $m^2$
**Bewaffnung:** zehn 12,7-mm-Maschinengewehre (in Bug-, Rücken- und Bauchkugeltürmen sowie im Heckstand und in seitlichen Rumpfpositionen) plus eine maximale Bombenzuladung von 5806 kg oder eine normale Bombenlast von 2268 kg

# Consolidated (Modell 33) B-32 Dominator

Dieselbe Forderung, die der Boeing B-29 zugrunde lag, ergab die konkurrierende **Consolidated Modell 33**. Beide Firmen erhielten den Auftrag, jeweils drei Prototypen zu bauen, und den Consolidated-Flugzeugen wurde die Bezeichnung **XB-32** zugeteilt.

Der erste Versuchsbomber startete am 7. September 1942 zum Jungfernflug, zwei Wochen vor der ersten XB-29. Der zweite und dritte Prototyp folgte am 2. Juli bzw. am 9. November 1943. Wie die XB-29 waren sie mit Druckkammer und fernbedienten Waffentürmen ausgestattet, doch alle drei wiesen deutliche Unterschiede in der Auslegung auf: Der erste Prototyp hatte eine rundliche Flugzeugnase und ein geteiltes Seitenleitwerk/Ruder wie die B-24 Liberator, der zweite wies die gleiche Heckbaugruppe auf, doch der modifizierte Vorderrumpf enthielt ein abgestuftes Flugdeck, und der dritte übernahm diese Rumpfform, doch am Ende erhob sich eine große einteilige Seitenflosse. Letzteres wurde die Grundauslegung für die Serienbomber.

Die **B-32** war ein freitragender Hochdecker mit vier Wright Cyclone 18-Zylinder-Sternmotoren derselben Serie wie bei der B-29 Superfortress, aber etwas kleiner als dieses Muster. Das Bugradfahrwerk ließ sich einziehen, zwei geräumige Waffenschächte faßten insgesamt 9072 kg Bomben, und es waren Plätze für eine achtköpfige Standard-Crew eingerichtet.

**TECHNISCHE DATEN**
**Consolidated B-32 Dominator**

**Typ:** strategischer Bomber
**Triebwerke:** vier Sternmotoren Wright R-3350-23 Cyclone je 1641 kW (2232 PS)
**Leistung:** Höchstgeschwindigkeit 575 km/h in 7620 m Höhe; Dienstgipfelhöhe 10.670 m; Reichweite mit max. Bombenlast 1287 km
**Gewicht:** Leermasse 27.339 kg; max. Startmasse 50.576 kg
**Abmessungen:** Spannweite 41,15 m; Länge 25,32 m; Höhe 10,06 m; Tragflügelfläche 132,10 $m^2$
**Bewaffnung:** zwei 20-mm-Kanonen (je eine im Bug- und Heckturm) und vier 12,7-mm-Maschinengewehre plus eine Bombenzuladung von 9072 kg

Consolidated stieß auf beträchtliche Probleme bei der Entwicklung der **B-32**, so daß die ersten Einsatzbomber erst im November 1944 geliefert werden konnten.

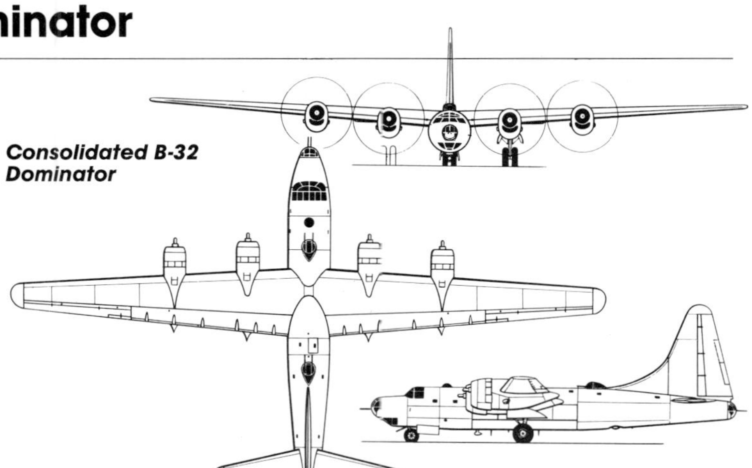

***Consolidated B-32 Dominator***

Zu dem Zeitpunkt befanden sich die B-29 des XX Bomber Command bereits acht Monate auf vorgeschobenen Basen in China im Einsatz. Selbst dann verfügten die Serienbomber (von denen 115 Exemplare gebaut wurden) weder über Druckbelüftung noch über fernbediente Waffentürme. Die volle Einsatzbereitschaft erreichten vor der japanischen Kapitulation nur 15 dieser Maschinen, die bei der 386. Bombardment Squadron der USAAF auf Okinawa flogen. Ferner entstanden rund 40 Exemplare einer Ausbildungsversion mit der Bezeichnung **TB-32**, aber bei Kriegsende wurden alle Versionen rasch ausgemustert.

# Consolidated P-30/PB-2

***Consolidated PB-2 (P-30) der 94. Pursuit Squadron, US Army Air Corps, im Jahre 1935***

Die Detroit Aircraft Corporation, zu der damals die Lockheed Aircraft Company als Tochterfirma gehörte, gab 1932 die Produktion von Luftfahrzeugen auf. Einer der Konstrukteure trat bei Consolidated ein und führte dort die Entwicklung eines Jagdflugzeugs fort, das auf der Altair von Lockheed basierte. An diesem Projekt zeigte sich das US Army Air Corps interessiert und vergab einen Auftrag für zwei Prototypen, einen zweisitzigen Jäger **Y1P-25** und ein Erdkampfflugzeug als **XA-11**. Bis auf die stoffbespannten Kontrollflächen war der freitragende Tiefdecker **Y1P-25** aus Metall und besaß ein einziehbares Spornradfahrwerk. Den Antrieb besorgte ein turbogeladener Reihenmotor Curtiss Conqueror V-1570-27. Die zweiköpfige Besatzung saß in Tandemanordnung.

Die Maschine flog erstmals Ende 1932 und stürzte am 13. Januar 1933 ab. Die kurze Testspanne hatte jedoch genügt, um eine Bestellung von vier Serienjägern zur Truppenerprobung rechtfertigen zu können. Diese unterschieden sich vom Prototyp durch den V-1710-57-Conqueror-Motor mit Turbolader, ein einfacheres Fahrwerk und überarbeitete Cockpithauben. Bei den Tests im Sommer 1934 offenbarten diese Jäger mit der Bezeichnung **P-30** eine Qualität, die Consolidated im Dezember 1934 einen Auftrag über 50 **P-30A** einbrachte. Bei diesen Maschinen wurde der stärkere Turboladermotor V-1570-61 mit Verstellpropeller eingeführt. Bei ihrer Indienststellung 1935 waren dies die einzigen zweisitzigen Eindecker-Jäger, die zwischen den Weltkriegen beim US Army Air Corps flogen. Kurz nach Dienstantritt wurden die **P-30A** in **PB-2A** (P für „Pur-suit", PB für „Pursuit Biplace") und die verbliebenen **P-30** in **PB-2** umbenannt. Die Entwicklung der **XA-11** wurde mit der Beschaffung von vier Erprobungsmaschinen **A-11** fortgesetzt. Im Gegensatz zur **P-30** war der Motor der **A-11** nicht aufgeladen und trieb einen Zweiblatt-Propeller an. Ein Serienauftrag für die **A-11** blieb aus, aber eine Vorserienmaschine wurde zum **XA-11A**-Erprobungsträger des flüssigkeitsgekühlten Allison-Reihenmotors V-1710.

### TECHNISCHE DATEN
**Consolidated PB-2A**

**Typ:** zweisitziger Eindeckerjäger
**Triebwerk:** ein Curtiss-Reihenmotor V-1570-61 mit 522 kW (710 PS)
**Leistung:** Höchstgeschwindigkeit 441 km/h in 7620 m Höhe; Marschgeschwindigkeit 346 km/h; Steigzeit auf 4570 m 7 Minuten und 47 Sekunden; Dienstgipfelhöhe 8535 m; Reichweite 818 km
**Gewicht:** Leermasse 1953 kg; max. Startmasse 2560 kg
**Abmessungen:** Spannweite 13,39 m; Länge 9,14 m; Höhe 2,51 m; Tragflügelfläche 27,58 m²
**Bewaffnung:** zwei starre, vorwärtsfeuernde 7,62-mm-Maschinengewehre und ein schwenkbares MG gleichen Kalibers im hinteren Cockpit

# Consolidated P2Y

Als die US Navy zur Abgabe von Angeboten für ihr erstes Eindecker-Flugboot aufforderte, reichte Consolidated einen Entwurf ein, dessen Bootsrumpf Captain Dick Richardson konstruiert hatte. Isaac M. Laddon, der 1927 von der Army Air Service Engineering Division zur Firma gestoßen war, zeichnete für das Gesamtprojekt verantwortlich. Der Prototyp **Consolidated XPY-1**, ein Parasol-Eindecker mit stoffbespannten Tragflächen und aluminiumbeplanktem Bootskörper, war Gegenstand eines Auftrags im Wert von 150.000 US-Dollar, den die US Navy am 28. Februar 1928 erteilt hatte. Einen Monat später begann die Konstruktion des Flugboots. Gegen Jahresende stand die **XPY-1**, zu Ehren des Rear Admiral William A. Moffet, Chef des Bureau of Aeronautics, **Admiral** genannt, zum Erstflug bereit. Da sowohl der Lake Erie als auch der Niagara River in der Nähe des Firmensitzes Buffalo, New York State, zugefroren waren, transportierte man das Flugboot zum Marinefliegerhorst Anacostia, Washington D.C. Dort wurde es wieder zusammengebaut, und am 10. Januar 1929 fand sein Jungfernflug statt. Zwei Wasp-Sternmotoren R-1340-38 mit je 336 kW (457 PS) von Pratt & Whitney waren am Baldachingerüst montiert, und kurzzeitig installierte man, im vergeblichen Bemü-hen, die Geschwindigkeit zu erhöhen, über dem Tragwerk ein drittes Triebwerk. Die Serienfertigung wurde aber auch anderen Herstellern angeboten, und den Zuschlag erhielt schließlich die Glenn L. Martin Company. Sie konnte die Consolidated mühelos unterbieten, da sie keinerlei Entwicklungskosten zu tragen hatte. Es entstanden neun Flugboote mit den Bezeichnungen **Martin P3M-1** und **P3M-2**. Consolidated ließ sich dadurch nicht entmutigen und entwickelte eine zivile Version Commodore der verbesserten **XP2Y-1**.

**Varianten**
**Modell 16 Commodore:** Dem kommerziellen Flugboot Commodore mit einer Standardsitzkapazität für 22 Passagiere und einer dreiköpfigen Besatzung dienten zwei Pratt & Whitney Hornet-Sternmotoren mit je 429 kW (583 PS) als Antrieb; 14 Exemplare wurden an die „New York, Rio und Buenos Aires Line" verkauft, die Ralph O'Neill und Remington Rand's James Rand gegründet hatten, mit Hauptinvestoren wie Consolidated' s Reuben Fleet, F.C. Munson der Munson Steamship, W.B. Mayo bei der Motor Ford Company und L. Pearson bei der Irving Trust Company; die Fluggesellschaft sollte von Miami aus Verbindungen zu den West Indies und entlang der Ostküste Südamerikas nach Rio de Janeiro und Buenos Aires betreiben; der Liniendienst der Commodore startete am 18. Februar 1930 in Miami und bot die erste Direktverbindung nach Santiago de Chile; am 15. September 1930 erwarb Pan American das Unternehmen. Bei Kriegsende befanden sich dort immer noch einige Commodore im Dienst
**P2Y-1:** Auf den Auftrag der US Navy vom 26. Mai 1931 hin entwickelte Consolidated die XPY-1 zur verbesserten Version XP2Y-1 mit geschlossenem Cockpit und einem Unterflügel mit einer Spannweite von 13,79 m; letzterer sorgte sowohl für einen höheren Auftrieb als auch für eine Montageplattform für die Stabilisierungsschwimmer, den Oberflügel und die Motorträger; unter dem Antrieb dreier Wright R-1820E Cyclone-Sternmotoren mit je 429 kW (583 PS) fand am 26. März 1932 der Erstflug vom Niagara River aus statt; im April 1932 folgte das Flugerprobungsprogramm auf dem Marinefliegerhorst Anacostia, bei dem man das dritte Triebwerk ausbaute; das erste von 23 P2Y-1-Serienflugbooten, die am 7. Juli 1931 bestellt worden waren, ging am 1. Februar 1933 an Patrol Squadron 10 (VP-10) in Norfolk, Virginia; am 7. September jenes Jahres verließen sechs P2Y-1 der VP-5 Norfolk mit dem Anflugziel Coco Solo in der Panamakanalzone; mit 3314 km, zurückgelegt in 25 Stunden und 19 Minuten, stellten sie einen Nonstop-Rekordflug für Flugboote auf; dann sollte VP-10 nach Hawaii verlegt werden, und man entschied, die Überstellung der sechs Maschinen erstmals auf dem Luftweg durchzuführen; am 7. Oktober starteten die Flugboote in Coco Solo, um sich in San Diego auf die Überquerung des Pazifik vorzubereiten; der Flug begann am 9. Januar 1934, und die Staffel legte einen Übernachtungsstop in Paradise Cove, San Francisco, ein; am nächsten Tag nahm die Formation Kurs auf Oahu, wo sie am 11. Januar nach etwas mehr als 22 Flugstunden kurz nach Mittag eintraf
**P2Y-2:** Die letzten P2Y-1 wurden mit stärkeren R-1820-88-Motoren ausgerüstet, deren Stirnverkleidung in die Nasenkante des Oberflügels eingebettet war, und zu Prototypen XP2Y-2 bestimmt; 1936 rüstete man die P2Y-1 der VP-5 und VP-10 auf diesen Standard um

***Bei der Consolidated P2Y-3 wurde der Motoreinbau geändert, so daß die Stirn der beiden Wright R-1820 mit der Nasenkante des Oberflügels abschloß. Dieses Exemplar gehörte zur Patrol Squadron VP-7.***

**P2Y-3:** Dies war die Serienausführung der XP2Y-2, von der am 27. Dezember 1933 23 Exemplare in Auftrag gegebenen wurden; sie kamen in der ersten Hälfte des Jahres 1935 zur Auslieferung und nahmen den Dienst bei VP-7 auf

### TECHNISCHE DATEN
**Consolidated P2Y-3**

**Typ:** fünfsitziges Patrouillenflugboot
**Triebwerke:** zwei Sternmotoren Wright R-1820-90 mit je 559 kW (760 PS)
**Leistung:** Höchstgeschwindigkeit 224 km/h; Marschgeschwindigkeit 188 km/h; Dienstgipfelhöhe 4905 m; Reichweite 1899 km
**Gewicht:** Leermasse 5792 kg; max. Startmasse 11.460 kg
**Abmessungen:** Spannweite 30,48 m; Länge 18,82 m; Höhe 5,82 m; Tragflügelfläche 140,65 m²
**Bewaffnung:** ein schwenkbares 7,62-mm-Maschinengewehr im Bug und zwei ähnliche Waffen, die durch Luken auf dem Rücken feuern konnten

## Consolidated (Modell 28) PBY Catalina bis Convair CV-880 und 990

**1943 fusionierte Consolidated und wurde zur allgemein als Convair bekannten (was dann 1954 auch der offizielle Name wurde) Consolidated-Vultee Aircraft. Hauptprodukte im Krieg waren der Bomber Liberator und das Wasserflugzeug Catalina, nach dem Krieg unter- und überschallschnelle Bomber sowie Kolbenmotoren- und Jet-Transporter.**

# Consolidated (Modell 28) PBY Catalina

Der Bedarf an einem Patrouillenflugboot, das weiter fliegen und mehr Nutzlast tragen konnte als die zu Beginn der dreißiger Jahre im Verfügungsbestand befindlichen Consolidated P2Y und Martin P3M, veranlaßte die US Navy im Oktober 1933, die Firmen Consolidated und Douglas mit der Konstruktion konkurrierender Prototypen zu beauftragen. Das Douglas-Versuchsflugboot XP3D-1 blieb ein Einzelexemplar, aber die **Consolidated XP3Y-1** wurde zum meistgebauten Flugboot.

Consolidated führte den Entwurf unter der Bezeichnung **Consolidated Modell 28**. Zwar war das neue Muster wie das Vorgängermodell P2Y als gestielter Hochdekker ausgelegt, aber die Tragflächen waren praktisch freitragend: Auf einem zentralen Rumpfpfosten ruhend, stützte sich der Mittelflügel nur mit einem schlanken Strebenpaar pro Seite gegen den Rumpf ab. Insofern hob sich die **Modell 28** angenehm von den früheren Mustern ab, deren Vielzahl an Streben und Spanndrähten ihr Leistungsvermögen durch hohe Luftwiderstandswerte begrenzt hatte. Eine weitere Verbesserung der aerodynamischen Eigenschaften erreichte man durch die Einführung stromlinienförmiger Stabilisierungsschwimmer an den Flächenenden, die im Flug an die Randbögen geklappt wurden. Der zweifach gestufte Bootsrumpf ähnelte dem der P2Y, aber die **Modell 28** erhielt ein sauber durchkonstruiertes, ebenfalls freitragendes Leitwerk in Kreuzform. Für den Antrieb des Prototyps sorgten zwei Doppelsternmotoren Pratt & Whitney R-1830-54 Twin Wasp mit je 615 kW (836 PS), die an der Nasenkante des Tragflächenmittelstücks montiert waren. Die Bewaffnung bestand aus vier 7,62-mm-Maschinengewehren und bis zu 907 kg Bomben.

Kurz nach dem Erstflug am 28. März 1935 wurde die **XP3Y-1** der US Navy zur Erprobung übergeben. Die Flugversuche lieferten die Bestätigung für eine beträchtliche Leistungssteigerung gegenüber den Patrouillenflugbooten im aktuellen Verfügungsbestand. Angesichts der größeren Reichweite und des höheren Nutzlastvermögens beschloß die US Navy, die Weiterentwicklung dieses Musters zum Patrouillenbomber in Auftrag zu geben. Im Oktober 1935 kehrte der Prototyp daher zum Hersteller zurück, der die nötigen Änderungen vornehmen sollte, einschließlich der Ummotorisierung auf 671 kW (913 PS) starke R-1830-64-Triebwerke, die für die 60 am 29. Juni 1935 bestellten Patrouillenbomber **PBY-1** vorgeschrieben worden waren. Gleichzeitig wurde eine neuentworfene Seitenflosse eingeführt, und die **XPBY-1**, wie der Prototyp nun hieß, flog am 19. Mai 1936 zum ersten Mal. Nach der Erprobung wurde das Flugboot im Oktober 1936 der amerikanischen Marinestaffel VP-11F zugewiesen. Im selben Monat übernahm die Staffel ihre erste **PBY-1**.

Kleinere Änderungen ergaben die Bezeichnung **PBY-2** für die nächste Baureihe, die am 25. Juli 1936 in Auftrag gegeben wurde. Die am 27. November 1936 und am 18. Dezember 1937 bestellten Serien **PBY-3** und **PBY-4** sollten mit Twin Wasp-Motoren der Versionen R-1830-66 mit je 746 kW (1015 PS) bzw. R-1830-72 mit je 783 kW (1065 PS) ausgerüstet werden. Bei der **PBY-4** wurden die Schiebetüren vor den seitlich aus dem Rumpf feuernden Maschinengewehren abgeschafft und durch große Transportkuppeln am Rumpf zwischen Tragflächen und Leitwerk ersetzt. Nur die ersten Exemplare waren von dieser Neuerung nicht betroffen. Diese „Blasen“ wurden zum typischen Merkmal aller nachfolgenden Serienflugboote.

Im April 1939 wurde das letzte **PBY-4**-Serienexemplar zum Hersteller zurückgeschickt, um die Maschine mit einem Radfahrwerk auszustatten, so daß sie als Amphibium operieren konnte. Im November 1939 fertiggestellt, wurde diesem nun flexibel einsetzbaren Flugboot die Bezeichnung **XPBY-5A** zugewiesen. Die Erprobung unterstrich die Vorteile der amphibischen Auslegung, und die noch ausstehende Lieferung von 33 **PBY-5** wurde folglich in **PBY-5A** umgewandelt. Am 25. November 1940 erteilte die US Navy einen Anschlußauftrag über 134 weitere **PBY-5A**. Für einen weiterreichenden **PBY**-Einsatz war eine hydrodynamische Verbesserung des Bootsrumpfs geboten. Nachdem die Naval Aircraft Factory die notwendige Grundlagenforschung und Entwicklung erarbeitet hatte, erging ein Auftrag über 156 entsprechend modifizierte Flugboote unter der Bezeichnung **PBN-1 Nomad**. Damit wollte man erreichen, daß sich die marineeigenen Änderungen am Entwurf deutlich von den Consolidated-Serienflugbooten abhoben. Bis zur Fertigung der Schlußserie zwischen April 1944 und April 1945 waren aber sämtliche NAF-Verbesserungen in die **PBY-6A** eingeflossen.

Ab Mitte 1937 forcierte die US Navy die Indienststellung der **PBY**-Flugboote, so daß bei Kriegseintritt der USA insgesamt 21 Staffeln ausgerüstet waren, davon 16 mit der **PBY-5**, zwei mit der **PBY-4** und drei mit der **PBY-3**. Bereits vorher hatte die Sowjetunion Interesse an diesem Muster bekundet, was zur Lieferung von drei Exemplaren und Verhandlungen zur Lizenzfertigung dieses Musters in Rußland führte. Die endgültigen Vertragsklauseln sahen die Lieferung des Trios mit einem Consolidated-Technikerteam im Gefolge vor, das bei der Einrichtung der russischen Fertigungsstätte behilflich sein sollte. Die sowjetischen **GST**-Flugboote wurden von Mikulin M-62-Sternmotoren angetrieben, einer vollentwickelten Version des M-25

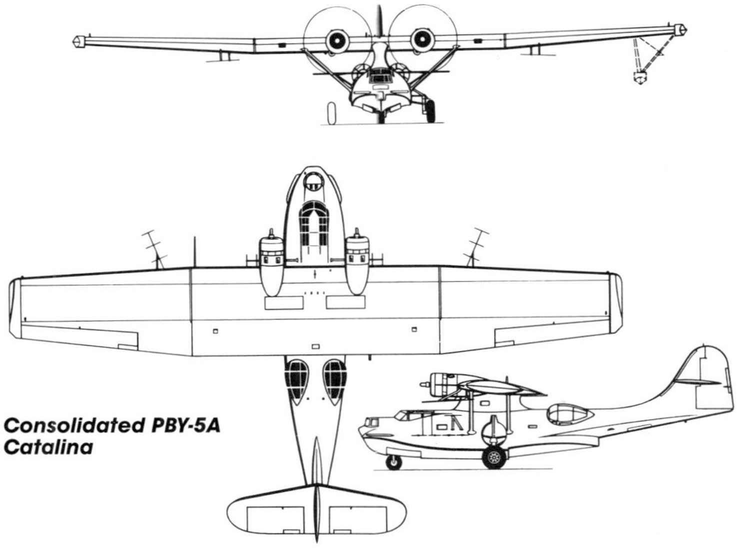

*Consolidated PBY-5A Catalina*

(Lizenbau des Wright Cyclone) mit einer Nennleistung zwischen 671 kW und 746 kW (913/1015 PS). Das erste **GST**-Flugboot erschien Ende 1939, und eine nicht genau bekannte Zahl – aber mit Sicherheit mehrere Hundert – wurde während des Zweiten Weltkriegs für die sowjetische Marine produziert.

Erster europäischer Interessent war das britische Air Ministry, das ein Einzelexemplar für Erprobungszwecke erwarb. Dieses Flugboot, bei Consolidated als **Modell 28-5** geführt, wurde nach der Atlantiküberquerung im Juli 1939 dem Marine Aircraft Experimental Establishment in Felixstowe, Suffolk, zugeführt. Der Kriegsausbruch verhinderte zwar weitere Tests, aber an der Qualität dieses Musters gab es ohnehin kaum Zweifel, so daß ein erstes Baulos mit 50 **Catalina Mk I**, wie die Briten dieses Muster nannten, in Auftrag gegeben wurde. Anfang 1941 trafen die ersten **Catalina**-Flugboote für die RAF ein und wurden unverzüglich bei No. 209 und No. 240 Squadron des Küstenkommandos in Dienst gestellt. In der Folgezeit ging das Muster an neun Staffeln des Coastal Command sowie zwölf Einheiten in Übersee. Rund 700 der Flugboote erhielt die RAF; bis auf elf **PBY-5A** aus einem abgezweigten Los der US Navy waren sie allesamt nicht amphibientauglich. Die RAF-Flotte bestand aus 100 **Catalina Mk I**, die im Kern der **PBY-5** der US Navy entsprachen, 225 **Catalina Mk IB (PBY-5B)**, 36 **Catalina Mk IIA (PBY-5)**, 11 **Catalina Mk III (PBY-5A)**, 97 **Catalina Mk IVA (PBY-5)**, 193 **Catalina Mk IVB**, von Boeing Aircraft of Canada als

### TECHNISCHE DATEN

**Consolidated PBY-5A**

**Typ:** sieben-/neunsitziges, amphibientaugliches Seepatrouillen- und Bombenflugboot mit großer Reichweite

**Triebwerke:** zwei Doppelsternmotoren Pratt & Whitney R-1830-92 Twin Wasp mit je 895 kW (1217 PS)

**Leistung:** Höchstgeschwindigkeit 288 km/h in 2135 m Höhe; Patrouillengeschwindigkeit 188 km/h; Dienstgipfelhöhe 4480 m; max. Reichweite 4096 km

**Gewicht:** Leermasse 9485 kg; max. Startmasse 16.066 kg

**Abmessungen:** Spannweite 31,70 m; Länge 19,47 m; Höhe 6,15 m; Tragflügelfläche 130,06 $m^2$

**Bewaffnung:** zwei 7,62-mm-Maschinengewehre im Bug, ein nach hinten feuerndes 7,62-mm-MG im Tunnel unter dem Rumpf, zwei bewegliche 12,7-mm-MGs in seitlichen Gefechtsständen und bis zu 1814 kg Spreng- oder Wasserbomben

***Rund 700 Catalina erhielt die RAF. Diese Catalina Mk II diente kurzzeitig bei No. 240 Squadron von Killadeas und von einem Außenkommando auf Island aus.***

**PB2B-1** gefertigt und grundsätzlich der nichtamphibischen **PBY-5** entsprechend, und 50 **Catalina Mk IV**. Letztere baute Boeing als **PB2B-2** mit dem größeren Seitenleitwerk, das die NAF bei der **PBN-1** eingeführt hatte. Die Bezeichnung **Catalina Mk V** betraf die nicht verwirklichte Beschaffung von NAF-**PBN-1**.

Bald nach dem Eingang des ersten britischen Auftrags für Serienflugboote empfing Consolidated eine französische Beschaffungskommission. Das Ergebnis dieser Verhandlungen war eine Bestellung von 30 Exemplaren Anfang 1940. Die für Frankreich bestimmten Luftfahrzeuge mit der Herstellerbezeichnung **Modell 28-5MF** gelangten jedoch nicht mehr vor der Besetzungs Frankreichs durch die deutsche Wehrmacht zur Auslieferung. Etwa zur gleichen Zeit erteilte Aufträge des Auslands umfaßten 18 Exemplare für die Royal Australian Air Force (RAAF) und 48 Exemplare für Niederländisch-Ostindien.

Kanada wurde sowohl Hersteller wie auch Nutzer der **Catalina**. Auf der Grundlage einer Vereinbarung zwischen der amerikanischen und kanadischen Regierung entstanden Fertigungsstraßen bei Boeing Aircraft of Canada in Vancouver und bei Vickers in Carterville.

Boeing produzierte insgesamt 362 Flugboote, davon 240 **PB2B-1** für Australien, Neuseeland und Großbritannien, 50 **PB2B-2** für Großbritannien, 17 nicht amphibientaugliche **Catalina** für die RCAF und 55 Amphibienflugboote, die die RCAF **Canso** nannte. Die von Vickers in Kanada gefertigten Flugboote entsprachen der **PBY-5A**. Von den 379 Exemplaren dieses Herstellers gingen 149 an die RCAF; den Rest übernahm die USAAF, obwohl 183 Exemplare eigentlich als **PBV-1A** für die US Navy gedacht waren. Zuvor waren bereits 56 **PBY-5A** direkt von der US Navy zur USAAF versetzt worden, die ihnen die Bezeichnung **OA-10** zugewiesen hatte. Diese Maschinen wurden den ganzen Krieg hindurch im Such- und Rettungsdienst eingesetzt, und einige Exemplare waren mit abwerfbaren Rettungsbooten unter beiden Flächen ausgerüstet. Die 230 Flugboote von Vickers, Kanada, erhielten die USAAF-Dienstbezeichnung **OA-10A**, und die letzten Consolidated-Serienflugboote für diese Teilstreitkraft waren 75 **PBY-6A**, denen die Bezeichnung **OA-10B** zufiel.

# Consolidated (Modell 29) PB2Y Coronado

Bald nach dem Erstflug des Catalina-Prototyps XPBY-1 entstanden bei der US Navy Pläne zur Entwicklung eines Seepatrouillenbombers, der größer und schwerer als die PBY Catalina sein sollte. Man zielte auf die Beschaffung eines Patrouillenflugboots mit besserem Leistungvermögen und schwererer Waffenlast ab. Consolidated und Sikorsky wurden mit der Konstruktion je eines Prototyps zur Vergleichsbewertung beauftragt. Sikorskys Versuchsflugboot XPBS-1 flog erstmals am 13. August 1937, aber trotz einer Reihe neuer Entwurfsmerkmale erhielt die **Consolidated Modell 29** den Zuschlag zur Serienfertigung, nachdem die **XPB2Y-1**, deren Erstflug am 17. Dezember 1937 stattgefunden hatte, bei der Prüfung besser abgeschnitten hatte. Da die US Navy in dieser Phase über keinerlei Mittel zur Sofortbeschaffung verfügte, bot sich Consolidated die Gelegenheit, während eines Zeitraums von nahezu 15 Monaten die bei den Testflügen festgestellten Mängel vollständig auszumerzen.

Diese bestanden vor allem in einer Instabilität um die Längsachse, der das Unternehmen durch den Anbau zusätzlicher Endplatten am Höhenleitwerk beizukommen versuchte. Das war zwar ein Schritt in die richtige Richtung, ergab aber immer noch nicht die nötige Querstabilität. Schließlich löste man dieses Problem durch ein völlig neu entworfenes Leitwerk mit Endplatten und Seitenrudern im Stil des Bombers B-24 Liberator. Ein weiterer Schwachpunkt war die Hydrodynamik des Bootsrumpfs; auch hier erwies sich die verzögerte Beschaffung als Glücksfall, denn die Zeit wurde zur Konstruktion eines völlig neuen Rumpfboots mit viel höherem Querschnitt und ganz anderem Bugprofil als beim Prototyp genutzt.

Am 31. März 1939 konnte die US Navy endlich die Mittel zum Erwerb sechs solcher Flugboote mit der Bezeichnung **PB-2Y-2 Coronado** aufbringen. Am 31. Dezember 1940 begann die Auslieferung an die US Navy, Squadron VP-13. Die Maschinen hatten vier Sternmotoren am freitragenden Hochdeckertragwerk. Als Werkstoff für die Zelle war ausschließlich Metall verwendet worden; ungewöhnlich waren die im Flug an die Flächenenden anlegbaren Stabilisierungsschwimmer und Bombenschächte im tiefen Profilteil der Tragflächen. Das Flugboot war für eine zehnköpfige Besatzung eingerichtet.

Die der Truppenerprobung dienenden **PB2Y-2** leiteten zur Beschaffung der **PB-2Y-3 Coronado** über, nachdem eine der **PB2Y-2** zum Prototyp **XPB2Y-3** umgebaut worden war. Von der Testreihe unterschieden sie sich durch eine verstärkte Bewaffnung, selbstdichtende Kraftstofftanks und Panzerschutz. Insgesamt 210 Exemplare dieser Version wurden gefertigt, wobei die letzten Serienflugboote mit ASV-Seezielradar ausgerüstet wurden. Zehn solcher Flugboote gingen als **PB2Y-2B** an die RAF und wurden dem Küstenkommando mit Standort in Beaumaris, Anglesey, zugewiesen. Dieses Unterstellungsverhältnis währte aber nicht lange, denn ab Juni 1944 setzte No. 231 Squadron des Lufttransportkommandos die britischen **Coronado** für Frachtflüge ein.

**TECHNISCHE DATEN**
**Consolidated PB2Y-3**

**Typ:** Langstrecken-Bombenflugboot
**Triebwerke:** vier Doppelsternmotoren Pratt & Whitney R-1830-88 Twin Wasp mit je 895 kW (1217 PS)
**Leistung:** Höchstgeschwindigkeit 359 km/h in 6095 m Höhe; Marschgeschwindigkeit 227 km/h in 460 m Höhe; Dienstgipfelhöhe 6250 m; Reichweite mit 3629-kg-Bombenlast 2205 km; max. Reichweite 3814 km
**Gewicht:** Leermasse 18.568 kg; max. Startmasse 30.844 kg
**Abmessungen:** Spannweite 35,05 m; Länge 24,16 m; Höhe 8,38 m; Tragflügelfläche 165,36 m²
**Bewaffnung:** je zwei 12,7-mm-Maschinengewehre im Bug-, Rücken- und Heckwaffenturm sowie eine Waffenlast von 5443 kg

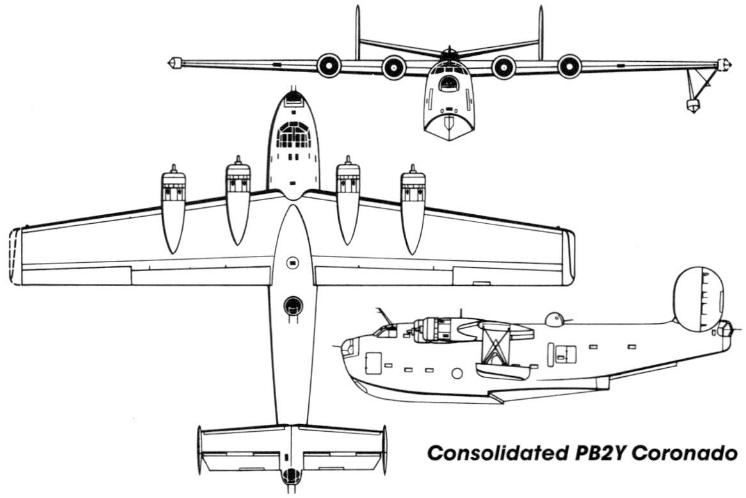

*Consolidated PB2Y Coronado*

***In der Seitenansicht wird die Höhe der PB2Y deutlich. Viele Coronado-Flugboote waren mit Seezielradar ausgerüstet.***

Varianten im amerikanischen Dienst entstanden durch Umrüstung der **PB2Y-3**: 31 Transportflugboote **PB2Y-3R** mit aufgeladenen R-1830-88-Sternmotoren, eine **XPB2Y-4** als Versuchsträger für Wright R-2600 Cyclone-Triebwerke, die **PB2Y-5** mit erweitertem Tankvolumen und Antrieb durch R-1830-92 und Sanitätsflugzeuge **PB2Y-5H**.

# Consolidated TBY-2 Sea Wolf

Im April 1940 vergab die US Navy einen Auftrag zum Bau des Prototyps eines dreisitzigen Torpedobombers an Chance Vought. Die **XTBU-1** war ein freitragender Mitteldecker mit Spornradfahrwerk, einem R-2800-22-Sternmotor von Pratt & Whitney als Antrieb und einem Dreimann-Cockpit in Tandemanordnung unter einer langgestreckten Glashaube. Die anschließende Erprobung verlief erfolgreich und brachte Chance Vought einen Serienauftrag der US Navy ein. Da das Unternehmen

**TECHNISCHE DATEN**
**Consolidated TBY-2 Sea Wolf**

**Typ:** dreisitziger Torpedobomber
**Triebwerk:** ein Sternmotor Pratt & Whitney R-2800-22 mit 1491 kW (2028 PS)
**Leistung:** Höchstgeschwindigkeit im Horizontalflug 501 km/h in 4480 m Höhe
**Gewicht:** max. Startmasse 7370 kg
**Abmessungen:** Spannweite 17,42 m; Länge 11,89 m
**Bewaffnung:** zwei 12,7-mm-Maschinengewehre, ein 7,62-mm-MG, ein Torpedo und Bomben an Aufhängungen unter den Flächen

*Consolidated TBY-2 Sea Wolf*

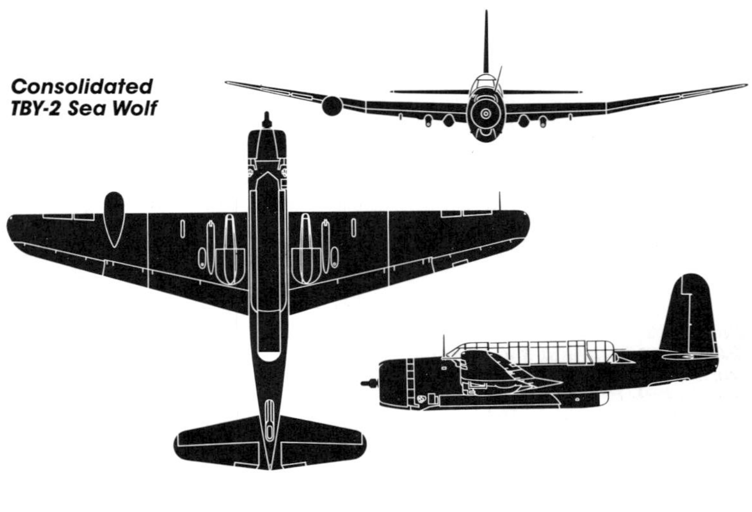

die erforderliche Kapazität zu dem Zeitpunkt nicht bereitstellen konnte, wurde die Fertigung Consolidated übertragen. Folglich erhielt Consolidated im September 1943 einen Auftrag über 1100 **TBY-2**, denen der Beiname **Sea Wolf** verliehen wurde. Von der TBY-1 (die zugunsten der **TBY-2** nicht mehr zum Zuge kam) unterschied sich die **Sea Wolf** durch einen Radarbehälter unter der Steuerbordfläche. Nach nur 180 Exemplaren lief die Produktion jedoch aus. Keiner dieser Torpedobomber wurde im Krieg eingesetzt, sondern ausschließlich zur Ausbildung. Von der verbesserten **TBY-3** waren 600 Stück bestellt, sogleich aber wieder gestrichen worden.

# Convair (Modell 36) B-36

Der erste Interkontinentalbomber, die **Convair B-36**, beruht auf den Forderungen, die im Leistungskatalog des amerikanischen Verteidigungsministeriums vom 11. April 1941 festgelegt wurden. Das Flugzeug sollte eine maximale Bombenlast von 32.659 kg tragen und – in Anbetracht der damaligen Situation vielleicht noch wichtiger – von Stützpunkten in den USA aus rund 4500 kg Bomben auf Ziele in Europa abwerfen können. Außerdem sollte sie über eine Reichweite von ca. 16.000 km ohne Nachbetankung, eine Spitzengeschwindigkeit von 386–483 km/h und eine Gipfelhöhe von 10.670 m verfügen. Aus vier eingereichten Entwürfen wurde die **Consolidated Modell 36** ausgewählt. Der Rumpf dieses Flugzeugs war druckbelüftet, das Tragwerk hatte eine Spannweite von 70,10 m und eine Profiltiefe von 1,83 m am Ansatz, um Bordmechanikern den Zugang zu den sechs Motoren mit Druckschrauben im Flug zu ermöglichen. Ursprünglich wurde das Muster mit geteiltem Seitenleitwerk/Ruder entworfen, aber als der Prototyp **XB-36** am 8. September 1945 die Montagehalle in Fort Worth verließ, war dieses Konzept einer einzelnen Seitenflosse gewichen.

Die **XB-36**, deren Erstflug am 8. August 1946 stattfand, war mit einzelnen Hauptfahrwerksrädern ausgestattet, die im Durchmesser 2,79 m maßen. Beim zweiten Versuchsflugzeug, der **YB-36**, wurden sie später durch Vierrad-Achsträger ersetzt, wie sie für die Serienbomber vorgesehen waren. In dieser Form erhielt das Flugzeug, das sich zudem von der ersten Maschine durch ein erhöhtes Cockpitdach unterschied, die Bezeichnung **YB-36A**. Am 23. Juli 1943 wurden 100 Exemplare bestellt, aber bis zum Jungfernflug des ersten von 22 unbewaffneten Ausbildungsflugzeugen **B-36A** sollten noch mehr als vier Jahre (28. August 1947) vergehen. Die Produktion der **B-36** dauerte nahezu sieben Jahre an, und das letzte Exemplar wurde dem Strategic Air Command am 14. August 1954 übergeben. Am 12. Februar 1959 hatte es ausgedient.

**Varianten**

**B-36B:** 73 Flugzeuge wurden nach diesem Standard gefertigt; Antrieb durch sechs Pratt & Whitney R-4360-41-Sternmotoren mit je 2610 kW (3549 PS); höchstzulässige Startmasse 148.778 kg; sechs einziehbare, fernbediente Waffentürme (je ein 20-mm-Kanonenpaar) und zwei ähnliche Waffen im Heck- und Bugturm; das erste Exemplar flog am 8. Juli 1948

**YB-36C:** vorgeschlagene Version mit R-4360-51-Motoren und Zugpropellern

**B-36D:** Erstflug in Form einer umgerüsteten B-36B am 26. März 1949; zugelassen für eine Betriebsmasse von 162.386 kg, so daß die Bombenlast auf 38.102 kg erhöht werden konnte; Höchstgeschwindigkeit auf 700 km/h und Dienstgipfelhöhe auf über 13.715 m verbessert; zusätzliche Antriebskraft der 22 seriengefertigten B-36D und der 64 auf diesen Standard umgerüsteten B-36B durch vier Strahltriebwerke General Electric J47-GE-19, die paarweise in Gondeln unter die Außenflächen gehängt worden waren; die eingangs erwähnte erste Maschine war mit vier Allison J35-Triebwerken ausgerüstet; die Lieferung der B-36D begann am 19. August 1950, und die Indienststellung erfolgte bei der 7. Bomb Wing auf Carswell AFB

**RB-36D:** Für strategische Aufklärungsflüge wurden 17 neue RB-36D gebaut und sieben B-36B entsprechend umgerüstet; diese Maschinen kamen ab 3. Juni 1950 zu den Einsatzverbänden und flogen mit einer 22köpfigen Besatzung; die RB-36D war mit 14 Kameras in zwei der vier Bombenschächte ausgerüstet

**RB-36E:** Die YB-36A und 21 B-36A wurden auf einen ähnlichen Standard wie die RB-36D umgerüstet; Erstflug am 18. Dezember 1949

**B-36F:** ähnlich wie die B-36B, jedoch mit stärkeren R-4360-53-Sternmotoren (Leistung 2834 kW/3854 PS) ausgestattet; Erstflug am 18. November 1950; 58 Serienbomber, darunter 24 RB-36F mit erweitertem Tankvolumen

**GRB-36F:** Das FICON-Bordjägerprogramm der USAF (FICON = FIghter In CONvair) sah eigentlich den Kompaktjäger XF-85 von McDonnell vor, wurde aber mit der Republic GRF-84F fortgeführt; nach erfolgreicher Erprobung einschließlich Trennung vom Trapezgestell des Trägerflugzeugs GRB-36F im Mai 1963 wurden mindestens zwölf Flugzeuge auf diesen Standard umgebaut; sie dienten auch als Leitstand bei der Entwicklung von Lenkflugkörpern

**B-36H:** Bei dieser Version, deren Erstflug am 5. April 1952 stattfand, wurde ein verbessertes Flugdeck eingeführt; insgesamt 156 Exemplare wurden gebaut, 73 RB-36H eingerechnet; ein Exemplar, NB-36H bezeichnet, hatte einen Atomreaktor an Bord, um Verfahren zum Strahlenschutz zu entwickeln und die Wirkung der Strahlung auf das Flugwerk und die Bordausrüstung zu untersuchen; Erstflug am 17. September 1955

**B-36J:** Version mit zusätzlichen Treibstofftanks in den Außenflächen und verstärktem Fahrwerk für eine Betriebsmasse von 185.973 kg; 33 Exemplare, von denen das erste am 3. September 1953 zum Jungfernflug startete; bei einigen Maschinen wurden später alle Waffentürme bis auf die Heckkanonen ausgebaut und die Besatzungsstärke auf neun Mann reduziert

**XC-99:** einzelnes Transportflugzeug (Modell 37); der Antrieb, die Tragflächen und das Leitwerk blieben unverändert, aber der in zwei Decks unterteilte Rumpf konnte 400 Soldaten mit Kampfausrüstung oder 300 Krankentragen oder bis zu 45.813 kg Fracht aufnehmen; flog erstmals am 23. November 1947; erhielt Achsträger-Hauptfahrwerk und Wetterradar; wurde für Sondertransporteinsätze bis zur Ausmusterung im Jahre 1957 genutzt

**YB-60:** Unter der Bezeichnung XB-36G wurde eine strahlgetriebene Version der B-36 geplant; am 15. März 1951 erteilte die USAF einen Auftrag zum Bau zweier Versuchsflugzeuge, denen die Bezeichnung YB-60 zugeordnet wurde; der Hauptrumpf der B-36 blieb erhalten, während der Bug modifiziert wurde; auch das Tragflächenmittelstück und das Fahrwerk blieben weitgehend unverändert; hinzu kamen neu entwickelte Pfeilflächen, ein anders konzipiertes Leitwerk und der Antrieb in Form von acht Pratt & Whitney J57-Strahltriebwerken, paarweise in Gondeln so unter die Flächen gehängt, daß sie sich vor die Nasenkante reckten; die erste YB-60 flog am 18. April 1952, aber einen Serienauftrag konnte sich diese Version nicht sichern; statt dessen beschaffte die USAF die Boeing B-52

**X-6:** vorgeschlagene Version mit Nuklearantrieb

***Der Prototyp XB-36 war noch nicht mit dem kuppelförmigen Cockpitdach der späteren Serienbomber ausgestattet. Hier ist er mit einem sonderbaren Raupenfahrwerk ausgerüstet.***

### TECHNISCHE DATEN
**Convair B-36J**

**Typ:** strategischer Bomber/Aufklärer
**Triebwerke:** sechs Sternmotoren Pratt & Whitney R-4360-53 mit je 2834 kW (3866 PS) und vier Strahltriebwerke General Electric J47-GE-19 mit je 2359 kg Schub
**Leistung:** Höchstgeschwindigkeit 661 km/h in 11.095 m Höhe; Marschgeschwindigkeit 629 km/h; Dienstgipfelhöhe 12.160 m; Reichweite 10.944 km mit einer Bombenlast von 4536 kg
**Gewicht:** Leermasse 77.580 kg; max. Startmasse 185.973 kg
**Abmessungen:** Spannweite 70,10 m; Länge 49,40 m; Höhe 14,22 m; Tragflügelfläche 443,32 m²
**Bewaffnung:** sechs einziehbare, fernbediente Rumpfwaffentürme mit je zwei 20-mm-Kanonen und ähnliche Waffen im Bug und Heck sowie eine maximale Bombenlast von 39.009 kg bei eingeschränktem Abfluggewicht oder 32.659 kg Bomben ohne Einschränkungen

***Der strahlgetriebene, pfeilflügelige Ableger YB-60, der kaum noch an die B-36 erinnerte, sollte mit der Boeing B-52 konkurrieren.***

***Eines der ungewöhnlichsten Projekte in der Luftfahrtgeschichte war FICON: eine RB-36 mit einer Republic F-84 am Trapez. Für operationelle Aufklärungseinsätze wurden RF-84F Thunderflash vom Trägerflugzeug gestartet.***

## Convair XB-46

Kurz nach dem Ende des Zweiten Weltkriegs begann Convair mit dem Entwurf eines mittelschweren Bombers mit Strahlantrieb. Die US Army Air Force förderte dieses Vorhaben mit einem Vertrag zum Bau von drei Prototypbombern **XB-46**. Die durchweg aus Metall konstruierte **XB-46** war ein freitragender Hochdecker mit schlankem, oval geformtem Rumpf, herkömmlichem Leitwerk und einziehbarem Dreibeinfahrwerk. Eine dreiköpfige Besatzung sollte dieses Muster fliegen, für dessen Antrieb vier paarweise in Gondeln montierte Strahltriebwerke sorgten.

Nach dem Erstflug am 2. April 1947 wurde die **XB-46** Ende 1947 der neu organisierten US Air Force übergeben. Auf dem Überführungsflug nach Wright Field in Daytona, Ohio, erreichte die Maschine eine Geschwindigkeit von 858 km/h. Trotz dieser Leistung blieb es beim Einzelprototyp **XB-46**, denn die USAF entschied sich für die Beschaffung der Boeing B-47 Stratojet.

### TECHNISCHE DATEN
**Convair XB-46**

**Typ:** Prototyp eines mittleren Bombers
**Triebwerke:** vier General Electric TG-180-Strahltriebwerke mit je 1814 kg Standschub (von Allison gebaute J35)
**Leistung:** Höchstgeschwindigkeit etwa 909 km/h; Dienstgipfelhöhe 13.105 m; Reichweite mit 3629 kg Bomben 4023 km
**Gewicht:** max. Startmasse 41.277 kg
**Abmessungen:** Spannweite 34,44 m; Länge 32,31 m; Höhe 8,53 m
**Bewaffnung:** (geplante) Höchstlast 9072 kg Bomben

***Convair verband eine herkömmliche Zelle mit vier TG-180-Axialtriebwerken von General Electric, um die XB-46 in die Luft zu bekommen.***

## Convair (Modell 4) B-58 Hustler

Im März 1949 forderte das Air Research and Development Command der USAF (Luftfahrtforschungs- und Entwicklungskommando) die amerikanische Industrie zur Abgabe von Angeboten für einen Überschallbomber auf. Nachdem die Vorschläge auf nur noch zwei von Boeing und Consolidated-Vultees Fort Worth Division reduziert waren, wurde letzterer die Entwicklung der **Convair Modell 4** gemäß Konstruktionsunterlage MX-1964 zugesprochen. Am 10. Dezember 1952 erhielt das Muster die Bezeichnung **B-58**, und am Ende jenes Jahres nahm Convair einen Auftrag für insgesamt 18 Flugzeuge entgegen. Diese Bomber sollten von dem neuen Strahltriebwerk J79 angetrieben werden, mit dessen Entwicklung General Electric gleichzeitig beauftragt wurde. Die anspruchsvollen Leistungsvorgaben für dieses Muster erforderten beträchtliche technische Fortschritte in bezug auf Aerodynamik, Struktur und Werkstoffe. Das Ergebnis war ein vierstrahliger Deltaflügler, bei dem erstmals die flächengeregelte Rumpfform nach NACA/Whitcomb verwirklicht wurde. Die bedeutendste Innovation aber war ein 18,90 m langer Unterrumpfbehälter für den Kraftstoff und eine Nuklearwaffe. Die dreiköpfige Besatzung war hintereinander in einzelnen Rettungskapseln untergebracht.

Im Juni 1954 wurde der Auftrag für 18 Flugzeuge nach Art und Umfang abgewandelt: Nunmehr sollten zwei Bomberprototypen **XB-58** und elf Vorserienbomber **YB-58A** sowie 31 Anbaubehälter gefertigt werden. Die erste dieser Maschinen rollte am 31. August 1956 aus der Werkshalle in Fort Worth, um am 11. November ihren Jungfernflug mit B.A. Erikson als Pilot zu absolvieren. Am 30. Dezember, immer noch ohne Außenbehälter, überschritt die **XB-58** als erster Bomber Mach 1. Am 14. Februar 1958 erging ein Auftrag für weitere 17 **YB-58A** und 35 MB-1-Bombenbehälter, um die Zahl der Flugzeuge für das Testprogramm beim Hersteller und zur ARDC-Truppenerprobung durch die 6592. Test Squadron und die 3958. Operational Test and Evaluation Squadron in Carswell auf 30 zu bringen.

***Ein eindrucksvolles Produkt der Convair-Konstrukteure: Der Bomber Hustler führte Treibstoff und Nuklearwaffen in einem Unterrumpfbehälter mit, der im Zielgebiet abgeworfen wurde und so einen Hochgeschwindigkeitsrückzug ermöglichte.***

Zwischen September 1958 und 1960 wurden insgesamt 86 Serienbomber **B-58A Hustler** bestellt, ergänzt durch zehn **YB-58A**, die auf den Serienstandard gehoben wurden. Diese Flotte war zur Ausrüstung der 43. Bomb Wing, seinerzeit auf Carswell AFB stationiert, aber später nach Little Rock AFB in Arkansas verlegt, und der 305. Bomb Wing auf Bunker Hill AFB in Indiana vorgesehen. Die erste Maschine wurde der 65. Combat Crew Training Squadron in Carswell am 1. Dezember 1959 übergeben, und No. 43 Bomb Wing, als erster **B-58**-Verband am 15. März 1960 aufgestellt, wurde am 1. August 1960 für voll einsatzbereit erklärt. Die 116. und letzte **B-58** wurde am 26. Oktober 1962 ausgeliefert, und am 31. Januar 1970 verabschiedete das SAC die **Hustler**.

Das überragende Leistungsvermögen der **B-58A** spiegelte sich natürlich in zahlreichen Rekordflügen wider. So heimsten Major Henry Deutschendorf und seine Crew am 12. Januar 1961 den Geschwindigkeitsrekord über 2000 km mit 1708,8 km/h ein, und am 14. Januar erhöhte die **Hustler** von Major Harold E. Confer den Geschwindigkeitsrekord über 1000 km auf 2067,57 km/h. Major Elmer Murphy gewann den Preis, den Louis Blériot 1930 für den ersten Piloten ausgesetzt hatte, der es schaffte, 30 Minuten lang mit 2000 km/h zu fliegen. Sechzehn Tage später überführten Major William Payne und seine Besatzung eine **Hustler** von Carswell nach Paris und erreichten die Rekordzeiten von 3 Stunden, 39 Minuten und 49 Sekunden ab Washington und von 3 Stunden, 19 Minuten und 51 Sekunden ab New York. Bedauerlicherweise brach dieses Flugzeug bei der Pariser Luftfahrtschau am 3. Juni in der Luft auseinander, wobei die Besatzung ums Leben kam. Zu den weiteren Rekordleistungen zählte ein Überschalldauerflug am 16. Oktober 1963 von Tokio nach London in acht Stunden und 35 Minuten.

**Varianten**

**TB-58A:** acht zur Umschulung von Flugzeugführern umgerüstete Vorserienflugzeuge YB-58A mit Doppelsteuer und erhöhtem Sitz im zweiten Cockpit sowie erweiterter Verglasung, um dem Fluglehrer eine bessere Sicht zu ermöglichen; der Luftbetankungsstutzen blieb erhalten, aber das Bombeneinsatz- und Navigationsgerät ASQ-42V, die ECM-Anlage und die Abwehrsysteme entfielen; die erste TB-58A flog am 10. Mai 1960 und wurde am 13. August übergeben

**NB-58A:** ein zum Testträger für das J93-Triebwerk umgebautes Flugzeug; das für die B-70 Valkyrie vorgesehene Strahltriebwerk wurde in einer Gondel unter dem Rumpf mitgeführt

### TECHNISCHE DATEN
**Convair (Modell 4) B-58 Hustler**

**Typ:** dreisitziger Überschallbomber
**Triebwerke:** vier Nachbrennertriebwerke General Electric J79-GE-5A mit je 7076 kg Schub
**Leistung:** Höchstgeschwindigkeit 2229 km/h oder Mach 2,1 in 12.190 m Höhe; Dienstgipfelhöhe 18.290 m; Reichweite ohne Luftbetankung 3219 km
**Gewicht:** max. Startmasse 73.936 kg
**Abmessungen:** Spannweite 17,32 m; Länge 29,49 m; Höhe 9,58 m; Tragflügelfläche 143,25 $m^2$
**Bewaffnung:** eine radargeführte 20-mm-Revolverkanone T171 Vulcan im Heck und nukleare oder konventionelle Bomben im abwerfbaren Unterrumpfbehälter

## Convair CV-240, 340 und 440/C-131 Samaritan/T-29/R4Y

Eine Menge Hersteller träumten davon, mit dem Entwurf eines effektiven Nachfolgemusters für die legendäre Douglas DC-3 ein gutes Geschäft zu machen. Solche Hoffnungen dürfte auch die Consolidated-Vultee Aircraft Corporation in den USA gehegt haben, die zu Beginn der fünfziger Jahre ihre Produkte als Convair-Muster vermarktete und 1954 die Convair Division der General Dynamics Corporation wurde. Diese Gruppe betreut auch heute noch die kolbengetriebenen Convair-Serienflugzeuge und ihre Abkömmlinge. 1945 veröffentlichte American Airlines ihren Forderungskatalog für einen Airliner, der den Flugdienst der DC-3 effektiver gestalten konnte. Bei Consolidated führte dies zur Konstruktion eines Prototyps mit der Bezeichnung Convair Modell 110, der am 8. Juli 1946 zum Erstflug bereitstand. Die von zwei Sternmotoren vom Typ Pratt & Whitney R-2800-S1C3-G mit je 1566 kW (2130 PS) angetriebene Maschine war für 30 Passagiere eingerichtet. Doch bevor dieses Muster überhaupt flog, war American Airlines zu der Überzeugung gelangt, daß eine höhere Sitzplatzkapazität erforderlich war. Daraufhin entwickelte das Unternehmen die **Convair Modell 240**, später Convairliner genannt. Man verzichtete auf die Konstruktion eines Prototyps und ließ die Fertigung nach Serienstandard direkt anlaufen. Am 16. März 1947 startete das erste Exemplar zum Jungfernflug. Der Antrieb und die Grundauslegung der Modell 110 waren erhalten geblieben, aber der Rumpf des neuen Flugzeugs war um 1,12 m verlängert worden, so daß eine Standardbestuhlung für 40 Passagiere möglich wurde. Am 1. Juni 1948 traten **Convair 240** ihren Liniendienst bei American Airlines an, und ein Teil dieser Serie (für Liniengesellschaften wurden 176 Exemplare produziert) war für militärische Zwecke bestimmt.

Die USAF benötigte ein „fliegendes Klassenzimmer" für angehende Navigatoren und Radarbetriebsspezialisten und bestellte bei Convair zwei Prototypen **XAT-29**, die auf der **Modell 240** beruhten. Die **XAT-29** hob am 22. September 1949 zum ersten Mal vom Boden ab, und nach der obligatorischen Prüfung durch die USAF erging ein Erstauftrag über 46 **T-29A**. Diese Trainer unterschieden sich von der **Convair 240** vor allem dadurch, daß der

***Für kleine Fluggesellschaften wie die mexikanische Aero Leon war die Convair 440 wegen der geringen Anschaffungskosten interessant. Der Preis für Flugbenzin indes ist zu einem bedeutenden Kostenfaktor geworden.***

Rumpf nicht druckbelüftet war. Ansonsten entsprachen die für die US Air Force und Navy beschafften **T-29** ihren zivilen Gegenstücken, abgesehen vom Innenausbau. So hatten die **T-29A** Ausbildungsplätze für Navigatoren und vier Astrokuppeln auf dem Rumpfrücken. Die **T-29B** hingegen war mit einem Drucksystem und Ausbildungsplätzen für zehn Navigatoren und vier Radarspezialisten ausgestattet. Die ähnliche **T-29C** wurde von stärkeren Motoren angetrieben. Die **T-29D**, ausgestattet mit dem „K"-Bombenvisier und Trefferaufnahmekameras, diente der weiteren Ausbildung von Navigatoren und Bombenschützen.

Anfang 1951 wurde die Entwicklung einer verbesserten Version eingeleitet. Die **Convair Modell 340**, wie ihre Bezeichnung lautete, wurde von R-2800-CB16 oder -CB17 mit je 1864 kW (2535 PS) angetrieben, und die größere Tragflügelfläche erlaubte höhere Betriebsmassen. Eine neuerliche Rumpfstreckung um 1,37 m ermöglichte die Steigerung der Sitzplatzkapazität auf 44. Das erste Exemplar dieser Version flog am 5. Oktober 1951, und die erste Auslieferung erfolgte am 28. März 1952 an United Air Lines.

Weitere Verfeinerungen führten zur grundsätzlich ähnlichen **Convair Modell 440**. Neben aerodynamischen Verbesserungen und erhöhtem Kabinenkomfort bot eine dichte Bestuhlung maximal 52 Passagieren Platz. Die erste **Convair 440** entstand durch Umrüstung einer Convair 330 und startete am 6. Oktober 1955 zum Jungfernflug. Anschließend wurden 155 Verkehrsflugzeuge nach diesem neuen Standard gefertigt.

Die erste Transportversion für die USAF war die **C-131A Samaritan**. Das auf der **Convair 240** basierende Sanitätsflugzeug war mit großen Ladetüren für Krankentragen oder Fracht ausgerüstet und konnte 27 liegende oder 37 sitzfähige Patienten aufnehmen. Es folgten 36 **C-131B** für den Transport- und Prüfdienst (Elektronikausrüstung), 33 Transportflugzeuge **C-131D/VC-131D**, von denen 27 Exemplare auf der **Convair 340** und sechs auf der **Convair 440** beruhten, und schließlich 15 **C-131E** zur Ausbildung in der elektronischen Kampfführung, allesamt 1956/57 geliefert. Die Dienstbezeichnung **RC-131F** wurde zu Luftbildvermessungsflugzeugen umgerüsteten **C-131E** zugeteilt. Eine einzelne **RC-131G** war zur Vermessung von Funkstationen der Luftstraßen ausgerüstet. Zwei versuchsweise auf Propellerturbinen umgestellte Flugzeuge und vier ähnlich modifizierte **C-131D** dienten als VIP-Transportmaschinen mit der Bezeichnung **VC-131H**. Die US Navy beschaffte 36 **R4Y-1 (C-131F)** für Fracht- und Truppentransportflüge, eine einzelne **R4Y-1Z (VC-131F)** für den VIP-Dienst und zwei auf der **Convair 440** beruhende Transportflugzeuge **R4Y-2 (C-131G)**. Die Navy flog auch einige **T-29B**, die sie von der USAF übernommen hatte. Die kanadischen Streitkräfte erhielten acht CC-109 Metropolitan ähnlich den **VC-131H** der USAF. Etliche **Convair 440** stellten die Luftstreitkräfte Boliviens, Deutschlands, Italiens und Spaniens in Dienst.

### TECHNISCHE DATEN
**Convair 440**

**Typ:** Mittelstreckenverkehrsflugzeug
**Triebwerke:** zwei Sternmotoren Pratt & Whitney R-2800-CB16 oder -CB17 mit je 1864 kW (2535 PS)
**Leistung:** höchste Reisefluggeschwindigkeit 483 km/h in 3960 m Höhe; wirtschaftliche Reisegeschwindigkeit 465 km/h in 6095 m Höhe; Dienstgipfelhöhe 7590 m; Reichweite mit max. Nutzlast 756 km
**Gewicht:** Leermasse 15.111 kg; max. Startmasse 22.226 kg
**Abmessungen:** Spannweite 32,11 m; Länge 24,13 m; Länge mit Wetterradar 24,84 m; Höhe 8,59 m; Tragflügelfläche 85,47 m$^2$

***Mit der Convair 110 versuchte das Unternehmen in der frühen Nachkriegsperiode auf den Airliner-Sektor vorzudringen. Zur Serienfertigung kam es nicht.***

***Die US-Streitkräfte beschafften zweimotorige Convair für Transport- und Ausbildung. Diese C-131B diente jedoch als Testträger für Elektronikgerät.***

***Eine militärische Variante der CV-240 war die T-29B zur Ausbildung von Navigatoren. Gut sichtbar ist das Unterrumpfradom des Bombenzielwurfradargeräts.***

## Convair CV-540, 580, 600 und 640

***Convair CV-580 von Aspen Airways, USA***

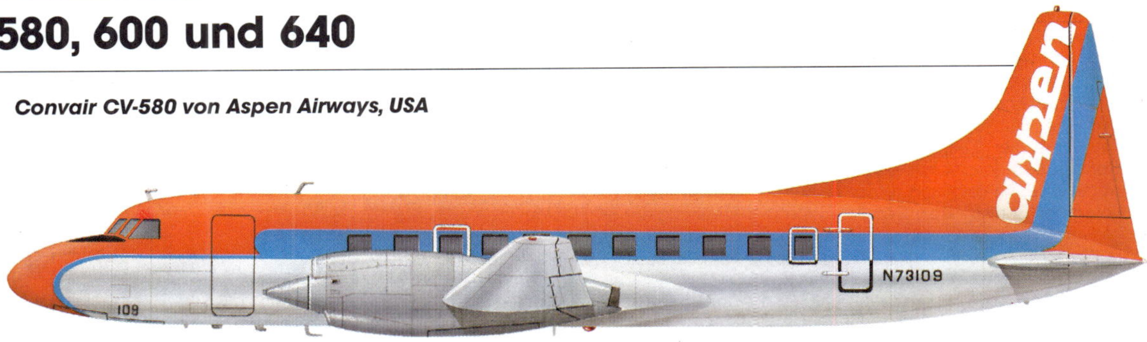


Zur Steigerung der Flugleistung und/oder Verbesserung der Wirtschaftlichkeit sind zahlreiche Muster ummotorisiert worden, und die Convair-Serien 240/340/440 machten in dieser Hinsicht keine Ausnahme. Die Entwicklung der Propellerturbine, die das geringe Gewicht, eine effiziente Leistung und die Zuverlässigkeit der Turbine mit dem Untersetzungsgetriebe und dem Propeller des Kolbentriebwerks verbindet, bot einen idealen Ersatz, aber anfänglich gereichte der Austausch der Kolbenmotoren gegen Turboprop-Triebwerke den Mustern nicht immer zum Erfolg. Für die Convairliner traf das Gegenteil zu, denn das robuste und vorzüglich konstruierte Flugwerk dieser Modelle verkraftete die viel leistungsstärkeren Propellerturbinen, ohne daß die Struktur einer übermäßigen Belastung ausgesetzt wurde. Das Ergebnis war eine neue Lebensspanne für diese Serien.

Die erste Umrüstung dieser Art erfolgte im Jahre 1954, als D. Napier & Sons in England zwei ihrer Propellerturbinen Eland NE1.1 mit je 2282 äkW (3103 äPS) in eine Convair 330 einbauten. Diese Maschine flog am 9. Februar 1955 zum ersten Mal. Allegheny Airlines in den USA stellten dieses Exemplar und fünf ähnliche Flugzeuge in Dienst, allesamt **Convair 540** bezeichnet. Als die Entwicklung und Produktion der Eland im Jahre 1962 eingestellt wurden, erhielten diese Maschinen wieder Kolbenmotoren. Canadair hatte drei Convair 440 auf Eland-Propellerturbinen umgestellt und dieses Trio **Canadair 540** bezeichnet. Darüber hinaus produzierte das Unternehmen für die RCAF zehn neue Flugzeuge mit diesem Antrieb, denen die Bezeichnung **CL-66 Cosmopolitan** zugewiesen wurde. Sie wurden später jedoch auf Allison-Propellerturbinen der Bauart 501 ummotorisiert.

In den USA entwickelte die in Santa Monica, Kalifornien, ansässige PacAero Engineering Corporation ein Umrüstprogramm für die Convair 340 und 440. Kernpunkte dieses Programms waren der Einbau von Allison 501-D13-Propellerturbinen mit je 2796 kW (3802 WPS) und der Einsatz größerer Kontrollflächen in das Leitwerk. Diese **Convair 580**, gelegentlich auch **Super Convair** genannt, waren ausnahmslos für 52 Passagiere eingerichtet, denn die Umrüstung der Convair 340 beinhaltete auch den Einbau der acht zusätzlichen, im Montageplan für die dichte Kabinenbestuhlung vorgesehenen Sitze. Die erste **Convair 580** von PacAero absolvierte ihren Erstflug am 19. Januar 1960, aber der Liniendienst begann erst im Juni 1964 mit Frontier Airlines als Erstnutzer.

Das letzte derartige Umrüstprogramm startete der Hersteller selbst. Er wählte das Rolls-Royce RDa.10/1 Dart 542-Turboprop-Triebwerk mit einer Leistung von 2256 äkW (3068 äPS) für die Modelle 240/

340/440. Über den Einbau der Propellerturbinen hinaus ließ das Unternehmen der 240 eine Verstärkung der Zelle und eine Sitzeinrichtung für 48 Passagiere zukommen. Die Modell 340 und 440 ließen sich mit 52 Sitzplätzen bestücken. In dieser neuen Form erhielten die Flugzeuge die Bezeichnungen Convair 240D/340D und 440D, später in **Convair 600** für die 240D und **Convair 640** für die beiden anderen Versionen geändert. Die erste **Convair 600** trat ihren Liniendienst bei Central Airlines am 30. November 1965, die erste **Convair 640** bei Caribair am 22. Dezember 1965 an. Unter den Bezeichnungen **Convair 580/600/640** wurden rund 240 Umrüstungen durchgeführt, von denen eine beträchtliche Anzahl heute fliegt.

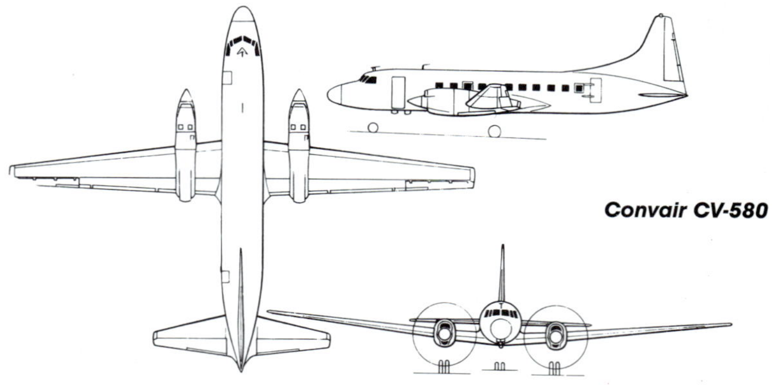

**Convair CV-580**

### TECHNISCHE DATEN
**Convair 640**

**Typ:** Mittelstreckenverkehrsflugzeug
**Triebwerke:** zwei Propellerturbinen Rolls-Royce RDa.10/1 Dart mit je 2256 äPS (3068 äPS)
**Leistung:** Reisegeschwindigkeit 483 km/h; wirtschaftliche Reisegeschwindigkeit 465 km/h in 6095 m Höhe; Reichweite mit max. Nutzlast 1979 km; Reichweite mit max. Treibstoffzuladung 3138 km
**Gewicht:** Leermasse 13.733 kg; max. Startmasse 25.855 kg
**Abmessungen:** Spannweite 32,11 m; Länge 24,84 m; Höhe 8,59 m; Tragflügelfläche 85,47 m²

# Convair CV-880 und 990

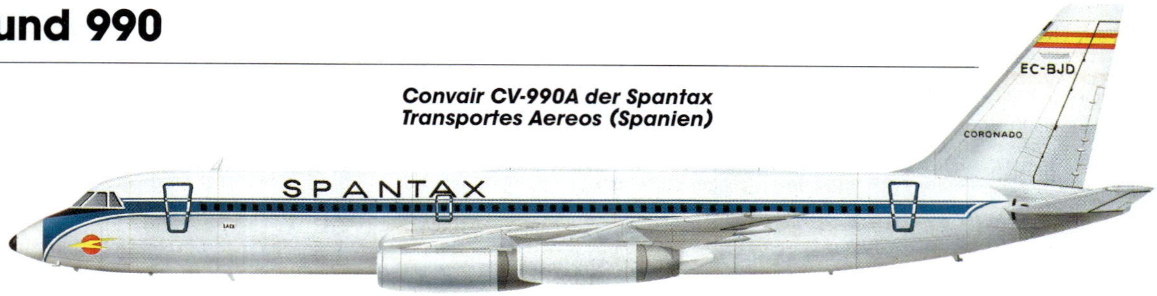


***Convair CV-990A der Spantax Transportes Aereos (Spanien)***

Den von Boeing und Douglas angekündigten Bau einer neuen Generation strahlgetriebener Verkehrsflugzeuge empfand Convair als Herausforderung und entwickelte ein Muster, das weniger Passagiere als die Boeing 707 und Douglas DC-8 befördern, aber eine höhere Geschwindigkeit vorweisen sollte.

Im April 1956 gab Convair die Fertigung des neuen Musters öffentlich bekannt und nannte Delta Air Lines und TWA als Erstkäufer für zehn bzw. 30 Flugzeuge. Nur wenige neue Typen dürften so viele Namen gehabt haben wie der erste strahlgetriebene Convair-Airliner, dessen Prototyp am 27. Januar 1959 zum Jungfernflug abhob: von **Convair Skylark** über **Golden Arrow** und **Convair 600** bis **Convair 880**. Die allgemeine Auslegung deckte sich mit derjenigen der Boeing 707 – tief angesetzte Tragflächen mit einer Pfeilung von 35°, ein entsprechend zurückgepfeiltes, herkömmliches Leitwerk und ein Bugradfahrwerk mit Vierrad-Achsträgern an den Hauptbaugruppen. Den Antrieb besorgten vier Strahltriebwerke vom Typ General Electric CJ805-3 mit je 5080 kg Schub, die ähnlich wie bei der Boeing 707 montiert waren. Der Rumpf war jedoch schlanker als derjenige der Boeing 707-Serienmaschine. Dadurch war die Sitzeinrichtung auf Fünferquerreihen für 88–100 Passagiere begrenzt.

Die Originalversion der **Convair 880**, beim Hersteller **Modell 22** genannt, war für den inneramerikanischen Verkehr gedacht. Die Musterzulassung lag am 1. Mai 1960 vor, und genau zwei Wochen später führte Delta das Muster im Liniendienst ein. Trotz der hohen Reisegeschwindigkeit und einer Reichweite von rund 4825 km mit kompletter Zuladung erschien die **Convair 880** der potentiellen Kundschaft wegen ihrer im Vergleich zu den konkurrierenden Boeing- und Douglas-Strahlverkehrsflugzeugen geringeren Transportkapazität weitaus weniger attraktiv. Die Produktion wurde nach nur 48 **Convair 880** eingestellt. Selbst bei Einführung der **Modell 31,** die mit mancherlei Verbesserungen und mit größerer Treibstoffkapazität für Interkontinentalflüge angekündigt wurde, schreckte die begrenzte Sitzplatzkapazität mögliche Betreiber weiterhin ab. Die Serienfertigung dieser Version, der **Convair 880-M**, wurde deswegen nach nur 17 Exemplaren gestoppt.

Bereits vor dem Erstflug des **Convair 880**-Prototyps hatte das Unternehmen die Fertigung einer Hochleistungsversion mit erhöhter Sitzplatzzahl geplant. Möglicherweise geriet der relativ früh von American Airlines erteilte Erstauftrag für die **Modell 30** Convair zum Nachteil, denn er signalisierte grünes Licht für die Serienfertigung. Mehr Zeit zur Auswertung der Kundenreaktion auf die **Convair 880** hätte eventuell einen grundlegenden Neuentwurf des Rumpfes ergeben. So aber erhielt die **Modell 30** lediglich einen längeren Rumpf zur Erhöhung der Sitzplatzkapazität, während die unveränderte Rumpfbreite weiterhin nur Fünfersitzreihen zuließ.

Weitere Verbesserungen flossen in die **Convair 990** ein. Auf den Bau eines Prototyps verzichtete man, und die erste Maschine – aus dem Los für American Airlines – flog am 24. Januar 1961. Erst im Dezember jenes Jahres bescheinigte das FAA dem Muster die amtliche Flugtüchtigkeit, und American war der Empfänger des ersten Flugzeugs für den Linienbetrieb am 7. Januar 1962. Fast zur gleichen Zeit übernahm Swissair ihre erste Maschine und gab diesem Muster noch einen Namen: **Coronado**. Bei den Erprobungsflügen hatten sich etliche aerodynamische Schwächen herauskristallisiert, so daß die geplante Solleistung der **Convair 990** nicht erreicht wurde. Forschung und Entwicklung zur Überwindung dieser Schwierigkeiten ergaben Verbesserungen, die nachträglich allen 37 **Convair 990** zuflossen. Die modifizierten Flugzeuge wurden in **Convair 990A** umbezeichnet.

***Trotz Fehlplanung im Hinblick auf Nutzlastvermögen, Käuferoptionen und Attraktivität der Einrichtung war die CV-990 aerodynamisch unübertroffen. SPANTAX betrieb eine ganze Flotte.***

Die Convair-Programme **880** und **990** kamen das Unternehmen sehr teuer. Seitdem sind die Luftfahrzeuggruppen der General Dynamics Corporation nur noch der militärischen Luftfahrt tätig.

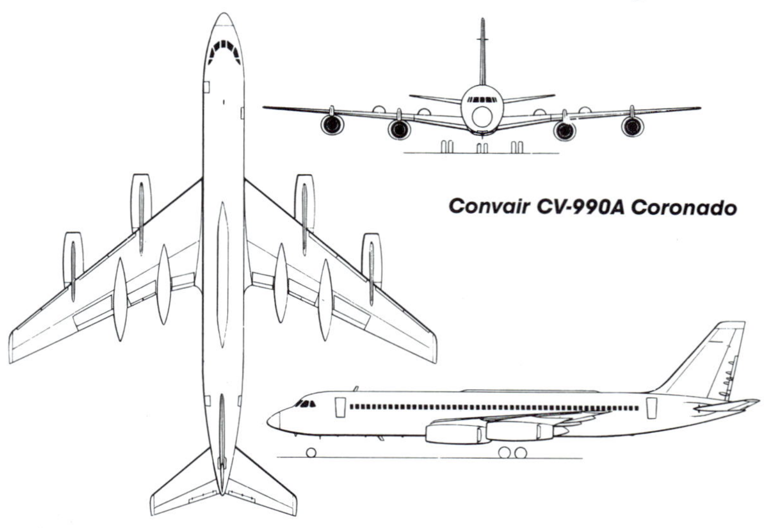

***Convair CV-990A Coronado***

### TECHNISCHE DATEN
**Convair 990A**

**Typ:** Mittelstreckenverkehrsflugzeug
**Triebwerke:** vier Mantelstromtriebwerke General Electric CJ805-23B mit je 7280 kg Schub
**Leistung:** Höchstgeschwindigkeit im Horizontalflug 990 km/h in 6095 m Höhe; Reisegeschwindigkeit 895 km/h in 10.670 m Höhe; Dienstgipfelhöhe 12.495 m; Reichweite mit max. Nutzlast 6116 km; Reichweite mit max. Treibstoffzuladung 8690 km
**Gewicht:** Leermasse 54.839 kg; max. Startmasse 114.759 kg
**Abmessungen:** Spannweite 36,58 m; Länge 42,43 m; Höhe 12,04 m; Tragflügelfläche 209,03 m²

# Convair (Modell 8) F-102 Delta Dagger bis Curtiss, frühe Wasserflugzeuge

**1947 kam Convair unter die Kontrolle der Atlas Corporation und 1953 der General Dynamics Corporation. Glenn C. Curtiss hat als Flugzeugpionier im Rang allenfalls die Brüder Wright vor sich, war aber kommerziell sicherlich gewandter als diese. Er begann 1910 als Fahrradfabrikant und gründete 1916 die Curtiss Aeroplane and Motor Company.**

## Convair (Modell 8) F-102 Delta Dagger

Die **Convair F-102** wurde aus dem Deltaflügler-Versuchsflugzeug XF-92A (Convair Modell 7-002) entwickelt, das die Firma auf der Grundlage eines USAF-Auftrags vom 16. Mai 1949 konstruiert hatte. Der deutsche Konstrukteur Dr. Alexander Lippisch war am Entwurf dieses Forschungsflugzeugs beteiligt, das am 18. September 1948 zum Erstflug abhob. Nur ein einziges Exemplar wurde gebaut. 1952 übergab die USAF die XF-92A der NACA (Vorläufer der NASA), nachdem die Maschine bei Testflügen mit einem Allison-Strahltriebwerk J33-A-29 eine Geschwindigkeit von 1014 km/h nachgewiesen hatte. Bereits vor der Auftragserteilung für die XF-92A hatte die USAF ein Entwicklungsziel (Advanced Development Objective) für einen Abfangjäger definiert, der den sowjetischen Strahlbombern mit interkontinentaler Reichweite weit überlegen sein sollte. Die ADO-Forderung gehörte zu dem Revolutionärsten in der Geschichte der USAF, weil sie erstmals einen Abfangjäger als komplettes fliegendes Waffensystem ansah. Erstmals faßte man ein Waffensystemkonzept ins Auge, bei dem beide Komponenten zu einem kompatiblen System integriert werden sollten.

Gemäß dieser konzeptionellen Vorgabe erging am 18. Juni 1950 die Aufforderung an die US-Luftfahrtindustrie, Angebote für einen neuen Abfangjäger mit der Projektbezeichnung MX-1554 abzugeben. Vier Monate später erhielt die Hughes Aircraft Company den Zuschlag für die Entwicklung des elektronischen Führungssystems (Electronic Control System – ECS) MX-1179, kompatibel mit der MX-1179-Zelle. Trotz einer verlängerten Entwurfsphase ließ sich das ECS MX-1179 nicht innerhalb eines akzeptablen Zeitrahmens fertigstellen und fiel folglich unter den Tisch. Statt dessen wurde die Hughes-Feuerleitanlage E-9 (später MG-3 bezeichnet) eingeführt und vom MG-10 abgelöst.

Von sechs Luftfahrzeugherstellern, die im Januar 1951 Vorschläge einreichten, forderte man Convair, Lockheed und Republic auf, ihre Entwürfe zum Modellstatus zu entwickeln. Da sich die USAF jedoch drei Parallelprojekte nicht leisten konnte, bestimmte sie am 11. September 1951 Convair zum alleinigen Vertragnehmer und genehmigte die Verwendung des Strahltriebwerks J40 von Westinghouse bis zur Einsatzreife des schubstärkeren Wright J67. Die Entscheidung zur Serienfertigung der **Convair Modell 8-80** fiel am 24. November 1951, doch sie galt als Zwischenlösung bis zur Reife des „Ultimate Interceptor". Die erste Erprobungsmaschine **YF-102** hob am 24. Oktober 1953 zum Jungfernflug ab, ging aber bereits neun Tage später bei einem Unfall verloren. Bis dahin hatte sie allerdings gezeigt, daß ihre Leistungswerte vom Soll weit entfernt waren.

Erst nach einem grundlegenden Neuentwurf, einschließlich tailliertem Rumpf nach dem von Richard Whitcomb bei der NACA entwickelten Konzept, rollte am 19. Dezember 1954 ein neuer Prototyp zum Start. Angetrieben von einem fortschrittlichen Vertreter des Pratt & Whitney-J57-P-23-Strahltriebwerks, das auch für die Serienjäger vorgesehen war, erreichte diese **YF-102A (Modell 8-90)** bei ihrem Jungfernflug eine Geschwindigkeit von Mach 1,22 und eine Höhe von 16.155 m. Im April 1956 ging die **F-102A (Modell 8-10)** bei der 327. Fighter-Interceptor Squadron des Air Defense Command auf dem Luftwaffenstützpunkt George in Dienst. Insgesamt wurden 889 **Delta Dagger** beschafft. Daneben entstanden 111 Doppelsitzer **TF-102A (Model 8-12)** mit kompletter Bewaffnung und Einsatztauglichkeit für die USAF. Zur Darstellung der MiG-21 im Luftgefecht wurden sechs **F-102A** auf der Grundlage eines Auftrags vom April 1973 zu zwei bemannten **QF-102A** und vier unbemannten **PQM-102A**-Zieldrohnen umgebaut. Weitere **PQM-102A** folgten im Rahmen des Programms „Pave Deuce". Aus der geplanten verbesserten Version **F-102B** wurde die F-106 Delta Dart.

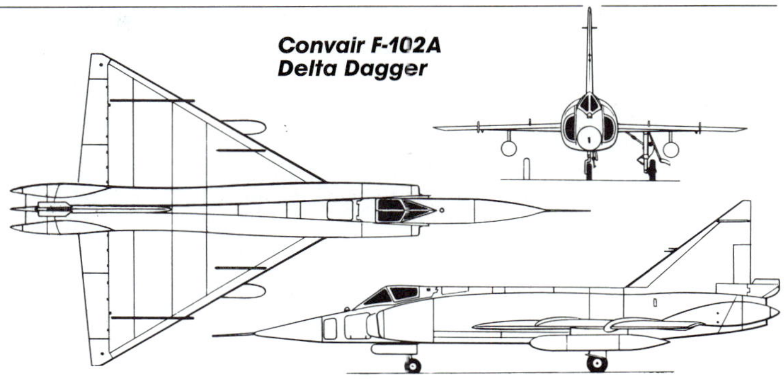

*Convair F-102A Delta Dagger*

### TECHNISCHE DATEN

**Convair (Modell 8) F-102 Delta Dagger**

**Typ:** überschallschneller, allwettertauglicher, einsitziger Abfangjäger

**Triebwerk:** ein Nachbrenner-Strahltriebwerk vom Typ Pratt & Whitney J57-P-23 oder -25 mit 7802 kg Schub

**Leistung:** Höchstgeschwindigkeit 1328 km/h oder Mach 1,25 in 10.970 m Höhe; Anfangssteigleistung 66 m/sec; max. Reichweite 2173 km

**Gewicht:** max. Startmasse als Abfangjäger für den Objektschutz 12.769 kg; max. Startmasse als Bereichsabfangjäger mit zwei 814-Liter-Abwurftanks 14.187 kg

**Abmessungen:** Spannweite 11,62 m; Länge 20,84 m; Höhe 6,46 m; Tragflügelfläche 61,45 m²

**Bewaffnung:** zwei Lenkflugkörper AIM-26/26A Falcon oder eine AIM-26/26A und zwei AIM-4A Falcon oder eine AIM-26/26A und zwei AIM-4C/D oder sechs AIM-4A oder sechs AIM-4C/D; Flugzeuge, deren Waffenschächte nicht zur alternativen Beladung mit AIM-26- und AIM-4-Flugkörpern modifiziert waren, konnten 12 Raketen mit Klappleitwerk, Kaliber 69,85 mm, mitführen.

***Delta Dagger übernahmen die Luftverteidigung Nordamerikas. Die in Alaska stationierten Abfangjäger waren mit Tagesleuchtfarbe markiert.***

## Convair (Modell 8-24) F-106 Delta Dart

Anfang der fünfziger Jahre zeichnete sich klar ab, daß der „Ultimate Interceptor", den Convair entwickelte, die Einsatzreife bis 1954 nicht erreichen würde. Die USAF entschied sich daher, einen technologisch weniger anspruchsvollen Abfangjäger zur Überbrückung zu beschaffen. Dieser Interimjäger wurde die F-102A Delta Dagger, und der eigentliche „Ultimate Interceptor" (Projekt MX-1554) erhielt die Bezeichnung **F-102B**. Hieraus entstand schließlich die **Convair F-106 Delta Dart**.

Die USAF hatte gut daran getan, diesen Weg einzuschlagen, denn die F-102A warf enorme Entwicklungsprobleme auf. Erst im April 1956 konnten die ersten Exemplare dieses „Interimjägers" in Dienst gestellt werden. Im gleichen Zeitraum lag die **F-102B** auf einem toten Gleis, da nicht nur die Mittel, sondern auch das Triebwerk und das ECS ausblieben. Nachdem die Erprobung der F-102A günstig verlaufen war, bestellte die US Air Force 749 Serienjäger und gleichzeitig 17 **F-102B**. Dies geschah im November 1955, als die ECS-Anlage MX-1179 in der Hughes Aircraft Company ihren Hersteller gefunden hatte. Hughes verlieh dem Feuerleitsystem die Bezeichnung MA-1 und stellte im Dezember 1955 ein Modell des vorgesehenen Cockpits mit grundlegend neuer Instrumentierung und Sichtanzeigen zur Abnahme vor.

Am 17. Juni 1956 wurde die **F-102B** offiziell in **F-106** umbenannt, um die erheblich geänderten Anforderungen an das Muster nach außen hin zu unterstreichen. Als am 28. September 1956 erste Details bekannt wurden, zeigte sich deutlich, daß die USAF ihre Ziele höher gesteckt hatte. Nunmehr war Convair gefordert, ein Flugzeug zu produzieren, das Feindflugzeuge unter allen Wetterbedingungen in Höhen bis 21.335 m und in einem Radius von knapp 700 km abfangen konnte. Mit Lenkraketen und/oder Projektilen mit atomarem Gefechtskopf bewaffnet, sollte dieser Abfangjäger Abfangeinsätze mit Geschwindigkeiten bis Mach 2,0 in Höhen bis 10.670 m absolvieren unter automatischer Führung durch SAGE-Bodenstationen (Semi-Automatic Ground Environment), die mit dem MA-1-Feuerleitsystem integriert waren.

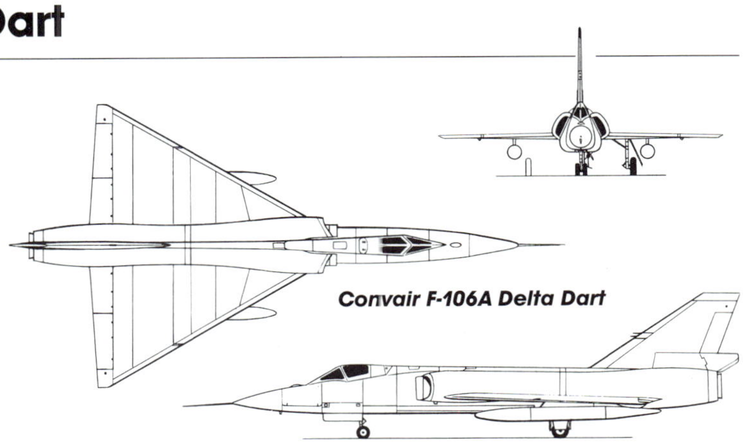

*Convair F-106A Delta Dart*

Zwei Prototypen **F-106A (Convair Modell 8-24)** flogen erstmals am 26. Dezember 1956 und am 26. Februar 1957. Die Ergebnisse der Testflüge enttäuschten, und

es wurde schmerzlich klar, daß noch zahlreiche Mängel zu beseitigen waren. Die Spitzengeschwindigkeit unterschritt den Sollwert um rund 15%, aber größere Sorge bereitete die träge Beschleunigung, und die verzögerte Entwicklung des Pratt & Whitney-J57-P-9-Strahltriebwerks als Ersatz für das eigentlich vorgesehene Wright J67 war in beiden Fällen nicht gerade hilfreich. Die Situation verschlimmerte sich noch dadurch, daß das MA-1-ECS nicht funktionierte, wie es sollte, und eine Kür-

***Während der sechziger Jahre war die F-106 das Hauptwaffensystem zur Luftverteidigung der USA. Erst 1988 wurde die Delta Dart endgültig ausgemustert.***

zung des USAF-Budgets hätte das gesamte **F-106**-Programm beinahe zu Fall gebracht. Um diese schwierige Situation wenigstens teilweise zu retten, änderte die USAF die geplante Beschaffung von 1000 Flugzeugen auf nur 350 Exemplare. In dieses Programm war bereits soviel investiert worden, daß es nur vernünftig erschien, die Entwicklung zugunsten einer zwar kleineren, aber dafür hochqualifizierten Abfangjägerflotte fortzusetzen. Modifikationen an den Lufteinläufen und das Ausmerzen etlicher Fehler in den Bereichen Triebwerk und Avionik ermöglichten es, die ersten Jäger mit anfänglicher Einsatzfähigkeit im Oktober 1959 an die 498. Fighter Interceptor Squadron auf Geiger-AFB auszuliefern. Die Produktion von 277 einsitzigen Abfangjägern **F-106A** und 63 voll kampftauglichen Doppelsitzern **F-106B (Modell 8-27)** endete im Dezember 1960. Verbesserte Versionen der **Delta Dart** wie die **F-106C, F-106D** und **F-106X** wurden als Projekte angelegt, aber nicht gebaut.

Die **F-106A** der Spätserien unterschieden sich von den 1959 in Dienst gestellten Abfangjägern, so daß man Nachrüstprogramme zum gemeinsamen Standard (**Modell 8-31** für Einsitzer und **Modell 80-32** für Doppelsitzer) parallel zur Serienfertigung neuer Exemplare durchführte. Die Umstände machten es erforderlich, daß die F-106 weit über ihre geplante Lebensdauer im Einsatz blieb. Dies bedeutete fortdauernde Modernisierungsprogramme. Nach fast 20 Dienstjahren bei der USAF wurden sie 1988 ausgemustert.

### TECHNISCHE DATEN

**Convair (Modell 8-24) Delta Dart**

**Typ:** einsitziger, allwettertauglicher Überschallabfangjäger
**Triebwerk:** ein Nachbrenner-Strahltriebwerk Pratt & Whitney J75-P-17 mit 11.113 kg Schub
**Leistung:** Höchstgeschwindigkeit 2454 km/h oder Mach 2,31 in 12.190 m Höhe; Dienstgipfelhöhe 17.375 m; Einsatzradius mit externen Kraftstofftanks 1173 km
**Gewicht:** Leermasse 10.728 kg; max. Startmasse als Abfangjäger für Raumschutz 17.554 kg; absolute Startmasse 18.975 kg
**Abmessungen:** Spannweite 11,67 m; Länge 21,56 m; Höhe 6,18 m; Tragflügelfläche 58,65 m²
**Bewaffnung:** eine Douglas-Bordrakete mit atomarem Gefechtskopf AIR-2A Genie oder AIR-2B Super Genie und vier Lenkraketen Hughes AIM-4F oder AIM-4G Super Falcon im internen Waffenschacht; viele Exemplare mit einer 20-mm-Bordkanone M61 Vulcan anstelle der Genie

## Convair R3Y Tradewind

Im März 1943 stieß Reuben Fleet die Aktienanteile an Consolidated Aircraft Corporation ab, und das Unternehmen wurde zu Consolidated Vultee (Convair) umorganisiert. Wenig später bekundete die US Navy Interesse an einem Mehrzweck-Langstreckenflugboot, woraufhin Convair einen Entwurf mit vier Turboprop-Triebwerken einreichte. Diesem Vorschlag stimmte die US Navy am 27. Mai 1946 mit einem Auftrag zum Bau von zwei Prototypflugzeugen zu. Das neue Flugboot mit der Bezeichnung **XP5Y-1** fiel durch seinen für ein Luftfahrzeug dieser Klasse ungewöhnlichen schlanken Rumpf (Länge-/Breiteverhältnis = 10:1) auf. Es wurde von vier Propellerturbinen Allison T40-A4 angetrieben, die ihre Leistung auf je zwei gegenläufige Luftschrauben über ein gemeinsames Getriebe abgaben. Das in erster Linie zur U-Bootabwehr vorgesehene Muster sollte mit einem fortschrittlichen Seezielradar, Gerätschaften für elektronische Gegenmaßnahmen und Sonden für magnetische Anomalien ausgerüstet werden, abgesehen von einer schweren Waffenlast mit Bomben, Minen, Raketen und Torpedos. Das erste Versuchsflugboot startete am 18. April 1950 in San Diego zum Jungfernflug und schraubte im August den Flugdauerrekord für Turboprop-Maschinen auf acht Stunden und sechs Minuten. Im August entschied die US Navy, die Entwicklung der **XP5Y-1** als Seepatrouillen-Luftfahrzeug abzubrechen, aber für Transportzwecke weiterzuverfolgen.

Eines der beiden Flugboote ging am 15. Juli 1953 vor San Diego ohne Todesfolgen für die Besatzung verloren, doch das Vorhaben wurde fortgeführt, und die erste **R3Y-1 Tradewind** flog am 25. Februar 1954. Zu den Hauptänderungen zählten der Wegfall der Bewaffnung und die Abschaffung der positiven V-Stellung des Höhenleitwerks sowie der Einbau einer zusätzlichen Frachtluke mit einer Breite von 3,05 m hinter dem Tragwerk und neu entworfener Triebwerkzellen für die verbesserten Propellerturbinen T40-A-10. Die druckbelüftete und klimatisierte Kabine wurde mit einer schallschluckenden Verkleidung und einer Sitzeinrichtung für 103 Personen versehen. Als Sanitätsflugzeug konnte die **R3Y-1** neben zwölf Sanitätern 72 Verwundete auf Krankentragen und als Frachtflugzeug 24 Tonnen als Nutzlast aufnehmen.

***Dieses Foto zeigt vier Grumman Panther, die gleichzeitig von einer R3Y-2 Tradewind aufgetankt werden. Der Bug ließ sich nach oben aufklappen.***

Am 24. Februar 1955 bewies eines der fünf gebauten **R3Y-1**-Flugboote sein Leistungsvermögen, als es auf dem Überführungsflug zum Navy Test Center in Patuxent River, Maryland, von Küste zu Küste eine Durchschnittsgeschwindigkeit von 649 km/h erreichte. Es folgte ein weiterer Rekordflug zwischen Honolulu und dem kalifornischen Marinefliegerhorst Alameda in sechs Stunden und 45 Minuten bei einer Durchschnittsgeschwindigkeit von 579 km/h. Die Transportstaffel VR-2 der US Navy erhielt das erste Exemplar ihrer aus **R3Y-1** und **-2** zusammengesetzten Flugbootflotte am 31. März 1956. Finanzielle Engpässe und fortdauernde Probleme mit der Propeller-/Triebwerk-Kopplung, die darin gipfelten, daß sich in zwei Fällen Propeller und Getriebe im Flug vom Flugwerk trennten, führten zum eingeschränkten Einsatz der **Tradewind**. Das Soll der Staffel wurde zunächst auf je zwei **R3Y-1** und **-2** gekürzt. Im April 1958 löste man die Einheit auf.

**Variante**

**R3Y-2:** Sechs Exemplare dieser Transportversion für Landungstruppen wurden gebaut; die Bugsektion war nach oben aufklappbar, so daß die Sturmtruppen und ihr Gerät durch einen 2,03 m breiten und 2,54 m hohen Ausgang über eine eingebaute Rampe direkt am Strand angelandet werden konnten; die erste R3Y-2 absolvierte ihren Erstflug am 22. September 1954; ein als Lufttanker ausgerüstetes Exemplar versorgte im September 1956 gleichzeitig vier Grumman F9F-8 Cougar mit Treibstoff in der Luft

### TECHNISCHE DATEN

**Convair R3Y-1**

**Typ:** schweres Transportflugboot
**Triebwerke:** vier Propellerturbinen Allison T40-A-10 je 4362 kW (5932 WPS)
**Leistung:** Höchstgeschwindigkeit 579 km/h; Marschgeschwindigkeit 483 km/h; max. Reichweite 6437 km
**Gewicht:** normale Startmasse 74.843 kg; max. Startmasse 79.379 kg
**Abmessungen:** Spannweite 44,42 m; Länge 42,57 m; Höhe 13,67 m

## Convair XFY-1

Zeitgleich mit der Lockheed XFV-1 entstand die **Convair XFY-1** für eine Ausschreibung der US Navy, die das Potential eines kleinen Jagdeinsitzers in der Auslegung eines „Schwanzhockers" zum Einsatz auf unterschiedlichen Schiffsplattformen untersuchen lassen wollte. Der Rumpf nahm das Cockpit und das Triebwerk auf, während außen freitragende Flächen in abgewandelter Dreiecksform sowie eine große Rücken- und Bauchflosse so montiert wurden, daß alle Baugruppen ein Kreuz bildeten. Am Boden hockte die **XFY-1** auf kleinen drehbar gelagerten Rädern an sämtlichen horizontalen und vertikalen Flächen.

Auf umfangreiche Fesseltests am Spezialgerüst folgten am 1. August 1954 der erste Senkrechtstart und die erste Senkrechtlandung. Die Erprobung wurde mit einer Serie ähnlicher Senkrechtflüge fortgeführt, bevor am 2. November 1954 der erste komplette Übergang vom Senkrechtstart zum Horizontalflug und umgekehrt stattfand. Zwei Prototypen dieses Experimentaljägers absolvierten an die 40 Flugstunden, doch die Entwicklung wurde schließlich wegen unüberwindlicher Probleme auf dem Gebiet der Flugsteuerung abgebrochen.

**TECHNISCHE DATEN**
**Convair XFY-1**

**Typ:** experimenteller Senkrechtstarter
**Triebwerk:** eine Propellerturbine Allison YT-40-A-6 mit 4362 äkW (5932 äWPS) in Verbindung mit gegenläufigen Koaxialpropellern großen Durchmessers
**Leistung:** Höchstgeschwindigkeit 982 km/h in 4570 m Höhe; Anfangssteigleistung 53,33 m/sec; Dienstgipfelhöhe 13.320 m
**Gewicht:** Leermasse 5345 kg; max. Startmasse 7371 kg
**Abmessungen:** Spannweite 8,43 m; Spannweite des Leitwerks 6,98 m; Länge 10,66 m; Tragflügelfläche 32,98 m²
**Bewaffnung:** (geplant) vier 20-mm-Kanonen in Flügelspitzenbehältern oder 46 ungelenkte Raketen, Kaliber 69,85 mm

***Die senkrecht startende und landende XFY-1 hatte ein „Bettpfosten"-Fahrgestell.***

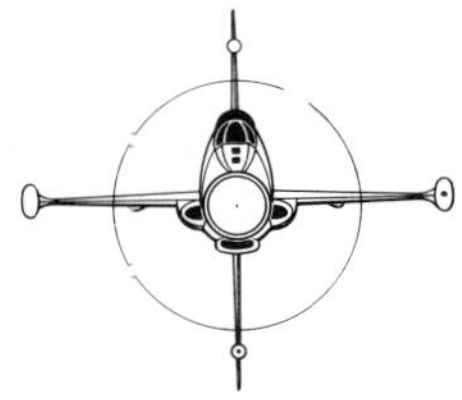

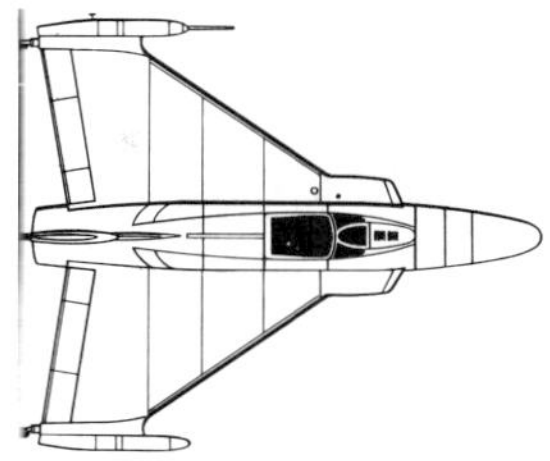

***Convair XFY-1 „Pogo"***

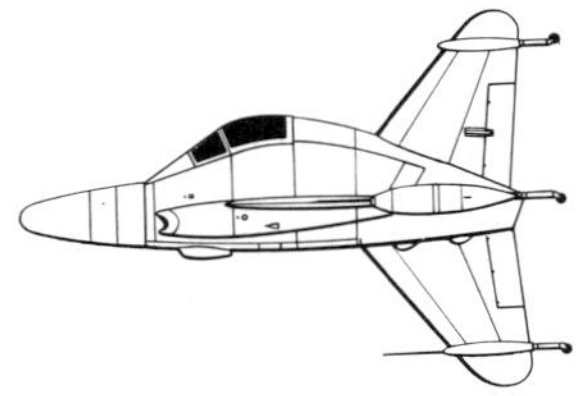

## Convair (Modell 2) XF2Y-1 Sea Dart

Einer der ungewöhnlichsten Jäger, der ein halbes Jahrzehnt nach dem Zweiten Weltkrieg entwickelt wurde, war die seegestützte **Convair Sea Dart**. Ihr Rumpf mit angepaßter Bootswanne nahm ein Deltatragwerk und ein großflächiges Seitenleitwerk auf. Für Wasserstarts und -landungen war dieses Luftfahrzeug mit fahrbaren Hydroskiern ausgerüstet, die genügend Auftrieb produzierten, um den Bootsrumpf aus dem Wasser zu heben. Anschließend beschleunigte die **Sea Dart** per Aquaplaning auf den Wasserskiern, bis sie ihre Abhebegeschwindigkeit erreicht hatte.

Das von Convair in der Modell 2-2 umgesetzte Konzept reichte der US Navy, um am 19. Januar 1951 den Auftrag zur Konstruktion eines Prototyps **XF2Y-1** zu erteilen. Am 28. August 1952 folgte eine Nachbestellung für zwölf Serienjäger **F2Y-1**, die anschließend durch vier Vorserienflugzeuge **YF2Y-1** ergänzt wurden. Der erstmals am 9. April 1953 geflogene Prototyp blieb leistungsmäßig weit hinter den Erwartungen zurück. Dieser Faktor, verbunden mit gravierenden Vibrationsproblemen des Wasserski-Fahrwerks, führte zur Streichung der **XF2Y-1** und **F2Y-1**. Der Schub der beiden Strahltriebwerke Westinghouse J34-WE-32, die in den Prototyp und die erste **YF2Y-1** eingebaut wurden, war mit 2 x 1542 kg völlig unzureichend. Man stellte die Vorserienmaschine daher auf zwei J46-WE-2 um, mußte aber den Hinterrumpf zur Integration der Nachbrennerstufen modifizieren. Auch die anderen drei **YF2Y-1** wurden entsprechend ummotorisiert. Am 3. August 1954 durchbrach die **YF2Y-1** im leichten Sinkflug die Schallmauer und wurde somit zum ersten Überschallwasserflugzeug. Nur zwei **YF2Y-1** nahmen an einem Testprogramm teil, das 1956 abgeschlossen war.

***Trotz enormer Fortschritte in Aerodynamik und Hydrodynamik brachten Flatterprobleme des Wasserski-Fahrgestells das Sea Dart-Programm zu Fall.***

**TECHNISCHE DATEN**
**Convair YF2Y-1**

**Typ:** experimenteller Wasserflugzeugjäger
**Triebwerke:** zwei Nachbrenner-Strahltriebwerke Westinghouse J46-WE-2 mit je 2722 kg Schub
**Leistung:** (geschätzt) Höchstgeschwindigkeit 1118 km/h in 2440 m Höhe; Anfangssteigleistung 166 m/sec; Dienstgipfelhöhe 16.705 m; Reichweite 826 km
**Gewicht:** Leermasse 5739 kg; max. Startmasse 7495 kg
**Abmessungen:** Spannweite 10,26 m; Länge 16,03 m; Höhe auf Hydroskiern 6,32 m; Tragflügelfläche 52,30 m²

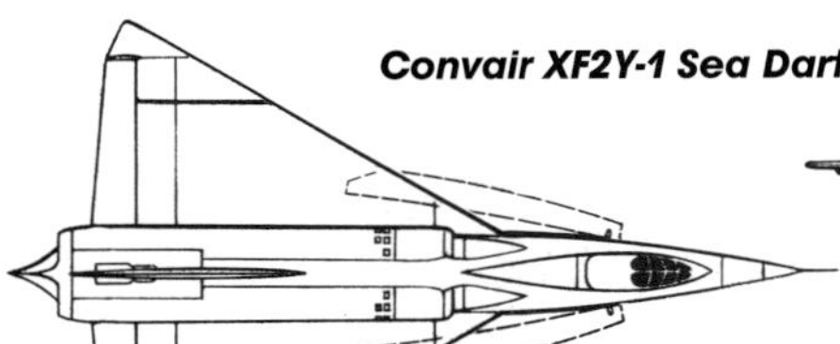

***Convair XF2Y-1 Sea Dart***

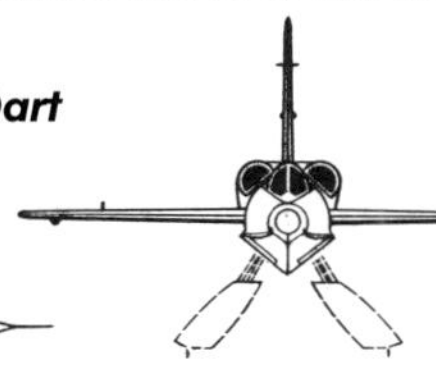

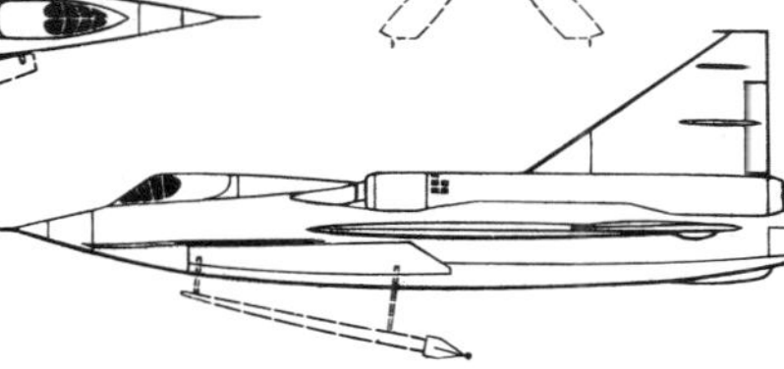

## Curtiss – frühe Druckschraubenluftfahrzeuge

Wie die Gebrüder Wright war der Amerikaner Glenn Curtiss von Hause aus Fahrradhersteller. Schon bald aber entwickelte er einen Fahrradmotor, der ihm die Tür zur Kraftradindustrie öffnete. Das Leistungsvermögen seiner leichten Benzinmotoren führte zu ihrer Verwendung als Antrieb früher Luftfahrzeuge. Der Erfinder Alexander Graham Bell forderte Curtiss daraufhin auf, seiner formell am 1. Oktober 1907 gegründeten Aerial Experiment Association beizutreten. Curtiss leistete wesentliche Beiträge zum Entwurf und zur Entwicklung von vier Flugzeugen mit den Bezeichnungen Aerodrome No. 1, 2, 3 und 4. Ihre Namen lauteten „Red Wing", „White Wing", „June Bug" und „Silver Dart".

1909 konstruierte Curtiss seinen ersten eigenen Aeroplan, die **Curtiss No. 1**, bekannt als „Gold Bug" oder „Golden Flyer". Es folgte das Rennflugzeug **Reims Racer**, eine etwas größere Ausgabe der „Gold Bug", mit dem Curtiss den Gordon Bennett Cup in Reims 1909 gewann. Für den mit 10.000 US-Dollar dotierten Flug über dem Hudson River zwischen Albany und New York City modifizierte Curtiss eines seiner Standardmodelle. Das Ergebnis, der **Hudson Flyer**, war im Grunde genommen ein Amphibium, ausgestattet mit Radfahrgestell und Notschwimmern. Die Maschine gewann den Flug über die 251 km lange Strecke.

***Acht Curtiss-Luftfahrzeuge mit Druckschraubenantrieb wurden 1911–1913 für die US Navy gekauft. Sieben davon waren Wasserflugzeuge, und auch die abgebildete Maschine stellte man bald auf Schwimmer um.***

***Diese Modell D von 1911 war ein typischer Vertreter der relativ antiquierten Landflugzeuge, die damals in den USA gebaut wurden. Verschiedene Motoren standen zur Verfügung, der stärkste mit 56 kW (76 PS).***

Nach der Konstruktion des Einzelexemplars **Beachey Special** für den Vorführpiloten Lincoln Beachey konzentrierte sich die am 1. Dezember 1910 gegründete Curtiss Aeroplane Company ausschließlich auf den Entwurf, Bau und Vertrieb eigener Luftfahrzeuge. Produziert wurden unter anderem die einsitzige **Modell D**, erhältlich mit 30 kW, 45 kW und 56 kW (41/61/76 PS) starken Curtiss-Motoren, die Zweiblatt-Druckschrauben antrieben, und die **Modell E** mit ähnlichem Motorangebot.

# Curtiss – frühe Seeflugzeuge

Glenn Curtiss war vor dem Ersten Weltkrieg der führende Flugbootbauer und ein anerkannter Pionier der Schwimmerflugzeuge. Mit Seeflugzeugen befaßte er sich erstmals 1908, als die Aerial Experiment Association, deren Mitglied Curtiss war, versuchte, ihre Loon (Aerodrome Nr. 3 June Bug, ausgerüstet mit tuchbedeckten Holzpontons) auf einem Binnensee starten zu lassen. Das Experiment scheiterte, aber im Juni erreichte Curtiss immerhin eine Landung auf dem Lake Keuka mit einem Doppeldecker **Curtiss Type III**, der mit einem Kanu ausgerüstet war. Diese Kombination eignete sich für den Start allerdings nicht.

1911 gelang Curtiss der Entwurf einigermaßen erfolgreicher Seeflugzeuge. Die erste unbezeichnete und von Curtiss lediglich „Hydroaeroplane" oder einfach „Hydro" genannte Konstruktion war ein von einer Druckschraube angetriebener Doppeldecker mit vorderem und hinterem Höhenruder. Das „Hydro" ruhte auf einem einzigen Großschwimmer, 1,82 m lang und 1,52 m breit, unter dem Tragwerk, ergänzt durch einen kleinen Bugschwimmer und einen Wassertragflügel unter dem vorderen Höhenruder. In dieser Form flog der Typ erstmals am 26. Januar 1911. Von diesem Konzept rückte Curtiss aber bald ab zugunsten eines Einzelschwimmers, der 3,65 m in der Länge, 61 cm in der Breite und 30,5 cm in der Höhe maß. Hinzu kamen noch Stützschwimmer unter den Außenflügeln.

Als nächstes erschien die **Tractor Hydro** in Gestalt eines modifizierten Luftfahrzeugs **Curtiss Type III** mit einem einzelnen Hauptschwimmer. Curtiss mochte dieses Muster nicht, da er im Abgas- und Propellernachstrom sitzen mußte, und wandte sich einem neuen Typ zu. Die **Triad** vom Februar 1911 war das erste gelungene Amphibienluftfahrzeug der Welt, ausgestattet mit einem starren Bugrad unter einem Hydroschwimmer und einziehbaren Rädern am Unterflügel. Es folgten mehrere andere Schwimmerflugzeuge und Flugboote. Im Juni 1911 übergab Curtiss ein Exemplar seiner Modell E an die US Navy, das er als **A-1** (später **AH-1**) zum Betrieb als Land-, Schwimmer- und Amphibienflugzeug überarbeitet hatte. In den nächsten drei Jahren kaufte die US Navy weitere 13 schwimmfähige Curtiss-Luftfahrzeuge mit Druckschrauben.

Danach konzentrierte sich Curtiss vornehmlich auf das Flugboot als Grundmuster. Er begann mit dem **Flying-Boat No. 1**, das jedoch ein Fehlschlag war. Der große Ponton war direkt am Unterflügel befestigt und diente dem Flugmotor als Gehäuse, dessen Leistung von 44,7 kW (61 PS) zwei am Tragwerk montierte Druckschrauben über Kettentrieb umsetzten.

Die Grundauslegung für das kleine einmotorige Doppeldecker-Flugboot fand Curtiss im Jahre 1912, und sie sollte sich während der nächsten 40 Jahre kaum ändern. Das **Curtiss Flying-Boat No. 2** enthielt erstmals die wichtige hydrodynamische Stufe an der Unterseite des Bootsrumpfes, die den Schlüssel zum erfolgreichen Wasserstart darstellte. Dieses Flugboot erhielt den Namen „The Flying Fish".

Anschließend brachte Curtiss eine Reihe von Versuchsflugzeugen heraus, die in der **Type F** ihren Höhepunkt fanden. 1913 erwarb die US Navy fünf Flugboote **Type C**, aber in Wirklichkeit wich jedes Flugzeug erheblich vom nächsten ab. Bis auf eine erhöhte Spannweite des Oberflügels war die **C-2** mit der frühen **Type III** identisch. Bereits im August 1913 (!) diente diese Maschine als Versuchsträger für einen kreiselgestützten Autopiloten. Bei der US-Aktion gegen Mexiko im April 1914 flog die **C-3** oder **AB-3** Erkundungspatrouillen über dem Hafen von Veracruz.

Die endgültige Version der **Modell F** nutzte sowohl die US Army als auch die US Navy. Außerdem fand sie mehrere Privatkäufer und verzeichnete auch im Export bescheidene Erfolge. Der zweistielige Doppeldecker in Holzbauweise wies beidseitig zwischen Ober- und Unterflügel Querruder auf, Trag- und Leitwerk hatten eine Stoffbespannung, und in den sorgsam geformten Bootsrumpf, sperrholzbeplankt und gestuft, war unmittelbar vor dem Tragwerk ein Cockpit mit zwei nebeneinanderliegenden Sitzen angeordnet. Der auf Streben knapp unter dem Mittelteil des Oberflügels montierte Curtiss-O-Motor gab 56 kW (76 PS) auf eine Druckschraube ab. Die Ausführung der **Modell F** von 1914 hatte rundliche Flächenenden, einen kräftigeren Bootsrumpf und ein verstärktes Strebengerüst für den Motor, damit dieser im Falle einer Bruchlandung nicht die Insassen erschlug. Der Grundentwurf erhielt die Zustimmung der US Navy, und als die USA am 6. April 1917 in den Ersten Weltkrieg eintraten, wurde dieses Flugboot zum Standardausbildungsgerät für die fliegerische Grundschulung der US-Marinepiloten bestimmt und eine Bestellung für 144 Exemplare erteilt.

***Vier Exemplare des Dreideckers Modell L-2 wurden gebaut, drei für die US Navy und eines für die US Army.***

Die Version der **Modell F** von 1917/18 wartete mit einer herkömmlichen Querrudersteuerung statt des bisherigen Schulterjochs auf, und bei einigen Exemplaren rückten die Querruder an den weiter gespannten Oberflügel. Mehrere zu Luftambulanzen umgerüstete Flugboote führten eine Krankentrage auf dem Rumpfrücken hinter dem Cockpit mit. Der stärkere Curtiss-Motor OXX-3 wurde ab 1917 eingebaut.

Die **Modell F**, vor allem frühe Ausführungen, ging an etliche Marinestreitkräfte des Auslands. Rußland erwarb eine beträchtliche Zahl für den Einsatz in der Ostsee und auf dem Schwarzen Meer. Auch die Italiener flogen die **Modell F**, und Zari in Bovisio fertigte acht solcher Flugboote in Lizenz.

**Varianten**

**Modell MF:** Diese Version, im Curtiss-Bezeichnungssystem als Modell 18 geführt, gehörte einer experimentellen Entwicklungsreihe der Modell F an, erreichte aber als einzige den Serienstatus; das Kürzel MF bedeutete „Modernized Model F" und beinhaltete im wesentlichen eine umfassend verbesserte Zelle mit Flankenbehältern am vorderen Bootsrumpf; das Muster wurde versuchsweise mit Motoren der Leistungsklasse 112 kW (152 PS) ausgerüstet; die 22 von Curtiss an die US Navy gelieferten Exemplare der Modell MF und die 80 zusätzlich von der Naval Aircraft Factory gebauten Flugboote behielten den Curtiss-Motor OXX-3 mit 75 kW (102 PS); Anfang der zwanziger Jahre wurden mehrere ehemalige MF-Flugboote der US Navy von Curtiss und Cox-Klemin zur Seagull für den zivilen Markt umgerüstet und andere für Privatkäufer neugebaut

**Modell 7 (Judson Triplane):** Diese etwas größere Ausgabe der Modell F wurde 1916/1917 für einen Herrn Judson gefertigt; die Maschine erhielt zunächst einen Curtiss V-X-Motor mit 112 kW (152 PS), wurde aber nach dem Krieg auf einen 298 kW (405 PS) starken Curtiss K-12 für Forschungsflüge in Südamerika umgestellt

**Modell K:** Eine größere Entwicklung der Modell F von 1915, die nur bescheidene Erfolge in den USA verzeichnete, aber in großem Umfang exportiert wurde; die Modell K mit einer Spannweite von 17,01 m und einer höchstzulässigen Startmasse von 1769 kg wies einen V-X-Motor mit 112 kW (152 PS) für die Druckschraube auf und erreichte 113 km/h

**Freak Boat:** Ein kleines Flugboot von 1912, bei dem der Führersitz auf der Oberseite des flachen Bootsrumpfs eingerichtet war; nach umfangreichen Änderungen wurde das Flugboot als C-1 an die US Navy verkauft und später in AB-1 umbezeichnet; die C-1 führte den ersten Katapultstart eines Flugboots aus

**Tadpole:** Die Tadpole war wie die Freak Boot ein Doppeldecker mit Druckschraube und basierte auf einem verlängerten Schwimmer als Bootsrumpf; ein interessantes Merkmal waren seitliche Aufbauten, die die Lücke zwischen Schwimmeroberseite und Unterflügel schlossen

**A-2:** Der zweite Aeroplan der US Navy war die A-2, im Kern eine Landversion der Modell E, die man im Juni 1912 zum Seeflugzeug umfunktionierte; mit einem kurzen Bootsrumpf plus einziehbaren Rädern für amphibische Operationen wurde dieses Muster zunächst in OWL (Over Water and Land), dann in E-1 und schließlich in AX-1 umbezeichnet; ab Ende 1912 bis zur Zerstörung durch einen Unfall im November 1915 diente die Maschine verschiedenen Versuchsvorhaben; aus diesen frühen Grundentwürfen, alle mit Druckschraubenantrieb, ging die Modell F hervor

**Modell M:** Ein Schirmeindecker-Flugboot von 1913 für einen Curtiss-Angestellten namens Morris; angetrieben von einem Curtiss-O-Motor mit 67 kW (91 PS)

## TECHNISCHE DATEN

**Curtiss Modell F (1917)**

**Triebwerk:** ein Curtiss-Reihenmotor OXX-3 mit 75 kW (102 PS)

**Leistung:** Höchstgeschwindigkeit 110 km/h; Dienstgipfelhöhe 1370 m; Flugdauer 5 Stunden, 30 Minuten

**Gewicht:** Leermasse 844 kg; max. Startmasse 1116 kg

**Abmessungen:** Spannweite 13,75 m; Länge 8,48 m; Höhe 3,42 m; Tragflügelfläche 35,95 m²

***Ein Curtiss-Flugboot Modell F der US Navy 1918. Diese frühe Serienversion war mit Querrudern am Strebengerüst zwischen Ober- und Unterflügel ausgestattet.***

# Curtiss NC bis Curtiss Modell 35/7 Hawk II, Modell 64/67 (F11C) und Modell 68 Hawk III

**Curtiss, anfangs auf Wasserflugzeuge spezialisiert, wurde im Ersten Weltkrieg für seine Schulflugzeuge bekannt und nach dem Krieg für Land- und Wasser-Rennmaschinen. Der Jäger Hawk brachte dem Werk ein Vermögen ein. Er wurde in land- und trägerstationierten Versionen gebaut, anfangs mit wassergekühlten V-, später mit luftgekühlten Sternmotoren.**

## Curtiss NC

*Curtiss NC-4 des Lieutenant Commander A.C. Read, US Navy. Mit diesem Flugboot gelang ihm im Mai 1919 der erste Transatlantikflug.*

1917 arbeiteten das US Navy Bureau of Construction and Repair und Curtiss eng zusammen, um ein Flugboot zu konstruieren, das mühelos den Atlantik überqueren könnte. Diese Luftfahrzeuge sollten unmittelbar nach ihrem Eintreffen im Kampfgebiet einsatzbereit sein.

Vorentwürfe vom Marineteam, dem auch Commander Jerome Hunsaker angehörte, wurden von Curtiss und seinen Ingenieuren weiterentwickelt. Das Konzept beinhaltete ein weitgespanntes Doppeldeckertragwerk mit drei Motoren, die Druckschrauben antrieben, einen kurzen Bootsrumpf für eine fünfköpfige Besatzung und ein Kastenleitwerk, das von einem am Oberflügel und Gondelheck befestigten Gerüst getragen wurde. Die Feinheiten des Entwurfs gestaltete der Curtiss-Stab, aber den Bootsrumpf entwarf Commander Richardson. Bald darauf erhielt Curtiss einen Auftrag zum Bau der **NC**-Flugboote, wie man diese Luftfahrzeuge getauft hatte (NC war das Kürzel für Navy-Curtiss). Curtiss sollte vier und die Naval Aircraft Factory sechs weitere Exemplare fertigen.

Mit Unterstützung der Navy wurde die bei Curtiss Garden City in New York bestehende Werksfläche zur Produktion der **NC** beträchtlich erweitert. Zur Endmontage wollte man die fertigen Baugruppen im Straßentransport zum Marinefliegerhorst Rockaway schaffen. Am Ende des Ersten Weltkriegs war lediglich **NC-1** fertiggestellt, und die eigentliche Zweckbestimmung dieses Musters existierte nicht mehr. Zwar wurden die **NC** der NAF gestrichen, aber die US Navy hatte beschlossen, die Konstruktion der Curtiss-Flugboote für eine Überquerung des Atlantik nach Großbritannien zu Ende zu führen. Sie war der Meinung, das öffentliche Aufsehen, das solch ein Flug erregen würde, könne die US Navy nur aufwerten.

Am 16. Mai 1919 starteten drei **NC**-Flugboote (**NC-1, NC-3** und **NC-4**) von Trepassey Bay, Neufundland, aus (**NC-2** war bereits zu Schaden gekommen). **NC-1** und **NC-3** mußten kurz vor Horta auf den Azoren, wo sie die erste Zwischenlandung vornehmen sollten, auf See niedergehen. Beide kamen nicht mehr in die Luft: **NC-1** wurde aufgegeben und die Besatzung von einem Schiff geborgen, und **NC-3** konnte schwimmend Horta erreichen. Nur **NC-4** schloß den Transatlantikflug erfolgreich mit einer Landung in Plymouth am 31. Mai ab, nachdem sie in Horta, Ponta Delgada, Lissabon und Ferrol del Caudillo zwischengelandet war. Die Gesamtentfernung vom Start in Rockaway, New York, am 8. Mai betrug 6317 km, zurückgelegt in einer Flugzeit von insgesamt 57 Stunden und 16 Minuten.

**Varianten**

**NC-1:** Antrieb durch drei Liberty-Motoren je 268 kW (364 PS) auf Druckpropeller; Erstflug am 4. Oktober 1918 mit Commander Richardson als Luftfahrzeugführer; brachte im November 1918 eine Rekordlast von 51 Passagieren plus Besatzung in die Luft; Berechnungen ergaben, daß sie für einen Transatlantikflug nicht genügend Treibstoff heben konnte; folglich wurde die Maschine zur Aufnahme eines zusätzlichen Liberty-Motors modifiziert, indem man das zentrale Triebwerk höher legte und den vierten Gondelmotor mit Druckschraube nach hinten gestaffelt einbaute

**NC-2:** erschien im Februar 1919; dreimotorig mit Druckpropeller am mittleren Triebwerk; Piloten saßen im erweiterten Nasenteil der mittleren Motorgondel (mit Druckschraube); erste Modifikation betraf den Antrieb: vier Motoren als Tandempaare in den Seitengondeln; nach der Verlegung der Pilotenkanzeln in den Bootsrumpf benannte man das Muster in Type NC-T um; kurz darauf wurde NC-2 in einem Sturm zerstört, und die geborgenen Teile dienten für die anderen Flugboote

**NC-3:** hatte ihr Debüt im April 1919; von Anfang an viermotorige Auslegung wie bei NC-1; wurde als NC-TA bekannt; Flaggschiff des Leiters der Seaplane Division One, die mit Captain John H. Towers an der Spitze für den Transatlantikflug verantwortlich zeichnete

**NC-4:** erschien im April 1919; geänderte Auslegung wie bei NC-1 (NC-TA); der Bootsrumpf wurde nach dem erfolgreichen Transatlantikflug ausgestellt; 1969 wurde das gesamte Flugboot restauriert und anläßlich des 50. Jahrestages dieses Flugs in Washington D.C. ausgestellt; befindet sich heute im US Naval Aviation Museum in Pensacola, Florida

**TECHNISCHE DATEN**
**Curtiss NC-4**

**Typ:** Langstreckenflugboot
**Triebwerke:** vier Liberty-Reihenmotoren 12A mit je 298 kW (405 PS)
**Leistung:** Höchstgeschwindigkeit 137 km/h; Dienstgipfelhöhe 760 m; Flugdauer 14 Stunden 45 Minuten bei Reisegeschwindigkeit
**Gewicht:** Leermasse 7257 kg; max. Startmasse 12.701 kg
**Abmessungen:** Spannweite 38,40 m; Länge 20,80 m; Höhe 7,44 m; Tragflügelfläche 226,77 m²

***Hier sieht man eine Curtiss NC-4 nach dem denkwürdigen Flug über den Atlantik am 27. Mai in den Hafen von Lissabon einschwimmen. Das Flugboot war am 16. Mai in Trepassey Bay, Neufundland, gestartet.***

## Curtiss JN-4

Der zweisitzige Doppeldecker **Curtiss JN-4**, der bald den Spitznamen **„Jenny"** erhielt, war in den Jahren zwischen den Kriegen weit verbreitet und eines der bedeutendsten amerikanischen Luftfahrzeuge dieser Zeit. Ab April 1917, als die USA in den Ersten Weltkrieg eintraten, wurde das Muster in riesigen Stückzahlen gebaut. Rund 95% aller amerikanischen und kanadischen Piloten lernten das Fliegen in der **JN-4**. Von 1919 bis Ende der zwanziger Jahre frischte **Jenny** ihren Ruf auf, als die Maschine zu Tausenden Schauflug-Tourneen durch die USA veranstaltete und die Zuschauer mit waghalsigen Vorführungen begeisterte.

Die Entwicklung der **JN-4** aus der JN-2 führte über die JN-3, die ein ungleich gespanntes Tragwerk besaß, nur am Oberflügel Querruder hatte und ein Handsteuerrad einführte. Die Form des neu entworfenen Seitenleitwerks und Ruders sollte der **JN-4** weitgehend auf Dauer anhaften. Großbritannien erwarb 91 JN-3 und das amerikanische Heer zwei Exemplare. In der Folgezeit wurden mehrere JN-2 dem neuen Standard angepaßt, indem man das Trag- und Leitwerk der JN-3 und den 75 kW (102 PS) starken Curtiss-Motor OXX einbaute. Insgesamt entstanden nicht mehr als 100 Flugzeuge, darunter ein Dutzend im neu errichteten Toronto-Werk.

In ihrer Originalform hatte die **JN-4** große Ähnlichkeit mit der JN-3, hauptsächlich durch das zweistielige Doppeltragwerk ungleicher Spannweite und das Achsfahrgestell. Sie erschien im Juli 1916, als 105 Exemplare an Großbritannien und 21 an die US Army verkauft wurden. Auch Privatleute erwarben dieses Muster, und die Curtiss-Flugschulen setzten es ebenfalls ein. Britische Erfahrungen mit der JN-3 und **JN-4** veranlaßten Curtiss zur Entwicklung der **JN-4A** (1935 in **Modell 1** umbezeichnet), die eine Reihe von Verbesserungen (größeres Höhenleitwerk und Motorhubtrieb) brachte. Von insgesamt 781 **JN-4A** wurden 87 im kanadischen Curtiss-Werk fertiggestellt. Die US Army und Navy beschafften 601 bzw. fünf Exemplare, und der Rest erreichte Großbritannien im Export. Die **JN-4B (Modell 1A)** kam knapp vor der **JN-4A** Ende 1916 heraus. Der Entwurf hatte sich in Einzelheiten geändert. So führte er die erweiterten Höhenflossen ein und nutzte den OX-2-Motor. Der Typ fand etliche Privateigner und Flugschulen als Kunden, abgesehen von der US Army mit 76 und der US Navy mit neun Maschinen.

Auf zwei Versuchsflugzeuge **JN-4C** folgten die äußerst erfolgreiche **JN-4 Can** und die **JN-4D (Modell 1C)**. Erstere, von der kanadischen Curtiss-Partnerfirma Canadian Aeroplanes Limited entwickelt, sollte rasch als die **Canuck** bekannt werden. Die Produktion belief sich auf 1260 Flugzeuge, von denen 680 an die US Army gingen, und der überwiegende Teil des Rests wurde zum kanadischen Standardtrainer für Anfänger. Bei der Royal Canadian Air Force diente die **JN-4 Can** bis 1924, während Privateigner dieses Muster bis weit in die dreißiger Jahre flogen. John Ericson, Chefkonstrukteur bei Canadian Aeroplanes Ltd., ließ 1927 127 Flugzeuge montieren, zumeist aus eingelagerten Teilen. Einige dieser Maschinen hatten ein drittes Cockpit, das ihnen den Namen **Ericson Special Three** eintrug.

Die **JN-4D** vom Juni 1917 wurde in Großserien aufgelegt und zwischen November 1917 und Januar 1919 in 2812 Exemplaren gebaut. Angesichts des dringenden Bedarfs an effizienten Schulflugzeugen im Krieg spannte man sechs weitere amerikanische Hersteller in die Produktion ein. Außer etlichen Neuerungen verband die **JN-4D** positive Elemente der **JN-4 Can** (Steuerknüppel anstelle der Deperdussin-Anlage) und der **JN-4A** (Linienführung und Motorhubtrieb). Das Ende des Ersten Weltkriegs führte zur Streichung eines Auftrags für 1100 Exemplare der Version **JN-4D-2**, die etliche von der US Army geforderte Änderungen aufwies. Nur der Prototyp wurde dem Militär übergeben, doch mehrere Exemplare gingen 1919 an Privatleute. Im Rahmen eines Angebots für einen im Krieg benötigten Fortgeschrittenentrainer rüstete man die **JN-4D** mit einem stärkeren Hispano-Suiza-Motor mit 112 kW (152 PS) von Wright aus. Die so entstandene Version **JN-4H (Modell 1E)** blieb von Ende 1917 bis zum Waffenstillstand im November 1918 in der Serienfertigung, und 929 Exemplare beschaffte die US Army. Die **JN-4H** wurde aber auch mit Doppelsteuer **(JN-4HT)**, als Bombentrainer **(JN-4HB)** und als Schulflugzeug für MG-Schießen **(JN-4HG)** gefertigt.

Das nach Angaben der US Army konstruierte Einzelexemplar **JN-5H** zur weiterführenden Flugzeugführerausbildung unterlag der Vought VE-7 und wurde zur **JN-6H (Modell 1F)** mit stärker strukturierten Querrudern fortentwickelt. Die US Army beschaffte 1035 **JN-6H** und gab später fünf Exemplare an die US Navy weiter. Die an die US Army gelieferten Flugzeuge waren für unterschiedliche Ausbildungszwecke wie folgt ausgeführt: **JN-6HB** als Bombentrainer mit Einzelsteuer, **JN-6HG-1** als Schulflugzeug mit Doppelsteuer, **JN-6HG-2** als MG-Trainer mit Einzelsteuer, **JN-6HO** mit Einzelsteuer zur Beobachterschulung und **JN-6HP** mit Einzelsteuer zur Jagdfliegerschulung.

Sparmaßnahmen nach dem Kriege zwangen die US Army, die „Jenny" zu modernisieren statt neue Muster zu beschaffen. Diese Aufgabe wurde den US Army Service Depots übertragen, die bis 1926 viele Flugzeuge der frühen Versionen aufwerteten. Die „runderneuerten" Maschinen wurden alle mit Hispano-Suiza-Motoren à 134 kW (182 PS), die Wright produziert hatte, ausgerüstet und in **JNS** (für **JN** Standardized) umbenannt. Auf diese Weise entstanden zwischen 200 und 300 **JNS**-Trainer. Bis 1919 nutzte die US Army **JN-4A, JN-4D** und **JN-4 Can** zur Grundausbildung ihrer Fluganwärter. Die stärker motorisierten **JN-4H** und **JN-6H** schieden erst Mitte der zwanziger Jahre zugunsten neuerer Typen aus. 1927 trennte sich die US Army endgültig von der Jenny.

Ab 1919 gelangten die **Jenny** zunehmend an Privatbesitzer, von denen sich viele ihren Lebensunterhalt als Stunt-Piloten verdienten. Durch keinerlei Betriebsvorschriften eingeengt (die erste Flugbeschränkung erging 1927), wurden die **Jenny** einer ganzen Generation amerikanischer Bürger wohl vertraut. Wie bei einem Wanderzirkus fanden von Feldern vor den Toren zahlloser Ortschaften in den USA aus Vorführungen statt, die die Zuschauer mit artistischen Übungen und riskanten Kunstflugmanövern in geringer Höhe unterhielten und zu Rund- und Vergnügungsflügen aufforderten. Dabei soll nicht verschwiegen werden, daß manch eines dieser Flugzeuge schlecht gewartet war und es zahlreiche Verletzte gab. Dennoch prägte die **Jenny**-Ära in hohem Maße die positive Einstellung der Amerikaner zur Luftfahrt. Das Muster trat auch in zahlreichen Filmen der zwanziger und dreißiger Jahre auf. Viele Maschinen sind in Museen erhalten, und mehrere Exemplare in amerikanischem Privatbesitz blieben bis heute flugtüchtig.

***Eine Curtiss JN-4 Can Canuck (von Canadian Aeroplanes Ltd. gebaut) der School of Aerial Fighting (Luftkampfschule) im Jahre 1918***

**TECHNISCHE DATEN**
**Curtiss JN-4D**

**Typ:** zweisitziges Schulflugzeug für Anfänger
**Triebwerk:** ein Curtiss-Reihenmotor OX-5 mit 67 kW (91 PS)
**Leistung:** Höchstgeschwindigkeit 121 km/h; Reisegeschwindigkeit 97 km/h; Dienstgipfelhöhe 1980 m
**Gewicht:** Leermasse 630 kg; max. Startmasse 871 kg
**Abmessungen:** Spannweite 13,30 m; Länge 8,33 m; Höhe 3,01 m; Tragflügelfläche 32,70 m²

***Die aus der JN-4-Serie hervorgegangene Curtiss Twin JN war für den Beobachterdienst gedacht. Dies ist das erste Serienexemplar, US-Heeresnummer 102.***

***Die Maschine mit der Seriennummer 2900 war eines der 1400 Schulflugzeuge JN-4D, die Curtiss auf der Grundlage eines Vertrags im Wert von 4.417.337 US-Dollar für das amerikanische Heer fertigte.***

**Variante**

**Twin JN:** im April 1916 erschienen, nachträglich in Modell 1B umbezeichnet und vorübergehend als JN-5 geführt; es handelte sich um eine vergrößerte zweimotorige Version der JN-4, die für den Beobachtungsdienst vorgesehen war; das Standardtragwerk kam zum Einsatz, wenngleich die Spannweite durch ein größeres Mittelstück um 2,79 m erhöht wurde; den Antrieb besorgten zwei OXX-2-Motoren mit je 67 kW (91 PS), die zwischen Ober- und Unterflügel montiert waren; die Spitzengeschwindigkeit betrug 129 km/h; das Seitenleitwerk war von dem der R-4 abgeleitet; insgesamt acht Flugzeuge

# Curtiss Modell 2 (R-2)

Zu Beginn des Jahres 1915 erschien der Prototyp der **Curtiss Modell R**, die 1935 in **Modell 2** umbezeichnet wurde. Dies war eine größere Ausgabe der Modell N mit gleich weit gespannten und horizontal gestaffelten Ober- und Unterflügeln. Die Versuchsmaschine flog als Land- und Schwimmerflugzeug, und die Besatzung dieses militärischen Aufklärungsdoppeldeckers – ein Pilot und ein Beobachter – saß in einem länglichen Cockpit. Anders als bei der Modell N waren die Querruder zwischen den Tragflächenebenen angeordnet, und die Seitenflosse des R-Modells fehlte. Bei der **R-2** wurden ein Tragwerk ungleicher Spannweite, Querruder am Oberflügel und eine starre Seitenflosse mit Ruder und Hornausgleich eingeführt. Zudem hatte man getrennte Cockpits für die Besatzungsmitglieder mit recht großem Abstand zueinander eingerichtet. Der Curtiss-Motor V-X des Prototyps blieb erhalten. Diese **R-2** ging Ende 1915 in Produktion und erreichte mit zwölf Exemplaren für die US Army eine ermutigende Auflage. Das amerikanische Heer machte allerdings wenig Gebrauch von diesen Flugzeugen. Trotz des allgemein schlechten Klarstands flogen sie hier eine Reihe von Aufklärungs- und Verbindungseinsätzen. Das Einzelexemplar **R-2A** hatte gleich weit gespannte Ober- und Unterflügel. Im August 1915 stellte dieser Doppeldecker mit 2740 m, besetzt mit einem Flugzeugführer und drei Passagieren, einen amerikanischen Höhenrekord auf. 1916 erwarb die US Navy zwei Seeflugzeuge **R-3** mit erhöhter Spannweite.

**TECHNISCHE DATEN**
**Curtiss R-2**

**Typ:** Aufklärungsdoppeldecker
**Triebwerk:** ein Curtiss-Reihenmotor V-X mit 119 kW (162 PS)
**Leistung:** Höchstgeschwindigkeit 138 km/h; Flugdauer 6 Stunden, 42 Minuten
**Gewicht:** Rüstmasse 826 kg; max. Startmasse 1403 kg
**Abmessungen:** Spannweite 14,00 m; Länge 11,70 m; Tragflügelfläche 46,90 m²

**Varianten**

**R-7:** Langflügelversion der R-3, mit dem gleichen Motortyp wie bei der späteren R4; das einzige Exemplar kaufte die New York Times für einen Rekordflugversuch von Chicago nach New York im November 1916, der wegen undichter Kraftstofftanks scheiterte; die Maschine stellte dabei aber einen amerikanischen Streckenrekord von 727 km auf

**Twin R:** versuchsweise aus der R-2 entwickelte zweimotorige Version; Einzelexemplar flog 1916

**Pusher R:** Curtiss-Versuch einer Wiederbelebung des überholten Druckpropellerkonzepts mit zentraler Rumpfgondel für eine zweiköpfige Besatzung und Motor samt Druckschraube, einem neuen Leitwerk und dem Tragwerk des R-Modells (das bald gegen das des R-2-Modells ausgetauscht wurde)

***Die beiden Seeflugzeuge R-3 der US Navy lieferte Curtiss 1916. Es handelte sich um eine Schwimmerversion der R-2 mit erhöhter Spannweite, um das Gewicht der Schwimmer aufzufangen. Der in Blau an das Seitenleitwerk gemalte Anker war das erste Wappen der amerikanischen Marineflieger.***

# Curtiss-Rennflugzeuge

Mit der Konstruktion von Rennflugzeugen befaßte sich Curtiss erstmals Anfang 1920, als der Millionär S. Cox ihn um die Fertigung von zwei Maschinen zur Teilnahme am Rennen um die Gordon Bennett-Trophäe bat, das im September jenes Jahres in Frankreich stattfinden sollte. Diese **Curtiss Modell 22, Cox Racer, Texas Wildcat** und **Cactus Kitten** getauft, waren ursprünglich abgestrebte Hochdecker mit einem Curtiss-Reihenmotor C-12 zu 318 kW (432 PS) als Antrieb. Nur die **Texas Wildcat** konnte vor der Reise nach Frankreich getestet werden, wo sich bei Erprobungsflügen vor Ort herausstellte, daß die Maschine mit ihren dünnen Rennflächen instabil war. Ein im Eiltempo installiertes neues Doppeldeckertragwerk sicherte zwar die Teilnahme am Rennen, aber die Maschine ging bei einer Bruchlandung verloren. Die **Cactus Kitten** kehrte ohne Rennflugpraxis nach Amerika zurück und wurde zum Dreidecker mit kurzer Spannweite umkonstruiert. In dieser Konfiguration belegte sie den zweiten Platz beim Rennen um den Pulitzer-Preis von 1921.

Sieger wurde ein anderes Curtiss-Rennflugzeug, einer der für die US Navy gebauten Doppeldecker der **Modell 23**, die die Dienstbezeichnungen **CR-1** und **CR-2** (vorübergehend **L-17-1** und **L-17-2**) trugen. Die US Navy hatte ihre Teilnehmermeldung zurückgezogen, und Curtiss lieh sich eine **CR-2** aus, die der Werkstestpilot Bert Acosta zum Sieg führte. Beide, **CR-1** und **CR-2**, waren Doppeldecker mit Schleifsporn-Fahrgestell und Curtiss-Reihenmotor CD-12 als Antrieb und unterschieden sich nur in geringfügigen Details. Zur Teilnahme am Wettbewerb um die Schneider-Trophäe im Jahre 1923 baute man sie zu Seeflugzeugen (**Modell 23A**, vorübergehende Bezeichnung **L-17-3**) um. Vom geänderten Fahrgestell abgesehen, wurde dieses Duo vom Curtiss D-12-Kolbenmotor mit 347 kW (472 PS) in Verbindung mit einem Curtiss-Reed-Metallpropeller angetrieben. Diese gelungene Kombination brachte den beiden **CR-3** den ersten und zweiten Platz beim Schneider-Rennen ein.

***Curtiss R-6, mit der Lieutenant Lester J. Maitland des US Army Air Corps beim Pulitzer-Rennen von 1922 den zweiten Platz belegte.***

***Für das Pulitzer-Rennen 1925 wurden drei R3C-1 gebaut. Diese Maschine des Army Air Corps gewann den Wettbewerb mit Cyris Bettis als Pilot.***

***Beide CR-Landflugzeuge baute man für das Rennen um die Schneider-Trophäe 1923 zu CR-3-Schwimmflugzeugen um. Diese Maschine wurde Zweite.***

***Für den Schneider-Wettbewerb 1925 wurden die drei R3C-1 auf Schwimmer gesetzt und R3C-2 benannt. James Doolittle vom USAAC ging als Sieger hervor.***

## TECHNISCHE DATEN

### Curtiss R3C-2

**Typ:** einsitziges Schwimmerrennflugzeug
**Triebwerk:** ein Reihenmotor Curtiss V-1400 mit 421 kW (573 PS)
**Leistung:** Höchstgeschwindigkeit 394 km/h; Reichweite unter Triebwerksvollast 467 km
**Gewicht:** Leermasse 968 kg; max. Startmasse 1242 kg
**Abmessungen:** Spannweite und Länge 6,71 m; Höhe 3,15 m; Tragflügelfläche 13,38 m²

Auch die US Army entschied sich für Rennflugzeuge. Curtiss baute daher für das Heer zwei **R-6**, die sich von der CR-Rennversion der Marine ableiteten. Sie waren erheblich strömungsgünstiger gestaltet. Mit diesen Maschinen gewann das Heer Platz Eins und Zwei im Pulitzer-Rennen von 1922 und verbesserte zweimal den Weltgeschwindigkeitsrekord, zuletzt auf 380,74 km/h. Für das Rennen von 1923 tat die US Navy ihr Bestes, um die Schlappe von 1922 auszumerzen, und bestellte bei Curtiss zwei Exemplare der neuen **Modell 32** als **R2C-1**. Es handelte sich um vollentwickelte Vertreter der **CR/R-6**-Flugzeugfamilie, angetrieben vom stärkeren (378 kW/514 PS) Curtiss-Motor D-12A. Sie erwiesen sich als so gut, daß sie im Pulitzer-Rennen 1923 die Plätze Eins und Zwei für die US Navy zurückgewannen. Einer dieser Maschinen erhöhte den Weltgeschwindigkeitsrekord auf 429,02 km/h. Die US Army erwarb das Rekordflugzeug und wies ihm die Bezeichnung **R-8** zu. Das andere Exemplar ließ die US Navy auf Schwimmerfahrgestell umrüsten. Diese **R2C-2 (Modell 32A)** diente zur Vorbereitung für den Schneider-Wettbewerb

***Lester Maitland vor seiner Curtiss R-6, mit der er beim Wettbewerb um den Pulitzer-Preis von 1922 Zweiter wurde.***

***Mit dem gekappten Tragwerk des 18-T-Dreideckers wurde die Curtiss Cactus Kitten beim Pulitzer-Rennen 1921 Zweite.***

***Die CR-2 gewann 1921 den Pulitzer-Preis. Der Hersteller hatte sich die Maschine von der US Navy ausgeliehen.***

***1923 für einen US-Dollar erworben, wurde die R2C-1 der US Navy zur R-8 der US Army. Sie stürzte im September 1924 ab.***

des Jahres 1925 und ging 1926 bei einem Flugunfall verloren.

Die Zusammenarbeit von Heer und Marine im Jahre 1925 ergab einen (letzten) Auftrag für drei neue Curtiss-Rennflugzeuge. Alle drei Vertreter der **Modell 42, R3C-1** bezeichnet, waren ähnlich wie die **R2C-1** ausgelegt; doch die Tragflächen hatten ein anderes Profil, und Curtiss-1400-Motoren sorgten für einen stärkeren Antrieb. Zwei Maschinen wurden für das Pulitzer-Rennen von 1925 gemeldet, und das Heer belegte den ersten, die Marine den zweiten Platz. Für den Schneider-Wettbewerb 1925 auf Schwimmer umgestellt, erhielt das Trio die Bezeichnung **R3C-2 (Modell 42A)**. Die Navy widerrief jedoch ihre Teilnahme, und Heeresleutnant James H. Doolittle in der **R3C-2** mit der Kennung A6979 gewann das Rennen. Nach zwei Siegen in Folge mußten die USA nur noch 1926 gewinnen, um die Schneider-Trophäe auf Dauer innezuhalten. Haushaltsmittel für neue Flugzeuge waren aber kaum vorhanden. Die Naval Aircraft Factory motorisierte daher eine **R3C-2** auf den neuen Packard-Reihenmotor 2A-1500 um, der 522 kW (710 PS) abgab. Diese **R3C-3** wies eine Spitzengeschwindigkeit von 410 km/h auf und gab Anlaß zu Hoffnungen, denn das Schneider-Rennen von 1925 war mit einer Durchschnittsgeschwindigkeit von 374,28 km/h gewonnen worden. Leider verunglückte diese **R3C-3** bei den Erprobungsflügen. Curtiss arbeitete eine andere **R3C-2** um, der nach Fertigstellung, einschließlich Einbau des neuen Curtiss V-1550-Triebwerks mit 528 kW (718 PS), die Bezeichnung **R3C-4** zugeteilt wurde. Diese Maschine hatte wenig Glück. Sie nahm zwar am Rennen teil, mußte aber wegen Treibstoffmangels, ausscheiden. Leutenant Christian Schilt vom US Marine Corps, der die dritte **R3C-2** als Reservemaschine flog, belegte den zweiten Platz bei einer Geschwindigkeit von 372,34 km/h im Schnitt.

# Curtiss Modell 33/34 (PW-8)

In Eigeninitiative begann Curtiss 1922 mit der Konstruktion eines neuen Jägers (**Curtiss L-18-1,** später in **Modell 33** umbenannt), dessen Entwurf den Curtiss-Rennflugzeugen viel zu verdanken hatte. Aus dieser Erfahrung schöpfend, baute Curtiss Ende 1922 den ersten Prototyp **PW-8**, der im Januar 1923 zum Jungfernflug abhob. Der Versuchsjäger **XPW-8** war ein zweistieliger, betont horizontal gestaffelter Doppeldecker mit einem schlanken, wohlgeformten Rumpf und Spornrad-Fahrgestell. Er nutzte den für die Doppeldecker-Rennflugzeuge entwickelten Oberflügelkühler und den 328 kW (446 PS) starken D-12-Motor.

Den ersten Prototyp (im März 1924 offiziell in **XPW-8** umbezeichnet) erwarb die US Army im April 1923. Es folgten zwei weitere Versuchsjäger mit verbesserter Aerodynamik und modifiziertem Fahrwerk. Das gesteigerte Leistungsvermögen ergab am 25. September 1923 einen Auftrag für 24 **PW-8**. Die Auslieferung an eine Jagdstaffel der US Army ab Juni 1924 zog sich über eine Periode von zwölf Monaten hin. Am 23. Juni 1924 überquerte einer der ersten **PW-8**-Serienjäger, geführt von Leutnant Russell L. Maughan, erstmals die USA mit einem Flug von Sonnenaufgang bis Sonnenuntergang. Den dritten Prototyp stattete Curtiss mit einem neu entworfenen Tragwerk aus, das nur noch einen Stiel aufwies. Diese **XPW-8A** (Firmenbezeichnung **Modell 34**) wurde mit einem neuen Kühler getestet, der in das Mittelstück des Oberflügels eingearbeitet war. Diese Neuerung wich jedoch rasch einem Tunnelkühler unter der Flugzeugnase. Die **XPW-8A** wurde im September 1924 an die Truppe übergeben und belegte beim Rennen um den Pulitzer-Preis von 1924 den dritten Platz. Später erhielt diese Maschine trapezförmige Flächen und die Bezeichnung **XPW-8B**. Sie bildete den Ausgangspunkt für die neue Curtiss-Jägerserie P-1. Die erste Versuchsmaschine wurde vorübergehend zum Zweisitzer **CO-X** umgebaut. Mit diesem Exemplar wollten die Techniker des Heeres im Jahre 1923 die Liberty Engine Builders Trophy für zweisitzige Militärflugzeuge gewinnen, doch die Teilnahme der Maschine scheiterte an allgemeinen Protesten.

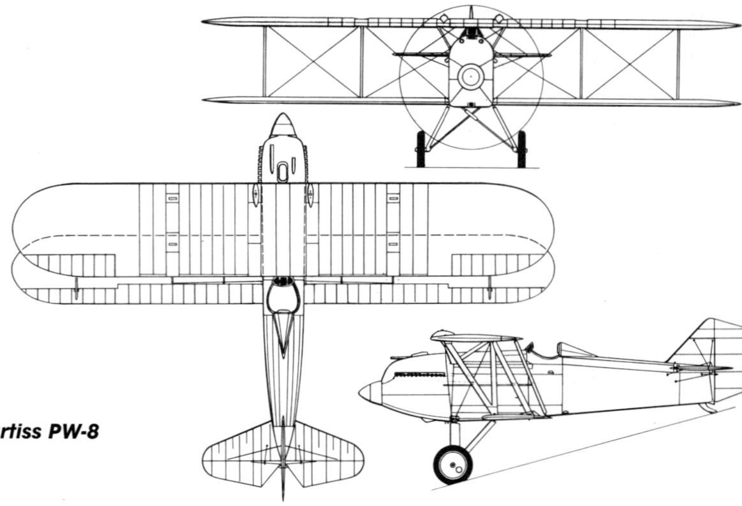

***Curtiss PW-8***

**TECHNISCHE DATEN**
**Curtiss PW-8**

**Typ:** einsitziger Doppeldeckerjäger
**Triebwerk:** ein Curtiss-Reihenmotor D-12 mit 328 kW (446 PS)
**Leistung:** Höchstgeschwindigkeit 275 km/h in Meereshöhe; Anfangssteigleistung 9,3 m/sek; Dienstgipfelhöhe 6205 m; Reichweite 875 km
**Gewicht:** Leermasse 991 kg; max. Startmasse 1431 kg
**Abmessungen:** Spannweite 9,75 m; Länge 7,03 m; Höhe 2,76 m; Tragflügelfläche 25,94 m²
**Bewaffnung:** zwei starre, synchronisierte Maschinengewehre, Kaliber 7,62 mm, auf dem Vorderrumpf

# Curtiss Modell 34 (F6C Hawk)

1925 bestellte die US Navy neun Jäger der **Curtiss Modell 34C** als **F6C-1 Hawk**. Diese Maschinen waren praktisch mit der P-1-Serie des Heeres identisch und für den Einsatz durch das US Marine Corps von Küstenflugplätzen aus vorgesehen. Tatsächlich wurden aber nur fünf Exemplare als **F6C-1** geliefert und die anderen vier als **F6C-2 (Modell 34D)** fertiggestellt. Letztere hatten eine verstärkte Zelle und zusätzlich Fanghaken für den trägergestützten Betrieb.

Im Jahre 1927 erhielt die US Navy 35 **F6C-3 (Modell 34E)**, eine modifizierte Version der **F6C-2**. Es folgten 31 **F6C-4 (Modell 34H)**, nachdem die erste **F6C-1** auf den 313 kW (426 PS) starken Wasp-Sternmotor von Pratt & Whitney umgestellt und zum Prototyp **XF6C-4** ernannt worden war. Allen bisherigen **F6C**-Jägern der Marine hatte der Curtiss D-12-Reihenmotor als Antrieb gedient.

Die **F6C-1** bildete einen Teil der Ausrüstung bei Marine Squadron VF-9M, während Squadron VF-2 an Bord der USS Langley die **F6C-2** flog. Ab 1928 setzte Squadron VF-5S (wegen der geplanten Verwendung der **Hawk** als Jagdbomber im Juli jenes Jahres in VB-1B umbenannt) die **F6C-3** vom Träger USS Lexington aus ein. Eine kurze Zeit lang betrieb Squadron VB-1B ihre **F6C-3** auch mit Zwillingsschwimmern. Andere **F6C-3** dienten bei der küstengestützten Marine Squadron VF-8M.

Die US Navy befand die Wartung wassergekühlter Triebwerke an Bord von Flugzeugträgern für problematisch, so daß die **F6C-4** die VF-2B an Bord der USS Langley bis 1930 ausrüstete.

**TECHNISCHE DATEN**
**Curtiss F6C-4**

**Typ:** trägergestützter Jagdeinsitzer
**Triebwerk:** ein Sternmotor Pratt & Whitney R-1340 Wasp mit 306 kW (416 PS)
**Leistung:** Höchstgeschwindigkeit 249 km/h in Meereshöhe; Steigzeit auf 1525 m 2 Minuten, 30 Sekunden; Dienstgipfelhöhe 6980 m; Reichweite 547 km
**Gewicht:** Rüstmasse 898 kg; max. Startmasse 1438 kg
**Abmessungen:** Spannweite 11,43 m; Länge 6,86 m; Höhe 3,33 m; Tragflügelfläche 23,41 m²
**Bewaffnung:** zwei starre, synchronisierte Maschinengewehre, Kaliber 7,62 mm, und leichte Bomben an Gehängen unter den Tragflächen

**Varianten**

**XF6C-5:** die auf den Sternmotor Pratt & Whitney R-1690 Hornet mit 391 kW (533 PS) ummotorisierte XF6C-4 (ursprünglich der erste Serienjäger F6C-1)
**F6C-6:** ein zum Rennflugzeug umfunktionierter Serienjäger F6C-3; der Kühler war in den Rumpf verlegt, der Hinterrumpf strö-

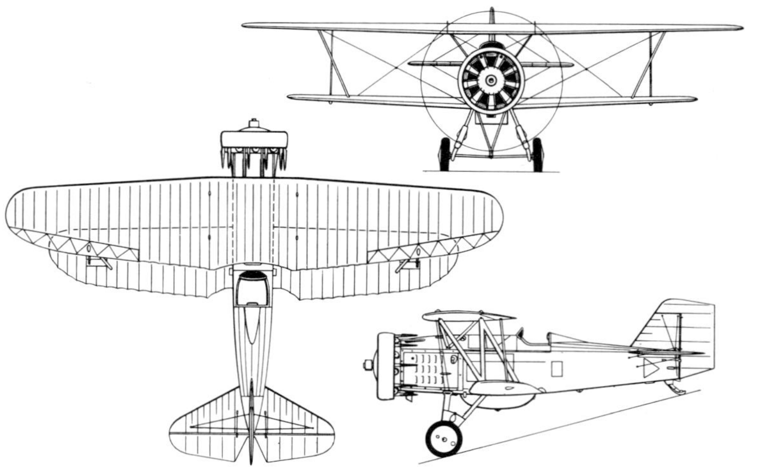

***Curtiss F6C-4***

***Eine F6C-3 der Utility Squadron VJ-4 im Jahre 1932. Das ursprüngliche Dreibeinstativ des Fahrwerks wich einer Spreizstangenlösung, wie sie die F6C-4 eingeführt hatte.***

mungsgünstiger geformt und das Fahrwerk widerstandsärmer gestaltet
**XF6C-6:** Die F6C-3, die 1930 die Curtiss Marine Trophy gewonnen hatte, wurde zum Schirmeindecker mit flächenmontierten Kühlern umgebaut; das Tragwerk stützte sich beidseitig mit einer Einzelstrebe gegen den Rumpf ab, und das Fahrwerk hatte nur noch zwei Hauptbeine mit großen Radverkleidungen; beim Rennen um die Thompson Trophy 1930 flog die XF-6C-6 zwar die schnellste Runde, doch die Maschine kam zu Schaden, weil der Flugzeugführer durch die Motorabgase ohnmächtig geworden war
**XF6C-7:** Bezeichnung einer F6C-6, die 1932 zeitweilig als Testträger für den Ranger-Versuchsmotor mit 261 kW (355 PS) diente

# Curtiss Modell 34/35 (P-1 und P-6 Hawk)

Die erfolgreiche Erprobung des Versuchsjägers XPW-8B mit trapezförmig geschnittenen Flächen und etlichen weiteren Neuerungen ergab einen Auftrag für 15 Serienflugzeuge. Dem aktualisierten Bezeichnungssystem der US Army entsprechend hieß das neue Muster **P-1**. Zehn dieser Jagdeinsitzer **(Curtiss Modell 34A)** wurden der 27. und 94. Pursuit Squadron (Jagdstaffel) zugeführt. Eine dritte Einheit, die 17. Pursuit Squadron, erhielt 25 **Hawk P-1A (Modell 34G)**, die das neue Trag- und Leitwerk der **P-1** übernommen hatten, aber vom Entwurf her einige Verbesserungen brachten. Eine später angebotene Exportversion wurden von Chile (8) und Japan (1) erworben.

Ende 1926 beschaffte die US Army 25 Exemplare der verbesserten Version **P-1B (Modell 34I)**, die vom Curtiss V-1150-3 mit 324 kW (441 PS) statt des Standardmotors Curtiss D-12 angetrieben wurde. Die **P-1B** hatte größere Hauptfahrwerksräder und einen rundlicher geformten Kühler. Chile übernahm wiederum acht Exemplare. Die **P-1C (Modell 34O)** wartete mit Radbremsen und geänderter Ausrüstung auf, was ein höheres Gesamtgewicht nach sich zog. Die Lieferung von 33 **P-1C** an die US Army endete im April 1929.

Die erste **Hawk** mit der Bezeichnung **P-6** war eine modifizierte **P-1**. Die von einem Curtiss V-1570 Conqueror angetriebene **X-6 (Modell 34P)** wurde bei den US National Air Races von 1927 Zweite. Eine zweite Umrüstmaschine, die an diesem Wettbewerb teilnahm, war die **X-6A (Modell 34K)**. Für ihren Antrieb sorgte ebenfalls ein Conqueror, aber ähnlich wie bei der **PW-8** nahm die Flügeltiefe nach außen nicht ab, und flächenmontierte Kühler minderten den Luftwiderstand. Mit der damals bemerkenswerten Geschwindigkeit von 323 km/h belegte die **XP-6A** den ersten Platz.

Die Leistung der **XP-6** reichte der US Army aus, um eine Erprobungsserie von 18 **P-6** in Auftrag zu geben. Der Hauptunterschied zwischen beiden Ausführungen bestand in den verfeinerten Rumpfkonturen und in der rundlicheren Flugzeugnase der **P-6**. Neun Exemplaren dieser Vorserie, ausgerüstet mit prestonegekühlten V-1570-Motoren, fiel die Bezeichnung **P-6A** zu. Die **XP-6B**, die mit einem Flug vom Osten der USA nach Alaska Aufsehen erregte, war eine auf den V-1570 ummotorisierte **P-1C**. Eine **P-6A** wurde zur einzigen **XP-6D**, nachdem man sie auf Conqueror mit Turbolader umgestellt hatte. Im Frühjahr 1932 stellte man alle **P-6A** (bis auf eine) und alle **P-6** auf den V-1570-C um und gab ihnen die Bezeichnung **P-6D**.

Die im Juli 1931 als Y1P-22 bestellten 46 Jäger wurden im Winter 1931/32 als **P-6E** ausgeliefert. Das Spitzenmodell der **Hawk**-Jägerfamilie, die elegante und überaus wendige **P-6E (Modell 35)** rüstete die 17. und 33. Pursuit Squadron aus. Von der **P-6D** hob sie sich in erster Linie durch einen schlankeren Vorderrumpf mit direkt vor dem Fahrwerk montiertem Kühler ab. Letzteres bestand aus einstrebigen Hauptbeinen, deren Räder mit großen „Maukepantoffeln" verkleidet waren. Eine **P-6E** mit nicht aufgeladenem V-1570F-Motor erhielt die neue Bezeichnung **XP-6G**, und eine Standard-**P-6E** wurde als **XP-6H** mit vier flächenmontierten 7,62-mm-Maschinengewehren getestet.

**Varianten**

**XAT-4:** eine 1926 versuchsweise zum Schulflugzeug für Fortgeschrittene (Modell 34J) umgerüstete P-1A; dazu Einbau eines Wright-Hispano E mit nur 134 kW (182 PS)
**AT-4:** 1927 wurden 35 seriengefertigte XAT-4 geliefert, aber bald darauf dem Standard P-1D mit D-12-Triebwerk angeglichen
**AT-5:** fünf Ausbildungsflugzeuge für Fortgeschrittene (Modell 34K), mit dem Wright J-5 Whirlwind à 164 kW (223 PS); die ursprünglich als AT-4 bestellten Maschinen wurden später zu P-1E mit Curtiss D-12-Triebwerk umgerüstet
**AT-5A:** ähnlich wie die AT-5, jedoch mit längerem Rumpf; die 31 gelieferten AT-5A (Modell 34M) wurden nach der Umstellung auf den Curtiss D-12-Motor in P-1F umbenannt
**P-2:** Fünf Exemplare der ersten Baureihe P-1 wurden unter der Bezeichnung P-2 (Modell 34B) mit dem vom D-12 abgeleiteten Curtiss-Motor V-1400 fertiggestellt; drei Maschinen erhielten nachträglich den Standard P-1A, und eine wurde der XP-6-Prototyp
**P-3A:** Bezeichnung von fünf Flugzeugen zur Truppenerprobung (Modell 34N), angetrieben vom luftgekühlten Pratt & Whitney Wasp-Sternmotor; im Zusammenhang mit Versuchen, die NACA-Motorverkleidung zu entwickeln, wurde ein Versuchsträger in XP-3A umbenannt; eine andere XP-3A ging aus einer P-1A mit dem luftgekühlten Sternmotor R-1340-1 Wasp à 306 kW (416 PS) von Pratt & Whitney hervor
**P-5:** fünf Hawk-Höhenjäger (Modell 34L) zur Leistungsprüfung in dieser Kategorie; dazu D-12F-Motor mit seitlich montiertem Lader zur Steigerung der Dienstgipfelhöhe auf 9660 m
**P-11:** Bezeichnung dreier P-6-Zellen, die den unerprobten Curtiss-H-1640-Chieftain-Motor mit 447 kW (608 PS) erhalten sollten; da dieses Triebwerk versagte, wurden zwei P-11 als P-6 mit Conqueror-Antrieb fertiggestellt; das dritte Exemplar wurde zur Vorserienmaschine YP-20 mit Wright-Cyclone-Sternmotor; nach späterer Ummotorisierung auf den Curtiss Conqueror und Ausstattung mit neuem Fahrgestell und Leitwerk war sie die einzige XP-6E, der Prototyp für die Serie P-6E; nochmals modifiziert, einschließlich Ladermotor und geschlossenem Cockpit, verwandelte sich dieses Einzelexemplar in die XP-6F
**XP-17:** Die erste Maschine der Baureihe P-1 diente als Testträger für den luftgekühlten Wright-Versuchsmotor V-1470 mit zweireihig hängenden Zylindern; daraus folgte die Umbezeichnung XP-17
**XP-21:** Umrüstung zweier XP-3A zur Prüfung des 224 kW (305 PS) starken Sternmotors R-985 Wasp Junior von Pratt & Whitney; ein Exemplar wurde die XP-21A mit modifiziertem R-975 Wasp Junior, und das andere paßte man dem Standard P-1F an
**XP-22:** vorübergehende Bezeichnung einer F-6A, mit der neue Kühlsysteme für den V-1570-23-Motor erprobt wurden; anschließend Rückrüstung zur P-6A
**XP-23:** entstand durch Umbau der nicht fertiggestellten letzten P-6E; die XP-23 (Modell 63) hatte einen Metallrumpf in Monocoque-Bauweise, ein verbessertes Heck und den G1V-1570-C Conqueror-Motor mit zuschaltbarem Turbolader; gegenüber der Standard-P-6E verbesserte sich lediglich die Höhenleistung; nach Ausbau des Turboladers in YP-23 umbenannt
**Hawk I:** Etlichen exportierten P-6 wurde zunächst keine Curtiss-Bezeichnung zugeteilt; so kaufte die Regierung von Niederländisch-Ostindien 1930 acht P-6D mit Curtiss-Conqueror-Triebwerk, und acht weitere Exemplare dieser Version wurden in den Niederlanden gefertigt; Kuba und Japan erwarben 1930 drei bzw. einen Hawk-Jäger P-6S mit einem Pratt & Whitney-Wasp-Sternmotor, der 456 PS erzeugte; die einzelne Japan Hawk von 1930 hatte einen Conqueror-Reihenmotor, dürfte aber von der Zelle her mit der P-6S identisch gewesen sein; ab 1932 führte man diese exportierten Hawk-Jäger unter dem Begriff Hawk I

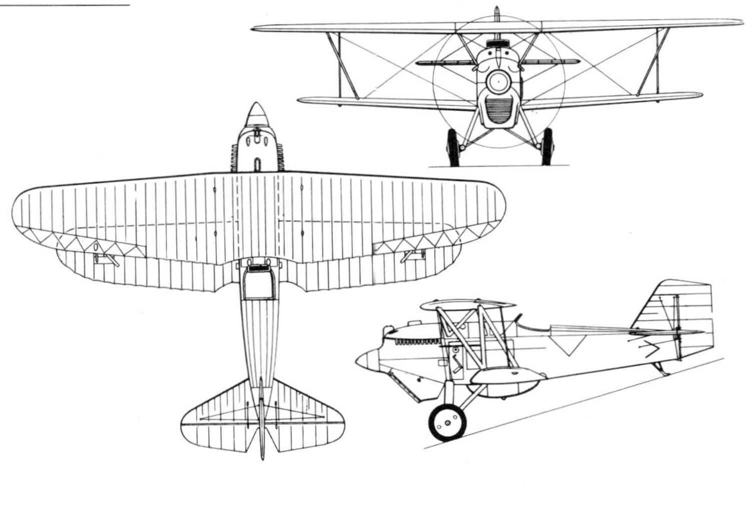

***Curtiss P-1C Hawk. Man beachte den großen Kühler unter dem Kinn und den Bauchtank. 33 solcher Jäger wurden für das USAAC gebaut.***

**TECHNISCHE DATEN**

**Curtiss P-6E**

**Typ:** Doppeldecker-Jagdeinsitzer
**Triebwerk:** ein 12-Zylinder-Reihenmotor Curtiss V-1570-23 Conqueror mit 503,5 kW (685 PS)
**Leistung:** Höchstgeschwindigkeit 319 km/h; Anfangssteigleistung 12,6 m/sec; Dienstgipfelhöhe 7530 m; Reichweite 917 km
**Gewicht:** Rüstmasse 1224 kg; max. Startmasse 1559 kg
**Abmessungen:** Spannweite 9,60 m; Länge 7,06 m; Höhe 2,72 m; Tragflügelfläche 23,41 m²
**Bewaffnung:** zwei synchronisierte 7,62-mm-Maschinengewehre über dem Motor

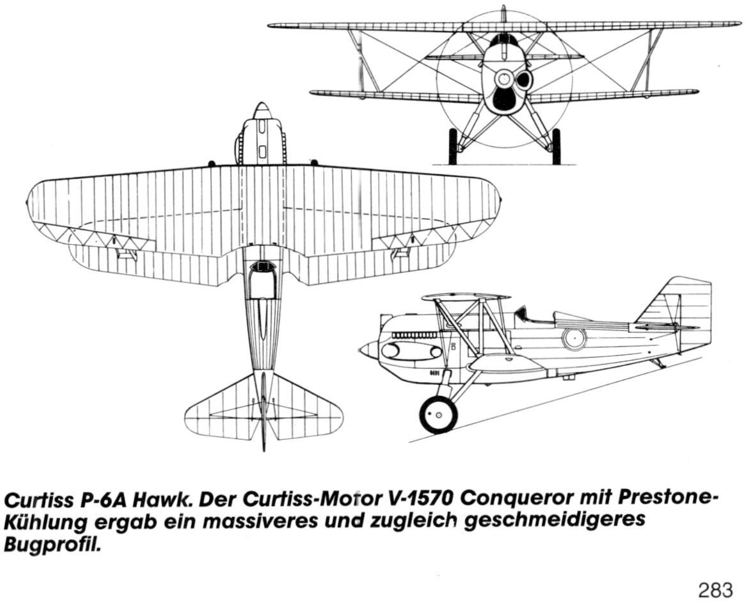

***Curtiss P-6A Hawk. Der Curtiss-Motor V-1570 Conqueror mit Prestone-Kühlung ergab ein massiveres und zugleich geschmeidigeres Bugprofil.***

# Curtiss Modell 35/47 Hawk II, Modell 64/67 (F11C) und Modell 68 Hawk III

*Curtiss Hawk II vom Jägerbataillon des 3. Luftregiments der türkischen Luftwaffe, 1940 in Izmir (Smyrna) stationiert*

*Curtiss BF2C-1 der Bombing Squadron VB-5B, US Navy, 1934/35 an Bord der USS Ranger eingesetzt*

Der Jagdeinsitzer **Curtiss Modell 35 Hawk II** war ein überwiegend aus Holz konstruierter Doppeldecker mit ungleich weit gespannten und horizontal stark gestaffelten Tragflächen. Die aus der P-6E entwickelte **Hawk II** wurde von einem Wright-Cyclone-Sternmotor angetrieben, und die Hauptteile des Spornrad-Fahrwerks bestanden aus Einzelstreben mit halbverkleideten Rädern.

Firmeneigene **Hawk-II**-Vorführflugzeuge bereisten aller Herren Länder und sicherten Curtiss beachtliche Exporterfolge. Die US Navy erwarb ein Exemplar **(Modell 64A)** als **XF11C-2**. Es mußte sich einem Vergleich mit der **Modell 64 (XF11C-1)** stellen, die im September 1932 geliefert wurde und sich hauptsächlich durch den Antrieb in Form eines Wright-Sternmotors R-1510-98 Whirlwind mit 447 kW (608 PS) unterschied. Im Oktober 1932 bestellte die US Navy 28 Serienjäger der Version **F11C-2**. Da diese Maschinen als Jagdbomber gefordert waren, wurden sie mit einer Bauchklammer für eine 227-kg-Bombe ausgerüstet, die sich im Sturzflug ausklinken ließ. Ab 1933 rüsteten sie Squadron VF-1B an Bord der USS Saratoga aus.

Im März 1934 erfuhren sie etliche Änderungen, darunter erhielten sie ein halb geschlossenes Cockpit, und wurden zur Betonung der Jagdbomberrolle in **BFC-2** umbenannt. Bis Anfang 1938 flogen sie bei VF-1B (die spätere VB-2B und VB-3B). Ihr zeitweiliger Name **Goshawk** setzte sich nicht durch.

Die **Curtiss Modell Hawk II** wurde in ansehnlicher Stückzahl in zahlreiche Länder exportiert. Zu den Importeuren zählten Bolivien (9), Chile (4 sowie eine unbekannte Anzahl in Lizenz gebauter Exemplare), China (50 Exemplare, die intensiv gegen Japan eingesetzt wurden), Kolumbien (25 Exemplare mit Zwillingsschwimmern und zusätzlicher Kielflosse), Kuba (4), Deutschland (2 Exemplare auf Drängen von Ernst Udet, der die Stuka-Taktik untersuchen wollte), Norwegen (Einzelexemplar mit geringfügigen Änderungen), Siam, jetzt Thailand (12), und die Türkei (19). Der Export umfaßte insgesamt 127 Flugzeuge der **Modell 35**, mit Ausnahme der norwegischen Maschine, der einzigen **Modell 47**.

**Varianten**

**BF2C-1:** Ein Exemplar aus dem Baulos F11C-2 für die US Navy wurde als XF11C-3 fertiggestellt und bald darauf in XBF2C-1 (Curtiss Modell 67) umbezeichnet; es unterschied sich hauptsächlich durch sein von Hand einziehbares Fahrgestell, bei dem die Haupträder im modifizierten und nach unten erweiterten Vorderrumpf verschwanden; die Lieferung von 27 seriengefertigten Jagdbombern BF2C-1 (Modell 67A) an die Marinestaffel VB-5B begann im Oktober 1934, aber innerhalb eines Dienstjahres waren alle wieder abgezogen, weil sich Schwierigkeiten mit dem Einziehfahrwerk und ein Flattern der Tragflächen nicht beheben ließen

**Hawk 1:** Das wohl berühmteste Mitglied der Hawk-Familie wurde 1929 als Langstrecken-Vorführmaschine mit einem Curtiss-Reihenmotor Conqueror und zusätzlichen Kraftstofftanks in den Rumpfflanken gebaut; nach einem Unfall als Hawk 1A neu konstruiert, ging die Maschine in den Besitz der Gulf Oil Company über und nutzte eine Reihe unterschiedlicher Sternmotortypen (Wright Cyclone à 429 kW/583 PS; Bliss Jupiter à 429 kW/583 PS; Wright R-1820F-3 Cyclone à 530 kW/721 PS und Pratt & Whitney Wasp à 448 kW/609 PS); vom Nachbesitzer Alford J. Williams Gulfhawk getauft, 1936 einer Handelsschule übergeben und 1958 von Frank Tallman übernommen. Der einzige noch flugtüchtige Vertreter der gesamten Hawk-Flugzeugserie gehört heute dem US Marine Corps Museum in Quantico, Virginia

**Hawk III:** Bezeichnung der BF2C-1-Exportversion; hatte das hölzerne Tragwerk der Hawk II und litt nicht unter Flattern der Tragflächen wie die BF2C-1 der US Navy; von einem Einzelexemplar für Vorführzwecke (Modell 68A) abgesehen, wurden 137 Hawk III exportiert: Siam (Thailand) erhielt 1935/36 insgesamt 24 Exemplare des Modells 68B, Argentinien importierte 1936 zehn Hawk III, und die Türkei erwarb 1935 ein Einzelexemplar; mit 102 Flugzeugen des Modells 68C, die zwischen März 1936 und Juni 1938 geliefert wurden, war China der Hauptabnehmer zur Abwehr der japanischen Hawk IV, dem einzigen Vertreter der Curtiss Modell 79; letzterer hob sich von der Hawk III vor allem durch ihr völlig geschlossenes Cockpit ab; nach seiner Verwendung als Demonstrator erstand die argentinische Regierung dieses Flugzeug im Juli 1936

## TECHNISCHE DATEN

**Curtiss F11C-2**

**Typ:** einsitziger Jagdbomber
**Triebwerk:** ein Wright-Sternmotor SR-1820-78 Cyclone mit 521,6 kW (710 PS)
**Leistung:** Höchstgeschwindigkeit 325 km/h; Anfangssteiggeschwindigkeit 11,68 m/sec; Dienstgipfelhöhe 7650 m; Reichweite 840 km
**Gewicht:** Rüstmasse 1378 kg; max. Startmasse 1874 kg
**Abmessungen:** Spannweite 9,60 m; Länge 6,88 mm; Höhe 2,96 m; Tragflügelfläche 24,34 $m^2$
**Bewaffnung:** zwei vorwärtsfeuernde, synchronisierte 7,62-mm-Maschinengewehre im Vorderrumpf und eine 227-kg-Bombe unter dem Rumpf oder vier 51-kg-Bomben an Gehängen unter den Tragflächen

***Die durch Umrüstung einer zivilen Hawk II entstandene XF11C-2 nutzte den stärkeren Wright-Sternmotor R-1820 Cyclone. Die F11C-2 wurde später in BFC-2 umgetauft.***

# Curtiss Modell 37/38/44 (Falcon-Serie O-1/F8C) bis Curtiss T-32 Condor II

**Der gleichzeitig mit dem Einsitzer Hawk gebaute Zweisitzer Falcon bereitete den Boden für den Curtiss-Sturzkampfbomber Helldiver. Mit Eindeckern hatte Curtiss nicht viel im Sinn und fusionierte 1929 mit Wright Aeronautical zur Curtiss-Wright Corporation, deren einer Zweig Flugzeuge baute, der andere Motoren.**

## Curtiss Modell 37/38/44 (O-1/F8C Falcon-Serien)

*Curtiss O-39 der Stabsabteilung, 9. Observation Group, US Army Air Corps, im Jahre 1933*

*Curtiss O-1G der 1. Observation Squadron, US Army Air Corps, Mitte der dreißiger Jahre*

Der erste Curtiss-Doppeldecker mit Namen **Falcon** war die **Modell 37** oder **Curtiss L-113** mit Liberty-Antrieb, die 1924 erschien. Bei der Prüfung als **XO-1** unterlag dieses Muster der Douglas XO-2, ging im Jahr darauf aber dennoch in Serie, nachdem man es auf den Packard 1A-1500 mit 380 kW (517 PS) ummotorisiert hatte. Es handelte sich um einen herkömmlichen Doppeldecker mit Tragflächen aus Holz von ungleicher Spannweite und einem am Ende stark nach hinten zurückgeschnittenen Oberflügel. Eine Neuerung stellten die Rumpfkonstruktion in Form eines Aluminiumrohrgerüsts mit Zug- und Spanngliedern aus Stahl und das aerodynamisch ausgeglichene Seitenruder dar. Die Hauptbeine des starren Spornradfahrgestells waren geteilt und recht kompakt.

Der neue Doppeldecker wurde als **O-1 (Modell 37A)** für den Beobachtungsdienst des amerikanischen Heeres produziert. Der erste Auftrag umfaßte zehn Flugzeuge mit dem D-12-Motor von Curtiss. Eine dieser Maschinen wurde später mit einem Liberty-Triebwerk als **O-1A** fertiggestellt und die erste **O-1** zur **O-1 Special** für den VIP-Transport umgestaltet. 1927 bestellte die US Army 45 **O-1B (Modell 37B)**. Diese erste Großserie brachte Verfeinerungen wie Radbremsen und einen im Flug abwerfbaren Zusatztank unter dem Rumpf. Als Teil der **O-1B**-Beschaffung folgten vier **O-1C** mit erweitertem hinteren Cockpit und zusätzlichem Gepäckfach für den VIP-Dienst. Die Bezeichnung O-1D wurde nicht verwendet.

1929 gab die US Army 41 **O-1E (Modell 37I)** mit dem vom Curtiss-D-12 abgeleiteten Reihenmotor V-1150E in Auftrag. Zu den Verbesserungen zählten ölpneumatische Stoßdämpfer und Höhenruder mit Hornausgleich. Eine **O-1E** wurde nachträglich zum VIP-Flugzeug **O-1F (Modell 37J)** umgebaut. Bei der Versuchsmaschine **XO-1G (Modell 38)** hatte man die Lewis-Maschinengewehre auf Scarff-Ringlafette der bisherigen Beobachtungsflugzeuge durch eine Einzelwaffe auf einem Ständer ersetzt, das Höhenleitwerk neu entworfen und das Spornrad lenkbar gemacht. Die **XO-1G** war ursprünglich eine **O-1E**, die für das von der US Army ausgeschriebene neue Schulflugzeug modifiziert wurde, um als **XBT-4 (Modell 46)** an diesem Wettbewerb teilzunehmen. Erfolgreiche Tests führten zur Fertigung von 30 Serienflugzeugen **O-1G**, die die Gesamtproduktion für die US Army auf 127 Exemplare erhöhten.

Die **O-1 Falcon** und ihre Varianten dienten ein Jahrzehnt bei den Beobachtungsstaffeln des US Army Air Corps und beendeten ihre Laufbahn bei Einheiten der Nationalgarde. Das Grundmuster wurde auch zum Angriffsdoppeldecker **A-3** entwickelt, der in ansehnlicher Zahl zum Einsatz kam. Darüber hinaus gab es Exportversionen und eine Reihe Falcon für die kommerzielle Luftfahrt. Das grundsolide und handwerklich hervorragende Muster erlangte allerdings nicht den hohen Bekanntheitsgrad der zeitgleichen Hawk-Familie, weil es in weniger auffällige Sparten eingebunden war.

**Varianten**

**A-3:** direkte Umrüstung der O-1B zum leichten Bomber; insgesamt 66 Exemplare der Modell 44 für die US Army; verstärkte Bewaffnung durch zwei weitere 7,62-mm-Maschinengewehre im Unterflügel und Halterungen für eine maximale Bombenlast von 91 kg; sechs Maschinen wurden zu A-3A-Einweisungsflugzeugen mit Doppelsteuerung umgebaut

**A-3B:** die Zelle entsprach der des O-1E-Beobachtungsdoppeldeckers; insgesamt 78 Exemplare der Modell 37H für die US Army; diente bis ins Jahr 1937 bei Reserveeinheiten

**XA-4:** eine A-3, die auf den 328 kW (446 PS) starken Wasp-Sternmotor R-1340-1 von Pratt & Whitney ummotorisiert wurde

**O-11:** dieses Muster ist eine Unterversion (Modell 37C) der O-1 für Einheiten der Nationalgarde, angetrieben von Liberty-Motor aus staatlichem Überschußbestand; auf die Umrüstung einer O-1 zur XO-11 folgte eine Serie mit 66 O-11; für Testzwecke wurde eine O-11 zum zweiten XO-11-Prototyp; ein anderes Exemplar erhielt ein modifiziertes Leitwerk, Doppelsteuerung und weitere Änderungen, die zu der neuen Bezeichnung O-11A führten; die letzte Maschine der Baureihe O-11 erhielt die Bezeichnung XO-12 durch Einbau des neuen Wasp-Sternmotors R-1340

**XO-13:** eine O-1 wurde nach der Umstellung auf den neuen Conqueror-Motor von Curtiss in XO-13 umbenannt und für die National Air Races 1927 nominiert, an denen sie erfolgreich teilnahm; die XO-13A war ebenfalls ein für dieses Rennen umgerüsteter Doppeldecker mit Kühlern auf dem Tragwerk zur Minderung des Luftwiderstands; der Einbau eines Conqueror-Motors in eine O-1C ergab die O-13B zur Prüfung im Beobachtungsdienst; drei entsprechend ummotorisierte O-1E erhielten die neue Bezeichnung YO-13C (Modell 37K); das Einzelexemplar YO-13D war eine O-11 mit aufgeladenem Conqueror-Motor; sie wurde später zur O-13C und schließlich zur O-1B umgerüstet

**XO-16:** eine O-11 mit modifiziertem Rumpf und Conqueror-Triebwerk (Firmenbezeichnung Modell 37G)

**XO-18:** eine O-1B, die kurzzeitig als Testträger für den neuen Chieftain-Motor von Curtiss fungierte

**Y1O-26:** eine O-1E mit Conqueror-Triebwerk und Prestone-Kühlung, was einen kleineren Kühler erforderte (Herstellerbezeichnung Modell 37L)

**O-39:** O-1G-Zelle mit Curtiss-Conqueror-Motor V-1570-25; zehn Exemplare dieser Modell 38A wurden 1931 gebaut; Kühlergröße wie beim Hawk-Jäger P-6E; alle Maschinen mit Radverkleidung ab Werk; im Truppendienst wurde die Seitenruderfläche verkleinert; etliche Exemplare erhielten nachträglich Glashauben über den Tandem-Cockpits

**Civil Falcon:** 20 Flugzeuge wurden für die zivile Luftfahrt gefertigt: Conqueror Mailplane und D-12 Mailplane, eine Lindbergh Special für Colonel Charles Lindbergh und 14 Liberty Mailplane als einsitzige Postflugzeuge mit Liberty-Motor für Nachtpostflüge der National Air Transport; mindestens zwei dieser Maschinen dienten nach ihrem Verkauf durch NAT zum Alkoholschmuggel in der Prohibitionszeit

**F8C-1:** ging aus dem Versuchsdoppeldecker XO-12 des Heeres hervor; auf zwei XF8C-1 (Modell 37D) für die US Navy folgten im Januar 1928 vier F8C-1 für das US Marine Corps; die als Jäger/Jagdbomber gedachten F8C-1 wurden 1928 in OC-1 umbenannt, um ihre Eingliederung in den Beobachtungsdienst zu verdeutlichen

### TECHNISCHE DATEN

**Curtiss O-1E**

**Typ:** zweisitziger Beobachtungsdoppeldecker
**Triebwerk:** ein Curtiss-Reihenmotor V-1150E mit 324 kW (441 PS)
**Leistung:** Höchstgeschwindigkeit 227 km/h; Dienstgipfelhöhe 4665 m; Reichweite 1014 km
**Gewicht:** Rüstmasse 1325 kg; max. Startmasse 1972 kg
**Abmessungen:** Spannweite 11,58 m; Länge 8,28 m; Höhe 3,20 m; Tragflügelfläche 32,79 m²
**Bewaffnung:** ein starres, vorwärtsfeuerndes, synchronisiertes 7,62-mmMaschinengewehr auf Scarff-Ringlafette

**F8C-3:** 1928 empfing die US Navy 21 F8C-3 (später OC-2); wie bei der F8C-1 lieferte ein Wasp-Sternmotor R-1340 von Pratt & Whitney 313 kW (426 PS) für den Antrieb; Squadron VO-8M und VO-10M des USMC flogen diese Maschinen als OC-2
**XOC-3:** die zu Prüfzwecken mit einem Chieftain-Motor mit 448 kW (609 PS) ausgerüstete zweite XF8C-1
**Export Falcon:** 16 Exemplare einer Zwillingsschwimmerversion der O-1B mit D-12-Antrieb wurden mit dieser Bezeichnung nach Kolumbien verkauft
**Modell 37F:** zehn ähnliche Landflugzeuge für Peru, zeitweilig auch South American D-12 Falcon genannt; Kolumbien erwarb später 100 Columbia Cyclone Falcon, angetrieben vom Wright Cyclone-Sternmotor mit 531 kW (722 PS); einige dieser Doppeldecker wurden als Landflugzeuge eingesetzt, aber die Mehrzahl operierte als Seeflugzeug mit Zwillingsschwimmern im Krieg gegen Peru, der 1932 ausgebrochen war; zusätzliche Verglasungselemente schützten beide Kanzeln, und die Haupträder am Fahrgestell der Landversion hatten seitlich offene Verkleidungen; Chile fertigte eine kleine Serie im Stil der O-1E (Chilean Falcon) in Lizenz; später wurden zehn Exemplare nach Brasilien verkauft und 1932 gegen Sezessionisten eingesetzt

***Der einzige Unterschied der O-39 (im Bild) zur früheren O-16 bestand in ihrem Conqueror-Motor V-1570-25 in einem Gehäuse, das dem der P-6E ähnelte. Man beachte das geschlossene Cockpit.***

# Curtiss Modell 49 (O2C-1 Helldiver)

Die **Curtiss XFC-2**, die die US Navy zur gleichen Zeit wie die beiden Falcon-Doppeldecker XF8C-1 bestellte, war ein völlig neuer Entwurf **(Modell 49)**, speziell ausgelegt als Sturzkampfbomber. Im äußeren Erscheinungsbild hob sie sich von der Navy-Falcon durch ihre beiden, vom Unterflügel zum kürzer gespannten Oberflügel aufgerückten, nach vorn feuernden Maschinengewehre ab. Die erste **XF8C-2** stürzte im Dezember 1928 bei einem Teststurzflug ab. Curtiss stellte rasch Ersatz in Form eines neuen Prototyps bereit, der **XF8C-4** oder **Modell 49A**. Diese Maschine und die zweite **XF8C-2** hatten verkleidete Wasp-Sternmotoren und konnten eine 227-kg-Bombe an einer Spezialvorrichtung mitführen, die den Abwurf dieser Waffe im Sturzflug außerhalb des Propellerkreises ermöglichte.

Der Rumpf des neuen Musters, **Helldiver** genannt, beruhte auf einem geschweißten Stahlrohrgerüst, und die Tragflächen waren aus Holz konstruiert. Insgesamt 25 **F8C-4 (Modell 49B)** wurden gefertigt und 1930 auf Flugzeugträgern in Dienst gestellt. Die **Helldiver**-Sturzkampfbomber standen häufig im Rampenlicht, um die Marinefliegerei publikumswirksam darzustellen. Diese Doppeldecker waren zwar zäh und ausdauernd, aber nicht sonderlich leistungsstark. Die letzten Exemplare wurden kurz vor Ausbruch des Zweiten Weltkriegs außer Dienst gestellt.

**TECHNISCHE DATEN**
**Curtiss F8C-5 (O2C-1)**
**Typ:** Beobachtungs- und Sturzkampfdoppeldecker
**Triebwerk:** ein Pratt & Whitney-Wasp-Sternmotor R-1340-4 mit 336 kW (457 PS)
**Leistung:** Höchstgeschwindigkeit 235 km/h in Meereshöhe; Dienstgipfelhöhe 4955 m; Reichweite 1159 km
**Gewicht:** Rüstmasse 1143 kg; max. Startmasse 1823 kg
**Abmessungen:** Spannweite 9,75 m; Länge 7,82 m; Höhe 3,12 m; Tragflügelfläche 28,61 $m^2$
**Bewaffnung:** eine 227-kg- oder zwei 52,6-kg-Bomben unter den Tragflächen und zwei starre oder zwei schwenkbare 7,62-mm-Maschinengewehre

**Varianten**
**F8C-5:** 63 Exemplare dieser Version erreichten ab 1931 landgestützte Einheiten des USMC; zu dieser Zeit stufte man die Bombardierung aus dem Sturzflug heraus als sekundäre Einsatzart ein, so daß die F8C-5 bald in O2C-1 umbezeichnet wurden; wie bei der F8C-4 ging ein Großteil dieses Bestands 1934 an die Reserveverbände; zwei F8C-5, die zeitweilig mit Schlitzen an der Nasenkante und Flügelklappen ausgerüstet waren, führten die Bezeichnung XF8C-6; später erhielt die US Navy 30 weitere Flugzeuge, die von Anfang an O2C-1 bezeichnet wurden
**Cyclone Helldiver:** zwei Maschinen mit ziviler Zulassung im Besitz des Herstellers; diese Modell 49C waren grundsätzlich ähnlich wie die F8C-5 mit Wright-Cyclone-Motoren als Antrieb und Glashauben über den Kanzeln; beide hatten Standardmarkierungen der US Navy, gingen aber erst nach Gebrauch durch Curtiss in den Besitz der amerikanischen Marine über; diese wies einem VIP-Exemplar die Dienstbezeichnungen XF8C-7, X2C-2 und schließlich O2C-2 zu; die andere Firmenmaschine, Kennung 938V, wurde die XF8C-8; anschließend erwarb die US Navy zwei damit identische O2C-2
**XS3C-1:** Dieses Einzelexemplar (Modell 61) beschaffte die US Navy als Ersatz für die abgestürzte XF8C-8: das Flugzeug hatte ein neues Leitwerk, einstrebige Hauptfahrwerksbeine und einen Wright Cyclone mit 485 kW (660 PS) als Antrieb; es war als zweisitziger Jäger mit der offiziellen Bezeichnung XF10C-1 gedacht.

***Der Prototyp XF8C-4 übernahm Entwurfsmerkmale der Falcon-Serie und der F7C-1. Die Kraftstofftanks, die beidseitig auf Höhe des Cockpits an den Rumpf gesattelt waren, erwiesen sich taktisch als eindeutiger Nachteil.***

# Curtiss Modell 58 (F9C Sparrowhawk)

1930 forderte die US Navy einen neuen Jagdeinsitzer für den trägergestützten Einsatz. Um die Stärke der Flugkommandos auf den Trägern erhöhen zu können, ohne auf faltbare Flächen zurückgreifen zu müssen, war ein Flugzeug mit äußerst kleinen Abmessungen verlangt. Nach Prüfung dreier Prototypbewerber, Atlantic Fokker XFA-1, Berliner-Joyce XFJ-1 und **Curtiss XF9C-1 (Modell 58)**, zeigte sich die US Navy mit keinem dieser Typen zufrieden. Alle wären längst in Vergessenheit geraten, wenn nicht zur gleichen Zeit ein anderes Problem dringend einer Lösung bedurft hätte: Wie ließ sich binnen kurzem ein Jagdeinsitzer bereitstellen, der vom neuen, gigantischen Starrluftschiff USS Akron der Navy aus zu operieren vermochte? Unter ihrer Hülle verfügte die Akron (ZRS-4) über einen Hangar für vier Jäger, die mit Hilfe eines durch Bauchklappen des Luftschiffs absenkbaren Trapezes gestartet werden konnten. Ein Haken auf dem Rücken der Jäger sollte das Trapez greifen, so daß es möglich war, die Jäger wieder in den Bauch des Mutterschiffs einzuziehen. Da das Tragwerk der **XF9C-1** durch die Hangartore der Akron paßte, ließ die US Navy dieses Muster entsprechend herrichten. Im Herbst 1931 fanden Tests mit dem Luftschiff USS Los Angeles statt, das man mit einem Trapez ausgerüstet hatte. Ein zweiter Prototyp, vom Hersteller als **Modell 58A** mit eigenen Mitteln finanziert, wurde als **XF9C-2** mit vereinfachtem Fahrgestell und verkleideten Rädern getestet.

1932 kamen sechs Serienexemplare **F9C-2 Sparrowhawk** zur Auslieferung. Im Unterschied zu den Versuchsmaschinen **XF9C-1** und **XF9C-2** waren die Oberflügel der **Sparrowhawk** als Knickflügel ausgeführt. Eigentlich hätte sie das Fahrgestell der **XF9C-2** erhalten sollen, wurden aber im September 1932 schließlich doch mit dem Standardfahrwerk der **XF9C-1** an Bord der Akron in Dienst gestellt.

Als die Akron im Jahre 1933 in den Atlantik stürzte, befanden sich keine **Sparrowhawk** an Bord. Mit dem Schwesterschiff USS Macon (ZRS-5) wurde der Dienst fortgeführt. Als dieses jedoch im

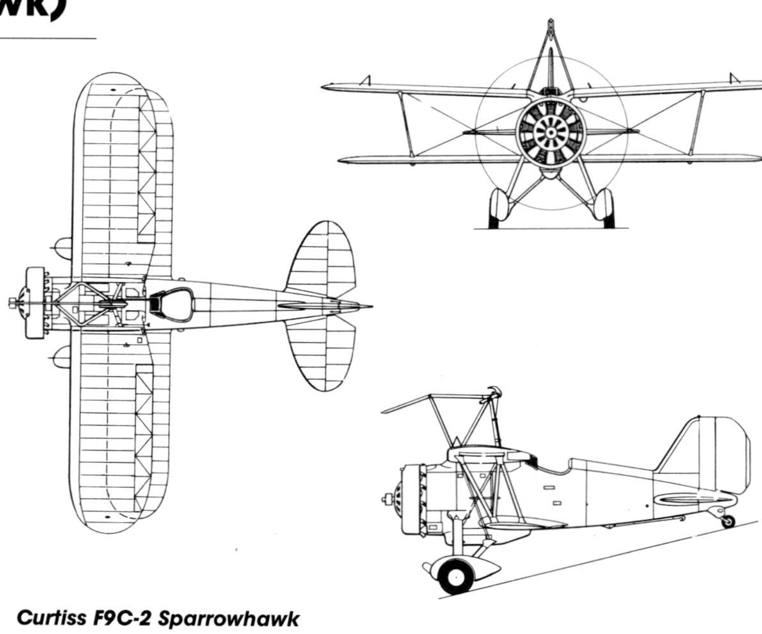

***Curtiss F9C-2 Sparrowhawk***

Jahre 1935 über dem Pazifik ebenfalls abstürzte, riß es vier **F9C-2** mit sich in die Tiefe. Während der Einsatzzeit an Bord der Macon waren die Hauptfahrwerksbaugruppen der Jäger von einem stromlinienförmigen 114-Liter-Kraftstofftank abgelöst worden.

Während ihrer vergleichsweise kurzen Laufbahn konnten die rassigen **Sparrowhawk**-Jäger im prächtigen Farbanstrich mit flottem Einheitswappen die Gunst der Amerikaner erobern. Im Verhältnis zu ihrer kleinen Zahl gewannen sie ein Übermaß an Popularität dank des einzigartigen Schauspiels, kleine Jagdeinsitzer von einem gigantischen Mutterschiff, „leichter als Luft", aus operieren zu sehen. Eine **Sparrowhawk** ist der Nachwelt erhalten geblieben und befindet sich im Besitz der Smithsonian Institution, Washington.

**TECHNISCHE DATEN**
**Curtiss F9C-2 Sparrowhawk**
**Typ:** zeppelingestützter Jagdeinsitzer
**Triebwerk:** ein Wright-Sternmotor R-975-E Whirlwind mit 327 kW (445 PS)
**Leistung:** Höchstgeschwindigkeit 283 km/h in 1220 m Höhe; Anfangssteiggeschwindigkeit 8,58 m/sek; Dienstgipfelhöhe 5850 m; Reichweite 478 km
**Gewicht:** Rüstmasse 948 kg; max. Startmasse 1261 kg
**Abmessungen:** Spannweite 7,77 m; Länge 6,13 m; Höhe (mit Rückenhaken) 3,23 m; Tragflügelfläche 16,05 $m^2$
**Bewaffnung:** zwei starre, synchronisierte 7,62-mm-Maschinengewehre im Vorderrumpf

# Curtiss Modell 59/60 (A-8/A-10/A-12 Shrike)

Der Wunsch nach höheren Fluggeschwindigkeiten führte zur Konstruktion zweier Prototypen, die beide dem 1929 von der US Army geforderten neuen Angriffsbomber entsprechen sollten. Die Atlantik-Fokker XA-7 kam über den Prototypstatus nie hinaus, aber die **Curtiss XA-8 Shrike (Modell 59)**, die erstmals im Juni 1931 flog, hatte großen Einfluß auf das US Army Air Corps. Für damalige Zeiten war dieser erste Curtiss-Tiefdecker in Ganzmetallbauweise ein eindrucksvolles Militärflugzeug. Er bestach durch zahlreiche fortschrittliche Merkmale wie automatische Strömungsschlitze und Flügelklappen. Das Tragwerk war abgestrebt und verspannt und die Hauptfahrwerksbeine hatte man vollständig mit Hosenverkleidungen abgedeckt, die zugleich Gehäuse für zwei 7,62-mm-Maschinengewehre bildeten. Flugzeugführer und Beobachter/Bordschütze saßen in weit auseinanderliegenden Cockpits, ersterer unter einer völlig geschlossenen Haube, letzterer durch eine erweiterte Windschutzscheibe geschützt. Den Antrieb besorgte ein Curtiss-Reihenmotor V-1570C mit 447 kW (608 PS), dessen Kühler unter dem Bug knapp vor der Anströmkante des Tragwerks montiert war.

Am 29. September 1931 nahm Curtiss einen Auftrag über fünf **YA-8 (Modell 59A)** Vorserienflugzeuge entgegen. Im Jahr darauf folgte eine Bestellung von acht **Y1A-8**. Sowohl die **YA-8** als auch die **Y1A-8** hatten offene Cockpits. Sämtliche Vorserienflugzeuge wurden später zu **A-8** erklärt, ausgenommen eine **YA-8**, die man zur **YA-10 (Modell 59B)** versuchsweise mit einem 466 kW (634 PS) starken Sternmotor umrüstete, und eine **Y1A-8**, die mit einem V-1570-57-Getriebemotor à 503 kW (684 PS) und neu entworfenem Tragwerk die Bezeichnung **Y1A-8A** erhielt. Die vom 447 kW (680 PS) starken V-1570-31 mit Prestone-Kühlung angetriebenen **A-8** galten in amerikanischen Fliegerkreisen als eine Sensation, als sie bei der 3. Attack Group in Fort Crockett, Texas, im April 1932 in Dienst gestellt wurden. Standard bei Einsatzstaffeln waren damals Doppeldecker, und der erste US-Tiefdecker-Jäger, die Boeing P-26A Peashooter, traf erst acht Monate später bei der Truppe ein.

Die US Army hatte weitere 46 leichte Shrike-Bomber als **A-8B** bestellt doch Wartungsschwierigkeiten mit den flüssigkeitsgekühlten Triebwerken der **A-8** führten dazu, daß in die neue Version der luftgekühlte Wright-Sternmotor R-1820-21 mit einer Nennleistung von 500 kW (680 PS) eingebaut wurde. Dies ergab die geänderte Bezeichnung **A-12 (Modell 60)**. Die Maschinen übernahmen das offene Piloten-Cockpit mit verkleideter Kopfstütze, das die **A-8**-Baureihe eingeführt hatte. Auch die Maschinengewehrbewaffnung und die Bombenlast waren identisch. Im Bemühen, die Zusammenarbeit zwischen Pilot und Beobachter erheblich zu verbessern, nahm man eine konstruktive Hauptänderung vor und verlegte das hintere Cockpit weiter nach vorn, so daß die Glashaube nahtlos an die Rumpfdeckung hinter der Pilotenkanzel ansetzte.

*Die A-8 erschloß dem USAC neue Dimensionen für Luftoperationen, wenngleich die Wirkung der Shrike stark übertrieben wurde.*

Nach längerem Dienst bei den Angriffsgruppen der US Army rückte die **Shrike** 1939 ins zweite Glied. Zwölf **A-12** aber befanden sich beim Überfall der Japaner auf Pearl Harbor im Dezember 1941 noch immer im Dienst. 1936 erwarb die nationalchinesische Regierung 20 Exemplare einer Exportversion der **A-12**, die 1937/38 Kampfeinsätze gegen Japan flogen.

**TECHNISCHE DATEN**
**Curtiss A-12**
**Typ:** zweisitziger Leichtbomber
**Triebwerk:** ein Wright-Sternmotor R-1820-21 Cyclone mit 515 kW (700 PS)
**Leistung:** Höchstgeschwindigkeit 285 km/h in Meereshöhe; Dienstgipfelhöhe 4620 m; Reichweite 821 km
**Gewicht:** Rüstmasse 1768 kg; max. Startmasse 2611 kg
**Abmessungen:** Spannweite 13,41 m; Länge 9,83 m; Höhe 2,84 m; Tragflügelfläche 26,38 $m^2$
**Bewaffnung:** fünf 7,62-mm-Maschinengewehre, davon vier eingeschränkt richtbar in den Hosenverkleidungen des Fahrwerks und eins für den Beobachter/Bordschützen auf Ringlafette, und Schlösser für vier 55-kg- und zehn 13,6-Bomben unter den Flächen.

# Curtiss T-32 Condor II

Die Doppeldecker-Verkehrsmaschine **Curtiss T-32 Condor II (Curtiss Wright CW-4)** von 1933 wirkte noch mehr wie ein Anachronismus als ihre Namensschwester, die Condor 18, vier Jahre zuvor. Das einzige Zugeständnis an aktuelle Modernität betraf das Fahrwerk, dessen Hauptbeine in die Motorgondeln einzogen. Der zweistielige Doppeldecker war eine Mischkonstruktion mit abgestrebtem Seitenleitwerk/Ruder. Der Jungfernflug des **T-32**-Prototyps fand am 30. Januar 1933 statt. Die Mehrzahl der nachfolgenden 21 Serienflugzeuge wurde als Luxuspassagiermaschine zur Nachtbeförderung von zwölf Personen ausgelegt. Sowohl Eastern Air Transport als auch American Airways flogen dieses Muster drei Jahre lang planmäßig auf Nachtstrecken.

Die US Army erwarb zwei modifizierte **T-32**-Transportflugzeuge, die sie bis 1938 als **YC-30** betrieb. Eine Condor wurde mit Extratanks als Langstreckenversion für die Byrd Antarctic Expedition im Jahre 1933 fertiggestellt. Da die Maschine nur auf Schwimmern oder Schneebrettern zum Einsatz kommen sollte, war dies die einzige **T-32** mit starrem Fahrgestell.

Zehn **T-32** rüstete man schließlich zu **T-32C** nach Standard AT-32 (siehe unten) um. Bei Ausbruch des Zweiten Weltkriegs waren vier **T-32** im britischen Zivilregister eingetragen. Dieses Quartett wurde zur RAF eingezogen.

**Varianten**

**Curtiss AT-32:** diese Version unterschied sich nur in Kleinigkeiten von der Original-T-32 und war mit Verstellpropellern für ihre Wright Cyclone-Motoren ausgestattet; anstelle der Townend-Ringe der T-32 führte sie komplette NACA-Verkleidungen ein; die Unterversion AT-32A (3 Exemplare) wurde von zwei Wright-Cyclone-Motoren SCR-1820-23 je 529 kW (719 PS) angetrieben, die Unterversion AT-32B (3) von SCR-1820-F2 je 537 kW (730 PS), das Einzelexemplar AT-37C ebenfalls von SCR-1820-F2 und die AT-32D (4) wiederum von SCR-1820-23; alle Maschinen ließen sich von Schlafliegen-Nachtflugzeugen zu komfortablen Tagverkehrsmaschinen für 15 Passagiere umrüsten; die beiden für die US Navy gebauten AT-32E dienten dieser Teilstreitkraft als Luxustransportflugzeuge RC4-1 für zwölf Personen; der US Antarctic Survey nutzte beide Maschinen, bis sie 1941 in der Antarktis aufgegeben wurden

**BT-32:** acht Exemplare dieser Bomberversion der AT-32 wurden gefertigt; die Abwehrbewaffnung bestand aus fünf Maschinengewehren, die einzeln in manuell bedienbaren Bug- und Rückentürmen installiert waren; die anderen Waffen konnten durch Luken in den Rumpfseiten bzw. aus einer Glaskuppel unter dem Bauch feuern; der Prototyp BT-32 ging nach China, und drei Exemplare mit Zwillingsschwimmern wurden nach Kolumbien sowie vier Landflugzeuge nach Peru verkauft

**CT-32:** militärische Frachtversion mit großer Ladeluke auf der rechten Rumpfseite; drei Maschinen wurden gebaut, die alle für Argentinien bestimmt waren

*Swissair nutzte die Curtiss Condor für ihre Zürich-Berlin-Verbindung, auf der die Passagiere erstmals in Europa von einer Stewardeß umsorgt wurden.*

**TECHNISCHE DATEN**
**Curtiss BT-32**
**Typ:** schwerer Bomber
**Triebwerke:** zwei Wright-Sternmotoren SCR-1820-23 Cyclone je 529 kW (719 PS)
**Leistung:** Höchstgeschwindigkeit 283 km/h; Dienstgipfelhöhe 6705 m; Reichweite 1352 km
**Gewicht:** Rüstmasse 5095 kg; max. Startmasse 7938 kg
**Abmessungen:** Spannweite 24,99 m; Länge 15,09 m; Höhe 4,98 m; Tragflügelfläche 118,54 $m^2$
**Bewaffnung:** fünf schwenkbare 7,62-mm-Maschinengewehre und bis zu 762 kg Bomben

# Curtiss Modell 71 (SOC Seagull) bis Curtiss Modell 84 (SB2C Helldiver)

**Zwar baute Curtiss noch bis in die 30er Jahre Marine-Doppeldecker, mußte aber doch schließlich zu Ganzmetall-Eindeckern übergehen. Der Erfolg kam mit einem Jäger, aus dem die Hawk wurde. Weniger erfolgreich war hingegen, obwohl in beachtlichen Stückzahlen produziert, der trägerstationierte Aufklärer und Sturzkampfbomber Helldiver.**

## Curtiss Modell 71 (SOC Seagull)

Der letzte Curtiss-Doppeldecker für Einsatzverbände der US Navy hieß **SOC Seagull**. Seine Dienstgeschichte verlief fast genauso wie die des RAF-Torpedobombers Fairey Swordfish. Beide Muster entstanden 1933, sollten in der ersten Phase des Zweiten Weltkriegs ausgedient haben, blieben jedoch bis zum Ende dieses Krieges im Einsatz und überlebten noch ihre geplanten Nachfolger. Anfang 1933 verschickte die US Navy das Lastenheft für ihr neues Erkundungs-/Beobachtungsflugzeug an die heimische Luftfahrtindustrie. Curtiss, Vought und Lockheed reichten Angebote ein, doch nur der Prototyp **XO3C-1** (Firmenbezeichnung **Curtiss Modell 71**), am 19. Juni 1933 bestellt und im April 1934 erstmals geflogen, erreichte als **SOC-1 (Modell 71A)** die Serienfertigung. Die offiziell geänderte Bezeichnung spiegelte die kombinierte Verwendung von „Scout" und „Observation" wider.

Beim Erstflug wies der Prototyp noch ein Amphibienfahrgestell auf, denn der Hauptschwimmer war doppelt berädert. Die Standardserie wurde jedoch als Schwimmerflugzeug gefertigt, auf spezifische Anforderung auch mit starrem Spornrad-Fahrgestell. In jedem Fall ließ sich die Konfiguration ohnehin rasch ändern. Die **Seagull** war eine Mischkonstruktion: Die faltbaren Flächen und das Leitwerk bestanden aus Leichtmetall, die Primärstruktur des Rumpfes bildete ein geschweißtes Stahlrohrgerüst, während Leichtmetall und Gewebe die Außenhaut abgaben. Der Pilot und der Bordschütze/Beobachter saßen in Tandem-Cockpits mit einer durchgehenden Plexiglashaube. Schiebeteile ermöglichten den Einstieg. Um ein möglichst großes Schußfeld für das schwenkbare Maschinengewehr im hinteren Cockpit zu gewährleisten, ließ sich dessen Rükkenschild absenken.

Die Auslieferung der ersten seriengefertigten **SOC-1** mit Pratt & Whitney-Wasp-Sternmotor R-1340 begann am 12. November 1935. Die ersten ausschließlich mit diesem Muster ausgerüsteten Staffeln waren die Scouting Squadrons VS-5B/-6B/-9S/-10S/-11S. Auf die Serie **SOC-1** mit 135 Exemplaren folgte die Baureihe **SOC-2 (Modell 71B)** mit Radfahrgestell, Detailverbesserungen und Wasp-Motor R-1340-22, die 40 Flugzeuge ergab. Die Anschlußserie **SOC-3 (Modell 71E)** brachte insgesamt 83 Maschinen, die grundsätzlich der **SOC-1** entsprachen. Nach einer Änderung zum Einbau eines Fanghakens im Jahre 1942 wurden die **SOC-2** und **SOC-3** in **SOC-2A** und **SOC-3A** umbenannt. Zum Dienst bei der US Coast Guard baute Curtiss drei Flugzeuge, die praktisch mit der **SOC-3** identisch waren. Diese **SOC-4 (Modell 71F)** ließ sich die US Navy im Jahre 1942 zuweisen und rüstete sie mit Fanggeschirr aus, so daß sie dem Standard **SOC-3A** genügten. Außer den von Curtiss produzierten **SOC Seagulls** baute die Naval Aircraft Factory in Philadelphia, Pennsylvania, 44 Exemplare. Sie entsprachen zwar im Grunde der von Curtiss gefertigten **SOC-3**, erhielten aber die Bezeichnung **SON-1** oder mit Fanghaken **SON-1A**.

Nach Einstellung der **SOC**-Produktion Anfang 1938 befaßte sich Curtiss mit der Entwicklung und Herstellung des Nachfolgemusters **SO3C** Seamew. Als sich zeigte, daß die Seamew den Anforderungen im Einsatz nicht genügen konnte, wurde sie von den Frontverbänden abgezogen. Alle verfügbaren **SOC** mußten daher wieder einspringen und erfüllten weiterhin die ihnen zugewiesenen Aufgaben bis zum Ende des Krieges.

**Variante**

**XSO2C-1:** unter dieser Bezeichnung wurde die Modell 71C als verbesserte SOC-Version geprüft, konnte aber keine Serienaufträge erzielen

***Eine Curtiss SOC-3 Seagull der Observation Squadron VO-2 nach ihrer Übergabe an die US Navy 1938. Die über die volle Spannweite gezogenen Nasenklappen.***

### TECHNISCHE DATEN

**Curtiss SOC-1 (Schwimmerflugzeug)**

**Typ:** zweisitziges Erkundungs-/Beobachtungsflugzeug
**Triebwerk:** ein Sternmotor Pratt & Whitney R-1340-18 Wasp mit 447 kW (608 PS)
**Leistung:** Höchstgeschwindigkeit 266 km/h in 1525 m Höhe; Marschgeschwindigkeit 214 km/h; Dienstgipfelhöhe 4540 m; Reichweite 1086 km
**Gewicht:** Leermasse 1718 kg; max. Startmasse 2466 kg
**Abmessungen:** Spannweite 10,97 m; Länge 8,08 m; Höhe (Schwimmerflugzeug) 4,50 m; Tragflügelfläche 31,77 m²
**Bewaffnung:** zwei 7,62-mm-Maschinengewehre, eines zur Abwehr nach vorn und eines auf Schwenklafette, plus Bombenschlösser für insgesamt 295 kg

## Curtiss Modell 75 (P-36)

***Als die Wehrmacht am 1. September 1939 in Polen einmarschierte, standen diese P-36C der 27. Pursuit Sqn. Parade für die Cleveland National Air Races mit simulierter Kriegsbemalung.***

1934 beschloß Curtiss, ein neues Eindekker-Jagdflugzeug auf eigenes Risiko zu entwerfen und zu konstruieren. Das als **Curtiss Modell 75** bezeichnete Muster wartete mit fortschrittlichen Merkmalen wie Einziehfahrwerk und geschlossener Pilotenkanzel auf, so daß der Hersteller hoffte, die US Army werde seinen Entwurf als Ersatz für die leistungsschwächere Boeing P-26 in Erwägung ziehen.

Er meldete den von einem Wright-Sternmotor XR-1670-5 mit 671 kW (912 PS) angetriebenen Prototyp dem US Army Air Corps im Mai 1935 zur Prüfung im Entwurfswettbewerb für einen Jagdeinsitzer. Da die Mitbewerber noch nicht bereit waren, fand diese Ausscheidung allerdings erst im April 1936 statt. In der Zwischenzeit hatte man die **Modell 75** auf den Wright-Sternmotor R-1820 umgestellt, der 634 kW (862 PS) abgab, und in Modell 75B umbenannt.

Den Wettbewerb gewann zwar die Seversky Aircraft Corporation mit einem nicht allzu unähnlichen Flugzeug, aber Curtiss wurde immerhin mit einem Konstruktionsauftrag für drei Exemplare seines Entwurfs entschädigt. Dieses Trio, angetrieben von einer auf 783 kW (1065 PS) drosselten Version des Pratt & Whitney-Sternmotors R-1830-13 Twin Wasp, wurde als **Y1P-36 (Modell 75E)** einer Prüfung unterzogen. Im Unterschied zum Originalprototyp der **Modell 75** war das Cockpit modifiziert, um die Sicht nach vorn und hinten deutlich zu verbessern, und das Spornrad einziehbar.

Bei der Truppenerprobung schnitt die **Y1P-36** so gut ab, daß am 7. Juli 1937 210 Serienjäger **P-36A (Modell 75L)** bestellt wurden, der bis dahin größte Rüstungsauftrag für ein Jagdflugzeug in Friedenszeiten. Die Auslieferung begann im April 1938, doch Ende 1941, als die USA in den Zweiten Weltkrieg eintraten, galt dieses Muster bereits als überholt. Die Umstände erzwangen jedoch einen eingeschränkten Einsatz der **P-36A** in der Eröffnungsphase des Waffengangs gegen Japan, aber bald danach wurden sie ins zweite Glied der Ausbildung zurückgestuft.

Zu den Varianten gehörte eine einzelne **P-36B**, deren Antrieb ein Pratt & Whitney R-1830-25 mit 746 kW (1015 PS) besorgte, und die letzten 31 Exemplare der Erstserie wurden als **P-36C** mit einer stärkeren Version des Twin Wasp und zwei flächenmontierten Maschinengewehren fertiggestellt. Die Bezeichnungen **XP-36D, XP-36E** und **XP-36F** betrafen Versuchsjäger mit unterschiedlicher Bewaffnung.

Von der Exportversion **H75A** erreichten einige Exemplare als Jäger **H75-A1/-A2/-A3/-A4** die Armée de l'Air mit unterschiedlicher Motorisierung und Bewaffnung, aber der überwiegende Teil wurde nach dem Zusammenbruch des französischen Widerstands Großbritannien zugeführt, wo sie **Mohawk Mk I/II/III/IV** hießen. **H75A-5** war die Bezeichnung eines Modells, das die Central Aircraft Manufacturing Company in China zusammenbauen sollte. Nachdem die Firma einige Flugzeuge in China fertiggestellt hatte, wurde sie nach Indien verlegt und erhielt die Bezeichnung Hindustan Aircraft Ltd. Die hier produzierten **Modell H75A-5** nahm die RAF als **Mohawk Mk IV** ab. Norwegen beschaffte das Muster als **H75A-6** und **H75A-8** mit 24 beziehungsweise 36 Exemplaren. Letztere wurden allerdings nicht mehr in das von den Deutschen besetzte Norwegen geliefert. Sechs Maschinen erhielten die freien norwegischen Streitkräfte in Kanada, und die anderen 30 Exemplare nahm das US Army Air Corps als

**P-36G** für sich in Anspruch. Die Niederlande bestellten insgesamt 20 **H75A-7**, die nach Niederländisch-Ostindien umgeleitet wurden. Persien (jetzt Iran) gab zehn **H75A-9** in Auftrag. Indirekt dienten Hawks bei den Luftstreitkräften Finnlands, Indiens, Perus, Portugals, Südafrikas und Vichy-Frankreichs.

**Varianten**

**Modell 75J:** Bezeichnung des Vorführmodells 75A mit mechanischem Lader seines R-1830-Triebwerks

**Modell 75K:** nicht verwirklichte Version mit dem Pratt & Whitney R-2180 Twin Hornet; wurde schließlich durch Umrüstung des Vorführmodells 75A als Modell 75R produziert

**TECHNISCHE DATEN**

**Curtiss P-36G**

**Typ:** Jagdeinsitzer

**Triebwerk:** ein Sternmotor Wright R-1820-G205A Cyclone mit 895 kW (1217 PS)

**Leistung:** Höchstgeschwindigkeit 518 km/h in 4635 m Höhe; Marschgeschwindigkeit 420 km/h; Steigzeit auf 4570 m 6 Minuten; Dienstgipfelhöhe 9860 m; Reichweite 1046 km

**Gewicht:** Leermasse 2121 kg; max. Startmasse 2667 kg

**Abmessungen:** Spannweite 11,28 m; Länge 8,69 m; Höhe 2,82 m; Tragflügelfläche 21,92 m²

**Bewaffnung:** vier 7,62-mm-Maschinengewehre in den Tragflächen und zwei 12,7-mm-Maschinengewehre im Rumpf

***Curtiss Hawk 75-A3 der 2. Escadrille, Groupe de Chasse I/4, Vichy-Luftstreitkräfte, mit Standort Dakar (Senegal) im Sommer 1942***

***Curtiss P-36C der US Army Air Force zu Beginn des Jahres 1942 mit olivgrünem Standardtarnanstrich***

# Curtiss Modell 75 (Hawk 75)

Die Annahme, es bestehe Bedarf an einer technisch weniger anspruchsvollen Exportausführung der Curtiss Modell 75, führte 1938 zur Entwicklung der **Curtiss Hawk 75**. Zwei Vorführmaschinen **Hawk 75H** wurden gebaut, deren Konstruktion im großen und ganzen der Y1P-36 entsprach. Als Antrieb diente aber ein schwächerer Wright-Sternmotor, und das Spornrad-Fahrwerk war nicht einziehbar.

Die nationalchinesische Regierung erwarb 1937 den Originaldemonstrator und erteilte 1938 einen Auftrag über 112 **Hawk 75M** zur Ausrüstung der neuorganisierten chinesischen Luftstreitkräfte. 1938 erfolgte die Lieferung eines Dutzends ähnlicher Flugzeuge für die Königlich-Siamesische Luftwaffe. Diese **Hawk 75N** unterschieden sich von der bisherigen Ausfuhr-Hawk durch zwei zusätzliche Maschinengewehre und wurden 1941 eine kurze Zeit im Kampf eingesetzt. Die Produktion der **Hawk 75O** für Argentinien, das die andere Vorführmaschine gekauft hatte, ergab insgesamt 29 Flugzeuge. Diese Nation erwarb von Curtiss auch das Recht zur Lizenzfertigung dieses Musters, und ab 1940 fertigte ein staatliches Flugzeugwerk in Cordoba 20 Exemplare. Die in zwei Exemplaren gebaute **Hawk 75Q** diente ebenfalls Vorführzwecken: Die erste Maschine mit Einziehfahrwerk machte Madame Tschiangkaischek Claire Chenault zum Geschenk, die andere mit starrem Fahrgestell stürzte 1939 in China ab.

***Curtiss Hawk 75A-5 der nationalchinesischen Luftkräfte, 1942 in Kunming stationiert. Diese Maschinen kämpften zusammen mit frühen P-40-Jägern gegen die Japaner, bis modernere Jagdflugzeuge eintrafen.***

**TECHNISCHE DATEN**

**Curtiss Hawk 75M**

**Typ:** Jagdeinsitzer

**Triebwerk:** ein Sternmotor Wright GR-1820-G3 mit 652 kW (887 PS)

**Leistung:** Höchstgeschwindigkeit 451 km/h in 3050 m Höhe; Marschgeschwindigkeit 386 km/h; Dienstgipfelhöhe 9690 m; Reichweite 877 km

**Gewicht:** Leermasse 1803 kg; max. Startmasse 2406 kg

**Abmessungen:** Spannweite 11,28 m; Länge 8,71 m; Höhe 2,82 m; Tragflügelfläche 21,92 m²

**Bewaffnung:** zwei 7,62-mm-Maschinengewehre in den Flächen und zwei im Rumpf gelagerte 7,62-mm- oder 12,7-mm-Maschinengewehre

# Curtiss Modell 77 (SBC Helldiver)

Die US Navy benötigte einen neuen zweisitzigen Jäger und bestellte 1932 bei Curtiss einen Prototyp mit der Dienstbezeichnung **XF12C-1**. Diese **Curtiss Modell 73** flog erstmals 1933, ausgelegt als gestielter Hochdecker für zwei Mann, mit Einziehfahrwerk und einem 466 kW (634 PS) starken Wright R-1510-92 Whirlwind 14 als Antrieb. Als gegen Jahresende die Entscheidung fiel, dieses Muster als Erkundungsflugzeug zu verwenden, änderte sich die Bezeichnung in **XS4C-1**. Nach neuerlichem Rollenwechsel zum Scout-Bomber im Januar 1934 wurde ein Wright-F-1820-Cyclone-Motor eingebaut. Innerhalb der anschließenden gründlichen Flugerprobung erlitt die **XSBC-1**, wie die Maschine inzwischen hieß, bei einem Sturzflugmanöver im September 1934 bedenkliche strukturelle Schäden am Tragwerk.

Der Schirmeindecker war als Sturzkampfbomber eindeutig ungeeignet. Es wurde ein neuer Prototyp als **XSBC-2 (Modell 77)** in Auftrag gegeben, diesmal mit Doppeldecker-Tragwerk und Antrieb in Form eines 522 kW (710 PS) starken Wright R-1510-12 Whirlwind 14. Im März 1936 wurde dieser Motor durch einen R-1535-82 Twin Wasp Junior gleicher Leistung von Pratt & Whitney ersetzt, die Bezeichnung wechselte zu **XSBC-3**. Die Serienversion **SBC-3 (Modell 77A)**, von der die US Navy am 29. August 1936 83 Exemplare bestellte, war grundsätzlich ähnlich, und die ersten Lieferungen erreichten die Marinestaffel VS-5 am 17. Juli 1937.

Eines der letzten **SBC-3**-Serienflugzeuge wurde zum Prototyp **XSBC-4** der verbesserten **Modell 77B** mit einer leistungsstärkeren Version des Wright-R-1820-22-Triebwerks umfunktioniert. Am 5. Januar 1938 erfolgte ein Erstauftrag, und im März 1939 wurden die ersten von insgesamt 174 Serienjägern **SBC-4** der US Navy übergeben. Wegen der verzweifelten Situation in Europa Anfang 1940 zweigte die US Navy

***Curtiss SBC-3 Helldiver der VS-5, US Navy, 1937 an Bord der USS Yorktown eingesetzt***

**TECHNISCHE DATEN**
**Curtiss SBC-4**

**Typ:** zweisitziger, trägergestützter Erkundungsbomber
**Triebwerk:** ein 9-Zylinder-Sternmotor Wright R-1820-34 Cyclone mit 671 kW (912 PS)
**Leistung:** Höchstgeschwindigkeit 377 km/h in 4365 m Höhe; Marschgeschwindigkeit 282 km/h; Dienstgipfelhöhe 7315 m; Reichweite mit einer 227-kg-Bombe 652 km
**Gewicht:** Leermasse 2065 kg; max. Startmasse 3211 kg
**Abmessungen:** Spannweite 10,36 m; Länge 8,57 m; Höhe 3,17 m; Tragflügelfläche 29,45 m²
**Bewaffnung:** zwei 7,62-mm-Maschinengewehre, eines vorwärtsfeuernd und eines auf Schwenklafette, sowie eine 227-kg-Bombe

50 ihrer **SBC-4** für Frankreich ab, aber diese Maschinen trafen zu spät ein, um noch in die Kämpfe eingreifen zu können. Fünf Exemplare sicherte sich die Royal Air Force und wies sie dem Fliegerhorst Little Rissington als Bodenschulgerät namens **Cleveland** zu. Das Fehl der US Navy in Höhe von insgesamt 50 Flugzeugen wurde durch entsprechende Zuweisungen aus dem Produktionslos der 90 Maschinen, die für Frankreich bestimmt waren, ausgeglichen. Die Bezeichnung **SBC-4** änderte sich nicht, obwohl kugelsichere Kraftstofftanks hinzugekommen waren.

Als sich die USA am Zweiten Weltkrieg beteiligten, war die **SBC-3** bereits ausgesondert, aber die **SBC-4** standen bei den amerikanischen Marinestaffeln VB-8 und VS-8 an Bord der USS Hornet und bei VMO-151 des US Marine Corps im Dienst.

# Curtiss Modell 81/87 (P-40 Warhawk)

***Curtiss Hawk 81-A2, die Henry Geselbracht bei der in Toungoo (Burma) stationierten 2. Squadron der American Volunteer Group im Februar 1942 flog***

Das letzte Mitglied der berühmten Hawk-Familie war die **Curtiss P-40 Warhawk**, die immer eine Art Rätsel geblieben ist. Der Spitzengruppe der Jagdflugzeuge des Zweiten Weltkriegs läßt sich dieses Muster beim besten Willen nicht zuordnen, und doch war es mit Ausnahme der Republic P-47 und North American P-51 der meistgebaute amerikanische Jäger: Bei Produktionsende im Dezember 1944 waren 15.000 Exemplare geliefert.

Der Werdegang dieses Flugzeugs, dem der Hersteller die Bezeichnung **Modell 81** zuwies, begann 1937, als man die Zelle des Prototyps der Modell 75 für den Einbau eines Reihenmotors vom Typ Allison V-1710-11 mit 858 kW (1167 PS) modifizierte. In dieser Form wurde die Modell 75I zum ersten amerikanischen Jäger, der schneller als 300 Meilen pro Stunde (483 km/h) fliegen konnte. Das USAAC prüfte dieses Muster als XP-37. Sein Potential war trotz Motor- und Ladeprobleme klar erkennbar, und die Teilstreitkraft bestellte 13 YP-37 mit dem verbesserten Motor V-1710-21 und etwas längerem Rumpf zur Truppenerprobung. Hinzu kam der neue Lader B-2, aber die Motorschwierigkeiten der YP-37 hielten weiterhin an.

Wenig später wurde in die zehnte P-36A statt des Standardsternmotors Pratt & Whitney R-1830-13 mit 783 kW (1065 PS) ein Allison-Reihenmotor V-1710-19 mit 865 kW (1176 PS) eingebaut. Ansonsten unterschied sich diese Maschine kaum von den anderen P-36A, als sie am 14. Oktober 1938 zum ersten Mal abhob. Im Mai 1939 flog diese **Modell 75P** mit der Dienstbezeichnung **XP-40** im Vergleichswettbewerb gegen andere Jagdprototypen und erhielt den Zuschlag zur Serienfertigung, da sie den Leistungsforderungen des USAAC am nächsten kam. Am 27. April 1939 wurden im ganzen 524 Serienjäger **P-40 (Modell 81)** bestellt, der größte Produktionsauftrag, den die US Army jemals für einen einzelnen Jägertyp erteilt hatte. Etwa ein Jahr später, im Mai 1940, rollten die ersten **Curtiss Modell P-40** von der Fertigungsstraße. Die ersten drei Exemplare wurden direkt der Erprobung durch die Truppe zugeführt. Von der **XP-40** unterschieden sich die Serienjäger durch den schwächer aufgeladenen Allison V-1710-33 und durch zwei 7,62-mm-Maschinengewehre in den Tragflächen zur Verstärkung der beiden 12,7-mm-Bugwaffen. Bis September des Jahres 1940 waren insgesamt 200 Exemplare dieses neuen Jägers an das USAAC geliefert.

Zuvor, im April 1940, hatte man der Fertigung von 185 grundsätzlich ähnlichen Jägern **Hawk 81-A1** für Frankreich Priorität eingeräumt. Keines dieser Flugzeuge verließ die Montagehalle vor dem Zusammenbruch Frankreichs, so daß dieses Baulos statt dessen an Großbritannien ging. Die Lieferung der **Tomahawk Mk I**, wie die Briten dieses Muster nannten, nach England und Takoradi in Westafrika begann Ende 1940. Da die **Tomahawk** für den Kampfeinsatz in Europa nicht stark genug war, wurde die Mehrzahl im Ausbildungsdienst verwendet.

Die nächste Version für die RAF **(Hawk 81-A2)** hieß **Tomahawk Mk IIA** und entsprach im wesentlichen der **P-40B (Modell 81-B)** des USAAC mit selbstdichtenden Kraftstofftanks, Panzerschutz und flächenmontierten 7,7-mm-Maschinengewehren. Der damit verbundene Gewichtszuwachs hatte die Leistung bereits gemindert, und die kugelsicheren Tanks sowie zwei weitere Flächenwaffen der **P-40C** ließen sie noch bedenklicher absinken. Insgesamt 930 Exemplare dieser Version wurden für die RAF **(Hawk 81-A3)** gebaut, denen im Dienst die Bezeichnung **Tomahawk Mk IIB** zufiel. Diese Jäger waren mit amerikanischen Funkgeräten ausgestattet und mit sechs 7,7-mm-Maschinengewehren bewaffnet. Insgesamt 100 dieser **Hawk 81-A3** für die RAF wurden nach China umgeleitet. Davon stießen 90 zur American Volunteer Group (AVG), die von Kunming und Mingaladon aus operierte. Insgesamt 49 Exemplare gingen von den Vereinigten Staaten direkt an die Sowjetunion, während weitere 146 Flugzeuge denselben Empfänger über Großbritannien erreichten. Ein kleineres Kontingent wurde den türkischen Luftstreitkräften zur Verfügung gestellt.

***Curtiss YP-37***

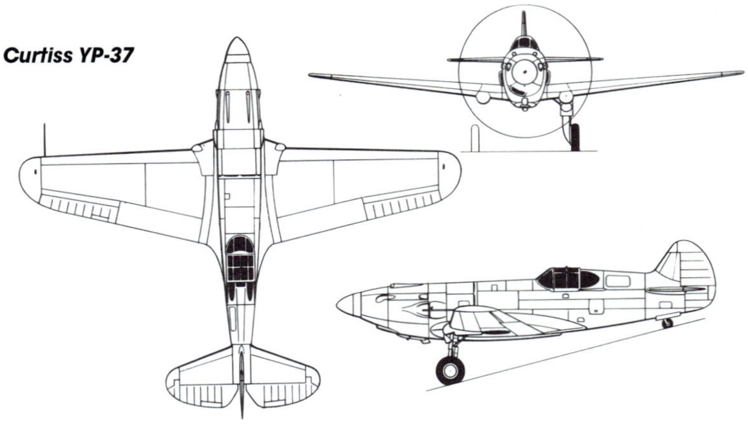

1941 modifizierte man einige amerikanische **P-40** zu Aufklärern mit der Bezeichnung **RP-40**, doch Curtiss hatte bereits die Überarbeitung des Entwurfs **Hawk 81-A** eingeleitet, um die Leistung und Effektivität dieses Jägers zu steigern. Die Änderungen umfaßten den Einbau des Allison-Motors V-1710-39, der seine Nennleistung von 858 kW (1167 PS) bis auf 3565 m Höhe hielt, die Erweiterung des Panzerschutzes, die Bewaffnung mit vier flügelmontierten 12,7-mm-Maschinengewehren und eine Aufhängung für eine 227-kg-Bombe oder einen 200-Liter-Abwurftank unter dem Rumpf. Als **Kittyhawk Mk I**, wie man sie in Großbritannien bezeichnete, flog die Maschine am 22. Mai 1941 zum ersten Mal. Der Hersteller führte diese Version als **Hawk 87-A2**, und das USAAC, das sie im September 1940 ebenfalls bestellte, als **P-40D**. Nur die ersten 22 der an die USAAF gelieferten Flugzeuge hatten die Bewaffnung mit vier flächenmontierten Maschinengewehren, alle nachfolgenden Jäger erhielten sechs Rohrwaffen und die Bezeichnung **P-40E (Modell 87-B2)**. Insgesamt 1500 Exemplare dieser Version **P-40E-1** (**Hawk 87-A3** und **-A4**) beschaffte die USAAF für Großbritannien auf der Grundlage des Lend-Lease-Abkommens. Im britischen Dienst hieß diese Variante **Kittyhawk Mk IA**. Darüber hinaus belieferten die Vereinigten Staaten etliche Commonwealth-Länder mit dieser Version. Weitere **P-40E** gelangten zur AVG des Brigadier General Claire Chennault nach China, wo die mit großem Geschick eingesetzten **P-40** unterschiedlicher Ausführung beachtliche Erfolge gegen japanische Kriegsflugzeuge erzielten. Eine geringe Anzahl **P-40E** wurde außerdem zu zweisitzigen Schulflugzeugen umgebaut. Dabei entfiel der Rumpftank zugunsten des zweiten Cockpits.

Während der nächsten drei Jahre wandte Curtiss enorme Anstrengungen zur Leistungssteigerung der **P-40** auf, so daß sich zahlreiche Varianten (siehe unten) ergaben. Trotz aller Bemühungen, die dem Muster beachtliche Verbesserungen brachten, blieb die Leistung der **Warhawk** hinter der zeitgleicher Jäger der Alliierten wie der Achsenmächte zurück, so daß die Fertigung Ende 1944 auslief.

***Curtiss Kittyhawk Mk III (P-40K-1) der No. 250 (Sudan) Squadron, RAF, Ende 1943 in Süditalien stationiert***

**Varianten**

**P-40A:** nachträgliche Bezeichnung einer einzelnen P-40 (Seriennummer 40-326) mit Luftbildkamera
**XP-40F:** Bezeichnung eines experimentellen Einzelexemplars (Modell 87-B3), das die Zelle der P-40D mit einem Rolls-Royce-Reihenmotor Merlin 28 verband
**P-40F:** Serienversion der XP-40F mit einem 970 kW (1300 PS) starken V-1650-1 Merlin von Packard; mehr als 1300 Flugzeuge wurden gebaut
**XP-40G:** Einzelprototyp (Modell 81-AG) mit geänderter Bewaffnung und anderem Tankkonzept
**P-40G:** 43 P-40, die nachträglich das Tragwerk der Tomahawk Mk IIA erhielten; 16 Exemplare gingen Ende 1941 nach Rußland; im Oktober 1942 wurden die Maschinen der amerikanischen Streitkräfte in RP-40G umbezeichnet
**P-40J:** Bezeichnung für eine vom Allison-Ladermotor angetriebene Version, die nicht gebaut wurde
**P-40K:** praktisch eine verbesserte Version der P-40E mit dem Allison-Triebwerk V-1710-73; gebaut wurden 1300 Exemplare, darunter 21 Kittyhawk Mk III für die RAF
**P-40L:** ähnlich wie die P-40F, abgesehen von geänderten Ausrüstungskomponenten; 700 Exemplare wurden gebaut
**P-40M:** ähnlich wie die P-40K, jedoch mit Allison V-1710-71 als Antrieb und Detailverbesserungen; fast 400 Exemplare wurden für die RAF gefertigt, die ihnen die Bezeichnung Kittyhawk Mk III zuteilte
**P-40N:** Haupt- und zugleich Schlußserie mit 5200 Flugzeugen (Modell 87V und Modell 87W); Leistungssteigerung durch Gewichtseinsparungen und Einsatz des Allison-Triebwerks V-1710-81 beziehungsweise der späteren Motorversionen -99 und -115; während der Fertigung bessere Ausrüstungsgegenstände und Gewichtsreduzierung eingeführt; wurde auch nach Australien, China, Südafrika, Großbritannien (RAF-Bezeichnung Kittyhawk Mk IV) und an die Sowjetunion geliefert
**P-40P:** anfängliche Bezeichnung für 1500 Flugzeuge, die mit V-1650-1-Motor bestellt waren, letztendlich aber als P-40N mit V-1710-81 fertiggestellt wurden
**XP-40Q:** Bezeichnung zweier P-40K und einer P-40N, die umfassend zur Modell 87X modifiziert wurden; herausragende Änderungen zur Leistungssteigerung waren ein Zweistufenlader und ein blasenförmiges Cockpitdach
**P-40R:** neue Bezeichnung der P-40F und P-40L nach ihrer Umrüstung zu Schulflugzeugen im Jahre 1944; Allison-Motor statt des ursprünglichen Merlin von Packard
**TP-40:** Bezeichnung einiger P-40 nach ihrem Umbau zu Doppelsitzern zur Umschulung von Flugzeugführern
**Twin-Engined P-40:** 1942 vorgeschlagene zweimotorige Version; Nachbildung einer P-40C mit zwei Merlin-Triebwerken (der P-40F/Kittyhawk Mk II) auf den Tragflächen über den Hauptfahrwerksbeinen
**Kittyhawk Mk II:** Bezeichnung der RAF für 330 P-40F und P-40L, die sie nach dem Lend-Lease-Abkommen erhalten hatte; die ersten 230 Maschinen sind auch als Kittyhawk Mk IIA bekannt
**Modell 81-AC:** 40 nach britischen Angaben umgerüstete P-40C
**Modell 81-AG:** auf den Standard P-40G umgerüstete P-40 und das Versuchsflugzeug XP-40G
**Modell 87:** erstes Baulos der P-40D
**Modell 87-A1:** für Frankreich bestimmtes Flugzeugkontingent unbekannter Größenordnung; nicht ausgeliefert
**Modell 87-A5:** spezielle Unterversion der Modell 87-A4

***Curtiss P-40N (Kittyhawk Mk IV)***

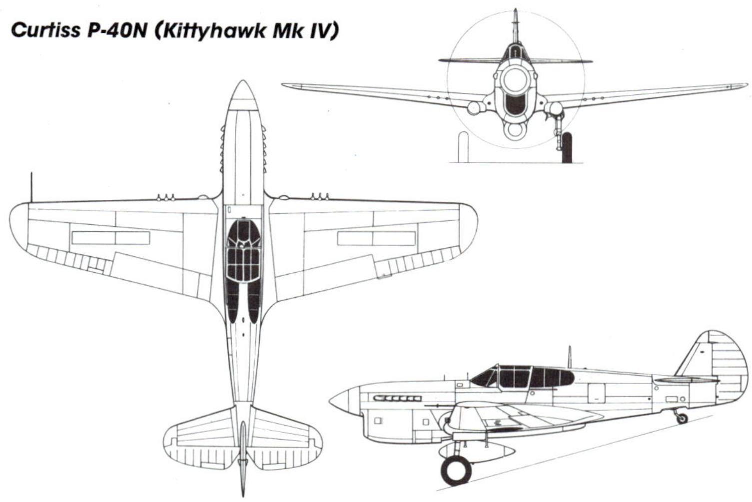

**TECHNISCHE DATEN**
**Curtiss P-40N**

**Typ:** einsitziger Jagdbomber
**Triebwerk:** ein Reihenmotor Allison V-1710-81 mit 895 kW (1217 PS)
**Leistung:** Höchstgeschwindigkeit 552 km/h in 4570 m Höhe; Steigzeit auf 4265 m 6 Minuten und 42 Sekunden; Dienstgipfelhöhe 9450 m; Reichweite mit Zusatztank in 3050 m Höhe 1738 km
**Gewicht:** Leermasse 2812 kg; max. Startmasse 4014 kg
**Abmessungen:** Spannweite 11,38 m; Länge 10,16 m; Höhe 3,76 m; Tragflügelfläche 21,92 m²
**Bewaffnung:** sechs 12,7-mm-Maschinengewehre und eine Bombenlast von 680 kg

# Curtiss Modell 82 (SO3C-2)

1937 holte die US Navy Angebote für ein Eindecker-Erkundungsflugzeug ein, das der im Einsatz befindlichen Curtiss SOC Seagull deutlich überlegen wäre. Da das Muster sowohl schiffs- als auch landgestützt operieren sollte, mußte es ein rasch austauschbares Schwimmer-/Radfahrgestell aufweisen. Aus den eingegangenen Vorschlägen wählte die US Navy die von Curtiss und Vought aus und gab im Mai 1938 den Auftrag zur Konstruktion der jeweiligen Prototypen **XSO3C-1** und **XSO2U-1**. Letzterer (140), angetrieben von einem Ranger XV-770-4 mit 410 kW (558 PS), unterlag im Vergleichsfliegen dem Curtiss-Prototyp, der als **Curtiss Modell 82** in Serie gehen sollte. Die **XSO3C-1** aber litt unter gravierender Instabilität, die man schließlich durch die Einführung nach oben abgewinkelter Flächenenden und größerer Leitwerksflächen beheben konnte. Das Ergebnis in Gestalt der Landversion war das häßlichste Flugzeug, das Curtiss jemals gebaut hat. Die abgesehen von den stoffüberzogenen Kontrollflächen durchweg aus Metall konstruierte **XSO3C-1** nahm ihre zweiköpfige Besatzung in geschlossenen Tandem-Cockpits

***Die SO3C-1 konnte als Schwimmerflugzeug oder mit Radfahrwerk operieren. Die aufgerichteten Flächenenden setzten den Stabilitätsproblemen ein Ende.***

auf. Das Schwimmer-Fahrgestell bestand aus einem großen, einfach gestuften Hauptschwimmer unter dem Rumpf und zwei abgestrebten Stabilisierungsschwimmern unter den Endflächen. Am Radfahrwerk fielen große, stromlinienförmige Verkleidungen auf. Der Prototyp **XSO3C-1** flog erstmals am 6. Oktober 1939. Für seinen Antrieb und den der Serienversion **SO3C-1 (Curtiss Modell 82A)**, anfänglich ebenfalls **Seagull** genannt, sorgte ein Ranger V-770-6 mit 388 kW (528 PS).

Im Juli 1942 erfolgte die Indienststellung der seriengefertigten **SO3C-1** an Bord der USS Cleveland. Nach rund 300 Flugzeugen wurde die Produktion auf die **SO3C-2** umgestellt. Diese **Modell 82B** unterschied sich vom Vorgänger durch ihre Spezialausrüstung für den Trägereinsatz, wie etwa einen Fanghaken, und durch ein mit 227 kg belastbares Bombenschloß unter dem Rumpf der Landversion. Insgesamt 456 **SO3C-2** wurden gefertigt, von denen 250 für Großbritannien nach der Lend-Lease-Vereinbarung bestimmt waren (britische Aufzeichnungen belegen allerdings nur den Empfang von 100 Exemplaren). Die Bezeichnung der eigentlich für die Royal Navy geplanten Version lautete **SO-3C-1B (Modell 82B)**, tatsächlich aber wurden **SO3C-2C** mit stärkerem Antrieb, hydraulischen Bremsen bei Landflugzeugen und anderen Verfeinerungen geliefert. Den britischen Namen dieser Flugzeuge, **Seamew**, übernahm später auch die US Navy. Großbritannien setzte dieses Muster allerdings nie zum Kampf ein, sondern es flog bei No. 744 und No. 745 Training Squadron in Yarmouth, Kanada, und Worthy Downs, New Hampshire, zur Einweisung von Bordschützen/Bordfunkern.

Die unbefriedigende Leistung der **SO3C-1** veranlaßte die US Navy, den Typ von den Einsatzverbänden abzuziehen. Zahlreiche Maschinen wurden zu funkgesteuerten Luftzielen mit der Bezeichnung **SO3C-1K** umgebaut und 30 Exemplare

Großbritannien zur Verfügung gestellt, wo sie **Queen Seamew** hießen und die Zielflugzeugflotte der de Havilland Queen Bee verstärkten. Curtiss bemühte sich, die Situation zu retten, und brachte Ende 1943 eine leichtere Version mit dem stärkeren Motor SGV-770-8 heraus. Von dieser **SO3C-3 (Modell 82C)** wurden aber nur noch 39 Exemplare gebaut, bevor man die Produktion im Januar 1944 endgültig einstellte. Die geplante Einführung einer **SO3C-3** mit Fanggeschirr und die Fertigung der **SO3C-1** als **SOR-1** durch die Ryan Aeronautical Corporation entfielen.

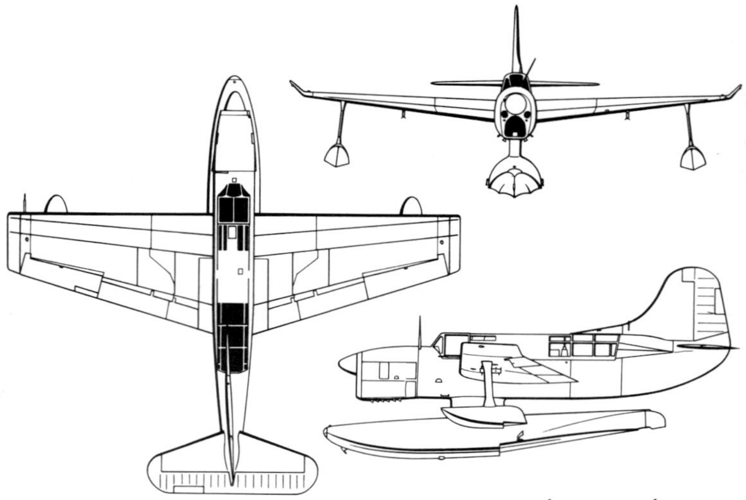

***Curtiss SO3C-1/2 Seagull/ Seamew***

### TECHNISCHE DATEN
**Curtiss SO3C-2C (Schwimmerflugzeug)**

**Typ:** zweisitziges Erkundungs- und Beobachtungsflugzeug
**Triebwerk:** ein Reihenmotor Ranger SGV-770-8 mit 447 kW (608 PS)
**Leistung:** Höchstgeschwindigkeit 277 km/h in 2470 m Höhe; Marschgeschwindigkeit 201 km/h; Dienstgipfelhöhe 4815 m; Reichweite 1851 km
**Gewicht:** Leermasse 1943 kg; max. Startmasse 2599 kg
**Abmessungen:** Spannweite 11,58 m; Länge 11,23 m; Höhe 4,57 m; Tragflügelfläche 26,94 $m^2$
**Bewaffnung:** ein vorwärtsfeuerndes 7,62-mm-Maschinengewehr und ein schwenkbares 12,7-mm-Maschinengewehr plus zwei 45-kg-Bomben oder 147 kg Wasserbomben unter den Tragflächen

# Curtiss Modell 84 (SB2C Helldiver)

Der erste Marinejäger aus dem Hause Curtiss, der den Namen Helldiver trug, war der Doppeldecker F8C/O2C der frühen dreißiger Jahre. Ende der dreißiger Jahre führte die SBC Helldiver, der letzte für die amerikanischen Streitkräfte gebaute Doppeldecker, die Reihe fort. Der letzte und berühmteste Träger dieses Namens aber war die SB2C Helldiver der frühen vierziger Jahre, das letzte von Curtiss für das US Marine Corps und die US Navy gefertigte Kriegsflugzeug und zugleich der meistgebaute US-Marine-Sturzkampfbomber.

1938 leitete die US Navy die Beschaffung eines neuen Erkundungsbombers (Scout-Bomber) ein als Ersatz für den Doppeldecker **SBC Helldiver**, der sich weiterhin in der Fertigung befand. Unter mehreren Herstellern erhielten Brewster und Curtiss den Auftrag zur Konstruktion eines Prototyps ihrer eingereichten Entwürfe. Brewsters XSB2A-1 ging als SB2A Buccaneer in Serie. Der Curtiss-Prototyp **XSB2C-1(1758)** oder **Curtiss Modell 84** hob erstmals am 18. Dezember 1940 vom Boden ab, ging aber Anfang Januar 1941 bei einem Flugunfall verloren. Die US Navy setzte jedoch so großes Vertrauen in dieses Muster, daß sie bereits am 29. November 1940 eine Großserie genehmigt hatte. Die erste Serienmaschine **SB2C-1** stand allerdings erst im Juni 1942 zum Erstflug bereit. Die ausgedehnte Entwicklungsperiode ergab sich in erster Linie aus einem Auftrag der US Army vom April 1941 für 900 **A-25A Shrike**. Diese **Modell S84**, grundsätzlich der **SB2C-1** ähnlich, verursachte eine Verzögerung, weil der Entwurf und die Ausrüstung den Anforderungen von Heer wie Marine genügen sollte. Letztendlich stellte die US Army aber nur wenige **A-25A** in Dienst, denn die Mehrzahl wurde dem US Marine Corps als **SB2C-1A** zugewiesen.

Im Dezember 1942 liefen die ersten seriengefertigten **SB2C-1** der US Navy Squadron VS-9 zu, doch es verging weitere Zeit, bis die optimale Kampfauslegung schließlich gefunden war, so daß es erst Ende 1943 zur Einsatzverwendung kommen konnte

Die **SB2C** war ein freitragender Tiefdekker, der fast vollständig aus Metall bestand. Zur Unterbringung auf Flugzeugträgern ließen sich die Außenflächen hochklappen. Die Landeklappen an der Hinterkante waren perforiert und als Spreizklappen ausgeführt, damit sie als Sturzflugbremsen dienen konnten. Ungefähr gleich weit wie die Querruder waren Nasenklappen gespannt, die automatisch betätigt wurden, wenn das Fahrwerk ausfuhr, damit die Querruder nicht bei niedrigen Geschwindigkeiten an Wirksamkeit verloren. Das breitspurige Einziehfahrwerk ergänzte ein halbwegs verstaubares Spornrad. Fanghaken und Katapultstartspulen gehörten zur Standardausrüstung, die aber bei der **A-25A** für die US Army ebenso wie die Faltbarkeit der Flächen entfielen. Den Antrieb des Prototyps und der **SB2C-1** lieferte ein 14-Zylinder-Doppelsternmotor vom Typ Wright R-2600-8 Cyclone mit 1268 kW (1724 PS). Die Bewaffnung umfaßte vier 12,7-mm-Maschinengewehre in den Flächen, zwei 7,62-mm-Maschinengewehre im hinteren Cockpit und eine Bombenlast von bis zu 454 kg im internen Waffenschacht der Rumpfwanne.

Nur 26 Exemplare flogen im Zweiten Weltkrieg für Fremdstreitkräfte, da dieser Typ für die US Navy auf dem pazifischen Kriegsschauplatz äußerst wertvoll war.

***Eine Curtiss SB2C-3 vom Flugzeugträger der Task Force 58, US Navy, auf einem Patrouillenflug im Raum Saipan (Marianen-Inseln) vor der Invasion im August 1944***

***SBW-1B Helldiver (Curtiss SB2C-1) der kanadischen Car & Foundry Company***

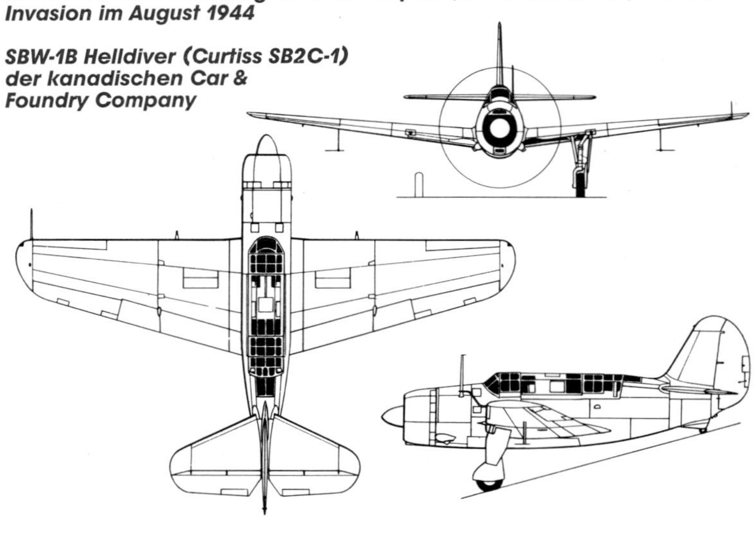

**Varianten**

**SB2C-1C:** Bei zahlreichen SB2C-1 wurden die vier flächenmontierten Maschinengewehre durch zwei 20-mm-Kanonen ersetzt; der angehängte Zusatzbuchstabe „C“ stand für „Cannon“ (Kanonenbewaffnung); Herstellerbezeichnung Modell 84A

**XSB2C-2:** Prototyp eines experimentellen Fernseeflugzeugs durch Umrüstung einer frühen SB2C-1 mit Zwillingsschwimmern und Spezialausrüstung (84C)

**SB2C-3:** zweite Serienversion oder Modell 84E mit stärkerem R-2600-20-Motor und Detailverbesserungen; insgesamt 1112 Flugzeuge wurden gebaut

**SB2C-4:** Hauptbaureihe der Modell 84F mit insgesamt 1985 Serienflugzeugen; die Version unterschied sich durch Halterungen für vier 127-mm-Raketen oder eine 227-kg-Bombe pro Seite an der Unterseite der Tragflächen

**SB2C-4E:** Bezeichnung einer unbekannten Zahl SB2C-4 mit Radarausrüstung für Nachteinsätze

**SB2C-5:** letzte Curtiss-Serienversion (Modell 84G) mit erweiterter Tankkapazität; 970 Flugzeuge wurden gebaut

**XSB2C-6:** zwei Modell 84H-Prototypflugzeuge mit 1566 kW (2130 PS) starkem R-2600-22-Motor, verlängertem Rumpf, geraden Flächenenden und erhöhter Treibstoffkapazität; nicht produziert

**SBF-1:** von der Fairchild Aircraft Corporation in Kanada produziertes Äquivalent der SB2C-1C für die US Navy; insgesamt 50 Flugzeuge

**SBF-3:** insgesamt 150 von Fairchild, Kanada, gefertigte Flugzeuge, die der SB2C-3 entsprachen

**SBF-4E:** insgesamt 100 gemäß Standard SB2C-4E von Fairchild, Kanada, gebaute Maschinen

**SBW-1:** die SBW-Bezeichnung galt für die von der kanadischen Car & Foundry Company gefertigten Helldiver; Äquivalent der SB2C-1C; 40 Exemplare

**SBW-1B:** Bezeichnung der 450 für die Royal Navy geplanten SBW-1; der nachgestellte Buchstabe „B“ bedeutete „British“; nur 26 solcher Flugzeuge wurden gefertigt und an die RN als Helldiver Mk I ausgeliefert, aber nicht im Kampf eingesetzt

**SBW-3:** insgesamt 413 nach SB2C-3-Standard gebaute Flugzeuge

**SBW-4E:** insgesamt 96 Flugzeuge wurden entsprechend der SB2C-4E gebaut und weitere 174 Exemplare nicht als SBW-1B, sondern als SBW-4E fertiggestellt

**SBW-5:** insgesamt 86 entsprechend der SB2C-5 gefertigte Flugzeuge

### TECHNISCHE DATEN
**Curtiss SB2C-4**

**Typ:** zweisitziger, trägergestützter Marine-Sturzkampfbomber und Aufklärer
**Triebwerk:** ein 14-Zylinder-Doppelsternmotor Wright R-2600-20 Cyclone mit 1417 kW (1927 PS)
**Leistung:** Höchstgeschwindigkeit 475 km/h in 5090 m Höhe; Marschgeschwindigkeit 254 km/h; Dienstgipfelhöhe 8870 m; Reichweite 1875 km
**Gewicht:** Leermasse 4784 kg; max. Startmasse 7537 kg
**Abmessungen:** Spannweite 15,16 m; Länge 11,18 m; Höhe 4,01 m; Tragflügelfläche 39,20 $m^2$
**Bewaffnung:** zwei 20-mm-Kanonen in den Flächen und zwei 7,62-mm-Maschinengewehre im hinteren Cockpit sowie eine Höchstlast von 907 kg Bomben im internen Waffenschacht und an Halterungen unter den Tragflächen

## Curtiss Modell 90/95 (Serie XP-60) bis Curtiss-Wright CW-20 (C-46 Commando)

**Der Jäger XP-60 wurde mit stärkerer Motorisierung aus einer dem Modell 87 entstammenden Flugzelle entwickelt, war aber ein Fehlschlag. 1928 kaufte Curtiss die Robertson Airlines und 1929 die Travel Air Manufacturing Company. 1936 entstand die St. Louis Airplane Division von Curtiss-Wright, deren letzte erfolgreiche Konstruktion die SC Seahawk war.**

# Curtiss Modell 90/95 (Baureihe XP-60)

Nachdem 1940 die Serie P-40 angelaufen war, bemühte sich Curtiss um eine verbesserte Version mit überlegener Leistung. Der Vorschlag, der beim USAAC erstes Interesse weckte, betraf eine Variation der P-40 mit modifiziertem Tragwerk, einer Bewaffnung von acht Maschinengewehren und einem Reihenmotor mit hängenden Zylindern in Form des Continental XIV-1430-3. Diesem Projekt fiel die Bezeichnung Modell 88 zu.

Am 1. Oktober 1940 erhielt Curtiss den Auftrag zur Konstruktion zweier Prototypen. Curtiss war erst wenig vorangekommen, als das USAAC bereits eines dieser Flugwerke mit einem installierten Merlin-Motor von Rolls-Royce zu prüfen wünschte. Der zweite XP-53-Prototyp wurde daher gestrichen und ein neuer Auftrag zur Konstruktion der Merlin-Version **(Modell 90)** als **XP-60** erteilt. Diese Maschine hatte Vorrang, so daß sie mit eingebautem Merlin 28 bereits am 18. September 1941 erstmals flog. Mit Allison V-1710-75 mit Turbolader als Vorgabe erhielt Curtiss am 31. Oktober 1941 den Auftrag, 1950 Serienjäger **P-60A** zu fertigen. Dies war der Beginn einer leidigen Geschichte, die sich bis 1944 hinzog.

Curtiss warnte die USAAF, daß die **P-60A** mit V-1710-75-Antrieb den gestellten Leistungsanforderungen sicher nicht genügen könne, und der **P-60A**-Vertrag wurde storniert. Am 2. Januar 1942 erging die Weisung, statt dessen je ein Exemplar dreier unterschiedlicher Prototypen zu konstruieren, die **XP-60A, XP-60B** und **XP-60C (Modell 95A, 95B und 95C)** mit einem Allison V-1710-75 und Turbolader von General Electric, einem V-1710-75 und Turbolader von Wright bzw. einem Chrysler-Reihenmotor XIV-2220 als Antrieb. Da Curtiss von Problemen mit dem letztgenannten Triebwerk wußte, schlug das Unternehmen den R-2800 Double Wasp von Pratt & Whitney in Verbindung mit gegenläufigen Propellern als Alternative vor. Die USAAF war einverstanden. Da zu dem Zeitpunkt aber kein Triebwerk mit geeignetem Untersetzungsgetriebe und gegenläufigen Luftschrauben verfügbar war,

***Der Curtiss XP-60E diente ein R-2800-Sternmotor als Antrieb und der früheren XP-60A ein V-1710-Reihenmotor.***

wurde ein R-2800-10 mit Vierblatt-Einzelpropeller eingebaut. Dieses Flugzeug erhielt die Bezeichnung **XP-60E (Modell 95D)**. Unter **XP-60D** führte man den zwischenzeitlich auf einen Merlin 61 ummotorisierten ersten Prototyp **XP-60**.

Die **XP-60C** mit einem R-2800-53 und gegenläufigen Propellern hob schließlich am 27. Januar 1943 vom Boden ab, während sich der Erstflug der **XP-60E** durch Änderungen hinsichtlich des Motoreinbaus verzögerte. Insofern kam es für das Unternehmen recht überraschend, als die USAAF Ende 1943 forderte, das letztgenannte Flugzeug innerhalb von vier Tagen zur Truppenerprobung bereitzustellen. Ohne ihren Jungfernflug absolviert zu haben, wurde die Maschine hastig vorbereitet und nach Patterson Field überführt. Der dortige Leistungsnachweis war so enttäuschend, daß die US Army jegliches Interesse an diesem Muster verlor. Als einzige Hoffnung verblieb das Einzelexemplar **YP-60E**, angetrieben von einem Pratt & Whitney R-2800-18 mit 1566 kW (2130 PS). Diese Maschine schwang sich erstmals am 13. Juli 1944 in die Luft, doch auch sie wurde bereits nach dem zweiten Flug wieder aufgegeben.

**TECHNISCHE DATEN**
**Curtiss XP-60C**

**Typ:** einsitziger Abfangjäger
**Triebwerk:** ein Sternmotor Pratt & Whitney R-2800-53 Double Wasp mit 1491 kW (2028 PS)
**Leistung:** Höchstgeschwindigkeit 666 km/h in 6205 m Höhe; Steigzeit auf 9145 m 6 Minuten; Dienstgipfelhöhe 11.550 m; Reichweite 507 km
**Gewicht:** Leermasse 3945 kg; max. Startmasse 4892 kg
**Abmessungen:** Spannweite 12,59 m; Länge 10,34 m; Höhe 3,77 m; Tragflügelfläche 25,56 m²
**Bewaffnung:** vier 12,7-mm-Maschinengewehre in den Tragflächen

# Curtiss Modell 96/98 (XBTC/XBT2C)

Ende 1943 erhielt Curtiss den Auftrag der US Navy, zwei Prototypen eines neuen Torpedobombers mit der Bezeichnung **XBTC-1** zu konstruieren. Der schnittige Tiefdecker **Curtiss Modell 96** hatte Außenflächen mit beträchtlicher positiver V-Stellung, ein einziehbares Spornrad-Fahrwerk sowie einen 2237 kW (3042 PS) starken Sternmotor R-4360-14 Wasp Major von Pratt & Whitney, und die erwartete Leistung stellte einen Serienauftrag in Aussicht. Noch vor dem Erstflug wurde eine leicht geänderte Version des R-4360 installiert, was die Umbezeichnung **XBTC-2** ergab. Curtiss mußte sich jedoch den Produkten von Douglas und Martin, der AD-1 Skyraider und AM Mauler, geschlagen geben.

Im März 1945 sicherte sich Curtiss einen Auftrag über zehn grundsätzlich ähnliche **XBT2C-1**. Diese **Modell 98** unterschied

***Die XBTC-2 war ein leistungsstarker Torpedobomber mit schwerer Waffenzuladung. Seine Einführung scheiterte an den Konkurrenzmustern derselben Kategorie von Douglas und Martin.***

sich von den Vorgängern durch einen Wright-Sternmotor R-3350-24 schwächerer Leistung, eine reduzierte Bewaffnung, eine Zweimann-Kanzel und ein Suchradar unter der Steuerbordtragfläche. Nur neun der zehn bestellten Maschinen wurden gefertigt, zugleich die letzten Flugzeuge, die Curtiss für die US Navy gebaut hat.

**TECHNISCHE DATEN**
**Curtiss XBT2C-1**

**Typ:** ein-/zweisitziger Torpedobomber
**Triebwerk:** ein Sternmotor Wright R-3350-24 mit 1864 kW (2535 PS)
**Leistung:** Höchstgeschwindigkeit 531 km/h in 5180 m Höhe; Dienstgipfelhöhe 8015 m; Reichweite 2108 km
**Gewicht:** Leermasse 5565 kg; max. Startmasse 8618 kg
**Abmessungen:** Spannweite 14,50 m; Länge 11.94 m; Höhe 3,68 m; Tragflügelfläche 38,65 m²
**Bewaffnung:** zwei 20-mm-Kanonen und eine Bombenlast von bis zu 907 kg oder ein Torpedo

# Curtiss Modell 97 (SC Seahawk)

Die Entwicklung der **Curtiss SC Seahawk** begann im Juni 1942, als die US Navy das Unternehmen aufforderte, Angebote für ein modernes Marineaufklärungsflugzeug mit Rad- und Schwimmerfahrgestell einzureichen. Das rasch wechselbare Fahrgestell sollte sicherstellen, daß dieses Muster sowohl von Flugzeugträgern als auch von Landstützpunkten aus oder von Schlachtschiffen per Katapultstart eingesetzt werden konnte. Im übrigen war die Seahawk als Nachfolgemuster für die recht ähnlichen Typen Curtiss Seamew und Vought Kingfisher von 1937 gedacht. Am 1. August 1942 legte Curtiss den Entwurf der **Modell 97** vor, doch erst am 31. März 1943 konkretisierte sich ein Fertigungsauftrag für zwei Prototypen **XSC-1 (Modell 97A)**.

Die **SC Seahawk** als freitragender Tiefdecker in Ganzmetallbauweise wies faltbare Tragflächen auf, deren Außenteile deutlich nach oben abgewinkelt und mit Stabilisierungsschwimmern ausgestattet waren. Der Hauptschwimmer, zugleich teilweise als Zusatztank ausgeführt, und das Radfahrwerk hatten gemeinsame Lagerungs- und Montageorte. Für den Antrieb sorgte ein 9-Zylinder-Sternmotor Wright R-1820-62 Cyclone.

Der erste Prototyp startete am 16. Februar 1944 zum Jungfernflug. Ihm folgten 500 Serienflugzeuge **SC-1 (Modell 97B)**, gemäß einer Bestellung vom Juni 1943. Sämtliche Maschinen wurden als Landflugzeuge geliefert, und die Stabilisierungs- und Edo-Hauptschwimmer kaufte die US Navy separat je nach Bedarfslage. Die Lieferung der Serienflugzeuge begann im Oktober 1944, wobei die ersten Exemplare Einheiten an Bord der „USS Guam" zugeführt wurden. Eine Anschlußserie mit 450 **SC-1** ging in Auftrag, doch bis zur Streichung der Beschaffung am Kapitulationstag Japans waren erst 66 Maschinen ausgeliefert.

Eine verbesserte Version wurde entwickelt, deren Hauptmerkmale ein R-1820-76-Antrieb mit einer Leistung von 1063 kW (1445 PS), eine Vollsicht-Formhaube und ein Klappsitz hinter dem Piloten bildeten. Der modifizierte Prototyp, zunächst **XSC-1A** und später **XSC-2 (Modell 97C)** bezeichnet, führte zu einem Auftrag für die entsprechende Serienversion **SC-2 (Modell 97D)**, doch bis Kriegsende waren nur zehn Exemplare ausgeliefert.

***Dieses Flugzeug ist das zweite Exemplar der ersten SC-1-Baureihe von 500 Seahawk. Das Muster trat die Nachfolge der Kingfisher und Seamew an, die von Schlachtschiffen per Startkatapult eingesetzt wurden.***

**TECHNISCHE DATEN**
**Curtiss SC-1**

**Typ:** einsitziges Aufklärungs- und U-Bootabwehrflugzeug
**Triebwerk:** ein 9-Zylinder-Sternmotor Wright R-1820-62 Cyclone mit 1007 kW (1369 PS)
**Leistung:** Höchstgeschwindigkeit 504 km/h in 8715 m Höhe; Marschgeschwindigkeit 201 km/h; Dienstgipfelhöhe 11.370 m; Reichweite 1006 km
**Gewicht:** Leermasse 2867 kg; max. Startmasse 4082 kg
**Abmessungen:** Spannweite 12,50 m; Länge 11,09 m; Höhe 3,89 m; Tragflügelfläche 26,01 m²
**Bewaffnung:** zwei 12,7-mm-Maschinengewehre und zwei Aufhängungen unter den Flächen für eine Bombenlast von insgesamt 295 kg

# Curtiss-Wright CW-19/23

George Page entwarf die **CW-19L Coupe** als modernes zweisitziges Flugzeug in der Auslegung eines freitragenden Tiefdekkers in Metallbauweise für die zivile Luftfahrt. Die 1935 mit einem 67 kW (91 PS) starken Lambert-Motor gebaute Maschine wies bei den ersten Testflügen nach, daß sie zwar manövrierbar, aber untermotorisiert war. Bei der **CW-19W** blieb die Kabine mit nebeneinander angeordneten Sitzen erhalten, aber der Lambert-Motor wich einem Warner Super Scarab mit 108 kW (147 PS). Die militärische Version **CW-19R** war ein grundlegender Neuentwurf für den Exportmarkt. Die zweiköpfige Besatzung saß hintereinander im Hauptrumpf unter einer langgestreckten Schiebehaube. Als Bewaffnung sollten ein vorwärtsfeuerndes, synchronisiertes Maschinengewehr und für den Beobachter auf dem hinteren Sitz eine ähnliche Waffe auf Schwenklafette dienen. Für den Erdkampf ließen sich zusätzlich leichte Bomben an Halterungen unter den Flächen und zusätzliche Maschinenkanonen an den Fahrwerksverkleidungen anbringen.

Die Führungsriege von Curtiss-Wright war überzeugt, daß die **CW-19R** den Anforderungen eines Mehrzweckjägers, Aufklärers und Erdkampfflugzeugs genügen würde. Am Ende zeigte sich jedoch ein äußerst bescheidener Absatz. Der Antrieb war erheblich gesteigert, denn der Wright R-760E2 (J-6-7) der CW-19R erzeugte 261 kW (355 PS) und das Alternativtriebwerk R-975E3 (J-6-9) sogar 336 kW (457 PS).

Eine unbewaffnete Trainerversion der **CW-19R** wurde als **CW-A19R** produziert. Es entstanden drei Exemplare, von denen eines später zur CW-22 umgerüstet wurde. Die einzelne CW-23 leitete sich von der **CW-19R** ab. Sie hatte einen R-1340-Wasp-Sternmotor mit 447 kW (608 PS) von Pratt & Whitney sowie ein nach innen einziehendes Fahrwerk und war als Schulflugzeug der US Army für die Eingangskampf- und Waffenausbildung vorgesehen. Die Prüfung nach dem Abnahmeflug 1939 ergab eine Ablehnung.

***Ein CW-19R-Nutzflugzeug der ecuadorianischen Luftstreitkräfte. Es konnte leichte Bomben mitführen, und außer der synchronisierten Bugwaffe ließen sich zusätzliche Maschinengewehre montieren.***

**TECHNISCHE DATEN**
**Curtiss-Wright CW-19R**

**Typ:** zweisitziger leichter Jäger/Jagdbomber
**Triebwerk:** ein Sternmotor Wright R-760F2 Whirlwind mit 261 kW (355 PS)
**Leistung:** Höchstgeschwindigkeit 298 km/h; Anfangssteiggeschwindigkeit 9,6 m/sec
**Gewicht:** Leermasse 904 kg; max. Startmasse 1588 kg
**Abmessungen:** Spannweite 10,67 m; Länge 8,03 m; Höhe 2,49 m; Tragflügelfläche 16,16 m²
**Bewaffnung:** zwei 7,7-mm-Maschinengewehre und Vorrichtungen für zwei weitere Maschinengewehre an den Außenseiten der Fahrwerksverkleidungen plus leichte Bomben an Halterungen unter den Tragflächen

# Curtiss-Wright CW-20 (C-46 Commando)

Am 26. März 1940 flog bei Curtiss-Wright der Prototyp eines 36sitzigen Passagierflugzeugs mit der Herstellerbezeichnung **CW-20**. Der großvolumige Rumpf zog das Interesse der US Army für den Truppen-, Fracht- und Verwundetentransport auf sich, und sie gab eine militärische Version mit R-2800-43-Triebwerken je 1491 kW (2028 PS) von Pratt & Whitney zur Serienfertigung als **C-46** mit dem Beinamen **Commando** in Auftrag. Als das erste Exemplar der **Modell CW-20B** im Juli 1942 in Dienst gestellt wurde, war dies das größte und schwerste zweimotorige Muster im Verfügungsbestand der USAAF. Auf dem pazifischen Kriegsschauplatz erwies sich die Commando als so wertvoll, daß bis zur Einstellung der Produktion weit mehr als 3000 Exemplare entstanden.

Von verschiedenen Motortypen und wenigen Kabinenfenstern abgesehen, unterschieden sich die ersten **C-46** kaum vom **CW-20**-Prototyp. Die nachfolgende **C-46A** hatte eine große Frachtklappe an der Backbordseite des Hinterrumpfs, einen verstärkten Frachtboden und Klappsitze für 40 Soldaten. Pratt & Whitney R-2800-51 gleicher Leistung hatten die R-2800-43 der **C-46** ersetzt und die Höhenleistung verbessert. Diesem Faktor sollte große Bedeutung zukommen, als die **C-46A** Nachschub von Indien über den Himalaya nach China transportierte, nachdem die „Burma-Route" gesperrt war. Die **Commando** überwanden das Gebirge leichter als die C-47 und trugen somit wesentlich zum Erfolg der Luftbrükke bei, über die das notwendige Kriegsmaterial nach China geschafft wurde.

Im pazifischen Raum spielte die **Commando** eine bedeutende Rolle beim „Rösselsprung" von Insel zu Insel, der in der Kapitulation Japans gipfelte. An diesen Operationen waren 160 **R5C-1** des US Marine Corps (ähnlich den **C-46A** der USAAF) beteiligt. Zu den späteren Versionen für die USAAF zählten die **C-46D (CW-20B-2)** als Truppentransporter mit einer zusätzlichen Einstiegstür auf der rechten Seite (1610 Serienexemplare), die **C-46E (CW-20B-3)** als Nutzflugzeug mit dem Türkonzept der **C-46A** und der abgestuften Windschutzscheibe der **XC-46B** (17 Serienexemplare), die **C-46F (CW-20B-4)** als Frachtmaschine mit Türen auf beiden Seiten und rechteckig geschnittenen Flächenenden sowie eine einzelne **C-46G (CW-20B-5)**, die die abgestufte Cockpitverglasung und die geraden Flächenenden in sich vereinte. Die USAAF/USAF ebenso wie das US Marine Corps hielten die **Commando** auch nach dem Ende des Zweiten Weltkriegs weiterhin im Dienst. Die USAF setzte die **C-46** sowohl im Koreakrieg als auch in der ersten Phase der Kampfhandlungen in Vietnam ein. Selbst heute fliegt noch eine kleine Zahl für zivile Betreiber, hauptsächlich Frachtfluggesellschaften in Mittel- und Südamerika.

**Varianten**

**CW-20T:** Originalprototyp mit V-Stellung des Höhenleitwerks, geteiltem Seitenleitwerk und Wright-Sternmotoren R-2600 Twin Cyclone je 1268 kW (1724 PS)

**CW-20A:** modifizierter Originalprototyp mit Höhenleitwerk ohne V-Stellung, einer Seitenflosse/Ruder und Detailverbesserungen; nach der Bewertung als C-55 durch die US Army ging er an den Hersteller zurück, der ihn an BOAC verkaufte

**CW-20B-1:** Umrüstung einer einzelnen C-46A zur Tauglichkeitsprüfung des abgestuften Windschutzscheibenkonzepts; Antrieb in Form zweier Sternmotoren R-2800-34W je 1567 kW (2130 PS) und Dienstbezeichnung XC-46B

**CW-20E:** projektierte Version AC-46K mit Wright-Sternmotoren R-3350-BD je 1865 kW (2536 PS)

**CW-20G:** Bezeichnung einer einzelnen C-46A nach ihrer Umrüstung zum Versuchsträger für die Propellerturbine TG-100 von General Electric; diese wurde in die Steuerbord-Triebwerksgondel eingebaut, während der Originalmotor R-2800-34W unter der Backbordfläche erhalten blieb; Dienstbezeichnung zunächst XC-46C, später in XC-113 abgeändert

**CW-20H:** Bezeichnung dreier Commando mit Wright-R-3350-Sternmotoren, die 1945 mit der Dienstbezeichnung XC-46L ausgeliefert wurden

**TECHNISCHE DATEN**
**C-46A Commando**

**Typ:** Truppen- und Frachttransportflugzeug
**Triebwerke:** zwei Sternmotoren Pratt & Whitney R-2800-51 je 1492 kW (2029 PS)
**Leistung:** Höchstgeschwindigkeit 435 km/h in 4570 m Höhe; Marschgeschwindigkeit 278 km/h; Dienstgipfelhöhe 7470 m; Reichweite bei 278 km/h 5069 km
**Gewicht:** Leermasse 13.608 kg; max. Startmasse 20.412 kg
**Abmessungen:** Spannweite 32,91 m; Länge 23,26 m; Höhe 6,62 m; Tragflügelfläche 126,34 m²

***Oben:** Die C-46 Commando war in Birma und Fernost besonders hart gefordert. Bei Kriegsende im Pazifik lief die Produktion aus, aber das Muster hielt sich noch Jahre danach im Einsatz.*

***Unten:** Die C-46 stand stets im Schatten der Douglas C-47, obwohl sie viel schwerere Lasten tragen konnte. Die Commando versorgte die Streitkräfte in China über den Himalaya.*

***Unten:** Vormals militärische C-46 sind bis heute bei Frachtfluggesellschaften beliebt, vor allem in Mittel- und Südamerika. Diese Maschine ist eine von zwei Commando der Air Haiti.*

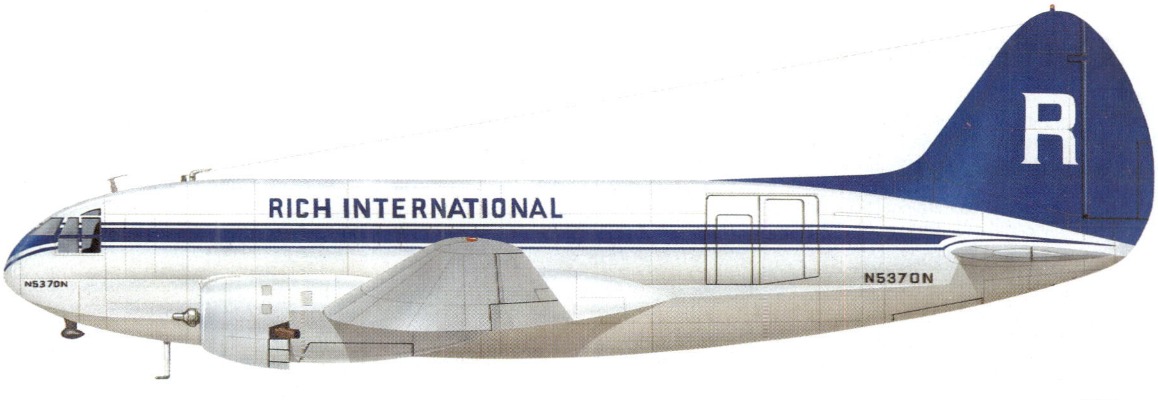


***Eine Frachtmaschine C-46F der Rich International Airways (USA)***

# Curtiss-Wright CW-22 (SNC Falcon) bis Dassault Etendard/Super Etendard

**Curtiss-Wright zog sich 1940 vom Flugzeugbau zurück. Die deutsche DFS, spezialisiert auf Segelflugzeuge/Gleiter, ging 1945 unter. Aus der argentinischen DINFIA wurde 1968 die FMA. Marcel Bloch kam als Marcel Dassault wieder, daraus wurde Avions Marcel Dassault und nach der Fusion 1971 die Avions Marcel Dassault-Breguet Aviation.**

## Curtiss-Wright CW-22 (SNC Falcon)

Im St. Louis-Werk entwickelte Curtiss-Wright 1940 den Prototyp eines zweisitzigen Tiefdeckers für die Allgemeine Luftfahrt mit Blickrichtung auf die Fortgeschrittenenschulung. Die **Curtiss-Wright CW-22**, die durchweg aus Metall konstruiert war, nahm ihre zwei Besatzungsmitglieder unter einer langgestreckten Glashaube auf, und das nach hinten in Verkleidungen unter die Flächen einziehende Hauptfahrwerk verriet ihre Verwandschaft mit dem Jagdeinsitzer CW-21. 36 **CW-22** mit einem 313 kW (426 PS) starken Wright R-975 Whirlwind-Sternmotor waren für den Export nach Niederländisch-Ostindien bestimmt, wurden aber wegen der japanischen Vorstöße in dieser Region im März 1942 an Holländer in Nordaustralien geliefert.

Die vollentwickelte Version **CW-22B** ging an die Türkei (50), Niederländisch-Ostindien (25) und an diverse südamerikanische Länder (insgesamt zirka 25 Exemplare). Später flogen die Japaner mehrere holländische Beutemaschinen. Beide, die **CW-22** und die **CW-22B**, waren mit zwei Maschinengewehren bewaffnet, davon eines schwenkbar.

Nachdem die US Navy eine Vorführmaschine getestet hatte, lief die Serie **CW-22N** zur Ausbildung von Fortgeschrittenen an. Diesem Muster teilte die US Navy die Bezeichnung SNC-1 Falcon zu und erwarb 455 Exemplare in drei Schüben. Die 155 Maschinen des dritten Bauloses hatten eine modifizierte, höhere Kabinenhaube. Nach dem Zweiten Weltkrieg fanden zahlreiche SNC-1 Privateigner in den USA.

**TECHNISCHE DATEN**
**Curtiss-Wright SNC-1**

**Typ:** zweisitziger Fortgeschrittenentrainer
**Triebwerk:** ein Sternmotor Wright R-975-28 Whirlwind mit 313 kW (426 PS)
**Leistung:** Höchstgeschwindigkeit 319 km/h; Dienstgipfelhöhe 6645 m; Reichweite 1255 km
**Gewicht:** Rüstmasse 1241 kg; max. Startmasse 1718 kg
**Abmessungen:** Spannweite 10,67 m; Länge 8,23 m; Höhe 3,02 m; Tragflügelfläche 16,14 m²
**Bewaffnung:** zwei 7,62-mm-Maschinengewehre

***Die US Navy beschaffte insgesamt 455 CW-22, die sie mit der Dienstbezeichnung SNC-1 versah und zur Ausbildung ihrer Scout-Piloten einsetzte.***

## Curtiss-Wright CW-24 (XP-55)

Am 27. November 1939 verschickte das US Army Air Corps an Luftfahrtunternehmen den Forderungkatalog für einen Jagdeinsitzer, dessen Antrieb der von Pratt & Whitney neu entwickelte Flugmotor X-1800-A3G liefern sollte. Zugleich rief das USAAC die Teilnehmer auf, durchaus unübliche Konstruktionen vorzulegen, solange drei unerläßliche Kriterien gewahrt blieben: ein niedriger Luftwiderstandswert, eine vorzügliche Sicht des Jagdpiloten und eine starke Bewaffnung.

Nachdem Anfang 1940 drei Hersteller Angebote eingereicht hatten, wurden mit allen drei Firmen Verträge zur Entwicklung ihrer Entwürfe, einschließlich der Konstruktion von Prototypflugzeugen, abgeschlossen. Die **Curtiss-Wright CW-24** war offenbar so fortschrittlich, daß die US Army bald zurückschreckte. Daher beschloß das Unternehmen, sein Muster auf eigene Kosten als **CW-24B** zu entwickeln.

Dieses Muster hatte Tragflächen aus Holz, während das geschweißte Stahlrohrgerüst des Rumpfes mit Stoff abgedeckt war. Den Antrieb lieferte ein Menasco-Reihenmotor C6B mit 205 kW (279 PS). Am 10. Juli 1942 beauftragte die USAAF Curtiss-Wright mit dem Bau dreier Prototypen **XP-55**, die den Allison-Reihenmotor V-1710 erhalten sollten, da Pratt & Whitney den X-1800 aufgegeben hatte.

Die **XP-55** war als Nurflügler ausgelegt, dessen stark zurückgepfeilte Tiefdeckerflächen freitragend in die hintere Rumpfhälfte eingebunden waren. Das Tragwerk enthielt Querruder und Landeklappen sowie obere und untere Seitenflossen/Ruder an den Flächenenden. Der Bug des vollständig aus Metall konstruierten Rumpfes mit ovalem Querschnitt wies kleine, starr montierte Horizontalflossen auf, an deren Hinterkanten Höhenruder gelenkig gelagert waren. Bei der **XP-55** kam auch ein einziehbares Dreibein-Fahrwerk desselben Herstellers zum Einsatz.

Im Juli 1943 absolvierte der erste Prototyp seinen Jungfernflug, wurde jedoch am 14. November bei einem Flugunfall zerstört. Der zweite Prototyp flog erstmals am 9. Januar 1944. Bei seiner Flugerprobung sparte man den Bereich Strömungsabriß aus, bis die dritte Versuchsmaschine, deren Änderungen diesen Schwachpunkt ausgeräumt haben sollten, am 25. April 1944 zum Erstflug bereitstand. Zusammen mit dem entsprechend modifzierten zweiten Prototyp gingen beide **XP-55** im September 1944 an die USAAF zur Prüfung. Die Testflüge zeigten, daß sich dieses Muster bei niedrigen Fluggeschwindigkeiten schwierig handhaben ließ. Im Horizontalflug stellte es die Prüfer zwar zufrieden, aber da herkömmliche Jäger bessere Leistungen vorwiesen, wurde seine Weiterentwicklung eingestellt.

***Die XP-55 Ascender war ein schwer bewaffneter Abfangjäger mit enormer Steigleistung. Das Muster offenbarte jedoch riskante Steuereigenschaften, vor allem im hohen Geschwindigkeitsbereich.***

**TECHNISCHE DATEN**
**Curtiss-Wright CW-24 (XP-55)**

**Typ:** einsitziges Jagdflugzeug
**Triebwerk:** ein Reihenmotor Allison 1710-95 mit 951 kW (1293 PS) als Antrieb für einen Druckpropeller
**Leistung:** Höchstgeschwindigkeit 628 km/h in 5885 m Höhe; Marschgeschwindigkeit 476 km/h; Steigzeit auf 6095 m Höhe 7 Minuten, 6 Sekunden; Dienstgipfelhöhe 10.545 m; Reichweite 1022 km
**Gewicht:** Leermasse 2882 kg; max. Startmasse 3579 kg
**Abmessungen:** Spannweite 12,36 m; Länge 9,02 m; Höhe 3,53 m; Tragflügelfläche 19,41 m²
**Bewaffnung:** vier 12,7-mm-Bugmaschinengewehre

## Curtiss-Wright CW-25 (AT-9 Jeep)

1940, als in Europa bereits der Krieg tobte, hielt es das US Army Air Corps für an der Zeit, Vorsorge für den Fall zu treffen, daß die USA demnächst in diesen Konflikt eingreifen würden. Als Teil dieser allgemeinen Lage hatte die US Army schon die Beschaffung eines Flugzeugs „von der Stange" erwogen und die Prüfung der Cessna T-50 auf ihre Eignung eingeleitet, qualifizierte Piloten für Einmotorer auf ein zweimotoriges Muster mit ganz anderen Flug- und Steuereigenschaften umzuschulen. Die als AT-8 beschaffte Cessna T-50 wurde in riesigen Stückzahlen gebaut.

Für die spezifischere Umschulung auf einen zweimotorigen „Hochleistungsbomber" meinte man jedoch, ein Gerät einsetzen zu müssen, das weniger stabil als die T-50 war. Dieser Forderung hatte das Unternehmen vorsorglich mit der Entwicklung der **Curtiss-Wright CW-25** Rechnung getragen, als dieser Version die Start- und Landeeigenschaften eines leichten Bombers vermittelt wurden. Die **CW-25** war als freitragender Tiefdecker mit einziehbarem Spornrad-Fahrwerk ausgelegt, der von zwei Lycoming-Sternmotoren R-680-9 angetrieben wurde. Der einzige zur Prüfung erworbene Prototyp hatte einen geschweißten Stahlrohrrumpf, der wie das Trag- und Leitwerk mit Stoff überzogen war.

Nach bestandener Prüfung wurde das Muster als **AT-9** mit dem Beinamen **Jeep** zur Serienfertigung freigegeben. Vom Prototyp unterschieden sich die Serienflugzeuge durch ihre Ganzmetallkonstruktion. Insgesamt 491 **AT-9** wurden produziert, gefolgt von rund 300 ähnlichen **AT-9A**. Ih-

**TECHNISCHE DATEN**
**Curtiss-Wright CW-25 (AT-9 Jeep)**

**Typ:** zweimotoriges Schulflugzeug für Fortgeschrittene
**Triebwerke:** zwei Sternmotoren Avco Lycoming R-680-9 mit je 220 kW (299 PS)
**Leistung:** Höchstgeschwindigkeit 317 km/h; Marschgeschwindigkeit 282 km/h; Reichweite 1207 km
**Gewicht:** Leermasse 2087 kg; max. Startmasse 2722 kg
**Abmessungen:** Spannweite 12,29 m; Länge 9,65 m; Höhe 3 m; Tragflügelfläche 21,65 m²

re Dienstzeit fiel relativ kurz aus, denn der Eintritt der USA in den Zweiten Weltkrieg Ende 1941 führte zur raschen Entwicklung weitaus effektiverer Schulflugzeuge.

***Curtiss-Wright AT-9 Jeep***

## DFS 228

Das seit 1925 tätige Deutsche Forschungsinstitut für Segelflug befaßte sich bei Kriegsausbruch mit anspruchsvollen Projekten. Man erkannte, daß Forschungsarbeiten, die man im Zusammenhang mit dem Segelflug in großer Höhe durchgeführt hatte, gepaart mit Raketenantrieb, zu einem echten Hochleistungsaufklärungsflugzeug führen konnten.

Die Umsetzung dieses theoretischen Konzepts begann mit dem Projekt **DFS 228**, einem freitragenden Mitteldecker mit Kufenfahrgestell. Das überwiegend aus Holz konstruierte Flugzeug enthielt eine Druckkabine aus Metall, so daß der Pilot die Maschine bis in 2500 m Höhe fliegen konnte. Im Notfall konnte er die komplette Bugsektion absprengen und, wenn diese mit Hilfe eines Fallschirms auf eine sichere Höhe geschwebt war, aus der Kabine aussteigen und seinen persönlichen Rettungsschirm ziehen. Als Antrieb hatte man einen im Leistungsbereich von 300 bis 1500 kg Schub liegenden regelbaren Walter-Raketenmotor gewählt.

Antrieblose Versuchsflüge mit der **DFS 228** auf dem Rücken einer Dornier Do 217K zeigten jedoch, daß die Druckkabine nicht geeignet war und die Steuerung im Segelflug nicht zufriedenstellend funktionierte. Das Vorhaben wurde aufgegeben, ohne daß der Raketenmotor je zum Einsatz kam.

***Die DFS 228 V1 führte etwa 40 Versuchsstarts vom Rücken der Do 217K V3 aus. Zum Flug des Aufklärers DFS 228 mit dem ihm zugedachten in der Leistung regelbaren Raketenmotor kam es allerdings nie.***

### TECHNISCHE DATEN
**DFS 228**

**Typ:** raketengetriebenes Aufklärungsflugzeug
**Triebwerk:** (geplant) ein Walter-Raketenmotor mit 1500 kg Schub
**Leistung:** (geschätzt) Höchstgeschwindigkeit 900 km/h in 10.000 m Höhe; absolute Dienstgipfelhöhe 25.000 m; Reichweite 1050 km
**Gewicht:** Leermasse 1650 kg; max. Startmasse 4200 kg
**Abmessungen:** Spannweite 17,56 m; Länge 10,58 m; Tragflügelfläche 30 $m^2$

## DFS 230

Nachdem das Militär Interesse an einem vom DFS entwickelten Versuchsgleiter bekundet hatte, erging ein Auftrag zum Bau eines Prototyps. Er wurde 1937 erfolgreich vorgeführt und eine begrenzte Serienfertigung als **DFS 230A** angeordnet. Diese und nachfolgende Versionen im Umfang von rund 1000 Seglern baute die Gothaer Waggonfabrik. Als abgestrebter Hochdekker in Mischbauweise konnte die **DFS 230** neben ihrer zweiköpfigen Besatzung acht Soldaten mit kompletter Waffenausrüstung und Kampfgepäck befördern. Die von mehreren Luftfahrzeugtypen der Luftwaffe im Schlepp einsetzbare **DFS 230** benutzte zum Start ein abwerfbares Fahrgestell und zur Landung eine Kufe unter dem Mittelrumpf.

Den weltweit ersten lastenseglergestützten Sturmangriff flogen die **DFS 230** am 10. Mai 1940 zur Einnahme des belgischen Sperrforts Eben-Emael. Auch an der Eroberung Kretas und an der Befreiungsaktion Benito Mussolinis waren **DFS 230** beteiligt.

***Die DFS 230 war eigentlich ein meteorologisches Segelflugzeug. In die Kriegsgeschichte ging sie jedoch als Lastensegler für Sturmtruppen ein. Dies ist die erste Serienversion DFS 230A-1.***

**Varianten**
**DFS 230A-2:** Ausbildungsversion der DFS 230A-1 mit Doppelsteuer
**DFS 230B-1:** grundsätzlich ähnlich der DFS 230A, jedoch mit Bremsschirm
**DFS 230B-2:** Ausbildungsversion der DFS 230B-1 mit Doppelsteuer
**DFS 230C-1:** ähnlich der DFS 230B-1, jedoch mit neuem Bug, einschließlich dreier Bremsraketen
**DFS 230D-1:** Bezeichnung einer Versuchsmaschine, mit der die Auslegung der DFS 230C-1 ausprobiert wurde
**DFS 230 V7:** Prototyp eines umgerüsteten Lastenseglers; Transport von 15 Soldaten

### TECHNISCHE DATEN
**DFS 230**

**Typ:** Sturmtruppen-Transportsegler
**Leistung:** Höchstgeschwindigkeit im Segelflug 290 km/h; normale Schleppfluggeschwindigkeit 180 km/h
**Gewicht:** Leermasse 860 kg; max. Startmasse 2100 kg
**Abmessungen:** Spannweite 21,98 m; Länge 11,24 m; Höhe 2,74 m; Tragflügelfläche 41,30 $m^2$

## DINFIA IA 35 Huanquero

Die argentinische Luftfahrtforschungs- und Konstruktionsorganisation Dirección Nacional de Fabricaciones e Investigaciónes Aeronauticas (DINFIA) wurde 1957 gegründet. Vorläufer waren die Fabrica Militar de Aviones von 1927, das Instituto Aerotécnico von 1943 und die Industrias Aeronauticas y Mecánicas von 1953. Die **DINFIA IA 35 Huanquero** erreichte als erster Entwurf der neuen Organisation die Serienfertigung. Bis auf die stoffbespannten Querruder war dieses zweimotorige Mehrzweckflugzeug aus Metall konstruiert, als Tiefdecker mit Endplatten als Seitenleitwerk des am Rumpfende aufliegenden Höhenleitwerks. Das Bugradfahrwerk ließ sich einziehen, und für den Antrieb sorgten zwei Sternmotoren vom Typ IA 19R El Indio, die noch das Instituto Aerotécnico entwickelt hatte.

Der Erstflug der **IA 35** fand am 21. September 1953 statt. Nach der erfolgreich abgeschlossenen Erprobungsphase lief die Serienfertigung einer ersten Baureihe mit 100 Flugzeugen an. Das erste Serienexemplar startete am 29. März 1957 zum Jungfernflug, doch Mitte der sechziger Jahre stoppte man die Produktion, nachdem nicht einmal die Hälfte der geplanten Stückzahl gebaut war. Die **IA 35** wurde in den unten aufgeführten Ausführungen angeboten.

**Varianten**
**IA 35 Typ IA:** Antrieb durch IA 19R El Indio und Ausrüstung als Blindflug- und Navigationsschulflugzeug für Fortgeschrittene
**IA 35 Typ IU:** Antrieb durch IA 19SR1 El Indio je 552 kW (750 PS) und Ausrüstung als Schulflugzeug für Bomben- und Rohrwaffeneinsatz
**IA 35 Typ II:** leichte Transportversion mit

**TECHNISCHE DATEN**
**DINFIA 35 Typ IA**
**Typ:** Fortgeschrittenenschulflugzeug
**Triebwerke:** zwei Sternmotoren IA 19R El Indio je 462 kW (628 PS)
**Leistung:** Höchstgeschwindigkeit 361 km/h in 3000 m Höhe; wirtschaftliche Marschgeschwindigkeit 320 km/h in 3000 m Höhe; Dienstgipfelhöhe 6400 m; Reichweite mit max. Treibstoffzuladung 1570 km
**Gewicht:** Rüstmasse 3500 kg; max. Startmasse 5700 kg
**Abmessungen:** Spannweite 19,60 m; Länge 13,98 m; Tragflügelfläche 42 m²

Sternmotoren IA 19R El Indio und Sitzeinrichtung für sieben Personen außer der zweiköpfigen Besatzung

***Vier DINFIA IA 35 Huanquero im Verbandsflug. Die drei Maschinen mit verglastem Bug sind Huanquero Typ IA zur Besatzungsausbildung, während die vierte entweder ein Transportflugzeug Typ II oder ein Sanitätsflugzeug Typ III ist.***

**IA 35 Typ III:** Sanitätsflugzeug mit Sternmotoren IA 19R El Indio und Sitzeinrichtung für einen Sanitäter außer der dreiköpfigen Besatzung, dazu vier Krankentragen
**IA 35 Typ IV:** Luftbildaufklärungsversion mit Sternmotoren IA 19R El Indio und Luftbildkameras für eine insgesamt dreiköpfige Besatzung und zusätzlich einen Kamerabediener
**Constancia II:** geplante Version mit Propellerturbinen vom Typ Turboméca Bastan
**Pandora:** zivile Passagiermaschine mit Sternmotoren IA 19SR1 El Indio und Bestuhlung für 10 Fluggäste

# DINFIA IA 50 Guarani II

Das zweimotorige leichte Transportflugzeug mit der Bezeichnung **DINFIA Guarani I**, das auf der Modell DINFIA IA 35 Huanquero basierte, hob erstmals am 6. Februar 1962 vom Boden ab. Da rund 20% der Struktur des früheren Transportmusters erhalten waren, stellte die **Guarani I** im Grunde lediglich eine aufgewertete Huanquero-Version mit Ganzmetallflächen dar. Die Unterbringung dieses Modells war für maximal 15 Passagiere ausgelegt und sie verfügte über Turboprop-Antrieb in Form zweier Turboméca Bastan IIIA.

Am 23. April 1963 flog der Prototyp einer fortentwickelten Version dieser leichten Transportmaschine mit der Bezeichnung **IA 50 Guarani II**. Das äußere Erscheinungsbild hatte sich wesentlich geändert, denn der gekürzte Hinterrumpf schloß mit einem einteiligen Seitenleitwerk ab. Zudem führte die **Guarani II** Enteisungsanlagen und leistungsstärkere Bastan VIA-Triebwerke ein. Heute befinden sich noch rund 15 Exemplare im Einsatz.

**TECHNISCHE DATEN**
**DINFIA IA 50**
**Guarani II**
**Typ:** leichtes Transportflugzeug
**Triebwerke:** zwei Propellerturbinen Turboméca Bastan VIA mit je 685 kW (930 WPS)
**Leistung:** Höchstgeschwindigkeit 500 km/h; wirtschaftliche Marschgeschwindigkeit 450 km/h; Dienstgipfelhöhe 12.500 m; Reichweite mit max. Nutzlast 1995 km
**Gewicht:** Rüstmasse 3924 kg; max. Startmasse 7120 kg
**Abmessungen:** Spannweite 19,53 m; Länge 14,86 m; Höhe 5,81 m; Tragflügelfläche 41,80 m²

***Als Abkömmling der IA 35 Huanquero führte die DINFIA IA 50 Guarani II Turboprop-Triebwerke und eine zurückgepfeilte Einzelflosse als Seitenleitwerk ein. Anfang der achtziger Jahre wurden 24 Exemplare beim Transportgeschwader I Brigada Aérea in Dienst gestellt.***

# Dart Kitten

Nach der Flittermouse baute Dart Aircraft für die International Horseless Carriage Corporation of Brooklands eine flugtaugliche Nachbildung der Maschine, mit der Blériot den Kanal überquert hatte, einschließlich des 18 kW (25 PS) starken Anzani-Originalmotors. Das nächste und zugleich letzte Muster, das Dart Aircraft hervorbringen sollte, war die **Dart Kitten**, ein weiterer ultraleichter, einsitziger Eindecker, aber diesmal als freitragender Tiefdecker mit Vierzylinder-Boxermotor vom Typ Ava 4a-00 mit 20 kW (27 PS).

Der Konstrukteur hieß A. R. Weyl und der Käufer wiederum Dr. H.N. Bradbrooke in Witney. Die **Kitten I (G-AERP)** flog erstmals am 15. Januar 1937 und wurde im August an einen Arzt verkauft, der sie aber einen Monat später an einen Privateigner in Tollerton, Nottingham, veräußerte. Den Zweiten Weltkrieg überstand die Maschine eingelagert in Rearsby. 1949 flog sie erneut in Broxbourne, wo man sie auf einen Aeronca-J.A.P. J-99 ummotorisiert hatte, ging jedoch am 23. November 1952 bei einem Flugunfall verloren.

Ein zweites Exemplar, die **Kitten II (G-AEXT)**, erhielt von Anfang an einen J-99-Motor und flog ab Frühjahr 1937. Auch dieses Muster überlebte den Krieg. Die nach dem Krieg (1951) gebaute **Kitten III (G-AMJP)** unterschied sich von den beiden anderen Vertretern durch Radbremsen.

**TECHNISCHE DATEN**
**Dart Kitten II/III**
**Typ:** einsitziges Leichtflugzeug
**Triebwerk:** ein Zweizylinder-Boxermotor Aeronca J.A.P. J-99 mit 27 kW (37 PS)
**Leistung:** Höchstgeschwindigkeit 153 km/h; Reisegeschwindigkeit 134 km/h in 610 m Höhe; Dienstgipfelhöhe 6005 m; Reichweite 547 km
**Gewicht:** Leermasse 231 kg; max. Startmasse 341 kg
**Abmessungen:** Spannweite 9,68 m; Länge 6,50 m; Höhe 2,41 m; Tragflügelfläche 11,98 m²

***G-AEXT war die einzige Kitten II. Die 1937 gebaute Maschine hatte bis zu ihrem Absturz am 29. November 1964 vier Besitzer.***

# Dassault Etendard/Super Etendard

Mitte der fünfziger Jahre machten die Komplexität, die hohen Kosten und das Gewicht moderner Jäger die Vorstellung eines leichten, preiswerten Kampfflugzeugs für offensive Luftoperationen zunehmend attraktiver. Vor allem die NATO-Luftstreitkräfte setzten sich dafür ein. Dassault begann mit dem Entwurf und der Konstruktion dreier Prototypen, davon zwei mit amtlichen Mitteln und einer mit Eigenkapital finanziert. Ihre Bezeichnung lautete **Dassault Etendard** (Standard).

Als erste flog am 23. Juli die **Etendard II**, deren gepfeiltes Trag- und Leitwerk sowie das Fahrgestell eindeutig die Abstammung von der früheren Mystère-Familie zu erkennen gaben. Die Maschine war jedoch wesentlich kleiner und wurde von Turboméca Gabizo-Strahltriebwerken mit einer Leistung von je 1100 kg Schub angetrieben. Probleme mit diesem Antrieb führten aber dazu, daß man die **Etendard II** nach wenigen Testflügen aufgab. Der zweite offiziell finanzierte Prototyp erhielt die Bezeichnung **Etendard VI**. Er war grundsätzlich der **Etendard II** ähnlich und hatte ein Bristol Siddeley Orpheus BOr.3 als Antrieb, das 2200 kg Schub erzeugte. Die **Etendard VI** flog erstmals am 16. März 1957. Die geplante Serienversion sollte das Orpheus BOr. 12 erhalten, das unter Zuschaltung des Nachbrenners 3706 kg Schub abgab. Nachdem die Fiat G.91 als Sieger aus der NATO-Ausschreibung für ein leichtes taktisches Kampfflugzeug hervorgegangen war, wurde die Entwicklung der **Etendard VI** eingestellt.

Die auf eigene Kosten konstruierte **Etendard IV** hatte bessere Aussichten, da Dassault davon ausging, daß **Etendard II** und **VI** durch die NATO-Forderungen behindert waren. Das Unternehmen hatte sich von Anbeginn für ein größeres Flugzeug ausgesprochen, das mehr Treibstoff und schubstärkere Triebwerke aufnehmen konnte und somit für eine breiteres Rollenspektrum, einschließlich Trägereinsatz, geeignet wäre. Es erwies sich, daß Dassault mit seiner Einschätzung völlig richtig lag, denn nach dem Erstflug am 24. Juli 1956 meldete die französische Aéronavale erstes Interesse an. Daraus ergab sich ein Auftrag zur Fortführung der Entwicklung als **Etendard IVM**, die die

***Die Dassault Super Etendard ist ein schlagstarkes fliegendes Waffensystem im schallnahen Geschwindigkeitsbereich. Zu ihren wichtigsten Fähigkeiten gehört der Einsatz der für Überwasserschiffe tödlichen Exocet-Lenkrakete, die mit Hilfe des Multifunktionsradars Thomson-CSF/ EMO Agave ins Ziel findet.***

spezifischen Belange der französischen Marine abdecken können sollte.

Der erste Auftrag beinhaltete die Beschaffung eines Prototyps und sechs Vorserienflugzeuge **Etendard IVM** mit kompletter Marineausrüstung. Letztere hatten eine erweiterte Tragflügelfläche, klappbare Außenflügel, ein größeres Seitenruder, ein verstärktes Fahrwerk mit langem Federweg, ein dehnbares Bugfahrwerk, Katapultgeschirr und Fanghaken sowie ein SNECMA-Strahltriebwerk Atar 08B mit einer Leistung von 4400 kg Schub. Die **Etendard IVM**, von der 69 Exemplare gebaut wurden, trat ihren Dienst bei der Aéronavale im Januar 1962 an Bord der Flugzeugträger „Clemenceau" und „Foch" an.

Der erfolgreiche Einsatz dieser Flugzeuge brachte Dassault Anfang 1970 einen Anschlußauftrag zur Entwicklung der aufgewerteten Version **Super Etendard** ein. Durch Modifikation zweier **Etendard IVM** entstand ein Prototyppaar, dessen erster Vertreter am 28. Oktober 1974 flog. Diese Maschine diente in erster Linie zur Entwicklung des Triebwerks und zum Erprobungsschießen der Exocet-Lenkwaffe zur Schiffsbekämpfung, mit der das Muster bewaffnet werden sollte. Das zweite Exemplar flog ab 25. März 1975 und zog die Entwicklung der Navigations- und Waffeneinsatzsysteme durch. Der erfolgreiche Abschluß des Entwicklungsprogramms veranlaßte die französische Marine zu einem Auftrag über 100 **Super Etendard**, der später aber auf 71 Exemplare gekürzt wurde. Die erste Übergabe an die Truppe fand am 28. Juni 1978 statt.

Die Beschaffung dieses Musters durch ausländische Luftstreitkräfte beschränkte sich auf 14 **Super Etendard** für Argentinien im Jahre 1979. Die ersten fünf ausgelieferten Flugzeuge setzten ihre Exocet-Lenkraketen im Falklandkrieg 1982 mit einigem Erfolg gegen britische Seeziele ein. Ab Oktober 1983 flog die irakische Luftwaffe fünf Leihmaschinen und führte mit ihnen Schläge gegen iranische Tankschiffe im Persischen Golf aus, wiederum unter Verwendung der Exocet. Ein Exemplar ging im Krieg verloren, und die anderen vier **Super Etendard** wurden 1985 an Frankreich zurückgegeben, nachdem die Mirage F1 die Rolle des Exocet-Trägers übernommen hatte.

Die Fertigung der **Super Etendard** lief 1983 aus, und man wählte die Marineversion Rafale M 1989 als Nachfolgemuster. Da die Rafale M frühestens im Jahre 2005 in Dienst gestellt wird, läuft derzeit ein Programm zur Kampfwertsteigerung von 56 **Super Etendard**. Das Maßnahmenbündel umfaßte den Austausch des Agave-Radars gegen das ESD Anemone, eine neue Trägheitsnavigationsanlage, ein Frontscheibensichtgerät von Thomson-CSF, eine Cockpit-Anzeige zur elektronischen Kampfführung, das HOTAS-Konzept, die Anpassung der Instrumentierung auf Nachtsichtgläser und eine weitere Waffenstation unter dem Rumpf. Ende 1993 verfügte die 16F in Landivisiau noch über einige **Etendard IVP**. Die kampfwertgesteigerte **Super Etendard** setzen zwei Einsatzverbände, Flottilles 11F (Landivisiau) und 17F (Hyères), sowie eine Ausbildungseinheit (59S) ein, die ebenfalls in Hyères stationiert ist.

***Partner des Marinejägers Etendard IVM ist die unbewaffnete Aufklärungsversion Etendard IVP mit Kamerasätzen im Bug und in der Rumpfwanne.***

**Varianten**

**Etendard IVB:** Bezeichnung eines einzelnen Prototyps mit Avon-51-Antrieb und angeblasenen Landeklappen

**Etendard IVP:** nach der Umrüstung der letzten Vorserienmaschine Etendard IVM zum Prototyp einer Aufklärer/Lufttankerversion wurden 21 Etendard IVP beschafft; der Hauptunterschied zur Etendard IVM besteht in drei und zwei Aufklärungskamerasätzen im Bug bzw. in der Rumpfwanne und in der Ausrüstung zur Luftbetankung; außer einer starren Tanksonde am Bug kann die Etendard IVP unter dem Rumpf mit einem Schlauchtrommelbehälter zur „Buddy-Betankung" ausgerüstet werden, den die Douglas Aircraft Company entwickelte

## TECHNISCHE DATEN
**Dassault Super Etendard IVM**

**Typ:** einsitziger, trägergestützter Luftangriffsjäger
**Triebwerk:** ein Strahltriebwerk SNECMA Atar 8K-50 mit 5000 kg Schub
**Leistung:** Höchstgeschwindigkeit in optimaler Höhe ungefähr Mach 1 und in geringer Höhe 1205 km/h; Anfangssteiggeschwindigkeit 100 m/sek; Dienstgipfelhöhe 13.700 m; Einsatzradius mit Exocet-Lenkwaffe 960 km
**Gewicht:** Leermasse 6450 kg; max. Startmasse 11.500 kg
**Abmessungen:** Spannweite 9,60 m; Länge 14,31 m; Höhe 3,86 m; Tragflügelfläche 28,40 m²
**Bewaffnung:** zwei 30-mm-DEFA-Kanonen und Träger am Rumpf und unter den Flächen für vielfältige Außenlasten, einschließlich einer AM 39 Exocet-Lenkrakete zur Seezielbekämpfung und eines Zusatztanks unter der Steuerbord- bzw. Backbordfläche

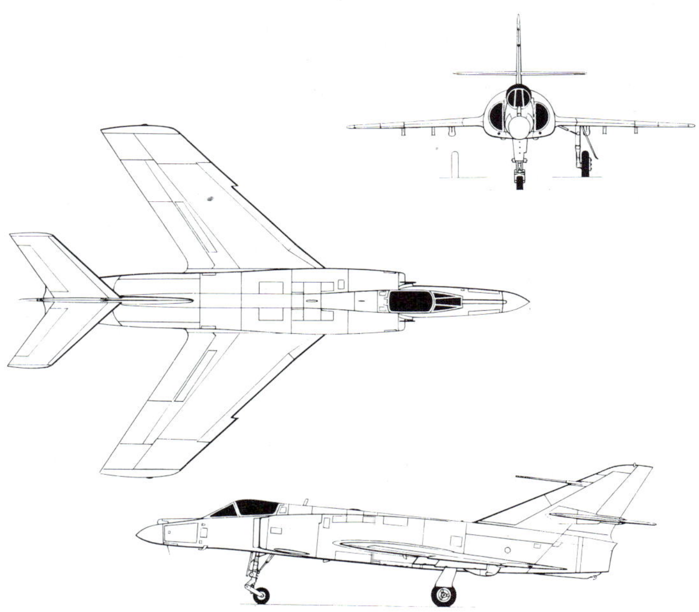

***Dassault Super Etendard***

***Dassault Super Etendard der Aéronautique Navale mit Standort in Landivisiau Ende der siebziger Jahre.***

## Dassault M.D.315 Flamant bis Dassault Mirage III/5/50

**Nach dem Zweiten Weltkrieg hatte Dassault mit der Flamant Erfolg und wurde ein gefeierter Konstrukteur und Produzent von Turbojet-Militärflugzeugen. Seine Erfolgsserie begann mit der Ouragan, führte über die Mystère und war mit der Mirage III, einem der besten Militärflugzeuge ihrer Zeit, noch nicht zu Ende.**

# Dassault M.D.315 Flamant

Die pummelige Dassault **M.D.315 Flamant** (Flamingo) erfreute sich einer recht langen Dienstzeit als Nutztransport- und Ausbildungsflugzeug für Besatzungen, denn der Prototyp hatte seinen Jungfernflug bereits am 10. Februar 1947 absolviert. Seine damalige Bezeichnung lautete **M.D.303**, und noch im selben Jahr bestand die Maschine mühelos die Tests im Centre d'Essais en Vol in Brétigny. Die **Flamant**-Serie, deren erster Vertreter im Januar 1949 flog, war in erster Linie zum Einsatz bei der Armée de l'Air in den Übersee-Territorien vorgesehen, und die ersten Übergaben an die AOF-Staffeln (Afrique Occidentale Française) fanden im Oktober 1950 statt. Es gab drei Hauptversionen: Die **M.D.311** diente zur Ausbildung auf den Gebieten Bombardierung, Navigation und Luftbildwesen; insgesamt 39 solcher Trainer wurden gebaut. Wesentlich zahlreicher vertreten und länger im militärischen Verbindungs- bzw. Transportdienst standen dagegen die sechssitzige **M.D.312** und die **M.D.315**. Diese Modelle nutzten die Armée de l'Air und – im Falle der **M.D.312** – die Aéronavale lange Zeit. Mehrere Maschinen, die problemlos in kurzer Zeit von Passagier- auf Fracht- oder Sanitätsflüge umrüstbar waren, stießen nach der Außerdienststellung durch Frankreich zu den Luftstreitkräften anderer Länder wie Kambodscha (heute Kampuchea), Madagaskar, Tunesien und Vietnam.

Eine **M.D.315** wurde auf Sternmotoren vom Typ SNECMA 14X Super Mars mit je 611 kW (830 PS) ummotorisiert; die in **M.D.316** umbezeichnete Maschine flog erstmals am 17. Juli 1952. Einem zweiten Prototyp mit einteiligem Seitenleitwerk, der **M.D.316T**, dienten Wright R-1300-CB7A1-Cyclone-Sternmotoren je 597 kW (812 PS) als Antrieb. Diese neuen Varianten waren eigentlich zur Besatzungsausbildung bzw. für die Verkehrsfliegerei vorgesehen, doch keine erreichte die Serienfertigung.

**TECHNISCHE DATEN**
**Dassault M.D.315**

**Typ:** Mehrzweck-Transportflugzeug
**Triebwerke:** zwei Reihenmotoren SNECMA-Renault 12S 02-201 je 427 kW (580 PS)
**Leistung:** Höchstgeschwindigkeit in 1000 m Höhe 380 km/h; Marschgeschwindigkeit 300 km/h; Dienstgipfelhöhe 8000 m; max. Reichweite 1215 km
**Gewicht:** Leermasse 4250 kg; max. Startmasse 5800 kg
**Abmessungen:** Spannweite 20,70 m; Länge 12,50 m; Höhe 4,50 m; Tragflügelfläche 47,20 m²

***Die Dassault M.D.312 war die aus der M.D.303 hervorgegangene Serienversion für den Verbindungsdienst mit gleicher Kabinenauslegung.***

# Dassault M.D.450 Ouragan

Außer den USA und der ehemaligen UdSSR hat Frankreich höchstwahrscheinlich mehr Düsenjäger, die ihre Waffen bei Konflikten gebrauchten, als irgendein anderes Land gefertigt. Die **Dassault M.D.450 Ouragan** (Orkan), der erste französische Düsenjäger nach dem Krieg, ist inzwischen so gut wie ausgestorben. Die einzigen noch bestehenden Vertreter dieses Typs dürften das Dutzend der israelischen Luftstreitkräfte sein, das Mitte der siebziger Jahre grundüberholt an El Salvador verkauft wurde. Der von Dassault in Eigeninitiative konstruierte Prototyp flog am 28. Februar 1949 zum ersten Mal – noch ohne Waffen, Druckkabine und Zusatztanks an den Flächenenden der Serienjäger. Auf drei Prototypen und zwölf Vorserien-**Ouragan** folgte eine erste Baureihe mit 150 Flugzeugen. Dieser Auftrag wurde später auf 350 Maschinen ausgeweitet. Der erste **Ouragan**-Serienjäger startete am 5. Dezember 1951 zum Jungfernflug, und die letzte Maschine war im Sommer 1954 fertiggestellt. Die Auslieferung an die Armée de l'Air begann 1952; Empfänger waren drei Escadres (Jagdgruppen), die dieses Muster jedoch ab Mai 1955 aussonderten. Dennoch schied die letzte **Ouragan** erst sechs Jahre später aus einem französischen Einsatzverband aus, und etwa 50 Exemplare dienten noch bis Mitte der sechziger Jahre als Düsentrainer für Fortgeschrittene. Vier **Barougan** genannte Flugzeuge waren mit Zwillingsrädern am Hauptfahrwerk und Bremsschirm ausgerüstet; diese Maschinen wurden von 1954 bis 1957 im Hinblick auf Tauglichkeit zum Betrieb auf Wüstenpisten erprobt, doch das Konzept wurde wieder aufgegeben. Ab 1955 beschaffte die israelische Luftwaffe 75 **Ouragan** (24 neugebaute und 51 Flugzeuge aus dem Bestand der Armée de l'Air). Ein früher Nutzer war die indische Luftwaffe, die ab 1953 104 **Toofani** (Hindu-Begriff für Orkan) erhielt.

***Der Ouragan war Wegbereiter für die Dassault-Jägerserie und rüstete zu Beginn der fünfziger Jahre bei der Armée de l'Air ein beachtliches Kontingent der Jagdkräfte aus. Dieses Exemplar ist in Paris-le-Bourget erhalten.***

**TECHNISCHE DATEN**
**Dassault M.D.450 Ouragan**

**Typ:** einsitziger Jäger/Jagdbomber
**Triebwerk:** ein Strahltriebwerk Rolls-Royce Nene Mk 104B (von Hispano gebaut) mit 2270 kg Schub
**Leistung:** Höchstgeschwindigkeit 940 km/h in Meereshöhe und 830 km/h in 12.000 m Höhe; Anfangssteiggeschwindigkeit 40 m/sek; Dienstgipfelhöhe 13.000 m; Einsatzradius (als Abfangjäger ohne Außenlasten) 450 km; Überführungsreichweite 920 km
**Gewicht:** Leermasse 4142 kg; max. Startmasse 7900 kg
**Abmessungen:** Spannweite (inkl. Zusatztanks) 13,16 m; Länge 10,74 m; Höhe 4,14 m; Tragflügelfläche 23,80 m²
**Bewaffnung:** vier Hispano-Kanonen, Kaliber 20 mm, und Aufhängungen für zwei 434-kg-Bomben oder 16 105-mm-Raketen oder zwei 458-Liter-Napalmbehälter unter den Flächen

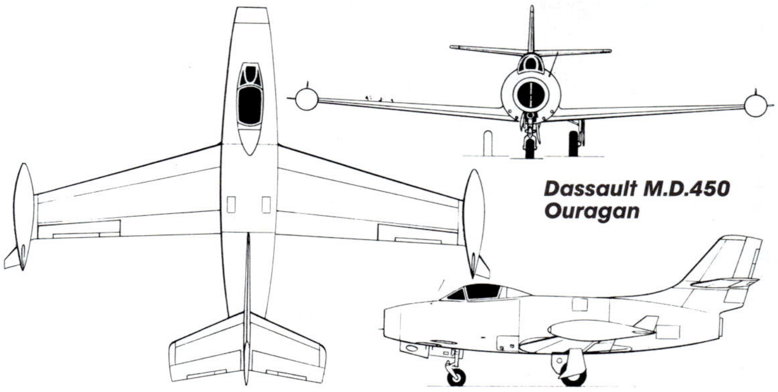

***Dassault M.D.450 Ouragan***

**Varianten**
**M.D.450R:** Einzelexemplar einer Aufklärungsversion
**M.D.450-30L:** Einzelexemplar mit Atar 101B-Strahltriebwerk, seitlichen Lufteinläufen und zwei 30-mm-DEFA-Kanonen

# Dassault M.D.452 Mystère

Zwei Jahre nach seiner Befreiung aus dem Konzentrationslager Buchenwald befaßte sich Marcel Dassault mit der Konstruktion von Düsenjägern. Aus seinem ersten Muster, der Ouragan mit Trapezflächen, entwickelte er den Pfeilflügler **Dassault M.D.452**, der später **Mystère** genannt wurde und am 23. Februar 1951 erstmals flog. Der Prototypjäger erhielt die Bezeichnung **Mystère I**, und innerhalb der nächsten zwei Jahre wurden acht weitere Versuchsjäger gebaut, und zwar noch mal zwei **Mystère I**, zwei **Mystère IIA** und vier **Mystère IIB**. Der Originalprototyp wurde vom Rolls-Royce Nene angetrieben, aber in die anderen acht Maschinen wurde ein Hispano-Rolls-Royce-Tay-Strahltriebwerk eingebaut.

An diese Prototypen schloß sich eine Vorserie mit acht **Mystère IIC** an, bei der das französische Strahltriebwerk SNECMA Atar 101 eingeführt wurde, das 3000 kg Schub erzeugte. Sie machte den Weg für die Serienjäger **Mystère IIC** frei. Von dieser Serie wurde der Prototyp **Mystère IV** (anfangs **Super Mystère** bezeichnet) abgeleitet, der sich durch ein dünneres und stärker zurückgepfeiltes Tragwerk, einen längeren Rumpf mit ovalem Querschnitt, modifizierte Höhenflossen und im Antrieb durch das Rolls-Royce Tay unterschied. Nach dem Erstflug am 28. September 1952 wurde eine Vorserie mit neun **Mystère IVA** aufgelegt. Nachdem diese Vorserienjäger umfassend geprüft waren, lief die Fertigung von 480 Serienjägern an. Die ersten 50 Exemplare wurden mit dem Tay-Triebwerk ausgerüstet, aber in alle an-

**TECHNISCHE DATEN**

**Dassault Mystère IVA**

**Typ:** einsitziger Jagdbomber

**Triebwerk:** ein Strahltriebwerk Hispano-Suiza Verdon 350 mit 3500 kg Schub

**Leistung:** Höchstgeschwindigkeit 1120 km/h in Meereshöhe und 990 km/h in 12.000 m Höhe; Anfangssteiggeschwindigkeit 45 m/sek; Dienstgipfelhöhe 15.000 m; Reichweite (ohne Außenlasten) 915 km

**Gewicht:** Rüstmasse 5870 kg; max. Startmasse 9500 kg

**Abmessungen:** Spannweite 11,12 m; Länge 12,85 m; Höhe 4,60 m; Tragflügelfläche 32 $m^2$

**Bewaffnung:** zwei 30-mm-DEFA-Kanonen plus Raketenbündel unter dem Rumpf und unterschiedliche Waffenlasten unter den Tragflächen

***Eine Dassault M.D.452 Mystère IVA der indischen Luftwaffe, der dieses Muster die ganzen sechziger Jahre hindurch treue Dienste leistete.***

deren Maschinen wurde das Verdon 350 von Hispano-Suiza installiert. Über die ab 1955 bei der Armée de l'Air in Dienst gestellten **Mystère IVA** hinaus beschafften Indien und Israel dieses Muster. Für die Einsatzausbildung blieb eine kleine Gruppe **Mystère IVA** noch bis Mitte der achtziger Jahre im französischen Dienst. Das französische Kunstflugteam Patrouille de France flog mehrere Jahre lang die **Mystère IVA** wie schon die Ouragan vor ihr.

**Varianten**

**M.D.453 Mystère III:** Parallelentwicklung der Mystère II als zweisitziger Nachtjäger mit anders gestaltetem Bug (zur Unterbringung von Abfangradar und Bordwaffen der Serienjäger) und seitlichen Lufteinläufen für das Tay-Strahltriebwerk; der einzige Prototyp diente später zur Schleudersitzerprobung

**Mystère IVB:** Version mit Radarausrüstung im modifizierten Rumpf und Antrieb der geplanten Serie durch ein Strahltriebwerk mit Nachverbrennung; drei Prototypen und zusätzlich sechs Vorserienflugzeuge wurden zur Erprobung gebaut, doch auf eine weitere Entwicklung wegen der von der Super Mystère B-2 in Aussicht gestellten überlegenen Leistung wurde verzichtet

**Mystère IVN:** Bezeichnung eines zweisitzigen, allwettertauglichen Prototypjägers, der erstmals am 19. Juli 1954 flog

***Dassault M.D.452 Mystère IVA***

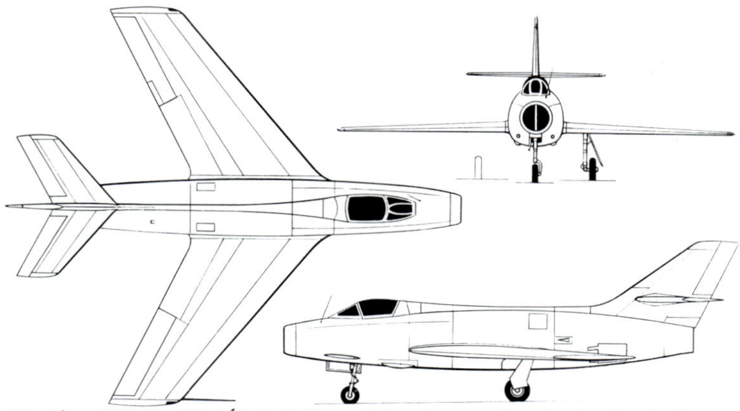

***Mystère IVA der EC 1/8 „Saintonge". An der rechten Seite des Leitwerks befindet sich das Wappen der Escadron 3C-2, einer Caudron-Staffel im Ersten Weltkrieg.***

# Dassault Mercure

Der erste Absatzerfolg der Mystère/Falcon 20 gab den Anstoß zur Auslotung der Marktchancen für einen neuen Dassault-Kurzstrecken-Airliner, der grundsätzlich in derselben Klasse wie die Boeing 737 angesiedelt war. Deren Verkaufsabschlüsse bestätigten die Richtigkeit der Marktanalyse, aber Dassault gewann für sein Produkt, die **Dassault Mercure**, lediglich einen einzigen Abnehmer.

Das neue Dassault-Flugzeug, in Größe und äußerer Auslegung in etwa mit der Boeing 737 identisch, war ein Tiefdecker, dessen druckbelüfteter Rumpf mit kreisrundem Querschnitt 120 bis 150 oder – bei dichter Bestuhlung – maximal 162 Passagieren Platz bot. Die Leitwerksbaugruppe war durchweg herkömmlich gehalten, und das Dreibein-Fahrwerk war an allen Baugruppen mit Zwillingsrädern bestückt. Wie beim Boeing-Modell 737 lieferten zwei JT8D-Mantelstromtriebwerke von Pratt & Whitney der Bauart Dash-15 (wahlweise im 737-Angebot) den Antrieb für die **Mercure**.

Die immensen Startkosten solch eines Projekts überstiegen mit Sicherheit das Dassaultsche Budget, aber der französische Staat griff dem Hersteller mit einem 56prozentigen Darlehen der geschätzten Anfangskosten in Höhe von 1000 Millionen Francs unter die Arme. Dassault beteiligte sich mit 14%, und die restlichen 30% übernahmen Risikopartner.

Der erste **Mercure**-Prototyp **(F-WTCC)** hob am 28. Mai 1971 zum ersten Mal vom Boden ab; die letzten drei Buchstaben der eigens gewählten Zulassung standen für Transport Court-Courrier (Kurzstrecken-

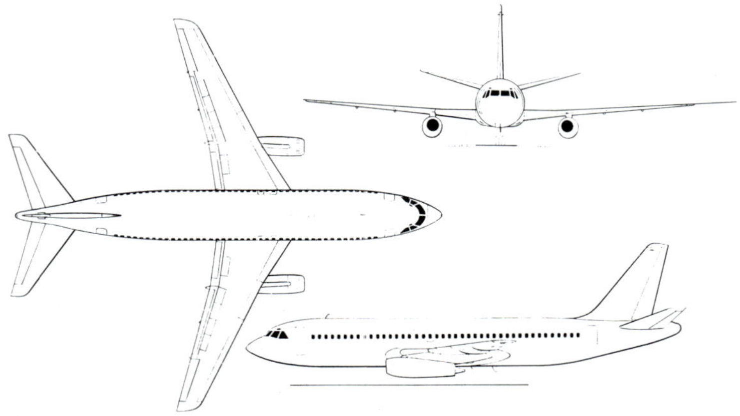

***Dassault Mercure 100***

**TECHNISCHE DATEN**
**Dassault Mercure**
**Typ:** Kurzstrecken-Verkehrsflugzeug
**Triebwerke:** zwei Mantelstromtriebwerke Pratt & Whitney JT8D-15 je 7031 kg Schub
**Leistung:** max. Reisefluggeschwindigkeit in 6095 m Höhe 925 km/h; wirtschaftliche Reisegeschwindigkeit in 9145 m Höhe 858 km/h; Reichweite mit max. Nutzlast 756 km
**Gewicht:** Leermasse 31.800 kg; max. Startmasse 56.500 kg
**Abmessungen:** Spannweite 30,56 m; Länge 34,84 m; Höhe 11,37 m; Tragflügelfläche 116 $m^2$

*Mit der Mercure verkalkulierte sich Dassault gründlich, vor allem angesichts der Konkurrenz durch die Boeing 737. Der Hauptnachteil des französischen Musters war seine niedrige Treibstoffkapazität.*

Verkehrsflugzeug). Diese Maschine wurde noch von zwei P&W JT8D-11 je 6804 kg Schub angetrieben, aber die zweite Versuchsmaschine **(F-WTMD)**, deren Erstflug am 7. September 1972 stattfand, war mit leistungsstärkeren JT8D-15 ausgestattet.

Eigentlich hatte man sich darauf verständigt, die Serienfertigung erst nach einem Auftragsbestand von 50 Flugzeugen anlaufen zu lassen. Törichterweise hob man diese Leitlinie später auf und nahm die Produktion am 29. Januar 1972 auf, nachdem die heimische Air Inter zehn Flugzeuge bestellt hatte. Die erste Maschine trat den Liniendienst im Mai 1974 und die zehnte im Dezember 1975 an. Zehn Jahre später, im April 1985, wurde der zweite Prototyp aufgemöbelt und der Flotte von Air Inter hinzugefügt. Den Betrieb der **Mercure 100**, wie die Bezeichnung dieses 156sitzigen Airliners lautete, mußte der Staat Jahr für Jahr wegen der extrem hohen Kosten für Ersatzteile unterstützen. Aus diesem Grunde sollen sie demnächst von Airbus A320 abgelöst werden. Die Version **Mercure 200** mit einer Sitzplatzkapazität für 186 Fluggäste und SNECMA CFM56-Mantelstromtriebwerken kam jedoch über den Projektstatus nicht hinaus.

# Dassault M.D.550 Mirage

Die Armée de l'Air forderte 1954 einen kleinen, allwettertauglichen Abfangjäger, der im Horizontalflug über Mach 1 fliegen können sollte. Daraufhin konstruierte Dassault die **M.D.550 Mirage**, die am 25. Juni 1955 ihren Jungfernflug absolvierte. Dieser Jagdeinsitzer wies ein tief am Rumpf angesetztes Deltatragwerk, ein dreieckiges Seitenleitwerk, ein einziehbares Bugrad-Fahrwerk und zwei M.D.30R (Armstrong Siddeley) Viper-Strahltriebwerke auf. Anschließend erhielt diese Maschine eine gepfeilte Seitenflosse und erreichte am 17. Dezember 1956 unter Einsatz eines Nachbrenners und eines Raketenzusatzmotors SEPR 66 eine Geschwindigkeit von Mach 1,3 im Horizontalflug.

**TECHNISCHE DATEN**
**Dassault M.D.550 Mirage**
**Typ:** einsitziger Prototypjäger
**Triebwerke:** zwei Strahltriebwerke M.D.30R (Armstrong Siddeley) Viper je 980 kg Nachbrennerschub und ein Raketenmotor SEPR 66 mit 1500 kg Schub
**Leistung:** Höchstgeschwindigkeit 1380 km/h in 11.000 m Höhe
**Gewicht:** Leermasse 3330 kg; max. Startmasse 5070 kg
**Abmessungen:** Spannweite 7,03 m; Länge 11,50 m

*Mit zugeschaltetem Raketenmotor zu den von Dassault gebauten Viper-Strahltriebwerken führte Kommandant Glavani die M.D.550 Mirage bis auf Mach 1,3 heran.*

Die weitere Erprobung dieses Prototyps ergab, daß diese erste **Mirage** zu klein war für eine sinnvolle militärische Nutzlast. Daher zog man die Entwicklung der größeren Version **Mirage II** in Erwägung, doch beide Projekte – **Mirage** und **Mirage II** – gab man zugunsten der weitaus anspruchsvolleren **Mirage III** auf.

# Dassault Mirage III/5/50

Nach der Meinung Dassaults waren die M.D.550 Mirage und die vorgeschlagene Mirage II gescheitert, weil beide Muster auf einen gemischten Antrieb zurückgriffen. Folglich beschloß das Unternehmen Ende 1955, den Einzelprototyp eines neuen Musters auf eigene Kosten zu konstruieren: Am Deltatragwerk sollte festgehalten, dieses aber mit einem längeren Rumpf kombiniert werden, der ein einzelnes SNECMA Atar 101G1 aufnehmen konnte. Die so konzipierte und als **Dassault Mirage III-001** bezeichnete Maschine flog am 18. November 1956 zum ersten Mal und erreichte kaum mehr als zwei Monate später bereits Mach 1,52. Der Einbau handbetätigter Schockwellenkegel in die starren Triebwerkslufteinläufe und der Einsatz eines Atar 101G2 mit 4490 kg Schub steigerten die Spitzengeschwindigkeit auf Mach 1,65 und unter Verwendung eines zusätzlichen Raketenmotors gar auf Mach 1,8.

Dieses Leistungspotential weckte bald das Interesse der französischen Luftwaffe, die zehn Exemplare der verbesserten Vorserienversion **Mirage IIIA** in Auftrag gab. Diese Maschinen wurden vom Atar 9B angetrieben, das bei Zuschaltung des Nachbrenners 6000 kg erzeugte. Um diese Triebwerksleistung voll zur Wirkung zu bringen, hatte Dassault das Tragwerk modifiziert. Erstmals am 12. Mai 1958 geflogen, demonstrierte die **Mirage IIIA** unter Verwendung eines zusätzlichen Raketenmotors eine Höchstgeschwindigkeit von Mach 2,2. Daraufhin wurden Trainer in Gestalt der **Mirage IIIB** mit zwei hintereinander angeordneten Sitzen und allwettertaugliche Jagdeinsitzer der Version **Mirage IIIC** serienmäßig gefertigt. Letztere wurde mit einem Cyrano-Abfangradar

*Die Aufklärungsversion Mirage IIIR ist an ihrem schnabelförmigen Bug erkennbar, der die Luftbildkameras enthält. Andere Aufklärungssensoren können in einem Bauchbehälter mitgeführt werden.*

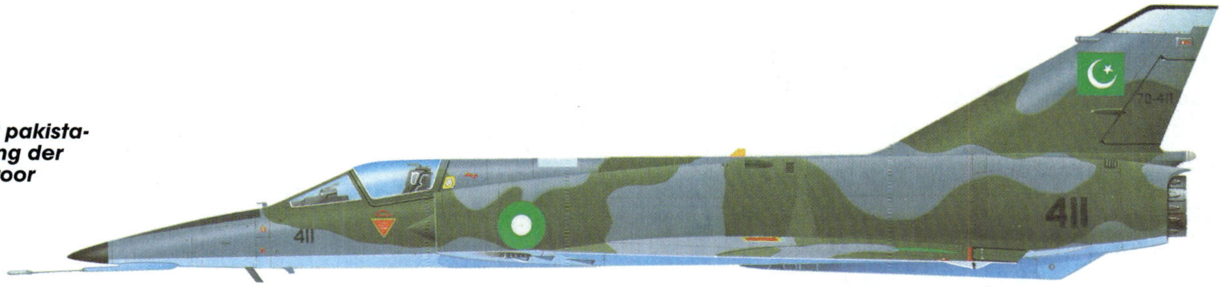


***Dassault Mirage 5PA der pakistanischen Luftwaffe, Anfang der achtziger Jahre in Masroor stationiert.***

ausgestattet, und die Grundbewaffnung von zwei 30-mm-Kanonen konnte durch Lenkraketen vom Typ Matra R.530 und Sidewinder verstärkt werden.

Die nächste Großserie brachte die **Mirage IIIE**. Bei diesen Jagdbombern mit großer Reichweite war das Strahltriebwerk Atar 9C in einem etwas längeren Rumpf eingebaut. Sein Cyrano-Radar in Verbindung mit Doppler und TACAN ermöglichte Tiefflugeinsätze unter allen Wetterbedingungen und Gegenangriff im Blindverfahren, auch wenn die Kapazität zum Geländekonturenflug noch nicht gegeben war. Von der **Mirage IIIE** wurde ein technisch weniger anspruchsvoller Jagdbomber für den Export zum Einsatz unter Sichtflugbedingungen abgeleitet. Diese hauptsächlich für Israel entwickelte **Mirage 5** flog erstmals am 19. Mai 1967. Diese Version ist durch eine einfachere Avionikausrüstung, eine erhöhte Treibstoffkapazität und zusätzliche Waffenstationen gekennzeichnet. Der Nutzer kann aufwendigere Blindflug-/Allwetterausrüstungen installieren, was allerdings mit einer reduzierten Treibstoff- und/oder Waffenlast verbunden ist.

Eine andere Linie des **Mirage III/5**-Stammbaums ergab das Mehrzweck-Kampfflugzeug **Mirage 50**, das am 15. April 1979 zum Erstflug startete. Für den Antrieb dieser Version sorgt das SNECMA Atar 9K-50; sie kann das gesamte für die **Mirage III/5**-Serien entwickelte Spektrum an Waffen, Ausrüstung und Einsatzbehältern mitführen und verfügt zudem über ein fortschrittlicheres Radar- und Frontscheibensichtgerät. Erster Abnehmer dieser Version, die auch als Aufklärer und als Doppelsitzer zur Ausbildung verfügbar ist, waren die chilenischen Luftstreitkräfte. Über die beträchtliche Zahl **Mirage III/5** hinaus, die die Armée de l'Air beschafft hat, ist die **Mirage 50** bei rund 20 Fremdluftstreitkräften in Dienst gestellt worden.

Bei Einstellung der Serienproduktion im Jahre 1989 waren mehr als 1400 **Mirage III, 5** und **50** ausgeliefert worden, davon nahezu 950 im Export. Etwa die Hälfte der noch existierenden Nutzer hat Modernisierungsprogramme zur Verlängerung der Lebensdauer ihrer **Mirage III** aufgezogen, von denen einige inzwischen 20 bis 30 Jahre auf dem Buckel haben. Diese „Verjüngungskur" kann neue Navigations- und Waffeneinsatzanlagen beinhalten, ebenso wie die Integration moderner Waffen, wie beispielsweise Spezialbehälter mit Submunition zur Flugplatzlähmung, lasergelenkte Bomben oder Flugkörper, Lenkraketen zur Schiffsbekämpfung und fortschrittlichere Luft-Luft-Raketen. Weitere Kampfwertsteigerungsschritte bestehen in der Ummotorisierung auf das Atar 9K-50, das immerhin 20% mehr Schub bereitstellt, dem Einbau eines Anschlusses zur Druckbetankung und/oder einer Luftbetankungssonde, der Einführung von Zero/Zero-Schleudersitzen und dem Anbau zusätzlicher Canard-Vorflügel, die die Leistung im Kurvenkampf steigern. Flüssigsauerstoff, Bugradlenkung, Behälter für „Buddy-Luftbetankung" und zur Durchführung elektronischer Gegenmaßnahmen, zur Laserzielmarkierung, Aufklärung und der Wärmebilderzeugung werden ebenfalls angeboten.

***Die Mirage IIIB und IIID sind Doppelsitzer zur Umschulung und Inübunghaltung. Die Schweizer Flugwaffe setzt die Mirage III zur Abfangjagd ein.***

**Varianten**

**Mirage IIID:** zweisitzige Trainerversion
**Mirage IIIEX:** eine modifizierte Mirage IIIE mit dem Bug nach Art der Mirage F1, Rumpfstraken der Mirage 5D, links versetzt vor dem Cockpit angeordnetem Luftbetankungsstutzen und starr montierten Canard-Vorflügeln
**Mirage IIIO:** australische Lizenzversion
**Mirage IIIR:** Aufklärer mit fünf Luftbildkameras und einem Infrarot-Gerätesatz
**Mirage IIIS:** Schweizer Lizenzversion
**Mirage IIIT:** Bezeichnung eines Testträgers für das 9000 kg Schub erzeugende SNECMA-Mantelstromtriebwerk TF-106
**Mirage IIIX:** diese 1982 angekündigte Version sollte die Wettbewerbsfähigkeit des Musters durch Canard-Vorflügel, FBW-Flugsteuerung, Atar 9K-50-Triebwerk und dem Stand der Technik entsprechende Elektronikgeräte erhalten
**Balzac V-001:** zum experimentellen Senkrechtstarter mit acht Rolls-Royce RB.162-Hubtriebwerken und einem SNECMA-Turbofan-Triebwerk umgerüstete Mirage III; mit diesem Forschungsflugzeug wollte man die Flugsteuerungsanlage für den Mirage IIIV-Prototypen entwickeln
**Mirage IIIV:** zwei Flugzeuge, die zur Prüfung und Bewertung der Senkrechtstarter-Technologie mit je acht Rolls-Royce RB. 162-Hubtriebwerken ausgestattet waren
**Mirage 5D:** Trainerversion der Mirage 5
**Mirage 5R:** Aufklärerversion der Mirage 5
**Mirage Milan:** Prototyp in Form einer modifizierten Mirage IIIE mit Atar 9K-50-Strahltriebwerk und einziehbaren Vorflügeln am Bug; die Milan sollte Probleme mit der schwanzlosen Delta-Konfiguration lindern, wurde aber später aufgegeben

## TECHNISCHE DATEN

**Dassault Mirage 50**

**Typ:** einsitziges Mehrzweck-Kampfflugzeug
**Triebwerk:** ein Strahltriebwerk SNECMA Atar 9K-50 mit 7200 kg Schub
**Leistung:** Höchstgeschwindigkeit in großer Höhe Mach 2,2; Dienstgipfelhöhe 18.000 m bei Mach 2; Einsatzradius mit zwei 400-kg-Bomben 630 km
**Gewicht:** Rüstmasse 7150 kg; max. Startmasse 13.700 kg
**Abmessungen:** Spannweite 8,22 m; Länge 15,56 m; Höhe 4,50 m; Tragflügelfläche 35 m²
**Bewaffnung:** Grundbewaffnung mit zwei DEFA-Rumpfkanonen, Kaliber 30 mm, und vielfältige Außenlasten an sieben Rumpf- und Flügelstationen

***Die Mirage IIIE ist eine Mehrzweckversion, die diverse Luft-Boden-Waffen zum Einsatz bringen kann. Spezifische Erkennungsmerkmale sind das Dopplerradargehäuse unter dem Bug und Triebwerklufteinläufe auf Höhe des hinteren Kabinendachs. Dieses Exemplar der CEAM (Centre d'Expérimentation Aériennes Militaires) führt einen MATRA-Lenkflugkörper Martel mit.***

***Dassault Mirage 5SDE des ägyptischen Kommandos Luftverteidigung, im Jahre 1975.***

# Dassault Mirage IV bis Dassault Super Mystère B-2

**Zwischen Mystère und Mirage brachte Dassault zu seinen Jägern noch die überschallschnelle Super-Mystère. Anschließend begab man sich mit zwei- und dreimotorigen, in Frankreich wieder als Mystère und im Ausland als Falcon bekannten Typen ebenfalls auf das Feld der „Bizjet"-Firmenflugzeuge.**

## Dassault Mirage IV

Frankreich beschloß 1954, nationale Mittel und Kräfte zur atomaren Abschreckung bereitzustellen. Als eine der dringlichsten Forderungen ergab sich daraus die Entwicklung von Startgeräten für solche Waffen. Dieses Projekt wurde Dassault in Zusammenarbeit mit mehreren anderen Firmen übertragen. Nötig waren sehr schnelle Luftfahrzeuge mit großer Reichweite. Dassault versuchte zunächst eine Fortentwicklung der Vautour, doch später bemühte man sich um die Weiterentwicklung eines zweimotorigen Nachtjägers von 1956. Im Grunde genommen war er eine größere Ausführung der Mirage III.

Der erste Prototyp **Dassault Mirage IVA** flog am 17. Juni 1959. Beim 14. Testflug im Juli 1959 erreichte die Maschine Mach 1,9 und hielt auf dem 33. Flug eine konstante Geschwindigkeit von Mach 2,0. Es folgten drei Vorserienflugzeuge, von denen das erste Exemplar am 12. Oktober 1961 seinen Jungfernflug bestand. Diese Maschine mit einem Paar Atar 9C mit je 6400 kg Schub repräsentierte schon eher das Serienmuster **Mirage IVA**. Merkmale waren ein kreisrundes Radom unter dem Mittelrumpf und die dahinter eingebettete Freifall-Atombombe. Die erste Vorserienmaschine diente der Erprobung und Entwicklung im Zusammenhang mit dem Einsatz des atomaren Sprengkörpers in Colomb-Béchar, während mit dem zweiten Exemplar die Navigations- und Luftbetankungssysteme getestet wurden; die dritte Vorserienmaschine entsprach bereits dem Serienflugzeug mit Atar 9K, Tanksonde und Bewaffnung und flog erstmals am 23. Januar 1963. Die französische Luftwaffe bestellte 50 Serienflugzeuge zur Auslieferung 1964/65, später nochmals zwölf.

Das hohe Gewicht und die hohen Start- und Landegeschwindigkeiten dieses Musters hinderten die Armée de l'Air nicht, ihre **Mirage IVA** in einer äußerst hohen Alarmstufe zu betreiben. Die Maschinen können aus Flugzeugschutzbauten starten, in denen sie mit laufenden Triebwerken abgestellt sind. Starthilfsraketen haben ihren Einsatz sogar von behelfsmäßigen Kurzpisten aus ermöglicht.

Die letzte von neun strategischen **Mirage-IVA**-Bombereinheiten wurde im Juli 1988 aufgelöst, nachdem die atomare Abschreckung Frankreichs auf strategische S-3-Raketen übergegangen war.

Zwischen Mai 1983 und Dezember 1987 waren 19 **Mirage IVA** zu **Mirage IVP** (P für Pénétration) umgerüstet worden, und nur noch diese Version ist im Dienst verblieben. Die **Mirage IVP** kann die nukleare Abstandsrakete Aérospatiale ASMP an einem Träger unter dem Bauch mitführen. Die ASMP ist mit dem 300-KT-Gefechtskopf TN81 bestückt und kann in verschiedenen Profilen mit einer maximalen Reichweite von 250 km aus großer Höhe eingesetzt werden. Weitere Verbesserungen boten das Impuls-Doppler-Radargerät Arcana, duale Trägheitsnavigationsanlagen, der Störbehälter Barem von Thomson-CSF, der Düppel- und Leuchtfackelbehälter BOZ-100 und das Serval-Radarwarnsystem von Thomson-CSF für den Selbstschutz. Ende 1993 waren nur noch 14 Maschinen im Einsatz.

***Dassault Mirage IVA***

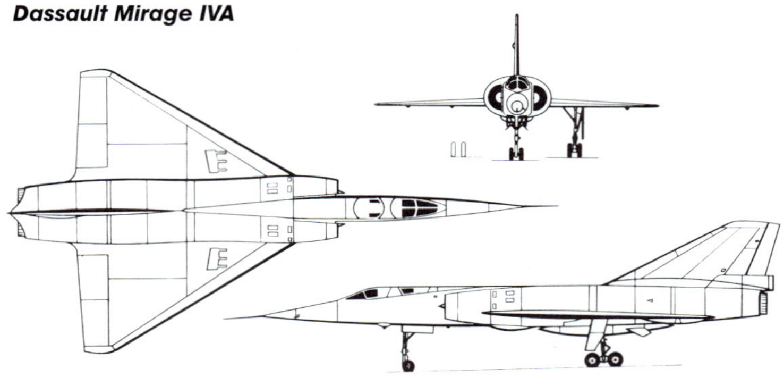

### TECHNISCHE DATEN
**Dassault Mirage IVA**

**Typ:** zweisitziger Überschallbomber
**Triebwerke:** zwei Strahltriebwerke SNECMA Atar 9K mit je 7000 kg Nachbrennerschub
**Leistung:** Höchstgeschwindigkeit für Angriffsphase 2340 km/h oder Mach 2,2 in 13.125 m Höhe; max. Dauergeschwindigkeit 1966 km/h oder Mach 1,7 in 19.685 m Höhe; taktischer Einsatzradius 1240 km; Überführungsreichweite 4000 km
**Gewicht:** Rüstmasse 14.500 kg; max. Startmasse 33.475 kg
**Abmessungen:** Spannweite 11,85 m; Länge 23,49 m; Höhe 5,40 m; Tragflügelfläche 78 m²
**Bewaffnung:** eine 60-KT-Bombe unter dem Bauch oder bis zu 7260 kg Waffen an Trägern unter Flächen und Rumpf; Mittel für elektronische Gegenmaßnahmen

## Dassault Mirage F1

***Dassault Mirage F1CG des 114. Ptérix (Geschwader), Elleniki Aeroporia (Hellenische Luftstreitkräfte), mit Standort Tanagra Ende 1970***

Die **Dassault Mirage F1** ist der effektive Nachfolger der erfolgreichen Flugzeugfamilie Mirage III/5, obwohl wesentliche Unterschiede zum ursprünglich geplanten Ersatzmuster eingebracht wurden. 1964 beauftragte die französische Regierung Dassault mit der Konstruktion eines Prototyps des zweisitzigen Jagdflugzeugs Mirage F2 mit herkömmlichem Trag- und Leitwerk und einem TF306-Mantelstromtriebwerk von SNECMA/Pratt & Whitney. Im Dezember 1966 erfolgte der Start der ersten **Mirage F1**. Diesen Jagdeinsitzer hatte Dassault für das kleinere Atar-Strahltriebwerk in Eigeninitiative entwickelt.

Der Prototyp **Mirage F1** stürzte zwar ab, hatte aber die allgemeine Anerkennung als der weitaus attraktivere Vorschlag gewonnen. Folglich bestellte die französische Regierung im September 1967 drei **Mirage F1**-Vorserienflugzeuge und ein Flugwerk, das ausschließlich für Bodentests vorgesehen war. Das erste dieser neuen Flugzeuge absolvierte seinen Jungfernflug im März 1969 und schloß innerhalb der nächsten drei Monate die erste Serie von Testflügen erfolgreich ab. Obwohl es nur von einem Atar 9K-31 angetrieben wurde, hatte das erste **F1**-Vorserienexemplar in dieser kurzen Phase beachtliche Leistungen nachgewiesen, darunter eine Geschwindigkeit von Mach 2,12 oder 2260 km/h in 11.000 m Höhe und 1300 km/h im Tiefflug.

Die **Mirage F1** war mehr als nur ein brauchbarer Nachfolger der Mirage III als Mehrzweck-Kampfflugzeug, deren besondere Stärken in der hohen Nutzlast, der einfachen Handhabung im Tiefflug und einer vorzüglichen Steigleistung zu sehen waren. Für hervorragende Start- und Landeleistungen auf Kurzpisten sorgten hochwirksame Auftriebssyteme in Form von Nasenklappen und weit gespannten Landeklappen am scharf zurückgepfeilten Tragwerk. Bei ihrer durchschnittlichen Einsatzmasse hebt die **Mirage F1** bereits nach 500 bis 800 m von der Startbahn ab. Obwohl die Abmessungen der Mirage III und **F1** identisch sind, kann die **Mirage F1** dank Integraltanks rund 40% mehr Sprit aufnehmen.

Auch für einen Angriffsjäger ist eine schnelle Reaktionszeit ein absolutes Muß, und die **Mirage F1** kann akzeptable Werte auf diesem Gebiet vorweisen. Die nötige Bodenausrüstung ist auf ein Minimum beschränkt. Außer einer Selbststarteinrichtung ist das Muster mit einem Druckbetankungsanschluß ausgerüstet, der die Betankung aller internen Tanks innerhalb von sechs Minuten gestattet. Dies trägt zu einer Kampfinspektionszeit von 15 Minuten für Einsätze bei, die in erster Linie auf die Identifikation von eindringenden Luftfahrzeugen statt auf deren Bekämpfung ausgerichtet sind.

Das Monopulsradar Cyrano IV der **Mirage F1** bietet rund 80% mehr Reichweite als das Cyrano II der Mirage III und ermöglicht die Erfassung von Luftzielen in allen Höhen. Hat der Pilot ein Ziel gewählt, fährt das Radargerät automatisch mit der Zielsuche fort. Die Waffen können automatisch oder per Hand eingesetzt werden, wobei der Rechner den Piloten mit Hinweisen zur Waffenfreigabe versorgt. Dank des GAMO-Wartungsfahrzeugs kann die **Mirage F1** innerhalb von zwei Minuten nach der Alarmierung in der Luft sein. Dieses mobile Gerät liefert den Strom zur Vorheizung der Navigations- und Waffeneinsatzsysteme, umspült die Radarkomponenten mit einer Kühlflüssigkeit und reguliert die Klimatisierung des Cockpits. Trifft der Befehl zum Alarmstart ein, wird der Sonnenschutz automatisch eingezogen, die Klimatisierung und Radarkühlung abgeschaltet und der GAMO-Stecker ausgestoßen, sobald das

### TECHNISCHE DATEN
**Dassault Mirage F1C**

**Typ:** einsitziges Mehrzweckjagdflugzeug
**Triebwerk:** ein Strahltriebwerk SNECMA Atar 9K-50 mit 7200 kg Nachbrennerschub
**Leistung:** Höchstgeschwindigkeit in großer Höhe 2350 km/h oder Mach 2,2 und im Tiefflug Mach 1,2; Anfangssteiggeschwindigkeit 213 m/sek; Dienstgipfelhöhe 20.000 m; Reichweite mit max. Außenlasten 900 km
**Gewicht:** Leermasse 7400 kg; max. Startmasse 15.200 kg
**Abmessungen:** Spannweite 8,40 m; Länge 15 m; Höhe 4,50 m; Tragflügelfläche 25 m²
**Bewaffnung:** zwei DEFA 30-mm-Kanonen und eine max. Waffenlast von 4000 kg an Außenstationen, einschließlich Luft-Luft- und Luft-Boden-Lenkflugkörpern, Luft-Boden-Raketen, Bomben, Kanonen- und Napalmbehälter

Triebwerk eine Drehzahl erreicht hat, bei der die Generatoren Bordstrom liefern.

Als die Produktion 1990 auslief, waren mehr als 721 **Mirage F1** ausgeliefert worden. Diese Maschinen dienten bei elf Luftstreitkäften, darunter Frankreich (251, einschließlich fünf Prototypen), Ecuador (zwei **F1JE** und 16 **F1JA**), Griechenland (40 **F1CG**), Irak (98 **F1EQ** und 15 **F1BQ** plus mindestens 15 Exemplare, die unter das Handelsembargo fielen), Jordanien (zwei **F1BJ**, 17 **F1CJ** und 17 **F1EJ**), Kuwait (6 **F1BK** und 27 **F1CK**), Libyen (6 **F1BD**, 16 **F1AD** und 16 **F1ED**), Marokko (30 **F1CH** und 20 **F1EH**), Qatar (13 **F1EDA** und 2 **F1DDA**), Südafrika (32 **F1AZ** und 16 **F1CZ**) und Spanien (6 **F1BE**, 45 **F1CE** und 22 **F1EE**, alle mit der nationalen Bezeichnung **C.14**).

**Varianten**

**Mirage F1A:** Jagdbomber und Tagjäger mit einfacherer Avionikausrüstung und erweiterter Treibstoffkapazität; von Atlas Aircraft (Südafrika) in Lizenz gefertigt

**Mirage F1B:** zweisitzige Ausbildungsversion mit doppelt ausgelegtem Frontscheibensichtgerät und Radarbildschirm für den Insassen auf dem hinteren Sitz, geeignet zur Waffen- und Einsatzausbildung

**Mirage F1C:** definitiver Einsitzer-Abfangjäger mit Thomson-CSF Cyrano IV-Radar

**Mirage F1C-200:** F1C-Variante mit 8 cm gestrecktem Vorderrumpf zur Integration der starren (ausbaubaren) Luftbetankungssonde vor der Frontverglasung

**Mirage F1CR:** Aufklärungsversion der F1C-200, in Zweitfunktion auch als Jagdbomber nutzbar; Hauptsensor ist der Infrarot-Zeilenabtaster SAT Super Cyclope, dem die Steuerbordkanone weichen mußte; zu den Aufklärungssystemen in Behältern zählen das Raphaël-Seitensichtradargerät, das Bodenradarortungsgerät ASTAC und Luftbildkameras an der Bugunterseite; 1993 Einrüstung eines Vorwärtssicht-Infrarotgeräts in der linken Kanonenzelle

**Mirage F1CT:** (T für „tactique") umgerüstete Abfangjäger (57) der Version F1C-200, die die Lücke taktischer Kampfflugzeuge zwischen der Mirage 5F und der Rafale schließen sollten; Cyrano IV mit zusätzlichen Betriebsarten, Laserentfernungsmesser Thomson-TRT TMV-630A an der Bugunterseite, modernere Trägheitsnavigationsanlage und Zentralrechner

**Mirage F1D:** Doppelsitzerversion der F1E

**Mirage F1E:** grundsätzlich ähnlich wie F1C, jedoch mit aufwendigerer Ausrüstung für Navigation und Waffeneinsatz, um der Forderung nach Allwettertauglichkeit eher zu genügen; eine F1E wurde mit dem SNECMA M53-Turbofan-Triebwerk fertiggestellt

# Dassault Mirage F2

Zunächst war die **Dassault Mirage F2** als Versuchsträger für das SNECMA-Mantelstromtriebwerk TF306 gedacht. Zwar waren etliche Merkmale der Mirage III erhalten geblieben, doch in Wirklichkeit fußte die **F2** auf einem recht anders gestalteten Entwurf, weil er sich von der Delta-Auslegung abkehrte. Der Heckdecker mit zurückgepfeiltem Trag- und Leitwerk, dessen Höhenflossen als Pendelruder fungierten, wurde bei seinem Erstflug am 12. Juni 1966 von einem Pratt & Whitney TF-30-Turbofan-Triebwerk angetrieben. Nur ein einziger Prototyp **Mirage F2** wurde gebaut.

Die **Mirage F2** spielte aber auch eine bedeutende Rolle bei der Entwicklung des Prototyps **Mirage G**, eines Experimentaljägers mit variabler Flächengeometrie, denn dessen Rumpf war weitgehend mit demjenigen der **F2** identisch. Diese Versuchsmaschine flog erstmals am 18. November 1967; innerhalb einer Woche waren die Tragflächen im Flug auf maximal 70° zurückgeschwenkt worden, und im Januar 1968 erreichte sie eine Geschwindigkeit von Mach 2,1 unter dem Antrieb ihres SNECMA-Turbofan-Triebwerks TF306E, das bei zugeschaltetem Nachbrenner 9300 kg Schub erzeugte. Später erteilte die französische Regierung einen Auftrag zur Konstruktion zweier Prototypen einer zweistrahligen Version der **Mirage G**, um ihre Eignung als Schwenkflügel-Kampfflugzeuge zu prüfen. Beide Maschinen erhielten die Bezeichnung **Mirage G8**, und als erstes flog ein Doppelsitzer am 8. Mai 1971; der Erstflug der einsitzigen **G8** fand jedoch erst am 13. Juli 1972 statt. Insgesamt der **Mirage G** ähnlich, unterschieden sich die **G8** in erster Linie durch ihren Antrieb durch zwei SNECMA Atar 9K-50, die mit Nachverbrennung je 7200 kg Schub entwickelten. Das Testflugprogramm, das mit diesen beiden Flugzeugen durchgezogen wurde, lieferte einen Fundus wertvoller Informationen, und am 13. Juli 1973 erreichte der Einsitzer Mach 2,34 in 15.000 m Höhe.

Auf der Grundlage dieser Forschungsarbeit wurde eine Version projektiert, die zunächst **Mirage G8A** (später Super Mirage) bezeichnet wurde. Sie sollte das von der französischen Luftwaffe geforderte ACF (Avion de Combat Futur = künftiges Kampfflugzeug) verwirklichen. Der Entwurf ähnelte dem **Mirage G8**-Einsitzer, edoch mit starr montierten Pfeilflächen, deren Winkel von 55° bei den Tests optimale Leistungen gezeigt hatte. Diese Mirage wurde zwar nicht gebaut, aber die **Mirage F2** und **G8** hatten beträchtliche Auswirkung auf die Entwicklung der Mirage 2000 und der Super Mirage 4000.

***Die Dassault Mirage F2 wurde 1964 als Prototyp eines modernen Jagdflugzeugs für Eindringeinsätze in geringer Höhe in Auftrag gegeben. Dieses potentiell hocheffektive Kampfflugzeug fiel der einfacheren und kleineren Mirage F1 zum Opfer.***

**TECHNISCHE DATEN**

**Dassault Mirage F2**

**Typ:** Prototyp eines zweisitzigen Jagdflugzeugs

**Triebwerk:** ein Turbofan-Triebwerk Pratt & Whitney TF30 in der Schubklasse 9072 kg

**Leistung:** Höchstgeschwindigkeit 2333 km/h oder Mach 2,2 in großer Höhe; Dienstgipfelhöhe 20.000 m

**Gewicht:** Leermasse 9500 kg; max. Startmasse 18.000 kg

**Abmessungen:** Spannweite 10,50 m; Länge 17,60 m; Höhe 5,80 m

# Dassault Mystère-Falcon 10/100

Das kleinste Flugzeug der Dassault-Familie **Mystère-Falcon** strahlgetriebener Geschäftsreiseflugzeuge ist die **Dassault Falcon 10**, ursprünglich noch **Minifalcon** genannt. Sämtlichen Familienmitgliedern sind heckmontierte Turbofan-Triebwerke zu eigen, und die **Falcon 10** ist im Grunde genommen eine kleinere Ausgabe der Mystère/Falcon 20 für eine zweiköpfige Besatzung und außerdem sieben Fluggäste. Der Prototyp (F-WFAL) startete am 1. Dezember 1970 zum Jungfernflug, wobei zwei Strahltriebwerke vom Typ General Electric CJ610 für den Antrieb eingesetzt wurden. Sechs Monate später stellte die Maschine mit 930,4 km/h einen neuen Geschwindigkeitsrekord für Luftfahrzeuge dieser Klasse über eine 1000-km-Rundstrecke auf. Im Mai 1973 erreichte der dritte Prototyp einen Rekord über die 2000-km-Rundstrecke.

Über die normale Verwendung eines Geschäftsreiseflugzeugs hinaus kann die **Falcon 10** für andere Dienste, wie Luftfotografie, Luftambulanz, Verbindungs-, Ausbildungs- und Vermessungsflüge von Funknavigationshilfen hergerichtet wer-

**TECHNISCHE DATEN**

**Dassault Mystère-Falcon 10**

**Typ:** Geschäftsreiseflugzeug

**Triebwerke:** zwei Mantelstromtriebwerke Garrett TFE731-2 mit je 1465 kg Schub

**Leistung:** Höchstgeschwindigkeit im Reiseflug 912 km/h in 7620 m Höhe; Reichweite mit vier Passagieren 3560 km plus IFR-Reserven

**Gewicht:** Rüstmasse 4880 kg; max. Startmasse 8500 kg

**Abmessungen:** Spannweite 13,08 m; Länge 13,86 m; Höhe 4,61 m; Tragflügelfläche 24,10 m²

***Kleinstes Flugzeug der Mystère-/Falcon-Flugzeugfamilie ist die Falcon 10 für die komfortable Beförderung von bis zu sieben Fluggästen. In der Aéronavale fand es auch einen militärischen Nutzer.***

den. Die Aéronavale nutzt mehrere Flugzeuge dieses Musters als **Falcon 10MER**. Die französische Marine setzt diese Maschinen im allgemeinen Verbindungs- und Transportdienst sowie zur Ausbildung der Piloten der trägergestützten Jagdflugzeuge Dassault Super Etendard ein. ES3 in Hyeres und ES57 in Landivisiau fliegen diese **Falcon 10MER** der Aéronavale. In letztgenannter Rolle erwies sich die **Falcon 10MER** für simulierte Eindringeinsätze als besonders geeignet.

Als Nachfolgemuster für die **Falcon 10** wurde im Jahre 1985 die **Serie 100** eingeführt und im Dezember 1986 zugelassen. Das neue Muster zeichnete sich vor allem durch höhere Betriebsmassen (Rampen- und maximales Startgewicht), ein viertes Kabinenfenster (steuerbord), einen größeren Gepäckraum und ein „Glas-Cockpit" aus. Bei Produktionsende 1989 waren 223 **Falcon 10/100** an Abnehmer in insgesamt 24 Ländern ausgeliefert worden.

# Dassault Mystère-Falcon 20/200

***Eine Dassault Falcon 20E der Federal Express (USA). FedEx nutzt eine gewaltige 727-Flotte zur Eilzustellung hochwertiger Paketfracht zwischen amerikanischen Großstädten.***

Die Entwicklung eines leichten, zweistrahligen Geschäftsreiseflugzeugs leitete Dassault zusammen mit Aérospatiale (damals noch Sud-Aviation) im Januar 1962 ein, als die Konstruktionsarbeiten am Prototyp aufgenommen wurden. Die Aufteilung an der Konstruktion des freitragenden Tiefdeckers mit gepfeiltem Trag- und Leitwerk, Rumpf mit rundem Querschnitt und einziehbarem Bugradfahrwerk wurde so vorgenommen, daß Dassault den Rumpf und Sud-Aviation die Tragflächen und das Leitwerk fertigte. Bei den Serienflugzeugen dagegen war Dassault für die Produktion des Tragwerks und Aérospatiale dagegen für den Rumpf und die Leitwerksbaugruppen zuständig.

Das erstmals am 4. Mai 1963 geflogene und zu dem Zeitpunkt von zwei beidseitig in Gondeln am Hinterrumpf montierten P&W-Mantelstromtriebwerken JTF12A-8 mit je 1497 kg Schub angetriebene Flugzeug hieß **Dassault Mystère-Falcon 20** (**Mystère** in Frankreich und **Falcon** im Export). Die Maschine wurde anschließend auf General Electric CF700-Turbofan-Triebwerke umgestellt, die letztendlich zum Standard erhoben wurden. Nachdem die Musterzulassung vorlag, bemühte sich die Business Jets Division von Pan American World Airways (heute Falcon Jet Corporation) um den Vertrieb und die Vermarktung dieses Typs als **Fan Jet Falcon** in Nordamerika.

Das erste Serienflugzeug absolvierte seinen Jungfernflug am 1. Januar 1965, und dieser Erstserie wurde die Bezeichnung **Standard Falcon 20** zugeteilt. Der nächste Entwicklungsschritt ergab eine Version mit erweitertem Tankvolumen, die mit dem gleichen Antrieb wie bei der **Standard-Falcon** in Form von General Electric CF700-2C mit je 1871 kg Schub als **Falcon 20C** oder als **Falcon 20D** mit CF700-2D angeboten, die je 1928 kg Schub erzeugten. Die Einführung der 2041 kg Schub starken CF700-2D-2-Triebwerke brachte die Version **Falcon 20E** hervor, und zusätzliche Auftriebshilfen zur Leistungssteigerung bei Start und Landung sowie eine nochmalige Erhöhung der Treibstoffkapazität kennzeichneten die **Falcon 20F**.

Die Falcon Jet Corporation reichte die verbesserte **Falcon 20G** auf die Angebotsaufforderung für ein Mittelstrecken-Überwachungsflugzeug der US Coast Guard ein. Diese Aktion schlug sich 1977 in einem Auftrag für 41 Flugzeuge mit der Dienstbezeichnung **HU-25 Guardian** nieder. Im Kern der **Falcon 20F** entsprechend, machten Änderungen der Zelle zur Aufnahme rollenspezifischer Ausrüstungskomponenten und der Einbau von 2512 kg Schub starken Garrett-Mantelstromtriebwerken ATF 3-6-2C den Hauptunterschied aus. Die amerikanische Küstenwache nutzt diese Flotte als **HU-25A** im Such- und Rettungsdienst, als **HU-25B** zur Überwachung des Umweltschutzes und als **HU-25C**, ausgerüstet mit Vorwärtssicht-Infrarotgerät und Suchradar Westinghouse APG-66, zur Bekämpfung des Drogenschmuggels.

Die neueste Entwicklung ist die **Falcon 200**, die die **Falcon 20** nach 473 Exemplaren im Jahre 1983 auf den Fertigungsstrecken ablöste. Der Prototyp **200**, seinerzeit noch **Falcon 20H** genannt und mit ATF 3-6A-4C mit je 2360 kg Schub, größeren Tanks im Hinterrumpf, teilweise geänderten Bordsystemen und neu entworfenen Flächenansätzen ausgerüstet, hob am 30. April 1980 zum ersten Mal vom Boden ab. Die auf dem Pariser Luftsalon 1981 vorgestellte **Falcon 200** erhielt die Musterzulassung des DGAC (Direction Général à l'Aviation Civile) am 21. Juni 1981, und die Lieferungen begannen 1982. Bei Einstellung der Produktion im Jahre 1988 waren insgesamt 473 **Mystère-Falcon 20** und 35 **Mystère-Falcon 200** an Käufer übergeben worden. Die Seepatrouillenversion der **Falcon 200** wird als **Guardian 2** vermarktet. Die fünf von der französischen Marine in Dienst gestellten Flugzeuge sind mit dem Varan-Suchradar von Thomson-CSF, Gerätschaften zur elektronischen Kampfführung und für den Zielschleppdienst ausgerüstet sowie mit zwei Luft-Boden-Lenkwaffen vom Typ Exocet unter den Tragflächen bewaffnet.

**Varianten**

**Falcon CC:** eine Standard-Falcon mit Niederdruckreifen für den Betrieb auf Grasflugplätzen

**Falcon ST:** Bezeichnung eines Falcon-Paares, das die französische Luftwaffe zur Systemausbildung verwendet; Ausrüstung mit Bordradar und Navigationsgeräten der Mirage IIIE

**Falcon 20FH:** Bezeichnung des Entwicklungsflugzeugs für das Programm Falcon 20H; Rumpf und Antrieb der Falcon F mit neu gestaltetem Treibstofftankkonzept; diese Maschine wurde später auf Garrett-Mantelstromtriebwerke ATF 3 umgestellt und zur Zulassung der Falcon 20H genutzt

**TECHNISCHE DATEN**

**Dassault Mystère-Falcon 20F**

**Typ:** Geschäftsreise-/Transportflugzeug (Zivil/Militär) der gehobenen Klasse für acht bis zwölf Passagiere

**Triebwerke:** zwei Mantelstromtriebwerke General Electric CF700-2D-2 mit je 2041 kg Schub

**Leistung:** Höchstgeschwindigkeit für Reiseflug 863 km/h in 7620 m Höhe; wirtschaftliche Reisegeschwindigkeit 750 km/h in 12.190 m Höhe; absolute Dienstgipfelhöhe 12.800 m; Reichweite mit insgesamt acht Passagieren und max. Treibstoffzuladung 3300 km

**Gewicht:** Rüstmasse 7530 kg; max. Startmasse 13.000 kg

**Abmessungen:** Spannweite 16,30 m; Länge 17,15 m; Höhe 5,32 m; Tragflügelfläche 41 m²

***Die Falcon 20G Guardian diente der amerikanischen Küstenwache zur Seeüberwachung und Bekämpfung des Drogenschmuggels.***

# Dassault Mystère-Falcon 50

Der Bedarf an einem strahlgetriebenen Geschäftsreiseflugzeug mit transkontinentaler oder transatlantischer Reichweite regte Dassault zur Untersuchung der Möglichkeiten an, wie sich die Reichweite der Mystère-Falcon 20 am besten steigern ließe. Die Lösung lag in der Einführung eines Tragwerks mit superkritischem Profil, dem Einsatz von drei schubschwächeren Triebwerken statt der beiden Aggregate der früheren Serie und der Integration eines Rumpftanks, der die interne Treibstoffkapazität auf insgesamt 8765 Liter anhob. So entstand die **Dassault Mystère-Falcon 50**, wobei zahlreiche Baugruppen der Falcon 20 übernommen wurden, aber drei Garrett TFE731-Turbofan-Triebwerke installiert wurden: zwei in Gondeln an beiden Seiten des Hinterrumpfes und das dritte an zwei Trägern auf dem Rumpfrücken vor dem Leitwerk. Der Rumpfquerschnitt der Falcon blieb erhalten.

Der erste Prototyp der **Falcon 50 (F-WAMD)** flog am 7. November 1976 zum ersten Mal, gefolgt vom zweiten im Februar 1978 und dem Vorserienflugzeug im Juni 1978. Die französische Musterzulassung wurde im Februar 1979 erlangt, und einen Monat später lag die des FAA ebenfalls vor. Die vierte im März 1979 geflogene Maschine war als Vorführgerät für die amerikanische Vertriebsgesellschaft bestimmt, denn die Falcon Jet Corporation hatte 70 von 100 der bis Ende 1979 vorliegenden Aufträge eingeholt. Die erste Serienmaschine wurde im Juli 1979 an einen Betreiber der

**TECHNISCHE DATEN**

**Dassault Mystère-Falcon 50**

**Typ:** Langstrecken-Geschäftsreise-/Transportflugzeug

**Triebwerke:** drei Mantelstromtriebwerke Garrett TFE731-3-1C mit je 1678 kg Schub

**Leistung:** Höchstgeschwindigkeit für Reiseflug 880 km/h; Dienstgipfelhöhe 13.800 m; Reichweite 6300 km

**Gewicht:** Leermasse 9150 kg; max. Startmasse 17.600 kg

**Abmessungen:** Spannweite 18,86 m; Länge 18,50 m; Höhe 6,97 m; Tragflügelfläche 46,83 m²

Falcon 20 ausgeliefert. Bis Mitte Juli 1992 waren 227 **Falcon 50** an mehr als 30 Länder verkauft worden, einschließlich der Regierungen von Dschibouti, Irak, Jordanien, Libyen, Marokko, Portugal, Südafrika und des ehemaligen Jugoslawiens. 1980 wurde eine Ambulanzversion angekündigt, die drei Krankentragen und zwei Sanitäter in der Kabine aufnehmen konnte. Drei solche Maschinen hat die italienische Luftwaffe in Dienst gestellt. Eine Seeüberwachungs- und Patrouillenversion, ähnlich wie die Guardian 2 ausgerüstet und **Guardian 50** genannt, ist ebenfalls verfügbar.

***Dassault Falcon 50, die dreistrahlige Variante für eine wesentlich größere Reichweite. Sowohl in der Geschäftswelt als auch im militärischen VIP-Dienst erfreut sich dieses Muster großer Beliebtheit.***

# Dassault Falcon 900

Das größte Mitglied der strahlgetriebenen Dassault-Flugzeugfamilie für Geschäftsreisende ist die **Falcon 900**. Der im Mai 1983 als **Mystère-Falcon 900** angekündigte Tri-Jet sollte den Langstrecken-Firmenflugzeugen Challenger und Gulfstream die Stirn bieten. Der Prototyp rollte im Mai 1984 aus der Montagehalle. Im März 1986 erteilten die DGAC und FAA dem Muster die Zulassung, und im Dezember 1986 konnte die erste Serienmaschine ausgeliefert werden. Die **Falcon 900** bietet 12–19 Passagieren eine rasche Luftbeförderung über transkontinentale Strecken. Ende 1991 wurde die verbesserte **Falcon 900B** zugelassen. Ihren Antrieb liefern 21,1 kN starke Garrett TFE731-5BR, die strengeren Lärmvorschriften genügen. Zudem geben diese Triebwerke 5,5% mehr Schub ab und steigern die Reichweite um 185 km.

Bis Mitte 1992 waren 117 **Falcon 900** an 26 Länder verkauft, darunter Australien, Frankreich, Malaysia, Nigeria, Saudi-Arabien und Spanien. Im September 1987 bestellte die Japanese Maritime Safety Agency zwei Exemplare für Seeüberwachungsaufgaben. Das Duo ist mit Einsatzleitstand, Fernmeldegeräten, Beobachtungsluken und Werfern für Sonarbojen, Seezeichen und Leuchtkörpern ausgestattet.

**TECHNISCHE DATEN**
**Dassault Falcon 900**

**Typ:** Geschäftsreiseflugzeug der Spitzenklasse für 12–19 Passagiere
**Triebwerke:** drei Mantelstromtriebwerke Garrett TFE731-5AR mit je 2041 kg Schub
**Leistung:** Höchstgeschwindigkeit für Reiseflug 927 km/h; Dienstgipfelhöhe 15.550 m; Reichweite mit insgesamt acht Passagieren 7840 km
**Gewicht:** Leermasse 10.240 kg; max. Startmasse 20.640 kg
**Abmessungen:** Spannweite 19,33 m; Länge 20,21 m; Höhe 7,55 m; Tragflügelfläche 49 m²

***Mit der auf der Falcon 50 basierenden Falcon 900 wurde eine Großraumkabine mit großzügiger Innenausstattung eingeführt. Das Muster ist am oberen Ende der Firmenflugzeugskala angesiedelt.***

# Dassault Super Mystère B-2

Der Prototyp **Dassault Super Mystère B-1**, der am 2. März 1955 zum ersten Mal geflogen war, durchbrach kurze Zeit später die Schallmauer im Horizontalflug. Dies war das erste Kampfflugzeug europäischer Konstruktion, das mit einem Leistungspotential von Mach 1+ in Dienst gestellt werden sollte. Die aus der Dassault Mystère VIA über die von einem Rolls-Royce Avon angetriebene Mystère IVB entwickelte **Super Mystère** hob sich von den Vorgängermustern in erster Linie durch ihre Tragflächen mit dünnerem Profil und stärkerer Pfeilung, einen flachen, ovalen Triebwerkslufteinlauf und durch ein größeres, stärker zugespitztes Seitenleitwerk ab.

Die Produktion lief 1956 an, und die erste seriengefertigte **Super Mystère B-2** flog erstmals am 26. Februar 1957; noch im selben Jahr übernahm die Armée de l'Air die ersten Maschinen. Während der nächsten zwei Jahre wurden 180 Exemplare gefertigt, darunter 24 für die israelische Luftwaffe. Außer der im technischen Datenspiegel aufgelisteten Bewaffnung konnten die französischen Düsenjäger die Luft-Luft-Rakete AIM-9 Sidewinder mitführen. Im Februar 1958 flog bei Dassault ein Prototyp **Super Mystère B-4** mit Atar 9 mit 6000 kg Nachbrennerschub. Dieses Programm war jedoch von der Mirage III überschattet und ging nicht in Serie.

Ende der siebziger Jahre waren nur noch wenige **Mystère B-2** im französischen Dienst; in Israel hingegen stand dieses Muster immer noch voll im Einsatz; Israel belieferte Honduras mit zwölf von Israel Aircraft Industries so modifizierten Flugzeugen, daß sie das Strahltriebwerk J52-P-8A von Pratt & Whitney aufnehmen konnten. Trotz der fehlenden Nachbrennerstufe war der Hinterrumpf dieser Version länger als beim Standardmuster **Super Mystère**; diese Maschinen konnten ein breiteres externes Waffenspektrum zum Einsatz bringen; die Version erschien Anfang der siebziger Jahre und errang einige Erfolge im Jom-Kippur-Krieg vom Oktober 1973.

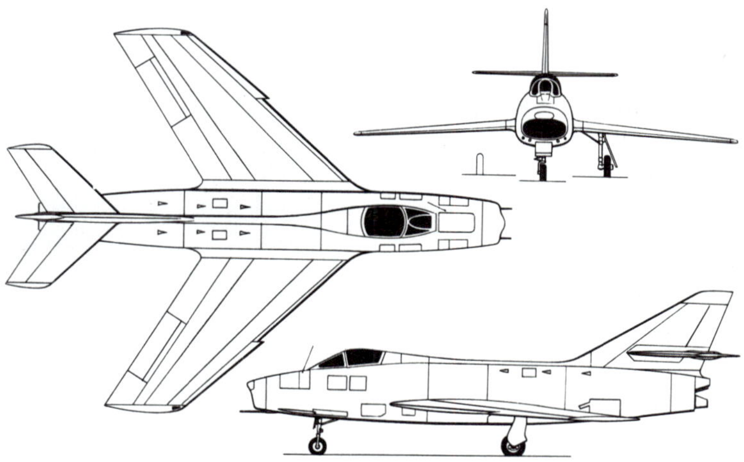

***Dassault MD.452 Super Mystère B-2***

**TECHNISCHE DATEN**
**Dassault Super Mystère B-2**

**Typ:** einsitziger Jäger/Jagdbomber
**Triebwerk:** ein Nachbrennertriebwerk SNECMA Atar 101G-2/-3 mit 4460 kg Schub
**Leistung:** Höchstgeschwindigkeit 1040 km/h in Meereshöhe und 1195 km/h in 12.000 m Höhe; Anfangssteiggeschwindigkeit 89 m/sek; Dienstgipfelhöhe 17.000 m; normale Reichweite 870 km
**Gewicht:** Rüstmasse 6932 kg; max. Startmasse 10.000 kg
**Abmessungen:** Spannweite 10,52 m; Länge 14,13 m; Höhe 4,55 m; Tragflügelfläche 35 m²
**Bewaffnung:** zwei DEFA 30-mm-Kanonen, Raketen in einer einziehbaren Rumpfpalette und eine Waffenlast von 1000 kg an Unterflügelstationen

***Die Super Mystère war das erste Serienflugzeug europäischer Fertigung mit einer Spitzengeschwindigkeit, die oberhalb Mach 1 lag.***

# Dassault Mirage 2000 bis de Havilland D.H.53 Humming Bird

**1997 verhandelte Dassault mit Aérospatiale über eine Fusion mit dem Angebot, in diese das Mehrzweckmilitärflugzeug Mirage 2000 sowie die noch brandneue Rafale einzubringen. Die Aircraft Manufacturing Co. wurde nach dem Ersten Weltkrieg von der BSA für ihre Produktionsstätten aufgekauft, die gesamten Flugzeugrechte gingen jedoch an Geoffrey de Havilland.**

## Dassault Mirage 2000

Am 18. Dezember 1975 stimmte die französische Regierung dem Programm für eine neue **Dassault Mirage 2000** zu. Dassault hatte Abmessungen und Gewicht so gering wie möglich angesetzt, um ein Schub/Gewichtsverhältnis von 1:1 bei einem einzelnen SNECMA-Mantelstromtriebwerk M53-5 zu erreichen. Die **Mirage 2000** knüpfte an die Auslegung der Deltaflügler Mirage III an und erhielt zur Steigerung der Manövrierbarkeit eine elektronisch geregelte und elektrisch signalisierte Flugsteuerungsanlage (FBW). Damit ließ sich der Schwerpunktbereich im Vergleich zu herkömmlichen Luftfahrzeugen nach hinten ausweiten. Dies führte wie bei der F-16 zu einer geringeren Grundstabilität. Den bekannten Schwächen des Deltatragwerks der Mirage III begegnete man bei der **Mirage 2000** mit einer größeren Flügelfläche, um die Flächenbelastung zu verringern. Hinzu kamen automatische Nasenklappen, die im Zusammenspiel mit den Elevons ein im Wölbprofil veränderliches Tragwerk ergaben, das die Leistung und Kontrolle im Langsamflug nochmals steigerte. Ansonsten entspricht die **Mirage 2000** weitgehend der Konzeption der Mirage III.

Fünf Prototyp-Flugzeuge wurden gebaut, davon vier im Auftrag der französischen Luftstreitkräfte. Die fünfte Maschine entstand auf Firmenkosten und diente zur Entwicklung von Fertigungsgrundlagen und -verfahren künftiger Varianten und Exportmodelle. Der erste Prototyp flog erstmals am 10. März 1978. Die ersten Lieferungen an die Armée de l'Air erfolgten 1983, und im Jahr darauf wurde das Muster für einsatzbereit erklärt.

Die geplante Beschaffung für die Armée de l'Air beinhaltet insgesamt 318 **Mirage 2000**, davon 32 **Mirage 2000B**, 136 **Mirage 2000C**, 75 **Mirage 2000N** und 75 **Mirage 2000D**. Anfang 1993 hatte Dassault rund 230 Exemplare ausgeliefert und Exportbestellungen über 217 **Mirage 2000** erhalten, von denen zu diesem Zeitpunkt 157 bereits erfüllt waren.

### Varianten

**Mirage 2000B:** zweisitzige Ausbildungsversion der Mirage 2000C mit nahezu kompletter Kampftauglichkeit; die integrierten Bordkanonen entfielen, können aber durch Anbaubehälter kompensiert werden; Erstflug der Serienmaschine am 7. Oktober 1983; die französische Luftwaffe meldete einen Erstbedarf von insgesamt 32 Exemplaren

**Mirage 2000C:** Standardabfangjäger mit M53-5-Triebwerk und RDM-Bordradar der Bauart S1 bis S3 (daher gelegentlich Mirage 2000RDM genannt); 1992 wurde ein Kampfwertsteigerungsprogramm zum Standard 2000C-5 angekündigt; neuere 2000C haben RDI-Radar und M53-P2-Triebwerk mit 95,1 kN Schub (daher auch 2000RDI bezeichnet)

**Mirage 2000D:** ursprüngliche Bezeichnung der doppelsitzigen Ausführung der Mirage 2000E, inzwischen auf die ehemalige 2000N' übergegangen; hierbei handelt es sich im Grunde um eine Mirage 2000N, die für den Gegenangriff mit konventionellen Waffen optimiert ist und keine ASMP mitführen kann; ein Bordsystem zum Einsatz lasergelenkter Waffen bietet höhere Sicherheit durch Abstandsverfahren; 75 Mirage 2000D, die erstmals im Februar 1991 flogen, sind fest bestellt; Ausrüstung der ersten Staffel soll 1994 erfolgen.

**Mirage 2000E:** Mehrzweck-Exportvariante der Mirage 2000C/D mit teilweise kundenspezifischer Ausrüstung wie Düppel- und Leuchtfackelwerfer-Spirale; zu den Käufern zählen Abu Dhabi (22 2000-EAD, acht 2000RAD und sechs 2000-DAD), Ägypten (16 2000EM und vier 2000BM), Griechenland (36 2000EGM und 2000BGM), Indien (42 2000H und sieben 2000TH) und Peru (zehn 2000P und zwei 2000DP); Jordanien zog 1991 einen Auftrag über zehn 2000EJ und zwei 2000DJ zurück; Pakistan unterzeichnete 1992 einen Vorvertrag für 44 Mirage 2000E

**Mirage 2000N:** die 2000N (N für nukleare Eindringeinsätze) mit Erstflug am 3. Februar 1983 ist eine zweisitzige Langstreckenversion für Abriegelungseinsätze mit konventionellen Waffen oder atomaren Mitteln unter allen Wetterbedingungen in geringer Höhe; ähnlich der Mirage 2000B, aber mit verstärkter Zelle für den Tiefflug und modernen Bordsystemen, darunter ESD-Geländefolge- und Navigationsradar ANTILOPE V, SAGEM-Trägheitsnavigationsanlage in doppelter Ausführung, TRT-Funkhöhenmesser, Autopilot, OMERA-Senkrechtkamera sowie ECM-Ausrüstung von Thomson-CSF und Dassault; die erste Mirage 2000N mit SNECMA-M53-P2-Antrieb wurde der französischen Luftwaffe im Januar 1987 übergeben; drei Staffeln sind mit dieser Version, einschließlich der 900 kg schweren Luft-Boden-Flugkörper (ASMP – Air-Sol Moyenne Portée) mit nuklearem Gefechtskopf, einsatzbereit. Die Produktion endete 1992, nachdem die Armée de l'Air 75 2000N entgegengenommen hatte

**Mirage 2000R:** einsitzige, allwettertaugliche Aufklärerversion der 2000E; Standardradarnase; Aufklärungssensoren in Behältern unter den Flächen: Raphaël-Seitensichtradargerät von Thomson-CSF, der Dassault-Mehrfachkamerabehälter COR2, der Dassault-Schrägbildkamerabehälter Harold für Fernaufnahmen und das Vorwärtssicht-Infrarotgerät Rubis von Dassault/TRT/Intertechnique

**Mirage 2000S:** zweisitzige Exportversion (S für Strike) der 2000D, aber mit Luftbetankungssonde

**Mirage 2000-5:** Variante mit Verbesserungen, die in der 2000-3 und 2000-4 getestet wurden: Multi-Funktionsanzeigen wie im Rafale-Cockpit, RDY-Radar von Thomson-CSF, abgestimmt auf Matra-Lenkflugkörper Mica, Frontscheibensichtgerät VEH 3020 von Thomson-CSF, ICMS Mk 2 für elektronische Gegenmaßnahmen und (wahlweise) M53-P20 mit 98,1 kN Schub; Erstflug 10. März 1988; Taiwan bestellte im November 1992 60 Exemplare.

### TECHNISCHE DATEN

**Dassault Mirage 2000C**

**Typ:** einsitziger Abfangjäger

**Triebwerk:** ein Turbofan-Triebwerk SNECMA M53-P2 mit 9700 kg Nachbrennerschub

**Leistung:** Höchstgeschwindigkeit 2333 km/h oder Mach 2,2 in großer Höhe und 1110 km/h in Bodennähe; Dienstgipfelhöhe 17.060 m; Reichweite mit Zusatztanks 3335 km

**Gewicht:** Leermasse 7500 kg; max. Startmasse 17.000 kg

**Abmessungen:** Spannweite 9,13 m; Länge 14,36 m; Höhe 5,20 m; Tragflügelfläche 41 $m^2$

**Bewaffnung:** zwei 30-mm-Kanonen DEFA 554 plus fünf Rumpf- und zwei Unterflügelstationen für Außenlasten wie Bomben, Flugkörper, Aufklärungs-, Raketen- und Kanonenbehälter sowie Treibstofftanks bis zu einer Gesamtmasse von 6300 kg

***Die Mirage 2000 ist mit einer elektrisch signalisierten Flugsteuerung ausgestattet, die ihr eine hohe Wendigkeit und ein beachtliches Leistungspotential für Manöver mit hohen Anstellwinkeln verleiht, insbesondere bei niedrigen Geschwindigkeiten. Die Versionen dieses Musters erlauben ein weitgefächertes Spektrum an Luft-Luft- und Luft-Boden-Einsätzen.***

***Der erste Prototyp der Mirage 2000 mit den Markierungen der französischen Luftstreitkräfte.***

# Dassault Super Mirage 4000

Als das ACF-Programm 1975 gestrichen wurde, führte Dassault die Entwicklung eines sogenannten „20-Tonnen-Kampfflugzeugs" fort. Bei dieser **Dassault Super Mirage Delta** handelte es sich praktisch um eine größere Ausgabe der Mirage 2000 mit zwei Turbofan-Triebwerken. Der Prototyp, später in **Super Mirage 4000** umbenannt, flog erstmals am 9. März 1979 und erreichte auf dem sechsten Flug Mach 2,2. Das im Vergleich zur Mirage 2000 beträchtlich größere Flugzeug wies eine grundsätzlich ähnliche Auslegung auf. Die Hauptunterschiede bestanden in kleinen, im Einstellwinkel veränderbaren Vorflügeln (Canard) am vorderen Teil der Lufteinlaufkanäle und in den beiden SNECMA-M53-Triebwerken, die nebeneinander im Rumpf montiert waren und je 10.000 kg Schub erzeugten.

Der als Langstrecken-Abfangjäger oder für Tiefflug-Eindringeinsätze in das gegnerische Territorium gedachte Prototyp war mit dem RDM-Mehrbetriebsarten-Radargerät und dem Waffeneinsatzsystem des Luftüberlegenheitsjägers Mirage 2000 ausgerüstet. Zudem nutzte er eine ähnliche rechnergestützte FBW-Flugsteuerungsanlage, die sogar Anstellwinkel bis 25° zuließ.

Dassault behauptete, die Leistung der **Mirage 4000** mit ihrem Schub-/Gewichtsverhältnis von besser als 1:1 übertreffe die jedes anderen Flugzeugs dieser Periode. Trotz regelmäßiger Teilnahme des Musters an den Luftfahrtausstellungen in Paris und Farnborough blieben konkrete Abschlüsse jedoch aus. Nach längerem Stillstand erhielt die Maschine 1986 im Rahmen des Rafale-Beiprogramms einen Wüstentarnanstrich. Forschungsschwerpunkt war das Verhalten des Canard-Deltaflüglers in turbulenter Luftströmung.

***Die Super Mirage 4000 wurde aus Kostengründen aus dem Beschaffungsprogramm gestrichen; sie lieferte dem Rafale-Programm jedoch wertvolle Daten.***

### TECHNISCHE DATEN
**Dassault Super Mirage 4000**

**Typ:** einsitziger Langstrecken-Abfangjäger oder -Interdictor
**Triebwerke:** zwei Turbofan-Nachbrennertriebwerke SNECMA M53 je 10.000 kg Schub
**Leistung:** Höchstgeschwindigkeit 2333 km/h oder Mach 2,3 in großer Höhe; Einsatzradius mit Zusatztanks und Aufklärungsbehälter 1850 km; Steigleistung 305 m/sek; Dienstgipfelhöhe 20.000 m
**Abmessungen:** Spannweite 12,00 m; Länge 18,70 m; Tragflügelfläche 73 m²
**Bewaffnung:** zwei DEFA-30-mm-Kanonen im unteren Teil der Lufteinlaufkanäle und zwei Unterrumpf- sowie acht Unterflügelstationen für Außenlasten wie Bomben, Luft-Luft- und Luft-Boden-Lenkwaffen Magic und Exocet, Luftbetankungs- und Raketenbehälter sowie Zusatztanks

# Dassault Rafale

Das Avion de Combat Expérimental oder ACX, von Dassault Anfang der achtziger Jahre als Technologieträger für ein nationales Rüstungsprogramm geplant, existierte bereits auf dem Papier, als Frankreich im August 1985 aus dem multinationalen europäischen Jagdflugzeugprogramm ausstieg. Die französischen Streitkräfte (allen voran die Marine) wünschten ein leichteres und kleineres Kampfflugzeug mit einer Abflugmasse von gut 8000 kg. Heraus kam der ACX-Demonstrator, **Rafale A**, mit einer Leermasse von 9,5 Tonnen genauso schwer wie das spätere EAP-Versuchsflugzeug (Experimental Aircraft Programme). Am 4. Juli 1986 flog die **Rafale A** zum ersten Mal, und dieser Prototyp wies die Richtigkeit des aerodynamischen Konzepts, der Auslegung und das von der **Rafale** oder **ACT** (Avion de Combat Tactique) erwartete Leistungspotential nach. Gleiches galt für die FBW-Flugsteuerung und die weitgehend aus Verbundmaterial konstruierte Zelle, nicht aber für den Antrieb, den zwei Turbofan-Triebwerke F404-400 von General Electric mit je 68,6 kg Schub besorgten. Nach 460 Testflügen, einschließlich der Flugzeugträgererprobung an Bord der Clemenceau, die den Nachweis der Trägertauglichkeit dieses Musters erbrachte, wurde das Backbord-Triebwerk der **Rafale A** durch ein SNECMA M88-2 ersetzt, das damals 73,5 kg Nachbrennerschub erzeugte.

Das Mehrzweck-Kampfflugzeug **Rafale** wird ein halbes Dutzend Einsatztypen der Armée innerhalb der Luftverteidigung und Aufklärung wie die Mirage III und 5, die Mirage F1 und die Jaguar sowie wahrscheinlich auch die strategische Mirage IVP ablösen. Zwar sind die Entwurfsmerkmale des ACX im Kern erhalten geblieben, aber die für die Armée de l'Air vorgesehene Flugzeugfamilie **Rafale D** (D = discret wie unauffällig im Sinne von „Stealth") ist etwas kleiner und leichter als der Demonstrator, ihre Leermasse liegt unterhalb 9000 kg. Änderungen zur Verringerung der Radarrückstrahlfläche ergaben rundlichere Flächenansätze, eine innen mit Gold beschichtete Cockpithaube, einen dunkelgrauen Anstrich mit radarabsorbierendem Material und eine neue Form des Übergangs Hinterrumpf/Leitwerk. Das Leitwerk selbst ist niedriger und enthält an der Kappe die Gehäuse des SPECTRA-Radarwarnsystems.

Nach den Einsatzerfahrungen mit Jaguar und Mirage 2000C im Golfkrieg, die die enorme Arbeitsbelastung der Einsitzerpiloten im Gefecht aufgezeigt hatten, revidierte die französische Luftwaffe den geplanten Beschaffungsumfang der **Rafale C** zugunsten einer größeren Zahl zweisitziger Einsatzmaschinen, ungeachtet der damit verbundenen höheren Kosten. Wirtschaftliche Sachzwänge haben dazu geführt, daß die für die Jahrhundertwende geplante Beschaffung von 450 Kampfflugzeugen auf rund 390 gekürzt wurde. Die ursprünglich von der Armée de l'Air geforderten 250 **Rafale C** einschließlich 25 kampftauglicher Zweisitzer wurden auf 235 zusammengestrichen. Ab 1996 sollen die **Rafale**-Serienflugzeuge mit der verbesserten Triebwerksversion M88-3 ausgerüstet werden, deren Nennleistung mit 93 kg angegeben wird.

**Varianten**

**Rafale A:** der von Dassault als fortschrittliches Versuchsflugzeug eingestufte Prototyp ist der Flugerprobungsträger für Technologien für die Serienjagdflugzeuge; etwas größer und schwerer als die Rafale C/M; Einbau des französischen M88-2, im Februar 1990

**Rafale B:** ursprünglich geplante Zweisitzerversion mit Doppelsteuer, die derzeit für Kampfeinsätze ohne jegliche Einschränkungen fortentwickelt wird; der im Juli 1989 bestellte Prototyp (B01) flog im April 1993 mit RBE2-Radargerät (Radar à Balayage Electronique Deux Plans) und SPECTRA-Abwehrsystemen

**Rafale C:** Mehrzweck-Einsitzerversion für die französische Luftwaffe, im Vergleich zur Rafale A maßstäblich verkleinert und modifiziert; Prototyp (C01), im April 1988 in Auftrag gegeben, flog erstmals im Mai 1991; Prototyp C02 wurde gestrichen, um das Programm zu beschleunigen; Serienflugzeug S02 erhält folgende Einsatzausrüstungskomponenten: ASMP-Flugkörper, System für automatischen Geländekonturenflug, SPECTRA-Abwehrpaket, sämtliche Bordkomponenten für helmmontiertes Visier, Infrarotgerät für Zielsuche/Zielverfolgung (ORF IRST) und eine auf Sprechkommandos des Piloten reagierende Flugsteuerung

**Rafale M:** trägergestützter Jagdeinsitzer, hinsichtlich Zelle und Ausrüstung zu 80% und in bezug auf die Bordsysteme zu 95% baugleich mit der Rafale C; Modifikationen für den Trägereinsatz umfassen einen Fanghaken, ein „Sprunggelenk-Bugfahrwerk" und den Wegfall des vorderen Außenlastträgers unter dem Rumpf; der bestellte erste Prototyp für die Marine (M01) flog im Dezember 1991 zum ersten Mal; Flugdeck-Erstlandung im April 1993

***Die Rafale A ist der Technologiedemonstrator für die Rafale-Familie moderner Mehrzweck-Kampfflugzeuge, die sich in der Entwicklung befindet.***

### TECHNISCHE DATEN
**Dassault Rafale C**

**Typ:** einsitziges Mehrzweck-Kampfflugzeug
**Triebwerke:** zwei Turbofan-Nachbrennertriebwerke SNECMA M88-2 je 7500 kg Schub
**Leistung:** Höchstgeschwindigkeit im Tiefflug 1390 km/h oder Mach 2 in großer Höhe; Reichweite im Lo-Lo-Einsatzprofil 1093 km oder im Hi-Hi-Kampfpatrouillenprofil 1853 km
**Gewicht:** Rüstmasse 9060 kg; max. Rampenmasse 19.500 kg
**Abmessungen:** Spannweite 10,90 m; Länge 15,30 m; Höhe 5,34 m
**Bewaffnung:** eine 30-mm-Bordkanone GIAT M791B im Backbord-Lufteinlaufkanal und 14 Außenlastträger für Luft-Luft-Lenkraketen Mica, Luft-Boden-Lenkflugkörper APACHE, Exocet und AS30L, freifallende und lasergelenkte Bomben sowie Aufklärungs- und Störbehälter

# Dassault-Breguet/Dornier Alpha Jet

Eines von mehreren internationalen Programmen zur Entwicklung und Produktion von Luftfahrzeugen nach dem Zweiten Weltkrieg befaßte sich mit der **Dassault-Breguet/Dornier Alpha Jet**, die am 27. Juli 1969 als Gemeinschaftsprojekt angekündigt wurde. Frankreich und die Bundesrepublik Deutschland benötigten beide einen neuen unterschallschnellen Trainer zur fliegerischen Grund- und Fortgeschrittenenausbildung sowie ein leichtes Kampfflugzeug als Nachfolgemuster für die im Dienst befindlichen Schulflugzeuge Lockheed T-33A, Fouga Magister und Dassault Mystère IVA und die leichten Jagdbomber Aeritalia (Fiat) G91. Nach der Prototypbewertung erging am 26. März 1975 grünes Licht für die Serienfertigung.

Die **Alpha Jet**, als freitragender Schulterdecker in Ganzmetallbauweise ausgelegt, erhielt ein zurückgepfeiltes Trag- und Leitwerk, ein einziehbares Bugradfahrwerk, eine Kabine mit zwei Schleudersitzen in Tandemanordnung und zwei Turbofan-Triebwerke SNECMA/Turboméca Larzac als Antrieb. Das Muster wurde in vier Grundversionen angeboten: **Alpha Jet E** (Ecole) zur Fortgeschrittenenschulung in Frankreich, **Alpha Jet A** (Appui) als leichtes Kampfflugzeug für die deutsche Luftwaffe, **Alpha Jet 2**, zunächst **MS-1** und **MS-2** sowie **NGEA** (Nouvelle Génération d'Ecole et d'Attaque) genannt, mit neuen Avioniksystemen, Frontscheibensichtgerät, Trägheitsnavigationsanlage und Laserentfernungsmesser zur Optimierung des Waffeneinsatzes, und schließlich **Alpha Jet 3 ATS** (Advanced Training System/Advanced Tactical Support), die Mitte der achtziger Jahre als Lancier entstand.

Die **Alpha Jet 2** verfügt über ein voll integriertes SAGEM Uliss 81 INS, TRT-Funkhöhenmesser, SFIM-Kreiselmagnetkompaß, Frontscheibensichtgerät von Thomson-CSF und Laserentfernungsmesser TMV630 im Bug. Ihre stärkeren Larzac 04-C20-Triebwerke geben je 1440 kg Schub ab. Das Muster flog erstmals im April 1982, und die Lieferung an Ägypten (45 Exemplare) erfolgte im Juni 1983, gefolgt von sieben Maschinen für Kamerun.

Aus der **Alpha Jet 2** ging die ebenfalls von Larzac 04-C20 angetriebene **Alpha Jet 3 ATS** hervor. Sie dient effektiv als fliegender Simulator und zur Einweisung von Piloten in so moderne Kampfflugzeuge wie die Mirage 2000, Rafale, Gripen, F-16 und andere Typen, mit deren Indienststellung zwischen 1990 und 2010 zu rechnen ist. Die **ATS** ist mit dem modernen Frontscheibensichtgerät VEM 130, neuartigen Sensoren, Navigations- und Abfangradar wie Agave/Anemone, FLIR- und Laserzielbeleuchtern in Behältern, lasergelenkten Abstandswaffen und Systemen zur elektronischen Kampfführung ausgerüstet.

Der erste von vier **Alpha Jet**-Prototypen flog am 26. Oktober 1973. Die Lieferung der **Alpha Jet E** für die Armée de l'Air setzte im Sommer 1978 ein, und im März 1979 nahm die Luftwaffe ihre ersten **Alpha Jet A** in Empfang. Die Beschaffung beider Luftstreitkräfte von 200 beziehungsweise 176 Exemplaren war Anfang 1982 abgeschlossen, und die Aufträge für **Alpha Jet** aller Versionen überstiegen knapp die Marke 500. Neben Frankreich und Deutschland bestellten Belgien (33), Ägypten (45), die Elfenbeinküste (7), Marokko (24), Nigeria (24), Qatar (6), Kamerun (7) und Togo (5) dieses Muster.

Ein **Alpha Jet**-Jagdbomber wurde 1980 modifiziert, um ein von Dornier entwickeltes transsonisches Tragwerk mit superkritischem Profil zu prüfen. Zu den weiteren Änderungen an dieser Maschine, deren Erstflug in neuer Form am 12. Dezember 1980 stattfand, gehörten vordere und hintere Manövrierklappen.

Aufgrund der Kürzungen des Verteidigungshaushalts beschloß die deutsche Luftwaffe, die **Alpha Jet**-Verbände aufzulösen. Da sich keinerlei Käufer einstellten, fiel Ende 1993 die Entscheidung, 90 Flugzeuge zu verschrotten und 50 an Portugal zu übergeben.

### TECHNISCHE DATEN
**Dassault-Breguet Alpha Jet E**

**Typ:** zweisitziger Strahltrainer zur Grund- und Fortgeschrittenenausbildung
**Triebwerke:** zwei Mantelstromtriebwerke SNECMA/Turboméca Larzac 04-C6 je 1440 kg Schub
**Leistung:** Höchstgeschwindigkeit 920 km/h oder Mach 0,85 in 10.000 m Höhe und 1000 km/h in Meereshöhe; Dienstgipfelhöhe 14.630 m; Einsatzradius in großer Höhe mit max. Interntreibstoff 1230 km
**Gewicht:** Rüstmasse 3345 kg; max. Startmasse 7500 kg
**Abmessungen:** Spannweite 9,11 m; Länge 12,29 m; Höhe 4,19 m; Tragflügelfläche 17,50 m²
**Bewaffnung:** Anbaubehälter mit einer DEFA-30-mm-Kanone unter dem Rumpf und pro Tragfläche zwei Außenlastträger für diverse Waffen wie Luft-Boden- und Luft-Luft-Raketen sowie Luft-Boden-Lenkflugkörper

***Die Alpha Jet wurde als leichtes Kampfflugzeug Alpha Jet A mit spitzer Nase und als Alpha Jet E zur Ausbildung produziert. Das abgebildete Exemplar, das zu letzterer Kategorie gehört, dient bei GE 314, dem Hauptausbildungsverband der Armée de l'Air.***

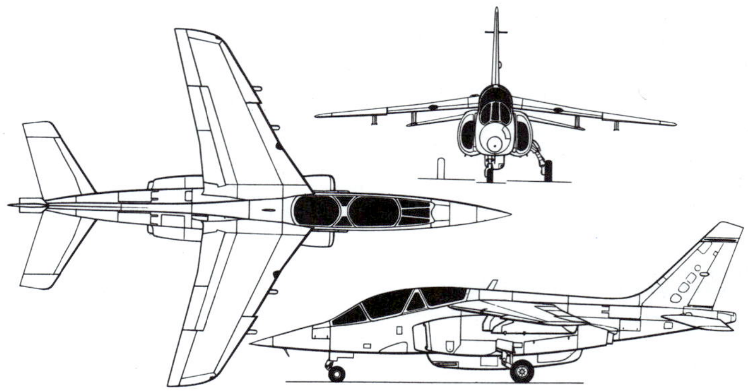

***Dassault-Breguet/Dornier Alpha Jet A***

# Dassault-Breguet Atlantic

Auf die Anfang 1958 veröffentlichte NATO-Ausschreibung für ein Langstrecken-Seepatrouillenflugzeug reichten Luftfahrzeughersteller aus neun verschiedenen Ländern insgesamt 24 Entwürfe ein. Ende 1958 fiel die Entscheidung zugunsten der Entwurfsstudie **Breguet Br.1150**, die später den Beinamen **Atlantic** erhielt. Mit der Produktion wurde die SECBAT (Société d'Etudes et de Construction du Breguet Atlantic) betraut. Die Gründungsmitglieder dieses von Breguet (später Dassault-Breguet) geführten Konsortiums waren Sud-Aviation (später Teil von Aérospatiale), die belgische Gruppe ABAP (Fairey, FN und SABCA), Dornier und Fokker. Italien beteiligte sich erst ab 1968 am Programm, und einige Arbeiten übernahm Aeritalia. Für die Fertigung der Tyne-Propellerturbinen wurde eine ähnliche multinationale Organisation geschaffen. Dazu gehörten neben der Firma Rolls-Royce, die dieses Triebwerk entwickelt hatte, die belgische FN, die deutsche MAN und die französische SNECMA. Die **Dassault-Breguet Atlantic** war das erste militärische Luftfahrzeug, das vom Entwurf bis zur Produktion als multinationales Projekt realisiert wurde.

Die **Atlantic** ist ein freitragender Mitteldecker in Ganzmetallbauweise, hat einen doppelröhrig ausgeführten Rumpf, Druckbelüftung im Oberdeck und eine Sonde für magnetische Anomalien (MAD) im Heckausleger. Das herkömmliche Leitwerk nimmt am oberen Ende einen ECM-Behälter auf, und das einziehbare Dreibeinfahrgestell weist Zwillingsräder an allen Baugruppen auf. Den Antrieb liefern zwei in Gondeln an den Tragflächen montierte Propellerturbinen. Das Muster ist für vielfältige Aufgaben geeignet, angefangen von der Schiffsbekämpfung über Kü-

***Eine Dassault-Breguet Br.1150 Atlantic der Aéronautique Navale. Das französische Kontingent dieses Musters ist in Nîmes-Garons für den Mittelmeerraum und in Lann-Bihoué für den Bereich Atlantik stationiert.***

stenaufklärung, Leitung von Seenotrettungseinsätzen, Flottengeleitschutz, Versorgungs-, Fracht- und Passagierflüge bis hin zum Minenlegen, wurde in erster Linie aber zur U-Bootabwehr konzipiert. Dazu verfügt sie über Sonarbojen und ein Suchradar von Thomson-CSF, das den Schnorchel eines U-Boots in einer Reichweite bis zu 75 km Entfernung ausmachen kann. Zur Zielbekämpfung führt die **Atlantic** im neun Meter langen Waffenschacht der unteren, vom Druckluftsystem ausgeklammerten Rumpfröhre Bomben, Wasserbomben und Zielsuchtorpedos mit. Luft-Boden-Flugkörper oder Raketen können an Stationen unter den Tragflächen angebracht werden.

Der erste Prototyp absolvierte seinen Jungfernflug am 21. Oktober 1961, und im Juli 1965 übernahm die französische Marine ihr erstes von insgesamt 40 Serienexemplaren. Die nächsten 20 Flugzeuge waren für die Bundesmarine bestimmt. Die Anschlußbaureihe bildeten neun Maschinen für die holländische Marine und 18 für die italienische Luftwaffe. Drei Exemplare der französischen Marine gingen später an Pakistan. Erst im Juli 1977 genehmigte die französische Regierung die Entwurfsdefinition einer verbesserten Variante, die im Zeitraum 1985 bis 1990 den Dienst aufnehmen sollte. Das Muster, ursprünglich **Atlantic ANG** (Atlantic Nouvelle Génération) und später **Atlantic ATL 2** genannt, ist ein direkter Abkömmling des Originals. Im September 1978 wurde endgültig grünes Licht für dieses Programm erteilt, und die Arbeiten an den beiden ersten Prototypen, modifizierte Serien-**Atlantic Mk.1**, begannen im Januar 1979. Das erste Exemplar flog wieder am 8. Mai 1981, gefolgt vom zweiten am 26. März 1982. Nur die französische Marine bestellte 19 **ATL 2** als erstes Baulos eines Beschaffungsvorhabens von 42 Flugzeugen, die ihre gesamte **Atlantic-Mk.1**-Flotte ablösen sollten. Die Serienfertigung wurde im Mai 1984 genehmigt und die erste Maschine im Oktober 1989 ausgeliefert. Die normale Besatzungsstärke umfaßt zehn Mann, bestehend aus zwei Flugzeugführern, einem Bordingenieur, einem taktischen Koordinator, einem Navigator/Funker, einem MAD-Bediener und Spezialisten für elektronische Kampfführung, einem Radarbetriebsspezialisten, zwei Bedienern der Akustikausrüstung und einem Augenbeobachter im Bug.

Von denselben SECBAT-Konsortien für Zelle und Triebwerk gebaut, unterscheidet sich die **ATL 2** in erster Linie durch die verbesserte Integrität ihrer Zelle. Eine gesteigerte Einsatzleistung verbürgen das Weitbereich-Suchradar Iguane von Thomson-CSF im Fahrbehälter unter dem Vorderrumpf, das Arar 13 für elektronische Gegenmaßnahmen und die Sonarbojen-Datenverarbeitungsanlage Sadang, die an andere Bordsysteme, einschließlich des Rechners zur Koordinierung der Verbindungen zwischen den Systemkomponenten, gekoppelt ist. In ihrer Zweitrolle als Transportflugzeug kann die **ATL 2** entweder 24 Soldaten oder ein Ersatztriebwerk samt Propeller und APU auf einer Palette befördern. Das Muster wird in modifizierter Konfiguration auch für Frühwarn- und Luftbetankungsdienste angeboten.

**TECHNISCHE DATEN**
**Dassault-Breguet Atlantique ATL 2**

**Typ:** Seepatrouillenflugzeug
**Triebwerke:** zwei Propellerturbinen Rolls-Royce Tyne RTy.20 Mk 21 je 4638 kW (6307 äPS)
**Leistung:** Höchstgeschwindigkeit in optimaler Höhe 648 km/h; normale Patrouillengeschwindigkeit 315 km/h; Dienstgipfelhöhe 9145 m; max. Flugdauer 18 Stunden
**Gewicht:** Rüstmasse 25.600 kg; max. Startmasse 46.200 kg
**Abmessungen:** Spannweite 37,42 m; Länge 33,63 m; Höhe 10,89 m; Tragflügelfläche 120,30 m²
**Bewaffnung:** der 9 m lange Waffenschacht läßt sich mit zwei Anti-Schiffslenkflugkörpern AM-39 Exocet, sechs Bomben, 70 Seemarkierungskörpern, 60 Leuchtkörpern, acht Wasserbomben, acht Zielsuchtorpedos Mk. 46, 100 Sonarbojen, sechs 250-kg-Minen oder acht SAR-Rettungssätzen beladen; vier Außenlastträger unter den Tragflächen können Armat-Radarbekämpfungsflugkörper, Raketenbehälter oder Magic-Lenkwaffen zum Selbstschutz aufnehmen

***Die französischen Muster verteilen sich auf die Flottilles 23 und 24 in Lann-Bihoué, Bereich Atlantik, und 21F sowie 22F in Nîmes-Garons, Bereich Mittelmeer. 23F und 24F erhielten Atlantic 2 der zweiten Generation 1991/92. 21F und 22F werden 1994 umgerüstet.***

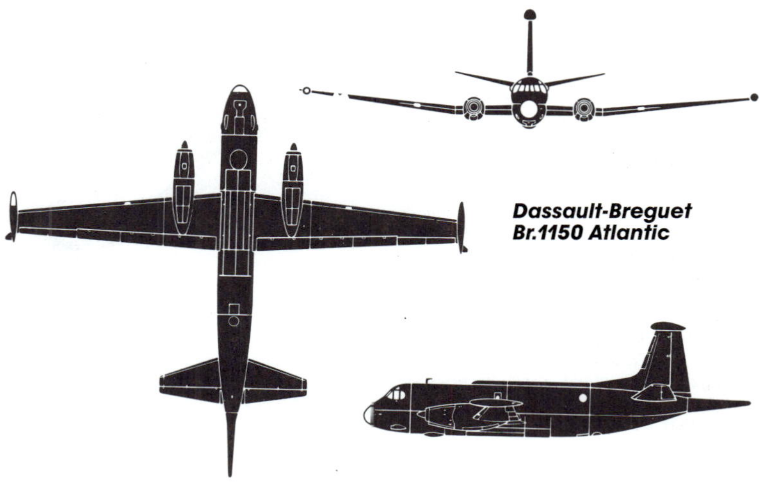

***Dassault-Breguet Br.1150 Atlantic***

## de Havilland D.H.16

In der Periode nach dem Ersten Weltkrieg mit dem riesigen Angebot außer Dienst gestellter Militärflugzeuge entstanden kaum neue Muster für die Zivilluftfahrt, sondern vor allem Umrüstungen von Kriegsgerät. De Havilland aber unternahm einen Neuentwurf der D.H.9A zur **de Havilland D.H.16** mit erweitertem Rumpf für vier Fluggäste. Nach dem Erstflug in Hendon im März 1919 wurde die Maschine an die Firma Aircraft Transport and Travel Ltd. (AT&T) verkauft, die sie für Vergnügungsflüge nutzte, bevor sie mit ihr die Verbindung London–Paris am 25. August eröffnete. Es entstanden neun **D.H.16**, die bis auf ein Exemplar alle für AT&T flogen. Das eine Exemplar ging an einen Abnehmer in Buenos Aires, der damit eine Verbindung nach Montevideo betrieb. Die ersten sechs **D.H.16** wurden von einem Rolls-Royce Eagle mit 239 kW (325 PS) angetrieben, die letzten drei von einem Napier Lion. Als AT&T im Dezember 1920 den Betrieb einstellte, lagerte man sieben **D.H.16** ein, um sie 1922 zu demontieren, abgesehen von zwei für Zeitungslieferflüge aufgekauften Exemplaren. Eine dieser beiden **D.H.16** verunglückte 1923, und die andere wurde ausgesondert und verschrottet.

***Die Abstammung der D.H.16 von der D.H.9A ist unverkennbar, auch wenn der Hinterrumpf mit einer Kabine ausgebaut wurde. Außer dem Piloten konnten vier Passagiere mitfliegen.***

**TECHNISCHE DATEN**
**de Havilland D.H.16**

**Typ:** viersitziger Passagier-Doppeldecker
**Triebwerk:** ein Reihenmotor Napier Lion mit 336 kW (457 PS)
**Leistung:** Höchstgeschwindigkeit 219 km/h; Reisegeschwindigkeit 161 km/h; Dienstgipfelhöhe 6400 m; Reichweite 684 km
**Gewicht:** Leermasse 1431 kg; max. Startmasse 2155 kg
**Abmessungen:** Spannweite 14,17 m; Länge 9,68 m; Höhe 3,45 m; Tragflügelfläche 45,50 m²

## de Havilland D.H.18

Die Bezeichnung D.H.17 war einem zweimotorigen Doppeldecker mit 16 Passagiersitzen vorbehalten, der nicht gebaut wurde. Die nächste Typnummer, **de Havilland D.H.18**, wies man einem großen Doppeldecker zu, der acht Passagiere in einer geschlossenen Kabine aufnehmen konnte. Der Pilot war in einem offenen Cockpit hinter dem Tragwerk untergebracht. Die in Hendon gebaute **de Havilland D.H.18** flog erstmals Anfang des Jahres 1920 und wurde an AT&T für Linienflüge zwischen Croydon und Paris geliefert. Diese Maschine hatte allerdings nur eine kurze Dienstzeit, die schon im August desselben Jahres nach einer Notlandung in Croydon plötzlich beendet wurde.

1920 wandelte sich Aircraft Manufacturing Company, die bislang die von de Havilland entworfenen Muster gebaut hatte, zur de Havilland Aircraft Company Ltd. Die neue Organisation fertigte für Instone

Air Line zwei modifizierte Flugzeuge mit der Bezeichnung **D.H.18A**, gefolgt von einem dritten Exemplar. Diese Maschinen flogen die Routen zum Kontinent, bis die erste nach einer hohen Flugstundenzahl im September 1921 außer Dienst gestellt wurde. Die dritte, im Juni 1921 an Instone ausgehändigte **D.H.18A** ging im April 1922 an Daimler Hire Ltd. Wenige Tage später verunglückte sie.

Die letzten beiden Flugzeuge mit einem mit Sperrholz beplankten Rumpf und höherem Gewicht erhielten die Bezeichnung **D.H.18B**. Sie dienten kurze Zeit bei Instone, bis das zweite Exemplar 1923 demontiert wurde. Die erste Maschine nutzte das Air Ministry für Schwimmversuche. Die letzte noch existierende **D.H.18** war seltsamerweise das erste Exemplar dieser Serie. Als Instone sie 1921 außer Dienst stellte, kam sie für Prüf- und Testzwecke zum RAE Farnborough. 1927 wurde auch sie verschrottet.

**TECHNISCHE DATEN**
**de Havilland D.H.18A**
**Typ:** achtsitziges Doppeldecker-Passagierflugzeug
**Triebwerk:** ein Reihenmotor Napier Lion mit 336 kW (457 PS)
**Leistung:** Höchstgeschwindigkeit 206 km/h; Reisegeschwindigkeit 161 km/h; Dienstgipfelhöhe 4875 m; Reichweite 644 km
**Gewicht:** Leermasse 1833 kg; max. Startmasse 2956 kg
**Abmessungen:** Spannweite 15,62 m; Länge 11,89 m; Höhe 3,96 m; Tragflügelfläche 57,71 m²

***G-EARO, das zweite D.H.18-Passagierflugzeug, wurde als D.H.18A fertiggestellt. Zunächst nutzte AT&T die Maschine und reichte sie anschließend an Air Council weiter, die sie an Instone Air Line verlieh. Am Ende landete sie beim RAE in Farnborough.***

# de Havilland D.H.34

Auf der geschäftlichen Erfahrung mit der D.H.18 und der Konstruktion der D.H.29 aufbauend, wandte sich de Havilland 1921 dem Entwurf des neuen Musters de Havilland D.H.32 zu. Man hatte beträchtliche Fortschritte erzielt und die Konstruktion des ersten Flugzeugs mit einem 268 kW/ 365 PS starken Rolls-Royce Eagle als Antrieb angekündigt. Das neue Muster war recht vielversprechend, doch da die beiden Hauptabnehmer Instone und Daimler Hire bereits D.H.18 mit Lion-Antrieb flogen, fügte sich de Havilland ihren Wünschen und stimmte den Entwurf speziell auf diesen Motor ab. Das Ergebnis war die **de Havilland D.H.34**, das erfolgreichste Flugzeug dieses Herstellers in der frühen Nachkriegsperiode.

Das erste Exemplar einer Baureihe von elf **D.H.34** flog im März 1922 und wurde am 2. April auf der Strecke Croydon–Paris eingeweiht. Daimler Hire stellte sechs und Instone vier Maschinen in Dienst, während eine **D.H.34** an die russische Fluggesellschaft Dobrolet ging. Als Imperial Airways 1924 gegründet wurde, übernahm sie sieben **D.H.34** und setzte sie bis zur Umstellung auf ein größeres Muster zwei Jahre lang im Liniendienst ein.

Während ihrer etwa vier Dienstjahre trug sich die **D.H.34** eindrucksvoll in den Luftfahrtkalender ein. Bis Dezember 1922, nur neun Monate nach dem Erscheinen des Prototyps, konnte das Muster bereits rund 8000 Flugstunden verbuchen, und die zweite Daimler-Maschine hatte 100.000 Meilen (160.934 km) ohne jegliche Überholung zurückgelegt. Andererseits gingen sechs **D.H.34** durch Flugunfälle verloren, davon mehrere mit Todesfolge. Der erste Absturz nach Strömungsabriß führte zu einer Erweiterung des Oberflügels, die die neue Bezeichnung **D.H.34B** brachte. Die letzten vier **D.H.34** in britischem Dienst wurden 1926 verschrottet.

***Eine de Havilland D.H.34, mit der Daimler Airways den Betrieb aufnahm***

**TECHNISCHE DATEN**
**de Havilland D.H.34**
**Typ:** zehnsitziges Doppeldecker-Passagierflugzeug
**Triebwerk:** ein Reihenmotor Napier Lion mit 336 kW (457 PS)
**Leistung:** Höchstgeschwindigkeit 206 km/h; Reisegeschwindigkeit 169 km/h; Reichweite 587 km
**Gewicht:** Leermasse 2075 kg; max. Startmasse 3266 kg
**Abmessungen:** Spannweite 15,65 m; Länge 11,89 m; Höhe 3,66 m; Tragflügelfläche 54,81 m²

# de Havilland D.H.37

Mit der **de Havilland D.H.37** stieß das Unternehmen erstmals auf den Privatpilotensektor vor. Der Doppeldecker-Zweisitzer wurde nach den Vorgaben von Alan Butler, dem bekannten Flieger und DH-Chef, konstruiert. Das erste von zwei Flugzeugen war im Juni 1922 in der Luft und die zweite, nach Australien verkaufte Maschine 1924. Butlers Exemplar flog in den nächsten fünf Jahren intensiv, und 1927 tauschte man den Rolls-Royce Falcon III gegen einen A.D.C. Nimbus mit 224 kW (305 PS) aus und gestaltete die Maschine zum einsitzigen Rennflugzeug **D.H.37A** um. Im Juni desselben Jahres stürzte die **de Havilland D.H.37A** in der Auslegung eines Zweisitzers ab.

Die australische **D.H.37** erfreute sich einer längeren Karriere beim Controller of Civil Aviation und später bei der Guinea Gold Company als das erste Luftfahrzeug dieses Landes, bis sie im März 1932 in New South Wales abstürzte.

**TECHNISCHE DATEN**
**de Havilland D.H.37**
**Typ:** zweisitziger Reisedoppeldecker
**Triebwerk:** ein Reihenmotor Rolls-Royce Falcon III mit 205 kW (279 PS)
**Leistung:** Höchstgeschwindigkeit 196 km/h; Dienstgipfelhöhe 6400 m
**Gewicht:** Leermasse 961 kg; max. Startmasse 1505 kg
**Abmessungen:** Spannweite 11,28 m; Länge 8,53 m; Tragflügelfläche 36,97 m²

***Die erste von nur zwei gebauten de Havilland D.H.37 wurde später ummotorisiert, zum einsitzigen Rennflugzeug umgestaltet und „Lois" getauft.***

# de Havilland D.H.50

1922 sah de Havilland ein, daß die D.H.9C aus der Kriegszeit bald den Dienst aufgeben müsse, und nutzte die gewonnene Erfahrung für den Entwurf des Nachfolgemusters, die **de Havilland D.H.50**. Dieser Doppeldecker konnte vier Personen in einer Kabine zwischen Ober- und Unterflügel befördern, während der Flugzeugführer in einem hinter dem Tragwerk im Rumpf angeordneten, offenen Cockpit untergebracht war. Der Siddeley-Puma-Motor der D.H.9C blieb erhalten. Das Ergebnis war ein zuverlässiges und wirtschaftliches Verkehrsflugzeug der leichten Klasse.

Die **D.H.50** flog erstmals im August 1923 und hatte vier Tage später einen glänzenden Start ihrer Karriere, als Alan Cobham sie zum Sieg im Zuverlässigkeitswettbewerb führte, der vom 7. bis 12. August mit täglichen Flügen zwischen Kopenhagen und Göteburg abgehalten wurde. Cobham nutzte den Prototyp für mehrere Langstreckenflüge, bevor er die zweite, **D.H.50J** bezeichnete Maschine, angetrieben von einem 287 kW (390 PS) starken Jaguar-Sternmotor von Armstrong Siddeley, von Croydon nach Kapstadt flog. Diese Entfernung von im ganzen 25.749 km legte er zwischen dem 16. November 1925 und dem 17. Februar 1926 zurück. Später im selben Jahr folgte ein Erkundungsflug nach Australien und zurück, bei dem die Maschine mit Zwillingsschwimmern ausgerüstet war.

Die **D.H.50** brachte eine Reihe von Aufträgen, und de Havilland selbst baute 16 Serienflugzeuge. Die Lizenzproduktion in Australien übernahmen QANTAS mit vier **D.H.50A** und drei **D.H.50J**, West Australian Airways mit drei **D.H.50A** und Larkin Aircraft Supply Company mit einer einzelnen **D.H.50A**. In Europa gingen Lizenzen für drei **D.H.50A** an SABCA in Brüssel und für sieben Exemplare an Aero in Prag. Die von SABCA hergestellten Flugzeuge wurden in Belgisch-Kongo eingesetzt.

Von den 17 bei de Havilland gefertigten Flugzeugen waren nur vier in Großbritannien stationiert. Eine Maschine erhielt die tschechische Regierung, zehn Australien und eine Neuseeland. Das langlebigste Exemplar war die 15. britische Serienmaschine, die 1928 den Controller of Civil Aviation in Australien erreichte und 1942 im Krieg abstürzte.

Die **D.H.50**-Serie nutzte eine Fülle von Motoren. Neben den bereits erwähnten kamen folgende Typen zum Einsatz: der A.D.C. Nimbus mit 224 kW (305 PS), der Bristol Jupiter IV mit 313 kW (426 PS), der Jupiter VI mit 336 kW (457 PS), der Jupiter XI mit 384 kW (522 PS), der Pratt & Whitney Wasp C mit 336 kW (457 PS) und bei den tschechischen Flugzeugen der Walter W-4 mit 177 kW (240 PS).

***Eine de Havilland D.H.50J mit Armstrong-Siddeley-Jaguar-Sternmotor, wie sie Alan Cobham für Erkundungsflüge nach Südafrika und Australien nutzte.***

**TECHNISCHE DATEN**
**de Havilland D.H.50**

**Typ:** viersitziger Passagierkabinen-Doppeldecker
**Triebwerk:** ein Reihenmotor Siddeley Puma mit 172 kW (234 PS)
**Leistung:** Höchstgeschwindigkeit 180 km/h; Reisegeschwindigkeit 153 km/h; Dienstgipfelhöhe 4450 m; Reichweite 612 km
**Gewicht:** Leermasse 1022 kg; max. Startmasse 1769 kg
**Abmessungen:** Spannweite 13,03 m; Länge 9,07 m; Höhe 3,35 m; Tragflügelfläche 40,32 m²

# de Havilland D.H.51

Nach dem zweisitzigen Reisedoppeldecker D.H.37 von 1922 konstruierte de Havilland als nächstes Flugzeug dieser Kategorie die **de Havilland D.H.51**. In diesem Fall erhob man jedoch den wirtschaftlichen Betrieb zum Kernfaktor und entwarf daher die **D.H.51** um den 67 kW (91 PS) starken R.A.F.1A-Motor herum, der in großer Menge aus ehemaligen Kriegsbeständen zum Schleuderpreis erhältlich war.

Das Muster, das Geoffrey de Havilland 1924 flog, erwies sich als zufriedenstellend, errang aber nicht das Lufttüchtigkeitszeugnis, weil der Motor keine Doppel-Zündanlage vorweisen konnte. Zehn Erprobungsflugstunden wären erforderlich gewesen, um den R.A.F.1A-Motor mit einer Zündkerze pro Zylinder zuzulassen, doch de Havilland hielt diese Kosten für nicht gerechtfertigt. Dies war eine Fehlentscheidung, denn wahrscheinlich wäre dem Muster schon der Ruhm zugefallen, den später die D.H.60 errang.

***1965 restaurierte der Shuttleworth Trust diese D.H.51, die auch heute noch gelegentlich fliegt.***

Man entschied sich, die **D.H.51** auf den Airdisco-Motor umzurüsten. Dieser Schritt ergab zwar deutlich gesteigerte Flugleistungen, warf das Modell aber auch aus dem Betriebskostenrahmen. In der Folge entstanden nur drei Exemplare. Die beiden ersten genossen eine relativ lange und aktive Laufbahn, bis sie 1931 abgeschrieben und 1933 verschrottet wurden. Die dritte Maschine, 1925 gebaut und nach Kenia überführt, trug sich als erste in das zivile Luftfahrzeugregister dieses Landes ein. Sie wurde während des Krieges demontiert, anschließend wieder flugtüchtig gemacht und fand nach mehrfachen Umbauten zu ihrem Ursprungsland zurück. Der Shuttleworth Trust in Old Warden unterhält dieses älteste flugtaugliche Produkt der de Havilland Aircraft Company.

**TECHNISCHE DATEN**
**de Havilland D.H.51**

**Typ:** dreisitziger Reisedoppeldecker
**Triebwerk:** ein Reihenmotor Airdisco mit 89 kW (121 PS)
**Leistung:** Höchstgeschwindigkeit 174 km/h; Dienstgipfelhöhe 4570 m
**Gewicht:** Leermasse 609 kg; max. Startmasse 1016 kg
**Abmessungen:** Spannweite 11,28 m; Länge 8,08 m; Höhe 2,97 m; Tragflügelfläche 30,19 m²

# de Havilland D.H.53 Humming Bird

Die **de Havilland D.H.53 Humming Bird** war de Havillands erstes Ultraleichtflugzeug. Sie entstand für die Leichtflugzeug-Prüfungen, die die Daily Mail im Oktober 1923 in Lympne, Kent, abhielt.

Zwei Exemplare dieses kleinen Eindekkers, angetrieben von einem Douglas-Kleinmotor (750 cm³), wurden gefertigt. Trotz beträchtlicher Probleme mit diesem Antrieb hielten sich beide Maschinen recht ordentlich.

Zur Steigerung der Zuverlässigkeit baute man einen Blackburn-Tomtit-Motor ein und führte einige Änderungen durch, bevor die **Humming Bird** den Überführungsflug nach Brüssel zur Luftfahrtschau 1923 antrat. Später nahm die Maschine gemeinsam mit dem zweiten Flugzeug, das RAF-Offiziere erworben und mit einem 26 kW (35 PS) starken A.B.C. Scorpion ausgerüstet hatten, an mehreren Rennen teil. Auch dieser erwies sich als unzuverlässig.

Die ökonomische Leistung der ersten **Humming Bird** brachte de Havilland einen Auftrag des Air Ministry über acht Flugzeuge für Verbindungs- und Übungsflüge ein. Fünf weitere wurden für zivile Abnehmer in Australien (3), in der Tschechoslowakei (1) und Rußland (1) gebaut.

Die beiden letzten **Humming Bird** der RAF dienten für ein Versuchsprogramm mit dem Luftschiff R-33, von dem aus sie starteten und wieder aus der Luft eingefangen wurden. Nach der Ausmusterung aller acht Maschinen durch die RAF im Jahre 1927 erhielten sechs Exemplare die zivile Zulassung und flogen mehrere Jahre lang. Eine **Humming Bird**, die nach dem Krieg mit teilweise neuen Bauteilen wiederhergestellt wurde, ist beim Shuttleworth Trust in Old Warden erhalten. Sie kam gelegentlich in die Luft, blieb aber nach einer Beschädigung fluguntüchtig.

***Dies ist eine nachgebaute Humming Bird mit einem Continental-Zweizylinder-Boxermotor anstelle des Original-Tomtit. Eine echte Humming Bird blieb in Old Warden, England, erhalten.***

**TECHNISCHE DATEN**
**de Havilland D.H.53**

**Typ:** einsitziges Eindecker-Leichtflugzeug
**Triebwerk:** ein Zweizylinder-V-Motor Blackburn Tomtit mit 19 kW (26 PS)
**Leistung:** Höchstgeschwindigkeit 117 km/h; Reisegeschwindigkeit 97 km/h; Dienstgipfelhöhe 4570 m; Reichweite 241 km
**Gewicht:** Leermasse 148 kg; max. Startmasse 256 kg
**Abmessungen:** Spannweite 9,17 m; Länge 5,99 m; Höhe 2,21 m; Tragflügelfläche 11,61 m²

## de Havilland D.H.60 Moth bis de Havilland D.H.88 Comet

**In den 20er und 30er Jahren beruhte der Erfolg von de Havilland auf der Konstruktion, Entwicklung und Produktion von Sport-, Touring- und Transportflugzeugen. Zu den historischen Modellen gehören die Moth, der Trainer Tiger Moth, der Transporter Dragon und die D.H.86 sowie die Rennmaschine Comet.**

# de Havilland D.H.60 Moth

Das Ziel, für jeden erschwingliche Flüge zu ermöglichen, beschäftigte die Hersteller seit jeher. Einer der ersten solcher Entwürfe war die **de Havilland D.H.60 Moth**, die Vorläuferin einer ganzen **Moth**-Familie, die die Fliegerei in Großbritannien während der zwanziger und dreißiger Jahre revolutionierte.

Dem **D.H.60**-Prototyp, der erstmals im Februar 1925 abhob, diente der Flugmotor Cirrus I mit 45 kW (61 PS) als Antrieb. Tatsächlich war dieses neue Triebwerk ein halber Airdisco-Motor (90 kW/122 PS) mit angepaßtem Kurbelgehäuse und einem Gewicht von nur 132 kg. Der durchschlagende Erfolg dieses Musters regte das Air Ministry dazu an, fünf mit der **Moth** ausgerüstete Flugvereine finanziell zu unterstützen. Im Juli 1925, kaum fünf Monate nach dem Jungfernflug des Prototyps, wurde die erste dieser Maschinen dem Lancashire Aero Club zugeführt. In jenem Jahr entstanden insgesamt 20 Exemplare. Die Aufträge rissen nicht ab, und 1926 waren bereits 35 Flugzeuge gebaut. Zu den heimischen Käufern gesellten sich andere in Australien und Japan, und das militärische Interesse führte zu Bestellungen des Air Ministry und des Irish Air Corps. Nachdem Alan Cobham ein Moth-Schwimmerflugzeug nach Amerika überführt hatte, wurde ein Vertrag zur Produktion dieses Musters in den USA abgeschlossen.

1926 steigerte man die Leistung des Cirrus I auf 63 kW (86 PS), und in dieser Form als Cirrus II löste er den früheren Motortyp ab. Eine einzelne, leichtgewichtige **Moth**, für die 1926 in Lympne abgehaltene Leichtflugzeugprüfung des Air Ministry gebaut, war mit einem Genet-Sternmotor von Armstrong Siddeley ausgerüstet, der 56 kW (76 PS) abgab. Diese Maschine diente dem Kunstflug.

Das Modell des nächsten Jahres bot weitere Verbesserungen, wie etwa eine um 31 cm größere Spannweite. Es erhielt zunächst die offizielle, aber später zurückgenommene Bezeichnung **D.H.60X** und hieß danach **Cirrus II Moth**.

Rekord- und Langstreckenflüge förderten den Auftragsstrom. Die Central Flying School (CFS) der RAF erwarb sechs Exemplare mit Genet-Motor und das Irish Air Corps zwei. **Cirrus II Moth** wurden auch an Argentinien, Finnland, Deutschland, Indien, Italien, Kanada, Neuseeland, Schweden, Singapur, Spanien, Südafrika und die USA geliefert.

Die Bezeichnung **D.H.60X** fand Wiederverwendung für eine 1928 herausgebrachte Version mit einem 67 kW (91 PS) starkem A.D.C. Cirrus III-Motor. Bei diesem Modell wurde auch ein Fahrwerk mit geteilter Achse eingeführt, und am Jahresende war die Gesamtproduktion der **Moth** auf 403 Exemplare gestiegen. Außerdem bestanden Lizenzabkommen mit der General Aircraft Company in Australien und zwei Firmen in Finnland, der Government Aircraft Factory und Veljekset Karhumäki. Die finnische Luftwaffe erhielt 22 **Cirrus II Moth**, von denen man einige später auf einen Hermes-Motor mit 77 kW (105 PS) umstellte. Die Serienfertigung der **D.H.60X** lief im September 1928 aus. Eine Sonderbestellung ergab noch eine kleine Zahl weiterer **Cirrus II Moth**. Eine dieser Maschinen befindet sich flugtüchtig im Besitz des Shuttleworth Trust in Old Warden.

Zwar war die Leistung des **D.H.60**-Motors um fast 50% (von 45 kW/61 PS auf 67 kW/91 PS) gestiegen, aber auch das Gewicht des Musters, wenn auch nicht im gleichen Ausmaß. Um diesem Gewichtszuwachs und Lieferengpässen des Cirrus-Triebwerks zu begegnen, beschloß de Havilland, einen firmeneigenen Flugmotor zu entwickeln. Major Frank Halford, der den Cirrus für A.D.C. konstruiert hatte, wurde 1927 mit dem Entwurf eines Cirrus-Ersatzmotors beauftragt. Das Ergebnis war der Gipsy mit einer Nennleistung von 75 kW (102 PS). Dieses Triebwerk erfuhr eine Weiterentwicklung, die den Namen Gipsy berühmt machte und den Weg für eine ganze **Moth**-Flugzeugfamilie bereitete.

Das neue, im Juni 1928 gelieferte Triebwerk bewährte sich erstmals in einer **D.H.60X**, die de Havilland für Versuchseinrüstungen nutzte, und verbesserte die ohnehin guten Flugleistungen der **Moth** nochmals beträchtlich. Die neumotorisierte Version erhielt die Bezeichnung **D.H.60G**, wurde aber stets **Gipsy Moth** genannt. Eines der D.H.71-Rennflugzeuge, das am King's Cup Air Race von 1927 teilnehmen sollte, erhielt einen Gipsy-Versuchsmotor, aber die Anmeldung wurde später zurückgezogen und die Maschine statt dessen für Rekordflüge genutzt.

Mit W. L. Hope als Pilot gewann der erste **D.H.60G**-Prototyp das Rennen um den Königspokal (King's Cup Race) von 1928 bei einer Durchschnittsgeschwindigkeit von 169 km/h, und etliche andere Exemplare stellten neue Rekorde auf. So schraubte Geoffrey de Havilland im Juli 1928 den Höhenrekord auf 6090 m, und im Folgemonat blieb Hubert Broad in einer **D.H.60G** mit Zusatztanks 24 Stunden lang in der Luft. Im Dezember stellten A. S. Butler und seine Frau mit 192,86 km/h einen neuen Rekord für Zweisitzer über 100 km im geschlossenen Rundkurs auf. Bei einem Zuverlässigkeitstest, der Ende Dezember 1928 begann und sich über neun Monate hinzog, leistete eine **D.H.60G Moth**, die nur routinemäßig gewartet wurde, 600 Flugstunden. Die Maschine hatte bei störungsfreiem Flug 82.076 km zurückgelegt.

***Die D.H.60 Moth, eines der populärsten, erfolgreichsten und historisch bedeutsamsten Flugzeugtypen von de Havilland. Die D.H.60 Moth entstand in etlichen Variationen.***

Die mit solch hervorragendem Zuverlässigkeitszeugnis ausgestattete **D.H.60G** wurde der von Langstreckenfliegern bevorzugte Typ. Im Mai 1930 absolvierte Amy Johnson ihren 20-Tage-Flug in der berühmten **D.H.60G Jason** (im London Science Museum ausgestellt) von Croydon nach Darwin. Francis Chichesters Flug über eine ähnliche Strecke im Januar jenes Jahres und die nachfolgenden Vorstöße in den pazifischen Raum gingen in die Fluggeschichte ein, doch es gab noch viele andere mehr. Die Beschreibung der Hunderten von Varianten würde diesen Rahmen sprengen, aber ein amphibisches Pärchen mit Haupt- und Unterflügelschwimmern sollte dennoch erwähnt werden. Eine dieser Schwimmer-**Moth** wurde von einem Gipsy, die andere von einem Cirrus Hermes I mit 78 kW (106 PS) angetrieben. Es flogen auch einige Coupé-Vertreter, die aber nicht sonderlich beliebt waren.

Die Produktion der **D.H.60G** bei de Havilland erreichte bis zur Einstellung im Jahre 1934 die Zahl 595. Hinzu kamen 40 Exemplare von Morane-Saulnier in Frankreich (wo sie **Morane-Moth** hießen), 18 von der amerikanischen Moth Aircraft Company und 32 von der Larkin Aircraft Supply Company Ltd. in Australien.

Die Holzstruktur der **D.H.60G** eignete sich zwar für viele Länder, doch viele brauchten eine robustere und leichter instandsetzbare Version. Für diese produzierte de Havilland 1928 die **D.H.60M** mit geschweißtem Stahlrumpfgerüst und weiteren Modifikationen, aber der **D.H.60G**-Motor blieb unverändert. Die britische Fertigung von 535 **D.H.60M** ergänzte 40 von de Havilland Aircraft of Canada zusammengebaute Exemplare, zehn in Norwegen und 161 von der Moth Aircraft Company in den USA produzierte Flugzeuge. Eine beachtliche Zahl **D.H.60M** ging an Streitkräfte, von der RAF über die kanadische Luftwaffe bis hin zum norwegischen Heer und der dänischen Seeluftstreitkraft.

Da de Havilland nunmehr selbst Flugmotoren produzierte, war es nur logisch, daß die Entwicklung von Zelle und Motor parallel verlief. Als der Gipsy II mit einer Nennleistung von 89 kW (121 PS) im Jahre 1931 erschien, machten interne Eingriffe aus diesem Motor, der auch kopfunten funktionierte, den Gipsy III. Dessen Form bot dem Piloten eine bessere Sicht nach vorn bei gleichzeitiger Minderung des Stirnwiderstands. Der Einbau dieses Motors in ein neues Flugwerk und der Erstflug im März 1932 leiteten zu der neuen Version **D.H.60GIII** über, die wie die Vorgängermodelle Aufträge aus aller Welt hervorrief. Nach 30 Exemplaren wurde der Gipsy Major IIIA mit 99 kW (135 PS) eingebaut. Dies ergab die Variante **Moth Major**, von der 87 Exemplare entstanden.

Die Entwicklung der **D.H.60**-Linie schloß mit einer modifizierten **D.H.60M** ab, die als **D.H.60T Moth Trainer** erschien. Das für den militärischen Bereich gedachte Schulflugzeug wurde vom Gipsy II angetrieben. Mit ihm begann der Werdegang des berühmtesten aller Moth-Doppeldecker, der D.H.82 Tiger Moth. Alle Aufträge für **D.H.60T** kamen von Militärabnehmern in Übersee wie Ägypten (6), Brasilien (40), China (1), dem Irak (5) und Schweden (10). Die Gesamtzahl 64 ergab sich durch den Verkauf eines Duos im Jahre 1931.

### TECHNISCHE DATEN

**de Havilland D.H.60G Gipsy Moth**

**Typ:** zweisitziges Leichtflugzeug
**Triebwerk:** ein Reihenmotor de Havilland Gipsy I mit 74,6 kW (101,5 PS)
**Leistung:** Höchstgeschwindigkeit 164 km/h; Reisegeschwindigkeit 137 km/h; Dienstgipfelhöhe 4420 m; Reichweite 515 km
**Gewicht:** Leermasse 417 kg; max. Startmasse 748 kg
**Abmessungen:** Spannweite 9,14 m; Länge 7,29 m; Höhe 2,68 m; Tragflügelfläche 22,57 m²

# de Havilland D.H.66 Hercules

Die Notwendigkeit, die auf der RAF-Luftpoststrecke Kairo–Bagdad eingesetzten D.H.10 zu ersetzen, verbunden mit einer 1925 getroffenen Vereinbarung, diesen Dienst an Imperial Airways abzutreten, führte zu einem Pflichtenheft, das die de Havilland **D.H.66 Hercules** am besten erfüllte. Der dreimotorige Doppeldecker bot neben einer dreiköpfigen Flugbesatzung sieben Passagieren Platz und verfügte über einen Gepäckraum von 4,39 $m^3$ sowie ein Postfrachtabteil von 13,17 $m^3$.

Der Prototyp flog am 30. September 1926, nachdem Imperial Airways fünf solcher Maschinen bestellt hatte. Dank der zügigen und vergleichsweise einfachen Verfahren in damaliger Zeit konnte der Prototyp bis Mitte Dezember den Abnahmeflug absolvieren, an der Ausbildung der Besatzung teilnehmen und nach Kairo überführt werden. Eine Flugverbindung Croydon–Indien begann mit dem Start am 27. Dezember in England und der Ankunft am 8. Januar 1927 in Delhi.

Die fünfte Maschine traf im März 1927 in Kairo ein. West Australia Airways, die seinerzeit die D.H.50 flog, erteilte einen Auftrag über vier Hercules. Das Exemplar flog im März 1929, und am 2. Juni stellte WAA das Muster auf der Strecke Perth–Adelaide in Dienst. Inzwischen hatte Imperial Airways ihre sechste Maschine bestellt, und ihr siebtes und letztes Exemplar folgte im Februar 1930.

Die sechste **Hercules** für Imperial Airways zeichnete sich durch eine geschlossene Pilotenkabine aus, und diese Änderung wurde zum Standardmerkmal sämtlicher nachfolgenden Maschinen. Die Notwendigkeit, die beiden letztgenannten **Hercules** zu beschaffen, hatte sich durch den Verlust dreier Flugzeuge zwischen September 1929 und April 1931 ergeben. Der Mangel an Luftfahrzeugen veranlaßte Imperial Airways schließlich, zwei WAA-**Hercules** im Zeitraum 1930/31 aufzukaufen. Als eine davon im November 1935 in Südrhodesien abstürzte, zog Imperial dieses Muster im Dezember 1935 endgültig vom Liniendienst ab. Zuvor hatte die Gesellschaft drei Exemplare an die South African Air Force verkauft. Das weitere Schicksal der **Hercules** ist nicht bekannt, aber die langlebigste war vermutlich eine der beiden ehemaligen WAA-Maschinen.

**TECHNISCHE DATEN**
**de Havilland D.H.66 Hercules**

**Typ:** siebensitziges Passagierflugzeug
**Triebwerke:** drei Sternmotoren Bristol Jupiter VI je 313 kW (426 PS)
**Leistung:** Höchstgeschwindigkeit 206 km/h; Reisegeschwindigkeit 177 km/h; Dienstgipfelhöhe 3960 m; Reichweite 845 km
**Gewicht:** Leermasse 4110 kg; max. Startmasse 7076 kg
**Abmessungen:** Spannweite 24,23 m; Länge 16,92 m; Höhe 5,56 m; Tragflügelfläche 143,72 m²

***Die für Wüstenregionen gebaute D.H.66 enttäuschte nicht, hätte aber schneller sein können. Dies ist eine der vier für West Australien Airways gefertigten Maschinen mit geschlossenem Cockpit.***

# de Havilland D.H.71 Tiger Moth

Für Forschungsvorhaben auf dem Gebiet des Hochgeschwindigkeitsflugs und zur Prüfung von Cirrus-Ersatzmotoren konstruierte de Havilland 1927 zwei kleine, einsitzige Eindecker mit der Bezeichnung **de Havilland D.H.71 Tiger Moth**. Beide Maschinen wurden zur Teilnahme am King's Cup Air Race gemeldet, denn nach damaligem Verständnis mußte sich offenbar jedes neue Leichtflugzeug in solch einem Wettbewerb qualifizieren. Eine **D.H.71** wurde jedoch noch vor dem Flugrennen von der Liste gestrichen und die andere, angetrieben von einem A.D.C. Cirrus II, wegen Windböen herausgenommen.

Im August 1927 führte Broad die erste **D.H.71**, die zu dem Zeitpunkt mit einem alternativen Tragwerk von nur 5,69 m Spannweite und einem neuen Gipsy-Motor mit einer Nennleistung von 101 kW (137 PS) ausgestattet war, mit 300,09 km/h zum neuen Geschwindigkeitsrekord für Luftfahrzeuge ihrer Klasse über die 100-km-Strecke (geschlossener Rundkurs). Fünf Tage später versuchte Broad, den Höhenweltrekord für diese Luftfahrzeugkategorie zu überbieten, aber da der Sauerstoff fehlte, war der Mensch und nicht die Maschine der begrenzende Faktor.

1930 wurde die erste **D.H.71** nach Australien geschickt, wo sie bei der Vorbereitung für ein Flugrennen kurz nach dem Start wegen Motorausfalls abstürzte. Das andere Exemplar, ohne Motor, ging bei einem Luftangriff im Oktober 1940 in Hatfield verloren.

**TECHNISCHE DATEN**
**de Havilland D.H.71 Tiger Moth (Standard-Konfiguration)**

**Typ:** einsitziger Hochgeschwindigkeits-Versuchseindecker
**Triebwerk:** ein Reihenmotor A.D.C. Cirrus II mit 63 kW (86 PS)
**Leistung:** Höchstgeschwindigkeit 267 km/h
**Gewicht:** Leermasse 280 kg; max. Startmasse 411 kg
**Abmessungen:** Spannweite 6,86 m; Länge 5,66 m; Höhe 2,13 m; Tragflügelfläche 7,11 m²

***Die erste Tiger Moth war ein schmucker Renn- und Versuchseindekker. Zwei Exemplare wurden gebaut und zur Erprobung neuer Motoren und Tragflächen genutzt.***

# de Havilland D.H.80 Puss Moth

Um der stetig wachsenden Zahl von Privatpiloten den Komfort einer Kabine zu bieten, entwickelte de Havilland die **D.H.80**, die am 9. September 1929 in Stag Lane zum Erstflug startete. Sie führte den de Havilland-Motor Gipsy II mit hängenden Zylindern ein, der die Sicht des Piloten über die Flugzeugnase verbesserte. Der an den Seiten mit Sperrholz beplankte Rumpf nahm den Flugzeugführer (vorn) und zwei Passagiere nebeneinander im hinteren Kabinenteil auf. Auf der rechten Seite waren zwei Türen eingearbeitet. Im März 1930 erschienen die ersten Serienmaschinen als **D.H.80A Puss Moth**, mit einer Rumpfkonstruktion aus geschweißtem Stahlrohr und Stoffbespannung, die de Havilland bei einem Leichtflugzeug angewandt hatte. Eine andere Neuerung bestand in beweglich gelagerten Stoßdämpfergehäusen am Hauptfahrwerk, die gegen den Fahrtwind ausgerichtet als Luftbremsen wirkten. Weitere Änderungen ergaben einzelne Türen an den Rumpfseiten und den Einbau des verbesserten Motors Gipsy III mit 89 kW (121 PS). Späteren Exemplaren diente der 97 kW (132 PS) starke Gipsy Major als Antrieb.

Im Juli 1931 flog Amy Johnson ihre Jason II in 8 Tagen, 22 Stunden und 35 Minuten von Lympne nach Tokio. 1932 schaffte Jim Mollison einen Flug von Lympne nach Kapstadt in 4 Tagen, 17 Stunden und 19 Minuten. Mollisons zweite **Puss**, „The Heart's Content", hatte einen im vorderen Kabinenteil eingebauten 727-Liter-Kraftstofftank und zusätzliche Fenster im hinteren Kabinenbereich. Ihre Reichweite von knapp 5800 km ermöglichte ihm die erste erfolgreiche Atlantiküberquerung in Ost-/West-Richtung im Alleinflug. Er war am 18. August 1932 in Portmarnock Strand, Dublin, gestartet und landete 31 Stunden und 20 Minuten später in Penfield Ridge bei New Brunswick. Am 6. Februar 1933 hob Mollison in Lympne zum Flug nach Natal, Brasilien, ab und überquerte als erster den Südatlantik im Soloflug.

***Die D.H.80 Puss Moth erfüllte den Wunsch nach mehr Komfort. Die Auslegung als Hochdecker ermöglichte es, den Rumpf zur Kabine auszubauen.***

**TECHNISCHE DATEN**
**de Havilland D.H.80 Puss Moth**

**Typ:** zwei-/dreisitziger Kabinen-Hochdecker
**Triebwerk:** ein Reihenmotor de Havilland Gipsy III mit 89 kW (121 PS)
**Leistung:** Höchstgeschwindigkeit 206 km/h; Reisegeschwindigkeit 174 km/h; Dienstgipfelhöhe 5335 m; Reichweite 483 km
**Gewicht:** Leermasse 574 kg; max. Startmasse 930 kg
**Abmessungen:** Spannweite 11,20 m; Länge 7,62 m; Höhe 2,13 m; Tragflügelfläche 20,62 m²

# de Havilland D.H.82 Tiger Moth

Der Erfolg der de Havilland Moth als ziviles Schulflugzeug führte unweigerlich zur Entwicklung einer entsprechenden Militärversion, der D.H.60T Moth Trainer. Im Unterschied zur zivilen Ausführung war die D.H.60T für eine höhere Betriebsmasse verstärkt worden und konnte zudem vier 9-kg-Übungsbomben unter dem Rumpf mitführen. Da sie sich außerdem mit Ziel- und Aufklärungskameras ausrüsten ließ, eignete sie sich für verschiedene Fachausbildungen. Damit der Insasse des Frontcockpits im Notfall leichter aussteigen konnte, hatte man die hinteren Steuerseile im Winkel zum Nasenteil des Flächenansatzes geführt und die Cockpittüren verbreitert. Dennoch waren die Streben des Tragflächenmittelstücks weiterhin hinderlich, und bei dem nach Spezifikation 15/31 entwickelten neuen Trainer rückte man sie weiter vor, um das Aussteigen zu erleichtern. Um Schwerpunktverlagerungen, die die Staffelung des Tragwerks verursacht hatte, zu begegnen, montierte man die Flächen mit einem kleinen Pfeilwinkel am Rumpf. Für den Antrieb sorgte der umgekehrte V-Motor Gipsy III mit 89 kW (121 PS), und die nach vorn abfallende Linie der Motorhaube verbesserte die Sicht aus dem Cockpit.

Acht Vorserienflugzeuge wurden gebaut, die noch die Bezeichnung D.H.60T trugen, aber den Beinamen **Tiger Moth** erhielten. Auf diese Gruppe folgte eine Maschine **de Havilland D.H.82**, bei der die V-Stellung des Unterflügels verstärkt und der Pfeilwinkel erhöht worden waren. Sie hob erstmals am 26. Oktober 1931 in Stag Lane vom Boden ab. Es erging ein Auftrag über 35 Flugzeuge nach Spezifikation T.23/31, und die ersten Exemplare trafen im November 1931 bei No. 3 Flying Training School in Grantham ein. Weitere Maschinen gingen im Mai 1932 an die Central Flying School, so daß fünf CFS-Piloten ihr Können und den Rückenflug ihres neuen Schulflugzeugs beim Hendon Display 1932 vorführen konnten. Ähnliche Trainer lieferte man an die Luftstreitkräfte Brasiliens, Dänemarks, Persiens, Portugals und Schwedens. Zwei **D.H.82** wurden nach Spezifikation T.6/33 mit Zwillingsschwimmern von Short Brothers zur Erprobung durch die RAF in Rochester und Felixstowe gefertigt.

Danach entwickelte de Havilland eine verbesserte Version mit einem 97 kW (132 PS) starken Gipsy Major als Antrieb und Sperrholzabdeckung anstelle der Stoffbespannung am Hinterrumpf der früheren Serienflugzeuge. Dieser Linie wies de Havilland die Bezeichnung **D.H.82A** und die

***de Havilland D.H.82A Tiger Moth Mk II einer RAF Elementary and Reserve Flying School im Jahre 1940***

RAF, die 50 Exemplare nach Unterlage T.26/33 bestellt hatte, den Namen **Tiger Moth II** zu. Das Muster war mit einer Haube ausgerüstet, die sich zur Blindflugausbildung über das hintere Cockpit vorklappen ließ. Zwischen November 1934 und Januar 1935 wurde dieses Kontingent nach Kenley geliefert. Weitere Exemplare erhielten die Bristol Aeroplane Company, die de Havilland School of Flying, Brooklands Aviation Ltd., Phillips & Powis School of Flying, Reid and Sigrist Ltd., Airwork Ltd. und Scottish Aviation Ltd. für die „Elementary and Reserve Flying Schools", die diese Firmen im Rahmen der RAF-Aufrüstung betrieben. Bis August 1939 waren 44 solcher Flugschulen für die RAF tätig, doch mit Beginn der Kampfhandlungen stellten 20 den Betrieb ein.

Noch vor dem Krieg wurden Lizenzen zur Fertigung der **Tiger Moth** an Norwegen, Portugal, Schweden und Kanada vergeben. Neben 227 **D.H.82A** aus der Vorkriegszeit produzierte de Havilland Aircraft of Canada 1520 winterfeste **D.H.82C** mit einem 108 kW (147 PS) starken Gipsy Major unter einer neuen Motorhaube, Cockpit-Schiebetüren, Cockpit-Heizung, Radbremsen und Spornrad anstelle des Standard-Schleifsporns. Bei Bedarf ließen sich auch Ski- oder Schwimmer-Fahrgestelle montieren. Als der Gipsy Major knapp wurde, stattete der Hersteller einige Exemplare mit dem Menasco Pirate aus. Die USAAF bestellte 200 **D.H.82C** und wies ihnen die Bezeichnung **PT-24** zu. Dieses Baulos fiel aber der Royal Canadian Air Force zu.

Bei Kriegsausbruch wurden etliche Zivilmaschinen für den Verbindungs- und Ausbildungsdienst bei der RAF eingezogen und Großaufträge erteilt. Das Hatfield-Werk stieß weitere 795 Exemplare aus, bevor die de Havilland Mosquito die Fertigungsstraßen belegte. Für die **Tiger Moth** wurde das Montageband in den Cowley-Anlagen der Morris Motors Ltd. wieder eingerichtet, und es entstanden rund 3500 Flugzeuge. De Havilland Aircraft of New Zealand baute weitere 345 Exemplare, und in Australien produzierte de Havilland Aircraft Pty. insgesamt 1085 Maschinen.

Am 17. September 1939, zwei Wochen nach Kriegserklärung, wurde die „A-Flight" der British Expeditionary Force Communications Squadron (Verbindungsstaffel der britischen Expeditions-Streitkräfte, später No. 81 Squadron) nach Frankreich beordert. Den Winter und das anschließende Frühjahr hindurch operierten die **Tiger Moth** dieser Staffel im Norden Frankreichs. Beim Rückzug aus Dünkirchen wurden die verbliebenen Maschinen nach England überführt.

**TECHNISCHE DATEN**
**de Havilland D.H.82C**

**Typ:** zweisitziges Schul-/Sportflugzeug
**Triebwerk:** ein Reihenmotor de Havilland Gipsy Major 1C mit 108 kW (147 PS)
**Leistung:** Höchstgeschwindigkeit 172 km/h; Reisegeschwindigkeit 145 km/h; Dienstgipfelhöhe 4450 m; Reichweite 443 km
**Gewicht:** Leermasse 506 kg; max. Startmasse 828 kg
**Abmessungen:** Spannweite 8,94 m; Länge 7,29 m; Höhe 2,69 m; Tragflügelfläche 22,20 m²

Im Zusammenhang mit der drohenden Invasion durch die Deutschen bereitete man aber auch eine offensive Verwendung der **Tiger Moth** vor und entwickelte Gestelle für acht 9-kg-Bomben zum Anbau unter dem hinteren Cockpit oder unter den Tragflächen. Rund 1500 solcher Rüstsätze wurden gefertigt und an die Flugschulen ausgegeben, doch nie im Einsatz verwendet. Recht früh, im Dezember 1939, stellte man sechs Küstenpatrouillenstaffeln auf, davon allein fünf mit der **Tiger Moth**. Zwar konnten diese Maschinen keine Ziele bekämpfen, aber man hielt es für möglich, daß das Geräusch eines Flugzeugmotors deutsche U-Boote vom Auftauchen abhalten und somit ihre Chancen zum Angriff gegen Überwasserschiffe verringern würde.

In Fernost baute man einige **Tiger Moth** zu Sanitätsflugzeugen um, indem man die Gepäckraumklappe erweiterte und eine Scharnierklappe in den hinteren Rumpfrücken einarbeitete. So entstand eine Zelle von 1,83 m Länge für einen Verletzten.

Den wertvollsten Beitrag aber lieferte die **Tiger Moth** als Schulflugzeug im Krieg. Nicht weniger als 28 Elementary Flying Schools in Großbritannien, 25 in Kanada (plus vier Funkschulen), zwölf in Australien, vier in Rhodesien (und eine Fluglehrerschule), sieben in Südafrika und zwei in Indien waren mit diesem Typ ausgerüstet. Nach dem Krieg flogen 22 Reserve Flying Schools und 18 University Air Squadrons das Muster, von denen die meisten zwischen 1950 und 1953 auf die Chipmunk umsattelten.

Erwähnt werden sollte auch die **D.H.82B Queen Bee**, ein funkgesteuertes Zielflugzeug. Im wesentlichen war dies eine **Tiger Moth** mit hölzerner Zelle, zusammengesetzt aus folgenden Hauptbaugruppen: Rumpf der Moth Major, Tragwerk der Tiger Moth, Triebwerk Gipsy Major, ein großer Kraftstofftank und ein fahrtwindgetriebener Generator zur Bordstromversorgung. Der Prototyp flog erstmals am 5. Januar 1935, und anschließend wurden 380 Exemplare gebaut.

Bis zum Ende des Krieges hatte man über 8000 **Tiger Moth** produziert. Ein Teil der von der RAF ausgesonderten Maschinen gelangte nach Belgien, Frankreich und in die Niederlande, wo sie für zivile und militärische Zwecke genutzt wurden. In Großbritannien aber und in etlichen anderen Ländern landeten sie auf dem zivilen Markt. Neben dem Gebrauch zur Schulung, Sport- und Hobbyfliegerei fand die zivile **Tiger Moth** auch ein neues Beschäftigungsfelds Sprüh- und Streuflugzeug in der Landwirtschaft.

Nicht wenige Exemplare erfuhren Umrüstungen, die gewöhnlich eine geschlossene Kabine beinhalteten. Das ehrgeizigste Projekt führte die britische Firma Jackaroo Aircraft Ltd. aus, indem sie den Rumpf erweiterte, um vier Passagiere auf Zweiersitzgruppen unterzubringen. Ein offenes Cockpit und eine geschlossene Kabine erhielten 19 **Thruxton Jackaroo**, die die Firma im Zeitraum 1957/59 umbaute. Einst übersetzte man die Initialen D.H. mit „Durable" (langlebig) und „Hefficient" (Verballhornung von efficient, tüchtig), und beides trifft auf die **Tiger Moth** zu. 1991 waren weltweit noch zahlreiche Vertreter dieses Musters in flugtüchtigem Zustand.

***de Havilland D.H.82 Tiger Moth***

***In der jüngeren Vergangenheit hat sich die Tiger Moth zum Liebhaberobjekt einzelner Privatpiloten, Fluggruppen, Vereine und Restaurateure entwickelt. Mit etwas Glück kann man das Muster erwerben und ein besonderes Flugvergnügen im offenen Cockpit genießen.***

# de Havilland D.H.83 Fox Moth

De Havillands Konstrukteur A.E. Hagg entwickelte die **D.H.83 Fox Moth**. Dieses Muster sollte den erkannten Bedarf an einem leichten Transportflugzeug decken, das gute Flugleistungen bot, wirtschaftlich in Betrieb und Unterhaltung war und einen niedrigen Einstiegspreis hatte. Standard-Baugruppen der Tiger Moth (einschließlich Tragflächen, Fahrgestell und Motoraufhängung) koppelte Hagg mit einem neuen Rumpf in Holzbauweise und Sperrholzbeplankung. Das offene Pilotencockpit ordnete er erhöht hinter einer geschlossenen Kabine für maximal vier Passagiere an. Der Prototoyp, angetrieben von einem de Havilland Gipsy III mit 89 kW (121 PS), flog ab März 1932 in Stag Lane. Später wurde die Maschine nach Kanada verschifft, wo Canadian Airways Ltd. sie mit Ski- und Schwimmerfahrgestell erprobte. Acht von 98 **Fox Moth** britischer Fertigung wurden zwischen 1932 und 1935 nach Kanada exportiert, und zwei weitere baute de Havilland Aircraft of Australia. Vielen diente der Gipsy Major als Antrieb, und einige Exemplare waren mit einer Schiebehaube über dem Cockpit ausgerüstet. Das Einzelexemplar einer japanischen Kopie namens **Chidorigo** mit Sternmotor mit 110 kW (150 PS) flog die Japanese Aerial Transport

**TECHNISCHE DATEN**
**de Havilland D.H.83 Fox Moth**

**Typ:** leichtes Passagierflugzeug
**Triebwerk:** ein Reihenmotor de Havilland Gipsy Major mit 97 kW (132 PS)
**Leistung:** Höchstgeschwindigkeit 182 km/h; Reisegeschwindigkeit 154 km/h; Dienstgipfelhöhe 3870 m; Reichweite 579 km
**Gewicht:** Leermasse 499 kg; max. Startmasse 939 kg
**Abmessungen:** Spannweite 9,41 m; Länge 7,85 m; Höhe 2,68 m; Tragflügelfläche 24,25 m²

Company. 1946 produzierte de Havilland Canada 52 **D.H.83C**, die eine Reihe von Verbesserungen aufwiesen, darunter Trimmklappen an den Höhenrudern, eine vergrößerte Vollsichthaube über dem Cockpit und den eingebauten Gispy Major 1C mit 108 kW (147 PS). Eine weitere **D.H.83C** (D.H.83A oder D.H.83B gab es nicht) fertigten Leavens Bros Ltd. 1948.

***Dies ist eine der nach dem Zweiten Weltkrieg in Kanada gebauten D.H.83C. Die Maschinen hatten einen stärkeren Antrieb durch Gipsy Major 1C, eine geschlossene Pilotenkanzel und eine vergrößerte Ladetür. In der Kabine fanden vier Passagiere Platz.***

# de Havilland D.H.84 Dragon

Die **de Havilland D.H.84 Dragon** konstruierte Arthur Hagg auf ein Ersuchen des Fox-Moth-Betreibers Edward Hillman hin, der ein zweimotoriges Verkehrsflugzeug für eine geplante Verbindung von Südengland nach Paris benötigte. Der Sperrholz-Kastenrumpf, der sich bei der Fox Moth bewährt hatte, floß in den Entwurf des neuen zweistieligen Doppeldeckers ein, dessen Tragflächen außerhalb der beiden de Havilland Gipsy Major-Motoren faltbar ausgelegt wurden. Für den Piloten wurde eine separate Zelle ganz vorn im Bug geschaffen, und die Hauptkabine konnte sechs Passagiere aufnehmen. Am 12. November 1932 absolvierte der Prototyp seinen Jungfernflug in Stag Lane, Edgware. Später wurde er zusammen mit drei Serienflugzeugen **Dragon 1** an Hillman Airways in Maylands, Essex, übergeben, die damit im April 1933 die Route nach Paris eröffnen konnte. Die britische Produktion ergab 115 Maschinen aus Stag Lane und (ab 1934) aus Hatfield. Weitere 87 Exemplare wurden in Australien gefertigt. Das de Havilland-Werk in Bankstown, Sydney, produzierte dieses Muster als Navigationstrainer für die Royal Australian Air Force. Erstflug 29. September 1942.

***Die Aufnahme zeigt den D.H.84 Dragon-Prototyp nach seiner Auslieferung an Hillman Airways am 12. November 1932. Später flog er für Aberdeen Airways.***

**TECHNISCHE DATEN**
**de Havilland D.H.84 Dragon**

**Typ:** mittleres Transportflugzeug
**Triebwerke:** zwei Reihenmotoren de Havilland Gipsy Major je 97 kW (132 PS)
**Leistung:** Höchstgeschwindigkeit 216 km/h; Reisegeschwindigkeit 183 km/h; Dienstgipfelhöhe 4420 m; Reichweite 877 km
**Gewicht:** Leermasse 1060 kg; max. Startmasse 2041 kg
**Abmessungen:** Spannweite 14,43 m; Länge 10,52 m; Höhe 3,30 m; Tragflügelfläche 34,93 m²

**Varianten**

**Dragon 2:** Das 63. Flugzeug leitete zu einer verbesserten Version über, bei der die Rundumverglasung des Rumpfes durch einzeln gerahmte Fenster ersetzt und das Hauptfahrwerk verkleidet worden war
**D.H.84M:** eine an Dänemark, den Irak und Portugal gelieferte Militärversion mit ringlafettiertem Maschinengewehr auf dem Rumpfrücken und einer Rückenfinne

# de Havilland D.H.85 Leopard Moth

Die 1933 als Nachfolgemuster für die Puss Moth eingeführte **de Havilland D.H.85 Leopard Moth** ähnelte dem früheren Flugzeug im äußeren Erscheinungsbild, brachte aber eine Reihe wesentlicher Verbesserungen, nicht zuletzt eine andere Rumpfkonstruktion. Das Stahlrohrgerüst der Puss Moth war einem Kastenrumpf aus Fichte und Sperrholz gewichen, der zum Standardmerkmal der Modelle dieses Herstellers wurde. Die Rumpfkabine nahm den Flugzeugführer und hinter ihm auf einer Sitzbank zwei Passagiere auf. Neue, faltbare Tragflächen, die sich an der Nasenkante nach außen hin verjüngten, wurden eingesetzt und die oberen Stoßdämpferlager des Hauptfahrwerks verlegt. Der Prototyp flog erstmals am 27. Mai 1933 in Stag Lane und gewann zwei Wochen später das King's Cup Race in Hatfield, während zwei ähnliche Maschinen Platz 3 und 6 belegten. Dieser gelungene Start sicherte einen geschäftlichen Erfolg, und die dreijährige Serienfertigung, zunächst in Stag Lane und dann in Hatfield, ergab insgesamt 132 Flugzeuge.

***Die D.H.85 war die Nachfolgerin für die Puss Moth mit leichterer Zelle und zu einem günstigeren Preis. Die vom etwas stärkeren Gipsy Major angetriebene Leopard Moth konnte drei Personen an Bord nehmen.***

**TECHNISCHE DATEN**
**de Havilland D.H.85 Leopard Moth**

**Typ:** dreisitziges Reiseflugzeug
**Triebwerk:** ein Reihenmotor de Havilland Gipsy Major mit 97 kW (132 PS)
**Leistung:** Höchstgeschwindigkeit 220 km/h; Reisegeschwindigkeit 192 km/h; Dienstgipfelhöhe 6555 m; Reichweite 1151 km
**Gewicht:** Leermasse 637 km; max. Startmasse 1009 kg
**Abmessungen:** Spannweite 11,43 m; Länge 7,47 m; Höhe 2,67 m; Tragflügelfläche 19,14 m²

# de Havilland D.H.86

Die **de Havilland D.H.86** basierte auf einer Forderung der australischen Regierung für ein mehrmotoriges Verkehrsflugzeug, das QANTAS zwischen Singapur und Australien über die Timorsee einsetzen wollte. Nur vier Monate nach Projektbeginn, am 30. Januar 1934, lag das Lufttüchtigkeitszeugnis vor. Das Muster war eine stoffbespannte Holzkonstruktion, und für den Antrieb sorgten vier de Havilland-Gipsy-Six-Motoren. Der Erstflug mit Hubert Broad im Cockpit fand am 14. Januar 1934 in Stag Lane statt, und die für die Zulassung vorgeschriebenen Prüfflüge wurden von Martlesham aus durchgeführt. Der Prototyp und zwei entsprechende Flugzeuge waren für den Betrieb mit nur einem Piloten ausgelegt. Die beiden letztgenannten Exemplare dienten Railway Air Services ab 21. August 1934 auf der neu eingerichteten Strecke Croydon–Birmingham–Manchester–Belfast–Glasgow. Ein zweites Besatzungsmitglied (Navigator/Bordfunker) fand hinter dem Piloten Platz, doch QANTAS und Imperial Airways bestanden auf einem für zwei Piloten nebeneinander eingerichteten Führerraum. Im August 1934 konnte der entsprechend modifizierte Prototyp mit längerem und breiterem Bug die Werkshalle in Stag Lane wieder verlassen. Das erste von insgesamt 29 Serienflugzeugen gehörte einer Vierergruppe für Holyman Airways in Australien an, und weitere Betreiber waren QANTAS (6), Im-

**TECHNISCHE DATEN**
**de Havilland D.H.86B**

**Typ:** mittleres Transportflugzeug
**Triebwerke:** vier Reihenmotoren de Havilland Gipsy Six je 149 kW (203 PS)
**Leistung:** Höchstgeschwindigkeit 267 km/h; Reisegeschwindigkeit 229 km/h; Dienstgipfelhöhe 5305 m; Reichweite 1287 km
**Gewicht:** Leermasse 2943 kg; max. Startmasse 4649 kg
**Abmessungen:** Spannweite 19,66 m; Länge 14,05 m; Höhe 3,96 m; Tragflügelfläche 59,55 m²

perial Airways (5), Jersey Airways (6), Misr Airwork Egypt (4), Hillman's Airways (3) und Wrightways (1).

**Varianten**

**D.H.86A:** Diese Ende 1935 eingeführte Variante brachte eine modifizierte Windschutzscheibe, ein metallenes Seitenruder, pneumatische Federbeine, wirksamere Radbremsen und ein Spornrad; 20 Flugzeuge wurden gefertigt und die Mehrzahl 1937 gemäß Standard D.H.86B nachgebessert; die Baureihe umfaßte vier Exemplare für die RAF, davon je zwei für die RAF Radio School in Cranwell und No. 24 Squadron in Hendon; andere Maschinen wurden zum Militärdienst eingezogen

**D.H.86B:** D.H.86A mit zusätzlichen Endplatten am Höhenleitwerk, da die Untersuchung eines Flugunfalls vom September 1936 auf Schwächen der Seiten- und Quersteuerung verwiesen hatte; neue D.H.86B erhielten zudem ein Höhenleitwerk mit größerer Tiefe an den Enden und höherer Übersetzung der Quersteuerung

***Diese D.H.86 ging an Imperial Airways für den Liniendienst in Afrika. Sie erhielt nachträglich den Standard D.H.86B.***

# de Havilland D.H.87 Hornet Moth

Für Doppeldecker-Liebhaber, die Komfort zu schätzen wußten, entwickelte das Unternehmen die **de Havilland D.H.87 Hornet Moth** mit zwei Sitzen nebeneinander in einer geschlossenen Kabine und einer ähnlichen Struktur wie die D.H.86. Die Tragflächen, die sich verjüngten, waren mit einem stoffüberzogenen Kastenrumpf aus Fichte/Sperrholz samt externen Längsgurten und Stringern kombiniert. Der Prototyp flog erstmals am 9. Mai 1934 und absolvierte zusammen mit zwei ähnlichen Maschinen ein einjähriges Testprogramm. Die sorgsam vorbereitete Lieferung der Serienflugzeuge **D.H.87A** begann im August 1935. Mehr als 60 Exemplare wurden nach diesem Standard mit neuem Tragwerk gefertigt, das sich nach außen hin stärker zuspitzte und weiter gespannt (9,93 m) war. Dennoch führte der Hersteller 1936 abermals neuentwickelte Tragflächen ein, die erstmals bei der zweiten seriengefertigten **Hornet Moth** zum Einsatz kamen. Dieses neue Tragwerk, praktisch Rechteckflügel, wurde Besitzern der **Hornet Moth** auf Tauschbasis zugänglich gemacht und bei fast 100 neuen Maschinen mit der Bezeichnung **D.H.87B** angebracht. Nachdem de Havilland Aircraft of Canada Ltd. eine Schwimmerversion entwickelt hatte, beschaffte das Air Ministry 1937 vier Exemplare zur Erprobung als Ausbildungsseeflugzeuge durch das Marine Aircraft Experimental Establishment in Felixstowe, Suffolk. Die Produktion der Hornet Moth ergab 165 Exemplare einschließlich Prototyp.

**TECHNISCHE DATEN**

**de Havilland D.H.87B Hornet Moth (Landflugzeug)**

**Typ:** zweisitziges Reiseflugzeug
**Triebwerk:** ein Reihenmotor de Havilland Gipsy Major mit 97 kW (132 PS)
**Leistung:** Höchstgeschwindigkeit 200 km/h; Reisegeschwindigkeit 169 km/h; Dienstgipfelhöhe 4510 m; Reichweite 998 km
**Gewicht:** Leermasse 563 kg; max. Startmasse 885 kg
**Abmessungen:** Spannweite 9,73 m; Länge 7,61 m; Höhe 2,01 m; Tragflügelfläche 20,44 m²

***Diese in Kanada zugelassene Hornet Moth war ein Vertreter der von de Havilland Canada entwickelten Schwimmerversion. Man beachte das an der Rumpfunterseite nach hinten geführte Auspuffrohr.***

# de Havilland D.H.88 Comet

Die **D.H.88 Comet** konstruierte de Havilland für das Victorian Centenary Air Race 1934 von Mildenhall nach Melbourne, für das Sir MacPherson Robertson die Geldpreise stiftete. Bis Februar 1934, dem vom Hersteller anberaumten Bestelltermin mit Liefergarantie vor dem Rennen im Oktober, gingen drei Aufträge ein. Die **Comet**-Käufer waren Mr. A.O. Edwards, Managing Director von Grosvenor House Hotel, Bernard Rubin und das Ehepaar Mollison. Die Comet war durchweg aus Holz konstruiert. Der langgestreckte Vorderrumpf enthielt drei große Kraftstofftanks, und dahinter befanden sich Sitze in Tandemanordnung für den Piloten und für einen Kopiloten. Zwei hochkomprimierte Flugmotoren vom Typ de Havilland Gipsy Six R wurden eingebaut, die in zwei Stellungen regelbare Ratier-Propeller antrieben. Die vor jedem Flug auf kleine Steigung eingestellten Luftschrauben wurden bei einer Geschwindigkeit von 241 km/h automatisch auf große Steigung geregelt, indem eine Dichtscheibe in der Propellernabe nachgab, interne Druckluft freigab und das Verstellwerk aktivierte. Weitere Entwurfsmerkmale waren das per Hand einziehbare Fahrgestell und Spreizklappen.

Hubert Broad flog die erste **Comet** am 8. September 1934 in Hatfield. Das Lufttüchtigkeitszeugnis für diese Maschine wurde am 9. Oktober und für das andere Paar am 12. Oktober ausgestellt, nur acht Tage vor dem Rennen. In der Morgendämmerung des 20. Oktobers starteten die ersten Rennteilnehmer, darunter die „Black Magic" der Mollisons, G-ACSR (Besitzer war Rubin) mit Owen Cathcart-Jones und Ken Waller als Besatzung und die „Gosvenor House" mit C.W.A. Scott und T. Campbell Black im Cockpit. „Black Magic" absolvierte die Etappe London–Bagdad im Nonstop-Flug, mußte aber wegen Motorschwierigkeiten in Allahabad aufgeben. Cathcart-Jones und Waller verloren die Orientierung und waren in Persien zur Notlandung gezwungen, schlugen sich aber dennoch nach Melbourne durch und belegten in der Geschwindigkeitsdisziplin den vierten Platz. Mit Post und Filmmaterial beladen flogen sie auf direktem Wege zurück und stellten mit 13½ Tagen einen neuen Rekord auf. Scott und Black siegten in der Geschwindigkeitsdisziplin, nachdem sie die Strecke in 70 Stunden und 54 Minuten zurückgelegt hatten. Die „Grosvenor House" ist der Nachwelt als Exponat des Shuttleworth Trust in Old Warden, Bedfordshire, erhalten. Zwei weitere **Comet** wurden gebaut, eine als Schnellpostflugzeug für die französische Regierung und die andere für Mr. Cyril Nicholson, der zwei erfolglose Versuche unterstützte, den Rekord von London zum Kap zu brechen.

**TECHNISCHE DATEN**

**de Havilland D.H.88 Comet**

**Typ:** zweisitziges Renn-/Postflugzeug
**Triebwerk:** ein Reihenmotor de Havilland Gipsy Six R mit 172 kW (234 PS)
**Leistung:** Höchstgeschwindigkeit 381 km/h; Reisegeschwindigkeit 354 km/h; Dienstgipfelhöhe 5790 m; Reichweite 4707 km
**Gewicht:** Leermasse 1288 kg; max. Startmasse 2413 kg
**Abmessungen:** Spannweite 13,41 m; Länge 8,84 m; Höhe 3,05 m; Tragflügelfläche 19,69 m²

***Die D.H.88 triumphierte 1934 im MacRobertson-Rennen von London nach Melbourne und rückte den Hersteller de Havilland ins Rampenlicht. Die Siegermaschine ist in Old Warden ausgestellt.***

## de Havilland D.H.89 Dragon Rapide/Dominie bis de Havilland D.H.106 Comet

**In den 30er Jahren waren die Flugzeuge von de Havilland aus Holz mit Stoffbespannung. Dann gab es die Sandwichbauweise aus Sperr- und Balsaholz für das Postflugzeug Albatross, die Militärmehrzweckflugzeuge Mosquito und Hornet sowie den Rumpf der Vampire. Ganz aus Metall war nach dem Zweiten Weltkrieg erst die Comet als erster Jet-Transporter der Welt.**

# de Havilland D.H.89 Dragon Rapide/Dominie

Die bei der Fertigung und im Betrieb der leichten Transportflugzeuge D.H.84 Dragon und D.H.86 gewonnenen Erfahrungen nutzte de Havilland zur Konstruktion des Prototyps **de Havilland D.H.89 Dragon Six**. Hubert Broad führte diese Maschine, die von zwei de Havilland-Reihenmotoren Gipsy Six mit je 149 kW (203 PS) angetrieben wurde, am 17. April 1934 in Stag Lane zum Erstflug. Im Juli 1934 begann die Lieferung der **Dragon Rapide** genannten Serienmaschinen. Ab März 1937 wurden kleine Landeklappen in den Unterflügel außenbord von den Motorgondeln eingesetzt, was die neue Bezeichnung **D.H.89A** ergab. Die zivile **Rapide** verkaufte sich rasch weltweit, und in Kanada wurden sogar einige Exemplare mit Schwimmer- und Schneekufen-Fahrgestell in Dienst gestellt. Die Zuverlässigkeit und Wirtschaftlichkeit dieser Flugzeuge sicherten dem Hersteller beachtliche Auftragseingänge bis Ende der dreißiger Jahre, und bei Kriegsausbruch waren fast 200 Exemplare an zivile Nutzer geliefert.

Eine militärische Version, mit der Bezeichnung **D.H.89M**, wurde nach Spezifikation G.18/35 als allgemeines Aufklärungsflugzeug für das Küstenkommando entwickelt. In den Bug wurden ins rechts vom Pilotensitz ein vorwärtsfeuerndes Maschinengewehr und ins Kabinendach hinter der Einstiegstür eine Ringlafette eingebaut. Zwar erhielt Avro Anson den Auftrag des Air Ministry, aber für Litauen wurden zwei **D.H.89M** gefertigt und ein weiteres Trio auf Bestellung der spanischen Regierung für den Dienst in Marokko. Die spanischen Maschinen erhielten ein zusätzliches Maschinengewehr, dessen Feuer durch den Kabinenboden gegen Erdziele gerichtet werden konnte, und ein Bauchgestell für ein Dutzend 12-kg-Bomben.

Zwar hatte das Air Ministry keinen Auftrag zum Bau von **D.H.89M**-Aufklärern erteilt, aber als Verbindungsflugzeug kam die **Dragon Rapide** dennoch zum Zuge; das Air Council erwarb ein Einzelexemplar, das No. 24 Squadron von Hendon aus flog; im November 1938 wurden sogar zwei Maschinen ausgeliefert. Im Frühling 1940 versorgten etliche zivile Rapide die in Frankreich eingesetzten britischen Truppen mit Nachschub, und eine beachtliche Anzahl wurde für den Verbindungsdienst der Air Transport Auxiliary eingezogen.

1939 waren drei **D.H.89** gemäß Spezifikation T.29/38 zur Ausbildung von Funkern beschafft worden, gefolgt von weiteren 14 Exemplaren für No. 2 Electrical and Wireless School. Die beiden ersten **D.H. 89A**, ebenfalls für No. 2 E&WS vorgesehen, wurden im September 1939 geliefert. Die Trainerversion, erkennbar an der Peilantenne auf dem Kabinendach, erhielt die Bezeichnung **Dominie Mk I**, die Verbindungsversion **Dominie Mk II**.

Von 728 **Rapide**, die bis Fertigungsstop Juli 1946 gebaut wurden, gingen 521 auf Beschaffungen des britischen Militärs zurück. Sie wurden meist als **D.H.89B** geordert. Nach 186 Exemplaren übernahm Brush Coachworks Ltd. in Loughborough, Leicestershire, die Produktion, um Hatfield zugunsten der Arbeiten an anderen Mustern freizumachen. Zu den militärischen **D.H.89** gehörten auch 65 Flugzeuge, die die Royal Navy zwischen 1940 und 1958 flog, als die letzte Maschine ausgesondert wurde; das Marinekontingent setzte sich aus requirierten Zivilflugzeugen, einigen neuen und von der RAF übernommenen Maschinen zusammen.

Bald nach Einstellung der Kriegshandlungen erreichten mehrere hundert **Dominie** aus Überschußbeständen Luftstreitkräfte in Europa, wie die belgische und holländische Luftwaffe, und – ohne die jeweilige militärische Ausrüstung – zivile Halter. Auf diese Weise gelangte das Muster in fast alle Länder der freien Welt. Außerdem wurden die letzten 100 von Brush Coachworks gefertigten, aber wegen Beendigung der Kampfhandlungen nicht mehr ausgelieferten Serienflugzeuge von der de Havilland-Reparaturwerft in Witney kundengerecht ausstaffiert. Sie bildeten zunächst die Nachkriegsausrüstung einiger Liniengesellschaften, darunter Iraqi Airways, Jersey Airways und KLM. In den fünfziger Jahren setzte British European Airways zeitweilig eine starke **Rapide**-Flotte auf Verbindungen zu den Inseln rings um die britische Küstenlinie ein.

Die **Dragon Rapide** erwies sich als äußerst langlebig, denn einige Exemplare flogen 1991 immer noch.

**Varianten**

**D.H.89A Mk 4:** ummotorisierte Flugzeuge mit Gipsy Queen 2 und auf gleiche Drehzahl geregelten Propellern; Prototypumrüstung im Jahre 1953; anschließend wurden viele Exemplare modifiziert, weil damit eine höhere Abflugmasse und bessere Flugleistungen erzielt werden konnten

**D.H.89A Mk 5:** einmalige Umrüstung, die der Hersteller für eines seiner eigenen Verbindungsflugzeuge wählte; Einbau zweier Spezialmotoren Gipsy Queen 3 mit von Hand bedienten Verstellpropellern

**D.H.89A Mk 6:** Flugzeuge mit Standardmotoren, aber mit metallenen Festpropellern vom Typ Fairey X5

***Diese Maschine wurde, wie viele Dominie der RAF, nach dem Zweiten Weltkrieg als Dragon Rapide von zivilen Haltern genutzt.***

### TECHNISCHE DATEN
**de Havilland D.H.89A Mk 4**

**Typ:** acht-/zehnsitziges Passagierflugzeug
**Triebwerke:** zwei Reihenmotoren de Havilland Gipsy Queen 2 mit je 149 kW (203 PS)
**Leistung:** Höchstgeschwindigkeit 241 km/h; Reisegeschwindigkeit 225 km/h; Dienstgipfelhöhe 4875 m; Reichweite 837 km
**Gewicht:** Leermasse 1465 kg; max. Startmasse 2722 kg
**Abmessungen:** Spannweite 14,63 m; Länge 10,52 m; Höhe 3,12 m; Tragflügelfläche 31,21 m²

# de Havilland D.H.90 Dragonfly

Die äußerliche Ähnlichkeit der **de Havilland D.H.90 Dragonfly** mit der D.H.89 Dragon Rapide täuschte über die völlig andere Bauweise der Zelle des neuen Musters hinweg; das mit Sperrholz abgedeckte Fichtenrumpfgerüst der Rapide war nämlich durch eine Konstruktion aus vorgeformten Schichtholzschalen ersetzt worden, deren Längsverband Fichtenstringer bildeten. Durch eine Verstärkung des Mittelstücks des Unterflügels konnten die Verstrebungen von Flächenansatz/Motorgondel und die Drahtverspannung des inneren Stiels wegfallen. Der von zwei de Havilland Gipsy Major angetriebene Prototyp startete am 12. August 1935 in Hatfield zum Erstflug. Den Antrieb der Serienversion **D.H.90A**, die im Februar 1936 erstmals flog, besorgten Gipsy Major II-Motoren. Die Mehrzahl der **Dragonfly**, von der 66 Exemplare gebaut wurden, war in die kommerzielle Luftfahrt eingebunden. Zu den militärischen Käufern zählten Dänemark, Kanada und Schweden.

### TECHNISCHE DATEN
**de Havilland D.H.90 Dragonfly**

**Typ:** leichtes Transportflugzeug
**Triebwerke:** zwei Reihenmotoren de Havilland Gipsy Major mit je 97 kW (132 PS)
**Leistung:** Höchstgeschwindigkeit 232 km/h; Reisegeschwindigkeit 201 km/h; Dienstgipfelhöhe 5515 m; Reichweite 1006 km
**Gewicht:** Leermasse 1134 kg; max. Startmasse 1814 kg
**Abmessungen:** Spannweite 13,11 m; Länge 9,65 m; Höhe 2,79 m; Tragflügelfläche 23,78 m²

***Die D.H.90 Dragonfly war eine verkleinerte Luxusausgabe der Rapide. Wegen des hohen Kaufpreises (2650 britische Pfund im Jahre 1935) blieb der Absatz beschränkt.***

# de Havilland D.H.91 Albatross

Die von A. E. Hagg nach Vorgaben des Air Ministry für ein transatlantisches Postflugzeug entworfene **de Havilland D.H.91 Albatross** war in aerodynamischer und ästhetischer Hinsicht eines der überragenden Muster der Vorkriegszeit. Die **Albatross** führte die hölzerne Rumpfstruktur aus Sperrholz/Balsa/Sperrholz in Sandwich-Bauweise ein, die später so erfolgreich bei der Mosquito angewandt wurde, und die in einem Stück gefertigte Tragfläche ähnelte derjenigen der Comet. Der Antrieb bestand aus vier de Havilland-Gipsy-Twelve-Motoren und auf Gleichdrehzahl geregelten Propellern. Das Hauptfahrwerk war elektrisch einziehbar. Der Prototyp, zunächst mit zwei Seitenflossen in mittlerer Spannweite am Höhenleitwerk ausgestattet, flog am 20. Mai 1937 in Hatfield zum ersten Mal. Die Ergebnisse der Flugerprobung zeigten, daß Änderungen am Seitenleitwerk vorgenommen werden mußten.

Die neu entworfene Baugruppe bestand aus Endplatten mit nicht ausgeglichenen Seitenrudern und Trimmklappen.

Probleme mit dem Einziehfahrwerk führten am 31. März 1938 zu einer Bauchlandung des ersten Prototyps; nur wenige Monate später offenbarten sich strukturelle Schwächen des Hinterrumpfs, als der zweite Prototyp während der Überlast-Erprobungsphase bei der Landung in zwei Teile zerbrach. Nachdem effektive Modifikationen in die beiden reparierten Prototyp-Flugzeuge eingeflossen waren, nutzte Imperial Airways sie versuchsweise. Wegen ihrer Reichweite bewährten sie sich im Pendelverkehr zwischen Großbritannien und Island, aber ab September 1940 wurden sie bei No. 271 Squadron der RAF für militärische Zwecke genutzt. Zwischen Oktober 1938 und Juni 1939 erhielt Imperial Airways fünf **D.H.91 Albatross** mit reduzierter Kapazität, zusätzlichen Kabinenfenstern und Spalt- anstelle von Spreizklappen. Die für 22 Passagiere und eine vierköpfige Besatzung ausgelegten Maschinen beflogen im Krieg die Routen Bristol–Lissabon und Bristol–Shannon. Die verbleibenden Flugzeuge wurden im September 1943 verschrottet.

**TECHNISCHE DATEN**
**de Havilland D.H.91 Albatross (Passagierversion)**

**Typ:** Passagierflugzeug
**Triebwerke:** vier Kolbenmotoren de Havilland Gipsy Twelve mit je 391 kW (532 PS)
**Leistung:** Höchstgeschwindigkeit 362 km/h; Reisegeschwindigkeit 338 km/h; Dienstgipfelhöhe 5455 m; Reichweite 1674 km
**Gewicht:** Leermasse 9630 kg; max. Startmasse 13.381 kg
**Abmessungen:** Spannweite 32 m; Länge 21,79 m; Höhe 6,78 m; Tragflügelfläche 100,15 m²

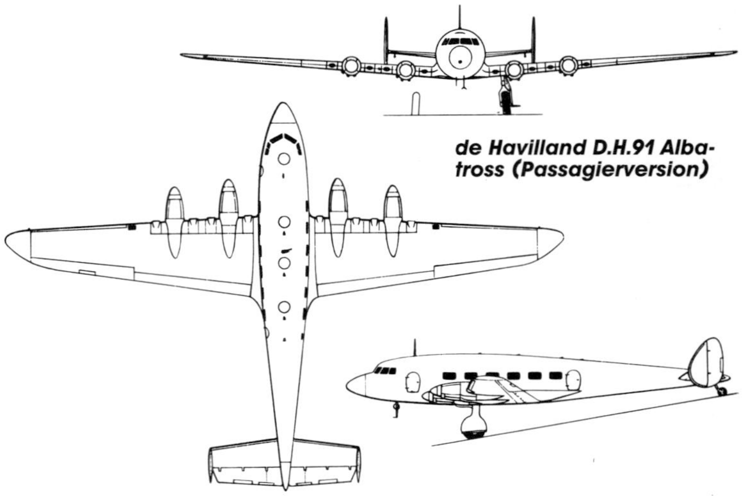

***de Havilland D.H.91 Albatross (Passagierversion)***

# de Havilland D.H.93 Don

Der zuerst in die D.H.91 Albatross eingebaute de Havilland-Motor Gispy Twelve wurde zur militärischen Verwendung in Gipsy King umbenannt. Er sollte ein Mehrzweck-Schulflugzeug antreiben, das nach Spezifikation T.6/36 des Air Ministry konstruiert wurde. Diese **de Havilland D.H.93 Don** hatte eine hölzerne Zelle in Schalenbauweise und war zur Ausbildung von Flugzeugführern, Funkern und Bordschützen gedacht. Der Prototyp flog am 18. Juni 1937, und nach der Flugerprobung beim Hersteller, die den Einbau zusätzlicher kleinerer Kielflossen am Höhenleitwerk zur Folge hatte, wurde der Trainer zur amtlichen Prüfung nach Martlesham Heath überführt. Die von dieser Dienststelle geforderten Modifikationen bedingten eine höhere Betriebsmasse, so daß schwere Ausrüstungskomponenten ausgebaut werden mußten. Von den ursprünglich bestellten 250 Don wurden lediglich 50 Zellen fertiggestellt, von denen 20 ohne Motor ausgeliefert und der Rest zu Verbindungsflugzeugen umgebaut wurde, die bei No. 24 Squadron und Teileinheiten dienten.

**TECHNISCHE DATEN**
**de Havilland D.H.93 Don**

**Typ:** Verbindungsflugzeug
**Triebwerk:** ein Reihenmotor de Havilland Gipsy King 1 mit 391 kW (532 PS)
**Leistung:** Höchstgeschwindigkeit 304 km/h in 2665 m Höhe; Dienstgipfelhöhe 7100 m; Reichweite 1432 km
**Gewicht:** Leermasse 2291 kg; max. Startmasse 3112 kg
**Abmessungen:** Spannweite 14,48 m; Länge 11,38 m; Höhe 2,87 m; Tragflügelfläche 28,24 m²

***Die Don war zur Schießausbildung mit einem hinteren Waffenturm ausgestattet.***

# de Havilland D.H.94 Moth Minor

Am 24. August 1931 flog erstmals das Einzelexemplar de Havilland D.H.81 Swallow Moth, ein zweisitziger Tiefdecker mit offenem Cockpit und einem Gipsy IV mit 60 kW (82 PS) als Antrieb. Da die Produktionskapazität durch Aufträge für verschiedene Modelle der Moth ausgeschöpft war, wurde dieses Projekt zunächst eingestellt. Erst Jahre später nahm man es wieder auf, wobei Verfahren, die man bei der Herstellung der Comet und Albatross entwickelt hatte, in die Fertigung einflossen. Den vollständig aus Holz konstruierten Prototyp **D.H.94 Moth Minor** flog Captain Geoffrey de Havilland am 22. Juni 1937 von Hatfield aus zum ersten Mal. Anschließend lief die Serienfertigung an, und bei Ausbruch des Zweiten Weltkriegs waren im ganzen 71 Exemplare gefertigt, darunter neun **Moth Minor Coupé** mit hochgezogenem Hinterrumpf und klappbaren Cockpithauben. Anfang 1940, als die Werkskapazität in Hatfield für wichtigere Rüstungsvorhaben benötigt wurde, führte man den gesamten **Moth Minor**-Komplex, der Reißblätter, Werkzeugmaschinen, Baugruppen und fertiggestellte, aber nicht ausgelieferte Zellen umfaßte, de Havilland Aircraft Pty Ltd. in Bankstown, Sydney, zu. Mehr als 40 Flugzeuge gingen an die Royal Australian Air Force.

**TECHNISCHE DATEN**
**de Havilland D.H.94 Moth Minor**

**Typ:** zweisitziges Schul-/Reiseflugzeug
**Triebwerk:** ein Reihenmotor de Havilland Gipsy Minor mit 67 kW (91 PS)
**Leistung:** Höchstgeschwindigkeit 190 km/h; Reisegeschwindigkeit 161 km/h; Dienstgipfelhöhe 5030 m; Reichweite 483 km
**Gewicht:** Leermasse 446 kg; max. Startmasse 703 kg
**Abmessungen:** Spannweite 11,15 m; Länge 7,44 m; Höhe 1,93 m; Tragflügelfläche 15,05 m²

***Mit der Moth Minor wollte de Havilland an den Erfolg der D.H.60 anknüpfen, doch wurde dies durch den Ausbruch des Zweiten Weltkriegs verhindert.***

# de Havilland D.H.95 Flamingo

Das erste vollständig aus Metall und mittragender Außenhaut konstruierte Flugzeug dieses Herstellers war die **de Havilland D.H.95 Flamingo**. Sie wurde von R. E. Bishop als Mittelstrecken-Passagierflugzeug für zwölf bis 17 Personen und eine dreiköpfige Besatzung entworfen. Das Muster war mit hydraulisch einziehbarem Fahrwerk, Spreizklappen und zwei Sternmotoren vom Typ Bristol Perseus XIIc mit je 664 kW (903 PS) ausgerüstet. Den Prototyp führte der leitende Testpilot des Unternehmens, Geoffrey de Havilland Jr., am 28. Dezember 1938 in Hatfield zum Jungfernflug. Im Verlauf der anschließenden Flugerprobung wurde das geteilte Seitenleitwerk vorübergehend durch eine zentrale Flosse ergänzt. Im Mai 1939 wurde die Maschine Guernsey & Jersey Airways Ltd. zur Erprobung übergeben. Sie war dazu vorgesehen, die beiden großen Kanalinseln mit dem Londoner Flughafen Heston und dem Eastleigh Airport in Southampton zu verbinden.

Der Kriegsausbruch verhinderte den kommerziellen Verkehr auf diesen Linien, aber die Royal Air Force hatte zwei **Flamingos** für den Verbindungsdienst der No. 24 Squadron und ein drittes Exemplar für The King's Flight bestellt. Letztere Maschine wurde am 7. September 1940 zum RAF-Fliegerhorst Benson geliefert.

**TECHNISCHE DATEN**
**de Havilland D.H.95 Flamingo**

**Typ:** Mittelstrecken-Verkehrsflugzeug
**Triebwerke:** zwei Sternmotoren Bristol Perseus XVI je mit 694 kW (944 PS)
**Leistung:** Höchstgeschwindigkeit 385 km/h; Reisegeschwindigkeit 296 km/h; Dienstgipfelhöhe 6370 m; Reichweite 1947 km
**Gewicht:** Leermasse 5137 kg; max. Startmasse 7983 kg
**Abmessungen:** Spannweite 21,34 m; Länge 15,72 m; Höhe 4,65 m; Tragflügelfläche 59,36 m²

Im Februar 1941 wurde die Maschine No. 24 Squadron zugewiesen, die bereits den Prototyp, zwei von zivilen Käufern bestellte Exemplare und ein fünftes, vom Hersteller zuvor zur Entwicklung des Sternmotors Bristol Perseus XVI genutztes Flugzeug erhalten hatte. Dieser Motor wurde in alle nachfolgenden Exemplare eingebaut, darunter auch in eines, das die in Donibristle beheimatete No. 782 Squadron der Royal Navy für Flüge zu den Orkney- und Shetlandinseln sowie nach Nordirland einsetzte. Mit weiteren acht Exemplaren beflog BOAC von Kairo aus Strecken im Nahen Osten. Insgesamt 16 Flamingo wurden gefertigt.

**Variante**

**Hertfordshire:** nach Spezifikation 19/39 geplante, reine Militärversion, die 22 Fallschirmjäger an Bord nehmen konnte; nur ein Prototyp

***Die D.H.95 war das erste de Havilland-Muster in Ganzmetall-Schalenbauweise.***

# de Havilland D.H.98 Mosquito

Die in Eigeninitiative von der Firma de Havilland im Herbst 1938 entworfene **de Havilland D.H.98 Mosquito** war als unbewaffneter Schnellbomber und Aufklärer gedacht. Die hohe Geschwindigkeit und die Einsatzhöhe dieses Flugzeugs würden jegliche Abwehrbewaffnung entbehrlich machen. Für den Antrieb sollten zwei Merlin-Motoren von Rolls-Royce sorgen, und zur Einsparung strategischer Werkstoffe griff man auf eine reine Holzbauweise zurück. In der Rückschau wirkt dieses Konzept vielleicht nicht sonderlich modern, aber für das damalige Air Ministry kam dieser Vorschlag sicherlich zu früh. Folglich landete das de Havilland-Angebot in der Ablage.

Erst nach Ausbruch des Zweiten Weltkriegs bedachte das Air Ministry die Möglichkeit, daß der Werkstoff Aluminium knapp werden könnte. Mit einem Holzflugzeug könnte man in dieser Situation ein Trumpfas aus dem Ärmel ziehen. Selbst zu diesem Zeitpunkt beschränkte sich die Förderung dieses Projekts lediglich auf die Genehmigung von Detailzeichnungen; Ende Dezember 1939 machte sich die Entwurfsabteilung bei de Havilland an die Arbeit. Hieraus resultierte ein Auftrag vom 1. März 1940 über 50 Flugzeuge, gemäß Spezifikation B.1/40 des Air Ministry. Die Abwicklung verzögerte sich jedoch zunächst, denn aufgrund der nach dem Rückzug aus Dünkirchen angelaufenen Maßnahmen zur Erhöhung des Flugzeugbestands durch Standardmuster, die sich bereits in der Fertigung befanden, wurde der neue de Havilland-Bomber vorübergehend zurückgestellt.

Das Programm wurde aber dennoch bald wieder aufgerufen, so daß der Prototyp **Mosquito Mk I** am 25. November 1940 endlich zum ersten Mal flog. Die Werkserprobung zeigte ganz klar, daß sich dieses Flugzeug zu einem hervorragenden Bomber entwickeln ließ, zumal die in der Spezifikation angegebenen Leistungswerte mühelos überboten wurden. Als die Maschine kurz darauf der militärischen Führung und hohen Regierungsbeamten vorgestellt wurde, erkannten auch die Skeptiker unter ihnen, daß der neue Bomber die Wendigkeit eines Jagdflugzeugs und eine Spitzengeschwindigkeit von 644 km/h besaß. Sie staunten, als die Maschine im Einmotorenflug rollend gen Himmel stieg, während die Latte des anderen Motors in Segelstellung geregelt war, damit sie sich nicht im Fahrtwind drehte und den Widerstand auf ein Minimum reduzierte.

Unmittelbar darauf, am 19. Februar 1941, begann die offizielle Erprobung, gefolgt von der vorrangigen Serienproduktion im Juli desselben Jahres. Von drei gebauten Prototypen sollte der letzte, die Luftbildaufklärungsversion (PR), seinen Erstflug am 10. Juni 1941 absolvieren. Die zugesagte Kombination von Hochgeschwindigkeit und enormer Einsatzhöhe hatte die **Mosquito** zum idealen Anwärter für diese Rolle gemacht. Zunächst wurde die Aufklärungsversion des neuen Musters in Dienst gestellt. Der erste Einsatz, ein Aufklärungsflug bei Tageslicht über Brest, La Pallice und Bordeaux, fand am 20. September 1941 statt und bestätigte das Konzept „hohe Geschwindigkeit und keine Abwehrwaffen", nachdem drei Messerschmitt Bf 109 vergeblich versucht hatten, den Aufklärer abzufangen.

Nun folgte auch die Indienststellug des Bombers mit der Dienstbezeichnung **Mosquito B.Mk IV**. Im November 1941 begann die Zuweisung an No. 2 Group der RAF mit No. 105 Squadron in Swanton Morley, Norfolk, als Erstempfänger. Die Wintermonate wurden zur Einweisung der Besatzungen genutzt. Die Piloten mußten nicht nur diese viel schnellere und wendigere Maschine beherrschen lernen, sondern auch optimale Angriffsverfahren gegen Feindflugzeuge entwickeln. Die Besatzungen dürften ihre Zweifel gehabt haben, ob diese „Sperrholzbomber" den Abwehrwaffen des Gegners überhaupt widerstehen konnten. Sie erkannten jedoch bald, daß die Mosquito robuster war als angenommen. Zum einen bestand sie nicht nur aus Sperrholz, aber dort, wo dieser Werkstoff verwendet wurde, waren die Festigkeit und Flexibilität dieses Materials optimal ausgenutzt. Die freitragenden Flächen waren einteilige Baugruppen, wobei Holmstege und die gesamte Außenhaut aus Sperrholz gefertigt waren. Während man bei der Leitwerksstruktur ein ähnliches Verfahren anwandte, war der Rumpf grundsätzlich anders konstruiert. Die Rumpfschale, die aus zwei Sperrholzschichten mit einer Balsa-Zwischenlage bestand, war an formgebenden Spanten und Stringern aus Fichtenholz befestigt. Der gesamte Rumpf wurde in zwei Halbschalen gefertigt, die vor dem Zusammenbau mit sämtlichen Steuerkabel-, Leitungs- und Rohrführungen versehen wurden. Das einziehbare Spornrad-Fahrwerk fiel insofern aus der Reihe, als zur Stoßdämpfung keine teuren Ölfederbeine zum Einsatz kamen, sondern eine simple Gummifederung. Alle Versionen waren für eine Zweimann-Besatzung.

***de Havilland Mosquito B.Mk IV der No. 139 Squadron, Royal Air Force, mit Standort in Marham, Norfolk, im Zeitraum 1942/43***

Wie bereits erwähnt, war der erste der drei **Mosquito**-Prototypen ein Bomber und der letzte ein Aufklärer. Die zweite Versuchsmaschine, erstmals am 15. Mai 1941 geflogen, war als Nachtjäger konzipiert; sie führte zunächst ein AI Mk IV-Abfangradar und eine Bewaffnung von vier 20-mm-Kanonen und vier 7,7-mm-Maschinengewehren im Bug mit. Diese **Mosquito NF.Mk II** wurde bei No. 157 Squadron in Dienst gestellt, die ihren ersten Kampfeinsatz mit diesem Muster in der Nacht vom 27. auf den 28. April 1942 flog. Wenig später erhielt No. 23 Squadron in Luka auf Malta ebenfalls **Mosquito**-Nachtjäger und operierte damit ab Dezember 1942 als erster Verband mit diesem Muster im Mittelmeerraum. Die **NF.Mk II** fungierte aber nicht nur als Nachtjäger, sondern flog auch Störeinsätze bei Tag und Nacht.

Bei den bislang beschriebenen Versionen fehlt die **Mosquito T.Mk III**; von diesem Trainer mit Doppelsteuer zur Einweisung und Umschulung auf diesen Typ wurden 343 Exemplare gebaut. Die Geschichte der **Mosquito**-Einsatzverwendung würde den Rahmen des A–Z-Lexikons sprengen, aber die Variantenliste weiter unten vermittelt einen Einblick in die Rollenvielfalt der **Mosquito** im Zweiten Weltkrieg. Sie wurde nicht nur in Großbritannien, sondern auch von den de Havilland-Werken in Australien und Kanada produziert. Bei Einstellung der Fertigung waren insgesamt 7781 Flugzeuge über die Montagestrecken gerollt.

Auch in den Jahren unmittelbar nach dem Krieg leistete eine größere Anzahl von **Mosquito** der RAF weiterhin wertvolle Dienste. **Mosquito**-Luftbildaufklärer waren noch vielfach im Nahen und Mittleren Osten im Einsatz, und No. 81 Squadron in Malaya flog dieses Einsatzmuster als letzter Verband bis Ende 1955. Die Bomberversion wurde 1952/53 von der English Electric Canberra abgelöst, doch einige Exemplare fanden weiterhin Verwendung in der Ausbildung, während andere zu Luftbildaufklärungs- und Zielschleppflugzeugen umgerüstet wurden. In der letztgenannten Rolle hielten sich einige **Mosquito** noch bis 1961. Die **Mosquito**-Jäger schieden bereits Anfang der fünfziger Jahre aus.

**Varianten**

**Mosquito PR.Mk IV:** zu Aufklärern umgerüstete B.Mk IV mit Vorrichtungen für bis zu vier Luftbildkameras

**Mosquito B.Mk V:** Weiterentwicklung der B.Mk IV mit Aufhängungen an der Tragflächenunterseite; nur ein Prototyp

**Mosquito FB.Mk VI:** Hauptserienversion, vom Jägerprototyp F.Mk II zum Störflugzeug bzw. Jagdbomber entwickelt; Vorrichtungen für interne und externe Bomben sowie ab 1944 für acht Raketen unter den Tragflächen

***Aus dem Kode am Rumpf geht hervor, daß diese mit Bomben unter den Tragflächen beladene Mosquito FB.Mk VI zu No. 487 Squadron gehörte.***

**Mosquito B.Mk VII:** in Kanada gebaute Version, auf dem Prototyp B.Mk V basierend
**Mosquito PR.Mk VIII:** Bezeichnung einer Aufklärungsversion ähnlich der B.Mk IV, jedoch von einem Merlin mit zweistufigem Lader angetrieben
**Mosquito PR.Mk IX:** endgültige Aufklärungsversion mit Zweistufen-Ladermotoren und erhöhter Treibstoffkapazität
**Mosquito B.Mk IX:** Höhenbomber entsprechend PR.Mk IX; ab 1944 modifiziert zur Beladung mit einer einzelnen, 1814 kg schweren „Blockbuster"-Sprengbombe
**Mosquito NF.Mk X:** vorgeschlagener Nachtjäger mit Ladermotoren
**Mosquito FB.Mk XI:** vorgeschlagener Jagdbomber mit Ladermotoren
**Mosquito NF.Mk XII:** neue Bezeichnung der NF.Mk II nach Einrüstung des Zentimeterwellen-Radargerätes AI Mk VIII
**Mosquito NF.Mk XIII:** neue Nachtjägerbaureihe entsprechend der NF.Mk XII
**Mosquito NF.Mk XIV:** Bezeichnung für eine vorgeschlagene Entwicklung der NF.Mk XIII mit zweistufigen Ladermotoren, die nicht gebaut wurde
**Mosquito NF.Mk XV:** Höhennachtjäger mit größerer Spannweite, Druckkabine, AI Mk VIII-Bordradar und zweistufigen Ladermotoren; umgerüstete B.Mk IV
**Mosquito B.Mk XVI:** Weiterentwicklung der B.Mk IX mit Druckkabine und mehrheitlich mit Halterung für 1814-kg-Sprengbombe
**Mosquito PR.Mk XVI:** Bezeichnung einer Aufklärungsversion der B.Mk XVI, erstmals ausgestattet mit einer kleinen Astrokuppel; zugleich erster Mosquito-Aufklärer mit Druckkabine
**Mosquito NF.Mk XVII:** neue Bezeichnung der NF.Mk II nach Einrüstung des amerikanischen Abfangradars AI Mk X
**Mosquito FB.Mk XVIII:** Weiterentwicklung der FB.Mk VI mit Bewaffnung in Form der 57-mm-Panzerabwehrkanone Molins und Raketen; erweiterter Panzerschutz; primär gegen U-Boote und Schiffe eingesetzt
**Mosquito NF.Mk XIX:** Fortentwicklung des Nachtjägers NF.Mk XIII mit „Universal-Flugzeugnase" zur Installation eines amerikanischen oder britischen Bordradars
**Mosquito B.Mk XX:** Bomber kanadischer Fertigung wie B.Mk IV
**Mosquito FB.Mk 21:** Jagdbomber kanadischer Fertigung wie FB.Mk VI
**Mosquito T.Mk 22:** Schulflugzeug kanadischer Fertigung wie T.Mk III
**Mosquito B.Mk 23:** kanadische Bezeichnung der B.Mk IX; wurde nicht gebaut
**Mosquito FB.Mk 24:** kanadische Bezeichnung für einen Jagdbomber mit zweistufigen Ladermotoren, der nicht gebaut wurde
**Mosquito B.Mk 25:** Bezeichnung einer kanadischen Baureihe der B.Mk XX mit Packard-Merlin-Motoren
**Mosquito FB.Mk 26:** kanadische Baureihe der FB.Mk 21 mit Packard-Merlin-Motoren
**Mosquito T.Mk 27:** Bezeichnung einer kanadischen Baureihe der T.Mk 22 mit Packard-Merlin-Motoren (Typnummer 28 wurde übergangen)
**Mosquito T.Mk 29:** Bezeichnung einiger zur Ausbildung umgerüsteter FB.Mk 26
**Mosquito NF.Mk 30:** Bezeichnung eines Höhennachtjägers mit zweistufigen Merlin-Ladermotoren und neuartigen Ausrüstungskomponenten für elektronische Gegenmaßnahmen
**Mosquito NF.Mk 31:** eine projektierte Version der NF.Mk 30 mit Packard-Merlin-Motoren; nicht gebaut
**Mosquito PR.Mk 32:** Höhenaufklärer, ähnlich wie NF.Mk XV
**Mosquito TR.Mk 33:** Torpedo-/Aufklärungsjäger (Sea Mosquito) für trägergestützten Einsatz; ähnlich wie FB.Mk VI, aber mit Klappflächen, Fanghaken und anderen marinespezifischen Ausrüstungsgegenständen
**Mosquito PR.Mk 34:** Typenbezeichnung eines Fernaufklärers mit zusätzlichem Treibstoff im erweiterten Bombenschacht; hauptsächliche RAF-Aufklärungsversion nach dem Krieg
**Mosquito B.Mk 35:** Entwicklung der B.Mk XVI zum Langstrecken-/Höhenaufklärer mit Druckkabine; Verwendung ausschließlich nach dem Krieg
**Mosquito NF.Mk 36:** grundsätzlich ähnlich wie der NF.Mk 30, aber mit Höhenleistungs-Merlin-Motoren
**Mosquito TR.Mk 37:** Variante der TR.Mk 33 mit Bordradar britischer Herstellung
**Mosquito NF.Mk 38:** ähnlich wie die NF.Mk 30, aber mit Bordradar britischer Herstellung
**Mosquito TT.Mk 39:** neue Bezeichnung der B.Mk XVI nach ihrer Umrüstung zu Zielschleppflugzeugen für die Royal Navy
**Mosquito FB.Mk 40:** in Australien gebaute Version der FB.Mk VI
**Mosquito PR.Mk 40:** Bezeichnung der australischen Aufklärungsversion in Form umgerüsteter FB.Mk 40
**Mosquito FB.Mk 41:** ein in Australien gefertigter Jagdbomberprototyp; ähnlich wie FB.Mk 40, jedoch mit zweistufigen Ladermotoren
**Mosquito PR.Mk 41:** Bezeichnung einer in Australien gebauten Aufklärungsversion, von der PR.Mk 40 abgeleitet, mit Zweistufen-Ladermotoren
**Mosquito FB.Mk 42:** eine australische FB.Mk 40 mit Merlin 69
**Mosquito T.Mk 43:** Schulflugzeug, entsprechend T.Mk II australischer Produktion

***de Havilland Mosquito B.Mk XVI (obere Seitenansicht B.Mk IX)***

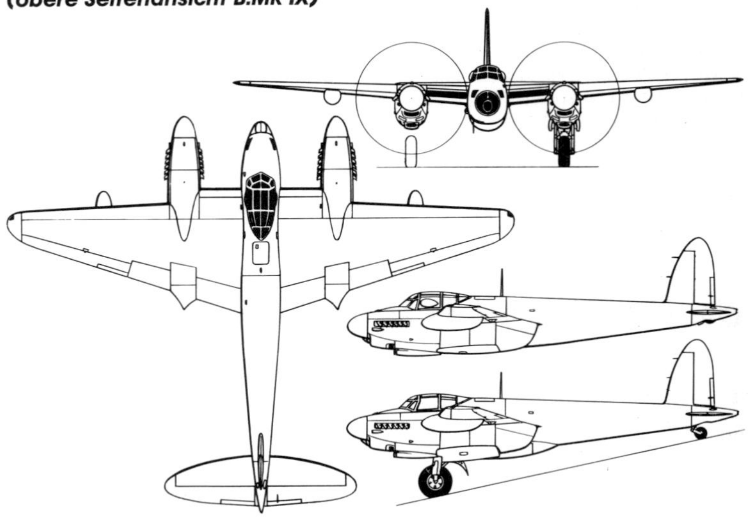

***de Havilland Sea Mosquito TR.Mk 33***

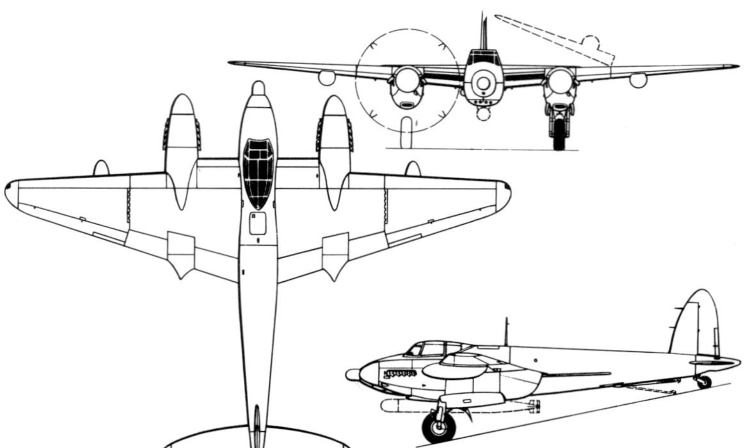

**TECHNISCHE DATEN**
**de Havilland Mosquito FB.Mk VI**

**Typ:** zweisitziger Jagdbomber
**Triebwerke:** zwei Zwölfzylinder-Reihenmotoren Rolls-Royce Merlin 25 mit je 1208 kW (1643 PS)
**Leistung:** Höchstgeschwindigkeit 583 km/h in 1675 m Höhe; max. Marschgeschwindigkeit 523 km/h in 4570 m Höhe; Dienstgipfelhöhe 10.060 m; Reichweite mit interner Bombenlast 2655 km
**Gewicht:** Leermasse 6488 kg; max. Startmasse 10.115 kg
**Abmessungen:** Spannweite 16,51 m; Länge 12,47 m; Höhe 4,65 m; Tragflügelfläche 42,18 $m^2$
**Bewaffnung:** vier 20-mm-Kanonen und vier 7,7-mm-Maschinengewehre im Bug sowie eine Bombenlast von 907 kg oder 454 kg und acht Raketen

# de Havilland D.H.100/113/115 Vampire

Die **de Havilland D.H.100 Vampire** war Großbritanniens erster einmotoriger Düsenjäger. Geoffrey de Havilland flog den Prototyp in Hatfield am 29. September 1943 zum ersten Mal – nur 16 Monate nach dem Beginn der Ausarbeitung von Detailzeichnungen am Reißbrett. Die Indienststellung dieses Musters bei der RAF erfolgte 1946 als **Vampire F.Mk 1**, und etliche Exemplare dieser frühen Version wurden in Versuchsprogramme einbezogen.

Fortentwicklungen führten zur **Vampire F.Mk 3**, die schließlich die **F.Mk 1** der RAF ablöste. Zugleich bildete die **F.Mk 3** die Grundlage für eine **Vampire**-Exportserie: vier Exemplare für Norwegen und 85 für Kanada. Darüber hinaus wurde die Serienfertigung der **Vampire** in Australien vereinbart, und de Havilland Aircraft Pty Ltd. fertigte 80 **Vampire FB.Mk 30**, die von einem Rolls-Royce Nene-Strahltriebwerk australischer Herstellung angetrieben wurden. (Drei **Vampire F.Mk 1**, die in Großbritannien mit dem Nene-Triebwerk ausgerüstet wurden, waren Prototypen für die geplante Serie **Vampire F.Mk 2**.)

Eine Jagdbomberversion der **Vampire F.Mk 3** mit verstärktem Tragwerk und gekürzter Spannweite ging als **Vampire FB.Mk 5** in Serie und sicherte dem Hersteller eine Reihe von Exportaufträgen. Zu den Importländern zählten Ägypten, Finnland, Frankreich, Irak, Libanon, Neuseeland, Norwegen, Schweden und Venezuela. Einige Standard-Vampire **FB.Mk 5** gingen an die Luftstreitkräfte Indiens und Südafrikas, und mit etlichen Ländern wurden Abkommen zur Lizenzfertigung getroffen. Die italienische Firma Macchi baute 80 **Vampire FB.Mk 52A**, die Schweiz produzierte 178 **Vampire F.Mk 6** und Frankreich fertigte 67 **Vampire FB.Mk 5**. Die letzten Maschinen montierte SNCACE aus Baugruppen britischer Fertigung, aber anschließend baute SNCASE 183 Vampire FB.Mk 5 mit Goblin-Antrieb und 250 **Vampire FB.Mk 53** mit in Frankreich gebauten RR-Nene-Strahltriebwerken. Dieser Ausführung wurde die Bezeichnung **Sud-Est SE 535 Mistral** zugewiesen. Die Marineversion der **Vampire FB.Mk 5** war die **Sea Vampire F.Mk 20**, von der die Fleet Air Arm 30 Exemplare beschaffte. Die **Sea Vampire F.Mk 21**, von der sechs Maschinen durch Umrüstung der Vampire F.Mk 3 entstanden, hatte eine verstärkte Rumpfwanne zur Eprobung von Decklandungen auf flexibler Oberfläche.

Die letzte Einsitzervariante der **Vampire** für die RAF war die **Vampire FB.Mk 9**, eine Unterversion der **FB.Mk 5** mit klimatisiertem Cockpit; **Vampire FB.Mk 9** wurden auch nach Ceylon (Sri Lanka), Jordanien und Rhodesien (Zimbabwe) geliefert. Als die Fertigungsstrecke 1953 geschlossen wurde, belief sich die britische Gesamtproduktion auf über 1900 Flugzeuge. Die letzten militärisch genutzten **Vampire** waren die schweizer **FB.Mk 6**, die im Juni 1990 außer Dienst gestellt wurden.

Erwähnt werden sollte noch die **D.H.113 Vampire NF.Mk 10**, eine zweisitzige Nachtjägervariante, von der 95 Exemplare hauptsächlich für die RAF gebaut wurden. Eine kleine Stückzahl mit der Bezeichnung **Vampire NF.Mk 54** erhielt Italien, und 29 ehemalige RAF-Flugzeuge wurden zwischen 1954 und 1958 an die indischen Luftstreitkräfte verkauft.

Die Erfahrung mit dem Sitzkonzept der **Vampire NF.Mk 10** – zwei Sitze nebeneinander im breiten Cockpit – erwies sich äußerst wertvoll bei der Entwicklung der

**TECHNISCHE DATEN**
**D.H.100 Vampire FB.Mk 6**

**Typ:** einsitziger Jagdbomber
**Triebwerk:** ein Strahltriebwerk D.H. Goblin 3 mit 1520 kg Schub
**Leistung:** Höchstgeschwindigkeit 882 km/h in 9145 m Höhe; Dienstgipfelhöhe 13.045 m; Reichweite 1963 km
**Gewicht:** Leermasse 3304 kg; max. Startmasse 5620 kg
**Abmessungen:** Spannweite 11,58 m; Länge 9,37 m; Höhe 2,69 m; Tragflügelfläche 24,34 m$^2$
**Bewaffnung:** vier 20-mm-Bugkanonen und Halterungen unter den Flächen für acht 27,2-kg-Raketen oder zwei 454-kg-Bomben oder zwei Abwurftanks

***Vampire FB.Mk 9 vom RAF College im Verbandflug. Die FB.Mk 9 war die letzte RAF-Einsitzerversion, bevor die Venom ihre Stelle einnahm. Diese Vampire bot den Flugzeugführern ein klimatisiertes Cockpit.***

**D.H.115 Vampire**. Dieser auf firmeneigenes Risiko entwickelte und mit Martin-Baker-Schleudersitzen ausgerüstete Trainer flog erstmals am 15. November 1950. Diese Initiative zahlte sich aus, denn de Havilland nahm Serienaufträge sowohl von der Royal Air Force als auch von der Royal Navy entgegen. Erste Lieferungen an die RAF erfolgten 1952, während die RN sich noch bis 1954 gedulden mußte; ihre Dienstbezeichnungen lauteten **Vampire T.Mk 11** (RAF) und **Sea Vampire T.Mk 22**. Bis 1958 wurden in Großbritannien insgesamt 804 solcher **Vampire**-Trainer gefertigt, von denen 530 der RAF und 73 der RN zugeführt wurden. Als **Vampire T.Mk 55** erreichte der Trainer im Export folgende Länder: Österreich (5), Birma (8), Ceylon/Sri Lanka (5), Chile (5), Ägypten (12), Irland (6), Finnland (5), Indien (5), Indonesien (8), Irak (6), Libanon (3), Neuseeland (12), Norwegen (4), Portugal (2), Südafrika (21), Schweden (57), Schweiz (39), Syrien (2) und Venezuela (6). Ehemalige RAF-**Vampire T.Mk 11** wurden nach Jordanien (2) und Rhodesien (Zimbabwe) (4) geliefert. Ferner wurden in Australien 109 Exemplare unter der Bezeichnung **Vampire T.Mk 33, 34** und **35** gebaut und in Indien 50 Trainer montiert. In der Schweiz waren bis 1990 15 **Vampire T.Mk 55** im Einsatz.

# de Havilland D.H.103 Hornet/Sea Hornet

Als kleinere Ausgabe der Mosquito unter Verwendung der gleichen Holzbauweise (Sperrholz/Balsa/Sperrholz) für den Rumpf, aber mit einem neuen, aus Holz und Metall konstruierten Tragwerk wurde die **de Havilland D.H.103 Hornet** als Langstrecken-Jagdflugzeug entwickelt und war vor allem zum Einsatz gegen die Japaner vorgesehen. Die Verfasser der Spezifikation F.12/43 orientierten sich weitgehend am firmeneigenen Entwurf, und im Juni 1943 begannen die Vorbereitungen zur Konstruktion. Der Prototyp startete am 28. Juli 1944 in Hatfield zum Jungfernflug mit Geoffrey de Havilland Jr. im Cockpit. Den Antrieb lieferten zwei Merlin-Motoren 130/131 mit kleinerer Stirnfläche und Vierblatt-Hydromatik-Propeller, die beide in Richtung Rumpf drehten, um der üblichen Ausbrechtendenz eines Luftfahrzeugs beim Start- und Landevorgang zu begegnen. Im April 1945 wurden die ersten **Hornet**-Jäger der RAF übergeben und mit No. 64 Squadron auf dem Fliegerhorst Horsham St Faith im Mai 1946 die erste Staffel aufgestellt. Damit kamen sie im Zweiten Weltkrieg nicht mehr zum Einsatz, aber bei den Luftoperationen gegen Aufständische in Malaysia wurde die **Hornet** als Jagdbomber genutzt. Die letzte **Hornet**-Staffel der RAF, No. 45 Squadron, sattelte im Juni 1955 auf die Vampire um.

In einer frühen Phase der Projektplanung war eine **Hornet**-Marineversion berücksichtigt worden. Sie war der erste trägergestützte, zweimotorige Jagdeinsitzer Großbritanniens. Drei Prototypflugzeuge der **Sea Hornet** gingen aus Umrüstungen der **Hornet F.Mk 1** hervor, von denen das erste seinen Jungfernflug am 19. April 1945 absolvierte. Den ersten komplett navalisierten Prototyp (den letzten des Trios) fertigte die Heston Aircraft Company Ltd. gemäß Spezifikation N.5/44 mit Klappflächen, Fanghaken, Schwanzlast-Beschleuniger und Fernmeldeausrüstung der Marine. Für die zwangsläufig mit Decklandungen verbundenen höheren Sinkgeschwindigkeiten und Landestöße wurde das Fahrwerk verstärkt. Die operationelle Erprobung führte No. 703 Squadron aus, und No. 801 Squadron auf dem Marinefliegerhorst Ford meldete als erste Staffel die volle Einsatzbereitschaft am 1. Juni 1947. Bei den Fleet Requirements Units blieb die **Hornet** bis 1955 im Dienst.

***Sea Hornet der Serie F.Mk 20 bei No. 801 Squadron. Dieses Muster, ergänzt durch einige PR.Mk 22 mit Kameraausrüstung, flog die Staffel von Juli 1947 bis April 1951. Später bekam die Fleet Air Arm den zweisitzigen Nachtjäger NF.Mk 21, der merklich langsamer war.***

**Varianten**

**Hornet F.Mk 1:** erste Serienversion; 60 Flugzeuge, das erste am 28. Februar 1945 nach Boscombe Down geliefert
**Hornet PR.Mk 2:** Umrüstung einer Mk 1 mit Kameras im Hinterrumpf
**Hornet F.Mk 3:** die meistgebaute Version der landgestützten Hornet mit einer Rükkenfinne und erweitertem Interntankvolumen; an der Unterseite beider Tragflächen Anschlüsse für je einen Abwurftank oder eine 454-kg-Bombe oder Raketen; 120 Flugzeuge wurden gebaut, zunächst in Hatfield, ab Ende 1948 in Chester
**Hornet FR.Mk 4:** Bei den letzten Hornet F.Mk3 entfiel der Treibstofftank im Hinterrumpf zugunsten des Einbaus einer F.52-Luftbildkamera
**Sea Hornet F.Mk 20:** 78 seriengefertigte Marinejäger, die ähnlich wie die Hornet F.Mk 3 bewaffnet waren; die erste Maschine flog am 13. August 1946, die letzte wurde am 12. Juni 1951 ausgeliefert
**Sea Hornet NF.Mk 21:** zweisitzige Nachtjägerversion, auch als Führungsmaschine von Angriffsformationen eingesetzt; für diese Entwicklung zeichnete die Heston Aircraft Company verantwortlich; der Prototyp, eine umgebaute Hornet F.Mk 1, hatte noch keine klappbaren Tragflächen, aber einen ASH-Radarbug und Auspuffrohre mit Flammendämpfern; Erstflug am 9. Juli 1946; das letzte von insgesamt 79 Exemplaren wurde im November 1950 gebaut
**Sea Hornet PR.Mk 22:** 43 Flugzeuge ähnlich der Sea Hornet F.Mk 20, aber mit zwei F.52-Luftbildkameras oder – für Nachtaufnahmen – mit einer Fairchild K.19B-Kamera

**TECHNISCHE DATEN**
**de Havilland Hornet F.Mk 3**

**Typ:** einsitziges Jagdflugzeug
**Triebwerke:** zwei Reihenmotoren Rolls-Royce Merlin 130/131 mit je 1544 kW (2100 PS)
**Leistung:** Höchstgeschwindigkeit 760 km/h in 6705 m Höhe; Anfangssteiggeschwindigkeit 23,6 m/sek; Dienstgipfelhöhe 10.670 m; Reichweite 4828 km
**Gewicht:** Leermasse 5842 kg; max. Startmasse 9480 kg
**Abmessungen:** Spannweite 13,72 m; Länge 11,18 m; Höhe 4,32 m; Tragflügelfläche 33,54 m$^2$
**Bewaffnung:** vier 20-mm-Bugkanonen und bis zu 907 kg Bomben oder Raketen unter den Tragflächen

# de Havilland D.H.104 Dove

Um ein Nachfolgemuster für die Doppeldecker-Verkehrsmaschine D.H.89 Dragon Rapide für die Zeit nach dem Krieg bereitzustellen, entwarf das de Havilland-Konstruktionsteam unter Leitung von R. E. Bishop einen neuen Eindecker, der bis auf die stoffbespannten Höhen- und Seitenruder vollständig aus Metall konstruiert war. Für den Antrieb sorgten zwei de Havilland Gipsy Queen-Motoren, und deren Verstellpropeller mit Gleichdrehzahlregler und Steuerung für Segel- und Bremsstellung machten die **de Havilland D.H.104 Dove** zum ersten britischen Verkehrsflugzeug, das reversierbare Propeller als Bremshilfe nutzte. Die Standardauslegung der **Dove** bot acht bis elf Passagieren Platz.

Bereits der Erstflug am 25. September 1945 zeigte, daß am Grundentwurf nicht mehr viel verändert werden mußte. Abgesehen von einer zusätzlichen Rückenfinne, die in der frühen Entwicklungsphase zur Verbesserung der Stabilität im Einmotorenflug eingebracht wurde, später neu konzipiertem Höhenruder und einem kuppelförmigen Dach über dem Flugdeck, unterschieden sich die Serienflugzeuge kaum vom Originalprototyp.

Die Serienvarianten der **Dove** ergaben sich durch unterschiedliche Typen des Motors Gipsy Queen: 246 kW (335 PS) starke Gipsy Queen 71 und 70-3 dienten dem Prototyp bzw. der **Dove 1/2** als Antrieb; Gipsy Queen 70-4 mit je 254 kW (345 PS) wurden in die **Dove 1B/2B** eingebaut; Gipsy Queen 70-2 mit je 283 kW (385 PS) trieben die **Dove 5/6** an; und die **Dove 7/8** wurden mit Gipsy Queen 70-3 mit je 298 kW (405 PS) ausgerüstet. Bei einigen später von Riley Aircraft in den USA zu Riley Turbo Executive 400 umgerüsteten Dove-Flugzeugen baute man Achtzylinder-Boxermotoren vom Typ Avco Lycoming IO-72-A1A mit je 298 kW (405 PS) ein. Eine anspruchsvollere Umrüstung nahm Carstedt Inc. in Long Beach, Kalifornien, vor, indem sie TPE331-Propellerturbinen von Garrett AirResearch mit einer Leistung von je 451 kW (613 äPS) verwendete und den Rumpf zur Unterbringung von 18 Passagieren verlängerte. Hauptabnehmer der **Carstedt Jet Liner 600** genannten Flugzeuge war Apache Airlines.

Wie schon die Rapide, die sie in der Fertigung ablöste, erwies sich die **Dove** als zuverlässig und recht populär. Bis zum Ende der Produktion im Jahre 1968 hatten 542 Exemplare die Montagestrecke passiert. Davon wurden über 100 als Devon an diverse Luftstreitkräfte geliefert, einschließlich RAF und RN (Sea Devon). Neben der ihr zugedachten Rolle als leichtes Passagierflugzeug wurden zahlreiche Exemplare der Dove auch als Geschäftsreise-, Firmen- und VIP-Maschinen eingesetzt.

***Diese de Havilland Dove Mk8 wurde von British Aerospace als Firmenflugzeug genutzt. Eine kleine Anzahl findet noch heute Verwendung als Geschäftsflugzeug.***

**Varianten**

**Dove 1:** erste Baureihe für elf Passagiere
**Dove 2:** erste Geschäftsreiseversion mit einer Bestuhlung für sechs Personen
**Dove 1B und 2B:** auf leistungsstärkere Motoren umgestellte Mk 1 und 2
**Dove 3:** geplanter Höhenvermessungsversion
**Dove 4:** Herstellerbezeichnung der 39 Devon C.Mk 1 für die RAF und 13 Sea Devon C.Mk 20 für die RN sowie anderer Exportflugzeuge
**Dove 5:** leistungsgesteigerte Version der Mk 1; Abflugmasse auf 3992 kg und Nutzlast auf 805-km-Etappen um 20% erhöht
**Dove 6:** leistungsgesteigerte Mk 2 (Verbesserungswerte wie bei Dove 5)
**Dove 6B:** für eine maximale Betriebsmasse von 3856 kg zugelassene Variante der Mk 6
**Dove 7:** stärker motorisierte Mk 1
**Dove 8:** stärker motorisierte Mk 2
**Dove 8A:** Variante der Mk 8 für den amerikanischen Markt, für den sie die Bezeichnung Custom Dove 600 erhielt

**TECHNISCHE DATEN**
**de Havilland Dove 7 und 8**

**Typ:** leichtes Passagierflugzeug
**Triebwerke:** zwei Reihenmotoren de Havilland Gipsy Queen 70-3 mit je 298 kW (405 PS)
**Leistung:** Höchstgeschwindigkeit 378 km/h; Reisegeschwindigkeit 261 km/h; Dienstgipfelhöhe 6615 m; Reichweite 1891 km
**Gewicht:** Leermasse 2985 kg; max. Startmasse 4060 kg
**Abmessungen:** Spannweite 17,37 m; Länge 11,99 m; Höhe 4,06 m; Tragflügelfläche 31,12 m²

# de Havilland D.H.106 Comet

Die Spezifikation IV des Brabazon Committee für ein strahlgetriebenes Verkehrsflugzeug der Nachkriegszeit erfüllte ein de Havilland-Entwurf von 1944, aber erst am 27. Juli 1949 ließ John Cunningham den ersten Prototyp **de Havilland D.H.106 Comet** von der Startbahn in Hatfield zum 31 Minuten dauernden Jungfernflug abheben. Das durchweg aus Metall konstruierte und von vier der neu zugelassenen Strahltriebwerke de Havilland Ghost 50 angetriebene Flugzeug wurde einem umfangreichen Testflugprogramm unterzogen, das auch etliche Kontinentalflüge mit einschloß: London–Castel Benito am 25. Oktober 1949 und London–Rom, London–Kopenhagen sowie London–Kairo Anfang 1950. Die Tropenerprobung wurde in Khartoum und Höhenlagen-Teststarts in Nairobi vorgenommen. Der zweite Prototyp, der am 27. Juli 1950 zum ersten Mal geflogen war, wurde im April 1951 der BOAC Comet Unit in Hurn übergeben, um durch Flüge nach Johannesburg, Delhi und Singapur zum 500-Stunden-Programm für Streckenerprobung und Besatzungsausbildung beizutragen. Zwischen Januar 1951 und September 1952 lieferte der Hersteller neun **Comet 1** an BOAC. Bei dieser Serie war das einrädrige Hauptfahrwerk der Prototypen einem mehrrädrigen Achsträger-Fahrwerk gewichen. Nachdem die zuständige Luftfahrtbehörde dem Muster die Lufttüchtigkeit am 22. Januar 1952 bescheinigt hatte, begannen noch im selben Monat planmäßige Linienflüge nach Südafrika, zunächst nur mit Fracht. Mit einem Flug von London nach Johannesburg läutete die **Comet** am 2. Mai 1952 die Ära des strahlgetriebenen Passagierluftverkehrs ein. London–Tokio wurde am 3. April 1953 in den **Comet**-Flugplan aufgenommen.

Nur einen Monat später, am 2. Mai 1953, stürzte eine **Comet** kurz nach dem Start in Kalkutta aus unerklärlichen Gründen ab. Zwei ähnliche Unfälle am 10. Januar und 8. April 1954, bei denen die **Comet** im Mittelmeer versunken war, hatten ein Flugverbot zur Folge. Die Untersuchung ergab als Ursache der Flugunfälle ein Versagen der Struktur im Bereich der druckbelüfteten Kabine. Obwohl diese Mängel bei der **Comet 2**, die sich für BOAC in der Fertigung befanden und für den Dienst bei der RAF modifiziert wurden, behoben waren, sollten mehr als vier Jahre vergehen, bis die **Comet 4** den kommerziellen Luftverkehr wieder aufnehmen konnte.

**Varianten**

**Comet 1A:** grundsätzlich wie die Comet 1, jedoch mit erhöhter Treibstoffkapazität und Wasser-/Methanoleinspritzung; zehn Exemplare wurden gebaut: je zwei für Canadian Pacific Airlines und die RCAF sowie je drei für Air France und Union Aeromaritime de Transport
**Comet 2X:** Einzelexemplar; modifizierte Comet 1 mit Rolls-Royce Avon 502 als Antrieb; Erstflug dieser Entwicklungsmaschine für die Comet 2: 16. Februar 1952
**Comet 2:** um 91 cm gestreckte Version mit erweitertem Tankvolumen zur Steigerung der Reichweite um rund 560 km; die 44sitzige Comet 2 wurde von vier Rolls-Royce Avon 503-Strahltriebwerken mit je 2948 kg Schub angetrieben; die erste der zwölf von BOAC bestellten Maschinen flog am 27. August 1953; nach den Abstürzen der Comet 1 wurden die bereits fertiggestellten Zellen durch rundliche Kabinenfenster und eine stärkere Beplankung nachgebessert; das RAF Transport Command erhielt zehn Flugzeuge zum Einsatz durch No. 216 Squadron, und zwar zwei Comet T.Mk 2 zur Ausbildung von Besatzungen und acht Transportmaschinen Comet C.Mk 2; drei weitere Exemplare mit besonderer Elektronikausrüstung wurden No. 51 und No. 192 Squadron der No. 90 Group zugeführt; im April 1967 sonderte die RAF die Comet 2 aus
**Comet 2E:** zwei Flugzeuge mit Avon 504 in den inneren Triebwerksgondeln und Avon 524 in den Außenpositionen; von BOAC für Erprobungsflüge im Zeitraum 1957/58 bis zum Eintreffen der Comet 4 und deren Zulassung genutzt
**Comet 3:** nur ein Flugzeug, das am 19. Juli 1954 zum ersten Mal flog und von Avon 523 angetrieben wurde; der um 5,64 m verlängerte Rumpf konnte bis zu 78 Passagiere aufnehmen, und die Treibstoffkapazität wurde durch Außentanks an den Tragflächen erhöht; diente später als Entwicklungsflugzeug für die Comet mit gestutztem Tragwerk
**Comet 4:** Serienversion der Comet 3 für Nordatlantikflüge; Antrieb durch Avon 524 mit je 4763 kg Schub und Bestuhlung für 78 Passagiere; BOAC bestellte 19 Exemplare, von denen das erste am 27. April 1958 zum Jungfernflug startete; die Flugverbindung zwischen London und New York wurde in beide Richtungen zeitgleich am 4. Oktober 1958 eröffnet; insgesamt wurden 27 Maschinen produziert
**Comet 4B:** für Betrieb auf kürzeren Routen; längerer Rumpf (35,97 m), Sitzeinrichtung für 99 Passagiere und gekapptes Tragwerk (32,87 m Spannweite) ohne Außentanks; die Comet 4B wurde für British European Airways (14) und Olympic Airways (vier) gebaut; das erste Exemplar flog am 27. Juni 1959

***G-ALZK war der zweite Prototyp der Comet 1, hier in den Farben von BOAC. Die Maschine flog erstmals am 27. Juli 1950.***

**Comet 4C:** letzte Serienversion, die den gestreckten Rumpf der Comet 4B mit den Tragflächen der Comet 4 verband; die erste von drei Maschinen für Mexicana, für die Zulassungs- und Entwicklungsflüge genutzt, absolvierte ihren Jungfernflug am 31. Oktober 1959; weitere Abnehmer waren Aerolineas Argentinas (1), East African Airways (1), König Ibn Saud (1), Kuwait Airways (2), Middle East Airlines (4), Misrair (9), Royal Aircraft Establishment (1), Royal Air Force (5) und Sudan Airways (2); ferner wurden zwei Maschinen zu Prototypen für das Seepatrouillenflugzeug Nimrod umgebaut

**TECHNISCHE DATEN**
**de Havilland Comet 4**

**Typ:** Langstrecken-Passagierflugzeug
**Triebwerke:** vier Strahltriebwerke Rolls-Royce Avon 524 mit je 5216 kg Schub
**Leistung:** Reisegeschwindigkeit 809 km/h; Reiseflughöhe 12.800 m; Reichweite mit voller Nutzlast 5190 km
**Gewicht:** Leermasse 34.212 kg; max. Startmasse 73.482 kg
**Abmessungen:** Spannweite 35 m; Länge 33,99 m; Höhe 8,99 m; Tragflügelfläche 197,04 m²

**Ende 1959 wurde de Havilland Eigentum der Hawker Siddeley Aviation, de Havilland Aircraft of Australia zur Hawker de Havilland Australia, während de Havilland Aircraft of Canada 1974 zunächst in kanadischen Staatsbesitz überging und danach zu Boeing und schließlich zu Bombardier kam.**

# de Havilland D.H.108

Mit der nach der Spezifikation E.18/45 des Air Ministry konstruierten **de Havilland D.H.108** wollte man die Eigenschaften von Pfeilflächen erforschen. Die dabei gewonnenen Erkenntnisse sollten in die Programme der D.H.106 Comet und der D.H.110 einfließen. Der erste Prototyp hatte eine Höchstgeschwindigkeit von nur 451 km/h und war für Tests im unteren Geschwindigkeitsbereich bestimmt. Man hatte eine Vampire-Standardzelle zum Mitteldecker mit 43°-Pfeilflächen und Elevons, die als Höhen- und Querruder wirkten (ein Höhenleitwerk fehlt), umgebaut. Die Anti-Trudelschirme in Behältern an den Flächenenden und die fest eingestellten Nasenklappen von Handley Page dienten als Schutzmaßnahmen für den Fall des Verlusts der Quersteuerung im Langsamflug. Der zweite Prototyp erhielt ein modifiziertes Tragwerk mit einem Pfeilwinkel von 45°, eine Flugsteuerung mit Kraftverstärkern und automatische Nasenklappen. Dieser Prototyp, dessen Erstflug im Juni 1946 stattfand, sollte den schallnahen Geschwindigkeitsbereich des Flugleistungsspektrums erfliegen. Er brach jedoch am 27. September in der Luft auseinander. Die dritte **D.H.108**, angetrieben von einem Goblin 4 mit 1701 kg Schub, führte de Havillands neuer Cheftestpilot John Cunningham am 24. Juli 1947 in Hatfield zum Jungfernflug. Diese Maschine unterschied sich von den beiden anderen durch eine spitzere Nase und eine strömungsgünstiger geformte Cockpithaube. Sie durchbrach am 9. September 1948 als erstes britisches Flugzeug die Schallmauer. Am 12. April 1948 hatte dieselbe Maschine bereits den Geschwindigkeitsrekord über die 100-km-Strecke (Rundkurs) auf 974,02 km/h erhöht. Am 15 Februar 1950 aber stürzte sie ab, und auch der erste Prototyp wurde bei einem Flugunfall am 1. Mai zerstört.

**TECHNISCHE DATEN**
**de Havilland D.H.108 (zweiter Prototyp)**
**Typ:** einsitziges Versuchsflugzeug
**Triebwerk:** ein Strahltriebwerk de Havilland Goblin 3 mit 1497 kg Schub
**Leistung:** Höchstgeschwindigkeit 1030 km/h
**Gewicht:** max. Startmasse 4064 kg
**Abmessungen:** Spannweite 11,89 m; Länge 7,47 m; Tragflügelfläche 30,47 m²

***Die dritte D.H.108 hatte eine spitzere Flugzeugnase als ihre Vorgänger. Sie durchbrach als erstes britisches Flugzeug die Schallmauer.***

# de Havilland D.H.110 Sea Vixen

Der Prototyp **de Havilland D.H.110** flog am 26. September 1951 zum ersten Mal. Er wurde ursprünglich als landgestützter Allwetterjäger für die Royal Air Force in Konkurrenz zur Gloster Javelin entworfen. Ein zweites Flugzeug unterstützte ab 25. Juli 1952 das Entwicklungsprogramm. Nachdem letzteres im Herbst 1954 Durchstartübungen auf dem Flugzeugträger HMS Albion durchgeführt hatte, nahm de Havilland im Januar 1955 den ersten Marineauftrag entgegen.

Mit dem Programm **Sea Vixen** wurde das Werk in Christchurch betraut. Eine erste, speziell für die Anforderungen der Marine gefertigte Versuchsmaschine flog am 20. Juni 1955. Die 45 **Sea Vixen FAW.Mk 1**-Allwetterjäger des ersten Beschaffungsloses führten eine spitze, aufklappbare Radarnase, kraftbetätigte Faltflächen und ein lenkbares Bugrad ein; die Serie flog erstmals am 20. März 1957.

Nach der Truppenerprobung durch die Y-Flight der No. 700 Squadron im November 1958 an Bord der HMS Victorious und HMS Centaur erreichte das Muster bei No. 892 Squadron die volle Einsatzbereitschaft. Die Staffel stach im März 1960 mit HMS Ark Royal in See. Insgesamt 114 Exemplare der Modell **Sea Vixen FAW.Mk 1** wurden in den Werken von Christchurch und Chester gebaut.

**TECHNISCHE DATEN**
**de Havilland Sea Vixen**
**Typ:** zweisitziger, allwettertauglicher Marinejäger
**Triebwerke:** zwei Strahltriebwerke Rolls-Royce Avon 208 mit je 5094 kg Schub
**Leistung:** Höchstgeschwindigkeit 1110 km/h in Meereshöhe; Steigzeit auf 3050 m Höhe eine Minute und 30 Sekunden; Dienstgipfelhöhe 21.790 m
**Gewicht:** max. Startmasse 18.858 kg
**Abmessungen:** Spannweite 15,54 m; Länge 17,02 m; Höhe 3,28 m; Tragflügelfläche 60,20 m²
**Bewaffnung:** vier Luft-Luft-Raketen Red Top in zwei fahrbaren Rumpfbehältern und vier 227-kg-Bomben oder Luft-Boden-Raketen Bullpup unter den Tragflächen

**Variante**
**Sea Vixen FAW.Mk 2:** voll entwickelte Version mit zusätzlicher Treibstoffkapazität im Nasenteil der über die Vorderkante der Tragflächen hinaus nach vorn erweiterten Leitwerksträger und Startschienen für vier Luft-Luft-Raketen Red Top anstelle der Firestreak, mit der die Mk 1 bewaffnet war; zwei zu Entwicklungsflugzeugen umgerüstete Mk 1, die ab 1. Juni beziehungsweise 17. August 1962 flogen, erhielten nachträglich den kompletten Standard Sea Vixen FAW.Mk 2 in Chester; 14 Mk 1 wurden noch auf dem Band als Mk 2 fertiggestellt, und das erste Exemplar dieser Baureihe flog am 8. März 1963; als neugebaute Mk 2 durchliefen 15 Exemplare die Fertigungsstrecke; ferner wurden 67 Mk 1 entsprechend nachgerüstet; die Sea Vixen FAW.Mk 2 wurde im Dezember 1963 bei No. 899 Squadron in Dienst gestellt; ein Jahr später wurde die Staffel dem Flugzeugträger HMS Eagle zugeordnet, und die Maschinen wurden bis zur Auflösung des Trägergeschwaders im Jahre 1972 dort eingesetzt

***Das Markenzeichen der Sea Vixen FAW.Mk 2 waren die über die Nasenkante des Tragwerks hinaus nach vorn gezogenen Leitwerksträger und Luft-Luft-Raketen vom Typ Red Top anstelle der Firestreak der FAW.Mk 1.***

# de Havilland D.H.112 Venom

Der aus der Vampire entwickelte einsitzige Jagdbomber **de Havilland D.H.112 Venom** sollte über schubstärkere Versionen des de Havilland Ghost-Strahltriebwerks ein Optimum an Leistung erbringen. Zunächst wurde er als **Vampire FB.Mk 8** geführt, doch erhielt der Entwurf anschließend aufgrund tiefgreifender Änderungen die neue Bezeichnung. Vom Vorgängermodell unterschied sich das Jagdflugzeug durch das neue Tragwerk. Während die Tragflügel der Vampire zugespitzt waren, stand die Hinterkante des **Venom**-Tragwerks rechtwinklig zum Rumpf; sie hatte ein dünneres Profil und war mit Anschlüssen für Abwurftanks an den Flächenenden versehen.

Der erste **Venom**-Prototyp flog in Hatfield am 2. September 1949, und nur drei Jahre später, im August 1952, erreichte die **Venom FB.Mk 1** bei der Royal Air Force die Einsatzbereitschaft. Das Muster diente bei der RAFG und im Fernen und Nahen Osten. Neben 19 RAF-Staffeln flog No. 14 Squadron der Royal New Zealand Air Force diesen Typ. Zweisitzige Nachtjäger **Venom NF.Mk 2** und **NF.Mk 3** dienten zwischen 1953 und 1957, und die Königlich Schwedische Luftwaffe setzte dieses Muster bis ins Jahr 1960 ein. Zu den ausländischen Nutzern des **Venom**-Jagdbombers zählten unter anderem auch der Irak und Venezuela.

Da sie mit der Vampire FB.Mk 6 sehr zufrieden war, unterzeichnete die Schweiz auch ein Lizenzabkommen für die **Venom**. Das gleiche Konsortium, das die Vampire gebaut hatte – nämlich EFW in Emmen, Pilatus in Stans und die Flug- und Fahrzeugwerke in Altenrhein –, nahm 1953 die Fertigung von 150 **Venom Mk 50** nach dem Standard **FB.Mk 1** in Angriff. Eine weitere Baureihe mit 100 Flugzeugen gemäß Standard **FB.Mk 4** war 1957 fertiggestellt. Diese Jagdflugzeuge wurden Mitte der achtziger Jahre von der F-5 abgelöst. Es ist wohl unbestritten, daß sich die **Venom** im Einsatz hervorragend bewährt hat. Bei Operationen von Flugplätzen aus, die bis zu 1400 m über dem Meeresspiegel in Bergtälern liegen, hat sich die Wendigkeit dieses Musters bewährt. Die von den Eidgenossen eingeführten Modifikationen umfaßten eine neue Flugzeugnase als Gehäuse für UHF-Funkgerätesätze, verstärkte Innenflügel zur Bewaffnung mit Raketenbehältern und Sammelkanister für Gurtglieder unter der Kanone.

Die Erprobung der **Venom** durch die Royal Navy führte zur Entwicklung eines zweisitzigen Allwetterjägers für den trägergestützten Einsatz. Die erste Serienversion erhielt die Bezeichnung **Venom FAW.Mk 20**. Diese Maschine zeichnete sich durch eine für Katapultstarts verstärkte Zelle, Fanghaken und andere marinespezifische Ausrüstungskomponenten aus. Ab 1954 wurde sie bei der Fleet Air Arm eingesetzt, und auch die Royal Australian Navy und die französische Aéronavale gehörten zu ihren Nutzern.

**Varianten**

**Venom FB.Mk 1:** erste Serienversion für die RAF mit einem de Havilland Ghost 103 mit 2200 kg Schub

**Venom NF.Mk 2:** Nachtjägerversion der FB.Mk 1 mit neuem Rumpf; dieser war verbreitert zur Unterbringung eines Piloten und eines Radarbeobachters auf nebeneinander angeordneten Sitzen; zudem war der Bug zur Aufnahme eines Abfangradars erweitert

**Venom NF.Mk 2A:** Neubezeichnung der NF.Mk 2 nach dem Einbau einer Vollsichthaube und eines modifizierten Leitwerks

**Venom NF.Mk 3:** verbesserte Venom NF.Mk 2 mit kraftbetätigten Querrudern, geändertem Leitwerk, neuem Antrieb zum Abwurf des Kabinendachs und einem auf einen Nennschub von 3345 kg gesteigerten Strahltriebwerk Ghost 104

**Venom FB.Mk 4:** verbesserte Version der Venom FB.Mk 1 mit kraftverstärkten Querrudern, überarbeitetem Leitwerk und Schleudersitz

***Eine Sea Venom FAW.Mk 22, die Nachtjägerversion der Marine. Die Kanonenbewaffnung wurde durch zwei Firestreak-Raketen ergänzt.***

**Venom FB.Mk 50:** Exportversion der Venom FB.Mk 1, an Irak und Italien geliefert; 150 Exemplare in der Schweiz für die nationale Flugwaffe in Lizenz gefertigt

**Venom NF.Mk 51:** die für die schwedische Luftwaffe gebaute Version der NF.Mk 2 mit Ghost-Triebwerken, die Svenska Flygmotor im Lande hergestellt hat (nationale Bezeichnung J33)

**Sea Venom FAW.Mk 20:** erste Serienversion der Sea Venom

**Sea Venom FAW.Mk 21:** verbesserte Version der Sea Venom FAW.Mk 20 mit kraftverstärkten Querrudern, abwerfbarer Vollsichthaube, schubstärkerem Ghost 104, Schleudersitzen und Fahrwerk mit langem Federweg

**Sea Venom FAW.Mk 22:** verbesserte Ausführung der Sea Venom FAW.Mk 21 mit leistungsgesteigertem Ghost 105, Luft-Luft-Raketen und Schleudersitzen

**Sea Venom Mk 52:** britische Bezeichnung der in Frankreich für die Aéronavale gefertigten Version

**Sea Venom FAW.Mk 53:** Bezeichnung der Sea Venom für die australische Marine; grundsätzlich ähnlich der Sea Venom FAW.Mk 21, aber mit Radar- und Einsatzausrüstung gemäß RAN-Standard

**Aquilon 20:** vier Sea Venom FAW.Mk 20, die in Frankreich zusammengebaut und von Ghost 48 (Hersteller Fiat) mit 2195 kg Schub angetrieben wurden

**Aquilon 201:** Einzelprototyp französischer Lizenzfertigung mit Schleudersitzen, aber Fahrwerk mit kurzem Federweg

**Aquilon 202:** lizenzierte französische Serienversion mit lang gefedertem Fahrwerk

**Aquilon 203:** lizenzierte französische Serienversion mit kurz gefedertem Fahrwerk und Schleudersitz

**Aquilon 204:** in Frankreich gebaute Lizenzversion eines Venom-Doppelsitzers zur Ausbildung

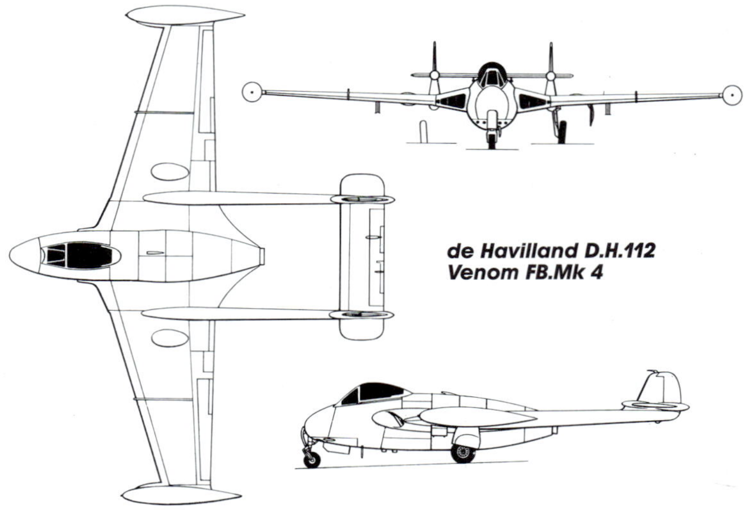

***de Havilland D.H.112 Venom FB.Mk 4***

***Die Venom NF.Mk 3 hatte ein schubstärkeres Triebwerk und war mit Kraftverstärkern zur Quersteuerung ausgerüstet.***

**TECHNISCHE DATEN**

**de Havilland Sea Venom FAW.Mk 22**

**Typ:** trägergestützter Allwetterjäger
**Triebwerk:** ein Strahltriebwerk de Havilland Ghost 105 mit 2404 kg Schub
**Leistung:** Höchstgeschwindigkeit 925 km/h; Anfangssteiggeschwindigkeit 29,2 m/sec; Dienstgipfelhöhe 12.190 m; Reichweite 1135 km
**Gewicht:** max. Startmasse 7167 kg
**Abmessungen:** Spannweite 13,08 m; Länge 11,15 m; Höhe 2,60 m; Tragflügelfläche 25,99 m²
**Bewaffnung:** vier 20-mm-Kanonen und Vorrichtungen für zwei Luft-Luft-Raketen Firestreak oder zwei 454-kg-Bomben oder acht Raketen

# de Havilland D.H.114 Heron

Mit der viermotorigen **D.H.86B** konnte de Havilland an den Riesenerfolg des ursprünglichen Musters D.H.84 Dragon anknüpfen. Dasselbe versuchte der Hersteller nun mit dem Entwurf einer größeren Ausgabe der Dove. Einfachheit und Zuverlässigkeit waren die Vorgaben für die **de Havilland D.H.114 Heron**, die außer einer zweiköpfigen Besatzung 14 Passagiere (ohne Toilette sogar 17) aufnehmen konnte. Ein fest montiertes Dreibein-Fahrwerk sollte mögliche Probleme mit einer Hydraulikanlage von vornherein vermeiden. Ein gut entworfenes Tragwerk im Zusammenspiel mit Verstellpropellern, die von Gipsy Queen 30 mit einer langen Betriebszeit zwischen Grundüberholungen angetrieben wurden, sorgten dafür, daß dieses Muster mit recht kurzen Pisten auskam. Der Prototyp **(G-ALZL)** flog erstmals am 10. Mai 1950.

Die erste seriengefertigte **Heron 1** erwarb New Zealand National Airways. Diese und alle nachfolgenden Maschinen hatten ein Höhenleitwerk mit deutlich positiver V-Stellung. Das siebte Serienflugzeug diente als Prototyp für die **Heron 2**, die ein Einziehfahrwerk erhielt, wodurch sich die Geschwindigkeit erhöhte und der Treibstoffverbrauch verringerte. Rund 70% der 150 insgesamt gebauten **Heron**-Flugzeuge waren **Heron 2**. Trotz der relativ bescheidenen Produktionszahl war die **Heron** in 30 Ländern vertreten; einige Maschinen flogen für Großfluggesellschaften, andere als Luxus-Verkehrsflugzeuge (darunter auch vier Exemplare, die The Queen's Flight auf dem RAF-Fliegerhorst Benson einsetzte), und etwa 25 **Heron** dienten bei insgesamt neun Teilstreitkräften als Verbindungsflugzeuge.

Später wurde die **Heron** Gegenstand etlicher Modifikationsprogramme. Typisch für das ummotorisierte Muster war die Riley Turbo Skyliner. Die in den USA beheimatete Riley Turbostream Corporation ersetzte den Standardantrieb durch Avco Lycoming-Einspritzmotoren IO-540 mit je 216 kW (294 PS), je nach Wunsch des Kunden mit oder ohne Turbolader. Weitaus ehrgeiziger war die von der Saunders Air-

***Eine Riley Turbo Skyliner (modifizierte D.H.114 Heron 2) der kalifornischen Regionalgesellschaft Baja Cortez Airlines***

craft Corporation in Gimli, Manitoba, vorgenommene Umrüstung. Die als **Saunders ST-27** bezeichnete **Heron** hatte einen um 2,59 m gestreckten Rumpf zur Unterbringung von maximal 23 Passagieren. Die neu entworfenen Tragflächen enthielten einen anders konstruierten Hauptholm, und die vier Gipsy-Motoren wurden durch zwei PT6A-34-Propellerturbinen mit je 559 kW (760 WPS) von Pratt & Whitney Aircraft of Canada ersetzt. Insgesamt wurden zwölf Umrüstungen zur **ST-27** abgeschlossen und ein Prototyp der verbesserten Variante **ST-28** gebaut, bevor Saunders Konkurs anmeldete.

**TECHNISCHE DATEN**
**de Havilland Heron 2D**
**Typ:** leichtes Verkehrsflugzeug
**Triebwerke:** vier Reihenmotoren de Havilland Gipsy Queen 30-2 mit je 186 kW (253 PS)
**Leistung:** Reisegeschwindigkeit 295 km/h in 2438 m Höhe; Dienstgipfelhöhe 5640 m; Reichweite 1473 km
**Gewicht:** Leermasse 3697 kg; max. Startmasse 6123 kg
**Abmessungen:** Spannweite 21,79 m; Länge 14,78 m; Höhe 4,75 m; Tragflügelfläche 46,36 m²

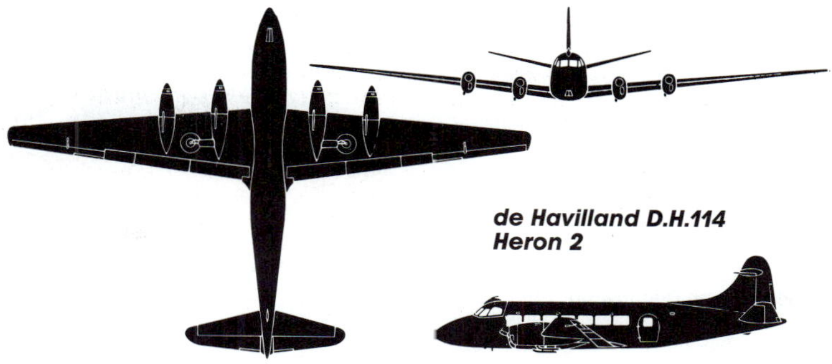

*de Havilland D.H.114 Heron 2*

**Varianten**
**Heron 1B:** Version der Heron 1, die für eine auf 5897 kg gesteigerte Abflugmasse zugelassen war
**Heron 2A:** Bezeichnung einer einzelnen Heron 2, die in die USA verkauft wurde
**Heron 2B:** Version der Heron 2 mit einer höchstzulässigen Startmasse wie Heron 1B
**Heron 2C:** Bezeichnung der Heron 2B, deren Propeller in Segelstellung geregelt werden konnten (Sonderausstattung)
**Heron 2D:** Bezeichnung von Flugzeugen mit luxuriöser Inneneinrichtung und einer zulässigen Abflugmasse von 6123 kg
**Heron 2E:** Einzelexemplar mit kundenspezifischer VIP-Inneneinrichtung
**Heron 3:** zwei VIP-Flugzeuge für The Queen's Flight
**Heron 4:** ein VIP-Flugzeug für The Queen's Flight
**Sea Heron C.Mk 20:** Bezeichnung vormals ziviler Heron 2 und 2B, die die Royal Navy 1961 beschafft hat (drei bzw. zwei Exemplare)

# de Havilland Australia DHA-3 Drover

Der berühmte Flying Doctor Service in Australien wurde Ende der zwanziger Jahre eingerichtet, als QANTAS zur medizinischen Notversorgung – weltweit zum ersten Mal – eine **D.H.50** einsetzte.

Mit einer Reihe anderer Standard-Flugzeugtypen wurde dieser Dienst fortgesetzt. Als nach dem Zweiten Weltkrieg ein größeres Fluzeug benötigt wurde, wählte man die achtsitzige leichte Verkehrsmaschine **de Havilland Australia DHA-2 Drover**. Das Muster basierte weitgehend auf der D.H.104 Dove, war jedoch mit drei Gipsy Major 10 Mk 2 mit je 108 kW (147 PS) und Spornrad-Fahrwerk ausgerüstet. Der **Drover**-Prototyp flog am 23. Januar 1948, und das Flugzeug wurde wahlweise mit Fest- oder Verstellpropellern als **Drover 1** beziehungsweise **Drover 1F** angeboten; die Version **Drover 2** war mit Doppelspaltklappen ausgestattet. 1949 setzte die Fertigung im kleinem Maßstab ein, und als die Produktion im September 1953 auslief, hatten 20 Exemplare das Werk verlassen.

**TECHNISCHE DATEN**
**de Havilland Drover 3**
**Typ:** achtsitziges Nutz- und Transportflugzeug
**Triebwerke:** drei Vier-Zylinder-Boxermotoren Avco Lycoming O-360-A1A mit je 134 kW (182 PS)
**Leistung:** Höchstgeschwindigkeit 254 km/h; Reisegeschwindigkeit 225 km/h; Dienstgipfelhöhe 6095 m; Reichweite 1448 km
**Gewicht:** Leermasse 1860 kg; max. Startmasse 2948 kg
**Abmessungen:** Spannweite 17,37 m; Länge 11,13 m; Höhe 3,28 m; Tragflügelfläche 30,19 m²

Einzige Exportabnehmer der **Drover** waren die australischen Fluggesellschaften QANTAS und Trans-Australian Airlines sowie die Fiji Airways. Im Royal Flying Doctor Service beförderte die **Drover** zwei Sanitäter und zwei Kranke auf Liegen. Die Umstellung aller sechs Flugzeuge dieses Dienstes auf Avco Lycoming O-360-Boxermotoren im Jahre 1960 ergab die Bezeichnung **Drover 3**.

***Bei allen sechs Drover 3 des Royal Flying Service Australiens wurden statt der Gipsy Major Avco-Lycoming-Motoren eingebaut.***

# de Havilland Canada DHC-1 Chipmunk

Die **de Havilland Canada DHC-1 Chipmunk** wurde als Nachfolger für den klassischen Schuldoppeldecker Tiger Moth von de Havilland entworfen. Der Tandemsitz-Tiefdecker in Schalenbauweise, dessen Erstflug am 22. Mai 1946 in Downsview, Toronto, stattfand, war die erste eigenständige Flugzeugkonstruktion von de Havilland Aircraft of Canada Ltd. Pat Fillingham wurde von der Muttergesellschaft in Hatfield abgestellt, um mit dem Prototyp mit de Havilland Gipsy Major 1C zu 108 kW (147 PS) das Testflugprogramm zu absolvieren.

**Chipmunk**-Trainer, die nach der Spezifikation des Prototyps gefertigt wurden, erhielten die Bezeichnung **DHC-1B-1**, während die mit einem Gipsy Major 10-3 ausgerüsteten Maschinen unter die Bezeichnung **DHC-1B-2** fielen. Die meisten in Kanada gebauten **Chipmunk**-Flugzeuge hatten eine blasenförmige Cockpithaube.

In Downsview wurden 218 **Chipmunk** gefertigt, das letzte Exemplar Ende 1951. Die Prüfung zweier Maschinen durch das AA&EE in Boscombe Down führte zur Serienfertigung der uneingeschränkt kunstflugtauglichen **Chipmunk** gemäß Spezifikation 8/48 als Anfängerschulflugzeug für die RAF in Hatfield und Chester.

Von 1014 in Großbritannien produzierten **Chipmunk** erhielt die RAF 735. Die ersten Exemplare mit der RAF-Kokarde flog die Oxford University Air Squadron im Februar 1950; anschließend verdrängte das Muster die Tiger Moth bei sämtlichen 17 Universitätsflugstaffeln; darüber hinaus stellte sie Anfang der fünfziger Jahre die Ausrüstung für zahlreiche Flugschulen der RAF Flying Reserve. Berufspiloten erhielten ihre fliegerische Grundausbildung auf der „Chip", die zeitweilig beim RAF College in Cranwell eingesetzt wurde.

***Diese Chipmunk T.Mk 10 wurde zum einsitzigen Sprühflugzeug Chipmunk Mk 23 mit Lycoming-Triebwerk umgebaut.***

Ein Teil der **Chipmunk** von No. 114 Squadron wurde während der Unruhen auf Zypern 1958 zur Sicherung der militärischen Anlagen verwendet.

Ein zwischen de Havilland und der OGMA in Portugal getroffenes Abkommen ergab die Lizenzfertigung von 60 **Chipmunk** für die Luftwaffe Portugals ab 1955; dort diente dieses Muster bis 1989. Weitere Nutzer waren Ägypten, Burma, Ceylon, Chile, Dänemark, Irland, Irak, Jordanien, Kolumbien, Libanon, Malaya, Saudi-Arabien, Syrien, Thailand und Uruguay.

**Varianten**
**DHC-1A-1:** in Kanada gebaute Flugzeuge mit Gipsy Major 1C; eingeschränkt kunstflugtauglich (RCAF-Dienstbezeichnung: Chipmunk T.Mk 1)
**DHC-1A-2:** in Kanada gebaute Flugzeuge mit Gipsy Major 10-Motor; eingeschränkt kunstflugtauglich
**DHC-1B-1:** in Kanada gebaute Flugzeuge mit Gipsy Major 1C; voll kunstflugtauglich
**DHC-1B-2:** in Kanada gebaute Flugzeuge mit Gipsy Major 10; voll kunstflugtauglich
**DHC-1B-2-S1:** in Kanada für die Königlich Ägyptische Luftwaffe gebaute Flugzeuge mit Gipsy Major 10
**DHC-1B-2-S2:** in Kanada für die Königlich Thailändische Luftwaffe gebaute Flugzeuge mit Gipsy Major 10
**DHC-1B-2-S3:** in Kanada für Auffrischungskurse der Royal Canadian Flying Clubs gebaute Flugzeuge mit Gipsy Major 10 (Dienstbezeichnung Chipmunk T.Mk 2)
**DHC-1B-2-S4:** für Chile bestimmte Flugzeuge kanadischer Fertigung
**DHC-1B-2-S5:** in Kanada für die RCAF gebaute Flugzeuge mit Gipsy Major 10; in Großbritannien mit Gipsy Major 8 für die RAF produziert (735 Exemplare); Dienstbezeichnung: Chipmunk T.Mk 10
**Chipmunk Mk 20:** Exportversion der Chipmunk T.Mk 10 britischer Fertigung, je-

**TECHNISCHE DATEN**
**de Havilland Chipmunk T.Mk 10**
**Typ:** Tandem-Zweisitzer zur fliegerischen Grundausbildung
**Triebwerk:** ein Reihenmotor de Havilland Gipsy 8 mit 108 kW (147 PS)
**Leistung:** Höchstgeschwindigkeit in Meereshöhe 222 km/h; Reisegeschwindigkeit 187 km/h; Dienstgipfelhöhe 4815 m; Reichweite 451 km
**Gewicht:** Leermasse 646 kg; max. Startmasse 914 kg
**Abmessungen:** Spannweite 10,46 m; Länge 7,75 m; Höhe 2,13 m; Tragflügelfläche 15,97 m²

doch mit Gipsy Major 10 der Serie 2
**Chipmunk Mk 21:** in Großbritannien gefertigt wie die Mk 20, aber zivile Nutzung
**Chipmunk Mk 22:** für die zivile Luftfahrt umgerüstete Chipmunk T.Mk 10 mit dem Triebwerk der Mk 20
**Chipmunk Mk 22A:** wie Mk 22, jedoch mit erweitertem Tankvolumen
**Chipmunk Mk 23:** zwei zu einsitzigen Sprühflugzeugen umgerüstete Chipmunk T.Mk 10 mit dem Triebwerk der Mk 20
**Aerostructures Sundowner:** Umrüstung einer einzelnen australischen Chipmunk mit einem 134 kW (182 PS) starken Avco Lycoming O-360 als Antrieb, Flügelspitzentanks, Vollsichthaube und metallbeplankten Tragflächen; mehrere kanadische Flugzeuge wurden ebenfalls mit Avco Lycoming-Motoren ausgestattet
**Masefield Variant:** von Bristol Aircraft angebotene Variante für Chipmunk Mk 20, 21, 22 und 22A mit geblasenem Kabinendach, Gepäckfächern in den Tragflächen, verkleidetem Fahrwerk und erhöhter Treibstoffkapazität
**Sasin SA-29 Spraymaster:** mehrere australische Umrüstungen, ähnlich der britischen Chipmunk Mk 23
**Super Chipmunk:** Sonderausführung mit 194 kW (264 PS) starkem Avco Lycoming GO-435 für Kunstflüge, überarbeitete Kontrollflächen und Einziehfahrwerk
**Turbo Chipmunk:** Hants & Sussex Aviation stellte eine Chipmunk Mk 22A auf die Propellerturbine Rover 90 mit 86,42 kW (117,5 WPS) um

***Eine de Havilland Canada Chipmunk T.Mk 10 der Royal Air Force. Mit unverändertem Anstrich befindet sich das Muster immer noch häufig im Einsatz, so bei den Ausbildungseinheiten der RAF, des Army Air Corps und der Royal Navy sowie bei den Air Experience Flights.***

## de Havilland Canada DHC-2 Beaver

Die Entwurfsarbeiten am leichten Transportflugzeug **de Havilland DHC-2 Beaver** begannen Ende 1946 in Toronto. Das dem ersten Vertreter der effektiven Kurzpisten-Flugzeuggattung dieses Herstellers zugrundeliegende Konzept richtete sich nach den spezifischen Anforderungen des Amts für Land- und Forstwirtschaft der Provinz Ontario. Das Resultat entsprach auch den Vorstellungen der Buschpiloten, die sich seit langem ein robustes Nutzflugzeug wünschten, das auf kurzen Strecken starten und landen konnte.

Russ Bannock flog den Prototyp erstmals am 16. August 1947, und in Kanada wurde das Muster im März 1948 zugelassen. Da die Serienfertigung in größerem Maßstab bereits angelaufen war, befand sich der **Beaver I**, angetrieben vom Sternmotor Pratt & Whitney R-985, bald im Einsatz. Von 1657 gebauten **Beaver**-Flugzeugen übernahmen die amerikanischen Streitkräfte nicht weniger als 980 (YL-20 war das Erprobungsflugzeug, L-20A und L-20B Serienmaschinen, 1962 in U-6 umbezeichnet), und das britische Heer 46 Exemplare. Es folgten eine einzelne **Beaver II** mit dem Sternmotor Alvis Leonides und 1964 eine kleine Zahl zehnsitziger **Turbo-Beaver III** mit dem Turboprop-Triebwerk PT6A-6 oder -20 mit 431 äkW (586 äPS) von de Havilland Aircraft of Canada (später Pratt & Whitney Aircraft of Canada) als Antrieb. Die meisten **Turbo-Beaver** erwarben zivile Betreiber. In Neuseeland wurde eine **Beaver** mit der Propellerturbine AiResearch TPE331 ausgestattet. Die Produktion wurde Mitte der sechziger Jahre eingestellt.

In ihrer Glanzzeit wurde die **Beaver** in rund 50 Ländern genutzt. Beliebt war das Muster vor allem wegen seiner Flugeigenschaften und der Stabilität am Boden durch das breitspurige Spornrad-Fahrgestell. Die Maschine war für einen Piloten und sieben Passagiere ausgelegt und konnte alternativ Fracht bis zu 680 kg aufnehmen. Die Möglichkeiten zum Einsatz mit Rad-, Ski-, Schwimmer- und Amphibien-Fahrgestell verliehen der **Beaver** ein hohes Maß an Flexibilität.

Airtech Canada in Peterborough, Ontario, hat eine Reihe von **Beaver** auf den polnischen luftgekühlten Siebenzylinder-Sternmotor PZL-3S umgestellt, dessen 442 kW (600 PS) einen PZL-Vierblatt-Propeller antreiben.

***Die Beaver ist ein klassisches „Buschflugzeug". Sie hat eine robuste Zelle, ausgezeichnete STOL-Leistungen und ist vergleichsweise einfach zu warten.***

### TECHNISCHE DATEN
**de Havilland Canada DHC-2 Beaver I**
**Typ:** leichtes Nutzflugzeug
**Triebwerk:** ein Sternmotor Pratt & Whitney R-985 Wasp Junior mit 336 kW (457 PS)
**Leistung:** Höchstgeschwindigkeit in 1525 m Höhe 262 km/h; Reisegeschwindigkeit in 1525 m Höhe 230 km/h; Dienstgipfelhöhe 5485 m; max. Reichweite 1180 km
**Gewicht:** Leermasse 1293 kg; max. Startmasse 2313 kg
**Abmessungen:** Spannweite 14,63 m; Länge 9,22 m; Höhe 2,74 m; Tragflügelfläche 23,23 m$^2$

## de Havilland Canada DHC-3 Otter

Nach dem Erfolg der DHC-2 Beaver gelangte man Ende der vierziger Jahre bei de Havilland zu der Auffassung, daß der Marktsektor für STOL-Flugzeuge auch eine größere Ausgabe der Beaver mit einem Kabinenraum für 14 Passagiere oder Frachtgut bis 1016 kg annehmen müßte. Das Unternehmen entwickelte daher die **de Havilland Canada DHC-3 Otter**, bei der es sich im Grunde genommen um eine maßstäblich vergrößerte Beaver handelte. Das vollständig aus Metall konstruierte und von einem Sternmotor Pratt & Whitney Wasp R.1340 mit 447 kW (608 PS) angetriebene Flugzeug hieß dementsprechend auch zunächst **King Beaver**. Der Einzelmotorantrieb für ein Muster, das im harschen Klima und dünn besiedelten Hinterland Kanadas fliegen sollte, mag einem als Planungsmangel erscheinen. Doch der erfolgreiche Betrieb der Beaver und anderer einmotoriger Typen hatte bestätigt, daß die bewährten Sternmotoren von Pratt & Whitney dieser Aufgabe durchaus gewachsen waren.

Die **Otter** ist ein attraktiver Hochdecker, der aufgrund seiner einfach gegen den Rumpf abgestrebten Tragflächen mit gleichbleibender Profiltiefe und Doppelspaltklappen für gute STOL-Leistungen bekannt ist. Der Prototyp flog am 12. Dezember 1951 zum ersten Mal, und im Folgejahr wurden die ersten Maschinen geliefert. Bei Einstellung der Produktion im Jahre 1968 waren rund 460 Flugzeuge gebaut worden, darunter 66 für die RCAF und 227 für die amerikanischen Streitkräfte (223 **U-1A** für die US Army und vier **UC-1** [ab 1962 **U-1B**] für die US Navy). Nach der militärischen Nutzung gelangten auch diese **Otter** auf den zivilen Markt, wo das Muster wie schon die Beaver, dank seiner

***Auf den Erfolg der Beaver bauend führte DHC die größere Otter ein. Bei nur geringfügigen Einbußen in bezug auf die STOL-Leistungen konnte dieser Typ viel schwerere Lasten transportieren.***

Vielseitigkeit auf breite Zustimmung gestoßen war. Auch die **Otter** läßt sich nämlich mit Rad-, Ski-, Schwimmer- und Amphibien-Fahrgestell betreiben.

Ungeachtet des bereits vorhandenen guten STOL-Potentials sollte die **Otter** als Versuchsträger für moderne STOL-Technologien dienen. Das Versuchsprogramm führte de Havilland in Zusammenarbeit mit dem Defense Research Board durch. Als Teilprogramm wurde eine **Otter** mit äußerst großen Landeklappen an den inneren Abschnitten des Tragwerks bis zu den Stützstreben ausgestattet; diese Maßnahme zog eine Vergrößerung der Leitwerksflächen nach sich, und die Stabilität am Boden gewährleistete ein neues Fahrwerkskonzept, bei dem das bisherige Spornrad-Fahrgestell durch ein Schwimmerchassis ersetzt wurde, das anstelle von Schwimmern mit vier Rädern bestückt war. Diese STOL-Modifikationen senkten die Abreißgeschwindigkeit um 16 km/h. Dann wurden die Sonderlandeklappen ausgebaut und ein Strahltriebwerk J85-GE-7 mit 1112 kg Schub im Rumpf hinter dem Tragwerk so installiert, daß je eine regelbare Schubdüse seitlich aus dem Rumpf hervortrat. Diese Anordnung ermöglichte eine bessere Kontrolle der Geschwindigkeit und gestattete sogar Punktlandungen. Schließlich wurde der Wasp-Sternmotor noch durch ein flügelmontiertes PT6-Propellerturbinenpaar von Pratt & Whitney ersetzt.

Unter der Bezeichnung **DHC-3-T Turbo-Otter** hat Cox Air Resources eine **Otter** auf Turboprop-Antrieb umgestellt. Statt des Standard-Sternmotors Wasp wurde ein PT6A-27 mit einer Leistung von 494 kW (672 PS) eingebaut. Dadurch sank die Leermasse dieser Maschine auf 1861 kg, so daß sich infolgedessen ein beträchtlicher Nutzlastzuwachs ergab.

### TECHNISCHE DATEN

**DHC-3 Otter (Landflugzeug)**

**Typ:** STOL-Nutzflugzeug
**Triebwerk:** ein Sternmotor Pratt & Whitney R-1340-S1H1-G Wasp mit 447 kW (608 PS)
**Leistung:** Höchstgeschwindigkeit in Meereshöhe 246 km/h; max. Reisegeschwindigkeit 212 km/h; wirtschaftliche Reisegeschwindigkeit 195 km/h; Dienstgipfelhöhe 5485 m; Reichweite mit 953-kg-Nutzlast plus Reserven 1408 km
**Gewicht:** Leermasse 2010 kg; max. Startmasse 3629 kg
**Abmessungen:** Spannweite 17,68 m; Länge 12,75 m; Höhe 3,84 m; Tragflügelfläche 34,84 m²

***de Havilland Canada DHC-3 Otter***

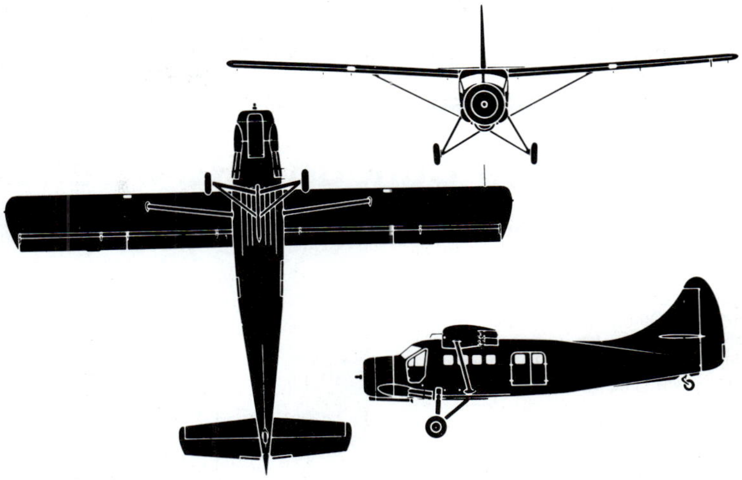

Airtech Canada in Peterborough, Ontario, hat eine Reihe von **Otter** ummotorisiert, entweder mit dem 442 kW (600 PS) starken PZL-3S oder dem Kalisz ASz-621R mit 736 kW (1000 PS); beide luftgekühlte Sternmotoren polnischer Herstellung geben ihre Leistung auf PZL-Vierblatt-Propeller mit gleicher Drehzahl ab. Diese **Otter** bieten eine bessere Steigleistung und verbrennen weniger Kraftstoff bei niedrigerer Drehzahl. Die erste auf den PZL-3S ummotorisierte **Otter** flog im August 1983.

# de Havilland Canada DHC-4 Caribou

Die Entscheidung zur Konstruktion der **de Havilland Canada DHC-4 Caribou** fiel 1956. Das neue Flugzeug sollte über die Frachtkapazität der Douglas DC-3 verfügen und andererseits der Beaver und Otter vergleichbare STOL-Leistungen erbringen. Das kanadische Heer bestellte zwei Maschinen, und die US Army folgte mit einem Auftrag über fünf Exemplare, nachdem der amerikanische Verteidigungsminister die Beschränkung der US Army auf Starrflügler mit einer Leermasse unter 2268 kg aufgehoben hatte.

Der Prototyp dieses Hochdeckers mit markanter negativer V-Stellung des Tragflächenmittelstücks flog im Juli 1958. Das Rumpfheck war zur Laderampe für Lasten bis zu 3048 kg ausgebaut. Als Truppentransporter konnte die **Caribou** 32 Soldaten befördern. Bei der RCAF diente die **Caribou** als **CC-108** und bei der US Army als **AC-1** (ab 1962 **CV-2A**). Aufgrund der Erprobungsergebnisse der ersten fünf Exemplare führte die US Army die **Caribou** als Standardtyp ein und bestellte im ganzen 159 Flugzeuge.

Die zweite Baureihe führte die Bezeichnung **CV-2B**. Als Spannungen an der Grenze zwischen China und Indien eintraten, übergab die US Army Anfang 1963 zwei **Caribou** an die Luftstreitkräfte Indiens. Im Januar 1967 wurden die 134 **Caribou**-Transportflugzeuge im Bestand der US Army als **C-7A** und **C-7B** zur US Air Force versetzt. Das Muster verzeichnete einen beachtlichen Absatz und wurde sowohl als Militär- wie auch als Zivilflugzeug in vielen Ländern eingesetzt. Als die **Caribou** durch die **DHC-5 Buffalo** ersetzt wurde, gelangten viele Exemplare aus dem Überschußbestand an diverse Nationen, darunter Kolumbien, der Oman und Tansania. Viele kanadische Flugzeuge waren jedoch auch den Vereinten Nationen zur Verfügung gestellt worden und wurden weltweit für unterschiedliche Zwecke eingesetzt. Die Produktion endete schließlich 1973. Ab dem 24. Flugzeug hatte die **DHC-4A** die **DHC-4** auf der Fertigungsstrecke ersetzt. Beide Modelle sind sich sehr ähnlich, abgesehen vom Gewichtszuwachs der späteren Version; das maximale Abfluggewicht der **DHC-4** beträgt 11.793 kg. Insgesamt belief sich die Produktion der **Caribou** auf 307 Exemplare.

***Eine de Havilland Canada DHC-4 Caribou der 5. Staffel der Königlich Malaysischen Luftwaffe im Jahre 1970. Beim Militär war die Caribou wegen ihrer problemlosen Handhabung äußerst beliebt, konnte sie doch trotz schwerer Zuladung auf rauhen, kaum befestigten Kurzpisten landen. Die amerikanischen und südvietnamesischen Luftstreitkräfte setzten zahlreiche Maschinen im Vietnamkrieg ein.***

***Verhältnismäßig wenige DHC-4 Caribou gelangten auf den zivilen Markt. Zu ihnen zählte ein Einzelexemplar der Air Cargo America, die täglich zwischen Miami und Key West über Marathon pendelte. Andere zivile Caribou flog Air America im Auftrag des CIA während des Vietnamkrieges in Südostasien.***

### TECHNISCHE DATEN

**DHC-4A Caribou**

**Typ:** taktisches STOL-Transportflugzeug
**Triebwerke:** zwei Sternmotoren Pratt & Whitney R-2000-7M2 Twin Wasp mit je 1081 kW (1470 PS)
**Leistung:** Höchstgeschwindigkeit 348 km/h in 1980 m Höhe; Reisegeschwindigkeit 293 km/h in 2285 m Höhe; Dienstgipfelhöhe 7560 m; Reichweite mit max. Nutzlast plus Reserven 389 km
**Gewicht:** Leermasse 8283 kg; max. Startmasse 12.927 kg
**Abmessungen:** Spannweite 29,15 m; Länge 22,12 m; Höhe 9,68 m; Tragflügelfläche 84,72 m²

## de Havilland Canada DHC-5 Buffalo bis Dewoitine Serie D.500

**De Havilland Canada war auf zivile und militärische lärmarme und auch für hochgelegene Flugplätze geeigneteTransporter mit STOL-Kapazitäten spezialisiert. Die von Emile Dewoitine seit 1920 gegründeten diversen Firmen gehörten zu den ersten Produzenten von Ganzmetallflugzeugen und Eindeckern.**

# de Havilland Canada DHC-5 Buffalo

Die **de Havilland Canada DHC-5 Buffalo**, mit der Erstbezeichnung **Caribou II**, wurde für eine Ausschreibung des amerikanischen Heeres aus der DHC-4 Caribou mit größerem Rumpf entwickelt. Gefordert war ein Transportflugzeug, das einen Pershing-Flugkörper, eine 105-mm-Haubitze oder einen Dreitonner befördern konnte. Die Entwicklungskosten der vier Maschinen, die die US Army zur Prüfung in Auftrag gegeben hatte, wurden zu je einem Drittel von DHC, der US Army und der kanadischen Regierung getragen. Das erste Exemplar absolvierte am 9. April 1964 den Jungfernflug. Bestellungen der US Army erfolgten nach der Bewertung der **DHC-5** als **YAC-2** (später **C-8A**) nicht, doch die Canadian Armed Forces beschafften 15 **DHC-5A** mit der Dienstbezeichnung **CC-115**, von denen man sechs später zu Seepatrouillenflugzeugen umrüstete. Nach der Lieferung weiterer 24 und 16 Maschinen für die Luftstreitkräfte Brasiliens und Perus wurde die Fertigungslinie geschlossen. Da das Unternehmen 1974 eine anhaltende Nachfrage für die **Buffalo** festgestellt hatte, leitete es die Produktion der verbesserten Version **DHC-5D** ein. Die stärkeren Triebwerke dieses Musters ermöglichten höhere Betriebsmassen und verbesserten die Flugleistungen insgesamt. Die **Buffalo**-Produktion endete im Jahre 1982, aber das letzte von insgesamt 122 gebauten Exemplaren wurde erst im April 1985 ausgeliefert. **DHC-5** gingen an die Streitkräfte von Abu Dhabi (5), Ägypten (10), Chile (1), Ecuador (3), Kamerun (3), Kenia (8), Mauretanien (1), Mexiko (3), Sambia (7), Sudan (4), Tansania (6), Togo (2) und Zaire (3). Da auch zivile Betreiber Interesse gezeigt hatten, entwickelte DH Canada die Version **DHC-5E** Transporter, die 1981 die kanadische Musterzulassung erhielt. Im wesentlichen ähnlich wie die militärische **Buffalo**, bot die **DHC-5E** in der Standardauslegung 44 Passagieren Platz, doch die Inneneinrichtung ließ sich rasch für Fracht- und VIP-Flüge ändern. Ethiopian Airlines erwarb zwei Exemplare.

***Die DHC-5E Transporter war für Organisationen zugeschnitten, die Bodenschätze erschlossen, und konnte Personal wie Material in jede Region befördern.***

**Varianten**

**DHC-5B:** Bezeichnung einer vorgeschlagenen Version mit CT64-P4C-Triebwerken von General Electric; nicht gebaut

**DHC-5C:** Bezeichnung einer vorgeschlagenen Version mit Dart-RDa.12-Triebwerken von Rolls-Royce; nicht gebaut

**NASA/DITC XC-8A:** Bezeichnung der C-8A nach ihrem Umbau zum Hochauftriebsflächen-Versuchsflugzeug; die umfassend modifizierte Maschine hatte gekappte Tragflächen, ein nicht einziehbares Fahrgestell und zwei Rolls-Royce-Spey-Triebwerke, deren Vektorschubdüsen die Wirkung der Hochauftriebsflächen (augmentor wing) durch Anblasen verstärkten

**XC-8A ACLS:** neue Bezeichnung der C-8A nach der Umrüstung zum Versuchsträger für ein Luftkissen-Landesystem (ACLS=Air-Cushion Landing System); sie hatte statt des üblichen Fahrgestells ein aufblasbares, aber perforiertes Gummiluftkissen, das den Betrieb auf fast jeder Oberfläche gestattete, ob Eis, Schnee, Akker, Wiese, Sumpf oder Wasser

**NASA/Boeing QSRA:** neue Bezeichnung der C-8A, nach der Umrüstung zum leisen Kurzstrecken-Versuchsflugzeug (QSRA – Quiet Short-haul Research Aircraft); neues Tragwerk mit angeblasener Oberseite und kontrollierter Grenzschichtströmung; Antrieb von vier Mantelstromtriebwerken Avco Lycoming F102

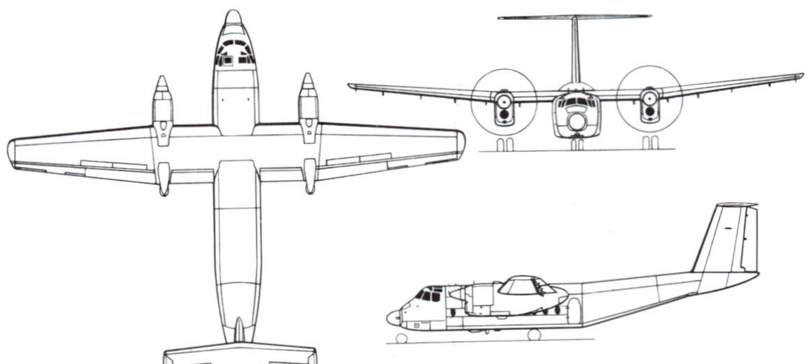

***de Havilland Canada DHC-5D***

**TECHNISCHE DATEN**
**de Havilland Canada DHC-5D**

**Typ:** taktisches STOL-Transportflugzeug
**Triebwerke:** zwei Propellerturbinen General Electric CT64-820-4 mit einer Nennleistung von 2336 kW (3177 WPS)
**Leistung:** max. Marschgeschwindigkeit bei STOL-Transporteinsatz in 3050 m Höhe 420 km/h; normale max. Einsatzhöhe 7620 m; Reichweite mit Höchstnutzlast 416 km; max. Reichweite ohne Nutzlast 3280 km
**Gewicht:** Leermasse 11.412 kg; max. Startmasse 22.317 kg
**Abmessungen:** Spannweite 29,26 m; Länge 24,08 m; Höhe 8,76 m; Tragflügelfläche 87,79 m²

# de Havilland Canada DHC-6 Twin Otter

1964 kündigte de Havilland die Entwicklung eines zweimotorigen Kurzstart-Hochdeckers an, der 13 bis 18 Passagiere befördern könne. Die erste Maschine einer kleinen Anfangsbaureihe dieser **de Havilland Canada DHC-6 Twin Otter** startete am 20. Mai 1965 zum Jungfernflug.

Den Antrieb der ersten drei Flugzeuge lieferten zwei PT6A-Propellerturbinen von Pratt & Whitney Aircraft of Canada mit je 432 kW (588 PS). Das vierte und alle nachfolgenden Exemplare der ersten Baureihe **Twin Otter Serie 100** erhielten PT6A-20-Triebwerke gleicher Leistung. Die Tragflächen der **Twin Otter** wurden mit Doppelspaltklappen und Querrudern versehen, die sich zur Steigerung der STOL-Leistung gleichzeitig mit den Flügelklappen nach unten auslenken lassen. Das starre Bugrad-Fahrgestell kann wahlweise mit Rädern, Schwimmern oder Schneekufen aufnehmen.

Die **Twin Otter** war in erster Linie für Zubringer- und Regionalfluggesellschaften gedacht, ging aber auch an zahlreiche Luftstreitkräfte und staatliche Dienststellen. Zu den militärischen Betreibern gehören Äthiopien, Argentinien, Chile, Ecuador, Frankreich, Haiti, Jamaika, Kanada, Nepal, Norwegen, Panama, Paraguay, Peru, die USA und Venezuela.

Die erste **Twin Otter** der **Serie 100** wurde 1966 in Dienst gestellt. Nach 115 Exemplaren dieser Version wechselte die Produktion zur **Twin Otter Serie 200**, die einen größeren Gepäckraum im gestreckten Bug und ein höheres zulässiges Gesamtgewicht brachte. Nach wiederum 115 Flugzeugen wurde die Produktion auf die **Twin Otter Serie 300** umgestellt, deren stärkere PT6A-27-Triebwerke eine Erhöhung der maximalen Startmasse um 454 kg ermöglichten. Spätere Serienmaschinen boten als Standard die 20sitzige Zubringerkabine, und sämtliche Schwimmerflugzeuge erhielten, unabhängig von der Baureihe, die kurze Flugzeugnase der **Serie 100**. Sonderausrüstungen, die zur Kapazitätssteigerung dieser beliebten Flugzeuge entwickelt wurden, umfassen eine Unterrumpf-Anbauwanne für 272 kg Fracht und einen 1818-Liter-Wasserbehälter aus dehnbarem Material für Feuerlöscheinsätze.

1982 bot DH Canada zwei Spezialversionen für das Militär an: die **Twin Otter Serie 300M** als taktisches Transport- und COIN-Flugzeug, das sich mit Maschinengewehren in der Kabine und anderen Waffen an Unterflügelstationen bestücken ließ, und die Version **300MR**, die zur Aufklärung über See mit Suchradar, einem umfassenden Avionikpaket und Suchscheinwerfer am Tragwerk ausgerüstet war. Obwohl ein **300MR**-Prototyp **(C-GFJQ-X)** flog, stellte sich als Käufer nur der Staat Senegal ein, der lediglich ein Einzelexemplar beschaffte. Bei Auslieferung der letzten **Twin Otter** im Dezember 1988 stand die Produktionszahl bei 844 Exemplaren.

*de Havilland Canada DHC-6 Twin Otter Serie 300 von NorOntair*

**Varianten**

**Twin Otter 300S:** Bezeichnung von sechs Flugzeugen mit elf Sitzen, verbesserten Hochleistungs-Antiblockierbremsen und Flügelspoilern, gebaut für die von Air Transit 1973 bediente Versuchsstrecke zwischen den STOL-Flughäfen in Montreal und Ottawa

**Twin Otter Serie 400:** projektierte Entwicklung dieses Musters zur Erfüllung der Lärmvorschriften nach US FAR 36; nicht gebaut

**UV-18A:** zwei Standardflugzeuge der Serie 300, die ab Oktober 1976 an die Nationalgarde des amerikanischen Heeres in Alaska geliefert wurden, gefolgt von vier weiteren Maschinen im Jahre 1979 und 1982; sie führen, auf Rad-, Schwimmer- und Schneekufen-Fahrgestell betrieben, Leitungs-, Personaltransport- und Versorgungsflüge in Alaska durch

**UV-18B:** zwei Standardflugzeuge der Serie 300, 1977 an die US Air Force Academy geliefert und im Fallschirmspringersport genutzt

***Die Twin Otter bot ihren Passagieren ein viel höheres Maß an Komfort im Vergleich zur Otter und Beaver.***

**TECHNISCHE DATEN**

**DHC-6 Twin Otter Serie 300 (Landflugzeug)**

**Typ:** STOL-Transportflugzeug

**Triebwerke:** zwei Propellerturbinen Pratt & Whitney Aircraft of Canada PT6A-27 mit je 486 äkW (661 äPS)

**Leistung:** max. Reisegeschwindigkeit in 3050 m Höhe 338 km/h; Dienstgipfelhöhe 8140 m; Reichweite mit 1134 kg Nutzlast 1297 km; Reichweite mit max. Nutzlast 185 km

**Gewicht:** Leermasse 3363 kg; max. Startmasse 5670 kg

**Abmessungen:** Spannweite 19,81 m; Länge 15,77 m; Höhe 5,94 m; Tragflügelfläche 39,02 m²

# de Havilland Canada DHC-7 Dash 7

*de Havilland Canada DHC-7 Dash 7 von Air Pacific (USA)*

Der unstrittige Absatzerfolg der Twin Otter gab de Havilland Canada Anlaß zur Bedarfsanalyse für ein größeres STOL-Flugzeug, mit der bewährten Robustheit und Zuverlässigkeit, die die Produkte von de Havilland auszeichneten. Ziel war es, einen kleinen Airliner mit fortschrittlicher STOL-Leistung zu entwickeln, um den Fluggesellschaften, die von Pisten mit einer Länge von 915 m aus operierten, ein höheres Maß an Komfort, vergleichbar mit dem viel größerer Verkehrsmaschinen, bieten zu können.

Das nötige Käuferinteresse lag vor, und mit staatlicher Unterstützung begann 1972 die Konstruktion zweier Vorserienflugzeuge **de Havilland Canada DHC-7**. Die erste Maschine **(C-GNBX-X)** startete am 27. März 1975 zum Jungfernflug. Der Hochdecker **DHC-7, Dash 7** genannt, schöpft seine Kurzpistenleistung in erster Linie aus weitgespannten Doppelspaltklappen, die innerhalb des Nachstroms der langsam drehenden Propeller seiner vier flügelmontierten Turboprop-Triebwerke angeordnet wurden. Ferner sind auf der Oberseite der Tragflächen je vier Spoiler eingesetzt. Das innere Paar fungiert als Störklappe/Auftriebsdämpfer, während das äußere Paar, simultan ausgefahren, als Luftbremse dient oder, differentiell betätigt, unterstützend in die Quersteuerung eingreift.

Der Rumpf ist wegen der Druckbelüftung in „ausfallsicherer" Bauweise konstruiert, und das hohe T-Leitwerk bietet die Gewähr, daß sich die Höhenflossen samt Ruder außerhalb des Propellernachstroms befinden. Alle Baugruppen des einziehbaren Bugrad-Fahrwerks haben Zwillingsräder. Den Antrieb besorgen vier PT6A-50-Propellerturbinen von Pratt & Whitney Aircraft of Canada, und um den Geräuschpegel auf ein Minimum zu reduzieren, treibt jede einen langsam drehenden Propeller mit 3,42 m Durchmesser an.

Den Zugang zur Hauptkabine mit einer Sitzeinrichtung für 50 Passagiere gewährt eine einzelne Tür mit Einbautreppe auf der linken Seite des hinteren Rumpfabschnitts. Alle technischen Voraussetzungen für gemischte Passagier- und Frachtflüge oder reine Frachtflüge sind ebenfalls gegeben, und im Frontbereich der Kabine auf der linken Seite kann eine große Frachttür installiert werden. Für den Passagierdienst ist genügend Kabinenraum vorhanden, um eine Küche, Toiletten und einen oder zwei Sitze für Flugbegleitpersonal einzubauen. Die zweiköpfige Flugbesatzung auf einem abgetrennten Flugdeck kann auf fortschrittliche Avioniksysteme zurückgreifen wie rechnergestützte Autopilot- und Flugkommandoanlagen sowie Wetterradar. Als erster Betreiber erhielt Rocky Mountain Airways die **Dash 7** am 3. Februar 1978.

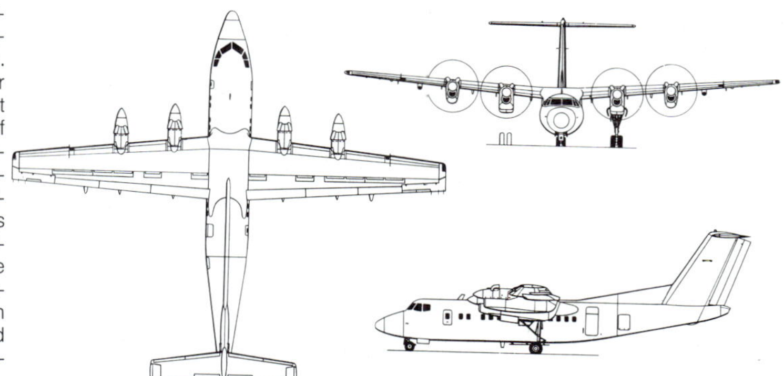

*de Havilland Canada DHC-7 Dash 7*

Als die Produktion 1988 eingestellt wurde, waren 113 Maschinen an 35 Kunden in 22 Ländern ausgeliefert. Die militärische Verwendung der **Dash 7** beschränkte sich auf zwei VIP-Transportflugzeuge **(CC-132)** der kanadischen Streitkräfte in Deutschland von August 1979 bis April 1987 und ein Einzelexemplar der venezolanischen Marine, das im Mai 1982 geliefert und im Seeüberwachungs- und Transportdienst eingesetzt wurde.

**Varianten**

**Dash 7 Serie 100:** standardmäßige Passagierversion mit 50 Sitzen

**Dash 7 Serie 101:** Nur-Frachtversion der Serie 100, die fünf Standardpaletten aufnehmen kann

**Dash 7 Serie 150:** weiterentwickelte Passagierversion, eingeführt 1978 mit höherer Gesamtmasse, erweitertem Tankvolumen und verbesserten Passagiereinrichtungen

**Dash 7 Serie 151:** Nur-Frachtversion der Serie 150

**Dash 7 IR:** einzelne Sonderausführung der Serie 150 für die kanadische Regierung zur Eisüberwachung; ausgerüstet mit SLAR-Ausrüstung und Bordrechnern zur Ermittlung der Eisbergbildung und Driftverläufe; im Mai 1986 geliefert und von Bradley Air Services im Auftrag des Department of Environment (Umweltministerium) eingesetzt

**TECHNISCHE DATEN**

**de Havilland Canada DHC-7 Dash 7 Serie 100**

**Typ:** leises STOL-Verkehrsflugzeug für Kurz- und Mittelstrecken

**Triebwerke:** vier Propellerturbinen P&WC PT-6A-50 mit je 835 kW (1136 WPS)

**Leistung:** max. Reisegeschwindigkeit bei einer Betriebsmasse von 18.597 kg in 2440 m Höhe 436 km/h; Dienstgipfelhöhe 6400 m; Reichweite mit 50 Passagieren und IFR-Reserven 1279 km

**Gewicht:** Leermasse 12.542 kg; max. Startmasse 19.958 kg

**Abmessungen:** Spannweite 28,35 m; Länge 24,58 m; Höhe 7,98 m; Tragflügelfläche 79,89 m²

# de Havilland Canada DHC-8 Dash 8

Um die wachsende Nachfrage für ein leises Kurzstreckenverkehrsflugzeug mit 30 bis 40 Sitzplätzen zu decken, leitete de Havilland 1980 die Konstruktion und Entwicklung der **DHC-8 Dash 8** ein. Eine Frachttür im hinteren Rumpfabschnitt gehört zur Standardausstattung. Zu den weiteren Auslegungsmerkmalen zählen ein zweirädriges Dreibein-Einziehfahrwerk, ein T-Leitwerk mit großer Spannweite und ein Hochdeckertragwerk mit zwei PW120-Propellerturbinen, die sich durch einen niedrigen Treibstoffverbrauch und den geringen Lärmpegel ihrer langsam drehenden Vierblatt-Propeller mit großem Durchmesser auszeichnen. Sie tragen zudem zur Flugsicherheit bei, indem bei Ausfall eines Triebwerks die Leistung des anderen auf 1492 kW (2029 WPS) erhöht wird.

Inzwischen hat der Entwurf eine ganze Flugzeugfamilie hervorgebracht, die 36 bis 70 Passagieren Platz bietet. Der Prototyp der 36sitzigen **Serie 100** flog erstmals am 20. Juni 1983. Im September 1984 lag die Musterzulassung vor, und im Dezember trat die **Dash** bei der kanadischen NorOntair ihren Dienst an.

Im März 1992 wurde grünes Licht für die **Serie 200** als schnellere Version der **Serie 100** gegeben, die zugleich eine höhere Nutzlast verkraftet. PW123C mit einer Nennleistung von 1603 kW (2175 WPS) verleihen der **Serie 200** eine um 30 Knoten höhere Geschwindigkeit und bessere Leistungswerte im Einmotorenflug.

Die **Serie 300**, offiziell im März 1986 begonnen, ist eine um 3,43 m gestreckte Version für 50 bis 56 Fluggäste. Erweiterte Flächenenden ergaben eine höhere Spannweite. Die Zulassung wurde im Februar 1989 erteilt, und im selben Monat stellte Time Air die **Dash 8 Serie 300** in Dienst. Daneben wird die **Serie 300A** angeboten, für eine Nutzlast von 6272 kg. Die 1992 eingeführte **Serie 300B** entspricht der **Serie 300A**, bietet aber aufgrund ihrer PW123B-Triebwerke à 1864 kW (2535 WPS) besseres Nutzlast/Reichweitevermögen und günstigere Start- und Landewerte.

Im Juni 1987, als DH Canada von Boeing vereinnahmt wurde, befand sich eine nochmals gestreckte Version der **Dash 8** in Untersuchung. Dieser **Serie 400** bezeichnete Airliner, in direkter Konkurrenz zur ATR 42 und ATR 72 ausgelegt, hat einen gestreckten Rumpf zur Beförderung von maximal 70 Passagieren. Als Antrieb stehen das GLC38 von GE/Textron Lycoming und das Allison GMA 2100 zur Wahl, beide mit 2984 kW (4058 WPS), die langsam drehende Sechsblatt-Propeller umsetzen. Bei einer zu erwartenden Höchstgeschwindigkeit von 650 km/h im Reiseflug verfügt die **Serie 400** mit Standard-Passagiereinrichtung über ein Nutzlastpotential von 7484 kg.

***de Havilland Canada DHC-8 Dash 8 von NorOntair (Ontario Northland Transportation Commission)***

1992 wurde de Havilland von der Bombardier Group und der Regierung in Ontario erworben. Im März 1993 waren 285 Aufträge für die **Serie 100** eingegangen und 257 Exemplare ausgeliefert. Es bestanden ferner 113 Bestellungen für die **Serie 300**, von denen man 84 erfüllt hat.

**Varianten**

**CC-142:** Bezeichnung zweier vom kanadischen Verteidigungsministerium gekaufter Flugzeuge der Serie 100. Diese als Passagier- und Frachttransportflugzeuge genutzten Dash 8 sind mit Langstreckentanks, Spezialfahrwerk für rauhe Betriebsflächen, verstärktem Kabinenboden und Sonderavionik ausgerüstet

**CT-142:** vier Maschinen der Serie 100, die das kanadische Verteidigungsministerium zur Navigatorenausbildung für die CAF beschaffte; sie ähneln der CC-142, haben aber eine erweiterte Flugzeugnase

**Dash 8M-100:** zwei vom kanadischen Verkehrsministerium mit Sonderausrüstung beschaffte Maschinen der Serie 100 zur Vermessung von ILS-, VOR- und MLS-Anlagen der kanadischen Flughäfen

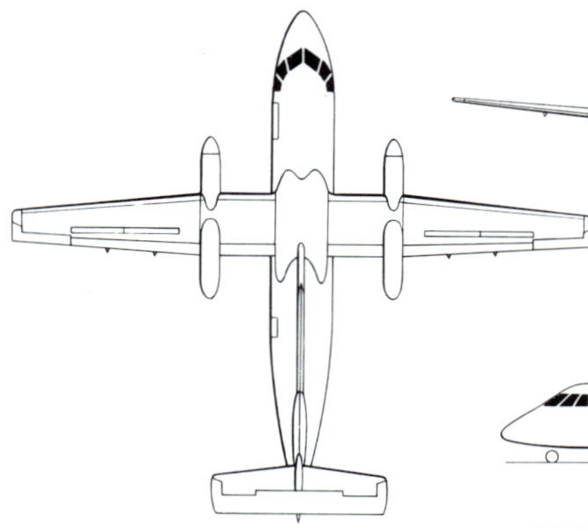

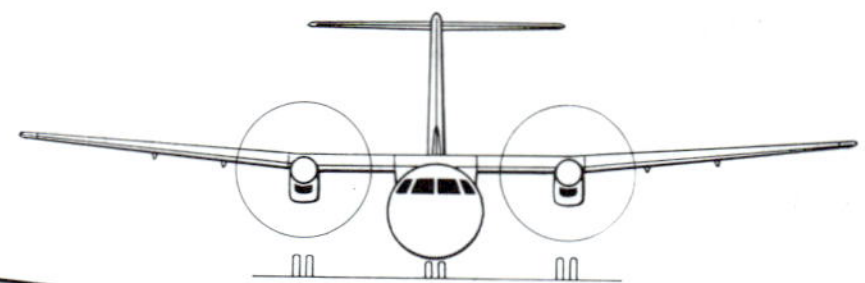

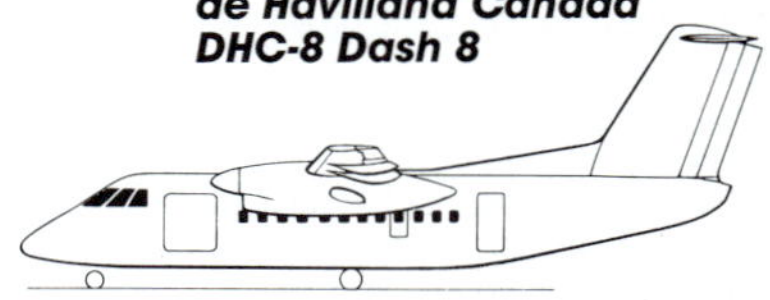

***de Havilland Canada DHC-8 Dash 8***

**Dash 8M-300ASW Triton:** vorgeschlagene Version der Serie 300 für Seepatrouillenflüge und U-Bootabwehr; Bewaffnung mit Harpoon- oder Exocet-ähnlichen Schiffsbekämpfungsflugkörpern an Trägern der Rumpfflanken und an vier Unterflügelstationen außenbord der Triebwerkszellen, die Lenkwaffen, Torpedos, Minen, Sonarbojen und Suchscheinwerfer aufnehmen können; komplettes Sensorenspektrum zur U-Bootbekämpfung sowie eine sechsköpfige Gefechtsbesatzung; Flugdauer elf Stunden

**E-9A:** zwei Dash 8 der Serie 100, die die USAF 1985 als Telemetrie- und Datenübertragungsplattform erwarb; die von Sierra Research/LTV modifizierten E-9A führen in einem großen Rumpfbehälter eine phasengesteuerte Radarantenne und Suchradar sowie Spezialavionik unter dem Rumpf mit; Auslieferung 1988

**TECHNISCHE DATEN**

**de Havilland Canada DHC-8 Dash 8 Serie 100**

**Typ:** 36sitziges Kurzstrecken-Verkehrsflugzeug

**Triebwerke:** zwei Propellerturbinen Pratt & Whitney Canada PW120A mit je 1491 kW (2028 WPS)

**Leistung:** max. Reisegeschwindigkeit in 4575 m Höhe 497 km/h; max. Flughöhe 7620 m; Reichweite mit kompletter Passagierzahl 2010 km

**Gewicht:** Leermasse 9979 kg; max. Startmasse 15.650 kg

**Abmessungen:** Spannweite 25,91 m; Länge 22,25 m; Höhe 7,49 m; Tragflügelfläche 54,35 m²

# Deperdussin-Flugzeuge

Armand Deperdussin, ein französischer Seidenfabrikant, gründete 1910 in Betheney bei Reims sein eigene Flugzeugfirma, die Société Pour les Appareils Deperdussin (SPAD). Mit Louis Bechereau als Betriebsleiter bewies er eine glückliche Hand, und später stellte er einen jungen Absolventen der Technischen Hochschule namens André Herbemont ein. Diese beiden verhalfen der SPAD, die 1913 in Konkurs ging, weil Deperdussin wegen Veruntreuung verhaftet wurde, zu Ruhm.

Bechereau konstruierte eine Reihe von Eindeckern mit zunehmendem Leistungsvermögen, indem er die Schalenbauweise des Rumpfes perfektionierte, die den angestrebten kreisrunden Querschnitt mit geringem Gewicht und hoher Festigkeit verband. Typische **Deperdussin-Flugzeuge** waren abgestrebte Hochdecker mit doppelten Tripodenständern auf dem Vorderrumpf, die das Spanndrahtbündel der schlanken Tragflächen trugen. Die Quersteuerung wurde durch Verwindung der Flächen erreicht. Normalerweise kamen starre Spornrad-Fahrgestelle zum Einsatz, doch die Seeflugzeugversionen waren mit für damalige Zeiten außerordentlich gut konstruierten Schwimmern ausgerüstet. Den meisten Maschinen dienten Gnome-Umlaufmotoren als Antrieb.

Ein erster Erfolg stellte sich am 9. September 1912 ein, als eine **Deperdussion** mit 118 kW (160PS) starkem Gnome-Motor und Jules Védrines am Steuer das vierte Flugrennen um den James Gordon Bennett Aviation Cup in Chicago, Illinois, gewann. Noch bedeutender waren die Erfolge von 1913: Maurice Prévost siegte im ersten Rennen um die Schneider-Trophäe am 16. April in Monaco, entschied am 29. September den Gordon Bennett Cup im heimischen Reims für sich und stellte am selben Tag mit 203,85 km/h einen neuen absoluten Weltgeschwindigkeitsrekord auf. Die Leistungsbilanz dieses Jahres schloß Eugène Gilbert am 27. Oktober mit dem Sieg im Luftrennen Henry Deutsch de la Meurthe nahe Paris ab. In nur wenigen Monaten hatten Bechereau und Herbemont für Deperdussin das weltweit schnellste Luftfahrzeug der Vorkriegszeit gebaut. Auf diesen Höhenflug folgte jedoch der Zusammenbruch der Firma Deperdussin. Louis Blériot übernahm das Unternehmen und ließ es als Société Pour L'Aviation et ses Dérives (SPAD) eintragen.

***Die bekannteste Deperdussin war das Monocoque-Rennflugzeug. Mit dieser Maschine stellte Maurice Prévost im September 1913 einen Weltgeschwindigkeitsrekord auf.***

**TECHNISCHE DATEN**

**Deperdussin „Monocoque" (1913)**

**Typ:** einsitziges Rennflugzeug

**Triebwerk:** ein Gnome-Umlaufmotor mit 118 kW (160 PS)

**Leistung:** Höchstgeschwindigkeit 204 km/h

**Gewicht:** max. Startmasse 450 kg

**Abmessungen:** Spannweite 6,65 m; Länge 6,10 m; Höhe 2,30 m; Tragflügelfläche 9,66 m²

# Desoutter-Flugzeuge

Die Desoutter Aircraft Company wurde 1929 in Croydon, Surrey, zur Lizenzfertigung der Koolhoven F.K.41 gegründet. Diesem Dreisitzer mit Sperrholzrumpf und stoffbespannten Holzflächen diente ein Cirrus III als Antrieb. Die zweite F.K.41 wurde zu Desoutter nach Croydon überführt und dort modifiziert. Es erfolgte ein Neuentwurf des Motorgehäuses und die Verlegung des oben angeordneten Höhenleitwerks zur üblichen Position nahe dem Rumpf. So nahm die Maschine im Juli 1929 bei der Olympic Aero Show als **Desoutter Dolphin** teil. Dieser Name wurde allerdings nicht für Serienflugzeuge verwendet.

Neunzehn (von 28) Maschinen mit der Bezeichnung **Desoutter** und einem Cirrus Hermes I mit 78 kW (106 PS) oder einem Hermes II mit 86 kW (117 PS) als Antrieb gingen an die National Flying Services. Im Juni 1930 flog ein Prototyp der verbesserten **Desoutter II**, die ein neuentworfenes Leitwerk, Radbremsen und einen de Havilland-Motor vom Typ Gipsy III brachte. Die Einführung der **Desoutter II**, von der zwölf Exemplare gebaut wurden, darunter sechs für den Export, trug der ersten Version nachträglich die Bezeichnung **Desoutter I** ein. Eine der Exportmaschinen, die man im Juni 1931 an die dänische Fluggesellschaft Det Dansk Lufthfarrtselskab verkauft hatte, schloß 1929 den Flug von Mildenhall nach Melbourne nach 129 Stunden und 47 Minuten erfolgreich ab. Der Pilot, Lieutenant Michael Hansen, belegte den siebten Platz in der Handicap-Wertung.

Eine **Desoutter I** erhielt vor der Lieferung nach Niederländisch-Ostindien im Jahre 1933 einen Cirrus IV mit hängenden Zylindern. Eine weitere Maschine mit Menasco-C-4-Pirate-Motor, modifizierter Windschutzscheibe und einem Leitwerk der **Desoutter II**, wurde 1935 von Richard Shuttleworth erworben. Sie existiert noch heute beim Shuttleworth Trust. Eine andere **Desoutter II** ist in Launceston erhalten. Nach der Auslieferung im Jahre 1931 an die irische National Air Taxis flogen H. Jefferson und H. Jenkins diese Maschine 1932 nach Australien. Später flog sie die Strecke Launceston–Flinders Island, die ihr den Namen „Miss Flinders“ einbrachte.

**TECHNISCHE DATEN**
**Desoutter II**
**Typ:** dreisitziger Kabinen-Eindecker
**Triebwerk:** ein Reihenmotor de Havilland Gipsy III mit 89 kW (121 PS)
**Leistung:** Höchstgeschwindigkeit 201 km/h; Reisegeschwindigkeit 161 km/h; Dienstgipfelhöhe 5180 m; Reichweite 805 km
**Gewicht:** Leermasse 535 kg; max. Startmasse 862 kg
**Abmessungen:** Spannweite 10,88 m; Länge 7,92 m; Höhe 2,13 m; Tragflügelfläche 17 m²

***Die Desoutter I, eine in England gefertigte Lizenzversion der Koolhoven F.K.41, konnte zwischen den Kriegen einen bescheidenen Erfolg verzeichnen. Das abgebildete Exemplar wurde sogar noch zum Kriegsdienst herangezogen.***

# Dewoitine D.1

***Dewoitine D.1ter mit den Markierungen der französischen Streitkräfte***

Der erste Entwurf des Franzosen Emile Dewoitine nach Gründung seiner eigenen Firma im Oktober 1920 war ein Jagdeinsitzer in der Auslegung eines Hochdeckers. Diese **Dewoitine D.1** ging auf eine Ausschreibung des französischen Service Technique de l'Aéronautique zurück. Geänderte Verfahren verzögerten die Entwicklung, doch im November 1922 flog schließlich der erste Prototyp. Das allgemeine Konzept dieses Jägers war recht fortschrittlich: Der aus Metall konstruierte Rumpf hatte einen ovalen Querschnitt, und die Tragflächen des gestielten Hochdeckers stützten sich mit zwei Metallstreben pro Seite gegen den Rumpf ab. Der Rumpf war mit Duralblech beplankt und das Tragwerk mit Stoff bespannt. Den Antrieb der **D.1.01** lieferte ein 221 kW (300 PS) starker Hispano-Suiza-Reihenmotor 8Fb mit doppelten Lambert-Kinnkühlern. Bei der **D.1bis** wurde das verkleidete Baldachinpodest des Prototyps wegen der Sichtbeeinträchtigung des Piloten abgeschafft und durch ein Strebengerüst üblicher Art ersetzt. Die **D.1ter** hatte kürzer gespannte Tragflächen mit einer längeren Profilsehne, und die Kühler waren an den vorderen Streben des nicht einziehbaren Fahrgestells montiert.

Der Dewoitine-Werkspilot Marcel Doret stellte die **D.1** in mehreren Ländern vor, und schon bald gingen Aufträge ein: 79 Flugzeuge wurden nach Jugoslawien, zwei in die Schweiz und eins nach Japan geliefert. Die italienische Firma Ansaldo kaufte eine **D.1bis** und fertigte anschließend für die Regia Aeronautica 112 mit der Bezeichnung **D.1ter**-Jäger. **Ansaldo A.C.2**, die bis 1929 im Einsatz blieben. Die französische Aviation Militaire lehnte das Muster zwar für ihren Bereich ab, aber die Marine Nationale beschaffte 30 **D.1ter**. Davon dienten 15 Exemplare bei der Escadrille 7C1, die von Bord des Flugzeugträgers „Béarn“ aus operierte.

**TECHNISCHE DATEN**
**Dewoitine D.1ter**
**Typ:** Jagdeinsitzer
**Triebwerk:** ein Reihenmotor Hispano-Suiza 8Fb mit 221 kW (300 PS)
**Leistung:** Höchstgeschwindigkeit 255 km/h; max. Steiggeschwindigkeit 7,5 m/sek; Dienstgipfelhöhe 8000 m; Reichweite 400 km
**Gewicht:** Leermasse 820 kg; max. Startmasse 1240 kg
**Abmessungen:** Spannweite 11,50 m; Länge 7,50 m; Höhe 2,75 m; Tragflügelfläche 20 m²
**Bewaffnung:** zwei synchronisierte Vickers-Bugmaschinengewehre, Kaliber 7,7 mm

***Für damalige Zeiten war die D.1 ein fortschrittliches Muster, brachte es aber nur auf wenige Aufträge im eigenen Land. Hier sieht man eine zum zweisitzigen Vorführflugzeug modifizierte D.1ter.***

# Dewoitine D.7

Anfang der zwanziger Jahre fand Emile Dewoitine neben der Entwicklung von Jagdmaschinen genügend Zeit, um einen Beitrag zum Trend dieser Zeit in Form tüchtiger Ultraleichtflugzeuge zu liefern. Die Vielzahl britischer und französischer Entwürfe dieser Luftfahrzeugkategorie zielte auf ein äußerst leichtes Fluggerät ab, das sich rasch zerlegen ließ, um auf Straßen und über Felder transportiert oder notfalls von zwei Flugbegeisterten geschoben zu werden. Der echte Amateurflieger konnte sich solch eine Maschine kaufen und sie in seinem Vorgarten oder Hinterhof abstellen. Die Dewoitine-Konstruktion war ein einsitziger Hochdecker, der beladen nur 250 kg wog. Diese **Dewoitine D.7** hatte eine enorme Spannweite und einen relativ kurzen Rumpf. Die **D.7** errang einen achtbaren Erfolg, als sie 1923 den von der Zeitung „Le Matin“ ausgeschriebenen Preis für den Flug eines Leichtflugzeugs über den Ärmelkanal und zurück gewann. Mehrere **D.7** wurden gebaut, von denen eine für Versuchsvorhaben an das japanische Heer ging.

**TECHNISCHE DATEN**
**Dewoitine D.7**
**Typ:** einsitziges Ultraleicht-Sportflugzeug
**Triebwerk:** ein Dreizylinder-Kleinmotor Salmson DA3 mit 9 kW (12 PS)
**Leistung:** Höchstgeschwindigkeit 90 km/h; Dienstgipfelhöhe 3000 m; Flugdauer 5 Stunden
**Gewicht:** max. Startmasse 250 kg
**Abmessungen:** Spannweite 12,60 m; Länge 5,60 m; Tragflügelfläche 15 m²

***Emile Dewoitine löste das Problem, ein Ultraleichtflugzeug trotz schwacher Antriebsleistung in die Luft zu bringen, durch ein leichtes Flugwerk mit beträchtlicher Flügelfläche. Das Ergebnis war die D.7, die allerdings nur in kleiner Stückzahl gefertigt wurde.***

# Dewoitine D.9

Die Grundauslegung des einsitzigen Jägers **Dewoitine D.9** stimmte mit derjenigen der D.1 überein, bis auf das um 1,30 m weiter gespannte, ähnlich geformte Tragwerk und einen Gnome-Rhône-Jupiter anstelle des Reihenmotors der D.1.

Die erstmals 1924 geflogene **D.9** stieß (wie die D.1) beim französischen Heer auf Ablehnung, doch im Export sicherte sich das Muster beachtliche Absatzerfolge. Belgien und Jugoslawien erwarben zwei beziehungsweise acht Exemplare, und die Schweizer EKW-Fabrik montierte drei Flugzeuge aus Teilen, die sie von den Dewoitine-Werkstätten bezog. Höchste Bedeutung aber kam einem Auftrag der Regia Aeronautica über 150 Jäger zu, die, von der Firma Ansaldo in Lizenz gefertigt, als **Ansaldo A.C.3** in Dienst gestellt wurden. Nach ihrem Einsatz bei der Jagdfliegersquadriglie dienten die **A.C.3** bis in die dreißiger Jahre hinein bei dem neu aufgestellten 5. Stormo Assalt in Ciampino.

**TECHNISCHE DATEN**
**Dewoitine D.9**
**Typ:** Jagdeinsitzer
**Triebwerk:** ein Sternmotor Gnome-Rhône 9Ab Jupiter mit 309 kW (420 PS)
**Leistung:** Höchstgeschwindigkeit 245 km/h in Meereshöhe; max. Steiggeschwindigkeit 8,75 m/sek; Dienstgipfelhöhe 8500 m; Reichweite 400 km
**Gewicht:** Leermasse 945 kg; max. Startmasse 1333 kg
**Abmessungen:** Spannweite 12,80 m; Länge 7,30 m; Höhe 3 m; Tragflügelfläche 25 m²
**Bewaffnung:** je ein synchronisiertes Vikkers-Bugmaschinengewehr- und ein flächenmontiertes Darne-Maschinengewehrpaar (nicht immer installiert) vom Kaliber 7,7 mm

***Aufträge des französischen Militärs erzielte die D.9 nicht, aber die Eidg. Konstruktions-Werkstätten fertigten diesen Jäger für die Schweizer Fliegertruppe.***

# Dewoitine D.21

Der Prototyp **Dewoitine D.21** flog 1925. Vorausgegangen waren die experimentellen Schirmeindecker **D.12** und **D.19** (drei gingen an die Schweiz, davon zwei zur dortigen Montage) und die **D.15** als einziger Dewoitine-Doppeldeckerjäger. Die **D.21** stellte eine Weiterentwicklung dar, die ihrerseits von der D.9 abgeleitet war und sich in erster Linie durch ihren Reihenmotor Lorraine-Dietrich 12E mit Stirnkühler vom Vorgängermodell abhob. Für die **D.21** wählte man den verläßlichen Reihenmotor Hispano-Suiza 12Gb. Der somit stärkere Antrieb trug dem Muster beträchtliche Bestellungen des Auslands ein, doch den französischen Behörden blieb die Qualität der Dewoitine-Jäger weiterhin verborgen. Argentinien kaufte sieben **D.21**, die alle in den EKW-Werkstätten im Schweizer Thun konstruiert wurden, und produzierte anschließend in Lizenz weitere 58 Flugzeuge mit Lorraine-Dietrich-Motor. Die türkische Regierung erwarb ebenfalls ein **D.21**-Baulos, und Škoda fertigte in der Tschechoslowakei 25 Exemplare in Lizenz für die Luftstreitkräfte dieses Landes. Die Škoda-Jäger wurden vom Škoda L, einer Lizenzversion des Hispano-Suiza 12Gb, angetrieben und erhielten die Bezeichnung **Škoda-Dewoitine D.1**.

**TECHNISCHE DATEN**
**Dewoitine D.21**
**Typ:** Jagdeinsitzer
**Triebwerk:** ein Reihenmotor Hispano-Suiza 12Gb mit 368 kW (600 PS)
**Leistung:** Höchstgeschwindigkeit 270 km/h; max. Steiggeschwindigkeit 10 m/sek; Reichweite 400 km
**Gewicht:** Leermasse 1090 kg; max. Startmasse 1580 kg
**Abmessungen:** Spannweite 12,80 m; Länge 7,64 m; Höhe 3 m; Tragflügelfläche 24,80 m²
**Bewaffnung:** zwei synchronisierte Vikkers-Bugmaschinengewehre, Kaliber 7,7 mm, und (wahlweise) zwei im Tragflächenmittelstück montierte Darne-Maschinengewehre, Kaliber 7,5 mm

***Die beiden in der Schweiz von EKW zusammengebauten D.21 wiesen Chausson-Stirnkühler an ihren Hispano-Suiza-12Jb-Motoren auf. Die Bewaffnung bestand aus einem Paar 7,7-mm-Maschinengewehren.***

# Dewoitine D.26

Gleichzeitig mit den Serienjägern **D.27** erging vom KTA ein Auftrag über das einsitzige Jagdschulflugzeug **Dewoitine D.26**. Es war ähnlich wie die **D.27** konstruiert, hatte aber einen schwächeren Antrieb in Form des unverkleideten Sternmotors Wright 9Qa. Neun **D.26** wurden 1931 geliefert und zur Ausbildung im Schießen mit Bordwaffen und im Formationsflug verwendet. Kurze Zeit später beschaffte man zwei weitere Exemplare mit 224 kW (305 PS) starken Wright 9Qc-Motoren. Sie waren in erster Linie zur Luftkampfausbildung gedacht und deswegen mit flügelmontierten Zielkameras ausgerüstet.

Diese Flugzeuge wurden durch ihre Langlebigkeit bekannt. Fast alle dienten bei Flugschulen, bis sie 1948 an den Schweizer Aero Club übergingen, der sie noch jahrelang als Segelschleppflugzeuge nutzte. Die letzte Maschine **(U-288)** wurde erst 1970 ausgemustert und ist heute in Dübendorf ausgestellt.

**TECHNISCHE DATEN**
**Dewoitine D.26**
**Typ:** einsitziges Jagdschulflugzeug
**Triebwerk:** ein Sternmotor Wright 9Qa mit 186 kW (253 PS)
**Leistung:** Höchstgeschwindigkeit 240 km/h; Dienstgipfelhöhe 7500 m; Reichweite 500 km
**Gewicht:** Leermasse 763 kg; max. Startmasse 1068 kg
**Abmessungen:** Spannweite 10,30 m; Länge 6,72 m; Höhe 2,78 m; Tragflügelfläche 17,55 m²
**Bewaffnung:** ein oder zwei synchronisierte 7,5-mm-Maschinengewehre

***Die Schweiz war vermutlich der beste Dewoitine-Kunde, sowohl im zivilen wie im militärischen Bereich. Hier im Bild ist eine Dewoitine D.26 dargestellt.***

# Dewoitine D.27

Die Entwicklung des berühmtesten Dewoitine-Schirmeindeckerjägers **Dewoitine D.27** ging auf eine amtliche Anforderung Frankreichs von 1926 zurück, doch die Aviation Militaire zeigte wie schon bei den Vorgängermustern kein Interesse. Der von EKW in der Schweiz konstruierte Prototyp hob erstmals im Jahre 1928 unter dem Antrieb eines Hispano-Suiza-12Mb-Motors mit Kinnkühler ab. Er flog zunächst mit dem eckigen Seitenleitwerk/Ruder, das die früheren Dewoitine-Jäger gekennzeichnet hatte. Doch dieses wich bald einem neuentworfenen, weniger kantigen Leitwerk. Die Schweizer Fliegertruppe beschaffte den Prototyp und fünf Vorserienjäger. Auf die 1930 gelieferten Maschinen folgten 1931 und 1932 zwei Serien mit 15 beziehungsweise 45 Flugzeugen. Fünfzehn Schweizer **D.27** wurden 1932 mit Radverkleidungen versehen und ihre HS 12Mb durch leistungsstärkere HS 12 Mc-Triebwerke ersetzt. Letztere gab man allerdings zugunsten des Originalmotors wieder auf, nicht aber die Verkleidung der Räder. Die Schweizer **D.27** blieben bis 1940 im Einsatz und dienten anschließend bei Flugschulen, bis sie 1944 endgültig verschrottet wurden.

Im Januar 1927 hatte Emile Dewoitine den Flugzeugbau in Frankreich aufgegeben, doch im März 1928 mit der Société Aéronautique Française-Avions Dewoitine einen Neuanfang gestartet. Die neue Firma baute 20 weitere **D.27**. Vier Exemplare erwarb Jugoslawien zur Endmontage durch Zmaj, und drei kaufte Rumänien, aber die geplante Serienfertigung der **D.27** für die jugoslawische und rumänische Luftwaffe zerschlug sich. Acht **D.27** wurden für verschiedene Experimente genutzt. Fünf Maschinen erhielten ein verstärktes Tragwerk und die neue Bezeichnung **D.53**. Sie nahmen an etlichen Versuchsprogrammen zur Erprobung

**TECHNISCHE DATEN**
**Dewoitine D.27**

**Typ:** Jagdeinsitzer
**Triebwerk:** ein Reihenmotor Hispano-Suiza 12Mb mit 368 kW (500 PS)
**Leistung:** Höchstgeschwindigkeit 298 km/h in Meereshöhe; max. Steiggeschwindigkeit 10 m/sek; Dienstgipfelhöhe 8300 m; Reichweite 425 km
**Gewicht:** Leermasse 1038 kg; max. Startmasse 1415 kg
**Abmessungen:** Spannweite 10,30 m; Länge 6,56 m; Höhe 2,78 m; Tragflügelfläche 17,55 m²
**Bewaffnung:** zwei starre, rumpfmontierte 7,7-mm-Maschinengewehre mit Synchronisiereinrichtung

***Dewoitine D.27 einer Jagdfliegerkompagnie, Schweizerische Fliegertruppe, in den dreißiger Jahren***

verschiedener Motortypen teil. So hatte die **D.531** einen Hispano-Suiza-Motor unbekannten Typs, die **D.532** einen Rolls-Royce Kestrel und die **D.535** einen HS 12Xbrs. Mit der **D.534** wurden Fallschirmversuche durchgeführt.

# Dewoitine D.37 (Serie)

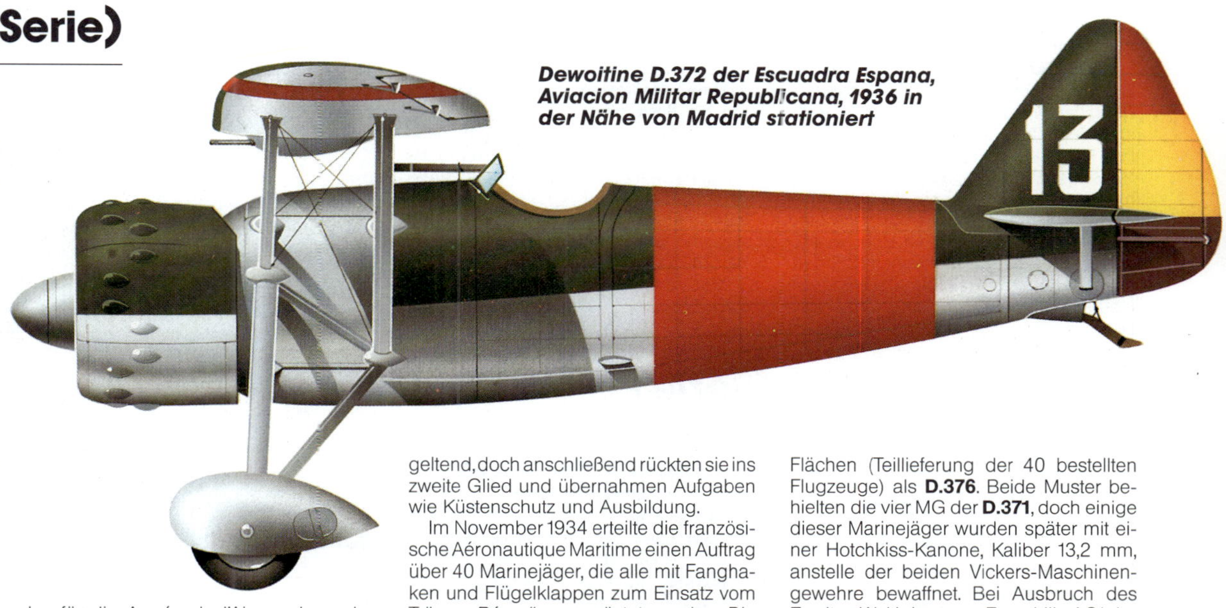


***Dewoitine D.372 der Escuadra Espana, Aviacion Militar Republicana, 1936 in der Nähe von Madrid stationiert***

Ungefähr zur gleichen Zeit entwickelt wie die D.500, markierte die **Dewoitine D.37** den Höchststand des Dewoitine-Schirmeindecker-Jägerkonzepts. Die im August 1932 von der Firma Lioré-et-Olivier mit einem 515 kW (700PS) starken Sternmotor Gnome-Rhône 14Kds fertiggestellte **D.37** ermutigte zur Fortführung der Entwicklung. Der überarbeitete Prototyp **D.371** mit einem Gnome-Rhône 14Kds, der 589 kW (800 PS) erzeugte, flog erstmals im September 1934. Diese Maschine hatte einen Ganzmetallrumpf in Schalenbauweise und stoffbespannte Metallflächen. Die Hauptbaugruppen des breitspurigen Fahrgestells bildeten eine komplexe Struktur mit Stützstreben gegen den Rumpf und die Frontstützen des Tragwerks. Die Armée de l'Air bestellte im Frühjahr 1935 eine Serie von 28 **D.371**, die sich vom Prototyp in erster Linie durch ihren Sternmotor Gnome-Rhône 14Kfs mit eng angelegter Motorverkleidung unterschieden. Die Bewaffnung bestand aus zwei flügelmontierten Darne-Maschinengewehren und zwei synchronisierten Vickers-Bugmaschinengewehren.

Litauen orderte 14 Exemplare der Exportversion **D.372**, übernahm aber schließlich sieben D.500 und sieben D.501 mit Kanonenbewaffnung. Vom Baulos für die Armée de l'Air wurden zehn **D.371** abgezweigt, die 1936 zusammen mit 14 **D.372** an die republikanische Regierung Spaniens gingen. Zwei weitere **D.372**, die die saudi-arabische Regierung in ihrem Namen bestellt hatte, damit Frankreich sich nicht öffentlich zur Sache der spanischen Republikaner bekannte, wurden wenig später nach Barcelona geliefert. Alle spanischen Jäger erhielten schließlich zwei 7,7-mm-Vickers-MG als Bewaffnung. In zwei Gefechtsmonaten während der ersten Phase des Spanischen Bürgerkriegs machten diese Jäger 21 Flugzeugabschüsse der Nationalisten geltend, doch anschließend rückten sie ins zweite Glied und übernahmen Aufgaben wie Küstenschutz und Ausbildung.

Im November 1934 erteilte die französische Aéronautique Maritime einen Auftrag über 40 Marinejäger, die alle mit Fanghaken und Flügelklappen zum Einsatz vom Träger „Béarn" ausgerüstet wurden. Die Grundmarineversion bezeichnete man als **D.373** und die Variante mit klappbaren Flächen (Teillieferung der 40 bestellten Flugzeuge) als **D.376**. Beide Muster behielten die vier MG der **D.371**, doch einige dieser Marinejäger wurden später mit einer Hotchkiss-Kanone, Kaliber 13,2 mm, anstelle der beiden Vickers-Maschinengewehre bewaffnet. Bei Ausbruch des Zweiten Weltkriegs war Escadrille AC1 der Marine noch immer mit der **D.373** und **D.376** ausgerüstet.

**TECHNISCHE DATEN**
**Dewoitine D.371**

**Typ:** einsitziger Jäger
**Triebwerk:** ein Sternmotor Gnome-Rhône 14Kfs mit 685 kW (930 PS)
**Leistung:** Höchstgeschwindigkeit 405 km/h in 4400 m Höhe; absolute Gipfelhöhe 11.000 m; Reichweite 900 km
**Gewicht:** Rüstmasse 1295 kg; max. Startmasse 1860 kg
**Abmessungen:** Spannweite 11,80 m; Länge 7,44 m; Höhe 3,40 m; Tragflügelfläche 17,80 m²
**Bewaffnung:** zwei synchronisierte Vickers-Bugmaschinengewehre, Kaliber 7,7 mm, und zwei 7,5-mm-MAC-Maschinengewehre, die so in den Flächen montiert waren, daß sie außerhalb des Propellerkreises nach vorn feuerten

***Die Franzosen waren erfindungsreich bei der Bewaffnung ihrer Jäger. Diese D.371 war mit zwei 20-mm-Oerlikon-Kanonen auf den Tragflächen und rumpfmontierten Maschinengewehren ausgerüstet.***

***Dewoitine D.371***

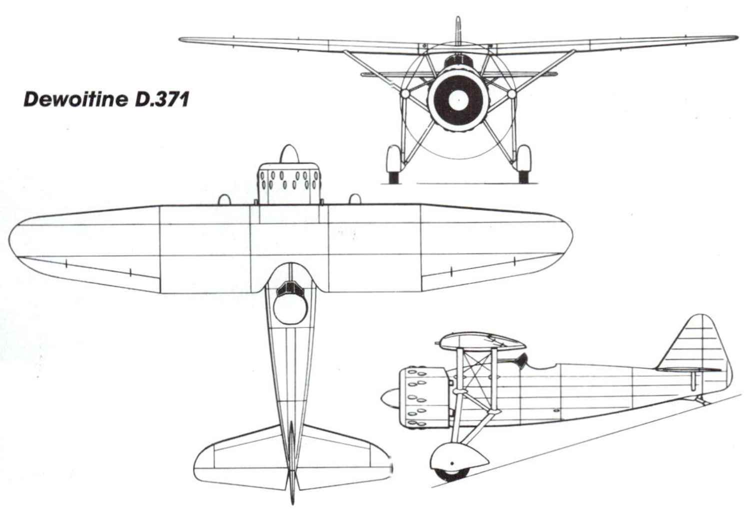

# Dewoitine D.332

Die **Dewoitine D.332**, ein vollständig aus Metall konstruierter freitragender Tiefdekker, war eine achtsitzige Passagiermaschine, die Marcel Doret am 11. Juli 1933 erstmals flog. Die Hauptfahrwerksbeine hatten Hosenverkleidungen, und das einteilige, abgestrebte Seitenleitwerk zeigte die typische Dewoitine-Form. Der Pilot und der Kopilot saßen nebeneinander in einer Kabine vor der Nasenkante des Tragwerks, und die Station des Bordfunkers lag direkt hinter ihnen. Die Passagierkabine war sehr geräumig sowie gut beheizt und belüftet und die Sitze ließen sich für Nachtflüge in eine bequeme Liegestellung bringen. Für den Antrieb sorgten drei Sternmotoren vom Typ Wright Cyclone, von Hispano-Suiza in Lizenz gefertigt.

Die neue Verkehrsmaschine stellte am 7. September 1933 stellte sie einen Klassenweltrekord auf, indem sie die 1000-km-Distanz mit einer Nutzlast von zwei Tonnen bei einer Durchschnittsgeschwindigkeit von 259,56 km/h zurücklegte. Da die **D.332** für eine planmäßige Flugverbindung der Air France nach Saigon (Französisch-Indochina, jetzt Vietnam) vorgesehen war, startete sie am 21. Dezember 1933 zum Pionierflug zu diesem Bestimmungsort, an dem sie am 28. Dezember eintraf. Auf dem Rückflug, nur noch rund 400 km vom Flughafen Le Bourget entfernt, prallte die **D.332** in einem Schneesturm gegen einen Hügel in der Nähe von Corbigny. Alle Insassen kamen dabei ums Leben.

**Varianten**

**D.333:** Trotz des Absturzes der D.332 orderte Air France drei D.333; diese Version hatte eine stärkere Zelle, war für zehn Passagiere eingerichtet und wog voll beladen 1650 kg mehr; die Maschinen beflogen mehrere Jahre lang die Teilstrecke Toulouse-Dakar (Westafrika)

**D.338:** Nach dem Erstflug des D.338-Prototyps im Jahre 1936 kaufte Air France 30 Serienflugzeuge; diese Verkehrsmaschinen hatten Einziehfahrwerke, eine etwas größere Spannweite und einen 318 cm längeren Rumpf im Vergleich zur D.332; im Kurz- und Mittelstreckenbetrieb waren sie für 22 Fluggäste eingerichtet, und auf den Fernostverbindungen boten sie zwölf komfortable Sitzplätze; von drei Hispano-Suiza-Sternmotoren V16/17 mit je 478 kW (650 PS) angetrieben, kam die D.338 auf eine Spitzengeschwindigkeit von 301 km/h und eine Reisegeschwindigkeit von 260 km/h; der Typ schuf sich einen guten Ruf ob seiner Zuverlässigkeit, und im Zweiten Weltkrieg bedienten zahlreiche Maschinen die Passagierstrecken der französischen Übersee-Territorien; neun nach dem Krieg noch lufttüchtige Exemplare beflogen mehrere Monate lang die Strekke Paris–Nizza

**D.343:** Einzelexemplar von 1939 mit verbesserter Linienführung, Passagierkabine für 24 Personen und Sternmotoren Gnome-Rhône 14N mit je 673 kW (915 PS); F-ARIZ 1942 an Air France geliefert

***Die D.338 hatte den Motortyp und die Zelle mit der D.332 gemein, war aber viel leistungsfähiger. Dieses Muster war zeitweilig die Hauptstütze der Air France.***

**D.620:** Weiterentwicklung der D.338 mit drei aufgeladenen Sternmotoren Gnome-Rhône 14Krsd mit je 648 kW (880 PS) und Sitzeinrichtung für 30 Passagiere; das einzige Exemplar erreichte nie den Liniendienst, und sein Schicksal ist unbekannt

**TECHNISCHE DATEN**
**Dewoitine D.332**

**Typ:** achtsitziges Passagierflugzeug
**Triebwerke:** drei Sternmotoren Hispano-Suiza 9V mit je 423 kW (550 PS); (Lizenzproduktion des Wright Cyclone)
**Leistung:** Höchstgeschwindigkeit 300 km/h; Reisegeschwindigkeit 250 km/h; Dienstgipfelhöhe 6300 m; Reichweite 2000 km
**Gewicht:** Rüstmasse 5280 kg; max. Startmasse 9350 kg
**Abmessungen:** Spannweite 29 m; Länge 18,95 m; Tragflügelfläche 80 m²

# Dewoitine D.500 (Serie)

Die **Dewoitine D.500** basiert auf einer Leistungsbeschreibung des französischen Luftfahrtministerium für einen Jagdeinsitzer, der die 1928-1931 in Dienst gestellte Nieuport 62/622 ablösen sollte. Die **D.500** war ein weitaus attraktiveres Muster, denn die antiquierte Struktur der Nieuport 62/622 war einem gut durchkonstruierten, freitragenden Tiefdeckertragwerk gewichen. Die Maschine bestand vollständig aus Metall, einschließlich der Außenhaut. Ansonsten entsprach die Konstruktion des Rumpfes, der Tragflächen und des abgestrebten Leitwerks den bewährten Praktiken. Das starre Spornrad-Fahrwerk erinnerte stark an das Konzept der **D.37-Serien**. Den Antrieb des Prototyps **D.500.01**, der erstmals am 19. Juni 1932 flog, lieferte ein 486 KW (660 PS) starker Reihenmotor Hispano-Suiza 12Xbrs.

Mit einem Auftrag vom 23. November 1933 über 57 Jagdflugzeuge **D.501** lief die Serienfertigung an. Dennoch wiesen die **D.500-Serien**, die bei Dewoitine, Loire-Nieuport, Lioré-et-Olivier und, nach der Verstaatlichung der französischen Luftfahrtindustrie, bei SNCASE rund 380 Jäger ergaben, erhebliche Unterschiede auf, vor allem in bezug auf Antrieb und Bewaffnung. Die bei Ausbruch des Zweiten Weltkriegs meistgenutzte Version war die **D.510** mit dem stärkeren Hispano-Suiza-Motor 12Ycrs, der 633 kW (860 PS) abgab, erweitertem Tankvolumen, etwas längerer Flugzeugnase und verfeinertem Hauptfahrwerk. Diese Jäger rüsteten im September 1939 die in Frankreich stationierten Gruppen GC I/1, II/1 und I/8 aus, während bei etlichen Überseestaffeln sowohl die **D.501** als auch die **D.510** flogen. Von den in Frankreich stationierten Jagdstaffeln waren die meisten **D.500** vor dem deutschen Angriff im Mai 1940 abgezogen oder den Überseestaffeln zugeführt worden, denn mit einer Geschwindigkeit von 400 km/h hatten die **D.510**-Jäger gegen die Messerschmitt Bf 109 keine Chance.

**TECHNISCHE DATEN**
**Dewoitine D.501**

**Typ:** einsitziger Jäger
**Triebwerk:** ein Reihenmotor Hispano-Suiza 12Xcrs mit 508 kW (690 PS)
**Leistung:** Höchstgeschwindigkeit 335 km/h in 2000 m Höhe; Marschgeschwindigkeit 225 km/h; Steigzeit auf 1000 m Höhe 1 Minute, 20 Sekunden; Dienstgipfelhöhe 10.200 m; Reichweite 870 km
**Gewicht:** Leermasse 1287 kg; max. Startmasse 1787 kg
**Abmessungen:** Spannweite 12,09 m; Länge 7,56 m; Höhe 2,70 m; Tragflügelfläche 16,50 m²
**Bewaffnung:** eine 20-mm-Kanone HS S7 (Oerlikon), die durch die Propellernabe feuerte, und zwei flächenmontierte 7,5-mm-Darne-Maschinengewehre

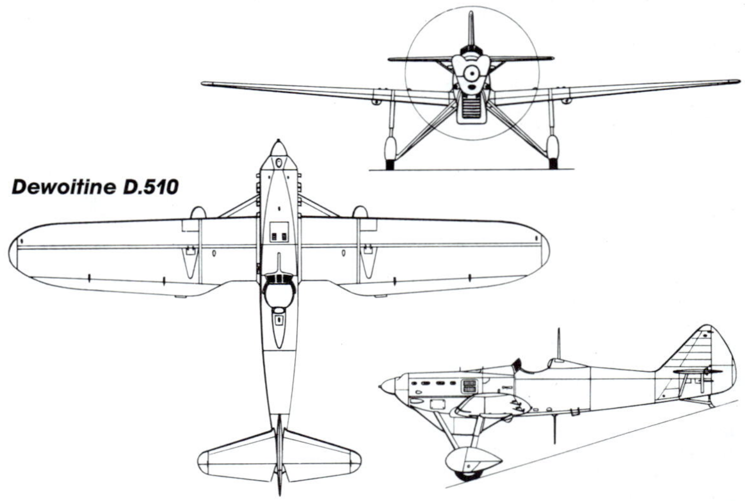

***Dewoitine D.510***

***Dewoitine D.510 der 1. Escadrille, Groupe de Chasse I/8, Armée de l'Air, im September 1938 in Marignane stationiert***

# Dewoitine D.520 bis Dornier Do 27

**Die D.520 war Frankreichs bester Jäger zu Beginn des Zweiten Weltkriegs, nach welchem Dewoitine als Konstrukteur nach Argentinien ging. Claudius Dornier war ein Pionier für Wasserflugzeuge und freitragender Ganzmetallkonstruktionen. 1910 trat er in die Zeppelin-Werke Lindau ein, die 1922 als Dornier-Metallbauten wiedergegründet wurden.**

## Dewoitine D.520

Die Lehren, die das Unternehmen aus der Konstruktion der Prototypen D.513 gezogen hatte, nutzte es nach Abschluß der Entwicklung, um den modern zugeschnittenen Jäger **Dewoitine D.520** zu produzieren. Die erste von zwei Versuchsmaschinen absolvierte ihren Jungfernflug am 2. Oktober 1938. Hinter dem Cockpit sah der freitragende Tiefdecker fast genauso aus wie die D.513, aber der Abschnitt vor der Kanzel war von Grund auf neu konzipiert: Das Tragwerk hatte in der Draufsicht eine andere Form mit stärker betonter V-Stellung, und die Flugzeugnase war sauber um den Motor herum gestaltet. Noch vor dem Erstflug des letzten Prototyps am 5. Mai 1939 lagen bereits Aufträge für mehr als 200 Flugzeuge vor.

Bis dahin waren letzte Details für die Serienjäger abgeklärt, deren Antrieb der Hispano-Suiza 12Y 45 mit Szydlowski-Lader liefern sollte. Der erste dieser zweifellos besten Jäger französischer Abstammung, über den die Armée de l'Air im Zweiten Weltkrieg verfügte, flog am 31. Oktober 1939. Bis Mitte Juni 1940 hatte Dewoitine allerdings erst rund 300 **D.520** ausgeliefert und zum Zeitpunkt der Waffenstillstandsvereinbarung mit Deutschland am 25. Juni 1940 insgesamt 403 Exemplare gebaut. In Vichy, Frankreich, wurde die Fortführung der **D.520**-Produktion genehmigt, so daß bis zur Besetzung des Landes insgesamt 478 Flugzeuge gefertigt waren. Erbeutete und neue Serienjäger gingen an deutsche Verbündete wie Bulgarien, Italien und Rumänien, während die Luftwaffe diese Modelle anschließend zur Jägerschulung verwendete.

### TECHNISCHE DATEN
**Dewoitine D.520**

**Typ:** einsitziges Jagdflugzeug
**Triebwerk:** ein Reihenmotor Hispano-Suiza 12Y 45 mit 688 kW (935 PS)
**Leistung:** Höchstgeschwindigkeit 534 km/h in 5500 m Höhe; Steigzeit auf 4000 m Höhe 5 Minuten und 48 Sekunden; Dienstgipfelhöhe 10.500 m; Reichweite bei normaler Marschgeschwindigkeit 1530 km
**Gewicht:** Leermasse 2036 kg; max. Startmasse 2677 kg
**Abmessungen:** Spannweite 10,20 m; Länge 8,60 m; Höhe 2,57 m; Tragflügelfläche 15,97 m²
**Bewaffnung:** eine 20-mm-Kanone, Hispano-Suiza HS 404, durch die Propellernabe feuernd, und vier 7,5-mm-Maschinengewehre MAC 34 M39 in den Flächen

*Dewoitine D.520*

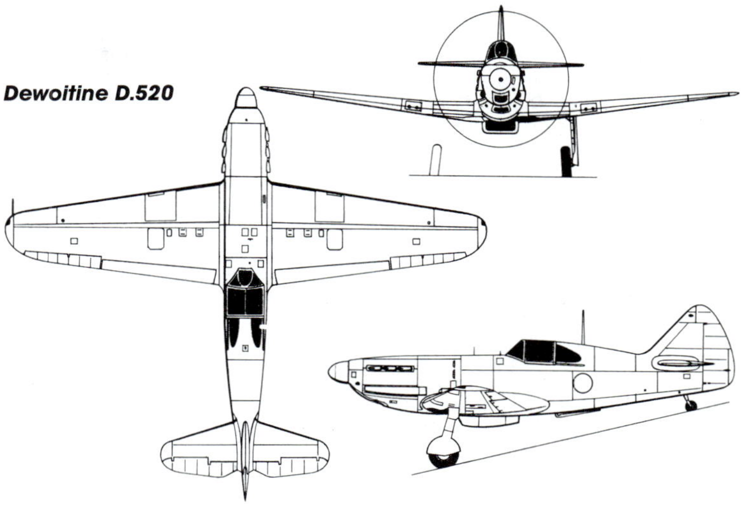

**Varianten**

**D.521:** Bezeichnung einer einzelnen D.520 nach dem Einbau eines Rolls-Royce Merlin III-Reihenmotors mit 768 kW (1044 PS); von der geplanten Serienfertigung dieser Version nahm man später jedoch Abstand, zumal sich das schwere Merlin-Triebwerk ohnehin als nicht geeignet erwies

**D.524:** D.521 nach dem Austausch des Merlin-Motors gegen einen Hispano-Suiza 12Z mit 883 kW (1200 PS); auch dieses Projekt wurde aufgegeben

## Dewoitine HD.730

*Der erste Prototyp Dewoitine HD.730 bei der Erprobung 1940*

Die französische Marine forderte 1937 ein leichtes Beobachtungsflugzeug, das zum Katapultstart geeignet sein sollte. Dazu entwarf eine von Emile Dewoitine geleitete Konstruktionsgruppe die **Dewoitine HD.730** für die Société Nationale de Constructions Aéronautiques du Midi (SNCAM), den Staatskonzern, in dem die Firma Dewoitine aufgegangen war.

Bis auf die stoffbespannten Kontrollflächen hatte man die **HD.730** als freitragenden Tiefdecker vollständig aus Metall konstruiert. Das Tragwerk ließ sich zur Unterbringung an Bord beiklappen, als Fahrgestell dienten Zwillingsschwimmer, das geteilte Seitenleitwerk enthielt Ruder an Endplatten, und die zweiköpfige Besatzung war hintereinander im Rumpf unter einem langgestreckten Kabinendach aus transparentem Material untergebracht. Im März 1938 wurden zwei Prototypen bestellt, die zunächst einen Reihenmotor Renault 6Q-03 als Antrieb erhielten. Im Februar 1940 startete vom Etang de Berre aus erstmals die Versuchsmaschine **HD.730.01**. Die Erprobung dieser Maschine und der **HD.730.02** zeigte, daß ein stärkerer Antrieb nötig war. Für die Serienproduktion sah man daher einen Bearn-6D-Kolbenmotor mit 258 kW (350 PS) vor. Mit dem Zusammenbruch Frankreichs wurde die Entwicklung der **HD.730**-Prototypen jedoch vorübergehend eingestellt.

Trotz der Kapitulation entstand aber noch ein drittes überarbeitetes Flugzeug mit der Bezeichnung **HD.731.01**. Die im Vergleich zur **HD.730** kleinere Maschine, die mit dem für die Serienflugzeuge eingeplanten Bearn-6D-Triebwerk ausgerüstet war, flog erstmals am 11. März 1941. Es fanden etliche Modifikationen statt, bis man erkannte, daß eine größere Flügelfläche erforderlich war, und von einer weiteren Entwicklung absah.

Inzwischen hatte man die beiden Original-Prototypen auf den Bearn 6D umgestellt, doch nur die **HD.730.02** kam in die Luft. Diese Maschine flog fünf Jahre lang im Start-Änderungsstopp-Verfahren.

**Variante**

**HD.732:** Prototyp einer Schulversion mit Renault-6Q; Konstruktion abgebrochen

### TECHNISCHE DATEN
**Dewoitine HD.730.01**

**Typ:** Prototyp eines zweisitzigen Aufklärungsschwimmerflugzeugs
**Triebwerk:** ein Reihenmotor Renault 6Q-03 mit 162 kW (220 PS)
**Leistung:** Höchstgeschwindigkeit 230 km/h in 2000 m Höhe; Marschgeschwindigkeit 225 km/h in 1500 m Höhe; Dienstgipfelhöhe 5120 m; Reichweite ohne Bomben 1350 km
**Gewicht:** Leermasse 1173 kg; max. Startmasse 1870 kg
**Abmessungen:** Spannweite 12,60 m; Länge 9,75 m; Höhe 3,18 m; Tragflügelfläche 20 m²
**Bewaffnung:** zwei 7,5-mm-Darne-Maschinengewehre (eins vorwärtsfeuernd und das für den Bordschützen auf Schwenklafette) sowie bis zu acht 10-kg-Bomben

***Das durchaus vorhandene Potential der HD.730 blieb durch die langwierige Entwicklung mit zu schwachen Motoren ungenutzt.***

# Donnet-Denhaut-Flugboote

Donnet und Denhaut gründeten 1914 ein gemeinschaftliches Unternehmen mit Werkstätten auf der Isle de la Jatte. Als die französische Marine zu Beginn des Ersten Weltkriegs mit deutschen U-Booten konfrontiert wurde, stand ihr lediglich eine kleine Gruppe von Seeflugzeugen unterschiedlicher Typen zur Verfügung. Man ersuchte daher etablierte Firmen, darunter auch Donnet-Denhaut, eine größere Stückzahl von Flugbooten zur Überwachung der Küstengebiete zu produzieren. Als 1916 die ersten **Donnet-Denhaut-Flugboote** in Dienst gingen, stellten sie einen erheblichen Fortschritt gegenüber den frühen FBA-Mustern dar. Angetrieben von Salmson/Canton-Unné-Motoren mit 118 kW (160 PS), boten sie eine Flugdauer von 4,5 Stunden und konnten ein Paar 35 oder 52 kg schwere Bomben mitführen.

Typisch für alle **Donnet-Denhaut-Flugboote** (von denen bis 1922 mehr als 1100 gebaut wurden) waren die ungleiche Spannweite des stoffbespannten Doppeldecker-Tragwerks und der mit Sperrholz beplankte Bootsrumpf in Holzbauweise. Die **Denhaut**-Muster zeichnete die unter den französischen Flugbooten einzigartige Besonderheit aus, daß ihr Seitenleitwerk integraler Bestandteil des Bootsrumpfhecks und das Ruder aufgrund des mittelhoch angesetzten Höhenleitwerks geteilt war. Die ersten Serienmaschinen mit der Bezeichnung **HB.2** (Hydravion de Bombardement 2-Places, zweisitziges Bomberflugboot) wiesen die für Denhaut typischen Tragflächen ungleicher Spannweite auf, doch diese waren nur einfach gestielt. Auf dem Höhepunkt der Produktion wurde ein zweistieliges Tragwerk eingeführt. Wie bei allen einmotorigen Flugbooten dieser Zeit saß der Pilot in einem offenen Cockpit auf Höhe der Vorderkante des Tragwerks und der Beobachter/Bordschütze, der die Abwehrwaffe, ein 7,7-mm-Maschinengewehr, bediente, weiter vorn im Bug. Der Motor war zwischen Ober- und Unterflügel aufgehängt und trieb einen Zweiblatt-Druckpropeller an.

Als nächstes bot das Unternehmen die **DD.2** mit einem 110 kW (150 PS) starken Hispano-Suiza-Triebwerk an. Es folgte die **DD.8**, die im Mai 1917 in Serie ging. Diese Version hatte nicht nur einen leistungsstärkeren Hispano-Suiza-Motor, sondern auch eine erheblich verstärkte Struktur, einschließlich eines Diagonalstrebenpaars pro Seite zwischen den Außenflächen. **DD.2** und **DD.8** waren nicht nur bei der französischen Aéronavale Maritime weitverbreitet im Einsatz, sondern wurden in beträchtlicher Zahl auch von der US Navy genutzt, die sie 1917/18 von acht Stützpunkten in Frankreich aus flog. Darüber hinaus beschaffte Portugal eine Baureihe für die Seeluftstreitkräfte, die einige Exemplare bis 1923 verwendete.

Nachdem die Deutschen im Mai 1917 vier in Dünkirchen stationierte FBA-Flugboote zur Landung gezwungen und gekapert hatten, wurde ein Eilprogramm zur Produktion französischer Flugboote mit schwererer Bewaffnung eingeleitet. Denhaut konstruierte die **DD.9** für eine Dreimann-Besatzung mit Zwillingsmaschinengewehrstationen vorn und mittschiffs, und baute rund 100 solcher Flugboote. Im Erscheinungsbild glich die **DD.9** einer größeren Ausgabe der **DD.8**, aber das Doppeldecker-Tragwerk war vierfach gestielt und das erweiterte Ruder rundlich geformt. Für den Antrieb sorgte derselbe Motortyp mit 147 kW (200 PS). Die nächste Entwicklung der **DD.8** ergab einen dreistieligen Doppeldecker der Kategorie HB.3 mit einem 221 kW (300 PS) starken Hispano-Suiza 8Fd (und einem Salmson entsprechender Leistung) als Antrieb. Diese Version wurde häufig **Donnet-Denhaut 300-PS** bezeichnet. Tatsächlich unterschied man die meisten Flugboote dieser Periode bei der französischen Marine eher nach PS als nach den teilweise doch recht umständlichen Herstellerbezeichnungen.

Die Entwicklung der **Donnet-Denhaut-Flugboote** gipfelte in der zweimotorigen **DD.10** von 1918. Bei diesem dreistieligen Doppeldecker waren zwei Hispano-Suiza-Motoren mit je 221 kW (300 PS) an Streben zwischen dem Bootsrumpf und dem Mittelstück des Oberflügels so montiert, daß sie eine Zug- und Druckschraube antrieben. Die Bewaffnung umfaßte vier Maschinengewehre in zwei Bug- und einem Mittschiffsgefechtsstand. Der Waffenstillstand vom November 1918 verhinderte, daß die **DD.10** noch Kampfeinsätze flog, und es ist zweifelhaft, ob alle der 30 bestellten Flugzeuge ausgeliefert wurden. Nach dem Krieg trennten sich Donnet und Denhaut, aber Hydravions J. Donnet führte die Produktion des Modells mit 221 kW (300 PS) in begrenztem Umfang fort. 1919 wurden einige Maschinen für die zivile Luftfahrt hergerichtet, und im November 1921 wurde eine Verbindung zwischen Antibes und Ajaccio (Korsika) mit **Donnet-Flugbooten** eingeweiht. Die Betriebsgesellschaft, unterhielt eine kleine Gruppe bis zur Verschrottung des letzten Exemplars im Jahre 1927.

***Die DD.8 war das erfolgreichste Flugboot des Unternehmens. Dieses Exemplar war dem Seefliegerhorst Brest zugeordnet.***

**TECHNISCHE DATEN**
**Donnet-Denhaut DD.8**

**Typ:** Küstenaufklärungs- und Seepatrouillenflugboot
**Triebwerk:** ein Reihenmotor Hispano-Suiza 8A V-8 mit 147 kW (200 PS)
**Leistung:** Höchstgeschwindigkeit 130 km/h; Reichweite 500 km
**Gewicht:** Rüstmasse 950 kg; max. Startmasse 1800 kg
**Abmessungen:** Spannweite 16,80 m; Länge 9,50 m; Höhe 3,00 m; Tragflügelfläche 61 m²
**Bewaffnung:** ein Lewis-Maschinengewehr, Kaliber 7,7 mm, und bis zu 104 kg Bomben

***Gemessen am damaligen Standard war die DD.9 mit je einem Zwillings-MG im Bug- und Mittschiffsgefechtsstand recht gut geschützt. Zwischen diesen beiden Ständen ragt das Motorträgergerüst empor.***

***Die DD.10 war ein vierstieliger Doppeldecker. Bemerkenswert sind die Motoren in Tandemanordnung, die Strebenverbindung zwischen den Querrudern von Ober- und Unterflügel sowie die Rückenfinne.***

# Dorand AR.1/AR.2

Colonel Dorand, seinerzeit Chef der Section Technique de l'Aéronautique des französischen Heeres, entwarf 1916 einen zweisitzigen Aufklärungsdoppeldecker, den die staatliche Flugzeugwerft in Chalais-Meudon und im Unterauftrag die Unternehmen Farman sowie Letord in beträchtlicher Stückzahl fertigten. Für damalige Zeiten recht herkömmlich konstruiert, hob sich das Muster jedoch durch zwei einzigartige Merkmale ab: Die Oberflügel waren gegenüber dem Unterflügel horizontal zurückgestaffelt, und der Rumpf ruhte ein gutes Stück über dem Unterflügel. Beide Flächen wiesen große Ausschnitte an der Hinterkante auf. Den Betrieb auf rauhen Flugfeldern ermöglichte ein starres Schleifsporn-Fahrwerk, und den Antrieb der ersten Serienversion **Dorand AR.1** besorgte ein Reihenmotor Renault 8Gdy. Die zweite Baureihe **AR.2** war ähnlich, abgesehen von der reduzierten Spannweite und dem Renault 8Ge mit 140 kW (190 PS).

In großer Stückzahl für die Aviation Militaire gebaut, wurde dieses Muster vom Frühling 1917 bis Anfang 1918 an den Fronten im Westen und in Italien eingesetzt. Auch das amerikanische Expeditionskorps beschaffte **AR.1** und **AR.2**. Insgesamt kauften die USA 22 **AR.1** und 120 **AR.2** zur Anfänger- und Fortgeschrittenenschulung. Dorands erster Entwurf, die DO.1, hatte sich nicht durchsetzen können.

***Die nicht gerade überragende AR.1 zeichnete sich dadurch aus, daß das Tragwerk zurückgestaffelt und der Rumpf mit Abstand zum Mittelstück des Ober- und Unterflügels plaziert war.***

**TECHNISCHE DATEN Dorand AR.1**

**Typ:** zweisitziger Aufklärungsdoppeldecker
**Triebwerk:** ein Reihenmotor Renault 8Gdy mit 147 kW (200 PS)
**Leistung:** Höchstgeschwindigkeit 148 km/h in 2000 m Höhe
**Gewicht:** max. Startmasse 1315 kg
**Abmessungen:** Spannweite 13,30 m; Länge 9,15 m; Tragflügelfläche 50,17 m²
**Bewaffnung:** ein starres, vorwärtsfeuerndes Vickers-Maschinengewehr mit Synchronisiereinrichtung und ein oder zwei schwenkbare Lewis-Maschinengewehre, Kaliber 7,7 mm

# Dornier Do 17/Do 215

Auf die Ausschreibung der Lufthansa von 1933, die ein sechssitziges Passagier- und Postflugzeug forderte, entwarf Dornier einen Schulterdecker in Ganzmetallbauweise, als Antrieb sollten zwei Reihenmotoren BMW VI mit je 486 kW (660 PS) dienen. Drei Prototypen dieser **Dornier Do 17** wurden 1934 gebaut. Die Flugzeuge durchliefen zu Beginn des nächsten Jahres ein Erprobungsprogramm durchliefen und wiesen hervorragende Flugleistungen nach. Der schlanke Rumpf bot jedoch so wenig Passagierraum, daß die Lufthansa Abstand nahm und die drei Versuchsmaschinen an den Hersteller zurückgab. Dem RLM war jedoch das militärische Potential dieses Musters nicht entgangen, und im Sommer 1935 flog ein vierter Prototyp **Do 17 V4** mit gekürztem Rumpf und Doppelseitenruder. Weitere Versuchsmaschinen der Entwicklungsreihe waren die **V5** mit Hispano-Suiza 12Ybrs mit je 633 kW (860 PS) als Antrieb, die **V7** mit einem 7,92-mm-Maschinengewehr (MG 15) im Rückenturm und die von zwei BMW VI mit je 552 kW (750 PS) angetriebene **V10**. Als erste Serienversionen erschienen die Bomber **Do 17E-1** und die Aufklärer **Do 17F-1**, die sich beide im Jahre 1937 bei Einsätzen im Spanischen Bürgerkrieg bewährten.

**Varianten**

**Do 17E-1:** Der aus der V9 hervorgegangene Bomber hatte einen gekürzten, weitgehend verglasten Bug und konnte im ganzen eine 500 kg schwere Bombenlast mitführen

**Do 17F-1:** Fernaufklärerversion mit zwei Luftbildkameras und erhöhter Treibstoffkapazität

**Do 17K:** die für Jugoslawien entwickelte Do 17K entsprach grundsätzlich der Do 17M, doch den Antrieb lieferten zwei Gnome-Rhône 14N1/2 mit je 721 kW (980 PS); die Drzavna Fabrika Aviona in Kraljevo fertigte diesen Typ in Lizenz; die drei Varianten trugen die Bezeichnung Do 17Kb-1 (Bomber) beziehungsweise Do 17Ka-2 und Do 17Ka-3 (Einsatz auch als Aufklärer und Bomber in Zweitfunktion)

***Die Do 17E-1 war die erste Baureihe dieses berühmten Bombers. Die Standardzuladung bestand aus insgesamt zehn 50-kg-Bomben oder wahlweise aus vier 100-kg-Bomben.***

**Do 17L:** zwei Prototypflugzeuge einer vorgeschlagenen Pfadfinderversion mit zwei Bramo 323A-1-Triebwerken mit insgesamt je 662 kW (900 PS) als Antrieb; keine Serienfertigung

**Do 17M:** V13 und V14 mit Bramo 322A-1-Motoren als Vorläufer der Baureihe Do 17M-1; letztere konnte eine 1000-kg-Bombenlast mitführen und war mit drei MG 15, Kaliber 7,92 mm, bewaffnet. Eins war auf dem Rücken, eins unter dem Bauch und eins war in der Kanzel auf der rechten Seite untergebracht

**Do 17R:** zwei Motorenversuchsträger, einer mit Daimler-Benz DB 600G mit je 699 kW (950 PS) und der andere mit Daimler-Benz DB 601A mit je 736 kW (1000 PS)

**Do 17P:** Luftbildaufklärungsversion der Do 17M, angetrieben von zwei 644 kW (875 PS) starken Sternmotoren BMW 132N und ausgerüstet mit Rb20/30- sowie Rb50/30-Kameras; Serie Do 17P-1 mit Rb20/8 und Rb50/8

**Do 17S-0:** drei Hochgeschwindigkeitsaufklärer mit DB-600G-Motoren zur Erprobung einer Gefechtstation in der erweiterten Bugwanne für einen liegenden Bordschützen, der ein MG 15 zur Abwehr nach hinten einsetzt; der Bug war umfassend verglast

**Do 17U:** 15 Pfadfinderflugzeuge Do-17U-0 und Do 17U-1 für eine Fünfmann-Besatzung, einschließlich zweier Bordfunker, wurden gebaut

**Do 17Z:** die am stärksten vertretene Version der Do 17Z, von der zwischen 1939 und 1940 1700 Exemplare gebaut wurden; erschien in mehreren Ausführungen: Do 17Z-0 ähnlich wie die Do 17S, angetrieben von zwei Bramo 323A-1 mit je 662 kW (900 PS) und bewaffnet mit drei MG 15; Do 17Z-1 hatte zusätzlich ein MG 15 im Bug, war aber untermotorisiert und konnte daher nur eine 500 kg schwere Bombenlast tragen; der Einbau von Bramo-323P-Motoren mit je 736 kW (1000 PS) in die Do 17Z-2 ermöglichte es, die Bombenlast wieder auf 1000 kg anzuheben und diese Maschinen mit bis zu acht MG 15 zu bewaffnen; für den Aufklärungsdienst wurden 22 Do 17Z-3 mit Rb50/30 oder Rb20/30 gefertigt; die Do 17Z-4 war eine Schulversion mit Doppelsteuer und die Do 17Z-5 im wesentlichen eine Do 71Z-2 mit Schwimmerbälgen im Rumpf und im hinteren Teil der Motorzellen; das Einzelexemplar Do 17Z-6 Kauz I war ein Langstrecken-Störflugzeug und Nachtjäger mit der Flugzeugnase einer Ju 88C-2 und einer 20-mm-Kanone MG FF sowie drei 7,92-mm-Maschinengewehren MG 17 als Bewaffnung; für die neun Nachtjäger Do 17Z-10 Kauz II wurde ein neuer Bug zur Unterbringung von je vier MG 17 und MG FF entwikkelt; zudem waren sie mit Bordradar Lichtenstein C1 und Infrarotdetektor Spanner II ausgerüstet

**Do 215:** für den Export entwickelte Version der Do 17Z; 18 im Jahre 1939 von Schweden bestellte Exemplare der Do 215A-1 (mit Daimler-Benz DB 601A-Motoren mit je 791 kW/1075 PS) fielen unter ein Lieferembargo und wurden statt dessen der Luftwaffe als Do 215B-0 und Do 215B-1 zugeführt; zwei Do 215B-3 gingen 1940 an die Sowjetunion, und die Do 215B-4 war eine Luftbildaufklärungsversion mit Rb20/30- und Rb50/30-Kameras; der Nachtjäger mit der Bezeichnung Do 215B-5 erhielt ähnlich wie die Version Do 17Z-10 eine neue Flugzeugnase und eine entsprechende Bewaffnung

**TECHNISCHE DATEN**
**Dornier Do 17Z-2**

**Typ:** viersitziger mittelschwerer Bomber
**Triebwerke:** zwei Sternmotoren Bramo 323P Fafnir mit je 736 kW (1000 PS)
**Leistung:** Höchstgeschwindigkeit 410 km/h in 1220 m Höhe; Marschgeschwindigkeit 300 km/h in 4000 m Höhe; Dienstgipfelhöhe 8200 m; Reichweite 1160 km
**Gewicht:** Leermasse 5210 kg; max. Startmasse 8590 kg
**Abmessungen:** Spannweite 18 m; Länge 15,80 m; Höhe 4,55 m; Tragflügelfläche 55 m$^2$
**Bewaffnung:** bis zu sieben 7,92-mm-Maschinengewehre MG 15 und eine Bombenlast von 1000 kg

***Die Do 215B-1 entstand als Bomber Do 215A-1 für die schwedische Luftwaffe, wurde aber auf dem Montageband zum Fernaufklärer für die 3./Aufklärungsstaffel/Obd L fertiggestellt.***

***Bomber Do 17Z-2 der 15. Staffel des kroatischen Kampfgeschwaders 53. Mit der Z-2 wurde eine schwerere Bombenlast im Vergleich zur Z-1 eingeführt, die sich allerdings nur in einem Einsatzradius von 330 km zur Wirkung bringen ließ.***

# Dornier Do 18

Als Nachfolgerin für die äußerst erfolgreichen Wal-Flugboote wurde 1934 die **Dornier Do 18** entwickelt, um für die Lufthansa Postflüge über den Ozean durchzuführen. Der metallene Bootsrumpf und die Stabilisierungsschwimmer des früheren Musters blieben im Kern erhalten, doch die Aerodynamik war wesentlich effizienter gestaltet. Der Prototyp Do 18a flog erstmals am 15. März 1935, von zwei Junkers-Dieselmotoren Jumo 5 mit je 397 kW (540 PS) angetrieben. Es folgten vier **Do 18E** mit verbesserten Jumo-205C-Motoren, die 442 kW (600 PS) erzeugten. Das sechste Flugboot für die Lufthansa war die einzige **Do 18F**. Sie startete am 11. Juni 1937 zum Erstflug und stellte zwischen dem 27. und 29. März 1938 einen Streckenrekord für Seeflugzeuge auf, als sie die 8391 km Route von England nach Brasilien nonstop in 43 Stunden zurücklegte. Später wurde sie zur **Do 18L**, nachdem man sie auf BMW-132N-Sternmotoren mit je 648 kW (880 PS) umgestellt hatte. Diese Maschine flog erstmals am 21. November 1939.

**TECHNISCHE DATEN**
**Dornier Do 18G-1**

**Typ:** viersitziges Küstenaufklärungsflugboot
**Triebwerke:** zwei Junkers Dieselmotoren Jumo 205D mit je 648 kW (880 PS)
**Leistung:** Höchstgeschwindigkeit 260 km/h; Marschgeschwindigkeit 220 km/h;Dienstgipfelhöhe 4200 m; max. Reichweite 3500 km
**Gewicht:** Leermasse 5850 kg; max. Startmasse 10.000 kg
**Abmessungen:** Spannweite 23,70 m; Länge 19,25 m; Höhe 5,35 m; Tragflügelfläche 98 m$^2$
**Bewaffnung:** ein 13-mm-Maschinengewehr MG 131 im Buggefechtsstand und eine 20-mm-Kanone MG 151 im Rückenturm sowie zwei 50-kg-Bomben unter der Steuerbordfläche

***Die Do 18 wurde zwar als Postflugzeug gebaut, flog in der Anfangsphase des Zweiten Weltkriegs aber auch als Fernaufklärer über See.***

***Dornier Do 18D der 3. Küstenfliegergruppe 406, im August 1939 in List auf Sylt stationiert.***

Im September 1938 stellte die Luftwaffe die **Do 18** bei Küstenaufklärungseinheiten in Dienst. Das zweite deutsche Flugzeug, das die britischen Streitkräfte im Zweiten Weltkrieg abschossen, war eine **Dornier Do 18** der 2. Küstenfliegergruppe 506. Lieutenant B.S. McEwen von No. 803 Squadron der Fleet Air Arm, eingesetzt auf HMS Ark Royal, zwang sie am 28. September 1939 zur Notwasserung auf der Nordsee. Die Produktion von knapp mehr als 100 **Do 18** lief 1940 aus. Nachdem die BV 138 von Blohm & Voss ihre Funktion bei den Küstenfliegern übernommen hatte, wurde das Muster ab 1942 nur noch im Luft-/Seenotrettungsdienst verwendet.

**Varianten**

**Do 18D-1:** erste militärische Serienversion mit Jumo-205C-Motoren und einzelnen MG 15 in offenen Waffenständen im Bug und auf dem Rumpfrücken; Änderungen ergaben 1938 die Do 18D-2 und Do 18D-3

**Do 18G-1:** verbesserte Version der Do 18D mit Jumo-205D-Motoren mit je 648 kW (880 PS) und einem MG 131 im Bug sowie einer 20-mm-Kanone MG 151 im motorgetriebenen Rückenturm

**Do 18H:** diese Bezeichnung trug eine kleinen Zahl unbewaffneter Schulflugzeuge mit Doppelsteuerung

**Do 18N-1:** Bezeichnung von mehreren zu unbewaffneten Luft-/Seenotrettungsflugzeugen umgerüsteten Do 18G

# Dornier Do 19

Generalleutnant Walther Wever, der erste Stabschef der Luftwaffe, war ein hartnäckiger Befürworter strategischer Fernbomber. In erster Linie auf seinen Druck hin gab das Technische Amt des RLM einen Leistungskatalog für einen viermotorigen Schwerbomber heraus. Sowohl Dornier als auch Junkers erarbeiteten Vorstudien für solch ein Flugzeug, und beide Firmen wurden Ende 1935 beauftragt, drei Versuchsbomber dieser Kategorie mit der Bezeichnung **Dornier Do 19** beziehungsweise Junkers Ju 89 zu konstruieren.

Der freitragende Mitteldecker **Do 19**, in weiten Teil aus Metall konstruiert, hatte einen Rumpf mit kastenförmigem Querschnitt, ein geteiltes Seitenleitwerk, dessen zwei abgestrebte Flossen und Ruder ungefähr in mittlerer Spannweite auf das Höhenleitwerk montiert waren, und ein einschließlich Spornrad einziehbares Fahrgestell. Den Antrieb lieferten vier Bramo-Sternmotoren 322H-2 an der Nasenkante des Tragwerks. Der Rumpf nahm eine neunköpfige Besatzung auf, die aus dem Flugführer, Navigator, Bombenschützen, Funker und fünf MG-Schützen bestand.

Am 28. Oktober 1936 startete der erste Versuchsbomber **Do 19 V1** zum Jungfernflug. Inzwischen hatte sich allerdings ein Unglück ereignet, das die deutsche Entwicklung strategischer Bomber zum Erliegen brachte: Generalleutnant Wever war am 3. Juni bei einem Flugzeugabsturz ums Leben gekommen, und sein Nachfolger im Amt, Generalleutnant Albert Kesselring, vertrat den Standpunkt, daß die Luftwaffe viel dringender mehr Jagdflugzeuge und leistungsstärkere Bomber für taktische Einsätze benötigte. Die fast komplette **Do 19 V2** und die in der Konstruktion befindliche **Do 19 V3** wurden daher beide verschrottet. Die **Do 19 V1** wurde schließlich im Jahre 1939 zum militärischen Transportflugzeug umgebaut.

**TECHNISCHE DATEN**
**Dornier Do 19**

**Typ:** strategischer Fernbomber
**Triebwerke:** vier Sternmotoren Bramo 322H-2 mit je 526 kW (715 PS)
**Leistung:** Höchstgeschwindigkeit 315 km/h in Meereshöhe; Marschgeschwindigkeit 250 km/h in 2000 m Höhe; Dienstgipfelhöhe 5600 m; Reichweite 1600 km
**Gewicht:** Leermasse 11.850 kg; max. Startmasse 18.500 kg
**Abmessungen:** Spannweite 35 m; Länge 25,45 m; Höhe 5,77 m; Tragflügelfläche 162 $m^2$
**Bewaffnung:** (vorgesehen) zwei 7,92-mm-Maschinengewehre MG 15 (je eines im Bug und Heck) und zwei 20-mm-Kanonen (eine in Waffentürmen unter dem Bauch und eine auf dem Rücken, zu besetzen mit je zwei Mann) sowie eine Bombenlast von 1600 kg in internen Schächten

***Die Dornier Do 19 hätte einen brauchbaren Langstreckenbomber abgegeben, flog aber nur in Gestalt des ersten Prototyps (V1). Wie man sieht, fehlen der Maschine noch Waffenstände zur Abwehr von Feindjägern.***

# Dornier Do 22

Für die Entwicklung des dreisitzigen Schwimmerflugzeugs **Dornier Do 22** zeichnete das Dornier-Werk im eidgenössischen Altenrhein verantwortlich, wo zwei Prototypen konstruiert wurden. Die metallene Primärstruktur war, abgesehen vom blechbeplankten Vorderrumpf, mit Stoff bespannt, und den Antrieb besorgte ein Reihenmotor 12Ybrs von Hispano-Suiza in Verbindung mit einem Dreiblattpropeller. Die **Do 22** flog mit einer dreiköpfigen Besatzung. Im hinteren Cockpit saßen ein Bordschütze und ein Bordfunker, letzterer im vorderen Teil durch eine Glashaube geschützt. Vier 7,92-mm-Maschinengewehre MG 15 waren eingebaut, eins im Vorderrumpf über dem Motor, eins in der Rumpfwanne und ein Paar in der Heckkanzel. Die Luftwaffe beschaffte diesen Typ zwar nicht, dennoch wurden in Friedrichshafen am Bodensee rund 30 Exemplare gefertigt. Der erste Vertreter dieser Baureihe hob am 15. Juli 1938 zum Jungfernflug ab. Die **Do 22** wurden an die griechischen, jugoslawischen und lettischen Luftstreitkräfte als **Do 22Kg, Do 22Kj** beziehungsweise **Do 22K1** geliefert.

**TECHNISCHE DATEN**
**Dornier Do 22**

**Typ:** dreisitziges Nutzschwimmerflugzeug
**Triebwerk:** ein Reihenmotor Hispano-Suiza 12Ybrs mit 633 kW (860 PS)
**Leistung:** Höchstgeschwindigkeit 350 km/h in 3000 m Höhe; Dienstgipfelhöhe 9000 m; Reichweite 2300 km
**Gewicht:** Leermasse 2600 kg; max. Startmasse 4000 kg
**Abmessungen:** Spannweite 16,20 m; Länge 13,12 m; Höhe 4,85 m; Tragflügelfläche 45 $m^2$
**Bewaffnung:** vier 7,92-mm-Maschinengewehre MG 15 (je eins im Bug und in der Rumpfwanne sowie zwei im hinteren Cockpit) und ein 800-kg-Torpedo oder vier 50-kg-Bomben

***Die primär für den Export gedachte Do 22 ging an Griechenland, Lettland und Jugoslawien (im Bild). Von zwölf an Jugoslawien gelieferten Do 22Kj flohen acht 1941 nach Ägypten.***

**Variante**

**Do 22L:** Bezeichnung eines Einzelexemplars mit starrem, verkleideten Fahrgestell; diese Landversion flog ab 10. März 1939

# Dornier Do 24

Die **Dornier Do 24** basiert auf einer Forderung der holländischen Marine von 1935 für ein Nachfolgemuster der Dornier Wal, die seinerzeit in Niederländisch-Ostindien diente. Der abgestrebte Hochdecker in Ganzmetallbauweise hatte einen niedrigen, breiten Bootsrumpf und Stützschwimmer. Der erste von zwei Prototypen, vermutlich für den deutschen Gebrauch, wurde von drei Dieselmotoren Junkers Jumo 205C mit je 442 kW (600 PS) angetrieben. Der dritte Prototyp (der als erster am 3. Juli 1937 flog) und das vierte Versuchsflugboot erhielten 652 kW (875 PS) starke Cyclone-Sternmotoren Wright R-1820-F52, da die holländische Marine denselben Motortyp gefordert hatte, der in ihre Bomber Martin 139 eingebaut war. Nach erfolgreichem Abschluß des Flugerprobungsprogramm erfüllte Altenrhein die Restlieferung an **Do 24K-1** für die niederländische Marine. Die Lizenzfertigung weiterer 48 **Do 24K-2** mit 745 kW (1015 PS) starken R-1820-G102-Triebwerken unternahm Aviolanda in Holland, wobei de Schelde die Tragflächen lieferte. Vor der deutschen Besetzung im Mai 1940 waren aber erst 25 Flugboote ausgeliefert. Drei komplette Exemplare und eine Reihe teilgefertigter Zellen wurden nach Deutschland geschafft, um sie für den Luft-/Seenotrettungsdienst zu testen. In der Folge wurde unter Leitung von Weser-Flugzeugbau die holländische Fertigungsstrecke wiedereröffnet, auf der insgesamt 170 Flugboote entstanden. Weitere 48 Do 24T-1 für die Luftwaffe baute SNCA du Nord im französischen Sartrouville zwischen 1942 und August 1944. Danach folgten 40 Exemplare, die nach der Befreiung der französischen Marine zugeführt wurden. Zwölf **Do 24T-3** erreichten ab

Juni 1944 Spanien, um als **HR.5** Such- und Rettungseinsätze für Besatzungen beider Seiten im Mittelmeerraum zu fliegen. Im spanischen Dienst blieb das in Pollensa auf Mallorca stationierte Muster bis weit in die siebziger Jahre hinein im Einsatz.

**Varianten**

**Do 24N-1:** elf Do 24K-2 holländischer Produktion entstanden gemäß diesem Standard als Luft-/Seenotrettungsflugboote für die deutsche Luftwaffe; der Antrieb mit Wright R-1820-G102 blieb unverändert; die erste Maschine wurde im August 1941 geliefert

**Do 24T:** 159 Do 24T-1, Do 24T-2 und Do 24T-3 wurden mit geringfügigen Änderungen in der Ausrüstung in Holland gefertigt, solange dieses Land besetzt war; sie hatten drei 736 kW (1000 PS) starke BMW-Sternmotoren Bramo 323R-2 Fafnir als Antrieb und dienten hauptsächlich bei der 1., 2. und 3. Seenotgruppe in Biscarosse bei Bordeaux und Beere nahe Marseilles

**Do 24TT:** flog Anfang 1983 als Prototyp mit Tragflächen neuer Technologie (TNT), die man für das Zubringermodell Do 228 entwickelt hatte, und mit drei Propellerturbinen PT6A-45 von P&WC als Antrieb

**Do 318:** Bezeichnung eines einzelnen

**TECHNISCHE DATEN**

**Dornier DO 24T**

**Typ:** Seeüberwachungs- und Rettungsflugboot

**Triebwerke:** drei BMW-Sternmotoren Bramo 323R-2 mit je 736 kW (1000 PS)

**Leistung:** Höchstgeschwindigkeit 340 km/h in 3000 m Höhe; Marschgeschwindigkeit 295 km/h; Dienstgipfelhöhe 5900 m; Reichweite 2900 km

**Gewicht:** Leermasse 9200 kg; max. Startmasse 18.400 kg

**Abmessungen:** Spannweite 27 m; Länge 21,95 m; Höhe 5,75 m; Tragflügelfläche 108 m²

**Bewaffnung:** je ein 7,92-mm-Maschinengewehr MG 15, in Bug und Heck sowie eine 20-mm-Kanone MG 151 im motorgetriebenen Rückenturm

***Die von der Do 24K-2 abgeleitete Do 24N-1 wies einen Waffenturm auf dem Rumpfrücken auf, der mit einer 20-mm-Kanone Hispano-Suiza HS 404 bestückt war. Die Deutschen hatten 1940 große Mengen dieser Waffe erbeutet.***

Prototyps, den Weser 1944 mit einem von Arado entwickelten System zur Kontrolle der Grenzschichtströmung ausgestattet und modifiziert hatte; die Versuchsergebnisse waren äußert positiv, aber die Maschine wurde 1945 im Bodensee versenkt

# Dornier Do 26

Das aerodynamisch am besten gelungene Dornier-Flugboot war die vollständig aus Metall konstruierte **Dornier Do 26**, die mit einer vierköpfigen Crew 500 kg Luftpost zwischen Lissabon und New York befördern sollte. Die Stabilisierungsschwimmer auf halber Spannweite ließen sich komplett in das Tragwerk einziehen, und das hintere Paar der beiden Dieseldoppelmotoren, Junkers Jumo 205 in Tandemanordnung, konnten zum Start um 10° aufgerichtet werden, so daß sich die metallenen Dreiblatt-Luftschrauben außerhalb des Gischtschwalls vom Bug drehten. 1937 bestellte die Lufthansa drei zum Katapultstart von Versorgungsschiffen verstärkte **Do 26**, von denen das erste Exemplar am 21. Mai 1938 flog. Vor Ausbruch des Zweiten Weltkrieg waren zwei Flugboote dieses Trios fertiggestellt und der Lufthansa als **Do 26A** übergeben. Sie dienten allerdings nicht, wie vorgesehen, als transatlantische Postflugzeuge, sondern überquerten nur insgesamt 18mal den Südatlantik.

**TECHNISCHE DATEN**

**Dornier Do 26A**

**Typ:** transatlantisches Post- und Küstenwachflugboot

**Triebwerke:** vier Dieselmotoren Junker Jumo 205 mit je 442 kW (600 PS)

**Leistung:** Höchstgeschwindigkeit 335 km/h; Marschgeschwindigkeit für Fernflüge 265 km/h; Dienstgipfelhöhe 4800 m; max. Reichweite 9000 km

**Gewicht:** Leermasse 10.700 kg; max. Startmasse 20.000 kg

**Abmessungen:** Spannweite 30 m; Länge 24,60 m; Höhe 6,85 m; Tragflügelfläche 120 m²

**Varianten**

**Do 26B:** ursprüngliche Bezeichnung des dritten Flugboots, das mit einer erweiterten Bestuhlung für Passagiere gebaut werden sollte; als erste Do 26D fertiggestellt

**Do 26D:** Bezeichnung für vier für die Luftwaffe gebaute Flugboote mit Jumo 205Ea mit je 515 kW (700 PS) und drei 7,92-mm-Maschinengewehren MG 15 sowie einer 20-mm-Kanone MG 151b im drehbaren Bugturm; sie wurden zusammen mit zwei Exemplaren der Lufthansa in Norwegen zum Truppentransport genutzt und konnten im ganzen zwölf Soldaten mit kompletter Kampfausrüstung befördern; die Do 26D dienten zunächst bei der Transozean-Staffel und später bei der Küstenfliegergruppe 406

***Eine wesentliche Neuerung der Do 26 (das Bild zeigt den vierten Prototyp der V4) stellten die zum Start der Höhe nach richtbaren Heckmotoren dar.***

# Dornier Do 27

Die **Dornier Do 27** war das erste Flugzeug, das nach dem Zweiten Weltkrieg serienmäßig in Deutschland produziert wurde. Claudius Dornier hatte im Jahre 1949 seine Tätigkeit in seinem Werk in Spanien wieder aufgenommen, und die Oficinas Tecnicas Dornier arbeiteten eng mit der heimischen Firma CASA zusammen. Die Früchte dieser Kooperation zeigten sich beim Erstflug der Do 25 im Juni 1954. Abgestimmt auf die Spezifikation des spanischen Luftfahrtministeriums, wurde die Kurzstart-Transportmaschine von einem ENMA-Tigre-Motor mit 110 kW (150 PS) angetrieben. Anschließend erschienen 50 Flugzeuge mit der Bezeichnung **CASA C-127**.

Aus diesem Muster wurde der Prototyp mit der Bezeichnung **Do 27** entwickelt, der am 8. April 1955 seinen Erstflug absolvierte. Die Serienfertigung erfolgte bei den Dornier-Werken in Deutschland, und das erste Exemplar startete im Oktober 1956 zum Jungfernflug. Mit ihrer großflächigen, zu Flügeltüren unterteilten Frontscheibe und der großzügigen Auslegung als Fünfsitzer erwies sich die **Do 27A** als äußerst beliebtes Flugzeug.

Die hauptsächliche Militärversion **Do 27A** und die **Do 27B** mit Doppelsteuerung wiesen kaum Unterschiede auf. Große Landeklappen vermittelten dem Muster erstaunliche Kurzstreckenfähigkeiten. Bis zum Produktionsende im Jahre 1965 wurden mehr als 600 **Do 27** gefertigt. Der größte Abnehmer war die Bundesrepublik Deutschland mit 428 **Do 27A**, ein anderer früher Nutzer war die Schweizer Flugwaffe, deren erste Gruppe von sieben Flugzeugen mit Rad- und Schneekufen-Fahrgestell ausgerüstet wurde. Weitere Maschinen dieses Typs gingen an die Luftstreitkräfte von Belgien, Israel, des Kongo, von Nigeria, Portugal, Schweden, Südafrika und der Türkei.

**TECHNISCHE DATEN**

**Dornier Do 27A**

**Typ:** leichtes Mehrzweck-Transportflugzeug

**Triebwerk:** ein 6-Zylinder-Boxermotor Avco Lycoming GO-480-B1A6 mit 201 kW (273 PS)

**Leistung:** Höchstgeschwindigkeit 227 km/h in 1000 m Höhe; wirtschaftliche Reisegeschwindigkeit 175 km/h; Dienstgipfelhöhe 3300 m; Reichweite mit max. Treibstoffzuladung 1100 km

**Gewicht:** Rüstmasse 1130 kg; max. Startmasse 1850 kg

**Abmessungen:** Spannweite 12 m; Länge 9,60 m; Höhe 2,80 m; Tragflügelfläche 19,40 m²

**Varianten**

**Do 27H:** zivile oder militärische Version mit einem 254 kW (345 PS) starken Boxermotor Avco Lycoming GSO-480

**Do 27Q-5:** zivile Version ähnlich der Do 27A, aber für den Einbau mehrerer Umrüstsätze zur Ausbildung von Fortgeschrittenen, für Luftambulanz, Segelschlepp und Luftbildvermessung konzipiert

**Do 27Q-5(R):** Variante der Q-5, deren Verwendung auf Sprüh- und Streuflüge in der Land- und Forstwirtschaft beschränkt (R = Restricted) war

**Do 27Q-6:** grundsätzlich ähnlich der Q-5, aber entsprechend amerikanischen Zulassungsbestimmungen ausgestattet

**Do 27S:** Zwillingsschwimmerversion, von der nur ein Prototyp fertiggestellt wurde

**Do 27T:** Prototyp mit Turboprop-Triebwerk Turboméca Astazou II

***Bei zivilen und militärischen Nutzern war die Do 27 gleichermaßen beliebt. Den Insassen bot sie eine ausgezeichnete Rundumsicht und den Betreibern hohe Zuverlässigkeit und Wirtschaftlichkeit.***

## Dornier Do 28 bis Dornier Do J Wal und Super-Wal

**Die Dornierwerke, wie sie seit 1933 hießen, befaßten sich weiter mit dem Bau von Wasser- und Transportflugzeugen. Später kamen Bomber und Jäger zum Produktionsprogramm hinzu, so die Do 17 und ihre Nachfolgerinnen, sowie die sehr ungewöhnliche Pfeil. Dornier war eines der führenden deutschen Flugzeugwerke im Zweiten Weltkrieg.**

# Dornier Do 28

Nach der erfolgreichen Do 27 beschloß das Unternehmen, eine grundsätzlich ähnliche Version mit zwei Motoren, ein Muster mit der Bezeichnung **Dornier Do 28**, zu produzieren. Der von zwei Boxermotoren Avco Lycoming O-360-A1A je 134 kW (182 PS) angetriebene Prototyp flog erstmals am 29. April 1959. Trotz der unverkennbaren Ähnlichkeit mit dem Vorgängermuster war die **Do 28** eine völlig neue Konstruktion mit Triebwerken an kurzen Stummelträgern des Vorderrumpfs. Erfahrungen mit dem Prototyp empfahlen eine größere Spannweite und Flügelfläche, und die Motoren wurden gegen 186 kW (253 PS) starke O-540 desselben Herstellers ausgetauscht. In dieser Form erreichte das Muster als **Do 28A-1** die Serienfertigung mit einer Auflage von 60 Exemplaren. Die nächste Serienversion hieß **Do 28B-1**, ausgestattet mit IO-540-Motoren und einer Reihe von Verbesserungen wie Zusatztanks an den Flächenenden, einem größeren Höhenleitwerk und elektrisch betriebenen Landeklappen. Die **Do 28B-1** ging im Jahre 1963 in Serie, und unter den 60 Maschinen, die insgesamt gefertigt wurden, befanden sich auch einige **Do 28B-2**, deren Motoren mit Turbolader versehen waren.

**TECHNISCHE DATEN**
**Dornier Do 28B-1**
**Typ:** Mehrzweck-Transportflugzeug mit acht Sitzen
**Triebwerke:** zwei Sechszylinder-Boxermotoren Avco Lycoming IO-540A mit je 216 kW (294 PS)
**Leistung:** Höchstgeschwindigkeit 290 km/h; wirtschaftliche Reisegeschwindigkeit 240 km/h; Dienstgipfelhöhe 6300 m; Reichweite mit max. Nutzlast und Standardtreibstoffzuladung 1235 km
**Gewicht:** Rüstmasse 1730 kg; max. Startmasse 2720 kg
**Abmessungen:** Spannweite 13,80 m; Länge 9 m; Höhe 2,80 m; Tragflügelfläche 22,40 m²

Über die für den heimischen Markt gebauten Flugzeuge hinaus gingen **Do 28** auch an eine Reihe von ausländischen Firmen rund um den Globus, darunter Großbritannien, Kanada, Dänemark, Japan, Spanien, Schweden und die USA. Das Interesse des deutschen Verteidigungsministeriums führte zur Entwicklung der **Do 28D Skyservant**. Die Auslegung der früheren Entwürfe blieb im Kern erhalten, aber ansonsten war dies ein völlig anderes Flugzeug.

***Hier sind die unorthodoxe Triebwerksinstallation und die Rückenfinne der Do 28, in diesem Fall eine B-1, gut zu erkennen.***

**Varianten**
**Do 28A-1-S:** eine von der Jobmaster Company in Seattle, Washington, zum Schwimmerflugzeug umgerüstete Do 28A-1
**Do 28B-1-S:** Projektbezeichnung der amerikanischen Jobmaster Company für eine Schwimmerversion der Do 28B-1
**Do 28C:** Herstellerbezeichnung für eine vorgeschlagene Entwicklung der Do 28B-1 mit zwei Propellerturbinen Turboméca Astazou II mit je 390 kW (530 WPS), Druckbelüftung und neukonzipiertem Flugdeck

# Dornier Do 28D/Do 128

Die **Do 28** bot gegenüber der Do 27 den Vorteil größerer Sicherheit und eines höheren Leistungsvermögens durch ihre zwei Triebwerke, aber der Innenraum hatte sich nicht verändert. Mit finanzieller Unterstützung des Wirtschaftsministeriums entwickelte Dornier das Muster zum kräftigen Kurzpisten-Transportflugzeug, das bis zu 13 Passagiere aufnehmen konnte. Diese Version erhielt die Bezeichnung **Dornier Do 28D** und später den Beinamen **Skyservant**. Der Neuentwurf griff so tief, daß die **Do 28D**, bis auf Grundauslegung und Bezeichnung, kaum mehr Ähnlichkeit mit der Do 28B aufwies. Der Prototyp flog ab 23. Februar 1966, und ein Jahr später lag die Musterzulassung vor. Die voll entwickelte Version **Do 28D-1** erreichte die FAA-Zulassung am 19. April 1968 und das militärische Lufttüchtigkeitszeugnis im Januar 1970. Für die deutsche Luftwaffe und die Bundesmarine wurden 125 Flugzeuge in Auftrag gegeben. Weitere militärische Bestellungen kamen aus Äthiopien, Marokko, Nigeria, Türkei und Sambia. Weltweit sind über 220 **Skyservant** im Einsatz.

1972 stellte eine **Do 28D-1** mehrere Klassenrekorde für kolbengetriebene Geschäftsreiseflugzeuge, darunter eine Höhe von 8624 m bei einer Nutzlast von 1000 kg, und etliche Steigzeitrekorde auf. Als nächstes erschien die **Do 28D-2** mit etlichen Verfeinerungen. Im Auftrag des Verteidigungsministeriums wurde 1980 eine **Do 28D-2** der Luftwaffe auf TIGO-540-Triebwerke mit Turbolader umgestellt, um zur Modernisierung der **Skyservant**-Flotte bei der Bundeswehr überzuleiten. Diese Maschine trug die Bezeichnung **Dornier Do 28D-2T**.

Die Fortentwicklung des Ausgangsmusters **Do 28D** erfolgte unter dem neuen Namen **Do 128 Skyservant** in zwei Varianten, der **Do 128-2** und der **Do 128-6**. Der Hauptunterschied zwischen diesen beiden zehnsitzigen Modellen bestand im Antrieb. So war die **Do 128-2** mit zwei Kolbenmotoren Avco Lycoming IGSO-540 ausgerüstet, während die **Do 128-6** Propellerturbinen des Typs Pratt & Whitney PT-6A-110 mit einer Leistung von je 298 kW (405 WPS) erhielt. Letztere trat erstmals in Form des Prototyps **Do 28D-5X (D-IBUF)** auf, seinerzeit **TurboSky** genannt, mit zwei Avco-Lycoming-Turboprop-Triebwerken LTP 101-600-1A mit je 447 kW (608 WPS), die aber auf 298 kW (405 WPS) gedrosselt waren. Darüber hinaus erhielt die **Do 128-6** einen neuen Treibstofftank, verstärkte Triebwerksträger und etliche andere Modifikationen. Bestellungen und Optionen afrikanischer Kunden lagen über 30 **Do 128-6** vor, von denen die erste an Lesotho Airways ging. An Kamerun ging eine Seepatrouillenvariante der **Do 128-6**, mit einem Marec-Überwachungsradar von MEL, Erfassungsbereich 350°. Mitte der achtziger Jahre lief die Produktion aus.

**TECHNISCHE DATEN**
**Dornier Do 128-2**
**Typ:** STOL-Nutztransportflugzeug
**Triebwerke:** zwei Sechszylinder-Boxermotoren Avco Lycoming IGSO-540-A1E mit je 283 kW (385 PS)
**Leistung:** Höchstgeschwindigkeit 325 km/h in 3050 m Höhe; wirtschaftliche Reisegeschwindigkeit 211 km/h in 3050 m Höhe; Dienstgipfelhöhe 7680 m; Reichweite bei Spitzenreisegeschwindigkeit 642 km
**Gewicht:** Leermasse 2346 kg; max. Startmasse 3842 kg
**Abmessungen:** Spannweite 15,55 m; Länge 11,41 m; Höhe 3,90 m; Tragflügelfläche 29 m²

***Rechts: Die Do 82D wurde in den achtziger Jahren in Do 128 umgetauft, doch an ihrer Nutztransportrolle änderte sich nichts.***

***Unten: Die Lycoming-Propellerturbinen verliehen der TurboSky mehr Antriebskraft. Die Kurzstreckenstart- und -landeleistungen sind hervorragend.***

# Dornier Do 31/Do 231

In den sechziger Jahren schenkte man dem Konzept senkrecht startender und landender Luftfahrzeuge (VTOL) große Beachtung. In Großbritannien war die Serie P.1127 geflogen, und nun standen VTOL-Transportflugzeuge zur Diskussion, die die Feldstaffeljäger versorgen sollten. Bei Dornier startete am 10. Februar 1967 die erste von zwei experimentellen V/STOL-Transportmaschinen **Dornier Do 31E** zum Jungfernflug. Den Primärantrieb lieferten zwei Mantelstromtriebwerke Rolls-Royce Bristol Pegasus mit Schubvektorsteuerung in Gondeln unter den Tragflächen, während mächtige Behälter an den Flächenenden je vier Rolls-Royce-RB.162-Hubtriebwerke enthielten.

Die erste **Do 31E** wies nur die Pegasus-Triebwerke auf, aber bei der zweiten Versuchsmaschine, die am 14. Juli 1967 erstmals vom Boden abhob, waren alle zehn Motoren installiert. Am 16. Dezember 1967 fand der erste erfolgreiche Übergang vom Senkrechtstart zum Horizontalflug und fünf Tage später der umgekehrte Vorgang statt. Die **Do31** stellte auf dem Flug von München zum Pariser Luftsalon 1969 gleich mehrere Rekorde für Hubstrahlluftfahrzeuge auf. Ein drittes Exemplar wurde für Testzwecke am Boden fertiggestellt. 1969/70 durchlief das Muster ein Bewertungsprogramm in den USA, entsprechend einem Abkommen zwischen Hersteller, Bundesregierung und NASA.

Die Bundesregierung entschied sich für den Entwurf der **Dornier Do 231**. Dieses Muster, das im großen und ganzen auf der Auslegung der **Do 31** beruhte, sollte mit zwei RB.220-Turbofan-Triebwerken mit je 10.886 kg Schub von Rolls-Royce unter den Flächen für den Vortrieb und mit zwölf RB.202-Hubtriebwerken je 5942 kg Schub im Vorder- und Hinterrumpf sowie in zwei großen Behältern an den Flächenenden ausgerüstet werden. Die zivile Version **(Do 231C)** war zur Beförderung von 100 Passagieren gedacht, während man für die militärische Ausführung **(Do 231M)** ein modifiziertes Fahrwerk und einen längeren Hinterrumpf mit Heckladerampe vorgesehen hatte. Leider wurden diese beiden interessanten Projekte kurz danach aufgegeben.

**TECHNISCHE DATEN**
**Dornier Do 31E**

**Typ:** strahlgetriebenes V/STOL-Versuchsflugzeug
**Triebwerke:** zwei Rolls-Royce Bristol Pegasus 5-2, Turbofan-Triebwerke mit Schubvektorsteuerung mit je 7031 kg Schub, und acht Strahltriebwerke Rolls-Royce RB.162-4D, je 1996 kg Schub
**Leistung:** Reisegeschwindigkeit 644 km/h in 6095 m Höhe; Dienstgipfelhöhe 10.515 m
**Gewicht:** Leermasse 22.453 kg; max. Startmasse 27.442 kg
**Abmessungen:** Spannweite 18,06 m; Länge 20,88 m; Höhe 8,53 m; Tragflügelfläche 57 m²

***Die Dornier Do 31E zeigte gute Flugleistungen, hätte aber beim herkömmlichen Flug totes Gewicht in Form der ruhenden Hubtriebwerke mitführen müssen.***

# Dornier Do 217

Im Grunde genommen war die **Dornier Do 217**, die im August 1938 mit zwei Daimler-Benz-Motoren DB 601A mit je 791 kW (1075 PS) zum ersten Mal als Prototyp flog, eine größere Ausgabe der Do 17. Die Maschine stürzte zwar wenige Wochen später ab, aber das Programm wurde dennoch mit drei Versuchsflugzeugen weitergeführt, deren Antrieb 699 kW (950 PS) starke Junkers Jumo 211A lieferten. Das letzte Exemplar **(Do 217V4)** dieser Versuchsbaureihe war bewaffnet und hatte ein vergrößertes Seitenleitwerk, um die Richtungsstabilität zu verbessern. Die modifizierte Sturzflugbremse bestand aus vier Klappen, die im Ruhezustand den Heckkonus bildeten. Auf drei weitere Jumo-motorisierte Maschinen folgten zwei mit BMW-139-Sternmotoren, deren 1140 kW (1550 PS) pro Triebwerk eine Leistungssteigerung herbeiführen sollten. Für die seriengefertigten Aufklärungsflugzeuge **Do 217A** griff man aber auf den verbesserten BMW 801 zurück, der Ende 1939 verfügbar war. Die erste Hauptserienversion aber erschien 1940 mit der **Do 217E**, die einen breiteren Rumpf und einen erweiterten Waffenschacht aufwies. Insgesamt entstanden 1730 **Do 217**.

**Varianten**

**Do 217A:** acht Aufklärer der Nullserie 217A-0; zwei Kameras und drei Maschinengewehre MG 15, Kaliber 7,92 mm
**Do 217C:** Fünf Exemplare dieser Bomberversion wurden gebaut, das erste (Do 217C V1) mit Jumo 211A-Motoren und die anderen (D0 217C-0) mit DB 601A; alle mit einer Kanone MG 151/15 (Kal. 15 mm) und fünf Maschinengewehren MG 15; Bombenlast von 3000 kg möglich
**Do 217E:** Die erste Großserie Do 217E-1 konnte eine Bombenlast von 3000 kg mitführen und war mit einer Maschinenkanone MG 151 und fünf Maschinengewehren MG 15 bewaffnet; bei der Do 217E-2 wurde ein Waffenturm mit einem MG 131 (Kal. 13 mm) auf dem Rumpfrücken, einer ähnlichen Rohrwaffe unter dem Bauch, drei MG 15 im Vorderrumpf und einer Maschinenkanone MG 151 im Bug eingeführt; die zur Seezielbekämpfung entwickelte Do 217E-3 war stärker gepanzert und mit zwei zusätzlichen 750-Liter-Kraftstofftanks im Bombenschacht ausgerüstet; sieben MG 15 verstärkten eine 20-mm-Kanone MG FF im Bug; die Do 217E-4 war die Do-217E-2-Version von 1941 mit BMW 801C-Motoren und Kabelschneidern am Tragwerk; die 65 Do 217E-5 mit Halterungen für zwei Henschel-Flugbomben Hs 293 unter den Tragflächen
**Do 217H:** die 21. Do 217E, die versuchsweise mit DB 601-Turboladermotoren ausgerüstet wurde
**Do 217J:** 157 Flugzeuge ab 1941 nach Standard Do 217J-1 und Do 217J-2 gefertigt; die J-1 waren Jagdbomber mit einem Bug ähnlich dem der Do 17Z-10, der vier 7,92-mm-Maschinengewehre MG 17 und vier 20-mm-Kanonen MG FF aufnahm, neben den Waffenständen mit je einem Maschinengewehrpaar MG 131 auf dem Rücken und unter dem Bauch; die Do 217J-2 waren Nachtjäger mit 20-mm-Kanonen MG 151/20 anstelle der MG FF der Do 217J-1 und mit Funkmeßgerät FuG 212 Lichtenstein BC
**Do 217K:** im Herbst 1942 eingeführt; der Bomber Do 217K-1 hatte einen neu verglasten Bug, der keine Abstufung zur Kanzel mehr aufwies; die Do 217K-2 konnte zwei Flugbomben SD 1400 X (Fritz X) unter den Tragflächen mitführen; die Lenkgeräte FuG 203a und FuG 230a waren im Rumpf; diesen Flugbombentyp oder die Hs 293 konnte auch die Version Dornier Do 217K-3 einsetzen
**Do 217L:** zwei Versuchsmaschinen der Baureihe Do 217K mit modifizierter Kanzel und geänderter Abwehrbewaffnung
**Do 217M:** Die Baureihe Do 217M-1 entsprach im wesentlichen der Do 217K-1, jedoch mit Daimler-Benz DB 603A; die Do 217M-5 wies unter dem Rumpf eine Startröhre für die Hs 293 auf; die Do 217M-3 war das Gegenstück zur Do 217K-3 mit DB 603A-Motoren; die Do 217M-11 war das Raketenträger-Pendant zur Do 217K-2 mit größerer Spannweite
**Do 217N:** Die Kombination des Bugs der Do 217J-2 und des Flugwerks der Do 217M ergab den Nachtjäger Do 217N-1, der bald von der Do 217N-2 ohne Waffenstand auf dem Rumpfrücken abgelöst wurde
**Do 217P:** Die erste Versuchsmaschine Do 217PV1 flog im Juni 1942; dieser Höhenaufklärer hatte eine Druckkabine und zwei DB 603B-Motoren mit je 1288 kW (1750 PS), ergänzt durch einen zweistufigen Lader, den ein 1085 kW (1475 PS) starker Extramotor DB 605T im Bombenschacht bediente; die Bewaffnung bestand aus vier Maschinengewehren MG 81, und in die drei Maschinen der Nullserie Do 217P-0 waren je zwei Luftbildkameras Rb20/30 und Rb75/30 installiert
**Do 217R:** fünf Do 317 mit DB 603 und Aufhängungen für zwei Flugbomben Hs 293
**Do 317:** 1939 vorgeschlagene Version eines mittelschweren Bombers mit Druckkammer und DB 604-Motoren mit je 1958 kW (2660 PS); die Entwicklung lebte 1941 unter der Bezeichnung Do 317 mit DB 603-Motoren wieder auf; bis auf die Dreiecksform des Seitenleitwerks glich der erste von sechs Prototypen, der im Jahre 1943 flog, der Do 217M

**TECHNISCHE DATEN**
**Dornier Do 217M-1**

**Typ:** viersitziger mittlerer Bomber
**Triebwerke:** zwei 12-Zylinder-Reihenmotoren Daimler-Benz DB 603A mit je 1288 kW (1750 PS)
**Leistung:** Höchstgeschwindigkeit 560 km/h in 5700 m Höhe; Marschgeschwindigkeit 400 km/h; Dienstgipfelhöhe 9500 m; max. Reichweite 2150 km
**Gewicht:** Leermasse 8840 kg; max. Startmasse 16.700 kg
**Abmessungen:** Spannweite 19 m; Länge 16,90 m; Höhe 5 m; Tragflügelfläche 57 m²
**Bewaffnung:** zwei Maschinengewehre MG 131, Kaliber 13 mm, und bis zu sechs 7,92-mm-Maschinengewehre MG 81 sowie eine Bombenlast von 4000 kg

***Oben: Wie andere mittelschwere Schnellbomber eignete sich die Do 217 auch zur Nachtjagd. Hier wurde eine Do 217N-2 vor dem Einbau von Funkmeßgeräten.***

***Unten: Die Do 217E war die erste Großserie, hier vertreten durch eine E-1 mit Kabelschneidgerät am Tragwerk. Man beachte die Heckkonus-Sturzflugbremse.***

# Dornier Do 228

***Die Do 228 vereint eine robuste Zelle und ein beachtliches Nutzvolumen mit einem Tragwerk moderner Technologie und sparsamen Turboprop-Triebwerken.***

Im Juni 1979 testete Dornier ein High-Tech-Tragwerk im Flug, das für die geplante Zubringer-Verkehrsflugzeugfamilie **Do 228** vorgesehen war. Man hatte den modifizierten Rumpf einer Skyservant mit den sogenannten TNT-Flächen kombiniert, und für den Antrieb sorgten zwei Garrett-Propellerturbinen mit je 533 kW (725 WPS). Diese Maschine absolvierte ein Testprogramm, das sich über 2½ Jahre hinzog und in dem sechs verschiedene Propellertypen ausprobiert wurden. Die erste definitive **Do 228-100 (D-IFNS)** mit neuem Rumpf und Leitwerk sowie dem TNT-Tragwerk flog erstmals am 28. März 1981. Das Bundesluftfahrtamt erteilte die Musterzulassung am 18. Dezember desselben Jahres, und Anfang 1982 lieferte Dornier die erste Serienmaschine an die norwegische Regionalgesellschaft Norving aus. Leider ging der Prototyp **Do 228-100** im März 1982 bei einem Prüfflug zur Erlangung der britischen Musterzulassung in der Nähe von Augsburg durch einen Unfall mit Todesfolge verloren. Rund 35 Flugzeuge der **Serie 100** wurden gebaut, zu deren Nutzern auch das deutsche Alfred-Wegener-Institut mit drei „Polmaschinen" für Forschungsvorhaben in der Antarktis gehörte. Es folgte die Entwicklung einer gestreckten Version mit der Bezeichnung **Do 228-200**. Der für 19 Passagiere ausgelegte Prototyp (D-ICDO) absolvierte seinen Erstflug am 9. Mai 1981. Er leitete zur Standardserienversion über, von der bis Ende 1991 rund 221 Exemplare verkauft wurden. Mehr als 50 Fluggesellschaften haben sich für die **Do 228-200** entschieden. Weitere Abnehmer waren staatliche Organe in Deutschland, Nigeria, Saudi-Arabien, Indien, Niger, Malawi, Bolivien und Japan. 1983 beschloß die indische Regierung, etwa 150 **Do 228** durch Hindustan Aeronautics in Lizenz fertigen zu lassen. Das erste Flugzeug flog im Januar 1986 und wurde im März der inländischen Liniengesellschaft Vayadoot übergeben.

**TECHNISCHE DATEN**
**Dornier Do 228-200**

**Typ:** 19sitziges Zubringer-Verkehrsflugzeug
**Triebwerke:** zwei Propellerturbinen Garrett TPE331-5 je 578 kW (786 WPS)
**Leistung:** max. Reisegeschwindigkeit 428 km/h in 3050 m Höhe; wirtschaftliche Reisegeschwindigkeit 333 km/h in 3050 m Höhe; Dienstgipfelhöhe 9020 m; Reichweite mit max. Passagierzahl und Treibstoffreserve für 45 Flugminuten 1130 km
**Gewicht:** Leermasse 3086 kg; max. Startmasse 5700 kg
**Abmessungen:** Spannweite 16,97 m; Länge 16,56 m; Höhe 4,86 m; Tragflügelfläche 32 m²

# Dornier Do 328

Der Erfolg des 228-Programms ermutigte Dornier, für den Regionalverkehr den Abkömmling **Do 328** als High-Tech-Airliner mit 30 Sitzen zu entwickeln. Das Muster sollte gleiche Leistungswerte für Kurzstreckenstart und -landung des früheren Dornier-Zubringermusters, einen niedrigen Geräuschpegel in der Kabine, eine Sitzbreite wie bei strahlgetriebenen Verkehrsflugzeugen und die Nutzung moderner Werkstoffe zur Konstruktion aufweisen. Der daraus resultierende Entwurf bewahrte das Tragwerk mit superkritischem Profil der Do 228, in Verbindung mit einem erweiterten Mittelstück zur Integration eines zusätzlichen Treibstofftanks und einem neuen Landeklappensystem. Der Rumpf der Do 228 mit einer Kabinenbreite von 1,35 m wich einer völlig neuen Hauptbaugruppe mit einem Durchmesser von 2,42 m. Der kreisrunde Rumpfquerschnitt versetzte Dornier in die Lage, eine druckbelüftete Kabine mit Stehhöhe anzubieten.

Die Entwicklung der **Do 328** wurde im August 1988 fortgeführt, mit PW119 von P&WC für die zweimotorige **Do 328**. Die Fertigung der **Do 328** erfolgt in Kooperation mit Daewoo (Korea), Aeritalia, Westland Aerostructures und Deutsche Aerospace Airbus.

Drei Entwicklungsflugzeuge wurden gebaut, von denen das erste (D-CHIC) am 6. Dezember 1991 den Jungfernflug dieses Musters durchführte. Die erste Serienmaschine **(D-COOD)** hob im Januar 1993 zum ersten Mal vom Boden ab. Bei der Erprobung zeigten sich geringfügige Probleme bei Gewicht, Geschwindigkeit, Reichweite und Propeller. Sie waren jedoch Anfang 1993 ausgeräumt, und Ende 1993 lag die JAA-Zulassung vor. Anfang 1994 lagen 60 Bestellungen vor mit Horizon Air (USA) und Air Engiadina (Schweiz) als Erstkunden. Dornier bietet auch eine gestreckte Variante des Grundmusters an. Diese **Dornier Stretched 328 S** enthält vor und hinter dem Tragwerk eingefügte Rumpfsegmente, die die Sitzkapazität auf 50 erhöhen. 1993 stand der Antrieb noch nicht fest. In der engeren Wahl stehen das Allison GMA und das PW300 von P&WC.

**TECHNISCHE DATEN**
**Dornier Do 328**

**Typ:** 30–33sitziges Hochleistungs-Regionalflugzeug
**Triebwerke:** zwei Propellerturbinen Pratt & Whitney Canada PW119B mit je 1380 kW (1877 WPS)
**Leistung:** max. Reisegeschwindigkeit 620 km/h; Dienstgipfelhöhe 7620 m; Reichweite bei max. Reisegeschwindigkeit, 30 Passagieren und Treibstoffreserve für 45 Flugminuten 1352 km
**Gewicht:** max. Nutzlast 3450 kg; max. Startmasse 13.640 kg
**Abmessungen:** Spannweite 20,98 m; Länge 21,22 m; Höhe 7,24 m; Tragflügelfläche 40 m²

# Dornier Do 335 Pfeil

**TECHNISCHE DATEN**
**Dornier Do 335A-1**

**Typ:** einsitziger Jagdbomber
**Triebwerke:** zwei 12-Zylinder-Reihenmotoren Daimler-Benz 603A-2 mit je 1288 kW (1750 PS)
**Leistung:** Höchstgeschwindigkeit 770 km/h in 6400 m Höhe; Marschgeschwindigkeit 685 km/h in 7100 m Höhe; Steigzeit auf 8000 m Höhe 14,5 Minuten; Dienstgipfelhöhe 11.400 m; Reichweite 1380 km
**Gewicht:** Leermasse 7400 kg; max. Startmasse 9600 kg
**Abmessungen:** Spannweite 13,80 m; Länge 13,85 m; Höhe 5 m; Tragflügelfläche 38,50 m²
**Bewaffnung:** eine 30-mm-Kanone MK 103 und zwei Maschinenkanonen MG 151, Kaliber 15 mm, sowie eine 500-kg- oder zwei 250-kg-Bomben intern und zwei 250-kg-Bomben extern

Nach der Eprobung des Versuchsflugzeugs **Göppingen Gö 9**, von Ulrich Hütter entworfen und von Schlempp-Hirth 1939 konstruiert, genehmigte das Reichsluftfahrtministerium das unkonventionelle Antriebskonzept in Form zweier Motoren in Tandemanordnung, das sich Dornier 1937 hatte patentieren lassen, für einen Bomber unter der Projektbezeichnung **Do P.231**. Dornier hatte allerdings einen Hochgeschwindigkeitsjäger vorgeschlagen. In fortgeschrittenem Stadium wurde die Entwicklung abgebrochen, wegen des aufkommenden Bedarfs an einem Hochleistungsjäger aber wieder aufgegriffen. Der erste Prototyp **Dornier Do 335** war durchweg aus Metall konstruiert und hatte zwei 1325 kW (1800 PS) starke Daimler-Benz DB 603 als Antrieb, davon einer in Verbindung mit einer Dreiblatt-Druckschraube im Rumpfheck. Sein Jungfernflug fand am 26. Oktober 1943 statt. Von diesem Muster entstanden rund 40 Flugzeuge in unterschiedlicher Ausführung, doch ihr Einsatz beschränkte sich auf die Zeit beim Erprobungskommando 335 im Frühjahr 1945.

Drei Varianten der **Pfeil**-Serie wurden vorgeschlagen, aber nicht mehr verwirklicht: Die **Do 435** war ein zweisitziger Nachtjäger; die **Do 535** sollte in Zusammenarbeit mit Heinkel entwickelt werden, da statt des Kolbenmotors im Heck ein Heinkel-Strahltriebwerk vorgesehen war, und der Fernaufklärer **Do 635** sollte die Zellen zweier **Do 335** über ein neues Tragflächenmittelstück miteinander verbinden.

***Die Do 335A-0 war mit einer 30-mm-Kanone MK 108 und zwei MG 151, Kaliber 15 mm, auf dem Nasenrücken bewaffnet. Nur wenige Maschinen erreichten vor Kriegsende das Erprobungskommando.***

# Dornier Do F, Do 11, Do 13 und Do 23

Um die Rüstungsbeschränkungen des Versailler Vertrags zu umgehen, die Deutschland die Konstruktion von Großflugzeugen untersagten, gründete Dornier Werke in Japan, Spanien und der Schweiz. In der Schweizer Niederlassung in Altenrhein entstand ein Ganzmetall-Hochdekker mit offener Kanzel, die **Do F**, die erstmals am 7. Mai 1932 flog. Die zweimotorige Maschine war von Anfang an als schwerer Bomber gedacht und mit Einziehfahrwerk ausgestattet. 1933 erschien eine neue Version, angeblich als Frachtflugzeug entwikkelt, aber in Wirklichkeit ein echter Bomber mit starrem Fahrgestell. Sie erhielt die Bezeichnung **Do 11**. Die von zwei Siemens-Sternmotoren Sh.22B (Jupiter-Lizenzversion) mit je 410 kW (558 PS) angetriebenen Serienflugzeuge **Do 11C** wurden anfangs an die Reichsbahn für Frachtflüge geliefert, tatsächlich aber dienten sie der Ausbildung von Bomberbesatzungen. In aller Öffentlichkeit erfolgte die spätere Fertigung als Militärflugzeug, das eine Bombenlast von 1000 kg tragen konnte und zur Abwehr mit drei Maschinengewehren MG 15 (je eine Waffe im Bug, auf dem Rükken und unter dem Bauch) bewaffnet war. Eine Reihe **Do 11D** mit kürzer gespannten Tragflächen wurde zur Aufstellung der ersten Luftwaffen-Bomberstaffeln geliefert, doch strukturelle Mängel und nicht akzeptable Steuereigenschaften führten zur vorzeitigen Einstellung der Produktion.

1934 entstand eine Version mit der Bezeichnung **Do 13**, wiederum mit starrem

Fahrgestell. Mit zwei BMW-VI-Motoren, die je 552 kW (750 PS) erzeugten, erreichte diese Variante als **Do 13C** die Serienfertigung, und man paßte die bestellten **Do 11** dem neuen Modell an. Das Muster entwickelte sich zur **Do 13e** mit verstärkter Zelle und Junkers-Doppelflügel. Diese Variante wurde anschließend in **Do 23F** umbenannt und ab März 1935 serienmäßig gefertigt. Sie machte später der **Do 23G** mit glykolgekühlten BMW-VIU-Motoren Platz. Mehr als 200 **Do 23** wurden für die Luftwaffe gebaut, wenngleich sie bereits 1936 der moderneren **Do 17** weichen mußten.

***Die Do F führte zur Do 23G. So schwerfällig dieses Muster auch war, so genügte es Ende der dreißiger Jahre doch zur Entwicklung von Bombertaktiken.***

**TECHNISCHE DATEN**
**Dornier Do 23G**

**Typ:** viersitziger schwerer Bomber
**Triebwerke:** zwei 12-Zylinder-Reihenmotoren BMW VIU mit je 552 kW (750 PS)
**Leistung:** Höchstgeschwindigkeit 260 km/h; Dienstgipfelhöhe 4200 m; Reichweite 1500 km
**Gewicht:** Leermasse 5600 kg; max. Startmasse 9200 kg
**Abmessungen:** Spannweite 25,60 m; Länge 18,80 m; Höhe 5,40 m; Tragflügelfläche 108 $m^2$
**Bewaffnung:** drei 7,92-mm-Maschinengewehre (in Waffenständen im Bug, auf dem Rumpfrücken und in der Rumpfwanne) und eine interne Bombenlast von 1000 kg

***Dornier Do 11D***

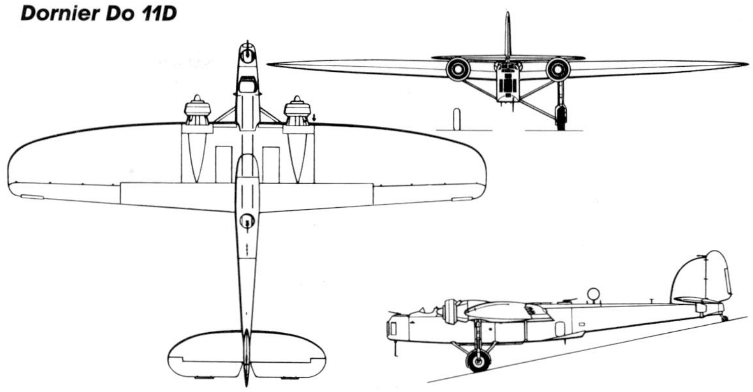

# Dornier Do J Wal und Do Super Wal

Die **Dornier Do J Wal** war der bedeutendste Dornier-Entwurf zu Beginn der zwanziger Jahre. Es handelte sich um das erste Flugboot, dessen Auslegung und klassische Linienführung jahrelang Bestand haben sollten, und das sicher fortschrittlichste und erfolgreichste der zwanziger und beginnenden dreißiger Jahre. Der breite, ganz aus Metall konstruierte und zweifach gestufte Bootsrumpf war mit seitlichen Profilschwimmern ausgestattet, die dem Fahrzeug im Wasser die nötige Stabilität verliehen. Auf seinem Rücken nahm er ein gestieltes Hochdeckertragwerk auf, dessen Flächen von gleichbleibender Tiefe zusätzlich mit Streben gegen die Schwimmer an den Rumpfflanken abgestützt waren. Die obere Linie des Bootsrumpfs blieb bei abgestrebtem Leitwerk herkömmlicher Bauart vom Bug bis zum hinteren Ende gleich. Den Antrieb lieferten zwei Motoren, die in Tandemanordnung auf dem Tragflächenmittelstück montiert waren und deren Leistung je eine Zug- und eine Druckschraube umsetzten. Das große Raumvolumen des Bootsrumpfes ermöglichte einen vielfältigen Innenausbau entsprechend der zivilen oder militärischen Verwendung der **Dornier-Wal**. Hinter den beiden Flugzeugführern, die nebeneinander im Frontabteil saßen, befanden sich Navigations- und Funkzellen, und in ihrem Rücken bestand noch viel Raum für Frachtgut, Luftpost und Passagiere.

Der Prototyp flog erstmals am 6. November 1922. Wegen des Verbots der Alliierten, in Deutschland Luftfahrzeuge dieser Größe zu bauen, entstanden sowohl diese Maschine als auch die ersten Serienexemplare bei der Società di Costruzioni Meccaniche di Pisa, die Dornier zur Herstellung von Flugbooten in Italien etabliert hatte. Diese Dornier-Flugboote hatten innerhalb kürzester Zeit riesige Geschäftserfolge auf europäischen und internationalen Strekken. So wurden sie auch in Japan, den Niederlanden, Spanien und der Schweiz gebaut, bis 1933 die Fertigung in Friedrichshafen am Bodensee anlief. In den Jahren 1924/25 hatte das italienische Werk bereits einige **Wal** mit Rolls-Royce Eagle IX-Motoren à 268 kW (365 PS) für die spanische Marine produziert.

Das Lasttragvermögen der Kombination **Wal** und Eagle-Antrieb wurde im Februar 1925 überzeugend durch 20 Klassenweltrekorde mit Nutzlasten zwischen 250 kg und 2000 kg unter Beweis gestellt.

***Dornier Do J Wal der Grupo 1-G-70, Agrupacion Espanola (Luftstreitkräfte der spanischen Nationalisten), Ende der dreißiger Jahre auf den Balearen***

Im selben Jahr erwarb der norwegische Polarforscher Roal Amundsen zwei **Wal**-Flugboote für eine Expedition von Spitzbergen zum Nordpol. Das eine **(N-24)** mußte man im Packeis aufgeben, doch das andere **(N-25)**, das man unter höchst schwierigen Bedingungen reparierte, kehrte im Juni 1926 nach Spitzbergen zurück. Anschließend wurde die Maschine grundüberholt und für die von einem britischen Piloten geplante Atlantiküberquerung ummotorisiert. Nachdem sich dieses Vorhaben zerschlagen hatte, kaufte Wolfgang von Gronau das Flugboot für die Deutsche Verkehrsfliegerschule (DVS). Nach neuerlicher Überholung und dem Einbau von BMW VI-Motoren flog es mit der Zulassung D-1422 jahrelang bei der DVS. In dieser Maschine starteten von Gronau und seine Besatzung am 18. August 1933 in List auf Sylt zum Flug nach New York über die Faröer, Island, Grönland und Labrador. Nach 44 Flugstunden und 25 Minuten landete die **Wal** in New York.

1932 machte das Muster durch einen Flug „Rund um den Globus" auf sich aufmerksam. Seinerzeit plante die Lufthansa die Einrichtung eines Luftpostdienstes nach Südamerika und beschloß, das bewährte **Wal**-Flugboot mit speziell umgerüsteten Frachtschiffen zur Treibstoffversorgung mitten auf dem Ozean zu verbinden. Das erste dieser Schiffe wurde so ausgerüstet, daß es die **Wal** an Bord hieven, betanken und per Dampfkatapult wieder in die Luft befördern konnte. Am 3. Februar 1934 fand der erste planmäßige Flug von Deutschland nach Südamerika statt. Die Route von Stuttgart nach Buenos Aires über Sevilla, Bathurst (Banjul) und nach Natal wurde in knapp vier Tagen zurückgelegt. Bald ging der vierzehntägige Rhythmus in einen wöchentlichen über.

Rund 300 **Wal** waren gebaut, als die Produktion Mitte der dreißiger Jahre auslief. Zuvor aber hatte die **Do R Super Wal** nach dem erfolgreichen Jungfernflug der ersten **Do R2** im September 1926 das Originalmuster auf der Montagestrecke in Friedrichshafen abgelöst. Mit erhöhter Spannweite und verlängertem Bootsrumpf bot die **Super Wal** neben ihrer vierköpfigen Besatzung insgesamt 19 Passagieren in zwei Kabinen Platz. Die Grundauslegung der **Do R2** entsprach weitgehend derjenigen der **Wal** mit zwei 485 kW (660 PS) starken Condor-Motoren von Rolls-Royce, die Rücken an Rücken montiert waren. Die **Do R4** von 1927 profitierte von der Leistung ihrer vier von Siemens gebauten Jupiter-Motoren, angeordnet in zwei Tandempaaren. Dieser Antrieb hob das Gesamtgewicht um 33% an und erhöhte die Geschwindigkeit um 16%. Außer Dornier fertigten mehrere Länder die **Super Wal** in Lizenz, so daß etliche Fluggesellschaften wertvolle Betriebserfahrung gewinnen konnten, allen voran die Deutsche Lufthansa. 1934 wurde die **Wal**-Serie in **Do 15** umbezeichnet.

**TECHNISCHE DATEN**
**Dornier Do R4**

**Typ:** viermotoriges Verkehrsflugboot
**Triebwerke:** vier von Siemens in Lizenz gebaute Sternmotoren Bristol Jupiter mit je 391 kW (532 PS)
**Leistung:** Höchstgeschwindigkeit 210 km/h; Reisegeschwindigkeit 180 km/h; Reichweite 2000 km
**Gewicht:** Rüstmasse 9850 kg; max. Startmasse 14.000 kg
**Abmessungen:** Spannweite 28,60 m; Länge 24,60 m; Höhe 6 m; Tragflügelfläche 137 $m^2$

***Vier Jupiter-Motoren trieben die Do R4 Super Wal an. Hier ein in Italien zugelassenes Exemplar.***

# Dornier Do X bis Douglas A2D Skyshark

**Nach dem Zweiten Weltkrieg machte Dornier in Spanien weiter, kehrte aber nach 1955 nach Deutschland zurück. 1995 übernahm Mercedes-Benz Dornier und gab die Dornier-Transportflugzeugrechte an die amerikanische Fairchild Aircraft ab. Donald Douglas gründete nach seinerTätigkeit für Martin in Ohio 1920 die Davis-Douglas Company. Das „Davis" verschwand 1921 aus dem Namen.**

## Dornier Do X

Die **Dornier Do X**, das damals größte Luftfahrzeug der Welt, wurde im Schweizer Dornier-Werk in Altenrhein konstruiert und startete erstmals am 12. Juli 1929 vom Bodensee. Die Arbeiten am Entwurf, der die Wal-Entwicklungsreihe krönte, hatten 1927 begonnen. In dem Muster sollten 100 Passagiere ähnlich bequem wie in einem Ocean Liner über den Atlantik reisen können. Das vollständig aus Metall gefertigte Flugboot, das zunächst von zwölf Siemens-Jupiter-Motoren je 373 kW (507 PS) angetrieben wurde, verfügte auf drei Decks des 40 m langen Bootsrumpfes über getrennte Schlafkabinen, Salons, Rauch- und Speiseräume sowie Bad und Küche. Das Flugdeck nahm zwei Piloten, einen Navigator und einen Funker auf. Für die Motorzentrale war jedoch der Bordingenieur zuständig, dessen Position die Verständigung über die Gasregelung zu einer interessanten Übung machte. Zu den Aufgaben des Flugingenieurs gehörte auch die Inspektion der Triebwerke im Flug, die er durch achteckige Kriechgänge im dicken Profil der Tragflächen erreichte. Da die Siemens-Motoren eine nur unzureichende Leistung brachten, ersetzte man sie durch zwölf Curtiss Conqueror. Kühlprobleme führten aber dazu, daß die hintere Motorreihe nicht ihre Solleistung erreichte. Dennoch wies die **Do X** bei einem Werkstattflug am 31. Oktober 1929 ihr Nutzlastvermögen in überzeugender Weise nach, als blinde Passagiere die Personenzahl an Bord auf 170 erhöhten, zehn mehr als das geplante Maximum von 160 Personen inklusive Personal.

***In ihrer endgültigen Form hatte die Do X zwölf Curtiss-Conqueror-Motoren mit insgesamt 5729 kW (7790 PS). Trotzdem waren die Flugleistungen mäßig.***

**TECHNISCHE DATEN**
**Dornier Do X**
**Typ:** transozeanisches Flugboot
**Triebwerke:** 12 Zwölfzylinder-V-Motoren Curtiss Conqueror je 477 kW (649 PS)
**Leistung:** Höchstgeschwindigkeit 210 km/h; Reisegeschwindigkeit 175 km/h; Dienstgipfelhöhe 1250 m; Reichweite 2200 km
**Gewicht:** Rüstmasse 32.675 kg; max. Startmasse 56.000 kg
**Abmessungen:** Spannweite 48 m; Länge 40 m; Höhe 10,10 m; Tragflügelfläche 450 $m^2$

Am 2. November 1930 hob die **Do X** vom Bodensee vor Friedrichshafen zum Flug nach Amerika über Amsterdam, Calshot und Lissabon ab. Die Reise verlief jedoch nicht ohne Zwischenfälle. In Lissabon wurde eine Tragfläche durch Feuer zerstört, das in einem der Kraftstofftanks ausgebrochen war. Die Reparatur verzögerte den Weiterflug um einen Monat. Beim Startversuch in Las Palmas, Kanarische Inseln, erlitt die **Do X** schwere Beschädigungen am Bootsrumpf, die zu einer weiteren Zwangspause von rund drei Monaten führten. Für den nächsten Startlauf machte man das Flugboot leichter, indem man unwesentliche Ausrüstungskomponenten ausbaute und die Zahl der Besatzung verringerte. So schaffte die **Do X** die nächste Etappe nach Natal in Brasilien, über Portugiesisch-Guinea, die Kapverdischen Inseln und Fernando Noronha. Anschließend begab sich die **Do X** nach Rio de Janeiro, bevor sie über die Vereinigten Staaten nach Deutschland zurückkehrte. Über Westindien und Miami erreichte sie am 27. August 1931 New York, und der eigentliche Rückflug nach Deutschland begann am 19. Mai 1932. Nach einer erfolgreichen Reise über Harbour Grace, Horta, Vigo und Calshot traf die **Do X** am 24. Mai 1932 auf dem Müggelsee bei Berlin ein. Wie andere Exponate des Berliner Museums fiel auch sie im Zweiten Weltkrieg Bomben zum Opfer. Zwei Exemplare mit Fiat-Motoren dienten versuchsweise bei den italienischen Luftstreitkräften, bis sie verloren gingen.

## Dornier Komet und Merkur

Die **Dornier Do C III Komet I**, die deutlich früheren Mitgliedern dieser Flugzeugfamilie ähnelte, flog erstmals 1921. Sie hatte einen recht korpulenten Rumpf, nicht einziehbare, durch einen Schleifsporn ergänzte Haupträder und ein in üblicher Weise abgestrebtes Leitwerk. Die ebenfalls gegen den Rumpf abgestrebten Tragflächen zeigten eine enorme Tiefe, die vom Ansatz bis zum Randbogen gleichblieb. Für den Antrieb der seriengefertigten **Komet I** sorgten ein BMW III oder IIIa mit 132 kW (180 PS) beziehungsweise 136 kW (185 PS). Die geschlossene Kabine nahm vier Fluggäste auf, während der Pilot in einer offenen Kanzel im oberen Rumpfteil unmittelbar hinter der Abströmkante des Tragwerks untergebracht war. Es ist nicht bekannt, wieviele **Komet I** gefertigt wurden. Erschwerend kommt hinzu, daß man einige Maschinen nachträglich zu Merkur umfunktionierte. Fest steht jedoch, daß die **Komet I** zunächst für die Deutsche Luft-Reederei GmbH (DLR), anschließend für „Deutscher Aero Lloyd" und schließlich für die 1926 gegründete Deutsche Luft Hansa (DLH) flogen.

Die verbesserte Version **Komet II**, die am 9. Oktober 1922 zum Erstflug startete, wurde in größerer Stückzahl gebaut und diente bei Fluggesellschaften in Kolumbien, Spanien, der Schweiz, der Ukraine, der UdSSR und bei der DLH in Deutschland. Die Hauptunterschiede bestanden im längeren Rumpf, der zwar nicht mehr Passagiere, aber eine zweiköpfige Flugbesatzung aufnahm, und im stärkeren Antrieb eines BMW IV mit 184 kW (250 PS).

***Dornier Merkur I der Luft Hansa Ende der zwanziger Jahre***

Die Schlußversion war die **Komet III**, eine in mehrfacher Hinsicht verfeinerte und erweiterte Variante, die erstmals am 7. Dezember 1924 flog. Ihr Tragwerk hob sich mit vier kurzen Streben vom Rumpf ab, und den Antrieb besorgte ein Rolls-Royce Eagle IX. In der Kabine fanden sechs Personen Platz, und die Zweimann-Besatzung flog weiterhin im offenen Cockpit, das jetzt nach links versetzt unter dem Tragflächenmittelteil angeordnet war. Außer bei deutschen Liniengesellschaften flogen **Komet III** in Dänemark, der Schweiz und der Ukraine. Darüber hinaus fertigte Japan eine kleine Baureihe dieses Modells in Lizenz.

Die erste grundsätzlich ähnliche **Dornier Do B Merkur I** absolvierte ihren Jungfernflug am 10. Februar 1925. Von der

***Die Komet III war eine in mancherlei Hinsicht verfeinerte Version für eine Zweimann-Besatzung. Typisch für Dornier war das niedrige Fahrgestell. Die Flugbootausgabe der Komet III hieß Delphin III.***

**Komet III** hob sie sich durch eine etwas größere Spannweite, ein großflächigeres und nicht mehr abgestrebtes Leitwerk sowie einen BMW-Flugmotor mit höherer Nennleistung ab. Der Antrieb bestimmte auch den Unterschied zwischen der **Merkur I** und der **Merkur II**. So hatte erstere einen 442 kW (600 PS) starken BMW IV ohne Untersetzungsgetriebe und letztere einen untersetzten BMW VI mit 368 kW (500 PS). Beide Varianten boten außer einer zweiköpfigen Besatzung sechs bis acht Personen Platz.

Hauptnutzer der Merkur war zweifellos die DLH. Das Muster flog aber auch in China, Japan und der Schweiz. Brasilien und Kolumbien erwarben je eine Merkur in der Auslegung von Schwimmerflugzeugen.

### TECHNISCHE DATEN
**Dornier Merkur II (Landflugzeug)**

**Typ:** Verkehrsflugzeug
**Triebwerk:** ein 12-Zylinder-Reihenmotor mit 368 kW (500 PS)
**Leistung:** Höchstgeschwindigkeit 192 km/h; Dienstgipfelhöhe 4000 m
**Gewicht:** Leermasse 2780 kg; max. Startmasse 4100 kg
**Abmessungen:** Spannweite 19,60 m; Länge 12,85 m; Höhe 3,56 m; Tragflügelfläche 62 m²

# Dornier Libelle

Während des Ersten Weltkriegs war Claudius Dornier mit Planung und Aufbau der Zeppelin-Werke Lindau in Friedrichshafen befaßt. Die dortige Kriegsproduktion umfaßte eine Reihe von Luftfahrzeugen (C I, C II, CS I, D I, Rs I, Rs II, Rs III, Rs IV und V1), die unter dem Eintrag Zeppelin-Lindau behandelt werden. Nach dem Krieg verlagerte sich die Tätigkeit nach Manzell bei Friedrichshafen unter gleichzeitiger Neufirmierung als Dornier Metallbauten GmbH, die Anfang der zwanziger Jahre etliche interessante Muster für die zivile Luftfahrt hervorbrachte.

Als erstes erschien die **Dornier Libelle I**, ein zweisitziges Schul- und Sportflugboot, das am 16. August 1921 erstmals flog. Der Schirmeindecker war bis auf stoffbespannte Teile der Tragflächen und alle Ruder vollständig aus Metall konstruiert. Die faltbaren Flächen mit gleichbleibender Profilsehne erhoben sich mittels Streben knapp über den Bootsrumpf, der einen breiten Gleitboden aufwies. Das Rumpfheck nahm nicht nur ein gewöhnliches Leitwerk, sondern an den Seiten auch zwei strömungsgünstige Schwimmer auf, die dem Fahrzeug eine stabile Lage im Wasser verliehen. Für den Flugzeugführer war ein offenes Cockpit unter dem Tragwerk eingerichtet, mit je einem Mitfliegerplatz davor und dahinter. Doppelsteuerung gehörte zur Standardausstattung. Ein Siemens-Halske-Motor in einem sauber durchkonstruierten Stelzengehäuse über dem Tragflächenmittelstück lieferte 44 kW (60 PS) für den Antrieb. Die spätere Version **Libelle II** hatte größere Abmessungen und denselben Motortyp, allerdings auf eine Leistung von 51,5 kW bis 59 kW (70/80 PS) gesteigert. Sie war als Dreisitzer gedacht, konnte aber neben dem Piloten mühelos vier Passagiere in die Luft bringen. Zudem hatte sie, wie es heißt, einen so robusten Bootsrumpf, daß man sogar auf zugefrorenen Seen Starts und Landungen durchführte. Das Muster wurde in etlichen Exemplaren gebaut.

### TECHNISCHE DATEN
**Dornier Libelle I**

**Typ:** Schul-/Sportflugboot
**Triebwerk:** ein Siemens-Halske-Sternmotor mit 37 kW bis 45 kW (50 PS/60 PS)
**Leistung:** Höchstgeschwindigkeit um 120 km/h; Dienstgipfelhöhe um 1600 m
**Gewicht:** Leermasse 400 kg; max. Startmasse 650 kg
**Abmessungen:** Spannweite 8,50 m; Länge 7,18 m; Höhe 2,27 m; Tragflügelfläche 14 m²

***Zwischen den Kriegen sagte man leichten Wasserflugzeugen eine große Zukunft voraus. So wurden Typen wie die Libelle I, ein amphibischer Zweisitzer, entwickelt.***

**Variante**
**Dornier Spatz:** eine Landversion der Libelle mit Schleifsporn; Standardmotor war der Siemens-Halske mit 59 kW (80 PS), aber auf Wunsch auch ein 74 kW (100 PS) starker Motor; wahlweise mit offenem Cockpit oder geschlossener Kabine

# Douglas A-3 (A3D) Skywarrior

Als die Douglas-Gruppe in El Segundo 1949 den Projektentwurf **Douglas A3D Skywarrior** fertiggestellt hatte, stellte dies das größte und schwerste Luftfahrzeug für den trägergestützten Einsatz dar. Das Muster basierte auf einer Forderung der US Navy von 1947 für einen Atombomber, der in der Lage wäre, strategische Offensivschläge auszuführen. Er sollte zum Betrieb auf den neuen, gigantischen Flugzeugträgern ausgelegt sein. Der Douglas-Bomber war ein Hochdecker mit einziehbarem Dreibein-Fahrwerk, zwei Strahltriebwerken in Gondeln unter den Tragflächen und einem riesigen internen Waffenschacht. Die Tragflächen waren um 36° zurückgepfeilt und wiesen eine hohe Flügelstreckung für große Reichweiten auf. Auch die Leitwerksflächen hatten eine entsprechende Pfeilung. Die Außenflächen sowie die Seitenflosse ließen sich beiklappen.

Der erste von zwei Prototypen absolvierte am 28. Oktober 1952 seinen Jungfernflug mit zwei Westinghouse-Strahltriebwerken XJ40-WE-3 je 3175 kg Schub. Das Scheitern dieses Triebwerkprogramms führte jedoch dazu, daß die Serienbomber **A3D-1** mit Pratt & Whitney J57-P-6 ausgerüstet wurden. Ab 31. März 1956 wurden **A3D-1** an VAH-1 der US Navy ausgeliefert.

1962 änderte sich die Typkennung in **A-3**, und die erste dreisitzige Serienversion hieß **A-3A**. Fünf dieser Maschinen wurden nachträglich für Aufgaben der elektronischen Kampfführung modifiziert und in **EA-3A** umbezeichnet. Die 1957 in Dienst gestellte Version **A-3B** (zuvor **A3D-2**) hatte leistungsgesteigerte J57-P-10-Triebwerke und eine Luftbetankungssonde. Eine Aufklärungsvariante mit Luftbildkameras im Waffenschacht erhielt die Bezeichnung **RA-3B** (A3D-2P), und bei **EA-3B** (A3D-2Q) handelte es sich um Spezialflugzeuge für elektronische Gegenmaßnahmen. Ferner gab es zwölf **TA-3B** **(A3D-2T)** zur Ausbildung von Radarbetriebspersonal und eine **VA-3B (A3D-2Z)** zum VIP-Transport. Die letzten Einsatzvarianten bei der US Navy waren **KA-3B**-Lufttanker und 30 **EKA-3B** zur Luftbetankung, für elektronische Störmaßnahmen und Gegenangriffe. Bis Ende der achtziger Jahre setzten drei Staffeln noch **Skywarrior** der Kategorie **EA-B** zur Aufklärung, **TA-3B** zur Besatzungsausbildung **EKA-3B** als Frühwarntrainer der Aggressorkräfte und **KA-3B** zur Luftbetankung ein. Zur Restgruppe gehörten auch eine **NA-3B** beim Naval Weapons Test Center und mehrere **NRA-3B** beim Pacific Missile Test Center.

Nach 35 Jahren schied die **Whale** im September 1991 aus dem aktiven Dienst aus. Das letzte Einsatzkommando stellte VQ-2 mit **EA-3B** in Jiddah, Saudi-Arabien, für die Operation Wüstensturm. Bis 1993 verwendeten einige zivile Vertragsunternehmen dieses Muster noch für diverse Erprobungen.

### TECHNISCHE DATEN
**Douglas A-3B**

**Typ:** trägergestützter Gegenangriffsbomber
**Triebwerke:** zwei Strahltriebwerke Pratt & Whitney J57-P-10 je 4763 kg Schub
**Leistung:** Höchstgeschwindigkeit 982 km/h in 3050 m Höhe; Marschgeschwindigkeit 837 km/h; Dienstgipfelhöhe 12.495 m; normale Reichweite 1690 km
**Gewicht:** Leermasse 17.876 kg; max. Startmasse 37.195 kg
**Abmessungen:** Spannweite 22,10 m; Länge 23,27 m; Höhe 6,95 m; Tragflügelfläche 75,43 m²
**Bewaffnung:** zwei 20-mm-Kanonen im radargesteuerten Heckdrehturm und bis zu 5443 kg unterschiedlicher Waffentypen im Internschacht

***Die A-3 Skywarrior war für den Einsatz von US-Flugzeugträgern zu atomaren Gegenschlägen in großer Entfernung gedacht. Sie dienten jedoch vorwiegend zu Unterstützungsaufgaben, zum Beispiel als KA-3B (im Bild), als EA-3B und RA-3B im Aufklärungsdienst und als EKA-3B im kombinierten Tanker-/Störeinsatz.***

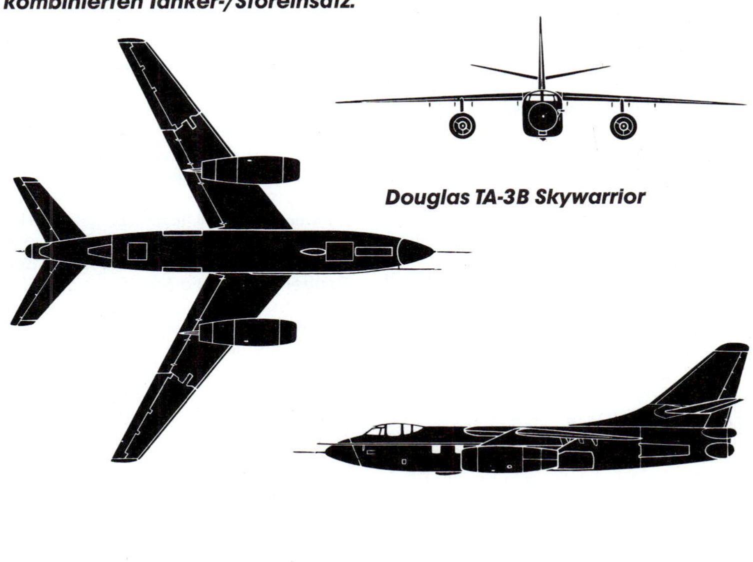

***Douglas TA-3B Skywarrior***

# Douglas A-20/DB-7/Boston/Havoc (Serien)

***Oben: Douglas A-20B der Schwarzmeer-Luftflotte (VVS-ChF) 1944 mit einer Waffenkuppel russischen Ursprungs auf dem Rumpfrücken***

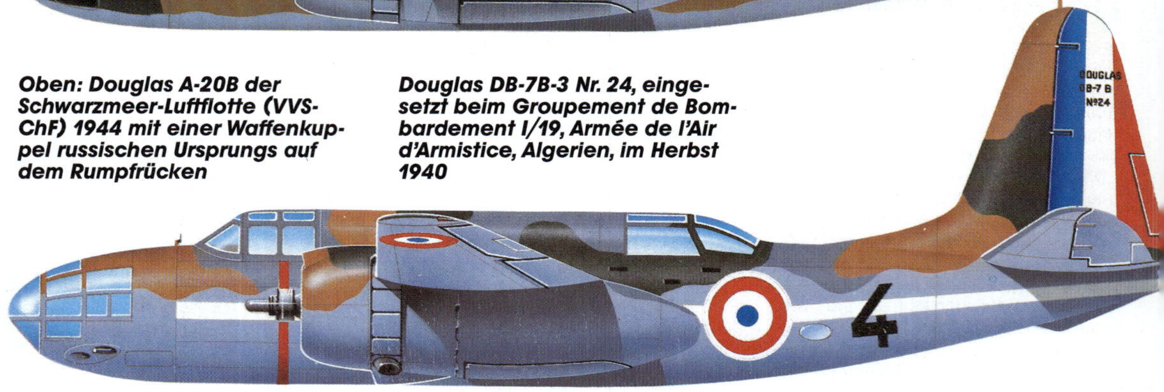


***Douglas DB-7B-3 Nr. 24, eingesetzt beim Groupement de Bombardement I/19, Armée de l'Air d'Armistice, Algerien, im Herbst 1940***

Die **Douglas A-20** (Firmenbezeichnung **DB-7**) war einer der meistgebauten leichten Bomber des Zweiten Weltkriegs. Sie wurde an allen Fronten und in vielerlei Rollen eingesetzt und bewährte sich gut.

Der Grundentwurf entstand 1936, als die Douglas Aircraft Company die Konstruktion eines Kampfbombers in Erwägung zog, der die einmotorigen Leichtbomber dieser Periode ablösen konnte. Gespräche mit dem technischen Stabspersonal des US Army Air Corps ermöglichten es, einen recht fortschrittlichen Forderungskatalog aufzustellen, der zum Douglas-Projekt **Modell 7A** führte.

Der überarbeitete Entwurf von 1938 erhielt die Bezeichnung **Modell 7B**. Man hatte die zweimotorige Auslegung beibehalten, aber die ursprünglich vorgesehenen 336 kW (457 PS) starken Triebwerke durch zwei Pratt & Whitney-Sternmotoren vom Typ R-1830 Twin Wasp je 820 kW (1115 PS) ersetzt. Der sich nach hinten kaum verjüngende Rumpf des freitragenden Schulterdeckers **7B** nahm am Ende ein hochaufragendes Leitwerk auf, das ansonsten im üblichen Stil gehalten war. Das Fahrgestell basierte auf dem seinerzeit grundlegend neuen Dreibein-Konzept, und eine weitere Neuerung bestand im austauschbaren Bug, der die Serienfertigung von Bombern oder Jagdbombern wesentlich leichter gestalten würde. In dieser Form flog das **Modell 7B** erstmals am 26. Oktober 1938 und ließ alle Merkmale hoher Klasse erkennen: es war schnell und wendig, kurzum ein „Flugzeug für schneidige Piloten".

Kaum hatte der Hersteller das Potential dieses Musters erkannt, als er es auch schon zum Export anbot, da das USAAC keinerlei Bedarf für solch ein Flugzeug sah. Den ersten Auftrag über 100 Exemplare erteilte ein französisches Beschaffungsgremium im Februar 1939. Es war zwar von der Leistung des **Modells 7B** beeindruckt, machte aber etliche Modifikationen für den Einsatz in Europa geltend, wo die Luftwaffe ihre Stärke im gerade beendeten Spanischen Bürgerkrieg bekundet hatte.

Die französischen Änderungswünsche griffen so tief, daß selbst die Grundkonstruktion nicht verschont blieb. Der Rumpf wurde vertikal ausgeweitet, um die Kapazität des internen Bombenschachts und der Treibstoffanlage erhöhen zu können, und der Durchmesser gleichzeitig zurückgenommen; aus dem Schulterdecker entstand ein Mitteldecker; die Bugfahrwerksbaugruppe erhielt ein längeres Ölfederbein; man erweiterte den Panzerschutz für die Besatzung und die Kraftstofftanks und baute Twin Wasp-Motoren ein, die je 895 kW (1217 PS) abgaben. Angesichts dieser schwerwiegenden Eingriffe wies der Hersteller dem Muster die neue Bezeichnung **DB-7 (Douglas Bomber)** zu. Am 17. August 1939 startete der Prototyp des Serienbombers **DB-7** zum Erstflug. Douglas bemühte sich, die ersten 100 **DB-7** noch vor dem Ende des Jahres 1939 fertigzustellen. Dennoch hatte Frankreich beim Angriff Deutschlands im Mai 1940 erst rund 60 Douglas-Bomber in Dienst gestellt, von denen lediglich zwölf Maschinen des 2. Groupement de Bombardement am 31. Mai deutsche Panzerkolonnen im Tiefflug attackierten.

Während der Entwicklung der **DB-7** ging ein französischer Auftrag für eine verbesserte Version ein. Zusätzliche Ausrüstungskomponenten hatten die geforderte Betriebsmasse um 24% gegenüber der **DB-7** steigen lassen, so daß man leistungsstärkere Wright-Sternmotoren Cyclone 14 in neu konzipierten Gehäusen einbauen mußte. Diese Version erhielt die Bezeichnung **DB-7A**. Da sich bei der **DB-7** gezeigt hatte, daß die Richtungsstabilität kaum noch hinnehmbar war, mußte man zudem das Seitenleitwerk wegen der kräftigeren Motoren in der Fläche vergrößern.

Als sich der Zusammenbruch des französischen Widerstands abzeichnete, wurden Maßnahmen getroffen, daß Großbritannien die nicht erfüllten Auftragsbestände für Frankreich und Belgien übernahm, das ebenfalls eine kleine Anzahl bestellt hatte. So gelangten 15 bis 20 **DB-7** zur Royal Air Force, die diese Maschinen als **Boston Mk I** zur Einweisung und Umschulung nutzte. Das nächste Baulos von rund 125 **DB-7** nannten die Briten **Boston Mk II**. Die Lastentragfähigkeit und hohe Geschwindigkeit eröffneten jedoch Anpassungsmöglichkeiten zu dringend benötigten Nachtjägern, und im Winter 1940 baute man Bordradar, zusätzlichen Panzerschutz, acht 7,7-mm-Maschinengewehre im Bug und Auspuffflammendämpfer ein und ging zu einem mattgetönten Vollanstrich in Schwarz über. Ein ungewöhnliches Merkmal war die Ausstattung mit einem rudimentären Doppelsteuer in der Station des Bombenschützen: Da keines der Besatzungsmitglieder im Notfall zum Flugzeugführer hätte vordringen können, bestand immerhin die Möglichkeit, daß der Bombardier die Maschine auf die Erde zurückbrachte. Im Dezember 1940 erreichten erste **Havoc Mk I** die RAF, und am 7. April 1941 konnte No. 85 Squadron die Einsatzbereitschaft mit dem neuen Muster melden. Ein zweites Baulos von rund 100 **DB-7A** wurde ähnlich umgerüstet, aber in diesem Fall mit zwölf Bugmaschinengewehren bewaffnet und **Havoc Mk II** genannt. Etwa 40 **DB-7** modifizierte man zu Nachtstörflugzeugen, die die Flugzeugnase mit der Station des Bombenschützen behielten, eine 1089 kg schwere Bombenlast mitführen konnten und vier 7,7-mm-Maschinengewehre an der Bugunterseite aufwiesen. Offiziell hieß diese Version **Havoc Mk I (Intruder)**, doch in der Truppe waren auch Namen wie **Moonfighter, Ranger** und **Havoc Mk IV** gebräuchlich. Um dem beschränkten Leistungsvermögen des in die **Havoc Mk I** eingebauten Bordradars zu begegnen, installierte man in 21 Exemplare einen Helmore/GEC-Suchscheinwerfer mit einer Leistung von 2700 Millionen Candela. Diese **Havoc Mk I (Turbinlite)** bezeichneten Maschinen dienten dazu, deutsche Kriegsflugzeuge zu beleuchten, an die sie sich auf Kontaktreichweite herangetastet hatten, so daß Begleitjäger vom Typ Hawker Hurricane diese Ziele bekämpfen konnten. Entsprechend umgerüstete **Havoc Mk II** (39) hießen **Havoc Mk II (Turbinlite)**. Den Namen **Havoc** übernahm die USAAF generell für alle ihre **A-20**-Versionen.

***Bei diesem BD-2-Zielschleppflugzeug der amerikanischen Kriegsmarine ist der schlanke Rumpf der DB-7-Serie gut zu erkennen. Im Grunde war dieses Modell eine unbewaffnete A-20B der USAAF.***

Eine kleine Zahl **DB-7A** setzte die RAF als leichte Bomber mit der Dienstbezeichnung **Boston Mk III** ein. Großbritannien hatte jedoch die verbesserte Version **DB-7B** mit geänderter Bordelektrik und -hydraulik sowie einer Instrumentierung bestellt, die den britischen Vorstellungen eher entsprach. Diese Maschinen, die die Briten als **Boston Mk III** führten, waren mit vier 7,7-mm-Maschinengewehren im Bug, zwei weiteren auf einer Schnelldrehlafette im hinteren Cockpit und einer siebten Maschinenkanone in der Rumpfwanne bewaffnet und konnten zusätzlich eine Bombenlast von 907 kg mitführen. Bei Bomberstaffeln der No. 2 Group flogen sie intensive Einsätze, und in Nordafrika lösten sie ab Anfang 1942 die Bristol Blenheim ab.

**DB-7**-Erstaufträge des USAAC vom Mai 1939 ergaben 63 **A-20** mit Wright R-2600-7 Cyclone 14 und Turbolader. Von dieser Baureihe wurden drei Exemplare als Luftbildaufklärer gefertigt und 59 als Nachtjäger **P-70** ausgeliefert. Der Prototyp **XP-70** hatte als einzige Maschine nicht aufgeladene R-2600-11-Motoren, doch alle Vertreter dieser Baureihe waren mit Bordradar britischer Herstellung und vier 20-mm-Kanonen unter dem Rumpf ausgestattet. Diese Nachtjäger dienten hauptsächlich zur Ausbildung, damit sich die Besatzungen mit den neu entwickelten Radarabfangverfahren vertraut machen konnten.

Die erste Bomberversion des USAAC war die **A-20A**, grundsätzlich ähnlich wie die **A-20**, aber von R-2600-3-Motoren ohne Lader angetrieben. Ihre Bewaffnung entsprach derjenigen der **DB-7B**, abgesehen vom 7,62-mm-Kaliber der Maschinengewehre. Darüber hinaus besaß sie zur Abwehr nach hinten je zwei fernbediente Maschinenkanonen im Motorgondelheck und eine Bombenlast von knapp 500 kg. Eine **A-20A** wurde zum Prototyp **XA-20B** mit geänderter Waffenkonfiguration (drei fernbedienten Waffentürmen) modifiziert. Die **Serie A-20B** übernahm diese Änderung nicht, sondern hatte zwei bugmontierte 12,7-mm-Maschinengewehre und entsprach in fast jeder Hinsicht der **DB-7A**.

Eine großmaßstäbliche Produktion setzte einen höheren Standardisierungsgrad voraus, so daß die **Boston Mk III** der RAF und die **A-20C** des USAAC praktisch identisch waren, einschließlich der R-2600-23-Motoren. Zur Steigerung der Fertigungsrate vergab Douglas eine Lizenz an Boeing, und diese Firma baute 140 **A-20C**, die als **Boston Mk IIIA** nach dem Lend-Lease-Gesetz an die RAF geliefert wurden. Diese Baureihe unterschied sich in erster Linie durch eine andere Bordstromversorgung und teilweise geänderte Motoranbaugeräte. Auch die damlige UdSSR erhielt 1942 **DB-7** dieser Version nach dem Leih- und Pachtgesetz. **Boston Mk III** der No. 226 Squadron, RAF, dienten dazu, Besatzungen der 15. Bombardement Squadron der USAAF auszubilden, die im Mai 1942 als Vorhut der US 8. Air Force in England eintraf. Am 4. Juli 1942 flogen je sechs Besatzungen der amerikanischen und der britischen Staffel den ersten Kampfeinsatz der 8. Air Force von England aus. Die nächste Großbaureihe brachte die **A-20G**, von der Douglas in Santa Monica 2850 Exemplare produzierte. Diese ebenfalls mit R-2600-23-Motoren ausgerüsteten Maschinen waren 20,32 cm länger, um eine mächtige Bugbewaffnung realisieren zu können: zwei 12,7-mm-Maschinengewehre, vier 20-mm-Kanonen und entweder zwei 12,7-mm-Maschinengewehre oder ein 12,7-mm-MG und ein 7,62-mm-MG im hinteren Cockpit. Die meisten **A-20G** der Frühserien mit dieser Konfiguration erhielt die damalige UdSSR. Bei den nächsten Baureihen der **A-20G** waren die 20-mm-Kanonen durch 12,7-mm-Maschinengewehre ersetzt. Die Schlußversion führte einen 15,24 cm breiteren Hinterrumpf ein, um einen elektrisch angetriebenen Rückenturm mit zwei 12,7-mm-Maschinengewehren einbauen zu können. Zudem ließen sich rund 900 kg Bomben an Schlössern unter die Tragflächen hängen und zusätzliche Kraftstofftanks im Bombenschacht unterbringen. Für Überführungsflüge wurde außerdem ein Abwurftank unter dem Rumpf befestigt, so daß sich eine Reichweite von insgesamt 3219 km ergab. Dies war ein ganz entscheidender Faktor für den Einsatz auf dem pazifischen Kriegsschauplatz, wo das Muster bei seiner Ankunft 1942 von der 5 Air Force unter Major General George C. Kenney, die Neuguinea vor der Einnahme durch Japan bewahren sollte, mit recht gemischten Gefühlen begrüßt wurde. Wie geliefert, waren die Maschinen nach Auffassung der Führung zu leicht bewaffnet. Man verstärkte daher die Grundbewaffnung durch vier 12,7-mm-Maschinengewehre, und da kein geeigneter Bombentyp für Luftnahunterstützungseinsätze zur Verfügung stand, schlug Kenney die Verwendung von 10-kg-Splitterbomben mit kleinen Fallschirmen vor. Da jede **A-20** 40 solcher „para-frags" zum Einsatz bringen konnte, machten sich diese Kampfbomber sehr verdient bei den Aktionen, die den Feind schließlich aus seinen Stellungen in Buna warfen.

Nach und nach eingeführte Verbesserungen brachten der **A-20G Havoc** mehr Panzerschutz, genauere Navigations- und Bombenzielgeräte sowie Winterfestigkeit für Maschinen, die in Kälteregionen operierten. Gefertigt wurden auch 412 **A-20H**, die wenige Veränderungen aufwiesen, abgesehen von R-2600-29-Motoren mit je 1268 kW (1724 PS). Weder die **A-20G** noch die **A-20H** flogen unter der RAF, wohl aber die **A-20J** und die **A-20K**. Diese Pfadfinderversionen der **A-20G** beziehungsweise **A-20H** für Bomberformationen wurden für die USAAF und die RAF gebaut, bei der sie **Boston Mk IV** beziehungsweise **Boston Mk V** hießen. Ihr Hauptunterschied lag im strebenlosen Glasbug für den Bombenschützen.

Bei Produktionsende am 20. September 1944 hatte Douglas 7385 **DB-7** aller Versionen gefertigt, die von der USAAF und ihren Verbündeten in fast jeder nur denkbaren Rolle verwendet wurden. Das Muster ging auch an Brasilien, die Niederlande sowie die damalige UdSSR, und Großbritannien zweigte eine kleine Zahl seines Kontingents an die Royal Australian Air Force, Royal Canadian Air Force, Royal New Zealand Air Force und South African Air Force ab. Eine **A-20A** wurde der US Navy zur Prüfung als **BD-1** zugewiesen, und 1942 beschaffte diese Teilstreitkraft acht **A-20B** als Zielschleppflugzeuge mit der Dienstbezeichnung **BD-2**.

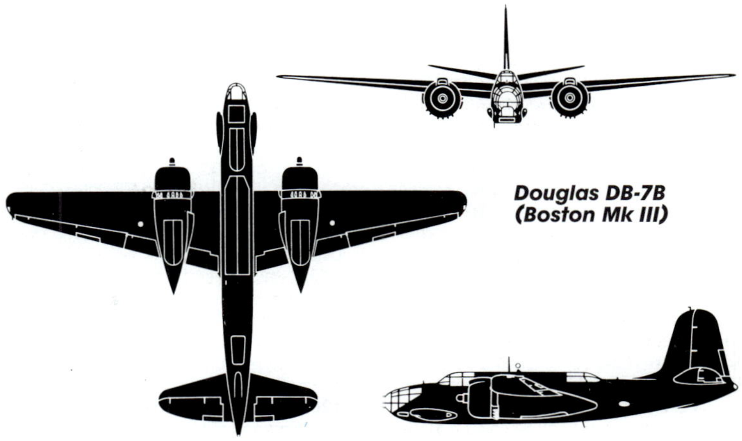

***Douglas DB-7B (Boston Mk III)***

**Varianten**

**A-20D:** projektierte Leichtversion der A-20 mit R-2600-7-Ladermotoren, die ihren Kraftstoff aus größeren, aber nicht kugelsicheren Tanks bezogen

**A-20E:** 17 A-20A mit unerheblichen Internmodifikationen

**XA-20F:** einzelne, modifizierte A-20A zur Erprobung zweier Waffentürme mit 12,7-mm-Zwillings-MG von General Electric (einer auf dem Rumpfrücken und einer unter dem Bauch); später testete diese Maschine eine 37-mm-Bugkanone

**XF-3:** drei zu Prototypaufklärern umgerüstete A-20

**YF-3:** zwei Versuchsaufklärungsflugzeuge, ähnlich der XF-3, aber mit R-2600-23-Sternmotoren und einem bemannten Waffenturm mit 12,7-mm-Zwillings-MG

**F-3A:** 46 Aufklärungsflugzeuge, die auf der A-20J und der A-20K basierten

**O-53:** schwere Erkundungsversion, die auf der A-20B fußte; eine Bestellung über 1489 Exemplare wurde im Oktober 1940 erteilt, doch wieder annulliert

**P-70A-1:** 39 zu Nachtjägern umgerüstete A-20C, die 1943 mit sechs 12,7-mm-Maschinengewehren im Bug und zwei schwenkbaren MG gleichen Kalibers im Heck sowie verbessertem Bordradar ausgestattet wurden

**P-70A-2:** 65 zu Nachtjägern umgerüstete A-20G mit sechs 12,7-mm-Maschinengewehren in drei Gehäusen pro Bugseite

**P-70B-2:** 105 Nachtjagdschulflugzeuge durch Umrüstung von A-20G und A-20J mit SCR-720- oder SCR-729-Bordradar und Möglichkeit zur Einrüstung von sechs oder acht 12,7-mm-MG im Bug oder der Rumpfwanne

**Havoc Mk I (Pandora):** rund 20 Havoc Mk I (Intruder), die zum Einsatz der Long Aerial Mine (Fallschirm-Luftmine gegen Bomberströme) modifiziert waren

**Havoc Mk III:** Anfangsbezeichnung der Havoc Mk I (Pandora)

**Boston Mk III (Intruder):** Bezeichnung der Boston Mk III, die für Störeinsätze mit einem Rüstsatz von vier 20-mm-Kanonen unter dem Rumpf bewaffnet waren

**Boston Mk III (Turbinlite):** drei ähnlich der Havoc Mk I und II (Turbinlite) umgerüstete Flugzeuge

**TECHNISCHE DATEN**
**Douglas A-20G**

**Typ:** dreisitziger leichter Bomber
**Triebwerke:** zwei 14-Zylinder-Doppelsternmotoren Wright R-2600-23 Cyclone 14 je 1193 kW (1622 PS)
**Leistung:** Höchstgeschwindigkeit 510 km/h in 3050 m Höhe; Marschgeschwindigkeit 370 km/h; Dienstgipfelhöhe 7620 m; Reichweite mit 2744 Litern Treibstoff und 907 kg Bomben 1650 km
**Gewicht:** Leermasse 7250 kg; max. Startmasse 12.338 kg
**Abmessungen:** Spannweite 18,69 m; Länge 14,63 m; Höhe 5,36 m; Tragflügelfläche 43,20 m²
**Bewaffnung:** sechs vorwärtsfeuernde 12,7-mm-Maschinengewehre, zwei 12,7-mm-Maschinengewehre in motorisierter Kuppel auf dem Rumpfrücken und ein 12,7-mm-Maschinengewehr in der Rumpfwanne sowie 1814 kg Bomben

# Douglas A-26/B-26 Invader

***Douglas A-26B-15-DT (43-22369) „Stinky" der 552. Bomb Squadron, 386. Bomb Group, US 9. Air Force, im April 1945 im französischen Beaumont-sur-Oise stationiert.***

Die USAAF gab 1940 die Spezifikation für ein Erdkampfflugzeug heraus, noch bevor Erfahrungsberichte aus dem Zweiten Weltkrieg in Europa vorlagen. Folglich wurden drei Prototypen in unterschiedlicher Auslegung bestellt: die **Douglas XA-26** als leichter Bomber mit entsprechender Station für einen Bombardier, die **XA-26A** als Nachtjäger mit schwerer Bewaffnung und die **XA-26B** als Kampfbomber mit einer 75-mm-Kanone. Nach der Flugerprobung und sorgfältiger Auswertung der Kriegsberichte aus Europa und dem pazifischen Raum nahm man die **A-26B Invader** in Serienfertigung, und die ersten von 1355 Flugzeugen wurden im April 1944 ausgeliefert.

Die **A-26B** war mit sechs 12,7-mm-Maschinengewehren im Bug, fernbedienten Waffenkuppeln mit 12,7-mm-Zwillings-MG auf dem Rumpfrücken und unter dem Bauch sowie mit bis zu zehn weiteren 12,7-mm-MG-Rüstsätzen unter den Tragflächen und unter dem Rumpf bewaffnet. Schwer gepanzert und mit einer Bombenlast von 1814 kg beladen, stellte die **Invader** eine fliegende Feuerfaust dar. Ihre beiden 1491 kW (2028 PS) starken R-2800-Sternmotoren von Pratt & Whitney verliehen ihr zudem eine Spitzengeschwindigkeit von 571 km/h und machten sie somit zum schnellsten US-Bomber des Zweiten Weltkriegs. Die USAF hielt die **Invader** bis weit in die siebziger Jahre im Dienst.

Einsätze dieses Musters unter der 9. Air Force in Europa begannen im November 1944, und gleichzeitig wurde der Typ auf dem pazifischen Kriegsschauplatz eingeführt. Die **A-26C** mit einer Bombenschützenstation und nur zwei Bugmaschinengewehren ging 1945 in Dienst, griff aber kaum noch in das Kampfgeschehen des Zweiten Weltkriegs ein. Da künftig wenig Bedarf bestand, wurden lediglich jeweils eine **A-26B** und eine **A-26C** zu **XJD-1** umgerüstet. Es folgte die Modifikation von insgesamt 150 **A-26C** zu Zielschleppflugzeugen für die US Navy, die ihnen die Bezeichnung **JD-1** zuwies. Später baute man einige Maschinen zu Start- und Kontrollplattformen für Testflugkörper und Zieldrohnen um. Ihre Anfangsbezeichnung **JD-1D** änderte sich 1962 in **UB-26J** und **DB-26J**.

Die **A-26B** und **A-26C** der USAF wurden 1948 zu **B-26B** sowie **B-26C** und behielten diese Bezeichnung bis 1962. Beide

**TECHNISCHE DATEN**
**Douglas B-26B**

**Typ:** dreisitziger leichter Erdkampfbomber
**Triebwerke:** zwei Sternmotoren Pratt & Whitney R-2800-27 oder -79 Double Wasp je 1491 kW (2028 PS)
**Leistung:** Höchstgeschwindigkeit 571 km/h in 4570 m Höhe; Marschgeschwindigkeit 457 km/h; Dienstgipfelhöhe 6735 m; normale Reichweite 2253 km
**Gewicht:** Leermasse 10.365 kg; max. Startmasse 15.876 kg
**Abmessungen:** Spannweite 21,34 m; Länge 15,24 m; Höhe 5,64 m; Tragflügelfläche 50,17 m²
**Bewaffnung:** zehn 12,7-mm-Maschinengewehre und eine Bombenlast von max. 1814 kg

Versionen dienten im Koreakrieg und später in Vietnam zur Guerilla-Bekämpfung. Für die COIN-Rolle entwickelte On Mark Engineering 1963 eine Spezialversion mit einer äußerst schweren Bewaffnung und stärkerem Antrieb, deren Prototyp **YB-26K** den Beinamen **Counter Invader** erhielt. Anschließend wurden rund 70 **B-26** dem Standard **B-26K** angepaßt und 40 später in **A-26A** umbezeichnet. Einige Maschinen flogen COIN-Einsätze in Vietnam, während andere im Rahmen des Militärhilfeprogramms am befreundete Nationen gingen. Daneben dienten **B-26** zur Ausbildung (**TB-26B** und **TB-26C**), zum Transport (**CB-26B**-Frachtmaschinen und **VB-26B**-Verbindungsflugzeuge für Stabspersonal), zur Drohnenleitung (**DB-26C**), zur Nachtaufklärung (**FA-26C**, ab 1948 **RB-26C**) sowie zur Erprobung von Lenkeinrichtungen und Leitverfahren für Flugkörper (**EB-26C**). Nach dem Krieg wurden zahlreiche **A-26** zu Geschäftsreise-, Überwachungs-, Luftbildmeß- und Feuerlöschflugzeugen umgebaut.

**Varianten**

**XA-26C:** projektierte Version mit vier 20-mm-Kanonen im Bug; als dieses Vorhaben entfiel, wurde der Kennbuchstabe „C" wieder der Invader-Bomberversion mit Sichtbug zugewiesen

**XA-26D:** einzelner Prototyp mit zwei von Chevrolet gebauten R-2800-83-Sternmotoren je 1567 kW (2131 PS) als Antrieb; Vorläufer der geplanten Serienversion A-26D, von der 750 Exemplare nach der Kapitulation Japans gestrichen wurden

**XA-26E:** einzelner Prototyp mit zwei R-2800-83-Sternmotoren je 1567 kW (2131 PS) als Antrieb; Vorläufer der geplanten Serienversion A-26E mit Glasbug, von der 1250 Exemplare nach der Kapitulation Japans gestrichen wurden

**XA-26F:** einzelner Prototyp (später XB-26F bezeichnet) mit R-2800-83-Sternmotoren und Strahltriebwerk J31 von General Electric im Rumpfheck zur Leistungssteigerung durch 726 kg Zusatzschub; die Spitzengeschwindigkeit von 700 km/h in 4570 m Höhe war ein zu geringer Leistungsgewinn, um die Serienfertigung rechtfertigen zu können

**A-26Z:** Douglas-Bezeichnung eines vorgeschlagenen Nachkriegsmodells, das als A-26G und A-26H mit Metall- und Glasbug gebaut werden sollte; Verbesserungen umfaßten eine höhere Cockpithaube und Abwurftanks an den Flächenenden

**Invader Mk I:** RAF-Bezeichnung der 140 A-26C, die die Teilstreitkraft im Rahmen des Leih- und Pachtabkommens erhielt

**On Mark Marketeer:** Version der Marksman C ohne Druckbelüftung

**On Mark Marksman A:** druckbelüftetes Geschäftsreiseflugzeug, von der Firma On Mark Engineering nahezu serienmäßig gefertigt; Antrieb durch zwei R-2800-83-AM3 je 1567 kW (2131 PS)

**On Mark Marksman B:** ähnlich wie Marksman A; Zusatztanks an den Flächenenden und Motor R-2800-83AM4A

**On Mark Marksman C:** ähnlich Marksman A; zusätzliche Treibstofftanks in den Tragflächen und Sternmotoren R-2800-CB-16/17 je 1865 kW (2536 PS)

**Smith Biscayne 26:** von der B. Smith Company entwickelte Hochgeschwindigkeits-Passagiermaschine mit 15 Plätzen

**Smith Super 26:** Standard-Invader-Zelle mit Anbautanks an den Flächenenden und der Inneneinrichtung eines Geschäftsreiseflugzeugs

**Smith Tempo I:** zum Geschäftsreiseflugzeug ohne Druckkammer umgebaute Invader mit R-2800-Motoren der Serie B

**Smith Tempo II:** zum druckbelüfteten Geschäftsreiseflugzeug umgestaltete Invader mit neuem Rumpf, der 2,93 m länger als die Standardbaugruppe war und bis zu 13 Passagiere aufnehmen konnte

***Die USAF gab eine große Zahl A-26C an die US Navy als JD-1 für den Zielschlepp- und Drohnenleitdienst ab.***

# Douglas XA-42/XB-42

Unter der Bezeichnung **Douglas XA-42** für einen Angriffsbomber, später zum Bomber **XB-42** deklariert, entwarf und konstruierte Douglas zwei Prototypen und ein Flugwerk für Bodentests, die die US Army Air Force am 25. Juni 1943 in Auftrag gegeben hatte. Dieser ungewöhnliche Typ, den der Hersteller „Mixmaster" taufte, war als freitragender Mitteldecker mit kreuzförmigem Leitwerk und Dreibein-Fahrwerk ausgelegt, dessen Hauptbaugruppen nach hinten in die Rumpfflanken einzogen. Der breite und hohe Rumpf bot Platz für eine dreiköpfige Besatzung aus einem Bombenschützen/Navigator im Bug und zwei Flugzeugführern, die nebeneinander im recht weit vorn angeordneten Cockpit unter separaten Hauben saßen. Außerdem barg der Rumpf einen großen internen Bombenschacht und in einer Zelle direkt hinter dem Pilotencockpit zwei Reihenmotoren Allison V-1710, die über Fernwellen und Untersetzungsgetriebe im Heckkonus zwei gegenläufige Dreiblatt-Druckpropeller antrieben.

Trotz dieses ungewöhnlichen Konzepts übertraf die „Mixmaster" bei ihrem Erstflug am 6. Mai 1944 sogar die in sie gesetzten Erwartungen. Die zweite Versuchsmaschine flog erstmals am 1. August 1944, und die Doppelkanzel wurde anschließend mit einer Einzelhaube abgedeckt. Im Dezember desselben Jahres ging dieser Prototyp bei einem Flugunfall verloren. Zu dieser Zeit hatte die USAF allerdings bereits entschieden, das Muster nicht in Serie gehen zu lassen, sondern die Entwicklung strahlgetriebener Hochleistungsbomber abzuwarten. Als Zwischenschritt zur Prüfung des Turbinenantriebs stattete man den ersten Prototyp mit gemischtem Antrieb in Form zweier Kolbentriebwerke Allison V-1710-133, die je 1025 kW (1394 PS) auf die Propeller abgaben, und zweier Westinghouse-Strahltriebwerke 19XB-2A mit je 726 kg Schub in Gondeln unter den Flächen aus. Dieses Flugzeug mit der neuen Bezeichnung **XB-42A** wurde bis zur Außerdienststellung Ende Juni 1949 mehrere Monate für Leistungstests genutzt.

***Die XB-42 stellt den kühnen Versuch dar, die besten Merkmale zeitgemäßer Aerodynamik- und Kolbentriebwerkstechnologie in einem Flugwerk zu vereinen.***

**TECHNISCHE DATEN**

**Douglas XB-42**

**Typ:** dreisitziger Bomberprototyp
**Triebwerke:** zwei 12-Zylinder-Reihenmotoren Allison V-1710-125 V-12 je 988 kW (1344 PS)
**Leistung:** Höchstgeschwindigkeit 660 km/h in 8960 m Höhe; Marschgeschwindigkeit 502 km/h; Dienstgipfelhöhe 8960 m; Standardreichweite 2897 km
**Gewicht:** Leermasse 9475 kg; max. Startmasse 16.193 kg
**Abmessungen:** Spannweite 21,49 m; Länge 16,36 m; Höhe 5,74 m; Tragflügelfläche 51,56 m²
**Bewaffnung:** je zwei 12,7-mm-Maschinengewehre in fernbedienten Waffentürmen des Tragwerks und eine interne Bombenlast von 3629 kg

# Douglas A2D Skyshark

Gegen Ende des Zweiten Weltkriegs bestand großes Interesse an der Effektivität der Propellerturbine: Dies ergab für Douglas einen Auftrag über eine Prototypversion der AD-1 Skyraider, angepaßt auf diesen Antrieb. Der Austausch des Kolbenmotors gegen ein Turboprop-Triebwerk erschien einfach, doch da die Allison-Propellerturbine XT40 im Vergleich mehr als doppelt so viel Leistung erzeugte, mußte man die Zelle fast ganz neu entwerfen.

Zwei Prototypen **Douglas XA2D-1** wurden bestellt. Sie hatten die Grundauslegung der AD-1 beibehalten, aber das Leitwerk war neu konzipiert, das Fahrgestell modifiziert und verstärkt und der Rumpf zur Einpassung des Allison-Triebwerks XT40 neu konstruiert. Letzteres bestand aus zwei getrennten Arbeitsturbinen, die über ein gemeinsames Getriebe einen Gegenlauf-Doppelpropeller bewegten.

Die Anfangserprobung brachte so gute Ergebnisse, daß zehn Vorserienflugzeuge **A2D-1 Skyshark** bestellt wurden. Entwicklungsprobleme des Triebwerks und des Getriebes führten zu Verzögerungen, und nachdem zwei Maschinen bei Flugunfällen verlorengegangen waren, wurde das Programm endgültig gestrichen.

***Die Skyshark, eine Turboprop-Version der Skyraider, verfügte über ein eindrucksvolles Leistungsvermögen.***

**TECHNISCHE DATEN**

**Douglas A2D Skyshark**

**Typ:** einsitziger, trägergestützter Jagdbomber
**Triebwerk:** eine Propellerturbine Allison XT-40-A-2 von 3803 kW (5172 WPS) und zwei an ein gemeinsames Getriebe gekoppelte XT38-Arbeitsturbinen
**Leistung:** Höchstgeschwindigkeit 805 km/h in 7620 m Höhe; Marschgeschwindigkeit 443 km/h; Dienstgipfelhöhe 14.660 m; Reichweite mit Standardtreibstoffzuladung 1025 km
**Gewicht:** Leermasse 5871 kg; max. Startmasse 10.417 kg
**Abmessungen:** Spannweite 15,24 m; Länge 12,56 m; Höhe 5,20 m; Tragflügelfläche 37,16 m²
**Bewaffnung:** vier starre, vorwärtsfeuernde 20-mm-Kanonen sowie Außenlasten/Waffen von bis zu 2495 kg an Aufhängungen unter dem Rumpf und unter den Tragflächen

# Douglas AD-1 (A-1) Skyraider bis Douglas D-558-2 Skyrocket

**1928 ergänzte die Douglas Company ihren Namen zu Douglas Aircraft Company und baute Militär- und Transportflugzeuge. Eine Erfolgsperiode begann mit dem zivilen Transporter DC-1, einem Airliner vom Boeing-Typ mit tiefsitzenden freitragenden Flügeln, Ganzmetallstruktur und einziehbarem Fahrwerk.**

## Douglas AD-1 (A-1) Skyraider

Ed Heinemann, Chefkonstrukteur bei der Douglas in El Segundo (der auch die Boston/Havoc, Invader, Skyknight, Skyray, Skywarrior, Skyrocket und Skyhawk entwarf), war von der Versuchsbaureihe XBTD-1, die auf eine Forderung der US Navy nach einem trägergestützten Torpedobomber zurückging, so enttäuscht, daß er persönlich ans Reißbrett trat, um eine einfachere und seiner Meinung nach tauglichere Maschine zu entwerfen. Diese **XBT2D-1** flog erstmals am 18. März 1945 und wurde dann zur **Douglas AD-1 Skyraider**, die eine bemerkenswert lange und vielseitige Laufbahn hatte.

Die mit nur einem Piloten besetzte **AD-1** stellte den seinerzeit größten seriengefertigten Einsitzer dar. Der Entwurf dieses Tiefdeckers gründete auf dem Wright-Sternmotor R-3350, der kompakter als der R-4360 der konkurrierenden Prototypen war. Es bestand zwar genügend Rumpfvolumen, um Waffen unterzubringen, doch man machte davon keinen Gebrauch, sondern versah die Faltflächen mit nicht weniger als sieben Stationen pro Seite. Zudem verlieh die robuste Zelle der **Skyraider** eine immense Stärke. Kriegserfahrungen hatten gelehrt, daß die wichtigste Fähigkeit eines Flugzeugs dieser Kategorie darin bestand, ein möglichst breitgefächertes Waffenspektrum zum Einsatz zu bringen. Douglas stellte sicher, daß die **AD** diese Forderung erfüllte, und dank der außerordentlichen Anpassungsfähigkeit dieses Musters hatten bis zum Ende der Produktion im Jahre 1957 insgesamt 3180 **Skyraider** die Fertigungsstrecke passiert.

Für den Zweiten Weltkrieg kam die **AD-1** zu spät, aber im Koreakrieg erwies sie sich als äußerst wertvoll. Ihre schwere Waffenlast und ihre Ausdauer von bis zu zehn Flugstunden standen in scharfem Gegensatz zum Nutzlast-/Einsatzdauervermögen der Düsenjäger. Die Versionen **AD-1** bis **AD-4** unterschieden sich lediglich durch Kleinigkeiten, aber die **AD-5** erschien mit einem breiteren Cockpit, das zwei Flugzeugführer auf nebeneinander eingebauten Sitzen aufnahm, und mehrere frühe Maschinen waren mit dem Radargerät APS-20A sowie einer hinteren Kabine für drei Frühwarn-Spezialisten ausgestattet. Gleichzeitig wurden Rüstsätze eingeführt, die die **AD-5** zum Sanitäts-, Fracht- und Personentransport- sowie Zielschleppflugzeug machten. Bei der **AD-6** und **AD-7** handelte es sich um verbesserte **Skyraider**-Einsitzer. Die Armée de l'Air setzte in Algerien eine große Anzahl einsitziger Kampfflugzeuge dieses Typs ein.

1962 erhielten die **Skyraider** die neuen Bezeichnungen **A-1D** bis **A-1J**, und die 1. Air Commando Group des Tactical Air Command (USAF) setzte in Südvietnam **A-1E, A-1H** und **A-1J** ein. Sie nutzte das Muster auch weiterhin, nachdem die US Navy es von diesem Kriegsschauplatz abgezogen hatte. Die **A-1** mit dem Rufzeichen „Sandy" oder „The Spad" war einer der am härtesten geforderten und vielseitigsten Flugzeugtypen, die im Vietnamkrieg eingesetzt wurden.

***Auf den Flugzeugträgerdecks der sechziger Jahre wirkte die Skyraider wie ein Anachronismus, doch in den ersten Jahren des Vietnamkriegs spielte sie eine wichtige Rolle. Dies ist eine A-1H der VA-176.***

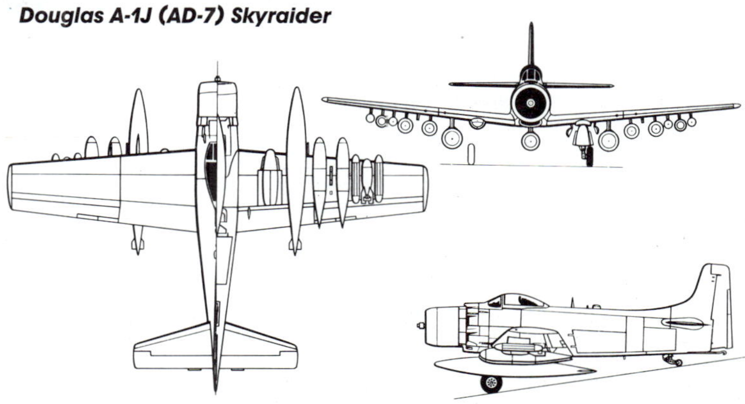

***Douglas A-1J (AD-7) Skyraider***

**TECHNISCHE DATEN**
**Douglas AD-7 (A-1J)**

**Typ:** einsitziger Kampfbomber
**Triebwerk:** ein Sternmotor Wright R-3350-26B mit 2088 kW (2840 PS)
**Leistung:** Höchstgeschwindigkeit 515 km/h in 5640 m Höhe; Marschgeschwindigkeit 306 km/h in 1830 m Höhe; Dienstgipfelhöhe 7740 m; Reichweite 1448 km
**Gewicht:** Leermasse 4785 kg; max. Startmasse 11.340 kg
**Abmessungen:** Spannweite 15,47 m; Länge 11,84 m; Höhe 4,78 m; Tragflügelfläche 37,16 $m^2$
**Bewaffnung:** vier 20-mm-Kanonen und bis zu 3629 kg Außenlasten an 15 Stationen, wie Bomben, Wasserbomben, Minen, Napalmbehälter, Raketen und Torpedos

### Varianten

**XBT2D-1N:** Unter dieser Bezeichnung wurden zwei von 25 Prototyp- und Erprobungsflugzeugen XB2D-1 zu dreisitzigen Versuchsmaschinen für Nachtangriffseinsätze mit zwei Radarbedienern (im Rumpf hinter dem Flugzeugführer), Radarbehälter unter der Backbordfläche und Suchscheinwerfer im Behälter unter der Steuerbordfläche modifiziert
**XBT2D-1P:** Umrüstung einer einzelnen XBT2D-1 zum Prototyp eines Luftbildaufklärers
**XBT2D-1Q:** Umrüstung einer einzelnen XBT2D-1 zum zweisitzigen ECM-Flugzeug; der Spezialist für elektronische Kampfführung war im Rumpf untergebracht, und die Radar- und Düppelbehälter befanden sich unter den Tragflächen
**AD-1:** erste Serienversion mit 1865 kW (2536 PS) starkem Sternmotor R-3350-24W und zwei Bordkanonen sowie 3629 kg Abwurfmittel (242 Flugzeuge)
**AD-1Q:** auf der XBT2D-1Q basierende, zweisitzige Version für elektronische Gegenmaßnahmen (35 Flugzeuge)
**XAD-1W:** Umrüstung einer einzelnen XBT2D-1 zum Prototyp eines dreisitzigen Frühwarnflugzeugs mit zwei Radarbedienern in der Hauptkabine hinter dem Piloten und Überwachungsradar im mächtigen Anbaubehälter unter dem Rumpf
**XAD-2:** Umrüstung einer einzelnen XBT2D-1 zum Prototyp eines schlagstärkeren Erdkampfflugzeugs; dieses Modell erhielt zunächst die Bezeichnung BT2D-2 und wurde vom R-3350-26W mit 2014 kW (2739 PS) angetrieben
**AD-2:** verbesserte Serienversion, der eine modifizierte AD-1 mit abgedeckten Radschächten, erweiterter Kraftstoffanlage und etlichen weiteren Änderungen vorausgegangen war (156 Flugzeuge)
**AD-2D:** inoffizielle Bezeichnung der AD-2, die als ferngelenkte Maschinen zur Ermittlung radioaktiver Stoffe in der Luft nach Atomtests verwendet wurden
**AD-2Q:** Zweisitzerversion der AD-2 für elektronische Gegenmaßnahmen (21 Flugzeuge)
**AD-2QU:** zum Schleppen eines Luftziels ausgerüstete AD-2Q (Einzelexemplar)
**AD-3:** Bezeichnung für eine vorgeschlagene Turboprop-Version; in Erwägung gezogen wurden die Propellerturbinen General Electric TG-100, zwei Allison 500, zwei Westinghouse 24C, zwei Westinghouse 19XB und sogar von Douglas geplante Zwillingsturbinen; dieses Projekt ergab schließlich die A2D Skyshark
**AD-3:** Diese Bezeichnung fiel einer verbesserten Version der AD-2 zu, nachdem man die Turboprop-Variante zur A2D umfunktioniert hatte; im Vergleich zur AD-2 waren etliche Neuerungen (Fahrgestell mit längerem Federweg, neukonzipierte Cockpithaube, effektiverer Propeller etc.) zu verzeichnen
**AD-3E und AD-3S:** Skyraider, die als zwei Komponenten eines U-Jagdteams konzipiert waren; die AD-3E für die Suche/Ortung und die AD-3S für die Zielbekämpfung; zwei AD-3W wurden zu AD-3E und zwei AD-3N zu AD-3S umgebaut; die Tauglichkeit dieses Konzepts war zwar erwiesen, doch die spätere Umrüstung einer AD-3S zum Hunter-Killer (mit Radargerät AN/APS-31 im Behälter unter der Backbordfläche und hinreichend Belademöglichkeiten mit offensiven Waffen) wies die Richtung für spätere Serienflugzeuge
**AD-3N:** dreisitzige Nachtangriffsversion der AD-3 (15 Flugzeuge)
**AD-3QU:** Zielschleppversion der AD-3, die wegen des Erfolgs der AD-2QU entfallen konnte; Auslieferung daher als AD-3Q für elektronische Gegenmaßnahmen, obwohl das Schleppgeschirr für ein Luftziel Mk 22 erhalten blieb (23 Flugzeuge)
**AD-3W:** dreisitzige Frühwarnversion der AD-3 mit auftragsbezogenen Bordsystemen wie XAD-1W (31 Flugzeuge)
**AD-4:** Hauptserienversion der Skyraider, angetrieben durch Sternmotor R-3350-26WA mit 2014 kW (2739 PS) und ausgestattet mit Autopilot sowie nochmals verbessertem Kabinendach (372 Flugzeuge)
**AD-4B:** Sonderausführung der AD-4 zum Einsatz einer taktischen Atomwaffe im Schulterwurfverfahren; verstärkte Tragflächenbewaffnung mit vier 20-mm-Kanonen (28 umgerüstete AD-4 und 165 neugebaute AD-4B)
**AD-4L:** winterfeste Ausführung der AD-4 mit Eisverhütungs- und Enteisungssystemen zum Einsatz in Korea; verstärkte Tragflächenbewaffnung mit vier 20-mm-Kanonen (63 Umrüstmaschinen)
**AD-4N:** dreisitzige Nachtangriffsversion der AD-4, zur U-Jagd mit Rüstsatz „S" geliefert oder nachgerüstet (307 Flugzeuge)
**AD-4NA:** Bezeichnung von 100 AD-4N, bei denen die Nachtangriffsausrüstung ausgebaut wurde, um schwere Bombenzuladungen für Kampfeinsätze in Korea zu ermöglichen; mit vier 20-mm-Kanonen bewaffnet
**AD-4NL:** winterfeste Variante der AD-4N wie AD-4L (36 Umrüstmaschinen)
**AD-4Q:** zweisitzige Version der AD-4 für elektronische Gegenmaßnahmen (39 Flugzeuge)
**AD-4W:** dreisitzige Frühwarnversion der AD-4; 50 Exemplare wurden der Royal Navy als Skyraider AEW.Mk 1 zugeführt; die restlichen 118 Maschinen der US Navy paßte man der Such- und Ortungsrolle „E" der U-Bootabwehr an (168 Flugzeuge)
**AD-5:** Die zunächst von Douglas vorgeschlagene AD-5 war eine Entwicklung von 1948 mit R-3350 Turbo-Compound (Verbundmotor); da dieser Antrieb einen beträchtlichen Neuentwurf des Rumpfes bedeutete, lehnte die US Navy die Entwicklungskosten ab; daraufhin wurde die Bezeichnung AD-5 einer Variante zugewiesen, die beide Funktionen der U-Bootabwehr, Suche/Ortung und Zielbekämpfung, in einem Flugwerk vereinte; die zweiköpfige Besatzung war nebeneinander im breiteren Bug untergebracht; gleichzeitig hatte man den Rumpf um 58 cm verlängert,

die Sturzflugbremsen am Rumpf ausgebaut, das Seitenleitwerk in der Fläche vergrößert und die Flächenbewaffnung wieder auf vier 20-mm-Kanonen erhöht; die Tauglichkeit dieser Version für andere Verwendungen wurde recht früh erkannt und die AD-5 daher mit Rüstsätzen geliefert, die die Verwandlung zu Sanitätsflugzeugen mit vier Krankentragen, zu Transportmaschinen mit Sitzbänken für 12 Sodaten oder mit vier Sitzen für Stabspersonal mit Blickrichtung zum Heck, zu Frachtflugzeugen für Lasten bis 907 kg sowie zu Zielschlepp- und Luftbildaufklärungsflugzeugen ermöglichten; 1953 entwickelte Douglas eine Luftbetankungsanlage, die extern mitgeführt wurde (212 Exemplare)

**AD-5N:** viersitzige Nachtangriffsversion der AD-5 (239 Flugzeuge)

**AD-5Q:** Viersitzervariante der AD-5N für elektronische Gegenmaßnahmen (54 Umrüstmaschinen)

**AD-5S:** einzelne Versuchsmaschine zur Bewertung in der U-Jagdrolle mit Sonde für magnetische Anomalien (MAD)

**AD-5W:** viersitzige Frühwarnversion der AD-5 (218 Flugzeuge)

**AD-6:** im Kern eine verbesserte Ausgabe des einsitzigen Jagdbombers AD-4B, aber mit Spezialausrüstung zum präzisen Bombenabwurf aus dem Tiefflug heraus (713 Flugzeuge)

**AD-7:** letzte Serienversion der Skyraider; Hauptunterschiede zur AD-6 bestanden im Antrieb (R-3350-26WB statt des R-3350-26WA) und teilverstärkter Zelle im Bereich Fahrwerk, Motoraufhängung und Außenflächen (72 Flugzeuge)

**A-1D:** Bezeichnung der AD-4NA ab 1962

**A-1E:** Bezeichnung der AD-5 ab 1962

**EA-1E:** Bezeichnung der AD-5W ab 1962

**UA-1E:** Bezeichnung von 1962 für die AD-5, die mit Rüstsatz im Unterstützungsdienst flogen

**EA-1F:** Bezeichnung der AD-5Q ab 1962

**A-1G:** Bezeichnung der AD-5N ab 1962

**A-1H:** Bezeichnung der AD-6 ab 1962

**A-1J:** neue Bezeichnung der AD-7 ab 1962

# Douglas B-7 und O-35

***Douglas Y1B-7 der 31. Bomb Squadron, USAAC, mit den Markierungen, die die Maschine für Flaküboungen 1933 erhalten hatte***

Ende der zwanziger Jahre nahm auch das amerikanische Verteidigungsministerium die Entwicklung moderner Luftfahrzeuge zur Kenntnis, nachdem eine technische Revolution vollständig aus Metall konstruierte Eindecker mit einziehbarem Fahrgestell hervorgebracht hatte. Man beschloß, diese Neuerungen zunächst bei zweimotorigen Flugzeugen einzuführen, die zur Fernaufklärung gedacht waren. Folglich bestellte das Kriegsministerium bei Fokker zwei XO-27-Prototypen.

Douglas konstruierte ebenfalls ein Muster mit entsprechenden Merkmalen und erhielt im März 1930 einen Auftrag für je eine Versuchsmaschine mit den Bezeichnungen **Douglas XO-35** und **Douglas XO-36**. Beide Modelle sollten sich nur im Antrieb unterscheiden: Für ersteres waren Curtiss Conqueror-Motoren mit Untersetzungsgetriebe und für letzteres derselbe Motortyp mit direkter Luftschraubenantriebswelle vorgesehen.

Letztendlich wurde die **XO-36** in **XB-7** umbezeichnet und als Bomber gebaut. Gleichzeitig entwickelte Fokker die zweite XO-27 zum Bomber XB-8 fort. Später lieferte man sechs YO-27 und sechs Y1O-27 an die US Army.

Die **Douglas XO-35** wurde im Frühjahr des Jahres 1931 im Flug erprobt, und ihr äußeres Erscheinungsbild erregte großes Aufsehen in der Öffentlichkeit, die nur die schwerfälligen zweimotorigen Doppeldecker der US Army kannte. Hier aber handelte es sich um einen schlanken Eindekker, dessen Knickflügel in die Oberseite des Rumpfes eingebunden waren und dessen Fahrgestell so in das stromlinienförmige Motorgehäuse einzog, daß während des Fluges nur noch ein Teil der Haupträder hervorstand. Die Motorgehäuse hatte man über ein komplexes Strebengerüst an die Unterseite des Tragwerks montiert, und der Rumpf war vollständig mit Wellblech beplankt. Offene Bordschützenstände befanden sich im Bug und im Mittelrumpf. Das offene Cockpit des Piloten war unmittelbar vor der Nasenkante des Tragwerks angeordnet, und der Bordfunker saß direkt hinter dem Piloten in einer geschlossenen Kabine.

Die **XB-7** war fast identisch, konnte aber an Gestellen unter dem Rumpf eine Bombenlast von 544 kg aufnehmen. Im Rechnungsjahr 1932 ergingen Aufträge für sieben **Y1B-7** und fünf **Y1O-35** zur Erprobung durch die Truppe. Von den Prototypen unterschieden sich diese Vorserienmaschinen durch die Glattblechbeplankung ihres Rumpfes und ein abgestrebtes statt drahtverspanntes Höhenleitwerk.

Die **Y1B-7**, später **B-7** bezeichnet, wurden den beiden auf dem Heeresflugplatz March Field in Kalifornien beheimateten Bomberstaffeln zugewiesen, während die **O-35** (zuvor **Y1O-35**) bei Aufklärungseinheiten flogen. Im Februar 1934 setzte man die fünf **O-35**, sechs noch verbliebene **B-7** und den **XO-35**-Prototyp auf einer Luftpoststrecke ein, die Wyoming mit der Westküste der Vereinigten Staaten verband. Nacht- und Schlechtwetterflüge forderten ihren Tribut, und in den vier Monaten, in denen die US Army den nationalen Luftpostnotdienst ausübte, stürzten vier **B-7** ab. Wenig später rückte das Restkontingent **B-7** und **O-35** ins zweite Glied, und im Februar 1939 wurde die letzte **O-35** aus dem Verkehr gezogen.

**TECHNISCHE DATEN**

**Douglas B-7**

**Typ:** viersitziger mittlerer Bomber

**Triebwerke:** zwei 12-Zylinder-Reihenmotoren Curtiss V-1570-53 Conqueror V-12 je 503 kW (684 PS)

**Leistung:** Höchstgeschwindigkeit 293 km/h; Marschgeschwindigkeit 254 km/h; Dienstgipfelhöhe 6220 m; Reichweite 661 km

**Gewicht:** Rüstmasse 2503 kg; max. Startmasse 5070 kg

**Abmessungen:** Spannweite 19,81 m; Länge 14 m; Höhe 3,53 m; Tragflügelfläche 57,71 m$^2$

**Bewaffnung:** zwei 7,62-mm-Maschinengewehre (eines auf Ringlafette an der Oberseite des Bugs und eines im mittleren Rumpfstand) sowie eine Bombenlast von 544 kg unter dem Rumpf

# Douglas B-18 Bolo

Anfang 1934 forderte das US Army Air Corps einen Bomber, der praktisch das Doppelte an Last- und Reichweitevermögen des damaligen USAAC-Standardbombers vom Typ Martin B-10 aufweisen sollte. Douglas ging davon aus, die Konstruktions- und Entwurfserfahrung mit dem Verkehrsmuster DC-2, das kurz vor dem Erstflug stand, nutzbringend für dieses Projekt verwenden zu können.

Im August 1935 wurden die in Eigeninitiative nach Vorgaben des USAAC konstruierten Prototypbomber auf Wright Field, Ohio, geprüft: die Boeing Modell 299, die **Douglas DB-1** und die Martin 146. Der erstgenannte Bomber wurde als B-17 Flying Fortress und der letztgenannte als Exportvariante der Martin-Serien B-10 und B-12 produziert. Im Januar 1936 erfolgte der Auftrag zur direkten Serienfertigung der **Douglas DB-1 (Douglas Bomber 1)** als **B-18**. Der von der Verkehrsmaschine DC-2 abgeleitete Prototyp **DB-1** übernahm ein grundsätzlich ähnliches Trag- und Leitwerk sowie den Antrieb. Die Tragflächen dieses Musters wichen aber in zweierlei Hinsicht vom Vorgängermodell ab: Unter Erhaltung der DC-2-Tragflächenform hatte man die Spannweite der **DB-1** um insgesamt 1,37 m erhöht und die Flächen bei dieser Ausführung in mittlerer Höhe statt unten am völlig neu entworfenen Rumpf angesetzt. Letzterer war im Schnitt höher als beim Passagierflugzeug, um eine sechsköpfige Crew angemessen unterbringen und um Waffentürme im Bug und auf dem Rücken, eine Bombenschützenstation sowie einen internen Bombenschacht einbauen zu können. Darüber hinaus bestand eine dritte Bordschützenstellung in der Rumpfwanne für eine Waffe, die durch einen Bauchkanal feuerte. Den Antrieb lieferten zwei Wright-Sternmotoren R-1820-45 Cyclone 9 je 694 kW (944 PS).

***Die Digby Mk I der RCAF entsprach der B-18A des USAAC, abgesehen von einer britischen Bewaffnung und Ausrüstungsgegenständen britischer oder kanadischer Herstellung.***

Der erste Auftrag deckte insgesamt 133 **B-18** ab (einschließlich einer einzelnen **DB-1**, die als Prototyp fungiert hatte). Die richtigen Serienbomber, die offiziell den Beinamen **Bolo** trugen, erhielten geänderte Ausrüstungsteile. Dies hatte eine Erhöhung der Betriebsmasse zur Folge, die durch eine leistungsgesteigerte Version des Sternmotors Wright R-1820-45 aufgefangen wurde. Die letzte **B-18**, vom Hersteller **DB-2** bezeichnet, verließ die Montagehalle mit einem motorgetriebenen Bugwaffenturm, der aber bei den nachfolgenden Serienflugzeugen kein Standardmerkmal bildete.

Folgebestellungen über insgesamt 217 **B-18A** gingen im Juni 1937 (177) und im Sommer 1938 (40) ein. Bei dieser Version hatte man die Station des Bombardiers nach vorn über die Position des vorderen Bordschützen hinaus erweitert und nochmals leistungsgesteigerte Wright R-1820-53-Triebwerke eingebaut. 1940 waren die meisten Bomberstaffeln des USAAC mit **B-18** oder **B-18A** ausgerüstet. Die Mehrzahl der 33 **B-18A** im Verfügungsbestand der 5. und 11. Bomb Group wurden beim Luftangriff auf Pearl Harbor zerstört.

Als die **B-18** 1942 in den Einsatzverbänden der **B-17** wich, wurden rund 122 **B-18A** mit Suchradar und MAD für U-Bootpatrouillenflüge über dem Karibischen Meer ausgerüstet und in **B-18B** umbenannt.

**TECHNISCHE DATEN**

**Douglas B-18A**

**Typ:** mittlerer Bomber und U-Bootjäger

**Triebwerke:** zwei Sternmotoren Wright R-1820-53 Cyclone 9 mit je 746 kW (1015 PS)

**Leistung:** Höchstgeschwindigkeit 346 km/h in 3050 m Höhe; Marschgeschwindigkeit 269 km/h; Dienstgipfelhöhe 7285 m; Reichweite 1931 km

**Gewicht:** Leermasse 7403 kg; max. Startmasse 12.552 kg

**Abmessungen:** Spannweite 27,28 m; Länge 17,63 m; Höhe 4,62 m; Tragflügelfläche 89,65 m$^2$

**Bewaffnung:** drei 7,62-mm-Maschinengewehre (im Bug, auf dem Rücken und unter dem Bauch) sowie bis zu 2948 kg Bomben

Auch die Royal Canadian Air Force erwarb 20 **B-18A**, die als **Digby Mk I** Seepatrouilleneinsätze flogen. Die Bezeichnung **B-18C** erhielten zwei andere Umrüstflugzeuge, die ebenfalls Seegebiete zur U-Bootabwehr überwachten. Zwei weitere Maschinen wurden zu **C-58** für den Transportdienst umgebaut, während viele andere auch ohne Umrüstmaßnahmen ähnliche Dienste leisteten.

**Varianten**
**B-18AM:** 18 im Zweiten Weltkrieg unter Wegfall des Bombengeschirrs zu Schulflugzeugen umgerüstete B-18A
**B-18M:** 22 im Jahre 1942 wie die B-18AM zur Bomberschulung umgerüstete B-18
**B-22:** projektierte Entwicklung der B-18A mit Sternmotoren vom Typ Wright R-2600-3 mit je 1194 kW (1624 PS)

# Douglas B-23 Dragon

Die Douglas B-18, die auf einer Forderung des USAAC von 1934 für einen mittelschweren Hochleistungsbomber basierte, war von der Klasse einer Boeing B-17 Flying Fortress weit entfernt, obwohl jener dasselbe Dokument zugrunde gelegen hatte. Die Produktionszahlen sprechen für sich: 350 B-18 gegenüber fast 13.000 B-17. Um die Schwächen der B-18 auszumerzen, entwarf Douglas 1938 eine neue Version der DB-1. Diese erschien der US Army so attraktiv, daß sie 38 solcher Bomber mit der Dienstbezeichnung **B-23** und dem Beinamen **Dragon** in Auftrag gab.

Die Gesamtauslegung stimmte zwar mit dem früheren Muster weitgehend überein, aber eine genaue Betrachtung gab die **B-23** doch als praktisch neu entworfenes Modell zu erkennen. Die Spannweite war größer, der Rumpf deutlich anders und vor allem strömungsgünstiger gestaltet, und das Seitenleitwerk/Ruder ragte viel höher empor. Klappen der erweiterten Motorgehäuse deckten die Hauptteile des im Flug ausgefahrenen Radfahrwerks ab und erzeugten insgesamt weniger Luftwiderstand. Von diesen Verbesserungen und einem um 60% stärkeren Antrieb durch zwei Doppelsternmotoren Wright R-2600-3 Cyclone 14 erhoffte man sich einen deutlichen Leistungssprung. Als erster amerikanischer Bomber führte die Dragon ein Heck-Abwehrgeschütz ein.

***Zwischen der Douglas B-23 und der DC-3 bestand ein ähnlicher Verwandtschaftsgrad wie bei der B-18 und der DC-2. Der Douglas-Bomber überbrückte jedoch nur die Zeit, bis die Boeing B-17 verfügbar waren.***

Nach dem Erstflug am 27. Juli 1939 wurden sämtliche **B-23** noch im selben Jahr an die US Army ausgeliefert. Schon bei der Früherprobung hatte sich allerdings gezeigt, daß die Flugleistungen und Flugeigenschaften enttäuschend blieben. 1940 übermittelte Kriegsberichte aus Europa ließen zudem klar erkennen, daß die **Dragon** selbst bei einem günstigen Verlauf ihrer Fortentwicklung kaum das Potential erreichen konnte, das die Bomber der kriegführenden Nationen bereits aufwiesen, und das bei heimischen Produkten in Kürze zur Verfügung stehen würde. Folglich beschränkte sich der Einsatz der **B-23** auf Patrouillenflüge entlang der amerikanischen Pazifikküste, bis man sie gänzlich in den Ausbildungsdienst verwies. 1942 wurden 15 Exemplare zu Nutztransportern mit der Bezeichnung **UC-67** umgewandelt, und etliche andere Maschinen erprobten Flugmotoren, Zielschleppeinrichtungen und Bordwaffen.

Nach dem Ende des Zweiten Weltkriegs kauften zivile Betreiber einen Großteil der ausgesonderten **B-23** und **UC-67** auf, um sie nach entsprechender Umrüstung als Firmenflugzeuge zu nutzen. Das Gros wurde von der Technischen Gruppe der Pan American modifiziert und konnte außer der zweiköpfigen Besatzung zwölf Passagiere befördern. In ziviler Hand flogen einige Exemplare an die 30 Jahre lang.

**TECHNISCHE DATEN**
**Douglas B-23**

**Typ:** vier-/fünsitziger mittlerer Bomber
**Triebwerke:** zwei 14-Zylinder-Doppelsternmotoren Wright R-2600-3 Cyclone 14 mit je 1193 kW (1622 PS)
**Leistung:** Höchstgeschwindigkeit 454 km/h in 3660 m Höhe; Marschgeschwindigkeit 338 km/h; Dienstgipfelhöhe 9630 m; Reichweite 2253 km
**Gewicht:** Leermasse 8659 kg; max. Startmasse 14.696 kg
**Abmessungen:** Spannweite 28,04 m; Länge 17,80 m; Höhe 5,63 m; Tragflügelfläche 92,25 m²
**Bewaffnung:** ein 12,7-mm-Maschinengewehr im Heck und drei 7,62-mm-Maschinengewehre im Bug, auf dem Rücken und unter dem Bauch sowie eine Bombenlast von bis zu 1996 kg

# Douglas XB-43

Um die Entwicklung eines reinen Strahlbombers zu beschleunigen, beauftragte die US Army Air Force Douglas mit der Konstruktion zweier Versuchsbomber **Douglas XB-43** auf der Grundlage der XB-42. Die vorgeschlagene Umgestaltung schien relativ einfach: Die beiden Allison-Kolbenmotoren der XB-42 waren durch zwei Strahltriebwerke zu ersetzen und die erforderlichen Lufteinläufe in den Rumpf einzubauen; die beiden Schubrohre mußten lang ausgeführt werden, damit der Düsenstrahl hinter dem Heck austrat, und das kreuzförmige Leitwerk der XB-42 sollte einer im üblichen Stil gehaltenen Baugruppe weichen, bei der das Seitenleitwerk und das Ruder eine größere Fläche hatten.

***Die XB-43 war ein Umbau der Bodentestzelle XB-42. Deren Zwillingshaube blieb bestehen, die Kielflosse am Hinterrumpf entfiel. Die zweite XB-43 erhielt eine Sperrholznase, da der Glasbug zur Rißbildung neigte.***

Um Zeit einzusparen, griff man auf die Bodentestzelle der XB-42 zum Bau der ersten **XB-43** zurück. Endlose Verzögerungen, hervorgerufen durch das Kriegsende und die Bereitstellung der Strahltriebwerke, machten dieses Abkürzungsverfahren jedoch sinnlos. Am 17. Mai 1946 startete die **XB-43** endlich zum Jungfernflug. Der Prototyp wies insgesamt gute Werte nach, doch der USAAF schwebten längst strahlgetriebene Bomber mit weitaus höherem Leistungsvermögen vor. Der erste Jet-Bomber der USAAF diente daher lediglich für Flugtests. Der zweite Versuchsbomber wurde im Mai 1947 ausgeliefert und bis Ende 1953 als Triebwerksträger genutzt.

**TECHNISCHE DATEN**
**Douglas XB-43**

**Typ:** dreisitziger, strahlgetriebener Versuchsbomber
**Triebwerke:** zwei Strahltriebwerke General Electric J35-GE-3 mit je 1701 kg Schub
**Leistung:** Höchstgeschwindigkeit in Meereshöhe 829 km/h; Marschgeschwindigkeit 676 km/h; Dienstgipfelhöhe 11.735 m; Reichweite 1770 km
**Gewicht:** Leermasse 9877 kg; max. Startmasse 17.932 kg
**Abmessungen:** Spannweite 21,69 m; Länge 15,60 m; Höhe 7,39 m; Tragflügelfläche 52,30 m²
**Bewaffnung:** (geplante Bomberversion) bis zu 2722 kg Bomben oder (Angriffsbomber) 16 vorwärtsfeuernde 12,7-mm-Maschinengewehre und 16 127-mm-Raketen plus (beide Versionen) zwei 12,7-mm-Maschinengewehre im fernbedienten Heckwaffenturm

# Douglas B-66 Destroyer

Die Luftoperationen der US Air Force im Koreakrieg unterstrichen den dringenden Bedarf an einem Hochleistungsbomber für taktische Tag- und Nachteinsätze. Um die Verfügbarkeit solch eines Musters zu beschleunigen, sollte eine Landversion der A3D Skywarrior gebaut werden, die sich für die US Navy in der Entwicklung befand. Douglas erhielt daher den Auftrag, fünf Vorserienaufklärungsflugzeuge **Douglas RB-66A** zu fertigen. Am 28. Juni 1954 startete die erste Maschine von Long Beach aus zum Jungfernflug.

Die **RB-66A Destroyer** der USAF hatte zwar die Gesamtkonfiguration der A3D Skywarrior behalten, kam aber ohne den Fanghaken, die Fahrwerksverstärkung und den Faltmechanismus der Marineflugzeuge aus. Statt dessen brachte sie aerodynamische Änderungen am Tragwerk, eine neu konzipierte Dreimann-Kabine mit Schleudersitzen und Detailänderungen innerhalb der Bordausrüstung, einschließlich eines Mehrfach-Kamerasatzes sowie eines Navigations- und Bombenzielradars. Den Antrieb dieser ersten Version besorgten zwei Allison YJ71-A-9-Strahltriebwerke mit je 4341 kg Schub. Die erfolgreiche Erprobung der **RB-66A** führte zu einem Auftrag für die erste Serienversion **RB-66B**, angetrieben von zwei Allison J71-A-11 oder -13 mit je 4627 kg Schub. Die erste von 145 **RB-66B** flog ab März 1955, und die Zuschleusung an die USAF begann am 1. Februar 1956.

In Serie gingen auch die Bomberversion **B-66B** (72 Exemplare), die Aufklärungsversion **RB-66C** (36 Exemplare) und die Wetteraufklärungsversion **WB-66D** (36 Exemplare). Die Bomber hatten den gleichen Antrieb wie die **RB-66B** und konnten eine Bombenlast von 6804 kg anstelle der Kameraausrüstung mitführen; die elektronischen Aufklärungs- und ECM-Maschinen wurden von J71-A-11 oder -13 angetrieben und flogen mit siebenköpfiger Besatzung, darunter fünf Radarspezialisten, von denen vier im umgebauten Bombenschacht untergebracht waren, und die Kampfzonen-Wetteraufklärungsflugzeuge hatten J71-A-13-Triebwerke und eine Fünfmann-Besatzung, davon zwei im Bombenschacht.

Bei den Luftoperationen in Vietnam erwiesen sich die elektronischen Kampfführungsvarianten der **B-66** und **RB-66** als äußerst wertvoll, indem sie die Leitradargeräte des Gegners lokalisierten, klassifi-

***Diese RB-66B zeigt die gefälligen Linien und den radargesteuerten Heckwaffenturm, hier ohne Kanonen. Unter diversen EB-66-Bezeichnungen erfüllte die Destroyer in Vietnam wichtige Aufgaben der elektronischen Kampfführung.***

**TECHNISCHE DATEN**
**Douglas RB-66B**
**Typ:** allwettertaugliches Tag- und Nachtaufklärungsflugzeug
**Triebwerke:** zwei Strahltriebwerke Allison J71-A-11 oder -13 je 4627 kg Schub
**Leistung:** Höchstgeschwindigkeit 1015 km/h in 1830 m Höhe; Marschgeschwindigkeit 845 km/h; Dienstgipfelhöhe 11.855 m; Einsatzradius 1489 km
**Gewicht:** Leermasse 19.720 kg; max. Startmasse 37.648 kg
**Abmessungen:** Spannweite 22,10 m; Länge 22,90 m; Höhe 7,19 m; Tragflügelfläche 72,46 m²
**Bewaffnung:** zwei 20-mm-Kanonen in radargesteuerter Heckkuppel

zierten und störten. Der Rückzug der amerikanischen Streitkräfte aus Südostasien zog ihre Ausmusterung nach sich.

**Varianten**
**EB-66B:** 13 zu elektronischen Radarstörflugzeugen umgerüstete B-66B
**NB-66B:** zwei zur Absetzerprobung von Fallschirmlasten aus großer Höhe (Gemini- und Apollo-Raumkapseln) umgerüstete B-66B
**EB-66C:** neue Bezeichnung der RB-66C nach Einrüstung von modernen ECM-Komponenten
**EB-66E:** 52 für elektronische Gegenmaßnahmen modifizierte RB-66B mit ähnlicher Einsatzausrüstung wie in der EB-66B
**X-21A:** Unter dieser Bezeichnung nutzte die Northrop Corporation zwei WB-66D innerhalb eines Forschungsprogramms; beide Maschinen waren mit neuen, laminar angeströmten Tragflächen ausgestattet, und damit die flächenmontierten Triebwerksgondeln die aerodynamischen Eigenschaften dieses Tragwerks nicht verfälschten, wurden zwei General Electric XJ79-GE-13 mit je 4305 kg Schub beidseitig am Hinterrumpf angebaut

# Douglas BT (Serie)

**TECHNISCHE DATEN**
**Douglas BT-2B**
**Typ:** zweisitziges Anfängerschulflugzeug mit Doppelsteuer
**Triebwerk:** ein Sternmotor Pratt & Whitney R-1340-11 mit 336 kW (457 PS)
**Leistung:** Höchstgeschwindigkeit 216 km/h; Marschgeschwindigkeit 188 km/h; Dienstgipfelhöhe 5850 m; Reichweite 515 km
**Gewicht:** Rüstmasse 1324 kg; max. Startmasse 1845 kg
**Abmessungen:** Spannweite 12,19 m; Länge 9,50 m; Höhe 3,30 m; Tragflügelfläche 33,63 m²

Die ausgezeichneten Flugeigenschaften der Douglas-Flugzeugfamilie O-2 gaben 1930 den Anstoß, 40 O-2K zu Schulflugzeugen für die Anfängerausbildung bei der US Army umzurüsten. Die Waffen wurden aus- und ein Doppelsteuer eingebaut. So modifiziert, fiel den Maschinen die Bezeichnung **Douglas BT-1** zu. Das Einzelexemplar **O-32** von 1930 erhielt von Hause aus Doppelsteuerung und die Bezeichnung **BT-2**. Ähnlich wie die **O-2K** wurden 30 **O-32** umgebaut und als **BT-2A** zur Grundausbildung von Einheiten der US Army und der National Guard genutzt. Ferner entstanden etwa 146 **BT-2B**, und der erste Vertreter dieser Baureihe erschien 1931. Diese Trainer, angetrieben vom Pratt & Whitney-R-1340-11-Sternmotor mit 336 kW (457 PS), bestritten jahrelang die Ausbildung von Fluganwärtern.

**Varianten**
**BT-2B1:** 1932 wurden 58 BT-2B mit Blindflughauben über dem hinteren Cockpit ausgestattet und in BT-2B1 umbezeichnet
**BT-2C:** Ende 1930 erhielt Douglas einen Auftrag über 20 BT-2C, die sich von der BT-2B durch einen etwas kürzeren Rumpf und ein überarbeitetes Fahrgestell unterschieden; später wurden 13 Exemplare zu Blindflugtrainern umgerüstet und in BT-2C1 umbenannt; 1940 modifizierte man sieben BT-2C zu Leitmaschinen für Douglas-Luftzielflugzeuge A-4 und wies ihnen die neue Bezeichnung BT-2CR zu
**A-4:** 1940 wurden zwei BT-2B1 und 15 BT-2B mit einem starren Bugfahrgestell ausgestattet und zu ferngelenkten Luftzielen für Flugabwehrgeschütze modifiziert; die Bezeichnungen BT-2BG und BT-2BR wichen der gemeinsamen Typkennung A-4

***Die BT-2B zur fliegerischen Grundausbildung gründete auf der Zelle der O-38, hatte aber einen wesentlich schwächeren Motor. Dies war der erste Trainer, den das USAAC beschaffte.***

# Douglas BTD Destroyer

Erste Truppenerfahrungen mit der Douglas SBD Dauntless überzeugten die US Navy von ihrer Tauglichkeit als Sturzkampfbomber, und die späteren Schlachten in der Korallensee (Mai 1942) und im Seegebiet um Midway (Juni 1942) gaben ihr recht. Viel früher aber hatte die US Navy bereits die Beschaffung eines viel fortschrittlicheren Sturzkampfflugzeugs eingeleitet. Dies ergab bei Douglas die Entwicklung eines Zweisitzers, den die US Navy im Juni 1941 in zweifacher Ausfertigung als Prototyp bestellt hatte.

Der erste Prototyp (03551) des neuen Musters **Douglas XSB2D-1 Destroyer** absolvierte seinen Jungfernflug am 8. April 1943. Statt in Serie zu gehen, wurde er jedoch als Ausgangsprodukt für einen neuen Typ genutzt, der für die Stoßtaktik des beweglich geführten Gefechts im pazifischen Operationsgebiet wichtiger erschien. Wie bei der **XSB2D-1** handelte es sich um einen sauber und zweckmäßig

**TECHNISCHE DATEN**
**Douglas BTD-1**
**Typ:** einsitziger Torpedo-/Sturzkampfbomber
**Triebwerk:** ein Sternmotor Wright R-3350-14 Cyclone 18 mit 1715 kW (2332 PS)
**Leistung:** Höchstgeschwindigkeit 554 km/h in 4905 m Höhe; Dienstgipfelhöhe 7195 m; Reichweite 2382 km
**Gewicht:** Leermasse 5244 kg; max. Startmasse 8618 kg
**Abmessungen:** Spannweite 13,72 m; Länge 11,76 m; Höhe 5,05 m; Tragflügelfläche 34,65 m²
**Bewaffnung:** zwei 20-mm-Kanonen in den Tragflächen und ein Torpedo oder 1451 kg Bomben im internen Waffenschacht

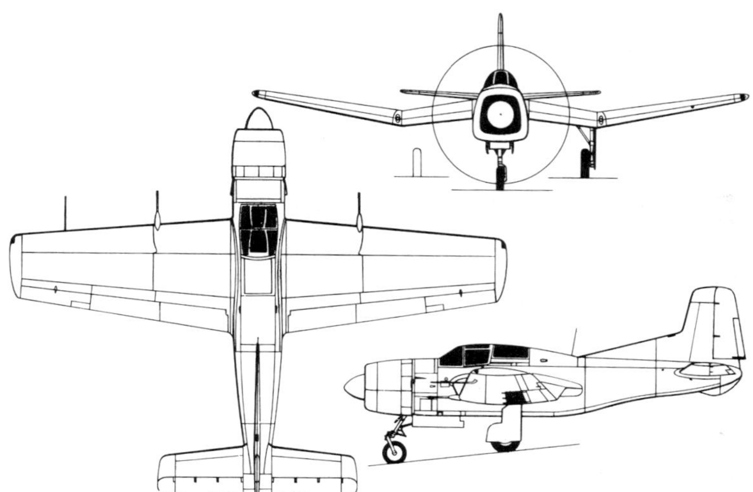

***Douglas BTD-1 Destroyer***

durchkonstruierten Sturzkampfbomber, der einen internen Bombenschacht und als Novum für amerikanische Trägerflugzeuge ein einziehbares Bugradfahrgestell einführte. Die neue Forderung der US Navy zielte auf einen einsitzigen Torpedo-/Sturzkampfbomber ab. Die entsprechend modifizierte **XSB2D-1** wurde mit zwei Kanonen in den Tragflächen bewaffnet und mit erweitertem Bombenschacht und Tankvolumen ausgestattet. Man installierte in beide Rumpfseiten Luftbremsklappen und hielt an den mächtigen Wright-Cyclone-18-Motoren der **XSB2D-1** fest, um die geforderte Hochleistung bereitstellen zu können.

Ein Auftrag vom 31. August 1943 erhöhte die Erstbestellungen der **BTD-1** mit dem Beinamen **Destroyer** auf 358 Flugzeuge. Die Lieferung der Serienmaschinen begann im Juni 1944, aber bis zur Auftragsstornierung nach der Kapitulation Japans waren erst 28 Exemplare an die Truppe übergeben. Die Leistung der **Destroyer** blieb enttäuschend, und soweit bekannt, hat dieses Muster nie Kampfeinsätze geflogen. Zwei Maschinen wurden probeweise mit einem gemischten Antrieb versehen, indem man ein Westinghouse-Strahltriebwerk WE-19XA in den Hinterrumpf einbaute, das ein Lufteinlauf im Rükken hinter der Pilotenkanzel versorgte. Diese **XBTD-2** waren die ersten strahlgetriebenen Flugzeuge des Herstellers Douglas und der US Navy. Der Erstflug fand im Mai 1945 statt, aber bei Geschwindigkeiten oberhalb 322 km/h konnte man das schräg zur Flugzeuglängsachse eingebaute Turbojet-Triebwerk nicht benutzen. Ende 1945 wurde das Projekt eingestellt.

# Douglas C-74 Globemaster I/C-124 Globemaster II

Kurz nach dem Eintritt der USA in den Zweiten Weltkrieg und vor allem bei den Kämpfen der amerikanischen Streitkräfte gegen die Japaner im pazifischen Raum wurde das Fehl an Transportflugzeugen schmerzlich bewußt. Angesichts der fernen Kriegsschauplätze mußten solche Maschinen sowohl eine enorme Reichweite besitzen als auch schwere Lasten oder viele Soldaten befördern können. Anfang 1942 begann Douglas mit der Entwicklung eines solchen Musters.

Die erste **Douglas C-74 Globemaster I**, von der die US Army Air Force 50 Exemplare bestellt hatte, war erst am 5. September 1945 flugbereit. Der freitragende Tiefdecker mit herkömmlichem Leitwerk in Ganzmetallbauweise und einziehbarem Dreibein-Fahrwerk mit Zwillingsrädern an allen Baugruppen wurde von vier flügelmontierten Sternmotoren des Typs Pratt & Whitney R-4360-27 mit je 2237 kW (3042 PS) angetrieben. Der Großraumrumpf der **C-74** konnte außer der Besatzung 125 Soldaten oder 115 Verwundete auf Krankentragen nebst Sanitätspersonal oder bis zu 21.840 kg Fracht aufnehmen.

Auch die **Globemaster I** litt unter den typischen Auftragsrücknahmen nach dem VJ-Day, so daß letztlich nur 14 Exemplare fertiggestellt wurden. Eine Maschine flog am 18. November 1949 mit 103 Passagieren von den USA nach Großbritannien – das erste Muster, das den Nordatlantik mit mehr als 100 Personen an Bord überquerte. Das Lastentragvermögen der **C-74** stand außer Zweifel, als die neuorganisierte US Air Force Ende 1947 ein schweres strategisches Transportmuster forderte. Gespräche zwischen der USAF und Douglas führten zu Entwicklung der **C-124 Globemaster II**, die auf der **C-74** fußte.

Tatsächlich handelte es sich beim Prototyp **YC-124** um die fünfte **C-74**, ausgestattet mit einem neuen, vertikal erweiterten Rumpf und verstärktem Fahrwerk. Den Antrieb beim Erstflug am 27. November 1949 lieferten R-4360-49-Sternmotoren mit 4 x 2619 kW (3562 PS). Als **C-124A**, von der insgesamt 204 Exemplare gebaut wurden, trat die erste Maschine im Mai 1950 den Dienst bei der USAF an. Die nächste und abschließende Serienversion war die **C-124C** mit stärkeren R-4360-Motoren, Wetterradargerät unter einem auffälligen Nasenradom und einem gleichermaßen prägenden Unterscheidungsmerkmal in Gestalt von Flügelspitzenbehältern, die Verbrennungsheizgeräte zur Enteisung der Nasenkanten und zur Beheizung der Kabine bargen. Die Produktion der **C-124C** belief sich auf 243 Flugzeuge, von denen das letzte im Mai 1955 übergeben wurde.

Die untere Bugschale der **Globemaster II** bildeten geteilte Ladeklappen, ergänzt durch eine eingebaute Laderampe. Hinzu kamen eine Elektrowinde im mittleren Rumpfabschnitt, ein Erbstück von der **C-74**, und zwei Deckenkräne (jeder mit 7257 kg belastbar), die über die gesamte Frachtraumlänge von 23,47 m laufen konnten. Das Flugdeck für eine fünfköpfige Crew war hoch im Bug oberhalb der Ladeklappen eingerichtet. Im Transporteinsatz (mit zwei eingebauten Decks) konnte die **Globemaster II** maximal 200 Soldaten mit Kampfausrüstung oder 123 liegende und 45 sitzfähige Patienten plus 15 Sanitäter befördern.

Beim Air Material Command der USAF, der Far Eastern Air Force, dem Military Air Transport Service, dem Strategic Air Command und Tactical Air Command zusammen mit der Douglas C-133 eingesetzt, flog die **Globemaster II** bis 1970, als die Lockheed C-5A Galaxy sie verdrängte.

***Im Bild eine C-124A, die man auf den Standard C-124C mit Wetterradar AN/APS-42 im aufgesetzten Bugradom und Heizbehältern an den Flächenenden angehoben hatte.***

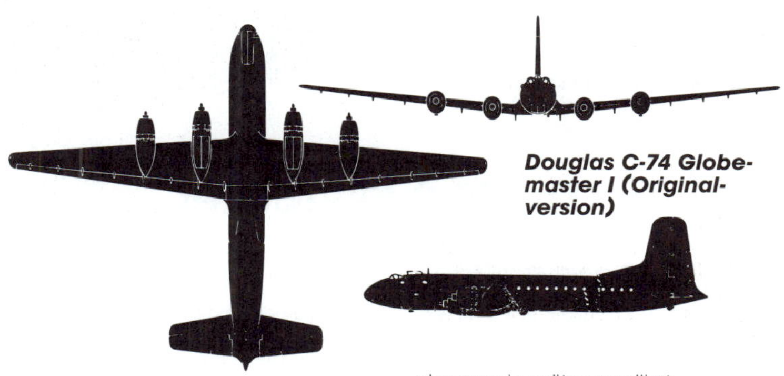

***Douglas C-74 Globemaster I (Originalversion)***

**TECHNISCHE DATEN**
**Douglas C-124C Globemaster II**

**Typ:** schweres Transportflugzeug
**Triebwerke:** vier Sternmotoren Pratt & Whitney R-4360-63A je 2834 kW (3854 PS)
**Leistung:** Höchstgeschwindigkeit in Meereshöhe 436 km/h; Marschgeschwindigkeit 370 km/h in 3050 m Höhe; Dienstgipfelhöhe 5610 m; Reichweite mit 11.963 kg Fracht 6486 km
**Gewicht:** Leermasse 45.888 kg; max. Startmasse 88.224 kg
**Abmessungen:** Spannweite 53,07 m; Länge 39,75 m; Höhe 14,72 m; Tragflügelfläche 232,81 m²

Nachdem die geplante Lebensdauer der **Globemaster I** abgelaufen war, erwarben zivile Frachtgesellschaften etliche Vertreter dieses Musters.

**Varianten**

**DC-7:** zivile Ausführung der C-74; von Pan Am 1944 erteilter Auftrag über 26 Exemplare wurde später annulliert

**YKC-124B:** Bezeichnung eines Einzelexemplars mit Pratt & Whitney-YT34-P-1-Propellerturbinen je 4139 äkW (5629 äPS) als Prototyp einer Lufttankerversion

**YC-124B:** neue Bezeichnung der YKC-124B, nachdem man ihre Entwicklung zum Lufttanker aufgegeben hatte

# Douglas C-133 Cargomaster

Die Beschaffung der C-74 Globemaster I und C-124 Globemaster II durch die USAF bezeugte, daß die USA dieser Flugzeuggattung große Bedeutung zumaßen. Die Berliner Luftbrücke und der Koreakrieg festigten diese Haltung, und Anfang 1950 vergab die USAF Entwicklungsaufträge an Douglas für zwei neue Turboprop-Transportmuster, die **Douglas C-132** und **C-133**. Die riesige **C-132** mit einer Spannweite von 56,90 m gelangte über das Modellstadium nicht hinaus, aber das kleinere Muster, zugeschnitten auf das Logistic Carrier Supporting System SS402L der USAF, sicherte sich einen Erstauftrag über 12 Flugzeuge. Es gab keinen Prototyp, und die erste Serienmaschine **C-133A**, die später den Beinamen **Cargomaster** erhielt, hob am 23. April 1956 zum Jungfernflug ab.

Die **C-133A** unterschied sich in wesentlichen Punkten von den vorausgegangenen Transporttypen C-74 und C-124. Das Hochdeckertragwerk zusammen mit dem in untere Rumpfflankenbehälter einziehenden Hauptfahrwerk gewährleisteten einen ungehinderten Zugang zum großen Frachtraum und dessen uneingeschränkte Nutzung. Der Rumpf mit kreisrundem Querschnitt bot eine druckbeaufschlagte, beheizte und belüftete Frachtkabine von 27,43 m Länge. Die Beladung fand über eine zweiteilige Heckklappe statt, deren Unterteil eine Laderampe bildete, oder über eine Klappe auf der linken Seite des Vorderrumpfs. Fahrzeuge mit einer Höhe von bis zu 3,66 m konnten direkt über die Heckrampe in den Frachtraum rollen, und die **C-133** war in der Lage, praktisch alle gängigen Fahrzeugtypen der US Army zu transportieren.

Im August 1957 stießen die ersten **C-133A** zum Military Air Transport Service. Insgesamt 35 Maschinen wurden gebaut: Frühexemplaren dienten vier P&W-Propellerturbinen T34-P-3 mit je 4474 äkW (6084 äPS) als Antrieb, während spätere Serienmaschinen T34-P-7W hatten, die mit Wassereinspritzung maximal 5294 äkW (7199 äPS) abgaben. Die letzten drei Flugzeuge zeichneten sich durch muschelförmige Heckladeklappen aus, die die Frachtraumlänge nochmals um 91 cm erhöhten, so daß sie für komplette Atlas-

**TECHNISCHE DATEN**
**Douglas C-133B Cargomaster**

**Typ:** strategisches Versorgungsflugzeug
**Triebwerke:** vier Propellerturbinen Pratt & Whitney T34-P-9W mit je 5593 äkW (7606 äPS)
**Leistung:** Höchstgeschwindigkeit 578 km/h in 2650 m Höhe; Marschgeschwindigkeit 520 km/h; Dienstgipfelhöhe 9130 m; Reichweite mit einer Nutzlast von 23.587 kg rund 6437 km
**Gewicht:** Leermasse 54.550 kg; max. Startmasse 129.727 kg
**Abmessungen:** Spannweite 54,77 m; Länge 48,02 m; Höhe 14,71 m; Tragflügelfläche 248,32 m²

und Titan-Interkontinentalraketen ausreichte. An dieses Trio schlossen sich 15 **C-133B** an, die das geteilte Heckschalentor übernahmen und von leistungsgesteigerten T34-P-9W angetrieben wurden.

In Vietnam erwies sich diese Flotte als überaus wertvoll, doch 50 Flugzeugen als überaus wertvoll, doch Ermüdungsprobleme zwangen 1971 zur Außerdienststellung. Die Maschinen wurden eingelagert, aber einige später für den zivilen Sektor wieder freigegeben.

***Die Douglas C-133 Cargomaster war ein fortschrittliches Transportflugzeug mit schwerem Multi-Radfahrwerk in Flankenbehältern und einer eingebauten Heckladerampe.***

# Douglas D-558-1 Skystreak

**TECHNISCHE DATEN**
**Douglas D-558-1 Skystreak**

**Typ:** einsitziges, strahlgetriebenes Forschungsflugzeug
**Triebwerk:** ein Strahltriebwerk Allison J35-A-11 mit 2268 kg Schub
**Leistung:** Höchstgeschwindigkeit in Meereshöhe 1048 km/h
**Gewicht:** max. Startmasse 4584 kg
**Abmessungen:** Spannweite 7,62 m; Länge 10,88 m; Höhe 3,70 m; Tragflügelfläche 14 m²

Die 1945 geplante **Douglas D-558-1 Skystreak** war als Hochgeschwindigkeits-Forschungsflugzeug gemäß den Vorgaben des Bureau of Aeronautics der US Navy und der NACA (Vorläufer der NASA) gedacht. Sie sollte bei Geschwindigkeiten zwischen Mach 0,75 und 0,85 im Höhenbereich von Meereshöhe bis 12.190 m im freien Flug Meßwerte hinsichtlich Druck und Belastung liefern, da diese seinerzeit im Windkanal noch nicht erreicht wurden.

Der Entwurf war so einfach wie möglich gehalten. Der freitragende Tiefdecker mit schlankem Rumpf runden Querschnitts erhielt ein großflächiges Seitenleitwerk, das oberhalb des ersten Drittels über dem Rumpf die Höhenflossen aufnahm, und ein einziehbares Dreibein-Fahrwerk. Der Rumpf beherbergte einen einzigen Pilotensitz, ein Allison-Strahltriebwerk J35 und Treibstoff. Ungewöhnlich war das Rettungssystem für den Flugzeugführer: Im Notfall wurde der gesamte Vorderrumpf bis zum Abschnitt hinter dem Pilotensitz abgesprengt, und der Pilot sollte erst dann auf die übliche Weise aussteigen, wenn der abgetrennte Bug genügend Fahrt verloren hatte. Für die ihr zugedachte Meßfunktion erhielt die **Skystreak** ein automatisches Druckaufzeichnungsgerät, an das 400 über die Zelle verteilte Meßpunkte angeschlossen waren. Hinzu kamen Verformungsmeßstreifen an ausgewählten Stellen des Trag- und Leitwerks.

Die erste der drei gebauten **D-558-1** flog im Mai 1947. Am 20. August 1947 stellte diese Maschine mit 1031,04 km/h einen neuen Geschwindigkeitsweltrekord auf, fünf Tage später auf 1047,36 km/h gesteigert. Am 3. Mai 1948 stürzte die zweite **Skystreak** ab, als sich der Verdichter ihres Triebwerks kurz nach dem Start auflöste. Am 10. Juni 1953 schloß das dritte Flugzeug, dem Ersatzteile und Baugruppen des ersten Prototyps zugute kamen, eine Serie von 82 Meßflügen erfolgreich ab.

***In Originalform hatte die Skystreak eine gebogene Frontscheibe, aber für Hochgeschwindigkeitsflüge baute man die hier gezeigte Frontverglasung in V-Form ein. Hier mußte der Pilotenhelm mit einem Lederschutz versehen werden, damit die Scheiben nicht zerkratzten.***

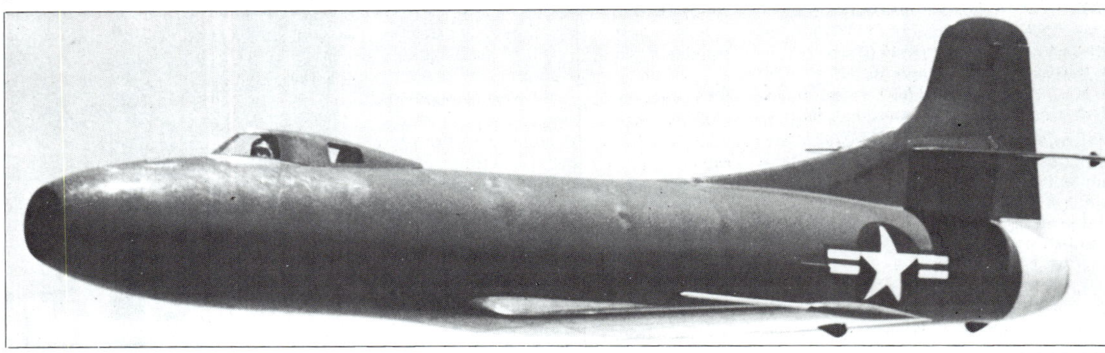

# Douglas D-558-2 Skyrocket

Um über die Grenzen des Skystreak-Programms vorzustoßen, plante man zunächst eine Modifikation des Antriebs: Das Strahltriebwerk sollte durch ein Aggregat mit kleineren Abmessungen ausgetauscht und um einen Raketenmotor ergänzt werden. Bevor es dazu kam, beschloß man, zusätzlich Pfeilflächen zu untersuchen, und dies führte zu dem Forschungsflugzeug mit der Bezeichnung **Douglas D-558-2 Skyrocket**.

Um den Mischantrieb einrichten zu können, wurde ein neuer Rumpf mit größerem Durchmesser konstruiert, doch der absprengbare Bug und das Bugfahrwerk der Skystreak blieben erhalten. Tragflächen mit einem Pfeilwinkel von 35° waren in mittlerer Höhe am Rumpf angesetzt, und ein ähnlich zurückgepfeiltes Leitwerk ersetzte die herkömmliche Baugruppe des früheren Versuchsflugzeugs. Drei solcher Maschinen wurden bestellt, von denen die erste am 4. Februar 1948 zum Jungfernflug abhob. Eine erreichte bei einem äußerst erfolgreichen Testprogramm im August 1951 eine Geschwindigkeit von 1992 km/h unter reinem Raketenantrieb nach Luftstart vom Boeing-Mutterschiff P2B-1S. Nur wenige Tage später stieg dasselbe Flugzeug auf eine Höhe von 24.230 m. Diesen Rekord verbesserte die **D-558-2** am 31. August 1953 auf 25.370 m, und knapp drei Monate später wurde eine Geschwindigkeit von Mach 2,05 nachgewiesen. Als erstes bemanntes Luftfahrzeug der Welt war die **Skyrocket** mit doppelter Schallgeschwindigkeit geflogen. Im Juni 1953 lief das **Skyrocket**-Programm aus.

***Die kleine Tragflügelfläche und die recht hohe Betriebsmasse verliehen der Skyrocket eine schwache Startleistung.***

**TECHNISCHE DATEN**
**Douglas D-558-2 Skyrocket**

**Typ:** Pfeilflächen-Forschungsflugzeug
**Triebwerke:** ein Strahltriebwerk Westinghouse J34-WE-22 mit 1361 kg Schub und ein Raketenmotor XLR-8 (von Reaction Motors) mit 2722 kg Schub
**Leistung:** Höchstgeschwindigkeit (nur Strahltriebwerk) 941 km/h in 6095 m Höhe oder (Mischantrieb, konventioneller Start) 1159 km/h in 12.190 m Höhe oder (nur Raketenmotor nach Luftstart) 2012 km/h in 20.575 m Höhe
**Gewicht:** max. Startmasse (nur Strahltriebwerk) 4795 kg oder (Mischantrieb) 6925 kg oder (nur Raketenmotor) 7171 kg
**Abmessungen:** Spannweite 7,62 m; Länge 13,79 m; Höhe 3,51 m; Tragflügelfläche 16,26 m²

**Variante**
**D-558-3:** geplante Entwicklung zum Hyperschallflugzeug mit äußerst dünn profilierten, geradlinigen Tragflächen und reinem Raketenantrieb; die theoretischen Sollwerte für Geschwindigkeit und Höhe lauteten 9735 km/h oder Mach 9 und 228.600 m oder 228,6 km; dieses ehrgeizige Projekt wurde zugunsten der North American X-15 aufgegeben

## Douglas DC-1/DC-2 bis Serie DC-3/C-47

**Die DC-1 war im wesentlichen ein Entwicklungsmodell, aus dem die größeren DC-2 und DC-3 entstanden, jene beiden Airliner, mit denen der zivile Lufttransport quasi erwachsen wurde. Im Zweiten Weltkrieg war sie der wichtigste Transporter auf alliierter Seite — als C-47 beim US Army Air Corps, R4D bei der US Navy, Dakota bei den Engländern und Lisunow bei den Sowjets.**

# Douglas DC-1/DC-2

***Douglas DC-2 der KLM (zuvor PH-ALE, getauft „Edenvalk"), im Zweiten Weltkrieg hauptsächlich in Whitchurch bei Bristol, England, stationiert***

Als TWA möglichst bald ihre Fogger-Verkehrsmaschinen ablösen wollte, mußte sie feststellen, daß sie auf der Warteliste für das Boeing-Modell 247 hinter United Air Lines rangierte. Daraufhin ließ sie eine Spezifikation (für ein dreimotoriges Ganzmetallflugzeug mit mindestens 12 Passagiersitzen) erarbeiten, die sie am 2. August 1932 der amerikanischen Flugzeugindustrie übermittelte.

Donald W. Douglas reagierte auf diese Ausschreibung innerhalb von nur 14 Tagen und unterzeichnete am 20. September einen Vertrag, nachdem er den technischen TWA-Berater Charles Lindbergh überzeugt hatte, daß die geforderte Leistung ohne Sicherheitseinbußen auch mit nur zwei Motoren erreichbar war. Ein Prototyp mit der Bezeichnung **Douglas DC-1 (Douglas Commercial)** rollte am 22. Juni 1933 aus der Montagehalle und startete am 1. Juli unter dem Antrieb zweier Wright-Sternmotoren R-1820 Cyclone zum Jungfernflug.

Trotz anfänglicher Vergaserprobleme konnte das Testprogramm erfolgreich abgeschlossen und die Maschine im Dezember auf dem Los Angeles Municipal Airport an TWA übergeben werden. Linienflüge blieben der **DC-1** aber verwehrt, da TWA dieses Exemplar ausschließlich für Werbezwecke nutzte. Dazu gehörte auch ein Rekordflug von Küste zu Küste in 13 Stunden und 4 Minuten in der Nacht vom 18./19. Februar 1934. TWA bestellte eine Erstserie von 25 Flugzeugen. Diese unterschieden sich von der **DC-1** durch leistungsstärkere Motoren und einen um 61 cm längeren Rumpf, der 14 Fluggästen Platz bot. Die Änderungen zogen die neue Bezeichnung **DC-2** nach sich.

Schon bald führten auch andere US-Betreiber, wie American Airlines, Eastern Airlines, General Air Lines, Panagra und Pan American, dieses Muster ein.

Europäische Liniengesellschaften flogen ebenfalls die **DC-2**, darunter KLM, Lineas Aéreas Postales Espanolas (LAPE) und Swissair. Der berühmteste Vertreter dieses Musters in Europa war zweifellos „Uiver" (PH-AJU) von KLM. Geflogen von K.D. Parmentier und J.J. Moll, war diese Maschine beim „MacRobertson"-Luftrennen von England nach Australien 1934 als Sieger in der Klasse der Verkehrsflugzeuge hervorgegangen.

Dieses Leistungsvermögen erweckte das Interesse des Militärs. Den Anfang machte 1934 die US Navy mit einer einzelnen Transportmaschine **R2D**, die später durch vier **R2D-1** ergänzte. Das USAAC eröffnete seine Beschaffung mit einer 16sitzigen **DC-2** für das Rechnungsjahr 1936, die als **XC-32** geprüft wurde. Sie zog Aufträge für zwei äußerlich ähnliche **YC-34**-(später **C-34**)Truppen- und 18 Frachttransportflugzeuge **C-33** mit erweiterter Seitenflosse und Frachtklappe nach sich. 1937 wurde eine **C-33** mit dem Leitwerk einer **DC-3** ausgestattet und in **C-33A** (später **C-38**) umbezeichnet. Aus dieser Maschine entstand die **C-39** mit weiteren DC-3-Baugruppen, darunter dem Tragflächenmittelstück, dem Fahrgestell und den R-1820-55-Motoren mit je 727 kW (989 PS). Für die Transportgruppen der US Army erging ein Auftrag über 35 Flugzeuge, die 1939 den Dienst aufnahmen.

Noch auf der Fertigungsstrecke wurden die vierte und fünfte **C-39** dem neuen Standard **C-41** ,beziehungsweise **C-42** angepaßt. Ersterer beinhaltete die Ausrüstung mit Pratt & Whitney R-1830-21 Twin Wasp mit je 895 kW (1217 PS) und eine höchstzulässige Gesamtmasse von 11.340 kg als Sondermaschine für den Chef des Stabes beim USAAC. Das andere Flugzeug wurde von Wright R-1820-53 Cyclone-Motoren der gleichen Leistungskategorie angetrieben und war als Sondermaschine des Kommandierenden Generals Air Force GHQ für eine maximale Betriebsmasse von 10.716 kg zugelassen. Später durchliefen noch zwei weitere **C-39** die Umrüstung zu **C-42**.

In den Anfangsjahren des Zweiten Weltkriegs wurden die militärischen **DC-2** intensiv genutzt, und vor allem ihr Beitrag beim Rücktransport versprengter US-Truppenteile von den Philippinen nach Australien im Dezember 1941 blieb unvergessen. Einige **DC-2**, die die RAF für den Kriegsdienst erworben hatte, flog No. 31 Squadron in Indien. Die Gesamtproduktion belief sich auf 193 **DC-2**.

**Varianten**

**DC-2A:** Bezeichnung zweier Zivilmaschinen mit Pratt & Whitney- Hornet-Motoren

**DC-2B:** zwei DC-2, die die polnische Fluggesellschaft LOT mit britischen Sternmotoren vom Typ Bristol Pegasus VI mit je 559 kW (760 PS) erworben hatte

**C-32A:** militärische Bezeichnung der 24 von der USAAF im Jahre 1942 eingezogenen DC-2; diese Transportflugzeuge hatten keine Frachtklappe

**TECHNISCHE DATEN**

**Douglas DC-2**

**Typ:** 14sitziges Passagierflugzeug

**Triebwerke:** zwei Sternmotoren Wright SGR-1820-F52 Cyclone mit je 652 kW (887 PS)

**Leistung:** Höchstgeschwindigkeit 338 km/h in 2440 m Höhe; Reisegeschwindigkeit 306 km/h in 2440 m; Dienstgipfelhöhe 6845 m; Reichweite 1609 km

**Gewicht:** Leermasse 5628 kg; max. Startmasse 8419 kg

**Abmessungen:** Spannweite 25,91 m; Länge 18,89 m; Höhe 4,97 m; Tragflügelfläche 87,23 m²

***Nur wenige DC-2 existieren heute noch. Im Bild ein Exemplar mit den Farben der TWA, des ersten Betreibers dieses Modells.***

***Das Gegenstück zur DC-2 bei der amerikanischen Marine war die R2D-1, ausgerüstet als Stabstransportflugzeug. Die US Navy beschaffte fünf Exemplare mit R-1820-12-Sternmotoren.***

# Douglas DC-3/C-47 (Serie)

Flugreisenden ist die **Douglas DC-3** ebenso bekannt wie Luftfahrtenthusiasten, konnte dieser klassische Airliner doch 1994 fast 60 Dienstjahre ohne jegliche Unterbrechung vorweisen. Wohl niemand sah die Langlebigkeit dieses Musters voraus, als American Airlines 1934 an die Douglas Corporation mit der Bitte herantrat, eine größere Ausgabe der **DC-2** mit Schlafliegen für US-Transkontinentalflüge zu bauen.

So entstand die **Douglas DST (Douglas Sleeper Transport)** mit 16 Schlafliegeplätzen, die erstmals am 17. Dezember 1935 flog. Es war jedoch die 24sitzige Version dieses Airliners für Flüge bei Tageslicht, die als **DC-3** eines der Hauptkapitel in der Geschichte des Luftverkehrs schrieb. Vor dem Eintritt der USA in den Zweiten Weltkrieg hatte die **DC-3** eine dominierende Stellung bei den amerikanischen Fluggesellschaften eingenommen, und die außerordentliche Zuverlässigkeit und Robustheit dieses Musters zogen das Interesse des Militärs auf sich, sobald der Bedarf an einer Vielzahl von Transportflugzeugen erkannt war.

Bei Kriegsende hatte man 10.692 solcher Maschinen in den USA und etwa 2000 weitere Lizenzexemplare in der UdSSR als Lisunow Li-2 produziert. Dank ihrer unverwüstlichen Struktur konnten die **DC-3** in großer Zahl den Krieg unbeschadet überstehen, und als sie dann ausgesondert wurden, griffen Betreiber in allen Teilen der Erde schleunigst zu. In Passagier-, Luftfracht- und anderen Nutzdiensten eingesetzt, spielten **DC-3** eine be-

***Das wohl bedeutendste Luftfahrzeug aller Zeiten, die DC-3/C-47, ist hier durch eine C-47B des US Army Air Corps vertreten.***

deutsame Rolle bei der Gründung zahlreicher neuer Fluggesellschaften und der Ausweitung der Luftverkehrsnetze.

Die **DC-3** ist als freitragender Tiefdecker ausgelegt und mit Ausnahme der stoffbezogenen Steuerflächen durchweg aus Metall konstruiert. Der dreiholmige Bau der Tragflächen, abgeleitet von der **DC-1**, gab mit den Aussschlag für die lange Lebensdauer diees Musters. Der Ganzmetallrumpf hat einen runden Querschnitt, und das einziehbare Hauptfahrwerk wird ergänzt durch ein um 360° drehbares Spornrad. Das nicht abgestrebte Leitwerk ist ebenfalls aus Metall konstruiert.

Die **DC-3**, die vor dem Eintritt der USA in den Zweiten Weltkrieg an amerikanische Fluggesellschaften ausgeliefert worden waren, spielten eine herausragende Rolle bei der Einrichtung sicherer nationaler Luftverkehrsrouten. Aufzeichnungen belegen eine Steigerung der nationalen Passagiermeilen im Zeitraum 1936-41 um fast 600%. Dies war in erster Linie der **DC-3** zu verdanken, die damals die Hauptstütze aller amerikanischen Liniengesellschaften war bildete. Zugleich zeichnete sich diese Periode durch eine geradezu legendäre Flugsicherheitsbilanz aus. Zivile Modelle (einschließlich der **DST**) wurden in fünf Serien entweder mit Wright SGR-1820- oder Pratt & Whitney Twin Wasp-Motoren als Standardantrieb gefertigt, beide in der Leistungsklasse zwischen 746 kW und 895 kW (1015/1217 PS) für unterschiedliche Höchstabflugmassen.

Das Leistungsvermögen verschiedener **DC-2**-Abkömmlinge hatte die US Army von der Qualität des Entwurfs und der Konstruktion überzeugt. Eine Studie der **DC-3** bot der Heeresführung Gelegenheit, Douglas die nötigen Änderungen für eine Verwendung im militärischen Transportdienst darzulegen. Gefordert waren antriebsstärkere Motoren, ein höher belastbarer Hinterrumpf und Kabinenboden sowie der Einbau großer Klappen zum Be- und Entladen von Frachtgut. Die Airliner-Inneneinrichtung wich spartanischen Truppensitzen entlang den Kabinenwänden. Den Antrieb der ersten Serienversion lieferten zwei P&W-Sternmotoren R-1830-92, die je 895 kW (1217 PS) abgaben. Die 1940 in riesigen Stückzahlen bestellten Flugzeuge erhielten die Bezeichnung **C-47** und den Beinamen **Skytrain**. Sie waren der erste Zweig eines weit verästelten Militärflugzeug-Stammbaums.

**C-47** machten sich einen Namen als Schleppmaschinen für Lastensegler, eingesetzt bei den Kämpfen um Sizilien, in Burma und der Normandie. Viele der an Großbritannien nach dem Lend-Lease-Abkommen gelieferten **C-47** nahmen an der Landung der Alliierten in der Normandie teil. Im britischen Dienst hieß dieses Muster übrigens **Dakota**. **C-47** waren in die Berliner Luftbrücke eingespannt und kamen in Korea sowie als Schlachtflugzeuge **AC-47D** in Vietnam zum Einsatz.

Die US Navy und das US Marine Corps flogen dieses Muster ebenfalls unter mehreren Bezeichnungen, wenngleich die **R4D** die Grundrichtung bestimmte. Erst 1962 fielen die noch existierenden Marineveteranen unter die teilstreitkraftübergreifende Bezeichnung **C-47**. Wie die US Army nutzten auch die USN und das USMC die **R4D** zunächst ausschließlich zum Transport von Personal und Material. Erst später kamen Verwendungen im Bereich der elektronischen Kampfführung, der Luft-Seegefechtsausbildung und Erforschung der Antarktis hinzu.

***Rechts: Die zivile DC-3 und die vormals militärische C-47 erschlossen den kommerziellen Luftverkehr. Sie waren zuverlässig und wirtschaftlich.***

Während der gesamten Produktionszeit änderte sich die Zelle kaum, doch um so häufiger der Antrieb. Sobald bessere und stärkere Motoren verfügbar waren, baute man sie ein, um die Flugleistungen oder das Lastentragvermögen zu steigern. Die Listen des Herstellers weisen 13 Varianten des Wright SGR-1820 Cyclone im Leistungsbereich von 686 kW bis 895 kW (933/1217 PS) aus. Serienflugzeuge aus der Zeit vor dem Krieg und während des Krieges wurden zudem mit elf verschiedenen Versionen des Pratt & Whitney Twin Wasp in ziviler und militärischer Ausführung ausgestattet, die zwischen 783 kW und 895 kW (1065/1217 PS) erzeugten.

Als diese **DC-3/C-47** nach dem Krieg auf den Markt vordrangen, war der Mangel an Flugzeugen, die sich zur Aufnahme des Passagier- und Luftfrachtdienstes eigneten, derart akut, daß viele Betreiber die Militärmaschinen unverändert einsetzten. Das Gros aber durchlief Modifizierungsprogramme und erhielt eine Kabineneinrichtung und Ausrüstung, die einem Airliner-Standard angemessen waren. Einige Exemplare wurden sogar zu Geschäftsreise- und VIP-Flugzeugen umgestaltet.

Der fortdauernde Betrieb und die Popularität der **DC-3** und ihrer Abkömmlinge ermutigten Douglas, ein adäquates Nachfolgemuster zu entwickeln. Um Zeit und Kosten einzusparen, entschied sich das Unternehmen zur Modernisierung bestehender Flugzeuge und kaufte zwei gebrauchte **DC-3** auf. Der Rumpf wurde verlängert und verstärkt, um eine Inneneinrichtung für 30 Fluggäste aufnehmen zu können. Hinzu kamen zusätzliche Kabinenfenster und eine Kabinentür mit Einbautreppe. Zur Verbesserung der Flug- und Steuereigenschaften sowie der Stabilität erhielten Teile des Flugwerks ein anderes Profil, und hintere Abdeckungen sorgten dafür, daß die eingezogenen Haupträder vollständig umschlossen waren. Den Antrieb des ersten Prototyps lieferten zwei Wright R-1820-C9HE Cyclone mit je 1100 kW (1496 PS), während die zweite Versuchsmaschine mit 1081 kW (1470 PS) starken P&W-Sternmotoren R-2000-D7 ausgerüstet wurde.

Die erste Maschine dieses modernisierten Duos mit der Bezeichnung **DC-35** oder **Super DC-3** flog am 23. Juni 1949. Die Erprobung zeigte hervorragende Ergebnisse und eine beträchtlich höhere Leistung im Vergleich zum Grundmuster **DC-3**. Der Vorstoß kam jedoch zu spät, denn inzwischen befanden sich bereits schnellere, komfortablere und weitaus moderner konzipierte Verkehrsflugzeuge im Dienst. 1994 flogen immer noch etliche **DC-3/C-47** bei Gesellschaften unterschiedlichster Klassen.

**Varianten**

**Douglas DST:** Originalversion mit 28 Sitzen für Tagflüge oder 14 Schlafliegen für Nachtflüge; Antrieb durch Wright Cyclone-Sternmotoren (21 Serienflugzeuge)
**Douglas DST-A:** Einzelexemplar ähnlich der DST, aber von P&W-Sternmotoren Twin Wasp angetrieben (19 Serienflugzeuge)
**Douglas DC-3:** Grundverkehrsmuster zur Personenbeförderung bei Tageslicht, eingerichtet für 21 und 28 Fluggäste; Antrieb durch Cyclone-Sternmotoren (266 Serienflugzeuge)
**Douglas DC-3A:** wie die DC-3, aber mit Twin Wasp (114 Serienflugzeuge)
**Douglas DC-3B:** Umrüstversion mit Sitzen/Schlafliegen in der Frontkabine und Bestuhlung im hinteren Kabinenteil für 28 Fluggäste bei Tag und weniger bei Nacht
**C-41A:** erstes Militärflugzeug; im Grunde eine Variante der DC-3A mit militärischer Instrumentierung, Drehsitzen und R-1830-31 Twin Wasp-Sternmotoren; Verwendung als Stabsflugzeug
**C-47:** erste militärische Serienversion mit 15,2 cm größerer Spannweite, einer überarbeiteter Kraftstoffanlage sowie Sternmotoren R-1830-92, kleiner Astrokuppel und Kabine für 2722 kg Fracht oder 28 Fallschirmjäger oder 14 Verwundete und drei Sanitäter (965 Serienflugzeuge)
**C-47A:** verbesserte C-47 mit 24-V- statt 12-V-Bordnetz (5253 Serienflugzeuge gebaut, davon 2954 in Long Beach und 2299 in Oklahoma City)
**RC-47A:** nach dem Krieg modifizierte Flugzeuge für Aufklärungseinsätze und Leuchtkörperabwurf zur Unterstützung taktischer Kampfflugzeuge in Korea
**SC-47A:** Such- und Rettungsflugzeuge der Nachkriegszeit; 1962 in HC-47A umbezeichnet
**VC-47A:** nach dem Krieg zu Stabstransportflugzeugen mit normaler Bestuhlung umgerüstete C-47
**C-47B:** für Versorgungsflüge zwischen Indien und China über das Himalaja-Gebirge entwickelte Version mit verbesserter Heizung und zweistufigen Ladermotoren R-1830-90C; das Muster war leidlich erfolgreich, so daß viele Exemplare nachträglich den Standard C-47D erhielten (3232 Flugzeuge gebaut, davon 300 in Long Beach und 2932 in Oklahoma City)
**TC-47B:** Sonderversion zur Navigatorenausbildung (133 in Oklahoma City gebaute Flugzeuge)
**VC-47B:** zu Stabstransportflugzeugen umgerüstete C-47B
**XC-47C:** Versuchsmaschine mit zwei Amphibienschwimmern der Marke Edo Modell 78, die pro Behälter mit 1136 Liter Kraftstoff betankt werden konnten; keine Serienfertigung, aber 150 Schwimmersätze zur Einrüstung durch Feldwerften ausgeliefert
**C-47D:** Bezeichnung der C-47B nach dem Ausbau der Höhenlader
**AC-47D:** Bezeichnung der 26 Airways-Check-Maschinen, die der Military Air Transport Service (MATS) von 1953 bis 1962 einsetzte; anschließend in EC-47D umbenannt
**AC-47D:** 1965 zugewiesene Bezeichnung für Schlachtflugzeugversion dieses Musters, bewaffnet mit drei 7,62-mm-Maschinengewehren, die durch das vierte und fünfte Kabinenfenster sowie durch die offene Tür auf der linken Rumpfseite feuerten
**RC-47D:** Aufklärungsversion
**SC-47D:** Such- und Rettungsversion, 1962 in HC-47D umbezeichnet
**TC-47D:** C-47D für den Ausbildungsdienst
**VC-47D:** C-47D-Stabstransportflugzeuge
**C-47E:** ursprünglich für modernisierte

C-47 mit Wright R-1820-80-Sternmotoren mit je 1100 kW (1496 PS) vorgesehene Bezeichnung, dann aber an acht Maschinen vergeben, die Pan Am für die USAAF zu Airways-Check-Maschinen mit 962 kW (1308 PS) starken P&W-Sternmotoren R-2000-4 modifizierte
**YC-47F:** einzelne Super DC-3, die die USAF einer Bewertung unterzog, anfangs unter der Bezeichnung YC-129
**C-47M:** Bezeichnung von C-47H und C-47J, die für den Einsatz in Vietnam eine elektronische Spezialausrüstung erhielten
**EC-47N:** C-47A mit Spezialausrüstung zur elektronischen Aufklärung in Vietnam
**EC-47P:** C-47D mit Spezialausrüstung zur elektronischen Aufklärung in Vietnam
**EC-47Q:** von R-2000-4 angetriebene Version mit Spezialausrüstung zur elektronischen Aufklärung in Vietnam
**C-48:** eine für United Air Lines vorgesehene DC-3A, die während der Konstruktion übernommen wurde
**C-48A:** drei während der Konstruktion übernommene DC-3A
**C-48B:** 16 ehem. Verkehrsflugzeuge
**C-48C:** sieben für Pan American vorgesehene DC-3A, die während der Konstruktion übernommen wurden
**C-49:** sechs während der Konstruktion von TWA übernommene DC-3
**C-49A:** eine während der Konstruktion von Delta übernommene DC-3
**C-49B:** drei während der Konstruktion von Eastern übernommene DC-3
**C-49C:** zwei während der Konstruktion von Delta übernommene DC-3
**C-49D:** sechs während der Konstruktion von Eastern übernommene und fünf requirierte Flugzeuge
**C-49E:** 22 ehem. Verkehrsflugzeuge
**C-49F:** neun ehem. Verkehrsflugzeuge
**C-49G:** acht ehem. Verkehrsflugzeuge
**C-49H:** 19 ehem. Verkehrsflugzeuge
**C-49J:** 34 DC-3, die während der Konstruktion übernommen wurden
**C-49K:** 23 DC-3, die während der Konstruktion übernommen wurden
**C-50:** vier während der Konstruktion von American übernommene DC-3
**C-50A:** zwei während der Konstruktion von American übernommene DC-3
**C-50B:** drei während der Konstruktion von Braniff übernommene DC-3
**C-50C:** eine während der Konstruktion von Penn Central übernommene DC-3
**C-50D:** vier während der Konstruktion von Penn Central übernommene DC-3
**C-51:** eine während der Konstruktion von Canadian Colonial übernommene DC-3
**C-52:** eine während der Konstruktion von United übernommene DC-3A
**C-52A:** eine während der Konstruktion von Western übernommene DC-3A
**C-52B:** zwei während der Konstruktion von United übernommene DC-3A
**C-52C:** eine während der Konstruktion von Eastern übernommene DC-3A
**C-52D:** eine eingezogene Verkehrsmaschine
**C-53 Skytrooper:** auf den Truppentransport spezialisierte Version mit 28 Sitzen, Lastensegler-Schlepphaken und Sternmotoren R-1830-92; keine Frachttür (221 in Santa Monica gefertigte Serienflugzeuge)
**XC-53A:** 1942 modifizierte C-53 mit Spaltklappen über die volle Spannweite und Warmluft- statt Pneumatikenteisung
**C-53B:** acht 1942 für Arktikeinsätze modifizierte C-53 mit winterfester Ausrüstung und erweitertem Tankvolumen
**C-53C:** 17 von Fluggesellschaften bestellte Maschinen, die während der Konstruktion übernommen wurden
**C-53D:** bis auf die Sitzeinrichtung (Wandsitze statt Querreihen) identisch mit C-53 (159 in Santa Monica gebaute Serienflugzeuge)
**C-68:** zwei eingezogene DC-3A
**C-84:** vier ehem. Verkehrsflugzeuge
**C-117A:** Stabstransportflugzeuge mit 21 Sitzen; ähnlich der C-47B (17 in Oklahoma City gebaute Serienflugzeuge)
**C-117B:** 11 durch Ausbau der Höhenlader ihrer R-1830-90C-Sternmotoren modifizierte C-117A
**C-117C:** Bezeichnung von VC-47, gemäß Standard C-117B nachgebessert
**C-117D:** Bezeichnung der R4D-8 ab 1962
**XCG-17:** Versuchsumbau zum Kampftruppen-Lastensegler durch Ausbau der Motoren und Verkleidung der Motorgondeln einer C-47A; keine Serienfertigung wegen mangelndem Bedarf
**R4D-1:** erste Frachtversion für die US Navy; grundsätzlich ähnlich der C-47, abgesehen von der marinespezifischen Instrumentierung (100 in Long Beach gebaute Serienflugzeuge)
**R4D-2:** zwei während der Konstruktion von Eastern übernommene DC-3, die die USN als Stabstransportflugzeuge nutzte; später R4D-2F und R4D-2Z bezeichnet
**R4D-3:** 20 Truppentransportflugzeuge C-53, von der USAF zur Navy überstellt
**R4D-4:** 10 während der Konstruktion von Pan Am übernommene DC-3, die die US Navy zum Truppentransport nutzte; einige Exemplare später zur Durchführung von elektronischen Gegenmaßnahmen modifiziert und in R4D-4Q umbezeichnet
**R4D-5:** 238 C-47A eines Bauloses für die USAAF; zur US Navy umgeleitet; 1962 wurde die Restflotte in C-47H bezeichnet
**R4D-5E:** für Teilaufgaben der elektronischen Kampfführung modifizierte R4D-5
**R4D-5L:** für Einsätze in der Arktis und Antarktis modifizierte R4D-5; spätere Bezeichnung LC-47H
**R4D-5Q:** zur Durchführung von Radargegenmaßnahmen modifizierte R4D-5; spätere Bezeichnung EC-47H
**R4D-5R:** zum Truppentransport modifizierte R4D-5; später TC-47H bezeichnet
**R4D-5S:** zur Luft-Seegefechtsausbildung modifizierte R4D-5; später SC-47H
**R4D-5T:** zur Ausbildung von Navigatoren modifizierte R4D-5
**R4D-5Z:** zu Stabstransportflugzeugen modifizierte R4D-5; später VC-47H
**R4D-6:** 150 von der USAAF bestellte und zur USN umgeleitete C-47B; 1962 Zuweisung der Bezeichnung C-47J; Entsprechungen der R4D-5-Varianten mit den Bezeichnungen R4D-6E, R4D-6L (LC-47J), R4D-6Q (EC-47J), R4D-6R (TC-47J), R4D-6S (SC-47J), R4D-6T und R4D-6Z (VC-47J)
**R4D-7:** 47 aus USAAF-Aufträgen der Navy zugeschleuste TC-47B; 1962 Umbezeichnung des Restkontingents in TC-47K
**Dakota Mk I:** C-47 der RAF (52 Exemplare nach Lend-Lease-Abkommen und eine aus Ersatzteilen zusammengebaut)
**Dakota Mk II:** C-53 der RAF (neun Exemplare nach Lend-Lease-Abkommen)
**Dakota Mk III:** C-47A der RAF (12 von der USAAF überlassene und 950 nach Lend-Lease-Abkommen gelieferte Exemplare)
**Dakota Mk IV:** C-47B der RAF (896 Exemplare nach Lend-Lease-Abkommen)
**Lisunow Li-2:** russische Lizenzflugzeuge; die erste Version PS-84 wurde von zwei Schwezow M-62-Sternmotoren mit je 662 kW (900 PS) angetrieben, aber später auf Schwezow ASh-62 ummotorisiert; die Lizenzfertigung umfaßte mehrere Varianten, einige davon mit Abwehrwaffen in Drehtürmen; Frachtflugzeug Li-2G, Truppentransportflugzeug Li-2P, Umrüstversion Li-2PG und die Höhenversion Li-2V waren die bekanntesten Modelle (über 2000 in Rußland gefertigte und 707 nach Lend-Lease-Abkommen gelieferte Flugzeuge)
**Showa L2D:** 1938 erwarb Mitsui eine Lizenz zur Produktion der DC-3 in Japan und in der Mandschurei; zudem kaufte das Unternehmen 13 DC-3 und sieben DC-3A; Mitsui vergab die Fertigung der DC-3 an die Firma Showa, die 414 L2D-Transportflugzeuge für die Kaiserlich Japanische Marine baute: Truppentransportmaschinen L2D2 mit 736 kW (1000 PS) starken Sternmotoren Kinsei 43; Truppentransportmaschinen L2D3 mit Kinsei 51 à 957 kW (1300 PS); Truppentransportflugzeuge L2D3a mit Kinsei 53 à 957 kW (1300 PS); Frachtflugzeuge L2D3-1 mit Kinsei 51; Frachtflugzeuge L2D3-1a mit Kinsei 53; Truppentransportflugzeuge L2D4 mit Kinse 51 und einem 13,2-mm-Maschinengewehr im Rückenturm; L2D4-1 als Frachtversion der L2D4 und Truppentransporter L2D5, die auf der L3D4 basierten; weitere 71 L2D2 baute Nakajima
**Super DC-3 (DC-3S):** verbesserte Nachkriegsversion, ursprünglich DC-3S genannt (zwei Flugzeuge)
**R4D-8X:** Prototyp YC-129/YC-47F während der Erprobung durch die USN
**R4D-8:** Bezeichnung von 100 R4D-5, R4D-6 und R4D-7, die auf den Standard Super DC-3 angehoben wurden; einige Maschinen für Sonderdienste modifiziert

***Douglas DC-3***

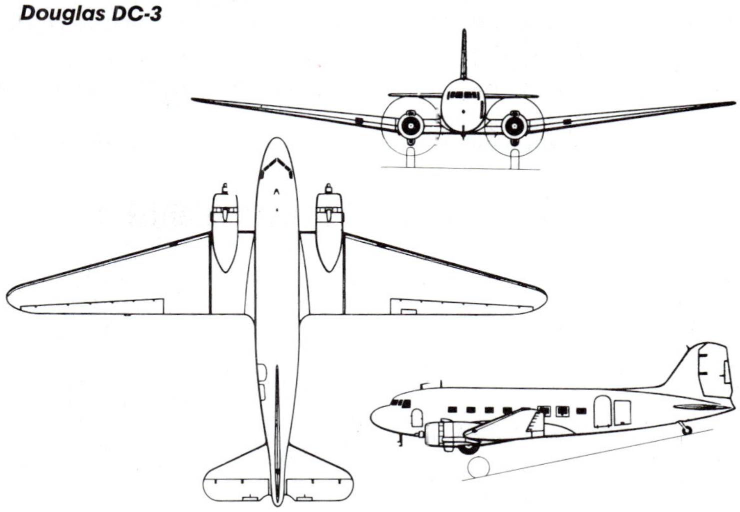

## TECHNISCHE DATEN

**Douglas C-47**
**(typische umgerüstete Verkehrsmaschine der Nachkriegszeit)**

**Typ:** Kurz-/Mittelstrecken-Verkehrsflugzeug
**Triebwerke:** zwei Doppelsternmotoren Pratt & Whitney R-1830-S1C3G Twin Wasp mit je 895 kW (1217 PS)
**Leistung:** Höchstgeschwindigkeit 370 km/h in 2590 m Höhe; Reisegeschwindigkeit 333 km/h; Dienstgipfelhöhe 7070 m; Reichweite mit max. Treibstoffzuladung 3420 km
**Gewicht:** Leermasse 7650 kg; max. Startmasse 11.430 kg
**Abmessungen:** Spannweite 28,96 m; Länge 19,65 m; Höhe 5,17 m; Tragflügelfläche 91,69 m²

***Die R4D-8 (ab 1962 C-117D) war eine Umrüstung von Marineflugzeugen mit stärker zurückgepfeilten Tragflächen, vergrößertem Leitwerk und abgedeckten Haupträdern. Diese gehörte zur VT-29.***

***Selbst lange nach dem Ende des Zweiten Weltkriegs hat die DC-3/C-47 immer noch einiges zu bieten. Nicht wenige Gesellschaften setzen dieses Muster weiterhin für Fracht-, Passagier- und Sonderflüge ein.***

# Douglas DC-4/C-54 Skymaster bis Douglas DT

**Der Erfolg der Douglas-Transportmaschinen im Zweiten Weltkrieg setzte sich mit einer Serie militärischer und ziviler Flugzeuge wie der viermotorigen Skymaster und ihrem zivilen Pendant DC-4 fort. Es folgten die DC-6 mit Druckkabine (militärisch C-118 Liftmaster) und die DC-7, der letzte zivile Kolbenmotor-Airliner.**

## Douglas DC-4/C-54 Skymaster

Schon vor dem Liniendienst der DC-3 hatten United Air Lines (UAL) und Douglas Gespräche aufgenommen, die auf die Entwicklung eines moderneren Musters mit größerem Platzangebot abzielten. Bis Anfang 1936 konnten sie vier weitere Gesellschaften hinzugewinnen, die die Konstruktion eines Prototyps für die **DC-4**, später **DC-4E**, mitfinanzierten.

Die **Douglas DC-4** von 1939 war ein fast völlig neuer Entwurf, der eine erheblich leichtere Konstruktion, ein neues Tragwerk mit hoher Streckung, ein herkömmliches Leitwerk mit einer einzelnen Seitenflosse/Ruder und ein einziehbares Bugrad-Fahrgestell mit Zwillingshaupträdern brachte. Als Antrieb hatte man zunächst vier Motoren der Leistungsklasse um 746 kW (1015 PS) vorgesehen, doch nach Gesprächsrunden mit interessierten Liniengesellschaften lief (ohne daß eine Versuchsmaschine gebaut wurde) die Serienfertigung mit insgesamt vier 1081 kW (1470 PS) starken P&W-Sternmotoren R-2000-2SD1-G Twin Wasp an.

Bevor die erste Maschine flog, traten die USA in den Zweiten Weltkrieg ein, und die auf der Montagelinie befindlichen Flugwerke wurden als **C-54 Skymaster** für die USAAF fertiggestellt. So startete die erste Maschine am 14. Februar 1942 mit militärischer Kennung zum Jungfernflug. Es handelte sich praktisch um Verkehrsmaschinen mit dunklem Tarnanstrich, doch schon bald wurden Serienaufträge für militärische Versionen erteilt, die besser zum Transport von Truppen, Fracht und Verwundeten geeignet waren. Als erste dieser Varianten erschien die **C-54A** mit verstärktem Kabinenboden, Ladeklappe und Frachtfördersystem für die USAAF. Weitere militärische Modelle folgten, die progressiv auf eine maximale Erhöhung der Sitzplatzkapazität ausgerichtet waren: 50 Personen im Kurz-/Mittelstreckenbetrieb und 20 für Langstreckenflüge. Auch für die US Navy wurde der Typ als **R5D** in zahlreichen Ausführungen gebaut, und die Gesamtproduktion für diese beiden Teilstreitkräfte betrug mehr als 1000 solcher Flugzeuge.

Nach der Serienfertigung für das Militär baute Douglas 79 zivile **DC-4**, die gemeinsam mit einer Vielzahl entmilitarisierter **C-54** wertvollen Liniendienst auf Passagier- und Frachtstrecken leisteten, bis die neue Airliner-Generation verwendungsreif war.

Nebenlinien der **DC-4** schuf Canadair Ltd. in Montreal mit 24 Flugzeugen für die RCAF, die den von vier Rolls-Royce Merlin je 1286 kW (1749 PS) angetriebenen Transportmaschinen den Beinamen „North Star" verlieh, und mit der anschließenden Produktion der **DC-4M** für zivile Betreiber. Ein anderer **DC-4**-Abkömmling war die Aviation Traders Carvair. (Beide Muster sind detailliert unter den betreffenden Herstellereinträgen beschrieben.)

Die Inneneinrichtung dieser verschiedenen Ausführungen der **DC-4** variierte im Hinblick auf die Zahl der zu transportierenden Fluggäste beträchtlich. Die Grundversion war für eine vierköpfige Flugbesatzung und 44 Passagiere mit viel Platz zwischen den Sitzen eingerichtet. Einige Betreiber schöpften die Möglichkeit zu einer dichten Bestuhlung mit maximal 86 Sitzen voll aus, und **DC-4M** beförderten bis zu 62 Fluggäste der Touristenklasse.

***Douglas DC-4 von Eldorado Aviation (Kanada)***

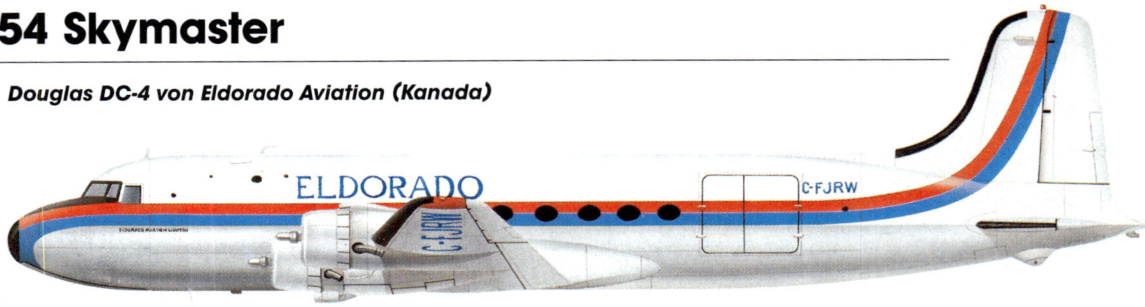


Von etlichen Rekordflügen abgesehen, bleibt die **DC-4** auch durch ihre Beiträge zur Berliner Luftbrücke 1948/49 in Erinnerung. Ihr Dienst bei Großfluggesellschaften lief zügig aus, als modernere Muster verfügbar wurden, aber eine kleine Zahl befindet sich weiterhin im Einsatz.

**Varianten**

**C-54:** erste Transportversion mit 26 Sitzplätzen und vier P&W-Sternmotoren R-2000-3 je 1007 kW (1369 PS) (im ganzen 24 Exemplare)
**C-54A:** erste vollmilitärische Transportversion, die 50 Soldaten oder 14.742 kg Fracht befördern konnte; Antrieb durch vier R-2000-7 à 1007 (1369 PS, 252 Flugzeuge gebaut, davon 155 in Chicago und 97 in Santa Monica)
**C-54B:** ähnlich der C-54A, aber mit Flügelintegraltanks statt der beiden Hilfstanks in der Kabine; erste Maschinen mit R-2000-3, spätere mit R-2000-7 (220 Flugzeuge gebaut, 100 in Santa Monica und 120 in Chicago)
**VC-54C:** eine zur persönlichen Transportmaschine des amerikanischen Präsidenten Franklin D. Roosevelt modifizierte C-54A, genannt „Sacred Cow"
**C-54D:** Bezeichnung für Skymaster-Hauptbaureihe; grundsätzlich ähnlich wie C-54B, aber angetrieben von vier R-2000-11 à 1007 kW (1369 PS, 380 in Chicago gebaute Flugzeuge)
**AC-54D:** eine kleine Zahl modifizierter C-54D mit Spezialausrüstung zur technischen Prüfung von Luftstrecken
**EC-54D:** neue Bezeichnung der AC-54D ab 1962
**HC-54D:** neue Bezeichnung der SC-54D ab 1962
**JC-54D:** neun im Zusammenhang mit der Bergung von Raketenspitzen modifizierte C-54D
**SC-54D:** 38 von Convair für den MATS-Rettungsdienst modifizierte Flugzeuge mit Spezialradar und vorgewölbten Beobachtungsfenstern
**TC-54D:** zur mehrmotorigen Ausbildung modifizierte Exemplare der C-54D
**VC-54D:** zu Stabstransportflugzeugen modifizierte Exemplare der C-54D
**C-54E:** Version der C-54D mit Gummitanks in den Innenflächen statt der beiden letzten Hilfstanks in der Kabine; die Kabineneinrichtung trug dem schnellen Rollenwechsel Rechnung (Truppentransport mit 50 Sitzen, Materialtransport bis 14.742 kg und Stabstransport mit 44 Sitzen); zu diesem Zeitpunkt war die Gesamttreibstoffkapazität der C-54 von 13.703 Liter auf 13.324 Liter für die C-54E gesunken (125 in Santa Monica gebaute Flugzeuge)

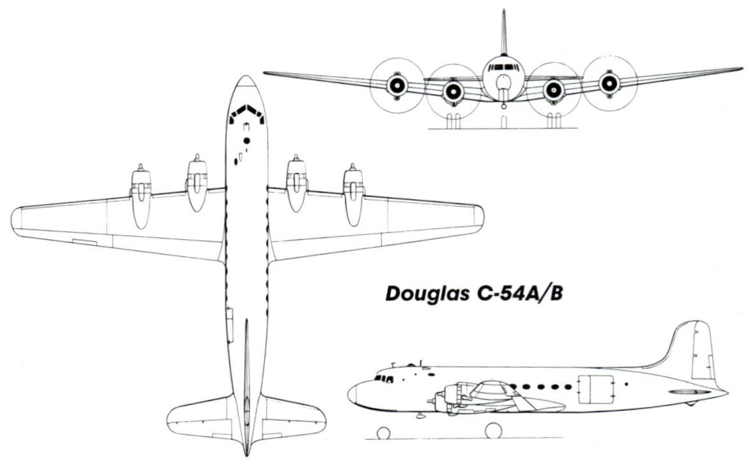

***Douglas C-54A/B***

**TECHNISCHE DATEN**
**Douglas DC-4-1009**

**Typ:** Langstrecken-Passagierflugzeug
**Triebwerke:** vier Sternmotoren Pratt & Whitney R-2000-2SD-13G je 1081 kW (1470 PS)
**Leistung:** Höchstgeschwindigkeit 451 km/h in 4265 m Höhe; Reisegeschwindigkeit 365 km/h in 3050 m Höhe; Dienstgipfelhöhe 6800 m; Reichweite mit 5189 kg Nutzlast 4023 km
**Gewicht:** Leermasse 19.640 kg; max. Startmasse 33.112 kg
**Abmessungen:** Spannweite 35,81 m; Länge 28,60 m; Höhe 8,38 m; Tragflügelfläche 135,63 m²

**XF-54F:** eine versuchsweise mit doppelten Fallschirmjäger-Absetztüren ausgestattete C-54B als Vorläufer für die C-54F, die auf der Zelle der C-54D basierende C-54F
**C-54G:** auf der C-54E basierende Truppentransportversion mit R-2000-9-Sternmotoren (162 in Santa Monica gebaute Flugzeuge)
**VC-54G:** zu Stabstransportern umgerüstete C-54G
**C-54GM:** Bezeichnung des von Canadair produzierten DC-4-Abkömmlings
**C-54H:** projektierte Fallschirmtruppen-Transportversion mit R-2000-9-Motoren
**C-54J:** projektierte Stabstransportversion, die auf der C-54G basierte, aber ohne jede Vorkehrungen für Frachttransport
**XC-54K:** eine versuchsweise mit vier Wright R-1820-HD Cyclone-Sternmotoren je 1063 kW (1445 PS) ausgerüstete C-54E
**C-54L:** eine C-54A mit geändertem Kraftstoffsystem
**C-54M:** Bezeichnung der 38 C-54E, die nach Ausbau der Kabineneinrichtung während der Berliner Luftbrücke als Kohlefrachter flogen; Steigerung der Nutzlast um 1134 kg
**MC-54M:** Bezeichnung von 30 C-54E, die zu Sanitätsflugzeugen für 30 Krankentragen und medizinisches Begleitpersonal umgebaut und im Koreakrieg eingesetzt wurden
**EC-54U:** Bezeichnung der nach 1962 mit ECM-Ausrüstungspaketen zu Versuchs- und Lehrzwecken versehenen R5D-4
**XC-112:** projektierte Version mit druckbelüfteter Kabine und Antrieb durch vier P&W R-2800-22W
**XC-114:** auf der C-54E basierender Prototyp mit einer Rumpfstreckung von 2,06 m und vier 12-Zylinder-Reihenmotoren Allison V-1710-131 mit je 1209 kW (1644 PS)
**XC-115:** vorgeschlagene Version auf der Grundlage der XC-114, aber mit vier Packard-12-Zylinder-Reihenmotoren V-1650-209 à 1231 kW (1674 PS)
**XC-116:** eine Versuchsmaschine ähnlich der XC-114, aber mit Warmluft- statt mechanisch-pneumatischen Enteisungsmatten an den Nasenkanten
**R5D-1:** Bezeichung der 56 C-54A, die zur US Navy überstellt wurden
**R5D-1C:** Bezeichnung der R5D-1, die truppenseitig das Kraftstoffsystem der C-54B erhielten
**R5D-1F:** Stabstransportversion der R5D-1; Bezeichnung ab 1962 VC-54N
**R5D-1Z:** vorübergehende Bezeichnung der R5D-1F/VC-54N
**R5D-2:** Bezeichnung der 30 C-54B, die zur US Navy überstellt wurden
**R5D-2F:** Stabstransportversion der R5D-2; Bezeichnung ab 1962 VC-54P

**R5D-2Z:** vorübergehende Bezeichnung der R5D-2F/VC-54P
**R5D-3:** Bezeichnung der 86 C-54D, die zur US Navy überstellt wurden; ab 1962 C-54Q (Transportflugzeug), RC-54V (Luftbildaufklärer) und VC-54Q (Stabstransportflugzeug) bezeichnet; letztere vorübergehend als R5D-3Z geführt
**R5D-4:** Bezeichnung der 20 C-54E, die zur US Navy überstellt wurden
**R5D-4R:** Truppentransportversion der R5D-4, ab 1962 C-54R bezeichnet
**R5D-5:** Bezeichnung von 13 Marineflugzeugen, die der C-54G entsprachen und hauptsächlich bei der US Coast Guard dienten; ab 1962 C-54S bezeichnet
**R5D-5R:** Truppentransportversion der R5D-5, nach 1962 VC-54T bezeichnet
**R5D-5Z:** Stabstransportversion der R5D-5, nach 1962 VC-54S bezeichnet
**R5D-6:** projektierte Marineversion der C-54J
**DC-4-1009:** Nachkriegsmodell für die zivile Luftfahrt, ausgelegt zur Beförderung von 44 Passagieren, später auf 86 erhöht
**DC-4-1037:** Nachkriegsfrachtmodell für die zivile Luftfahrt, das die große Ladeklappe der C-54 behielt
**Skymaster Mk I:** RAF-Bezeichnung einer C-54B und 22 C-54D, die auf der Grundlage des Lend-Lease-Abkommens beschafft wurden

# Douglas DC-5

Im El Segundo-Werk der Douglas Aircraft Company wurde die **Douglas DC-5** als 16-/22sitzige Regionalverkehrsmaschine konstruiert. Das Muster fiel durch seine Hochdeckerauslegung auf, die dem damaligen Trend zum Tiefdecker zuwiderlief. Immerhin kam das derzeit ebenfalls noch relativ neue Bugfahrwerkskonzept zur Anwendung. Bei einer Sollbetriebsmasse von 8391 kg wurde die **DC-5** mit einem Sternmotorenpaar angeboten, entweder R-1690 von Pratt & Whitney oder Cyclone von Wright.

Der von zwei Wright GR-1820-F62 Cyclone je 634 kW (862 PS) angetriebene Prototyp flog erstmals am 20. Februar 1939 mit Carl Cover am Steuer. Es gingen Bestellungen von KLM (vier Flugzeuge), Pennsylvania Central Airways (sechs) und der kolumbianischen SCADTA (zwei) ein, aber das Programm wurde durch den Krieg gestört, so daß lediglich die KLM-Maschinen zur Auslieferung gelangten. Die beiden ersten Exemplare, die eigentlich für den Einsatz gedacht waren, gingen nach Niederländisch-Westindien, um Curaçao und Surinam miteinander zu verbinden, und das andere Paar nach Batavia, Niederländisch-Ostindien. Alle vier Maschinen waren 1942 an der Evakuierung der Zivilbevölkerung Javas nach Australien beteiligt. Eine am 9. Februar 1942 auf dem Kemajoran Airport in Batavia beschädigte **DC-5** erbeuteten die Japaner und testeten sie vom Luftstützpunkt Tachikawa aus. Die drei verbliebenen **DC-5** flog das Allied Directorate of Air Transport in Australien, und die USAAF teilte ihnen die Dienstbezeichnung **C-110** zu.

**TECHNISCHE DATEN**
**Douglas DC-5**
**Typ:** Fracht- und Passagierverkehrsflugzeug
**Triebwerke:** zwei Sternmotoren Wright GR-1820-F62 mit je 634 kW (862 PS)
**Leistung:** Höchstgeschwindigkeit 356 km/h in 2345 m Höhe; Reisegeschwindigkeit 325 km/h in 3050 m Höhe; Dienstgipfelhöhe 7225 m; Reichweite 2575 km
**Gewicht:** Leermasse 6202 kg; max. Startmasse 9072 kg
**Abmessungen:** Spannweite 23,77 m; Länge 19,05 m; Höhe 6,05 m; Tragflügelfläche 76,55 m²

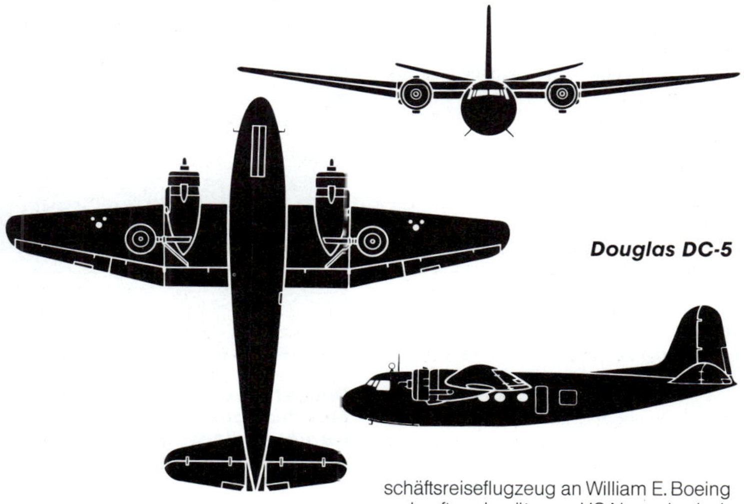

*Douglas DC-5*

Der erste militärische Betreiber der **DC-5** aber war die US Navy, die 1939 sieben Exemplare in Auftrag gegeben hatte. Davon waren drei 16sitzige Transportflugzeuge **R3D-1**, von denen das erste noch vor der Auslieferung abstürzte, und vier für das US Marine Corps bestimmte **R3D-2** mit R-1820-44-Motoren mit je 746 kW (1015 PS), einer großen Frachtschiebetür und Klappsitzen für 22 Fallschirmjäger. Nach der Zulassungs- und Entwicklungsfliegerei wurde der Prototyp als 16sitziges Geschäftsreiseflugzeug an William E. Boeing verkauft und später zur US Navy als einzige **R3D-3** eingezogen.

Vom Bomber DB-7 abgeleitet, war die **DC-5** der DC-3 aus Santa Monica haushoch überlegen. General H.H. Arnold wies Chefkonstrukteur Ed Heinemann an, das Programm zu beenden, nachdem sich die US Army auf die C-47 festgelegt hatte.

# Douglas DC-6/C-118 Liftmaster

Die Verwicklung in einen Weltkrieg (1941-1945), dessen Schwerpunkt auf der anderen Seite des Pazifischen Ozeans angesiedelt war, erweckte bei der USAAF ein verständliches Interesse an Langstrecken-Landflugzeugen. Die DC-4/C-54 erwies sich als wertvolles Instrument, und über 80.000 Ozeanüberquerungen (Atlantik/Pazifik), bei denen leglich drei Maschinen verlorengingen, legten ein beredtes Zeugnis ihrer Zuverlässigkeit ab. Diese positive Bilanz veranlaßte die USAAF, ein Transportflugzeug mit größerer Kapazität vom selben Hersteller zu beziehen. Die erste Maschine dieser neuen Kategorie mit der Dienstbezeichnung Douglas XC-112A flog am 15. Februar 1946. Da der Krieg inzwischen beendet war, wurde das Muster mit der firmeneigenen Bezeichnung **DC-6** für Liniengesellschaften der Nachkriegszeit fortentwickelt.

Im Vergleich zum Vorgängermodell blieb das Tragwerk unverändert, aber der Rumpf war druckbefüftet und um 2,06 m verlängert, um die Sitzkapazität auszubauen. Die Standardbestuhlung umfaßte 48 bis 52 Sitze, aber bei dichter Einrichtung fanden maximal 86 Personen Platz. Den Antrieb der ersten **DC-6** lieferten vier Double-Wasp-Sternmotoren R-2800-CA15 von Pratt & Whitney mit je 1566 kW (2130 PS). Der erste von insgesamt 50 solcher Airliner für American Airlines absolvierte seinen Jungfernflug am 29. Juni 1946 und nahm im April 1947 den Liniendienst auf, zunächst auf der AA-Strecke New York–Chicago.

1948 begann das Unternehmen mit der Entwicklung einer leistungsstärkeren Version (1,52-m-Rumpfstreckung), die von Double Wasp à 1790 kW (2434 PS) angetrieben werden sollte. Auf die anfangs als fensterlose Frachtversion angebotene **DC-6A** mit zwei Backbord-Frachttüren (eine vor und eine hinter den Tragflächen) und verstärktem Kabinenboden folgte die grundsätzlich ähnliche Passagiervariante **DC-6B**. Die ersten Serienflugzeuge waren standardmäßig für 54 Fluggäste eingerichtet, aber im Laufe der Zeit führte man Dichtbestuhlungen für bis zu 102 Flugreisende ein.

**TECHNISCHE DATEN**
**Douglas DC-6B**
**Typ:** Langstrecken-Verkehrsflugzeug
**Triebwerke:** vier Sternmotoren Pratt & Whitney R-2800-CB17 Double Wasp mit je 1865 kW (2536 PS)
**Leistung:** Reisegeschwindigkeit 507 km/h; Dienstgipfelhöhe 7620 m; Reichweite mit max. Nutzlast 4836 km; Reichweite mit max. Treibstoffzuladung 7596 km
**Gewicht:** Leermasse 25.110 kg; max. Startmasse 48.534 kg
**Abmessungen:** Spannweite 35,81 m; Länge 32,18 m; Höhe 8,74 m; Tragflügelfläche 135,91 m²

***Wie viele DC-6, die in zivilen Farben flogen, entstand auch diese Maschine ursprünglich als C-118. Sie wurde zum fensterlosen Frachtflugzeug mit backbordseitiger Frachttür umfunktioniert.***

*Douglas DC-6B*

Zivile **DC-6** wurden neben 166 Flugzeugen für die US Air Force und Navy gebaut, teilweise zur Unterstützung des Military Air Transport Service (MATS). Die der USAF, die die Bezeichnung **C-118A** trugen, konnten 74 Soldaten oder 12.247 kg Fracht oder 60 Verwundete befördern. Die 29. **DC-6** erhielt eine VIP-Ausstattung, da sie für Präsident Truman gedacht war. Diese **VC-118** „Independence" hatte eine Kabine für 24 Personen (bzw. zwölf bei Nachtflügen) und einen Geschäftssalon.

Die **DC-6** bei der US-Marine umfaßten 61 **R6D-1** und vier **R6D-1Z** mit VIP-Einrichtung, die 1962 die Bezeichnungen **C-118B** und **VC-118B** erhielten. Auch andere militärische Organisationen erwarben **DC-6**, vor allem ehemalige Verkehrsmaschinen.

Die letzte zivile Ausführung hieß **DC-6C**, eine vom Passagier- zum Frachtdienst und umgekehrt umrüstbare Version, die ähnlich wie die **DC-6A**, aber mit Fenstern ausgelegt war. Die Produktion ziviler **DC-6** und militärischer **XC-112A/C-118/C-118A/R6D** belief sich auf 704 Flugzeuge.

Zu den Varianten gehörten zwei **DC-6B**, die SABENA mit Schwenkheck zur direkten Be- und Entladung von sperrigem Stückgut ausrüsten ließ. Eine Reihe anderer **DC-6B** wurde mit einem Unterrumpfbehälter ausgestattet, der 11.356 Liter Feuerlöschwasser aufnehmen konnte. In Zeiten verstärkter Brandgefahr mußten diese Maschinen in den Wäldern Kanadas und der USA schweren Dienst leisten.

Die **DC-6** gewann allgemeine Anerkennung als würdiger Vertreter der Gattung zuverlässiger und effizienter Kolbenmotor-Verkehrsflugzeuge, die allerdings bald der ersten Airliner-Generation mit Turboprop- und Strahlantrieb weichen sollte. Als sich die Großfluggesellschaften von diesem Muster trennten, kauften Betreiber auf der unteren Transportebene die Maschinen begierig auf, und auch sie profitierten noch vom überragenden Leistungspotential der **DC-6**, von der etwa 50 Exemplare weiterhin eingesetzt werden.

# Douglas DC-7

American Airlines suchte ein Muster, das leistungsstärker war als die von TWA geflogene Lockheed Super Constellation, und wandte sich daher an Douglas zur Konstruktion und Entwicklung der **Douglas DC-7**. Der Super „Connie" kamen vier Turbo-Compound-Motoren von Wright zugute, die mit je drei abgasgetriebenen Turboladern rund 20% mehr Leistung als der Standardmotor abgaben. Um den Leistungsvorgaben von American Airlines zu genügen, entschied sich Douglas, eine verbesserte Version der DC-6B mit eben diesem neuen Antrieb zu entwickeln.

Die erste **DC-7** war ein direkter Abkömmling der DC-6B mit um 1,02 m gestrecktem Rumpf, um eine weitere Sitzreihe aufzustellen. Der Einbau der Turbo-Compound-Motoren mit je 2424 kW (3296 PS) ermöglichte es, die Betriebsmasse um 6895 kg zu erhöhen. Dies hatte zur Folge, daß das Fahrgestell in Teilen verstärkt werden mußte. Abgesehen von kleineren Änderungen unterschied sich die **DC-7** äußerlich kaum von der DC-6B.

Nachdem insgesamt 105 **DC-7** gefertigt waren, erschienen 112 nur wenig geänderte **DC-7B**. Den Hauptunterschied machten nach hinten erweiterte Motorgehäuse (aus dem neuen Werkstoff Titan) aus, die es erlaubten, Satteltanks zu installieren.

Nicht alle Kunden wählten diese zusätzliche Treibstoffkapazität. Wer jedoch von dieser Option Gebrauch machte, wie beispielsweise Pan American, die am 13. Juni 1955 eine Nonstop-Verbindung zwischen New York und London eröffnete, stellten bald fest, daß die Treibstoffmenge für Flüge über den Nordatlantik kaum reichte. Mit kompletter Passagierzahl und der üblichen Gegenwindkomponente mußten die **DC-7B**, die den Atlantik in Richtung Ost-West überquerten, häufig einen ungewollten Zwischenstop zum Nachtanken einlegen. Dies war nicht nur aus Betreibersicht völlig unannehmbar, sondern stellte auch ein potentielles Flugsicherheitsrisiko dar. Douglas blieb daher nur eine rasche Nachbesserung.

***Dies ist eine der sechs DC-7B, die für Delta Air Lines entstanden. Nach der Airliner-Periode wurde die Maschine zum Feuerlöschflugzeug mit einem riesigen Bauchtank umgebaut, der 9085 Liter faßte. Die Verwendung dieses Musters zur Brandbekämpfung hatte man bereits 1953 in Palm Springs geprüft, wo es einen Wasserschwall über eine Meile ergoß.***

Diese dritte Version mit der Bezeichnung **DC-7C** hatte eine größere Spannweite, um Raum für ein erweitertes Tankvolumen zu gewinnen. Dies wurde erreicht durch Tragflächenstücke mit konstanter Tiefe, die man zwischen Rumpf und innere Triebwerksgondeln einfügte. Während der Entwicklung der **DC-7C** konnte Curtiss-Wright eine nochmals gesteigerte Nennleistung des Verbundmotors anbieten, und Douglas ließ daraufhin dem Rumpf eine Streckung von 1,02 m zukommen, um die Kabine für bis zu 105 Passagiere einrichten zu können.

Die Produktion der **DC-7C** ergab 120 Exemplare. Die Typenkennung wurde geschickt mit Seven Seas interpretiert, denn diese Version meisterte Ozeanüberquerungen ohne Probleme. Die Maschinen bedienten nicht nur Atlantik- und Pazifikverbindungen, sondern ermöglichten auch planmäßige Nonstop-Flüge über das amerikanische Festland hinweg. SAS nutzte dieses Muster, um eine Verbindung zwischen Europa und Fernost über den Nordpol zu eröffnen. Geplant war noch die verbesserte Ausführung **DC-7D** mit Turboprop-Antrieb in Form von vier Rolls-Royce Tyne je 4273 äkW (5811 äPS). Nach dem Erscheinen der Jetliner, der 707 bei Boeing und der DC-8 im eigenen Hause, gab man dieses Vorhaben jedoch auf.

Da die Turbo-Compound-Motoren die Betriebskosten erhöhten, verschwanden diese ausgezeichneten Airliner recht bald wieder, und die erste Generation strahl- und propellerturbinengetriebener Verkehrsflugzeuge löste sie ab.

***Douglas DC-7C Seven Seas***

**TECHNISCHE DATEN**
**Douglas DC-7C**

**Typ:** Langstrecken-Verkehrsflugzeug
**Triebwerke:** vier Verbundmotoren Wright R-3350-18EA-1 mit je 2535 kW (3447 PS)
**Leistung:** Höchstgeschwindigkeit 653 km/h in 6615 m Höhe; normale Reisegeschwindigkeit 571 km/h; Dienstgipfelhöhe 6615 m; Reichweite mit max. Nutzlast 7411 km
**Gewicht:** Leermasse 33.005 kg; max. Startmasse 64.864 kg
**Abmessungen:** Spannweite 38,86 m; Länge 34,21 m; Höhe 9,70 m; Tragflügelfläche 152,08 m²

# Douglas DC-8

Da Boeing mit dem Modell 707 einen Vorsprung errungen hatte und Douglas den eigenen Anteil auf dem Marktsektor für Verkehrsflugzeuge halten wollte, kündigte das Unternehmen am 7. Juni 1955 die Entwicklung eines strahlgetriebenen Airliner-Nachfolgers für die DC-7 an. Der Entwurf der **Douglas DC-8** machte rasche Fortschritte, und ein Prototyp/Demonstrator wurde gebaut. Als diese Maschine am 30. Mai 1958 erstmals flog, zeigte sie eine starke Ähnlichkeit mit der Boeing 707. Beide Muster waren als freitragende Tiefdecker mit vier Gondeltriebwerken und durchweg zurückgepfeiltem Leitwerk ausgelegt. Das einziehbare Bugradfahrwerk hatte vorn lenkbare Zwillingsräder und je vier Räder an den Achsträgern der Hauptbaugruppen, deren hintere Paare zusätzlich um die Hochachse drehbar gelagert waren. Mit dieser Konstruktion sollten möglichst kleine Kurvenradien erreicht werden.

Das Zulassungsflugprogramm bestritten neun Maschinen, davon drei mit JT3C-Strahltriebwerken von Pratt & Whitney, vier mit JT4A-Antrieb und zwei mit Rolls-Royce Conway. Neun Entwicklungsflugzeuge schien ein wenig hochgegriffen, aber Douglas wollte angesichts des Boeing-Vorsprungs die FAA-Zulassung zum frühestmöglichen Zeitpunkt erreichen. Am 31. August 1959 lag dieses Zertifikat vor, so daß Delta Airlines und United Air Lines die ersten Maschinen in Empfang nehmen konnten.

Im Verlauf der nächsten neun Jahre fertigte Douglas insgesamt 294 solcher Verkehrsflugzeuge in fünf Serien mit derselben Grundauslegung. Es handelte sich um die **DC-8 Series 10** als heimische Originalversion mit vier P&W-Strahltriebwerken JT3C-6 je 6123 kg Schub, die ähnliche **DC-8 Series 20**, allerdings mit schubstärkeren Triebwerken für den Betrieb in heißen Klimazonen und/oder Höhenlagen, die interkontinentale **DC-8 Series 30** mit 7620 kg Schub starken (typischen) JT4A-9-Strahltriebwerken, die im wesentlichen gleichartige **DC-8 Series 40** mit RR-Bläsertriebwerken Conway Mk 509 je 7938 kg Schub sowie die **DC-8 Series 50** mit P&W-Bläsertriebwerken JT3D und neuer Kabineneinrichtung für insgesamt 189 Passagiere. Eine im nachhinein entwickelte Hauptverbesserung für diese **DC-8**-Versionen war ein völlig neues Nasenprofil, das den Widerstand des Tragwerks minderte und sowohl die Geschwindigkeit als auch die Reichweite erhöhte. Alle späten Serienflugzeuge erhielten die neuprofilierten Tragflächen als Standard, und zahlreiche frühe Exemplare wurden ebenfalls entsprechend nachgerüstet. Maschinen der Serie 50 waren auch als **DC-8F Jet Trader** in der Ausführungen **AF** (Nur-

**TECHNISCHE DATEN**
**Douglas DC-8-63**

**Typ:** Langstrecken-Verkehrsflugzeug
**Triebwerke:** vier Mantelstromtriebwerke Pratt & Whitney JT3D-7 je 8618 kg Schub
**Leistung:** max. Reisegeschwindigkeit 966 km/h in 9145 m Höhe; wirtschaftliche Reisegeschwindigkeit 842 km/h; Reichweite mit max. Nutzlast 7242 km
**Gewicht:** Leermasse 69.739 kg; max. Startmasse 158.757 kg
**Abmessungen:** Spannweite 45,24 m; Länge 57,12 m; Höhe 12,93 m; Tragflügelfläche 271,92 m²

Frachtvariante) und **CF** (Passagier-/Fracht-Umrüstvariante) erhältlich.

Auf die vorgenannten Muster folgten 1967 drei Varianten der **DC-8 Super Sixty** mit insgesamt 262 Flugzeugen: die **DC-8 Super 61** mit einem um 11,18 m längeren Rumpf für bis zu 259 Passagiersitze, die **DC-8 Super 62** mit einer um 1,83 m größeren Spannweite und einer Standardbestuhlung für insgesamt 189 Fluggäste im 2,03 m längeren Rumpf und die **DC-8 Super 63**, die den langen Rumpf der **Super 61** mit den aerodynamischen Verfeinerungen der **Super 62** verband. Alle Versionen der **Super Sixty** waren auch als reine Fracht- und umrüstbare Passagier-/Frachtflugzeuge erhältlich.

1979 (das Unternehmen Douglas gehörte inzwischen zur Gruppe der McDonnell Douglas Corporation) wurden Pläne angekündigt, die Serien **61, 62** und **63** zu **DC-8 Super Seventy** der Nummern **71, 72** und **73** mit Triebwerken neuester Technologien umzumotorisieren. Gemeint war die Einrüstung von General Electric/SNECMA-CFM56-Turbofan-Triebwerken, und die Zulassung der **DC-8 Super 71** mit diesem Antrieb erfolgte im April 1982. Die ersten Umrüstmaschinen **DC-8 Super 72** und **DC-8 Super 73** flogen am 5. Dezember 1981 beziehungsweise am 4. März 1982, und noch im selben Jahr wurden die Musterzulassungen ausgestellt. Für dieses Modifizierungsprogramm zeichnete Cammacorp in Los Angeles verantwortlich, und bis Mitte 1982 waren bereits mehr als 100 Festaufträge zur Ummotorisierung eingegangen. Die Flugzeugfamilie **Super Seventy** ist angeblich wesentlich leiser als die Original-**DC-8** und zeigt deutliche Verbesserungen vor allem im Hinblick auf die Flugleistung und die Betriebskosten.

***Eine umrüstbare Passagier-/ Frachtmaschine Douglas DC-8-55CF in den Farben der französischen UTA.***

***Nur sieben Exemplare der Frachter DC-8-63AF wurden für Flying Tigers produziert. Viele Super 60 wurden nachträglich auf CFM56 umgestellt, um Wirtschaftlichkeit und Leistungspotential zu erhöhen.***

# Douglas DT

Nachdem die Cloudster beim Wettbewerbsflug von Küste zu Küste versagt hatte, verlor David R. Davis jegliches Interesse an der Davis-Douglas Company und lehnte es ab, die Firma weiterhin finanziell zu unterstützen. Nach schwierigen Verhandlungen mit anderen potentiellen Geldgebern gründete Donald Douglas im Juli 1921 die Douglas Aircraft Company.

Einer der Gründe dafür, daß dieser seinerzeit wenig bekannte Konstrukteur die nötige Kapitaldeckung zur Gründung seiner neuen Firma erhielt, bestand in seinem Entwurf eines Torpedobombers, der ihm im April 1921 einen Auftrag über drei Prototypflugzeuge zur Prüfung als **Douglas DT-1** durch die US Navy einbrachte. Dieser Entwurf sollte Geschichte machen als erstes von der neuen Douglas Company produziertes Militärflugzeug und als einer der ersten erfolgreichen Torpedobomber der US Navy überhaupt.

Die Tragflächen und der Rumpf wiesen zwar eine gewisse Familienähnlichkeit mit der früheren Cloudster auf, aber die einsitzige **DT-1** hob sich insgesamt durch eine gemischte Bauweise ab: Man hatte die faltbaren Tragflächen aus Holz konstruiert und mit Stoff bespannt, das geschweißte Stahlgerüst des Rumpfes vorn mit Blech beplankt und hinten mit Stoff überzogen sowie das Seitenleitwerk aus Holz und das Höhenleitwerk aus Stahlrohr konstruiert und beide mit Stoff überzogen. Das starre Spornrad-Fahrgestell war breitspurig konzipiert und sowohl zur Ausrüstung mit Schwimmern als auch mit Rädern geeignet. Den Antrieb besorgte ein Liberty-Reihenmotor mit 298 kW (405 PS). Anfang November 1921 absolvierte die erste **DT-1** ihren Jungfernflug und im Folgemonat die

**TECHNISCHE DATEN**
**Douglas DT-2 (Landversion)**
**Typ:** zweisitziger Torpedobomber
**Triebwerk:** ein Reihenmotor Liberty V12 mit 336 kW (457 PS)
**Leistung:** Höchstgeschwindigkeit 163 km/h; Dienstgipfelhöhe 2375 m; Reichweite 472 km
**Gewicht:** Leermasse 1695 kg; max. Startmasse 2949 kg
**Abmessungen:** Spannweite 15,24 m; Länge 10,41 m; Höhe 4,14 m; Tragflügelfläche 65,68 m²
**Bewaffnung:** ein 832-kg-Torpedo

Abnahmeflüge der US Navy. Dennoch entschied die US Navy, daß ein Zweisitzer für ein Kriegsflugzeug dieser Kategorie besser geeignet sei, und wies den Hersteller an, die beiden anderen Exemplare entsprechend zu modifizieren. Noch bevor diese **DT-2** übernommen wurden, hatte die **DT-1** ihre Überlegenheit gegenüber der Konkurrenz demonstriert, so daß Douglas weitere Aufträge erhielt. Außer den beiden modifizierten **DT-1** baute das Unternehmen 38 **DT-2** sowie 26 Exemplare von der Naval Aircraft Factory (sechs) und der LWF Engineering Company (20).

Außer ihrer primären Verwendung als Torpedobomber, bei der sie Beiträge zur Entwicklung luftgestarteter Torpedos leisteten, dienten die **DT-2** auch zur Waffen- und Schießausbildung sowie zur Aufklärung und Erkundung.

**Varianten**
**DT-3:** vorgeschlagene verbesserte Version der DT-2, die nicht gebaut wurde
**DT-4:** vier von der NAF zu Bombern umgebaute DT-2 mit V12-Reihenmotor Wright T-2, dessen 523 kW (711 PS) direkt auf den Propeller gegeben wurden
**DT-5:** Bezeichnung zweier DT-4 nach Einbau des V12-Reihenmotors Wright T-2B mit Untersetzungsgetriebe und 523 kW (711 PS)
**DT-6:** Bezeichnung einer einzelnen DT-2 nach dem Einbau eines Wright-Sternmotors P-1 mit 336 kW (457 PS)
**DT-2B:** mit dieser Bezeichnung wurde eine DT-2 nach Norwegen geliefert; hier fertigte man anschließend sieben ähnliche Flugzeuge in Lizenz, die noch bis 1940 im Unterstützungsbereich flogen
**DTB:** Bezeichnung von vier Flugzeugen mit V12-Reihenmotor Wright Typhoon (523 kW/711 PS) für die peruanische Marine
**SDW-1:** drei DT-2, die die Firma Dayton-Wright zu Langstrecken-Erkundungsschwimmerflugzeugen umbaute; diese Maschinen hatten einen breiteren Mittelrumpf zur Aufnahme zusätzlicher Kraftstofftanks

***Zwei DT-2 der Torpedostaffel VT-2 auf Patrouille. Ab Dezember 1922 rüstete diese Einheit als erste auf das neue Muster um, das sie fast nur mit Schwimmern flog.***

# Douglas DWC bis Douglas O-2 (Serie)

**Von den 20er Jahren bis zur Mitte der 50er war die Vielseitigkeit von Douglas beeindruckend. Es gab zivile und militärische Flugzeuge von Douglas, Doppeldeckertransporter für die Luftpost und Deltaflügel-Jäger wie die Skylancer, Wasserflugzeuge und Flugboote, selbst Amphibienversionen; und bei vielen wurde die fortschrittliche Konstruktion gerühmt.**

## Douglas DWC

Anfang 1923 interessierten sich die amerikanischen Heerespiloten dafür, mit einer kleinen Formation einen Rund-um-die Welt-Flug zu unternehmen. Nachdem die offizielle Genehmigung vorlag, galt es, ein für diesen Zweck geeignetes Flugzeug zu wählen. Es mußte robust und zuverlässig sein, eine gute Reichweite besitzen und sich zur raschen Umrüstung von Rad- auf Schwimmerfahrgestell oder umgekehrt eignen. Man dachte zunächst an die **Davis Douglas Cloudster**, doch das Unternehmen Douglas schlug stattdessen eine abgeänderte Version des USN-Torpedobombers **DT-2** mit maximal erhöhter Reichweite vor.

Die US Army nahm das Angebot an und gab im Spätsommer 1923 einen Prototyp **Douglas DWC** in Auftrag. Da es sich hierbei grundsätzlich um das Flugwerk einer **DT-2** handelte, wurde die Maschine so zügig konstruiert und vom Heer erprobt, daß man bereits am 19. November 1923 grünes Licht für die Weltumrundung erteilte. Vier weitere **DWC** wurden bestellt, von denen das letzte Exemplar Mitte März 1924 eintraf. Von der **DT-2** unterschieden sie sich durch ihre fast sechsmal so große Treibstoffkapazität, ermöglicht durch den Wegfall der militärischen Ausrüstung der Marineflugzeuge. Zudem gestattete ein modifiziertes Motorkühlsystem einen praktischen Wechsel zwischen Kühlern großer und kleiner Leistung.

***„Chicago" über asiatischen Gewässern bei der Weltumrundung im Jahre 1924. Zwei der World Cruisers überstanden den ungewöhnlichen Flug, während die beiden anderen verlorengingen. Menschen kamen jedoch nicht zu Schaden.***

**TECHNISCHE DATEN**
**Douglas DWC**
**Typ:** zweisitziges Langstrecken-Flugzeug
**Triebwerk:** ein 12-Zylinder-Reihenmotor Liberty V12 mit 313 kW (426 PS)
**Leistung:** (Landversion) Höchstgeschwindigkeit 166 km/h; untere Marschgeschwindigkeit 85 km/h; Dienstgipfelhöhe 3050 m; Reichweite 3541 km
**Gewicht:** Leermasse 1950 kg; max. Startmasse 3137 kg
**Abmessungen:** Spannweite 15,24 m; Länge 10,82 m; Höhe 4,14 m; Tragflügelfläche 65,68 m²

Die vier Maschinen Nummern 1–4 mit den Namen **Seattle, Chicago, Boston** und **New Orleans** traten am 4. April 1924 ihre Weltreise an. Die Route rund um den Erdball führte von Ost nach West über Kanada und Alaska, wo **Seattle** bei einem Unfall zerstört wurde. Die wegen Motorschaden in Schlepp genommene **Boston** versank vor den Faröer-Inseln, aber **Chicago** und **New Orleans** schlossen den bemerkenswerten Flug am 28. September 1924 nach 46.582 km erfolgreich ab. Damit hatten sie zugleich als erste den Pazifischen Ozean in Etappen überquert, eine Leistung, die häufig übersehen wird.

**Variante**

**DOS:** erste Bezeichnung von sechs Flugzeugen, im wesentlichen ähnlich der DWC und von den USAAS als Seeflugzeuge zur weiträumigen Überwachung bestellt; spätere Bezeichnung Q-5; Hauptunterschiede zur DWC waren die Standard-Kraftstoffanlage und die Bewaffnung mit Zwillings-Maschinengewehren, auf einer Schwenklafette im hinteren Cockpit montiert

## Douglas Dolphin

Das freitragende Hochdecker-Amphibium **Douglas Dolphin** war eine Weiterentwicklung des Flugboots **Sindbad**, das von zwei Sternmotoren Wright J-5C Whirlwind je 224 kW (305 PS) angetrieben wurde und erstmals im Juli 1930 flog. Das **Sindbad**-Einzelexemplar diente von 1931 bis 1939 bei der US Coast Guard.

Die **Dolphin** und **Sindbad** hatten das gleiche Antriebskonzept: zwei Sternmotoren mit Schubpropellern, (im Falle der Dolphin) mit einem komplexen Strebengerüst auf das Tragwerk montiert. Das bei der **Dolphin** eingeführte Hauptfahrgestell war mit gelenkigen V-Streben am Bootsrumpf und mit Ölfederbeinen an den Unterseiten der Tragflächen gelagert. Während die **Sindbad** ihren abnehmbaren Schwimmerwagen durch einen Schleifsporn ergänzte, wies die **Dolphin** ein Spornrad hinter der zweiten Stufe des Rumpfboots auf. Zum Start und während des Fluges wurden die Haupträder über die Wasserlinie angehoben. Pilot und Kopilot waren nebeneinander in einem geschlossenen Abteil direkt vor der Anströmkante der Flächen im Rumpf untergebracht. Umittelbar dahinter war dann die Passagierkabine angefügt.

Die **Dolphin** zeichnete sich durch einen Hilfsflügel an der Oberseite der Motorgondeln aus, der Schwierigkeiten infolge von Turbulenzen begegnen sollte. Frühe Exemplare besaßen zusätzlich Hilfsflossen zur Verbesserung der Richtungsstabilität. Die Konstruktion entsprach derjenigen der **Sindbad** mit einem Bootsrumpf aus Ganzmetall und sperrholzbeplanktem Tragwerk, aber das Rumpfboot der **Dolphin** war völlig neu entworfen.

Die Gesamtproduktion der **Dolphin** betrug lediglich 58 Exemplare, aber das Muster machte sich einen Namen durch seine außerordentliche Langlebigkeit, und mehrere Seenotrettungserfolge der US Coast Guard und der US Navy rückten es in den Blickpunkt der Öffentlichkeit. Die **Dolphin** erschien in nicht weniger als 17 Versionen, die sich in erster Linie durch den Motortyp und die Kabineneinrichtung unterschieden. Die Hauptänderung am Entwurf erfolgte beim 14. Flugboot, das ein stark erweitertes Seitenleitwerk/Ruder brachte und daher auf Hilfsflossen verzichten konnte. Auch die Tragflügelfläche war um 2,79 m² und die Länge des Bootsrumpfs um 48 cm gestiegen.

Die beiden ersten **Dolphin**-Amphibien-Luftfahrzeuge wurden für die Wilmington-Catalina Airline produziert, die den Großraum Los Angeles mit Santa Catalina Island verband, eine Distanz von knapp 32 km. Die von zwei Wright-Sternmotoren J-5C Whirlwind je 224 kW (305 PS) angetriebenen Flugzeuge hießen zunächst **Modell 1** und waren mit einer Kabine für sechs Passagiere ausgestattet. Die später zum **Modell 1 Special** modifizierten Maschinen konnten acht Passagiere außer den beiden Flugzeugführern befördern.

***Insgesamt zehn RD-4 beschaffte die US Coast Guard für den Such- und Rettungsdienst, den sie von 1934 bis 1943 erfolgreich absolvierten.***

**TECHNISCHE DATEN**
**Douglas C-21**
**Typ:** Amphibien-Flugboot für Transport- und Beobachtungsdienste
**Triebwerke:** zwei Sternmotoren Wright R-975-3 je 261 kW (355 PS)
**Leistung:** Höchstgeschwindigkeit 225 km/h; Marschgeschwindigkeit 192 km/h; Dienstgipfelhöhe 4330 m; Reichweite 885 km
**Gewicht:** Rüstmasse 2659 kg; max. Startmasse 3893 kg
**Abmessungen:** Spannweite 18,29 m; Länge 13,36 m; Höhe 4,29 m; Tragflügelfläche 52,21 m²

Die Fertigung der **Dolphin** lief bis 1935, mit der US Army, Navy und Coast Guard als Hauptabnehmern. Einige Exemplare überstanden den Zweiten Weltkrieg, und eine an der amerikanischen Westküste beheimatete Dolphin war noch in den achtziger Jahren als flugtüchtig gemeldet.

**Varianten**

**Y1C-21:** acht 1931 für die US Army bestellte Flugzeuge, ursprünglich zum Geleit von Bomberverbänden über See gedacht, um navigatorische und gegebenenfalls Rettungsunterstützung zu bieten; die Geschwindigkeit der neu in Dienst gestellten Martin-Bomber B-10 und B-12 stand diesem Verfahren entgegen, so daß die in C-21 umbenannten Maschinen für Stabstransportflüge im küstennahen Raum genutzt wurden; später an die US-Zollbehörde (zeitweilig FP-1 bezeichnet) für Patrouillen zur Bekämpfung des Alkoholschmuggels und Einhaltung des Prohibitionsgesetzes ausgeliehen und, obwohl OA-3 (Observation Amphibian) bezeichnet, gegen Ende ihrer Dienstzeit beim Heer, hauptsächlich als Transportmaschinen Y1C-26 genutzt: zwei 1933 an die US Army gelieferte Exemplare hatten als erste Dolphin das erweiterte Seitenleitwerk, das die Hilfsflossen entbehrlich machte; sie erhielten später die Bezeichnungen OA-4 und FP-2 (während des vorübergehenden Dienstes beim Zoll); anschließend als OA-4C mit Tragflächen aus rostfreiem Stahl und 298 kW (405 PS) starken Pratt & Whitney R-985-9 ausgerüstet; kurz darauf wurden acht C-26A geliefert, die sich nur wenig von der C-26 unterschieden, und beim vorübergehenden Zolldienst als FP-2A geführt; vier von ihnen 1936 entsprechend der C-26 modifiziert und ebenfalls OA-4C bezeichnet; 1933 vier C-26B mit P&W R-985-9 als Antrieb geliefert und später in OA-4B umbenannt; eine versuchsweise mit starrem Dreibein-Fahrgestell ausgestattet und eine andere nachträglich auf den Standard OA-4C angehoben.

**C-29:** zwei 1933 für die US Army gebaute Flugzeuge mit Pratt & Whitney R-1340-29 à 410 kW (558 PS); beim befristeten US-Zolldienst als FP-2B geführt

**XRD-1:** Einzelexemplar, im August 1931 an die US Navy ausgeliefert; Antrieb durch zwei Wright-Sternmotoren R-975E je 324 kW (441 PS); diente der Navy sieben Jahre lang als Stabstransportmaschine

**RD:** ziviles Einzelexemplar des Modells 1 Special, im August 1932 von der US Coast Guard für Wachflüge erworben; diente bis 1939

**RD-2:** vier Exemplare wurden gebaut, das erste auf den Grundlagen der C-26 mit 373 kW (507 PS) starken P&W-Sternmotoren

R-1340-10 für die US Coast Guard und die nachfolgenden drei eher wie die C-26A; eine dieser Maschinen diente ab Juni 1933 als fünfsitziges Luxuspassagierflugboot für Präsident Franklin D. Roosevelt mit zwei P&W R-1340-1 je 307 kW (417 PS) als Antrieb, später ersetzt durch 373 kW (507 PS) starke Sternmotoren R-1340-10; 1939 einer anderen Verwendung zugeführt; die beiden anderen Vertreter mit R-1340-29 je 336 kW (457 PS) waren weniger luxuriös und bis März 1940 als Stabstransportmaschinen der Marine eingesetzt

**RD-3:** sechs 1935/36 als Nutztransportausführung der RD-2 an die US Navy gelieferte Exemplare

**RD-4:** zehn Flugboote ähnlich der RD-3, aber mit Sternmotoren Pratt & Whitney Wasp C-1 je 313 kW (426 PS); für die US Coast gebaut und hauptsächlich im Such- und Rettungsdienst eingesetzt; bei Eintritt der USA in den Zweiten Weltkrieg und Eingliederung der US Coast Guard in die US Navy wurden vier noch existierende Exemplare zur Küstensicherung verwendet; Ende Juni 1943 waren alle aus dem aktiven Wehrdienst ausgeschieden

**Zivile Dolphin:** außer den beiden Erstausgaben wurden noch zehn zivile Dolphin gefertigt; die einzige Modell 3 war ein viersitziges Luxusflugboot, gebaut 1931 für einen amerikanischen Millionär; später an einen Australier verkauft und danach von der RAAF für den Verbindungsdienst von 1942 bis 1945 übernommen; die übrigen Zivilmaschinen glichen der RD-4 bei der US Coast Guard; ein Exemplar mit Wasp S1D1-Motoren je 410 kW (558 PS) für einen

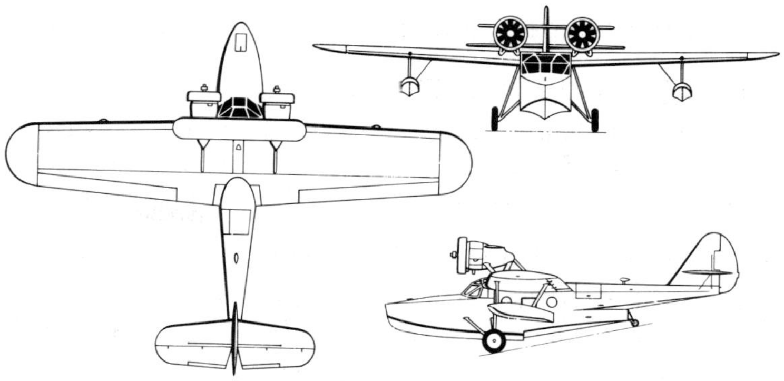

französischen Käufer und sechs im Auftrag wohlhabender Amerikaner gefertigt, davon eins für William E. Boeing, Gründer von The Boeing Company; eine andere Maschine flog bei der Liniengesellschaft Los Angeles-Santa Catalina; die beiden

***Douglas Dolphin***

letzten Dolphin gingen an die China National Aviation Corporation (eine PanAm-Tochter) und operierten jahrelang zwischen Schanghai und Kanton

# Douglas F3D (F-10) Skyknight

Die Forderung der US Navy nach einem strahlgetriebenen Nachtjäger für den Trägereinsatz ergab für Douglas einen Auftrag über drei Prototypflugzeuge, die die Bezeichnung **Douglas XF3D-1** erhielten.

Das vollständig aus Metall konstruierte Muster war als Mitteldecker ausgelegt, dessen Flächen sich zur Unterbringung auf Flugzeugträgern hydraulisch beiklappen ließen. Der Rumpf mit kreisrundem Querschnitt enthielt hydraulisch angetriebene Bremsklappen, nahm den Piloten und den Radarbeobachter hintereinander im druckbelüfteten Cockpit auf und trug am hinteren Ende ein Leitwerk, das stark dem der **D-558-1 Skystreak** ähnelte. Ungewöhnlich war der von der Kabinenrückwand zur Unterseite des Rumpfes gezogene Crew-Rettungstunnel. Die Maschinen hatten ein einziehbares Bugrad-Fahrgestell und Westinghouse-Strahltriebwerke J34-WE-24 mit 2 x 1361 kg Schub, eingebettet in die Flanken des Vorderrumpfs unterhalb der Flächenansätze.

Der erste Prototyp absolvierte seinen Jungfernflug am 23. März 1948, aber schon während der Erprobung beim Hersteller erging ein Auftrag zur Fertigung von 28 Serienjägern **F3D-1 Skyknight**. Das erste Exemplar dieser Serie flog am 13. Februar 1950, und Anfang 1951 begann die Indienststellung dieses Typs. Von den Versuchsmaschinen unterschied sich die **F3D-1** vor allem durch verbesserte Avionik- und Ausrüstungskomponenten sowie durch J34-WE-32, die 1361 kg Schub erzeugten. Diese Triebwerke wurden später auf eine Leistung von 1474 kg Schub gesteigert und in J34-WE-34 umbenannt.

Bereits vor Auslieferung der ersten **F3D-1** hatte man Douglas mit der Produktion der verbesserten Version **F3D-2** beauftragt, die mit 237 gebauten Flugzeugen die Haupt- und zugleich Schlußserie bilden sollte. Für den Antrieb der **F3D-2** waren J46-WE-3 je 2087 kg Schub vorgesehen, aber die Entwicklung dieses Strahltriebwerks wurde abgebrochen, und statt dessen baute man J34-WE-36 ein. Verbesserungen umfaßten neben einem Autopiloten modernisierte Bordsysteme und Ausrüstungsgegenstände. Die erste **F3D-2** flog am 14. Februar 1951, und gut ein Jahr später waren alle Maschinen ausgeliefert.

Die **Skyknight** leistete im Koreakrieg intensive Kampfeinsätze, und die meisten von der US Navy und dem US Marine Corps errungenen Luftsiege gingen auf das Konto dieses Allwetterjägers. Den ersten Abschuß erzielte die **Skyknight** am 2. November 1952: Erstmals hatte ein Düsenjäger einen anderen Düsenjäger (in diesem Fall eine MiG-15) im Abfangeinsatz bei Nacht zerstört. Mit der Einführung des teilstreitkraftübergreifenden Kennungssystems für US-Luftfahrzeuge im September 1962 änderte sich die Bezeichnung der **F3D-1** und **-2** in **F-10A** beziehungsweise **F-10B**. Bis 1965 war ein Teil der **Skyknight**-Flotte ausgemustert, aber viele ECM-Flugzeuge operierten in Vietnam noch bis 1969.

**Varianten**

**F3D-1M (MF-10A):** Bezeichnung von rund zwölf F3D-1 nach ihrer Modifikation zu Versuchsträgern für Sparrow-Lenkraketen

**F3D-2B:** Bezeichnung einer F3D-2 während der Testphase verschiedener Bordwaffen im Jahre 1952

**F3D-2M (MF-10B):** Bezeichnung von 16 F3D-2 nach ihrer Umrüstung zur Sparrow-Trägern

**F3D-2Q (EF-10B):** Bezeichnung von 35 F3D-2 nach ihrer Umrüstung für Aufgaben der elektronischen Kampfführung

**F3D-2T:** Bezeichnung von fünf F3D-2 nach ihrer Umrüstung zur Nachtjagdausbildung

**F3D-2T2 (TF-10B):** Bezeichnung für 55 F3D-2, die in die Ausbildung von Radarbeobachtern und in die elektronische Kampfführung eingebunden waren

**F3D-3:** projektierte fortschrittliche Version mit Pfeilflügeln

***Eine F3D-2 Skyknight der VF-14 in Landekonfiguration bei Trägeroperationen im November 1954. Das US Marine Corps setzte diese Version im Koreakrieg ein und errang beachtliche Luftsiege bei Nacht.***

**TECHNISCHE DATEN**

**Douglas F3D-2**

**Typ:** trägergestützter Allwetterjäger

**Triebwerke:** zwei Strahltriebwerke Westinghouse J34-WE-36/36A je 1542 kg Schub

**Leistung:** Höchstgeschwindigkeit 909 km/h in 6095 m Höhe; Marschgeschwindigkeit 628 km/h; Anfangssteiggeschwindigkeit 20,33 m/sek; Dienstgipfelhöhe 11.645 m; Reichweite 1931 km

**Gewicht:** Leermasse 8237 kg; max. Startmasse 12.179 kg

**Abmessungen:** Spannweite 15,24 m; Länge 13,97 m; Höhe 4,88 m; Tragflügelfläche 37,16 m²

**Bewaffnung:** vier vorwärtsfeuernde 20-mm-Kanonen

# Douglas F4D (F-6) Skyray

Das Interesse der US Navy an der deutschen Erforschung von Deltatragflächen führte 1947 bei Douglas zur Konstruktion eines trägergestützten Abfangjägers, der eine Variation der reinen Deltaform zur Anwendung bringen sollte. Die Genehmigung des Douglas-Entwurfs erfolgte am 16. Dezember 1948 durch einen Vertrag zur Fertigung zweier Prototypen **Douglas XF4D-1**. Der erste startete am 23. Januar 1951 zum Jungfernflug, angetrieben von einem Allison J35-A-17 mit 2268 kg Schub. Dieses Triebwerk war eine Notlösung, da sich die Entwicklung des vorgesehenen Westinghouse-J40-Aggregats verzögert hatte. Beide Prototypen flogen anschließend mit dem 3175 kg Schub starken XJ-40-WE-6 und dem XJ40-WE-8, das mit Nachverbrennung 5262 kg Schub abgab. Anhaltende Probleme mit diesem Triebwerkprogramm führten letztlich dazu, daß

***Die F4D war für ihr außerordentliches Steigvermögen bekannt: Im Mai 1958 stellte ein Jagdpilot des USMC fünf neue Steigzeitrekorde auf. Diese „Ford“ gehörte zu VFAW-3, einer küstengestützten Staffel der US Navy.***

die Serienjäger mit dem J57 von Pratt & Whitney ausgerüstet wurden.

Die **F4D Skyray** war ein freitragender Mitteldecker mit modifizierter Form des Deltatragwerks, dessen Elevon-Ruder die Funktionen Nick- und Rollsteuerung ausübten. Das Leitwerk dieses Flugzeugs bestand aus einer zurückgepfeilten Seitenflosse, das Bugrad-Fahrgestell war einziehbar, und der Jagdpilot saß weit vor den Tragflächen in einem geschlossenen Cockpit, das ihm eine ausgezeichnete Rundumsicht bot.

Das große Potential der **F4D** zeigte sich, als der zweite Prototyp am 3. Oktober 1953, damals mit XJ40-WE-8-Antrieb, den Weltgeschwindigkeitsrekord auf 1211,746 km/h schraubte. Der erste Serienjäger **F4D-1** flog erstmals am 5. Juni 1954, angetrieben von einem Pratt & Whitney J57-P-2, das bei zugeschaltetem Nachbrenner 6123 kg Schub entwickelte. Die Lieferung der Serienversion, die zunächst an VC-3 der US

Navy ging, verzögerte sich jedoch bis zum 16. April 1956. Am 22. Dezember 1958 wurde die 419. und letzte Maschine übergeben. Zwischenzeitlich hatte man allerdings das schubstärkere J57-P-8 eingebaut, doch die Bezeichnung blieb gleichlautend **F4D-1** und, davon abgeleitet, bei der Truppe „Ford".

Auf ihrem Höhepunkt rüstete die **Skyray** elf Marine-, sechs Marinekorps- und drei Reservestaffeln aus, blieb aber von Kampfeinsätzen verschont. Bis Ende der sechziger Jahre hielt sich der Typ in den Einsatzverbänden, von denen zwei erst 1964 auf dieses Muster umgestellt wurden. Im September 1962 erfolgte die Umbenennung in **F-6A**.

**Variante**

**F4D-2N:** vorgeschlagene Entwicklung mit gesteigerter Allwetterkapazität; wurde schließlich als Prototyp der F5D-1 Skylancer gebaut

**TECHNISCHE DATEN: Douglas F4D (F-6) Skyray**

**Typ:** trägergestützter Jagdeinsitzer
**Triebwerk:** ein Strahltriebwerk Pratt & Whitney J57-P-8B mit 6577 kg Nachbrennerschub
**Leistung:** Höchstgeschwindigkeit 1162 km/h in Meereshöhe und 1118 km/h in 10.975 m Höhe; Anfangssteiggeschwindigkeit 93 m/sek; Dienstgipfelhöhe 16.765 m; Reichweite 1931 km
**Gewicht:** Leermasse 7268 kg; max. Startmasse 11.340 kg
**Abmessungen:** Spannweite 10,21 m; Länge 13,93 m; Höhe 3,96 m; Tragflügelfläche 51,75 m²
**Bewaffnung:** vier starre, vorwärtsfeuernde 20-mm-Kanonen und maximal 1814 kg Außenlasten (Treibstoff, Bomben, Raketen oder Flugkörper) an sechs Unterflügelstationen

# Douglas F5D-1 Skylancer

Die **Douglas F5D** war als verbesserte Entwicklung des Allwetterjägers F4D (F-6) Skyray gedacht, und unter der Bezeichnung **F4D-2N** wurden 1953 zwei Prototypflugzeuge bestellt. Wesentliche Änderungen, wie beispielsweise ein stark reduziertes Dickenverhältnis, ein längerer Rumpf, ein überarbeitetes Seitenleitwerk und eine neue Cockpithaube, führten noch vor dem Erstflug am 21. April 1956 zur Umbezeichnung in **F5D-1** (mit dem späteren Beinamen **Skylancer**).

Bis dahin waren neun Vorserienflugzeuge und 51 Serienjäger in Auftrag gegeben, doch in der ersten Phase der Flugerprobung wurde das Programm bis auf zwei Vorserienmaschinen gestrichen. Dies war nicht auf Flugzeugmängel, sondern in erster Linie auf die Feststellung zurückzuführen, daß die **F5D** nur wenig mehr Leistung als die Chance Vought F8U-1 bot, die kurz vor der Indienststellung stand. Die verbliebenen vier Exemplare der **F5D-1** aber erfüllten eine äußerst nützliche Rolle als fliegende Prüfstände der US Navy für eine Reihe von Bordausrüstungen, bis sie schließlich der NASA für Testzwecke übergeben wurden.

***Der überschallschnelle Skyray-Abkömmling F5D-1 bot gute Flugleistungen und eine angemessene Allwettertauglichkeit, mußte aber der rundum überragenden F8U weichen.***

**TECHNISCHE DATEN**
**Douglas F5D-1 Skylancer**

**Typ:** trägergestützter Jagdeinsitzer
**Triebwerk:** ein Nachbrennertriebwerk Pratt & Whitney J57-P-8 mit 7257 kg Schub
**Leistung:** Höchstgeschwindigkeit 1767 km/h in 3050 m Höhe; Marschgeschwindigkeit 1025 km/h; Dienstgipfelhöhe 17.525 m; Reichweite 2140 km
**Gewicht:** Leermasse 7912 kg; max. Startmasse 12.733 kg
**Abmessungen:** Spannweite 10,21 m; Länge 16,40 m; Höhe 4,52 m; Tragflügelfläche 51,75 m²
**Bewaffnung:** (geplant) Luft-Luft-Lenkraketen vom Typ Sidewinder oder Sparrow oder ungelenkte Raketen

# Douglas M (Serie)

Seit 1918 zeichnete das amerikanische Postministerium für die US-Inlandluftpoststrecken verantwortlich, und um 1925 hatten die hauptsächlich eingesetzten Doppeldecker **DH-4** ausgedient. Die Behörde beschloß, eine umgestaltete Version des Douglas-Doppeldeckers **O-2** zu beschaffen, der für das amerikanische Heer in Serie gegangen war.

Die **Douglas DAM-1 (Douglas Air Mail-One)**, bald **M-1** abgekürzt, wurde im Frühjahr 1925 im Flug erprobt. Sie konnte doppelt soviel Nutzlast wie die **DH-4** tragen, obwohl sie denselben bewährten Liberty-Motortyp nutzte. Die **M-1** stellte eine schnörkellose Umrüstung der **O-2** dar. Ihr mit Aluminiumblech abgedecktes Frontcockpit ergab eine verstärkte Luftfrachtzelle, zugänglich über zwei Klappen in der Abdeckung, und der Pilot war in der ehemaligen Beobachterkanzel der **O-2** untergebracht. Während der Erprobungszeit wurde die Abgasanlage nach hinten verlängert, um die Rauchfahne vom Flugzeugführer fernzuhalten. Die **M-1** bestand die Abnahmeprüfung, aber Douglas erhielt keinen Serienauftrag.

Nach Einführung der Contract Air Mail-Linien (CAM = Vertragsstrecken) bestellte die neugegründete Western Air Express Company (später Western Airlines) sechs Douglas-Luftpostflugzeuge. Diese **M-2** bezeichneten Maschinen unterschieden sich von der **M-1** hauptsächlich durch einen Frontkühler anstelle des Originalbauchkühlers. Zudem konnte der Frachtraum rasch zur einsitzigen Passagierkabine umfunktioniert werden.

***Das Postflugzeug M-2, das eng an die Modell O-2 angelehnt war, hatte ein großes Frachtabteil vor dem Cockpit des Piloten. Diese Maschine setzte Western Air Express auf CAM.4 zwischen den Zielorten Los Angeles und Salt Lake City ein.***

**TECHNISCHE DATEN**
**Douglas M-4**

**Typ:** einsitziges Postflugzeug
**Triebwerk:** ein V12-Zylinder-Reihenmotor Liberty 12 mit 298 kW (405 PS)
**Leistung:** Höchstgeschwindigkeit 225 km/h; Reisegeschwindigkeit 177 km/h, Dienstgipfelhöhe 5030 m; Reichweite 1127 km
**Gewicht:** Rüstmasse 1544 kg; max. Startmasse 2223 kg
**Abmessungen:** Spannweite 13,56 m; Länge 8,81 m; Höhe 3,07 m; Tragflügelfläche 38,18 m²

Einen Monat bevor Western Air Express im April 1926 die Verbindung Los Angeles-Salt Lake City einweihte, erteilte das US-Postministerium einen Auftrag über 50 **M-3** für seine Hauptrouten. Die M-3 hob sich nur in Kleinigkeiten von der **M-2** ab und flog im reinen Aluminiumglanz mit der Aufschrift US Air Mail in Schwarz an beiden Rumpfseiten sowie an den Unterseiten des Unterflügels. Die Western-Flugzeuge traten im rot-silbernen Anstrich auf.

Der Chefkonstrukteur der Douglas Company, J.H. „Dutch" Kindelberger, nahm sich die **M-3** noch einmal vor, um ihr Nutzlastvermögen zu verdoppeln. Die Hauptänderung der neuen Version **M-4** bestand in einem völlig neu entworfenen Tragwerk, das 1,47 m weiter gespannt war als bei den früheren Typen mit 12,09 m. Ferner hatte man den von der **O-2** des Heeres geerbten Ausschnitt in der Hinterkante des Oberflügels geschlossen. Die US-Postbehörde zeigte sich so beeindruckt, daß sie 40 Flugzeuge des **M-3**-Auftrags als **M-4** ausliefern ließ. Eine einzelne **M-4**, die Western Air Express gekauft hatte, erhielt beim Hersteller die Bezeichnung **M-4A**, um sie von der Bestellung der US-Postbehörde abzugrenzen.

Die Vergabe der CAM-3 (Chicago-Dallas) an National Air Transport (NAT) im Oktober 1925 ließ den Bedarf an Postflugzeugen steigen. Anfangs nutzte NAT die Curtiss Carrier Pigeon, doch als sie die wichtige Strecke Chicago-New York hinzugewann, ersteigerte sie alle zehn **M-3** und acht **M-4** des Post Office, das im Juli 1926 alle seine Strecken für private Betreiber freigegeben hatte.

Am 1. September 1927 führte NAT Douglas-Postflugzeuge ein und musterte sie im Verlauf des Jahres 1930 zugunsten der Ford Trimotor wieder aus. Innerhalb dieser drei Dienstjahre hatten sie sich auch unter schwierigen Flugbedingungen bestens bewährt. NAT kaufte daher aus vielfältigen Quellen weitere **M-4** auf und setzte eine Zeitlang nicht weniger als 24 Douglas-Postflugzeuge ein. Darunter befand sich auch die Maschine eines Privateigners, die die US-Zollbehörde in der Prohibitionszeit wegen Alkoholschmuggels konfisziert hatte, so daß sie den Beinamen „Booze Ship" erhielt. Ab Frühjahr 1928 flogen die **M-3** der NAT mit neuen Tragflächen großer Spannweite, die von dieser Gesellschaft zur Steigerung der Effektvität selbst entworfen waren. NAT stellte ferner eine **M-4** auf den 391 kW (532 PS) starken Hornet-Sternmotor von Pratt & Whitney um.

Insgesamt 57 Douglas-Postflugzeuge wurden gebaut, doch die aufkommenden dreimotorigen Maschinen von Ford und anderen Herstellern verdrängten sie bald von den lukrativen Poststrecken. Einige Exemplare fanden zwar noch private Besitzer, aber die Mehrzahl der vorhandenen Maschinen wurde verschrottet.

Ein noch existierendes **M-4**-Exemplar mit weit gespannten Tragflächen ließ Western Airlines (Nachfolger der Western Air Express) anläßlich des 30jährigen Firmenjubiläums im Jahre 1956 in den authentischen Farben streichen und wieder flugtüchtig machen.

# Douglas O-2 (Serie)

***Eine Douglas O-2H der 91. Observation Squadron, US Army Air Corps, im Jahre 1928. Blau und Gelb waren die Standardfarben der USAAC-Luftfahrzeuge dieser Periode.***

Diese bedeutende Flugzeugfamilie entsprang zwei Prototypbeobachtungsmaschinen mit der Bezeichnung **Douglas XO-2**. Das erste Exemplar wurde von einem Liberty-Reihenmotor V-1650-1 mit 313 kW (426 PS) angetrieben und im Herbst 1924 im Flug erprobt. Die zweite **XO-2** erhielt einen 380 kW (517 PS) starken Packard 1A-1500, der sich jedoch als unzuverlässig erwies. 1925 bestellte die US Army 45 Serienaufklärungsflugzeuge **O-2**, die das geschweißte Stahlrohrgerüst des Rumpfes, die hölzernen Tragflächen und die Stoffbespannung der **O-2** übernahmen, aber einen aluminiumbeplankten Vorderrumpf einführten. Die **XO-2** hatte man mit kurzer und großer Spannweite erprobt, und letztere erhielt den Zuschlag für die Serie, da diese Flächen die Flug- und Steuereigenschaften verbesserten. Das Fahrgestell war unterteilt, das Höhenleitwerk abgestrebt und der Motor mit einem Bauchkühler versehen. Die **O-2** zeigte sich als schlichter, aber äußerst zuverlässiger Doppeldecker, der seinem Hersteller rasch Aufträge für weitere 25 Exemplare sicherte: 18 zum Nachtflug ausgerüstete **O-2A** und sechs Führungsmaschinen **O-2B** mit Doppelsteuer für die US Army sowie eine zivile **O-2BS**, die James McKee speziell modifizieren ließ, um mit ihr im September 1926 einen bemerkenswerten Solo-Flug durch Kanada durchzuführen. 1927 wurde die **O-2BS** zum Dreisitzer mit Sternmotor ausgebaut.

**Varianten**

**O-2C:** der Erfolg der O-2 bei den Aufklärungsstaffeln der US Army zog 1926 einen Anschlußauftrag über 46 O-2C nach sich; sie unterschieden sich von der O-2 durch einen Frontkühler für ihren Liberty-Flugmotor und ein modifiziertes Ölfederbein-Hauptfahrgestell; das US Army Air Corps (USAAC) übernahm 19 Flugzeuge, und die anderen 27 Exemplare wurden Einheiten der Nationalgarde zugeführt

**O-2D:** Bezeichnung für zwei unbewaffnete Stabstransportversionen der O-2C

**O-2E:** Einzelexemplar, bei dem die Seilverbindungen der Serienflugzeuge zwischen den oberen und unteren Querrudern durch Stoßstangen ersetzt waren

**O-2H:** als die Lebensdauer des Grundmusters O-2 ablief, produzierte die Douglas-Konstruktionsabteilung 1926 mit der O-2H ein grundlegend neukonzipiertes Flugzeug; der Rumpf war komplett neu entworfen und das Höhenleitwerk überarbeitet; die ungleich weit gespannten Tragflächen mit beträchtlicher horizontaler Staffelung (im Gegensatz zu dem gleich weit gespannten, ungestaffelten Flügeln der früheren Modelle) enthielten das starre Querrudergestänge der O-2E zwischen dem Doppeldeckertragwerk; ein verbessertes Fahrgestell mit geteilter Achse gehörte zum Standard; zwischen 1928 und 1930 erhielt das USAAC 90 O-2H, und die Nationalgarde weitere 50 Exemplare

**O-2J:** Bezeichnung für drei unbewaffnete Stabstransportversionen, die auf der O-2H basiert

**O-2K:** Bezeichnung für eine leicht modifizierte Version der O-2J für den Transport- und Verbindungsdienst der US Army; insgesamt 57 Exemplare, davon 37 für das USAAC und 20 für die Nationalgarde

**XO-6:** fünf O-2-Ganzmetallflugzeuge, von Thomas-Morse Mitte der zwanziger Jahre gebaut

**XO-6B:** Bezeichnung für die grundlegend geänderte Version der XO-6 (kleiner und leichter); Vorläufer der Serie O-19 von Thomas-Morse

**O-7:** drei O-2 mit Packard 1A-1500, der seine Leistung von 380 kW (517 PS) direkt auf den Propeller abgab; später Umrüstung zu O-2 (zwei Exemplare) und O-2C (ein Exemplar)

**O-8:** Einzelexemplar mit 298 kW (405 PS) starkem Curtiss-Sternmotor R-1454 anstelle des vorgesehenen Packard mit hängenden Zylindern; später zur O-2A umgerüstet

**O-9:** Bezeichnung für ein Einzelexemplar mit untersetztem Packard-Motor 1A-1500; ähnlich der O-7, jedoch mit Vierblatt- statt Zweiblattpropeller; später zur O-2A umgerüstet

**XO-14:** einmalige Ausführung der O-2H in verkleinertem Maßstab und erstes Douglas-Flugzeug mit Radbremsen

**O-22:** zwei Exemplare, unterschieden von der O-2H durch N-Stiele, Pfeilung des Oberflügels, metallbeplanktes Seitenleitwerk sowie einem P&W-Sternmotor R-1340-9 mit 336 kW (457 PS) und Townend-Ring; Spornrad anstelle des bisherigen Schleifsporns

**O-25:** eine O-2H mit flüssigkeitsgekühltem 447 kW (608 PS) starken Curtiss Conqueror V-1570-5; neuartige Lafettierung des Maschinengewehrs für den Beobachter; flog später als XO-25A mit Prestone-Kühlsystem

**O-25A:** Bezeichnung für die Serienversion der O-25 mit Curtiss V-1570-7 Conqueror, der seine Leistung von 447 kW (608 PS) über ein Untersetzungsgetriebe abgab; Spornrad ähnlich wie bei der O-22; 50 Flugzeuge für das USAAC

**O-25B:** drei unbewaffnete Stabstransportflugzeuge der O-2SA mit Doppelsteuerung

**O-25C:** aus der XO-25A entwickelte Variante mit dem gleichen untersetzten Curtiss-Conqueror-Motor und Prestone-Kühlung; Kühler weiter hinten unter dem Vorderrumpf angeordnet; 30 Exemplare für das USAAC

**O-29:** ein Doppeldecker ähnlich der O-2K, aber mit luftgekühltem Sternmotor Wright R-1750; zunächst Y1O-29A und endgültig als O-29A bezeichnet

**O-32:** ähnlich der abschließenden Versuchsversion O-29, aber mit dem 336 kW (457 PS) starken P&W-Sternmotor R-1340-3 Wasp

**O-32A:** Serienversion der O-32; 30 Exemplare für das USAAC

**YO-34:** Einzelexemplar wie die O-22, aber mit Curtiss-Conqueror-Triebwerk

**O-38:** ähnlich der O-25, aber mit 391 kW (532 PS) starkem P&W-Sternmotor R-1690-3 und Townend-Ring; insgesamt 44 Serienflugzeuge für die amerikanische Nationalgarde

**O-38A:** unbewaffnetes Einzelexemplar der O-38 für den Verbindungsdienst der Nationalgarde

**O-38B:** Variante der O-38 mit 391 kW (532 PS) starkem P&W-Sternmotor R-1690-5; insgesamt 63 Flugzeuge, davon 30 für Beobachtungsstaffeln des USAAC und 33 für die Nationalgarde

**O-38C:** Einzelmaschine für die US Coast Guard, ähnlich der O-38B

**O-38E:** erweiterter Rumpf nach dem Vorbild der privat finanzierten O-28S; Schiebehauben für beide Cockpits; P&W-Sternmotor R-1690-13 mit 466 kW (634 PS) als Antrieb für einen Metallpropeller; konnte mit Edo-Zwillingsschwimmern betrieben werden; 37 Exemplare für die amerikanische Nationalgarde

**O-38F:** acht 1933 an die Nationalgarde gelieferte Flugzeuge; Antrieb durch R-1690-9 und völlig neu entworfene Cockpithauben; unbewaffnete Stabsverbindungsmaschinen

**O-38S:** in Eigeninitiative durchgeführte Entwicklung der O-38 mit erweitertem Rumpf, Besatzungshaube und glatt verkleidetem Sternmotor Wright R-1820-E mit 429 kW (583 PS); tatsächlich war dies der Prototyp für die O-38E

**Exportierte Beobachtungsflugzeuge:** nach dem Kauf von acht O-2C erteilte Mexiko 1929 einen Anschlußauftrag über acht O-2M, eine Variante der O-32A mit dem 391 kW (532 PS) starken Pratt & Whitney Hornet-Sternmotor; 1932 wurden sechs O-38P an die Seeluftstreitkräfte Perus geliefert; hierbei handelte es sich um eine Unterversion der O-38E, die wechselweise mit Rad- oder Schwimmerfahrgestell ausgerüstet werden konnte; China erteilte eindrucksvolle Aufträge, die in einem Sechsjahres-Zeitraum ab 1930 insgesamt 82 Maschinen ausmachten: zehn O-2MC, die im Kern der O-38 entsprachen, abgesehen von ihren Hornet-Motoren, 20 O-2MC-2, bei denen die Zylinder der Hornet-Motoren mit einem Townend-Ring verkleidet waren, fünf O-2MC-3 mit auf 429 kW (583 PS) gesteigertem Hornet-Motor je zwölf O-2MC-4 und O-2MC-5 mit dem leistungsschwächeren P&W Wasp C1 (313 kW/426 PS), 22 O-2MC-6 mit dem 429 kW (583 PS) starken Wright-Sternmotor R-1820-E und eine einzelne O-2MC-10 mit dem Wright-Sternmotor R-1820-F21, der 500 kW (680 PS) abgab

**XA-2:** das 46. Flugzeug des ersten Auftrags für die O-2 wurde als Angriffsflugzeug fertiggestellt; angetrieben von einem Liberty V-1410 mit 313 kW (426 PS) und bewaffnet mit acht Maschinengewehren (zwei unter der Motorhaube, je ein Paar im Ober- und Unterflügel und ein Zwillings-MG auf Ringlafette, das der Beobachter bediente); stand 1926 der Curtiss A-3 im Wettbewerb gegenüber, erhielt aber nicht den Zuschlag für die Serienfertigung

**OD-1:** zwei O-2C, von der US Navy bestellt, aber ab dem Jahre 1929 beim US Marine Corps eingesetzt

## TECHNISCHE DATEN

**Douglas O-2**

**Typ:** zweisitziger Beobachtungsdoppeldecker

**Triebwerk:** ein 12-Zylinder-Reihenmotor Liberty V-1650-1 V-12 mit 313 kW (426 PS)

**Leistung:** Höchstgeschwindigkeit 206 km/h; Dienstgipfelhöhe 4960 m; Reichweite 579 km

**Gewicht:** Rüstmasse 1375 kg; max. Startmasse 2170 kg

**Abmessungen:** Spannweite 12,09 m; Länge 8,76 m; Höhe 3,20 m; Tragflügelfläche 38,18 $m^2$

**Bewaffnung:** ein rumpfmontiertes, vorwärtsfeuerndes, synchronisiertes 7,62-mm-Maschinengewehr und ein entsprechendes MG auf Ringlafette im hinteren Cockpit sowie vier Schlösser für 45-kg-Bomben

## Douglas O-31, O-43 und O-46 bis Entwicklungsring Süd VJ 101C

**In dem Bemühen, mit Boeing Schritt zu halten, übernahm sich Douglas. Das führte 1967 zur Fusion mit der kapitalstarken McDonnell Company. EMBRAER, die Empresa Brasileira de Aeronáutica, entstand 1969 als staatliches Flugzeugwerk. Es wurde 1994 privatisiert. Der deutsche Entwicklungsring Süd wurde 1959 zur Produktion eines Mach-2-Abfangjägers gegründet.**

# Douglas O-31, O-43 und O-46

***Die YO-31A war die Vorläuferin einer vorzüglichen Flugzeugserie. Zu den Merkmalen, die im Verlauf der Serienfertigung verlorengingen, gehörten beispielsweise die Knickflügel.***

Um ihre Position als Hauptlieferant von Beobachtungsflugzeugen für das USAAC zu erhalten, erarbeitete die Firma Douglas einen Hochdecker als Nachfolgemuster für die Doppeldeckertypen, deren Entwicklungspotential Ende der zwanziger Jahre allmählich erschöpft war. Im Januar 1930 wurde ein Vertrag über die Konstruktion zweier Prototypflugzeuge Douglas **XO-31** unterzeichnet, von denen das erste noch im Dezember jenes Jahres flog. Es handelte sich um einen Knickflügel-Eindecker mit schlankem Rumpf, in offenen Tandem-Cockpits für den Piloten und den Beobachter, einem 12-Zylinder-Reihenmotor Curtiss Conqueror V-1570-25 V-12 mit 447 kW (608 PS) als Antrieb und einem Spornrad-Fahrwerk mit geteilter Achse, dessen Haupträder unter schnittigen Verkleidungskörpern lagen. Die Spanndrähte der Tragflächen waren an einem vierbeinigen Gerüstbock auf dem Rumpfrücken zusammengefaßt und von der Druckseite zur unteren Rumpfhälfte geführt.

Die **XO-31** offenbarte Schwächen in der Richtungsstabilität, denen man mit verschiedenen Seitenleitwerksformen und zusätzlichen Heckflossen beizukommen versuchte. Die zweite Maschine wurde als **YO-31** fertiggestellt und hob sich vom Original vor allem durch einen Conqueror-Getriebemotor und ein vergrößertes Seitenleitwerk ab. Vier in der ersten Hälfte des Jahres 1932 gelieferte **YO-31A** waren grundlegend modifizierte Flugzeuge mit elliptisch geformten Tragflächen, völlig neu konzipiertem Heck, einem in Halbschalenbauweise gefertigten Rumpf mit glatter Metallhaut und einer Haube über den Cockpits. Diese Maschinen erschienen mit vielfältigen Leitwerksbaugruppen, und die endgültige Version (inzwischen in **O-31A** umbezeichnet) hatte ein sehr hohes, zugespitztes Seitenleitwerk mit eingearbeitetem Ruder. Das Einzelexemplar **YO-31B** war ein unbewaffnetes Stabsverbindungsflugzeug, und die einzige **YO-31C** wies verkleidete Räder an freitragenden Fahrwerksbeinen und eine Wanne unter dem Rumpf auf. Letztere ermöglichte einen effektiveren Einsatz des 7,62-mm-Maschinengewehrs.

Im Sommer 1931 wurden fünf **Y1O-31A** zur Truppenerprobung bestellt und im Frühjahr 1933 mit der Bezeichnung **Y1O-43** an das USAAC geliefert. Die Knickflügel der Schlußauslegung der **O-31A** waren drahtverspannten Schirmeindeckerflächen gewichen, und die Heckbaugruppe hatte ein neues Seitenleitwerk/Ruder erhalten. Dieses Quintett nahm als **O-43** den Dienst auf. 1934 wurde ein Auftrag über 23 **O-43A** erfüllt. Diese Baureihe unterschied sich von der **O-43** durch einen vertikal erweiterten Rumpf, der die Wanne für den Schützenstand überflüssig machte, und ein vergrößertes Seitenleitwerk mit eingesetztem Ruder wie bei der **O-31A**. Das ebenfalls erweiterte Kabinendach dichtete beide Besatzungszellen nach außen hin vollständig ab. Die **O-43** und **O-43A** dienten lange bei den Beobachtungsstaffeln des USAAC, bis sie an Reserveeinheiten der Nationalgarde gingen.

Die 24. Zelle des **O-43A**-Auftrags wurde als Prototyp **XO-46** fertiggestellt. Den Hauptunterschied zur **O-43A** machten stromlinienförmig gestaltete Parallelstreben beidseitig am Rumpf aus, die das Tragwerk abstützten. Drahtverhau und Spannturm aller früheren Hochdecker-Beobachtungsflugzeuge dieses Herstellers waren damit endgültig abgeschafft. Erstmals wurde auch ein Sternmotor (Pratt & Whitney R-1535-7) statt des V-12-Reihenmotors eingesetzt. Die **XO-46** bestand die Prüfung mit Auszeichnung, so daß man die Bestellung für 71 Serienflugzeuge **O-46A** nachträglich auf 90 Exemplare erhöhte, die zwischen Mai 1936 und April 1937 ausgeliefert wurden. Bei der **O-46A** ging die Cockpithaube nahtlos in die hintere Rumpfabdeckung über.

Die **O-46A** dienten bei den Beobachtungsstaffeln des USAAC, bis sie 1940 größtenteils Reserveeinheiten der Nationalgarde zugeführt und ab 1942 nur zur Ausbildung verwendet wurden. Als letzte Einsatzstaffel des USAAC flog die 2. Observation Squadron die **O-46A**. Sie hatte noch einige im Bestand, als die Japaner im Dezember 1941 den Stützpunkt Nichols Field auf den Philippinen angriffen.

### TECHNISCHE DATEN

**Douglas O-46A**

**Typ:** zweisitziges Beobachtungsflugzeug
**Triebwerk:** ein Sternmotor Pratt & Whitney R-1535-7 mit 541 kW (735 PS)
**Leistung:** Höchstgeschwindigkeit 322 km/h; Marschgeschwindigkeit 275 km/h; Dienstgipfelhöhe 7360 m; Reichweite 700 km
**Gewicht:** Rüstmasse 2166 kg; max. Startmasse 3011 kg
**Abmessungen:** Spannweite 13,94 m; Länge 10,53 m; Höhe 3,25 m; Tragflügelfläche 30,84 m²
**Bewaffnung:** ein vorwärtsfeuerndes 7,62-mm-Maschinengewehr in der Steuerbordfläche und ein entsprechendes MG auf Ringlafette im Beobachter-Cockpit

# Douglas SBD Dauntless

***Douglas SBD-5 Dauntless der Escuadron Aéreo des Pelea 200, Fuerza Aérea Mexicana (mexikanische Luftwaffe), 1946 in Pie de la Cuesta stationiert.***

Die **Douglas SBD Dauntless** gilt als der erfolgreichste Sturzkampfbomber, den die amerikanische Luftfahrzeugindustrie im Zweiten Weltkrieg hervorbrachte, sowohl im Hinblick auf Flug- und Kampfleistung, als auch auf Ausdauer. In den Schlachten in der Korallensee und bei Midway sowie den Gefechten um die Salomonen brach die **Dauntless** die Macht der Kaiserlich Japanischen Marine und leistete bei Operationen der US Navy und des US Marine Corps weiterhin wertvolle Beiträge bis Ende 1944, als andere Flugzeuge, die zur selben Zeit konstruiert worden waren, längst ausgemustert werden mußten.

Die **Dauntless** stammte von der **Northrop BT-1** ab, die die US Navy im Frühjahr in Dienst gestellt hatte. Einer der **BT-1**-Torpedobomber diente als Prototyp für den neuen Marinesturzkampfbomber **XBT-2**. Als dieser 1940 in Serie ging, war Northrop eine Unternehmensgruppe der Douglas Company geworden, was die Bezeichnung **SBD** nach sich zog. Chefkonstrukteur war stets Ed Heinemann.

Es hatte Änderungen an der Zelle und am Antrieb gegeben, so daß die **SBD** trotz einer gewissen Familienähnlichkeit ein ganz anderes Flugzeug als ihre Vorgängerin darstellte. Abgesehen von stoffüberzogenen Kontrollflächen war der freitragende Tiefdecker vollständig aus Metall konstruiert. Der Rumpf enthielt etliche wasserdichte Kammern, während das Leitwerk in üblicher Weise konzipiert war. Die Hauptbaugruppen des Spornrad-Fahrwerks zogen nach innen ein, und für den trägergestützten Einsatz verfügte die Maschine über einen Fanghaken. Die zweiköpfige Besatzung saß in Tandem-Cockpits mit Doppelsteuer geschützt unter einem durchgehenden Klarsicht-Kabinendach. Den Antrieb des Prototyps lieferte ein Wright XR-1820-32 Cyclone-Sternmotor mit 746 kW (1014 PS).

Die Erprobung des Prototyps bestätigte nicht nur die Überlegenheit gegenüber der älteren **Northrop BT-1**, sondern deckte auch ein Leistungspotential und Flugeigenschaften auf, die der **SBD** die Prägung „außergewöhnlich“ verliehen. Die ersten Serienaufträge vom 8. April 1939 beinhalteten 57 **SBD-1** und 87 **SBD-2**, letztere mit erhöhter Kraftstoffkapazität und revidierter Bewaffnung. Ende 1940 begann die Indienststellung der **SBD-1** beim US Marine Corps. Marine Squadron VMB-2 machte den Anfang, und die Lieferungen an VMB-1 folgten Anfang 1941. Die **SBD-2** für die US Navy befanden sich Ende 1941 an Bord der USS Enterprise unter den Staffeln VB-6 und VS-6 sowie mit VB-2 an Bord der **USS Lexington**.

Ab März 1941 traf die verbesserte Version **SBD-3** ein, die selbstdichtende Tanks (in Verbindung mit einem erweiterten Tankvolumen), Panzerschutz, kugelsichere Windschutzscheibe, den Wright R-1820-52 und die zum Standard erhobene Bewaffnung mit je einem Paar 12,7-mm- und 7,62-mm-Maschinengewehren einführte. Anschließend belegte die **SBD-4** die Fertigungsstrecke, die sich lediglich durch ihre Bordstromversorgung mit 24 statt 12 Volt unterschied. Von diesen beiden Versionen entstanden insgesamt 1364 Exemplare, so daß dieses dringend benötigte und wichtige Kampfflugzeug an etliche weitere Staffeln der US Navy und des US Marine Corps ausgegeben werden konnte. Später baute man 16 **SBD-4** zu Aufklärern mit der Bezeichnung **SBD-4P** um.

Die meistgebaute Version aber war die **SBD-5**, hergestellt im neuen Douglas-

Werk in Tulsa, Oklahoma. Von ihren Vorgängerinnen unterschied sie sich durch den R-1820-60 mit 895 kW (1217 PS) und eine erhöhte Munitionsmenge. Außerdem führte sie beleuchtete Visiere für das vorwärtsfeuernde MG-Paar und für das ringlafettierte Paar im hinteren Cockpit ein. Insgesamt 2409 Exemplare für die US Navy wurden gefertigt, bevor sich Douglas der letzten Serienvariante **SBD-6** mit dem noch stärkeren Motor R-1820-60 und erweiterter Tankkapazität zuwandte. Die US Navy beschaffte des weiteren kleinere Stückzahlen der Luftbildaufklärungsversionen **SBD-1P, SBD-2P** und **SBD-3P**. Im Januar 1945 wurden neun **SBD-5** an die Royal Navy zum Dienst bei der Fleet Air Arm geliefert, die die Bezeichnung **Dauntless DB.Mk I** erhielten, aber keine von ihnen erlebte Kampfeinsätze. Ein weiteres kleines Kontingent ging an Mexiko. Der **Dauntless**-Einsatz in den Frontverbänden der US Navy und des US Marine Corps lief zwar Ende 1944 aus, aber viele Flugzeuge der neueren Baureihen leisteten noch mehrere Jahre nach dem Ende des Zweiten Weltkriegs Dienst.

Als Hitlers Panzerkolonnen 1940 weite Teile Europas überrollten, wurde der US Army schmerzlich bewußt, daß ihr ein Sturzkampfflugzeug wie die erfolgreiche **Junkers Ju 87** der Luftwaffe fehlte. Folglich leitete man die Sofortbeschaffung von 168 **SBD-3** der Marineversion ein, die im Sommer 1941 an die US Army geliefert wurden. Diese **A-24** bezeichneten Heeresflugzeuge waren praktisch mit der **SBD-3** identisch (in den Beschaffungsunterlagen hießen sie sogar **SBD-3A**), außer daß der Fanghaken entfiel und das Spornrad einen Luftreifen anstelle des von der Navy bevorzugten Vollgummireifens aufwies. Etwa ein Drittel dieses Kontingents wurde im November 1941 in Richtung Philippinen zum Einsatz durch die 27. Bombardment Group der USAAF verschifft. Da die Maschinen beim Überfall auf Pearl Harbor immer noch auf See waren, leitete man sie jedoch nach Australien um, wo sie ab Februar die 91. Bombardment Squadron und wenig später auch die 8. Bombard Squadron ausrüsteten. Beide Verbände bewerteten die Flugleistungen und die Reichweite als unzureichend für den weiträumigen Einsatz auf diesem Kriegsschauplatz.

Trotz dieser offensichtlichen Mängel setzte die US Army die Beschaffung der **A-24** fort. So übernahm sie 1942 die ersten 170 **A-24A**, die der **SBD-4** der US Navy entsprachen (im Vertrag mit **SBD-4A** angegeben), und schließlich noch 615 **A-24B (SBD-5A)**. Diese Maschinen zeichneten sich nicht sonderlich aus und bestätigten nur die von der **Ju 87** in Europa und Asien überlieferte Erfahrung, daß ihre Verwendung eng begrenzt war; innerhalb dieser eingegrenzten Rolle bedeuteten sie allerdings das „perfekte Werkzeug". Leider konnte die US Army ihnen jedoch keinerlei Aufgaben bieten, die ihrem Zweck entsprachen. Dennoch hielt die USAAF/USAF eine Reihe dieser Flugzeuge noch mehrere Jahre über den Zweiten Weltkrieg hinaus im Dienst. Eine **A-24A** wurde zur einzigen funkgesteuerten Drohne **A-24A** umgebaut und 1948, als alle noch existierenden **A-24A** die Bezeichnung **F-24A** erhielten, in **QF-24A** umbenannt. Gleichzeitig machte man die **A-25B** zu **F-24B** und das einzige Drohnenleitflugzeug zur **DF-24B**.

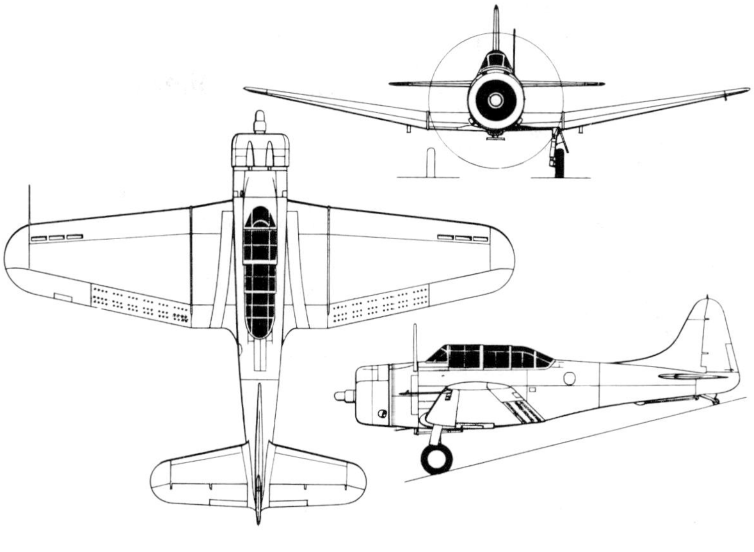

***Douglas SBD Dauntless***

| TECHNISCHE DATEN |
|---|
| **Douglas SBD-6** |
| **Typ:** zweisitziger Erkundungs-/Sturzkampfbomber |
| **Triebwerk:** ein Sternmotor Wright R-1820-66 Cyclone 9 mit 1007 kW (1369 PS) |
| **Leistung:** Höchstgeschwindigkeit 410 km/h in 4265 m Höhe; Marschgeschwindigkeit 298 km/h in 4265 m Höhe; Dienstgipfelhöhe 7680 m; Reichweite als Spähbomber 1244 km |
| **Gewicht:** Leermasse 2964 kg; max. Startmasse 4318 kg |
| **Abmessungen:** Spannweite 12,65 m; Länge 10,06 m; Höhe 3,94 m; Tragflügelfläche 30,19 m² |
| **Bewaffnung:** zwei vorwärtsfeuernde 12,7-mm-Maschinengewehre und zwei schwenkbare 7,62-mm-MG sowie bis zu 726 kg Bomben unter dem Rumpf und/oder 295 kg unter den Tragflächen |

***An der Unterseite dieser SBD tritt deutlich die Dolle hervor, die nach vorn herunterschwang, um die Bombe außerhalb des Propellerkreises auszulösen.***

# Douglas T2D

Im Juli 1925 bestellte das US Navy Bureau of Aeronautics drei **Douglas XT2D-1**, zweimotorige Torpedobomber/Mehrzweck-Doppeldecker, die mit Rad- und Schwimmerfahrgestell ausrüstbar und für den Trägereinsatz tauglich sein sollten. Zwei Monate zuvor war eine einzelne **XTN-1** mit ähnlichen Merkmalen bei der US Naval Aircraft Factory in Auftrag gegeben worden.

Der erste der drei Prototypen hob am 27. Januar 1927 als Landflugzeug vom Boden ab. Kurz darauf wurden seine Sternmotoren Wright P-2 je 373 kW (507 PS) gegen R-1750 ausgetauscht und die beiden anderen Versuchsmaschinen entsprechend ummotorisiert. Nachdem die drei Flugzeuge die Erprobung durch die US Navy Torpedo Squadron VT-2 im Frühjahr des Jahres 1927 mit Erfolg bestanden hatten, wurden neun Torpedobomber der Serie **T2D-1** beschafft.

Die Grundauslegung der Prototypen **XT2D-1** war erhalten geblieben, und typische Merkmale dieser Doppeldecker bestanden im bulligen Bug mit abgeschrägtem Bomben- oder Torpedozielpaneel, dem großen einteiligen Seitenleitwerk samt Ruder, dem breitspurigen, geteilten Fahrgestell zur Erleichterung der Umstellung auf Zwillingsschwimmer sowie dem zweistieligen Doppeldeckertragwerk mit

| TECHNISCHE DATEN |
|---|
| **Douglas T2D-1 (Landflugzeug)** |
| **Typ:** Torpedobomber/Mehrzweck-Doppeldecker |
| Triebwerk: zwei Sternmotoren Wright R-1750 je 391 kW (532 PS) |
| **Leistung:** Höchstgeschwindigkeit 201 km/h; Dienstgipfelhöhe 4215 m; Reichweite 735 km |
| **Gewicht:** Leermasse 2726 kg; max. Startmasse 4773 kg |
| **Abmessungen:** Spannweite 17,37 m; Länge 12,80 m; Höhe 4,85 m; Tragflügelfläche 82,31 m² |
| **Bewaffnung:** zwei schwenkbare 7,62-mm-Maschinengewehre und ein 734-kg-Torpedo oder eine entsprechende Bombenlast |

gleicher Spannweite und runden Flächenenden. Der Rumpf der **T2D-1** war allerdings 90 cm kürzer als bei der **XT2D-1** und der Einbauort der Motorgondeln geändert. Die vierköpfige Besatzung wurde wie folgt untergebracht: zwei Piloten in offenen Tandem-Cockpits, der Bordschütze/Bombardier im Bug und der Funker/Bordschütze in einer vierten Kanzel im Mittelrumpf.

Im Dienst zeigten die **T2D-1** zufriedenstellende Leistungen, und bei den 1928 durchgeführten Flottenübungen der US Navy operierten sie (als erste zweimotorige Maschinen) von Flugzeugträgern aus. Ihre Abmessungen verhinderten jedoch, daß die Träger ihr komplettes Flugzeugsoll aufnehmen konnten. Das Muster wurde daher den Patrouillenstaffeln VP-1 und VP-2 zugewiesen, die es von Pearl Harbor (Hawaii) aus je nach Bedarf mit Rad- und Schwimmerfahrgestell einsetzten, bis man es 1933 verschrottete.

***Bei der Bestellung lautete die Bezeichnung noch T2D-2, doch zur Verdeutlichung des Patrouillenauftrags über See wurde der Typ in P2D-1 umbenannt. Das Foto zeigt eine Maschine der VP-3.***

**Varianten**

**P2D-1:** im Juni 1930 erhielt Douglas einen Auftrag über 18 Flugzeuge, die auf der T2D-1 basierten, aber reine Seepatrouillenmaschinen abgeben sollten; diese neuen P2D-1 hatten doppelte Seitenflossen und Ruder zur Verbesserung der Flugeigenschaften, insbesondere bei Ausfall eines Motors, und als Antrieb zwei R-1820-E à 429 kW (583 PS); Ende 1931 waren sämtliche P2D-1 an die in der Panamakanalzone stationierte VP-3 ausgeliefert, die sie fast ständig mit Zwillingsschwimmern flog, bis sie 1937 aus dem Dienst in vorderster Linie ausschieden.

# Douglas XT3D

Der Prototyp **Douglas XT3D-1**, der auf einer Unterlage der US Navy für einen dreisitzigen Torpedobomber basierte, flog erstmals Anfang 1931. Der große und recht häßliche Doppeldecker gründete auf einer metallenen und mit Gewebe abgedeckten Zelle. Für den Bordeinsatz waren die Tragflächen faltbar ausgelegt, und ein Fanghaken ergänzte das starre Spornrad-Fahrgestell. Den Antrieb besorgte zunächst der S2B1-C Hornet-Sternmotor von Pratt & Whitney. Die dreiköpfige Besatzung war in offenen Cockpits untergebracht: der Bombardier/Bordschütze im Bug, der Pilot im Mittelrumpf auf Höhe der Abströmkante des Tragwerks und dahinter der zweite Bordschütze.

Nachdem die **XT3D-1** die erste Dienstprüfung nicht bestanden hatte, wurde sie dem Hersteller zur Modifikation zurückgereicht. Douglas verstärkte den Antrieb durch Einbau des Pratt & Whitney XR-1830-54 mit einer Nennleistung von 597 kW (812 PS), verkleidete die Haupträder und deckte die beiden hinteren Cockpits mit einer Haube ab. Mit der neuen Bezeichnung **XT3D-2** stellte sich die Maschine einer zweiten Prüfung, errang aber keinen Serienauftrag. Die US Navy nutzte die **XT-3D-2** allerdings noch zehn Jahre lang im allgemeinen Flugdienst, bis sie 1941 in einer Lehrmittelwerkstatt ihre Schlußverwendung fand.

### TECHNISCHE DATEN
**Douglas XT3D-1**

**Typ:** dreisitziger Prototyp-Torpedobomber
**Triebwerk:** ein Sternmotor Pratt & Whitney S2B1-G Hornet mit 429 kW (583 PS)
**Leistung:** Höchstgeschwindigkeit 206 km/h in 1830 m Höhe; Dienstgipfelhöhe 4265; Reichweite 893 km
**Gewicht:** Leermasse 1922 kg; max. Startmasse 3564 kg
**Abmessungen:** Spannweite 15,24 m; Länge 10,79 m; Höhe 4,03 m; Tragflügelfläche 57,97 m²
**Bewaffnung:** zwei 7,62-mm-Maschinengewehre (schwenkbar in Bug- und Heckkanzel) und ein 832-kg-Torpedo oder eine entsprechende Bombenlast

***Die XT3D-2 war die zur Leistungssteigerung modifizierte Version der XT3D-1. Sie wies ein stärkeres Triebwerk und statt eines einfachen Townend-Rings eine komplette NACA-Motorhaube auf.***

# EH Industries EH.101

Eines der wichtigsten Hubschrauberbauprogramme, die derzeit in Europa durchgeführt werden, gilt dem auf dem Westland-Entwurf WG 34 basierenden **EH.101**. Ende 1978 wurde der gemäß Unterlage 6646 der britischen Marineführung als Ersatz für den **Sea King** (Sea King Replacement – **SKR**) geplante Hubschrauber genehmigt. Noch vor der Fertigstellung eines Prototyps wurde das Projekt WG 34 jedoch zugunsten einer revidierten Konstruktion aufgegeben, die den Vorstellungen der britischen wie auch der italienischen Marine genügen konnte. Westland und Agusta nahmen im November 1979 Verhandlungsgespräche auf. In der Folge wurde die European Helicopter Industries Ltd. gegründet zur Leitung des Gesamtprogramms, für das im Februar 1984 offiziell grünes Licht erteilt wurde. Beide Regierungen stimmten der Finanzierung von neun Versuchshubschraubern und der Vollentwicklung des **EH.101** zu.

Obwohl der SKR-Komplex noch immer im Vordergrund stand und die Abmessungen und das Gewicht des dreimotorigen **EH.101** beeinflußte, wurden von Anbeginn weitere Einsatzmöglichkeiten in Betracht gezogen, einschließlich militärischer und ziviler Transport- und Nutzdienste. Einige Rollen lassen sich mit dem unveränderten Flugwerk des Marinehubschraubers realisieren, während andere Eingriffe in die Rumpfkonstruktion erforderten. Beispielsweise kann der Hinterrumpf des **EH.101** eine Laderampe aufweisen. Den neun bestellten Prototyphubschraubern wurden spezifische Funktionen zugeteilt, wie die Dynamikkomponenten des Grundmusters, die Ausrüstung zur U-Bootbekämpfung, der Kampfzonentransport-/Versorgungshubschrauber, die zivile Nutzversion und der Passagierhubschrauber mit der Bezeichnung **Heliliner**.

Der **EH.101** ist ein dreimotoriger Drehflügler mit einzelnem Fünfblatt-Hauptrotor, bei dessen Konstruktion Verbundwerkstoffe und BERP-Hochgeschwindigkeitsblattspitzen verwendet wurden. Aber auch in die Zelle ist viel Verbundmaterial eingearbeitet, obwohl der Rumpf hauptsächlich aus Aluminium besteht. Bordsysteme und Ausrüstung wechseln entsprechend der Rolle und dem Nutzer. Für die Royal Navy, die den **EH.101 Merlin HAS.Mk 1** bezeichnet hat, ist IBM im Zusammenspiel mit Westland der Hauptauftragnehmer, der neben der Lieferung von Ausrüstungsteilen für das Management verantwortlich zeichnet; weitere Avionikbausteine sind das GEC Ferranti Blue Kestrel-Suchradar mit 360° Erfassungsbereich, das von GEC Avionics stammende Datenverarbeitungs- und Anzeigesystem AQS-903, die ESM-Anlage Orange Reaper von Racal und ein von Ferranti-Thomson geliefertes Tauchsonar. Die durch zwei Sonarbojenwerfer ergänzte Bewaffnung des Merlin umfaßt vier Marconi-Zielsuchtorpedos Sting Ray. Daneben besteht die Möglichkeit zur Bewaffnung mit Seeziel-Lenkflugkörpern des Typs Exocet, Harpoon, Sea Eagle und Marte Mk 2.

Die ursprüngliche Forderung der RN für 50 **Merlin** zum Bordeinsatz auf Typ 23-Fregatten, Flugzeugträger der Klasse „Invincible", anderen Kampfschiffen einschließlich der Royal Fleet Auxiliary (RFA) und zum landgestützten Betrieb ist auf 44 Exemplare gekürzt worden, die ab 1996 ausgeliefert werden sollen. In die Hubschrauber der RN werden Rolls-Royce Turboméca RTM 322-Wellenturbinen je 1724 kW (2345 WPS) eingebaut, während die italienische Marine, die 24 **EH.101** beschaffen will, in Italien montierte General Electric T700-GE-T6A je 1278 kW (1738 WPS) als Antrieb vorgesehen hat. Frühere Varianten des GE-Triebwerks mit der zivilen Bezeichnung CT7 lieferten den Antrieb für die Versuchshubschrauber, von denen der erste am 9. Oktober 1987 in Yeovilton seinen Erstflug absolvierte. Ein ähnliches Grundmodell flog in Italien am 26. November 1987. Als nächstes flog in Italien der Prototyp der italienischen ASW-Version am 26. April 1989, gefolgt vom britischen Gegenstück am 15. Juni. Der eigentliche **Merlin**-Versuchshubschrauber startete am 24. Oktober zum Jungfernflug. **PP3** und **PP8** wurden gemäß **Heliliner**-Standard gefertigt.

Ein Prototyp der militärischen Nutzvariante mit Heckladerampe flog am 18. Dezember 1989. Dies wird der nächste Versorgungs- und mittlere Transporthubschrauber der RAF für taktische Unterstützungseinsätze werden. Erstkunde der Nutzversion aber war Kanada, das 15 **EH.101** in der Mehrzweck-Konfiguration für den Such- und Rettungsdienst bestellte. Hinzu kamen 35 Marinehubschrauber, die den **Sea King** ablösen sollten, wie mit dem New Shipborne Aircraft gefordert. Diese **EH.101** sollten von der IMP Group Ltd. in Kanada montiert, ausgerüstet und von CT7-6A1-Wellenturbinen mit je 1432 kW (1947 WPS) angetrieben werden. Mit dem Wechsel der kanadischen Regierung im Jahre 1993 wurde jedoch das gesamte **EH.101**-Programm für Kanada ersatzlos gestrichen.

### TECHNISCHE DATEN
**European Helicopter Industries EH.101 Merlin (Marinehubschrauber)**

**Typ:** dreimotoriger Drehflügler
**Triebwerk:** (britische Hubschrauber) drei Wellenturbinen Rolls-Royce/Turboméca RTM322-01 je 1724 kW Höchst- oder 1566 kW Zwischenleistung bzw. (italienische Hubschrauber) drei General Electric T700-GE-T6A je 1279 kW, 1254 kW oder 1071 kW Höchst-, Zwischen- oder Dauerleistung
**Leistung:** Grenzgeschwindigkeit 309 km/h; durchschnittliche Marschgeschwindigkeit 296 km/h; wirtschaftliche Marschgeschwindigkeit 259 km/h; Überführungsreichweite mit Zusatztreibstoff 1853 km; Aufenthaltsdauer im Einsatzraum mit maximaler Waffenlast fünf Flugstunden
**Gewicht:** (geschätzt) Rüstmasse 7121 kg; Betriebsleermasse 9289 kg; max. Startmasse 13.530 kg; max. Waffenzuladung 960 kg
**Abmessungen:** Hauptrotordurchmesser 18,59 m; Heckrotordurchmesser 4,01 m; Gesamtlänge bei laufenden Rotoren 22,81 m; Rumpflänge 22,80 m; Gesamthöhe bei laufenden Rotoren 6,65 m; Hauptrotorkreisfläche 271,51 m²; Heckrotorkreisfläche 12,65 m²

***Der Merlin HAS.Mk 1 wird der U-Jagdhubschrauber der neuen Generation bei der Royal Navy, hauptsächlich von Fregatten der Klasse Type 23 aus operierend.***

# EMBRAER EMB-110/111 Bandeirante

Die **EMB-110/111** wurde von EMBRAER entsprechend einer Forderung der brasilianischen Luftwaffe als leichtes Transport- und Regionalflugzeug für heimische Luftverkehrsgesellschaften entwickelt und ließ EMBRAER in die Riege der Luftfahrzeughersteller aufsteigen. Der Erstflug fand am 19. August 1972 statt. Das neunsitzige Vorgängermodell, unter der Leitung des bekannten französischen Konstrukteurs Max Holste entworfen, war in Prototypform bereits mit demselben Antrieb in Form zweier Pratt & Whitney PT6A-Propellerturbinen getestet worden. Das erste von drei Versuchsflugzeugen mit der Bezeichnung **YC-95** oder **EMB-100** hatte seinen Jungfernflug am 26. Oktober 1968 absolviert. Die endgültige **EMBRAER EMB-110 Bandeirante** (Pionier) zeichnete sich durch eine wesentlich größere Kabine aus, die vor allem bei zivilen Betreibern in Übersee und bei den brasilianischen Streitkräften geflogen wurde. Spätversionen dieses 12/18-Sitzers ohne Druckbelüftung können alternativ 1681 kg Fracht befördern, was die Entwurfsabteilung mit einer ausgewogenen Kombination von Nutzlast und Leistung umschrieb.

Die ersten drei von insgesamt 80 **Bandeirante**, die die brasilianische Luftwaffe bestellt hatte, wurden im Februar 1973 geliefert. Das Muster bildet heute das Rückgrat der Lufttransportkräfte und wird bei einer einzigen Staffel der in Rio stationierten 2° Grupo eingesetzt; sieben Maschinen sind regionalen Transportkommandos und andere einer Umschulungseinheit zugeteilt. Die 60 **C-95** sind 12sitzige Truppentransportmaschinen, die durch 20 **C-95A** Frachtflugzeuge mit vergrößerten Türen **(EMB-110K1)** ergänzt wurden. Es folgten 31 **C-95B** in Gestalt einer militärischen Version des verbesserten Zivilmusters **EMB-110P**, von der auch Gabun zwei Exemplare erwarb. Als letzte Serienvarianten, die allesamt Fortentwicklungen früherer Modelle darstellen, erschienen die in kürzester Zeit von Passagier- auf Frachtflüge und umgekehrt umrüstbare **EMB-110P1**, die **EMB-110P2/C-95C** für Zubringerdienste und zwei entsprechende Versionen mit den Bezeichnungen **EMB-110P1/41** und **EMB-110P2/41**, die für höhere Betriebsmassen zugelassen sind. Die druckbelüftete **EMB-110P3** kam jedoch nicht zur Serienfertigung.

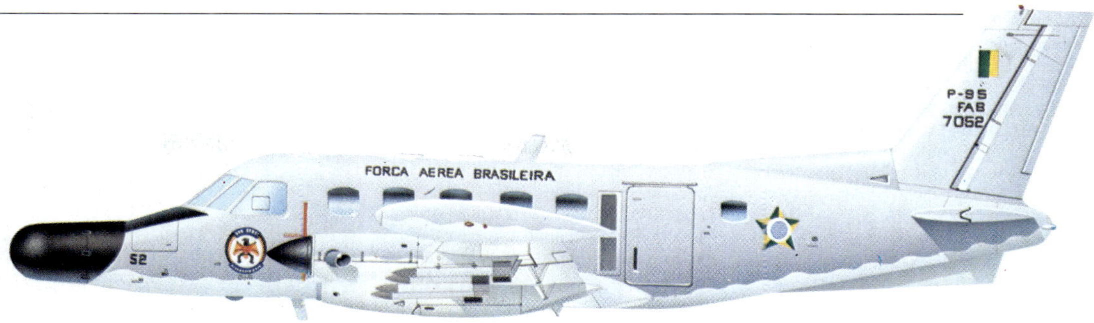


***EMBRAER P-95 (EMB-111A/A) der 7° Grupo de Aviaçao, Forca Aérea Brasileira (brasilianische Luftwaffe), Kommando See, mit Standort Salvador.***

Außer Brasilien nahmen auch die Luftstreitkräfte Uruguays fünf 15sitzige **EMB-110C** im Jahre 1975 ab, und im Jahr darauf kaufte die chilenische Marine drei navalisierte **EMB-110CN**.

Ferner traten vier Spezialversionen bei den brasilianischen Streitkräften in Dienst. Zunächst erhielt die Luftwaffe die achtsitzige **EC-95** zur Prüfung und Eichung von Navigationsanlagen. Vier solcher Maschinen, denen die Herstellerbezeichnung **EMB-110A** zugewiesen wurde, stehen bei der in Rio de Janeiro beheimateten Grupo Especial de Inspecao e Vigilancia (GEIV= Inspektions- und Prüfgruppe) in Dienst. Auf dieses **EC-95**-Quartett folgten sechs siebensitzige **R-95 (EMB-110B)**; diese Luftbildvermessungsflugzeuge sind mit einer Öffnung im Kabinenboden für eine Zeiss-Kamera sowie einer entsprechenden Spezialausrüstung versehen, ferner verfügen sie über Dopplerradar und Trägheitsnavigationsanlage. Die **R-95** dienen bei der 6° Grupo des Küstenkommandos (COMCAS) in Recife. Uruguay hat eine einzelne **EMB-110B** beschafft. Die kolumbianische Luftwaffe kaufte zwei bis dahin nicht ausgelieferte **EMB-110P1A**, die für die zivile Luftfahrt vorgesehen waren, und die peruanische Regierung erwarb drei weitere im darauffolgenden Jahr.

***Unter der großen Menge an Regionalfluggesellschaften fand die Bandeirante bereitwillige Käufer, vor allem in den Vereinigten Staaten von Amerika.***

COMCAS betreibt auch die Seeüberwachungsversion mit der Bezeichnung **P-95** oder, laut Hersteller, **EMB-111A**. 21 solcher Flugzeuge wurden zwei Staffeln der 7° Grupo zugeführt. Das Suchradar APS-128 Sea Patrol von Eaton-AIL ist in einem großen, aufgestülpten Bugradom untergebracht und gänzlich mit dem Trägheitsnavigationssystem der Maschine integriert. Ein Hochleistungssuchscheinwerfer, ferner Signalkartuschenwerfer und eine ESM-Anlage vervollständigen die Ausrüstung. Von vier Trägern unter den Tragflächen aus können Raketen gestartet werden. Außentanks an den Flächenenden können die Flugdauer der Maschinen auf insgesamt neun Stunden erhöhen. Alle brasilianischen **P-95** sind nach brasilianischen Seevögeln benannt und zu Hause als **Bandeirulha** bekannt. 1 Esquadrao der 7° Grupo Aviacao ist in Salvador stationiert, während 2 Esquadrao von Florianopolis aus fliegt. Sechs **EMB-110AN** gingen an die chilenische Marine und ein Einzelexemplar an die Luftwaffe Gabuns. Die chilenische Marine hat ihre **EMB-111AN VP-3** für Seepatrouillenflüge zugewiesen. Ein weiterer Nutzer der **EMBRAER EMB-111A** ist die angolanische Luftwaffe mit zwei Flugzeugen.

Die Bezeichnung der SAR-Version lautet **SC-95B** oder **EMB-110P1(K)**. Ende des Jahres 1981 begann die Auslieferung von acht Exemplaren, die an die 10° Grupo des COMCAS in Campo Grande gingen. Außer dem Beobachtungs- und Rettungspersonal können insgesamt sechs Personen auf Krankentragen befördert werden. Auf beiden Seiten des Rumpfes sind zwei Beobachtungskuppeln eingerichtet. Eine so ausgestattete Maschine wurde nach Senegambia geliefert.

Die mit der Bezeichnung **P-95** versehene **Bandeirante (EMB-111)**, die zur bewaffneten Aufklärung über See eingesetzt werden soll, hat die brasilianische Marine in zwei Losen beschafft, und zwar zunächst zwölf **P-95**, gefolgt von zehn verbesserten **P-95B**.

Nach der Übergabe des 500. und letzten Flugzeugs an die brasilianische Luftwaffe, eine **C-95C**, stellte EMBRAER die Produktion der Bandeirante im Jahre 1990 schließlich ein.

## TECHNISCHE DATEN
### EMBRAER EMB-110P2

**Typ:** Mehrzweck-Transportflugzeug
**Triebwerke:** zwei Propellerturbinen Pratt & Whitney Aircraft of Canada PT6A-34 je 559 kW (760 WPS)
**Leistung:** Höchstgeschwindigkeit 460 km/h in 2440 m Höhe; wirtschaftliche Reisegeschwindigkeit 335 km/h in 3050 m Höhe; Dienstgipfelhöhe 6860 m; max. Reichweite mit Treibstoffreserven 2000 km
**Gewicht:** Rüstmasse 3555 kg; max. Startmasse 5670 kg
**Abmessungen:** Spannweite 15,33 m; Länge 15,10 m; Höhe 4,92 m; Tragflügelfläche 29,10 m²

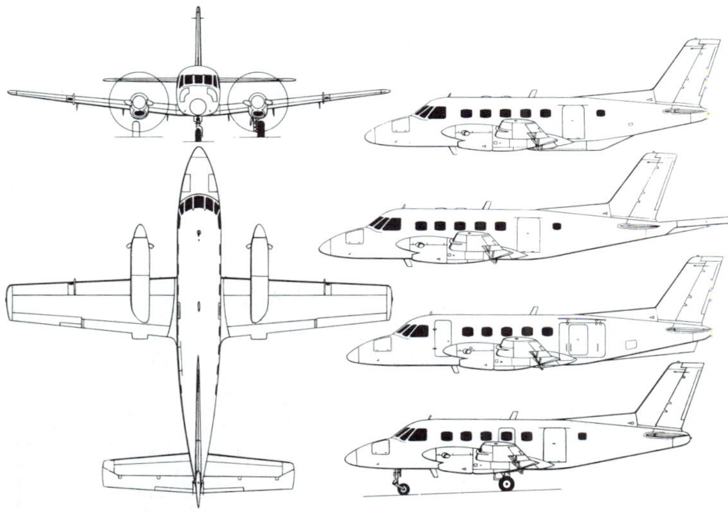

***EMBRAER EMB-110P1 Bandeirante (Seitenansichten, von oben nach unten: EMB-110B1, EMB-110S1, DMB-110K1 und EMB-110P1)***

# EMBRAER EMB-120 Brasilia

Durch den Erfolg der Bandeirante ermutigt, die EMBRAER zu einem sicheren Marktanteil auf dem Sektor für Regionalverkehrsflugzeuge verholfen hatte, faßte der brasilianische Flugzeughersteller den Entschluß, ein verbessertes, gestrecktes Muster zu entwickeln. Aus dem Konzept, das im Jahre 1979 entwickelt wurde, ging das Muster mit der Bezeichnung **EMB-120 Brasilia** hervor, dessen Erstflug am 27. Juli 1983 stattfand. Die **EMB-120 Brasilia** wurde einer der ersten Commuter-Airliner der in den achtziger Jahren entwickelten neuen Flugzeuggeneration. Die Brasilia war für eine zweiköpfige Besatzung und insgesamt 30 Passagiere ausgelegt. Der Tiefdecker mit freitragendem T-Leitwerk und einem Propellerturbinenpaar P&WC PW115 mit je 1185 kW Leistung erhielt die brasilianische Musterzulassung im Mai 1985. Seit der Übergabe der ersten Zivilmaschine im Juni 1985 an Atlantic Southeast Airways in den Vereinigten Staaten verbuchte der Hersteller im ganzen über 330 Auftragseingänge für die **Brasilia**. Im Januar 1993 hatte das Muster bereits 2.000.000 Flugstunden geleistet und 41.000.000 Fluggäste befördert.

Die Nachfrage nach der Militärversion war bis heute äußerst gering, denn die brasilianische Luftwaffe ist bislang der einzige militärische Nutzer der **EMB-120** geblieben. Zwischen 1987 und 1988 wurden fünf VIP-Transportflugzeuge mit der Bezeichnung **VC-97** geliefert, von denen eines jedoch im Juli 1988 nach einem Flugunfall abgeschrieben werden mußte. Die übrigen Maschinen fliegt die in der Hauptstadt Brasilia stationierte 6° ETA des dortigen Comando Aéreo Regional. Das Muster mit der Bezeichnung **VC-97** entspricht der **EMB-120RT** (Reduced Take-Off), der ab dem vierten Exemplar eingeführten Standardserienversion. Bei ihr war der PW115-Originalantrieb zwei PW118-Propellerturbinen gewichen, die ihre Leistung von 1342 kW (1825 WPS) auf Vierblatt-Propeller von Hamilton Standard abgaben. Eine Version für hochgelegene Plätze und/oder heiße Klimazonen ist mit der Ausführung PW118A erhältlich. Als nächste Variante erschien die **EMB-120ER** (Extended Range) mit höherer Startmasse für größere Reichweiten. Die **ER**-Ausführung benötigt keine wesentlichen Eingriffe in die Struktur, so daß frühere **Brasilia** ohne weiteres auf diesen Standard angehoben werden können. Zugleich legte die **EMB-129ER** die Grundlage für die nächste Version, nämlich die im Jahre 1992 angebotene

**TECHNISCHE DATEN**
**EMBRAER EMB-120**

**Typ:** 30sitziges Regional- und Mehrzwecktransportflugzeug
**Triebwerke:** zwei Propellerturbinen Pratt & Whitney Aircraft of Canada PW118 je 1342 kW (1825 WPS)
**Leistung:** max. Reisegeschwindigkeit in 6100 m Höhe 552 km/h; wirtschaftliche Reisegeschwindigkeit in 7620 m Höhe 482 km/h; Dienstgipfelhöhe 9085 m; Reichweite mit 30 Passagieren 1750 km
**Gewicht:** Rüstmasse 7070 kg; max. Startmasse 11.500 kg
**Abmessungen:** Spannweite 19,78 m; Länge 20 m; Höhe 6,35 m; Tragflügelfläche 39,43 m²

**EMB-120X Improved Brasilia** (X = vorübergehend). Außer neuen Avioniksystemen und einem verbesserten Kabinenausbau wird diese Maschine eine Menge Detail- und Stilverfeinerungen aufweisen. Der **Improved Brasilia** kommen die Erfahrungen zugute, die EMBRAER an ihrem neuen Turboprop-Muster, der **CBA-123**, gewinnen konnte, und das im Jahre 1994 zur Auslieferung ansteht. Für militärische Nutzer von größerem Interesse dürften die **EMB-120 Cargo** als Nurfrachtflugzeug für Lasten bis 4000 kg, die **EMB-120 Combi**, die 19 Personen und 1100 kg Fracht, gesichert durch ein 9-g-Rückhaltesystem, und die **EMB-120QC** (Quick Change) sein, die sich innerhalb von der kurzen Zeit von lediglich 50 Minuten von der Standardauslegung mit 30 Sitzplätzen zum Frachtflugzeug für insgesamt 3500 kg Transportkapazität umrüsten läßt. Die ersten gewerblichen **EMB-120QC** wurden im Mai 1993 ausgeliefert.

***Die Brasilia ist das natürliche Nachfolgemuster der Bandeirante mit größerer Sitzplatzkapazität, ausgerichtet auf eine Zielgruppe von Regionalfluggesellschaften, die einen scharfen Maßstab an die Betriebswirtschaftlichkeit ihres Fluggeräts anlegen müssen.***

# EMBRAER EMB-121 Xingu

In den Jahren 1976 bis 1987 fertigte EMBRAER insgesamt 105 **EMB-121 Xingu**. Die Hälfte davon war für das brasilianische und französische Militär vorgesehen.

Die ursprünglich als Firmenflugzeug geplante und von der **EMB-110 Bandeirante** abgeleitete **Xingu** bot sechs Passagieren eine komfortable Sitzeinrichtung. Der druckbelüftete Rumpf war mit dem T-Leitwerk und dem Tragwerk zusammen mit den Propellerturbinen der Bandeirante kombiniert worden. Der von zwei PT6A-28-Propellerturbinen angetriebene Xingu-Prototyp mit einer Betriebsmasse von insgesamt 5200 kg nahm die Flugerprobung am 10. Oktober 1976 auf. Etwa ein halbes Jahr später, am 10. Mai 1977, folgte auf den Prototyp eine Vorserienmaschine, deren Betriebsmasse auf 5670 kg erhöht worden war. Die letzte seriengefertigte **Xingu** wurde am 19. August 1987 ausgeliefert.

Die ersten sechs Serienflugzeuge mit der Bezeichnung **Xingu I** gingen als **VU-9** an die Força Aérea Brasilia, die sie der 6 Esquadrao de Transporte Aérea für VIP-Flüge zuwies; später wurden außerdem noch sechs weitere Exemplare sowie zwei

**TECHNISCHE DATEN**
**EMBRAER EMB-121A Xingu I**

**Typ:** Mehrzweck-Transport- und Ausbildungsflugzeug für Fortgeschrittene
**Triebwerke:** zwei Propellerturbinen Pratt & Whitney Aircraft of Canada PT6A-28 je 507 kW (690 WPS)
**Leistung:** max. Reisegeschwindigkeit 450 km/h; wirtschaftliche Reisegeschwindigkeit 365 km/h; Dienstgipfelhöhe 7925 m; Reichweite mit 780 kg Nutzlast und Treibstoffreserven 2270 km
**Gewicht:** Rüstmasse 3620 kg; max. Startmasse 5670 kg
**Abmessungen:** Spannweite 14,45 m; Länge 12,25 m; Höhe 4,74 m; Tragflügelfläche 27,50 m²

ursprünglich zivile Maschinen beschafft, denen die neue militärische Bezeichnung **EC-9** zugewiesen wurde.

Im September 1980 beschaffte das französische Verteidigungsministerium die **Xingu** als Ausbildungs- und Verbindungsflugzeug für die Armée de l'Air und für die Aéronavale.

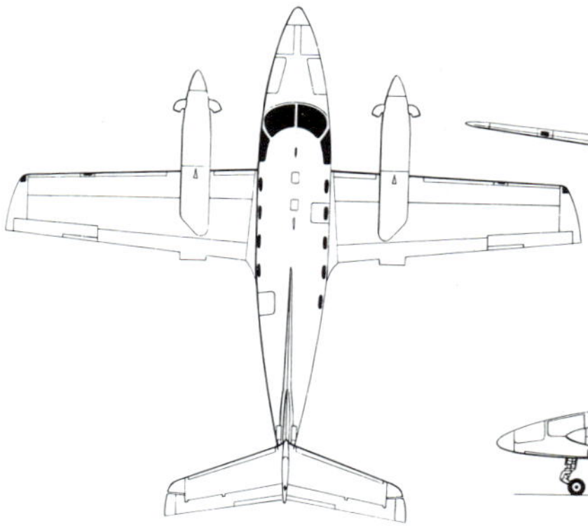

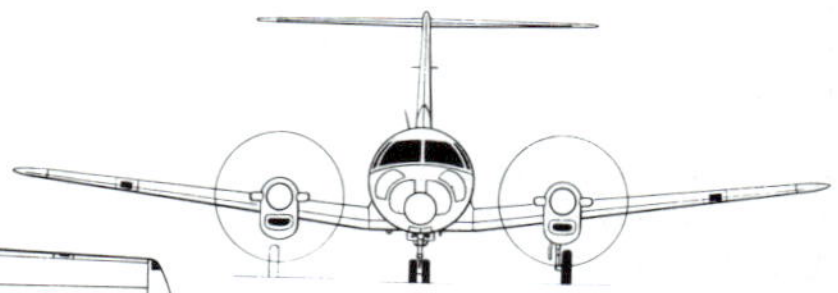

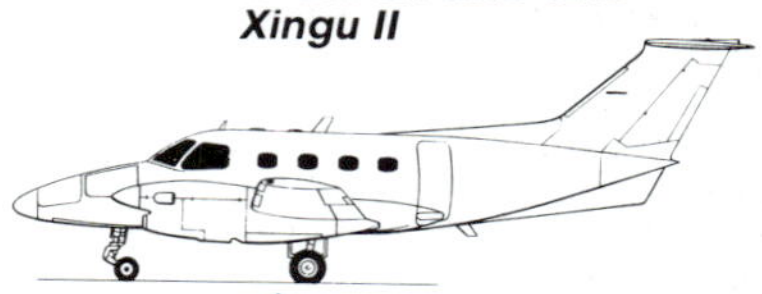

***EMBRAER EMB-121B Xingu II***

Die französische Bestellung umfaßte insgesamt 41 **Xingu**, von denen 25 **EMB-121AA** an die Luftstreitkräfte und 16 **EMB-121AN** an die Marine gingen. Die Lieferung begann im März 1982 und war Ende 1983 abgeschlossen.

Bei der Armée de l'Air wird die **Xingu** hauptsächlich zur Ausbildung bei GE 319 in Avord eingesetzt, und ein kleines Kontingent ist Verbindungsstaffeln zugeteilt worden. Der Einsatz dieses Musters ist vor allem bei der Staffel 52S, der Ausbildungsstaffel in Lann-Bihoué, konzentriert, aber mehrere **Xingu** stehen auch der Staffel 10S zur Entwicklung von Ausrüstungsgegenständen und anderen technischen Erprobungen zur Verfügung.

# EMBRAER EMB-200/201 Ipanema

Im Mai des Jahres 1969 hatte das Departmento de Aeronaves des Centro Téchnico de Aeronáutica in Brasilien mit den Entwurfsarbeiten für ein Agrarflugzeug begonnen, dessen technische Vorgaben vom brasilianischen Landwirtschaftsministerium stammten. Nach der Gründung der Firma EMBRAER am 2. Januar 1970 zur Förderung der nationalen Luftfahrzeugindustrie wurde ihr die Verantwortlichkeit für die Entwicklung des neuen Agrar-Einsitzers übertragen. Bereits am 30. Juli 1970 hob der Prototyp (PP-ZIP) zum Jungfernflug ab.

Die mit **EMBRAER EMB-200 Ipanema** bezeichnete Maschine war als freitragender Tiefdecker in Ganzmetallbauweise mit starrem Spornrad-Fahrwerk konstruiert. Der Boxermotor Avco Lycoming O-540-H2B5D mit einer Leistung von 194 kW (264 PS) diente als Antrieb. Die brasilianische Musterzulassung lag am 14. Dezember

**TECHNISCHE DATEN**
**EMBRAER EMB-201A**

**Typ:** einsitziges Agrarflugzeug
**Triebwerk:** ein 6-Zylinder-Boxermotor Avco Lycoming IO-540-K1J5D
**Leistung:** (landwirtschaftlicher Einsatz) Höchstgeschwindigkeit 225 km/h in Meereshöhe; max. Reisegeschwindigkeit 204 km/h in 1830 m Höhe; Dienstgipfelhöhe 3470 m; Reichweite 877 km
**Gewicht:** Leermasse 1011 kg; max. Startmasse 1800 kg
**Abmessungen:** Spannweite 11,20 m; Länge 7,43 m; Höhe 2,22 m; Tragflügelfläche 19,94 m²

***Die EMB-201A Ipanema ist eine verbesserte Ausführung des Grundmusters EMB-201. Sie wird in hohem Maße in der Landwirtschaft Brasiliens eingesetzt.***

1971 vor, und als erste Serienversionen wurden die **EMB-200** und **EMB-200A** gefertigt, die sich voneinander durch Festbeziehungsweise Verstellpropeller unterschieden. Im Jahre 1974, nachdem insgesamt 73 **EMB-200**-Serienflugzeuge gebaut worden waren, ging man zur Fertigung von **EMBRAER EMB-201** mit Einspritzmotor IO-540 über, dessen 224 kW (305 PS) ein Propeller mit gleicher Drehzahl umsetzte. Insgesamt 200 dieser zudem in Einzelheiten verbesserten **EMB-201** wurden produziert. Im Jahre 1977 ging die modernisierte Version mit der Bezeichnung **EMB-201A**, die am 10. März zum ersten Mal vom Boden abgehoben hatte, in Serienfertigung. Sie verfügte über ein neues Tragflächenprofil, verbesserte Bordsysteme und ein überarbeitetes Cockpit. Im Jahre 1981 übernahm die EMBRAER-Tochter Industria Aeronautica Neiva die Produktion. Bis 1990 waren im ganzen 355 Maschinen dieser Version bestellt worden, und die Absatzziffer der Ipanema war damit auf über 630 angestiegen.

Im Jahre 1988, nachdem bereits 600 Agrarflugzeuge geliefert worden waren, startete der Hersteller mit der Herstellung einer verbesserten Version, die jedoch keine neue Bezeichnung erhielt. Zum Sonderausstattungspaket dieser Weiterentwicklung gehört auch ein Dreiblatt-Hartzell-Propeller.

**Variante**

**EMBRAER EMB-201R:** Bezeichnung für ein Segelschleppflugzeug mit reduzierter Spannweite des Trag- und Höhenleitwerks; es verfügt über ein Schleppgeschirr statt einer Agrarausrüstung; drei Exemplare der EMBRAER EMB-201R gingen an den Segelclub der brasilianischen Luftwaffenakademie und erhielten dort die Bezeichnung U-19

# EMBRAER EMB-312 Tucano

Die Entwicklung des Turboprop-Hochleistungsschulflugzeugs **EMBRAER EMB-312 Tucano** (Tukan) begann im Jahre 1978 und geht auf eine Forderung der brasilianischen Luftwaffe für einen Nachfolger der **Cessna T-37** zurück. Nach dem Erstflug am 16. August 1980 wurde die erste **T-27 Tucano** im September 1983 der Luftwaffenakademie in der Nähe von Sao Paulo übergeben. Diese Institution betreibt das Gros der insgesamt 133 Flugzeuge, die die FAB (einschließlich zehn Exemplare im Jahre 1990 und nochmals fünf im Jahre 1993) in Auftrag gegeben hat, doch einige Maschinen sollen bei einer Umschulungseinheit Dienst verrichten. EMBRAER liegt zusätzlich eine Option auf weitere 40 **T-27** vor. Das Kunstflugteam der brasilianischen Luftwaffe hat seine betagten North American Harvard gegen **T-27** ausgetauscht und sich an zahlreichen Orten des amerikanischen Kontinents mit dem neuen Muster vorgestellt.

Die **Tucano** war von Anfang an zur Vermittlung des fliegerischen Gefühls wie in einem Strahlflugzeug angelegt und ist dazu mit einem einzigen Hebel zur Regelung der Triebwerkleistung und Blattsteigung sowie einem Cockpit mit in der Höhe gestaffelten Schleudersitzen in Tandemanordnung ausgestattet. Zur Einsatz- und Waffenausbildung läßt sich die **Tucano** mit Lasten bis zu 1000 kg an vier Stationen unter den Tragflächen beladen. Mit Ägypten wurde im September 1983 ein Exportauftrag über 134 **Tucanos** abgeschlossen. Bis auf die ersten zehn Exemplare zeichnet Helwan für die Montage dieser Flugzeuge verantwortlich. Die ägyptische Luftwaffe selbst fliegt nur 54 der im Lande zusammengebauten Trainer, und rund 80 Stück wurden für die Luftstreitkräfte des Irak gefertigt. Es folgten Lieferungen an die Luftstreitkäfte Argentiniens (30), Honduras' (12), Irans (25), Paraguays (fünf), Perus (30) und Venezuelas (31). Ein weiterer Großauftrag wurde im Oktober 1991 wirksam (der bereits im Juli 1990 plaziert worden war), als Frankreich die Absichtserklärung zur Beschaffung von 80 **EMB-312F** bekanntgab, die von EMBRAER ab Juli 1993 geliefert werden sollten. Diese französische Version zeichnet sich durch eine längere Lebensdauer, Luftbremse an der Rumpfunterseite und französische Avioniksysteme aus. Im Juli 1993 wurden die beiden ersten Maschinen dem CEV-Erprobungszentrum in Mont-de-Marsan übergeben. Die ersten 20 Serienflugzeuge sollen zwischen Juli 1994 und Juli 1995, das zweite Baulos mit 28 Exemplaren zwischen Juli 1995 und Juli 1996 und die restlichen 30 Trainer in zwei gleich großen Serien bis Mai 1998 in Frankreich eintreffen. Ein weiterer südamerikanischer Abnehmer war die kolumbianische Luftwaffe, die Ende 1992 14 **Tucanos** im Bestand führte.

Der größte Exporterfolg stellte sich im März 1985 ein, als die **Tucano** das umkämpfte Rüstungsvorhaben Großbritanniens gewann, das 131 Flugzeuge als Nachfolgemuster für die **BAe (Hunting) Jet Provost** der RAF umfaßte. Um diesen Auftrag zu ergattern, mußte EMBRAER in den Tausch des Originaltriebwerks gegen die beträchtlich stärkere (820 kW/1115 WPS) Propellerturbine Garrett TPE331-12B einwilligen und zur Erfüllung der weitaus strengeren RAF-Forderungen umfangreiche Änderungen am Entwurf und an den Bordsystemen vornehmen. Shorts in Belfast ist mit der Lizenzfertigung der **Tucano** betraut worden, und produziert nicht nur die 130 Maschinen für die RAF, sondern zusätzlich nach gleichem Standard zwölf und 16 Exemplare für die Luftstreitkräfte Kenias beziehungsweise Kuwaits. Anfang 1994 waren in die Liste der Festbestellungen 654 Flugzeuge eingetragen, von denen fast 600 bereits ausgeliefert waren.

Im Juni 1991 kündigte EMBRAER die Version **EMB-312H** mit der von PW&C hochgerüsteten Propellerturbine PT6A-68/1 an. Zur Einrüstung dieses 1193 kW starken Triebwerks und zur Erhaltung der Stabilität und des Schwerpunkts mußte der Rumpf durch vorn und hinten eingefügte Abschnitte um insgesamt 137 cm gestreckt werden. Diese Version wird in Zusammenarbeit mit Northrop für die JPATS-Ausschreibung der USAF/USN aufgeboten. Im August flog eine entsprechend umgebaute **Tucano (PP-ZTW)** etliche US-Stützpunkte an, bevor die erste Serienmaschine **(PP-ZTV)** am 15. Mai 1993 flugbereit war. Auch die brasilianische Luftwaffe bekundete Interesse an einer stärkeren **Tucano** zur Steigerung ihrer Effektivität in der Waffenausbildung. Eine **Tucano H** dürfte diesem bestens genügen. Mit Sicherheit wird dies auch die neue Standardausfuhrversion.

## TECHNISCHE DATEN
### EMBAER EMB-312 Tucano

**Typ:** zweisitziges Grundschulflugzeug
**Triebwerk:** eine Propellerturbine P&WC PT-6A-25C mit einer Leistung von 559 kW
**Leistung:** Grenzgeschwindigkeit 519 km/h; Höchstgeschwindigkeit im Horizontalflug ohne Außenlasten in 3050 m Höhe 448 km/h; max. Steiggeschwindigkeit in Meereshöhe 11,33 m/sek; Dienstgipfelhöhe 9145 m; Überführungsreichweite mit zwei Zusatztanks 3330 km; typische Reichweite mit Interntreibstoff 1844 km; Flugdauer mit Interntreibstoff etwa fünf Stunden
**Gewicht:** Rüstmasse 1810 kg; normale Startmasse 2550 kg; max. Startmasse 3175 kg
**Abmessungen:** Spannweite 11,14 m; Länge 9,86 m; Höhe 3,40 m; Tragflügelfläche 19,40 m²
**Bewaffnung:** vier Außenlastträger unter den Flächen für eine Waffenlast von insgesamt 1000 kg; typische Beladungen zwei C2-Maschinengewehrbehälter, Kaliber 7,62 mm, vier 11,3 kg schwere Übungsbomben Mk 76, vier Mehrzweckbomben Mk 81 je 113 kg oder vier Raketenbehälter

***Im Exportgeschäft war die Tucano in Südamerika besonders erfolgreich. Venezuela erhielt 31 Tucano, die zur Bekämpfung von Aufständen (mit Tarnanstrich) und zur Ausbildung (silberfarben) eingesetzt werden.***

# EMBRAER EMB-145 Jetliner

Auf der Pariser Luftfahrtschau im Juni 1989 kündigte EMBRAER die Entwicklung eines 45/48sitzigen Regional-Jetliner auf der Grundlage des Turboprop-Musters **Brasilia** an. Ein Minimum an Änderungen sollte zur **EMB-145 Amazon** führen; das Konzept sah vor, den verlängerten **Brasilia**-Rumpf mit einer modifizierten Version des Tragwerks zu kombinieren und zwei Mantelstromwerke mit je 2910 kg Schub einzusetzen, die an die Oberseite der Innenflächen und über die Nasenkante hinausragend gerückt waren. Um die Entwicklungskosten von geschätzten 200 Millionen US $ möglichst niedrig zu halten und Betriebskosten zu erreichen, die mit denjenigen großer Turboprop-Maschinen vergleichbar waren, strebte EMBRAER eine Baugleichheit von 70 bis 75% mit der Brasilia an. Als Antrieb hatte das Unternehmen das von General Motors/Allison entwickelte Turbofan-Triebwerk GMA 3007 vorgesehen.

Testergebnisse vom III. Quartal 1990 ließen jedoch mehrere Mängel deutlich hervortreten, so daß die Konfiguration zwischen Oktober 1990 und März 1991 überarbeitet wurde. Die brasilianische Versuchsanstalt CTA führte in Sao Jose dos Campos Untersuchungen durch, die anschließend im Windkanal bei Boeing in Seattle verifiziert wurden. Im April 1991 wurden eine Reihe von Änderungen angekündigt: die bisherige Trapezform der Tragflächen war einem neuen, kürzer gespannten Tragwerk mit superkritischem Profil und einem Pfeilwinkel von 22,3° gewichen und die Triebwerke an Stielen unter die Flächen gehängt; der Bug war gestreckt worden, damit das längere Bugfederbein untergebracht werden konnte. Neuerliche Änderungen wurden im Oktober 1991 bekanntgegeben, nachdem die Triebwerke an den hinteren Rumpfabschnitt verlegt worden waren. Windkanaltests bei subsonischen und schallnahen

Geschwindigkeiten lieferten die Bestätigung der theoretischen Leistungswerte in dieser Konfiguration beziehungsweise deren Verbesserung.

Im Februar 1993 wurden Parker Hannifin (USA) und GAMESA (Spanien) als Programmpartner vorgestellt. Während ersterer die Kontrollflächen und Teile der Bordsysteme bereitstellen soll, ist GAMESA für die Entwicklung und Konstruktion der Tragflächen und der Triebwerkzellen verantwortlich.

Im Ablaufplan der Entwicklung ist der Erstflug für 1995 anberaumt. Mit einem Prototyp und drei Serienflugzeugen soll innerhalb von 13 Monaten ein Testprogramm mit 1100 Flugstunden durchgezogen werden, so daß im Jahr darauf mit der Musterzulassung gerechnet werden kann. Bei der diesjährigen Luftfahrtausstellung in Singapur wurden mit asiatischen und europäischen Erstkäufern Abschlüsse für den **Jetliner** zum Preis von 13 Millionen US-Dollar getätigt. Derzeit liegen EMBRAER Vorverträge 14 anderer Luftverkehrsgesellschaften in acht verschiedenen Ländern für 136 Flugzeuge vor.

**TECHNISCHE DATEN**
**EMBRAER EMB-145**

**Typ:** zweistrahliger, 45sitziger Regional-Airliner
**Triebwerke:** zwei Mantelstromtriebwerke General Motors/Allison GMA 3007 je 3061 kg Schub
**Leistung:** (geschätzt) Höchstgeschwindigkeit 808 km/h; Dienstgipfelhöhe 12.200 m; Reichweite 1600 km
**Gewicht:** (geschätzt) 9820 kg; max. Startmasse 17.000 kg
**Abmessungen:** Spannweite 20,53 m; Länge 27,96 m; Höhe 7,10 m; Tragflügelfläche 47 $m^2$

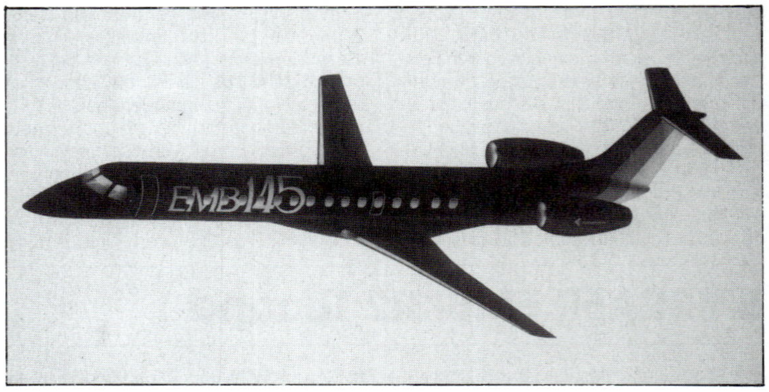


***Beide EMBRAER-Regional-Airliner der dritten Generation sind von der Brasilia abgeleitet. Die strahlgetriebene EMB-145 hat eine langwierige Entwicklung mit mehrfachen Änderungen der Konfiguration, insbesondere den Einbauort der Triebwerke betreffend, hinter sich.***

# EMBRAER/FMA CBA-123 Vector

Für ihre dritte Turboprop-Airliner-Generation setzte EMBRAER auf die Erfahrung, die sie mit den erfolgsgekrönten Serienprogrammen der **Bandeirante** und **Brasilia** gewonnen hatte. Grob umrissen waren die Hauptmerkmale: 19 Sitzplätze, geringerer Kraftstoffverbrauch, höhere Reisegeschwindigkeit bei voller Zuladung, höhere Reiseflughöhe, bessere Steig- und Sinkgeschwindigkeiten für Verfahren im Luftraum mit hoher Verkehrsdichte und kürzere Start- und Landestrecken. Das neue Muster sollte den Passagieren den Sitzkomfort und Gepäckablagen im Stil der **Brasilia** in einer klimatisierten und druckbelüfteten Kabine bei erheblich niedrigerem Lärm- und Vibrationspegel bieten. Die Firma nahm den Entwurf des neuen Flugzeugs (als **EMB-123** angekündigt) im Jahr 1985 in Angriff. Bei der Farnborough-Luftfahrtschau 1986 wurden erste Geheimnisse gelüftet. Anschließend wurden Verhandlungen mit Argentiniens Fábrica Militar de Aviones (FMA) mit dem Ziel geführt, ein technisches, industrielles und kommerzielles Kooperationsprogramm zu realisieren. Im Mai 1987 wurde ein Abkommen (mit einer Arbeitsteilung von 70/30) zur gemeinsamen Entwicklung des neuen Musters, das inzwischen in **CBA-123 Vector** umbenannt worden war, unterzeichnet.

Die **Vector** ist annähernd 60% baugleich mit der **Brasilia**, obgleich die konventionelle Tiefdeckerauslegung mit T-Leitwerk mit einem völlig neuen Antriebskonzept versehen ist. Es sind nämlich zwei Turboprop-Triebwerke in Kohlenstoffasergondeln beidseitig am Hinterrumpf vorgesehen, die Druckpropeller antreiben. Diese Anordnung senkt den Geräuschpegel in der Kabine und ermöglicht zugleich, die Baugruppen Rumpf und Tragwerk außerordentlich sauber durchzugestalten. Der verkürzte Brasilia-Rumpf ist mit völlig neu konstruierten Tragflächen mit superkritischem Profil und Doppelspalt-Fowlerklappen verbunden. Die beiden Garrett-Propellerturbinen TPF351-20 geben ihre Leistung von 969 kW auf Hartzell-Propeller mit sechs sichelförmigen Blättern ab. Die Triebwerke sind FADEC-geregelt und erzeugen in Reise- und Steigflugphase eine Leistung von jeweils 746 kW.

Drei Prototypen sollten gebaut werden, zwei in Brasilien und einer in Argentinien. Die erste Versuchsmaschine **(Pt-ZVE)** startete am 18. Juli 1990 zum Jungfernflug dieses Musters, gefolgt vom zweiten Prototyp **(PT-ZVB)** am 15. März 1991. Wegen der angespannten finanziellen Situation des Unternehmens EMBRAER wurde die weitere Entwicklung der **Vector** im Jahre 1992 unterbrochen. Zwischenzeitlich flogen die beiden von EMBRAER gebauten **Vector**-Versuchsmaschinen bis Juni 1993 insgesamt 975 Flugstunden. Die Entscheidung über die Serienfertigung Anfang 1994 hängt von der Auftragsbestätigung der Regierungen Brasiliens und Argentiniens ab. Die Luftstreitkräfte beider Länder haben Forderungen für 40 bzw. 20 Flugzeuge erhoben.

***Die Vector bietet eine völlig neuartige Konfiguration mit Hecktriebwerken und Druckpropellern. Mit fast 600 km/h Spitzengeschwindigkeit ist sie eines der schnellsten Muster seiner Klasse.***

**TECHNISCHE DATEN**
**EMBRAER/FMA CBA-123 Vector**

**Typ:** 19sitziges Regionalverkehrs- und Firmenflugzeug
**Triebwerke:** zwei Propellerturbinen Garrett TPF531-20 oder 20A je 969 kW
**Leistung:** max. Reisegeschwindigkeit in 7315 m Höhe 594 km/h; wirtschaftliche Reisegeschwindigkeit in 9145 m Höhe 569 km/h; max. Steiggeschwindigkeit in Meereshöhe 11,93 m/sek; Dienstgipfelhöhe 10.670 m; Reichweite bei max. Reisegeschwindigkeit mit 19 Passagieren, 185-km-Reserve und 45 Flugminuten in der Warteschleife 1852 km
**Gewicht:** Leermasse 6230 kg; max. Startmasse 9500 kg
**Abmessungen:** Spannweite 17,72 m; Länge 18,09 m; Höhe 5,97 m; Tragflügelfläche 27,20 $m^2$

# ENAER T-35 Pillán und T-35DT Aucán

Zu Beginn der achtziger Jahre hatte ENAER 27 **Piper PA-28 Dakota** für Sportflugvereine und die chilenische Luftwaffe montiert. Als letztere dann ein ähnliches zweisitziges, aber voll kunstflugtaugliches Schulflugzeug benötigte, entwickelte Piper die **PA-28R-300**. Das neue Muster basierte auf der Saratoga, war aber mit einem neuen Flügelmittelstück, Kunstflugflächen und einem 224 kW (305 PS) starken Lycoming-Motor ausgestattet. Auf zwei von Piper gebaute Prototypen, die am 6. März und 31. August 1981 erstmals flogen, folgten drei von ENAER zusammengebaute Maschinen. Der in Chile als **T-35 Pillán** (Schelm) bekannte Trainer erreichte die Serienfertigung. Er sollte bei den heimischen Luftstreitkräften die fliegerische Grundausbildung übernehmen. Die Lieferungen von 60 **T-35A** Grundschulflugzeugen und 20 Trainer **T-35B** zur Ausbildung im Instrumentenflug an die Luftwaffenakademie setzten im August 1985 ein; beide Versionen dienen bei der Escuela de Aviacion „Capitan Avalos" in El Bosque, Santiago. Mehrere Exemplare sind Grupo 11 in Los Cerillos zur Unterstützung der 11. Brigade, Ala 2, zugeteilt.

Für Spanien produzierte ENAER 41 **T-35C**, die von CASA montiert wurden und bei der Luftwaffe unter der Bezeichnung **E.26 Tamiz** fliegen. Diese Maschinen werden zur Grundausbildung eingesetzt, aber Ala 54 des Mando de Materiel verfügt ebenfalls über einige Exemplare. Instrumententrainer **T-34D** wurden erworben von den Luftstreitkräften Panamas (zehn 1988/89 gelieferte Exemplare) und Paraguays (15). Am 5. März 1988 flog bei ENAER der Prototyp **T-35S**, der von einer Allison-Propellerturbine 250-B17 angetrieben wurde und zur Kunstflugausbildung und -Vorführung vorgesehen war.

Die Entwurfsstudien für eine **Turbo Pillán** waren 1985 abgeschlossen. Im Jahre 1986 rüstete ENAER eine **Pillán (CC-PZH)** mit einem 313 kW starken Turboprop-Triebwerk vom Typ Allison 250-B17D aus, um die **T-35TX Aucán** (Launiger Krieger) herauszubringen. Nach dem Jungfernflug im Februar desselben Jahres und dem ersten öffentlichen Auftritt bei der FIDAE sammelte die **Aucán** rund 500 Flugstunden bis zum Jahre 1987, als die Maschine für weitere Modifikationen zum Hersteller zurückkehrte. In überarbeiteter Form mit einteiliger, seitlich angeschlagener Cockpithaube befand sie sich bald wieder in der Luft. 1990 vergab ENAER die Fortentwicklung und Einrüstung der Allison-Propellerturbine 250 sowie die Schaffung eines Umrüstbausatzes für vorhandene **T-35 Pillán** mit Kolbentriebwerk an

**TECHNISCHE DATEN**
**ENAER T-35A Pillán**

**Typ:** zweisitziges Grundschulflugzeug
**Triebwerk:** ein Kolbenmotor Textron Lycoming IO-540-K1K5 mit 224 kW (305 PS)
**Leistung:** Höchstgeschwindigkeit in Meereshöhe ohne Außenlasten im Horizontalflug 311 km/h; max. Marschgeschwindigkeit in 2680 m Höhe 266 km/h; max. Steiggeschwindigkeit in Meereshöhe 7,75 m/sek; Steigzeit auf 3050 m 8 Minuten, 48 Sekunden; Dienstgipfelhöhe 5840 m; Reichweite 1204 km bei 55% Motorleistung oder 1093 km bei 75% Motorleistung; Flugdauer 5 Stunden, 36 Minuten bei 55% Motorleistung oder 4 Stunden, 24 Minuten bei 75% Motorleistung
**Gewicht:** Rüstmasse 930 kg; normale Startmasse für Kunstflug 1315 kg; max. Startmasse 1338 kg
**Abmessungen:** Spannweite 8,84 m; Länge 8 m; Höhe 2,64 m; Tragflügelfläche 13,69 m²
**Bewaffnung:** max. Außenlasten 500 kg

die in Olympia, Washington, ansässige Firma Soloy. Die erste von Soloy ummotorisierte **Pillán (CC-PZG)** flog im März 1991, und ENAER vermarktet diese Version unter der Bezeichnung **T-35DT Turbo Pillán**.

***Die Pillán ist das Hauptschulflugzeug der Fuerza Aérea de Chile, eingesetzt in der Normalversion T-35A und in der IFR-tauglichen Ausführung T-35B.***

# Edgar Percival E.P.9

Mit der Leichtflugzeugserie **Gull** machte sich Edgar Percival in den dreißiger Jahren einen Namen. Nach dem Zweiten Weltkrieg produzierte seine Firma die Schulflugzeuge **Prentice** und **Provost**, doch im Jahre 1954 kaufte die Hunting Group sie auf. Dieser Flugwerkhersteller ging im Jahre 1960 jedoch in BAC auf.

Der gebürtige Australier gründete 1954 die neue Firma Edgar Percival Aircraft Ltd. am Flughafen von Stapleford und konstruierte auf eigenes Risiko ein Hochdecker-Nutzflugzeug, das als **Edgar Percival E.P.9** bekannt wurde. Der Prototyp dieses Mehrzweck-Flugzeuges, das für die Landwirtschaft und leichte Transportdienste vorgesehen war, flog am 21. Dezember 1955 zum ersten Mal, und wenig später lief die Fertigung des Bauloses von 20 Flugzeugen an. Eine Demonstrationstour durch Australien mit der vierten zugelassenen Maschine brachte dem Hersteller Aufträge dieses Landes für vier **E.P.9** ein; auf dem Luftweg wurden im September 1957 die beiden Exemplare für Super-Spread Aviation (Pty) Ltd. nach Melbourne überführt, und das Duo für Skyspread Ltd. in Sydney folgte zwei Monate später.

Andere Kunden in Übersee waren Kanada, Frankreich, Neuseeland und Tasmanien; daneben verrichteten eine Reihe in Großbritannien zugelassener **E.P.9** Sprüh- und Frachtaufträge im Ausland. Zu Prüfzwecken beschaffte das britische Heer im März 1958 zwei Exemplare, die mehrere Jahre lang im Dienst verblieben, bis sie am zivilen Markt verwertet wurden.

Im Jahre 1958 erwarb die Firma Samlesbury Engineering Ltd. die Rechte an der **E.P.9**, einschließlich der Rechte an einigen montierten und teilmontierten Luftfahrzeugen. Das Unternehmen firmierte neu unter dem Namen Lancashire Aircraft Co. Ltd. und komplettierte drei Exemplare, die mit 220 kW (299 PS) starken Boxermotoren Avco Lycoming GO-480-G1A6 ausgestattet waren. In dieser Form erhielten die Maschinen die Bezeichnung **Lancashire Prospector E.P.9**.

Bevor die Produktion mit der 27. Maschine endete, wurden noch fünf Flugzeuge fertiggestellt. Erwähnt werden sollte noch die **Skyspread E.P.9**, die 1958 auf einen Sternmotor, den Cheetah 10 von Armstrong Siddeley mit 280 kW (380 PS), umgestellt worden war; ein ähnliches Triebwerk erhielt auch die letzte **Lancashire Prospector** 1960. In Großbritannien existieren noch drei Flugwerke dieses Musters, die alle im Museum of Army Flying in Middle Wallop aufbewahrt werden. Aus diesen Bauteilen soll eine flugtüchtige **E.P.9** zusammengebastelt werden.

**TECHNISCHE DATEN**
**Edgar Percival E.P.9**

**Typ:** leichtes Nutzflugzeug
**Triebwerk:** ein 6-Zylinder-Boxermotor Avco Lycoming GO-480-B1B mit 201 kW (273 PS)
**Leistung:** Höchstgeschwindigkeit 235 km/h; Reisegeschwindigkeit 206 km/h; Dienstgipfelhöhe 5335 m; Reichweite 933 km
**Gewicht:** Leermasse 912 kg; max. Startmasse 1610 kg
**Abmessungen:** Spannweite 13,26 m; Länge 8,99 m; Höhe 2,67 m; Tragflügelfläche 21,14 m²

***Die Lancashire Prospector E.P.9 wurden mit dem Boxermotor Avco Lycoming GO-480 gebaut, aber die letzte von Lancashire gefertigte Maschine erhielt 1959 den Sternmotor Cheetah 10. Die E.P.9 wurde als Nutztransport- und Sprühflugzeug genutzt.***

# Edgley EA7 Optica

Eine hervorragende Sicht und gleichzeitig ausgezeichnete Langsamflugeigenschaften sollte die als Reise- oder Tourenflugzeug gedachte **Edgley EA7 Optica** ihren Insassen bieten. Die Konstruktion eines Prototyps lief 1976 in London an. Die Endmontage führte das College of Aeronautics in Cranfield aus. Der beim Erstflug am 14. Dezember 1979 vorgesehene Flugmotor Avco Lycoming O-320 mit 119 kW (162 PS) wurde später gegen einen IO-350 mit 134 kW (182 PS) ausgetauscht. Dieses Triebwerk liefert den Antrieb für einen ummantelten Bläser, dessen fünf Blätter fest eingestellt sind. Die **Optica** soll das leiseste Luftfahrzeug der Welt sein.

Die Anordnung der Cockpit-Baugruppe vermittelt dem Piloten und seinen Fluggästen ein 270°-Panorama-Blickfeld und eine nahezu senkrechte Sicht auf den Erdboden. Die Cockpithaube ist so konstruiert, daß man durch die Scheiben fotografieren kann. Das starre und nicht verkleidete Dreirad-Fahrwerk ist wartungsfrei aufgehängt. Die Zelle ist eine Ganzmetallkonstruktion. Die Kabine ist 1,68 m breit, so daß drei Sitze nebeneinander montiert werden können; im Rückraum dieser Sitze und am Boden vor den beiden Passagierplätzen läßt sich Gepäck verstauen und Sonderausrüstung einrichten.

Die **Optica**-Rollen sind praktisch unbegrenzt, vom naheliegenden Luftbild- und Vermessungswesen über Verkehrsüberwachung bis hin zur Inspektion von Freileitungen. Seit ihrem ersten Auftritt zog die **Optica** Interesse auf sich, und bei der Pariser Luftfahrtschau 1981 wurde der erste Serienauftrag bekanntgegeben – 25 Flugzeuge für die Generalvertreterfirma H.G. Sleigh Aviation Ltd. in Australien.

Für 2,3 Millionen £ kaufte Edgley das Flugfeld Old Sarum bei Salisbury und richtete in den vorhandenen Hallen eine Fertigungsstrecke ein. Der Startplan deckte die Produktion von 200 Flugzeugen ab Mitte 1983 ab, so daß die ersten Serienmaschinen am Ende dieses Jahres zum Stückpreis von 55.000 £ zur Verfügung standen. Der Absturz einer frühen Serien-**Optica** im Jahre 1985 führte jedoch zum Zusammenbruch der Firma. Im Oktober 1985 wurde Optica Industries als Nachfolger gegründet, und bis Ende 1986 waren 15 Flugzeuge ausgeliefert worden. Im Januar 1987 fiel die Anlage einer Brandstiftung zum Opfer, die nur eine flugtüchtige **Optica** auf dem Vorfeld überlebte. Die neu gegründete Firma hieß Brooklands Aircraft (später Aerospace), und die Fertigung der **Optica Scout**, nunmehr Scoutmaster genannt, wurde mit dem 194 kW (264 PS) starken Textron Lycoming O-540 wieder aufgenommen. Bis Ende 1989 lieferte die Firma sechs Maschinen an ihre Käufer aus. Im März 1990, nachdem weitere fünf Exemplare plare gebaut worden waren, wurde die Herstellung gestoppt und ein Konkursverwalter eingesetzt. Im Juli 1990 erwarb die in Hurn ansässige Lovaux Ltd. das **Optica**-Projekt. Die Wiederaufnahme der Serienfertigung und Vermarktung erfolgte 1992, nachdem das FAA im Dezember 1991 die Zulassung erteilt hatte. Der anhaltende Optimismus gegenüber dem Optica-Projekt wird durch Marktanalysen gestützt, die besagen, daß rund 8000 Luftfahrzeuge in Überwachungsdienste eingebunden sind. Das Spektrum dieser Spezies reicht von teuren Hubschraubern bis zu simplen einmotorigen Starrflügeltypen, doch keiner davon ist vom Entwurf her auf diese Rolle spezialisiert. Nur 5% Marktanteile würden dem Unternehmen zum verdienten Aufschwung verhelfen.

***Wegen ihrer geringen Geschwindigkeit und der „Zyklopkanzel" eignet sich die Optica für Beobachtungsflüge.***

**TECHNISCHE DATEN**
**Edgley EA7 Optica**

**Typ:** dreisitziges Schleichflug-Überwachungsluftfahrzeug
**Triebwerk:** ein 4-Zylinder-Boxermotor Avco Lycoming IO-360 mit 149 kW (203 PS) oder TO-360 mit 156 kW (212 PS), der einen ummantelten Fan antreibt
**Leistung:** Höchstgeschwindigkeit 203 km/h; Reisegeschwindigkeit 174 km/h; Überwachungsgeschwindigkeit 92 km/h; Dienstgipfelhöhe 4265 m; Reichweite mit üblicher Reserve bei 65% Leistung 1046 km
**Gewicht:** Leermasse 850 kg; max. Startmasse 1236 kg
**Abmessungen:** Spannweite 11,99 m; Länge 8,15 m; Höhe 2,31 m; Tragflügelfläche 15,84 m²

# Enstrom F-28/280 Shark

Der von Rudy J. Enstrom konstruierte Leichthubschrauber **Enstrom F-28** flog versuchsweise erstmals am 12. November 1960. Dieses Muster war als Zweisitzer mit Zweiblatt-Hauptrotor und unverkleidetem Heckausleger ausgelegt. Am 26. Mai 1962 folgte der erste von zwei dreisitzigen Vorserien-Helikoptern, und die endgültige Serienversion erschien im Herbst des Jahres 1963. Der von einem Avco Lycoming O-360-A1A mit einer Leistung von 134 kW (182 PS) angetriebene Drehflügler war mit einem Dreiblatt-Hauptrotor ausgestattet. Die Kabinensektion war aus Leichtmetall und Glasfasermaterial konstruiert, und der Heckausleger war in Halbschalenbauweise vollständig aus Metall gefertigt.

**Varianten**

**F-28A:** diese Version wurde im Jahre 1968 mit Avco Lycoming HIO-360C1A-Motor (Leistung 153 kW/208 PS) als Antrieb eingeführt; die Produktion wurde im Februar 1970 eingestellt, als die R.J. Enstrom Corporation eingestellt wurde; die Fertigung wurde im Jahre 1971 wieder aufgenommen nach Neufirmierung unter dem Namen Enstrom Helicopter Corporation

**280 Shark:** Bezeichnung einer im Jahre 1973 entwickelte Luxusversion der F-28A; mit der Shark wurde eine windschnittigere Form der Kabinensektion, Rücken- und Kielflossen sowie Endplatten an den kleinen Höhenflossen eingeführt; die Standardtreibstoffkapazität war auf insgesamt 151 Liter erhöht worden; von der FAA wurde das Muster im September des Jahres 1974 zugelassen

**F-28C/280C:** verbesserte Versionen, die im Jahre 1973 entwickelt wurden; der Antrieb erfolgte durch einen 153 kW (208 PS) starken Avco Lycoming HIO-360-E1AD-Motor mit Turbolader Rajay 301-E-10-2; der Heckrotor war an die Backbordseite des Rumpfes gerückt, bei umgekehrter Drehrichtung; die Unterversion F-28C-2 war mit einer einteiligen Frontscheibe und einer zentralen Instrumentenkonsole auf einem Podest ausgestattet, die die Sicht nach vorn und nach unten verbesserte; die Produktion dieser Version wurde im November 1981 eingestellt

**F-28F Falcon/280F:** die im Januar 1981 von der FAA zugelassenen Modelle F-28F und 280F erhielten den turbogeladenen Motor Avco Lycoming HIO-360-F1AD mit einer Leistung von 168 kW (228 PS); zehn Exemplare hat das Heer Paraguays zur Ausbildung beschafft

**F-28F-P Sentinel:** eigens für das Pasadena Police Department entwickelte Variante des Modells 280F mit entsprechender Sonderausrüstung einschließlich Suchscheinwerfer; erste Übergabe erfolgte im Oktober 1986

**280FX:** verbesserte Ausführung des Modells 280F mit verkleidetem Fahrgestell, neu entworfenen Seiten- und Höhenflossen, abgedeckter Heckrotorwelle und Heckrotor-Schutzbügel; der Erstflug fand im Dezember 1983 statt, die Musterzulassung erfolgte im Januar 1985; zum Kreis der Exportabnehmer gehört auch das chilenische Heer mit insgesamt 15 im Jahr 1989 zur Anfänger- und Blindflugausbildung beschafften Exemplaren

**280L Hawk:** die Arbeiten an einer viersitzigen Variante des Modells 280C begannen im Januar des Jahres 1978; ein Prototyp flog am 27. Dezember 1978 zum ersten Mal; der Durchmesser des Hauptrotors war bei dieser Version um 61 cm vergrößert und der Rumpf um 91 cm verlängert worden; der Antrieb des F-28F/280F blieb unverändert, aber die Treibstoffkapazität war auf 170 Liter gesteigert worden; im Jahre 1983 wurde die Entwicklung auf unbestimmte Zeit verschoben, nachdem die Firma den Besitzer gewechselt hatte

**Spitfire Mk 1:** dieser von der Spitfire Helicopter Company in Lynnfield, Massachusetts, auf der Grundlage des Enstrom F-28A entwickelte und von der Allison-Wellenturbine 250-C20B mit 313 kW (425 WPS) angetriebene Hubschrauber erschien im Jahre 1976

**TECHNISCHE DATEN**
**Enstrom F-28C**

**Typ:** dreisitziger Leichthubschrauber
**Triebwerk:** ein Turboladermotor Avco Lycoming HIO-360-E1BD mit 153 kW (208 PS)
**Leistung:** Höchstgeschwindigkeit 180 km/h; Reisegeschwindigkeit 172 km/h; Dienstgipfelhöhe 3660 m; Reichweite 435 km
**Gewicht:** Leermasse 680 kg; max. Startmasse 1066 kg
**Abmessungen:** Hauptrotordurchmesser 9,75 m; Länge 8,94 m; Höhe 2,79 m; Hauptrotorkreisfläche 74,69 m²

***Der F-28A ist ein kompakter Leichthubschrauber. Dank der Höhe des Rotormasts können die Insassen sicher aussteigen, ohne den Kopf einziehen und einen krummen Buckel machen zu müssen.***

# Enstrom 480 Eagle

Der **Enstrom 480 Eagle** wurde hauptsächlich aus dem viersitzigen Modell **280L Hawk** entwickelt und von einer Allison-Wellenturbine 250 angetrieben. Der Erstflug dieses Modells erfolgte im Dezember des Jahres 1988. Dem auf der umgebauten Zelle eines **280FX** basierenden Prototyp folgte am 7. Oktober 1989 das definitive Muster **(N8631E)**, das mit einer erweiterten Kabine versehen war. Enstrom schlug außerdem eine dreisitzige Militärversion mit der Bezeichnung **TH-28** vor, die für den Ausbildungs- und Patrouillendienst geeignet ist. Mit diesem Hubschrauber können zwei Flugschüler gleichzeitig ausgebildet werden, nämlich einer im Sichtflug und der andere im Blindflug. Ein zweiter Prototyp (in der Serienkonfiguration des **TH-28**) flog im Dezember 1991, und im September des darauffolgenden Jahres stellte das FAA ihm das Lufttüchtigkeitszeugnis aus. Enstrom bot der US Army den **TH-28** für ihr NTH-Programm (New Training Helicopter) an, doch die US Army entschied sich für ein anderes Muster. Wesentlich erfolgreicher war Enstrom jedoch mit seinem Zivilhubschrauber, denn bereits von der ersten Baureihe **480 Eagle** waren insgesamt 40 Stück verkauft worden.

**TECHNISCHE DATEN**
**Enstrom 480 Eagle**

**Typ:** viersitziger, turbinengetriebener Leichthubschrauber
**Triebwerk:** eine Wellenturbine Allison 250-C20W mit 212 kW (288 PS)
**Leistung:** Höchstgeschwindigkeit 203 km/h; Reisegeschwindigkeit 185 km/h; Dienstgipfelhöhe 4570 m: Reichweite 676 km
**Gewicht:** Leermasse 671 kg; max. Startmasse 1202 kg
**Abmessungen:** Hauptrotordurchmesser 9,75 m; Länge 8,92 m; Höhe 2,79 m; Hauptrotorkreisfläche 74,69 m²

# Entwicklungsring Süd VJ 101C

1959 schlossen sich die Konstruktionsabteilungen der Firmen Bölkow, Heinkel und Messerschmitt zum Entwicklungsring Süd zusammen, um im Auftrag des Verteidigungsministeriums der Bundesrepublik Deutschland einen Mach 2 schnellen Senkrechtstarter-Abfangjäger **(VTOL)** zu entwickeln. 1964 schied Heinkel aus dem Konsortium aus, und im Jahr darauf firmierte die Organisation neu als Entwicklungsring Süd GmbH, unter dem Kürzel EWR bekannt.

Zwei Prototypen des einsitzigen VTOL-Versuchsflugzeugs **EWR VJ 101C** wurden gebaut. Dieses Muster war als Hochdecker in Ganzmetallbauweise gebaut und mit Einziehfahrwerk, druckbelüftetem Cockpit für einen Jagdpiloten auf Martin-Baker-Schleudersitz ausgelegt. Den Antrieb dieses VTOL-Duos lieferten sechs VTOL-Strahltriebwerke; zwei dieser gemeinsam von Rolls-Royce und MAN-Turbomotoren entwickelten Düsenmotoren waren senkrecht im Rumpf unmittelbar hinter dem Cockpit angeordnet und je ein Paar in Schwenkgondeln an den Flächenenden installiert. Die Hubtriebwerke im Rumpf wurden nur für VTOL-Manöver (Start und Landung) und beim Langsamflug eingesetzt, während die Schwenkdüsen an den Außenflächen die VTOL- und Langsamflugphasen unterstützten, den Übergang vom Senkrecht- zum Horizontalflug und umgekehrt besorgten und den Antrieb für den Hochgeschwindigkeitsflug lieferten. Die Kontrolle im Flug war mit einem Schwebegestell geprüft worden, das drei Hubtriebwerke Rolls-Royce RB.108 antrieben. Bis Mai 1963 hatte diese Testplattform 70 Versuchsmanöver absolviert.

Der Prototyp **VJ 101C X-1** schwebte am 10. April 1963 zum ersten Mal im freien Flug über dem Erdboden. Er hatte bereits mehrfach Mach 1 überschritten, als er nach einem Senkrechtstart am 14. September 1964 abstürzte. Die **VJ 101C X-2** unterschied sich von der ersten Maschine durch Nachbrennertriebwerke in den schwenkbaren Flächengondeln, die bei Start und Landung mehr Schub bereitstellten. Der **X-2**-Prototyp startete am 12. Juni 1965 zum ersten erfolgreichen Schwebeflug. Vier Monate später, am 22. Oktober, führte die **X-2** erstmals den kompletten Übergang vom Senkrecht- zum Horizontalflug und umgekehrt durch, aber kurz darauf wurde die Entwicklung eingestellt.

Geplant war die Serienfertigung des einsitzigen Abfangjägers **EWR VJ 101D**, der sich allerdings erheblich von den beiden Versuchsmaschinen unterschieden hätte. Die VTOL-Fähigkeit wäre durch eine Batterie von Hubtriebwerken vom Typ Rolls-Royce/MAN RB.162 erhalten geblieben, aber den Hauptantrieb sollten zwei RR/MAN RB.153-Turbofan-Triebwerke mit Schubvektorsteuerung als Grundlage zur Kontrolle der Maschinen im Fluge liefern. Zur Produktion kam es allerdings nie.

**TECHNISCHE DATEN**
**Entwicklungsring Süd VJ 101**

**Typ:** einsitziger VTOL-Versuchsjäger
**Triebwerke:** sechs Strahltriebwerke Rolls-Royce/MAN RB.145 wie oben beschrieben; die Triebwerke der X-1 erzeugten je 1247 kg Schub und die der X-2 mit Nachverbrennung 1610 kg Schub
**Leistung:** Höchstgeschwindigkeit (X-1) Mach 1,08; minimale Fluggeschwindigkeit 260 km/h
**Gewicht:** max. Startmasse (X-1) 6000 kg und (X-2) 8000 kg
**Abmessungen:** Spannweite 6,61 m; Länge 15,70 m; Höhe 4,13 m

***Die VJ 101C verwendete die bemerkenswerte Antriebskombination von Vor- und Hubtrieb durch gepaarte Schwenktriebwerke in Gondeln an den Flächenenden und herkömmliche Hubtriebwerke im Vorderrumpf.***

## Eurocopter (Aérospatiale) AS 532 Cougar bis FFA P-16

**Eurocopter, ein deutsch-französisches Konsortium, baute Hubschrauber für beide Länder. Der Jäger P-16 ist ein von der Aktiengesellschaft für Flugzeugunternehmungen Altenrhein entwickeltes Produkt der Dornier-Tochter Flug- und Fahrzeugwerke.**

# Eurocopter (Aérospatiale) AS 532 Cougar

Als der **Cougar** im Jahre 1974 vorgeschlagen wurde, trug dieser Hubschrauber noch die Bezeichnung **AS 332 Super Puma** und war als Nachfolger für den SA 330 vorgesehen. Das Erscheinungsbild des Puma wurde fast unverändert beibehalten. Der neue Entwurf des **Super Puma**, der von der Glasfaser-Rotortechnologie profitiert, gibt sich jedoch durch eine auffällige Kielflosse und das Bugradom eines Wetterradars, Bendix/King RDR 1400 oder Honeywell Primus 500, über das er als Sonderausstattung verfügt, mühelos zu erkennen. Dieser Hubschrauber ist zwar in erster Linie auf den zivilen Sektor ausgerichtet, er bietet aber auch militärischen Nutzern ein ganzes Bündel nützlicher Einrichtungen, wie etwa ein Getriebe, das eine Stunde lang ohne Schmierung auskommt oder auch Rotoren, die nach Treffern von 12,7-mm-Geschossen noch weitere 40 Stunden betrieben werden können und somit ein gewisses Maß an Sicherheit bieten. Der Turmo-Antrieb des **Puma** wich einem Wellenturbinenpaar Makila 1A, das eine Leistung von 2 x 1327 kW abgibt und sich innerhalb von nur 1,5 Sekunden von Leerlauf auf Vollast regeln läßt. Bestimmte Bauteile des **Super Puma**, wie die Makila-Triebwerke und Komponenten des Hecks, sind in das umfassende **Puma**-Modernisierungsprogramm Südafrikas, den sogenannten **Atlas Gemsbok**, eingeflossen.

Nach seinem Erstflug am 13. September 1978 wurde der **Super Puma** im Jahre 1981 unter der Bezeichnung **AS 332B** beim Militär und als **AS 332C** im zivilen Bereich in Dienst gestellt. Sowohl die militärische als auch die zivile Erstversion verfügte über ein Kabinenvolumen von 11,4 $m^2$ und wies dasselbe Sitzplatzangebot des **Pumas** auf, nämlich Raum für 21 Passagiere oder, im Falle der militärischen Version, für zwölf bis 15 Soldaten mit voller Kampfausrüstung. Im Jahr darauf begann die Lieferung der „gestreckten" Varianten **AS 332M** und **AS 332L** (zivil), die um 76 cm verlängert waren und über ein erhöhtes Kabinenvolumen von 13,3 $m^3$ zum Transport weiterer vier Personen verfügten.

Im Januar 1990 wurden die militärischen Varianten auf den Namen **Cougar** umgetauft. Gleichzeitig wurde den unterschiedlichen Varianten die Typkennung **AS 532** in Verbindung mit folgenden angehängten Buchstabenpaaren zur Unterscheidung zugewiesen: **AS 532AC** und **UC** für die Merkmale Kurzrumpf, militärisch nutzbar, bewaffnet/unbewaffnet; **AS 532 AL** und **UL** für die Merkmale Langrumpf, militärisch nutzbar, bewaffnet/unbewaffnet; **AS 532MC** für Marinedienst, SAR- und Seegebietsüberwachung und **AS 532SC** für bewaffneten Marinedienst, U-Bootabwehr und Schiffsbekämpfung. Die Produktion für die zivile Luftfahrt konzentrierte sich hauptsächlich auf die Version **AS 332L Super Puma**; mehr als 70 Exemplare befinden sich im Dienst, die hauptsächlich in der Ölförderindustrie eingesetzt werden. Derzeit befindet sich das Modell **AS 332L1** in der Serienfertigung, und für die Firma Bristow Helicopters, die zuständig ist für die Unterstützung der Bohrplattformen in der Nordsee, wurde die nochmals verbesserte Version **AS.332L Tiger** entwickelt. Späte Vertreter des **Cougar Mk I** sind mit Makila 1A1-Triebwerken ausgerüstet, die über eine Leistung von jeweils 1400 kW verfügen. Der Prototyp, auf dem die Entwicklung des **Cougar Mk II (AS 332L2 Super Puma II)** basierte, flog erstmals am 6. Februar 1987. Er wurde angetrieben von Makila 2-Triebwerken mit einer Leistung von 2 x 1569 kW und wies eine neuerliche Rumpfstreckung auf, die nun eine Unterbringung von maximal 28 Personen ermöglichte. Die Indienststellung des **Mk II** lief im Jahre 1992 an. Dieser Hubschrauber ist zum Träger des HORIZON-Gefechtsfeldüberwachungsradars bestimmt und soll den französischen Heeresfliegern (ALAT) Ende der neunziger Jahre zugeführt werden. Das französische Heer hatte 20 Hubschrauber mit dem Orchidée-System gefordert, das an Bord eines **AS 330B** erprobt wurde. Das im Jahre 1990 aus Kostengründen gestrichene Rüstungsvorhaben wurde für die Operation „Wüstensturm" wieder aktiviert. Die bei 24 Einsätzen im Golfkrieg gewonnene Erfahrung ergab die Entwicklung des Gefechtsfeldüberwachungssystems HORIZON (Hélicoptère d'Observation Radar et d'Investigation sur ZONe). Eurocopter erhielt im Oktober 1992 einen Entwicklungsauftrag für zwei Trägerplattformen, die das Leistungspotential des Orchidée mit der Flugdauer des größeren **AS 532UL** verbinden sollte. Der Erstflug mit vollständiger Ausrüstung fand am 8. Dezember 1992 statt. Die Übergabe des ersten Hubschraubers an die ALAT erfolgte dann im April 1994, und der aktuelle Beschaffungsumfang des französischen Heeres umfaßt insgesamt sechs **AS 532UL HORIZON**. Außerdem ersetzt das französische Heer den Originalbestand seiner **AS 330** durch **AS 532 Cougar**. Ende des Jahres 199 trafen die ersten 22 Exemplare bei der Force d'Action Rapide ein, die anderen Exemplare stehen noch zur Auslieferung aus.

Während die Bewaffnungsmöglichkeiten des Heeres-**Cougar** auf Kanonen- und Raketenbehälter beschränkt sind, kann der **AS 532SC** ein Paar Aérospatiale AM39 Exocet-Lenkraketen oder Zielsuchtorpedos zur Bekämpfung von Seezielen aufnehmen. Der Einsatz auf Hubschrauberplattformen von Kampfschiffen ist durch Verwendung der Niederholvorrichtung auch bei rauher See möglich. Große Stummelbehälter an den hinteren Flanken mit aufblasbaren Schwimmern sind Teil des Marinestandards, während sie bei anderen Modellen zur Sonderausstattung zählen. Nach der Lizenzfertigung des Standard-Hubschraubers **AS 330 Puma** Anfang der achtziger Jahre ging IPTN (Eurocopter) in Indonesien zur Produktion des **AS 332C** und **AS 332L Super Puma** über und lieferte im April 1983 das erste Exemplar an einen zivilen Käufer aus. Bislang hat die indonesische Marine vier Hubschrauber für Transportdienste, das Finanzministerium einen VIP-Hubschrauber und die Präsidenten-Fluggruppe im Jahr 1992 drei **AS 332L-1** erhalten. Die indonesischen Hubschrauber tragen die Bezeichnung **NAS 332**. Weitere Auslandsbezeichnungen dieses Musters lauten **CH-34** (Brasilien), **HD.21-SAR** und **HT.21 - VIP** (Spanien) sowie **Hkp 10 - SAR** (Schweden). Anfang 1994 waren über 400 **Super Puma/Cougar** bestellt worden, die Hälfte davon Militäraufträge.

Der Nutzerkreis dieses Musters ist sehr zahlreich und umfaßt folgende Länder: Abu Dhabi, Argentinien, Brasilien, Chile, China, Ecuador, Frankreich, Gabun, Indonesien, Japan, Jordanien, Kamerun, Kuwait, Malaysia, Mexiko, Nepal, Nigeria, Oman, Panama, Katar, Saudi-Arabien, Schweden, die Schweiz, Singapur, Südkorea, Spanien, Togo, die Türkei, Venezuela und Zaïre.

**TECHNISCHE DATEN**
**Eurocopter (Aérospatiale) AS 532UC Cougar**

**Typ:** Zwillingsturbinen-Mehrzweckhubschrauber
**Triebwerke:** zwei Wellenturbinen Turboméca Makila IA1 mit einer Leistung von jeweils 1400 kW
**Leistung:** Zulässige Höchstgeschwindigkeit 278 km/h; max. Marschgeschwindigkeit in Meereshöhe 262 km/h; max. Steiggeschwindigkeit in Meereshöhe 7 m/sek; Dienstgipfelhöhe 4100 m; Reichweite mit Standardtreibstoffmenge 618 km; Flugdauer insgesamt 3 Stunden 20 Minuten
**Gewicht:** Leermasse 4330 kg; normale Startmasse 9000 kg mit Internlast; max. Startmasse 9350 kg mit Außenlast; max. Nutzlast 4500 kg
**Abmessungen:** Hauptrotordurchmesser 15,60 m; Gesamtlänge bei laufenden Rotoren 18,70 m; Gesamthöhe 4,92 m; Hauptrotorkreisfläche 191,13 $m^2$
**Bewaffnung:** (wahlweise) Heer/Luftwaffe – eine 20-mm-Kanone, zwei 7,62-mm-Maschinengewehre oder zwei Behälter mit 22 x 68-mm-Raketen oder 19 x 69,85-mm-Raketen; Gefechtseinsatz über See – zwei AM.39 Exocet-Schiffsbekämpfungsflugkörper oder zwei Torpedos in Leichtbauweise

***Vom Vorgänger SA 330 Puma ist der AS 532 Cougar durch sein bugmontiertes Wetterradar und die auffällige Kielflosse leicht zu unterscheiden. Den Luftstreitkräften von Zaïre wurde ein einziger AS 532 zum Transport hochgestellter Persönlichkeiten genehmigt.***

# Eurocopter (Aérospatiale) AS 550 Fennec

Der vier- bzw. fünfsitzige **AS 350 Ecureuil** (Eichhörnchen), der am 27. Juni 1974 zum ersten Mal vom Boden abhob, war als leichter Mehrzweckhubschrauber konzipiert worden, der als Ablösung für den Alouette gedacht war.

Der mit einer Starflex-Hauptrotornabe ausgestattete Prototyp des Hubschraubers wurde von einer Wellenturbine Textron Lycoming LTS 101 angetrieben, aber der zweite **AS 350**, der am 14. Februar 1975 erstmals flog, war mit einer Turboméca Arriel als Antrieb ausgestattet. Die für den Einsatz in der gewerblichen Luftfahrt gedachten Muster **AS 350B** und **AS 350C** gingen mit Arriel 1B- bzw. LTS 101-Triebwerk in Serie; der für den US-Markt ausgelegte **AS 350C** wurde dort unter der Bezeichnung **AStar** bekannt.

Eine bewaffnete Version des **Ecureuil** wurde schließlich mit der Version **AS 350L** entwickelt; sein breit angelegtes Waffenspektrum umfaßte im ganzen eine 20-mm-Kanone M621, zwei 7,62-mm-Maschinengewehrbehälter, verschiedene Raketenbehälter und das Saab/Emerson Electric HeliTOW-Panzerabwehrsystem mit vier Hughes TOW-Lenkraketen. Zwölf solchen von Dänemark bestellten Hubschraubern wurde vor ihrer Auslieferung im Jahre 1990 die neue Bezeichnung **AS 550C2 Fennec** zugewiesen.

Weitere angebotene militärische Varianten trugen die Bezeichnungen **AS 550-U2** (Auslegung als unbewaffneter Nutzhubschrauber), **AS 550A2** (Auslegung als mit Maschinenkanonen oder Raketen bewaffneter Hubschrauber), **AS 550C2** (Auslegung als mit Panzerabwehrraketen bewaffneter Hubschrauber), **AS 550M2** (Auslegung als unbewaffneter Marinenutzhubschrauber) und **AS 550S2** (Auslegung als bewaffneter Marinehubschrauber zur Schiffsbekämpfung).

Der in Brasilien von Helibras montierte **Ecureuil** entspricht grundsätzlich dem **AS 350B**. Die brasilianischen Herstellerbezeichnungen lauten **HB 350B/B1** (unbewaffnet) und **HB 350L1** (bewaffnet) mit dem gemeinsamen Beinamen **Esquilo**. Geliefert wurden **HB 350B/B1** an die brasilianische Luftwaffe, die sie als **CH-50** im Verbindungsdienst und als **TH-50** im Ausbildungsdienst verwendet, und neun **HU-1** an die Allzweck-Hubschrauberstaffel der brasilianischen Marine (1° Esquadrao de Helicopteros de Emprego Gerel); die **HU-1** können nach Bedarf mit Maschinengewehr- oder Raketenbehältern bewaffnet werden; das brasilianische Heer verfügt über 16 bewaffnete **HB 350L1** beim 1. Fliegerbataillon in Taubate, São Paulo, mit der Dienstbezeichung **HA-1** (20 weitere Exemplare sind bestellt).

Aktuelle Betreiber sind folgende Nationen: Abu Dhabi, Australien, Benin, Botswana, Brasilien, Dänemark, Ecuador, Frankreich, Gabun, Guinea, Mali, Paraguay, Peru und Zentralafrika. Bis Mitte 1992 waren bei Eurocopter Aufträge für insgesamt 1713 **AS 350** aller Versionen eingegangen, von denen bis zu jenem Zeitpunkt bereits 1535 erfüllt waren.

**TECHNISCHE DATEN**
**Eurocopter (Aérospatiale) AS 550 Fennec**

**Typ:** fünf-/sechssitziger, leichter Mehrzweckhubschrauber
**Triebwerk:** eine Wellenturbine Turboméca Arriel ID1 mit 546 kW
**Leistung:** Zulässige Höchstgeschwindigkeit in Meereshöhe 287 km/h; max. Marschgeschwindigkeit in Meereshöhe 246 km/h; max. Steiggeschwindigkeit in Meereshöhe 8,9 m/sek; Dienstgipfelhöhe 4800 m; Reichweite 666 km
**Gewicht:** Leermasse 1220 kg; max. Startmasse 2250 kg
**Abmessungen:** Hauptrotordurchmesser 10,69 m; Gesamtlänge bei laufenden Rotoren 12,94 m; Gesamthöhe 3,34 m; Hauptrotorkreisfläche 89,75 m²
**Bewaffnung:** Vorrichtungen für eine 20-mm-Kanone GIAT M621, zwei 7,62-mm-Maschinengewehrbehälter, Raketenstartgeräte und ESCO HeliTOW-Panzerabwehrsystem

***Der Ecureuil kann eine hervorragende Absatzbilanz (vor allem im zivilen Bereich) vorweisen, denn über 1500 Hubschrauber dieses Typs sind ausgeliefert worden. Der abgebildete AS 350B verdient sich seinen Unterhalt als fliegende Nachrichtenstation einer Fernsehanstalt.***

# Eurocopter (Aérospatiale) AS 555 Fennec

Mitte 1978 begann Aérospatiale mit der Entwicklung einer zweimotorigen Version des **AS 350 Ecureuil**, und der erste der daraus resultierenden beiden Prototypen flog am 28. September 1979.

Viele Bauteile des einmotorigen Originalmusters waren beibehalten worden, und die hauptsächlichen Änderungen betrafen natürlich den Antrieb samt Kraftübertragung, die Treibstoffanlage und die Rumpfstruktur.

Als erste Serienversion des Musters erschien der **AS 355E** mit Allison-Wellenturbinen 250-C20F, gefolgt vom **AS 355F** mit breiteren Rotorblättern und anderen Verbesserungen.

Diese zweimotorige Version mit der Bezeichnung **Ecureuil 2**, die in Nordamerika die Bezeichnung **Twin Star** erhielt, wurde für den militärischen Bereich **AS 355M** genannt. Diese Kennung wurde im Januar 1990 in **AS 555 Fennec** geändert.

Hauptnutzer der militärischen Variante des Hubschraubers ist die französische Luftwaffe, die insgesamt 52 Exemplare beschafft hat. Acht **AS 355F1** werden von der 67e Escadre d'Hélicoptères in Villacoublay und EHOM 68 von Französisch-Guyana geflogen; die Hubschrauber der letztgenannten Einheit sind mit einer 20-mm-Kanone M621 auf der rechten Rumpfseite bewaffnet. Die restlichen 44 **AS 555-AN Fennec**, die ab 19. Januar 1990 mit Turboméca Arrius-1M-Wellenturbinen mit einer Leistung von je 340 kW geliefert wurden, sind zur Ausbildung und Hubschrauberbekämpfung bestimmt. Zu diesem Zweck wurden sie mit einer zentral eingebauten 20-mm-Kanone und einem zusätzlichen T-100-Visier ausgerüstet. Die französischen Heeresflieger übernahmen ab Februar 1992 zehn **AS 555UN Fennec** zur Ausbildung im Instrumentenflug.

In Brasilien hat die Firma Helibras den **AS 355F2** montiert und ihm die Bezeichnung **HB 355F2 Esquilo** zugewiesen; die brasilianischen Luftstreitkräfte erwarben im ganzen 13 Exemplare zum Einsatz als bewaffnete **CH-55** (11) für 1° Esq der 8° Grupo de Aviacao in Manaus und zwei Exemplare als VIP-Transporthubschrauber **VH-55** für die Grupo de Transporte Especial in Brasilia. Weitere neun Hubschrauber dienen bei der brasilianischen Marine unter der Bezeichnung **UH-12B** (Helibras-Bezeichnung **HB 355F2**). Aérospatiale hat die Marineversion **AS 555SR** des **Fennec** mit kinnmontiertem Bendix-Radar 1500, Crouzet-MAD-Ausrüstung und zwei Zielsuchtorpedos als Alternative zur Kanonen- und Raketenbewaffnung des **AS 555AR** vorgestellt. Weitere **Fennec**-Varianten sind die Nutzhubschrauber **AS 555UR** (die von Heer/Luftwaffe geflogen werden) und **AS 555MR** (die von der Marine eingesetzt werden). Über die bereits genannte Nutzergruppe hinaus betreiben noch mehrere kleine Länder den **Fennec**, nämlich: Benin, Djibouti, Fidschi, Malawi und Sierra Leone.

**TECHNISCHE DATEN**
**Eurocopter (Aérospatiale) AS 555N Fennec**

**Triebwerke:** zwei Wellenturbinen Turboméca TM 319 Arrius IM mit einer Startleistung von 2 x 340 kW oder 295 kW Dauerleistung
**Leistung:** Zulässige Höchstgeschwindigkeit 278 km/h; max. Marschgeschwindigkeit in Meereshöhe 225 km/h; max. Steiggeschwindigkeit in Meereshöhe 6,8 m/sek; Dienstgipfelhöhe 4000 m; max. Schwebeflughöhe im Bodeneffekt 2600 m, außerhalb Bodeneffekt 1550 m; Reichweite 722 km; Einsatzradius bei SAR-Flug mit zwei Geretteten 129 km; Flugdauer bei Bewaffnung mit einer Kanone und zwei Raketenstartgeräten 1 Stunde, 50 Minuten
**Gewicht:** Leermasse 1382 kg; normale Startmasse 2540 kg; max. Startmasse 2600 kg
**Abmessungen:** Hauptrotordurchmesser 10,69 m; Gesamtlänge bei laufenden Rotoren 12,94 m; Gesamthöhe 3,34 m; Hauptrotorkreisfläche 89,75 m²

***Die französische Luftwaffe verfügt über zwei unterschiedliche Kategorien des bewaffneten, zweimotorigen Fennec-Hubschraubers. Einige AS 355F1 (mit seitlich montierter 20-mm-Kanone GIAT) sind bei Paris stationiert, während andere von Französisch-Guyana den europäischen Ariane-Raumfahrtkomplex schützen.***

# Eurocopter (Aérospatiale) AS 565 Dauphin

Nach der Entwicklung des einmotorigen **SA 361H**, der zur Untersuchung und zum Nachweis des Potentials für militärische Verwendungen dieses Musters als leichter Transport- und Panzerabwehrhubschrauber dienen sollte, flog am 29. Februar 1984 ein Prototyp des zweimotorigen Mehrzweckhubschraubers **Dauphin** unter der Bezeichnung **AS 365M**. Dieser Hubschrauber konnte insgesamt zehn bis zwölf Soldaten transportieren oder acht HOT-Panzerabwehrraketen oder 44 SNEB-Raketen zum Einsatz bringen. Im April 1986 erschien ein Prototyp der weiterentwickelten Version **AS 365K** mit dem Beinamen **Panther**. Vermarktet wird der Panther derzeit in mehreren unterschiedlichen Ausführungen: **AS 565AA** als bewaffnetes Grundmuster, **AS 565CA** in der Auslegung als Panzerabwehrhubschrauber, **AS 565UA** in der Auslegung als Nutzhelikopter, der bewaffnete Marinehubschrauber **AS 565SA** und der unbewaffnete **AS 565MA** für SAR- und andere Marinedienste. Helibras baut den **AS 565** in Brasilien zum **BH 565** zusammen, und das brasilianische Heer hat im ganzen 36 Exemplare mit der Dienstbezeichnung **HM-1** eingeführt.

Innerhalb eines gemeinschaftlich von Aérospatiale und LTV aufgezogenen Programms zur Abgabe eines Nachfolgerangebots für den **UH-1H** an die US Army wurde ein **AS 565** mit einem LHTEC-Wellenturbinenpaar T800-LHT-800 als Antrieb ausgerüstet. Dieser Prototyp absolvierte unter der Bezeichnung **Panther 800** am 12. Juni 1992 in den Vereinigten Staaten seinen Jungfernflug.

Vor der Umbenennung des **AS 365** zum **Panther** hatte Saudi-Arabien im ganzen 24 Exemplare der Marineversion **AS 365F** bestellt, davon vier in der Konfiguration **AS 565SC** für den Such- und Rettungsdienst mit ORB 32-Suchradar und den Rest als **AS 565SA** mit Agrion 15-Radar und vier Aérospatiale AS15TT-Lenkraketen zur Schiffsbekämpfung. Die französische Marine hat drei **AS 365F** zur Flieger-Rettungswache durch Flottille 35 an Bord der Jeanne d'Arc beschafft; es besteht eine Forderung über 15 weitere **AS 565MA** und darüber hinaus möglicherweise über 25 weitere Exemplare. Fünf von der nationalchinesischen Polizei im Jahr 1992 in Auftrag gegebene **AS 365N2** verrichten in Taiwain SAR- und Patrouillendienste.

Zu den weiteren Käufern des **AS 365F** zählt Irland, das zwei Exemplare gekauft hat. Diese sind vor allem zur Überwachung der Fischfanggebiete von der Korvette L. E. Eithne aus vorgesehen. Weitere Exemplare der **AS 365** dienen für SAR- und Transportaufgaben. Alle irischen Hubschrauber sind mit Bendix-Suchradar RDR-1500, Autopilot SFIM 155, Navigationsanlagen Sextant ONS 200A und Nadir Mk II, Doppler Cina B, Autostabilisierung und EFIS-Cockpit mit fünf Sichtschirmen ausgestattet. Die beiden Bordhubschrauber verfügen über ein Harpoon-Decklandegeschirr. Ein weiterer Nutzer ist Angola, das sechs kanonenbewaffnete **AS 565AA** für Wach- und Aufklärungsdienste sowie zehn Transporthubschrauber AS 565UA beschafft hat. Chile hat vier **AS 565MA** in Auftrag gegeben, die zur Bewaffnung mit Murène-Torpedos oder Exocet-Lenkflugkörpern vorgesehen sind.

Die chinesische Produktion des **AS 365 Dauphin** begann im Jahre 1982 in Harbin. Nachdem bis 1992 insgesamt 50 Exemplare gefertigt worden waren, liefen die Arbeiten an einer zweiten Serie mit 30 Hubschraubern an. Die Serienversionen **Z-9** und **Z-9A** (im chinesischen Dienst **Haitun**) entsprechen dem **AS 365N** respektive N1 mit **Arriel 1C** beziehungsweise **1C1** chinesischer Herstellung **WZ8** und **WZ8A**. Neun **Z-9A** wurden an die Königlich Thailändische Marine geliefert.

## TECHNISCHE DATEN

**Eurocopter (Aérospatiale) AS 565UA Panther**

**Typ:** Mehrzweckhubschrauber
**Triebwerke:** zwei Wellenturbinen Turboméca Arriel IM1 mit einer Nennleistung von 2 x 584 kW, 2 x 558 kW Startleistung und 2 x 487 kW Dauerleistung
**Leistung:** Zulässige Höchstgeschwindigkeit 296 km/h; maximale Marschgeschwindigkeit in Meereshöhe 278 km/h; maximale Steiggeschwindigkeit in Meereshöhe 7 m/sek; maximale Schwebeflughöhe im Bodeneffekt 2600 m, außerhalb Bodeneffekt 1850 m; Reichweite mit Standardtreibstoffmenge im ganzen 875 km
**Gewicht:** Leermasse 2193 kg; max. Startmasse 4250 kg; max. Nutzlast 1600 kg
**Abmessungen:** Hauptrotordurchmesser 11,94 m; Fenestron-Durchmesser 1,10 m; Gesamtlänge bei laufenden Rotoren 13,68 m; Gesamthöhe 3,99 m; Hauptrotorkreisfläche 111,97 $m^2$

***Die Aéronavale hat 1988 drei AS 565F (MA) Panther zur Durchführung der Flieger-Rettungswache und des SAR-Dienstes an Bord der Flugzeugträger Foch und Clémenceau bestellt. Die Teilstreitkraft hat eine Forderung über 15 weitere Hubschrauber eingereicht und den Gesamtbedarf von 40 Exemplaren aufgezeigt.***

# Eurocopter Tiger

Der „europäische Apache" oder **Eurocopter Tiger** geht zurück auf den von der Bundeswehr geforderten Panzerabwehrhubschrauber der neuen Generation **PAH-2**. Zur gleichen Zeit plante das französische Heer die Beschaffung eines modernen und hochentwickelten Hubschraubers derselben Kategorie (**Hélicoptère Anti-Char** oder **HAC**). 1984 unterzeichneten die Regierungen beider Länder deshalb ein Abkommen zur gemeinsamen Entwicklung eines neuen Musters, das den nationalen Vorstellungen beider Streitkräfte genügen sollte. Mitte 1986 wurde das Programm allerdings vorerst gestoppt, um eine komplette Neuerfassung des Bedarfs und der zu erwartenden Kosten aufzustellen. Im März 1987 lief es in geänderter Form mit einer für beide Heere gemeinsamen Version zur Panzerbekämpfung und einer bewaffneten Geleitschutzversion für Kampftruppen (**Hélicoptère d'Appui Protection** oder **HAP**) für die französische Teilstreitkraft wieder an.

Zur Leitung dieses Progamms gründeten Aérospatiale in Frankreich und MBB in Deutschland die gemeinsame Tochterfirma Eurocopter GmbH; sämtliche Hubschrauberprojekte beider Unternehmen sind seitdem unter dem neuen Dach der Eurocopter zusammengeführt. Der am 30. November 1989 an Eurocopter vergebene Entwicklungsauftrag hatte die Konstruktion von fünf Prototypen zum Gegenstand: drei waffenlose Versuchshubschrauber zur Prüfung der Aerodynamik, einen kompletten Panzerabwehrhubschrauber **Tiger** (Deutschland) oder **Tigre** (Frankreich) und einen Unterstützungshubschrauber **Gerfaut**. In seiner Endauslegung zeigte der **Tiger** (Sammelname dieses Hubschraubertyps) einen schlanken, widerstandsarmen Rumpf mit zwei vertikal gestaffelten und lateral versetzten Sitzen in Tandemanordnung. Bei der Konstruktion der Zelle ist in weiten Teilen von Verbundmaterial Gebrauch gemacht worden; auch das halbstarre Vierblatt-Hauptrotorsystem mit Titannabe und konischen Elastomerlagern ist nahezu vollständig aus Verbundwerkstoffen gefertigt; der Dreiblatt-Heckrotor fußt auf dem Sphériflex-Typ von Aérospatiale und das starre Dreibein-Fahrgestell mit Einzelrädern ist für hohe Energiestöße ausgelegt. Für die Waffenlast sind Stummelflächen mit abwärts gekrümmtem Endteil und ein Kanonendrehturm unter dem Kinn vorgesehen.

Redundante Hydraulik,- Stromversorgungs- und Treibstoffsysteme tragen maßgeblich zur Überlebensfähigkeit des **Tigers** bei, und ein doppelt ausgelegter Datenbus MIL-STD-1553B vernetzt die Avionik- und Waffensysteme mit den von der Besatzung kontrollierten Sensoren. Endplatten am Höhenleitwerk entfielen eine Zeitlang bei den Flügen der Prototyphubschrauber, wurden aber später beibehalten, wenngleich ein wenig vorgerückt.

In der Konfiguration **PAH-2 Tiger** für das Bundesheer sollte der Hubschrauber bis zu acht Panzerabwehrraketen vom Typ HOT 2 und Trigat oder vier solcher Lenkflugkörper und vier Luft-Luft-Raketen Stinger 2 zum Selbstschutz mitführen können. Diese Waffen sollte der Pilot über sein Helmvisier und ein FLIR-Nachtsichtsystem auf dem Dach ins Ziel steuern. Diese Variante wurde zugunsten einer Nutz- bzw. Mehrzweckversion fallengelassen, da man inzwischen zu der Überzeugung gelangt war, daß der **MBB Bo105** zwar der Panzerbekämpfung gerecht würde, aber den Anforderungen zur Interventions- und Krisenreaktion der neunziger Jahre nicht gewachsen war.

Deutschland entschied sich daher für eine neue Variante, den Unterstützungshubschrauber, kurz **UHU** genannt, dessen Endauslegung noch nicht endgültig definiert ist, aber in jedem Fall für Mehrfachrollen einschließlich Begleitschutz optimiert wird. Dies könnte eine stärkere Betonung des Einsatzes Luft-Luft (nicht zuletzt zum Eigenschutz) mit sich bringen, eventuell in Verbindung mit dem Millimeterwellen-Radargerät DAV, das sich bei Dassault Electronic für den **Tiger/Tigre** in der Entwicklung befindet.

Der französische **HAC Tigre** wird ähnlich wie der **PAH-2** bewaffnet und ausgerüstet, nutzt aber zur Abwehr Mistral-Lenkflugkörper von MATRA. Der **HAP Gerfaut** wird mit einer GIAT-Kanone vom Kaliber 30 mm im Kinnturm und Behältern mit 2 x

***Der PT1 fliegt in der Konfiguration des HAP Gerfaut und ist mit 30-mm-Kanone, Luft-Luft-Raketen MISTRAL und Startgeräten für 22 Luft-Boden-Raketen bewaffnet. Er hat eine STRIX-Visier-Attrappe auf dem Kabinendach.***

22 ungelenkten SNEB-Raketen plus entweder vier Mistral-Lenkraketen oder zwei weiteren Startgeräten mit je 12 Raketen bewaffnet. TV-, FLIR- und optische Direktsichtsensoren sowie ein Laserentfernungsmesser werden dem **Gerfaut** für den Waffeneinsatz zur Verfügung stehen.

Als Teil des **Tiger**-Entwicklungsprogramms erprobte ein Aérospatiale **Panther** die MTR 390-Triebwerke mit einem Erstflug am 14. Februar 1991. Drei andere Versuchsträger – zwei **Puma** und ein **Dauphin** – sind in Prüfprogramme für das Mastvisier auf dem Kabinendach, das Nachtsichtgerät und die Feuerleitanlage eingespannt. Planmäßig hob der erste **Tiger**-Prototyp (PT1) am 29. April 1991 in Marignane zum Jungfernflug ab. Er flog zunächst mit dem mastmontierten Visier und ein Jahr später mit dem Haubenvisier des **Gerfaut. PT2** (ein **Gerfaut** mit sämtlichen wesentlichen Avionikgeräten und Bordsystemen) war am 9. November 1991 in Ottobrunn fertiggestellt und flog am 22. April 1993 zum ersten Mal. Diese beiden Versuchshubschrauber dienen zunächst als Avioniktestträger, werden aber bis 1997 den kompletten Standard des **Gerfaut** respektive **Tiger** erhalten. Der **Gerfaut (PT4)** und der **Tiger/Tigre (PT5)** mit vollständiger Einsatzausrüstung sollen im Oktober 1994 bzw. im März 1995 flugbereit sein. Man kann davon ausgehen, daß der (deutsche) **PT5** dem UHU-Standard entsprechend fertiggestellt wird.

Der angemeldete Bedarf umfaßt 75 **HAP** und 140 **HAC** für Frankreich und 212 **PAH-2/UHU** für Deutschland. Endgültige Entscheidungen stehen aber noch aus. Das deutsche Beschaffungsvorhaben ist einer neuerlichen Prüfung unterzogen worden, und im Haushaltsplan des Jahres 1995 sind lediglich Mittel für 75 Hubschrauber vorgesehen. Im Moment sieht es allerdings so aus, als ob die alten Stückzahlen wieder aufgegriffen würden. Dies würde sich vorteilhaft auf die Kostenentwicklung auswirken und dem Hersteller möglicherweise einen dritten europäischen Nutzer in die Arme treiben. Das britische Heer befindet sich nämlich auf der Suche nach einem Gefechtsfeldhubschrauber „von der Stange", über dessen Wahl bis Ende 1994 entschieden wird.

Erste Liefertermine mußten zwar leicht nach hinten verschoben werden, aber das französische Heer rechnet mit dem Zulauf des **Gerfaut** im Jahre 1997 und des **Tigre** im Jahre 1998, während die deutsche Bundeswehr die Zuführung des **UHU/Tiger** ab 1999 erwartet.

### TECHNISCHE DATEN

**Eurocopter HAC Tigre/PAH-2 Tiger und HAP Gerfaut**

**Typ:** zweimotoriger Panzerabwehr- und Unterstützungshubschrauber
**Triebwerke:** zwei Wellenturbinen MTU/Turboméca/Rolls-Royce MTR 390 mit 2 x 958 kW Startleistung und 2 x 873 kW Dauerleistung
**Leistung:** max. Marschgeschwindigkeit in optimaler Höhe 280 km/h; wirtschaftliche Marschgeschwindigkeit in optimaler Höhe 250 km/h; max. Steiggeschwindigkeit in Meereshöhe besser als 10 m/sek; max. Schwebeflughöhe besser als 2000 m außerhalb des Bodeneffekts; Flugdauer 3 Stunden, 10 Minuten
**Gewicht:** Rüstmasse 3300 kg; normale Startmasse 5800 kg; max. Überlaststartmasse 6000 kg
**Abmessungen:** Hauptrotordurchmesser 13 m; Rumpflänge 14 m; Gesamthöhe 4,32 m (bis zur Ebene des laufenden Heckrotors); Hauptrotorkreisfläche 132,73 m²
**Bewaffnung:** (PAH-2 und HAC) bis zu acht HOT 2 oder vier HOT und vier Trigat-Panzerabwehrraketen für große Kampfentfernungen und vier Stinger 2 oder Mistral-Lenkraketen zum Selbstschutz; (HAP Gerfaut) eine GIAT 30-mm-Kanone im Kinnturm, vier Luft-Luft-Raketen Mistral und Startgeräte für 2 x 22 ungelenkte SNEB-Raketen, Kaliber 68 mm

# Eurofighter 2000

Im Anschluß an das erfolgreiche trinationale Tornado-Programm mit nahezu 1000 Kampfflugzeugen bildeten dieselben drei Länder – Großbritannien, Deutschland und Italien (auch Spanien gesellt sich demnächst dazu) – im Juni 1986 das **Eurofighter**-Konsortium, das die Produktion eines Luftüberlegenheitsjägers leiten sollte, der Ende der neunziger Jahre fertiggestellt sein soll. Auch andere europäische Nationen, vor allem Frankreich, hatten an früheren **EFA**-Untersuchungen und -Besprechungen teilgenommen, scheuten aber letztendlich vor dem Beitritt zu diesem Konsortium zurück und planten, eigene Modernisierungs- oder alternative Entwicklungsprogramme eines Jagdflugzeugs zu weiterzuverfolgen.

Für die wesentlichen Aspekte der **EFA**-Konzeption, wie instabile Canard-Flächen, eine aktive digitale FBW-Flugsteuerung, komplexe Avioniksysteme, Multifunktions-Cockpitanzeigen, Kohlenstoffaser-Verbundwerkstoff und die umfassende Verwendung von Aluminium-Lithium-Legierungen und Titan, lagen Erfahrungen mit dem BAe Experimental Aircraft Programme **(EAP)** vor, das das britische Verteidigungsministerium zusammen mit der Industrie finanziert hatte. Als Technologiedemonstrator, an dem sich Italien und teilweise auch die Luftfahrtindustrie beteiligten, sammelte das von zwei RB.199 angetriebene **EAP**-Flugzeug, dessen Erstflug am 8. August 1986 stattfand, bei 259 Testflügen mit insgesamt 195 Flugstunden Datenmengen, deren Wert unschätzbar ist. Am 1. Mai 1991 wurde das **EAP** stillgelegt.

Die abschließend definierte gemeinsame taktische Forderung der Stabschefs der Luftwaffen Deutschlands, Italiens, Spaniens und Großbritanniens vom September 1987 (European Staff Requirement for Development, ESR-D) beschrieb einen relativ leichten und hochentwickelten Jagdeinsitzer, der für den Luftkampf auf Entfernungen außerhalb der Sichtreichweite und auf kurze Distanz optimiert war, aber in Zweitfunktion auch Luft-Boden-Einsätze ausführen und auf spartanisch eingerichteten Feldflugplätzen mit Kurzpisten betrieben werden konnte. Hinzu kamen ein geringer Radarquerschnitt und hohe Leistungsparameter im Überschallflug sowie ein hohes Maß an Wendigkeit und eine den Jagdpiloten wenig belastende Flugsteuerung. Deutschland und Italien benötigten eigentlich nur das Luft-Luft-Potential, akzeptierten aber die gemeinsamen Kriterien einer Leermasse von 9,75 Tonnen, einer Tragflügelfläche von 50 m² und einer Schubleistung von 90 kN pro Triebwerk. Diese sollte das Eurojet-Konsortium (Rolls-Royce, MTU, Fiat Avio und SENER – heute ITP – in Spanien) in Form des **EJ200** mit rund 30% weniger Bauteilen als das RB.199 der **Tornado** und einer Nennleistung von 60 kN Trockenschub liefern. Am 23. November 1988 wurde ein Entwicklungsauftrag im Wert von insgesamt 5,5 Milliarden £ unterzeichnet, der den Bau und die Erprobung von acht Prototypen einschließlich zweier Doppelsitzer (drei für England, zwei für Deutschland, zwei für Italien und einen für Spanien) bis zum Jahr 1999 abdeckte. Die Finanzierung dieses Pakets sollten die Partner im Verhältnis der Beteiligung der nationalen Luftfahrtindustrie tragen: BAe und MBB je 33%, Aeritalia (jetzt Alenia) 21% und CASA 13%. Der Beschaffungsumfang sah 765 **EFA** vor, zusammengesetzt aus je 250 Exemplaren für die RAF und die Luftwaffe, 165 Maschinen für die AMI und 100 Jagdflugzeuge für die Ejercito del Aire. Nach heftigem Gerangel fiel im Mai 1990 die Entscheidung zugunsten des neuen ECR-90 (statt einer leistungsgesteigerten Version des Hughes APG-65), das von GEC Ferranti in Zusammenarbeit mit FIAR in Italien und INISEL in Spanien entwickelt werden sollte. Das ECR-90 ist ein Impuls-Doppler-Radargerät mit zahlreichen Luft-Luft- und Luft-Boden-Betriebsarten; es ist LD/SD-fähig, hat eine große Erfassungsreichweite und kann Einzel- und Mehrfachziele entdekken und verfolgen. Das auf den Einsatz der Hughes AIM-120 AMRAAM optimierte ECR-90 liefert aber auch die für Lenkraketen mit halbaktiver Radarsteuerung nötige Dauerstrichbeleuchtung. Vier AAM können halbversenkt und somit widerstandsarm in Rumpfstationen mitgeführt werden; daneben stehen neun andere Außenlastträger (darunter drei für Zusatztanks) zur Verfügung, die mit insgesamt 6500 kg beladen werden können. Die Kanonenbewaffnung umfaßt eine 27-mm-Mauser Bk 27 steuerbord im Rumpf.

Das Bordradar des **EFA** wird durch ein Infrarotzielsuch- und Verfolgungsgerät (IRST) mit passiver Verfolgung und Bilddarstellung von Mehrfachzielen ergänzt. Für dieses Gerät hat die Eurofirst Group, zusammengesetzt aus FIAR (Italien), Thorn-EMI Electronics (Großbritannien) und Eurotronica (Spanien) Mitte 1992 einen Entwicklungsauftrag erhalten. Anschließend wurden Aufträge für integrierte Untersysteme des Selbstschutzes an das Konsortium Marconi Defence Systems/Elettronica vergeben; sie decken Melder für anfliegende Lenkraketen, Laser- und Radarwarnsysteme, ESM/ECM-Behälter an den Flächenenden, Düppel- und Leuchtfackelwerfer sowie Täuschkörper ab, obwohl Deutschland und Spanien möglicherweise auf billigere Fertigprodukte zugreifen. Als Jagdbomber kann das **EFA** die doppelte Waffenlast einer Jaguar über dieselbe Entfernung tragen oder den Einsatzradius bei gleicher Waffenlast verdoppeln. Dieses Jagdflugzeug wird dadurch zu Präzisionsangriffen unter allen Wetterbedingungen befähigt.

Die ersten beiden **EFA**-Prototypen, **DA.1** und **DA.2**, sollten laut Plan Anfang 1993 in Manching und Warton zum Jungfernflug mit RB.199-22 als Zwischenlösung bereitstehen. (Doch schon zu diesem Zeitpunkt hinkte das Programm dem Zeitplan 18 Mo-

***Der erste Prototyp EFA 2000 (noch ungestrichen) ist hier in Manching zu sehen. Mit dem Cheftestpilot der DASA am Steuer absolvierte DA.1 den verspäteten Erstflug des Eurofighters Ende März 1994.***

nate hinterher.) **DA.3** von Alenia sollte als erster **Eurofighter** mit den endgültigen Turbofan-Triebwerken EJ200 ausgerüstet werden. **DA.4** von BAe wird das erste zweisitzige **EFA** und zugleich der Entwicklungsträger für das ECR-90, während MBB **DA.5** zur Avionik- und Waffenintegration nutzt. CASA wird den zweiten Doppelsitzer-Prototyp **(DA.6)** fertigen und zur Erpobung der Avionik- und Bordsysteme fliegen. Alenia konstruiert **DA.7** als nunmehr letztes Entwicklungsflugzeug nach den Sparbeschlüssen der jüngeren Vergangenheit.

Die Anfang 1993 fällige Investitionsentscheidung für die geplante Serienfertigung wurde durch eine **EFA**-Kostenstudie des deutschen Verteidigungsministers Volker Rühe vom April 1992 in Frage gestellt und der geschätzte Systempreis von 133,9 Millionen DM pro Einheit als nicht akzeptabel bewertet; vor dem Hintergrund eines drohenden Ausstiegs Deutschlands aus der Abmachung wurden einschneidende Änderungen am Projekt vorgenommen. Nachdem sieben unterschiedliche **EFA**-Neukonzepte, zumeist einmotorig, in Erwägung gezogen worden waren, verständigten sich die vier beteiligten Nationen Ende 1992 auf die etwas vereinfachte und leistungsschwächere Version **New EFA** oder **Eurofighter 2000** mit der Möglichkeit zum individuellen Einbau preiswerterer Ausrüstungskomponenten, so daß ein Systempreis von 90 Millionen DM als Minimum erreicht wurde. Die deutschen Jagdflugzeuge werden wahrscheinlich mit Avionikgeräten „von der Stange" (etwa dem APG-65-Radar), einem weniger aufwendigen Selbstschutzpaket und anderen Sparlösungen ausgestattet, die die Gesamtkosten der Beschaffung um 30 Prozent reduzieren.

Als erstes **EFA** kam die deutsche **DA.1** am 27. März 1994 in Manching in die Luft. Der in England konstruierte Prototyp war zwar früher fertig, aber BAe fühlte sich verpflichtet, dem deutschen Partner den Vortritt zu lassen. Am 6. April hob **DA.2** vom BAe Warton-Werksplatz zum 50-Minuten-Jungfernflug ab. Vor dem **DA.1**-Erstflug hatte die DASA eine überarbeitete Software für die Flugsteuerung eingeführt, die Hochgeschwindigkeits-Rollversuche gestattete, nachdem bei ähnlichen Versuchen Ende Januar 1994 ein Reifen geplatzt war. Diese vorsorgliche Maßnahme war zweifelsohne von dem leidgeprüften JAS 39 Gripen-Projekt beeinflußt, an dem BAe ebenfalls beteiligt ist.

Während Großbritannien nominell an seiner ursprünglichen Stückzahl von 250 Exemplaren mit Lieferbeginn im Jahr 2000 festhält, plant die Luftwaffe derzeit, nur acht **NEFA**-Staffeln mit einem Soll von zwölf bis 15 Flugzeugen aufzustellen, so daß sich ein Gesamtbedarf von 138 Maschinen einschließlich Verschleißreserve ergibt. Außerdem hat die Bundesregierung ihre Entscheidung zur **EFA**-Produktion auf 1995 und die Indienststellung auf das Jahr 2002 oder später vertagt. Italien benötigt inzwischen auch nur noch 130 **EFA** zur Neuausrüstung von fünf Staffeln und einer OCU. (Zur Überbrückung der Zwischenzeit hat die AMI ehemalige RAF **Tornado F.Mk 3** geleast). Da Spanien seine Forderung ebenfalls auf 72 Eurofighter gekürzt hat, ergibt das **EFA**-Programm nunmehr ein Gesamtvolumen von weniger als 600 Flugzeugen.

### TECHNISCHE DATEN
**Eurofighter 2000**

**Triebwerke:** zwei Turbofan-Triebwerke Eurojet EJ200 mit einer Nennleistung von 60 kN Schub ohne und 90 kN Schub mit Nachverbrennung
**Leistung:** Höchstgeschwindigkeit im Horizontalflug in 11.000 m Höhe 2125 km/h; Startstrecke bei normalem Abfluggewicht 500 m; Landestrecke bei normaler Landemasse 500 m; Einsatzradius zwischen 463 und 556 km
**Gewicht:** Leermasse 9750 kg; max. Startmasse 21.000 kg
**Abmessungen:** Spannweite 10,50 m; Länge 14,50 m; Höhe 4 m; Tragflügelfläche 50 m²
**Bewaffnung:** eine Mauser-Bordkanone, Kaliber 27 mm, in der Rumpfseite, steuerbord und eine Höchstlast an Waffen/Mitteln von 6500 kg an 13 Stationen; typische Abfangbewaffnung besteht aus einem Mix von AIM-120 AMRAAM oder Aspide für mittlere Kampfentfernungen und Lenkraketen für kurze Kampfentfernungen; vier BVR-AAM werden in Rumpfvertiefungen mitgeführt

# Extra 230 und 300

Die **Extra 230** wurde nach den Vorgaben des Schweizer Aero-Clubs entworfen und war als einsitziger Hochleistungseindekker zum Wettbewerbskunstflug vorgesehen. Unter der Schirmherrschaft des Schweizer Unternehmens Thommen, das spezialisiert war auf die Herstellung von Präzisions- und Fluginstrumenten, konstruierte Walter Extra in Dinslaken einen Prototyp dieses Musters.

Die **Extra 230** ist ein Mitteldecker, der von dem Vierzylinder-Boxermotor Avco Lycoming AEIO-360-A1E mit einer Leistung von 149 kW (203 PS) angetrieben wird. Die Rumpfstruktur besteht aus einem Stahlrohrgerüst, das weitgehend mit Aluminiumblech abgedeckt ist. Die stoffbespannten Tragflächen bauen auf einem äußerst starken Kastenholm aus Holz auf. Das zweite Flugzeug (Bezeichnung **D-EJNC**) führte den Erstflug dieses Musters am 14. Juli 1983 durch, kurz darauf gefolgt von der ersten Maschine (Bezeichnung **D-EKEW**). Seitdem haben **Extra 230** an mehreren Kunstflugmeisterschaften erfolgreich teilgenommen, und bei der europäischen Kunstflugmeisterschaft im Jahre 1985 belegte eine **Extra 230** immerhin den dritten Platz.

Das nachfolgende Modell, die **Extra 300**, flog als Prototyp **(D-EAEW)** am 6. Mai 1988 zum ersten Mal. Dieses Flugzeug war größer und mit Tandemsitzen und dem stärkeren Sechszylinder-Boxermotor Textron Lycoming AEIO-540-L1B5 ausgestattet. Zudem war die Stoffbespannung des Trag- und Leitwerks der **Extra 230** nun einer Beplankung aus Verbundwerkstoffen gewichen. Die Serienfertigung der **Extra 300** begann Ende 1988. Die **Extra 300** fand ihren Hauptabsatzmarkt auf dem zivilen Sektor. Daneben hat dieses Muster auch zwei militärische Abnehmer gefunden. Sechs Maschinen wurden in den Jahren 1989/90 an Grupo de Aviación No. 11 der chilenischen Luftwaffe in Santiago-Los Cerillos übergeben. Das chilenische Kunstflugteam, die Escuadrilla de Alta Acróbacia – besser bekannt unter dem Namen „Los Halcones" – fliegt diese **Extra 300** statt der bisherigen **Pitts S-2A/S**. Die „Equipe de Voltige" der französischen Luftwaffe hat ebenfalls eine **Extra 300** und eine **Extra 300 S** zur Luftakrobatik in Salon de Provence erworben. Auch die quasimilitärischen „Falcons", die Königlich Jordanische Kunstflugmannschaft, hat auf die **Extra 300** umgesattelt.

***Die Extra 230 und 300 sind Hochleistungs-Kunstflugmaschinen für Wettbewerbe. Die dritte Extra 230, D-EHLE, ging an Mitglieder des nationalen Schweizer Kunstflugteams.***

### TECHNISCHE DATEN
**Extra 300**

**Typ:** zweisitziges Kunstflugzeug
**Triebwerk:** ein 6-Zylinder-Boxermotor Textron Lycoming AEIO-540-L1B5 mit 224 kW (305 PS)
**Leistung:** Höchstgeschwindigkeit im Horizontalflug ohne Außenlasten in optimaler Höhe 343 km/h; Höchstgeschwindigkeit für Kunstflugmanöver 293 km/h; Reichweite 974 km; max. Steiggeschwindigkeit in Meereshöhe 16,77 m/sek
**Gewicht:** Leermasse 630 kg; normale Startmasse 820 kg für Einmann-Kunstflug oder 870 kg für Zweimann-Kunstflug; max. Startmasse 950 kg
**Abmessungen:** Spannweite 8 m; Länge 7,12 m; Höhe 2,62 m; Tragflügelfläche 10,70 m²
**g-Belastung:** –10 bis +10 bei Einmann-Kunstflug oder –8 bis +8 bei Zweimann-Kunstflug oder –3 bis +6 bei max. Startmasse

# F + W C-3605

Die Entwicklung des zweisitzigen Zielschleppflugzeugs **Farner-Werke C-3605** läßt sich auf die **Fabrique Fédérale C-3602** zurückverfolgen, von der man 1939/40 zwei Prototypen als Fernaufklärer und Jagdbomber konstruiert hatte. Nach der Flugerprobung nahm man einige Änderungen vor und legte anschließend die erste Baureihe **C-3603** aus zehn Exemplaren auf. Nach der Truppenerprobung wurden weitere 142 Serienflugzeuge gefertigt, die von 1942 bis 1952 bei der Schweizer Luftwaffe als Einsatzmaschinen dienten. Ferner entstanden zwei Exemplare mit der Bezeichnung **C-3603-1 TR** zur Ausbildung und für Fallschirmtests. 1945 baute man eine **C-3603-1** zum Zielschleppflugzeug um. Nach umfassender Flugerprobung wurde ein Schleppgeschirr entwickelt und in 20 andere Maschinen dieses Typs eingebaut.

Weitere Verbesserungen folgten, und 1946 verwandelten die Farner-Werke in Grenchen eine **C-3603-1** in ein fortschrittlicheres Zielschleppflugzeug. Aus dem hinteren Cockpit der Maschine führte eine lange Röhre zum Heck, so daß man das Schleppziel zwischen den beiden Seitenflossen über das Höhenleitwerk hinweg ausziehen konnte. Dem Piloten stand eine Kappvorrichtung zur Verfügung. 20 **C-3603** wurden diesem Standard entsprechend umgerüstet.

Die Entwicklung des Grundmusters hatte in der Zwischenzeit zur **C-3604** geführt, deren Antrieb anstelle des 736 kW (1000 PS) starken Hispano-Suiza der früheren Modelle ein Saurer YS-2 mit 920 kW (1250 PS) besorgte. Ein Prototyp und zwölf Serienflugzeuge **C-3604** wurden gebaut und 1947/48 in Dienst gestellt. Für die **C-3603** bereitgestellte und nicht benutzte Ersatzbaugruppen ermöglichten 1948 die Montage weiterer sechs **C-3603-1**.

Anfang der fünfziger Jahre wurde der Bedarf an einem Flugzeug, das für Nachtschießen beleuchtete Luftziele hinter sich herziehen konnte, durch Umrüstung einer **C-3603-1** erfüllt. Diese Maschine blieb im Dienst, bis 1972 eine **C-3605** ihre Funktion übernahm. Der Umbau weiterer 40 **C-3603-1** zu Zielschleppflugzeugen begann 1953, während eine andere Maschine mit einem von ML Aviation in Großbritannien hergestellten Windenbehälter für Hochgeschwindigkeits-Zielschleppflug unter der einen Fläche und einem Ballasttank unter der anderen ausgerüstet wurde. Im selben Jahr führte man Maßnahmen an 20 weiteren **C-3603-1** durch, die Katastrophenhilfsflüge mit Nahrungsmittelbehältern unter den Flächen ermöglichten.

Die abschließende Entwicklung der **C-3603** erfolgte, als der Hispano-Suiza-Motor der 40 zu Zielschleppern umgerüsteten **C-3603-1** Verschleißerscheinungen zeigte. Als Nachfolger wurden etliche ausländische Typen in Erwägung gezogen, aber alle aus verschiedenen Gründen abgelehnt. Schließlich fand der Vorschlag, die **C-3603-1** auf die Propellerturbine Lycoming T53-L-7 umzustellen, allgemeine Zustimmung. Nach entsprechender Ummotorisierung und dem Erstflug am 19. August 1968 absolvierte eine Versuchsmaschine der Schweizer Flugwaffe im Dezember 1968 erfolgreich die Abnahmeprüfung. Mit wenigen Änderungen wurde eine Serie von 23 Flugzeugen ummotorisiert und in **C-3605** umbezeichnet. Eine zentrale Seitenflosse war hinzugekommen, und die geringere Masse des Turborprop-Triebwerks glich man durch die Streckung des Bugs um 1,82 m wieder aus. Die ersten **C-3605** gingen 1971 in Dienst, und das letzte Exemplar wurde im Januar 1973 ausgehändigt.

**TECHNISCHE DATEN**
**F + W C-3605**

**Typ:** zweisitziges Zielschleppflugzeug
**Triebwerk:** eine Propellerturbine Lycoming T53-L-7 mit 820 kW (1115 PS)
**Leistung:** Höchstgeschwindigkeit 432 km/h in 3050 m Höhe; wirtschaftliche Marschgeschwindigkeit 350 km/h in 6095 m Höhe; Dienstgipfelhöhe 10.000 m; Reichweite mit max. Treibstoffzuladung und 10% Reserve 980 km
**Gewicht:** Leermasse 2634 kg; max. Startmasse 3716 kg
**Abmessungen:** Spannweite 13,74 m; Länge 12,03 m; Höhe 4,05 m; Tragflügelfläche 28,70 m²

***Die bemerkenswerte C-3605 „Schlepp" ist zur besseren Erkennbarkeit schwarz-gelb gestreift. Die extrem lange Flugzeugnase glich das geringe Gewicht das Turboprop-Triebwerks aus.***

# F + W D-3802/D-3803

Im Bemühen, die mit der **D-3801** erreichte Leistung zu steigern, taten sich die Dornier-Werke AG (Doflug) in Altenrhein mit Morane-Saulnier zusammen, um gemeinsam ein neues Flugzeug, die **D-3802**, auf der Grundlage der **M.S.540** zu entwerfen. Mit dem in der Schweiz produzierten Saurer YS-2 stand auch ein neuer Motortyp mit einer Nennleistung von 920 kW (1250 PS) zur Verfügung. Der Prototyp **D-3802** flog erstmals im Herbst 1944, und es wurde ein zweites Flugwerk für Bodenprüfzwecke gebaut.

Nach der Prüfung der **D-3802** durch die Schweizer Flugwaffe erging ein Auftrag über eine Baureihe von zwölf Maschinen. Trotz etlicher Modifikationen blieb das Muster jedoch problembehaftet und ging nie in Serie. In ein Exemplar wurde ein anderer Motor, der Saurer YS-3 mit 1104 kW (1500 PS), eingebaut und der hintere Rumpfrücken nach unten gezogen, um das Cockpit mit einer blasenförmigen Haube abzudecken. In dieser Form erhielt die Maschine die Bezeichnung **D-3803**. Wegen ihrer Unausgereiftheit betraute man die **D-3802** mit anderen Aufgaben und beschaffte als Ersatz North American P-51 Mustang.

***F + W D-3802A der Fliegerstaffel 17, Schweizer Flugwaffe, im Zeitraum 1949/50.***

**TECHNISCHE DATEN**
**F + W D-3803**

**Typ:** einsitziger Jäger
**Triebwerk:** ein V-12-Zylinder-Reihenmotor Saurer YS-3 mit 1104 kW (1500 PS)
**Leistung:** Höchstgeschwindigkeit 680 km/h in 7000 m Höhe; Dienstgipfelhöhe 12.000 m; Reichweite 650 km
**Gewicht:** Leermasse 2945 kg; max. Startmasse 3905 kg
**Abmessungen:** Spannweite 10,02 m; Länge 9,32 m; Höhe 3,33 m; Tragflügelfläche 17,68 m²
**Bewaffnung:** eine Hispano 20-mm-Kanone in der Propellerwelle und zwei 20-mm-Kanonen in den Tragflächen sowie 200 kg Bomben oder Raketen unter den Flächen

# F.B.A. Flugboote der Periode 1913–1918

Treibende Kraft hinter der 1913 eingetragenen Firma Franco-British Aviation Company mit Sitz in London war der Franzose Louis Schreck, und so konzentrierte sich die Tätigkeit der F.B.A. auch auf Frankreich. Schreck hatte 1911 den französischen Konzern Tellier übernommen und mehrere interessante Land- und Seeflugzeuge gebaut. Nachdem man ihm die Leitung der F.B.A.-Werkstätten in Argenteuil anvertraut hatte, eröffnete er eine neue Werksanlage in Vernon, ebenfalls an der Seine gelegen. Ein Exemplar einer kleinen Flugbootbaureihe **(F.B.A.-Lévêque)**, aus dem **Donnet-Lévêque Modell A** entwickelt, überführte der berühmte André Beaumont nach Brighton. Dort führte Magnus Volk die Maschine von einer küstennahen Wasserflugzeugstation aus vor. Die ersten **F.B.A.**-Serienflugboote wurden von Gnome-Umlaufmotoren der Leistungsklasse 37–74 kW (50–100 PS) angetrieben. Ihre Konstruktion fußte auf einem einstufigen Holzbootsrumpf mit Sperrholzbeplankung und einem zweistieligen Doppeldecker-Tragwerk ungleicher Spannweite, dessen Holzstruktur mit Stoff überzogen war. Der zwischen Ober- und Unterflügel montierte Motor trieb eine Druckschraube an. Diese Flugboote fanden bei verschiedenen Privatbesitzern großen Anklang, doch die französische Marine zeigte bis zu Beginn des Ersten Weltkriegs kein Interesse. Anfang 1915 wurden die ersten **F.B.A. Typ B**, eine stark verbesserte Neuausgabe der **F.B.A.-Lévêque**, an den britischen Royal Naval Air Service und die französische Marine geliefert. Der **Typ B** führte faltbare Tragflächen ein, die man dazu zum **F.B.A.**-Standard erhob. Bald folgte ein ummotorisierter **Typ B**, bekannt als **Typ C**, der nicht nur Exportaufträge auf sich zog, sondern auch im Ausland erfolgreich produziert wurde.

Das erfolgreichste **F.B.A.**-Flugboot aus der Zeit des Krieges war der **Typ H**, von dem die französische Marine mehr als 1000 Exemplare beschaffte und den Italien in nahezu gleicher Größenordnung in Lizenz herstellte. Es handelte sich dabei um einen Dreisitzer mit 110-kW-Motor (150 PS), verbessertem Bootsrumpf und neu entworfenem Trag- und Leitwerk. Die letzte **F.B.A.**-Flugbootversion, die im Krieg produziert und in Dienst gestellt wurde, war der **Typ S** mit überarbeitetem Rumpfboot, 147-kW-Motor (200 PS), dreieckiger Seitenflosse und rundlichem, ausgeglichenem Ruder. Bei der französischen Marine blieb dieser Typ noch fünf Jahre nach dem Krieg im Einsatz.

Zu den experimentellen **F.B.A.**-Flugbooten dieser Periode zählten ein geringfügig modifizierter **Typ C** mit zwei Umlaufmotoren, ein **Typ C** mit anders geformtem Bug und einer 37-mm-Kanone im Buggefechtsstand, und das einsitzige Luftfahrzeug avion canon (Kanonenflugzeug) mit bootsförmigem Rumpf und herkömmlichem Radfahrgestell. Verschiedene amphibische Versionen der Haupttypen wurden ebenfalls erprobt.

Im Ersten Weltkrieg leisteten die **F.B.A.**-Flugboote wertvolle Dienste im Kampf gegen deutsche Unterseeboote.

**Varianten**

**F.B.A. Typ A:** erste F.B.A.-Serienversion mit 37 kW (50PS) starkem Umlaufmotor Gnome N1; das Doppeldecker-Tragwerk stützt sich mit vier kurzen Streben auf den Bootsrumpf; der Pilot und sein Mitflieger saßen nebeneinander im offenen Cockpit vor dem Unterflügel, geschützt durch eine steile, hölzerne Erhebung unmittelbar vor der Windschutzscheibe; Ausstellung im Pariser Salon de l'Aéronautique im Dezember 1913; eine Sonderausführung mit einem 74 kW (100 PS) starken Gnome-Motor belegte mit dem Schweizer Piloten Ernest Burri beim Rennen um die Schneider-Trophäe am 20. April 1914 den zweiten Platz

**F.B.A. Typ B:** verstärkter Bootsrumpf im Vergleich zum Typ A; neues Leitwerk mit ganzteiligem Ruder ohne Seitenflosse; erschien 1915; der RNAS erwarb 36 Exemplare von F.B.A., während die Firmen Gosport und Thompson weitere 80 Flugboote in Lizenz fertigten; nur wenige bewaffnet

**F.B.A. Typ C:** im Grunde Typ B mit 96 kW (130 PS) starkem Umlaufmotor Clerget 9B; Rußland importierte 30 Exemplare und fertigte weitere 34 Maschinen im Lebedew-Werk in Lizenz; Italien erwarb eine Reihe solcher Flugboote zum Einsatz im Adriatischen Meer gegen Österreich; Typ C waren die ersten von den französischen Streitkräften in größerem Umfang genutzten F.B.A.-Flugboote, gewöhnlich mit einem 7,7-mm-Maschinengewehr bewaffnet; auch nach dem Krieg blieb der Typ C populär; drei zivile Flugboote betrieb die Schweizer Firma Ad Astra auf Binnengewässern, und andere beflogen in Schweden und in Uruguay Passagierstrecken; 1923 brachte F.B.A. den Typ 11 heraus, ein „hydravion d'école 2-places" (HE.2); diese zweisitzigen Schulflugboote waren in ihrer Ausstattung praktisch mit dem Typ C identisch, abgesehen von ihrer besonderen Auslegung zur Elementarausbildung; von dieser Version wurde der zweisitzige Trainer Typ 14 abgeleitet und insgesamt 20 Exemplare gebaut; sie dienten mehrere Jahre als Schulflugboote bei der französischen Marine

**F.B.A. Typ H:** der am zahlreichsten vertretene F.B.A.-Typ; ebenso populär in Italien, wo das Unternehmen Savoia und eine Gruppe Unterauftragsnehmer 982 Exemplare produzierten; die italienische Version, in großem Umfang in der Adria eingesetzt, wurde von einem Isotta-Fraschini V-4-B mit 110 kW (150 PS) angetrieben und war mit einem Fiat 7,5-mm-Maschinengewehr bewaffnet; einige dieser Flugboote blieben in Tripolitanien (Libyen) bis 1922 im Dienst; die französischen Seeluftstreitkräfte nutzten den Typ H für U-Bootpatrouillenflüge von Stützpunkten an der Atlantik- und Mittelmeerküste sowie am Ärmelkanal aus; andere Maschinen dieser Gattung flogen bei den belgischen, amerikanischen und jugoslawischen Luftstreitkräften; nebeneinander vor dem Tragwerk angeordnete Cockpits mit Durchgang zum Buggefechtsstand

**F.B.A. Typ S:** die letzte im Krieg produzierte F.B.A.-Flugbootversion mit verbessertem Bootsrumpf und neuem Leitwerk; Antrieb durch Hispano-Suiza 8Bb mit 147 kW (200 PS); erschien im November 1917 und diente ausschließlich französischen Teilstreitkräften; Typ-S-Flugboote hielten sich bis 1923 im französischen Dienst; ein Versuchsexemplar, dessen Tragflächen in der Tiefe reduziert und anders gestützt waren, stürzte beim Testflug in die Seine; daraufhin wurde die Entwicklung gestoppt

***Der Typ B erschien im Frühling 1915 mit einem 96 kW (130 PS) starken Clerget-Umlaufmotor. Die ersten 44 Exemplare für den RNAS wurden als Komplettflugboote beschafft, die letzten 20 Maschinen nur noch als Bootsrümpfe.***

### TECHNISCHE DATEN
**F.B.A. Typ H**

**Typ:** dreisitziges Küstenwachtflugboot
**Triebwerk:** ein 8-Zylinder-Reihenmotor Hispano-Suiza 8Aa mit 110 kW (150 PS)
**Leistung:** Höchstgeschwindigkeit 150 km/h; Dienstgipfelhöhe 4900 m; Reichweite 450 km
**Gewicht:** Rüstmasse 984 kg; max. Startmasse 1420 kg
**Abmessungen:** Spannweite 14,12 m; Länge 9,92 m; Höhe 3,10 m; Tragflügelfläche 40 m²
**Bewaffnung:** ein 7,7-mm-Maschinengewehr und zwei 35-kg-Bomben Typ F

# FFA P-16

Die Schweizer Luftwaffe stellte 1948 die Forderung nach einem Abfangjäger/Jagdbomber auf, der auf die Einsatzbedingungen dieses Landes zugeschnitten sein sollte. Zwei Hersteller wurden mit der Konstruktion von Prototypen beauftragt: FFA in Altenrhein und EFW in Emmen.

Während letztere das Projekt **EFW N-20** vorantrieben, reichten die Flug- und Fahrzeugwerke FFA den Entwurf eines einsitzigen Düsenjägers mit ungepfeilten Tragflächen ein. Der Prototyp **FFA P-16-01** flog erstmals am 25. April 1955, angetrieben von einem axial verdichteteten Strahltriebwerk Armstrong Siddeley Sapphire mit 3629 kg Schub. Nachdem EFW das Projekt **N-20** im Jahre 1953 aufgegeben hatte, standen der **P-16** alle Türen offen. Die Vorgaben waren jedoch überaus anspruchsvoll und beinhalteten eine hohe Unterschallgeschwindigkeit, die Fähigkeit zum Betrieb auf kurzen Gebirgspisten, ein hohes Maß an Manövrierbarkeit, eine gute Steigleistung trotz hoher Waffenlast und die Tauglichkeit zum Einsatz auf Graspläzen. Tatsächlich reichten der **P-16** zum Start knapp 490 m und zur Landung mit Bremsschirm rund 300 m. Das bemerkenswerte Leistungsvermögen verdankte die Maschine in erster Linie dem sehr starken, dünn profilierten Tragwerk geringer Streckung mit Flügelklappen an Nasen- und Hinterkanten. Dem Einsatz auf Grasplätzen kamen Zwillingsräder an allen Fahrwerksbaugruppen entgegen. Die Prüfungsberichte der Schweizer Luftwaffe ließen jedoch keine zufriedenstellende Gesamtleistung erkennen. Dennoch machte das Programm weiterhin Fortschritte, bis der Prototyp beim 22. Testflug verlorenging, nachdem das Triebwerk ausgefallen war. Kurz bevor die Maschine im Bodensee versank, hatte sich der Pilot mit einem Fallschirm retten können.

Die Konstruktion des zweiten Prototyps war bereits angelaufen, doch die zweite **P-16-02** stand erst am 16. Juni 1956 zum Erstflug bereit. Beim 18. Erprobungsflug durchbrach die Maschine erstmals die Schallmauer im leichten Bahnneigungsflug. Eine dritte Versuchsmaschine, **P-16-03**, flog am 4. April 1957 unter dem Antrieb des mächtigeren Strahltriebwerks Sapphire Sa.7 mit 4990 kg Schub. Aufgrund des gesteigerten Leistungsvermögens erteilte die Schweizer Regierung im März 1958 einen Auftrag über 100 solcher Strahljäger mit der Bezeichnung **P-16 Mk III**. Nur eine Woche später stürzte auch **P-16-03** über dem Bodensee ab, doch der Pilot konnte ebenfalls erfolgreich aussteigen. Ein Hydraulikfehler beim Landeanflug in geringer Höhe hatte offenbar die Umschaltung der Flugsteuerung auf Handbetrieb verhindert, so daß der Flugzeugführer die Maschine nicht mehr retten konnte. Der Serienauftrag wurde gestoppt und zwei Monate später zurückgezogen. Das Beschaffungsamt hielt das Hydrauliksystem für eine Fehlkonstruktion und den notwendigen kompletten Neuentwurf für zu zeitaufwendig. Die FFA und Experten des RAE Farnborough stellten jedoch fest, daß das Hydrauliksystem britischen Konstruktionskriterien genügte. Diese Bewertung stand somit in Widerspruch zum Urteil des amtlichen Schweizer Untersuchungsgremiums, das für die Streichung des Auftrags verantwortlich war. FFA führte die relativ simplen Modifikationen am Hydrauliksystem selbst aus und baute anschließend auf eigene Kosten zwei Vorserienflugzeuge, die **P-16-04**, die ab 8. Juli 1959 flog, und die **P-16-05**, die im März 1960 folgte. Obwohl die Konstruktion grundsätzlich in Ordnung war, wurde die Bestellung nicht erneuert.

1965 hieß es, General Electric und FFA hätten gemeinsam die Entwicklung eines unterschallschnellen Jagdbombers mit der Bezeichnung **AJ-7** begonnen, der auf der **P-16** basierte. Dieses Vorhaben verlief aber offenbar im Sande. Man nimmt an, daß die **P-16-04** und die **P-16-05** erhalten blieben (**P-16-02** wurde verschrottet). Die Tragflächen der **P-16** flossen jedoch in ein weitaus besser bekanntes Muster **(Gates Learjet)** ein, nachdem William P. Lear 1960 die Swiss American Aviation Corporation gegründet hatte, um das Geschäftsreiseflugzeug **SAAC-23**, später **Learjet 23** genannt, zu fertigen. Es war geplant, zwei Prototypen aus Baugruppen und Teilen verschiedener Subunternehmen der europäischen Luftfahrtindustrie in Altenrhein fertigzustellen, aber letztendlich zerschlug sich dieser Plan und die Lear Jet Corporation wurde in Wichita, Kansas, ansässig.

### TECHNISCHE DATEN
**FFA P-16-01**

**Typ:** einsitziges Kampfflugzeug für Nahunterstützung
**Triebwerk:** ein Strahltriebwerk Armstrong Siddeley Sapphire Sa.6 mit 3629 kg Schub
**Leistung:** Höchstgeschwindigkeit 1120 km/h; Dienstgipfelhöhe 14.020 m; Reichweite mit Zusatztanks 998 km
**Gewicht:** Leermasse 7040 kg; max. Startmasse 11.700 kg
**Abmessungen:** Spannweite 11,15 m; Länge 14,25 m; Höhe 4,09 m; Tragflügelfläche 29,77 m²
**Bewaffnung:** zwei 20-mm-Kanonen Hispano-Suiza 825 im Bug und bis zu vier 500-kg-Bomben an Gehängen unter den Flächen oder Raketen an Rosten und ein Schnellstartgerät für 44 Raketen, Kaliber 68 mm, im Rumpf

***Dieses Exemplar einer P-16 ist der vierte Prototyp, der als erster dem Standard der endgültigen Serienversion P-16 Mk III entsprach. Das Programm wurde jedoch abgebrochen.***

## FFVS J22 bis Fairchild C-82 Packet/C-119 Flying Boxcar

**Die Flyförvaltningens Verkstad wurde 1940 zur Konstruktion und dem Bau schwedischer Jäger gegründet. Die Fábrica Militar de Aviones, eine argentinische Gründung von 1927, ist heute im Besitz von Lockheed Martin. Die 1925 gegründete Fairchild Airplane Manufacturing Corporation erlebte zahlreiche Namensänderungen.**

# FFVS J22

Im Oktober 1940 erteilte die amerikanische Regierung ein Ausfuhrverbot für 292 von Schweden bestellte Jäger und Jagdbomber. Diese Entscheidung brachte die Flygvapen in eine kritische Lage, der man mit einem Sofortprogramm zur Herstellung eines Jagdeinsitzers durch die heimische Industrie begegnen wollte. An der Spitze des Konstruktionsteams stand Bo Lundberg, und zur Überwachung des gesamten Vorhabens, von der Projektphase bis zur Lieferung der Serienjäger an die Flygvapen, wurde die Flygförvaltningens Verkstad (FFVS) gegründet.

Über 500 Unterauftragsnehmer, von denen kaum einer Erfahrung im Flugzeugbau besaß, waren am Produktionsprozeß beteiligt. „Einfachheit der Fertigung" hatte die Lundberg-Devise gelautet, und dieses Ziel wurde in vollem Umfang erreicht. Die **FFVS J22**, angetrieben von einer schwedischen Version des Sternmotors Pratt & Whitney Twin Wasp SC3-G, war ein freitragender Mitteldecker in gemischter Bauweise aus Stahlrohr und Holz. Das Rumpfrohrgerüst deckten geformte Schichtholzteile als integraler Bestandteil der lastaufnehmenden Struktur des Flugzeugs ab. Das Hauptfahrwerk fuhr in den Rumpf ein, und das Spornrad war einziehbar.

Der erste von zwei **J22**-Prototypen flog erstmals am 21. September 1942 vom Flughafen Bromma aus, wo man ein Werk für die Endmontage errichtet hatte. Bereits vor dem Jungfernflug lag ein Auftrag über 60 Serienjäger vor, und schließlich wurden insgesamt 198 Jäger geliefert. Die Übergabe begann im Oktober 1943, und im April 1946 erhielt die schwedische Luftwaffe das letzte Exemplar. **J22** dienten hauptsächlich bei den Geschwadern F3 und F9, stationiert in Malmstätt beziehungsweise Göteborg. Bei den Jagdpiloten war dieses Muster wegen seines guten Leistungspotentials und seiner ausgezeichneten Wendigkeit sehr beliebt. Zu bemängeln war lediglich die schlechte Sicht aus dem Cockpit bei Rollbewegungen am Boden.

Die **J22** wurde in zwei Versionen gefertigt, die sich nur in der Bewaffnung unterschieden: Die J22A wies je ein Maschinengewehrpaar, Kaliber 7,9 mm und 13,2 mm, auf, die J22B vier 13,2-mm-MG. Die mit der J22-Produktion gewonnene Erfahrung erwies sich als überaus wertvoll beim Aufbau der schwedischen Luftfahrtindustrie nach dem Zweiten Weltkrieg.

### TECHNISCHE DATEN
**FFVS J22B**

**Typ:** einsitziger Jagdeindecker
**Triebwerk:** ein 14-Zylinder-Sternmotor SFA STWC3-G mit 794 kW (1080 PS)
**Leistung:** Höchstgeschwindigkeit 575 km/h in 3500 m Höhe; Dienstgipfelhöhe 9300 m; Reichweite 1270 km
**Gewicht:** Rüstmasse 2020 kg; max. Startmasse 2835 kg
**Abmessungen:** Spannweite 10 m; Länge 7,80 m; Höhe 2,60 m; Tragflügelfläche 16 m²
**Bewaffnung:** vier 13,2-mm-Maschinengewehre M/39A

***Die schwedische J22 verfügte über ein beachtliches Leistungsvermögen und angenehme Flugeigenschaften. Das einzige Manko war die schlechte Sicht aus dem Cockpit bei Rollbewegungen am Boden.***

# FMA I.Ae.27 Pulquí

Emile Dewoitine, ein bekannter Name der französischen Luftfahrtindustrie vor dem Zweiten Weltkrieg, schuf mit der **I.Ae.27 Pulquí** (Pfeil) nicht nur den ersten argentinischen Jagdeinsitzer, sondern auch das erste strahlgetriebene Luftfahrzeug, das in diesem Lande gebaut wurde. Die **Pulquí** war ein freitragender Ganzmetalltiefdekker mit herkömmlichem Leitwerk, einziehbarem Bugrad-Fahrgestell und weit vorn angeordnetem Cockpit. Den Antrieb lieferte ein im Hinterrumpf installiertes Strahltriebwerk vom Typ Rolls-Royce Derwent.

Die **Pulquí** hob erstmals am 9. August 1947 ab und legte Leistungen an den Tag, die hinter den Erwartungen zurücklagen. Argentinien verzichtete daher auf eine weitere Entwicklung dieses Typs.

***Emile Dewoitine, prominenter Vorkriegskonstrukteur kolbenmotorgetriebener Jagdflugzeuge, tat sich mit dem Wechsel auf Strahlantrieb offenbar schwer. Seine Pulquí ließ in allen Leistungsaspekten zu wünschen übrig.***

### TECHNISCHE DATEN
**FMA I.Ae.27 Pulquí**

**Typ:** einsitziger Jäger
**Triebwerk:** ein Strahltriebwerk Rolls-Royce Derwent 5 mit 1633 kg Schub
**Leistung:** Höchstgeschwindigkeit 720 km/h; Dienstgipfelhöhe 15.500 m; Reichweite 900 km
**Gewicht:** Leermasse 2358 kg; max. Startmasse 3600 kg
**Abmessungen: Spannweite** 11,25 m; Länge 9,69 m; Höhe 3,39 m; Tragflügelfläche 19,70 m²
**Bewaffnung:** (geplant) vier 20-mm-Bugkanonen

# FMA I.Ae.33 Pulquí II

Die **I.Ae.33 Pulquí II** (Pfeil II), die die Gloster Meteor F.Mk 4 bei der argentinischen Luftwaffe ablösen sollte, wurde von einem Team unter Leitung des deutschen Konstrukteurs Dr. Kurt Tank entworfen. In dieses Muster floß ein Teil der Ergebnisse ein, die Deutschland im Zweiten Weltkrieg auf dem Forschungsgebiet moderner Luftfahrzeugtechnik erreicht hatte, wie die Auslegung als freitragender Schulterdekker mit 40°-Pfeilung und das entsprechend gepfeilte T-Leitwerk zeigten. Das Bugrad-Fahrgestell war einziehbar, und den Antrieb besorgte ein britisches Nene-Strahltriebwerk im hinteren Rumpfabschnitt. Der Pilot war auf einem Schleudersitz im druckbelüfteten Cockpit untergebracht und durch Panzerplatten sowie eine kugelsichere Frontscheibe geschützt.

Der erste von vier Prototypen hob am 27. Juni 1950 vom Boden ab, doch die letzte Versuchsmaschine startete erst am 18. September 1959 zum Erstflug. In der Zwischenzeit war der erste Prototyp abgestürzt, und Dr. Tank und seine Mitarbeiter hatten Argentinien längst verlassen. Diese Faktoren, gekoppelt mit ernsthaften Schwierigkeiten, führten das Ende der Entwicklung herbei.

### TECHNISCHE DATEN
**FMA I.Ae.33 Pulquí II**

**Typ:** einsitziger Jäger
**Triebwerk:** ein Strahltriebwerk Rolls-Royce Nene 2 mit 2268 kg Schub
**Leistung:** Höchstgeschwindigkeit 1050 km/h in 5000 m Höhe; Dienstgipfelhöhe 15.000 m; Flugdauer 2 Stunden und 12 Minuten
**Gewicht:** Leermasse 3600 kg; max. Startmasse 5550 kg
**Abmessungen:** Spannweite 10,60 m; Länge 11,68 m; Höhe 3,50 m; Tragflügelfläche 25,10 m²
**Bewaffnung:** vier 20-mm-Bugkanonen

***Die Pulquí II wurde als Nachfolgerin der Meteor entwickelt.***

# FMA IA 58 Pucará

Die Entwicklung des leichten Erdkampfflugzeugs **FMA IA 58 Pucará** begann im August 1966 und führte am 26. Dezember 1967 zum Flug eines aerodynamischen Testvehikels ohne Antrieb. Der erste von zwei Propellerturbinen Garrett TPE331/U-303 je 674 kW (917 WPS) angetriebene Prototyp, seinerzeit **AX-2 Delfin** genannt, hob erstmals am 20. August 1969 vom Boden ab. In die nachfolgenden Versuchsmaschinen und alle Serienflugzeuge wurden Turbomeca Astazou XVIG eingebaut. Die **Pucará** ist ein freitragender Tiefdecker mit angenähertem T-Leitwerk in Ganzme-

**TECHNISCHE DATEN**
**FMA IA 58A Pucará**

**Typ:** leichtes Erdkampf- (Nahunterstützung und Aufstandsbekämpfung) und Aufklärungsflugzeug
**Triebwerke:** zwei Propellerturbinen Turbomeca Astazou XVIG je 729 kW (991 WPS)
**Leistung:** Höchstgeschwindigkeit im Horizontalflug 500 km/h in 3000 m Höhe; wirtschaftliche Marschgeschwindigkeit 430 km/h; Dienstgipfelhöhe 10.000 m; Reichweite mit max. Treibstoffzuladung 3710 km
**Gewicht:** Rüstmasse 4020 kg; max. Startmasse 6800 kg
**Abmessungen:** Spannweite 14,50 m; Länge 14,25 m; Höhe 5,36 m; Tragflügelfläche 30,30 m²
**Bewaffnung:** zwei 20-mm-Kanonen und vier 7,62-mm-Maschinengewehre, alle vorwärtsfeuernd, und eine gemischte Waffenlast an Trägern unter dem Rumpf und den Tragflächen

tallbauweise und einziehbarem Bugrad-Fahrgestell. Die zweiköpfige Besatzung sitzt hintereinander auf Martin-Baker-Schleudersitzen unter einer wohlgeformten, langen Vollsichthaube. Die erste Serienversion **IA 58A** flog am 8. November 1974, und die Lieferung der 108 Exemplare, die die argentinische Luftwaffe bestellt hatte, währte von Anfang 1976 bis 1986. Sechs solcher Maschinen beschaffte auch die Luftwaffe Uruguays. Vierzig Flugzeuge der verbesserten Ausführung **IA 58B Pucará Bravo** mit modernerer Avionik und stärkerer Bewaffnung wurden 1980 für die argentinische Luftwaffe in Auftrag gegeben, aber nach dem Falklandkrieg als **IA 58A** fertiggestellt. Eine einzelne **Pucará** mit leistungsstärkeren Garrett-TPE331-Propellerturbinen à 746 kW (1015 WPS), die **IA 66**, nahm 1980 ihr Testflugprogramm auf, blieb dann aber auf der Strecke.

Die **Pucará**-Produktion endete nach einer Serie von 40 **IA 58A**, die 1986 gebaut wurden. Da von Verkaufsabschlüssen nicht die Rede war, nimmt man an, daß sie ohne Hoheitsabzeichen eingelagert sind.

***Diese Pucará präsentiert sich in der typischen Konfiguration eines COIN-Flugzeugs mit leichten Bomben unter dem Rumpf und Raketenbehältern unter den Tragflächen.***

# FMA IA 63 Pampa

Die Arbeiten am Entwurf des Strahltrainers **FMA IA 63 Pampa** zur fliegerischen Grundausbildung begannen 1979, und mit Unterstützung durch Dornier wurde 1980 die endgültige Auslegung dieses Musters entschieden. Die Konstruktion dreier Prototypen lief im März 1981 an, und die erste Versuchsmaschine startete am 6. Oktober 1984 zum Jungfernflug.

Die **IA 63**, von der Grundauslegung her ein freitragender Schulterdecker, hat ein niedriges Bugrad-Fahrgestell, ein Einzeltriebwerk in Form eines Turbofan und ein druckbelüftetes Cockpit, das den Schüler und den Fluglehrer hintereinander auf Zero/Zero-Schleudersitzen aufnimmt. Die argentinische Luftwaffe bestellte 100 **Pampa**, von denen die ersten drei Exemplare im April 1988 ausgeliefert wurden. 1990 tat sich FMA mit LTV zusammen, um eine neue Version der **IA 63**, die **Pampa 2000**, zu entwickeln.

**TECHNISCHE DATEN**
**FMA IA 63 Pampa**

**Typ:** zweisitziger Strahltrainer zur Grund- und Fortgeschrittenenschulung
**Triebwerk:** ein Mantelstromtriebwerk Garrett TFE 731-2-2N mit 1588 kg Schub
**Leistung:** Höchstgeschwindigkeit 755 km/h in 7000 m Höhe; Dienstgipfelhöhe 12.900 m; Reichweite bei 556 km/h in 4000 m Höhe mit max. Interntreibstoff 1500 km
**Abmessungen:** Spannweite 9,69 m; Länge 10,93 m; Höhe 4,29 m; Tragflügelfläche 15,63 m²

***Der Pampa-Prototyp zeigt die schnittige Form dieses Musters. Die Entwicklung erfolgte mit Blick auf das JPATS-Rennen, das die Nachfolgefrage der T-37 bei der USAF klären soll.***

# FWA AS 202 Bravo und AS 32T Turbo Trainer

Ende der sechziger Jahre vereinbarten SIAI-Marchetti in Italien und die Schweizer Flug- und Fahrzeugwerke AG Altenrhein (FFA), gemeinsam ein zwei/dreisitziges Reise-, Sport- und Schulflugzeug in Leichtbauweise zu entwickeln. Das Muster sollte in beiden Ländern gefertigt werden, als **SA 202 Bravo** in Italien und als **AS 202 Bravo** in der Schweiz. Infolge mangelnder Produktionskapazitäten im SIAI-Marchetti-Werk verständigte man sich dann aber auf die ausschließliche Produktion in der Schweiz. Durch Registereintragung der Schweizer Firma FFA ergab sich die Bezeichnung dieses Musters.

Die **Bravo** ist ein konventionelles Leichtflugzeug. Das Bugrad-Fahrgestell des freitragenden Tiefdeckers ist nicht einziehbar, und den Antrieb liefert ein Boxermotor von Avco Lycoming. In den kunstflugtauglichen Versionen sind zwei Sitze nebeneinander eingerichtet, während im hinteren Kabinenraum der Nutzvariante ein dritter Sitz eingebaut oder 100 kg Gepäck verstaut werden können. Der erste Prototyp **(HB-HEA)** flog am 7. März 1969, und am 7. Mai folgte die Versuchsmaschine des Unternehmens SIAI-Marchetti. Die Serienversionen hießen **AS202/15** mit dem 112 kW (152 PS) starken O-320-E2A als Antrieb und **AS202/18A** mit rückenflugtauglicher Motorschmierung. Hinzu kam das Einzelexemplar **AS202/26A**, dessen Lycoming O-540 (194 kW/264 PS) ein Kraftstoff- und Schmierölsystem für uneingeschränkten Rückenflug aufwies.

Bis 1990 waren rund 215 **Bravo** gebaut und überwiegend an militärische Nutzer verkauft worden. Zu den zivilen Betreibern zählen die Royal Air Maroc (5), die Royal Flight of Oman (4), die Uganda Central Flying School (8) und das British Aerospace Flying College, das seine **Bravo** in **Wren** umtaufte.

1979 befaßte sich FWA mit der Entwicklung einer Turboprop-Version der **Bravo**, die als militärischer Trainer gedacht war. Dieser **AS 32T Turbo Trainer** wurde von der Allison-Propellerturbine 250-B17C mit 268 kW (265 WPS) angetrieben. Das Trag- und Leitwerk der **Bravo** war erhalten ge-

***Die relativ hohen Betriebskosten, verbunden mit einer überdurchschnittlichen Leistung und Manövrierfähigkeit, waren dafür ausschlaggebend, daß die FWA AS 202 eher Militärkunden als Zivilkäufer fand.***

blieben, aber den Rumpf hatte man neu konstruiert. Im August 1980 wurde eine Standard-**Bravo (HB-HEY)**, die die Bezeichnung **AS202/32** erhielt, mit der Allison 250-Propellerturbine ausgerüstet und geflogen. In Ermangelung von Aufträgen stellte man die Entwicklung ein.

***FWA AS 202/18A***

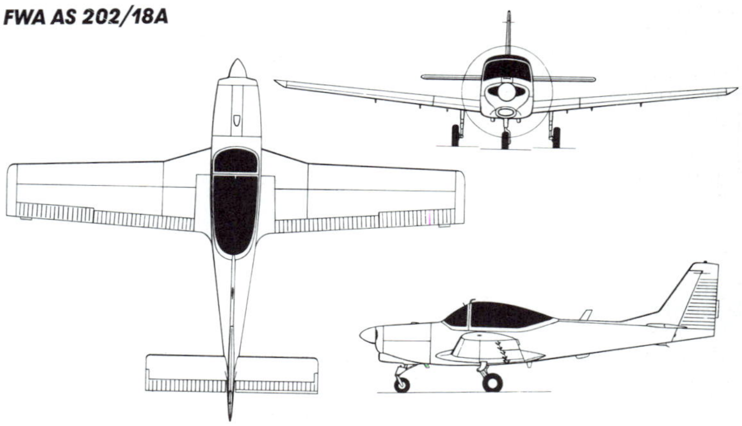

**TECHNISCHE DATEN**
**FWA AS 202/18A Bravo**

**Typ:** zwei-/dreisitziges Leichtflugzeug
**Triebwerk:** ein 4-Zylinder-Boxermotor Avco Lycoming AEIO-360-B1F mit 134 kW (182 PS)
**Leistung:** max. Reisegeschwindigkeit 226 km/h in 2440 m Höhe; wirtschaftliche Reisegeschwindigkeit 203 km/h; Dienstgipfelhöhe 5485 m; Reichweite mit max. Treibstoffzuladung 965 km
**Gewicht:** Rüstmasse 700 kg; max. Startmasse (Nutzflugzeug) 1050 kg
**Abmessungen:** Spannweite 9,75 m; Länge 7,50 m; Höhe 2,81 m; Tragflügelfläche 13,86 $m^2$

# Fairchild 24

Die steigende Absatzkurve der Fairchild 22 Model C7A veranlaßte den Hersteller, eine Version mit geschlossener Kabine zu entwickeln. Dazu paßte man die Auslegung einem abgestrebten Hochdecker an, so daß der Rumpf eine Kabine mit zwei Sitzen nebeneinander aufnehmen konnte. Weitere Änderungen bestanden in der Einführung eines Spornrads, und als Antrieb der ersten Fairchild 24 Model C8 diente der A.C.E. Cirrus Hi-Ace, ein in Lizenz gefertigter 4-Zylinder-Reihenmotor mit 71 kW (96 PS). Die meisten Varianten waren wahlweise mit Schwimmer- und Schneekufen-Fahrgestell erhältlich. Im April 1932 erfolgte die Musterzulassung. Das Grundmuster **Fairchild 24 Model C8** erreichte nur eine Auflage von zehn Flugzeugen, aber dieses Kontingent weckte wie beim Vorgängermodell C7 großes Interesse und löste entsprechende Folgeaufträge aus.

**Varianten**
**Modell C8A:** grundsätzlich ähnlich dem Modell C8, aber die Einführung des Sternmotors ergab eine geänderte Rumpfform; der Prototyp flog mit einem 82 kW (112 PS) starken Warner-Scarab-7-Zylinder-Motor, die Serienflugzeuge mit einer 93 kW (126 PS) starken Version dieses Motors; insgesamt 25 Flugzeuge
**Modell C8B:** nur zwei Exemplare, die bis auf ihren 93 kW (126 PS) starken 4-Zylinder-Reihenmotor Menasco Pirate mit der C8 identisch waren
**Modell C8C:** unter Erhalt der allgemeinen Auslegung waren die Abmessungen dieser Version insgesamt leicht gewachsen, um Platz für einen dritten Sitz in der Kabine zu schaffen; für den Antrieb sorgte ein Warner-Scarab-7-Zylinder-Sternmotor mit 108 kW (147 PS); Erstzulassung im April 1934; rund 130 Flugzeuge
**Modell C8D:** Dreisitzer, ähnlich dem Modell C8C, jedoch 6-Zylinder-Reihenmotor Ranger 6-390B statt des Sternmotors gleicher Leistung; etwa 14 Flugzeuge
**Modell C8E:** verfeinerte Version des Modells C8C mit besserer Ausrüstung; rund 50 Exemplare
**Modell C8F:** Version des Modells C8D mit verbesserter Ausrüstung und weiterer Verfeinerung; rund 40 Exemplare
**Modell 24-G:** ähnlich Modell C8E, aber in zwei Versionen erhältlich: dreisitzige Luxusausführung und viersitziges Gebrauchsflugzeug; rund 100 Exemplare
**Modell 24-H:** im Grunde eine Luxusausgabe des Modells C8D, aber mit Ranger 6-390D-3, der 112 kW (152 PS) erzeugte
**Modell 24-J:** ähnlich Modell 24-G und ebenso in Luxus- oder Gebrauchsausführung erhältlich, aber viersitzig; rund 40 Flugzeuge

***Fairchild 24W***

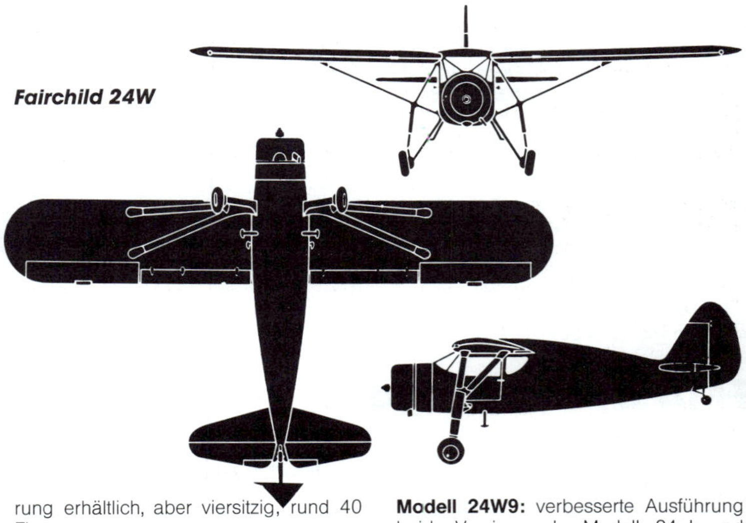

**Modell 24-K:** ähnlich Modell 24-H, aber in beiden Versionen, de luxe und Utility, als Viersitzer mit zweireihig hängendem 112 kW (152 PS) starkem 6-Zylinder-Motor Ranger 6-410-B erhältlich; rund 34 Flugzeuge
**Modell 24R9:** verfeinerte Version des Modells 24-K, angeboten als Luxus- und Nutzflugzeug, aber mit dem 123 kW (167 PS) starken Ranger 6-410-B1; rund 35 Flugzeuge an zivile Abnehmer verkauft
**Modell 23R40:** entsprach grundsätzlich dem Modell 24R9, aber ausschließlich als Nutzflugzeug produziert; rund 25 Flugzeuge

**TECHNISCHE DATEN**
**Fairchild 24-G**

**Typ:** drei-/viersitziger Kabineneindecker
**Triebwerk:** ein 7-Zylinder-Sternmotor Warner Scarab der Serie 50 mit 108 kW (147 PS)
**Leistung:** Höchstgeschwindigkeit 209 km/h; Reisegeschwindigkeit 190 km/h; Dienstgipfelhöhe 5030 m; Reichweite 764 km
**Gewicht:** Leermasse 669 kg; max. Startmasse 1089 kg
**Abmessungen:** Spannweite 11,07 m; Länge 7,26 m; Höhe 2,24 m; Tragflügelfläche 16,09 $m^2$

**Modell 24W9:** verbesserte Ausführung beider Versionen des Modells 24-J; rund 40 Flugzeuge
**Modell 24W40:** ähnlich Modell 24W9, aber nur in der Nutzversion erhältlich; rund 75 Exemplare
**Modell 24W41:** ähnlich Modell 24W40, aber mit Warner Super Scarab der Serie 50A; rund 40 Flugzeuge
**Modell 24W41A:** ähnlich Modell 24W41, aber mit 123 kW (167 PS) starkem Warner Super Scarab 165D; zehn Maschinen an zivile Abnehmer verkauft
**C-61 (später UC-61):** Bezeichnung der USAAF für die militärische Version des Modells 24W41 mit 108 kW (147 PS) starkem R-500-1 Super Scarab; neben 161 Serienflugzeugen erhielten zwei eingezogene Zivilmaschinen diese Dienstbezeichnung
**C-61A (später UC-61A):** militärische Version des Modells 24W41A mit Funkausrüstung und geänderten Bordsystemen; neben 509 seriengefertigten Maschinen erhielten auch drei eingezogene Zivilflugzeuge diese Dienstbezeichnung
**GK-1:** Bezeichnung von 13 Exemplaren des Modells 24W40, die zum Militärdienst bei der US Navy eingezogen wurden
**JK-1:** zwei Exemplare des Modells 24-H, die zum Militärdienst bei der US Navy eingezogen wurden
**J2K-1:** Bezeichnung zweier Exemplare des Modells 24R, die zum Militärdienst bei der US Coast Guard eingezogen wurden

***Die Fairchild 24 wurde mit Stern- und Reihenmotor angeboten. Dieses Exemplar ist eine Argus Mk III, die die RAF aufgrund des Lend-Lease-Gesetzes erhielt.***

**J2K-2:** Bezeichnung zweier weiterer, leicht geänderter Exemplare des Modells 24R, die zum Militärdienst bei der US Coast Guard eingezogen wurden
**UC-61B bis UC-61J:** pauschale Dienstbezeichnungen, die 14 mobilbeordeten Zivilflugzeugen zugewiesen wurden
**UC-61K Forwarder:** die letzte im Krieg produzierte Version dieses Musters; Antrieb durch 6-Zylinder-Reihenmotor Ranger 1-440-7 mit 149 kW (203 PS); insgesamt 306 Flugzeuge
**UC-86:** neun Zivilflugzeuge des Modells 24R40, die zum Militärdienst bei der USAF eingezogen wurden
**Argus Mk I:** UC-61, die die RAF aufgrund des Lend-Lease-Abkommens erhielt
**Argus Mk II:** UC-61A, die die RAF aufgrund des Lend-Lease-Abkommens erhielt
**Argus Mk III:** UC-61K, die die RAF aufgrund des Lend-Lease-Abkommens erhielt

# Fairchild 71

Die **Fairchild 71**, im Grunde genommen eine moderne Ausgabe der FC-2W2 mit zahlreichen Verbesserungen, profitierte von den Erfahrungen, die die Firma mit der FC-2 und ihren Varianten gesammelt hatte. Das Muster wurde von einem 9-Zylinder-Sternmotor, dem Wasp von Pratt & Whitney, mit 313 kW (425 PS) angetrieben. Die **Fairchild 71** entstand in bescheidener Stückzahl von 1928 bis 1930, als die **Fairchild 71A** die Fertigungsstrecke belegte. Diese unterschied sich vom Vorgängermodell durch einen winzigen Pfeilwinkel der Tragflächen und Verfeinerungen des Innenausbaus.

Die meisten **Fairchild 71** und **71A** gingen an zivile Betreiber, doch auch die US Army kaufte eine **Fairchild 71**, um ihre Tauglichkeit **XC-8** zu prüfen. Später, auf das Luftbildwesen spezialisiert, erhielt sie die Bezeichnung **XF-1**. Anschließend wurden acht **YF-1** zur Erprobung durch die Heeresflieger beschafft und alle neun Exemplare in **C-8** umbenannt. Es folgten sechs **Fairchild 71A**, denen die Dienstbezeichnung **F-1A** und später **C-8A** zufiel. Die US Navy besorgte sich ebenfalls ein Exemplar zur Truppenerprobung als **XJ2Q-1**, später umbezeichnet in **R2Q-1**.

**TECHNISCHE DATEN**
**Fairchild (Canada) Super 71 (Landflugzeug)**
**Typ:** achtsitziges Passagier- oder Frachtflugzeug
**Triebwerk:** ein 9-Zylinder-Sternmotor Pratt & Whitney Wasp mit 388 kW (528 PS)
**Leistung:** Höchstgeschwindigkeit 249 km/h; Reisegeschwindigkeit 209 km/h; Reichweite 1314 km
**Gewicht:** Leermasse 1544 kg; max. Startmasse 3175 kg
**Abmessungen:** Spannweite 17,68 m; Tragflügelfläche 36,24 m²

1930 etablierte sich die kanadische Tochterfirma Fairchild Aircraft Ltd. in Longueuil, Quebec. Sie nahm über die technische Betreuung der 70 in Kanada zugelassenen **Fairchild**-Flugzeuge hinaus auch die Fertigung der **Fairchild 71** für die kanadischen Streitkräfte auf. Diese wichen vom Standard durch den Wegfall der Komforteinrichtung für die Passagiere und ihre Spezialausrüstung für das Luftbildwesen ab. Für die kommerzielle Luftfahrt wurde die **Fairchild 71-C** konstruiert, einschließlich der Unterversion **Fairchild 71-CM** mit metallbeplanktem Rumpf.

Der steigende Bedarf Kanadas an einem Frachtflugzeug für schwerere Lasten, führte 1934 zur Entwicklung des Schwimmerflugzeugs **Fairchild Super 71**. Die **Super 71** wies eine etwas größere Spannweite auf, und der längere Rumpf war aus Leichtmetall konstruiert. Der Pilot saß nun in einem Cockpit untergebracht, das hinter der Kabine in den Rumpfrücken eingearbeitet war. Diese Anordnung schränkte die Sicht nach vorn im großen Winkel zwischen Flugzeugnasenrücken und Flügelunterseite ein. Die Kabine bot acht Passagieren Platz, ließ sich aber auch mühelos zu einem bloßen Frachtraum herrichten. In die Kabinenseiten hatte man backbord große Ladeklappen und steuerbord eine Passagiertür eingelassen, und die gesamte Kabine war beheiz- und belüftbar. Den Antrieb lieferte erneut ein Wasp-Sternmotor, dessen Vollverkleidung den Luftwiderstand minderte. Nur zwei **Super 71** wurden für das kanadische Verteidigungsministerium gebaut.

***Sherman Fairchild, der zur Nutzung seiner fortschrittlichen Luftbildkameras in den Flugzeugbau eingetreten war, verwendete diese Fairchild 71 für das Geschäft der Firma mit Aufnahmen von Meßbildern aus der Luft.***

# Fairchild 82

1935/36 führte Fairchild Aircraft Ltd. in Kanada die Entwicklung der Super 71 zur **Fairchild 82** weiter. Dem Vorgängermuster folgend, war die **82** ein abgestrebter Hochdecker im Mischbauweise mit gleichfalls abgestrebtem Höhenleitwerk, Spornrad-Fahrgestell (wahlweise ersetzbar durch Schwimmer oder Schneekufen) und einem Pratt & Whitney-Wasp-Sternmotor als Antrieb. Ihr Rumpf beherbergte eine separate Kabine, die zehn Passagieren Platz bot. Türen auf beiden Seiten erleichterten das alternative Be- und Entladen von Frachtgut. In der Super war der Pilot in einem abgesonderten Cockpit hinter und oberhalb der Kabine untergebracht. Dieses Konzept wurde bei der **Fairchild 82** geändert und das Flugdeck vor der Kabine eingerichtet, um zwei Piloten nebeneinander aufzunehmen. Die vor den Tragflächen in die Rumpfoberseite eingesetzten Windschutzscheiben ermöglichten den Flugzeugführern gute Sicht auf das vorausliegende Gelände.

**TECHNISCHE DATEN**
**Fairchild 82**
**Typ:** leichtes Mehrzweck-Transportflugzeug
**Triebwerk:** ein 9-Zylinder-Sternmotor Pratt & Whitney S3H1 Wasp mit 410 kW (558 PS)
**Leistung:** Höchstgeschwindigkeit 249 km/h in 1525 m Höhe; Reisegeschwindigkeit 227 km/h in 1525 m Höhe; Dienstgipfelhöhe 5335 m; Reichweite 1054 km
**Gewicht:** Leermasse 1630 kg; max. Startmasse 2869 kg
**Abmessungen:** Spannweite 15,54 m; Länge 11,25 m; Tragflügelfläche 31,86 m²

Von zwölf gebauten **Fairchild 82** flogen acht bei kanadischen Fluggesellschaften, vier Exemplare wurden exportiert.

***Die Fairchild 82 ließ sich mit Rad-, Schwimmer- und Schneekufen-Fahrgestell ausrüsten.***

# Fairchild AT-21 Gunner

Die Bedeutung einer schweren offensiven und defensiven Bewaffnung ihrer Bomber wurde den Planungsstäben des US Army Air Corps erst Anfang des Zweiten Weltkriegs bewußt, als erste Kampfberichte aus Europa vorlagen. Dies zeigt unter anderem die Tatsache, daß die Boeing B-17B Fortress damals nur fünf Maschinengewehre in getrennten Gefechtsständen mitführte. Die meisten Flugzeuge ließen sich zwar entsprechend aufrüsten, aber die Besatzungen mußten in den Einsatz dieser Waffen eingewiesen werden.

Das USAAC vergeudete keine Zeit und bestellte bei Fairchild zwei zur Waffen- und Schießausbildung konstruierte Prototypen. Die erste Maschine **(XAT-13)** war zur Gefechtsausbildung einer gesamten Bomber-Crew gedacht und wurde von zwei 9-Zylinder-Sternmotoren Pratt & Whitney R-1340-AN1 Wasp angetrieben. Der zweite Prototyp **(XAT-14)** hatte eine ähnliche Auslegung, doch seinen Antrieb lieferten zwei Ranger-Reihenmotoren V-770-6 je 388 kW (528 PS). Er wurde anschließend zum Spezialtrainer **XAT-14A** für Bombenschützen hergerichtet. Die erfolgreiche Flug- und Ausbildungserprobung dieser Flugzeuge führte zur Beschaffung des Musters **AT-21 Gunner**, das auf die Waffen- und Einsatzausbildung spezialisiert war.

Der freitragende Mitteldecker **AT-21**, eine Mischkonstruktion, hatte einen Rumpf

***Wie hier zu sehen, verließen die Fairchild AT-21 Gunner die Werkshallen ohne Glaskuppel am Bug oder Waffendrehturm auf dem Rükken. Die Zelle wurde unter Verwendung vorgeformter Teile aus geklebten Furnierlagen gefertigt.***

**TECHNISCHE DATEN**
**Fairchild AT-21 Gunner**
**Typ:** Spezialtrainer zur Waffen- und Schießausbildung
**Triebwerke:** zwei zweireihig hängende 12-Zylinder-Motoren Ranger V-770-11/-15 je 388 kW (528 PS)
**Leistung:** Höchstgeschwindigkeit 362 km/h in 3660 m Höhe; Marschgeschwindigkeit 315 km/h in 3660 m Höhe; Dienstgipfelhöhe 6750 m; Reichweite 1464 km
**Gewicht:** Leermasse 3925 kg; max. Startmasse 5129 kg
**Abmessungen:** Spannweite 16,05 m; Länge 11,58 m; Höhe 4 m; Tragflügelfläche 35,12 m²

mit vertikal-ovalem Querschnitt, der am hinteren Ende ein aufgesatteltes Höhenleitwerk mit Endplatten als Seitenflossen/Ruder aufnahm. Das Bugrad-Fahrwerk ließ sich einziehen, und für den Antrieb sorgten zwei Ranger V-770. Der Gunnery-Trainer war für eine fünfköpfige Besatzung eingerichtet, bestehend aus dem Piloten, dem Kopiloten/Schießlehrer und drei Auszubildenden. Von den 175 **AT-21** wurden 106 Exemplare von **Fairchild**, 39 von der Bellanca Aircraft Corporation und 30 von der McDonnell Aircraft Corporation gebaut, um die USAAF beliefern zu können. Bei neu eingerichteten Waffenschulen blieben die **AT-21** bis 1944 im Dienst, als sie Ausbildungsversionen der Einsatzmuster weichen mußten, in denen die Schützenanwärter Dienst tun sollten. Viele der überschüssigen **AT-21** wurden dann zu Zielschleppflugzeugen umgebaut.

**Variante**

**Fairchild XBQ-3:** Bezeichnung einer AT-21 nach ihrem Versuchsumbau zur Flugbombe; die Maschine wurde mit einer Funksteueranlage und einer 1814-kg-Sprengladung ausgerüstet

# Fairchild C-82 Packet/C-119 Flying Boxcar

***Zur „Jet Pak" für die indische Luftwaffe umgerüstete Fairchild C-119G***

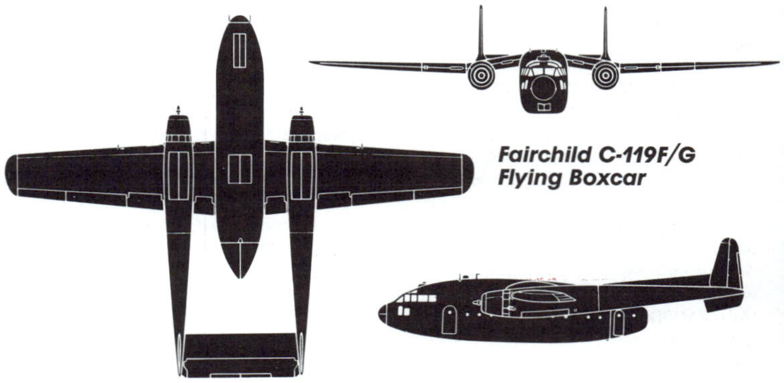

***Fairchild C-119F/G Flying Boxcar***

Die Fairchild F-78 basierte auf einer Forderung der US Army von 1941 nach einem auf den Material- und Truppentransport spezialisierten Militärflugzeug. 1942 wurde die Firma mit der Konstruktion eines einzelnen Prototyps beauftragt, der die Bezeichnung **XC-82** erhielt. Die **XC-82**, die erstmals am 10. September 1944 flog, war ein freitragender Ganzmetall-Schulterdecker. Der geräumige Rumpf enthielt ein Flugdeck für eine fünfköpfige Crew und eine Großraumkabine/Frachtraum mit geteilter Heckpforte zur praktischen Be- und Entladung von Rad- und Kettenfahrzeugen. Zum Absetzen von Zugschirm-Schwerlasten ließen sich diese Heckklappen komplett entfernen. Im Katastrophenfall konnten 78 Personen ausgeflogen oder 42 Fallschirmjäger mit Kampfgepäck transportiert werden. Ein robustes Dreibein-Einziehfahrwerk fing die Masse der **XC-82** auf, und den Antrieb besorgten zwei 18-Zylinder-Sternmotoren Pratt & Whitney R-2800-34 Double Wasp je 1566 kW (2130 PS) in flügelmontierten Gondeln. Die Motorzellen wurden in Richtung Heck als Träger für doppelte Seitenflossen/Ruder weitergeführt, zwischen die das Höhenleitwerk mit Einzelruder gespannt war.

Die US Army Air Force erteilte zunächst einen Auftrag über 100 **C-82A**, denen man den Beinamen **Packet** verlieh. Nachdem die ersten Maschinen 1945 ausgeliefert waren, folgte ein Anschlußauftrag in gleicher Größenordnung. Aufgrund des Kriegsbedarfs wurde eine zweite Fertigungsstrecke bei North American Aviation in Dallas, Texas, eingerichtet, doch bis zur Streichung von Rüstungsaufträgen nach der Kapitulation Japans waren von 792 bestellten **C-82N** erst drei Exemplare fertiggestellt. Fairchild produzierte schließlich 220 solcher Flugzeuge, deren Lieferung 1948 endete. Für den Einsatz im Zweiten Weltkrieg kam die **Packet** zwar zu spät, aber sie leistete dem USAF Tactical Air Command und dem Military Air Transport Service Dienste, bis sie 1954 ausschied.

1947 entwickelte Fairchild eine verbesserte Version der **C-82** durch Umrüstung eines Standardtransportflugzeugs **C-82A** zum Prototyp **XC-82B**. Den Hauptunterschied machten das vor dem Frachtraum angeordnete Flugdeck und neue 28-Zylinder-Sternmotoren Pratt & Whitney R-4360-4 Wasp Major je 1976 kW (2687 PS) aus. Diese Version ging als **C-119B Flying Boxcar** mit 55 Exemplaren in Serie. Der Rumpf war 36 cm breiter, die Struktur für höhere Betriebsmassen verstärkt und die Antriebskraft durch R-43-60-20-Motoren nochmals gesteigert. Die **C-119**, die 62 Fallschirmjäger und eine größere Frachtmenge als die Packet transportieren konnten, bewährten sich beim Einsatz in Korea und Vietnam sowie in etlichen anderen Schwertransportrollen. **C-119** dienen auch bei den Luftstreitkräften Äthiopiens, Belgiens, Brasiliens, Indiens, Italiens, Nationalchinas und Südvietnams, wobei ein Teil der Lieferungen auf dem Militärhilfeprogramm (MAP) beruhte. Außerdem kauften etliche Zivilbetreiber dieses Muster aus Überschußbeständen.

1961 entwickelte die in Long Beach, Kalifornien, ansässige Steward-Davis Inc. das Umrüstpaket Jet-Pak für die **C-119**. Dieses Angebot umfaßte den Einbau eines Westinghouse-Strahltriebwerks J34-WE-36 mit einer Nennleistung von 1542 kg Schub in einem Sockelbehälter auf dem Tragflächenmittelstück. Mindestens 26 **C-119** der indischen Luftstreitkräfte wurden für Schwertransporte unter extremen Bedingungen mit einem schubstärkeren Orpheus-Strahltriebwerk ausgerüstet.

***In Form der schwer bewaffneten AC-119G/K übernahm die C-119 eine offensive Rolle. Dies ist das Basisschlachtflugzeug mit einer Bewaffnung von vier backbordseitigen 7,62-mm-Minikanonen.***

**Varianten**

**EC-82A:** einer C-82A nach Umstellung auf ein Raupen-Fahrwerk

**XC-119A (später C-119A):** XC-82B nach Modifikation gemäß Serienstandard

**EC-119A:** neue Bezeichnung der oben genannten Maschine nach Umrüstung zum Versuchsträger für ECM-Ausrüstung

**C-119C:** Serienversion (303 Exemplare) mit überarbeitetem Heck; die letzten 41 Flugzeuge montierte die Kaiser Manufacturing Company

**YC-119F:** ein Erprobungsflugzeug mit zwei Wright R-3350 Duplex Cyclone 18-Zylinder-Sternmotoren je 2610 kW (3549 PS)

**C-119F:** Serienversion (141 Flugzeuge von Fairchild und 71 von Kaiser) mit nochmals geänderter Heckbaugruppe

**C-119G:** Serienversion mit anderen Propellern und geänderter Ausrüstung; insgesamt 480 Flugzeuge

**AC-119G:** 26 zu Schlachtflugzeugen umgebaute C-119G mit vier 7,62-mm-Minikanonen mit sechs Rohren im Bündel, Panzerschutz und Leuchtfackelwerfern

**YC-119H Skyvan:** Einzelexemplar in Form einer umgebauten C-119B mit erhöhter Spannweite des Trag- und Höhenleitwerks, neu entworfenen Leitwerksflächen, Kraftstoffzusatztanks unter den Flächen und zwei R-3350-Triebwerken

**C-119J:** neue Bezeichnung für 62 C-119F/G nach Einbau einer Heckklappe, die während des Fluges geöffnet werden konnte

**EC-119J:** neue Bezeichnung für C-119J zur Satellitenverfolgung; etwa sechs Flugzeuge umgerüstet

**YC-119K:** Bezeichnung einer C-119G nach Einrüstung zweier R-3350-Sternmotoren je 2759 kW (3752 PS) und zweier Strahltriebwerke J85-GE-17 je 1293 kg Schub unter den Flächen

**C-119K:** neue Bezeichnung einer Fünfergruppe C-119G, die man dem YC-119K-Standard entsprechend umrüstete und deren Radbremsen durch Anti-Blockiereinrichtungen ergänzt wurden

**AC-119K:** Bezeichnung von 26 C-119G, die zu Schlachtflugzeugen gemäß Standard AC-119G umgerüstet wurden, und nachträglich zwei 20-mm-Kanonen, leistungsstärkere Avionikgeräte und zwei unter die Tragflächen gehängte J85-GE-17-Strahltriebwerke erhielten

**C-119L:** neue Bezeichnung für 22 C-119G nach Modernisierung und Ausrüstung mit einem anderen Propellertyp

**R4Q-1:** Version der C-119C für das US Marine Corps; insgesamt 39 Flugzeuge

**R4Q-2:** Version der C-119F für das US Marine Corps; insgesamt 58 Flugzeuge

**XC-120 Packplane:** Umrüstung einer C-119B zum Versuchstransportflugzeug mit abnehmbarem Rumpfoberteil; das Trag- und Leitwerk der C-119B wurde mit einer neuen Oberrumpfkomponente mit planer Unterseite sowie einer unteren Rumpfkomponente mit planer Oberseite und Frachtzelle zum Packplane kombiniert; das Flugdeck befand sich in der oberen Rumpfbaugruppe; die Maschine konnte mit oder ohne Auflieger geflogen werden; die militärische Prüfung zog keine Aufträge nach sich

## TECHNISCHE DATEN

**Fairchild C-119G Flying Boxcar**

**Typ:** Material- und Truppentransportflugzeug

**Triebwerke:** zwei 18-Zylinder-Sternmotoren Wright R-3350-85 Duplex Cyclone je 2610 kW (3549 PS)

**Leistung:** Marschgeschwindigkeit 322 km/h; Reichweite mit Standardtreibstoffzuladung 3669 km

**Gewicht:** Leermasse 18.136 kg; max. Startmasse 33.747 kg

**Abmessungen:** Spannweite 33,30 m; Länge 26,37 m; Höhe 8 m; Tragflügelfläche 134,43 m²

# Fairchild C-123 Provider bis Fairey Albacore

**Fairchild übernahm 1929 die Kreider-Reisner Aircraft und wurde 1931 von Sherman Fairchild zurückgekauft. Er änderte den Namen 1935 in Fairchild Aircraft Corporation und 1939 in Fairchild Engine & Airplane Corporation. 1965 wurde noch die Republic Aircraft Corporation mit ihrem Militärflugzeug A-10A aufgekauft.**

## Fairchild C-123 Provider

1943 wurde die Chase Aircraft Company zur Konstruktion, Entwicklung und Produktion eines schweren Lastenseglers für die US Army gegründet. Nach der erfolgreichen Vorführung des Versuchsseglers **XCG-18A** entstanden fünf Vorserienflugzeuge **YCG-18A**. Eines dieser Exemplare wurde zum leichten Truppentransportflugzeug **YC-122** umgebaut, indem man zwei Sternmotoren in Gondeln unter die Flächen hängte. Es folgten **YC-122A/B/C** zur Erprobung durch die Truppe, die zur Konstruktion zweier Prototypen eines noch größeren Truppen- und Frachttransportflugzeugs führten. Dem Segler **XCG-20** (später **XG-20**) fiel die neue Bezeichnung **XC-123** zu, nachdem er einen Antrieb in Form zweier 18-Zylinder-Sternmotoren Pratt & Whitney R-2800-23 Double Wasp mit je 1641 kW (2232 PS) erhalten und diesen beim Jungfernflug am 14. Oktober 1949 erstmals erprobt hatte. 1952 erfolgte ein Auftrag über fünf Vorserienmaschinen **C-123B Provider**, die 1953 fertiggestellt und geflogen wurden. Im selben Jahr erwarb die Kaiser-Frazer Corporation die Aktienmehrheit an der Chase Aircraft Company und nahm einen Auftrag über 300 **C-123B** entgegen. Diese Order wurde Mitte 1953 widerrufen und statt dessen an Fairchild vergeben, die von nun an für die Entwicklung und Produktion der **C-123B** verantwortlich zeichnete.

Die **C-123** war ein freitragender Hochdecker in Ganzmetallbauweise mit zum Heck hin hochgezogenem Großraumrumpf. An der Unterseite befand sich eine Frachttür, die sich absenken ließ, um als Laderampe zu dienen. Andere Auslegungsmerkmale waren ein konventionelles, aber recht hohes Leitwerk, ein einziehbares Bugradfahrgestell und Double Wasp-Sternmotoren als Antrieb. Alternativ zum Materialtransport konnte die **C-123** 60 Soldaten mit kompletter Kampfausrüstung oder 50 Verwundete auf Liegen plus sechs sitzfähige Patienten und sechs Sanitäter befördern. Fairchild zeigte sich an einer Weiterentwicklung dieses Musters interessiert und führte beispielsweise eine riesige Rückenfinne zur Verbesserung der Kursstabilität ein. Die erste **C-123B**-Serienmaschine des Unternehmens absolvierte ihren Jungfernflug mit R-2800 Double Wasp-Sternmotoren am 1. September 1954. Fairchild fertigte insgesamt 302 solcher Flugzeuge, einschließlich eines Flugwerks für Bodentests und 24 Exemplaren für Saudi-Arabien (sechs) und Venezuela (18). Aus Überschußbeständen der USAF stießen einige **C-123B** später auch zu den Luftstreitkräften der Philippinen, Taiwans und Südkoreas. Bei der US Air Force Reserve bestand 1982 sogar noch eine Staffel mit **C-123K**.

Für die USAF wurden drei Versionen zur Prüfung durch die Stroukoff Aircraft Corporation gebaut. Es handelte sich um die **YC-123D**, die der gewöhnlichen **C-123B** entsprach, aber mit einem System zur Grenzschichtbeeinflussung ausgestattet war, die **YC-123E** mit überarbeitetem Seitenleitwerk und dem Stroukoff „Pantobase"-Fahrgestell, das einziehbare Schneekufen/Wasserski sowie ein Rad- und Schwimmerwerk unter den Außenflächen zum Betrieb auf allen möglichen Oberflächen aufwies, und eine **YC-134A** mit beiderlei vorgenannten Systemen.

***Fairchild C-123K Provider***

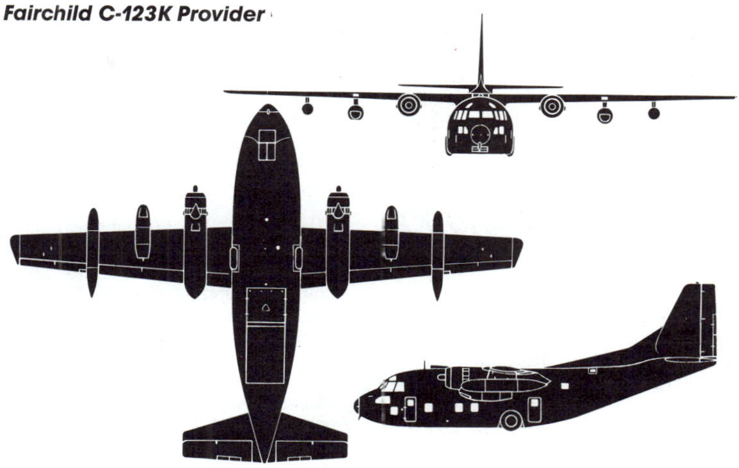

**Varianten**

**HC-123B:** Bezeichnung für die zur US Coast Guard versetzten elf C-123B
**UC-123B:** kleine Gruppe C-123B, die zur Zerstörung von Anbauflächen in Vietnam umgerüstet wurden
**VC-123C:** von Kaiser-Frazer vorgeschlagene, aber nicht gebaute Transportversion für Kommandotrupps
**YC-123H:** Erprobungsmaschine mit breitspurigem Fahrwerk; später mit zwei zusätzlichen Strahltriebwerken J85-GE-17 unter den Tragflächen getestet
**C-123J:** zehn C-123B zum Betrieb unter arktischen Bedingungen
**C-123K:** 183 C-123B, die mit zwei zusätzlichen Strahltriebwerken J85-GE-17 in Behältern unter dem Tragwerk, größeren Fahrwerksrädern und Antiblockiereinrichtung ausgerüstet wurden
**NC-123K:** zwei C123K nach der Umrüstung für bewaffnete Nachtpatrouillenflüge; auch als AC-123K bezeichnet
**UC-123K:** Bezeichnung von 34 C-123K nach der Umrüstung für Entlaubungseinsätze in Vietnam
**VC-123K:** einzelne C-123K nach dem Ausbau zur VIP-Transportmaschine

***In Vietnam brachte die Provider Entlaubungsmittel aus, um dem Vietcong das schützende Dschungeldach zu nehmen.***

### TECHNISCHE DATEN
**Fairchild C-123B Provider**

**Typ:** taktisches Transportflugzeug
**Triebwerke:** zwei 18-Zylinder-Sternmotoren Pratt & Whitney R-2800-99W Double Wasp je 1715 kW (2332 PS)
**Leistung:** Höchstgeschwindigkeit 394 km/h; Marschgeschwindigkeit 330 km/h; Reichweite 2366 km
**Gewicht:** Leermasse 13.562 kg; max. Startmasse 27.216 kg
**Abmessungen:** Spannweite 33,53 m; Länge 23,09 m; Höhe 10,39 m; Tragflügelfläche 113,62 m²

## Fairchild FC-1/ FC-2

Anfang der zwanziger Jahre betrieb Sherman Fairchild ein Luftphotographie- und Meßbildgeschäft. Für diese Fotoflüge wurden vielfältige Luftfahrzeuge verwendet, die jedoch kaum für diesen Zweck taugten. Fairchild entwarf daher eine Maschine, die er für diese Aufgabe als optimal geeignet ansah. Er kaufte Gelände in Farmingdale, Long Island, auf dem die Herstellung der Luftfahrzeuge aufgenommen werden sollte. Die Fairchild Republic Division ist dort auch heute noch niedergelassen.

Die Fairchild **FC-1**, die Mitte 1926 erstmals flog, war ein abgestrebter Hochdecker, dessen Flächen beigeklappt werden konnten, um Abstellraum einzusparen. Das Leitwerk war ebenfalls abgestrebt, ein Schleifsporn ergänzte das Hauptfahrgestell, und für den Antrieb sorgte ein Curtiss Acht-Zylinder-V-Motor OX-5 mit 67 kW (91 PS). Der Rumpf bot einem Piloten und ein oder zwei Fluggästen in einer geschlossenen Kabine Platz, die großzügig mit Fenstern und Öffnungen für Luftbildkameras ausgestattet war. Nach umfassender Erprobung im Laufe des Jahres 1926 wurde die **FC-1** ummotorisiert und erhielt einen Neun-Zylinder-Sternmotor vom Typ Wright J-4 Whirlwind mit 149 kW (203 PS)

***Die FC-2 war eines der ersten „Buschflugzeuge", hier vertreten durch eine FC-2W2. Das Kennzeichen steht für Kanada.***

sowie die Bezeichnung **FC-1A**. Weitere Tests folgten 1927, bevor man sich entschied, dieses Muster in Serie zu nehmen und zum allgemeinen Verkauf als **FC-2** anzubieten. Die neue Version unterschied sich vom Original durch ein größeres Kabinenvolumen für vier Passagiere neben dem Piloten und durch den neuen Wright J-5 Whirlwind (Standardmotor) oder Curtiss C-6 (Optionsmotor). Anstelle des Standard-Radfahrgestells war die **FC-2** auch mit Schwimmer- oder Schneekufen-Fahrwerk erhältlich. Insgesamt 56 **FC-2** wurden in einem Zeitraum von acht Monaten, angefangen am 1. Juni 1927, gebaut.

**Varianten**

**Fairchild FC-2W:** entsprach allgemein der FC-2, war aber von Haus aus als Frachtmaschine konzipiert; modifizierte Fenster, erhöhte Spannweite und größere Flügelfläche sowie Neun-Zylinder-Sternmotor Pratt & Whitney Wasp mit 298 kW (405 PS)

**Fairchild FC-2W2:** wie FC-2W, aber mit 66 cm längerem Rumpf und revidierter Inneneinrichtung, damit außer dem Piloten noch bis zu sechs Passagiere Platz fanden; Sitze für Frachtflüge mühelos ausbaubar; die wohl bekannteste FC-2W2 hieß „Stars and Stripes", eingesetzt bei der Byrd Antarktis-Expedition von 1928

**Fairchild FC-2C (Challenger):** Bezeichnung einer kleinen Zahl fünfsitziger FC-2, die für den Curtiss Flying Service gefertigt und mit dem Curtiss C-6 Challenger, einem Sechs-Zylinder-Reihenmotor, ausgerüstet wurden

**C-96:** USAAF-Dienstbezeichnung dreier mobilgemachter FC-2W2

**XJQ-1:** unter dieser Bezeichnung erwarb die US Navy ein FC-2-Einzelexemplar für Prüfzwecke; im nachhinein mit dem Neun-Zylinder-Sternmotor Pratt & Whitney R-985 Wasp Junior ausgestattet und umbezeichnet in XJQ-2, später XRQ-2

**TECHNISCHE DATEN**
**Fairchild FC-2**

**Typ:** fünfsitziges Nutzflugzeug
**Triebwerk:** ein Neun-Zylinder-Sternmotor Wright J-5 Whirlwind mit 149 kW (203 PS)
**Leistung:** Höchstgeschwindigkeit 196 km/h; Reisegeschwindigkeit 169 km/h; Dienstgipfelhöhe 3505 m; Reichweite 1127 km
**Gewicht:** Leermasse 980 kg; max. Startmasse 1633 kg
**Abmessungen:** Spannweite 13,41 m; Länge 9,45 m; Höhe 2,74 m; Tragflügelfläche 26,94 m²

# Fairchild FH-227

Im April 1956 schloß das niederländische Unternehmen Fokker einen Vertrag mit Fairchild zur Fertigung der F27 Friendship, die sich seinerzeit in Holland in der Entwicklung befand. Fairchild war somit verantwortlich für die Produktion und den Vertrieb der Serienflugzeuge F27 im nordamerikanischen Raum, die denen der holländischen Fertigung im großen und ganzen entsprachen. Als Fokker die gestreckte Version F27 Mk 500 herausbrachte, entschied sich Fairchild jedoch zum Entwurf einer eigenen Version mit längerem Rumpf, der **Fairchild Hiller FH-227**.

Von der Standard-F27 hob sich die **FH-227** durch eine Rumpfstreckung von 1,83 m ab, die es ermöglichte, maximal 52 Passagiere unterzubringen, bei gleichzeitig mehr Raum für Gepäck und Fracht. Den Antrieb lieferten zwei Propellerturbinen Rolls-Royce Dart RDa.7 Mk 532-7 mit einer Äquivalentleistung von 1678 kW (2282 PS). Der erste von zwei Prototypen absolvierte den Jungfernflug am 27. Januar 1966. Bis zur Einstellung der Produktion wurden aber noch 79 **FH-227** gefertigt. 1994 befanden sich noch rund 30 **FH-227** unterschiedlicher Varianten im regulären Liniendienst.

**Varianten**

**FH-227B:** diese im Juni 1967 zugelassene Version war für höhere Betriebsmassen strukturell verstärkt worden und verfügte über Dart RDa.-7 Mk 532-7L-Triebwerke, Propeller mit größerem Durchmesser sowie überarbeitete Frontscheiben

**FH-227C:** Standard-FH-227 mit größeren Propellern der FH-227B

**FH-227D:** führte Antiblockiereinrichtungen, eine Startstellung der Landeklappen und Dart RDa.7 Mk 532-7L ein

**FH-227E:** im Grunde eine FH-227C mit den Verbesserungen der FH-227D

***Die FH-227 ist die längere Ausgabe der Fokker F27 Friendship. Die kolumbianische Gesellschaft ACES hatte ein Exemplar im Bestand und verfügt nunmehr in ihrer Flotte für Inlandsflüge über zwei von Fairchild gebaute F-27.***

**TECHNISCHE DATEN**
**Fairchild Hiller FH-227B**

**Typ:** Passagierflugzeug
**Triebwerke:** zwei Propellerturbinen Rolls-Royce Dart RDa.7 MK 532-7L je 1715 äkW (2332 äPS)
**Leistung:** Höchstgeschwindigkeit für Reiseflug 473 km/h in 6095 m Höhe; wirtschaftliche Reisegeschwindigkeit 453 km/h in 7620 m Höhe; Dienstgipfelhöhe 8535 m; Reichweite mit max. Nutzlast und IFR-Reserve 975 km
**Gewicht:** Leermasse 10.523 kg; max. Startmasse 20.638 kg
**Abmessungen:** Spannweite 29,01 m; Länge 25,50 m; Höhe 8,41 m; Tragflügelfläche 70,05 m²

***Fairchild-Hiller FH-227B der Touraine Air Transport (Frankreich, inzwischen in Transport Aérien Transrégional umbenannt), betreibt immer noch sechs FH-227B/E und eine einzelne Fairchild F-27J.***

# Fairchild M62

Traditionsgemäß dienten leichte Doppeldecker mit zwei Sitzen zur Ausbildung der Fluganwärter. Der unerfahrene Anfänger begann also die Schulung in einem Luftfahrzeug, das nach allgemeinem Verständnis am einfachsten zu beherrschen war: langsam, stabil und Fehler oder grobe Mißhandlungen verzeihend. Nun aber warnte man, daß dies zu einer Selbstüberschätzung führen könnte, die dann die anschließende Ausbildungsphase erschwerte. Erfahrene Fluglehrer meinten, daß ein Eindecker mit höherer Tragflächenbelastung, der die meiste Zeit über mit Bedacht geflogen wurde, den Schritt von der Anfänger- zur Fortgeschrittenenausbildung einfacher gestaltete.

Diese Überlegungen führten beim US Army Air Corps zum Bruch mit der Tradition. Der Bedarf an neuen Anfängerschulflugzeugen im Jahre 1939 veranlaßte das US Army Air Corps, den zweisitzigen Eindecker **Fairchild M62** zu prüfen. Im Vergleich zum modernsten Doppeldeckertrainer, der sich seinerzeit bei der US Army (Stearman PT-13) im Dienst befand, waren die Höchstgeschwindigkeit, die Steigleistung und die Dienstgipfelhöhe in etwa gleich, die Tragflächen der M62 aber um nahezu 43% höher belastet. Dies bedeutete, daß die Abrißgeschwindigkeit ebenfalls höher lag und man die Steuereigenschaften im Langsamflug entsprechend kritisch beachten mußte. Diese Maschine schien genau das zu sein, was man brauchte, und 1940 erging daher ein Erstauftrag zur Serienfertigung der **PT-19**.

Der freitragende Tiefdecker **M62** war gemischt konstruiert, hatte ein herkömmliches Leitwerk, ein Spornrad-Fahrwerk und einen Sechs-Zylinder-Reihenmotor Ran-

***Fairchild PT-26/Cornell***

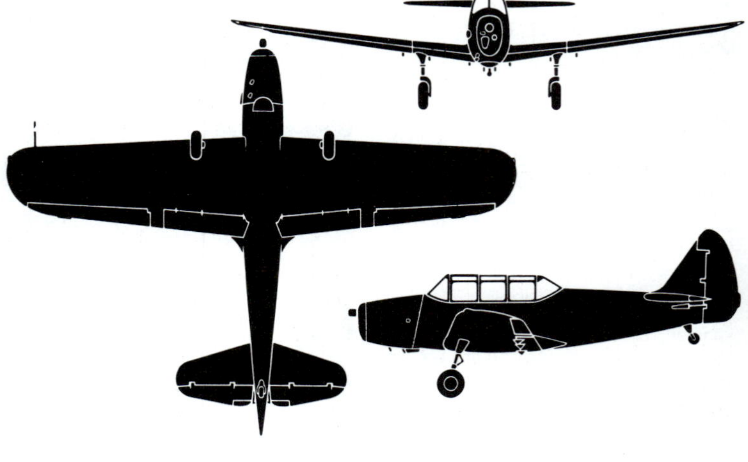

ger L-440-1 mit 130 kW (177 PS). Fluglehrer und Schüler saßen in Tandem-Cockpits, die mit einer Schiebehaube aus transparentem Material abgedeckt waren.

Die Lieferungen der **PT-19** setzten 1940 ein, und bald zeigte sich, daß diese Maschinen auch in den Händen von Anfängern keine Mordinstrumente waren. Der Anstieg der Flugausbildung im Jahre 1941 konfrontierte Fairchild bald mit einem Auftragsvolumen, das die Fertigungsmöglichkeiten des bestehenden Werkes bei weitem überstieg. Daher wurden Schritte zur Verdoppelung der Kapazität unternommen und Vereinbarungen mit Aeronca Aircraft Corporation in Middletown, Ohio, und St. Louis Aircraft Corporation in St. Louis, Missouri, getroffen, die **PT-19** im Auftrag von Fairchild zu produzieren. In einer späteren Phase bot die Howard Aircraft Corporation in St. Charles, Illinois, eine zusätzliche Produktionsquelle.

Insgesamt 270 **PT-19** waren gebaut, als die Fertigungsstraßen bei Fairchild, Aeronca und St. Louis auf die neue Version **PT-19A (M62A)** umgestellt wurden. Dies ergab einen Ausstoß von 3182, 432 und 44 Exemplaren der genannten Hersteller. Der einzige wesentliche Unterschied bestand in der Einführung des etwas stärkeren Ranger-Motors L-440-3 und einiger Detailverbesserungen. Wie die Originalversion war auch die **PT-19A** nur mit Grundfluginstrumenten ausgestattet und eignete sich daher weder zum Blindflug noch zum Instrumentenflug. Dieses Manko beseitigte die nächste Variante **PT-19B**, die eine komplette Blindfluginstrumentierung und eine Abdeckhaube im vorderen Schüler-Cockpit aufwies. Fairchild produzierte 774 und Aeronca nochmals 143 **PT-19B**.

Rüstungsaufträge in viel größerem Umfang als von Fairchild erwartet und die Dringlichkeit des Bedarfs der US Army führten 1942 zu einem Mangel an Ranger-Triebwerken. Um diese Situation zu bereinigen, produzierte der Hersteller den Prototyp **XPT-23 (M62A)** durch Einbau eines unverkleideten Sieben-Zylinder-Sternmotors mit 164 kW (223 PS). Nach Prüfung und Auswertung dieser Behelfsmaschine ging die Version **PT-23** in Serie. Insgesamt 869 Exemplare bauten Fairchild (zwei), Aeronca (375), Howard (199) und St. Louis (200), alle mit R-670-11, sowie die Firma Fleet Aircraft Ltd. in Fort Erie, Ontario, mit 93 Flugzeugen für das Commonwealth Air Training Scheme, das in Kanada aufgezogen worden war. Eine **PT-23**-Version mit Blindfluginstrumentierung und -haube der **PT-19B** fertigten Howard (150) und St. Louis (106) als **PT-23A**. Dies war die letzte Variante, die für die USAAF in Amerika entstand. Als die Montagebänder stoppten, waren 6000 Exemplare ausgeliefert.

Die von Fleet in Kanada für das Commonwealth Air Training Scheme gebauten **PT-23** lösten die Forderung nach einer etwas fortschrittlicheren Version aus, und diese kehrte daraufhin zum Ranger-R-440-3-Triebwerk zurück. Zu den Verbesserungen gehörte außerdem die Duplikation aller Kontroll- und Bedienorgane, Blindflug- und Navigationsinstrumente in beiden Cockpits und die Möglichkeit, die Cockpits zu beheizen. Die Konstruktion der **M62A-3** ergab 1727 Flugzeuge, davon bei Fairchild in den USA 670 Exemplare. Letztere trugen die Bezeichnung **PT-26** beziehungsweise **Cornell Mk I**, sofern sie im Rahmen von Lend-Lease der RCAF zur Verfügung standen. Fleet in Kanada fertigte 807 **PT-26A** mit dem 149 kW (203 PS) starken L-440-7-Motor. Diese Maschinen setzte die RCAF als **Cornell Mk II** ein, und 250 grundsätzlich ähnliche Schulflugzeuge **PT-26B** nutzte die RCAF als **Cornell Mk III**.

***Fairchild Cornell der Königlich Norwegischen Luftwaffe, gegen Ende des Zweiten Weltkriegs auf dem Flughafen Ontario stationiert.***

**TECHNISCHE DATEN**
**Fairchild PT-26A**

**Triebwerk:** ein Sechs-Zylinder-Reihenmotor Ranger L-440-7 mit 149 kW (203 PS)
**Leistung:** Höchstgeschwindigkeit 196 km/h; Reisegeschwindigkeit 163 km/h; Dienstgipfelhöhe 4025 m; Reichweite 644 km
**Gewicht:** Leermasse 917 kg; max. Startmasse 1241 kg
**Abmessungen:** Spannweite 10,97 m; Länge 8,45 m; Höhe 2,32 m; Tragflügelfläche 18,58 m²

# Fairchild Republic A-10A Thunderbolt II

1967 leitete die USAF das A-X-Programm zur Beschaffung eines neuen Kampfflugzeugs für Luftnahunterstützung ein. Die Entwurfsangebote der Hersteller Fairchild und Northrop führten zu Konstruktionsaufträgen über je zwei Prototypen für das Vergleichsfliegen. Die Fairchild-Maschine erhielt die Bezeichnung Fairchild Republic **YA-10A**. Die erste der beiden Versuchsmaschinen (71-1369) flog am 10. Mai 1972, und am 18. Januar 1973 wurde Fairchild zum Sieger der Ausscheidung erklärt. Es folgte ein Auftrag über sechs Vorserienflugzeuge **A-10A** zur Erprobung durch die Truppe. Der erste Vertreter dieser kleinen Baureihe hob am 15. Februar 1975 vom Boden ab, und die erste Serienmaschine **A-10A** folgte am 21. Oktober 1975. Die USAF hatte die Beschaffung von insgesamt 747 Flugzeugen geplant, aber die letzten 20 Exemplare fielen aus dem Budget für das Rechnungsjahr 1983 heraus.

Der freitragende Ganzmetall-Tiefdekker **A-10A** hat ein Höhenleitwerk mit doppelten Endplatten/Rudern als Seitenflossen, Bugrad-Einziehfahrwerk und zwei in Gondeln beidseitig oben am Hinterrumpf montierte Mantelstromtriebwerke TF34-GE-100. Das geschlossene Cockpit ist weit vor den Tragflächen im Rumpf angeordnet und nimmt nur einen Piloten auf einem Zero-Zero-Schleudersitz auf. Schutz vor dem Abwehrfeuer der Bodenwaffen gewährleisten die kugelsichere Frontverglasung und eine Titan-Panzerwanne, die 23-mm-Geschossen widersteht.

Die Auslegung der **A-10A** berücksichtigt den Einsatz von höchst einfachen oder frontnahen Behelfsplätzen, um kurzfristige Anforderungen gegen mechanisierte Kampfverbände des Gegners erfüllen zu können. Die recht große Tragflügelfläche gibt der Maschine ein hohes Maß an Wendigkeit bei langsamer Geschwindigkeit über dem Gefechtsfeld mit schwerer Waffenzuladung. Über den Panzerschutz der Piloten hinaus erhöhen andere technische Einrichtungen die Überlebenschancen. So sind die wichtigsten Organe der Flugsteuerung panzergeschützt, die selbstabdichtenden Treibstofftanks mit Kunststoffschaum ausgefüllt und die Treibstoffleitungen zu den Triebwerken ebenfalls durch Selbstabdichtung gesichert. Doppelt ausgelegte Hydraulikanlagen der kraftbetätigten Flugsteuerung bieten zudem eine Redundanz, die ihresgleich sucht.

Die Primärwaffe der **A-10A** ist ihre 30-mm-Kanone GAU-8/A Avenger von General Electric. Die sieben Rohre dieser Waffe ermöglichen eine Feuergeschwindigkeit von maximal 4200 Schuß pro Minute. Die **A-10A** führt insgesamt 1174 Schuß dieser panzerbrechenden Munition mit, jede Patrone in der Größe einer Milchflasche und 1½ Pfund schwer. Drei Unterrumpf- und acht Unterflügelstationen können bis zu 7257 kg Außenlasten aufnehmen. Die Maschine läßt sich beladen mit Luft-Boden-Lenkraketen AGM-65 Maverick, Düppel-/Leuchtkartuschenwerfer ALE-40, Störbehältern ALQ-119 oder anderen ECM-Behältertypen, Brandbomben BLU-1 oder BLU-27B, Minibombenwerfern CBU-52/71, lasergelenkten oder abgebremsten LDGP-Bomben Mk 82, elektro-optisch gelenkten, lasergelenkten oder Mehrzweckbomben, Schüttbomben Rockeye II, Kanonenbehältern SUU-23 und Leuchtkörperwerfern SUU-25.

Die 354. Tactical Fighter Wing der USAF nahm ihre ersten **A-10A**-Serienflugzeuge im März 1977 in Empfang und wurde das erste komplett mit diesem Muster ausgerüstete Einsatzgeschwader. Die erste Verlegung nach Übersee erfolgte am 25. Januar 1979 mit der Stationierung von Kontingenten auf den RAF-Fliegerhorsten Bentwaters und Woodbridge. Anfang 1982 wurden die ersten **A-10A** auch in Südkorea stationiert, und im selben Jahr liefen Maschinen des Typs **A-10A** auch Verbänden der US Air National Guard und der US Air Force Reserve zu.

Die Verwundbarkeit der **A-10** wurde stets heftig debattiert und nach langen Diskussionen wurde beschlossen, dieses Muster allmählich zugunsten der F-16 auszusondern. Parallel dazu sollten freiwerdende **A-10** die betagten OV-10 im Fliegerleitdienst ersetzen. Ohne daß irgendeine technische Modifizierung vorgenommen worden war, erhielten die Maschinen die neue Bezeichnung **OA-10A** und wurden taktischen Unterstützungsstaffeln zugeführt. Für die FAC-Rolle sind die **A-10** mit AIM-9 zum Selbstschutz und mit Raketenbehältern zur Zielmarkierung bewaffnet.

**TECHNISCHE DATEN**
**Fairchild A-10A Tunderbolt II**

**Typ:** einsitziges Kampfflugzeug für Luftnahunterstützung
**Triebwerke:** zwei Turbofan-Triebwerke General Electric TF34-GE-100 je 4112 k Schub
**Leistung:** Höchstgeschwindigkeit (ohne Außenlasten in Meereshöhe) 706 km/h; Marschgeschwindigkeit 555 km/h in Meereshöhe; Flugdauer im 463 km vom Stützpunkt entfernten Warteraum 1 Stunde, 40 Minuten
**Gewicht:** Leermasse 11.321 kg; max. Startmasse 22.680 kg
**Abmessungen:** Spannweite 17,53 m; Länge 16,26 m; Höhe 4,47 m; Tragflügelfläche 47,01 m²
**Bewaffnung:** siehe Haupttext

***Die A-10 ist nach wie vor ein wichtiger Typ im Arsenal der USAF, aber das Gros ging in die Hände der National Guard und der Air Force Reserve über. Diese A-10 führt eine Übungszuladung an Maverick-Attrappen mit, aber viele A-10 wurden in OA-10A umbezeichnet und dem Fliegerleitdienst zugeordnet. Sie dirigieren die Jagdbomber zu Zielen, die sie zuvor ausgekundschaftet haben.***

***Die YA-10B war der Prototyp einer zweisitzigen, nicht beschafften Nachtangriffsversion der Fairchild Republic A-10A.***

Während die **A-10**-Verbände, sowohl infolge der USAF-Politik als auch aufgrund der Truppenreduzierung, dem Ergebnis der „Friedensdividende", verabschiedet wurden, befand sich die „Warthog" plötzlich im Krieg. Unter der Leitung der 354. TFW (Provisional) flogen 144 aus den USA und Großbritannien herangeführte **A-10** zahllose „Desert Storm" Kampfeinsätze, vorwiegend Panzerjagd, Niederhalten der gegnerischen Abwehrwaffen und „Scud"-Pirsch. Den ganzen „Wüstensturm" hindurch beeindruckte die **A-10** in überzeugender Weise durch ihren Kampfwert. Eine riesige Anzahl von Panzern, Artilleriegeschützen und Gefechtsfahrzeugen der irakischen Armee fiel ihr während der Kriegshandlungen zum Opfer.

Am 4. Mai 1979 flog bei Fairchild ein Prototyp der zweisitzigen Version **Night/Adverse Weather A-10** mit einem Waffensystemoffizier im hinteren Cockpit, der für die Navigation, die Durchführung elektronischer Gegenmaßnahmen, die Zielerfassung und/oder -markierung verantwortlich sein sollte. Die Entlastung des Flugzeugführers von diesen Aufgaben wäre der Kontrolle der Maschine bei Nachtflügen und vor allem in Schlechtwetterlagen zugute gekommen. Nach der Truppenerprobung der Maschine im September 1980 wurden für dieses Vorhaben jedoch keine weiteren Haushaltsmittel bewilligt und die Entwicklung dieses Prototyps daraufhin eingestellt.

# Fairchild Swearingen Merlin II/III und Metro III

Swearingen Aviation Corporation wurde 1979 eine 100prozentige Tochterfirma der Fairchild Industries und trägt seit Anfang 1981 den Namen Fairchild Swearingen Corporation. Ed J. Swearingen hatte das Geschäft einst als Konstrukteur für Prototypen anderer Firmen sowie durch den Entwurf und die Vermarktung verbesserter Versionen der Beech Queen Air und Twin Bonanza aufgebaut. Erst 1964 begann er mit der Entwicklung eines eigenen Musters, der **Swearingen Merlin IIA**. Dies war ein achtsitziges Geschäftreise-Turboprop-Flugzeug, das einen Swearingen-Rumpf mit dem modifizierten Tragwerk der Queen Air und dem Fahrwerk der Twin Bonanza verband. Die **Merlin IIA** flog erstmals am 13. April 1965 und stellte sich dabei als brauchbarer Entwurf heraus. Kurz nach Ausstellung der Musterzulassung konnen schon im August 1966 die ersten Serienflugzeuge ausgeliefert werden.

Für den Antrieb der **Merlin IIA** sorgten zwei Propellerturbinen Pratt & Whitney (damals noch United Aircraft of Canada) PT-6A-20 je 410 kW (558 WPS), aber im Juni 1968 erschien die verbesserte Version **Merlin IIB** mit TPE-331-1-151G-Triebwerken. Wenig später wurde die neue **Merlin III** eingeführt, deren Rumpf um 62 cm verlängert und deren Trag-, Leit- und Fahrwerk von dem Hersteller Swearingen konstruiert waren. Den Antrieb lieferten zwei Propellerturbinen TPE 331-303G. Mehr oder weniger gleichzeitig entstand die **SA 226 TC Metro**, ein Zubringerflugzeug für 20 Passagiere, mit dem gleichen Antrieb. Sie unterschied sich vor allem durch einen längeren Rumpf, der mehr Passagiere aufnehmen konnte. Parallel dazu erfolgte die Einführung der **Merlin IV**, einer **Metro**, die als Firmenflugzeug für nur zwölf Personen in einer luxuriös ausgestatteten Kabine ausgeführt war.

Die **Merlin IIB** wurde ab 1972 nicht mehr gefertigt, aber die Entwicklung der **Merlin** und **Metro** setzte sich mit der acht-/elfsitzigen, von TPE 331-10U-503G angetriebenen **Merlin IIIC** für Geschäftsreisende, der **Merlin IVC** als 13-/16sitzigem Firmenflugzeug und der grundsätzlich ähnlichen **Metro III** für den Regionalverkehr mit 19/20 Passagieren fort. Die alternative Version **Metro IIIA** sollte zwei PT6A-45R erhalten, deren Leistung auf 2 x 820 kW (1115 WPS) gedrosselt war, wurde aber nicht gefertigt.

1988 kündigte Fairchild die 19sitzige **Metro V** mit TPE-331-12-Antrieb und die Geschäftsreiseversion **Merlin IV** an, aber auch diese Entwicklung riß 1989 ab. Eine noch antriebsstärkere Variante dieses Typs, die **Metro VI** mit Garrett TPE 331-14, wurde ebenfalls aufgegeben.

Die Produktion der **Metro III** endete im Oktober 1991. Derzeitige Maschinen mit hoher Betriebsmasse führen die Bezeichnungen **SA227-SC** sowie **SA227-DC Metro 23**, und eine reine Frachtversion ist als **Expediter I** erhältlich. Ihre reduzierte Rüstmasse gestattete es, die maximale Nutzlast auf 2268 kg zu steigern. Die erste **Expediter I** wurde im April 1985 mit verstärktem Fahrwerk geliefert. Die **Expediter 23** ist eine Variante mit höher zulässiger Betriebsmasse und einem Nutzlastpotential von 2495 kg. Die **Merlin 23** stellt eine Geschäftsreiseflugzeugversion der **Metro 23** dar, die als Sonderausführung mit Kabinen für zwölf und 14 Passagiere angeboten wird.

Im März 1988 wählte die USAF die **Metro III** als Ersatzflugzeug für die ältlichen Convair C-131 bei der Air National Guard. Im März des Jahres 1989 begann die Auslieferung der 13 neuen Transportflugzeuge **C-26A**. Diese dienen auch in der ANGOSA-Rolle (Air National Guard Operational Support Aircraft) mit ihren recht schnell umrüstbaren Inneneinrichtungen für Passagier-, Sanitäts- und Frachtflüge. Ein weiterer Auftrag vom Januar 1992 beinhaltete die Produktion von 53 **C-26B** zur Lieferung ab Januar 1992. Diese Maschinen sind mit Terrain-Kollisionswarnsystemen, Satellitennavigationsanlage und Mikrowellenlandesystem ausgestattet.

## TECHNISCHE DATEN
**Fairchild Swearingen Metro III**

**Typ:** 20sitziges Zubringerflugzeug
**Triebwerke:** zwei Propellerturbinen Garrett TPE 331-11U-601G je 820 kW (1115 WPS)
**Leistung:** max. Reisefluggeschwindigkeit 515 km/h in 4570 m Höhe; Dienstgipfelhöhe 8380 m; Reichweite mit 19 Passagieren und IFR-Reserven 1611 km
**Gewicht:** Leermasse 3963 kg; max. Startmasse 6577 kg
**Abmessungen:** Spannweite 17,37 m; Länge 18,09 m; Höhe 5,08 m; Tragflügelfläche 28,71 m²

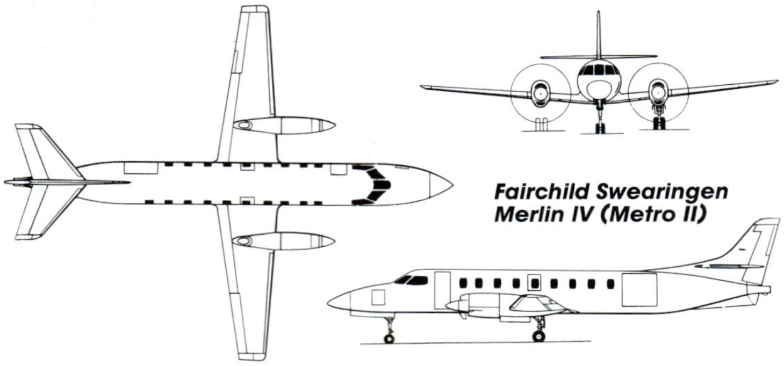

***Fairchild Swearingen Merlin IV (Metro II)***

***Im Vergleich zur Standard-Metro hat die Metro II eine Reihe interner Verfeinerungen. Die Schweizer Gesellschaft CROSSAIR war ein europäischer Großabnehmer, der mit diesem Muster Regionaldienste in der Schweiz, Deutschland und Frankreich aufzog.***

Fairchild hat die **Metro** auch als **SMA** (Special Mission Aircraft) in verschiedener Auslegung zur Seeraumüberwachung, U-Bootortung, für Inspektionsflüge, Luftbildaufklärung, Frühwarnung und Leitung sowie elektronische Aufklärung vermarktet. Die schwedische Luftwaffe beschaffte eine **Merlin IVC** (Äquivalent der **Metro III**) als VIP-Transportmaschine mit der Bezeichnung Tp 88, und übernahm 1988 eine weitere Tp 88 zur Erprobung einer AEW-Version mit einer großen Planarantenne auf dem Rumpfrücken.

***Die verbesserte B-Version der Merlin III bietet eine vorzügliche Kombination von Flugleistung und Wirtschaftlichkeit, gekoppelt mit einem sinnvollen Nutzlastvermögen und einem hohen Maß an Komfort. Die meisten Maschinen gingen an Konzerne.***

# Fairey III

Die Tatsache, daß eine **Fairey IIIF** 1941 immer noch Dienst leistete, bezeugt die Solidität der Konstruktion, deren Grundentwurf von 1917 stammte.

Ende 1917 wurde das Seeflugzeug **Fairey N.10** zum Landflugzeug umgestaltet und in **Fairey IIIA** umbenannt. Es erfolgte eine Bestellung über 50 Exemplare als zweisitzige Bomber für den trägergestützten Einsatz, um die Sopwith-1½-Strutter des RNAS abzulösen, und im Juni 1918 flog die erste seriengefertigte **Fairey IIIA** in Northolt. Durch die Einstellung der Kampfhandlungen blieb dieses Muster vom Kriegseinsatz weitgehend verschont und wurde 1919 bereits als veraltet erklärt.

Eine andere Variante, die **Fairey IIIB**, die denselben Rumpf und das Heck in Verbindung mit erweitertem Trag- und Seitenleitwerk nutzte, erreichte die Serienfertigung als Schwimmerflugzeug in kleiner Auflage. Diese Maschinen dienten im Krieg von Küstenstützpunkten aus zu Minenortung. 25 Exemplare wurden gebaut, von denen das erste im August 1918 in Hamble flog. Den Antrieb der B-Version lieferte wie bei der **Fairey IIIA** der Sunbeam-Motor Maori mit 194 kW (264 PS). Für die Produktion der **Fairey IIIB** waren 60 Nummern zugeteilt, und die letzten 30 Flugzeuge sowie einige Exemplare der vorherigen Baureihe wurden noch auf der Fertigungsstrecke zu **Fairey IIIC** umgerüstet.

Diese Version ähnelte der **Fairey IIIB**, griff aber die gleich weit gespannten Tragflächen der **Fairey IIIA** wieder auf. Die Steigerung der Flugleistungen war dem 280 kW (380 PS) starken Eagle-VIII-Motor von Rolls-Royce zu verdanken.

Die ersten Serienmaschinen erreichten im November 1918 No. 229 Squadron in Great Yarmouth, und andere No. 267 Squadron auf Malta. Die einzige **Fairey IIIC**, die unter kriegsähnlichen Bedingungen im Jahre 1919 zum Einsatz kam, gehörte zu den nordrussischen Expeditionsstreitkräften an Deck des Flugzeugträgers HMS Pegasus.

Die Zuverlässigkeit des Eagle-Motors verhalf der **Fairey IIIC** zu ihrem guten Ruf, aber nur 35 Maschinen wurden gebaut, die ab 1921 frühere RAF-Typen ablösten. Mehrere **Fairey IIIC** fanden eine zivile Nutzung. Ein Exemplar, ausgerüstet mit Schiebehauben und Langstreckentanks, wurde im März 1920 für einen geplanten Transatlantikflug nach Neufundland verschifft, der allerdings nie stattfand.

Der nächste Abkömmling dieser Flugzeugfamilie war die **Fairey IIID**, eine direkte Weiterentwicklung der **Fairey IIIC** mit einer Reihe technischer und konstruktionstechnischer Verbesserungen, die der mit den früheren Modellen gewonnenen Erfahrung entsprangen. Als Landflugzeug wartete die **Fairey IIID** erstmals mit einem Öl-Luft-gefederten Fahrgestell auf, als sie im August 1920 mit dem Rolls-Roye Eagle VIII als Antrieb zum Erstflug startete. Die Aufträge des Air Ministry beliefen sich auf insgesamt 207 RAF-Maschinen gemäß Spezifikation 38/22, von denen 56 mit dem Eagle-Motor und der Rest mit 336 kW (457 PS) starken Napier-Lions-Triebwerken ausgestattet wurden.

Die meisten **Fairey IIID** dienten als Schwimmerflugzeuge bei der Fleet Air Arm und operierten von Küstenstationen oder von mit Katapult ausgerüsteten Kriegsschiffen aus. Als erste Halbstaffeln erhielten No. 441 und No. 444 die **Fairey IIID** im Jahre 1924. Erstere war mit der Landversion an Bord der HMS Argus und letztere mit Wasserflugzeugen an Bord der HMS Vindictive eingesetzt. Eine dieser Maschinen wurde am 30. Oktober 1925 als erstes Seeflugzeug der FAA von einem Kriegsschiff in die Luft katapultiert. Die **Fairey IIID** der FAA lösten amphibische Muster wie die Parnall Panther und Supermarine Seagull ab und dienten schließlich bei neun Halbstaffeln, eingesetzt von Leuchars in Schottland bis zum Fernen Osten. Die **Fairey IIID** der britischen Marine umfaßten Zwei und Dreisitzer, sowie zweisitzige Trainer und Zielschlepper.

Als Landflugzeug leistete die **Fairey IIID** den denkwürdigsten Beitrag zur RAF-Geschichte im Jahre 1926, als vier Maschinen von Kairo nach Kapstadt flogen und über Griechenland, Italien und Frankreich ohne mechanische Ausfälle nach England zurückkehrten. Die Maschinen, die eine Distanz von 22.371 km zurückgelegt hatten, wurden für den Flug nach Lee-on-Solent in Aboukir zu Seeflugzeugen umgebaut.

Die überragende Qualität der **Fairey IIID** zog etliche Exportkunden an. So gab Australien einen Bestellung über sechs Maschinen mit Eagle-Motor auf. Die dritte australische **Fairey IIID** flog 1924 die Küstenlinie dieses Landes ab, eine Strecke von 13.789 km. Die Besatzung wurde dafür mit der Britannia Trophy ausgezeichnet. Elf **Fairey IIID** erhielt die portugiesische Regierung, die ersten vier mit Eagle-Motor und die anderen mit dem Lion. Zwei Maschinen gingen bei Langstrecken-Flugversuchen verloren, aber eine dritte schaffte den Flug von Lissabon nach Rio de Janeiro. Zwei **Fairey IIID** erwarb Schweden und vier die Königlich Niederländischen Seeluftstreitkräfte für den Einsatz in Holländisch-Ostindien. Eine zivile **Fairey IIID** mit Eagle IX-Motor wurde 1924 für Ambulanzflüge in British Guyana modifiziert, und eine andere Zivilmaschine löste 1927 eine viersitzige D.H.50J auf der Strecke zwischen Khartum und Kisumu ab. Der Liniendienst währte allerdings nur einen Monat, denn nach einem Zusammenbruch des Fahrgestells erlitt die Maschine irreparable Beschädigungen.

***Vier holländische Fairey IIID in der Auslegung von Seeflugzeugen. Die Maschine im Vordergrund ist mit Querrudern ausgestattet, die symmetrisch ausgelenkt werden konnten, um den Auftrieb der Tragflächen zu erhöhen.***

Die Bezeichnung **Fairey IIIE** blieb unzuweisbar, wenn manche Quellen sie auch der Ferret zuschreiben. Die letzte und fruchtbarste Serie war die **Fairey IIIF**, das Hauptgerät der RAF und FAA zwischen den beiden Weltkriegen. Als Ersatz für die **Fairey IIID** wurde die **Fairey IIIF** gemäß Spezifikation 19/24 gefertigt, die ein landgestütztes, zweisitziges Mehrzweck-Luftfahrzeug für die RAF und einen dreisitzigen Aufklärer/Erkunder für die FAA beschrieb. Der Prototyp, der im März 1926 flog, hatte Holzflächen und einen in Mischbauweise aus Metall und Holz konstruierten Rumpf. Die Serienmaschinen erhielten jedoch einen Ganzmetallrumpf, und die Spätserien auch Ganzmetallflächen. Im Vergleich zur **Fairey IIID** war die neue Version durchkonstruierter und stromlinienförmiger gestaltet, mit überarbeitetem Fahrgestell, rundlicher Seitenflosse und einem Fairey-Reed-Metallpropeller.

Die **Fairey IIIF** erschien in vier Grundversionen, innerhalb derer es jedoch eine Vielzahl an Varianten in Abhängigkeit von der Bauweise (Misch- oder Ganzmetall-) und der Ausrüstung gab. Auf zwei Prototypen folgte eine Vorserie mit zehn Flugzeugen, und die FAA erhielt insgesamt 352 Exemplare: Das erste Los von 50 Maschinen umfaßte die Vorserie und 40 **Fairey IIIF Mk I**, die alle mit Napier Lion VA-Motor ausgerüstet waren, und der Rest setzte sich aus 33 **Fairey IIIF Mk II** sowie 269 **Fairey IIIF Mk III** in unterschiedlichen Ausführungen, aber alle mit Lion-Motoren XIA, zusammen. Die RAF übernahm 243 Flugzeuge des Typs, alles Varianten der **Fairey IIIF Mk IV**.

Als erste **Fairey IIIF** wurden RAF-Maschinen in Dienst gestellt, wenngleich von einem FAA-Baulos abgezweigt, und sechs Exemplare wurden 1927 No. 47 Squadron in Khartum als Ersatz für Bristol Fighters zugeführt. Die ersten tatsächlich für die RAF gebauten Maschinen waren 43 **Mk IV** und **Fairey IIIF Mk IVCM**, die im Januar 1928 an No. 207 Squadron in Eastchurch ausgeliefert wurden. Andere RAF-Staffeln mit **Fairey IIIF** waren No. 8, 14, 24, 35, 45 und 202 Squadron auf Malta. **Fairey IIIF** der RAF absolvierten eine Reihe aufsehenerregender Flüge, bis der Typ seinen Platz schließlich der **Fairey Gordon** räumte, einer abgeleiteten Version mit Sternmotor, die als **Fairey IIIF Mk V** bekannt wurde.

Die Fleet Air Arm nahm ihre ersten **Fairey IIIF** 1928 in Empfang, als No. 440 Flight ihre **Fairey IIID** zugunsten der **IIIF** abgab. Letztendlich flogen zwölf Halbstaffeln die **Fairey IIIF**, die auch die Avro Bison und die Blackbird sowie die Ripon von Blackburn ablöste. Der Typ war auf jedem britischen Flugzeugträger und Seefliegerhorst dieser Periode zu Hause, diente aber auch als Schwimmerflugzeug auf Schlachtschiffen und Kreuzern.

Zu den interessanteren Versuchen, die mit der **Fairey IIIF** durchgeführt wurden, gehörte die Modifikation eines Trios zu funkgesteuerten Zielflugzeugen **Queen IIIF**. Die ersten beiden Maschinen absol-

***Fünf Fairey IIIF der No. 202 Squadron, RAF, 1935 auf Malta stationiert. Hier ist der stromlinienförmige Rumpf zu erkennen.***

vierten im Januar und April 1932 einen Katapultstart von der HMS Valiant, stürzten aber beide nach 18 bzw. 25 Flugsekunden ab. Das dritte Exemplar aber wurde im September und im Januar 1939 erfolgreich gestartet und erstmals als Zielflugzeug getestet. Die **Queen** überlebte, aber die Flotte versagte jämmerlich während einer zweistündigen Munitionsvergeudung. Im Mai 1933 gelang der Royal Navy der Abschuß der **Queen** in der Nähe von Malta nach einem Flug von 20 Minuten in 2440 m Höhe.

Im November 1932 begann die Ablösung der Schwimmerflugzeuge **Fairey IIIF** durch die Hawker Osprey, und 1935 war diese Umstellung abgeschlossen. Andere **Fairey IIIF** gaben ihren Platz von 1933 an nach und nach an die **Fairey Seal** ab, dem Gordon-Pendant der FAA. Bekannte Exportgeschäfte mit der **Fairey IIIF** betragen drei Maschinen für das Irish Army Air Corps, sechs für Argentinien, zwei für Neuseeland, zehn für Griechenland und eine für Chile.

Etliche Motortypen wurden in die **Fairey IIIF** eingebaut, darunter der Armstrong-Siddeley-Jaguar-VI-Sternmotor mit 343 kW (466 PS) und der Lorraine Ed12 mit 336 kW (457 PS), der für die argentinischen Flugzeuge vorgesehen war. Der Nutzer motorisierte sie später auf den Armstrong-Siddeley-Panther-VI-Sternmotor mit 410 kW (558 PS) um. Weitere Motoren waren der Rolls-Royce Kestrel II mit 474 kW (645 PS), der Panther IIA mit 391 kW (532 PS), der Bristol Jupiter VIII mit 388 kW (528 PS) und der Napier Culverin, eine Lizenzversion des deutschen Schwerölmotors Junkers Jumo V205C.

Mehrere **Fairey IIIF** wurden in zivile Luftfahrtregister eingetragen, als erstes eine **Mk IIIM**, die **Fairey** als Vorführmaschine nutzte. Sie nahm 1934 am „MacRobertson"-Wettbewerbsflug von England nach Australien teil, wurde umgemeldet und war zuletzt 1936 in Neuguinea registriert.

Zwei **Mk IIIM** erwarb 1930 die Air Survey Co. Ltd. Eine dieser Maschinen stürzte noch im selben Jahr ab, während die andere zur Herstellung von Luftbildern diente, bis sie 1934 ausgemustert wurde.

### TECHNISCHE DATEN
**Fairchild IIIF Mk IIIM/B**

**Typ:** zwei-/dreisitziges Erkundungs-/Aufklärungs-/Mehrzweckflugzeug
**Triebwerk:** ein Zwölf-Zylinder-V-Motor Napier Lion XIA mit 425 kW (578 PS)
**Leistung:** Höchstgeschwindigkeit 209 km/h; Dienstgipfelhöhe 6095 m; Flugdauer 3 bis 4 Stunden
**Gewicht:** Leermasse 1779 kg; max. Startmasse 2858 kg
**Abmessungen:** Spannweite 13,94 m; Länge 10,82 m; Höhe 4,26 m; Tragflügelfläche 41,20 m²
**Bewaffnung:** ein starres, vorwärtsfeuerndes Vickers-Maschinengewehr und ein Lewis-MG auf Fairey-Hochgeschwindigkeitsdrehlafette im hinteren Cockpit, beide 7,7-mm-kalibrig, sowie 227-kg-Bombenlast

# Fairey Albacore

In der Nachfolgefrage für die Fairey Swordfish schien alles für die **Fairey Albacore** zu sprechen, denn mit ihrer geschlossenen Kabine, die Luxusmerkmale wie Heizung, Scheibenwischer und eine Automatik für das Ausbringen des Schlauchboots aufwies, gab sie ein durchweg positives Erscheinungsbild ab. Dennoch konnte sie die Erwartungen nicht erfüllen. So löste sie auch keineswegs die Swordfish ab, sondern ergänzte allenfalls den alten Doppeldecker, der sie in der Dienstzeitdauer sogar noch übertraf.

Die gemäß Spezifikation S.41/36 entworfene **Albacore** wurde im Mai 1937 vom Reißbrett weg bestellt, als das Air Ministry einen Auftrag über zwei Prototypen und 98 Serienmaschinen erteilte. Der erste Prototyp flog am 12. Dezember 1938 von Fairey's Great West Aerodrome aus (heute Teil des Londoner Flughafens Heathrow), und die Serienfertigung lief 1939 an. 1940 wurde der Prototyp mit Schwimmerausrüstung in Hamble getestet, aber die Ergebnisse rechtfertigten eine Weiterentwicklung in dieser Richtung nicht.

Im weiteren Verlauf jenes Jahres wurden erste Serienmaschinen beim AA&EE in Martlesham Heath Prüfungen unterzogen, und diese Dienststelle machte Bedenken geltend. Trotz dieses wenig verheißungsvollen Hintergrunds begannen **Albacore**-Flugzeuge von der Fertigungsstrecke zu rollen, nachdem Schwierigkeiten bei der Entwicklung des Motors vorübergehend einen Stopp verursacht hatten: Der in frühere Maschinen dieses Typs eingebaute Bristol Taurus II mit 794 kW (1080 PS) mußte gegen den verbesserten Taurus XII ausgetauscht werden.

***Torpedo- und Angriffsbomber Fairey Albacore TB.Mk 1 der No. 826 Squadron, Fleet Air Arm***

No. 826 Squadron, speziell für die **Albacore** in Ford, Sussex, aufgestellt, übernahm am 15. März 1940 zwölf Flugzeuge, die sie am 31. Mai zum ersten Mal im Krieg einsetzte. Im nächsten Monat verlegte die Staffel nach Bircham Newton, Norfolk, von wo aus sie unter Führung des Küstenkommandos bis November Nachtangriffe flog, Minen auslegte und Seeziele bombardierte. Noch vor Ende des Jahres 1940 entstanden weitere drei **Albacore**-Staffeln, No. 829 in Lee-on-Solent, No. 828 in Ford und No. 827 in Yeovilton, die jedoch für U-Bootpatrouillenflüge nach Stornoway verlegte.

**Albacore** rückten schließlich auf See aus, als HMS Formidable am 26. November 1940 mit No. 826 und No. 829 Squadron an Bord zur Sicherung eines Konvois nach Kapstadt auslief. Maschinen dieser Staffeln nahmen im März 1941 an der Schlacht am Kap Matapan teil. In echter Swordfish-Tradition flogen sie Torpedoangriffe gegen das italienische Schlachtschiff Vittorio Veneto, ihre erste Gelegenheit zum Einsatz der Torpedos.

Bis Mitte 1942 waren rund 15 Staffeln der Fleet Air Arm mit der **Albacore** ausgerüstet und operierten vom nördlichen Polarkreis bis zur Sahara, dem Mittelmeer und dem Indischen Ozean. Im November jenes Jahres unterstützten **Albacore**-Flugzeuge der No. 817, 820, 822 und 832 Squadron die alliierte Invasion Nordafrikas, indem sie Abwehrpatrouillen gegen U-Boote flogen und küstengestützte Geschützbatterien bombardierten. 1942 trat die Fairey Barracuda in allen Staffeln bis auf No. 832 Squadron, die mit der Grumman Avenger ausgerüstet werden sollte, die Nachfolge an. Als letzte Staffeln gaben No. 820 und 841 Squadron im November 1943 die **Albacore** ab. Die Maschinen der letztgenannten Einheit gingen an No. 415 Squadron der Royal Canadian Air Force in Manston, die sie am D-Day über dem Ärmelkanal einsetzte. Rund 800 **Albacore** wurden zwischen 1939 und 1943 gebaut.

### TECHNISCHE DATEN
**Fairey Albacore**

**Typ:** dreisitziger Torpedobomber
**Triebwerk:** ein 14-Zylinder-Sternmotor Bristol Taurus XII mit 843 kW (1146 PS)
**Leistung:** Höchstgeschwindigkeit 259 km/h in 1370 m Höhe; Marschgeschwindigkeit 187 km/h in 1830 m Höhe; Dienstgipfelhöhe 6310 m; Reichweite 1497 km mit einer Waffenlast von 726 kg
**Gewicht:** Leermasse 3289 kg; max. Startmasse 4745 kg
**Abmessungen:** Spannweite 15,24 m; Länge 12,14 m; Höhe 4,32 m; Tragflügelfläche 57,88 m²
**Bewaffnung:** ein vorwärtsfeuerndes 7,7-mm-Maschinengewehr in der Steuerbordfläche und zwei 7,7-mm-MGs Vickers „K" im hinteren Cockpit plus ein 730-kg-Torpedo unter dem Rumpf oder sechs 113-kg- oder vier 227-kg-Bomben unter den Tragflächen

## Fairey Barracuda bis Fairey Flycatcher

**Charles Fairey, zuvor Chefkonstrukteur bei Short Brothers, gründete 1915 seine eigene Fairey Aviation Co. und baute anfangs nur die Short-Wasserflugzeuge. Seine erste erfolgreiche Eigenkonstruktion war das Wasserflugzeug Campania, in den 20er Jahren gefolgt von Fairey III und Flycatcher, und im Zweiten Weltkrieg von der Albacore und Barracuda.**

# Fairey Barracuda

Der Torpedo- und Sturzkampfbomber **Fairey Barracuda** ging aus einer Ausschreibung S.24/37 hervor, an der sich sechs Flugzeughersteller beteiligt hatten. Im Juli 1938 erhielt Fairey den Auftrag zum Bau zweier Prototypen. Als Antrieb war der 24-Zylinder-Reihenmotor Exe von Rolls-Royce mit einer Leistung von 895 kW (1217 PS) vorgesehen, doch da dessen Entwicklung zugunsten der Motortypen Merlin, Peregrina und Vulture zurückgestellt wurde, wählte man den 969 kW (1318 PS) starken Merlin 30 für die Version **Barracuda Mk I**. Als der erste Prototyp am 7. Dezember 1940 den Jungfernflug absolvierte, zeigte sich, daß die Fairey-Youngman-Klappen an der Hinterkante der faltbaren Flächen das Leistungsvermögen gegenüber seinen Vorgängern deutlich verbesserten. Der Rumpf nahm eine dreiköpfige Besatzung in Tandem-Cockpits, abgedeckt mit einem langgestreckten, gläsernen Kabinendach, und die Hauptbaugruppen des Spornrad-Fahrgestells im eingezogenen Zustand auf. Bei der Flugerprobung erwies sich das niedrig angesetzte Höhenleitwerk allerdings als ungünstig. Bei der zweiten Versuchsmaschine verlegte man die Höhenflossen daher nach oben und strebte sie am höheren und schmaleren Seitenleitwerk ab. Da die Konstruktion von Jägern und Bombern vordringlicher war, konnte diese Maschine erst am 29. Juni 1941 zum Erstflug starten, und die Truppenerprobung zog sich bis Februar 1942 hin. Diese Prüfungen deckten auf, daß die Zelle verstärkt und zusätzliche Ausrüstungsgegenstände eingebaut werden mußten, die in der Original-Ausschreibung nicht enthalten waren. Beides ergab ein Übergewicht, das die **Barracuda** ihre ganze Dienstzeit hindurch behinderte. Die Start- und Steigleistungswerte gerieten aus den Fugen, so daß nach 30 fertiggestellten **Barracuda Mk I** der Merlin 32 mit 1223 kW (1663 PS) eingeführt wurde. Die künftige Hauptserienversion nannte man **Barracuda Mk II**. Als **Barracuda**-Hersteller im Unterauftrag wurden Blackburn, Boulton Paul und Westland bestellt. Westland baute allerdings nur fünf **Barracuda Mk I** und 13 **Barracuda Mk II**, da sie sich auf die Fertigung der Supermarine Spitfire konzentrieren mußte.

Von Blackburn und Boulton Paul gebaute **Barracuda** gingen Anfang 1943 in Dienst, und man erteilte weitere Aufträge, von denen einige am Ende des Krieges in Europa widerrufen wurden. Insgesamt entstanden 1688 **Barracuda Mk II**, 30 **Barracuda Mk I** und zwei Prototypen.

Die **Barracuda Mk III** wurde als Träger eines neuen Suchradars mit topfartigem Radom unter dem Hinterrumpf entwickelt. Der Prototyp, eine umgerüstete **Barracuda Mk I** der Baureihe Boulton Paul, flog erstmals 1943. Die Serienfertigung lief Anfang 1944 an. Außer den **Barracuda Mk II** fertigten Boulton Paul und Fairey gemeinsam 852 **Barracuda Mk III**.

Die letzte Serienvariante war die **Barracuda Mk V** (die projektierte **Mk IV** ging nicht in Serie). Sie unterschied sich im äußeren Erscheinungsbild erheblich von den Vorgängerversionen, obwohl die Zelle unverändert blieb. Die Knappheit an Merlin-Motoren im Jahre 1941 zwang die Konstrukteure, nach Alternativen zu suchen, und man beschloß, auf den Rolls-Royce Griffon zurückzugreifen. Die Entwicklung verlief stockend, so daß die erste vom Griffon angetriebene Maschine, eine ummotorisierte **Barracuda Mk II** aus der Herstellung von Fairey, nicht vor dem 16. November 1944 in die Luft kam.

*Fairey Barracuda Mk II*

In der Serienausführung zeigte die **Barracuda Mk V** ein weiter gespanntes und tieferes Tragwerk als die früheren Varianten, ein erweitertes Seitenleitwerk, um dem höheren Drehmoment des Griffon 37 mit 1514 kW (2059 PS) zu begegnen, und eine erhöhte Kraftstoffkapazität. Diese Entwicklung war jedoch zu spät erschienen, und von den 140 bestellten **Barracuda Mk V** wurden lediglich 30 ausgeliefert, bevor das Ende des Zweiten Weltkriegs zur Streichung des Restkontingents führte.

Der **Barracuda**-Einsatz begann, als No. 827 Squadron am 10. Januar 1943 mit 12 **Barracuda Mk II** in Stretton, Cheshire, neu aufgestellt wurde. Zu den herausragenden Kriegsaktionen dieses Musters gehörte am 3. April 1944 der Angriff von 42 Sturzkampfbombern auf das deutsche Schlachtschiff Tirpitz, das schwere Kampfbeschädigungen davontrug. Im Verlauf der nächsten vier Monate wurde dasselbe Ziel mehrmals unter Beschuß genommen.

Die **Barracuda**-Staffeln von HMS Illustrious, No. 810 und 847 Squadron, führten den Typ im April 1944 auf dem pazifischen Kriegsschauplatz ein, als sie die US Navy bei Luftangriffen gegen japanische Einrichtungen unterstützten. Von kleinen Geleitflugzeugträgern aus flogen **Barracuda** über europäischen Gewässern U-Boot-Abwehrpatrouillen, indem sie zum Start von den kurzen Flugdecks Hilfsraketen einsetzten. Bald nach der Kapitulation Japans wurden die meisten Staffeln aufgelöst oder auf andere Muster umgestellt. 1953 ersetzte man die letzten Einsatz-**Barracudas** durch Grumman Avenger. Die **Barracuda Mk V** erlebte keinerlei Kriegseinsatz, sondern diente bis 1950 No. 705, 744 und 753 Squadron zur Ausbildung.

### TECHNISCHE DATEN
**Fairey Barracuda Mk II**

**Typ:** dreisitziger Torpedo- und Sturzkampfbomber
**Triebwerk:** ein Zwölf-Zylinder-V-Reihenmotor Rolls-Royce Merlin 32 mit 1223 kW (1663 PS)
**Leistung:** Höchstgeschwindigkeit 367 km/h in 535 m Höhe; max. Marschgeschwindigkeit 311 km/h in 1525 m Höhe; Dienstgipfelhöhe 5060 m; Reichweite mit Torpedo 1101 km
**Gewicht:** Leermasse 4241 kg; max. Startmasse 6396 kg
**Abmessungen:** Spannweite 14,99 m; Länge 12,12 m; Höhe 4,60 m; Tragflügelfläche 34,09 m²
**Bewaffnung:** zwei Browning-7,7-mm-Maschinengewehre im hinteren Cockpit und ein 735-kg-Torpedo oder bis zu 726 kg Bomben oder sechs 113-kg-Wasserbomben oder 744 kg Minen

***Die Barracuda war zwar schwer, stellte sich aber im Kampfeinsatz ein gutes Zeugnis aus, vor allem beim Angriff gegen die Tirpitz.***

# Fairey Battle

Der erstmals am 10. März 1936 geflogene Prototyp **Fairey Day Bomber**, wie die anfängliche Bezeichnung lautete, entstand als Angebot des Herstellers auf die Ausschreibung P.27/32 für einen einmotorigen Eindecker-Bomber, der mit zwei Mann zu besetzen war. Er sollte in der Lage sein, eine Bombenlast von 454 kg über eine Entfernung von 1609 km bei einer Geschwindigkeit von 322 km/h zu tragen. Tatsächlich übertraf das **Fairey**-Flugzeug diese Werte um einiges und konnte sich daher gegen die Produkte von Armstrong Whitworth, Bristol und Hawker durchsetzen. Bereits vor dem Jungfernflug erging 1935 ein Auftrag über 155 Serienflugzeuge gemäß der überarbeiteten Spezifikation

P.23/35. Der erste Serienbomber **Fairey Battle**, wie das Muster nunmehr hieß, wurde in Hayes, Middlesex gebaut, doch alle nachfolgenden Exemplare entstanden im neu errichteten Werk in Heaton Chapel, Stockport. Rolls-Royce erhielt den ersten Serienauftrag für den berühmten Motor Merlin I mit 768 kW (1044 PS), der in die ersten 136 **Battle Mk I** eingebaut wurde.

Der bis auf einige Kontrollflächen vollständig aus Metall konstruierte, freitragende Tiefdecker **Battle** hatte ein herkömmliches Leitwerk, ein einziehbares Spornrad-Fahrwerk, dessen Haupträder im eingefahrenen Zustand zur Hälfte an der Unterseite hervorragten, sowie ein Tandem-Cockpit für einen Flugzeugführer und einen Bordschützen im Rumpf, das mit einer durchgehenden Glashaube abgedeckt war. Bis Ende 1937 baute Fairey 85 **Battle**-Bomber, von denen die ersten im Mai 1937 No. 63 Squadron in Upwood, Huntingsdonshire, zugeführt wurden. Anschlußbestellungen zogen die Vergabe von Unteraufträgen an Austin Motors in Longbridge, Birmingham, nach sich. Unterdessen hatte man die letzten 19 Exemplare des ersten Fairey-Produktionsauftrags für 155 **Battle** mit Merlin II ausgestattet, und auch die Austin-Maschinen erhielten diesen Motortyp. Die erste **Battle** aus Longbridge flog im Juli 1938, und bis Jahresende waren 29 Bomber fertiggestellt. Nachdem Austin 60 **Battle** produziert hatte, wurde der Merlin III in die Fertigungsstrecke eingeführt.

Bei Ausbruch des Zweiten Weltkriegs waren über 1000 **Battle**-Bomber ausgeliefert, und No. 226 Squadron, als Teil der Advanced Air Striking Force nach Frankreich geschickt, brachte dieses Muster an die Front. Rasch stellte sich heraus, daß die **Battle** feindlichen Jägern gegenüber praktisch wehrlos war. Bei bewaffneten Tagaufklärungseinsätzen kam es häufig zu Kampfbegegnungen mit Messerschmitt Bf 109, und die leichten Bomber mußten hohe Verluste hinnehmen, wenn auch der Heckschütze einer **Battle** im September 1940 einen deutschen Jäger abschießen konnte.

Als die Phase des sogenannten „Sitzkriegs" vorüber war, flogen **Battle**-Bomberstaffeln am 10. Mai 1940 Operationen,

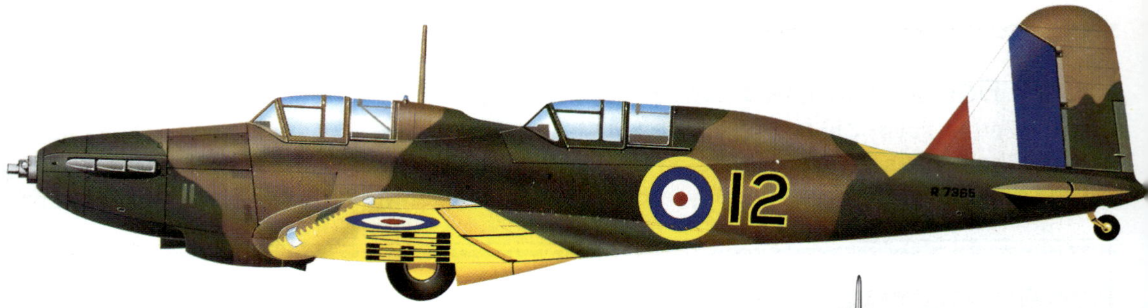


***Fairey Battle Trainer im September 1940***

die den Vormarsch deutscher Truppen stoppen sollten. Beim Angriff mit verzögerten Sprengbomben ohne Jagdschutz und aus einer Höhe von nur 76 m über Grund gingen 13 von 32 Bombern, die diesen Einsatz durchführten, verloren, und die übrigen kamen nicht ohne Kampfbeschädigungen davon. Am nächsten Tag kehrten sieben von acht Bombern nicht zurück. Am 12. Mai attackierten fünf **Battle** zwei wichtige Brücken über dem Albert Canal. Trotz des dichten Flak-Feuerhagels drangen die Bomber zu den Brücken vor und beschädigten eine schwer, allerdings auf Kosten aller fünf Flugzeuge. Weitere schwere Verluste erlitten die **Battle**-Kräfte am 14. Mai, als 35 von 63 Bombern den Feindflug gegen Brücken und Truppenkonzentrationen nicht überstanden. Die Führung zog die Konsequenzen daraus und löste das Muster aus dem Einsatz als Tagbomber heraus. Zwar blieben noch einige Maschinen bis Ende 1940 an der Front, aber dem größten Teil der verbliebenen **Battle**-Flotte hatte man bis dahin andere Aufgaben zugewiesen. An erster Stelle stand der Ausbildungsdienst, und 100 Schulflugzeuge mit separaten Cockpits und Doppelsteuer wurden gefertigt. Hinzu kamen 266 Zielschleppmaschinen.

Die letzte Serienmaschine war ein Zielschleppflugzeug **Battle TT.Mk 1**, ausgeliefert am 2. September 1940. Es brachte die Gesamtproduktion der **Battle** auf 2203 Exemplare einschließlich des Prototyps, davon 1156 von Fairey und 1029 von Austin Motors gebaut.

Kanada verwendete zahlreiche **Battle** im Ausbildungs- und Zielschleppdienst innerhalb des Commonwealth Air Training

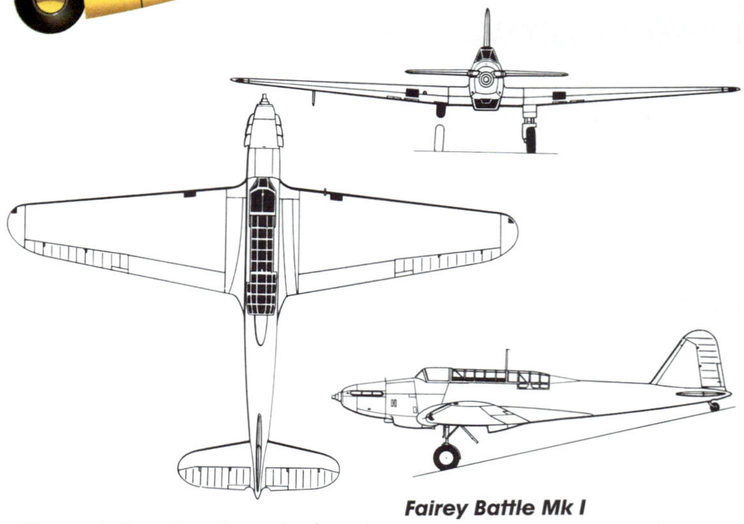

***Fairey Battle Mk I***

Plan, und die ersten gingen im August 1939 an die Royal Canadian Air Force in Camp Borden. Sie bildeten die Vorhut von 739 solcher Maschinen, darunter sieben Flugwerke für Lehrzwecke. Die Royal Australian Air Force erhielt vier in England gebaute **Battle**-Bomber und weitere 360 im eigenen Land montierte Exemplare, darunter 30 Zielschleppmaschinen. Andere Nutzer waren Belgien (18 Lizenzmaschinen von Avions Fairey), die Türkei (29), Südafrika (190 oder mehr) und Irland, wo ein RAF-Flugzeug, das 1941 in Waterford gelandet war, eingezogen und später dem Air Corps zugewiesen wurde.

Mehrere **Battle** dienten als Testträger für verschiedene Motortypen, wie Dagger und Sabre von Napier, Hercules und Taurus von Bristol, Exe und Merlin XII von Rolls-Royce sowie Fairey Prince. Andere erprobten diverse Propellertypen.

**TECHNISCHE DATEN**
**Fairey Battle Mk I**

**Typ:** dreisitziger, leichter Bomber
**Triebwerk:** ein Zwölf-Zylinder-V-Motor Rolls-Royce Merlin I mit 768 kW (1044 PS)
**Leistung:** Höchstgeschwindigkeit 414 km/h in 6095 m Höhe; Marschgeschwindigkeit 338 km/h; Dienstgipfelhöhe 7620 m; Reichweite 1609 km
**Gewicht:** Leermasse 3015 kg; max. Startmasse 4895 kg
**Abmessungen:** Spannweite 16,46 m; Länge 12,90 m; Höhe 4,72 m; Tragflügelfläche 39,20 m$^2$
**Bewaffnung:** ein 7,7-mm-Maschinengewehr in der Steuerbordfläche und ein 7,7-mm-Maschinengewehr Vickers „K" im hinteren Cockpit plus eine Bombenlast von 454 kg

# Fairey F.D.2

Nach Experimenten mit senkrecht startenden Deltaflüglermodellen im Jahre 1947 wurde Fairey gefragt, ob sich solche Luftfahrzeuge überschallschnell machen ließen. Fairey vermutete dahinter die ernsthafte Absicht, einen bemannten Überschalljäger zu beschaffen, und arbeitete entsprechende Studien aus. In der Tat war das Ministry of Supply am Überschallflug interessiert, wie es die Spezifikation E.R.103 für ein Forschungsflugzeug bekundete. Fairey und English Electric nahmen die Herausforderung an und wurden mit der Konstruktion je zweier Maschinen beauftragt. English Electric brachte schließlich die P.1 heraus, die in voll entwickelter Form als Lightning Furore machte. Fairey baute die **Fairey F.D.2**, einen einstrahligen Deltaflügler mit nadelspitzem Bug. Der Auftrag war zwar im Oktober 1950 erteilt worden, doch da das Gannet-Programm Priorität hatte, konnte die Konstruktion der **F.D.2** erst Ende 1952 beginnen.

Im Oktober 1954 hob die erste Maschine in Boscombe Down vom Boden ab und

**TECHNISCHE DATEN**
**Fairey F.D.2**

**Typ:** einsitziges, überschallschnelles Forschungsflugzeug
**Triebwerk:** ein Strahltriebwerk Rolls-Royce Avon 200 mit 4536 kg Schub
**Leistung:** Höchstgeschwindigkeit über 2092 km/h in 11.580 m Höhe; Reichweite 1336 km
**Gewicht:** Leermasse 4990 kg; max. Startmasse 6298 kg
**Abmessungen:** Spannweite 8,18 m; Länge 15,74 m; Höhe 3,35 m; Tragflügelfläche 33,44 m$^2$

absolvierte eine Reihe von Flügen, bevor sie bei der Landung beschädigt wurde, da Triebwerk und Hydraulik ausgefallen waren und das Fahrwerk sich nicht mehr ausfahren ließ. Ab August 1955 befand sich die **F.D.2** wieder in der Luft und erreichte im Oktober erstmals Überschallgeschwindigkeit. Bei den nächsten Flügen wurde die Geschwindigkeit nach und nach gesteigert, bis sie im November bei Mach 1,56 oberhalb 10.975 m Höhe lag. Angesichts dieses Leistungspotentials wollte

***Die erste F.D.2, die den Geschwindigkeitsrekord erstmals über die Marke 1000 mph (1609 km/h) schob. Später wurde sie zur BAC.211 umgestaltet und trug zur Entwicklung der Concorde bei.***

man den absoluten Weltgeschwindigkeitsrekord brechen, den eine North American Super Sabre mit 1323 km/h hielt. Die Mühe wurde am 10. März 1956 mit einer durchschnittlichen Geschwindigkeit von 1822 km/h über eine 15,6-km-Strecke in 11.580 m Höhe belohnt.

Im Februar 1956 flog die zweite **F.D.2** in Boscombe Down, und beide Maschinen wurden in ein umfassendes Forschungsprogramm eingespannt. Das erste Flugzeug erhielt ein neues Tragwerk in ogivaler Form, um die Ergebnisse von Versuchen mit einer Tragflächenform zu bestätigen, die später die Concorde auszeichnen sollte. Die **F.D.2/BAC.221** wurde mit Flugzeugnasen ausgestattet, die sich zur Verbesserung der Sicht für Start- und Landevorgänge absenken ließen, ein Merkmal, das ebenfalls in die Concorde einging.

# Fairey Firefly

Die **Fairey Firefly** basierte auf der Spezifikation N.5/40, mit der die Admiralität einen zweisitzigen Aufklärungsjäger gefordert hatte, und bedeutete einen beträchtlichen Leistungssprung gegenüber der früheren Fulmar desselben Herstellers. Der freitragende Tiefdecker in Ganzmetallbauweise mit koventionellem Leitwerk hatte ein einziehbares Spornrad-Fahrgestell und nahm seine Besatzung, einen Piloten und einen Beobachter/Funker, in getrennten, überdachten Kanzeln auf. Den Antrieb lieferte ein Motor vom Typ Rolls-Royce Griffon IIB mit 1290 kW (1754 PS), doch in die späteren Serienflugzeuge **Firefly F.Mk I** wurde der verbesserte Griffon XII mit 1484 kW (2018 PS) eingebaut.

*Die Königlich Niederländischen Seeluftstreitkräfte flogen mehrere Firefly-Varianten, darunter diese Trainer T.Mk 2.*

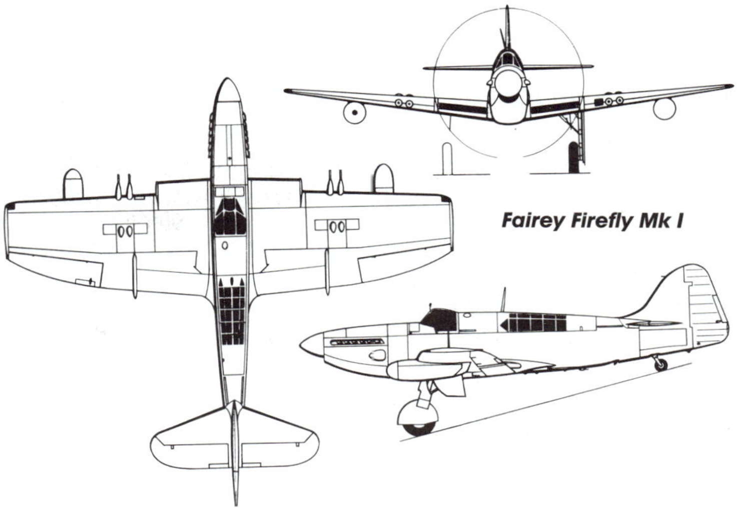

*Fairey Firefly Mk I*

Das erste von vier Entwicklungstypen hob erstmals am 22. Dezember 1941 vom Boden ab, und die erste Serienmaschine **Firefly F.Mk I** lieferte Fairey im März 1943 aus. Insgesamt 459 Jagdflugzeuge dieser Version wurden gebaut, davon 327 bei Fairey und 132 im Unterauftrag von General Aircraft. Das ASH-Radargerät unterhalb des Motors kennzeichnete die **Firefly FR.Mk I**, von der 236 Exemplare entstanden. Daneben entwickelte man die Nachtjägerversion **Firefly NF.Mk II**, doch als sich herausstellte, daß das Abfangradar AI Mk 10 wie das ASH der **Firefly FR.Mk I** im Behälter unter den Motor montiert werden konnte, wurde die geplante Baureihe mit 328 Flugzeugen gestrichen. Statt dessen modifizierte man 140 **Firefly FR.Mk I** auf dem Montageband zu **Firefly NF.Mk I** und wandelte die 37 bereits fertiggestellten **Firefly NF.Mk II** zum Standard **Mk I** zurück. Umrüstungen der Nachkriegszeit umfaßten die unbewaffnete **Firefly T.Mk I** mit Doppelsteuer zur Pilotenschulung, die kanonenbewaffnete **Firefly T.Mk 2** zur Einsatz- und Waffenausbildung sowie die **Firefly T.Mk 3** zur Einweisung in die U-Boot-Abwehr. Einige Exemplare wurden auch zu Zielschleppflugzeugen **Firefly TT.Mk 1** umfunktioniert.

Es entstand nur ein Prototyp **Firefly F.Mk III** mit Griffon 61, da die Weiterentwicklung auf die **Firefly F.Mk IV** ausgerichtet war. Diese Version hatte den Griffon 74 mit 1566 kW (2130 PS) und neue Behälter unter den Außenflächen, die Kraftstoff (steuerbord) und ASH-Radargerät (backbord) mitführen konnten. Fairey baute etwa 160 solcher Marinejäger und lieferte die erste **Firefly FR.Mk 4** im Juli 1946 aus. Später wurden einige Maschinen gemäß Standard **Firefly TT.Mk 4** umgerüstet. Die **Firefly Mk 5** und **Firefly Mk 6**, deren erste Vertreter im Dezember 1947 beziehungsweise im März 1949 zum Jungfernflug starteten, entsprachen im äußeren Erscheinungsbild der **Mk 4**. 352 **Mk 5** wurden in den Versionen **Firefly FR.Mk 5, Firefly NF.Mk 5** und **Firefly AS.Mk 5** gebaut, letztere mit amerikanischen Sonarbojen und Ortungsausrüstung. Darin hob sie sich von der **Firefly AS.Mk 6** (133 Exemplare) mit britischer Ausrüstung ab. In Australien wurden einige **Firefly AS.Mk 5** zu Schulflugzeugen **Firefly T.Mk 5** und Zielschleppmaschinen **Firefly TT.Mk 5** sowie **Firefly TT.Mk 6** umgebaut.

Der erste vom Griffon 59 angetriebene Jäger der Serie **Firefly AS.Mk 7** flog im Oktober 1951. Er führte den Kinnkühler wieder ein, der Probleme beim Einzelexemplar **Mk III** aufgeworfen hatte. Die Version war zur U-Jagd mit Stationen für zwei Radarspezialisten konzipiert und wurde nur in geringer Stückzahl gefertigt. Das Gros der Baureihe **Mk 7** mit 151 Flugzeugen stellte man als **Firefly T.Mk 7** zur ASW-Ausbildung fertig. Später führte Fairey Umrüstungen zu unbemannten Zielflugzeugen aus: 34 **Firefly U.Mk 8** aus **Firefly T.Mk 7** sowie 40 ähnliche **Firefly U.Mk 9** aus **Mk 4** und **Mk 5**. Sie unterstützten die Entwicklung von Lenkflugkörpern, und die Royal Navy verwendete sie als Ziele für ihre mit der Firestreak bewaffneten Jagdflugzeuge und Kampfschiffe, die die Seaslug mitführten.

Am 1. Oktober 1943 gingen die **Firefly** bei No. 1770 Squadron in Yeovilton in Dienst. Im Juli 1944 flogen sie Angriffe gegen das Schlachtschiff Tirpitz. Sie bekämpften auch japanische Einrichtungen in Sumatra sowie See- und Erdziele im Raum der japanischen Hauptinseln. 1950, nach dem Ausbruch des Koreakrieges, operierten **Firefly Mk 5** von leichten Flugzeugträgern der britischen und australischen Flotte aus, und 1954 betätigte sich das Muster als Jagdbomber in Malaysia. Zwei Jahre später wurde der Typ nach 13 Einsatzjahren ausgesondert.

**TECHNISCHE DATEN**

**Fairey Firefly AS.Mk 5**

**Typ:** zweisitziges, trägergestütztes U-Jagdflugzeug

**Triebwerk:** ein Zwölf-Zylinder-V-Motor Rolls-Royce Griffon 74 mit 1678 kW (2282 PS)

**Leistung:** Höchstgeschwindigkeit 621 km/h in 4265 m Höhe; Marschgeschwindigkeit 354 km/h; Dienstgipfelhöhe 8655 m; max. Reichweite 2092 km

**Gewicht:** Leermasse 4388 kg; max. Startmasse 7301 kg

**Abmessungen:** Spannweite 12,55 m; Länge 8,51 m; Höhe 4,37 m; Tragflügelfläche 30,66 $m^2$

**Bewaffnung:** vier 20-mm-Kanonen in den Tragflächen und bis zu 16 27-kg-Raketenprojektile oder zwei 454-kg-Bomben unter den Flächen

# Fairey Flycatcher

Spezifikation 6/22 des Air Ministry von 1922 beinhaltete einen einsitzigen Marinejäger als Ersatz für die Nieuport Nightjar im trägergestützten Einsatz. Gefordert war ein Land-, Schwimmer- und Amphibienflugzeug, dessen Antrieb entweder ein Bristol Jupiter oder ein Jaguar von Armstrong Siddeley liefern sollte.

Zwei Entwürfe kamen in die engere Wahl, die **Fairey Flycatcher** und die Parnall Plover. Von beiden wurden je drei Prototypen bestellt. Parnall fertigte zehn Plover-Serienjäger, doch abgesehen vom besseren Aussehen war dieses Muster dem Fairey-Doppeldecker **Flycatcher** in allen anderen Aspekten weit unterlegen.

Der **Flycatcher**-Prototyp flog erstmals im November 1922 als Landflugzeug mit 298 kW (405 PS) starkem Jaguar III-Motor und wurde anschließend für die RAF-Flugschau von 1923 auf einen Jupiter IV umgestellt. Die zweite Versuchsmaschine war ein Schwimmerflugzeug, ausgerüstet mit Jaguar II, das im Mai 1923 von Hamble aus flog, die dritte ein Amphibium.

Auch die **Flycatcher** verfügte über ein Stellwerk zur mechanischen Veränderung der Profilwölbung, das eine kurze Startstrecke und die Fähigkeit gewährleistete, das Deck eines Trägerschiffes ohne quergespanntes Fangseil anzufliegen. Einen weiteren Vorteil im Trägereinsatz bot die kurze Spannweite der **Flycatcher**, durch die sie die Aufzüge benutzen konnte, ohne daß die Tragflächen beigeklappt werden mußten. Ein ungewöhnliches Konstruktionsmerkmal des Musters bestand in der einfachen Zerlegbarkeit der Zelle, denn kein Bauteil war länger als 4,11 m.

Als erste Einheit wurde 1923 No. 402 Flight der Fleet Air Arm mit **Flycatcher**-Serienjägern ausgerüstet. Anschließend löste die **Flycatcher** frühere Typen auf Flugzeugträgern und als Waffenturm-Jäger auf Großkampfschiffen ab. Die Gesamtproduktion belief sich auf 196 Serien-Doppeldecker. **Flycatcher** blieben bis 1934 im Dienst, als die letzten Vertreter der Hawker Osprey weichen mußten.

Bei den Marinepiloten war die **Flycatcher** äußerst beliebt, trotz ihrer eckigen Form. Die Maschine reagierte ausgesprochen feinfühlig, und ihre Zelle zeigte sich stärker, als die Mischkonstruktion aus Holz und Metall mit Stoffbespannung erwarten ließ. Sie konnte mit Vollgas senkrecht stürzen, und die Schwimmerversion war kunstflugtauglich. Die **Flycatcher** wurde nicht exportiert, und es gibt kein Original mehr. In Großbritannien fliegt eine naturgetreue Nachbildung.

Kurz gestreift werden sollte noch die **Flycatcher II**. 1927 entstand ein Prototyp gemäß Spezifikation N.21/26 für einen neuen Jäger im trägergestützten Einsatz. Er war eigentlich als Nachfolger für den ersten **Flycatcher**-Doppeldecker gedacht, hatte mit diesem aber keine Ähnlichkeit. Die Maschine flog erstmals im Oktober 1926, angetrieben von einem Armstrong Siddeley Jaguar VIII und später von einem Mercury IIA mit 358 kW (487 PS). Probleme mit dem Mercury und das nachlassende Amtsinteresse am Sternmotor brachten das Projekt zum Erliegen.

*Die Leistung der Flycatcher II war nicht überragend, aber ihre Wendigkeit und vorzügliche Steuerbarkeit machten sie beliebt.*

**TECHNISCHE DATEN**

**Fairey Flycatcher I (Landflugzeug)**

**Typ:** einsitziger Flottenjäger

**Triebwerk:** ein 14-Zylinder-Doppelsternmotor Armstrong Siddeley Jaguar III oder IV mit 298 kW (405 PS)

**Leistung:** Höchstgeschwindigkeit 216 km/h in Meereshöhe; Dienstgipfelhöhe 5790 m; Reichweite 500 km

**Gewicht:** Leermasse 924 kg; max. Startmasse 1372 kg

**Abmessungen:** Spannweite 8,84 m; Länge 7,01 m; Höhe 3,66 m; Tragflügelfläche 26,76 $m^2$

**Bewaffnung:** zwei starre, vorwärtsfeuernde Vickers 7,7-mm-Maschinengewehre auf dem Rumpf und bis zu vier 9-kg-Bomben unter den Flächen

# Fairey Rotodyne bis Farman F.60 Goliath

**Faireys beste Konstruktion wurde der Torpedobomber Swordfish. Als sein Werk 1960 von Westland geschluckt wurde, zog er sich aus dem Flugzeugbau zurück. Die aus England stammenden und in Frankreich lebenden Brüder Henri und Maurice Farman gehörten zu den bedeutendsten Flugzeugpionieren der Zeit vor dem Ersten Weltkrieg.**

## Fairey Rotodyne

Seitdem vor 200 Jahren erstmals Luftreisende im Ballon von der Erde abhoben, träumten Konstrukteure und Luftfahrtgesellschafter von Verkehrsflugzeugen, die senkrecht starten konnten.

Das Konzept des Verwandlungshubschraubers hatte Fairey bereits mit dem Jet Gyrodyne bestätigt. Für den 1947 von Dr. J.A.J. Bennett und Captain A.G. Forsyth vorgeschlagenen großen Kombinationsflugschrauber schien gleiches zu gelten, und verschiedene Entwürfe wurden untersucht. Im Dezember 1951 plante BEA ein Passagierflugzeug mit 30 bis 40 Sitzplätzen für den Kurz- und Mittelstreckenbetrieb, an dessen Konzeption sich unter anderem auch Fairey beteiligte. Da sich die geforderte Auslegung mit Faireys Vorstellungen deckte, erhielt das Unternehmen 1953 vom Ministry of Supply den Auftrag, einen Prototyp zu bauen.

Prüfstände in White Waltham und Boscombe Down nahmen schließlich die komplette Rotorbaugruppe, beide Triebwerke, Stummelflächen etc. auf, und sämtliche Steuer- und Regelverbindungen liefen in einer kleinen Hütte zusammen, wo an und für sich der Bug des Luftfahrzeugs hingehörte. Am 6. November 1957 hob der **Fairey Rotodyne** zum Erstflug ab, und schon 1958 fand der Übergang zum „Normalflug" statt.

Die Zelle des **Rotodyne** bestand aus einem annähernd viereckig geschnittenen Rumpf mit Stummelflächen in Rechteckform, die zwei Eland-Propellerturbinen für den Vortrieb aufnahmen. Die Hauptträder des Bugradfahrwerks zogen nach vorn in die Motorgondeln und das Bugrad ebenfalls nach vorn unter das Cockpit ein. An einem auf dem Hinterrumpf aufliegenden Höhenleitwerk mit konstanter Tiefe waren doppelte Seitenflossen/Ruder als Endplatten befestigt, später ergänzt durch eine Mittelflosse. Den Antrieb des Vierblatt-Rotors für Senkrechtstarts und -landungen besorgten Düsen an den Blattspitzen, die Druckluft von den Eland-Triebwerken über einen Kompressor bezogen. Jedes Triebwerk speiste entgegengesetzte Blätter mit Druckluft, damit bei einem Triebwerksausfall zwei Blattspitzen-Brennkammern funktionstüchtig blieben.

Im Jahre 1959 stellte der **Rotodyne** einen neuen Rekord für Verwandlungshubschrauber über 100 km mit einer Durchschnittsgeschwindigkeit von 307,2 km/h auf. Erst 1961 wurde diese Marke von der russischen Kamow Ka-22 überboten.

Die Aussichten für den **Rotodyne** standen sehr gut; 1958 hatte sich die Kaman Aircraft Corporation einen Lizenzvertrag gesichert, der der Firma nicht nur den Vertrieb und die technische Betreuung des Musters in den USA, sondern auch die Möglichkeit zur heimischen Herstellung gestattete. Okanagan Helicopters in Vancouver zeigte sich an drei Exemplaren interessiert, und Japan Air Lines zog den Typ für den Inlandsverkehr in Erwägung. Der wichtigste potentielle Kunde aber war die New York Airways, die mit Kaman einen Vorvertrag über fünf **Rotodyne** mit Lieferungstermin 1964 und eine Option auf zehn weitere Exemplare abgeschlossen hatte. Vorgesehen war die größere Version mit 54/65 Sitzen und Rolls-Royce-Tyne-Triebwerken.

Zur Entwicklung benötigte Fairey zehn Millionen £, an denen sich die Regierung mit 50% beteiligen wollte, sofern BEA eine Festbestellung tätigte. Die staatliche Subvention war als Darlehen bestimmt, rückzahlbar in Raten vom Verkaufserlös. 1960 ging Fairey in Westland auf, doch das **Rotodyne**-Projekt erschien dadurch zunächst nicht gefährdet. Im April 1960 zog Okanagan ihren Auftrag wegen der langen Lieferzeiten jedoch zurück, und fünf Monate später äußerte sich auch New York Airways betroffen über die Verzögerungen. Zu dem Zeitpunkt war Westland mit der Übernahme des Bristol-Hubschrauberprogramms und anderweitigen Vorhaben belastet. Hinzu kam ein stetiger Gewichtszuwachs des **Rotodyne**, so daß die Eland-Turbinen schließlich nicht mehr ausreichten, während man sich die Tyne-Triebwerke nicht leisten konnte. Diese Umstände veranlaßten die Regierung, die Subvention zurückzuziehen, und im Februar 1962 wurde das Vorhaben endgültig aufgegeben.

### TECHNISCHE DATEN

**Fairey Rotodyne**

**Typ:** experimenteller Kombinationsflugschrauber
**Triebwerke:** zwei Propellerturbinen Napier Eland NE1.7 je 2088 kW (2840 WPS)
**Leistung:** Reisegeschwindigkeit 298 km/h; Reichweite 724 km
**Gewicht:** max. Startmasse 14.969 kg
**Abmessungen:** Flügelspannweite 14,17 m; Rotordurchmesser 27,43 m; Länge 17,88 m; Höhe 6,76 m; Rotorkreisfläche 591 $m^2$

***Das Rotodyne-Projekt versprach kommerziellen Erfolg, doch nicht zuletzt politische Erwägungen setzten dem Vorhaben ein Ende.***

## Fairey Seafox

Zu den Aufgaben der FAA in den Jahren zwischen den beiden Weltkriegen gehörte das Aufspüren von Flottenverbänden und die Seeraumüberwachung durch Luftfahrzeuge, die per Katapult von Großkampfschiffen gestartet wurden.

Die Spezifikation S.11/32 für solch ein Muster veranlaßte Fairey, ein Doppeldecker-Schwimmerflugzeug für eine Zwei-Mann-Besatzung anzubieten. Der Entwurf war insofern ungewöhnlich, als der Pilot in einem offenen Cockpit und der Beobachter/Schütze in einer geschlossenen Kanzel dahinter saßen. Diese Lösung sollte den Katapultstart und die Bergung der Maschine mit Hilfe eines Krans erleichtern. Es handelte sich um eine Mischkonstruktion, denn der Rumpf war in Schalenbauweise aus Metall gefertigt, während die Tragflächen eine Stoffbespannung hatten. Das Fairey-Angebot wurde angenommen und im Januar 1936 ein Auftrag für 49 Flugzeuge mit der Bezeichnung **Fairey Seafox** erteilt. Im September desselben Jahres folgte eine Nachbestellung über weitere 15 Exemplare.

Ursprünglich war der Bristol-Sternmotor Aquila mit einer Nennleistung von 373 kW (507 PS) als Antrieb geplant, aber aus unerfindlichen Gründen baute man den Napier Rapier, einen luftgekühlten 16-Zylinder-Motor in H-Form mit nur 295 kW (401 PS), ein. Die **Seafox** blieb daher zeitlebens untermotorisiert. Der erste Prototyp flog in Hamble am 27. Mai 1936, gefolgt vom zweiten mit Radfahrgestell am 5. November 1936. Letzterer wurde später zum Schwimmerflugzeug umgerüstet.

Seriengefertigte **Seafox** rollten ab 1937 vom Montageband, und am 23. April wurde die erste Maschine ausgeliefert. An die Katapulttests beim RAE mit einem der Prototypen im März 1937 schloß sich die Erprobung an Bord der HMS Neptune im Raum Gibraltar an. Sobald mehr Serienflugzeuge verfügbar waren, entstanden **Seafox**-Katapultgruppen bei No. 702, 713, 714, 716 und 718 Squadron. Im Januar 1940 wurden diese Teileinheiten zur neuen No. 700 Squadron zusammengezogen. Zur Ausbildung diente das Muster auch bei No. 753 und 754 Squadron. Beim Ausbruch des Zweiten Weltkriegs waren **Seafox** auf etlichen Kreuzern eingesetzt, und schon im Dezember 1939 leisteten sie ihren ersten Kampfeinsatz gegen das deutsche Schlachtschiff Admiral Graf Spee in der Bucht von Rio de la Plata. Das von den britischen Kreuzern HMS Achilles, Ajax und Exeter verfolgte Schlachtschiff hatte den britischen Kriegsschiffen schwere Schäden zugefügt und zwei Walrus an Bord der Exeter außer Gefecht gesetzt. Eine der **Seafox** von HMS Ajax wurde daher – zum ersten Mal in diesem Krieg – mit

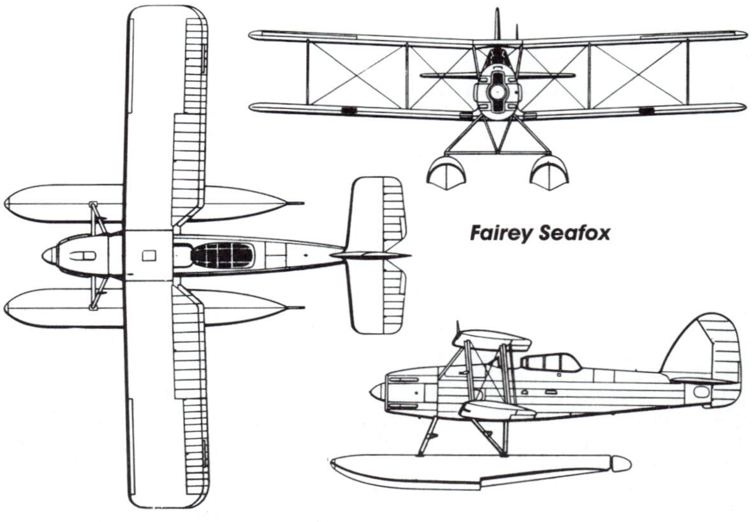

***Fairey Seafox***

***Dies war die 18. Seafox, die der Fleet Air Arm zur Aufstellung von Katapultfluggruppen zugewiesen wurde, um Aufklärung über See zu fliegen und Überwasser-Kriegsschiffe zu melden.***

dem Katapult gestartet, um die gegnerischen Geschützbatterien auszumachen. Die **Seafox**-Produktion lief Ende 1938 aus, aber das Muster blieb noch bis 1942 im Einsatz. Einige **Seafox** konnten sich bis Juli 1943 im Ausbildungsdienst halten.

### TECHNISCHE DATEN
**Fairey Seafox**

**Typ:** zweisitziges Erkundungs- und Aufklärungsseeflugzeug
**Triebwerk:** ein 16-Zylinder-Kolbenmotor in H-Form Napier Rapier VI mit 295 kW (401 PS)
**Leistung:** Höchstgeschwindigkeit 200 km/h in 1785 m Höhe; Marschgeschwindigkeit 171 km/h; Dienstgipfelhöhe 3350 m; Reichweite 708 km
**Gewicht:** Leermasse 1726 kg; max. Startmasse 2458 kg
**Abmessungen:** Spannweite 12,19 m; Länge 10,81 m; Höhe 3,68 m; Tragflügelfläche 40,32 $m^2$
**Bewaffnung:** ein 7,7-mm-Maschinengewehr zur Abwehr nach hinten

# Fairey Swordfish

***Fairey Swordfish von No. 822 Squadron, Fleet Air Arm, 1939 an Bord der HMS Courageous eingesetzt.***

Die Fairey Swordfish ging aus dem Doppeldecker T.S.R.1 hervor, der in Eigeninitiative des Herstellers entwickelt, aber im September 1933 bei einem Unfall zerstört worden war. Erste Leistungsnachweise hatten gezeigt, daß sich eine Weiterentwicklung lohnte. Fairey ergriff die Gelegenheit, als das Air Ministry die Spezifikation S.15/33 für ein trägergestütztes Torpedo- und Aufklärungsflugzeug herausgab, und reichte den verbesserten Entwurf T.S.R.2 ein. Hieraus entstand der **Swordfish**-Prototyp (K4190), der am 17. April 1934 zum ersten Mal flog.

Die erste Baureihe **Swordfish Mk I** wurde nach der Unterlage S.38/34 gefertigt. Diese zweistieligen Doppeldecker bauten auf einer metallenen Grundstruktur auf, die bis auf Leichtmetallbleche im Bereich des Vorderrumpfs vollständig mit Stoff überzogen war. Die Fläche hatte man zur Unterbringung auf dem Träger faltbar ausgelegt. Der Rumpf enthielt zwei offene Cockpits für den Piloten (vorn) und für einen oder zwei Beobachter (hinten), und am hinteren Ende nahm er ein herkömmliches, abgestrebtes Leitwerk auf. Standardmäßig war die **Swordfish** mit einem Spornradfahrwerk ausgerüstet, doch wahlweise konnten auch Schwimmer montiert werden. Für den Antrieb sorgte ein Sternmotor vom Typ Bristol Pegasus IIIM mit 515 kW (700 PS).

Ab Juli 1936 ging die **Swordfish** bei der FAA in Dienst, zuerst bei No. 825 Squadron, um die erst drei Jahre zuvor gelieferte Fairey Seal zu ersetzen. Als nächstes Muster wurde noch vor Ablauf des Jahres 1936 die Blackburn Baffin verabschiedet, die nur kurze Zeit bei No. 811 und 812 Squadron gedient hatten, und auch die Seal von No. 823 Squadron mußten ihren Platz räumen. 1938 lösten die **Swordfish** die Blackburn Sharks der No. 810, 820 und 821 Squadron ab, die noch kürzer als die Seal Einsatz geleistet hatten. Damit waren die Torpedobomberstaffeln der FAA nur noch mit der **Swordfish** ausgerüstet.

Zu Beginn des Zweiten Weltkriegs verfügte die FAA über 13 **Swordfish**-Einsatzstaffeln, davon zwölf auf See an Bord der Flugzeugträger HMS Ark Royal, Courageous, Eagle, Furious und Glorious. Die „Sitzkriegphase" führte jedoch dazu, daß sie bis zum Norwegenfeldzug im Jahre 1940 kaum in Gefechte verwickelt wurden. Dies war für die **Swordfish** allerdings eher vorteilhaft, denn so bekamen die Staffeln Gelegenheit, sich nahezu perfekt vorzubereiten. Dies zahlte sich schon beim ersten Einsatz der **Swordfish**-Torpedoflugzeuge vom Träger Furious am 11. April aus. Zwei Tage später versenkte ein vom Flugzeugträger HMS Warspite aus katapultierter **Swordfish**-Doppeldecker die U-64, das erste deutsche Unterseeboot.

Fairey war so mit Rüstungsaufträgen überhäuft, daß die Fertigung der Swordfish Blackburn Aircraft in Brough, Yorkshire, übertragen wurde. Diese Firma hatte sich von jeher mit dem Entwurf und der Herstellung von Marineflugzeugen befaßt. 1940 produzierte Blackburn zwar nur ein Exemplar, aber im Folgejahr 415 Maschinen. Noch vor Ende des Jahres 1940 wurden die **Swordfish** in eine völlig andere Einsatzkategorie unter dem Küstenkommando der RAF eingebunden. Mit einer zweiköpfigen Besatzung und Zusatztanks im hinteren Cockpit mußten sie Minen legen und deutsche Besatzungshäfen am Ärmelkanal bombardieren.

1940 feierte die **Swordfish** auch ihren größten Triumph beim denkwürdigen Angriff auf die im Hafen von Tarent vor Anker liegende italienische Flotte. Vorausgegangene Aufklärungsflüge hatten ergeben, daß sich sechs Schlachtschiffe plus zugehörige Kreuzer und Zerstörer dorthin zurückgezogen hatten. Der Angriff mit 21 **Swordfish** erfolgte in der Nacht des 11. November 1940 in zwei Wellen mit einer Stunde Abstand. Zwar ließ bereits die Erstauswertung erkennen, daß die gesamte Operation ein voller Erfolg gewesen war, aber die Bestätigung dafür konnte nur die Aufklärung liefern. Als das Ergebnis am nächsten Tag vorlag, stand fest, daß man der italienischen Marine einen fürchterlichen Schlag zugefügt hatte: Drei Schlachtschiffe waren schwer zerstört, zwei davon unter der Wasserlinie, ein Kreuzer und zwei Zerstörer getroffen und zwei Versorger versenkt worden. In der kurzen Zeitspanne von nur einer Stunde hatte sich die Machtkonstellation im Mittelmeer in entscheidender Weise verändert.

Den letzten berühmten Torpedo-Angriff flogen diese Maschinen 1942 im vergeblichen Bemühen, die deutschen Schlachtkreuzer Gneisenau und Scharnhorst mit dem schweren Kreuzer Prinz Eugen im Geleit daran zu hindern, den Ärmelkanal in Richtung Ost zu passieren. Als letztes Mittel sollten sechs **Swordfish** von No. 825 Squadron unter Führung von Lieutenant Commander Esmonde einen Torpedoangriff durchführen. Nur eine einzige **Swordfish** kehrte von diesem Einsatz zurück, und es grenzte an ein Wunder, daß man fünf der 18 Besatzungmitglieder bergen konnte. Alle erhielten Kriegsauszeichnungen, und Korvettenkapitän Esmonde wurde als erstem Angehörigem der FAA postum das Victoria Cross verliehen.

Diese Erfahrung bestätigte endgültig, daß die **Swordfish** nicht mehr für Torpedoattacken geeignet war. Solche Einsätze erforderten, wollte man die Waffe erfolgreich starten, einen langen, präzisen Zielanflug, der aber dem Gegner eine ausgezeichnete Möglichkeit bot, den Angreifer zu erledi-

***Swordfish blieben noch lange nach dem D-Day aktiv, hauptsächlich gegen Schiffe des Gegners in den Küstengewässern. Diese Doppeldecker kippen gerade zum Raketenangriff ab.***

## TECHNISCHE DATEN

**Fairey Swordfish Mk II (Landflugzeug)**

**Typ:** zwei-/dreisitziger Torpedobomber- und Aufklärungsdoppeldecker
**Triebwerk:** ein Sternmotor Bristol Pegasus mit 559 kW (760 PS)
**Leistung:** Höchstgeschwindigkeit 222 km/h; Marschgeschwindigkeit 193 km/h; Dienstgipfelhöhe 3260 m; max. Reichweite 1658 km
**Gewicht:** Leermasse 2132 kg; max. Startmasse 3406 kg
**Abmessungen:** Spannweite 13,87 m; Länge 10,87 m; Höhe 3,76 m; Tragflügelfläche 56,39 $m^2$
**Bewaffnung:** ein vorwärtsfeuerndes Vickers-Maschinengewehr, Kaliber 7,7 mm, synchronisiert im Vorderrumpf, und ein Lewis oder Vickers K 7,7-mm-MG auf Fairey High-Speed Mounting im hinteren Cockpit plus ein 730-kg-Torpedo oder Wasserbomben, Minen oder Bomben bis zu 680 kg oder acht Raketen an der Unterseite des Unterflügels

gen. So fand die **Swordfish** schließlich neue Einsatzmöglichkeiten: zum einen in der U-Jagd mit Wasserbomben gegen getauchte U-Boote, zum anderen beim Einsatz neuentwickelter Raketen gegen aufgetauchte U-Boote.

Dies führte zur Entwicklung der **Swordfish Mk II**, die 1943 in Dienst gestellt wurde. Sie unterschied sich von der ersten Version durch einen verstärkten und metallbeplankten Unterflügel, so daß sie Raketen mitführen und starten konnte. Der Pegasus IIIM blieb zunächst erhalten, doch spätere Exemplare wurden vom stärkeren Pegasus XXX angetrieben. Noch im selben Jahr folgte die letzte Serienversion **Swordfish Mk III** mit einem Suchradar Mk X, dessen Antenne an den Hauptfahrwerksstreben montiert war. Ansonsten stimmte sie weitgehend mit der Mk II überein. Über diese drei Hauptversionen hinaus wurden einige wenige **Swordfish Mk II** zum Betrieb in den viel kälteren kanadischen Gewässern mit einer geschlossenen Kabine ausgestattet. Diesen Umrüstmaschinen fiel die Bezeichnung **Swordfish Mk IV** zu.

Die Einführung von Raketen in das FAA-Waffenarsenal war der **Swordfish** zu verdanken. Sie hatte die Eignungstests durchgeführt, bevor diese Projektile als Standardwaffe akzeptiert wurden. Mit Raketen und Minen erzielten diese Maschinen nahezu unglaubliche Erfolge bei der U-Jagd. So versenkte eine **Swordfish** an Bord der HMS Vindex, eingesetzt zum Geleitschutz eines Schiffkonvois nach Rußland, im September 1944 auf einer einzigen Fahrt vier U-Boote.

Die Produktion endete 1944, nachdem Fairey 692 **Swordfish** und Blackburn nochmals 1699 Exemplare dieses Typs gefertigt hatten. Am 21. Mai 1945 wurde die letzte **Swordfish**-Staffel, No. 836 Squadron, offiziell aufgelöst. Selbst dann trennte sich die Royal Navy nur ungern von diesem tüchtigen Doppeldecker, der während fünf harter Kriegsjahre als Torpedobomber für die britische Flotte, als landgestützter Minenleger, auf Geleitträgern zum Schutz von Schiffkonvois, als Leuchtfakkelwerfer bei Nacht, als Kämpfer gegen Über- und Unterseeschiffe mit Raketenbewaffnung sowie als Schul- und Nutzflugzeug gedient hatte.

***Flugzeugträger waren nicht die einzigen Plattformen, von denen aus die Swordfish operierte. Dieses Schwimmerflugzeug wird gerade an Bord der HMS Malaya gehievt.***

# Farman F.40

Die **Farman F.40** war ein zweisitziger Doppeldecker mit Druckschraube und ungleicher Spannweite des Ober- und Unterflügels. Das Muster stellt eine Mischung aus früheren Entwurfsmerkmalen des Henry Farman (etwa der H.F.22) und des Maurice Farman (etwa der M.F.11) dar. Die Besatzungsgondel, mittig zwischen Ober- und Unterflügel angeordnet, war stromlinienförmiger als bei den früheren Doppeldeckern ausgebildet. Das obere Trägerpaar des Heckauslegers nahm ein kantiges Höhenleitwerk auf, und die vorn ausgerundete Einzelseitenflosse erinnerte an das Ruder der Henry-Farman-Serien.

Das neue Muster, allgemein als **„Horace" Farman** bekannt, erschien Ende 1915 und wurde in Großserien aufgelegt. Anfang 1916 diente es bei mehr als 40 „escadrilles" (Kategorie A.2) des Corps d'Armée der französischen Aviation Militaire. Die **F.40** trat in vielen Variationen auf, von denen die wichtigsten genannt werden sollen: die **F.40P**, abgestimmt auf das Abfeuern der Raketenprojektile Le Prieur, die **F.41** mit einem kürzer gespannten Tragwerk und kantigerer Besatzungsgondel, die **F.56**, ähnlich der **F.41**, aber mit einem 125 kW (170 PS) starkem Renault-Motor, die **F.60**, die die Zelle der **F.40** mit einem 140 kW (190 PS) starken Renault-Motor und die **F.61**, die die Zelle der **F.41** und den 140-kW-Motor kombinierte.

***Farman F.40 der Esquadrilha Expedicionaria a Moçambique, portugiesische Luftstreitkräfte, mit Standort Moçambique im Jahre 1917.***

**„Horace" Farman** dienten auch beim Royal Naval Air Service. Einige der rund 50 Doppeldecker operierten 1916 unter No. 5 Wing in Frankreich, und eine kleine Zahl flog von britischen Küstenstützpunkten aus ihre Ziele an. Andere **F.40** dienten bei den belgischen Streitkräften in Frankreich neben **F.41** und **F.56**, und auch die Russen flogen die **F.40**.

Anfang 1917 gaben die französischen „escadrilles" an der Westfront ihre **„Horace" Farman** wieder ab. Bei französischen Einheiten in Mazedonien und Serbien hielt sich das Muster länger im Dienst, und einige Doppeldecker wurden sogar für Nachtbombardierungen ausgerüstet.

Die italienische Firma Savoia baute eine Lizenzversion der **„Horace"**, bei der als Standardtriebwerk ein Colombo mit 74 kW (100 PS) zum Einsatz kam. Die italienischen **Farman**-Doppeldecker wurden bis 1922 für Polizeiaktionen gegen Eingeborenenstämme in Libyen genutzt.

## TECHNISCHE DATEN

**Farman F.40**

**Typ:** zweisitziger Aufklärungs- und Beobachtungsdoppeldecker für die Korpsebene
**Triebwerk:** ein Renault-Zwölf-Zylinder-Reihenmotor in V-Form mit 99 kW (135 PS)
**Leistung:** Höchstgeschwindigkeit 135 km/h in 2000 m Höhe; Dienstgipfelhöhe 4000 m; Flugdauer zwei Stunden, 20 Minuten
**Gewicht:** Rüstmasse 748 kg; max. Startmasse 1120 kg
**Abmessungen:** Spannweite 17,60 m; Länge 9,25 m; Höhe 3,90 m; Tragflügelfläche 52 $m^2$
**Bewaffnung:** ein oder zwei 7,7-mm-Maschinengewehr(e) im Beobachter-Cockpit plus leichte Bomben oder zehn Raketen Le Prieur

# Farman F.60 Goliath

Das von der Stückzahl her bedeutendste zweimotorige Luftfahrzeug der Welt in der Dekade nach dem Ersten Weltkrieg war die als Airliner gebaute **Farman F.60 Goliath**. Über 60 Exemplare dieses wichtigen Typs flogen planmäßig auf europäischen und südamerikanischen Strecken. Als Nachtbomber und Torpedoträger wurden rund 300 Exemplare für Frankreich und zum Export gefertigt.

Die Originalversion **FF.60** (FF für Farman Frères), entworfen 1918, war zur großmaßstäblichen Produktion für die Kriegführung der Alliierten im Jahre 1919 gedacht. Als die Kampfhandlungen im November 1918 endeten, waren die beiden Prototypen fast fertiggestellt und wurden nun zu Verkehrsflugzeugen umgebaut. Kabinen im Vorder- und Mittelrumpf faßten vier beziehungsweise acht Passagiere. Im Januar 1919 stellte man das erste Exemplar der Öffentlichkeit vor, und im weiteren

***An der Entwicklung der europäischen Luftfahrt hatte die Farman F.60 Goliath, die stark, zuverlässig und komfortabel war, entscheidenden Anteil.***

Verlauf dieses Monats fand der Jungfernflug statt. Am 8. Februar 1919 flog Lieutenant Bossoutrot die Maschine mit elf Soldaten als Passagieren von Toussus-le-Noble zum RAF-Fliegerhorst Kenley in Surrey. Diese bemerkenswerte Leistung, kurz nach dem ersten Testflug erreicht, wird hin und wieder fälschlicherweise als der erste planmäßig durchgeführte internationale Passagierflug angeführt.

Während eine Bomberversion erprobt wurde, lief die Serienfertigung der zivilen **F.60 Goliath** an. Eine Reihe eindrucksvoller Flüge schloß sich an, darunter einer von Paris nach Casablanca in Französisch-Marokko im August 1919. Diese Maschine, von einer sechsköpfigen Besatzung geflogen, legte die Distanz von 2050 km in einer Gesamtflugzeit von 18 Stunden und 23 Minuten zurück. Am 29. März 1920 nahm die zivile **F.60 Goliath** bei Grands Express Aériens Linienflüge zwischen Le Bourget und Croydon auf, und weniger als vier Monate später eröffnete Lignes Farman, eine Partnerfirma des Farman-Herstellers, die Route Paris-Brüssel. Bis Ende 1921 wurde diese Verbindung über Amsterdam nach Berlin erweitert. Inzwischen nutzte ein zweiter französischer Betreiber, die Compagnie des Messageries Aériennes, die **Goliath** auf der Strecke London–Paris. Der vierte französische **Goliath**-Nutzer war die Compagnie Aériennes Française. Die rumänische Luftfahrtgesellschaft LARES verwendete **Goliath**-Passagierflugzeuge mit britischen Jaguar-Motoren, und SNETA (Vorläufer der belgischen Liniengesellschaft SABENA) flog sechs **Goliath**. Andere **Goliath** wurden nach Südamerika an dortige Luftfahrtgesellschaften verkauft.

In der Tschechoslowakei bauten Avia und Letov einige **Goliath** in Lizenz, entweder mit Bristol Jupiter-Sternmotoren, die die Firma Walter lizenzfertigte, oder mit Lorraine-Dietrich-Triebwerken. Fünf Maschinen kaufte die Staatslinie CSA, und ein sechstes Exemplar übernahm die tschechische Luftwaffe als VIP-Transportflugzeug. Es wurde auch ein **Goliath**-Sanitätsflugzeug mit Vorrichtungen für zwölf Krankentragen, einen Arzt und eine Krankenschwester gebaut, aber man nimmt an, daß diese Maschine nicht in Dienst ging.

1922 erreichte die Bomberversion die Serienfertigung, und die französische Aéronautique Militaire beschaffte dieses Muster in einem Umfang, um sechs „escadrilles" auszurüsten. Später wurde diese **Goliath**-Version auch für das französische Heer und die Marine gefertigt und in kleiner Stückzahl für neugeplante Nachtbombereinheiten nach Polen und in die Sowjetunion exportiert. Auch Italien und Japan erwarben Einzelexemplare.

Während der zehnjährigen Entwicklung erfuhr die Grundauslegung der **Goliath** bemerkenswert geringfügige Änderungen. Das Muster war ein echter Doppeldecker-Klassiker dieser Periode mit gleich weit gespanntem Ober- und Unterflügel, aus Holz konstruiert und mit Stoff bespannt, drahtverspanntem Leitwerk, starrem Breitspurfahrgestell und kastenförmigem Rumpf, der erst bei späteren Baureihen verstärkt und aerodynamisch günstiger gestaltet wurde. Die Bugkonfiguration hingegen machte verschiedene Anpassungen je nach Besatzungskonzept des Militärs durch. Die **Goliath** zeigte ferner vielfältige Motortypen, die in Gondeln auf dem Unterflügel installiert waren.

***Die F.68, die 1925 bei zwei Staffeln des 1. Bomberregiments der polnischen Luftstreitkräfte diente, erwies sich als äußerst uneffektives Muster. Sie wurde daher vorrangig zur Fallschirmjägerausbildung und für Einweisungsflüge genutzt.***

Hauptnutzer der **Goliath** war die französische Marine, die etliche Varianten dieses Musters flog. Alle ließen sich entweder mit dem charakteristischen Hosenbein-Radfahrgestell oder mit großen hölzernen Doppelschwimmern ausrüsten, die durch kleine Stützschwimmer an den Flächenenden ergänzt wurden. Sowohl die **Goliath** des französischen Heeres als auch der Marine nahmen an den Einsätzen gegen die aufständischen Rif-Stämme in Marokko zwischen 1925 und 1927 teil.

**Varianten**

**FF.60:** drei Prototypen, zwei für die zivile und einer für die militärische Luftfahrt; Anfang 1919 fertiggestellt
**F.60:** Bezeichnung der hauptsächlichen Zivilversion; erste Serienflugzeuge mit zwei Salmson-Sternmotoren Z.9 als Antrieb; spätere Maschinen erhielten Salmson CM.9 je 191 kW (260 PS); über 60 Goliath-Verkehrsflugzeuge gebaut, die meisten davon als F.60; die französische Marine nutzte eine zivile F.60 zur Erprobung eines Doppelschwimmwerks
**F.60bis:** Bezeichnung des von Salmson 9Az mit 2 x 221 kW (300 PS) angetriebenen Verkehrsflugzeugs
**F.60 Bn.2:** frühe Hauptbomberversion mit zwei Salmson-9Az-Motoren; entgegen der Kategorie Bn.2 mit drei Mann besetzt; die Bewaffnung umfaßte drei 7,7-mm-MGs und eine Höchstbombenlast von 1040 kg; von den französischen Teilstreitkräften Heer und Marine geflogen; Einzelexemplar nach Japan zur Verwendung beim Heer exportiert
**F.60 Torp:** Torpedoträger mit Schwimmwerk, neuentworfenem Bug, offenem Schützenstand mit Minimalverglasung und zwei Gnome-Rhône-Jupiter-Sternmotoren; 24 Exemplare gebaut
**F.60M:** stumpfnasige Version von 1923 mit Renault 12Fy je 228 kW (310 PS) als Antrieb; Pilot und Kopilot nebeneinander in offenen Cockpits mit gemeinsamer Windschutzscheibe; einige F.60M waren mit einer am Kinn vorragenden Bombenzielscheibe ausgestattet; ab 1926 bei der Aviation Militaire eingesetzt; eine Maschine an das japanische Heer geliefert
**F.61:** Bezeichnung des von Renault 12Fe mit 2 x 221 kW (300 PS) angetriebenen Verkehrsflugzeugs
**F.62 BN.4:** Exportversion mit Lorraine-Dietrich-V-12-Motoren je 331 kW (450 PS) und Balkon-Gefechtsstand für den Bugschützen; von der UdSSR zur Ausrüstung zweier Nachtbomber-„Eskadrilas" beschafft; diese blieben allerdings nicht lange im Einsatzverband, sondern wurden 1926 in den Ausbildungsdienst überführt
**F.63 BN.4:** ähnlich der Exportversion F.62 BN.4, aber mit Gnome-Rhône-Jupiter-Sternmotoren je 331 kW (450 PS); die Aviation Militaire beschaffte 42 Exemplare dieses unter Schwächen leidenden Modells
**F.65:** Version der Aéronautique Maritime mit austauschbarem Schwimmer-/Radfahrgestell und Stumpfnase ähnlich wie bei der F.60 Torp und F.60M; Lieferung von 100 Exemplaren ab 1925; fünf solcher Marineflugzeuge absolvierten von 1925 bis 1927 Bombenangriffe gegen aufständische Rifkabylen in Marokko
**F.66 BN.3:** für Rumänien vorgesehene Variante mit Jupiter-Antrieb
**F.68 BN.4:** 32 von Jupiter-Motoren angetriebene Bomber für Polen; kurzzeitig als Bomber verwendet, aber später zur Fallschirmjägerausbildung abgestellt
**F.4X:** Goliath-Sonderausführung mit vier Salmson-Sternmotoren, paarweise in Tandemanordnung, die für den Grand Prix des Avions Transports 1923 gebaut wurde
**F.140 Super Goliath:** Prototyp des superschweren Bombers TGP (Très Gros Porteur), angetrieben von vier Farman-Motoren je 368 kW (500 PS) in Tandempaaren am Unterflügel und bewaffnet mit Maschinengewehren im Bug, Mittelrumpf und unter dem Bauch sowie einer Bombenlast von 1500 kg; sechs Serienbomber dienten bei der Aviation Militaire; der Verlust eines Exemplars aufgrund strukturellen Versagens im August 1930 führte zur Verschrottung dieser Version und aller F.60, F.63 und F.160 des französischen Heeres
**F.160:** zur Kategorie BN.4 (viersitziger Nachtbomber) entwickelte Version der F.60 mit zwei Farman-Motoren je 368 kW; in kleiner Stückzahl an die Aviation Militaire und je ein Exemplar nach Italien und Japan geliefert; ähnlich ausgeführte F.161 und F.165 wurden nicht gebaut
**F.166:** Version der F.60, für die Aéronautique Maritime wahlweise mit Rad- und Schwimmfahrwerk, geänderter Seitenflosse und zwei Gnome-Rhône-Sternmotoren je 368 kW (500 PS) gebaut; Zwillings-MG im Bug und Mittelrumpf plus Halterungen für einen Torpedo oder Bomben; die grundsätzlich ähnliche F.162 kam nicht über das Prototypstadium hinaus
**F.168:** Schwimmerflugzeug, das zusammen mit der ähnlichen F.167 von 1928 bis 1936 bei der Aéronautique Maritime diente; Rumpf überarbeitet, damit Pilot und Kopilot ein besseres Sichtfeld erhielten; 60 Exemplare in Dienst gestellt
**F.169:** Version des Goliath-Verkehrsflugzeugs, 1929 von Lignes Farman im Liniendienst eingeführt; aerodynamische Verfeinerungen und neues Fahrwerk

## TECHNISCHE DATEN
**Farman F.60**

**Typ:** Passagierflugzeug
**Triebwerke:** zwei Neun-Zylinder-Sternmotoren Salmson CM.9 je 191 kW (260 PS)
**Leistung:** Höchstgeschwindigkeit 140 km/h; Reisegeschwindigkeit 120 km/h; Dienstgipfelhöhe 4000 m; Reichweite 400 km
**Gewicht:** Rüstmasse 2500 kg; max. Startmasse 4770 kg
**Abmessungen:** Spannweite 26,50 m; Länge 14,33 m; Höhe 4,91 m; Tragflügelfläche 161 m$^2$

***Der Torpedobomber F.168 diente bei etlichen „escadrilles" der Aéronautique Navale. Die neue Form der Bugoberseite vermittelte den beiden Flugzeugführern ein deutlich besseres Sichtfeld.***

## Farman F.190 bis Farman N.C.223

**Die Société Anonyme des Avions Henri et Maurice Farman spezialisierte sich während und nach dem Ersten Weltkrieg auf große, aber eher unelegante Flugzeuge. Sie wurde 1936 verstaatlicht, zusammen mit Hanriot zur Société Nationale de Construction Aéronautiques de Centre, und produzierte weiter Farman-Flugzeuge.**

# Farman F.190

Der in Frankreich Ende der zwanziger Jahre populärste Kabinen-Hochdecker hieß **Farman F.190**, in Prototypform 1928 zum ersten Mal geflogen. Das geschlossene Cockpit dieses Lufttaxis lag auf Höhe der Nasenkante der Tragflächen und dahinter war eine Kabine für bis zu vier Personen eingerichtet. Die runden „Bullaugen", vier auf jeder Seite, gaben ein prägnantes Erkennungsmerkmal ab. Eine Kabinentür war hinter dem Pilotensitz auf der rechten Seite angebracht.

Das breitspurige, geteilte Hauptfahrwerk gewährleistete den sicheren Betrieb dieses Eindeckers auf einfachen Flugfeldern, und das Seitenleitwerk/Ruder wies die für Farman typische Form auf. Das hölzerne Flugwerk war gemischt mit Gewebe und Sperrholz abgedeckt. Von 100 Exemplaren machte mehr als die Hälfte die Originalausführung mit dem Sternmotor Gnome-Rhône 5Ba aus. Die Sanitätsflugzeugvariante, **F.197S (Sanitaire)**, konnte zwei Tragen und einen medizinischen Betreuer aufnehmen.

Neben Privateignern und Lufttaxi-Unternehmen nutzten etliche in Frankreich etablierte Fluggesellschaften dieses Muster. Hauptbetreiber war natürlich die Farman-Linie mit 14 Exemplaren, gefolgt von Air Union mit sieben Maschinen und anderen Gesellschaften wie Air Orient und Air Afrique. Zu den Nutzern im Ausland zählten CIDNA in Prag und LARES in Bukarest. Als die Air France im Jahre 1933 gegründet wurde, übernahm sie 15 **F.190** von verschiedenen Firmen, die in die neue Organisation aufgegangen waren.

Das Grundmuster erschien mit vielfältigen Motortypen, so daß sich Untertypen mit folgenden Bezeichnungen ergaben: **F.192** mit dem 169 kW (230 PS) starken Salmson 9Ab, **F.193** mit einem Farman 9Ea gleicher Leistung, **F.193** mit dem 186 kW (250 PS) starken Hispano-Suiza 6Mb, **F.197** mit dem 179 kW (240 PS) starken Lorraine 7Me, **F.198** mit dem Renault 9A, der 186 kW (250 PS) abgab, und die **F.199** mit dem Lorraine 9Na, der 242 kW (325 PS) erzeugte. Die Produktion endete 1931.

**TECHNISCHE DATEN**
**Farman F.190**

**Typ:** fünfsitziges leichtes Verkehrsflugzeug
**Triebwerk:** ein Fünf-Zylinder-Sternmotor Gnome-Rhône 5Ba mit 172 kW (230 PS)
**Leistung:** Höchstgeschwindigkeit 185 km/h; Reisegeschwindigkeit 160 km/h; Dienstgipfelhöhe 5150 m; Reichweite 850 km
**Gewicht:** Leermasse 926 kg; max. Startmasse 1800 kg
**Abmessungen:** Spannweite 14,40 m; Länge 10,45 m; Höhe 3 m; Tragflügelfläche 40,20 m²

***Die erste Serienversion der Farman F.190 wurde von einem Fünf-Zylinder-Sternmotor angetrieben, dessen Abgase vom Sammelring über ein langes Rohr weit hinten am Rumpf ausgestoßen wurden.***

***Die Farman-Serie F.190 war ein Kabinen-Eindecker, der mit einer ganzen Palette unterschiedlicher Motortypen angeboten wurde. Das Bild zeigt eine F.192 mit dem Salmson 9Ab als Antrieb.***

# Farman F.220, F.221 und F.222

Die Prototypflugzeuge Farman **F.211** und **F.212** begründeten eine Konfiguration, die für eine Serie viermotoriger, schwerer Bomber während des nächsten Jahrzehnts beibehalten wurde: ein Farman-Hochdeckertragwerk mit beträchtlicher Profiltiefe und -dicke war mit einem kastenförmigen Rumpf kombiniert; für den Antrieb sorgten vier Motoren, paarweise in Tandemanordnung unter den Stummelflächen montiert, mit zwei Zug- und zwei Druckpropellern. Diese Maschinen waren auf die Forderung für einen Bombardier Très Gros Porteur hin entstanden und sollten eine schwere Offensivlast über mittlere und große Entfernungen tragen können.

Die **F.211** und **F.212** wurden zur **F.220.01** fortentwickelt, die am 26. Mai 1936 zum ersten Mal vom Boden abhob. Von Hispano-Suiza 12 Lbr mit 4 x 447 kW (600 PS) angetrieben, hatte die **F.220** das Grundkonzept der Vorgänger übernommen, einschließlich der geschlossenen Pilotenkabine, des balkonartigen Schützenstands im Bug und des geteilten Hauptfahrwerks mit breiter Spur, doch zahlreiche Einzelheiten waren verfeinert worden. Später wurde das Einzelexemplar **F.220** einer zivilen Verwendung angepaßt und als Le Centaure für Langstrecken-Pionierflüge zur Beförderung von Passagieren und Luftpost über den Südatlantik genutzt. Ihren ersten Nonstop-Flug von Dakar (Westafrika) nach Natal (Brasilien) führte die Maschine am 3. Juni 1935 aus.

Im Mai 1933 hob der Prototyp **F.221.01** zum Jungfernflug ab. Von der **F.220** hob sich diese Maschine in erster Linie durch ein neu entworfenes Seitenleitwerk, Sternmotoren der Bauart Gnome-Rhône Mistral Major und vollständig abgedeckte Schützenstände im Bug und unter dem Bauch ab. Es folgte eine kleine Baureihe **F.221**-Bomber, deren neugestalteter Bug einen manuell zu bedienenden Waffenturm und eine überarbeitete Verglasung der Station des Bombenschützen enthielt. Das Maschinengewehr auf dem Rumpfrücken

***Der Prototyp F.220 war als Bomber mit einem Buggefechtsstand für einen Abwehrschützen geplant, wurde aber später zum Postflugzeug für die Strecke über den Südatlantik umfunktioniert.***

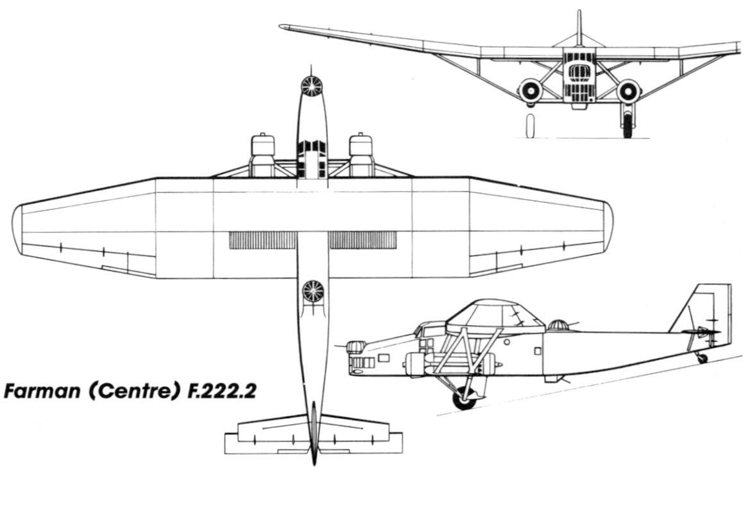

***Farman (Centre) F.222.2***

war unter einer Drehkuppel installiert, und der Waffenturm an der Unterseite des Rumpfes ließ sich zur Hälfte einziehen. Während bei der **F.221.01** nur die Frontmotoren verkleidet waren, steckten bei den Serienbombern alle vier Motoren in Gehäusen. Zwischen 1936 und 1938 erschienen vier zivile **F.220**, die Air France auf der Südamerika-Verbindung einsetzte.

In der zweiten Jahreshälfte 1935 wurde der Prototyp **F.221.01** zur **F.222.01** modifiziert. Die Hauptänderung bestand in der Einführung eines Hauptfahrwerks, das nach vorn in die Motorgondeln einzog. Auf die Serienbomber **F.222.1** folgten zwei kleine Serien **F.222.2** mit überarbeiteter Flugzeugnase. Der Balkon-Schützenstand früherer Farman-Bomber war verschwunden und der Nasenrücken abgeflacht, damit der Pilot eine bessere Sicht nach vorn erhielt. Die Außenflächen der **F.222.2** zeigten eine deutliche positive V-Stellung. Eine zivile **F.222.2** wurde als die **F.2220 Ville de Dakar** fertiggestellt und 1937 an Air France ausgeliefert.

Die Farman-Bomber, allesamt der Kategorie BN.5 (fünfsitziger Nachtbomber) zugehörig, wurden dem im Juli 1935 in Avord neu aufgestellten 15. Escadre de Bombardement zugeführt. Am 1. Januar 1938 befanden sich 18 **F.221** und **F.222.1** im Dienst; zwei Monate zuvor hatte die Lieferung der **F.222.2** begonnen. Am 16. August 1939 waren die Farman-Bomber wie folgt verteilt: vier Exemplare in Indochina, acht in den französischen Kolonien und 30 im Raum Paris, einschließlich der 20 Bomber des 15. Escadre.

Von September 1939 bis Anfang Mai 1940 warfen **F.221** und **F.222** bei Nacht Flugblätter über Deutschland und Böhmen ab. Beim Blitzkrieg gegen Frankreich im Mai und Juni 1940 flogen die Farman-Bomber der Armée de l'Air 63 Nachteinsätze über Westdeutschland und den besetzten Gebieten im Nordosten Frankreichs. Drei **F.222.2** mit erweitertem Tankvolumen wurden zur Escadrille 10E der französischen Marine überstellt, um mit ihnen Bombardierungen über große Entfernungen hinweg durchzuführen und Seeraumüberwachung zu fliegen.

Nach der Waffenstillstandsvereinbarung zwischen Frankreich und Deutschland wurde Groupement 15, wie der Farman-Bomber-Verband inzwischen hieß, zur Groupe de Transport 15 mit zwei Escadrilles umorganisiert, die zusammen über zwei **F.221**, zwei **F.222.1** und sechs **F.222.2** verfügten. Sie dienten unter dem französischen Vichy-Regime und spielten beim Transport von Einheiten der Armée de l'Air nach Syrien eine wesentliche Rolle.

***Farman F.222.1 der zweiten Escadrille, Groupement de Bombardement I/15 der Armée de l'Air, im Mai 1940 in Reims-Courcy stationiert.***

**Varianten**

**F.221:** zehn Serienflugzeuge, die zwischen Juni 1936 und Januar 1937 der Armée de l'Air zugeschleust wurden; dies waren damals die einzigen effektiven viermotorigen Bomber der Welt, sieht man einmal von der russischen Tupolew TB-3 ab; Einzelprototyp flog im Mai 1933

**F.222.1:** Erstbezeichnung F.222, aber mit Einführung der Version F.222.2 in F.222.1 umbenannt; 11 Serienflugzeuge mit erhöhter Brennstoffkapazität; die Fertigung des ersten Exemplars begann im April 1936, und die letzte Maschine war im Oktober 1937 fertiggestellt; der Prototyp F.222 entstand durch Umrüstung des ersten Prototyps F.221

**F.222.2:** zwei Baureihen von Centre mit acht bzw. 16 Bombern; das neue Bugkonzept zog erheblich verbesserte Rumpfkonturen im Vergleich zur F.221 und F.222.1 nach sich; ein eigentlicher Prototyp wurde nicht konstruiert, sondern das 13. Flugzeug wurde als erste F.222.2 gefertigt.

**TECHNISCHE DATEN**
**Farman (Centre) F.222.2**

**Typ:** schwerer Nachtbomber
**Triebwerke:** vier 14-Zylinder-Sternmotoren Gnome-Rhône 14N je 677 kW (920 PS)
**Leistung:** Höchstgeschwindigkeit 360 km/h in 4000 m Höhe; Dienstgipfelhöhe 8000 m; Reichweite 2200 km
**Gewicht:** Rüstmasse 10.800 kg; max. Startmasse 18.700 kg
**Abmessungen:** Spannweite 36,00 m; Länge 21,45 m; Höhe 5,20 m; Tragflügelfläche 186 m²
**Bewaffnung:** je ein 7,5-mm-Maschinengewehr MAC 1934 in Bug- und Rückenkuppel sowie im halbeinziehbaren Bauchturm und bis zu 3900 kg Bomben; F.221 und F.222.1 mit Dame-Maschinengewehren desselben Kalibers; F.220.01 und F.221.01 mit je zwei Lewis 7,7-mm-MG in den drei genannten Abwehrständen.

***Nach europäischen Standards waren die Farman-Bomber F.221 im Jahr 1939 hoffnungslos veraltet, aber Frankreich setzte dieses Muster in der ersten Kriegsphase ein.***

# Farman M.F.7 „Longhorn“

Obwohl Henry und Maurice Farman ihr Geschäft gemeinsam betrieben, hatten sich beide Brüder ihre Eigenständigkeit erhalten und verdeutlichten dies nach außen hin durch ihre der Typkennung vorangestellten Initialen H.F. und M.F. 1909 begann Maurice damit, seine Vorstellungen zur Verbesserung des Grundmusters Voisin umzusetzen, doch die Prüfungsergebnisse konnten nicht befriedigen. Mehrere Versuche führten zu einem erfolgreichen Doppeldecker im Jahre 1911. Dies war der Vorläufer der **Farman M.F.7**, die 1913 erschien und auch **Typ 1913** genannt wurde.

Der Doppeldecker **M.F.7** hatte ungleich weit gespannte Ober- und Unterflügel mit dem Streben- und Spanndrahtgewirr, ohne das die damalige Luftfahrzeugstruktur nicht auskam, und eine zentrale Rumpfgondel mit zwei offenen Sitzplätzen. Direkt dahinter war ein Motor als Antrieb für eine Druckschraube angebaut, deren Blätter sich zwischen vier schlanken Rumpfstreben drehten. Das Fahrwerk bestand aus doppelten Radpaaren an einem Kufengestell, das das Höhenruder weit vor der Frontpartie der Rumpfgondel trug. Diese Ausleger brachten dem Muster den Scherznamen **Longhorn** ein, der in vielen Fachbüchern der offiziellen Bezeichnung **M.F.7** vorgezogen wurde. Das Originaltriebwerk war ein Renault mit 52 kW (70 PS), aber in viele spätere Exemplare wurden stärkere Renault-Motoren eingebaut.

Ein Teil der während des Ersten Weltkriegs in Großbritannien gefertigten Lizenzflugzeuge war mit dem Sechs-Zylinder-Reihenmotor Hawk von Rolls-Royce ausgestattet, der 56 kW (76 PS) erzeugte.

Wie viele andere zwischen 1912 und 1914 entwickelte Flugzeuge wurde auch die **M.F.7** für Verbindungs- und Patrouillendienste umgearbeitet, als der Erste Weltkrieg ausbrach. Ihren höchsten Bekanntheitsgrad erreichte die Longhorn aber als Anfängerschulflugzeug. Zahlreiche Piloten der Alliierten machten ihre ersten Schritte mit der **Longhorn**. Über 350 Exemplare wurden produziert.

**TECHNISCHE DATEN**
**Farman M.F.7**

**Typ:** zweisitziges Nutzflugzeug
**Triebwerk:** ein Renault Acht-Zylinder-Reihenmotor in V-Form mit 52 kW (70 PS)
**Leistung:** Höchstgeschwindigkeit 95 km/h; Dienstgipfelhöhe 4000 m; Flugdauer 3 Stunden, 15 Minuten
**Gewicht:** Leermasse 580 kg; max. Startmasse 855 kg
**Abmessungen:** Spannweite 15,50 m; Länge 12 m; Höhe 3,45 m; Tragflügelfläche 60 m²

***Die als Träger für das vordere Höhenruder nach oben geschwungenen Landekufen ergaben den Scherznamen „Longhorn“ für die M.F.7. Zu Beginn des Ersten Weltkriegs leistete die Longhorn anerkennenswerten Dienst.***

# Farman M.F. 11

Trotz der Grundähnlichkeit mit der M.F.7 führte die später entwickelte **M.F.11** eine Reihe von Verbesserungen und einen wichtigen Unterschied ein, indem sie auf das vordere Höhenruder verzichtete. Statt dessen wurde ein Ruder eingesetzt, wie es heute üblich ist – ein gelenkiger Fortsatz des Höhenleitwerks. Die doppelten Seitenruder der M.F.7 waren schmucken Seitenflossen und Rudern gewichen. Die Rumpfzelle war nicht mehr auf dem Unterflügel gelagert, sondern zwischen Ober- und Unterflügel montiert. Dies alles, vor allem aber der Wegfall der Hörner für das Fronthöhenruder, stützte den Eindruck, daß die neue **Farman M.F.11** luftfahrzeugtechnisch einfach besser gelungen war.

Vor den Haupträdern reckte sich jedoch immer noch eine Kufe vor, die verhindern sollte, daß sich die Maschine auf unebenen Flugfeldern überschlug. Die im Vergleich zu den Auslegern der M.F.7 kurze Kufe führte zum Scherznamen **Shorthorn**. Den Antrieb lieferten Renault-Motoren der Leistungsklasse 52 kW oder 75 kW (70/100

***Die Ähnlichkeit mit der M.F.7 ist unverkennbar, aber der Ersatz des vorderen Höhenruders durch eine Steuerfläche im Heck ergab unweigerlich den Spitznamen „Shorthorn".***

PS), aber in mindestens ein Exemplar war angeblich ein Canton-Unné mit 97 kW (130 PS) eingebaut und vermutlich sind noch eine Vielzahl anderer Motortypen verwendet worden.

Mit Rad- oder Schwimmerfahrgestell verfügbar, wurde die **M.F.11** intensiver als die M.F.7 zur Aufklärung und Ausbildung genutzt und von mehreren Herstellern in Lizenz gebaut. Der Royal Naval Air Service etwa erhielt rund 90 **M.F.11**, von denen viele als Bomber mit leichten Sprengkörpern an Gehängen unter den Tragflächen eingesetzt wurden. Mit einem Angriff gegen Artilleriegeschütze des Feindes in Ostende trug sich die Shorthorn am 21. Dezember 1914 als erstes Luftfahrzeug beider Seiten in die Annalen des Ersten Weltkriegs ein, das einen Einsatz bei Nacht geflogen hatte.

**TECHNISCHE DATEN**
**Farman M.F.11**

**Typ:** zweisitziges Nutzflugzeug
**Triebwerk:** ein Renault Acht-Zylinder-Reihenmotor in V-Form mit 52 kW (70 PS)
**Leistung:** Höchstgeschwindigkeit 100 km/h; Dienstgipfelhöhe 3800 m; Flugdauer 3 Stunden, 45 Minuten
**Gewicht:** Leermasse 550 kg; max. Startmasse 840 kg
**Abmessungen:** Spannweite 16,15 m; Länge 9,50 m; Höhe 3,90 m; Tragflügelfläche 57 m²
**Bewaffnung:** bis zu 18 x 7,3-kg-Bomben an Gehängen unter den Flächen und ein Maschinengewehr für den Beobachter

# Farman N.C.223

Das Antriebskonzept der früheren viermotorigen Farman-Bomber blieb erhalten, aber als modernes Bombenflugzeug konzipiert, führte die Farman **F.223** neue Tragflächen hoher Flügelstreckung mit selbsttragender Metallhaut ein. Der Rumpf war feiner gestaltet, obwohl die Grundkastenform unverändert blieb, und nahm am hinteren Ende ein doppeltes Seitenleitwerk auf. Das erste Exemplar, das im Juni 1937 vom Erdboden abhob, war allerdings ein Langstrecken-Postflugzeug, das folglich auf den Namen Laurent Guerrero getauft und auf der Südatlantikroute zwischen Westafrika und Brasilien eingesetzt wurde. Diese Maschine erhielt die Bezeichnung **NC.223.1**, da die Firma Farman inzwischen (im März 1937) in das neue Staatsunternehmen SNCAC aufgegangen war. Die **NC.223.1** machte sich einen Namen, als es ihr im Oktober 1937 gelang, einen neuen Strecken-Nutzlast-Weltrekord aufzustellen.

Der Bomberprototyp **NC.223.01** flog am 18. Januar 1938 zum ersten Mal. Er unterschied sich von der Zivilmaschine durch seinen Antrieb in Form von vier Hispano-Suiza-Sternmotoren und militärische Ausrüstung. Die geplante Version **NC.223.2** der Kategorie BN.5 (fünfsitziger Nachtbomber) mit Gnome-Rhône 14N-Sternmotoren wurde nicht gebaut.

Acht Serienbomber **NC.223.3** wurden bestellt und bei der Armée de l'Air im Mai/Juni 1940 in Dienst gestellt. Ihren Antrieb

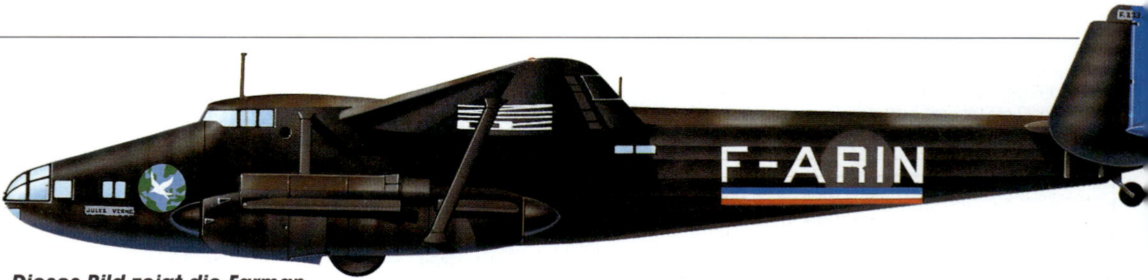


***Dieses Bild zeigt die Farman NC.223.4 „Jules Verne" mit Kriegskennzeichnung, obwohl die Maschine als ziviles Luftfahrzeug registriert ist. Der Bug dieses Musters war aerodynamisch günstiger gestaltet.***

lieferten vier Hispano-Suiza 12Y-29 (V-12-Motoren), und ihre Bewaffnung bestand aus einem 7,5-mm-Maschinengewehr MAC 1934 im Bug und je einer 20-mm-Kanone, Hispano-Suiza 404, in motorisierten Waffentürmen auf dem Rücken und unter dem Bauch. In vier Schächten konnte eine Höchstlast von 4200 kg Bomben verstaut werden. Die **NC.223.3** flogen neben früheren Farman-Bombern beim Groupement de Bombardement 15, bis sie nach Nordafrika verlegt wurden. Drei Exemplare wurden später zu Langstrecken-Post- und Passagierflugzeugen umgerüstet, und das Restkontingent flog die Groupe de Transport I/15 in den französischen Territorialgebieten Nordafrikas.

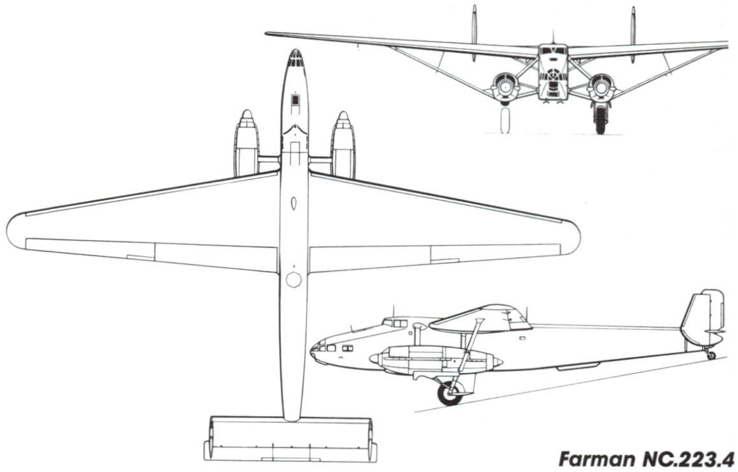

***Farman NC.223.4***

Parallel zur **NC.223.3** war die von Anfang an als Hochgeschwindigkeits-Postflugzeug gedachte **NC.223.4** entwickelt worden. Drei solche Maschinen wurden gefertigt, die Camille Flammarion, Jules Vernes und Le Verrier. Wie der Bomber besaß die **NC.223.4** schlanke, stark zugespitzte Tragflächen hoher Streckung, die die Motoren an einem kräftigen Strebengerüst trugen, aber der Bug war aerodynamisch wesentlich günstiger gestaltet worden und das geteilte Seitenleitwerk hatte ebenfalls an Fläche gewonnen.

Kurz nach dem Kriegsausbruch, im Oktober 1939, nahm die Camille Flammarion an der Suche nach dem deutschen Schlachtschiff Graf Spee im Südatlantik teil. Im Mai 1940 stellte die französische Aéronavale Escadrille B5 in Orly auf, die die drei **NC.223.4** als Bomber und Fernaufklärer einsetzen sollte. Letztendlich erhielt aber nur die Jules Vernes eine militärische Rüstung in Form von Gehängen für acht 250-kg-Bomben und einer Stütze für ein MAC 7,5-mm-MG in der hinteren Einstiegstür. Diese Maschine flog Nachteinsätze, darunter einen Angriff auf Berlin in der Nacht des 7./8. Juni 1940. Später griffen die drei **NC.223.4** mehrmals italienische Ziele an, doch nach dem Waffenstillstandsabkommen mit Deutschland wurde das Trio wieder in den Passagier- und Postdienst eingebunden. Le Verrier wurde 1940 über dem Mittelmeer abgeschossen.

***Trotz meisterlicher Verfeinerung der Aerodynamik im Vergleich zu früheren Farman-Bombern war die NC.223.3 immer noch ein schwerfälliges Fluggerät, dessen Außenstreben und Fahrwerk den hohen Widerstand der vier Motoren noch beträchtlich verstärkten. Acht Maschinen wurden gebaut, die die Staffel GB 15 während des Zweiten Weltkriegs bis zum Fall Frankreichs einsetzte.***

**TECHNISCHE DATEN**
**Farman NC.223.3**

**Typ:** viermotoriger Nachtbomber
**Triebwerke:** vier Zwölf-Zylinder-V-Motoren, Hispano-Suiza 12Y-29, je 697 kW (910 PS)
**Leistung:** Höchstgeschwindigkeit 400 km/h; Marschgeschwindigkeit 280 km/h; Dienstgipfelhöhe 8000 m; Reichweite 2400 km
**Gewicht:** Rüstmasse 10.550 kg; max. Startmasse 19.200 kg
**Abmessungen:** Spannweite 33,58 m; Länge 22 m; Höhe 5,08 m; Tragflügelfläche 132,40 m²
**Bewaffnung:** ein MAC 1934 7,5-mm-Maschinengewehr im Bug und je eine HS 404 20-mm-Kanone im Rücken- und halbeinziehbaren Bauchturm sowie eine Höchstbombenlast von 4190 kg in vier Schächten

# Farman N.C.470 bis Fiat B.R.20 Cicogna

**Staffelkommandeur John C. Porte entwarf seine eigenen Flugboote in Felixstowe. Ihren Namen bekamen sie nach diesem Ort, obwohl sie woanders gebaut wurden. Fiat (Fabbrica Italiana Automobili Turino) war 1899 als Autowerk gegründet worden, begann 1908 auch Flugzeugmotoren zu bauen, und daraus wurde 1914 die Societá Italiana Aviazione.**

## Farman NC.470

Der zweimotorige Hochdecker **Farman NC.470** zur Ausbildung von Besatzungen wurde 1936 als **F.470** projektiert und am 27. Dezember 1937 erstmals als Prototyp geflogen. Zu dem Zeitpunkt war die Maschine noch mit starrem Fahrwerk ausgestattet, obwohl sie mit Schwimmern auf See operieren sollte. Nach der Umstellung auf große Zwillingsschwimmer, wie man sie für die veralteten Farman-Doppeldecker F.168 entworfen hatte, wurde der Prototyp im Frühling 1938 erstmals auch als Seeflugzeug getestet.

Die **NC.470** wies die für Farman typische kantige Form auf; Pilot und Kopilot saßen in einer großen Kabine vor den Tragflächen, die stumpfe Flugnase mit den Stationen für den Navigator und den Bomben-/Torpedoschützen war verglast, Stummelflächen an den unteren Rumpfflanken nahmen an den äußeren Enden zwei Gnome-Rhône-Sternmotoren auf, das Trag- und Schwimmwerk war vielfach verstrebt, und das Leitwerk enthielt eine hohe Seitenflosse. Auf den Prototyp folgte eine Serie von zehn **NC.470**, von denen das letzte Exemplar im Sommer 1939 ausgeliefert wurde. Der Prototyp **NC.471** unterschied sich von der Erstserie nur durch ein anderes Baumuster des Jupiter-Motors (Lizenzbau des Gnome-Rhône).

Im Zweiten Weltkrieg wurden weitere **NC.470** geliefert. 20 Maschinen wurden bei der Aéronautique Maritime in Dienst gestellt und flogen dort Geleitschutz für Schiffskonvois und Küstenaufklärung durch die Escadrille 3S4.

***Die NC.470, die unverkennbare Farman-Merkmale trägt, eignete sich hervorragend zur Ausbildung von Seeflugzeugbesatzungen.***

**TECHNISCHE DATEN**
**Farman NC.470**

**Typ:** sechssitziges Ausbildungs- und Küstenaufklärungsschwimmerflugzeug
**Triebwerke:** zwei Neun-Zylinder-Sternmotoren Gnome-Rhône 9Kgr je 368 kW (500 PS)
**Leistung:** Höchstgeschwindigkeit 230 km/h; Reisegeschwindigkeit 190 km/h; Dienstgipfelhöhe 6000 m; Reichweite 1140 km
**Gewicht:** Rüstmasse 3710 kg; max. Startmasse 6000 kg
**Abmessungen:** Spannweite 24,45 m; Länge 16,10 m; Höhe 4,85 m; Tragflügelfläche 95 $m^2$
**Bewaffnung:** ein Darne-7,5-mm-Maschinengewehr auf dem Rumpfrücken und 200 kg Bomben

## Felixstowe F.1 und F.2

Anfang 1914 reiste John Porte, RNAS, nach Amerika, um Glenn Curtiss beim Entwurf eines transatlantischen Flugboots zu unterstützen. Nach Ausbruch des Ersten Weltkriegs kehrte Porte nach England zurück und bewegte die Admiralität zum Kauf von Curtiss-Flugbooten. Im ersten Kriegsjahr sammelte Porte Einsatzerfahrungen mit diesen Flugbooten, und im September 1915 beschloß er, einige Änderungen an ihnen vorzunehmen, um ihr Einsatzpotential zu verbessern.

Die Modifikationen am Bootskörper der Curtiss-Flugboot-Doppeldecker bewährten sich nur zum Teil, aber die gewonnene Erfahrung versetzte Porte in die Lage, einen einstufigen Bootsrumpf zu entwerfen, der als Porte I bekannt werden sollte. Der neue Bootskörper wurde mit dem Trag- und Leitwerk eines Standard-Curtiss-Flugboots H.4 sowie zwei Hispano-Suiza-Motoren kombiniert und unter der Bezeichnung **Felixstowe F.1** geflogen.

Die Ergebnisse der Flugerprobung zogen die Ergänzung des Bootsrumpfs nach sich, und in dieser Form kann man die **F.1** als Prototyp der nachfolgenden „F"-Flugbootserie betrachten.

Für Nordseepatrouillen besaß die H.4 von Curtiss weder die erforderliche Reichweite, noch die Nutzlastkapazität. Porte veranlaßte daher Glenn Curtiss, ein größeres Muster zu entwickeln. Von diesem Modell, H.8 oder „Large America" genannt, beschaffte die Admiralität 50 Exemplare, und das erste traf im Juli 1916 in Felixstowe ein. Der Curtiss-Antrieb mit 2 x 119 kW (162 PS) erwies sich als zu schwach, und Porte organisierte die Ummotorisierung auf Rolls-Royce Eagle I je 186 kW (253 PS), die zur Bezeichnung H.12 führte. Die Leistung dieses Typs war zwar zufriedenstellend, aber bald stellte sich heraus, daß sich der Original-Bootsrumpf nicht für den Betrieb in der Nordsee eignete. Porte entwarf daraufhin einen zweistufigen Bootskörper, der auf dem **F.1** basierte. Er wurde mit einem überarbeiteten Leitwerk, H.12-Tragwerk und Eagle-Motoren von Rolls-Royce kombiniert und ergab so das bessere Flugboot **Felixstowe F.2.** Flugtests zeigten, daß sich mit kleineren Modifikationen und dem Einbau stärkerer Triebwerke ein ideales Patrouillenflugzeug ergäbe. So erreichte das Modell mit Rolls-Royce Eagle VIII die Serienfertigung als **F.2A**.

Ein Einzelexemplar einer neuen Variante erschien mit der Bezeichnung **F.2C.** Es hatte einen modifizierten Bootsrumpf in leichterer Bauweise und zunächst zwei Eagle II je 205 kW (279 PS) als Antrieb, die anschließend durch Eagle VI (2 x 240 kW/ 326 PS) ersetzt wurden. Flugtests zeigten zwar, daß die Leistungswerte gegenüber der **F.2A** etwas besser ausgefallen waren, doch die **F.2C** ging nicht in Serienfertigung. Rund 100 **F.2A** wurden gebaut, und das Muster blieb bis zum Ende des Ersten Weltkriegs im Einsatz.

***Die F.2A hatte normalerweise ein zur Hälfte abgedecktes Cockpit, aber in diesem Exemplar saß der Pilot völlig im Freien.***

**TECHNISCHE DATEN**
**Felixstowe F.2A**

**Typ:** Jagd-/Aufklärungsflugboot
**Triebwerke:** zwei Zwölf-Zylinder-V-Motoren Rolls-Royce Eagle VIII je 257 kW (350 PS)
**Leistung:** Höchstgeschwindigkeit 153 km/h in 610 m Höhe; Dienstgipfelhöhe 2925 m; Flugdauer sechs Stunden
**Gewicht:** Leermasse 3424 kg; max. Startmasse 4980 kg
**Abmessungen:** Spannweite 29,15 m; Länge 14,10 m; Höhe 5,33 m; Tragflügelfläche 105,26 $m^2$
**Bewaffnung:** vier bis sieben Lewis-7,7-mm-Maschinengewehre, frei beweglich gelagert, und zwei 104-kg-Bomben an Aufhängungen unter den Flächen

## Felixstowe F.3

Im Februar 1917 flog der Prototyp eines neuen Flugboots, die Felixstowe **F.3**, die aus der F.2A entwickelt und dieser im äußeren Erscheinungsbild grundsätzlich ähnlich war. Sie unterschied sich in erster Linie durch ihre größere Länge und Spannweite, die eine Steigerung von Reichweite und Nutzlast ergab. Da die **F.3** aber den gleichen Antrieb wie die F.2A in Form von Rolls-Royce-Eagle VIII-Motoren hatte, ging diese Verbesserung zu Lasten anderer Leistungsaspekte. So war die **F.3** langsamer als die F.2A, und konnte nicht wie diese den Kampf gegen feindliche Marinejäger und Zeppeline aufnehmen. Die Besatzungen schätzten sie daher nicht, und ihr Einsatz beschränkte sich auf U-Boot-Patrouillenflüge.

Der Prototyp war anfangs mit zwei Sunbeam Cossack je 239 kW (325 PS) geflogen, vermutlich wegen des allgemeinen Engpasses an Rolls-Royce-Eagle-Motoren. In die **F.3**-Serienflugzeuge wurden Eagle VIII eingebaut. Die Aufträge für die-

***Die von der F.2 abgeleitete F.3 gewann Offensivfähigkeit, aber, zum Leidwesen der Besatzungen, auf Kosten der Geschwindigkeit.***

ses Muster beinhalteten insgesamt 263 Exemplare, also beträchtlich mehr als für die leistungsstärkere F.2A. Dies lag wahrscheinlich daran, daß sie die doppelte Bombenlast tragen konnte. Bei Kriegsende waren jedoch erst rund 100 dieser Flugboote fertiggestellt, aber anschließend wurden noch einige Maschinen als **F.5** für die Royal Air Force gebaut.

Anders als die F.2A, die ausschließlich von britischen Küstenstützpunkten aus operierte, flog die **F.3** intensive Kriegseinsätze im Mittelmeerraum. Der Bedarf an solchen Flugbooten auf diesem Kriegsschauplatz war so groß, daß die Dockyard Constructional Unit auf Malta mit dem Bau von 18 Exemplaren dieses Typs beauftragt wurde.

**TECHNISCHE DATEN: Felixstowe F.3**

**Typ:** U-Boot-Patrouillenflugboot
**Triebwerke:** zwei Zwölf-Zylinder-V-Motoren Rolls-Royce Eagle VIII je 257 kW (350 PS)
**Leistung:** Höchstgeschwindigkeit 146 km/h in 610 m Höhe; Dienstgipfelhöhe 2440 m; Flugdauer sechs Stunden
**Gewicht:** Leermasse 3610 kg; max. Startmasse 6024 kg
**Abmessungen:** Spannweite 31,09 m; Länge 14,99 m; Höhe 5,69 m; Tragflügelfläche 133,03 m²
**Bewaffnung:** vier Lewis-7,7-mm-Maschinengewehre, frei beweglich gelagert, und vier 104-kg-Bomben an Aufhängungen unter den Flächen

## Felixstowe F.5

Anfang 1918 erschien die **Felixstowe F.5**, eine Fortentwicklung der F.3, in der sich alle erstrebenswerten Verbesserungen und Verfeinerungen der F.3 und des früheren Modells niederschlagen sollten. Die **F.5** war äußerlich ähnlich wie die F.3, unterschied sich aber durch eine etwas größere Bootskörperhöhe, völlig offene Cockpits für die Besatzung und ein von Grund auf neu entworfenes Tragwerk größerer Spannweite. Den Antrieb des Prototyps besorgten wie bei der F.3 Eagle VIII, allerdings mit einer leicht gesteigerten Nennleistung (261 kW/355 PS). Die Flugerprobung des Prototyps (N90) ergab eine beachtliche Leistungsverbesserung gegenüber der F.3. Wirtschaftliche Erwägungen verhinderten jedoch, daß das neue Muster als solches eingeführt wurde. Die Serienflugboote **F.5** erhielten zwar den Bootsrumpf des Prototyps, übernahmen aber ansonsten möglichst viele Baugruppen der F.3, einschließlich der Tragflächen. Flugtests mit Eagle VIII-Motoren zeigten, daß die Leistung der Serienflugboote **F.5** schlechter war als die der F.3, und als dann (wegen des Engpasses an Eagle VIII) sogar auf Eagle VII (242 kW/329 PS) zurückgegriffen werden mußte, fiel sie noch enttäuschender aus.

Die Indienststellung erfolgte zu spät, als daß die **F.5** noch in den Ersten Weltkrieg hätte eingreifen können. Sie wurde das RAF-Standard-Flugboot der Nachkriegszeit bis zur Ablösung durch die Supermarine Southampton im August 1925. Anzumerken wäre noch, daß man die **F.5** auf Portes Betreiben hin aus der H.8 „Large America" von Curtiss entwickelt hatte. So entstand die kuriose Situation, daß Curtiss in den USA ein Flugboot als verbesserte Auslandsversion seines eigenen Entwurfs herstellte. Dies ergab sich dadurch, daß die US Navy die Beschaffung der **F.5** mit Liberty-Motoren beschlossen hatte. Für das Naval Flying Corps bauten Curtiss (60), Canadian Aeroplanes Ltd. in Toronto (30) und die US Naval Aircraft Factory (138) das Muster als **F-5L**. Bis Ende der zwanziger Jahre blieb es das Standard-Patrouillenflugboot der US Navy.

***Die Produktion der Felixstowe F.5 verteilte sich auf fünf Hersteller. Dieses Exemplar stammt von der Gosport Aviation Company.***

**TECHNISCHE DATEN**
**Felixstowe F.5**

**Typ:** Aufklärungsflugboot
**Triebwerke:** zwei Zwölf-Zylinder-V-Motoren Rolls-Royce Eagle VIII je 261 kW (355 PS)
**Leistung:** Höchstgeschwindigkeit 142 km/h; Dienstgipfelhöhe 2075 m; Flugdauer sieben Stunden
**Gewicht:** Leermasse 4128 kg; max. Startmasse 5752 kg
**Abmessungen:** Spannweite 31,60 m; Länge 15,01 m; Höhe 5,72 m; Tragflügelfläche 130,90 m²
**Bewaffnung:** vier Lewis-7,7-mm-Maschinengewehre (eines im Bug und drei mittschiffs) sowie bis zu 417 kg Bomben an Gehängen unter den Tragflächen

***Felixstowe F.5 der Royal Air Force***

## Fiat AS.1

Von der Projektierung bis zum Erstflug im Sommer 1928 brauchte der Prototyp des zweisitzigen Reiseflugzeugs **Fiat AS.1** nur wenige Wochen. Es handelte sich um einen einfachen abgestrebten Hochdecker, der damals von einem tschechischen Walter-Sternmotor mit 66 kW (90 PS) angetrieben wurde. Die **AS.1** hatte ein typisches Fiat-Leitwerk und ein starres Normalfahrgestell, geteilt mit gekreuzten Achsschenkeln. Für Schlepp- und Abstellzwecke ließen sich die Flächen beiklappen. Die Mischkonstruktion aus Holz und Gewebe war nur durch die Blechbeplankung im Bereich unmittelbar hinter dem Motor unterbrochen. In die **AS.1**-Serienflugzeuge wurde der Fiat-Motor A.50 eingebaut.

Beide Besatzungsmitglieder konnten die Flugsteuerung bedienen und saßen in offenen Tandem-Cockpits, geschützt durch kleine Windschutzscheiben. Den Hauptschutz bot jedoch eine große Frontscheibe zwischen den vorderen Baldachinstreben, die die **AS.1** aus bestimmten Blickwinkeln wie einen echten Kabinen-Eindecker wirken ließ.

Die **AS.2** von 1929 erhielt eine stärkere Zelle und den A.50S mit 74 kW (100 PS). Spätere Versionen der **AS.1** und **AS.2** erschienen mit geschlossenen Kanzeln. 1930 wurden die Schwimmervariante **AS.1 Idro** und die **AS.1 Sci** mit Schneekufen-Fahrgestell eingeführt.

1929 und 1930 machten **AS.1** immer wieder Schlagzeilen. So gewannen acht Maschinen im August 1929 die Mannschaftswertung im Challenge Internationale de Tourisme. Im Januar 1930 stellten Donati und Capannini mit ihrer **AS.1**-Strecken- und Flugdauer-Weltrekorde auf mit 2746 km beziehungsweise 29 Stunden und 4 Minuten. Im Februar legte Francis Lombardi die Entfernung von Rom nach Mogadischu (Ostafrika), d.h. 8050 km, in sieben Tagen zurück. Die beachtlichste Leistung der **AS.1** war wohl der Flug von Vercelli über Sibirien nach Tokio, die Lombardi und Capannini zwischen dem 13. und 22. Juli 1930 durchführten.

Mit diesen Glanzleistungen war die Karriere der **AS.1** als Rekordbrecher aber keineswegs beendet. Am 28. Dezember 1932 erreichte eine **Fiat AS.1 Idro** unter dem Antrieb eines CNA-C7-Motors eine Höhe von 7363 m und stellte damit einen neuen Weltrekord für Tourenseeflugzeuge auf. Zwei Tage später stieg dieselbe Maschine mit CNA-Triebwerk und Radfahrgestell auf 9282 m und verbesserte so den Weltrekord für Tourenlandflugzeuge.

***Die Fiat AS.1 war ein bemerkenswertes Leichtflugzeug, das eine ansehnliche Reihe von Weltrekorden aufstellte.***

**TECHNISCHE DATEN**
**Fiat AS.1**

**Typ:** zweisitziges Reise- und Schulflugzeug
**Triebwerk:** ein Sieben-Zylinder-Sternmotor Fiat A.50 mit 66 kW (90 PS)
**Leistung:** Höchstgeschwindigkeit 158 km/h; Dienstgipfelhöhe 6800 m; Reichweite 1000 km
**Gewicht:** Rüstmasse 450 kg; max. Startmasse 690 kg
**Abmessungen:** Spannweite 10,40 m; Länge 6;10 m; Höhe 2,53 m; Tragflügelfläche 17,50 m²

1929 kam die **AS.1**-Serienfertigung richtig in Schwung, denn außer der Popularität dieses Musters bei Privatpiloten nutzte auch die Regia Aeronautica die **AS.1** als Verbindungs-, Kurier- und Schulflugzeug (für Reservepiloten). Mindestens 500 **AS.1** und rund 50 **AS.2** sind anscheinend insgesamt gebaut worden, davon 276 **AS.1** und 36 **AS.2** im Auftrag des italienischen Luftfahrtministeriums.

**Variante**
**TR.1:** ähnlich ausgelegt wie die AS.1, aber mit geschlossener Kabine durch Anpassung der hinteren Rumpfabdeckung und Breitspur-Fahrgestell; die grundsätzlich aus Metall und Stoff konstruierte TR.1 flog erstmals 1930; TR.1 gewannen 1931 eine Reihe von Sportflugwettbewerben, darunter auch die Mannschaftswertung im Giro Aereo d'Italia

# Fiat BR, BR.1, BR.2, BR.3 und BR.4

Im Jahre 1918 nahm Ingenieur Celestino Rosatelli die Arbeit im Konstruktionsbüro der Società Italiana Aviazione auf, der für den Flugzeugbau zuständigen Gruppe des mächtigen Fiat-Konzerns. Seine erste Aufgabe war die Entwicklung des Aufklärungsdoppeldeckers S.I.A.9, der die großen Erwartungen, die man in ihn gesetzt hatte, aufgrund seiner schwachen Zellkonstruktion enttäuscht hatte.

Der neue Entwurf Celestino Rosatellis galt einem leichten Bomberdoppeldecker mit der Bezeichnung **BR** (für Bombardiere Rosatelli), der im Jahre 1919 erschien. Zu dieser Zeit firmierte S.I.A. wieder unter dem Namen des Dachverbandes Fiat. Im April 1919 stellte die **BR** zwei Weltrekorde auf, indem sie mit drei Passagieren (obwohl nur als Zweisitzer ausgelegt) eine Höhe von 7240 m und mit einem Passagier eine Spitzengeschwindigkeit von 270 km/h erreichte.

1922 schloß die **BR** die Truppenerprobung im Montecello-Testzentrum erfolgreich ab und nahm die Serienfertigung für die Aeronautica Militare auf, die 1923 unter den Faschisten zur Regia Aeronautica umorganisiert wurde.

Im Vergleich zur S.I.A.9 hatte man die Linienführung der **BR** erheblich verbessert und die Struktur verstärkt. Das Tragwerk blieb zwar wie beim Vorgänger zweifach gestielt, aber die Tragflächen der **BR** waren wesentlich besser und stärker konstruiert. Auch das Leitwerk war neu entworfen und wies eine Seitenflosse auf, die die Rosatelli-Entwürfe des nächsten Jahrzehnts kennzeichnen sollte. Die Einbeine des starren Normalfahrgestells waren mit einer Querachse verbunden. Das offene Flugzeugführer-Cockpit hatte man direkt unter einem Ausschnitt an der Hinterkante des Oberflügels im Rumpf angeordnet, und dahinter schloß sich die Position des Beobachters/Bordschützen an. Den Antrieb der **BR** lieferte ein Fiat-Reihenmotor A.14 in V-Form mit 515 kW (700 PS).

Die **BR** war ein gefälliges Luftfahrzeug, das deutlich die Bemühungen Rosatellis um günstige aerodynamische Formen erkennen ließ. Zwei Exemplare wurden nach Schweden verkauft, wo sie die Dienstbezeichnung **B 1** erhielten.

**Varianten**

**BR.1:** 1923 begann Rosatelli mit der Verbesserung seiner BR zur BR.1, die im Jahr darauf seriengefertigt und bei der Regia Aeronautica in Dienst gestellt wurde; der Hauptunterschied bestand in den W-Stielen, dem Merkmal aller nachfolgenden Rosatelli-Doppeldecker und im neuen Breitspur-Fahrgestell ohne Achse; der A.14-Motor blieb erhalten, aber der Stirnkühler war von modernerer Bauart; gegenüber der BR wies der neue Bomber bessere Flugleistungen und eine schwerere Bombenlast auf; er stellte zudem einen neuen Weltrekord auf, indem er eine Nutzlast von 1500 kg auf 5516 m Höhe trug; das Muster wurde auch zu Versuchen mit drehbarem Bombengestell in Zylinderform herangezogen und machte sich bei Torpedo-Absetzversuchen verdient; rund 150 BR.1 wurden gebaut, fast alle für die Regia Aeronautica; die schwedische Luftwaffe erwarb zwei Exemplare, die bei der Flygvapen als B 2 Dienst leisteten.

**BR.2:** der Erstflug des Prototyps BR.2 fand 1925 statt; dieser Bomber hatte den stärkeren Fiat-Motor A.25, und zu den weiteren Verbesserungen zählten eine stärkere Zelle, eine reichhaltigere Instrumentierung und ein erhöhtes Kraftstoffvolumen, das eine größere Reichweite gewährleistete; auch das Fahrgestell war neu konzipiert und höher belastbar; 1930 setzten 15 leichte Bomberstaffeln (squadriglie) die BR.2 ein, die aber zu diesem Zeitpunkt bereits veraltet war.

**BR.3:** dies war der letzte einmotorige Doppeldecker-Leichtbomber von Fiat, den die Regia Aeronautica in Dienst stellte; im großen und ganzen stellte die BR.3 eine modernisierte Ausgabe der BR.2 dar; ab 1930 wurden etwa 100 Exemplare für die italienischen Leichtbomberstaffeln (squadriglie) gebaut; Ungarn erhielt ein Einzelexemplar; äußerlich unterschied sich die BR.3 kaum von der BR.2, die man fünf Jahre zuvor in Dienst gestellt hatte; der Fiat-Motor A.25 blieb erhalten, wenngleich in weiterentwickelter Form, das Fahrgestell war nochmals modifiziert, vereinfacht und verstärkt, und die Ausrüstung umfaßte erstmals ein Funkgerät sowie eine Panoramakamera; spätere Serienbomber wurden mit Strömungsschlitzen an der Vorderkante ausgestattet; eine BR.3 nahm im Oktober 1931 am militärischen Flugwettbewerb Coupe Bibesco teil und legte dabei 1140 km mit einer Durchschnittsgeschwindigkeit von 252 km/h zurück; Mitte der dreißiger Jahre wurden die BR.3 an Ausbildungseinheiten der Regia Aeronautica übergegeben, die 1940 immer noch einige Exemplare nutzten

**BR.4:** Rosatellis letzter einmotoriger Doppeldecker-Bomber BR.4 absolvierte seinen Erstflug 1934; er war komplett neu entworfen und hatte einen Brustkühler ähnlich dem der Jäger CR.30 und CR.32; der Fiat A.25-Motor war unverändert und das geteilte Fahrgestell stromlinienförmig verkleidet; trotz der beträchtlichen aerodynamischen Verfeinerungen konnte die BR.4 nicht mit der neuen Generation leichter zweimotoriger Tiefdecker gleichziehen, die sich in der Entwicklung befand und in Prototypform bereits konstruiert war

***Die BR.3 von 1930 trug die Handschrift Rosatellis, abzulesen an der außerordentlichen Robustheit und den W-Stielen dieses Doppeldeckers. Die BR-Serie war ein ausgezeichnetes Beispiel für die Tatsache, daß ein gut entworfenes Flugzeug ein großes Entwicklungspotential in sich birgt.***

**TECHNISCHE DATEN**
**Fiat BR.2**

**Typ:** zweisitziger Doppeldeckerbomber
**Triebwerk:** ein Zwölf-Zylinder-V-Motor Fiat A.25 mit 802 kW (1090 PS)
**Leistung:** Höchstgeschwindigkeit 240 km/h; Dienstgipfelhöhe 6250 m; Reichweite 1000 km
**Gewicht:** Rüstmasse 2646 kg; max. Startmasse 4195 kg
**Abmessungen:** Spannweite 17,30 m; Länge 10,66 m; Höhe 3,91 m; Tragflügelfläche 70,22 m²
**Bewaffnung:** zwei 7,7-mm-Maschinengewehre (ein vorwärtsfeuerndes MG und eines beweglich über dem hinteren Cockpit gelagert) sowie eine Bombenlast von bis zu 720 kg

# Fiat BR.20

Der Prototyp der **Fiat BR.20 Cicogna** (Storch), der am 10. Februar 1936 zum ersten Mal flog, hinterließ sofort einen guten Eindruck. So dauerte es nicht lange, bis dieser mittlere Bomber aufgrund der Propaganda Mussolinis in der gesamten Luftfahrtwelt gepriesen wurde.

Die **BR.20** war ein freitragender Tiefdekker, dessen glattseitiger Rumpf eine gemischte Abdeckung aus Duralblech und Gewebe hatte. Die Tragflächen waren metallbeplankt, und das mit Stoff überzogene Leitwerk enthielt doppelte Seitenflossen und Ruder. Die Hauptfahrwerksbeine zogen nach hinten in die Motorgondeln ein, so daß die Räder zum Teil herausragten, und ein Kielgehäuse schützte das starre Spornrad. Den oberen Teil der Flugzeugnase nahm ein MG-Gefechtsstand, den unteren verglasten Teil die Station des Navigators/Bombenschützen ein. Der Pilot und der Kopilot waren nebeneinander in einer geschlossenen Kanzel vor der Nasenkante des Tragwerks im Rumpf untergebracht. Das Funkerabteil befand sich direkt vor der Einstiegstür auf der rechten Rumpfseite hinter der Flächenabströmkante im Rumpf. Zwischen der Pilotenkanzel und dem Funkerabteil lag der Bombenschacht, der eine Höchstlast von 1600 kg aufnehmen konnte. Ein fahrbarer DR-Waffenturm auf dem Rumpfrücken (ab dem 21. Serienbomber ein MI-Turm) und ein MG-Gefechtsstand in der Bodenwanne vervollständigten die Abwehrbewaffnung dieser Maschine.

Im Frühling 1937 erschienen zwei Exemplare der Sonderausführung **BR.20A** als zivile Langstreckenflugzeuge. Sie hatten eine runde Flugzeugnase, keinerlei militärische Ausrüstung mehr und keine Unterbrechung in der Linienführung der Rumpfunterseite wie bei den Bombern. Diese Maschinen waren eigens zur Teilnahme an dem prestigeträchtigen Luftrennen Istres-Damaskus gebaut worden, bei dem sie allerdings nur den sechsten und siebten Platz erringen konnten. Eine weitere Zivilmaschine wurde gefertigt, die **BR.20L Santo Francesco**, und Anfang 1936 zum ersten Mal geflogen. Sie hatte eine verlängerte, strömungsgünstig geformte Nase und zusätzliche Kraftstofftanks, die es ihr ermöglichten, am 6. März 1939 nonstop von Rom nach Addis Abeba zu fliegen. Die dreiköpfige Besatzung, angeführt von Maner Lualdi, erreichte mit dieser Maschine eine Geschwindigkeit von 404 km/h im Mittel.

Als erste Einheit wurde die 13. Stormo BT mit Standort Lonate Pozzolo im Herbst 1936 mit der **BR.20** ausgerüstet. Die erste **BR.20**-Version blieb bis Februar 1940 in der Fertigung, die insgesamt 233 Bomber betrug. Ein Einzelexemplar wurde nach Venezuela verkauft, und 85 Maschinen gingen nach Japan. Die japanischen **BR.20** mit der nationalen Bezeichnung **Typ I** wurden zunächst an chinesischen Küstenstreifen stationiert und für Luftangriffe auf Städte im Inneren des Landes verwendet, die sich weiterhin in chinesischer Hand befanden. Später führten sie Bombergefechte gegen die Russen in Normanhan aus. Berichten zufolge fand die japanische Heeresluftwaffe die **BR.20** nicht sonderlich effektiv, und sobald die seit langem erwartete Mitsubishi Ki-21 (Bombertyp 97) verfügbar war, wurde die Fiat-Restflotte auf den Boden verbannt.

Ein bestimmtes Kontingent **BR.20** flog bei der italienischen Aviazione Legionaria, die die von Franco geführten Nationalisten in Spanien unterstützte. Ab Sommer 1937 nahmen sie an Tag- und Nachtangriffen an der Teruel- und der Ebro-Front teil, häufig gegen Truppen- und Fahrzeugkonzentrationen, aber auch gegen regierungstreue Städte. Neun verbliebene **BR.20** zeigten sich bei der Siegesparade der Nationalisten in Madrid-Barajas am 12. Mai 1939. Mit der Rückbeorderung des italienischen Personals in die Heimat wurden die **BR.20** den Spaniern übergeben.

Als Italien am 10. Juni 1940 in den Zweiten Weltkrieg eintrat, befand sich eine neue Version, die **BR.20M** (M für „Modificato"), seit rund sechs Monaten in der Produktion. Vom Original unterschied sie sich durch einen völlig neu konzipierten Bug und eine insgesamt glattere Silhouette. Bei Produktionsende im Frühjahr 1942 waren 264 **BR.20M** gefertigt.

***Fiat BR.20M Cicogna der 4. Squadriglia, 11. Gruppo, 13. Stormo. Die Maschine war Ende 1940 dem Corpo Aereo Italiano zugeteilt.***

**Im Ersten Weltkrieg wurde Fiat zu einem der wichtigsten Flugzeugwerke und übernahm 1926 die Societá Anonima Aeronautica Ansaldo, eine Tochter der Schiffswerft Ansaldo. Von diesem Zeitpunkt an wurde der Konstrukteursname als Teil der Flugzeugnamen üblich, wie in CR für Celestino Rosatelli.**

# Fiat BR.20 Cicogna (Fortsetzung)

Im Juni 1940 hatte die Regia Aeronautica 172 Maschinen des Typs **BR.20** im Einsatzbestand und weitere 47 Exemplare in Reserve. Die Fiat-Bomber nahmen bis zum Juni 1940 am Frankreich-Feldzug teil. Anschließend wurden die 13. und 43. Stormi mit 80 fabrikneuen **BR.20M** auf belgische Flugplätze verlegt, um als Teil des „Corpo Aereo Italiano" Deutschland in der Endphase der Luftschlacht um England zu unterstützen. Zwischen Oktober und Dezember 1940 flogen die italienischen Bomber Tag- und Nachteinsätze gegen die Häfen Harwich und Ramsgate sowie das Industriezentrum in Ipswich.

In der Folge griffen **BR.20** auch in die Feldzüge in Nordafrika, Griechenland und Jugoslawien sowie in den Kampf um Malta ein. Nach einigen Flügen wurde der **BR.20** im weiteren Verlauf des Krieges zunehmend die Fernaufklärung als Hauptaufgabe übertragen, vor allem über den Partisanengebieten des Balkans.

Bei der Unterzeichnung des Waffenstillstandsvertrages zwischen Italien und den Alliierten im September 1943 befanden sich noch 81 **BR.20** bei Einsatzverbänden in Italien, Jugoslawien, Albanien und Griechenland, aber der überwiegende Teil des Restbestands war bereits Bomberschulen zugewiesen worden. In den letzten Kriegsjahren waren nur noch sehr wenige **BR.20** als Ausbildungs- oder Transportflugzeuge flugtauglich.

***Fiat BR.20M Cicogna der 56. Squadriglia, 86. Gruppo in Castelventrano, April 1942***

***Unter der Aviazione Legionaria flog die BR.20 Einsätze im Spanischen Bürgerkrieg.***

**TECHNISCHE DATEN**
**Fiat BR.20**

**Typ:** mittlerer Bomber
**Triebwerke:** zwei 18-Zylinder-Sternmotoren Fiat A.80 RC 41 je 736 kW (1000 PS)
**Leistung:** Höchstgeschwindigkeit 432 km/h in 5000 m Höhe; Dienstgipfelhöhe 9000 m; Reichweite 3000 km
**Gewicht:** Rüstmasse 6400 kg; max. Startmasse 9900 kg
**Abmessungen:** Spannweite 21,56 m; Länge 16,10 m; Höhe 4,30 m; Tragflügelfläche 74,22 m²
**Bewaffnung:** ein 12,7-mm-Maschinengewehr und zwei 7,7-mm-MG (Prototyp und die ersten 20 Serienbomber BR.20 wiesen einen DR-Rückenturm mit 7,7-mm-Zwillings-MG anstelle des einzelnen 12,7-mm-MG im MI-Rückenturm aller späteren BR.20 und 20M auf) sowie eine Bombenlast von bis zu 1600 kg

Zu den getesteten Versuchsvarianten gehörten die **BR.20C** mit einer mächtigen 37-mm-Kanone im Bug und eine andere **BR.20** mit Bugrad-Fahrwerk.

Als letzte Version erreichte die **BR.20 bis** die Serienfertigung. Dabei handelte es sich um eine komplette Neukonstruktion mit vollverglastem Rundbug, gefälligeren Rumpfkonturen, einziehbarem Spornrad und zugespitzten Seitenflossen. Die Hauptverbesserung bestand jedoch im Antrieb und in der Abwehrbewaffnung. Zwischen März und Juli 1943 wurden 15 **BR.20bis** gefertigt, deren Einsatz allerdings nicht dokumentiert ist. Ihre Fiat-Sternmotoren A.82 RC 42 je 920 kW (1250 PS) ermöglichten diesen Bombern eine Spitzengeschwindigkeit von 460 km/h und eine Dienstgipfelhöhe von 9200 m. Im Vergleich zur **BR.20M** waren die Abmessungen geringfügig gestiegen und die höchste Startmasse auf 11.500 kg geklettert. Während die Abwehrbewaffnung mit je einem 7,7-mm-Maschinengewehr im Bug und unter dem Bauch unverändert geblieben war, konnte die **BR.20bis** zusätzlich zwei Waffen vom gleichen Kaliber an den Rumpfseiten und ein 12,7-mm-MG im Breda-Rückenturm Typ 5 einsetzen.

# Fiat CR.1

Zwei Prototyp-Jagdeinsitzer, nach dem Numerierungs-Verfahren der neugebildeten Regia Aeronautica als **MM.1** und **MM.2** bezeichnet, wurden im Jahre 1923 von Fiat konstruiert und im Flug erprobt. Diese unter der Leitung von Celestino Rosatelli entworfenen **Fiat CR** waren kompakte Doppeldecker in umgekehrter Anderthalbdecker-Konfiguration, bei denen der Unterflügel weiter gespannt war als der Oberflügel. Diese Anderthalbdecker mit W-förmigen Warren-Verstrebungen bestanden hauptsächlich aus Holz und waren mit einem herkömmlichen Achsfahrgestell ausgerüstet. Die beiden **CR**-Versuchsjäger unterschieden sich des weiteren lediglich in der Auslegung des Leitwerks, das mit rundlichem, ausgeglichenem Seitenruder versehen war, sowie in der Gehäuseform ihres leistungsfähigen Hispano-Suiza-Motors.

Die Entscheidung zur Serienfertigung für die Regia Aeronautica fiel zugunsten der **CR** aus, da sie den SIAI-Doppeldecker S.52 als nächsten Rivalen an Wendigkeit und Geschwindigkeit übertraf, obwohl dieser schneller steigen konnte. Die Serienjäger erhielten die Bezeichnung **CR.1**, doch vor der Einführung in die Truppe fand eine gründliche Fortentwicklung des Musters statt, die in die Erprobung zweier **CR.1**-Prototypen mündete. Dann setzte die Serienproduktion in drei Losen ein: Die ersten 109 Jäger fertigte Fiat, die zweite Baureihe mit 40 Exemplaren O.F.M. (später IMAM-Meridionali) in Neapel und die letzten 100 Jäger schließlich SIAI (Savoia-Marchetti).

Insgesamt 240 **CR.1** gingen an die Regia Aeronautica, wobei die ersten Maschinen im Jahre 1925 übergeben wurden. Bald waren die 76. bis 79. und die 85. bis 88. Squadriglie mit diesem Muster ausgerüstet. Diese Jäger leisteten den Militärs insgesamt einen guten und verläßlichen Dienst, auch wenn sie niemals an Gefechten teilnahmen.

In den dreißiger Jahren wurden etliche **CR.1** auf den Isotta Fraschini Asso Caccia mit 324 kW (440 PS) umgestellt. In dieser modifizierten Version waren die Maschinen recht erfolgreich, zumal sie eine deutliche Leistungssteigerung gegenüber dem Original vorwiesen. Die vom Asso Coccia angetriebenen Flugzeuge des Typs **CR.1** dienten lange Zeit bei der 163. Squadriglia auf Rhodos und wurden erst im Jahre 1936 abgezogen.

Belgien erwarb ebenfalls eine einzelne **CR.1**, doch die Luftwaffe lehnte sie zur Ausrüstung der Jagdstaffeln ab. Dessen ungeachtet nutzte die 1. Escadrille de Chasse diesen Doppeldecker. Polen testete ein weiteres Exemplar, doch Lettland blieb der einzige Exportabnehmer mit neun **CR.1** aus der Fiat-Fertigung, die eine Jagdstaffel der Marine in Leipaja ausrüsteten. Sie wurden erst 1936 ausgesondert.

Zu den getesteten Varianten der **CR.1** zählten eine Maschine, deren Fiat-Motor A.20 von zwei Lamblin-Kühlern versorgt wurde, und ein anderes Exemplar mit einem Jupiter-Sternmotor von Alfa Romeo. Ihre Bezeichnungen lauteten angeblich **CR.10** beziehungsweise **CR.5**. 1928 wurde die **CR.2** mit einem 149 kW (203 PS) starken Lynx-Motor von Armstrong Siddeley im Flug erprobt.

**TECHNISCHE DATEN**
**Fiat CR.1**
**Typ:** einsitziger Doppeldeckerjäger
**Triebwerk:** ein Acht-Zylinder-V-Motor Hispano-Suiza 42 mit 221 kW (300 PS)
**Leistung:** Höchstgeschwindigkeit 272 km/h; Steigzeit auf 5000 m 16 Minuten, 27 Sekunden; Dienstgipfelhöhe 7450 m; Flugdauer 2 Stunden, 35 Minuten
**Gewicht:** Rüstmasse 839 kg; max. Startmasse 1154 kg
**Abmessungen:** Spannweite 8,95 m; Länge 6,16 m; Höhe 2,40 m; Tragflügelfläche 23 m²
**Bewaffnung:** zwei vorwärtsfeuernde, synchronisierte Vickers 7,7-mm-Maschinengewehre

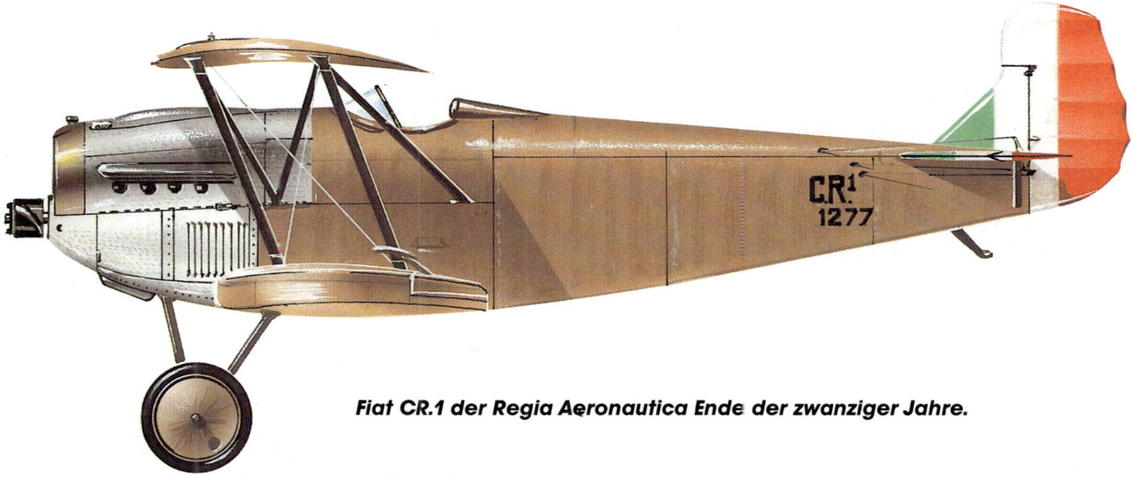

*Fiat CR.1 der Regia Aeronautica Ende der zwanziger Jahre.*

# Fiat CR.20

Für damalige Zeiten produzierte Fiat den Jagdeinsitzer **CR.20** in einer recht hohen Auflage. Dieses Muster stellte nicht nur die Ausrüstung für das berühmte Kunstflugteam der Regia Aeronautica, sondern nahm auch an der letzten Phase der italienischen Eroberung Libyens und anschließend am Feldzug gegen Kaiser Haile Selassie von Abessinien teil, den Italien 1936 siegreich beendete. Da es keinen Luftgegner gab, wurden die **CR.20** in beiden Konflikten zum Erdkampf verwendet. Ende der dreißiger Jahre beschlossen die verschiedenen Versionen der **CR.20** ihre Dienstzeit bei Ausbildungseinheiten.

Dieser klassische Doppeldecker hatte Tragflächen ungleicher Spannweite und einen sorgsam geformten Rumpf. Er war größtenteils aus Metall mit lackierter Stoffbespannung konstruiert, abgesehen vom blechbeplankten Vorderrumpf, und für den Fiat-Motor A.20 konzipiert. Vier Prototypen wurden gebaut und geflogen, von denen der erste am 19. Juni 1926 in Turin zum Erstflug startete. Beim Pariser Salon de l'Aéronautique im Herbst jenes Jahres hinterließ der neue Jäger einen guten Eindruck als eindeutiges Fiat-Produkt, wie die W-Stiele und das von Celestino Rosatelli entworfene Leitwerk zu erkennen gaben. Den Bug zeichnete ein aufgesattelter Kühler für den wassergekühlten Flugmotor aus. Der Öffentlichkeit wurde eine Bewaffnung mit vier Maschinengewehren angekündigt, aber letztendlich erhielt die **CR.20** die für die Zeit zwischen den Kriegen üblichen Zwillings-Maschinengewehre.

Die Serienfertigung begann 1927, und als 1932 die letzten Exemplare des Grundmodells fertiggestellt waren, belief sich die Gesamtzahl auf rund 250 Flugzeuge. Mit Ausnahme von 46 Seeflugzeugen mit der Bezeichnung **CR.20 Idro**, die die Konzerne Macchi und CMASA zu gleichen Teilen gebaut hatten, stammten alle **CR.20** aus dem Hause Fiat. Ihr Schwachpunkt war ein Normalfahrgestell mit Querachse und Gummifederung. Folglich erschien 1930 die **CR.20bis** mit geteiltem Fahrgestell, Öl-Luft-Federbeinen und Radbremsen. Unter den 235 **CR.20bis**, die bis 1932 von den Fiat-Werken produziert wurden, befand sich eine Reihe mit dem A.20AQ-Motor, der die Steig- und Höhenleistung verbesserte. Ihr fiel die Bezeichnung **CR.20-bisAQ** zu.

Die abschließende Serie bildete die **CR.Asso**, die die Zelle der **CR.20bis** mit dem 331 kW (450 PS) starken Isotta Fraschini Asso Caccia verband; dieser luftgekühlte Motor war in einem schnittigen Gehäuse untergebracht. Die einzige Hauptänderung des Flugwerks bestand im neuentworfenen Leitwerk mit großflächigeren Höhenflossen. Zwischen 1931 und 1933 wurden insgesamt 204 **CR.Asso** (Macchi 104 und CMASA 100) gebaut. Bei den squadriglie di caccia (Jagdstaffeln) war die **CR.Asso** äußerst beliebt, und sie nahm auch die Stelle der **CR.20bis** bei den Kunstfluggruppen ein. Die **CR.20**-Serie wurde etlichen Versuchsreihen unterzogen und diente beispielsweise als Testträger für Strömungsschlitze nach dem Vorbild von Handley Page. Zu erwähnen bleibt ferner die **CR.20B**, eine Doppelsitzervariante der **CR.20** und **CR.20bis**, die als Schul- und Verbindungsflugzeuge bei den Jagdstaffeln eingesetzt war. Es versteht sich, daß die geringe Zahl dieser Doppelsitzer in den genannten Produktionsziffern enthalten ist.

Die **CR.20**-Serie konnte sich auch im Export durchsetzen. 1928 erwarb Litauen 15 **CR.20** und Ungarn einen Jagdeinsitzer sowie einen **CR.20B**-Doppelsitzer zum heimlichen Aufbau von Luftstreitkräften. Rätselhaft bleibt das Schicksal einer einzelnen **CR.20**, die an die Sowjetunion verkauft wurde, und das von vier Maschinen, die Polen offenbar beim Jägerwettbewerb

***Mit der Fertigung der CR.20 Idro waren CMASA und Macchi betraut. Das Muster kam bei der Truppe nicht sonderlich gut an, weil das Schwimmwerk eine Reihe übler Verhaltenseigenschaften erzeugte. So verweigerte die Idro etwa am Scheitel eines Looping den Dienst.***

einsetzte, den dieses Land 1929 gemeinsam mit anderen Mächten der „Kleinen Entente" (Rumänien, Tschechoslowakei und Jugoslawien) abhielt. Nach dieser Veranstaltung hörte man jedoch nichts mehr von den polnischen **CR.20**.

1932 rüsteten 12 **CR.20bis** eine ungarische Jagdstaffel aus, die sie bis zum Eintreffen der **CR.32** im Jahre 1936 flog. Heimliche Lieferungen an Österreich umfaßten 16 **CR.20bis**, 16 **CR.20bisAQ** und vier **CR.20B**. Nach dem Anschluß Österreichs an Deutschland erhielten die wenigen der verbliebenen Maschinen Kennungen der Luftwaffe und dienten eine Zeitlang bei deutschen Jägerschulen. Ein weiterer Abnehmer der **CR.20bis** war Paraguay, das sechs solcher Jäger im Gran Chaco Krieg gegen Bolivien von 1932 bis 1935 einsetzte.

Eine überragende Stellung aber nahm die **CR.20** bei der Regia Aeronautica ein. Praktisch alle Jagdstaffeln waren jahrelang mit verschiedenen Versionen dieses Typs ausgerüstet, und die **CR.20 Idro** bildete das Rückgrat der einzigartigen Seejägerstaffeln Italiens, der Squadriglie di caccia marittime.

**TECHNISCHE DATEN**
**Fiat CR.20bis**
**Typ:** einsitziger Doppeldeckerjäger
**Triebwerk:** ein Zwölf-Zylinder-V-Motor Fiat A.20 mit 302 kW (410 PS)
**Leistung:** Höchstgeschwindigkeit 260 km/h; Dienstgipfelhöhe 8500 m; Flugdauer 2 Stunden, 30 Minuten
**Gewicht:** Rüstmasse 970 kg; max. Startmasse 1390 kg
**Abmessungen:** Spannweite 9,80 m; Länge 6,71 m; Höhe 2,79 m; Tragflügelfläche 25,50 m²
**Bewaffnung:** zwei vorwärtsfeuernde, synchronisierte Vickers 7,7-mm-Maschinengewehre

# Fiat CR.30

Rosatelli schuf mit der Fiat **CR.30** einen völlig neuen Jagdeinsitzer. Der erste von vier Prototypen **(MM.164)** flog erstmals im März 1932 mit dem berühmten Brack Papa am Steuer. Die ausgerundeten Enden des Trag- und Leitwerks, der sorgfältig verkleidete Fiat-Motor A.30 RA und das geteilte Breitspur-Fahrwerk mit „Mauke-Pantoffeln" an den Rädern unterstrichen den Gesamteindruck eines meisterlichen Entwurfs. Die **CR.30** hielt am W-Stiel fest, der das Tragwerk früherer Rosatelli-Modelle gekennzeichnet hatte. Zwei der Prototypen nahmen im Juli 1932 an der internationalen Flugveranstaltung im Juli 1932 in Zürich teil und machten von sich reden, als sie die Geschwindigkeitsdisziplin mit 340 km/h bzw. 330 km/h im Mittel für sich entschieden. Dieser Erfolg veranlaßte die Regia Aeronautica, 121 **CR.30** für die Squadriglie di Caccia zu beschaffen. Die Produktion hielt von 1932 bis 1935 an, und die letzten **CR.20** wurden 1938 von der zweiten Stormo in Libyen abgezogen.

Nach der gelungenen Umrüstung zweier Prototypen (**MM.165** und **MM.166**) zu Doppelsitzern baute man zahlreiche Einsitzer zu **CR.30B** für Schulzwecke, zur Inübunghaltung und für Verbindungsdienste. Sie füllten offenbar eine wichtige Lücke aus, denn die CANSA-Werke erhielten im Krieg den Auftrag, 20 **CR.30B** als Ersatz für zwischenzeitliche Verluste zu fertigen.

Zwei **CR.30** wurden mit Zwillingsschwimmern ausgerüstet und der Scuola d'Alta Velocità in Desenzano als **CR.30 Idro** zugewiesen.

Hauptnutzer der **CR.30** im Ausland war die ungarische Luftwaffe, die im Sommer 1936 zwei einsitzige Jäger übernahm. Es folgten ein Exemplar, das vormals zur Regia Aeronautica gehörte, und zehn zweisitzige **CR.30B** im Jahre 1938. Nach dem An-

***Die CR.30 war kein Abkömmling der CR.1, sondern ein völlig neuer Entwurf. Dies ist der erste Prototyp mit konkav geformter Nasenkante des Seitenleitwerks, geänderter Kopfstütze und neuer Windschutzscheibe.***

schluß stellte die Luftwaffe Ungarn zwei ehemals österreichische **CR.30** zur Verfügung; Österreich hatte 1936 je drei **CR.30** und **CR.30B** erworben. Zwei **CR.30** wurden 1938 nach Spanien zu den Nationalisten entsandt, aber zuvor, ab 1934, hatten sie beim 3. Luftkorps in China gedient. Paraguay erwarb im Jahre 1937 zwei Exemplare des Musters als Kunstflugtrainer. Eine aeronautische Fachkommission Italiens hinterließ Anfang 1938 Venezuela ein Einzelexemplar, als sie dieses Land besuchte. Insgesamt wurden 176 **CR.30** aller Versionen produziert.

### TECHNISCHE DATEN
**Fiat CR.30**

**Typ:** einsitziger Doppeldeckerjäger
**Triebwerk:** Zwölf-Zylinder-V-Motor Fiat A.30 RA mit 442 kW (600 PS)
**Leistung:** Höchstgeschwindigkeit 351 km/h in 3000 m Höhe; Steigzeit auf 4000 m Höhe sechs Minuten, 40 Sekunden; Dienstgipfelhöhe 8350 m; Reichweite 850 km
**Gewicht:** Rüstmasse 1345 kg; max. Startmasse 1895 kg
**Abmessungen:** Spannweite 10,50 m; Länge 7,88 m; Höhe 2,78 m; Tragflügelfläche 27,05 m$^2$
**Bewaffnung:** zwei SAFAT 7,7-mm-Maschinengewehre

# Fiat CR.32

Mit der ausgezeichneten Wendigkeit der **CR.30** war Celestino Rosatelli noch nicht zufrieden und beschloß deshalb, die Gesamtleistung des Musters zu steigern. Mit seinem Team erarbeitete er den Entwurf eines neuen Jägers, der zwar eng an die **CR.30** angelehnt, aber durchweg verfeinert war und kleinere Abmessungen aufwies. Die Manövrierfähigkeit hatte man verbessert, indem man die Belastung günstiger verteilte, hauptsächlich durch Verlegung der Kraftstofftanks. Der so konstruierte Prototyp Fiat **CR.32 (MM.201)** flog erstmals am 28. April 1933. Dieser Jäger offenbarte sofort seine Qualität, so daß der erste Serienauftrag bereits im März 1934 erteilt wurde. Nur wenig später rüstete das Muster die erste, dritte und vierte Stormo der Regia Aeronautica aus. Die Serienjäger hatten Verstellpropeller und ließen sich mit einem Funkgerät, Panoramakamera und Bombenschlössern ausstatten. Für die Regia Aeronautica wurden bis 1939 modifizierte Versionen diese Modells gebaut, die jeweils auf ein niedrigeres Gesamtfluggewicht und bessere Flugleistungen abzielten. Darüber hinaus führte man die **CR.32** häufig Interessenten im Ausland vor und sicherte sich so eine steigende Zahl bedeutender und wichtiger Exportaufträge.

***Der bedeutendste Doppeldeckerjäger der dreißiger Jahre, die CR.32, befand sich in der ersten Phase des Zweiten Weltkriegs noch immer im Einsatz. Hier inspizieren Benito Mussolini und Marschall Balbo im Juni 1940 in Libyen stationierte Kriegsflugzeuge der Regia Aeronautica. Im Vordergrund stehen CR.32-Jäger und im Hintergrund Savoia-Marchetti-Bomber/Transporter S.M.81.***

Die **CR.32** wurde intensiv zur Unterstützung der Nationalisten im Spanischen Bürgerkrieg verwendet und gewann bald den Ruf des besten Jagddoppeldeckers aller Zeiten. Mindestens 380 Jäger nahmen an verschiedenen Luftgefechten über Spanien teil und erwiesen sich als schreckliche Gegner für die sowjetischen Polikarpow-Doppeldecker I-15 und Eindecker I-16, die das Rückgrat der republikanischen Luftwaffe bildeten.

Wie die frühere **CR.30** traten auch die **CR.32** bei zahlreichen Kunstflugveranstaltungen auf, hauptsächlich in Italien. Bei jedem Besuch ausländischer Staatsmänner absolvierte die in Rom stationierte vierte Stormo eine eindrucksvolle Luftschau mit fünf oder gar zehn Maschinen in Formation. 1936 wurden Vorführungen in europäischen Haupt- und Großstädten sowie 1937 in ganz Südamerika gegeben. Die Rückkehr des Teams nach Europa gipfelte in einer brillanten Flugschau in Berlin.

Die bemerkenswerten Kunstflugeigenschaften der **CR.32** und der unstrittige Erfolg in Spanien verleiteten das italienische Luftfahrtministerium zu der Annahme, Doppeldecker seien immer noch ein geeignetes Mittel für den Luftkrieg. So kam es, daß das Konzept der aus der **CR.32** entwickelten **CR.42** aufgrund der rasanten technischen Entwicklung bereits vor dem Erstflug des Prototyps überholt war.

Die **CR.32** selbst diente bis in den Zweiten Weltkrieg hinein, und als Italien im Juni 1940 den Krieg erklärte, befanden sich weiterhin 324 **CR.32** bei den Jagdverbänden im Einsatz, obwohl sie inzwischen hoffnungslos veraltet waren. Einige wurden zu Nachtjägern umfunktioniert, während die in Libyen stationierten Einheiten Jagdbombereinsätze gegen britische Truppen flogen. Die größten Kriegserfolge errangen **CR.32** im italienischen Ostafrika, wo Flugzeuge der 410. und 411. Squadriglie etliche britische und südafrikanische Kriegsflugzeuge zerstörten, bevor sich Italien schließlich ergab.

Erstnutzer der **CR.32** aber war China, das 1933 16 Flugzeuge bestellt hatte. Diese Jäger, mit zwei Vickers Maschinengewehren bewaffnet, bewährten sich im Kampf gegen die japanischen Invasionstruppen. Gegenüber den Curtiss Hawk-Doppeldeckern, die größtenteils die Ausrüstung der chinesischen Jagdstaffeln in den Jahren 1934/36 stellten, galten die **CR.32** als grundsätzlich überlegen.

Die ungarische Luftwaffe erhielt 1935/36 insgesamt 76 **CR.32**. Diese Maschinen wurden weitgehend zur Jägerschulung verwendet, kamen aber auch zum Einsatz, als sich Ungarn im März 1939 gegen das deutsche Marionettenregime erhob.

Die Ungarn experimentierten mit einer **CR.32**, die von einem Gnome-Rhône-Sternmotor 14Mars mit 552 kW (750 PS) angetrieben wurde. So modifiziert, erreichte die Maschine die eindrucksvolle Spitzengeschwindigkeit von 420 km/h in 4000 m Höhe. Die geplante Ummotorisierung aller verfügbaren **CR.32** scheiterte jedoch daran, daß das Gnome-Rhône-Triebwerk nicht beschafft werden konnte.

Im Frühjahr 1936 bestellte Österreich 45 **CR.32bis** zur Ausrüstung des Jagdgeschwaders II in der Wiener Neustadt. Im März 1938 wurden die österreichischen Einheiten in Jagdgruppen der Luftwaffe integriert, doch kurz darauf händigte man die restlichen 36 Maschinen Ungarn aus.

Mit dem Ende des Spanischen Bürgerkriegs im Frühling 1939 überließ die Aviazione Legionaria das **CR.32**-Restkontingent Francos Spanien, verstärkt durch 60 **CR.32ter** im Jahre 1937 und durch 27 **CR.-32quater**, die Franco 1938 direkt von Italien bezog. Darüber hinaus erwarb Spanien 1938 Lizenzrechte, und bis Ende 1942 fertigte Hispano Aviacion in Sevilla 100 Jäger mit der Bezeichnung HA-132-L Chirri. Einige dieser Maschinen dienten noch bis 1953 als C.1-Kunstflugtrainer.

Die Kunstflugvorführungen in Südamerika zeitigten ebenfalls Erfolge. Paraguay bestellte 1937 10 **CR.32**, die aber nicht alle ausgeliefert wurden, und Venezuela erwarb 10 **CR.32quater**.

**Varianten**

**CR.32:** Originalversion für die Regia Aeronautica (291 Exemplare einschließlich Prototyp), Ungarn (76) und China (16)
**CR.32bis:** ab 1935 produziert; mit Vorrichtungen für zwei vorwärtsfeuernde SAFAT 7,7-mm-Maschinengewehre im Unterflügel, zusätzlich zu den beiden rumpfmontierten MGs vom Kaliber 12,7 mm oder 7,7 mm; von insgesamt 328 Exemplaren gingen 283 an die Regia Aeronautica und 45 an Österreich; wegen des Extragewichts wurde auf die beiden MGs in den Flächen häufig verzichtet
**CR.32ter:** diese Version war ausschließlich mit zwei SAFAT 12,7-mm-MG im Rumpf bewaffnet; alle 103 gebauten Jäger dienten in Spanien, davon 60 bei den Luftstreitkräften dieses Landes
**CR.32quater:** dies war die leichteste Version mit Ausnahme der ersten CR.32-Baureihe; Bewaffnung wie bei der CR.32-ter; 398 Exemplare gebaut, davon gingen 105 an die italienische Aviazione Legionaria in Spanien und 27 Exemplare nach Spanien; weitere 10 Exemplare wurden nach Venezuela, (schätzungsweise) vier nach Paraguay und alle übrigen an die Regia Aeronautica geliefert; damit belief sich die italienische Gesamtproduktion der CR.32 auf 1212 Flugzeuge
**CR.33:** Variante der CR.32 mit dem 515 kW (700 PS) starken Fiat-Sternmotor A.33 RC 35; der erste Prototyp (MM.296) flog 1935 und zwei weitere Versuchsmaschinen folgten 1937
**CR.40:** kurznasiger Prototyp (MM.202) mit dem 391 kW (532 PS) starken Bristol-Sternmotor Mercury IV; gleichzeitig mit dem Prototyp CR.32 konstruiert und 1934 im Flug erprobt; der Oberflügel war geknickt und direkt an der Rumpfoberseite befestigt, so daß der Pilot eine gute Sicht nach vorn und oben erhielt
**CR.40bis:** Prototyp (MM.275) mit der Tragflächenkonzeption der CR.40, aber einem Fiat-Sternmotor A.59R mit 515 kW (700 PS) als Antrieb; die enttäuschende Spitzengeschwindigkeit von 350 km/h ließ keine Serienfertigung zu
**CR.41:** die CR.41 war ähnlich ausgelegt wie die CR.40, mit einem 662 kW (900 PS) starken 14-Zylinder Gnome-Rhône 14Kfs als Antrieb; zur Erhaltung der Richtungsstabilität wurde ein Seitenleitwerk mit größerer Fläche eingesetzt; Höchstgeschwindigkeit 381 km/h in 5000 m; nach Tests im Zeitraum 1936/37 ließ man die CR.41 zugunsten der CR.42 fallen

### TECHNISCHE DATEN
**Fiat CR.32**

**Typ:** einsitziger Doppeldeckerjäger
**Triebwerk:** ein Zwölf-Zylinder-V-Motor Fiat A.30 RA bis mit 442 kW (600 PS)
**Leistung:** Höchstgeschwindigkeit 375 km/h in 3000 m Höhe; Dienstgipfelhöhe 8800 m; Reichweite 680 km
**Gewicht:** Rüstmasse 1325 kg; max. Startmasse 1850 kg
**Abmessungen:** Spannweite 9,50 m; Länge 7,45 m; Höhe 2,63 m; Tragflügelfläche 22,10 m$^2$
**Bewaffnung:** zwei synchronisierte Breda-SAFAT 7,7-mm-Maschinengewehre

# Fiat CR.42 bis Fiat RS.14

**Der letzte Fiat-Doppeldecker war schon, als er herauskam, absehbar obsolet. Mit dem neuen Chefkonstrukteur Giuseppe Gabrielli und seinem Jäger G.50 mit Sternmotor (woraus sich später die G.55 Centauro entwickelte) begann auch bei Fiat die Eindecker-Ära. Fiat überlebte den Zweiten Weltkrieg und wurde 1959 als Aeritalia verstaatlicht, woraus 1990 Alenia wurde.**

## Fiat CR.42

Die von Celestino Rosatelli nach Vorgaben des italienischen Luftfahrtministeriums entwickelte **Fiat CR.42 Falco** (Falke) entstand in dem Glauben, daß dem hochbeweglichen Doppeldecker nach wie vor ein fester Platz in der Luftkriegsführung zukam. Diese Auffassung war durch die Leistung von Doppeldeckerjägern in Luftkämpfen über Spanien seit 1936 bestärkt worden. So kam es am 23. Mai 1938 zum Erstflug des Prototyps eines neuen Jagddoppeldeckers. Die **CR.42** war aus der CR.32 (mit entsprechendem Tragwerk ungleicher Spannweite) und den von Sternmotoren angetriebenen Versuchsjägern CR.40 und CR.41 hervorgegangen. Die metallene Grundstruktur war mit Stoff und Aluminiumblech abgedeckt, und die Ölfederbeine und Räder des Breitspur-Fahrwerks waren strömungsgünstig verkleidet. Für den Antrieb sorgte ein Fiat-Sternmotor A.74 R1C 38 unter einer langsehnigen Haube.

Nach einer Reihe erfolgreicher Testflüge erteilte das Ministero dell' Aeronautica einen Auftrag über 200 Serienjäger, von denen die ersten im Februar 1939 das Turiner Werk verließen. Ironischerweise war der zehnte Fiat-Serienjäger G.50 in der Auslegung eines Tiefdeckers erst zwei Monate zuvor vom Band gerollt. Die Produktionszahlen des Herstellers Fiat weisen für die **CR.42** 1781 Exemplare aller Versionen aus, rund 150 Erdkampfflugzeuge für Nachteinsätze eingerechnet.

1939 bestellte Belgien 40 **CR.42**, von denen zum Zeitpunkt des deutschen Angriffs am 10. Mai 1940 24 übernommen worden waren. Sie wurden von der dritten und vierten Escadrille der Aéronautique Militaire eingesetzt, und viele gingen am Boden verloren.

Ungarn gab 68 **CR.42** in Auftrag, die 1939/40 geliefert wurden. Diese Jäger nahmen am Feldzug gegen Jugoslawien teil und unterstützten die Invasion der Sowjetunion im Sommer 1941. Am Ende desselben Jahres wurden sie aus dem Fronteinsatz entlassen.

Das neutrale Schweden übernahm die ersten fünf Maschinen einer bestellten Serie von 72 **CR.42** im Februar 1940, doch die letzten Auslieferungen wurden bis zum September 1941 hinausgezögert. In der Flygvapen diente dieser Typ mit der Bezeichnung J 11 bei der neunten Flygflottilj in Göteborg.

Zum Zeitpunkt der Kriegserklärung Italiens am 10. Juni 1940 befanden sich 272 **CR.42** bei den italienischen Jagdstaffeln im Einsatz. Flugzeuge der dritten Stormo griffen Ziele in Südfrankreich an und flogen bis zur Unterzeichnung des Waffenstillstandsabkommens mit Frankreich am 24. Juni Geleitschutz für Bomber. **CR.42** des Corpo Aereo Italiano (C.A.I.) operierten zwischen September und November 1940 von belgischen Stützpunkten aus. Ihre Beteiligung an der Luftschlacht um England war sporadisch und nicht sonderlich effektiv: Die 50 **CR.42** der 18. Gruppo erlitten so schwere Verluste, daß das gesamte italienische Luftkorps am 3. Januar 1941 in die Heimat zurückbeordert wurde. Anschließend griffen die **CR.42** in den Griechenland-Feldzug ein und kämpften über der Ägäis und in Libyen. Zwei in Ostafrika stationierte Jagdstaffeln, die 412. und die 413. Squadriglia, erhielten die **CR.42** im Mai 1940, aber es zeigte sich bald, daß auf diesem Gefechtsfeld trotz der Robustheit dieses Typs weitaus mehr Jäger benötigt wurden, sollten die Einsatzanforderungen effektiv erfüllt werden. Daher wurde eine Luftbrücke über 4000 km besetztes Gebiet errichtet, über die Savoia-Marchetti SM 82 insgesamt 51 zerlegte **CR.42** plus Triebwerke und Ersatzteile nach Ostafrika verfrachteten. Den letzten Widerstand in diesem Operationsgebiet leisteten zwei übriggebliebene **CR.42**, bis sich Ende 1941 die Italiener den Alliierten ergaben.

Bei den ersten Gefechten in Libyen erwiesen sich die **CR.42** als recht effektiv, und zwar sowohl gegenüber der RAF als auch gegenüber Erdzielen. Nach Eingreifen britischer Truppen in die Kriegshandlungen beschränkte sich der Einsatz der **CR.42** aber zunehmend auf den Erdkampf. Im Juli 1941 trafen die ersten **CR.42 AS** (Africa Settentrionale), die auf die Verwendung in Nordafrika optimiert waren, in Libyen ein. Diese Maschinen waren mit Staubfiltern und Schlössern für zwei 100-kg-Bomben ausgerüstet. Ab September 1942 stiegen die Verluste stark an, so daß im Januar 1943 nur noch 82 **CR.42** nach Italien evakuiert werden konnten. Die verbliebenen Maschinen wurden danach für Kampfeinsätze gegen Griechenland, Albanien und Jugoslawien verwendet. Andere waren auf Sizilien stationiert bzw. wurden in der Heimat in die Luftverteidigung eingebunden. Trotz anhaltender Produktion waren zum Zeitpunkt des italienischen Waffenstillstands im September 1943 nur noch 64 **CR.42** flugklar. Die Luftwaffe setzte die Fertigung dieses Musters dennoch in kleinem Maßstab fort. Rund 50 Exemplare einer Nachtstörversion erreichten deutsche Verbände, die sie von Basen in Norditalien, Jugoslawien und Österreich aus gegen die Alliierten einsetzten. Die letzten Flüge der **CR.42** im Krieg erfolgten im Mai 1945.

***Eine Fiat CR.42 Falco der Königlich Ungarischen Luftwaffe zeigt die kompakte Auslegung und die Verkleidung des Sternmotors.***

**Varianten**

**CR.42 Caccia-Bombardiere:** Umrüstmodell zur Beladung mit einer 200 kg schweren Bombenlast für den Erdkampf und mit zwei Unterflügelgehängen für 50-kg- oder 100-kg-Bomben; ab Frühjahr 1941 in Nordafrika eingesetzt

**CR.42 AS:** Jagdbomber mit tropentauglichem Vergaser, Staubfilter und Gehängen für zwei 100-kg-Bomben; ab Mai 1941 in beachtlicher Stückzahl gefertigt

**CR.42 CN:** Nachtjäger (Caccia Notturna) mit Auspuff-Flammendämpfer, Funkausrüstung und kleinen Suchscheinwerfern unter den Flächen

**CR.42 DB:** dieser erstmals im März 1941 geflogene Einzelprototyp, angetrieben von einem Daimler-Benz DB 601E mit 854 kW (1160 PS), erreichte eine Spitzengeschwindigkeit von 515 km/h

**CR.42I:** von CMASA, der auf Seeflugzeuge spezialisierten Fiat-Tochter, entwickelte CR.42 mit Schwimmwerk; wurde 1940 getestet, ging aber nicht in Serie

**CR.42 LW:** Nachtstör- und Partisanenbekämpfungsversion, die Fiat für die Luftwaffe produzierte, nachdem die italienische Luftfahrtindustrie im Norden unter die Kontrolle von Deutschland gelangt war; wie die CR.42 AS mit Bomben beladen

**CR.42 Zweisitzer:** kleine Zahl schwedischer, zu Zielschleppflugzeugen umgebauter CR.42, die den Krieg überstanden hatten; mehrere italienische CR.42 wurden zu zweisitzigen Verbindungsflugzeugen umfunktioniert, indem man hinter der Flugzeugführerkanzel ein zweites offenes Cockpit einarbeitete

**TECHNISCHE DATEN**

**Fiat CR.42**

**Typ:** einsitziger Doppeldeckerjäger
**Triebwerk:** ein 14-Zylinder-Sternmotor Fiat A.74 R1C 38 mit 618 kW (840 PS)
**Leistung:** Höchstgeschwindigkeit 430 km/h in 5000 m Höhe; Steigzeit auf 6000 m Höhe 8 Minuten, 40 Sekunden; Dienstgipfelhöhe 10.200 m; Reichweite 775 km
**Gewicht:** Rüstmasse 1782 kg; max. Startmasse 2295 kg
**Abmessungen:** Spannweite 9,70 m; Länge 8,27 m; Höhe 3,59 m; Tragflügelfläche 22,40 m²
**Bewaffnung:** zwei starre, synchronisierte Breda-SAFAT 12,7-mm-Maschinengewehre

## Fiat G.12

Der Prototyp des Musters **Fiat G.12C**, ursprünglich für die Passagierrouten der Gesellschaften Ala Littoria und Avio Linee in Auftrag gegeben, startete erstmals am 15. September 1940, als sich Italien bereits im Krieg befand. Folglich wurden die 14sitzigen **G.12C** ab 1941 direkt an die Servizi Aerei Speciali geliefert, eine militärische Organisation, die die zivile Luftfahrt auf dem verbliebenen Streckennetz koordinierte. **G.12C** bedienten die Strecken zwischen Mailand und Bukarest, Budapest und Tirana; später flogen die 605. und 606. Squadriglia sie zur Unterstützung der Feldzüge in Griechenland und Libyen. Die **G.12 Gondar** war eine Langstreckenversion, mit der die Verbindung nach Ostafrika, das durch alliiertes Kontrollgebiet von Italien abgetrennt war, aufrechterhalten werden sollte. Auf dieses Muster folgten drei Verkehrsmaschinen **G.12 GA** (Grande Autonomia), deren Reichweite durch zusätzliche Tanks vergrößert worden war. Ende 1942 und Anfang 1943 wurden Einzelexemplare der **G.12 RT** und **G.12 RT bis** gebaut, die für Verbindungsflüge zwischen Rom und Tokio vorgesehen waren und eine Reichweite von 8000 km beziehungsweise 9000 km hatten.

Die **G.12T** war die vorrangig zum Personal- und Materialtransport vorgesehene Militärversion der **G.12**. Zu ihren Aufgaben gehörten Transportflüge zwischen Italien und Nordafrika sowie die Luftverlastung von Betriebsstoffen innerhalb Libyens. Die **G.12T** konnte 22 Soldaten oder eine entsprechende Fracht befördern.

Vor dem Waffenstillstand im September 1943 hatte Fiat fünf **G.12** nach Ungarn geliefert. Nach dem Waffenstillstand flog die italienische Luftwaffe nur noch eine **G.12**, aber in Norditalien befanden sich noch etliche Maschinen dieses Musters im Einsatz, die zum größten Teil von der deutschen Luftwaffe genutzt wurden.

**G.12**, die den Krieg überstanden hatten, flog die Aeronautica Militare (Corriere Aerei Militari) im militärischen Kurierdienst. Als letzte Versionen erschienen die Verkehrsflugzeuge **G.12CA** mit Alfa Romeo-Motoren und die **G.12L** mit längerem Rumpf und Sitzplätzen für 18 Passagiere. Die **G.12LP** war mit P&W-Sternmotoren R-1830-S1C3-G und die **G.12LB** mit Bristol Pegasus 48 ausgerüstet. Als die Produktion 1949 eingestellt wurde, waren 104 **G.12** aller Versionen gefertigt worden. Den freitragenden Tiefdecker in Ganzmetallbauweise zeichnete ein schön geformter Rumpf aus, der in ein Heck mit hoher Seitenflosse mündete. Die **G.12** hatte ein einziehbares Spornrad-Fahrwerk, und den Antrieb lieferten drei Fiat-Sternmotoren. In Standardauslegung flog die **G.12** mit einer vierköpfigen Besatzung zur Beförderung von bis zu 14 Flugreisenden.

**Variante**

**Fiat G.212:** Nachkriegsentwicklung der G.12, erstmals am 19. Februar 1947 geflogen; der von der Aeronautica Militare im Dezember 1947 übernommene Prototyp war die einzige G.212CA mit A.128-Triebwerken von Alfa Romeo; je nach Inneneinrichtung bot diese Version 24, 30 oder 40 Passagieren Platz; es folgte die G.212CP mit P&W-Motoren, die „Monterosa" oder „Aeropullman" genannt wurde; 18 solche Maschinen wurden gebaut. Die Fluggesellschaft Avio Linee Italiane setzte dieses Muster auf Strecken von Rom und Mailand nach Belgien, Griechenland, in die Schweiz und in die Türkei ein; später wurden ein paar G.212 an französische Betreiber verkauft, und andere dienten der in Ägypten ansässigen Fiat-Tocher Societa Servizi Aerei Internationale d'Egitto für Pionier-Charterflüge; die Aeronautica Militare beschaffte sechs G.212CP, von denen eine zum fliegenden Konferenzsaal mit einem Abteil für vier Personen und einer Kabine für 14 Personen modifiziert wurde; die beiden zuletzt an die Aeronautica Militare gelieferten G.212 dienten ab 1951 als fliegende Klassenzimmer

***Die Fiat G.12T war die militärische Transportversion der G.12 Gondar und konnte 22 Soldaten mit kompletter Kampfausrüstung befördern. Der Erstflug fand im Mai 1941 statt. Das Muster diente den ganzen Krieg hindurch, erst bei den italienischen Luftstreitkräften und dann bei der deutschen Luftwaffe.***

**TECHNISCHE DATEN**
**Fiat G.12C**

**Typ:** 14sitziges Passagierflugzeug
**Triebwerke:** drei 14-Zylinder-Sternmotoren Fiat A.74 RC 42 je 567 kW (770 PS)
**Leistung:** Höchstgeschwindigkeit 396 km/h in 4900 m Höhe; Reisegeschwindigkeit 308 km/h in 3400 m Höhe; Dienstgipfelhöhe 8000 m; Reichweite 1740 km
**Gewicht:** Rüstmasse 8890 kg; max. Startmasse 12.800 kg
**Abmessungen:** Spannweite 28,60 m; Länge 20,16 m; Höhe 4,90 m; Tragflügelfläche 113,50 m²

# Fiat G.46

Der erste Fiat-Entwurf nach dem Zweiten Weltkrieg, die **Fiat G.46**, wurde 1946 als Übergangstrainer für fortgeschrittene Flugschüler projektiert und flog als Prototyp **G.46B** zum ersten Mal im Sommer 1947. Der freitragende Tiefdecker in Ganzmetallbauweise zog das Fahrwerk nach innen ein und nahm Lehrer und Flugschüler auf Tandemsitzen unter einer Glashaube auf. Erste Flugtests offenbarten ausgezeichnete Flugeigenschaften, die eine gute Manövrierfähigkeit und Kunstflugtauglichkeit mit einem hohen Maß an Flugsicherheit verbanden.

Die **G.46** wurde zur Serienfertigung freigegeben, und kurz darauf stellten sich Aufträge sowohl von der Aeronautica Militare als auch aus dem Ausland ein. Zu den serienmäßig produzierten Zweisitzern dieses Musters zählten die **G.46-1B** mit dem 144 kW (195 PS) starken Alfa Romeo 115bis, und die **G.46-2B**, angetrieben vom de Havilland Gipsy Queen mit 186 kW (253 PS). Die **G.46-3B** und **G.46-4B** unterschieden sich lediglich in der Ausrüstung, wurden aber beide vom 158 kW (215 PS) starken Alfa Romeo 115. angetrieben. Als Einsitzer wurden die **G.46A** mit Alfa Romeo 115. und die geringfügig verschiedenen Varianten **G.46-3A** und **G.46-4A** gebaut.

**TECHNISCHE DATEN**
**Fiat G.46-4B**

**Typ:** zweisitziges Schulflugzeug
**Triebwerk:** ein Sechs-Zylinder-Reihenmotor Alfa Romeo 115. mit 158 kW (215 PS)
**Leistung:** Höchstgeschwindigkeit 312 km/h; Dienstgipfelhöhe 6050 m; Reichweite 500 km
**Gewicht:** Rüstmasse 1100 kg; max. Startmasse 1410 kg
**Abmessungen:** Spannweite 10,40 m; Länge 8,48 m; Höhe 2,40 m; Tragflügelfläche 16 m²

***Die einsitzige Ausführung der Schulflugzeugfamilie G.46, die Fiat G.46-4A, läßt die direkte Verwandtschaft mit den Fiat-Jagdeindeckern des Zweiten Weltkriegs hervortreten. Die Produktionszeit war kurz, aber dennoch ergiebig.***

Die italienische Luftwaffe erhielt rund 150 Flugzeuge aller Versionen, von denen 70 Maschinen exportiert wurden. Die Produktion endete 1952, aber bei den militärischen Flugschulen hielten sich die **G.46** noch jahrelang, bevor sie in die Hände ziviler Luftfahrtclubs gelangten. Die Version **G.46-5B** war eine Sonderausführung zur Navigationsausbildung, die nicht über den Prototypstatus hinauskam.

# Fiat G.49

Die **Fiat G.49** wurde in zwei Versionen gebaut und war als Nachfolger für die North American T-6 Texan gedacht, mit der zahlreiche NATO-Länder Anfang der fünfziger Jahre noch die fliegerische Grundausbildung ihrer Fluganwärter bestritten. Gabrielli hatte die **G.49** als Tiefdecker mit nach innen einziehendem Fahrgestell entworfen, wobei dieses Flugzeug möglichst unkompliziert und leicht sein sollte. Bei der im September 1952 zum ersten Mal geflogenen **G.49-1** lieferte ein Alvis Leonides 502/4 Mk 24 mit 425 kW (578 PS) den Antrieb, während in die **G.49-2** ein P&W-Sternmotor R-1340 eingebaut wurde. Beide Besatzungsmitglieder flogen auf Tandemsitzen unter einer erhöhten Glashaube mit guter Rundumsicht.

**TECHNISCHE DATEN**
**Fiat G.49-2**

**Typ:** zweisitziges Anfängerschulflugzeug
**Triebwerk:** ein Neun-Zylinder-Sternmotor Pratt & Whitney R-1340-S3H1 Wasp mit 455 kW (619 PS)
**Leistung:** Höchstgeschwindigkeit 370 km/h; Reisegeschwindigkeit 196 km/h; Dienstgipfelhöhe 6800 m; Reichweite 1900 km
**Gewicht:** Rüstmasse 2240 kg; max. Startmasse 2860 kg
**Abmessungen:** Spannweite 13,00 m; Länge 9,50 m; Höhe 2,65 m; Tragflügelfläche 24,38 m²

***Für die Fluggrundausbildung bei der AMI wurde eine kleine Stückzahl G.49-2 gefertigt. Das Bild zeigt eine G.49-1 mit Leonides-Motor.***

Diesem Ganzmetall-Zweisitzer, von dem nur die Aeronautica Militare Italiens eine kleine Zahl beschaffte, war kein dauerhafter kommerzieller Erfolg beschieden.

# Fiat G.50

Die Arbeiten am Entwurf des freitragenden Tiefdeckers **Fiat G.50** wurden im April des Jahres 1935 aufgenommen. Nach umfangreichen Änderungen startete der erste von zwei Prototypen am 26. Februar 1937 zum Erstflug in Marina di Pisa. Die von Testpilot Giovanni de Briganti bereits auf seinen Testflügen konstatierte Neigung der Maschine zum Trudeln stellte sich als ein dauerhaftes technisches Problem heraus, das selbst dann noch nicht behoben worden war, als die Serienfertigung der **G.50** anlief.

Die **G.50** war bis auf die stoffbezogenen Kontrollflächen ein Ganzmetallflugzeug. Das breitspurige Hauptfahrwerk zog nach innen ein, und das starre Spornrad war stromlinienförmig verkleidet.

Die Prototypen und 45 Vorserienjäger zeichneten sich durch ein geschlossenes Cockpit mit nach hinten aufschiebbarer Haube aus, während die späteren Serienflugzeuge entweder offene oder halboffene Kanzeln aufwiesen. Außer den beiden Versuchsjägern wurden insgesamt 778 **G.50** produziert, davon 428 in den CMASA-Werken. Den Rest stellte Fiat her. Die letzten Serienjäger rollten im Frühjahr 1942 von den Fiat-Montagebändern.

Mit zwölf **G.50** wurde die Gruppo Sperimentale de Caccia aufgestellt, die zuerst noch einige Wochen in Spanien operierte, bis sich die Republikaner General Franco im Jahr 1939 ergaben. Als Italien in den Zweiten Weltkrieg eintrat, befanden sich 97 **G.50** im Dienst. Sie nahmen im Juni 1940 an Gefechten in Südfrankreich teil und flogen anschließend zwischen 1940 und 1941 von Belgien aus Kampfeinsätze gegen England. Ihre begrenzte Reichweite beeinträchtigte die Rolle der **G.50** beim C.A.I allerdings erheblich. Die mit der **G.50** ausgerüstete 24. und 154. Gruppo wurde deshalb zum Einsatz gegen Griechenland nach Albanien verlegt.

Die **G.50bis**, die am 9. September 1940 zum ersten Mal umfassend getestet wurde, führte ein größeres Tankvolumen, ein neu entworfenes Seitenleitwerk und ein seitlich verglastes Cockpit ein, um den Piloten Schutz vor dem Propellernachstrom zu bieten. Diese Version kam in Kroatien zum Einsatz, doch die meisten **G.50bis** wurden der zweiten und der 155. Gruppo in Nordafrika zugewiesen, nachdem man sie mit Staubfiltern ausgerüstet hatte.

Einige **G.50bis**, die man zu Jagdbombern umgerüstet hatte, wurden vor allem von der 50. Stormo in Nordafrika geflogen.

Anfang 1943 setzte die 24. Gruppo auf Sardinien, die 151. Gruppo in Griechenland und die 154. Gruppo in der Ägäis die **G.50 bis** ein; nach dem Waffenstillstandsabkommen zwischen Italien und den Alliierten im September 1943 waren nur noch vier **G.50** flugtauglich, die zur Ausbildung bei den Luftstreitkräften Spaniens dienten.

Von zwölf Vorserienflugzeugen für Spanien und zehn weiteren **G.50** für Kroatien abgesehen, wurden nur im Jahre 1939 noch 35 Exemplare der **G.50** nach Finnland exportiert. Für den Winterkrieg 1939/40 kamen sie zu spät, aber in der Sowjetunion wurden sie mehrfach in Kriegshandlungen involviert. Das letzte der Exemplare, die den Krieg überstanden hatten, wurde 1947 stillgelegt.

**Varianten**

**G.50, Prototypen und Vorserie:** zwei Prototypen und 45 Vorserienjäger mit geschlossener Kanzel; beide zeichnen sich durch Instabilität im Flug aus

**G.50 Serie:** modifizierte Landeklappen, geänderte Form des Seitenleitwerks und offenes Cockpit; 206 von CMASA und sechs von Fiat gebaute Jäger; 35 Maschinen nach Finnland und zehn nach Kroatien exportiert

***Das Foto zeigt die G.50 mit geschlossener Kanzel, die die italienischen Jagdpiloten nicht mochten. Die Maschine wurde im Spanischen Bürgerkrieg auf ihre Kampftauglichkeit hin überprüft.***

**G.50bis:** Seitenflosse und Ruder modifiziert; Cockpit mit seitlichen Klappscheiben aus Plexiglas; zeichnet sich durch größere Reichweite aus; 421 Exemplare wurden gebaut, davon 77 von CMASA

**G.50ter:** erstmals im Juli 1941 geflogenes Einzelexemplar mit dem neuen Fiat-Motor A.76, dessen Stärke von 736 kW (1000 PS) eine Spitzengeschwindigkeit von 530 km/h ermöglichte

**G.50V:** vom Daimler-Benz-Motor DB 601 angetriebenes Einzelexemplar, das bei der Flugerprobung im August 1941 eine Spitzengeschwindigkeit von 580 km/h erreichte

**G.50bis A/N:** Einzelprototyp einer zweisitzigen Jagdbomberversion, die zum Einsatz auf den Flugzeugträgern Aquila und Sparviero (umgebaute Handelsschiffe, von denen keines jemals fertiggestellt wurde) gedacht war; die Flugerprobung begann am 3. Oktober 1942; zur Bewaffnung mit vier 12,7-mm-Maschinengewehren und einer 250-kg-Bombe vorgesehen

**G.50B:** CMASA fertigte 100 Exemplare dieser zweisitzigen Version mit Doppelsteuer zur Jägerschulung; der zwischen 1940 und 1943 entwickelte Abkömmling der G.50 hob am 30. April 1940 zum ersten Mal vom Boden ab; Besonderheiten dieser Variante sind die langgestreckte Kabinenhaube und das hintere, offene Cockpit

**TECHNISCHE DATEN**
**Fiat G.50**

**Typ:** Jagdeinsitzer
**Triebwerk:** ein 14-Zylinder-Sternmotor Fiat A.74 RC 38 mit 618 kW (840 PS)
**Leistung:** Höchstgeschwindigkeit im Horizontalflug 472 km/h; Steigzeit auf 6000 m Höhe 7 Minuten, 30 Sekunden; Dienstgipfelhöhe 9835 m; Reichweite 670 km
**Gewicht:** Rüstmasse 1975 kg; max. Startmasse 2415 kg
**Abmessungen:** Spannweite 10,96 m; Länge 7,79 m; Höhe 2,96 m; Tragflügelfläche 18,15 m²
**Bewaffnung:** zwei synchronisierte Breda-SAFAT-12,7-mm-Maschinengewehre

# Fiat G.55

Die **Fiat G.55 Centauro (Zentaur)** war ein von Giuseppe Gabrielli entworfener Jagdeinsitzer in der Auslegung eines Ganzmetall-Tiefdeckers. Im Vergleich zum Fiat-Jagdeindecker G.50, der vor ihr in Serie ging, stellte die **G.55** eine wesentliche Verbesserung dar. Eine aerodynamisch fortschrittliche Zelle war mit einer Struktur in Einklang gebracht worden, die robust und für die Massenproduktion geeignet schien. Ein einziehbares Fahrgestell und erhöhtes Cockpit rundeten die Erscheinung der **G.55** ab. Aufgrund ihrer Schnelligkeit und Wendigkeit war dieses Modell bei den Flugzeugführern sehr beliebt.

Der erste von drei Prototypen startete am 30. April 1942; der dritte Versuchsjäger **(MM.493)** diente als Testträger für die Bewaffnung, eine im Motorgehäuse montierte Kanone und vier im Rumpf installierte Maschinengewehre. Der Jäger **MM.493** wurde ab März 1943 im Kriegseinsatz erprobt, aber zuvor hatte das italienische Luftfahrtministerium bereits die Serienfertigung der **G.55** verfügt. Bis September 1943 wurden aber nur 16 **G.55/0**-Vorserienjäger und 15 **G.55/I** der Erstserie an die Regia Aeronautica ausgeliefert; die weitere Produktion händigte man den faschistischen Luftstreitkräften aus, die Seite an Seite mit den Deutschen fochten. In dieser Zeit wurden noch 274 Exemplare gefertigt bzw. weitere 37 teilgefertigt.

Vor dem Waffenstillstand im September 1943 waren **G.55** der 353. Squadriglia zur Verteidigung Roms aufgeboten worden. Nach dem Waffenstillstand operierten hauptsächlich die in Venetia Reale stationierte Squadriglia „Montefusco" und anschließend die drei Staffeln der zweiten Gruppo Caccia Terrestre mit diesem Muster. Alle Verbände mußten schwere Verluste durch Luftangriffe hinnehmen.

**TECHNISCHE DATEN**
**Fiat G.55/I**

**Typ:** Jagdeinsitzer
**Triebwerk:** ein Zwölf-Zylinder-Reihenmotor Fiat RA 1050 RC 58 Tifone (Lizenzversion des DB 605A) mit 1085 kW (1475 PS)
**Leistung:** Höchstgeschwindigkeit 630 km/h; Steigzeit auf 6000 m Höhe 7 Minuten, 12 Sekunden; Dienstgipfelhöhe 12.700 m; Reichweite 1200 km
**Gewicht:** Rüstmasse 2630 kg; max. Startmasse 3718 kg
**Abmessungen:** Spannweite 11,85 m; Länge 9,37 m; Höhe 3,13 m; Tragflügelfläche 21,11 m²
**Bewaffnung:** eine im Motor eingebaute 20-mm-Kanone vom Typ Mauser MG 151/20, zwei weitere MGs dieser Art in den Tragflächen, zwei rumpfmontierte Breda-SAFAT-12,7-mm-MGs und Gehänge für zwei 160-kg-Bomben unter den Flächen

**Varianten**

**G.55A:** Nach dem Krieg richtete Fiat die G.55-Fertigungsstrecke wieder ein, wobei die im Krieg produzierten Baugruppen und Teile verwertet wurden; die G.55A war ein einsitziges Schulflugzeug für Jagdpiloten und Fortgeschrittene, dessen Prototyp am 5. September 1946 flog; der Unterschied zur G.55 bestand in der Instrumentierung und Bewaffnung; letztere konnte zwei flächenmontierte und zwei rumpfmontierte 12,7-mm-MGs oder zwei Hispano-Suiza-20-mm-Kanonen in den Tragflächen und zwei 12,7-mm-MGs im Rumpf umfassen; die Aeronautica Militare erhielt 19 G.55A, und 30 weitere Exemplare wurden nach Argentinien geliefert; von diesen kehrten 17 im Jahr 1948 an den Hersteller zum Weiterverkauf an Ägypten mit einer Bewaffnung von vier Breda-SAFAT 12,7-mm-MGs zurück

**G.55B:** zweisitziger Trainer für Fortgeschrittene; Erstflug fand am 12. Februar 1946 statt; zehn Maschinen nutzte die Aeronautica Militare, und weitere 15 Exemplare wurden 1948 an Argentinien verkauft

**G.56:** Weiterentwicklung der G.55 zur Aufnahme des leistungsstärkeren DB 603A; zwei Prototypen mit geringfügigen strukturellen Änderungen (unter anderem waren die Maschinengewehre im Rumpf weggelassen worden) wurden im Frühjahr 1944 gebaut; der erste Prototyp überstand den Krieg und diente Fiat danach als Testflugzeug

***Ganz oben: Die G.55/I Centauro war das Ergebnis italienischer Kunstfertigkeit im Design und deutschem Know-how auf dem Gebiet der Motortechnik.***

***Die G.56 bestand aus der Zelle der G.55/I, die mit dem DB 603A gekoppelt war. Sie war das schnellste Jagdflugzeug der Italiener im Zweiten Weltkrieg.***

# Fiat G.59

Die **Fiat G.59**, während der Projektphase als **G.55M** geführt, war in Wirklichkeit eine Neuausgabe des Kriegsjägers G.55 mit einem 1059 kW (1440 PS) starken Merlin 500/20 von Rolls-Royce als Antrieb. Der erste Prototyp entstand im wesentlichen aus einer Maschine des Typs Fiat G.55, in deren Flugwerk ein aus einer North American P-51D Mustang ausgebauter Packard-Motor eingesetzt wurde.

Die **G.59** diente vor allem zur Ausbildung Fortgeschrittener im Hochgeschwindigkeits- und Kunstflug. Das Muster wurde als Einsitzer (A) und Zweisitzer (B) für die Aeronautica Militare und zum Export nach Syrien gebaut. Eine kleiner Teil der für die Aeronautica Militare gefertigten Einsitzer wurde später ins Ausland verkauft.

**TECHNISCHE DATEN**
**Fiat G.59-4A**
**Typ:** einsitziges Schulflugzeug für Fortgeschrittene
**Triebwerk:** ein Zwölf-Zylinder-V-Motor Rolls-Royce Merlin 500/20 mit 1059 kW (1440 PS)
**Leistung:** Höchstgeschwindigkeit 593 km/h; Steigzeit auf 7000 m Höhe 8 Minuten; Dienstgipfelhöhe 11.500 m; Reichweite 1420 km
**Gewicht:** Rüstmasse 2850 kg; max. Startmasse 3460 kg
**Abmessungen:** Spannweite 11,58 m; Länge 9,47 m; Höhe 3,68 m
**Bewaffnung:** zwei oder vier Maschinengewehre

**Varianten**
**G.59-1A:** Einsitzer, der 1950 bei der Lecce-Flugschule in Dienst gestellt wurde
**G.59-1B:** Zweisitzer, 1950 bei der Lecce-Flugschule in Dienst gestellt
**G.59-2A:** Einsitzer mit vier flächenmonierten 20-mm-Kanonen und Aufhängungen für Bomben oder Zusatztanks unter den Flächen; 30 Exemplare wurden gebaut, von denen 26 an Syrien und ein Exemplar an Argentinien verkauft wurde
**G.59-2B:** Zweisitzer, der die G.59-1B auf der Fertigungsstraße ablöste; 19 Exemplare gebaut, davon vier für Syrien

***Die sowohl für Kampfeinsätze als auch für die Ausbildung geeignete G.59 profitierte in hohem Maße von der Erfahrung des Herstellers Fiat im Bau von Jagdflugzeugen. Abgebildet ist eine von 30 G.59-2A mit vier 20-mm-Kanonen in den Tragflächen. 26 Flugzeuge dieser Baureihe erwarb Syrien.***

**G.59-3A:** Einzelprototyp eines Navigationstrainers
**G.59-4A:** Einsitzer von 1951 mit blasenförmigem Kabinendach und abgeflachter Abdeckung des Hinterrumpfs; von 30 Exemplaren gingen 20 an die Aeronautica Militare
**G.59-4B:** Bezeichnung eines parallel zur G.59-4A produzierten Zweisitzers; 85 Exemplare gefertigt

# Fiat G.80 und G.82

Der erste in Italien konstruierte und wirklich vom Militär verwendete Düsenjäger war eine **Fiat G.80-1B**; der Prototyp dieses zweisitzigen Strahltrainers für Fortgeschrittene flog erstmals am 10. Dezember 1951. Nach der Werkserprobung in Turin wurde die Maschine schließlich zur Truppenerprobung nach Amendola überstellt, wo sie am 9. Mai 1952 abstürzte. Giuseppe Gabrielli vertraute seinem Entwurf aber weiterhin und konstruierte die verstärkte **G.80-2B** und die **G.80-3B**, die am 19. März 1953 geflogen wurde. Diese frühen Prototypen wurden alle von einem de Havilland Goblin-Strahltriebwerk angetrieben, aber in die verbesserte **G.82** ließ Gabrielle das schubstärkere Rolls-Royce Nene einbauen. Die erstmals am 23. Mai 1954 geflogene **G.82** unterschied sich von den **G.80** durch einen längeren Rumpf, stärker zurückgepfeilte Tragflächen und Vorrichtungen für Zusatztanks an den Flächenenden. 1955 nahm dieser Strahltrainer ohne Erfolg an einem NATO-Wettbewerb in Frankreich teil.

Später nutzte die Erprobungseinheit der Aeronautica Militare drei dieser Flugzeuge, bis sie 1959 verschrottet wurden.

**TECHNISCHE DATEN**
**Fiat G.82**
**Typ:** zweisitziger Strahltrainer für Fortgeschrittene
**Triebwerk:** ein Strahltriebwerk Rolls-Royce Nene 6/21 mit 2449 kg Schub
**Leistung:** Höchstgeschwindigkeit 910 km/h; Dienstgipfelhöhe 12.500 m; Reichweite 1150 km
**Gewicht:** Rüstmasse 4400 kg; max. Startmasse 6250 kg
**Abmessungen:** Spannweite 11,80 m; Länge 12,93 m; Höhe 4,07 m; Tragflügelfläche 26,07 m²
**Bewaffnung:** zwei vorwärtsfeuernde 12,7-mm-Maschinengewehre und Aufhängungen für Bomben oder Raketen unter den Flächen

***Nur fünf G.82 wurden gebaut und bei der Scuola Aviogetti (Düsenjägerschule) eingesetzt.***

# Fiat RS.14

Manlio Stiavelli bei CMASA in Marina di Pisa konstruierte die **Fiat RS.14 (Ricognizione Stiavelli)** als Langstrecken-Schwimmerflugzeug zur Aufklärung über See.

Der erste von zwei Prototypen **(MM.380)** absolvierte seinen Jungfernflug im Mai 1939. Der vier- bis fünfsitzige, freitragende Mitteldecker war aus Metall gebaut, und seinen Antrieb lieferten zwei Fiat-Sternmotoren A.74 RC 38. Der stromlinienförmige Rumpf mündete in ein schlankes Heck mit freitragendem Höhenleitwerk und einer hohen Seitenflosse. Auf großen Zwillingsschwimmern, deren Stützstreben sorgfältig verkleidet waren, um dem Fahrtwind möglichst geringen Widerstand zu bieten, hob sich der Rumpf aus dem Wasser. Diese Merkmale blieben bei allen 186 Serienflugzeugen erhalten, die CMASA zwischen Mai 1941 und September 1943 fertigte. Der großzügig verglaste, zugespitzte Rumpfbug gab die Zelle für einen Beobachter/Bombenschützen ab, der auch die Luftbildkamera AGR 90 im Hinterrumpf bediente. Die Station des Bordfunkers war in der Kabine hinter den beiden nebeneinander untergebrachten Flugzeugführern eingerichtet. Für den Einsatz als Bomber konnte die **RS.14** mit einer langen Bauchgondel ausgerüstet werden, die sich mit verschiedenen U-Boot-Abwehrwaffen bis zu einer Höchstlast von 400 kg beladen ließ.

**TECHNISCHE DATEN**
**Fiat RS.14**
**Typ:** Langstrecken-Schwimmerflugzeug für strategische Seeaufklärung
**Triebwerke:** zwei 14-Zylinder-Sternmotoren Fiat A.74 RC 38 je 618 kW (840 PS)
**Leistung:** Höchstgeschwindigkeit 390 km/h in 4000 m Höhe; Dienstgipfelhöhe 6300 m; Reichweite 2500 km
**Gewicht:** Rüstmasse 5470 kg; max. Startmasse 8470 kg
**Abmessungen:** Spannweite 19,54 m; Länge 14,10 m; Höhe 5,63 m; Tragflügelfläche 50 m²
**Bewaffnung:** ein 12,7-mm- und zwei 7,7-mm-Maschinengewehre und eine Bombenlast von bis zu 400 kg

Mit der **RS.14** waren vor allem die strategischen Seeaufklärungsstaffeln ausgerüstet, die auf Basen entlang der italienischen Küstenlinie und auf Sizilien und Sardinien stationiert waren. Sie erfüllten ihre Aufgaben beim Geleit von Schiffkonvois und deckten bei U-Boot-Patrouillen enorme Gebiete ab. Nach dem Waffenstillstandsabkommen von 1943 flog die mit den Alliierten verbündete italienische Luftflotte noch eine kleine Zahl dieser Schwimmerflugzeuge. Maschinen, die den Krieg überstanden hatten, bedienten Verbindungsstrecken zwischen Italien und vorgelagerten Inseln im Mittelmeer.

Eine Weiterentwicklung des Grundmodells war die **AS.14 (Assalto Stiavelli)**, ein zweimotoriges Landflugzeug mit Einziehfahrwerk. Diese für Erdkampfeinsätze vorgesehene Version sollte mit einer 37-mm-Kanone und zwei 12,7-mm-Maschinengewehren im Bug sowie zwei ähnlichen Rohrwaffen in der Rumpfwanne bewaffnet werden. Trotz der starken Bewaffnung und der schweren Panzerung erreichte die Maschine eine Spitzengeschwindigkeit von 440 km/h im Horizontalflug. Der Prototyp flog erstmals am 11. August 1943, aber zur Serienproduktion dieses Flugzeugs kam es schließlich doch nicht.

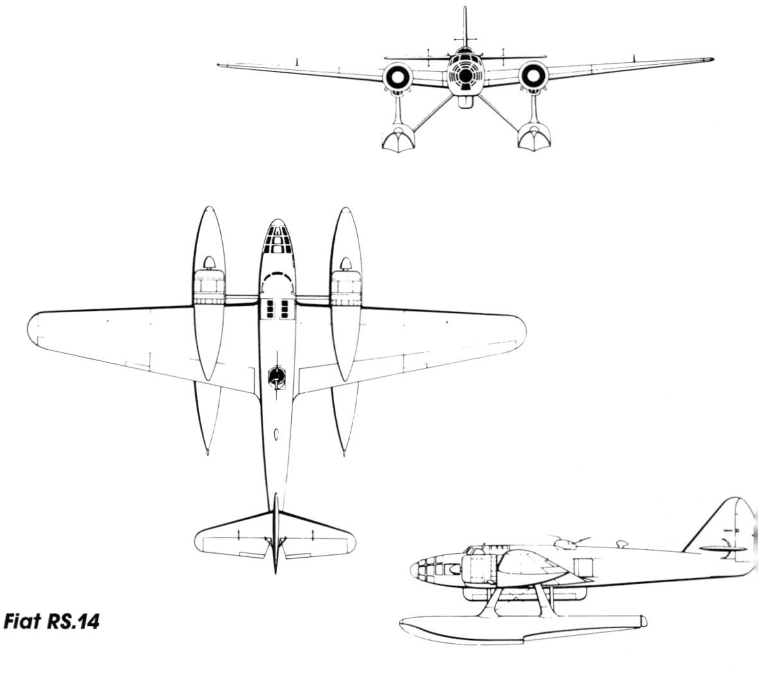

***Fiat RS.14***

# Fieseler Fi 103R Reichenberg bis Fletcher FU-24 Utility

**1930 kaufte der Kunstflieger Gerhard Fieseler die Segelflugzeugbau Kassel, um seine eigenen Flugzeuge zu bauen, zuerst als Fieseler Flugzeugbau und ab 1939 als Gerhard-Fieseler-Werke. Reuben Fleet, der Gründer der Consolidated Aircraft, gründete 1929 auch noch die Fleet Aircraft für den Bau von Flugzeugen, die Consolidated nicht bauen wollte.**

## Fieseler Fi 103R Reichenberg

Die Entwicklung der Flugbombe **Fieseler Fi 103**, besser bekannt als Vergeltungswaffe **V-1**, wurde in der Luftfahrtgeschichte hinreichend kommentiert und dokumentiert. Das kleine, unbemannte Starrflügelflugzeug hatte ein Pulso-Strahlrohr als Antrieb, das auf einem Sockel und auf dem Seitenleitwerk über dem Hinterrumpf gelagert war. Eine einfache Flugsteuerung lenkte die geflügelte Fernbombe ins Ziel, ein Anenometer-Zählpropeller kontrollierte die Reichweite, und der Gefechtskopf enthielt eine Sprengladung. Die erste **V-1** schlug in den Morgenstunden des 13. Juni 1944 im Londoner Stadtgebiet ein.

Ende 1943 waren bereits amtliche Versuche mit bemannten **V-1** im Einsatz gegen alliierte Bomberverbände durchgeführt worden. Angesichts der sich rasch verschlechternden Kriegslage gab Hitler im März 1944 grünes Licht für solch ein Projekt, und unter dem Decknamen **Reichenberg** wurden Umbauten der **V-1** mit verschiedenen Rüstsatzkennummern zur **Fi 103R** vorgenommen. Zunächst waren vier Versionen geplant: die antriebslose **Fi 103R-I** zur Grundflugerprobung, die **Fi 103R-II** und **Fi 103R-III** als zweisitzige Schulflugzeuge für Anfänger und Fortgeschrittene sowie die Einsatzversion **Fi 103R-IV**. Letztere hob sich von der **V-1** durch eine Pilotenkanzel unterhalb des Triebwerkslufteinlaufs und durch herkömmliche Steuerflächen ab. Das Einsatzkonzept sah nach dem Start der bemannten Flugbombe die Ausrichtung der **R-IV** auf das Ziel durch ihren Piloten vor, der aussteigen und am Fallschirm zur Erde zurückkehren sollte. Es wurden rund 175 Exemplare produziert, aber 1944 gab man das Vorhaben auf.

**TECHNISCHE DATEN**
**Fieseler Fi 103R-IV**
**Typ:** bemannte Flugbombe
**Triebwerk:** ein Argus-Pulso-Strahlrohr 109-014 mit 350 kg Schub
**Leistung:** Höchstgeschwindigkeit 650 km/h
**Abmessungen:** Spannweite 5,72 m; Länge 8 m

***Die Fi 103R-IV war die geplante Einsatzversion dieses Rammjägers. Bei dem Mechanismus der Haube und ihrer Position kann man sich kaum vorstellen, wie sich der Pilot hätte retten sollen.***

## Fieseler Fi 156 Storch

***Fieseler F1 156C Storch der Kurierstaffel Oberkommando Luftwaffe, im August 1942 am Don-Abschnitt der Ostfront eingesetzt. Die Kennung zeigt, daß diese Maschine zum Stab des Lehrgeschwaders 2 gehörte.***

Wegen ihrer weiten Verbreitung in Zweiten Weltkrieg war die **Fieseler Fi 156 Storch**, die ausgeprägte Eigenschaften für Kurzstarts und -landungen besaß, das bekannteste Muster dieses Herstellers. Der Hochdecker in gemischter Bauweise mit herkömmlich abgestrebtem Leitwerk und starrem Spornrad-Fahrgestell, dessen robuste Hauptbaugruppen einen extrem langen Federweg besaßen, flog erstmals Anfang 1936, angetrieben von einem Argus-Acht-Zylinder-V-Motor. Die umfassende Verglasung der Kabine gewährte der dreiköpfigen Besatzung eine ausgezeichnete Sicht. Wie schon bei der Fi 97 war der Schlüssel zum Erfolg dieses Flugzeugs das Tragwerk mit Fieseler-Auftriebshilfen in Form von starren Vorflügeln über die gesamte Spannweite, statisch ausgeglichenen Schlitz-Querrudern mit Flettner-Ruder über die halbe Spannweite und Fieseler-Rollflügeln zwischen Rumpf und Querruder.

Die Flugerprobung der ersten von drei Versuchsmaschinen (**Fi 156 V1, V2** und **V3**) zeigte, daß die Leistungswerte noch besser als erwartet waren. Bei einer leichten Brise brauchte sie nicht mehr als 60 m zum Start, und zur Landung reichte ihr ein Drittel dieser Distanz.

Auf die drei Prototypen, die zum Wettbewerb gegen Starrflügler von Messerschmitt und Siebel sowie gegen einen Autogiro von Focke-Wulf konstruiert worden waren, folgte die **Fi 156 V4** mit Schneekufen-Fahrgestell zur Wintererprobung, eine Vorserienmaschine **Fi 156 V5** und, Anfang 1937, die Nullserie **Fi 156A-0** zur Erprobung in der Truppe. Eine der letzteren Maschinen wurde Ende Juli 1937 zum ersten Mal öffentlich vorgestellt. Zu dem Zeitpunkt befand sich das Mehrzweckflugzeug **Fi 156A-1** bereits in der Serienfertigung. Die Truppenerprobung bestätigte, daß die **Storch** praktisch überall landen und starten konnte. Für den Rest des Krieges war sie dort zu Hause, wo sich deutsche Truppen im Einsatz befanden. Die Produktion aller Varianten erreichte fast die Zahl 2900.

Die besonderen Fähigkeiten der **Fi 156** wurden für einige spektakuläre Aktionen ausgeschöpft. Zu den bekanntesten gehört die Befreiung Mussolinis am 12. September 1943 aus der Haft im Berghotel am Gran-Sasso-Massiv in den Abruzzen und der Flug, bei dem Hanna Reitsch am 26. April 1945 mit General Ritter von Greim an Bord in den Ruinen Berlins landete, damit Adolf Hitler ihn zum neuen Befehlshaber der Luftwaffe ernennen konnte.

Im Krieg wurden **Fi 156** für die Luftwaffe von Morane-Saulnier in Frankreich und von Mráz in der Tschechoslowakei gebaut. Nach dem Krieg führten beide Firmen die Produktion fort, Morane-Saulnier mit der **M.S.500** und Mráz mit der **K-65 Cap**.

**TECHNISCHE DATEN**
**Fieseler Fi 156C-2**
**Typ:** zweisitziges Aufklärungs- und Heeresunterstützungsflugzeug
**Triebwerk:** ein Acht-Zylinder-V-Motor Argus As 10C-3 mit 177 kW (240 PS)
**Leistung:** Höchstgeschwindigkeit 175 km/h in Meereshöhe; wirtschaftliche Marschgeschwindigkeit 130 km/h; Dienstgipfelhöhe 4600 m; Reichweite 385 km
**Gewicht:** Leermasse 930 kg; max. Startmasse 1325 kg
**Abmessungen:** Spannweite 14,25 m; Länge 9,90 m; Höhe 3,05 m; Tragflügelfläche 26 m²
**Bewaffnung:** ein 7,92-mm-Maschinengewehr auf Drehstütze zur Abwehr nach hinten

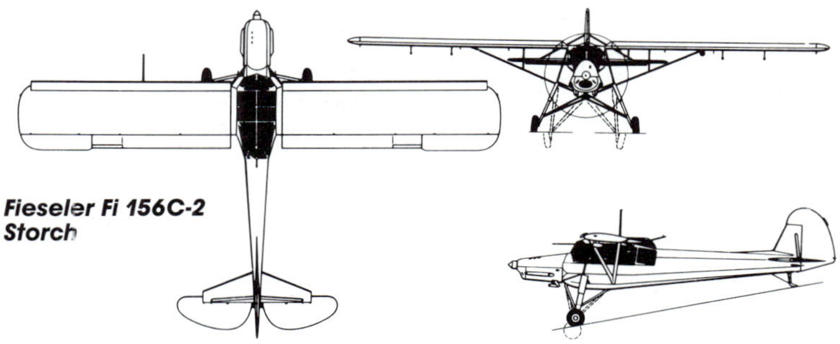

***Fieseler Fi 156C-2 Storch***

**Varianten**
**Fi 156B:** geplante Variante mit beweglichen Vorflügeln; nicht gebaut
**Fi 156C-0:** Nullserie der verbesserten Version Fi 156A-1 mit nach oben erweiterter Kabinendachverglasung, um ein nach hinten feuerndes 7,92-mm-MG einbauen zu können
**Fi 156C-1:** Verbindungs- und Stabstransportflugzeugserie
**Fi 156C-2:** Aufklärungsversion mit einer Luftbildkamera und Zweimann-Besatzung; einige Exemplare konnten einen Verwundeten auf einer Trage befördern
**Fi 156C-3:** Mehrzweckversion, darunter einige Maschinen mit verbessertem Argus-Motor As 10P
**Fi 156C-3/Trop:** tropentaugliche Ausführung der Fi 156C-3 mit motorseitigen Sand-/Staubfiltern
**Fi 156C-5:** ähnlich der C-3, aber mit Argus As 10P als Standardtriebwerk und Gehänge unter dem Rumpf für einen Abwurftank oder einen Kamerasatz
**Fi 156C-5/Trop:** tropentaugliche Version der C-5
**Fi 156D-0:** Vorserien-Sanitätsflugzeuge mit praktischerer Einrichtung für eine

Krankenliege und größerer Ladeluke; Argus As 10C als Antrieb
**Fi 156D-1:** Serienausführung der D-0 mit Argus As 10P als Standardmotor
**Fi 156E-0:** Bezeichnung von zehn Vorserienflugzeugen mit einer Art Raupenfahrwerk: Die Tandemhauptradpaare waren in ein Gummilaufpolster gefaßt; keine weitere Produktion
**Fi 256:** zwei Prototypen einer fünfsitzigen Zivilversion, im Morane-Saulnier-Werk in Puteaux 1943/44 konstruiert

# Fieseler Fi 167

Auf die Forderung nach einem zweisitzigen Aufklärungs- und Torpedojäger im schiffsgestützten Einsatz reichten sowohl Arado als auch Fieseler Angebote beim RLM ein, und beide konstruierten Versuchsmaschinen. Bei der Ende 1938 durchgeführten Erprobung zeigte sich jedoch rasch, daß die Ar 195 von Arado den Leistungsvorgaben nicht genügen konnte, während die **Fieseler Fi 167 V 1** sie sogar übertraf. Fieseler hatte eine robuste, zweistielige Doppeldeckerzelle gewählt, deren Ganzmetallkonstruktion in Teilen eine Stoffbespannung aufwies. Die Flächen konnten beigeklappt und das hochbeinige Hauptfahrgestell für Notwasserungen abgeworfen werden. Das Normalleitwerk war abgestrebt, und den Antrieb lieferte ein Daimler-Benz DB 601. Die zweiköpfige Besatzung saß hintereinander unter einem gemeinsamen langgestreckten Kabinendach, dessen Heckteil den Einsatz eines MGs auf Drehstütze erlaubte.

Wie die Fi 156 besaß auch das neue Muster bestechende Langsamflugeigenschaften. Sie wurden erreicht durch starre Vorflügel, die die gesamte Spannweite an Ober- und Unterflügel einnahmen, Querruder an beiden Tragflächen und großflächige Landeklappen am Unterflügel. Ihre Wirkung im Zusammenspiel mit dem Auftrieb des Doppeltragwerks versetzte die **Fi 167** in die Lage, sich fast senkrecht abzuseilen, ohne daß die Kontrolle über die Maschine verlorenging.

Die **Fi 167** war für den Einsatz auf dem Flugzeugträger Graf Zeppelin vorgesehen, der am 8. Dezember 1938 auf Kiel gelegt wurde. Nach Fertigstellung der zweiten Versuchsmaschine **(Fi 167 V2)** entstanden zwölf Vorserienflugzeuge **Fi 167A-0**. Sie unterschieden sich nur in Kleinigkeiten von den Prototypen, enthielten aber einige Verfeinerungen, die man bei der Truppenerprobung für notwendig erachtet hatte, wie beispielsweise ein Zweimann-Schlauchboot. Als man den Bau des Flugzeugträgers Graf Zeppelin 1940 stoppte, gab es die der **Fi 167** zugedachte Rolle nicht mehr. Als die Konstruktion des Flugzeugträgers im Juli 1942 aber wieder aufgenommen wurde, entschied man sich für die Ju 87, die alle Forderungen erfüllen konnte, und es wurden keine weiteren **Fi 167** gefertigt. Nachdem man sie für eine Versuchsreihe in den Niederlanden genutzt hatte, wurden neun **Fi 167** an Rumänien verkauft.

***Fieseler Fi 167A-0 der Erprobungsstaffel 167, 1940 bis 1942 in den Niederlanden stationiert***

**TECHNISCHE DATEN**
**Fieseler Fi 167A-0**

**Typ:** schiffsgestützter Torpedobomber/Aufklärer
**Triebwerk:** ein Zwölf-Zylinder-V-Motor Daimler-Benz 601B mit 810 kW (1100 PS)
**Leistung:** (Aufklärer) Höchstgeschwindigkeit 325 km/h; Marschgeschwindigkeit 270 km/h; Dienstgipfelhöhe 8200 m; Reichweite 1500 km
**Gewicht:** Leermasse 2800 kg; max. Startmasse 4850 kg
**Abmessungen:** Spannweite 13,50 m; Länge 11,40 m; Höhe 4,80 m; Tragflügelfläche 45,50 $m^2$
**Bewaffnung:** ein 7,92-mm-Maschinengewehr MG 17 hinter der Motorverkleidung starr auf dem Rumpfbug und ein 7,92-mm-Maschinengewehr MG 15 auf Arado-Kurbellafette im Kabinenheck plus eine Höchstlast von 1000-kg-Bomben oder einem 765-kg-Torpedo

# Fisher P-75A Eagle

Als die US Air Force im Jahre 1942 dringend einen Jagdeinsitzer mit überragender Steigleistung benötigte, unterbreitete die Fisher Body Division der General Motors Corporation einen ungewöhnlichen Vorschlag, der diesem Wunsch entgegenkam. Das Konstruktionsteam unter Don Berlin, vormals Chefkonstrukteur der Curtiss Airplane Division von Curtiss-Wright, hatte das Fisher-Body-Konzept entwickelt, das die Verwendung von Baugruppen verschiedener Flugzeugtypen, die sich bereits in der Serienfertigung befanden, in Verbindung mit dem stärksten damals verfügbaren Motor vorsah, um einen neuen Hochleistungsjäger hervorzubringen. Dieser Vorschlag wurde aufgegriffen und die Konstruktion zweier Prototypen **Fisher XP-75** genehmigt, bei denen ein neuer Rumpf und ein neues Tragflächenmittelstück mit den Außenflächen der American P-51 Mustang, dem Heck und Leitwerk einer Douglas A-24 und dem einziehbaren Spornrad-Fahrgestell einer Vought F4U zum Flugwerk zusammengefügt waren. Später entschied man sich für die Außenflächen der Curtiss P-40 und änderte den Vorschlag entsprechend um. Den Antrieb sollte ein im Rumpf hinter dem Cockpit installierter Allison V-3420-19 besorgen, dessen Leistung von 1939 kW (2637 PS) zwei gegenläufige Luftschrauben über eine Fernwelle im Bug umsetzen sollten.

**TECHNISCHE DATEN**
**Fisher P-75A Eagle**

**Typ:** einsitziger Langstrecken-Begleitjäger
**Triebwerk:** ein zweireihig stehender 24-Zylinder-V-Motor, Allison V-3420-23 mit 2151 kW (2925 PS)
**Leistung:** (annähernd) Höchstgeschwindigkeit 644 km/h; Marschgeschwindigkeit 499 km/h; Dienstgipfelhöhe 10.975 m; Reichweite mit max. Kraftstoffzuladung 4828 km
**Gewicht:** Leermasse 5214 kg; max. Startmasse 8260 kg
**Abmessungen:** Spannweite 15,04 m; Länge 12,32 m; Höhe 4,72 m; Tragflügelfläche 32,24 $m^2$
**Bewaffnung:** zehn Browning-12,7-mm-Maschinengewehre (sechs in den Tragflächen und vier im Rumpf) sowie zwei 227-kg-Bomben an Schlössern unter dem Tragflächenmittelstück

***Ein ungewöhnliches Merkmal der Fisher XP-75A war ihre starke Bewaffnung mit zehn großkalibrigen Maschinengewehren, davon vier um den Bug gruppiert. Der Mittelmotor trieb einen gegenläufigen Doppelpropeller an.***

Noch vor dem Jungfernflug des ersten Prototyps (Seriennummer 43-46950) am 17. November 1943 hatte sich die Bedarfslage geändert, und Langstrecken-Begleitjäger erhielten Vorrang vor Abfangjägern. Daraus ergab sich der neue Auftrag zum Bau von sechs Langstrecken-Versuchsjägern **XP-75A** und von 2500 Serienflugzeugen **P-75A Eagle**, falls erstere allen Anforderungen genügten. Die **XP-75A** führte eine Reihe von Änderungen ein, bedingt durch die neue Rolle und die Testergebnisse des Prototyps **XP-75**. So war die Cockpithaube neu gestaltet, das Leitwerk überarbeitet und eine andere Version des V-3420-Motors eingebaut worden. Im September 1944, als der erste Serienjäger **P-75A** zur Erprobung bereitstand, bestand aber kein Bedarf mehr an solch einem Muster. Folglich wurden nur fünf Maschinen fertiggestellt und in Versuchsprogramme einbezogen.

# Fleet 1, 2 und 7

Die Consolidated PT-3, die 1928 an das US Army Air Corps geliefert wurde, hatte eindeutig große Absatzchancen auf dem Markt für zivile Luftfahrzeuge, der nach Charles Lindberghs Alleinflug über den Atlantik im Jahre 1927 rasch expandierte. Die neue zivile Ausführung der PT-3 hieß **Consolidated Model 14**, genannt **Husky Junior**. Kurz vor der Fertigstellung des ersten Exemplars entschied Consolidated, doch nicht in den zivilen Sektor einzusteigen. Daraufhin erwarb der Geschäftsführer Major Reuben H. Fleet alle Rechte am Entwurf der Husky Junior und gründete die Firma Fleet Aircraft Inc. in Buffalo, New York, um das Muster serienmäßig zu fertigen und zu vertreiben. Rund sechs Monate später änderte sich die Grundeinstellung bei Consolidated, die nun Fleet Aircraft Inc. zur Fortführung der Produktion in den USA aufkaufte. 1930 erweiterte sie die Produktions- und Vertriebsorganisation, indem sie Fleet Aircraft of Canada Ltd. in Fort Erie, Ontario, gründete.

Den neuen Anlauf verband der Hersteller mit einem Namenswechsel, so daß aus der **Husky Junior** die **Fleet 1** wurde. Ansonsten hatte sich das Muster gegenüber dem Vorgänger kaum gewandelt. Für den Antrieb sorgte nach wie vor ein Sieben-Zylinder-Sternmotor Warner Scarab mit 82 kW (112 PS), und auch das Flugwerk war grundsätzlich gleich geblieben. Die einzige Hauptänderung betraf die Unterbringung: Das Einzelcockpit der Husky Junior (mit zwei separaten Sitzen hintereinander) war getrennten Cockpits in Tandem-Anordnung gewichen. Es folgte die grundsätzlich ähnliche **Fleet 2** mit Detailverbesserungen und dem Fünf-Zylinder-Sternmotor Kinner K5 mit einer Nennleistung von 75 kW (101 PS). Nachdem man diese Version in relativ kleiner Stückzahl produziert hatte, änderte sich die Bezeichnung in **Fleet 7**, da der stärkere Kinner-B5-Motor eingebaut wurde. In Kanada hieß diese Variante **Fleet 7B**, und die Royal Canadian Air Force teilte ihr die Dienstbezeichnung Fawn Mk I zu.

Die **Fleet 2** war die erste in Kanada produzierte Version, wobei mindestens drei im US-Werk gefertigte Rümpfe das Anlaufen der kanadischen Serienfertigung erleichterten. Wie in den USA wurden auch in Kanada bis zur Umstellung auf die **Fleet 7** nur wenige **Fleet 2** gefertigt. Vor allem in Kanada flog dieses Muster mit Schwimmer- und Schneekufen-Fahrgestell sowie verschiedenen Cockpithauben. Aufgrund ihrer robusten Konstruktion blieben mehrere restaurierte **Fleet**-Doppeldecker bis heute flugtauglich.

**Varianten**
**Fleet 3:** zwei Exemplare mit dem 123 kW (167 PS) starken Fünf-Zylinder-Sternmotor Wright J6
**Fleet 4:** ein Testflugzeug mit dem 127 kW (173 PS) starken Sechs-Zylinder-Sternmotor Curtiss Challenger
**Fleet 5:** ein Testflugzeug mit dem 67 kW (91 PS) starken Sechs-Zylinder-Doppelsternmotor Brownback C-400
**Fleet 6:** die Auslegung ist nicht genau bekannt; man nimmt jedoch an, daß es sich um eine Fleet 2 mit Trapezgerüst auf dem Oberflügel zur Ankopplung an militärische Lenkballone handelte
**Fleet 7C:** Bezeichnung der vom Sieben-Zylinder-Sternmotor Armstrong Siddeley Civet I mit 107 kW (145 PS) angetriebenen Fleet-Doppeldecker; Dienstbezeichnung bei der RCAF Fawn Mk II
**Fleet 7G:** Bezeichnung einer Fleet 7B der RCAF nach dem Einbau eines Vier-Zylinder-Reihenmotors de Havilland Gipsy III mit 89 kW (121 PS); die Maschine erhielt später den Standard 7B zurück
**XPT-6:** Bezeichnung eines Exemplars des Modells 7, das das US Army Air Corps zur Truppenerprobung erwarb; Antrieb durch Kinner K5 (R-370-1) mit 75 kW (101 PS)
**YPT-6:** Bezeichnung von zehn Flugzeugen zur weiteren Diensterprobung, die praktisch mit der XPT-6 identisch waren
**YPT-6A:** modifizierte Version des Modells 7 mit vergrößertem Cockpit, das hauptsächlich zur Erprobung durch die Truppe verwendet wurde

***Diese Fleet 7B diente bis 1947 bei der Royal Canadian Air Force. Ihre Stärke ermutigte die Piloten, das Maximum aus diesem Doppeldecker herauszuholen.***

**TECHNISCHE DATEN**
**Fleet 7/7B/Fawn Mk I**

**Typ:** zweisitziger Doppeldecker für Sport- und Übungsflug
**Triebwerk:** ein Fünf-Zylinder-Sternmotor Kinner B5 mit 93 kW (126 PS)
**Leistung:** Höchstgeschwindigkeit 185 km/h; Reisegeschwindigkeit 140 km/h; Dienstgipfelhöhe 4265 m; Reichweite 480 km
**Gewicht:** Leermasse 520 kg; max. Startmasse 790 kg
**Abmessungen:** Spannweite 8,53 m; Länge 6,55 m; Höhe 2,44 m; Tragflügelfläche 18,12 m²

# Fleet 10 und 16

Gegen Ende 1934 erhielt Consolidated, die die amerikanische Firma Fleet Aircraft Inc. aufgekauft und somit viele Kosten eingespart hatte, einen Auftrag von China für eine Reihe von Flugzeugen des Typs Fleet 7. Die Fertigung dieser Maschinen wurde an die kanadische Tochterfirma vergeben. Bis dahin hatte der Entwurf etliche Verfeinerungen erfahren, darunter ein Spornrad-Fahrgestell mit Radbremsen, ein neu entworfenes Leitwerk und ein Bündel Detailverbesserungen, die die neue Bezeichnung **Fleet 10** rechtfertigten.

Für China wurden insgesamt 36 Flugzeuge gebaut und Mitte 1935 ausgeliefert, und zwar sechs **Fleet 10A** (US-Bezeichnung **Fleet 5**) sowie 30 **Fleet 10D** (US-Modell **Fleet 10**). Darüber hinaus gingen Baugruppen, Teile und Material für den Zusammenbau weiterer 20 Flugzeuge an China. Hierbei handelte es sich überwiegend um Varianten der **Fleet 10** mit unterschiedlichen Motortypen (wie unten aufgeführt). Außer China erwarben Argentinien, die Dominikanische Republik, der Irak, Jugoslawien, Mexiko, Nicaragua, Portugal, und Venezuela Exportflugzeuge.

Nachdem die Royal Canadian Air Force eine **Fleet 10D** geprüft hatte, wurde die Firma gebeten, einen Trainer zu entwickeln, der trotz kompletter Militärausrüstung uneingeschränkt kunstflugtauglich sein sollte. So entstand die **Fleet 16**, bei der die Grundauslegung der **Fleet 10** erhalten, aber die Zelle zur Luftakrobatik verstärkt war. Zwischen 1939 und 1941 wurden mehr als 400 solcher Flugzeuge zur Verwendung durch die RCAF und innerhalb des British Commonwealth Air Training Plan als **Finch Mk I** beziehungsweise **Finch Mk II** geliefert. Nach dem Krieg kauften Interessenten auf dem zivilen Markt viele dieser ausgesonderten Militärflugzeuge auf, die größtenteils an kanadische und amerikanische Käufer gingen. Einige Maschinen sind heute noch flugtüchtig.

**TECHNISCHE DATEN**
**Fleet 16B**

**Typ:** zweisitziges Schulflugzeug
**Triebwerk:** ein Fünf-Zylinder-Sternmotor Kinner B5 mit 93 kW (126 PS)
**Leistung:** Höchstgeschwindigkeit 167 km/h; Reisegeschwindigkeit 137 km/h; Dienstgipfelhöhe 3200 m
**Gewicht:** Leermasse 509 kg; max. Startmasse 907 kg
**Abmessungen:** Spannweite 8,53 m; Länge 6,60 m; Höhe 2,36 m; Tragflügelfläche 18,06 m²

***Geschlossene Kabinen, wie sie diese Fleet Finch Mk II besitzt, erlauben auch in den Wintermonaten die Kriegsausbildung kanadischer Fluganwärter.***

**Varianten**
**Fleet 10A:** Grundversion mit 75 kW (101 PS) starkem Fünf-Zylinder-Sternmotor Kinner K5
**Fleet 10B:** wie Fleet 10A, aber mit 93 kW (126 PS) starkem Kinner-B5-Sternmotor
**Fleet 10D:** wie Fleet 10A, aber mit 119 kW (162 PS) starkem Kinner-R5-Sternmotor
**Fleet 10-32D:** wie Fleet 10D, aber mit einer um 1,22 m größeren Spannweite
**Fleet 10E:** allgemein wie Fleet 10A, aber mit Sieben-Zylinder-Sternmotor Warner Scarab, der 93 kW (126 PS) abgab
**Fleet 10F:** allgemein wie Fleet 10A, aber mit einem 108 kW (147 PS) starken Warner-Super-Scarab-Sternmotor
**Fleet 10G:** allgemein wie Fleet 10A, aber mit einem 97 kW (132 PS) starken hängenden Vier-Zylinder-V-Motor de Havilland Gipsy Major
**Fleet 16B (RCAF Finch Mk II):** strukturell verstärkte Version der Fleet 10A, angetrieben vom Kinner B5
**Fleet 16D:** wie Fleet 16B, aber mit Kinner-R5-Motor
**Fleet 16F:** allgemein wie Fleet 16B, aber mit einem Warner Super Scarab als Antrieb
**Fleet 16R (RCAF Finch Mk I):** Bezeichnung der für die RCAF gebauten Fleet 16D

# Fleet 60 Fort

Mit der Konstruktion eines neuen zweisitzigen Schulflugzeugs im Jahre 1938 gab Fleet Aircraft of Canada die Doppeldeckerauslegung auf. Der abgestrebte Tiefdecker **Fleet 60** war durchweg aus Metall gefertigt, abgesehen von einigen stoffbespannten Teilen. Das ovale Höhenleitwerk setzte hinter der großen Seitenflosse am äußersten Rumpfheck an. Das Spornrad-Fahrgestell war nicht einziehbar, und Fluglehrer und Schüler saßen in separaten Cockpits in Tandemanordnung, abgedeckt mit Einzelhauben. Zu den ungewöhnlichen Merkmalen zählten das Kabinendach des abgestuften hinteren Cockpits, das dem Lehrer die Sicht nach vorn ermöglichte, verstärkte Seitenflossen zum Schutz der Besatzung für den Fall, daß sich die Maschine bei der Landung aufs Kreuz legte, sowie einziehbare Verkleidungselemente am starren Hauptfahrwerk, die den Schüler auf den Fahrvorgang vorbereiten sollten.

**TECHNISCHE DATEN**
**Fleet 60K Fort Mk I**

**Typ:** zweisitziges Schulflugzeug (für die Zwischenphase Anfänger/Fortgeschrittener)
**Triebwerk:** ein Sieben-Zylinder-Sternmotor Jacobs L-6MB mit 246 kW (335 PS)
**Leistung:** Höchstgeschwindigkeit 261 km/h; Marschgeschwindigkeit 217 km/h; Dienstgipfelhöhe 4570 m; Reichweite 966 km
**Gewicht:** Leermasse 1148 kg; max. Startmasse 1588 kg
**Abmessungen:** Spannweite 10,97 m; Länge 8,18 m; Höhe 2,51 m; Tragflügelfläche 20,07 m²

***Dies war die letzte für die RCAF gebaute Fort. Sie wurde im Juni 1942 ausgeliefert und erhielt anschließend den Standard Mk II mit modifiziertem hinteren Cockpit für einen Bordfunkerschüler mit Blickrichtung zum Heck.***

Nach dem Erstflug am 22. März 1940 wurde der Prototyp der RCAF zur Bewertung zugeführt. Daraus ergab sich eine Bestellung von 200 Serienflugzeugen

**Fleet 60K**, denen die Dienstbezeichnung **Fort Mk I** zufiel. Die ersten beiden Maschinen wurden im Frühjahr 1941 ausgeliefert, doch inzwischen hatte die RCAF den Beschaffungsumfang um 100 Flugzeuge gekürzt. Im Frühjahr 1942 traf die 101. **Fort** (100 plus Prototyp) bei der RCAF ein, die entschied, die Fort zum Ausbildungsflugzeug für Funker umzufunktionieren. Die entsprechend ausgerüsteten Maschinen erhielten die Bezeichnung **Fort Mk II**. Bis auf ein einziges Exemplar waren 1945 alle **Fort** außer Dienst gestellt worden.

**Varianten**

**Fleet 60L:** nicht verwirklichte Version mit 168 kW (228 PS) starkem Jacobs-Sternmotor L-4MB für die Anfangsausbildung

**Fleet 60:** nichtrealisiertes Projekt mit 269 kW (366 PS) starkem Jacobs-Sternmotor L-7 zur Ausbildung Fortgeschrittener

# Fleet 80 Canuck

Das letzte von Fleet Aircraft produzierte Muster war das zweisitzige Leichtflugzeug **Fleet 80**. Es ging aus dem Prototyp **Noury N-75** hervor, den Noury Aircraft Ltd. in Stoney Creek, Ontario, 1944 konstruiert und geflogen hatte. Fleet Aircraft erwarb sämtliche Rechte am Entwurf, und am 26. September 1945 hob der Prototyp in modifizierter Vorserienform vom Boden ab. Das Unternehmen hatte nur wenige Änderungen vornehmen müssen, von denen die wichtigste die Einführung eines neuen Seitenleitwerks/Ruders war. In dieser Ausführung erhielt der Typ, der mit Rad-, Schwimmer- und Schneekufen-Fahrgestell zur Verfügung stand, die Bezeichnung **Fleet 80** und den Beinamen **Canuck**. Mit der **Fleet 81** erschien eine dreisitzige Version, bei der der Gepäckraum zur Aufnahme einer dritten Person umgestaltet war.

**TECHNISCHE DATEN**
**Fleet 80 Canuck**

**Typ:** zweisitziges Sport- und Reiseflugzeug
**Triebwerk:** ein Vier-Zylinder-Boxermotor Continental C85-12J mit 63 kW (85 PS)
**Leistung:** Höchstgeschwindigkeit 180 km/h in 915 m Höhe; wirtschaftliche Reisegeschwindigkeit 130 km/h in 915 m Höhe; Dienstgipfelhöhe 3660 m; Reichweite 480 km
**Gewicht:** Leermasse 390 kg; max. Startmasse 645 kg
**Abmessungen:** Spannweite 10,35 m; Länge 6,83 m; Höhe 2,16 m; Tragflügelfläche 16,12 $m^2$

Es wurde jedoch nur ein Exemplar dieses Typs fertiggestellt.

Das **Modell 80**, das äußerlich der Piper Cub oder Taylorcraft Tandem ähnelte, erreichte eine ansehnliche Auflage, einschließlich exportierter Flugzeuge, die nach Argentinien, Brasilien, Portugal und in die USA gingen. Gravierende finanzielle Probleme zwangen Fleet zum Verkauf der Entwurfs- und Produktionsrechte an Leavens Brothers in Toronto, die weitere 26 **Canuck** fertigten.

***Die Fleet 80 Canuck war eines der erfolgreichsten Leichtflugzeuge Kanadas und führte dennoch zum Konkurs des Herstellers. Das Muster konnte auch als Schwimmerflugzeug betrieben werden; man beachte die Drahtverbindung zwischen dem Seitenruder und den Wasserrudern am Schwimmerheck.***

# Fleetwings Modell 23/BT-12

Beim Überfall der Japaner auf Pearl Harbor im Dezember 1941 war die US Army Air Force für einen Großkrieg schlecht gerüstet. Der Sofortbedarf an immer mehr Flugzeugen führte dazu, daß sich Branchenneulinge in den Produktionsprozeß einschalteten, die neuartige Werkstoffe verwendeten. Zu diesen Herstellern gehörte Fleetwings, und da die Firma auf die Produktion von rostfreiem Stahlblech spezialisiert war, bestand die Zelle ihres Trainers zur fliegerischen Grundausbildung, des **Fleetwings Model 23**, weitgehend aus diesem Material. Die USAAF bestellte einen Prototyp mit der Bezeichnung **XBT-12**. **Modell 23** war als freitragender Tiefdekker mit Normalleitwerk, starrem Spornrad-Fahrwerk und einem Pratt & Whitney Wasp Junior als Antrieb ausgelegt. Fluglehrer und Schüler saßen in getrennten Cockpits mit kompletter Doppelsteuerung unter einer langgestreckten Einzelhaube. Nach der Prüfung des **XBT-12**-Prototyps erging ein Auftrag über 200 Serienflugzeuge. Nach 24 gelieferten Exemplaren wurde der Restauftrag gestrichen.

**TECHNISCHE DATEN**
**Fleetwings Modell 23/BT-12**

**Typ:** zweisitziges Militärflugzeug zur Schulung von Anfängern
**Triebwerk:** ein Neun-Zylinder-Sternmotor Pratt & Whitney R-985-AN-1 Wasp Junior mit 336 kW (457 PS)
**Leistung:** Höchstgeschwindigkeit 314 km/h; Marschgeschwindigkeit 282 km/h; Dienstgipfelhöhe 7255 m; Reichweite 885 km
**Gewicht:** Leermasse 1439 kg; max. Startmasse 2000 kg
**Abmessungen:** Spannweite 12,19 m; Länge 8,89 m; Höhe 2,64 m; Tragflügelfläche 22,33 $m^2$

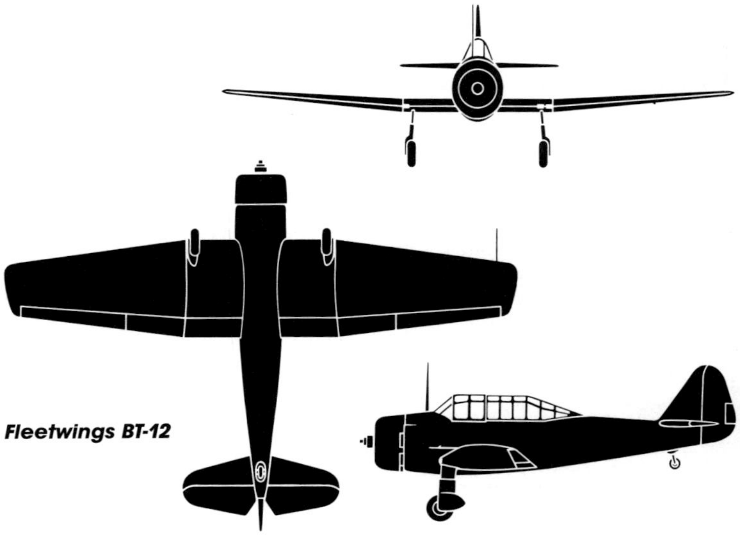

***Fleetwings BT-12***

# Fletcher FU-24 Utility

Im Juli 1954 flog der Prototyp **Fletcher FU-24**, ein einsitziges Nutzflugzeug, das der Hersteller in erster Linie für landwirtschaftliche Dienste entwickelt hatte. Der freitragende Tiefdecker in Ganzmetallbauweise besaß ein Leitwerk, dessen Höhenflossen als Ganzes beweglich waren, ein starres Dreibein-Fahrgestell und ein geschlossenes Cockpit für den Flugzeugführer. Den Antrieb der Maschine lieferte ein Sechs-Zylinder-Boxermotor Continental O-470-8 mit 168 kW (228 PS).

Die **FU-24** war der einzige richtige Erfolg dieser Firma auf luftfahrzeugtechnischem Gebiet. Ausgelöst hatte ihn eine Vereinbarung mit Air Parts Ltd. in Neuseeland zur Montage von 100 Flugzeugen, die Kopfdünger in diesem Land ausbringen sollten. Anschließend entwickelte Fletcher den Prototyp einer sechssitzigen Passagier- und Frachtversion mit der Bezeichnung **FU-24A**. 1964 verkaufte die Firma die Herstellungs- und Vertriebsrechte für die **FU-24** an das neuseeländische Unternehmen, das die Entwicklung und Produktion des Musters fortführte. Anfang 1973, als Air Parts mit Aero Engine Services Ltd. zu New Zealand Aerospace Industries Ltd. fusionierte, beschloß das Management, die Produktion der **FU-24** bestmöglich auszuweiten. Die verbesserte Version **FU-24-954** wurde daher sowohl als zweisitziges Agrar- wie als achtsitziges Nutzflugzeug angeboten. Daraus ergab sich die merkwürdige Umkehrsituation, daß die **FU-24-954** in Neuseeland gefertigt und in Form von Fertigteilen an Frontier-Aerospace Inc. in Long Beach, Kalifornien, zur Montage und zum Vertrieb in den USA als TaskMaster geliefert wurden. Frontier-Aerospace entwickelte auch eine militärische Nutzversion der **FU-24**, die **Pegasus I** genannt wurde.

Bis Mitte 1979 hatte Aerospace Industries insgesamt 272 **FU-24** produziert, einschließlich der ersten hundert Maschinen. Etwa 20 Prozent davon waren im Export an Australien, Bangladesch, Dubai, den Irak, Pakistan, Thailand, Uruguay und die USA gegangen. 1982 befand sich das Unternehmen jedoch in einer prekären Finanzlage. Es firmierte später als Pacific Aerospace Corporation neu mit der Absicht, die technische Betreuung und die Herstellung der **FU-24** fortzusetzen.

**TECHNISCHE DATEN**
**Aerospace Fletcher FU-24-954 (Agrarflugzeug)**

**Typ:** zweisitziges landwirtschaftliches Nutzflugzeug
**Triebwerk:** ein Acht-Zylinder-Boxermotor Avco Lycoming IO-720-A1A oder -A1B mit 298 kW (405 PS)
**Leistung:** Höchstgeschwindigkeit 233 km/h in Meereshöhe; Sprühfluggeschwindigkeit 167 bis 212 km/h; Dienstgipfelhöhe 4875 m; Reichweite 710 km
**Gewicht:** Rüstmasse 1188 kg; max. Startmasse 2463 kg
**Abmessungen:** Spannweite 12,80 m; Länge 9,70 m; Höhe 2,84 m; Tragflügelfläche 27,31 $m^2$

***Die zur Unterstützung der Landwirtschaft entworfene FU-24 hatte einen voluminösen Rumpf, weitgespannte Tragflächen für eine maximale Schwadenbreite und bot dem Piloten ein gutes Sichtfeld.***

# Fletcher FD-25B Defender bis Focke-Wulf Fw 187 Falke

**Die Fletcher Aviation entstand 1914 und hatte ihren größten Erfolg mit dem Mehrzweckflugzeug FU-24. Professor Heinrich Focke war an der Focke-Wulf Flugzeugbau beteiligt, die 1924 von Georg Wulf und Dr. Werner Neumann gegründet worden war, ebenso an der Focke-Achgelis-Flugzeugbau, gegründet 1937 zur Entwicklung von Drehflüglern.**

## Fletcher FD-25B Defender

Fletcher ließ sich vom Scheitern der FL-23 nicht schrecken und konstruierte den Prototyp eines leichten Erdkampfflugzeugs mit der Bezeichnung **FD-25B Defender**. Der Einsitzer in der Auslegung eines Ganzmetall-Tiefdeckers mit herkömmlichem Leitwerk, starrem Spornrad-Fahrwerk und Acryl-Vollsichthaube über dem Cockpit wurde von einem Continental-Boxermotor angetrieben. Für den Erdkampf waren zwei vorwärtsfeuernde Maschinengewehre in den Tragflächen installiert und an Trägern unter den Flächen konnten Waffen wie Bomben, Napalmbehälter und ungelenkte Raketen mit Klappleitwerk mitgeführt werden.

*Das Grundkonzept der FU-24 blieb bei der Defender erhalten, wurde aber an die Rolle eines Kleinkriegsflugzeugs angepaßt.*

**TECHNISCHE DATEN: Fletcher FD-25B Defender**

**Typ:** einsitziges Erdkampfflugzeug
**Triebwerk:** ein Sechs-Zylinder-Boxermotor Continental E225-8 mit 168 kW (228 PS)
**Leistung:** Höchstgeschwindigkeit 301 km/h in Meereshöhe; Marschgeschwindigkeit 261 km/h in Meereshöhe; Dienstgipfelhöhe 5030 m; Reichweite 1014 km
**Gewicht:** Leermasse 557 kg; max. Startmasse 1134 kg
**Abmessungen:** Spannweite 9,14 m; Länge 6,38 m; Höhe 1,91 m; Tragflügelfläche 13,94 m²
**Bewaffnung:** zwei vorwärtsfeuernde 7,62-mm-MGs und Träger unter den Flächen für zwei 151-Liter-Napalmbehälter oder zwei 113-kg-Spreng- oder Splitterbomben oder bis zu 40 ungelenkte Raketen, Kaliber 70 mm oder 127 mm mit Klappleitwerk

## Flettner Fl 265

Der Name Anton Flettner ist mit einer Reihe grundlegender Forschungsarbeiten auf dem Gebiet des Drehflüglers verbunden. Um dem Drehmoment beizukommen, das ein Rotor induziert, wenn seine Antriebsquelle direkt mit der Zelle verbunden ist, untersuchte Flettner das Konzept eines Zweiblattrotors mit je einem Kleinmotor und Zugschraube an den Blattenden. Dieser Versuchshubschrauber bestand 1932 einen Fesselflug, wurde aber kurz darauf von einer Sturmböe am Boden zerstört.

Danach baute Flettner den Tragschrauber Flettner Fl 184 mit einem frei im Fahrtwind drehenden Dreiblattrotor und dem Sternmotor Siemens-Halske Sh 14. Dieser Autogiro wurde noch vor der Erprobung zerstört. Es folgte der Flettner Fl 185, ein Autogiro/Hubschrauber-Zwitter. Der im Rumpfbug eingebaute Siemens-Halske-Sternmotor konnte zwei Verstellpropeller an Auslegern beidseitig vom Rumpf antreiben. Im Autogiro-Flug lieferten sie als Druckschrauben den Vortrieb, während der Rotor im Wind mitdrehte. Für den Hubschrauberflug koppelte man den Rotor in den Antriebsstrang ein und regelte die Ausleger-Propeller zum Ausgleich des Drehmoments so, daß einer als Zug- und der andere als Druckpropeller fungierte.

Bereits nach wenigen Erprobungsflügen des Fl 185 wandte sich Flettner 1937 der Konstruktion des verblüffend originellen Versuchshubschraubers **Fl 265 V1 (D-EFLV)** zu, der im Mai 1939 erstmals vom Boden abhob. Die Zelle ähnelte der des Fl 185, aber ohne Ausleger-Propeller. Statt dessen hatte Flettner zwei gegenläufige Zweiblatt-Hauptrotoren eingesetzt, deren Antrieb über ein gemeinsames Getriebe erfolgte. Die beiden Hubschrauben saßen auf eigenen Antriebswellen, die schräg nach außen geneigt waren, so daß die Rotoren wie die Rührstäbe eines Handmixers ineinanderkämmten. Da sie entgegengesetzt drehten, hoben sie ihr Drehmoment gegenseitig auf. Ein trimmbares Höhenleitwerk vereinfachte die Flugsteuerung, und ein großes Seitenleitwerk/Ruder unterstützte die differentielle kollektive Blattverstellung der beiden Rotoren. Nach rund drei Monaten ging diese Maschine verloren, als die gegenläufigen Rotorblätter einander berührten. Mit dem **Fl 265 V2** konnten dann jedoch Erprobungen erfolgreich abgeschlossen werden. Insgesamt sechs solcher Versuchshubschrauber waren für die Kriegsmarine gebaut, als 1940 die Serienfertigung genehmigt wurde. Da Flettner inzwischen aber einen fortschrittlicheren zweisitzigen Hubschrauber entwickelt hatte, beschloß man, diesen statt des Musters **Fl 265** fortzuentwickeln und zu produzieren.

*Dem Versuchshubschrauber Fl 265 V1 war nur eine kurze Lebensdauer beschieden, so daß der abgebildete V2 die Hauptbürde der Truppenerprobung trug. Von den Plattformen kleiner Schiffe aus wurde der Einsatz in der Ostsee und im Mittelmeer erprobt.*

**TECHNISCHE DATEN**
**Flettner Fl 265**

**Typ:** einsitziger Hubschrauber
**Triebwerk:** ein Sieben-Zylinder-Sternmotor Bramo Sh 14A mit 118 kW (160 PS)
**Leistung:** Höchstgeschwindigkeit 160 km/h
**Gewicht:** Leermasse 800 kg; max. Startmasse 1000 kg
**Abmessungen:** Durchmesser beider Rotoren 12,30 m; Rotorfläche insgesamt 237,65 m²

## Flettner Fl 282 Kolibri

Flettners verbesserter Hubschrauber war der zweisitzige **Fl 282 Kolibri**. Anfang 1940 wurden insgesamt 30 Versuchs- und 15 Vorserienhubschrauber bestellt. Grundsätzlich entsprach der Aufbau dieses Musters immer noch dem der Vorläufer, aber beim **Fl 282 Kolibri** war der Bramo Sh 14A in der Rumpfmitte unter dem Rotorsystem gelagert, um die Rumpfspitze aus Sichtgründen freizuhalten. Bei den 24 Versuchshubschraubern, die gebaut wurden, variierte die Ausführung der Kanzel von offen, über halbgeschlossen bis komplett verglast. Nicht alle diese Maschinen waren Zweisitzer, die einen Beobachter in einer Zelle hinter dem Rotorbock mit Blickrichtung zum Heck aufnehmen konnten.

1942 führte die Kriegsmarine die Erprobung des **Fl 282** durch und stellte ihm ein ausgezeichnetes Zeugnis aus. Der Typ war nicht nur äußerst manövrierfähig, sondern lag auch bei schlechten Wetterlagen stabil in der Luft. Aufgrund der erwiesenen Zuverlässigkeit befanden sich 1943 bereits 20 der 24 Versuchshubschrauber im Einsatz und boten, von Kriegsschiffen im Mit-

**TECHNISCHE DATEN**
**Flettner Fl 282 V1**

**Typ:** einsitziger Hubschrauber mit offenem Führerraum
**Triebwerk:** ein Sieben-Zylinder-Sternmotor Bramo Sh 14A mit 118 kW (160 PS)
**Leistung:** Höchstgeschwindigkeit 150 km/h in Meereshöhe; Dienstgipfelhöhe 3300 m; Reichweite 170 km
**Gewicht:** Leermasse 760 kg; max. Startmasse 1000 kg
**Abmessungen:** Durchmesser beider Rotoren 11,96 m; Rumpflänge 6,56 m; Höhe 2,20 m; Rotorkreisfläche insgesamt 224,69 m²

telmeerraum aus operierend, Schiffskonvois Schutz. Nachdem sich herausgestellt hatte, daß erfahrene Flugzeugführer den **Kolibri** auch bei schlechtestem Wetter fliegen konnten, wurde eine Serie von 1000 Hubschraubern in Auftrag gegeben. Alliierte Luftangriffe auf die BMW- und Flettner-Werke verhinderten jedoch die Produktion der Hubschrauber. Bei Kriegsende waren nur noch drei Exemplare flugbereit; alle anderen **Fl 282** hatte man vor der Erbeutung vernichtet.

***Der Fl 282 V21 (Fl 282B) konnte selbst bei starkem Seegang vom Geschützturm eines Kreuzers starten und landen. Luftangriffe der Alliierten verhinderten die Fertigung einer Großserie dieses einzigartigen Musters.***

## Focke-Achgelis Fa 223 Drache

Das Konzept der Fa 61 mit zwei gegenläufigen Rotoren, nebeneinander an Stahlrohrgerüstauslegern montiert, behielt Heinrich Focke für die sechssitzige Passagierversion Focke-Achgelis Fa 266 Hornisse bei, die die DLH in Auftrag gegeben hatte. Nachdem das Bodentest- und Fesselschwebeflugprogramm im Sommer 1940 mit einem Prototyp abgeschlossen war, fand im August jenes Jahres der erste freie Flug statt. Inzwischen hatte das Projekt militärische Bedeutung erhalten, so daß die Entwicklung unter der Bezeichnung **Fa 223 Drache** fortgeführt wurde. Das Reichsluftfahrtministerium erteilte einen Auftrag über 39 solcher Hubschrauber, um ihre Tauglichkeit für vielfältige Rollen, einschließlich Ausbildung, Transport, Rettungsdienst und U-Boot-Aufklärung, zu prüfen. Die Ausrüstung variierte mit der Rollenvorgabe, angefangen bei der Bewaffnung mit einem MG 15 und zwei 250-kg-Bomben über eine Rettungswinde und Bergungswanne oder eine Aufklärungskamera bis hin zum abwerfbaren 300-Liter-Zusatztank. Zehn der 30 Vorserienhubschrauber **Fa 223** waren im Bremer Werk fertiggestellt, als dieses zerbombt wurde. Weitere sieben Exemplare entstanden im neuen Werk Laupheim, und eine andere Fertigungsstätte (in Berlin) baute bis zum Kriegsende noch ein Einzelexemplar. Nur wenige **Fa 223** gelangten zum Truppeneinsatz und zwei Maschinen der Lufttransportstaffel 40 in Ainring, Österreich, fielen im Mai 1945 den amerikanischen Streitkräften in die Hände. Eine von beiden, von einer deutschen Besatzung geflogen, überquerte als erster Hubschrauber im September 1945 den Ärmelkanal. Das dem Airborne Forces Experimental Establishment auf dem RAF-Fliegerhorst Beaulieu zur Prüfung und Auswertung überlassene Exemplar stürzte im Oktober infolge mechanischen Versagens ab. Nach dem Krieg wurden in der Tschechoslowakei noch zwei **Fa 223** aus Baugruppen deutscher Fertigung zusammengesetzt, und Frankreich führte die Entwicklung dieses Hubschraubers mit dem Sud Est SE 3000 fort, dessen erster Vertreter am 23. Oktober 1948 zum Jungfernflug startete.

***Das plumpe Aussehen täuschte, denn der Fa 223 war ein effektiver Hubschrauber. Abgebildet ist das 2. Versuchsmuster V2. Der Typ sollte der deutschen Kriegsmarine vor allem als U-Bootabwehr- und Seenotrettungshubschrauber dienen.***

### TECHNISCHE DATEN
**Focke-Achgelis Fa 223 Drache**

**Typ:** Transport-/Rettungs-/Aufklärungshubschrauber
**Triebwerk:** ein Neun-Zylinder-Sternmotor BMW 301R mit 736 kW (1000 PS)
**Leistung:** Höchstgeschwindigkeit 175 km/h; Marschgeschwindigkeit 120 km/h; Dienstgipfelhöhe 2010 m; Reichweite mit Zusatztank 700 km
**Gewicht:** Leermasse 3175 kg; max. Startmasse 4310 kg
**Abmessungen:** Rotordurchmesser je 12 m; Spannweite über den Rotoren 24,50 m; Länge 12,25 m; Höhe 4,35 m; Rotorkreisfläche insgesamt 226,19 m²

## Focke-Wulf Fw 44 Stieglitz

Der zweisitzige Übungsdoppeldecker **Focke-Wulf A 44 (Fw 44) Stieglitz** erschien 1932 und wurde nach dem Jäger Fw 190 das meistverbreitete Muster dieses Herstellers. Der Prototyp absolvierte seinen Jungfernflug im Spätsommer 1932. Die **Stieglitz**, angetrieben von einem Siemens-Sternmotor Sh 14A mit 103 kW (140 PS), war ein einstieliger Doppeldecker mit stoffbespanntem Rumpfgerüst aus geschweißtem Stahlrohrfachwerk und aus Holz konstruiertem Tragwerk mit Stoffbespannung an der Oberseite und Sperrholzbeplankung an der Unterseite. Anfangs hatte die **Fw 44** eine Reihe unannehmbarer Flug- und Steuereigenschaften, die in einem umfassenden Testprogramm ausgemerzt wurden. Die **Stieglitz** erwies sich als überragender Kunstflug-Doppeldecker, vor allem in den Händen von Könnern wie Gerd Achgelis, Emil Kropf und Ernst Udet. So war es nicht weiter verwunderlich, daß dieses Muster Exportaufträge von Bolivien, Chile, China, der Tschechoslowakei, Finnland, Rumänien, der Schweiz und der Türkei einbrachte, und Argentinien, Österreich, Brasilien, Bulgarien und Schweden es in Lizenz fertigten. Auch für die Luftwaffe wurde die **Stieglitz** in beachtlicher Stückzahl gebaut und bis zum Ende des Zweiten Weltkriegs als Schul- und Übungsflugzeug eingesetzt. Ebenso nutzten die Deutsche Verkehrsfliegerschule und der Deutsche Luftsportverband diesen Typ vor dem Krieg.

***Die Focke-Wulf Fw 44C diente der Ausbildung ziviler und militärischer Piloten in Deutschland und in anderen Ländern. Kunstflugvorführungen deutscher Spitzenflieger ließen das Ansehen der Stieglitz immer mehr steigen.***

**Varianten**
**Fw 44B/E:** zwei weitere Versuchsmaschinen wurden mit dem 99 kW (135 PS) starken Reihenmotor Argus As 8 ausgerüstet; später erhielt die Luftwaffe eine kleine Zahl dieser Version
**Fw 44C/D/F:** Hauptbaureihen mit geringfügigen Änderungen innerhalb der Ausrüstung, doch alle mit dem Siemens Sh 14A als Antrieb
**Fw 44J:** letzte Serienversion, ebenfalls mit dem Siemens Sh 14A

### TECHNISCHE DATEN
**Focke-Wulf Fw 44C**

**Typ:** zweisitziges, kunstflugtaugliches Schul- und Übungsflugzeug
**Triebwerk:** ein Sieben-Zylinder-Sternmotor Siemens Sh 14A mit 110 kW (150 PS)
**Leistung:** Höchstgeschwindigkeit 184 km/h; Marschgeschwindigkeit 172 km/h; Dienstgipfelhöhe 3900 m; Reichweite 675 km
**Gewicht:** Leermasse 525 kg; max. Startmasse 900 kg
**Abmessungen:** Spannweite 9 m; Länge 7,30 m; Höhe 2,70 m; Tragflügelfläche 20 m²

## Focke-Wulf Fw 47

Als 1931 ein Spezialflugzeug für den Wetterflugdienst gefordert wurde, erhielt Focke-Wulf den Auftrag zum Bau der **Fw 47**. Der Prototyp **A 47** wurde im Juni 1937 fertiggestellt und von Cornelius Edzard eingeflogen. Die **A 47** war ein gestielter Hochdecker mit stoffbespanntem Stahlrohr-Gitterrumpf und Holzflächen, die ebenfalls einen Stoffüberzug hatten. Für den Antrieb sorgte ein Motor vom Typ Argus As 10 mit 162 kW (220 PS). Nachdem der Reichsverband der Deutschen Luftfahrtindustrie (Vorläufer des BDLI) die Maschine ausgiebig getestet hatte, wurde sie Ende November an die Wetterflugstelle Hamburg zur Betriebserprobung übergeben und ab Dezember im regelmäßigen

Flugbetrieb eingesetzt. Der erfolgreiche Abschluß dieses Programms führte schließlich zu Serienaufträgen für knapp zwei Dutzend Flugzeuge, die zwischen 1934 und 1936 ausgeliefert und von meteorologischen Dienststellen in ganz Deutschland genutzt wurden.

**Varianten**

**Fw 47C:** hierbei handelte es sich um die erste Serienversion mit Funkgerät, modifizierter hinterer Kabine mit Windschutzscheibe und einem Argus-Flugmotor As 10c

**Fw 47D:** mindestens elf Maschinen dieses Typs wurden zwischen Januar und April 1938 gebaut; den Antrieb lieferte ein Argus As 10e; ein Exemplar erhielt ein Schneekufen-Fahrgestell

***Die Fw 47, eigens für den meteorologischen Dienst entwickelt, hatte ein großflächiges Schirmeindecker-Tragwerk.***

**TECHNISCHE DATEN**
**Focke-Wulf Fw 47C**

**Typ:** zweisitziges Wetterflugzeug
**Triebwerk:** ein hängender Acht-Zylinder-V-Motor Argus As 10C mit 177 kW (240 PS)
**Leistung:** Höchstgeschwindigkeit 190 km/h; Dienstgipfelhöhe 5600 m; Reichweite 640 km
**Gewicht:** Leermasse 1065 kg; max. Startmasse 1580 kg
**Abmessungen:** Spannweite 17,75 m; Länge 10,55 m; Höhe 3,04 m

# Focke-Wulf Fw 56 Stößer

Die **Focke-Wulf Fw 56 Stößer** basierte auf einer Forderung nach einem Fortgeschrittenen-Übungsflugzeug, das den Argus As 10c als Antrieb erhalten sollte. Die Konstruktion gründete auf einem Rumpfgerüst aus geschweißtem Stahlrohrfachwerk mit blechbeplanktem Vorderrumpf bis zum Führersitz sowie hölzernen Tragflächen mit Sperrholzbeplankung bis zum Hinterholm, und ab dort Stoffbespannung bis zur Abströmkante. Der erste Prototyp **Fw 56a** flog im November 1933, und nachdem die Ersterprobung Fahrwerksmängel aufgedeckt hatte, erhielt die zweite Versuchsmaschine **Fw 56 V2** neue Hauptfahrwerksbaugruppen. Weitere Neuerungen bestanden in Ganzmetallflügeln und dem Fortfall der verkleideten Kopfstütze hinter dem Cockpit. Der dritte Prototyp dieser Reihe, der **Fw 56 V3**, flog erstmals im Februar 1934 und führte ein geändertes Fahrgestell ein, während die Holzflächen denen der **V1** glichen.

Im Sommer 1935 wurde die **Stößer** in Rechlin im fliegerischen Wettbewerb geprüft und der Arado Ar 76 sowie der Heinkel He 74 zur Fortgeschrittenen-Ausbildung bei der Luftwaffe vorgezogen. Ernst Udet nutzte 1935 eine Maschine dieses Typs, um Gegner seiner Sturzflugidee im RLM durch eine praktische Flugvorführung zu überzeugen. Dieses Verfahren verwendeten die Stuka-Verbände mit der Ju 87 später in höchst effektiver Weise. Ende 1936 flog Udet den zweiten Prototyp in Berlin-Johannisthal, der auf seine Veranlassung hin mit je drei 1-kg-Rauchbomben an einem Rost unter den Tragflächen ausgestattet war. Nachdem Flugkapitän Wolfgang Stein die Maschine vorgeführt hatte, ergingen Serienaufträge zur Ausrüstung der Jagd- und Sturzkampfflieger-schulen der Luftwaffe. Österreich und Ungarn bestellten die **Stößer** ebenfalls, und eine kleine Zahl ging an Privatpiloten wie Gerd Achgelis. Insgesamt wurden etwa 1000 solcher Flugzeuge produziert.

**Varianten**

**Fw 56A-0:** Bezeichnung dreier Vorserienflugzeuge mit geringfügigen Änderungen hinsichtlich Tragwerk und Motorverkleidung; das erste Exemplar war mit zwei 7,92-mm-MGs 17 in der Abdeckung des Vorderrumpfs und mit Halterungen für drei 10-kg-Übungsbomben ausgestattet; in die dritte Maschine wurde ein einzelnes MG 17 eingebaut

**Fw 56A-1:** Hauptserienversion, vorbereitet zur Einrüstung eines oder zweier MGs 17

***Eine Focke-Wulf Fw 56A-1 Stößer der Königlich Ungarischen Luftwaffe, die 18 solcher Flugzeuge zur Ausbildung ihrer Jagdpiloten einsetzte.***

**TECHNISCHE DATEN**
**Focke-Wulf Fw 56A-1**

**Typ:** einsitziges Übungsflugzeug für Fortgeschrittene
**Triebwerk:** ein hängender Acht-Zylinder-V-Motor Argus As 10C mit 177 kW (240 PS)
**Leistung:** Höchstgeschwindigkeit 278 km/h in Meereshöhe; Dienstgipfelhöhe 6200 m; Reichweite 400 km
**Gewicht:** Leermasse 695 kg; max. Startmasse 995 kg
**Abmessungen:** Spannweite 10,50 m; Länge 7,70 m; Höhe 3,55 m; Tragflügelfläche 14 m²
**Bewaffnung:** zwei 7,92-mm-MGs 17

# Focke-Wulf Fw 58 Weihe

Die **Focke-Wulf Fw 58 Weihe** diente zur Umschulung von Flugzeugführern auf mehrmotorige Muster, zur FT-, Blind- und Nachtflugschulung, zur Ausbildung von MG- und Bombenschützen sowie in Sonderausführungen als Reise-, Vermessungs-, Sanitäts- und Wasserflugzeug. Der abgestrebte Tiefdecker hatte ein Rumpfgerüst aus geschweißtem Stahlrohr, das außer der Stoffbespannung teilweise mit Blech abgedeckt war. Die Tragflächen bestanden aus Metall, und nur der Bereich hinter dem Hauptholm wies einen Stoffüberzug auf. Zwei Argus-As-10c-Motoren waren an den äußeren Enden des Tragflächenmittelstücks montiert, so daß das Fahrwerk in den hinteren Teil der Motorgondeln einziehen konnte. Der Prototyp

**TECHNISCHE DATEN**
**Focke-Wulf Fw 58B-1**

**Typ:** leichtes militärisches Mehrzweckflugzeug
**Triebwerke:** zwei hängende Acht-Zylinder-V-Motoren Argus As 10c je 177 kW (240 PS)
**Leistung:** Höchstgeschwindigkeit 270 km/h; Dienstgipfelhöhe 5600 m; Reichweite 800 km
**Gewicht:** Leermasse 2400 kg; max. Startmasse 3600 kg
**Abmessungen:** Spannweite 21 m; Länge 14 m; Höhe 3,90 m; Tragflügelfläche 47 m²
**Bewaffnung:** ein 7,92-mm-Maschinengewehr MG 15

***Focke-Wulf Fw 58B der Bomberstaffel 1/B, Bombergeschwader/Fliegerregiment 2, Österreichische Luftstreitkräfte, im Jahre 1938.***

**Fw 58 V1** flog erstmals im Sommer 1935, ausgelegt als sechssitziges Transportflugzeug. Die zweite Versuchsmaschine **Fw 58 V2** erschien mit zwei offenen MG-Gefechtsständen, einem im Bug und einem hinter der Kanzel, jeweils mit einem MG 15 bestückt. Die vierte Versuchsmaschine **Fw 58 V4** brachte eine aerodynamisch verfeinerte Zelle, bei der man den Bugwaffenstand mit einem MG 15 vollständig verglast hatte. Dies war der Vorläufer für die erste Serienversion **Fw 58B**. 1350 Flugzeuge wurden produziert.

**Varianten**

**Fw 58B-1:** Serienflugzeuge, die die Luftwaffe im Ausbildungs-, Verbindungs- und Sanitätsdienst einsetzte

**Fw 58B-2:** Version mit verglastem Bug samt MG 15 zur Ausbildung von Bordschützen; die brasilianische Fabrica de Galleao fertigte 25 Exemplare in Lizenz

**Fw 58C:** 1938 eingeführte Hauptserienversion, angetrieben vom Argus As 10C oder vom Hirth HM508D mit 2 x 191 kW (260 PS); je vier Exemplare beider Varianten wurden 1938/39 für die Deutsche Lufthansa gebaut

**F 58W:** Seeflugzeug mit zwei einstufigen Schwimmern

# Focke-Wulf Fw 61/Fa 61

Erste praktische Erfahrungen mit Drehflüglern durch den Lizenzbau der Cierva-Autogiros C.19 und C.30 regten Heinrich Focke zur Konstruktion eines eigenen Versuchshubschraubers, des **Focke-Wulf Fw 61**, an. In den Bug eines von der Fw 44 Stieglitz entlehnten Rumpfes war ein 118 kW (160 PS) starker Bramo-Sternmotor Sh 14A eingebaut, dessen Hauptfunktion darin bestand, zwei gegenläufige Dreiblatt-Rotoren an Stahlrohr-Auslegergerüsten beidseitig am Rumpf anzutreiben. Die Rotorblätter waren gelenkig gelagert, und die Steuerung wurde durch zyklische, differentielle und kollektive Änderung des Blatteinstellwinkels um die Längs-, Hoch- und Querachse erreicht. Die Nicksteuerung erfolgte primär über den Gashebel im Unterschied zum heutigen Verfahren, bei dem eine möglichst konstante Rotordrehgeschwindigkeit beibehalten und der Blattwinkel geändert wird.

Nach dem Jungfernflug am 26. Juni 1936, der nur 45 Sekunden dauerte, absolvierte die **Fw 61** ihr Erprobungsprogramm und stellte anschließend eine Reihe von Weltrekorden für Rotorflugzeuge auf. Am 25. Juni 1937 führte Ewald Rohlfs den Hubschrauber auf eine Höhe von 2440 m und blieb insgesamt 1 Stunde, 20 Minuten und 49 Sekunden in der Luft. Am nächsten Tag erhöhte er die Geschwindigkeit über eine geschlossene Bahn auf 122,55 km/h und setzte den Streckenrekord über eine geschlossene Bahn auf die Marke 80,6 km. Den wohl größten Widerhall in der Presse aber fand der Flug des **Fw 61** in der Berliner Deutschlandhalle, den Hanna Reitsch im Februar 1938 vorführte. Die Rekordleistungen und die nachgewiesene Betriebssicherheit des Hubschraubers ermutigten die Deutsche Lufthansa, die Entwicklung einer Passagierversion dieses Musters in Auftrag zu geben. Dies ergab schließlich die Fa 223 und Fa 226. Inzwischen hatte Heinrich Focke die neue Firma Focke-Achgelis & Co. GmbH gegründet, um sich auf die Konstruktion und Entwicklung von Drehflügelflugzeugen konzentrieren zu können. Dies erklärt den Bezeichnungswechsel von **Fw 61** zu **Fa 61**.

***Der Fw 61 wirkte wegen des kleinen Propellers wie ein Autogiro, doch letzterer diente nur der Zwangskühlung des Sternmotors. Die beiden gegenläufigen Rotoren wurden von einer Welle angetrieben, die in der mittleren Rumpfstrebe geführt war.***

**TECHNISCHE DATEN**

**Focke-Wulf Fw 61 (voll entwickelt)**

**Typ:** einsitziger Versuchshubschrauber
**Triebwerk:** ein Sieben-Zylinder-Sternmotor Bramo Sh14A mit 118 kW (160 PS)
**Leistung:** Höchstgeschwindigkeit 112 km/h in Meereshöhe; Reisegeschwindigkeit 100 km/h; Dienstgipfelhöhe 2620 m; Reichweite 230 km
**Gewicht:** Leermasse 800 kg; max. Startmasse 950 kg
**Abmessungen:** Rotordurchmesser je 7 m; Länge 7,30 m; Höhe 2,65 m; Rotorkreisfläche insgesamt 76,97 $m^2$

# Focke-Wulf Fw 187 Falke

Die **Focke-Wulf Fw 187 Falke** wurde 1936 vorgeschlagen und basierte auf zwei Daimler-Benz DB 600, die sich seinerzeit in der Entwicklung befanden. Das Reichsluftfahrtministerium entschloß sich zu einem Entwicklungsauftrag über drei Mustermaschinen. Mit der Konstruktionsleitung wurde Kurt Tanks Assistent Blaser beauftragt. Die **Fw 187**, die vollständig aus Metall gefertigt war, erhielt einen schlanken Rumpf und eine so klein bemessene Kanzel, daß man einen Teil der Instrumentierung auf die Innenseiten der Motorgondeln auslagern mußte.

Die vorgesehenen DB-600-Motoren waren nicht vorrätig, und das RLM hatte dem Vorhaben unter der Auflage zugestimmt, statt dessen Jumo 210 zu verwenden. Mit diesem Antrieb hob die **Fw 187 V1** gegen Ende des Frühjahrs 1937 erstmals vom Boden ab. Die Nennleistung von 2 x 500 kW (680 PS) der beiden Jumo 210 Da war zwar beträchtlich niedriger als die veranschlagte Antriebskraft mit DB 600, aber die Maschine erreichte dennoch die beachtliche Geschwindigkeit von 523 km/h statt der vorausberechneten 560 km/h mit den eigentlich vorgesehenen Triebwerken. In der ersten Erprobungsphase erfolgten einige Änderungen. So setzte man anstelle der Junkers-Hamilton-Verstellpropeller VDM-Luftschrauben ein, bestückte die Hauptfahrwerksbaugruppen mit Zwillingsreifen und baute anschließend pro Seite ein 7,92-mm-Maschinengewehr MG 17 in den Rumpf unterhalb des Cockpits ein. Die zweite Versuchsmaschine **Fw 187 V2**, die im Sommer 1937 flog, war ähnlich, abgesehen von ihren Jumo-210G-Motoren und dem in der Tiefe gekürzten Seitenruder.

Auf Udets Verlangen hin wurde die dritte Versuchsmaschine **Fw 187 V3** als Zweisitzer für Abriegelungseinsätze fertiggestellt. Dazu mußte der Rumpf in Teilen neu entworfen, die Motorträger verlängert und die Motorgehäuse neu gestaltet werden. Mit einer Kanonenbewaffnung von zwei MG FF, Kaliber 20 mm, flog die **V3** im Frühjahr 1938, gefolgt von zwei ähnlichen Maschinen im Sommer und Herbst jenes Jahres. Alle drei waren mit Landeklappen über die volle Spannweite ausgestattet. Obwohl der erste Prototyp am 14. Mai 1938 verlorenging, wurde das Programm fortgeführt und ein Paar DB 600A je 736 kW (1000 PS) an Focke-Wulf zum Einbau in die **Fw 187 V6** geliefert. Diese sechste Versuchsmaschine erreichte eine Spitzengeschwindigkeit von 636 km/h. Drei Vorserienjäger **Fw 187A-0** mit vier MGs 17 und zwei MGs FF wurden gebaut. Bis 1943 dienten sie noch bei einer Staffel des JG77 in Norwegen, um dann auf Anordnung des RLM aus dem Einsatz gezogen zu werden.

***Focke-Wulf Fw 187A-0 der Industrieschutzstaffel im Winter 1940/41.***

***Die Vorserienjäger Fw 187A-0 erhielten Luftwaffenkennungen und Tarnanstriche, obwohl sie nicht an die Truppe ausgeliefert werden durften. Man beachte die Mündungsrinnen am Rumpfbug knapp unter dem Cockpit der Maschinen.***

**TECHNISCHE DATEN**

**Focke-Wulf Fw 187A-0**

**Typ:** einsitziger Tagjäger
**Triebwerke:** zwei hängende Zwölf-Zylinder-V-Motoren Junkers Jumo 210G je 515 kW (700 PS)
**Leistung:** Höchstgeschwindigkeit 529 km/h in 1000 m Höhe; Dienstgipfelhöhe 10.000 m
**Gewicht:** Leermasse 3700 kg; max. Startmasse 5000 kg
**Abmessungen:** Spannweite 15,30 m; Länge 11,10 m; Höhe 3,85 m; Tragflügelfläche 30,40 $m^2$
**Bewaffnung:** vier 7,92-mm-Maschinengewehre MG 17 und zwei 20-mm-Kanonen MG FF

# Focke-Wulf Fw 189 Uhu bis Focke-Wulf Fw 191

**Focke-Wulf spielte eine bedeutende Rolle für die deutsche taktische Luftwaffe im Zweiten Weltkrieg, hauptsächlich mit Kurt Tank, Chefkonstrukteur seit 1931. Seiner Konstruktion entsprangen der hervorragende Mehrzweckjäger Fw 190 und der Langstreckentransporter Condor, aus dem der führende deutsche Aufklärungsbomber hervorging**

## Focke-Wulf Fw 189 Uhu

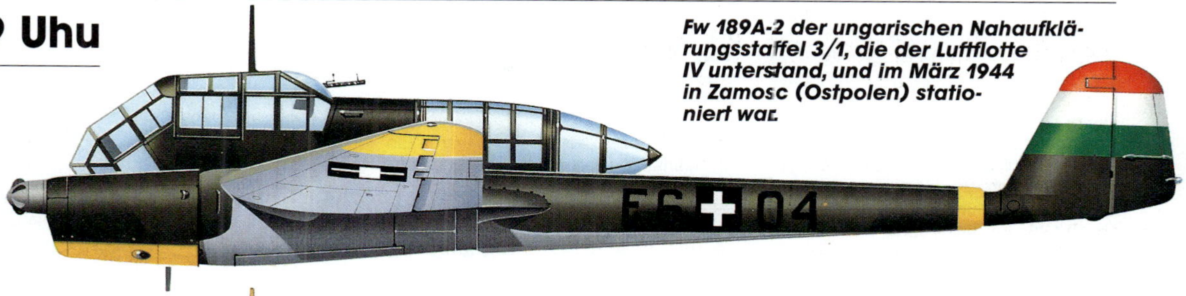


*Fw 189A-2 der ungarischen Nahaufklärungsstaffel 3/1, die der Luftflotte IV unterstand, und im März 1944 in Zamosc (Ostpolen) stationiert war.*

*Fw 189A-2 der 1.(H) Staffel, Aufklärungsgruppe 32, 1943 an der Ostfront eingesetzt.*

Im Februar 1937 gab das Reichsluftfahrtministerium die Leistungsbeschreibung für einen Nahaufklärer an die Firmen Arado, Hamburger Flugzeugbau und Focke-Wulf aus. Kurt Tank entwarf daraufhin die **Focke-Wulf Fw 189 Uhu**, eine Ganzmetall-Doppelrumpfmaschine mit umfassend verglaster Besatzungsgondel, die er zwischen den beiden Rumpfkörpern angeordnet hatte. Sie war für verschiedene Einsatzzwecke als austauschbare Baugruppe für drei Mann (Pilot, Navigator/Funker und Mechaniker/Bordschütze) konzipiert. Als Antrieb des Prototyps sollten zwei Argus-Reihenmotoren As 410 je 317 kW (430 PS) dienen. Die Konstruktion dieses Flugzeugs begann im April 1937, und im Juli 1938 führte Tank persönlich den Erstflug durch. Die zweite Versuchsmaschine **Fw 189 V2**, die im August flog, war mit je einem 7,92-mm-Maschinengewehr MG 15 in Bug-, Rücken- und Heckständen sowie zwei starren MG 17 in den Flügelwurzeln bewaffnet; hinzu kamen Gehänge unter den Flächen für je eine 50-kg-Bombe. Im September startete die unbewaffnete **Fw 189 V3**, deren Motoren automatische Argus-Zweiblatt-Verstell-Luftschrauben antrieben.

Der Entwicklungsauftrag ergab einen vierten Prototyp als Vorläufer für die Baureihe **Fw 189A**, die von zwei Argus As 410A-1 angetrieben und mit nur zwei MG 15 bewaffnet werden sollte. Die fünfte Versuchsmaschine war repräsentativ für die vorgeschlagene Ausbildungsversion **Fw 189B**. Statt der plexiverglästen Vollsichtkanzel hatte man die Besatzungsgondel im unteren Teil mit Blech verkleidet, die Sitze vertikal gestaffelt eingebaut und eine Doppelsteuerung installiert. Eine noch grundlegendere Umgestaltung erfuhr die **V1**, die sich im Frühling 1939 als **Fw 189 V1b** wieder in die Luft erhob. Die Original-Besatzungsgondel war durch eine zweisitzige Mini-Kanzel ersetzt, die auf das Tragflächenmittelstück montiert wurde und fast vollständig aus Panzermaterial bestand. Diese Variante diente als Schlachtflugzeug. Die Gesamtproduktion der **Fw 189** belief sich auf 864 Flugzeuge, die zwischen 1940 und 1943 im Prager Aero-Werk und von SNCASO in Bordeaux-Mérignac gefertigt wurden.

**Varianten**

**Fw 189A-0:** zehn Vorserienflugzeuge, 1940 in Bremen gebaut; einige Exemplare gingen an die 9.(H)/LG 2 zur Truppenerprobung

**Fw 189A-1:** erste Serienversion mit je einem schwenkbaren MG 15 in Rücken- und Heckposition, je einem MG 17 in den Flügelwurzeln und vier Bombenschlössern; führten eine Luftbildkamera Rb 20/30 oder Rb 50/30 mit; weitere Entwicklungen dieser Baureihe ergaben die wüstentaugliche Fw 189A-1/Trop sowie die Fw 189A-1/U2 und die Fw 189A-1/U3 als Reiseflugzeuge für Kesselring beziehungsweise Jeschonnek

**Fw 189A-2:** aus dem 9. Prototyp entwickelte Variante, bei der die beweglichen MG 15 durch zwei MG 81Z ersetzt worden waren; 1942 eingeführt

**Fw 189A-3:** zweisitziges Schulflugzeug mit Doppelsteuer; nur wenige Exemplare gebaut

**Fw 189A-4:** leichtes Erdkampfflugzeug, 1942 eingeführt; ausgerüstet mit 20-mm-Kanonen in den Flügelwurzeln und mit Panzerplatten im Bereich der Rumpfunterseiten, Motoren und Kraftstofftanks

**Fw 189B:** aus der 5. Versuchsmaschine entwickelt; drei Fw 189B-0 und zehn Fw 189B-1 gingen als fünfsitzige Besatzungsschulflugzeuge den Fw 189A voraus; einige nutzte die 9.(H)LS 2 im Frühjahr und Sommer 1940 zur Umschulung und Einweisung

**Fw 189C:** Schlachtflugzeugversion, auf der modifizierten V1 und V6 basierend; die Entwicklung wurde zugunsten der Henschel Hs 129 eingestellt

**Fw 189D:** Zwillingsschwimmer-Übungsversion; die Entwicklungsmaschine V7 wurde als Fw 189B-0 fertiggestellt

**Fw 189E:** vorgeschlagene Version mit zwei Gnome-Rhône 14M-Sternmotoren je 515 kW (700 PS); eine in Frankreich gebaute und nach Zeichnungen von SNCASO in Chatillon-sur-Seine modifizierte Fw 189A-1 diente als Versuchsträger, stürzte aber beim Überführungsflug nach Deutschland zur Abnahmeprüfung in der Nähe von Nancy ab

**Fw 189F:** in den Baureihen Fw 189F-1 und Fw 189F-2 produziert; erstere war im Grunde eine ummotorisierte Ausgabe der Fw 189A-2, während letztere als Neuerung ein elektrisch betätigtes Fahrwerk, eine erhöhte Kraftstoffkapazität und einen erweiterten Panzerschutz einführte; beide Varianten hatten Argus-Motoren As 411MA-1 mit je 423 kW (575 PS)

***Die Uhu übertraf im Einsatz alle Erwartungen und war wegen ihrer Wendigkeit und Rundumsicht bei den Besatzungen sehr beliebt.***

**TECHNISCHE DATEN**

**Focke-Wulf Fw 189A-1**

**Typ:** zweisitziger Nahaufklärer

**Triebwerke:** zwei hängende Zwölf-Zylinder-V-Motoren Argus As 410A-1 je 342 kW (465 PS)

**Leistung:** Höchstgeschwindigkeit 335 km/h; Marschgeschwindigkeit 315 km/h; Dienstgipfelhöhe 7000 m; Reichweite 670 km

**Gewicht:** Leermasse 2805 kg; max. Startmasse 3950 kg

**Abmessungen:** Spannweite 18,40 m; Länge 12,03 m; Höhe 3,10 m; Tragflügelfläche 38,00 m²

**Bewaffnung:** zwei bewegliche 7,92-mm-Maschinengewehre MG 15, zwei starre MG 17 gleichen Kalibers und vier 50-kg-Bomben

## Focke-Wulf Fw 190

Jagdpiloten haben allgemein bestätigt, daß die **Focke-Wulf Fw 190** dem anderen Hauptjäger der deutschen Luftwaffe im Zweiten Weltkrieg, der Messerschmitt Bf 109, in verschiedener Hinsicht deutlich überlegen war. Im Herbst 1937 erteilte das Reichsluftfahrtministerium dem Hersteller Focke-Wulf überraschend den Auftrag, ein einsitziges Jagdflugzeug als Ergänzung zur Messerschmitt Me 109 zu entwickeln, bei der sich im täglichen strapaziösen Einsatz tiefgreifende Mängel herausgestellt hatten. Kurt Tank legte schließlich zwei Entwürfe vor, einen mit dem flüssigkeitsgekühlten DB 601 und den anderen mit dem in der Entwicklung befindlichen luftgekühlten Sternmotor BMW 139. Die Entscheidung fiel zugunsten des Sternmotors aus, und im Sommer 1938 begann die Detailkonstruktion des Versuchsflugzeugs. Der Prototyp **Fw 190 V1** in der Auslegung eines freitragenden Tiefdeckers in Schalenbauweise startete unter Führung von Chefpilot Hans Sander am 1. Juni 1939 in Bremen zum Jungfernflug. Ein zweiter Prototyp, die **Fw 190 V2**, flog im Oktober 1939, bewaffnet mit zwei 13-mm-Maschinengewehren MG 131 und zwei 7,92-mm-Maschinengewehren MG 17. Zur Minderung des Widerstands war bei beiden Versuchsmaschinen das ganze Rumpfvorderteil als hohle Luftschraubennabe drehbar angeordnet. Der fertigungstechnische Aufwand und Schwierigkeiten in Form von Motorüberhitzung ließen diese Lösung als dauerhafte Einrichtung jedoch nicht zu, so daß man auf eine NACA-Verkleidung zurückgriff. Bereits vor dem Erstflug der **V1** war jedoch entschieden worden, statt des BMW 139 den leistungsstärkeren, dafür aber auch längeren und schwereren Motor BMW 801 einzuplanen. Dies hatte eine Reihe bedeutender Änderungen am Entwurf zur Folge, einschließlich einer Verstärkung der Zelle in Teilbereichen und der Verlegung des Führerraums weiter nach hinten. Letzteres löste nicht nur das Schwerpunktproblem, sondern befreite den Piloten zugleich von der Belästigung durch Abgase und überhöhte Kabinentemperaturen, die durch die Anordnung des BMW 139 nahe der Kanzel verursacht worden waren und ein großes Problem darstellten. Wegen des Motorwechsels wurde darüber hinaus der Bau der **V3** und **V4** aufgegeben. Die **Fw 190 V5** aber war Anfang 1940 mit dem neuen Triebwerk fertiggestellt. Im weiteren Verlauf dieses Jahres erhielt die Maschine ein Tragwerk, das die Spannweite des Originals von 9.50 m um 1,00 m übertraf. Diese **Fw 190 V5g** war im Vergleich zur nunmehr **Fw 190 V5k** genannten Version mit kurzer Spannweite zwar um zirka 10 km/h langsamer, kompensierte dieses Manko aber mit ihrer erstaunlichen Wendigkeit und ihrer besseren Steigleistung. Die folgende Vorserie **Fw 190A-0** bestand aus den Maschinen mit der Werksnummer 0006-0014, die mit kurzer Fläche ausgestattet waren, und den restlichen Exemplaren mit den Nummern 0015-0045, die über eine lange Fläche verfügten. Im Februar 1941 wurden die ersten Maschinen schließlich dem Erprobungskommando 190 in Rechlin-Roggenthin übergeben, damit Luftwaffenpiloten ihre Fronttauglichkeit überprüften. Der erste Einsatzverband, die 6./JG 26 in Le Bourget, wurde im August 1941 mit dem neuen Muster ausgerüstet. Bei den ersten Kampfbegegnungen zwischen **Fw 190** und Supermarine Spitfire, die kurze Zeit später erfolgten, zeigte sich sofort die Überlegenheit des deutschen Jägers. Dieser erste Test war der Beginn einer überaus eindrucksvollen Einsatzkarriere von knapp 20.000 Flugzeugen, die in zahlreichen Versionen produziert wurden. Die wichtigsten Hersteller waren neben Focke-Wulf (in Tutow/Mecklenburg, Marienburg, Cottbus, Sorau/Schlesien, Neubrandenburg und Schwerin) auch AGO in Oschersleben, Arado in Brandenburg und Warnemünde, Fieseler in Kassel, Dornier in Wismar und die Firma Weserflugzeugbau. 1945 baute SNCAC in Frankreich 64 Exemplare der **Fw 190A-8** unter der Bezeichnung **NC.900**.

**Varianten**

**Fw 190A-1:** Erstserie von 100 Jägern mit 1222 kW (1660 PS) starkem Sternmotor BMW 801C-1, Tragwerk großer Spannweite und FuG-7a; die Bewaffnung der Maschinen mit vier 7,92-mm-Maschinengewehren MG 17 erwies sich jedoch als zu schwach

**Fw 190A-2:** nach dem Versuchseinbau zweier MG 17 auf dem Motorrücken und zweier 20-mm-Kanonen MG FF in den Flächenansätzen folgte diese Version mit ähnlicher Bewaffnung, in einigen Fällen sogar noch verstärkt durch zwei MG 17 in den Außenflächen; den Antrieb der Maschinen lieferte der verbesserte BMW 801C-2

***Focke-Wulf Fw 190D-9 von 1944, mit der Originalhaube und einem 300-Liter-Zusatztank***

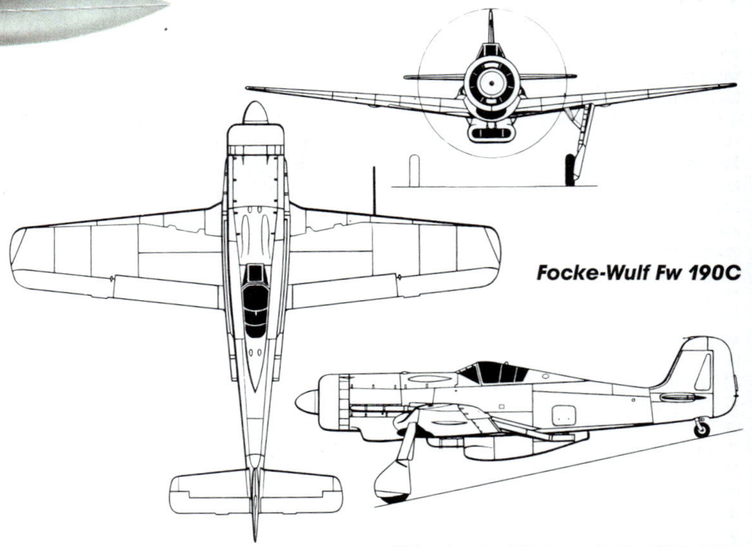

***Focke-Wulf Fw 190C***

**Fw 190A-3:** bei dieser Version waren die Maschinengewehre MG FF in die Außenflächen verlegt und den bisherigen Einbauort nahmen MG 151 mit höherer Kadenz ein; die im Herbst 1941 eingeführte Fw 190A-3 wurde vom BMW 801Dg mit 1325 kW (1800 PS) angetrieben; weitere Umrüstungen ergaben die Fw 190A-3/U1 und die Fw 190A-3/U3 für Luftnahunterstützung sowie den Aufklärungsjäger Fw 190A-3/U4; zu den Änderungen gehörte der Ausbau der Maschinengewehre FF sowie der nachträgliche Einbau einer Rb 12-Kamera beziehungsweise von Bombenaufhängevorrichtungen ETC 500

**Fw 190A-4:** die Auslieferung dieser Version begann im Sommer 1942; sie verfügte über ein FuG 16Z mit kurzem Antennenmast an neuer Seitenflosse und war mit BMW 801D-2 mit MW-50-Einspritzung zur kurzzeitigen Steigerung der Leistung auf 1546 kW (2100 PS) und zur Erhöhung der Spitzengeschwindigkeit auf 670 km/h in 6400 m Höhe augestattet; die Fw 190A-4/Trop hatte Tropenfilter für den Einsatz im Mittelmeerraum und konnte eine 250-kg-Bombe unter dem Rumpf mitführen; die Fw 190A-4/R6 verzichtete auf die MW-50-Einspritzanlage und ließ sich statt dessen mit zwei Wurfgranaten WGr.21, Kaliber 21 cm, unter den Tragflächen beladen; mit starrer Bewaffnung konnte die Fw 190A-4/U8 je einen 300-Liter-Zusatztank unter den Flächen und eine 500-kg-Bombe unter dem Rumpf aufnehmen

**Fw 190A-5:** diese Version, Anfang 1943 eingeführt, zeichnete sich durch eine neue Motoraufhängung aus, durch die das Triebwerk rund 15 cm weiter vorrückte; in unterschiedlichen Baureihen für vielfältige Rollen gefertigt; dazu gehörte auch als Jagdbomber großer Reichweite die Fw 190A-5/U2 mit Flammendämpfern für Nachteinsätze, zwei Maschinengewehren 151/20, einer Bombenvorrichtung ETC 501 unter dem Rumpf und zwei 300-Liter-Abwurftanks unter den Flächen; die ähnliche Fw 190A-5/U3 konnte eine 500-kg-Bombe unter dem Rumpf und zwei 115-kg-Bomben unter den Flächen mitführen, die Fw 190A-5/U4 hingegen war zur Aufklärung mit zwei Rb 12-Kameras ausgerüstet; hinzu kamen die Jabo-Varianten Fw 190A-5/U6 und Fw 190A-5/U8, letztere für Langstreckeneinsätze vorgesehen; die Fw 190A-5/U11 für Nahunterstützung mit je einer 30-mm-Maschinenkanone MK 103 unter den Flächen; die Fw 190A-5/U12 war mit einer starren Bewaffnung von zwei MG 151/20 und zwei MG 17, ergänzt durch zwei Waffenbehälter WB 151A, bestückt; Torpedoträger für LT F5b und LT 950 waren die Fw 190A-5/U14 beziehungsweise die Fw 190A-5/U15; eine 30-mm-Kanone MK 108 pro Außenfläche war das Merkmal des Pulkzerstörers Fw 190A-5/U16

**Fw 190A-6:** diese Variante erschien im Juni 1943 als Schlachtflugzeug und war vom Versuchsmuster Fw 190A-5/U10 abgeleitet; es verfügte über neue, leichtere Tragflächen, die insgesamt vier Maschinengewehre 151/20 aufnehmen konnten; die Fw 190A-6/R1 war mit sechs MG 151/20 bewaffnet, die Fw 190A-6/R2 hatte 30-mm-Maschinenkanonen MK 108 in den Außenflächen und die Fw 190A-6/R3 zwei MK 103 unter den Flächen; die Fw 190A-6/R6 führte Wurfgranaten WGr.21 mit

**Fw 190A-7:** diese Version, die ab Dezember 1943 gefertigt wurde, ähnelte der Fw 190A-6, hatte aber MG 131 statt MG 17 auf dem Nasenrücken

**Fw 190A-8:** bei diesem Grundmodell war die Kraftstoffkapazität um 114 Liter erhöht worden; die Baureihen ähnelten denen bei der Fw 190A-6; zusätzlich gebaut wurden die Fw 190A-8/R7 mit verstärkter Führeraumpanzerung für Sturmstaffeln sowie die Fw 190A-8/R11 als Allwetterjäger mit beheiztem Kabinendach und Funknavigationsanlage PKS 12; die erstmals am 23. Januar 1944 geflogene Fw 190A-8/U1 war ein zweisitziger Jagdtrainer, während die Fw 190A-8/U3 die Leitkomponente des Mistelprojekts Fw 190/Ta 154 darstellte

**Fw 190B:** als Teil des Programms zur Verbesserung der Höhenleistung wurden drei Fw 190A-1 verschiedenartig modifiziert: Die erste (Fw 190 V13) erhielt ein Tragwerk mit größerer Flügelfläche sowie eine Druckkabine, und ihr BMW 801D-2-Motor verfügte über eine GM-1-Einspritzung; die beiden anderen Maschinen (Fw 190 V16 und Fw 190 V18) waren ähnlich, aber mit

***Jagdbomber Fw 190A-4/U8 mit vergrößerter Reichweite; eine von mehreren Beladungsmöglichkeiten für diese Unterversion bestand aus zwei 300-Liter-Tanks unter den Flächen (wie hier zu sehen) und einer 250-kg-Bombe unter dem Rumpf. In dieser Ausführung blieben nur die Maschinenkanonen in den Flächenansätzen erhalten.***

***Zwei Fw 190A-5 waren U12-Zerstörer mit einem 20-mm-Kanonenpaar MG 151 in Waffenbehältern unter den Flächen. Bei dieser Version entfielen die MG FF in den Außenflügeln.***

dem Standard-Tragwerk und je zwei MG 17 und MG 151/20 ausgerüstet; anstelle des Sternmotors wurde dann ein Zwölf-Zylinder-Reihenmotor Daimler Benz DB 603 in die Maschinen eingebaut; die weitere Entwicklung dieses Musters konzentrierte sich anschließend weitgehend auf die ähnliche Fw 190C
**Fw 190C:** eine kleine Zahl von Entwicklungsflugzeugen wurden mit Daimler Benz DB 603-Motoren und Turboladern, dem Hirth 2281 oder TK 11 (DVL-Entwicklung), in mächtigen Bauchbehältern gefertigt, die dem Muster den Beinamen „Känguruh" eintrugen; die Entwicklung dieser Variante wurde allerdings später zugunsten der Fw 190D eingestellt
**Fw 190D-9:** Ende 1943 wurden mehrere Fw 190A-7 zur Nullserie Fw 190D-0 mit Junkers Jumo 213A-Motoren als Vorläufer für die Baureihe Fw 190D-9 modifiziert; die Verwendung dieses Motors zog den Einsatz eines 50 cm langen Segments im Hinterrumpf nach sich, um die 60 cm längere Flugzeugnase auszugleichen; aus dem gleichen Grunde mußte auch die Seitenflosse vergrößert werden; die langnasige 190 oder „Dora 9" war mit zwei Maschinengewehren 151/20 in den Flächen und zwei Maschinengewehren MG 131 auf dem Nasenrücken bewaffnet; die MW 50-Einspritzung steigerte die Notleistung der Maschine auf 1649 kW (2240 PS); die Träger unter den Flächen konnten je einen 300-Liter-Abwurftank oder eine 250-kg-Bombe aufnehmen; spätere Flugzeuge erhielten tropfenförmige Hauben
**Fw 190D-10:** hierbei handelte es sich um zwei umgerüstete Fw 190D-9, mit Jumo 213C und einer durch die Propellernabe feuernden 30-mm-Kanone MK 108
**Fw 190D-11:** sieben Prototypen eines Schlechtwetterjägers mit Jumo 213F, zwei MG 151/20 in den Flächenansätzen und zwei MK 108 in den Außenflächen
**Fw 190D-12:** Jagdbomberversion mit den MK 108 auf dem Nasenrücken, zwei MG 151/20 in den Flächen und Panzerschutz für den Motor
**Fw 190D-13:** der D-12 ähnlich, aber mit MGs 151/20 versehen
**Fw 190E:** vorgeschlagener Jagdaufklärer, dessen Entwicklung aber später abgebrochen wurde
**Fw 190F-1:** diese Variante wurde vor der FW 190D Anfang 1943 als Schlachtflugzeug eingeführt; sie basierte im wesentlichen auf der Fw 190A-4, erhielt aber eine stärkere Panzerung im Bereich von Motor und Cockpit; die äußeren 20-mm-Kanonen entfielen
**Fw 190F-2:** der F-1 ähnlich, aber auf der Fw 190A-5 basierend; mit einer blasenförmigen Kabinenhaube ausgestattet
**Fw 190F-3:** diese Variante war von der Fw 190A-6 abgeleitet und konnte einen 300-Liter-Abwurftank oder eine 250-kg-Bombe unter dem Rumpf aufnehmen; die Unterversionen Fw 190F-3/R1 und Fw 190F-3/R3 hatten vier Bombengehänge ETC 50 oder zwei 30-mm-Maschinenkanonen MK 103 unter den Flächen
**Fw 190F-8:** basierte auf der Fw 190A-8 mit zwei MG 131 über dem Motor und vier ETC 50 unter den Flächen; die Fw 190F-8/U2 und Fw 190F-8/U3 wurden zur See-Zielbekämpfung durch Bombentorpedos BT 700 beziehungsweise BT 1400 mit dem Zielgerät TSA IIA ausgestattet
**Fw 190F-9:** der Fw 190F-8 ähnlich, aber angetrieben vom BMW 801 TS/TH; diese Version wurde Mitte 1944 eingeführt
**Fw 190G-1:** von der Fw 190A-5 abgeleiteter Jagdbomber mit größerer Reichweite; die G-1 konnte mit einer 1800-kg-Bombe beladen werden, was ein stärkeres Fahrwerk bedingte; die flächenmontierten Waffen wurden auf zwei MG 151/20 reduziert; die von Junkers konstruierten Flügelträger konnten zwei abwerfbare Zusatztanks aufnehmen
**Fw 190G-2:** Jaborei ähnlich G-1, aber Messerschmitt- statt Weserflugträger für Zusatztanks
**Fw 190G-3:** 1943 eingeführt; Focke-Wulf-Träger und Autopilot PKS 11
**Fw 190G-8:** dies war die letzte Baureihe der Serie G; enthielt die Modifikationen der Fw 190A-8 und wurde vom BMW 801D-2 mit 1325 kW (1800 PS) angetrieben

***Die Fw 190A-8/U1 war ein zweisitziges Jagdschulflugzeug, das durch den Umbau eines Standard-Jagdeinsitzers als Übergangslösung bis zur definitiven Umschulungsversion Fw 190S entstanden war.***

**TECHNISCHE DATEN**
**Focke-Wulf Fw 190D-9**

**Typ:** einsitziger Jäger/Jagdbomber
**Triebwerk:** ein hängender Zwölf-Zylinder-V-Motor Junkers Jumo 213A-1 mit 1325 kW (1800 PS)
**Leistung:** Höchstgeschwindigkeit 685 km/h in 6600 m Höhe; Steigzeit auf 6000 m 7 Minuten, 6 Sekunden; Dienstgipfelhöhe 12.000 m; Reichweite 835 km
**Gewicht:** Leermasse 3490 kg; max. Startmasse 4840 kg
**Abmessungen:** Spannweite 10,50 m; Länge 10,20 m; Höhe 3,35 m; Tragflügelfläche 18,30 m²
**Bewaffnung:** zwei 13-mm-Maschinengewehre MG 131 und zwei 20-mm-Kanonen MG 151 plus eine SC 500 (500-kg-Bombe)

# Focke-Wulf Fw 191

Focke-Wulfs Beitrag zu dem im Herbst 1939 ausgeschriebenen RLM-Konstruktionsprogramm „Bomber B" war die **Focke-Wulf Fw 191**. Gefordert wurde ein zweimotoriger mittlerer Bomber mit druckbelüfteter Kabine für die Besatzung und fernbedienter Bewaffnung, der in der Lage wäre, seine Bombenlast von 4000 kg im Sturzflug abzusetzen. Als Antrieb sollte einer der beiden in Entwicklung befindlichen 24-Zylinder-Motortypen, der Daimler Benz DB 604 oder der Junkers Jumo 222 dienen. Außer Focke-Wulf nahmen Arado mit der Ar 340, Dornier mit der Do 317 und Junkers mit der Ju 288 teil. Die **Focke-Wulf Fw 191** war ein Ganzmetall-Schulterdecker, dessen Antrieb Jumo 222 besorgen sollte. Als Zwischenlösung bis zur Verfügbarkeit dieses Triebwerks setzte man BMW 801-MA-Doppelsternmotoren in die erste Versuchsmaschine **Fw 191 V1** ein, die Anfang 1942 flugbereit war. Bei der Flugerprobung zeigte sich, daß die Ersatzmotoren für das Fluggewicht von 20.400 kg der komplett ausgerüsteten Maschine viel zu leistungsschwach waren. Das Übergewicht ergab sich in erster Linie aus der Forderung des RLM, alle Bordsysteme durch Elektromotoren zu betätigen, obwohl der Hersteller nachdrücklich auf die Anfälligkeit dieses Konzepts wegen des Einzelgenerators hingewiesen hatte. Die Elektrifizierung des Musters trug ihm bald den Namen „das fliegende E-Werk" ein.

Die Lande-/Sturzflugklappe der V1 warf ernsthafte Flatterprobleme auf. Die **Fw 191 V2** zeigte auch keine wesentlichen Verbesserungen, so daß man die Fertigung der **V3**, **V4** und **V5** stoppte. In die **Fw 191 V6** ging die nunmehr vom RLM genehmigte, weitgehend hydraulische Kraftübertragung ein, und als Antrieb dienten zwei 1619 kW (2200 PS) starke Jumo 222. Nachdem feststand, daß der Jumo 222 aus Rohstoffmangel nie in Serie gehen würde, reichte Focke-Wulf noch Angebote mit verschiedenen anderen Motortypen ein, doch keines dieser Projekte stieß auf Zustimmung. Ende 1943 wurde das gesamte Programm gestrichen.

***Der mittlere Bomber Fw 191, der auf einer anspruchvollen Forderung basierte, scheiterte am Gewicht, der Komplexität und der Anfälligkeit seiner elektrisch betriebenen Bordsysteme.***

**TECHNISCHE DATEN**
**Focke-Wulf Fw 191B**
**(vorgesehene Serienversion)**

**Typ:** fünfsitziger mittlerer Bomber
**Triebwerke:** zwei hängende 24-Zylinder-V-Doppelmotoren Daimler Benz DB 606 je 1987 kW (2700 PS)
**Leistung:** Höchstgeschwindigkeit 565 km/h in 4000 m Höhe; Dienstgipfelhöhe rund 8200 m; Reichweite 3850 km
**Gewicht:** max. Startmasse 25.300 kg
**Abmessungen:** Spannweite 26 m; Länge 19,60 m; Höhe 5,60 m; Tragflügelfläche 70,50 m²
**Bewaffnung:** bis zu sechs 20-mm-Kanonen und eine Bombenlast von 4000 kg

## Focke-Wulf FW 200 Condor bis Fokker D.II, D.III und D.V

**Kurt Tanks bedeutsamer Leistung im Zweiten Weltkrieg trug man bei Focke-Wulf Rechnung, indem seinen Flugzeugen die Buchstaben TA vorangestellt wurden. Anthony Fokker war ein holländischer Flugzeugpionier, der schon vor dem Ersten Weltkrieg nach Deutschland ging. Aus seiner Fokker Aeroplanbau wurden vorübergehend die Junkers-Fokker-Werke und dann 1915 die Fokker-Flugzeugwerke.**

# Focke-Wulf Fw 200 Condor

***Die erste Condor wurde als Verkehrsflugzeug fertiggestellt und war für die Deutsche Lufthansa sowie für den Export gedacht.***

Kurt Tanks Vorstellung von einem neuen Verkehrsflugzeug für die Deutsche Lufthansa wurde den Direktoren der Gesellschaft am 16. Juli 1936 mit der Zusage unterbreitet, daß das erste Exemplar innerhalb eines Jahres fliegen werde. Genau ein Jahr und 11 Tage später, am 27. Juli 1937, startete die erste von drei Versuchsmaschinen, die **Focke-Wulf Fw 200 V1**, deren Konstruktion im Herbst 1936 angelaufen war, zum Jungfernflug. Die **Fw 200** war ein Ganzmetall-Tiefdecker, der zunächst von vier Pratt & Whitney-Hornet-Sternmotoren je 652 kW (887 PS) angetrieben wurde und 26 Passagiere in zwei Kabinen aufnehmen konnte. Den Antrieb zweier weiterer Prototypen, von denen der zweite Adolf Hitlers persönliche Transportmaschine wurde, lieferten BMW-Sternmotoren 132G-1 je 530 kW (720 PS). Der zweite Prototyp und vier Flugzeuge der Erstserie **Fw 200A Condor** gingen an die Lufthansa, zwei **Fw 200A** an die DDL (Det Danske Luftfartselskab) und zwei Exemplare an die brasilianische Lufthansatochter „Syndicato Condor".

**V1** wurde für eine Reihe von Rekordflügen in der zweiten Hälfte des Jahres 1938 vorbereitet und in **Fw 200S-1** mit dem Beinamen „Brandenburg" versehen. Am 10. August startete Alfred Henke mit der Maschine in Berlin und landete 24 Stunden und 56 Minuten später in New York. Der Rückflug am 13. August dauerte 19 Stunden und 55 Minuten. Am 28. November stellte die **Fw 200S-1** mit 46 Stunden und 18 Minuten eine neue Rekordzeit für die Strecke Berlin-Tokio über Basra, Karatschi und Hanoi auf. Vor Ausbruch des Zweiten Weltkriegs erhielt die Lufthansa noch weitere Condor-Verkehrsmaschinen, und am 14. April 1945 führte ein Exemplar den letzten Linienflug der Gesellschaft vor der Kapitulation Deutschlands durch.

Der Tokio-Flug des Prototyps ergab einen Auftrag von Dai Nippon KK über fünf Verkehrsmaschinen und einen einzelnen Seefernaufklärer für die japanische Marine. Bis auf die militärische Versuchsmaschine **Fw 200 V10**, die mit einer erweiterten Kraftstoffanlage ausgestattet und mit einem Maschinengewehr MG 15, Kaliber 7,92 mm, im Rückengefechtsstand sowie je einem MG 15 im vorderen und hinteren Teil einer Bauchgondel bewaffnet war, wurde keines dieser Flugzeuge nach Japan ausgeliefert. Aus diesem Modell wurde die **Fw 200C** entwickelt, die während des Norwegenfeldzugs bei der KGrzbV 104 in Dienst ging. Nach dem Einsatzdebüt der Fernaufklärungsstaffel von Oberstleutnant Edgar Petersen (später 1./KG 40) am 8. April 1940 wurde die **Condor** rasch zur Geißel der alliierten Schiffahrt. Im Herbst 1944 endete diese Rolle für die Condor, die in der Endphase dieses Krieges nur noch von den Transportstaffeln 5 und 200 sowie von der Führerkurierstaffel geflogen wurde. Zum Bestand der letztgenannten Einheit gehörte die **Fw 200C-4/U1**, die für Heinrich Himmler mit einem gepanzerten Sitz ausgestattet war. Diese Maschine fiel den Alliierten 1945 in Achmer intakt in die Hände und wurde anschließend nach Farnborough überführt. Die Produktion umfaßte rund 280 **Condor**-Flugzeuge.

**Varianten**

**Fw 200B-1:** Einzelexemplar mit 626 kW (850 PS) starken Sternmotoren BMW 132DC für die Lufthansa

**Fw 200B-2:** fünf von der Dai Nippon KK und zwei von der finnischen Aero OY bestellte Maschinen mit BMW-132H-Motoren je 611 kW (830 PS); drei Exemplare wurden fertiggestellt und zur Lufthansa umgeleitet; im April 1940 ging dieses Trio zusammen mit der einzelnen Fw 200B-1 an die KGrzbV 105 in Kiel-Holtenau

**Fw 200C-0:** zehn im September 1939 bestellte Flugzeuge, davon vier unbewaffnet und sechs mit je einem MG 15, Kaliber 7,92 mm, vorn und hinten auf dem Rumpfrükken sowie in der Rumpfwanne

**Fw 200C-1:** hierbei handelte es sich um die erste Fernaufklärer-Serienversion mit einer 20-mm-Kanone MG FF im Drehturm unter dem Führersitz, einem MG 15 in einer Bauchgondel und je einem entsprechendes MG in vorderen und hinteren Rückentürmen; an Offensivwaffen konnten vier 250-kg-Bomben an Aufhängungen unter den Flächen mitgeführt werden

**Fw 200C-2:** ähnelte der Fw 200C-1, war aber mit gekappten Motorgondelhecks, außen, und strömungsgünstigen Bombengestellen ausgestattet

**Fw 200C-3:** diese 1941 eingeführte Version hatte eine stärkere Zelle und wurde von Bramo-Sternmotoren 323R-2 angetrieben; die Baureihe Fw 200C-3/U1 war mit einem 15-mm-Maschinengewehr MG 151 im geänderten Drehturm unter dem Führersitz und einem MG 151/20 anstelle des MG FF unter dem Bauch bewaffnet; bei der Baureihe Fw 200C-3/U2 wich das untere MG 151/20 einem 13-mm-Maschinengewehr MG 131, damit das Bombenzielgerät Lotfe 7D (Lotfernrohr) Platz fand; die Fw 200C-3/U3 führte MG 131 in den vorderen und hinteren Rückentürmen mit; die Schlußvariante Fw 200C-3/U4 flog mit einem Bordschützen, der die beiden MG 131 an den Rumpfseiten bediente

**Fw 200C-4:** diese Version erreichte 1942 die Serienfertigung; sie wurde mit dem Funkmeßgerät Rostock (später FuG 200 Hohentwiel) ausgestattet und mit einem MG 151 im vorderen Rückenturm, einem MG 151/20 oder (mit Lotfe 7D) einem MG 131 sowie MG 15 in allen anderen Gefechtsständen bewaffnet; als Einzelexemplare entstanden die Transportflugzeuge Fw 200C-4/U1 und Fw 200C-4/U2

**Fw 200C-6:** etliche Fw 200C-3/U1 und Fw 200C-3/U2 wurden zu vorläufigen Gleitbombenträgern für zwei Hs 293A unter den Flächen und zugehörige Lenkausrüstung in Form des FuG 203b Kehl modifiziert; diese Variante ging im November 1943 bei der III./KG 40 in Dienst

**Fw 200C-8:** hierbei handelte es sich um die definitive Version der Fw 200C-6 mit Hohentwiel-Suchradar

**TECHNISCHE DATEN**
**Focke-Wulf Fw 200C-3/U4**

**Typ:** Langstreckenbomber/Fernaufklärer
**Triebwerke:** vier Neun-Zylinder-Sternmotoren Bramo 323R je 883 kW (1200 PS)
**Leistung:** Höchstgeschwindigkeit 360 km/h; Marschgeschwindigkeit 335 km/h; Dienstgipfelhöhe 6000 m; Reichweite 3560 km; Flugdauer 14 Stunden
**Gewicht:** Leermasse 17.005 kg; max. Startmasse 24.520 kg
**Abmessungen:** Spannweite 32,85 m; Länge 23,45 m; Höhe 3,30 m; Tragflügelfläche 119,85 m²
**Bewaffnung:** vier 13-mm-Maschinengewehre MG 131 in Rückentürmen und seitlichen Gefechtsständen sowie ein MG 131 oder ein MG 151/20 in der Bodenwanne plus vier 250-kg-Bomben

***Die Condor machte sich einen Namen als Seefernaufklärer im Zweiten Weltkrieg.***

# Focke-Wulf Ta 152 und Ta 153

Weitere Verbesserungen der Fw 190D zur nochmaligen Steigerung der Höhenleistung ergaben die **Focke-Wulf Ta 152** und **Ta 153**. Letztere wurde lediglich als Musterflugzeug für die Entwicklung gebaut, angetrieben von einem Daimler Benz DB 603. Diese Maschine führte nicht nur ein völlig neues Tragwerk mit größerer Spannweite und hoher Flügelstreckung ein, sondern auch die Rumpfstruktur, das Leitwerk und die Bordsysteme waren in weiten Teilen neu konzipiert. Diese Linie wurde fallengelassen, um die laufende Produktion der Fw 190 nicht zu unterbrechen.

Die **Ta 152**, wie anfangs geplant, war strukturell näher an die Fw 190D angelehnt, abgesehen davon, daß die Landeklappen und das Fahrwerk nicht mehr elektrisch, sondern hydraulisch betätigt wurden. Im Herbst 1944 erschien ein Prototyp mit dem Junkers Jumo 213E als Antrieb und weitgespannten Tragflächen großer Streckung. Dieses Exemplar stürzte am 8. Oktober ab. Die Nachfolgerin im Testprogramm, **Ta 152H**, war ebenfalls mit dem Jumo-Motor, aber mit Standardtragflächen der Fw 190 ausgestattet. Die erste von 20 Maschinen der Nullserie **Ta 152H-0** flog im Oktober 1944. Die Diensterprobung fand beim Erprobungskommando

152 in Rechlin statt, bevor JG 301 das Muster ins Gefecht führte. Dieser Verband hatte die Aufgabe, Fliegerhorste zu schützen, da diese in der Start- und Landephase besonders gefährdet waren.

**Varianten**

**Ta 152C:** das Musterflugzeug für die Serie Ta 152C, ausgestattet mit dem 1546 kW (2100 PS) starken Daimler Benz-Motor DB 603LA, flog am 19. November 1944; der längere Motor erforderte den Einbau eines Streckungsteils in den Hinterrumpf und eine Vergrößerung der Leitwerksflächen; die Spannweite der Tragflächen stieg auf 11 m; die Bewaffnung der Ta 152C-1 und der Ta 152C-2 (letztere mit besserer Funkausrüstung) umfaßte eine 30-mm-Kanone MK 108 über dem Motor und vier MG 151/20; bei der Ta 152C-3 wurde die MK 108 durch eine MK 103 ersetzt

**Ta 152E:** hierbei handelte es sich um eine Luftbildaufklärungsversion der Ta 152C mit Standardflächen bei der Version Ta 152E-1; die Ta 152E-2 war ein Höhenaufklärer mit Tragflächen der H-Serie und Jumo 213E als Antrieb

**TECHNISCHE DATEN**
**Focke-Wulf Ta 152H-1**

**Typ:** Höhenjäger
**Triebwerk:** ein hängender Zwölf-Zylinder-V-Motor Junkers Jumo 213E mit 1288 kW (1750 PS)
**Leistung:** Höchstgeschwindigkeit 760 km/h in 12.500 m Höhe mit MW-50-Einspritzung und GM-1-Leistungssteigerung; Anfangssteiggeschwindigkeit 17,50 m/sek mit MW-50-Einspritzung; Dienstgipfelhöhe 14.800 m; Reichweite 1200 km
**Gewicht:** Leermasse 3920 kg; max. Startmasse 4750 kg
**Abmessungen:** Spannweite 14,50 m; Länge 10,80 m; Höhe 4 m; Tragflügelfläche 23,50 m²
**Bewaffnung:** eine 30-mm-Maschinenkanone MK 108 und zwei 20-mm-Maschinengewehre MG 151/20

***Die Focke-Wulf Fw 190 V32 entstand als Prototyp für die Fw 190C, wurde jedoch zum Musterflugzeug für den Höhenjäger Ta 153 weiterentwickelt. Dies war das vom DB 603 angetriebene Gegenstück zur Ta 152 mit Jumo-Motor.***

**Ta 152H:** Höhenjäger mit Druckkabine und 14,50 m weit gespannten Tragflächen; die Nullserie Ta 152H-0 bildeten umgerüstete Fw 190A-1 mit Jumo 213E und Wasser/Methanol-Einspritzung (MW 50); im November 1944 kamen aus dem Cottbus-Werk die ersten Serienjäger Ta 152H-1, bewaffnet mit einer 30-mm-kalibrigen MK 108 über dem Motor und zwei MG 151/20 in den Flächenansätzen

# Focke-Wulf Ta 154

Um den Luftangriffen der RAF-Bomber gegen deutsche Großstädte und Industriezentren wirksam begegnen zu können, ordnete das RLM die Entwicklung eines zweisitzigen Nachtjägers an, der in einer Unterlage vom August 1942 umrissen wurde. Als Bewerber standen die vollständig aus Metall konstruierte Heinkel He 219 und Tanks zweimotoriger Schulterdecker **Focke-Wulf Ta 154** an. Letztere war ein zweimotoriger Schulterdecker, durchweg aus Holz konstruiert, um Engpässe an metallischen Werkstoffen zu umgehen und Fachkräfte der holzverarbeitenden Industrie in die Fertigung einbeziehen zu können. Die erste Versuchsmaschine **Ta 154 V1**, angetrieben von zwei Jumo 211N je 1104 kW (1500 PS), flog Kurt Tank persönlich am 1. Juli 1943 von Hannover-Langenhagen aus. Wenig später unterstützte die **Ta 154 V2** das Testflugprogramm und die Leistungserprobung. Der Erstflug der **Ta 154 V3** mit Jumo-211R-Antrieb folgte am 25. November 1943. Diese dritte Versuchsmaschine führte als Vorläufer der Nullserie **Ta 154A-0** das Funkmeßgerät FuG 202 Lichtenstein BC-1 sowie eine Bewaffnung mit einem einzelnen, vorwärtsfeuernden MG 151/20 und 30-mm-Maschinenkanonen MK 108 in den Seitenwänden des Vorderrumpfes ein. Zwischen Januar und März 1944 wurden vier weitere Maschinen in Langenhagen eingeflogen und die restlichen acht Exemplare des RLM-Erstauftrags als **Ta 154A-0** in Erfurt montiert. In der Konfiguration mit Waffen und Radar hatten die **Ta 154A** eine Spitzengeschwindigkeit von 644 km/h. Das gesamte Programm wurde letzten Endes jedoch aufgegeben, nachdem die Struktur zweier Flugzeuge am 28. beziehungsweise am 30. Juni 1944 versagt hatte, verursacht durch Kaltleim, der das Sperrholz an den Klebestellen zerfraß. Beim Prototyp und den Vorserienmaschinen war Tego-Film-Klebstoff verwendet worden, doch nach der Zerbombung des Herstellerwerks in Wuppertal hatte man auf einen anderen Leim ausweichen müssen, der zersetzende Eigenschaften aufwies.

***Die Ta 154, die vielleicht ein entscheidender deutscher Nachtjäger hätte werden können, verfehlte die Produktion in Großserie. Dieses Exemplar war die V15 beziehungsweise der achte Vorserienjäger Ta 154A-0.***

**Varianten**

**Ta 154A-1:** zehn Maschinen gefertigt; einige Exemplare mit FuG 218 Neptun flog die 1./NJG 3 in Stade

**Ta 154A-2/U3:** sechs für das Mistel-Programm umgebaute Vorserienflugzeuge Ta 154A-0 mit einer 2000-kg-Sprengladung im Bug und einem Traggerüst für eine Fw 190 als obere Mistelkomponente, deren Pilot die Kombination kontrollierte

**TECHNISCHE DATEN**
**Focke-Wulf Ta 154A-1**

**Typ:** zweisitziger Nachtjäger
**Triebwerke:** zwei hängende Zwölf-Zylinder-V-Motoren Jumo 211R je 1104 kW (1500 PS)
**Leistung:** Höchstgeschwindigkeit 650 km/h; Steigzeit auf 8000 m Höhe 14 Minuten, 30 Sekunden; Dienstgipfelhöhe 10.900 m; Reichweite 1365 km
**Gewicht:** Leermasse 6405 kg; max. Startmasse 8930 kg
**Abmessungen:** Spannweite 16 m; Länge 12,10 m; Höhe 3,50 m; Tragflügelfläche 32,40 m²
**Bewaffnung:** zwei bugmontierte 20-mm-Maschinengewehre MG 151/20 und zwei 30-mm-Maschinenkanonen MK 108 sowie eine MK 108 im Hinterrumpf, die im Winkel von 45° schräg hoch nach vorn feuerte

# Fokker C-2

Nach der gelungenen Vorführung der Fokker-Verkehrsmaschine F.VIIA/3m in den Vereinigten Staaten von Amerika baute die Atlantic Aircraft Corporation in New Jersey, die sich im Besitz von Fokker befand, die Version F.VIIB/3m unter der Typenbezeichnung **Fokker F.9**. Dieses Muster erwies sich als kommerzieller Erfolg, und die US Army bestellte drei Exemplare, denen die Dienstbezeichnung **C-2** zufiel.

Die erste Maschine, vorgesehen für Langstreckenflüge, erhielt zusätzliche Tanks und ein Spezialtragwerk mit einer Spannweite von 21,70 m, das von Fokker in den Niederlanden konstruiert worden war. Den Antrieb aller drei Maschinen besorgten Wright-J-5-Sternmotoren statt der üblichen J-4. Außerdem waren das Cockpit und der Innenraum des erweiterten Rumpfes neu ausgelegt. Die **C-2**-Langstreckenmaschine „Bird of Paradise" führte am 1. Juni 1927 einen epochemachenden Nonstop-Flug von Oakland, Kalifornien, nach Honolulu auf Hawaii durch. Mit den Leutnants Lester J. Maitland und Albert Hegenberger am Steuer, hatte die Maschine rund 3862 km zurückgelegt.

Auf drei **C-2** folgten acht **C-2A** mit noch größerer Spannweite als beim Rekordbrecher **C-2**. Eine **C-2A**, „Question Mark" getauft, stellte mit Hilfe von Luftbetankung durch ein umgebautes Douglas-Doppeldecker-Transportflugzeug C-1 der US Army einen neuen Flugdauerrekord auf, in-

**TECHNISCHE DATEN**
**Fokker C-2A**

**Typ:** militärisches Transportflugzeug für zehn Personen
**Triebwerke:** drei Sieben-Zylinder-Sternmotoren Wright J-5 (R-790) je 164 kW (223 PS)
**Leistung:** Höchstgeschwindigkeit 182 km/h; Standardmarschgeschwindigkeit 145 km/h; Reichweite 476 km
**Gewicht:** Rüstmasse 2951 kg; max. Startmasse 4715 kg
**Abmessungen:** Spannweite 22,61 m; Länge 14,73 m; Höhe 4,11 m; Tragflügelfläche 66,70 m²

***Die C-2A bereitet sich während des Dauerrekordflugs von 150 Stunden im Januar 1929 auf die Kraftstoffübernahme vor.***

***Hier sieht man ein Marineflugzeug des Typs RA-2 mit einer Ersatzfläche (unter dem Rumpf) für eine Maschine des US Marine Corps, die bei Polizeiaktionen in Nicaragua 1929 beschädigt wurde.***

dem sie im Januar 1929 150 Stunden lang in der Luft blieb.

**Varianten**
**XC-7:** eine ummotorisierte C-2A mit drei Wright R-975 (J-6-9) je 246 kW (335 PS)
**C-7A:** sechs aus der XC-7 entwickelte Serienflugzeuge, die sich durch größere Tragflächen, neue Seitenflossen und einen Rumpf ähnlich dem der zivilen F.10A vom Prototyp abhoben
**XLB-2:** es handelt sich um ein einzelnes Versuchsexemplar eines leichten Bombers, entwickelt aus der C-7 und angetrieben von zwei Sternmotoren Pratt & Whitney R-1340 je 306 kW (416 PS)
**TA-1:** Bezeichnung der C-2 bei der US Navy, die 1927 und 1928 drei Exemplare für die US Marines erworben hatte; um Verwechslungen mit Torpedoflugzeugen zu vermeiden, erhielten diese Maschinen später die Bezeichnung RA-1
**RA-2:** diese zunächst TA-2 bezeichneten drei Flugzeuge der US Navy entsprachen den C-2A der US Army
**RA-3:** hierbei handelt es sich um ein Einzelexemplar, ursprünglich TA-3 bezeichnet, mit Wright-J-6-Sternmotoren als Antrieb; sowohl RA-1 wie RA-2 wurden später auf J-6 ummotorisiert und trotz ihrer beträchtlichen Unterschiede unter der Bezeichnung RA-3 zusammengefaßt

# Fokker C.I

Die **Fokker C.I**, ein kompakter zweisitziger Aufklärungsdoppeldecker in gemischter Bauweise mit ungleich weit gespannten Tragflächen, war im Grunde eine größere Ausgabe der Fokker D.VII. Das Muster wurde 1918 als **V 38** in Schwerin getestet und ging sofort in Serie, aber noch vor der Auslieferung an die deutschen Luftstreitkräfte war der Erste Weltkrieg beendet. Fokker erreichte, daß alle in Deutschland gebauten **C.I** nach Holland geschafft wurden. Hier lief die Produktion weiter, so daß insgesamt über 250 Exemplare entstanden. Anfangs wurde der BMW IIIa mit einer Nennleistung von 132 kW (185 PS) eingebaut, aber später griff man auch auf den BMW IV mit 162 kW (220 PS), einen Oberursel mit 118 kW (160 PS), einen Mercedes mit 191 kW (260 PS) und einen Lynx von Armstrong Siddeley mit 149 kW (203 PS) zurück. Kennzeichnendes Merkmal der **C.I** war ein stromlinienförmig verkleideter Kraftstofftank an der Fahrwerksachse, der laut Hersteller den Auftrieb erhöhte.

Die UdSSR erwarb 42 **C.I**, die häufig mit Schneekufen eingesetzt wurden. Dänemark kaufte zwei Exemplare und fertigte drei weitere in Lizenz. Eine dänische **C.I** flog sogar noch 1940 als Schulflugzeug. Das holländische Militärluftkorps (LVA) beschaffte insgesamt 62 **C.I**, die sich als äußerst verläßlich erwiesen. Nach dem Dienst bei den Aufklärungsfrontverbänden wurden sie noch Ausbildungseinheiten zugeführt, ausgestattet mit Doppelsteuer und Blindflughauben im hinteren Cockpit. Die holländischen Seeluftstreitkräfte (MLD) flogen 16 **C.I**, von denen die letzte bis 1938 im Schuldienst verblieb.

***Fokker C.I der sowjetischen Luftstreitkräfte in den zwanziger Jahren***

**Varianten**
**C.Ia:** Bezeichnung einer modernisierten Version von 1929 mit 149 kW (203 PS) starkem Lynx-Sternmotor und neu konstruierter Seitenflosse; 21 C.I des holländischen Heeresluftkorps wurden diesem Standard entsprechend modifiziert
**C.I-W:** Versuchsversion mit Zwillingsschwimmern, 1919 von Fokker in Schwerin geflogen und in Deutschland erprobt; zur Aufklärung über See und zur Schulung Fortgeschrittener gedacht
**C.II:** dreisitzige Passagierversion der C.I; der BMW IIIa blieb erhalten, aber in einem Gehäuse mit ovalem Stirnprofil; hinter dem offenen Cockpit des Piloten waren zwei weitere Kabinen unter einer geschlossenen Glashaube eingerichtet; die C.II wurde 1919/20 in kleiner Zahl gebaut und nach Kanada, in die Niederlande sowie nach Nord- und Südamerika verkauft; einige C.II wurden auf den 171 kW (233 PS) starken Armstrong Siddeley Puma ummotorisiert
**C.III:** Trainerversion der C.I für Fortgeschrittene, die an Spanien verkauft wurde; entsprach weitgehend der C.I, abgesehen vom Antrieb durch einen Hispano-Suiza-Motor mit 162 kW (220 PS)

**TECHNISCHE DATEN**
**Fokker C.I**
**Typ:** zweisitziges Aufklärungsflugzeug
**Triebwerk:** ein Sechs-Zylinder-Reihenmotor BMW IIIa mit 136 kW (185 PS)
**Leistung:** Höchstgeschwindigkeit 175 km/h; Dienstgipfelhöhe 4000 m; Reichweite 620 km
**Gewicht:** Rüstmasse 855 kg; max. Startmasse 1255 kg
**Abmessungen:** Spannweite 10,50 m; Länge 7,23 m; Höhe 2,87 m; Tragflügelfläche 26,25 m²
**Bewaffnung:** ein 7,7-mm-Maschinengewehr, starr nach vorn feuernd, und ein MG gleichen Kalibers auf Ringlafette über dem hinteren Cockpit sowie Gehänge für vier 12,5-kg-Bomben unter den Tragflächen

# Fokker C.IV

Als der Absatz militärischer Luftfahrzeuge weltweit stagnierte, erzielte die **Fokker C.IV** einen bemerkenswerten Geschäftserfolg. Das erste Exemplar flog 1923, und 1924 setzte die Lieferung der Serienflugzeuge ein. Das neue Muster war aus der C.I hervorgegangen, aber größer und robuster. Der Napier Lion, der die 30 von der LVA (dem holländischen Luftkorps) und die zehn von der LA (dem Heer in Niederländisch-Ostindien) beschafften Maschinen antrieb, hatte zwei einziehbare Seitenkühler, die am Vorderrumpf montiert waren. Im Vergleich zur C.I wies das Muster einen breiteren Rumpf und eine größere Spurweite des Achsfahrwerks auf.

Insgesamt 159 **C.IV** wurden produziert, einschließlich 20 Lizenzmaschinen der spanischen Firma Jorge Loring. Die spanischen **C.IV** operierten unter dem Afrikakorps des spanischen Heeres gegen die Rifkabylen in Marokko. Zu den weiteren Nutzern zählten die UdSSR, die 55 Exemplare kaufte, Argentinien und der US Army Air Service. Mindestens ein Exemplar wurde in Italien geprüft.

Wie viele andere Fokker-Entwürfe war die **C.IV** für ihre Langlebigkeit bekannt. Nach jahrelangem Dienst als Aufklärungsflugzeuge blieben **C.IV** in mehreren Teilen der Erde noch bis weit in die dreißiger Jahre im Schulbetrieb.

**Varianten**
**C.IVA:** Version mit einer auf 12,50 m verkürzten Spannweite und einer höchstzulässigen Startmasse von 2016 kg; diese Bauart flog in Niederländisch-Ostindien (zehn Exemplare)
**C.IVB:** Spannweite wie bei der Original-C.IV, aber ein Rolls-Royce Eagle mit 268 kW (364 PS) oder ein American Liberty mit 313 kW (426 PS) als Antrieb; einige Exemplare flog das holländische Heer
**C.IVC:** Fernaufklärer mit 14,27 m weit gespannten Tragflächen und Napier-Lion-Motor; einige Exemplare flog das holländische Heer
**C.IV-W:** seetüchtige Version mit Zwillingsschwimmern und dem weit gespannten Tragwerk der C.IVC; die C.IVH (Ciudad de Buenos Aires), geführt vom argentinischen Major Zanni, flog 1924 von Amsterdam nach Tokio

***Die Fokker C.IV machte 1924 durch einen bemerkenswerten Flug von Amsterdam nach Tokio, mit dem argentinischen Piloten Major Zanni am Steuer, auf sich aufmerksam.***

**TECHNISCHE DATEN**
**Fokker C.IV**
**Typ:** zweisitziges Aufklärungsflugzeug
**Triebwerk:** ein Zwölf-Zylinder-Reihenmotor Napier Lion mit 336 kW (457 PS)
**Leistung:** Höchstgeschwindigkeit 214 km/h; Dienstgipfelhöhe 5500 m; Reichweite 1200 km
**Gewicht:** Rüstmasse 1450 kg; max. Startmasse 2270 kg
**Abmessungen:** Spannweite 12,90 m; Länge 9,20 m; Höhe 3,40 m; Tragflügelfläche 39,20 m²
**Bewaffnung:** ein oder zwei 7,7-mm-Maschinengewehre, starr nach vorn feuernd, und zwei MG vom selben Kaliber auf einer Ringlafette über dem hinteren Cockpit

**CO-4:** bei dieser Variante handelte es sich um die offizielle Bezeichnung einer Maschine der amerikanischen Heeresversion; auf drei Erprobungsflugzeuge XCO-4 folgten fünf CO-4A, alle vom Liberty 12A mit 313 kW (426 PS) angetrieben; die CO-4A hatten doppelte Backenkühler und einen 24 cm längeren Rumpf als ihre Vorgänger; sowohl die Maschinen vom Typ XCO-4 als auch die Variante CO-4A wurden vom USAAS auf McCook Field gründlich getestet

# Flugzeugserie Fokker C.V

***Eine Fokker C.V der 3. Eskadrille der dänischen Heeresflieger Mitte der dreißiger Jahre.***

Die **Fokker**-Serie **C.V** gehörte zweifellos zu den erfolgreichsten Militärflugzeugen der zwanziger und dreißiger Jahre. Sie ging aus dem im Mai 1924 geflogenen Prototyp hervor und erweiterte sich rasch, da die Möglichkeit zum Einbau verschiedener Motoren und fünf unterschiedlicher Tragflächentypen bestand. Die **C.V-A, C.V-B** und **C.V-C** hatten Tragflächen mit konstanter Profiltiefe und einer tragenden Fläche von 37,50 m² beziehungsweise 40,80 m² und 46,10 m². Die **C.V-D** und **C.V-E** waren Anderthalbdecker, deren Flächen sich nach außen hin verjüngten, die **C.V-D** besaß V-Stiele und eine tragende Fläche von 28,80 m², während die **C.V-E** N-Stiele und eine tragende Fläche von 39,30 m² aufwies. Alle **C.V** waren in gemischter Bauweise mit einem Stahlrohr-Rumpfgerüst und hölzernen Flächen konstruiert. Zur Wahl standen fünf verschiedene Tragflächentypen, wie oben beschrieben und jeweils durch einen Zusatzbuchstaben zur Typkennung identifiziert (nur die **C.V-D** und die **C.V-E** waren erst ab Januar 1926 verfügbar). Das Muster gewann bald Anerkennung als hervorragendes Mehrzweckflugzeug, da sich ein Motorenspektrum von 258 kW (350 PS) bis 537 kW (730 PS) installieren ließ.

**TECHNISCHE DATEN**
**Fokker C.V-D**

**Typ:** zweisitziger Aufklärer/Bomber
**Triebwerk:** ein Zwölf-Zylinder-V-Motor Hispano-Suiza mit 331 kW (450 PS)
**Leistung:** Höchstgeschwindigkeit 225 km/h in 4000 m Höhe; Marschgeschwindigkeit 185 km/h; Dienstgipfelhöhe 5500 m; Reichweite 770 km
**Gewicht:** Leermasse 1250 kg; max. Startmasse 1850 kg
**Abmessungen:** Spannweite 12,50 m; Länge 9,50 m; Höhe 3,50 m; Tragflügelfläche 28,80 m²
**Bewaffnung:** ein oder zwei vorwärtsfeuernde 7,9-mm-Maschinengewehre, ein oder zwei ähnliche Waffen im hinteren Cockpit und (gelegentlich) ein zusätzliches MG in der Bodenwanne plus 200 kg Bomben oder Minen

Frühe Nutzer der **C.V-E** waren die holländischen Seeluftstreitkräfte und Bolivien. Erstere erhielten zehn Schwimmerflugzeuge **C.V-W**, die später zu Standard-Landflugzeugen **C.V-C** umgerüstet wurden. Für den Antrieb dieser frühen **C.V** sorgten gewöhnlich Hispano-Suiza-Motoren mit 331 kW (450 PS), doch bei einigen Maschinen auch der Lorraine-Dietrich mit 294 kW (400 PS).

Die Großserienfertigung konzentrierte sich auf die **C.V-D** und **C.V-E** mit den neueren zugespitzten Tragflächen. Die **C.V-D** mit kurzer Spannweite war als Jagdflugzeug zur Zusammenarbeit mit dem Heer und die **C.V-E** als Aufklärungsbomber gedacht. Die meisten **C.V-D** der holländischen Luftwaffe hatten Hispano-Suiza-Motoren à 258 kW (350 PS) oder 331 kW (450 PS), aber einige Exemplare besaßen den britischen Jaguar-Sternmotor, der ebenfalls 331 kW (450 PS) abgab.

Unter dem Exportkontingent befand sich ein Los für Dänemark, von denen ein Exemplar mit dem 544 kW (740 PS) starken Bristol-Pegasus-Motor ausgerüstet war. Einige dänische Maschinen fielen den Deutschen in die Hände, die sie im Sommer 1944 an der Ostfront für Nachtstöreinsätze nutzten. Norwegen baute eine Serie **C.V-E**, von denen einige bis 1940 im Dienst blieben. Schweden kaufte acht **C.V-E** von Fokker und fertigte weitere 46 Exemplare mit Pegasus-Antrieb in Lizenz. Finnland flog 19 **C.V-D** und **C.V-E**, einige davon neu beschafft, plus drei **C.V-E** aus Schweden und zwei norwegische **C.V-D**, die beschlagnahmt worden waren. Die Schweizer Flugwaffe erwarb sechs neue **C.V-E** und baute zwischen 1932 und 1936 nochmals 49 Exemplare in Lizenz. Der größte Lizenzhersteller aber war Italien, wo die Meridionali Ro.1 mit dem 313 kW (426 PS) starken Bristol Jupiter und die Ro.1bis mit dem von Piaggio gebauten, 410 kW (558 PS) starken Jupiter VIII gefertigt wurde.

Manfred Weiss in Ungarn kaufte drei **C.V** von Fokker und baute 100 Lizenzflugzeuge mit der Bezeichnung **WM Budapest 9** und **Budapest 11** sowie **Budapest 14** mit dem 640 kW (870 PS) starken WM-Kolbenmotor K-14. Eine modifizierte Weiss-Version, als **WM 21 Sólyom** bekannt, wurde im Zweiten Weltkrieg eingesetzt.

In diesem Krieg operierten noch einige andere Versionen der **C.V**, beispielsweise in Finnland und in den Niederlanden, wo beim Angriff durch Deutschland am 10. Mai 1940 28 **C.V** zur Verfügung standen. Die Mehrzahl wurde am Boden zerstört, aber andere griffen in den Erdkampf ein, bis der Widerstand nach fünf Tagen endete. Die langlebigsten Fokker dieser Gattung waren die **C.V-E** der Schweiz, in der die letzte Zielschleppmaschine erst 1954 abgezogen wurde. Eine **C.V-E** blieb im Schweizer Luftwaffenmuseum in Dübendorf bei Zürich erhalten, während eine in Holland produzierte Maschine im Aviodome Museum in Amsterdam ausgestellt ist.

**Variante**

**Fokker C.VI:** 26 C.V-D, die auf einen Hispano-Suiza mit 258 kW (350 PS) oder einen Armstrong Siddeley Jaguar mit 336 kW (457 PS) ummotorisiert wurden

***Unter den Fokker-Doppeldeckern, die an die dänische Luftwaffe geliefert wurden, befand sich auch diese C.V-D.***

# Fokker C.X

***Fokker C.X der TLeLV 12, Suomen Ilmavoimat (finnische Luftwaffe), im Winter 1939/40 in Suur-Merijoki stationiert.***

Nach dem überragenden Erfolg der Serie C.V begann Fokker 1933 mit der Konstruktion eines Nachfolgemusters. Die erste **Fokker C.X**, angetrieben von einem Hispano-Suiza-Motor, absolvierte ihren Erstflug im Jahre 1934 und wurde gleichzeitig auf der Pariser Luftfahrtschau jenes Jahres vorgestellt. In der Grundauslegung hatte die **C.X** zwar viel mit ihrer Vorgängerin gemein, aber die Serienversion bot deutlich bessere Flugleistungen dank des Rolls-Royce-Kestrel-Triebwerks, das rund 150 kW (204 PS) mehr erzeugte als der Standardmotor der C.V-E.

1935 wurde eine Fertigungsstrecke eingerichtet, und als erster Kunde stellte sich die Heeresfliegertruppe von Niederländisch-Ostindien mit einer Bestellung von zehn Maschinen ein. Bei Auslieferungsbeginn hatte die Königlich Niederländische Luftwaffe ebenfalls 20 Exemplare in Auftrag gegeben. Während die früheren Heeresluftfahrzeuge mit offenen Cockpits und Schleifsporn fertiggestellt worden waren, erhielten die letzten 15 der 36 Maschinen Kanzeln und Spornräder.

Die finnischen Luftstreitkräfte erteilten 1936 eine Bestellung für vier **C.X**. Von den

**TECHNISCHE DATEN**
**Fokker C.X**

**Typ:** zweisitziger Aufklärer/Bomber
**Triebwerk:** ein Neun-Zylinder-Sternmotor Bristol Pegasus XII oder XXI mit 623 kW (847 PS)
**Leistung:** Höchstgeschwindigkeit 335 km/h in 1850 m Höhe; Marschgeschwindigkeit 275 km/h in 1750 m Höhe; Dienstgipfelhöhe 8100 m; Reichweite 900 km
**Gewicht:** Leermasse 1550 kg; max. Startmasse 2900 kg
**Abmessungen:** Spannweite 12 m; Länge 9,20 m; Höhe 3,30 m; Tragflügelfläche 31,70 m²
**Bewaffnung:** ein vorwärtsfeuerndes 7,62-mm-Maschinengewehr und eine ähnliche Waffe im hinteren Cockpit sowie eine Bombenlast von max. 400 kg

früheren Modellen unterschied sich dieses Quartett durch den Sternmotor Bristol Pegasus XXI, der die Leistung geringfügig verbesserte. Das Muster kam in Finnland so gut an, daß um eine Lizenz ersucht wurde. So baute die finnische State Aircraft Factory in den Jahren 1936/37 30 **C.X** dieser Version und nochmals fünf Exemplare im Jahre 1942. Die in Holland gefertigten Flugzeuge wurden unter der Bezeichnung **C.X Srs I** (Serie I) zusammengefaßt und bei den anschließend in Finnland gefertigten beiden Baureihen handelte es sich um **C.X Srs III** und **C.X Srs IV**.

Als Deutschland am 10. Mai 1940 in Holland einfiel, griffen auch zehn **C.X** ein, aber gegen die Kriegsflugzeuge der Luftwaffe hatten sie keine Chance. Immerhin machte die **C.X** dadurch von sich reden, daß zwei Holländer am letzten Tag der niederländischen Waffenwehr eine Maschine dieses Typs nach England überführten und die ersten Mitglieder der holländischen Freiwilligen-Luftwaffe wurden.

# Fokker C.XIV-W

Im Jahre 1937 erschien die **Fokker C.XIV-W**, die etwas kleiner ausgelegt und schwächer motorisiert war als die C.XI-W und hauptsächlich zur Schulung diente. Für die niederländische Marine wurden insgesamt 24 solcher Flugzeuge gebaut, von denen elf Maschinen für Niederländisch-Ostindien vorgesehen waren.

Die zwölf Maschinen, die sich beim Einfall der deutschen Wehrmacht in die Niederlande im Mai 1940 noch im Dienst befanden, bildeten einen Teil der 26 Fokker-Schwimmerflugzeuge, die am 22. Mai nach England entkamen. Wie die einzelne C.XI-W wurden die zwölf **C.XIV-W** in Kisten verpackt zur niederländischen Marine nach Surabaya verschifft, jedoch anschließend bei der Invasion der Japaner zerstört.

### TECHNISCHE DATEN
**Fokker C.XIV-W**

**Typ:** zweisitziges Ausbildungs-/Aufklärungsschwimmerflugzeug
**Triebwerk:** ein Neun-Zylinder-Sternmotor Wright Whirlwind R-975-E3 mit 336 kW (457 PS)
**Leistung:** Höchstgeschwindigkeit 230 km/h; Marschgeschwindigkeit 195 km/h; Dienstgipfelhöhe 4800 m; Reichweite 950 km
**Gewicht:** Leermasse 1315 kg; max. Startmasse 1945 kg
**Abmessungen:** Spannweite 12,05 m; Länge 9,55 m; Höhe 4,25 m; Tragflügelfläche 31,70 $m^2$
**Bewaffnung:** ein vorwärtsfeuerndes 7,9-mm-Maschinengewehr und eine ähnliche, schwenkbar gelagerte Waffe im hinteren Cockpit

***Dies war das 19. von 24 Schwimmerflugzeugen Fokker C.XIV-W, die der holländischen Marine zur Ausbildung zugeführt wurden. Der Pilot saß in einem geschlossenen Cockpit.***

# Fokker D.I und D.IV

Die Fokker M.18z war der Prototyp des Jäger/Aufklärers **Fokker D.I**. Der einstielige Doppeldecker in Mischbauweise mit konventionellem Leitwerk, Schleifsporn-Fahrwerk und einem Mercedes D.II mit 88 kW (120 PS) als Antrieb wurde ab Sommer 1916 in kleiner Stückzahl gebaut. Bald zeigte sich, daß die Maschine deutlich untermotorisiert war und mit den französischen Nieuports an der Westfront nicht mithalten konnte. So kam dieser Doppeldecker an der Ostfront, wo keine so hohen Anforderungen gestellt wurden, und in anderen nachgeordneten Bereichen zum Einsatz.

Um die Nutzungsdauer des Grundentwurfs noch ein wenig zu strecken, konstruierte Fokker die etwas größere Version **Fokker D.IV** mit einem stärkeren Mercedes-Motor. Nach kurzem Dienst in Frontverbänden stand jedoch fest, daß die erreichte Leistungssteigerung nicht hoch genug war. Die restlichen **D.I** und **D.IV** wurden daher nur noch Ausbildungseinheiten zugewiesen. Die Produktion beider Versionen ergab rund 60 Flugzeuge.

***Ein gewisses Maß an Fortentwicklung erfuhren auch die D.I-Jäger. Bei diesem Exemplar ergänzte eine starre Seitenflosse das ausgeglichene Seitenruder von der Form eines Kommas, und Querruder ersetzten verwindbare Tragflächen.***

***Zwischen der D.IV und D.I bestanden nur geringe Unterschiede. So war das neuere Modell etwas größer und mit zwei MGs bewaffnet, und den Antrieb lieferte ein Mercedes D.III mit 118 kW (160 PS) statt des 88 kW (120 PS) starken D.II.***

### TECHNISCHE DATEN
**Fokker D.IV**

**Typ:** einsitziger Jäger/Aufklärer
**Triebwerk:** ein Sechs-Zylinder-Reihenmotor Mercedes D.III mit 118 kW (160 PS)
**Leistung:** Höchstgeschwindigkeit 160 km/h; Steigzeit auf 1000 m Höhe 3 Minuten; Dienstgipfelhöhe 5000 m; Flugdauer 1 Stunde, 30 Minuten
**Gewicht:** Leermasse 606 kg; max. Startmasse 840 kg
**Abmessungen:** Spannweite 9,70 m; Länge 6,30 m; Höhe 2,45 m; Tragflügelfläche 21 $m^2$
**Bewaffnung:** ein oder zwei starr vorwärtsfeuernde 7,92-mm-Maschinengewehre LMG 08/15

# Fokker D.II, D.III und D.V

Mit etwas zurückgenommener Spannweite, aber längerem Rumpf mit feineren Konturen ging die **Fokker D.II** aus der Versuchsmaschine M.17z hervor. Sie ähnelte in Konstruktion und Grundauslegung der D.I und wurde vom 74 kW (100 PS) starken Oberursel-Umlaufmotor U.I angetrieben, über dem ein einzelnes, vorwärtsfeuerndes LMG 08/15 „Spandau" montiert war. Im Frühling 1916 erreichten erste **D.II** die Fliegertruppe, doch sie erwiesen sich als zu leistungsschwach, um mit den neuen Luftfahrzeugen der Alliierten mithalten zu können. Die **D.III** entsprang den Bemühungen, die Leistung durch den Einbau des Doppelumlaufmotors U.III in eine verstärkte **D.II**-Zelle zu steigern. Gleichzeitig führte man das Tragwerk der D.I mit größerer Spannweite und eine Bewaffnung mit zwei „Spandau"-MGs ein.

Diese Änderungen verbesserten zwar das Tragvermögen, nicht aber die Flugleistungen der **D.III**. Das Muster war nicht nur den Maschinen der Alliierten unterlegen, sondern stand auch hinter den neuen Albatros- und Halberstadt-Jagdeinsitzern zurück, die in dieser Phase die deutsche Luftwaffe erreichten. Dennoch wurden insgesamt 300 **D.II** und **D.III** gebaut. Von den Jägern, die den nur wenige Monate dauernden Einsatz an der Front überstanden, ging ein Teil an die Luftwaffe Österreich-Ungarns, doch das Gros verteilte sich auf Ausbildungseinrichtungen.

Die **Fokker D.V** stellte eine weiterentwickelte und verfeinerte Ausgabe der **D.III** dar, angetrieben vom Oberursel-Umlaufmotor U.I mit 74 kW (100 PS). Die Verwendung dieses Triebwerks bedeutete, daß die **D.V** zum Zeitpunkt ihrer Auslieferung Ende 1916 wegen unzureichender Flugleistungen an der Westfront nicht mehr einsetzbar war. Die meisten Vertreter dieser Baureihe mit über 200 Flugzeugen wurden daher überwiegend zur Schulung von Jagdpiloten genutzt.

### TECHNISCHE DATEN
**Fokker D.III**

**Typ:** einsitziger Jäger/Aufklärer
**Triebwerk:** ein 14-Zylinder-Umlaufmotor Oberursel U.III mit 118 kW (160 PS)
**Leistung:** Höchstgeschwindigkeit 160 km/h; Steigzeit auf 4000 m Höhe 20 Minuten; Dienstgipfelhöhe 4700 m; Flugdauer 1 Stunde, 30 Minuten
**Gewicht:** Leermasse 452 kg; max. Startmasse 710 kg
**Abmessungen:** Spannweite 9,05 m; Länge 6,30 m; Höhe 2,25 m; Tragflügelfläche 20 $m^2$
**Bewaffnung:** ein oder zwei LMG 08/15, starr vorwärtsfeuernde 7,92-mm-Maschinengewehre

***Ursprünglich hatte die D.II ein einstieliges, ungestaffeltes Doppeldeckertragwerk, aber bis zur Serienfertigung der Maschine änderte sich das Konzept zum horizontal gestaffelten Tragwerk mit zwei „Fächern".***

***Die D.III wurde geschaffen, um das D.I-Flugwerk für den Einbau eines stärkeren Motors und einer schwereren Bewaffnung mit zwei MGs anzupassen. Nur ein kleiner Teil der geplanten Serie wurde fertiggestellt.***

***Der letzte Entwurf Martin Kreutzers war die D.V. Er gab diesem Doppeldecker zurückgepfeilte Oberflügel, eine stärker betonte Staffelung und Querruder als ausschließliches Instrument zur Quersteuerung.***

# Fokker D.VI bis Fokker E.V/D.VIII

**Fokker muß als Schöpfer des ersten echten Jagdflugzeugs der Welt angesehen werden, der E.I mit synchronisierten Vorwärts-MGs. Die Flugzeuge von Martin Kreuzer boten allerdings nur mittelmäßige Leistungen. Erst als Reinhold Platz nach Kreuzers Tod Chefkonstrukteur wurde, wurden Fokkers Militärmaschinen wieder hervorragend.**

## Fokker D.VI

Im Winter 1917/18 konstruierte Fokker zwei Prototypjagdeinsitzer, die den Rumpf, das Leitwerk und das Fahrgestell der Dr.I mit einem für die D.VII entwickelten Tragwerk kombinierten, allerdings mit verkürzter Spannweite. Die beiden Versuchsmaschinen unterschieden sich lediglich im Antrieb voneinander: Die **V 13/1** hatte den Oberursel-Umlaufmotor U.III mit 107 kW (145 PS) und die **V 13/2** einen Siemens-Halske Sh.III, der 118 kW (160 PS) erzeugte. Die Test- und Prüfergebnisse waren zufriedenstellend, so daß zu Beginn des Jahres 1918 die Serienfertigung unter der Bezeichnung **D.VI** anlief. Da die Motoren der beiden Prototypen noch nicht ausgereift erschienen, wurde in die Serienjäger der Oberursel U.II eingebaut.

Die Produktion der **D.VI**, die parallel zur Fokker D.VII entstand, verlief vergleichsweise schleppend, da letztere Vorrang genoß. Als die Herstellung der Maschinen im August 1918 gänzlich eingestellt wurde, damit man die ingesamt verfügbare Kapazität auf die überaus erfolgreiche D.VII richten konnte, waren rund 60 **D.VI** vom Band gerollt. Die Mehrzahl der Flugzeuge diente hauptsächlich zur Schulung angehender Jagdpiloten.

**TECHNISCHE DATEN**
**Fokker D.VI**

**Typ:** Jagdeinsitzer
**Triebwerk:** ein Neun-Zylinder-Umlaufmotor Oberursel U.II mit 81 kW (110 PS)
**Leistung:** Höchstgeschwindigkeit 196 km/h; Steigzeit auf 5000 m Höhe 19 Minuten; Dienstgipfelhöhe 6000 m; Flugdauer 1 Stunde, 30 Minuten
**Gewicht:** Leermasse 393 kg; max. Startmasse 585 kg
**Abmessungen:** Spannweite 7,65 m; Länge 6,25 m; Höhe 2,55 m; Tragflügelfläche 17,70 m²
**Bewaffnung:** zwei starre, vorwärtsfeuernde 7,92-mm-Maschinengewehre LMG 08/15

***Das Wirken von Reinhold Platz als leitendem Konstrukteur bei Fokker machte sich sofort durch fachlich anspruchsvollere und zweckmäßigere Konstruktionen bemerkbar.***

## Fokker D.VII

Zur Teilnahme am ersten Jägerwettbewerb von 1918 konstruierte Reinhold Platz einen neuen Prototyp **VII**, der viel mit dem erfolgreichen Dreidecker Dr.I gemein hatte. Die Bauweise und das Profil des Rumpfes waren gleich, das Leitwerk neu konzipiert und das Fahrgestell wiederum so gut wie unverändert. Das Ziel, ein neues Maß an Flugleistung über einen stärkeren und schwereren Motor zu erreichen, bedeutete, daß im Vergleich zur D.VI ein Doppeldeckertragwerk größerer Spannweite/Flügelfläche eingesetzt werden mußte. Dessen Konstruktion entsprach weitgehend der, die man bei den freitragenden Flächen der Dr.I eingeführt hatte, doch es baute auf zwei Holmen statt nur einem auf und war wesentlich größer. Den Antrieb des Prototyps und der ersten Serienmaschinen lieferte ein Mercedes D.III mit 118 kW (160 PS), aber in die späteren Serienjäger wurde der BMW III eingebaut, dessen weitaus höhere Leistung das Muster viel spritziger machte.

Fokker wurde angewiesen, den Gewinner des Jägerwettbewerbs vom Januar 1918 sofort serienmäßig als **D.VII** zu fertigen. Die Flugleistungen dieses Typs übertrafen die der Albatros-Baureihe D.V so klar, daß sich die Albatros Werke GmbH weisungsgemäß mit beiden Fabrikationsstätten an der Fokker-Produktion beteiligen mußte. Nur drei Monate nach dem Wettbewerb befanden sich die ersten **D.VII** im Einsatz, mit denen sich allenfalls die britische Sopwith Snipe und die französische Spad XIII messen konnten. Bis zum Waffenstillstandsabkommen am 11. November 1918 waren mehr als 700 **D.VII** ausgeliefert. Die Kampfstärke dieses Flugzeugs galt als so hoch, daß man im Friedensvertrag die Übergabe aller **D.VII** an die Alliierten festschrieb. Diese Jäger und die Zeppelin-Luftschiffe wurden als einzige Luftfahrzeuge Deutschlands konfisziert.

Dem gebürtigen Holländer Fokker gelang es, einige **D.VII** zusammen mit etlichen Baugruppen und Teilen aus Deutschland in seine Heimat zu schmuggeln, wo er eine neue Flugzeugfabrik errichtete. Dort hielt die Produktion der **D.VII** noch mehrere Jahre nach dem Krieg an, so daß neue und vormals deutsche **D.VII** bei den Luftstreitkräften etlicher europäischer Nationen flogen.

**Varianten**

**V 18:** Entwicklungsstufe zwischen der V 11 und der D.VII mit zusätzlicher Rückenfinne
**V 21:** Variante der D.VII mit zugespitzten Tragflächen und 118 kW (160 PS) starkem

***Fokker D.VII, die Unteroffizier Pial, Jastaführer der Jagdstaffel 13 an der Westfront, Kaiserlich Deutsche Heeresluftwaffe, im Jahre 1918 flog.***

***Fokker D.VII, die Josef Raesch, Jastaführer der Jagdstaffel 43, Kaiserlich Deutsche Heeresluftwaffe, im Jahre 1918 flog.***

**TECHNISCHE DATEN**
**Fokker D.VII**

**Typ:** einsitziger Jäger/Aufklärer
**Triebwerk:** ein Sechs-Zylinder-Reihenmotor BMW III mit 136 kW (185 PS)
**Leistung:** Höchstgeschwindigkeit 200 km/h in 1000 m Höhe; Steigzeit auf 5000 m Höhe 16 Minuten; Dienstgipfelhöhe 7000 m; Flugdauer 1 Stunde, 30 Minuten
**Gewicht:** Leermasse 735 kg; max. Startmasse 880 kg
**Abmessungen:** Spannweite 8,90 m; Länge 6,95 m; Höhe 2,75 m; Tragflügelfläche 20,50 m²
**Bewaffnung:** zwei starre, vorwärtsfeuernde 7,92-mm-Maschinengewehre LMG 08/15

Mercedes-D.III-Motor; nahm am zweiten Jägerwettbewerb für D-Typen teil.
**V 22:** Versuchsmaschine für die Vorserie D.VII, die die besten Merkmale der V 11, V 18 und V 21 zusammenfaßte und von einem Mercedes D.III mit 118 kW (160 PS) angetrieben wurde
**V 24:** mit einem 147 kW (200 PS) starken Benz-Motor ausgerüstete D.VII
**V 29:** Versuchsversion der D.VII in der Auslegung eines Schirmeindeckers; ähnelte einer größeren Ausgabe der V 27, abgesehen vom Einbau des BMW IIIa mit 136 kW (185 PS); nahm am 3. Jägerwettbewerb für D-Typen teil
**V 31:** Standard-D.VII mit Schleppgeschirr für die V 30
**V 34:** D.VII mit Leitwerk im Stil der V 33 und besser verkleidetem BMW-Motor
**V 36:** zwei Versuchsmaschinen, davon die erste ähnlich wie die V 34, aber mit D.VII-Leitwerk; das zweite Exemplar verzichtete auf den Ausschnitt an der Hinterkante des Oberflügels und war mit einem Kraftstofftank im Gehäuse der Fahrwerksachse ausgestattet
**V 38:** maßstäblich vergrößerter D.VII-Abkömmling, der als Prototyp für die Baureihe C.I gedacht war; 70 Bausätze dieser Version schmuggelte Fokker nach dem Ende des Ersten Weltkriegs in die Niederlande

# Fokker D.XI

Der von Reinhold Platz konstruierte schnittige Jagdeinsitzer Fokker **D.XI** war ein echter Anderthalbdecker, der gleich bei seinem Erstflug am 5. Mai 1923 beträchtliches Aufsehen erregte. Wegen der angespannten Haushaltslage erteilte die niederländische Regierung keine Aufträge, aber insgesamt 117 Exemplare wurden für den Export gefertigt. Die **D.XI** erfuhr während ihrer Produktionszeit stete Fortentwicklung, so daß die für die einzelnen Importländer gebauten Versionen deutliche Unterschiede zeigten. Allen **D.XI** gemein aber war die typische V-Strebe zwischen Ober- und Unterflügel. Ferner wurden alle vom Hispano-Suiza-Motor mit 221 kW (300 PS) angetrieben, dessen zwei Kühler an der Flugzeugnase installiert waren, damit die Stromlinienform erhalten blieb.

Hauptabnehmer der **D.XI** war die UdSSR, die dieses Muster bei den Frontjagdeinheiten bis 1929 in Dienst hielt. Zu den übrigen Importländern gehörten Rumänien und Spanien, die ihre Bestellungen allerdings auf kleinere Stückzahlen zusammenstrichen, und Argentinien, das sechs Exemplare für eine Marinejagdstaffel beschaffte. Unter der Bezeichnung **PW-7** erprobte zudem die US Army drei Exemplare mit dem 328 kW (446 PS) starken V-12-Motor Curtiss D-12. Die geplante Verwendung dieses Typs durch die geheime deutsche Luftwaffe zerschlug sich, so daß der bedingte Kaufvertrag über 50 Flugzeuge nichtig wurde.

**TECHNISCHE DATEN**
**Fokker D.XI**
**Typ:** Jagdeinsitzer
**Triebwerk:** ein Acht-Zylinder-V-Motor Hispano-Suiza 8 Fb mit 221 kW (300 PS)
**Leistung:** Höchstgeschwindigkeit 225 km/h; Dienstgipfelhöhe 7000 m; Reichweite 440 km
**Gewicht:** Rüstmasse 865 kg; max. Startmasse 1250 kg
**Abmessungen:** Spannweite 11,67 m; Länge 7,50 m; Höhe 3,20 m; Tragflügelfläche 21,80 m²
**Bewaffnung:** zwei starre, vorwärtsfeuernde 7,7-mm-Maschinengewehre

***Unter der Bezeichnung PW-7 prüfte die amerikanische Heeresluftwaffe drei D.XI. Eine Maschine (Foto) hatte die Original-V-Streben und sperrholzbeplankten Tragflächen, die beiden anderen trugen einen N-Stiel zwischen dem stoffbezogenen Tragwerk.***

# Fokker D.XIII

Nach dem gescheiterten einsitzigen Doppeldeckerjäger D.XII, der für die US Army gedacht und mit einem Curtiss D-12-Motor ausgerüstet war, startete am 12. September 1924 der Prototyp Fokker **D.XIII** zum Erstflug. Diese weiterentwickelte Ausgabe der D.XI, angetrieben von einem Napier Lion, bestach durch ihre Linienführung und besaß ein für damalige Zeiten ausgezeichnetes Leistungsvermögen.

Eine der ersten 50 seriengefertigten **D.XIII** stellte am 16. Juli 1925 eine Reihe neuer Weltrekorde für Geschwindigkeit und Nutzlast auf. Alle Serienflugzeuge wurden auf Umwegen an das heimlich vom deutschen Heer in Lipetsk, Sowjetunion, eingerichtete Ausbildungszentrum ausgeliefert. Als die Deutschen 1933 von diesem Stützpunkt abzogen, hinterließen sie den Russen rund 20 **D.XIII**.

Zu Beginn der **D.XIII**-Serienfertigung, am 29. März 1925, hatte der Versuchsjagdeinsitzer D.XIV in der Auslegung eines abgestrebten Tiefdeckers den Erstflug absolviert. Der Absturz dieses Einzelexemplars führte dazu, daß Fokker die Konstruktion von Tiefdeckerjägern erst ein Jahrzehnt später wieder aufgriff.

***Die D.XIII war für die damalige Zeit ein leistungsfähiger Jäger, den die heimliche Luftwaffe Deutschlands zur Ausbildung in der UdSSR benutzte.***

**TECHNISCHE DATEN**
**Fokker D.XIII**
**Typ:** Jagdeinsitzer
**Triebwerk:** ein Zwölf-Zylinder-Reihenmotor (Keilform) Napier Lion XI mit 425 kW (578 PS)
**Leistung:** Höchstgeschwindigkeit 270 km/h; Dienstgipfelhöhe 8000 m; Reichweite 600 km
**Gewicht:** Rüstmasse 1220 kg; max. Startmasse 1650 kg
**Abmessungen:** Spannweite 11 m; Länge 7,90 m; Höhe 2,90 m; Tragflügelfläche 21,47 m²
**Bewaffnung:** zwei starre, vorwärtsfeuernde 7,7-mm-Maschinengewehre

# Fokker D.XVII

Der einsitzige Jagddoppeldecker **Fokker D.XVII**, der durch Modifikationen der D.XVI entstand, war eigentlich für das Heer in Niederländisch-Ostindien gedacht, doch bei seinem Erscheinen im Jahre 1932 fehlten dieser Streitkraft die nötigen Beschaffungsmittel. Daraufhin prüfte die niederländische Luftwaffe diesen Jäger und bestellte anschließend elf Exemplare. Trotz dieser kleinen Zahl waren mindestens drei verschiedene Motortypen benutzt worden: der Hispano-Suiza 12Xbrs mit 508 kW (690 PS), der Lorraine-Dietrich Petrel mit 581 kW (790 PS) und in den meisten Fällen der Rolls-Royce Kestrel IIS; in den Prototyp hatte man den Curtiss V-1570 Conqueror eingebaut. Ungeachtet dieser Motorenvielfalt kam die **D.XVII** bei den Flugzeugführern gut an. Die Konstruktion umfaßte im Kern ein stoffüberzogenes Stahlrohr-Rumpfgerüst und stoffbespannte Tragflächen in Holzbauweise. Die **D.XVII** sollte per Nachrüstung ein geschlossenes Cockpit erhalten, doch nach dem Erfolg des D.XXI-Eindeckers entfiel dieses Vorhaben bereits in der Konstruktionsphase.

Sechs **D.XVII** befanden sich bei der Flugschule der niederländischen Luftwaffe auf der Insel Texel, als die Deutschen am 10. Mai 1940 in Holland einfielen. In dieser verzweifelten Lage teilte man die Jäger zum Begleitschutz der C.V und C.X ein, die die deutschen Panzerkolonnen aufhalten sollten, und verhalf ihnen so zu einem kurzen Einsatz in der Heimat.

**TECHNISCHE DATEN**
**Fokker D.XVII**
**Typ:** einsitziger Doppeldeckerjäger
**Triebwerk:** ein Zwölf-Zylinder-V-Motor Rolls-Royce Kestrel IIS mit 444 kW (604 PS)
**Leistung:** Höchstgeschwindigkeit 350 km/h in 4000 m Höhe; Marschgeschwindigkeit 290 km/h in 4000 m Höhe; Dienstgipfelhöhe 8750 m; Reichweite 850 km
**Gewicht:** Leermasse 1100 kg; max. Startmasse 1480 kg
**Abmessungen:** Spannweite 9,60 m; Länge 7,20 m; Höhe 3 m; Tragflügelfläche 20 m²
**Bewaffnung:** zwei vorwärtsfeuernde 7,9-mm-Maschinengewehre

***Der attraktive einstielige Doppeldeckerjäger D.XVII diente bis 1940 und erlebte auch eine kurze Kampfperiode bei der Verteidigung der Niederlande.***

# Fokker D.XXI

***Fokker D.XXI der TLeLv 12, Suomen Ilmavoimat (finnische Luftwaffe), im Juni 1941.***

Die Fliegertruppe des niederländischen Heeres hatte 1935 bei Fokker den Bau eines Tiefdecker-Prototyps in Auftrag gegeben, um das Potential dieses Typs zur Verwendung in Niederländisch-Ostindien zu prüfen. Obwohl ursprünglich geplant war, den Rolls-Royce Kestrel IV mit 485 kW (660 PS) einzusetzen, flog die Versuchsmaschine am 27. Februar 1936 in Eindhoven mit dem 481 kW (654 PS) starken Sternmotor Bristol Mercury VI-S. Zu dieser Zeit neigte die niederländische Regierung allerdings eher dazu, für die Heimat Bomber und nicht Jäger zu beschaffen, aber eine geänderte Rüstungspolitik führte im Sommer 1937 dann doch zu einer Bestellung von 36 **D.XXI** mit Sternmotor Bristol Mercury VII oder VIII als Antrieb.

Im selben Jahr vergab die finnische Luftwaffe einen Auftrag über sieben **D.XXI** mit Mercury VIII, und auf der Grundlage einer Lizenzvereinbarung baute die finnische State Aircraft Factory in Tampere zwischen 1938 und 1944 weitere 93 **D.XXI**. Die ersten 38 Flugzeuge mit Mercury-Sternmotor waren 1938 fertiggestellt, doch weitere 50 Exemplare des Baujahres 1941 modifizierte man zur Aufnahme des Pratt & Whitney Twin Wasp Junior SB4-C/-G, von dem 1940 80 Stück gekauft worden waren. Die finnischen **D.XXI** hatten alle vier Maschinengewehre in den Tragflächen statt je zwei im Rumpf und in den Flächen. Die letzte finnische Baureihe umfaßte fünf vom Bristol Pegasus angetriebene **D.XXI**, die 1944 erschienen.

**Fokker D.XXI** holländischer Produktion wurden nach Dänemark geliefert und weitere zehn Exemplare von der Königlichen Heeresflugzeugwerft in Kopenhagen gebaut; diese Maschinen waren mit Mercury-Motoren VI-S und je einer Madsen-20-mm-Kanone in Behältern unter den Tragflächen ausgerüstet. In Spanien leitete die republikanische Regierung die Lizenzproduktion ein, doch die Montagebänder fielen den Nationalisten in die Hände, und man nimmt an, daß in Spanien keine einzige **D.XXI** fertiggestellt wurde. Unterdessen war in Holland am 20. Juli 1938 die erste **D.XXI** für die nationalen Luftstreitkräfte geflogen, und der letzte von 36 Serienjägern wurde 1939 übergeben.

Als deutsche Truppen am 10. Mai 1940 in Holland vorrückten, waren 28 **D.XXI** einsatzklar. Dank ihrer Wendigkeit hielten sich die holländischen Jäger während der fünf Tage bis zur Kapitulation gut, doch letztendlich wurden sie allein durch die große Zahl an gegnerischen Flugzeugen überwältigt, und nur acht Exemplare blieben flugtüchtig. Ihren größten Sieg errangen die **D.XXI** am 10. Mai, als sie von 55 Junkers Ju 52/3m, die die holländische Grenze am frühen Morgen passierten, insgesamt 37 Maschinen zerstörten.

Bei der Kapitulation Finnlands gegenüber den Russen am 12. März 1940 waren noch 29 **D.XXI** im Flugzeugbestand. In der Folgezeit traf Finnland die Entscheidung, weitere 50 solcher Jäger zu produzieren. Die finnische Luftwaffe verfügte daher über ein stärkeres Kontingent, als der Kampf gegen die UdSSR im Juni 1941 wieder aufflammte. Einige **D.XXI** wurden im August jenes Jahres von der vergleichsweise erfolglosen IVL Myrsky abgelöst, doch eine kleine Zahl Fokker-Jäger hielt sich noch bis 1948 im Dienst.

Im Winter flogen die meisten finnischen **D.XXI** mit „Schneeschuhen" am Fahrgestell. Ein Exemplar mit Twin Wasp-Antrieb wurde auf ein Einziehfahrwerk umgestellt, aber die Flugleistungen verbesserten sich dadurch nur so wenig, daß eine entsprechende Umrüstung der übrigen Maschinen nicht in Frage kam.

Eine Reihe holländischer Vorkriegs-**D.XXI** dienten als Erprobungsträger für Motoren wie dem Rolls-Royce Kestrel V und dem Hispano-Suiza 12Y. Projektiert waren Ausführungen mit dem Bristol Hercules (Projekt 150), dem Rolls-Royce Merlin (Projekt 151) und dem Daimler-Benz DB 600H (Projekt 152), alle mit Einziehfahrwerk und aerodynamisch verbesserter Zelle.

**TECHNISCHE DATEN**
**D.XXI**

**Typ:** Jagdeinsitzer
**Triebwerk:** ein Neun-Zylinder-Sternmotor Bristol Mercury VIII mit 619 kW (842 PS)
**Leistung:** Höchstgeschwindigkeit 460 km/h in 4420 m Höhe; Marschgeschwindigkeit 385 km/h; Dienstgipfelhöhe 11.000 m; Reichweite 950 km
**Gewicht:** Leermasse 1450 kg; max. Startmasse 2050 kg
**Abmessungen:** Spannweite 11 m; Länge 8,20 m; Höhe 2,95 m; Tragflügelfläche 16,20 m²
**Bewaffnung:** vier 7,9-mm-Maschinengewehre, je zwei oben im Bug und in den Tragflächen

# Fokker D.XXIII

Bei seinem Erscheinen im Jahre 1939 weckte der Prototyp Fokker **D.XXIII** beträchtliches Interesse im Ausland, nicht zuletzt wegen seiner ungewöhnlichen Auslegung. Um in den Genuß eines Vortriebs zu kommen, der stets mit der Flugzeuglängsachse übereinstimmte, entwarf Ingenieur Marius Beeling eine kurze Rumpfgondel aus Metall mit einem Frontmotor für eine Zugschraube und einem Heckmotor für eine Druckschraube. Dazwischen befand sich ein geschlossenes Cockpit für den Jagdpiloten. Die freitragenden Tiefdeckerflächen nahmen zwei Ausleger auf, die in doppelte Seitenflossen/Ruder mündeten, verbunden durch ein weitgespanntes Höhenleitwerk. Das Fahrgestell war insgesamt einziehbar.

Den Antrieb lieferten zwei flüssigkeitsgekühlte Kolbenmotoren Walter Sagitta I-SR schwacher Nennleistung. Zur Steigerung der bescheidenen Leistungswerte des Prototyps projektierte der Hersteller Versionen mit Rolls-Royce- und Daimler-Benz-Motoren. Bedenken, daß der Pilot durch die Druckschraube in seinem Rükken gefährdet sein könnte, sollte ein Katapultsitz entgegenwirken, doch dieser wurde nie entwickelt.

Ihren Jungfernflug absolvierte die **D.XXIII** am 30. Mai 1939. In der Folgezeit entwickelte der Heckmotor Kühlprobleme, so daß das Muster bis zum Einmarsch der deutschen Truppen in die Niederlande erst wenige Flugstunden gesammelt hatte. Danach hörte man nichts mehr von der bemerkenswerten **D.XXIII**.

***Die D.XXIII sollte die Asymmetrieprobleme eines zweimotorigen Jägers bei Triebwerksausfällen überwinden. Der Flugzeugführer wäre beim Ausstieg allerdings vom hinteren Propeller erschlagen worden.***

**TECHNISCHE DATEN**
**Fokker D.XXIII**

**Typ:** Jagdeinsitzer
**Triebwerke:** zwei hängende Zwölf-Zylinder-V-Motoren Walter Sagitta I-SR mit je 390 kW (530 PS)
**Leistung:** (geschätzt) Höchstgeschwindigkeit 525 km/h; Dienstgipfelhöhe 9000 m; Reichweite 840 km
**Gewicht:** Rüstmasse 2180 kg; max. Startmasse 2950 kg
**Abmessungen:** Spannweite 11,50 m; Länge 10,20 m; Höhe 3,80 m; Tragflügelfläche 18,50 m²
**Bewaffnung:** (geplant) je zwei Maschinengewehre vom Kaliber 7,92 mm und 13,2 mm

# Fokker Dr.I

Als Kriegsberichte über die Leistungsfähigkeit des britischen Dreideckers Sopwith Triplane in Deutschland eintrafen, begannen die heimischen Flugzeughersteller sofort mit der Entwicklung von Versuchsmaschinen dieser Kategorie.

Fokkers Chefkonstrukteur Martin Kreutzer war am 27. Juni 1916 beim Testflug einer D.I ums Leben gekommen. Reinhold Platz nahm seine Stelle ein und zeichnete verantwortlich für die Konstruktion und Entwicklung des neuen Fokker-Dreideckers. Seine erste Versuchsmaschine, die **V 3**, hatte drei kleine Tragflächenpaare, die ohne Stiele an einem typischen Fokker-Rumpf montiert waren, ein Schleifsporn-Fahrwerk und ein herkömmliches Seitenleitwerk/Ruder. Völlig neue Entwurfsmerkmale aber stellten die zum Hilfsauftriebsflügel ausgearbeitete Verkleidung der Fahrwerksachse und die weit vorgezogene Höhenleitwerksnase dar, die nun im spitzen Winkel an den Rumpfseiten auslief. Nachdem sich beim Erstflug der **V 3** ein böses Flügelflattern bemerkbar gemacht hatte, konstruierte Platz jedoch eine verbesserte Version, die **V 4**, deren Hohlstreben in Leichtbauweise das Problem beheben sollten. Gleichzeitig flossen eine Reihe aerodynamischer Verfeinerungen in den Dreidecker ein. Seine Erprobung verlief zufriedenstellend, und im Sommer 1917 erreichte das Muster die Serienfertigung. Seine Bezeichnung lautete zunächst **F.I**, änderte sich aber bald in die offizielle militärische Typkennung **Fokker Dr.I** (Dr für Dreidecker). Für den Antrieb sorgte entweder ein von Thulin in Lizenz gebauter Umlaufmotor Le Rhône oder ein Oberursel, bei dem es sich praktisch um eine Kopie dieses Triebwerks handelte.

Der überragende Ruf, den die **Dr.I** bald erwarb, gründete sich weniger auf ihr Leistungsvermögen, sondern vermutlich darauf, daß der „Rote Baron", Manfred von Richthofen, dieses Muster flog und seine ausgezeichnete Manövrierbarkeit und Steigleistung lobte. Was die Spitzengeschwindigkeit betraf, war die **Dr.I** den zeitgemäßen Jägern/Aufklärern der Alliierten unterlegen, und etliche **Dr.I** stürzten aufgrund struktureller Schwächen des Tragwerks ab. Ende 1917 erhielt das Muster sogar vorübergehend Flugverbot, bis die Modifikationen zur Verstärkung des Tragwerks durchgeführt waren. Bei Produktionsende im Mai 1918 hatte Fokker über 300 **Dr.I** gefertigt, die bis Sommer 1918 im Einsatz blieben.

**Varianten**
**V 5:** Dreidecker Dr.I, der anläßlich des ersten D-Typ-Wettbewerbs probehalber mit einem 118 kW (160 PS) starken Goebel-Umlaufmotor Goe.III ausgerüstet wurde

**V 6:** Dr.I-Entwicklung mit weiter gespanntem Tragwerk und längerem Rumpf; flog erstmals im Sommer 1917 mit dem 88 kW (120 PS) starken Reihenmotor Mercedes D.II; Teile dieser Maschine wurden später für die außergewöhnliche V 8 mit Dreideckertragwerk an der Flugzeugnase, Doppeldeckerflächen direkt hinter dem Cockpit und Standard-Leitwerk der Dr.I genutzt
**V 7:** Standard-Dr.I mit Getriebe-Umlaufmotor Siemens-Halske Sh.III, dessen Leistung von 118 kW (160 PS) eine Vierblatt-Luftschraube erbrachte
**V 9:** experimenteller Doppeldecker vom Herbst 1917, der größtenteils aus Baugruppen der Dr.I bestand; das Mittelstück des Oberflügels war jedoch mit je einem Tripoden-Baldachinstrebenpaar pro Seite gegen den Rumpf abgestützt; den Antrieb lieferte der Oberursel-Umlaufmotor U.0 mit 59 kW (80 PS)
**V 10:** Standard-Dr.I mit dem 107 kW (145 PS) starken Oberursel Ur.III, besaß die enorme Dienstgipfelhöhe von 9500 m

### TECHNISCHE DATEN
**Fokker Dr.I**

**Typ:** einsitziger Jäger/Aufklärer
**Triebwerk:** ein Neun-Zylinder-Umlaufmotor Le Rhône (von Thulin gebaut) oder Oberursel Ur.II mit 81 kW (110 PS)
**Leistung:** Höchstgeschwindigkeit 165 km/h in 4000 m Höhe; Steigzeit auf 1000 m Höhe 2 Minuten, 54 Sekunden; Dienstgipfelhöhe 6095 m; Flugdauer 1 Stunde, 30 Minuten
**Gewicht:** Leermasse 406 kg; max. Startmasse 585 kg
**Abmessungen:** Spannweite 7,20 m; Länge 5,77 m; Höhe 2,95 m; Tragflügelfläche 18,70 m²
**Bewaffnung:** zwei starre, vorwärtsfeuernde 7,92-mm-Maschinengewehre LMG 08/15

***Diese nachgebaute Dr.I läßt die Vorteile des Typs erkennen: Die kompakten Proportionen sind mit großen Kontrollflächen gepaart, und alle schweren Komponenten, wie Motor, Treibstoff, Kanonen und Munition, wurden um den Schwerpunkt der Maschine gruppiert.***

# Fokker E-Serien

Am 19. April 1915 war eine französische Morane-Saulnier Typ L zur Notlandung hinter den deutschen Stellungen gezwungen, weil gegnerisches Flugabwehrfeuer die Benzinleitung durchschlagen hatte. Dieser Vorfall sollte für die Entwicklung von Jagdflugzeugen und ihrer Bewaffnung entscheidende Bedeutung erhalten, denn der Pilot, ein Franzose namens Roland Garros, hatte eine Vorrichtung erfunden, die es ihm ermöglichte, sein Hotchkiss-MG durch den Propellerkreis zu feuern: Keilförmige Stahlplatten an der hinteren Seite der Propellerblätter lenkten alle aufprallenden, die hölzerne Luftschraube gefährdenden Geschosse ab.

Deutsche Offiziere, die den beschädigten Typ L untersuchten, erkannten sofort die Wichtigkeit eines starr eingebauten, vorwärtsfeuernden Maschinengewehrs, mit dem der Pilot seinen Gegner direkt angreifen konnte. Fokker wurde daher ersucht, eine elegantere Technik zu entwickeln, die denselben Zweck verfolgte. Die Lösung war ein Unterbrechergetriebe, das die Schußfolge zeitlich so steuerte, daß die Kugeln zwischen die drehenden Propellerblätter jagten, ohne sie zu beschädigen. Erste Tests dieses Unterbrechers wurden mit dem MG auf einer Fokker M.5K durchgeführt, deren Serienversion, ausgerüstet mit einem Unterbrecherwerk für das LMG 08/15 „Spandau", die Bezeichnung **Fokker E.I** (E für Eindecker) erhielt.

Der Jagdeinsitzer **E.I** war ein abgestrebter Mitteldecker mit Schleifsporn-Fahrwerk, herkömmlichem Leitwerk und 59 kW (80 PS) starkem Oberursel-Umlaufmotor U.0 als Antrieb. Ihm folgten die grundsätzlich ähnliche, aber verfeinerte und strukturell verstärkte Version **E.II** (Herstellerbezeichnung M.14) mit leistungsstärkerem Motor und die **E.III** (Herstellerbezeichnung ebenfalls M.14), die sich nur in Details von der **E.II** unterschied. Die letzte Serienausführung war die schwerere, aber weniger erfolgreiche **E.IV** (Herstellerbezeichnung M.15), im Grunde genommen eine **E.III** mit dem 118 kW (160 PS) starken Oberursel U.III und zwei Maschinengewehren. Man schätzt die Produktion aller vier Varianten auf insgesamt rund 300 Flugzeuge.

### TECHNISCHE DATEN
**Fokker E-Serien**

**Typ:** einsitziger Jäger/Aufklärer
**Triebwerk:** ein Neun-Zylinder-Umlaufmotor Oberursel U.I mit 74 kW (100 PS)
**Leistung:** Höchstgeschwindigkeit 140 km/h; Steigzeit auf 3000 m Höhe 30 Minuten; Dienstgipfelhöhe 3500 m; Flugdauer 1 Stunde, 30 Minuten
**Gewicht:** Leermasse 399 kg; max. Startmasse 610 kg
**Abmessungen:** Spannweite 9,50 m; Länge 7,20 m; Höhe 2,40 m; Tragflügelfläche 16 m²
**Bewaffnung:** ein starres, vorwärtsfeuerndes 7,92-mm-Maschinengewehr LMG 08/15

***Die E.I war an sich kein überragender Jäger, sondern verdankte ihre im Vergleich zur Anzahl ihrer Vertreter unverhältnismäßig hohen Abschußergebnisse vor allem ihrem synchronisierten Maschinengewehr, das durch den Propellerkreis feuern konnte.***

# Fokker E.V/D.VIII

Die für den zweiten deutschen Jägerwettbewerb vom Juni 1918 entworfene **Fokker E.V** vereinte mehrere Merkmale früherer Fokker-Modelle in sich. Der Rumpf mit einsitzigem Führerraum ähnelte dem der D.VII, und auch das Fahrgestell und das Seitenleitwerk waren grundsätzlich gleich. Das Höhenleitwerk und der Antrieb stammten von der Dr.I. Neu war das „freitragende" Tragwerk in der Auslegung eines gestielten Hochdeckers. Beim Jägerwettbewerb schnitt die V 26 hervorragend ab. Die Start- und Steigleistungen sowie ihre Manövrierbarkeit waren so gut, daß man die sofortige Serienfertigung dieses Typs befahl, um die D.VII schließlich ablösen zu können.

Erste Erfahrungen der Frontverbände deckten Probleme mit der Motorschmierung und stukturelles Versagen der Tragflächen auf, so daß die Produktion und die Verwendung im Einsatz vorübergehend unterbrochen wurde. Abhilfemaßnahmen waren jedoch rasch entwickelt, und die Fertigung des Musters lief unter der neuen Bezeichnung **D.VIII** wieder an. Nur wenige **D.VIII** erlebten noch Kampfeinsätze, da kurze Zeit später der Waffenstillstand in Kraft trat. Geplant hatte man die Produktion einiger fortentwickelter Versionen, und Prototypen mit Oberursel-, Goebel- sowie Siemens-Halske-Motoren der Leistungsklassen 103 kW (140 PS) und 118 kW (160 PS) waren bereits geflogen, doch zur Serienfertigung kam es nicht mehr.

***Fokker D.VIII mit den Markierungen des US Army Air Service während der Erprobung auf McCook Field im Jahre 1919.***

**Varianten**
**V 27:** Teilnehmer am zweiten Jägerwettbewerb; im wesentlichen eine modifizierte V 26 mit V-8-Motor Benz IIIb, der 144 kW (195 PS) abgab; die V 27 wurde später zum Einzelexemplar V 38 mit Panzerschutz für Pilot, Motor und Kraftstofftanks zum Einsatz im „Grabenkrieg" umgebaut
**V 28:** flog ebenfalls im zweiten Jägerwettbewerb, angetrieben von Elf-Zylinder-Umlaufmotoren, entweder dem Oberursel U.III mit 107 kW (145 PS) oder dem Goebel Goe.III mit 103 kW (140 PS); für den dritten D-Typ-Wettbewerb wurde die Maschine auf den Siemens-Halske-Umlaufmotor Sh.III umgestellt.
**V 30:** Umrüstung einer V 26 zum Segelflugzeug, in dem der Pilot aus Gründen des Schwerpunkts ganz vorn in der Flugzeugnase untergebracht war; das Einzelexemplar wurde auf dem Pariser Luftfahrtsalon 1921 ausgestellt

### TECHNISCHE DATEN
**Fokker E.V/D.VIII**

**Typ:** einsitziger Jäger/Aufklärer
**Triebwerk:** ein Neun-Zylinder-Umlaufmotor Oberursel Ur.II mit 81 kW (110 PS)
**Leistung:** Höchstgeschwindigkeit 204 km/h in Meereshöhe; Dienstgipfelhöhe 6000 m; Flugdauer 1 Stunde, 30 Minuten
**Gewicht:** Leermasse 405 kg; max. Startmasse 605 kg
**Abmessungen:** Spannweite 8,35 m; Länge 5,85 m; Höhe 2,80 m; Tragflügelfläche 10,70 m²
**Bewaffnung:** zwei starre, vorwärtsfeuernde Spandau-Maschinengewehre

# Fokker F.I und F.II bis Fokker T.VIII-W

**Nach dem Ersten Weltkrieg floh Fokker mit viel Geld und Unterlagen aus Deutschland und gründete in seiner holländischen Heimat eine neue Firma, die N.V. Nederlandsche Vliegtuigenfabriek Fokker mit Reinholz Platz als Chefkonstrukteur bis 1931. Bis Mitte der 50er Jahre baute das Werk dann fast alle Flugzeugtypen.**

## Fokker F.I und F.II

Das erste Verkehrsmuster, das Reinhold Platz entwarf, war die **Fokker F.I**, ein Schirmeindecker mit offenen Kabinen für den Piloten und die Flugreisenden. Anschließend sah man ein, daß man den Passagieren eine bessere Unterbringung anbieten sollte. Platz nahm daher Abstand von der **F.I** und konstruierte den neuen Prototypen **F.II**. Wie schon die **F.I (V44)** wurde auch die **F.II (V45)** im Schweriner Fokker-Werk gebaut und nach ihrem Erstflug im Oktober 1919 erhielt sie die deutsche Zulassung D-57. Bernard de Waal überführte den **F.II**-Prototyp am 20. März 1920 illegal nach Holland, da Fokker entschied, seine Arbeit dorthin zu verlagern.

Die **F.II** erwies sich als eines der ersten zweckmäßigen Passagierflugzeuge der Welt und rund 30 Exemplare wurden gebaut, die meisten davon in Lizenz bei Grulich in Deutschland. Mehrere Maschinen entstanden aber auch in den Netherlands Aircraft Factories nördlich von Amsterdam und im neuen Fokker-Werk in Veere. Man nimmt an, daß zudem drei Serienmaschinen in Schwerin gefertigt wurden.

Die dick profilierten, freitragenden Holzflächen, die eigentlich für die **F.I** gedacht waren, wurden auf den Rücken des **F.II**-Kastenrumpfes geschraubt, dessen Breite zum abgestrebten Höhenleitwerk hin abnahm. Eine starre Seitenflosse fehlte, und das Seitenruder selbst war relativ klein bemessen. In der Kabine unter dem Tragwerk fanden vier Passagiere Platz, während der Pilot und ein fünfter Fluggast im offenen Cockpit unmittelbar vor der Kabine saßen. Die **F.II** hatte ein Achsfahrgestell, das mit Gummiseil-Stoßdämpfern abgefedert war.

Die **Fokker-Grulich F.II**, von der mindestens 19 Exemplare gebaut wurden, führte ein besser ausgelegtes Cockpit, neugestaltete Kabinenfenster und ein verstärktes Fahrwerk ein. Karl Grulich war Leiter der Abteilung „Technik" bei der Gesellschaft Deutsche Aero Lloyd (D.A.L.), und so lag es nahe, daß sie die **F.II** flog. Die Tragflächen der **Grulich F.II** stammten von Albatros, und die Rümpfe fertigte die D.A.L. selbst.

In Veere und in Schwerin gebaute Flugzeuge erhielten als Antrieb den BMW IIIa, und die Grulich-Maschinen den BMW IV mit 184 kW (250 PS). Letztere wurden später auf den 235 kW (320 PS) starken BMW Va ummotorisiert, was ihnen die neue Bezeichnung **F.IIb** einbrachte.

Die drei in Schwerin gefertigten **F.II**-Serienflugzeuge waren im Freistaat Danzig registriert und flogen für die Deutsche Luftreederei. **F.II** holländischer Herstellung dienten von 1920 bis 1927 bei der Staatslinie KLM, und zwei Exemplare wurden an die belgische Gesellschaft SABENA verkauft. Den Antrieb einer **F.II** holländischer Produktion lieferte ein Armstrong Siddeley Puma mit 179 kW (243 PS), und eine andere Maschine flog mit einem BMW IV.

Am längsten hielten sich die **Grulich-F.IIb** im Einsatz. So befanden sich zehn Exemplare, 1926 von der neu gegründeten Lufthansa übernommen, 1934 immer noch auf Regionalstrecken im Dienst, die Köln mit Aachen, Essen, Krefeld und Mülheim an der Ruhr verbanden.

**TECHNISCHE DATEN**
**Fokker F.II**

**Typ:** fünfsitziges Passagierflugzeug
**Triebwerk:** ein Sechs-Zylinder-Reihenmotor BMW IIIa mit 136 kW (185 PS)
**Leistung:** Höchstgeschwindigkeit 150 km/h; Reisegeschwindigkeit 120 km/h; Reichweite 1200 km
**Gewicht:** Leermasse 1200 kg; max. Startmasse 1900 kg
**Abmessungen:** Spannweite 16,10 m; Länge 11,65 m; Höhe 3,20 m; Tragflügelfläche 38,20 m²

***Die F.II war ein durchweg zweckmäßiges Verkehrsflugzeug, das sich in einem Bereich, in dem zahlreiche andere Muster versagten, erfolgreich zeigte.***

## Fokker F.III

Die aus der F.II entwickelte **Fokker F.III** hatte einen kürzeren, aber breiteren Rumpf mit einer Kabine, in der fünf Passagiere auf Polstersesseln Platz fanden. Die offene Kanzel des Flugzeugführers war nach steuerbord versetzt und ragte mit dem hinteren Teil unter die Nasenkante der Tragfläche. Das Tragwerk mit dickem Profil war völlig freitragend und das starre Achsfahrgestell mit Einzelrädern versehen. Im Vergleich zur F.II hatte das Seitenruder an Höhe gewonnen.

Der Prototyp, angetrieben von einem BMW IIIa mit 136 kW (185 PS), flog Anfang April 1921 in Schwerin und nahm am 14. April den KLM-Liniendienst auf. Auch beim Pariser Salon de l'Aéronautique von 1921 war das Muster ausgestellt, doch wegen Fokkers Unterstützung der Deutschen im Ersten Weltkrieg stieß es auf einen verhaltenen Empfang. Später entwickelte sich die **F.III** allerdings zu einem der bedeutendsten europäischen Luftfahrzeuge der zwanziger Jahre.

Von 31 bei Fokker gebauten **F.III** gingen zwölf an die KLM. Mit dem 179 kW (243 PS) starken Armstrong Siddeley Puma als Antrieb beflogen sie ab 1921 Strecken zwischen Amsterdam, Rotterdam und Croydon sowie eine Verbindung von den Niederlanden nach Bremen und Hamburg. Andere Nutzer waren die Deutsche Luftreederei mit einer in Danzig zugelassenen Maschine, die von einem BMW IIa angetrieben wurde, die ungarische Luftfahrtgesellschaft MALERT, die vier **F.III** mit BMW-IIIa-und zwei mit Hiero-Motor à 170 kW (230 PS) auf Strecken von Budapest nach Wien und Graz betrieb. Eine **F.III** wurde in Nordamerika vorgeführt, doch der Absatz blieb mit nur zwei verkauften Flugzeugen gering.

**TECHNISCHE DATEN**
**Fokker F.III**

**Typ:** fünfsitziges Passagierflugzeug
**Triebwerk:** ein Sechs-Zylinder-Reihenmotor Armstrong Siddeley Puma mit 179 kW (243 PS)
**Leistung:** Höchstgeschwindigkeit 150 km/h; Reisegeschwindigkeit 135 km/h; Flugdauer 5 Stunden
**Gewicht:** Leermasse 1200 kg; max. Startmasse 2000 kg
**Abmessungen:** Spannweite 17,62 m; Länge 11,07 m; Höhe 3,66 m; Tragflügelfläche 39,10 m²

***Die freitragenden Flächen mit dem dicken Profil und das robuste Fahrwerk der F.III lassen ein für damalige Verhältnisse überaus effektives Verkehrsflugzeug erkennen.***

Später von Fokker gebaute **F.III**, angetrieben vom Rolls-Royce Eagle mit 268 kW (365 PS), hatten ein nach backbord versetztes, offenes Cockpit, und einige Exemplare wurden als gestielte Hochdecker fertiggestellt. Die deutsch-russische Luftverkehrsgesellschaft Deruluft erwarb zehn solcher **F.III** mit Eagle-Motor, und KLM stellte 1922 zwei Exemplare in Dienst. Letztere wurden 1925 auf den Sternmotor Jupiter VI von Gnome-Rhône umgestellt und auf der Strecke Amsterdam-Paris eingesetzt. Fünf noch existierende **F.III** wurden 1926 an das Schweizer Unternehmen Balair verkauft und am 28. April im Formationsflug nach Basel überführt.

1923 war die deutsche Produktion der **F.III** im Staaken-Werk angelaufen, und die Deutsche Aero Lloyd beschaffte mindestens 20 dieser **Fokker-Grulich F.III** bezeichneten Flugzeuge. Ihren Antrieb besorgten BMW IV mit 184 kW (250 PS) oder Armstrong-Siddeley-Puma-Motoren. In der Folgezeit erhielten mehrere Maschinen den BMW Va mit 235 kW (320 PS) und die neue Bezeichnung **F.IIIc**.

Als 1926 die Deutsche Lufthansa gegründet wurde, übernahm sie mehr als 16 **F.III**, die Verbindungen zwischen Hamburg und Amsterdam beflogen hatten. Sie setzte sie auf Kurzstrecken in der norddeutschen Küstenregion und später im internen Frachtdienst ein.

1929 wurden zwei **F.III** an British Air Lines Ltd. verkauft, die seinerzeit auf Croydon Airport ansässig war.

**Varianten**

**Grulich V 1:** die F.III deutscher Herstellung wiesen zwar etliche kleinere Modifikationen auf, waren aber äußerlich von den holländischen F.III kaum zu unterscheiden, abgesehen vom Motor; die Grulich V 1 hingegen hob sich durch neukonstruierte Rumpf-, Höhenleitwerks- und Fahrwerks-Hauptbaugruppen ab; als Antrieb diente zunächst ein Rolls-Royce Eagle VIII, später ein unverkleideter Gnome-Rhône-Sternmotor; die dann in V 1a umbezeichnete Maschine flog bei Deruluft

**Grulich V 2:** hierbei handelte es sich um eine Version ähnlich der V 1, aber mit F.III-Fahrgestell; vermutlich war sie mit BMW-Antrieb ausgestattet

# Fokker F.VIIA

Die **Fokker F.VIIA** war abgeleitet von der erfolgreichen Baureihe Fokker F.VII mit fünf zwischen 1924 und 1925 gefertigten Flugzeugen. Sie flog erstmals am 12. März 1925 unter dem Antrieb eines Packard Liberty mit 298 kW (405 PS). Bei einer Demonstrationstour durch die USA sicherte sich das Muster eine Reihe von Aufträgen, und weitere Bestellungen kamen von europäischen Betreibern. Fast 50 einmotorige **F.VIIA** wurden gebaut, von denen einige nachträglich den Standard **F.VIIA-3m** (dreimotorig) erhielten. Diese Variante und die Version **F.VIIB-3m** mit etwas größerer Spannweite bildeten zu Beginn der dreißiger Jahre die Grundlage für den Flugbetrieb zahlreicher Luftverkehrsgesellschaften in Europa, zumal Belgien, Italien, Polen und Großbritannien die Lizenzfertigung aufgenommen hatten.

Obwohl man zwei **F.VIIA** an die holländische Luftwaffe und ein Exemplar an die Royal Air Force geliefert hatte, ist eine militärische Verwendung lediglich von der zwölften Serienmaschine bekannt. Sie wurde nach einer wechselvollen Karriere in den Niederlanden und Dänemark dem finnischen Roten Kreuz übergeben und im Fortsetzungskrieg nach 1941 mit zivilen Markierungen eingesetzt. Die von den niederländischen und polnischen Luftstreitkräften geflogenen Maschinen dieses Typs wurden gleich zu Beginn des deutschen Überfalls auf diese Nationen zerstört.

**Variante**

**Fokker F.VIIA-3m/M:** Umrüstung einer F.VIIA-3m zum dreimotorigen Bomberprototyp mit Gehängen unter dem Rumpf und Armstrong-Siddeley-Lynx-Antrieb

**TECHNISCHE DATEN**
**Fokker F.VIIA**

**Typ:** Verkehrsflugzeug für zehn Passagiere
**Triebwerk:** ein Neun-Zylinder-Sternmotor Gnome-Rhône Jupiter mit 294 kW (400 PS)
**Leistung:** Höchstgeschwindigkeit 185 km/h; Reisegeschwindigkeit 155 km/h; Dienstgipfelhöhe 2600 m; Reichweite 1160 km
**Gewicht:** Leermasse 1950 kg; max. Startmasse 3650 kg
**Abmessungen:** Spannweite 19,30 m; Länge 14,35 m; Höhe 3,90 m; Tragflügelfläche 58,50 m²

***G-EBYI, eine von nur drei F.VIIA-3m im britischen Luftfahrzeugregister, war die persönliche Verkehrsmaschine des belgischen Finanziers Albert Loewenstein. Bei einem Unfall im Sudan im Juli 1929 wurde das Flugzeug schwer beschädigt.***

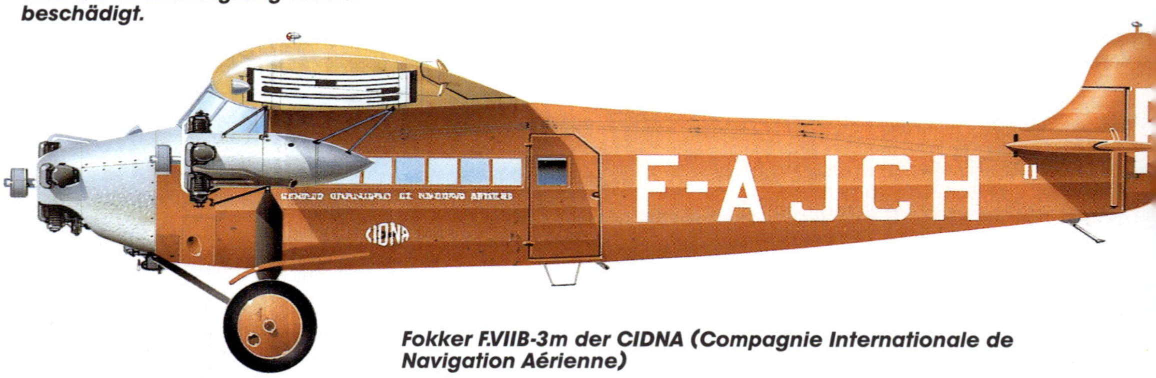


***Fokker F.VIIB-3m der CIDNA (Compagnie Internationale de Navigation Aérienne)***

# Fokker F.VIII

Dem Bedarf der KLM an einem größeren Flugzeug als der einmotorigen F.VII sollte die **Fokker F.VIII** genügen, die in Prototypform am 12. März 1927 flog. Sie war grundsätzlich ähnlich wie das Vorgängermodell ausgelegt, doch ihr breiterer Rumpf bot Platz für 15 Passagiere und eine zweiköpfige Flugbesatzung. Der Bug enthielt eine aufklappbare Gepäckzelle, und die beiden Jupiter VI-Sternmotoren von Gnome-Rhône mit je 353 kW (480 PS) waren unter die Tragflächen gehängt.

1927/28 wurden der Prototyp und sechs Serienmaschinen an KLM ausgeliefert, und 1928 ging ein Exemplar an die ungarische Liniengesellschaft MALERT, ergänzt durch zwei von Manfred Weiss in Budapest gebaute Lizenzflugzeuge.

Die KLM-Maschinen erhielten später andere Motoren, einige den Wright R-1820 Cyclone mit 515 kW (700 PS) und andere Pratt & Whitney-Wasp-Triebwerke mit 373 kW (507 PS).

Einzige **F.VIII** mit militärischer Kennung war die Serienmaschine, die 1936 von der KLM an British Airways verkauft wurde. Sie ging 1939 nach Schweden und wurde anschließend der finnischen Luftwaffe zum Geschenk gemacht, die sie ab 1941 einsetzte.

**TECHNISCHE DATEN**
**Fokker F.VIII**

**Typ:** Verkehrsflugzeug
**Triebwerke:** zwei Neun-Zylinder-Sternmotoren Gnome-Rhône Jupiter VI mit je 353 kW (480 PS)
**Leistung:** Höchstgeschwindigkeit 200 km/h; Reisegeschwindigkeit 170 km/h; Dienstgipfelhöhe 5500 m; Reichweite 1045 km
**Gewicht:** Leermasse 3685 kg; max. Startmasse 5700 kg
**Abmessungen:** Spannweite 23 m; Länge 16,75 m; Höhe 4,20 m; Tragflügelfläche 83 m²

***Die beiden einzigen im britischen Luftfahrzeugregister eingetragenen F.VIII-Airliner hatte KLM 1937 für Flüge über den Ärmelkanal gekauft. G-AEPT wurde jedoch bereits 1938 wieder außer Dienst gestellt.***

# Fokker F.XII

Eine andere Entwicklung der F.VII-3m, aber kleiner als die F.IX, war die **Fokker F.XII**, deren Prototyp (PH-AFL) Anfang 1930 seinen Erstflug absolvierte. Im März 1931 ging dieses Muster auf der KLM-Strecke nach Batavia in Dienst. Fokker baute zehn weitere Exemplare, alle für KLM bzw. deren Tochter KNILM in Fernost. Die einzige Ausnahme bildete die letzte Serienmaschine, die nach Schweden verkauft und von AB Aerotransport als „Värmland" geflogen wurde.

Die unter holländischer Flagge betriebenen **F.XII** bedienten zwei Jahre lang die Routen nach Fernost und übernahmen dann Linienflüge, die Amsterdam mit London, Paris, Berlin und anderen europäischen Hauptstädten verbanden. Auf Europadiensten waren die **F.XII** mit einer

**TECHNISCHE DATEN**
**Fokker F.XII**

**Typ:** 16sitziges Passagierflugzeug
**Triebwerke:** drei Neun-Zylinder-Sternmotoren Pratt & Whitney Wasp C mit je 317 kW (431 PS)
**Leistung:** Höchstgeschwindigkeit 230 km/h; normale Reisegeschwindigkeit 205 km/h; Dienstgipfelhöhe 3400 m; Reichweite 1300 km
**Gewicht:** Leermasse 4350 kg; max. Startmasse 7250 kg
**Abmessungen:** Spannweite 23,02 m; Länge 17,80 m; Höhe 4,72 m; Tragflügelfläche 83 m²

***Die modernisierte Ausgabe der gerühmten Baureihe F.VII, die F.XII, wurde von drei Sternmotoren Pratt & Whitney Wasp C angetrieben, die mühelos austauschbar waren. Dieser Wartungsvorteil zog allerdings hohe Widerstandsbeiwerte nach sich.***

zweiköpfigen Crew und 16 Passagieren besetzt, aber auf der Fernostroute beförderten sie nur vier zahlende Gäste auf recht komfortablen Sitzen.

Die dänische Orlogsvaerftet fertigte zwei **F.XII** in Lizenz für die nationale Fluggesellschaft DDL, die sie auf der Linie Kopenhagen–Berlin einsetzte. Die zweite, im Mai 1935 ausgelieferte Maschine erhielt die Bezeichnung **F.XIIM**, da eine Reihe aerodynamischer Verbesserungen die Flugleistungen gesteigert hatten.

Sechs holländische **F.XII** wurden später an britische Betreiber verkauft und vier von ihnen dann an die spanische Regierung, die bereits die letzte KLM-Maschine erworben hatte, weiterverkauft. Alle Exemplare dienten lange Zeit im Spanischen Bürgerkrieg und gingen im Laufe dieses Konflikts verloren.

Das größte Durchhaltevermögen bewiesen die schwedische Maschine und die dänische **F.XIIM**. Erstere wurde 1946 verschrottet, letztere ein Jahr später.

# Fokker F.XIV

Die **Fokker F.XIV** von 1929 wurde im Werk New Jersey als sieben- bzw. neunsitziges Passagierflugzeug gebaut. Rumpf und Tragflächen waren im üblichen Fokker-Stil gehalten, wenngleich die obere Rumpfabdeckung aus gewelltem Duralumin bestand. Den Hauptunterschied zu anderen Fokker-Verkehrsmustern machten das gestielte Hochdeckertragwerk und das offene Cockpit aus, das hinter der Passagierkabine unter einem Ausschnitt in der Flügelhinterkante angeordnet war.

**TECHNISCHE DATEN**
**Fokker F.XIV**
**Typ:** sieben- bzw. neunsitziges Transportflugzeug
**Triebwerk:** ein Neun-Zylinder-Sternmotor Wright R-1750-3 mit 391 kW (532 PS)
**Leistung:** Höchstgeschwindigkeit 220 km/h; normale Reisegeschwindigkeit 187 km/h; Dienstgipfelhöhe 4420 m; Reichweite 1110 km
**Gewicht:** Leermasse 1971 kg; max. Startmasse 3266 kg
**Abmessungen:** Spannweite 18,11 m; Länge 13,18 m; Höhe 3,76 m; Tragflügelfläche 51,19 m²

***Das gestielte Hochdeckertragwerk der Fokker Y1C-14 machte diesen Typ zum perfekten Schulungsgerät für Fallschirmabsprünge.***

**Varianten**
**F.XIV:** ziviler Abkömmling mit 429 kW (583 PS) starkem Hornet-Sternmotor von Pratt & Whitney
**Y1C-XIV:** Bezeichnung der 20 militärischen Transportflugzeuge, die die US Army 1931 beschaffte; gleicher Antrieb wie bei der F-XIV; wie bei späteren Versionen erläutert, entfiel in der Folgezeit das vorangestellte „Y1" der Dienstbezeichnung, so daß C-XIV übrigblieb
**Y1C-XIVA:** Bezeichnung der letzten dieser 20 gelieferten Maschinen, angetrieben von einem Wright R-1820-7 Cyclone mit 429 kW (583 PS)
**Y1C-XIV:** neue Bezeichnung nach Einbau des Pratt & Whitney-Hornet-Sternmotors R-1690-5 mit 391 kW (532 PS)
**Y1C-15:** Umrüstung der neunten Y1C-XIV zum Sanitätsflugzeug, das vier Verwundete auf Liegen und einen Sanitäter transportieren konnte
**Y1C-15A:** Sanitätsflugzeug Y1C-15 nach der Umstellung auf den Wright R-1820 Cyclone mit 429 kW (583 PS)

# Fokker F.XVIII

Bei der **Fokker F.XVIII**, einer fortentwikkelten und vergrößerten Ausführung der F.XII, blieb die Grundauslegung mit einem Rumpf in Metallbauweise und einem freitragenden Hochdeckertragwerk in Holzbauweise erhalten. Geändert hatte sich die Linienführung, und im Vergleich zu früheren dreimotorigen Fokker-Verkehrsflugzeugen brachte die **F.XVIII** eine Reihe von Verbesserungen.

Fünf **F.XVIII** wurden 1932 gebaut und alle auf der Verbindung Amsterdam-Batavia in Niederländisch-Ostindien eingesetzt. Auf dieser Route beförderten sie vier Passagiere in der Hauptkabine auf Sitzen, die sich in Schlafliegen verwandeln ließen. Ebenfalls in der Kabine untergebracht waren der Bordfunker und der Navigator.

Die **F.XVIII** absolvierten auf dieser Fernstrecke mehrere bemerkenswerte Flüge. So transportierte PH-AIP Pelikaan im Dezember 1933 die Weihnachtspost von Amsterdam nach Batavia in einer reinen Flugzeit von 73 Stunden und 34 Minuten, und im Jahr darauf, zwischen dem 15. und 22. Dezember, legte PH-AIS Snip, auf Pratt & Whitney-Wasp-Sternmotoren T1D1 ummotorisiert, mit 100 kg Postfracht die 10.300 km zwischen Amsterdam und Curaçao in einer Flugzeit von 55 Stunden und 58 Minuten zurück. 1935 wurden die **F.XVIII** aus dem Fernstreckennetz herausgelöst. PH-AIS und PH-AIO Oriol in Westindien blieben noch bis 1946 im Dienst. In der Kriegsperiode hatte man Oriol für eine militärische Verwendung umgerüstet und mit einem Maschinengewehr bewaffnet.

Zwei **F.XVIII** wurden an die tschechische Staatslinie CSA verkauft und auf Strecken von Prag nach Berlin und Wien eingesetzt. Die berühmte Pelikaan ging im Oktober 1936 an Air Tropic, eine französische Firma, die im Auftrag der spanischen Regierung flog. Man nimmt an, daß die Pelikaan ihre Dienstzeit als militärisches Verbindungs- und Transportflugzeug im Spanischen Bürgerkrieg beschloß.

**TECHNISCHE DATEN**
**Fokker F.XVIII**
**Typ:** Passagierflugzeug
**Triebwerke:** drei Neun-Zylinder-Sternmotoren Pratt & Whitney Wasp C mit je 313 kW (426 PS)
**Leistung:** Höchstgeschwindigkeit 240 km/h; normale Reisegeschwindigkeit 210 km/h; Dienstgipfelhöhe 4800 m; Reichweite 1820 km
**Gewicht:** Leermasse 4623 kg; max. Startmasse 7850 kg
**Abmessungen:** Spannweite 24,50 m; Länge 18,50 m; Tragflügelfläche 84 m²

***Die dreimotorige F.XVIII, die Platz mit Stahlrohr-Gitterrumpf und freitragenden Holzflächen konstruiert hatte, stammte von der F.XII ab, brachte aber etliche Verbesserungen.***

# Fokker F.XX

Statt des Kastenrumpfes früherer Fokker-Verkehrsmuster hatte das zwölfsitzige Passagierflugzeug **Fokker F.XX** eine ovale Rumpfform. Die freitragenden Hochdeckertragflächen waren aus Holz und das Rumpfgerüst aus Stahlrohr konstruiert. Für den Antrieb sorgten drei Wright-Cyclone-Sternmotoren R-1820-F, am Bug und an Streben unter den Flächen montiert. Das Hauptfahrwerk zog nach hinten in die Motorgondeln ein. Die **F.XX** war das erste Fokker-Verkehrsflugzeug mit einziehbarem Fahrgestell, und der gesamte Entwurf zeichnete sich durch aerodynamische Verfeinerungen aus. Die Maschine, die man auf den Namen Zilvermeeuw (Silbermöwe) getauft und als PH-AIZ in das Luftfahrzeugregister eingetragen hatte, flog erstmals im Jahre 1933 und wurde der KLM zum Liniendienst auf den Strekken Amsterdam–London und Amsterdam–Berlin ausgehändigt.

Die **F.XX** war von Fokker viel moderner konzipiert als die früheren Hochdecker-Verkehrsmuster. Das Erscheinen der zweimotorigen Tiefdecker-Airliner von Douglas, der DC-2 und der DC-3, ließ die **F.XX** jedoch rasch veralten. Nur ein Exemplar wurde gebaut und später über Air Tropic an die spanische Regierung verkauft, die es 1937 zur Aufrechterhaltung der Verbindung zwischen Madrid und Paris nutzte.

**TECHNISCHE DATEN**
**Fokker F.XX**
**Typ:** zwölfsitziges Passagierflugzeug
**Triebwerke:** drei Neun-Zylinder-Sternmotoren Wright Cyclone R-1820-F mit je 477 kW (649 PS)
**Leistung:** Höchstgeschwindigkeit 305 km/h; normale Reisegeschwindigkeit 250 km/h; Dienstgipfelhöhe 6200 m; Reichweite 1410 km
**Gewicht:** Leermasse 6455 kg; max. Startmasse 9400 kg
**Abmessungen:** Spannweite 25,70 m; Länge 16,70 m; Höhe 4,80 m; Tragflügelfläche 96 m²

***Als echte Mischung von Neu und Alt verband die F.XX die dreimotorige Auslegung und das dick profilierte Tragwerk mit etlichen Verbesserungen zur Verminderung des Luftwiderstandes.***

# Fokker F.XXII und F.XXXVI

Als erstes dieser beiden Modelle erschien mit der neueren Bezeichnung das Einzelexemplar **Fokker F.XXXVI** (PH-AJA), das am 22. Juni 1934 zum Erstflug startete. Das bislang größte Fokker-Verkehrsflugzeug war ein freitragender Hochdecker mit starrem Fahrgestell und vier 559 kW (760 PS) starken Wright-Cyclone-Sternmotoren, montiert an der Nasenkante des Tragwerks. Das für Fokker typisch konstruierte Muster bot einer vierköpfigen Besatzung und 32 Passagieren in vier achtsitzigen Kabinen Platz. Alternativ ließen sich 16 Fluggäste auf Schlafliegen befördern. Ab

März 1935 betrieb KLM die **F.XXXVI** auf europäischen Strecken und verkaufte sie 1939 an Scottish Aviation in Prestwick. Von dort aus wurde die Maschine (G-AFZR) als Schulflugzeug für Besatzungen und Navigatoren betrieben, bis man sie 1940 endgültig verschrottete.

Die **F.XXII** wies eine starke Ähnlichkeit mit der **F.XXXVI** auf, war aber insgesamt etwas kleiner und für 22 Passagiere ausgelegt. Der Prototyp (PH-AJP) flog Anfang 1935, gefolgt von zwei Serienflugzeugen. Alle drei Maschinen gingen an die KLM, der Prototyp im März und die beiden anderen Exemplare im Mai 1935. Eine **F.XXII** stürzte am 14. Juli 1935 ab, aber die beiden anderen Maschinen beflogen europäische Strecken, bis sie nach Großbritannien verkauft wurden. Im Oktober 1941 zog die RAF das Duo ein und setzte es im Transport- und Ausbildungsdienst ein. HM159 ging in den Highlands verloren, nachdem sie im Flug in Brand geraten war. HM160 aber kehrte nach dem Krieg zur Scottish Aviation zurück und flog mit ihrer alten Zivilkennung noch eine Zeitlang zwischen Prestwick und Belfast, bis man sie Ende 1947 aus dem Verkehr zog.

Eine vierte **F.XXII** wurde für die schwedische AB Aerotransport gebaut und im März 1935 ausgeliefert.

***Etwa gleichzeitig mit der Douglas DC-Serie erschien die F.XXXVI, die strukturell und aerodynamisch den neuen amerikanischen Verkehrsflugzeugen deutlich unterlegen war.***

***Die kleinere Schwester der F.XXXVI, die Fokker F.XXII, war zwar besser auf den europäischen Bedarf zugeschnitten, blieb in Konzept und Konstruktion aber auf dem alten Stand.***

**TECHNISCHE DATEN**
**Fokker F.XXII**

**Typ:** 22sitziges Passagierflugzeug
**Triebwerke:** vier Neun-Zylinder-Sternmotoren Pratt & Whitney Wasp T1D1 mit je 373 kW (507 PS)
**Leistung:** Höchstgeschwindigkeit 285 km/h; normale Reisegeschwindigkeit 215 km/h; Dienstgipfelhöhe 4900 m; Reichweite 1350 km
**Gewicht:** Leermasse 8100 kg; max. Startmasse 13.000 kg
**Abmessungen:** Spannweite 30 m; Länge 21,52 m; Höhe 4,60 m; Tragflügelfläche 30 m$^2$

# Fokker G.I

Im November 1936 löste der Prototyp des schweren Jägers **Fokker G.I** eine kleine Sensation auf der Pariser Luftfahrtschau aus. Nach der Ausstellung wurde die **G.I** zum Flugplatz Eindhoven/Welschap gebracht, von dem sie am 16. März 1937 zum Jungfernflug startete, angetrieben von zwei Sternmotoren Hispano-Suiza 80-82 mit je 552 kW (750 PS). Probleme mit diesen Versuchsmotoren führten jedoch zum Wechsel auf Twin Wasp Junior SB4-G der gleichen Leistungsklasse von Pratt & Whitney. Die Ummotorisierung fand im Rahmen einer Instandsetzung statt, nachdem die **G.I** nach einem Bremsversagen am 4. Juli 1937 eine Abstellhalle in Schiphol gerammt hatte.

Das Heeresfliegerkorps der Niederlande, dem die **G.I** bereits mehrfach in Soesterberg vorgeführt worden war, zeigte starkes Interesse, das sich gegen Ende des Jahres in einer Bestellung von 36 **G.IA** niederschlug. Um die Ersatzteilversorgung zu vereinfachen, sollten die Maschinen allerdings Bristol Mercury VIII erhalten, da diese Motoren auch den Bombern T.V und den Jägern D.XXI als Antrieb dienten, die sich bereits im Beschaffungsgang für das Heeresfliegerkorps befanden.

Die Produktion der **G.IA** setzte zwar sofort ein, doch diese Entscheidung führte durch Lieferengpässe bei den Motoren zu einer Programmverzögerung. So kam der erste Serienjäger, tatsächlich die zweite Maschine der Baureihe, erst am 11. April 1939 in die Luft. Diese **G.IA** verblieb für Test- und Modifikationszwecke beim Hersteller, und am 10. Juli 1939 wurde die erste Serienmaschine nach Soesterberg ausgeliefert.

Nach dem Pariser Debüt hatten sich Exportmöglichkeiten gezeigt, und zahlreiche Piloten aus dem Ausland stellten sich bei Fokker ein, um die Ausfuhrversion **G.IB** im Flug zu testen. Konkrete Aufträge erteilten Finnland (26), Estland (neun), Schweden (18) und die Republik Spanien (zwölf), während mit Dänemark und Ungarn (Manfred Weiss) über ein Lizenzabkommen verhandelt wurde. Dem vor dem Zweiten Weltkrieg von Holland verhängten Waffenausfuhrverbot fiel der spanische Auftrag zum Opfer, aber die Serie für Finnland befand sich bei Kriegsausbruch bereits in der Konstruktion. Als das Embargo auch diese Jäger traf, wurden langwierige Verhandlungen aufgenommen, und sie mündeten schließlich in einen Vertrag vom 17. April 1940, der die Ausfuhr der **G.IB** gestattete. Zu diesem Zeitpunkt waren zwölf Jäger ohne Bewaffnung fertiggestellt.

Als Deutschland am 10. Mai 1940 die Niederlande angriff, befanden sich 23 **G.I** im Dienst, zwölf bei der 4. Jagdgruppe in Alkmaar und elf bei der 3. Jagdgruppe in Rotterdam/Waalhaven. In der Frühphase der Invasion gelang es den **G.I**, mehrere Junkers Ju 52/3m abzuschießen, aber am fünften Tag, als der holländische Widerstand zusammenbrach, war nur noch ein einziges Exemplar flugklar.

Die Deutschen besetzten das Fokker-Werk und ordneten die Fertigstellung der restlichen zwölf Jäger für Finnland an. Diese Maschinen nutzte die Luftwaffe anschließend zur Jägerschulung. Werks- und Abnahmeflüge fanden unter deutscher Überwachung statt, aber zwei holländischen Piloten gelang es, der von einem Deutschen geflogenen **G.I**-Begleitmaschine zu entkommen und nach England zu fliehen. Ihre **G.IB** wurde dem Royal Aircraft Establishment zur Auswertung übergeben und anschließend Phillips & Powis (Miles Aircraft) in Reading für Forschungszwecke auf dem Gebiet der Holzkonstruktion zur Verfügung gestellt. Man schätzt die Gesamtproduktion auf 62 **G.I**, von denen keine den Krieg überstanden hat.

**TECHNISCHE DATEN**
**Fokker G.IA**

**Typ:** zwei-/dreisitziger schwerer Jäger/Jagdbomber
**Triebwerke:** zwei Neun-Zylinder-Sternmotoren Bristol Mercury VIII je 619 kW (842 PS)
**Leistung:** Höchstgeschwindigkeit 475 km/h in 2750 m Höhe; Marschgeschwindigkeit 355 km/h in 2750 m Höhe; Steigzeit auf 5000 m 8 Minuten; Dienstgipfelhöhe 9300 m; Reichweite 1400 km
**Gewicht:** Leermasse 3360 kg; max. Startmasse 4800 kg
**Abmessungen:** Spannweite 17,15 m; Länge 11,50 m; Höhe 3,40 m; Tragflügelfläche 38,30 m$^2$
**Bewaffnung:** acht 7,9-mm-Bugmaschinengewehre und eine ähnliche schwenkbare Waffe im Heckkonus plus 400 kg Bomben

***Fokker G.IB der Luchtvaartafdeling (holländische Luftwaffe) im Mai 1940***

***Fokker G.IA der 3. oder 4. Ja.V.A. (Jagdstaffel), Luchtvaartafdeling, im Mai 1940 in Waalhaven oder Bergen stationiert. (Die gestrichelte Linie stellt die Unterkante des Backbord-Leitwerksauslegers dar, der zur Verdeutlichung der Rumpfgondel weggelassen wurde).***

# Fokker S.11 Instructor

Das Fokker-Werk in Amsterdam wurde im Zweiten Weltkrieg praktisch zerstört, aber der technische Mitarbeiterstab blieb nahezu vollständig. Nach Einstellung der Kampfhandlungen dauerte es nur wenige Jahre, bis das Werk wieder aufgebaut war, und man beschloß, als erstes Nachkriegsprodukt ein einfaches Tiefdecker-Schulflugzeug, die **Fokker S.11 Instructor**, zu fertigen. Bereits 1947 schwang sich der **S.11**-Prototyp in die Luft. Der freitragende Tiefdecker, bis auf einige stoffbespannte Teile vollständig aus Metall konstruiert, hatte ein abgestrebtes Leitwerk, ein starres Spornrad-Fahrwerk und einen Boxermotor Avco Lycoming O-435-A als Antrieb.

Die Königlich Niederländische Luftwaffe beschaffte 40 und Israel 41 Exemplare. Der italienische Hersteller Macchi baute 150 solcher Trainer in Lizenz, die die italienische Luftwaffe unter der Dienstbezeichnung **Macchi 416** führte. Unterdessen war die Fokker Industria Aeronautica SA 1954 in Rio de Janeiro gegründet worden. Die erste in Brasilien gefertigte **S.11** ging am 29. Dezember 1955 an die brasilianische Luftwaffe, die Gesamtproduktion betrug 100 Maschinen. Brasilien produzierte zudem die S.12 mit Bugfahrwerk und lieferte 50 Exemplare aus.

Die 40 Instructor-Flugzeuge der Königlich Niederländischen Luftwaffe dienten bei der 5. Lehrstaffel in Gilze-Rijen zur fliegerischen Grundausbildung der Anwärter. Mit der Einführung modernerer Trainer in den siebziger Jahren wurden viele **S.11** für den zivilen Marktsektor frei.

**TECHNISCHE DATEN**
**Fokker S.11**
**Typ:** zwei-/dreisitziges Schulflugzeug für Anfänger
**Triebwerk:** ein Sechs-Zylinder-Boxermotor Avco Lycoming O-435-A mit 142 kW (193 PS)
**Leistung:** Höchstgeschwindigkeit 210 km/h in Meereshöhe; Reisefluggeschwindigkeit 165 km/h; Dienstgipfelhöhe 4000 m; Reichweite 695 km
**Gewicht:** Leermasse 810 kg; max. Startmasse 1100 kg
**Abmessungen:** Spannweite 11 m; Länge 8,15 m; Höhe 2,40 m; Tragflügelfläche 18,50 m²

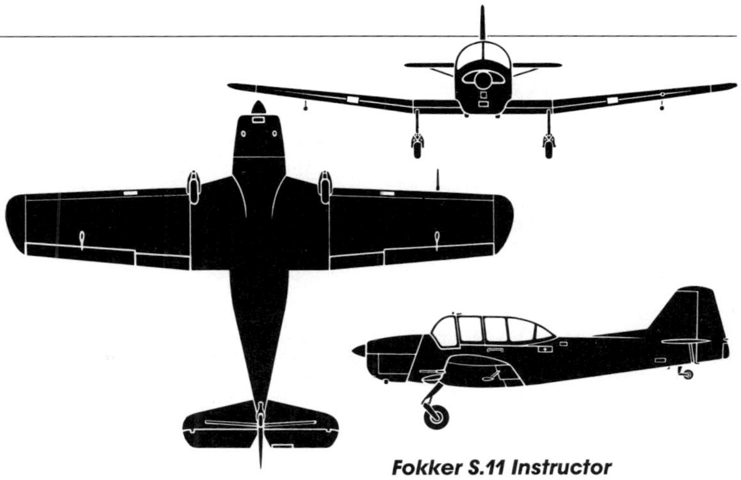

*Fokker S.11 Instructor*

***Ein Schulflugzeug Fokker Instructor der holländischen Luftwaffe übt hier den Verbandsflug. Das langgestreckte Kabinendach gestattete den Einbau eines Klappsitzes hinter den beiden Frontsitzen.***

# Fokker S.14 Mach-Trainer

Der **Fokker S.14 Mach-Trainer** sicherte sich durch drei Eigenschaften einen Platz in der Luftfahrtgeschichte: Sie war der erste von Fokker konstruierte Düsenjäger, das erste von Anfang an als strahlgetriebener Trainer konzipierte Muster und der erste Typ dieser Gattung, der die Serienfertigung erreichte.

Der Ganzmetall-Tiefdecker **S.14** wurde von einem Rolls-Royce Derwent-Strahltriebwerk mit gegabeltem Lufteinlauf im Bug angetrieben. Die Schubdüse war am äußersten Rumpfende hinter dem Höhenleitwerk angeordnet, das zur Hälfte über die Hinterkante des Seitenleitwerks/Ruders hinausragte. Das Bugrad des Dreibein-Fahrwerks zog nach vorn in die Bugwanne ein, während die Hauptbaugruppen nach innen in die Flügelunterseite einklappten. Flugschüler und Lehrer saßen nebeneinander unter einer kurzen, breiten, aufgewölbten Haube, die sich recht weit vorn am Rumpf mit kreisrundem Querschnitt befand. Die **S.14** waren standardmäßig mit Martin-Baker-Schleudersitzen ausgerüstet.

Testpilot Gerben Sonderman führte die Maschine am 19. Mai 1951 durch den ersten Prüfflug. Beim zweiten Testflug am selben Tag versagte das Fahrwerk, und bei der anschließenden Bauchlandung wurde der Prototyp stark beschädigt.

Die Koninklike Luchtmacht (Königlich Holländische Luftwaffe) bestellte eine Serie von 20 **S.14**, deren erster Vertreter am 15. Januar 1955 flog. Der Prototyp mit der Serienkennung K-1 wurde von einem Derwent V angetrieben, während die Serien-Trainer L-1 bis L-20 den Derwent VIII erhielten. Die **S.14** waren auf vier Flugplätze verteilt: Twenthe, Ypenburg, Gilze-Rijen und Soesterberg. L-4 wurde im Jahre 1955 in den USA vorgeführt, stürzte aber am 20. Oktober jenes Jahres bei Hagerstown, Maryland, ab und riß Gerben Sonderman mit in den Tod. L-8 nahm am Flugrennen London-Paris teil, das auch als „Arch to Arc" bekannt war, da es in Marble Arch anfing und am Arc de Triomphe endete. Aus dem holländischen Dienst verabschiedeten sich die beiden letzten S.14 am 29. März 1965. Sie sind als L-17 und L-19 in Museen erhalten.

Der Original-Prototyp K-1 wurde 1953 auf ein Rolls-Royce Nene 3 umgestellt und diente der Luft- und Raumfahrtversuchsanstalt bis zur Verschrottung am 4. März 1966.

***Der zweite und dritte Mach-Trainer der Serie Fokker S.14 zeigen die äußerst praktische Linienführung dieses Typs.***

**TECHNISCHE DATEN**
**Fokker S.14 Mach-Trainer**
**Typ:** zweisitziger Strahltrainer für Fortgeschrittene
**Triebwerk:** ein Strahltriebwerk Rolls-Royce Derwent VIII mit 1575 kg Schub
**Leistung:** Höchstgeschwindigkeit 730 km/h; normale Marschgeschwindigkeit 570 km/h; Dienstgipfelhöhe 11.200 m; Reichweite 965 km
**Gewicht:** Rüstmasse 3765 kg; max. Startmasse 5350 kg
**Abmessungen:** Spannweite 12 m; Länge 13,30 m; Höhe 4,70 m; Tragflügelfläche 31,80 m²

# Fokker S.IX

Das Nachfolgemuster für die S.IV zur fliegerischen Grundausbildung war die kunstflugtaugliche **Fokker S.IX**. Sie entstand in zwei Ausführungen. Die erste Version mit der Bezeichnung **S.IX/1**, die von einem Sternmotor Armstrong Siddeley Genet Major angetrieben wurde, startete 1937 zum Jungfernflug. Von 1938 bis 1940 nutzte die niederländische Heeresfliegertruppe diesen Typ als Standard-Schulflugzeug für Anfänger. Eine Reihe **S.IX/1** fertigte der holländische Hersteller Kromhout.

Die zweite Version, **S.IX/2**, trieb ein Reihenmotor Menasco Buccaneer mit 121 kW (165 PS) an. Insgesamt 27 **S.IX/2** wurden für die holländischen Marineflieger in Auftrag gegeben, von denen aber erst 15 Exemplare ausgeliefert waren, als man die Produktion aufgrund der deutschen Invasion einstellen mußte. Die Heeresaufträge für die **S.IX/1** umfaßten 24 Flugzeuge, aber es bleibt unklar, ob diese Maschinen alle gefertigt und ausgeliefert wurden, denn der Fokker-Dokumentation zufolge belief sich die gesamte Produktion auf nur 20 Exemplare.

Wie viele andere Leichtflugzeuge, die bei den militärischen Flugschulen des Landes dienten, wurden die **S.IX** unter den dramatischen Umständen während der deutschen Invasion in Rollen gezwängt, für die sie im Grunde nicht geschaffen waren. So flogen beispielsweise die **S.IX** bei der Teilstreitkräfte bis zum Ende des holländischen Widerstands im Verbindungs- und Sanitätsdienst.

**TECHNISCHE DATEN**
**Fokker S.IX/1**
**Typ:** zweisitziges Anfängerschulflugzeug
**Triebwerk:** ein Fünf-Zylinder-Sternmotor Armstrong Siddeley Genet Major mit 123 kW (167 PS)
**Leistung:** Höchstgeschwindigkeit 185 km/h; Marschgeschwindigkeit 150 km/h; Dienstgipfelhöhe 4300 m; Reichweite 710 km
**Gewicht:** Leermasse 695 kg; max. Startmasse 975 kg
**Abmessungen:** Spannweite 9,55 m; Länge 7,65 m; Höhe 2,90 m; Tragflügelfläche 23 m²

***Die unauffällige S.IX/1 diente der holländischen Luftwaffe in kleiner Zahl zwischen 1938 und 1940 als Trainer für die Anfängerausbildung, aber auch zum Kunstflug.***

# Fokker T.IVA

Einer der häßlichsten Fokker-Entwürfe war die **Fokker T.IVA**, ein zweimotoriges Torpedobomber-/Aufklärer-Schwimmerflugzeug, das aus der T.IV von 1927 hervorging. Für den Dienst in der Heimat und in Niederländisch-Ostindien wurden seinerzeit 18 T.IV gebaut. Auch Portugal hatte drei Maschinen dieses Typs beschafft.

Vom Vorgängermodell hob sich die **T.IVA** in erster Linie durch den Antrieb ab, den zwei Wright-Cyclone-Sternmotoren der Bauart SR-1820-F2 lieferten, statt wie bei der T.IV Lorraine-Dietrich Typ W mit je 331 kW (450 PS). Die leistungsstärkeren Motoren erforderten auch eine stärkere Zelle, und diese Gelegenheit nutzte man, um das Cockpit abzudecken und MG-Stände im Bug, auf dem Rücken sowie in der Rumpfwanne einzubauen. Zwölf dieser neuen Flugzeuge wurden für die Seeluftstreitkräfte in Niederländisch-Ostindien in Auftrag gegeben und die noch existierenden T.IV im Jahre 1936 auf den Standard **T.IVA** angehoben.

Als 1942 die japanische Invasion begann, flogen die **T.IVA** in Niederländisch-Ostindien noch immer Küsten- und Seeaufklärung, doch auch im Seenotrettungsdienst erwies sich die **T.IVA** als verläßlich und überaus seetüchtig.

***Die T.IV war eine zuverlässige und langlebige Plattform für Aufklärung, Bombardierung und Torpedierung. Das Muster leistete gute Dienste in Niederländisch-Ostindien.***

**TECHNISCHE DATEN: Fokker T.IVA**

**Typ:** viersitziger Torpedobomber/Aufklärer
**Triebwerke:** zwei Neun-Zylinder-Sternmotoren Wright Cyclone SR-1820-F2 mit je 559 kW (760 PS)
**Leistung:** Höchstgeschwindigkeit 260 km/h in 800 m Höhe; Marschgeschwindigkeit 215 km/h; Dienstgipfelhöhe 5900 m; Reichweite 1560 km
**Gewicht:** Leermasse 4665 kg; max. Startmasse 7200 kg
**Abmessungen:** Spannweite 26,20 m; Länge 17,60 m; Höhe 6 m; Tragflügelfläche 97,80 m²
**Bewaffnung:** je ein 7,9-mm-Maschinengewehr im Bug, auf dem Rücken und unter dem Rumpf plus eine interne Bombenlast von bis zu 800 kg oder ein Torpedo außen unter dem Rumpf

# Fokker T.V

Beim Überfall der Deutschen am 10. Mai 1940 verfügten die Niederlande nur über einen mittleren Bombertyp, die **Fokker T.V**. Zwar war die Entwicklung des Nachfolgemusters T.IX bereits eingeleitet, aber nur der Prototyp fertiggestellt. Von der **T.V** hatte es keinen Prototyp gegeben, und den Erstflug am 16. Oktober 1937 hatte ein Exemplar eines Bauloses von 16 Bombern durchgeführt, die zu Beginn jenes Jahres für die niederländische Luftwaffe bestellt worden waren. Im Folgejahr ging das Muster bei der einzigen holländischen Bomberstaffel in Dienst. Der **T.V** mangelte es an Stabilität, und sie erforderte eine kräftige Hand am Steuer. Der Typ war durch Maschinengewehre recht gut geschützt, und die Bombenlast wurde intern mitgeführt.

**TECHNISCHE DATEN**
**Fokker T.V**

**Typ:** fünfsitziger mittlerer Bomber
**Triebwerke:** zwei Neun-Zylinder-Sternmotoren Bristol Pegasus XXVI mit je 690 kW (938 PS)
**Leistung:** Höchstgeschwindigkeit 415 km/h in 3050 m Höhe; Marschgeschwindigkeit 320 km/h; Dienstgipfelhöhe 7700 m; Reichweite 1630 km
**Gewicht:** Leermasse 4640 kg; max. Startmasse 7235 kg
**Abmessungen:** Spannweite 21 m; Länge 16 m; Höhe 5 m; Tragflügelfläche 66,20 m²
**Bewaffnung:** zwei 7,9-mm-Maschinengewehre im Bug und Einzel-MGs gleichen Kalibers auf dem Rücken, unter dem Bauch, an den Rumpfseiten und im Heck sowie eine Bombenlast von 1000 kg

***Die T.V war der beste Bomber, den Holland 1940 besaß. Das insgesamt veraltete Konzept sah vor, daß der Kopilot auch das Maschinengewehr auf dem Rumpfrücken bediente.***

Die Auslieferung aller 16 Maschinen erfolgte vor Eintritt der Kriegshandlungen, aber am Tag der Invasion waren nur neun Exemplare einsatzklar. Diese stürzten sich dennoch tapfer ins Gefecht und zerstörten 30 deutsche Kriegsflugzeuge, die auf dem Flugplatz Waalhaven abgestellt waren. Ebenso bombardierten sie die über die Maas führenden Brücken, bevor sie selbst zerstört wurden (von holländischen Flak-Kanonieren). Bei der Kapitulation der Niederlande existierte nur noch eine **T.V**.

# Fokker T.VIII-W

Das Schwimmerflugzeug **Fokker T.VIII-W** basierte auf einer Forderung der niederländischen Seeluftstreitkräfte für einen Torpedobomber/Aufklärer zum Dienst in der Heimat und in Niederländisch-Ostindien. Es entstanden drei Versionen: die **T.VIII-Wg** in gemischter Holz- und Metallbauweise, die **T.VIII-Wm** in Ganzmetallbauweise und die **T.VIII-Wc** als größere Version in Mischbauweise.

Ein Erstauftrag über fünf Flugzeuge war im Juni 1939 erfüllt. Es folgte eine Bestellung über weitere 26 Maschinen, die größtenteils die T.IV in Niederländisch-Ostindien ablösen sollten, aber kein einziges Exemplar wurde dorthin ausgeliefert. Die Gesamtproduktion betrug 36 **T.VIII-W**, davon 19 **T.VIII-Wg**, fünf **T.VIII-Wc** und zwölf **T.VIII-Wm**. Hinzu kommen fünf Flugzeuge einer von Finnland bestellten Serie, die nicht zur Auslieferung gelangte. Dies waren **T.VIII-Wc** mit 1,83 m längerem Rumpf, 2,01 m größerer Spannweite, zusätzlichen 8 m² Tragflügelfläche und Bristol Mercury XI mit je 664 kW (903 PS) als Antrieb. Noch vor ihrer Fertigstellung besetzten deutsche Truppen das Fokker-Werk. Die Maschinen wurden komplettiert und zusammen mit 20 vormals holländischen Marineflugzeugen nach Deutschland überführt. Auch das Einzelexemplar einer für Finnland bestimmten Landversion, die **T.VIII-L**, wurde von den Deutschen in konfisziert.

Zwischenzeitlich waren acht **T.VIII-W** und einige andere holländische Schwimmerflugzeuge am 14. Mai 1940 nach England entkommen. So konnte am 1. Juni 1940 No. 320 (Dutch) Squadron RAF in Pembroke Dock aufgestellt werden, die mit der **T.VIII-W** Geleitschutz von Schiffskonvois fliegen sollte. Diese Flugzeuge trugen RAF-Markierungen und in einem kleinen Dreieck die holländischen Nationalfarben. Nachdem drei Maschinen verlorengegangen waren und keinerlei Ersatzteile zur Verfügung standen, wurden die **T.VIII-W** in Felixstowe eingelagert. Im Mai 1941 stieß eine weitere Maschine hinzu, mit der vier Holländer aus Amsterdam geflüchtet und in der Nähe von Broadstairs auf See niedergegangen waren.

Die Deutschen beschränkten den Einsatz auf Patrouillenflüge im Mittelmeer.

**TECHNISCHE DATEN Fokker T.VIII-W**

**Typ:** dreisitziges Torpedobomber-/Aufklärungs-Schwimmerflugzeug
**Triebwerke:** zwei Neun-Zylinder-Sternmotoren Wright Whirlwind R-975-E3 mit je 336 kW (457 PS)
**Leistung:** Höchstgeschwindigkeit 285 km/h; Marschgeschwindigkeit 220 km/h, Dienstgipfelhöhe 6800 m; Reichweite 2750 km
**Gewicht:** Leermasse 3100 kg; max. Startmasse 5000 kg
**Abmessungen:** Spannweite 18 m; Länge 13 m; Höhe 5 m; Tragflügelfläche 44 m²
**Bewaffnung:** ein vorwärtsfeuerndes 7,9-mm-Maschinengewehr auf der Rumpfseite, backbord, und eine ähnliche schwenkbare Waffe im hinteren Cockpit sowie bis zu 605 kg Bomben oder ein Torpedo

***Fokker T.VIII-Wg der Groep Vliegtuigen 4, niederländische Luftwaffe, von Westeindermeer aus eingesetzt.***

# Fokker F27 Friendship bis Found FBA-2/100 Centennial

**Zu Beginn der 50er Jahre begann Fokker sich auf Kurzstreckenairliner zu konzentrieren. 1995 kam das Ende durch Konkurs. Hawker Siddeley tat die Konkurrenz des Gnat von H. P. Folland so weh, daß es das Werk aufkaufte. Die Ford Motor Company produzierte nur ein einziges erwähnenswertes Flugzeug, das sich aber sehr gut verkaufte.**

## Fokker F27 Friendship

***Fokker F27 Friendship Mk 600RF der Air Tanzania***

Zwischen den beiden Weltkriegen hatte Fokker einige ausgezeichnete Airliner produziert, und auch nach dem Ende des Zweiten Weltkriegs definierte das Unternehmen schon bald einen Entwurf für ein neues Mittelstrecken-Verkehrsflugzeug dieser Klasse. Die Firmenstudie von 1950 beinhaltete ein 32sitziges Passagiermuster mit zwei Dart-Propellerturbinen von Rolls-Royce als Antrieb. Bis 1952, als staatliche Unterstützung zur Konstruktion und Entwicklung beantragt wurde, hatte das Projekt P.275 etwas an Größe und einen druckbelüfteten Rumpf mit kreisrundem Querschnitt gewonnen.

Das Muster erhielt die Bezeichnung **Fokker F27**, und der erste (PH-NIV) von zwei Prototypen hob am 24. November 1955 zum Jungfernflug ab, angetrieben von zwei Dart 507. Der Hochdecker **F27** hatte einen druckbelüfteten Rumpf, ein einziehbares Bugrad-Fahrwerk und eine Kabine für 28 Fluggäste. Der zweite Prototyp mit Dart-Propellerturbinen der Bauart 511 und einem um 91 cm gestreckten Rumpf für 32 Passagiersitze flog erstmals am 31. Januar 1957. In der Zeit zwischen den Erstflügen der beiden Versuchsmaschinen hatte Fokker mit der Fairchild Engine & Airplane Corporation ein Abkommen getroffen, nach dem diese Firma die **F27** in Nordamerika unter der Bezeichnung Fairchild F-27 herstellen und vertreiben durfte.

Im Dezember 1958 trat Fokkers erste **F27 Friendship** den Dienst bei Aer Lingus an, aber Fairchild erwies sich als schneller, denn West Coast Airlines konnte die erste amerikanische F-27 drei Monate früher einsetzen. Das US-Unternehmen hatte die Inneneinrichtung geändert und 40 Sitze eingebaut, die Treibstoffkapazität erhöht und die Voraussetzungen zur Einrüstung eines Wetterradars im Bug geschaffen. Ähnliche Verbesserungen führte Fokker zu einem späteren Zeitpunkt ein. Die erste holländische Serienversion hieß **F27 Mk 100 (Fairchild F-27)** und wurde von zwei Dart RDa.6 Mk 514-7 mit je 1279 kW (1749 WPS) angetrieben. Es folgte die ähnliche **F27 Mk 200 (Fairchild F-27A)** mit 1529 kW (2080 WPS) starken Dart-Turbinen RDa.7 Mk 532-7. Beide Airliner waren standardmäßig für 40 Passagiere ausgelegt, aber eine dichte Bestuhlung ermöglichte die Beförderung von maximal 52 Personen. Eine Geschäftsreiseversion der **Mk 200** mit kundenspezifischer Inneneinrichtung war ebenfalls erhältlich.

Es folgte die **F27 Mk 300 Combiplane (Fairchild F-27B)** für den kombinierten Passagier- und Frachtdienst mit dem Antrieb der **Mk 100**. Man hatte den Kabinenboden verstärkt, Zurrbeschläge für Frachtgut eingearbeitet und eine große Frachttür backbord vor der Tragfläche in den Rumpf eingelassen. Eine entsprechende Kombiversion der **Mk 200** erhielt die Bezeichnung **F27 Mk 400**, doch ein Äquivalent von Fairchild in Amerika blieb aus. Als nächstes entwickelte Fokker eine Variante der **Mk 200** mit um 1,50 m längerem Rumpf. Diese **F27 Mk 500** kam bei den Fluggesellschaften zunächst nicht an, aber die französische Regierung erwarb 15 Exemplare für den Nachtpostdienst Postale de Nuit. Die **F27 Mk 500**, die sich derzeit im Flottenbestand von Luftfahrtgesellschaften befinden, sind standardmäßig für 52 Passagiere bestuhlt und können bei dichter Inneneinrichtung maximal 60 Personen transportieren. Fairchild in Amerika brachte ihre eigene gestreckte Version in Form der FH-227 heraus.

***Neben zahlreichen Friendship, die bei Luftfahrtgesellschaften dienen, wurden nicht wenige in Stabs- und VIP-Transportdienste der Streitkräfte eingebunden. Diese Maschine beispielsweise trägt die Farben der Luftwaffe der Côte d'Ivoire.***

Die letzte Serienversion **F27 Mk 600** kombinierte den Rumpf der **Mk 200** ohne verstärkten Kabinenboden mit der Frachttür der **Combiplane Mk 300/400**. Sie führte als Sonderausstattung einen Schnellumrüstsatz für die Kabine mit Rollenbahnen ein, so daß der Typ für Passagier- und Frachtflüge genutzt werden konnte. Andere Versionen umfaßten die Militärmuster **F27 Mk 400M** und **F27 Mk 500M**, ein Luftbildmeßflugzeug **F27 Mk 400M** und die zur Küstenüberwachung, zum Fischereischutz und für SAR-Dienste geeignete **F27 Maritime**. Späte Serienmaschinen erhielten ein modernisiertes Flugdeck und eine neue Kabineneinrichtung. An der Fertigung waren Dassault-Breguet (Frankreich), MBB (Deutschland) und SABCA (Belgien) beteiligt. Als die Produktion im Jahre 1986 auslief, hatte Fokker 581 **F27** abgesetzt, neben 205 **F27/FH-227** amerikanischer Produktion. Mitte 1991 bestätigte Fokker, daß rund 450 **F27** weiterhin Dienst verrichteten und daß das Exemplar mit der meisten Flugzeit rund 80.000 Flüge absolviert habe.

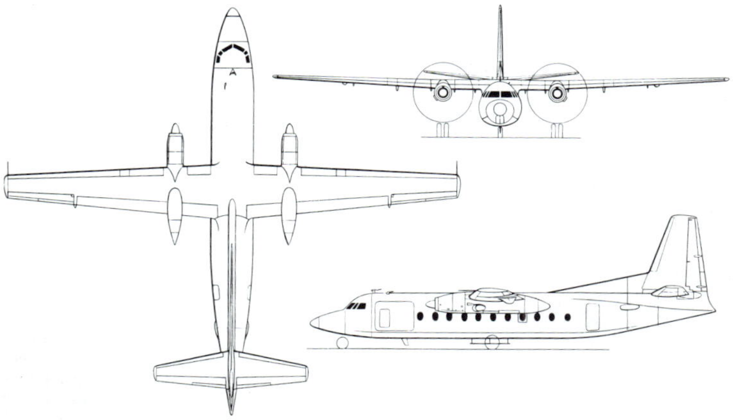

***Fokker F27 Friendship Mk 500***

**TECHNISCHE DATEN**
**Fokker F27 Mk 200**

**Typ:** Kurz- und Mittelstrecken-Verkehrsflugzeug

**Triebwerke:** zwei Propellerturbinen Rolls-Royce Dart Mk 536-7R mit einer Startleistung von je 1730 äkW (2353 äPS)

**Leistung:** normale Reisegeschwindigkeit 480 km/h in 6095 m Höhe; Dienstgipfelhöhe 8990 m; Reichweite mit 44 Passagieren und Treibstoffreserven 1926 km

**Gewicht:** Leermasse 12.148 kg; max. Startmasse 20.410 kg

**Abmessungen:** Spannweite 29 m; Länge 23,56 m; Höhe 8,50 m; Tragflügelfläche 70 m²

## Fokker F28 Fellowship

Fokkers Erfahrungen mit der F27 zeigten den Bedarf an einem leistungsstärkeren Airliner mit etwas größerer Sitzplatzkapazität, und 1960 leitete das Unternehmen Entwurfsstudien für solch ein Flugzeug ein. Erste Einzelheiten über das neue Muster **Fokker F28 Fellowship** wurden im April 1962 bekanntgegeben, und mit staatlicher Unterstützung und MBB in Deutschland sowie Shorts in Großbritannien als Risikopartnern traf man 1964 die Entscheidung zur Entwicklung und Produktion des neuen Verkehrsflugzeugs.

Der freitragende Schulterdecker mit kreisrund geschnittenem Rumpf, T-Leitwerk samt zurückgepfeilten Flächen und einziehbarem Bugrad-Fahrwerk sollte zwei Mantelstromtriebwerke RB183 von Rolls-Royce erhalten. Der erste (PH-JHG) von drei Prototypen startete am 9. Mai 1967 zum Jungfernflug, und am 24. Februar 1969 wurde die erste zugelassene Serienmaschine übergeben. Diese erste Serienversion **F28 Mk 1000** mit kurzem Rumpf und zwei RB183-2 Mk 555-15 je 4468 kg Schub konnte 55 bis 65 Passagiere befördern. Wahlweise war sie als **F28 Mk 1000C** für reine Fracht- oder gemischte Fracht- und Passagierflüge erhältlich, mit einer großen Frachttür auf der linken Seite des Vorderrumpfes hinter der Standardeinstiegstür für Passagiere.

Die grundsätzlich ähnliche **F28 Mk 2000** unterschied sich lediglich durch ihren um 2,21 m längeren Rumpf zur Aufnahme von maximal 79 Flugreisenden. Spätere Serienversionen umfaßten die **F28 Mk 3000** und **F28 Mk 4000** mit Rumpflängen, die denen der **Mk 1000** beziehungsweise der **Mk 2000** entsprachen. Die **F28 Mk 3000** wurde mit einer Inneneinrichtung für 15 Geschäftsreisende und die **F28**

**Mk 4000** mit einer maximalen Bestuhlung für 85 Personen angeboten. Der Absatz war auf 241 Exemplare gestiegen, als die **Fellowship** 1987 das Band für die Fokker 100 räumte. Mitte 1991 gab Fokker die Zahl der weiterhin im Dienst befindlichen **F28** mit mehr als 200 an, von denen mindestens die Hälfte ab 1994 mit Lärmdämpfungssätzen nach Kategorie 3 ausgerüstet werden sollten, um weitere 15 Dienstjahre leisten zu können.

***Fokker F28 Fellowship Mk 1000 der AeroPeru (Empresa de Transporte Aero del Peru)***

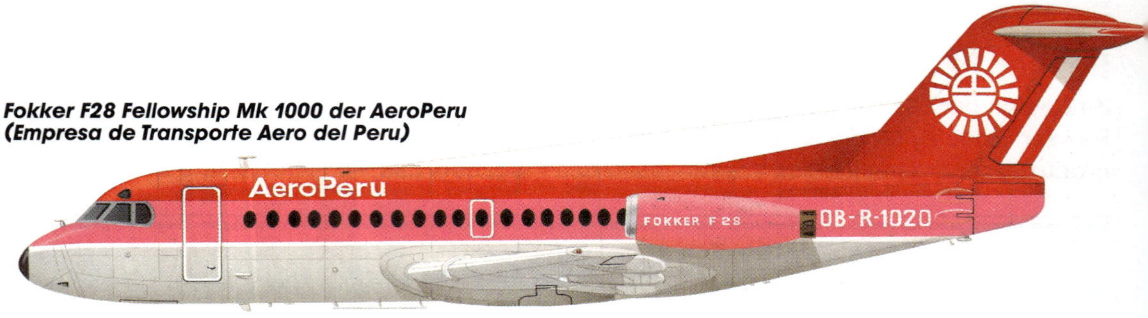


**Varianten**

**F28 Mk 5000:** vorgeschlagene Version, die den Rumpf der F28 Mk 3000 mit einem weiter gespannten Tragwerk samt Vorflügeln verband; nicht seriengefertigt

**F28 Mk 6000:** Version, die den gestreckten Rumpf der F28 Mk 2000 mit einem weiter gespannten Tragwerk samt Vorflügeln verband; nur zwei Flugzeuge, darunter der umgerüstete erste F28-Prototyp

**F28 Mk 6600:** vorgeschlagene Variante der F28 Mk 6000 mit einem Rumpfstreckungsteil von 2,21 m zur Unterbringung von 100 Passagieren; nicht seriengefertigt

**TECHNISCHE DATEN**
**Fokker F28 Mk 3000**

**Typ:** Kurz-/Mittelstrecken-Verkehrsflugzeug
**Triebwerke:** zwei Mantelstromtriebwerke Rolls-Royce RB183-2 Mk 555-15P mit je 4491 kg Schub
**Leistung:** Höchstgeschwindigkeit im Reiseflug 843 km/h in 7000 m Höhe; wirtschaftliche Reisegeschwindigkeit 678 km/h in 9150 m Höhe; max. Reiseflughöhe 10.670 m; Reichweite mit max. Treibstoffreserven und 65 Passagieren 2743 km
**Gewicht:** Leermasse 16.780 kg; max. Startmasse 33.110 kg
**Abmessungen:** Spannweite 25,07 m; Länge 27,40 m; Höhe 8,47 m; Tragflügelfläche 79 $m^2$

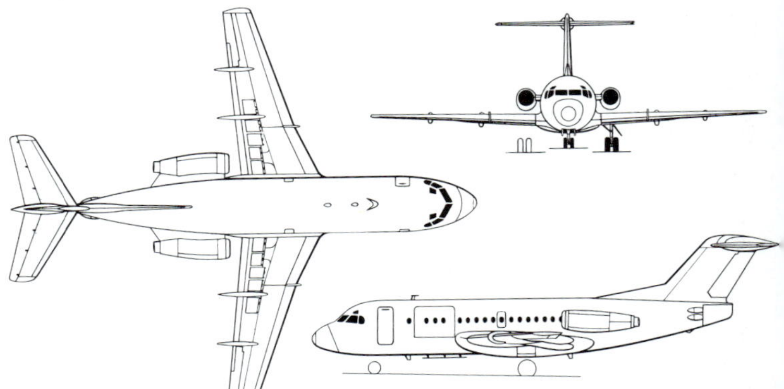

***Fokker F28 Fellowship Mk 1000***

# Fokker 50

Bei der Feierstunde, die im November 1983 anläßlich des 25jährigen Jubiläums der F27 im Liniendienst abgehalten wurde, kündigte Fokker die Realisierung des Nachfolgemusters, der 50sitzigen **Fokker 50**, an. Sie basierte auf der bewährten F27-Zelle, hatte aber genügsamere Triebwerke, „leise" Sechsblatt-Propeller, eine verfeinerte Aerodynamik, ein neu ausgelegtes Cockpit mit digitalisierter Avionik und eine neue Kabineneinrichtung. Die äußeren Unterschiede zum Vorgängermodell beschränkten sich auf zusätzliche Kabinenfenster, Zwillingsbugräder und nach oben gekrümmte Flächenenden. In weiten Teilen wurden leichte Verbundwerkstoffe eingesetzt, und die **F50** ist nur noch zu 20% mit der F27 baugleich. An der Fertigung beteiligt sind Dassault, Fuji Heavy Industries, die Deutsche Airbus GmbH, SABCA, Dowty Rotol und Pratt & Whitney Canada. Die Endmontage, Systemintegration und Flugerprobung liegt bei Fokker in Schiphol. Die ersten beiden Prototypen, umgerüstete F27, flogen am 28. Dezember 1985 (PH-OSO) und am 30. April 1986 (PH-OSI). Die erste Serienmaschine (PH-DMO) stand am 13. Februar 1987 flugbereit, und am 7. August 1987 folgte die erste Übergabe (an DLT). Mitte 1991 verzeichneten die Auftragsbücher für die **Fokker 50** 132 Aufträge von 18 Kunden, von denen 116 erfüllt waren. Die Standardserienvariante ist die **Fokker 50-100** mit 46 bis 50 Sitzen, und derzeit werden 30 Flugzeuge pro Jahr gefertigt.

**Varianten**

**Fokker 50-200:** vorgeschlagene Version mit 68 Sitzen im Rumpf und einem 3-m-Streckungsteil vor dem Tragwerk und einem 1,50-m-Streckungselement im Hinterrumpf; dies ist der größte Turboprop-Airliner, der bislang angeboten oder geplant wurde; für den Antrieb sorgten zunächst zwei PW130-Turbinen; die Weiterentwicklung führte zur Serie 400 (s. u.)

**Fokker 50-300:** Serie 100 mit PW127A-Triebwerken für bessere Leistung unter „hohen & heißen" Betriebsbedingungen

**Fokker 50-400:** ging aus der gestreckten Serie 200 hervor, wird aber derzeit mit hochgezüchteten PW127B-Turbinen angeboten; das erste Flugzeug könnte 1994 zur Verfügung stehen; alle drei Versionen (100/300/400) lassen sich mit drei oder vier Passagier- und Frachttüren ausrüsten; zudem kann eine 1,30 m breite und 1,65 m hohe Frachttür backbord hinter dem Tragwerk eingelassen werden; bislang keine Verkaufsabschlüsse

**Fokker Maritime Enforcer Mk 2:** basiert auf der Fokker 50-100 mit PW125B als Antrieb; wird als kosteneffektives U-Jagd-, Schiffsbekämpfungs- und Seeaufklärungsflugzeug angeboten; die Ausrüstung umfaßt hochentwickelte Avioniksysteme wie Suchradar, Infrarot-Ortungsanlage, Detektor für magnetische Anomalien, Geräte für elektronische Unterstützungsmaßnahmen und Verarbeitungsanlagen für akustische Signale; kann mit Sonarbojen, Torpedos, Wasserbomben und Lenkflugkörpern wie der Harpoon bewaffnet werden; bei mittlerer Treibstoff- und Waffenlast beträgt die Flugdauer zehn Stunden; keine Verkaufsabschlüsse

**TECHNISCHE DATEN**
**Fokker 50-100**

**Typ:** 46- bis 58sitziges Regionalflugzeug
**Triebwerke:** zwei Propellerturbinen Pratt & Whitney Canada PW125B mit einer Höchstleistung von je 1864 kW (2535 WPS)
**Leistung:** normale Reisegeschwindigkeit 522 km/h; Dienstgipfelhöhe 7620 m; Reichweite mit 50 Passagieren 2631 km
**Gewicht:** Leermasse 12.570 kg; max. Startmasse 18.990 kg
**Abmessungen:** Spannweite 29 m; Länge 25,20 m; Höhe 8,30 m; Tragflügelfläche 70 $m^2$

***Die Fokker 50 führt die Linie der äußerst erfolgreichen F27 weiter. Sie stellt eine tiefgreifende Überarbeitung des Grundmodells dar, bei der in allen Bereichen moderne Technologien verwendet wurden. Die bedeutendste Änderung besteht im Wechsel zur PW125-Propellerturbine mit Sechsblatt-Luftschraube für einen leisen und effizienten Flugbetrieb.***

# Fokker 100

Gleichzeitig mit der Bekanntgabe einer Nachfolgegeneration für die F27 im November 1983 kündigte Fokker auch einen neuen Trieb im Stammbaum des strahlgetriebenen Fellowship-Airliner an. Das von der bewährten Zelle der F28 Mk 4000 abgeleitete neue Muster erhielt die Bezeichnung **Fokker 100**, die in etwa die Sitzplatzkapazität widerspiegelt. Eckpunkte der Auslegung waren Turbofan-Triebwerke neuester Technologie, das treibstoffsparsame Tay von Rolls-Royce, ein längerer Rumpf, neukonstruierte und weiter gespannte Tragflächen, modernisierte Bordsysteme, ein sogenanntes „Glas-Cockpit" und eine neu konzipierte Inneneinrichtung. An der Produktion sind die Deutsche Airbus GmbH, Shorts, Grumman, Rolls-Royce und Dowty Rotol beteiligt. Die Endmontage und Flugtests unternimmt Fokker in Schiphol. Auch die indonesische IPTN liefert Bauteile. In das **F100**-Flugtestprogramm wurden zwei Prototypen eingebunden. Der erste (PH-MKH) hob am 30. November 1986 zum Jungfernflug ab, gefolgt vom zweiten (PH-MKC) am 25. Februar 1987. Die Musterzulassung der **F100** mit Tay 620-15 lag im November 1987 vor, und Swissair nahm die erste Maschine im Februar 1988 in Empfang. Die von US Air mit dem Tay 650 georderte Version wurde im Juli 1989 zugelassen und im selben Monat an die Gesellschaft ausgeliefert. Mitte 1991 hatte Fokker Bestellungen für 232 Maschinen entgegengenommen und 70 davon ausgeliefert. Zur Auswahl für die Tay-650-Version ab 1993 standen eine auf 45.810 kg gesteigerte Abflugmasse und ein Integraltreibstofftank im Tragflächenmittelstück, der die Reichweite zwischen 160 und 450 km strecken konnte. Seit 1994 gibt es auch eine Version mit einer Frachttür, die 3,40 m auf 1,90 m mißt und auf der linken Seite des Vorderrumpfs vor dem Tragwerk eingearbeitet ist, sowie mit einer Kabineneinrichtung, die in 20 Minuten von Fracht- auf Passagierbetrieb umgerüstet werden kann.

***Die Umgestaltung der F28 zur Fokker 100 war weitaus tiefgreifender als der Übergang von der F27 zur Fokker 50. So erfuhr der Rumpf eine beträchtliche Streckung, und der Antrieb steigerte sich um ein Drittel.***

**TECHNISCHE DATEN: Fokker 100**

**Typ:** 107sitziger Regional-Jetliner
**Triebwerke:** zwei Mantelstromtriebwerke Rolls-Royce Tay 650-15 mit je 6849 kg Schub
**Leistung:** normale Reisegeschwindigkeit 837 km/h; Dienstgipfelhöhe 10.670 m; Reichweite mit 107 Passagieren 2956 km
**Gewicht:** Leermasse 24.375 kg; max. Startmasse 43.090 kg
**Abmessungen:** Spannweite 28 m; Länge 35,50 m; Höhe 8,50 m; Tragflügelfläche 93,50 m²

# Folland 43/37

Folland Aircraft Ltd. entstand im Mai 1937 aus der British Marine Aircraft Ltd., die im Februar 1936 in Hamble, Hampshire, gegründet worden war, um das Sikorsky-Flugboot S-42A in Lizenz zu produzieren. Als dieses Vorhaben scheiterte, wurde die Firma unter Leitung von H. P. Folland, ehemals Chefkonstrukteur bei der Gloster Aircraft Company, völlig umorganisiert und unter neuem Namen ins Firmenregister eingetragen. Folland Aircraft Ltd. betätigte sich zunächst als Subunternehmen.

Eine Reihe von Projekten, angefangen mit Fo.101, endeten auf dem Papier. Das erste konkrete Flugzeug dieser Firma war die **Folland Fo.108**, gemäß Spezifikation 43/37 als Erprobungsträger für Flugmotoren entwickelt. Percival und General Aircraft hatten ebenfalls Angebote eingereicht, aber Folland erhielt den Zuschlag für eine Serie von zwölf Exemplaren des ersten Musters, das eigens zur Prüfung von Motoren konstruiert wurde.

Die **Folland 43/37**, ein großer, einmotoriger Tiefdecker mit starrem Fahrwerk, hatte das Raumvolumen einer Bristol Beaufort, die sie in der Höhe sogar noch übertraf. Sie erinnerte an eine maßstäblich vergrößerte Hurricane und nahm einen Flugzeugführer sowie zwei Prüfer in einer Kabine auf, die eine komplette Instrumentierung zur Überwachung der Motorleistung im Flug aufwies. Die Konstruktion war gemischt: ein in Schalenbauweise gefertigter Rumpf, beplankt mit Leichtmetall, und ein mit Sperrholz abgedecktes Trag- und Leitwerk. An der Hinterkante waren Spreizklappen und an den Flächenenden automatische Strömungsschlitze eingerichtet.

**TECHNISCHE DATEN**
**Folland 43/37**

**Typ:** fliegender Prüfstand
**Triebwerk:** verschiedene Motortypen
**Leistung:** (Sabre I) Höchstgeschwindigkeit 428 km/h in 4755 m Höhe; Marschgeschwindigkeit 394 km/h in 1220 m Höhe; (Hercules) Höchstgeschwindigkeit 407 km/h in 3355 m Höhe; Marschgeschwindigkeit 381 km/h in 4265 m Höhe; (Centaurus) Höchstgeschwindigkeit 470 km/h in 4570 m Höhe; Marschgeschwindigkeit 430 km/h in 3960 m Höhe
**Gewicht:** nach dem jeweils eingebauten Motortyp variierend, max. Startmasse im Mittel 6804 kg
**Abmessungen:** Spannweite 17,68 m; Länge je nach Motortyp variierend, annähernd 13,21 m; Höhe 4,95 m; Tragflügelfläche 54,63 m²

***Die Folland 43/37 war das erste Flugzeug, das speziell als fliegender Teststand für Triebwerke konstruiert wurde. In diese Maschine ist ein Centaurus eingerüstet.***

Motoreinbauten in die **43/47** umfaßten neben Bauarten des Napier Sabre auch Bristol Hercules und Centaurus sowie den Rolls-Royce Griffon.

Das erste Exemplar wurde 1940 geliefert, und der erste Verlust erfolgte am 28. April 1944, als die achte Maschine beim Start in Heston während der Erprobungsphase des Bristol Centaurus IV verunglückte. Centaurus I und Centaurus IV fielen drei weitere **Folland 43/37** innerhalb von nur drei Wochen zum Opfer: die dritte Maschine am 28. August, die erste am 14. September und die zweite am 18. September 1944. Die sechste Maschine, in die ein Sabre I eingerüstet war, stürzte am 14. September ab. Dokumentiert sind darüber hinaus nur noch zwei weitere Verluste von 1945, der des elften Flugzeugs am 5. März nach Prüfung des Hercules XI und der des fünften am 27. März nach Prüfung des Rolls-Royce Griffon.

Wegen der vielfältigen Triebwerke variierten das Gewicht und die Leistung beträchtlich, doch die unten aufgeführten Angaben sind dokumentiert.

***Ein Sternmotor, der in die 43/37 eingebaut wurde, war der Bristol Hercules. Zu den geprüften Reihenmotoren zählten der Sabre und der Griffon.***

# Folland Fo.139 Midge

Aus der zu komplexeren und schwereren Jagdflugzeugen tendierenden Entwicklung folgerte W. E. W. Petter, daß die in Entwicklung befindliche Generation kleiner Strahltriebwerke die Möglichkeit bot, einen Leichtjäger zu realisieren. So begann er 1951, die Folland Fo.141 Gnat Mk 1 um das 1724 kg Schub erzeugende Strahltriebwerk Saturn von Bristol herum zu entwerfen. Der Abbruch der Entwicklung dieses Triebwerks zwang jedoch dazu auf das Orpheus desselben Herstellers mit 2050 kg Schub zurückzugreifen.

Um die Tauglichkeit des Konzepts nachzuweisen, wurde ein Prototyp mit der Bezeichnung **Folland Fo.139 Midge** konstruiert und mit einem 744 kg Schub starken Armstrong Siddeley Viper-Strahltriebwerk ausgestattet. Am 11. August 1954 startete diese Maschine in Boscombe Down, Wiltshire, zum Erstflug. Teil der umfassenden Flugerprobung war ein Sturzflug mit Überschallgeschwindigkeit – eine beachtliche Leistung angesichts des geringen Viper-Schubs und ein Beleg für die saubere Konstruktion dieses Jägers. Piloten der Royal Canadian Navy, der Royal New Zealand Air Force, der indischen Luftwaffe und der jordanischen Luftstreitkäfte, die die **Midge** flogen, äußerten sich lobend über die Flug- und Steuereigenschaften des Leichtjägers und sein nüchternes Konzept. Insgesamt 110 Flugstunden und 33 Minuten hatte die **Midge** in 220 Flügen absolviert, als sie am 26. September 1955 in der Nähe von Chilbolton abstürzte und ihr Schweizer Pilot den Tod fand. Die Flugunfalluntersuchung ergab keine Mängel an der Maschine.

**TECHNISCHE DATEN**
**Folland Midge**

**Typ:** Prototyp eines einsitzigen Leichtjägers
**Triebwerk:** ein Strahltriebwerk Armstrong Siddeley Viper 101 mit 744 kg Schub
**Leistung:** Höchstgeschwindigkeit 966 km/h; absolute Dienstgipfelhöhe 12.190 m
**Gewicht:** max. Startmasse 2041 kg
**Abmessungen:** Spannweite 6,30 m; Länge 8,76 m; Höhe 2,82 m; Tragflügelfläche 11,61 m²

Bis zu diesem Unglück war die Tauglichkeit des Leichtjägers jedoch bewiesen und die erste vom Orpheus angetriebene Gnat F.Mk 1 bereits geflogen. Die RAF stellte den Jäger zwar nicht in Dienst, aber Finnland (13) und Jugoslawien (zwei) importierten das Muster, im letztgenannten Fall zur Technologiebewertung. Indien führte die einsitzige Gnat ebenfalls ein; Hindustan Aeronautics entwickelte das Muster zum Ajeet-Jäger fort und fertigte zwischen 1962 und 1974 215 Lizenzflugzeuge.

***Die Folland Midge bewies überzeugend, welche Leistung ein schwach motorisierter Jäger in Leichtbauweise mit sauberer Linienführung erreichen konnte. Trotz der guten Ergebnisse der Flugerprobung entschied sich die RAF jedoch für die „Schwergewichte".***

# Folland Gnat

Die winzige **Folland Fo.141 Gnat**, durch die meisterlichen Vorführungen des Kunstflugteams Red Arrows der bekannteste RAF-Strahltrainer, war, wie unter dem Midge-Eintrag beschrieben, eigentlich als Leichtjäger gedacht. Den in Eigeninitiative konstruierten **Gnat**-Prototyp flog Follands Cheftestpilot Squadron Leader E. A. Tennant erstmals beim AA&EE in Boscombe Down am 18. Juli 1955. Auch für das von Bristol neu entwickelte Orpheus-Strahltriebwerk mit einer Leistung von 1490 kg Schub war dies der erste Flug. Zur Vorbereitung des Gnat-Debüts bei der SBAC-Flugschau und Ausstellung in Farnborough wurde am 30. August eine auf 1814 kg Schub gesteigerte Version dieses Triebwerks installiert. Im August 1955 erteilte das Ministry of Supply einen Auftrag über sechs Entwicklungsmaschinen, von denen die erste am 26. Mai 1956 zum

Jungfernflug startete. Sie dienten vielschichtigen Erprobungen in Boscombe Down, einschließlich Schießversuchen mit der ADEN-30-mm-Kanone, von der je eine in den Triebwerksluftkanälen eingebaut war. Die Bewertung in der Jagdbomberrolle fand in Aden statt, wo eine modifizierte Hawker Hunter die Vergleichswerte erflog (letztere wurde als Hunter FGA.Mk 9 beschafft). Die RAF hatte das Interesse an der **Gnat** als Jäger zwar verloren, aber die finnische Luftwaffe übernahm 1958/59 insgesamt 13 Flugzeuge, die erst 1972 zugunsten der Saab Draken aus dem Dienst schieden. Zwei der finnischen **Gnat** wurden mit Kameranasen für taktische Aufklärung ausgerüstet. Auch Jugoslawien erwarb zwei Exemplare, aber der größte Exportauftrag kam aus Indien: 40 Flugwerke in verschiedenen Fertigungsstadien lieferte Großbritannien, und anschließend unternahm Hindustan Aircraft Ltd. die Lizenzproduktion in Bangalore, wo insgesamt 175 **Gnat** produziert wurden. Im Frühjahr 1958 stellte die indische Luftwaffe das Muster in Dienst, angefangen mit der Aufstellung der **Gnat Handling Flight** bis zur Ausrüstung von acht Einsatzstaffeln.

Zwar hatte die RAF die **Gnat** zur Verwendung in den Einsatzverbänden abgelehnt, doch sie benötigte einen unbewaffneten, zweisitzigen Trainer für Fortgeschrittene, der die de Havilland Vampire T.Mk 11 ablöste und die durchgehende Ausbildung der Strahlflugzeugführer nach der Hunting Jet Provost fortsetzte. Folland führte auf eigene Kosten eine Untersuchung durch, welche Modifikationen nötig seien, um einen zweiten Sitz zu integrieren und die Landegeschwindigkeit auf einen Wert unter 185 km/h zu senken. Die bedeutsamste Änderung war ein neues Tragwerk mit einer um 3,72 m² größeren Tragflügelfläche und zusätzlichem Tankraum, so daß man die im Rumpf unterzubringende Treibstoffmenge reduzieren und dieses Volumen für andere Ausrüstungskomponenten nutzen konnte. Der Vorderrumpf wurde leicht gestreckt, die Leitwerksflächen wurden vergrößert, und äußere Querruder sowie gewöhnliche innere Landeklappen ersetzten die Innenquerruder des Jägers. Den Antrieb lieferte ein Orpheus 100 mit einer Nennleistung von 1919 kg Schub. Im August 1956 vergab das Ministry of Supply eine offizielle Entwurfsstudie, und im August 1957 bestellte es eine Vorserie mit 14 **Fo.144 Gnat Trainer**, dessen erster Vertreter am 31. August 1959 zum Jungfernflug startete. Es zeigt sich jedoch, daß kein Serienauftrag erteilt würde, solange Folland nicht zur Gruppe der von der Regierung bevorzugten Luftfahrzeughersteller gehörte. Das Unternehmen fusionierte daher mit Hawker Siddeley Aviation und wurde zur Hamble Division dieses Konzerns. Aufträge über 30, 20 und 41 Flugzeuge erfolgten im Februar 1960, Juli 1961 und März 1962. Die letzte seriengefertigte **Gnat T.Mk 1** flog am 9. April 1965 und wurde am 14. Mai der RAF im roten Vollanstrich für das Kunstflugteam übergeben. Die Central Flying School, damals in Little Rissington beheimatet, führte das Muster im Februar 1962 ein, aber der Hauptnutzer war No. 4 Flying Training School in Valley. Sie nahm ihre erste **Gnat** im November 1962 in Empfang und stellte das Muster 1964 im Verbandskunstflug vor, den die Yellowjacks mit fünf kanariengelben **Gnat**-Maschinen absolvierten. Unter der Central Flying School wandelte sich das Team 1965 zu den Red Arrows, die die **Gnat** bis zum Abschluß der Vorführsaison 1979 flogen.

***Die HavLlv 21 der Ilmavoimat (finnische Luftwaffe) setzte 13 Folland Gnat vom Flugplatz Jyvaskyla, nördlich von Helsinki, aus ein. Die Maschinen benötigten keinerlei Spezialänderungen, um mit den dortigen klimatischen Bedingungen, einem Flugbetrieb bei oft –30°C, fertigzuwerden.***

**TECHNISCHE DATEN: Folland (Hawker Siddeley) Gnat T.Mk 1**

**Typ:** zweisitziger Strahltrainer für Fortgeschrittene
**Triebwerk:** ein Strahltriebwerk Bristol Siddeley Orpheus 100 mit 1919 kg Schub
**Leistung:** Höchstgeschwindigkeit 1024 km/h in 9450 m Höhe; Dienstgipfelhöhe 14.630 m; max. Reichweite mit zwei 300-Liter-Zusatztanks unter den Flächen 1852 km
**Gewicht:** Leermasse 2331 kg; max. Startmasse 3915 kg
**Abmessungen:** Spannweite 7,32 m; Länge 9,68 m; Höhe 2,93 m; Tragflügelfläche 16,26 m²

# Ford Tri-Motor

Seit vielen Jahren diskutieren Luftfahrtenthusiasten darüber, ob William B. Stout die historische **Ford Tri-Motor** konstruiert hat oder nicht. Unstrittig dagegen ist, daß die von der Stout Metal Airplane Company Anfang 1925 produzierte 2-AT Pullman von ihm stammt. Im August jenes Jahres erwarb die Ford Motor Company die Firma Stout und gruppierte sie in ihre Unternehmensstruktur ein. Unmittelbar darauf wurde die Entwicklung einer dreimotorigen Pullman-Version mit der Bezeichnung **Ford-3-AT** eingeleitet. Dieses dreimotorige Flugzeug war unverkennbar direkt von der Pullman abgeleitet: ein freitragender Hochdecker in Ganzmetallbauweise mit Wellblechhaut wie bei der 2-AT, das zum Markenzeichen der Ford-Tri-Motor-Serie wurde. Während die 2-AT mit ihrem einzigen Liberty-Motor ein ansprechendes Luftfahrzeug war, muß man das Einzelexemplar **3-AT** mit seinen drei unverkleideten Sternmotoren, je einem unter den Tragflächen und einem tief am modifizierten Bug, in die Kategorie der häßlichen Verkehrsflugzeuge einstufen. So konnte es auch nicht verwundern, daß keine weiteren Flugzeuge gebaut wurden.

Die nachfolgende **Ford 4-AT** wies beträchtliche Unterschiede auf, obwohl auch sie ihre Verwandschaft mit der Pullman nicht leugnen konnte, da sie die ungewöhnliche Fensterform der 2-AT beibehielt. Die **4-AT**, die erstmals am 11. Juni 1926 flog, zeigte ein grundsätzlich ähnlich ausgelegtes Flugwerk mit abgestrebtem Leitwerk und starrem Spornrad-Fahrwerk, dessen Hauptteile allerdings erheblich verfeinert waren. Das vor den Tragflächen angeordnete offene Cockpit nahm eine zweiköpfige Besatzung und die geschlossene Kabine im Hauptrumpf acht Passagiere auf. Einer der drei Wright-Sternmotoren J-4 Whirlwind mit je 149 kW (203 PS) war in die Flugzeugnase eingearbeitet, während die beiden anderen in abgestrebten Gondeln unter den Tragflächen hingen. Diese Konfiguration blieb praktisch unverändert bis zum Ende der Produktion im Jahre 1933. Dennoch brachten die beiden Hauptserienversionen, die **4-AT** und die größere, 1928 eingeführte **5-AT**, etliche Varianten hervor.

**TECHNISCHE DATEN**
**Ford 5-AT-D**

**Typ:** Verkehrsflugzeug
**Triebwerke:** drei Neun-Zylinder-Sternmotoren Pratt & Whitney C-1 oder SC-1 Wasp mit je 313 kW (425 PS)
**Leistung:** Höchstgeschwindigkeit 241 km/h; Reisegeschwindigkeit 196 km/h; Dienstgipfelhöhe 5640 m; Reichweite 885 km
**Gewicht:** Leermasse 3556 kg; max. Startmasse 6123 kg
**Abmessungen:** Spannweite 23,72 m; Länge 15,32 m; Höhe 3,86 m; Tragflügelfläche 77,57 m²

Die „Tin Goose" (Blechgans), wie die **Ford Tri-Motor** genannt wurde, erschien auch mit zahlreichen offiziellen und inoffiziellen Modifikationen, und sie wurde mit Rad-, Schwimmer- und Schneekufen-Fahrgestell betrieben. Bei der US Army diente das Muster als XC-3, C-3, C-3A, C-4, C-4A, C-4B und C-9 (insgesamt 13 Flugzeuge) und bei der US Navy/Marine Corps als XJR-1, JR-2, JR-3, RR-1, RR-2, RR-3, RR-4 und RR-5 (neun Flugzeuge). Ein beredtes Zeugnis für die Langlebigkeit der **Ford Tri-Motor** legt die **Ford 5-AT-C** ab, die Scenic Airlines in Las Vegas heute noch einsetzt. Das weitgehend in Originalverfassung erhaltene Flugzeug hat seinen Unterhalt seit dem Baujahr 1929 mehr als einmal verdient, und es handelt sich nicht um eine restaurierte Maschine.

**Varianten**

**Ford 4-AT-A:** erste Serienversion; 14 Exemplare

***Das dreimotorige Transportflugzeug C-4A der US Army entsprach dem zivilen Muster 5-AT-D. Die vier Exemplare dieses Typs wurden von drei R-1340-11-Sternmotoren angetrieben.***

**Ford 4-AT-B:** Version von 1927 mit Wright J-5 Whirlwind je 177 kW (240 PS) und zwölf Passagiersitzen; 39 Exemplare
**Ford 4-AT-C:** wie 4-AT-B, aber mit 298 kW (405 PS) starkem Wasp-Sternmotor von Pratt & Whitney im Bug
**Ford 4-AT-D:** Bezeichnung dreier Flugzeuge ähnlich der 4-AT-B, aber jedes anders motorisiert und geringfügig geändert
**Ford 4-AT-E:** allgemein wie die 4-AT-B, aber mit drei Wright J-6-9 Whirlwind je 224 kW (305 PS) als Antrieb; 24 Flugzeuge
**Ford 4-AT-F:** ein Exemplar, das sich von der 4-AT-E durch aerodynamische Verfeinerungen unterschied
**Ford 5-AT-A:** 1928 eingeführte Serienversion; Spannweite um 1,17 m erhöht; 13 Passagiersitze; Antrieb mit 3 x 313 kW (425 PS) starken Wasp-Sternmotoren von Pratt & Whitney; insgesamt drei Flugzeuge
**Ford 5-AT-B:** ähnlich der 5-AT-A, aber mit 15 Passagiersitzen; 41 Flugzeuge
**Ford 5-AT-C:** ähnlich der 5-AT-A, aber mit 17 Passagiersitzen; 51 Flugzeuge
**Ford 5-AT-CS:** Schwimmerflugzeugversion der 5-AT-C; Einzelexemplar (mit Edo-Schwimmwerk)
**Ford 5-AT-D:** führte eine Hauptänderung gegenüber der Ford 5-AT-C ein, indem das Tragwerk 20 cm höher montiert wurde, um die Kopffreiheit in der Kabine zu verbessern; 20 Flugzeuge
**Ford 5-AT-DS:** Schwimmerflugzeugversion der 5-AT-D; Einzelexemplar (mit Edo-Schwimmwerk)
**Ford 5-AT-E:** vorgeschlagene Version, bei

der die äußeren Motoren an die Nasenkanten der Tragflächen gerückt waren
**Ford 6-AT-A:** entsprach der 5-AT-C mit Ausnahme des Antriebs in Form dreier Wright J-6-9 je 224 kW (305 PS); insgesamt drei Maschinen
**Ford 6-AT-AS:** seetüchtige Version der 6-AT-A mit Edo-Schwimmwerk; Einzelexemplar
**Ford 7-AT-A:** neue Bezeichnung einer AT-6-A nach dem Einbau eines 313 kW (425 PS) starken Wasp-Sternmotors von Pratt & Whitney im Bug; die Maschine erhielt später den Standard einer 5-AT-C
**Ford 8-AT:** Umrüstung einer 5-AT-C zum Frachtflugzeug unter Wegfall der beiden Außenmotoren
**Ford 9-AT:** neue Bezeichnung einer 4-AT-B nach dem Einbau dreier 224 kW (305 PS) starker Wasp-Junior-Sternmotoren von Pratt & Whitney
**Ford 11-AT:** neue Bezeichnung einer 4-AT-E nach dem Einbau dreier Packard-Dieselmotoren je 168 kW (228 PS); später Rückrüstung gemäß Standard 4-AT-B
**Ford 13-A:** 5-AT-D nach dem Einbau eines 429 kW (583 PS) starken Wright Cyclone im Bug und zweier Wright J-6-9 je 224 kW (305 PS); später Rückrüstung gemäß Standard 5-AT-D
**Ford 14-A:** erschien als viermotorige Ford 10-A mit einem einzigen Motortyp, wurde aber umbezeichnet nach dem Einbau eines Hispano-Suiza mit 810 kW (1100 PS) und zweier Motoren dieses Typs à 526 kW (715 PS); die für 40 Passagiere vorgesehene Maschine wurde nicht gebaut
**XB-906:** eine zum Bomber modifizierte 5-AT-C, die bei der Werkserprobung abstürzte

# Fouga CM.10/100/101

Die französische Firma Etablissements Fouga et Cie wurde 1936 zur Konstruktion und Produktion von Segelflugzeugen gegründet. Ende der vierziger Jahre entwarf sie einen großen Lastensegler mit der Bezeichnung **Fouga CM.10**, der sich zum Lufttransport von Nachschub, Fallschirmjägern, Soldaten und Ausrüstung eignete. Die **CM.10** war ein freitragender Hochdecker in gemischter Bauweise mit herkömmlichem Leitwerk und starrem Bugrad-Fahrwerk. Der Führerraum befand sich im Bug, der nach steuerbord geschwenkt werden konnte, um die Fracht direkt in und aus der Kabine zu befördern.

Da an so einem Luftfahrzeug praktisch kein Bedarf bestand, fertigte Fouga den Prototyp eines leichten Verkehrsflugzeugs, der die Zelle der **CM.10** samt Schwenkbug nahezu unverändert übernahm. Zwei Renault-Reihenmotoren 12S wurden in Gondeln unter die Flächen montiert, und die Kabine ließ sich zur Beförderung von 15 Passagieren oder zum Frachttransport einrichten. Das Muster flog in dieser Form als **CM.100**, doch der Hersteller plante auch eine spätere Version mit Einziehfahrwerk, die **CM.101R**. Darüber hinaus sollte in die Motorgondelhecks je ein Turboméca-Strahltriebwerk Piméné à 110 kg Schub für Überlast- oder Notsituationen installiert werden.

**TECHNISCHE DATEN**
**Fouga CM.100**
**Typ:** leichtes, zweimotoriges Verkehrsflugzeug
**Triebwerke:** zwei hängende 12-Zylinder-V-Motoren Renault 12S je 427 kW (580 PS)
**Leistung:** Reisegeschwindigkeit 245 km/h in 1500 m Höhe; Reichweite 500 km
**Gewicht:** Leermasse 4540 kg; max. Startmasse 7300 kg
**Abmessungen:** Spannweite 26,70 m; Länge 17,90 m; Tragflügelfläche 71,90 m²

***Oben: Als die CM.10 Ende der vierziger Jahre erschien, bestand kein Bedarf mehr an einem militärischen Lastensegler.***

***Unten: Die CM.100 unterschied sich von der CM.10 lediglich durch ihre beiden Motoren und das zugehörige Kraftstoffsystem.***

# Fouga CM.8-Serie

Das erste Flugzeug der **CM.8**-Serie war die **CM.8R-13** namens **Sylphe**. Die von einem Piméné-Motor mit 180 kW (245 PS) angetriebene Maschine hob erstmals am 14. Juli 1949 vom Boden ab. Es folgte die verfeinerte Version **CM.8R-9.8** mit dem Namen **Cyclope**, die erstmals am 31. Januar 1951 flog. Etliche **Cyclope**-Maschinen wurden gebaut, darunter die **Cyclope II** und **Cyclope III**, deren Antrieb ein Palas-Motor mit 258 kW (350 PS) besorgte. Der nächste wichtige Entwicklungsschritt brachte die **CM.8R-8.3**, bekannt als **Midjet**. Sie war eine Wettbewerbs- und Kunstflugmaschine, von der zwölf Exemplare gebaut wurden.

Um ein Testflugzeug für Turboméca-Triebwerke bereitstellen zu können, beschloß Fouga, zwei Zellen der **CM.8R-9.8** zu verbinden. Die Backbordfläche der einen und die Steuerbordfläche einer anderen Maschine wurden durch ein neues Tragflächenmittelstück ersetzt und die Innenteile der Schmetterlings-Leitwerke miteinander verbunden.

Dieses Zwillingsflugzeug mit der Bezeichnung Fouga **CM.88R Gemeaux I**, hob am 6. März 1951 zum ersten Mal vom Boden ab. Den Antrieb lieferten zwei Piméné-Strahltriebwerke à 100 kg Schub, die dem Muster zu einer Höchstgeschwindigkeit von 285 km/h im Horizontalflug verhalfen. Die anderen vier Varianten unterschieden sich lediglich im Antrieb.

**Varianten**
**Gemeaux II:** Bezeichnung nach Einrüstung eines Strahltriebwerks Turboméca Marboré I mit 275 kg Schub
**Gemeaux III:** Bezeichnung nach Einrüstung eines Strahltriebwerks Marboré II; flog am 24. August 1951 mit einem Prototyptriebwerk, das 350 kg Schub erzeugte, und später mit einem 400 kg Schub starken Serientriebwerk
**Gemeaux IV:** Bezeichnung nach Einrüstung eines Turboméca-Bläsertriebwerks Aspin I mit 200 kg Schub
**Gemeaux V:** Turboméca-Bläsertriebwerks-Version Aspin II mit 360 kg Schub

***Die CM.88 Gemeaux war ein aus zwei CM.8-Zellen über ein gemeinsames Flügelmittelstück gekoppeltes Zwillingsflugzeug, das von einem Paar kleiner Strahltriebwerke angetrieben wurde.***

**TECHNISCHE DATEN**
**Fouga CM.88-R Gemeaux III**
**Typ:** Triebwerk-Testflugzeug
**Triebwerk:** ein Strahltriebwerk Turboméca Marboré II mit 400 kg Schub
**Leistung:** Höchstgeschwindigkeit 400 km/h in Meereshöhe; Marschgeschwindigkeit 300 km/h; Dienstgipfelhöhe 10.000 m; Flugdauer 1 Stunde
**Gewicht:** Leermasse 890 kg; max. Startmasse 1170 kg
**Abmessungen:** Spannweite 10,76 m; Länge 6,66 m; Höhe 1,93 m; Tragflügelfläche 12,80 m²

# Found FBA-2/100 Centennial

Found Brothers Aviation wurde 1948 in Malton, Ontario, gegründet, um den viersitzigen Kabinen-Eindecker **Found FBA-1A** zu produzieren, den Captain S.R. Found konstruiert hatte. Die von einem de Havilland Gipsy Major mit 104 kW (141 PS) angetriebene **FBA-1A** flog erstmals am 13. Juli 1949. Erst viel später wurde dieses Musterflugzeug zum Ganzmetall-Vier-/Fünfsitzer **FBA-2** weiterentwickelt, der in Prototypform am 11. August 1960 flog und mit einem festen Bugrad-Fahrwerk ausgestattet war, wie es der Serienmaschine **FBA-2B** als Standardmerkmal zukommen sollte. Als sich die zwischenzeitlich in **FBA-2C** umbezeichnete Serienversion am 9. Mai 1962 zum ersten Mal in die Luft schwang, zeigte sie aber ein starres Spornrad-Fahrgestell. Sie war auch mit Schwimmer- und Schneekufen-Fahrgestell erhältlich und führte den stärkeren Avco-Lycoming-Motor O-540-A1D, eine etwas längere Kabine und größere, hintere Kabinentüren ein, die das Be- und Entladen von Fracht erleichterten. Als die Produktion zugunsten der **Found Centennial 100** eingestellt wurde, belief sie sich auf 34 **FBA-2C**.

Die Feinarbeit am Entwurf der **Centennial 100** begann im Oktober 1966, und der von einem Avco Lycoming IO-540-G1D5 angetriebene Prototyp stand am 7. April 1967 zum Erstflug bereit. Drei Versuchsmaschinen und zwei Serien-**Centennial** absolvierten das Flugtestprogramm. Kurz nach Erteilung der Musterzulassung im Juli 1968 stellte die Firma jedoch den Betrieb ein.

**TECHNISCHE DATEN**
**Found FBA-2C**
**Typ:** vier-/fünfsitziger Kabinen-Eindecker
**Triebwerk:** ein Sechs-Zylinder-Boxermotor Avco Lycoming O-540-A1D mit 186 kW (253 PS)
**Leistung:** Höchstgeschwindigkeit 237 km/h in 1525 m Höhe; Reisegeschwindigkeit 229 km/h; Dienstgipfelhöhe 4875 m; Reichweite 966 km
**Gewicht:** Leermasse 703 kg; max. Startmasse 1338 kg
**Abmessungen:** Spannweite 10,97 m; Länge 7,77 m; Höhe 2,37 m; Tragflügelfläche 16,72 m²

***Die Centennial 100 war eine verbesserte FBA-2, konnte aber auf dem von amerikanischen Mustern beherrschten Markt nicht bestehen.***

# Fournier RF bis General Dynamics F-16 Fighting Falcon

**Die Fournier Aviation entstand 1978 zum Bau von Motorgleitern und heißt inzwischen Avions Fournier. Die Flugzeugbau Friedrichshafen stellte Wasserflugzeuge her, überlebte aber den Ersten Weltkrieg nicht. Die Fuji Jukogyo war Nachfolgerin des berühmten Namens Nakajima. General Aircraft fusionierte 1948 zur Blackburn and General Aircraft.**

## Fournier RF

René Fournier konstruierte 1960 ein einsitziges Ultraleichtflugzeug, dem er die Bezeichnung **Fournier RF01** gab. Er wollte die Eigenschaften eines leichten Sportflugzeugs mit denen eines Segelflugzeugs kombinieren. Die **RF01** war daher ein geradlinig durchkonstruiertes Modell, dessen Antrieb ein modifizierter Volkswagen-Boxermotor mit 18,5 kW (25 PS) lieferte. Die Ergebnisse der Prototyperprobung veranlaßten die französische Regierung, Fournier bei der Errichtung einer Fertigungsanlage zu unterstützen. Auf einen zweiten **RF01**-Prototyp und zwei Vorserienflugzeuge **RF2** folgte die erste Serienmaschine **RF3**, deren Erstflug im März 1963 stattfand. Im November desselben Jahres begann die Auslieferung der Serienflugzeuge.

Zuvor war René Fournier eine Partnerschaft mit Alpavia SA eingegangen, die die Herstellung der **RF3** übernahm. Rund 95 **RF3** wurden gebaut, bis die verbesserte

### TECHNISCHE DATEN
**Fournier RF4D**

**Typ:** einsitziges Leichtflugzeug
**Triebwerk:** ein modifizierter Vier-Zylinder-Boxermotor (Volkswagen) mit 30 kW (40 PS)
**Leistung:** Höchstgeschwindigkeit im Reiseflug 180 km/h; wirtschaftliche Reisegeschwindigkeit 160 km/h; Dienstgipfelhöhe 6000 m; Reichweite 670 km
**Gewicht:** Leermasse 265 kg; max. Startmasse 390 kg
**Abmessungen:** Spannweite 11,26 m; Länge 6,05 m; Höhe 1,57 m; Tragflügelfläche 11,30 m²

Version **RF4D** das Band belegte. Zu einer neuerlichen Produktänderung kam es 1966, als man in Deutschland die Firma Sportavia-Putzer zur Fertigung der **RF**-Modelle gründete. Insgesamt 160 Maschinen vom Typ **RF4D** wurden gebaut, von denen mehrere anerkennenswerte Flüge durchführten. So überquerte beispielsweise Miro Slovak im Mai 1969 den Nordat-

lantik in 175 Stunden, 42 Minuten und 7,11 Sekunden. Diese **RF4D** gewann den von der Evening News ausgesetzten Preis in Höhe von 1000 britischen Pfund für die Bestleistung eines Flugzeugs von weniger als 2268 kg Gewicht.

Spätere Entwicklungen des **RF4**-Grundmusters ergaben den gestreckten

***Die RF4D bot angemessene Flugleistungen für wenig Geld.***

Zweisitzer **RF5** und die Sportavia SFS 31 Milan, die den Rumpf und das Leitwerk der **RF4** mit dem 15 m weit gespannten Tragwerk des Scheibe-Segelflugzeugs SF-27M verband.

## Fournier RF6B

Im Dezember 1970 begann René Fournier mit der Konstruktion seines zweisitzigen Leichtflugzeugs **Fournier RF6**, das später zur **Sportavia RS 180 Sportsman** weiterentwickelt wurde. Anfang der siebziger Jahre gründete er Avions Fournier in Nitray bei Montlouis und entwickelte dort eine etwas kleinere Version mit einem schwächeren Motor, aber nach wie vor nebeneinander angeordneten Sitzen. Der Prototyp dieses Musters mit der Bezeichnung **RF6B Club** flog erstmals am 12. März 1974, angetrieben von einem Rolls-Royce Continental O-200-E mit 67 kW (91 PS). Die **RF6B** war für den Schulbetrieb einschließlich Ausbildung im Kunstflug gedacht und die Zelle daher für eine Belastung von +6g und –3g ausgelegt. Das erste von fünf Vorserienflugzeugen hob am 4. März 1976 zum ersten Mal vom Boden ab, und sein Rolls-Royce Continental O-200-A ging in alle nachfolgenden Serienflugzeuge **RF-6B-100** ein, die Avions Fournier produzierte. Die Fertigung der Serie endete 1980, nachdem 45 Exemplare gebaut waren. Ein zusätzliches Flugwerk diente als Entwicklungsmaschine **RF6B-120**, die unter dem Antrieb eines Avco Lycoming O-235-L2A mit 88 kW (120 PS) am 14. August 1980 ihren Erstflug absolvierte.

In der Folgezeit erwarb Slingsby Engineering Ltd. in Großbritannien (ein seit lan-

***Die T67A ist die britische Lizenzversion des Trainers RF6B-120. Man beachte das große Cockpit, das den Insassen ein ausgezeichnetes Blickfeld gewährt.***

gem für den Entwurf und die Konstruktion von Segelflugzeugen bekanntes Unternehmen, das am 5. Juli 1982 als Slingsby Aviation Ltd. neu firmierte) von Avions Fournier eine Fertigungs- und Vertriebslizenz für dieses Muster. Die neue Firma konzentrierte sich auf die Weiterentwicklung der **RF6B-120** zur **T67**, die am 15. Mai 1981 zum Erstflug bereitstand. Diese Maschine (G-BIOW) war eine **T67A** mit einem 119 kW (162 PS) starken Lycoming O-235-L2A als Antrieb. Bis 1990 hatte man rund 100 **T67** an zivile und militärische Betreiber verkauft. Slingsby-Entwicklungen der **RF6** sind nachstehend aufgeführt.

**Varianten**
**Slingsby T67B Firefly:** Version mit glasfaserverstärktem Kunststoff (GRP) anstelle der hölzernen Struktur der T67A
**Slingsby T67C Firefly 160:** wie T67B, aber angetrieben von einem Vier-Zylinder-Boxermotor Lycoming AEIO-320-D1B
**Slingsby T67D Firefly:** wie T67C, aber mit Tanks in den Flächen, ein- oder zweiteiligem Cockpit und Propeller mit Gleich-

***Die seriengefertigte RF6B wurde von einem Rolls-Royce-Continental-Motor angetrieben.***

drehzahlregelung als Sonderausstattung
**Slingsby T67M Firefly II:** militärische Ausführung der T67C zur fliegerischen Grundausbildung
**Slingsby T67M-200:** T67M mit einem Lycoming AEIO-360-A1E

### TECHNISCHE DATEN
**Fournier RF6B-100**

**Typ:** zweisitziges Schul-/Reiseflugzeug
**Triebwerk:** ein Vier-Zylinder-Boxermotor Rolls-Royce Continental 0-200-A mit 75 kW (100 HP/102 PS)
**Leistung:** Höchstgeschwindigkeit 200 km/h in Meereshöhe; Reisegeschwindigkeit 180 km/h in Meereshöhe; Dienstgipfelhöhe 4000m; Reichweite 650 km
**Gewicht:** Leermasse 500 kg; max. Startmasse 750 kg
**Abmessungen:** Spannweite 10,50 m; Länge 7 m; Höhe 2,52 m; Tragflügelfläche 13 m²

## Friedrichshafen FF 33/39/49/59

Die **Friedrichshafen FF 33**, die vom zweisitzigen Seeaufklärungsflugzeug FF 29 abgeleitet war, erschien gegen Ende 1914. Sie stimmte nicht nur in Konstruktion und Auslegung mit dem Vorgängermuster überein, sondern auch im Antrieb in Form des 88 kW (120 PS) starken Mercedes D.II-Triebwerks, und im Grunde war nur das Schwimmwerk überarbeitet. Wie in der FF 29 besetzte der Flugzeugführer das hintere Cockpit. Auf nur sechs **FF 33** für die deutsche Kriegsmarine folgten fünf **FF 33b**, die eine Reihe von Änderungen in sich bargen. Bei dieser Version hatten Pilot und Beobachter die Position gewechselt, und letzterem stand ein Maschinengewehr auf Schwenklafette zur Verfügung. Ferner waren zweistufige Schwimmer eingeführt und der Mercedes D.II durch einen Maybach-Reihenmotor mit 118 kW (160 PS) ersetzt worden.

Die meistgebaute Variante, die **FF 33e**, brachte den Benz-Reihenmotor Bz.III, längere Schwimmer, die den Ersatz des zentralen Heckschwimmers durch eine Kielflosse ermöglichten, und einen Funksender auf Kosten der Bewaffnung. Man nimmt an, daß insgesamt nahezu 190 **Friedrichshafen FF 33e** gebaut wurden, und das letzte, ab Ende 1917 gelieferte Serienlos war mit Doppelsteuer ausgestattet. Es folgte die **FF 33j** mit einer Reihe aerodynamischer Verfeinerungen sowie Funksender und -empfänger. Die letzten Seeaufklärer **FF 33** waren Schulflugzeuge **FF 33s** mit Doppelsteuerung. Eine **Friedrichshafen FF 33e** wurde als Erkundungsflugzeug an Bord des deutschen Hilfskreuzers Wolf eingesetzt. Die Möglichkeit zur Vorauserkundung in Verbindung mit der Funkausrüstung dieses Flugzeugs, genannt „Wölfchen", sicherten dem Hilfskreuzer etliche Achtungserfolge im Kampf gegen die alliierte Schiffahrt.

Auch für Jagdpatrouillen wurde die **FF 33** fortentwickelt. Die anfängliche **FF 33f** war im Grunde eine **FF 33e**, bei der man Spannweite und Länge reduziert, aber das Beobachter-MG auf Schwenklafette wieder installiert hatte. Nur fünf Exemplare waren gebaut, als die Fertigung auf die **FF 33h** umgestellt wurde. Bei diesen 50 Flugzeugen hatte man nicht nur die Aerodynamik verbessert, sondern auch Teile der Drahtverspannung des inneren Fachs für den Fall verdoppelt, daß der Beobachter das Feuer seines Maschinengewehrs nach vorn zwischen Ober- und Unterflügel richten mußte. Hauptserienversion war die **FF 33l** (mit rund 130 Flugzeugen) mit nochmals reduzierten Abmessungen, um die Manövrierfähigkeit zu verbessern. Hinzu kamen Verfeinerungen, die die Flugleistungen insgesamt steigerten. Ein Exemplar der **FF 33l** wurde mit Radfahrgestell fertiggestellt, um dieses Muster als Mehrzweck-Doppeldecker mit der Bezeichnung **C.I** zu prüfen.

Die Entwicklung des zweisitzigen Seeaufklärers fand ihre Fortsetzung in der **FF 39** (14 Exemplare), einer überarbeiteten Ausführung der **FF 33e**, deren 110-kW/150-PS-Triebwerk einem Benz Bz.IV mit 147 kW (200 PS) gewichen war. Die Leistung, die diese höhermotorisierte Version bot, führte zur nochmals verbesserten **FF 49c** mit dem gleichen Bz.IV-Motor, verstärkter Zelle, ausgeglichenen Rudern, Funksender und -empfänger sowie einem Maschinengewehr für den Beobachter. Die **FF 49c** wurde Mitte 1917 in Dienst gestellt und erwies sich als so effektiv, daß die vom Hersteller und zwei Unterauftragnehmern produzierten 200-250 Flugzeuge bis zum Ende des Krieges im Einsatz blieben. Ferner baute man 25 Exemplare der Bomberversion **FF 49b** mit umgekehrter Position der Besatzung, ohne Maschinengewehr und mit Vorrichtungen für eine leichte Bombenlast.

Die Entwicklung der **FF-33**-Familie schloß mit der **FF 59c** ab, die Mitte 1918 erschien. Dabei handelte es sich grundsätzlich um eine Variante der **FF 39** mit modifiziertem Heck, größerem Abstand zwischen den Flügelstielen und ohne Spanndrähte im inneren Fach, um das Risiko beim Vorwärtsfeuer des Beobachter-MGs zu mindern. Der **FF 59c** waren einzelne Entwicklungsflugzeuge **FF 59a** und **FF 59b** mit unterschiedlichen Heckbaugruppen vorausgegangen.

**TECHNISCHE DATEN**
**Friedrichshafen FF 49c**

**Typ:** zweisitziges Schwimmerflugzeug für Aufklärung/Überwachung von Seegebieten
**Triebwerk:** ein Sechs-Zylinder-Reihenmotor Benz Bz.IV mit 147 kW (200 PS)
**Leistung:** Höchstgeschwindigkeit 140 km/h; Steigzeit auf 1000 m Höhe 8 Minuten; Flugdauer 5 Stunden, 30 Minuten
**Gewicht:** Leermasse 1515 kg; max. Startmasse 2145 kg
**Abmessungen:** Spannweite 17,15 m; Länge 11,65 m; Höhe 4,50 m; Tragflügelfläche 71,40 m²
**Bewaffnung:** ein starres, vorwärtsfeuerndes 7,92-mm-Maschinengewehr LMG 08/15 und ein Parabellum-7,92-mm-MG auf Schwenkstütze im hinteren Cockpit

***Dies ist eine Friedrichshafen FF 33h, eine aerodynamisch verfeinerte Ausführung der FF 33e.***

## Friedrichshafen G-Serie

Die Firma Flugzeugbau Friedrichshafen AG war zwar in erster Linie für die Konstruktion und Produktion von Schwimmerflugzeugen für die Kriegsmarine bekannt, aber sie brachte auch eine Serie landgestützter Bomber unter der Sammelbezeichnung **G** hervor. Die Entwicklung begann mit dem Prototyp **Friedrichshafen G.I** von 1915, einem großen dreistieligen Doppeldecker für eine dreiköpfige Besatzung. Den Antrieb besorgten zwei Benz-Bz.III-Motoren mit je 110 kW (150 PS) in Verbindung mit Druckschrauben, beidseitig am Rumpf zwischen Ober- und Unterflügel montiert. Möglicherweise stammte dieser **G.I**-Prototyp vom Versuchstorpedobomber FF 35 ab, den das Unternehmen im Februar 1915 für die deutsche Kriegsmarine konstruiert hatte. Abgesehen vom Schwimmwerk statt eines Radfahrgestells und einer anderen Heckbaugruppe war die FF 35 ähnlich wie die **G.I** ausgelegt und konstruiert. Vom Einzelexemplar **G.I** leitete man die verbesserte **G.II** ab, die in kleiner Zahl produziert und gegen Ende 1916 in Dienst gestellt wurde. Diese Version hatte ein zweistieliges Tragwerk kürzerer Spannweite, ein herkömmliches Heck statt des Doppeldecker-Leitwerks der **G.I**, Benz-Bz.IV-Motoren à 147 kW (200 PS) und eine Abwehrbewaffnung von zwei Maschinengewehren, je einem im Bug und im hinteren Cockpit. Die **G.II** konnte allerdings nur eine Bombenlast von 450 kg tragen.

Aus diesen beiden frühen Bombertypen wurde die **G.III** entwickelt, die von Anfang 1917 bis zum Kriegsende dienten und zusammen mit der Gotha **G.V** den Kern der deutschen Bomberflotte an der Westfront bildete. Die **G.III** griff auf das dreistielige Doppeltragwerk mit größerer Spannweite zurück, war gemischt konstruiert und hielt am Eindecker-Leitwerk, allerdings in überarbeiteter Form, fest. Die Hauptbaugruppen des Schleifsporn-Fahrgestells, am Unterflügel direkt unter den Motoren gelagert, hatten Doppelräder, und ein großes Einzelrad unter dem Vorderrumpf verhinderte, daß sich die Maschine auf rauhen Feldpisten überschlug. Der Einbau stärkerer Mercedes-Motoren D.IVa ermöglichte es, die Bombenlast auf 1500 kg zu steigern, wenngleich dieser Wert je nach Entfernung des zu fliegenden Einsatzes schwankte. Zu den Varianten zählten die grundsätzlich ähnliche **G.IIIa**, bei der man wieder zum Doppeldecker-Leitwerk zurückgekehrt war, und die **G.IV** mit gekürztem Rumpfbug und Motoren, die man für Zugschrauben positioniert hatte.

Subunternehmen fertigten rund 340 Bomber vom Typ **Friedrichshafen G**.

***Die G.III und G.IIIa (im Bild) waren effektive taktische Bomber, die zusammen mit der Gotha G.V bis zum Ende des Ersten Weltkriegs an der Westfront eingesetzt wurden.***

**TECHNISCHE DATEN**
**Friedrichshafen G.III**

**Typ:** zweimotoriger Bomber
**Triebwerke:** zwei Sechs-Zylinder-Reihenmotoren Mercedes D.IVa je 191 kW (260 PS)
**Leistung:** Höchstgeschwindigkeit 135 km/h; Flugdauer 5 Stunden
**Gewicht:** Leermasse 2596 kg; max. Startmasse 3930 kg
**Abmessungen:** Spannweite 23,70 m; Länge 12,80 m; Tragflügelfläche 95 m²
**Bewaffnung:** zwei oder drei Parabellum-7,92-mm-Maschinengewehre auf Schwenkstützen im vorderen und hinteren Cockpit sowie eine Bombenlast von 1500 kg

## Fuji FA-200 Aero Subaru

1964 begann Fuji mit der Konstruktion eines viersitzigen Leichtflugzeugs mit der Bezeichnung **Fuji FA-200 Aero Subaru**. Der freitragende Tiefdecker in Metallbauweise hat ein herkömmliches Leitwerk, ein starres Bugrad-Fahrwerk und nimmt vier Personen auf Zweiersitzen auf. Nach dem Erstflug am 21. August 1965 wurde die **FA-200** in drei Hauptversionen gebaut. Das erste Grundserienmodell war die **FA-200-160**, angetrieben von einem Avco Lycoming O-320-D2A mit 119 kW (160 HP/162 PS). Die Einführung eines IO-360-Triebwerks mit 134 kW (180 HP/182 PS) und einem auf gleiche Drehzahl geregelten Propeller ergab die **FA-200-180** oder die **FA-200-180AO** mit Festpropeller. Alle drei Ausführungen erhielten die Zulassung für Standard-, Nutz- und Kunstflugbetrieb.

Die Serienfertigung endete 1986, als 274 Exportexemplare ausgeliefert waren.

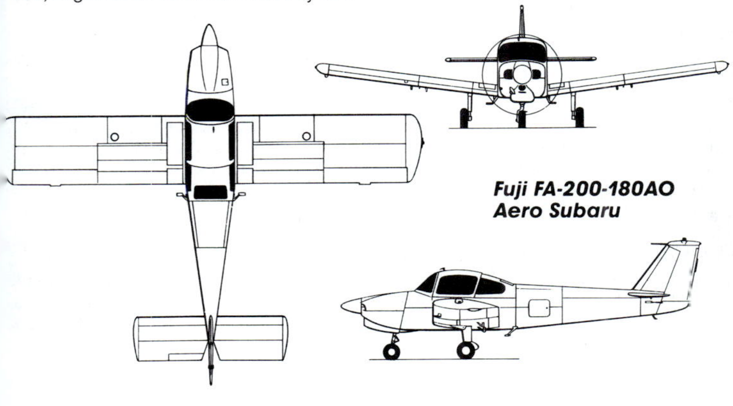

***Fuji FA-200-180AO Aero Subaru***

**TECHNISCHE DATEN**
**Fuji FA-200-180 (Standardkategorie)**

**Typ:** viersitziger Kabinen-Eindecker
**Triebwerk:** ein Vier-Zylinder-Boxermotor Avco Lycoming IO-360-B1B mit 134 kW (182 PS)
**Leistung:** Höchstgeschwindigkeit 233 km/h in Meereshöhe; wirtschaftliche Reisegeschwindigkeit 167 km/h in 1525 m Höhe; Dienstgipfelhöhe 4175 m; Reichweite 1344 km
**Gewicht:** Leermasse 650 kg; max. Startmasse 1150 kg
**Abmessungen:** Spannweite 9,42 m; Länge 8,17 m; Höhe 2,59 m; Tragflügelfläche 14 m²

**Variante**

**Fuji FA-203S:** unter dieser Bezeichnung wurde eine STOL-Version der FA-200 für das National Aerospace Laboratory entwickelt; sie war grundsätzlich ähnlich wie die FA-200-180 hatte aber Vorflügel, kombinierte Landeklappen/Querruder („Flaperons“) über die gesamte Spannweite sowie ein System zur Beeinflussung der Grenzschichtströmung (BLC)

***Durch ihren Preis und den Ruf hoher Zuverlässigkeit sicherte die FA-200 ihrem Hersteller einen beachtlichen Absatzerfolg.***

# Fuji KM/LM

Nach dem Zweiten Weltkrieg war Japan durch die Kapitulationsbedingungen die Entwicklung und Produktion von Luftfahrzeugen untersagt. Erst im April 1952 durfte die nationale Flugzeugindustrie wieder aufleben. Im Juli 1953 trat die neugegründete Fuji Heavy Industries die Nachfolge der bekannten Firma Nakajima an, und ihre luftfahrzeugtechnische Gruppe begann mit der Lizenzfertigung der Beech Model 45 Mentor. Aus der Mentor entwickelte das Unternehmen das Verbindungs- und Mehrzweckflugzeug **Fuji LM-1**, das sich in erster Linie durch den Wegfall militärischer Ausrüstungskomponenten, die Umgestaltung der Kabine zum Vier-/Fünfsitzer und eine erhöhte Treibstoffkapazität vom Vorgänger abhob. Die **LM-1** wurde von einem Continental O-470-13 mit 168 kW (228 PS) angetrieben, aber die Einführung des stärkeren Avco-Lycoming-Triebwerks IGSO-480 (254 kW/345 PS) zog die neue Bezeichnung **LM-2** nach sich. Sowohl die **LM-1** als auch die **LM-2** dienten bei der Japan Ground Self-Defence Force (JGSDF = Japanische Selbstverteidigungs-Heeresstreitkräfte) bis zu ihrer Ausmusterung im Zeitraum 1981/82.

Zeitgleich mit der **LM-1** entstand die grundsätzlich ähnliche viersitzige **Fuji KM** für die zivile Luftfahrt, aber mit einem Avco Lycoming IGSO-480 als Antrieb, wie bei der **LM-2** eingeführt. Im Auftrag der japanischen Regierung wurde eine Reihe **KM** für das staatliche Programm zur Ausbildung ziviler Luftfahrzeugführer geliefert. Die Fortentwicklung für eine militärische Verwendung folgte mit dem Erstflug der **Fuji KM-2** am 16. Juli 1962. Der Trainer mit zwei nebeneinanderliegenden Sitzen und einem 254 kW (345 PS) starken Avco Lycoming IGSO-480 als Antrieb wurde im September 1962 bei der Japan Maritime Self-Defence Force (JMSDF = Japanische Selbstverteidigungs-Marinestreitkräfte) in Dienst gestellt. 1991 flog die JMSDF noch insgesamt 20 solcher Maschinen.

Eine weitere Modifikation der **KM-2**, bei der man die Zelle und den Antrieb des japanischen Musters mit dem zweisitzigen Tandem-Cockpit der Beech T-34A Mentor verband, ergab den Anfängertrainer **KM-2B**. Ein ziviler Prototyp flog am 26. September 1974, gefolgt vom ersten der sechs Vorserienflugzeuge am 17. Januar 1978. Die JASDF (Japanische Selbtstverteidigungs-Luftstreitkäfte) wählte dieses Muster als Nachfolger für die Beech T-34A zur Anfängerschulung, und am 19. Februar 1982 erhielt sie die letzte von 50 Maschinen mit der Dienstbezeichnung **T-3**.

**TECHNISCHE DATEN**
**Fuji KM-2B**

**Typ:** zweisitziges Anfängerschulflugzeug
**Triebwerk:** ein Sechs-Zylinder-Boxermotor Avco Lycoming IGSO-480-A1F6 mit 254 kW (345 PS)
**Leistung:** Höchstgeschwindigkeit 367 km/h in 2440 m Höhe; wirtschaftliche Marschgeschwindigkeit 254 km/h in 2440 m Höhe; Dienstgipfelhöhe 8170 m; Reichweite 966 km
**Gewicht:** Leermasse 1120 kg; max. Startmasse 1542 kg
**Abmessungen:** Spannweite 10,01 m; Länge 8,03 m; Höhe 3,02 m; Tragflügelfläche 16,50 m²

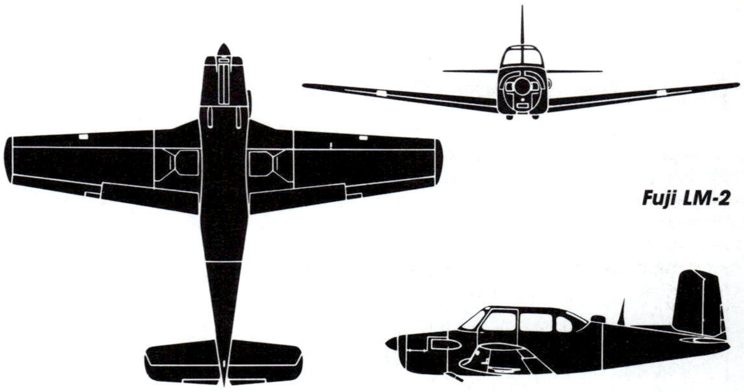

*Fuji LM-2*

***Der Anfängertrainer KM-2B verbindet die Zelle des Leichtflugzeugs KM-2 mit dem Tandem-Cockpit der Beech T-34 Mentor und knüpft damit wieder an den Ausgangspunkt dieses Entwurfs an.***

# Fuji KM-2Kai

Die **KM-2Kai** basierte auf einer Forderung der JGSDF von 1986, die der Ablösung ihrer alternden Ausbildungsflotte von 32 **KM-2** galt. Im März 1987 wurde Fuji mit dem Umbau der **KM-2** zur Turboprop-Version **KM-2D** mit geänderter Ausrüstung, einer überarbeiteten Kabinenstruktur mit Schiebehaube und nach oben gewölbten Flächenenden beauftragt. Die erste Maschine dieses Typs, dem die JGSDF die Bezeichnung **T-5** zuwies, flog am 27. April 1988. Die Auslieferung begann im August 1988, und 1991 befanden sich zehn von 15 bislang finanzierten **T-5** bei No. 201 Squadron in Ozuki im Dienst. Obwohl die **T-5** primär als Trainer beschafft wurde, setzt die JGSDF einige Exemplare auch im Verbindungsdienst ein. Die Ausbildungsversion A (für Aerobatic) nimmt Lehrer und Schüler nebeneinander auf, während die Verbindungsversion U (für Utility) einen Piloten und drei Mitflieger auf zwei Sitzpaaren unterbringt.

**TECHNISCHE DATEN: Fuji KM-2Kai/T-5**

**Typ:** Anfängertrainer/Verbindungsflugzeug
**Triebwerk:** eine Propellerturbine Allison 250-B17D mit 261 kW (355 WPS)
**Leistung:** Höchstgeschwindigkeit 357 km/h; wirtschaftliche Marschgeschwindigkeit 287 km/h; Dienstgipfelhöhe 7620 m; Reichweite 945 km
**Gewicht:** Leermasse 1082 kg; max. Startmasse 1805 kg
**Abmessungen:** Spannweite 10 m; Länge 8,40 m; Höhe 3 m; Tragflügelfläche 16,50 m²

# Fuji T1F

Die Entwurfsarbeiten für einen vom japanischen Verteidigungsamt geforderten doppelsitzigen Düsentrainer als Ersatz für die North American T-6, die seinerzeit die Ausbildung bestritt, brachten Fuji einen Erstauftrag zur Konstruktion eines Prototyps ein. Die Ausgangsversion **Fuji T1F1** sollte von einem Ishikawajima-Harima J3 angetrieben werden, aber die Entwicklung dieses Strahltriebwerks verzögerte sich. Der erste Prototyp **T1F2**, der am 8. Januar 1958 vom Boden abhob, erhielt daher einen Bristol-Siddeley (später Rolls-Royce-) Orpheus-Turbojet. Die **T1F** ist ein Ganzmetall-Tiefdecker mit herkömmlichem Leitwerk, einziehbarem Bugrad-Fahrwerk und einer druckbelüfteten, klimatisierten Kabine für eine zweiköpfige Besatzung auf hintereinander angeordneten Schleudersitzen. Insgesamt 40 **T1F2** mit Orpheus-Triebwerken wurden gefertigt und bis Juli 1962 an die JASDF ausgeliefert, die dieses Muster als **T-1A** führte.

Noch vor Abschluß der **T-1A**-Lieferung flog der **T1F1**-Prototyp mit einem Strahltriebwerk J3-IHI-3, das 1200 kg Schub erzeugte. Trotz des schwächeren Antriebs im Vergleich zum Orpheus der **T1F2** ergab die Erprobung zufriedenstellende Leistungen und zog eine Bestellung von 20 **T1F1** nach sich. Die Lieferung dieser Baureihe mit der Dienstbezeichnung **T-1B** war im Juni 1963 erfüllt. Im April 1965 flog ein Prototyp **T1F3**, dessen Antrieb eine vollentwickelte Version des Ishikawajima-Harima-Strahltriebwerks, das J3-IHI-7 mit 1400 kg Schub, besorgte. Es wurde vorgeschlagen, alle **T1F1** unter der Bezeichnung **T-1C** auf dieses neue Triebwerk umzustellen, doch nachdem drei Exemplare ummotorisiert waren, gab man das Programm auf. Die meisten **T-1** befanden sich 1990 noch bei No. 13 Air Training Wing in Ashiya im regulären Dienst.

**TECHNISCHE DATEN: Fuji T1F2/T-1A**

**Typ:** Übergangs-Strahltrainer
**Triebwerk:** ein Strahltriebwerk Rolls-Royce Orpheus 805 mit 1814 kg Schub
**Leistung:** Höchstgeschwindigkeit 925 km/h in 6095 m Höhe; Marschgeschwindigkeit 620 km/h in 9145 m Höhe; Dienstgipfelhöhe 15.850 m; Höchstreichweite mit Interntreibstoff 1300 km
**Gewicht:** Leermasse 2420 kg; max. Startmasse 4150 kg
**Abmessungen:** Spannweite 10,50 m; Länge 12,12 m; Höhe 4,08 m; Tragflügelfläche 22,22 m²
**Bewaffnung:** ein 12,7-mm-Maschinengewehr im Bug; werden keine Außentanks mitgeführt, können die Träger unter den Flächen je einen Kanonenbehälter oder Sidewinder-Lenkraketen oder 340-kg-Bomben oder Napalmbehälter oder 70-mm-Raketen mit Klappleitwerk im Bündel aufnehmen

***Japans erster Nachkriegs-Düsenjäger war die Fuji T1F. Das Bild zeigt einen Vertreter des ersten Serienmodells T-1A (T1F2) mit Rolls-Royce (Bristol)-Orpheus-Antrieb. T-1A dienen weiterhin beim 13. Geschwader der JASDF in Ashiya, doch ihre Ablösung durch die Kawasaki T-4 ist eingeleitet.***

# Fuji/Rockwell Commander 700/710

In Zusammenarbeit mit Fuji Heavy Industries in Japan entwickelte die General Aviation Division von Rockwell International ein zweimotoriges leichtes Verkehrsflugzeug mit sechs bis acht Sitzen. Die Arbeiten am Entwurf der **FA-300** liefen 1971 in Japan an, und am 28. Juni 1974 unterzeichneten Fuji und Rockwell einen Vertrag, der die Entwicklung dieses Musters als Gemeinschaftsprojekt betraf. Zur Vermarktung in Nordamerika wies Rockwell dem Flugzeug die Bezeichnung **Commander 700** zu.

Das Muster war als freitragender Tiefdecker ausgelegt, hatte einen zur Druckbelüftung konstruierten Rumpf, ein konventionelles Leitwerk mit gepfeilten Flächen und ein einziehbares Bugrad-Fahrwerk. Der Antrieb umfaßte zwei Turbolader-Motoren von Avco Lycoming, die in strömungsgünstigen Gondeln lagen. Standardmäßig war die Maschine für zwei Flugzeugführer und vier Passagiere in einer druckbelüfteten, klimatisierten, beheizten und ventilierten Umgebung angelegt. Der erste von fünf Prototypen absolvierte seinen Jungfernflug am 13. November 1975 in Japan, und die zweite Versuchsmaschine, von Rockwell zusammengebaut, hob am 25. Februar 1976 vom Boden ab. Die Musterzulassung der japanischen Luftfahrtbehörde (JCAB) lag am 19. Mai 1977 vor, gefolgt vom FAA-Zertifikat am 31. Oktober.

Gleichzeitig wurde die Entwicklung einer ähnlichen Version mit der Bezeichnung **Commander 710** vorangetrieben. Den Hauptunterschied zur **700** machten leistungsstärkere (335 kW/455 PS) Triebwerke aus. Die erste von zwei Versuchsmaschinen flog in Japan erstmals am 22. Dezember 1976, und Anfang 1979 erteilte das JCAB die Zulassung. In jenem Jahr wurde berichtet, daß man die Entwicklung des Modells **710**, die damals mit Winglets an den Flächenenden flog, fortsetze.

**TECHNISCHE DATEN**
**Fuji/Rockwell Commander 700**
**Typ:** sechs-/achtsitziges leichtes Verkehrsflugzeug
**Triebwerke:** zwei Sechs-Zylinder-Boxermotoren Avco Lycoming TIO-549-R2AD je 254 kW (345 PS)
**Leistung:** Höchstgeschwindigkeit 409 km/h bei einem Gewicht von 2880 kg in 5180 m Höhe; Reisegeschwindigkeit 393 km/h bei einem Gewicht von 2880 kg in 6555 m Höhe; Dienstgipfelhöhe 8350 m; Höchstreichweite mit max. Treibstoffzuladung und Reserven für 45 Flugminuten 2227 km
**Gewicht:** Leermasse 2134 kg; max. Startmasse 3151 kg
**Abmessungen:** Spannweite 12,94 m; Länge 12,03 m; Höhe 4,05 m; Tragflügelfläche 18,60 m²

Ende 1979 entschied der Rockwell-Konzern, seine General Aviation Division an die Gulfstream American Corporation zu veräußern, und der Kooperationsvertrag mit Fuji erlosch. Bis dahin hatte Rockwell 25 **Commander 700** ausgeliefert, und eine Klausel des Vertrags, mit dem die Zusammenarbeit aufgekündigt wurde, sicherte Fuji das Recht, dieses Muster zu produzieren und weltweit zu vermarkten. Man ging davon aus, daß sich der japanische Hersteller auf die Fertigung der **Commander 710** konzentrieren würde, aber eine derartige Ankündigung blieb aus.

***Dieses schmucke zweimotorige Propellerflugzeug wurde als Fuji FA-300 entworfen und in den USA als Rockwell Commander 700 vermarktet, bis die amerikanische Produktion 1979 endete.***

# GAF Nomad

Die australische Government Aircraft Factory (GAF) wurde im Juli 1939 gegründet, um Flugzeuge für die Streitkräfte zu produzieren. Nachdem das Werk die Muster Beaufort, Beaufighter, Lincoln, Canberra und Mirage III gebaut hatte, fiel Ende der sechziger Jahre die Entscheidung, ein ziviles Muster zu produzieren, damit die Organisation weniger abhängig von Rüstungsprogrammen wäre. So begann die Entwicklung eines leichten, zweimotorigen Turboprop-Verkehrsflugzeugs, das für Kurzstreckenstarts und -landungen geeignet war. Das Muster erschien als **GAF N2 Nomad**, und der erste von zwei Prototypen (VH-SUP) startete am 23. Juli 1971 zum Jungfernflug. Die STOL-Leistung des angestrebten Hochdeckers **N2** stellten Doppelspaltklappen und hängende Querruder sicher, die die Hinterkante über die volle Spannweite einnahmen. Der in Halbschalenbauweise konstruierte Rumpf hatte einen rechteckigen Querschnitt, das Leitwerk war konventionell gehalten, und das Bugrad-Fahrwerk konnte eingezogen werden. Der Antrieb bestand aus zwei Allison-Propellerturbinen und einem Dreiblatt-Propeller mit Gleichdrehzahl- und Bremsregelung, letztere zur Unterstützung der Kurzstreckenlandung.

Zu den Versionen dieses Typs zählen das erste Serienmodell **N22** mit zwölf Passagiersitzen und die **N24** mit einem um 114 cm verlängerten Rumpf. Die Hauptbaureihen umfaßten die **N22B** für 13 Passagiere und die 17sitzige **N24A**. Neben der zivilen **N22B** wurde die **N22 Missionmaster** für das australische Heer gebaut. Die Frachtversion **N22C** war eine verbesserte und neu zugelassene Ausgabe der **N22B** mit einer höheren maximalen Startmasse. Die Zwillingsschwimmerversion **N22F Floatmaster** wurde 1979 in den USA zugelassen, gefolgt von einem Amphibium im Jahre 1980. Abkömmlinge der militärischen Missionmaster mit kurzem Rumpf wurden als **N22SB Searchmaster B** zur Küstenüberwachung und als höherentwickelte **N22SL Searchmaster L** für den gleichen Zweck gefertigt. Alle diese Flugzeuge besaßen die Fähigkeit, auch andere Rollen zu übernehmen. Nach trägem Anlauf stieg der **Nomad**-Absatz bis zur Einstellung der Produktion im Jahre 1984 auf 170 Exemplare, davon 95 für militärische und 75 für zivile Betreiber. Im Dezember 1986 wurde die **GAF** als Aerospace Technologies of Australia (ASTA) „privatisiert", ohne daß sich am Staatsbesitz im wesentlichen etwas änderte.

**TECHNISCHE DATEN**
**GAF N22B Nomad**
**Typ:** STOL-Nutzflugzeug
**Triebwerke:** zwei Propellerturbinen Allison 250-B17C je 313 kW (425 WPS)
**Leistung:** normale Reisegeschwindigkeit 311 km/h; Dienstgipfelhöhe 6400 m; Reichweite mit Standard-Treibstoffzuladung und Reserven 1352 km in 3050 m Höhe
**Gewicht:** Leermasse 2150 kg; max. Startmasse 3856 kg
**Abmessungen:** Spannweite 16,52 m; Länge 12,56 m; Höhe 5,52 m; Tragflügelfläche 30,10 m²

***Hauptnutzer der GAF Nomad ist das australische Heeresfliegerkorps, das diese Maschine von Oakey, Queensland, aus zum leichten Transport einsetzt.***

***Government Aircraft Factories N24A Nomad***

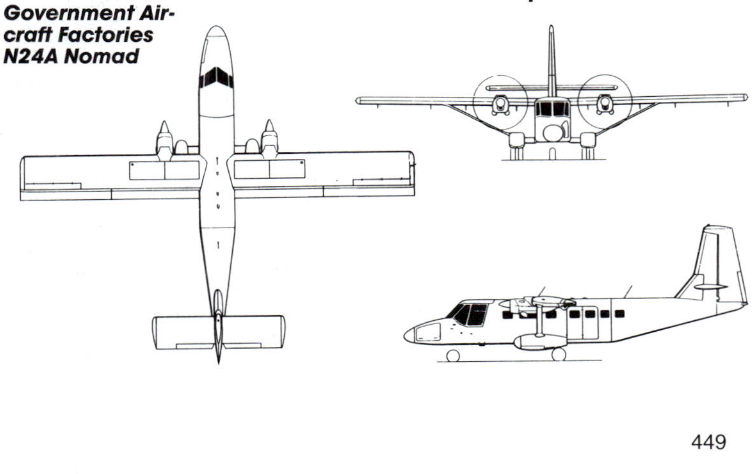

# General Aircraft G.A.L.38 Fleet Shadower

Wie Airspeed mit der AS.39 Fleet Shadower bemühte sich auch General Aircraft, die Forderung der Admiralität nach einem trägergestützten Flugzeug zu erfüllen, das den Kontakt zu gegnerischen Schiffsverbänden bei Nacht aufrechthalten konnte. Beide Hersteller erzielten jedoch keinen Erfolg, und nur ein Prototyp der General Aircraft **G.A.L.38 Fleet Shadower** (Flottenbeschatter) wurde gefertigt.

General Aircraft hatte sich für die Auslegung als Anderthalbdecker entschieden, dessen Unterflügel etwa ein Drittel der Spannweite des Oberflügels aufwies. Die vollständig aus Holz konstruierte **G.A.L.38** besaß ein herkömmliches Leitwerk mit hoher Seitenflosse/Ruder, ein starres Bugrad-Fahrwerk und vier Sternmotoren Pobjoy Niagara V, die in Gondeln an der Nasenkante der faltbaren Oberflügel montiert waren. Der Rumpf nahm den Flugzeugführer in einem geschlossenen Cockpit an der Oberseite vor dem Tragwerk, einen Beobachter im Bug und einen Funker in einer unteren Zelle hinter dem Cockpit auf.

Die **G.A.L.38** war zusätzlich mit Spaltklappen über die volle Spannweite des Unterflügels ausgestattet. Die Flugerprobung verlief jedoch enttäuschend, so daß es beim einzigen Prototyp blieb.

***Befremdliche Forderungen ergeben befremdliche Flugzeuge, und S.23/37 brachte die G.A.L.38 Fleet Shadower hervor. Nur der Prototyp dieses Seepatrouillen-Schleichflugzeugs wurde fertiggestellt.***

**TECHNISCHE DATEN**
**G.A.L.38 Fleet Shadower**
**Typ:** trägergestütztes Patrouillenflugzeug
**Triebwerke:** vier Sieben-Zylinder-Sternmotoren Pobjoy Niagara V je 97 kW (132 PS)
**Leistung:** Höchstgeschwindigkeit 185 km/h; Mindestfluggeschwindigkeit 63 km/h; Dienstgipfelhöhe 1830 m; Flugdauer 11 Stunden
**Gewicht:** Leermasse 2791 kg; max. Startmasse 4290 kg
**Abmessungen:** Spannweite 17,02 m; Länge 11 m; Höhe 3,86 m; Tragflügelfläche 43,85 m²

# General Aircraft G.A.L.42 Cygnet II

Als C.W. Aircraft (Chronander and Waddington) 1938 aus Geldmangel zusammenbrach, erwarb General Aircraft alle Rechte an dem zweisitzigen Leichtflugzeug C.W. Cygnet. Dies war das erste in Großbritannien für die Allgemeine Luftfahrt in Ganzmetall-Schalenbauweise produzierte und geflogene Muster.

Der neue Besitzer modifizierte den von C.W. Aircraft stammenden Prototyp (G-AEMA) und nannte die Maschine in der herkömmlichen Auslegung eines freitragenden Tiefdeckers mit Spornrad-Fahrwerk und doppeltem Seitenleitwerk **General Aircraft G.A.L.42 Cygnet II**. Später ging man zum starren Bugrad-Fahrwerk über. Die Produktion der **Cygnet II** begann 1939, aber die geplante Fertigung im großen Maßstab kam durch den Ausbruch des Zweiten Weltkriegs nicht zustande. Bis dahin waren erst zehn Exemplare des Typs fertiggestellt worden, von denen fünf zur Royal Air Force eingezogen wurden, um Flugzeugführer mit dem Bugrad-Fahrgestell vertraut zu machen.

**TECHNISCHE DATEN**
**G.A.L.42 Cygnet II**
**Typ:** zweisitziges Schul-/Sportflugzeug
**Triebwerk:** ein hängender Vier-Zylinder-V-Motor Blackburn Cirrus Major II mit 112 kW (152 PS)
**Leistung:** Höchstgeschwindigkeit 217 km/h; Reisegeschwindigkeit 185 km/h; Dienstgipfelhöhe 4265 m; Reichweite 716 km
**Gewicht:** Leermasse 669 kg; max. Startmasse 998 kg
**Abmessungen:** Spannweite 10,52 m; Länge 7,09 m; Höhe 2,13 m; Tragflügelfläche 16,63 m²

***G-AFVR war die erste G.A.L42 Cygnet II. Sie wurde im Zweiten Weltkrieg für die RAF als Verbindungsmaschine eingezogen und erhielt 1946 die zivile Zulassung zurück. 1969 ging diese Rarität jedoch leider bei einem Unfall verloren.***

# General Aircraft G.A.L.48 Hotspur

Die Grundlage für den Entwurf der **General Aircraft G.A.L.48** bildete die Spezifikation X 10/40 des Air Ministry. Gefordert war ein Transportgleiter, der außer dem Piloten einen Sturmtrupp von sieben Soldaten über eine Distanz von rund 160 km nach dem Ausklinken vom Schleppflugzeug in 6095 m Höhe befördern konnte. Die daraus resultierende **Hotspur Mk I** war ein freitragender Mitteldecker in Holzbauweise und flog erstmals Ende 1940. Die weitere Erprobung zeigte, daß sie die vorgegebenen Leistungswerte nicht erbringen konnte. Der Typ wurde daher nur in 24 Exemplaren gebaut, jedoch als **Hotspur Mk II** und **Hotspur Mk III** zur Serienfertigung für die militärischen Segelflugschulen in Großbritannien freigegeben.

Von der Originalversion unterschied sich die **Hotspur Mk II** durch ein in der Spannweite um 4,88 m zurückgenommenes Tragwerk mit modifizierten Querrudern und Landeklappen, eine geänderte Cockpithaube und Einstiegstür sowie durch die Ausrüstung mit einer Doppelsteuerung. Die nachfolgende **Hotspur Mk III** hob sich durch externe Leitwerksstützstreben und eine teilweise geänderte Ausrüstung ab. Auch der Prototyp einer **Twin Hotspur** wurde konstruiert, der zwei Standard-Rümpfe mit einem neuen Tragflächenmittelstück und Zwillingsheck verband. Dieser Transportsegler sollte 16 Luftlandesoldaten zum Einsatz bringen.

**TECHNISCHE DATEN**
**General Aircraft Hotspur Mk II**
**Typ:** Ausbildungsgleiter
**Leistung:** Schleppgeschwindigkeit 209 km/h; Gleitgeschwindigkeit 145 km/h; Landegeschwindigkeit 90 km/h
**Gewicht:** Leermasse 753 kg; max. Startmasse 1632 kg
**Abmessungen:** Spannweite 13,99 m; Länge 11,98 m; Höhe 3,30 m

***Bei einer Übung rücken hier Trupps vor die ihnen zugeteilten Ausbildungsgleiter Hotspur Mk II.***

Die britischen Streitkräfte nutzten das Muster im Zweiten Weltkrieg als primären Ausbildungsgleiter, und insgesamt 1012 **Hotspur Mk II** und **Mk III** wurden gebaut, größtenteils vom Möbelfabrikanten Harris Lebus in Tottenham, London.

# General Aircraft G.A.L.49/G.A.L.58 Hamilcar

Die **General Aircraft G.A.L.49 Hamilcar Mk I** basierte auf einer Forderung des Air Ministry für einen Lastensegler, der das schwere Unterstützungsgerät der Luftlandetruppe transportieren konnte. General Aircraft erhielt den Zuschlag zur Fertigung einer entsprechenden Maschine, und es entstanden mehr als 400 **Hamilcar Mk I**, die Mehrzahl bei Subunternehmen. Dies war der größte Transportgleiter auf seiten der Alliierten im Zweiten Weltkrieg.

In Deutschland hatte man mit der Messerschmitt 321 „Gigant" ebenfalls einen

***Die Hamilcar war mit einem abwerfbaren Fahrgestell, einem Schwenkbug zur Aufnahme eines Tetrarch-Tanks und einem Cockpit für zwei Piloten hintereinander ausgestattet. Als Schleppflugzeug diente gewöhnlich die Halifax Mk I oder Mk VII.***

Großraumlastensegler entwickelt und dann nachträglich motorisiert (Me 323). Ähnliche Pläne verfolgte auch General Aircraft, so daß die **Hamilcar** als konventionelles Luftfahrzeug mit weniger als der Hälfte ihrer normalen Nutzlast operieren oder ihre Triebwerke als Starthilfe bei Überlast einsetzen konnte. Als freitragender Hochdecker ausgelegt und aus Holz mit gemischter Sperrholzbeplankung und Stoffbespannung konstruiert, unterschied sich die angetriebene **G.A.L.58 Hamilcar Mk X** lediglich durch strukturelle Verstärkungen und den Einbau zweier Bristol-Mercury-Sternmotoren in Gondeln an der Nasenkante des Tragwerks sowie der damit zusammenhängenden Bordsysteme. Es war ursprünglich geplant, diesen Typ in Großserien zu produzieren und gegen die Japaner auf dem pazifischen Kriegsschauplatz einzusetzen. Bei Kriegsende waren aus verschiedenen Gründen jedoch nur 22 **Hamilcar Mk I** zu Varianten des Typs **Mk X** umgebaut worden, und so kam die **Hamilcar Mk X** am Ende doch nicht mehr zum Einsatz.

**TECHNISCHE DATEN**
**General Aircraft Hamilcar Mk X (ungeschleppt)**

**Typ:** angetriebener Lastensegler
**Triebwerke:** zwei Neun-Zylinder-Sternmotoren Bristol Mercury 31 je 720 kW (979 PS)
**Leistung:** Marschgeschwindigkeit 193 km/h; Dienstgipfelhöhe 3960 m
**Gewicht:** Leermasse 11.571 kg; max. Startmasse 14.742 kg
**Abmessungen:** Spannweite 33,53 m; Länge 20,73 m; Höhe 6,17 m; Tragflügelfläche 153,98 m²

# General Aircraft ST-3 bis ST-12

1934 nahm General Aircraft die Konstruktion der **ST-4** in Angriff. Zuvor war jedoch ein Monospar-Flügel zur Erprobung durch das Air Ministry unter dem Terminus ST-1 konstruiert worden, gefolgt von einer zweiten Struktur (ST-2), die die Gloster Aircraft Company zur Flugerprobung an einer Fokker F.VIIB-3m des Air Ministry hergestellt hatte. Das erste Leichtflugzeug, das eigens zur Verwendung dieser Tragflächen entworfen wurde, war die dreisitzige **Experimental Monospar ST-3**, ebenfalls von Gloster gebaut. Dieser kleine, stoffbespannte Tiefdecker mit zwei Salmson-Sternmotoren je 37 kW (50 PS) als Antrieb durchlief eine gründliche und erfolgreiche Erprobung, und es fiel die Entscheidung, General Aircraft Ltd. zu gründen, die Flugzeuge auf der Basis dieses Tragflächenkonzepts bauen sollte. Dieser Einholmflügel (Monospar) des Schweizer Ingenieurs H. J. Steiger war biegefest, und eine Drahtverspannung in Pyramidenform fing Torsionsbelastungen auf.

Der Prototyp (G-ABUZ) der viersitzigen **ST-4** von General Aircraft war ein attraktiver Eindecker mit starrem Spornrad-Fahrwerk, der von zwei Pobjoy-Sternmotoren R mit je 63 kW (85 PS) angetrieben wurde. Auf eine Erstserie von fünf **ST-4** folgte eine größere Zahl **ST-4 II** (etwa 30 Flugzeuge) mit geringfügigen Änderungen. 1933 erschien der ähnliche Prototyp **ST-6** mit von Hand einziehbarem Hauptfahrwerk. Anfang 1934 erfolgte der nächste Entwicklungsschritt dieses Typs in Gestalt der **ST-10**, die bei gleichem äußeren Erscheinungsbild Pobjoy-Niagara-Motoren je 67 kW (91 PS), ein revidiertes Kraftstoffsystem und aerodynamische Verfeinerungen einführte. Diese Neuerungen reichten aus, um den **ST-10**-Prototyp (G-ACTS) zum Sieger des King's Cup Race 1934 zu machen. Es folgte die grundsätzlich ähnliche **ST-11** mit Gipsy-Major-Antrieb und manuell einfahrbarem Spornrad-Fahrgestell. Die Entwicklung dieser ersten Monospar-Flugzeugfamilie von General Aircraft endete mit zehn **ST-12**, die sich von der **ST-11** durch ihr starres Fahrwerk abhoben.

***Die ST-4 verdankte ihren Erfolg den von der Firma Monospar geleisteten Vorarbeiten. Der einzige Flügelholm (Monospar) aus Stahlrohr tritt auf Höhe der Motorgondelinnenkanten aus den Tragflächen.***

**TECHNISCHE DATEN**
**General Aircraft ST-12**

**Typ:** viersitziger Kabinen-Eindecker
**Triebwerke:** zwei hängende Vier-Zylinder-V-Motoren de Havilland Gipsy Major je 97 kW (132 PS)
**Leistung:** Höchstgeschwindigkeit 254 km/h; Reisegeschwindigkeit 229 km/h; Dienstgipfelhöhe 6400 m; Reichweite 660 km
**Gewicht:** Leermasse 835 kg; max. Startmasse 1304 kg
**Abmessungen:** Spannweite 12,24 m; Länge 8,03 m; Höhe 2,39 m; Tragflügelfläche 20,16 m²

# General Aircraft ST-25

1935 flog bei General Aircraft der Prototyp (G-ADIV) eines neuen Musters mit der Bezeichnung **General Aircraft ST-25**. Die hohe Typnummer und der Beiname **Jubilee** sollten das 25jährige Thronjubiläum von König George V. würdigen. Im Grunde war die **ST-25** eine modernisierte Version der ST-10, die im Jahr zuvor das King's Cup Race gewonnen hatte. Im Unterschied zu ihr verfügte die **ST-25** über einen Klappsitz im hinteren Kabinenteil, um gegebenenfalls einen fünften Passagier aufnehmen zu können, über nach hinten erweiterte Kabinenfenster und Pobjoy-Niagara-Motoren der Bauart Mk II.

Die **ST-25** war ein beliebtes Muster, das bis 1939 gebaut wurde. Bis dahin hatte der Grundentwurf nur wenige Modifikationen erfahren, doch Ende 1936 wich das Standard-Leitwerk einer neuen Baugruppe mit Endplatten/Seitenrudern am einteiligen Höhenleitwerk, die die Richtungsstabilität bei Ausfall eines Motors verbessern sollte. Diese Änderung zog zwar keine neue Typnummer nach sich, aber neugebaute Flugzeuge mit dieser Konfiguration erhielten den Beinamen **Universal** und führten außerdem stärkere Niagara-III-Motoren ein. Insgesamt 59 **ST-25** wurden produziert, aufgeteilt in 30 **Jubilee-** und 29 **Universal**-Flugzeuge. Eine von der **ST-25** entwikkelte Ambulanzversion war mit einer großen Tür auf der rechten Rumpfseite ausgestattet, die das Be- und Entladen eines auf der Trage liegenden Patienten erleichterte und mit einem Sitz für einen Sanitäter. Außer dieser Baureihe **Ambulance** für den Export an eine kanadische Frachtfluggesellschaft wurden fünf **Freighter** verkauft, die die Tür an der rechten Rumpfseite beibehielten, aber ansonsten der Standard-**ST-25** entsprachen.

**Varianten**

**ST-25 De Luxe:** ST-25 Jubilee (G-AEDY) mit regelbaren Trimmklappen, größeren Seitenflossen und Niagara-III-Motoren mit elektrischen Anlassern

**G.A.L.26:** ST-25 Jubilee, die mit zwei Vier-Zylinder-Reihenmotoren Blackburn Cirrus Minor geflogen wurde

**G.A.L.41:** Bezeichnung einer ST-25 mit experimenteller Druckkabine; ein 20 kW (27 PS) starker Douglas-Sprite-Motor mit Ladergebläse lieferte die Druckluft

**T42:** Bezeichnung einer ST-25 Universal, die 1937 probehalber mit Bugrad-Fahrwerk geflogen wurde

***Das erfolgreichste Monospar-Modell, die General Aircraft ST-25 Jubilee, flog erstmals 1935. G-AEDY war die 20. Maschine dieses Typs im Zulassungsregister, stürzte aber 1940 ab.***

**TECHNISCHE DATEN**
**General Aircraft ST-25**

**Typ:** vier-/fünfsitziger Kabinen-Eindecker
**Triebwerke:** zwei Sieben-Zylinder-Sternmotoren Pobjoy Niagara III je 71 kW (97 PS)
**Leistung:** Höchstgeschwindigkeit 211 km/h; Reisegeschwindigkeit 185 km/h; Dienstgipfelhöhe 4665 m; Reichweite 676 km
**Gewicht:** Leermasse 825 kg; max. Startmasse 1304 kg
**Abmessungen:** Spannweite 12,24 m; Länge 7,72 m; Höhe 2,39 m; Tragflügelfläche 20,16 m²

# General Avia F.20 Pegaso/Condor

Im Januar 1970 richtete Dr. Ing. Stelio Frati, bekannt als selbständiger Konstrukteur einer Reihe erfolgreicher Leichtflugzeuge, die Hersteller wie Ambrosini, Aviamilano, Caproni, Pasotti, Procaer und SIAI Marchetti produzierten, die Firma Costruzioni Aeronautiche General Avia ein, um Prototypen seiner eigenen Entwürfe zu bauen. Der erste neue Typ, der in der Mailänder Werkstatt entwickelt wurde, war die **General Avia F.20 Pegaso**, ein leichtes, zweimotoriges Geschäftsreiseflugzeug für sechs Personen. Die Konstruktion des ersten Prototyps begann im September 1970, und am 21. Oktober 1971 startete er zum Jungfernflug. Eine zweite Versuchsmaschine, etwas größer und schwerer, flog am 11. August 1972.

Ungefähr gleichzeitig mit General Avia hatte der Verleger Dr. Gianni Mazzochi die Gesellschaft Italair SpA zur Entwicklung, Herstellung und Vermarktung leichter ein- und zweimotoriger Luftfahrzeuge gegründet. Diese Organisation übernahm die beiden Prototypen, um sie in Erwartung der Serienfertigung durch das Zulassungsverfahren zu schleusen. Die RAI erteilte am 19. November 1974 die Musterzulassung und die FAA am 14. Mai 1975. Vertragsgemäß fiel das Recht zur Serienfertigung zurück an General Avia, und die erste Maschine war am 17. Dezember 1979 flugbereit. Inzwischen war eine Reihe kleinerer Änderungen eingeflossen, darunter eine verbesserte Kabinenheizung und Geräuschdämmung sowie Dreiblatt-Luftschrauben von Hartzell statt des zweiblättrigen Original-Propellers.

Der Prototyp einer militärischen Turboprop-Version der **Pegaso** mit der Bezeichnung **F.20TP Condor** absolvierte seinen Erstflug am 7. Mai 1983. Die weitere Entwicklung der für diverse Rollen wie Panzerabwehr, leichter Erdkampf, Seeraumüberwachung, Such- und Rettungsdienst sowie Waffen- und Mehrmot-Ausbildung gedachten **Condor** wurde 1985 vorläufig zurückgestellt, um Arbeiten an der Jet Squalus durchzuführen, die ebenfalls aus Fratis Feder stammt.

**TECHNISCHE DATEN General Avia F.20TP Condor**
**Typ:** leichtes militärisches Nutzflugzeug
**Triebwerke:** zwei Propellerturbinen Allison 250-B17B je 298 kW (405 WPS)
**Leistung:** Höchstgeschwindigkeit in Meereshöhe 460 km/h; wirtschaftliche Marschgeschwindigkeit in 3050 m Höhe 389 km/h; Dienstgipfelhöhe 8500 m; Reichweite mit Zusatztanks 3100 km
**Gewicht:** Rüstmasse 1400 kg; max. Startmasse 2700 kg
**Abmessungen:** Spannweite 10,34 m; Länge 8,92 m; Höhe 3,50 m; Tragflügelfläche 16,02 m²
**Bewaffnung:** zwei Aufhängungen unter beiden Tragflächen können Kanonen- oder Raketenbehälter, Sensorgondeln oder Treibstofftanks (an den äußeren Trägern) aufnehmen

# General Dynamics F-16 Fighting Falcon

Der Entwurf der **General Dynamics F-16** wurde 1971 eingeleitet, um einer Forderung der US Air Force für einen neuen, äußerst beweglichen Leichtjäger (Light Weight Fighter/LWF) zu genügen. Fünf amerikanische Hersteller legten am 28. Februar 1972 ihre Angebote vor, und weniger als zwei Monate später erhielten General Dynamics und Northrop den Auftrag, Prototypen zu bauen. Die konkurrierenden Muster, die sich im fliegerischen Wettbewerb messen sollten, erhielten die Bezeichnungen **YF-16** und **YF-17**. Die erste **YF-16** flog am 2. Februar 1974. Am 13. Januar 1975 wurde die **YF-16** offiziell zum Sieger erklärt und die Vollentwicklung zur **F-16A** sowie zur doppelsitzigen **F-16B** genehmigt. Am 7. Juni 1975 erfolgte die Bestätigung, daß auch die vier NATO-Mitgliedsländer Belgien, Dänemark, die Niederlande und Norwegen die **F-16** zur Neuausrüstung ihrer Luftstreitkräfte beschaffen wollten. Daher wurde ein massives Produktionsprogramm eingeleitet, und rund 67 Haupt- und 4000 Subunternehmen belieferten das General-Dynamics-Werk in Fort Worth mit Avionikbausteinen, Flugzeugteilen und Ausrüstungsgegenständen. In Europa waren 33 Haupt- und 400 Unterauftragnehmer damit befaßt, die Fertigungsstrecken in Belgien und Holland mit Teilen zu versorgen.

Der erste Serienjäger **F-16A** flog am 7. August 1978 und wurde zehn Tage später formell an die US Air Force übergeben. Die ersten europäischen **F-16** stießen zu den Luftstreitkräften Belgiens am 26. Januar 1979, zu denen der Niederlande am 6. Juni 1979, Norwegens am 25. Januar 1980 und Dänemarks am 28. Januar 1980. Die erste **F-16** für Israel, eine zweisitzige **F-16B**, wurde am 31. Januar 1980 in Fort Worth formell übergeben und die Lieferungen an Ägypten setzten Anfang 1982 ein.

Das aktuelle Auftragsbuch für die **F-16**, der man 1980 den offiziellen Beinamen **Fighting Falcon** verlieh, zeigt, daß die USAF insgesamt 2261 Exemplare beschaffen will und daß die US Navy 26 solcher Jagdfalken, 22 **F-16N** und vier Doppelsitzer **TF-16N** betreibt, die durch Umrüstung der **F-16C/D** entstanden sind. Andere Nutzer sind Bahrein (12), Belgien (160), Dänemark (70), Ägypten (128), Griechenland (40), Indonesien (12), Israel (210), die Niederlande (213), Norwegen (74), Pakistan (111), Portugal (20), Singapur (8), Südkorea (164), Thailand (18), die Türkei (160) und Venezuela (24). Die geplante Beschaffung von 160 **F-16** durch den Irak wurde im Januar 1979 abgelehnt.

Die Herstellung der **F-16** ist mit der Übernahme von General Dynamics 1993 an Lockheed übergegangen. Mitte 1993 belief sich die Gesamtproduktion auf 3835 Exemplare. Neue Mitglieder im **F-16**-Club sind neben Portugal auch Taiwan und Thailand, wobei die letzten beiden Länder ihre **F-16** voraussichtlich 1995 erhalten werden. Einige der neuesten technologischen Errungenschaften gingen in die Struktur und Avionik der **Fighting Falcon** ein. So sind die Tragflächen beispielsweise mit dem Rumpf „verblendet", was nicht nur zur Einsparung von Gewicht beiträgt, sondern den Auftriebsbeiwert bei hohen Anstellwinkeln insgesamt erhöht und den Widerstand im transsonischen Geschwindigkeitsbereich mindert. Bewegliche Klappen an der Nasen- und Hinterkante, die in Abhängigkeit von Geschwindigkeit und Fluglage des Jägers automatisch geregelt werden, versetzen das Tragwerk in die Lage, eine optimale Auftriebskonfiguration unter allen Flugbedingungen einzunehmen. Scharf gepfeilte Straken, die weit an den Bugseiten vorgezogen sind, liefern zusätzlichen Auftrieb. Darüber hinaus verhindern sie ein Abreißen der Strömung an der Flächenwurzel, reduzieren das Flügelflattern und verbessern sowohl die Kursstabilität als auch die Rollsteuerung. Alle Kontrollflächen werden von einem elektrisch signalisierten Flugsteuerungssystem (Fly-by-Wire) bedient, so daß sämtliche mechanischen Steuerverbindungen innerhalb der Zelle entfallen konnten. Dies hat zur Folge, daß die Maschine nicht nur schneller, sondern auch präziser auf die Steuereingaben des Piloten reagiert. Zu den modernen Avioniksystemen zählen Funkgeräte für abhörsichere Sprechverbindungen, Trägheits- und TACAN-Navigationsanlagen, Impuls-Doppler-Radar zur Entfernungsmessung und Winkelzielverfolgung, Radarwarnsysteme sowie Flugsteuerungs-, Luftwerte- und Feuerleitrechner. Der Hersteller wie auch die USAF mit dem Multi-national Staged Improvement Program (MSIP) führen die Entwicklung laufend fort. Mit diesem multinationalen, in Phasen unterteilten Verbesserungsprogramm wollte man sicherstellen, daß alle notwendigen Schritte unternommen wurden, um die seinerzeit noch in der Entwicklung befindlichen Systeme möglichst einfach nachträglich in die **F-16** integrieren zu können. So hatten beispielsweise alle Flugzeuge, die ab 1981 ausgeliefert wurden, bereits die strukturellen Voraussetzungen und die Verdrahtung, um Gerät für den Einsatz von Präzisionswaffen, für den Nachtangriff und für Abfangeinsätze gegen Ziele außerhalb der visuellen Reichweite nachzurüsten. Eine Kurzbeschreibung dieser Entwicklungen ist der weiter unten aufgelisteten Rubrik Varianten zu entnehmen.

***Das zweifellos wichtigste Jagdflugzeug der Gegenwart, die F-16, befindet sich weit verbreitet im Einsatz. Die riesige Flotte dient bei den amerikanischen Streitkräften, einschließlich dieser F-16C der in Luke beheimateten 944. Tactical Fighter Group der Air Force Reserve.***

In die Baureihen **F-16A** und **B** wurde das Turbofan-Triebwerk F100 von Pratt & Whitney mit einer Leistung von 10.800 kg Schub installiert. Nach Juli 1986 gefertigte **F-16C** und **D** können entsprechend einer Weisung der amerikanischen Regierung, einen zweiten Triebwerklieferanten zu berücksichtigen, auch mit dem General Electric F110 ausgerüstet werden, das 13.150 kg Schub erzeugt.

**Varianten**

**F-16(ADF):** Bezeichnung der 270 F-16A/B, die zum Air Defense Fighter (ADF=Luftverteidigungsjäger) als Ersatz für die F-4 und F-106 bei elf Staffeln der Air National Guard (ANG) modifiziert wurden. Die Änderungen umfaßten ein leistungsgesteigertes Bordradar AN/APG-66, verbesserte ECM-Schutzvorrichtungen, IFF-Gerät, eine Nachtkennleuchte, Sprechfunkausrüstung und ein Hinderniswarnsystem sowie eine gesteigerte Lenkwaffenkapazität. Die erste F-16(ADF) eines Auftrags vom Oktober 1986 wurde am 1. März 1989 und die letzte Anfang 1991 ausgeliefert

**F-16C:** Bezeichnung des verbesserten Jagdeinsitzers F-16A, der die oben beschriebenen MSIP-Merkmale in sich vereinigte und zudem Jagdbombereinsätze fliegen konnte

**F-16D:** zweisitzige Version der F-16C mit ähnlichem Kampfpotential

**F-16N:** 22 Einsitzer und vier Doppelsitzer (TF-16N) für die US Navy in Form modifizierter F-16C und D, sie dienen als überschallschnelle Feinddarstellungsflugzeuge bei der Top Gun Fighter Weapons School und fliegen bei den Marinestaffeln VF-43, VF-45 und VF-126

**F-16XL:** Herstellerbezeichnung einer firmeneigenen modernen Entwicklung der F-16 mit stark eingeschnürtem Deltatragwerk; dieses gemeinsam von GD und der NASA entwickelte Tragwerk hat eine um 120% größere Flügelfläche als die Standardbaugruppe; der verlängerte Rumpf bietet eine um 82% gesteigerte Treibstoffkapazität, und die Aufhängungen unter den Flächen verdoppeln die Standardwaffenlast; der einsitzige Prototyp F-16E flog erstmals am 3. Juli 1982, gefolgt vom Doppelsitzer F-16F mit F110-Triebwerk

**F-16/79:** Bezeichnung einer einzelnen F-16A mit dem preiswerteren und schubschwächeren (8165 kg) Nachbrennertriebwerk J79-GE-119; die als kostengünstige Version für den Export gedachte F-16/79 flog erstmals am 29. Oktober 1980

**F-16/101:** Bezeichnung eines frühen Entwicklungsflugzeugs, das von der USAF ausgeliehen und versuchsweise mit einem F110-Mantelstromtriebwerk von General Electric (wie in der Rockwell B-1) ausgerüstet wurde, um eine alternative Triebwerksquelle für die F-16 zu erschließen

**AFTI/F-16:** von General Dynamics im Auftrag der USAF modifizierte F-16A zur Untersuchung einer neuen Jäger-Technologie; das Advanced Fighter Technology Integration (AFTI) betitelte Programm beinhaltete im wesentlichen ein künstlich stabilisiertes Luftfahrzeug (CCV = Control-Configured Vehicle) mit einer einzigartigen digitalen Flugsteuerungsanlage

**TECHNISCHE DATEN**
**General Dynamics F-16A Fighting Falcon**

**Typ:** einsitziger Luft- und Erdkampfjäger
**Triebwerk:** entweder ein Turbofan-Nachbrennertriebwerk Pratt & Whitney F100-PW-220 mit 10.800 kg Schub oder ein General Electric F110-GE-100 mit 13.150 kg Schub
**Leistung:** Höchstgeschwindigkeit im Horizontalflug +2142 km/h oder Mach 2,0 in 12.190 m Höhe; Dienstgipfelhöhe oberhalb 15.240 m; Einsatzradius 925 km
**Gewicht:** Leermasse 7070 kg; max. Startmasse 16.057 kg
**Abmessungen:** Spannweite 9,45 m; Länge 15,09 m; Höhe 5,09 m; Tragflügelfläche 27,87 m²
**Bewaffnung:** eine 20-mm-Kanone M61A1 mit mehreren Rohren im Bündel, eine Lenkwaffenstation pro Tragflächenende und eine Aufhängung unter dem Rumpf sowie sechs unter den Flächen für eine Waffenlast von 9276 kg an Luft-Luft- oder Luft-Boden-Flugkörpern, ECM-, Aufklärungs- oder Raketenbehältern, Lenk- oder Eisenbomben sowie Zusatztanks

# General Dynamics F-111 bis Gloster Javelin

**Die General Dynamics Aircraft Corporation kaufte im Mai 1953 Convair auf, beließ ihr aber noch bis 1961 das Recht des eigenen Namens. 1993 wurde sie selbst an Lockheed verkauft. Die Gloucesterhire (später Gloster) Aircraft Company begann ihre Existenz 1917 zur Lizenz-Produktion von Flugzeugen, vornehmlich von Airco, Bristol und Nieuport.**

## General Dynamics F-111

Die wesentlichen Vorteile eines Schwenkflüglers sind ein hohes Leistungsvermögen im Überschallflug mit voll nach hinten geschwenkten Flächen, eine wirtschaftliche Marschgeschwindigkeit bei gespreiztem Tragwerk, ein großer Einsatzradius oder große Überführungsreichweite und relativ kurze Start- und Landestrecken bei hohen Betriebsmassen. Als das Tactical Air Command der USAF 1960 einen Ersatz für die Republic F-105 Thunderchief suchte, war man daher sehr an den Versuchsergebnissen interessiert, die das Langley Research Center der NASA mit Schwenkflüglern in Hampton, Virginia, durchgeführt hatte. Zur gleichen Zeit schaute sich die US Navy nach einem neuen Abfangjäger zum Schutz der Flotte um, der die Douglas F-4 Phantom ablösen konnte. Schließlich entschied das amerikanische Verteidigungsministerium, diese beiden Forderungen in ein Einzelprogramm zum Tactical Fighter zusammenzuführen.

Trotz erheblicher Opposition auf seiten beider Teilstreitkräfte hielt der damalige US-Verteidigungsminister McNamara an der Entscheidung fest, und am 24. November 1962 wurde General Dynamics mit dem Bau von 23 Entwicklungsflugzeugen beauftragt. Diese Vorserie teilte sich in 18 taktische Kampfflugzeuge **General Dynamics F-111A** für die USAF und fünf hauptsächlich von Grumman für die US Navy entwickelte **F-111B**.

Die **F-111B** wurde trotz der ausgedehnten und intensiven Flugerprobungsperiode im Juli 1968 gestrichen. Die Maschine hatte sich ständig als übergewichtig erwiesen und konnte die Leistungsvorgaben nie erbringen. Nur sieben Exemplare wurden fertiggestellt, nämlich die fünf Entwicklungsflugzeuge und zwei der 231 **F-111B**-Serienjäger, die die US Navy eigentlich hatte beschaffen wollen.

Die **F-111A**, auf der alle nachfolgenden Versionen beruhten, erlebte im Anschluß an ihren Erstflug am 21. Dezember 1964 eine ähnlich unselige Periode. Letztendlich wurde sie aber für diensttauglich erklärt, und im Oktober 1967 nahm die 474. Tactical Fighter Wing auf Nellis AFB, Nevada, die ersten von 141 Serienflugzeugen entgegen. Am 15. März 1968 stellte die 428. TFS ein Kommando mit fünf **F-111A** nach Thailand zum Einsatz über Vietnam ab. Innerhalb von nur vier Wochen hatte das Kommando drei Maschinen verloren. Flugverbote und Modifikationen folgten, und als 1972/73 weitere 48 **F-111A** nach Vietnam geschickt wurden, flogen sie in sieben Monaten mehr als 4000 Kampfeinsätze gegenüber einem Verlust von nur sechs Exemplaren. Dieses letztere Einsatzkommando hatte den Kampfwert der **F-111** klar erwiesen; Details der späteren Modelle sind der Rubrik Varianten zu entnehmen.

Insgesamt wurden 563 Flugzeuge produziert, eingerechnet die 24 Exemplare für die Royal Australian Air Force (RAAF). Das Gros befindet sich weiterhin bei der USAF und RAAF im Einsatz, und dies wird sich innerhalb der nächsten Jahre auch nicht ändern. Die in Großbritannien stationierten **F-111F** der USAF waren mit dem AN/AVQ-26 „Pave Tack" zur Wärmebilderzeugung und Zielerfassung, Beleuchtung und Verfolgung mit Laser ausgerüstet; auch die **F-111C** der RAAF stützen sich auf dieses System.

**Varianten**

**F-111A:** erste Serienversion eines zweisitzigen taktischen Jagdbombers mit zwei Nachbrenner-Turbofan-Triebwerken TF-30-P-3 von Pratt & Whitney je 8391 kg Schub; 158 Exemplare wurden gefertigt, davon 18 Entwicklungsflugzeuge zur Truppenerprobung

**EF-111A Raven:** taktische Spezialversion zur elektronischen Kampfführung, von Grumman durch Umrüstung der F-111A produziert

**FB-111A:** zweisitzige strategische Bomberversion für die USAF; um 2,13 m größere Spannweite, verstärktes Fahrwerk und erweitertes Tankvolumen sowie TF30-P-7 je 9185 kg Schub; 76 solche SAC-Bomber wurden gebaut

**RF-111A:** Umrüstung einer F-111A-Entwicklungsmaschine zum Aufklärer mit austauschbarer Sensorenpalette; keine Serienfertigung

**YF-111A:** neue Bezeichnung zweier F-111K, die fast fertiggestellt waren, als die Royal Air Force ihre Beschaffung annullierte; dieses Duo wurde dem Forschungs-, Entwicklungs-, Test- und Prüfprogramm der USAF zugeschlagen

**F-111B:** trägergestütztes Jagdflugzeug zum Schutz der Flotte; sieben Exemplare waren gefertigt, als Entwicklung und Produktion eingestellt wurden

**F-111C:** Bezeichnung von 24 Kampfbombern, die die RAAF 1963 bestellt hatte, deren Lieferbeginn sich aber bis 1973 hinauszögerte; weiter gespannte Tragflächen wie bei der FB-111A, verstärktes Fahrwerk und TF30-P-3; mit vier F-111A aus dem USAF-Bestand, die den Standard F-111C nachträglich erhielten, wurden kumulative Verluste von vier F-111C ausgeglichen

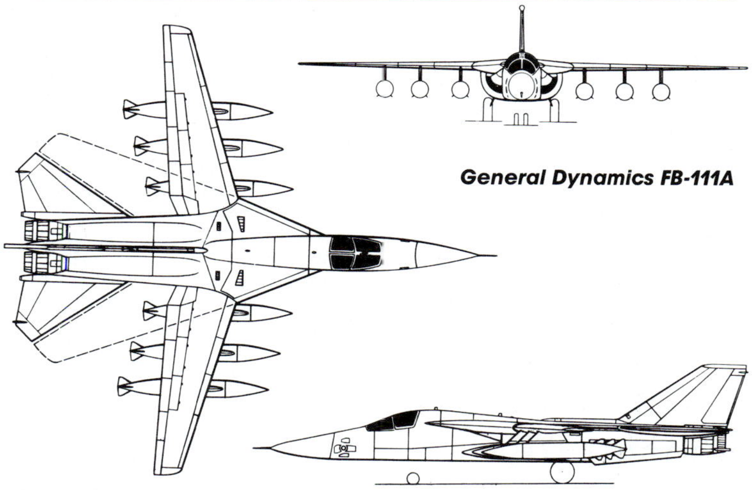

*General Dynamics FB-111A*

**F-111D:** ähnlich wie F-111E, aber mit 2 x 8890 kg Schub der TF30-P-9 und modernisierter Avionik für erweiterten Lenkwaffeneinsatz und Navigation; 96 Exemplare wurden gebaut

**RF-111D:** Bezeichnung einer hochentwickelten Aufklärungsversion, die wegen fehlender Haushaltsmittel nicht zum Zuge kam

**F-111E:** löste die F-111A ab dem 160. Flugwerk auf dem Montageband ab; modifizierte Lufteinläufe für ihre TF30-P-3; 94 Exemplare wurden gebaut

**F-111F:** führte verbesserte Avioniksysteme, einschließlich einer Kombination der Navigations- und Waffenrechner der F-111D und F-111A, eine bessere Tragflächenstruktur und die viel schubstärkeren Triebwerke TF30-P-100 ein; 106 Exemplare wurden gefertigt

**F-111G:** Bezeichnung der FB-111A nach ihrer Herauslösung aus dem Strategic Air Command (SAC) und Umrüstung zum taktischen Kampfflugzeug im Jahre 1988

**FB-111H:** vorgeschlagene Version eines bemannten Eindringbombers mit 2 x 13.608 kg Schub der General Electric-Turbofan-Triebwerke F101-GE-100, fortschrittlicher Avionik und erweitertem Waffenpotential; wurde nicht gebaut

**F-111K:** Bezeichnung der 50 RAF-Kampfflugzeuge, die 1968 gestrichen wurden

### TECHNISCHE DATEN
**General Dynamics F-111F**

**Typ:** zweisitziges Mehrzweck-Kampfflugzeug
**Triebwerke:** zwei Turbofan-Nachbrenner-triebwerke Pratt & Whitney TF30-P-100 je 11.385 kg Schub
**Leistung:** Höchstgeschwindigkeit in optimaler Höhe 2655 km/h oder Mach 2,5; Höchstgeschwindigkeit in Meereshöhe 1473 km/h oder Mach 1,2; Dienstgipfelhöhe oberhalb 17.985 m; Reichweite mit max. Interntreibstoff 4707 km
**Gewicht:** Leermasse 21.398 kg; max. Startmasse 45.359 kg
**Abmessungen:** Spannweite (Tragflächen in vorderster Stellung) 19,20 m; Spannweite (Tragflächen in hinterster Stellung) 9,74 m; Länge 22,40 m; Höhe 5,22 m
**Bewaffnung:** eine 20-mm-Kanone M61A-1 und eine 340-kg-Bombe B43 oder zwei B43 im internen Waffenschacht; drei Außenlastträger unter den Außenflächen pro Seite, von denen die inneren vier dem Schwenkwinkel angepaßt werden

***Das kampfstärkste „Aardvark"-Modell ist die F-111F, die ihren Wert im Golfkrieg erneut unter Beweis gestellt hat. Ihre Laserlenkbomben versorgt sie selbständig mit Zielinformationen über den „Pave Tack"-Behälter unter dem Rumpf.***

# Globe GC-1 Swift

Kurz vor dem Zweiten Weltkrieg konstruierte Globe Aircraft den leichten, zweisitzigen Kabinen-Eindecker **Swift Model GC-1**. Der Produktion stand nicht nur die infolge eines zu schwachen Antriebs enttäuschende Leistung, sondern auch der Eintritt der USA in den Zweiten Weltkrieg entgegen. Als freitragender Tiefdecker hatte das Modell **GC-1** eine geklebte Sperrholzbeplankung (Duraloid) im Bereich von Trag- und Leitwerk, und das geschweißte Stahlrohrgerüst des Rumpfes war mit Gewebe bespannt. Zur Standardausrüstung gehörte ein einziehbares Spornrad-Fahrgestell. Den Antrieb des Prototyps lieferte ein Continental A65-Motor mit 48 kW (65 PS). Nach dem Erstflug Anfang 1941 stellte sich heraus, daß die **GC-1** deutlich untermotorisiert war. Dies führte zum Einbau eines Continental A80 (60 kW/80 HP). Mit diesem Triebwerk erhielt die **GC-1** Anfang 1942 die Musterzulassung. Wahlweise hätte das Muster mit Motoren der Leistungsklasse 67 kW bis 75 kW (91 PS bis 102 PS) angeboten werden sollen, aber die Fertigung unterblieb, und das Programm lebte erst 1946 wieder auf.

Die **Swift Model GC-1A** der Nachkriegszeit hielt an der Grundauslegung fest, war aber mehr die Ganzmetallkonstruktion eines insgesamt stark verbesserten Entwurfs. Leider startete Globe auf dem falschen Fuß, als sie die um 20 Prozent schwerere **GC-1A** nur mit einem Continental C85 (63 kW) ausrüstete. Trotz der bescheidenen Leistung waren fast 400 Exemplare fertiggestellt, bevor der Einbau eines stärkeren Motors in das Modell **GC-1B** ein spritziges Sportflugzeug ergab. Globe und Temco als Unterauftragnehmer bauten große Stückzahlen dieses Musters. Als Globe 1947 in finanzielle Schwierigkeiten geriet, erwarb Temco die Produktions- und Vertriebsrechte. Die Produktion der **Temco Swift** hielt bis 1951 an, und weltweit befindet sich noch eine Reihe dieser Maschinen im Flugdienst. 1987 modifizierte LeRoy LoPresti eine 1946 gebaute **Swift** zum Prototyp **LoPresti Piper Swiftfire** (später **Swiftfury** genannt). Die von einer Propellerturbine Allison 250 mit 430 WPS angetriebene Maschine flog erstmals am 23. März 1989.

**TECHNISCHE DATEN**
**Temco Swift Model GC-1B**
**Typ:** zweisitziger Kabinen-Eindecker
**Triebwerk:** ein Sechs-Zylinder-Boxermotor Continental C125 mit 93 kW (125 HP/126 PS)
**Leistung:** Höchstgeschwindigkeit 241 km/h; Reisegeschwindigkeit 225 km/h; Dienstgipfelhöhe 4875 m; Reichweite 313 km
**Gewicht:** Leermasse 517 kg; max. Startmasse 776 kg
**Abmessungen:** Spannweite 8,94 m; Länge 6,37 m; Höhe 1,79 m; Tragflügelfläche 12,23 m²

***Die definitive Serienentwicklung der Globe GC-1, die Temco GC-1B Swift, verband attraktive Linien mit einer robusten Zelle und einer sportlichen Leistung trotz des relativ schwachen Antriebs.***

# Gloster I/II

Die Gloucester Aircraft Company, Mitte 1917 gegründet, änderte den Firmennamen 1926 in Gloster Aircraft Company. Die dünne Auftragsdecke förderte die Hoffnung, daß herausragende Erfolge bei Flugrennen das Air Ministry möglicherweise davon überzeugen könnten, daß als Lieferant von Hochleistungs-Jagdflugzeugen nur Gloster in Frage käme. So wurde das einsitzige Rennflugzeug **Gloster Mars I** geboren, bei dem Henry Folland keine Mühe scheute, um ein echtes Hochleistungs-Wettbewerbsgerät zu erhalten. Der Beiname „Bamel" ist angeblich darauf zurückzuführen, daß Folland die noch in der Konstruktion befindliche Mars I als „half-bear, half-camel" (halb Bär, halb Kamel) bezeichnete.

Die **Bamel** war ein bemerkenswert sauber durchkonstruierter Doppeldecker mit einem einzigen I-Stiel pro Seite und minimaler Drahtverspannung, der von einem Napier-Lion-Reihenmotor mit 336 kW (457 PS) in einer gelungenen Verkleidung angetrieben wurde. Das einzige befremdliche Entwurfsmerkmal war ein gestielter Baldachin, der als Gehäuse für Kraftstoff und Kühlwasser diente und dem Piloten die Sicht nach vorn raubte. Das Muster flog erstmals am 20. Juni 1921, und gewann einen Monat später das jährlich ausgetragene Aerial Derby. Die fortlaufend modifizierte und verbesserte Maschine stellte am 12. Dezember 1921 mit 316,1 km/h einen neuen britischen Geschwindigkeitsrekord auf und ging auch beim Aerial Derby von 1922 als Sieger hervor.

Anfang 1923 erhielt die **Mars I** überarbeitete Tragflächen. Die Kraftstoff- und Wassertanks wurden im Rumpf untergebracht, um die für die Sicht hinderliche Baldachinstruktur abzuschaffen. Dies und der Einbau einer stärkeren Version des Lion-Motors waren Anlaß genug, der Maschine die neue Bezeichnung **Gloster I** zu geben. Nach dem Gewinn des Luftrennens von 1923 erwarb die RAF das Flugzeug, und die High Speed Flight der RAF flog die mit Schwimmerfahrwerk ausgestattete **Gloster I** zu Übungszwecken von Felixstowe aus.

Die Gloster-Unternehmenspolitik zur Entwicklung von Hochleistungsflugzeugen zahlte sich Anfang 1924 aus, als das Air Ministry zwei **Gloster II** zur Teilnahme am Rennen um die Schneider-Trophäe dieses Jahres bestellte. Ähnlich wie die **Gloster I** ausgelegt, aber mit stärker gestaffelten Tragflächen, wurde die **Gloster II** von einem Napier Lion VA angetrieben, dessen 436 kW (593 PS) ein Metallpropeller von Fairey Reed umsetzte. Die Schwimmer und das zugehörige Strebengerüst waren zur Verbesserung der aerodynamischen Effektivität sorgfältig geformt und verkleidet. Die erste Maschine (J7504) wurde am 12. September 1924 zur Erprobung nach Felixstowe gebracht. Ungefähr eine Woche später brach eine der vorderen Schwimmerstützstreben beim Aufsetzen auf rauher See zusammen. Die Maschine sank sofort, aber der Pilot Hubert Broad überstand das Unglück. Kurz nach diesem Vorfall wurde der Schneider-Wettbewerb von 1924 abgesagt und die zweite **Gloster II** mit Radfahrgestell zur Hochgeschwindigkeits-Erprobung fertiggestellt. Auch dieses Exemplar ging bei einem Landeunfall Mitte 1925 verloren, und neue **Gloster** wurden nicht mehr gebaut.

**TECHNISCHE DATEN**
**Gloster I (Landflugzeug)**
**Typ:** einsitziger Renndoppeldecker
**Triebwerk:** ein Zwölf-Zylinder-Reihenmotor (W-Form) Napier Lion mit 395 kW (537 PS)
**Leistung:** Höchstgeschwindigkeit in Meereshöhe 354 km/h
**Gewicht:** Leermasse 894 kg; max. Startmasse 1202 kg
**Abmessungen:** Spannweite 6,10 m; Länge 7,01 m; Höhe 2,84 m; Tragflügelfläche 15,33 m²

***Aus der Gruppe typischer Seerennflugzeuge dieser Ära ragte die Gloster II insofern heraus, als sie den Versuch darstellte, den stärksten Motor in ein möglichst kleines Flugwerk zu packen; die Steuerbarkeit der Maschine rangierte dabei weit hinten.***

# Gloster III

Im Februar 1925 erhielt die Firma Gloster einen Auftrag des Air Ministry zur Fertigung von zwei neuen Doppeldecker-Rennflugzeugen mit der Bezeichnung **Gloster III**, die am Schneider-Flugrennen von 1925 teilnehmen sollten. Das neue Muster stammte unverkennbar von der Gloster II ab, und Henry Folland hatte sein ganzes Talent eingesetzt, um die Stirnfläche der Maschine so klein wie möglich zu gestalten. Darüber hinaus hatte er auf Schalenbauweise gesetzt und den Rumpf mit Sperrholz beplankt, um eine hohe Strukturfestigkeit bei leichtem Gewicht zu erreichen. Das Tragwerk war aus Holz konstruiert und mit Stoff bespannt, und die Zwillingsschwimmer waren an glatten, drahtverspannten Streben montiert. In das Muster baute man den 522 kW (710 PS) starken Napier-Motor Lion VII ein, so daß die **Gloster III** zum kleinsten britischen Flugzeug mit einem Motor dieser Leistungs-

**TECHNISCHE DATEN**
**Gloster IIIB**
**Typ:** einsitziges Doppeldecker-Rennflugzeug auf Schwimmwerk
**Triebwerk:** ein Zwölf-Zylinder-Reihenmotor (W-Form) Napier Lion VII mit 522 kW (710 PS)
**Leistung:** Höchstgeschwindigkeit 405 km/h in Meereshöhe
**Gewicht:** Leermasse 1033 kg; max. Startmasse 1343 kg
**Abmessungen:** Spannweite 6,10 m; Länge 8,18 m; Höhe 2,95 m; Tragflügelfläche 14,12 m²

***Die Gloster III litt an mangelnder Kursstabilität. Sie sollte mit Flächenkühlern auf dem Unterflügel ausgestattet werden, aber stattdessen erhielt sie Lamblin-Kühler an der Nasenkante des Unterflügels.***

klasse wurde. Die Flugerprobung der Maschine mit der Seriennummer N194 ließ eine gewisse Instabilität um die Hochachse erkennen; da die Zeit für grundlegende Änderungen fehlte, wurden lediglich die Tragflächen neu eingestellt und die Rükkenfinne sowie die Seitenflosse vergrößert. Die so modifizierte Maschine erhielt die Bezeichnung **Gloster IIIA**.

Mit Hubert Broad im Cockpit belegte die **Gloster IIIA** beim Schneider-Rennen in Baltimore, USA, den zweiten Platz. Die **Gloster III** (N195) hingegen war bereits vor der Veranstaltung bei einem Übungsrennen beschädigt worden. Nach ihrer Rückkehr nach Großbritannien stieß die **Gloster IIIA** zur RAF in Felixstowe; zur gleichen Zeit wurde die **Gloster III** repariert und mit Flächenkühlern und einem neuen Heck ausgestattet. In dieser Form erhielt sie die Bezeichnung **Gloster IIIB** und kam ebenfalls zur RAF nach Felixstowe. Beide Maschinen dienten dort den RAF-Piloten der High Speed Flight als Trainer.

# Gloster IV

Für das Schneider-Rennen 1926 produzierte die Firma Gloster keinen Teilnehmer. Die Veranstaltung fand in den USA statt, und nachdem Italien das Rennen mit einer Macchi M.39 für sich entschieden hatte, würde der nächste Wettbewerb in Italien abgehalten. Seit 1926 arbeiteten Henry Folland und sein Team aber bereits an einem Nachfolger für die Gloster III, wobei die Doppeldeckerauslegung unangetastet blieb, da sie nach Follands Auffassung die ideale Kombination von geringem Gewicht und struktureller Integrität darstellte. Um dieser neuen **Gloster IV** die gewünschte Leistungssteigerung zu vermitteln, sah man eine noch stärkere Ausführung des Napier-Lion-Triebwerks vor und schöpfte jede Möglichkeit zur Reduzierung des Luftwiderstands auf das absolute Minimum aus. Zur Motorkühlung wurden Tragflächenkühler und erstmals Schwimmer firmeneigener Konstruktion eingesetzt; das Schwimmwerk aller drei Maschinen, die gefertigt wurden, enthielt Kühlerbaugruppen an den Oberseiten. Die Hitze dieser leistungsstarken Motoren abzuführen, stellte die Konstrukteure vor gewaltige Probleme. Damit eine leidlich effektive

**TECHNISCHE DATEN**
**Gloster IVB**
**Typ:** einsitziges Rennflugzeug auf Schwimmwerk
**Triebwerk:** ein Zwölf-Zylinder-Reihenmotor (W-Form) Napier Lion VIIB mit 660 kW (898 PS)
**Leistung:** Höchstgeschwindigkeit 475 km/h in Meereshöhe
**Gewicht:** Leermasse 1185 kg; max. Startmasse 1499 kg
**Abmessungen:** Spannweite 6,90 m; Länge 8,03 m; Höhe 2,79 m; Tragflügelfläche 12,91 m²

Schmieröltemperatur erhalten blieb, versah man die **Gloster IV** mit einem kombinierten Schmieröl-/Kühlmitteltank an der Bugunterseite und zusätzlichen Kühlflächen an den Rumpfseiten. Die Tragflächen und sämtliche Stützstreben waren so sorgfältig in die Schnittstelle Rumpf/Innenflügel eingeblendet, daß der Widerstand im Vergleich zur Gloster III um 40 Prozent geringer ausfiel.

Das Trio bestand aus der **Gloster IV (N224)** mit einem Napier Lion VIIA, der seine 671 kW (912 PS) direkt auf den Propeller abgab, der **Gloster IVA (N222)** mit reduzierter Spannweite, kreuzförmigem Leitwerk und dem gleichen Antrieb sowie der

***Die W-Form der Zylinderreihen des Napier Lion VIIA schlägt sich in der schnittigen Rückenfinne und den Bugstraken vor der Nasenkante des Oberflügels nieder.***

**Gloster IVB (N223)**, die bis auf den Napier Lion VIIB mit Untersetzungsgetriebe der **Gloster IVA** entsprach.

Letztere wurde zum dritten Mitglied des britischen Rennteams bestimmt. Leider mußte die **Gloster IVB** in der sechsten Runde aufgeben. Die beiden Supermarine S.5, angetrieben vom Lion VIIA bzw. Lion VIIB, gewannen Platz eins und zwei. Die **Gloster IV** wurde anschließend verkauft, aber **N222** und **N223** wurden der RAF für Forschungszwecke auf dem Gebiet des Hochgeschwindigkeitsflugs zur Verfügung gestellt.

# Gloster VI

Nachdem die geplante Entwicklung einer Gloster V aufgegeben worden war, machten sich Folland und seine Mannschaft erst Anfang 1928 wieder ans Werk, um einen neuen Tiefdecker als Teilnehmer am Rennen um die Schneider-Trophäe von 1929 zu bauen. Der drahtverspannte Tiefdecker **Gloster VI** besaß aus Holz konstruierte Tragflächen, einen Leichtmetallrumpf und ein freitragendes Leitwerk, das ähnlich wie das Tragwerk konstruiert war. Die Leichtmetallschwimmer dienten zugleich als Kraftstoffbehälter, deren Inhalt in einen kleinen Speisetank im Rumpf gepumpt wurde. Die Oberseite der Tragflächen wurde fast vollständig von Elementen der Flüssigkeitskühlanlage für den Napier-Lion-VIID-Flugmotor der Maschine eingenommen. Flachkühler des Ölsystems waren an den Rumpf geschmiegt und ließen sich durch Hilfskühler an der Schwimmeroberseite ergänzen.

**TECHNISCHE DATEN**
**Gloster VI**
**Typ:** einsitziges Schwimmerrennflugzeug
**Triebwerk:** ein aufgeladener Zwölf-Zylinder-Reihenmotor (W-Form) Napier Lion VIID mit 984 kW (1338 PS)
**Leistung:** nachgewiesene Spitzengeschwindigkeit 565 km/h
**Gewicht:** Leermasse 1036 kg; max. Startmasse 1669 kg
**Abmessungen:** Spannweite 7,92 m; Länge 8,23 m; Höhe 3,29 m; Tragflügelfläche 9,85 m²

Zwei **Gloster VI** wurden gebaut, **N249** und **N250**, doch im August 1929 stellte sich bei der Flugerprobung in Calshot heraus, daß die hochgezüchteten Ladermotoren Lion VIID zur Überhitzung neigten. Die Teilnahme dieser Maschinen am Rennen wurde gestrichen. Beide beendeten ihre Tage bei der RAF in Felixstowe, aber da man ihre Triebwerksprobleme nie in den Griff bekam, blieb ihr Nutzen gering.

***Die Gloster VI plagten zeitlebens Triebwerksprobleme, die Ende der zwanziger Jahre ein solches Ausmaß erreichten, daß der Lion als unzuverlässig eingestuft werden mußte.***

# Gloster E.28/39

Für die von Frank Whittle konstruierte und im Auftrag des Air Ministry im März 1938 von Power Jets Ltd. gebaute Gasturbine wurde ein Flugwerk benötigt, dessen technische Beschreibung **E.28/39** Gloster am 3. Februar 1940 zuging. Das Flugzeug sollte den Anforderungen eines Jägers genügen, wobei das Gewicht und das Raumvolumen zur Bewaffnung mit vier Browning 7,7-mm-Maschinengewehren zu berücksichtigen war. In das Testflugzeug sollten diese Waffen aber nicht eingebaut werden. Der Auftrag deckte die Fertigung zweier Prototypen **Gloster E.28/39** mit einziehbarem Dreibein-Fahrwerk ab, deren Bugrad mit einer Lenkanlage versehen wurde.

***Die E.28/39 ließ sich zwar bewaffnen, war aber ein Forschungsflugzeug von großer Bedeutung – der erste Düsenjäger Großbritanniens.***

Bereits ein Jahr später stand der erste Prototyp für Rollversuche bereit, die von Cheftestpilot P.E.G. Sayer am 7. April 1941 auf dem Gloster-Werksflugplatz Hucclecote durchgeführt wurden. Am nächsten Tag führte die Maschine einige kurze Lufthopser aus; anschließend wurde eine neue Bugfahrwerksgruppe eingebaut und die Maschine zum Straßentransport nach Cranwell zerlegt, wo die weitere Erprobung auf längeren Pisten stattfinden sollte. Tatsächlich war die **E.28/39** nach einer Rollstrecke von nur 550 m bereits in der Luft, bei einem Schub von 390 kg des für die erste Flugerprobungsphase installierten W.1-Strahltriebwerks von Power Jets. Dies war der erste britische Düsenjäger überhaupt.

Der Erstflug am 15. Mai 1941 dauerte 17 Minuten und verlief störungsfrei. In den nächsten 13 Tagen verbuchte der Prototyp

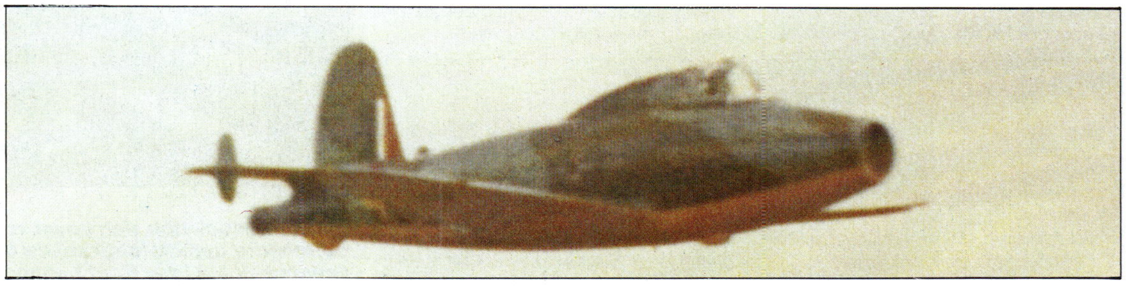

weitere zehn Flugstunden, bevor er zum Einbau des neuen Triebwerks W.1A mit 526 kg Schub zurückgereicht wurde.

Eine neue Versuchsreihe begann am 4. Februar 1942 in Edgehill, Warwickshire, aber nun entwickelte das Triebwerk Probleme und die Maschine wurde leicht beschädigt. Piloten des Royal Aircraft Establishment aus Farnborough flogen den Typ ebenfalls, und bei einem dieser Flüge blockierten die Querruder in 11.275 m Höhe, so daß die Maschine ins Rückentrudeln geriet: Squadron Leader Davie gelang der Notabsprung in 10.060 m Höhe, aber die **E.28/39** ging verloren.

Die zweite Versuchsmaschine war auf ein Power Jets W.2/500 mit einem Nennschub von 771 kg umgestellt worden, so daß die Flugversuche fortgeführt werden konnten. Das RAE erflog mit dieser Maschine aerodynamische Werte. Inzwischen hatte man jedoch ein nochmals verbessertes Power Jets W.2/500 eingerüstet, das 798 kg Schub erzeugte. Nach Abschluß dieses Testprogramms wurde die Maschine dem Science Museum, South Kensington, zur permanenten Ausstellung übergeben.

**TECHNISCHE DATEN**
**Gloster E.28/39**

**Typ:** einsitziges, strahlgetriebenes Forschungsflugzeug
**Triebwerk:** ein Strahltriebwerk Power Jets W.2/500 mit 798 kg Schub
**Leistung:** Höchstgeschwindigkeit 750 km/h in 3050 m Höhe; Dienstgipfelhöhe 9755 m
**Gewicht:** Leermasse 1309 kg; max. Startmasse 1700 kg
**Abmessungen:** Spannweite 8,84 m; Länge 7,72 m; Höhe 2,82 m; Tragflügelfläche 13,61 m²
**Bewaffnung:** keine

# Gloster Gambet

Anfang 1926 forderte die Kaiserlich Japanische Marine die Firmen Aichi, Mitsubishi und Nakajima zu Angeboten für einen neuen schiffsgestützten Jagdeinsitzer auf, der die Nachfolge der Sparrowhawk-Jäger sichern sollte. Nakajima griff in die Trickkiste und bat Gloster, ein geeignetes Flugzeug zu entwerfen. Das Ergebnis war die **Gloster Gambet**, an der Henry Folland bereits als Privatobjekt arbeitete. Als einstieliger Doppeldecker ungleicher Spannweite, der größtenteils aus Holz konstruiert war, hatte dieser einsitzige Jagdprototyp ein starres Schleifsporn-Fahrgestell, Fanghaken, Notschwimmausrüstung und eine Bewaffnung von zwei Vickers-Maschinengewehren. Im Juli 1927 erwarb Nakajima diese Maschine mitsamt den Produktionsrechten. Ein Konstruktionsteam führte einige Modifikationen ein, die dem Muster die Erfüllung spezifischer Marineforderungen ermöglichten und gleichzeitig die Serienfertigung in Japan erleichterten. Nakajima fertigte insgesamt 150 Exemplare in zwei Versionen.

***Die Gambet, die einer Forderung der Kaiserlich Japanischen Marine entsprechend in England entworfen wurde, basierte im wesentlichen auf einer Gamecock. Die als J-AAMB zugelassene Maschine schlug die von Aichi und Mitsubishi vorgestellten Typen aus dem Rennen. Später baute Nakajima das Muster in zwei Versionen, als A1N1 und A1N2 beziehungsweise als trägergestützten Typ 3.***

**TECHNISCHE DATEN: Gloster Gambet**

**Typ:** Prototyp eines trägergestützten Jagdeinsitzers
**Triebwerk:** ein Sternmotor Bristol Jupiter VI mit 313 kW (426 PS)
**Leistung:** Höchstgeschwindigkeit 245 km/h in 1525 m Höhe; Dienstgipfelhöhe 7070 m; Flugdauer in 4570 m Höhe 3 Stunden, 45 Minuten
**Gewicht:** Leermasse 912 kg; max. Startmasse 1395 kg
**Abmessungen:** Spannweite 9,70 m; Länge 6,49 m; Höhe 3,25 m; Tragflügelfläche 26,38 m²
**Bewaffnung:** zwei starre, vorwärtsfeuernde Vickers-Maschinengewehre, Kaliber 7,7 mm, und Gehänge für vier 9-kg-Bomben

# Gloster Gamecock

Die gemäß Spezifikation 27/23 des Air Ministry für einen Jagdeinsitzer konstruierte **Gloster Gamecock** war eine Weiterentwicklung der erfolgreichen Doppeldecker-Flugzeugfamilie Grouse/Grebe. Den Hauptunterschied machte der Bristol Jupiter-Sternmotor anstelle des Armstrong Siddeley Jaguar aus, der wegen seiner Unzuverlässigkeit Probleme aufgeworfen hatte. Weitere Änderungen bestanden in verbesserten Querrudern, schnittigeren Rumpfkonturen und einem intern eingebauten Maschinengewehrpaar. Nach dem Erstflug im Februar 1925 folgte eine zügige Truppenerprobung, die zu einem modifizierten Heck führte. Diese Änderung genügte, um einen Auftrag über 30 Serienjäger **Gamecock Mk I** zu sichern. Die ersten Jäger dieses Typs stellte No. 23 Squadron im Mai 1926 in Dienst.

Die RAF beschaffte insgesamt fast 100 **Gamecock**, davon drei **Gamecock Mk II** mit einem überarbeiteten Tragflächenmittelstück und anderen Verfeinerungen. Außer den **Gamecock**-Jägern für die RAF lieferte Gloster drei **Gamecock Mk II** an Finnland, das von 1929 bis 1930 insgesamt nochmals 15 Exemplare in Lizenz fertigte. Die **Kikko** genannten Jäger dienten bei der finnischen Luftwaffe von 1929 bis 1935 in vorderster Linie und bis zur Ausmusterung im Jahre 1941 zur Schulung.

***Gloster Gamecock Mk I der No. 32 Squadron, RAF, im Zeitraum von September 1926 bis April 1928 in Kenley stationiert.***

**Variante**
**Gamecock Mk III:** neue Bezeichnung einer Gamecock MK II der RAF, mit der Trudeltests durchgeführt wurden, nachdem Modifikationen zur Minderung der Trudelneigung vorausgegangen waren.

***Die Gamecock hob sich kaum von den Jägern des Ersten Weltkriegs ab, leistete der RAF aber solide Dienste. Hier sieht man die zwölf Gamecock Mk I der No. 23 Squadron in Kenley beim Appell.***

**TECHNISCHE DATEN**
**Gamecock Mk I**

**Typ:** Jagdeinsitzer
**Triebwerk:** ein Neun-Zylinder-Sternmotor Bristol Jupiter VI mit 317 kW (431 PS)
**Leistung:** Höchstgeschwindigkeit 249 km/h in 1525 m Höhe; Steigzeit auf 3050 m Höhe sieben Minuten, 45 Sekunden; Dienstgipfelhöhe 6705 m; Flugdauer zwei Stunden
**Gewicht:** Leermasse 875 kg; max. Startmasse 1299 kg
**Abmessungen:** Spannweite 9,08 m; Länge 5,99 m; Höhe 2,95 m; Tragflügelfläche 24,53 m²
**Bewaffnung:** zwei starre, vorwärtsfeuernde 7,7-mm-Maschinengewehre Vickers Mk I

# Gloster Gannet

Die von der „Daily Mail" organisierten „British Light Aeroplane Trials" (= Leichtflugzeugwertung) führten dazu, daß die Konstrukteure eine Vielzahl ungewöhnlicher Kleinflugzeuge vorschlugen. Ziel dieses Wettbewerbs war es, die Produktion eines preiswerten Leichtflugzeugs zu fördern, das einfach zu warten und darüber hinaus leicht zu fliegen war.

Die winzige **Gloster Gannet** war ein einstieliger Doppeldecker in Holzbauweise und mit Stoffbespannung. Während das Leitwerk und das starre Schleifsporn-Fahrgestell in herkömmlichem Stil gehalten waren, ließen sich die Tragflächen beiklappen. Der hintere Teil des Tragflächenmittelstücks war faltbar, damit der Flugzeugführer das offene Cockpit erreichte. Den Antrieb lieferte ein eigens für dieses Muster konstruierter Carden-Zweitaktmotor, dessen launisches Betriebsverhalten die Teilnahme der Gannet an dieser Leichtflugzeugprüfung verhinderte.

1924 wurde der Cardan gegen einen Blackburn Tomtit-Motor mit 5,2 kW (7 PS) ausgetauscht; mit diesem Triebwerk flog die Maschine bis 1929.

**TECHNISCHE DATEN**
**Gloster Gannet**
**Typ:** Ultraleicht-Doppeldecker
**Triebwerk:** ein Zwei-Zylinder-Reihenmotor Carden mit einem Hubraum von 750 $cm^3$
**Leistung:** Höchstgeschwindigkeit 105 km/h in Meereshöhe; Landegeschwindigkeit 56 km/h; Reichweite 225 km
**Gewicht:** Leermasse 128 kg; max. Startmasse 186 kg
**Abmessungen:** Spannweite 5,49 m; Länge 5,03 m; Höhe 1,83 m; Tragflügelfläche 9,57 $m^2$

***Die Gloster Gannet war ein typischer Vertreter der Anfang der zwanziger Jahre konstruierten Leichtflugzeuge. Die faltbaren Tragflächen boten dem Besitzer die Möglichkeit, seine Maschine in der Garage zu parken.***

# Gloster Gauntlet

Die **Gloster Gauntlet**, mit der 1937 nicht weniger als 14 Staffeln ausgerüstet waren, ging auf die Spezifikation F.9/26 des Air Ministry zurück, für die das Unternehmen den gescheiterten Goldfinch-Entwurf eingereicht hatte. Gloster gab nicht auf und bemühte sich um ein neues Flugzeug, das den gestellten Anforderungen genügen konnte. Doch bevor dieser Jäger fertiggestellt war, kam die neue Unterlage F.20/27 heraus, die einen einsitzigen Höhenjäger zum Gegenstand hatte. Gloster bot daraufhin die **SS.18** (J9125) an, den Prototyp eines zweistieligen Doppeldeckers gleicher Spannweite, dessen Ganzmetall-Primärstruktur teilweise mit Sperrholz und teilweise mit Stoff abgedeckt war. Ein Schleifsporn unter dem Heck ergänzte das starre Tragwerk, und für den Antrieb sorgte ein Bristol Mercury IIA mit 336 kW (457 PS). Trotz dieses unzuverlässigen Sternmotors schnitt die **SS.18** bei den Prüfflügen zur Feststellung der Diensttauglichkeit nicht schlecht ab. Dieses Ergebnis ermutigte Gloster zur Weiterentwicklung der **J9125**, in die ein 358 kW (487 PS) starker Bristol-Sternmotor VIIF eingebaut wurde. In dieser Form erhielt die Maschine die Bezeichnung **SS.18A**. Später flog sie als **SS.18B** mit einem Armstrong Siddeley Panther III, der 418 kW (568 PS) erzeugte. Da dieser schwere Doppelsternmotor die Steuerbarkeit der Maschine erschwerte, griff der Hersteller wieder auf den Jupiter zurück, was die Umbezeichnung **SS.19** zur Folge hatte. Nachdem 1931 Radverkleidungen zum Hauptfahrwerk hinzugekommen waren und ein Spornrad den Schleifsporn ersetzt hatte, fiel der Maschine die Bezeichnung **SS.19A** zu. Die Umstellung auf einen 400 kW (544 PS) starken Bristol-Sternmotor Mercury VIS im Oktober 1932 machte die **J9125** zur **SS.19B**.

1934 schließlich wurde die Serienfertigung dieses Musters mit einem Auftrag über 24 **Gauntlet Mk I** genehmigt. Hawker Aircraft Ltd., die die Firma Gloster 1934 übernommen hatte, wandte firmeneigene Verfahren bei der Rumpfkonstruktion der Hauptserienversion **Gauntlet Mk II** (204 Exemplare) an, aber ansonsten gab es keine Unterschiede zur **Mk I**. Über die für die RAF produzierten Jäger hinaus fertigte Dänemark 17 Exemplare in Lizenz. Später gingen ehemalige Jäger der RAF, bei der die **Gauntlet** der letzte Jagddoppeldecker mit offenem Cockpit war, an die Royal Australian Air Force (6), Finnland (25), Rhodesien (3) und Südafrika (6).

***Die J9125, hier in der Ausführung SS.19 mit einfachem Jupiter-Sternmotor abgebildet, war der Gauntlet-Prototyp. Radverkleidungen und Spornrad machten sie später zur SS.19A.***

**TECHNISCHE DATEN: Gloster Gauntlet Mk II**
**Typ:** einsitziger Tag-/Nachtjäger
**Triebwerk:** ein Neun-Zylinder-Sternmotor Bristol Mercury VIS2 mit 477 kW (649 PS)
**Leistung:** Höchstgeschwindigkeit 370 km/h in 4815 m Höhe; Dienstgipfelhöhe 10.210 m; Reichweite 740 km
**Gewicht:** Leermasse 1256 kg; max. Startmasse 1801 kg
**Abmessungen:** Spannweite 9,99 m; Länge 8,05 m; Höhe 3,12 m; Tragflügelfläche 29,26 $m^2$
**Bewaffnung:** zwei starre Vickers-Maschinengewehre, Kaliber 7,7 mm

# Gloster SS.37 Gladiator

Das Unvermögen der britischen Luftfahrzeugindustrie, bis Mitte der dreißiger Jahre einen Ersatz für die Bristol Bulldog bereitzustellen, ergab weitere Aufträge für die Gloster Gauntlet zur Ausrüstung zusätzlicher Jagdstaffeln nach dem RAF-Aufstellungsplan von 1935. Obgleich vielversprechende Studien für Jagdeindecker vorlagen, ließ Glosters Konstrukteur H.P. Folland eine detaillierte Untersuchung anfertigen, um zu erfahren, bis zu welchem Maß die Leistung der Gauntlet gesteigert werden konnte. Das Tragwerk wurde einstielig konzipiert und ein Fahrwerk mit intern gefederten Dowty-Rädern an freitragenden Streben eingeführt. Beide Änderungen reduzierten den Widerstand und stellten eine Erhöhung der Spitzengeschwindigkeit um 16 bis 24 km/h in Aussicht.

Auf firmeneigene Kosten wurde ein Prototyp mit der Bezeichnung **Gloster SS.37** gebaut und am 12. September 1934 vom leitenden Werkstestpiloten, Flight Lieutenant P.E.G. Sayer, erstmals geflogen. Mit einem Mercury IV als Antrieb erreichte die Maschine eine Höchstgeschwindigkeit von 380 km/h, die auf 389 km/h gesteigert werden konnte, nachdem im November 1934 ein Mercury VIS mit 481 kW (654 PS) eingerüstet worden war. Die beiden rumpfmontierten Maschinengewehre Vickers Mk III der Gauntlet wichen zwei Lewis-MG unter den Tragflächen, so daß die **SS.37** den Vorgaben des Air Ministry zur Bewaffnung entsprach. Anfang 1935 wurde die Maschine nach Martlesham Heath zur amtlichen Bewertung überführt.

Im Juni 1935 wurde der Gloster-Entwurf beim Air Ministry eingereicht, und das Ministerium stimmte die Spezifikation F.14/35 mehr oder weniger auf die **SS.37** ab. Es folgte ein Auftrag über 23 Jäger, der en am 1. Juli der Beiname **Gladiator** verliehen wurde. Vorgegeben wurde der 626 kW (851 PS) starke Mercury IX, und weitere Änderungen umfaßten ein geschlossenes Cockpit, ein geringfügig modifiziertes Fahrgestell, ein überarbeitetes Leitwerk und Bewaffnung mit Vickers-Maschinengewehren der verbesserten Bauart Mk V.

Die Erstserie mit 23 **Gladiator Mk I**, ausgeliefert im Februar und März 1937, führte Lewis-MG unter den Tragflächen mit, ebenso wie die ersten 37 Jäger des Anschlußauftrags über 100 Flugzeuge. Alle Maschinen der zweiten Serie waren mit einer Universalwaffenhalterung pro Tragfläche versehen, die Vickers- oder Lewis-MG und sogar Colt-Browning-MG aufnehmen konnten. Eine dritte Bestellung über 28 Maschinen ergab insgesamt 231 Exemplare, von denen einige zum Standard **Gladiator Mk II** nachgerüstet wurden.

Später erhielt die Royal Air Force 252 neue **Gladiator Mk II**, die nach Spezifikation F.36/37 mit einem 619 kW (842 PS) starken Mercury VIIIA mit automatischem Gemischregler, elektrischem Anlasser und Vokes-Filter im Vergaserlufteinlauf gefertigt wurden. 38 **Gladiator Mk II** wurden mit Fanghaken ausgerüstet und der Fleet Air Arm als Zwischenlösung zum Ersatz der Hawker Nimrod und Osprey im Dezember 1938 zugeführt, bis die 60 komplett marinetauglichen **Sea Gladiator** ausgeliefert werden konnten. Letztere waren zusätzlich mit Fanghaken, Katapultgeschirr und Schlauchbootbehälter unter dem Rumpf ausgerüstet. Die **Gladiator**-Produktion belief sich auf insgesamt 746 Flugzeuge, wobei Aufträge aus Belgien, China, Irland, Griechenland, Lettland, Litauen, Norwegen und Schweden 147 **Gladiator Mk I** und 18 **Mk II** umfaßten.

Die ersten **Gladiator**-Jäger übernahm No. 72 Squadron in Church Felton im Februar 1937. Obwohl die meisten Staffeln, die dieses Muster flogen, bis September 1939 auf die Hawker Hurricane oder Su-

**TECHNISCHE DATEN**
**Gloster Gladiator Mk II**
**Typ:** einsitziger Jagddoppeldecker
**Triebwerk:** ein Neun-Zylinder-Sternmotor Bristol Mercury IX mit 619 kW (842 PS)
**Leistung:** Höchstgeschwindigkeit 414 km/h in 4450 m Höhe; Dienstgipfelhöhe 10.210 m; Reichweite 708 km
**Gewicht:** Leermasse 1562 kg; max. Startmasse 2206 kg
**Abmessungen:** Spannweite 9,83 m; Länge 8,36 m; Höhe 3,53 m; Tragflügelfläche 30,01 $m^2$
**Bewaffnung:** vier vorwärtsfeuernde 7,7-mm-Maschinengewehre

permarine Spitfire umgestellt worden waren, war ein Teil des Altbestands an Hilfsstaffeln ausgegeben worden. Vier dieser Einheiten waren bei Kriegsausbruch voll einsatzbereit. No. 607 und No. 615 Squadron wurden im November 1939 als Teil der Advanced Air Striking Force nach Frankreich verlegt. No. 263 und No. 804 Squadron der Fleet Air Arm nahmen am Norwegenfeldzug teil; die kleine Jagdgruppe der Hal Far Fighter Flight und der No. 261 Squadron war zwischen April und Juni 1940 in die Verteidigung Maltas eingebunden. Im Nahen Osten setzten No. 6, 33, 80, 94, 112 und 127 Squadron der RAF und No. 3 Squadron der RAAF die **Gladiator** ein.

***Eine Gloster Gladiator Mk II der Arma de Aeronautica (portugiesische Luftwaffe) im Jahre 1940***

Außer No. 804 flogen bei der Fleet Air Arm No. 769, 801, 802, 805, 813 und 855 Squadron die **Sea Gladiator**. Nach dem Abzug aus den Frontverbänden nutzte die RAF die Gladiator noch bis 1944 im Funk-, Verbindungs- und Wetteraufklärungsdienst.

## Gloster Grebe

Der Jagdeinsitzer **Gloster Grebe** wurde zusammen mit der Woodcock und Siskin als erster neuer Jäger zur Ausrüstung der RAF in den Jahren zwischen den Kriegen ausgewählt. Das Interesse des Air Ministry an den Werkstestergebnissen mit dem Versuchsdoppeldecker Gloster Grouse schlug sich in einer Dienstprüfung nieder, die so erfolgreich verlief, daß drei Prototypen bestellt wurden. Das erste Flugzeug dieses Trios wurde der **Grebe**-Prototyp **Grebe Mk I**, der von einem Armstrong Siddeley Jaguar III-Sternmotor mit 242 kW (329 PS) angetrieben wurde. Die Truppenerprobung dieses Jägers auf dem RAF-Fliegerhorst Martlesham Heath zog einen Produktionsauftrag für die **Grebe Mk II** mit einer Reihe von Verbesserungen nach sich. So enthielt das modernisierte Fahrwerk des neuen Musters einen lenkbaren Schleifsporn und für den Antrieb sorgte der stärkere Motor Jupiter IV.

### TECHNISCHE DATEN
**Gloster Grebe Mk II**

**Typ:** Jagdeinsitzer
**Triebwerk:** ein 14-Zylinder-Sternmotor Armstrong Siddeley Jaguar IV mit 298 kW (405 PS)
**Leistung:** Höchstgeschwindigkeit 243 km/h in Meereshöhe; Steigzeit auf 6095 m Höhe 23 Minuten; Dienstgipfelhöhe 7010 m; Flugdauer zwei Stunden, 45 Minuten
**Gewicht:** Leermasse 780 kg; max. Startmasse 1189 kg
**Abmessungen:** Spannweite 8,94 m; Länge 6,17 m; Höhe 2,82 m; Tragflügelfläche 23,60 m²
**Bewaffnung:** zwei starre, vorwärtsfeuernde Vickers-Maschinengewehre, Kaliber 7,7 mm

***Obwohl sie gegenüber den Jägern des Ersten Weltkriegs kaum Fortschritte bot, war die Grebe Mk II dennoch ein passabler Jäger.***

Die RAF stellte rund 120 **Grebe Mk II** in Dienst, darunter eine bestimmte Zahl zweisitziger **Grebe Dual** mit Doppelsteuer. Nach dem Dienstantritt im Oktober 1923 war die **Grebe** fast fünf Jahre lang bei den Jagdverbänden im Einsatz. Während dieser Zeit nahmen einige Maschinen an etlichen außergewöhnlichen Flugtestprogrammen zur Verbesserung der Flugeigenschaften teil. Eines davon führte dazu, daß die **Grebe II** zum ersten RAF-Jäger wurde, der sich einer Endgeschwindigkeit von 386 km/h rühmen durfte. Zwei dieser Testflugzeuge waren außerdem mit Spezialvorrichtungen am Oberflügel für Startversuche vom britischen Luftschiff R33 ausgestattet. 1928 erwarb Neuseeland drei **Grebe**-Jäger zum Dienst bei den nationalen Luftstreitkräften.

## Gloster Javelin

Die Serienjäger **Gloster Javelin**, die im Februar 1956 ihren Dienst bei No. 46 Squadron antraten, waren die ersten Deltaflügler, die die RAF in Dienst nahm. Zugleich war die **Javelin** der erste Düsenjäger dieser Teilstreitkraft, der speziell für Allwettereinsätze konzipiert war. Den Forderungen des Air Ministry in Unterlage F.4/48 entsprechend war die **GA.5** vollständig aus Metall konstruiert. Das großflächige, gering belastete Deltatragwerk gewährleistete eine gute Höhenleistung. Deltaflügler verzichten gewöhnlich auf ein Höhenleitwerk, was zwangsläufig sehr hohe Anstellwinkel beim Lande- und Endanflug bedingt. Da dies für den Allwetter- und Nachtflugbetrieb als zu gefährlich erachtet wurde, sah man ein T-Leitwerk mit gepfeilten Flächen vor, das Landungen mit normalen Anstellwinkeln gestattete. Ein einziehbares Bugrad-Fahrwerk, zwei schubstarke ASSa.6-Strahltriebwerke von Armstrong Siddeley, ein druckbelüftetes Cockpit für eine Zweimann-Crew hintereinander und ein massives Bordradar im Bug vervollständigten die Grundauslegung.

Der erste von sieben Prototypen (WD804) flog am 26. November 1951, und am 7. Juli 1952 wurde das Muster mit der Bezeichnung **Javelin F(AW).Mk 1** zur Serienfertigung freigegeben. Der erste Serienjäger (XA544) hob am 22. Juli 1954 zum ersten Mal vom Boden ab, gefolgt von einer ausgedehnten Entwicklungsperiode. Am 29. Februar 1956 endlich stießen die ersten drei **Javelin**-Allwetterjäger zu No. 46 Squadron, die auf dem RAF-Fliegerhorst Odiham stationiert war. Bis Juni 1967 hielt die RAF dieses Muster im Dienst.

**Varianten**

**Javelin F(AW).Mk 1:** erste Serienversion mit britischem Abfangradar AI.Mk 17; 40 Exemplare wurden gebaut
**Javelin F(AW).Mk 2:** im Unterschied zur Mk 1 war diese Version mit dem amerikanischen Radar APQ-43 ausgerüstet; 30 Flugzeuge wurden gebaut
**Javelin T(AW).Mk 3:** Trainerversion mit Doppelsteuer; in den Vorderrumpf wurde ein 112-cm-Teil eingefügt, um die Schwerpunktverlagerung auszugleichen, die sich durch den Wegfall des Radars ergab; 23 solche Trainer wurden gefertigt, von denen der erste am 20. August 1956 flog
**Javelin F(AW).Mk 4:** führte Höhenpendelruder ein; 50 Mk 4 wurden gefertigt, von denen das erste Exemplar am 19. September 1955 zum Erstflug startete
**Javelin F(AW).Mk 5:** erhielt ein modifiziertes Tragwerk mit erweitertem internem Tankvolumen und Außenlastträger zur Beladung mit vier Luft-Luft-Raketen de Havilland und Firestreak; 64 Exemplare wurden produziert; Erstflug am 26. Juli 1956
**Javelin F(AW).Mk 6:** der Beziehung Mk 1/Mk 2 entsprechend, hob sich diese Version von der F(AW).Mk 5 durch ihr US-Radar APQ-43 ab; 33 Flugzeuge wurden gefertigt, von denen das erste am 14. Dezember 1956 zum Jungfernflug abhob
**Javelin F(AW).Mk 7:** Hauptbaureihe mit 143 Flugzeugen, von denen das erste am 9. November 1956 geflogen wurde; im Unterschied zu den Vorgängern Sapphire ASSa.7-Triebwerke je 4880 kg Schub, eine modifizierte Flugsteuerungsanlage und eine geänderte Bewaffung in Form zweier Aden-30-mm-Kanonen und vier Luft-Luft-Raketen Firestreak
**Javelin F(AW).Mk 8:** Schlußbaureihe mit 47 Flugzeugen; Erstflug am 9. Mai 1958; die Version führte Sapphire ASSa.7R-Triebwerke mit eingeschränkter Nachbrennerleistung von je 5579 kg Schub oberhalb 6095 m Höhe ein; US-Radar APQ-43 und Sperry-Autopilot
**Javelin F(AW).Mk 9:** Neubezeichnung für 76 F(AW).Mk 7 nach deren Anhebung auf den Standard der F(AW).Mk 8; außerdem erhielten 22 dieser Flugzeuge eine Luftbetankungssonde

### TECHNISCHE DATEN
**Gloster Javelin F(AW).Mk 1**

**Typ:** zweisitziger Allwetterjäger
**Triebwerke:** zwei Strahltriebwerke Armstrong Siddeley Sapphire ASSa.6 je 3629 kg Schub
**Leistung:** Höchstgeschwindigkeit 1141 km/h in Meereshöhe; Dienstgipfelhöhe 16.000 m
**Gewicht:** max. Startmasse 14.324 kg; zulässige Überlast-Startmasse 16.642 kg
**Abmessungen:** Spannweite 15,85 m; Länge 17,15 m; Höhe 4,88 m; Tragflügelfläche 86,12 m²
**Bewaffnung:** zwei Aden-30-mm-Kanonen pro Tragfläche

***No. 11 Squadron, RAF, flog die Javelin F(AW).Mk 4 ab 1960 für die Dauer von zwei Jahren von Geilenkirchen, Deutschland, aus. Anschließend setzte sie die kampfwertgesteigerte Version F(AW).Mk 9 bis Anfang 1966 ein.***

# Gloster Mars, Nighthawk, Nightjar und Sparrowhawk bis Gotha Go 145

**Die Gloster (früher Gloucestershire) Aircraft Co. wurde 1926 gebildet. Sie geriet 1934 unter die Kontrolle von Hawker und fusionierte 1961 mit Armstrong Whitworth zur Whitworth Gloster Aircraft, aus der zwei Jahre später wiederum die Avro Whitworth Division von Hawker Siddeley Aviation hervorging.**

## Gloster Mars, Nighthawk, Nightjar und Sparrowhawk

Aus dem Grundentwurf der Gloster Mars I/Bamel wurde eine Flugzeugserie abgeleitet, deren erster Vertreter die **Gloster Mars Mk II** war. Dieser Jagdeinsitzer wurde im Jahre 1921 für die Kaiserlich Japanische Marine konstruiert. Die Wünsche der Japaner brachten Gloster einen Auftrag über 50 auf dem Entwurf der **Nighthawk** basierende Flugzeuge ein.

Bei der **Mars Mk II** handelte es sich um einen Doppeldecker, dessen hölzerne Struktur man mit Stoff abgedeckt hatte. Ober- und Unterflügel waren gleich weit gespannt, und das Leitwerk enthielt sowohl eine Rücken- als auch eine Kielflosse, um den das starre Hauptfahrwerk ergänzenden Schleifsporn aufzunehmen. Für den Antrieb sorgte ein Umlaufmotor Bentley B.R.2 mit 172 kW (234 PS). Nachdem insgesamt 30 **Mars Mk II** gefertigt worden waren, folgte die grundsätzlich ähnliche **Mars Mk III** mit zehn Exemplaren, die im Unterschied zur Mk I zwei offene Cockpits in Tandem-Anordnung sowie Doppelsteuer zur Schulung besaß. Die **Mars Mk IV**, von der ebenfalls zehn Exemplare gebaut wurden, war mit Fanggeschirr und Schwimmerbälgen sowie an Streben vor dem Hauptfahrwerk montierten Auftriebskörpern ausgerüstet, um zu verhindern, daß die Maschine sich bei einer Notwasserung überschlug. Diese Version wurde vor allem als schiffsgestützter Jäger eingesetzt. Die Flugzeuge erhielten nachträglich die Bezeichnungen **Sparrowhawk Mk I, Sparrowhawk Mk II** bzw. **Sparrowhawk Mk III** und erwiesen sich als so erfolgreich, daß die japanische Marine sie bis 1928 in Dienst hielt. Zu den zehn **Mars Mk III/Sparrowhawk Mk II** für Japan fertigte Gloster ein Einzelexemplar als firmeneigene Vorführmaschine.

Unter der Bezeichnung **Mars Mk VI Nighthawk** produzierte Gloster eine kleine Zahl einsitziger Jäger zur Erprobung durch die RAF. Im Grunde handelte es sich hierbei um ummotorisierte Nieuport Nighthawk, die von einem Armstrong Siddeley Jaguar II oder Bristol Jupiter III mit 242 kW (329 PS) oder einem Bristol Jupiter IV mit 287 kW (390 PS) angetrieben wurden. Außer den an die RAF gelieferten Maschinen gingen 25 **Nighthawk**-Jäger mit Jaguar-Motor an die griechische Luftwaffe, wo sie bis 1938 im Fronteinsatz verblieben und anschließend Ausbildungsdienste verrichteten.

Der letzte Abkömmling der Nieuport Nighthawk war die **Gloster Mars Mk X Nightjar**, ein einsitziger Marinejäger für die Fleet Air Arm. Im Prinzip handelte es sich um eine marinespezifische Version der RAF-Nighthawk, die mit einem Bentley B.R.2-Umlaufmotor ausgerüstet war, der auch den japanischen **Sparrowhawk** als Antrieb diente. Darüber hinaus erhielt dieses Muster ein neues Fahrgestell mit breiterer Spur und längerem Federweg sowie vordere und hintere Klauen am Tragwerk zur Arretierung der Maschinen am Trägerdeck. Die RAF hielt von 1922 an zwei Jahre lang zwölf Exemplare der **Nightjar** im Dienst.

| TECHNISCHE DATEN |
|---|
| **Gloster Mars Mk X Nightjar** |
| **Typ:** einsitziger Marinejäger |
| **Triebwerk:** ein Umlaufmotor Bentley B.R.2 mit 172 kW (234 PS) |
| **Leistung:** Höchstgeschwindigkeit 193 km/h in Meereshöhe; Steigzeit auf 4570 m Höhe 20 Minuten; Dienstgipfelhöhe 4570 m; Flugdauer zwei Stunden |
| **Gewicht:** Leermasse 801 kg; max. Startmasse 982 kg |
| **Abmessungen:** Spannweite 8,53 m; Länge 5,59 m; Höhe 2,74 m; Tragflügelfläche 25,08 m$^2$ |
| **Bewaffnung:** zwei starre, vorwärtsfeuernde Vickers-Maschinengewehre, Kaliber 7,7 mm |

***Diese Nighthawk wurde später für den Einsatz auf Flugzeugträgern zur Mars Mk X umgerüstet.***

***Die Mars Mk VI Nighthawk war mit einem Jupiter-Sternmotor ausgerüstet. Griechenland war der einzige Nutzer dieser Version.***

## Gloster G.41 Meteor

Der einzige Strahljäger, den die Alliierten im Zweiten Weltkrieg einsetzten, war die **Gloster Meteor**. Die Vorentwürfe ihres Konstrukteurs George Carter gründeten auf der Amtsunterlage F.9/40 des Air Ministry. Aufgrund der schwachen Schubleistung der verfügbaren Strahltriebwerke war eine zweimotorige Auslegung des Musters erforderlich. 1941 wurde Gloster mit dem Bau von zwölf Prototypen beauftragt, von denen aber nur acht gebaut wurden. Die erste Maschine war mit Rover W.2B-Triebwerken ausgestattet, die 454 kg Schub erzeugten, und im Juli 1942 konnte mit Rollversuchen in Newmarket Heath begonnen werden. Verzögerungen bei der Produktion flugtauglicher Standard-Triebwerke führten dazu, daß in die fünfte Zelle von de Havilland entwickelte Triebwerke Halford H.1 mit je 680 kg Schub eingebaut wurden. Dieser am 5. März 1943 in Cranwell geflogene Typ war der erste britische Düsenjäger.

Als kurz darauf modifizierte Triebwerke der Bauart W.2B/23 verfügbar wurden, installierte man sie im ersten und vierten Prototyp. Am 13. November startete der dritte Prototyp in Farnborough zum Erstflug, angetrieben von zwei Metrovick F.2-

***Gloster Meteor F.Mk 8 des Squadron Leader (Major) Desmond de Villiers, Royal Auxiliary Air Force, mit Standort in West Malling im Jahre 1954.***

***Gloster Meteor T.Mk 7 der No. 203 Advanced Flying School, RAF, in Driffield Anfang der fünfziger Jahre.***

Strahltriebwerken, die in Gondeln unter die Tragflächen geschlungen waren. Noch im gleichen Monat flog die zweite Versuchsmaschine mit Power Jets W.2/500 als Antrieb. Der sechste Prototyp wurde später zum Vorläufer der **Meteor F.Mk II**, die mit zwei de Havilland Goblin-Triebwerken zu je 1225 kg Schub am 24. Juli 1945 zum Erstflug startete. Kurz zuvor hatte die Flugerprobung des siebten Exemplars, das mit modifiziertem Seitenleitwerk, Ruder und Luftbremsen ausgerüstet worden war, stattgefunden. Die achte Maschine flog am 18. April 1944 mit einem Rolls-Royce W.2B/37 Derwent 1s.

Das erste Serienlos umfaßte 20 Strahljäger **Gloster G.41A Meteor F.Mk I** mit Welland-Triebwerken W.2B/23C und einigen Detailverbesserungen an der Zelle, unter anderem eine Vollsichthaube. Nach dem Erstflug am 12. Januar 1944 wurde den USA im Februar die erste **Mk I** im Tausch gegen eine Bell YP-59A Airacomet, den ersten amerikanischen Düsenjäger, überreicht. Andere Maschinen dienten zur Weiterentwicklung von Zelle und Triebwerk, und die 18. Maschine, geflogen am 20. September 1945, war die berühmte **Trent-Meteor**, das erste Turboprop-Flugzeug der Welt. Ihr Derwent-Triebwerk war mit einem Untersetzungsgetriebe und einer Antriebswelle für einen fünfblättrigen Rotol-Propeller ausgerüstet. Der Durchmesser dieser Luftschraube von 2,41 m zwang zur Einführung eines Fahrgestells mit längerem Federweg, um die nötige Bodenfreiheit zu gewährleisten. Jedes Triebwerk gab 559 kW (760 PS) und einen Restschub von 454 kg ab.

Die erste Düsenjäger-Einsatzstaffel war No. 616 Squadron in Culmhead, Somerset. Die Einheit folg Spitfire F.Mk VII, bevor am 12. Juli 1944 ihre beiden ersten **Meteor F.Mk I** eintrafen. Am 21. Juli verlegte die Einheit nach Manston in Kent, wo mit weiteren **Meteor** eine Sondergruppe aus sieben Düsenjägern gebildet wurde. Die ersten Kampfeinsätze wurden am 27. Juli und am 4. August geflogen. Flying Officer Dean wurde erstmals die Abwehr einer Flugbombe V1 mit einem Düsenjäger zugeschrieben: Er hatte die V1 mit der Flügelspitze seiner **Meteor** ins Trudeln gebracht, nachdem die vier 20-mm-Bordkanonen blockiert waren. Am selben Tag schoß Flying Officer Roger eine weitere V1 bei Tenterden ab.

Ende August war die Umrüstung auf **Meteor** abgeschlossen, und den Herbst nutzte man zur Vorbereitung von Kampfeinsätzen auf dem Kontinent. Zwischen dem 10. und 17. Oktober wurden vier **Meteor** nach Debden abgestellt, um an einer Übung der zweiten Bombardment Division und der 65. Fighter Wing der USAAF teilzunehmen. Ziel dieser Übung war die Entwicklung von taktischen Abwehrverfahren gegen die Messerschmitt-Strahljäger Me 163 und Me 262. Am 18. Dezember wurden die ersten **F.Mk III** nach Manston geliefert, und am 17. Januar richtete sich die Staffel in Colerne, Wiltshire, ein, wo die restlichen **Mk I** ersetzt wurden. Am 20. Januar 1945 unterstellte man der No. 616 Squadron (No. 84 Group der zweiten TAF) in Belgien eine **Meteor**-Halbstaffel. Im März wurde No. 504 Squadron die zweite **Meteor F.Mk III**-Einheit, die auf der anderen Seite des Ärmelkanals operierte.

Die **Meteor F.Mk III**, die letzte im Zweiten Weltkrieg eingesetzte Version dieses Musters, hatte eine erhöhte Treibstoffkapazität und eine Schiebehaube anstelle des seitlich aufklappbaren Kabinendachs der **Mk I**. 15 **F.Mk III** wurden mit Welland-Triebwerken und 195 weitere Exemplare mit Derwent-Motoren fertiggestellt, darunter einige in verlängerten Triebwerkszellen. Derwent-Strahltriebwerke lieferten auch den Antrieb der **F.Mk IV** (später **F.Mk 4**), und späte Vertreter der Baureihe wiesen sich durch eine um 1,78 m gekürzte Spannweite aus. Von 657 Flugzeugen der Version erhielt die RAF 465 Exemplare.

Eine 76-cm-Rumpferweiterung zur Integration eines zweiten Cockpits kennzeichnete den von Gloster in Eigeninitiative aus der **F.Mk IV** entwickelten **Meteor Trainer**, der am 19. März 1948 zum ersten Mal flog. Das unbewaffnete, aber mit doppelter Steuerung versehene Flugzeug wurde als **T.Mk 7** für die RAF in Auftrag gegeben, und 712 dieser Schulmaschinen wurden insgesamt gebaut.

Die meistverbreitete Version aber war die **F.Mk 8** mit verlängertem Rumpf, neu konstruiertem Leitwerk, einem zusätzlichen 432-Liter-Treibstofftank und blasenförmiger Cockpithaube. Zur neuen Bordausrüstung zählten ein Kreiselvisier und Martin-Baker-Schleudersitze. Die eingebauten Derwent 8 mit je 1633 kg Schub ermöglichten eine Spitzengeschwindigkeit von 966 km/h. Die erste von 1183 **F.Mk 8** flog am 12. Oktober 1948. Für taktische Aufklärung in geringer Höhe wurde aus der **F.Mk 8** die **FR.Mk 9** mit Kameranase bei Erhaltung der Bugbewaffnung entwickelt. Der erste von 126 Aufklärern startete am 22. März 1950 zum Erstflug. Auf diese Version folgte der unbewaffnete Höhenaufklärer **Meteor PR.Mk 10**, der die Tragflächen der **F.Mk 3**, das Leitwerk der **F.Mk 4** und den Rumpf der **FR.Mk 9** in sich vereinte. Das erste von 58 Exemplaren absolvierte den Erstflug am 29. März 1950.

Im Jahre 1949 wurde Armstrong Whitworth Aircraft mit der Entwicklung einer

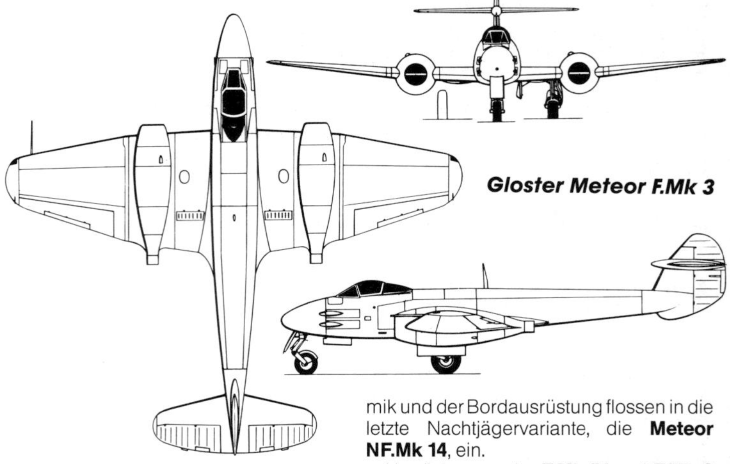

*Gloster Meteor F.Mk 3*

Nachtjägerversion betraut. Die Cockpitsektion der **T.Mk 7** mit erweitertem Vorderrumpf zur Aufnahme des Radargerätes SCR-720 AI Mk 10 wurde mit dem Hinterrumpf und dem Leitwerk der **F.Mk 8** und einem Tragwerk kombiniert, das demjenigen der **F.Mk I** ähnelte, in Wirklichkeit aber neu konstruiert war, damit es die vier 20-mm-Kanonen aus dem Bug aufnehmen konnte. Der Prototyp **NF.MK 11** flog am 31. Mai des Jahres 1950. Eine tropentaugliche Version folgte mit der **Meteor NF.Mk 13**, die zwei Staffeln im Mittleren Osten ausrüstete. Die **NF.Mk 12**, die am 21. April zum Erstflug startete, zeichnete sich im Vergleich zu ihren Vorläufern durch eine höhere Grenzgeschwindigkeit aus und war mit dem APS-21 amerikanischer Herstellung sowie einer verstärkten Nasenkante des Seitenleitwerks ausgestattet. Eine überarbeitete Vollsichthaube und einige Änderungen hinsichtlich der Aerodynamik und der Bordausrüstung flossen in die letzte Nachtjägervariante, die **Meteor NF.Mk 14**, ein.

Umrüstungen der **F.Mk IV** und **F.Mk 8** ergaben die **Meteor U.Mk 15** und **U.Mk 16**, die aber nur als unbemannte Zielflugzeuge dienten. Einige zum Zielschleppdienst ausgerüstete **NF.Mk 11** bei der Royal Navy erhielten die Bezeichnung **Meteor TT.Mk 20**.

## TECHNISCHE DATEN
**Gloster Meteor F.Mk I**

**Typ:** einsitziger Tagjäger
**Triebwerke:** zwei Strahltriebwerke Rolls-Royce W.2B/23C Welland je 771 kg Schub
**Leistung:** Höchstgeschwindigkeit 668 km/h in 3050 m Höhe; Dienstgipfelhöhe 12.190 m
**Gewicht:** Leermasse 2692 kg; max. Startmasse 6257 kg
**Abmessungen:** Spannweite 13,11 m; Länge 12,57 m; Höhe 3,96 m; Tragflügelfläche 34,74 m²
**Bewaffnung:** vier 20-mm-Kanonen

*Die Trent-Meteor war das erste Turboprop-Flugzeug der Welt, und ging aus einer Umrüstung des 18. Serienjägers Meteor F.Mk I hervor.*

# Goodyear GA-2 Duck

Kurz vor dem Ende des Zweiten Weltkriegs begann die Goodyear Aircraft Corporation in Akron, Ohio, mit dem Entwurf eines kleinen Amphibienflugzeugs. Im September 1944 war der zweisitzige Prototyp **Goodyear GA-1** flugbereit. Der freitragende Hochdecker mit Stabilisierungsschwimmern unter den aus Metall konstruierten und mit Stoff bespannten Tragflächen hatte einen einstufigen Ganzmetall-Bootsrumpf, ein Leitwerk in Kreuzform und ein einziehbares Spornrad-Fahrwerk. Den Antrieb lieferte ein 84-kW-Motor, der auf einem Pfosten über dem Rumpf montiert war und dessen Leistung durch eine Druckschraube umgesetzt wurde. 20 Exemplare wurden als Vorführflugzeuge gebaut. Vom Prototyp hoben sie sich durch eine Kabine für einen Piloten und zwei Passagiere ab. Rund 15 Exemplare wurden unter der Bezeichnung **Goodyear GA-2** mit dem Franklin-Motor 6A4-145-A3

## TECHNISCHE DATEN
**Goodyear GA-2B**

**Typ:** dreisitziges leichtes Amphibienflugzeug
**Triebwerk:** ein Sechs-Zylinder-Boxermotor Franklin 6A4-165-B3 mit 123 kW (167 PS)
**Leistung:** Höchstgeschwindigkeit 201 km/h in 305 m über Grund; Reisegeschwindigkeit 180 km/h in 305 m Höhe; Dienstgipfelhöhe 4570 m; Reichweite 483 km
**Gewicht:** Leermasse 726 kg; max. Startmasse 1043 kg
**Abmessungen:** Spannweite 10,97 m; Länge 7,92 m; Höhe (auf Rädern) 2,90 m; Tragflügelfläche 16,55 m²

*Nach Abschluß der Erprobung erwies sich die GA-32 Duck als viel zu teuer, um Privatpersonen zum Kauf angeboten werden zu können.*

gebaut, während die anderen Maschinen einen stärkeren Motor und die neue Bezeichnung **GA-2B** erhielten. Als man das Testprogramm beendet hatte, waren die Kosten derart gestiegen, daß der Verkauf an Privatpiloten, für die es ursprünglich gedacht war, unmöglich schien. Folglich wurde das Projekt eingestellt.

# Gotha G.II, G.III, G.IV und G.V

In den Jahren 1917 bis 1918 lebten die Einwohner Londons in Schrecken vor den Luftangriffen der „Gothas", wie die deutschen Bomber genannt wurden. Die Gotha-Werke hatten 1915 mit der Entwicklung von Landgroßflugzeugen begonnen, und ihre ersten zweimotorigen Bomber waren die **Gotha G.II** und **G.III** von 1916. Diese beiden, nur in kleiner Stückzahl gebauten Muster unterschieden sich lediglich im Innenausbau, und erste Erfahrungen mit diesen Großflugzeugen in Europa brachten 1916 die **G.IV** mit größerer Reichweite hervor. Die in gemischter Bauweise aus Holz und Stahl konstruierte, mit Sperrholz beplankte und stoffbespannte **G.IV** war ein dreistieliger Doppeldecker mit Kastenrumpf, abgestrebtem Leitwerk und Spornrad-Fahrwerk mit Zwillingsrädern am Hauptgestell. Die beiden Reihenmotoren Mercedes D.IVa waren direkt über dem Hauptfahrwerk an Streben zwischen Ober- und Unterflügel so montiert, daß sie Druckschrauben antreiben konnten. Ein großer Ausschnitt an der Hinterkante des Oberflügels gewährleistete die nötige Propellerfreiheit. Auf die **G.IV** folgte die verbesserte **G.V**; dieses Muster war besser ausgerüstet und führte eine Reihe aerodynamischer Verfeinerungen ein, unter anderem widerstandsärmere, besser konstruierte Motorgondeln.

Am 25. Mai 1917 begannen die ersten deutschen Luftangriffe gegen England, die bei Tageslicht durchgeführt wurden. Ein Großverband von 21 **Gotha** griff Folkestone und Shorncliffe in Kent an, gefolgt von einem Angriff auf London in der Morgendämmerung des 13. Juni 1917. Bei dieser ersten Bombardierung der Hauptstadt kamen 162 Menschen ums Leben und 400 weitere Personen wurden verletzt. Dies war der schlimmste Luftangriff gegen England im Ersten Weltkrieg. Die im Juni und Juli geflogenen Attacken deutscher Bomber blieben ohne nennenswerten Widerstand und lösten in der Öffentlichkeit große Empörung aus. In der Folge erteilte man der Royal Air Force den Status einer unabhängigen Teilstreitkraft, die frei von der Vormundschaft des britischen Heeres und der Royal Navy agieren konnte. Erstmaßnahmen zur Abwehr der **Gotha** beinhalteten die Rückbeorderung einiger Einsatzjagdstaffeln von der Westfront. Dieser Schritt zwang das für diese Luftangriffe zuständige Bombergeschwader 3 zur Umstellung auf Nachteinsätze, die noch bis zum Mai 1918 andauerten. Auf ihren 22 gegen England geflogenen Angriffen hatten die **Gotha** mehr als 83 Tonnen Bomben abgeworfen.

Auf die **G.V** folgten etliche Flugzeuge der **Serie G**, die als Einzelexemplare oder paarweise gefertigt wurden. Hierzu zählte auch die **G.VI**, deren Rumpf man nach backbord versetzt hatte. Einen der beiden 191 kW (260 PS) starken Mercedes-Reihenmotoren D.IVa beherbergte die Maschine im Bug, während der andere steuerbord in einer Gondel installiert war. Bei der **G.VII** handelte es sich um einen zweimotorigen Doppeldecker, dessen Prototyp eine glänzende Stromlinienform aufwies und ebenfalls von einem Mercedes D.IVa angetrieben wurde. Von diesem als Fernaufklärer gedachten Muster fertigte man drei oder vier Serienexemplare, deren glatte Linienführung durch zahlreiche Änderungen allerdings verlorenging. Die **G.VIII** war eine **G.VII** mit größerer Spannweite, führte aber Maybach-Motoren Mb.IV mit je 180 kW (245 PS) ein. Bei der **G.IX** handelte es sich um ein ebenfalls von Maybach-Triebwerken angetriebenes G-Flugzeug, das aber von der Luftverkehrs-GmbH gefertigt wurde und von dem keine Aufzeichnungen mehr existieren. Als letzter Vertreter der zweimotorigen G-Serie erschien die **G.X** mit zwei BMW IIIa zu je 132 kW (180 PS) als Antrieb.

***Der Wegfall des Gefechtsstands samt Waffe für den Bugschützen der G.VII ermöglichte es, die beiden Mercedes-Reihenmotoren D.IVa näher am Rumpf anzuordnen. Die Kontrolle der Maschine im Einmotorenflug wurde dadurch beträchtlich verbessert.***

***Der Gotha-Bomber G.II wurde 1916 in kleiner Stückzahl gebaut und hauptsächlich an der Westfront eingesetzt. Hauptnutzer war Bogohl III in Gent.***

**Variante**

**Gotha Vb:** standardmäßige Gotha G.V mit einem vor dem Hauptfahrgestell montierten Hilfsradpaar, um das Überschlagsrisiko der Maschine beim Nachtflugbetrieb zu mindern

**TECHNISCHE DATEN: Gotha G.V**

**Typ:** dreisitziger Fernbomber
**Triebwerke:** zwei Sechs-Zylinder-Reihenmotoren Mercedes D.IVa je 191 kW (260 PS)
**Leistung:** Höchstgeschwindigkeit 140 km/h; Dienstgipfelhöhe 6500 m; Reichweite 500 km
**Gewicht:** Leermasse 2740 kg; max. Startmasse 3975 kg
**Abmessungen:** Spannweite 23,70 m; Länge 11,86 m; Höhe 4,30 m; Tragflügelfläche 89,50 m²
**Bewaffnung:** zwei 7,92-mm-Maschinengewehre, Parabellum auf Drehstützen im Bug und auf dem Rücken, und eine Bombenlast von 300 kg bis 500 kg, je nach Zielentfernung

# Gotha Go 145

Die nach den Bestimmungen des Versailler Friedensvertrags von 1919 geschlossene Gothaer Waggonfabrik wurde am 2. Oktober 1933 wieder geöffnet. Das erste Produkt der neuen Flugzeugbauabteilung war der Schuldoppeldecker **Gotha Go 145**. Der einstielig verspannte Doppeldecker in Holzbauweise wurde von einem Argus-Motor As 10C angetrieben. Nach dem Erstflug des Prototyps im Februar 1934 wurde das Muster im Jahr darauf bei der Luftwaffe in Dienst gestellt. Die zunächst als reines Ausbildungsflugzeug verwendete **Go 145** diente aber auch bei den im Dezember 1942 aufgestellten Störkampfstaffeln, nachdem die Luftwaffe beschlossen hatte, dem Beispiel der Russen zu folgen, die im Schutz der Dunkelheit Störeinsätze mit der Polikarpow Po-2 flogen. Im Oktober 1943 wurden diese Einheiten zu Nachtschlachtgruppen umorganisiert, die bis zum Ende des Krieges an der Ostfront im Einsatz blieben. Knapp 10.000 **Go 145** wurden von Gotha, Ago, BFW und Focke-Wulf in Deutschland produziert, und in Spanien wurde dieses Muster als **CASA 1145-L** in Lizenz gefertigt.

**Varianten**

**Go 145A:** erste Standardausführung als Schulflugzeug mit Doppelsteuer

**Go 145B:** ab 1935 gefertigte Standardausführung mit Kabinenaufsatz und Radverkleidung

**Go 145C:** Waffenflugzeug zur Grundausbildung von Bordschützen mit einem 7,92-mm-MG auf einem Drehkranz vor dem hinteren Sitz

**TECHNISCHE DATEN**
**Gotha Go 145**

**Typ:** zweisitziges Schul- und Übungsflugzeug
**Triebwerk:** ein hängender Acht-Zylinder-V-Motor Argus As 10C mit 177 kW (240 PS)
**Leistung:** Höchstgeschwindigkeit 212 km/h in Meereshöhe; Reisegeschwindigkeit 180 km/h; Dienstgipfelhöhe 3700 km; Reichweite 630 km
**Gewicht:** Leermasse 880 kg; max. Startmasse 1380 kg
**Abmessungen:** Spannweite 9,00 m; Länge 8,70 m; Höhe 2,90 m; Tragflügelfläche 21,75 m²
**Bewaffnung:** nur Go 145C, wie unter Varianten beschrieben

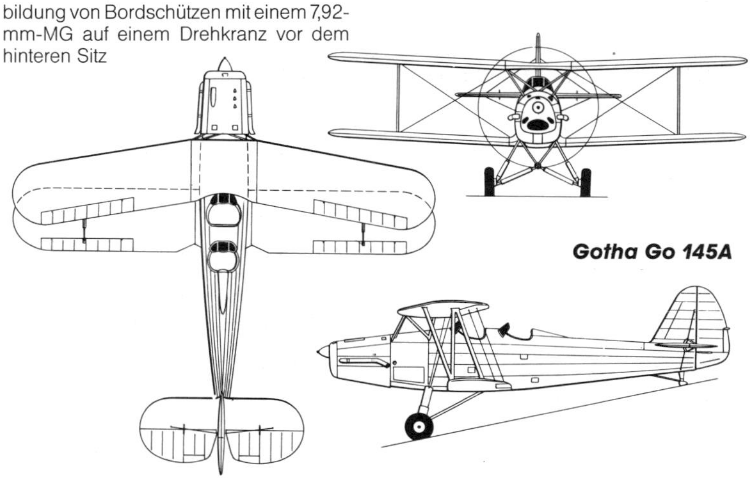

***Gotha Go 145A***

***Die Go 145 erfüllte trotz ihrer konventionellen Bauweise wichtige Anforderungen, um das meistgebaute Flugzeug ihrer Ära zu werden. Die deutsche Luftwaffe verwendete das Muster in erster Linie zur fliegerischen Grundausbildung ihres Pilotennachwuchses.***

## Gotha Go 242/244 bis Gourdou-Leseurre LGL 32 C.1

**Die Gothaer Waggonfabrik, gut eingeführt als Hersteller rollenden Eisenbahnmaterials, schloß sich 1913 eine Abteilung für Flugzeugbau an, war im Ersten Weltkrieg ein bekanntes Herstellerwerk von Bombern und Wasserflugzeugen, wurde 1919 aufgelöst und 1933 wiedergegründet. Bis zu ihrem Untergang 1945 baute sie Schul- und Transportflugzeuge.**

# Gotha Go 242/244

***Gotha Go 244B-1 einer Luftwaffen-Transport-einheit***

Der von Albert Kalkert konstruierte Truppensegler **Gotha Go 242** fand die Zustimmung des Reichsluftfahrtministeriums, weil er fast das Dreifache an Sturmtruppen wie die seinerzeit benutzte DFS 230 befördern konnte. Die Rumpfgondel der **Go 242** bestand aus einem geschweißten Stahlrohrgerüst, das mit Stoff bespannt war und außer einem Zweiradfahrgestell, das nach dem Start abgeworfen wurde, zwei einziehbare Landekufen aufnehmen konnte; die hölzernen Tragflächen waren, mit Ausnahme der sperrholzbeplankten Torsionsnase, mit Stoff abgedeckt. Dieser Lastensegler war in der Lage, 21 Soldaten mit kompletter Kampfausrüstung oder eine entsprechende Militärfracht, wie beispielsweise einen Kübelwagen, der über das hochklappbare Heck geladen wurde, zu transportieren. Nachdem 1941 zwei Prototypen geflogen waren, lief unverzüglich die Serienfertigung an, so daß das Muster 1942 in Dienst gestellt werden konnte. Das Einsatzdebüt erfolgte im Mittelmeerraum und in der Ägäis, nachdem **Go 242**-Einheiten in Griechenland, auf Sizilien und in Nordafrika stationiert worden waren. Als Schleppflugzeuge dienten gewöhnlich Heinkel He 111, wahlweise ließen sich aber auch Starthilfsraketen anbringen. 1528 dieser Transportflugzeuge wurden gebaut.

Nach der Niederlage Frankreichs standen den Deutschen erbeutete Motoren des Typs Gnome-Rhône 14M zur Verfügung; da bei der Auslegung der **Go 242** eine spätere Motorisierung von vornherein geplant worden war, verlängerte man nun ihre Leitwerksträger über die Nasenkante der Tragflächen hinaus, um die französischen Doppelsternmotoren unterbringen zu können. Gleichzeitig wurde ein starres Bugrad-Fahrgestell eingebaut und dem aus diesen Veränderungen hervorgehenden zweimotorigen Transportflugzeug die Bezeichnung **Gotha Go 244** verliehen. 133 Exemplare der fünf Varianten aus der Baureihe **Go 242B** rüstete man in der Folge zur **Go 244B-1** bis **B-5** um. Erste Lieferungen gingen im März 1942 an KGrzbV 104 in Griechenland und KGrzbV 106 auf Kreta. Da diese Transporter leichte Ziele für Jagdflugzeuge der Alliierten abgaben, wurden sie 1942 zurückgezogen. Einige **Go 244** verfügten über einen BMW 132Z oder den russischen Beutemotor Schwezow M-25A mit 552 kW (750 PS) als Antrieb.

**Varianten**

**Go 242A:** erste Serienversion mit dickeren Leitwerksträgern, die mit vier 7,92-mm-MGs 15 bewaffnet werden konnte; die Go 242A-2 diente zum Truppentransport

**Go 242B:** diese 1942 eingeführte Baureihe mit abwerfbarem Bugfahrwerk erschien zunächst in den Ausführungen Go 242B-1 und Go 242B-2, die sich in der Konstruktion des Fahrgestells unterschieden; die entsprechenden Truppentransportversionen waren die Go 242B-3 und Go 242B-4, beide mit zusätzlicher Doppeltür im hochklappbaren Rumpfheck; die Go 242B-5 war eine Schulversion mit Doppelsteuerung

**Go 242C-1:** für Sondereinsätze gegen Seeziele, insbesondere die britische Flotte, entwickelte Version; die C-1 mit Gleitboden und Stabilisierungsschwimmern unter den Flächen sollte italienische Sturmboote mit einer Sprengladung heranführen, doch dieser Einsatz fand nicht statt; der 6. KG 200 waren 1944 einige dieser Lastensegler zugewiesen worden

**TECHNISCHE DATEN**
**Gotha Go 244B-2**

**Typ:** motorisiertes Last- und Truppentransportflugzeug
**Triebwerke:** zwei 14-Zylinder-Doppelsternmotoren Gnome-Rhône 14M je 515 kW (700 Ps)
**Leistung:** Höchstgeschwindigkeit 290 km/h; Dienstgipfelhöhe 7500 m; Reichweite 600 km
**Gewicht:** Leermasse 5100 kg; max. Startmasse 7800 kg
**Abmessungen:** Spannweite 24,50 m; Länge 15,80 m; Höhe 4,70 m; Tragflügelfläche 64,40 m²
**Bewaffnung:** vier 7,92-mm-Maschinengewehre MG 15 als Sonderausrüstung

***Die Gotha Go 242A-1 war die erste Serienversion des Truppen-, Fracht- und Lastenseglers. Sie konnte mit vier 7,92-mm-MGs 15 bewaffnet werden.***

# Gotha WD-Serien

Parallel zur LD-Serie (Landdoppeldecker) entwickelte der Flugzeughersteller Gotha eine Seeflugzeugfamilie unter dem Kürzel **WD** (Wasserdoppeldecker). Der Bau der landgestützten Aufklärungsflugzeuge wurde in den letzten Jahren des Ersten Weltkriegs eingestellt, während die Entwicklung der Schwimmerflugzeuge bis zur **WD 27** von 1918 anhielt.

Die Serie startete mit den Vorkriegsmodellen **Gotha WD 1** und **WD 1a**, Doppeldecker-Zweisitzern in Holzbauweise mit Stoffbespannung und offenen Cockpits, doppelten Hauptschwimmern und einem kleinen Hilfsschwimmer an der Unterseite des Hecks. Die Kriegsmarine nutzte während der Eröffnungsphase des Ersten Weltkriegs nur wenige der von einem Gnome-Umlaufmotor mit 74 kW (100 PS) angetriebenen Exemplare für Aufgaben der Küstenüberwachung. Die nachfolgende **WD 2** war ein etwas größeres, aber grundsätzlich ähnlich ausgelegtes Schwimmerflugzeug, das ohne den Heckschwimmer auskam. Diese Ausführung, angetrieben von einem Benz-Reihenmotor Bz.III mit 110 kW (150 PS), wurde für die Kriegsmarine und für die Türkei gefertigt, wobei die Exportmaschinen mit einem Einzel-MG auf dem Mittelstück des Oberflügels ausgerüstet waren. Eine **WD 2**, deren Spannweite zurückgenommen und in die ein 118 kW (160 PS) starker Mercedes D.III-Motor eingebaut worden war, erhielt die neue Bezeichnung **WD 5**. Von diesem Einzelexemplar wurde die **WD 9** abgeleitet, die sich in erster Linie durch ein Einzel-MG auf einem Drehkranz im hinteren Cockpit von ihrer Vorgängerin unterschied. Die Kriegsmarine erhielt nur ein Exemplar, aber für die Türkei wurden mehrere **WD 9** mit dem Benz Bz.III-Motor der zuvor gelieferten **WD 2** gebaut.

Als reine Beobachtungs-/Aufklärungsflugzeuge allmählich der Jagdaufklärergattung wichen, bestand eine der Frühlösungen zur Realisierung einer vorwärtsfeuernden Bewaffnung in der Einführung einer zentralen Gondel mit Heckmotor für eine Druckschraube. Diese Konfiguration wählte Gotha für die **WD 3**; die zentrale Rumpfgondel war von zwei Auslegern eingeschlossen, die je eine einzelne Seitenflosse samt Ruder trugen und am hinteren Ende über eine Höhenflosse mit Ruder aneinander gekoppelt waren. Den Antrieb lieferte ein im Gondelheck montierter Mercedes D.III, dessen Leistung von 118 kW (160 PS) eine Druckschraube umsetzte; ein einzelnes Maschinengewehr war auf einem Drehkranz im Bug lafettiert. Nach dieser unorthodoxen Einzelkonstruktion wandte sich Gotha wieder der **WD 9** zu, um die etwas größere und unbewaffnete **WD 12** in einmaliger Ausführung für die deutsche Kriegsmarine und die Türkei zu produzieren. Ein aus der **WD 9** entwickeltes, bewaffnetes Seepatrouillenflugzeug erschien in Form der **WD 13** und wurde für die Türkei gefertigt, die allerdings wieder auf den Benz Bz.III zurückgreifen mußte. Als letztes einmotoriges WD-Schwimmerflugzeug für die Kriegsmarine baute man die aus der **WD 12** hervorgegangene, unbewaffnete **WD 15**. Dieses Duo verfügte über eine feinere Linienführung, einen sperrholzbeplankten Rumpf und einen Mercedes-Motor der Bauart D.IVa mit 191 kW (260 PS).

Gothas zweimotorige Entwürfe hatten mit der **WD 7** von 1916 begonnen, die in Auslegung und Größe der **WD 2** entsprach, aber von zwei 88 kW (120 PS) starken Mercedes-D.II-Motoren angetrieben wurde, die beidseitig auf den Unterflügeln montiert waren. Acht Exemplare wurden für die Kriegsmarine gebaut, die sie als Torpedobomber-Einweisungsflugzeuge verwendete; eine einzelne, bewaffnete Aufklärerversion der **WD 7** wurde einmotorig ausgelegt. Es folgte die wesentlich größere **WD 11**, die bei einer ähnlichen Konfiguration ein doppeltes Seitenleitwerk aufwies und deren Mercedes-D.III-Motoren Druckschrauben antrieben. Etwa zwölf dieser Torpedobomber wurden an die Kriegsmarine ausgeliefert; jede Maschine konnte einen Torpedo und ein Bugmaschinengewehr mitführen.

Nur einer der zweimotorigen Gotha-Torpedobomber wurde in größerer Stückzahl produziert: dies war die aus der **WD 11** entwickelte Version **WD 14**. Als Antrieb waren zwei Benz-Bz.IV-Triebwerke auf dem Unterflügel montiert, und in Bug- und Heckgefechtsständen war je ein Maschinengewehr eingerichtet. Insgesamt 69 Maschinen dieses Typs wurden gefertigt. Sie kamen in der ihnen zugedachten Rolle jedoch kaum zum Einsatz, weil der Torpedo ihre Fluggeschwindigkeit derart beeinträchtigte, daß sie beim Gegenangriff keine Chance hatten. So endeten sie als Aufklärer und Eskortmaschinen für küstennahe Schiffskonvois.

Die drei Fernaufklärer **WD 20** unterschieden sich von der **WD 14** lediglich durch einen Zusatztank anstelle des Torpedos. Auch die beiden Fernpatrouillen- und Aufklärungsmaschinen **WD 22** von 1918 waren, mit Ausnahme des Antriebs in Form von vier Motoren in Tandemanordnung, grundsätzlich ähnlich. Als Fronttriebwerke dienten Mercedes D.III für Zugpropeller, während die hinteren Mercedes D.1 Druckschrauben mit 74 kW (100 PS) antrieben. Den Abschluß der mehrmotorigen Gotha-Schwimmerflugzeuge bildeten drei **WD 27** mit einer Spannweite von 31 m und vier in Tandempaaren montierten Mercedes-D.III-Motoren als Antrieb.

**TECHNISCHE DATEN**
**Gotha WD 14**

**Typ:** zweimotoriger Torpedobomber
**Triebwerke:** zwei Sechs-Zylinder-Reihenmotoren Benz Bz.IV je 147 kW (200 PS)
**Leistung:** Höchstgeschwindigkeit 130 km/h; Flugdauer 8 Stunden
**Gewicht:** Leermasse 3150 kg; max. Startmasse 4642 kg
**Abmessungen:** Spannweite 25,50 m; Länge 14,45 m; Höhe 5 m; Tragflügelfläche 132 m²
**Bewaffnung:** zwei 7,92-mm-Parabellum-Maschinengewehre auf Drehstütze im Bug und auf dem Rumpfrücken sowie ein Torpedo unter dem Rumpf

***Die vor dem Ersten Weltkrieg konstruierte Gotha WD 1 wurde überwiegend zur Küstenüberwachung eingesetzt.***

***Die WD 3 war das ehrgeizige Projekt eines Wasserflugzeugs mit sauberer Linienführung der Zwillingsausleger und geschlossener Beobachterkanzel im Bug. Nur ein Exemplar wurde gebaut.***

# Gourdou-Leseurre GL-21 und GL-22

Im Sommer 1917 wurden die Ingenieure Charles Gourdou und Jean Leseurre Partner und entwarfen gemeinsam einen Jagdeinsitzer für die französische Aéronautique Militaire. Ihre Mühen wurden mit einem amtlichen Auftrag belohnt, und die betreffende **GL „a“** wurde im Pariser Werk der Firma Wassmer konstruiert, die normalerweise mit der Herstellung von Luftschrauben befaßt war.

Der Prototyp war ein Schirmeindecker mit zum Rumpf hin abgefangenen Tragflächen, deren dünnes Profil Gourdou und Leseurre sich hatten patentieren lassen. Der Rumpf mit einem kreisrunden Querschnitt nahm am hinteren Ende ein markantes Seitenleitwerk in Dreiecksform auf, während das Schleifsporn-Fahrgestell robust und einfach konstruiert war. Den Antrieb lieferte ein 132 kW (180 PS) starker V-Reihenmotor Hispano-Suiza 8Ab mit Stirnkühler. Die offizielle Flugerprobung fand im Mai 1918 statt, aber der geplante Serienauftrag über 100 Jäger wurde abgelehnt, weil das Amt eine festere Tragflächenstruktur und Abstrebung verlangte. Es folgte die entsprechend modifizierte **GL „b“**, aber bei Kriegsende war das Interesse der Behörden erloschen. Gourdou und Leseurre, die in das technische Büro der Compagnie Aérienne Française eingetreten waren, gründeten 1921 ihr eigenes Werk in Saint-Maur-des-Fosses im Südosten von Paris. Von 1925 bis 1929 waren sie geschäftlich mit Chantiers de la Loire in St. Nazaire verbunden, aber alle von ihnen stammenden Muster wurden unter dem Titel Gourdou-Leseurre geführt.

Die **GL „b“** nahm 1919 am Flugrennen „Deutsch de la Meurthe“ teil und erreichte auf der 200-km-Querfeldeinstrecke eine durchschnittliche Geschwindigkeit von 214,26 km/h. In der Folgezeit wurde eine Serienversion der **GL „b“** als **Typ B2** oder **Gourdou-Leseurre GL-21** entwickelt. Die Unterschiede beschränkten sich auf Details, wie etwa ein modifiziertes Leitwerk, einen André-Stirnkühler mit regelbarem Grill und den Verzicht auf die ausgeglichenen Querruder des Prototyps **GL „b“**. Wenig später erschien die **GL-22** oder **Typ B3** mit Stahl- anstelle von Dural-Streben, neu konstruiertem Trag-, Höhenleit- und Fahrwerk sowie einem „bienenkorbartigen“ Frontkühler.

Hauptnutzer des Jagdeinsitzers **GL-21 C.1** war Finnland, das zwischen 1923 und 1931 insgesamt 19 Exemplare erwarb, von denen eines noch erhalten ist. Die Gesamtproduktion belief sich auf 30 Maschinen, die zum Teil von französischen Privatbesitzern geflogen wurden.

Die **GL-22 C.1** wurde in kleinen Losen an die Tschechoslowakei, Estland und Litauen verkauft, doch insgesamt umfaßte die Baureihe nur 20 Flugzeuge. Die **B5** oder **GL-22 ET.1**, allgemein besser bekannt als **ET**, war die Ausführung der **B3** als einsitziges Übungsflugzeug für Fortgeschrittene. Die Mehrzahl der 30 Maschinen, die gebaut wurden, dienten bei der französischen Marine; mit einem Exemplar wurden Start- und Landeversuche auf dem Flugzeugträger Béarn unternommen, während der Rest bei Ausbildungseinheiten des französischen Militärs flog. Die **B5** hatte eine im Vergleich zu den Jägern **B2** und **B3** um 140 cm vergrößerte Spannweite.

Eine zivile **B3**, deren Tragwerk in der Fläche erweitert worden war, führte der Werkstestpilot André Christiany 1923 im Geschwindigkeitswettbewerb Coupe Michelin zum Sieg. Im selben Jahr betätigten sich Georges Madon und die Piloten Bapt und Picard mit drei **ET** in einem rot-weiß-blauen Trikolore-Vollanstrich als Propaganda-Team, indem sie Vorführungen bei Luftfahrtveranstaltungen in Frankreich und Nordafrika gaben. Diverse **B3** lieferten weiterhin ausgezeichnete Schauflüge und errangen noch bis in die dreißiger Jahre Wettbewerbssiege. Ein Exemplar mit modifiziertem Fahrgestell erhielt die neue Be-

***Der erste Serienabkömmling des von Gourdou und Leseurre konstruierten Grundjägers war die GL-22 (oder Typ B3) mit einer Reihe struktureller Verbesserungen.***

***Der Schirmeindecker Gourdou-Leseurre GL-1 (Foto), auch als Typ A bekannt, konnte, was die Festigkeit der Zelle betraf, nicht überzeugen und wurde daher zum Typ B überarbeitet.***

zeichnung **B6**, während die **B7** eine **GL-21 C.1** war, deren Verstrebung man verstärkt hatte; darüber hinaus war das Fahrwerk geteilt ausgeführt und als Antrieb ein Lorraine-Algol-Sternmotor mit 221 kW (300 PS) eingesetzt worden. Mindestens zwei Maschinen wurden für Kunstflugvorführungen gefertigt, von denen eine die berühmte französische Pilotin Adrienne Bolland flog; das andere Exemplar überstand den Zweiten Weltkrieg und ist im Pariser Musée de l'Air ausgestellt.

**Varianten**

**GL-23 C.1:** auch V4 genannter Einsitzer-Prototyp von 1925, der die Zelle der GL-22 C.1 und das weiter gespannte Tragwerk der ET oder B5 kombinierte; sieben Flugzeuge wurden in Saint-Maur gebaut, darunter zwei mit einem anderen Tragflächenprofil für Vergleichstests

**GL-23 TS:** GL-23 nach Verlängerung des Rumpfes um 65 cm und Einarbeitung eines Rundfensters pro Rumpfseite; das Buchstabenpaar TS stand für Transport Sanitaire (Sanitätstransport); über eine Doppeltür auf der rechten Seite des Hinterrumpfes konnte eine Krankentrage in den Rumpf geschoben werden; bei einem Ärztekongress im April 1925 in Le Bourget wurde die GL-23 TS vorgestellt; einen kleinen Serienauftrag sicherte sich allerdings das Konkurrenzmodell Hanriot HD-14 S, so daß nur eine einzige GL-23 TS im Jahre 1926 gebaut wurde

**GL-24:** Trainerversion der GL-22 mit Doppelsteuer; im Jahr darauf baute man die Maschine zum Einsitzer mit der Bezeichnung GL-24X um, und erforschte mit ihr die Wirkung des Lastvielfachen bei eng gezogenen Flugmanövern; eine GL-21-Kunstflugmaschine, in die 1934 ein Hispano-Suiza 9Qd eingebaut wurde, erhielt die Bezeichnung GL-24

**TECHNISCHE DATEN**
**Gourdou-Leseurre GL-22 C.1 (B3)**

**Typ:** Jagdeinsitzer
**Triebwerk:** ein Acht-Zylinder-V-Motor Hispano-Suiza 8Ab mit 132 kW (180 PS)
**Leistung:** Höchstgeschwindigkeit 230 km/h; Dienstgipfelhöhe 7500 m; Reichweite 450 km
**Gewicht:** Rüstmasse 590 kg; max. Startmasse 880 kg
**Abmessungen:** Spannweite 9,40 m; Länge 6,50 m; Höhe 2,52 m; Tragflügelfläche 18,40 m²
**Bewaffnung:** ein oder zwei synchronisierte, rumpfmontierte 7,7-mm-Maschinengewehre

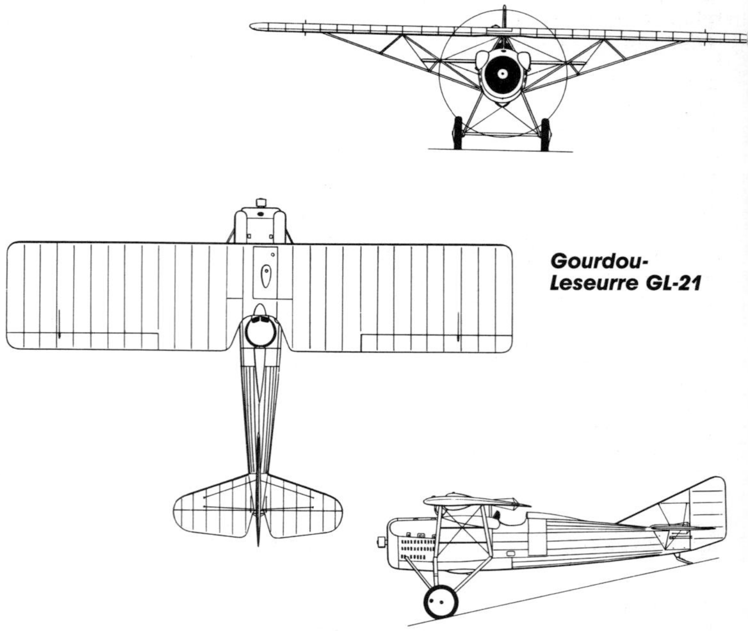

***Gourdou-Leseurre GL-21***

# Gourdou-Leseurre 810, 811, 812 und 813 HY

Abgesehen von der Konstruktion zweier Flugboote, dem zweimotorigen Patrouillen-Doppeldecker M-2 von 1926 und der zehnsitzigen Passagiermaschine GL-710 von 1934, konzentrierte die Firma Gourdou-Leseurre ihre Produktion überwiegend auf Seeflugzeuge mit Zwillingsschwimmern.

Der 1926/27 konstruierte Tiefdecker **L-2** verfügte über ein Stahlrohr-Rumpfgerüst und hölzerne Rechteckflächen, die man mit Stoff bespannt hatte. Die Zwillingsschwimmer waren mit einer Vielzahl von Streben gegen den Rumpf und die Tragflächen abgestützt. Der Prototyp einer eindrucksvollen Serie dreisitziger Beobachtungs- und Aufklärungs-Schwimmerflugzeuge wurde im August 1927 nach Kopenhagen überführt, um an der dortigen internationalen Luftfahrtausstellung teilzunehmen. Anschließend wurde die **L-2** mehreren europäischen Seeluftstreitkräften vorgestellt. Es folgten sechs Vorserienmaschinen **L-3** mit einem Jupiter-Sternmotor, der 309 kW (420 PS) anstelle der 280 kW (380 PS) des Jupiter erbringen konnte, mit dem die **L-2** ausgerüstet war. Darüber hinaus hatte man die Holzholme durch Stahl ersetzt und die Verstrebung verstärkt. Diese Änderungen machten die **L-3** zum schiffsgestützten Einsatz per Katapultstart tauglich. Die 1928 gebaute **L-3** hatte wie die **L-2** zwei Dreiecksflossen mit gerundetem Einzelruder an der Hinterkante, von denen eine über und eine unter dem Rumpf befestigt war. Die erfolgreiche Flugerprobung der **L-3** zog einen Serienauftrag der französischen Marine über 14 Gourdou-Leseurre Schwimmerflugzeuge **GL-810 HY** nach sich, die ebenfalls in den Meulan-Werkstätten der Firma gefertigt wurden. Die erste serienmäßige **GL-810 HY** startete am 23. September 1930 auf der Seine in Les Mureaux zum Jungfernflug. Von den früheren Maschinen unterschied sie sich durch vergrößerte Seitenflossen und durch die Position ihrer dreiköpfigen Besatzung. In den drei offenen Tandem-Cockpits der **L-2** und der **L-3** waren der Pilot, der Beobachter und der Bordschütze in der genannten Reihenfolge untergebracht, während die beiden letztgenannten ihre Position in der **GL-810 HY** und in späteren Varianten austauschten.

Im Jahre 1931 wurden 20 **GL-811 HY** bestellt, die sich von der **GL-810 HY** durch Doppelsteuerung, Faltflächen, ein Wasserruder am Heck des Steuerbordschwimmers und eine Funkausrüstung abhoben. Die **GL-811 HY** waren für den Einsatz auf dem Seeflugzeugträger „Commandant Teste" bestimmt.

Anschlußaufträge über 29 **GL-812 HY** und 13 **GL-813 HY** folgten in den Jahren 1933 bis 1934. Diese Versionen verfügten über neuentworfene Seitenflossen größeren und rundlicheren Zuschnitts, ausgerundete Flächenenden und Zweiblatt-Metallpropeller von Chauvière. Die **GL-813** und **GL-812** unterschieden sich lediglich durch ihr Doppelsteuer. Im Jahr 1936 wurden elf **GL-810 HY**, 13 **GL 811 HY** und sechs **GL-813 HY** gemäß Standard **GL-812 HY** umgerüstet. Zuvor aber hatte die französische Marine einen Wettbewerb für ein neues dreisitziges Seebeobachtungsflugzeug organisiert. Gourdou-Leseurre konstruierte die GL-820 HY mit einem 537 kW (730 PS) starken Sternmotor von Hispano-Suiza, der mit einem Townend-Ring verkleidet war, eine ähnliche GL-821.01 HY, deren Zelle für die Torpedobomberrolle verstärkt worden war und die GL-821.02 HY mit feinerer Linienführung und Glashauben über den Cockpits. Der Produktionsauftrag, ging jedoch an den Flugboot-Mitbewerber Loire 130.

***Aufgrund ihrer einfachen Konstruktion empfahl sich die L-2 der französischen Marine als einsatzfähiges Nahaufklärungs- und Beobachtungsflugzeug über See.***

Die **GL-810**-Seeflugzeugfamilie rüstete Escadrille 7S2 (auf der „Commandant Teste") und Escadrille 7S3 aus, die ihre Maschinen auf die Kreuzer der französischen Flotte verteilte. Andere Einheiten, die diese Schwimmerflugzeuge bis 1937 flogen, waren Escadrilles 1S1, 2S1, 2S4, 3S1, 3S2, 3S3, 3S6, 8S2 und 8S5. Bis 1939 waren die Gourdou-Leseurre-Seeflugzeuge zwar weitgehend aus den Einsatzverbänden abgezogen worden, doch bei der Mobilmachung im August wurde das Restkontingent zur Reaktivierung der Escadrilles 1S2 und 3S3 in Cherbourg sowie Berre bei Marseille zusammengezogen. In den folgenden zehn Monaten flogen beide Einheiten küstennahe U-Boot-Patrouillen.

**TECHNISCHE DATEN**
**Gourdou-Leseurre GL-812 HY**

**Typ:** dreisitziges Schwimmerflugzeug für Beobachtungs-/Aufklärungseinsätze über See
**Triebwerk:** ein unverkleideter Neun-Zylinder-Sternmotor Gnome-Rhône 9Ady Jupiter mit 309 kW (420 PS)
**Leistung:** Höchstgeschwindigkeit 200 km/h; Dienstgipfelhöhe 6000 m; Reichweite 560 km
**Gewicht:** Rüstmasse 1690 kg; max. Startmasse 2460 kg
**Abmessungen:** Spannweite 16 m; Länge 10,49 m; Höhe 3,86 m; Tragflügelfläche 41 m²
**Bewaffnung:** ein Vickers-7,7-mm-Maschinengewehr, vorwärtsfeuernd und synchronisiert auf der Abdeckung des Vorderrumpfes montiert, und ein Lewis-Zwillings-MG vom gleichen Kaliber auf Ringlafette über dem mittleren Cockpit (Bordschütze) sowie zwei 75-kg-Marinebomben vom Typ G-2

# Gourdou-Leseurre GL-832 HY

Gemäß einer Forderung der französischen Marine von 1930 für ein leichtes, küstennahes Seepatrouillenflugzeug, das in erster Linie in den französischen Kolonien zum Einsatz kommen sollte, konstruierte die Firma Gourdou-Leseurre den Prototyp GL-831 HY, eine modifizierte Ausführung ihrer eigenen GL-830 HY, mit einem 186 kW (250 PS) starken Hispano-Suiza-Sternmotor anstelle des 261 kW (350 PS)-9Qdr-Triebwerks des früheren Musters. Die GL-831 HY flog erstmals am 23. Dezember 1931 und wurde anschließend in St. Raphaël getestet. 1933 nahm Gourdou-Leseurre einen Auftrag über 22 Serienmaschinen **GL-832 HY** entgegen, denen ein Sternmotor Hispano-Suiza 9Qb mit 169 kW (230 PS) anstelle der etwas stärkeren Bauart 9Wa des Prototyps als Antrieb diente. Der aus Metall konstruierte und stoffbespannte Tiefdecker **GL-832 HY** besaß ein großes Tragwerk und war für Katapultstarts ausgelegt. Die Tragflächen mit konstanter Tiefe waren am hinteren Rumpfansatz eingeschnitten und für Abstellzwecke faltbar gemacht worden. Das rund geformte Seitenleitwerk zeichnete sich durch eine herkömmlichere Gestaltung als das der Serie GL-810 HY aus, das Höhenleitwerk hingegen war an der Unterseite des Hinterrumpfs angeordnet, und zu jeder Rumpfseite nach oben hin durch ein kurzes Strebenpaar abgefangen. Die zweiköpfige Besatzung fand in offenen Tandem-Cockpits mit individuellen Windschutzscheiben Platz. Die erste seriengefertigte **GL-832 HY** startete am 17. Dezember 1934 und die letzte am 12. Februar 1936 zum Erstflug. Ein Exemplar wurde 1936 auf dem Pariser Luftsalon ausgestellt.

Die **GL-832 HY** wurden auf sekundären Kreuzern wie „Emile Bertin" und „Primauguet" sowie auf kolonialen Kanonenbooten, die über kein Startkatapult verfügten und ihre Flugzeuge deshalb per Kran auf See absetzen mußten, in Dienst gestellt und befanden sich bei Kriegsausbruch immer noch im Dienst. Sie flogen bei Escadrille 7S4 (später HS5) unter der ersten Kreuzerabteilung, ab September 1939 bei Escadrille 8S2 mit Standort Fort de France auf Martinique, bei Escadrille 8S4 in Tripolis/Levante und bei Escadrille 7S4 im Pazifik, wo sie sich zum Zeitpunkt des japanischen Überfalls auf Pearl Harbor im Dezember 1941 im aktiven Einsatz befanden. 1937 endete die Partnerschaft zwischen Leseurre und Gourdou, doch letzterer hielt am Luftfahrzeuggeschäft fest und stellte Georges Bruner als Chefkonstrukteur ein. Obwohl mehrere neue Projekte entworfen wurden, wurde nur ein Prototyp konkret gebaut. Dies war die Gourdou 120 HY, die der Forderung nach einem leichten, zweisitzigen Seeflugzeug für schiffsgestützte Aufklärungseinsätze nach Katapultstart genügen sollte. Dieses Muster war ein Mitteldecker mit Zwillingsschwimmern, zwei Renault-Motoren je 103 kW (140 PS) als Antrieb, doppeltem Seitenleitwerk und Bug- sowie Kanzelverglasung. Die Tragflächen enthielten revolutionäre Mehrfach-Landeklappen, die der Maschine angeblich ausgezeichnete Kontrolleigenschaften beim Start, bei der Landung und im Flug verliehen. Nachdem 1939 ein Modell in voller Größe erschienen war, absolvierte die Versuchsmaschine am 1. und 2. Juni 1940 zwei Flüge, bei denen die Effektivität der Landeklappen nachgewiesen wurde. Leider mußte die Maschine am 10. Juni zerstört werden, damit sie den Deutschen nicht in die Hände fiel. Die Bewaffnung umfaßte zwei Darne-7,62-mm-Maschinengewehre, und man erwartete eine Spitzengeschwindigkeit von 212 km/h.

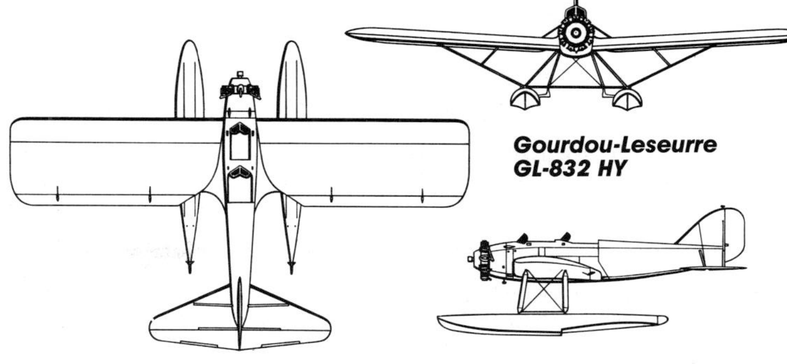

***Gourdou-Leseurre GL-832 HY***

**TECHNISCHE DATEN: Gourdou-Leseurre GL-832 HY**

**Typ:** zweisitziges, leichtes Aufklärungs- und Beobachtungsschwimmerflugzeug zum schiffsgestützten Einsatz
**Triebwerk:** ein Neun-Zylinder-Sternmotor Hispano-Suiza 9Qb mit 169 kW (230 PS)
**Leistung:** Höchstgeschwindigkeit 196 km/h; Dienstgipfelhöhe 5000 m; Reichweite 590 km
**Gewicht:** Rüstmasse 1108 kg; max. Startmasse 1696 kg
**Abmessungen:** Spannweite 13 m; Länge 8,74 m; Höhe 3,48 m; Tragflügelfläche 29,50 m²
**Bewaffnung:** ein Vickers-7,7-mm-Maschinengewehr auf Drehkranz, vom Beobachter zu bedienen

# Gourdou-Leseurre LGL-32 C.1

Als Nachfolgemodell der GL-21-Serie wurde der Jagdeinsitzer Gourdou-Leseurre **LGL-32 C.1** (oder **GL-32 C.1**) in die Serienfertigung übernommen. Zuvor hatten die Partner jedoch mehrere interessante Prototypen produziert. Zu ihnen gehörten drei Maschinen, die für Höhenflüge konzipiert waren. Die erste war die GL-40 C.1, ein Jagdeinsitzer in der Auslegung eines gestielten Hochdeckers mit einem 221 kW (300 PS) starken Hispano-Suiza-8Fb-Motor, weit gespannten Tragflächen, die an der Nasenkante zurückgepfeilt waren, und einem komplexen Strebensystem. Ihr folgte die GL-50 CAP.2, ein zweisitziger Aufklärer, dessen gestieltes Hochdeckertragwerk nicht zurückgepfeilt war. Der erste Vertreter wurde mit demselben Motor wie die GL-40 C.1 versehen, während das zweite Exemplar über einen Jupiter-Sternmotor mit 280 kW (380 PS) verfügte. 1923 brachte die Firma die bemerkenswerte Rennmaschine GL-I heraus, die von Hochdeckerflächen kurzer Spannweite getragen wurde und über ein von Hand einziehbares Fahrgestell verfügte – eine für die damalige Zeit beachtliche Innovation. Das Flugzeug war für das Geschwindigkeitsrennen „Coupe Beaumont" im Jahre 1923 vorgesehen, das aber nie stattfand, weil alle Teilnehmer ihre Meldung wieder zurückzogen. Aus der GL-I wurden zwei Jäger entwickelt, und zwar die GL-30, die aber nicht über den Projektstatus hinausgelangte, und die 1931 konstruierte GL-31 C.1 oder GL-I-3, die auf geringes Interesse stieß und aufgegeben wurde.

Ganz anders gestaltete sich der Werdegang der **Gourdou-Leseurre LGL-32 C.1**. Dieser Typ wurde als Teilnehmer am Wettbewerb für einen Jagdeinsitzer gebaut, wie ihn die Aéronautique Militaire 1923 gefordert hatte. In einer Reihe von Prüfflügen belegte die Maschine gegen eine harte Konkurrenz immerhin den zweiten Platz. Die Versuchsmaschine **LGL-32.01** flog erstmals im Frühjahr 1925, und im Januar 1927 wurde ein Erstauftrag über fünf Test- und 20 Vorserienjäger erteilt; drei dieser Testflugzeuge dienten anschließend als Vorführmaschinen. Das Trio leistete Flugvorführungen in Frankreich und im Ausland und konnte eine stattliche Zahl von Aufträgen akquirieren.

Die **LGL-32 C.1** war eine Mischkonstruktion, die nur am Vorderrumpf mit Blechen, ansonsten aber mit Stoff abgedeckt war. In der Gourdou-Leseurre-Auslegung eines Schirmeindeckers wartete die **LGL-32 C.1** mit einem neu entworfenen Leitwerk auf, dessen Nasenkanten ausgerundet waren. Für den Antrieb sorgte ein Jupiter-Sternmotor von Gnome-Rhône. Der schwerwiegendste Nachteil dieses Jägers war sein empfindliches, engspuriges Fahrgestell mit wenig wirksamen Gummistoßdämpfern, so daß der Typ für eine Reihe von Mißgeschicken bei der Landung bekannt wurde; mitunter führte dies dazu, daß die Maschine ihre Nase ins Erdreich bohrte. Einer bescheidenen Spitzengeschwindigkeit standen als positive Merkmale die gute Steigleistung und Manövrierfähigkeit der Maschine gegenüber.

Die Gesamtproduktion der **LGL-32 C.1** ergab 749 Jäger, und Ende 1927 erfolgte die Indienststellung bei der französischen Aéronautique Militaire. Bis 1934 rüstete das Muster zwölf großstädtische Jagdstaffeln, zwei in Sidi Ahmed, Tunesien, stationierte Jagdregimenter und den Cercle de Chasse de Paris aus, einen Verband der Freiwilligenreserve, der für die Verteidigung der Hauptstadt Frankreichs zuständig und in Le Bourget stationiert war. Darüber hinaus flogen Escadrilles 3C1 und 3C2 der französischen Aviation Maritime die **LGL-32 C.1**. Die guten Flugeigenschaften sowie die angemessene Reichweite der Maschine hatten zur Folge, daß die Jagdstaffeln zahlreiche Formationsflüge veranstalteten, die die französische Militärfliegerei ungemein förderten. Späte Serienjäger erhielten ein breitspuriges Fahrwerk mit Messier-Stoßdämpfern.

**Varianten**

**LGL-32 HY:** 1927 wurde der Prototyp LGL-32 C.1 von seinem Radfahr- auf ein Zwillingsschwimmwerk umgestellt; die Maschine war kein kommerzieller Erfolg, stellte aber am 28. März 1927 einen Höhenrekord für Seeflugzeuge auf
**LGL-321:** das erste Testflugzeug wurde auf ein Jupiter-Triebwerk mit 442 kW (600 PS) ummotorisiert, was die neue Bezeichnung LGL-321 nach sich zog
**LGL-323** und **LGL-324:** eine Standard-LGL-32, die auf einen Jupiter-VI-Sternmotor mit einer Leistung von 368 kW (500 PS) umgestellt und für Höhenflüge mit einem Lader ausgerüstet war; nach einer Reihe erfolgloser Rekordversuche wurde das Muster zur LGL-324 modifiziert; mit ihr stellte Lemoigne am 23. Mai 1929 einen neuen Höhenweltrekord für Landflugzeuge auf, als die Maschine mit einer Nutzlast von 500 kg auf 9600 m kletterte; am 24. Oktober erhöhte Albert Lécrivain den Weltrekord auf 11.000 m ohne Nutzlast
**LGL-33 C.1:** ein Exemplar dieser Variante flog im April 1925; von der LGL-32 unterschied sie sich hauptsächlich durch eine eng angelegte Verkleidung des 331 kW (450 PS) starken Lorraine-Motors 12Eb, aber auch die Flügelstreben waren überarbeitet, das Fahrwerk modifiziert und das Seitenleitwerk ähnlich dreieckig wie bei der GL-22 gestaltet worden
**LGL-34 C.1** und **341 C.1:** die LGL-34 C.1 war eine LGL-32 C.1, deren Standard-Jupiter-Triebwerk man durch einen Hispano-Suiza 12Gb mit 368 kW (500 PS) ersetzt hatte; die erste LGL-341 verfügte über eine größere Flügelfläche im Vergleich zum Standardjäger und war mit einem Hispano-Suiza 12Hb ausgerüstet, der 368 kW (500 PS) erzeugte; die zweite LGL-341 flog im Mai 1928 mit je einem Kühlerblock an den vorderen Fahrwerksstreben anstelle des üblichen Stirnkühlers
**LGL-390:** im Juni 1934 auf ein Hispano-Suiza-9Va-Triebwerk mit 423 kW (575 PS) ummotorisierte Standard-LGL-32
**GL-410:** dieser Prototyp, den Forderungen eines französischen Jägerprogramms von 1928 entsprechend entworfen, verband den Rumpf der LGL-32 mit einem völlig neu konstruierten Tragwerk, das sich an der Vorderkante deutlich verjüngt
**GL-450:** Prototyp, der von einem Jupiter VI mit 353 kW (480 PS) angetrieben wurde; verfügte über ein ähnlich geteiltes Fahrwerk wie die Spätbaureihen der LGL-32
**GL-633:** eine von zwölf im Jahre 1936 im Auftrag der baskischen Regierung gebauten GL-32 C.1, die zu einem einsitzigen Sturzkampfflugzeug umgebaut wurde

***In den zwanziger und dreißiger Jahren war die Verwandlung eines landgestützten Jagdflugzeugs in ein Seeflugzeug ein leichtes Unternehmen, wie diese LGL-32 HY beweist.***

**TECHNISCHE DATEN**
**Gourdou-Leseurre LGL-32 C.1**

**Typ:** Jagdeinsitzer
**Triebwerk:** ein Neun-Zylinder-Sternmotor Gnome-Rhône 9Ady Jupiter mit 309 kW (420 PS)
**Leistung:** Höchstgeschwindigkeit 235 km/h in 5000 m Höhe; Dienstgipfelhöhe 9700 m; Reichweite 660 km
**Gewicht:** Rüstmasse 963 kg; max. Startmasse 1376 kg
**Abmessungen:** Spannweite 12,20 m; Länge 7,55 m; Höhe 2,95 m; Tragflügelfläche 24,90 m²
**Bewaffnung:** zwei MAC-7,7-mm-Maschinengewehre, vorwärtsfeuernd und synchronisiert

***Der Eindruck eines sternmotorgetriebenen Jägers täuscht, denn die LGL-33 war mit einem V-12-Reihenmotor ausgerüstet.***

## Government Factories S-49 bis Grumman A-6 Intruder/EA-6B Prowler

**Nach dem Zweiten Weltkrieg wurde die jugoslawische Flugzeugindustrie in staatseigenen Werken kollektiviert. 1913 war Dmitrii Pawlowitsch Grigorowitsch Werksmanager der Flugzeugwerke Schchetinin und Schcherbako geworden und später Chef der sowjetischen Abteilung für experimentelle Marineflugzeuge.**

# Government Factories S-49

Vor der deutschen Besetzung Jugoslawiens war Ikarus AD der wichtigste Flugzeughersteller dieses Landes. Das Werk wurde ebenso wie Rogozarsky und Zmaj im Krieg zerstört, aber 1945 soweit hergerichtet, daß die Konstruktion wieder anlaufen konnte. Im Jahr darauf faßte man das noch verbliebene Personal zusammen, um eine nationale Luftfahrtindustrie zu schaffen. Als erstes Produkt erschien der einsitzige Jäger **S-49**, im Grunde eine überarbeitete Jakowlew Jak-9. Der freitragende Tiefdecker mit einziehbarem Spornrad-Fahrgestell war gemischt konstruiert. Den Antrieb des Prototyps von 1948 lieferte ein 916 kW (1245 PS) starker Klimow VK-105PF-2 sowjetischer Herstellung. Mit diesem Triebwerk erreichte das Muster als **S-49A** im Jahre 1949 die Serienfertigung. Die Lieferung von über 100 solcher Jagdflugzeuge an die jugoslawische Luftwaffe begann im Mai 1951.

Kurz nach der Produktion der **S-49A** wurde die verbesserte Version **S-49C** in Ganzmetallbauweise entwickelt. Neben einem neu konstruierten Fahrwerk und Kabinendach kam der Hispano-Suiza 12Z-11Y zum Einsatz. Rund 70 **S-49C** wurden ab 1952 gebaut, die zusammen mit den **S-49A** bis Ende der fünfziger Jahre bei den jugoslawischen Luftstreitkräften im Dienst blieben.

***Die Abstammung der S-49A von der Jak-9 ist auf diesem Foto deutlich zu erkennen. Unter den Erhebungen an der Bugoberseite befinden sich die Verschlüsse der beiden 12,7-mm-MG.***

### TECHNISCHE DATEN
**Government Factories S-49C**

**Typ:** Jagdeinsitzer
**Triebwerk:** ein Zwölf-Zylinder-Reihenmotor (V-Form) Hispano-Suiza 12Z-11Y mit 1104 kW (1500 PS)
**Leistung:** Höchstgeschwindigkeit 640 km/h in 1525 m Höhe; Dienstgipfelhöhe 10.000 m; Reichweite 800 km
**Gewicht:** max. Startmasse 3470 kg
**Abmessungen:** Spannweite 10,30 m; Länge 9,06 m; Höhe 2,90 m
**Bewaffnung:** eine durch die Propellernabe feuernde 20-mm-Kanone MG 151 und zwei vorwärtsfeuernde 12,7-mm-Maschinengewehre sowie Vorrichtungen für Raketen oder bis zu 100 kg Bomben an Gehängen unter den Flächen

# Government Factories Typ 213 und Typ 522

1949 flog bei der staatlichen Flugzeugfabrik Jugoslawiens der Prototyp eines zweisitzigen Schulflugzeugs für Fortgeschrittene mit der Bezeichnung **Typ 213 Vihor**. Der freitragende Tiefdecker in Mischbauweise wurde von Ranger-SVG-770-CB1 mit 388 kW (528 PS) angetrieben. Die Hauptbaugruppen des Spornrad-Fahrwerks zogen bei der ersten Versuchsmaschine nach vorn ein. Mit dem zweiten Prototyp wurde ein breitspurigeres Fahrgestell eingeführt, das nach hinten einzog. Für die Serienflugzeuge, die man im Auftrag der jugoslawischen Luftwaffe baute, wurde dieses Konzept beibehalten. Die Maschine nahm den Lehrpiloten und den Flugschüler hintereinander im Cockpit unter einer langgestreckten Glashaube auf. Die Bewaffnung bestand aus zwei vorwärtsfeuernden Maschinengewehren und bis zu 100 kg Bomben zur Waffen- und Einsatzausbildung.

Im Februar 1955 erschien der Prototyp eines neuen Fortgeschrittenentrainers **Typ 522**, gedacht als Nachfolger des **Typs 213**. Das äußere Erscheinungsbild wirkte grundverschieden vom ersten Modell, doch es basierte auf demselben Flugwerk, allerdings in Metallbauweise. Was das Aussehen wirklich veränderte, war der Wright-Sternmotor R-1340 anstelle des Ranger-Reihenmotors mit hängenden Zylindern. Der **Typ 522** trat seinen Dienst bei der jugoslawischen Luftwaffe 1957 an.

***Typ 213 hatte eine verblüffende Ähnlichkeit mit dem Arado-Schulflugzeug Ar 96 des Zweiten Weltkriegs. Das Muster wurde 1957 als Typ 522 in Dienst gestellt und von einem Sternmotor anstelle des Ranger-Reihenmotors angetrieben.***

### TECHNISCHE DATEN
**Government Factories Typ 522**

**Typ:** zweisitziges Schulflugzeug für Fortgeschrittene
**Triebwerk:** ein Neun-Zylinder-Sternmotor Pratt & Whitney R-1340-AN-1 mit 447 kW (608 PS)
**Leistung:** Höchstgeschwindigkeit 350 km/h; Dienstgipfelhöhe 7000 m; Reichweite 975 km
**Gewicht:** Leermasse 1825 kg; max. Startmasse 2400 kg
**Abmessungen:** Spannweite 11 m; Länge 9,20 m; Höhe 3,58 m
**Bewaffnung:** zwei vorwärtsfeuernde 7,92-mm-Maschinengewehre MG17, eine Höchstbombenlast von 200 kg und Vorrichtungen für zwei Luft-Boden-Raketen

# Government Factories Typ 214-D

Mit der Bezeichnung **Typ 214-D** brachten die staatlichen Flugzeugwerke Jugoslawiens 1951 ein zweimotoriges Schulflugzeug heraus. Der freitragende Tiefdecker, hatte einen Rumpf mit ovalem Querschnitt, ein geteiltes Seitenleitwerk mit Rudern an Endplatten, ein einziehbares Spornrad-Fahrgestell und zwei Ranger SVG-770 zu je 358 kW (487 PS) in flügelmontierten Gondeln. Im Ausbildungsdienst konnte die Maschine zwei Flugzeugführer sowie je einen Navigator, Bombenschützen und Funker oder als Transporter einen Piloten und acht Passagiere aufnehmen.

***Wie der Typ 213 wurde auch die 214-D mit Ranger-Reihenmotoren konstruiert; die Serienflugzeuge jedoch erhielten Sternmotoren.***

### TECHNISCHE DATEN
**Government Factories Typ 214-D**

**Typ:** zweimotoriges Schul- und Übungsflugzeug für Besatzungen oder Transportflugzeug
**Triebwerke:** zwei Neun-Zylinder-Sternmotoren Pratt & Whitney R-1340-AN-1 je 447 kW (608 PS)
**Leistung:** Höchstgeschwindigkeit 365 km/h; Dienstgipfelhöhe 7000 m; Reichweite 1080 km
**Gewicht:** max. Startmasse 5025 kg
**Abmessungen:** Spannweite 16,20 m; Länge 11,20 m; Höhe 3,95 m

# Granville Gee Bee

Das Jahrzehnt von 1925 bis 1935 war durch aufsehenerregende Versuche gekennzeichnet, immer höhere Geschwindigkeiten mit zerbrechlichen Flugzeugzellen zu erreichen. Sie entsprangen einer Sportart, die in den USA als „Pylon"-Luftrennen bekannt wurde und immer mehr Anhänger fand. Der Klassiker in dieser Kategorie war das Rennen um die Thomson Trophy, das erstmals 1929 stattfand. Die Wettbewerbe von 1931 und 1932 hatten **Granville Gee Bee** gewonnen, seltsam wirkende Maschinen mit faßförmiger Gestalt und einem minimalistischen Flugwerk, das gerade ausreichte, um den Piloten und einen starken Sternmotor in die Luft zu bringen. Es kann daher nicht verwundern, daß diese Rennflugzeuge, die mehr als 480 km/h erreichten, in die Folklore der amerikanischen Fliegerei dieser Periode eingingen.

Die **Granville Model R Super Sportster**, konstruiert von den fünf Granville-Brüdern (daher der populäre Name **Gee Bee** oder **GB**), stellte einen typischen Vertreter ihrer Rennversion auf dem Höhepunkt der Entwicklung dar. Das **R**-Modell war ein drahtverspannter Tiefdecker mit starrem Spornrad-Fahrgestell, dessen Hauptbeine mächtige Verkleidungen aufwiesen. Den Durchmesser des faßförmigen Rumpfes bestimmte allein der gewählte Sternmotor. Zwei Maschinen wurden gebaut, das Modell **R-1** mit einem 597 kW (812 PS) starken Wasp von Pratt & Whitney und das Modell **R-2** mit einem Wasp Junior, der 410 kW (558 PS) erzeugte. Beide wurden für das Rennen um die Bendix Trophy im Jahre 1933 gemeldet, die **R-1** mit einem 671 kW (913 PS) starken Hornet-Triebwerk und die **R-2** mit dem Wasp, der zuvor in der **R-1** installiert war.

Der legendäre „Jimmy" Doolittle hatte 1932 die Thomson-Trophäe mit einer **Gee Bee** gewonnen und am 3. September 1932 mit der **R-1** den Geschwindigkeitsrekord für Landflugzeuge auf 476,83 km/h erhöht. Innerhalb eines Jahres stürzten beide Maschinen jedoch ab, und die Bruchteile der **R-1** und **R-2** dienten zum Bau des Zwittermodells **R-1/R-2**, das als „Intestinal Fortitude" (etwa „Kraft durch Eingeweide") Rennen flog. Als der älteste der fünf Granville-Brüder bei einem neuerlichen Unfall getötet wurde, schlitterten die Granville Brothers in den Konkurs.

Man hatte versucht, eine weniger hochgetrimmte Ausführung des Entwurfs an Sportpiloten zu verkaufen. Sie stammte von dem Einzelexemplar **Modell X Sportster** (mit dem 82 kW/112 PS starken American-Cirrus-Motor) von 1930 ab und führte schließlich zum Entwurf eines einsitzigen Grundflugzeugs, das sich ohne weiteres auf eine Reihe unterschiedlicher Motortypen anpassen ließ. Dies ergab die **Sportster**-Palette, die nur in sehr kleinen Stückzahlen gefertigt wurde, darunter **Modell B** mit einem Cirrus-Ensign-Motor (82 kW/112 PS), **Modell C** mit einem Menasco B-4 Pirate (71 kW/96,5 PS), **Modell D** mit einem Menasco C-4 Pirate (93 kW/126 PS) und das **Modell E** als einzige Variante mit Sternmotor in Form eines 82 kW (112 PS) starken Warner Scarab. Eine zum Zweisitzer ausgebaute Fortführung der X-Linie war das **Modell Y Senior Sportster**, von dem zwei Exemplare gebaut wurden.

**TECHNISCHE DATEN**
**Gee Bee Sportster Model E**
**Typ:** einsitziges Sportflugzeug
**Triebwerk:** ein Sieben-Zylinder-Sternmotor Warner Scarab mit 82 kW (112 PS)
**Leistung:** Höchstgeschwindigkeit 238 km/h; Reisefluggeschwindigkeit 204 km/h; Dienstgipfelhöhe 5790 m; Reichweite 885 km
**Gewicht:** Leermasse 414 kg; max. Startmasse 636 kg
**Abmessungen:** Spannweite 7,62 m; Länge 5,11 m; Höhe 1,83 m; Tragflügelfläche 8,83 m²

***Die Gee Bee „Sportster" Modell E erschien häufig im zweifarbigen Anstrich mit Muschel-Design.***

Beim **Modell Z**, Vorläufer des **Modells R**, handelte es sich um ein einzelnes Rennflugzeug, das aus den **Modellen X** und **Y** hervorging. Die Maschine hatte einen 399 kW (543 PS) starken Wasp Junior als Antrieb und erreichte eine Spitzengeschwindigkeit von 435 km/h. Für einen Geschwindigkeitsrekordversuch wurde sie mit einem Wasp ausgerüstet, der 560 kW (762 PS) abgab. Es zeigte sich jedoch, daß die Zelle dieser Belastung nicht gewachsen war. Die Maschine begann, sich in der Luft zu zerlegen, und kippte über die Seite in den Erdboden, nachdem eine Tragfläche nach hinten verbogen war. Der Pilot kam ums Leben. Ein anderer Granville-Typ derselben Grundauslegung war die **Q.E.D.** von 1934, ein Langstrecken-Zweisitzer mit dem P&W Hornet-Sternmotor als Antrieb. Der Typ litt unter mechanischen Problemen, aber 1939 gelang ihm ein Nonstop-Flug von Mexico City nach New York. Auf dem Rückflug stürzte die Maschine ab und riß den Piloten in den Tod.

# Great Lakes 2-T-1

Die Ende 1928 gegründete Great Lakes Aircraft Corporation konstruierte zunächst zwei Exemplare eines achtsitzigen Verkehrsmusters mit der Bezeichnung **Miss Great Lakes**. Der Entwurf war von der Martin T4M-1 abgeleitet, aber da diese Verkehrsflugzeuge kaum Interesse geweckt hatten, konzentrierte sich das Unternehmen auf die Entwicklung eines zweisitzigen Doppeldeckers für den Sportflug und zur Schulung. Das Musterflugzeug **Great Lakes 2-T-1**, erstmals im März 1929 geflogen, war ein einstieliger Doppeldecker in Mischbauweise mit Stoffbespannung und Schleifsporn zum starren Fahrgestell. Für den Antrieb sorgte ein Cirrus Mk III mit 63 kW (86 PS), und Pilot und Mitflieger/Schüler saßen in offenen Cockpits in Tandem-Anordnung. Bei der Flugerprobung zeigte sich, daß die Maschine außerordentlich schwanzlastig war. Nachdem man drei weitere Exemplare des Typs gebaut hatte, pfeilten die Konstrukteure den Oberflügel zurück, um diesen Schwachpunkt zu beheben.

Man nimmt an, daß etwa 40 **2-T-1** produziert waren, als die Fertigung auf die grundsätzlich ähnliche **2-T-1A** umgestellt wurde. Sie führte einen Cirrus-Motor mit 67 kW (91 PS), geringfügig vergrößerte Leitwerksflächen und etliche Verfeinerungen ein. Die **2-T-1A** wurde in sehr großen Stückzahlen bestellt, bevor die Rezession im Jahre 1929 massive Widerrufe auslöste. Dennoch entstanden mehr als 200 Exemplare. Die Schlußversion **2-T-1E**, die bis 1933 in der Fertigung blieb, brachte dem Muster eine neue Bauart des Cirrus-Motors und Detailverfeinerungen in der Linienführung. Nur etwa ein Dutzend Maschinen wurden gebaut. Viele **Great Lakes 2-T-1** sind heute geschätzte Liebhaberobjekte der neunziger Jahre.

***Trotz der Weltwirtschaftskrise im Jahre 1929 war die 2-T-1A ein kommerzieller Erfolg. Noch existierende Flugzeuge dieses Typs erfreuen sich einer hohen Wertschätzung in Liebhaberkreisen.***

**TECHNISCHE DATEN**
**Great Lakes 2-T-1E**
**Typ:** zweisitziges Sport- und Schulflugzeug
**Triebwerk:** ein hängender Vier-Zylinder-V-Motor Cirrus (amerikanischer Herstellung) mit 71 kW (97 PS)
**Leistung:** Höchstgeschwindigkeit 177 km/h; Reisefluggeschwindigkeit 153 km/h; Dienstgipfelhöhe 3660 m; Reichweite 604 km
**Gewicht:** Leermasse 459 kg; max. Startmasse 717 kg
**Abmessungen:** Spannweite 8,13 m; Länge 6,40 m; Höhe 2,39 m; Tragflügelfläche 17,43 m²

# Great Lakes BG-1

Die US Navy plante 1932 die Beschaffung eines neuen zweisitzigen Sturzkampfbombers, der im trägergestützten Einsatz eine 454-kg-Bombe unter dem Rumpf mitführen konnte. Consolidated Aircraft Corporation und Great Lakes Aircraft Corporation erhielten den Auftrag, Versuchsflugzeuge zu konstruieren, die im Wettbewerb gegeneinander getestet werden sollten. Die daraus resultierende **Great Lakes XBG-1** war ein Doppeldecker mit ungleich weit gespannten Tragflächen, die sich nach außen hin verjüngten, mit starrem Spornrad-Fahrwerk sowie offenen Tandem-Cockpits für Pilot und Beobachter/Bordschützen. Den Antrieb lieferte ein Doppelsternmotor vom Typ Pratt & Whitney R-1536-64 Twin Wasp Junior mit 620 kW (843 PS). Im Anschluß an die Fertigstellung Mitte 1933 prüfte die US Navy die **XBG-1**, und bei den Vergleichsflügen gegen die XB2Y-1 von Consolidated zeigte sich, daß sie das überlegene Muster war. Sie wurde daher im November 1933 als **BG-1** in die Serienfertigung genommen. Im Unterschied zum Prototyp hatte der Se-

***Die mit dem Torpedobomber TG-2 gewonnene Erfahrung kam dem Sturzkampfbomber BG-1 zugute. Dieses Exemplar diente unter VB-4M, einem von drei Verbänden des USMC, die mit diesem Typ ausgerüstet waren.***

rienbomber ein Kabinendach, das beide Cockpits abdeckte. Den Prototyp eingerechnet, wurden 61 **BG-1** produziert und die ersten Exemplare im Herbst 1934 bestimmten Einsatzverbänden zugeführt.

Die US Navy hielt dieses Muster bis 1938 in vorderster Linie und nutzte es anschließend noch mehrere Jahre lang im Unterstützungsdienst. Etwa die Hälfte war dem US Marine Corps zugeteilt, wo einige Einheiten dieses Muster bis 1940 flogen.

**Variante**

**Great Lakes XB2G-1:** Einzelexemplar einer fortentwickelten Version der BG-1, gedacht zur Bewertung durch die US Navy, konnte sich jedoch keinen Serienauftrag sichern; die Maschine wich vom Standard mit Einziehfahrwerk und größerem Rumpfdurchmesser in der Vertikalen ab, um den Einbau eines internen Bombenschachtes für eine 454-kg-Bombe zu ermöglichen

**TECHNISCHE DATEN**
**Great Lakes BG-1**

**Typ:** trägergestützter Sturzkampfbomber
**Triebwerk:** ein 14-Zylinder-Doppelsternmotor Pratt & Whitney R-1435-82 Twin Wasp Junior mit 560 kW (762 PS)
**Leistung:** Höchstgeschwindigkeit 303 km/h in 2715 m Höhe; Dienstgipfelhöhe 6125 m; Reichweite mit maximaler Nutzlast 869 km
**Gewicht:** Leermasse 1770 kg; max. Startmasse 2880 kg
**Abmessungen:** Spannweite 10,97 m; Länge 8,76 m; Höhe 3,35 m; Tragflügelfläche 35,67 m$^2$
**Bewaffnung:** ein vorwärtsfeuerndes 7,62-mm-Maschinengewehr und eine entsprechende Rohrwaffe auf Drehstütze im hinteren Cockpit sowie eine 454-kg-Bombe unter dem Rumpf

# Grigorowitsch I-2 und I-2bis

Unbefriedigende Flugleistungen des einsitzigen Doppeldeckerjägers I-1 bei seiner Flugerprobung im Frühjahr 1924 veranlaßten Dimitri P. Grigorowitsch, den leitenden Konstrukteur im GAZ-1 (Staatliche Flugzeugfabrik Nr. 1) auf dem Moskauer Flughafen Kodinka, die verbesserte Version **Grigorowitsch I-2** zu entwickeln. Die hölzerne Struktur und der Antrieb der Vorgängerin in Form eines Liberty-Motors mit 298 kW (405 PS) blieben erhalten, aber der Schalenrumpf hatte eine ovale Form und die aus zwei Streben bestehenden Flügelstiele waren durch profilierte I-Stiele ersetzt worden. Die modifizierte Motorverkleidung bot dem Piloten eine bessere Sicht, aber der Bauchkühler, den man schließlich bei der I-1 eingeführt hatte, fand sich auch bei der **I-2**.

Der **I-2**-Prototyp flog erstmals im Herbst 1924 mit A. I. Schukow als Pilot. Man befand die **I-2** zwar grundsätzlich für serientauglich, doch das selbst für den kleinen Testpiloten zu enge Cockpit mußte unbedingt vergrößert werden. Da dies eine Überarbeitung der mittleren Rumpfsektion bedeutete, nutzte man die Gelegenheit zu einer grundlegenden Verbesserung des Entwurfs: Das Rumpfgerüst sollte samt Motorträger aus Stahlrohr zusammengeschweißt, der Pilotensitz angehoben und als Triebwerk der 309 kW (420 PS) starke Zwölf-Zylinder-Reihenmotor M-5, eine sowjetische Entwicklung des American Liberty, eingebaut werden. Die Serienproduktion begann 1926 und endete 1929. In diesem Zeitraum wurden im GAZ-1 164 Jäger dieses Typs gefertigt, der in seiner definitiven Form die Bezeichnung **I-2bis** erhalten hatte, und im GAZ-23 entstanden weitere 47 Exemplare.

Der **I-2bis** kam die Ehre zu, als erster Jäger sowjetischer Konstruktion in großer Zahl bei der Roten Luftflotte in Dienst gestellt zu werden. Die **I-2bis** war jedoch ein recht komplexes Luftfahrzeug und ihre Zelle zwar stark, aber auch schwerer als von den Konstrukteuren zunächst geplant.

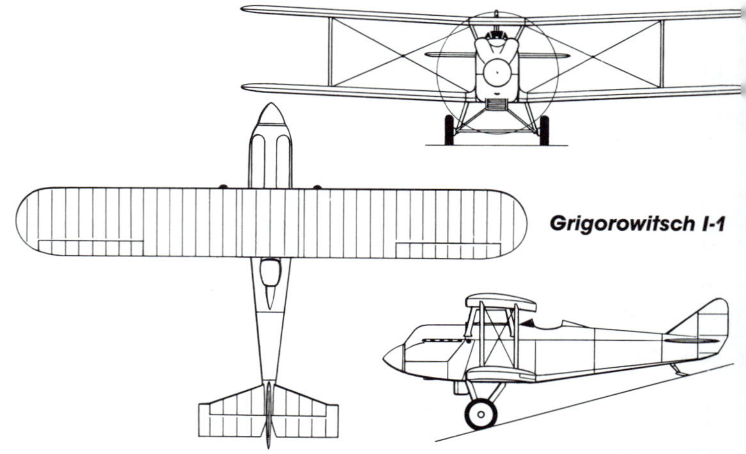

***Grigorowitsch I-1***

Zudem blieb das Kühlproblem weiterhin ungelöst. In kleiner Zahl erschien die Version **I-2prim** mit zwei zwischen den Fahrwerksbeinen aufgehängten Kühlern. Die verbesserte Motorkühlung mußte aber mit einem geringen Verlust bei der Gesamtleistung bezahlt werden.

Als einzigen weiteren Jagddoppeldecker konstruierte Grigorowitsch die **DI-3**, einen einstieligen Zweisitzer in Mischbauweise mit doppeltem Seitenleitwerk. Letzteres sollte dem Bordschützen zu einem größeren Schußfeld seines schwenkbar montierten Maschinengewehrs verhelfen. Angetrieben von einem BMW VI mit 537 kW (730 PS), wurde die **DI-3** im Sommer 1931 im Flug getestet, aber nicht zur Serienfertigung zugelassen.

***Die Grigorowitsch I-2 war ein sauber durchkonstruierter Doppeldecker mit I-Flügelstielen, der mit Rad- und Schneekufen-Fahrgestell operieren konnte.***

***Die I-2bis hatte modifizierte Flügelstiele, eine geänderte Motoraufhängung und einen größeren Kraftstofftank im Mittelteil des Oberflügels.***

**TECHNISCHE DATEN**
**Grigorowitsch I-2bis**

**Typ:** Jagdeinsitzer
**Triebwerk:** ein Zwölf-Zylinder-V-Motor M-5 mit 309 kW (420 PS)
**Leistung:** Höchstgeschwindigkeit 235 km/h in Meereshöhe; Dienstgipfelhöhe 5400 m; Reichweite 600 km
**Gewicht:** Rüstmasse 1152 kg; max. Startmasse 1575 kg
**Abmessungen:** Spannweite 10,80 m; Länge 7,32 m; Höhe 3 m; Tragflügelfläche 23,46 m$^2$
**Bewaffnung:** zwei synchronisierte 7,62-mm-MGs PV-1 auf dem Nasenrücken

# Grigorowitsch IP-1 und IP-4

Die im Jahre 1934 unter der Bezeichnung DG-52 vom Grigorowitsch-Konstruktionsbüro entwickelte **IP-1** war ein freitragender Ganzmetall-Tiefdecker, der als Prototyp Anfang 1935 zum ersten Mal flog. Der Pilot dieses einsitzigen Kanonenjägers saß in einer offenen Kanzel über den Tragflächen, und seine Kopfstütze war aerodynamisch in Richtung Heck verkleidet. Den Antrieb lieferte ein Wright-Sternmotor Cyclone mit 477 kW (649 PS), und das Hauptfahrwerk zog nach hinten in Wannen unter den Tragflächen ein.

Wie die frühere I-Z sollte die **IP-1** mit der großkalibrigen, rückstoßfreien Kurtschewsky-Kanone in Form zweier APK-4, Kaliber 7,62 cm, unter den Flächen bewaffnet werden. Jede dieser Rohrwaffen war mit fünf Schuß bevorratet. Die beiden zusätzlichen 7,62-mm-MG sollten den Piloten beim Richten der schweren Kanonen unterstützen.

Die **IP-1** wurde zur Serienfertigung freigegeben, allerdings in einer wesentlich modifizierten Ausführung. Die Kurtschewsky-Kanonen waren zwei ShVAK 20-mm-Kanonen in den Flächenansätzen gewichen, ergänzt durch sechs ShKAS 7,62-mm-Maschinengewehre, je drei in Wannen unter den Flächen. Zur Verbesserung der Kursstabilität hatte man eine große Rückenfinne ergänzt, die so weit nach vorn gezogen war, daß sie mit der Kopfstützenverkleidung verschmolz. Zwischen 1936 und 1937 wurden rund 90 **IP-1** gebaut. Das Muster stand jedoch im Schatten der Polikarpow I-16, die damals alle Wünsche der VVS (sowjetische Luftwaffe) erfüllte. Dies hatte einen zeitweiligen Stillstand in der sowjetischen Entwicklung einsitziger Ganzmetall-Jagdflugzeuge zur Folge. Die Serienjäger **IP-1** wurden vom sowjetischen Sternmotor M-25 angetrieben.

Die Version **IP-4** erschien gegen Ende 1934. Ihre Bewaffnung bestand aus vier neuen Kurtschewsky-Kanonen APK-11, Kaliber 45 mm, und zwei leichten Maschinengewehren. Wie beim **IP-1**-Prototyp diente ein Wright Cyclone als Antrieb. Das Konstruktionsbüro führte die **IP-4** unter der Bezeichnung **DG-53**.

Die **IP-1** war zwar Grigorowitschs letzter Entwurf, der in Großserien gebaut wurde, doch er schuf noch eine Reihe anderer beachtlicher Flugzeuge, bevor er schwer erkrankte. Dazu gehörte auch die **IP-2** (oder **DG-54**), angetrieben von Hispano-Suiza Xbrs mit 611 kW (830 PS) und bewaffnet mit einer ShVAK-Kanone im Motorgehäuse sowie zehn flächenmontierten ShKAS-Maschinengewehren. Die **IP-2** war fast fertiggestellt, als die Entwicklung 1936 abgebrochen wurde.

Ein weiterer bemerkenswerter Entwurf war die **DG-55** oder **E-2**, ein zweisitziger Kabinen-Tiefdecker mit glatter Linienführung und zwei Cirrus Hermes-Motoren mit je 89 kW (121 PS) als Antrieb. Das einzige Exemplar, das von diesem als Langstrecken-Rennflugzeug gedachten Muster gebaut wurde, diente ab 1935 als Eilpost- und Kurierflugzeug und wies eine Spitzengeschwindigkeit von 296 km/h sowie eine Reichweite von 2200 km nach.

Bei den übrigen Projekten handelte es sich um die **DG-56** oder **LK-3** von 1936, einen dreisitzigen Langstrecken-Begleitjäger mit zwei Hispano-Suiza 12Ybrs, und um die **DG-58** oder **PB-1** von 1937, einen zweisitzigen Sturzkampfbomber in der Auslegung eines Tiefdeckers mit einem M-85-Sternmotor (sowjetische Version des Gnome-Rhône 14K) als Antrieb. Die weiterentwickelte Version **DG-58bis** oder **DG-58R** war für den Aufklärerwettbewerb „Iwanow" vorgesehen.

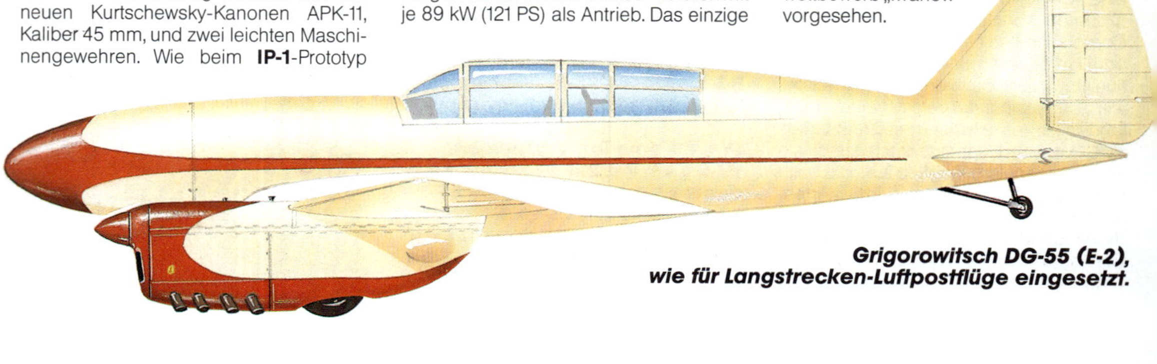

***Grigorowitsch DG-55 (E-2), wie für Langstrecken-Luftpostflüge eingesetzt.***

# Grigorowitsch I-Z

Das Mitte 1930 eingeleitete Programm „Z" zielte auf die Entwicklung eines Jägers ab, der die neue rückstoßfreie Kurtschewsky-Kanone, Kaliber 7,62 cm, mitführen konnte. Für diese Aufgabe wurde das OMOS-Konstruktionsteam nominiert, und Grigorowitsch übernahm natürlich viele Merkmale des einsitzigen Jagddoppeldeckers I-5, an dem er zusammen mit Nikolai Polikarpow gearbeitet hatte. Der Vorderrumpf und der Motoreinbau, einschließlich der Zylinderkopf-Helmgehäuse, stimmten völlig mit dem zweiten I-5-Prototyp überein. Der übrige Rumpf war in Schalenbauweise aus Duralumin gefertigt, und Grigorowitsch wählte die Auslegung als einsitziger Tiefdecker, dessen stoffbespannte Metallflächen mit V-Streben aus Stahl gegen das Fahrgestell mit Querachse abgestützt waren. Das große Seitenleitwerk hatte eine rundliche Nasenkante, und die abgestrebten Höhenflossen lagen recht hoch an der Seitenflosse, um jegliche Beeinflussung durch die Explosionsgase der großkalibrigen Kanonen auszuschließen. Diese beiden DRP-Waffen waren außerhalb des Fahrgestells unter die Tragflächen der Maschine gehängt und konnten nur einen einzigen Schuß abfeuern. Hinzu kam ein leichtes Einzel-MG im Rumpf für das Deutschießen.

**TECHNISCHE DATEN**
**Grigorowitsch I-Z (Serienversion)**
**Typ:** einsitziger Kanonenjäger
**Triebwerk:** ein Neun-Zylinder-Sternmotor M-22 (Lizenz-Jupiter) mit 353 kW (420 PS)
**Leistung:** Höchstgeschwindigkeit 260 km/h in Meereshöhe; Dienstgipfelhöhe 7000 m; Reichweite 600 km
**Gewicht:** Rüstmasse 1180 kg; max. Startmasse 1648 kg
**Abmessungen:** Spannweite 11,50 m; Länge 7,65 m; Tragflügelfläche 19,50 m²
**Bewaffnung:** zwei Kurtschewsky DRP 7,62-cm-Kanonen und ein 7,62-mm-Maschinengewehr PV-1

Zwei Versuchsjäger wurden gebaut, von denen der erste, **Grigorowitsch I-Z**, erstmals im Sommer 1931 flog. Der zweite Prototyp, leicht modifiziert, verstärkt und **I-Zbis** bezeichnet, erschien zu Beginn des Jahres 1932. Beide wurden vom Sternmotor Gnome-Rhône Jupiter VI mit 386 kW (525 PS) angetrieben. Die Bezeichnung des Konstruktionsbüros für diesen Typ lautete **TsKB-7**.

1933 wurden 21 Erprobungsjäger in Auftrag gegeben, deren M-22-Sternmotor sowjetischer Herstellung mit einem Townend-Ring verkleidet war. Die Metallflächen der Versuchsjäger hatte man zugunsten einer Holzstruktur aufgegeben. Später wurden nochmals 50 **I-Z**-Jäger produziert, doch die Flugeigenschaften waren nicht gerade gut, und die einschüssige Kanone erwies sich als Mißerfolg. Die meisten Maschinen dienten daher für Flugerprobungen und Versuche. Ein Exemplar wurde in das Wachmistrow-Programm Zweno-7 (Kombinationsgespann Bomber mit vier Jägern auf und unter den Tragflächen und der **I-Z** am Trapez unter dem Rumpf) eingebunden. Die Höchstgeschwindigkeit der Serienjäger lag um 40 km/h niedriger als bei den Prototypen.

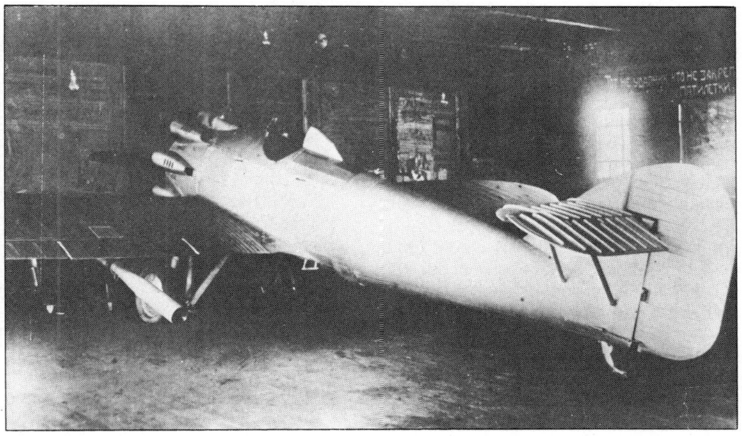

***Die I-Z hatte ein hoch angesetztes Höhenleitwerk, um es vor den Explosionsgasen der rückstoßfreien Kanonen zu schützen.***

# Grigorowitsch M-5

Die erfolgreiche Laufbahn des Dimitri Petrowitsch Grigorowitsch begann bei der Firma Shchetenin in St. Petersburg (früher Leningrad). Sein zweisitziges, von einem 37 kW (50 PS) starken Gnome-Umlaufmotor mit Druckschraube angetriebenes Flugboot M-1 erschien im Jahre 1913, als er erst 30 Jahre alt war. Im Jahr darauf folgte die M-2 mit einem Clerget-Motor, der 59 kW (80 PS) erzeugte, und 1914 konstruierte er die M-3 mit einem 74 kW (100 PS) starken Gnome-Monosoupape.

Ein Ersterfolg stellte sich mit der M-4 (oder Shch-4) ein, von der vier Exemplare gebaut wurden, je zwei für die Ostsee- und die Schwarzmeerflotte. 1915 folgte die **Grigorowitsch M-5 (ShchM-5)**. Dieses zweistielige Doppeldecker-Flugboot mit einfach gestuftem Bootsrumpf war aus Holz konstruiert. Der Bootsrumpf hatte eine Sperrholzbeplankung, und die Tragflächen ungleicher Spannweite ebenso wie die Leitwerksflächen waren mit Stoff überzogen. Hinter der Stufe spitzte sich der Rumpf rasch zu kaum mehr als einem Ausleger zu. Letzterer nahm das charakteristische einteilige Seitenleitwerk mit Ruder auf, das mit einem komplexen Bündel von Streben und Spanndrähten befestigt und abgesichert war. Den Gnome-Monosoupape-Motor hatte man so zwischen Ober- und Unterflügel montiert, daß er eine Druckschraube antreiben konnte. Pilot und Beobachter saßen nebeneinander in einem großen Cockpit vor dem Tragwerk. Für den Beobachter war ein Vickers 7,62-mm-MG eingerichtet.

**TECHNISCHE DATEN**
**Grigorowitsch M-5**
**Typ:** einmotoriges Aufklärungs- oder Ausbildungsflugboot
**Triebwerk:** ein Umlaufmotor Gnome-Monosoupape mit 74 kW (100 PS)
**Leistung:** Höchstgeschwindigkeit 105 km/h; Dienstgipfelhöhe 3300 m; Flugdauer vier Stunden
**Gewicht:** Rüstmasse 660 kg; max. Startmasse 960 kg
**Abmessungen:** Spannweite 13,62 m; Länge 8,60 m; Tragflügelfläche 37,90 m²
**Bewaffnung:** ein 7,62-mm-Maschinengewehr

Der größte Teil der 300 gebauten **M-5** diente auf dem Schwarzen Meer und auf der Ostsee, zunächst unter der Kaiserlich Russischen Marineluftflotte und später im Bürgerkrieg auf beiden Seiten. Mitte der zwanziger Jahre verfügte die Rote Luftflotte immer noch über einige flugtaugliche Exemplare.

**Varianten**

**M-10:** mit dem gleichen Motortyp und Bootsrumpf wie bei der M-5 erschien 1916 die M-10 mit stark gekürzter Spannweite; der Oberflügel war kaum größer als der Unterflügel; die Spannweite betrug 9,20 m, die Länge 8,60 m; die Spitzengeschwindigkeit stieg auf 125 km/h

**M-20:** M-5 von 1916 mit einem um 40 cm gekürztem Rumpf und einem Le Rhône mit 88 kW (120 PS) als Antrieb; Spitzengeschwindigkeit 115 km/h; in begrenzter Zahl produziert

***Nach damaligem Standard war die Grigorowitsch M-5 mit einer Auflage von 300 Exemplaren ein recht erfolgreiches Flugboot.***

# Grigorowitsch M-24 und M-24bis

Im April 1922 begann im GAZ-3 (staatliches Flugzeugwerk) die Konstruktion des vom sowjetischen Marineflieger-Direktorat geforderten Aufklärungsflugbootes **Grigorowitsch M-24**. Die aus den früheren Mustern M-9 und M-15 entwickelte **M-24** erhielt einen neu entworfenen Bootsrumpf und ein zweistieliges Doppeldecker-Tragwerk ungleicher Spannweite mit Querrudern an Ober- und Unterflügeln. Das Leitwerk war in typischer Grigorowitsch-Manier ausgelegt, aber der Motor, ein wassergekühlter Renault mit 162 kW (220 PS), lag in einer möglichst widerstandsarmen, an die Unterseite des Oberflügels geschmiegten Gondel, die einen Frontkühler enthielt. Pilot und Beobachter saßen nebeneinander in einem offenen Cockpit hinter großer Bugscheibe, die sie vor dem Fahrtwind schützte. In den Bug war ein Schützenstand mit einem Maschinengewehr auf Ringlafette eingearbeitet.

Die Flugerprobung fand im Frühling 1923 statt, und die Serienfertigung lief 1924 an, nachdem 40 Exemplare bestellt worden waren. Die Flugleistungen enttäuschten jedoch; die Spitzengeschwindigkeit betrug nur 130 km/h, und die Dienstgipfelhöhe lag bei 3500 m. Beschwerden über die **M-24** führten zur **M-24bis**, von der 20 Maschinen gebaut wurden. Der Entwurf war in Einzelheiten verbessert, und für den Antrieb der neuen Version sorgte ein Renault mit 191 kW (260 PS). Die höchstzulässige Masse lag um 50 kg über den 1750 kg der **M-24**.

Die **M-24** und **M-24bis** waren die letzten Seeflugzeuge des Konstrukteurs Grigorowitsch, die serienmäßig gefertigt wurden. Im Sommer 1925 ernannte man ihn zum Leiter des OMOS-Konstruktionskollektivs in Leningrad, das für Seeflugzeuge zuständig war. Das Kollektiv errang keinen Erfolg, obwohl es eine Reihe von Entwürfen schuf, wie die vom Liberty angetriebene **MRL-1** und das dreistielige Doppeldecker-Schulflugboot **MUR-1** mit Le-Rhône-Antrieb. Im November 1927 verlegte die Organisation, der etliche Ingenieure angehörten, ihren Sitz als OPO-3 nach Moskau. Einen Monat zuvor war die **MR-2**, eine Variation der **MRL-1** mit einem 331 kW (450 PS) starken Lorraine-Dietrich als Antrieb, bei einem Prüfflug aufgrund von Schwerpunktproblemen abgestürzt.

1927 produzierte Grogorowitsch den anspruchsvolleren Fernaufklärer **ROM-1**, ein als Anderthalbdecker ausgelegtes Flugboot mit Lorraine-Dietrich-Motoren in Tandem-Anordnung. Dieser Entwurf wurde zur **ROM-2** oder **MDR-1** von 1929 fortentwickelt, bei der die beiden Motoren in herkömmlicher Weise an die Nasenkante des Oberflügels montiert waren. Obgleich man die **ROM-2** noch zur **ROM-2bis** verbesserte, erreichte sie nicht die Serienfertigung. Zu den späteren einmotorigen Doppeldeckern zählten das schmucke einstielige Übungsflugboot **MU-2** von 1928, die **MUR-2** als eine umfassend modifizierte Ausgabe der **MUR-1** mit kürzer gespanntem zweistieligem Tragwerk und neu konstruiertem Bootsrumpf und die **MR-3** mit Ganzmetallrumpf und einem BMW-VI-Triebwerk, das 500 kW (680 PS) erzeugte. Bei den Testflügen im Sommer 1929 in Sewastopol zeigte sich, daß die **MR-3** eine schwache Startleistung besaß.

Das Scheitern all dieser Luftfahrzeuge warf tiefe Schatten auf Grigorowitsch, und seine langjährige Tätigkeit als Konstrukteur von Seeflugzeugen endete abrupt durch die Versetzung zum TsKB (Zentrales Konstruktionsbüro), wo er mit dem Entwurf von Landflugzeugen befaßt war. Die weitere Bearbeitung der **MR-3** übernahm Tchetverikow, der sie zur **MR-3bis** mit verschiedenen Bootsrümpfen, zumeist aus Holz konstruiert, umgestaltete. Das Grundmuster wurde später als **MR-5** oder **Typ 0** bekannt, aber 1931 war es von der Zeit überholt. Nach der Eindecker-Variante **MR-5bis** gab man die Entwicklung aller Grigorowitsch-Flugboote auf.

Der Mißerfolg der sowjetischen Flugbootkonstruktion in der Periode 1925 bis 1932 hatte die Einfuhr ausländischer Produkte zur Folge, darunter die Dornier War und Heinkel HD-55 aus Deutschland und die Savoia-Marchetti S.16, S.55 und S.62bis aus Italien. Im sowjetischen Dienst hießen die S.62bis MBR-4 und die HD-55-Flugboote KR-1.

**TECHNISCHE DATEN**
**Grigorowitsch M-24bis**
**Typ:** zweisitziges Küstenaufklärungsflugboot
**Triebwerk:** ein Reihenmotor Renault V-8 mit 191 kW (260 PS)
**Leistung:** Höchstgeschwindigkeit 140 km/h; Dienstgipfelhöhe 4000 m
**Gewicht:** Rüstmasse 1200 kg; max. Startmasse 1700 kg
**Abmessungen:** Spannweite 16 m; Länge 9 m; Tragflügelfläche 55 m²
**Bewaffnung:** ein 7,62-mm-Maschinengewehr auf Drehstütze im Buggefechtsstand und bis zu 100 kg Bomben

***Das letzte seriengefertigte Grigorowitsch-Flugboot war die M-24, ein mittelmäßiges Luftfahrzeug, das kaum einen technischen Fortschritt brachte, und außerdem enttäuschende Flugleistungen bot.***

# Grumman A-6 Intruder/EA-6B Prowler

Im Koreakrieg absolvierten die US-Streitkräfte mehr Jagdbombereinsätze als alle anderen Beteiligten, und im Falle der US Navy und des US Marine Corps zumeist mit Kolbenmotorflugzeugen. Dies hatte den Bedarf an einem strahlgetriebenen Jagdbomber zur Folge, der in der Lage wäre, Kampfeinsätze auch unter widrigsten Wetterbedingungen effektiv auszuführen. 1957 reichten acht Hersteller elf Angebote für ein von der US Navy gefordertes neues Muster ein, das taktische Offensiveinsätze in geringer Höhe über große Entfernungen hinweg austragen konnte. Die am 31. Dezember gewählte **Grumman G-128** sollte dieser Forderung in bewundernswerter Weise genügen. Sie wurde nicht nur einer der hauptsächlichen Kampfflugzeugtypen im Vietnamkrieg, sondern ergab auch eine Reihe späterer Varianten.

Eine Bestellung über acht Entwicklungsflugzeuge **YA-6A** (zunächst **A2F-1** bezeichnet) ging im März 1959 ein. Rund sechs Monate später wurde das im Maßstab 1:1 gefertigte Modell abgenommen, und der Erstflug konnte am 19. April 1960 gefeiert werden. Die Schubdüsen der beiden Strahltriebwerke J52-P-6 von Pratt & Whitney, die je 3856 kg Schub erzeugten, waren abwärts schwenkbar gelagert, um eine zusätzliche Auftriebskomponente beim Start zu gewinnen. Dieses Merkmal beschränkte sich allerdings auf die ersten vier Entwicklungsmaschinen, bei allen anderen Flugzeugen verlief die Längsachse der Schubrohre leicht abwärts. Die ersten Serienmaschinen **A-6A** Intruder wurden im Februar 1963 an die US Navy Attack Squadron VA-42 geliefert, und als erster Verband setzte VA-75 dieses Muster im Vietnamkrieg ein, als ihre **A-6A** ab März 1965 vom Träger USS Independence aus operierten. Von da an waren Intruder verschiedener Versionen intensiv in das Kampfgeschehen des Südostasienkonflikts eingebunden. Ihre DIANE (Digital Integrated Attack Navigation Equipment = digitale, integrierte Ausrüstung für Navigation und Angriff) verlieh dem Muster eine erstklassige Einsatzfähigkeit. Mit einer Waffenzuladung von 7711 kg bildete die Intruder eine wirkungsvolle Ergänzung des US-Arsenals in Südostasien.

Die Produktion der Grundversion **A-6A** lief bis 1969 und ergab 482 Exemplare, plus weitere 21, die als **EA-6A** gefertigt wurden. Letztere waren zur Unterstützung der **A-6A** in Vietnam durch elektronische Gegenmaßnahmen (ECM) und als elektronische Aufklärungsflugzeuge (Elint) gedacht, konnten aber auch eingeschränkte Offensiveinsätze fliegen. Die erste **EA-6A** flog 1963; drei **YA-6A** und drei **A-6A** wurden ebenfalls zu **EA-6A** umgebaut.

Auch die nächsten drei Intruder-Varianten entstanden durch eine Umrüstung vorhandener **A-6A**. Zunächst erschien die **A-6B** (19 Umrüstmaschinen), die einer USN-Staffel zugeführt wurde. Vom ersten Modell hob sie sich dadurch ab, daß sie statt der AGM-12B „Bullpup" den Standard-Radarbekämpfungsflugkörper der USN in Gestalt der AGM-78 mitführen konnte. Zur Erfassung und Identifizierung von Zielen, die das Standard-Radar des Musters nicht aufspüren konnte, modifizierte Grumman anschließend zwölf **A-6A** zu **A-6C**, mit besserer Eignung für Nachteinsätze durch den Einbau eines Infrarot-Vorwärtssichtgeräts (FLIR) und einer Fernsehkamera mit Restlichtverstärker. Der Prototyp des Lufttankers **KA-6D** in Form einer umgerüsteten **A-6A** war am 23. Mai 1966 flugbereit, und es erging ein Auftrag zur Serienfertigung, der allerdings später widerrufen wurde. Stattdessen rüstete man 78 **A-6A** zu **KA-6D** um. Dieses Programm umfaßte die Ausstattung mit TACAN und einem Schlauchtrommelgerät im Hinterrumpf, das die Betankung anderer **A-6** oder anderer Trägerflugzeugtypen in der Luft ermöglichte. Die **KA-6D** kann auch als Leitstelle für Luft- und Seenotrettungseinsätze fungieren. Nach dem Abzug der EKA-3B aus dem trägergestützten Einsatz wurde die **KA-6D** zum Standard-Lufttanker der US Navy.

Am 27. Februar 1970 flog bei Grumman die erste **A-6E**, eine modernisierte und kampfwertgesteigerte Ausführung der **A-6A**, deren Nachfolge sie auf dem Montageband antrat. Die Beschaffung dieser Version war sowohl für die USN- als auch USMC-Staffeln vorgesehen. Rund 120 Maschinen wurden neu gebaut und 240 entstanden durch Umrüstung der **A-6A**. Kernstücke der **A-6E** in der überarbeiteten Zelle mit den fortentwickelten Triebwerken der früheren Modelle waren das Mehrbetriebsarten-Radargerät AN/APQ-148 von Norden, das rechnergestützte Navigations- und Waffeneinsatzsystem AN/ASQ-133 von IBM/Fairchild, ein Conrac-Waffenkontrollgerät und ein Video-Magnetband-Aufzeichnungsgerät von RCA zur Wirkungsanalyse nach erfolgtem Angriff.

Nach dem Erstflug einer Testmaschine am 22. März 1974 durchliefen alle **Intruder** der US Navy und des US Marine Corps schubweise ein weiteres Modernisierungsprogramm, genannt TRAM (Target Recognition Attack Multisensor). Es brachte der Standard-**Intruder A-6E** ein elektrooptisches Sensorenpaket mit FLIR und Laserempfänger im Turm ein, das mit dem Norden-Radargerät integriert war. Hinzu kam das CAINS (Carrier Airborne Inertial Navigation System), das die **Intruder** im automatischen Landeanflug auf das Trägerdeck führte, sowie alle erforderlichen Vorrichtungen, um lasergelenkte Waffen und andere Mittel einzusetzen, die ihr Ziel automatisch ansteuerten. Als erste Staffel der US Navy nahm VA-165 diese **A-6E/TRAM** entgegen. Alle **A-6E** waren zur Umrüstung gemäß TRAM-Standard vorgesehen, und innerhalb eines Extraprogramms wurden 50 **A-6E** zur Beladung mit je sechs Harpoon-Lenkflugkörpern hergerichtet.

Erste Erfahrungen mit den Störflugzeugen **EA-6B** im Begleiteinsatz führten zur Entwicklung einer fortschrittlicheren Version, der **EA-6B Prowler**. Sie ähnelt der **A-6A**, unterscheidet sich aber durch einen um 1,37 m gestreckten Vorderrumpf und einen markanten Behälter auf der Seitenflosse, in dem passive Empfänger untergebracht sind. Zu weiteren Änderungen zählte eine stärkere Zelle für höhere zulässige Betriebsmassen, Raum für zwei zusätzliche Besatzungsmitglieder, die die modernere Störausrüstung bedienen, eine erhöhte Treibstoffkapazität und schubstärkere P&W-Strahltriebwerke J52-P-408. Die Auslieferung begann im Januar 1971. Die moderne Missionsausrüstung der **Prowler** gründet auf dem ALQ-99 für taktisches Rauschstören mit bis zu zehn Sendern. Eine gesteigerte Störkapazität brachte die 1978 eingeführte ICAP-Modifikation (Increased CAPability). Die 1982 für diensttauglich befundene Maßnahme ICAP-2 wird als Nachrüstung realisiert.

1984 erhielt Grumman grünes Licht für die Entwicklung der verbesserten Version **A-6F Intruder II** mit einem neuen Radargerät, einem System zum Einsatz von Abstandswaffen, einem „gläsernen" Cockpit und einer nachbrennerlosen Ausführung des F404-Bläsertriebwerks von General Electric. Der erste von fünf Prototypen hob am 25. August 1987 ab, aber 1989 wurde das Programm gestrichen, nachdem bereits drei Versuchsmaschinen geflogen waren. Grumman schlug dann eine kostengünstigere Alternative vor, die **A-6G**, die die meisten **A-6F**-Verbesserungen übernehmen, aber auf die Turbofan-Triebwerke verzichten und am J52-Originalantrieb festhalten sollte. Vor den Augen der US Navy fand auch die **A-6G** keine Gnade, so daß dieses Progamm im Januar 1989 zugunsten des „Systems Weapons Improvement Program" ebenfalls gestrichen wurde. Letzteres hat das Gros der Intruder-Flotte inzwischen durchlaufen.

Als die letzte **A-6** Ende 1990 vom Montageband rollte, waren über 660 dieser teuren, aber vielseitigen Kampfflugzeuge gebaut und der US Navy bzw. dem US Marine Corps zugewiesen worden.

**Varianten**
**YEA-6A:** Prototyp der EA-6A in Gestalt einer umgerüsteten Erprobungsmaschine
**NA-6A:** drei YA-6A und drei A-6A, die für Testvorhaben modifiziert wurden
**NEA-6A:** ein für besondere Testvorhaben modifiziertes EA-6A-Einzelexemplar
**NEA-6B:** zwei EA-6B-Prototypen, die für Sondertests modifiziert wurden

**TECHNISCHE DATEN**
**Grumman A-6E Intruder**
**Typ:** zweisitziger träger- oder küstengestützter Allwetter-Jagdbomber
**Triebwerke:** zwei Strahltriebwerke Pratt & Whitney J52-P-8B je 4218 kg Schub
**Leistung:** Höchstgeschwindigkeit 1036 km/h in Meereshöhe; Marschgeschwindigkeit 763 km/h; Dienstgipfelhöhe 12.925 m; Reichweite mit max. militärischer Zuladung 1627 km
**Gewicht:** Leermasse 12.093 kg; max. Katapult-Startmasse 26.581 kg, max. Abflugmasse an Land 27.397 kg
**Abmessungen:** Spannweite 16,15 m; Länge 16,69 m; Höhe 4,93 m; Tragflügelfläche 49,13 m²
**Bewaffnung:** eine Unterrumpf- und vier Unterflügelstationen für eine max. Außenlast von 8165 kg

***Die EA-6B hat einen erweiterten Vorderrumpf mit Cockpit für eine vierköpfige Besatzung. Die Empfänger der hochentwickelten Elektronikausrüstung sind im Radombehälter auf der Seitenflosse installiert.***

# Grumman Albatross bis Grumman F4F Wildcat

**Die Grumman Aircraft Engineering Corporation, 1929 von Leroy Grumman, Bell Schwendler und Jake Swirbul gegründet, befaßte sich anfangs mit dem Bau so massiver Wasserflugzeuge, daß das Werk bald den Spitznamen „Grumman-Eisenwerke" bekam. Das Werk arbeitete in den 30er Jahren sehr erfolgreich.**

## Grumman Albatross

Gute Erfahrungen mit der Grumman Goose, die den ganzen Zweiten Weltkrieg hindurch ein hohes Maß an Zuverlässigkeit bewiesen hatte, veranlaßten die US Navy, ein Amphibium mit einer größeren Reichweite zu beschaffen. 1944 begann das Unternehmen mit dem Entwurf der **Grumman G-64**, die später auf den Namen **Albatross** getauft und bei der US Air Force, US Coast Guard und US Navy in Dienst gestellt werden sollte. Der ähnlich wie das Vorgängermodell ausgelegte Prototyp startete am 24. Oktober 1947 zum Erstflug. Die permanent montierten Stützschwimmer unter den Flächen waren beibehalten, allerdings, wie die gesamte Struktur, beträchtlich widerstandsärmer gestaltet. Weitere Änderungen umfaßten ein nicht mehr abgestrebt, sondern freitragend montiertes Höhenleitwerk sowie ein Fahrgestell mit Bugrad und Pylonen unter den Flächen außerhalb der Motorgondeln, um Waffen oder Tanks zur Streckung der Reichweite aufzunehmen. Zudem konnten auch die Stützschwimmer betankt werden. Das Flugdeck war für eine vierköpfige Besatzung ausgelegt, und die Kabine bot Platz für zehn Passagiere, aber je nach Bedarf auch für Krankentragen oder Fracht.

Der von der US Navy für den Unterstützungsdienst bestellte Prototoyp erhielt die Bezeichnung **XJR2F-1**. Als erste Serienversion erschien die **UF-1**, und 1955 folgte die Ausführung **UF-2**, die ein Tragwerk mit erhöhter Spannweite und abgewölbter Vorderkante, größer bemessene Querruder und Leitwerksflächen sowie effektivere Enteisungsmatten an sämtlichen Nasenkanten aufwies. Als 1962 ein vereinfachtes Bezeichnungswesen für Luftfahrzeuge eingeführt wurde, fielen diese beiden Versionen unter die Kennung **HU-16C** und **HU-16D**. Die winterfeste Ausgabe für den Dienst in der Antarktis hieß **UF-1L** (später **LU-16C**), und die fünf Ausbildungsmaschinen **UF-1T** mit Doppelsteuer wurden in **TU-16C** umbenannt.

Die USAF sah in der **G-64** eine attraktive Maschine für den Rettungsdienst und wies die Mehrzahl der 305 beschafften Flugzeuge als **SA-16A** dem MATS Air Rescue Service zu. Eine verbesserte Version, das Pendant zur **UF-2** bei der US Navy, ging 1957 als **SA-16B** in Dienst. 1962 wurden diese Rettungsmaschinen in **HU-16A** beziehungsweise HU-16B umbezeichnet. **HU-16E** lautete die Dienstbezeichnung der **Albatross** (zunächst **UF-1G**) bei der US Coast Guard, und zehn an Kanada gelieferte Exemplare dienten als **CSR-110**. 1961 führte man eine Variante zur U-Boot-Abwehr ein, die mit Bugradar, einziehbarem Magnetfeldortungsgerät (MAD), ECM-Radom und Suchscheinwerfer ausgerüstet war und mit einer kleinen Menge an Wasserbomben beladen werden konnte. Bei einigen Luft- und Seeluftstreitkräften befindet sich die vielseitige **Albatross** weiterhin im Dienst, aber wegen der „durstigen" Motoren fanden die ausgemusterten Maschinen kaum zivile Abnehmer.

*Grumman HU-16 Albatross*

| TECHNISCHE DATEN |
|---|
| **Grumman HU-16D Albatross** |
| **Typ:** amphibisches Mehrzweckflugzeug |
| **Triebwerke:** zwei Neun-Zylinder-Sternmotoren Wright R-1820-76A oder -76B Cyclone mit je 1063 kW (1445 PS) |
| **Leistung:** Höchstgeschwindigkeit 380 km/h; Marschgeschwindigkeit 241 km/h; Dienstgipfelhöhe 6555 m; Reichweite mit Höchstmenge an internem und externem Kraftstoff 4587 km |
| **Gewicht:** Leermasse 10.380 kg; max. Startmasse 16.193 kg |
| **Abmessungen:** Spannweite 29,46 m; Länge 18,67 m; Höhe 7,87 m; Tragflügelfläche 96,15 m² |

***Bei militärischen Betreibern erfreute sich die Albatross großer Beliebtheit, doch im Bereich der zivilen Luftfahrt erwies der übermotorisierte Typ sich als unwirtschaftlich.***

## Grumman AF-2 Guardian

Trotz des Erfolgs, den die Grumman TBF/TBM Avenger erreicht hatte, reiften bereits 1943 Pläne zu ihrer Ablösung heran, die in den Entwurf TB2F mündeten. Dieser Torpedobomber sollte von zwei P&W-Sternmotoren R-2800-22 angetrieben und schwer bewaffnet werden, sowie in der Lage sein, eine offensive Nutzlast von 3629 kg über eine Entfernung von 3670 km zu tragen. Die Gesamtmasse von 20.412 kg erachtete man jedoch als zu hoch für den Einsatz auf Flugzeugträgern, so daß das Projekt zugunsten der TSF, eines Abkömmlings der F7F Tigercat, aufgegeben wurde. Auch dieses Vorhaben entfiel jedoch, und im Februar 1945 vergab das Bureau of Aeronautics der US Navy einen Auftrag zur Konstruktion von drei Prototypen der **Grumman G-70**, eines Mitteldeckers für eine zweiköpfige Besatzung. Dieses Muster sollte eine 1814 kg schwere Last an Bomben im internen Schacht sowie zwei 20-mm-Kanonen als Ergänzung dieser offensiven Bewaffnung mitführen können. Gegnerischen Angriffen vermochte sich die Maschine durch ihre Geschwindigkeit zu entziehen, und zur Verstärkung des Sternmotors im Bug war ein Westinghouse-Strahltriebwerk im Hinterrumpf vorgesehen, dem die Luft über ovale Einläufe an den Nasenkanten der Tragflächen zugeführt wurde.

Drei Prototypen waren geplant: zwei **XTB3F-1** mit dem 1715 kW (2332 PS) starken P&W-Sternmotor R-2800-34W und einem Westinghouse-Triebwerk 19XB-2B mit 726 kg Schub und eine **XTB3F-2** mit einem Wright R-3350 und einem Westinghouse 24C-4B. Grummans Testpilot Pat Gallo flog die erste Maschine dieses Trios am 18. Dezember 1946 mit abgedeckten Triebwerkslufteinläufen, da diese bei Bodentestläufen Probleme aufgeworfen hatten. Letztendlich wurde das Strahltriebwerk nie im Flug eingesetzt und kurze Zeit später ausgebaut. Nur fünf Tage nach dem

***Die Guardian operierten als „Hunter/Killer"-Paare gegen Unterseeboote. Die Maschine im Vordergrund ist eine AF-2W mit Suchradar, und dahinter fliegt die bewaffnete AF-2S.***

Jungfernflug stoppte die US Navy die Arbeiten an der **TB3F** nach einer weiteren Bedarfsanalyse und verzichtete auf den primären Einsatz dieses Musters als Torpedobomber. Das Programm wurde wieder aktiviert, um die U-Boot-Abwehr durch ein Luftfahrzeuggespann zu verwirklichen, von denen eines auf die Ortung und das andere auf die Bekämpfung spezialisiert war. Die beiden Prototypen modifizierte man zum „Hunter/Killer-Team".

Die dritte Versuchsmaschine, damals **XTB3F-1S** bezeichnet, wurde ohne Westinghouse-Strahltriebwerk fertiggestellt und die freigewordene Rumpfzelle zur Unterbringung von Elektronikgeräten und einer Position für einen Radarbeobachter genutzt. Der ehemalige Waffenschacht nahm ein Suchradar AN/APS-20 auf und ein großes Bauchradom. Diese Maschine flog ab November 1948, gefolgt von dem viersitzigen Prototyp **XTB3F-2S** am 12. Januar 1949. Im Februar prüfte das Naval Air Test Center in Patuxent River beide Versionen auf ihre Diensttauglichkeit. Bis dahin lagen bereits Serienaufträge als **AF-2S Guardian** zur Zielbekämpfung und als **AF-2W Guardian** zur Ortung vor. Beiden diente der P&W-Sternmotor R-2800-48W als Antrieb. Die erste seriengefertigte **AF-2S** flog am 17. November 1949, und zwischen Mai 1950 und November 1951 prüfte die Air Development Squadron 1 in Key West die Bewaffnung und Missionsausrüstung mit je fünf Maschinen beider Ausführungen. Trägererprobungen fanden im November 1950 an Bord der USS Wright, im Dezember an Bord der USS Palau und im September 1951 an Bord der USS Monterey statt. VS-25 auf dem Marinefliegerhorst North Island nahm ihre ersten neuen U-Jagdflugzeuge am 18. Oktober 1950 entgegen. Der Dienst der **AF-2 Guardian** in den Einsatzverbänden währte indes nicht lange, denn am 30. Juni 1950 veröffentlichte die US Navy die Unterlage, nach der die S2F Tracker entwickelt wurde. Dieses Muster nahm am 31. August 1955 die Stelle der Guardian bei VS-37 auf NAS North Island ein. Während der Guardian-Dienstperiode flogen jedoch etliche Staffeln zwischen März 1951 und Mai 1953 Kampfeinsätze über koreanischen Gewässern.

**Varianten**

**AF-2S:** 193 Exemplare dieses Waffenträgerelements des Hunter/Killer-Teams wurden gebaut; Bekämpfungsmittel bis zu 1814 kg ließen sich intern mitführen, und sechs Träger unter den Flächen konnten HVAR-Raketen oder 113-kg-Wasserbomben aufnehmen; unter der Steuerbordfläche hing ein Radarbehälter mit dem AN/APS-31 und unter der Backbordfläche der Hochleistungsscheinwerfer AN/AVQ-2; Sonarbojen wurden aus Behältern am Tragflächenmittelstück ausgestoßen

**AF-2W:** die Produktion dieser viersitzigen Suchversion ergab 153 Exemplare; die unbewaffneten Maschinen waren am Bauchradom ihres Radargerätes AN/APS-20 leicht erkennbar

**AF-3S:** 40 zwischen 1952 und 1953 gelieferte Flugzeuge; ähnlich wie die AF-2S, aber mit zusätzlicher ASW-Ausrüstung, wie beispielsweise einem MAD-Ausleger auf der rechten Rumpfseite

**TECHNISCHE DATEN**

**Grumman AF-2S**

**Typ:** zweisitziges U-Jagdflugzeug
**Triebwerk:** ein 18-Zylinder-Doppelsternmotor Pratt & Whitney R-2800-48W mit 1780 kW (2420 PS)
**Leistung:** Höchstgeschwindigkeit 510 km/h in 4875 m Höhe; Dienstgipfelhöhe 9905 m; Reichweite 2414 km
**Gewicht:** Leermasse 6613 kg; max. Startmasse 11.567 kg
**Abmessungen:** Spannweite 18,49 m; Länge 13,21 m; Höhe 4,93 m; Tragflügelfläche 52,02 m²
**Bewaffnung:** ein 907-kg-Torpedo oder zwei 907-kg-Bomben oder zwei 726-kg-Wasserbomben

# Grumman E-2 Hawkeye/TE-2/C-2 Greyhound

Das Konzept eines luftgestützten Frühwarndienstes (AEW = Airborne Early Warning) wurde im Zweiten Weltkrieg entwikkelt, als man erkannte, daß Funkmeßanlagen an Bord eines Flugzeugs die durch die Erdkrümmung bedingten Grenzen der Reichweite land- und schiffsgestützter Radargeräte überwinden konnten. Erste Versuche, ein „Radarauge am Himmel" zu postieren, waren nicht sonderlich erfolgreich, aber innerhalb der nächsten drei Jahrzehnte machte die Entwicklung des Konzepts gewaltige Fortschritte.

Grumman befaßte sich von Anfang an mit dieser Materie und schuf mit der **Grumman G-89** den ersten und bis heute einzigen Entwurf, der von Anfang an als taktisches Frühwarn- und Leitflugzeug konzipiert wurde. Am 5. März 1957 erklärte man die **G-89** zum Sieger einer Navy-Ausschreibung, die ein mit einem Weitbereichsradar bestücktes Luftfahrzeug als Teil des Naval Tactical Data Systems zum Ziel hatte. Grummans Angebot beinhaltete ein von zwei Propellerturbinen angetriebenes und mit fünf Mann (zwei Piloten, Radarbeobachter, Flugverkehrskontrolloffizier und Lageführungsoffzier) besetztes Flugzeug, ausgerüstet mit einem Überwachungsradar AN/APS-96 von General Electric, dessen Antenne in einem diskusförmigen Rotodom mit einem Durchmesser von 7,32 m auf einem Rückengerüst montiert war. Um die Auswirkungen dieser Komponente auf die Stabilität aufzufangen, wurde ein weitgespanntes Höhenleitwerk mit positiver V-Stellung eingesetzt, das insgesamt vier Seitenflossen und zwei Seitenruder aufnahm.

Der Prototyp dieses **W2F-1** bezeichneten Musters absolvierte am 21. Oktober 1960 seinen Jungfernflug unter dem Antrieb zweier Allison-Propellerturbinen T56-A-8. Auf diesen Aerodynamik-Prüfling folgte am 19. April 1961 die zweite Versuchsmaschine mit kompletter Avionikausrüstung. 1962 änderte sich die Dienstbezeichnung in **E-2A Hawkeye**, und am 19. Januar 1964 nahm Squadron VAW-11 der US Navy das erste von 59 Exemplaren dieser Version in Empfang. Zwei blieben der USN als **TE-2A** zur Ausbildung erhalten und weitere zwei wurden zu Prototypen für die **E-2C** umgerüstet. Nachdem am 20. Februar 1969 ein Umrüstflugzeug geflogen war, hob man alle **E-2A**-Einsatzmaschinen auf den neuen Standard **E-2B** an, der außer einem verbesserten Zentralrechner auch einen Luftbetankungsstutzen enthielt. Sie wurden in der Regel als

***Die aktuelle Version E-2C hebt sich von den früheren Modellen E-2A und E-2B durch einen großen Lufteinlaufkasten auf dem Rumpfrücken vor dem Tragwerk ab.***

Paare oder Schwärme in Höhen um 9000 m eingesetzt, um rechtzeitig vor feindlichen Kriegsschiffen oder Luftfahrzeugen zu warnen.

Im Sommer 1971, nach dem Erstflug eines Prototyps am 20. Januar, begann Grumman mit der Serienproduktion der **E-2C Hawkeye**. Diese Version besaß aufgrund ihrer modernisierten Kernavionik ein gesteigertes Einsatzpotential. Im November 1973 trat sie den Dienst bei VAW-123 an. Die Erstbeschaffung für die US Navy umfaßte elf Flugzeuge, aber letztendlich erhielt Grumman Aufträge für insgesamt 164 **E-2C**, von denen bis jetzt rund 140 ausgeliefert wurden, darunter zwei Schulflugzeuge **TE-2C**. **E-2C** gingen an Israel (vier), Japan (13), Ägypten (sechs) sowie Singapur (vier), und sechs umgerüstete **E-2B** dienen in Taiwan als **E-2T**.

Das gemeinsam von General Electric und Grumman entwickelte Radargerät AN/APS-125 der **E-2C** kann Luftziele in einer von Bodenechos gestörten Umgebung bis zu Entfernungen von 370 km erfassen. Es bietet eine automatische Entdeckung und Verfolgung von Zielen über Land und See bei gleichzeitiger Überwachung der Luft- und Schiffahrt. Die Datenverarbeitungsanlage an Bord kann gleichzeitig mehr als 250 Ziele verfolgen und ist in der Lage, bis zu 30 Abfangvorgänge im Luftraum zu leiten. Die Radaranlage wird durch ein passives Erfassungssystem (PDS) ergänzt, das die Anwesenheit, Richtung und Identität jeglichen Luftverkehrs in einer Umgebung mit „hoher Signaldichte" erfaßt. Das PDS kann seinen Bedienern auch die Präsenz elektronischer Sender in Entfernungen von bis zu 800 km melden, ihren Standort ermitteln und die Art der Bedrohung aufzeigen. Das Radarsystem der **E-2C Hawkeye** selbst ist mit elektronischen Schutzschaltungen ausgestattet, die seine Funktionstüchtigkeit auch bei Störsendungen des Gegners sicherstellen sollen.

Da die Hawkeye erfolgreich im Trägereinsatz operierte, konnte es nicht weiter überraschen, daß die US Navy auch an einer COD-Version dieses Musters interessiert war, die Grumman 1962 anbot. Zunächst wurden drei Exemplare mit der Be-

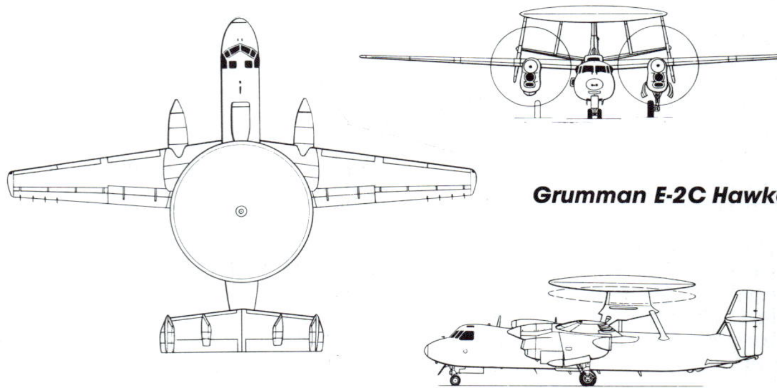

*Grumman E-2C Hawkeye*

zeichnung **C-2A Greyhound** geordert, und vier Wochen nach dem Erstflug am 18. November 1964 akzeptierte die US Navy die COD-Ausführung. Das erste Serienlos umfaßte 19 Maschinen, die ähnlich wie die **E-2** ausgelegt waren, außer daß das Rotodom und die V-Stellung des Höhenleitwerks entfielen. Der Rumpf erhielt nicht nur einen breiteren und höheren Durchmesser, sondern auch eine Heckklappe, die die Unterseite des Hinterrumpfs bildet. Der Kabinenboden war für schwerere Lasten verstärkt und mit bündig abschließenden Montageschienen für Frachtzurrbeschläge ausgestattet. Alternativ zu palettisiertem Nachschub kann die Greyhound auch 39 Soldaten oder 20 Personen auf Krankenliegen und vier Sanitäter transportieren.

Anfang 1982 nahm Grumman einen neuen Auftrag entgegen, der eine Nachbestellung von 39 **C-2A** auf der Basis der **E-2C** abdeckte. Die erste Maschine dieses Bauloses wurde 1985 ausgeliefert. Alle 19 **Greyhound** der ersten Baureihe waren bis 1987 ausgemustert worden, und die neuen COD-Maschinen unterschieden sich von dem früheren Typ durch leistungsgesteigerte Turbinen, verbesserte Einrichtungen für die Passagiere und modernere Avioniksysteme.

**TECHNISCHE DATEN**

**Grumman E-2C Hawkeye**

**Typ:** Frühwarn- und Leitflugzeug
**Triebwerke:** zwei Propellerturbinen Allison T56-A-425 je 3661 kW (4979 WPS)
**Leistung:** Höchstgeschwindigkeit 602 km/h; Langstrecken-Marschgeschwindigkeit 499 km/h; Dienstgipfelhöhe 9390 m; Flugdauer mit max. Treibstoffzuladung 6 Stunden, 6 Minuten
**Gewicht:** Leermasse 17.211 kg; max. Startmasse 23.503 kg
**Abmessungen:** Spannweite 24,56 m; Länge 17,54 m; Höhe 5,58 m; Tragflügelfläche 65,03 m²

# Grumman FF, SF und Goblin

***Grumman SF-1 der VS-3B, Mitte der dreißiger Jahre an Bord der USS Lexington eingesetzt.***

Am 28. März 1931 nahm die US Navy ihre bis heute andauernden Geschäftsverbindungen mit der Grumman Aircraft Engineering Corporation auf. Gegenstand dieses ersten Vertrags war der Prototyp **Grumman XFF-1**, ein zweisitziger Jagddoppeldecker mit Einziehfahrwerk, das für die US Navy neu war. Zuvor hatte Grumman zwar für die Doppeldecker Vought Corsair ein Schwimmerfahrgestell konstruiert, in das sich Räder einziehen ließen, aber den Wunsch geäußert, lieber ein neues Muster mit dieser Einrichtung zu konstruieren als vorhandene Marinejäger nachzurüsten. Die **XFF-1** war aus Metall gefertigt und mit zwei Browning 7,62-mm-MGs auf der Abdeckung des Vorderrumpfs sowie einer entsprechenden Waffe im hinteren Cockpit bewaffnet. Letztere stand mit dem Sitz des Bordschützen in Verbindung, so daß sich Sitz und MG beim Richtvorgang gemeinsam im Kugellager drehten. Die Konstruktion des mit einem 459 kW (624 PS) starken Sternmotor Wright R-1820E ausgerüsteten Prototyps begann in Grummans Baldwin-Werkstätten auf Long Island. Im November 1931 zog die Firma nach Curtiss Field um, und von dort aus führte NACA-Testpilot Bill McAvoi die Maschine am 29. Dezember zum Erstflug. Bereits im Januar 1932 wurde die **XFF-1** zum Testzentrum der US Navy auf dem Marinefliegerhorst Anacostia überführt. Im Verlauf dieses Programms wies der Jäger eine Spitzengeschwindigkeit von 314 km/h in Meereshöhe nach und war damit schneller als der damalige Standardjagdeinsitzer der US Navy, die Boeing F4B-4. Im November 1932 wechselte Grumman zur größeren Niederlassung Farmingdale, und im Dezember ging der erste Serienauftrag für 27 **FF-1 (G-5)** ein, die zwischen dem 24. April und dem 1. November 1933 ausgeliefert wurden. US Navy Squadron VF-5B übernahm die ersten Jäger am 21. Juni 1933 und setzte sie später von Bord der USS Lexington über See ein.

**Varianten**

**FF-2:** 25 Exemplare der Originalbaureihe FF-1 wurden später von der Naval Aircraft Factory zu Jagdschulflugzeugen mit Doppelsteuer umgerüstet

**SF-1 (G-6):** am 9. Juni 1931 bestellte die US Navy den Prototyp einer Erkundungsversion mit größerer Reichweite; dazu war die Kraftstoffkapazität auf Kosten eines der beiden Maschinengewehre um 170 Liter erhöht worden; den Antrieb lieferte ein R-1820-78 mit 522 kW (710 PS); nach dem Erstflug im August 1932 bestellte die USN noch im selben Monat 33 Exemplare, die zwischen dem 15. Februar und dem 12. Juli 1934 geliefert wurden; US Navy Squadron VS-3B, eingesetzt auf der USS Lexington, übernahm am 30. März 1934 die ersten Maschinen des Typs SF-1

**G-23 Goblin:** dies war die FF-1, die von der Canadian Car & Foundry Company für die Royal Canadian Air Force in Lizenz gebaut wurde (15 Exemplare); als die Hurricane-Jagdflugzeuge der No. 1 (F) Squadron im Juni 1940 nach England geschickt wurden, schloß die mit der Goblin neuaufgestellte No. 118 (F) Squadron die Lücke; die Goblin bildete Kanadas Luftverteidigungskapazität bis zu ihrem Ersatz durch die Curtiss Kittyhawk im November 1941; 1937 hatte die Türkei 40 Exemplare in Auftrag gegeben, die über Barcelona geliefert werden sollten und in die Hände der republikanischen Streitkräfte Spaniens gerieten; je ein Exemplar wurde nach Japan und Nicaragua geliefert

**XSF-2:** Flugwerk der SF-1 mit einem P&W-Sternmotor R-1535-72, der mit 485 kW (660 PS) einen Hamilton-Standard-Propeller antrieb; Einzelexemplar, das der US Navy am 12. März 1934 zugeführt wurde

**XSBF-1:** modifizierte XSF-2 mit einem Dreiecksrahmen unter der Motoraufhängung zur Beladung mit einer 227-kg-Bombe oder zwei 45-kg-Bomben; flog erstmals am 18. Februar 1936

**TECHNISCHE DATEN**
**Grumman FF-2/SF-1**

**Typ:** zweisitziges, schiffsgestütztes Erkundungsflugzeug
**Triebwerk:** ein Neun-Zylinder-Sternmotor Wright R-1820-78 mit 522 kW (710 PS)
**Leistung:** Höchstgeschwindigkeit 333 km/h in 1220 m Höhe; Dienstgipfelhöhe 6400 m; Reichweite 1428 km
**Gewicht:** Leermasse 1474 kg; max. Startmasse 2190 kg
**Abmessungen:** Spannweite 10,52 m; Länge 7,47 m; Höhe 3,38 m; Tragflügelfläche 28,80 m²
**Bewaffnung:** ein vorwärtsfeuerndes und zwei schwenkbare Browning-7,62-mm-Maschinengewehre im hinteren Cockpit

# Grumman F2F

Die gute Leistung des Doppelsitzerjägers FF-1 führte das Grumman-Konstruktionsteam zum Entwurf eines Jagdeinsitzers, da dieser von Hause aus ein höheres Potential erwarten ließ. So wurde der US Navy im Juni 1932 das Angebot **Grumman G-8** vorgelegt. Der Prototyp **XF2F-1**, am 2. November 1932 in Auftrag gegeben, verfügte über einen Metallrumpf in Halbschalenbauweise und ein stoffbespanntes Metalltragwerk, das nur am Oberflügel Querruder aufwies. Den Antrieb lieferte ein Sternmotor XR-1535-44 Twin Wasp Junior mit 466 kW (634 PS), und die Bewaffnung bestand aus zwei Browning-Maschinengewehren, Kaliber 7,62 mm, auf der Abdeckung des Vorderrumpfs. Unter die Flächen konnten Halterungen für zwei 53-kg-Bomben montiert werden. Mit Jimmy Collins im Cockpit rollte dieser Versuchsjäger am 18. Oktober 1933 zum Erstflug. Nach der Erprobung beim Hersteller übernahmen Testpiloten der US Navy die Maschine, um sie sechs Monate lang zu prüfen. Dabei wies die **XF2F-1** eine Höchstgeschwindigkeit von 369 km/h in 2560 m Höhe und eine Anfangssteigleistung von 15,65 m/sek nach. Auf der Negativseite standen eine gewisse Labilität um die Hochachse aufgrund des kurzen, korpulenten Rumpfes sowie unangenehme Trudeleigenschaften. Geringfügige Änderungen führten zu einer Erhöhung der Spannweite des Oberflügels um 15 cm und zum Ersatz der glatten NACA-Motorhaube durch eine enger angelegte Verkleidung mit Beulen über den Kipphebeln. Am 17. Mai 1934 bestellte die US Navy 54 Serienjäger **F2F-1**, von denen der erste am 28. Januar 1935 und der letzte zehn Monate später eintraf. Für eine abgestürzte Maschine wurde am 29. Juni eine Nachbestellung genehmigt. Die Ablösung der Boeing F4B-2 bei VF-2B („Fighting Two"), die der USS Lexington zugeteilt war, begann am 19. Februar 1935. Diese Einheit flog das Muster bis 1940, als ihre 18 Flugzeuge zur Jagdpilotenschulung nach NAS Pensacola überführt wurden.

**TECHNISCHE DATEN**
**Grumman F2F-1**

**Typ:** schiffsgestützter Jagdeinsitzer
**Triebwerk:** ein Sternmotor Pratt & Whitney R-1535-72 Twin Wasp Junior mit 485 kW (660 PS)
**Leistung:** Höchstgeschwindigkeit 383 km/h; Marschgeschwindigkeit 225 km/h; Reichweite 1585 km
**Gewicht:** Leermasse 1221 kg; max. Startmasse 1745 kg
**Abmessungen:** Spannweite 8,69 m; Länge 6,53 m; Höhe 2,77 m; Tragflügelfläche 21,37 m²
**Bewaffnung:** zwei Browning-7,62-mm-Maschinengewehre

***Diese F2F-1 war bei VF-5 an Bord der USS Wasp eingesetzt und blieb bis 1939 im Dienst. Nach 1940 bewährte sich der Typ im Ausbildungs- und Verbindungsdienst.***

# Grumman F3F

Die US Navy hatte die Mängel der F2F zwar hingenommen, doch Grumman war fest entschlossen, die Kursstabilität und die Manövrierfähigkeit seines Produkts zu verbessern. Der gemäß einem Auftrag vom 15. Oktober 1934 (drei Monate vor der Lieferung des ersten Serienjägers F2F-1) gebaute Prototyp **Grumman XF3F-1** übernahm den R-1535-72-Sternmotor seines Vorgängers, aber der Rumpf war 56 cm länger, die Tragflächen 1,06 m weiter gespannt und die Aerodynamik in Teilbereichen verfeinert. Testpilot Jimmy Collins führte die Maschine am 20. März 1935 in Farmingdale zum Jungfernflug, doch zwei Tage später fand er den Tod, als die Tragflächen und der Motor bei einem Sturzflugmanöver, das bei 9 g ausgeleitet werden sollte, abplatzten. Bei diesem Unfall war das zulässige Lastvielfache überschritten worden, und so baute man das zweite Exemplar mit stärkeren Beschlägen am Ansatz des Unterflügels und der Motoraufhängung. Es flog am 9. Mai und wurde anschließend der US Navy zur Prüfung in Anacostia übergeben. Am 17. Mai geriet die Maschine dabei mit Grummans Testpilot Lee Gehlbach am Steuer ins nicht korrigierbare Flachtrudeln, so daß Gehlbach aussteigen mußte. Erstaunlicherweise wurde sie beim Aufprall nicht völlig zerstört, so daß sie innerhalb von drei Wochen instandgesetzt war. Nachdem Testpilot Bill McAvoy die werksseitige Erprobung abgeschlossen hatte, kehrte die Maschine am 20. Juni nach Anacostia zurück. Nach Trudelversuchen mit einem Modell im Windkanal des Langley Field NACA-Komplexes wurde das Flugzeug mit einer Kielflosse unter dem Heck ausgestattet. Am 24. August erging ein Serienauftrag über 54 **F3F-1**. Nach Auslieferung der ersten Jäger im Januar 1936 nahm das Muster im April bei VF-5B an Bord der USS Ranger und im Juni bei VF-6B an Bord der USS Saratoga den Dienst auf. Als letzter Einsatzverband gab Marine Squadron VMF-211 die F3F-1 am 10. Oktober 1941 an Ausbildungseinheiten ab, die damit mehr als 100 Flugzeuge dieses Typs im Bestand hatten. Das letzte Exemplar wurde im November 1943 aus den Beständen der US Navy ausgemustert.

**Varianten**

**F3F-1 (G-77):** 54 für die US Navy produzierte Serienjäger; ähnlich wie der Prototyp XF3F-1, aber mit einem R-1535-84 Twin Wasp Junior als Antrieb; die Bewaffnung umfaßte ein Browning-7,62-mm-Maschinengewehr unter der oberen Flanke des Vorderrumpfs, backbord, und ein Browning-12,7-mm-MG unter der oberen Flanke des Vorderrumpfs, steuerbord; die Lieferung erfolgte zwischen dem 29. Januar und dem 18. September 1936

**F3F-2 (G-19):** das letzte Exemplar der Baureihe F3F-1 wurde dem Standard XF-3F-2 entsprechend mit einem aufgeladenen Sternmotor Wright XR-1820-22 Cyclone gefertigt, dessen Leistung von 634 kW (862 PS) ein Dreiblatt-Verstellpropeller umsetzte; die Kraftstoffkapazität war auf 492 Liter erhöht; die Maschine wurde am 27. Juli 1936 nach Anacostia geflogen, aber aufgrund von Vergaserproblemen verzögerte sich der Erprobungsbeginn bis Januar 1937; im März bestellte die US Navy eine Serie von 81 Jägern, deren erstes Kontingent am 1. Dezember bei VF-6 in Dienst gestellt wurde; die Lieferung erfolgte zwischen dem 27. Juli 1937 und dem 11. Mai 1938

**F3F-3:** ein Jäger der Baureihe F3F-2 ging an den Hersteller zurück, um zum Versuchsjäger XF3F-3 umgerüstet zu werden; Änderungen beinhalteten eine überarbeitete Motorhaube und eine neue Abdeckung des Vorderrumpfs; 27 Jäger wurden zwischen dem 16. Dezember 1938 und dem 10. Mai 1939 ausgeliefert

### TECHNISCHE DATEN
**Grumman F3F-3**

**Typ:** schiffsgestützter Jagdeinsitzer

**Triebwerk:** ein Neun-Zylinder-Sternmotor Wright R-1820-22 mit 708 kW (963 PS)

**Leistung:** Höchstgeschwindigkeit 425 km/h; Marschgeschwindigkeit 241 km/h; Dienstgipfelhöhe 10.120 m; Reichweite 1577 km

**Gewicht:** Leermasse 1490 kg; max. Startmasse 2175 kg

**Abmessungen:** Spannweite 9,75 m; Länge 7,06 m; Höhe 2,84 m; Tragflügelfläche 24,15 $m^2$

**Bewaffnung:** zwei Browning-7,62-mm-Maschinengewehre

***Die F3F war eine verbesserte Ausführung der F2F und diente Ende der dreißiger Jahre an Bord der US Navy-Flugzeugträger. Die Aufnahme zeigt F3F-1 der VF-4/USS Ranger.***

# Grumman F4F Wildcat

Die Forderung der US Navy von 1936 nach einem neuen Jäger für den Trägereinsatz ergab einen Auftrag an die Brewster Aeronautical Corporation, einen Prototyp ihres Modells 39 als XF2A-1 zu bauen. Dies wurde der erste Eindecker im Truppendienst der US-Seeluftstreitkräfte, aber die Entscheidung, einen Serienauftrag für dieses Muster zu vergeben, fiel der US Navy offensichtlich zu schwer, so daß sie auch einen Prototyp des von Grumman angebotenen Doppeldecker-Modells als **XF4F-1** bestellte. Eine gründliche Untersuchung des Leistungspotentials der Brewster-Maschine und die Tatsache, daß Grummans F3F-Doppeldecker allmählich gute Leistungen zeigte, führten zu neuen Überlegungen und letztendlich zur Streichung des Doppeldecker-Prototyps zugunsten des Eindeckers Grumman G-18. Nachdem dieses Alternativangebot geprüft worden war, bestellte die US Navy am 28. Juli 1936 den einzelnen Prototypeindeckerjäger **XF4F-2** zur Durchführung von Testflügen.

Die von einem Pratt & Whitney R-1830-66 Twin Wasp mit 783 kW (1065 PS) angetriebene **XF4F-2** flog erstmals am 2. September 1937 und konnte eine Spitzengeschwindigkeit von 467 km/h vorweisen. Der freitragende Ganzmetall-Mitteldecker mit einziehbarem Spornrad-Fahrgestell erwies sich bei den Vergleichsflügen mit dem Brewster-Versuchsjäger als geringfügig schneller. Geschwindigkeit blieb allerdings das einzige Plus, denn in fast allen anderen Aspekten war der Grumman-Jäger schlechter. So kam es, daß Brewsters XF2A-1 am 11. Juni 1938 zur Serienfertigung bestimmt wurde.

Die US Navy war offenbar überzeugt, daß in der **XF4F-2** noch verborgenes Potential steckte, denn im Oktober 1938 kehrte die Maschine mit einem neuen Vertrag zur Weiterentwicklung zum Hersteller zurück. Das Unternehmen führte etliche Hauptänderungen durch, bevor dieser **G-36**-Prototyp im März 1939 unter der Bezeichnung **XF4F-3** wieder flog. Die Modifikationen umfaßten den Einbau einer stärkeren Bauart des Twin Wasp (des XR-1830-76 mit zweistufigem Lader), ein weiter gespanntes und in der Fläche erweitertes Tragwerk, ein neu entworfenes Leitwerk und anders eingebaute Maschinengewehre. Die Flugerprobung dieser **XF4F-3** zeigte eine beträchtliche Leistungssteigerung. Ein zweiter Prototyp wurde gefertigt und in das Testprogramm einbezogen. Bei dieser Maschine war das Höhenleitwerk höher an einer Seitenflosse, deren Profil man geändert hatte, angesetzt. In dieser Form besaß die **XF4F-3** gute Steuer- und Manövriereigenschaften und erreichte in 6490 m Höhe eine Spitzengeschwindigkeit von 539 km/h. Angesichts dieses Leistungsvermögens zögerte die US Navy nicht länger und bestellte am 8. August 1939 78 Serienjäger **F4F-3**.

Der drohende Krieg in Europa bot Grumman die Möglichkeit zum Export der neuen **G-36A**, und Frankreich sowie Griechenland erteilten Aufträge für 81 beziehungsweise 30 Exemplare. Der erste dieser Jäger, für die französische Marine bestimmt und mit dem 746 kW (1015 PS) starken Wright-Sternmotor Cyclone ausgerüstet, flog am 27. Juli 1940, aber inzwischen war Frankreich gefallen. Großbritannien stimmte der Übernahme dieser Flugzeuge zu und erhöhte den Umfang auf 90 Maschinen, von denen die ersten im Juli 1940 eintrafen. Zunächst erhielt No. 804 Squadron der Fleet Air Arm die **Martlet Mk I**, wie die britische Dienstbezeichnung der Maschine lautete. Zwei Maschinen dieser Staffel wurden im Dezember 1940 die ersten Jäger amerikanischer Konstruktion, die im Zweiten Weltkrieg ein deutsches Flugzeug zerstörten.

Zu den von Grumman gebauten Anschlußversionen, die bei der FAA dienten, zählten die **Martlet Mk II** mit Twin Wasp und Klappflächen, zehn **F4F-4A** und die für Griechenland bestimmten **G-36A** als Martlet Mk III sowie die nach dem Lend-Lease-Abkommen beschafften **F4F-4B** mit GR-1820 Cyclone-Motor als **Martlet Mk IV**. Im Januar 1944 benannte man alle in **Wildcat** um, doch die Versions-Nummer blieb erhalten.

Die erste **F4F-3** für die US Navy flog am 20. August 1940, und Anfang Dezember begannen die Jagdstaffeln VF-7 und VF-11 der US Navy mit der Umrüstung. Die Teilstreitkraft gab weitere 95 **F4F-3A** in Auftrag, die von dem R-1830-90 mit einstufigem Lader angetrieben wurden und ab 1941 bei den Jagdstaffeln eintrafen. Im Mai 1941 flog der Prototyp **XF4F-4** mit Verfeinerungen, die auf Kriegserfahrungen mit der britischen Martlet zurückgingen, einer Bewaffnung mit sechs Maschinengewehren, Panzerschutz, kugelsicheren Kraftstofftanks und Klappflächen. Die Lieferung der Serienjäger **F4F-4 Wildcat** setzte im November 1941 ein. Als die Japaner Pearl Harbor angriffen, waren bereits etliche Staffeln der US Navy und des Marine Corps mit diesem Typ ausgerüstet. Mit der Indienststellung weiterer **Wildcat** wuchs die Zahl der Staffeln bei der US Navy und beim Marine Corps, die mit diesem Muster ausgerüstet waren, beträchtlich. Vor allem die auf den Flugzeugträgern USS Enterprise, Hornet und Saratoga eingesetzten **Wildcat** errangen aufsehenerregende Erfolge bei der Schlacht in der Korallensee, im Raum der Midway Inseln und bei den Kämpfen um Guadalcanal. Sie befanden sich im Zentrum aller bedeutenden Operationen im Pazifik, bis modernere Flugzeugtypen sie 1943 ablösten. Ende 1942 nahmen eine Reihe dieser Maschinen an der Invasion Nordafrikas teil.

Die letzte von Grumman gebaute Serienversion war der Fernaufklärer **F4F-7** mit erweitertem Tankvolumen und einer Kamera in der Rumpfwanne. Nur 20 Exemplare wurden gebaut, doch Grumman produzierte zusätzlich 100 **F4F-3** und zwei Versuchsjäger **XF4F-8**. Die Notwendigkeit, sich auf die Entwicklung und Produktion der neuen F6F Hellcat zu konzentrieren, veranlaßte Grumman, die Fertigung der **F4F-4 Wildcat** als **FM-1** an General Motors abzutreten. Nachdem am 18. April 1942 der Vertrag unterzeichnet worden war, lief die Produktion bei der Eastern Aircraft Division von General Motors an, und die erste **FM-1** dieses Herstellers flog am 31. August 1942. Die Produktion ergab insgesamt 1151 Maschinen, von denen 312 Exemplare mit der Bezeichnung **Martlet Mk V** (später **Wildcat Mk V**) an Großbritannien geliefert wurden.

Parallel dazu entwickelte General Motors die Version **FM-2**, bei der es sich um die Serienausführung der beiden Grumman-Prototypen **XF4F-8** handelte. Die Hauptänderung bestand im Einbau des 9-Zylinder-Sternmotors Wright R-1820-56 Cyclone mit 1007 kW (1369 PS). Seine höhere Leistung bedingte die Einführung einer größeren Seitenflosse, damit die gute Kursstabilität erhalten blieb, und die Masse der Zelle wurde auf das Minimum reduziert. General Motors fertigte insgesamt 4777 **FM-2**, von denen 370 Exemplare an Großbritannien gingen und ihren Dienst bei der FAA mit der Bezeichnung **Wildcat Mk VI** antraten.

***Ein Schwarm Grumman F4F-4 Wildcat mit dem rot umrandeten Hoheitsabzeichen, wie es nur zwischen Juli und September 1943 verwendet wurde. Die F4F-4 unterschied sich von der F4F-3 durch die manuell beiklappbaren Tragflächen.***

### TECHNISCHE DATEN
**Grumman F4F-4**

**Typ:** einsitziger Jagdbomber für Trägereinsatz

**Triebwerk:** ein 14-Zylinder-Doppelsternmotor Pratt & Whitney R-1830-36 Twin Wasp mit 895 kW (1217 PS)

**Leistung:** Höchstgeschwindigkeit 512 km/h in 5915 m Höhe; Marschgeschwindigkeit 249 km/h; Anfangssteiggeschwindigkeit 9,9 m/sek; Dienstgipfelhöhe 12.010 m; Reichweite 1239 km

**Gewicht:** Leermasse 2612 kg; max. Startmasse 3607 kg

**Abmessungen:** Spannweite 11,58 m; Länge 8,76 m; Höhe 2,81 m; Tragflügelfläche 24,15 $m^2$

**Bewaffnung:** sechs Browning-12,7-mm-Maschinengewehre, starr eingebaut, und zwei 45-kg-Bomben

## Grumman XF5F-1 und XP-50 Skyrocket bis Grumman F11F Tiger

**Außer Mehrzweck-Amphibienmaschinen waren in den 40er Jahren Marineflugzeuge die wichtigsten Produkte von Grumman. Das Sortiment umfaßte Jäger wie die bahnbrechende Pioneer, die massive Hellcat, die zweimotorige Tigercat und die ausgezeichnete Bearcat, ferner den Torpedo- und Flächenbomber Avenger, der für Grumman auch bei Eastern Aircraft gebaut wurde.**

# Grumman XF5F-1 und XP-50 Skyrocket

Bis zur Serienfertigung des zweimotorigen Jagdeinsitzers für den schiffsgestützten Einsatz **Grumman G-34**, den das Unternehmen 1938 anbot, vergingen etliche Jahre. Tatsächlich erachtete man diesen Entwurf als revolutionär, und dennoch starteten am 18. April 1942 16 Bomber North American-B-25 vom Flugzeugträger USS Hornet zum Angriff gegen Tokio.

Der **G-34** lag nicht nur ein modernes Konzept zugrunde, sondern auch das Aussehen dieses Flugzeugs in seiner ersten Form war höchst ungewöhnlich, da die Vorderkante des Tiefdecker-Tragwerks vor dem Rumpfbug stand. Das am Rumpfende aufgesattelte Höhenleitwerk nahm Endplatten mit Rudern als geteiltes Seitenleitwerk auf, und die Hauptteile des Spornrad-Fahrgestells zogen nach hinten in die Gehäuse der beiden Wright-Sternmotoren R-1820 Cyclone ein. Letztere trieben Dreiblatt-Propeller mit entgegengesetzter Drehrichtung an, um das Propeller-Drehmoment auszugleichen.

Als erste Teilstreitkraft bestellte die US Navy am 30. Juni 1938 einen Prototyp mit der Dienstbezeichnung **XF5F-1**, der am 1. April 1940 zum ersten Mal flog. Anschließend wurden etliche Modifikationen eingeführt, von denen die bedeutendste die Verlängerung der Flugzeugnase war, so daß sie über die Flügelvorderkante hinausragte. Zwar blieb der **XF5F-1** ein Serienauftrag versagt, aber diese Versuchsmaschine leistete noch bis zum Dezember 1944 nützliche Dienste bei der Entwicklung der moderneren Grumman F7F. Die USAAF zeigte Interesse an einer landgestützten Version des Grumman-Entwurfs und gab den Prototyp **XP-50** in Auftrag. Dieser war ähnlich ausgelegt wie der schwere Marine-Versuchsjäger, unterschied sich aber durch einen längeren Vorderrumpf, in dem das Bugrad des Dreibein-Fahrgestells untergebracht werden konnte. Den Antrieb lieferten zwei Wright R-1820-67/-69 mit Turbolader. Die am 14. Mai 1941 erstmals geflogene **XP-50** litt unter Triebwerksproblemen in Form von Motorüberhitzung, und nachdem sie durch die Explosion einer der Lader schwer beschädigt worden war, mußte man sie endgültig abschreiben. Weitere **XP-50** wurden nicht gebaut.

***In Originalform hatte die XF5F eine in die Tragflächen eingebundene Flugzeugnase, die vor der Anströmkante endete.***

**TECHNISCHE DATEN**
**Grumman XF5F-1**

**Typ:** Prototyp eines schweren, schiffsgestützten Jagdeinsitzers
**Triebwerke:** zwei Neun-Zylinder-Sternmotoren Wright XR-1820-40/-42 Cyclone je 895 kW (1217 PS)
**Leistung:** Höchstgeschwindigkeit 616 km/h; Marschgeschwindigkeit 338 km/h; Dienstgipfelhöhe 10.060 m; Reichweite 1931 km
**Gewicht:** Leermasse 3677 kg; max. Startmasse 4599 kg
**Abmessungen:** Spannweite 12,80 m; Länge 8,75 m; Höhe 3,45 m; Tragflügelfläche 28,20 m²
**Bewaffnung:** Einrüstung von zwei Madsen-23-mm-Kanonen möglich

# Grumman F6F Hellcat

Die Weiterentwicklung eines Projekts, das Grumman zur Sicherung der F4F-Wildcat-Nachfolge begonnen hatte, mündete in die **Grumman F6F Hellcat**. Schon am Reißbrett profitierte das Muster von Einsatzerfahrungen der amerikanischen Marinepiloten auf dem pazifischen Kriegsschauplatz und von Rückkopplungen aus Kriegsberichten der europäischen Verbündeten, die seit rund 18 Monaten gegen die Achsenmächte kämpften. Da es sich um eine modernere Ausgabe der F4F Wildcat handelte, bestand eine deutliche Familienähnlichkeit, doch es gab eine Hauptänderung: Der Wildcat-Mitteldecker war in einen Tiefdecker verwandelt worden, dessen Hauptfahrwerk in das Tragflächenmittelstück statt in den Rumpf einziehen konnte. Dadurch ließen sich die Hauptfahrwerksbeine mit größerem Abstand zum Rumpf montieren, so daß eine größere Spurbreite und folglich eine bessere Stabilität der Maschine am Boden/Flugdeck erreicht wurde. Verbesserungen, die sich aus dem Kriegseinsatz ergaben, waren ein Panzerschutz für den Piloten und erweiterte Munitionsmagazine für die Bordwaffen.

Nachdem die US Navy das Angebot geprüft hatte, beauftragte sie Grumman am 30. Juni 1941 mit der Konstruktion von vier Prototypen mit unterschiedlichem Antrieb, um die Leistungswerte vergleichen zu können. Die **XF6F-1** sollte den zweistufigen Ladermotor Wright R-2600-10 Cyclone 14 mit 1268 kW (1724 PS) erhalten, die **XF6F-2** den R-2600-16 mit einfachem Turbolader, die **XF6F-3** den zweistufigen Ladermotor R-2800-10 Double Wasp mit 1491 kW (2028 PS) von Pratt & Whitney und die **XF6F-4** den R-2800-27 mit Zweistufen-Turbolader.

Am 26. Juni 1942 hob die **XF6F-1** zum ersten Mal vom Boden ab. Inzwischen war eine Verstärkung der Wildcat im Truppendienst so dringlich geworden, daß man sich entschied, den Pratt & Whitney R-2800-10 als den stärksten seinerzeit verfügbaren Motortyp in das erste Flugwerk einzubauen. Ihren zweiten „Erstflug" absolvierte die Maschine am 30. Juli 1942 als **XF6F-3**. Noch vor dem ersten Flug dieses Prototyps hatte man aber bereits die Serienfertigung als **F6F-3 Hellcat** in Auftrag gegeben, und nun zahlte sich die Baugleichheit der **F4F** und **F6F** in hohem Maße aus. Die erste seriengefertigte **F6F-3** ging am 4. Oktober 1942 in die Luft, und die an Bord der USS Essex eingesetzte Marinestaffel VF-9 begann am 16. Januar 1943 mit der Umrüstung. Am 31. August 1943 griffen **Hellcat** der VF-5 von Bord der USS Yorktown erstmals in das Kampfgeschehen gegen die Japaner ein.

Die ganz aus Metall und mit Senknietung der Außenhaut konstruierte **Hellcat** hatte ein Tragwerk, dessen äußere Abschnitte beigeklappt werden konnten. Die Standardbewaffnung bestand aus sechs 12,7-mm-Maschinengewehren in den Flächen. Die Struktur von Rumpf und Leitwerk war herkömmlich und unterschied sich, bis auf die Größe, kaum von derjenigen der F4F. Alle drei Baugruppen des Fahrgestells wurden hydraulisch eingezogen, und ein verstaubarer Fanghaken gehörte zur Standardausrüstung. Der Pilot war in einem geräumigen Cockpit hoch über den Tragflächen untergebracht.

1943 wurden über 2500 Exemplare der **Hellcat** ausgeliefert, so daß die F4F-Staffeln zügig auf den leistungsstärkeren Jäger umsteigen konnten. Bei der US Navy blieb dieses Muster bis zum Ende des Zweiten Weltkriegs im Dienst. Selbst als die Flotte Mitte 1944 die modernere Vought F4U Corsair erhielt, zog man die **Hellcat** nicht ab. Beide Muster kämpften vielmehr zusammen und machten den Japanern arg zu schaffen. Der **Hellcat** wurden 4947 Luftsiege zuerkannt, und die Corsair erzielte eine Rate von 11:1 Abschüssen gegenüber den eigenen Verlusten.

Ab 1943 erreichte die **F6F-3 Hellcat** Großbritannien in Gestalt von 252 **Gannet Mk I** (später **Hellcat Mk I**), und als erster Verband erhielt No. 800 das Muster.

Als die Serienfertigung der **F6F-3** Mitte 1944 auslief, waren insgesamt 4423 **Hellcat** gebaut worden. Diese Zahl umfaßte

***Grumman F6F-5 Hellcat der Aviación Naval Uruguaya in den fünfziger Jahren***

auch 18 Nachtjäger **F6F-3E** mit Bordradar APS-4 in einem Behälter unter der Steuerbordfläche und 205 ähnliche Nachtjäger **F6F-3N** mit APS-6-Radargerät.

Während die **F6F-3** das Montageband belegte, hatte Grumman eine verbesserte Version entwickelt, die als **F6F-5** zur Serienfertigung freigegeben wurde. Aerodynamische Verfeinerungen betrafen die Motorhaube, Querruder und verstärkte Leitwerksflächen. Das Triebwerk der **F6F-3** wurde übernommen, trug aber die Bezeichnung R-2800-10W. Der angehängte Buchstabe „W" verwies auf eine Wassereinspritzanlage, die die Leistung für eine begrenzte Zeit beim Start oder im Luftgefecht um zehn Prozent erhöhte. Dies bedeutete, daß der Jäger mit einem höheren Gesamtgewicht starten konnte, was sich für einen besseren Panzerschutz und eine stärkere Bewaffnung nutzen ließ, ohne Einbußen an den Flugleistungen hinnehmen zu müssen.

Kurz nach dem Erstflug am 4. April 1944 begann die Indienststellung der **F6F-5** bei der US Navy, und Großbritannien beschaffte 930 Exemplare auf der Grundlage des Leih- und Pachtabkommens zum Dienst bei der Fleet Air Arm als **Hellcat Mk II**. Davon entsprachen etwa 70 Maschinen der amerikanischen Marineversion **F6F-5N** für die Nachtjagd, erkennbar am Radombehälter unter der Steuerbordfläche.

Den mit Abstand größten Teil des **Hellcat**-Bestands bei der FAA flogen Staffeln der britischen Pazifikflotte in Fernost. Die 70 Nachtjäger im britischen Dienst trugen die Bezeichnung **Hellcat NF.Mk II**.

Bis zum Ende der Serienfertigung im November 1945 wurden insgesamt 12.275 **Hellcat**-Jäger gebaut, einschließlich der unten aufgeführten Varianten.

**Varianten**

**XF6F-1:** projektierter Prototyp, der mit dem 1268 kW (1724 PS) starken Sternmotor Wright R-2600-10 Cyclone 14 flog, später aber für die Serie F6F-3 auf einen Pratt & Whitney R-2800-10 Double Wasp mit 1491 kW (2028 PS) umgestellt wurde

**XF6F-2:** projektierter Prototyp mit dem Wright-Motor R-2600-16, der aber als zweiter Versuchsjäger XF6F-3 fertiggestellt wurde

**XF6F-3N:** Umrüstung einer F6F-3 zum Nachtjäger-Prototyp mit APS-6-Radargerät unter der Steuerbordfläche

**XF6F-4:** Probeumrüstung eines Serienjägers F6F-3 zur Bewertung des P&W-Motors R-2800-27 mit einer Nennleistung von 1566 kW (2130 PS)

**F6F-5K:** Bezeichnung der zu funkgesteuerten Zieldrohnen umgebauten F6F-5/5N

**F6F-5P:** unter dieser Bezeichnung wurden einige F6F-5 für Aufgaben der Aufklärung mit einer Luftbildkamera im Hinterrumpf ausgerüstet

**XF6F-6:** zwei Serienjäger F6F-5, die zu Prototypen mit einem 1566 kW (2130 PS) starken Einspritzmotor Pratt & Whitney R-2800-18W und Vierblatt-Propeller umgebaut wurden

**TECHNISCHE DATEN**
**Grumman F6F-5**

**Typ:** einsitziger, trägergestützter Jäger/Jagdbomber
**Triebwerk:** ein 18-Zylinder-Doppelsternmotor Pratt & Whitney R-2800-10W Double Wasp mit 1491 kW (2028 PS)
**Leistung:** Höchstgeschwindigkeit 612 km/h in 7130 m Höhe; Marschgeschwindigkeit 270 km/h; Anfangssteiggeschwindigkeit 15,13 m/sek; Dienstgipfelhöhe 11.370 m; Reichweite mit einem 568-Liter-Abwurftank 2462 km
**Gewicht:** Leermasse 4152 kg; max. Startmasse 6991 kg
**Abmessungen:** Spannweite 13,06 m; Länge 10,24 m; Höhe 4,11 m; Tragflügelfläche 31,03 m²
**Bewaffnung:** sechs 12,7-mm-Maschinengewehre (spätere Maschinen auch mit einem 20-mm-Kanonenpaar anstelle zweier MG) und zwei 454-kg-Bomben oder sechs 127-mm-Raketen

# Grumman F7F Tigercat

Grummans zweimotoriger Prototypjäger XF5F-1 zum Einsatz auf Trägerschiffen konnte sich keinen Serienauftrag sichern, doch seine Entwicklung hatte das Unternehmen mit den Schwierigkeiten vertraut gemacht, die mit der Konstruktion solch eines Flugzeugs verbunden waren. Anfang 1941 liefen bei Grumman die Arbeiten an einem neuen zweimotorigen Jäger zum Einsatz auf den geplanten größeren Flugzeugträgern der Midway-Klasse an. Das beim Hersteller als **Grumman G-51 Tigercat** geführte Projekt hatte kaum mehr etwas mit dem Vorgängermodell gemein, da die US Navy einen Hochleistungsjäger mit beispielloser Feuerkraft beschaffen wollte. Der Grumman-Entwurf zog am 30. Juni 1941 einen Auftrag über zwei Prototypen **XF7F-1** nach sich, von denen der erste im Dezember 1943 flog. Die **Tigercat** war ein freitragender Schulterdecker in Ganzmetallbauweise, dessen Außenflächen zur Einsparung von Abstellfläche auf dem Trägerdeck beigeklappt werden konnten. Rumpf und Leitwerk hatte man konventionell ausgelegt, aber das Einziehfahrwerk entsprach dem Konzept mit Bugrad. Am Hinterrumpf war ein einziehbarer Decksfanghaken montiert. Den Antrieb lieferten zwei Double Wasp R-2800-22W von Pratt & Whitney, die sich in großen Gondeln unter den Flächen befanden.

Vor dem Erstflug des Prototyps hatte Grumman einen Auftrag über 500 Serienjäger **F7F-1** zur Auslieferung an das US Marine Corps erhalten, das zu dem Zeitpunkt bereits mit Landungsoperationen auf von den Japanern besetzten Pazifikinseln befaßt war. Von Landstützpunkten aus eingesetzt, hätten diese Maschinen dem Korps die Möglichkeit zur Luftnahunterstützung seiner Marineinfanteristen geboten. Letztendlich erschien die **Tigercat** aber zu spät, um noch vor dem Ende des Zweiten Weltkriegs beim USMC eingesetzt werden zu können.

Der erste **F7F-1-Serienjäger** entsprach weitgehend den Prototypen, ebenso wie die nachfolgenden 33 Exemplare, deren Auslieferung im April 1944 begann. Die 35. Maschine auf der Fertigungsstrecke wurde jedoch zum Nachtjäger **XF7F-2N** modifiziert. Die anschließende Baureihe von 30 **F7F-2N** unterschied sich von der **F7F-1** durch den Wegfall des hinteren Rumpftanks und die Abschaffung der Bug-MGs. Es folgte die neue Einsitzerversion **F7F-3 Tigercat**, von der 189 Exemplaren gebaut wurden. Sie hob sich von der **F7F-1** durch ihre R-2800-34-Motoren ab, die mehr Antriebskraft in großer Höhe bereitstellten, durch eine etwas größere Seitenflosse zum Ausgleich des höheren Antriebs und eine um sieben Prozent erhöhte Kraftstoffkapazität. Mit diesen Flugzeugen galt der Erstauftrag als erfüllt, da das Restkontingent nach der Kapitulation Japans gestrichen wurde.

Die Nachkriegsproduktion ergab 60 **F7F-3N** und 13 **F7F-4N**, beides Nachtjagdversionen mit erweitertem Bug zur Aufnahme des Bordradars. Die 13 **F7F-4N** waren die einzigen Exemplare mit verstärkter Zelle, Fanghaken und Spezialausrüstung für den trägergestützten Einsatz. Eine kleine Zahl **F7F-3** wurde nach der Auslieferung zu Elektronik- und Luftbildaufklärern **F7F-3P** modifiziert. Kurz nach dem Krieg wurde die **Tigercat** von Turboprop-Mustern verdrängt.

***Die F7F Tigercat, eines der höchstentwickelten Kolbenmotor-Jagdflugzeuge, flog nur beim US Marine Corps. Hier sieht man eine Maschine auf dem Seefliegerhorst Cherry Point.***

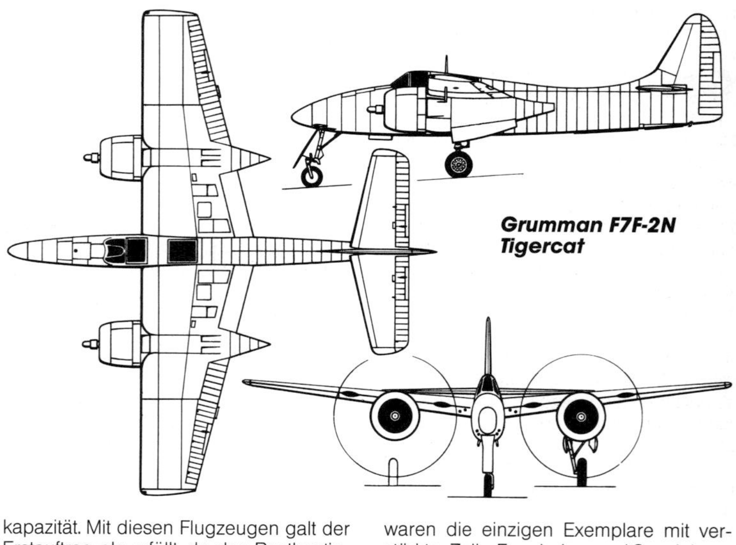

***Grumman F7F-2N Tigercat***

**TECHNISCHE DATEN**
**Grumman F7F-3**

**Typ:** zweimotoriger, trägergestützter Jagdbomber
**Triebwerke:** zwei 18-Zylinder-Doppelsternmotoren Pratt & Whitney R-2800-34W Double Wasp je 1566 kW (2130 PS)
**Leistung:** Höchstgeschwindigkeit 700 km/h in 6765 m Höhe; Marschgeschwindigkeit 357 km/h; Anfangssteiggeschwindigkeit 23 m/sek; Dienstgipfelhöhe 12.405 m; Reichweite 1931 km
**Gewicht:** Leermasse 7380 kg; max. Startmasse 11.666 kg
**Abmessungen:** Spannweite 15,70 m; Länge 13,83 m; Höhe 5,05 m; Tragflügelfläche 42,27 m²
**Bewaffnung:** vier 20-mm-Kanonen in den Flächen und vier 12,7-mm-Maschinengewehre im Bug plus ein Torpedo unter dem Rumpf und eine Höchstlast von 454 kg Bomben pro Tragfläche

# Grumman F8F Bearcat

Die **Grumman F8F Bearcat** bildete das Schlußglied in der Kette trägergestützter Jäger mit Kolbenmotor, die 1931 mit der FF begonnen hatte. Sie sollte in der Lage sein, von Flugzeugträgern aller Größen in der Abfangjäger-Rolle zu operieren, die eine hervorragende Manövrierbarkeit, eine gute Tiefflugleistung und eine tüchtige Steigleistung voraussetzte. Um diese Fähigkeiten bei den beiden, am 27. November 1943 bestellten Prototypen **XF8F-1** sicherzustellen, wählte Grumman den R-2800-Double Wasp, der bereits der F6F und F7F als Antrieb gedient hatte, und koppelte ihn mit dem kleinsten und leichtesten Flugwerk, das die Vorgaben der Auftraggeber zu Bewaffnung, Panzerschutz und Kraftstoffbevorratung zuließen.

Als die **XF8F-1** am 21. August 1944 zum ersten Mal flog, war sie nicht nur kleiner als die ausgezeichnete Hellcat der US Navy, sondern wog auch rund 20 Prozent weniger und zeigte dadurch eine um 30 Prozent bessere Steigleistung als das Vorgängermodell. Grumman hatte die Anforderungen erfüllt und begann bereits im Februar 1945, sechs Monate nach dem Erstflug des Prototyps, mit der Lieferung der ersten Serienjäger.

Der freitragende Ganzmetall-Tiefdecker **F8F-1** besaß Tragflächen, die sich auf einer Linie von zwei Dritteln der Spannweite hochklappen ließen, um Decksplatz einzusparen, ein einziehbares Spornrad-Fahrgestell, Panzerschutz, kugelsichere Kraftstofftanks und zusätzlich eine winzige Rückenfinne, die die Prototypen nicht aufwiesen. Für den Antrieb der Serienjäger sorgte der Pratt & Whitney R-2800-34W, und die Bewaffnung umfaßte vier 12,7-mm-Maschinengewehre.

Kurz nach Beginn des Testprogramms der beiden Prototypen im Jahre 1944 plazierte die US Navy einen Auftrag über 2023 Abfangjäger der Serie **F8F-1**, und am 21. Mai 1945 nahm US Navy Squadron VF-19 die erste Maschine entgegen. Diese Staffel und andere frühe Empfänger der **Bearcat** befanden sich immer noch in der Umrüstungs- und Einweisungsphase, als der Zweite Weltkrieg mit der Kapitulation Japans endete. Daraufhin wurden nicht nur 1258 Flugzeuge aus dem ersten Grumman-Vertrag gestrichen, sondern auch die an General Motors vergebene Baureihe mit 1876 **F8M-1 Bearcat**.

Als die Produktion im Mai 1949 auslief, hatte Grumman 1266 **Bearcat**-Jäger gefertigt, davon 765 **F8F-1**, 100 **F8F-1B**, bei der die Standard-Maschinengewehre durch 20-mm-Kanonen ersetzt worden waren, 36 zur Nachtjagd ausgerüstete **F8F-1N**, 293 **F8F-2** mit neu entworfener Motorhaube, einer höheren Seitenflosse/Ruder, kleineren Änderungen am Entwurf und 20-mm-Kanonen als Standard-Bewaffnung, zwölf Nachtjäger **F8F-2N** und 60 Fotoaufklärer **F8F-2P**, letztere mit nur einem 20-mm-Kanonenpaar bewaffnet. In einer späten Dienstphase nach dem Krieg wurden einige Exemplare zu Drohnenleitflugzeugen mit der Bezeichnung **F8F-1D** und **F8F-2D** umgebaut.

Bei Produktionsende dienten **Bearcat**-Abfangjäger bei 24 Staffeln der US Navy, wurden aber 1952 ausgemustert. Einige dieser Maschinen gingen, mit einem geänderten Kraftstoffsystem für den Einsatz in Indochina versehen, als **F8F-1D** an die Armée de l'Air. 100 **F8F-1D** und 29 **F8F-1B** erwarb die thailändische Luftwaffe.

***Die Grumman F8F Bearcat erfreut sich großer Beliebtheit bei Reno-Rennpiloten und Restauratoren von Kriegsflugzeugen. Diese beiden Veteranen präsentieren sich in den Farben der US Navy und der Königlich Thailändischen Luftwaffe.***

### TECHNISCHE DATEN
**Grumman F8F-1B**

**Typ:** einsitziger Abfangjäger im Trägereinsatz
**Triebwerk:** ein 18-Zylinder-Doppelsternmotor Pratt & Whitney R-2800-34W Double Wasp mit 1566 kW (2130 PS)
**Leistung:** Höchstgeschwindigkeit 678 km/h in 6005 m Höhe; Marschgeschwindigkeit 262 km/h; Anfangssteiggeschwindigkeit 23,25 m/sek; Dienstgipfelhöhe 11.795 m; Reichweite 1778 km
**Gewicht:** Leermasse 3207 kg; max. Startmasse 5873 kg
**Abmessungen:** Spannweite 10,92 m; Länge 8,61 m; Höhe 4,22 m; Tragflügelfläche 22,67 m²
**Bewaffnung:** vier 20-mm-Kanonen und Unterflügelstationen für zwei 454-kg-Bomben oder vier 127-mm-Raketen oder zwei 568-Liter-Abwurftanks

# Grumman F9F Panther

Die **Grumman F9F Panther**, der meistgeflogene US-Marinejäger im Koreakrieg, ging auf die Unterlage G-79D zurück, die Grumman dem Bureau of Aeronautics im Juni 1946 vorlegte. Im September 1946 wurden drei Prototypen **XF9F-2** bestellt, die das britische Strahltriebwerk Rolls-Royce Nene erhalten sollten. Ihre Konstruktion begann im Februar 1947. Das Nene war Gegenstand einer Lizenzvereinbarung zwischen Rolls-Royce und Pratt & Whitney, und die ersten Triebwerke wurden im Juli 1947 nach Bethpage geliefert. Die erste und zweite Versuchsmaschine hatten diesen Antrieb, aber der dritte Prototyp wurde als **XF9F-3** mit einem J33-Strahltriebwerk von Allison fertiggestellt, das 2087 kg Schub erzeugte.

Der erste Prototyp, ausgerüstet mit einem 2268 kg Schub starken Nene, nahm am 20. November Rollversuche auf und startete vier Tage später zum Jungfernflug. Als Vorsichtsmaßnahme wurde die erste Landung auf der viel längeren Betriebspiste des Flughafens Idlewild Airport durchgeführt, aber anschließend ging es direkt nach Bethpage zurück. Im Februar 1948 stattete man die Maschine an den Flächenenden mit 454-Liter-Zusatztanks aus, die später zum Standard erhoben wurden. Am 18. März flog der Kommandeur des Naval Air Test Center in Patuxent River als erster US-Marinepilot diesen Düsenjäger. Die zweite **XF9F-2** führte im Oktober 1948 beim NATC eine erste Erprobung der Grundtauglichkeit im Trägereinsatz durch, stürzte aber aufgrund eines Fehlers im Treibstoffsystem am 28. Oktober ab. Eine **F9F-2** der Erstserie (30 Flugzeuge), die vor dem Jungfernflug in Auftrag gegeben worden war, sprang ein, und im März 1949 konnte die Vollerprobung an Bord der USS Franklin D. Roosevelt anlaufen. Am 8. Mai 1949 begann die Zuführung dieses Musters an die Marinestaffeln, und am 3. Juli 1950 flog VF-51 als Teil der Carrier Air Group 5 auf der USS Valley Forge den ersten Düsenjägereinsatz des Koreakrieges von Bord eines Flugzeugträgers.

**Varianten**

**F9F-2:** 567 Serien-Panther mit Pratt & Whitney J42-P-6 (Lizenzversion des Nene-Triebwerks); F9F-2B war ein modifizierter Jagdbomber mit Halterungen für Außenlasten unter den Tragflächen
**F9F-3:** 54 mit dem Allison-Triebwerk J33-A-8 gefertigte Flugzeuge, die aber im Februar 1950 zu F9F-2 umgerüstet wurden, da sich der Allison-Motor als unzuverlässig erwiesen hatte
**F9F-4:** der Prototyp XF9F-4 mit dem Allison-Triebwerk J33-A-16, das mit Hilfe von Wassereinspritzung 3152 kg Schub erzeugte, flog wegen Triebwerksschwierigkeiten erst am 6. Juli 1950, einige Monate später als geplant; von 73 F9F-4, die zur Produktion vorgesehen waren, gelangten einige zum US Marine Corps, aber das Gros wurde als F9F-5 fertiggestellt
**F9F-5:** die meistgebaute Panther-Version F9F-5 entsprach weitgehend der F9F-4, hatte aber das vom Rolls-Royce Tay abgeleitete Triebwerk Pratt & Whitney J48-P-2; der Prototyp flog am 21. Dezember 1949; insgesamt 616 Exemplare wurden gebaut und zwischen dem 5. November 1950 und dem 13. Januar 1953 ausgeliefert
**F9F-5P:** 36 unbewaffnete Aufklärungsflugzeuge mit Bugkameras, die zwischen dem 25. Oktober 1951 und dem 11. August 1952 ausgeliefert wurden
**F9F-5KD:** nach der Ausmusterung wurden unter dieser Bezeichnung etliche F9F-5 zu Zieldrohnen umfunktioniert; ab 1962 hießen sie jedoch DF-9E

***BuAer No. 126279 war eine der 36 Panther, die als Fotoaufklärer F9F-5P fertiggestellt wurden. Die Version hatte kein Gehänge für Außenlasten und die 20-mm-Kanonen mußten Bugkameras weichen.***

### TECHNISCHE DATEN
**Grumman F9F-5**

**Typ:** schiffsgestützter Jagdeinsitzer
**Triebwerk:** ein Strahltriebwerk Pratt & Whitney J48-P-6A mit 2835 kg Schub
**Leistung:** Höchstgeschwindigkeit 932 km/h; Marschgeschwindigkeit 774 km/h; Anfangssteiggeschwindigkeit 25,83 m/sek; Dienstgipfelhöhe 13.045 m; Reichweite 2092 km
**Gewicht:** Leermasse 4603 kg; max. Startmasse 8492 kg
**Abmessungen:** Spannweite 11,58 m; Länge 11,84 m; Höhe 3,73 m; Tragflügelfläche 23,23 m²
**Bewaffnung:** vier 20-mm-Kanonen und zwei 454-kg-Bomben oder sechs 127-mm-HVAR-Raketen

# Grumman F9F Cougar

Bald nach der Indienststellung der F9F Panther begann Grumman, eine Pfeilflügelvariante dieses Musters zu entwickeln. Der Prototyp **Grumman XF9F-6** flog erstmals am 20. September 1951. Der **F9F**-Teil der Typkennung blieb erhalten, um die Verwandtschaft mit dem Originalmuster hervorzuheben, aber der neue Name **Cougar** wies darauf hin, daß dies ein ganz anderes Flugzeug war.

Abgesehen vom schubstärkeren Strahltriebwerk lag der Hauptunterschied im neuen Tragwerk und den dadurch bedingten strukturellen Änderungen. Die Tragflächen der **Cougar** hatten einen Pfeilwinkel von 35°, Spoiler anstelle von Querrudern, größere Landeklappen, Vorflügel und Grenzschichtzäune. In dieser Form wurde die **F9F-6 Cougar** (später in **F-9F** umbezeichnet) im November 1952 bei VF-32 in Dienst gestellt. Es folgten die ähnlichen Versionen **F9F-7 (F-9H)**, **F9F-8 (F-9J)** mit längerem Rumpf und Tragflächen von größerer Tiefe sowie die **F9F-8T** mit nochmals gestrecktem Rumpf, abgestuften Tandem-Cockpits und nur zwei Kanonen. 1962 erhielt die Trainerversion **F9F-8T** die neue Bezeichnung **TF-9J**, und viele Exemplare flogen in Vietnam Einsatzaufträge unterschiedlicher Art.

**Varianten**

**F9F-6D:** zu Drohnenleitflugzeugen umgerüstete F9F-6 (später DF-9F)

**F9F-6K:** zu Zieldrohnenleitflugzeugen umgerüstete F9F-6 (später QF-9F)
**F9F-6K2:** verbesserte Version der F9F-6K (später QF-9G)
**F9F-6P:** Luftbildaufklärungsvariante der F9F-6
**F9F-6PD:** Bezeichnung der F9F-6P nach ihrer Umrüstung zum Drohnenleitflugzeug
**YF9F-8B:** versuchsweise umgerüstete F9F-8 für Luftnahunterstützung (später YAF-9J)
**F9F-8B:** serienmäßig auf die Konfiguration der YF9F-8B umgerüstete F9F-8
**YF9F-8T:** Prototypumrüstung einer F9F-8 zum Doppelsitzer (später YTF-9J)

**TECHNISCHE DATEN**
**Grumman TF-9J**
**Typ:** trägergestütztes Einweisungs- und Übungsflugzeug
**Triebwerk:** ein Strahltriebwerk Pratt & Whitney J48-P-8A mit 3266 kg Schub
**Leistung:** Höchstgeschwindigkeit 1135 km/h in Meereshöhe; Dienstgipfelhöhe 15.240 m; Reichweite 966 km
**Gewicht:** max. Startmasse 9344 kg
**Abmessungen:** Spannweite 10,52 m; Länge 13,54 m; Höhe 3,73 m
**Bewaffnung:** zwei 20-mm-Kanonen und eine Höchstlast von 907 kg Waffen an Trägern unter den Flächen

***Die Cougar war der Pfeilflügler-Abkömmling der Panther. Dies ist eine F9F-8P mit seitlich abgeflachter und erweiterter Kameranase.***

# Grumman F10F Jaguar

***Der F10F Jaguar selbst blieb der Erfolg versagt, aber dieses Muster lieferte wertvolle Einsichten in die Schwenkflügeltechnik. Nur eine Maschine erreichte den Flugstatus.***

Die von der USAF finanzierte Bell X-5 war zwar das erste amerikanische Flugzeug mit variabler Tragflächengeometrie, aber die **Grumman XF10F Jaguar** wurde als erster US-Schwenkflügler entwickelt, der serienmäßig für den Truppendienst produziert werden sollte.

Das Originalprojekt **XF10F**, von dem zwei Prototypen am 4. März 1948 bestellt worden waren, betraf ein Jagdflugzeug mit starren Pfeilflügeln und einem J42-Strahltriebwerk von Pratt & Whitney (Rolls-Royce Nene). Der Entwurf hatte bereits zahlreiche Modifikationen erfahren, als Grumman am 7. Juli 1949 die Einführung schwenkbarer Tragflächen vorschlug. Über die endgültige Konfiguration kam man in den letzten Monaten des Jahres 1950 überein, und am 14. Dezember wurde der überarbeitete Vertrag zur Konstruktion zweier Prototypen unterzeichnet. Die große und schwere **Jaguar** erhielt Tragflächen, deren Pfeilung sich hydraulisch von 13,5° auf 42,5° variieren ließ. Zudem waren sie mit Auftriebshilfen in Form von Vorflügeln über die gesamte Spannweite und Fowler-Landeklappen ausgestattet, die 80 Prozent der Hinterkante einnahmen. Außer einer Bewaffnung von vier 20-mm-Kanonen sollte das Muster Bomben und/oder Raketen als Außenlast mitführen können. Als Triebwerk war das Westinghouse XJ40-WE-8 mit einem Nennschub von 3357 kg ohne und 4944 kg bei zugeschaltetem Nachbrenner vorgegeben. Letztendlich trieb aber ein J40-WE-6 mit nur 3084 kg Schub den einzigen fliegenden Prototyp an, und die Nachbrennerstufe kam dabei nicht zum Einsatz.

Die erste, im März 1952 komplettierte Maschine wurde nach einigen lahmen Rollversuchen in Bethpage zerlegt und am 16. April von einer Douglas C-124 Globemaster nach Edwards AFB/Muroc Dry Lake transportiert. Grummans Testpilot C.H. „Corky" Meyer führte die Maschine durch das gesamte Erprobungsprogramm, das am 19. Mai mit einem ereignisreichen Jungfernflug von nur 16 Minuten Dauer begann. Die dabei auftretenden Kontroll- und Systemprobleme prägten alle 32 Flüge dieses Testprogramms, das am 25. April 1953 endete. Es waren zwar wertvolle Erfahrungen gesammelt worden, und das Schwenkflügelwerk hatte einwandfrei funktioniert, aber das im März 1953 gegen das J40-Triebwerk verhängte „Flugverbot" brachte das endgültige Aus. Nachdem am 1. April der Auftrag über 100 Serienflugzeuge und am 13. April der für die zwölf Vorserienexemplare widerrufen worden waren, gab man das Projekt auf. Die beiden Prototypen gingen an das Naval Air Material Center in Philadelphia.

**TECHNISCHE DATEN**
**Grumman F10F Jaguar**
**Typ:** Prototyp eines einsitzigen Schwenkflügel-Jagdflugzeugs zum schiffsgestützten Einsatz
**Triebwerk:** ein Nachbrenner-Strahltriebwerk Westinghouse XJ40-WE-8 mit 4944 kg Schub
**Leistung:** (geschätzt) Höchstgeschwindigkeit 1143 km/h in Meereshöhe; Einsatzgeschwindigkeit 1017 km/h in 10.670 m Höhe; Dienstgipfelhöhe 13.960 m
**Gewicht:** Leermasse 9265 kg; max. Startmasse 16.080 kg
**Abmessungen:** Spannweite bei Tragflächen in vorderster Stellung 15,42 m, in hinterster Stellung 11,18 m; Länge 16,59 m; Höhe 4,95 m; Tragflügelfläche maximal 41,81 m²
**Bewaffnung:** vier 20-mm-Kanonen im Bug und zwei 907-kg-Bomben oder 48 FFAR-Raketen vom Kaliber 70 mm oder zwölf HVAR-Raketen vom Kaliber 127 mm unter den Tragflächen

# Grumman F11F Tiger

***Die F11F-1 mit flächengeregeltem Rumpf und Nachbrennertriebwerk war der erste Überschalljäger im Dienst der US Navy. Diese Maschine gehörte zum Bestand der VF-33.***

Das Ende einer ununterbrochenen Linie amerikanischer Marinejäger, an deren Anfang die Grumman FF-1 stand, bildete die **Grumman F11F Tiger.** Um ihre Abstammung von der Panther/Cougar zu betonen, erhielt sie die Anfangsbezeichnung **F9F-9**, obwohl sie in Wirklichkeit ein neues Flugzeug war. Bei dem Grumman-Entwurf **G-98**, den die US Navy am 27. April 1953 akzeptierte, handelte es sich zwar auch um einen Jagdeinsitzer, doch vom Vorgängermodell hatte er keinerlei erkennbare Züge übernommen. Der Rumpf war zur Widerstandsminderung nach der Flächenregel geformt, das Höhenleitwerk an den Hinterrumpf gerückt und das Hauptfahrwerk am Rumpf gelagert. Auch die Lufteinläufe zur Versorgung des Wright-Strahltriebwerks J65-W-6 mit einer Leistung von 3538 kg Schub ohne und 4763 kg Schub mit Nachverbrennung hatte man nicht mehr in die Flächenansätze eingearbeitet, sondern an den Rumpf geschmiegt. Beim dünnen Tragwerk führte man ein neues Konstruktionsverfahren ein, indem die den Holmkasten einfassenden Außenschalen aus massiven Aluminiumplatten gefräst wurden. Den ersten Prototyp, **YF9F-9**, angetrieben vom nachbrennerlosen J65-W-7, flog „Corky" Meyer am 30. Juli 1954. In den zweiten Versuchsjäger, der im Oktober in die Luft kam, baute man im Januar 1955 die Nachbrennerstufe ein. Die im April 1955 in **F11F-1** umbezeichnete **Tiger** wurde mit der schubschwächeren Triebwerkversion J65-W-18 produziert, da sich die vorgesehene Ausführung W-6 als problematisch erwiesen hatte. Die beiden von der US Navy in Auftrag gegebenen Baulose à 42 und 157 Flugzeuge wurden zwischen dem 15. November 1954 und dem 23. Januar 1959 ausgeliefert. Im März 1957 trat die **Tiger** ihren Dienst (bei VA-156) an, aber die Einsatzkarriere dieses Musters währte nicht lange, da die Vought F-8 Crusader rasch nachrückte.

**Variante**
**F11F-1F:** zwei F11F-1 mit General-Electric XJ79-GE-3-Triebwerk, das 4354 kg Schub erzeugte, vergrößerten Lufteinläufen und neuen Tragflächen

**TECHNISCHE DATEN**
**Grumman F11F-1**
**Typ:** einsitziges Jagdflugzeug
**Triebwerk:** ein Strahltriebwerk Wright J65-W-18 mit 3379 kg Schub
**Leistung:** Höchstgeschwindigkeit 1207 km/h in Meereshöhe; Marschgeschwindigkeit 929 km/h in 11.580 m Höhe; Anfangssteiggeschwindigkeit 26,08 m/sek; Dienstgipfelhöhe 12.770 m; Reichweite 2044 km
**Gewicht:** Leermasse 6091 kg; max. Startmasse 10.052 kg
**Abmessungen:** Spannweite 9,64 m; Länge 14,31 m; Höhe 4,03 m; Tragflügelfläche 23,23 m²
**Bewaffnung:** vier 20-mm-Kanonen und vier Sidewinder-Luft-Luft-Raketen unter den Flächen

# Grumman F-14 Tomcat bis Grumman TBF Avenger

**Nach dem Zweiten Weltkrieg legte Grumman das Schwergewicht auf Marinejäger, speziell den defensiven Flotten-Abfangjäger Tomcat mit seiner variablen Geometrie. Daneben wurden aber auch der Angreifer Intruder und sein Abkömmling Prowler produziert, ferner die Hawkeye als Frühwarnplattform mit ihrem Abkömmling Greyhound sowie der U-Boot-Bekämpfer Tracker mit seinem Pendant Trader.**

## Grumman F-14 Tomcat

***VF-1 „Wolf Pack" war der erste Flottennutzer der Tomcat. Die Staffel erhielt das neue Muster zeitig genug, um im Frühjahr 1975 mit ihm zu einer Einsatzkreuzfahrt aufzubrechen.***

Die **Grumman F-14 Tomcat**, zweifellos eines der weltweit besten Kriegsflugzeuge, erfüllt heute eine Rolle, die Mitte der sechziger Jahre der Marineversion der F-111 von General Dynamics zugedacht war. Als das F-111B-Programm im Sommer 1968 gestrichen wurde, hatte Grumman sein Projekt eines neuen Trägerjagdflugzeugs mit schwenkbaren Tragflächen bereits weit vorangetrieben. Es basierte auf einer Ausschreibung der US Navy, an der sich weitere vier Unternehmen beteiligten. Aus den Angeboten wählte die US Navy im Januar 1969 den Entwurf Grumman G-303 und erteilte vier Monate später nach der Prüfung eines Modells einen Auftrag über zwölf Entwicklungsflugzeuge. Das erste Exemplar dieser Baureihe absolvierte seinen Jungfernflug am 21. Dezember 1970, ging aber neun Tage später durch Totalausfall der Hydraulikanlagen verloren. Beide Besatzungsmitglieder konnten sich mit dem Schleudersitz retten. Nach dem Erstflug der zweiten Maschine am 24. Mai des Jahres 1971 wurde das Entwicklungsprogramm ohne weitere Rückschläge fortgesetzt.

Der **F-14A** lagen nicht nur neuere Technologien im Vergleich zur richtungsweisenden F-111 zugrunde, sondern sie war auch von Hause aus für den Trägereinsatz bei der US Navy konzipiert. Von den Mustern, die man bis dahin mit variabler Tragflächengeometrie (VG) entwickelt hatte, hob sie sich durch zusätzliche, beweglich gelagerte kleine Vorflügel ab. Werden die Außenflächen zum Überschallflug zurückgeschwenkt, schieben sich diese Segmente automatisch aus der Vorderseite des Flügelkastens vor, um Verlagerungen des Druckpunkts zu begegnen und die Maschine in der Nickebene zu stabilisieren. Unter optimaler Nutzung der Schwenkflügeltechnik kann die Tomcat ihre Konfiguration den unterschiedlichen Erfordernissen hinsichtlich Aerodynamik und Leistung für den Start vom (und zur Landung auf dem) Flugzeugträger, für Luftkampfmanöver oder für Tiefflugangriffe gegen Oberflächenziele anpassen. Für die jeweils günstigste Flügelpfeilung sorgt ein Mach-Schwenk-Programmierer, so daß der Pilot von dieser Aufgabe befreit ist und sich auf seinen eigentlichen Auftrag konzentrieren kann. Im Zusammenspiel mit weiteren Kontrollflächen, wie über die volle Spannweite reichende Landeklappen, Spoiler, Nasenklappen und Pendelhöhenruder, gibt die **Tomcat** ein überragend manövrierfähiges Kampfflugzeug ab. Ihre Kursstabilität stellen zwei nach außen geneigte Seitenflossen und zugehörige Ruder sicher. Zudem besitzt das Muster eine äußerst starke Zelle, da zahlreiche Teile aus Titan, Borfaser-Epoxid und anderen Verbundwerkstoffen gefertigt sind.

Hauptauftrag der zweiköpfigen **Tomcat**-Besatzung, die auf Zero/Zero-Schleudersitzen unter einer großen Einzelhaube fliegt, ist die weiträumige Luftverteidigung der US-Flotte. Dazu führt die **F-14** sechs Luft-Luft-Raketen vom Typ Hughes Phoenix mit, die derzeit im Truppendienst befindliche Lenkwaffe mit der größten Kampfreichweite (200 Kilometer). Ihre Verwendung in Verbindung mit dem leistungsstarken Hughes-Radargerät AWG-9 im Bug versetzt die **Tomcat** in die Lage, Luftziele aus einem Abstand von bis zu 160 km heraus zu erfassen und zu bekämpfen. Hinzu kommen Sparrow-Lenkraketen für mittlere und AIM-9 Sidewinder für kurze Kampfentfernungen. Sollte die **Tomcat** in einen Kurvenkampf verwickelt werden, steht ihr eine mehrrohrige Gatling-Kanone zur Verfügung. In Zweitfunktion kann die **F-14A** auch Angriffseinsätze in geringer Höhe fliegen. In diesem Fall ersetzen Außenlasten wie Bomben und andere Waffenarten bis zu 6577 kg die Luft-Luft-Lenkflugkörper.

Die erste **Tomcat**-Version **F-14A** steht bei der US Navy seit Oktober 1972 im Dienst, als die ersten Maschinen den Marinestaffeln VF-1 und VF-2 zugewiesen wurden. In der Folgezeit traten eine Reihe von Triebwerksproblemen auf, die sich weitgehend durch eine Steigerung des verfügbaren Schubs bei eingeschalteten Nachbrennern beheben ließen. 1979 begann das Naval Air Test Center in Patuxent River, Maryland, mit der Entwicklung eines taktischen Aufklärungsbehälters (TARPS), um der **F-14A** eine größere Vielseitigkeit zu verleihen. Rund 50 **F-14A**, die zur Ausrüstung mit TARPS nachbereitet wurden, erhielten die Bezeichnung **F-14/TARPS**. Sie galten als wichtige Übergangslösung bis zur Entwicklung und Verfügbarkeit eines modernen taktischen Aufklärungsflugzeugs für die Navy.

Bei Produktionsende im März 1987 waren 554 **F-14A** gebaut, eingerechnet die zwölf Entwicklungsflugzeuge. 32 Exemplare dieser Baureihe wurden später zu **F-14A** (Plus) und 18 zu **F-14D(R)** umgerüstet, und 79 Maschinen gingen Mitte der siebziger Jahre an die Kaiserlich Iranische Luftwaffe. Eskalierende Kosten führten dazu, daß man die Entwicklung der ursprünglichen **F-14B** und später auch der **F-14C** für die US Navy abbrach. Zwei Prototypen der **F-14B** waren durch den Einbau zweier Turbofan-Triebwerke Pratt & Whitney-F401-P-400 zu je 12.741 kg Schub entstanden. Der erste flog am 12. September 1973, doch der zweite wurde nie fertiggestellt. Die Entwicklung der von TF30-P-414A angetriebenen **F-14C** gab man ebenfalls auf.

1984 wurde die Entwicklung der verbesserten **Tomcat**-Interims-Version **F-14A (Plus)** eingeleitet. Die erste von 32 **Tomcats** (darunter einer der beiden **F-14B**-Prototypen), die man auf Nachbrenner-Turbofan-Triebwerke General Electric-F110-GE-400 mit je 12.247 kg Schub umgestellt hatte, flog am 29. September 1986, gefolgt vom ersten „Serienexemplar" am 14. November 1987. Erstlieferungen erreichten VF-101 im April 1988, und die letzte Maschine (163411) kehrte im Mai 1990 von der Ummotorisierung zurück. Im Jahre 1991 wurde die **F-14A (Plus)** schließlich in **F-14B** umbezeichnet.

1981 schloß Grumman ein kurzes Flugtestprogramm mit einer **Tomcat** ab, der zwei GE F101-DFE (Derivative Fighter Engine) als Antrieb dienten, wie man sie später in die F-16 einbaute. Die Verwendung dieses Triebwerks für die **F-14** war zwar nie konkret geplant, aber die dabei gewonnene Erfahrung brachte Grumman in die konzeptionelle Definition der **Super Tomcat** und ihrer Technologie ein.

Mitte der achtziger Jahre wurden Haushaltsmittel zur Entwicklung einer grundlegend verbesserten Version der **Tomcat** bereitgestellt. Diese **F-14D** sollte das Radargerät AN/APG-71 und eine stärkere Flugkörperbewaffnung (AMRAAM) sowie moderne NACES-Schleudersitze erhalten. 1988 waren 37 von 127 neuen Flugzeugen finanziert, aber 1989 wurde das Programm gestrichen und 1991 teilweise wieder aufgegriffen. Derzeit sieht der Beschaffungsplan 37 neue **F-14D** und 18 **Tomcat**-Umrüstungen zu **F-14D(R)** vor.

Die erste **Tomcat** eines Entwicklungstrios flog am 24. November 1987 und die erste Übergabe an VX-4 erfolgte im Mai

***Die primäre Waffe der Tomcat für den Einsatz Luft-Luft ist die mächtige AIM-54 Phoenix, die hier von einer F-14A des Pacific Missile Test Center im kalifornischen Point Mugu beim Erprobungsschießen gestartet wird.***

1990. Die erste **F-14D(R)** erreichte VF-124 im Juni 1990, und im November wurde dem Muster die uneingeschränkte Diensttauglichkeit bescheinigt.

**TECHNISCHE DATEN**
**Grumman F-14A**

**Typ:** zweisitziges, trägergestütztes Mehrzweck-Jagdflugzeug
**Triebwerke:** zwei Nachbrenner-Turbofan-Triebwerke Pratt & Whitney-TF30-P-412A je 9480 kg Schub
**Leistung:** Höchstgeschwindigkeit in großer Höhe Mach 2,34 oder 2517 km/h; Marschgeschwindigkeit 741 km/h bis 1019 km/h; Dienstgipfelhöhe oberhalb 15.240 m; Reichweite als Abfangjäger mit externen Zusatztanks 3219 km
**Gewicht:** Leermasse 18.036 kg; normale Startmasse mit sechs Phoenix-Lenkflugkörpern 31.945 kg; max. Startmasse 33.724 kg
**Abmessungen:** Spannweite, ungepfeilt 19,54 m, gepfeilt 11,65 m; Länge 19,10 m; Höhe 4,88 m; Tragflügelfläche 52,49 m²
**Bewaffnung:** eine 20-mm-Kanone, M61A-1 Vulcan mit mehreren gebündelten Rohren im Vorderrumpf, diverse Kombinationen von Bomben oder Lenkwaffen (Phoenix, Sidewinder und Sparrow), taktischer Aufklärungsbehälter und/oder ECM-Ausrüstung

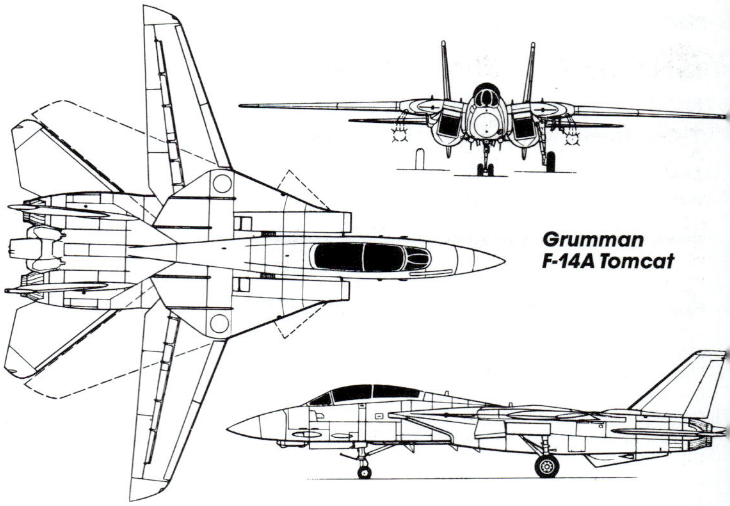

***Grumman F-14A Tomcat***

# Grumman G-21 Goose

1937 konstruierte die Firma ein zweimotoriges Amphibien-Flugboot, das als **Grumman G-21 Goose** bekannt wurde. Die Tragflächen dieses Hochdeckers nahmen nicht nur die beiden Pratt & Whitney-Sternmotoren R-985 je 336 kW (457 PS) auf, sondern auch Stabilisierungsschwimmer, die mit einem langen Stützenpaar und Spanndrähten an der Unterseite befestigt waren. Der hohe, zweistufige Bootsrumpf war herkömmlich konstruiert und das Höhenleitwerk mittig an der Seitenflosse abgestrebt. Amphibische Eigenschaften stellte ein Spornrad-Fahrgestell sicher, dessen drei Räder sich alle in den Rumpf einziehen ließen. Die vor dem Krieg für den kommerziellen Luftverkehr gebaute **G-21A**, die bis zu sieben Passagiere befördern konnte, wurde während des Zweiten Weltkriegs zum Dienst bei der USAAF, US Coast Guard und US Navy sowie beim US Marine Corps weiterproduziert.

Zivile und überschüssige Militärflugzeuge dieses Musters, die man zum Verkauf freigegeben hatte, erwiesen sich für bestimmte Nachkriegs-Luftverkehrsgesellschaften als wertvoll. McKinnon Enterprises in den USA stellten sich auf diese Nachfrage ein und begannen mit der Grunderneuerung sowie der Entwicklung verbesserter **Goose**-Versionen. Eine frühe Modifikation zielte auf den Ersatz der beiden R-985-Sternmotoren durch vier Avco-Lycoming-Triebwerke je 254 kW (345 PS) ab, doch die Mehrzahl der Umrüstungen entsprach dem Standard **G-21C** und **G-21D Turbo-Goose**, letztere mit zwei PT6A-Propellerturbinen von Pratt & Whitney Aircraft of Canada anstelle der Original-Sternmotoren. Die Ummotorisierungen gingen mit einer Reihe anderer Verbesserungen einher, darunter einziehbare Schwimmer an den Flächenenden und größere Kabinenfenster. Hinzu kamen ferner die **G-21G Turbo-Goose**, ein grundsätzlich ähnlich umgerüstetes Flugboot, jedoch mit einem höherwertigen Ausrüstungs- und Kabinenstandard, und die **Turboprop Goose**, die nur auf den Turboprop-Antrieb umgestellt wurde und keinerlei Änderungen der Zelle wie frühere Umrüstvarianten aufwies.

Umrüstungen zur **G-21G Turbo-Goose** und **Turboprop Goose** waren bis 1980 bei McKinnon-Viking Enterprises in Sydney erhältlich, die 1978 die Nachfolge der amerikanischen Firma angetreten hatte.

**TECHNISCHE DATEN**
**Grumman/McKinnon G-21G**

**Typ:** leichtes, amphibisches Verkehrsflugzeug
**Triebwerke:** zwei Propellerturbinen Pratt & Whitney Aircraft of Canada PT6A-27 je 507 kW (690 WPS)
**Leistung:** Höchstgeschwindigkeit 391 km/h; Dienstgipfelhöhe 6095 m; Reichweite mit Standardtreibstoffmenge 2575 km
**Gewicht:** Rüstmasse 3039 kg; max. Startmasse 5670 kg
**Abmessungen:** Spannweite 15,49 m; Länge 12,06 m; Tragflügelfläche 35,08 m²

***Die Goose zog viele Käufer an, so daß sie in beachtlicher Stückzahl auf moderne Flugmotoren umgestellt und auch anderweitig aufgewertet wurde.***

# Grumman G-44 Widgeon

Der Erfolg des achtsitzigen Grumman-Amphibium Goose im kommerziellen Luftverkehr und der erkennbare Bedarf an einem kleineren und billigeren Flugzeug dieser Gattung mündete in die Entwicklung der fünfsitzigen **Grumman G-44 Widgeon**, die von zwei Ranger-L-440C-5-Motoren mit je 149 kW (203 PS) angetrieben wurde. Den **Widgeon**-Prototyp führten Roy Grumman und Bud Gillies am 28. Juni 1940 in Bethpage zum Jungfernflug, und zehn Exemplare hatten bereits zivile Käufer gefunden, als das erste Serienflugboot am 21. Februar 1941 ausgeliefert wurde. Die erste Baureihe mit 44 **Widgeon** war für den zivilen Marktsektor vorgesehen, doch elf im portugiesischen Auftrag gebaute und vier andere Exemplare dieses Typs wurden zum Dienst bei der USAF als **OA-14** eingezogen.

Die zweite Serie war für US Coast Guard bestimmt, und diese 25 Maschinen gingen zwischen dem 7. Juli 1941 und dem 29. Juni 1942 an die amerikanische Küstenwache, die ihnen die Dienstbezeichnung **J4F-1** zuwies. Im August 1942 versenkte eine **Widgeon** der Coast Guard Squadron 212, die in Houma, Louisiana, stationiert war, das Unterseeboot U-166 im Mündungsbecken des Mississippi. Damit hatte die amerikanische Küstenwache erstmals ein feindliches U-Boot zerstört.

Grumman produzierte insgesamt 131 **J4F-2** für die US Navy, ausgeliefert zwischen dem 13. Juli 1942 und dem 26. Februar 1945. Die von einer zweiköpfigen

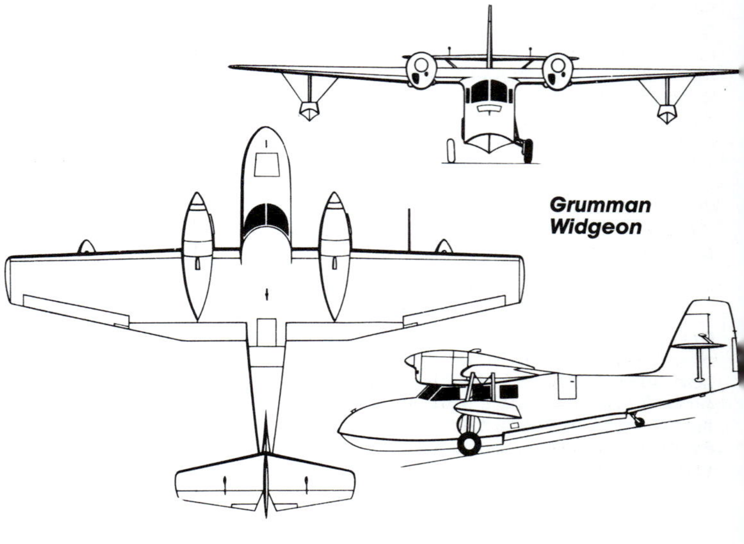

***Grumman Widgeon***

Besatzung mit maximal drei Passagieren im Nutz- und Transportdienst geflogene **J4F-2** wurde auch zur Küstensicherung und U-Bootabwehr herangezogen. 15 **J4F-2** beschaffte die Royal Navy auf der Grundlage des Leih-Pacht-Abkommens und setzte sie im Verbindungsdienst ein, hauptsächlich in Westindien, wo Beobachterschulen (beispielsweise in Piarco, Trinidad) unterhalten wurden. Bei der Royal Navy hießen die **J4F-2** zunächst **Gosling** und später **Widgeon**.

1944 brachte Grumman die verbesserte Version **G-44A** heraus, deren Erstflug am 8. August stattfand. Sie hatte einen überarbeiteten Bootskörper mit einem tieferen Kiel und etlichen hydrodynamischen Verfeinerungen. Von 76 Maschinen kam die letzte am 13. Januar 1949 zur Auslieferung. In der Folgezeit entwickelte McKinnon Enterprises in Sandy, Oregon, die **Super Widgeon** mit Avco Lycoming GO-480-B1D je 201 kW (273 PS) als Antrieb, verbessertem Bootsrumpf und größerem Tankvolumen.

### TECHNISCHE DATEN
**Grumman J4F-2**

**Typ:** fünfsitziges leichtes Transport- oder Küstensicherungs- und U-Bootpatrouillenflugzeug
**Triebwerke:** zwei 6-Zylinder-Reihenmotoren Ranger L-440C-5 je 149 kW (203 PS)
Leistung: Höchstgeschwindigkeit 246 km/h; Marschgeschwindigkeit 222 km/h; Dienstgipfelhöhe 4450 m; Höchstreichweite 1481 km
**Gewicht:** Leermasse 1447 kg; max. Startmasse 2041 kg
**Abmessungen:** Spannweite 12,19 m; Länge 9,47 m; Höhe 3,48 m; Tragflügelfläche 22,76 m$^2$
**Bewaffnung:** keine

# Grumman G-73 Mallard

In der frühen Nachkriegsperiode entwickelte das Unternehmen das zweimotorige Amphibium **Grumman G-73** für den kommerziellen Luftverkehr. Der **Mallard**, wie dieses Flugboot getauft wurde, kam der Erfahrungsschatz aus der früheren Konstruktion militärischer Flugzeuge dieser Kategorie zugute. Als freitragender Ganzmetall-Hochdecker ausgelegt, erhielt die **G-73** einen zweifach gestuften Bootsrumpf in Schalenbauweise, ein ungepfeiltes Leitwerk und ein dreibeiniges Einziehfahrwerk, das den Betrieb an Land und auf See ermöglichte. Schwimmer unter den Außenflächen sorgten für die nötige Stabilität auf dem Wasser und dienten zugleich als Hilfstanks. Den Antrieb lieferten zwei Wasp-Sternmotoren von Pratt & Whitney.

Der Bootsrumpf nahm zehn Passagiere in zwei belüfteten, beheizten und schallgedämmten Abteilen auf, und die zweiköpfige Besatzung war in einem separaten Flugdeck untergebracht. Der Innenausbau entsprach einem sehr hohen Standard, doch einige VIP-Kunden, wie beispielsweise König Faruk von Ägypten, verlangten eine besondere Luxusausführung. 59 **Mallard** wurden gefertigt.

***Die Mallard war das zweitgrößte der zweimotorigen amphibischen Flugboote, die Grumman im und nach dem Zweiten Weltkrieg entwickelte. Relativ wenige Exemplare wurden für die zivile Luftfahrt gebaut. Chalk's International gehörte jahrelang zu den Hauptbetreibern und setzte dieses Muster zwischen Miami und den Bahamas ein. Heute fliegt die Airline vier solcher Maschinen, die auf Turboprop-Triebwerke umgestellt wurden.***

### TECHNISCHE DATEN
**Grumman G-73 Mallard**

**Typ:** zweimotoriges, amphibisches Flugboot
**Triebwerke:** zwei Neun-Zylinder-Sternmotoren Pratt & Whitney R-1340-S3H1 Wasp je 447 kW (608 PS)
**Leistung:** Höchstgeschwindigkeit 346 km/h in 1830 m Höhe; Reisegeschwindigkeit 290 km/h in 2440 m Höhe; Dienstgipfelhöhe 7010 m; Reichweite mit max. Kraftstoffmenge 2221 km
**Gewicht:** Leermasse 4241 kg; max. Startmasse 5783 kg
**Abmessungen:** Spannweite 20,32 m; Länge 14,73 m; Höhe auf Fahrgestell 5,72 m; Tragflügelfläche 41,25 m$^2$

# Grumman JF/J2F Duck

Grummans trägergestützte Jäger FF-1 und F2F, die ersten Serienflugzeuge dieses Herstellers für die US Navy, hatten etliche Neuerungen eingeführt und stellten beispielsweise die ersten US-Marinejäger mit einziehbarem Fahrgestell dar. Die FF-1 war auch das schnellste Einsatzmuster bei der US Navy, wurde aber nur in kleiner Zahl beschafft, da in den Jahren zwischen den Weltkriegen nur begrenzte Mittel zur Verfügung standen.

Als die Serienfertigung der FF-1 feststand, begann Grumman mit der Entwicklung eines neuen amphibischen Nutzflugzeugs, das die guten Merkmale der FF-1 und der im Dienst befindlichen Loening OL in sich vereinen sollte. Ende 1932 legte Grumman diesen Entwurf der US Navy zur Begutachtung vor und erhielt den Auftrag zur Lieferung eines Prototyps **Grumman XJF-1**, der am 4. Mai 1933 erstmals flog. Die weitere Flugerprobung ergab keine ernsthaften Mängel, so daß die US Navy nach einer unkomplizierten Bewertung 27 Serienflugzeuge JF-1 bestellte. Liefertermin der ersten Exemplare war Ende 1934.

Der zur allgemeinen Unterstützung vorgesehene Typ ersetzte zunächst die alternden Beobachtungs- und Mehrzweckflugzeuge Loening OL-9, doch die Staffeln der US Navy mußten bis 1936 auf das Eintreffen der **JF-1** warten. Der Leistungssprung im Vergleich zur ähnlich ausgelegten Loening war erstaunlich: Die Höchstgeschwindigkeit, die Steigrate und die Dienstgipfelhöhe hatten sich um 40, 50 beziehungsweise 65% gesteigert, dank der besseren Aerodynamik des neuen Musters. Das gleich weit gespannte Doppeltragwerk baute auf Leichtmetall auf und wies eine Stoffbespannung auf, das Rumpfgerüst war ebenfalls aus Leichtmetall in Schalenbauweise gefertigt, und der große zentrale Schalenschwimmer bildete zugleich das Gehäuse für die einziehbaren Fahrwerksräder. An Streben des Unterflügels waren Stabilisierungsschwimmer montiert, und die zwei- bis dreiköpfige Besatzung saß in Tandem-Cockpits. Ein Pilot (vorn) und ein Beobachter (hinten) bildeten die Standard-Crew, aber das Beobachter-Cockpit konnte zusätzlich einen Funker aufnehmen. Den Antrieb des Prototyps und der ersten **JF-1**-Baureihe lieferte ein P&W-Sternmotor R-1830 Twin Wasp mit 522 kW (710 PS).

Der zweite Serienauftrag betraf 14 **JF-2 (Grumman G-4)** für die US Coast Guard. Bei diesen Flugzeugen war die Ausrüstung teilweise geändert und der Wright R-1820 Cyclone mit einer Leistung von 559 kW (760 PS) eingebaut. Vier Exemplare dieser Baureihe wurden später der US Navy zugeschleust, die zudem fünf neugebaute Flugzeuge mit diesem Motor als **JF-3** forderte. Nur geringfügige Änderungen flossen in die nachfolgenden Serienflugzeuge: 20 **J2F-1** von 1937, 21 **J2F-2**, 20 **J2F-3** und 32 **J2F-4**, ein. Neun Schwimmerflugzeuge **J2F-4A** für Marine Squadron VMS-3 (US-Marinekorps) waren allerdings mit Maschinengewehren bewaffnet und mit Bombenschlössern am Unterflügel ausgerüstet.

Die letzte von Grumman gebaute Version dieses Typs wurde 1940 in Auftrag gegeben und umfaßte 144 **J2F-5**. Dieses Modell trug als erstes offiziell den Namen **Duck**. Es war grundsätzlich ähnlich ausgelegt wie die früheren Nutzvarianten und hatte einen Wright R-1820-50 mit 634 kW (862 PS) als Antrieb. Die letzte Serienversion **J2F-6** wurde von der Columbia Aircraft Corporation auf Long Island, New York, produziert, und die US Navy orderte 330 Exemplare, nachdem die USA in den Zweiten Weltkrieg eingetreten war. Sie entsprachen grundsätzlich der **Grumman-Duck**, abgesehen vom Einbau des stärkeren Sternmotors R-1820-54.

***Der hauptsächliche, von außen erkennbare Unterschied zwischen der Grumman J2F und der Originalversion JF bestand im Wegfall der Querruder-Verbindungsstreben zwischen Ober- und Unterflügel des neueren Modells. Ein besonders gelungenes Konstruktionsmerkmal des einziehbaren Spornrad-Fahrwerks waren die offenen Hauptradschächte an den Seiten des zentralen Einzelschwimmers.***

### TECHNISCHE DATEN
**Grumman J2F-6**

**Typ:** zwei-/dreisitziges, amphibisches Nutzflugzeug
**Triebwerk:** ein Neun-Zylinder-Sternmotor Wright R-1820-54 mit 671 kW (912 PS)
**Leistung:** Höchstgeschwindigkeit 306 km/h; Marschgeschwindigkeit 249 km/h; Dienstgipfelhöhe 7620 m; Reichweite 1207 km
**Gewicht:** Leermasse 1996 kg; max. Startmasse 3493 kg
**Abmessungen:** Spannweite 11,89 m; Länge 10,36 m; Höhe 4,24 m; Tragflügelfläche 38 m$^2$
**Bewaffnung:** normalerweise keine, aber Vorrichtungen für zwei 147-kg-Wasserbomben

# Grumman OV-1 Mohawk

Mitte der fünfziger Jahre stellten sowohl die US Army als auch das US Marine Corps Leistungshefte für ein Gefechtsfeldüberwachungsflugzeug auf. Die Forderungen beider Teilstreitkräfte stimmten im Grundsatz überein: Die Maschine sollte ein großes Spektrum an Aufklärungsgerätschaften mitführen können, für Feldflugplätze geeignet sein und mit Kurzpisten auskommen. Beide Teilstreitkräfte konnten sich auf einen gemeinsamen Entwurf einigen, und 1957 erteilte die US Navy, die als Programm-Manager für die US Army und das US Marine Corps fungierte, einen Auftrag über neun Test- und Entwicklungsflugzeuge des Musters Grumman **G-134**. Diesen Maschinen wurde zunächst die Bezeichnung **YAO-1A** und später **YOV-1A** zugeteilt. Das erste Exemplar startete am 14. April 1959 zum Jungfernflug.

Die Ergebnisse der ersten Erprobungsphase zeigten die hohe Qualität dieses Flugzeugs, aber noch vor dem Erstflug des Prototyps kündigte das US Marine Corps den Vertrag zum Bau ihrer neun **OF-1** auf. Das Flugtestprogramm wurde daraufhin beschleunigt, und noch vor Ablauf des Jahres 1959 plazierte die US Army Serienaufträge für die **OV-1A** und die **OV-1B**. Dem Grundmuster **OV-1** wurde der Name **Mohawk** verliehen.

Die **OV-1**, der erste von der US Army in Dienst gestellte Typ mit Turboprop-Antrieb, ist relativ langsam, aber äußerst wendig. Um die Verwundbarkeit aufgrund der niedrigen Geschwindigkeit und der ihr zugedachten Rolle zu mindern, erhielt die **Mohawk** eine gute Cockpit-Panzerung, einen Aluminiumboden von 64 mm Stärke, kugelsichere vordere und hintere Schotts und Frontscheiben aus Panzerglas. Die Grundauslegung der **OV-1** ist zwar durchweg herkömmlich, aber Einzelmerkmale des Entwurfs ergaben ein leicht erkennbares und ungewöhnlich wirkendes Flugzeug. Markant sind folgende Erkennungspunkte: Propellerturbinen an den Tragflächen, deren Längsachse leicht nach außen und oben verschoben ist, ein Leitwerk mit drei Seitenflossen/Rudern und einer V-Stellung des Höhenleitwerks, die ausreicht, um den Endplatten eine leichte Neigung nach innen verleihen zu können, stark ausgewölbte Cockpitseiten, um der Zweimann-Besatzung ein Optimum an Bodensicht zu bieten, und, im Falle der **OV-1B**, ein abschließender Schuß Exzentrik in Form eines Seitensichtradargerätes (SLAR) in einem 5,49 m langen Kunststoffbehälter an Trägern unter dem Rumpf, nach steuerbord versetzt.

Ob nun schön oder häßlich, die **Mohawk** war für taktische Beobachtungs- und Überwachungsflüge in der Gefechtszone zur direkten Unterstützung von Heeresoperationen geschaffen und sie wies bald nach, daß sie diese Rolle zur vollsten Zufriedenheit erfüllen konnte. Standardmäßig wurden jeder Heeresdivision vier **Mohawk** zugeteilt. Obwohl sich diese Maschinen bewaffnen ließen, entschied das amerikanische Verteidigungsministerium 1965, daß Starrflügler des Heeres keinerlei Waffen mitführen durften, um Konflikte und Verwirrungen mit Kampfflugzeugen der USAF bei Luftnahunterstützungseinsätzen auszuschließen. Wie zahlreiche andere US-Muster kamen jedoch auch etliche **Mohawk** mit Waffen unter den Tragflächen in Vietnam zum Einsatz, nachdem eine **JOV-1A** mit vier für Lasten bis 227 kg zugelassenen Unterflügelträgern ihre Tauglichkeit für bewaffnete Aufklärungseinsätze unter Beweis gestellt hatte.

Die Basisversion war die **OV-1A**, ausgerüstet für Tag- und Nachtaufklärung sowie mit Doppelsteuerung. Die nachfolgende **OV-1B** erhielt eine größere Spannweite, Seitensichtradar und eine intern eingebaute Sofortbildkamera, aber keine Doppelsteuerung. Als nächstes erschien die **OV-1C**, die der späten **OV-1A** ähnelte, aber ein Infrarot-Überwachungssystem AN/AAS-24 besaß. Die letzte Serienversion war die **OV-1D** mit seitlichen Ladetüren für eine Sensorenpalette (SLAR, IR und andere Arten). Über die neugebauten Flugzeuge hinaus wurden viele **OV-1B** und **OV-1C** zu **OV-1D** umgerüstet, und unter die Bezeichnungen **RV-1C** und **RV-1D** fielen **OV-1C** und **OV-1D**, die auf Dauer für elektronische Aufklärungseinsätze modifiziert sind. Gerüchten zufolge gingen in den siebziger Jahren zwei **Mohawk** an Israel, die entweder als **OV-1D** oder, geheimnisvoller, als **EV-1E** für Aufgaben der elektronischen Aufklärung gemeldet wurden. Diese Gerüchte wurden jedoch nie bestätigt.

*Die OV-1D ist derzeit die Mohawk-Hauptvariante der US Army und kann sowohl SLAR-Einsätze als auch Infrarot-Aufklärung fliegen.*

### TECHNISCHE DATEN
**Grumman OV-1D**

**Typ:** zweisitziges Multi-Sensor-Beobachtungs- und Aufklärungsflugzeug
**Triebwerke:** zwei Propellerturbinen Avco Lycoming T53-L-701 je 1044 kW (1420 PS)
**Leistung:** Höchstgeschwindigkeit bei SLAR-Einsatz 465 km/h in 3050 m Höhe, bei Infrarot-Einsatz 491 km/h; Höchstreichweite bei SLAR-Einsatz 1519 km, bei Infrarot-Einsatz 1627 km
**Gewicht:** Rüstmasse 5468 kg; max. Startmasse für SLAR-Einsatz 8214 kg, für Infrarot-Einsatz 8125 kg
**Abmessungen:** Spannweite 14,63 m; Länge 12,50 m; Höhe 3,86 m; Tragflügelfläche 33,44 m²

# Grumman S-2 Tracker/E-1 Tracer/C-1 Trader

In den Jahren unmittelbar nach dem Zweiten Weltkrieg verwendete die US Navy zur trägergestützten U-Bootabwehr Zwillingsflugzeuge als sogenannte Hunter/Killer-Trupps. Eine mit Radar ausgerüstete Maschine (Hunter) war für die Ortung zuständig und überwies das U-Boot dem entsprechend bewaffneten Zwilling (Killer) zur Bekämpfung. Dieses Team-Konzept barg jedoch gewisse Schwachpunkte in sich: So brauchte beispielsweise nur die Funkverbindung auszufallen, um beide Komponenten praktisch wertlos zu machen. Die Situation wurde noch komplizierter durch zunehmend leistungsstärkere Unterseeboote mit Kernantrieb, die schneller fahren, tiefer tauchen und geräuschloser operieren konnten. Erforderlich waren komplexere Avioniksysteme zur Erweiterung der Ortungsmöglichkeiten, eine fortschrittliche Waffenkontrollanlage und zusätzlicher Raum für eine größere Waffenlast, für mehr Treibstoff zur Erhöhung der Patrouillendauer und eine bessere Unterbringung der Crew für lang anhaltende Suchflüge.

Ende der vierziger Jahre hatte die US Navy ihr Konzept für ein U-Bootabwehrflugzeug abschließend definiert, das beide Funktionen, Ortung und Bekämpfung, in sich einschloß, und Grumman entwarf den recht großen zweimotorigen Hochdecker **Grumman G-89**, der diese Forderung erfüllen sollte. Die Hochdeckerauslegung gewährleistete ein Höchstmaß an Kabinenraumvolumen, um die umfangreiche Bordausrüstung unterzubringen, und zusätzlicher Stauraum für Sonarbojen wurde im Heck der Motorgondeln geschaffen. Weitere typische Merkmale waren ein großer Waffenschacht, ein Suchradar in einer fahrbaren Wanne unter dem Hinterrumpf, ein Magnetfeldortungsgerät im einziehbaren Heckausleger, ein Suchscheinwerfer unter der Steuerbordfläche sowie faltbare Tragflächen und Fanghaken für den Betrieb auf Flugzeugträgern.

Am 30. Juni 1950 wurde Grumman mit der Konstruktion eines einzelnen Prototyps der **G-89** beauftragt, und die US Navy wies dieser Versuchsmaschine, die erstmals am 4. Dezember 1952 flog, die Bezeichnung **XS2F-1** zu. Im Laufe der Zeit erschienen die Serienversionen **S2F Trakker**, **WF Tracer** und **TF Trader**, die 1962 mit Einführung des für alle drei Teilstreitkräfte verbindlichen Verfahrens für Luftfahrzeuge in **S-2**, **E-1** und **C-1** umbenannt wurden. Die erste Tracker-Serienversion **S-2A** ging im Februar 1954 bei der Anti-Submarine Squadron VS-26 in Dienst. Zusätzlich zu den mehr als 500 für die US Navy gebauten Exemplaren wurden 100 **S-2A** in verbündete oder befreundete Länder exportiert. Eine Reihe dieser Flugzeuge diente als **TS-2A** zur Ausbildung.

Unter der Bezeichnung **S-2B** waren die **S-2A** zusammengefaßt, die zu Trägern für das passiv arbeitende Weitbereichshorchgerät AQA-3 Jezebel modifiziert wurden, das mit dem aktiven (Explosionsmittel) Julie-Echolot zusammenarbeitete. **S-2C** lautete die Bezeichnung der nächsten Serienvariante mit backbord ausgebeultem Waffenschacht und größeren Leitwerksflächen zum Ausgleich des höheren Gesamtgewichts. Viele **S-2A/B/C** wurden nachträglich zu Unterstützungsdiensten wie Zielschlepp und Transport umgerüstet mit der neuen Bezeichnung **US-2A/B/C**. Einige **S-2C** wandelte man zu Luftbildaufklärungsflugzeugen **RS-2C** um.

Die zweite Hauptserienversion war die **S-2D**, deren Erstflug am 21. Mai 1959 stattfand. Sie hatte ein Tragwerk mit höherer Spannweite, ein nochmals vergrößertes Leitwerk, eine gesteigerte Treibstoffkapazität und Motorzellen, die die doppelte Menge an Sonarbojen (2 x 16) bergen konnten. Darüber hinaus war der Vorderrumpf verlängert und verbreitert worden, um der vierköpfigen Besatzung eine angenehmere Umgebung zu bieten. Die **S-2D** trat ihren Dienst bei der US Navy im Mai 1961 an und rüstete am Ende mindestens 15 Staffeln aus. Die Flugzeuge, die später zur Aufnahme einer moderneren Suchausrüstung modifiziert wurden, erhielten die Dienstbezeichnung **S-2E**; ihre Produktion endete 1968 mit 14 Maschinen für die Royal Australian Navy. **S-2F** lautete die Bezeichnung der **S-2B**, die nachträglich die moderne Suchausrüstung erhielten, wie sie in den **S-2E** installiert war. De Havilland Aircraft of Canada fertigte 100 **Tracker** für die Royal Canadian Navy, die ersten 43 Exemplare als **CS2F-1** und die übrigen als **CS2F-2** mit besserer Ausrüstung. Die kanadischen **Tracker** wurden später in **CP-121** umbenannt.

Außer diesen **Tracker**-Flugzeugen entstanden 87 **TF-1 Trader** als neunsitzige Transportflugzeuge für Verbindungsflüge Küste/Schiff-Schiff/Küste (COD) und 88 **E-1B Tracer** mit einem großen Radom über dem Rumpf, unter dem sich die Antenne des Frühwarnradars APS-82 drehte.

Die Schlußversion der **Tracker** hieß **S-2G**. Diese Ausführung ähnelte der **S-2E**, zeichnete sich aber durch eine modernere Ausrüstung aus, die den Einsatz

*Die Tracker (hier eine S-2E von VS-31) wurde der trägergestützte Standard-U-Boot-Jäger der US Navy.*

auf Flugzeugträgern der CVS-Klasse ermöglichte, bis die Lockheed S-3A Viking zur Verfügung stand.

1986 erhielt Grumman einen Auftrag im Wert von 260 Millionen US-Dollar zur Lieferung von zwei **S-2T Turbo Tracker** nach Taiwan, gefolgt von Bausätzen zur Komplettierung 30 weiterer Maschinen in Taiwan. Der Umbau beinhaltete den Austausch der vorhandenen Motoren gegen Garrett-Propellerturbinen TPE331-15AW zum Antrieb von Vierblatt-Propellern und eine komplette Erneuerung der Avionik- und U-Jagdausrüstung. Das Ergebnis ist eine außerordentliche Leistungssteigerung; die Waffenlast beispielsweise konnte um 500 kg erhöht werden.

Die Marsh Aviation Company in Mesa, Arizona, bietet ebenfalls zwei **Tracker**-Umrüstungen an, die **S-2ET** für militärische Nutzer und die **S-2AT** zur Brandbekämpfung. Bei beiden ersetzen Garrett TPE331-Propellerturbinen die vorhandenen Motoren. In die **S-2AT** können Löschmitteltanks mit einem Fassungsvermögen von 3028 Litern oder 3773 Litern eingebaut werden, je nachdem welche Bauart des TPE331 installiert ist, ob Dash 14 oder Dash 15. Die U-Jagd- und Seepatrouillenversion **S-2ET** ist als Turboprop-Flugzeug neuzugelassen für den Trägereinsatz. Ende 1991 war die Auslieferung des ersten von sieben Umrüstflugzeugen nicht genannter Auftraggeber vorgesehen. Der etwas modernere Umrüstprototyp **Marsh S-2 Turbo Tracker** flog erstmals am 24. November des Jahres 1986.

In Israel hält die Firma Bedek Aviation ein Angebot zur vollständigen Modernisierung der Tracker bereit, und mindestens ein Exemplar, **S-2UP** bezeichnet, befindet sich im Werk zur Umrüstung für einen nicht genannten Kunden. Das Paket umfaßt eine Umstellung auf Turboprop-Antrieb und den Einbau fortschrittlicher Avionik- und Missionssysteme, die auf Jahre hinaus einen effektiven Einsatz dieser Variante auf den Feldern U-Bootabwehr und elektronische Kampfführung mit den Teilaufgaben elektronische Unterstützung und elektronische Gegenmaßnahmen gewährleisten sollen.

In Kanada ließ Conair, Betreiber der größten Feuerlöschflugzeugflotte der Welt, seit 1987 mindestens 36 **Tracker** zu einsitzigen Wasserbombern **Firecat** oder **Turbo Firecat** umbauen. Die einfachere Verwandlung der **S-2A** zur **Firecat** beinhaltet die Aufnahme eines 3296-Liter-Löschmitteltanks im Rumpf, die Ausrüstung mit größeren Fahrwerksrädern mit Niederdruckreifen und eine Neuverdrahtung des Flugzeugs. Bei der **Turbo Firecat** sind die Kolbenmotoren durch PT-6A-67AF-Propellerturbinen ersetzt und ein Löschmittelbehälter eingebaut, der 3455 Liter faßt.

### TECHNISCHE DATEN
**Grumman S-2E**

**Typ:** trägergestütztes U-Jagdflugzeug
**Triebwerke:** zwei Neun-Zylinder-Sternmotoren Wright R-1820-82WA Cyclone je 1137 kW (1546 PS)
**Leistung:** Höchstgeschwindigkeit in Meereshöhe 426 km/h; Patrouillengeschwindigkeit 241 km/h in 455 m Höhe; Überführungsreichweite 2092 km; Flugdauer mit max. Treibstoffzuladung und 10% Reserve neun Stunden
**Gewicht:** Leermasse 8505 kg; max. Startmasse 13.222 kg
**Abmessungen:** Spannweite 22,12 m; Länge 13,26 m; Höhe 5,05 m; Tragflügelfläche 46,08 $m^2$
**Bewaffnung:** eine nukleare Wasserbombe Mk 57 oder Mk 101 im internen Waffenschacht und Torpedos an sechs Stationen unter den Tragflächen

# Grumman TBF Avenger

Die **TBF** entstand Anfang 1940, nachdem die US Navy die Beschaffung eines moderneren Torpedobombers im üblichen Ausschreibungsverfahren eingeleitet hatte. Am 8. April 1940 wurden bei Grumman zwei Prototypen **XTBF-1** und einige Wochen später beim Mitbewerber Vought zwei **XTBU-1** bestellt. Das letztgenannte Muster erreichte die Serienfertigung bei Consolidated als TBY Sea Wolf, aber nur in einer Auflage von rund 180 Flugzeugen. Die **XTBF-1** bedeutete eine enorme Herausforderung für die Grumman-Konstruktionsabteilung unter Leitung von Bill Schwendler, denn die Firma hatte zwar eine Reihe erfolgreicher Marinejäger für den Trägereinsatz herausgebracht, aber noch keinen Torpedobomber.

Die Versuchsmaschine, die am 1. August 1941 zum Erstflug startete, war ein kompakter Mitteldecker in Ganzmetallbauweise, abgesehen von stoffbespannten Kontrollflächen. Um Abstellraum auf Flugzeugträgern einzusparen, ließen sich die Außenflächen falten. Rumpf und Leitwerk waren herkömmlich konstruiert, ebenso das einziehbare Spornrad-Fahrwerk, und auch die Katapultstartbeschläge sowie der elektrisch betätigte Fanghaken entsprachen dem Standard. Spätere Versionen hatten Vorrichtungen für Starthilfsraketen (RATO). Den Antrieb lieferte ein Wright-Sternmotor R-2600-8 Cyclone 14, dessen 1268 kW (1724 PS) ein Dreiblatt-Propeller mit gleichbleibender Drehzahl umsetzte. Die Kanzel war für drei Mann (Pilot, Bombenschütze und Funker/Bordschütze) eingerichtet und mit einer Plexiglashaube abgedeckt, die sich über alle drei Positionen erstreckte.

An die werksseitige Flugerprobung schloß sich die Prüfung durch die US Navy an, die im Dezember 1941 erfolgreich abgeschlossen wurde. Zwölf Monate zuvor hatte die Marine aber bereits den ersten Serienauftrag über 286 **TBF-1** erteilt, so daß das Muster schon am 30. Januar 1942 in Dienst gehen konnte. Trotz des unglücklichen Karrierestarts der **Avenger** bei der Luftschlacht um die Midway-Inseln beschaffte die US Navy dieses Muster in großen Stückzahlen. Zwischen Januar 1942 und Dezember 1943 fertigte Grumman insgesamt 2293 **TBF-1** und **TBF-1C**. Die erstgenannte Version entsprach dem Prototyp, doch die **-1C** war zusätzlich mit zwei 12,7-mm-Maschinengewehren in den Tragflächen bewaffnet und mit Anschlüssen für Abwurftanks versehen. Ferner konstruierte Grumman die Torpedobomber **XTBF-2** und **XTBF-3** mit den Motortypen XR-2600-10 und R-2600-20.

Von diesem Kontingent erhielt die Royal Navy auf der Grundlage des Leih- und Pachtgesetzes 402 Flugzeuge, die sie größtenteils als **TBF-1B** beschaffte. Als erster Verband der Fleet Air Arm wurde No. 832 Squadron am 1. Januar 1943 mit diesem Muster ausgerüstet. Im britischen Dienst hießen diese Flugzeuge zunächst **Tarpon Mk I** und ab Januar 1944 **Avenger Mk I**. Auch die Royal New Zealand Air Force erwarb 63 **TBF-1**.

Da die Nachfrage die Produktionskapazität der Grumman-Werke überstieg, wurde ein Abkommen mit Eastern Division von General Motors getroffen, das diese zum Zweitlieferanten machte. Ab September 1942 entstanden hier die **TBM-1** und **TBM-1C** (Entsprechungen der **TBF-1** und **TBF-1C**). Als diese Produktion im Juni 1945 endete, waren 7546 Exemplare dieser Versionen gefertigt worden. Von den frühen GM-Versionen erhielt die Royal Navy 334 **TBM-1**, denen sie die Bezeichnung **Avenger Mk II** zuwies.

General Motors konstruierte ebenfalls einen Prototyp **XTBM-3** mit dem R-2600-20-Triebwerk, doch er unterschied sich vom Grumman-Prototyp **XTBF-3** durch eine verstärkte Tragflächenstruktur, die eine Beladung mit verschiedenen Waffen an Schlössern und Rosten unter den Flächen ermöglichte. Viele Exemplare wurden auch ohne den schweren motorgetriebenen Waffenturm auf dem Rumpfrücken als **TBM-3** gefertigt. Die Lieferung dieser Version begann im April 1944, und die Royal Navy übernahm 222 Exemplare, die sie als **Avenger Mk III** bezeichnete. General Motors konstruierte zudem den Prototyp **XTBM-4** mit verstärktem Rumpf, doch zur Serienfertigung kam es nicht mehr, weil am VJ-Day alle Produktionsverträge aufgelöst wurden.

Die Einstellung der Fertigung nach dem Ende des Zweiten Weltkriegs bedeutete aber keineswegs den Abbruch der **Avenger**-Karriere. Der US Navy leisteten sie weiterhin wertvolle Dienste bei der Suche und Ortung von Unterseebooten, bis Flugzeuge eigens für diese Rolle entwickelt waren. Andere Aufgaben, für die Umrüstversionen geschaffen wurden, umfaßten den Allwetter- und Nachteinsatz, elektronische Gegenmaßnahmen, Versorgungs- und Verbindungsdienste Küste/Flugzeugträger und umgekehrt sowie Zieldarstellung. Die Royal Navy hielt die **Avenger** aus der Kriegszeit noch bis zum 3. Juni 1946 im Dienst. Ab 1953 liefen der britischen Marine jedoch **Avenger AS.Mk 4** und **Avenger AS.Mk 5** zu, die unter dem Mutual Defense Assistance Program (MDAP) beschafft wurden. Diese Spezialversionen zur U-Bootabwehr dienten bis zur Einführung der Fairey Gannet im Jahre 1955. Im Rahmen des MDAP ging die **Avenger** auch an die französische Aéronavale, die japanischen Selbstverteidigungs-Marinestreitkräfte (JMSDF), die Royal Canadian Navy und die Royal Netherlands Navy.

**Varianten**
**TBF-1D/TBF-1CD:** umgerüstete TBF-1/TBF-1C mit Zentimeterwellen-Radargerät
**TBF-1E:** mit zusätzlichen Avionikbausteinen ausgerüstete TBF-1
**TBF-1J:** neue Bezeichnung der allwettertauglichen TBF-1
**TBF-1L:** umgerüstete TBF-1 mit einziehbarem Suchscheinwerfer im Bombenschacht
**TBF-1P/TBF-1CP:** zu Luftbildaufklärern umgerüstete TBF-1/TBF-1C
**TBM-1E/TBM-1J/TBM-1L/TBM-1P:** GM-Entsprechungen der TBF-1E/TBF-1J/TBF-1L/TBF-1P
**TBM-3D:** umgerüstete TBM-3 mit Zentimeterwellen-Radargerät
**TBM-3E:** mit zusätzlichen Avionikbausteinen ausgerüstete TBM-3
**TBM-3H:** umgerüstete TBM-3 mit Überwachungsradar
**TBM-3J:** neue Bezeichnung der allwettertauglichen TBM-3
**TBM-3L:** umgerüstete TBM-3 mit einziehbarem Suchscheinwerfer
**TBM-3M/TBM-3M2:** Umrüstversionen der TBM-3, die Raketen starten konnten
**TBM-3N:** nach dem Krieg für Nachtangriffe umgerüstete TBM-3
**TBM-3P:** zu Luftbildaufklärern umgerüstete TBM-3
**TBM-3Q:** zur Ausstrahlung elektronischer Gegenmaßnahmen umgerüstete TBM-3
**TBM-3R:** COD-Version der TBM-3 für sieben Passagiere oder Fracht
**TBM-3S/TBM-3S2:** für Einsätze gegen Unterseeboote umgerüstete TBM-3
**TBM-3U:** zu Nutz-/Zielschleppflugzeugen umgerüstete TBM-3
**TBM-3W/TBM-3W2:** zur U-Bootsuche umgerüstete TBM-3, die mit der TBM-3S/TBM-3S2 als Hunter/Killer-Team operierten

### TECHNISCHE DATEN
**Grumman/General Motors TBM-3**

**Typ:** dreisitziger, trägergestützter Torpedobomber
**Triebwerk:** ein 14-Zylinder-Sternmotor Wright R-2600-20 Cyclone 14 mit 1305 kW
**Leistung:** Höchstgeschwindigkeit 430 km/h in 4570 m Höhe; Marschgeschwindigkeit 237 km/h; Dienstgipfelhöhe 7130 m; Reichweite 1819 km
**Gewicht:** Leermasse 4853 kg; max. Startmasse 8278 kg
**Abmessungen:** Spannweite 16,51 m; Länge 12,19 m; Höhe 5 m; Tragflügelfläche 45,52 $m^2$
**Bewaffnung:** zwei vorwärtsfeuernde 12,7-mm-Maschinengewehre, eine Waffe desselben Kalibers im Rückenturm und ein 7,62-mm-MG im Tunnel unter dem Rumpf sowie eine Waffenlast von maximal 907 kg im Bombenschacht und unter den Tragflächen

***Grumman (General Motors) TBM-3, die im Januar 1945 zur Task Force 58 auf dem Flugzeugträger USS Randolph gehörte.***

# Grumman X-29A bis Hafner Drehflügler

**1994 wurde Grumman von Northrop geschluckt und zur Northrop Grumman Corporation. Zuvor noch hatte Grumman seinen bedeutenden Transportflugzeug-Ableger Gulfstream an Allen M. Paulson abgestoßen, woraus die Gulfstream American Corporation wurde, die inzwischen zur eigenständigen Gulfstream Aerospace Corporation avancierte.**

## Grumman X-29A

Die **Grumman Modell 712**, von der USAF als **X-29** bezeichnet, wurde entwickelt, um die aerodynamischen Eigenschaften negativer Pfeilflächen zu untersuchen, die ein hohes Maß an Agilität, Trudelsicherheit sowie niedrige Lande- und Abreißgeschwindigkeiten in Aussicht stellten. Das Muster war ein einsitziger Düsenjäger, dessen Tragwerk am hinteren Rumpfabschnitt mit einem Pfeilwinkel von 35° nach vorn angesetzt und durch Canards-Trapezflächen in Schulterhöhe direkt hinter dem Cockpit ergänzt war. Ansonsten bestand die von einem einzelnen Mantelstromtriebwerk GE F404 angetriebene Versuchsmaschine aus Baugruppen anderer Muster, um die Kosten möglichst niedrig zu halten. Der Vorderrumpf und das Bugfahrwerk stammten von der F-5A, das Hauptfahrwerk und die Stellmotoren der Kontrollflächen von der F-16. 1981 wurde ein Auftrag im Wert von 80 Millionen US-Dollar zum Bau zweier Prototypen vergeben. Das erste Exemplar startete am 14. Dezember 1984, wurde aber nach dem 242. Flug im Jahre 1988 stillgelegt. Die zweite **X-29A**, die erstmals am 23. Mai 1989 flog, schloß ihr Flugtestprogramm im Oktober 1991 ab. Zusammen führten beide Flugzeuge 374 Flüge (mehr als jede andere X-Maschine) durch, die bewiesen, daß sie mit Anstellwinkeln bis zu 67° souverän beherrscht werden konnten. Sie erreichten dabei Geschwindigkeiten bis Mach 1,52 und Höhen bis zu 12.200 m.

### TECHNISCHE DATEN
**Grumman X-29A**

**Typ:** einsitziger Technologie-Demonstrator
**Triebwerk:** ein Turbofan-Triebwerk General Electric F404-GE-400 mit 7257 kg Schub
**Leistung:** Höchstgeschwindigkeit im Horizontalflug um Mach 1,5; Dienstgipfelhöhe 12.200 m
**Gewicht:** Leermasse 6260 kg; max. Startmasse 8074 kg
**Abmessungen:** Spannweite 8,29 m; Länge 16,44 m; Höhe 4,36 m; Tragflügelfläche 17,54 m²

***Die bizarre Form der X-29 ergab sich aus ihrer Rolle eines reinen Forschungsflugzeugs für negative Pfeilflügel.***

## Grumman/General Dynamics EF-111A

1975 wurde die Firma Grumman, Teilhaber am Entwurf des General Dynamics Schwenkflüglers F-111, mit der Umrüstung zweier **F-111A** zum taktischen Störflugzeug Grumman/General Dynamics EF-111A beauftragt.

Die Hauptänderungen der Zelle betrafen den mit einem kanuförmigen Radom abgedeckten Waffenschacht und den Randbogen der Seitenflosse, der zum Träger für einen Behälter ausgebaut wurde, wie er von der EA-6B Prowler her bekannt war. Der Waffenschacht selbst nahm die Sender des taktischen Störsystems AN/ALQ-99E auf, einer verbesserten Ausführung des AN/ALQ-99 in der EA-6B. Diese Störanlage, angeblich die leistungsstärkste Ausrüstung dieser Art an Bord eines Flugzeugs, ermöglicht es der **EF-111A**, selbst die dichtesten, elektronisch geführten Abwehrgürtel zu durchdringen. Die Maschine kann mit allen bekannten Radargeräten des Gegners im vorgesehenen Einsatzraum vorprogammiert werden, so daß sich der elektronische Kampfführungsoffizier an Bord der **EF-111A** voll auf neue Radarsender und Bedrohungen konzentrieren kann.

Die ersten Versuchsflüge begannen am 15. Dezember 1975 mit einer Maschine, bei der das Radom unter dem Waffenschacht installiert war. Am 10. März 1977 startete ein Aerodynamik-Prototyp zum Erstflug, dem am 17. Mai ein zweites Exemplar folgte. Knapp 500 Probeflugstunden beim Hersteller und bei der USAF hatten das Leistungsvermögen und die Zuverlässigkeit dieses Waffensystems bewiesen. Grumman rüstete anschließend 40 F-111A in **EF-111A Raven** um, und im November 1981 wurde das Muster in Dienst gestellt. Die Raven-Kräfte sind heute unter dem Air Combat Command der USA bei der 27. Fighter Wing in Cannon AFB, New Mexico, zusammengefaßt.

### TECHNISCHE DATEN
**Grumman/General Dynamics EF-111A**

**Typ:** taktisches Störflugzeug
**Triebwerke:** zwei Turbofan-Triebwerke Pratt & Whitney TF30-P-3 je 8391 kg Nachbrennerschub
**Leistung:** Höchstgeschwindigkeit bei Kampfgewicht 2216 km/h; durchschnittliche Einsatzgeschwindigkeit in der Kampfzone 940 km/h; Dienstgipfelhöhe 13.715 m; Einsatzradius 1495 km
**Gewicht:** Leermasse 25.072 kg; Startmasse der Einsatzmaschine 31.751 kg; max. Startmasse 40.370 kg
**Abmessungen:** Spannweite, Tragflächen gespreizt 19,20 m, Tragflächen zurückgeschwenkt 9,74 m; Länge 23,16 m; Höhe 6,10 m; Tragflügelfläche 48,77 m²

***Diese von der F-111A zur EF-111A umgerüstete Entwicklungsmaschine zeigt das kanuförmige Störsendergehäuse und den klotzigen Empfängerbehälter auf der Seitenflosse.***

## Gulfstream Aerospace Gulfstream I/I-C

Mitte der fünfziger Jahre begann die Grumman Aerospace Corporation mit dem Entwurf eines zweimotorigen Turboprop-Firmenflugzeugs, das 10-14 Personen befördern konnte. Als Alternative ließ sich die Inneneinrichtung der Kabine für maximal 24 Passagiersitze auslegen. Die von einer zweiköpfigen Besatzung geflogene Grumman G-159 **Gulfstream I** war ein herkömmlicher Tiefdecker mit Druckkabine, einziehbarem Bugrad-Fahrwerk und zwei Rolls-Royce Dart-Propellerturbinen als Antrieb. Der Prototyp flog am 14. August 1958 zum ersten Mal. Neben der zivilen **Gulfstream I** lieferte Grumman neun **TC-4C** an die US Navy. Die zur Ausbildung künftiger Besatzungen für die A-6A Intruder vorgesehenen Maschinen sind an ihrem birnenförmigen Bugradom zu erkennen. Zwei weitere **Gulfstream I** beschaffte die US Coast Guard als **VC-4A** für den VIP-Transportdienst.

Die meisten der insgesamt 200 **Gulfstream I** gingen an Abnehmer in Nordamerika, doch eine Reihe der Maschinen hat zwischenzeitlich die Konfiguration **Gulfstream I-C** erhalten, die nach dem Verkauf von Grummans Gulfstream-Gruppe an die Gulfstream Aerospace Corporation eingeleitet worden war. Die Umrüstung beinhaltete eine „Streckung" des Rumpfes um 3,25 m, um Sitze für maximal 37 Passagiere aufstellen zu können. Ansonsten unterscheidet sich die **I-C** kaum von der **Gulfstream I**.

***Die Gulfstream I verbindet einen starken Antrieb mit einer geräumigen Kabine, so daß sie ein bemerkenswertes Langstrecken-Firmenflugzeug und VIP-Transportflugzeug abgibt.***

### TECHNISCHE DATEN
**Gulfstream Aerospace Gulfstream I-C**

**Typ:** Zubringerflugzeug
**Triebwerke:** zwei Propellerturbinen Rolls-Royce Dart Mk 529-8X je 1484 äkW (2018 äPS)
**Leistung:** Höchstgeschwindigkeit für Reiseflug bei mittlerer Betriebsmasse 571 km/h; zugelassen für Höhen bis 9145 m; Reichweite mit max. Nutzlast und IFR-Reserven 805 km
**Gewicht:** Leermasse 10.747 kg; max. Startmasse 16.329 kg
**Abmessungen:** Spannweite 23,88 m; Länge 22,96 m; Höhe 7,01 m; Tragflügelfläche 56,70 m²

# Gulfstream Aerospace Gulfstream II/II-B

Im Jahre 1965 begann Grumman mit Voruntersuchungen für eine strahlgetriebene Version ihres erfolgreichen Turboprop-Firmenflugzeugs. Marktanalysen ließen den Bedarf an einem Muster mit dem Kabinenvolumen der Gulfstream I erkennen, das den Ozean mit hoher Geschwindigkeit überbrücken konnte, sich aber auch für den Betrieb auf kurzen Pisten eignen sollte. Als das geplante Modell im Maßstab 1:1 fertiggestellt war, lagen Grumman Festbestellungen über 30 Flugzeuge vor, so daß am 5. Mai 1965 grünes Licht für die Serienfertigung erteilt wurde. Einen Prototyp gab es nicht, und am 2. Oktober 1966 absolvierte die erste Maschine ihren Jungfernflug.

Mit zwei Mantelstromtriebwerken Spey Mk 511-8 des Herstellers Rolls-Royce zu je 5171 kg Schub und einer Zelle, die nur 65 Prozent des Gewichts ähnlich angetriebener Muster auf die Waage bringt, erfüllte die **Grumman Gulfstream II** mühelos das Kurzpisten-Anforderungsprofil und verfügte bei voller Ausschöpfung des maximalen Tankvolumens über eine Reichweite von 6115 km.

Alle **Gulfstream II** wurden mit kundengerechter Avionik und Inneneinrichtung ausgestattet, und im Dezember 1967 übergab man der AiResearch Inc. die fünfte Maschine zur Komplettierung, bevor sie als erste **Gulfstream II** beim Nutzer, der National Distillers and Chemical Corporation in New York, eintraf. Sie war zugleich der erste Executive Jet, der den Nordatlantik in beiden Richtungen nonstop überquerte: am 5. Mai 1968 von Teterboro, New Jersey, nach London Gatwick in sechs Stunden, 55 Minuten und zurück nach Burlington, Vermont, am 12. Mai in sieben Stunden, 10 Minuten.

Die Herstellung und Verbesserung dauerte noch bis Dezember 1979, als die 258. Serienmaschine ausgeliefert wurde. In der Zwischenzeit hatte Gulfstream American (jetzt Gulfstream Aerospace) die modernere Gulfstream III aufgelegt; das für dieses Muster entwickelte fortschrittliche Tragwerk wurde als Nachrüstung für die **Gulfstream II** angeboten und in dieser Form umgerüstete Flugzeuge erhielten die neue Bezeichnung **Gulfstream II-B**. Inzwischen hat Gulfstream Aerospace ein entsprechendes Umrüstprogramm initiiert; die neuen Tragflächen verhelfen der **Gulfstream II** nicht nur zu einer größeren Reichweite, sondern reduzieren auch ihren Treibstoffverbrauch.

***Anders als das Vorgängermuster Gulfstream I verfügte die Gulfstream II über gepfeilte Tragflächen, ein T-Leitwerk und zwei große Turbofan-Hecktriebwerke.***

**TECHNISCHE DATEN**
**Gulfstream Aerospace Gulfstream II-B**

**Typ:** strahlgetriebenes Geschäftsreiseflugzeug
**Triebwerke:** zwei Turbofan-Triebwerke Rolls-Royce Spey Mk 511-8 je 5171 kg Schub
**Leistung:** max. Reisefluggeschwindigkeit Mach 0,85 in 9145 m Höhe; Langstrecken-Reisefluggeschwindigkeit Mach 0,77; zugelassen für eine Höhe von max. 13.715 m; Reichweite mit acht Passagieren und NBAA-IFR-Reserven 6579 km
**Gewicht:** Leermasse 17.735 kg; max. Startmasse 30.935 kg
**Abmessungen:** Spannweite 23,72 m; Länge 24,36 m; Höhe 7,47 m; Tragflügelfläche 86,82 m²

# Gulfstream Aerospace Gulfstream III

Im November des Jahres 1976 kündigte Grumman die Entwicklung der **Grumman Gulfstream III** an. Dieses Programm wurde jedoch Anfang 1977 unterbrochen und 1978 von Gulfstream American (heute Gulfstream Aerospace), dem Rechtsnachfolger der Grumman American Aviation Corporation, fortgesetzt.

Im Vergleich zur Vorgängerin verfügte die **Gulfstream III** über einen um 119 cm längeren Rumpf. Man hatte den Bug neu konzipiert und das Flugdeck anders verglast, um ein größeres Blickfeld zu erreichen, und die Kabinenlänge wurde für maximal 19 Passagiere ausgelegt. Eine Leistungssteigerung des neuen Musters wurde durch das superkritische Tragwerk mit NASA Whitcomb-Flügelohren an den Enden sowie die um 2,74 m erhöhte Spannweite erreicht, die zugleich die Erweiterung des Tankraums auf 16.655 Liter gestattete. Das erste Exemplar war die 249. Gulfstream II, die zur Umrüstung vom Band abgezweigt wurde. Nach der öffentlichen Vorstellung am 21. September 1979 flog diese Maschine erstmals am 2. Dezember 1979, gefolgt von einem zweiten Erprobungsflugzeug am 24. Dezember.

Der Aufgabenbereich der vielseitigen **Gulfstream III** umfaßt Flugvermessungen, Verwundetentransport sowie materielle und personelle Vorrangflüge für Dienststellen der Regierung, Behörden und Ämter. Eine Sonderausführung mit Seeüberwachungsradar und Trägheitsnavigationsanlage stellt die **Gulfstream III Maritime** dar, von der die Königlich Dänische Luftwaffe drei Exemplare zur Überwachung des Fischfangs betreibt. Die Maschinen können aber aufgrund ihrer Einsatzmöglichkeiten auch für das Absetzen von Luftlasten, für das Ausfliegen von Verwundeten, SAR-Flüge, taktische Lufttransportdienste und andere Aufgaben ausgerüstet werden.

***Die aus der Gulfstream II hervorgegangene Gulfstream III führte eine Rumpfstreckung und ein superkritisches Tragwerk mit Flügelohren ein, um den Tankraum zu erweitern und die Reichweite zu erhöhen. Bis zu 19 Passagiere finden in der Maschine Platz.***

**TECHNISCHE DATEN**
**Gulfstream Aerospace Gulfstream III**

**Typ:** strahlgetriebenes Geschäftsreiseflugzeug
**Triebwerke:** zwei Turbofan-Triebwerke Rolls-Royce Spey Mk 511-8 je 5171 kg Schub
**Leistung:** max. Reisefluggeschwindigkeit Mach 0,85; Langstrecken-Reisefluggeschwindigkeit Mach 0,77; zugelassen für Höhen bis zu 13.715 m; Reichweite mit NBAA-IFR-Reserven 6759 km
**Gewicht:** Leermasse 17237 kg; max. Startmasse 30.935 kg
**Abmessungen:** Spannweite 23,72 m; Länge 25,32 m; Höhe 7,43 m; Tragflügelfläche 86,82 m²

# Gulfstream Aerospace Gulfstream IV

Nachdem knapp 260 GII und mehr als 200 GIII verkauft worden waren und die Challenger den einzigen Mitbewerber in der Oberklasse dieses Marktsektors darstellte, machte sich Gulfstream 1983 an die Entwicklung der **GIV**. Die Konstruktion von vier Prototypen einer Entwicklungsreihe begann 1984, und das erste Exemplar startete am 19. September 1985 vom werksnahen Savannah International Airport in Georgia. Nach einem Flugtestprogramm mit 1400 Stunden wurde das Muster im April 1987 zugelassen, und bis Ende 1991 waren mehr als 185 **GIV** ausgeliefert. Die geplante Fertigungsrate von 30 Flugzeugen pro Jahr gewährleistet außerdem, daß kein Käufer länger als zwölf Monate auf seine Maschine warten muß.

Die Hauptunterschiede zur GIII beinhalten ein neu konstruiertes, leichteres Tragwerk, eine Rumpfstreckung um 137 cm einschließlich eines sechsten Kabinenfensters, ein weiter gespanntes Höhenleitwerk, EFIS-Flugdeck und digitalisierte Avioniksysteme sowie den verbesserten Triebwerktyp TAY 611-8 mit niedrigerem Kraftstoffverbrauch.

Seit 1988 fliegt eine Spezialversion der **Gulfstream IV** mit der Bezeichnung **SRA-4**. Mit ihrer 1,60 m mal 2,10 m großen Frachtklappe auf der rechten Seite im Vorderrumpf vor den Tragflächen sowie einem Suchradargerät und Magnetfelddetektor im Heck wird diese Version für Teilaufgaben der elektronischen Kampfführung, für Sanitätsflüge, zum Transport von Eilfracht und für Seepatrouillen einschließlich U-Boot-Abwehr angeboten.

*Die Gulfstream IV war ein Geschäftsreise- und Firmenflugzeug der Spitzenklasse. Neben zahlreichen Verfeinerungen hatte man ihren Rumpf ein weiteres Mal gestreckt.*

**TECHNISCHE DATEN**
**Gulfstream Aerospace Gulfstream IV**

**Typ:** Langstrecken-Geschäftsreiseflugzeug für acht Passagiere und eine dreiköpfige Besatzung
**Triebwerke:** zwei Bläsertriebwerke Rolls-Royce Tay Mk 611-8 je 6295 kg Schub
**Leistung:** max. Reisefluggeschwindigkeit Mach 0,88; Langstrecken-Reisefluggeschwindigkeit Mach 0,80; Dienstgipfelhöhe 13.715 m; Reichweite mit NBAA-IFR-Reserven 7820 km
**Gewicht:** Leermasse 16.136 kg; max. Startmasse 33.273 kg
**Abmessungen:** Spannweite 23,70 m; Länge 26,90 m; Höhe 7,60 m; Tragflügelfläche 88,30 $m^2$

# Gulfstream American AA-1/T-Cat/Lynx

Jim Bede hatte die Bede **BD-1** als kostengünstiges zweisitziges Sport- und Reiseflugzeug mit einer Zelle konstruiert, die im wesentlichen aus Aluminium-Wabenkernmaterial und geklebten metallischen Werkstoffen bestand. Nach der Definitionsphase im Juni 1962 begann im Oktober die Konstruktion eines Prototyps, der am 11. Juli 1963 zum Erstflug startete. Die Bede Aviation Corporation wurde 1964 in Cleveland, Ohio, gegründet und firmierte im September 1967 neu als American Aviation Corporation, um die Entwicklung, Zulassung und Herstellung dieses Musters als **AA-1 Yankee** zu übernehmen. Das FAA erteilte dem Typ am 16. Juli 1968 die Zulassung.

Die Entwicklung einer Schulversion wurde im Oktober 1969 aufgenommen. Der Prototyp, dessen Konstruktion am 1. Februar 1970 begonnen hatte, absolvierte seinen Jungfernflug am 25. März 1970. Diese **AA-1A** bezeichnete Variante hielt am Avco Lycoming O-235-C2C-Motor der **AA-1** fest, hatte jedoch modifizierte Tragflächen und verfügte über eine Standard-Doppelsteuerung. Die erste seriengefertigte **AA-1A** flog am 6. November 1970 und die Musterzulassung lag am 14. Januar des Jahres 1971 vor.

**TECHNISCHE DATEN**
**Gulfstream American AA-1**

**Typ:** zweisitziges Reise- und Schulflugzeug
**Triebwerk:** ein Vier-Zylinder-Boxermotor Avco Lycoming O-235-C2C mit 81 kW (110 PS)
**Leistung:** Höchstgeschwindigkeit 232 km/h in Meereshöhe; Reisefluggeschwindigkeit 217 km/h in 2440 m Höhe; Dienstgipfelhöhe 3415 m; Reichweite mit max. Kraftstoffmenge 824 km
**Gewicht:** Leermasse 426 kg; max. Startmasse 680 kg
**Abmessungen:** Spannweite 7,45 m; Länge 5,86 m; Höhe 1,97 m; Tragflügelfläche 9,11 $m^2$

Im Jahr 1972 erwarb Grumman die American Aviation und nahm 1974 einige geringfügige Änderungen am Entwurf und in der Bordausrüstung vor, die zur **AA-1B** sowie nach weiterer Modernisierung im Jahre 1977 zur **AA-1C** führten. Varianten der **AA-1B** und **AA-1C** für die Doppelrolle Reiseflug und Ausbildung mit erweiterter Bordausrüstung und aufwendigerem Innenausbau wurden als **Tr 2** und **T-Cat** hergestellt. Die Luxusversion **Lynx** rundete das Angebot ab. American Jet Industries erwarb 1978 die American Aviation Corporation von Grumman und verlieh dem Unternehmen den neuen Titel Gulfstream American Corporation. Die Produktion der **AA-1**, **T-Cat** und **Lynx** wurde jedoch Ende 1978 eingestellt.

*Eine Gulfstream American T-Cat (hinten) hat zur Lynx, der Luxusversion dieser Serie, aufgeschlossen. Beide sind Abkömmlinge des Originalmusters AA-1.*

# Gulfstream American AA-5A/Cheetah und AA-5B/Tiger

Im Juni 1970 begannen bei American Aviation die Arbeiten an einer viersitzigen Version der **AA-1**, der **AA-5 Traveler**. Die Spannweite erhöhte sich um 2,13 m, die Leitwerksflächen hatte man vergrößert und den Rumpf um 84 cm verlängert, um den Einbau von zwei weiteren Sitzen zu ermöglichen. Für den stärkeren Antrieb dieses sportlichen Flugzeugs sorgte ein Motor vom Typ Avco Lycoming O-320-E2G. Der Prototyp hob am 21. August des Jahres 1970 zum ersten Mal vom Boden ab, und am 12. November 1971 erteilte die FAA dem Muster seinen Segen.

**TECHNISCHE DATEN**
**Gulfstream American AA-5A**

**Typ:** viersitziger Kabinen-Eindecker
**Triebwerk:** ein Vier-Zylinder-Boxermotor Avco Lycoming O-320-E2G
**Leistung:** Höchstgeschwindigkeit 253 km/h in Meereshöhe; wirtschaftliche Reisegeschwindigkeit 219 km/h in 2590 m Höhe; Dienstgipfelhöhe 3830 m; Höchstreichweite mit Standardkraftstoffmenge 1041 km
**Gewicht:** Leermasse 591 kg; max. Startmasse 998 kg
**Abmessungen:** Spannweite 9,60 m; Länge 6,71 m; Höhe 2,29 m; Tragflügelfläche 12,98 $m^2$

Technische Änderungen von 1974 brachten dem Typ eine neue Seitenflosse, ein erweitertes Heckfenster und einen größeren Gepäckraum ein. Zwei Jahre später zogen die Einführung eines erweiterten Höhenleitwerks und eine Reihe von Detailverbesserungen die Umbezeichnung in **AA-5A** nach sich. Eine Luxusausführung dieses Typs erhielt den Namen **Cheetah**. Flugzeuge der Baureihen **AA-5A** und **Cheetah**, die mit dem 134 kW (182 PS) starken Avco Lycoming O-360-A4K ausgerüstet wurden, bereicherten das Angebot als **AA-5B** und **Tiger**.

*Die AA-5B Tiger hob sich von der AA-5A Cheetah durch einen 134-kW-Motor und eine erweiterte Kraftstoffanlage ab.*

# Gulfstream American GA-7/Cougar

Der Bedarf an einem wirtschaftlichen und leichten, zweimotorigen Viersitzer für Flugschulen und für Privatpiloten, die den Wunsch nach einem größeren Muster verspürten, veranlaßte Grumman American zur Entwicklung der **GA-7**. Der Prototyp startete am 20. Dezember 1974 zum Erstflug, angetrieben von zwei Boxermotoren Avco Lycoming O-320-D1D mit je 119 kW (162 PS). Ein dem Serienstandard entsprechendes Erprobungsflugzeug folgte am 14. Januar 1977. Lieferungen setzten im Februar 1978 ein und hielten bis Ende 1979 an, als Gulfstream American die Produktion sowohl der **GA-7** als auch der einmotorigen Muster stoppte.

Das Grundmodell der **GA-7** war auch in einer Luxusausführung als **Cougar** erhältlich, die man standardmäßig mit Doppelsteuer, Kommunikations- und Navigationsavionik, kompletter Blindfluginstrumentierung und zusätzlicher Bordelektrik ausgestattet hatte. Obwohl die **Cougar** ein interessantes und vielseitiges Sportflugzeug darstellte, hatte sie keinesfalls den durchschlagenden Erfolg, den die Hersteller wohl ursprünglich erwartet hatten. Ganz im Gegenteil zeigte sich sehr schnell, daß die **Cougar**, die der erfolgreichen Piper Twin Comanche den Rang eines Luxus-Sportflugzeugs ablaufen sollte, nur auf geringes Kaufinteresse stieß. Die Produktion dieses Typs dauerte daher nicht einmal volle zwei Jahre an. Das einmotorige Flugzeugprogramm hatte damit ein frühes Ende gefunden.

### TECHNISCHE DATEN
**Gulfstream American GA-7**

**Typ:** viersitziger Kabinen-Eindecker
**Triebwerke:** zwei Vier-Zylinder-Boxermotoren Avco Lycoming 0-320-D1D je 119 kW (162 PS)
**Leistung:** Höchstgeschwindigkeit 311 km/h in Meereshöhe; wirtschaftliche Reisegeschwindigkeit 211 km/h in 2590 m Höhe; Dienstgipfelhöhe 5580 m; Reichweite mit max. Kraftstoffmenge in 2590 m Höhe 2150 km
**Gewicht:** Leermasse 1141 kg; max. Startmasse 1724 kg
**Abmessungen:** Spannweite 11,23 m; Länge 9,09 m; Höhe 3,16 m; Tragflügelfläche 17,09 m²

***Die Produktion der Gulfstream American GA-7 Cougar hielt nicht einmal zwei Jahre an.***

# Gulfstream Commander Jetprop

Als Gulfstream American Ende 1980 die Commander-Flugzeuglinie von Rockwell International/General Aviation Division erwarb, beschloß man, die Produktion und Entwicklung der beiden bislang als **Rockwell Jetprop Commander 840** und **Jetprop Commander 980** bekannten Muster fortzuführen und benannte sie in **Gulfstream Commander Jetprop 840** bzw. **Gulfstream Commander Jetprop 980** um. Seitdem hat die Firma auch eigene Versionen mit den Bezeichnungen **Commander Jetprop 900** und **Commander Jetprop 1000** herausgebracht.

Vom Vorgängermuster Rockwell Turbo Commander 690B hat die **Commander Jetprop 840** die Grundauslegung übernommen: ein freitragender Hochdecker mit zurückgepfeilten Leitwerksflächen, einziehbarem Bugrad-Fahrwerk und zwei flächenmontierten Turboprop-Triebwerken. Den Hauptunterschied zum Modell 690B machen die größere Spannweite und die Einführung flacher Winglets an den Flächenenden aus. Den Antrieb liefern zwei auf je 522 kW (710 WPS) gedrosselte Garrett-Propellerturbinen TPE331-5-254K. Die **Commander Jetprop 840**, die erstmals am 17. Mai 1979 flog, erreichte die Musterzulassung am 7. September 1979 und kurze Zeit später begann die Auslieferung. Die **Commander Jetprop 980** war der **840** grundsätzlich ähnlich, erhielt jedoch einen stärkeren Antrieb und eine größere Treibstoffkapazität. Als Antrieb des Flugzeugs dienen zwei Propellerturbinen Garrett TPE331-10-501K, die auf auf eine Leistung von 533 kW (725 WPS) gedrosselt sind. Auf den Erstflug am 14. Juni 1979 folgte die Zulassung am 1. November des Jahres 1979.

***Gulfstream Commander Jetprop 840***

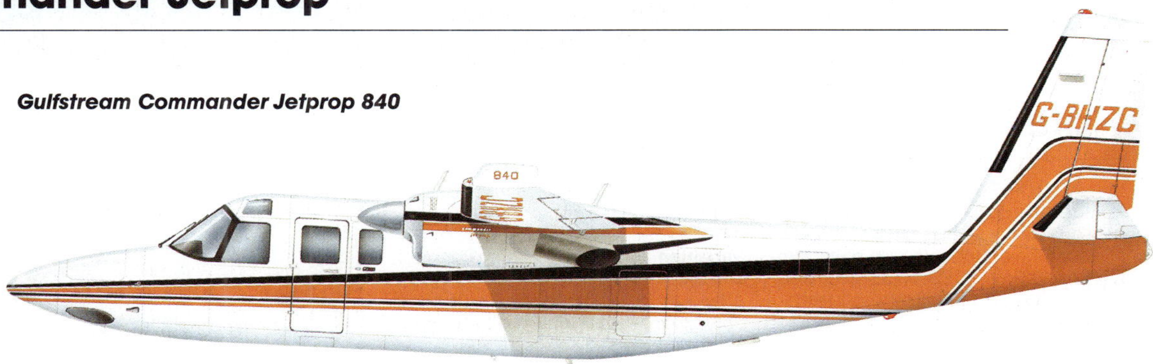


Die **Commander Jetprop 1000**, deren Erstflug am 12. Mai 1980 stattfand, entsprang der gleichen Form, verfügte allerdings über einen größeren Kabinenraum, den man durch eine Verlegung des hinteren Schotts in Richtung Heck erreicht hatte. Auch das Kabinendruckdifferential wurde erhöht, und die daraus resultierende Zulassung für höhere Flugflächen und schwerere Betriebsmassen verbesserte die Wirtschaftlichkeit der installierten Triebwerksleistung. Das von der FAA am 30. April 1982 ausgestellte Lufttüchtigkeitszeugnis wies eine um 1220 m bessere Dienstgipfelhöhe und eine 227 kg höhere Gesamtmasse aus. Die 1982 eingeführte **Commander Jetprop 980** kombinierte den Antrieb der **Jetprop 840** mit der Zelle der **Jetprop 1000**.

Alle vier **Commander Jetprops** boten Platz für einen Piloten und zehn Passagiere, aber im allgemeinen wurden sie zur Beförderung von sechs bis sieben Fluggästen in einer äußerst komfortablen Kabine genutzt. Zur Standardausrüstung gehörte eine Enteisungsanlage, und ein umfangreiches Angebot an Avionikausrüstung war ebenfalls erhältlich.

Technische Verbesserungen führten zur antriebsstärkeren **Jetprop 1200**, der schnellsten der zweimotorigen Commander-Familie. Der Prototyp flog im August 1983, aber eine Weiterentwicklung blieb aus. Die weitgehend neu entworfene Commander 800 mit Kolbenmotor sollte das erfolgreiche Modell 500S ablösen. Doch nur ein flugtüchtiges Exemplar existierte, als die Produktion aller Varianten im Jahre 1985 eingestellt wurde. Es dauerte bis 1989, bevor Gulfstream American endlich einen neuen Besitzer, die Precision Airmotive of Arlington aus Washington, fand. Das seitdem als Twin Commander Aircraft Corporation firmierende Unternehmen wollte die Fertigung der **Jetprop** wieder aufnehmen, aber bislang ist dies nicht geschehen.

### TECHNISCHE DATEN
**Jetprop 980**

**Typ:** leichtes, zweimotoriges Passagierflugzeug
**Triebwerke:** zwei Propellerturbinen Garrett TPE331-10-501K mit einer auf je 533 kW (725 WPS) gedrosselten Wellenleistung
**Leistung:** Höchstgeschwindigkeit für Reiseflug in 6705 m Höhe 573 km/h; wirtschaftliche Reisegeschwindigkeit 462 km/h in 9450 m Höhe; zulässige Gipfelhöhe 9450 m; Reichweite mit max. Nutzlast und Reserven für 45 Flugminuten 1514 km
**Gewicht:** Leermasse 3051 kg; max. Startmasse 4853 kg
**Abmessungen:** Spannweite 15,89 m; Länge 13,10 m; Höhe 4,56 m; Tragflügelfläche 25,95 m²

# Häfeli DH-2 und DH-3

Der für K+W gefertigte Flugzeugentwurf **Häfeli DH-2** war ein herkömmlicher zweistieliger Doppeldecker in Holzbauweise und mit Stoffbespannung. Sechs dieser Doppeldecker-Aufklärer wurden 1916 gebaut, davon fünf mit dem wassergekühlten Reihenmotor Argus As/II mit einer Leistung von 88 kW (120 PS). Dieser Motor war auf großflächige Kühlerblocks angewiesen, die an die Seiten des vorderen Cockpits montiert waren; in das erste Exemplar hatte man deshalb einen entsprechend gekühlten Mercedes D.I.-Flugmotor mit einer Leistung von 74 kW (100 PS) eingebaut. Die **Häfeli DH-2** enttäuschten ihre Konstrukteure zwar, aber sie blieben zur Piloten- und Beobachterschulung noch bis 1922 im Dienst.

Anfang 1917 erhielt K+W einen Auftrag zur Fertigung von 30 **DH-3**, einer verbesserten Version der **DH-2** mit grundsätzlich gleichem Flugwerk, die über einen halbrunden Ausschnitt der Oberflügel an der Hinterkante verfügte, um das Schußfeld des beweglich gelagerten Maschinengewehrs im Beobachter-Cockpit zu verbessern. Das Fahrwerk machte Schwierigkeiten und die Motorkühlung funktionierte erst einwandfrei, nachdem ein neues System installiert worden war. Insgesamt 24 Exemplare mit dem Argus-Motor As II wurden gebaut. 1923 stellte man das Muster jedoch außer Dienst, nachdem sich bei der Festigkeitsprüfung einer Zelle, die 600 Flugstunden absolviert hatte, nicht zufriedenstellende Ergebnisse gezeigt hatten. In der Zwischenzeit eröffnete eine **DH-3** am 8. Januar 1919 zwischen dem Züricher Flugfeld Dübendorf und Bern den ersten Luftpostdienst der Swissair.

**Varianten**

**DH-3a:** vier im Jahre 1918 gebaute Flugzeuge; drei Exemplare dieses Quartetts mit dem Hispano-Suiza HS-41 8Aa erwarben die Schweizer Militärbehörden zur generellen Leistungssteigerung; die Flugzeuge verschrottete man 1922 jedoch wieder; eine zweite Serie von 30 ähnlichen Flugzeugen mit dem in Lizenz von der Adolph Saurer AG gebauten Hispano-Suiza-Triebwerk wurde 1919 und eine dritte Serie (49 Maschinen) im Jahre 1925 bestellt; letztere schloß sechs Anfängerschulflugzeuge mit Doppelsteuer und einen Erprobungsträger für den HS-41 8Ab ein, der zwischen 1929 und 1930 von der Schweizer Luftwaffe erprobt wurde; nachdem ein nach Cricklewood überführtes Exemplar probehalber mit Luftschlitzen à la Handley Page ausgerüstet worden war, erhielten die 55 noch existierenden DH-3a 1932 in Thun diese Modifikation; parallel dazu erfolgten Änderungen an den Sitzen und der Ersatz der hinteren Spanndrähte des inneren Flügelstiels durch Streben, damit die Besatzung Fallschirme tragen und der Pilot aus dem vorderen Cockpit aussteigen konnte; im Dezember bestand ein Flugwerk die 600-Stunden-Prüfung, und diese modifizierten Flugzeuge blieben bis 1939 im Dienst

**DH-3b:** drei Doppeldecker DH-3b dienten zur Erprobung des 110 kW (150 PS) starken einheimischen Flugmotors LFWO, der vom Schweizer Lok- und Maschinenwerk in Winterthur konstruiert worden war; die 1918 gefertigten Flugzeuge, deren Bewaffnung zwei starre Maschinengewehre, die über dem Motorblock montiert waren, sowie ein Beobachter-MG umfaßte, wurden 1922 außer Dienst gestellt

**TECHNISCHE DATEN**
**Häfeli DH-3a**
**Typ:** zweisitziger Aufklärungsdoppeldecker
**Triebwerk:** ein Acht-Zylinder-V-Motor Hispano-Suiza HS-41 8Aa mit 110 kW (150 PS)
**Leistung:** Höchstgeschwindigkeit 145 km/h; Dienstgipfelhöhe 4500 m; Reichweite 400 km
**Gewicht:** Leermasse 720 kg; max. Startmasse 1110 kg
**Abmessungen:** Spannweite 12,50 m; Länge 7,95 m; Höhe 3,10 m; Tragflügelfläche 38,00 $m^2$
**Bewaffnung:** ein schwenkbares Maschinengewehr im hinteren Cockpit

***Der als Aufklärer gedachte Doppeldecker Häfeli DH-3 wurde in erster Linie zur Ausbildung genutzt.***

# Häfeli DH-5

Im Herbst 1918 war K+W Thun mit der Konstruktion des Prototyps **Häfeli DH-5** befaßt. Dieser einstielige Doppeldecker in stoffbespannter Holzbauweise sollte vom LFW I mit 133 kW (180 PS) angetrieben werden, den das Schweizer Lok- und Maschinenwerk in Winterthur produzierte. Die Testflüge wurden im März 1919 aufgenommen, und der im Mai 1920 durchgeführten Prüfung durch das Schweizer Militär folgte der Einsatz des Prototyps als Prüfling für Festigkeitstests. 39 Maschinen, deren Indienststellung 1922 begann, wurden bestellt. Im März 1929 erhielt ein Exemplar eine zivile Zulassung für einen Flug nach England, wo es bei Handley Page mit Schlitz-Vorflügeln ausgestattet wurde. 1930 folgte die entsprechende Nachrüstung von 23 Flugzeugen in Thun. Eine zweite Serie, vom LFW II mit 147 kW (200 PS) angetrieben, wurde 1924 beschafft. **DH-5** und **DH-5A** schieden schließlich 1940 aus dem Dienst.

**Varianten**
**DH-5X:** dieses Erprobungsflugzeug erschien im November 1924 mit einem aus Frankreich importierten Hispano-Suiza HS-42 8Fb, der 221 kW (300 PS) erzeugte; aufgrund eines Mangels an Motoren wurden keine Bestellungen vorgenommen; die DH-5X stürzte am 31. Januar 1933 am Weißflujoch ab, wobei der Pilot ums Leben kam
**DH-5A:** 20 Flugzeuge mit LFW III-Motor wurden 1929 bestellt und ausgeliefert; 1930 folgte eine Nachrüstung in Form von Handley Page-Vorflügeln und neuen Sitzen für den Rückfallschirm der Besatzung; diese Version wurde auch zum Schleppen von Luftzielen benutzt

**TECHNISCHE DATEN**
**Häfeli DH-5A**
**Typ:** zweisitziges Aufklärungsflugzeug
**Triebwerk:** ein V-Motor LFW III mit 162 kW (220 PS)
**Leistung:** Höchstgeschwindigkeit 180 km/h; Dienstgipfelhöhe 5600 m; Reichweite 480 km
**Gewicht:** Leermasse 859 kg; max. Startmasse 1271 kg
**Abmessungen:** Spannweite 12,00 m; Länge 7,60 m; Höhe 3,10 m; Tragflügelfläche 31,40 $m^2$
**Bewaffnung:** ein starres, vorwärtsfeuerndes Maschinengewehr und ein schwenkbares MG im hinteren Cockpit

***Die mit Aufklärungsflugzeugen des Ersten Weltkriegs vergleichbare DH-5 war durch eine lange Entwicklungsperiode benachteiligt und gelangte erst 1922 in die Truppenverwendung. Sie wurde in einer Reihe von Varianten entwickelt und schied 1940 aus dem Dienst.***

# Hafner Drehflügel-Luftfahrzeuge

Mitte der zwanziger Jahre begann der Österreicher Raoul Hafner mit Studien und Vorarbeiten an Hubschraubermodellen, und 1928 machte er sich an die Konstruktion seines ersten Luftfahrzeugs, des Hubschraubers **Hafner R.I.** Der vom schottischen Baumwoll-Millionär Major J.A. Coats finanzierte Drehflügler hatte einen relativ kurzen Rumpf, verfügte über einen großzügig bemessenen (Durchmesser 9,14 m) Dreiblatt-Hauptrotor sowie einen Zweizylinder-Boxermotor ABC Scorpion mit 22,4 kW (30 PS) als Antrieb. Bei den Testflügen in Wien zeigte sich bald, daß die Kreiselbewegung dieses Rotors viel zu stark war, und folglich konnten nur einige kleine Lufthopser unternommen werden. Der nachfolgende **R.II** war mit größeren Seitenflächen zum Ausgleich des Drehmoments und einem 29,4 kW (30 PS) starken Salmson-Sternmotor als Antrieb ähnlich ausgelegt.

1932 verlegte Raoul Hafner seine Tätigkeit nach England und führte die Entwicklung des **R.II** in Heston, Middlesex, fort. Zwei Jahre später hatte er bereits die AR.III Construction (Hafner Gyroplane) Company gegründet, um einen ähnlichen Autogiro wie die Cierva-Modelle zu entwickeln. Nur ein Exemplar **(G-ADMV)** wurde gebaut, und dieser Autogiro flog zwischen 1937 und 1938 mit großem Erfolg. Hafners **AR.III Gyroplane** trug den automatisch drehenden Dreiblatt-Rotor auf einem Strebengerüst am recht konventionellen Rumpf, in dessen Bug ein Pobjoy-Niagara-Sternmotor eingebaut war, der eine Zweiblatt-Luftschraube für den Vortrieb drehte. Darüber hinaus verfügte der **AR.III** über ein starres Spornrad-Fahrgestell und einen Sitz. Der Hinterrumpf war insofern ungewöhnlich, als er eine lange Rückenfinne enthielt, die sich bis auf die Ruderlänge zuspitzte, so daß eine riesige Seitenfläche zur Verfügung stand. Das besondere Konstruktionselement aber war die Rotorsteuerung dieses Giroplans: Sie ermöglichte es, die Blätter sowohl zyklisch als auch kollektiv zu verstellen und wurde später die Standardregelung des dynamischen Hubschraubersystems.

Zwei- und dreisitzige, **AR.IV** und **AR.V** bezeichnete Autogiros wurden noch geplant, aber der Ausbruch des Zweiten Weltkriegs bedeutete das endgültige Aus für diese Projekte.

Im Krieg entwarf Raoul Hafner u.a. den **Rotachute**, ein bemanntes Segelflugzeug mit Drehflügeln. Das von einem Flugzeug auf eine Höhe von 1220 m geschleppte Fluggerät konnte nach dem Ausklinken in beliebige Richtung gesteuert werden. Man sah hierin eine Stufe in der Entwicklung einer „Rettungskapsel", die als Fallschirmpack mit Flügel im Flugzeug mitgeführt und im Notfall automatisch entfaltet wurde.

***Experimente, die dazu dienten, die Mobilität der Soldaten und Fahrzeuge auf dem Gefechtsfeld zu erhöhen, brachten den Hafner Rotabuggy hervor, die Vorstufe für einen fliegenden Valentine-Panzer.***

Weitere Arbeiten auf diesem Gebiet konzentrierten sich auf den **Rotabuggy**, ein militärisches Kleinfahrzeug (wie ein Jeep) mit leicht an- und abbaubaren Drehflügeln, die das Absetzen solcher Fahrzeuge hinter den feindlichen Linien gestatteten. Ein Prototyp wurde 1943/44 intensiv geflogen, erreichte aber die Verwendungsreife nicht. In den Nachkriegsjahren kam Hafners Erfahrungsschatz auf dem Gebiet der Drehflügel den Firmen Bristol und Westland zugute, die eine ganze Reihe seiner hervorragenden Ideen aus dieser Zeit in die Praxis umsetzten.

**TECHNISCHE DATEN**
**Hafner AR.III Gyroplane**
**Typ:** einsitziger Autogiro
**Triebwerk:** ein Sieben-Zylinder-Sternmotor Pobjoy Niagara mit 67 kW (91 PS)
**Leistung:** Höchstgeschwindigkeit 193 km/h; Reisegeschwindigkeit 177 km/h
**Gewicht:** Leermasse 290 kg; max. Startmasse 408 kg
**Abmessungen:** Rotordurchmesser 10 m; Länge 5,44 m; Rotorkreisfläche 78,54 $m^2$

## Halberstadt CL.II und CL.IV bis Handley Page H.P.52 Hampden

**Die Halberstadter Flugzeugwerke waren der deutsche Zweig der British and Colonial Aeroplane Co., welche ursprünglich als Deutsche Bristol-Werke firmierte und am bekanntesten für ihre Jäger, Mehrzweckflugzeuge und militärischen Bodenangreifer war. Frederick Handley Page hatte diese Firma 1909 gegründet. Seine schweren Bomber bewährten sich im Ersten Weltkrieg.**

# Halberstadt CL.II und CL.IV

Die **Halberstadt CL.II** entstand im Jahre 1917 als Antwort auf die Forderung nach einem zweisitzigen Jäger, der die schweren Aufklärungsflugzeuge des Typs C im Begleitflug schützen sollte, und wurde kurz darauf bei den Schutzstaffeln der Kaiserlich Deutschen Heeresfliegertruppe in Dienst gestellt. Der einstielige Doppeldecker mit sperrholzbeplanktem Rumpf, stoffbespannten Tragflächen und sperrholzüberzogenen Nasenkanten wurde von einem Mercedes-Flugmotor D.III angetrieben. Flugzeugführer und Beobachter saßen hintereinander in der einzigen Kanzel. Dem Beobachter stand ein Drehkranz für sein Parabellum-Maschinengewehr zur Verfügung, der so hoch montiert war, daß er auch nach vorn über den Oberflügel hinweg feuern konnte. An beiden Seiten des Rumpfes waren Wannen für Handgranaten oder vier bis fünf 10-kg-Bomben eingerichtet, die dem Typ bei der Unterstützung der Infanterie eine hohe Wirksamkeit verliehen. Ihren Wert stellte die Maschine erstmals am 6. September 1917 unter Beweis, als 24 **CL.II** britische Truppen, die die Somme bei Bray und St. Christ überqueren wollten, angriffen. Die Begleitstaffeln wurden daraufhin in Schlachtstaffeln umbenannt und in den letzten Monaten des Jahres 1917 intensiv zur Unterstützung der Bodentruppen aus der Luft eingesetzt. Sie hatten großen Anteil am Erfolg der deutschen Gegenoffensive bei der Schlacht um Cambrai am 30. November. Außer den Halberstädter Flugzeugwerken baute die Bayerische Flugzeugwerke GmbH dieses Muster im Unterauftrag.

**TECHNISCHE DATEN**
**Halberstadt CL.II**
**Typ:** zweisitziger Kampfbomber/Begleitjäger
**Triebwerk:** ein Sechs-Zylinder-Reihenmotor Mercedes D.III mit 118 kW (160 PS)
**Leistung:** Höchstgeschwindigkeit 165 km/h in 5000 m Höhe; Dienstgipfelhöhe 5100 m; Flugdauer drei Stunden
**Gewicht:** Leermasse 772 kg; max. Startmasse 1130 kg
**Abmessungen:** Spannweite 10,77 m; Länge 7,30 m; Höhe 2,75 m; Tragflügelfläche 27,50 m²
**Bewaffnung:** ein oder zwei vorwärtsfeuernde 7,92-mm-Maschinengewehre LMG 08/15 und ein Parabellum 7,92-mm-MG auf Drehkranz sowie vier bis fünf 10-kg-Bomben und Wurfgranaten

***Die Halberstadt CL.IV erwies sich im Geleitschutz und bei der Unterstützung von Kampftruppen als wirkungsvolles Flugzeug. Das Zweimann-Cockpit war mit einem über den Rumpfrücken hinausragenden MG-Drehkranz ausgestattet.***

**Varianten**
**CL.IIa:** Variante, die vom BMW IIIa mit 136 kW (185 PS) angetrieben wurde
**CL.IV:** im wesentlichen eine verbesserte CL.II; der Antrieb blieb unverändert, dafür führte das Modell aber neben einem um 76 cm kürzeren Rumpf ein neu entworfenes Seiten- und Höhenleitwerk ein; die CL.IV wurde den Schlachtstaffeln noch vor der deutschen Offensive im März 1918 zugeführt; als Subunternehmen produzierte die Luftfahrzeug GmbH (Roland) diese Halberstadt-Doppeldecker

# Halberstadt D.I bis D.IV

Ende 1915 erschien der von Karl Theis aus dem zweisitzigen Aufklärer Halberstadt B.II entwickelte Jagdeinsitzer **Halberstadt D.I.** Als Antrieb diente zunächst ein 74 kW (100 PS) starker Mercedes D.I, im Vergleich zum früheren Zweisitzer war die Zelle jedoch teilweise verstärkt und vor dem Cockpit ein vorwärtsfeuerndes LMG 08/15 (Spandau) starr eingebaut worden. Der Doppeldecker wurde später auf einen Argus-Motor As.II mit einer Leistung von 88 kW (120 PS) umgestellt, und am 21. März 1916 erging ein Auftrag über zwölf Serienflugzeuge. Abgesehen von einigen kleineren Änderungen erhielten diese Maschinen den Mercedes D.II als Antrieb.

Gleichzeitig hatte man ein neues Motorkühlsystem eingeführt, bei dem der frühere Stirnkühler einem Block an den Tragflächen gewichen war. Die **D.II** bezeichneten Maschinen traten ihren Dienst im Juni 1916 zunächst als Begleitjäger an, wurden dann aber den neu aufgestellten Jagdstaffeln zugeführt. Der Fronteinsatz der Maschinen blieb auf wenige Monate beschränkt, denn Anfang 1917 räumte die **D.II** ihren Platz zugunsten der Albatros **D.III.** Über die von Halberstadt gebauten Flugzeuge hinaus produzierten die Automobil und Aviatik AG sowie die Hannoversche Waggonfabrik AG je 30 Exemplare in Lizenz.

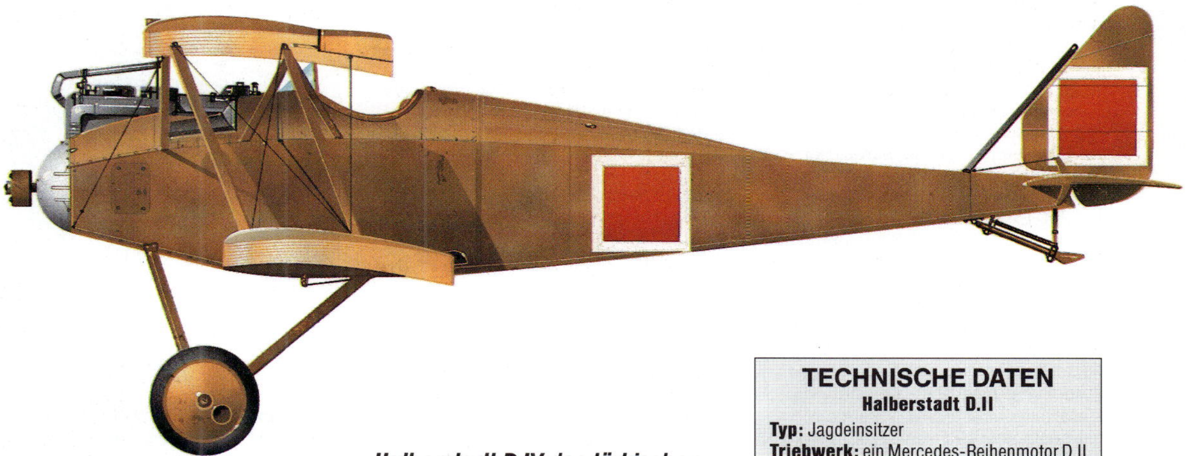

***Halberstadt D.IV des türkischen Fliegerkorps 1917-18***

**Varianten**
**D.III:** vom Argus As.II mit 88 kW (120 PS) angetriebene Version, die erweiterte Querruder mit Hornausgleich sowie ein auf Senkrechtstreben ruhendes Tragflächenmittelstück anstelle des Schemel-Baldachin-Gestells der D.II einführte
**D.IV:** ein Entwicklungsauftrag vom März 1916 ergab den mit zwei MG bewaffneten und vom Benz Bz.III mit 110 kW (150 PS) angetriebenen Jäger D.IV, der in kleiner Zahl an die Türkei geliefert wurde
**D.V:** die Anfang 1917 eingeführte Version D.V hatte einen strömungsgünstig geformten, sperrholzbeplankten Rumpf und einen verkleideten Argus As.II-Motor, der einen Propeller mit Haube über der Nabe drehte

**TECHNISCHE DATEN**
**Halberstadt D.II**
**Typ:** Jagdeinsitzer
**Triebwerk:** ein Mercedes-Reihenmotor D.II mit 88 kW (120 PS)
**Leistung:** Höchstgeschwindigkeit 150 km/h; Reichweite 250 km
**Gewicht:** Leermasse 520 kg; max. Startmasse 730 kg
**Abmessungen:** Spannweite 8,80 m; Länge 7,30 m; Höhe 2,67 m; Tragflügelfläche 23,60 m²
**Bewaffnung:** ein starres, vorwärtsfeuerndes 7,92-mm-Maschinengewehr LMG 08/15

# Handley Page O/100 und O/400 (H.P.11 und H.P.12)

Handley Page benötigte nur kurze Zeit zur Konstruktion eines großen, zweimotorigen Patrouillenbombers, den die Admiralität im Dezember 1914 gefordert hatte. Der zunächst **Handley Page Type O** bezeichnete Großbomber erhielt später die Typenkennung **O/100**, wobei die Zahl 100 seine Spannweite von 100 Fuß (30,48 m) zu erkennen gab. Als der Prototyp der **O/100** fertiggestellt war, stellte sich heraus, daß Handley Page damit das größte bislang in Großbritannien konstruierte Flugzeug gebaut hatte.

Die **O/100** war ein Doppeldecker mit einem Tragwerk ungleicher Spannweite, dessen faltbare Flächen eine gleichbleibende Tiefe hatten und rechtwinklig zum Rumpf verliefen. Letzerer war kastenförmig zugeschnitten und endete in einem Heck mit Doppeldecker-Leitwerk. Das Schleifsporn-Fahrgestell enthielt Zwillingsräder an den Hauptbaugruppen und die beiden Rolls-Royce Eagle II-Motoren waren mit geringem Abstand zum Rumpf in gepanzerten Gondeln zwischen Ober- und Unterflügel montiert. Im Prototyp (Seriennummer 1455) war die Crew in einem verglasten, durch Panzerplatten geschützten Cockpit untergebracht. Die Leistung des erstmals am 18. Dezember 1915 geflogenen Bombers **O/100** wurde jedoch als unzureichend bewertet, und der zweite Versuchsbomber erhielt ein überarbeitetes, offenes Zwei-Mann-Cockpit mit Vorrichtung für einen Bordschützenstand im Bug. Der Panzerschutz des Cockpits und der

Motorgondeln fiel weg, und die wassergekühlten Motoren wurden mit neuen Kühlern ausgestattet. Als man diese Maschine im April 1916 erstmals testete, konnte eine merkliche Leistungssteigerung konstatiert werden, und schon Anfang Mai stieg sie mit 20 Angestellten der Firma Handley Page an Bord auf eine Höhe von 2135 m.

Im August 1916 wurde die erste „Handley Page Squadron" aufgestellt, die Ende Oktober/Anfang November in Frankreich den Status der Einsatzbereitschaft erreichte und ihren ersten (dokumentierten) Bombenangriff in der Nacht vom 16./17. März 1917 gegen einen feindbesetzten Bahnknotenpunkt flog. Neben der Verwendung als Nachtbomber an der Westfront rüstete die **O/100** auch die erste Bomberstaffel der am 5. Juni 1918 gebildeten Independent Force (unabhängige Luftflotte) der RAF aus.

Anfang 1918 setzte die Lieferung der Serie **O/400** ein, einer verbesserten Version der **O/100**, die über leistungsstärkere Rolls-Royce Eagle-Motoren, geänderte Kraftstoff- und Motorkühlsysteme sowie neu eingeführte Druckluftanlasser verfügte. Zwar wurden nur 46 **O/100** produziert, doch eine große Zahl **O/400** erreichte die Truppe noch vor dem Kriegsende. In der Nacht vom 14./15. September 1918 griff beispielsweise ein Bomberverband mit 40 **O/400** Ziele im Saargebiet an, und in dieser Phase begannen die Bomber auch mit dem Einsatz von 750-kg-Fliegerbomben, dem schwersten Sprengkörper der britischen Streitkräfte im Ersten Weltkrieg.

***Handley Page O/400 der Royal Air Force 1918 in Frankreich***

Vor dem Waffenstillstand vom November 1918 wurden der RAF über 400 **O/400** zugeführt, die Squadron No. 58, 97, 115, 207, 214, 215 und 216 ausrüsteten. In geringer Zahl blieb dieses Muster noch bis Ende 1919 im Dienst, als die Vickers Vimy an ihre Stelle trat. Acht **O/400** flog No. 86 (Communications) Wing, die im Dezember 1918 in Hendon aufgestellt wurde, um VIP-Flüge zwischen London und Paris durchzuführen, und No. 214 Squadron nutzte das Muster für Feldpostdienste.

Der Waffenstillstand verhinderte die geplante Massenproduktion dieses Typs in den USA. Die Standard Aircraft Corporation hatte 107 Bomber mit Liberty-Motoren gefertigt, als der noch nicht erfüllte Teil des Auftragsbestands über 1500 Flugzeuge gestrichen wurde. Nach dem Krieg wurde eine Anzahl in England gebauter Flugzeuge als **O/7** nach China geliefert, und drei oder vier dieser Maschinen betrieb die Firma Handley Page Indo-Burmese Transport Ltd. in Indien. Darüber hinaus setzte Handley Page Transport Ltd. in England zirka zehn entmilitarisierte **O/400** als zivile Transportmaschinen **O/10** und **O/11** ein. Im Jahre 1924 wurde aus der **O/100** die **H.P.11** und aus der **O/400** die **H.P.12**.

**TECHNISCHE DATEN**
**Handley Page O/400**

**Typ:** schwerer Bomber
**Triebwerke:** zwei Zwölf-Zylinder-V-Motoren Rolls-Royce Eagle VIII je 268 kW (365 PS)
**Leistung:** Höchstgeschwindigkeit 156 km/h; Dienstgipfelhöhe 2590 m; Flugdauer acht Stunden
**Gewicht:** Leermasse 3719 kg; max. Startmasse 6350 kg
**Abmessungen:** Spannweite 30,48 m; Länge 19,16 m; Höhe 6,71 m; Tragflügelfläche 153,10 m²
**Bewaffnung:** bis zu fünf Lewis 7,7-mm-MGs auf Drehstützen und eine Höchstbombenlast von 907 kg

## Handley Page V/1500 (H.P.15)

Die Handley Page **V/1500** wurde entwickelt, um es der RAF zu ermöglichen, Ziele in Deutschland auf direktem Wege von englischen Flugplätzen aus zu bombardieren. Dieses Muster gilt daher zu Recht als der erste praktisch nutzbare strategische Bomber überhaupt. Ihre Grundauslegung entsprach zwar im wesentlichen den früheren Mustern, die **V/1500** wurde jedoch von vier Rolls-Royce-Motoren angetrieben, die paarweise in Tandemanordnung zwischen Ober- und Unterflügel nahe am Rumpf montiert waren. Der erste Bauauftrag ging an Harland & Wolff in Belfast, und das Beschaffungsvolumen stieg auf 200 Exemplare, bevor das Gros nach dem Ende des Ersten Weltkriegs annulliert wurde. Der von Handley Page mit Teilen aus der Fertigung von Harlan & Wolff zusammengebaute Prototyp flog erstmals im Mai 1918. Er unterschied sich von der Serienversion durch einen großen Einzelkühler für alle vier Motoren und war außerdem für eine fünf- bis siebenköpfige Besatzung ausgelegt. Standardmäßig wurden später sechseckige Kühlerblocks vor jedem Motorpaar installiert.

Bei Unterzeichnung des Waffenstillstands verfügte No. 166 Squadron in Bircham Newton, Norfolk, über drei einsatzklare **V/1500,** doch zum Leidwesen der Staffel hatte das schlechte Wetter Angriffseinsätze gegen Deutschland bislang verhindert. Das Muster erlebte deshalb nach dem Krieg nur eine begrenzte Dienstzeit bei der RAF, wo es bald von der Vickers Vimy abgelöst wurde. Eine Maschine nutzte man zum ersten Nonstop-Flug von England nach Indien: Die am 13. Dezember 1918 gestartete **V/1500** flog über Rom, Malta, Kairo und Bagdad nach Karatschi, wo sie am 30. Dezember eintraf. Diese Maschine wurde im Mai 1919 während der Unruhen in Afghanistan zur Bombardierung von Kabul eingesetzt. Eine andere **V/1500** wurde nach Neufundland verschifft, um den ersten Flug über den Atlantik in West-Ost-Richtung durchzuführen. Von diesem Vorhaben nahm man jedoch wieder Abstand, nachdem Alcock und Brown die erste Überquerung mit einer Vickers Vimy gelungen war. Nach 1924 lautete die Bezeichnung **H.P.15**.

**TECHNISCHE DATEN**
**Handley Page V/1500 (H.P.15)**

**Typ:** schwerer Fernbomber
**Triebwerke:** vier Zwölf-Zylinder-V-Motoren Rolls-Royce Eagle VIII je 280 kW (381 PS)
**Leistung:** Höchstgeschwindigkeit 159 km/h in 1980 m Höhe; Dienstgipfelhöhe 3355 m; Reichweite 2092 km
**Gewicht:** Leermasse 7983 kg; max. Startmasse 13.608 kg
**Abmessungen:** Spannweite 38,40 m; Länge 19,51 m; Höhe 7,01 m; Tragflügelfläche 278,70 m²
**Bewaffnung:** Lewis Einzel- oder Zwillings-MGs, Kaliber 7,7 mm, in Bug-, Rücken-, Bauch- und Heckwaffenständen sowie eine Bombenlast von bis zu 3402 kg

***Die Handley Page V/1500 wurde nur in kleiner Stückzahl gefertigt, denn für den Ersten Weltkrieg kam sie zu spät und für den Nachkriegsdienst bei der RAF war sie überdimensioniert.***

## Handley Page W.8, W.9 und W.10 (H.P.18/26, H.P.27 und H.P.30)

Weil die interne Rumpfverstrebung des Bombers O/400 eine Verwendung dieses Muster in der zivilen Luftfahrt nicht zuließ, entwickelte man eine neue Verkehrsmaschine, die zunächst **Handley Page W/400** (im Bezeichnungssystem von 1924 **H.P.16**) bezeichnet wurde. Dieses Flugzeug verband einen neukonstruierten Rumpf, der den Einbau von acht Sitzpaaren bei freiem Mittelgang gestattete, mit einem kürzer gespannten Tragwerk und dem Fahrgestell der V/1500. Der Prototyp, dem zwei Rolls-Royce Eagle VIII als Antrieb dienten, flog erstmals am 22. August 1919. Die Erprobung bestätigte zwar die grundsätzliche Tauglichkeit des Entwurfs, der Einbau von leistungsstärkeren Motoren erwies sich aber als unerläßlich, und so entstand der **Prototyp W.8 (H.P.18)**. Die von zwei Napier Lion IB-Motoren mit je 336 kW (457 PS) angetriebene **W.8** hatte eine von 25,91 m auf 22,86 m zurückgenommene Spannweite und ein teilweise neu entworfenes Leitwerk. Nach dem Erstflug am 4. Dezember 1919 stieg die Maschine mit einer Nutzlast von 1674 kg am 4. Mai 1920 auf eine Höhe von 4276 m, die als britischer Rekord anerkannt wurde.

Auf den Prototyp **W.8** folgten vier Serienflugzeuge **W.8b**, die für eine zweiköpfige Crew im offenen Cockpit des Vorderrumpfes sowie für zwölf Passagiere in einer verglasten Kabine eingerichtet waren. Wegen eines Engpasses in der Lieferung des Napier Lion hatte der Hersteller wieder auf den Rolls-Royce Eagle VIII zurückgegriffen, wodurch der Transport auf zwölf Fluggäste begrenzt wurde. Drei Maschinen dieses Quartetts flog Handley Page Transport Ltd., ein Exemplar wurde an die belgische Luftfahrtgesellschaft SABENA geliefert, und SABCA in Belgien fertigte anschließend noch drei weitere **W.8b**-Verkehrsmaschinen für SABENA in Lizenz. Die **W.8c** war eine Version von 1923 mit Eagle IX-Motoren.

Zu den nachfolgenden Varianten zählte die **W.8e (H.P.26)**, die ein drittes Triebwerk im Bug einführte, so daß sich der Antrieb dieser Maschine aus einem Rolls-Royce Eagle IX mit 268 kW (365 PS) und zwei 172 kW (234 PS) starken Siddeley Puma zusammensetzte. Ein Exemplar baute Handley Page für SABENA und weitere acht Lizenzflugzeuge produzierte SABCA. Eine entsprechend angetriebene **W.8f Hamil-**

**ton** wurde für Imperial Airways gefertigt, und auch SABCA baute später noch zwei **W.8f** für SABENA. Die **W.8g** war eine im Jahre 1929 auf zwei Rolls-Royce F.XIIA umgestellte **Hamilton**.

Andere Varianten dieses Grundmodells umfaßten eine **H.P.27 W.9a Hampstead** für Imperial Airways, die von drei Sternmotoren Armstrong Siddeley Jaguar mit je 287 kW (390 PS) und später von Bristol Jupiter VI mit je 336 kW (457 PS) angetrieben wurde. In dieser Verkehrsmaschine fanden 14 Fluggäste Platz. Die letzte Version für die zivile Luftfahrt war die **H.P.30 W.10**, von der Handley Page 1926 vier Exemplare für Imperial Airways fertigte. Die letzte dieser Maschinen wurde 1933 aus dem Verkehr gezogen, weil man zur zweimotorigen Auslegung mit Napier Lion IIB zu je 336 kW (457 PS) zurückgekehrt war.

**TECHNISCHE DATEN**
**Handley Page W.9a Hampstead**

**Typ:** Verkehrsflugzeug
**Triebwerke:** drei 14-Zylinder-Sternmotoren Siddeley Jaguar je 287 kW (390 PS)
**Leistung:** Höchstgeschwindigkeit 183 km/h; Dienstgipfelhöhe 4115 m; Reichweite 644 km
**Gewicht:** Leermasse 3794 kg; max. Startmasse 6577 kg
**Abmessungen:** Spannweite 24,08 m; Länge 18,39 m; Tragflügelfläche 145,30 m²

***Im Dezember 1919 erschien G-EAPJ als erste Handley Page W.8. Die Maschine wurde im Juli 1923 nach einem Unfall bei der Landung in Poix, Nordfrankreich, abgeschrieben.***

# Handley Page H.P.24 Hyderabad, H.P.33/36 Hinaidi und H.P.35 Clive

Die Spezifikation 31/22 des Air Ministry sah einen schweren zweimotorigen Nachtbomber vor, für dessen Entwicklung Handley Page das Verkehrsmuster W.8 zugrundelegte. Der Prototyp **W.8d (H.P.24)**, angetrieben von zwei 336 kW (457 PS) starken Napier Lion IIB, absolvierte seinen Erstflug im Oktober 1923 und zeigte sich bei der Truppenerprobung seinem Mitbewerber Vickers Virginia Mk III als eindeutig überlegen. Die anschließende Serienfertigung ergab 45 **Handley Page Hyderabad** für die RAF. Im Dezember 1925 wurde das Muster bei No. 99 Squadron in Dienst gestellt und blieb bis 1930 in vorderster Linie, während die Auxiliary Air Force noch bis Ende 1930 an dem Typ festhielt.

Um der Unterlage 13/29 des Air Ministry gerecht zu werden, entwickelte man eine verbesserte Version der **Hyderabad**, die **H.P.33** (Dienstbezeichnung **Hinaidi Mk I**), die sich von der **Hyderabad** in erster Linie durch ihren Antrieb in Form zweier Bristol-Sternmotoren Jupiter VIII mit je 328 kW (446 PS) unterschied. Beim Prototyp handelte es sich nur um eine umgebaute **Hyderabad**, aber Handley Page konstruierte zusätzlich zwei Musterflugzeuge, von denen das zweite mit dem Rumpf der W.10 als Truppentransporter erprobt werden sollte.

***Dies ist der Prototyp Handley Page Clive Mk I vor dem Verkauf an Sir Alan Cobham und vor seiner Neuzulassung als Clive Mk III (G-ABYX) im Jahre 1933.***

Sechs seriengefertigte **Hinaidi Mk I**, von denen die letzten drei über einen Ganzmetallrumpf verfügten, folgten und zogen die Konstruktion eines Prototyps **H.P.36** und einer Serie von 33 **Hinaidi Mk II** mit einem Rumpf in Ganzmetallbauweise nach sich. Über die neugebauten Flugzeuge hinaus erhielten sieben **Hyderabad** der RAF nachträglich den Standard der **Hinaidi Mk I**. Wie die **Hyderabad** trat auch die **Hinaidi** ihren Dienst bei No. 99 Squadron an und hielt sich bis 1933 in der Truppe, als die Handley Page Heyford sie ablöste.

Der zweite Prototyp **Hinaidi Mk I**, der vollständig aus Holz konstruiert war und den Rumpf der W.10 übernommen hatte, erhielt später die Bezeichnung **Clive Mk I**. Diese Variante konnte 23 Soldaten befördern, und nachdem sie sich im Dienst bewährt hatte, folgten zwei Transportmaschinen **Clive Mk II**, deren Grundstruktur allerdings durchweg aus Metall bestand. Die **Clive Mk II** waren in Lahore (Indien) stationiert, wo sie mehrere Jahre lang der Heavy Transport Flight der RAF treue Dienste leisteten. Die **Clive Mk I** wurde später dem Standard W.10 angepaßt, um einer Forderung des Air Council zu genügen. Die in **Clive Mk III** umbezeichnete Version gelangte jedoch nicht zur Serienfertigung, sondern wurde an Sir Alan Cobham verkauft, der sie für seine National Aviation Day Displays verwendete.

**TECHNISCHE DATEN**
**Handley Page Hinaidi Mk II**

**Typ:** schwerer Nachtbomber
**Triebwerke:** zwei Neun-Zylinder-Sternmotoren Bristol Jupiter VIII je 328 kW (446 PS)
**Leistung:** Höchstgeschwindigkeit 196 km/h in Meereshöhe; Marschgeschwindigkeit 121 km/h; Dienstgipfelhöhe 4420 m; Reichweite 1368 km
**Gewicht:** Leermasse 3647 kg; max. Startmasse 6577 kg
**Abmessungen:** Spannweite 22,86 m; Länge 18,03 m; Höhe 5,18 m; Tragflügelfläche 136,66 m²
**Bewaffnung:** drei Lewis 7,7-mm-MGs in Bug-, Rücken- und Bauchwaffenständen sowie eine Höchstbombenlast von 657 kg

# Handley Page H.P.42 und H.P.45

Anfang 1928 veröffentlichte Imperial Airways Leistungshefte für Luftfahrzeuge, mit denen neue Routen erschlossen werden konnten, um das britische Empire auf dem Luftweg zusammenzuschließen. Handley Page war hocherfreut, Aufträge über den Bau von vier **Handley Page H.P.42E (Eastern)** und vier **H.P.42W (Western)** erhalten zu haben, die Imperial Airways auf ihren Fernstrecken bzw. in ihrem europäischen Verkehrsnetz einsetzen wollte. Es verstrichen einige Jahre, bis man feststellte, daß die korrekte Herstellerbezeichnung der **H.P.42W H.P.45** lauten mußte.

Die Doppeldecker-Großflugzeuge bestanden fast vollständig aus Metall, und nur die Kontrollfläche und der hintere Rumpfabschnitt waren mit Stoff abgedeckt. Die ungleich weit gespannten Unter- und Oberflügel waren durch eine massive Warren Fachwerk-Verstrebung gekennzeichnet, und das Doppeldecker-Leitwerk enthielt drei Seitenflossen/Ruder. Ein Spornrad unter dem Heck ergänzte das robust konstruierte Hauptfahrwerk, dessen Antrieb vier Bristol Jupiter-Sternmotoren lieferten. Diese waren bei der **H.P.42E** durch vier Jupiter XIF ersetzt, die je 365 kW (496 PS) erzeugten, und bei der **H.P.42W** durch vier aufgeladene Jupiter XFBM, von denen man jeweils zwei am Oberflügel über dem Rumpf und am Unterflügel neben dem Rumpf montiert hatte. Mit einem geschlossenen Flugdeck für die Besatzung im oberen Drittel des Rumpfbugs beschritt man auch in technischer Hinsicht Neuland. Für die Passagiere waren zwei Kabinen vor und hinter den Tragflächen eingerichtet, deren Bestuhlung je nach der vorgesehenen Verwendung variierte. Die **H.P.42E** zum Betrieb auf den Strecken nach Indien und Südafrika bot Platz für sechs (später zwölf) Fluggäste vorn und zwölf hinten, und die für das europäische Streckennetz vorgesehene **H.P.42W** konnte vorn 18 und hinten 20 Flugreisende aufnehmen, wodurch sich der verfügbare Gepäckraum der Maschine allerdings verringerte.

Von einigen Lufthopsern bei Rollversuchen abgesehen, fand der echte Erstflug der **H.P.42E**, später auf den Namen **Hannibal** getauft, am 17. November 1930 statt. Die erste **H.P.42W** namens **Heracles** wurde im September des Jahres 1931 ausgeliefert, und die illustren Namen der anderen Mitglieder dieser Großflugzeugfamilie lauteten **Horsa**, **Hanno** und **Hadrian (H.P.42E)** sowie **Horatius**, **Hengist** und **Helena (H.P.42W)**.

Viele Menschen schwelgen noch heute in Erinnerung an diese feinen Verkehrsmaschinen, die zwar langsam waren (von Anthony Fokker einst als Flugzeuge „mit eingebautem Gegenwind" bezeichnet), aber Sicherheit und Zuverlässigkeit ausstrahlten. Als die **H.P.42** im September 1939 aus dem Liniendienst schieden, hatten sie nahezu ein Jahrzehnt Flugdienst ohne einen einzigen Unfall mit Todesfolge absolviert.

**TECHNISCHE DATEN**
**Handley Page H.P.42W (H.P.45)**

**Typ:** Verkehrsflugzeug
**Triebwerke:** vier Neun-Zylinder-Ladermotoren Bristol Jupiter XFBM je 414 kW (563 PS)
**Leistung:** Höchstgeschwindigkeit 204 km/h; Reisefluggeschwindigkeit 153 km/h bis 169 km/h; Reichweite 805 km
**Gewicht:** Leermasse 8047 kg; max. Startmasse 12.701 kg
**Abmessungen:** Spannweite 39,62 m

***Nur vier echte H.P.42 wurden gebaut. Im Gegensatz zu den H.P.45, die das europäische Verkehrsnetz der Imperial Airways bedienten, flogen sie im Fernstreckennetz.***

# Handley Page H.P.50 Heyford

Im Rückblick gab die **Handley Page H.P.50 Heyford** ein äußeres Erscheinungsbild ab, das höchstens ihrem Konstrukteur gefallen haben kann. Die schwerfällige Doppeldeckerstruktur und die mächtigen Verkleidungskörper am Hauptfahrwerk suggerierten eine niedrige Geschwindigkeit und versprachen wenig effektiv zu sein. Dieser Eindruck wurde durch die Tatsache, daß der Rumpf am Oberflügel befestigt war und ein mächtiges Strebengerüst die Lücke zwischen Rumpf und Unterflügel ausfüllte, noch verstärkt. Das Mittelstück des Unterflügels war im Profil doppelt so dick wie normal ausgebildet, um intern Bomben unterbringen zu können und eine bodennahe Lage zur beschleunigten Beladung nach der Einsatzrückkehr zu erreichen. Weitere Auslegungsmerkmale waren die metallene Primärstruktur der Tragflächen mit Stoffbespannung, ein jeweils zur Hälfte blechbeplankter und stoffbespannter Rumpf, Zellen für eine vierköpfige Besatzung, ein robustes Spornrad-Fahrgestell sowie ein abgestrebtes Höhenleitwerk, das zwei Seitenflossen/Ruder trug. Für den Antrieb sorgten zwei Rolls-Royce Kestrel-Reihenmotoren, die in Gondeln unter die Oberflügel gehängt waren, und die Bewaffnung bestand aus drei Maschinengewehren zur Abwehr, von denen eines in einem Bauchbehälter montiert war, der sich hinter dem Tragwerk unter den Rumpf absenken ließ.

***Handley Page Heyford Mk IA der No. 10(B) Squadron, RAF, 1935 in Boscombe Down stationiert.***

Der Prototyp **H.P.38** flog erstmals im Juni 1930, und die erfolgreiche Erprobung in der Truppe zog die Beschaffung dieses Typs als **Heyford Mk I** nach sich. Insgesamt 124 Exemplare waren an die RAF gegangen, als die Produktion im Juli 1936 eingestellt wurde. Die einzelnen Baureihen, die sich in erster Linie durch ihre Antriebsform unterschieden, umfaßten 15 **Heyford Mk I**, 23 **Heyford Mk IA**, 16 **Heyford Mk II** und 70 **Heyford Mk III**. Sie wurden bei No. 99 Squadron in Upper Heyford, Oxon, eingeführt und rüsteten No. 7, 9, 10, 38, 78, 97, 102, 148, 149 und No. 166 Squadron aus, bis das letzte Exemplar im Jahre 1939 durch die Vickers Wellington ersetzt wurde. Anschließend leisteten sie bis zur endgültigen Aussonderung im Juli 1941 noch Dienst bei Ausbildungseinheiten. Die Zeit der Doppeldeckerbomber bei der RAF war damit beendet.

**TECHNISCHE DATEN**
**Handley Page Heyford Mk Ia**

**Typ:** schwerer Nachtbomber
**Triebwerke:** zwei Zwölf-Zylinder-V-Motoren Rolls-Royce Kestrel IIIS oder IIIS-5 je 429 kW (583 PS)
**Leistung:** Höchstgeschwindigkeit 229 km/h in 3960 m Höhe; Dienstgipfelhöhe 6400 m; Reichweite mit einer Bombenlast von 726 kg 1481 km
**Gewicht:** Leermasse 4173 kg; max. Startmasse 7666 kg
**Abmessungen:** Spannweite 22,86 m; Länge 17,68 m; Höhe 5,33 m; Tragflügelfläche 136,56 m²
**Bewaffnung:** drei Lewis 7,7-mm-MGs auf Bug und Rücken sowie unter dem Bauch und eine maximale Bombenlast von 1588 kg

# Handley Page H.P.52 Hampden

***Handley Page Hampden TB.Mk I eines Einsatz- und Ausbildungsverbands der RAF in Schottland, 1942.***

Im September 1932 verteilte das Air Ministry die Spezifikation B.9/32 für einen zweimotorigen Bomber. Auf diese Ausschreibung hin reichten sowohl Handley Page als auch Vickers Angebote ein, die mit Konstruktionsaufträgen belohnt wurden. Die resultierenden Versuchsbomber **Handley Page H.P.52** und Vickers 271 absolvierten ihre Erstflüge innerhalb einer Woche nacheinander, der erstgenannte am 21. Juni 1936 und die später als Wellington bekannte 271 am 15. Juni 1936.

In Anbetracht der Tatsache, daß beiden Typen dieselbe Spezifikation zugrundelag, hätten sie kaum unterschiedlicher ausfallen können. Handley Page zielte auf einen äußerst schlanken Rumpf mit drei bemannten Waffenstationen zur Abwehr ab, während Vickers einen pummeligen Rumpf mit drei motorgetriebenen Waffentürmen und von Hand bedienten seitlichen Maschinengewehren konstruierte.

Trotz des antiquierten äußeren Erscheinungsbilds der **Hampden**, wie der H.P.-Bomber anschließend genannt wurde, verfügte dieses Muster über eine ganze Reihe bemerkenswerter Eigenschaften. Mit ihren Handley Page-Vorflügeln war die **Hampden** in der Lage, den Endanflug zur Landung mit einer Geschwindigkeit von nur 117 km/h durchzuführen, während ihre Höchstgeschwindigkeit von 409 km/h diejenige der Wellington und der Armstrong Whitworth Whitley übertraf. Darüber hinaus konnte sie problemlos eine Bombenlast von 1814 kg über eine Distanz von 1931 km tragen.

Nachdem am 15. August 1936 ein Auftrag über 180 **Hampden** nach der neuen Spezifikation B.30/36 erteilt worden war, flog 1937 der erste Serienprototyp. Gemeinsam mit dem Erstauftrag ging eine Bestellung über 100 Bomber mit Napier Dagger-Motoren ein, die unter der Bezeichnung **Hereford** produziert wurden. Im Mai 1938 flog der erste, von Handley Page in Radlett gefertigte Serienbomber, und am 24. Juni fand die offizielle Taufzeremonie durch die Viscountess Hampden statt.

In diesen Jahren befand sich der Aufbau der RAF in vollem Gange, und am 6. August 1938 wurden neue Aufträge vergeben: English Electric in Preston sollte 75 Exemplare fertigen, und in Kanada führte eine britische Rüstungskommission Gespräche zur Produktion 80 weiterer Bomber durch ein Konsortium mit dem Titel Canadian Associated Aircraft Ltd. Diese **Hampden** rollten 1940 von den Fertigungsstrecken der Unterauftragnehmer.

Nach der Erprobung durch das Aircraft and Armament Experimental Establishment (AA&EE) in Martlesham Heath und durch die Central Flying School in Upavon liefen die **Hampden**-Bomber ab September 1938 der RAF zu. Das erste Baulos ging an No. 49 Squadron in Scampton, Lincolnshire, die schließlich komplett mit der **Hampden** ausgerüstet war. Als der Zweite Weltkrieg ausbrach, flogen zehn Staffeln diesen Typ: No. 7 und No. 76 in Finningley, No. 49 und No. 83 in Scampton, No. 61 und No. 144 in Hamswell sowie die Reservestaffeln No. 106 und No. 185.

Die ersten Aufklärungseinsätze bei Tageslicht verliefen ohne besondere Vorkommnisse, doch am 29. September zeigten sich die Schwachpunkte der **Hampden** überdeutlich: fünf von elf Flugzeugen, die in zwei Pulks operierten, wurden von deutschen Jägern zerstört, als sie in Sichtweite der deutschen Küste gelangten. Kurz darauf fiel die Entscheidung, künftige Einsätze, wie etwa Missionen zum Abwurf von Flugblättern, nur noch im Schutz der Dunkelheit auszuführen.

Im Winter 1939/1940 übernahm die **Hampden** ihre bis dahin nützlichste Rolle als Minenleger. Flugzeuge von fünf Staffeln legten in der Nacht vom 13. auf den 14. April 1940, kurz nach der deutschen Invasion Norwegens, Minen in deutschen Gewässern aus. Am Ende des Jahres hatten die **Hampden**-Staffeln der No. 5 Group bei 1209 Einsätzen insgesamt 703 Minen gelegt. Der Verlust von 21 Maschinen im Luft-/Seekrieg machte nur etwa 1,8% aus und wurde als akzeptabel bewertet.

Der Norwegenfeldzug deckte jedoch erneut die Schwachpunkte der **Hampden** auf. Aufgrund ihrer schwachen Abwehrbewaffnung erlitt sie etwa beim Einsatz als Tagbomber hohe Verluste durch deutsche Jagdflugzeuge.

In der Nacht vom 25. auf den 26. August des Jahres 1940 nahmen **Hampden** und Armstrong Whitworth Whitley am ersten Bombenangriff der RAF auf Berlin teil, und die **Hampden** unterstützte die Offensive durch Bombardierung bei Nacht bis Ende 1942. In der Nacht des 15./16. September fand der letzte **Hampden**-Einsatz des Bomber Command statt, als Maschinen der No. 408 Squadron, RCAF, Wilhelmshaven angriffen.

Im April 1942 wurde die **Hampden** zum Coastal Command versetzt, um Einsätze der Seezielbekämpfung mit Torpedos zu fliegen. Die 157 für diesen Zweck umgerüsteten Flugzeuge erhielten die neue Bezeichnung **Hampden TB.Mk I** und rüsteten als erste Staffeln die No. 144 und No. 455 Squadron aus, beides RAAF-Einheiten, deren Kommandos in den Norden der UdSSR zum Schutz von Schiffskonvois abgeordnet wurden. 32 **Hampden**-Torpedobomber beider Staffeln starteten am 4. September 1942 in Sumburgh auf den Shetland-Inseln, doch neun der Maschinen gingen auf dem Marschflug durch Abstürze verloren, zwei in Norwegen und eine in der UdSSR. Anschließend übergaben die Staffeln ihre **Hampden** den Sowjets, bevor sie am 23. Oktober zum Rückflug nach Großbritannien aufbrachen. No. 455 Squadron war auch die letzte **Hampden**-Einsatzstaffel mit Standort in Sumburgh. Nachdem sie am 4. April 1943 noch ein U-Boot versenkt hatte, begann die Umrüstung der Staffel auf die Bristol Beaufighter, die zum Jahreswechsel abgeschlossen war.

Trotz aller Mängel konnte die **Hampden** viele Pluspunkte aufweisen, darunter angenehme Flug- und Steuereigenschaften sowie eine ausgezeichnete Sicht für den Flugzeugführer. Von Nachteil war hingegen die extreme Enge der Besatzungszellen, die sowohl den Verwundetentransport als auch die Bewegungsfreiheit der Besatzung beeinträchtigte. Insgesamt 1432 **Hampden** wurden gebaut, 502 von Handley Page, 770 von English Electric und 160 in Kanada.

**TECHNISCHE DATEN**
**Handley Page H.P.52 Hampden**

**Typ:** viersitziger, mittlerer Bomber
**Triebwerke:** zwei Neun-Zylinder-Sternmotoren Bristol Pegasus XVII je 746 kW (1015 PS)
**Leistung:** Höchstgeschwindigkeit 409 km/h in 4205 m Höhe; Marschgeschwindigkeit 269 km/h; Dienstgipfelhöhe 5790 m; Reichweite 3034 km mit einer Bombenzuladung von 907 kg
**Gewicht:** Leermasse 5343 kg; max. Startmasse 8508 kg
**Abmessungen:** Spannweite 21,08 m; Länge 16,33 m; Höhe 4,55 m; Tragflügelfläche 62,06 m²
**Bewaffnung:** zwei vorwärtsfeuernde 7,7-mm-MGs und Zwillings-MGs gleichen Kalibers in Rücken- und Bauchgefechtsständen sowie eine Bombenlast von bis zu 1814 kg

## Handley Page H.P.53 Hereford bis Hannover CL.II, CL.III, CL.IIIa, CL.IV und CL.V

**Bis zu seinem Konkurs 1969 war das Werk Handley Page für Bomber und Transporter bekannt, so den Halifax des Zweiten Weltkriegs und den Victor des Nuklearzeitalters. Die Hannoversche Waggonfabrik als Produzent rollenden Eisenbahnmaterials wurde 1915 von den deutschen Behörden zum Lizenz-Flugzeugbau animiert und begann ab 1917 Eigenkonstruktionen zu produzieren.**

# Handley Page H.P.53 Hereford

Wie die Avro Manchester war auch die **Handley Page H.P.53 Hereford** ein gutes Flugwerk mit schlechtem Antrieb. Das Musterflugzeug **H.P.53**, vom Prototyp einer schwedischen Patrouillenversion der Hampden abgeleitet, flog am 1. Juli 1937 unter dem Antrieb zweier Napier Dagger VIII in H-Form mit je 712 kW (968 PS). Short Brothers und Harland erhielten daraufhin den Auftrag, eine Serie von 100 Bombern zu fertigen, die später auf 152 erhöht wurde. Die erste dieser Serienmaschinen von der Belfast-Fertigungsstrecke flog am 17. Mai 1939.

Testflüge beim Aircraft and Armament Experimental Establishment in Martlesham Heath zeigten, daß die Leistung der **Hereford** fast derjenigen der Hampden entsprach, aber damit endeten die Gemeinsamkeiten auch. Die Motoren waren unzuverlässig, überhitzten beim Betrieb am Boden und kühlten in der Luft zu rasch ab. Zudem störte ihr hochfrequentes Auspuffgeräusch die Besatzungen.

Ein oder zwei **Hereford**-Bomber dienten neben der Hampden zeitweise in Ein-

**TECHNISCHE DATEN**
**Handley Page H.P.53 Hereford**
**Typ:** viersitziger mittlerer Bomber
**Triebwerke:** zwei wassergekühlte 24-Zylinder-Reihenmotoren in H-Form Napier Dagger VIII je 746 kW (1015 PS)
**Leistung:** Höchstgeschwindigkeit 426 km/h in 4725 m
**Höhe:** Marschgeschwindigkeit 277 km/h; Dienstgipfelhöhe 5790 m; Reichweite 1931 km
**Gewicht:** Leermasse 5307 kg; max. Startmasse 8074 kg
**Abmessungen:** Spannweite 21,08 m; Länge 16,33 m; Höhe 4,55 m; Tragflügelfläche 62,06 m²
**Bewaffnung:** zwei vorwärtsfeuernde 7,7-mm-MGs und Einzel-MGs gleichen Kalibers in Rücken- und Bauchtürmen sowie eine Bombenlast von 1814 kg

satzstaffeln, gingen aber bald darauf, am 7. Mai 1940, zur Ausbildung an No. 16 Operational Training Unit (OTU) in Upper Heyford, Oxon. Eine andere **Hereford**-Einheit war No. 14 OTU in Cottesmore, die dieses Muster als No. 185 Squadron übernommen hatte und im April 1940 in No. 14 OTU umorganisiert wurde. Eine **Hereford** diente bei der Torpedo Development Unit in Gosport, und 19 Maschinen wurden später ummotorisiert und dem Standard der Hampden angepaßt.

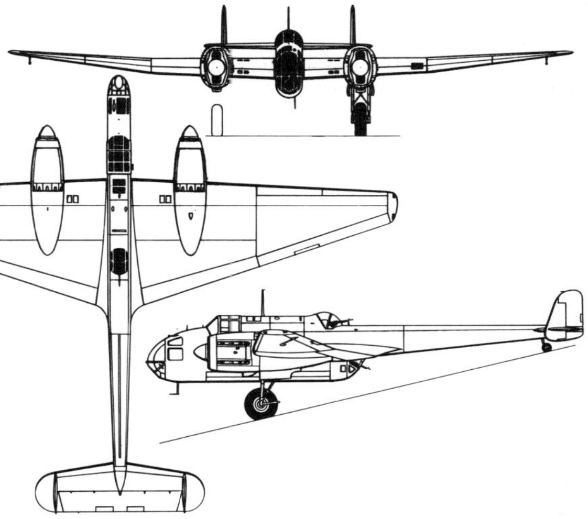

***Handley Page H.P.53 Hereford***

# Handley Page H.P.54 Harrow

Spezifikation B.3/34 leitete die Ära der Eindeckerbomber für die RAF als Nachfolger der Handley Page Heyford und der schwerfälligen Vickers Virginia ein. Zwei der Firmen, die Angebote auf diese Ausschreibung eingereicht hatten, erhielten Konstruktionsaufträge, und zwar Armstrong Whitworth für ihren Whitley-Entwurf und Handley Page für die **H.P.54**. Letztere, ein Hochdecker mit starrem Fahrgestell, war vom Konzept her weniger originell. Beiden Entwürfen lag zwar derselbe Grundkatalog zugrunde, die **Handley Page H.P.54** aber sollte zunächst als Übergangsbomber/Trainer und anschließend, wenn modernere Bomber von den Bändern rollten, als Transportflugzeug dienen. Von diesem später in **Harrow** umbenannten Muster wurden 100 Exemplare nach der Unterlage B.29/35 bestellt, bevor der Prototyp am 10. Oktober 1936 zum Erstflug abhob. Diese neue Maschine basierte auf dem Truppentransport-Musterflugzeug **H.P.51**, das im Mai des Vorjahres zum ersten Mal geflogen war.

Handley Page hatte für die **Harrow** ein neues Produktionsverfahren initiiert, das kleineren Firmen die Herstellung von Baugruppen im Unterauftrag ermöglichte. Diese Lösung kam sowohl der Fertigung als auch der Instandsetzung entgegen. Die ersten 39 Serienflugzeuge erhielten die Bezeichnung **Harrow Mk I**. Ihren Antrieb besorgten zwei Bristol Pegasus X, deren Leistung von je 634 kW (862 PS) eine Spitzengeschwindigkeit von 306 km/h ergab. In die nachfolgenden 61 **Harrow Mk II** wurden Pegasus XX je 690 kW (938 PS) eingebaut, die sie um 16 km/h schneller machten. Motorisierte Waffentürme im Bug, Heck und auf dem Rumpfrücken waren eine wertvolle Neuerung gegenüber den im Dienst befindlichen Typen. Die **Harrow Mk I** rüstete man entsprechend nach.

No. 214 Squadron in Feltwell nahm als erste Staffel im Januar 1937 die **Harrow** als Ersatz für die Virginia entgegen. Am Ende jenes Jahres waren vier weitere Staffeln auf den neuen Bombertyp umgestellt: No. 37 (Feltwell), No. 75 (Driffield), No. 115 (Marham) und No. 215 (Driffield). No. 115 Squadron hatte man 1919 aufgelöst und im Juni 1937 mit der **Harrow** neu aufgestellt, und auch No. 37 Squadron war im April mit einem Kern von No. 214 Squadron wieder aktiviert worden.

Die **Harrow**-Produktion lief mit dem 100. Exemplar im Dezember 1937 aus, aber die Flugzeuge blieben bis zur Endphase des Zweiten Weltkriegs im Dienst.

Eine neuartige Verwendung fand die **Harrow** als Luftminenleger. Im Oktober 1940 wurde No. 420 Flight in Middle Wallop gebildet, um entsprechende Versuche unter dem Decknamen „Pandora" durchzuführen. Diese **Harrow** führten „Long Aerial Mines" mit, die per Fallschirm mit einem 610 m langen Hängedraht in den Flugweg eines Bomberstroms abgeworfen werden sollten. Flog einer der Feind-

***In den dreißiger Jahren wechselte die Bomberkonstruktion von stoffbespannten Doppeldeckern zu Ganzmetalleindeckern. Die H.P.54 war ein Exemplar der neuen Bombergeneration, wurde jedoch wieder in den Transportdienst zurückgestuft.***

bomber in diesen Drahtvorhang, war mit der Freigabe von Sprengladungen zu rechnen, die dann den Draht entlang rutschten und mit dem Auftreffen am Feindbomber explodierten. Während der dreimonatigen Erprobung zeigte sich jedoch, daß dieses Verfahren nicht praktikabel war.

No. 271 Squadron wurde am 1. Mai 1940 aufgestellt, um mit **Harrow**, Bristol Bombay und etlichen eingezogenen Verkehrsmaschinen Transportflüge auszuführen. Bis 1944 war das Gros der anderen Flugzeugtypen ausgeschieden, aber eine Halbstaffel blieb mit der **Harrow** ausgerüstet. Diese Maschinen unterstützten die im Nordwesten Europas eingesetzten Streitkräfte der Alliierten. Zwei Exemplare evakuierten beispielsweise im September 1944 Verwundete aus dem Operationsgebiet Arnheim. Diese **Harrow** dienten noch bis Mai 1945, als die Flight auf Douglas Dakota umgestellt wurde.

**TECHNISCHE DATEN**
**Handley Page H.P.54 Harrow**
**Typ:** vier-/fünfsitziger Bomber oder Transportflugzeug für 20 Personen
**Triebwerke:** zwei Neun-Zylinder-Sternmotoren Bristol Pegasus XX je 690 kW (938 PS)
**Leistung:** Höchstgeschwindigkeit 322 km/h in 3050 m Höhe; Marschgeschwindigkeit 262 km/h in 4570 m Höhe; Dienstgipfelhöhe 6950 m; Reichweite 2012 km
**Gewicht:** Leermasse 6169 kg; max. Startmasse 10.433 kg
**Abmessungen:** Spannweite 26,95 m; Länge 25,04 m; Höhe 5,92 m; Tragflügelfläche 101,26 m²
**Bewaffnung:** vier 7,7-mm-MGs, je eines im Bug- und Rückturm sowie zwei im Heckturm plus eine Bombenlast von maximal 1361 kg

# Handley Page H.P.57 Halifax

Die **H.P.57 Halifax**, der zweite viermotorige schwere Bomber im Dienst der RAF, gehörte zum berühmten Flugzeugtrio des Bomber Command, das die Bombenoffensive gegen Deutschland bei Nacht austrug – **Halifax**, Avro Lancaster und die Short Stirling. In Verbindung mit den Luftangriffen der USAAF bei Tageslicht erreichte die Bombardierung Deutschlands mit einem unvorstellbaren Maß an Zerstörung 1944 ihren Höhepunkt.

Die **Halifax** ging auf eine Forderung des Air Ministry nach einem zweimotorigen Bomber zurück, für die Handley Page den Entwurf H.P.55 einreichte. Dieses Angebot fand keine Zustimmung, doch etwa ein Jahr später veröffentlichte das Luftkriegsministerium die neue Unterlage P.13/36, die auf einen mittelschweren Bomber abzielte. Als Antrieb sollte der 24-Zylinder-Motor Vulture dienen, der sich seinerzeit bei Rolls-Royce in der Entwicklung befand. Handley Pages Angebot in Form der H.P.56 wurde zur Konstruktion eines Prototyps angenommen. Die Firma bezweifelte jedoch die Verläßlichkeit des Vulture-Serienmotors und schlug stattdessen vor, die H.P.56 mit vier Rolls-Royce Merlin auszurüsten. Die Gesamtauslegung hatte sich kaum geändert, aber der dem Air Ministry zur Genehmigung vorgelegte Entwurf **H.P.57** beinhaltete ein wesentlich größeres und schwereres Flugzeug.

Am 3. September 1937 wurde Handley Page mit der Konstruktion von zwei Prototypen der **H.P.57** beauftragt, und als das erste Exemplar fast fertiggestellt war, erkannte man, daß der Werksflugplatz in Radlett, Hertfordshire, für den Erstflug einer so großen Maschine nicht ausreichte. Man beschloß, den nächstgelegenen Einsatzflugplatz der RAF, Bicester in Oxfordshire, zu nutzen. Dort fanden die Endmontage und am 25. Oktober 1939 der Jungfernflug der Prototypen statt.

Die **H.P.57** war ein freitragender Ganzmetall-Mitteldecker, dessen Tragflächen automatische Vorflügel aufwiesen. Letztere entfielen auf Weisung des Air Ministry für die Serienbomber, da die Nasenkanten gepanzert und mit Kabelschneidgerät für Sperrballons ausgerüstet werden sollten. Das Rumpfheck nahm ein hoch montiertes Höhenleitwerk mit Endplatten und Rudern als geteiltes Seitenleitwerk auf. Der Rumpf hatte eine hohe Kastenform und bot ein entsprechend großes internes Raumvolumen. Eingerichtet waren Positionen für sieben Besatzungsmitglieder, darunter drei Mann an den MG-Ständen im Bug, Heck und an den Rumpfseiten. Das Spornrad-Fahrgestell ließ sich einziehen, und den Antrieb lieferten vier Merlin-Motoren. Für die Hauptrolle als Bomber konnte die **H.P.57** vielfältige Waffentypen im 6,71 m langen Bombenschacht der Rumpfwanne mitführen sowie in zwei Zellen des Tragflächenmittelstücks je eine Bombe pro Rumpfseite.

Der zweite Prototyp absolvierte seinen Erstflug am 17. August 1940, und knapp zwei Monate später folgte der erste Serienbomber. Die zwischenzeitlich in **Halifax Mk I** umbenannte Serie erhielt einen Rolls-Royce Merlin X mit 954 kW (1297 PS). Die Abwehrbewaffnung bestand aus zwei und vier 7,7-mm-MGs im Bug- beziehungsweise Heckwaffenturm. Die komplette Bezeichnung der ersten Serienversion lautete **Halifax B.Mk I Series I**, und im November 1940 trafen die ersten Exemplare bei No. 35 Squadron ein, die das Muster Anfang März 1941 bei einem Angriff auf Le Havre erstmals im Gefecht einsetzte. Wenige Tage später wurde die **Halifax** beim Bombenabwurf über Hamburg zum ersten viermotorigen Bomber der RAF, der einen Nachtangriff gegen ein Ziel in Deutschland ausführte. Am 30. Juni 1941 flogen **Halifax** ihren ersten Tageinsatz gegen Kiel. Es stellte sich jedoch bald heraus, daß die Abwehrbewaffnung für Bombardierungen bei Tageslicht zu schwach war. Ab Ende 1941 wurde die **Halifax** folglich nur noch für Nachtbombardierungen verwendet, und spätere Versionen erhielten eine bessere Defensivbewaffnung.

Die erste Einsatzperiode der **Halifax** zeigte, daß dieser Bomber viel zu bieten hatte. Zwar überstiegen die Produktionsaufträge die Fertigungskapazität der Handley-Page-Werke in Cricklewood und Radlett rasch, aber schon vor dem Krieg waren vorsorglich Pläne zur Ausweitung der Rüstungsindustrie aufgestellt worden. Die Errichtung von vier neuen Produktionsstraßen wurde durch die für die **Halifax** eingeführte Bausteinmethode erleichtert. Der erste im Unterauftrag gefertigte Bomber flog am 15. August 1941. Er stammte von der English Electric Company, die sich früher bereits an der Herstellung des mittelschweren H.P.-Bombers Hampden beteiligt hatte. Die drei anderen Produktionsstätten waren Fairey in Stockport, Rootes Securities in Speke und die London Aircraft Production Group.

Vom ersten Kriegseinsatz an nutzte das Bomber Command die **Halifax** ununterbrochen, und zeitweilig waren nicht weniger als 34 Staffeln auf dem europäischen Kriegsschauplatz und vier weitere im Mittleren Osten mit diesem Muster ausgerüstet. Zwei Halbstaffeln wurden nach Fernost verlegt, und nach dem Kriegsende in Europa unterstützten etliche Staffeln, die die **Halifax B.Mk VI** flogen, die im Pazifik operierenden Streitkräfte der Alliierten. Im August 1942 betätigte sich die **Halifax** erstmals als Pfadfinder, und als erstes Muster der RAF wurde sie mit dem hochgeheimen Radargerät $H_2S$ zum Bombenabwurf im Blindverfahren ausgerüstet. Sie flog Tagesangriffe gegen deutsche V1-Stellungen, und bei 75.532 Einsätzen zwischen 1941 und 1945 warfen die **Halifax**-Bomber insgesamt 231.252 Tonnen Bomben auf Ziele in Europa ab.

Neun Staffeln des Coastal Command (Küstenkommando) setzten die **Halifax** zur U-Boot-Abwehr, Wettererkundung und Seeüberwachung ein. Ihre Maschinen waren umgerüstete Standardbomber mit auftragsbezogener Sonderausrüstung und den Bezeichnungen **Halifax GR.Mk II**, **GR.Mk V** und **GR.Mk VI**. Ebenso beschaffte auch das RAF Transport Command **Halifax C.Mk III**, **C.Mk VI** und **C.Mk VII** als Sanitäts-, Fracht- und Truppentransportflugzeuge. Nur wenige Informationen drangen im Krieg über die Tätigkeit der No. 138 und No. 161 (Special Duties) Squadron, die Agenten und/oder Material per Fallschirm in feindlichem Gebiet absetzten, an die Öffentlichkeit.

Ein anderer **Halifax**-Nutzer waren die Airborne Forces, deren **Halifax A.Mk III**, **A.Mk V** und **A.Mk VII** Fallschirmjäger und Lastensegler zum Einsatz brachten. Tatsächlich war die **Halifax** das einzige Muster, das den großen Lastensegler Hamilcar von General Aircraft schleppen konnte, wie sie erstmals im Februar 1942 bewies. Bald darauf erlebten die **Halifax** ihr Einsatzdebüt als Lastenseglerschlepper, indem sie zwei Airspeed Horsas über die Nordsee zum Angriff gegen eine deutsche Schwerwasseranlage in Südnorwegen beförderten.

Auf die **Halifax Mk I** folgte die **Halifax B.Mk II Series I** mit neuem Boulton-Paul-Zwillingsgeschützturm auf dem Rumpfrücken und einem um 15% erhöhten Tankvolumen. Die zunächst eingebauten Merlin XX wichen später Merlin 22 gleicher Leistung. Diese Änderungen ergaben ein zunehmend höheres Gesamtgewicht. Da von Anfang an keine Motorleistungsreserven bestanden, ging das gesteigerte Kampfpotential zu Lasten der Flugleistungen. In Kriegszeiten kann man dies hinnehmen, solange die vertretbare Verlustrate konstant bleibt. Im Falle der **Halifax Mk II** aber machte der neue Rückenturm das Maß voll, und es wurden sofort entsprechende Schritte zur Verbesserung der Flugleistungen eingeleitet.

Die daraus resultierende **Halifax B.Mk II Srs IA** (Herstellerbezeichnung **H.P.59**) hatte eine um 10% gesteigerte Höchst- und Marschfluggeschwindigkeit. Die Waffentürme im Bug und auf dem Rumpfrücken entfielen, und die Flugzeugnase war stromlinienförmig verkleidet. Die weitere Produktion richtete sich auf die **B.Mk II Series IA** mit Perspex-Flugzeugnase und Vierlingsgeschützturm im Stil der Defiant auf dem Rumpfrücken.

Eine nachträgliche Änderung, die alle im Dienst befindlichen Maschinen erhielten, betraf den Ersatz der dreieckigen Seitenflossen durch größere Endplatten in Rechteckform. Die Einführung erfolgte nach einer umfassenden Erprobung, da einige unerklärliche Verluste vollbeladener Flugzeuge gezeigt hatten, daß die **Halifax** in ein auswegloses Rückentrudeln geraten konnte. Die letzte Hauptserienversion war die **Halifax B.Mk III** (Firmenbezeichnung **H.P.61**), die erste Version dieses Bombertyps mit Bristol-Sternmotoren Hercules VI oder XVI mit je 1204 kW (1637 PS) Startleistung.

Die **Halifax GR.Mk VI** wurde zwar nach der Kapitulation Japans aus dem Unterstellungsbereich des Bomber Command abgezogen, diente nach dem Krieg aber weiterhin beim Coastal Command. Zu den Nachkriegsversionen zählten die **Halifax C.Mk VIII (H.P.70)**, die eine Anbauwanne für Lasten bis zu 3629 kg unter dem Rumpf aufnehmen konnte, und die **Halifax A.Mk IX (H.P.71)** als Truppentransporter und Nachschubabsetzflugzeug der Luftlandetruppen. Als die Produktion dieser beiden Versionen mit rund 230 Exemplaren endete, waren insgesamt 6178 **Halifax**-Flugzeuge gebaut worden, von denen einige Maschinen bis Ende 1947 bei der RAF im Dienst blieben.

Als das Transport Command die **Halifax C.Mk VIII** aussonderte, rüsteten Short

***Handley Page Halifax A.Mk 9 der No. 47 und No. 113 Squadron, Royal Air Force, im Jahre 1947.***

Bros & Harland zehn Exemplare zu zehnsitzigen Verkehrsflugzeugen **Halton Mk I (H.P.70)** für BOAC um. In der Folgezeit bauten mehrere Vertragsnehmer rund 80 weitere **Halifax**-Maschinen zu Passagierflugzeugen um, die teilweise dem **Halton**-Standard angeglichen waren.

**Varianten**

**Halifax B.Mk I Srs II**: ähnlich wie B.Mk I Srs I, aber mit verstärkter Zelle für eine höhere Betriebsmasse

**Halifax B.Mk I Srs III:** Variante der B.Mk I Srs I mit erhöhter Kraftstoffkapazität; späte Serienmaschinen wurden mit dem Merlin XX ausgerüstet

**Halifax B.Mk II Srs I (Special):** neue Bezeichnung der B.Mk II Srs I, die möglichst viele der Verbesserungen der B.Mk II Srs IA bei den Truppenwerften erhielten

**Halifax B.Mk V Srs IA:** wie B.Mk II Srs IA, abgesehen von neu eingeführten Dowty-Fahrwerk; die Firmenbezeichnung lautete H.P.63

**Halifax B.Mk V Srs I (Special):** wie B.Mk II Srs I (Special), abgesehen von den Neuerungen in Form des Dowty-Fahrwerks und der Hydraulikanlagen

**Halifax B.Mk VI:** allgemein wie B.Mk III, jedoch mit Bristol-Hercules-Sternmotoren, die in 3050 m Höhe 1342 kW (1825 PS) abgaben; die Herstellerbezeichnung lautete H.P.61

**Halifax B.Mk VII:** wie B.Mk VI, aber wieder mit Bristol-Sternmotoren Hercules XVI aus Mangel an Hercules 100; die Herstellerbezeichnung dieser Maschine lautete H.P.61

**TECHNISCHE DATEN**

**Handley Page Halifax B.Mk III**

**Typ:** siebensitziger schwerer Fernbomber

**Triebwerke:** vier 14-Zylinder-Sternmotoren Bristol Hercules XVI je 1204 kW (1637 PS)

**Leistung:** Höchstgeschwindigkeit 454 km/h in 4115 m Höhe; Marschgeschwindigkeit für Fernflüge in 6095 m Höhe 346 km/h; Dienstgipfelhöhe 7315 m; Reichweite mit maximaler Bombenlast 1658 km

**Gewicht:** Leermasse 17.345 kg; max. Startmasse 29.484 kg

**Abmessungen:** Spannweite 31,75 m; Länge 21,82 m; Höhe 6,32 m; Tragflügelfläche 118,45 m²

**Bewaffnung:** ein 7,7-mm-MG auf Drehstütze im Bug und je vier entsprechende Waffen im Rücken- und Heckturm sowie eine Höchstbombenlast von 5897 kg

# Handley Page H.P.67 Hastings

Auf der Spezifikation C.3/4 des Air Ministry basierte die **Handley Page H.P.67 Hastings**, ein Mehrzweckttransportflugzeug mit großer Reichweite, das sowohl bei der RAF als auch bei der Royal New Zealand Air Force (RNZAF) diente. Der freitragende Tiefdecker mit faßförmigem Rumpf, herkömmlichem Leitwerk und einziehbarem Spornrad-Fahrgestell wurde als **Hastings**-Prototyp **(TE580)** von vier Bristol-Sternmotoren Hercules 101 angetrieben. Diese Maschine flog erstmals am 7. Mai 1946, gefolgt vom zweiten Prototyp am 30. Dezember 1946. Die erste Serienversion **Hastings C.Mk 1** ging im Oktober 1948 bei No. 47 Squadron des RAF Transport Command in Dienst. Die von einer fünfköpfigen Crew geflogene Maschine konnte 30 Fallschirmjäger mit Kampfausrüstung oder 50 Soldaten mit Kampfgepäck oder eine entsprechende Frachtmenge an Bord nehmen. Die Maschinen der No. 47 und No. 297 Squadron beteiligten sich an der Berliner Luftbrücke.

Insgesamt 147 **Hastings** (einschließlich der beiden Prototypen) entstanden für die RAF, davon 100 **C.Mk 1**, 43 **C.Mk 2** und vier **C.Mk 4**. Darüber hinaus wurden vier **C.Mk 3** gefertigt und an die RNZAF geliefert. Die **C.Mk 2** erhielt Sternmotoren der Bauart Hercules 106, ein größeres und tiefer am Rumpf angesetztes Höhenleitwerk sowie eine erweiterte Kraftstoffanlage. Alle **Hastings C.Mk 1** erfuhren eine Nachrüstung, die ihnen die neue Bezeichnung **Hastings C.Mk 1A** eintrug. Die **Hastings C.Mk 3** der RNZAF entsprachen der **C.Mk 2**, wurden aber von Hercules 737 angetrieben, und die **C.Mk 4** der RAF waren für vier VIPs und deren Stabspersonal eingerichtet. Varian-

**TECHNISCHE DATEN**
**Handley Page Hastings C.Mk 2**
**Typ:** Mehrzwecktransportflugzeug mit großer Reichweite
**Triebwerke:** vier 14-Zylinder-Sternmotoren Bristol Hercules 106 je 1249 kW (1699 PS)
**Leistung:** Höchstgeschwindigkeit 560 km/h in 6765 m Höhe; Marschgeschwindigkeit 486 km/h; Dienstgipfelhöhe 8075 m; Reichweite mit normaler Nutzlast 2720 km
**Gewicht:** Leermasse 21.966 kg; max. Startmasse 36.287 kg
**Abmessungen:** Spannweite 34,44 m; Länge 25,20 m; Höhe 6,86 m; Tragflügelfläche 130,80 m²

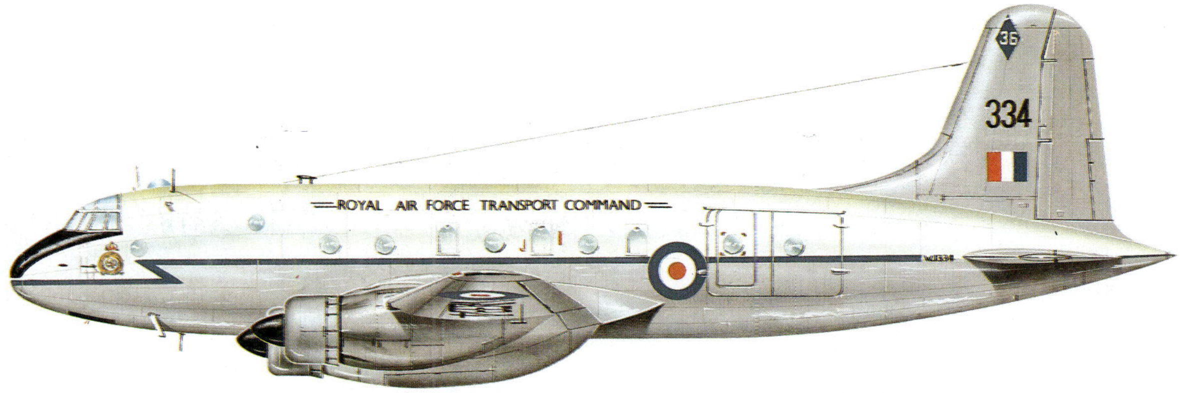


ten erschienen in zwei Formen. So wurden die letzten sechs Exemplare der Baureihe **C.Mk 1** als **Hastings Met.Mk 1** für den Wetterdienst des Coastal Command gefertigt und acht **C.Mk 1** zu Ausbildungsflugzeugen für Bombenschützen umgebaut und bei der Bombing School des Bomber Command als Hastings **T.Mk 5** eingesetzt. Letztere hatten ein großes Bauchradom und ein Radarbombenvisier. Anfang 1968 wichen die **Hastings** im Unterstellungsbereich des RAF Transport Command der Lockheed Hercules. Der **Hastings C.Mk 4** und **C.Mk 3** wurden firmenseitig die Bezeichnungen **H.P.94** beziehungsweise **H.P.95** zugeordnet.

***Handley Page Hastings C.Mk 2 der No. 36 Squadron, RAF Transport Command, von 1958 bis 1967 in Colerne stationiert.***

# Handley Page H.P.80 Victor

Einer der beiden Bomber, die nach dem Grunddokument B.35/46 entstanden, war die **Handley Page H.P.80 Victor**, der letzte von der RAF in Dienst gestellte V-Bomber. Die Avro Vulcan, der dieselbe Forderung zugrunde lag, hatte Mitte 1956 die Truppenverwendung erreicht. Für ihre Zeit überaus fortschrittlich, war die **Victor** (Erstflug am 24. Dezember 1952) für Einsatzgeschwindigkeiten und Höhen konzipiert, die sie unverwundbar gegenüber allen bekannten Abwehrsystemen machten. Als das Muster im Jahre 1956 in Dienst gestellt wurde, war jedoch die Entwicklung der Jagdflugzeuge und Raketen inzwischen so weit fortgeschritten, daß sie die **Victor** in der vorgesehenen Einsatzhöhe sehr wohl abfangen konnten.

Sichelförmige Tragflächen sollten die höchstmögliche Machzahl im Marschflug sicherstellen. Vier Strahltriebwerke Armstrong Siddeley Sapphire der Serie 200, eingebettet in den scharf zurückgepfeilten Flächenansätzen, lieferten den Antrieb für die **Victor B.Mk 1**. Die Konstruktion bestand zum größten Teil aus Leichtmetall-Sandwich mit gewelltem oder wabenartigem Kern. Die **Victor B.Mk 1** wurde der RAF angeboten, die in Anbetracht der reduzierten Effektivität jedoch einen besseren Schutz forderte. Sie nahm schließlich 50 **B.Mk 1H** ab, die mit hochentwickelten Geräten zur Elektronischen Kampfführung im Hinterrumpf und auch allgemein besser ausgestattet waren.

1964 erhielt Handley Page den Auftrag, die verbliebenen **B.Mk 1** und **B.Mk 1H** zu Schlauchtrommel-Lufttankern für die RAF umzurüsten. Die einsatztauglichen Maschinen wurden mit je einem Mk 20b-Behälter von Flight Refuelling unter den Außenflächen zur Betankung taktischer Kampf- und Jagdflugzeuge ausgerüstet. Eine Schlauchtrommel Flight Refuelling Mk 17 im hinteren Teil des Bombenschachts konnte Flugzeuge mit Treibstoff in der Luft versorgen. Zur Kapazitätssteigerung baute man zwei Extratanks in den anderen Teil des Bombenschachts ein, der sich aber bei Bedarf rasch zu seiner eigentlichen Funktion zurückrüsten ließ. Die ersten sechs Tankflugzeuge mit der Bezeichnung **Victor K.Mk 1** und **Victor K.Mk 1H** führten nur die Zapfstellen unter den Flächen mit. Diese Maschinen traten im August 1965 ihren Dienst bei No. 55 Squadron in Marham an. Während der sechsmonatigen Erprobung gaben die sechs **K.Mk 1** 3.044.914 kg Sprit bei 10.646 echten und übungsmäßigen Ankopplungen ab und nahmen an 40 Großübungen teil. Zwei BAC-Lightning-Abfangjäger konnten gleichzeitig mit 680 Liter pro Minute betankt werden. No. 57 und No. 214 Squadron waren mit der Dreipunkt-Tankversion **K.Mk 1A** ausgerüstet, und im Frühjahr 1967 nahm No. 55 Squadron ihre ersten verbesserten Exemplare entgegen.

1954 begannen die Entwurfsarbeiten an der **Victor Mark 2**, und am 20. Februar 1959 startete die erste **B.Mk 2** zum Jungfernflug. Diese Variante war schwerer und mit den 37.376 kg Schub ihrer vier Mantelstromtriebwerke Rolls-Royce Conway Mk 201 beträchtlich antriebsstärker. Weitere Neuerungen gegenüber der **Mk 1** bestanden in einer erhöhten Spannweite, größeren Triebwerkslufteinläufen, einer Rückenfinne vor dem Leitwerk und versenkbaren Lufthutzen beidseitig am Rumpf zur Versorgung zweier Turbo-Drehstromgeneratoren für die neue Bordelektrik. Eine in den rechten Flächenansatz installierte Artouste-Turbine von Turboméca trieb das APU (Hilfstriebwerk) an, das auch die Stromversorgung am Boden sicherstellte. Als Hauptwaffe diente der Luft-Boden-Flugkörper Hawker Siddeley Blue Steel, der im Februar 1964 mit No. 139 Squadron in Wittering einsatzbereit wurde.

Die **B.Mk 2** war zwar ein wesentlich leistungsstärkerer Bomber, doch in großer Höhe nicht weniger verwundbar. Man bezog daher Tiefflugeinsätze in das Rollenspektrum mit ein. Nur 34 Exemplare wurden gebaut.

Später rüstete man etliche **B.Mk 2** zu strategischen Aufklärungsflugzeugen um, und diese **Victor SR.Mk 2** wurden primär mit maritimer Aufklärung in großer Höhe über See beauftragt. Eine einzelne **Victor** konnte das gesamte Mittelmeer in einem siebenstündigen Flug mit dem Radargerät kartieren, und vier Maschinen waren in der Lage, in sechs Stunden eine Nordatlantikkarte zusammenzustellen. Blitzlichtbomben ermöglichten Aufklärungseinsätze bei Nacht. Nach dem Zusammenbruch der Firma Handley Page baute Hawker Siddeley in Woodford 27 **B.Mk 2** zu Dreipunkt-Lufttankern **K.Mk 2** um. Das erste dieser Tankflugzeuge stieß 1975 zu No. 55 Squadron in Marham. 1982 leistete die **Victor**, von Ascension Island aus eingesetzt, Unterstützung im Falklandkrieg, ebenso im Golfkrieg Anfang 1991, als sie von ihrem Stützpunkt auf Bahrain aus die Betankungsschleife „Olive Trail" beflog. Dennoch zeichnet sich das Dienstende der einst rassigen V-Bomber ab, und die kleine Zahl verbliebener Exemplare soll noch 1994 durch grunderneuerte VC10-Tankflugzeuge ersetzt werden.

***Das hohe Leistungsvermögen verdankte die Victor in erster Linie dem sichelförmigen Trag- und Höhenleitwerk. Die Aufnahme zeigt eine B.Mk 2 mit weiter gespannten Tragflächen und erweiterten Triebwerkslufteinläufen.***

**TECHNISCHE DATEN**
**Handley Page Victor B.Mk 2**
**Typ:** fünfsitziger strategischer Bomber
**Triebwerke:** vier Mantelstromtriebwerke Rolls-Royce Conway Mk 201 je 9344 kg Schub
**Leistung:** Höchstgeschwindigkeit 1030 km/h oder Mach 0,92 in 12.190 m Höhe; max. Marschflughöhe 16.765 m; Einsatzradius 3700 km in großer Höhe
**Gewicht:** Leermasse 41.277 kg; max. Startmasse 105.687 kg
**Abmessungen:** Spannweite 36,48 m; Länge 35,03 m; Höhe 8,57 m; Tragflügelfläche 223,52 m²
**Bewaffnung:** verschiedene nukleare oder konventionelle Mittel, darunter bis zu 35 454-kg-Bomben oder ein Luft-Boden-Flugkörper Blue Steel halbvertieft unter dem Rumpf

# Handley Page H.P.81 Hermes

Die **Hermes IV** gehörte der ersten Gruppe neuer britischer Airliner an, die nach dem Krieg bei BOAC in Dienst gestellt wurden. Sie war im Grunde das Pendant zur Hastings bei der RAF für die kommerzielle Luftfahrt. Ursprünglich hatte die Firma die zivile **Hermes** entwickeln wollen, aber als der Prototyp **H.P.68 Hermes I** beim Jungfernflug am 3. Dezember 1945 abstürzte, erhielt das militärische Transportflugzeug aufgrund des Bedarfs der RAF Vorrang. So kam es, daß das nächste Entwicklungsflugzeug, die **H.P.74 Hermes II (G-AGUB)**, erst am 2. September 1947 flugbereit war. Im Vergleich zur Hastings hatte ihr Rumpf an Länge gewonnen.
Die Erprobung der **Hermes II** führte zur Serienversion **H.P.81 Hermes IV**, deren erster Vertreter **(G-AKFP)** am 5. September 1948 zum Jungfernflug abhob. Die **Hermes IV** unterschied sich von den früheren Modellen durch ein Bugrad-Fahrwerk und leistungsstärkere Hercules-Motoren. Es folgten 24 ähnliche Serienflugzeuge. Am

***Die Hermes war die Zivilversion des Hastings-Militärtransporters. Zu den Änderungen gehörte auch ein verlängerter Rumpf.***

6. August 1950 stellte BOAC das für eine fünfköpfige Besatzung ausgelegte Muster auf der Verbindung London–Accra in Dienst. Die Kabineneinrichtung bot 40 Passagieren Platz, doch bei dichter Bestuhlung konnten auch 63 Personen befördert werden.

Nach rund zwei Dienstjahren wechselte BOAC die **Hermes**-Flotte gegen Canadair Argonaut aus, fand aber kaum Abnehmer für die ausgemusterten **Hermes-**Airliner. Die meisten Maschinen wurden in der Folge auf Hercules-773-Sternmotoren umgestellt und in **Hermes IVA** umbezeichnet. Darüber hinaus baute Handley Page zwei **H.P.82 Hermes V**, die zur Erprobung mit vier 1655 kW (2250 PS) starken Bristol Theseus-Propellerturbinen ausgestattet wurde. Die Maschinen, die unter der Bezeichnung **Hermes IV/IVA** gebaut wurden, blieben bei mehreren Betreibern bis Mitte der sechziger Jahre im Dienst.

### TECHNISCHE DATEN
**Handley Page Hermes IV**

**Typ:** Mittelstrecken-Verkehrsflugzeug
**Triebwerke:** vier 14-Zylinder-Sternmotoren Bristol Hercules 763 je 1566 kW (2130 PS)
**Leistung:** Höchstgeschwindigkeit 563 km/h; Reisegeschwindigkeit 435 km/h in 6095 m Höhe; Dienstgipfelhöhe 7470 m; Reichweite mit 6407 kg Nutzlast 3218 km
**Gewicht:** Leermasse 25.106 kg; max. Startmasse 39.009 kg
**Abmessungen:** Spannweite 34,44 m; Länge 29,51 m; Höhe 9,14 m; Tragflügelfläche 130,80 m²

# Handley Page H.P.R.3/H.P.R.7 Herald

Der Prototyp **Handley Page H.P.R.3 Herald**, den die Handley-Page-Gruppe in Reading, Berkshire (vormals Miles Aircraft Company) entwickelt hatte, flog erstmals am 25. August 1955. Die **Herald**, die wie eine vergrößerte und modernisierte Miles Marathon wirkte, war ein Hochdecker mit vier flügelmontierten Alvis-Leonides Major-Sternmotoren je 649 kW (883 PS) als Antrieb, einem druckbelüfteten Rumpf, einziehbarem Bugrad-Fahrgestell und konventionellem Leitwerk. Die Standardeinrichtung bot 36 Passagieren Platz, ließ sich aber auf 44 Sitzplätze ausweiten.

Erwartungsgemäß sollte die **Herald** für Zubringerdienste auf einfachen Flugfeldern Käufer in Asien, Australien und Südamerika finden. Mit einem Auftragspolster von insgesamt 29 Maschinen im Rücken, legte man eine erste Baureihe von 25 Flugzeugen auf, allerdings nicht mit dem vorgesehenen Motor. Die Erfahrung aus drei Betriebsjahren mit der Vickers Viscount hatte gelehrt, daß deren „neumodische" Propellerturbinen nicht nur äußerst zuverlässig, sondern auch überaus wirtschaftlich arbeiteten.

Da jedoch potentielle Nutzer Zweifel anmeldeten, ob es klug sei, an den eingegangenen Kaufverträgen festzuhalten, und das Fokker-Turbopropflugzeug F27 mit ähnlicher Transportkapazität gerade das Zulassungsverfahren absolvierte, traf der Hersteller im Mai 1957 die Entscheidung, eine Version mit Dart-Propellerturbinen zu entwickeln. Tatsächlich flogen nur die Prototypen mit Kolbenmotoren, wurden aber anschließend auf Turboprop-Antrieb umgestellt, so daß sie in überarbeiteter Form 1958 wieder in die Luft kamen.

Die erste Serienversion war die **H.P.R.7 Herald Series 100** mit einer Kabine für 47 Passagiere. Die **Herald Series 200** hatte einen um 109 cm verlängerten Rumpf, der 56 Personen aufnehmen konnte. Bis zum Zusammenbruch der Firma Handley Page im Jahre 1970 entstanden vier Exemplare der **Series 100**, 36 Flugzeuge der **Series 200** und acht **Herald Series 400** (eine militärische Variante der **Series 200** für die Royal Malaysian Air Force). Nach der Liquidation dieses Luftfahrzeugherstellers wurden keine weiteren Maschinen vom Typ **Herald** mehr gebaut.

***Zum Nutzerkreis der Herald gehörte die Royal Malaysian Air Force, die die Series 400 beschaffte. Die vom Militär ausgesonderten Herald fanden rasch neue zivile Betreiber, darunter auch BAF.***

### TECHNISCHE DATEN
**Handley Page Herald Series 200**

**Typ:** Regionalverkehrsflugzeug
**Triebwerke:** zwei Propellerturbinen Rolls-Royce Dart 527 je 1570 KW (2135 PS) Äquivalentleistung
**Leistung:** Höchstgeschwindigkeit 441 km/h in 4570 m Höhe; wirtschaftliche Reisegeschwindigkeit 426 km/h in 7010 m Höhe; Dienstgipfelhöhe 8505 m; Reichweite mit Höchstnutzlast 1786 km
**Gewicht:** Leermasse 11.703 kg; max. Startmasse 19.504 kg
**Abmessungen:** Spannweite 28,88 m; Länge 23,01 m; Höhe 7,34 m; Tragflügelfläche 82,31 m²

# Hannover CL.II, CL.III, CL.IIIa, CL.IV und CL.V

Die Hannoversche Waggonfabrik AG war seit Jahren als Hersteller von Rollkarren für die Reichsbahn etabliert und entsprechend versiert in der Holzkonstruktion. Mit dem Ausbruch des Ersten Weltkriegs suchte das deutsche Luftfahrtministerium Firmen, die sie in den Flugzeugbau einbeziehen konnte, und die Hannoversche Firma wurde angewiesen, sich auf die Fertigung im Unterauftrag einzustellen. Das Unternehmen begann 1915 mit der Fabrikation der Aviatik C.I, gefolgt von der Konstruktion der Rumpler C.Ia und Halberstadt D.II.

Anfang 1917 veröffentlichte das Luftfahrtministerium das Anforderungspapier für die neue CL-Flugzeugkategorie. Die Hannoversche Firma meinte, genügend Erfahrung gesammelt zu haben, um einen eigenen Prototyp zur Bewertung einreichen zu können. Da die damals im Dienst befindlichen Luftfahrzeuge der C-Kategorie in erster Linie zur Artilleriebeobachtung und Aufklärung gedacht waren, hatte sich das Hauptaugenmerk ihrer Konstrukteure auf eine stabile Beobachtungsplattform gerichtet. Die Folge war eine schlechte Manövrierfähigkeit, die die Maschinen zur „leichten Beute" für Feindjäger machte. Die neuen CL-Flugzeuge hingegen sollten in der Eskorte operieren und außerdem ausreichend bewaffnet werden.

Der Hannover-Entwurf war ein Doppeldecker in Holzbauweise, dessen Sperrholzbeplankung mit einem Gewebeüberzug verstärkt wurde, um eine robuste Struktur zu erhalten. Der Oberflügel war dicht am Rumpf montiert, so daß der Flugzeugführer eine ausgezeichnete Sicht nach vorn und oben hatte, und der zurückgestaffelte Unterflügel gewährleistete ein gutes Blickfeld nach vorn und unten. Ein Schleifsporn ergänzte das Hauptfahrgestell, und der Argus-Reihenmotor As.III war wie üblich im Bug eingebaut. Der Pilot und der Beobachter/Bordschütze (hinten) saßen in offenen Cockpits. Insoweit hielt sich die Auslegung der **Hannover CL.II** an die Norm, doch was die „Hannoveranas", wie die Piloten des Royal Flying Corps sie nannten, aus der Masse heraushob, war das Doppeldeckerleitwerk. Dieses Merkmal fand sich gewöhnlich nur bei mehrmotorigen Flugzeugen, doch in diesem Fall hatte man die Spannweite des Höhenleitwerks begrenzen wollen, um ein größeres Schußfeld für das hintere Maschinengewehr zu erreichen.

Die Ende 1917 in Dienst gestellte **CL.II** wurde vom Argus As.III angetrieben. Die nachfolgende **CL.III** führte einen Mercedes D.III mit 118 kW (160 PS), überarbeitete Randbögen und geänderte Querruder ein. Als Lieferengpässe beim Mercedes D.III auftraten, da dieser vorrangig in Jagdeinsitzer eingebaut wurde, griff man für neue **CL.III** wieder auf den Originalmotor Argus As.III zurück. Dies zog die neue Bezeichnung **CL.IIIa** nach sich. Das Muster wurde in der für damalige Verhältnisse riesigen Größenordnung von rund 440 **CL.II**, 80 **CL.III** und 540 **CL.IIIa** gebaut.

Außer diesen Versionen baute man auch die größere **CL.IV** zum Einsatz in größeren Höhen, allerdings nur in Prototypform. Ihren Antrieb lieferte ein Maybach-Reihenmotor mit 180 kW (245 PS). Die **CL.V** entsprach in Größe und Auslegung ebenfalls der **CL.II/III**-Flugzeugfamilie, aber den Antrieb besorgte ein 136 kW (185 PS) starker BMW-Reihenmotor IIIa. Diese Version wurde im Sommer 1918 in kleiner Stückzahl in zwei Ausführungen gefertigt, zum einen mit dem Doppeldeckerleitwerk und zum anderen mit gewöhnlichem, abgestrebtem Höhenleitwerk.

**Varianten**

**CL.IIa:** Bezeichnung der im Unterauftrag von der Luftfahrzeug Gesellschaft GmbH gebauten CL.II
**CL.IIIb:** neue Bezeichnung einer einzelnen CL.III, in die versuchsweise ein NAG-Motor mit 140 kW (190 PS) installiert wurde
**CL.IIIc:** Bezeichnung einer Versuchsversion der CL.III, die über ein zweistieliges Tragwerk verfügte

### TECHNISCHE DATEN
**Hannover CL.IIIa**

**Typ:** zweisitziges Begleit-/Nahunterstützungsflugzeug
**Triebwerk:** ein Sechs-Zylinder-Reihenmotor Argus As.III mit 132 kW (180 PS)
**Leistung:** Höchstgeschwindigkeit 165 km/h in 5000 m Höhe; Dienstgipfelhöhe 7500 m; Flugdauer 3 Stunden
**Gewicht:** Leermasse 717 kg; max. Startmasse 1080 kg
**Abmessungen:** Spannweite 11,70 m; Länge 7,58 m; Höhe 2,80 m; Tragflügelfläche 32,70 m²
**Bewaffnung:** ein starres, vorwärtsfeuerndes 7,92-mm-MG LMG 08/15 und ein Parabellum-MG gleichen Kalibers auf Drehstütze im hinteren Cockpit.

***Die CL.V erschien zu spät, um noch wirkungsvoll in den Ersten Weltkrieg eingreifen zu können. Von zwei Varianten hatte eine das kurzgespannte Doppeldeckerleitwerk und die andere (Foto) ein Normalleitwerk, dessen hohe Position dem Bordschützen ein hervorragendes Schußfeld sicherte.***

## Hanriot H.16 bis Harlow PJC-1 und PJC-2

**Die Société Anonyme des Avions R. Hanriot tat sich 1930 mit der Société Général Aéronautique zusammen und wurde 1935 zusammen mit Farman zur Société Nationale de Constructions Aéronautiques de Centre verstaatlicht. Die Hansa- und Brandenburgischen Flugzeugwerke waren im Ersten Weltkrieg am besten als Produzent der Wasserflugzeuge Ernst Heinkels bekannt.**

# Hanriot H.16

Das Konsortium Société Générale Aéronautique (SGA) wurde im Februar 1930 gegründet. Teil dieser Organisation war der Hanriot-Konzern, und eine Zeitlang kennzeichnete die Firma ihre Muster mit dem Buchstabenpaar LH für Lorraine-Hanriot. Zu der Serie von Schirmeindekker-Schulflugzeugen für Anfänger gehörten die LH.10 mit dem 74 kW (100 PS) starken Lorraine-Motor 5Pa (zwei Exemplare), die LH.11 mit dem 81 kW (110 PS) starken Lorraine 5Pb (ebenfalls zwei Exemplare), die LH.12 mit dem 99 kW (135 PS) starken Salmson 9Nc (ein Prototyp), die LH.13 mit demselben Motortyp wie in der LH.11 (fünf Exemplare, die die Flugschule in Bourges bis 1937 einsetzte) und die **LH.16**, die später in **H.16** umbezeichnet wurde, nachdem sich Hanriot von der SGA getrennt hatte.

Im August 1933 wurde der Prototyp **Hanriot H.16.01** (Seriennummer H-002) in Villacoublay getestet. Der gestielte Hochdecker hatte elliptisch geformte Tragflächenenden und ein breitspuriges, geteiltes Fahrgestell. Flugschüler und Lehrer saßen dicht hintereinander in offenen Cockpits unter einem großen Ausschnitt an der Hinterkante des Oberflügels. Für den Antrieb sorgte ein Renault-Reihenmotor 4Pdi mit 88 kW (120 PS). Im September 1933 kehrte die Versuchsmaschine zur abschließenden Modifikation zum Hersteller zurück. Die Hauptänderung betraf das Seitenleitwerk.

**TECHNISCHE DATEN**
**Hanriot H.16**
**Typ:** zweisitziges Anfängerschulflugzeug
**Triebwerk:** ein Reihenmotor Renault 4Pdi mit 88 kW (120 PS)
**Leistung:** Höchstgeschwindigkeit 155 km/h; Dienstgipfelhöhe 4200 m; Reichweite 375 km
**Gewicht:** Rüstmasse 547 kg; max. Startmasse 886 kg
**Abmessungen:** Spannweite 11,90 m; Länge 8,22 m; Höhe 2,62 m; Tragflügelfläche 22 m²

Der Serienauftrag der Armée de l'Air über 60 Maschinen wurde später auf 15 Schulflugzeuge **H.16** und 29 **H.16/1** umgewandelt. Letztere waren für den Beobachtungsdienst vorgesehen und ließen sich mit einem 7,7-mm-MG bewaffnen, das der Beobachter zu bedienen hatte.

Im Januar 1934 begann die Auslieferung der **H.16**, und ein Exemplar ging an die französische Marine. Der in Arceuil konstruierte Prototyp **H.16/1** erschien erst am 28. Mai 1936. Die seriengefertigten **H.16/1** blieben nicht lange bei den Ausbildungseinheiten, sondern wurden bald an die von der Luftwaffe geförderte Aviation Populaire weitergereicht. Viele dieser Maschinen bestritten bei Kriegsausbruch im September 1939 immer noch die Schulung des Nachwuchses.

In der Entwicklungsperiode der **H.16** brachte Hanriot etliche neue Modelle heraus. Das Sanitätsflugzeug LH.21S, die Trainer LH.30, LH.60 und LH.61 sowie der Aufklärer LH.80 waren alle typische Schirmeindecker. Bei der LH.70 von 1932 aber handelte es sich um einen dreimotorigen, für den Kolonialdienst vorgesehenen Hochdecker.

***Dieses Doppelsitzer-Schulflugzeug LH.30 spiegelt die französische Vorliebe für gestielte Hochdecker wider. Viele Maschinen gingen an den Verein zur Förderung der Luftfahrt „Aviation Populaire".***

# Hanriot H.43

Mit der **Hanriot H.43** kehrte die Firma zur Auslegung des einstieligen Doppeldeckers mit ungleicher Spannweite zurück. Zwei Exemplare dieses doppelsitzigen Verbindungsflugzeugs, das sich auch zur Schulung von Piloten und Beobachtern eignete, erschienen 1927. Die von einem Salmson-Sternmotor CM9 mit 191 kW (260 PS) angetriebene **H.43** hatte ein am Ober- und Unterflügel zurückgepfeiltes Tragwerk und ein Normalfahrgestell mit Querachse. Der Rumpf baute auf einem Metallrohrgerüst auf, die Tragflächen waren eine Mischkonstruktion, und die Außenhaut bestand aus Gewebe.

Die **H.43** wurde zur **H.430** mit einem luftgekühlten Salmson-Sternmotor 9Ab weiterentwickelt, aber nie fertiggestellt. Statt dessen erschien die **H.431.01**, der echte Prototyp für die nachfolgende Doppeldeckerserie. Gegenüber der **H.43** hatte man die **H.431** wesentlich modifiziert. Der neukonstruierte Rumpf hatte flache Seiten mit einer Blechabdeckung auf, die Tragflächen waren nicht mehr nach hinten abgewinkelt, und den Antrieb lieferte ein Lorraine-Sternmotor 7Mc mit 169 kW (230 PS). Die **H.431** kam im Frühjahr 1928 heraus und erhielt im Juli ein geteiltes Fahrgestell sowie überarbeitete Streben zwischen Ober- und Unterflügel. Das französische Heer erteilte einen Serienauftrag, doch die folgenden Versionen unterschieden sich vom Prototyp durch eine größere Spannweite und Flügelfläche. Im Zeitraum von sechs Jahren wurden acht Varianten gefertigt, die in der **H.439** gipfelten. Die Gesamtproduktion, einschließlich der Prototypen, ergab 155 Flugzeuge. Die **Hanriot**-Doppeldecker, angetrieben von luftgekühlten Sternmotortypen Lorraine oder Salmson, dienten als Verbindungs- und Schulflugzeuge sowohl im militärischen als auch zivilen Bereich. Die **H.437** war eine Luftambulanz.

***Die H.436 war ein verläßliches, aber wenig originelles Beobachtungs- und Schulflugzeug.***

**Varianten**
**LH.431:** Prototyp, gefolgt von 50 Serien-Doppeldeckern LH.431 (später H.431) für das französische Heer in der Mehrzweck- und Verbindungskategorie sowie zwölf Zivilmaschinen für die Orly-Flugschule; die militärischen H.431 dienten als Trainer beim 32. Régiment d'Aviation in Dijon; eine zivile und vier militärische H.431 wurden mit Schneekufen-Fahrgestell erprobt
**H.432:** Schießausbildungsversion der H.431 mit einem 7,7-mm-MG auf Drehring über dem hinteren Cockpit; ein neugebautes Flugzeug mit 221 kW (300 PS) starkem Lorraine-Algol-Motor und ein zweites Exemplar in Form der umgebauten H.431 Nr. 2 mit Salmson-Triebwerk
**H.433:** Lorraine-Sternmotor 7Me Mizar mit 177 kW (240 PS), überarbeitetes Fahrgestell und modifizierte Seitenflosse; 26 solcher Maschinen wurden für den allgemeinen Flugdienst des französischen Heeres gebaut
**H.434:** Einzelexemplar mit der militärischen Kennung H.503
**H.436:** allgemeine Nutzversion, erstmals 1932 gebaut und vom Salmson-Sternmotor 9Ab mit 169 kW (230 PS) angetrieben; 50 Exemplare wurden gefertigt und vom Reserveausbildungszentrum sowie von den GAO (Groupes Aériens d'Observation) der Armée de l'Air genutzt
**LH.437:** Sanitätsversion, 1932 als Prototyp gebaut und vom Lorraine 7Me mit 177 kW (240 PS) angetrieben; eine zweite LH.437 entstand durch Umrüstung der H.431 Nr. 8; im April 1933 wurde die erste LH.437 auf einen 206 kW (280 PS) starken Salmson-Sternmotor umgestellt und in H.437ter umbenannt; nach Wiedereinbau des Originalmotors erhielt die Maschine die Bezeichnung H.437/1
**H.438:** 1933/34 produzierte Exportvariante; zwölf Exemplare mit Lorraine 7Me wurden für Peru gefertigt
**H.439:** 13 für die Flugschule in Bourges umgerüstete H.431; bei einigen Maschinen war der Schleifsporn durch ein Spornrad ersetzt

**TECHNISCHE DATEN**
**Hanriot H.431**
**Typ:** zweisitziges Schulflugzeug für die mittlere Ausbildungsphase
**Triebwerk:** ein Sieben-Zylinder-Sternmotor Lorraine 7Mc mit 169 kW (230 PS)
**Leistung:** Höchstgeschwindigkeit 180 km/h; Dienstgipfelhöhe 4900 m; Reichweite 450 km
**Gewicht:** Rüstmasse 980 kg; max. Startmasse 1370 kg
**Abmessungen:** Spannweite 11,40 m; Länge 7,98 m; Höhe 3,16 m; Tragflügelfläche 30,24 m²

# Hanriot H.170, H.180 und H.190 (Serien)

Die **Hanriot H.180T Nr. 01** war der Prototyp einer langen Reihe dreisitziger, von Ingenieur Montlaur konstruierter Kabinen-Hochdecker und flog erstmals im Juli 1934. Das aus Dural-Rohr bestehende Rumpfgerüst hatte, bis auf die Motorverkleidungsbleche, eine Stoffbespannung. Die in Mischbauweise konstruierten Tragflächen waren mit Streben gegen kleine Stummelflächen an den unteren Rumpfflanken abgestützt, und das Höhenleitwerk wies eine einzelne hohe Seitenflosse samt Ruder auf. Die freitragenden, getrennten Fahrwerksbeine des Flugzeugs verfügten über eine Verkleidung.

Die **H.180T** war zwar als Reiseflugzeug eingestuft, aber die obere Abdeckung des Hinterrumpfs ließ sich in einem Stück entfernen, um Raum für eine Krankenliege bereitzustellen, und der hintere Kabinenteil konnte durch ein offenes Cockpit für einen zweiten Flugzeugführer oder Bordschützen ersetzt werden. Den Grundentwurf hatte man zudem zur Aufnahme verschiedener Motortypen konzipiert. Jede Änderung der Funktion oder des Antriebs schlug sich in einer neuen Modellbezeichnung nieder, die im einzelnen in der Variantenliste aufgeführt sind. Beim Salon de l'Aéronautique Ende 1934 wurden drei Versionen ausgestellt, die **H.170**, **H.182** und **H.190**.

Die **H.180T Nr. 01** erfuhr etliche Modifikationen, bevor sie im Oktober 1935 das Lufttüchtigkeitszeugnis erhielt. Diese Maschine und die nachfolgenden **H.180 Nr. 1** und **H.182.01** hatten als Antrieb alle den Renault 4. Daneben wurden die Maschinen vom Typ **H.170** und **H.171** mit dem Salmson 6 und die **H.190M** sowie die **H.191** mit Régnier-Triebwerk getestet.

Ende 1935 lief im Anriot-Werk Arceuil die Serienfertigung mit 15 **H.182** an. Das 13. Exemplar (F-AOJL) wurde zum Prüfling eines von der Armée de l'Air geforderten zweisitzigen Beobachtungs- und Schulungsflugzeugs modifiziert, das in erster Linie für die vor kurzem gebildeten Reserveverbände, die Cercles Aériens Régionaux, vorgesehen war. Eine andere **H.182** stattete man vorübergehend mit doppelten Seitenflossen/Rudern aus.

Rüstungsaufträge der Regierung ergaben 392 Maschinen, bis auf 46 Exemplare alles **H.182**. Nur sieben **H.172N** mit Salmson-Antrieb wurden direkt an Privatbesitzer verkauft, andere Hanriot-Maschinen gingen an die Bourges-Flugschule. Über die Armée de l'Air hinaus nutzte die französische Marine dieses Muster im Verbindungsdienst, während die republikanischen Regierungen der Türkei und Spaniens die **H.182** zu Ausbildungs- und Verbindungsaufgaben heranzog.

Nach dem Waffenstillstandsabkommen vom Juni 1940 wurden flugtaugliche **H.182** in die Vichy-Zone Frankreichs zurückgezogen. Als die Deutschen 1942 Restfrankreich besetzten, beschlagnahmten sie 127 **H.182**. Diese Maschinen waren aber stark vernachlässigt und eigneten sich einem offiziellen Bericht zufolge nicht mehr für den Flugdienst.

**Varianten**

**H.170:** 1934 gebautes, zweisitziges Beobachtungsflugzeug mit 125 kW (170 PS) starkem Salmson-Kolbenmotor 6Te
**H.171:** 1935 gebautes Einzelexemplar; zwei-/dreisitziges Reiseflugzeug mit dem Triebwerk der H.170
**H.172B:** erschien 1935; einzelner Prototyp eines zweisitzigen Schulflugzeugs
**H.172N:** Reiseflugzeug für die zivile Luftfahrt; sieben Maschinen mit 125 kW (170 PS) starkem Motor Salmson 6AF-00
**H.173:** Sonderausführung von 1935 als zweisitzige Kunstflugmaschine mit verstärkter Struktur; behielt den Salmson 6Te
**H.174:** experimenteller, dreisitziger Trainer von 1935 mit dem Motortyp der H.170
**H.175:** zehn 1936 für die französische Marine gebaute Verbindungsflugzeuge mit Salmson-Triebwerk 6AF-00
**H.180T:** erster Prototyp des zwei-/dreisitzigen Reiseflugzeugs
**H.180M:** Prototyp einer zweisitzigen Beobachtungsversion mit dem gleichen Renault-Motor 4Pei wie in der H.180T
**H.181:** Prototyp der Luftambulanzversion von 1935 mit demontierbarer Rückenabdeckung des Hinterrumpfs zur Unterbringung einer Krankenliege; ein Musterexemplar mit dem Motor der H.180T
**H.182:** Hauptserienversion; 346 doppelsitzige Schulflugzeuge wurden im Auftrag der Regierung gebaut; Hanriot behielt etliche Maschinen für Versuchszwecke zurück, andere gingen an die Bourges-Flugschule und an die Motorfirma Gnome-Rhône; zehn Exemplare wurden nach Spanien zur Unterstützung der republikanischen Regierung exportiert; 50 Maschinen zweigte die Armée de l'Air im Rahmen einer Militärhilfevereinbarung von 1939 für die Türkei ab
**H.183:** Kunstflugtrainer (F-AOJG), angetrieben von einem Renault 438
**H.184:** Einzelexemplar einer dreisitzigen Schulungsvariante von 1938 (F-ARTB), dessen Renault 4Pei auf 132 kW (180 PS) hochgetrimmt war
**H.185:** zweisitziges Verbindungsflugzeug mit Renault 4Pei; sechs 1937 an die französische Marine gelieferte Maschinen
**H.190M:** Prototyp eines zweisitzigen Beobachtungsflugzeugs mit 132 kW (180 PS) starkem Régnier 60/01
**H.191:** dreisitziges Reiseflugzeug mit Régnier-Triebwerk; Einzelexemplar
**H.192B:** zweisitziges Schulflugzeug von 1935 mit Régnier-Motor; ein Exemplar
**H.192N:** neun Zweisitzer-Schulflugzeuge mit Régnier 6 Bo 1, 1935 für die Bourges-Flugschule gefertigt
**H.195:** einzelnes Musterflugzeug für den Verbindungsdienst von 1937

***Mit offenem Cockpit und verkleidetem Motor war die H.172N eine interessante Mischung aus Alt und Neu.***

**TECHNISCHE DATEN**
**Hanriot H.182**

**Typ:** zwei-/dreisitziges Schul- und Verbindungsflugzeug
**Triebwerk:** ein Reihenmotor Renault 4Pei mit 103 kW (140 PS)
**Leistung:** Höchstgeschwindigkeit 190 km/h; Dienstgipfelhöhe 5500 m; Reichweite 600 km
**Gewicht:** Rüstmasse 604 kg; max. Startmasse 887 kg
**Abmessungen:** Spannweite 12 m; Länge 7,22 m; Höhe 3,15 m; Tragflügelfläche 18,97 m²

# Hanriot H.232

1935 wandte sich Hanriot der Konstruktion zweimotoriger Militärflugzeuge zu. Die **H.220**, ein Ganzmetall-Mitteldecker, war zunächst als dreisitziges Jagdflugzeug gedacht, das vom Renault- oder Salmson-Motor neuester Bauart angetrieben werden sollte. Der erste Prototyp, inzwischen in **H.220-1** umbenannt, absolvierte seinen Jungfernflug erst am 28. September 1937 unter dem Antrieb zweier Gnome-Rhône-Motoren je 500 kW (680 PS). Anschließend wurde der Rumpf neu entworfen, indem man die hintere Besatzungsstation der oberen Rumpfkontur anglich. Ein Testflug am 17. Februar 1938 endete jedoch mit einer Bruchlandung. Im Jahr darauf erschien die **H.220-2** mit neuem, doppeltem Seitenleitwerk, doch dann fiel die Entscheidung, das Muster als Zweisitzer auszulegen. Nachdem Hanriot in der staatlichen Centre-Organisation aufgegangen war, gab man der **H.220-2** die neue Bezeichnung **NC-600.01** und stellte sie auf der Brüsseler Luftfahrtschau vor. Danach wurde eine Erprobungsserie von sechs Flugzeugen bestellt, deren Funktion sich auf den Angriff verlagert hatte.

Die **H.230.01**, Dienstkennung H.790, hatte im Juni 1937 ihren Erstflug absolviert. Es handelte sich um einen zweisitzigen Trainer für Fortgeschrittene, der grundsätzlich der **H.220** ähnelte, aber deutlich weniger wog. Den Antrieb lieferten zwei Salmson 6AF-00 je 125 kW (170 PS), und Eckpunkte der Auslegung waren ein kurzes Kabinendach, das weich in die obere Abdeckung des Hinterrumpfs überging, ein abgestrebtes Leitwerk sowie ein starres Fahrgestell mit verkleideten Haupträdern. Während der weiteren Erprobung beschloß man, den Flächenenden eine positive V-Stellung zu verleihen, um die Stabilität der Maschine zu verbessern. Bei der **H.231.01**, die im Mai 1938 folgte, erstreckte sich diese V-Stellung aber über die volle Spannweite, und die ungewöhnlich hochgewölbten Flächenenden der modifizierten **H.230** gab es nicht mehr. Doppelte Seitenflossen und Ruder wurden eingeführt und der Antrieb durch Salmson 6AF auf 2 x 169 kW (230 PS) erhöht. Die Hanriot **H.232.01** (Dienstkennung **H.782**) kehrte zum einteiligen Seitenleitwerk/Ruder zurück und erhielt Renault-Motoren 6 Q-o je 162 kW (220 PS) sowie ein Einziehfahrwerk. Die **H.232.02** (Dienstkennung **H.793**), die erstmals im August 1938 flog, brachte ein überarbeitetes Cockpit und wurde zwischen Oktober 1938 und Mai 1939 offiziell geprüft. Anschließend erhielt sie eine Heckbaugruppe mit geteiltem Seitenleitwerk/Ruder und hob in dieser Auslegung mit der neuen Bezeichnung **H.232/2.01** im Dezember 1939 zum ersten Mal vom Boden ab.

Inzwischen war eine Bestellung des französischen Luftfahrtministeriums über 40 Flugzeuge eingegangen, die kurz darauf auf 57 Exemplare erhöht wurde. Das nunmehr **NC.232/2** bezeichnete Muster beinhaltete unwesentliche Verbesserungen, wie überarbeitete Seitenruder und Motorverkleidungen, aber auch eine komplette Navigationsausrüstung. Nur drei von 25 Exemplaren des ersten französischen Auftrags wurden nach Finnland gesandt und dort in Dienst gestellt, nachdem der Winterkrieg 1939/40 gegen die Sowjetunion bereits vorüber war. Lieferungen an die Armée de l'Air setzten im Februar 1940 ein, und bis zum Waffenstillstand im Juni 1940 wurden 35 Exemplare übernommen. Die **NC.232/2** flogen bei Ausbildungsabteilungen, die den mit Breguet-Bombern 691 und 693 ausgerüsteten 51. und 54. Escadres angegliedert waren. 20 Maschinen, die die deutschen Streitkräfte bei der Besetzung Vichy-Frankreichs im Jahre 1942 auf Flugfeldern vorfanden, wurden sofort verschrottet.

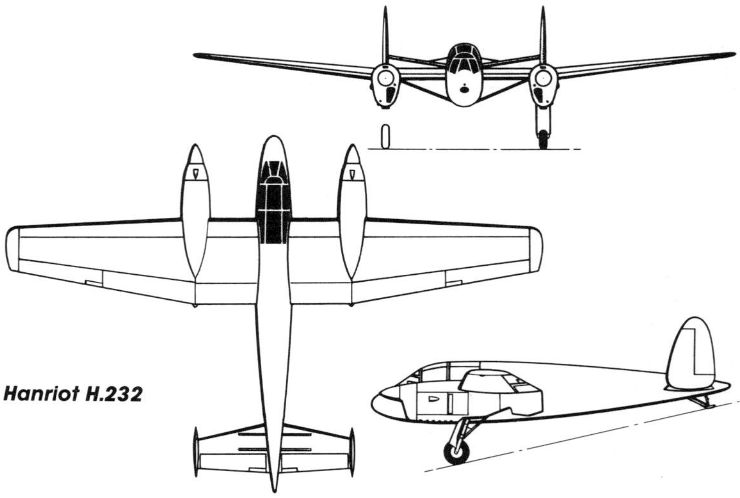

***Hanriot H.232***

**TECHNISCHE DATEN**
**Hanriot/Nord NC.232/2**

**Typ:** zweisitziges Schulflugzeug für Fortgeschrittene
**Triebwerke:** zwei Kolbenmotoren Renault 6 Q-o je 162 kW (220 PS)
**Leistung:** Höchstgeschwindigkeit 335 km/h; Dienstgipfelhöhe 7500 m; Reichweite 1200 m
**Gewicht:** Rüstmasse 1728 kg; max. Startmasse 2260 kg
**Abmessungen:** Spannweite 12,76 m; Länge 8,55 m; Höhe 3,47 m; Tragflügelfläche 21,20 m²

# Hanriot HD.1

Das erste von Hanriot konstruierte Flugzeug war der Jagdeinsitzer **HD.1**, dessen Prototyp im Juni 1916 erstmals vom Boden abhob. René Hanriot, bekannt als Pilot und Konstrukteur, hatte die neue Firma nach Ausbruch des Ersten Weltkriegs gegründet. Sein erstes Produkt war der britische zweisitzige Aufklärungsdoppeldecker Sopwith 1½-Strutter, den seine Firma in großer Stückzahl in Lizenz baute. Die von Emile Dupont entworfene **HD.1** hatte ein Tragwerk, das sich eng an das des britischen Musters anlehnte, und zeichnete sich durch Kompaktheit und stark gestaffelte Tragflächen von ungleicher Spannweite und Tiefe aus. Daß der kleine Jäger **HD.1** fachlich gelungen war, bewiesen die

Testflüge. Hanriot hatte das Flugzeug aus Holz mit Stoffbespannung konstruiert, das Leitwerk aber in Stahlrohrrahmen eingefaßt und den Vorderrumpf mit Duralblech abgedeckt.

Zum Nachteil geriet der **HD.1** die Ausrüstung mit dem Umlaufmotor Le Rhône 9J, der nur 81 kW (110 PS) erzeugte, und das gleichzeitige Erscheinen der SPAD S.VII, die mit guten Flugleistungen aufwartete und einen leistungsstärkeren Motor hatte. Dieses Muster wurde bald in Großserien für die Aéronautique Militaire bestellt. Allerdings hielten die Belgier, die Seite an Seite mit den Franzosen kämpften und dringend neues Fluggerät benötigten, und die Italiener, die seit kurzem ebenfalls in diesen Krieg verwickelt waren, Ausschau nach einem einsitzigen Jagdflugzeug, und beide entschieden sich für die **HD.1**.

Aufgrund einer Empfehlung der italienischen Militärmission in Paris wurde eine begrenzte Zahl **HD.1** nach Italien exportiert, wo der Macchi-Konzern im November 1916 mit der Lizenzfertigung dieses Typs begann. Man nimmt an, daß die italienische Luftwaffe rund 100 in Frankreich gebaute Jäger erhielt, während Macchi 901 Exemplare lieferte, davon 70 nach Einstellung der Kampfhandlungen. Unterdessen waren Belgien 1917 125 **HD.1** französischer Herstellung zugeflossen. Französische Quellen beziffern die Gesamtproduktion der **HD.1** mit 1145 Maschinen.

Nach dem Ersten Weltkrieg erwarb die Schweizer Fliegertruppe, beeindruckt von den Testergebnissen einer in der Schweiz notgelandeten **HD.1** Italiens, 16 Exemplare aus italienischen Überschußbeständen. Andere **HD.1** gelangten in verschiedene Länder Lateinamerikas.

Die **HD.1** lieferte gute Leistungen und bot eine hervorragende Wendigkeit. Anlaß zu Kritik gaben die Bewaffnung und der Antrieb. Spätere **HD.1** wurden vom Le Rhône 9Jb mit 88 kW (120 PS) oder vom Le Rhône 9Jby mit 96 kW (130 PS) angetrieben, aber Ende 1917 testete man **HD.1 Nr. 301** mit einem Gnome Monosoupape, der 110 kW (150 PS) abgab. Berichten zufolge wurde eine andere Versuchsmaschine mit einem 125 kW (170 PS) starken Le Rhône ausgerüstet. Positiv bei der Bewaffnung wirkte sich aus, daß das Vickers-Maschinengewehr auf die Mitte der vorderen Rumpfabdeckung rückte.

Die Aviation Militaire Belge rüstete ihre 1. Escadrille im Spätsommer 1917 mit der **HD.1** aus. Die Piloten dieser Staffel nahmen das neue Muster, das sich im Kampf noch nicht bewährt hatte, nur ungern als Ersatz für ihre Nieuport-Aufklärer. Doch Lieutenant Willy Coppens, der die **HD.1** als erster flog, war so beeindruckt von der neuen Maschine, daß sich seine Begeisterung auf die Kameraden übertrug. Andere Escadrilles wechselten ebenfalls bald auf diesen Typ, der bis 1926, als auch die 7. Escadrille in Nivelles ihre Hanriot-Jäger abgab, im Dienst blieb. Im August 1917 flogen mehrere **HD.1** bei der italienischen 76. Squadriglia. Bis zum Kriegsende waren weitere zwölf Squadriglie, die gegen Österreich kämpften, mit der **HD.1** ausgerüstet, und auch in Mazedonien und Albanien wurde dieser Typ eingesetzt. 1925 nutzten sechs Squadriglie de caccia der Regia Aeronautica die **HD.1**.

***Viele Jagdpiloten schätzten die extrem wendige und mit einer gut abgestimmten Flugsteuerung ausgestattete Hanriot HD.1, obwohl ihre Bewaffnung einiges zu wünschen übrig ließ.***

In Frankreich verwendete die Aviation Maritime eine kleine Zahl **HD.1** mit dem 96 kW (130 PS) starken Clerget-Motor. Die meisten dieser Maschinen hatten ein neu entworfenes Seitenleitwerk. Sie waren zur Verteidigung des Marinefliegerhorstes Dünkirchen eingesetzt, und Ende 1918 operierte ein Exemplar von Bord des Schlachtschiffes Paris aus.

**Variante**

**HD.7:** dieser einsitzige Jäger wurde aus der HD.1 entwickelt und flog erstmals 1918; erreichte eine Spitzengeschwindigkeit von 214 km/h; nach dem Ende des Ersten Weltkriegs wurde die Fortentwicklung eingestellt

**TECHNISCHE DATEN**
**Hanriot HD.1**

**Typ:** einsitziger Jäger/Aufklärer
**Triebwerk:** ein Neun-Zylinder-Umlaufmotor Le Rhône 9Jb mit 88 kW (120 PS)
**Leistung:** Höchstgeschwindigkeit 184 km/h; Steigzeit auf 3000 m Höhe elf Minuten; Dienstgipfelhöhe 6000 m; Flugdauer zwei Stunden 30 Minuten
**Gewicht:** Rüstmasse 400 kg; max. Startmasse 605 kg
**Abmessungen:** Spannweite 8,70 m; Länge 5,85 m; Höhe 2,94 m; Tragflügelfläche 18,20 m²
**Bewaffnung:** ein starres, vorwärtsfeuerndes Vickers-MG, Kaliber 7,7 mm

# Hanriot HD.2

Der erste Prototyp der **Hanriot HD.2**, als Nachfolgemuster für die britische Sopwith Baby entwickelt, war eine umgebaute HD.1 mit zwei kurzen Hauptschwimmern und einem dritten Schwimmkörper unter dem Höhenleitwerk. Beim zweiten Musterflugzeug verlängerte man die Hauptschwimmer, und der dritte Schwimmer entfiel. Gleichzeitig erweiterte man die senkrechten Leitwerksflächen, um die Stabilität zu verbessern. Die Serienversion entsprach dem zweiten Prototyp, und sollte den französischen Aufklärungsflugbooten Geleitschutz bieten, die schwere Verluste durch die deutschen Hansa-Brandenburg-Flugboote erlitten hatten.

Ab Januar 1918 wurde eine begrenzte Zahl **HD.2** auf Dünkirchen und andere Stützpunkte verteilt. Ihre Bewaffnung mit zwei Vickers-MGs erwies sich als sehr wirksam gegen Feindflugzeuge. Die **HD.2** zog das Interesse des in Frankreich stationierten US-Marinepersonals auf sich, und so wurden 1918 zehn Exemplare bestellt. Die nach Langley Field gelieferten Maschinen baute man zu Landflugzeugen mit der Bezeichnung **HD.2C** um. Eine von ihnen, USN-Serienkennung **A-5624**, diente zu Kurzstartversuchen von einer Plattform des Schlachtschiffes Mississippi aus, die man über dem vorderen Geschützturm errichtet hatte. Frankreich führte ähnliche Experimente mit der HD.1 auf dem Schlachtschiff Paris durch.

**TECHNISCHE DATEN**
**Hanriot HD.2**

**Typ:** einsitziger Flugbootjäger
**Triebwerk:** ein Neun-Zylinder-Umlaufmotor Clerget 9B mit 96 kW (130 PS)
**Leistung:** Höchstgeschwindigkeit 182 km/h; Dienstgipfelhöhe 4800 m; Reichweite 300 km
**Gewicht:** Rüstmasse 495 kg; max. Startmasse 700 kg
**Abmessungen:** Spannweite 8,51 m; Länge 7 m; Höhe 3,10 m; Tragflügelfläche 18,40 m²
**Bewaffnung:** zwei starre, vorwärtsfeuernde Vickers-MGs, Kaliber 7,7 mm

**Varianten**

**HD.12:** diese Maschine mit Radfahrgestell und einem 125 kW (170 PS) starken Le Rhône-Umlaufmotor hatte viele Ähnlichkeiten mit der HD.2

**HD.27:** dieser Einzeljäger wurde vom Hispano-Suiza-8Ac mit 132 kW (180 PS) angetrieben und war wie die HD.12 als kurzstartfähiger Jäger für den schiffsgestützten Einsatz gedacht; entsprechende Versuchsflüge führte man 1923 von einer Plattform aus durch, die man über dem Bug des Kanonenboots Bapaume errichtet hatte

***Es gab kaum Unterschiede zwischen der HD.2 und ihrer Vorgängerin HD.1, abgesehen von der größeren Seitenflosse und dem Schwimmwerk dieses brauchbaren Marinejägers.***

**H.29:** zwei Exemplare der Kategorie ET.1 (einsitzige Ausbildungsflugzeuge); das erste Bordstartkatapult Frankreichs erlangte die Verwendungsreife nicht vor 1926, und da die französische Admiralität beabsichtigte, Seeflugzeuge von Schiffen aus in die Luft zu schicken, wurde die HD.29 von 1924 zum Objekt des bizarrsten aller Luftfahrzeug-Startverfahren von Schiffen: An die drei Masten des Schlachtschiffes Lorraine montierte man lange, horizontale Metallbäume für zwei Laufräder an der Tragflächenoberseite und für ein drittes auf der Seitenflosse; unter Vollgas des 132-kW/180-PS-Flugmotors Hispano-Suiza-8Ab sollte die Maschine die Schienen entlang starten, doch wie zu befürchten, fiel die H.29 ins Wasser; zwar kam niemand ums Leben, aber die Versuche wurden daraufhin eingestellt

# Hanriot HD.3

Der 1917 konstruierte Jagdzweisitzer **Hanriot HD.3** stammte ebenfalls aus der Feder Emile Duponts. Der Prototyp, der gegen Jahresende flog, demonstrierte gute Flug- und Steuereigenschaften und barg alle Merkmale eines ausgezeichneten Jagdflugzeugs mit Pilot und Bordschützen in dicht hintereinander angeordneten Cockpits. Der Salmson-Sternmotor 9Za war verläßlich, und der Konstrukteur hatte alles getan, um ein Höchstmaß an Aerodynamik zu erreichen.

Die zuständigen Behörden Frankreichs gaben 300 **HD.3** in Auftrag, die an Heeres- und Marineverbände für die 1919 geplante Großoffensive der Alliierten gehen sollten. Letztendlich wurde dieses Beschaffungsvorhaben gekürzt, aber die Aéronautique Militaire erhielt 75 **HD.3**. Diese Maschinen rüsteten ab Oktober 1918 Escadrille HD.174 aus, während der Rest auf andere Escadrilles verteilt war. Eine kleine Zahl **HD.3** flog bei der Aviation Maritime. Mit einer dieser Maschinen wurden im Herbst 1918 Schwimmertests von der RAF-Station auf der Isle of Grain aus durchgeführt, und ein anderes Exemplar war angeblich an Landeversuchen auf dem französischen Flugzeugträger Béarn beteiligt. **HD.3** Nr. 2000 baute man zum Prototyp des geplanten zweisitzigen Seejägers **HD.4** um und stattete sie mit zwei Schwimmern sowie vergrößertem Seitenleitwerk aus. Die Maschine wurde im Sommer 1918 getestet, aber die Entwicklung nach dem Ende des Ersten Weltkriegs gestoppt. Die Nachtjägerversion (Kategorie CN.2) dieses Grundmusters, die **HD.3bis** mit vergrößerten, ausgeglichenen Querrudern sowie Seitenruder und Tragflächen mit dickerem Profil, wurde Ende 1918 erprobt und anschließend aufgegeben.

**Varianten**

**HD.5:** Einzelexemplar eines zweisitzigen Jägers mit 221 kW (300 PS) starkem Hi-

spano-Suiza 8Fb; flog im Jahre 1918
**HD.6:** Einzelexemplar eines erheblich größeren Musters als HD.3 und HD.5; dieser zweisitzige Jäger führte den Salmson-Sternmotor 18Z mit 390 kW (530 PS) ein, hatte eine Spannweite von 13,60 m und die eindrucksvolle Spitzengeschwindigkeit von 225 km/h im Horizontalflug; flog erst 1919, als kein Bedarf mehr bestand
**HD.9:** dieser Zweisitzer gehörte der Kategorie AP.2 an und war für das Spezialgebiet Fotoaufklärung bestimmt

**TECHNISCHE DATEN**
**Hanriot HD.3**

**Typ:** zweisitziger Jagddoppeldecker
**Triebwerk:** ein Neun-Zylinder-Sternmotor Salmson 9Za mit 191 kW (260 PS)
**Leistung:** Höchstgeschwindigkeit 192 km/h in 2000 m Höhe; Steigzeit auf 3000 m Höhe zwölf Minuten, 15 Sekunden; Dienstgipfelhöhe 5700 m; Flugdauer zwei Stunden
**Gewicht:** Rüstmasse 760 kg; max. Startmasse 1180 kg
**Abmessungen:** Spannweite 9 m; Länge 6,95 m; Höhe 3 m; Tragflügelfläche 25,50 m$^2$
**Bewaffnung:** zwei starre, vorwärtsfeuernde Vickers-MGs und zwei Lewis-MGs auf Drehring über dem Beobachter-Cockpit, beide Kaliber 7,7 mm

***Die HD.9 mit dem ausgezeichneten Salmson-Sternmotor war als Luftbildaufklärungsspezialist konzipiert.***

# Hansa-Brandenburg C.I

Die **Hansa-Brandenburg C.I** war einer der ersten Entwürfe, die Ernst Heinkel für die Hansa und Brandenburgische Flugzeugwerke GmbH fertigte. Sie wurde in großer Stückzahl gebaut, nicht nur von Brandenburg, sondern auch in Lizenz von Phönix und UFAG in Österreich. Der zweistielige Doppeldecker in Holzbauweise mit Stoffbepannung hatte einen schlanken Rumpf, der den Motor im Bug und den Piloten sowie den Beobachter/Bordschützen in einer offenen Kombikanzel aufnahm. Der Schwanz trug das abgestrebte Leitwerk, und das Hauptfahrgestell war durch einen Schleifsporn ergänzt.

Die **C.I** wurde 1916 bei den österreichischen Streitkräften in Dienst gestellt, und einige Maschinen blieben dort bis zum Ende des Ersten Weltkriegs. Während ihrer langen Einsatzperiode traten die **C.I** mit Motoren im Leistungsbereich von 118 kW bis 169 kW (160 PS bis 230 PS) und sehr unterschiedlicher Bewaffnung auf. Grundsätzlich bestand diese aus einem einzelnen MG auf Drehstütze am hinteren Cockpit, aber spätere Exemplare waren häufig auch mit einem vorwärtsfeuernden MG bewaffnet, dessen Einbauort variierte. Einige **C.1**, die bis zu 100 kg leichte Splitter- und Brandbomben mitführen konnten, wurden zur Bombardierung mit leichten Waffen ausgerüstet.

***Hansa-Brandenburg C.I (von Phönix mit Hiero-Motor gebaut) der Luftfahrttruppen (österreich-ungarische Luftwaffe) im Jahre 1918.***

**TECHNISCHE DATEN**
**C.I UFAG-Serie 169**

**Typ:** zweisitziges, bewaffnetes Aufklärungsflugzeug
**Triebwerk:** ein Sechs-Zylinder-Reihenmotor Benz Bz.IVa mit 162 kW (220 PS)
**Leistung:** Höchstgeschwindigkeit 158 km/h; Dienstgipfelhöhe 6000 m
**Gewicht:** Leermasse 820 kg; max. Startmasse 1320 kg
**Abmessungen:** Spannweite 12,25 m; Länge 8,45 m; Höhe 3,33 m
**Bewaffnung:** (Standard) ein Schwarzlöse-8-mm-MG auf Drehgelenk am Heck des kombinierten Cockpits

# Hansa-Brandenburg KDW

Das von Ernst Heinkel konstruierte, einsitzige Nahaufklärer-Landflugzeug Hansa-Brandenburg KD wurde in Österreich bei Phönix und UFAG in Lizenz als Hansa-Brandenburg D.I mit dem 147 kW (200 PS) starken Hiero-Reihenmotor gefertigt. Von diesem Entwurf leitete Heinkel das einsitzige Seekampfflugzeug **KDW** ab, um der deutschen Forderung nach einem Jäger zum Schutz der Seeflugzeug-Stützpunkte zu genügen.

Wie das Vorgängermodell war die **KDW** ein Doppeldecker in Holzbauweise und mit Stoffbespannung. Die mit Gewebe überzogenen Tragflächen waren mit V-Streben in ungewöhnlicher Sternanordnung abgestützt, der robuste Rumpf hatte eine Sperrholzbeplankung und das Heck enthielt ein großes Höhenleitwerk. Einstufige Holzschwimmer waren an N-Streben montiert, und den Antrieb des Prototyps und der ersten Serienflugzeuge besorgte ein Benz-Reihenmotor Bz.III mit einer Leistung von 110 kW (150 PS). Nur etwa 60 Exemplare wurden gebaut, die aufgrund der klein bemessenen, senkrechten Heckflächen alle unter einer Instabilität um die Hochachse litten.

**Varianten**
**Brandenburg W.11:** zwei Exemplare der etwas größeren KDW-Variante mit dem 147 kW (200 PS) starken Benz Bz.IV
**Brandenburg W.25:** Weiterentwicklung der KDW/W.11 mit etwas größerer Spannweite, herkömmlichem Flügelstiel und 110 kW (150 PS) starkem Benz Bz.III
**Phönix D.II:** Bezeichnung des landgestützten Doppeldeckerjägers, den Phönix 1917 um den Reihenmotor Austro-Daimler herum entwickelte; Querruder nur am Oberflügel
**Phönix D.III:** Variante mit Hiero-Reihenmotor und Querrudern an Ober- und Unterflügeln; erschien 1918

***Die W.25 war eine Entwicklung der KDW, kam aber über den Prototypstatus nicht hinaus. Die Seitenflosse und das Ruder sind auffallend klein bemessen.***

**TECHNISCHE DATEN**
**Hansa-Brandenburg KDW (Spätserie)**

**Typ:** einsitziges Seekampf- und Aufklärungsflugzeug
**Triebwerk:** ein Sechs-Zylinder-Reihenmotor Maybach Mb.III mit 118 kW (160 PS)
**Leistung:** Höchstgeschwindigkeit 170 km/h in Meereshöhe; Steigzeit auf 3000 m Höhe 21 Minuten; Flugdauer zwei Stunden 30 Minuten
**Gewicht:** Leermasse 940 kg; max. Startmasse 1210 kg
**Abmessungen:** Spannweite 9,25 m; Länge 8 m; Höhe 3,35 m; Tragflügelfläche 20 m$^2$
**Bewaffnung:** zwei starre, vorwärtsfeuernde 7,92-mm-MGs 08/15

# Hansa-Brandenburg W.12

Jägern zum Schutz von Seeflugzeugbasen wie der Hansa-Brandenburg KDW und ähnlichen Mustern anderer Hersteller wurde ein hoher Stellenwert beigemessen, aber alle waren durch dieselbe Schwäche gekennzeichnet: hohe Verwundbarkeit gegenüber einem Angreifer von achtern. Als Lösung dieses Problems bot Heinkel die **Hansa-Brandenburg W.12** an, ein Seekampfflugzeug mit einem richtbaren Maschinengewehr im Heck der offenen Beobachterstation.

Die **W.12**, aus Holz konstruiert und mit Stoff bespannt, war ein einstieliger Doppeldecker, der auf dem Wasser von zwei einstufigen Holzschwimmern getragen wurde. Im Vergleich zur KDW hatte sie größere Abmessungen, und die Struktur ihrer Tragflächen war robust genug, um sie mit nur zwei Zwischenstreben an den Flächenenden abzustützen und dabei auf Spanndrähte weitgehend verzichten zu können. Das ungewöhnlichste Merkmal stellte das Heck dar, das speziell für ein optimales Schußfeld des hinteren MGs ausgelegt war. Eine eigentliche Seitenflosse fehlte, und der Rumpf verjüngte sich nach hinten zu einer Messerkante, die ein nach unten erweitertes Seitenruder aufnahm. Das Höhenleitwerk war auf dem platten Rücken des Hinterrumpfs gelagert.

Der Prototyp, der 1917 erstmals flog, lieferte zufriedenstellende Ergebnisse, und das Muster wurde den deutschen Seeflugzeug-Stützpunkten zugeteilt. Die **W.12**, von der 146 Exemplare entstanden, bekämpfte die alliierten Seeflugzeuge mit großem Erfolg. Als Antrieb vieler Maschinen diente der Mercedes D.III, aber in mehr als die Hälfte aller gebauten **W.12** wurde der Benz Bz.III mit 110 kW (150 PS) eingebaut. Eine der in Zeebrugge stationierten **W.12** zerstörte im Dezember 1917 das britische Prall-Luftschiff C.27.

***Die Hansa-Brandenburg W.12 mit dem 110 kW (150 PS) starken Benz Bz.III, die Leutnant Becht von der Fliegertruppe der Kaiserlichen Kriegsmarine flog, war Anfang 1918 in Zeebrugge stationiert.***

**Varianten**

**Brandenburg W.19:** maßstäblich vergrößerte Version der W.12 zur Bereitstellung eines Seeflugzeugs für Fernpatrouillen; Antrieb durch Maybach Mb.IV mit 191 kW (260 PS) und erweiterte Kraftstoffanlage, die der W.19 eine im Vergleich zur W.12 um 50% erhöhte Flugdauer verlieh

**Brandenburg W.27:** Einzelexemplar einer fortentwickelten Version der W.12, die sich in erster Linie durch I-Stiele und den Benz Bz.IIIb mit 144 kW (195 PS) unterschied

**Brandenburg W.32:** nochmals weiterentwickelte Version der W.12/W.27; im Prinzip eine W.27 mit dem 118 kW (160 PS) starken Mercedes-Triebwerk D.III; zwei oder drei Exemplare wurden gebaut

**TECHNISCHE DATEN**
**Brandenburg W.12 (Frühversion)**

**Typ:** zweisitziges Seekampfflugzeug
**Triebwerk:** ein Sechs-Zylinder-Reihenmotor Mercedes D.III mit 118 kW (160 PS)
**Leistung:** Höchstgeschwindigkeit 160 km/h; Dienstgipfelhöhe 5000 m; Flugdauer drei Stunden 30 Minuten
**Gewicht:** Leermasse 997 kg; max. Startmasse 1454 kg
**Abmessungen:** Spannweite 11,20 m; Länge 9,60 m; Höhe 3,30 m; Tragflügelfläche 35,30 m²
**Bewaffnung:** ein oder zwei vorwärtsfeuernde 7,92-mm-LMG 08/15 und ein Parabellum-7,92-mm-MG auf Drehstütze im hinteren Cockpit

# Hansa-Brandenburg W.29

Ernst Heinkels **Hansa-Brandenburg W.29** entstand aus der Notwendigkeit, die Leistung der Seekampfflugzeuge im Dienst der deutschen Kriegsmarine zu steigern. Der Entwurf war im Grunde eine W.12 in der Auslegung eines Eindeckers. Das Konstruktionsprinzip wurde übernommen, und die Hauptbaugruppen Rumpf, Heck und Schwimmer blieben nahezu unverändert. Das abgestrebte Eindecker-Tragwerk, aus Holz konstruiert und mit Stoff bespannt, war tief am Rumpf angesetzt. Seine Proportionen in bezug auf Spannweite und Tiefe wurden durch die Notwendigkeit bestimmt, in etwa die gleiche tragende Fläche wie beim Doppeldecker W.12 zu erzielen. In die Mehrzahl der 78 Exemplare baute man den Benz Bz.III ein, aber einige späte Maschinen erhielten einen stärkeren Antrieb in Form des Benz Bz.IIIa mit 136 kW (185 PS).

Die Truppenerprobung verlief erfolgreich, und im Frühling 1918 begann die Indienststellung der **W.29**. Ihre höhere Spitzengeschwindigkeit und bessere Manövrierfähigkeit machten dieses Muster zu einem der erfolgreichsten Seekampfflugzeuge der deutschen Marineflieger.

***Hansa-Brandenburg W.33 (Lizenzbau der Staatsfabrik IVL bei Helsinki) der Seefliegerstaffel 1, Suomen Ilmavoimat (finnische Luftwaffe), Ende der zwanziger Jahre in Vyborg stationiert. Das Skifahrgestell diente für den Winterbetrieb auf Eisflächen.***

**Variante**

**Brandenburg W.33:** eine vergrößerte W.29-Version, die im Sommer und Herbst 1918 produziert wurde; insgesamt 26 Maschinen mit 180 kW (250 PS) starkem Maybach-Motor Mb.IV

**TECHNISCHE DATEN**
**Hansa-Brandenburg W.29 (Frühversion)**

**Typ:** zweisitziges Seekampfflugzeug
**Triebwerk:** ein Sechs-Zylinder-Reihenmotor Benz Bz.III mit 110 kW (150 PS)
**Leistung:** Höchstgeschwindigkeit 175 km/h; Steigzeit auf 3000 m Höhe 23 Minuten; Dienstgipfelhöhe 5000 m; Flugdauer vier Stunden
**Gewicht:** Leermasse 1000 kg; max. Startmasse 1495 kg
**Abmessungen:** Spannweite 13,50 m; Länge 9,36 m; Höhe 3 m; Tragflügelfläche 32,20 m²
**Bewaffnung:** ein oder zwei vorwärtsfeuernde 7,92-mm-LMGs 08/15 und ein Parabellum-7,92-mm-MG auf Drehstütze im hinteren Cockpit

# Harlow PJC-1 und PJC-2

Die **Harlow PJC-1** wurde von Max B. Harlow, Aeronautiklehrer am Pasadena Junior College (was die Typbuchstaben erklärt) entworfen. Studenten hatten diesen zwei-/viersitzigen Kabineneindecker als Klassenprojekt ausgelegt und konstruiert. Der Rumpf des freitragenden Tiefdeckers in Ganzmetallbauweise war zu einer Kabine ausgebaut, die einem Flugzeugführer und bis zu drei Passagieren Platz bot. Das Rumpfheck nahm ein konventionelles Leitwerk auf, das Spornrad-Fahrgestell ließ sich einziehen, und den Antrieb lieferte ein verkleideter Sternmotor Warner Super Scarab. Die **PJC-1** flog erstmals am 14. September 1937 und durchlief zügig das Zulassungsprogramm. Kurz vor der Musterzulassung stürzte sie jedoch bei Trudelversuchen ab. Die Flugunfalluntersuchung deckte als Ursache eine Umkehr der Ruderwirkung auf, und man setzte bei der **PJC-2** alles daran, eine Wiederholung dieses Fehlers auszuschließen. Der Maschine wurde am 26. August 1938 das Lufttüchtigkeitszeugnis ausgestellt, und die neugegründete Harlow Aircraft Company fertigte rund zehn solcher Flugzeuge für verschiedene Auftraggeber. Der Ausbruch des Zweiten Weltkriegs stand der weiteren Produktion im Wege, und nach dem Krieg bestand keine Nachfrage mehr nach diesem Modell.

**TECHNISCHE DATEN**
**Harlow PJC-2**

**Typ:** zwei-/viersitziger Kabineneindecker
**Triebwerk:** ein Sieben-Zylinder-Sternmotor Warner Super Scarab Series 50 mit 108 kW (147 PS)
**Leistung:** Höchstgeschwindigkeit 257 km/h; Reisefluggeschwindigkeit 225 km/h; Dienstgipfelhöhe 4725 m; Reichweite 788 km
**Gewicht:** Leermasse 753 kg; max. Startmasse 1179 kg
**Abmessungen:** Spannweite 10,92 m; Länge 7,11 m; Höhe 2,21 m; Tragflügelfläche 17,19 m²

***Die Harlow PJC-2 war eines der fortschrittlichsten Leichtflugzeuge aus der Zeit vor dem Zweiten Weltkrieg, wurde jedoch nur in kleiner Stückzahl gefertigt.***

# Harbin SH-5 bis Hawker Hunter

**Harbin ist eines von nur einer Handvoll Flugzeugwerke in der chinesischen Republik Mandschurei. Die Produktion ist limitiert, aber doch ganz erfolgreich, auch mit dem Exportverkauf einer Anzahl leichter Transporter Y-12. British Hawker lieferte der Royal Air Force in der Zwischenkriegszeit Tausende ihrer hochentwickelten Ganzmetall-Doppeldecker, von denen einige sogar noch bei Ausbruch des Zweiten Weltkriegs in Dienst waren.**

## Harbin SH-5

**TECHNISCHE DATEN**
**Harbin SH-5**
**Typ:** amphibisches Langstrecken-Seepatrouillenflugboot
**Triebwerke:** vier Propellerturbinen Dongan WJ-5A je 2318 kW (3150 WPS)
**Leistung:** Höchstgeschwindigkeit 555 km/h; Patrouillengeschwindigkeit 230 km/h; Dienstgipfelhöhe 7000 m; Reichweite mit max. Kraftstoffzuladung 4570 km
**Gewicht:** Leermasse 26.500 kg; max. Startmasse 45.000 kg
**Abmessungen:** Spannweite 36 m; Länge 38,90 m; Höhe 9,79 m; Tragflügelfläche 144 $m^2$
**Bewaffnung:** Zwillingswaffenturm auf dem Rumpfrücken und vier Außenlastträger unter den Flächen für Schiffsbekämpfungsflugkörper oder Torpedos (drei Stück pro Pylon); interne Waffenschächte im Rumpfheck können eine Gesamtlast von 6000 kg an Wasserbomben, Minen, Bomben, Sonarbojen und Seenotrettungsausrüstung aufnehmen.

Als Nachfolger für die altgedienten, von der Sowjetunion gelieferten Berijew-Flugboote wählten die Marineflieger der Volksbefreiungsarmee das große, viermotorige, amphibische Bomberflugboot **SH-5**, das vom Harbin-Werk in der Mandschurei in Zusammenarbeit mit dem staatlichen Konstruktionsinstitut für Seeflugzeuge entwickelt worden war. Der Prototyp **Schuischang Hongzhaji 5** (Marinebomber 5) war bereits im Dezember 1973 fertiggestellt, hob aber erst am 3. April 1976 zum Jungfernflug ab. Nach einer langen Entwicklungszeit ging das Muster im September 1986 in Dienst. Seitdem wurden vier oder fünf weitere Exemplare ausgeliefert. Das turbopropgetriebene Amphibium ohne Druckbelüftung ist mit der Bekämpfung von Seezielen über und unter Wasser, Seeraumüberwachung, Minenlegen, Such- und Rettungsdienst sowie Frachttransport beauftragt. Eine Feuerlöschversion wurde ebenfalls getestet.

***Die SH-5 wurde als Langstrecken-Seepatrouillenflugboot zur Ortung und Bekämpfung von Unterseebooten entwickelt und außerdem in einer Ausführung als Wasserbomber erprobt.***

## Harbin Y-12

Abgeleitet von dem leichten Transportflugzeug Y-11, das 1975 mit Kolbenmotorantrieb und neun Passagiersitzen erschien, verfügte die **Y-12** oder **Yun-12-I** (Yunschuji heißt Transportflugzeug) über zwei PT-6A-11-Propellerturbinen, einen gestreckten Rumpf und weiter gespannte Tragflächen. Diese Maschine konnte außer der zweiköpfigen Besatzung 17 Passagiere aufnehmen. Der Prototyp **Y-12-I** hob am 14. Juli 1982 zum Erstflug ab, und auf ihn folgten rund 30 Serienflugzeuge. Die verbesserte Version **Y-12-II**, ausgerüstet mit in China zusammengebauten PT6A-27 zu je 507 kW (690 WPS), flog erstmals am 16. August 1984. Im Dezember 1985 erfolgte die Zulassung der nationalen Luftfahrtbehörde und am 20. Juni 1990 die der britischen CAA. Ende 1990 waren rund 50 Exemplare bestellt und etwa 30 an China Southwest Airlines, China Feilong Airlines und Flying Dragon Air Services ausgeliefert. Weitere Maschinen hatte man nach Laos (Lao Aviation) und Srilanka (Luftstreitkräfte) exportiert. Geplant sind eine nochmalige Rumpfstreckung, Druckbelüftung und die Umstellung auf einheimische, 507 kW (690 PS) starke WJ9-Propellerturbinen, die sich derzeit allerdings noch in der Entwicklung befinden.

**TECHNISCHE DATEN**
**Harbin Y-12**
**Typ:** Kurzstrecken-Zubringerflugzeug
**Triebwerke:** zwei Propellerturbinen Pratt & Whitney Canada PT6A-27 je 502 kW (680 PS)
**Leistung:** Reisegeschwindigkeit 250 km/h; Dienstgipfelhöhe 7000 m; Reichweite mit maximaler Last 1340 km
**Gewicht:** Leermasse 3000 kg; max. Startmasse 5300 kg
**Abmessungen:** Spannweite 17,20 m; Länge 14,80 m; Höhe 5,50 m; Tragflügelfläche 34,20 $m^2$

***Die Y-12 ist ein leichtes Zubringerflugzeug in der Klasse der DHC-6 Twin Otter.***

## Hawker Audax

Auf die Spezifikation 7/31 des Air Ministry hin, die ein Flugzeug zur Zusammenarbeit mit dem Heer forderte, bot Hawker einen weiteren Abkömmling der Hart an. Es ging um die Nachfolge der Armstrong Whitworth Atlas, die die RAF im Oktober 1927 als erstes Muster dieser Kategorie in Dienst gestellt hatte. Eine Hart der Erstserie wurde mit dem Ergebnis geprüft, daß sich dieser Typ hervorragend als Ersatz für die Atlas eignete, und das erste Serienexemplar **Hawker Audax**, wie der neue Typ inzwischen hieß, absolvierte am 29. Dezember 1931 seinen Jungfernflug.

Die **Audax**, die im Februar 1932 unter No. 4 Squadron die Zusammenarbeit mit den Heeresverbänden aufnahm, unterschied sich von der Hart lediglich in einigen Ausrüstungsaspekten. Das für den Laien auffälligste Merkmal war das lange Auspuffrohr, das vom Motor über den Mittelrumpf bis knapp hinter das zweite Cockpit verlief. Damit hatte man sicherstellen wollen, daß die Sicht des Piloten im Tiefflug nicht durch das Geflamme der Auspuffanlage, wie die Hart sie besaß, beeinträchtigt wurde. Das andere Unterscheidungsmerkmal bildete der lange Meldeblockfanghaken, der an der Spreizstange des Hauptfahrgestells gelagert war.

Als die Produktion 1937 auslief, waren insgesamt 624 Flugzeuge für die RAF gefertigt worden, dazu einige Exemplare für den Irak, Persien und die Straits Settle-

**TECHNISCHE DATEN**
**Hawker Audax**
**Typ:** zweisitziger Jagddoppeldecker für die Zusammenarbeit mit dem Heer
**Triebwerk:** ein Zwölf-Zylinder-V-Reihenmotor Rolls-Royce Kestrel IB mit 395 kW (537 PS)
**Leistung:** Höchstgeschwindigkeit 274 km/h in 730 m Höhe; Dienstgipfelhöhe 6555 m; Flugdauer drei Stunden, 30 Minuten
**Gewicht:** Leermasse 1333 kg; max. Startmasse 1989 kg
**Abmessungen:** Spannweite 11,35 m; Länge 9,02 m; Höhe 3,17 m; Tragflügelfläche 32,33 $m^2$
**Bewaffnung:** ein vorwärtsfeuerndes 7,7-mm-Maschinengewehr und ein Lewis-MG im gleichen Kaliber auf Drehstütze im hinteren Cockpit plus vier 9-kg- oder zwei 51-kg-Versorgungsbehälter an Aufhängungen unter den Flächen

***K3055 war die erste Serienmaschine des zweiten Bauloses (91 Flugzeuge) der Audax Mk I für die Zusammenarbeit mit dem Heer und flog erstmals am 19. Mai 1933.***

ments. Wegen der umfangreichen Beschaffung entstanden viele RAF-Maschinen im Unterauftrag bei Bristol (141), Gloster (25), A.V. Roe (244) und Westland (43), und den Rest baute Hawker.

Heimatstationierte Heeresunterstützungsstaffeln wurden ab 1932 mit der **Audax** ausgerüstet, die sie bis 1937/33 flogen. Anschließend rückte das Muster ins zweite Glied und verrichtete Aufgaben im Ausbildungs-, Verbindungs- und Segelflugzeugschleppdienst. In diesen Rollen hielt sich die **Audax** in der Heimat noch bis weit in den Krieg hinein, und beim Ostafrika-Feldzug im Jahre 1940 operierte No. 237 Squadron (Rhodesien) mit ihr gegen die Italiener in Eritrea und Somaliland. Andere, in Habbaniyah stationierte Maschinen, waren an der Unterdrückung der irakischen Revolte im Mai 1941 beteiligt.

# Hawker Cygnet

Für den vom Air Ministry angekündigten Leichtflugzeugwettbewerb, der im September 1924 in Lympne, Kent, stattfinden sollte, baute die H. G. Hawker Engineering Company zwei Exemplare eines bemerkenswerten Leichtflugzeugs namens **Hawker Cygnet**. Die vollständig aus Holz mit Stoffbespannung konstruierten Maschinen waren Doppeldecker ungleicher Spannweite (mit hängenden Querrudern am Oberflügel über die volle Spannweite) mit herkömmlichem Leitwerk und Schleifsporn-Fahrgestell. Eine **Cygnet (G-EBMB)** wurde von einem britischen Anzani-Motor mit 25 kW (34 PS) angetrieben, während in die andere **(G-EBJH)** ein ABC Scorpion gleicher Leistung eingebaut war.

**TECHNISCHE DATEN**
**Hawker Cygnet**
**Typ:** zweisitziges Ultraleicht-Sportflugzeug
**Triebwerk:** ein Zwei-Zylinder-Boxermotor Bristol Cherub III mit 25 kW (34 PS)
**Leistung:** Höchstgeschwindigkeit 132 km/h in Meereshöhe; absolute Dienstgipfelhöhe 2715 m
**Gewicht:** Leermasse 169 kg; max. Startmasse 431 kg
**Abmessungen:** Spannweite 8,53 m; Länge 6,22 m; Höhe 1,78 m; Tragflügelfläche 15,33 m²

Beim Wettbewerb im Jahre 1924 belegten sie zwar nur hintere Plätze, doch nachdem sie auf den Bristol Cherub III ummotorisiert waren, errang **G-EBMB** 1926 den Sieg und 3000 Pfund.

***Die Aufnahme zeigt die erste Cygnet von 1924, angetrieben vom Bristol Cherub III. In dieser Form gewann die Maschine das Leichtflugzeugrennen von 1926.***

# Hawker Fury I/II

Der Ursprung der **Hawker Fury** läßt sich bis 1927 zurückverfolgen, als das Air Ministry die Forderung F.20/27 für einen Abfangjäger veröffentlichte. Obgleich Hawkers Prototyp F.20/27, wie in der Spezifikation vorgegeben, mit einem Sternmotor (dem Bristol Jupiter mit 336 kW/457 PS) ausgerüstet war, erzielte er keinen Serienauftrag. Die Erfahrung mit diesem Flugzeug erwies sich aber insofern als wertvoll, als sie die Entwicklung eines neuen Versuchsjägers beschleunigte, nachdem der Tagbomber Hart in Dienst gestellt worden war. Sydney Camm hatte beschlossen, für seinen neuen Jäger, dem Hawker den Namen **Hornet** verlieh, den vom Air Ministry bevorzugten Sternmotorantrieb außer acht zu lassen, und statt dessen einen Rolls-Royce F.XIS einzubauen. Dieses Flugzeug war der eigentliche Prototyp und wurde in Übereinstimmung mit der damals gültigen RAF-Nomenklatur in **Fury** umbenannt. Das attraktive Modell mit bestechend klarer Linienführung konnte als erster Jäger der RAF, eingeführt bei No. 43 (Fighter) Squadron im Mai 1931, schneller als 200 Meilen pro Stunde (322 km/h) fliegen. Es handelte sich um einen einstieligen Doppeldecker ungleicher Spannweite, dessen Primärstruktur aus Metall mit Gewebe abgedeckt war, abgesehen vom blechbeplankten Vorderrumpf. Ein Schleifsporn ergänzte das Hauptfahrgestell, und den Antrieb lieferte ein Rolls-Royce Kestrel IIS mit 391 kW (532 PS).

Wie die Hart erschien auch die **Fury** zu Testzwecken oder nach Vorgaben ausländischer Käufer mit verschiedenen Motortypen, wie dem Armstrong Siddeley Panther, Bristol Mercury, Hispano-Suiza 12NB und 12X, Lorraine Petrel und Pratt & Whitney S21B-G Hornet. Auf die erste Serie **Fury Mk I** mit 160 Jägern folgten zwei verwandte Flugzeuge, die Hawker auf eigene Kosten gefertigt hatte: die **Intermediate Fury** und die **High-Speed-Fury**. Dieses Entwicklungsduo sollte den Anforderungen der Spezifikationen F.7/30 sowie F.14/32 genügen und zog die Umrüstung einer frühen **Fury Mk I** nach sich, bei der man einen leistungsstärkeren Kestrel VI einbaute und Radverkleidungen einführte. Dieses Flugzeug erreichte die Serienfertigung als **Fury Mk II** und wurde Anfang 1937 bei No. 25 (Fighter) Squadron in Dienst gestellt. Die **Fury Mk II** konnte zwar einen Geschwindigkeitszuwachs von rund 10% im Vergleich zur **Fury Mk I** vorweisen, aber nur auf Kosten der Reichweite, die trotz erhöhter Kraftstoffkapazität um den gleichen Prozentwert gesunken war.

Beide Versionen fanden auch bei anderen Nationen Anklang, und es wurden **Fury** für die Luftstreitkräfte Norwegens, Persiens (Iran), Portugals, Südafrikas, Spaniens und Jugoslawiens gebaut.

***Hawker Fury Mk I der No. 1(F) Squadron, 1936/37 auf dem RAF-Fliegerhorst Tangmere stationiert.***

Die für die RAF produzierten **Fury Mk II** (98 Exemplare) dienten bis zur Einführung der Hawker Hurricane, die sich 1937 in der Entwicklung befand, bei sechs Staffeln. So blieb das Muster bis zum Eintreffen der Hurricane im Jahre 1939 in den Hauptjagdstaffeln, und nach Kriegsausbruch unterstützten einige **Fury Mk II** die Schulung von Jagdpiloten. Die mit diesem Jäger ausgerüsteten Staffeln setzte die südafrikanische Luftwaffe in der ersten Phase des Zweiten Weltkriegs in Ostafrika ein, und jugoslawische **Fury** griffen im April 1941 in den Abwehrkampf gegen die deutschen Invasionstruppen ein.

**TECHNISCHE DATEN**
**Hawker Fury Mk II**
**Typ:** einsitziger Doppeldeckerjäger
**Triebwerk:** ein Zwölf-Zylinder-V-Reihenmotor Rolls-Royce Kestrel VI mit 477 kW (649 PS)
**Leistung:** Höchstgeschwindigkeit 359 km/h in 5030 m Höhe; Dienstgipfelhöhe 8990 m; Reichweite 435 km
**Gewicht:** Leermasse 1240 kg; max. Startmasse 1637 kg
**Abmessungen:** Spannweite 9,14 m; Länge 8,15 m; Höhe 3,10 m; Tragflügelfläche 23,41 m²
**Bewaffnung:** zwei vorwärtsfeuernde 7,7-mm-Maschinengewehre

***Mitte der dreißiger Jahre stellte die Fury Mk I, eingesetzt bei No. 1 Squadron und No. 43 Squadron in Tangmere sowie bei No. 25 Squadron in Hawkinge, das Spitzengerät der britischen Jagdflieger des Zweiten Weltkriegs dar.***

# Hawker Fury/Sea Fury

Der Jäger **Hawker Fury** war zunächst als kleinere und leichtere Ausgabe der Hawker Tempest gedacht, die der Spezifikation F.6/42 genügen sollte, wurde aber den Forderungen F.2/43 und N.7/43 des Air Ministry und der Admiralität angepaßt. Hawker sollte die landgestützte Version konstruieren und entwickeln, und Boulton Paul die Umrüstung zum Marineflugzeug vornehmen. Bis Dezember 1943 waren sechs Musterflugzeuge in Auftrag gegeben: Ein Prototyp sollte vom Bristol Centaurus XII, zwei vom Centaurus XXII und zwei vom Rolls-Royce Griffon angetrieben werden, während das sechste Exemplar ein reines Testflugwerk darstellte. Als erste Maschine war am 1. September 1944 die mit dem Centaurus-XII-Antrieb flugbereit, und am 27. November erfolgte der Jungfernflug des zweiten Prototyps mit dem Griffon 85, der später durch einen Motor vom Typ Napier Sabre VII ersetzt wurde.

Bis April 1944 gingen Aufträge über 200 **Hawker Fury** für die RAF und eine gleiche Zahl **Sea Fury**, darunter 100 von Boulton Paul für die Fleet Air Arm ein, doch bei Kriegsende wurde die RAF-Beschaffung hinfällig. Die Entwicklung der **Sea Fury** hingegen hielt auch nach dem Flug des ersten Prototyps mit Centaurus-XII-Motor am 21. Februar 1945 an. Diese Maschine war mit einem Fanghaken ausgerüstet, behielt aber die nicht klappbaren Tragflächen. Als erster kompletter Marinejäger flog am 12. Oktober 1947 der zweite Prototyp, angetrieben vom Centaurus XV.

Im Januar 1945 war der an Boulton Paul vergebene Auftrag entfallen, und von den restlichen 100 **Sea Fury** wurden die ersten 50 Exemplare als **Sea Fury Mk X** fertiggestellt. Der erste dieser Marinejäger flog am 7. September 1946, und der dritte absolvierte im Winter 1946/47 die Trägererprobung an Bord der HMS Victorious als Voraussetzung für die Einführung in den regulären Truppendienst.

Im Mai 1948 übernahm No. 802 Squadron als erste Staffel die **Sea Fury FB.Mk 11**, von der 615 Exemplare im britischen Auftrag gebaut wurden, darunter 31 und 35

Flugzeuge für die Royal Australian Navy bzw. die Royal Canadian Navy. In der Eröffnungsphase des Koreakonflikts im Jahre 1950 operierten die **Sea Fury** von Bord der HMS Glory, HMS Ocean, HMAS Sydney und HMS Theseus aus und bewährten sich in der Jagdbomberrolle. Die Royal Navy übernahm auch 60 Schulflugzeuge **Sea Fury T.Mk 20**, von denen zehn später zu Zielschleppmaschinen für die Bundesmarine umgerüstet wurden.

Zum Abnehmerkreis in Übersee zählten die Niederlande mit 22 **Sea Fury F.Mk 50** und **FB.Mk 50**, Pakistan mit 93 **Sea Fury Mk 60** und fünf **T.Mk 61**, Ägypten mit zwölf Einsitzern, Birma mit 18 vormals zur RN gehörenden **FB.Mk 11** (darunter drei auf die Zielschlepprolle angepaßte Exemplare) und drei **T.Mk 20**, Kuba mit 15 **FB.Mk 11** und zwei **T.Mk 20** und der Irak mit 55 **Fury**-Landlandflugzeugen und fünf **Fury**-Trainern mit Tandem-Cockpits.

**TECHNISCHE DATEN: Hawker Sea Fury FB.Mk 11**

**Typ:** einsitziger, trägergestützter Jagdbomber
**Triebwerk:** ein 18-Zylinder-Sternmotor Bristol Centaurus 18 mit 1849 kW (2515 PS)
**Leistung:** Höchstgeschwindigkeit 700 km/h in 7470 m Höhe; Dienstgipfelhöhe 10.455 m; Reichweite 1094 km mit Interntreibstoff
**Gewicht:** Leermasse 4191 kg; max. Startmasse 5670 kg
**Abmessungen:** Spannweite 11,70 m; Länge 10,57 m; Höhe 4,84 m; Tragflügelfläche 26,01 m²
**Bewaffnung:** vier 20-mm-Kanonen in den Tragflächen und Halterungen für acht 27-kg-Raketen oder zwei Bomben unter den Flächen

***Mit dem 18-Zylinder-Sternmotor Centaurus und einer Spitzengeschwindigkeit, die weit über 400 Meilen pro Stunde (644 km/h) lag, repräsentierte die Sea Fury den höchsten Entwicklungsstand kolbenmotorgetriebener Jagdflugzeuge.***

# Hawker Hardy

Die **Hawker Hardy** war im Grunde eine Anpassung des Hart/Audax-Entwurfs auf die Forderung G.23/33 des Air Ministry nach einem Flugzeug, das die bei No. 30 Squadron der RAF im Irak zum Luftpolizeidienst eingesetzte Westland Wapiti ablösen konnte. Grundsätzlich handelte es sich hierbei um eine Hart mit Sonderausrüstung, denn der Prototyp war ein Standardtagbomber der Serie Hart, der einen tropentauglichen Motorkühler und das nach hinten geführte Auspuffrohr sowie den Meldungsfanghaken der Audax erhalten hatte. Für Notlandungen in der Wüste war eine Überlebensausrüstung hinzugekommen.

In dieser Form flog die **Hardy** erstmals am 7. September 1934, und kurz darauf begann die RAF mit der Erprobung. 1935 wurde die **Hardy** bei No. 303 Squadron in Mosul, Irak, in Dienst gestellt. Alle 47 Serienflugzeuge dieses Typs produzierte Gloster Aircraft im Unterauftrag.

Als No. 30 Squadron 1938 auf die Bristol Blenheim umrüstete, gingen die **Hardy** an No. 6 Squadron, die sie bald zur Nahunterstützung der britischen 16. Infanteriebrigade bei den Unruhen in Palästina einsetzte. Schließlich wurden alle im Nahen Osten verbliebenen **Hardy** zu No. 237 (Rhodesien) versetzt, wo sie neben den Hawker Audax operierten. Unter dieser Einheit erlebte die **Hardy** noch den Beginn des Zweiten Weltkriegs und unterstützte 1940 Gefechte gegen italienische Truppen in Ostafrika. Von mindestens einer dieser Maschinen weiß man, daß sie noch bis Juni 1941 im Verbindungsdienst verwendet wurde.

***Die Hardy war im Übersee-Ordnungsdienst eingesetzt.***

**TECHNISCHE DATEN: Hawker Hardy**

**Typ:** zweisitziger Mehrzweck-Doppeldecker
**Triebwerk:** ein Zwölf-Zylinder-V-Reihenmotor Rolls-Royce Kestrel IB oder Kestrel X mit einer Leistung von 395 kW (537 PS) beziehungsweise 436 kW (593 PS)
**Leistung:** Höchstgeschwindigkeit 259 km/h in Meereshöhe; Dienstgipfelhöhe 5180 m; Flugdauer 3 Stunden
**Gewicht:** Leermasse 1450 kg; max. Startmasse 2270 kg
**Abmessungen:** Spannweite 11,35 m; Länge 9,02 m; Höhe 3,23 m; Tragflügelfläche 32,33 m²
**Bewaffnung:** ein vorwärtsfeuerndes 7,7-mm-Maschinengewehr und ein Lewis-MG gleichen Kalibers auf Drehstütze im hinteren Cockpit sowie Halterungen unter den Flächen für Wasserbehälter, Leuchtkörper oder Bomben

# Hawker Hart/Demon

Der Tagbomber **Hawker Hart**, der im Januar 1930 bei No. 33 Squadron der RAF in Eastchurch in Dienst gestellt wurde, ging auf das Leistungsheft 12/26 des Air Ministry zurück. Diese Unterlage zielte auf einen Tagbomber ab, der die unerhörte Geschwindigkeit von 160 Meilen pro Stunde (257 km/h) aufweisen sollte. Dank der gelungenen Kombination einer hervorragend konstruierten Zelle mit dem neu eingeführten V-12-Motor Rolls-Royce F.XIB übertraf der Prototyp, der im Juni 1928 erstmals flog, diesen vorgegebenen Leistungswert mühelos.

Die Einführung der **Hart** in den Truppendienst stellte das Air Ministry vor große Probleme, denn dieses Muster war nicht nur erheblich schneller als alle Bombertypen dieser Ära (in einigen Fällen betrug die Differenz 120 km/h und mehr), sondern auch als alle damals im Dienst der RAF befindlichen Jäger. Zu den vielen Verwendungen, die die **Hart** fand, gehörte auch ihr zeitweiliger Einsatz als Jäger bei No. 23 (Fighter) Squadron. Bei den Jahresluftübungen von 1931 hatten **Hart**-Bomber vorbestimmte Ziele attackieren können, ohne daß die zur Verteidigung eingesetzten Abfangjäger sie abzuwehren vermochten. Erst als No. 23 Squadron in Aktion trat, wurden die Bomber daran gehindert, ihre Ziele zu erreichen.

Diese Sachlage erwies sich sowohl für die Nation wie für die RAF als günstig, denn man unternahm erhebliche Anstrengungen, um neue Jagdflugzeuge mit gesteigertem Leistungspotential bereitzustellen. Dazu wurde auch die **Hart** einbezogen, denn nach den Erfahrungen der No. 23(F) Squadron mit dem **Hart Two-Seat Fighter** liefen bereits Versuche, eine Version für die Abfangjagd zu entwickeln. Das Ergebnis war die **Hawker Demon**, die sich von der **Hart** vor allem durch eine andere Bauart des Kestrel-Triebwerks, ein überarbeitetes hinteres Cockpit, eine Funkausrüstung und, bei einigen späten Serienflugzeugen, durch ein Spornrad anstelle des Schleifsporns abhob. Außer 234 **Demon**-Jägern für die RAF baute Hawker 54 Exemplare für die RAAF. Darüber hinaus wurden zehn Trainer mit Doppelsteuerung und Zielschleppvorrichtungen für die RAAF gefertigt, denen die Bezeichnung **Demon Mk II** zufiel.

Ende 1934 flog eine **Demon** mit dem Prototyp eines motorgetriebenen Frazer-Nash-Waffenturms, der samt Rückenpanzer zum Schutz des Bordschützen vor dem Propellernachstrom in die hintere Position eingebaut war. Etliche Jäger erhielten diesen Waffenturm als Standardausrüstung, und viele bereits in Dienst gestellte Exemplare wurden entsprechend nachgerüstet. Diese Version war die **Turret Demon**.

***Hawker Demon Mk II der Royal Australian Air Force (RAAF)***

**TECHNISCHE DATEN**
**Hawker Hart (RAF)**

**Typ:** zweisitziger Tagbomber
**Triebwerk:** ein Zwölf-Zylinder-V-Reihenmotor Rolls-Royce Kestrel IB oder XDR mit einer Leistung von 391 kW (532 PS) beziehungsweise 380 kW (517 PS)
**Leistung:** Höchstgeschwindigkeit 296 km/h in 1525 m Höhe; Dienstgipfelhöhe 6510 m; Reichweite 756 km
**Gewicht:** Leermasse 1148 kg; max. Startmasse 2066 kg
**Abmessungen:** Spannweite 11,35 m; Länge 8,94 m; Höhe 3,17 m; Tragflügelfläche 32,33 m²
**Bewaffnung:** ein vorwärtsfeuerndes 7,7-mm-Maschinengewehr und ein Lewis-MG gleichen Kalibers auf Drehkranz im hinteren Cockpit sowie eine Bombenlast von 236 kg

Die **Hart** aber erwies sich als ein Spitzenprodukt, denn in der Zeit zwischen den

Kriegen wurden in Großbritannien mehr **Hart**-Bomber und dessen Abkömmlinge gebaut als von irgendeinem anderen Grundmuster. Außer den Standard-**Hart**-Tagbombern fielen hierunter sechs **Hart Two-Seat Fighter** für No. 23 (F) Squadron, 507 **Hart Trainer** mit Doppelsteuer, eine Reihe von Flugzeugen ohne Bombengeschirr und Abwehrwaffen als **Hart Communications** (Verbindungsflugzeuge) für No. 24 Squadron und tropentaugliche Versionen, die als **Hart (India)** und **Hart (Special)** bekannt wurden. Als die **Hart** 1936 in den Jagdverbänden der 1. Linie allmählich der Hawker Hind wich, willigte das Air Ministry ein, ein **Hart**-Kontingent an die südafrikanische Luftwaffe abzutreten. Zu den weiteren **Hart**, die im Ausland flogen, zählten acht Maschinen mit austauschbarem Rad- und Schwimmerfahrgestell in Estland, die Ende 1932 geliefert worden waren. Auch Schweden interessierte sich für die **Hart**, und nachdem vier Exemplare für dieses Land gefertigt und 1934 übergeben waren, baute die staatliche Flugzeugfabrik in Tröllhattan nochmals 42 solcher Bomber in Lizenz. Die 1935/36 in Schweden hergestellten **Hart**-Bomber wurden von einer Lizenzversion des Pegasus angetrieben.

Dieser untypische Antrieb weist auch darauf hin, daß die **Hart** als Erprobungsträger für eine ganze Reihe von Motoren diente; über die Standardmotortypen Kestrel IB und XDR hinaus flog die **Hart** mit dem Kestrel IS, IIB, IIS, IIMS, V, VIS, XFP, XVI, P.V.2 und Merlin C sowie E von Rolls-Royce, mit dem Armstrong Siddeley Panther, dem Jupiter, Pegasus, Perseus und Mercury von Bristol, dem Hispano-Suiza 12Xbrs, dem Lorraine Petrèl Hfrs und dem Napier Dagger.

Insgesamt wurden mehr als 1000 **Hart** (einschließlich der schwedischen Lizenzfertigung) produziert – eine eindrucksvolle Zahl für ein Flugzeug der dreißiger Jahre. Bis 1938 hatte Großbritannien die **Hart**-Bomber von den Einsatzverbänden abgezogen. Im Nahen Osten aber leisteten sie nach dem Ausbruch des Zweiten Weltkriegs weiterhin Dienst, bis sie auch hier nach und nach von moderneren Typen wie der Bristol Blenheim abgelöst wurden. Die südafrikanische Luftwaffe nutzte dieses Muster im Verbindungsdienst noch bis ins Jahr 1943.

# Hawker Hartbees

Eigens für die südafrikanische Luftwaffe wurde aus der Hart und Audax die **Hawker Hartbees** (gelegentlich auch **Hartbee** oder **Hartebeeste** genannt) entwickelt. Die britische Produktion beschränkte sich auf Musterflugzeuge für die Lizenzfertigung in Südafrika. Lizenzverhandlungen zum Bau einer Audax-Version, die den SAAF-Bedarf an einem Heeresunterstützungsflugzeug abdecken sollte, waren 1934 aufgenommen worden, da generelle Übereinstimmung darin bestand, daß die Audax den Forderungen der SAAF in den meisten Punkten ohne größere Modifikationen genügen konnte.

Hawker konstruierte vier Exemplare, von denen die beiden ersten im wesentlichen der RAF-Audax entsprachen, abgesehen vom Verzicht auf das verlängerte Auspuffrohr und dem Einbau eines Kestrel VFP mit 453 kW (616 PS) statt des Standardmotors Kestrel IB. Dieses Duo flog ab 28. Juni 1935 in England und wurde im Oktober 1935 nach Südafrika geschickt. Das dritte und vierte Exemplar der Baureihe unterschied sich von den beiden ersten Maschinen lediglich durch einen besseren Panzerschutz für die Besatzung.

Die südafrikanische Produktion unternahmen die Roberts-Heights-Werke in Pretoria. Im Frühjahr 1937 waren die ersten Maschinen fertiggestellt, und im Juli desselben Jahres bestanden sie die Abnahmetests. Daraufhin lief die Serienfertigung von 65 Flugzeugen an, die zwei Staffeln der SAAF zugeführt wurden. Als der Zweite Weltkrieg ausbrach, befanden sich noch 53 Exemplare im Dienst, die zusammen mit einer Reihe ehemaliger RAF-Hart nach Kenia verlegt wurden.

Bei Gefechten gegen die Italiener an der Grenze zwischen Kenia und Äthiopien flo-

**TECHNISCHE DATEN**
**Hawker Hartbees**

**Typ:** zweisitziges Mehrzweck-/Erdkampfunterstützungsflugzeug
**Triebwerk:** ein Zwölf-Zylinder-V-Reihenmotor Rolls-Royce Kestrel VFP mit 453 kW (616 PS)
**Leistung:** Höchstgeschwindigkeit 283 km/h in 1830 m Höhe; Dienstgipfelhöhe 6705 m; Flugdauer 3 Stunden, 10 Minuten
**Gewicht:** Leermasse 1429 kg; max. Startmasse 2171 kg
**Abmessungen:** Spannweite 11,35 m; Länge 9,02 m; Höhe 3,17 m; Tragflügelfläche 32,33 m²
**Bewaffnung:** ein vorwärtsfeuerndes 7,7-mm-Maschinengewehr und ein Lewis-MG auf Drehstütze im hinteren Cockpit sowie Halterungen unter den Flächen für leichte Bomben, Nebelkörper, Nachschubkanister und Wasserbehälter

***Die aus der Audax entwickelte Hartbees produzierte Südafrika in Lizenz, nachdem eine Gruppe Musterflugzeuge aus England eingetroffen war.***

gen die **Hartbees** im Sommer 1940 etliche Kampfeinsätze, darunter einen Angriff mit konzentrierten Kräften am 11. Juni 1940. Wenig später wurde die **Hartbees** allerdings vom Fronteinsatz entbunden und in den Ausbildungs- und Verbindungsdienst zurückgenommen. Diese Aufgaben erfüllten einige Exemplare noch bis 1946.

# Hawker Hector

Als letzte der vielen Hart-Varianten sollte die als Nachfolgemuster für die Audax entwickelte **Hawker Hector** in den Einsatzflugbestand der RAF aufgenommen werden. Gefordert war ein leistungsstärkerer Typ für die Zusammenarbeit mit dem Heer, und man beschloß, den Napier-Dagger-Motor zu verwenden, den man 1933 versuchsweise in einen Hart-Bomber eingebaut hatte. Die **Hector** war zwar im Kern eine Hart, doch das äußere Erscheinungsbild hatte sich erheblich geändert. Dies lag in erster Linie am Einbau des Triebwerks, das viel höher war und der für die Hart-Serie typischen spitzen Flugzeugnase eine völlig neue Form verlieh. Darüber hinaus wurde die Schwerpunktverlagerung des Flugzeugs, die der schwerere Motor bewirkte, durch einen Oberflügel mit rechtwinklig zur Längsachse verlaufender Nasenkante aufgefangen, so daß die Pfeilung der früheren Hart-Modelle an dieser Stelle entfiel. Ansonsten entsprachen Auslegung und Ausrüstung allgemein derjenigen der Hawker Audax.

Die erste serienmäßig gefertigte **Hector** absolvierte ihren Erstflug am 14. Februar 1936. Im Mai 1936, als 178 Maschinen in Auftrag gegeben waren, erhielt Westland in Yeovil, Somerset, einen Untervertrag zu ihrer Fertigung. Im Februar 1937 konnte Westland die erste Serienmaschine liefern, und noch vor Jahresende hatte die RAF alle Maschinen übernommen.

Die **Hector** wurde im Februar 1937 bei No. 4 Squadron eingeführt und rüstete schließlich sieben RAF-Heimatstaffeln aus. Als man diesen Verbänden 1938/39 die neue Westland Lysander als Nachfolgemuster zuwies, nutzte man die **Hector** zur Ausrüstung von No. 601, 612, 613, 614 und 615 Squadron der Auxiliary Air Force. Beim Ausbruch des Zweiten Weltkriegs hatten diese Staffeln immer noch viele Maschinen im Bestand.

No. 613 Squadron setzte sechs **Hector** bei einem Angriff gegen die Wehrmacht in der Nähe von Calais ein, doch der Verlust zweier Exemplare zeigte, daß die **Hector** nicht mehr fronttauglich war. Im Lastensegler-Schleppdienst machte sich das Muster jedoch noch weitere zwei Jahre nützlich.

**TECHNISCHE DATEN**
**Hawker Hector**

**Typ:** zweisitziges Heeresunterstützungsflugzeug
**Triebwerk:** ein H-förmiger Kolbenmotor Napier Dagger III MS mit 600 kW (816 PS)
**Leistung:** Höchstgeschwindigkeit 301 km/h in 1980 m Höhe; Dienstgipfelhöhe 7315 m; Flugdauer zwei Stunden, 25 Minuten
**Gewicht:** Leermasse 1537 kg; max. Startmasse 2227 kg
**Abmessungen:** Spannweite 11,26 m; Länge 9,09 m; Höhe 3,17 m; Tragflügelfläche 32,14 m²
**Bewaffnung:** ein vorwärtsfeuerndes 7,7-mm-MG und ein Lewis-MG auf Drehstütze im hinteren Cockpit sowie Halterungen unter den Flächen für Nachschubkanister oder zwei 51-kg-Bomben

***Der Napier Dagger mit seinen vier Zylinderreihen ließ die Hector anders aussehen als die anderen Hawker-Doppeldecker. Ansonsten unterschied sie sich kaum von der Audax, deren Nachfolge sie antrat.***

# Hawker Henley

Die Spezifikation P.4/34 des Air Ministry vom Februar des Jahres 1934 gab die Kriterien für einen Leichtbomber vor, der auch in der Nahunterstützungsrolle operieren konnte. Gefordert waren hohe Flugleistungswerte, darunter eine Spitzengeschwindigkeit von 483 km/h, aber nur eine mäßige Bombenlast.

Dem Hawker-Konstruktionsteam erschien es daher naheliegend, das geforderte Muster von der Größe her ähnlich wie die Hurricane auszulegen, die sich im fortgeschrittenen Entwurfsstadium befand. Wenn beiden Mustern zumindest einige Baugruppen gemein waren, ergaben sich nicht nur Kosteneinsparungen, sondern auch Vorteile bei der Produktion. So wurden die Höhenflossen und die Außenflächen der **Hawker Henley**, wie dieser Typ heißen sollte, mit derselben Werkzeugausstattung gefertigt wie die Hurricane. Der Hauptunterschied bestand darin, daß bei der **Henley** die vier Maschinengewehre pro Fläche entfielen. Trotz der Größenunterschiede zwischen der Hurricane und der **Henley** wählte man auch für den Leichtbomber den Merlin-Motor. Man entschied sich für die Auslegung eines freitra-

**TECHNISCHE DATEN**
**Hawker Henley**

**Typ:** zweisitziges Zielschleppflugzeug
**Triebwerk:** ein Zwölf-Zylinder-V-Reihenmotor Rolls-Royce Merlin II oder III mit 768 kW (1044 PS)
**Leistung:** Höchstgeschwindigkeit mit Luft-Luft-Ziel 438 km/h und mit Boden-Luft-Ziel 322 km/h; Dienstgipfelhöhe 8230 m; Reichweite 1529 km
**Gewicht:** Leermasse 2726 kg; max. Startmasse 3846 kg
**Abmessungen:** Spannweite 14,59 m; Länge 11,10 m; Höhe 4,46 m; Tragflügelfläche 31,77 m²

***Die als leichter Bomber entworfene Henley wurde als Zielschleppflugzeug in Dienst gestellt. Dies ist der zweite Prototyp.***

genden Mitteldeckers, um das Rumpfvolumen unterhalb des Tragwerks für einen 454-kg-Bombenschacht nutzen zu können. Einen weiteren wesentlichen Unterschied machte die **Henley**-Kanzel aus, die zusätzlich einen Beobachter/Bordschützen aufnahm.

Mitte 1935 liefen die Konstruktionsarbeiten am Prototyp an, doch da die Hurricane vordringlich bearbeitet werden mußte, fand der Jungfernflug des **Henley**-Prototyps mit einem Merlin-Motor der Bauart „F" erst am 10. März 1937 statt. Anschließend erhielt die Maschine leichtmetallbeplankte Tragflächen und ein Merlin-I-Triebwerk. Die folgenden Flugtests bewiesen ihr überragendes Potential über den gesamten Leistungsbereich. In dieser Phase gelangte das Air Ministry zu der Einsicht, daß kein Bedarf mehr für einen Leichtbomber bestand. Folglich genehmigte man die Produktion der **Henley** als Zielschleppflugzeug, und der Auftrag zum Bau von 200 Exemplaren wurde an Gloster Aircraft vergeben. Der für die neue Rolle modifizierte zweite Prototyp flog erstmals am 26. Mai 1938. Den Hauptunterschied stellte eine propellergetriebene Winde dar, mit der das Schleppkabel nach dem Luftzielschießen eingeholt wurde.

Serienflugzeuge mit der Bezeichnung **Henley Mk III** gingen an No. 1, 5 und 10 Bombing & Gunnery School sowie an die Air Gunnery Schools in Barrow, Millom und Squires Gate. Es stellte sich jedoch heraus, daß es zu einer hohen Motorausfallrate käme, wenn man die Zielschleppflüge nicht auf eine unrealistisch niedrige Fluggeschwindigkeit einschränkte. Daraufhin wurde die **Henley** aus dieser Verwendung herausgelöst und mit einer Aufgabe betraut, für die sie noch weniger geeignet war: Zieldarstellung mit noch größeren Schleppsäcken für Flakbatterien und die Flugabwehr unterstützende Einheiten. Es kann daher nicht verwundern, daß die Motorausfälle sich häuften und mehrere **Henley** verlorengingen. Mitte 1942 wurde die **Henley** außer Dienst gestellt, und Boulton Paul Defiant sowie auf diesen Unterstützungsdienst spezialisierte Miles Martinet traten an ihre Stelle.

# Hawker Hind

Zu Beginn der RAF-Verstärkung im Jahre 1934 gab das Air Ministry die Spezifikation G.7/34 heraus, die ein leichtes Bombenflugzeug als Übergangslösung für die abzulösende Hart zum Gegenstand hatte. Man hielt dies für den besten Weg, die Zeit bis zur Verfügbarkeit der neuen Bombergeneration wie der Bristol Blenheim und der Fairey Battle zu überbrücken.

Hawker reagierte auf diese Forderung wiederum mit einem Hart-Derivat, ausgestattet mit dem leistungsstärkeren Kestrel-V-Motor. Weitere Änderungen betrafen das hintere Cockpit mit dem Ziel, die allgemeine Unterbringung des Insassen, das Schußfeld und die liegende Stellung beim Bombenabwurf zu verbessern. Zudem wurde der Schleifsporn der Hart durch ein Heckrad ersetzt.

Der Prototyp des neuen Musters **Hawker Hind** flog erstmals am 12. September 1934, und knapp ein Jahr später, am 4. September 1935, folgte der erste **Hind**-Serienbomber. Eingeführt wurde die **Hind** bei No. 21 Squadron in Bircham Newton, Norfolk, die ebenso wie No. 18 und No. 34 Squadron ein Kontingent zur Ausrüstung einer Halbstaffel erhielt. Die nächsten Lieferungen gingen ebenfalls an diese Staffeln. Anschließend wurden No. 12 und No. 142 Squadron mit der **Hind** ausgerüstet. Der Ausstoß war so hoch, daß das Bomberkommando bis zum Frühjahr 1937 bereits 338 **Hind** übernommen hatte und weitere 114 Exemplare auf sieben Staffeln der Auxiliary Air Force verteilt waren. Darüber hinaus wurden die Luftstreitkräfte Indiens, Neuseelands und Südafrikas mit einigen Maschinen beliefert.

Wie die Hart zog auch die **Hind** beachtliches Exportinteresse in verschiedenen Nationen auf sich und wurde für Afghanistan, Lettland, Persien (Iran), Portugal, die Schweiz und Jugoslawien gebaut. Entsprechend vielfältig waren auch die Motortypen der **Hind**, denn zum Standard-Kestrel V kamen der Bristol Mercury VIII oder IX, der Gnome-Rhône Mistral K-9 sowie der Kestrel VDR und XVI von Rolls-Royce hinzu.

Den Höhepunkt ihrer Nutzung durch die RAF erreichte die **Hind** 1937, als neue Maschinen des Typs Battle und Blenheim allmählich nachrückten. Da die Volunteer Reserve FTS (Flugschule der Freiwilligenreserve) dringend ein Bombenschulflugzeug benötigte, beschloß man bei der RAF, die **Hind** dieser Verwendung anzupassen. Die Hauptänderungen betrafen wiederum das hintere Cockpit: Man baute die MG-Drehstütze aus und ein Doppelsteuer sowie eine komplette Instrumentierung ein. Bei der Mehrzahl dieser **Hind**-Trainer entfiel auch das vordere MG. Im Jahre 1938 wurden alle Maschinen mit Haubenblenden zur Instrumentenflugausbildung versehen.

Als der Zweite Weltkrieg ausbrach, war das Gros der **Hind** in den Ausbildungsdienst eingebunden, aber einige Exemplare dienten den Staffeln weiterhin als Verbindungsflugzeuge. Sechs Maschinen wurden 1939/40 nach Irland geliefert und vom Irish Air Corps als Trainer genutzt. Viele **Hind** wurden anschließend zu Lastensegler-Schleppflugzeugen modifiziert, und in dieser Rolle hielt sich das Muster bis zur Aussonderung im Jahre 1942. Die **Hind** bleibt als letzter Doppeldecker-Leichtbomber der RAF in Erinnerung.

### TECHNISCHE DATEN
**Hawker Hind**

**Typ:** zweisitziger leichter Bomber/Trainer
**Triebwerk:** ein Zwölf-Zylinder-V-Reihenmotor Rolls-Royce Kestrel V mit 477 kW (649 PS)
**Leistung:** Höchstgeschwindigkeit 299 km/h in 5000 m Höhe; Dienstgipfelhöhe 8045 m; Reichweite 692 km
**Gewicht:** Leermasse 1475 kg; max. Startmasse 2403 kg
**Abmessungen:** Spannweite 11,35 m; Länge 9,02 m; Höhe 3,23 m; Tragflügelfläche 32,33 m$^2$
**Bewaffnung:** ein vorwärtsfeuerndes 7,7-mm-MG und ein Lewis-MG gleichen Kalibers im hinteren Cockpit sowie bis zu 227 kg Bomben an Halterungen unter den Flächen

***Die meisten Hawker-Doppeldecker hatten die typische spitze Flugzeugnase, die der Kestrel-Motor mit sich brachte. Viele Exportflugzeuge wurden jedoch mit Sternmotoren ausgerüstet, die sich leichter warten ließen. Dies ist eine Hind mit Mercury-Triebwerk für Persien.***

# Hawker Horsley

Die Spezifikation 26/23 des Air Ministry für einen zweisitzigen, mittleren Tagbomber veranlaßte Hawker, den Prototyp eines großen zweistieligen Doppeldeckers zu konstruieren. Mit ungleich weit gespannten und etwas zurückgepfeilten Tragflächen, herkömmlich abgestrebtem Leitwerk, Schleifsporn-Fahrgestell und einem Rolls-Royce-Reihenmotor Condor III als Antrieb flog der Prototyp **Hawker Horsley** erstmals im Jahre 1925. Die Diensterprobung zog einen Auftrag über 20 Flugzeuge nach sich, die letzten dieses Herstellers in reiner Holzbauweise. Die nachfolgende **Horsley Mk II** war eine Mischkonstruktion aus Holz und Metall, und die Schlußserie **Horsley Mk III** (inoffizielle Firmenbezeichnung), die 1929 in Dienst gestellt wurde, bestand nahezu vollständig aus Metall.

Die **Horsley** trat ihren Dienst bei No. 11 Squadron an, und Anfang 1928 waren vier Staffeln mit diesem Muster ausgestattet. Im selben Jahr erhielt der Typ auch die Zulassung als Torpedobomber. Im Zeitraum von 1931 bis 1933 wurde eine kleine Zahl **Horsley**-Torpedobomber zu Zielschleppflugzeugen umgerüstet. Die Gesamtproduktion der **Horsley** für die RAF sollte 120 Flugzeuge aller Versionen übersteigen. In der Heimat blieb das Muster bis 1934 im Dienst und bei der in Singapur stationierten No. 36 Squadron noch bis ins nächste Jahr. Ferner entstanden sechs **Horsley Mk II** in gemischter Bauweise für die griechischen Seeluftstreitkräfte, und zwei Dreisitzer mit Sternmotor Armstrong Siddeley Leopard II wurden unter der Bezeichnung **Dantorp** nach Dänemark geliefert. Eine dänische Lizenzfertigung war geplant, zerschlug sich aber. Über die militärische Verwendung hinaus dienten etliche **Horsley** von 1926 bis 1937 als Motortestträger. Seine Ausdauer und Flugeigenschaften machten das Muster für solche Zwecke besonders geeignet.

***Hawker Horsley Mk II der No. 33(B) Squadron, RAF, Anfang der dreißiger Jahre in Netheravon und Eastchurch stationiert.***

### TECHNISCHE DATEN
**Hawker Horsley Mk II**

**Typ:** zweisitziger Tagbomber
**Triebwerk:** ein Zwölf-Zylinder-V-Motor Rolls-Royce Condor IIIA mit 496 kW (675 PS)
**Leistung:** Höchstgeschwindigkeit 201 km/h in 1830 m Höhe; Dienstgipfelhöhe 4265 m; Flugdauer zehn Stunden
**Gewicht:** Leermasse 2159 kg; max. Startmasse 3538 kg
**Abmessungen:** Spannweite 17,21 m; Länge 11,84 m; Höhe 4,17 m; Tragflügelfläche 64,38 m$^2$
**Bewaffnung:** ein vorwärtsfeuerndes 7,7-mm-Vickers-MG und ein 7,7-mm-Lewis-MG in der Beobachterposition sowie eine Bombenlast von 680 kg oder ein 18-Zoll-Torpedo im internen Waffenschacht

# Hawker Hunter

Die **Hawker Hunter** führte die Tradition der von Camm geschaffenen Jagdflugzeuge weiter und wurde das erfolgreichste Militärflugzeug Großbritanniens nach dem Zweiten Weltkrieg. Die Produktion belief sich auf 1972 **Hunter**, einschließlich 445 von Belgien und den Niederlanden in Lizenz gebauter Exemplare. Die **Hunter** war ein äußerst leistungsstarkes Kampfflugzeug, bei dessen Beschreibung alle Piloten ins Schwärmen geraten. Das Muster diente bei 22 Luftstreitkräften in allen Teilen der Erde und befindet sich bei etwa zehn nach wie vor im Einsatz. Eine Untersuchung erbrachte, daß 20% aller gebauten **Hunter** immer noch fliegen.

Der überwiegende Teil der **Hunter**-Varianten wird vom Avon-Strahltriebwerk des Herstellers Rolls-Royce angetrieben, aber die Mk 2 und Mk 5 erhielten das Sapphire von Armstrong Siddeley. Der Prototyp **P.1067** hob am 20. Juli 1951 zum ersten Mal vom Erdboden ab, die erste Serien-**Hunter** flog am 16. Mai 1953, und im Juli 1954 stellte die RAF das Muster in Dienst. Fast auf den Tag genau ein Jahr später startete der Zweisitzer-Prototyp **P.1101** zum Erstflug, und 1958 nahm er als **Hunter T.Mk 7** den Truppendienst auf. Die Lieferung neugebauter Serien-**Hunter** hielt bis 1966 an, doch während dieser Zeit wurden ständig Verbesserungen vorgenommen. Alle Versionen dieses Typs erreichten im leichten Sinkflug Überschallgeschwindigkeit, und der Antrieb, die Bewaffnung und die Treibstoffkapazität wurden stetig gesteigert. Ihren Höhepunkt erreichte diese Entwicklung mit der **Hunter FGA.Mk 9**. In diese Variante, angetrieben vom Rolls-Royce Avon Mk 207, flossen alle Erkenntnisse ein, die man aus früheren Entwicklungen gewonnen hatte. Schwerere Waffenlasten unter den Tragflächen haben die Schlagkraft noch weiter erhöht, und die **FGA.Mk 9** nutzt ihre verstärkte Zelle, um die Effektivität in der Bekämpfung von Erdzielen zu steigern. Das Muster bot eine so prägnante Verbesserung des Kampfwerts, daß der Hersteller jahrelang mit der Modifikation der **Hunter** auf diesen Standard beschäftigt war (kein einziges Exemplar wurde neu gebaut). Zu den Hauptnutzern, die weiterhin eine beachtliche **Hunter**-Flotte unterhalten, zählen die RAF und die Royal Navy mit einem Bestand von etwa 20 Flugzeugen im Ausbildungsdienst sowie die Schweizer Luftwaffe mit rund 150 Exemplaren für offensive Operationen.

**Varianten**

**Hunter F.Mk 2:** basierte auf der F.Mk 1, jedoch mit einem Motor vom Typ Armstrong Siddeley Sapphire Mk 101
**Hunter Mk 2:** Bezeichnung des Prototyps P.1067 mit Nachbrennertriebwerk Avon R.A.7R; stellte am 7. September 1953 mit 1171 km/h einen neuen Weltgeschwindigkeitsrekord auf
**Hunter F.Mk 4:** mit Avon Mk 115/121 und erweiterter Treibstoffanlage; spätere Flugzeuge mit vier Unterflügelpylonen und Möglichkeit zur Beladung mit Raketenprojektilen
**Hunter F.Mk 5:** grundsätzlich ähnlich wie F.Mk 4, aber mit Sapphire-Triebwerk Mk 101
**Hunter F.Mk 6:** mit Avon Mk 203/207, Treibstoffkapazität 1773 Liter und Bewaffnung wie bei der späten F.Mk 4
**Hunter T.Mk 8:** RN-Trainerversion mit Fanghaken
**Hunter FR.Mk 10:** Aufklärungsvariante der FGA.Mk 9 für die RAF
**Hunter GA.Mk 11:** einsitziger Jagdbombertrainer der Royal Navy
**Hunter PR.Mk 11:** RN-Äquivalent der FR.Mk 10 bei der RAF
**Hunter Mk 50:** Version der F.Mk 4 für Schweden
**Hunter Mk 51:** die der F.Mk 4 entsprechende Version für Dänemark
**Hunter Mk 52:** die der F.Mk 4 entsprechende Version für Peru
**Hunter T.Mk 53:** Version der T.Mk 7 für Dänemark
**Hunter Mk 56:** die der F.Mk 6 entsprechende Version für Indien
**Hunter FGA.Mk 56A:** die der FGA.Mk 9 entsprechende Version für Indien
**Hunter FGA.Mk 57:** die der FGA.Mk 9 entsprechende Version für Kuwait
**Hunter Mk 58 und Mk 58A:** die der F.Mk 6 entsprechende Version für die Schweiz
**Hunter FGA.Mk 59 (A):** die der FGA.Mk 9 entsprechende Version für den Irak
**Hunter FR.Mk 59B:** die der FR.Mk 10 entsprechende Version für den Irak
**Hunter T.Mk 62:** die der T.Mk 7 entsprechende Version für Peru
**Hunter T.Mk 66, 66D und 66E:** doppelsitzige Trainerversionen mit Avon der Serie 200 für Indien
**Hunter T.Mk 66B:** die der T.Mk 66 entsprechende Version für Jordanien
**Hunter T.Mk 66C:** die der T.Mk 66 entsprechende Version für den Libanon
**Hunter T.Mk 67:** die der T.Mk 66 entsprechende Version für Kuwait
**Hunter T.Mk 68:** die der T.Mk 66 entsprechende Version für die Schweiz
**Hunter T.Mk 69:** die der T.Mk 66 entsprechende Version für den Irak
**Hunter FGA.Mk 70 und 70A:** die der FGA.Mk 9 entsprechende Version für den Libanon
**Hunter FGA.Mk 71:** die der FGA.Mk 9 entsprechende Version für Chile
**Hunter FR.Mk 71A:** die der FR.Mk 10 entsprechende Version für Chile
**Hunter T.Mk 72:** die der T.Mk 66 entsprechende Version für Chile
**Hunter FGA.Mk 73, 73A und 74B:** die der FGA.Mk 9 entsprechende Version für Jordanien
**Hunter FGA.Mk 74 und 74B:** die der FGA.Mk 9 entsprechende Version für Singapur
**Hunter FR.Mk 74A:** die der FR.Mk 10 entsprechende Version für Singapur
**Hunter T.Mk 75 und 75A:** die der T.Mk 66 entsprechende Version für Singapur
**Hunter FGA.Mk 76:** die der FGA.Mk 9 entsprechende Version für Abu Dhabi
**Hunter T.Mk 77:** die der T.Mk 7 entsprechende Version für Abu Dhabi
**Hunter FGA.Mk 78:** die der FGA.Mk 9 entsprechende Version für Katar

***Das erfolgreichste britische Jagdflugzeug der Nachkriegszeit, die Hawker Hunter, befindet sich bei einigen Luftstreitkräften nach wie vor in Einsatzgeschwadern. Diese Viererformation stellte No. 43 Squadron, die die F.Mk 4 von März bis Dezember 1956 vom Jagdfliegerhorst Leuchars aus flog.***

**TECHNISCHE DATEN**
**Hawker Siddeley Hunter F.Mk 6**

**Typ:** einsitziger Abfangjäger
**Triebwerk:** ein Strahltriebwerk Rolls-Royce Avon Mk 207 mit 4604 kg Schub
**Leistung:** Höchstgeschwindigkeit 1125 km/h in Meereshöhe; Dienstgipfelhöhe 15.695 m; Einsatzradius ohne Außenlasten 370 km
**Gewicht:** Leermasse 6406 kg; max. Startmasse 10.796 kg
**Abmessungen:** Spannweite 10,25 m; Länge 13,98 m; Höhe 4,02 m; Tragflügelfläche 32,42 m²
**Bewaffnung:** vier 30-mm-Aden-Kanonen und vier Unterflügelpylone für 454-kg-Bomben innen und 227-kg-Bomben außen plus Vorrichtungen für maximal 24 76-mm-Raketen oder abwerfbare Treibstofftanks an den äußeren Trägern

***Ein Hunter-Schwarm der Hawker-Testflotte, angeführt von einer T.Mk 7 (die später zur Empire Test Pilot School stieß). Hinter ihr hängen zwei F.Mk 6, die Tanks an den Flächenenden und die leitstrahlgelenkte Luft-Luft-Rakete Fireflash von Fairey testen. Den Schluß bildet eine F.Mk 6, die später nach Indien verkauft wurde.***

# Hawker Hurricane bis Hawker Siddeley/Avro/British Aerospace 748/Andover

**Sidney Camms Hawker Hurricane war zwar nie so ruhmüberstrahlt und populär wie die Supermarine Spitfire, trug aber doch mit die Hauptlast der „Luftschlacht um England" von Juni bis September 1940. Camm ist aus der britischen Luftfahrt nicht wegzudenken. Nach dem Zweiten Weltkrieg konstruierte er noch manches erfolgreiche Jet-Flugzeug, darunter die trägerstationierte und in der Suezkrise eingesetzte Sea Hawk.**

## Hawker Hurricane

***Eine Hawker Hurricane Mk IIB der portugiesischen Esquadrilla RV, Arma da Aeronautica, 1948 in Espinho bei Oporto stationiert.***

Als im Dezember 1937 die ersten Maschinen aus der Serienproduktion der **Hawker Hurricane Mk I** an die 111. RAF-Staffel in Northolt ausgeliefert wurden, fand die Tatsache, daß es sich hier um ein bemerkenswert neues Jagdflugzeug handelte, nur geringe Beachtung. Erst am 11. Februar 1938 wurde die neue Maschine schlagzeilenträchtig, als die Zeitungen berichteten, daß eine dieser neuen **Hurricane** am Nachmittag zuvor ihrem Namen alle Ehre gemacht hatte: J.W. Gillan, Kommandeur der 111. Staffel, war von Turnhouse in Schottland die 526 km nach Northolt in nur 48 Minuten geflogen – das entsprach einer Durchschnittsgeschwindigkeit von immerhin 658 km/h!

Die Anfänge der **Hurricane** lassen sich bis in das Jahr 1933 zurückverfolgen. Damals hatte Hawker-Chefkonstrukteur Sydney Camm aus dem Doppeldecker Hawker Fury ein Eindecker-Jagdflugzeug mit dem Goshawk-Motor von Rolls-Royce konzipiert. Im Laufe der weiteren Entwicklung wurde der Goshawk-Motor gegen den ebenfalls von Rolls-Royce gefertigten P.V.12 Merlin ausgewechselt, und um diesen herum baute Hawker dann entsprechend der Vorgabe F.36/34 des Luftfahrtministeriums den Prototyp seiner **Hurricane**. Bei ihrem Erstflug am 6. November 1935 war die Maschine mit einziehbarem Fahrwerk, strebversteifter Höhenflosse, konventioneller stoffbespannter Hawker-Rumpfkonstruktion, neuen zweiholmigen Eindeckertragflächen sowie mit dem 738 kW (990 PS) starken Merlin-Motor Typ-„C" von Rolls-Royce ausgerüstet.

Die offiziellen Testflüge des neuen Jagdflugzeugs begannen im Februar 1936. Die Geschwindigkeitserwartungen der Konstrukteure wurden dabei von den wirklichen Leistungen der Maschine sichtbar übertroffen, und so traf am 3. Juni 1936 bei Hawker der erste Serienauftrag des Ministeriums über 600 Maschinen ein. Ende des Monats stand der Name **Hurricane** für das Flugzeug fest. Hawker hatte schon lange vorher fest mit einem Auftrag gerechnet und deshalb vorsorglich die nötigen Kapazitäten für 1000 Exemplare geschaffen. Allerdings verlangte der Regierungsauftrag den Einbau eines Motors vom Typ Merlin II in das neue Flugzeug, wodurch eine Reihe von Verzögerungen, bedingt durch die zusätzlich erforderlichen Umrüstungen, auftraten. Die lange geplanten Vorbereitungen waren allerdings schon so weit fortgeschritten, daß der Jungfernflug der ersten Serienmaschine **Hurricane Mk I** bereits am 12. Oktober 1937 erfolgen konnte.

Die 111. Staffel in Northolt erprobte die neuen Maschinen im Dezember 1937 und wurde bis Ende Januar mit **Hurricane** ausgerüstet. Kurz darauf folgten die Staffeln 3 und 56, und Ende 1938 standen schon rund 200 **Hurricane** bei der RAF in Dienst. Das erste Serienmodell wies außer dem Merlin II mit 768 kW (1030 PS) kaum Veränderungen gegenüber dem Prototyp auf.

Von Anfang an war klar, daß man mit der **Hurricane** ein hervorragendes neues Flugzeug für die ständig wachsende RAF erhalten hatte, und so wurde Ende 1938 beschlossen, die Maschinen auch bei Gloster Aircraft in Hucclecote, Gloucestershire, in Serie fertigen zu lassen. Das erste, von Gloster hergestellte Produktionsexemplar absolvierte seinen Erstflug mit großem Erfolg am 27. Oktober 1939, und ein Jahr später waren bereits 1000 **Hurricane** des Herstellers Gloster an die RAF ausgeliefert. Diese Zahl erhöhte sich noch auf 1850 (bei Hawker auf 1924), bis dann die späteren Versionen des Typs die **Hurricane Mk I** ablösten. Inzwischen hatte man die Stoffbespannung durch eine Ganzmetallkonstruktion ersetzt und eine Reihe technischer Verbesserungen eingeführt, wie beispielsweise den Merlin III, eine kugelsichere Windschutzscheibe sowie Schutzarmierungen für den Piloten.

Trotz des Produktionsdrucks für die RAF hatte Hawker auch andere Produktionsaufträge nicht vernachlässigt. So wurden etwa 24 Flugzeuge (und eine Baulizenz) nach Jugoslawien und Belgien, Polen und Rumänien sowie in den Iran und die Türkei geliefert. Mit Avions Fairey aus Belgien vereinbarte man einen weiteren Lizenzvertrag, doch bis zur deutschen Invasion wurden nur zwei belgische **Hurricane** gebaut. Auch an die Canadian Car and Foundry Co. wurde ein Lizenzbauvertrag vergeben, und das erste der dort gefertigten Exemplare flog am 9. Januar 1940. Die kanadischen Maschinen waren anfangs mit den in England gebauten **Hurricane Mk I** identisch, unterschieden sich aber später vor allem durch den von Packard gefertigten Merlin-Motor.

Bei Ausbruch des Zweiten Weltkriegs waren 19 RAF-Staffeln mit der **Hurricane** ausgestattet. Die Staffeln 1, 73, 85 und 87 wurden nach Frankreich verlegt, blieben aber während des „drôle de guerre" an der Westfront und bis zum deutschen Angriff am 10. Mai 1940 von Kampfeinsätzen verschont. Später folgten noch weitere acht Staffeln, doch alle erwiesen sich als unfähig, dem deutschen Vormarsch Einhalt zu gebieten. Eine Bestandsaufnahme nach Dünkirchen ergab einen Gesamtverlust von 200 **Hurricane**, die entweder völlig vernichtet oder oft so stark zerstört waren, daß man sie nicht mehr einsetzen konnte. Die RAF befand sich damit in einer schwierigen Situation, handelte es sich doch nahezu um ein Viertel ihres Gesamtbestandes an modernen Jagdflugzeugen.

Glücklicherweise blieb die erwartete Invasion Englands aus, und so konnte das Jagdkommando seine Verluste wieder ausgleichen. Am 8. August 1940 (das Datum gilt als der eigentliche Beginn der Luftschlacht um England) verfügte die RAF wieder über 32 **Hurricane**-Staffeln sowie 19 zusätzliche Einheiten, die mit Supermarine Spitfire ausgerüstet waren. Drei **Hurricane**-Staffeln verlegten darüber hinaus nach Übersee: die 261. nach Malta und die 73. und 274. nach Nordafrika, um Operationen in der Wüste durchzuführen.

Durch Einrüstung eines Merlin XX entstand aus der **Hurricane Mk I** die **Hurricane Mk IIA Srs 1**. Auch die kurz darauf folgende **Hurricane Mk IIA Srs 2** war, abgesehen von einem leicht verlängerten Rumpf, im wesentlichen unverändert geblieben. Sie beinhaltete jedoch einen wichtigen Änderungsschritt in der Serienproduktion, der den Einbau neuentwickelter und untereinander auswechselbarer Tragflächen in die Maschinen ermöglichen sollte. Im verlängerten Rumpf konnten außerdem zwölf 7,7-mm-MGs und zwei 113-kg-Bomben oder zwei unter den Flügeln aufgehängte 227-kg-Bomben untergebracht werden. Dieser Typ trug die Bezeichnung **Hurricane Mk IIB** und war praktisch baugleich mit der **Hurricane Mk IIC**; lediglich die MGs hatte man durch vier 20-mm-Bordkanonen ersetzt. 1942 war die eigentliche Entwicklung beendet, und nur die Konstruktion einer neuen Tragfläche verlängerte noch einmal, unter der Bezeichnung **Hurricane Mk IID**, das Leben dieses bemerkenswerten Flugzeugs. In die Tragfläche hatte man zwei 40-mm-Panzerknackerkanonen (Rolls-Royce B.F. oder Vickers Typ S) eingebaut, dazu je ein harmonisiertes 7,7-mm-MG als Zielhilfe. In der Rolle eines Panzerknackers konnte die **Hurricane Mk IID** nicht nur effektiv gegen die deutschen Panzerdivisionen in Nordafrika, sondern auch (allerdings leichter bewaffnet) gegen gepanzerte japanische Militärfahrzeuge in Burma eingesetzt werden.

Der Erfolg der Flügelvariation führte zu den letzten Serienversionen dieses Typs, der **Hurricane Mk IV** (die anfangs **Hurricane Mk IIE** hieß) mit dem neuen, 1208 kW (1620 PS) starken Merlin 24 oder 27 sowie einer Universaltragfläche, durch die sich die Maschine in ein hochspezialisiertes Bodenangriffsflugzeug verwandelte. Zwei 7,7-mm-MGs dienten als Visierhilfe für die anderen Waffen, die aus zwei 40-mm-Panzerknackerkanonen, zwei 113-kg-Bom-

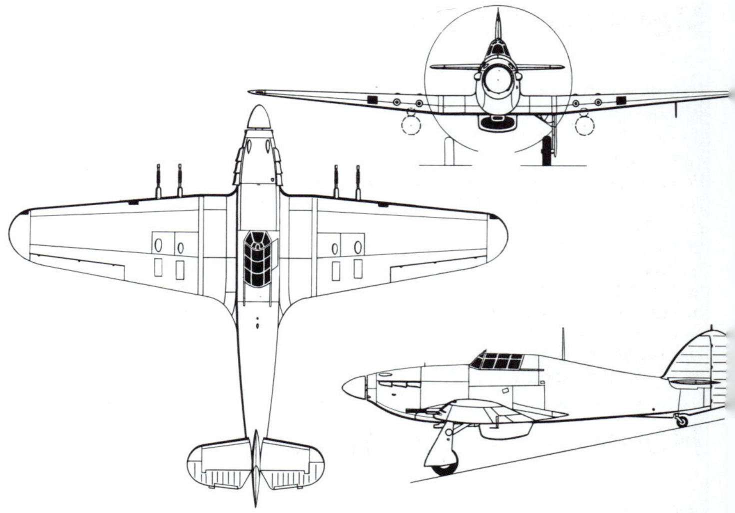

***Hawker Hurricane Mk IIC; die gestrichelten Linien zeigen wahlweise einrüstbare Bomben oder Zusatztanks unter den Tragflächen an.***

ben, Last- oder Abwurftanks oder acht Raketenprojektilen mit 27-kg-Sprengköpfen bestehen konnten. Letztere, seit Ende 1941 in der Planung, waren erstmals im Februar 1942 in einer **Hurricane** getestet worden. Die **Hurricane IV**, in die sie danach eingerüstet wurden, war damit das erste alliierte Flugzeug, das über Luft-Boden-Raketen verfügte. Dieses Muster existierte noch über das Ende des Krieges hinaus, denn erst im Januar 1947 wurde die letzte **Hurricane**-Staffel der RAF mit den neueren Versionen der **Hurricane** ausgerüstet.

Die kanadische **Hurricane**-Produktion war seit der **Hurricane Mk I** beträchtlich angewachsen, und mit dem Einbau eines von Packard gebauten Merlin 28 (969 kW/1300 PS) wurde sie in **Hurricane Mk X** umgetauft. Diese Variante glich vor allem der britischen **Hurricane Mk IIB**, die über zwölf, in ihren Flügeln untergebrachte MGs verfügte. Einige der Maschinen wurden auch an die RAF geliefert, doch den Großteil erhielt die Royal Canadian Air Force. Die nachfolgende **Hurricane Mk XI** wurde sogar speziell auf die Erfordernisse der RCAF abgestimmt. Ihre Haupt-Serienproduktion umfaßte die **Hurricane Mk XII** mit dem von Packard gefertigten, 969 kW (1300 PS) starken Merlin 29, den Tragflächen für zwölf MGs, später auch den vier Bordkanonen und den Universalflügeln. Die letzte kanadische Landversion wurde dann die mit der **Hurricane Mk XII** identische, aber für acht MGs ausgelegte **Hurricane XIIA**.

Zusätzlich zu den vor dem Krieg exportierten **Hurricane** wurden aus der Kriegsproduktion 2952 Exemplare an die UdSSR geliefert, von denen aber einige bei Luftangriffen auf die Transportschiffe im Meer versanken. Weitere Kriegsexporte gingen, obwohl man im eigenen Land eigentlich keine Maschine entbehren konnte, an Ägypten (20), Finnland (zwölf) und Indien (300), an das Irish Air Corps (zwölf), nach Persien (ein einzelnes Exemplar) und in die Türkei (14). Die Gesamtproduktion in England und Kanada belief sich auf 14.231 Maschinen.

In der Luftschlacht um England zerstörten die **Hurricane** mehr Feindflugzeuge als alle anderen Boden- und Luftverteidigungskräfte zusammen. Allerdings wurde dies dadurch begünstigt, daß sich die Supermarine Spitfire der deutschen Messerschmitt Bf 109 annahmen, und es damit den **Hurribombern**, wie die Maschinen auch genannt wurden, ermöglichten, sich auf die anderen deutschen Bomber zu konzentrieren. **Hurricane** flogen ihre Einsätze von Malta aus, griffen Schiffe im Kanal an und fügten den Achsenstreitkräften in der nordafrikanischen Wüste schwere Verluste zu. Mit einer **Hurricane** erwarb sich Leutnant J. B. Nicholson von der 249. FS im Spätsommer 1940 auch das einzige Victoria Cross, das je ein Flieger bekam. Er hatte am 17. August, obwohl er selbst verwundet und seine Maschine bereits schwer beschädigt war, eine angreifende Bf 110 abgeschossen. Obwohl er bei dieser Aktion zu Boden ging, überlebte er und wurde gerettet.

Und so ist es nicht verwunderlich, daß es eine **Hurricane** war, die noch Jahre nach dem Ende des Zweiten Weltkrieg die Ehre hatte, bei den Gedenkfeiern der Schlacht um England die Paradeflüge der Royal Air Force über London anzuführen.

### TECHNISCHE DATEN
**Hawker Hurricane Mk IIB**

**Typ:** einsitziger Jäger/Jagdbomber
**Triebwerk:** ein Rolls-Royce Merlin XX V-Kolbenmotor mit zwölf Zylindern und 954 kW (1280 PS)
**Leistung:** Höchstgeschwindigkeit 550 km/h in 6705 m Höhe; Marschgeschwindigkeit 476 km/h in 6095 m Höhe; Diensthöhe 11.125 m; Reichweite ohne Außenzusatztanks 772 km
**Gewicht:** Leermasse 2495 kg; max. Startmasse 3311 kg
**Abmessungen:** Spannweite 12,19 m; Länge 9,82 m; Höhe 3,99 m; Tragflügelfläche 23,92 m²
**Bewaffnung:** Zwölf vorwärtsfeuernde 7,7-mm-MGs und zwei 113-kg- oder 227-kg-Bomben

# Hawker Nimrod

Von 1924 bis 1932 hatte die Fairey Flycatcher mit ihrem hohen Leitwerk die Ehre, der einzige Jäger im Dienst der FAA (Fleet Air Arm = Marineflieger) zu sein. Doch angesichts der bescheidenen Geschwindigkeit dieses „Fliegenfängers" von nur 214 km/h auf Meereshöhe, die mit zunehmender Höhe auch noch abnahm, war ein leistungsfähigeres Flugzeug wünschenswert. Bereits 1926 existierte eine Vorgabe des Luftfahrtministeriums für diesen neuen Entwurf, und Hawker Engineering reichte daraufhin Pläne für einen Hoopoe genannten Doppeldecker mit Sternmotor ein. Zwar hatten sie damit keinen Erfolg, doch führte ihr Entwurf über die Hawker Fury zum Doppeldecker Norn.

Aus dem letztgenannten Muster entstand die der Hawker Fury ähnelnde **Hawker Nimrod**, deren Erstflug am 14. Oktober 1931 stattfand. 1932 erhielten zunächst die Staffeln 402, 408 und 409 die **Nimrod Mk I** als Ersatz für ihre Flycatcher, und 1933 folgten die auf den Flugzeugträgern Courageous, Furious und Glorious stationierten Staffeln 800, 801 und 802. Im September 1933 lief die Serienproduktion der verbesserten Version **Nimrod Mk II** an, und die Marineflieger erhielten ihre ersten Exemplare im März 1934. Sie waren mit Landebremsvorrichtung sowie stärkeren Motoren und vergrößerten Tragflügelflächen ausgestattet. Viele der insgesamt 57 **Nimrod Mk II** hatten eine Basisstruktur aus rostfreiem Stahl, die restlichen 27 Maschinen der Serie wiesen hingegen die konventionelle Hawker-Bauweise aus leichten Legierungen und Stahl auf.

***Die Hawker Nimrod Mk I war eine navalisierte Hawker Fury. Auf dieser Aufnahme ist deutlich das Räder-Fahrgestell zu erkennen.***

### TECHNISCHE DATEN
**Hawker Nimrod Mk II**

**Typ:** einsitziger Flugzeugträger-Jäger
**Triebwerk:** ein Rolls-Royce Kestrel VFP V-Kolbenmotor mit zwölf Zylindern und 453 kW (608 PS)
**Leistung:** Höchstgeschwindigkeit 311 km/h in 4265 m Höhe; Marschgeschwindigkeit 185 km/h; Diensthöhe 8535 m; Höchstflugdauer eine Stunde 40 Minuten in 3050 m Höhe
**Gewicht:** Leermasse 1413 kg; max. Startmasse 1841 kg
**Abmessungen:** Spannweite 10,23 m; Länge 8,09 m; Höhe 3 m; Tragflügelfläche 27,96 m²
**Bewaffnung:** zwei vorwärtsfeuernde synchronisierte 7,7-mm-MGs und Möglichkeit für vier Neun-kg-Bomben zwischen den Tragflächen

Nennenswerte Exporterfolge blieben Hawker mit der **Nimrod** leider versagt. Je eine Maschine ging nach Japan und Portugal und zwei erhielt Dänemark, das die Flugzeuge in **Nimrodderne** umtaufte. Zwar plante die dänische königliche Werft den Lizenzbau von zehn weiteren **Nimrod**, aber es gibt keine Belege für die Umsetzung dieser Pläne.

Bei der FAA diente die **Nimrod** bei Ausbruch des Zweiten Weltkriegs in erster Linie als Schul- und Verbindungsflugzeug, bis sie im Juni des Jahres 1941 aus Überalterungsgründen aus den Beständen der FAA ausgemustert werden mußte. Die dänischen **Nimrodderne** blieben ebenfalls nur bis zur deutschen Invasion im April 1940 in Dienst.

# Hawker Osprey

Die **Hawker Osprey** war eine navalisierte (für die Marineflieger adaptierte) Version der Hawker Hart und ursprünglich als zweisitziger See-Aufklärer konzipiert. Der Prototyp, bei dem es sich um eine Variation des Hart-Prototyps mit faltbaren Flügeln, katapultfähiger Rumpfverstärkung und auswechselbaren Fahrwerksrädern/-schwimmern handelte, flog erstmals im Sommer des Jahres 1930. Die erste Produktionsserie der **Osprey Mk I** ging ab November 1932 in Dienst. Die verbesserte **Osprey Mk II** verfügte über neue Schwimmer und die **Osprey Mk III** über ein Schlauchboot im oberen Steuerbordflügel. In diese ersten drei Versionen war ein Rolls-Royce-Motor vom Typ Kestrel II mit zwölf Zylindern und einer Leistung von 470 kW (630 PS) eingebaut, in die letzte, die **Osprey Mk IV**, ein Kestrel V mit 477 kW (640 PS). Die **Mk IV** war noch bis 1938 im Dienst der Marineflieger und diente bis 1940 als Reserve. Insgesamt wurden 130 Exemplare dieses Typs gefertigt und einige davon in verschiedene europäische Länder, darunter Portugal (zwei), Spanien (eine einzelne Maschine) und Schweden (vier), exportiert.

### TECHNISCHE DATEN
**Hawker Osprey Mk III**

**Typ:** zweisitziges See- und Aufklärungsflugzeug
**Triebwerk:** ein Rolls-Royce Kestrel II mit zwölf Zylindern und 470 kW (630 PS)
**Leistung:** Höchstgeschwindigkeit 270 km/h in 1525 m Höhe; Diensthöhe 7165 m
**Gewicht:** Leermasse 1545 kg; max. Startmasse 2245 kg
**Abmessungen:** Spannweite 11,28 m; Länge 8,94 m; Höhe 3,17 m; Tragflügelfläche 31,5 m²

***Die Osprey unterschied sich von der Hawker Hart nur durch ihr Fahrwerk, das wahlweise für Räder oder Schwimmer umgerüstet werden konnte.***

# Hawker Sea Hurricane

Der schnelle Erfolg der Hawker Hurricane als Jagdflugzeug im Dienst der RAF richtete auch das Interesse der Royal Navy auf dieses Flugzeug. Dort plante man, die Maschine für Einsätze während des Atlantikkriegs, der zu Beginn des Jahres 1940 durch steil ansteigende Schiffsverluste gekennzeichnet war, in Dienst zu stellen. Ein großer Teil dieser Verluste ereignete sich auf hoher See, wo die Landflugzeuge aufgrund ihrer begrenzten Reichweite als Geleitschutz nicht mehr eingesetzt werden konnten. Den deutschen Langstreckenflugzeugen war es deshalb möglich, Konvois auf hoher See auszuspionieren und U-Boote auf sie anzusetzen.

Eine Zwischenlösung für diese prekäre Situation wurde mit der **Hurricat** gefunden, einer für Katapultstarts auf CAM-Schiffen (CAM = Catapult Armed Merchantmen) umgebauten Hurricane. Die Maschinen wurden vom Bug aus auf ihre Einwegmission abkatapultiert, d.h. sie konnten nicht wieder zurückkehren und landen. Die Piloten mußten nach Erfüllung ihres Einsatzes entweder direkt aussteigen oder nahe genug an einem der Geleitzugsschiffe notwassern, um aufgefischt zu werden. Im August 1941 wurde diese Situation durch abwerfbare Unterflügelzusatztanks verbessert, nachdem man die CAM-Schiffe mit den dazu erforderlichen stärkeren Katapulten ausgestattet hatte. Doch nach wie vor war dies bestenfalls eine verzweifelte und weniger eine wirklich praktische Notmaßnahme. Immerhin gelang es in den letzten fünf Monaten des Jahres 1941, sechs Feindflugzeuge abzuschießen, das erste davon am 3. August 1941 durch Leutnant R. W. H. Everett, der eine Focke-Wulf Fw 200 Condor stellte.

Zur Umwandlung der Hurricane wurde nur eine zusätzliche Katapultspule benötigt, und die 50 in dieser Weise adaptierten Maschinen trugen die Bezeichnung **Sea Hurricane Mk IA**. Ihnen folgten rund 300 zur **Sea Hurricane Mk IB** mit Katapultspule und Fanghaken in V-Form modifizierte **Mk I** sowie 25, unter der Bezeichnung **Sea Hurricane IB** oder **Hooked Hurricane II** geführte **Mk IIA Srs 2**. Sie steigerten zunächst die Gefechtsstärke der CAM-Schiffe in nicht unerheblicher Weise, wurden dann aber auf die MAC-Schiffe verlegt, bei denen es sich um große Handelsschiffe mit kleinen Landedecks und einigen Jagd- und ASW-Flugzeugen handelte, die von diesen Mini-Flugzeugträgern aus operieren konnten. Die von Februar 1942 an verfügbare Version **Sea Hurricane Mk IC** war ebenfalls nur eine mit Katapultspule und Fanghaken ausgestattete **Mk I**, verfügte allerdings schon über die Tragflächen des Landflugzeugs **Hurricane Mk IIC**, in die vier Bordkanonen integriert waren. Die letzte **Sea Hurricane** britischer Fabrikation war die **Sea Hurricane Mk IIC** für Flugzeugträger ohne Katapultspule, das erste Marineflugzeug, das mit einem Merlin XX sowie mit FAA-Funkgeräten ausgerüstet war. Die letzte, in geringer Stückzahl gefertigte Variante hieß **Sea Hurricane Mk XIIA**. Bei ihr handelte es sich um die in Kanada gebaute und im Nordatlantik eingesetzte **Mk XII**.

Im Spätsommer 1942 errangen die **Sea Hurricane** sich Ruhm, als die mit ihnen fliegenden Staffeln 801, 802 und 885 auf den Flugzeugträgern Indomitable, Eagle und Victorious zum Schutz eines wichtigen Geleitzugs nach Malta drei Tage lang den pausenlosen Attacken von Torpedobombern und Geleitschutzjägern der Achsenmächte standhielten und bei nur acht eigenen Verlusten 39 Feindflugzeuge abschossen.

***Die Aufnahme zeigt eine Gruppe Sea Hurricane Mk IA, bei denen es sich um modifizierte Landflugzeuge ohne Fanghaken handelte.***

### TECHNISCHE DATEN
**Hawker Sea Hurricane Mk IIC**

**Typ:** einsitziger Flugzeugträger-Jäger
**Triebwerk:** ein Rolls-Royce Merlin XX V-Kolbenmotor mit zwölf Zylindern und 954 kW (1280 PS)
**Leistung:** Höchstgeschwindigkeit 550 km/h in 6705 m Höhe; Diensthöhe 10.850 m; Reichweite ohne Außenzusatztanks 740 km
**Gewicht:** Leermasse 2667 kg; max. Startmasse 3674 kg
**Abmessungen:** Spannweite 12,19 m; Länge 9,83 m; Höhe 3,99 m; Tragflügelfläche 23,92 m²
**Bewaffnung:** vier 20-mm-Bordkanonen

# Hawker Tempest

Die als Abfangjäger konzipierte Hawker Typhoon enttäuschte in ihrer Ursprungsrolle, zeichnete sich dafür aber später als Jagdbomber mit Raketenbewaffnung aus. Ihre Steigfähigkeit und Flugleistung in großer Höhe waren relativ schwach, so daß 1941 eine Verbesserung mittels dünnerer, elliptischer und planer Tragflächen in Angriff genommen wurde. Neben einer Verlagerung des Motorkühlers an die Vorderkanten der Flügelenden erhielt das Muster auch einen verbesserten Motor vom Typ Napier Sabre EC.107C. Allerdings wurde aufgrund der dünneren Tragfläche und des damit verbundenen Verlusts der Flügeltanks der Einbau eines zusätzlichen Rumpftanks erforderlich.

Die Pläne für diese neue **Typhoon Mk II** wurden dem Ministerium eingereicht, das am 18. November 1941 zwei Prototypen unter der Spezifizierung F.10/41 in Auftrag gab. Die damit verbundenen, nicht unbeträchtlichen Veränderungen führten Anfang 1942 zur Bezeichnung **Hawker Tempest**. Die Motorisierung des neuen Musters übernahm man von der inzwischen gestoppten Planung einer Hawker Tornado. So wurden aus den beiden bestellten Prototypen die **Tempest Mk I** (mit einem Sabre IV) und die **Tempest Mk V** (mit einem Sabre II). Als vier weitere Exemplare bestellt wurden, erhielten zwei der Maschinen unter der Bezeichnung **Tempest Mk II** den Bristol Centaurus mit 1879 kW (2520 PS). In die beiden anderen rüstete man den Rolls-Royce Griffon IIB ein und nannte sie **Tempest Mk III**. Aus ihnen gingen später die mit einem Griffon 61 ausgerüsteten **Tempest Mk IV** hervor, von denen jedoch nur eine einzelne Maschine als einer der beiden Hawker-Fury-Prototypen tatsächlich fertiggestellt wurde.

Bevor auch nur einer dieser Prototypen überhaupt die Gelegenheit erhielt zu fliegen, hatte das Luftfahrtministerium bereits einen Auftrag über 400 **Tempest Mk I** erteilt, der auf die nachfolgenden Versionen übertragen wurde. Der Prototyp **Tempest Mk I**, dessen Äußeres nicht von einem „Bartkühler", wie die Typhoon ihn hatte, verunstaltet wurde, startete am 24. Februar 1943 zum Erstflug und erreichte eine Geschwindigkeit von 750 km/h in 7470 m Höhe, wurde aber aufgrund seiner Motorprobleme und den sich daraus ergebenden Verzögerungen wieder aufgegeben. Der erste wirkliche Prototyp war die im September 1942 geflogene **Tempest Mk V** mit ihrem „Kinnkühler" und dem Leitwerk der Typhoon, das später modifiziert wurde. Die erste **Mk V** von insgesamt 805 Serienmaschinen flog in Langley am 21. Juni 1943. Sie stammte aus der ersten Hunderterserie und war mit vier 20-mm-Bordkanonen British Hispano Mk II, deren Läufe aus der Vorderflügelkante herausragten, bestückt. Die übrigen **Tempest Mk V** hatten kurzläufige, in die Flügel versenkte Bordkanonen vom Typ Mk V. 1945 wurde in eine **Tempest Mk V**, ähnlich der Installation der Hawker Hurricane Mk IID, je eine 40-mm-„P"-Bordkanone unter den Flügeln eingerüstet. Nach Kriegsende dienten einige der Maschinen unter der Bezeichnung **TT.Mk 5** für Zielübungen.

Im Oktober 1942 erfolgte, noch bevor am 28. Juni 1943 der Erstflug des Prototyps stattfand, ein Auftrag über 500 **Tempest Mk II** mit einem Centaurus-Motor vom Typ Mk IV. In der nächsten, von der Bristol Aeroplane Company gebauten Serie, wurde er allerdings durch den Mk V mit 1879 kW (2520 PS) ersetzt. Die erste von nur 34 Maschinen flog am 4. Oktober 1944, bevor die Produktion wieder an die Firma Hawker zurückging, die weitere 100 **Tempest F.Mk II** als Jäger und 314 **Tempest FB.Mk II** als Jagdbomber mit Unterflügelträgern für

***Eine Hawker Tempest Mk II der 54. FS (Jagdstaffel) der Royal Air Force, stationiert im Jahre 1946 in Chilbolton.***

Bomben oder Raketen fertigte. 1947 kaufte Indien 89 für den Einsatz in den Tropen modifizierte **Tempest Mk II** aus RAF-Beständen, gefolgt von 24 Maschinen 1948, die an Pakistan geliefert wurden. Bei der dritten und letzten **Tempest**-Serie handelte es sich um 142 für den Einsatz im Nahen Osten ausgestattete **Tempest F.Mk VI** mit einem 1745 kW (2340 PS) starken Napier Sabre V, deren Erstflug am 9. Mai 1944 erfolgte. Einige der Maschinen fanden später unter der Bezeichnung **Tempest TT.Mk 6** als Übungsziele Verwendung.

Die **Tempest** wurde im April 1944 bei der RAF in Dienst gestellt. In Newchurch, Kent, wurde mit der **Mk V** das erste **Tempest**-Geschwader der Fliegergruppe 85 gebildet. Es war in die Planungen für die Normandie-Invasion integriert, doch als am 13. Juni die erste V1-Flugbombe auf Swanscombe fiel, erhielt das Geschwader gemeinsam mit anderen Einheiten den Auftrag zur Abwehr der V1-Bedrohung. Von den 1847 zwischen Juni 1944 und März 1945 abgeschossenen V-Raketen wurden 481½ dem **Tempest**-Geschwader gutgeschrieben.

Bis zum Kriegsende in Europa flogen **Tempest Mk V** Einsätze zur Bodenunterstützung und, nach dem deutschen Rückzug, Angriffe auf Flugplätze in Frankreich und Belgien. Sie waren auch in Luftkämpfe gegen Messerschmitt Me 262 involviert, von denen bis Kriegsende noch 20 Maschinen abgeschossen wurden.

Planungsgemäß sollten im Mai 1945 noch 50 **Mk II** in den Fernen Osten entsandt werden, um dort mit der Tiger Force gegen die Japaner weiterzukämpfen. Doch der pazifische Krieg war zu Ende, bevor die Maschinen ihre volle Einsatzfähigkeit erlangten. Sie wurden im November 1945 schließlich der 54. FS in Chilbolton zugeteilt, dem einzigen Nachkriegs-Heimstützpunkt der **Tempest** (die anderen befanden sich in Deutschland, Hongkong, Indien und Malaysia). Auch die **Tempest Mk VI** kam zu spät für den Kriegseinsatz und wurde nur noch von den in Deutschland und im Nahen Osten stationierten Staffeln geflogen.

### TECHNISCHE DATEN
**Hawker Tempest Mk V**

**Typ:** einsitziger Jäger/Jagdbomber
**Triebwerk:** ein Napier Sabre IIA Kolbenmotor „H" mit 24 Zylindern und 1626 kW (2180 PS)
**Leistung:** Höchstgeschwindigkeit 686 km/h in 5640 m Höhe; Diensthöhe 11.125 m; normale Reichweite 1191 km
**Gewicht:** Leermasse 4082 kg; max. Startmasse 6142 kg
**Abmessungen:** Spannweite 12,50 m; Länge 10,26 m; Höhe 4,90 m; Tragflügelfläche 28,06 m²
**Bewaffnung:** vier 20-mm-Bordkanonen und zwei 227-kg- oder zwei 454-kg-Bomben oder acht 27-kg-Raketengeschosse

# Hawker Tomtit

Als das Luftfahrtministerium 1927 ein Anfänger-Schulflugzeug als Ersatz für die langgediente Avro 504 suchte, entwarf Sydney Camm einen sauber durchkonstruierten Doppeldecker in konventioneller Bauweise, dessen Fahrwerk über einen Hecksporn verfügte. Fluglehrer und Schüler saßen hintereinander im offenen Cockpit der von einem Sternmotor Armstrong Siddeley Mongoose angetriebenen **Hawker Tomtit**, deren Erstflug im November 1928 stattfand. Die Basisstruktur aus stoffbespanntem Metall und die Ausrüstung mit Blindfluginstrumenten machten dieses Flugzeug zu einer bemerkenswerten Schulmaschine. Drei Monate nach dem Erstflug gab die RAF eine erste Serie in Auftrag und kaufte einschließlich des Prototyps insgesamt 25 Stück für die Central Flying School und die 3. Schulflugstaffel. Zusätzlich erhielten das kanadische Verteidigungsministerium zwei und die Militärflieger Neuseelands vier Exemplare dieses neuen Typs.

Die **Tomtit** ging bei der RAF 1930 in Dienst, wurde aber schon 1932 durch die Avro Tutor ersetzt und dann an verschiedene Einheiten für diverse Zwecke verteilt. Die meisten Maschinen wurden bis Ende 1935 nach und nach ausgemustert. Ein Einzelexemplar dieses Typs fliegt aber auch heute noch.

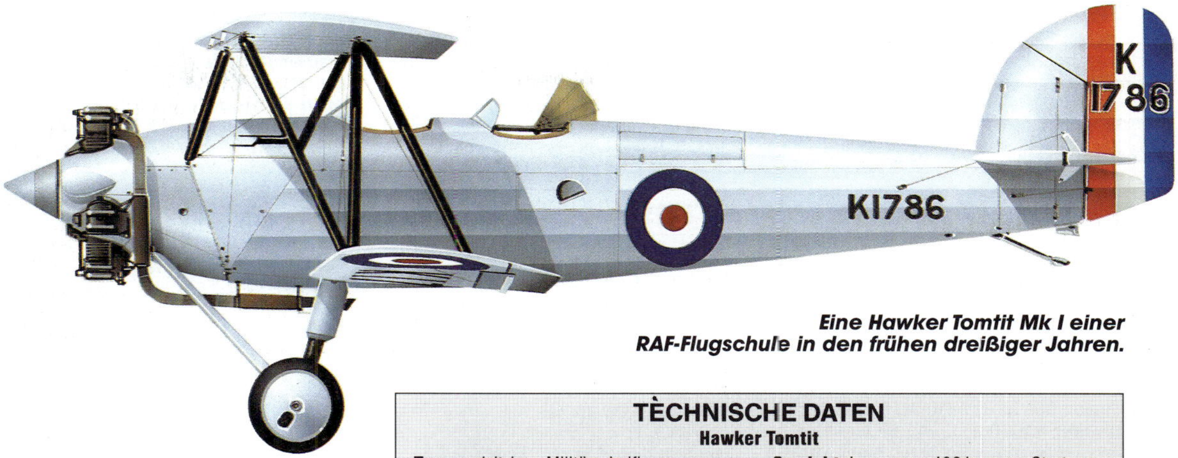


***Eine Hawker Tomtit Mk I einer RAF-Flugschule in den frühen dreißiger Jahren.***

**TECHNISCHE DATEN**
**Hawker Tomtit**

**Typ:** zweisitziges Militärschulflugzeug
**Triebwerk:** ein Kolbensternmotor Armstrong Siddeley Mongoose IIIC mit fünf Zylindern und 112 kW (150 PS)
**Leistung:** Höchstgeschwindigkeit 200 km/h auf Meereshöhe; Diensthöhe 5945 m
**Gewicht:** Leermasse 499 kg; max. Startmasse 794 kg
**Abmessungen:** Spannweite 8,71 m; Länge 7,21 m; Höhe 2,54 m; Tragflügelfläche 22,09 m²

# Hawker Typhoon

1937 nahm Sydney Camm entsprechend der Anforderung F.18/37 die Konstruktion der **Hawker Typhoon** in Angriff. Die Ausschreibung verlangte als Motor entweder einen Rolls-Royce Vulture oder einen Napier Sabre. Also baute man zwei Prototypen, von denen der eine, die Hawker Tornado, mit dem Vulture und der andere, die **Hawker Typhoon**, mit dem Napier Sabre ausgerüstet war. Beide Motoren verursachten jedoch Probleme, von denen sich die des Sabre beseitigen ließen, weil Napier sich um die Weiterentwicklung des Motors bemühte. Bei Rolls-Royce war man hingegen zu beschäftigt mit dem neuen Merlin, um sich den Kinderkrankheiten des Vulture widmen zu können.

Unabhängig von diesen Motorproblemen zeigte sich beim Erstflug des **Typhoon**-Prototyps am 24. Februar 1940, daß auch die Konstruktion Schwächen hatte, die sich sogar fortsetzten, als der Typ längst in Dienst gestellt war. Der ursprüngliche Prototyp besaß eine mit zwölf Maschinengewehren versehene Tragfläche und ging aus der Hauptserie, deren erste Maschine am 27. Mai 1941 flog, als **Typhoon Mk IA** hervor. Nahezu alle 3330 gebauten **Typhoon** wurden bei Gloster Aircraft produziert. Ein zweiter Prototyp, dessen Erstflug am 3. Mai 1941 erfolgte, verfügte über Tragflächen mit vier eingebauten Bordkanonen und trug die Bezeichnung **Typhoon Mk IB**.

Die ersten Serienmaschinen wurden im September 1941 der 56. Jagdstaffel der RAF zugestellt. Rasch zeigte sich, daß die anfänglichen Konstruktionsmängel nicht ausgeräumt waren – ein Fehler, der einige Piloten ihr Leben kostete und im Luftfahrtministerium die Diskussion über eine mögliche Verschrottung des Flugzeugs entfachte. Zum Glück hatte man bei Hawker aber inzwischen entdeckt, warum die Maschinen immer wieder ihr Leitwerk verloren. Trotzdem dauerte es noch bis Ende 1942, bevor man die Schwierigkeiten mit Motor und Flugwerk beseitigt hatte.

Auch danach lieferte die **Typhoon** nur mäßige Steigleistungen, erreichte dafür aber eine beachtliche Geschwindigkeit in niedrigen Flughöhen, ein Vorteil, der erstmals im November 1941 entscheidend genutzt wurde. Die zu dieser Zeit in Manston, Kent, stationierte Staffel 609 schoß bei Überfall-Angriffen vier Focke-Wulf Fw 190 ab. Ende 1942 hatte sich die **Typhoon** dann, ausgerüstet mit dem verbesserten Sabre-Motor IIA und vier 20-mm-Bordkanonen sowie der Möglichkeit, an Unterflügelträgern Bomben zu transportieren, in einen wertvollen Jagdbomber verwandelt, der über Frankreich und Holland die deutschen Nachschublieferungen empfindlich störte. Ihr volles Potential entwickelte sie aber erst Ende 1943, als sie, mit Raketen bestückt, gegen die deutsche Küstenverteidigung anrückte. Ihre permanenten Tiefflugeinsätze bei Tag und Nacht gegen die deutschen Verbindungen trugen wesentlich zum Sieg der Alliierten bei.

Bis Kriegsende erfuhr der Typ, abgesehen von der Einrüstung des stärkeren Sabre IIB und IIC, nur unwesentliche Veränderungen. Die Varianten beschränkten sich auf eine zum Nachtjäger umgerüstete **Typhoon NF.Mk IB** und eine kleine Anzahl **Typhoon FR.Mk IB**, die als taktische Aufklärer in Dienst gestellt wurden. Einige Maschinen gingen an kanadische und neuseeländische Einheiten in Europa. Die **Typhoon**, die anfangs so unzuverlässig war, daß man sie fast aufgegeben hätte, rüstete am Ende 26 Staffeln der zweiten taktischen Air Force aus! Nach Kriegsende verblieben allerdings nur wenige der Maschinen im regulären Dienst.

**TECHNISCHE DATEN**
**Hawker Typhoon Mk IB**

**Typ:** einsitziger Jagdbomber
**Triebwerk:** ein Napier Sabre IIA Kolbenmotor „H" mit 24 Zylindern und 1626 kW (2180 PS)
**Leistung:** Höchstgeschwindigkeit 652 km/h in 5485 m Höhe; Diensthöhe 10.365 m; Reichweite mit max. Waffenlast 821 km
**Gewicht:** Leermasse 3992 kg; max. Startmasse 5171 kg
**Abmessungen:** Spannweite 12,67 m; Länge 9,74 m; Höhe 4,67 m; Tragflügelfläche 25,92 m²
**Bewaffnung:** vier 20-mm-Bordkanonen in den Flügeln und bis acht 27-kg-Raketengeschosse oder zwei 454-kg-Bomben unter den Flügeln

***Eine Typhoon Mk IB aus einer frühen Bauserie mit vier 20-mm-Bordkanonen in Laufverkleidungen und einer Kanzel mit beschränkter Sicht. Selten flog der Typ in Höhen wie auf dieser Aufnahme gezeigt. Seine Stärke bestand vielmehr in der Bodenattacke mit Bordkanonen und Raketen.***

# Hawker Woodcock

Die **Hawker Woodcock** wurde nach der ministeriellen Vorgabe 25/22 für einen einsitzigen Nachtjäger konstruiert. Der Prototyp, bei dem es sich um einen Doppeldecker aus Holz mit Stoffbespannung handelte, erhielt ein konventionelles Leitwerk, ein Fahrwerk mit Hecksporn und einen Sternmotor Armstrong Siddeley Jaguar II mit einer Leistung von 267 kW (358 PS). Der Jungfernflug der später in **Woodcock Mk I** umbenannten Maschine im Jahre 1923 verlief allerdings enttäuschend, und erst das Nachfolgemuster **Woodcock Mk II** mit durchgehenden Tragflächen und einem Sternmotor Bristol Jupiter IV zeigte zufriedenstellende Flugleistungen. Nach einigen Veränderungen am Heck, die auch insgesamt die Flugleistungen der Maschine verbesserten, erteilte die RAF den Produktionsauftrag für das neue Jagdflugzeug. Die ersten Exemplare gingen noch ohne die später einge-

**TECHNISCHE DATEN**
**Hawker Woodcock Mk II**

**Typ:** einsitziger Nachtjäger
**Triebwerk:** ein Neun-Zylinder-Kolbensternmotor Bristol Jupiter IV mit 283 kW (380 PS)
**Leistung:** Höchstgeschwindigkeit 227 km/h auf Meereshöhe; Marschgeschwindigkeit 166 km/h; Diensthöhe 6860 m; Höchstflugdauer 2 Stunden 45 Minuten
**Gewicht:** Leermasse 914 kg; max. Startmasse 1351 kg
**Abmessungen:** Spannweite 9,91 m; Länge 7,98 m; Höhe 3,02 m; Tragflügelfläche 32,14 m²
**Bewaffnung:** zwei starre Vickers-MGs, 7,7 mm, nach vorne

rüstete Nachtflugausrüstung in Dienst, bis im Mai 1925 die ersten **Woodcock Mk II** aus der Serienproduktion an die 3. FS der RAF ausgeliefert wurden.

Die Gesamtproduktion belief sich auf 61 **Woodcock Mk II** für die RAF. Der Typ blieb bis 1928 in Dienst, einige Maschinen flogen aber noch bis 1936. Die Herstellerfirma baute auch noch drei leicht modifizierte **Danecock** des Typs für die dänische Luftarmee, in die ein Armstrong Siddeley Jaguar IV eingerüstet war. Weitere zwölf, in Dänemark gebaute Lizenzmaschinen hießen **L.B. II Dankok** und flogen bis 1937.

***Die untersetzte Woodcock war eines der Flugzeuge der RAF-Jagdstaffeln Mitte der zwanziger Jahre. Die doppelten Zickzacklinien zu beiden Rumpfseiten identifizieren dieses Exemplar als eine Mk II der 17. FS.***

# Hawker Siddeley/Armstrong Whitworth Sea Hawk

Die drei Prototypen der **Sea Hawk** entsprachen der ministeriellen Vorgabe 7/46 und waren in ästhetischer Hinsicht eine der attraktivsten der frühen Jetfighter-Konstruktionen von Sydney Camm. Der Jungfernflug des ersten Prototyps fand am 2. September 1947 unter der Bezeichnung **Hawker P.1040** statt. Von dieser Maschine wurden in der Folgezeit mehr als 35, **Sea Hawk F.Mk 1** genannte Exemplare gebaut, bevor Entwicklung und Produktion des Projekts an Armstrong Whitworth überging. Dieses Unternehmen fertigte noch weitere 60 **F.Mk 1**, bis 116 Exemplare des Jagdbombers **Sea Hawk FB.Mk 3** mit stärkeren Flügeln für Außenzuladungen nachfolgten. Anschließend produzierte Whitworth noch 97 **Sea Hawk FGA.Mk 4**, die als Jäger und Bodenangreifer dienten. Bis dahin waren alle Versionen mit einem Zwillingsdüsen-Triebwerk Nene 101 zu je 2268 kg Schub und mit Treibstofftanks im Heck ausgestattet. Die Einrüstung des Nene 103 in einige **Mk 3** führte schließlich zur **Sea Hawk FB.Mk 5**. Die Produktionsreihe für die RAF endete mit 86 **Sea Hawk FGA.Mk 6**, die bis auf den Nene 103 baugleich mit der **Mk 4** waren und bis Ende 1960 bei der RAF in Dienst standen. 22 exportierte **Sea Hawk Mk 50** flogen bis 1964 bei der Königlich Niederländischen Marine. Die anderen Exportversionen umfaßten die **Sea Hawk Mk 100** und die Allwetter-**Sea Hawk Mk 101** für die westdeutschen, auf Küstenbasen stationierten Marineflieger. Bis auf größere Flossen und Ruder sowie, bei der **Mk 101**, einem Ekco Suchradar Typ 34 in einem Pod unter dem Steuerbordflügel, waren die **Mk 101** baugleich mit der **Sea Hawk FGA.Mk 6**. Mitte der sechziger Jahre wurden sie vom Starfighter Lockheed F-104 G abgelöst.

Die letzten existierenden **Sea Hawk** stehen bei der indischen Marine in Dienst, die im Herbst des Jahres 1959 24 leicht modifizierte **Sea Hawk Mk 6** erwarb. Obwohl die Serienproduktion bereits drei Jahre zuvor geendet hatte, wurden einige der Maschinen neu gefertigt, doch der Rest bestand überwiegend aus überholten **Sea Hawk RN-Mk 6**, die die Staffel 300 auf dem Flugzeugträger Vikrant ausrüsteten. Später kamen noch zwölf weitere **Sea Hawk Mk 4** und **Sea Hawk Mk 6** aus ausgemusterten Beständen der Royal Navy sowie 28 Mk 100/101 aus Deutschland dazu. Sie wurden am 27. Januar des Jahres 1983 bei einer feierlichen Zeremonie in England von der Sea Harrier FRS.Mk 51 abgelöst.

***Vier Sea Hawk FB.Mk 3 der 801. Jagdstaffel der Fleet Air Arm. Das Muster basierte auf der F.Mk 2, wurde aber bei Armstrong Whitworth gebaut und verfügte über Träger für Bomben oder Minen.***

**TECHNISCHE DATEN Hawker Sea Hawk FGA.Mk 6**

**Typ:** einsitziger Flugzeugträger-Jäger/Angriffsflugzeug
**Triebwerk:** ein Rolls-Royce Turbojet Nene Mk 103 mit 2449 kg Schub
**Leistung:** Höchstgeschwindigkeit 969 km/h auf Meereshöhe; Diensthöhe 13.565 m; Kampfradius (leer) 370 km
**Gewicht:** Leermasse 4409 kg; max. Startmasse 7348 kg
**Abmessungen:** Spannweite 11,89 m; Länge 12,09 m; Höhe 2,64 m; Tragflügelfläche 25,83 m²
**Bewaffnung:** vier 20-mm-Bordkanonen Hispano in der Nase und Unterflügelhänger für vier 227-kg-Bomben oder zwei 227-kg-Bomben und 20 Raketen 76 mm bzw. 16 127 mm oder zwei Luft-Luft-Flugkörper AIM-9 Sidewinder oder vier 409-l-Abwurftanks

# Hawker Siddeley/Avro/British Aerospace 748/Andover

1958 hatte die Firma A.V. Roe den **Typ 748** als 20sitzigen Kurz-/Mittelstrecken-Zubringer konzipiert. Als sich niemand für das Modell interessierte, vergrößerte man bei Hawker Siddeley, der das Unternehmen Avro angehörte, die ursprüngliche Form und ging damit in die Produktion. Der Erstflug des Prototyps **G-APZV** fand am 24. Juni 1960 in Woodford statt, und das erste Serienmodell für 48 Passagiere erhielt die Bezeichnung **Avro 748 Serie 1**. Bei ihrem Jungfernflug am 31. August 1961 war die Maschine mit zwei Motoren vom Typ Rolls-Royce Turboprop Dart 514 zu je 1298 kg Schub ausgerüstet.

1963 wurde der Typ in **HS.748** umbenannt, und die nachfolgenden Zivilversionen trugen die Bezeichnung **Serie 2**. 1967 erfolgte die Umbenennung in **Serie 2A**, welche die für die RAF gefertigten **Andover CC.Mk 1** und **CC.Mk 2** umfaßte. Bei den **CC.Mk 1** handelte es sich um zwei speziell ausgestattete Exemplare für die Luftflotte der Königin. 1977 entstand zusätzlich eine für die Erfordernisse der Marine optimierte Küstenwache-Version. Die verbesserte **Serie 2B**, die seit 1979 **BAe 748** hieß, wurde von 1984 an als modernisierte **Super 748** gefertigt. In eine weitere Version des Ziviltransporters wurde eine große Frachttür eingebaut, und die ähnliche Militärversion, von der mehr als 50 Exemplare an ausländische Streitkräfte geliefert wurden, erhielt die für den jeweiligen Einsatzzweck erforderlichen Ergänzungen. Die Gesamtproduktion aller Versionen einschließlich der in Indien von Hindustan Aircraft montierten Maschinen beläuft sich auf 380 Stück.

***Eine Hawker Siddeley Andover C.Mk 1 der 46. FS des RAF Transport Command, Ende der sechziger Jahre in Abingdon stationiert.***

**TECHNISCHE DATEN**
**Hawker Siddeley HS 748 Serie 2B**

**Typ:** Kurz-/Mittelstrecken-Passagierflugzeug
**Triebwerk:** zwei Rolls-Royce Turboprop Dart Mk 555 mit 1700 äkW (2280 äPS)
**Leistung:** Marschgeschwindigkeit 452 km/h; Diensthöhe 7620 m; Reichweite mit Höchstmasse und Treibstoffreserven 1307 km
**Gewicht:** Leermasse 11.644 kg; max. Startmasse 23.133 kg
**Abmessungen:** Spannweite 31,23 m; Länge 20,42 m; Höhe 7,57 m; Tragflügelfläche 77 m²

***Die HS.748 verkaufte sich über eine lange Produktionsperiode hinweg in kleinen Stückzahlen. Unter den Abnehmern befanden sich auch eine Reihe von Staaten aus der Dritten Welt.***

# Hawker Siddeley/de Havilland Trident bis Heinkel He 115

**Die lange und ausgezeichnete Geschichte der Flugzeugwerke Geoffrey de Havillands endete 1959 bei der Fusion mit der größeren Firma Hawker Siddeley. Vom letzten de-Havilland-Typ Trident wurden lediglich noch 117 gebaut. Heinkel in Deutschland konstruierte vor allem Wasserflugzeuge für die Kriegsmarine, ist aber am bekanntesten für die He 111, dem Rückgrat der deutschen Bomberflotte im Zweiten Weltkrieg.**

## Hawker Siddeley/de Havilland Trident

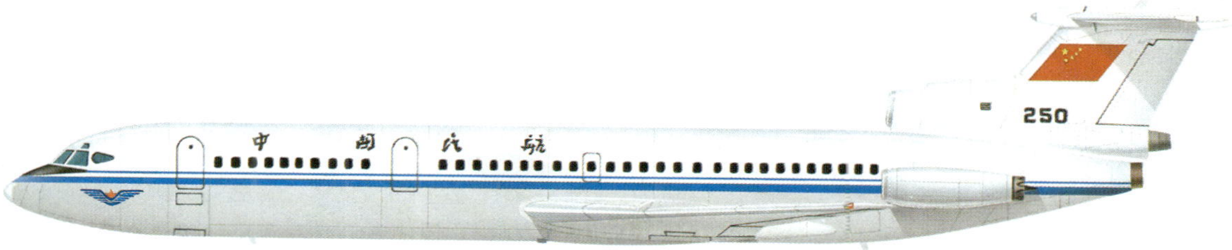


*BAe (Hawker Siddeley) Trident 3B der Civil Aviation Administration of China (CAAC).*

Als British European Airways ein neues schnelles Verkehrsmuster wünschte, das rund 100 Passagiere im Kurz- und Mittelstreckenbetrieb befördern sollte, bot de Havilland 1956 den Prototyp **D.H.121** an. Dieses Muster, genannt **Trident**, wurde den von Avro und Bristol vorgelegten Entwürfen vorgezogen und im August 1959 zur Serienfertigung bestimmt. Die Produktion sollte ein Konsortium aus Fairey, Hunting und de Havilland durchführen. Dies zerschlug sich jedoch Ende 1959, als de Havilland Teil der Hawker Siddeley Group wurde, die nunmehr allein für die Entwicklung und Herstellung der **Trident** unter der neuen Typkennung **HS.121** verantwortlich zeichnete.

Die **D.H.121** war für 140 Passagiere ausgelegt und sollte von Rolls-Royce-Mantelstromtriebwerken RB.141 Medway je 6350 kg Schub angetrieben werden. In einer relativ späten Phase, als sich Triebwerk und Flugzeug bereits in der Fertigung befanden, bestand BEA darauf, die Maschine kleiner ausfallen zu lassen. Folglich reduzierte man die Sitzplatzkapazität der **D.H.121** auf 88 bis 95 Plätze und setzte RB.163 Spey-Triebwerke je 4468 kg Schub ein. Der Hoffnung auf große Exporte wurde damit ein frühes Ende bereitet.

Die erste Serienmaschine **Trident 1C (G-ARPA)** startete am 9. Januar 1962 zum Jungfernflug, doch keine Luftfahrtgesellschaft zeigte Interesse. Daraufhin entwickelte man das Muster zur **Trident 1E** weiter, die im September 1965 flugbereit war. Diese Version hatte eine Standardkabine für 115 Passagiere, konnte aber bei dichter Bestuhlung bis zu 139 Personen aufnehmen. Exportaufträge stellten sich aber erst mit der **Trident 2E** ein, und außer den 15 BEA-Maschinen wurden zwei Exemplare an Cyprus Airways und 33 an CAAC, die Staatslinie der Volksrepublik China, geliefert. Wegen der oft unvorhersehbaren Wetterbedingungen in Europa war für die **Trident** eine Bordausrüstung vorgesehen, die einen hohen Nutzungsgrad der Maschine gewährleisten sollte. Dazu gehörte auch das Smiths Autoland-System, und die **Trident 1/1E** waren für automatische Landungen nach Kategorie II (Entscheidungshöhe 100 Fuß/Landebahnsicht mindestens 400 m) zugelassen. Die **Trident 2E** für BEA wurden jedoch mit dem Smiths Autoland in Triplex-Ausführung geliefert, so daß diese Airliner weltweit als erste eine komplette Allwetter-Instrumentierung für derartige Landeanflüge bieten konnten.

Die letzte Hauptserienversion, die **Trident 3B**, war im Kern eine Kurzstreckenversion der **Trident 1E** mit erhöhter Sitzplatzkapazität. Ihren Rumpf hatte man um 5 m „gestreckt", um maximal 180 Passagiere unterbringen zu können. Der Startschub war durch den Einbau eines Hecktriebwerks vom Typ Rolls-Royce RB.162-86 unter dem Seitenruder um 2381 kg erhöht worden. Der erste Start einer **Trident 3B** unter dem Schub aller vier Triebwerke erfolgte am 22. März 1970. Die **Trident 3B** wurde ebenfalls mit dem Smiths Autoland-System ausgerüstet und erhielt im Dezember 1971 die Zulassung nach Kategorie IIa. Bis zur Einstellung der Produktion im Jahre 1975 entstanden insgesamt 117 Maschinen. Das letzte Duo waren **Trident Super 3B** für CAAC, die sich von der Standard-**Trident 3B** durch eine erweiterte Treibstoffanlage und eine Bestuhlung für 152 Passagiere unterschieden.

### TECHNISCHE DATEN
**Hawker Siddeley Trident 2E**

**Typ:** Kurz-/Mittelstreckenverkehrsflugzeug
**Triebwerke:** drei Mantelstromtriebwerke Rolls-Royce Spey RB.163-25 Mk 512-5W je 5425 kg Schub
**Leistung:** Reisegeschwindigkeit 974 km/h in 7620 m Höhe; wirtschaftliche Reisegeschwindigkeit 959 km/h in 9145 m Höhe; Reichweite mit typischer Nutzlast 3965 km
**Gewicht:** Leermasse 33.203 kg; max. Startmasse 65.318 kg
**Abmessungen:** Spannweite 29,87 m; Länge 34,98 m; Höhe 8,23 m; Tragflügelfläche 135,26 m²

## Heinkel He 4, He 5, He 8 und He 31

Die **Heinkel He 4**, die 1926 erschien, glich im wesentlichen der He 2 und verfügte über einen Eagle IX von Rolls-Royce. Sie war ein Zwischenschritt zur antriebsstärkeren **Heinkel He 5** mit dem Napier Lion, der 336 kW (457 PS) erzeugte. Dieses Muster flog Heinkel eine Reihe von Rekorden ein, darunter den ersten Platz beim Wasserflugzeugrennen in Warnemünde im Juli 1926 und den Höhenweltrekord für Seeflugzeuge von 4492 m mit einer Nutzlast von 1000 kg. 1927 wurde die **He 8** eingeführt, angetrieben von einem Armstrong Siddeley Jaguar-Motor mit 336 kW (457 PS). Dänemark erwarb 22 Maschinen für das Marinefliegerkorps, von denen die Orlogsvaerftet (Marinewerft) 16 Exemplare in Lizenz fertigte. Im April 1940 befanden sich noch etliche Heinkel-Seeflugzeuge im Dienst, da die letzten erst 1938 fertiggestellt worden waren. Bei der **He 31** handelte es sich um eine **He 8** mit 597 kW (812 PS) starkem Packard-Motor.

***Hauptbetreiber der He 8 war die dänische Marine, die diesen Typ als Schwimmerflugzeug zur Küstenaufklärung mit einer dreiköpfigen Besatzung nutzte.***

## Heinkel He 46

Dem Bedarf der Luftwaffe an einem Muster für die Zusammenarbeit mit dem Heer und zur Nahaufklärung genügte die **Heinkel He 46** von 1931, deren Prototyp **He 46a** als Doppeldecker mit ungleich weit gespanntem Tragwerk erschien. Da der Unterflügel das Sichtfeld des Beobachters einschränkte, wurde er entfernt und die Auslegung zum gestielten Hochdecker hin geändert. Das zweite Versuchsmuster **He 46b**, das im Jahre 1932 flog, hatte einen Bristol-Jupiter-Lizenzmotor, erhielt aber später einen Siemens SAM 22B mit 478 kW (650 PS), der auch in die Serienflugzeuge eingebaut wurde. Bis 1936 waren alle Aufklärungsstaffeln der Luftwaffe ausgerüstet und insgesamt 478 **He 46** produziert, die auf der dritten Versuchsmaschine, der He **46c** mit einem 7,92-mm-MG in der Beobachterkanzel, basierten. Die **He 46** mußte ab 1938 zwar nach und nach der Henschel Hs 126 weichen, hielt sich aber noch lange Zeit im Ausbildungs- und Verbindungsdienst. Ab 1943 nutzten sogar Störkampfstaffeln (die späteren Nachtschlachtgruppen) dieses Muster.

**Varianten**

**He 46C-1:** erste Serienversion mit einer Luftbildkamera oder 20 x 10-kg-Bomben; 20 Maschinen wurden 1938 nach Spanien zur Unterstützung der Nationalisten geschickt

**He 46C-2:** 18 Flugzeuge mit NACA-Motorverkleidung für Bulgarien

**He 46D:** sechs Vorserienflugzeuge He 46D-0 mit einigen Verbesserungen

**He 46E:** in den Ausführungen He 46E-1, He 46E-2 und He 46E-3 gebaut und häufig ohne ihre NACA-Motorverkleidung geflogen, um die Routinewartung zu vereinfachen

**He 46F:** Versuchsausführungen mit 418 kW (568 PS) starkem Armstrong Siddeley Panther-Motor

***Ein Nahaufklärer He 46E-2 hat soeben abgehoben. Die NACA-Motorhaube fehlt, um die Triebwerkwartung zu erleichtern.***

# Heinkel He 49 und He 51

Der einsitzige Doppeldecker **Heinkel He 49a** flog erstmals im November 1932. Das vorgeblich zivile Schulflugzeug für Fortgeschrittene war in Wirklichkeit der Vorläufer des ersten Jagdflugzeugs für die Lufwaffe. Nach zwei weiteren Versuchmustern, der **He 49b** mit längerem Rumpf und der **He 49c** mit verkleidetem Fahrgestell, erschien im Mai 1933 der Prototyp der Nullserie **He 51A-0**, gefolgt von weiteren acht Maschinen dieses Standards ohne Waffeneinbau. Im Juli 1934 begann die Auslieferung der ersten bewaffneten Serienversion an die Luftwaffe. Von April bis Juni 1935 erhielt das Jagdgeschwader „Richthofen" pro Monat vier Flugzeuge der A-Serie. Im Spanischen Bürgerkrieg kam die **He 51** auf Seiten der Nationalisten zum Einsatz. Hier zeigte sich, daß das Muster den Anforderungen an ein Tiefangriffsflugzeug nicht gewachsen war. Später wurde der Typ in den Ausbildungsdienst zurückgenommen und übte diese Rolle noch bis 1942/43 aus.

***Heinkel He 51B-2 der 2./JG 132 „Richthofen", 1937 in Döberitz stationiert.***

**Varianten**

**He 51A:** erste Serienversion He 51A-1; 75 im Jahre 1935 gebaute Jäger

**He 51B:** strukturell verstärkte Nullserie He 51B-0; zwölf Landflugzeuge lösten die He 51A im Januar 1936 auf der Fertigungsstrecke ab; die He 51B-2 (38 Exemplare) waren Seejagdeinsitzer mit Hydrolanium-Schwimmer und Katapultstartgeschirr, erhielten zum Teil aber auch Schlösser für sechs 10-kg-Bomben; die Vergrößerung der Flügelfläche ergab den Höhenjäger He 51B-3

**He 51C:** modifizierte Version zur Beladung mit vier 50-kg-Bomben für die Legion Condor und die spanischen Nationalisten; erste Baureihe Heinkel He 51C-1 und die Heinkel He 51C-2 mit Funktelegrafie-Sonderausstattung

**TECHNISCHE DATEN**
**Heinkel He 51B-1**

**Typ:** Jagdeinsitzer
**Triebwerk:** ein Zwölf-Zylinder-V-Motor BMW VI 7,3Z mit 552 kW (750 PS)
**Leistung:** Höchstgeschwindigkeit 330 km/h in Meereshöhe; Dienstgipfelhöhe 7700 m; Reichweite 570 km
**Gewicht:** Leermasse 1460 kg; max. Startmasse 1895 kg
**Abmessungen:** Spannweite 11 m; Länge 8,40 m; Höhe 3,20 m; Tragflügelfläche 27,20 m$^2$
**Bewaffnung:** zwei vorwärtsfeuernde 7,92-mm-MG 17

# Heinkel He 59

Der als Aufklärungsbomber bezeichnete zweite Prototyp **Heinkel He 59b** mit verkleidetem Radfahrgestell flog ab September 1931. Das Versuchsmuster **He 59a**, das im Januar 1932 zum Jungfernflug startete, war mit zwei einstufigen Leichtmetallschwimmern ausgestattet, und alle Serienmaschinen, größtenteils von Arado im Unterauftrag gefertigt, erhielten diese Seeflugzeug-Konfiguration sowie zwei BMW VI 6,0ZU je 486 kW (660 PS) als Antrieb. 1933 in Dienst gestellt, flogen einige Maschinen dieses Typs 1936 bei der Legion Condor in Spanien. Beim Ausbruch des Zweiten Weltkriegs nutzten Küstenaufklärungsstaffeln das Muster als Mehrzweck-Übungsflugzeug, als Minenleger und zur Luft-Seenotrettung.

***Heinkel HeD-1 der Luftwaffe im Jahre 1940***

**Varianten**

**He 59A:** kleine Eprobungsserie ohne Waffeneinbau, ähnlich wie der Prototyp He 59a

**He 59B:** 16 Flugzeuge der Serie He 59B-1 mit kleineren Änderungen hinsichtlich der Ausrüstung und einem 7,92-mm-MG 15 im Bug; He 59B-2 mit teilverglastem Metallbug für den Bombenschützen und zusätzlichem MG 15 in der Rumpfwanne; die von der Legion Condor zur Seezielbekämpfung eingesetzten He 59B-2 waren mit einer 20-mm-Bugkanone MG FF bewaffnet; bei der Aufklärungsversion He 59B-3 entfiel das Bug-MG, und zusätzliche Rumpftanks erhöhten die Standardtreibstoffmenge in Zwillingsschwimmern

**He 59C:** abgespeckte Fernaufklärerversion He 59C-1 und unbewaffnete He 59C-2 mit sechs Schlauchbooten für den Seenotrettungsdienst

**He 59D:** Seenotflugzeug ähnlich C-2; He 59D-1 diente zur Besatzungsausbildung

**He 59E:** die in etwa der D-1 entsprechende He 59E-1 diente der Ausbildung und Übung des Torpedostarts; die Fernaufklärerversion He 59E-2 (sechs Exemplare) war mit drei Luftbildkameras bestückt

**He 59N:** Navigationsübungsflugzeuge in Form umgerüsteter He 59D-1

# Heinkel He 60

Das Versuchsmuster **Heinkel He 60a**, das als katapultfähiges Bordflugzeug für größere Schiffe der Kriegsmarine gedacht war, erschien 1933. Die zweite Versuchsmaschine **He 60b** erhielt eine neue Bauart des BMW VI mit einer Nennleistung von 552 kW (750 PS) statt der 486 kW (660 PS) wie beim ersten Prototyp mit demselben Motortyp. Da dies keine spürbare Verbesserung ergab, verzichtete man bei den nachfolgenden Flugzeugen auf die neue Motorversion. Der dritte Prototyp **He 60c** war zum Katapultstart gerüstet und wies die Bordtauglichkeit dieses Musters nach. Unbewaffnete Serienmaschinen wurden 1933 bei Ausbildungseinheiten in Dienst gestellt, und anschließend dienten solche Mehrzweck-Seeflugzeuge auf deutschen Schlachtschiffen und Kreuzern. In einer frühen Phase des Zweiten Weltkriegs rückten die **He 60** in Nordeuropa in den Ausbildungs- und Übungsbereich vor.

**Varianten**

**He 60A:** 14 Vorserienflugzeuge für Ausbildungseinrichtungen der Kriegsmarine

**He 60B:** erste Serienversion; ein Exemplar mit der Bezeichnung He 60B-3 erprobte den Daimler Benz DB 600 mit einer Nennleistung von 662 kW (900 PS)

**He 60C:** verbesserte Ausführung der He 60B von 1934

**He 60D:** unbewaffnete Schulungsversion

***Die Rolle eines katapultgestarteten Seeaufklärers konnte die He 60 nicht erfüllen.***

# Heinkel He 70, He 170 und He 270

Um gegenüber den Lockheed-Orion-Postflugzeugen der Swissair konkurrenzfähig zu bleiben, beauftragte die Deutsche Lufthansa im Februar 1932 Heinkel mit der Entwicklung eines Schnellflugzeugs, das vier Fluggäste und Postfracht aufnehmen konnte. Dem Vorschlag Heinkels, die geforderte Spitzengeschwindigkeit von 285 km/h auf über 300 km/h zu steigern, stimmten die Lufthansa und das Reichsverkehrsministerium bereitwillig zu, und das Zwillingsbrüderpaar Günter, das für das gesamte Schnellflugprogramm bei Heinkel verantwortlich zeichnete, schuf mit

*Heinkel He 70F einer Kurierstaffel der Luftwaffe 1940/41*

der **Heinkel He 70** einen aerodynamisch effizienten Tiefdecker mit Einziehfahrwerk. Unter einem flachen, leicht nach links versetzten Kabinendach waren der Pilot, in tieferer Position dahinter der Navigator/Funker und anschließend die vier Passagiere so untergebracht, daß sie paarweise einander gegenüber saßen. Für den Antrieb sorgte ein BMW VI 6,0Z mit 464 kW (630 PS), dessen enge Verkleidung nahtlos in den Rumpf überging. Um die Abmessungen des Kühlers und den Widerstandsbeiwert möglichst gering zu halten, wurde dieser Motor mit Ethylenglykol gekühlt.

Von Travemünde aus führte Flugkapitän Werner Junck den Protoyp, noch mit starrem Fahrwerk und abgedeckten Radschächten, am 1. Dezember 1932 durch den Jungfernflug. Anfang 1933 erreichte diese Maschine eine Geschwindigkeit von 376 km/h im Horizontalflug, und im März und April stellte Lufthansa-Flugkapitän R. Untucht mit dem zweiten Prototyp acht internationale Geschwindigkeitsrekorde auf. Im Juni 1934 ging die Serienversion **He 70A** bei der Lufthansa in Dienst. Die Einführung des 552 kW (750 PS) starken BMW VI 7,3 ergab das militärische Kurierflugzeug **He 70D**. Das zivile Pendant mit verlängertem Rumpf, die **He 70G**, war nur noch mit einem Piloten in einer auf die Rumpfmittellinie gerückten Kanzel besetzt. 1935 wurde eine einzelne **He 70G-1** an Rolls-Royce Ltd. geliefert, wo man sie zunächst mit einem 604 kW (821 PS) starken Kestrel-Motor ausrüstete. Anschließend diente sie als Testträger für zahlreiche andere Motortypen. Außer der **He 70D** im Verbindungsdienst fanden noch folgende Versionen eine militärische Verwendung: die **He 70F** und die **He 70E** mit einer zweiköpfigen Besatzung, einem 7,92-mm-MG 17 im Beobachter-Cockpit und der Möglichkeit, eine Bombenlast von 300 kg mitzuführen. Letztere entstand in zwei Varianten, dem Fernaufklärer **He 70F-1** und der ähnlichen **He 70F-2**, von der 18 Exemplare im Herbst 1936 nach Spanien zur Legion Condor geschickt und von der Aufklärungseinheit A/88 eingesetzt wurden.

Auf der Grundlage des Fernerkunders **He 70F** entwickelte Heinkel 1937 die **He 170**, die zum Export nach Ungarn bestimmt war. Den Hauptunterschied machte der Gnome-Rhône 14K Mistral-Major mit 670 kW (910 PS) aus. Etwa 20 Maschinen wurden geliefert und von der 1. Fernaufklärungsgruppe Ungarns bis Juli 1941 eingesetzt. Der letzte Sproß der Linie **He 70** war die **He 270**, die nur in Prototypform gebaut wurde und 1938 flog. Bewaffnet mit einem vorwärtsfeuernden MG 17, zwei nach hinten feuernden MG 15 und fähig, eine Bombenlast von 300 kg mitzuführen, sollte die **He 270** die Rolle eines Bombers und Aufklärers in sich vereinen, wurde aber von der Luftwaffe nicht eingeführt.

**TECHNISCHE DATEN**
**Heinkel He 70D**

**Typ:** Kurierflugzeug
**Triebwerk:** ein Zwölf-Zylinder-V-Motor BMW VI 7,3 mit 552 kW (750 PS)
**Leistung:** Höchstgeschwindigkeit 360 km/h; Dienstgipfelhöhe 5485 m; Reichweite 1250 km
**Gewicht:** Leermasse 2530 kg; max. Startmasse 3640 kg
**Abmessungen:** Spannweite 14,80 m; Länge 11,70 m; Höhe 3,25 m; Tragflügelfläche 36,51 m²

# Heinkel He 72 Kadett

Der zweisitzige Schul- und Übungsdoppeldecker **Heinkel He 72 Kadett** von 1933 wurde von einem Argus-Reihenmotor As 8B mit 103 kW (140 PS) angetrieben. Das Muster diente bei einigen Flugschulen des nationalsozialistischen Fliegerkorps, bevor es zum Standardschulflugzeug der Luftwaffe wurde.

**Varianten**

**He 72A:** erste Serienversion mit Argus-Motor As 8B; in späte Maschinen war der Argus Ar 8R mit 110 kW (150 PS) eingebaut

**He 72B:** Hauptbaureihe war die He 72B-1 mit Siemens-Motor Sh 14A; wurde auch als He 72B-3 Edelkadett für die zivile Luftfahrt und als Zweischwimmer-Seeflugzeug He 72BW gebaut

**He 172:** 1934 gefertigter Prototyp der verbesserten B-Reihe

*Bei zahlreichen militärischen Flugschulen Deutschlands leistete die Heinkel He 72B Kadett einen wichtigen Beitrag zum Krieg: die Ausbildung unzähliger Flugzeugführer des Dritten Reichs.*

**TECHNISCHE DATEN Heinkel He 72B**

**Typ:** zweisitziges Anfängerschulflugzeug
**Triebwerk:** ein Sieben-Zylinder-Sternmotor Siemens Sh 14A mit 118 kW (160 PS)
**Leistung:** Höchstgeschwindigkeit 185 km/h; Dienstgipfelhöhe 3500 m; Reichweite 475 km
**Gewicht:** Leermasse 540 kg; max. Startmasse 865 kg
**Abmessungen:** Spannweite 9 m; Länge 7,50 m; Höhe 2,70 m; Tragflügelfläche 20,70 m²

# Heinkel He 100

*Heinkel He 100D-1 mit Schein-Markierungen der Luftwaffe*

Die Luftwaffe hatte zwar die Messerschmitt Bf 109 zu ihrem Eindeckerjäger gewählt und die Heinkel He 112 abgelehnt, aber Heinkel wollte nicht aufgeben und setzte die Konstrukteure Heinrich Hertel und Siegfried Günter auf die Entwicklung eines neuen Hochleistungsjägers mit einer Sollgeschwindigkeit von 700 km/h an. Um die Serienproduktion zu vereinfachen, sollte das Muster möglichst wenige Kurvenformen sowie ein Minimum an Baugruppen und Fertigungsteilen aufweisen. So entstand der am 22. Januar 1938 zum Erstflug gestartete Prototyp **Heinkel He 100a**, der über einen Daimler Benz DB 601 mit einer besonderen Verdampferflüssigkeitskühlung im Kreisprozeß mit unterschiedlichen Drücken (Oberflächenkühlung) verfügte. Ein zweites Musterflugzeug, das von einem DB 601M angetrieben wurde, stellte am 6. Juni 1938 mit Ernst Udet am Steuer einen neuen Geschwindigkeitsrekord für Landflugzeuge über die 100-km-Strecke auf. Die Maschine wurde offiziell **He 112U** bezeichnet, um das Ansehen der an Japan und Spanien verkauften **He 112B** zu steigern. Die dritte Versuchsmaschine **(V3)** sollte den absoluten Weltgeschwindigkeitsrekord brechen und erhielt dazu eine verkürzte Spannweite, ein strömungsgünstigeres Kabinendach und einen hochgezüchteten DB-601-Motor. Als diese Maschine durch einen Unfall bei der Landung ausfiel, trat der ähnliche achte Prototyp

**TECHNISCHE DATEN**
**Heinkel He 100D-1**

**Typ:** Jagdeinsitzer
**Triebwerk:** ein Zwölf-Zylinder-V-Motor Daimler-Benz DB 601M mit 865 kW (1175 PS)
**Leistung:** Höchstgeschwindigkeit 670 km/h; Dienstgipfelhöhe 9890 m; Reichweite 1000 km
**Gewicht:** Leermasse 2070 kg; max. Startmasse 2500 kg
**Abmessungen:** Spannweite 9,42 m; Länge 8,19 m; Höhe 2,50 m; Tragflügelfläche 14,50 m²
**Bewaffnung:** eine 20-mm-Kanone MG FF und zwei 7,92-mm-MG 17

*Der erstklassige Jäger He 100D fiel politischen Rangeleien und dem Mangel an DB-601-Motoren zum Opfer.*

**(V8)** an ihre Stelle, und mit ihm schob Hans Dieterle die Rekordgeschwindigkeit am 30. März 1939 in Oranienburg auf 746,61 km/h. **V4** und **V5** waren Musterflugzeuge für die Serie **He 100B**, während **V6**, **V7** und **V9** nach dem Standard **He 100C** gefertigt wurden. **V9** war zugleich die erste bewaffnete **He 100C**, ausgerüstet mit zwei 20-mm-Kanonen MG FF und vier 7,92-mm-MG 17.

Schwierigkeiten in der Handhabung, die bei den Prüfflügen der Erprobungsstelle Rechlin aufgetreten waren, hatten zur Folge, daß man die **He 100D** mit vergrößerten Leitwerksflächen und üblichem, halbwegs einziehbarem Bauchkühler anstelle des integrierten Kühlsystems einführte. 15 **He 100D** wurden gebaut, und zwar drei Vorserienjäger **He 100D-0** und zwölf Serienjäger **He 100D-1**. Letztere verblieben in Rostock-Marienehe als Werkschutzjäger, die von Heinkel-Piloten geflogen wurden. Da die DB-601-Motoren zur Produktion der Bf 109 vorgesehen waren, mußte die Luftwaffe auf die **He 100** verzichten. Heinkel erhielt jedoch die Genehmigung, dieses Muster dem Ausland zur Lizenzfertigung anzubieten. Im Oktober 1939 kam es zum Verkauf von drei **He 100D-0** an Japan und sechs Versuchsjägern an die UdSSR. Die geplante Serienfertigung in Japan fand nicht statt.

# Heinkel He 111

Das Reichsluftfahrtministerium interessierte sich für die **Heinkel He 111**, die bereits ihr Debüt als schnellstes Verkehrsflugzeug gegeben hatte. Dies war der Beginn einer Entwicklung, die die **He 111** zum Standard-Horizontalbomber der Luftwaffe werden ließ. Das erste Versuchsmuster **He 111 V1**, eine vergrößerte Ausgabe des Heinkel-Schnellflugzeugs He 70 mit zwei BMW VI 6,0Z je 486 kW (660 PS) als Antrieb, flog erstmals am 24. Februar 1935. Bei den beiden nachfolgenden Prototypen (**He 111 V2** und **He 111 V3**) wurde eine kürzere Spannweite eingeführt. **V2** war als zivile Verkehrsmaschine für zehn Passagiere und Postfracht ausgelegt und **V3** der eigentliche Bomberprototyp. Die **He 111 V4** (zivile Ausführung) wurde am 10. Januar 1936 erstmals der Presse vorgestellt. Sie war der Vorläufer für die C-Serie, von der die Lufthansa noch im selben Jahr sechs Exemplare **(He 111C)** mit verschiedenen Motortypen, darunter auch der BMW-Sternmotor 132, in Dienst stellte.

Die Entwicklung des Versuchsbombers hielt an, doch seine Marschgeschwindigkeit von nur 270 km/h, verursacht durch ein Übermaß an militärischer Ausrüstung und zu wenig Antrieb, war eine herbe Enttäuschung. Aus diesem Grunde erhielt die **He 111 V5**, Prototyp der Anfang 1936 geflogenen Bomberserie **He 111B**, zwei Daimler-Benz DB 600A je 736 kW (1000 PS). Die deutliche Leistungssteigerung schlug sich in Aufträgen für Großserien nieder, so daß neue Werksanlagen geschaffen werden mußten, die bis Mai 1937 betriebsbereit waren. Als erster Kampffliegerverband übernahm die 1./KG 154 in Fassberg Ende 1936 den neuen Typ, und im Februar 1937 wurden der Bombereinheit K/88 der Legion Condor in Spanien 30 **He 111B-1** zugeführt. In der ersten Phase des Zweiten Weltkriegs trug die **He 111** die Hauptlast aller Bombardierungen durch die Luftwaffe: Polen im Herbst 1939, Norwegen und Dänemark im April 1940, Frankreich, Holland und Belgien im Mai und britische Ziele während der Luftschlacht um England. Die großangelegte Einführung der Junkers Ju 88 und die Verwundbarkeit der **He 111** gegenüber britischen Jägern führten dazu, daß die Heinkel-Bomber auf Nachteinsätze verlagert und auf andere Rollen spezialisiert wurden. Sie traten nicht nur als Flugkörperträger, Torpedobomber, Pfadfinder und Lastensegler-Schleppmaschinen auf, sondern übernahmen auch Transportaufgaben, darunter von November 1942 bis Februar 1943 Versorgungsflüge für die in Stalingrad eingeschlossene Armee. Ende des Krieges flogen die **He 111** nur noch im Transportdienst. Im Herbst 1944 war die Produktion von mehr als 7300 Flugzeugen für die Luftwaffe abgeschlossen. Darüber hinaus fertigte CASA in Spanien während des Krieges und in der Nachkriegszeit 236 **He 111H** als **CASA 2.111**, davon 130 Exemplare mit Jumo 211F-2 und die übrigen mit Rolls-Royce Merlin 500-29. Einige Maschinen wurden zu Ausbildungsflugzeugen umgerüstet.

**Varianten**

**He 111A:** nach unbefriedigenden Testergebnissen wurden alle zehn Vorserienbomber He 111A-0 an China verkauft

**He 111B:** die Erprobung der V5 mit 736 kW (1000 PS) starken DB-600A-Motoren führte 1936 zur Serienfertigung der He 111B-1 mit DB 600C je 648 kW (880 PS), gefolgt von der He 111B-2 mit DB 600CG je 699 kW (950 PS)

**He 111C:** sechs Verkehrsflugzeuge mit zehn Passagiersitzen für die Lufthansa

**He 111D:** verbesserte Version mit DB-600-Ga-Motoren; Wegfall der Hilfskühler unter den Tragflächen; auf die Serienfertigung wurde zugunsten der He 111E verzichtet

**He 111E:** mangels DB-600-Motoren wurde eine He 111D-0 mit Junkers Jumo 211A-1 je 736 kW (1000 PS) ausgerüstet; die daraus resultierende Nullserie He 111E-0 verkraftete eine schwerere Bombenlast; 1938 liefen Serienbomber He 111E-1 vom Band, gefolgt von den Baureihen He 111E-3 und He 111E-4 mit nochmals gesteigerter Bombenkapazität und von der He 111E-5 mit zusätzlichem Kraftstofftank im Rumpf

**He 111F:** die neuen Tragflächen der He 111G und Jumo 211A-3 kennzeichneten die 24 Bomber He 111F-1, die an die Türkei geliefert wurden; 1938 erhielt die Luftwaffe 40 ähnliche He 111F-4

**He 111G:** erste Version mit neuer Tragflächenform, bei der sich die bislang elliptischen Flächen geradlinig nach außen zuspitzen; ihre Einführung bei der He 111C ergab die neue Bezeichnung He 111G-1; die He 111G-3 hatte BMW 132Dc je 648 kW (880 PS), die He 111G-4 mit DB 600G je 662 kW (900 PS) und die vier He 111G-5 für die Türkei erhielten DB 600a

**He 111H:** parallel zur Serie He 111P entwikkelt; die Vorserie He 111H-0 und die Baureihe He 111H-1 entsprachen im Grunde der He 111P-2 mit Jumo 211A à 810 kW (1100 PS); die He 111H-2 erschien 1938 mit einer verbesserten Bewaffnung; bei der He 111H-3 wurde der Panzerschutz verstärkt und eine 20-mm-Kanone eingebaut; die He 111H-4 hatte Jumo 211D-1-Motoren sowie Halterungen für Bomben oder Torpedos und die ähnliche He 111H-5 eine erhöhte Kraftstoffkapazität; bei der He 111H-6 wurden der Jumo 211F-1 und ein starres MG 17 im Heck eingeführt; He 111H-8 lautete die neue Bezeichnung der He 111H-3 und H-5, nachdem sie Kappvorrichtungen für die Kabel von Sperrballons erhalten hatten; die Mehrzahl dieser Flugzeuge wurde später zu He 111H-8/R2 zum Starrschlepp von Lastenseglern umgerüstet; die He 111H-10 zur Bombardierung britischer Ziele bei Nacht verfügte über verstärkte Panzerung, eine verkleinerte Bombenlast und Ballonkabelschneider an der Nasenkante; die He 111H-11 und He 111H-11/R1 wiesen eine überarbeitete Abwehrbewaffnung auf; zum Starrschlepp von Lastenseglern umfunktioniert wurde aus der R1 später die He 111H-11/R2; die He 111H-12 und He 111H-15 waren Gleitbombenträger, die He 111H-14 ein Pfadfinder für Bomberverbände und die He 111H-14/R2 wiederum eine Lastensegler-Schleppversion; die 1942 eingeführte Großserie He 111H-16 entsprach im wesentlichen der He 111H-11, konnte aber unter Verwendung von Starthilfsraketen eine Bombenlast von 3250 kg zum Einsatz bringen; die He 111H-20 gab es in vier Varianten, der He 111H-20/R1 zum Transport von 16 Fallschirmjägern, der He 111H-20/R2 als Nachtbomber/Lastensegler-Schleppflugzeug, der He 111H-20/R3 mit verstärkter Panzerung und der ähnlichen He 111H-20/R4 mit GM-1-Einspritzung zur Erhöhung der Motorleistung; eine Variante der He 111H-20/R3 mit Jumo

***Heinkel He 111H-3 der 2./KGr 100, 1940/41 in Vannes (Bretagne) stationiert und mit X-Gerät für die Pfadfinderrolle bestückt***

***Heinkel He 111H-16***

***Zu Beginn des Zweiten Weltkriegs war die He 111 der Hauptbomber der Luftwaffe, eingesetzt bei den Feldzügen der Eröffnungsperiode.***

213E-1 je 1288 kW (1750 PS) und Zweistufenladern erhielt die Bezeichnung He 111H-21; die He 111H-22 war ein Lenkbombenträger (V.1) und die He 111H-23 mit Jumo 213A-1-Motoren je 1306 kW (1775 PS) ein Transporter für acht Fallschirmjäger
**He 111J:** Torpedobomberausführung der He 111F; sowohl die Nullserie He 111J-0 als auch die Baureihe He 111J-1 hatte DB-600-CG-Motoren je 699 kW (750 PS)
**He 111L:** alternative Bezeichnung des Verkehrsmusters He 111G-3
**He 111P:** mit der P-Serie wurde 1939 ein neuer Rumpf eingeführt; die Pilotenkanzel und der als Ovalnase ausgeführte Glasbug boten ein besseres Sichtfeld; die Vorserie He 111P-0 führte einen Abwehrstand in der Rumpfwanne für einen liegenden Bordschützen ein und wurde vom 846 kW (1150 PS) starken DB 601Aa angetrieben; Ende 1939 begann die Auslieferung der He 111P-1; die Baureihe He 111P-2 entsprach bis auf die Funkausrüstung der He 111P-1; die mit fünf Mann besetzte He 111P-4 hatte einen besseren Panzerschutz und eine stärkere Abwehrbewaffnung; die He 111P-6 wurde von DB 601N je 865 kW (1175 PS) angetrieben und später als He 111P-6/R2 zum Schleppen von Lastenseglern umgerüstet
**He 111R:** einzelner Prototyp eines geplanten Höhenbombers
**He 111Z:** die He 111Z (Z für Zwilling) vereinte die Zellen zweier He 111H-6 über ein neues Tragflächenmittelstück, das einen fünften Jumo-211F-2-Motor aufnahm; zwei V-Muster und zehn Serienflugzeuge He 111Z-1 wurden gebaut

**TECHNISCHE DATEN**
**Heinkel He 111H-16**
**Typ:** mittlerer Bomber
**Triebwerke:** zwei Zwölf-Zylinder-Reihenmotoren (A-Form) Jumo 211F-2 je 994 kW (1350 PS)
**Leistung:** Höchstgeschwindigkeit 365 km/h in Meereshöhe; Dienstgipfelhöhe 6700 m; Reichweite 1950 km
**Gewicht:** Leermasse 8680 kg; max. Startmasse 14.000 kg
**Abmessungen:** Spannweite 22,60 m; Länge 16,40 m; Höhe 4 m; Tragflügelfläche 86,50 m²
**Bewaffnung:** eine 20-mm-Kanone MG FF, ein 13-mm-MG 131 und drei 7,92-mm-MG 81Z sowie eine interne Standardbombenlast von 1000 kg

***Zu den berühmten Kuriositäten des Zweiten Weltkriegs gehörte die He 111Z: Zwei He 111H waren über ein Flügelmittelstück mit einem fünften Motor zu einem Schleppgespann zusammengekoppelt.***

# Heinkel He 112

Das Reichsluftfahrtministerium suchte 1933 einen Jagdeinsitzer als Ersatz für die veralteten Doppeldecker Ar 68 und He 51. An der Ausschreibung beteiligte sich neben Arado, Focke-Wulf und Messerschmitt auch Heinkel mit der **He 112**. Der Prototyp **Heinkel He 112** nahm Ende Oktober 1935 am Vergleichsfliegen in Travemünde teil. Sowohl die Heinkel-Maschine als auch die Messerschmitt Bf 109 sicherten sich Aufträge über je zehn Vorserienflugzeuge. Auf den Heinkel-Prototyp, angetrieben vom Rolls-Royce Kestrel V mit 518 kW (705 PS), folgten zwei Versuchsjäger mit reduzierter Spannweite und einem 442 kW (600 PS) starken Jumo 210C-Motor. Der vierte Prototyp mit neuen elliptischen Tragflächen wurde 1936 im Einsatz bei der Legion Condor in Spanien erprobt und beim internationalen Fliegertreffen im Juli 1937 in Zürich vorgeführt. Die Luftwaffe stellte jedoch nicht den vorgeschlagenen Serienjäger **He 112A** in Dienst, sondern die Bf 109. Dessen ungeachtet wurde die Arbeit an der strukturell überarbeiteten **He 112B** fortgeführt, deren Serienprototyp unter dem Antrieb eines Jumo 210Ea mit 500 kW (680 PS) im Juli 1937 flog. Im Frühjahr 1938 wurden zwölf der 30 von Japan bestellten Jäger ausgeliefert, doch das nächste Dutzend behielt man für die Luftwaffe ein. Davon gingen später allerdings elf Maschinen zusammen mit den letzten sechs Exemplaren im November 1938 an die Luftstreitkräfte der spanischen Nationalisten. Dreizehn **He 112B-0** und elf **He 112B-1** wurden bis September 1939 an die rumänische Luftwaffe geliefert, und im Frühjahr 1939 hatte die ungarische Luftwaffe drei **He 112B-1** erworben. Die B-Serie war mit zwei 20-mm-Kanonen MG FF in den Tragflächen und zwei 7,92-mm-MG 17 auf dem Nasenrücken bewaffnet.

***Heinkel He 112B-0, die kurzzeitig zur III./JG 132 gehörte und während der Sudetenkrise vom August 1938 in Fürstenwalde stationiert war.***

# Heinkel He 114

Als Nachfolgerin für die He 60 entwickelte Heinkel in Eingeninitiative die **He 114**. Fünf Versuchsmuster flogen in den Jahren 1936 und 1937 mit vielerlei Motortypen, darunter der Daimler-Benz DB 600 mit 707 kW (960 PS), der Junkers Jumo 210 mit 471 kW (640 PS), der BMW 132Dc mit 648 kW (880 PS) und der BMW 132K mit 707 kW (960 PS). Zehn Vorserienflugzeuge **He 114A-0** wurden mit dem BMW 132Dc fertiggestellt, der auch den Zuschlag für die 33 Übungsflugzeuge **He 114A-1** bekam. Ein Entwicklungsflugzeug mit dem BMW-132K-Motor, das am 16. Februar 1937 zum ersten Mal flog, ging der Baureihe **He 114A-2** voraus. Dies war die erste Seeaufklärungsversion, bewaffnet mit einem starren vorwärtsfeuernden 7,92-mm-MG und einem weiteren MG 17 in der Beobachterkanzel. Exportaufträge umfaßten 14 **He 114A-2** für Schweden als **He 114B-1** und sechs **He 114B-2** für Rumänien (je drei Maschinen mit DB 600 und Jumo 210). Rumänien beschaffte weitere zwölf **He 114B-2** mit dem BMW 132K. Die Luftwaffe erhielt 14 **He 114C-1** mit einem zusätzlichen starren MG 17. Obwohl die Produktion 1939 endete, erlebte das Muster nur einen begrenzten Kriegseinsatz. Einige Maschinen konnten mit bis zu vier 50-kg-Bomben beladen werden.

***Eine He 111C-1 der 1. Staffel, Seeaufklärungsgruppe 125, im Jahre 1941. Die Einheit war 1941/42 im östlichen Mittelmeerraum eingesetzt.***

# Heinkel He 115

Das zweimotorige Schwimmerflugzeug **Heinkel He 115** entstand 1936 als Ersatz für die He 59. Nach der Flugerprobung wurden die beiden Maschinengewehre ausgebaut und das Versuchsmuster mit einer Glattblechnase für Rekordversuche ausgestattet. Am 30. März 1938 stellte diese Maschine acht Geschwindigkeits-/Nutzlastrekorde in ihrer Klasse auf. Der zweite Prototyp war ähnlich, der dritte führte einen geänderten Glasbug ein, der bereits der Serienausführung entsprach und der vierte besaß sämtliche Merkmale der nachfolgenden Serie, einschließlich eines Strebengerüsts für das Schwimmerwerk anstelle von Spanndrähten. Küstenaufklärungsstaffeln der Luftwaffe flogen die **He 115**, die nach dem Ausbruch des Zweiten Weltkriegs auch Fallschirmminen in britischen Gewässern ausbrachten. Vier Maschinen der norwegischen Luftwaffe wurden nach England überführt, von denen man drei später für Geheimoperationen in Norwegen und im Mittelmeerraum modifizierte.

**Varianten**
**He 115A:** zehn Vorserienflugzeuge He 115A-0 von 1937, die mit einem einzelnen Maschinengewehr bewaffnet waren
**He 115B:** die Baureihe He 115B-1 hatte eine höhere Kraftstoffkapazität, und die He 115B-2 für den Eismeereinsatz besaß verstärkte Schwimmer mit Eiskufen an der Unterseite; die Serienflugzeuge He 115B konnten außer Treibstoff und Bomben auch eine 1000-kg-Magnetmine mitführen
**He 115C:** im Jahre 1941 eingeführte Serie in Form der He 115C-1 mit verstärkter Bewaffnung; He 115C-2 mit Eiskufenschwimmer wie bei der He 115B-2; die He 115C-3 war ein Minenleger und die He 115C-4 ein Torpedoträger
**He 115D:** Bezeichnung einer einzelnen He 115A-1 mit zwei BMW 801C-Motoren
**He 115E:** die Fertigungsstrecke wurde 1941 wieder eröffnet für die 141 He 115E-1, die eine verbesserte Funkausrüstung und stärkere Abwehrbewaffnung hatte

***Eine von Weser Flugzeugbau in Lizenz gefertigte He 115B-1 bei der Erprobung im Frühjahr 1940***

## Heinkel He 116 bis Helwan HA-300

**Die He 116 war mit ihrer großen verglasten Kanzel ebenso typisch Heinkel wie die He 277, die He 274 und das Wasserflugzeug He 119. Die futuristische He 162 Salamander, der sog. „Volksjäger", war eines der letzten Flugzeuge vom Fabrikband vor dem Zusammenbruch. Ägypten versuchte mit der Helwan HA-300 ein eigenständiges Jagdflugzeug zu entwickeln. Es kam jedoch nicht über das fortgeschrittene Prototypstadium hinaus.**

# Heinkel He 116

Für die 1936 als Postflugzeug für die Deutsche Lufthansa entwickelte **Heinkel He 116** wurden Konstruktionsmerkmale der He 70 und He 111 genutzt, vor allem die Ellipsenform des Trag- und Leitwerks. Das Muster sollte zunächst Hirth-Höhenmotoren mit 368 kW (500 PS) erhalten, die aber nicht rechtzeitig verfügbar waren. Man baute daher vier Hirth HM 508 ein, deren Leistung von 177 kW (240 PS) selbst bei einem Dreimotorenflug noch weit ausreichte. Acht zivile Maschinen mit der Bezeichnung **He 116A-0** wurden gefertigt, von denen die erste ihren Jungfernflug im Sommer 1937 absolvierte. Die japanische Luftverkehrsgesellschaft Mausynkohkuh Kaisya erwarb zwei Exemplare, die die 15.337 km langen Überführungsflüge von Berlin nach Tokio zwischen dem 23. und 29. April 1938 in 54 Stunden und 17 Minuten zurücklegten. 1938 modifizierte man eine **He 116** zum Rekordflugzeug, indem man die Spannweite um drei Meter vergrößerte und Halterungen für Starthilfsraketen anbrachte. Mit 10.000 km in 46 Stunden und 18 Minuten stellte diese **He 116R** einen neuen Langstreckenrekord auf.

***Die He 116B-0 war kaum mehr als eine Versuchsbaureihe und wurde nur zu Luftbildmeßflügen über dem besetzten Teil Deutschlands genutzt.***

# Heinkel He 119

Die 1936 entwickelte, einmotorige **Heinkel He 119** war als Schnellaufklärer/Schnellbomber gedacht. Die konstruktive Konzeption dieses Musters barg revolutionäre Elemente. So hatte man den Besatzungsraum für drei Mann als verglaste Vollsichtkanzel stufenfrei in die Rumpfkontur einbezogen. Das Doppeltriebwerk DB 606 lag hinter dem Besatzungsraum, und die Fernwelle führte zentral durch die Kanzel zur vierflügeligen Luftschraube in der äußersten Bugspitze. Vier Versuchsmaschinen mit Einziehfahrwerk wurden gebaut, von denen die letzte, **He 119 V4**, am 22. November 1937 zu einem Weltrekordflug startete. Die **V5** wurde als Zweischwimmer-Seeflugzeug fertiggestellt und nach einer Notlandung verschrottet.

***Die Heinkel He 119 war für ein Höchstmaß an aerodynamischer Effektivität ausgelegt, litt jedoch unter technischen Problemen. Die Aufnahme zeigt den fünften Prototyp.***

# Heinkel He 162 Salamander

Der Prototyp des Strahljägers **Heinkel He 162** flog erstmals am 6. Dezember 1944, nur 38 Tage nachdem das Werk die Baubeschreibung erhalten hatte. Bei einem Bahnneigungsflug mit 10° stürzte die **He 162 V1** am 10. Dezember mit ungewöhnlich schnellen Rollbewegungen rechtsdrehend ab und riß Flugkapitän Peter in den Tod. Dennoch führte man das Programm fort und bereinigte bei **V3** und **V4** die technischen Schwachstellen (schlechte Verleimung, schwache Nasenrippen, falscher Werkstoff beim Querruderlager), die den Unfall verursacht hatten. Beide Maschinen flogen störungsfrei am 16. Januar 1945, und noch im selben Monat lieferte man erste Exemplare zur Einsatz- und Truppenerprobung aus.

Am 4. Mai 1945 wurde eine Gruppe mit drei Jagdstaffeln in Leck aufgestellt, die über insgesamt 50 solcher Volksjäger verfügte. Am 6. Mai rollten britische Panzer auf den Flugplatz Leck, und am 8. Mai ergab sich der Verband einem alliierten Kommando. Insgesamt 116 **He 162** wurden gefertigt, und mehr als 800 Exemplare befanden sich in verschiedenen Fertigungsstadien, als die unterirdischen Produktionszentren eingenommen wurden.

**Variante**

**He 162A:** die zehn Versuchsjäger trugen auch die Vorserienbezeichnung He 162A-0; an die erste Baureihe He 161A-1 schloß sich die Serie He 162A-2 mit aerodynamischen Änderungen zur Verbesserung der Stabilität an

**TECHNISCHE DATEN**
**Heinkel He 162 Salamander**

**Typ:** einsitziger Strahljäger
**Triebwerk:** eine Strahlturbine BMW 003A-1 mit 800 kg Schub
**Leistung:** Höchstgeschwindigkeit 840 km/h in 6000 m Höhe; Dienstgipfelhöhe 12.040 m; Flugdauer 57 Minuten in 10.970 m Höhe
**Gewicht:** Leermasse 2050 kg; max. Startmasse 2695 kg
**Abmessungen:** Spannweite 7,20 m; Länge 9,05 m; Höhe 2,55 m; Tragflügelfläche 11,20 m²
**Bewaffnung:** zwei 20-mm-Kanonen MG 151/20

***Die He 162 wurde in der Endphase des Zweiten Weltkriegs zu hastig entwickelt, so daß sie die Truppe in unausgereiffter Form erreichte. Das Foto zeigt eine He 162A-2 vom Jagdgeschwader 1.***

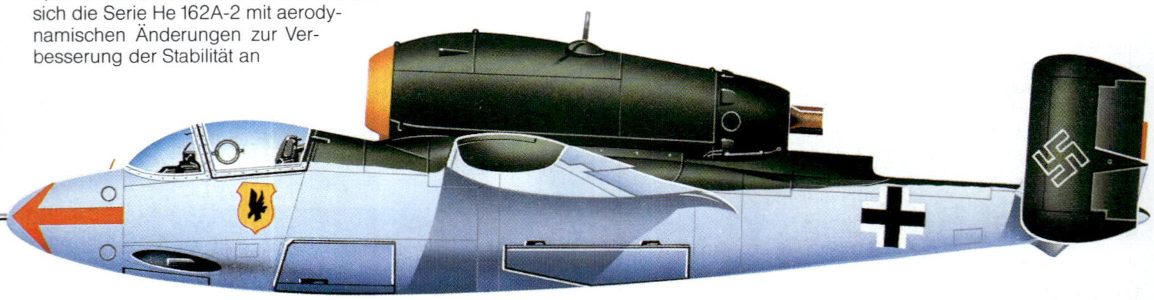

***Heinkel He 162A-2 der 3./JG 1, im Mai 1945 in Leck, Schleswig-Holstein, stationiert.***

# Heinkel He 177 Greif

Der einzige schwere Bomber, der zu Beginn des Krieges in Serie ging, war die **Heinkel He 177 Greif**. Ihre Entwicklung ging auf das Projekt P.1041 von 1937 für einen Fernbomber zurück. Da ein 2000-PS-Flugmotor noch nicht existierte, entwickelte Daimler-Benz den 1914 kW (2600 PS) starken Doppelmotor DB 606, indem er zwei DB 601 bündelte. Zwei solcher Doppelmotoren erhielt die **He 177**, die am 19. November 1939 zum ersten Mal flog. Ein weiteres ungewöhnliches Konstruktionsmerkmal bildete das Hauptfahrwerk. Es bestand aus zwei Rädern an je einem freitragenden Federbein pro Seite, die unterhalb der Motorgondel angelenkt waren und getrennt nach innen und nach außen in die Flügelvorderkante einklappten. Das Muster machte eine Fülle von Kinderkrankheiten durch, und mindestens drei Versuchsbomber gingen bei Unfällen verloren, die auf strukturelle Schwächen und auf Triebwerksbrände zurückzuführen waren. Die Schwachpunkte der Zelle wurden bald beseitigt, doch die Überhitzung des DB 606 bekam man nie in den Griff.

Im Juli 1942 gelangte die erste Serie **He 177A-1** zur Auslieferung, doch sie litt noch unter strukturellen Schwächen, und erst Ende 1942 erreichte die zuverlässigere **He 177A-3** die Truppe. In Deutschland und Frankreich stationierte **He 177** nahmen an der Operation „Steinbock" gegen England teil und wurden auch an der Ostfront eingesetzt. Technische Probleme und die Notwendigkeit, die Kapazität der deutschen Flugzeugindustrie voll auf das Jäger-Notprogramm auszurichten, führten schließlich dazu, daß die **He 177** Ende 1944 aus der Truppenverwendung ausschied. Ein Greif-Einzelexemplar wurde später in Prag zur Aufnahme der geplanten deutschen Atombombe vorbereitet, aber nicht mehr fertiggestellt.

***Die He 177A-5/R2 verfügte über Aufhängungen für drei gesteuerte Gleitbomben Hs 293, Hs 294 oder FX 1400 („Fritz X") zum Einsatz gegen Schiffe.***

**Varianten**
**He 177A-0:** 35 Vorserienflugzeuge zur Ausbildung von Besatzungen
**He 177A-1:** 130 von Arado gefertigte Flugzeuge in den Ausführungen He 177A-1/R1 bis R4, jeweils mit kleineren Unterschieden; eingeführt im März 1942
**He 177A-3:** 170 von Heinkel gebaute Bomber; die ersten 15 He 177A-3/R1 mit DB 606A/B, der Rest mit DB 610-Motoren; die He 177A-3/R2 hatte eine bessere Bewaffnung; die He 177A-3/R3 konnte drei Henschel-Gleitbomben Hs 293 mitführen; die He 177A-3/R4 besaß die FuG 203 in einem Behälter zur Steuerung der Hs 293; die He 177A-3/R5 war mit einer 75-mm-Kanone in einer Gondel unter dem Bauch bewaffnet, und drei He 177A-3/R7 ließen sich mit drei Torpedos beladen
**He 177A-4:** Höhenbomber-Vorschlag
**He 177A-5:** Version mit verstärkter Zelle, vor allem stärkeren Tragflächen zur Beladung mit schwereren Außenlasten; He 177A-5/R1 bis R4 mit geringfügigen Änderungen hinsichtlich der Bewaffnung; die He 177A-5/R5 hatte einen fernbedienten Waffenstand hinter den Bombenschächten, von denen die beiden ersten bei der He 177A-5/R6 entfielen; die He 177A-5/R7 wies eine druckbelüftete Kabine auf und die He 177A-5/R8 zusätzliche Kinn- und Heckbarbetten; bei fünf He 177A-5 hatte man den Bombenschacht zur Raketenzelle mit 33 Startröhren umgewandelt, und die Projektile wurden mit einem Winkel von 60° nach vorn oben abgefeuert
**He 177A-6:** sechs Versuchsexemplare He 177A-6/R1 mit einer stärkeren Abwehrbewaffnung und Panzerschutz für die Besatzung sowie gepanzerten Kraftstofftanks; eine Entwicklungsmaschine flog mit neuem Vorderrumpf und einer für die Version He 177A-6/R2 vorgesehenen schweren Abwehrbewaffnung
**He 177A-7:** sechs He 177A-5 erhielten probehalber das für die Baureihe He 177A-7 vorgesehene Tragwerk mit einer Spannweite von 36,00 m, aber DB 610 anstelle der geplanten DB 613 mit je 2650 kW (3600 PS)

**TECHNISCHE DATEN: Heinkel He 177A-5/R2**
**Typ:** schwerer Bomber
**Triebwerke:** zwei 24-Zylinder-Doppelmotoren DB 610A/B (A-Form) je 2171 kW (2950 PS)
**Leistung:** Höchstgeschwindigkeit 490 km/h in 6000 m Höhe; Dienstgipfelhöhe 8000 m; Reichweite 5500 km mit zwei Gleitbomben Hs 293
**Gewicht:** Leermasse 16.800 kg; max. Startmasse 31.000 kg
**Abmessungen:** Spannweite 31,44 m; Länge 20,40 m; Höhe 6,39 m; Tragflügelfläche 102 m²
**Bewaffnung:** drei 7,92-mm-Maschinengewehre MG 81, drei 13-mm-MG 131 und zwei 20-mm-Kanonen MG 151/20 sowie eine interne Bombenlast von 1000 kg und zwei Gleitbomben Hs 293 unter den Flächen

# Heinkel He 178

Parallel zum Raketenflugzeug He 176 trieb Heinkel die Entwicklung der turbinengetriebenen **Heinkel He 178** voran. Die Heinkel-Strahlturbine HeS 3b lieferte beachtliche 340 kg Schub, und am 27. August 1939 startete vom Werksflugplatz in Rostock-Marienehe das weltweit erste Muster mit reinem Strahlantrieb. Das weitgehend privat getragene Projekt wurde am 28. Oktober 1939 den Herren Milch, Udet und Lucht vom RLM offiziell im Flug vorgeführt, fand aber wenig Interesse. Man stellte daher die Erprobung zugunsten der He 280 ein.

***Die Erfahrungen mit der Heinkel He 178, dem ersten strahlgetriebenen Luftfahrzeug der Welt, wurden minutiös ausgewertet und kamen später dem zweistrahligen Jagdeinsitzer Heinkel He 280 zugute.***

# Heinkel He 219 Uhu

Einer der mit Sicherheit effektivsten Nachtjäger der Luftwaffe, die **Heinkel He 219 Uhu**, gehörte zu den Flugzeugen, die unter dem Fehlurteil der Regierung zu leiden hatten. Das Muster ging auf das Projekt P.1060 für einen Jagdbomber zurück, der kaum Beachtung gefunden hatte, bis man 1941 sein Potential als Nachtjäger entdeckte. Der Ganzmetall-Schulterdecker **He 219**, der seinen Flugzeugführer und seinen Navigator Rücken an Rücken aufnahm, war das weltweit erste Kriegsflugzeug mit Schleudersitzen und der erste Luftwaffentyp mit Bugrad-Fahrgestell.

Der erste Nachtjägerprototyp flog am 15. November 1942, angetrieben von zwei Daimler-Benz DB 603A je 1288 kW (1750 PS). Der zweite Versuchsjäger erhielt eine geänderte Bewaffnung. Nachdem man einen der beiden Prototypen im Scheingefecht gegen eine Dornier Do 217N und eine Junkers Ju 88S bewertet hatte, erhöhte man die Sofortbeschaffung von 100 auf 300 Flugzeuge. Weitere Versuchsjäger wurden in das Erprobungsprogramm einbezogen. Ab April 1943 flog die 1./NJG 1 in Venlo (Holland) einige Serienjäger **He 219A-0**, und beim ersten Einsatz in der Nacht vom 11. zum 12. Juni schoß Major Werner Streib gleich fünf Avro Lancaster ab. Nach den ersten sechs Kampfeinsätzen hatte der Verband 20 RAF-Abschüsse erzielt, darunter sechs de Havilland Mosquito. Im Mai 1944 wurde das Programm endgültig gestrichen, doch noch gut 250 Jäger erreichten die deutschen Einsatzverbände.

**Varianten**
**He 219A-2:** der Aufklärungsbomber He 219A-1 wurde noch im Projektstadium aufgegeben, so daß der Nachtjäger He 219A-2/R1 die erste Serienversion war; die Standard-Nachtjagd-Bewaffnung bestand aus zwei 30-mm-Kanonen MK 108 in einer abnehmbaren Wanne unter dem Rumpf und zwei 20-mm-Kanonen MG 151/20 in den Flächen; die „Schräge Musik" mit zwei schräg nach vorn oben feuernden MK 108 hinter der Druckkabine im Rumpf kam nachträglich hinzu
**He 219A-5:** erste Hauptserienversion, grundsätzlich ähnlich wie He 219A-1; die He 219A-5/R1 hatte DB 603A je 1325 kW (1800 PS) und erhöhte Kraftstoffkapazität; die He 219A-5/R4 unterschied sich durch die Position für ein drittes Besatzungsmitglied und eine abgestufte Kabine mit einem zusätzlichen, nach hinten feuernden und beweglich gelagerten MG 131
**He 219A-6:** von der A-2/R1 abgeleiteter Abwehrjäger gegen RAF-Mosquito; ausgerüstet mit DB 603L und vier MG 151/20
**He 219A-7:** ähnlich wie He 219A-5, jedoch mit verbessertem Laderlufteinlauf für den DB 603G; über die „Schräge Musik" hinaus war die He 219A-7/R1 mit zwei MK 108 in den Flächenansätzen und je zwei MG 151 und MK 103 vom Kaliber 30 mm in der Wanne unter dem Rumpf bewaffnet; die He 219A-7/R2 besaß MK 108 anstelle der MK 103 in der Anbauwanne; bei der He 219A-7/R3 ersetzten MG 151 die MK 108 in den Flügelwurzeln, und sie übernahm die Anbauwanne der He 219A-7/R2; die He 219A-7/R4 hatte ein Heckradarwarngerät und nur vier MG 151; die sechs Nachtjäger He 219A-7/R5 waren im Grunde He 219A-7/R3 mit Junkers-Jumo-213E-Motoren je 1398 kW (1900 PS) und Wasser-Methanol-Einspritzanlage; das Einzelexemplar He 219A-7/R6 war mit zwei Jumo 222A/B je 1840 kW (2500 PS) ausgerüstet

**TECHNISCHE DATEN**
**Heinkel He 219A-7/R1**
**Typ:** zweisitziger Nachtjäger
**Triebwerke:** zwei Zwölf-Zylinder-Reihenmotoren Daimler-Benz DB 603G je 1398 kW (1900 PS)
**Leistung:** Höchstgeschwindigkeit 670 km/h; Marschgeschwindigkeit 630 km/h; Dienstgipfelhöhe 12.200 m; Reichweite 2000 km
**Gewicht:** Leermasse 11.200 kg; max. Startmasse 15.300 kg
**Abmessungen:** Spannweite 18,50 m; Länge 15,54 m; Höhe 4,10 m; Tragflügelfläche 44,50 m²
**Bewaffnung:** vier 30-mm-Kanonen MK 108, zwei 20-mm-Kanonen MG 151/20 und zwei 30-mm-Kanonen MK 103

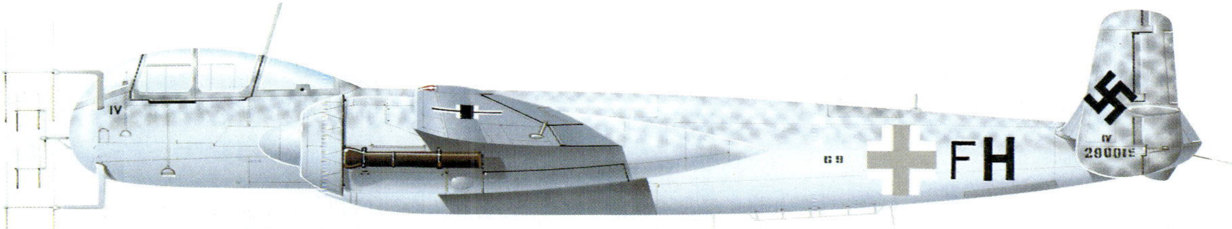


***Heinkel He 219A-5/R1 vom Nachtjagdgeschwader 1 (NJG 1), im Herbst 1944 in Münster stationiert.***

# Heinkel He 274

Die **Heinkel He 274** wurde als Ersatz für den Höhenbomber He 177A-4 entwickelt. Da die deutsche Luftfahrtindustrie ausgelastet war, übertrug man die Bauausführung der französischen Firma Farman in Suresnes bei Paris. Das mit einer Druckkabine ausgestattete Muster, das vier Daimler-Benz DB 603A-2 je 1288 kW (1750 PS) als Antrieb erhalten sollte, hatte den verlängerten Rumpf einer He 177A-3, verbunden mit einem neuen Tragwerk hoher Flügelstreckung und einem freitragenden Ganzmetall-Leitwerk mit doppeltem Seitenleitwerk. Zwei Musterflugzeuge und vier Vorserienbomber **He 274A-0** mit DB 603G je 1398 kW (1900 PS) wurden 1943 in Auftrag gegeben. Ein Versuch der deutschen Armee, beim Rückzug aus Paris im Juli 1944 den ersten fast fertiggestellten Prototyp zu zerstören, schlug fehl, und nach der Befreiung stellte Frankreich die Maschine schließlich fertig. Sie flog im Dezember 1945 als **AAS 01A** in Orleans-Bricy, und diente später als Erprobungsträger der Muster Aérocentre NC 270 und Sud-Ouest SO 4000.

***Der einzige Prototyp der He 274 fiel in die Hände der Franzosen, die ihn komplettierten und auswerteten.***

# Heinkel He 277

Um die Probleme mit den Doppeltriebwerken DB 606 der He 177 zu lösen, schlug Heinkel 1940 vor, sie durch vier Einzelmotoren DB 603 zu ersetzen. Das RLM lehnte ab, doch Henkel führte das Projekt inoffiziell unter der Bezeichnung He 177B fort. Als Hitler im Mai 1943 einen schweren Bomber forderte, um effektive Luftangriffe gegen London führen zu können, griff man dieses Vorhaben wieder auf. In eine He 177A-3/R2 wurden vier DB 603A eingerüstet, und der erste **Heinkel**-Prototyp **He 277** absolvierte Ende 1943 seinen Jungfernflug von Wien-Schwechat aus, gefolgt von einem zweiten Versuchsbomber am 28. Februar 1944. Das dritte Musterflugzeug erhielt ein doppeltes Seitenleitwerk, um die Kursstabilität der Maschine zu verbessern. Acht Serienbomber **Heinkel He 277B-5/R2** mit DB 603A-Motoren je 1288 kW (1750 PS) waren bis Juli 1944 fertiggestellt, als dem Jägerbauprogramm endgültig Vorrang vor Bombern eingeräumt wurde.

***Der erste Versuchsbomber He 277V1 unterschied sich von der He 177 in erster Linie durch vier Einzelmotoren, die die Gefahr eines Triebwerksbrandes senkten.***

# Heinkel He 280

Als Heinkel im Herbst 1939 das Projekt He 178 abbrechen mußte, wandte er sich der Konstruktion eines zweimotorigen Strahljägers zu. Als Antrieb sollten zwei Heinkel-Strahlturbinen HeS 8 und HeS 30 dienen, doch keines dieser Triebwerke war verwendungsreif, als man die Zelle des Prototyps **He 280** fertiggestellt hatte. Die ersten Erprobungsflüge ab 22. September 1940 fanden daher ohne Antrieb statt, indem eine Heinkel He 111 die **He 280** auf ihre Ausklinkhöhe schleppte. Im März 1941 wurde ein Triebwerkspaar HeS 8 in die **He 280V1** installiert, und Fritz Schäfer führte die Maschine am 2. April durch den ersten angetriebenen Flug. Die Strahlturbinen erzeugten damals aber kaum mehr als 500 kg Schub. Bis Anfang 1943, als **V2** und **V3** flogen, stieg die Leistung zwar auf 600 kg, aber im April jenes Jahres führte man BMW 109-003 ein. Sechs weitere Musterflugzeuge wurden gebaut, darunter **V8** mit V-Leitwerk. Für die Produktion aber wählte man das Konkurrenzmodell Me 262, so daß die **He 280** lediglich als nützlicher Forschungsbeitrag galt.

***Der zweistrahlige Jagdeinsitzer He 280 war von der Konzeption her dem Rivalen Me 262 weit unterlegen und zudem untermotorisiert.***

# Helio Courier/Super Courier

Die Helio Aircraft Corporation (später Company) konstruierte 1953 den Originalprototyp **Helio Courier**. Die Entwicklung und Produktion dieses freitragenden Hochdeckers führte über die viersitzige **H-391B Courier** von 1954 über die vier-/fünfsitzige **H-395/H-395A** von 1958/59 zur sechssitzigen **H-250** von 1964. Das nächste Modell, die **H-295 Super Courier**, flog in Prototypform zum ersten Mal am 24. Februar 1965. Dieser sechssitzige Kabineneindecker war nicht nur äußerst bequem eingerichtet, sondern auch hervorragend ausgestattet: Nasenklappen über die volle Spannweite, Spoiler an der Saugseite, Frise-Querruder und Auftriebsklappen, die 74% der Spannweite einnahmen. Dies bedeutete, daß die **Super Courier** ausgezeichnete STOL-Eigenschaften besaß, die sie für die amerikanischen Streitkräfte interessant machten, und die US Army prüfte daraufhin eine zivile **H-391B** als **YL-24**. Später wurden Aufträge über drei **H-395/L-28A/U-10A**, 26 **H-395A/U-10A**, 57 **H-295/U-10B** (einige Exemplare mit Dreibein-Fahrwerk) und 36 **U-10D** (für höhere Betriebsmassen zugelassene **U-10B**) erteilt. Im Dezember 1974 lief die Serienfertigung nach etwa 500 **Courier**-Kolbenmotorflugzeugen aus.

Anfang der achtziger Jahre erwarben etliche Firmen die Fertigungskonzession, und bis zur Einstellung der Produktion wurden insgesamt 18 **Courier 700/800** gebaut. Derzeit hält diese Rechte die Aircraft Acquisition Corporation, und das Muster ist wieder bei der Helio Aircraft Corporation in Morgantown, West Virginia, erhältlich. Angeboten wird die **Helio Courier** als fünf-/sechssitziges STOL-Nutzflugzeug mit vier verschiedenen Motortypen, und zwar als **600** mit einem Textron Lycoming O-540 (186,4 kW/2553,5 PS), als **700** mit dem Teledyne Continental Voyager (224 kW/305 PS), als **800** mit einem Textron TIO-540 (261 kW/355 PS) und als **900** mit einem Textron IO-720-A1B (298 kW/405 PS).

***Die Kurzpisteneigenschaften der Courier interessierten die USAF, und sie beschaffte dieses Muster als U-10A. Der Typ bewährte sich in Vietnam.***

**TECHNISCHE DATEN**
**Helio U-10D**

**Typ:** sechssitziges STOL-Nutz- und Verbindungsflugzeug
**Triebwerk:** ein Sechs-Zylinder-Boxermotor Textron Lycoming GO-480-G1D6 mit 220 kW (299 PS)
**Leistung:** Höchstgeschwindigkeit 269 km/h in Meereshöhe; Marschgeschwindigkeit 265 km/h in 2590 m Höhe; Reichweite 2220 km
**Gewicht:** Leermasse 943 kg; max. Startmasse 1542 kg
**Abmessungen:** Spannweite 11,89 m; Länge 9,45 m; Höhe 2,69 m; Tragflügelfläche 21,46 m²

# Helio H-550A Stallion

Die ausgezeichnete STOL-Leistung der Courier führte zur Entwicklung der Turboprop-Version **Helio HST-550 Stallion**, deren Prototyp am 5. Juni 1964 zum ersten Mal vom Boden abhob. Die Musterzulassung für die Serienausführung **H-550A Stallion** wurde im August 1969 ausgestellt, aber bei einem Preis oberhalb 100.000 Dollar blieb die Nachfrage gedämpft. Die USAF kaufte 15 Exemplare als **AU-24A** mit Aufhängungen unter Tragflächen und Bauch sowie einer zweckmäßigen Kabineneinrichtung für Rollen wie bewaffnete Aufklärung, Luftnahunterstützung, Fliegerleit- und Transportdienste. Bis auf ein Exemplar wurden alle **AU-24A** der Khmer-Luftwaffe übergeben. Das von einer P&WC-Propellertubine PT6A-27 mit 507 kW (690 PS) angetriebene Muster ließ sich zur Aufstandsbekämpfung (COIN) mit einer 20-mm-Kanone, Schüttbomben CBU-14A/A und einer 227-kg-Sprengbombe bewaffnen.

***Hauptabnehmer der Stallion war die USAF, die AU-24 als leichte Kampfflugzeuge beschaffte, aber nicht einsetzte.***

# Helwan HA-300

Der erste in Ägypten gebaute Düsenjäger, die **Helwan HA-300**, ging aus der Hispano HA-300 hervor, die ein Team unter Leitung von Professor Willy Messerschmitt konstruiert hatte. Das für die Ejército del Aire gedachte Projekt wurde 1960 aufgegeben, doch anschließend stieg die Vereinigte Arabische Republik in das Programm ein und vertraute es dem Unternehmen Helwan an. Als Antrieb war das Nachbrenner-Strahltriebwerk Orpheus BOr.12 vorgesehen, aber statt dessen wurde die Zelle dem E-300 angepaßt, einem ägyptischen Turbojet-Triebwerk, das ein Konstruktionsteam mit Dr. Brandner an der Spitze entwickelt hatte. Drei Prototypen wurden gebaut, von denen die ersten beiden am 7. März 1964 beziehungsweise am 22. Juli 1965 flogen, angetrieben von einem 2200 kg Schub starken Orpheus Mk 703-S-10. Das dritte Musterflugzeug mit E-300-Triebwerk schloß nur noch Rollversuche ab, bevor das Programm 1969 gestrichen wurde.

***Der Deltajäger HA-300 hatte einen interessanten multinationalen Werdegang, scheiterte jedoch an mangelnder Schubkraft.***

# Henschel Hs 123 bis Hughes XF-11

**Die Henschel-Doppeldecker flogen noch den „Blitzkrieg“ gegen Polen mit und in Holland und Rußland, aber das Ende des Zweiten Weltkriegs erlebten sie nicht mehr. Die Hindustan HF-24 Marut war eine große Leistung für ein Land mit einer erst aufstrebenden Flugzeugindustrie und nur geringen Erfahrungen. Die Hughes H-4 Hercules war mit einer Spannweite von fast 100 m ein weiteres Zeugnis des Hangs des Milliardärs Howard Hughes zu Riesenflugzeugen.**

## Henschel Hs 123

Der erste von drei Anderthalbdecker-Prototypen **Henschel Hs 123**, die auf einer Forderung von 1933 für einen Sturzkampfbomber basierten, flog 1938 unter dem Antrieb eines BMW-Sternmotors 132A-3 mit 478 kW (650 PS). Vorausgegangen war im August 1935 die Eprobung dreier Maschinen in Rechlin, von denen zwei durch Versagen der Tragflächen bei Sturzflugversuchen zerstört wurden. Die Erprobung eines modifizierten vierten Musterflugzeugs führte schließlich zu einem Produktionsauftrag. Im Herbst 1936 wurde die **Hs 123A-1** bei der 1./StG 162 in Dienst gestellt, aber dieser Typ hielt sich nicht lange im Einsatz und mußte 1937 der Junkers Ju 87A weichen. Fünf **Hs 123** gingen im Dezember 1936 an die Legion Condor in Spanien, und 1939 kam das Muster in Polen sowie 1940 in Frankreich und Belgien zum Einsatz. 1943 wurde die **Hs 123** in der Sowjetunion überarbeitet, aber zu dem Zeitpunkt gab es ohnehin nur noch wenige Exemplare.

**Varianten**

**Hs 123 V5 und V6:** Bezeichnung zweier Prototypen von 1938 mit BMW-132K-Motor und revidierter Bewaffnung als Entwicklungsflugzeuge für die vorgeschlagene verbesserte Version Hs 123B; keine Serienmaschinen

***Henschel Hs 123A-1 der 7./Stukageschwader 165 „Immelmann“, im Oktober 1937 in Fürstenfeldbruck stationiert.***

**TECHNISCHE DATEN**
**Henschel Hs 123A-1**

**Typ:** Sturzkampf- und Schlachtflugzeug
**Triebwerk:** ein Neun-Zylinder-Sternmotor BMW 132Dc mit 648 kW (880 PS)
**Leistung:** Höchstgeschwindigkeit 340 km/h in 1200 m Höhe; Marschgeschwindigkeit 315 km/h in 2000 m Höhe; Dienstgipfelhöhe 9000 m; Reichweite 855 km
**Gewicht:** Leermasse 1500 kg; max. Startmasse 2215 kg
**Abmessungen:** Spannweite oben 10,50 m und unten 8 m; Länge 8,33 m; Höhe 3,20 m; Tragflügelfläche 24,85 m²
**Bewaffnung:** zwei vorwärtsfeuernde 7,92-mm-MGs 17 und Vorrichtungen für bis zu 450 kg Bomben

## Henschel Hs 126

Aus dem früheren Schirmeindecker Hs 122 entstand 1937 die aerodynamisch verbesserte **Henschel Hs 126** als zweisitziger Aufklärer. Die Zelle einer Hs 122A war zum Prototyp mit neuen Tragflächen, freitragendem Hauptfahrgestell, einer Haube über der Kanzel und Junkers-Jumo-210-Motor mit 449 kW (610 PS) umgestaltet und im Herbst 1936 zum ersten Mal geflogen worden. Es folgten zwei Entwicklungsflugzeuge, beide vom Bramo Fafnir 323A-1 mit 611 kW (830 PS) angetrieben. 1937 produzierte Henschel zehn Vorserienmaschinen **Hs 126A-0**, die auf dem dritten Prototyp basierten. Einige dieser Flugzeuge zog die Luftwaffe durch die Truppenerprobung. Seriengefertigte **Hs 126A-1** gingen zunächst bei der Aufklärungsgruppe 35 in Dienst, und bis zum Ausbruch des Zweiten Weltkriegs war die Umrüstung der Aufklärungsverbände recht weit fortgeschritten. Ab 1942 erfolgte die Ausmusterung zugunsten der Focke-Wulf Fw 189. Die Produktion umfaßte mehr als 600 **Hs 126**, von denen sechs bei der Legion Condor in Spanien eingesetzt und 16 an die griechische Luftwaffe geliefert wurden.

**Variante**

**Hs 126B-1:** im Sommer 1939 eingeführte Version mit Bramo 323A-1 oder ein 662 kW (900 PS) starkem 323A-2 und einem Funkgerät FuG 17

***Henschel Hs 126B-1 der 2. (H)/Aufklärungsgruppe 31, die 1941/42 an der Ostfront eingesetzt war.***

**TECHNISCHE DATEN**
**Henschel Hs 126B-1**

**Typ:** zweisitziger Nahaufklärer
**Triebwerk:** ein Neun-Zylinder-Sternmotor BMW Bramo 323A-1 mit 662 kW (900 PS)
**Leistung:** Höchstgeschwindigkeit 310 km/h in Meereshöhe; Dienstgipfelhöhe 8300 m; Höchstreichweite 720 km
**Gewicht:** Leermasse 2030 kg; max. Startmasse 3090 kg
**Abmessungen:** Spannweite 14,50 m; Länge 10,85 m; Höhe 3,75 m; Tragflügelfläche 31,60 m²
**Bewaffnung:** zwei 7,92-mm-MGs plus Gehänge für eine 50-kg-Bombe oder fünf 10-kg-Bomben

## Henschel Hs 129

Der Prototpy **Henschel Hs 129** entsprach einer Forderung des RLM nach einem zweimotorigen Schlachtflugzeug, das eine Bewaffnung aus zwei 20-mm-Kanonen und eine umfassende Panzerung besitzen sollte. Der Erstflug fand im Frühjahr 1939 statt. Der Rumpf mit dreieckigem Querschnitt wies einen engen Führerraum mit begrenztem Sichtfeld auf, die Frontscheibe bestand aus 75 mm starkem Panzerglas, und die gesamte Flugzeugnase war aus Panzerstahl konstruiert. Die Luftwaffe erprobte die drei Prototypen mit jeweils zwei 342 kW (465 PS) starken Argus-As-410-Motoren und kam zu dem Ergebnis, daß die Kanzel in dieser Form und die träge Leistung nicht annehmbar waren. Für weitere Tests und Prüfungen wurden acht Vorserienexemplare **Hs 129A-0** bestellt. Die Luftwaffe lehnte jedoch auch die geplante Serienversion **Hs 129A-1** ab und akzeptierte erst die **Hs 129B-1**, die in mehrerer Hinsicht verbessert war und stärkere Gnome-Rhône-Motoren 14M 4/5 hatte. Im April 1942 wurde der Typ bei der 4./SchG 1 eingeführt und überwiegend an der Ostfront eingesetzt, doch nach der Landung alliierter Truppen auch in Nordafrika, Italien und Frankreich. Einschließlich der Prototypen belief sich die Produktion auf insgesamt 879 Flugzeuge.

**Varianten**

**Hs 129B-0:** zehn Vorserienflugzeuge ähnlich der Serienversion Hs 129B-1, die ab Dezember 1941 der Luftwaffe zur Erprobung zuliefen

**Hs 129B-1/R1:** bei Rüstzustand 1 konnten Serienflugzeuge zusätzlich zwei 50-kg-Bomben oder 96 Splitterbomben aufnehmen

**Hs 129B-1/R2:** wie Serienmaschinen, aber mit einer 30-mm-Kanone MK 101 unter dem Rumpf

**Hs 129B-1/R3:** wie Serienmaschinen, aber mit vier zusätzlichen MG 17

**Hs 129B-1/R4:** Version mit einer 250-kg-Bombe statt der üblichen Bomben der Hs 129B-1/R1

**Hs 129B-1/R5:** wie Serienmaschinen, aber mit Reihenbildgeräten Rb 50/30 für Aufklärungseinsätze

**TECHNISCHE DATEN**
**Henschel Hs 129B-1/R2**

**Typ:** einsitziges Schlachtflugzeug
**Triebwerke:** zwei 14-Zylinder-Sternmotoren Gnome-Rhône 14M 4/5 je 515 kW (700 PS)
**Leistung:** Höchstgeschwindigkeit 407 km/h in 3830 m Höhe; Dienstgipfelhöhe 9000 m; Reichweite 560 km
**Gewicht:** Leermasse 3810 kg; max. Startmasse 5110 kg
**Abmessungen:** Spannweite 14,20 m; Länge 9,75 m; Höhe 3,25 m; Tragflügelfläche 29 m²
**Bewaffnung:** zwei 20-mm-Maschinenkanonen MG 151/20, zwei 7,92-mm-MGs 17 und eine 30-mm-Kanone MK 101

*Hs 129B-1 der 4./Schlachtgeschwader 2, die im November 1942 in Libyen kämpfte.*

**Hs 129B-2/R1:** erste der Anfang 1943 eingeführten Versionen mit schwererer Bewaffnung zur Panzerabwehr; zwei 20-mm-Kanonen MG 151/20 und zwei 13-mm-Maschinengewehre 131
**Hs 129B-2/R2:** wie Hs 129B-2/R1, aber mit zusätzlicher 30-mm-Kanone MK 103 unter dem Rumpf
**Hs 129B-2/R3:** wie Hs 129B-2/R2, aber mit 37-mm-Kanone BK3,7 anstelle der MK 103 und ohne MG 131
**He 129B-2/R4:** mit 75-mm-Panzerabwehrkanone PaK 40 unter dem Rumpf
**Hs 129B-3:** von der Hs 129B-2/R4 abgeleitete Version mit einer elektropneumatischen 75-mm-Bordkanone BK7,5 statt der PaK 40

# Hiller Modell 360, UH-12 und OH-23 Raven

Hiller Helicopters Inc. wurde 1942 zur Entwicklung und Produktion von Rotorflugzeugen gegründet. Arbeiten am Hiller Modell XH-44, UH-4 Commuter und dem UH-5, der die neuentwickelte Rotorsteuerung „Rotor-Matic" einführte, leiteten zum Prototyp **Hiller Modell 360** über. Anschließend erschien der erste Serienhubschrauber, der als **Hiller UH-12** bekannt wurde, da Hiller inzwischen in United Helicopters aufgegangen war. Es handelte sich um eine einfache Konstruktion mit zweiblättrigem Haupt- und Heckrotor am aufgewinkelten Ausleger. Das Muster war ein voller Erfolg und wurde in zwei- und dreisitzigen Ausführungen sowohl für den zivilen als auch militärischen Bereich gebaut. Ein früher Vertreter des Modells 12 führte sogar den ersten transkontinentalen Flug eines Zivilhubschraubers über die Vereinigten Staaten von Amerika durch. Mehr als 2000 Maschinen waren vom Band gerollt, als die Produktion 1965 endete, davon rund 300 Exemplare für den Export.

Die kommerziellen Ausführungen **UH-12A** bis **UH-12D** trugen bei der US Army die Dienstbezeichnung **OH-23A** bis **OH-23D**, und die US Navy erwarb den **UH-12A** als **HTE-1** und **HTE-2**. Der **UH-12E** war eine dreisitzige Version des **OH-23D** mit Doppelsteuerung und wurde für das Militär auch als **OH-23G** gebaut. Der viersitzige Zivilhubschrauber **UH-12E4** mit längerer Kabine entstand zudem als militärischer **OH-23F**, und spätere Varianten des zivilen **UH-12E** mit stärkerem Antrieb erhielten den Zusatz **L3, L4, SL3** und **SL4**. **OH-23** wurden nach Argentinien, Bolivien, Chile, in die Dominikanische Republik, nach Kuba, Marokko, Mexiko, in die Niederlande, nach Paraguay, in die Schweiz, nach Thailand und Uruguay exportiert. Das kanadische Heer flog den **OH-23G** als **CH-112 Nomad**, und die Royal Navy nutzte eine Reihe ehemaliger **HTE-2** der US Navy als **Hiller HT.Mk 2.**

Als die Produktion des **UH-12/OH23** ihren Höhepunkt erreicht hatte, wurde Hiller von der Fairchild Corporation übernommen, doch 1973 erwarb die neue Firma Hiller Aviation die Entwurfsrechte und die Produktionsausrüstung für den **UH-12E**. Anschließend übernahm die Hiller Aviation für mehrere Jahre die technische Betreuung der weltweit verteilten **UH-12**-Flotte. Im April 1984 wurde Hiller eine Tochterfirma von Rogerson Aircraft of Port Angeles, Washington, als Hiller Helicopters und später Rogerson Helicopters. 1991 legte dieser Hersteller, der nunmehr unter Rogerson Hiller firmiert, den **UH-12E** neu auf als **Hauler**, von dem etliche Exemplare exportiert wurden. Im Rahmen des NHT-Programms (New Training Helicopter) der US Army bietet die Firma den **UH-12ET** mit Allison-Wellenturbine an.

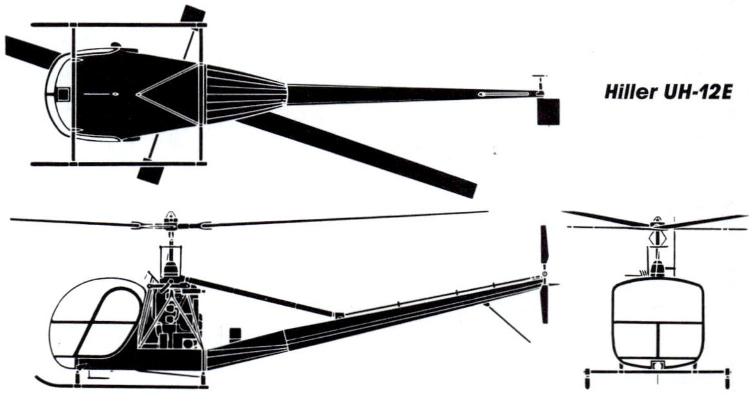

*Hiller UH-12E*

**TECHNISCHE DATEN: Hiller OH-23D Raven**

**Typ:** dreisitziger Militärhubschrauber
**Triebwerk:** ein Sechs-Zylinder-Boxermotor Avco Lycoming VO-540-A1B mit 241 kW (328 PS)
**Leistung:** Höchstgeschwindigkeit 153 km/h; Marschgeschwindigkeit 132 km/h; Dienstgipfelhöhe 4025 m; Reichweite 330 km
**Gewicht:** Leermasse 824 kg; max. Startmasse 1225 kg
**Abmessungen:** Hauptrotordurchmesser 10,82 m; Länge 8,53 m; Höhe 2,97 m; Hauptrotorkreisfläche 92,47 m²

# Hiller FH-1100 (OH-5A)

Den LOH-Konstruktionswettbewerb (LOH = leichter Beobachtungshubschrauber) der US Army von 1961 trugen zum Schluß der Bell OH-4, der **Hiller OH-5A** und der Hughes OH-6A untereinander aus, doch den Zuschlag erhielt das letztgenannte Muster. Hiller entwickelte sein Modell daraufhin zum Hubschrauber für die zivile Luftfahrt und konnte die ersten Exemplare des neuen Musters **FH-1100** im Sommer 1966 liefern. Bis Fertigungsende im Jahre 1974 wurden insgesamt 246 Maschinen dieses Typs gebaut, erhältlich in fünfsitzigen Nutz- und viersitzigen Geschäftsreiseversionen. Rund 30 **FH-1100** gingen an die Streitkräfte Argentiniens, Brasiliens, Chiles, Ecuadors, Panamas, der Philippinen, Salvadors und Zyperns. Hiller Aviation, 1973 zur Übernahme des UH-12-Programms gegründet, wurde ein Ableger von Rogerson Aircraft of Port Angeles, Washington. Das Unternehmen firmierte daraufhin in Hiller Helicopters und Rogerson Helicopters um und betreibt ihr Geschäft heute unter dem Namen Rogerson Hiller. Seit 1984 baut und vermarktet Rogerson Hiller modernisierte Varianten des **FH-1100**, so den Zivilhubschrauber **RH-1100A Pegasus** und den militärischen Drehflügler **RH-1100M Hornet**. Letzterer läßt sich mit der neuesten Gefechtsfeldavionik ausrüsten und mit Maschinengewehren, Raketenbehältern sowie Lenkraketen zur Panzerabwehr und zur Bekämpfung von Luftzielen bewaffnen.

**TECHNISCHE DATEN**
**Hiller FH-1100A Pegasus**

**Typ:** fünfsitziger Nutzhubschrauber
**Triebwerk:** eine Wellenturbine Allison 250-C20B mit 313 kW (425 WPS)
**Leistung:** wirtschaftliche Reisegeschwindigkeit 196 km/h; Dienstgipfelhöhe 6550 m; Reichweite 692 km
**Gewicht:** Leermasse 680 kg; max. Startmasse 1247 kg
**Abmessungen:** Hauptrotordurchmesser 10,80 m; Rumpflänge 9,08 m; Höhe 2,83 m; Hauptrotorkreisfläche 91 m²

*Die US Army zeigte kein Interesse am OH-5A, doch die zivile Ausführung fand eine kleine Abnehmergruppe.*

# Hindustan Ajeet und Ajeet Trainer

Hindustan Aeronautics Ltd. (HAL, 1963 durch die Verschmelzung von Hindustan Aircraft mit Aeronautics Ltd. entstanden) fertigte die **Folland Gnat** für die indische Luftwaffe in Lizenz, und bei Produktionsende im Januar 1974 waren 213 Exemplare gebaut. Anschließend entwickelte Hindustan die verbesserte Version **HAL Ajeet** (unbesiegbar), und die letzten beiden **Gnat**, die vom Band rollten, wurden zu Prototypen modifiziert. Die **Ajeet**-Düsenjäger erhielten ein geändertes Treibstoffsystem (mit Flügelintegraltanks), so daß sie auf Außentanks verzichten und eine schwerere Waffenlast unter den Tragflächen aufnehmen konnten, sowie eine fortschrittliche Navigations- und Kommunikationsausrüstung. 80 Maschinen wurden neu gebaut und zehn **Gnat** zu **Ajeet**-Strahljägern umgerüstet. Eine Nebenlinie stellte der **Ajeet Trainer** dar, dessen Prototyp am 20. September 1982 erstmals flog. Die weitere Entwicklung dieses Musters wurde Mitte 1983 abgebrochen.

***HAL Gnat einer Ausbildungseinheit der indischen Luftwaffe.***

# Hindustan HF-24 Marut

Die Konstruktion des überschallschnellen Jagdeinsitzers **HAL HF-24 Marut** für die indische Luftwaffe begann 1956 unter einem Team, an dessen Spitze der namhafte deutsche Konstrukteur Kurt Tank stand. Ein Musterflugzeug mit gepfeiltem Trag- und Leitwerk, das eine gewisse Ähnlichkeit mit der Hawker Hunter aufwies, hob erstmals am 17. Juni 1961 unter dem Antrieb zweier Strahltriebwerke Rolls-Royce Bristol Orpheus 703 vom Boden ab. In die 129 Serienjäger **HF-24 Marut Mk 1** wurde jedoch eine Lizenzversion dieses Triebwerks eingebaut, die die Firma Hindustan produziert hatte. Am 30. April 1970 startete der Prototyp eines Trainers mit zwei Sitzen in Tandemanordnung, die **Marut Mk 1T**, zum Erstflug, und bis zum Fertigungsende im Jahre 1977 entstanden insgesamt 18 dieser Doppelsitzer.

### TECHNISCHE DATEN
**Hindustan Marut Mk 1**

**Typ:** einsitziger Jagdbomber
**Triebwerke:** zwei Strahltriebwerke HAL/ Rolls-Royce Orpheus Mk 703 je 2200 kg Schub
**Leistung:** Höchstgeschwindigkeit Mach 1,02 in 12.000 m Höhe; Einsatzradius 396 km in 12.000 m Höhe
**Gewicht:** Leermasse 6195 kg; max. Startmasse 10.908 kg
**Abmessungen:** Spannweite 9 m; Länge 15,87 m; Höhe 3,60 m; Tragflügelfläche 28 m²
**Bewaffnung:** vier ADEN 30-mm-Kanonen und ein fahrbarer Rost mit 50 SNEB-68-mm-Raketen in der Rumpfwanne sowie vier Aufhängungen unter den Tragflächen für vielfältige Waffentypen

***Die Marut von HAL war das erste überschallschnelle Serienflugzeug Asiens. Mangelnde Schubkraft verhinderte, daß das Muster sein wahres Potential entfalten konnte.***

# Hindustan HJT-16 Kiran

Eine Forderung der indischen Luftwaffe nach einen Strahltrainer zur fliegerischen Grundausbildung ergab die **HAL HJT-16 Kiran** (Sonnenstrahl) mit einem Rolls-Royce Viper Mk 11 als Antrieb. Der Erstflug erfolgte am 4. September 1964, und die ersten sechs Vorserienflugzeuge **Kiran I** wurden im März 1968 ausgeliefert. Die späteren Serienmaschinen erhielten die Bezeichnung **Kiran IA**. 190 Exemplare entstanden für die indische Luftwaffe und die Marine. Die Version **Kiran II** mit einem 1542 kg Schub starken Rolls-Royce Orpheus Mk 701-01 ging 1984 an die indische Luftwaffe, und das letzte von 61 Exemplaren wurde 1989 ausgeliefert.

### TECHNISCHE DATEN
**Hindustan HJT-16 Kiran I/IA**

**Typ:** zweisitziger Strahltrainer zur Grundausbildung
**Triebwerk:** ein Strahltriebwerk Rolls-Royce Viper Mk 11 mit 1134 kg Schub
**Leistung:** Höchstgeschwindigkeit 695 km/h in Meereshöhe; Dienstgipfelhöhe 9145 m; Flugdauer mit internem Treibstoff 1 Stunde 45 Minuten
**Gewicht:** Leermasse 2560 kg; max. Startmasse 4235 kg
**Abmessungen:** Spannweite 10,70 m; Länge 10,60 m; Höhe 3,63 m; Tragflügelfläche 19 m²
**Bewaffnung:** zwei 227-kg-Bomben oder zwei Behälter mit je sieben SNEB-Raketen, Kaliber 68 mm, oder mit je zwei 7,62-mm-Maschinengewehren oder zwei 226-Liter-Abwurftanks

***Die Kiran I ähnelte von der Konzeption her der Hunting Jet Provost.***

# Hispano HA-100, HA-200 und HA-220

Das zweisitzige Schul- und Übungsflugzeug **Hispano HA-100 Triana** für Fortgeschrittene wurde unter Leitung von Willy Messerschmitt konstruiert, und der Prototyp **HA-100-E1** hob am 10. Dezember 1954 erstmals vom Boden ab. Zwei Musterflugzeuge **HA-100-E1** mit ENMA-Motor Beta B-4, der 556 kW (755 PS) abgab, und weitere zwei **HA-100-F1** mit dem 597 kW (812 PS) starken Wright-Sternmotor Cyclone wurden gebaut, doch zur Serienfertigung bestimmte man die **HA-100-E1**. 1958 trat dieses Muster als **E.12** den Dienst bei den spanischen Luftstreitkräften an, und es entstanden 40 Exemplare, die man zur Waffenausbildung verwendete.

Hauptbaugruppen der **HA-100** gingen auf die **HA-200 Saeta** (Pfeil) über, die ebenfalls maßgeblich von Willy Messerschmitt entwickelt wurde. Der erste Düsenjäger Spaniens flog in Prototypform erstmals am 12. August 1955, und die erste Serienmaschine folgte am 11. Oktober 1962. Wenig später ging das Muster bei der spanischen Luftwaffe in Dienst, die ihm die Bezeichnung **E.14** zuwies. Eine einsitzige Jagdbomberversion der **Saeta**, die **HA-220**, wurde im Zeitraum 1971-77 als **C.10** bei der spanischen Luftwaffe eingeführt. Außer einem geänderten Cockpit hatte die **C.10** stärkere Triebwerke und Vorrichtungen zur Beladung mit Raketenbehältern. Bei Produktionsende waren insgesamt 110 **HA-200** und **HA-220** für die spanische Luftwaffe gefertigt. Ab 1980 verdrängte die CASA C.101 den Typ.

**Varianten**
**HA-200A:** erste Baureihe mit 30 Flugzeugen für die spanische Luftwaffe
**HA-200B:** zehn Vorserienflugzeuge mit Turboméca-Strahltriebwerken Marboré IIA, die für Ägypten gebaut wurden, bevor Helwan Air Works zur Lizenzfertigung als Al-Kahira überging; Helwan produzierte 90 Maschinen
**HA-200D:** verbesserte Version für die spanische Luftwaffe; 55 Exemplare mit moderneren Bordsystemen und schwererer Bewaffnung wurden gebaut
**HA-200E Super Saeta:** 40 HA-200D nach ihrer Modernisierung mit Marboré VI, fortschrittlichen Avioniksystemen und Vorrichtungen für Luft-Boden-Raketen
**HA-220:** einsitzige Jagdbomberversion der HA-200E für die spanische Luftwaffe; 25 Exemplare

### TECHNISCHE DATEN
**Hispano HA-200E Super Saeta**

**Typ:** zweisitziger Strahltrainer für Fortgeschrittene
**Triebwerke:** zwei Strahltriebwerke Turboméca Marboré VI je 480 kg Schub
**Leistung:** Höchstgeschwindigkeit 690 km/h in 3000 m Höhe; Dienstgipfelhöhe 13.000 m; Reichweite 1500 km
**Gewicht:** Leermasse 2020 kg; max. Startmasse 3600 kg
**Abmessungen:** Spannweite 10,41 m; Länge 8,97 m; Höhe 2,85 m; Tragflügelfläche 17,40 m²
**Bewaffnung:** Außenlastträger unter den Flächen für ein breites Waffenspektrum; Einrüstmöglichkeit für eine 20-mm-Kanone im Rumpf

***Nur die spanische Luftwaffe flog die HA-100 Triana, von der sie 40 Exemplare zur Ausbildung beschaffte.***

***Ein Erdkampfflugzeug/Trainer C.10-C der spanischen Luftwaffe, hier mit unterschiedlichen Waffentypen unter den Flächen beladen. Diese Maschinen blieben bis Mitte der achtziger Jahre im Dienst.***

# Horten-Nurflügelflugzeuge

Die Gebrüder Reimar und Walter Horten zählten zu den Begründern der Nurflügelforschung in Deutschland. Ab 1931 begannen sie mit der Konstruktion von Nurflügel-Segelflugzeugen wie der **Horten Ho I, Ho II** und **Ho III**, gefolgt von dem Hochleistungssegler **Ho IV** im Jahre 1941. Von den Vorgängern unterschied sich dieses Muster durch weitaus schlankere Flügel, während die **Ho IVB** ein Laminarprofil erhielt. Die **Ho V**, angetrieben von zwei Hirth-Motoren HM 60R je 59 kW (80 PS) über Fernwellen und Druckschrauben, wurde 1943 getestet. Die **Ho VI** mit noch größerer Flügelstreckung als bei der **Ho IV** erwies sich als unpraktisch. Es folgte die **Ho VII** mit zwei Argus-Motoren As 10C je 177 kW (240 PS) im breiter gehaltenen Mittelteil der Tragflügel. Unter der Bezeichnung **Ho VIII** lief 1944 das Projekt eines Transatlantik-Flugzeugs mit 120 Tonnen Fluggewicht an, und die Fertigstellung eines Modells, das gegen Kriegsende in Göttingen im Bau war, sollte bis Juli 1945 erfolgen. Ein noch ehrgeizigeres Ziel wurde mit der **Ho IX** als zweistrahligem Nurflügel-Jagdeinsitzer verfolgt, und der Prototyp **Ho IX V1** flog 1944 als Gleitflugzeug. **V2** wurde mit zwei Jumo 004-Strahlturbinen je 900 kg Schub fertiggestellt, doch als eins der Triebwerke im Flug ausfiel, ging die Maschine bereits nach kurzer Erprobungszeit verloren. Von der geplanten Serienversion **Go 229** standen Prototypen kurz vor der Vollendung, als amerikanische Truppen das Werk umstellten. Im Rahmen des Jäger-Notprogramms sollte auch ein einstrahliger Jagdeinsitzer **Ho X** entstehen, doch der Prototyp war bei Kriegsende noch nicht fertiggestellt.

***Ho VII leistete wertvolle Versuchsdienste. Nach dem Bau zweier Maschinen löste das RLM 1943 den Unterstützungsvertrag auf.***

***Ho IX V2 war das erste strahlgetriebene Horten-Flugzeug. Sie stürzte nach zwei Flugstunden ab, weil eine Turbine versagte.***

# Howard-Flugzeuge

Ben Howard, der sein erstes Luftfahrzeug, die **Howard DGA-1** (Damned Good Airplane 1) 1933 konstruiert hatte, gründete 1937 die Howard Aircraft Corporation, um seine eigenen Entwürfe zu produzieren und zu vermarkten. Eine Serie erfolgreicher Rennmaschinen, die **DGA-3 Pete**, die **DGA-4 Ike** und die **DGA-5 Mike**, gipfelte in dem viersitzigen Kabinen-Eindecker **DGA-6 Mister Mulligan**, der 1935 alle amerikanischen Großflugrennen gewann. Von der **DGA-6** leitete Howard 1936 die kommerzielle **DGA-8** ab, und 1937 folgte die allgemein ähnliche **DGA-9**, die einen anderen Motortyp erhielt. Über die **DGA-11** und **DGA-12** mit wiederum anderen Triebwerken führte die Entwicklung zum vier-/fünfsitzigen Kabinen-Eindecker **DGA-15**. Zu den Varianten dieses Modells zählten die **DGA-15J** mit dem 224 kW (305 PS) starken Jacobs-Motor L-6, die **DGA-15W** mit dem Wright-Sternmotor R-760-E2 (261 kW/355 PS) und die **DGA-15P** mit einem Motor vom Typ Pratt & Whitney Wasp Junior (336 kW/457 PS).

An der letztgenannten Version zeigte die US Navy Interesse und beschaffte dieses Muster ab 1941 als Transportflugzeug **GH-1**, und zwar 31 neugebaute und drei aus dem zivilen Bereich requirierte Maschinen. Anschließend erwarb die Navy 131 Sanitätsflugzeuge **GH-2**, 115 Transportflugzeuge **GH-3** mit geänderter Ausrüstung im Vergleich zur **GH-1** und 205 Blindflugtrainer **NH-1**. Die USAAF zog 19 Exemplare aus ziviler Hand ein und nutzte sie als **UC-70 (DGA-15P), UC-70A (DGA-12), UC-70B (DGA-15J)** und **UC-70D (DGA-9)** im leichten Transport- und Verbindungsdienst. Diese Maschinen blieben mehrere Jahre lang bei der US Army und Navy im Einsatz.

Über diese Militärflugzeuge hinaus lieferte Howard rund 60 Schulmaschinen für das US Civil Pilot Training Program. Diese freitragenden Tiefdecker mit offenen Lehrer- und Schüler-Cockpits in Tandemanordnung erhielten die Bezeichnungen **DGA-18W** (mit Warner Super Scarab), **DGA-18K** (mit Kinner-Motor) und **DGA-125** (mit einem Warner Scarab-Motor, der nur 93 kW/125 PS erzeugte).

***Die NH-1 war im Grunde die Navy-Version der DGA-15P. Insgesamt 205 Exemplare wurden gebaut, und das grüne Rumpfband gab die Verwendung als Blindflugtrainer zu erkennen.***

# Hughes H-4 Hercules

Nach den Vorgaben und unter Aufsicht von Howard Hughes entstand das größte jemals gebaute Flugboot, die 180 Tonnen schwere **HK-1** mit dem populären Spitznamen „Spruce Goose". Mit dem exzentrischen Millionär Hughes am Steuer und D. Grant als Kopilot absolvierte die **Hercules** nur einen einzigen Flug über eine Geradeaus-Strecke von rund einer Meile vor Los Angeles Harbor. Nach einer längeren Abstellperiode wurde dieses gigantische Luftfahrzeug schließlich dem Aero Club of Southern California geschenkt. Es ist heute, neben dem ehemaligen Passagierschiff Queen Mary in Long Beach, eine Hauptattraktion in einem eigens dafür errichteten Pavillon.

**TECHNISCHE DATEN: Hughes H-4 Hercules**

**Typ:** Frachtflugboot
**Triebwerke:** acht Sternmotoren Pratt & Whitney R4360-4A je 2236 kW (3040 PS)
**Leistung:** Höchstgeschwindigkeit in Meereshöhe 378 km/h; Reisefluggeschwindigkeit 225 km/h; Dienstgipfelhöhe (geschätzt) 6400 m; Reichweite 2535 km
**Abmessungen:** Spannweite 97,50 m; Länge 66,60 m; Höhe 24,10 m; Tragflügelfläche 1061,80 m²

***Damals war die H-4 das größte Luftfahrzeug der Welt und sollte Truppen und Material über den Pazifik transportieren.***

# Hughes XF-11

Der Luftbildfernaufklärer **Hughes XF-11** wurde noch im Zweiten Weltkrieg zusammengebaut, kam aber erst 1946 in die Luft. Das schnittige Modell mit doppelten Leitwerksauslegern war mit dem zweimotorigen Hochleistungs-Experimentalflugzeug Hughes D-2 in Holzbauweise verwandt, das im Juli 1943 von Harper's Dry Lake aus den Erstflug absolviert hatte, aber bei einem Hallenbrand zerstört wurde. Der Prototyp **XF-11** startete am 15. April 1946 von Culver City Field, ging jedoch beim Absturz in Beverly Hills am 7. Juli in Flammen auf. Der Pilot erlitt schwere Verletzungen. 1947 flog noch ein zweiter Prototyp, aber die weitere Entwicklung wurde aufgegeben.

Die zweisitzige **XF-11**, ein freitragender Hochdecker mit doppelten Leitwerksauslegern, hatte zwei Sternmotoren Pratt & Whitney R4360-31 je 3042 PS als Antrieb.

***Während die erste XF-11 mit gegenläufigen Propellern ausgestattet war, erhielt das zweite Musterflugzeug herkömmliche Vierblatt-Luftschrauben. 98 Aufklärer sollten für die USAF entstehen, aber das Vorhaben wurde gestrichen.***

## Hughes Modell 269/200/300 und TH-55A bis IAI Kfir

**Eine visionäre „Blasen"- oder „Eier"-Rumpfform, ideal für Beobachtungs- und Aufklärungsflugzeuge, sicherte Hughes weiteren Erfolg. Die Hunting/Percival P.84 Jet Provost wurde 1956-89, obwohl auch begrenzt taktisch einsatzfähig, von der Royal Air Force hauptsächlich als Schulflugzeug verwendet. Die Israeli Aircraft Industries, in den 50er Jahren noch von Frankreichs Kampfflugzeugen abhängig, begann danach ihre eigene Palette von Kfir-Jagdbombern zu bauen.**

# Hughes Modell 269/200/300 und TH-55A

Die Konstruktion und Entwicklung des zweisitzigen Hubschraubers **Hughes Modell 269** begann im September 1955, und der erste von zwei Prototypen flog im Oktober 1956. Eine höchst einfach konstruierte Rumpfgondel, getragen von zwei Kufen, beherbergte die Besatzung und nahm den Motor, den Rotorpylon samt Dreiblatt-Hauptrotor und einen röhrenförmigen Leichtmetallausleger für einen zweiblättrigen Heckrotor auf. Die US Army erwarb fünf Vorserienhubschrauber **Modell 269A**, um sie als **YHO-2HU** in der Führungs- und Beobachtungsrolle zu prüfen. Im Oktober 1961 lief die Produktion des **Modells 269A** für den zivilen Bereich an. Das Alleinrecht zur Herstellung der Serie **300** erwarb die Schweizer Aircraft Corporation mit Sitz in Elmira, New York, im Juli 1983 von Hughes, und im November 1986 kam das gesamte Programm für das **Modell 300C** von McDonnell Douglas Helicopters hinzu. Schweizer flog den ersten **300C** im Juni 1984, und bis Ende 1991 hatte die Firma, neben den 2800 von Hughes gefertigten Exemplaren, rund 450 neue Hubschrauber geliefert. Derzeit befinden sich der militärische Schulhubschrauber **TH-300C** und der Polizeihubschrauber **300C Sky Knight** in der Produktion.

**Varianten**

**Hughes Modell 200 Utility:** eine verfeinerte Version des Originals 269A mit einem Avco Lycoming HIO-360-B1A als Antrieb; von diesem Entwurf wurde unter der Hughes-Konstruktionsbezeichnung Modell 269A-1 der leichte Ausbildungshubschrauber der US Army für Anfänger in Gestalt des TH-55A Osage abgeleitet; außer 792 US-Hubschraubern fertigte Kawasaki die letztgenannte Version als TH-55J für das japanische Heer (JGSDF)

**Hughes Modell 200 Deluxe:** ähnlich wie das Modell 200 Utility, aber mit technischen Verfeinerungen und einer höherwertigen Innenausstattung

**Hughes Modell 300:** dreisitzige Ausführung auf der Grundlage des Konstruktionsmodells 269B; der 1967 eingeführte leise Heckrotor war per Nachrüstung auch älteren Versionen zugänglich

**Hughes Modell 300C:** ausgereifte Version des Modells 300 mit Avco Lycoming HIO-360-D1A; auch von der italienischen Firma Breda Nardi in Lizenz als NH-300C gefertigt

**Hughes Modell 300CQ:** Variante des Modells 300C mit lärmdämpfenden Modifikationen

**Sky Knight:** Version des Modells 300C mit Sonderausstattung für den Polizeidienst

**TECHNISCHE DATEN**

**Hughes Modell 300C**

**Typ:** zwei-/dreisitziger Leichthubschrauber
**Triebwerk:** ein Sechs-Zylinder-Boxermotor Avco Lycoming HIO-360-D1A mit 142 kW (193 PS)
**Leistung:** Höchstgeschwindigkeit für Reiseflug in 1220 m Höhe 153 km/h; Dienstgipfelhöhe 3110 m; Reichweite in 1220 m Höhe mit Reserven 370 km
**Gewicht:** Leermasse 476 kg; max. Startmasse 930 kg;
**Abmessungen:** Hauptrotordurchmesser 8,18 m; Länge bei drehenden Rotoren 9,40 m; Höhe 2,67 m; Hauptrotorkreisfläche 52,53 m²

***Seit dem Erstflug hat das Modell 300, wie dieses Exemplar zur Verkehrsberichterstattung, viele Nutzer gefunden.***

# Hughes Modell 369/OH-6 Cayuse

An der LOH-Ausschreibung der US Army von 1960 für einen leichten Beobachtungshubschrauber nahm der **Hughes Modell 369** als **HO-6** (später **OH-6**) gegen Mitbewerber von Bell und Hiller teil. Den Zuschlag erhielt der Hughes-Entwurf, und nachdem 1434 Hubschrauber eines Gesamtbedarfs von 4000 ausgeliefert waren, löste man den Hughes-Kontrakt aufgrund sinkender Produktionszahlen und Preissteigerungen auf.

Der **OH-6A Cayuse** ist ein ausgezeichneter Leichthubschrauber, der mit Militär- und Zivilpiloten eine Reihe internationaler Rekorde aufstellte. Die Kabine ist für eine zweiköpfige Besatzung und zwei Personen auf Klappsitzen im hinteren Teil ausgelegt. Sind die Rücksitze zusammengeklappt, reicht die Bodenfläche zur Unterbringung von vier Soldaten mit Kampfgepäck oder für eine entsprechende Frachtmenge aus.

Im September 1966 trat der **Cayuse** seinen Dienst bei der US Army an, und bis August 1970 waren alle 1434 Exemplare aus-

***Der „Loach", wie der OH-6 Cayuse bei der Truppe heißt, wurde in großer Stückzahl für die US Army gebaut und leistete in Vietnam wertvolle Dienste.***

geliefert. Das Gros befindet sich weiterhin im Einsatz, wobei der **OH-6A** ein breites Aufgabenspektrum in verschiedenen zivilen und militärischen Bereichen erfüllt, einschließlich offensiver Operationen mit einem Maschinengewehr oder Granatwerfern auf der rechten Rumpfseite.

Im Januar des Jahres 1984 wurde Hughes Helicopters eine Tochterfirma der McDonnell Douglas Corporation, und man trat den Modell 269/300 an die Firma Schweizer ab. Die Entwicklung ziviler und militärischer Ausführungen des McDD 500 hielt an, doch derzeit befinden sich die Serien **500E** und **500F Lifter** (ein auf den Lastentransport optimierter Hubschrauber) in der Produktion, sieht man vom früheren Modell **500D** ab, das in Italien (bei Agusta), Argentinien (bei RACA), Japan (Kawasaki) und Südkorea (Korean Air) lizenzgefertigt wird. Nach der Konstruktion und Erprobung eines NOTAR-Versuchshubschraubers (No TAil Rotor – kein Heckrotor) werden die zugelassenen Versionen inzwischen als **MD520N** (ein NOTAR-MD500) und als **MD530N** (NOTAR-530F) gebaut; die Produktion bis 1994 ist bereits verkauft. Militärische Ausführungen des 500 und **530** sind als **AH-6, MH-6, Nightfox** und **Defender** verfügbar.

### TECHNISCHE DATEN
**Hughes OH-6A Cayuse**

**Typ:** leichter Beobachtungshubschrauber
**Triebwerk:** eine Wellenturbine Allison T63-A-5A, auf 263 kW (322 WPS) gedrosselt
**Leistung:** Höchstgeschwindigkeit für Marschflug 230 km/h in Meereshöhe; normale Reichweite 665 km in 1525 m Höhe
**Gewicht:** Rüstmasse 524 kg; max. Startmasse 1225 kg
**Abmessungen:** Hauptrotordurchmesser 8,03 m; Länge bei drehenden Rotoren 9,24 m; Höhe 2,48 m; Hauptrotorkreisfläche 50,60 m²
**Bewaffnung:** 7,62-mm-Maschinengewehr XM27 oder Granatwerfer XM-75

## Hunting (Percival) P.56 Provost

Noch bevor Percival Aircraft im Jahre 1954 in die Hunting Group überging, hatte die Firma die **Hunting P.56 Provost** entworfen, die die Percival Prentice beim Flying Training Command ablösen sollte. Der freitragende Tiefdecker mit starrem Spornrad-Fahrgestell und einem Alvis Leonides 126 als Antrieb bot Lehrer und Schüler auf nebeneinander angeordneten Sitzen Platz. Drei Prototypen wurden gebaut, von denen zwei zunächst einen Armstrong Siddeley Cheetah 18 als Antrieb erhielten. Die Maschinen wurden als **Provost T.Mk 1** bei der Basic Training Squadron der Central Flying School in South Cerney in Dienst gestellt. Bis zur Einstellung der Produktion 1959 wurden insgesamt 491 Flugzeuge gefertigt.

***Hunting (Percival) Provost T.Mk 1 der No. 6 FTS in Ternhill.***

**Varianten**
**Provost T.Mk 51:** unbewaffnete Version für das Irish Air Corps
**Provost T.Mk 52:** unbewaffnete Version für die Royal Rhodesian Air Force
**Provost T.Mk 53:** bewaffnete Version für das Irish Air Corps und die Luftstreitkräfte Birmas, des Irak und des Sudans

### TECHNISCHE DATEN

**Typ:** zweisitziges Grundschulflugzeug
**Triebwerk:** ein Sternmotor Alvis Leonides 126 mit 410 kW (558 PS)
**Leistung:** Höchstgeschwindigkeit 322 km/h in 700 m Höhe; Dienstgipfelhöhe 6860 m; Flugdauer vier Stunden
**Gewicht:** Rüstmasse 1520 kg; max. Startmasse 1996 kg
**Abmessungen:** Spannweite 10,72 m; Länge 8,74 m; Höhe 3,72 m; Tragflügelfläche 19,88 m²

## Hunting (Percival) P.66 Pembroke, President und Sea Prince

Aus der 1948 geflogenen Percival P.50 Prince, die über ein beachtliches Entwicklungspotential verfügte, ging das zehnsitzige leichte Verbindungs- und Transportflugzeug **P.66 Pembroke** hervor, das am 21. November 1952 zum ersten Mal vom Boden abhob. 44 Maschinen wurden für die RAF als **Pembroke C.Mk 1** gebaut und unterschieden sich von der zivilen Prince durch eine größere Spannweite, einen verstärkten Kabinenboden, ein stärkeres Fahrwerk und Passagiersitze mit dem Rücken zur Flugrichtung. Sechs **Pembroke** mit rumpfmontierten Kameras zur Luftbildaufklärung wurden als **Pembroke C(PR).Mk 1** beschafft und weitere Exemplare nach Belgien, Dänemark, Finnland, Westdeutschland, Schweden und in den Sudan exportiert. Die Royal Navy erwarb vier ähnliche Maschinen als **Sea Prince C.Mk 1,** gefolgt von 42 **Sea Prince T.Mk 1,** die zur Ausbildung von Navigatoren und U-Boot-Abwehrpersonal ausgerüstet waren. Die letzte Variante war die **Sea Prince C.Mk 2** (drei Exemplare), die bis auf den Innenausbau der **T.Mk 1** entsprach und im Verbindungsdienst eingesetzt werden sollte. Drei von einer spanischen Liniengesellschaft in Auftrag gegebene zivile Maschinen mit der Bezeichnung **President** wurden nie ausgeliefert.

***Hunting (Percival) Pembroke C.Mk 1 der in Deutschland stationierten No. 60 Squadron.***

## Hunting (Percival) P.84 Jet Provost

Hunting erschien die Ausbildung der RAF-Fluganwärter, die zunächst auf der kolbengetriebenen Provost schulten und anschließend auf den Strahltrainer Vampire von de Havilland umstiegen, ineffektiv, und so leitete man die Entwicklung einer strahlgetriebenen Version der Provost ein, um Flugschülern eine durchgehende Ausbildung auf Düsenjägern zu ermöglichen. Trag- und Leitwerk der Provost blieben erhalten, aber zur Einrüstung der Luftstrahlturbine und eines Einziehfahrwerks wurde der Rumpf neu konstruiert. Im März 1953 bestellte die RAF zehn solcher Strahltrainer als **Hunting Jet Provost T.Mk 1,** von denen der erste am 16. Juni 1954 zum Erstflug startete. Diese Maschinen nutzte die

***Hunting (Percival) Jet Provost T.Mk5A mit den blauen Rumpfstreifen der RAF-Flugschule in Cranwell.***

RAF 1955 für Vergleichsprüfungen, und am 17. Oktober 1955 absolvierte ein Flugschüler den ersten Alleinflug mit der **Jet Provost.** Der Erfolg zog weitere Aufträge nach sich, und die **Jet Provost** blieb bis Dezember 1989 der Standardtrainer für die Grundausbildung bei der RAF, bis der Nachfolger in Form der Shorts Tucano bei No. 7 FTS in Church Fenton eintraf.

### Varianten

**Jet Provost T.Mk 3:** erste Serienversion mit dem 794 kg Schub starken Strahltriebwerk Viper Mk 102 von Bristol Siddeley, Martin-Baker-Schleudersitzen in Leichtbauweise und Zusatztanks an der Flächenenden; 201 Exemplare
**Jet Provost T.Mk 3A:** mit DME- und VOR-Ausrüstung nachgerüstete T.Mk 3
**Jet Provost T.Mk 4:** ähnlich wie die T.Mk 3, aber mit Viper-Strahltriebwerk der Bauart 202 mit 1134 kg Schub; 185 Exemplare
**Jet Provost T.Mk 5:** Schlußversion für die RAF, von Hunting auf eigene Kosten als H.145, später BAC.145, entwickelt; führte einen neu konstruierten Rumpf mit Druckkabine für die Besatzung, einen verlängerten Bug als Gehäuse für Avionikkomponenten und verstärkte Tragflächen mit erweitertem Tankvolumen sowie eine Möglichkeit zur Beladung mit schwereren Waffenzuladungen ein
**Jet Provost T.Mk 5A:** mit DME- und VOR-Ausrüstung nachgerüstete T.Mk 5
**Jet Provost T.Mk 51:** bewaffnete Exportversion der T.Mk 3 mit zwei 7,7-mm-MGs und Aufhängungen unter den Tragflächen für diverse Waffenarten; wurde an die Luftstreitkräfte Ceylons (Sri Lanka), Kuwaits und des Sudan geliefert
**Jet Provost T.Mk 52:** wie T.Mk 51 bewaffnete Exportversion der T.Mk 4, die an verschiedene Luftstreitkräfte geliefert wurde
**Jet Provost T.Mk 55:** bewaffnete Exportversion der T.Mk 5 für den Sudan

***Die früheren Versionen unterschieden sich von der T.Mk5 durch eine rundlichere Flugzeugnase. Diese Aufnahme zeigt eine T.Mk 3 ohne Druckkabine.***

### TECHNISCHE DATEN
**Jet Provost T.Mk 5**

**Typ:** zweisitziger Strahltrainer zur Grundschulung
**Triebwerk:** ein Strahltriebwerk Bristol Siddeley Viper Mk 202 mit 1134 kg Schub
**Leistung:** Höchstgeschwindigkeit 708 km/h in 7620 m Höhe; Dienstgipfelhöhe 11.185 m; max. Reichweite mit Zusatztanks an den Flächenenden 1448 km
**Gewicht:** max. Startmasse mit Tiptanks 4173 kg
**Abmessungen:** Spannweite 10,77 m; Länge 10,36 m; Höhe 3,10 m; Tragflügelfläche 19,85 m²
**Bewaffnung:** Vorrichtungen für zwei 7,62-mm-MGs und Aufhängungen unter den Tragflächen für ein breitgefächertes Waffenspektrum

# Hurel-Dubois-Flugzeuge

Die Vorteile einer Tragfläche mit hoher Streckung sind Flugzeugherstellern seit langem bekannt, denn diese gestattet die Kombination einer geringen Flügelbelastung mit dem niedrigen Widerstandsbeiwert einer kleinen Profiltiefe. Der Franzose Maurice entwarf ein Versuchsflugzeug mit solchen Tragflächen unter der Bezeichnung **Hurel-Dubois H.D.10,** das über ein einziehbares Dreibeinfahrwerk und einen 29,5 kW (40 PS) starken Mathis-Motor als Antrieb verfügte. Das abgestrebte Hochdeckertragwerk wies eine Spannweite von 12 m und eine Tiefe von 0,40 m im Mittel auf, so daß sich eine Streckung von 30 ergab. Die erfolgreiche Erprobung schlug sich in einem Auftrag der französischen Regierung über zwei zweimotorige Luftfahrzeuge nieder. Als erste flog am 23. Dezember 1953 die Verkehrsmaschine **H.D.31,** angetrieben von zwei Wright Cyclone C7BA1 je 597 kW (812 PS). Die am 11. Februar 1955 geflogene **H.D.32** hob sich vom ersten Flugzeug primär durch ihre beiden Twin Wasp R-1830-92 ab, die je 895 kW (1217 PS) abgaben. Anschließend wurden beide Maschinen auf den 1137 kW (1546 PS) starken Wright 982 umgestellt und in **H.D.321-01** bzw. **H.D.321-02** umbenannt. Seriengefertigte Verkehrsflugzeuge erschienen nicht, aber man fertigte acht Exemplare für das Institut Géographique National als **H.D.34.** Diese unterschieden sich von der **H.D.32** durch einen erweiterten Bug zur Unterbringung eines Navigators/Photographen. Der strahlgetriebene Prototyp **H.D.45** geriet über den Planungsstatus nicht hinaus, aber eine weitere Verwendung dieser Tragflächen resultierte aus dem Interesse der britischen Firma F. G. Miles Ltd., die eine Miles Aerovan oder **H.D.M.105** mit dem Hurel-Dubois-Tragwerk testete. Später erwarben Shorts Brothers diesen Entwurf, und die Shorts SC.7 Skyvan erschien mit einem Derivat dieses Tragwerks.

***Die H.D.10 mit einer Flügelstreckung von 30 lieferte wichtige Forschungsergebnisse.***

***Das Institut Géographique National nutzte die H.D.34 für kartographische Aufgaben.***

# IAI Arava

Die 1950 gegründete Bedek Aircraft Ltd. firmierte am 1. Juni 1960 neu als Israeli Aircraft Industries (IAI). 1966 nahm sich das Unternehmen den Entwurf eines leichten Transportflugzeugs vor, dessen Prototyp **IAI 101 Arava** am 27. November 1969 flog. Das Tragwerk des Schulterdeckers war zum Rumpf, der einen kreisrunden Querschnitt hatte, mit Streben abgefangen und nahm an der Nasenkante der Innenflächen zwei Turboprop-Triebwerke in Gondeln auf, die zu Trägern für die doppelten Seitenflossen/Ruder und die sie aussteifende Höhenflosse ausgebildet waren. Zur Be- und Entladung ließ sich das Heck der Rumpfgondel zur Seite schwingen, und um den Betrieb auf rauhen Flächen zu ermöglichen, war das Bugradfahrwerk nicht einziehbar ausgelegt. Als die Produktion im Jahre 1987 eingestellt wurde, waren rund 90 Flugzeuge gebaut und an militärische Käufer ausgeliefert worden.

### Varianten

**IAI 101B:** für 18 Passagiere oder 1814 kg Fracht ausgelegte Version; wurde in den USA als Cargo Commuter vermarktet
**IAI 102:** Nutz- und Transportversion, erhältlich als Regionalflugzeug für 20 Passagiere, als VIP-Transportflugzeug mit 12 Sitzen, als Frachtflugzeug und Luftambulanz
**IAI 201:** militärisches Transportflugzeug für 24 Soldaten mit kompletter Kampfausrüstung, 16 Fallschirmjäger und zwei Absetzer sowie wahlweise mit Ausrüstung zur Überwachung von Seegebieten oder für elektronische Kampfführung
**IAI 202:** Variante mit verlängerter Rumpfgondel, Winglets an den Flächenenden und erweitertem Tankvolumen; kann 30 Soldaten oder 20 Fallschirmjäger und drei Absetzer transportieren

***Mit israelischer Kennung für die Erprobungs- und Abnahmeflüge sieht man diese IAI 201 Arava vor der Auslieferung an Ecuador. Das Muster hat sich in Südamerika gut verkauft.***

### TECHNISCHE DATEN
**IAI 201 Arava**

**Typ:** zweimotoriges STOL-Transportflugzeug
**Triebwerke:** zwei Propellerturbinen Pratt & Whitney Canada PT6A-34 je 559 kW (760 WPS)
**Leistung:** Höchstgeschwindigkeit für Marschflug in 3050 m Höhe 319 km/h; Dienstgipfelhöhe 7620 m; Reichweite mit max. Nutzlast und Treibstoffreserven 280 km
**Gewicht:** Leermasse 4000 kg; max. Startmasse 6800 kg
**Abmessungen:** Spannweite 20,96 m; Länge 13,03 m; Höhe 5,21 m; Tragflügelfläche 43,68 m²
**Bewaffnung:** Rüstsätze für zwei 12,7-mm-MGs an den Rumpfseiten, Träger unter dem Rumpf für zwei Raketenbehälter je sechs 82-mm-Projektile und ein MG

# IAI 1121B/1124 Commodore/Westwind

***IAI 1124A Westwind II mit ziviler US-Zulassung.***

Die strahlgetriebene Geschäftsreiseflugzeugfamilie **Commodore/Westwind** entstammt dem **Jet Commander 1121,** dessen Entwurfs- und Herstellungsrechte IAI 1967 von North American Rockwell erworben hatte. Nach der Fertigung in den USA führte IAI die Produktion des **Jet Commander 1121** fort und komplettierte außerdem eine Reihe der noch von Rockwell gebauten Flugzeuge. Daneben fertigte IAI die mit Strahltriebwerken des Typs GE CJ610-1 ausgerüstete Version **1121A.** Es folgten die mit schubstärkeren CJ610-5 ausgestatteten Modelle **1121B** und **1122,** mittlerweile **Commodore** genannt. Die nächste Version hieß **1123 Westwind;** die Kabine hatte 51 cm an Länge gewonnen, an die Tragflächenenden waren Tanks montiert, und den Antrieb lieferten CJ610-9 mit höherer Leistung. Anschließend belegte die verbesserte **1124 Westwind** mit Garrett-Mantelstromtriebwerken TFE731-3 die Fertigungsstrecke und leitete direkt zur **Westwind I** (116 Flugzeuge) mit größerer Reichweite und zur **Westwind II** (90 Exemplare) mit fortschrittlicherem Tragwerk samt „Flügelohren" über. Von der **Westwind II** leitete IAI die Seepatrouillenversion **1124 Sea Scan** ab. Diese militärische Variante war mit Anschlüssen unter den Tragflächen für Außenlasten wie Torpedos, Schiffsbekämpfungsflugkörper (Gabriel) und anderen Mitteln zur U-Boot-Abwehr sowie mit einem Suchradar in der Flugzeugnase und hochentwickelten Sensoren ausgerüstet. Bis 1990 waren mehr als 440 **Commander-, Commodore-** und **Westwind**-Flugzeuge gebaut und ausgeliefert worden. Die Fortentwicklung des Grundmodells **1124** im Zeitraum 1983/84 führte zum durchweg neuen Modell mit der Bezeichnung 1125 Astra.

**TECHNISCHE DATEN**
**IAI 1124 Westwind I**

**Typ:** zwölfsitziges Geschäftsreiseflugzeug
**Triebwerk:** zwei Mantelstromtriebwerke Garrett TFE731-3-1G je 1678 kg Schub
**Leistung:** wirtschaftliche Reisegeschwindigkeit 740 km/h; zugelassen für Höhen bis 13.715 m; Reichweite mit sieben Passagieren, Gepäck und Treibstoffreserven 3983 km
**Gewicht:** Rüstmasse 5579 kg; max. Startmasse 10.659 kg
**Abmessungen:** Spannweite 13,65 m; Länge 15,93 m; Höhe 4,81 m; Tragflügelfläche 28,64 m²

# IAI 1125 Astra

***Die Familienähnlichkeit mit der Westwind ist unverkennbar, aber die Astra hat neue Pfeilflügel und einen neu konstruierten, längeren Rumpf.***

Durch den großen Absatzerfolg des Modells 1124 Westwind (250 Exemplare) ermutigt, begann IAI in den Jahren 1982/83 mit der Entwicklung des Nachfolgers **1125 Astra,** für die nur das Leitwerk und die Triebwerksgondeln übernommen wurden. Da die Tiefdeckerauslegung neukonzipierte Hauptbaugruppen erforderte, ergriff man die Gelegenheit, die Tragflächen zurückzupfeilen, die Kabine im Rumpf um 60 cm zu verlängern, die Flugzeugnase zu strecken und eine höhere zulässige Abflugmasse anzustreben. An den bewährten TFE731-Mantelstromtriebwerken hielt man fest. Der erste von zwei Prototypen (4X-WIN) flog am 19. März 1984, die erste Serienmaschine am 20. März 1985, und die erste Auslieferung erfolgte im Juni 1986. Im Oktober 1989 kündigte IAI die verbesserte **Astra SP** mit einem moderneren Avionikpaket einschließlich EFIS-Cockpit und aerodynamischen Verfeinerungen an.

**TECHNISCHE DATEN**
**IAI 1125 Astra**

**Typ:** 9/11sitziges Geschäftsreiseflugzeug
**Triebwerke:** zwei Mantelstromtriebwerke Garrett TFE731-3A-200G je 1655 kg Schub
**Leistung:** Höchstgeschwindigkeit für Reiseflug 862 km/h; zugelassen für Höhen bis 13.715 m; Reichweite mit vier Passagieren und Treibstoffreserven 5763 km
**Gewicht:** Rüstmasse 5801 kg; max. Startmasse 10.659 kg
**Abmessungen:** Spannweite 16,05 m; Länge 16,94 m; Höhe 5,54 m; Tragflügelfläche 29,40 m²

# IAI Kfir

Mehr oder weniger zeitgleich mit der Entwicklung der Nesher war IAI mit einem Programm befaßt, das unter dem Titel Black Curtain lief und die Anpassung des Flugwerks der Mirage III auf das J79-Strahltriebwerk von General Electric zum Gegenstand hatte. Die Zusammenführung dieser beiden Entwicklungen ergab den einsitzigen Jäger/Jagdbomber **IAI Kfir** (Löwenjunges), der eine starke Ähnlichkeit mit der Mirage 5 aufweist. Die erste Version **Kfir-C1** unterschied sich von der Mirage durch das Triebwerk und die Ausrüstung, brachte aber eine Reihe von Verbesserungen mit sich. Der Öffentlichkeit am 14. April 1975 vorgestellt, rüstete die **Kfir-C1** anschließend zwei Staffeln der israelischen Luftwaffe aus. Zwölf **Kfir** dienten zwischen 1985 und 1988 als F-21A bei der USN Squadron VF-43 auf dem Marinefliegerhorst Oceana, Florida, und 13 weitere von 1987 bis 1989 bei VMFT-401 des USMC in Yuma, Arizona. Die Version **Kfir-C2** wurde am 20. Juli 1976 vorgeführt, und die zweisitzige Ausführung **Kfir-TC2** flog erstmals 1981. Sie befindet sich als Übungsflugzeug für Strahlflugzeugführer und als Waffentrainer sowie als Plattform zur elektronischen Kampfführung im Einsatz.

**TECHNISCHE DATEN**
**IAI Kfir-C2**

**Typ:** einsitziger Abfangjäger/Jagdbomber und Jagdflugzeug für Patrouillensperren
**Triebwerk:** ein Nachbrenner-Strahltriebwerk General Electric J79-J1E mit 8119 kg Schub
**Leistung:** Höchstgeschwindigkeit 2445 km/h oder Mach 2,3 oberhalb 11.000 m; Dienstgipfelhöhe 17.680 m; Einsatzradius als Abfangjäger 346 km
**Gewicht:** Leermasse 7285 kg; max. Startmasse 16.200 kg
**Abmessungen:** Spannweite 8,22 m; Länge 15,65 m; Höhe 4,55 m; Tragflügelfläche 34,80 m²
**Bewaffnung:** eine 30-mm-Kanone und Außenlasten bis zu 5775 kg an fünf Unterrumpf- und vier Unterflügelstationen

Die Produktion der **Kfir-C1** und **-C2/TC2** ergab 27 bzw. 185 Exemplare, von denen eine Reihe ab 1983 auf den modernen Standard **C7/TC7** angehoben wurde.

***Eine IAI Kfir-C2 im dreifarbigen Standard-Tarnanstrich der IDF/AF-Kampfflugzeuge. Die Maschine war in Hatzerim in der Negev-Wüste stationiert.***

# IAI Lavi bis Iljuschin Il-14

**Trotz großen Potentials wurde das Projekt IAI Lavi wegen der steigenden Entwicklungskosten 1987 storniert. Die I.A.R. 80 Rumäniens hielt jeden Vergleich mit westlichen Jägern der Zeit aus und hatte auch ein gutes Nutzlastverhältnis. Beide Flugzeuge aber verblaßten gegen die Iljuschin Il-2 Shturmovik, von der mindestens 40 000 Stück gebaut wurden, mehr als von jedem anderen Flugzeug. Stalin beschrieb sie als „für die Rote Armee genauso wichtig wie Luft und Brot".**

## IAI Lavi

Die **Lavi** („junger Löwe") wurde Anfang der achtziger Jahre als Nachfolgemuster für die Jagd- und Kampfflugzeuge konzipiert, die sich im Einsatz bei der israelischen Luftwaffe befanden. Geplant war die Beschaffung von 300 Flugzeugen, darunter 60 Doppelsitzer mit voller Kampftauglichkeit. Das agile, Mach 2 schnelle Mehrzweck-Kampfflugzeug, vorgesehen für eine ähnliche Rolle, wie sie die F-16 heute erfüllt, absolvierte seinen Erstflug am 31. Dezember 1986. Aus finanziellen Gründen wurde das gesamte Programm jedoch im August 1987 gestrichen, nachdem zwei Prototypen bereits mehr als 80 Flüge hinter sich gebracht hatten. Auf eigene Kosten stellte die Firma 1989 noch eine dritte **Lavi** als Doppelsitzer fertig, die anschließend als firmeneigener Technologie-Demonstrator verwendet wurde und die überaus fortschrittlichen Konstruktionsmerkmale dieses isrealischen Musters unter Beweis stellte.

**TECHNISCHE DATEN**

**Typ:** einsitziges Mehrzweck-Kampfflugzeug
**Triebwerk:** ein Nachbrenner-Bläsertriebwerk Pratt & Whitney PW1120 mit 8436 kg Schub
**Leistung:** Höchstgeschwindigkeit in 11.000 m Höhe Mach 1,85; Einsatzradius mit sechs Sprengbomben Mk 82 (im Profil Hi-Lo-Hi) 2131 km
**Gewicht:** Leermasse 9990 kg; max. Startmasse 18.370 kg
**Abmessungen:** Spannweite 8,78 m; Länge 14,57 m; Höhe 4,78 m; Tragflügelfläche 33,05 m²
**Bewaffnung:** intern eingebaute 30-mm-Kanone plus Aufhängungen.

***Die Lavi stellte den mutigen Versuch Israels dar, ein einheimisches Kampfflugzeug zu produzieren. Das Vorhaben scheiterte jedoch an finanziellen Sachzwängen. Heute dient die Lavi nur noch zur Vorführung firmeneigener Technologie.***

## I.A.R.37, 38 und 39

Der Prototyp **I.A.R.37** wurde nach dem Entwurf der Ingenieure Grossu-Vizuru und Carp konstruiert. Das erstmals 1937 vom Werkspiloten Max Manolescu geflogene Muster sollte einer offiziellen Forderung für ein taktisches Bomben- und Aufklärungsflugzeug genügen. Die **I.A.R.37,** ein Doppeldecker mit ungleicher Spannweite, hatte ein starres Fahrgestell und einen K.14-Sternmotor von I.A.R. als Antrieb. Die Kanzel für die dreiköpfige Besatzung war mit einer durchgehenden Glashaube abgedeckt, und dem zwischen Flugzeugführer und Bordschützen untergebrachten Beobachter standen außer einer kompletten Doppelsteuerung ein Estopey-Bombenvisier, ein Funkgerät und eine Kamera zur Verfügung. Die Abwehrbewaffnung bestand aus vier MGs, und die offensive Last umfaßte zwölf 50-kg-Bomben oder sechs 100-kg-Bomben unter den Flügeln.

Ende 1938 wurde die **I.A.R.37** in Produktion genommen und in kleiner Stückzahl gefertigt, bis 1939 die Übergangsversion **I.A.R.38** und bald darauf die **I.A.R.39** folgten. Von den insgesamt 325 **I.A.R.37, 38** und **39** waren mehr als 200 **I.A.R.39;** rund die Hälfte der Maschinen baute die Firma S.E.T. im Unterauftrag.

Ende 1940 standen die I.A.R.-Doppeldecker bei der Fortelor Aeriene Regal ale Romania (FARR = Königlich Rumänische Luftwaffe) im Dienst. Dieses Muster rüstete eine Reihe von Staffeln aus, die den einzelnen Heereskorps zugeordnet waren. Im Juni 1941, als Rumänien die deutsche Offensive gegen die Sowjetunion unterstützte, unterstanden den drei flotile der FARR 18, mit I.A.R.-Doppeldeckern ausgestattete eskadrile zur Aufklärung. Im Juli 1942 wurden die in der Sowjetunion eingesetzten Luftstreitkräfte Rumäniens zum Corpul I Aerian umorganisiert, und mehrere Gruppen dieses Luftkorps flogen die **I.A.R.39.** 1944 bei der Offensive in der Ukraine operierten elf Aufklärungsstaffeln (eskadrile) der flotile zur Heeresunterstützung, von denen die meisten die **I.A.R.39** im Bestand hatten. Als Ende 1947 die kommunistische Republik gegründet wurde, hatte deren umorganisierte Luftwaffe immer noch eine kleine Zahl **I.A.R.39** im Flugzeugbestand, die noch mehrere Jahre lang im Verbindungsdienst eingesetzt wurden.

1940 befanden sich drei Protoypen **I.A.R.47** in der Konstruktion. Sie sollten die **I.A.R.39** in der Produktion ablösen, doch nur eine Maschine wurde fertiggestellt.

***Die I.A.R.39 war ein zweisitziger leichter Bomber, dessen Antrieb ein in Lizenz gebauter Gnome-Rhône-Sternmotor 14K lieferte.***

**TECHNISCHE DATEN**

**I.A.R 39**

**Typ:** zwei-/dreisitziger leichter Bomber
**Triebwerk:** ein Sternmotor I.A.R. K.14-IV C32 mit 640 kW (870 PS)
**Leistung:** Höchstgeschwindigkeit 336 km/h; Dienstgipfelhöhe 8000 m; Reichweite 1050 km
**Gewicht:** Rüstmasse 2177 kg; max. Startmasse 3085 kg
**Abmessungen:** Spannweite 13,10 m; Länge 9,60 m; Höhe 3,99 m; Tragflügelfläche 40,30 m²
**Bewaffnung:** drei 7,92-mm-MG und 288 kg Bomben oder 144 Granaten

## I.A.R.80 und 81

Der Prototyp **I.A.R.80,** das Produkt eines von Ion Grossu geführten Konstruktionsteams, flog erstmals im April 1939 mit Dumitru Popescu am Steuer. Der neue Jagdeinsitzer in der Auslegung eines Ganzmetall-Tiefdeckers mit Sternmotor I.A.R. K.14-III C36 als Antrieb zeigte gute Flugleistungen und wurde bald zur Serienproduktion freigegeben, um die Jagdstaffeln der FARR auszurüsten.

Im Frühjahr 1940 begann die Auslieferung der Serienjäger, die eine Schiebehaube über dem Führerraum, ein freitragendes Höhenleitwerk und den stärkeren Motortyp I.A.R. K.14-1000A aufwiesen. Kaum mehr zeitgemäß war das Festhalten am Schleifsporn.

Die Serienproduktion der **I.A.R.80** und des nachfolgenden Sturzkampfbombers **I.A.R.81** belief sich auf 436 Maschinen. Beim rumänischen Corpul I Aerian in der Ukraine flogen 1942 vier eskadrile die **I.A.R.80,** doch ein Jahr später waren sämtliche **I.A.R.80** und **I.A.R.81** in Rumänien stationiert, um die Heimat vor den schweren amerikanischen Bombern zu schützen, deren Hauptziel die Ölfelder von Ploesti waren.

1950 baute man etliche **I.A.R.80,** die den Krieg überstanden hatten, zu Schul-

***Die I.A.R.80 war für einen Jäger dieser Ära insofern ungewöhnlich, als das Heck auf einem Schleifsporn ruhte.***

flugzeugen mit einem zweiten Cockpit und Doppelsteuer um. Diese **I.A.R.80DC** wurden Ende 1952 von den Flugschulen abgezogen.

**Varianten**
**I.A.R.80:** erster Serienjäger mit vier 7,92-mm-Maschinengewehren Browning FN in den Tragflächen; 50 Exemplare
**I.A.R.80A:** Serienversion mit sechs Maschinengewehren; 90 Exemplare
**IA.R.80B:** Version mit vier 7,92-mm-MGs und zwei Browning 13,2-mm-MG; insgesamt 30 Exemplare
**I.A.R.81:** erste Version des verstärkten Sturzkampfbombers mit sechs Browning 7,92-mm-Maschinengewehren; Gehänge für eine 250-kg-Bombe unter dem Mittelrumpf und vier Schlösser für 50-kg-Bomben unter den Tragflächen; 50 Exemplare
**I.A.R.81A:** Bombenzuladung wie bei der I.A.R.81, aber MG-Bewaffnung wie für die I.A.R.80B; 29 Exemplare
**I.A.R.81B:** Langstreckenjäger mit Vorrichtungen für zwei Abwurftanks unter den Flächen; keine Bomben, aber zwei 20-mm-Kanonen (Ikaria oder Oerlikon) und vier Browning 7,92-mm-MG; 50 Exemplare
**I.A.R.81C:** Sturzkampf-/Jagdflugzeug; Bombenzuladung wie bei der I.A.R.81, aber zwei Mauser 20-mm-Kanonen und vier Browning 7,92-mm-Maschinengewehre; vermutlich waren 137 Maschinen dieser Version fertiggestellt, als das I.A.R.-Werk in Brasov zur Produktion der Messerschmitt Bf 109G-6 überging

**TECHNISCHE DATEN**
**I.A.R.80**
**Typ:** Jagdeinsitzer
**Triebwerk:** ein Sternmotor I.A.R. K.14-1000A mit 754 kW (1025 PS)
**Leistung:** Höchstgeschwindigkeit 550 km/h in 3970 m Höhe; Dienstgipfelhöhe 10.500 m; Reichweite 940 km
**Gewicht:** Rüstmasse 1780 kg; max. Startmasse 2550 kg
**Abmessungen:** Spannweite 10,50 m; Länge 8,90 m; Höhe 3,60 m; Tragflügelfläche 15,97 m²
**Bewaffnung:** s. Varianten

# I.M.A.M. Ro.5

Die in Neapel ansässige Firma O.F.M. (Officine Ferroviarie Meridionali) nahm 1927 die Lizenzfertigung des Aufklärer-Doppeldeckers Fokker C.VE auf. Nach der Produktion von 277 Exemplaren als **Romeo Ro.1** für die Aeronautica baute sie 72 Doppeldecker Ro.1bis, die sich durch einen stärkeren Motor, ein verbessertes Fahrgestell und an der Unterseite durch Vorrichtungen für ein Maschinengewehr vom Vorläufer unterschieden. Mit der **Ro.1** und **Ro.1bis** waren die Aufklärungsstaffeln (squadriglie) mehrere Jahre lang ausgerüstet und fanden in den afrikanischen Kolonien Italiens ein weites Betätigungsfeld. Einige Exemplare wurden mit Schneekufen-Fahrgestell betrieben.

Später organisierte man die Firma, die zwischenzeitlich den Begriff „Romeo" in ihren Namen aufgenommen hatte, zur I.M.A.M (Industrie Meccaniche e Aeronautiche Meridionali) um. Zu den bekannteren Produkten dieses Unternehmens zählten unter anderem die **I.M.A.M. Ro.10,** eine Version der Fokker-Verkehrsmaschine F.VII/3m mit Alfa Romeo Lynx-Motoren, und der zweisitzige Kunstflug-Übungsdoppeldecker **Ro.25.**

Die **Ro.5**, die 1929 als Prototyp flog, war ein zweisitziges Reiseflugzeug in der Auslegung eines gestielten Hochdeckers, und einige Maschinen nahmen an Wettbewerben teil. Die meisten **Ro.5** wurden vom Fiat-Sternmotor A.50 angetrieben, doch einige Exemplare vom etwas stärkeren Walter-Motor (62,5 kW/85 PS). Bei den späteren **Ro.5bis** deckte man die Tandem-Cockpits mit einer Glashaube ab.

***Die I.M.A.M. Ro.5 versorgte die Regia Aeronautica mit einem Grundschulflugzeug für Reservepiloten.***

**TECHNISCHE DATEN**
**I.M.A.M. Ro.5**
**Typ:** zweisitziger Eindecker für Reise-, Verbindungs-, Schul- und Übungsflüge
**Triebwerk:** ein Sternmotor Fiat A.50 mit 59 kW (80 PS)
**Leistung:** Höchstgeschwindigkeit 175 km/h; Dienstgipfelhöhe 4000 m; Reichweite 1000 km
**Gewicht:** Rüstmasse 420 kg; max. Startmasse 700 kg
**Abmessungen:** Spannweite 11,08 m; Länge 6,94 m; Höhe 2,16 m

# I.M.A.M. Ro.30

Die in Neapel ansässige Firma war die Nachfolgerin von O.F.M. Aeroplani Romeo, dem Hauptthersteller der Ro.1 und Ro.1bis, bei denen es sich um die italienischen Ausführungen der Fokker C.V handelte. Der Erfolg dieser Doppeldecker bei der Regia Aeronautica führte 1932 zur Entwicklung des Aufklärungsdoppeldeckers **I.M.A.M. Ro.30** mit ungleich weit gespannten Tragflächen. Das Cockpit des Piloten war vor der Flügelnase und eine Zelle für ein drittes Besatzungsmitglied hinter dem Tragwerk eingerichtet. Für den Antrieb sorgte ein Alfa Romeo Mercury mit 390 kW (530 PS) oder der etwas schwächere Piaggio Jupiter VIII. Es bestand die Möglichkeit, eine Kamera, Funk- und Nachtflugausrüstung einzubauen.

Die **Ro.30** wurde in begrenzter Zahl gebaut, und etliche Exemplare waren den verschiedenen squadriglie da osservazione aerea der Regia Aeronautica zugeteilt, bis die Ro.37 eintraf.

**TECHNISCHE DATEN**
**Typ:** dreisitziges Beobachtungsflugzeug
Triebwerk: ein Sternmotor Piaggio Jupiter VIII mit 368 kW (500 PS)
**Leistung:** Höchstgeschwindigkeit 225 km/h; Dienstgipfelhöhe 7500 m; Reichweite 1600 km
**Gewicht:** Rüstmasse 1580 kg; max. Startmasse 2630 kg
**Abmessungen:** Spannweite 15,75 m; Länge 10,24 m; Höhe 3,50 m
**Bewaffnung:** drei 7,7-mm-Maschinengewehre

***Auf diesem Foto erkennt man deutlich das geschlossene Cockpit und die ungleiche Spannweite der nur in begrenzter Zahl gefertigten Ro.30.***

# I.M.A.M. Ro.37

Die Firma Romeo hatte die Konstruktion des Jagd- und Aufklärungsdoppeldeckers **I.M.A.M. Ro.37** noch vor 1936 eingeleitet, als dieser einst klangvolle Name durch die Verschmelzung mit der Breda-Firmengruppe unterging. Der erstmals 1934 geflogene Prototyp **Ro.37** war ein herkömmlicher Doppeldecker mit ungleicher Spannweite, bei dem man sich bemüht hatte, den Luftwiderstand auf ein Minimum zu reduzieren. Die Verwendung des Fiat-Reihenmotors A.30 RA V-12 in Verbindung mit einer verkleideten Propellernabe ergab zwar den geringstmöglichen Stirnwiderstand, doch dieser Vorteil ging durch den zugehörigen Motorkühler größtenteils wieder verloren. Bei der verbesserten **Ro. 37bis** begegnete man dem durch den Einsatz eines luftgekühlten und aufgeladenen Sternmotors, der sowohl die Geschwindigkeit als auch die Dienstgipfelhöhe deutlich steigerte. Rund 650 **Ro.37** und **Ro.37bis** wurden gebaut.

Etwa 20 **Ro.37bis** dienten im Spanischen Bürgerkrieg und ließen das Potential dieses Musters für Luftnahunterstützung mit leichten Bomben erkennen, die unter den Tragflächen und unter dem Rumpf mitgeführt wurden. Noch vor dem Zweiten Weltkrieg gingen einige Exemplare im Export nach Abessinien, Mittel- und Südamerika sowie nach Ungarn. Beim Eintritt Italiens in diesen Krieg verfügte die italienische Luftwaffe über fast 300 Exemplare. Bis dahin war die **Ro.37** zum Standardaufklärungsmuster geworden und kam bei den Feldzügen auf dem Balkan sowie in Nord- und Ostafrika zum Einsatz. Nachdem dieser Typ von den Frontverbänden abgezogen war, diente er noch eine Weile in verschiedenen Unterstützungsrollen, wurde aber bis zum Waffenstillstand Italiens im September 1943 ausgemustert.

Die Bemühungen von I.M.A.M., der italienischen Marine ein vergleichbares Flugzeug zur Verfügung zu stellen, führten zur Ro.43, einem zweisitzigen Jagd-/Aufklärungsdoppeldecker für den schiffsgestützten Einsatz, und wenig später zum Jagdeinsitzer-Schwimmerflugzeug Ro.44. Die Produktion dieser beiden Versionen umfaßte insgesamt 150 Ro.43 und 35 Ro.44. Die Maschinen flogen jedoch nur wenige Kampfeinsätze, und als Italien die Waffen streckte, war der Bestand auf eine kleine Zahl funktionstüchtiger Flugzeuge zusammengeschmolzen.

***Die I.M.A.M. Ro.37bis war bei den Luftstreitkräften Italiens weit verbreitet und kämpfte im Spanischen Bürgerkrieg.***

**TECHNISCHE DATEN**
**I.M.A.M. Ro.37bis**
**Typ:** zweisitziger Aufklärer/leichter Bomber
**Triebwerk:** ein Sternmotor Piaggio P.IX RC 40 mit 412 kW (560 PS)
**Leistung:** Höchstgeschwindigkeit 330 km/h in 5000 m Höhe; Dienstgipfelhöhe 7200 m; Höchstreichweite 1120 km
**Gewicht:** Leermasse 1587 kg; max. Startmasse 2420 kg
**Abmessungen:** Spannweite 11,08 m; Länge 8,56 m; Höhe 3,15 m; Tragflügelfläche 31,35 m²
**Bewaffnung:** 7,7-mm-MGs und zwölf 15 kg-Bomben an Gehängen unter dem Rumpf und unter den Tragflächen

# I.M.A.M. Ro.41

Der Prototyp **I.M.A.M. Ro.41** absolvierte seinen Erstflug am 16. Juni 1934. Als leichter Jagdeinsitzer oder zur Kunstflugschulung gedacht, zeigte er gute Flugleistungen, fand aber keine Beachtung. Erst zwei Jahre später erteilte die Regia Aeronautica Serienaufträge für diesen kompakten Doppeldecker mit geknicktem Oberflügel, um die Maschine als neues Grundschulflugzeug in ein- und zweisitziger Ausführung in Dienst zu stellen. Gemeinsam produzierten I.M.A.M., Agusta und AVIS zwischen 1936 und 1943 480 einsitzige und 230 zweisitzige **Ro.41.**

Die militärischen Flugschulen nutzten eine hohe Zahl dieser Maschinen in beiden Ausführungen, davon die Einsitzer häufig zur Kunstflugschulung. Der Spanische Bürgerkrieg führte bei den Einsatzverbänden zu einem merklichen Schwund des Flugzeugbestands, und zum Ausgleich wurden den Jagdstaffeln viele einsitzige **Ro.41** zugeführt.

**TECHNISCHE DATEN**

**I.M.A.M. Ro.41 (einsitzig)**

**Typ:** Grundschul- und Kunstflug-Übungsflugzeug
**Triebwerk:** ein Sternmotor Piaggio P.VII mit 287 kW (390 PS)
**Leistung:** Höchstgeschwindigkeit 322 km/h in 5000 m Höhe; Dienstgipfelhöhe 7750 m; Reichweite 568 km
**Gewicht:** Rüstmasse 1010 kg; max. Startmasse 1265 kg
**Abmessungen:** Spannweite 8,81 m; Länge 6,90 m; Höhe 2,68 m; Tragflügelfläche 19,50 m²
**Bewaffnung:** zwei starre, synchronisierte 7,7-mm-Maschinengewehre

***Wie viele andere italienische Militärflugzeugtypen dieser Periode wurde auch die Ro.41 in den Spanischen Bürgerkrieg involviert, in der Regel allerdings nur als Trainer.***

Am 31. Juli des Jahres 1943 befanden sich bei der Regia Aeronautica noch 443 **Ro.41** im Dienst, davon eine kleine Zahl noch bis in die Nachkriegsperiode hinein. 1949 baute Agusta nochmals 13 Zweisitzer und zwölf Einsitzer, die mehrere Jahre lang als Trainer und Verbindungsflugzeuge Dienst leisteten.

# Ikarus IK-2

Nach der Lizenzfertigung des Aufklärungsdoppeldeckers Potez 25 und des Jägers Avia BH-33E konstruierte die jugoslawische Firma Ikarus den Prototypjäger **IK-L1** in der Auslegung eines Möwenflügel-Eindeckers mit Hispano-Suiza-Reihenmotor 12Ycrs, der 633 kW (860 PS) abgab. Nachdem dieser Versuchsjäger, dessen Erstflug am 22. April 1935 stattgefunden hatte, abgestürzt war, fertigte die Firma den zweiten Versuchsjäger **IK-02.** Es folgten zwölf Serienjäger **IK-2,** die grundsätzlich den Prototypen glichen. Sie wurden Anfang 1939 ausgeliefert und flogen im April 1941 unter der 107. Eskadrila gegen die deutschen Invasionstruppen. Ihre Bewaffnung bestand aus einer 20-mm-Kanone und zwei 7,7-mm-MGs. Die Tragflächen waren 11,40 m weit gespannt, die höchstzulässige Startmasse betrug 1857 kg, und maximal konnte die **IK-2** auf 435 km/h beschleunigen.

Als letzter Ikarus-Entwurf kam der zweimotorige Kampfbomber **Orkan** vor der Besetzung Jugoslawiens durch die Wehrmacht im Jahre 1940 in die Luft. Dieser Ganzmetall-Schulterdecker mit Einziehfahrwerk war durch eine schwere Kanonen- und MG-Bewaffnung sowie eine effektive Bombenlast gekennzeichnet. Seine Höchstgeschwindigkeit mit zwei Fiat-Sternmotoren A.74 RC38 je 618 kW (840 PS) betrug 550 km/h.

***Zwölf Ikarus IK-2 wurden für die jugoslawische Luftwaffe gebaut und acht von ihnen gegen die Deutschen eingesetzt.***

# Iljuschin DB-3

Im Jahre 1935 erschien der Fernbomberprototyp **TsKB-26,** ein zweimotoriger Tiefdecker in Metallbauweise mit Gnome-Rhône-Sternmotoren K-14 je 589 kW (800 PS) als Antrieb. Der am Maifeiertag 1936 von Testpilot Wladimir Kokkinaki vorgeführte Versuchsbomber stellte im Juli 1936 zwei Höhenweltrekorde auf. Der zweite Prototyp **TsKB-30** hatte statt des offenen Führerraums eine geschlossene Kanzel, sowjetische M-85-Motoren und einen blechbeplankten Hinterrumpf. Auch die **TsKB-30** erwies sich als Rekordbrecher und erregte später weltweites Aufsehen beim Flug von Moskau nach Kanada, wo Kokkinaki nach 8000 Flugkilometern am 28. April 1939 eintraf und zur Landung gezwungen war.

Zu diesem Zeitpunkt wurde das Muster bereits seit Jahren in der Serienfertigung für die sowjetischen Luftstreitkräfte produziert. Mit der Dienstbezeichnung **DB-3** befand sich der Typ bei der ADD (Fernfliegerkräfte) und der V-MF (Seeluftstreitkräfte) weitverbreitet im Einsatz. **DB-3** fanden noch lange im Krieg gegen Deutschland Verwendung und flogen sogar einige der ersten Luftangriffe auf Berlin.

**TECHNISCHE DATEN**

**Iljuschin DB-3M**

**Typ:** mittelschwerer Fernbomber
**Triebwerke:** zwei Sternmotoren M-87B je 699 kW (950 PS)
**Leistung:** Höchstgeschwindigkeit 445 km/h; Dienstgipfelhöhe 9700 m; Reichweite 3800 km
**Gewicht:** Rüstmasse 5270 kg; max. Startmasse 7660 kg
**Abmessungen:** Spannweite 21,44 m; Länge 14,22 m; Höhe 4,19 m; Tragflügelfläche 65,60 m²
**Bewaffnung:** drei ShKAS 7,62-mm-Maschinengewehre und eine maximale Bombenlast von 2500 kg für Kurzstreckeneinsätze

***Diesen erbeuteten Fernbomber DB-3B flog unter anderem die finnische Luftwaffe.***

Sie dienten zwischen 1940 und 1945 auch bei der finnischen Luftwaffe, die fünf Beutemaschinen durch sechs aus deutschem Bestand erbeutete Exemplare ergänzte. 1940 endete die Produktion nach dem 1528. Bomber.

**Varianten**

**DB-3M:** diese verfeinerte Version mit M-87-Motoren ging 1939 in Produktion
**DB-3T:** als Träger für den Lufttorpedo Typ 45-12-AN bestimmte Spezialversion
**DB-3PT:** Torpedobomber-Seeflugzeug mit Zwillingsschwimmern

# Iljuschin Il-2 Schturmowik

Eines der besten Flugzeuge der Roten Luftstreitkräfte im Zweiten Weltkrieg war die **Iljuschin Il-2** Schturmowik (Erdkampfflugzeug), die in riesiger Zahl (36.163 Flugzeuge) produziert wurde. Sie begann ihre Laufbahn als **TsKB-55,** entworfen von Sergej Iljuschin und seinen Mitarbeitern, die man 1938 in das zentrale Konstruktionsbüro (TsKB) berufen hatte.

Das interessanteste Merkmal der zweisitzigen **TsKB-55** oder **BSh-2** war eine „Panzerwanne" als integraler Bestandteil der Rumpfstruktur zum Schutz der Besatzung, des Motors, der Kühler und des Kraftstofftanks. Das Flugzeug eignete sich gut für die Tiefflug-Erdkampfrolle, wurde aber zugunsten eines leichteren Einsitzers TsKB-57 abgelehnt, der über zwei 20-mm-Kanonen anstelle von vier flügelmontierten MGs verfügte. Darüber hinaus hatte die Maschine Roste für acht Raketen an der Unterseite der Tragflächen. Der erste Prototyp dieser Version flog am 12. Oktober des Jahres 1940.

Knapp drei Monate vor der deutschen Invasion im Juni 1941 endete die Truppenerprobung. Bis dahin war die Serienfertigung der **Il-2** bereits angelaufen, so daß die erste Einheit ihre Maschinen im Mai 1941 in Empfang nehmen konnte. Bis Ende Juni 1941 hatte die sowjetische Luftwaffe (V-VS) 249 Exemplare in ihrem Bestand. Die Serienflugzeuge glichen grundsätzlich den Prototypen, bis auf einige Modifikationen, die in erster Linie zum Schutz des Piloten dienten.

Die einsitzige **Il-2** wurde in großer Zahl eingesetzt und erwies sich als effektive Waffe gegen deutsche Gelände- und Panzerfahrzeuge. Dennoch waren schwere Verluste zu verzeichnen, zumal 1941/42 häufig kein Jagdschutz gestellt werden konnte. Im Februar 1942 beschloß man daher, die zweisitzige **Il-2** gemäß dem ursprünglichen Iljuschin-Konzept einzuführen. Diese **Il-2M** konnte einen Heckschützen in der nach hinten verlängerten Panzerwanne aufnehmen. Im März 1942 wurden zwei Umrüstmaschinen im Flug getestet, und ab September 1942 erschienen die entsprechenden Serienflugzeuge. Die Einsatzverbände selbst nahmen an den Maschinen ebenfalls Umrüstungen zu Doppelsitzern vor.

Auf den Fertigungsstraßen eingeführte Änderungen brachten dem Muster den leistungsstärkeren Motortyp AM-38F, wirksamere 23-mm-Bordkanonen VYa statt der 20-mm-ShVAK, diverse aerodynamische Verfeinerungen, um die Leistung zu steigern und das durch den zweiten Mann und die schwerere Bewaffnung gestiegene Gesamtgewicht aufzufangen, notgedrungen hölzerne Außenflächen (statt Metall) und eine erhöhte Treibstoffkapazität. Anfang 1943 tauchte die neue Version **Il-2 Typ 3** oder **Il-2m3** über Stalingrad auf. Diese 1942 erprobte Maschine zeichnete sich durch ein neu entworfenes Tragwerk mit 15° Pfeilung an den Außenflächen aus. Das Leistungsvermögen und die fliegerischen Qualitäten waren enorm verbessert, so daß der **Typ 3** zur bedeutendsten und zahlenmäßig am stärksten vertretenen Variante der **Il-2** wurde.

Mit zunehmend höherer Effektivität im taktischen Einsatz der Jahre 1944/1945 wuchs die Berühmtheit der **Il-2** in der Sowjetunion. Vorausgegangen waren sorgfältige Studien zur Optimierung der taktischen Verfahren und das Bereitstellen von Jagdschutz in großem Umfang. Die Bewaffnung umfaßte einen Behälter für 200 kleine Hohlladungsbomben zur Panzerbekämpfung, und außerdem wurde der Granatwerfer DAG-10 eingeführt, der einem Verfolger Granaten an Fallschirmen vor die Nase setzen konnte. Eine begrenzte Zahl von **Il-2 Typ 3M** stattete man zudem mit einem 37-mm-Kanonenpaar, NS-11 oder P-37, in Verkleidungen außerhalb der Fahrwerksschächte aus.

Die sowjetische Marine nutzte die **Il-2** zur Schiffsbekämpfung, für die eigens der Torpedobomber **Il-2T** entwickelt wurde. An Land diente diese Version zur Aufklärung und zum Legen von Nebelwänden. In den letzten Kriegsjahren flogen auch polnische und tschechoslowakische Einheiten, die auf der sowjetischen Seite kämpften, die **Iljuschin Il-2.** Bei der V-VS blieb dieses Muster noch mehrere Jahre nach dem Krieg im Dienst.

Zwischen September 1941 und April 1942 wurde eine versuchsweise mit dem Sternmotor M-82 ausgerüstete Iljuschin **Il-2** getestet, doch eine Produktion dieses Musters fand nicht statt. Die Schul- und Übungsversionen der **Iljuschin Il-2** hießen **U-Il-2** oder **Il-2U.**

***Iljuschin Il-2m3 eines nicht identifizierten Fliegerregiments der Roten Luftstreitkräfte für Nahunterstützung in mattweißer Wintertarnung an der Stalingradfront im Februar 1943.***

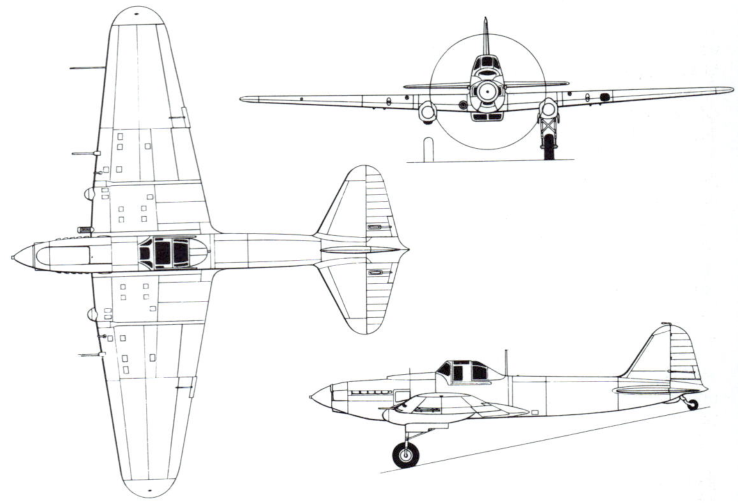

***Iljuschin Il-2 (früher Einsitzer)***

**TECHNISCHE DATEN**

**Iljuschin Il-2 Typ 3**

**Typ:** zweisitziges Erdkampfflugzeug
**Triebwerk:** ein Reihenmotor Mikulin AM-38F mit 1266 kW (1720 PS)
**Leistung:** Höchstgeschwindigkeit 410 km/h in 1500 m Höhe; Dienstgipfelhöhe 4525 m; Reichweite 765 km
**Gewicht:** Rüstmasse 4525 kg; max. Startmasse 6360 kg
**Abmessungen:** Spannweite 14,60 m; Länge 11,65 m; Höhe 4,17 m; Tragflügelfläche 38,50 m²
**Bewaffnung:** zwei VYa-23-mm-Kanonen und zwei ShKAS-7,62-mm-Maschinengewehre (alle in den Flächen installiert) sowie ein UBT-12,7-mm-Maschinengewehr im hinteren Cockpit plus sechs 100-kg-Bomben (vier intern und zwei unter dem Rumpf) oder zwei 250-kg-Bomben (unter dem Rumpf), acht Raketen RS-82 oder vier Raketen RS-132 unter den Außenflächen

# Iljuschin Il-4

1938 wurde eine Version der DB-3 mit einer völlig neuen Zelle in Holzbauweise und verändertem Erscheinungsbild entwickelt. Die Flugzeugnase war schlanker, stromlinienförmiger und in weiten Teilen verglast, und den Bugwaffenturm der DB-3 hatte man durch eine schwenkbare Kuppel ersetzt. Die amtlichen Abnahmeflüge wurden im Juni 1939 abgeschlossen, und gegen Jahresende liefen die Vorbereitungen für die Serienproduktion an. Die neue Version wurde als **Iljuschin DB-3F** bekannt, doch den Bomberregimentern der Fernfliegerkräfte ADD strömte das Muster als **Il-4** zu. Eine kleine Zahl war mit der gleichen Waffenkuppel auf dem Rumpfrücken wie die DB-3 bewaffnet, erhielt aber bald einen effektiveren Typ. Außerdem war anstelle des ringlafettierten MGs ein halbwegs einziehbarer Waffenturm an der Unterseite eingeführt worden.

Die **Il-4** blieb bis 1944 in Großserienfertigung, so daß 5256 Exemplare entstanden. 1942 löste der M-88B mit Zweistufenlader den Originalmotor M-87A ab. Wegen des Mangels an Leichtmetall wurden die meisten 1942 gebauten **Il-4** mit hölzernen Flügelholmen gefertigt, doch bei den Spätserien griff man wieder auf metallene Komponenten zurück.

Außer Fernbombardierungen führten die Langstrecken-Bomberkorps der ADD mit der **Il-4** häufig Angriffe gegen taktische Ziele direkt hinter der Front aus, bei denen sie ihre volle Bombenlast mitführten. Ferner verwendeten die den Rotbanner-, Schwarzmeer- und Nordmeerflotten zugeordneten Minen- und Torpedobomberregimenter vielfach die **Il-4,** die in dieser Rolle mit einem 940 kg schweren Torpedo 45-36-AN (für niedrige Höhe) oder 45-36-AV (für große Höhe) bewaffnet war. Zudem ließ sich ein Zusatztank an der Unterseite des Hinterrumpfes anbringen.

Die **Il-4** war ein robustes, erfolgreiches Muster und in kleiner Zahl auch nach dem Krieg noch in Unterstützungsdienste eingebunden. Ihre Langlebigkeit führte dazu, daß die NATO ihr noch den Decknamen „Bob" zuteilte. Von 1943 bis 1945 setzten die Finnen vier aus deutschem Beutebestand erworbene **Il-4** gegen die sowjetischen Streitkräfte ein.

1943 begannen die Arbeiten an der **Il-6,** einem Bomber mit druckbelüfteten Besatzungsräumen für Einsätze in großer Höhe, an der Nasenkante zurückgepfeilten Tragflächen und zwei Charomsky-Dieselmotoren ACh-30B je 1104 kW (1500 PS) als Antrieb. Die Entwicklung wurde jedoch noch vor dem Erstflug eingestellt.

***Iljuschin Il-4 (DB-3F) eines Bomberregiments der Roten Luftstreitkräfte über der Ostfront im Jahre 1944.***

**TECHNISCHE DATEN**

**Iljuschin Il-4**

**Typ:** dreisitziger Fernbomber
**Triebwerke:** zwei Sternmotoren M-88B je 810 kW (1100 PS)
**Leistung:** Höchstgeschwindigkeit 430 km/h in 6700 m Höhe; Dienstgipfelhöhe 9700 m; Reichweite 3800 km
**Gewicht:** Rüstmasse 5800 kg; max. Startmasse 11.300 kg
**Abmessungen:** Spannweite 21,44 m; Länge 14,80 m; Höhe 4,10 m; Tragflügelfläche 66,70 m²
**Bewaffnung:** ein 12,7-mm-Maschinengewehr, zwei 7,62-mm-Maschinengewehre und eine interne Bombenlast von 1000 kg oder eine maximale Bombenlast (intern und extern) von 2500 kg

# Iljuschin Il-10

Als Nachfolgemuster für die Il-2 Schturmowik entwickelte das Iljuschin-Konstruktionsbüro 1943 zwei unterschiedliche Prototypen. Die Il-8 ähnelte stark der Il-2, hatte allerdings den stärkeren AM-42-Motor sowie neue Tragflächen, Höhenflossen und Fahrwerksbaugruppen, die mit dem Rumpf der späten Il-2-Serien kombiniert waren. Sie wurde im April 1944 testgeflogen, aber zugunsten der zeitgleichen **Iljuschin Il-10** abgelehnt.

Die **Il-10** war eine durchweg neue Ganzmetall-Konstruktion in aerodynamisch stark verbesserter Form. Sie bot der Besatzung eine günstigere Unterbringung, da der Flugzeugführer und der Bordschütze Rücken an Rücken in einer erweiterten Kabine saßen, die in die Panzerwanne einbezogen war. Das Hauptfahrwerk zog komplett in die Tragflächen ein, so daß sich die großen Fahrwerkswülste der Il-2 erübrigten und nur noch kleine Gehäuse für das Drehlager erforderlich waren.

Positive Berichte von der Flugerprobung dieses Prototyps führten über eine kleine Vorserie zur Serienproduktion im August 1944. Zwei Monate später begannen Einsatzregimenter mit der Erprobung. Im Februar 1945 wurde das Muster erstmals im Kampf eingesetzt, und im Frühling jenes Jahres erreichte der Ausstoß seinen Höhepunkt. Viele Regimenter rüsteten noch vor der Kapitulation Deutschlands auf die **Il-10** um, und eine beträchtliche Zahl nahm an den kurzen Großoffensiven vom August 1945 gegen die Japaner in der Mandschurei und in Korea teil.

Die Produktion der **Il-10** währte bis weit in die Nachkriegsperiode, und die letzte von 4966 Maschinen rollte erst 1955 vom Montageband. Zusätzlich wurde die **Il-10** im tschechischen Avia-Werk als **B-33** und **CB-33** gebaut, letztere das Äquivalent der Trainervariante **Il-10U.** Die tschechische Fertigung endete 1954 nach 1200 Exemplaren. Ab 1951 hatte sich die sowjetische Produktion auf die **Il-10M** konzentriert, die durch ein völlig neu konstruiertes Tragwerk mit geänderter Planform und größerer Profiltiefe, einen etwas längeren Rumpf, ein modifiziertes Fahrwerk mit größerer Spurweite und erhöhte Treibstoffkapazität gekennzeichnet war.

Die **Il-10** rüstete lange Zeit ausschließlich die sowjetischen Sturmverbände aus und kam auch bei den Warschauer-Pakt-Staaten zum Einsatz. Zur den Nutzerländern zählte Nordkorea, das 1950 in der Eröffnungsphase des Koreakrieges die **Il-10** einsetzte. Obwohl schwere Verluste auftraten und die Maschinen veraltet waren, hielt die V-VS sie bis 1956 im Dienst. Anschließend flogen sie noch eine Zeitlang als Schießausbildungsflugzeuge, aber Mitte der sechziger Jahre hatte man auch sie größtenteils verschrottet.

Die **Il-10** war mit einem zusätzlichen Raketenmotor ZhRD-1 im Hinterrumpf getestet worden, doch diese Modifikation fand keine Zustimmung. Das Iljuschin-Büro war bemüht, neue Schturmowik-Versionen herauszubringen, etwa den Einsitzer Il-20 und die zweistrahlige Il-40, aber die Unterstützung blieb aus, da die Führung das Konzept des Westens übernommen hatte, Luftoperationen mit taktischen Kampfflugzeugen vorzutragen.

***Iljuschin Il-10 eines Sturmregiments der polnischen Luftstreitkräfte im Jahre 1951.***

**TECHNISCHE DATEN**

**Iljuschin Il-10**

**Typ:** zweisitziges Erdkampfflugzeug
**Triebwerk:** ein Mikulin-Kolbenmotor AM-42 mit 1472 kW (2000 PS)
**Leistung:** Höchstgeschwindigkeit 530 km/h in 2400 m Höhe; Dienstgipfelhöhe 7250 m; Reichweite 800 km
**Gewicht:** Rüstmasse 4680 kg; max. Startmasse 6535 kg
**Abmessungen:** Spannweite 13,40 m; Länge 11,06 m; Höhe 4,18 m; Tragflügelfläche 30,00 m²
**Bewaffnung:** zwei ShKAS-7,62-mm-Maschinengewehre, zwei 23-mm-Kanonen (entweder VJa-23 oder NS-23) in den Tragflächen und eine 20-mm-Kanone UB-20 oder ein 12,7-mm-MG UB-20 auf dem Rumpfrücken sowie bis zu 500 kg Bomben und vier Raketen, RS-82 oder RS-132

# Iljuschin Il-12

Die Entwurfsarbeiten an dem zweimotorigen Transportflugzeug **Iljuschin Il-12** begannen 1943, aber die Kriegsverpflichtungen verzögerten den Bau der Prototypen, so daß der Jungfernflug erst Anfang 1946 stattfinden konnte. Der von zwei Sternmotoren ASh-82FNV angetriebene Ganzmetall-Tiefdecker **Il-12** war für eine vierköpfige Besatzung und maximal 27 Passagiere in der Kabine ausgelegt. Die Version für die Luftstreitkräfte (V-VS) hatte an der Backbord-Rumpfseite doppelte Frachttüren und Vorrichtungen für MGs, die aus den Kabinenfenstern feuern konnten. Die Auslieferung an die Streitkräfte begann 1947, doch die Aeroflot erhielt ihre Maschinen erst 1948. Später wurden auch die Staatslinien der Tschechoslowakei, Polens und Chinas mit diesem Muster beliefert.

Bald stieg die Zahl der Passagiersitze auf 32. Die Aeroflot begrenzte die Bestuhlung ihrer **Il-12** auf 16 bis 18 Plätze, ein insgesamt unrentables Konzept.

Die Produktionsziffer der **Il-12**, die von der NATO den Meldenamen „Coach" erhielt, soll die Marke 2000 überschritten haben, bis 1953 die Il-14 nachfolgte.

**TECHNISCHE DATEN**

**Typ:** Passagier- und Frachtflugzeug
**Triebwerke:** zwei Schwezow-Kolbenmotoren ASh-82FNV je 1347 kW (1830 PS)
**Leistung:** Höchstgeschwindigkeit 407 km/h in 2500 m Höhe; Dienstgipfelhöhe 6700 m; Reichweite 2000 km
**Gewicht:** Rüstmasse 9000 kg; max. Startmasse 17.250 kg
**Abmessungen:** Spannweite 31,70 m; Länge 21,31 m; Tragflügelfläche 100,00 m²

***Die Iljuschin Il-12 ähnelte der Douglas DC-3 (Lisonow Li-2), die sie im zivilen und militärischen Bereich ablöste. Diese Maschine konnte bis zu 32 Passagiere befördern.***

# Iljuschin Il-14

Das Transportflugzeug der Nachkriegszeit, die **Iljuschin Il-14,** stellte eine Fortentwicklung des früheren Modells Il-12 dar. Die **Il-14** war von der Aerodynamik her verbessert, die Struktur in weiten Teilen geändert und der Antrieb verstärkt worden.

Nachdem der Prototyp 1952 erstmals geflogen war, wurden in der Sowjetunion mehr als 3500 **Il-14** in vielfältigen Variationen für den Passagierverkehr sowie zum Transport von Fallschirmjägern und militärischer Fracht gebaut.

Ab 1955 bauten die damalige DDR und die CSSR die **Il-14** in Lizenz, und nach Einstellung der sowjetischen Produktion im Jahre 1958 führte die Tschechoslowakei die Entwicklung und Produktion dieses Typs bis in die sechziger Jahre fort. **Il-14** dienten nicht nur bei allen Staatslinien des Sowjetblocks und anderer Länder, sondern waren auch in den Transportkommandos aller Verbündeten der Sowjetunion sowie Algeriens, Ägyptens, Indiens und Jugoslawiens vertreten. Die ehemalige Sowjetunion nutzt diesen Typ weiterhin zum Frachttransport.

**Varianten**

**Il-14P:** erste Passagierversion für 18-26 Fluggäste
**Il-14M:** modifizierte Version mit gestrecktem Rumpf für 24-28 Passagiere; weitverbreitet im Einsatz
**Il-14T:** Bezeichnung der zu Frachtflugzeugen für die Aeroflot umgerüsteten Passagiermaschinen
**Avia 14/Avia 14P:** in der CSSR gebaute Il-14 und Il-14P
**Avia 14-32:** in der CSSR gebaute Il-14M für 32 Passagiere
**Avia 14T:** Frachtversion der Il-14M tschechoslowakischer Herstellung, ausgestattet mit einer einzelnen großen Frachttür an der Backbord-Rumpfseite
**Avia 14FG:** Fotogrammetrie-Variante
**Avia 14-42:** druckbelüftete und vergrößerte Version mit rundlichen Kabinenfenstern, die 1960 flog
**„Crate-C":** militärische Version zur elektronischen Kampfführung, die 1979 erstmals beobachtet wurde

***Nur wenige Iljuschin Il-14M „Crate" dienen derzeit noch im zivilen und/oder militärischen Bereich.***

**TECHNISCHE DATEN**

**Iljuschin Il-14M**

**Typ:** Passagierflugzeug
**Triebwerke:** zwei Sternmotoren Schwezow ASh-82T je 1398 kW (1900 PS)
**Leistung:** Höchstgeschwindigkeit 417 km/h; Dienstgipfelhöhe 7400 m; Reichweite mit kompletter Nutzlast 1305 km
**Gewicht:** Rüstmasse 12.600 kg; max. Startmasse 18.000 kg
**Abmessungen:** Spannweite 31,70 m; Länge 22,30 m; Höhe 7,90 m; Tragflügelfläche 99,70 m²

## Iljuschin Il-18 und Il-38 bis Junkers-Flugzeuge der 20er Jahre

**Die Il-18 Moskwa von S. W. Iljuschin fand weite Verbreitung auf heimischen Aeroflot-Routen und als Militär-VIP-Transporter. Die hervorragenden Produkte des Konstruktionsbüros Iljuschin versorgten die Ostblock-Fluglinien, die Nutzlastkapazität der Il-76 fand auch Exportkunden. Junkers war wegen der Waffenstillstandsbedingungen in den Zwischenkriegsjahren anfangs gezwungen, in Schweden und Rußland weiterzuarbeiten.**

# Iljuschin Il-18 und Il-38

Die Iljuschin **Il-18** wurde Mitte der fünfziger Jahre konstruiert, um den Bedarf der Aeroflot an einem Mittelstrecken-Verkehrsflugzeug für 75 bis 100 Passagiere zu decken. Nach dem Erstflug des Prototyps am 4. Juli 1957 führte Aeroflot dieses Muster am 20. April 1959 auf den Strecken Moskau-Adler und Moskau-Alma Ata ein, und schließlich wurden mehr als 700 Flugzeuge produziert. Man schätzt, daß sich noch etwa 100 Exemplare bei der Aeroflot überwiegend im Frachtdienst befinden und weltweit vielleicht weitere 150 Maschinen dieses Typs verwendet werden. Von der insgesamt gebauten Flotte stieß nur eine kleine Zahl zu den sowjetischen Luftstreitkräften, die sie in erster Linie für VIP-Flüge nutzten.

Als die **Il-18** aus dem zivilen Dienst ausschieden, wurden einige zu Il-20 für elektronische Gegenmaßnahmen und elektronische Aufklärung umgebaut. Diesen Maschinen teilte die NATO den Meldenamen „Coot-A" zu. Wahrscheinlich wird sich ihre Anzahl noch erhöhen, da Aeroflot die turbinengetriebenen **Il-18** zugunsten von Verkehrsmustern mit Mantelstromtriebwerken aussondert. Außer der **„Coot-A"** gibt es eine andere militärische Version, die vom Airliner **Il-18** abgeleitete **Il-38 „May"** zur Aufklärung über See und U-Boot-Abwehr. Diese Ausführung unterscheidet sich von der Standard-**Il-18** durch einen längeren Rumpf, einen MAD-Heckstachel (Magnetortungsgerät), die Fähigkeit, Waffen mitzuführen, und ein wesentlich weiter vorn am Rumpf angeordnetes Tragwerk. Diese Vorverlegung war nötig, um dem durch die zusätzlich eingeführte Ausrüstung und Kampfmittelzuladung veränderten Schwerpunktbereich zu begegnen. Man nimmt an, daß sich etwa 60 Exemplare bei den ehemals sowjetischen Seeluftstreitkräften und einer indischen Marinestaffel im Dienst befinden.

**Varianten**

**Iljuschin Il-18:** erste Serienversion für 75 Passagiere und vier Kusnezow-Propellerturbinen NK-4 als Antrieb
**Iljuschin Il-18B:** ähnlich wie die Il-18, aber mit geänderter Sitzeinrichtung für 84 Passagiere
**Iljuschin Il-18V:** verbesserte Serienversion ab 1961 mit einer Bestuhlung für 90 bis 100 Passagiere
**Iljuschin Il-18I:** Bezeichnung von Entwicklungsflugzeugen mit stärkeren Propellerturbinen AI-20M, erhöhter Treibstoffkapazität und verlängerter Kabine
**Iljuschin Il-18D:** Serienversion der Il-18I
**Iljuschin Il-18E:** Serienvariante der Il-18I ohne deren erweitertes Tankvolumen
**Iljuschin Il-18T:** Bezeichnung der zu Frachtflugzeugen umgebauten Aeroflot-Maschinen

***Die Il-38 „May", der erste maritime Fernaufklärer der Sowjetunion, war ein gewohnter Anblick für die Besatzungen der NATO-Kampfschiffe, die sie beschatteten.***

***Die Il-18 versorgte die Liniengesellschaften Osteuropas mit einer langlebigen Verkehrsmaschine, die immer noch gute Dienste leistet.***

**TECHNISCHE DATEN**
**Iljuschin Il-18D**
**Typ:** Langstrecken-Verkehrsflugzeug
**Triebwerke:** vier Propellerturbinen Iwtschenko AI-20M je 3128 äkW (4250 äWPS)
**Leistung:** max. Reisefluggeschwindigkeit 675 km/h; Betriebshöhe zwischen 8000 und 10.000 m; Reichweite mit max. Nutzlast und Treibstoffreserven 3700 km
**Gewicht:** Rüstmasse (90 Sitze) 35.000 kg; max. Startmasse 64.000 kg
**Abmessungen:** Spannweite 37,40 m; Länge 35,90 m; Höhe 10,17 m; Tragflügelfläche 140 m²

# Iljuschin Il-28

Die **Il-28** ist ein Ganzmetall-Schulterdekker mit geraden Rechteckflächen und gepfeilten Leitwerksflächen, einziehbarem Bugrad-Fahrwerk und zwei vom Rolls-Royce Nene abgeleiteten Klimow-Strahltriebwerken RD-45F je 2270 kg Schub als Antrieb. Der Pilot sitzt in einer Kanzel mit erhöhter und sorgfältig geformter Glashaube. Die Station des Navigators im Bug ist komplett verglast, und der Heckschütze (der zugleich als Bordfunker fungiert) zeichnet für den Einsatz der Zwillingskanone Il-K6 im Heckturm verantwortlich.

An der Moskauer Flugparade am Maifeiertag 1950 nahm ein Verband von 25 **Il-28**-Vorserienbombern teil. Zu diesem Zeitpunkt war die großangelegte Serienfertigung in mehreren Werken bereits angelaufen. Die bei den Bomberregimentern der V-VS in Dienst gestellten **Il-28** enthielten außer etlichen aerodynamischen Verfeinerungen Klimow VK-1 statt der RD-45-Strahltriebwerke und Vorrichtungen für Anbautanks an den Flächenenden.

Die **Il-28** erwies sich als zuverlässig und anpassungsfähig. Anfang der fünfziger Jahre wurden China, die Tschechoslowakei und Polen mit diesem Muster beliefert. Schließlich war die **Il-28** in mehr als 20 Länder exportiert und bestritt auch bei den Sowjets noch jahrelang Dienst in vorderster Linie.

Währenddessen produzierte das Iljuschin-Büro mehrere Prototypbomber, von denen aber keiner akzeptiert wurde. Dazu gehörten zwei Typen eines Pfeilflügelbombers, die **Il-30** von 1950 und die **Il-54** von 1954, sowie die Il-46 mit einem maximalen Abfluggewicht von 42.000 kg.

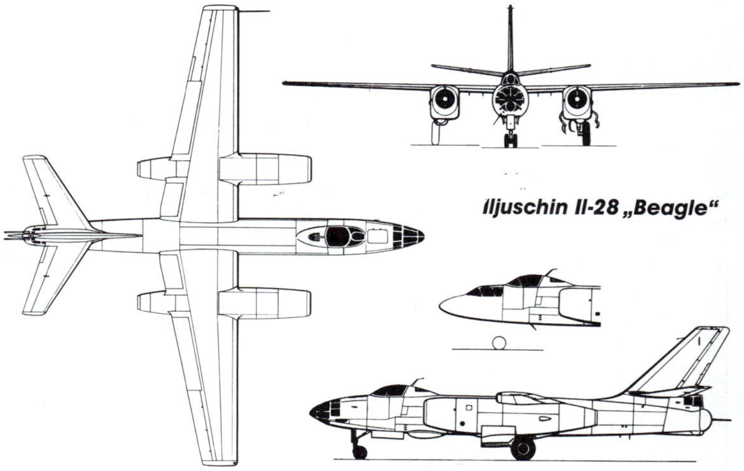

***Iljuschin Il-28 „Beagle"***

**TECHNISCHE DATEN**
**Iljuschin Il-28**
**Typ:** taktischer Tagbomber
**Triebwerke:** zwei Strahltriebwerke Klimow VK-1 je 2700 kg Schub
**Leistung:** Höchstgeschwindigkeit 900 km/h in 4500 m Höhe; Dienstgipfelhöhe 12.300 m; Reichweite 2180 km
**Gewicht:** Rüstmasse 12.890 kg; max. Startmasse 21.000 kg
**Abmessungen:** Spannweite 21,45 m; Länge 17,65 m; Tragflügelfläche 60,80 m²
**Bewaffnung:** zwei starre, vorwärtsfeuernde 23-mm-Kanonen NS-23 im Bug und zwei NS-23 im Heckturm sowie eine typische interne Bombenlast von 1000 kg oder eine maximale Bombenlast von 3000 kg

**Varianten**
**Il-28T:** Torpedobomberversion
**Il-28U:** Einsatzausbildungsvariante
**Il-28R:** taktische Aufklärungsversion mit optischen und/oder elektronischen Sensoren im Waffenschacht; einige Exemplare mit Bauchradom
**Il-20:** zivile Ausführung, Anfang 1956 von Aeroflot auf der Verbindung Moskau-Swerdlowsk-Nowosibirsk eingesetzt; diente zur Streckenerkundung strahlgetriebener Verkehrsflugzeuge

***Eine in der Sowjetunion gebaute Iljuschin Il-28 der chinesischen Volksbefreiungsluftstreitkräfte.***

# Iljuschin Il-62

Die **Iljuschin Il-62,** die erstmals im Januar 1963 flog, sollte die Tupolew Tu-114 auf den Langstrecken der Aeroflot im In- und Auslandsverkehr ergänzen und teilweise ersetzen. Der freitragende Tiefdecker mit gepfeiltem Trag- und T-Leitwerk, einziehbarem Bugrad-Fahrwerk und vier an beiden Seiten des Rumpfhecks paarweise in Gondeln montierten Triebwerken wurde 1967 in Dienst gestellt. Nach anfänglichem Frachtbetrieb nahm die **Il-62** am 10. März Passagier-/Postflüge auf den Strecken Moskau-Chabarowsk und Moskau-Nowosibirsk auf. Als die Aeroflot diesen Typ am 15. September 1967 auf der Linie Moskau-Montreal einführte, war er das erste vierstrahlige Verkehrsmuster der Sowjetunion im interkontinentalen Luftverkehr. Bei der NATO hat die **Il-62** den Meldenamen **„Classic"**. Man schätzt, daß mehr als 210 Exemplare gebaut wurden, von denen rund 200 noch im Liniendienst beschäftigt sein dürften.

***Iljuschin Il-62 der tschechischen Staatslinie CSA mit vier Kusnezow-Triebwerken NK-8-4.***

**Varianten**
**Il-62:** erste Serienversion für eine fünfköpfige Crew und maximal 186 Passagiere
**Il-62M:** Version mit schubstärkeren Solowjew-Triebwerken D-30K, erhöhter Treibstoffkapazität, Bordsystemen für Gepäck- und Frachtcontainer sowie weiteren Verbesserungen
**Il-62MK:** Version mit verstärkten Tragflächen und Fahrgestell für höhere zulässige Gesamtmassen und Sitzeinrichtung für maximal 195 Passagiere

***Die Il-62 war der erste und ist immer noch der beste Langstrecken-Airliner der ehemaligen Sowjetunion. Heute rücken die meisten Betreiber von diesem Muster ab, da es nicht mehr zeitgemäß ist.***

**TECHNISCHE DATEN**
**Iljuschin Il-62M**
**Typ:** Langstrecken-Verkehrsflugzeug
**Triebwerke:** vier Mantelstromtriebwerke Solowjew D-30KU je 11.000 kg Schub
**Leistung:** Reisefluggeschwindigkeit 900 km/h in optimaler Höhe; Reichweite mit max. Nutzlast und Treibstoffreserven 7800 km
**Gewicht:** Leermasse 69.400 kg; max. Startmasse 165.000 kg
**Abmessungen:** Spannweite 43,20 m; Länge 53,12 m; Höhe 12,35 m; Tragflügelfläche 282,20 m²

# Iljuschin Il-76

Die **Iljuschin Il-76,** NATO-Deckname **„Candid"**, wurde als schwerer Transporter für den Einsatz in Sibieren konzipiert. Der Prototyp dieses turbofangetriebenen Großraumfrachtflugzeugs, das sich zum Betrieb auf kurzen und notdürftig befestigten Flugfeldern eignet, flog erstmals am 25. März 1971. Die Flugerprobung zog sich bis 1975 hin, als das Muster im Taschkent-Werk in Serie genommen wurde. Im selben Jahr stellte die **Il-76** insgesamt 25 internationale Rekorde für Geschwindigkeit und Höhe mit Nutzlast auf.

Die seriengefertigte **Il-76T „Candid A"** mit größerer Frachtkapazität und höheren Betriebsmassen wurde Anfang 1978 auf den Binnenstrecken der Aeroflot in Dienst gestellt, und im April desselben Jahres führte sich das Muster auf der Verbindung Moskau-Japan ein. Man nimmt an, daß die Aeroflot über rund 50 solcher Flugzeuge verfügt und etwa 100 Exemplare an ausländische Zivilnutzer gingen, darunter Libyan Arab Airlines, Syrianair und später Cubana. Zu den militärischen Betreibern gehören die tschechischen, polnischen, algerischen und irakischen sowie die indischen Luftstreitkräfte, die dem Typ den Namen **Gajaraj** gaben. Die militärische Transportversion, vorgesehen zur Verlegung von Kampftruppen, zum Absetzen von Fallschirmjägern und für strategische Versorgungsflüge, unterscheidet sich in erster Linie durch ihre militärspezifische Avionik und Ausrüstung. Die vormals sowjetischen Luftstreitkräfte mit einer Flotte von rund 450 **„Candid"** nutzen dieses Muster aber auch zur Brandbekämpfung (Il-76DMP, die 40 Tonnen Löschmittel fassen kann), als Triebwerksversuchsträger **(IL-76LL)**, als Lufttanker **(Il-78 „Midas")** und als Frühwarnflugzeug **(A-50 „Mainstay"** in der ehemaligen UdSSR beziehungsweise **„Adnan 1"** im Irak). Ferner versorgt die Il-78 Stützpunkte in der Antarktis und steht Kosmonauten zur Ausbildung unter schwerelosen Bedingungen zur Verfügung.

**TECHNISCHE DATEN**
**Iljuschin Il-76T „Candid A"**
**Typ:** strahlgetriebenes Frachtflugzeug für mittlere und große Distanzen
**Triebwerke:** vier Mantelstromtriebwerke Solowjew D-30KP je 12.000 kg Schub
**Leistung:** Höchstgeschwindigkeit im Horizontalflug 850 km/h; Marschgeschwindigkeit 800 km/h; Dienstgipfelhöhe 15.500 m; Reichweite mit max. Nutzlast 3650 km
**Gewicht:** max. Nutzlast 40.000 kg; max. Startmasse 170.000 kg
**Abmessungen:** Spannweite 50,50 m; Länge 46,50 m; Höhe 14,70 m; Tragflügelfläche 300 m²

***Pseudomilitärische Iljuschin Il-76 „Candid" der Iraqi Airways.***

# Iljuschin Il-86

Die **Iljuschin Il-86** mit dem NATO-Decknamen **„Camber“** erschien als erstes Großraum-Verkehrsflugzeug der Sowjetunion. Die als Tief-/Mitteldecker ausgelegte **Il-86** hat einen druckbelüfteten Rumpf mit kreisrundem Querschnitt und einer maximalen Innenbreite von 5,70 m. Für den Antrieb sorgen vier Kusnezow-Bläsertriebwerke NK-86 an Pylonen unter den Tragflächen. Das Flugdeck ist für eine drei- bis vierköpfige Crew konzipiert, und in der durch Garderoben in drei Abteile aufgeteilten Kabine finden maximal 350 Passagiere Platz. Der Ein- und Ausstieg erfolgt in einzigartiger Weise über drei Türen mit Einbautreppe im Unterdeck, damit die Maschine ohne Fahrgastbrücken abgefertigt werden kann. Nach dem Einstieg über die bis zum Boden reichenden Treppen können die Passagiere ihr Gepäck in Vorräumen abstellen und erreichen das Hauptdeck über drei interne Aufstiege.

***Prototyp des nicht gerade spektakulären Airliners Iljuschin Il-86 „Camber“.***

1974 begann die Konstruktion zweier Prototypen, und das erste Musterflugzeug hob am 22. Dezember 1976 vom Boden ab. Nach Erprobung war die erste seriengefertigte **Il-86** im Oktober 1977 flugbereit. Die Auslieferung an die Aeroflot begann im September 1979, und seitdem wurden 80 bis 85 Exemplare einer geplanten Flotte von 100 Maschinen in Dienst gestellt. Zwar galten die meisten Liniengesellschaften des ehemaligen Ostblocks, vor allem CSA und LOT, als potentielle Exportabnehmer, doch konkrete Bestellungen blieben aus, so daß dieses Muster ausschließlich im Farbkleid der Aeroflot auftritt. Der heimische Flugverkehr setzte am 26. Dezember 1980 ein, und im Juli 1981 folgten Interkontinentalflüge. Die dürftige Leistung, vor allem hinsichtlich Nutzlast/Reichweite, führte zur Ummotorisierung der **Il-86** auf Solowjew PS90 oder CFM56.

### TECHNISCHE DATEN

**Typ:** Großraumverkehrsflugzeug für den Kurz-/Mittelstreckenbetrieb
**Triebwerke:** vier Mantelstromtriebwerke Kusnezow NK-86 je 13.000 kg Schub
**Leistung:** Reisefluggeschwindigkeit 950 km/h in 11.000 m Höhe; Reichweite mit max. Nutzlast 3600 km
**Gewicht:** max. Startmasse 208.000 kg
**Abmessungen:** Spannweite 48 m; Länge 59,40 m; Höhe 15,80 m; Tragflügelfläche 320 m²

# Iljuschin Il-96

Die **Il-96** war ein völliger Neuentwurf der Il-86, auch wenn sich beide Muster bei oberflächlicher Betrachtung ähnelten. Die Konstruktion von drei flugtüchtigen Prototypen und zwei Zellen für statische Prüfungen, Tests und Versuche begann 1986/87, und die erste Mustermaschine (SSSR-96000) flog am 28. September 1988 vom Werk Kodinka aus, gefolgt von der zweiten Maschine im November 1989. Nach Abschluß der Testreihen erhielt die Serienversion **Il-96-300** am 29. Dezember 1992 ihre Zulassung. Zu der Zeit hatte man bereits neun Maschinen fertiggestellt, die für umfassende Erprobungszwecke auch geflogen wurden. Die Serienmaschinen haben mittlerweile ihren Dienst bei der russischen Aeroflot aufgenommen und bedienen unter anderem die wichtige Strecke zwischen Moskau und New York. Aeroflot soll bislang etwa zehn Maschinen dieses Typs erhalten haben und sie auf verschiedenen Inlandsstrecken betreiben.

### TECHNISCHE DATEN

**Iljuschin Il-96-300**

**Typ:** Langstrecken-Großraum-Verkehrsflugzeug
**Triebwerke:** vier Mantelstromtriebwerke Aviadvigatel PS-90A je 156,9 kN Schub
**Leistung:** (geschätzt) Standardgeschwindigkeit für Reiseflug in 12.000 m Höhe 900 km/h; Reichweite mit max. Nutzlast 7500 km
**Gewicht:** max. Nutzlast 40.000 kg; Grundbetriebsmasse 117.000 kg; max. Startmasse 216.000 kg
**Abmessungen:** Spannweite 60,10 m; Länge 55,30 m; Höhe 17,50 m; Tragflügelfläche 391,60 m²

**Varianten**
**Il-96-300:** von Aviadvigatel PS-90A Turbofans angetriebene Grundausführung mit 300 Sitzen
**Il-96M:** diese anfangs Il-96-350 bezeichnete Version verfügt über einen um neun Meter verlängerten Rumpf zur Unterbringung von bis zu 375 Passagieren; ausgestattet mit Pratt & Whitney PW2337-Turbofans mit 164.6 kN Schub sowie einem von Rockwell Collins stammenden, digitalen Cockpit; Erstflug des Prototypen ist für 1995 vorgesehen; Vorbestellungen für diese Variante liegen vor von Russia International Airlines, Usbekistan Airways und Far East Aviation
**Il-96-MK:** geplante, bislang noch nicht gebaute Ausführung der Iljuschin Il-96M, die mit Mantelstromtriebwerken ausgestattet sein soll
**Il-96T:** Frachtausführung mit 3.6 mal 2.6 m großer Frachttür im Vorderrumpf und verlängertem Flur
**Il-96-550:** noch in Planung befindliche Version mit Doppelrumpf, der insgesamt bis zu 550 Passagiere auf zwei Decks aufnehmen kann

***Die Iljuschin Il-96 unterscheidet sich nur geringfügig von der Il-86. Einige Exemplare dieses von der Aeroflot betriebenen Typs bedienen Routen in und außerhalb Rußlands.***

# Iljuschin Il-114

Die Entwicklung der als Nachfolgerin für die weitverbreitete Antonow An-24 vorgesehenen **Il-114** begann 1984/85. Der erste von drei Flugprototypen (SSSR-54000) startete erstmals am 29. März 1990 vom Schokowksi-Testzentrum. Ihm folgten zwei weitere Prototypen sowie zwei Flugwerke für statische Erprobungszwecke und am 7. August 1992 die erste Serienmaschine. Die Maschinen werden in Taschkent und Moskau produziert. Daneben existiert auch noch eine Version mit Triebwerken des Typs TV7M-117, die über ein erhöhtes Startgewicht verfügt und unter der Bezeichnung **Il-114M** bekannt ist. Das Flugzeug, ein Spiegelbild der ATP von British Aerospace, ist als zweimotoriger Tiefdekker mit umgekehrten Dreiecksflächen und hohem, einteiligem Seitenleitwerk ausgelegt. Beide Motoren treiben geräuscharme Sechsblatt-Propeller an, und das Bugrad-Fahrwerk ist für den Betrieb auf einfachen Flugfeldern konzipiert. Die **Il-114** kann 60 Passagiere befördern und eignet sich für den Frachtentransport.

### TECHNISCHE DATEN

**Typ:** zweimotoriges Passagier- und Frachtflugzeug für den Nahverkehr
**Triebwerke:** zwei Propellerturbinen Klimow TV7-117 je 1840 kW (2500 WPS)
**Leistung:** (geschätzt) Reisefluggeschwindigkeit 500 km/h; Reichweite mit 60 Passagieren 1000 km
**Gewicht:** max. Nutzlast 6000 kg; Leermasse 13.700 kg; max. Startmasse 21.000 kg
**Abmessungen:** Spannweite 30 m; Länge 26,30 m; Höhe 9,32 m

***Die Il-114 dürfte bessere Aussichten haben als einige andere russische Verkehrsmuster dieser Periode, denn sowohl in der ehemaligen Sowjetunion als auch im Ausland besteht Bedarf an solch einem Typ.***

# Frühe Junkers-Luftfahrzeuge

Hugo Junkers ließ sich 1910 ein Nurflügel-Ganzmetallflugzeug patentieren, das aber nie gebaut wurde. Die dafür konstruierte freitragende Tragfläche mit dickem Profil fand jedoch eine Anschlußverwendung beim ersten Junkers-Luftfahrzeug, das am 12. Dezember 1915 zum Erstflug startete. Diese **Junkers J 1** war seinerzeit eine außerordentlich fortschrittliche Konstruktion: ein freitragender Mitteldecker mit starrem Schleifsporn-Fahrgestell, Mercedes-D.II-Flugmotor mit 88 kW (120 PS) als Antrieb und dünn gewälztem Eisenblech als Außenhaut, was ihr den Namen „Blechesel" einbrachte.

Das Luftfahrtministerium zeigte sich von Junkers' Konstruktionsfertigkeiten beeindruckt und bat ihn, einen gepanzerten Doppeldecker zu entwerfen und zu entwickeln. So entstand die **Junkers J 4**, die gegen Ende des Jahres 1917 als zweisitziges Schlachtflugzeug mit der militärischen Bezeichnung **J.I** in Dienst gestellt wurde. Dieser halb freitragende Doppeldecker mit ungleicher Spannweite, starrem Schleifsporn-Fahrgestell und einem 147 kW (200 PS) starken Benz-Reihenmotor Bz.IV war mit Leichtmetall-Wellblech abgedeckt, das zum Markenzeichen der Junkers-Produkte wurde.

Während sich die **J 4** in der Produktion befand, wandte sich Junkers einer neuen Serie freitragender Tiefdecker zu. Die einsitzige **J 7** von 1917 führte drehbare Flächenenden als Querruder für die Rollsteuerung ein. Sie diente als Prototyp für den etwas längeren Jagdeinsitzer **J 9**, der, ausgerüstet mit einem 136 kW (185 PS) starken B.M.W.-Triebwerk und zwei vorausfeuernden LMG 08/15, in kleiner Stückzahl als **D.I.** dem Militär zugeführt wurde.

Eine zum Zweisitzer ausgebaute Version der **J 7**, zur Prüfung als Nahunterstützungsflugzeug, trug die Herstellerbezeichnung **J 8**. Aus diesem Modell wurde die **Junkers J 10** entwickelt, angetrieben von einem Mercedes D.IIIa mit 133 kW (180 PS). Bis zum Kriegsende im Jahre 1918 entstanden noch 50 Exemplare, die als **Junkers C.L.I** mit der Bewaffnung wie bei der **D.I** in Dienst gestellt wurden.

***Schon Junkers erfolgloser Entenflügel-Eindecker von 1909 zeigte die berühmte Wellblechhaut.***

**TECHNISCHE DATEN**

**Junkers J.1**

**Typ:** zweisitziges Schlachtflugzeug
**Triebwerk:** ein Sechs-Zylinder-Reihenmotor Benz Bz.IV mit 147 kW (200 PS)
**Leistung:** Höchstgeschwindigkeit 155 km/h; Flugdauer 2 Stunden
**Gewicht:** Leermasse 1766 kg; max. Startmasse 2176 kg
**Abmessungen:** Spannweite 16 m; Länge 9,10 m; Höhe 3,40 m; Tragflügelfläche 49,40 m²
**Bewaffnung:** zwei starre, vorwärtsfeuernde 7,92-mm-Maschinengewehre LMG 08/15 und ein schwenkbares Parabellum 7,92-mm-Maschinengewehr

# Junkers-Flugzeuge der 20er Jahre

Von der **Junkers J 10** des Ersten Weltkriegs (CL.I) wurde mit der **Junkers F 13** das erste gezielt aus Ganzmetall konstruierte Verkehrsflugzeug der Welt abgeleitet. In der Originalform waren die zweiköpfige Besatzung vorn in einer offenen und dahinter vier Passagiere in einer geschlossenen Kabine untergebracht. Erst später erhielt auch die Besatzungskabine eine Abdeckung. Den Antrieb der ersten **F 13** lieferte ein Mercedes D.IIIa mit 118 kW (160 PS), aber in die Serienflugzeuge wurde ein B.M.W. IIIa eingebaut, der 136 kW (185 PS) erzeugte. Die Produktion hielt bis 1932 an, und der weitaus größte Teil (über 320 Maschinen in rund 60 Varianten) hatten den 154,5 kW (210 PS) starken Junkers-Motor L-5. Zwischen 40 und 50 Exemplare gingen an die Deutsche Luft-Hansa, der Rest flog bei zivilen und militärischen Betreibern in 23 anderen Staaten.

Den Erfolg der **F13** erreichte die **K16**, ein dreisitziger Kabineneindecker von 1922, nicht, so daß lediglich wenige Maschinen gebaut wurden. 1923 folgte der schlanke Tiefdecker **A 20** mit zwei Sitzen hintereinander im offenen Cockpit. Nachdem die alliierte Kontrollkommission zugestimmt hatte, ging dieses als Fracht- oder Postflugzeug gedachte Muster in zwei Ausführungen in Serie, als Landflugzeug **A 20L** und als Wasserflugzeug **A 20W.** Die in Deutschland gebauten Maschinen wurden vom Mercedes D.IIIa und die im schwedischen Junkers-Werk gefertigten Exemplare vom Junkers L-2 mit 162 kW (220 PS) angetrieben. Eine fortentwickelte Variante mit dem 228 kW (310 PS) starken Junkers-Motor L-5 erhielt die Bezeichnung **A35.** In Schweden wurde eine militärische Ausführung der letztgenannten Version mit einer Bewaffnung von je zwei vorderen und hinteren MGs entwickelt, der die Bezeichnung **R 53** zufiel.

Die weitere Entwicklung auf dem zivilen Sektor ergab die **G 23,** die bei ihrer Indienststellung im Jahre 1925 das erste dreimotorige, freitragende Ganzmetall-Verkehrsflugzeug der Welt war. Außer der dreiköpfigen Besatzung konnte die Maschine neun Passagiere befördern, und dieses Modell wurde mit vielfältigen Motortypen ausgestattet. Die Bezeichnung **G 24** betraf die Hauptserie, die in der Regel mit drei Junkers L-5-Motoren je 228 kW (310 PS) aufwies. 1928 erschienen auch etliche einmotorige **F 24** (ohne die flügelmontierten Triebwerke), die ansonsten ähnlich waren. Eine 12/15sitzige Passagierversion **G 31,** von der 15 Exemplare gebaut wurden, hatte drei Gnome-Rhône Jupiter oder von B.M.W. gebaute Pratt & Whitney-Hornet-Motoren. Von der **G 24** gab es auch eine Bomberversion mit der Bezeichnung **K 30.**

Der erste Nachkriegsentwurf für militärische Zwecke war die **Junkers H 21,** ein zweisitziger, vom B.M.W. IIIa mit 136 kW (185 PS) angetriebener Schirmeindecker für bewaffnete Aufklärung. Das Junkers-Werk in Fili bei Moskau fertigte rund 100 **H 21,** die alle ab 1924 den sowjetischen Luftstreitkräften zuströmten.

Zu den Entwicklungen der schwedischen Junkers-Fabrik zählten die **K 37,** ein dreisitziges Mehrzweck-Militärflugzeug, das aus der zweimotorigen Verkehrsmaschine **S 36** von 1927 hervorgangen war. Ein nach Japan geliefertes Exemplar bildete die Grundlage für die Mitsubishi Ki-2. Der dreisitzige Bomber/Aufklärer **K 39** kam über den Prototypstatus nicht hinaus, aber der zweisitzige Jäger **K 47** wurde in geringer Zahl gebaut und im Jahre 1928 nach China exportiert. In ziviler Ausführung fertigte man diesen Typ als **A 48.**

Als letztes Junkers-Muster vor der Einführung des Herstellerkürzels „Ju" erschien das Großverkehrsflugzeug **G 38,** allerdings nur in zweifacher Ausfertigung. Angetrieben von vier Junkers-Motoren Jumo 204 je 552 kW (750 PS) an der Nasenkante des 44 m weit gespannten Tragwerks, konnte die **G 38** 26 Passagiere in zweistöckigen Hauptrumpfkabinen, zwei im Bug und je drei in den beiden Fluggastkabinen der Innenflügel aufnehmen. Das erste Exemplar, auf den Namen „Deutschland" getauft, flog am 6. November 1929 und anschließend bei der Deutschen Luft-Hansa, bis es 1936 abstürzte. Die zweite Maschine, „Generalfeldmarschall von Hindenburg", diente der Deutschen Luft-Hansa, bis sie 1940 der RAF zum Opfer fiel. Sechs ähnliche Flugzeuge wurden in Japan als Mitsubishi Ki-20 lizenzgefertigt. Sie sollten schwere Bomber für das japanische Heer abgeben.

Das Schwimmerflugzeug **Junkers Ju 46,** von dem 1932 fünf Exemplare für die Deutsche Luft-Hansa als Fracht- und Postflugzeuge gebaut wurden, war ein zweisitziger Eindecker mit dem 478 kW (650 PS) starken B.M.W.132 als Antrieb. In der Reihenfolge der Typnummern erschien als nächstes das einmotorige Frachtflugzeug **Ju 52** für die zivile Luftfahrt, und das erste von sechs Exemplaren flog am 13. Oktober 1930. Die Bezeichnung **Ju 60** fiel einem Muster von 1932 für sechs Passagiere zu, das aber nur in vierfacher Ausfertigung realisiert wurde. Die verbesserte Version **Ju 160** von 1934 war mit 50 Exemplaren, von denen mehr als die Hälfte bei der Deutschen Luft-Hansa unterkamen, weitaus erfolgreicher. Unter der Bezeichnung **Ju 252** entwickelte Junkers ein dreimotoriges Passagierflugzeug für die Deutsche Luft-Hansa. Obwohl dieses Modell, ausgestattet mit einer hydraulisch betriebenen Ladeklappe an der Unterseite, als Nachfolger für die **Ju 52/3m** gedacht war, wurden nur 15 Maschinen gebaut. Bei der grundsätzlich ähnlichen **Ju 352 Herkules** mußte man auf eine Mischkonstruktion aus Holz und Stahl mit Stoffbespannung statt der Leichtmetallzelle der **Ju 252** zurückgreifen, da die knappen Vorräte an Aluminium-Werkstoffen der Jägerproduktion vorbehalten waren. Schließlich sollte noch die **Ju 287** erwähnt werden, ein vierstrahliger schwerer Bomber mit negativ gepfeilten Tragflügeln, von dem nur eine Mustermaschine zur aerodynamischen Flugerprobung kam.

***Für einen im Jahre 1919 gefertigten Entwurf war die Junkers F 13 in Konstruktion wie Gestaltung ein unerhört fortschrittliches Flugzeug.***

***Die Kennung D-2000 gibt zu erkennen, daß dies die erste Junkers G 38 (die G 38a „Deutschland") ist. Deutlich zu erkennen sind die Fenster der Fluggastkabinen.***

## Junkers Ju 52/3m bis Kaman H-2 Seasprite

**Das weitaus erfolgreichste Junkers-Flugzeug, die Ju 52/3m, war noch im ganzen Zweiten Weltkrieg der unentbehrlichste deutsche Truppentransporter. Die Ju 87, der berühmte „Stuka", war zwar ein ganz guter Sturzkampfbomber, aber sein starres Fahrwerk machte ihn zur leichten Beute für die gegnerischen Jäger und deren Bordwaffen. Die Seasprite der Kaman Aircraft Corporation ist bei der US Navy für verschiedene Aufgaben nun schon seit fast vier Jahrzehnten in Dienst.**

# Junkers Ju 52/3m

***Junkers Ju 52/3m g4e der Grupo de Bombardeo Nocturno 2-6-22, Luftstreitkräfte der spanischen Nationalisten.***

Der Entschluß, die einmotorige Ju 52 zur dreimotorigen Verkehrsmaschine umzugestalten, führte dazu, daß das siebte Exemplar auf der Fertigungsstrecke zum Musterflugzeug Junkers **Ju 52/3m** mit drei amerikanischen Hornet-Sternmotoren je 410 kW (558 PS) wurde. Bei der Flugerprobung im April 1931 zeigte die **Ju 52/3mce** eine derart gesteigerte Leistung im Vergleich zur einmotorigen Ju 52, daß man deren Produktion sofort einstellte. Als Erstkäufer trat die Lloyd Aero Boliviano auf, die ab 1932 sieben Flugzeuge erhielt.

Das Muster war mit Schwimmer-, Ski- oder Radfahrgestell erhältlich, und Aero O/Y (Finnland) sowie AB Aerotransport (Schweden) beschafften die Schwimmerversion. An die Deutsche Luft-Hansa wurden jedoch **Ju 52/3mce** mit Radfahrwerk geliefert, und im Dienst dieser Gesellschaft schuf sich das Muster rasch einen ausgezeichneten Ruf als sicheres und zuverlässiges Verkehrsflugzeug. Ende 1935 befanden sich 97 Exemplare im Liniendienst, davon allein 51 bei der Luft-Hansa.

Die Prüfung des militärischen Potentials der **Ju 52/3m** durch die Luftwaffe ergab die **Ju 52/3mge** zur Schulung von Reichswehrpiloten und später den Behelfsbomber **Ju 52/3mg3e.** Diese Maschinen wurden im Spanischen Bürgerkrieg eingesetzt und transportierten zunächst 10.000 maurische Soldaten von Marokko nach Spanien. Als dieser Krieg 1939 zu Ende ging, hatten die **Ju 52** rund 13.000 Flugstunden geleistet. Parallel dazu lief die zivile Produktion weiter, so daß Mitte der dreißiger Jahre bereits 230 Exemplare bei der Luft-Hansa registriert waren. Einige von ihnen hatte man jedoch an die Luftwaffe weitergereicht, die im Zeitraum 1934/35 von Junkers 450 und 1939 593 Maschinen erhielt. Bei Ausbruch des Zweiten Weltkriegs wurden weitere 59 **Ju 52/3m** der Luft-Hansa im Mobilmachungsverfahren zum Militärdienst eingezogen.

Die Vielseitigkeit des Musters hatte zur Folge, daß die Luftwaffe diesen Typ den Krieg hindurch intensiv nutzte. Verluste glich man unter anderem mit Hilfe einer Fertigungsstraße im französischen Amiot-Werk in Colombes aus. Die erste Serienmaschine wurde im Juni 1942 abgenommen. PIRT in Budapest führte die Endmontage von 26 **Ju 52/m3** mit Baugruppen deutscher Herstellung aus, doch bis auf vier Exemplare gingen alle an die ungarischen Luftstreitkräfte. Bis zum Ende der Produktion 1944 entstanden in Deutschland und Frankreich rund 5000 solcher Flugzeuge. Nach dem Krieg bauten die Franzosen 400 Exemplare für die Air France und die Armée de l'Air, die dieses Muster als **AAC.1 Toucan** führte. In Spanien produzierte CASA 170 Maschinen für die spanische Luftwaffe als **CASA 352.**

Zu den Weiterentwicklungen der **Ju 52/3m** zählten auch die **Ju 252** und die neukonstruierte **Ju 352.** Erwähnenswert ist ferner, daß die Schweizer Luftwaffe drei Ende der dreißiger Jahre gelieferte **Ju 52/3mg4e** erst 1981 außer Dienst stellte. Diese Maschinen führen heute noch Vergnügungsflüge in Europa durch.

***Die Ju 252 V1 war zwar weiterhin dreimotorig, hatte aber eine mittragende Glattblechbeplankung statt der Wellblechhaut ihrer Vorgängermuster.***

**Varianten**

**Ju 52/3mg3e:** militärische Version mit drei BMW-Sternmotoren 132-A3 je 534 kW (725 PS), verbesserter Funkausrüstung und Bombenschlössern

**Ju 52/3mg4e:** militärische Version mit anderer Inneneinrichtung im Vergleich zur g3e und Heckrad statt Schleifsporn

**Ju 52/3mg5e:** militärische Version; drei BMW 132T je 611 kW (830 PS), Enteisung per Abgaswärme, austauschbares Schwimmer-/Schneekufen-/Radfahrgestell und verbesserte Funkausrüstung

**Ju 52/3mg6e:** wie g5e, aber mit einfacherer Funkausrüstung; nur Rad- oder Kufenfahrwerk

**Ju 52/3mg7e:** wie g6e, aber mit Kurssteuerung K4ü und längerer Ladeklappe

**Ju 52/3mg8e:** wie g7e, aber mit zusätzlicher Luke im Kabinendach; späte Serien mit verbesserten BMW-Motoren 132Z

**Ju 52/3mg9e:** wie g8e der Spätserien, aber mit verstärktem Fahrwerk; standardmäßig mit Schleppsporn für Lastensegler ausgerüstet

**Ju 52/3mg10e:** ähnlich wie g9e, aber als Land- und Seetransporter nutzbar

**Ju 52/3mg11e:** keine Einzelheiten bekannt

**Ju 52/3mg12e:** ähnlich wie g10e; nur kleine Serie mit BMW 132L; einige Exemplare erhielt die Luft-Hansa als Ju 52/3m12

**Ju 52/3mg13e:** keine Einzelheiten bekannt

**Ju 52/3mg14e:** letzte Serienversion; wie Ju 52/3m g9e, aber mit verstärkter Panzerung und stärkerer Abwehrbewaffnung

**TECHNISCHE DATEN**

**Junkers Ju 52/3m g3e**

**Typ:** mittlerer Bomber und Truppentransporter

**Triebwerke:** drei luftgekühlte Neun-Zylinder-Sternmotoren B.M.W. 132A-3 je 543 kW (725 PS)

**Leistung:** Höchstgeschwindigkeit 275 km/h in 900 m Höhe; Dienstgipfelhöhe 5900 m; Reichweite 1300 km

**Gewicht:** Leermasse 5720 kg; max. Startmasse 10.500 kg

**Abmessungen:** Spannweite 29,25 m; Länge 18,90 m; Höhe 5,55 m; Tragflügelfläche 110,50 $m^2$

**Bewaffnung:** zwei 7,92-mm-MG 15 und bis zu 500 kg Bomben

# Junkers Ju 86

***HB-IXI war die zweite Ju-86B-0 und wurde im April 1936 an Swissair geliefert. Sie bediente die Nachtpoststrecke zwischen Zürich und Frankfurt a. M.***

Die als zweimotoriges Schnellverkehrsflugzeug für zehn Passagiere entwickelte **Junkers Ju 86** wurde wegen ihres doppelten Seitenleitwerks (bessere Schußfreiheit nach hinten) bald zum viersitzigen Bomber umgebaut. Der erste von fünf Prototypen mit Junkers-Dieselmotoren Jumo 205, wie sie die Luft-Hansa empfohlen hatte, flog 1934. Trotz der enttäuschenden Leistung ging das Muster Ende 1935 als Airliner und als Bomber in Serie. Die ersten Vorserienbomber **Ju 86A-1** wurden im Februar 1936 und die erste Passagiermaschine der Vorserie **Ju 86B** im April an Swissair geliefert.

Im Spanischen Bürgerkrieg flogen bei der Legion Condor fünf Bomber **Ju 86D-1** mit verbesserten Jumo-205C-Motoren. Dieses Triebwerk enttäuschte jedoch unter Kampfbedingungen, so daß die Bomber der Heinkel He 111 unterlegen waren. Militärische Exportaufträge betrafen die **Ju 86K-1** für Südafrika und Schweden, wo Saab diesen Typ anschließend in Lizenz fertigte, die **Ju 86K-2** für Ungarn, das 66 Exemplare produzierte, und die **Ju 86K-6** für Chile und Portugal.

Die Unzufriedenheit der Luftwaffe mit der Leistung der **Ju 86D** führte zur weitaus zuverlässigeren Version **Ju 86E-1** mit BMW-Sternmotoren 132F und **Ju 86E-2** mit BMW 132N. Während der Produktion eingeführte Verbesserungen brachten den letzten 40 **Ju 86E** die neue Bezeichnung **Ju 86G-1** ein. Markantes Merkmal dieser Ausführung war der halbkugelförmige Glasbug. Die Fertigung lief 1938 aus.

Da die **Ju 86** bereits 1939 nicht mehr als Normalbomber einsetzbar war, wurden noch im selben Jahr zwei **Ju 86D** zu Prototypen einer Höhenversion mit Dieselmotoren Jumo 207A und einer zweisitzigen Druckkabine umgebaut. Die erfolgreiche

Erprobung ergab die beiden ersten Serienversionen, den Bomber **Ju 86P-1** und den Aufklärer **Ju 86P-2.** Letzterer erreichte seine Dienstgipfelhöhe bei 12.800 m. Um die Höhenleistung noch weiter zu steigern, erhöhte man die Spannweite auf 32 m und baute leistungsstärkere Jumo 207B-3 ein. So entstanden **Ju 86R-1**-Höhenaufklärer und **Ju 86R-2**-Höhenbomber, von denen aber nur wenige Exemplare die Truppe erreichten. Eines dieser Flugzeuge wies eine Gipfelhöhe von 14.400 m nach. Die Entwicklung der **Ju 86R-3** mit aufgeladenen Jumo 208 und die vorgeschlagene viermotorige Höhenbomberversion **Ju 186** wurden aufgegeben. Der sechsmotorige Höhenbomber **Ju 286** kam nicht über das Projektstadium hinaus.

**Varianten**

**Ju 86abl:** erstes Musterflugzeug; Bomber, zunächst von Siemens-Sternmotoren SAM 9 angetrieben
**Ju 86bal:** Verkehrsflugzeug mit Junkers-Dieselmotoren Jumo 205C
**Ju 86cb:** Bomber wie Ju 86abl, später jedoch mit Jumo 205C
**Ju 86V-4:** Musterflugzeug für Serie Ju 86B
**Ju 86V-5:** Prototyp für Serie Ju 86A
**Ju 86A-0:** 13 Vorserienbomber
**Ju 86B-0:** sieben Vorserienverkehrsflugzeuge für die Luft-Hansa
**Ju 86C-1:** sechs Schnellverkehrsflugzeuge mit Jumo 205C-Dieselmotoren
**Ju 86E-1:** Luftwaffenbomber mit Sternmotortyp BMW 132F
**Ju 86E-2:** verbesserte Ausführung der E-1
**Ju 86K-4:** wie K-1 für Schweden, aber statt Hornet-Motor mit Bristol Pegasus III (B 3A)
**Ju 86K-5:** wie K-4, aber mit Pegasus XII
**Ju 86K-13:** in Schweden gebaute Bomber mit Pegasus-Triebwerken

***Mittelschwerer Bomber Junkers Ju 86D-1 der 5./Kampfgeschwader 254, im September 1937 in Eschwege stationiert.***

**TECHNISCHE DATEN**

**Junkers Ju 86D-1**

**Typ:** viersitziger mittlerer Bomber
**Triebwerke:** zwei Dieselmotoren Junkers Jumo 205C-4 je 442 kW (600 PS)
**Leistung:** Höchstgeschwindigkeit 325 km/h in 3000 m Höhe; Dienstgipfelhöhe 5900 m; Höchstreichweite 1500 km
**Gewicht:** Leermasse 5150 kg; max. Startmasse 8200 kg
**Abmessungen:** Spannweite 22,50 m; Länge 17,87 m; Höhe 5,06 m; Tragflügelfläche 82 m²
**Bewaffnung:** drei 7,92-mm-MGs und eine interne Bombenlast von 800 kg

# Junkers Ju 87

Ihre Berühmtheit als „Stuka" erlangte die Junkers **Ju 87** beim Überfall auf Polen und den anschließenden Eroberungsfeldzügen durch Europa. Eine Zeitlang glaubte die Luftwaffe, der Sturzkampfbomber sei praktisch unbesiegbar. Dies traf aber nur zu, wenn zuvor die Luftüberlegenheit errungen war, wie sich bei der Luftschlacht um England zeigte, als die RAF den **Stukas** so übel mitspielte, daß sie später völlig aus dem Einsatz über Westeuropa herausgelöst wurden.

Von drei 1934 entworfenen Versuchsmaschinen hatte **V-1** ein doppeltes Seitenleitwerk und einen Rolls-Royce Kestrel als Antrieb. Bei Sturzflugversuchen im Jahre 1935 brach das Leitwerk ab, und die Maschine wurde zerstört. **V-2** erschien folglich mit nur einer Seitenflosse und einem Junkers Jumo 210A, der 449 kW (610 PS) erzeugte. Die offizielle Bewertung dieses Flugzeugs und der verbesserten **V-3** führte zur Vorserie **Ju 87A-0** mit zehn Maschinen, die vom Jumo 210Ca mit 471 kW (640 PS) angetrieben wurden. Ab Frühjahr 1937 löste die erste Serienversion **Ju 87A-1** die Henschel-Doppeldecker Hs 123 ab, und drei Exemplare wurden der Legion Condor zugewiesen, um sie unter Kampfbedingungen im Spanischen Bürgerkrieg zu testen. Zu Beginn des Zweiten Weltkriegs besaß die Luftwaffe 336 **Ju 87B,** und weitere Maschinen gingen an Italien, Bulgarien, Ungarn und Rumänien.

**Ju 87** wurden anfangs mit großem Erfolg an der Ostfront eingesetzt. 1943 gab es jedoch so hohe Verluste, daß der Typ nur noch Nachteinsätze fliegen konnte. Bei Produktionsende waren über 5700 **Ju 87** gefertigt, davon die meisten nach 1940, als man die Verwundbarkeit der Stuka bereits kannte. Daraus kann man nur schließen, daß Deutschland einfach kein besseres Nachfolgemuster zur Verfügung stand. 1943 wurde die überarbeitete Ausführung **Ju 187** projektiert, aber nach der Prüfung einer Attrappe aufgegeben.

***Junkers Ju 87D der 4./Stukageschwader 3***

**Varianten**

**Ju 87A-2:** Serie mit aufgeladenem, 500 kW (680 PS) starkem Jumo 210Da
**Ju 87V-7:** Musterflugzeug für die B-Reihe mit 736 kW (1000 PS) starkem Jumo 211A
**Ju 87B-0:** Vorserie der B-Reihe
**Ju 87B-1:** Serienversion mit überarbeitetem Rumpf, stromlinienförmigen Hosenbein-Verkleidungen, 883 kW (1200 PS) starkem Jumo 211Da und einer maximalen Bombenlast von 500 kg
**Ju 87B-2:** verbesserte Serienversion mit einer auf 1000 kg gesteigerten Bombenlast
**Ju 87C-1:** geplante Ausführung für den Trägereinsatz mit abwerfbarem Fahrwerk (für Notwasserungen), beiklappbaren Tragflächen und Fanghaken; der vorgesehene Flugzeugträger Graf Zeppelin wurde aber nie fertiggestellt, und die in der Montage befindlichen Zellen rollten als Ju 87B-2 vom Band
**Ju 87D-1:** generell verbesserte Serienversion mit 1038 kW (1410 PS) starkem Jumo 211J-1 und verstärktem Panzerschutz für die Besatzung
**Ju 87D-2:** strukturell verstärkte Ju 87D-1 mit Schleppvorrichtung für Lastensegler
**Ju 87D-3:** wie D-1, jedoch mit stärkerer Panzerung für Schlachtfliegereinsatz
**Ju 87D-4:** vorgeschlagene Torpedobomberversion
**Ju 87D-5:** auf Nahunterstützung spezialisierte Version mit abwerfbarem Fahrgestell (um Überschläge bei Notlandungen zu verhindern); keine Sturzflugbremsen
**Ju 87D-7:** zu Nachtkampfbombern umgerüstete Ju 87D-3 und Ju 87D-5 mit 1104 kW (1500 PS) starkem Jumo 211P; zwei 20-mm-Kanonen MG 151/20 anstelle der beiden MG 17 in den Flächen
**Ju 87D-8:** wie D-7, aber ohne Nachtflugausrüstung und Flammendämpfer, da nur für Einsätze bei Tageslicht vorgesehen
**Ju 87F:** projektierte Version mit umfassend revidierter Zelle, weiter gespannten Tragflächen und leistungsstärkerem Motor; die tiefgreifenden Änderungen ergaben schließlich die neue Bezeichnung Ju 187, aber dieses Vorhaben wurde nicht realisiert
**Ju 87G-1:** Schlußversion für Schlachtfliegereinsatz mit Schwerpunkt Panzerbekämpfung; umgerüstete Ju 87D-5 mit zwei 37-mm-Kanonen in Behältern unter den Flächen
**Ju 87H:** Umbauten der D-Reihe mit Doppelsteuer für Schulzwecke
**Ju 87R:** umgerüstete Ju 87B mit Zusatztanks statt Bomben unter den Flächen, um die Reichweite zu steigern; Schiffsbekämpfung, vorzugsweise im Mittelmeerraum, mit einer 250-kg-Bombe

**TECHNISCHE DATEN**

**Junkers Ju 87D-1**

**Typ:** zweisitziges Sturzkampf- und Schlachtflugzeug
**Triebwerk:** ein Zwölf-Zylinder-Reihenmotor (A-Form) Junkes Jumo 211J-1 mit 1038 kW (1410 PS)
**Leistung:** Höchstgeschwindigkeit 410 km/h in 3840 m Höhe; Dienstgipfelhöhe 7290 m; Höchstreichweite 1535 km
**Gewicht:** Rüstmasse 3900 kg; max. Startmasse 6600 kg
**Abmessungen:** Spannweite 13,80 m; Länge 11,50 m; Höhe 3,90 m; Tragflügelfläche 31,90 m²
**Bewaffnung:** zwei 7,92-mm-MG 17 starr in den Flügeln, ein MG 81Z (Zwillings-MG) gleichen Kalibers schwenkbar in der Heckkanzel sowie bis zu 1800 kg Bomben unter dem Rumpf und unter den Tragflächen

# Junkers Ju 88

Die **Junkers Ju 88** wurde den ganzen Zweiten Weltkrieg hindurch produziert, und sollte einem vom RLM geforderten dreisitzigen Schnellbomber entsprechen. Der erste Prototyp startete am 21. Dezember 1936 zum Erstflug, angetrieben von zwei Daimler-Benz DB I0Aa je 736 kW (1000 PS). Weitere Versuchsbomber folgten, und **V-3** mit Junkers-Jumo-Motoren gleicher Leistung erreichte bei einem Erprobungsflug bereits eine Geschwindigkeit von 520 km/h. Dieses Leistungsvermögen spornte zu Rekordversuchen an, und im März 1939 schob **V-5** den Geschwindigkeitsrekord über 1000 km mit einer Nutzlast von 2000 kg auf 517 km/h. Zehn Prototypen wurden gebaut, und Anfang 1939 flog der erste Vorserienbomber **Ju 88A-0.** Im September 1939 erfolgte die Indienststellung der ersten Serienversion **Junkers Ju 88A-1.**

Erste Kriegseinsätze zeigten, daß trotz guter Flugleistungen und Bombenzuladung die Abwehrbewaffnung dieses Musters unzureichend war. Dies führte zur **Ju 88A-4** mit größerer Spannweite, verstärkter Zelle zur Aufnahme schwererer Lasten und einer höheren Feuerkraft. Diese Variante bildete das Ausgangsprodukt so vieler Weiterentwicklungen, daß eine vollständige Aufzählung unmöglich ist. Allein die **Ju 88A**-Reihe umfaßte 17 Varianten (**A-1** bis **A-17**). Während sich die **Ju 88A** in der Produktion befand, wurde die **Ju 88B** geplant. Die Eprobung des Musterflugzeugs für die B-Serie mit stärker verglastem Bug und BMW-Sternmotoren 801MA je 1188 kW (1600 PS) ergab aber nur eine geringfügige Leistungssteigerung, so daß lediglich zehn Maschinen der Nullserie **Ju 88B-0** gefertigt wurden.

Die **Ju 88** war fast so schnell wie die zeitgemäßen Jäger, und diese Leistung, gepaart mit einer ausgezeichneten Manövrierbarkeit, zog die Entwicklung der **Ju**

**88C** nach sich. Die mit BMW-801MA-Motoren geplante **Ju 88C-1** mußte entfallen, weil dieser Motortyp vorrangig für die Focke-Wulf 190 bestimmt war. Die **Ju 88C-2** wurde daher die erste Serienversion der C-Reihe, bestehend aus **C1,** die man auf der Fertigungsstrecke mit Glattblechnase, drei 7,92-mm-MG 17 und einer 20-mm-Kanone MG FF ausgestattet hatte. Die Abwehrbewaffnung dieser Jagdbomber umfaßte zusätzlich zwei MG 15, Kaliber 7,92 mm. Die **Ju 88C-4** war ein schwerer Jäger/Aufklärer, die **Ju 88C-5** eine verbesserte Ausführung als schwerer Jäger, die **Ju 88C-6a** eine Neuauflage der **Ju 88C-5** mit MG 81Z, die **Ju 88C-6b** und **C-6c** waren Nachtjäger, die **Ju 88C-7a** und **C-7b** Zerstörer, und bei der **Ju 88C-7c** handelte es sich wiederum um einen schweren Jäger. Als sich die Maschinen der C-Reihe den immer höheren Anforderungen der Nachtjagd nicht mehr gewachsen zeigten, entwickelte man die **Ju 88R-1** und **R-2** mit Funkmeßanlagen und BMW 801MA, nachdem sich die Versorgungslage für diesen Motortyp entspannt hatte.

Die Serie **Ju 88D** waren auf der **Ju 88A-4** basierende strategische Fernaufklärer, deren Varianten **D-1** bis **D-5** sich hauptsächlich im Antrieb und in der Ausrüstung unterschieden. Mit der Serie **Ju 88G** erschienen endgültige Nachtjägerversionen, die ab Frühsommer 1944 die **Ju 88C** und die **Ju 88R** ersetzten. Die mit Antennen ihrer Radargeräte gespickten und waffenstrotzenden **Ju 88G** waren kampfstarke Nachtjäger, die den alliierten Bomberverbänden schwere Verluste zufügten. Die nachfolgende Baureihe **Ju 88H** mit

***Junkers Ju 88G-7a der IV./NJG 6 im Winter 1944/45.***

verlängertem Rumpf zur Ausweitung des Kraftstoffvolumens wurde nur in kleiner Stückzahl gefertigt. Die **Ju 88H-1** gab einen Fernerkunder mit extremer Reichweite und die **Ju 88H-2** einen Langstreckenzerstörer ab. Aus der **Ju 88A-4** ging die Baureihe **Ju 88P** zur Panzerbekämpfung hervor. Die **Ju 88P-1** war mit der 70-mm-Panzerabwehrkanone PaK 40 bewaffnet, und die nachfolgenden Varianten **Ju 88P-2** bis **Ju 88P-4** hatten unterschiedliche Typen schwerer Flak- und Kampfwagenkanonen (BK 3,7 und BK 5).

Steigende Verlustzahlen durch die stärker werdenden Jagdflugzeuge der Alliierten führten zur Entwicklung des Hochleistungsbombers **Ju 88S** und des Luftbildaufklärers **Ju 88T,** der zugleich die Schlußversion dieses Musters war.

### TECHNISCHE DATEN

**Junkers Ju 88A-4**

**Typ:** viersitziger Horizontal- und Sturzflugbomber
**Triebwerke:** zwei Zwölf-Zylinder-Reihenmotoren (A-Form) Junkers Jumo 211J-1 je 994 kW (1350 PS)
**Leistung:** Höchstgeschwindigkeit 470 km/h in 5300 m Höhe; Dienstgipfelhöhe 8200 m; Höchstreichweite 2730 km
**Gewicht:** Rüstmasse 9860 kg; max. Startmasse 14.000 kg
**Abmessungen:** Spannweite 20 m; Länge 14,40 m; Höhe 4,85 m; Tragflügelfläche 54,50 m²
**Bewaffnung:** ein vorwärtsfeuerndes 13-mm-MG 131 oder zwei MG 81, Kaliber 7,92 mm, zwei MG 81 in Linsenlafetten der hinteren Führerraumabdeckung und ein MG 81Z ( 2 x 7,9 mm) in der Bodenwanne zur Abwehr nach hinten sowie eine Bombenlast von 2000 kg, intern und extern mitgeführt

***Das wertvollste Muster, über das die Luftwaffe im Zweiten Weltkrieg verfügte, war vermutlich die Junkers Ju 88. Hier zeigt sich der Typ in seiner Grundform als Bomber Ju 88A-4.***

## Junkers Ju 88 Mistel-Programm

1943 wurde der Vorschlag gemacht, abgeflogene **Ju 88** zu unbemannten Flugbomben mit einer Messerschmitt Bf 109 als Huckepack-Jäger zu nutzen. Der Jagdpilot sollte die mit Explosivstoffen gefüllte **Ju 88** zum vorausberechneten Punkt tragen, sie auf das Ziel ausrichten und ausklinken. Der Prototyp einer solchen Kombination, **Mistel** oder „Vater und Sohn" genannt, flog erstmals im Juli 1943 und wurde als praktikabel befunden. Der Schwachpunkt dieses Konzepts bestand darin, daß die **Ju 88** mit der Hohlladung nach der Trennung vom bemannten Jäger nicht mehr kontrollierbar war, sondern nur noch dem Kurssteuergerät an Bord folgte. Das Kriegsende kam der Entwicklung geeigneter Fernlenksysteme zuvor.

Verschiedene Bomber- und Jägerkombinationen ergaben unterschiedliche Bezeichnungen. So bestanden **Mistel 1** (und die Schulversion **S 1**) aus einer **Ju 88A-4** und der Bf 109F, **Mistel 2** (und **S 2**) aus der **Ju 88G-1** und der Focke-Wulf Fw 190A-8 und **Mistel 3 A** (sowie **S 3A**) aus der **Ju 88A-6** und der Fw 190A-6. Die Langstreckenversionen **Mistel 3B** und **Mistel 3C** setzten sich zusammen aus **Ju 88G-10** oder **Ju 88H-4** und Fw 190A-8 mit Zusatztanks auf den Tragflächen. Diese Kombination war als Pfadfinder gedacht, dessen untere Komponente eine dreiköpfige Besatzung hatte, und führte in der Fw 190 seinen eigenen Begleitjäger mit, der nur im Bedarfsfall abgetrennt wurde.

***Als einziges Mistel-Gespann kam Mistel 1 zum Einsatz, bei dem die Ju 88A-4 mit einer Bf 109F kombiniert war.***

## Junkers Ju 188

Der Entwurf der Junkers **Ju 188** als Ersatz für die Ju 88 war bei Kriegsausbruch bereits recht weit fortgeschritten, aber 1942 stand fest, daß die Indienststellung zu spät erfolgen würde. Daher mußte man kurzfristig eine Modernisierung der Ju 88 vornehmen, um die Zwischenzeit zu überbrücken. 1940 hatte Junkers die Ju 88B mit Vollsichtkanzel und erhöhter Spannweite geflogen. Diese Version war seinerzeit nur bis zur Vorserie mit zehn Ju 88B-0 gelangt, aber die spätere Ju 88E-0 diente nun als Grundlage für die neuen Bomben- und Aufklärungsflugzeuge mit der Bezeichnung Ju 188.

Die Versuchsmaschinen **Ju 188 V-1 und Ju 188 V-2** flogen Anfang 1942 bzw. 1943, und da die Erprobung erfolgreich

### TECHNISCHE DATEN

**Junkers Ju 188E-1**

**Typ:** viersitziger Horizontal- und Sturzflugbomber
**Triebwerke:** zwei Sternmotoren BMW 801D-2 je 1251 kW (1700 PS)
**Leistung:** Höchstgeschwindigkeit 500 km/h in 6000 m Höhe; Dienstgipfelhöhe 9345 m; Reichweite 1945 km
**Gewicht:** Rüstmasse 9860 kg; max. Startmasse 14.510 kg
**Abmessungen:** Spannweite 22 m; Länge 14,95 m; Höhe 4,44 m; Tragflügelfläche 56 m²
**Bewaffnung:** eine 20-mm-Bugkanone MG 151, je ein 13-mm-Maschinengewehr MG 131 im Drehturm auf der Kanzeloberseite und im Heck des Führerraums, ein 7,92-mm-MG 18 in der Wanne unter dem Vorderrumpf, nach hinten feuernd, und eine maximale Bombenzuladung von 3000 kg

***Die Junkers Ju 288 V14 war der Prototyp des Bombers Ju 288B. Sie kam aber erst in die Luft, nachdem man die Serie Ju 288 aus Werkstoffmangel bereits aufgegeben hatte.***

verlaufen war, wurde dieser Typ für die Serienfertigung bestimmt. Der Auftrag enthielt die Auflage, daß die Zelle ohne Änderungen zum Einbau sowohl des BMW 801 als auch des Junkers Jumo 213 geeignet sein mußte, damit die Fortdauer der Produktion gesichert war. Die erste Serienversion **Ju 188E-1** mit BMW-Triebwerken der Bauart 801ML je 1178 kW (1600 PS) wurde im Februar 1943 in Dienst gestellt, und bis zum Jahresende lieferte Junkers 283 Exemplare. Die erste von Junkers motorisierte Version war die **Ju 188A-2,** angetrieben von zwei Jumo 213A-1, die eine Leistung von je 1649 kW (2240 PS) erbrachten.

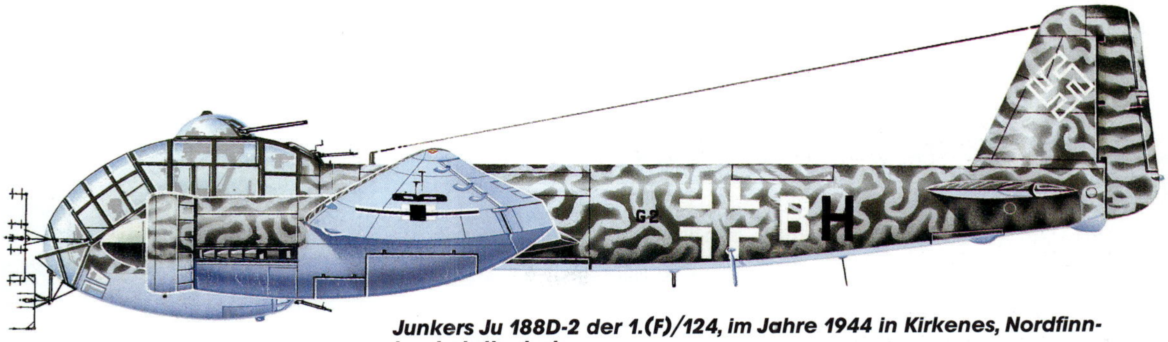

***Junkers Ju 188D-2 der 1.(F)/124, im Jahre 1944 in Kirkenes, Nordfinnland, stationiert.***

Die Gesamtproduktion der **Ju 188** aller Varianten überschritt die Zahl 1000, davon mehr als die Hälfte zur Aufklärung. Zu den Varianten zählten die **Ju 188A-2** (Bomber), die **Ju 188A-3** (Torpedobomber), die **Ju 188D-1** und **Ju 188D-2** (Aufklärer), die **Ju 188E-1** (Bomber) und **Ju 188E-2** (Torpedobomber), die **Ju 188F-2** (Aufklärer), die **Ju 188S-1** (Höhenstörflugzeug/-schnellbomber) und die **Ju 188T-1** (Höhenaufklärer), wobei die beiden letztgenannten Ausführungen keine Abwehrwaffen hatten.

# Junkers Ju 290

1936 befanden sich bei Junkers drei Prototypen des viermotorigen Bombers **Junkers Ju 89** in der Konstruktion, doch dieses Programm wurde 1937 nach dem Jungfernflug des ersten Versuchsbombers gestrichen. Die Ablehnung durch das Militär veranlaßte Junkers, die zivile Version **Ju 90** zu entwickeln. Auf vier Prototypen folgten zehn Vorserienflugzeuge **Ju 90B-1,** ausgerüstet als 37/40sitzige Passagiermaschinen. Acht Exemplare flogen bei der Luft-Hansa im Liniendienst, während die beiden anderen für South African Airways bestimmt waren, aber nie eintrafen. 1937 wurde die Entwicklung der verbesserten **Ju 90S** mit neuem Tragwerk und einer Transportklappe im Rumpfboden eingeleitet. Als Antrieb war der BMW 139 vorgesehen, der sich jedoch als Fehlschlag erwies. So baute man statt dessen einen BMW 801 ein und änderte die Bezeichnung in **Ju 290.**

Insgesamt 60 bis 70 solcher Großraumflugzeuge wurden gebaut. Auf zwei Vorserienmaschinen **Ju 290A-0** folgten die bewaffneten Transporter **Ju 290A-1.** Unter die Bezeichnungen **Ju 290A-2** bis **Ju 290A-9** fielen verschiedene Fernaufklärer, außer der **Ju 290A-6,** bei der es sich um eine 50sitzige Passagiermaschine handelte. Die **Ju 290A-1** (etwa zwölf Exemplare) war ein Fernaufklärer/Bomber, der Raketen zum Einsatz bringen konnte.

Den Abschluß dieser Linie bildete die **Ju 290B-1,** doch nur ein Prototyp dieses Langstrecken-Höhenbombers wurde fertiggestellt und 1944 geflogen. Den Höhepunkt dieser Entwicklung aber stellte die **Ju 390** dar, eine maßstäblich vergrößerte **Ju 290** mit einer Spannweite von 55,35 m und sechs BMW 801D je 1251 kW (1700 PS) als Antrieb. 1943 wurden zwei Prototypen gebaut und getestet. Im Verlauf des Erprobungsprogramms flog die zweite Versuchsmaschine von einem Flugfeld bei Bordeaux bis auf 19 km vor die amerikanische Ostküste bei New York heran, bevor sie wieder nach Frankreich zurückkehrte. Damit war der Nachweis erbracht, daß man die Forderung nach einem Bomber, der Luftangriffe auf New York von europäischen Flugplätzen aus fliegen konnte, erfüllt hatte. Weiter kam dieses Projekt jedoch nicht voran.

## TECHNISCHE DATEN

**Junkers Ju 290A-7**

**Typ:** Langstrecken-Seeaufklärer/Seebomber

**Triebwerke:** vier Sternmotoren BMW 801D je 1251 kW (1700 PS)

**Leistung:** Höchstgeschwindigkeit in 5000 m Höhe 440 km/h; Dienstgipfelhöhe 6000 m; Reichweite 6090 km

**Gewicht:** Leermasse 33.005 kg; max. Startmasse 46.000 kg

**Abmessungen:** Spannweite 42 m; Länge 29,15 m; Höhe 6,83 m; Tragflügelfläche 203,60 m²

**Bewaffnung:** sieben 20-mm-Kanonen MG 151/20 und ein 13-mm-MG 131 sowie eine Bombenlast von 3000 kg oder drei Fernlenkflugkörper Henschel Hs 293, Hs 294 oder FX-1400 („Fritz-X")

***Die Junkers Ju 390 war ein Langstrecken-Seeaufklärungsbomber, der über die Erprobungsphase nicht hinauskam. Die Ju 390 V1 (im Bild) flog ohne Waffen, und die Ju 390 V2 führte das Radargerät FuG 200 „Hohentwiel" mit. Eine dritte Maschine wurde nicht fertiggestellt.***

***D-AALU war die Junkers Ju 90 V1 mit dem Trag- und Leitwerk sowie dem Fahrgestell der Ju 89 V3.***

# Junkers Ju 388

Das Scheitern der Junkers Ju 288, bedingt durch technische Probleme und die wiederholten Änderungswünsche des RLM, hatte eine Lücke im Langstrecken-Schnellbomberprogramm hinterlassen. Zum Glück war bei Junkers bereits die Entwicklung von Höhenversionen der Ju 188 angelaufen, und drei von ihnen, die Ju 188J, Ju 188K und Ju 188L, wurden zum allwettertauglichen Höhenjäger **Ju 388J,** zum Höhenbomber **Ju 388K** und zum Luftbildaufklärer **Ju 388L** umgewandelt.

Da Höhenaufklärung die höchste Priorität hatte, baute man zuerst eine Ju 188T zum Prototyp **Ju 388L** um. Die anschließende Vorserie ging jedoch aus umgerüsteten Ju 88S hervor, und das erste Exemplar wurde der Luftwaffe im August 1944 übergeben. Als man die Produktion 1944 einstellte, waren 47 **Ju 388L** fertiggestellt, doch nur drei Versuchsjäger **Ju 388J,** zehn **Ju 388K-0** sowie fünf **Ju 388K-1.**

Letzte Anstrengungen, doch noch zu einem schweren strategischen Bomber zu kommen, führten zum Hybrid-Muster Junkers **Ju 488,** für das Bauteile der Ju 88, Ju 188, Ju 288 und **Ju 388** verwendet wurden. Zwei Rümpfe und die Tragflächenmittelstücke, im ehemaligen Latécoère-Werk in Toulouse gefertigt, standen zur Überführung nach Deutschland bereit, wo im Juli 1944 die Endmontage stattfinden sollte. In der Nacht vom 16. auf den 17. Juli wurden diese Teile jedoch durch Sabotage so stark zerstört, daß eine Reparatur ausgeschlossen war. Die Konstruktion von Prototypen für die Baureihe **Ju 488A** wurde im November 1944 gestoppt.

## TECHNISCHE DATEN

**Junkers Ju 388L-1**

**Typ:** dreisitziger Luftbildaufklärer für große Höhe

**Triebwerke:** zwei Sternmotoren BMW 801TJ je 1391 kW (1890 PS)

**Leistung:** Höchstgeschwindigkeit 615 km/h in 12.285 m Höhe oder 655 km/h mit WM-Einspritzung in 9080 m Höhe; Dienstgipfelhöhe 13.440 m; max. Reichweite mit Zusatztanks 3475 km

**Gewicht:** Leermasse 10.252 kg; max. Startmasse 14.675 kg

**Abmessungen:** Spannweite 22 m; Länge 15,20 m; Höhe 4,35 m; Tragflügelfläche 56 m²

**Bewaffnung:** ferngesteuerter Heckstand mit 2 x 13-mm-MG 131 (FHL 131Z)

***Die Ju 388, eine Weiterentwicklung der Ju 88 für den Einsatz in großer Höhe, war nur mit zwei MG 131 auf einer fernbedienten Drehlafette im Heck bewaffnet.***

# Junkers W 33 und W 34

Das Transportflugzeug **Junkers W 33** von 1926 war ein freitragender Tiefdecker, abgeleitet von der Junkers F 13 aus dem Jahre 1919. Das zum Transport von Luftpost gedachte Muster ließ sich bei Bedarf auch für Passagierflüge mit sechs Sitzen in der Kabine einrichten. Der Flugzeugführer und der Kopilot/Navigator waren nebeneinander in einer getrennten Kanzel untergebracht. Die Bezeichnung **W 33** betraf Flugzeuge mit einem Reihenmotor als Antrieb, gewöhnlich dem Junkers L-5. Mit dem Einbau eines Sternmotors wechselte die Typkennzeichnung zu **W 34,** und diese Version wie auch die **W 33** waren mit Rad- oder Schwimmer-Fahrgestell erhältlich. 199 **W 33** wurden gebaut, und sowohl die **W 33** als auch die **W 34** fanden in großer Zahl Verwendung in der Zivilfliegerei. Von ihrer Aufstellung an bis zum Kriegsende nutzte die Luftwaffe die **W 34** als Navigations- und Blindflugtrainer sowie als Transportmaschine. Die beiden hauptsächlichen Versionen waren die **W 34hi** mit dem 486 kW (660 PS) starken BMW-Sternmotor 132A und die **W 34hau** mit dem Bramo 322-Triebwerk, das 478 kW (650 PS) abgab. Unter der Bezeichnung K 43 entwickelte das schwedische Junkers-Werk eine dreisitzige Bomber-/Aufklärerversion der **W 34,** von der einige Exemplare nach Kolumbien und Finnland exportiert wurden. Gemeinsam produzierten die deutschen und schwedischen Junkers-Werke fast 1800 **W 34** und **K 43.**

***Die Junkers W 34 war außerordentlich robust und geräumig.***

**TECHNISCHE DATEN**

**Junkers W 34h**

**Typ:** Transport- und Verbindungsflugzeug
**Triebwerk:** ein Sternmotor BMW 132 mit 486 kW (660 PS)
**Leistung:** Höchstgeschwindigkeit 265 km/h; Dienstgipfelhöhe 6300 m; Reichweite 900 km
**Gewicht:** Leermasse 1700 kg; max. Startmasse 3200 kg
**Abmessungen:** Spannweite 17,75 m; Länge 10,27 m; Höhe 3,53 m; Tragflügelfläche 43 m$^2$

# Kalinin-Flugzeuge

Einer der erfolgreichsten frühen sowjetischen Flugzeugkonstrukteure, Konstantin Alexejwitsch Kalinin, baute 1925 seinen ersten Kabinen-Eindecker. Die **Kalinin 1** war ein abgestrebter Hochdecker mit elliptischer Flügelform, die zum Markenzeichen der Kalinin-Modelle wurde. Als Antrieb diente ein Salmson-Sternmotor RB-9 mit 118 kW (160 PS), und die Höchstgeschwindigkeit betrug 161 km/h. Der Flugzeugführer saß in einer offenen Kanzel vor dem Tragwerk, und hinter ihm fanden drei Passagiere in einer Kabine Platz.

Die **K-2**, die ebenfalls 1925 erschien, glich der **K-1**, hatte aber einen 177 kW (240 PS) starken Motor vom Typ BMW IV und nahm vier Personen in der Kabine auf. Die aus der **K-2** entwickelte **K-3** konnte drei Kranke auf Liegen transportieren. Von der für sechs Passagiere ausgelegten **K-4** von 1928 wurden 22 Exemplare in Charkow gefertigt, die auf den Strecken der sowjetischen Dobrolet und der ukrainischen Ukrwosduchputj in Dienst gingen. Der Prototyp (**R-RUAX**) und die meisten Serienmaschinen behielten den BMW-IV-Motor bei, doch in andere Maschinen wurden auch der Junkers L-5 und der sowjetische M-6 eingebaut. Eine Ambulanzvariante mit dem M-6 konnte über eine rechteckige Luke auf der rechten Rumpfseite hinter der Kabine zwei Tragen aufnehmen.

Die **K-5**, Kalinins beste Konstruktion, hatte eine geschlossene Besatzungskabine für zwei Mann vor der Nasenkante des Tragwerks und eine achtsitzige Passagierkabine. Dieses Muster brachte es bis 1934 auf 260 Exemplare, und zu den eingebauten Triebwerken zählten der M-15 (Lizenzversion des Bristol Jupiter) mit 331 kW (450 PS), der 1931 eingeführte M-22 mit 353 kW (480 PS) und in den letzten Serienflugzeugen der M-17F mit 537 kW (730 PS). Einige der **K-5,** die auf den Passagierstrecken der Sowjetunion eingesetzt wurden, leisteten noch 1940 Dienst. Ihre Spannweite betrug 20,50 m, und die Maschinen mit dem M-17F waren für eine maximale Startmasse von 4030 kg zugelassen und erreichten eine Geschwindigkeit von 209 km/h.

***Kalinins K-12 trug einen auffälligen Anstrich, der ihr den Spitznamen „Zar Ptitsa" (Feuervogel) eintrug. Die Maschine hatte zwar Bug- und Heckwaffenstände, war aber schwanzlos.***

Kalinins bemerkenswerteste Konstruktion war die **K-7,** ein überschwerer Bomber für eine elfköpfige Besatzung, der am 11. August 1933 zum ersten Mal flog. Der von sechs 552 kW (750 PS) starken M-34F-Motoren angetriebene Superbomber hatte ein riesiges Ellipsentragwerk, aus dem die Besatzungsgondel mit einer Kabine für den Flugzeugführer und den Navigator, einem Gefechtsstand für den Bugschützen und einer darunterliegenden Stellung für den Bombenschützen herausragte. Das geteilte Seitenleitwerk wurde von zwei Auslegern getragen, an deren äußeren Enden sich weitere Schützenstellungen befanden. In zwei Gondeln unter den Flächen waren das mehrrädrige Fahrgestell, Bombenschächte und zwei weitere Schützenstände untergebracht. Die Bewaffnung bestand aus sechs ShKAS-7,62-mm-MGs und bis zu 9000 kg Bomben. Am 21. November 1933 brach im Flug einer der Heckausleger, und die **K-7** stürzte ab.

Mit seinen beiden nächsten Konstruktionen, der **K-9** als gestieltem Hochdecker und der **K-10** als Tiefdecker, kehrte Kalinin zu leichten zweisitzigen Sport-/Schulflugzeugen zurück.

Die **K-12,** aus als **BS-2** und als **„Zar Ptitsa"** bekannt, war die maßstabsgetreu verkleinerte Prototypversion eines Großbombers. Die von zwei Sternmotoren M-22 je 353 kW (480 PS) angetriebene **K-12** flog recht gut, doch die Konstruktion des Bombers **K-12** und des zweimotorigen Bombers **K-13** unterblieb, nachdem man Kalinin 1938 in der UdSSR verhaftet und erschossen hatte.

# Kaman H-2 Seasprite

1956 veranstaltete die US Navy einen Entwurfswettbewerb, um die endgültige Definition des allwettertauglichen Hochleistungs-Nutzhubschraubers festzulegen, den die Teilstreitkraft brauchte. Aus dieser Ausschreibung ging Kaman als Sieger hervor und wurde Ende 1957 mit dem Bau von vier Prototypen und zwölf Serienhubschraubern **HU2K-1** beauftragt. Diese Bezeichnung änderte sich später in **UH-2A,** ergänzt durch den Beinamen **Seasprite.** Der konventionell ausgelegte Helikopter mit Vierblatt-Haupt- und -Heckrotor sowie T58-Turbinenantrieb ist bei der US Navy inzwischen weitgehend ausgeschieden, und derzeit befindet sich nur noch eine kleine Zahl **SH-2G** im Bestand.

**Varianten**

**UH-2A:** erste Serienversion mit 938 kW (1250 PS) starker Wellenturbine General Electric T58-GE-8B und kompletter Ausrüstung für Instrumentenflug; 88 Exemplare
**UH-2B:** Serienversion, generell wie der UH-2A, jedoch nur für Sichtflug ausgerüstet; 102 Exemplare
**UH-2C:** Umbenennung des UH-2A/UH-2B nach seiner Umstellung auf zwei Wellenturbinen T58-GE-8B
**NUH-2C:** neue Bezeichnung eines UH-2C nach seiner Umrüstung zur Erprobung von Lenkraketen des Typs Sidewinder und Sparrow III
**NUH-2D:** neue Bezeichnung des NUH-2C nach seiner Umrüstung für Einsatzstudien von Hubschraubern auf kleinen, nicht für Starrflügelflugzeuge ausgerüsteten Schiffen
**HH-2C:** Such- und Rettungsvariante des UH-2C
**HH-2D:** dem HH-2C entsprechende Version für Rettungs- und Bergungseinsätze, doch ohne Bewaffnung und Panzerschutz; 67 umgerüstete Seasprite
**SH-2D:** Hubschrauber zur Abwehr von Schiffsbekämpfungsflugkörpern
**YSH-2E:** zwei Umbauten des HH-2D zur Erprobung mit fortschrittlichem Radar und LAMPS-Ausrüstung
**SH-2F:** vollentwickelte LAMPS-Version, deren Auslieferung 1973 begann
**SH-2G:** sechs neugebaute Hubschrauber und umgerüstete SH-2F mit T700-Wellenturbinen

**TECHNISCHE DATEN**

**Kaman SH-2F**

**Typ:** Mehrzweck-Marinehubschrauber zur U-Jagd, Flugkörperabwehr und SAR
**Triebwerke:** zwei Wellenturbinen General Electric T58-GE-8F je 1007 kW (1370 WPS)
**Leistung:** Höchstgeschwindigkeit 265 km/h in Meereshöhe; Dienstgipfelhöhe 6860 m; Reichweite mit max. Treibstoffmenge 679 km
**Gewicht:** Leermasse 3193 kg; max. Startmasse 5805 kg
**Abmessungen:** Hauptrotordurchmesser 13,41 m; Länge bei drehenden Rotoren 16,03 m; Höhe bei drehenden Rotoren 4,72 m; Hauptrotorkreisfläche 141,25 m$^2$
**Bewaffnung:** kann Luft-Boden-Flugkörper, Torpedos, Raketen und Maschinengewehre umfassen

***Kaman SH-2F Seasprite***

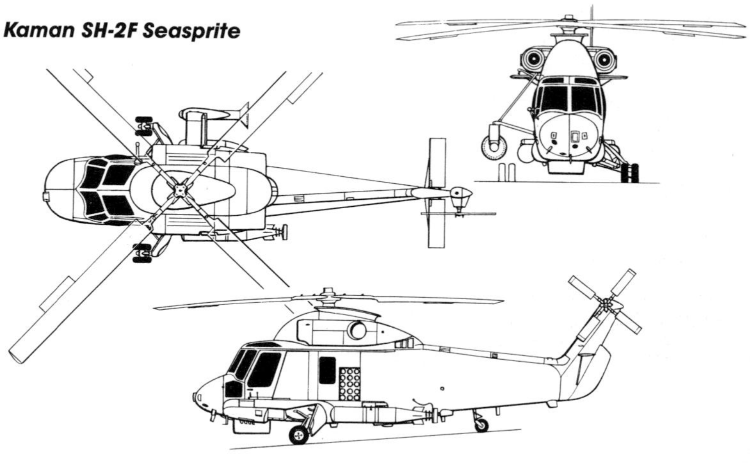

## Kaman H-43 Huskie bis Kawasaki Ki-32

**Erstmals ungewöhnlich zwillings-vermaschte Hauptrotoren machten den Huskie-Hubschrauber ohne Heckrotor von Kaman Ende der 40er Jahre ideal für enge Schiffsdecks. Anti-U-Boot-Hubschrauber lieferte das russische Konstrukionsbüro Kamov viele Jahre lang; erst in jüngster Zeit wieder hat der Ka-136 Hokum dem Apache von McDonnell Douglas Konkurrenz gemacht. Kawanishi produzierte im Krieg für die Rüstung beachtliche Land- und Wasserflugzeuge, hat den Flugzeugbau aber seitdem aufgegeben.**

# Kaman H-43 Huskie

*Kaman HH-43F Huskie*

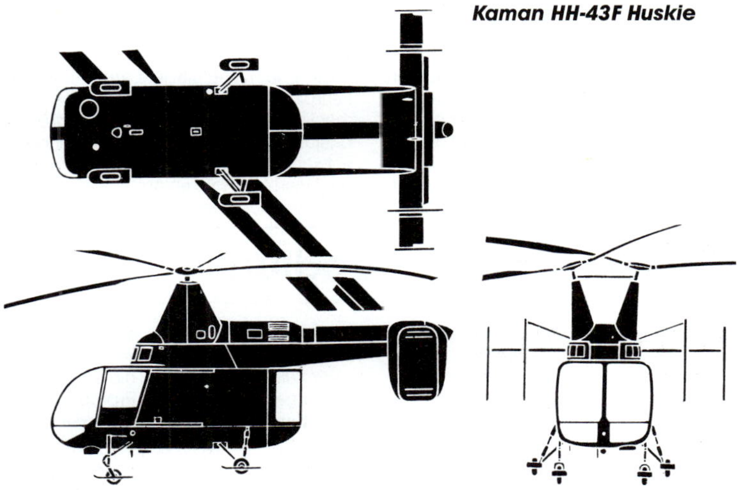

Charles H. Kaman gründete im Dezember 1945 die Kaman Aircraft Corporation, um ein neues Rotor- und Steuersystem für Hubschrauber herzustellen. Die Entwicklung des Grundsystems eines ineinanderkämmenden Hauptrotors mit Servoklappen zur Änderung der Blatteinstellung war Ende 1946 abgeschlossen, und am 15. Januar 1947 startete der Versuchshubschrauber **Kaman K-125A** zum Erstflug. Aus ihm ging 1948 der **K-190** hervor, gefolgt vom dreisitzigen Nutzhubschrauber **K-225,** von dem die US Navy 1950 zwei Exemplare zur Prüfung und Auswertung erwarb. Dies zog die Erstbeschaffung von 29 Ausbildungshubschraubern **HTK-1** nach sich, die 1962 in **TH-43E** umbezeichnet wurden. Während der Produktion des **HTK-1** entwickelte Kaman den **K-600,** den das US Marine Corps als **HOK-1** und die US Navy als **HUK-1** in Dienst stellten. 1962 erhielten diese Muster die neue Bezeichnung **UH-43C** und **OH-43D.** 18 Hubschrauber, ähnlich dem **HUK-1** bei der US Navy, gingen unter der Bezeichnung **H-43A Huskie** an die USAF.

Ein HOK-1 wurde zum fliegenden Testträger der Wellenturbine Avco Lycoming XT53 umgebaut, und die Erprobung in der Truppe bestätigte, daß dieser Antrieb eine beträchtliche Leistungssteigerung brachte. Dies führte zum **H-43B,** der am 13. Dezember 1958 zum Jungfernflug abhob. Mit 193 Exemplaren stellte diese Version die Hauptbaureihe des Huskie dar. Im Rahmen des amerikanischen Militärhilfeprogramms wurden 31 Maschinen dieses Typs an folgende Länder exportiert: Burma (zwölf), Kolumbien (sechs), Marokko (vier), Pakistan (sechs) und Thailand (drei). Der **H-43B** (später **HH-43B**) mit einer für acht Personen eingerichteten Kabine war etwas größer als die erste Ausführung **H-43A** (später **HH-43A**), und als Antrieb diente ihm die Wellenturbine Avco Lycoming T53-L-1B mit 615 kW (836 WPS). Die Schlußversion bildete der **HH-43F** (40 Exemplare für die USAF und 17 für den Iran). Er ähnelte dem **HH-43B,** abgesehen von einer Inneneinrichtung für 11 Passagiere, und verfügte über ein Lycoming T53-L-11A, dessen Leistung von 858 kW (1167 WPS) auf 615 kW (836 WPS) gedrosselt war, um das Leistungspotential unter „hohen & heißen" Betriebsbedingungen zu steigern.

Eine interessante Variante der Huskie-Familie entstand durch den Umbau eines der Original-Hubschrauber K-225, in den Kaman im Auftrag der US Navy eine Boeing-Gasturbine YT50 (Modell 502-2) installierte. Sein Jungfernflug am 10. Dezember 1951 machte diesen **Huskie** zum ersten Hubschrauber der Welt, dessen Rotor von einer Turbine angetrieben wurde.

# Kamow Ka-8 und Ka-10

In den späten zwanziger Jahren befaßte sich Kamow erstmals mit der Konstruktion von Drehflügel-Maschinen. Als erste Hubschrauber-Konstruktion brachte das Unternehmen 1945 den **Ka-8** heraus. Dieser Helikopter, angetrieben von einem 20 kW (27 PS) starken Motor, führte gegenläufige Koaxial-Rotoren ein, die es erlaubten, auf eine komplizierte Steuerschraube zur Ausschaltung des Drehmoments zu verzichten, und seither das Markenzeichen der Kamow-Modelle sind.

1948 erschien der **Ka-10** (NATO-Meldename „Hat") mit einem 40,5 kW (55 PS) starken Iwtschenko-Motor AI-4V. Auf diesen Typ, der in kleiner Stückzahl für Tests und Erprobungen gefertigt wurde, folgte der verbesserte **Ka-10M** mit doppeltem Seitenleitwerk.

***Der Kamow Ka-10M wurde in kleiner Stückzahl, hauptsächlich zur Erprobung der Zwillingsrotor-Auslegung, gebaut.***

# Kamow Ka-15 und Ka-18

Die Erfahrung, die Kamow mit dem Ka-8 und Ka-10 gesammelt hatte, führte zum Entwurf des zweisitzigen Mehrzweckhubschraubers **Kamow Ka-15.** Er war mit einer geschlossenen Kabine und starrem, vierrädrigem Fahrgestell ausgestattet und als Erkundungsflugzeug gedacht. Die gegenläufigen Koaxialrotoren und die doppelten Seitenflossen des Ka-10 blieben erhalten. Als Antrieb diente zunächst ein Iwtschenko-Motor AI-14V mit 166 kW (225 PS), der später aber der Laderversion AI-14VF mit 206 kW (280 PS) wich. Neben der Produktion für die Marine wurde der **Ka-15 „Hen"** als **Ka-15M** für die zivile Luftfahrt gebaut und war für landwirtschaftliche Verwendungen und zur Beförderung von Passagieren oder Post erhältlich.

Eine Entwicklung des Ka-15 zum Viersitzer, der sich in erster Linie durch einen für vier Passagiere verlängerten Rumpf vom Vorgängermodell abhob, erhielt die Typkennung **Ka-18 „Hog".** Dieser Hubschrauber war mit dem Iwtschenko-Ladermotor AI-14VF sowie moderneren Avioniksystemen und einer besseren Instrumentierung ausgestattet. Wie sein Vorgänger wurde auch dieser Typ für die Marine gebaut und entstand in verschiedenen zivilen Versionen, vor allem für den Dienst bei der Aeroflot.

***Kamow-Hubschrauber, wie dieser Ka-18, waren für ihre kompakte, wenngleich hohe Doppelrotor-Auslegung bekannt.***

# Kamow Ka-20 und Ka-25 „Hormone"

Westliche Teilnehmer an den sowjetischen Feierlichkeiten zum Tag der Luftfahrt im Jahre 1961 konnten erstmals den **Kamow Ka-20 „Harp"** beobachten. Er stammte unverkennbar vom Ka-15 und Ka-18 ab, war aber größer und mit zwei Wellenturbinen als Antrieb ausgestattet. Das Suchradar unter dem Kinn ließ auf einen neuen Hubschrauber zur U-Boot-Abwehr schließen. Inzwischen gilt er als Prototyp des **Ka-25 „Hormone",** der in drei Versionen in Dienst gestellt wurde, dem Grundmodell **„Hormone-A"** zur schiffsgestützten U-Jagd, der elektronischen Zielsuch-Vari-

***Ein Standard-Hubschrauber Kamow Ka-25 „Hormone-A", wie er vom Trägerdeck der ehemaligen AV-MF aus betrieben wurde.***

ante **„Hormone-B“**, deren Radar die von Kampfschiffen gestarteten Marschflugkörper mit Ziel- und Lenkdaten versorgt, und dem SAR- und Mehrzweckhubschrauber **„Hormone-C“**. Die meisten **Kamow Ka-25** sind mit Notschwimmern an den vier Fahrwerksbeinen ausgerüstet, die sich automatisch aufblasen, wenn die Maschine die Wasseroberfläche berührt. In die späten Serienhubschrauber wurden angeblich Gluschenkow-Wellenturbinen GTD-3BM je 729 kW (990 WPS) eingebaut. Eine zivile Variante dieses äußerst vielseitigen sowjetischen Drehflüglers, der **Ka-25K**, wird als fliegender Kran oder als Passagiertransporter mit Klappsitzen für zwölf Personen verwendet. Die Sitze sind so an den Kabinenwänden der Maschine angeordnet, daß der Hubschrauber auch zum Frachttransport dienen kann.

# Kamow Ka-22 Wintokryl

Der **Kamow Ka-22**, ein Zeitgenosse des Ka-20, wurde ebenfalls am sowjetischen Flugtag 1961 zum ersten Mal gesichtet. Bei ihm hatte Kamow auf koaxiale Gegenlaufrotoren verzichtet. Der große Verwandlungshubschrauber mit zwei Rotoren und Propellerturbinen an den Flächenenden war ein konventionelles Transportflugzeug mit starren, 28 m weit gespannten Tragflächen und nicht einziehbarem Bugrad-Fahrgestell. Zwei an den Flügelenden montierte TV-2-Propellerturbinen mit einer Leistung von je 4138 kW (5622 PS) trieben entweder herkömmliche Luftschrauben oder Vierblatt-Rotoren großen Durchmessers an. Der **Wintokryl** genannte Hubschrauber (NATO-Name **„Hoop“**) stellte eine ganze Reihe von Klassenrekorden auf, wurde aber offenbar nur als Einzelexemplar gefertigt.

***Der Kamow Ka-22 war ein Versuch, die Vorteile des Starrflüglers mit der Rotortechnologie zu verbinden. Die Maschine erwies sich aber als unbrauchbar für den Transportdienst.***

# Kamow Ka-26 „Hoodlum“

Der Anfang 1964 angekündigte Mehrzweckhubschrauber **Kamow Ka-26 „Hoodlum“** ist ein typischer Kamow-Entwurf mit doppelten Leitwerksträgern, die durch eine Höhenflosse mit Endplatten/Seitenrudern verbunden sind. Die Maschine ruht auf einem starren Vierrad-Fahrgestell, und den Antrieb liefern zwei 239 kW (325 PS) starke Vedenjew-Sternmotoren M-14V-26, untergebracht in Gondeln, die an den Enden kurzer Stummelflügel beidseitig am Rumpfrücken montiert sind. Die Kabine ist geschlossen und standardmäßig zum Betrieb mit einem Hubschrauberführer ausgelegt. Der restliche Kabinenraum kann für vielfältige Zwecke genutzt werden, angefangen von Sprüh- und Düngemitteln für die Landwirtschaft, über Luftambulanz, Fracht- und Passagier-Transportdienste bis hin zu geophysikalischen Meß- und SAR-Flügen. Mehr als 650 **„Hoodlum-A“** wurden gebaut, die bei zivilen Betreibern in rund 15 Ländern sowie bei den Luftstreitkräften Ungarns, Bulgariens und Sri Lankas im Einsatz sind. Derzeit befindet sich ein modifizierter **Ka-26** mit einer Luftstrahlsteuerung, die für den Ka-118 vorgesehen ist, in der Erprobung. Der **„Hoodlum-B“** ist eine Nutzversion mit zwei Vedenjew-Wellenturbinen M14 als Antrieb. Dieser als fliegender Kran genutzte Hubschrauber läßt sich mit einer Zusatzkabine für sieben Passagiere ausstatten. Das Muster ist auch als Luftambulanz oder mit Rüstsätzen für den landwirtschaftlichen Einsatz als Sprüh- und Streuhubschrauber, zur Überwachung von Waldgebieten, zur Inspektion von Strom- und Ölleitungen, zum Frachttransport usw. erhältlich. Für die Entwicklung und Produktion des 1988 geflogenen **Ka-126** zeichnet die rumänische Firma IAR verantwortlich.

Die auf westliche Ansprüche ausgerichtete Ausführung des **Ka-26** heißt **Ka-226**. Die erste Maschine, ausgestattet mit Avionik und Bordausrüstung des Westens, sollte im ersten Quartal des Jahres 1992 flugbereit sein.

***Aeroflot verwendet mehrere hundert Ka-26 für leichte Dienste wie Feldbesprühung und Vermessungsflüge.***

# Kamow Ka-27/28/29/32 „Helix“

Die Konstruktion eines militärischen Mehrzweckhubschraubers als Nachfolger für den „Hoodlum“ begann 1969, und der erste Prototyp flog im Dezember 1974. Erste Einsatzmaschinen dieses Modells, von der NATO mit dem Decknamen **„Helix“** belegt, wurden 1981 an Bord von sowjetischen Zerstörern der neuen „Sowremenny“-Klasse gesichtet. Alle Versionen haben zwei Klimow/Isotow-Wellenturbinen TV3-117V in Verbindung mit gegenläufigen Koaxialrotoren als Antrieb und ein typisches Kamow-Vierrad-Fahrgestell. Der **Ka-27PL („Helix-A“)** ist die Grundversion zur U-Jagd, bei der die Hubschrauber paarweise operieren, einer zur Ortung und der andere zur Bekämpfung. Der Zivilhubschrauber **Ka-32 „Helix-C“** flog erstmals im Dezember 1974. Er steht in drei Versionen zur Verfügung: als fliegender Kran und Nutztransporter Ka-32T, als maritime Nutzvariante **Ka-32S** für den Such- und Rettungsdienst über See und als fliegender Kran **Ka-32K** mit einer fahrbaren Gondel für einen zweiten Piloten. **„Helix-D“** ist der SAR-Hubschrauber **Ka-27PS**, der seit 1983 bei der sowjetischen Marine als Fliegerrettungswache eingesetzt wird.

***Die zivile Version des „Helix“, der Ka-32, erwies sich als deutlich besserer Schwerlastheber im Vergleich zu westlichen Modellen.***

**TECHNISCHE DATEN**

**Kamow Ka-29TB „Helix-B“**

**Typ:** zweimotoriger Hubschrauber zum Transport von Sturmtruppen und für Aufgaben der elektronischen Kampfführung
**Triebwerke:** zwei Wellenturbinen Klimow/Isotow TV3-117VK je 1638 kW (2225 WPS)
**Leistung:** Höchstgeschwindigkeit 250 km/h; Dienstgipfelhöhe 5000 m; Reichweite 800 km
**Gewicht:** Leermasse 5520 kg; max. Startmasse 12.600 kg
**Abmessungen:** Rotordurchmesser 15,90 m; Länge 11,60 m; Höhe 5,40 m; Rotorkreisfläche 198,50 $m^2$
**Bewaffnung:** vier Pylonen an Auslegern können Panzerabwehr-Viererbündel AT-6 „Spiral“ oder Behälter mit 57/80-mm-Raketen aufnehmen; ein 7,62-mm-MG mit vier Rohren im Bündel kann durch eine Tür auf der rechten Seite hinter dem Piloten feuern

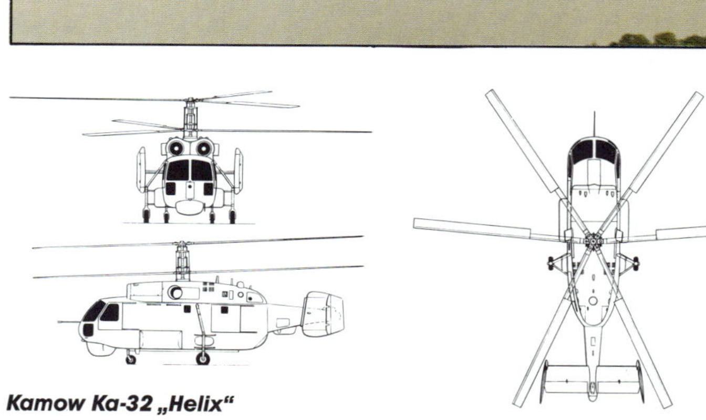

***Kamow Ka-32 „Helix“***

# Kamow Ka-136 „Hokum“

Der zweimotorige Kampfhubschrauber **Ka-136** absolvierte seinen Erstflug vermutlich im Sommer 1984, und 1991 sollten den Verbänden erste Serienexemplare zugeführt werden. Der **„Hokum“** ähnelt in etwa dem amerikanischen Schlachthubschrauber AH-64 Apache, unterscheidet sich aber in erster Linie durch den traditionellen Gegenlaufrotor von Kamow. Zumindest einer der Prototypen wurde mit nebeneinander montierten Pilotensitzen gemeldet, doch die Serienhubschrauber sind als Tandemsitzer ausgelegt. Fachleute im Westen interpretieren den „Hokum“ als schnellen (350 km/h) Tiefflug-Kampfhubschrauber zur Abwehr feindlicher Helikopter und zum Geleitschutz für „Helix“-Kampfzonentransporter der sowjetischen Marine. Sein kompakter Rotor, angetrieben von zwei Klimow-Wellenturbinen TV3-117KV je 1619 kW (2200 WPS), mißt im Durchmesser 14 m. Die offensive Waffenzuladung mit einer maximalen Startmasse von 7500 kg hängt an Pylonen und kann Raketenbehälter und eine Schnellfeuerkanone unter dem Kinn der Maschine umfassen.

***Die Zukunft des als neuer Angriffshubschrauber für die sowjetischen Streitkräfte geplanten „Hokum“ gilt als unsicher.***

# Kawanishi E7K

1932 suchte die Kaiserlich Japanische Marine nach einem Ersatz für das Seeaufklärungsflugzeug Marinetyp 90-3, das als Kawanishi E5K gebaut worden war. Bei der angebotenen **Kawanishi E7K1** handelte es sich um einen Doppeldecker mit gleich weit gespanntem Ober- und Unterflügel und einem 456 kW (620 PS) starken Hiro-Motor Typ 91 als Antrieb. Der Prototyp flog erstmals am 6. Februar 1933 und ging drei Monate später zur Truppenerprobung im Vergleichsfliegen gegen die Aichi AB-6, die auf derselben Spezifikation basierte. Die **E7K1** wurde ab Mai 1934 als **Seeaufklärungsflugzeug Marinetyp 94** seriengefertigt und Anfang 1935 in Dienst gestellt. Ihre einfache Handhabung machte die Maschine rasch populär. Der Hiro-Motor war allerdings unzuverlässig, und obwohl späte Serienmaschinen mit dem leistungsstärkeren Motortyp Hiro 91 ausgestattet wurden, ergab sich keinerlei Verbesserung. 1938 konstruierte Kawanishi den Prototyp **E7K2**, der grundsätzlich der **E7K1** glich, aber als Antrieb nicht mehr ein Hiro-Triebwerk, sondern einen Mitsubishi-Sternmotor Zuisei 11 hatte. Drei Monate nach dem Erstflug im August 1938 ging die **E7K2** als **Seeaufklärungsflugzeug Marinetyp 94 Modell 2** in Serie, während die Originalversion in **Seeaufklärungsflugzeug Marinetyp 94 Modell 1** umbezeichnet wurde. Die Gesamtproduktion umfaßte 183 **E7K1** (davon 57 von Nippon) und rund 350 **E7K2** (davon 60 von Nippon).

Ab 1935 bis zum Beginn des Krieges im Pazifik wurde der Typ **E7K** intensiv eingesetzt. Danach rückte die **E7K1** ins zweite Glied, doch die **E7K2** blieb bis 1943 im Fronteinsatz. Beide dienten gegen Ende des Krieges für Kamikaze-Unternehmen. Als die Alliierten den japanischen Flugzeugtypen Kodenamen zuwiesen, bezeichneten sie die **E7K2** als **„Alf“**.

***Die Kawanishi E7K2, die eine ausgezeichnete Flugdauer besaß, blieb bis 1943 bei der Kaiserlich Japanischen Marine im Fronteinsatz.***

## TECHNISCHE DATEN

**Kawanishi E7K2**

**Typ:** dreisitziges Aufklärungs-Schwimmerflugzeug
**Triebwerk:** ein Sternmotor Mitsubishi Zuisei 11 mit 640 kW (870 PS)
**Leistung:** Höchstgeschwindigkeit 275 km/h in 2000 m Höhe; Dienstgipfelhöhe 7060 m; Flugdauer 11 Stunden, 30 Minuten
**Gewicht:** Leermasse 2100 kg; max. Startmasse 3300 kg
**Abmessungen:** Spannweite 14,00 m; Länge 10,50 m; Höhe 4,85 m; Tragflügelfläche 43,60 m²
**Bewaffnung:** ein starres und zwei schwenkbare 7,7-mm-MGs plus 120 kg Bomben

# Kawanishi H6K

Auf die Anforderung der Kaiserlich Japanischen Marine nach einem Hochleistungs-Flugboot hin wurde die **Kawanishi Typ S H6K** mit einer Marschgeschwindigkeit von 220 km/h und einer Reichweite von 4500 km vorgeschlagen. Der Prototyp in der Auslegung eines gestielten Hochdeckers mit einem schlanken, zweistufigen Bootsrumpf hatte vier an der Nasenkante des Tragwerks montierte Nakajima-Sternmotoren Hikari je 618 kW (840 PS) als Antrieb. Er flog erstmals am 14. Juli 1936, wurde kurz darauf aber modifiziert, damit sich sein Verhalten im Wasser verbesserte. Nach entsprechenden Änderungen verhielt er sich bei der Truppenerprobung im Wasser wie in der Luft zufriedenstellend, wurde jedoch für untermotorisiert befunden. Es folgten drei weitere Musterflugzeuge, von denen zwei, ebenso wie der Originalprototyp, stärkere Motoren erhielten. Im Januar 1938 wurden diese Flugboote als erste unter der Bezeichnung **Marinetyp 97 Flugboot Modell 1** in Dienst gestellt. Gleichzeitig ordnete man die Aufnahme der Serienproduktion an, die 217 Exemplare aller Versionen ergab. Nach frühen Einsätzen im Chinesisch-Japanischen Krieg fand der Typ vom Ausbruch der Feindseligkeiten im pazifischen Raum an intensive Verwendung. Ende 1942 zeigten sich die **„Mavis“**, wie dieser Typ bei den Alliierten hieß, zunehmend verwundbar gegenüber den Feindjägern, so daß sie nur noch dort

***Kawanishi H6K5 der Kaiserlich Japanischen Seeluftstreitkräfte***

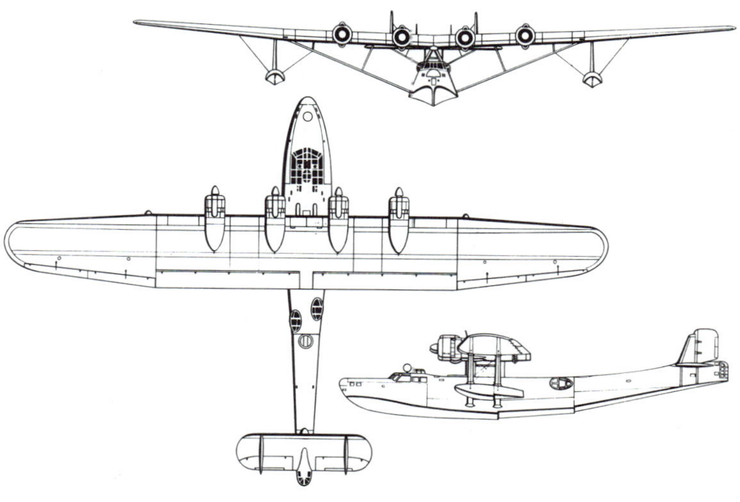

## TECHNISCHE DATEN

**Kawanishi H6K5**

**Typ:** Seefernaufklärer/Seefernbomber-Flugboot
**Triebwerke:** vier Sternmotoren Mitsubishi Kinsei 51 oder 53 je 957 kW (1300 PS)
**Leistung:** Höchstgeschwindigkeit 385 km/h in 6000 m Höhe; Dienstgipfelhöhe 9560 m; Höchstreichweite 6775 km
**Gewicht:** Leermasse 12.380 kg; max. Startmasse 23.000 kg
**Abmessungen:** Spannweite 40,00 m; Länge 25,63 m; Höhe 6,27 m; Tragflügelfläche 170,00 m²
**Bewaffnung:** vier 7,7-mm-MGs Typ 92 (im Bugturm, seitlichen Waffenständen und im Rückenturm) und eine 20-mm-Kanone sowie zwei 800-kg-Torpedos oder bis zu 1000 kg Bomben

eingesetzt wurden, wo wenig Opposition von Kampfflugzeugen zu erwarten war.

**Varianten**
**H6K1:** Bezeichnung der drei Prototypen nach dem Einbau von Mitsubishi-Motoren Kinsei 43 je 736 kW (1000 PS)
**H6K2:** erste Serienversion; ähnlich wie H6K1, aber mit geänderter Ausrüstung
**H6K3:** zwei H6K2, die als VIP-Transportflugzeuge fertiggestellt wurden
**H6K4:** Hauptserienversion mit erhöhter Kraftstoffkapazität, neu konzipierter Bewaffnung und ab August 1941 mit Kinsei 46 je 788 kW (1070 PS)
**H6K2-L:** unbewaffnete Transportversion, ähnlich der frühen H6K4; Japan Air Lines erhielt 18 Exemplare dieses Musters, ausgelegt für 18 Passagiere
**H6K4-L:** unbewaffnete Transportversion mit Kinsei-46-Motoren und mehr Kabinenfenstern
**H6K5:** letzte Serienversion mit Kinsei 51 oder 53 und geänderter Bewaffnung

# Kawanishi H8K

Als die Kaiserlich Japanische Marine erkannte, daß die Entwicklung eines größeren Flugboots als die **Kawanishi H6K** zwei bis drei Jahre dauern könnte, erteilte sie der Firma Kawanishi sofort nach der Indienststellung der H6K im Jahre 1938 einen entsprechenden Auftrag. Der resultierende Prototyp **Kawanishi H8K1,** ein Hochdecker mit großem, konventionellem Rumpf und vier Mitsubishi-Motoren MK4A als Antrieb, startete am 31. Dezember 1940 zum Jungfernflug. Die mit zehn Mann besetzte H8K1 hatte eine gute Bewaffnung sowie Großtanks im Bootskörper, die teilweise selbstversiegelnd und durch ein Kohlendioxid-Feuerlöschsystem gesichert waren. Bei den frühen Flugtests erwies sich das neue Flugboot auf dem Wasser als äußerst instabil und mußte weitreichende Veränderungen am Rumpfboot hinnehmen, bevor es Ende 1941 unter der Bezeichnung **Marinetyp 2 Flugboot Modell 11** zur Serienfertigung zugelassen wurde. Später teilten die Alliierten diesem Muster den Decknamen **„Emily"** zu. Erste Serienflugboote erhielten ihre Feuertaufe in der Nacht des 4./5. März 1942. Insgesamt 167 H8K für Bomben-, Aufklärungs- und Transporteinsätze wurden gebaut. Der Typ, eines der besten militärischen Flugboote, die jemals konstruiert wurden, blieb bis zum Ende des Krieges im Einsatz.

**Varianten**
**H8K1:** Bezeichnung der drei Musterflugboote und der ersten 14 Serienexemplare, alle mit MK4A-Motoren; späte Serienmaschinen hatten MK4B gleicher Leistung
**H8K1-L:** neue Bezeichnung des ersten Prototyps nach seinem Umbau zum Transportflugboot mit stärkeren MK4Q-Motoren
**H8K2:** Hauptserienversion mit MK4Q-Antrieb, verstärkter Bewaffnung, kugelsicheren Kraftstofftanks und Suchradar; 112 Exemplare als Marinetyp 2 Flugboot Modell 12 gefertigt
**H8K2-L:** Serientransportflugboot, abgeleitet von der H8K1-L; Transportkapazität für 29 bis 64 Passagiere bei reduzierter Bewaffnung; erreichte die Serienfertigung als Marinetyp 2 Transportflugboot Seiku (klarer Himmel) Modell 32; 36 Serienexemplare
**H8K3:** Bezeichnung zweier Prototypen mit einziehbaren Stützschwimmern an den Flächenenden und einziehbarem Waffenturm auf dem Rücken; ansonsten wie H8K2, doch keine Serienfertigung
**H8K4:** neue Bezeichnung der H8K3-Prototypen nach dem Einbau von1343 kW (1825 PS) starken Mitsubishi-Motoren MK-4T-B Kasei 25b; ging nicht in Serie

***Die mit fünf 20-mm-Kanonen bewaffnete Kawanishi H8K2 war eines der besten Flugboote des Zweiten Weltkriegs.***

# Kawanishi N1K1 Kyofu

Die Kaiserlich Japanische Marine sah die Notwendigkeit voraus, Luftnahunterstützung bei Landungsoperationen in Räumen zu bieten, in denen es keine nahegelegenen Flugfelder für Jagdflugzeuge geben würde. Daher leitete sie 1940 die Entwicklung von Seekampfflugzeugen ein. Die **Kawanishi N1K1,** die diese Forderung erfüllen sollte, war ein schwerer Mitteldekker mit einem zentralen Hauptschwimmer und zwei Stabilisierungsschwimmern unter den Tragflächen. Für den Antrieb sorgte ein einziger Mitsubishi-Sternmotor MK4D Kasei mit 1075 kW (1460 PS). Die Leistung setzte anfangs ein Gegenlauf-Doppelpropeller um, der den Torque-Effekt des mächtigen Triebwerks beim Betrieb auf dem Wasser am ehesten minimierte. Probleme mit dem Gegenlauf-Doppelpropeller führten jedoch dazu, daß man schließlich auf Propellerantrieb zurückgriff.

Nach zufriedenstellenden Ergebnissen der Diensterprobung wurde die N1K1 als **Marinejäger Seeflugzeug Kyofu** (mächtiger Wind) zur Serienfertigung freigegeben. Als diese Flugzeuge im Frühjahr 1943 in Dienst gingen, waren sie aufgrund der veränderten Kriegslage für Luftnahunterstützung nicht mehr zu gebrauchen. Die Produktion endete deshalb 1944 nach 97 Maschinen.

***Ein anspruchsvolles Modell der Japaner, das die Erwartungen nicht erfüllen konnte, war die N1K1, die ursprünglich mit Gegenlauf-Doppelpropeller ausgerüstet werden sollte.***

# Kawanishi N1K1-J/N1K2-J Shiden

Im Jahre 1942 begann Kawanishi, eine Landversion der **Kawanishi N1K1** unter der Bezeichnung Kawanishi N1K1-J zu entwickeln und nutzte dazu die gleiche Zelle. Die Entscheidung, den neuen Typ mit dem neuen Nakajima-Motor NK9H Homare auszustatten, zog eine Reihe von Problemen nach sich, die teilweise während der gesamten Dienstzeit dieses Musters ungelöst blieben. Um die Motorleistung des Nakajima NK9H Homare voll ausschöpfen zu können, bedurfte es eines Propellers mit großem Durchmesser, der wiederum die Entwicklung eines Teleskop-Hauptfahrwerks bedingte.

Als der Prototyp N1K1-J am 27. Dezember 1942 erstmals flog, setzte man angesichts der erstklassigen Leistung alles daran, diesen Typ verwendungsreif zu machen. Ende 1943 wurden diese Mühen mit einem Serienauftrag für den **Marine-Abfangjäger Shiden** (violetter Blitz) belohnt. Die N1K1-J (Kodename **„George"**) nahm Anfang 1944 den Einsatz auf, stellte aber nur eine Übergangslösung dar, da Mitte 1943 bereits die Entwicklung der verbesserten Version **N1K2-J** angelaufen war. Dies kam fast einem Neuentwurf gleich, denn aus dem Mitteldecker wurde ein Tiefdecker mit längerem Rumpf, überarbeiteten Leitwerksflächen und einem neuen, weniger komplizierten Fahrgestell. Trotz seiner Unzuverlässigkeit behielt man den Nakajima-Motor NK9H bei.

Das Musterflugzeug N1K2-J hob am 31. Dezember 1943 zum ersten Mal vom Boden ab und ging als **Marine-Abfangjäger Shiden KAI** in Serie. Der Typ wurde bis zum Kriegsende produziert und in Formosa, Honshu, Okinawa und auf den Philippinen eingesetzt. In der Endphase gingen etliche Maschinen bei Kamikaze-Einsätzen verloren.

**Varianten**
**N1K1-J:** Bezeichnung der Prototypen und der ersten Serienversion; Musterflugzeuge vom Homare 11 mit 1340 kW (1830 PS) angetrieben; Serienjäger mit Homare 21 sowie einer Bewaffnung von zwei 7,7-mm-MGs und vier flügelmontierten 20-mm-Kanonen; 1007 Exemplare
**N1K1-Ja:** Variante der N1K1-J; nur mit vier 20-mm-Kanonen bewaffnet
**N1K1-Jb:** Variante der N1K1-J mit modifizierten Tragflächen, die einen internen Einbau der 20-mm-Kanonen und die Beladung mit zwei 250-kg-Bomben an Gehängen ermöglichten; einige späte Serienexemplare dieser Variante konnten sechs Luft-Boden-Raketen unter dem Rumpf mitführen
**N1K1-Jc:** Jagdbomber-Version der N1K1-Jb mit Gehängen für vier 250-kg-Bomben

unter den Flächen
**N1K2-J:** Serienversion; 423 Exemplare gebaut, darunter 22 von anderen Herstellern und eine unbekannte Zahl N1K2-K (s. u.); Bewaffnung wie bei der N1K1-Jb
**N1K2-K:** zweisitzige Schulversion der N1K2-J; nur mit vier 20-mm-Kanonen bewaffnet
**N1K3-J:** Bezeichnung zweier Prototypen, bei denen der Motor weiter nach vorn verlegt war, um die Längsstabilität zu verbessern; Bewaffnung wie bei der N1K2-K plus zwei 13,2-mm-MGs im Rumpf
**N1K3-A:** geplante Variante der N1K3-J für den Trägereinsatz; nicht gebaut
**N1K4-J:** Bezeichnung zweier Prototypen mit verbessertem, 1472 kW (2000 PS) starkem Homare 23; Bewaffnung wie bei der N1K3-J
**N1K4-A:** Einzelprototyp einer trägergestützten Variante der N1K4-J
**N1K5-J:** einzelner Prototyp, der den Mitsubishi MK9A mit 1619 kW (2200 PS) erhalten sollte; vor der Fertigstellung bei einem Luftangriff der USAAF zerstört.

***Ein Kawanishi-Jäger N1K2-J Shiden KAI, der 343. Kokutai (Marinefliegerkorps) der japanischen Seeluftstreitkräfte, 1945 zur Verteidigung der japanischen Hauptinseln eingesetzt.***

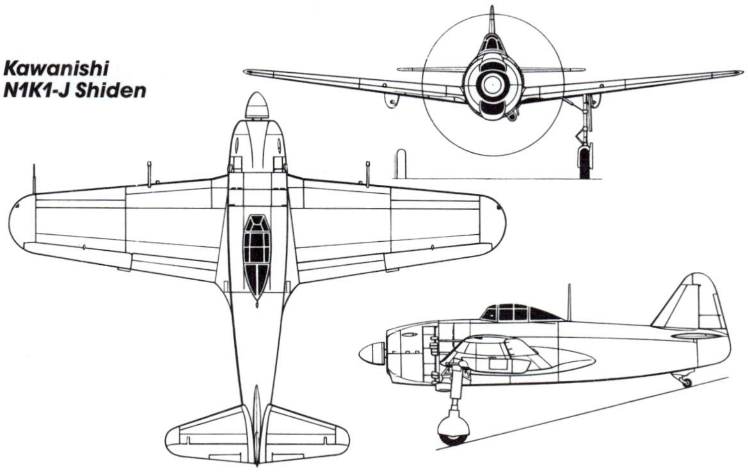

***Kawanishi N1K1-J Shiden***

**TECHNISCHE DATEN**

**Kawanishi N1K2-J**

**Typ:** landgestützter Jagdeinsitzer
**Triebwerk:** ein Sternmotor Nakajima NK9H Homare 21 mit 1465 kW (1990 PS)
**Leistung:** Höchstgeschwindigkeit 595 km/h in 5600 m Höhe; Dienstgipfelhöhe 10.760 m; max. Reichweite mit Abwurftanks 2335 km
**Gewicht:** Leermasse 2657 kg; max. Startmasse 4860 kg
**Abmessungen:** Spannweite 12,00 m; Länge 9,35 m; Höhe 3,96 m; Tragflügelfläche 23,50 m²
**Bewaffnung:** wie unter Varianten beschrieben

# Kawasaki C-1

Als die japanischen Selbstverteidigungs-Luftstreitkräfte 1966 ein Nachfolgemuster für die C-46 forderten, begann die Nihon Aeroplane Manufacturing Company mit der Konstruktion eines neuen Transportmodells. Im Frühjahr 1968 wurde ein Vertrag über zwei Prototypen abgeschlossen, und noch im selben Jahre entstand eine Attrappe in Originalgröße.

Das erste der beiden Musterflugzeuge **XC-1,** beide im Gifu-Werk der Kawasaki Heavy Industries montiert, startete am 12. November 1970 zum Jungfernflug. Die Prüfung dieser Maschine und des zweiten Prototyps führte zu einem Auftrag über zwei Vorserien-Musterflugzeuge. Da die Erprobung zufriedenstellend verlief, folgte 1972 eine Bestellung über elf Transportflugzeuge **Kawasaki C-1.** Die C-1 ist ein Hochdecker und hat, da bei dieser Auslegung das Kabinenvolumen nicht durch die Tragflächenstruktur beeinträchtigt wird, ein T-Leitwerk und ein einziehbares Bugrad-Fahrwerk. Den Antrieb liefern zwei von Mitsubishi gebaute Pratt & Whitney Mantelstromtriebwerke JT8D-9 je 6577 kg Schub, die an Gondelstielen unter die Flächen gehängt sind. Die von einer fünfköpfigen Crew geflogene C-1 ist mit einer Druckbelüftungs- und Klimatisierungsanlage ausgestattet, die nicht nur das Flugdeck, sondern auch die Kabine erfaßt. Der Hinterrumpf enthält eine Ladeklappe mit Rampe. Typische Auslastungszahlen für die Kabine sind 60 Soldaten, 45 Fallschirmjäger oder 36 liegende Verwundete plus Sanitätspersonal, doch sie kann auch eine Vielfalt an schweren Ausrüstungsgegenständen oder palettisierte Fracht aufnehmen. Die C-1 wurde unter Zulieferverfrag von Fuji (Außenflächen), Mitsubishi (Mittel- und Hinterrumpf sowie Leitwerk), Nihon (Kontrollflächen und Triebwerkgondeln) und Kawasaki (Vorderrumpf, Flügelmittelstück, Endmontage und Abnahme) gefertigt. Die Gesamtproduktion betrug 31 Maschinen für die JASDF.

**TECHNISCHE DATEN**

**Kawasaki C-1**

**Typ:** militärisches Mittelstrecken-Transportflugzeug
**Triebwerke:** zwei Mantelstromtriebwerke Mitsubishi (P&W) JT8D-M-9 je 64,5 kN Schub
**Leistung:** Höchstgeschwindigkeit 435 km/h; Dienstgipfelhöhe 11.580 m
**Gewicht:** max. Startmasse 45.000 kg
**Abmessungen:** Spannweite 30,60 m; Länge 29,00 m

***Die Kawasaki C-1A wurde auf den Kurzstrecken-Transportbedarf der japanischen Luftstreitkräfte zugeschnitten und ständig modernisiert.***

# Kawasaki Ki-32

Die **Kawasaki Ki-32,** 1936 als einmotoriger Leichtbomber für das Kaiserlich Japanische Heer entworfen, war ein zweisitziger Mittel-/Tiefdecker mit starrem Spornrad-Fahrwerk. Den Antrieb besorgte der V-12-Reihenmotor Ha-9-II von Kawasaki mit 626 kW (850 PS). Dieses Triebwerk erwies sich allerdings als so launisch, daß die Ki-32 beim Vergleichsfliegen der Mitsubishi Ki-30 unterlag, die auf derselben Spezifikation basierte. Da aber nach dem Ausbruch des Krieges mit China im Jahr 1937 ein dringender Bedarf an Flugzeugen bestand, ging im Juli 1938 auch die Ki-32 in Serie. Bis zum Ende der Produktion im Mai 1940 waren 854 Ki-32 gefertigt, die zu Beginn des Krieges im Pazifik zum Einsatz kamen. Später teilten die Alliierten diesem Muster den Decknamen **„Mary"** zu. 1942 wurde die Ki-32 aus dem Fronteinsatz herausgelöst und Ausbildungseinheiten zugewiesen.

**TECHNISCHE DATEN**

**Typ:** zweisitziger Leichtbomber
**Triebwerk:** ein V-12-Reihenmotor Kawasaki Ha-9-IIb mit 626 kW (850 PS)
**Leistung:** Höchstgeschwindigkeit 423 km/h in 3490 m Höhe; Dienstgipfelhöhe 8920 m; Reichweite 1960 km
**Gewicht:** Leermasse 2349 kg; max. Startmasse 3762 kg
**Abmessungen:** Spannweite 15,00 m; Länge 11,64 m; Höhe 2,90 m; Tragflügelfläche 34,00 m²
**Bewaffnung:** ein starres und ein schwenkbares 7,7-mm-MG Typ 89 sowie eine maximale Bombenlast von 450 kg

***Die Kawasaki Ki-32 gehörte zur ersten Generation japanischer Eindecker-Schul- und Übungsflugzeuge. Das Übergangsmuster war mit starren, verkleideten Haupträdern ausgestattet.***

# Kawasaki Ki-45 Toryu bis L.F.G. Roland C.II

**Als die Kawasaki-Werke in Gifu und Akashi zunehmend von den amerikanischen B-29 bombardiert wurden, konnten sie die hervorragende Ki-61 Hien (Fliegende Schwalbe) und andere Jäger nicht mehr in verlangter Zahl liefern. Heute produziert Kawasaki amerikanische Flugzeuge in Lizenz. Holländische Koolhoven-Flugzeuge waren zu Beginn des Zweiten Weltkrieges in vielen europäischen Ländern in Gebrauch, wenn auch nur in kleinen Stückzahlenl.**

## Kawasaki Ki-45 Toryu

*Kawasaki Ki-45 KAIc der 53. Sentai (Gruppe), Kaiserlich Japanische Heeresflieger, im Jahre 1944/45 zur Verteidigung der Heimatinseln in Matsudo, Präfektur Chiba, stationiert.*

*Kawasaki Ki-45 KAIc*

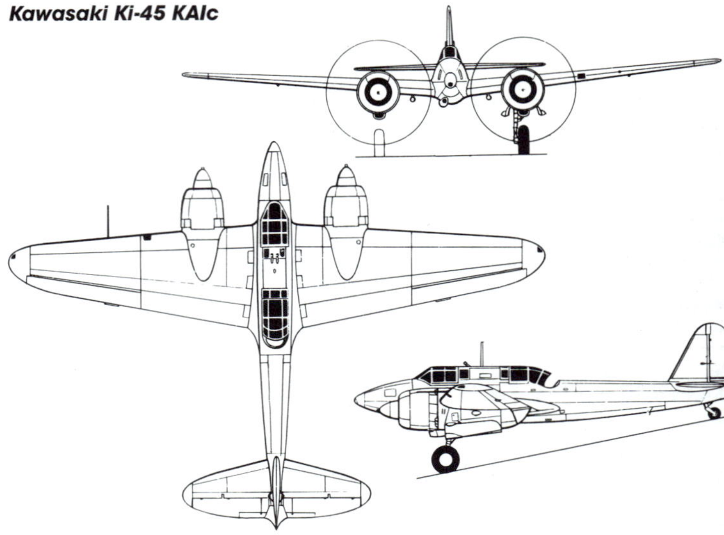

Anfang 1937 wurde Kawasaki vom Kaiserlich Japanischen Heer angewiesen, einen zweimotorigen Jäger für Ferneinsätze über dem Pazifik zu entwickeln. Dies erfolgte unter der Projektbezeichnung **Kawasaki Ki-38,** aber umfangreiche Änderungen am Entwurf zogen die neue Typkennung **Ki-45** nach sich. Erst im Januar 1939 flog der erste Prototyp, ein freitragender Mitteldecker mit Einziehfahrwerk, dessen Rumpf die zweiköpfige Besatzung in geschlossenen Tandem-Cockpits aufnahm. Die Sternmotoren Nakajima Ha-20B brachten ihre Nennleistung von 604 kW (820 PS) nicht, so daß der erste Versuchsjäger **Ki-45-I** mit zwei Nakajima Ha-25 je 736 kW (1000 PS) erst im Juli 1940 in die Luft kam. Entwicklungsprobleme im Zusammenhang mit diesem Motor verzögerten die Vergabe des ersten Serienauftrags bis zum September 1941. Die Fertigung der **Ki-45-KAI** lief unter der offiziellen Bezeichnung **Heerestyp 2 Zweisitziger Jäger Modell A Toryu** (Drachentöter). Der Typ wurde im August 1942 in Dienst gestellt und flog im Oktober 1942 seine ersten Kampfeinsätze. Kurze Zeit später teilten die Alliierten ihm den Kodenamen „Nick“ zu. Die **Toryu** zeigte sich bald als effektive Waffe gegen die Consolidated B-24 Liberator der USAAF, und als diese Bomber vermehrt zu Nachteinsätzen herangezogen wurden, paßte man die **Ki-45** entsprechend an. Die so entdeckte Nachtkampffähigkeit führte zu einer eigens für die Nachtjagd entwickelten Version, die sich als eines der besten japanischen Flugzeuge dieser Kategorie erwies. Insgesamt 1698 **Ki-45** wurden gebaut, die zur Verteidigung Tokios und auf den Kriegsschauplätzen in Burma, der Mandschurei und Sumatra zum Einsatz kamen. Am 28. Mai 1944 flogen vier **Ki-45** erstmals Kamikaze-Einsätze gegen alliierte Schiffe.

**Varianten**

**Ki-45:** Bezeichnung der drei Prototypen mit Nakajima-Motoren Ha-20B sowie einer Bewaffnung von drei 7,7-mm-MG und einer 20-mm-Kanone

**Ki-45-I:** Bezeichnung der Versuchsjäger mit Nakajima Ha-25 und einer Bewaffnung wie Ki-45

**Ki-45 KAI:** Bezeichnung der zwölf Vorserienjäger mit Ha-25-Motoren

**Ki-45 KAIa:** erste Serienversion mit Ha-25-Antrieb; bewaffnet mit zwei 12,7-mm-MG in der Flugzeugnase, einem 7,92-mm-MG auf Ringlafette zur Abwehr nach hinten und einer 20-mm-Kanone

**Ki-45 KAIb:** Schlachtflugzeug gegen Erd- und Seeziele; frühe Serienjäger mit Ha-25-Motoren, spätere mit vollentwickelten Mitsubishi-Ha-102-Triebwerken; bewaffnet mit einer 20-mm-Bugkanone, einer vorwärtsfeuernden 37-mm-Kanone im Rumpf und einem 7,92-mm-MG

**Ki-45 KAIc:** Nachtjäger; 477 Exemplare; Ha-102-Motoren und bewaffnet mit einer vorwärtsfeuernden 37-mm-Kanone, zwei schräg nach vorn oben feuernden 20-mm-Kanonen und einem 7,92-mm-MG

**Ki-45 KAId:** Version zur Bekämpfung von Schiffen; angetrieben von Ha-102 und bewaffnet mit zwei vorwärtsfeuernden 20-mm-Kanonen, einer vorwärtsfeuernden 37-mm-Kanone und einem rückwärtsfeuernden 7,92-mm-MG

**Ki-45-II:** Bezeichnung einer Version, die zwei Mitsubishi-Ha-112-II je 1104 kW (1500 PS) erhalten sollte; wurde statt dessen zum Jagdeinsitzer Kawasaki Ki-96 entwickelt, aber nur als Prototyp fertiggestellt

### TECHNISCHE DATEN

**Kawasaki Ki-45 KAIc**

**Typ:** zweisitziger Nachtjäger
**Triebwerke:** zwei Sternmotoren Mitsubishi Ha-102 je 795 kW (1080 PS)
**Leistung:** Höchstgeschwindigkeit 545 km/h in 7000 m Höhe; Dienstgipfelhöhe 10.000 m; Reichweite 2000 km
**Gewicht:** Leermasse 4000 kg; max. Startmasse 5500 kg
**Abmessungen:** Spannweite 15,05 m; Länge 11,00 m; Höhe 3,70 m; Tragflügelfläche 32,00 m²
**Bewaffnung:** Kanonen und Maschinengewehre wie unter Varianten aufgeführt, plus (alle Versionen) Gehänge für zwei Abwurftanks oder zwei 250-kg-Bomben unter den Tragflächen

## Kawasaki Ki-48

1937 forderte das Kaiserlich Japanische Heer einen leichten zweimotorigen Hochleistungsbomber, den Kawasaki mit der **Ki-48** realisierte. Der freitragende Mitteldecker mit einziehbarem Spornrad-Fahrwerk wurde anfangs von zwei Nakajima-Sternmotoren Ha-25 je 699 kW (950 PS) angetrieben. Im Rumpf waren Stationen für eine vierköpfige Besatzung und ein interner Bombenschacht eingerichtet. Erst im Juli 1939 hob der erste von vier Prototypen zum Jungfernflug ab, und nach Beseitigung verschiedener Anfangsprobleme ging das Modell Ende 1939 als **Heerestyp 99 Zweimotoriger Leichter Bomber Modell 1A** in Serie. Die im Herbst 1940 in China operationell verwendeten **Ki-48** erwiesen sich als so schnell, daß sie praktisch immun gegen das gegnerische Abwehrfeuer waren. Ihr Einsatz zeigte aber, daß ihre Geschwindigkeit zum Schutz gegen die Jagdflugzeuge der USAAF nicht ausreichte. Inzwischen befand sich mit der **Ki-48-II** eine verbesserte Ausführung in der Entwicklung. Diese neue **Ki-48,** ausgestattet mit geschützten Kraftstofftanks, Panzerschutz und leistungsstärkeren Nakajima-Motoren Ha-115, erreichte im Frühjahr 1942 die Serienfertigung als **Heerestyp 99 Zweimotoriger Leichter Bomber Modell 2A.** Aber auch dieser Typ hatte nur geringe Chancen gegenüber den verbesserten Jagdflugzeugen der Alliierten. Im Oktober 1944 wurde das Muster für veraltet erklärt und ein Großteil der **Ki-48** für Kamikaze-Angriffe verwendet.

*Die Kawasaki Ki-48-IIa war ein Ergebnis der Kriegserfahrung mit der Ki-48-I. Die neue Version hatte selbstdichtende Kraftstofftanks, zusätzliche Panzerung und einen stärkeren Antrieb.*

### TECHNISCHE DATEN

**Kawasaki Ki-48-IIb**

**Typ:** viersitziger leichter Bomber/Sturzkampfflugzeug
**Triebwerke:** zwei Sternmotoren Nakajima Ha-115 je 846 kW (1150 PS)
**Leistung:** Höchstgeschwindigkeit 505 km/h; Dienstgipfelhöhe 10.100 m; max. Reichweite 2400 km
**Gewicht:** Leermasse 4550 kg; max. Startmasse 6750 kg
**Abmessungen:** Spannweite 17,45 m; Länge 12,75 m; Höhe 3,80 m; Tragflügelfläche 40,00 m²
**Bewaffnung:** siehe Varianten

**Varianten**
**Ki-48:** Bezeichnung von vier Muster- und fünf Vorserienflugzeugen
**Ki-48-Ia:** erste Serienversion mit einer Bewaffnung von drei 7,7-mm-MG auf Richtlafetten in Bug-, Rücken- und Bauchgefechtsständen
**Ki-48-Ib:** Variante der Ki-48-Ia mit geringfügig geänderter Ausrüstung und verfeinerter Zelle; die Produktion der Ia und Ib ergab insgesamt 557 Exemplare
**Ki-48-II:** Bezeichnung dreier Versuchsbomber vom Frühjahr 1942
**Ki-48-IIa:** erste Serienausführung der Ki-48-II mit einer auf 800 kg erhöhten Höchstbombenlast
**Ki-48-IIb:** grundsätzlich der Ki-48-IIa entsprechende Serienversion, jedoch mit Sturzflugbremsen unter den Außenflächen
**Ki-48-IIc:** der Ki-48-IIa entsprechende Serienversion mit zusätzlichem 12,7-mm-MG; die Gesamtproduktion aller Ki-48-II-Varianten belief sich auf 1408 Exemplare
**Ki-81:** projektierte Version eines Ki-48-Schlachtflugzeugs; nicht gebaut
**Ki-174:** Ki-48-Einsitzer für Spezialangriffe; nicht gebaut

# Kawasaki Ki-61 Hien

Der Prototyp Kawasaki Ki-60, den man um den Kawasaki-Reihenmotor Ha-40, eine Lizenzversion des Daimler-Benz DB 601A, konstruierte, enttäuschte und wurde rasch aufgegeben. Die anschließenden Bemühungen konzentrierten sich auf das alternative Modell **Kawasaki Ki-61,** dessen erstes von zwölf Musterflugzeugen ab Dezember 1941 flog. Wie die Bf 109 hatte diese Maschine einen flüssigkeitsgekühlten Motor, und eine Zeitlang hielten die Alliierten sie irrtümlich für eine Lizenzausgabe des berühmten deutschen Jägers. Die Diensterprobung verlief so erfolgreich, daß das Kaiserlich Japanische Heer der Serienfertigung als **Heerestyp 3 Jäger Modell 1 Hien** (Schwalbe) unverzüglich zustimmte. Die Alliierten teilten diesem Typ später den Decknamen „Tony" zu. Die erste Serienausführung **Ki-61-I** griff ab April 1943 von Neuguinea aus in das Kampfgeschehen ein und wies rasch nach, daß sie gegen die alliierten Jäger durchaus bestehen konnte. Mit steigender Produktion kämpfte dieses Muster bald auf allen Kriegsschauplätzen, auf denen das japanische Heer stand. Bei Produktionsende im Januar 1945 waren 2666 Exemplare gebaut. Die Entwicklung der verbesserten Version **Ki-61-II** hatte im August 1942 begonnen, aber bis Januar 1945, als die Fertigungsstätten des Kawasaki-Motors Ha-140 bei einem Luftangriff der USAAF zerstört wurden, kamen nur 99 Maschinen zur Auslieferung.

***Kawasaki Ki-61-KAIc der 23. Dokuritsu Dai Shijugo Chutai (selbständige Staffel), Kaiserlich Japanische Heeresluftwaffe, im April 1945 in Yontan auf Okinawa stationiert.***

**Varianten**
**Ki-61:** Bezeichnung von zwölf Musterflugzeugen
**Ki-61-I:** erste Serienversion mit einer Bewaffnung von zwei rumpfmontierten 7,7-mm-MG und zwei flächenmontierten 12,7-mm-MG
**Ki-61-Ia:** wie Ki-61-I, jedoch mit zwei importierten Mauser MG 151, Kaliber 20 mm, anstelle der beiden 12,7-mm-MG in den Tragflächen
**Ki-61-Ib:** wie Ki-61-I, jedoch mit 12,7-mm-Maschinengewehren im Rumpf anstelle der 7,7-mm-MG
**Ki-61-Ic:** zur vereinfachten Wartung überarbeitete Version, bewaffnet mit zwei rumpfmontierten 12,7-mm-MG und zwei flächenmontierten 20-mm-Kanonen Ho-5 japanischer Konstruktion und Herstellung
**Ki-61-Id:** wie Ki-61-Ic, jedoch mit 30-mm-Kanonen Ho-105 anstelle der 20-mm-Kanonen
**Ki-61-II:** Bezeichnung von acht Prototypen mit erweiterter Tragflügelfläche und Kawasaki-Motor Ha-140
**Ki-61-II KAI:** Bezeichnung von 30 Muster-/Vorserienflugzeugen mit Ki-61-I-Tragwerk und neu konzipiertem Leitwerk
**Ki-61-IIa:** erste II-Serienversion, bewaffnet wie die Ki-61-Ic
**Ki-61-IIb:** wie Ki-61-IIa, jedoch mit vier 20-mm-Kanonen Ho-5 bewaffnet
**Ki-61-III:** Einzelprototyp einer vorgeschlagenen verbesserten Version

**TECHNISCHE DATEN**
**Kawasaki Ki-61-Ic**
**Typ:** Jagdeinsitzer
**Triebwerk:** ein V-12-Reihenmotor Kawasaki Ha-40 mit 865 kW (1175 PS)
**Leistung:** Höchstgeschwindigkeit 560 km/h; Dienstgipfelhöhe 10.000 m; max. Reichweite 1900 km
**Gewicht:** Leermasse 2630 kg; max. Startmasse 3470 kg
**Abmessungen:** Spannweite 12,00 m; Länge 8,95 m; Höhe 3,70 m; Tragflügelfläche 20,00 m²
**Bewaffnung:** wie unter Varianten beschrieben, plus Gehänge für zwei Abwurftanks oder zwei 250-kg-Bomben

# Kawasaki Ki-100

Die Kawasaki Ki-61-II wurde als tauglicher Höhenjäger befunden, um die Boeing B-29 der USAAF in ihrer Marschflughöhe von 9145 m abzufangen. Die Pläne, das Muster in dieser Rolle einzusetzen, zerschlugen sich jedoch, nachdem die Produktionsstätten des Kawasaki-Motors Ha-140 bei Luftangriffen der USAAF zerstört worden waren. Bis dahin hatte Kawasaki 275 Ki-61-II-Zellen ohne Motor gefertigt, und man beschloß, diese Maschinen mit einem alternativen Triebwerk zum Einsatz zu bringen. Da kein Reihenmotor verfügbar war, mußte die Zelle dem Einbau eines dicken Sternmotors, des Mitsubishi Ha-112-II, mit gleicher Nennleistung wie der des Ha-140, angepaßt werden. Am 1. Februar 1945 flog die Maschine als **Kawasaki Ki-100** erstmals mit dem neuen Triebwerk. Sie galt als das beste japanische Jagdflugzeug im Pazifikkrieg. Drei weitere Versuchsjäger folgten, und die guten Ergebnisse der Einsatzerprobung führten sofort zu dem Auftrag, die übrigen 272 Zellen mit dem gleichen Triebwerkstyp auszurüsten. Sie wurden als **Heerestyp 5 Jäger Modell 1A** geführt, und die Herstellerbezeichnung lautete **Ki-100-1a.** Parallel dazu verlangte die Armee von Kawasaki die Wiederaufnahme der Produktion. Als Grundlage für die neue **Ki-100-1b** diente die für die Ki-61-III entworfene Zelle mit abgeflachtem Hinterrumpf und Vollsicht-Kabinendach. Insgesamt 99 Maschinen dieser Version wurden gebaut, bevor die Luftangriffe der USAAF die Produktion endgültig beendeten.

***Die Ki-100 erwies sich als einer der besten japanischen Jäger des Zweiten Weltkriegs.***

**TECHNISCHE DATEN**
**Kawasaki Ki-100-Ia/b**
**Typ:** einsitziger Abfangjäger
**Triebwerk:** ein Sternmotor Mitsubishi Ha-112-II mit 1104 kW (1500 PS)
**Leistung:** Höchstgeschwindigkeit 590 km/h in 10.000 m Höhe; Dienstgipfelhöhe 10.670 m; Reichweite 2000 km
**Gewicht:** Leermasse 2700 kg; max. Startmasse 3670 kg
**Abmessungen:** Spannweite 12,00 m; Länge 8,80 m; Höhe 3,75 m; Tragflügelfläche 20,00 m²
**Bewaffnung:** zwei rumpfmontierte 12,7-mm-Maschinengewehre Ho-103 (Typ 1) und zwei flächenmontierte 20-mm-Kanonen Ho-5 sowie zwei Abwurftanks oder zwei 250-kg-Bomben

**Variante**
**Ki-100-II:** Bezeichnung dreier Versuchsjäger mit Mitsubishi-Ladermotor Ha-112-IIru zur Verbesserung der Höhenleistung

# Kawasaki Ki-102

Die **Kawasaki Ki-102** wurde vom zweimotorigen Jagdeinsitzer Ki-96 abgeleitet, dessen Entwicklung aus der Ki-45 man nach Fertigstellung dreier Prototypen aufgegeben hatte. Die Maschine war als zweisitziges Schlachtflugzeug hauptsächlich zur Nahunterstützung vorgesehen. Einige Baugruppen der Ki-96-Prototypen flossen in die drei Musterflugzeuge **Ki-102** ein, und das erste Exemplar war im März 1944 fertiggestellt. Der freitragende Mitteldecker mit einziehbarem Spornrad-Fahrwerk wurde von zwei Mitsubishi-Sternmotoren Ha-112-II angetrieben und nahm die beiden Besatzungsmitglieder in getrennten, geschlossenen Cockpits auf. Nach 20 Vorserienflugzeugen lief die Serienfertigung unter der offiziellen Bezeichnung **Heerestyp 4 Schlachtflugzeug** beziehungsweise dem Kawasaki-Kürzel **Ki-102b** an. Die Maschinen mit dem alliierten Decknamen „Randy" kamen jedoch kaum zum Einsatz. Einige wurden über Okinawa geflogen, aber die meisten Flugzeuge als Reserve zurückgehalten.

Da man bei der Kaiserlich Japanischen Heeresluftwaffe dringend Abfangjäger zur Bekämpfung der USAAF-Bomberflotten brauchte, baute man sechs **Ki-102** der Vorserie zu Prototypen eines zweimotorigen Höhenjägers um. Von der **Ki-102b** hoben sich diese Jäger in erster Linie durch ihre Mitsubishi-Turboladermotoren Ha-112-IIru und ein geändertes Leitwerk ab. Probleme mit dem Motoreinbau hatten zur Folge, daß bis zum Kriegsende nur noch rund 15 Exemplare dieses japanischen Jägers gebaut wurden.

**Varianten**
**Ki-102:** Bezeichnung der Muster- und Vorserienflugzeuge
**Ki-102a:** Höhenjäger, bewaffnet mit einer 37-mm-Kanone Ho-203 und zwei 20-mm-Kanonen Ho-5
**Ki-102b:** Erdkampfjäger, bewaffnet mit einer 57-mm-Kanone Ho-401, zwei 20-mm-Kanonen Ho-5 und einem 12,7-mm-MG Ho-103 (Typ 1) zur Abwehr nach hinten
**Ki-102c:** projektierter Nachtjäger mit erhöhter Spannweite, gestrecktem Rumpf, überarbeitetem Leitwerk, einfachem Bordradar und einer Bewaffnung von je zwei 30-mm-Kanonen Ho-105 und 20-mm-Kanonen Ho-5
**Ki-108:** zwei Prototypen eines Höhenjägers mit Druckkabine, beides umgebaute Ki-102b mit den strukturellen Verbesserungen der Ki-102c

### TECHNISCHE DATEN

**Kawasaki Ki-102b**
**Typ:** zweimotoriges Kampfflugzeug für Nahunterstützung
**Triebwerke:** zwei Sternmotoren Mitsubishi Ha-112-II je 1104 kW (1500 PS)
**Leistung:** Höchstgeschwindigkeit 580 km/h in 6000 m Höhe; Dienstgipfelhöhe 11.000 m; Reichweite 2000 km
**Gewicht:** Leermasse 4950 kg; max. Startmasse 7300 kg
**Abmessungen:** Spannweite 15,57 m; Länge 11,45 m; Höhe 3,70 m; Tragflügelfläche 34,00 m²
**Bewaffnung:** wie unter Varianten beschrieben

# Kawasaki T-4

Zum Nachfolgemuster für die Strahltrainer Lockheed T-33 und Fuji T-1 im Ausbildungsdienst der JASDF wurde im September 1981 das Projekt **Ka-851** bestimmt. In der Entwicklungsperiode erhielt das Modell die Bezeichnung **XT-4**, und von 91 bestellten Serienflugzeugen **T-4** waren bis Mitte 1990 rund 40 ausgeliefert. Der erste von vier Prototypen flog am 29. Juli 1985, und im September 1988 nahm die JASDF die erste Serienmaschine entgegen. Der von zwei IHI-30-Mantelstromtriebwerken angetriebene Hochdecker mit Tandemsitzen schließt die Lücke zwischen dem Turboprop-Grundschulflugzeug T-5 und dem strahlgetriebenen Fortgeschrittenen-Trainer T-2.

### TECHNISCHE DATEN

**Typ:** zweisitziger Strahltrainer für die Zwischenstufe
**Triebwerke:** zwei Turbofan-Triebwerke Ishikawajima-Harima Industries F3-IHI-30 je 1670 kg Schub
**Leistung:** Höchstgeschwindigkeit 1038 km/h; Dienstgipfelhöhe 15.240 m; Reichweite mit Interntreibstoff 1297 km
**Gewicht:** Leermasse 3700 kg; max. Startmasse 5500 kg
**Abmessungen:** Spannweite 9,90 m; Länge 13,00 m; Höhe 4,60 m; Tragflügelfläche 21,00 m²

***Die in Japan gefertigte Kawasaki T-4 ist einer der besten Strahltrainer auf dem Weltmarkt.***

# Kellett-Serie KD-1

Der Autogiro **Kellett KD-1** von 1934 glich in der Gesamtauslegung dem zeitgenössischen britischen Tragschrauber Cierva C.30, und war ausgestattet mit zwei offenen Cockpits in Tandemanordnung sowie einem Jacobs-Sternmotor L-4 als Antrieb. Nach ausgiebiger Erprobung beschloß der Hersteller, eine kommerzielle Version **KD-1A** in die Serienfertigung zu nehmen. Dieser Drehflügler hatte einen faltbaren Dreiblatt-Rotor, ein mechanisches System zur Beschleunigung des Rotors, eine Rotorbremse, ein Spornrad-Fahrgestell in Leichtbauweise sowie eine Reihe von Detailverbesserungen. Der Jacobs-Sternmotor L-4 wurde übernommen. Am 19. Mai 1939 demonstrierte ein grundsätzlich ähnlicher, aber als offener Einsitzer ausgeführter **KD-1A** die Leistungsfähigkeit dieses Fluggeräts im Luft-Zubringerdienst, indem er Postfracht vom Washingtoner Stadtzentrum zum Hoover Airport transportierte. Zwei Monate später, am 6. Juli, führte Eastern Airlines den ersten Luftpostdienst mit einem Rotorflügler ein, dem **KD-1B**, der sich vom **KD-1A** durch die geschlossene Pilotenkanzel unterschied.

***Der Tragschrauber KD-1A war ein Entwurf, dessen Rotor über eine Kupplung mit dem Motor verbunden werden konnte, um ihn vor dem Start auf Touren zu bringen.***

Bereits 1935 hatte die US Army einen einzelnen **KD-1** erworben, dem sie die Dienstbezeichnung **YG-1** zuwies. 1936 folgte eine zweites Exemplar, der mit Funk ausgerüstete **YG-1A**, und 1937 wurden sieben **YG-1B** mit geänderter Ausrüstung beschafft. Weitere sieben Exemplare für den Beobachtungsdienst erhielt die US Army 1942 als **XO-60.** Für sechs Maschinen dieser Kategorie änderte sich die Bezeichnung in **YO-60,** nachdem man den 168 (228 PS) starken Jacobs-Sternmotor R-775 durch einen Jacobs R-915-3 mit 224 kW (305 PS) ersetzt, den Kabinenraum umgestaltet und zusätzliche Beobachtungsfenster eingebracht hatte. Ein **YG-1B** erhielt einen Gleichlaufrotor und folglich die neue Bezeichnung **YG-1C,** die nach Austausch des Jacobs R-775 gegen den stärkeren R-915 in **XR-2** umgeändert wurde. Nachdem dieser Tragschrauber durch heftige Bodenresonanzen des Rotors zerstört worden war, baute man einen anderen **YG-1B** in ähnlicher Weise zum **XR-3** um, um die Bewertung fortzuführen. Dies waren die ersten Rotorflügler im praktischen Dienst der US Army, aber nach ihrer Fertigstellung stellte Kellett die Produktion von Autogiros ein.

# Keystone-Bomber

Die Firma Huff-Daland konstruierte einen großen einmotorigen Doppeldeckerbomber, dessen Prototyp mit der Seriennummer 23-1250 1923 an die US Army ging. Dieser **Huff-Daland XLB-1** wurde von einem Packard-Motor 1A-2540 mit 597 kW (812 PS) angetrieben, der im Bug installiert war, so daß die Position des Bombenschützen in den Mittelrumpf rückte. Auf diesen Prototyp folgten zehn ähnliche Vorserienbomber **LB-1,** die sich durch einen Platz für ein zusätzliches Besatzungsmitglied und durch die verbesserte Bauart 2A-2540 des Packard-Motors unterschieden. Die weitere umfangreiche Truppenerprobung zeigte, daß die einmotorige Auslegung den Erfordernissen nicht genügte. Folglich leitete Huff-Daland die Entwicklung einer zweimotorigen Version der **LB-1** mit zwei Liberty-Reihenmotoren V-1410-1 je 313 kW (426 PS) ein, die beiderseits des Rumpfes auf dem Unterflügel gelagert waren. Tests mit dem einzelnen Musterflugzeug **XLB-3** führten zum Austausch der beiden Liberty-Triebwerke gegen zwei Pratt & Whitney R-1340-1 Wasp je 306 kW (416 PS). Die so überarbeitete und für eine fünfköpfige Besatzung ausgelegte Variante erhielt die Bezeichnung **XLB-3A.** Kurz bevor man sie zur Diensterprobung übergab, änderte sich der Firmenname in Keystone Aircraft Company, so daß alle Prototypen, Vorserienmaschinen und die nachfolgenden Serienflugzeuge als Keystone-Bomber bekannt wurden. Ein neuerlicher Rückgriff auf Liberty-Motoren brachte den Prototyp **XLB-5** hervor, der, ebenso wie die zehn noch vor der **XLB-3A** gelieferten Serienbomber **LB-5,** die Truppe aber noch als Huff-Daland-Flugzeug erreichte. 25 **LB-5A** mit geringfügig geändertem Leitwerk hingegen waren Keystone-Bomber. Bei der **XLB-6** von 1927 handelte es sich um eine umgebaute **LB-5** mit neuem Tragwerk in Verbindung mit einem geänderten Motoreinbau: Auf jeder Seite des Rumpfes war nun ein 391 kW (532 PS) starker Wright R-1750-1 Cyclone mit Streben zwischen Ober- und Unterflügel montiert. Es folgten 17 Serienbomber **LB-6** mit Detailverbesserungen, und diese **LB-5/-5A** und **LB-6** stellten die ersten seriengefertigten Exemplare einer Reihe von Keystone-Doppeldeckerbombern dar, die bis Anfang der dreißiger Jahre beim US Army Air Corps Dienst leisten sollten. Sie rüste-

***Einen Meilenstein in der amerikanischen Militärfliegerei der zwanziger Jahre bildete die Keystone LB-6, die weitgehend dem Prototyp XLB-6 entsprach. Die Maschine konnte eine Last von 900 kg Bomben tragen.***

ten zunächst Staffeln der 2., später auch der 7. und 19. Bomb Group aus und bildeten das Rückgrat der schweren Offensiv-Streitmacht der US Army. Außerdem flogen Übersee-Einheiten auf Hawaii, in der Panama-Kanalzone und auf den Philippinen dieses Muster.

**Varianten**

**LB-7:** identisch mit der LB-6, abgesehen von Motoren Pratt & Whitney R-1690-3 je 391 kW (532 PS); 18 Exemplare

**LB-8:** Bezeichnung einer LB-7 nach dem Einbau von P&W-Sternmotoren R-1860-3 je 410 kW (558 PS) zur Erprobung

**LB-9:** Bezeichnung einer LB-7 nach dem Einbau von Wright-Sternmotoren GR-1750 Cyclone je 429 kW (583 PS) zur Erprobung

**LB-10:** Bezeichnung einer LB-6 nach dem Einbau von Wright-Sternmotoren R-1750-1 je 391 kW (532 PS) zur Erprobung

**LB-10A:** Serienversion der LB-10, aber mit P&W-Motoren R-1690-3 je 391 kW (532 PS); 63 Exemplare gebaut, aber als B-3A ausgeliefert, nachdem der Buchstabe „B" für alle Bombertypen des USAAC eingeführt worden war

**LB-11:** Bezeichnung einer LB-6 nach dem Einbau von Wright-Sternmotoren R-1750-3 je 391 kW (532 PS) zur Erprobung

**LB-11A:** neue Bezeichnung der LB-11 nach dem Einbau von Wright GR-1750 je 391 kW (532 PS) zur Erprobung

**LB-12:** Bezeichnung von Bombern, die generell der LB-7 glichen, aber mit P&W R-1860-1 je 429 kW (583 PS) für Direktantrieb ausgerüstet worden waren

**LB-13:** von sieben unter dieser Bezeichnung bestellten Exemplaren wurden fünf als Vorserienmaschinen Y1B-4 mit P&W R-1860-7 je 429 kW (583 PS) und zwei als Vorserienmaschinen Y1B-6 mit Wright R-1820-1 der gleichen Leistungsklasse ausgeliefert

**LB-14:** hierbei handelte es sich um drei Serienbomber, die mit P&W-Motoren GR-1860 bestellt, aber als Y1B-5 mit Wright R-1750-3 je 391 kW (532 PS) ausgeliefert wurden

**B-4A:** seriengefertigte Y1B-4; 25 gebaute Exemplare

**B-5A:** seriengefertigte Y1B-5; 27 Exemplare wurden gebaut

**B-6A:** bei diesen Maschinen handelte es sich um seriengefertigte Y1B-6; 39 gebaute Exemplare

**TECHNISCHE DATEN**

**Keystone B-4A**

**Typ:** fünfsitziger Doppeldeckerbomber
**Triebwerke:** zwei Sternmotoren Pratt & Whitney R-1860-7 je 429 kW (583 PS)
**Leistung:** Höchstgeschwindigkeit 195 km/h; Dienstgipfelhöhe 4265 m; Reichweite 1376 km
**Gewicht:** Leermasse 3607 kg; max. Startmasse 5992 kg
**Abmessungen:** Spannweite 22,76 m; Länge 14,88 m; Höhe 4,80 m; Tragflügelfläche 106,37 m²
**Bewaffnung:** drei Browning-7,62-mm-Maschinengewehre und bis zu 1134 kg Bomben

# Klemm-Leichtflugzeuge

***Die K1 35 war das meistverkaufte Klemm-Produkt.***

Kurz nach dem Ersten Weltkrieg begann die überaus erfolgreiche Karriere des Hans Klemm als Flugzeugkonstrukteur bei der Daimler-Motoren-Gesellschaft in Sindelfingen. 1926 gründete er in Stuttgart-Böblingen seine eigene Firma, die Klemm Leichtflugzeugbau GmbH. Das erste Produkt des neuen Unternehmens war die **Klemm L 25,** von der im Laufe der Jahre über 600 Exemplare gebaut wurden. Der freitragende, zweisitzige Tiefdecker hatte in der Originalform **L 25** einen 15 kW (20 PS) starken Zweizylinder-Motor von Mercedes-Benz als Antrieb. Spätere Versionen umfaßten die **L 25 1a** mit einem 29 kW (40 PS) starken Salmson AD-9, die gleiche Version als Wasserflugzeug **WL 25 1a** und die dreisitzige Ausführung **L 25 1b,** bei der die vordere Kabine für zwei Sitze erweitert worden war. Nach dem gleichen Konzept produzierte Klemm anschließend die verlängerte und verstärkte **L 26a,** die **L 27** mit vergrößerter Frontkabine, die kunstflugtaugliche und von einem Siemens Sh 14a mit 110 kW (150 PS) angetriebene **L 28** und die **L 30,** die den Serienflugzeugen **L 25/L 26** glich, aber zur Montage durch Flugsportvereine gedacht war.

1933 wurden die vier- beziehungsweise dreisitzigen Kabineneindecker **K1 31** und **K1 32** eingeführt, beide mit Siemens-Sternmotor Sh 14a. Ihnen folgte die **K1 33,** ein einsitziges Hochdecker-Ultraleichtflugzeug mit einem 30 kW (40 PS) starken Argus-Motor, das eine deutliche Abkehr von den bisherigen Konstruktionen brachte. Es schloß sich der bedeutende zweisitzige Tiefdecker **K1 35** an, dessen erster Prototyp **K1 35a** 1935 mit einem 59 kW (80 PS) starken Hirth-Motor HM 60R flog. In das zweite Musterflugzeug **K1 35b** wurde ein Hirth HM 504A-2 mit 77 kW (105 PS) eingebaut, der auch den Antrieb für die erste Serienversion **K1 35B** lieferte. Dieses Modell war auch mit Holz- oder Metallschwimmwerk als **K1 35BW** erhältlich. Neben den Maschinen für den deutschen Markt wurden **K1 35** in verschiedener Ausführung in die Tschechoslowakei sowie nach Ungarn, Rumänien und Schweden exportiert, das den Typ auch in Lizenz für die heimischen Luftstreitkräfte fertigte.

1938 wurde die verbesserte **K1 35D** als Anfänger-Schulflugzeug für die Luftwaffe entwickelt und in Großserien produziert. Diese Version besaß ein verstärktes Fahrgestell, wahlweise mit Rad-, Schwimmer- oder Schneekufen ausrüstbar, und als Antrieb wieder den Hirth HM 60R.

Bis dahin hatte Klemm die Entwicklung und Herstellung von Leichtflugzeugen mit dem viersitzigen Kabinen-Eindecker **K1 36** fortgeführt, der speziell zur Teilnahme am Challenge de Tourisme Internationale von 1934 konstruiert worden war. Dieses Modell gab es als **K1 36A** mit dem 162 kW (220 PS) starken Hirth HM 508F und als **K1 36B** mit dem Sternmotor Bramo Sh 14A, der 110 kW (150 PS) erzeugte. Die letzten vor Beginn des Zweiten Weltkriegs produzierten Versionen waren der zweisitzige leichte Eindecker **K1 105** mit einem 37 kW (50 PS) starken Z.9-92-Motor, das gleiche Flugzeug mit geschlossener Kabine und Hirth HM 500A-1 (78 kW/105 PS) als **K1 107** und die **K1 106,** eine **K1 35D** mit 74 kW (100 PS) starkem Hirth HM 500.

# Koolhoven FK 41

Frits Koolhoven baute zunächst eine Reihe von Einzelkonstruktionen, darunter das zweisitzige Anderthalbdecker-Schulflugzeug FK 32, das dreimotorige Passagierflugzeug FK 33, das dreisitzige Aufklärungs-Schwimmerflugzeug FK 34 und den Zweisitzer FK 30 Toerist. Inzwischen hatte er sein eigenes Unternehmen gegründet und die neuentwickelte **Koolhoven FK 41** herausgebracht.

Der erste Vertreter (H-NAER) dieses dreisitzigen Kabinen-Hochdeckers für Sport- und Reiseflug absolvierte im Juli 1928 seinen Jungfernflug. In den Niederlanden wurde eine Serie **FK 41** in zwei Ausführungen gefertigt, als **FK 41 Mk I** mit einem 78 kW (106 PS) starken Cirrus Hermes und als **FK 41 Mk II** mit einem de Havilland Gipsy, der 97 kW (132 PS) erzeugte. Spätere **FK 41** erhielten ein einfacheres Leitwerk. Sowohl die niederländischen als auch die britischen Maschinen machten sich in der Zeit vor dem Zweiten Weltkrieg in vielen Ländern einen Namen.

**TECHNISCHE DATEN**

**Typ:** dreisitziger Kabinen-Eindecker für Sport- und Reiseflug
**Triebwerk:** ein Kolbenmotor de Havilland Gipsy Major I mit 97 kW (132 PS)
**Leistung:** Höchstgeschwindigkeit 195 km/h
**Gewicht:** max. Startmasse 900 kg
**Abmessungen:** Spannweite 10,50 m; Länge 7,80 m

***Die Koolhoven FK 41 war ein Reiseflugzeug. Ein typisches Merkmal stellten drei Streben dar, die die Tragflächen abstützten.***

# Koolhoven FK 43

Vor der Koolhoven **FK 43** erschienen 1929 die FK 40, ein Kabinen-Hochdecker mit 78 kW (106 PS) starkem Cirrus-Motor, und die FK 42, ein Sportflugzeug in der Auslegung eines zweisitzigen Schirmeindeckers mit 169 (230 PS) starkem Gnome-Rhône Titan-Sternmotor.

Der Prototyp **FK 43** (PH-AFW), ein für drei Passagiere ausgelegter Kabinen-Hochdecker, flog erstmals 1931. Dieser Typ wurde für zivile Eigner als Lufttaxi gebaut. KLM kaufte sechs Exemplare, die mehrere Jahre lang von Schiphol aus Taxidienst verrichteten. Die **FK 43** mit ihrem starren Breitspurfahrwerk erwies sich als ausgesprochen robust und erfuhr laufend Verbesserungen. So wurde vor allem das Leitwerk beträchtlichen Modifikationen unterzogen. Das von einem Gipsy Major mit 97 kW (106 PS) angetriebene Muster erreichte eine Höchstgeschwindigkeit von 190 km/h, hatte ein Spannweite von 10,90 m, eine Länge von 8,30 m und eine maximale Abflugmasse von 1140 kg.

***Die Koolhoven FK 43 verzeichnete begrenzte Absatzerfolge und machte sich bei der KLM als Lufttaxi bezahlt.***

Die holländische Luftwaffe (LVA) übernahm 1939 drei **FK 43,** und die RAF requirierte 1940 ein Einzelexemplar. Nach dem Krieg (1947) bauten die Fokker-Werke acht verbesserte **FK 43** mit Genet-Major-Motor (123 kW/167 PS) als Lufttaxi.

Weitere einmotorige Koolhoven-Eindecker, die aus dieser Phase stammen, waren die FK 53 Junior und die FK-54. Die Junior, bei der es sich um ein zweisitziges Kabinenflugzeug mit umgekehrten Tiefdecker-Knickflügeln handelte, wurde von einem Motor des Typs Walter Mikron mit einer Leistung von 46 kW (62 PS) angetrieben. Der Protoyp dieser Maschine (PH-FKJ) flog erstmals im Jahre 1936, und ein zweites Exemplar folgte 1938. Die nächste Konstruktion, in die eine ganze Reihe von Erkenntnissen über bisher entwickelte Typen einflossen, die FK 54, war ein dreisitziger, abgestrebter Kabinen-Hochdecker mit einem Motor der Bauart Gipsy Major (104 kW/141 PS) als Antrieb. Dieses Muster ging aber nicht in Serie.

## Koolhoven FK 51

Der Prototyp des Doppeldecker-Anfängerschulflugzeugs **Koolhoven FK 51** startete am 25. Mai 1935 in Waalhaven zum Erstflug. Die vorläufige Zulassung Z-1 wich später, als die Maschine Vorführzwecken diente, der amtlichen Kennung PH-AJV. Der gemischt konstruierte Doppeldecker mit gleich weit gespanntem Tragwerk war für Motoren der Leistungsklasse 186 kW (253 PS) bis 373 kW (507 PS) ausgelegt. Das geteilte Fahrgestell wies eine große Spurbreite auf, um der rauhen Behandlung durch Flugschüler vorzubeugen.

Die Königlich Niederländische Luftwaffe (LVA) beschaffte zwischen 1936 und 1937 **25 FK 51,** die vom Sternmotor Armstrong Siddeley Cheetah V mit 201 kW (273 PS) angetrieben wurden. Später stellte sie weitere 29 Maschinen mit dem Cheetah IX in Dienst, der 261 kW (355 PS) erzeugte. Die Heeresnummern der ersten Serie lautete 1 bis 25, die der Folgeserie 400 bis 428. Die holländischen Seeluftstreitkräfte (MLD) erhielten 24 **FK 51** mit einem 335 kW (455 PS) starken P&W-Sternmotor, denen die Kennungen E-1 bis E-24 zufielen. Die in Holländisch-Ostindien stationierte Armee

***Diese Koolhoven FK 51 wurde von den niederländischen Marinefliegern Ende der dreißiger Jahre im Ausbildungsdienst eingesetzt.***

(LA) erwarb zwischen 1936 und 1938 28 **FK 51,** angetrieben vom Wright Whirlwind mit 313 kW (426 PS). Die erste Serie trug die Nummer K-2 bis K-29 und es folgten mindestens sieben weitere **FK 51** mit Seriennummer ab K-102 aufwärts.

Die Regierung Spaniens, die sich im Krieg mit den Franco-Aufständischen befand, war von der Vorführung des Prototyps PH-AJV so beeindruckt, daß sie 28 **FK 51** bestellte. Die Maschinen mit den Serienkennungen EK-001 bis EK-028 wurden in zwei Versionen geliefert, elf Exemplare mit dem 298 kW (405 PS) starken Sternmotor Armstrong Siddeley Jaguar IVa und 17 **FK 51bis** mit dem Wright Whirlwind R-975E, der 335 kW (455 PS) abgab. Einige der spanischen **FK 51** dienten zur Nachtflugschulung vom Flugfeld Carmoli aus. Andere flogen als Nachtjäger oder als Aufklärer, bewaffnet mit zwei Vickers-7,7-mm-MG in der Nasenkante des Oberflügels und einem einzelnen Lewis-MG gleichen Kalibers, das der Beobachter bediente.

Mit einer Gesamtproduktion von mindestens 142 Maschinen war die **FK 51** Koolhovens erfolgreichste Konstruktion nach seiner Rückkehr in die Niederlande.

### TECHNISCHE DATEN

**Typ:** zweisitziges Doppeldecker-Schulflugzeug für Anfänger
**Triebwerk:** ein Sternmotor Wright Whirlwind mit 313 kW (426 PS)
**Leistung:** Höchstgeschwindigkeit 253 km/h; Dienstgipfelhöhe 6500 m; Reichweite 825 km
**Gewicht:** Rüstmasse 980 kg; max. Startmasse 1450 kg
**Abmessungen:** Spannweite 9 m; Länge 7,85 m; Höhe 2,85 m; Tragflügelfläche 27 m²

## Koolhoven FK 52

Der Prototyp des zweisitzigen Aufklärungsjägers Koolhoven **FK 52** flog erstmals am 9. Februar 1937. Der Doppeldecker mit gleicher Spannweite am Ober- und Unterflügel, starrem Spornrad-Fahrwerk und einer wohlgeformten Glashaube über den Kanzeln in Tandemanordnung wurde von einem Bristol-Sternmotor Mercury VIII mit 619 kW (842 PS) angetrieben. Es folgten fünf Serienmaschinen, doch der Prototyp stürzte am 11. August 1937 noch vor deren Fertigstellung ab. 1940 wurden drei Exemplare verschrottet, und die anderen zwei nach Finnland entsandt, wo sie bei der Luftwaffe (Lentolaivue) im Winterkrieg gegen die Sowjetunion als Aufklärer zum Einsatz kamen.

Die **FK 52** hatte eine Spannweite von 9,80 m, ein maximales Startgewicht von 2500 kg und eine Höchstgeschwindigkeit von 370 km/h in 4000 m Höhe. Die Bewaffnung der Maschine bestand aus zwei starren und einem beweglichen 7,5-mm-MG plus 100 kg Bomben.

***In Finnland bewährten sich zwei Koolhoven-Aufklärer FK 52 sowohl im Winter- als auch im Anschlußkrieg gegen die Sowjetunion.***

## Koolhoven FK 58

Die von Eric Schatzki, vormals Mitarbeiter bei Fokker, konstruierte **FK 58** war ein Jagdeinsitzer in Mischbauweise. Der Prototyp (PH-ATO) wurde in großer Eile entsprechend den Anforderungen an einen Jäger zum Einsatz in Indochina gebaut. Er flog am 17. Juli 1938, nur drei Monate nach Vorlage der ersten Konstruktionszeichnungen. Die **FK 58** war ein Tiefdecker, dessen Cockpit eine Schiebehaube aufwies. Das Hauptfahrwerk klappte nach innen ein, und das Höhenleitwerk war abgestrebt und verspannt.

Die französischen Behörden bestellten 50 Flugzeuge, und später entschied sich auch die niederländische LVA zur Beschaffung von 36 Maschinen. In der Folge wurden ein zweiter Prototyp und 17 Serienflugzeuge für Frankreich in Waalhaven gefertigt, doch aufgrund von Produktionsproblemen gingen die restlichen 23 Exemplare zur Endmontage nach Nevers in Frankreich. Die 17 in Holland gebauten **FK 58** überführte man zum Flugfeld Buc und übergab sie gemeinsam mit einer oder zwei Maschinen aus Nevers an die polnische Ausbildungsabteilung in Lyon sowie an eine eilig in Salon-de-Provence gebildete escadrille de regroupement. Das Restkontingent hielt man bis zur französischen Kapitulation in Reserve, doch danach wurden alle Maschinen verschrottet.

Der niederländische Auftrag beruhte auf der Verfügbarkeit des Bristol Taurus III, der nie zur Auslieferung gelangte. Die Produktion lief dennoch weiter, da man auf den schwächeren Bristol Mercury VIII zurückgreifen und eine Leistungseinbuße in Kauf nehmen wollte. Die Fertigungsstrecke wurde jedoch am 10. Mai 1940 bei einem Angriff zerstört, noch bevor ein Exemplar fertiggestellt war.

### TECHNISCHE DATEN

**Typ:** Jagdeinsitzer
**Triebwerk:** ein Sternmotor Gnome-Rhône 14N-39 mit 758 kW (1030 PS)
**Leistung:** Höchstgeschwindigkeit 475 km/h in 5000 m Höhe; Dienstgipfelhöhe 10.000 m; Reichweite 750 km
**Gewicht:** Rüstmasse 1930 kg; max. Startmasse 2750 kg
**Abmessungen:** Spannweite 10,97 m; Länge 8,68 m; Höhe 2,99 m; Tragflügelfläche 17,30 m²
**Bewaffnung:** vier 7,5-mm-Maschinengewehre FN Browning

## Kyushu J7W Shinden

Der Erstflug des einzigartigen Entenflügel-Jagdeinsitzers **Kyushu J7W Shinden** (prächtiger Blitz) fand am 3. August 1945 statt, aber das Ende des Zweiten Weltkriegs machte alle Produktionspläne zunichte. Die Auslegung dieses von Masaoki Tsuruno, Kapitän der Kaiserlich Japanischen Marine, entworfenen Modells hatten Flugtests dreier eigens dafür konstruierter Segelflugzeuge MXY6 als tauglich erwiesen, und es wurden zwei Prototypen **J7W1** gebaut. Sie wiesen einen schlanken Rumpf auf, an dessen zugespitztem Bug in mittlerer Ebene kurz gespannte Vorflügel mit Höhenrudern an der Hinterkante montiert wurden. An der hinteren Rumpfhälfte saßen freitragende Tiefdecker-Tragflächen, die, an der Nasenkante mäßig zurückgepfeilt und mit konventionellen Querrudern ausgestattet, auf halber Spannweite an der Hinterkante über die Saug- und Druckseite hinausragende Sei-

***Eines der bemerkenswertesten Jagdflugzeuge, das die japanische Luftfahrtindustrie im Zweiten Weltkrieg hervorbrachte, war die als Hochleistungs-Abfangjäger geplante Kyushu J7W1. Das Entenflügler-Konzept ermöglichte eine überaus schwere Bugbewaffnung.***

tenflossen und Ruder trugen. Das Bugrad-Fahrwerk ließ sich einziehen, und für den Jagdpiloten war ein geschlossenes Cockpit im Rumpf direkt vor dem Tragwerk eingerichtet. Den Antrieb des Flugzeugs lieferte ein im Rumpfheck installierter Mitsubishi-Sternmotor MK9D, dessen Leistung von 1568 kW (2130 PS) eine Sechsblatt-Druckschraube umsetzte. Bis Kriegsende war der zweite Prototyp fertiggestellt, aber noch nicht geflogen. Die **J7W1** hatte eine Spannweite von 11,11 m, ein maximales Startgewicht von 5288 kg und eine geschätzte Höchstgeschwindigkeit von 750 km/h. Die Bewaffnung der Maschine bestand aus vier 30-mm-Bugkanonen vom Typ 5. In der Planung befand sich außerdem die Version **J7W2**, die von einem Strahltriebwerk Ne-130 mit 900 kg Schub angetrieben werden sollte, aber aus verschiedenen Gründen nie fertiggestellt wurde.

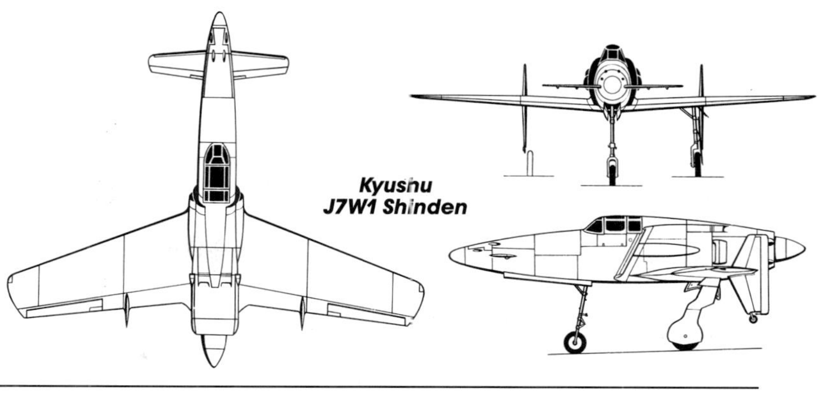


# Kyushu K11W Shiragiku

Die **Kyushu K11W** von Watanabe basierte auf einer Anforderung der Kaiserlich Japanischen Marine für ein Besatzungs-Schulflugzeug. Der freitragende Mitteldecker **K11W** hatte ein einziehbares Spornrad-Fahrwerk, Pilot und Beobachter/Bordschütze waren in einer Kanzel mit hoher Glashaube über dem Tragwerk untergebracht, und Ausbilder, Bombenschütze und Navigator flogen in einer Kabine unter dem Tragwerk mit. Für den Antrieb sorgte ein Sternmotor Hitachi GK2B Amakaze 21 mit 379 kW (515 PS). Die im November 1942 erstmals als Prototyp geflogene **K11W** ging bald darauf als Marine-Einsatzschulflugzeug **Shiragiku** (weiße Chrysantheme) in Serie, und die Herstellerbezeichnung lautete **K11W1.** Zwischen 1943 und 1945 produzierte Kyushu fast 800 solcher Flugzeuge, die von der Marine intensiv genutzt wurden. In der Endphase des Pazifikkrieges dienten viele **K11W1** zu Kamikaze-Angriffen. Außer dieser Standardversion wurden einige Maschinen unter der Bezeichnung **K11W2** vollständig aus Holz gebaut und zur U-Boot-Abwehr sowie für den Transportdienst eingesetzt. Die **K11W1** hatte eine Spannweite von 14,98 m, eine maximale Startmasse von 2640 kg und eine Höchstgeschwindigkeit von 230 km/h. Die gleiche Zelle wurde für den Prototyp des U-Jagdflugzeugs Kyushu Q3W1 Nankai (Südsee) verwendet.

***Die Aufnahme dieses Besatzungstrainers im weißen „Kapitulationsanstrich" mit grünen Kreuzen entstand 1945 in Schanghai.***

# Kyushu Q1W Tokai

Im Jahre 1942 konstruierte Watanabe ein U-Jagdflugzeug entsprechend den Vorgaben der Kaiserlich Japanischen Marine. Diese **Kyushu Q1W** war ein freitragender Tiefdecker mit einziehbarem Heckrad-Fahrwerk und zwei Hitachi-Sternmotoren GK2C Amakaze 31 als Antrieb. Die mit drei Mann besetzte Maschine sollte ein fortschrittliches Suchradar erhalten, das aber nie fertiggestellt wurde. Die **Q1W** mußte sich daher mit einem älteren und wenig effektiven Radar begnügen, ergänzt durch ein Magnetortungsgerät (MAD). Die erstmals im September 1943 geflogene **Q1W1** ging Anfang 1944 als Marine-Patrouillenflugzeug **Tokai** (östliches Meer) in Serie und erhielt später den Alliierten-Decknamen „Lorna". Bis zum Ende des Krieges wurden 150 Exemplare gebaut.

***Die Kyushu Q1W1 war ein auf die U-Jagd spezialisiertes Muster mit relativ schwachen Flugleistungen, das im Sturzflug Ziele mit Bomben bekämpfen sollte.***

### TECHNISCHE DATEN

**Kyushu Q1W1**

**Typ:** U-Jagdflugzeug
**Triebwerk:** zwei Sternmotoren Hitachi Gk2C Amakaze 31 mit einer Leistung von je 459 kW (610 PS)
**Leistung:** Höchstgeschwindigkeit 230 km/h in 1340 m Höhe; Dienstgipfelhöhe 4500 m; Reichweite 1340 km
**Gewicht:** Rüstmasse 3100 kg; max. Startmasse 5315 kg
**Abmessungen:** Spannweite 16 m; Länge 12,09 m; Höhe 4,12 m; Tragflügelfläche 38,20 m²
**Bewaffnung:** ein rückwärtsfeuerndes 7,7-mm-Maschinengewehr vom Typ 92 und zwei 250-kg-Bomben oder zwei 20-mm-Kanonen im Rumpf

**Varianten**
**Q1W1-K:** Prototyp eines viersitzigen Schulflugzeugs in Holzbauweise, vorgesehen als „fliegendes Klassenzimmer" für das Bedienpersonal
**Q1W2:** einige Maschinen, deren Rumpfheck aus Holz konstruiert war

# L.F.G. Roland C.II

Auf die Motorluftschiff-Studiengesellschaft, die 1906 in Berlin gegründet wurde und dort Luftschiffe baute, folgte später die Flugmaschinen Wright GmbH mit einem Werk in Adlershof zum Bau von Wright-Doppeldeckern. Als das Unternehmen 1912 zusammenbrach, nutzten Krupp und andere Geldgeber das Werksgelände, um die Luftfahrzeug-Gesellschaft (L.F.G.) zu gründen. Da aber die bekannte Luftverkehrs GmbH (L.V.G.) ihren Sitz in Berlin hatte, beschloß die L.F.G.-Firmenleitung, den Markennamen „Roland" eintragen zu lassen und in den Firmennamen aufzunehmen, um Verwechslungen der gebräuchlichen Abkürzungen L.F.G. und L.V.G. auszuschließen.

Zu Beginn des Ersten Weltkriegs beschränkte sich das Unternehmen auf die Lizenzfertigung des zweisitzigen Aufklärers Albatros. Der leitende Konstrukteur Tantzen schuf jedoch ein neues Flugzeug dieser Kategorie, von dem er sich wesentlich bessere Leistungswerte erhoffte. Diese **L.F.G. Roland C.II** erhielt später den Spitznamen „Walfisch", zweifellos wegen des dicklichen Rumpfes, den Tantzen gewählt hatte. Da der Oberflügel des Doppeldeckers am Rumpfrücken auflag, waren keine Streben für das Tragflächenmittelstück erforderlich, so daß eine Luftwiderstandsquelle entfiel. Mit dem gleichen Ziel setzte Tantzen auch statt des üblichen mehrgliedrigen Flügelfachs nur einen einzigen kompakten I-Stiel ein. Pilot und Beobachter/Bordschütze waren in offenen Kanzeln untergebracht und hatten ein ausgezeichnetes Sichtfeld über den Oberflügel hinweg, doch nach vorn und unten blieb die Sicht trotz großer Ausschnitte in den Wurzeln beider Flächen eingeschränkt. Das starre Hauptfahrgestell war durch einen Schleifsporn ergänzt.

Der Prototyp flog im Oktober 1915, und ab Anfang 1916 liefen der Fliegertruppe Serienmaschinen zu. Insgesamt wurden 300 Exemplare gebaut, einige davon bei den Linke-Hoffmann-Werken.

**Varianten**
**C.IIa:** Bezeichnung eines ähnlichen Flugzeugs mit verstärkten Randbögen
**C.III:** weiterentwickelte Version mit 147 kW (200 PS) starkem Benz-Motor Bz.IV und herkömmlichen Flügelstielen
**C.VIII:** einzelner Prototyp, aus der C.III entwickelt; geänderter Rumpf und Mercedes-Motor D.IVa mit 191 kW (260 PS)

***Ihr pummeliger Rumpf trug der C.II den Namen „Walfisch" ein.***

### TECHNISCHE DATEN

**L.F.G. Roland C.II**

**Typ:** zweisitziger Aufklärer/Begleitjäger
**Triebwerk:** ein Reihenmotor Mercedes D.III mit 118 kW (160 PS)
**Leistung:** Höchstgeschwindigkeit 165 km/h; Flugdauer 4 Stunden
**Gewicht:** Leermasse 764 kg; max. Startmasse 1284 kg
**Abmessungen:** Spannweite 10,30 m; Länge 7,70 m; Höhe 2,90 m; Tragflügelfläche 26,00 m²
**Bewaffnung:** ein 7,92-mm-Maschinengewehr Parabellum in Beobachterkanzel und (späte Serienmaschinen) ein vorwärtsfeuerndes 7,92-mm-Maschinengewehr LMG 08/15

# L.F.G. Roland D.II und D.IIa bis Lawotschkin La-9 und La-11

**Die Roland D.II der von Krupp mitgetragenen Luftfahrzeug-Gesellschaft ging eher aus politischen als sachlichen Gründen in Dienst. Pierre Latécoere gewann Vorkriegsruhm als Konstrukteur von Wasserflugzeugen. Jäger von Lawotschkin, den Stalin für seine auch an viele kommunistische Alliierte in beachtlichen Stückzahlen gelieferte La-5 zum Helden der Sozialistischen Arbeit machte, waren im Zweiten Weltkrieg das Rückgrat der sowjetischen Luftwaffe.**

## L.F.G. Roland D.II und D.IIa

Nachdem die C.II in Serie gegangen war, konzentrierte sich Tantzen auf die Entwicklung einer einsitzigen Version zur Verwendung als Jagdaufklärer. Das Ergebnis war die **L.F.G. Roland D.I,** deren schlankerer Rumpf und leichtere Linienführung ihr den Spitznamen „Haifisch" einbrachten. Im Vergleich zur C.II hatte sich das Tragflächenkonzept erheblich geändert. Ober- und Unterflügel waren nicht mehr gestaffelt und an der Vorderkante nach außen hin leicht zurückgenommen. Tantzen hatte auch wieder auf eine herkömmliche Verstrebung des Doppeldeckertragwerks statt der I-Stiele zurückgegriffen. Die **D.I** flog erstmals im Juli 1916, und nur wenig später folgte eine verbesserte **D.II** mit überarbeitetem Leitwerk und anderen Verfeinerungen zur Minderung des Luftwiderstands. Beide, die **D.I** und die **D.II,** wurden von einem Mercedes D.III mit 118 kW (160 PS) angetrieben. Die ähnliche **D.IIa** entstand durch den Einbau des stärkeren Argus-Motors As.III. Diese Maschinen gingen ab Anfang 1917 in Dienst, und von allen Versionen wurden vermutlich noch weitere Exemplare gebaut, die meisten von den Pfalz Flugzeug-Werken. Die **D.I/II/IIa** waren bei ihren Piloten nicht sonderlich beliebt, die vor allem die schwergängige Steuerung und das schlechte Sichtfeld bemängelten.

**TECHNISCHE DATEN**

**L.F.G. Roland D.IIa**

**Typ:** Jagdeinsitzer/Erkundungsflugzeug
**Triebwerk:** ein Reihenmotor Argus As.III mit 132 kW (180 PS)
**Leistung:** Höchstgeschwindigkeit 170 km/h; Flugdauer zwei Stunden
**Gewicht:** Leermasse 635 kg, max. Startmasse 795 kg
**Abmessungen:** Spannweite 8,90 m, Länge 6,95 m, Höhe 2,95 m, Tragflügelfläche 22,00 m²
**Bewaffnung:** zwei vorwärtsfeuernde 7,92-mm-LMG 08/15

***Der Prototyp L.F.G. Roland D.III zeigt noch den Rumpf der D.II, aber die wenigen Serienjäger hatten eine schlankere Zelle.***

**Varianten**

**L.F.G. D.III:** Um eine bessere Sicht nach vorn zu erzielen, führte man bei der D.III einen Rumpf mit Stützstreben unter dem Flügelmittelstück ein

**L.F.G. D.V:** einzelner, der D.III ähnlicher Prototyp mit verbessertem Rumpf

## L.V.G. B.I, B.II und B.III

Die Luftverkehrs GmbH (L.V.G.), die einige Jahre vor dem Ersten Weltkrieg auf dem Berliner Flughafen Johannistal gegründet wurde, war mit dem Betrieb von Luftschiffen befaßt, bevor sie sich dem Bau von Flugzeugen zuwandte und Farman-Typen in Lizenz herstellte. 1912 entwickelte die Firma ihre erste eigene Flugzeugkonstruktion in Form eines zweisitzigen Doppeldeckers mit ungleicher Spannweite und starrem Schleifsporn-Fahrgestell, der zunächst einen Mercedes-Reihenmotor D.I als Antrieb erhielt. Der **L.V.G. B.I** bezeichnete Typ wurde zunächst in geringer Stückzahl gebaut, doch nach dem Ausbruch des Ersten Weltkriegs lief bald die Serienfertigung für die deutschen Militärflieger an. Ihr Einsatz zog einige Verbesserungen nach sich, darunter ein Ausschnitt im Oberflügel, der die Sicht des Flugzeugführers aus der hinteren Kanzel verbesserte, und die Einführung des 88 kW (120 PS) starken Mercedes-Motors D.II. Diese neue Version **B.II** wurde von der Muttergesellschaft sowie von der Otto-Werke GmbH und von der Luftfahrzeugbau Schütte-Lanz gefertigt. Sie diente hauptsächlich als Schulflugzeug und für unbewaffnete Erkundungsflüge. Die **B.III** war auf den Ausbildungsdienst spezialisiert und ihre Zelle entsprechend stärker ausgelegt.

**TECHNISCHE DATEN**

**L.V.G. B.I**

**Typ:** zweisitziges Aufklärungs-, Erkundungs- und Schulflugzeug
**Triebwerk:** ein Reihenmotor Mercedes D.I mit 74 kW (100 PS)
**Leistung:** Höchstgeschwindigkeit 105 km/h; Flugdauer vier Stunden
**Gewicht:** Leermasse 726 kg, max. Startmasse 1075 kg
**Abmessungen:** Spannweite 12,12 m, Länge 8,30 m, Höhe 2,95 m, Tragflügelfläche 35,40 m²

***Diese L.V.G. B.II stammte aus der Schmiede des Lizenznehmers Luftfahrzeugbau Schütte-Lanz.***

## L.V.G. C.I und C.II

Als die deutsche Luftwaffe 1915 ein bewaffnetes Aufklärungsflugzeug forderte, bot L.V.G. die **L.V.G. CI** an. Sie war im Grunde genommen eine verstärkte Ausgabe der B.I/II, bei der man die Positionen von Pilot und Beobachter vertauscht hatte, damit letzterer ein MG auf einem Drehkranz bedienen konnte. Wegen des Gewichtszuwachses wurde der kräftigere 110 kW (150 PS) starke Benz-Motor Bz.III installiert. Nach nur wenigen **C.I** wechselte die Produktion jedoch zur Hauptserienversion **C.II.** Diese Maschinen unterschieden sich von der **C.I** durch strukturelle Verfeinerungen und den stärkeren Mercedes-D.III-Motor. Das erste Exemplar dieses Typs ging Ende 1915 in Dienst. Man nimmt an, daß rund 300 **C.I/C.II** für verschiedene Rollen, darunter auch Bombardierung, gebaut wurden.

***C.II waren die ersten Flugzeuge, die London bombardierten. Sie warfen am 28. November 1915 einige Bomben nahe Victoria Station ab.***

**TECHNISCHE DATEN**

**L.V.G. C.II**

**Typ:** zweisitziger Aufklärer/leichter Bomber
**Triebwerk:** ein Reihenmotor Mercedes D.III mit 118 kW (160 PS)
**Leistung:** Höchstgeschwindigkeit 130 km/h; Dienstgipfelhöhe 4000 m; Flugdauer vier Stunden
**Gewicht:** Leermasse 845 kg, max. Startmasse 1405 kg
**Abmessungen:** Spannweite 12,85 m, Länge 8,10 m, Höhe 2,93 m, Tragflügelfläche 37,60 m²
**Bewaffnung:** ein Parabellum-7,92-mm-MG und (späte Serienmaschinen) ein vorwärtsfeuerndes 7,92-mm-LMG 08/15 sowie bis zu 60 kg leichte Bomben

**Varianten**

**L.V.G. C.III:** wie C.II, aber mit Beobachter im Frontcockpit; Einzelexemplar

**L.V.G. C.IV:** geringfügig vergrößerte Ausführung der C.II mit einem Mercedes D.IV (162 kW/220 PS) als Antrieb

# L.W.D. Junak

Das Anfängerschulflugzeug **L.W.D. Junak-1 (Kadett-1)** war eher für das Militär als für Flieger-Clubs gedacht. Bei diesem Tiefdecker saßen Lehrer und Schüler in separaten Tandemcockpits unter einer durchgehenden, transparenten Haube. Die **Junak-1,** die am 22. Februar 1948 erstmals flog, wurde von einem M11D mit 93 kW (125 PS) angetrieben. Die nachfolgende **Junak-2,** die als Serienversion dieses Schulflugzeugs galt, wies den 118 kW (160 PS) starken Motor M11FR polnischer Herstellung auf. Die letzte Version **Junak-3** entsprach allgemein den vorausgegangenen Modellen, hatte aber ein Bugrad-Fahrwerk anstelle des Spornrad-Fahrgestells der **Junak-1** und **-2.**

***Mit einem Bugrad-Fahrwerk ausgerüstet wurde die Junak-2 zur Junak-3.***

# L.W.S. 3 Mewa

Nach den Vorschlägen von Zbyslaw Ciolkosz begann das L.W.S.-Team Anfang 1936 mit der Konstruktion eines zweisitzigen Aufklärungsflugzeugs. Das neue Muster, etwas größer als die frühere L.W.S. 2, erhielt ein ähnlich konzipiertes Tragwerk, aber neu konstruierte Leit- und Fahrwerksbaugruppen. Die **L.W.S. 3 Mewa** (Möwe) bezeichnete Maschine war auf den Einbau des Sternmotors Mars von Gnome-Rhône zugeschnitten, um dessen Lizenzfertigung die polnische Regierung verhandelte. Es entstanden drei Musterflugzeuge, von denen **L.W.S. 3/I** im Herbst 1937 als erstes in die Luft kam. Wie die beiden anderen Prototypen wurde auch diese Maschine von einem Gnome-Rhône 14M-01 Mars mit 526 kW (715 PS) angetrieben. Das interessanteste Exemplar dieses Trios war die **L.W.S. 3/II,** deren Seitenflosse im Flug abgesenkt werden konnte, um dem Beobachter ein freies Schußfeld für sein MG über den Hinterrumpf und die Höhenflossen hinweg zu bieten. Der eigentliche Vorserien-Prototyp aber war die **L.W.S. 3/III** mit Merkmalen, die für eine beschleunigte Großserienproduktion sprachen. Aufgrund allgemeiner Verzögerungen und der Notwendigkeit, die Motoren bis zum Anlaufen der polnischen Lizenzfertigung zu importieren, fand der Jungfernflug der ersten unbewaffneten Serienmaschine **L.W.S. 3A Mewa A** aber erst am Morgen des 2. September 1939 statt. Soweit bekannt, starteten nur noch zwei Exemplare zu Testflügen.

***Die Mewa war ein wendiges Flugzeug, vorgesehen für Aufklärung und Heeresunterstützung.***

**TECHNISCHE DATEN**

**L.W.S. 3A Mewa A**

**Typ:** zweisitziges Aufklärungsflugzeug
**Triebwerk:** ein Sternmotor Gnome-Rhône 14M-05 Mars 5 mit 537 kW (730 PS)
**Leistung:** Marschgeschwindigkeit 310 km/h in 3600 m Höhe; Dienstgipfelhöhe 8500 m
**Gewicht:** Leermasse 1748 kg, max. Startmasse 2420 kg
**Abmessungen:** Spannweite 13,45 m, Länge 9,50 m, Höhe 2,65 m, Tragflügelfläche 27,00 $m^2$
**Bewaffnung:** (geplant) ein nach hinten feuerndes MG

**Varianten**

**Mewa B:** vorgeschlagene Serienversion für die bulgarische Luftwaffe; mit der Mewa A identisch, sollte aber vom Fiat-Sternmotor A.74RC angetrieben werden

**L.W.S. 7 Mewa 2:** Version der Mewa zum Dienst bei der bulgarischen Luftwaffe; sollte weiter gespannte Tragflächen und den 662 kW (900 PS) starken Sternmotor P.Z.L. Legwan erhalten

# Lake Buccaneer

1946 gründete David B. Thurston die Colonial Aircraft Corporation in Sanford, Maine, um ein zwei-/dreisitziges Amphibienflugzeug zu bauen. Der Prototyp **Colonial XC-1** wurde von einem Lycoming O-290-D mit 93 kW (126 PS) angetrieben und bot drei Passagieren Platz. Er flog erstmals am 17. Juli 1948. Dieser freitragende Schulterdecker, in dessen einstufigen Ganzmetall-Bootsrumpf das Bugrad-Fahrgestell einzog, war so ausgelegt, daß sein einzelner Motor am Rumpfrücken aufgebockt wurde und eine Druckschraube antrieb. Die Serienversion **C-1 Skimmer** (24 Exemplare) erhielt einen 112 kW (152) starken O-320, und es folgten 18 viersitzige **C-2 Skimmer IV** mit einer Antriebsleistung von 134 kW (182 PS), bevor die Firma 1959 in Konkurs ging. Die **LA-4P** war eine modifizierte **C-2** mit größeren Tragflächen und anderen Verbesserungen. An das Musterflugzeug (N261B), das im November 1959 flog, schlossen sich zwei **LA-4A** an.

Lake Aircraft Corporation, die 1960 die Konkursmasse erworben hatte, wurde 1962 ihrerseits von Consolidated Aeronautics geschluckt. Die Firma wechselte noch mehrmals den Eigentümer, bis sie im September 1979 an Armand Rivard fiel. Seitdem hat sich das viersitzige Muster **Lake LA-4** von der LA-4-180 (134 kW/180 HP) über die **LA-4T** (Rajay-Turbolader) zur **LA-4-200 Buccaneer** (149 kW/200 PS) entwickelt. Die Absatzziffer des Grundmusters **LA-4** hatte die Marke 900 überschritten, als 1982 die für fünf bis sechs Passagiersitze gestreckte Version **LA-250 Renegade** erschien. Von dieser Variante mit einem 186 kW (250 PS) starken Lycoming IO-540 wurden mehr als 100 Exemplare gebaut, einschließlich eines einzelnen Militärflugzeugs namens **Seawolf,** das mit Radar ausgerüstet ist. Derzeit bietet das Unternehmen auch die **Turbo 270 Renegade** mit turbogeladenem TIO-540 und die **Special Edition Seafury** an, die für den Einsatz auf See korrosionsfest ausgeführt ist.

***Der Prototyp Colonial C-1 Skimmer war ein dreisitziges Amphibienflugzeug, das fast 40 Jahre lang konkurrenzlos eine Marktnische ausfüllte.***

***Die Lake Buccaneer, eine verbesserte Skimmer, ist mit moderneren Avioniksystemen und einem kräftigeren Motor bestückt.***

**TECHNISCHE DATEN**

**Lake LA-4-200 Buccaneer**

**Typ:** viersitziges, leichtes Amphibienflugzeug
**Triebwerk:** ein Kolbenmotor Avco Lycoming IO-360-B1A mit 149 kW (200 HP/203 PS)
**Leistung:** max. Reisefluggeschwindigkeit 241 km/h in 2440 m Höhe; Dienstgipfelhöhe 4480 m; max. Reichweite mit Reserven 1328 km
**Gewicht:** Rüstmasse 705 kg, max. Startmasse 1220 kg
**Abmessungen:** Spannweite 11,58 m, Länge 7,59 m, Höhe 2,84 m, Tragflügelfläche 15,79 $m^2$

# Latécoère 15

1917 gründete Pierre Latécoère die Firma Forges et Ateliers de Construction Latécoère mit einem Flugzeugwerk in Toulouse-Montaudron. Sein zweisitziger Versuchsjäger Latécoère 1 von 1918 blieb erfolglos, und das Unternehmen konzentrierte sich eine Zeitlang auf die Lizenzfertigung des Aufklärungs-Doppeldeckers Salmson 2, von dem über 800 Exemplare gebaut wurden. 1919 erschien das Postflugzeug Laté 3, gefolgt von zwei Laté 4, einem dreimotorigen Verkehrs-Doppeldecker für zehn Passagiere. Im Jahre 1922, als das Unternehmen den Firmennamen in Société Industrielle d'Aviation Latécoère änderte, flogen zwei Prototypen, die Laté 8, ein Doppeldecker für sechs Passagiere mit einem 221 kW (300 PS) starken Renault-Motor 12Fe und die zweimotorige Laté 13, ebenfalls eine Verkehrsmaschine. Die Laté 5 von 1924, ein von drei Lorraine 12Da je 276 kW (300 PS) angetriebener Doppeldecker, war als viersitziger Bomber oder als Transportflugzeug für 24 Personen gedacht, doch der Erfolg blieb aus. Im selben Jahr wurde die Laté 6 im Flug erprobt, ein moderner Bomber-Begleitjäger der Kategorie „multiplace de combat". Auch diesem Anderthalbdecker blieb ein Serienauftrag versagt.

Das erste erfolgreiche Latécoère-Muster war die **Laté 15.** Der Prototyp flog 1924, und es folgten neun Serienmaschinen. Die

**Laté 15** war ein gestielter Hochdecker mit einer Spannweite von 18,00 m, ergänzt durch untere Stummelflügel, einem Fahrgestell mit Doppelrädern und zwei Lorraine 8B1-Motoren je 191 kW (260 PS). Die Maschine bot Platz für einen Piloten im offenen Cockpit unmittelbar vor der Flügelvorderkante und für sechs Fluggäste in der dahinter angeordneten Kabine. Die **Laté 15** beflogen die Etappe Casablanca-Oran im Streckennetz der angegliederten Latécoère-Liniengesellschaft.

Eine **Laté 15** wurde vorübergehend in **Laté 15H** umbenannt, nachdem man sie mit Schwimmern ausgerüstet hatte, doch sie gewann die Konfiguration eines Landflugzeugs rasch zurück. Der Anfangserfolg der **Laté 15** war von kurzer Dauer, da man das Muster bald als untermotorisiert empfand. Von diesem Entwurf leitete sich der zweimotorige, zweisitzige Nachtbomber **Laté 19** ab, der auf die unteren Stummelflügel verzichtete und offene MG-Gefechtsstände im Bug und im Mittelrumpf aufwies. Zwei solcher Maschinen und das Einzelexemplar der Sanitätsversion **Laté 20** wurden im Jahre 1926 für die Armée de l'Air gebaut.

***Das Schwimmwerk der Latécoère 15 konnte nicht überzeugen, so daß die Maschine bald ihr gewohntes Radfahrgestell zurückerhielt.***

## Latécoère 21 und 32

Das erste von Latécoère entwickelte Flugboot hieß **Laté 21** und war für Post- und Passagierstrecken im Mittelmeerraum gedacht. Der Prototyp (F-ESDH) flog erstmals 1926 in der Auslegung eines gestielten Hochdeckers mit zusätzlichen Stummelflächen, die die Streben des Haupttragwerks auffingen und zugleich als Stabilisierungsschwimmer fungierten. Zwei Sternmotoren Gnome-Rhône Jupiter 9Ab je 309 kW (420 PS) waren in Tandemanordnung am Oberflügel montiert, und der einfach gestufte Bootsrumpf lief in einer großen Seitenflosse samt Ruder aus. Im Rumpf, auf Höhe der Flügelnase, befanden sich zwei nebeneinanderliegende Flugbootführerpositionen, und die Kabine bot sieben Passagieren Platz. Die erfolgreiche Erprobung der **Laté 21** führte 1927 zum Bau von fünf leicht modifizierten **Laté 21bis** und einer einzelnen **Laté 21ter** mit Farman-12We-Motoren. Die **Laté 21bis** hatten eine Spannweite von 22,00 m, ein maximales Abfluggewicht von 5730 kg und eine Spitzengeschwindigkeit von 172 km/h. Die **Laté 23** war eine vergrößerte Version der **Laté 21** mit einer Spannweite von 28,00 m, Farman-Motoren und acht Passagiersitzen, so daß ihre höchstzulässige Startmasse auf 7503 kg stieg. Das einzige Musterflugzeug brach beim Start am 31. Dezember 1927 auseinander, und die vierköpfige Besatzung kam ums Leben.

***Sieben Latécoère 21 setzte Aéropostale auf der Route Marseille–Algier ein. Sie wurden später durch die Laté 3 ersetzt.***

Eine neugestaltete Version der **Laté 23** erschien als **Laté 32.** Auf den Prototyp (F-AILN) von 1928 folgten sieben Serienflugboote, die größtenteils auf der Strecke Marseille–Algier zum Einsatz kamen. Die **Laté 32** waren jedoch in mehrere Unfälle verwickelt. Ende 1931 wurden sie auf Hispano-Suiza 12Hbxr ummotorisiert.

Die **Laté 34.0** war eine dreimotorige Weiterentwicklung von 1930. Das einzige Exemplar (F-AKDI) hatte drei Hispano-Suiza 12Jb je 294 kW (400 PS), von denen zwei Zugpropeller antrieben und einer eine Druckschraube. Es ging am 2. April 1930 bei einem Unfall verloren, verursacht durch strukturelles Versagen.

Das letzte der für den Mittelmeerdienst konstruierten Flugboote war die **Laté 501.** Sie hatte das gleiche Antriebskonzept wie die **Laté 34.0** und flog erstmals am 24. Februar 1932 vom Stützpunkt Bicarrosse aus. Im Unterschied zur **Laté 34.0** war die **Laté 501** aber nicht für zehn, sondern nur für acht Passagiere ausgelegt. Zudem hatte sie eine im Vergleich zu den Vorgängermodellen festere und weitgehend aus Metall konstruierte Zelle. Trotz der deutlich verbesserten Flugeigenschaften bestellten die französischen Behörden keine weiteren **Laté 501.**

## Latécoère 28

Die aus der Latécoère 26 entwickelte **Latécoère 28.0** war ein abgestrebter Hochdecker, der von einem Renault-Reihenmotor 12Jbr angetrieben wurde. Der geschlossene Führerraum nahm einen Piloten und einen Kopiloten/Bordmechaniker auf, und die Kabine bot acht Passagieren Platz. Den 17 **Laté 28.0** folgten 29 **Laté 28.1** mit einem Hispano-Suiza 12Hbxr, der 368 kW (500 PS) erzeugte. Etliche **Laté 28.0** erhielten nachträglich den verbesserten Standard **Laté 28.1.**

Die einzige **Laté 28.2** war ein Postflugzeug, das 1931 mehrere Weltrekorde aufstellte. Mit dem ersten von fünf Luftpostflugzeugen **Laté 28.3** gelang dem berühmten Jean Mermoz am 11./12. April 1930 ein Langstrecken-Weltrekord für Seeflugzeuge, als er 4308,34 km zurücklegte.

**TECHNISCHE DATEN**

**Latécoère 28.0**

**Typ:** achtsitziger Passagier-Eindecker

**Triebwerk:** ein V-12-Reihenmotor Renault 12Jb mit 368 kW (500 PS)

**Leistung:** Höchstgeschwindigkeit 223 km/h; Dienstgipfelhöhe 5200 m; Reichweite 950 km

**Gewicht:** Rüstmasse 2173 kg; max. Startmasse 3856 kg

**Abmessungen:** Spannweite 19,25 m; Länge 13,64 m; Höhe 3,58 m; Tragflügelfläche 48,60 m²

Die anderen **Laté 28.3** wurden auf Mittelmeerstrecken und im Charterdienst eingesetzt. Die **Laté 28.1/H** war eine Variante der **Laté 28.3** mit Radfahrgestell. Einzelexemplare blieben die **Laté 28.3-I,** eine Passagierversion der **Laté 28.3,** und die **Laté 28.4-I,** ebenfalls aus der **Laté 28.3** entwickelt, aber mit einem 515 kW (700 PS) starken Sternmotor Gnome-Rhône 14Kbr. 1930 erschien die **Laté 28.5** mit verstärkter Struktur und einem 478 kW (650 PS) starken Hispano-Suiza 12Nbr. Anschließend wurden drei **Laté 28.6** mit dem gleichen Hispano-Suiza-Motortyp für Venezuela gebaut.

***Die Latécoère 28 zeichnete sich durch mehrere Weltrekorde und ihre Verläßlichkeit im Luftpostdienst aus. In dieses Exemplar einer 28.1 ist ein Hispano-Suiza-Motor eingebaut.***

## Latécoère 298

Das Torpedobomber-Musterflugzeug **Latécoère 298.01** startete am 8. Mai 1936 zum Jungfernflug. Der einmotorige Ganzmetall-Mitteldecker mit deutlich zugespitztem Tragwerk und Zwillingsschwimmern war für eine Dreimann-Besatzung eingerichtet. Der Torpedo wurde in einer Vertiefung unter dem Rumpf mitgeführt und mit einer Krücke zum Wurf abgesenkt. Die zufriedenstellenden Tests dieser Maschine ergaben Aufträge für 177 **Laté 298.** Die Serienmaschinen unterschieden sich in erster Linie durch ein völlig neu konstruiertes Kabinendach. Auf die erste Baureihe von 29 **Laté 298A,** die ab Oktober 1938 ausgeliefert wurden, folgten 42 **Laté 298B** mit Doppelsteuer und faltbaren Tragflächen.

***Latécoère 298 der französischen Marineflieger, Ende 1939 in Berre nahe Marseille an der Südküste stationiert.***

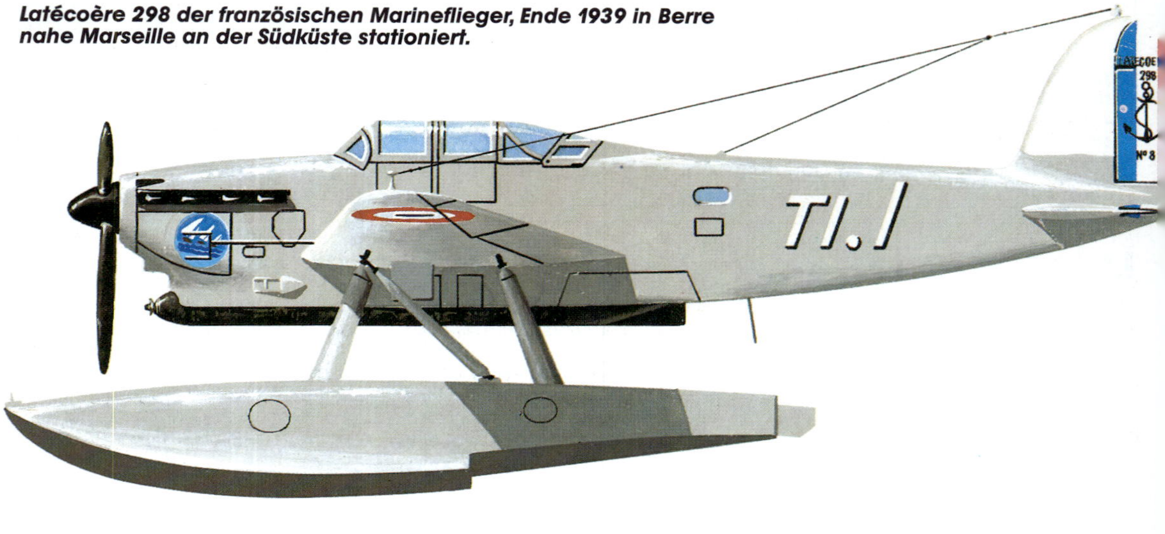

Die Schlußserie **Laté 298D** umfaßte 106 Maschinen mit Doppelsteuer und starren Tragflächen. Eine **Laté 298D** wurde unter der Bezeichnung **Laté 298E** mit einer Beobachtungsgondel unter dem Bauch ausgerüstet.

Im September 1939 ging die **Laté 298** an vier escadrilles der französischen Marine, HB1 und HB2 **(Laté 298B** mit Klappflächen) an Bord des Seeflugzeugträgers Commandant Teste sowie T1 in Berre und T2 in Cherbourg. Die **Laté 298** wurden auch in die Rolle eines Jagdbombers und Sturzkampfbombers gepreßt, als Deutschland den Blitzkrieg gegen Frankreich begann. Viele Maschinen dieses Typs blieben unter der Vichy-Regierung im Dienst, die die Firma Breguet mit dem Bau von 30 **Laté 298** zur Verwendung in den Übersee-Territorien beauftragte. Diese Flugzeuge glichen der **Laté 298D**, hatten allerdings kein Doppelsteuer.

**TECHNISCHE DATEN**

**Latécoère 298D**

**Typ:** dreisitziger Torpedobomber
**Triebwerk:** ein V-12-Reihenmotor Hispano-Suiza 12Ycrs mit 648 kW (880 PS)
**Leistung:** Höchstgeschwindigkeit 287 km/h; Dienstgipfelhöhe 5100 m; Reichweite 1000 km
**Gewicht:** Rüstmasse 3070 kg; max. Startmasse 4600 kg
**Abmessungen:** Spannweite 15,50 m; Länge 12,56 m; Höhe 5,25 m; Tragflügelfläche 31,60 m²
**Bewaffnung:** zwei starre, vorwärtsfeuernde Darne 7,5-mm-MG und ein per Hand richtbares plus ein 670-kg-Torpedo Typ DA oder bis zu 500 kg Bomben beziehungsweise drei Wasser- oder neun Leuchtbomben

# Latécoère 521, 522 und 523

Das riesige Flugboot **Latécoère 521** (F-NORD) mit dem Namen „Lieutenant de Vaisseau Paris", wurde, wie bestellt, als Nordatlantik-Passagierflugzeug gebaut. Dem Nachfolger des projektierten viermotorigen Flugboots Laté 520 dienten sechs V-12-Reihenmotoren Hispano-Suiza 12Ybrs à 478 kW (650 PS) als Antrieb, die sich in Gondeln unter dem Schirmeindecker-Tragwerk befanden. Beide Rumpfseiten trugen Stummelflächen kurzer Spannweite, die mit dem Oberflügel verstrebt und mit Stabilisierungsschwimmern an den Enden versehen waren. Am Oberflügel hatte man außen Einzelmotoren und innen Tandemmotorpaare für Zug- und Druckschrauben gruppiert.

Der untere Raum des zweifach gestuften Bootsrumpfes enthielt im Bug eine Anlegestation, dahinter das Funknavigationsabteil, einen Salon für 20 Passagiere, sechs De-Luxe-Kabinen, ein weiteres Abteil für 26 Passagiere, eine Bordküche und am Ende noch einen Gepäckraum. Im Oberdeck waren der Führerraum, die Mechanikerzelle, eine Passagierkabine für 18 Personen und ein zweiter Gepäckraum untergebracht.

Nach dem Erstflug am 10. Januar 1935 absolvierte die **Laté 521** eine Reihe von Vorführflügen, bevor sie im Dezember 1935 nach Dakar in Westafrika, weiter nach Natal in Brasilien und schließlich zu den französischen Karibikinseln startete. Am 13. Januar 1936 erreichte die Maschine Pensacola in Florida, wo sie in einen Hurrikan geriet und an der Ankerkette versank. Das Flugboot wurde geborgen, nach Frankreich geschafft und dort für die Gesellschaft Air France Transatlantique repariert. Als es im Juni 1937 wieder flugtüchtig war, führte es einen Nonstopflug nach Brasilien und anschließend einen in Etappen unterteilten Flug über den Nordatlantik durch, während der Rückflug im September 1937 ohne Zwischenlandungen erfolgte. Mit stärkeren Motoren ausgerüstet, absolvierte die Maschine zwischen Mai und Juli 1939 vier weitere Etappenflüge nach New York und zurück. Anschließend übernahm die französische Marine die **Laté 521,** und Escadrille E.6 setzte sie im Patrouillendienst über dem Nordatlantik ein. Im Juni 1940 strandete das Flugboot in Port Lyautey an der marokkanischen Küste. Es wurde nach Berre in Südfrankreich zurückgebracht und dort 1944 verschrottet. Die **Laté 521** hatte eine Spannweite von 49,31 m, eine maximale Startmasse von 32.180 kg und eine Spitzengeschwindigkeit von 255 km/h.

***Speziell für angestrebte Passagierflüge über den Nordatlantik wurde die Latécoère 521 gebaut, seinerzeit ein wahrer Gigant der Lüfte mit drei Decks für Besatzung und Passagiere.***

Der Erfolg der **Laté 521** führte zu Aufträgen über drei zivile **Laté 522** und drei **Laté 523** für die Marine. Von der **Laté 522** wurde jedoch nur ein Exemplar („Ville de Saint Pierre") gebaut. Die im April 1939 getestete Maschine unterschied sich erheblich von der **Laté 521.** So war die Raumaufteilung völlig neu konzipiert, der obere Rumpfteil neu konstruiert, das höchstzulässige Startgewicht angehoben und als Antrieb der Hispano-Suiza 12Y-36/37 je 677 kW (920 PS) eingesetzt worden. Vor Kriegsausbruch überquerte die **Laté 522** den Nordatlantik zweimal in beiden Richtungen, doch auf einem Verbindungsflug nach Französisch-Somaliland im Februar 1941 wurde die Maschine beschädigt, nach Frankreich zurückgebracht und im August 1944 endgültig zerstört.

Die drei **Laté 523** gingen ebenfalls an Escadrille E.6 (später 6.E), nachdem das erste Exemplar („Altair") am 21. Oktober 1938 zum Jungfernflug gestartet war.

# Latécoère 631

Die **Latécoère 631,** die 46 Passagiere über den Südatlantik befördern sollte, war für ihre Zeit eine bemerkenswerte Konstruktion. Den Antrieb lieferten wie bei der Laté 521 sechs Motoren, die aber alle einzeln an der Nasenkante des Hochdeckertragwerks montiert waren. Der zweifach gestufte Bootsrumpf hatte eine ausgezeichnete Form, ohne jegliche Auswölbungen, und die Stabilisierungsschwimmer ließen sich in die Gehäuse der äußeren Motoren einziehen. Der sich nach hinten verjüngende Rumpf mündete in ein geteiltes Seitenleitwerk. Aufgrund der Kriegsbedingungen zog sich der Bau des Musterflugboots **Laté 631.01** über vier Jahre hin, so daß erst am 4. November 1942 der Erstflug stattfand. Drei weitere 1942 bestellte Exemplare flogen sogar erst im März 1945, Ende 1946 und im Mai 1947. Von den sieben zusätzlichen Maschinen, die das Vichy-Regime im Jahre 1944 in Auftrag gegeben hatte, wurden sechs zwischen September 1947 und Oktober 1949 fertiggestellt.

Die Flugtests der **Laté 631.01** waren 1943 durch die deutsche Besetzung Südfrankreichs unterbrochen worden. Nach Wiederaufnahme der Flugerprobung wurde die Maschine beschlagnahmt und am 20. Januar 1944 nach Friedrichshafen überführt, wo sie zusammen mit den anderen französischen Riesenflugzeugen Potez-CAMS 141 und Sud-Est SE. 200 einem Luftangriff zum Opfer fiel.

***Das Passagier-Flugboot Latécoère 631 erreichte den Liniendienst erst nach dem Ende des Zweiten Weltkriegs.***

Die anderen **Laté 631** wurden ab 1947 bei Air France in Dienst gestellt und anschließend an mehrere kleinere Unternehmen verkauft, die sie hauptsächlich zum Frachttransport verwendeten. Das zweite Flugboot blieb bis zu seiner Verschrottung im Jahre 1956 im Einsatz, während das dritte, sechste, siebte und achte Exemplar zwischen 1950 und 1955 bei Unfällen verlorenging.

# Lawotschkin LaGG-3

Semjon A. Lawotschkin, der sich seit seiner Studienzeit mit der Konstruktion von Luftfahrzeugen befaßt hatte, konnte als Mitglied mehrerer Projektgruppen wertvolle Erfahrungen sammeln, und tat sich 1938 mit V. P. Gorbunow und M. I. Gudkow zusammen, um einen neuen Jagdeinsitzer zu konstruieren. Der Prototyp, der zunächst **I-22** und später **LaGG-1** (Lawotschkin, Gorbunow und Gudkow) genannt wurde, hob am 30. März 1940 zum ersten Mal vom Boden ab. Die ersten Flugtests verliefen

***LaGG-3 der Roten Luftstreitkräfte an der Ukraine-Front im Jahre 1942.***

recht enttäuschend und erforderten einige Änderungen wie den Einbau einer leistungsstärkeren Laderversion des Klimow-Motors M-105, der zuvor als Antrieb gedient hatte. Gleichzeitig erweiterte man das Tankvolumen, führte einen Dreiblatt-Propeller ein und ergänzte an der Nasenkante Vorflügel. In dieser Form wurde die **I-22** in **I-301** umbenannt und ging als LaGG-3 in Serie. Der freitragende Tiefdekker mit bestechender Linienführung und einziehbarem Heckrad-Fahrgestell war insofern einzigartig unter den Jägern dieser Periode, als seine Zelle vollständig aus Holz bestand, abgesehen von den stoffbespannten Steuerflächen mit metallener Struktur. Rumpf, Leitwerk und Tragflächen fußten auf einer hölzernen Grundstruktur, auf die mit Phenol-Formaldehydharz diagonale Sperrholzstreifen geklebt waren.

Die **LaGG-3** kam in der Anfangsphase der Kämpfe gegen die deutschen Invasionstruppen zum Einsatz und bewährte sich recht gut, vor allem, weil die Art der Struktur sich als robust und widerstandsfähig gegenüber Kampfbeschädigungen erwies. Man nimmt an, daß über 6500 **LaGG-3** produziert wurden, von denen einige ein Spornrad und Vorrichtungen für Abwurftanks erhielten.

### TECHNISCHE DATEN

**Lawotschkin LaGG-3**

**Typ:** Jagdeinsitzer
**Triebwerk:** ein V-12-Reihenmotor Klimow M-105PF mit 913 kW (1240 PS)
**Leistung:** Höchstgeschwindigkeit 560 km/h in 5000 m Höhe; Dienstgipfelhöhe 9600 m; Reichweite 650 km
**Gewicht:** Leermasse 2620 kg; max. Startmasse 3280 kg
**Abmessungen:** Spannweite 9,80 m; Länge 8,90 m; Tragflügelfläche 17,50 m²
**Bewaffnung:** siehe Text

## Lawotschkin La-5 und La-7

***La-5FN einer tschechischen Ausbildungseinheit, 1945/46 im slowakischen Malacky stationiert.***

Die LaGG-3 hatte sich als gute Notlösung erwiesen, um den Sofortbedarf an Jagdflugzeugen zu decken, da sie aus reichlich vorhandenem Holz und nicht aus knappem Leichtmetall bestand. Allerdings erbrachte sie unter allen Jägern ihrer Zeit eindeutig die schlechtesten Leistungen. 1941 unternahm das Lawotschkin-Konstruktionsteam daher zügig die Weiterentwicklung der LaGG-3, um das Leistungspotential zu steigern. Der erste Schritt bestand im Einbau des Schwezow-Sternmotors M-82, der nicht nur die Spitzengeschwindigkeit um 6% anhob, sondern zugleich die Höhenleistung des Jägers verbesserte. Als Zwischenstufe stellte man im Mai 1942 die Produktion auf die Installation dieses Triebwerks um und nannte die neuen Jäger Lawotschkin **LaGG-5.** Nur wenige Wochen später ging man bereits zur **La-5** mit abgeflachtem Hinterrumpf über, um den Einbau eines Kabinendaches zu ermöglichen, das dem Jagdpiloten eine günstigere Rundumsicht bot. Das Leistungsvermögen der **La-5** reichte aber immer noch nicht, als daß sie sich mit der Messerschmitt Bf 109G-2 hätte messen können. Daraufhin bemühte man sich, den Luftwiderstand zu reduzieren und den Antrieb weiter zu verstärken. Dies ergab die **La-5FN,** die Flügelholme aus Metall und eine geringere Kraftstoffkapazität einführte, um Gewicht einzusparen. Zudem sorgten eine leistungsstärkere Version des Schwezow-Motors und Nasenklappen für eine bessere Manövrierbarkeit des Jägers im Luftgefecht.

Die **La-5FN,** die in rund 10.000 Exemplaren gebaut wurde, griff erstmals Ende 1942 bei der Schlacht um Stalingrad in das Kampfgeschehen ein. Der Zug um Zug verbesserte Typ blieb bis zum Ende des Zweiten Weltkriegs als Jäger/Jagdbomber im Einsatz. Unter der Bezeichnung **La-5UTI** wurde auch eine zweisitzige Schulversion gebaut. Die Weiterentwicklung zum Abfangjäger (und Trainer) für große Höhen führte zur **La-7** (und **La-7UTI)** mit dem gleichen Triebwerk, aber erhöhtem Leistungsvermögen, das durch aerodymische Verfeinerungen und Gewichtseinsparungen erreicht wurde. Die Produktion der **La-7/-7UTI** belief sich auf über 5500 Exemplare, die noch im Zweiten Weltkrieg zum Einsatz kamen.

**Varianten**
**La-7R:** zwei umgebaute La-7 mit zusätzlichem Raketenmotor im Hinterrumpf; nur Versuchsmaschinen
**La-7TK:** eine umgerüstete La-7 mit zwei TK-3-Turboladern zur Verbesserung der Höhenleistung; nur Versuchsmaschine
**La-126:** Experimentalversion mit geänderten Tragflächen, unter die Staustrahltriebwerke PVRD-430 gehängt waren

### TECHNISCHE DATEN

**Lawotschkin La-7**

**Typ:** Abfangjäger
**Triebwerk:** ein Sternmotor Schwezow M-82FN (ASh-82FN) mit 1362 kW (1850 PS)
**Leistung:** Höchstgeschwindigkeit 665 km/h; Dienstgipfelhöhe 10.800 m; Reichweite 635 km
**Gewicht:** Leermasse 2638 kg; max. Startmasse 3400 kg
**Abmessungen:** Spannweite 9,80 m; Länge 8,60 m; Tragflügelfläche 17,50 m²
**Bewaffnung:** zwei oder drei 20-mm-Kanonen, Typ Beresin B-20, und Gehänge für maximal 200 kg Bomben unter den Flächen

## Lawotschkin La-9 und La-11

Die fortgeführte Weiterentwicklung und Verbesserung der Flugzeugfamilie LaGG-3/La-5/La-7 ergab eine umfassend überarbeitete Version der La-7, so daß die neue Bezeichnung **Lawotschkin La-9** gerechtfertigt war. Das Muster behielt den Schwezow-Motor der La-7 bei, profitierte aber von weiteren Gewichtsreduzierungen (dank des zunehmenden Anteils von Leichtmetall statt Holz in der Struktur). Die bisherigen Randbögen des Trag- und Höhenleitwerks waren einer Rechteckform gewichen, und das Seitenleitwerk hatte an Höhe gewonnen. Der Rumpf enthielt eine verbesserte Kanzel, doch das vertikal größere Profil des Hinterrumpfs schränkte die Sicht des Piloten nach hinten etwas ein. Die schwere Bewaffnung der **La-9** bestand aus vier vorwärtsfeuernden 23-mm-Kanonen, und neben dem Grundmodell **La-9** wurde noch die zweisitzige Schulversion **La-9UTI** entwickelt. Die meisten sowjetischen Jagdfliegerregimenter verwendeten die **La-9** in der Nachkriegsperiode, und viele Maschinen stellte man Verbündeten, darunter auch China, zur Verfügung. Unter der Bezeichnung **La-11** wurde eine Langstrecken-Begleitversion der **La-9** entwickelt, die sich vom Vorgängermodell durch ihre Ganzmetallbauweise, ein erweitertes Tankvolumen und eine auf drei 23-mm-Kanonen zurückgenommene Bewaffnung unterschied. Die **La-11** ließ sich leicht daran erkennen, daß man den Lufteinlauf des Ölkühlers unter dem Rumpf der **La-9** in das Motorgehäuse integriert hatte. Die **La-11,** von der nordkoreanischen Luftwaffe im Koreakrieg eingesetzt, war der letzte kolbengetriebene Jäger aus dem Hause Lawotschkin, und sie blieb bei den kommunistischen Streitkräften noch bis in die sechziger Jahre im Dienst.

### TECHNISCHE DATEN

**Lawotschkin La-11**

**Typ:** einsitziger Begleitjäger
**Triebwerk:** ein Sternmotor Schwezow ASh-82FNV mit 1376 kW (1870 PS)
**Leistung:** Höchstgeschwindigkeit 690 km/h in 6200 m Höhe; Dienstgipfelhöhe 10.250 m; Reichweite 750 km
**Gewicht:** max. Startmasse 3995 kg
**Abmessungen:** Spannweite 9,95 m; Länge 8,60 m; Tragflügelfläche 17,70 m²
**Bewaffnung:** drei 23-mm-Kanonen

***Die La-9 stellte den Gipfelpunkt der La-Serie dar, denn sie verfügte über bessere Avioniksysteme und eine günstige Aerodynamik.***

***Die Lawotschkin La-11, die Langstreckenversion der La-9, führte nur eine leichte Bewaffnung mit.***

# Lawotschkin La-15 bis Let L-40 Meta-Sokol

**Gates Learjet ist ungeheuer erfolgreich mit Geschäftsflugzeugen und militärischen Varianten der Serie 35 als Aufklärer, U-Boot-Bekämpfer und Schulungsmaschine für die elektronische Kriegführung. Learjet hat Aufträge bis gut ins nächste Jahrhundert hinein. René Leduc entwarf innovative Flugzeuge, die wie Raumschiffe aussahen, doch in den 50er Jahren ging ihm dafür das Geld aus.**

## Lawotschkin La-15

Die Erfahrung, die das Lawotschkin-Konstruktionsteam durch die Arbeit an den bereits erwähnten Prototypen gewonnen hatte, führte zu dem Versuchsjäger **Lawotschkin La-168,** der erstmals Anfang 1948 flog. Er unterschied sich erheblich von allen früheren Konstruktionen dieser

**TECHNISCHE DATEN**

**Lawotschkin La-15**

**Typ:** einsitziger Strahljäger
**Triebwerk:** ein Strahltriebwerk RD-500 mit 1590 kg Schub
**Leistung:** Höchstgeschwindigkeit 1025 km/h in 3000 m Höhe; Dienstgipfelhöhe 13.000 m; Reichweite 1100 km
**Gewicht:** Leermasse 2575 kg; max. Startmasse 3850 kg
**Abmessungen:** Spannweite 8,83 m; Länge 9 m; Tragflügelfläche 16,16 m$^2$
**Bewaffnung:** zwei 23-mm-Kanonen und Bomben oder Raketen

Abteilung, denn in die hintere Rumpfzelle war eine Strahlturbine eingebaut, deren Abgasstrom durch das Heck geführt wurde, statt an der Unterseite des Mittelrumpfs auszutreten. Der Einbau des Triebwerks im hinteren Rumpfdrittel bot Lawotschkin die Möglichkeit, das Cockpit für den Jagdpiloten hoch im Vorderrumpf vor dem Schulterdeckertragwerk mit einer Pfeilung von 37° 20' einzubringen. Alle Leitwerksflächen waren ebenfalls zurückgepfeilt, und den Antrieb lieferte ein Rolls-Royce-Nene-Strahltriebwerk mit 2268 kg Schub. Der gleichzeitig entstandene Prototyp **La-174** war praktisch identisch ausgelegt, aber insgesamt kleiner und hatte einen Rolls-Royce Derwent mit einer Nennleistung von nur 1600 kg Schub. Die Flugtests beider Prototypen zeigten, daß die Höchstgeschwindigkeit der **La-174** nur 6% niedriger lag als bei der antriebsstärkeren **La-168.** Da die sowjetische Produktion des Rolls-Royce Nene (als RD-45) der Iljuschin Il-28 und der MiG-15 vorbehalten

***Mit der La-168 gab das Lawotschkin-Konstruktionsteam die Auslegung mit Rumpfgondel und Leitwerksträger auf, die für seine früheren Düsenjäger typisch war.***

war, genehmigte man eine begrenzte Serienfertigung der **La-174** als **Lawotschkin La-15** mit dem Rolls-Royce Derwent, der als RD-500 hergestellt wurde. Der Prototyp eines zweisitzigen Schulflugzeugs wurde als **La-180** entwickelt und ging zügig als **La-15UTI** in Serie. Die **La-15** mit dem NATO-Decknamen „Fantail" blieb bis Mitte der fünziger Jahre bei den sowjetischen Luftstreitkräften im Dienst.

**Variante**

**La-176D:** Weiterentwicklung der La-168 mit einigen Änderungen am Rumpf für den Einbau eines 2268 kg Schub starken RD-45-Strahltriebwerks, mit neu konstruiertem Tragwerk, dessen Pfeilung auf 45° gesteigert war, und einer geänderten Bewaffnung; diese Maschine durchbrach im Dezember des Jahres 1948 die Schallmauer im Sturzflug

## Learjet 23

Der von der Schweizer Bundesregierung Ende der fünfziger Jahre abgelehnte Düsenjäger FFAP-16 weckte das Interesse von Bill Lear Senior, der in ihm das Ausgangsprodukt für ein zweistrahliges Geschäftsreiseflugzeug sah. Im November 1959 befaßte er sich in St. Gallen mit den Vorarbeiten für die Konstruktion und verkaufte seine Elektronikfirma an die Siegler Corporation. Anschließend gründete Lear die Swiss American Aviation Corporation, um dieses Flugzeug als **SAAC Lear Jet 23** zu entwickeln. Ein wichtiges Teilziel bestand darin, die Gesamtmasse des Flugzeugs unter 5670 kg zu halten, so daß es für den Betrieb mit nur einem Piloten nach den FAA-Bestimmungen CAR.3 und für den Lufttaxidienst ohne CAB-Erlaubnis zugelassen werden konnte.

Im August 1962, nachdem der Entwurf abgestimmt und die Produktionsausrüstung bestellt war, verlagerte Lear das Projekt nach Wichita in Kansas und firmierte neu unter dem Titel Lear Jet Corporation.

**TECHNISCHE DATEN**

**Typ:** Geschäftsreiseflugzeug für fünf bis sieben Passagiere
**Triebwerke:** zwei Strahltriebwerke General Electric CJ610-4 je 1293 kg Schub
**Leistung:** Höchstgeschwindigkeit 903 km/h in 7315 m Höhe; wirtschaftliche Reisefluggeschwindigkeit 781 km/h in 12.190 m Höhe; Dienstgipfelhöhe 13.715 m; Reichweite mit max. Treibstoff bei wirtschaftlicher Reisegeschwindigkeit 2945 km
**Gewicht:** Leermasse 2790 kg; max. Startmasse 5670 kg
**Abmessungen:** Spannweite 10,85 m; Länge 13,18 m; Höhe 3,84 m; Tragflügelfläche 21,46 m$^2$

Der Prototyp absolvierte seinen Erstflug am 7. Oktober 1963, gefolgt von der zweiten und dritten Maschine am 5. März beziehungsweise 15. Mai 1964. Die Musterzulassung erging am 31. Juli, und am 13. Oktober wurde die erste seriengefertigte **Lear Jet 23** an die Chemical and Industrial Corporation in Cincinnati, Ohio, ausgeliefert.

***Die Learjet 23 läutete eine neue Konzeptionsära der „Bizjets" (Geschäftsreiseflugzeuge) ein und bietet Spitzenflugleistungen – dem Piloten allerdings wenig Kopffreiheit.***

Die **Lear Jet** war zwar kleiner als die Kolbenmotorflugzeuge, die sie verdrängen sollte, machte diesen Nachteil aber durch Leistung mehr als wett, und obwohl zum Betrieb mit nur einem Piloten gedacht, sah ihre Grundauslegung zwei Flugzeugführer und fünf bis sieben Passagiere vor. Die ersten 30 Serienflugzeuge wurden mit zwei Strahltriebwerken General Electric CJ610-1 je 1293 kg Schub fertiggestellt, aber die übrigen der knapp über 100 **Lear Jet 23** erhielten Triebwerke CJ610-4 mit gleicher Leistung.

## Learjet 24

Die Obergrenze von 5670 kg Gesamtgewicht, die man bei der Lear Jet 23 zugrundegelegt hatte, erwies sich in der Praxis als Beschränkung. Die meisten Betreiber besetzten ihre Maschinen ohnehin mit zwei Mann, und zwischenzeitlich hatte das Civil Aeronautical Board (CAB) seine Vorschriften zur Genehmigung strahlgetriebener Verkehrsflugzeuge geringer Kapazität gelockert. Dadurch bot sich Lear die Möglichkeit, die Stärken seines Grundmusters zu nutzen, um eine neue Version nach FAR.25 mit einer Gesamtmasse von 6123 kg zu entwickeln. Die im Oktober 1965 angekündigte **Learjet 24** führte neben anderen Verbesserungen einen höheren Überdruck in der Kabine für Flüge in noch größerer Höhe ein. Die erste Maschine hob am 24. Februar des Jahres 1966 vom Boden ab und erhielt im Monat darauf die Musterzulassung.

**TECHNISCHE DATEN**

**Learjet 24F**

**Typ:** leichtes Geschäftsreiseflugzeug für acht Passagiere
**Triebwerke:** zwei Strahltriebwerke General Electric CJ610-8A je 1338 kg Schub
**Leistung:** Höchstgeschwindigkeit 880 km/h in 7620 m Höhe; wirtschaftliche Reisefluggeschwindigkeit 793 km/h in 14.325 m Höhe; Dienstgipfelhöhe 15.545 m; Reichweite mit vier Passagieren und Treibstoffreserve 2731 km
**Gewicht:** Leermasse 3204 kg; max. Startmasse 6123 kg
**Abmessungen:** Spannweite 10,85 m; Länge 13,18 m; Höhe 3,73 m; Tragflügelfläche 21,53 m$^2$

1967 erwarb die Gates Rubber Company Lears Anteile an der Lear Jet Corporation, und im Januar 1970 erfolgte die Umfirmierung zur Gates Learjet Corporation. Ein Jahr zuvor hatte die Auslieferung der **Learjet 24B** begonnen, die sich in erster Linie durch zwei 1338 kg Schub starke General Electric CJ610-6 unterschied. Damals befand sich die leichtere Version **Learjet 24C** in der Entwicklung, wurde aber im Dezember 1970 zugunsten der **Learjet 24D** aufgegeben. Letztere bot eine größere Reichweite aufgrund erhöhter Treibstoffkapazität und war für ein höheres Gesamtgewicht zugelassen. Diese Variante gab sich schon von außen leicht zu erkennen, da der Verkleidungskegel am

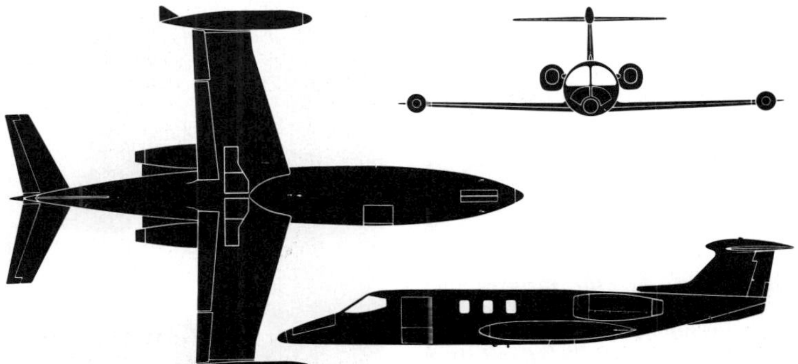

***Learjet 24***

Kreuzungspunkt Seiten-/Höhenleitwerk entfallen war und Rechteckscheiben die ovalen Kabinenfenster ersetzten. Eine **Modell 24D/A** mit einer auf 5669 kg begrenzten Startmasse war ebenfalls erhältlich.

1976 wurden diese beiden Versionen von den **Learjet 24E** und **Learjet 24F** abgelöst. Beide wiesen neu profilierte Tragflächen und aerodynamische Verbesserungen auf, die die Abriß- und Anfluggeschwindigkeit reduzieren sollten. Die Produktion der **Learjet 24E** endete 1979 und die der **24F** 1980, als insgesamt 258 **Learjet 24** gebaut waren.

***Die frühen Modelle der Learjet 24 wiesen Ähnlichkeit mit dem Modell 23 „Pocket Rocket" auf. Spätere Serienmaschinen hatten drei quadratische Kabinenfenster pro Seite und keinen Leitwerkskegel mehr.***

# Learjet 25/28/29

Die **Learjet 25,** die als Prototyp erstmals am 12. August 1966 flog, war im Grunde eine Learjet 24 mit einem um 1,27 m gestreckten Rumpf, um eine zweiköpfige Besatzung und acht Fluggäste aufzunehmen. Der Typ wurde am 10. Oktober 1967 zugelassen, und Ende 1970 folgten die verbesserten Ausführungen **Learjet 25B** und **Learjet 25C,** letztere wie beim Learjet 24E und 24F mit erweitertem Tankvolumen. Im Jahre 1976 führte man bei der Learjet 24 ein neues Tragwerk mit gewölbter Nasenkante und aerodynamische Verbesserungen ein, so daß die neuen Versionen **Learjet 25D** und **Learjet 25F** entstanden. Später wurden alle vier Learjet mit leistungsfähigeren Stahltriebwerken vom Typ General Electric CJ610-8A, zugelassen für den Betrieb in Höhen bis zu 15.545 m, auf dem Markt verfügbar.

### TECHNISCHE DATEN

**Learjet 29**

**Typ:** achtsitziges Geschäftsreiseflugzeug
**Triebwerke:** zwei Strahltriebwerke General Electric CJ610-8A je 1338 kg Schub
**Leistung:** Höchstgeschwindigkeit 884 km/h in 7620 m Höhe; wirtschaftliche Reisefluggeschwindigkeit 756 km/h in 15.545 m Höhe; Dienstgipfelhöhe 15.545 m; Reichweite mit vier Passagieren und Treibstoffreserve 2549 km
**Gewicht:** Leermasse 3730 kg; max. Startmasse 6804 kg
**Abmessungen:** Spannweite 13,35 m; Länge 14,52 m; Höhe 3,73 m; Tragflügelfläche 24,57 m²

***Diese beiden Learjet 25B der peruanischen Luftwaffe sind mit einem kastenförmigen Kamerabehälter unter dem Rumpf ausgerüstet.***

Außer zivilen Nutzern kauften eine Reihe von Luftstreitkräften die **Learjet 25,** darunter Argentinien, Bolivien, Ecuador, Jugoslawien, Mexiko und Peru. In den meisten Fällen diente sie als Höhenaufklärer mit einem Anbaubehälter vor der Flügelnase, der Luftbildkameras enthielt. Die Maschinen ließen sich ohne weiteres zu Eilfracht- oder VIP-Transportflugzeugen umrüsten. Die Herstellung der **Learjet 25F** endete 1979, aber die der **25D** wurde bis August 1982 fortgesetzt, als die zunehmende Rezession innerhalb der Luftfahrzeugbranche zur Einstellung der Produktion auf unbestimmte Zeit führte.

Im Januar 1979 erhielt das Unternehmen die Zulassungen der **Learjet 28** und der **Learjet 29 Longhorn.** Diese beiden neuen Modelle ähnelten der zehnsitzigen **Learjet 25D,** führten aber ein neues Tragwerk mit größerer Spannweite ein. Beide wiesen zudem eine gewölbte Nasenkante und superkritische Winglets (Flügelohren) auf, um bessere Flugleistungswerte und einen höheren Wirkungsgrad im Reiseflug zu erreichen. Wegen der Winglets mußten die Treibstofftanks an den Flächenenden entfallen, so daß der gesamte Treibstoff intern unterzubringen war. Während die **Learjet 28** noch zehn Sitze behielt, verlor die **Learjet 29** zwei Passagiersitze zugunsten einer zusätzlichen Treibstoffmenge von 379 Litern, um eine größere Reichweite anbieten zu können. Die Herstellungskosten der neuen Tragflächen standen jedoch in einem für das Unternehmen nicht vertretbaren Verhältnis zur erreichten Leistungssteigerung, so daß es die weitere Entwicklung der **Learjet 28** (nach fünf Exemplaren) und der **Learjet 29** (nach zwei Exemplaren) im August 1982 abbrach. Etwa zur gleichen Zeit, als der Absatz der **Modell 25** bei 368 Maschinen stand, wurde die Produktion zugunsten der Learjet 35 und 36 eingestellt.

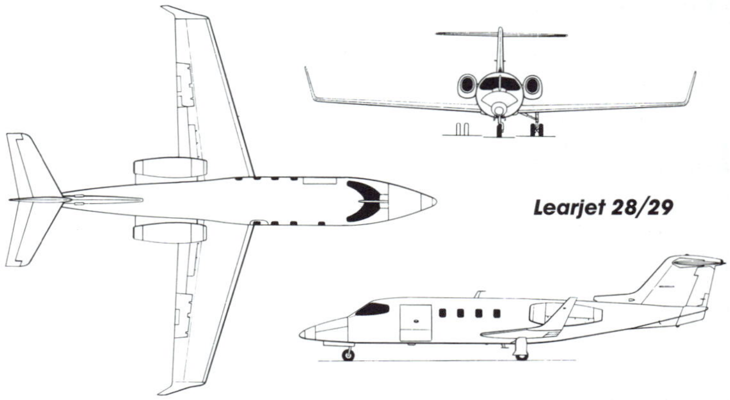

***Learjet 28/29***

# Learjet 31

Der aerodynamische Prototyp der **Learjet 31** hatte zwei Mantelstromtriebwerke TFE-731-2, „Flügelohren" anstelle von Tanks an den Flächenenden und „Delta Fins" unter dem Hinterrumpf zur Verbesserung der Kursstabilität im gesamten Geschwindigkeitsbereich. Er flog erstmals am 11. Mai 1987, und im August 1988 stellte die FAA die Musterzulassung aus. Die mit zwei Flugzeugführern besetzte **LJ 31** kann sieben Passagiere über Entfernungen bis zu 1660 km befördern und den Reiseflug in 15.545 m Höhe durchführen. Zwei eigens für die Ausbildung von Besatzungen ausgelegte Maschinen mit EFIS-Cockpit bestellte Singapore Airlines Mitte 1991, als nach Auslieferung von rund 30 Exemplaren die bisherige Version von den Modellen **31 A** und **31 A/ER** abgelöst wurde. Die **Learjet 31A,** die im Juli 1991 in Wichita in Produktion ging, verfügt über ein integriertes, digitales Avionikpaket und läßt

***Die Learjet 31 ist für „Bizjet"-Erstkäufer gedacht. Das Kurzstreckenmuster vereint den Rumpf der Modell 35/36 mit dem Tragwerk der Learjet 55.***

sich auch mit einem Bremsschirm im internen Gehäuse unter dem Heck ausstatten. Die **Learjet 31A/ER** für größere Entfernungen entspricht der **Modell 31A** mit einer höheren zulässigen Startmasse und kann mehr Treibstoff mitführen.

**TECHNISCHE DATEN Learjet 31A**

**Typ:** strahlgetriebenes Geschäftsreiseflugzeug
**Triebwerke:** zwei Mantelstromtriebwerke TFE731-2 je 1588 kg Schub
**Leistung:** Reisefluggeschwindigkeit 832 km/h in 13.715 m Höhe; Dienstgipfelhöhe 15.545 m; Reichweite 3076 km
**Gewicht:** Leermasse 4575 kg; Höchstnutzlast 1037 kg; max. Startmasse 7030 kg
**Abmessungen:** Spannweite 13,30 m; Länge 14,80 m; Höhe 3,70 m; Tragflügelfläche 24,50 m²

## Learjet 35/36

***Die in Australien beheimatete Wards Air Freight flog zwei modifizierte Frachtflugzeuge Learjet 35A.***

Das neue Bläsertriebwerk TFE731 von Garrett führte 1973 zur **Learjet 35** und **36.** Zunächst hatte das Unternehmen vor, Versionen der Learjet 25 als 25B-GF (Garrett Fan) und 25C-GF zu entwickeln. Eine Learjet 26 diente als Erprobungsträger für ein TFE731-2 mit 1588 kg Schub, das in die rechte Triebwerksgondel eingebaut war, während das Backbord-CJ610 erhalten blieb. Diese Maschine wurde am 4. Januar 1973 testgeflogen, gefolgt von einer Learjet 25 mit zwei TFE731-2, und am 22. August des Jahres 1973 startete diese Maschine zum Jungfernflug.

Im Vergleich zu den Learjet 25 hatten die neuen Muster 33 cm an Länge und durch zwei Teile, die außerhalb der Querruder in die Außenflächen eingefügt waren, 61 cm an Spannweite gewonnen. Außerdem konnten die Maschinen maximal acht Passagiere befördern und verfügten bei reduzierter Nutzlast über eine transkontinentale Reichweite. Die **Learjet 36** hingegen bot sechs Flugreisenden Platz, doch es bestand die Möglichkeit, auf zwei Sitzplätze zugunsten einer größeren Treibstoffmenge zu verzichten, damit der Nordatlantik im Nonstop-Flug überquert werden konnte. Die Muster wurden 1974 zugelassen, und noch im selben Jahr erfolgte die Lieferung der ersten Exemplare. Zwei Jahre später stellte der Golf-Profi und Privatpilot Arnold Palmer mit einer **Learjet 36** einen neuen Weltrekord auf, als er 36.990 km rund um den Erdball in 57 Stunden, 25 Minuten und 42 Sekunden zurücklegte.

Die Übernahme der gewölbten Tragflächen und aerodynamischen Verbesserungen, die 1976 bei den anderen Mitgliedern der Learjet-Flugzeugfamilie eingeführt worden waren, zog die neuen Bezeichnungen **Learjet 35A** und **Learjet 36A** nach sich. Die USAF erwarb 1984/85 84 Exemplare der **Modell 35A** zunächst im Leasing-Verfahren, doch ein Jahr später kam es zum Kaufvertrag. Diese sechs- bis achtsitzigen leichten Strahlflugzeuge mit der Dienstbezeichnung **C-21A** wurden 1987 durch vier weitere Exemplare ergänzt. Bis 1991 waren 750 **Learjet 35/36** verkauft worden, darunter 200 Maschinen für Sondereinsätze.

**TECHNISCHE DATEN**
**Learjet 36A**

**Typ:** Langstrecken-Geschäftsreiseflugzeug
**Triebwerke:** zwei Bläsertriebwerke Garrett TFE731-2-2B je 1588 kg Schub
**Leistung:** max. Reisefluggeschwindigkeit 850 km/h in 12.495 m Höhe; wirtschaftliche Reisefluggeschwindigkeit 774 km/h in 13.715 m Höhe; Dienstgipfelhöhe 13.715 m; Reichweite mit vier Passagieren und Treibstoffreserve 5015 km
**Gewicht:** Leermasse 4152 kg; max. Startmasse 8301 kg
**Abmessungen:** Spannweite 12,04 m; Länge 14,83 m; Höhe 3,73 m; Tragflügelfläche 23,53 m²

**Varianten**
**EC-35A:** Version zur Ausbildung in simulierter elektronischer Kampfführung oder zur Durchführung von elektronischen Gegenmaßnahmen im Abstandsverfahren
**PC-35A:** Seepatrouillen- und U-Boot-Abwehrvariante der Modell 35, 1979 auf der Pariser Luftfahrtschau angekündigt; Ausrüstung mit Suchradar, FLIR, Infrarot-Zeilenabtaster, ESM- und MAD-Anlagen, VLF- und anderen Navigationssystemen für große Entfernungen, Trägern für Lasten bis zu 453 kg unter den Tragflächen und einer Bodenklappe zum Abwurf von Rettungsausrüstung oder Sonarbojen
**RC-35A/RC-36A:** Aufklärungsversion mit Kameras für Schrägaufnahmen aus großer Entfernung, Seitensichtradar mit künstlicher Strahlöffnung und Überwachungskameras in Anbaubehältern
**UC-35A:** Version für die Vermessung bodengestützter Navigationshilfen, Verwundetentransporte und Zielschleppflüge
**U-36A:** Ausführung der Modell 36 für die JMSDF, ausgestattet mit Zielschleppgeschirr, elektronischen Störsendern, Radargerät zur Seeüberwachung und modifizierten Behältern an den Flächenenden, die einen Lenkwaffen-Suchkopf-Simulator, Störgerät und Kameras enthalten

***Die Learjet 35 war eine gestreckte Ausführung der Modell 25 mit einer achtsitzigen Kabine. Sie wurde durch die Learjet 36 ergänzt.***

## Learjet Longhorn 55

Auf der Pariser Luftfahrtausstellung 1977 gab Gates Learjet Einzelheiten über Auslegung und Konstruktion der neuen Baureihe Learjet 50 bekannt, die die Muster Learjet 54, **55** und 56 mit längeren und größeren Kabinen umfassen würde. Die beiden erstgenannten Ausführungen sollten bis zu elf, letztere maximal acht Passagieren Platz bieten und alle Varianten fortschrittliche Tragflächen mit von der NASA entwickelten Winglets erhalten, die zum Beinamen **Longhorn** führten. Letztendlich wurde aber nur die **Longhorn 55** entwickelt, deren Konstruktion im April 1978 nach Erprobung eines Prototyptragwerks an einer Learjet 25 begann. Die erste von zwei **Learjet 55** (N551GL) hob erstmals am 19. April 1979 vom Boden ab, und Zulassung sowie die Lieferung der ersten Serienmaschine erfolgte am 18. März 1981 beziehungsweise 30. April 1981.

Die **Modell 55** wies die Grundauslegung früherer Mitglieder der Learjet-Familie auf und bot Platz für eine Zweimann-Besatzung im getrennten Flugdeck sowie für eine Höchstzahl von zehn Passagieren in der Kabine. Im September 1986 kündigte das Unternehmen die **Modell 55B** mit neuem Interieur, „Glas-Cockpit“, verbesserter Startleistung, größerer Reichweite und damit einer höheren Einsatzflexibilität an. Ein Jahr später erschien die **Modell 55C,** ausgestattet mit neuen Kielflossen („Delta Fins“) am Heck, die die Richtungsstabilität über das gesamte Geschwindigkeitsspektrum verbesserten und die Landegeschwindigkeit senkten, so daß ein Rüttelmotor für den Steuerknüppel entfallen konnte. Spätere Varianten waren die **55C/ER** (Extended Range) mit einem 1175-Liter-Zusatztank im Heckkonus und die **55C/LR** mit noch größerer Reichweite durch den Einbau einer weiteren 322-Liter-Treibstoffzelle hinter dem Standard-Rumpftank. Die typische Auslegung dieser Version sieht zwei Flugzeugführer und sieben Fluggäste vor.

***Die ersten Learjet 55 unterschieden sich von der späteren Ausführung 55C durch eine Kielflosse am Heck.***

**TECHNISCHE DATEN**
**Learjet 55C**

**Typ:** Langstrecken-Geschäftsreiseflugzeug
**Triebwerke:** zwei Bläsertriebwerke Garrett TFE731-3A-2B je 1678 kg Schub
**Leistung:** Höchstgeschwindigkeit 884 km/h in 9150 m Höhe; wirtschaftliche Reisefluggeschwindigkeit 744 km/h in 14.325 m Höhe; zugelassene Gipfelhöhe 15.545 m; Reichweite mit vier Passagieren und Treibstoffreserve 4156 km
**Gewicht:** Leermasse 5832 kg; max. Startmasse 9525 kg
**Abmessungen:** Spannweite 13,35 m; Länge 16,80 m; Höhe 4,48 m; Tragflügelfläche 24,57 m²

## Learjet 60

Im Oktober 1990 wurde die **Learjet 60** als Nachfolger für die mittelgroße Modell 55C angekündigt. Am 18. Oktober 1990 flog erstmals eine Versuchsmaschine, angetrieben von einem Garrett TFE331-3A und einem PW305, die die konzeptionelle Eignung des neuen Musters nachweisen sollte. Die erste von zwei PW305 angetriebene **Learjet 60** (N60XL) absolvierte ihren Jungfernflug am 13. Juni 1991 vom Mid-Continent Airport in Wichita aus. Mit der Erteilung der Musterzulassung und der Lieferung der ersten Maschinen rechnete das Unternehmen zum Jahresende 1992. Die **Modell 60** ist das größte Mitglied der Learjet-Flugzeugfamilie und bietet neue treibstoffsparende Triebwerke, einen 7,5 cm breiteren und 1,43 m längeren Rumpf, ein „Glas-Cockpit", eine elektrisch signalisierte Bugradlenkung und als Option eine höhere Startmasse von 10.478 kg. Schubumkehr und Druckbetankung gehören zum Standard, ebenso wie eine komplette Bordküche und eine Toilette im Heck.

### TECHNISCHE DATEN

**Typ:** Mittelstrecken-Geschäftsreiseflugzeug
**Triebwerke:** zwei Turbofan-Triebwerke Pratt & Whitney Canada PW305 je 1995 kg Schub
**Leistung:** Höchstgeschwindigkeit 858 km/h; zugelassene Gipfelhöhe 15.545 m; Reichweite mit vier Passagieren 4441 km
**Gewicht:** max. Nutzlast 816 kg; max. Startmasse 10.319 kg
**Abmessungen:** Spannweite 13,34 m; Länge 17,88 m; Höhe 4,47 m; Tragflügelfläche 24,57 m²

***Die Learjet 60 ist nicht nur das neueste, sondern auch das größte Mitglied der Familie. Sie bietet seinen Nutzern eine Kabine mit 12 Passagiersitzen.***

## Leduc Staustrahl-Experimentalflugzeuge

In Frankreich hatte René Leduc jahrelang an der Entwicklung eines Staustrahltriebwerks zum Antrieb von Luftfahrzeugen gearbeitet. Technisch gesehen, handelt es sich um ein thermodynamisches Strahlrohr, das ohne rotierende Bauteile auskommt und auf dem Prinzip basiert, daß Luft in eine spezielle Öffnung strömt, die sie ihre kinetische Energie einbüßen, aber beim Passieren des zunehmend größeren Luftkanals zur Brennkammer an Druckenergie gewinnen läßt. Der dort verbrannte Kraftstoff erhöht die Gesamtenergie, und die heißen Gase entspannen sich, über eine Venturi-Düse beschleunigt, auf den Umgebungsdruck. Leduc errang seinen ersten Erfolg mit einem kleinen, aber praktikablen Strahlmotor, der 4 kg Schub erzeugte. Erst nach dem Zweiten Weltkrieg konnte Leduc seine Experimente fortsetzen und baute zunächst die **Leduc 0.10** mit einer doppelwandigen Rumpfröhre, deren Innenschale das Cockpit umhüllte und deren Außenschale den Einlaufkanal für das Staustrahltriebwerk im Rücken der Kanzel bildete. Die **Leduc 0.10** wurde im Oktober 1947 erstmals als Gleiter getestet, dabei von einem Mutterflugzeug Sud-Est SE.161 Languedoc auf eine passende Höhe getragen und dann vom Strebengerüst gelöst. Beim ersten Flug am 21. April 1949 beschleunigte die SE.161 die **Leduc 0.10** auf eine Geschwindigkeit von rund 320 km/h, um die richtigen Druckverhältnisse zu erreichen, bei denen das Staustrahltriebwerk zündete und den Antrieb aufrechterhalten konnte. Während des zwölfminütigen Erstflugs erzielte die **Leduc 0.10** bei halber Triebwerksleistung eine Geschwindigkeit von 680 km/h. Zwei weitere Maschinen folgten, die erste baugleich mit der **0.10,** die zweite mit einem zusätzlichen Strahltriebwerkspaar an den Flächenenden, um die Maschine auf die Zündungsgeschwindigkeit des Staustrahltriebwerks zu beschleunigen. Das letztgenannte Experimentalflugzeug **0.16** flog erstmals am 8. Februar 1951. Die Strahltriebwerke wurden später jedoch entfernt.

Die Entwicklung setzte sich mit zwei Exemplaren der verbesserten **Leduc 0.21** fort, von denen das erste am 16. Mai 1953 zum Jungfernflug startete. Diese erfolgreichen Maschinen wiesen eine Spitzengeschwindigkeit von Mach 0,87 nach und erreichten eine Höhe von 20.000 m. Daraufhin begann die Entwicklung des Mach 2 schnellen Abfangjägers **Leduc 0.22,** in dessen Staustrahltriebwerk ein SNECMA-Atar-Strahltriebwerk integriert war, damit die Maschine aus eigener Kraft abheben und dann auf die für die Zündung des Staustrahltriebwerks nötige Geschwindigkeit beschleunigen konnte. Mit der **0.22** wurde dieses Ziel allerdings nicht erreicht. Sie flog zwar am 25. Dezember 1956 mit Strahlantrieb und führte noch 30 Testflüge durch, doch das Staustrahltriebwerk kam nicht zum Einsatz. Das Projekt wurde schließlich aufgegeben.

***Die Leduc 0.21 hatte eine aussichtsreiche Zukunft, aber wegen mangelnder finanzieller Unterstützung wurde das Projekt abgebrochen. Im Flug war die Leduc 0.21 auf eine Geschwindigkeit von Mach 0,85 begrenzt, bei der das Strahltriebwerk 59 kN abgab, was genau ihrer maximalen Startmasse von 6000 kg entsprach.***

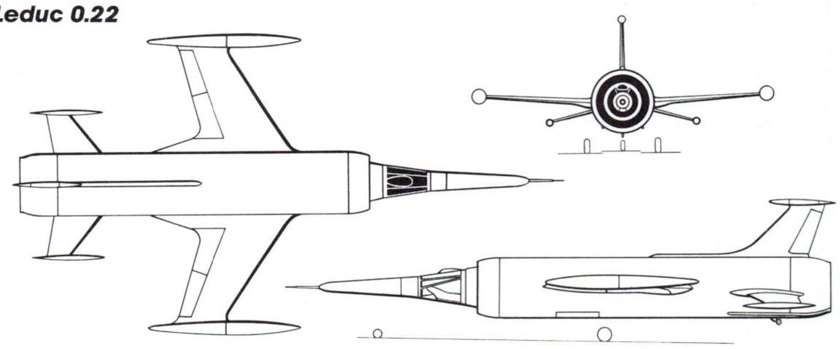

***Leduc 0.22***

## Let L-40 Meta-Sokol

Nach dem Zweiten Weltkrieg wurde die Flugzeugproduktion in der Tschechoslowakei unter der Ceskoslovenske Zavody Automobilove A Letecke zusammengefaßt, die die **L-40 Meta-Sokol** konstruierte und zunächst auch baute. Nach Gründung der Firma Letecky Narodni Podnik (Let) Mitte der fünfziger Jahre in Kunovice setzte diese die Produktion fort. Die **Let L-40** war ein viersitziger Kabinen-Eindecker, der sich sowohl zur Schulung wie für die Sportfliegerei eignete. Ein ungewöhnliches Merkmal dieses Tiefdeckers stellte das Dreibein-Fahrgestell in umgekehrter Anordnung dar. Alle drei Baugruppen waren einziehbar, aber das kurzbeinige Heckrad lag unter der Kabine, so daß der Rumpf der Maschine fast horizontal über dem Erdboden ruhte. Beim Erstflug im Jahre 1956 wurde die **L-40** von einem Walther-Reihenmotor M 332 mit 103 kW (140 PS) angetrieben, aber die Serienmaschinen gab es auch mit einem Walther Minor 4-III, der nur 77 kW (105 PS) abgab. Als die Produktion 1961 auslief, waren 200 **L-40** gebaut. Die Spannweite betrug 10,05 m, das Startgewicht 935 kg und die Höchstgeschwindigkeit 240 km/h.

***Die tschechoslowakische Let L-40 zeichnete sich durch ein Dreibein-Fahrwerk in umgekehrter Anordnung aus.***

## Let L-2000 Morava bis Lioré-et-Olivier 20

**Letecky Narodni Podnik (Let) konzentrierte sich in der Nachkriegszeit mit landwirtschaftlichen und allgemeinen Transportflugzeugen auf den heimischen tschechoslowakischen Markt. Es ergaben sich aber auch Exporte in über ein Dutzend Länder. Letov-Flugzeuge, besonders die auf der S 28 von Alois Smolik von 1929 basierende S 328, waren im Zweiten Weltkrieg verbreitet im Einsatz. Nach der Besetzung übernahm die deutsche Luftwaffe viele Flugzeuge der tschechischen Armeeflieger.**

# Let L-200 Morava

Am 8. April 1957 flog bei Let der Prototyp eines zweimotorigen Geschäftsreiseflug-

**TECHNISCHE DATEN**

**Let L-200D Morava**

**Typ:** zweimotoriges, leichtes Geschäftsreiseflugzeug
**Triebwerke:** zwei Reihenmotoren Walter M337 je 155 kW (210 PS)
**Leistung:** max. Reisefluggeschwindigkeit 285 km/h; Dienstgipfelhöhe 6200 m; Reichweite 1800 km
**Gewicht:** Leermasse 1360 kg; max. Startmasse 2000 kg
**Abmessungen:** Spannweite 12,30 m; Länge 8,60 m; Höhe 2,25 m; Tragflügelfläche 17,30 m²

zeugs für vier bis fünf Personen, die **Let L-200 Morava.** Es handelte sich um einen freitragenden Tiefdecker mit permanent montierten Tanks an den Flächenenden und geteiltem Seitenleitwerk mit Rudern an Endplatten. Das Bugrad-Fahrwerk war einziehbar, und den Antrieb sowohl des Prototyps als auch der L-200-Serienmaschinen lieferte ein Walter-Reihenmotor Minor 6-III mit 118 kW (160 PS). An die erste Baureihe schloß sich die ähnliche **L-200A** mit leistungsstärkeren Walter-Flugmotoren M-337 an, gefolgt von der letzten Serienversion **L-200D,** die Mitte 1962 eingeführt wurde. Sie unterschied sich durch verbesserte Bordsysteme, ein verstärktes Fahrwerk und Dreiblatt-Verstellpropeller mit konstanter Drehzahl.

Als die Produktion 1968 auslief, waren mehr als 1000 Exemplare dieses Typs gebaut, von denen viele an die russische Aeroflot gingen und auf den Strecken um Moskau sowie in den nördlichen und ukrainischen Direktoraten zum Einsatz kamen. Außerdem wurde der Typ in Lizenz in Jugoslawien gefertigt.

***Die Morava erzielte für ein Leichtflugzeug des Ostblocks eine hohe Absatzziffer.***

**Variante**

**L-300:** Unter dieser Bezeichnung wurde eine Turboprop-Version der Morava geplant, aber nicht hergestellt

# Let L-410 Turbolet

Das leichte zweimotorige Verkehrsflugzeug **Let L-410 Turbolet** war für den Regional- und Zubringerverkehr gedacht, einschließlich dem von Grasplätzen aus. Der erste Prototyp (OK-YKE) startete am 16. April 1969 zum Jungfernflug, angetrieben von zwei Propellerturbinen PT6A-27 des Herstellers United Aircraft of Canada (später Pratt & Whitney), deren Äquivalentleistung von je 533 kW (725 WPS) Dreiblatt-Propeller umsetzten. Erst beim dritten (von vier) Prototyp waren die Probleme, eine übermäßige Vibration der Zelle und ein

***Let L-410UVP der Aeroflot, die diese Gesellschaft in großer Zahl auf ihren Kurzstrecken einsetzte.***

**TECHNISCHE DATEN**

**Let L-410UVP**

**Typ:** leichtes Mehrzweck-Transportflugzeug
**Triebwerke:** zwei Propellerturbinen Walter M-601B je 537 äkW (730 äPS)
**Leistung:** max. Reisefluggeschwindigkeit 365 km/h in 3000 m Höhe; Einsatzhöhe 6000 m; Reichweite mit max. Nutzlast und Reserven 390 km
**Gewicht:** Rüstmasse 3800 kg; max. Startmasse 5800 kg
**Abmessungen:** Spannweite 19,48 m; Länge 14,47 m; Höhe 5,83 m; Tragflügelfläche 35,18 m²

hoher Lärmpegel in der Kabine, durch die Verwendung von Vierblatt-Propellern überwunden. Der kanadische Triebwerkstyp blieb bei den 1971-1974 gebauten 27 **L-410A** ebenso erhalten bei der **L-410AF,** einer Luftbildmeßversion mit verglastem Bug, die 1974 als Einzelexemplar an Ungarn geliefert wurde. Das Musterflugzeug **L-410M** mit Walter-Propellerturbinen M-601A je 541 äkW (735 äPS) flog ab 1973, und 1976 kamen die ersten von 109 Serienmaschinen zur Auslieferung.

Die verbesserte Ausführung **L-410UVP** absolvierte ihren Erstflug im November 1977. Dieses Modell war durch einen gestreckten Rumpf, weiter gespannte Tragflächen, ein erweitertes Seitenleitwerk und Ruder sowie durch eine größere Kabinentür gekennzeichnet. Die von M-601B-Turbinen angetriebene **L-410UVP** konnte 15 Personen befördern. Die Fertigung endete 1985 nach 495 Exemplaren, und es folgte die nochmals verbesserte und aktuelle Serienversion **L-410UVP-E** mit neu eingerichteter Kabine für eine Zweimann-Besatzung und 19 Passagiere. Die Auslieferung begann 1986, und bis Mitte 1991 waren rund 370 Exemplare gebaut worden. Zivile Abnehmer fanden sich in Schweden und in Dänemark. Die von Walter M-601E angetriebene **L-410UVP-E** hat ein verstärktes Tragwerk mit 200-Liter-Tanks an den Flächenenden, die die Reichweite erhöhen. Ende 1990 betrug die Produktion der Serie **L-410** mehr als 1000 Exemplare, davon rund 300 für den Einsatz beim Militär.

# Let L-610

1983 liefen bei Let Untersuchungen an, um eine druckbelüftete Version des L-410-Regionalflugzeugs mit 40 Passagiersitzen zu entwickeln. Den Antrieb sollten zwei der von Walter neu entwickelten Propellerturbinen M-602 in Verbindung mit „leisen" Fünfblatt-Luftschrauben liefern. Die Konstruktion des Musterflugzeugs **L-610** begann Anfang 1988, und der erste (OK-130) von drei fliegenden Prototypen rollte im November aus der Werkshalle. Der Jungfernflug fand am 28. Dezember 1988 statt, und im Juni 1989 wurde der Typ auf der Pariser Luftfahrtschau vorgestellt. Das erste von 600 Flugzeugen für die Aeroflot war im Juni 1991 auf der Luftfahrtausstellung in Paris zu bewundern, und weitere Maschinen gab die CSA in Auftrag. Derzeit konzentrieren sich die Aktivitäten auf den Abschluß

**TECHNISCHE DATEN**

**Let L-610**

**Typ:** 40sitziges Regionalverkehrsflugzeug
**Triebwerke:** zwei Propellerturbinen Walter M-602 je 1362 äkW (1850 äWPS)
**Leistung:** Reisefluggeschwindigkeit 408 km/h; Spitzengeschwindigkeit 490 km/h; Dienstgipfelhöhe 10.250 m; Reichweite mit max. Nutzlast 870 km
**Gewicht:** Leermasse 9000 kg; max. Startmasse 14.500 kg
**Abmessungen:** Spannweite 25,60 m; Länge 21,41 m; Höhe 7,60 m; Tragflügelfläche 56 m²

des Flugerprobungsprogramms und die Erteilung der Musterzulassung. Um die Verkaufsaussichten im Westen zu verbessern, wurde einer der Prototypen unter der neuen Bezeichnung **L-610G** auf General Electric CT7-9D je 1305 kW (1775 WPS)

umgestellt. Sein Erstflug war für Ende 1991 anberaumt, und Musterzulassung sowie Lieferung der ersten Serienmaschinen sollten Ende 1992 erfolgen.

***Mit der L-610 erhoffte sich der tschechische Hersteller Großaufträge von der Gesellschaft Aeroflot, die jedoch ausblieben.***

# Let M1D Sokol, M2 Skaut und M3 Bonzo

Diese drei Typen wurden zunächst von der Československe Zavody Letecke entwikkelt, doch die Verantwortung für die Produktion übertrug man Let. Die **M1D Sokol** war ein dreisitziger Mehrzweck-Kabineneindecker, den man auf Wunsch mit eingebauter Doppelsteuerung erhalten und zur Schulung verwenden konnte. Dieser freitragende Tiefdecker hatte ein starres Spornrad-Fahrwerk, stand aber auch mit Schwimmern als **M1E** zur Verfügung. Beiden Versionen diente ein Walter-Reihenmotor Minor 4-III mit 77 kW (105 PS) als Antrieb. Die **M2 Skaut** war ein Schulflugzeug mit zwei nebeneinander angeordneten Sitzen und Doppelsteuer als Standardausrüstung. Auch dieses Modell hatte die Auslegung eines Tiefdeckers, in diesem Fall allerdings mit starrem Bugrad-Fahrwerk und einem Vierzylinder-Boxermotor Praga D, der 55 kW (75 PS) entwickelte. Die viersitzige **M3 Bonzo** war ähnlich ausgelegt wie die **M1 Sokol,** jedoch mit dem stärkeren Walter-Reihenmotor Minor 6-III und Einziehfahrwerk.

**TECHNISCHE DATEN**

**Let M3 Bonzo**

**Typ:** viersitziger Kabinen-Eindecker
**Triebwerk:** ein Reihenmotor Walter Minor 6-III mit 118 kW (160 PS)
**Leistung:** Reisefluggeschwindigkeit 240 km/h; Dienstgipfelhöhe 5000 m; Reichweite 1000 km
**Gewicht:** Leermasse 580 kg; max. Startmasse 1100 kg
**Abmessungen:** Spannweite 10,60 m; Länge 7,75 m; Höhe 2,25 m; Tragflügelfläche 15,90 m²

***Die tschechische Let M1 Sokol (Falke) wurde während der deutschen Besatzungszeit konstruiert und nach dem Krieg in mehreren Ausführungen produziert, darunter als Zweisitzer M1A, als Dreisitzer M1C (im Bild) und als Zwillingsschwimmerflugzeug M1E.***

# Let Z-37 Čmelák

Das Agrarflugzeug **Let Z-37 Čmelák** wurde 1961 in der Tschechoslowakei entworfen, und der Prototyp **XZ-37** stand am 29. März 1963 zum Erstflug bereit. Der freitragende Tiefdecker war bis auf einige stoffbespannte Teile aus Metall konstruiert und hatte ein starres Spornrad-Fahrwerk. Der Pilot saß in einem geschlossenen Cockpit vor dem Chemikalienbehälter, hinter dem ein höchst einfacher Sitz für einen Helfer oder Mechaniker eingerichtet war. In den Wintermonaten ließ sich die **Čmelák** zum Post- und Frachttransport nutzen und wahlweise mit Schneekufen ausrüsten. Sie konnte zudem für Segelschlepp dienen. In die Serienmaschinen wurde der Sternmotor Avia M 462RF mit einer Leistung von 232 kW (315 PS) eingebaut, aber mindestens ein Exemplar flog 1968 mit einem 224 kW (305 PS) starken Continental-Boxermotor. Die Serienversion **Čmelák Z-37A** führte eine Reihe von Änderungen ein, darunter eine verstärkte Zelle sowie eine ausgedehnte Verwendung korrosionsbeständiger Werkstoffe und rostfreien Stahls in den am stärksten gefährdeten Bereichen.

Als die Produktion Mitte der siebziger Jahre endete, waren rund 700 Exemplare aller Versionen gebaut, darunter 27 doppelsitzige **Z-37A-2 Sparka** zur Ausbildung von Agrarpiloten. Über die heimische Nachfrage hinaus wurde das Muster nach Bulgarien, Finnland, Ostdeutschland, Ungarn, Indien, Polen, Jugoslawien und Großbritannien exportiert.

Eine turbinengetriebene Version, die **XZ-37T Agro-Turbo** (OK-146), startete am 6. September 1981 zum Jungfernflug. Auf diese Versuchsmaschine mit 515 kW (700 WPS) starker Walter-Propellerturbine M-601B folgte 1982 die Entwicklung einer schwächer motorisierten Ausführung, die als Einsitzer **Z-37T** (OK-072 mit Erstflug am 12. Juli 1983) und als zweisitziger Agrarpilotentrainer **Z-37T-2** in die Serienfertigung gelangte. In beiden Fällen besorgt ein Turboprop-Triebwerk M-601Z den Antrieb mit 361 kW (490 WPS). 1985 übernahm Slov-Air die ersten Agro-Turbos, von denen bis 1989 30 Exemplare ausgeliefert waren.

**TECHNISCHE DATEN**

**Let Z-37T Agro-Turbo**

**Typ:** zweisitziges Agrarflugzeug
**Triebwerk:** eine Propellerturbine Walter M-601Z mit 361 kW (490 WPS)
**Leistung:** Arbeitsgeschwindigkeit 145 km/h; Reisefluggeschwindigkeit 190 km/h; Höchstgeschwindigkeit 218 km/h; Reichweite 350 km
**Gewicht:** Leermasse 1250 kg; max. Nutzlast 1000 kg; max. Startmasse 2525 kg
**Abmessungen:** Spannweite 13,63 m; Länge 10,46 m; Höhe 3,50 m; Tragflügelfläche 26,69 m²

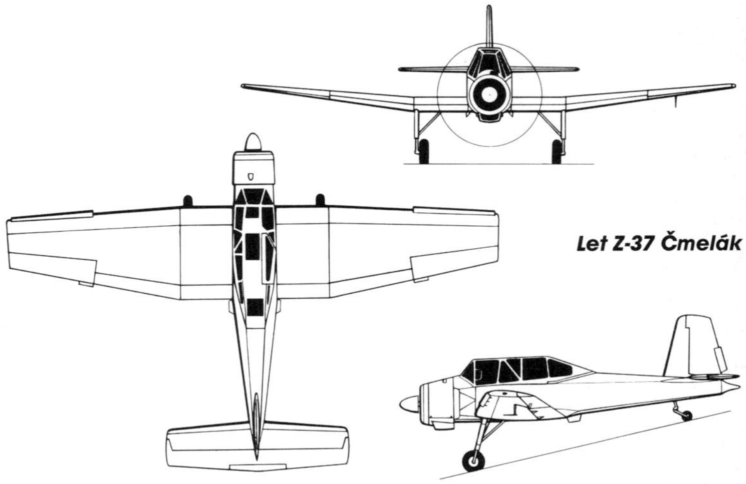

***Let Z-37 Čmelák***

# Letov Š 1 und Š 2

Alois Šmolik, der früher für die österreichische Regierung gearbeitet hatte, ging 1919 an das neugegründete Luftfahrzeug-Militärarsenal der Tschechoslowakei, dessen Konstruktions- und Produktionsanlagen 1920 von Wojenská towárna na letadla Letov übernommen wurden.

Šmoliks erster Enwurf war die **Letow ŠH 1,** ein zweisitziger Aufklärungs-Doppeldecker ungleicher Spannweite. Ab 1920 entstanden insgesamt 28 **ŠH 1** mit Hiero L-Motor (169 kW/230 PS) und 64 **ŠM 1** mit Maybach-Motor Mb.IVa (191 kW/ 260 PS) für die tschechische Luftwaffe. Irgendwann wurde die **ŠH 1** in **Š 1** und die **ŠM 1** in **Š 2** umbenannt. Die Bewaffnung bestand aus drei 7,7-mm-Maschinengewehren und bis zu 120 kg Bomben. Die **Š 1** hatte eine Spannweite von 13,23 m, während die der **Š 2** etwas darunter lag. Das höchstzulässige Abfluggewicht der **Š 1** betrug 1375 kg und die Höchstgeschwindigkeit 194 km/h. Die **ŠM A 1** war eine zivile Ausführung mit einer durchsichtigen Haube über dem hinteren Cockpit, das einen oder zwei Passagiere aufnahm.

***Der Doppeldecker Letow Š 1 war nur als erstes eigenständiges Luftfahrzeugprodukt der Tschechoslowakei bemerkenswert, entsprach ansonsten aber ganz der Norm.***

# Letow Š 18, Š 118, Š 218

Der Prototyp **Letow Š 18,** ein zweisitziger Schul- und Übungsdoppeldecker in Leichtbauweise, erschien 1925. Er war als Ersatz für die ausländischen Typen gedacht, die sich damals im Dienst befanden. Die **Š 18,** angetrieben von einem Walter-Sternmotor NZ 60 mit 44 kW (60 PS), konnte eine Spitzengeschwindigkeit von 140 km/h erreichen, hatte eine Spannweite von 10 m, und das höchstzulässige Abfluggewicht betrug 550 kg. Sie erwies sich als gut manövrierbar und anspruchslos zu warten, so daß die Luftwaffe etliche Maschinen beschaffte und zehn im Export nach Bulgarien gingen.

1926 wurde die **Š 118** mit einem Walter-Motor NZ 85 produziert, der 63 kW (85 PS) erzeugte. Dieses Muster war recht beliebt, wie die hohen Absatzzahlen an Privatpiloten und zivile Fliegerclubs belegen. Weitere Maschinen nutzte die zentrale Militärflugschule (VLU). Bald darauf entwickelte Letov die **Š 218** mit Stahlrohr-Rumpfgerüst statt der bisher aus Holz konstruierten Primärstruktur und einem Walter-Triebwerk NZ 120 mit 88 kW (120 PS). Zehn Exemplare wurden in den Jahren 1930/31 nach Finnland ausgeführt, wo man weitere 29 Maschinen in Lizenz fertigte.

***Die Š 18 war herkömmlich konstruiert und ausgelegt und wurde von einem Fünfzylinder-Sternmotor angetrieben. Das Muster kam bei Sportfliegern recht gut an.***

# Letow Š 231

1933 testete Letow zwei Prototypen des Jagdeinsitzers **Š 231,** eines Doppeldeckers mit metallener Primärstruktur und Stoffabdeckung. Gegenüber den früheren Jägern Š 31 und Š 131 hatte man das neue Muster wesentlich verfeinert: Der Rumpf zeigte einen nahezu runden Querschnitt, und der 418 kW (568 PS) starke Bristol-Sternmotor Mercury IV S2 war mit einem Townend-Ring verkleidet. Der erste Versuchsjäger wurde mit vier 7,92-mm-MGs CZ Modell 28 bewaffnet, die am Oberflügel montiert waren, während sie beim zweiten Versuchsjäger an den Unterflügel rückten. Die Spannweite betrug 10,06 m, das Startgewicht 1770 kg und die Höchstgeschwindigkeit 348 km/h.

***Ungewöhnlich für einen Jäger der frühen dreißiger Jahre war die Bewaffnung der Letow Š 231 mit vier starren Maschinengewehren. Der zweite Prototyp (im Bild) führte sie paarweise am Unterflügel mit, so daß die Mündungen hervorragten.***

Es folgte eine Serie von 25 Jägern, von denen Ende 1936 sieben nach Bilbao geliefert wurden, um im Spanischen Bürgerkrieg den Republikanern zu dienen. Da man die Maschinen nicht korrekt zusammengebaut hatte, gingen bis auf zwei Exemplare, die im Gefecht zerstört wurden, alle bei Unfällen verloren. Zwölf weitere **Š 231** gingen nach Cartagena im südlichen Spanien und rüsteten dort Escuadrilla 2, Grupo 71, der republikanischen Luftwaffe aus, doch über ihre Kampfleistung ist kaum etwas bekannt. Die meisten blieben erhalten, bis sie 1939 bewußt zerstört wurden, um nicht den spanischen Faschisten in die Hände zu fallen.

# Letow Š 328

Die aus der Š 228 entwickelte **Letow Š 328** war für Finnland bestimmt, doch als dieser Auftrag entfiel, stieß das Modell bei den tschechischen Behörden auf Interesse. Der Prototyp flog bereits 1932, doch die Serienproduktion für die tschechoslowakische Luftwaffe lief erst 1934 an. Die **Š 328** war ein Doppeldecker ungleicher Spannweite, dessen metallene Grundstruktur bis auf den blechbeplankten Rumpf einen Gewebeüberzug hatte. Die zweiköpfige Besatzung saß in offenen Tandem-Kanzeln, von denen die hintere für den Beobachter geräumig und mit Sichtscheiben an den Seiten und im Boden ausgestattet war. 1935 liefen die ersten **Š 328** den tschechischen Fliegerregimentern als Beobachtungs- und Aufklärungsflugzeuge zu, die in Zweitfunktion auch leichte Bombardierung übernehmen konnten. Ferner wurden für die tschechische Seefliegerschule vier **Š 328V** mit Zwillingsschwimmern gebaut.

Fortlaufende Anschlußaufträge sorgten dafür, daß die **Š 328** fünf Jahre lang im Letow-Werk in Letnany in der Fertigung blieb, und einige Exemplare wurden sogar während der deutschen Besatzungszeit produziert. Dokumentiert ist eine Gesamtzahl von 412 Flugzeugen, aber wahrscheinlich waren es mehr. Die deutsche Besatzungsmacht nutzte einige Maschinen dieses Typs bei Fliegerschulen und ab 1942 als Nachtstörflugzeuge an der Ostfront. Andere gingen 1939 an das slowakische Marionettenregime, das sie im September 1939 beim Polenfeldzug und während des Überfalls auf die Sowjetunion in der Ukraine gegen russische Partisanen einsetzte. Bulgarien erhielt 62 **Š 328,** von denen etliche für Patrouillenflüge über dem Schwarzen Meer dienten. Schließlich flogen noch drei slowakische **Š 328** während des nationalen Volksaufstands bei den patriotischen Streitkräften.

Die **Š 428** war eine Variante der **Š 328** mit einem 478 kW (650 PS) starken V-12-Reihenmotor Avia Vr-36 und einer auf vier MG erhöhten starren Bewaffnung. Es wurde aber nur ein Prototyp gebaut. Die **Š 528** von 1935 hatte einen Walter-Sternmotor Krsd (Lizenzversion des Gnome-Rhône Mistral Major) mit 589 kW (800 PS).

***Letow Š 328 der slowakischen Patriotenluftwaffe, im September 1944 vom Flugfeld Tri Duby aus eingesetzt.***

**TECHNISCHE DATEN**

**Letow Š 328**

**Typ:** zweisitziges Aufklärungs-/Beobachtungsflugzeug

**Triebwerk:** ein von Walter gebauter Sternmotor Bristol Pegasus II-M2 mit 474 kW (645 PS)

**Leistung:** Höchstgeschwindigkeit 280 km/h; Dienstgipfelhöhe 7200 m; Reichweite 700 km

**Gewicht:** Rüstmasse 1680 kg; max. Startmasse 2640 kg

**Abmessungen:** Spannweite 13,71 m; Länge 10,36 m; Höhe 3,40 m; Tragflügelfläche 39,40 m²

**Bewaffnung:** zwei starre, flügelmontierte 7,92-mm-Maschinengewehre und zwei gleichkalibrige Waffen auf Skoda-Drehstütze über dem Beobachter-Cockpit sowie eine Bombenlast von maximal 500 kg

# Levasseur PL 2

Pierre Levasseur war erst 20 Jahre alt, als er 1910 seine erste Fabrik in Paris eröffnete. Er konzentrierte sich auf die Entwicklung von Luftschrauben, bevor er 1913 zwei revolutionäre Prototypen baute, den Eindecker Landeroin-Robert und die Pouche & Primard „Tubavion". Sein erster eigener Entwurf war die **Levasseur PL 1,** ein dreisitziger Reisedoppeldecker (TO.3), dessen Rumpf mit Streben vom Tragwerk aufgefangen war. Diese Maschine flog im April 1921, ging aber nicht in Serie. Es folgte der einsitzige Torpedobomber **PL 2.01** (AT.1), der erste Vertreter einer Reihe von Levasseur-Modellen für die Marineflieger. Der von den Blackburn-Mustern inspirierte Doppeldecker mit gleicher Spannweite flog erstmals im November 1922.

Die **PL 2.02** führte einen Vierblatt-Propeller und etliche den Antrieb betreffende Verbesserungen ein. 1923 folgten dann neun Serienflugzeuge mit aufblasbaren Schwimmbälgen und abwerfbarem Fahrgestell für Notwasserungen. 1926 nahmen diese Maschinen unter Escadrille 7B2 den Dienst an Bord des französischen Flugzeugträgers Béarn auf.

Die Serienflugzeuge hatten eine Spannweite von 15,15 m, einen Renault-Motor 12Ma mit einer Nennleistung von 427 kW (580 PS), ein maximales Startgewicht von 3653 kg und eine Höchstgeschwindigkeit von 180 km/h.

# Levasseur PL 7

Nach dem gescheiterten Doppeldecker-Jagdzweisitzer PL 6, Levasseurs einzigem Entwurf für das französische Heer, stellte sich die Firma die Aufgabe, einen Nachfolger für den Torpedobomber PL 2 zu schaffen. Der entsprechende Prototyp **Levasseur PL 7** basierte auf dem zweisitzigen Anderthalbdecker PL 4, dessen Tragwerk eine Spannweite von 18 m aufwies und folglich komplex verstrebt war, was sich nachteilig auswirkte. Das Musterflugzeug **PL 7.01** hatte zunächst einen Farman 12We mit 405 kW (550 PS) als Antrieb, doch anschließend wurden sowohl ein Hispano-Suiza- als auch ein Renault-Motor ausprobiert, die Flügelverstrebung neu konzipiert, die Struktur vereinfacht und das Seitenleitwerk modifiziert. In dieser überarbeiteten Form nahm der Prototyp 1928, zwei Jahre nach seinem Erstflug, erneut die Flugerprobung auf.

1929 wurde eine Serie von 15 Flugzeugen bestellt. Neun Maschinen lieferte man

***Der Torpedobomber PL 7 vereinte alle häßlichen Merkmale in sich, die für französische Flugzeuge dieser Zeit sehr typisch waren.***

mit 18 m Spannweite, aber die französische Admiralität, die die bessere Qualität des neuen Tragflächenkonzepts in Zweifel zog, wies den Hersteller an, fünf Exemplare des Restkontingents mit einer Spannweite von 16,50 m und unterschiedlich großer Tragflügelfläche und die letzte Maschine mit einer Spannweite von 17,25 m zu bauen. Unter Escadrille 7B1 gingen die verschiedenen **PL 7** ab Juli 1930 auf dem Flugzeugträger Béarn in Dienst, und nach Vergleichstests wurde die Variante mit 16,50 m Spannweite und Flächenenden in Rechteckform zur endgültigen **PL 7 T2B2b** bestimmt. Die Endteile der Oberflügel ließen sich abklappen, so daß die Maschinen in die Aufzüge der Béarn paßten. Zehn **PL 7** der ersten Baureihe wurden der neuen Konfiguration angepaßt und 30 neue Flugzeuge in Auftrag gegeben. Als zwei Maschinen im Flug auseinanderbrachen, erhielt der Typ 1931 Flugverbot.

Mit einer verstärkten Flügelverstrebung, kräftigeren Motorträgern und Dreiblatt-Propellern nahm die **PL 7** ab September 1932 den Flugbetrieb wieder auf. In dieser modifizierten Endform hatte sie eine Höchstgeschwindigkeit von 170 km/h und ein maximales Startgewicht von 3950 kg. Obgleich die **PL 7** bereits zum Zeitpunkt ihrer Indienststellung völlig veraltet war, befand sie sich bei Kriegsausbruch noch immer an Bord der Béarn.

Bei der Passagierversion **PL 7T**, die 1926 auf dem Salon de l'Aéronautique in Paris vorgestellt wurde, handelte es sich im Grunde um eine PL 4 mit einem Gnome-Rhône-Sternmotor Jupiter 9ab und einem erweiterten Rumpf für Pilot und Mechaniker in nebeneinander angeordneten, offenen Cockpits sowie für sechs Passagiere in einer geschlossenen Kabine. Die **PL 7T** kam nie in die Luft und wurde nach der Ausstellung verschrottet.

## Levasseur PL 10 und PL 101

***Diese PL 10 mit der Kennung der Escadrille 7S1 zeigt die ungewöhnliche Auslegung des Typs mit dem Bordschützen in der mittleren Positon.***

Der Prototyp des dreisitzigen Doppeldeckeraufklärers **Levasseur PL 10** (R.3b) für den trägergestützten Einsatz flog erstmals im Frühjahr 1929. Die **PL 10** hatte Klappflächen gleicher Spannweite, und der untere Teil des Kastenrumpfs war zur Bootswanne ausgebildet. Die Bewaffnung umfaßte ein einzelnes 7,5-mm-Maschinengewehr, das der Pilot bediente, und ein weiteres 7,5-mm-Maschinengewehrpaar für einen Bordschützen, dessen Cockpit sich unmittelbar hinter der Pilotenkanzel befand. Dem Beobachter im hinteren Cockpit stand ein Bombenvisier Cayère-Montagne für sechs 10-kg-Sprengkörper an Gehängen des Unterflügels zur Verfügung. Gebaut wurden insgesamt 30 **PL 10,** die ab 1931 bei der Trägerstaffel Escadrille 7S1 in Dienst gingen. Den Antrieb lieferte ein Hispano-Suiza-Triebwerk 12Lb, dessen Leistung von 442 kW (600 PS) eine Spitzengeschwindigkeit von 198 km/h ergab. Die **PL 10** hatte eine Spannweite von 14,20 m und eine Abflugmasse von 2880 kg.

Die **PL 101.01** absolvierte ihren Erstflug im März 1933. Dieses Versuchsflugzeug hob sich von der **PL 10** durch ein Breitspur-Fahrwerk und eine leichte Pfeilung der Tragflächen ab. Die nachfolgenden 30 Serienmaschinen wogen bei Überlast 270 kg mehr als die **PL 10,** zeichneten sich aber durch eine Spitzengeschwindigkeit von 220 km/h aus. 1935 lösten **PL 101** die **PL 10** auf der Béarn ab, und beim Ausbruch des Zweiten Weltkriegs befanden sich noch fünf Exemplare im Dienst.

Mehrere Entwicklungsprojekte basierten auf der **PL 101,** doch nur die **PL 107** (zwei Prototypen) und die **PL 108** wurden gebaut. Bei beiden hatte man den Rumpf aerodynamischer gestaltet, die Räder des starren Hauptfahrwerks mit Radkappen verkleidet und den Besatzungsraum mit einer Glashaube abgedeckt.

Als letztes Produkt der Firma entstand die **PL 400,** die sich an die deutsche Fieseler Fi 156 Storch anlehnte. Dieses Kurzpisten-Aufklärungsflugzeug war ein Kabinen-Hochdecker, der von einem Potez-Sternmotor 9C mit 162 kW (220 PS) angetrieben wurde. Die **PL 400** flog erstmals am 19. Dezember 1939, doch die Besetzung Frankreichs durch die Deutschen verhinderte die Konstruktion der weiterentwickelten **PL 401** mit einem Renault-Motor 6Q-09 gleicher Leistung.

## Levasseur PL 15

***Die von früheren Levasseur-Entwürfen abgeleitete PL 15 erhielt einen konventionelleren Rumpf und zeigte die für Levasseur typische massive Flügelverstrebung.***

Der Prototyp des Doppeldecker-Schwimmerflugzeugs Levasseur **PL 15** flog erstmals im Oktober 1932 mit einem provisorischen Radfahrgestell. Es folgte ein Produktionsauftrag über 16 Exemplare mit der Dienstbezeichnung **PL 15 T2B2b,** die ab 1934 mit der Marinestaffel 7B2 auf dem Seeflugzeugträger Commandant Teste in Dienst gestellt wurden. Im Vergleich zur früheren PL 14 hatte die **PL 15** einen schlanker gestalteten Rumpf ohne die für das „avion marin" typische Bootswanne. Den Antrieb besorgte ein Hispano-Suiza-Motor 12Nbr mit 478 kW (650 PS), und die Tragflächen ließen sich zur Unterbringung an Bord beiklappen. Die Ende 1938 aus dem Einsatz gezogenen **PL 15** bildeten anschließend die Ausrüstung für Escadrille 3S6, die ab September 1939 Patrouillenflüge an der Atlantikküste zur U-Bootabwehr durchführte. Die **PL 15** war mit zwei 7,5-mm-Maschinengewehren und einem Torpedo oder einer Bombenlast von bis zu 450 kg bewaffnet.

Aus der **PL 15** ging die **PL 151** hervor, ein Mitteldecker mit einer kleinen Stabilisierungsfläche über dem Rumpf. Es entstand ein maßstabsgetreues Modell, doch die weitere Entwicklung wurde abgebrochen. Die vierte **PL 15** baute man zur **PL 154** um, einem landgestützten Torpedoträger für eine dreiköpfige Besatzung, den man aber nach einer fliegerischen Teilerprobung wieder aufgab.

Zu den späteren Entwicklungen gehörte der ungewöhnliche Eindecker **PL 200,** der als moderner Seeaufklärer gedacht war. Die Schulterdecker-Tragflächen saßen an einer kurzen Rumpfgondel für eine dreiköpfige Besatzung, in deren Bug der 530 kW (720 PS) starke Hispano-Suiza-Sternmotor 9Vbrs eingebaut war. Die **PL 200** erreichte eine Höchstgeschwindigkeit von 225 km/h. Im Oktober 1935 wurde die Maschine auf einen 545 kW (740 PS) starken Gnome-Rhône 9Kfr ummotorisiert und in **PL 201** umbezeichnet.

## Lioré-et-Olivier 20

Die **Lioré-et-Olivier 20** war eine dreisitzige Version des Prototyps **LeO 122.** Sie gewann 1926 den Wettbewerb der französischen Regierung für einen neuen Nachtbomber und stellte im September desselben Jahres Langstrecken-Weltrekorde mit einer Nutzlast von 2000 kg auf.

### TECHNISCHE DATEN

**LeO 20**

**Typ:** dreisitziger Nachtbomber
**Triebwerke:** zwei Sternmotoren Gnome-Rhône 9Ady (Jupiter) mit 309 kW (420 PS)
**Leistung:** Höchstgeschwindigkeit 198 km/h; Dienstgipfelhöhe 5760 m; Reichweite 1000 km
**Gewicht:** Rüstmasse 2725 kg; max. Startmasse 5460 kg
**Abmessungen:** Spannweite 22,25 m; Länge 13,81 m; Höhe 4,26 m; Tragflügelfläche 105 $m^2$
**Bewaffnung:** fünf 7,7-mm-Maschinengewehre und bis zu 1000 kg Bomben

Der erste Beschaffungsauftrag im Umfang von 50 Exemplaren für die französische Aéronautique Militaire ging Ende 1926 ein, und die ersten **LeO 20** wurden 1927 in Villacoublay im Flug getestet. Anschlußbestellungen folgten, und die letzte von 311 Maschinen für die französische Luftwaffe wurde im Dezember 1932 abgenommen. **LeO 20** rüsteten die zwölf escadrilles des 21. und 22. Régiment d'Aviation in Nancy beziehungsweise Chartres aus. Eine beträchtliche Anzahl ging an die Schule der Aéronautique Militaire in Etampes, die die Ausbildung auf mehrmotorigen Flugzeugen durchführte. Später dienten **LeO 20** beim 12. Régiment d'Aviation in Reims und beim 34. Régiment d'Aviation in Le Bourget. Der Typ bildete ein Jahrzehnt lang das Rückgrat der französischen Nachtbomberflotte.

1928/29 wurden neun **LeO 20** exportiert, davon sieben nach Rumänien und zwei nach Brasilien, nachdem man eine **LeO 20** mit der Zulassung F-AIFI im Ausland vorgeführt hatte. Dieser Demonstrator stieß später zur Armée de l'Air. Zu Beginn des Jahres 1937 leisteten nach wie vor 224 **LeO 20** in Frankreich Dienst, obgleich der Typ aufgrund seiner relativ niedrigen Geschwindigkeit als veraltet gelten mußte. Am Vorabend des Zweiten Weltkriegs waren noch 92 **LeO 20** flugtüchtig, von denen viele als Zielschlepp- oder Ausbildungsflugzeuge bei Flugschulen dienten.

***Zehn Jahre lang war die klobige, aber dennoch großartige LeO 20 der Stützpfeiler der französischen Luftwaffe.***

# Lioré-et-Olivier 203, 204 und 206 bis Lockheed 14 Super Electra

**Lioré-et-Olivier war eine Flugzeugbau-Gründung vom März 1912 im französischen Levallois-Perret und kann für sich in Anspruch nehmen, die größte jemals von einem einzelnen Werk produzierte Serie großer französischer Militärflugzeuge gebaut zu haben. Die 451 war 1939 einer der leistungsfähigsten Bomber. Lockheed erlebte nach dem Umzug 1926 von Santa Barbara nach Burbank in Kalifornien sehr erfolgreiche Zwischenkriegsjahre.**

## Lioré-et-Olivier 203, 204 und 206

Im Bemühen, einen kampfstärkeren Nachtbomber zu schaffen, entwickelte die Konstruktionsabteilung von Lioré-et-Olivier eine große viermotorige Maschine, die **Lioré-et-Olivier LeO 203**. Sie flog erstmals im Mai 1930, angetrieben von vier Gnome-Rhône-Sternmotoren 7Kb je 221 kW (300 PS), die paarweise auf dem Unterflügel montiert waren. Nur wenig später folgte eine Schwimmerversion mit der Bezeichnung **LeO 204**.

Eine Bestellung von 1931 über 40 **LeO 203** wurde auf die **LeO 206** übertragen, deren Jungfernflug im Juni 1932 stattfand. Bei diesem Modell war der Bug neu konstruiert, und eine Art „Hängebalkon" diente als Bombenschacht sowie als Gefechtsstand für einen MG-Schützen im Heck. Den Antrieb lieferten vier Sternmotoren Gnome-Rhône 7Kd je 258 kW (350 PS). Mit der **LeO 206** rüstete man die Groupe de Bombardement III/12 in Reims und GB I/22 in Chartres aus. Drei Maschinen des Originalauftrags wurden als **LeO 207** mit einem Bugteil ähnlich dem der **LeO 203** und einem kleineren „Hängebalkon" als bei der **LeO 206** fertiggestellt. Im September 1939 waren noch 29 Exemplare dieses Typs flugtüchtig und größtenteils in Marokko stationiert.

***Die LeO 206 war durch einen untergehängten „Balkon" gekennzeichnet, der den Bombenschacht bildete und Abwehrwaffen aufnahm.***

### TECHNISCHE DATEN
**LeO 206**

**Typ:** viersitziger Nachtbomber
**Triebwerke:** vier Sternmotoren Gnome-Rhône 7Kd Titan je 258 kW (350 PS)
**Leistung:** Höchstgeschwindigkeit 215 km/h; Dienstgipfelhöhe 7250 m; Reichweite 2000 km
**Gewicht:** Rüstmasse 4230 kg; maximale Startmasse 8450 kg
**Abmessungen:** Spannweite 24,54 m; Länge 14,77 m; Höhe 6,28 m; Tragflügelfläche 118 m²
**Bewaffnung:** sechs 7,7-mm-MGs (in Bug-, Heck- und Bauchgefechtsständen) und bis zu 1500 kg Bomben

## Lioré-et-Olivier 451

Die **Lioré-et-Olivier 451**, die vom ästhetischen Standpunkt zu Recht als eines der attraktivsten zweimotorigen Muster des Zweiten Weltkriegs gilt, ging aus einer amtlichen Ausschreibung Frankreichs aus dem Jahre 1934 für einen viersitzigen Tagbomber der Kategorie B.4 hervor. Der von Jean Mercier entworfene Prototyp **LeO 45.01** flog erstmals am 16. Januar 1937. Der Versuchsbomber wirkte vielversprechend, aber Kontrollprobleme beim Start machten eine Überarbeitung des Leitwerks erforderlich. Zudem verzögerte sich die Entwicklung des vorgesehenen Hispano-Suiza-Sternmotors 14AA, so daß man im September 1938 Gnome-Rhône-14N-Triebwerke einbaute und die Maschine in **LeO 451.01** umbezeichnete. Die erste seriengefertigte **LeO 451** hob am 24. März 1939 vom Boden ab, aber von 1783 bestellten **LeO 451** waren bis zum 25. Juni 1940 erst 452 Exemplare geflogen.

Die Qualität der **LeO 451** veranlaßte die Vichy-Regierung mit Zustimmung der deutschen Besatzungsmacht im August 1941, 225 Maschinen zu bestellen, nachdem man alle noch nicht erfüllten Verträge nach der Kapitulation Frankreichs im Jahre 1940 für nichtig erklärt hatte. Die 453. **LeO 451**, das erste Produkt der SNCASE-Fabrik in Ambérieu, startete am 30. April 1942 zum Erstflug.

Zu den Varianten zählte die **LeO 455.01** mit 1012 kW (1375 PS) starken Gnome-Rhône 14R-Motoren, die am 3. Dezember 1939 erstmals flog. Fünf weitere **LeO 451** wurden 1948 zu zivilen **LeO 455Ph** umgebaut und vom Institut Géographique für topographische Arbeiten verwendet. 1946 rüstete man 40 in Nordafrika stationierte **LeO 451** mit Sternmotor Pratt & Whitney R-1830-67 auf den Standard **LeO 453** um. Einige dieser Maschinen dienten bei der Marine-Escadrille 11.S, andere im Verbindungs- und Luft-/Seenotrettungsdienst, und vier Exemplare fanden Verwendung als Segelschleppflugzeuge.

Die Einsatzgeschichte der **LeO 451** begann im Dezember 1939 mit der Umrüstung der Bomberstaffeln. Der erste Kriegseinsatz fand am 11. Mai 1940 statt, als Maschinen der Groupes de Bombardement I/12 und II/12 die Brücken bei Maastricht in Holland angriffen, um den deutschen Blitzkrieg einzudämmen. Bis zum Abschluß des Waffenstillstandsabkommens im Juni wurden immer mehr **LeO 451** in Dienst gestellt, die etliche weitere Staffeln ausrüsteten. Nach schweren Verlusten bei Tagangriffen flogen sie im Juni Langstrecken-Nachteinsätze gegen italienische und deutsche Ziele. Ebenfalls bestellt waren **LeO 451M** für den Marinedienst, und ein Exemplar dieser Version wurde Ende Mai 1940 ausgeliefert.

1940 und 1941 stellte man die Nordafrika-Verbände der Armée de l'Air und der Aéronavale auf die **LeO 451** um. Diese Bomber nahmen 1941 an Operationen in der Levante teil und flogen Ende 1942 Einsätze gegen die in Nordafrika gelandeten Alliierten und mußten schwere Verluste hinnehmen. Ab Juli 1944 wechselten die in Nordafrika verbliebenen **LeO 451** zum Verbindungsdienst, und zwölf Maschinen mit der neuen Bezeichnung **LeO 451E2** wurden für unterschiedlichste Aufgaben genutzt. Bei der Besetzung Restfrankreichs im November 1942 beschlagnahmte die Wehrmacht alle **LeO 451**, die sie vorfand. Einige wurden der Regia Aeronautica überlassen und 50 Exemplare zu Transportflugzeugen **LeO 451T** für die deutsche Luftwaffe umgebaut. Zwölf in **LeO 451C** umbenannte Maschinen dienten als Postflugzeuge bei der Air France.

Mehrere **LeO 451**, die nicht den Standard **LeO 453** erhalten hatten, wurden noch einige Jahre nach dem Krieg in verschiedenen Rollen verwendet.

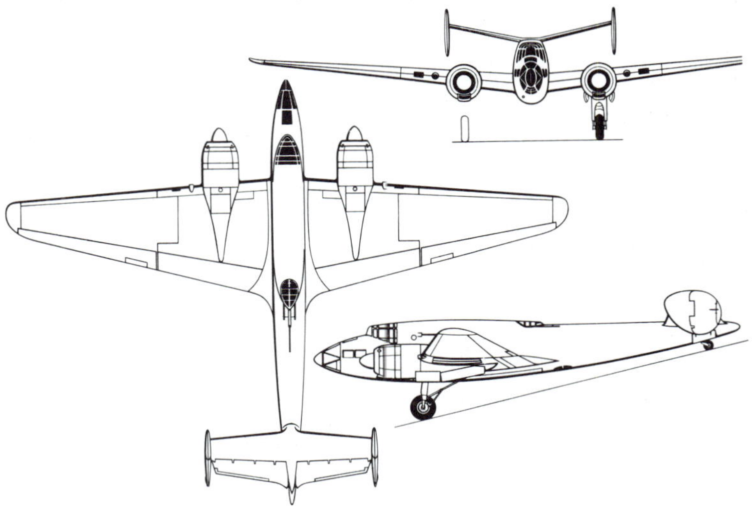

***Lioré-et-Olivier LeO 451***

### TECHNISCHE DATEN
**LeO 451 B.4**

**Typ:** viersitziger mittlerer Bomber
**Triebwerke:** zwei Sternmotoren Gnome-Rhône 14N 48/49 je 839 kW (1140 PS)
**Leistung:** Höchstgeschwindigkeit 495 km/h; Dienstgipfelhöhe 9000 m; Reichweite 2300 km
**Gewicht:** Rüstmasse 7815 kg; max. Startmasse 11.400 kg
**Abmessungen:** Spannweite 22,50 m; Länge 17,17 m; Höhe 5,24 m; Tragflügelfläche 68 m²
**Bewaffnung:** zwei MAC-7,5-mm-MGs (eins starr eingebaut und vorwärtsfeuernd, eines in einem einziehbaren Bauchturm) und eine 20-mm-Kanone HS 404 (im einziehbaren Rückenturm) sowie eine Bombenlast von 1500 kg

***Lioré-et-Olivier LeO 451 der 1. Escadrille Groupe de Bombardement 1/11, Armée de l'Air, Mitte 1941 in Oran-La Sénia in Marokko stationiert.***

# Lioré-et-Olivier H-24, H-24-2 und H-24-2/1

Ein langwieriger Konstruktionsprozeß von Benoit und seinen Mitarbeitern führte zur **Lioré-et-Olivier H-24.01**, die im November 1929 zum Jungfernflug startete. Das freitragende Hochdecker-Flugboot bot seinem Piloten ein geschlossenes Cockpit und nahm zehn Passagiere in der Kabine auf. Besondere Auslegungsmerkmale waren das hohe einteilige Seitenleitwerk samt Ruder und die beiden auf einem Stiel über dem Rumpfrücken in Tandemanordnung montierten Renault-V-12-Reihenmotoren 12Jb je 368 kW (500 PS). Dieses Einzelexemplar diente ausschließlich der Entwicklung und unternahm eine Reihe von Vorführ- und Testflügen, bevor es 1934 verschrottet wurde.

Von der **H-24** leitete man die **H-24-2** ab. Sie behielt die Grundauslegung bei, hatte aber vier Gnome-Rhône-Sternmotoren, die in Tandempaaren auf dem dick profilierten Tragwerk gelagert waren. Von 14 für die Air France gebauten Serienflugbooten wurden die ersten zwei als **H-24-2** und die restlichen zwölf als **H-24-2/1** mit geändertem Antriebskonzept fertiggestellt. Die erste **H-24-2** hob erstmals im März 1933 vom Boden ab, und bald darauf flogen alle Maschinen auf Strecken der Air France zwischen Marseille und Athen, Tunis und Beirut. Zehn Exemplare waren im September 1939 noch flugtüchtig.

Die **H-24-2** und **H-24-2/1** hatten eine Kabine mit nebeneinander montierten Sitzen für die Besatzung, ein Funk- und Navigationsabteil, eine Passagierkabine für 15 Personen im Hauptrumpf unter dem Tragwerk und einen großen Gepäck- und Postfrachtraum im Rumpfheck.

***Die erfolgreiche LeO H-24-2 fiel durch ihre außerordentlich dikken Tragflächen und die Sternmotoren auf, die in zwei Tandempaaren auf einem Gerüst über dem Tragflächenmittelstück gelagert waren. Air France nutzte dieses Muster im Mittelmeerraum.***

**TECHNISCHE DATEN**
**LeO H-24-2/1**

**Typ:** Passagierflugboot
**Triebwerke:** vier Sternmotoren Gnome-Rhône 7Kd Titan Major je 258 kW (350 PS)
**Leistung:** Höchstgeschwindigkeit 240 km/h; Dienstgipfelhöhe 4500 m; Reichweite 1100 km
**Gewicht:** Rüstmasse 5868 kg; max. Startmasse 8700 kg
**Abmessungen:** Spannweite 28 m; Länge 18,45 m; Höhe 6,33 m; Tragflügelfläche 116,25 m²

# Lioré-et-Olivier H-25

Der Prototyp des viersitzigen Nachtbombers **Lioré-et-Olivier LeO 25**, angetrieben von zwei Hispano-Suiza-Motoren 12Hb mit je 432 kW (575 PS), wurde 1928 als Teil der zweiten Baureihe LeO 20 ausgeliefert. Das neue Muster brachte kaum Verbesserungen gegenüber der LeO 20, von der es sich durch eine neu konstruierte Seitenflosse abhob. Im Jahr darauf erhielt die Maschine Hispano-12Mbr-Motoren und die neue Bezeichnung **LeO 252.01**. 1931 wurde sie zur Prüfung durch die französische Marine mit zwei hölzernen Schwimmern ausgerüstet. Die zweite **LeO 252** erschien 1932 und fand einen Käufer in Rumänien.

Drei **LeO 252** in der Ausführung eines Landflugzeugs wurden 1931 als **LeO 253** nach Brasilien geliefert, aber erst im Jahr darauf zusammengebaut, um in den Bürgerkrieg dieses Landes einzugreifen. Die **LeO 253** erreichte eine Höchstgeschwindigkeit von 215 km/h. Die **LeO 254** flog erstmals im Sommer 1932. Sie war eine verfeinerte, zur Serienproduktion bestimmte Ausführung der **LeO 252**, doch nur zwei Exemplare wurden gebaut und in Berre dazu verwendet, Besatzungen der Farman F.168 auf das Nachfolgemuster einzustimmen. Die **LeO H-255** war eine Variante der **H-254** mit Hispano-Suiza-Motoren 12Xbrs je 508 kW (690 PS). Sie flog zuerst als Land- und anschließend als Seeflugzeug und stellte mehrere Höhen-/Nutzlast-Weltrekorde für Seeflugzeuge auf. Die **LeO H-256**, die Ende 1932 erschien, führte vergrößerte Tragflügelflächen ein.

Die **LeO H-257** stellte einen bedeutenden Fortschritt gegenüber den früheren Prototypen dar. Sie hatte als Antrieb die von der französischen Marine bevorzugten Sternmotoren Gnome-Rhône 14Kbrs Mistral Major und eine geschlossene Kanzel für den Piloten. Die erstmals im März 1933 geflogene **H-257** hinterließ einen so guten Eindruck, daß 60 Serienseeflugzeuge **LeO H-257bis** mit leistungsstärkeren Gnome-Rhône 14Kirs/Kjrs, verstärkter Zelle und Bugwaffenstand in Form einer verglasten Drehkuppel bestellt wurden.

Noch vor der **H-257bis** kam aber die **LeO H-258** zur Auslieferung, von der 26 Exemplare ab Juni 1935 bei Escadrilles 3B1 und 3B2 in Dienst gingen. Die von zwei Hispano-Suiza 12Nbr mit je 478 kW (650 PS) angetriebene **H-258** konnte auf eine Spitzengeschwindigkeit von 240 km/h beschleunigen. Ab Juni 1936 erreichte die **H-257bis** die Seeflugzeug-Escadrilles 3B1, 3B2, danach B-1, B-2 und B-3 und schließlich E.7 und 3S4. Die Armée de l'Air verwendete die Landflugzeug-Ausführung bei Groupe de Bombardement II/25.

Nach neutralen Patrouillenflügen im Spanischen Bürgerkrieg eskortierten die **LeO**-Seeflugzeuge ab September 1939 Schiffskonvois und beteiligten sich an der Abwehr von Unterseebooten. Viele der während des deutschen Blitzkriegs im Sommer 1940 eingesetzten Maschinen wurden abgeschossen. Beim Ausbruch des Zweiten Weltkriegs waren noch 19 **LeO H-257bis** in Nordafrika stationiert, und im August 1940 hatte das Vichy-Regime noch 53 Schwimmerflugzeuge dieses Typs im Verfügungsbestand. Die letzten Exemplare wurden Ende 1944 aus dem Ausbildungs- und Zielschleppdienst verabschiedet.

Die einzige **H-259**, der letzte Vertreter der **H-25**-Serie, enttäuschte trotz der beiden Hispano-Suiza 12Ydrs/Yfrs je 633 kW (860 PS) im Leistungsvermögen und konnte daher nach der Flugerprobung im Jahre 1935 keine Aufträge erzielen.

***Die H-257bis wirkte zwar recht staksig, war aber ein effektives Seeflugzeug, das in beachtlichem Umfang beschafft wurde.***

**TECHNISCHE DATEN**
**Lioré-et-Olivier H-257bis (Schwimmerflugzeug)**

**Typ:** fünfsitziger Torpedobomber/Aufklärungsdoppeldecker
**Triebwerke:** zwei Sternmotoren Gnome-Rhône 14Knrs/Kors je 640 kW (870 PS)
**Leistung:** Höchstgeschwindigkeit 230 km/h; Dienstgipfelhöhe 8000 m; Reichweite 1500 km
**Gewicht:** Rüstmasse 5300 kg; max. Startmasse 9560 kg
**Abmessungen:** Spannweite 25,50 m; Länge 17,54 m; Höhe 6,80 m; Tragflügelfläche 133,50 m²
**Bewaffnung:** drei Darne 7,5-mm-MGs und ein 670-kg-Torpedo DA oder bis zu 600 kg Bomben

# Lioré-et-Olivier H-246

Das Musterflugboot Lioré-et-Olivier **LeO H-246.01**, das auf einem amtlichen Lastenheft von 1935 basierte, war am 30. September 1937 flugbereit. Der grazile Schirmeindecker mit metallenem Bootsrumpf nahm seine vierköpfige Besatzung in einem gesonderten Flugdeck und 26 Personen in der Hauptkabine auf.

Im Januar 1938 bestellte Air France außer dem Prototyp sechs **H-246.1**. Zwei Exemplare sollten gerade auf der Verbindung Marignane-Algier in Dienst gehen, als der Zweite Weltkrieg ausbrach. Die französische Marine wollte alle sechs Serienmaschinen zur Aufklärung über See einziehen, aber letztlich wurde nur eine Maschine entsprechend umgebaut. Dies war das dritte Flugzeug, das im Juni 1940 seinen Abnahmeflug bestand und mit modifiziertem, stärker verglastem Bug bei Escadrille 9.E zum Einsatz kam. Seine Bewaffnung bestand aus vier Darne-7,5-mm-MGs und 600 kg Bomben.

Von Oktober 1939 bis November 1942 bedienten zivile LeO-Flugboote die Algier-Route für Air France. Danach wurden sie von der deutschen Luftwaffe beschlagnahmt und zum Transport von 21 Soldaten oder 14 liegenden Verwundeten hergerichtet. Zum Selbstschutz ließ die Luftwaffe sie mit fünf 7,92-mm-MG 15 bewaffnen, einem im Bugstand, zwei in seitlichen Positionen und zwei weiteren, die durch Fenster im hinteren Teil des Flugdecks feuerten. Sie dienten bei verschiedenen Einsätzen, darunter auch kurz in Finnland. Nach dem Krieg nutzte die Air France zwei erhaltene **LeO H-246.1** vorübergehend auf der Strecke zwischen Marignane und Algier.

**TECHNISCHE DATEN**
**LeO H-246.1**

**Typ:** Verkehrsflugboot
**Triebwerke:** vier V-12-Reihenmotoren Hispano-Suiza 12Xgrs/Xhrs je 530 kW (720 PS)
**Leistung:** Höchstgeschwindigkeit 330 km/h; Dienstgipfelhöhe 7000 m; Reichweite 2000 km
**Gewicht:** Rüstmasse 9800 kg; max. Startmasse 15.000 kg
**Abmessungen:** Spannweite 31,72 m; Länge 21,17 m; Höhe 7,15 m; Tragflügelfläche 131 m²

***Die Lioré-et-Olivier H-246 war ein Produkt des „Goldenen Zeitalters" der Flugboote zwischen den beiden Weltkiegen, doch der Zweite Weltkrieg setzte der glänzenden Karriere ein jähes Ende.***

# Lockheed 1, 2 und 5 Vega

Die Brüder Allan und Malcom Loughead gründeten 1916 die erste Firma mit ihrem Namen: die Loughead Aircraft Manufacturing Company in Santa Barbara, Kalifornien. Die Firma geriet jedoch in finanzielle Schwierigkeiten und wurde 1921 aufgelöst. Erst 1926 tauchte ein neues Unternehmen mit dem gleich klingenden Namen Lockheed Aircraft Company im Register auf, doch es bestand ebenfalls nicht einmal drei Jahre. In diesem Zeitraum hatte es jedoch ein bemerkenswertes Flugzeug entwickelt und zur Serienreife gebracht, die von John K. Northrop und Gerard F. Vultee (beide gründeten später bedeutende US-Flugzeugfirmen) entworfene **Lockheed Vega**. Der freitragende Hochdecker in Holzbauweise wies einen eleganten, stromlinienförmigen Rumpf auf, der aus zwei unter Druck in Betonkörpern vorgeformten Sperrholzhalbschalen zusammengesetzt war, und ein Spornrad ergänzte das widerstandsarme Hauptfahrgestell. Eine geschlossene Kabine nahm den Flugzeugführer sowie vier Passagiere auf, und für den Antrieb der ersten Version, später **Vega 1** bezeichnet, sorgte ein Wright-Sternmotor J-5 Whirlwind mit 168 kW (228 PS). Die erste Maschine flog am 4. Juli 1927 und wurde vom Zeitungsverleger George Hearst erworben, um an dem von James D. Dole veranstalteten Rennen von Oakland nach Hawaii teilzunehmen, das am 16. August 1927 begann. Die **Vega**, die inzwischen **Golden Eagle** hieß und von Jack Forst und Gordon Scott geflogen wurde, verschwand spurlos auf der Strecke. Dieser unerklärliche Verlust beeinträchtigte jedoch keineswegs den Absatz, und innerhalb von nur sechs Jahren war der Typ **Vega** in aller Welt bekannt. Nur einige der zahllosen Meisterleistungen seien an dieser Stelle genannt: die erste Arktisüberquerung, der erste Forschungsflug in die Antarktis (Wilkins und Eielson in der **Vega 1 X3903**), der erste Alleinflug einer Frau über den Atlantik (von Neufundland nach Irland, Amelia Earhart in der **Vega 5B NC7952**) und die erste Weltumrundung im Alleinflug (Wiley Post in der **Vega 5B The Winnie Mae**). Als die Produktion auslief, waren 128 **Vega** gebaut: 115 von Lockheed, neun von der Detroit Aircraft Corporation (Lockheed war von 1929 bis 1931 ein Ableger dieses Unternehmens) und vier von anderen Firmen.

***Die Lockheed Vega 5 mit der Zulassung NC513E wurde im Auftrag der Firma Schlee-Brock gebaut. Ihr Pratt & Whitney Wasp-Sternmotor war unverkleidet.***

**Varianten**

**Vega 1:** erste Serienversion mit Wright-Sternmotoren der Bauarten J-5, J-5A, J-5AB, J-5B und J-5C Whirlwind je 168 kW (228 PS)
**Vega 2:** Serienmodell, das sich vor allem durch sein Wright-Triebwerk J-6 Whirlwind mit 224 kW (305 PS) vom Original abhob
**Vega 2A:** neue Bezeichnung einer Vega 2 zum Betrieb mit einer höheren Gesamtmasse
**Vega 2D:** neue Bezeichnung zweier Vega 1 und einer Vega 2 nach dem Einbau eines Motors Pratt & Whitney Wasp Junior mit 224 kW (305 PS)
**Vega 5:** hierbei handelte es sich um die Hauptbaureihe (35 Exemplare) mit Motortypen wie P&W Wasp A (306 kW/416 PS), Wasp B (336 kW/457 PS) und Wasp C1 (313 kW/426 PS), zur Minderung des Luftwiderstands meistens mit einer NACA-Haube verkleidet
**Vega 5A Executive:** diese Variante war grundsätzlich wie die Vega 5, aber mit einer Inneneinrichtung für Geschäftsreisende ausgestattet
**Vega 5B:** grundsätzlich wie Vega 5, aber als Siebensitzer für ein höheres Gesamtgewicht ausgelegt
**Vega 5C:** grundsätzlich wie Vega 5, aber mit neu konzipiertem Leitwerk und für höhere Betriebsmassen zugelassen
**DL-1:** Variante der Vega 5C mit Rumpf in Leichtmetallbauweise, während der Zugehörigkeit zur Detroit Aircraft Corporation produziert
**DL-1B:** ähnlich wie DL-1, aber als sechssitziges Passagierflugzeug für Liniengesellschaften gedacht
**DL-1 Special:** ein nach England exportiertes Exemplar für Rekordversuche und Flugrennen
**Y1C-12:** Bezeichnung einer einzigen DL-1, die das US Army Air Corps vor allem zur Bewertung beschaffte
**Y1C-17:** Bezeichnung einer einzelnen DL-1B, die das US Army Air Corps hauptsächlich für Hochgeschwindigkeits- und Rekordflüge beschaffte
**UC-101:** Bezeichnung einer Vega 5C, die die US Army Air Force 1942 zum Militärdienst einzog

**TECHNISCHE DATEN**
**Lockheed Vega 5C (Landflugzeug)**
**Typ:** siebensitziger Kabineneindecker
**Triebwerk:** ein Sternmotor Pratt & Whitney Wasp SC-1 mit 336 kW (457 PS)
**Leistung:** Höchstgeschwindigkeit 298 km/h; Dienstgipfelhöhe 5485 m; Standardreichweite 885 km
**Gewicht:** Leermasse 1163 kg; max. Startmasse 2155 kg
**Abmessungen:** Spannweite 12,50 m; Länge 8,38 m; Höhe 2,59 m; Tragflügelfläche 25,55 $m^2$

# Lockheed 3 Air Express

Der äußerst beachtliche Erfolg und die erwiesene Zuverlässigkeit der Vega machten dieses Muster für viele Fluggesellschaften interessant, aber Western Air Express wollte eigene Vorstellungen verwirklicht sehen, die sich in der **Lockheed 3 Air Express** niederschlugen. Das neue Muster stimmte in den Baugruppen Rumpf, Fahrgestell und Leitwerk weitgehend mit der Vega überein, doch das Tragwerk war weiter gespannt und zum Schirmeindecker aufgestielt, und das offene Cockpit des Piloten war hinter die für vier Passagiere ausgelegte Kabine gerückt. Den Standardantrieb lieferte ein Pratt & Whitney Wasp mit 306 kW (416 PS), aber mindestens eines dieser Flugzeuge flog mit einem Wasp-Sternmotor, der 391 kW (532 PS) erzeugte. Einige dieser Triebwerke waren mit den von der NACA entwickelten Hauben für geringeren Luftwiderstand ausgestattet. Insgesamt sieben solcher Maschinen wurden gebaut sowie eine **Air Express Special**, mit der Laura Ingalls 1931 einen Nonstop-Flug über den Atlantik durchführte. Western Air Express, die die Entwicklung dieser Vega-Ausführung angeregt hatte, erwarb ein einziges Exemplar.

**Varianten**

**Lockheed 4 Explorer:** Abkömmling der Air Express/Vega-Serie in der Auslegung eines Tiefdeckers mit starrem Fahrwerk und einem 336 kW (457 PS) starken Wasp-Motor von Pratt & Whitney; die Spannweite betrug 14,78 m und die höchstzulässige Startmasse 4086 kg; die Version war für einen Nonstop-Flug über den Pazifik nach Japan gedacht; nur zwei Maschinen, die erste stürzte beim Start zum geplanten Rekordflug im Juli 1929 ab und die zweite (mit abwerfbarem Fahrgestell) verunglückte bei Versuchen im September 1929; die theoretische Reichweite war mit 8850 km angegeben
**Lockheed 7 Explorer:** verbesserte Version des Modells 4 mit 336 kW (457 PS) starkem Wasp C; die erste Maschine stürzte im Mai 1930 ab, und die zweite absolvierte einige mäßig erfolgreiche Flüge

***NC514E war die zweite Lockheed Air Express, angetrieben von einem Sternmotor Wasp C. Die für Vorführungen verwendete Maschine wurde im Januar 1930 an die New York, Rio & Buenos Aires Line für Flüge nach Südamerika verkauft und dort mit Schwimmern ausgerüstet.***

# Lockheed 8 Sirius

Die **Lockheed 8 Sirius**, die nach den Vorgaben von Charles Lindbergh als Hochleistungs-Tiefdecker entwickelt wurde, verband im Prinzip den Holzrumpf der Vega mit neu konstruierten, freitragenden Tiefdecker-Tragflächen. Sie flog erstmals im November 1929, angetrieben von einem Pratt & Whitney Wasp-Sternmotor mit 336 kW (457 PS). Das Spornrad-Fahrwerk ließ sich nicht einziehen, und zwei offene Cockpits waren hintereinander im Rumpf angeordnet. Bevor Lindbergh das Flugzeug abnahm, ließ er eine Schiebehaube installieren, die beide Cockpits abdeckte. Im folgenden Jahr wurden ein 429 kW (583 PS) starker Wright-Cyclone-Motor und Zwillingsschwimmer eingebaut, bevor Lindbergh zu einem Erkundungsflug für Pan American Airways aufbrach. Beim letzten dieser Flüge im Jahre 1933 war die Maschine mit einem Wright Cyclone ausgerüstet, der 529 kW (719 PS) abgab.

Der Erfolg der Lindbergh-**Sirius** führte zum Bau von 13 weiteren Maschinen durch Lockheed: vier ähnliche **Sirius 8**, acht **Sirius 8A** mit erweiterten Leitwerksflächen und eine viersitzige **Sirius 8C**, die zwischen Motor und Führerraum eine geschlossene Kabine für zwei Personen aufwies. Eine von der Detroit Aircraft Corporation gebaute **Sirius** mit metallenem Rumpf und hölzernen Lockheed-Tragflächen erhielt die Bezeichnung **DL-2**. Lindberghs **Sirius** (in der Ausführung eines Landflugzeugs) hatte eine Spannweite von 13,04 m, ein Höchstgewicht von 3220 kg, eine Spitzengeschwindigkeit von 298 km/h und eine Reichweite von 1570 km.

***NR211 war die erste Lockheed Sirius. Sie wurde nach den Vorstellungen von Charles Lindbergh gebaut, und die Schiebehaube ging auf einen Vorschlag von Mrs. Lindbergh zurück. Die Maschine ist im National Air and Space Museum in Washington zu besichtigen.***

# Lockheed 8 Altair

Als Charles Lindbergh seine Sirius übernahm, äußerte er Interesse an einem Einziehfahrwerk. Die Firma griff diese Anregung auf und entwarf alternative Tragflächen, die nach innen einklappende Hauptfahrwerksbeine aufnehmen konnten. Seiner persönlichen Maschine ließ Lindbergh diese Neuerung zwar nicht zukommen, aber als Nachrüstung wurde sie für alle Sirius-Flugzeuge angeboten und im September 1930 an einer firmeneigenen Sirius 8A erstmals umgesetzt. In dieser Form bezeichnete man die Maschine in **Lockheed Altair 8D** um und lieh sie 1931 an das USAAC aus. Im November desselben Jahres wurde sie auf einen Pratt & Whitney R-1340-17 mit einer Leistung von 336 kW (457 PS) umgestellt und vom USAAC erworben, das ihr die Dienstbezeichnung **Y1C-25** zuwies. Diese Umrüstung durchliefen auch vier weitere Flugzeuge, zwei Sirius 8A, die so zu **Altair 8D** wurden, die DL-2, die die Bezeichnung **Altair DL-2A** erhielt, und der berühmteste Vertreter, die **Sirius 8 Special**. Letztere Maschine wurde später von Charles Kingsford Smith gekauft, der sie zur **Altair 8D** modifizieren ließ, auf den Namen „Lady Southern Cross" taufte und zum ersten Flug über den Pazifischen Ozean nutzte (von Australien in die USA zwischen dem 20. Oktober und dem 4. November 1934).

Außer diesen Umrüstmaschinen wurden sechs neue **Altair** gebaut, darunter eine **Altair DL-2A** mit einem 481 kW (654 PS) starken Wright R-1820E Cyclone-Sternmotor. Typische Daten sind eine Spannweite von 13 m, eine maximale Abflugmasse von 2220 kg und eine Höchstgeschwindigkeit von 333 km/h in 2135 m Höhe.

***Die Altair von 1930 war Lockheeds erstes Muster mit Einziehfahrwerk.***

# Lockheed 9 Orion

Als Lockheed in der zweiten Hälfte der dreißiger Jahre einen Bedarf für leichte Verkehrsflugzeuge erkannte, leitete das Unternehmen die Entwicklung der sechssitzigen Passagiermaschine **Lockheed 9 Orion** ein. Dieses Modell verband einen Vega-Rumpf mit den Tiefdeckertragflächen und dem Fahrwerk der Altair sowie der NACA-Motorhaube, die man bei der Air Express eingeführt hatte. Die erste **Orion** flog im Frühjahr 1931. Die Produktion ergab insgesamt 35 Flugzeuge, und das Einzelexemplar Altair DL-2A wurde ebenfalls dem **Orion**-Standard angepaßt.

Die erste **Orion** (NC960Y) trat im Mai 1931 ihren Dienst bei Bowen Air Lines in Fort Worth (Texas) an, und auch zwölf andere Fluggesellschaften machten sich diesen Typ zunutze. Mindestens 13 Maschinen dieses interessanten Musters wurden von verschiedenen Haltern Ende 1936, kurz nach Ausbruch des spanischen Bürgerkriegs, der spanisch-republikanischen Luftwaffe zur Verfügung gestellt.

**TECHNISCHE DATEN**
**Lockheed Orion 9D**
**Typ:** leichtes Verkehrsflugzeug
**Triebwerk:** ein Sternmotor Pratt & Whitney Wasp S1D1 mit 410 kW (558 PS)
**Leistung:** Reisefluggeschwindigkeit 330 km/h; Dienstgipfelhöhe 6705 m; Reichweite 1159 km
**Gewicht:** Leermasse 1651 kg; max. Startmasse 2359 kg
**Abmessungen:** Spannweite 13 m; Länge 8,64 m; Höhe 2,95 m; Tragflügelfläche 27,32 m²

**Varianten**

**Orion 9:** erste Serienversion mit P&W-Sternmotor Wasp A (306 kW/416 PS) oder Wasp C (313 kW/426 PS); 14 Exemplare
**Orion 9A Special:** Einzelexemplar mit Wasp-SC-Motor (336 kW/457 PS) und geringfügig geänderter Zelle
**Orion 9B:** zwei Flugzeuge mit Wright-Sternmotor R-1820-E Cyclone (429 kW/583 PS) für Swissair
**Orion 9C:** Bezeichnung der DL-2A nach Anpassung auf Orion-Konfiguration
**Orion 9D:** Serienversion mit kleineren Änderungen am Flugwerk und anfangs mit P&W Wasp S1D1 als Antrieb; 13 Exemplare
**Orion 9E:** drei Flugzeuge, weitgehend identisch mit der Orion 9, aber mit stärkerem Antrieb durch Wasp SC1 (336 kW/457 PS)
**Orion 9F:** ein Geschäftsreiseflugzeug mit 481 kW (654 PS) starkem Wright-R-1820-F2-Cyclone-Motor
**Orion 9F-1:** ein Geschäftsreiseflugzeug mit 485 kW (660 PS) starkem Wright-SR-1820-F2-Cyclone-Motor
**UC-85:** Bezeichnung einer von der US Army Air Force im Juni 1942 eingezogenen Orion 9D
**Orion-Explorer:** Bezeichnung einer Orion 9E, nachdem man ihr Tragwerk durch das der zweiten verunglückten Explorer 7 ersetzt hatte; später für den Versuch eines Erdumrundungsflugs genutzt; beide Männer fanden den Tod, als die Maschine am 15. August 1935 in Alaska abstürzte

***Diese für Varney Air Service gebaute Lockheed Orion wurde während des Spanischen Bürgerkriegs zerstört.***

# Lockheed 10 Electra

Lockheeds erster wichtiger Schritt auf dem Weg zum bedeutenden Hersteller von Verkehrsflugzeugen war der Entwurf der **Lockheed 10 Electra**, die zehn Passagieren Platz bot. Die **Electra** war ein freitragender Tiefdecker in Ganzmetallbauweise mit einziehbarem Spornrad-Fahrgestell und doppelten Seitenflossen. Unter dem Antrieb zweier Pratt & Whitney Wasp Junior SB-Sternmotoren hob der Prototyp am 23. Februar 1934 zum ersten Mal vom Boden ab, gefolgt von 148 Serienmaschinen.

Die Indienststellung der **Electra** begann 1934 bei Northwest Airlines, und Ende der dreißiger Jahre flogen acht amerikanische Gesellschaften dieses Muster. Beim Eintritt der USA in den Zweiten Weltkrieg flogen nur noch wenige Exemplare im Liniendienst, da sich die **Electra** aufgrund ihrer bescheidenen Sitzplatzkapazität bei stetig wachsendem Passagieraufkommen als unwirtschaftlich erwiesen hatte. Über den heimischen Marktsektor hinaus wurden Exportflugzeuge für verschiedene Länder in Südamerika und Europa gebaut. Einige Maschinen kamen im Spanischen Bürgerkrieg zum Einsatz, und zu Beginn des Zweiten Weltkriegs zogen die RAF und die Royal Canadian Air Force diesen Flugzeugtyp zum Wehrdienst ein. Nach dem Krieg nutzten kleinere Gesellschaften die **Electra** weiterhin, da sie zu einem günstigen Preis erworben und betrieben werden konnte. Ende der sechziger Jahre befanden sich nur noch wenige Exemplare im regulären Dienst.

**Varianten**

**Electra 10-A:** Hauptserienversion mit P&W Wasp Junior SB; 101 Exemplare
**Electra 10-B:** ähnlich wie die Electra 10-A, aber mit Wright-Sternmotoren R-975-E3 Whirlwind je 328 kW (446 PS)
**Electra 10-C:** PAA-Variante mit Wasp SC1 je 336 kW (457 PS)
**Electra 10-D:** geplante Militärversion, aber nicht produziert
**Electra 10-E:** weitgehend ähnlich wie die Electra 10-A, aber mit Wasp S3H1 je 447 kW (608 PS); 15 Exemplare; am bekanntesten war NR16020, mit der Amelia Earhart und Fred Noonan am 2. Juli 1937 bei einem Flug um die Welt spurlos verschwanden
**XR20-1:** einzelne Stabstransportmaschine für die US Navy, angetrieben von P&W R-985-48 je 336 kW (457 PS)
**XR30-1:** Bezeichnung einer vom Transport- zum Sanitätsflugzeug und umgekehrt umrüstbaren Electra für die US Coast Guard, angetrieben von Wright R-975-E3 je 328 kW (446 PS)
**XC-35:** Bezeichnung eines einzelnen Forschungsflugzeugs mit Druckkabine und angetrieben von Turboladermotoren P&W XR-1340-43 je 410 kW (558 PS); vom US Army Air Corps geflogen, um wertvolle Erfahrungen auf den Feldern Druckbelüftung und Ladermotor zu gewinnen
**Y1C-36:** Dienstbezeichnung des US Army Air Corps für drei Transportflugzeuge vom Typ Electra 10-A mit P&W R-985-13 je 336 kW (457 PS)
**C-36A** (später **UC-36A**): 15 Electra 10-A, die zum Kriegsdienst bei der US Army Air Force eingezogen wurden
**C-36B** (später **UC-36B**): fünf Electra 10-E, die zum Kriegsdienst bei der US Army Air Force eingezogen wurden
**C-36C** (später **UC-36C**): sieben Electra 10-B, die zum Kriegsdienst bei der US Army Air Force eingezogen wurden
**Y1C-37:** Bezeichnung einer einzelnen Electra zur Nutzung durch das US National Guard Bureau

***G-AEPN war eine der Lockheed Electra, die British Airways mit Verstellpropellern und elektrischen Landeklappen bestellt hatte.***

**TECHNISCHE DATEN**
**Lockheed Electra 10-A**
**Typ:** leichtes Kurzstrecken-Verkehrsflugzeug
**Triebwerke:** zwei Sternmotoren Pratt & Whitney Wasp Junior SB je 336 kW (457 PS)
**Leistung:** Höchstgeschwindigkeit 325 km/h in 1525 m Höhe; Dienstgipfelhöhe 5915 m; Reichweite 1305 km
**Gewicht:** Leermasse 2927 kg; max. Startmasse 4672 kg
**Abmessungen:** Spannweite 16,76 m; Länge 11,76 m; Höhe 3,07 m; Tragflügelfläche 42,59 m²

# Lockheed 12 Electra Junior

Als die Lockheed 10 Electra im Liniendienst eingeführt wurde, galt ihre Sitzplatzkapazität (zehn) als zu gering für Standard-Fluggesellschaften und als zu hoch für Regional- und Zubringerdienste. Um dem letztgenannten Bedarf zu genügen, schuf Lockheed eine maßstäblich verkleinerte Ausführung der Electra für sechs Passagiere und eine zweiköpfige Besatzung, behielt aber den Antrieb des größeren Musters bei, um bessere Flugleistungen bieten zu können. Das Ergebnis war die **Lockheed 12 Electra Junior,** die am 27. Juni 1936 ihren Jungfernflug absolvierte. Vielleicht hat es selbst den Hersteller überrascht, daß dieses Muster mit 130 Exemplaren fast den gleichen Absatz erzielte wie die Lockheed 10.

**TECHNISCHE DATEN**
**Lockheed 12-A**
**Typ:** leichtes Passagierflugzeug
**Triebwerke:** zwei Sternmotoren Pratt & Whitney Wasp Junior SB je 336 kW (457 PS)
**Leistung:** Höchstgeschwindigkeit 362 km/h in 1525 m Höhe; Dienstgipfelhöhe 6980 m; Reichweite 1287 km
**Gewicht:** Leermasse 2615 kg; max. Startmasse 3924 kg
**Abmessungen:** Spannweite 15,09 m; Länge 10,97 m; Höhe 2,97 m; Tragflügelfläche 32,70 m$^2$

Das Gros der Serienflugzeuge machte die **Lockheed 12-A** aus, aber viele Maschinen dienten bei den US-Streitkräften. Das USAAC beschaffte drei siebensitzige **C-40** (später **UC-40**), zehn fünfsitzige **C-40A** (später **UC-40A**) und eine experimentelle **C-40B** mit starrem Dreibeinfahrwerk. Unter der Bezeichnung **C-40D** (später **UC-40D**) wurden zehn **Lockheed 12-A** zusammengefaßt, die man zum Kriegsdienst eingezogen hatte. Die US Navy erhielt eine siebensitzige **JO-1**, fünf sechssitzige **JO-2** (eine davon wurde dem USMC zugewiesen) und eine einzelne **XJO-3** mit starrem Dreibeinfahrwerk für Landeversuche auf Flugzeugträgern. Ferner nutzten diesen Typ die Luftstreitkräfte Argentiniens, Großbritanniens, Kanadas, und Kubas sowie das Heer in Niederländisch-Ostindien, das mit insgesamt 36 Exemplaren der wichtigste militärische Betreiber war. Diese Zahl umfaßte 16 speziell entwickelte Schul- und Übungsflugzeuge für Besatzungen **Modell 212** mit zwei 7,7-mm-MGs, einem im Bug und einem im Rückenturm, sowie mit Gehängen für bis zu 363 kg Bomben unter den Tragflächen.

Einer der interessantesten Vertreter dieses Typs gehörte der NACA (Vorläufer der NASA), die diese Maschine als Versuchsträger für ein Tragflächenenteisungssystem auf der Grundlage von Heißluft der Motorabgasanlagen verwendete. Eine der wohl ungewöhnlichsten Aufgaben übernahm die **Lockheed 12-A** des Australiers Sidney Cotton, der in den drei Monaten vor Ausbruch des Zweiten Weltkriegs Deutschland bereiste und diese Gelegenheit nutzte, um mit seiner eigens zu diesem Zweck mit Kameras bestückten Maschine heimlich Fotos von militärischen Anlagen und Einrichtungen zu machen.

***Lockheed 12 Electra Junior***

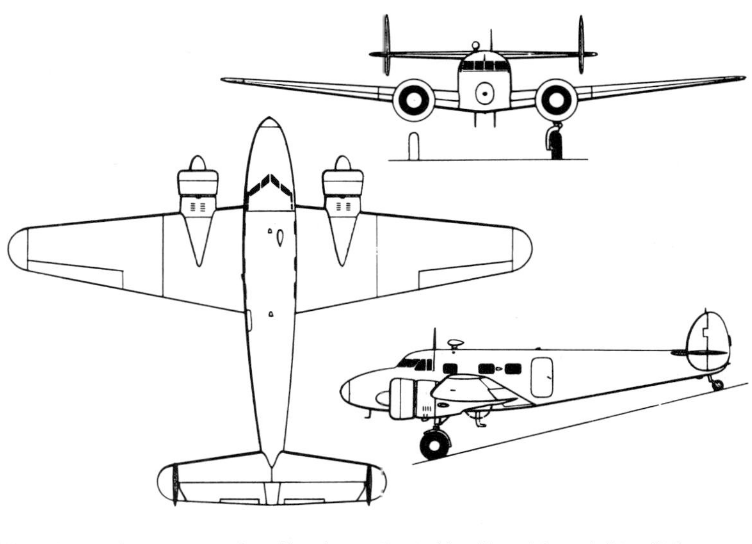

# Lockheed 14 Super Electra

Die **Lockheed 14 Super Electra** sollte den von Douglas entwickelten Serienmustern DST/DC-2/DC-3 die Stirn bieten, stellte jedoch aufgrund ihrer viel geringeren Sitzplatzkapazität kaum eine Konkurrenz dar. Das neue Modell war grundsätzlich ähnlich ausgelegt wie die frühere Lockheed 10 Electra, unterschied sich aber durch einen dickeren Rumpf, der 14 Passagiere aufnehmen konnte, durch sein Mitteldecker-Tragwerk und solche Neuerungen wie Integralflügeltanks, Fowler-Klappen, Verstellpropeller und, bei späteren Serienmaschinen, starre Vorflügel. Diese Verbesserungen, gepaart mit leistungsstärkeren Motoren und einer hohen Tragflächenbelastung, vermittelten der **Super Electra** ausgezeichnete Flugleistungen, aber gegenüber der Douglas DC-3 mit ihrer viel größeren Kabine war sie weitaus weniger effizient im Betrieb. Lockheed produzierte daher nur 112 Exemplare. Der Prototyp flog erstmals am 29. Juli 1937, das Lufttüchtigkeitszertifikat ging am 15. November 1937 ein, und kurz darauf kamen die ersten Maschinen zur Auslieferung. Das weitaus größte Kontingent der **Super Electra** wurde exportiert, und darüber hinaus fertigte Japan 119 Exemplare für das Kaiserlich Japanische Heer in Lizenz. Diese von Mitsubishi-Sternmotoren Ha-26-I je 662 kW (900 PS) angetriebenen Transportflugzeuge erhielten die nationale Bezeichnung Heerestyp LO Transport. Der spätere Deckname der Alliierten für dieses Muster lautete **„Thelma"**.

**TECHNISCHE DATEN**
**Lockheed 14-H Super Electra**
**Typ:** Kurz-/Mittelstrecken-Verkehrsflugzeug
**Triebwerke:** zwei Sternmotoren Pratt & Whitney Hornet S1E-G je 652 kW (887 PS)
**Leistung:** Höchstgeschwindigkeit 398 km/h in 2135 m Höhe; Dienstgipfelhöhe 7405 m; Höchstreichweite 3315 km
**Gewicht:** Leermasse 4672 kg; max. Startmasse 7938 kg
**Abmessungen:** Spannweite 19,96 m; Länge 13,51 m; Höhe 3,48 m; Tragflügelfläche 51,19 m$^2$

**Varianten**
**Lockheed 14-H und 14-H2:** erstes Serienmodell mit Pratt & Whitney Hornet S1E-G beziehungsweise S1E2-G als Antrieb
**Lockheed C-14H-1:** neue Bezeichnung einer 14-H nach ihrem Umbau zum Prototyp eines Nurfrachtflugzeugs; später zur 14-H rückgerüstet
**Lockheed 14-08:** neue Bezeichnung für die 14-H2 von Trans-Canada Air Lines nach Austausch der Standardmotoren durch Twin Wasp S1C3-G je 895 kW (1217 PS)
**Lockheed 14-WF62 oder 14-F62:** Exportversion mit Wright-SGR-1820-F62-Cyclone-Triebwerken je 671 kW (912 PS)
**Lockheed 14-WG3B:** Exportversion mit Wright-GR-1820-G3B-Triebwerken je 671 kW (912 PS)
**Lockheed 14-N:** Bezeichnung von vier nach den Wünschen einzelner Privatkunden gefertigten Maschinen
**C-111:** Bezeichnung dreier von der US Army Air Force für den Dienst in Australien eingezogener 14-F62
**XR4O-1:** einzelne 14-H2, die die US Navy als Stabstransportflugzeug beschaffte

***Diese Super Electra hat eine vom Standard abweichende Fensteranordnung. Eine solche Maschine benutzte Howard Hughes für seinen Flug um die Erde.***

***Dies war eine der drei Lockheed 14-H2, die Air Afrique wegen der Geschwindigkeit, der Reichweite und der guten Steuereigenschaften dieses Typs gekauft hatte.***

## Lockheed 18 Lodestar bis Lockheed C-141 StarLifter

**Beim 25jährigen Firmenjubiläum 1957 konnte Lockheed stolz fast 30 000 gebaute Flugzeuge 70 verschiedener Typen vorweisen. Vierzig Jahre später ist Lockheed noch immer ein wesentlicher Lieferant halbschwerer und schwerer Transporter für die strategischen Luftstreitkräfte in aller Welt, vor allem des Strategic Air Command (SAC) der USA und des US-Military Airlift Command.**

# Lockheed 18 Lodestar

Der schwache Absatzerfolg der Lockheed 14 Super Electra führte zur Konstruktion und Entwicklung der **Lockheed 18 Lodestar,** deren Prototyp am 21. September 1939 zum Jungfernflug startete. Das Musterflugzeug ging aus dem Umbau einer Super Electra hervor und unterschied sich in erster Linie durch einen um 1,68 m verlängerten Rumpf für 15 bis 18 Passagiere, je nach den übrigen Einrichtungen. Einige Maschinen wurden mit einer dichten Bestuhlung für maximal 26 Passagiere fertiggestellt und waren mit verschiedenen Motortypen von Pratt & Whitney und Wright erhältlich. Trotz der nachweislich verbesserten Wirtschaftlichkeit erzielte die **Lodestar** in den USA keine hohen Verkaufszahlen, da die meisten Betreiber bereits Kaufverträge für die DC-3 der Douglas Company abgeschlossen hatten. Im Ausland fand das Muster jedoch Anklang, und Fluggesellschaften wie auch staatliche Behörden in Afrika, Brasilien, Frankreich, Großbritannien, Holland, Norwegen, Kanada, Südafrika und Venezuela beschafften insgesamt 96 Exemplare. Das militärische Interesse blieb vor dem Zweiten Weltkrieg begrenzt, aber spätere Rüstungsbeschaffungen erhöhten die Gesamtzahl der von Lockheed gebauten **Lodestar** bis zur Einstellung der Produktion auf 625 Flugzeuge. Kampfleistungen wie die Hudson konnte die **Lockheed Lodestar** nicht vorweisen, doch sie erfüllte eine wichtige Rolle im Mittelstreckentransport. Nur wenige Maschinen wurden nach dem Krieg weiterverwendet, zumeist von kleineren Gesellschaften, aber US-Firmen wie Howard Aero und Lear Inc. bauten einige Exemplare zu Geschäftsreiseflugzeugen um.

**Varianten**

**XR50-1:** Einzelexemplar mit zwei Wright-Sternmotoren R-1820 Cyclone je 895 kW (1217 PS), von der US Coast Guard zur Erprobung beschafft

**R50-1:** Bezeichnung dreier Stabstransportflugzeuge, zwei für die US Navy und eines für die US Coast Guard, mit Wright-R-1820-97-Cyclone-Motoren je 895 kW (1217 PS)

**R50-2:** einzelnes Marineflugzeug, das den eingezogenen C-59 bei der USAAF entsprach, mit zwei 634 kW (862 PS) starken Pratt & Whitney-Hornet-Sternmotoren R-1690-25

**R50-3:** drei von der US Navy als VIP-Transporter erworbene Maschinen mit Pratt & Whitney-Sternmotoren R-1830-34A je 895 kW (1217 PS)

**R50-4:** Bezeichnung von zwölf siebensitzigen Passagierflugzeugen, die während der Produktion für zivile Abnehmer zum Marinedienst eingezogen wurden; Antrieb in Form von Wright R-1820-40 mit je 895 kW (1217 PS)

**R50-5:** Bezeichnung von 41 Maschinen, die der C-60 bei der USAAF entsprachen, aber für die US Navy als 14sitzige Transportflugzeuge eingerichtet waren

**R50-6:** 35 Maschinen, die im allgemeinen der C-60A bei der USAAF entsprachen, aber für die US Navy und das US Marine Corps als Transportflugzeuge für 18 Fallschirmjäger eingerichtet waren

**C-56 bis C-56E:** 36 zivile, von der USAAF requirierte Lodestar

**C-57 und C-57B:** Bezeichnung von 20 zivilen Lodestar, die zum Dienst bei der USAAF eingezogen wurden

**C-57C:** drei C-60A nach ihrer Umstellung auf P&W R-1830-43 je 895 kW (1217 PS)

**C-57D:** neue Bezeichnung einer C-57A nach nochmaliger Ummotorisierung

**C-59:** zehn eingezogene zivile Lodestar, von denen sieben im Rahmen des Lend-Lease-Programms an die RAF gingen; die britische Dienstbezeichnung lautete Lodestar Mk IA

**C-60:** 36 eingezogene zivile Lodestar, von denen 16 im Rahmen des Lend-Lease-Programms an die RAF gingen; britische Dienstbezeichnung Lodestar Mk II

**C-60A:** 324 für die USAAF als 18sitzige Fallschirmjägertransporter neugebaute Flugzeuge mit Wright-Motoren R-1820-87 je 895 kW (1217 PS)

**XC-60B:** eine einzelne Versuchsmaschine, die von der USAAF zur Erprobung eines Warmluftenteisungssystems beschafft wurde

**C-60C:** geplanter 21sitziger Truppentransporter; nicht gebaut

**C-66:** hierbei handelte es sich um eine einzelne VIP-Lodestar für den brasilianischen Präsidenten

**TECHNISCHE DATEN**

**Lockheed Lodestar Modell 18-07**

**Typ:** Passagierflugzeug

**Triebwerke:** zwei Sternmotoren Pratt & Whitney Hornet S1E2-G je 652 kW (887 PS)

**Leistung:** Höchstgeschwindigkeit 351 km/h in 2440 m Höhe; Dienstgipfelhöhe 6220 m; Standard-Reichweite 2897 km

**Gewicht:** Leermasse 5103 kg; max. Startmasse 8709 kg

**Abmessungen:** Spannweite 19,96 m; Länge 15,19 m; Höhe 3,61 m; Tragflügelfläche 51,19 $m^2$

***Für die Qualität der Lodestar spricht die Tatsache, daß die schwedische Gesellschaft Linjeflyg noch 1957 vier Lockheed 18 mit Gewinn im Kurzstreckeneinsatz betrieb.***

# Lockheed 37 Ventura und Harpoon

Der Erfolg der Hudson bei der RAF regte Lockheed an, eine militärische Version der Lodestar anzubieten. Das von britischer Seite bekundete Interesse führte dann zur Entwicklung der **Lockheed 37.** 1940 ergingen Aufträge über insgesamt 675 Exemplare für die RAF, die diesem Typ den Namen **Ventura** verlieh, und der Hersteller beeilte sich, die Produktion im Vega-Werk anlaufen zu lassen. Im Vergleich zur Hudson erhielt die **Ventura** eine weitaus effektivere Abwehrbewaffnung, eine schwerere Bombenlast und einen stärkeren Antrieb, so daß sie ein beträchtliches Kampfpotential versprach. Der Typ, den man am 3. November 1942 erstmals ins Gefecht warf, wurde jedoch bald als untauglich für Einsätze bei Tageslicht befunden und dem Coastal Command zugeführt. Dennoch erreichte die **Ventura** auf der Grundlage des Lend-Lease-Abkommens hohe Beschaffungszahlen und wurde für die USAAF sowie für die US Navy, die sie **PV-1 Ventura** nannte, serienmäßig gebaut. Die **Ventura** diente bei allen Staaten des Commonwealth und bei den Luftstreitkräften Brasiliens und des Freien Frankreich. Im Juni 1943 bestellte die US Navy die Langstreckenversion **PV-2** mit dem Beinamen **Harpoon,** die sich in mancherlei Hinsicht von der **Ventura** unterschied. Bis September 1945 wurden insgesamt 3028 **Ventura** und **Harpoon** gebaut. Nach dem Krieg ausgesonderte **PV-2** erreichten Italien, Japan, die Niederlande, Peru und Portugal.

**Varianten**

**Ventura Mk I:** erste Serienversion gemäß britischem Auftrag mit zwei Pratt & Whitney Double Wasp S1A4-G je 1380 kW (1877 PS) als Antrieb; eine Reihe von Maschinen wurde später in Großbritannien den Diensterfordernissen des Küstenkommandos angepaßt und in Ventura GR.Mk I umbenannt

**Ventura Mk II:** ähnlich wie die Ventura

***Durch den Einbau militärischer Ausrüstungskomponenten und versehen mit einem blauen Marineanstrich, verwandelte sich die Lodestar in den Seeaufklärungsbomber PV-1.***

Mk I, aber mit erweitertem Bombenschacht und P&W R-2800-31 je 1491 kW (2028 PS)
**Ventura Mk IIA:** ähnlich wie die Ventura Mk II, aber mit geänderter Bewaffnung
**Ventura GR.Mk V:** RAF-Bezeichnung einer Ausführung der amerikanischen PV-1 für das Küstenkommando; einige Exemplare später zu Transportflugzeugen Ventura C.Mk V umgerüstet
**B-34** (später **RB-34**): etwa 20 Flugzeuge aus der für Großbritannien vorgesehenen Lend-Lease-Produktion, die von der USAAF requiriert wurden
**B-34A** (später **RB-34A**): 101 aus der Lend-Lease-Beschaffung für die USAAF zur Schulung abgezweigte Flugzeuge
**B-34B** (später **RB-34B**): 13 aus der Lend-Lease-Beschaffung für die US Navy zur Navigatorschulung abgezweigte Flugzeuge
**B-37:** Version mit 1268 kW (1724 PS) starken Wright-Triebwerken R-2600-13 und geänderter Bewaffnung für die USAAF; von einem Auftrag über 550 Flugzeuge wurden lediglich 18 gefertigt
**PV-1:** erste Version für die US Navy, generell der Ventura Mk II entsprechend, aber mit reduzierter Abwehrbewaffnung und Suchradar; späte Serienmaschinen hatten Vorrichtungen für HVAR-Raketen an Startgeräten unter den Tragflächen, und einige Maschinen wurden für das USMC zu Nachtjagdflugzeugen umgebaut
**PV-1P:** Umbenennung einiger PV-1 nach ihrer Umrüstung zu Fotoaufklärern
**PV-2:** verbesserte Version für die US Navy mit weiter gespannten Außenflächen zur Erhöhung der Kraftstoffkapazität, neu konstruiertem Leitwerk und geänderter Bewaffnung; schrumpelnde Flügelschalen erzwangen die Neukonstruktion der Tragflächen, die ab Nr. 31 allen 469 Serienmaschinen zuteil wurde; Spannweite 22,86 m, Tragflügelfläche 63,73 $m^2$
**PV-2C:** 30 PV-2, die nach der Versiegelung der Integraltanks in den Außenflächen zur Ausbildung dienten
**PV-2D:** ähnlich wie die PV-2, aber mit geänderter Bewaffnung; 35 Exemplare waren ausgeliefert, als die Kapitulation Japans zur Einstellung der Produktion führte
**PV-2T:** einige PV-2, die als unbewaffnete Schulflugzeuge dienten
**PV-3:** Dienstbezeichnung, die die US Navy 27 vom britischen Beschaffungsumfang übernommenen Ventura Mk II zuteilte

*Lockheed Ventura Mk I*

**TECHNISCHE DATEN**
**Lockheed PV-1 Ventura**
**Typ:** Seepatrouillenflugzeug
**Triebwerke:** zwei Sternmotoren Pratt & Whitney R-2800-31 je 1491 kW (2028 PS)
**Leistung:** Höchstgeschwindigkeit 518 km/h in 4205 m Höhe; Dienstgipfelhöhe 8015 m; Standardreichweite 2189 km
**Gewicht:** Leermasse 9161 kg; maximale Startmasse 14.096 kg
**Abmessungen:** Spannweite 19,96 m; Länge 15,77 m; Höhe 3,63 m; Tragflächen 51,19 $m^2$
**Bewaffnung:** zwei 12,7-mm-MGs, zwei gleichkalibrige Waffen im Rückenturm und zwei 7,7-mm-MGs sowie 1361 kg Bomben

# Lockheed 89 Constitution

Für die US Navy wurden zwei Prototypen der **Lockheed 89 Constitution** unter der Bezeichnung XR60-1 gebaut. Die Serienfertigung dieses Transportmusters blieb jedoch aus, weil Wright die Entwicklung des vorgesehenen 4101 kW (5577 WPS) starken Turboprop-Triebwerks Typhoon aufgab. So kam es, daß die beiden Musterflugzeuge lediglich zu Erprobungszwecken mit Triebwerken flogen, die nur je 2610 kW (3549 PS) erzeugten. Als militärisches Transportflugzeug hätte die **Constitution** mit einer Spannweite von 57,63 m außer einer zwölfköpfigen Besatzung 168 Soldaten auf zwei Decks befördern können.

***Die beiden einzigen Exemplare der Lockheed 89 Constitution, die je fertiggestellt wurden, gingen als Erprobungstransporter an die US Navy.***

# Lockheed 188 Electra

Der Entwurf der **Lockheed L-188 Electra** wurde 1954 in Angriff genommen, und im Jahr darauf trat American Airlines als Erstkunde für dieses Muster auf. Der erstmals am 6. Dezember 1957 geflogene Prototyp war ein Tiefdecker in konventioneller Auslegung mit einziehbarem Bugrad-Fahrwerk und vier Allison-Propellerturbinen 501D-13, 501D-13A oder 501D-15 als Antrieb. Die Standardeinrichtung sah 66 bis 80 Passagiere vor, doch auf Wunsch gab es auch eine dichte Bestuhlung für 98 Fluggäste. Die zunächst als **L-188A** gebaute **Electra** wurde in der Folgezeit auch als **L-188C** mit erweitertem Tankvolumen für größere Reichweite erhältlich. 170 Maschinen waren gebaut, als man die Produktion unerwartet einstellte, nachdem zwei Maschinen im Flug auseinandergebrochen waren. Bis man entsprechende Modifikationen eingeführt hatte, zeigten sich die Fluggesellschaften jedoch mehr an strahlgetriebenen Mustern interessiert. 1992 befand sich rund die Hälfte der insgesamt gebauten **Electra** noch im Dienst, doch Lockheed Aircraft Service hatte viele Exemplare zu umrüstbaren Passagier- und Frachtflugzeugen oder zu reinen Frachtmaschinen umgebaut.

**TECHNISCHE DATEN**
**Lockheed L-188A Electra**
**Typ:** Kurz-/Mittelstrecken-Verkehrsflugzeug
**Triebwerke:** vier Propellerturbinen Allison 501D-13 oder 501D-13A je 2796 kW (3802 WPS)
**Leistung:** Höchstgeschwindigkeit für Reiseflug 652 km/h; Dienstgipfelhöhe 8655 m; Reichweite 3541 km
**Gewicht:** Leermasse 26.036 kg; max. Startmasse 51.256 kg
**Abmessungen:** Spannweite 30,18 m; Länge 31,85 m; Höhe 10,01 m; Tragflügelfläche 120,77 $m^2$

***Australien erwies sich als einer der besten Exportmärkte für die Lockheed Electra. Auch Ansett bestellte eine L-188A.***

# Lockheed AH-56A Cheyenne

An eine ungewohnte Konstruktionsaufgabe wagte sich Lockheed, als es an der Ausschreibung der US Army für ein schwerbewaffnetes Schlachtflugzeug teilnahm. Das Unternehmen erhielt schließlich den Zuschlag, eine erste Serie von zehn **Lockheed AH-56A Cheyenne** auf der Grundlage des eingereichten Entwurfs zu entwickeln und zu produzieren. Dieser Verbundhubschrauber hatte einen schlanken Rumpf, kurzgespannte Tragflächen, ein einziehbares Fahrgestell und ein Cockpit für zwei Mann. Für den Antrieb sorgte eine Wellenturbine vom Typ General Electric T64-GE-16, deren Endleistung von 2927 kW (3980 WPS) auf die Vierblatt-Haupt- und -Heckrotoren sowie auf eine Dreiblatt-Druckschraube am Rumpfheck gegeben wurde. Die Flugerprobung begann am 21. September 1967, und Anfang 1968 bestellte die US Army eine erste Serie von 375 Maschinen. Entwicklungsprobleme führten im August 1972 allerdings zur Aufhebung des Entwicklungsauftrages. Der **Cheyenne** erreichte eine Spitzengeschwindigkeit von 407 km/h und wäre mit einer Kanone und mit Panzerabwehrraketen oder Luft-Boden-Flugkörpern unter den Stummelflächen bewaffnet worden.

***Der Cheyenne war ein ehrgeiziges Projekt, konnte jedoch aus Kostengründen und infolge von Entwicklungsschwierigkeiten gegen das Konkurrenzprodukt AH-64 nicht bestehen.***

# Lockheed C-5 Galaxy

Lockheeds Angebot auf die Forderung nach einem strategischen Transportflugzeug, das die Lockheed C-141 ergänzen und von den gleichen Flugplätzen aus operieren können sollte, wurde im Oktober 1965 von der USAF angenommen. Voraussetzung war ein Antrieb in Form der neuen Mantelstromtriebwerke von General Electric, deren Entwicklung man zwei Monate zuvor vergeben hatte. Die Konstruktion des Prototyps begann im August 1966, und die inzwischen **Lockheed C-5A Galaxy** getaufte Maschine flog erstmals am 30. Juni 1968. Die ersten Einsatzexemplare wurden dem Military Airlift Command (MAC) am 17. Dezember 1969 übergeben. Die Gesamtproduktion umfaßte 81 **C-5A,** die vier Staffeln ausrüsteten. Die **Galaxy** ist ähnlich ausgelegt wie die C-141 StarLifter, aber viel größer, und weist ein Unterdeck auf, das auf einer Länge von 36,91 m und einer Breite von 5,79 m eine ungehinderte Ladefläche bietet. Zudem erhielt sie einen aufklappbaren Bug, der ein Be- und Entladen von vorn ermöglicht. Die Maschine besitzt ein 28rädriges Einziehfahrwerk, das auch den Betrieb auf unbefestigten Flugfeldern gestattet. Darüber hinaus können sämtliche Achsträger-Stoßdämpferstreben am Boden verkürzt werden, um Be- und Entladevorgänge zu erleichtern.

***Die Galaxy prägt weiterhin das Bild der strategischen US-Transpòrtflotte, vor allem in Gestalt der C-5B.***

Unter dem MAC erwies sich die **Galaxy** als ein wichtiges Transportmittel, das sich bei Versorgungsflügen zwischen den Vereinigten Staaten und Südostasien hervorragend bewährte. Ende der siebziger Jahre kam es zu einem schweren Rückschlag, da eine vorzeitige Materialermüdung der Tragflächen dazu zwang, ein neues Tragwerk zu konstruieren. Nachdem man dies mit einer **C-5A** im Flug erprobt hatte, durchliefen alle 77 verbliebenen **Galaxy** ein Nachrüstungsprogramm. 1982 genehmigte der Kongreß die von der USAF geforderte Beschaffung einer neuen **Galaxy**-Serie. Die erste von 50 **C-5B** mit vier TF39-GE-1C je 24.040 kg Schub flog am 10. September 1985, und das letzte Exemplar rollte 1989 aus dem Lockheed-Werk.

**TECHNISCHE DATEN**

**Lockheed C-5A**

**Typ:** logistisches Transportflugzeug
**Triebwerke:** vier General Electric TF39-GE-1 je 18.597 kg Schub
**Leistung:** durchschnittliche Marschgeschwindigkeit 834 km/h; Reichweite mit maximaler Nutzlast 6033 km, mit einer Nutzlast von 51.075 kg 10.507 km
**Gewicht:** Grundbetriebsmasse 153.286 kg; max. Startmasse 348.813 kg
**Abmessungen:** Spannweite 67,88 m; Länge 75,54 m; Höhe 19,85 m; Tragflügelfläche 575,98 $m^2$

# Lockheed C-130 Hercules

Die Geschichte der **Lockheed C-130 Hercules** gleicht einem endlosen Fortsetzungsroman, denn dieses bemerkenswerte Transportflugzeug befindet sich seit mehr als 35 Jahren in der Produktion. Es basiert auf einer Entscheidung der USAF von 1951, eine Flotte von Turboprop-Transportflugzeugen für den MATS, jetzt Military Airlift Command (= MAC) und für das Tactical Air Command (TAC) zu beschaffen. Die **Hercules,** die zum Auslegungsvorbild für den militärischen Standard-Transportflugzeugtyp wurde, ist ein Hochdecker, weil diese Konfiguration das nutzbare Kabinenraumvolumen optimiert, und hat einen hochgezogenen Hinterrumpf, dessen Unterseite man zu einer hydraulisch betätigten Laderampe ausarbeitete. Der erste von zwei Prototypen **YC-130** flog am 23. August 1954. Diese beiden Maschinen, ebenso wie die ersten **C-130A,** wurden von vier Allison-Propellerturbinen T56-A-1A je 2796 kW (3802 WPS) angetrieben. Die erste Serienmaschine **C-130A** hob am 7. April 1955 zum ersten Mal vom Boden ab, und die Auslieferung an TAC-Verbände begann im Dezember 1956.

Seitdem wurden weltweit über 2000 Hercules bei Streitkräften und zivilen Organisationen in Dienst gestellt, und dank der anhaltenden Nachfrage stand die geplante Jahresproduktion 1992 bei 35 bis 37 Flugzeugen. Die neueste militärische Ausführung ist die **C-130J Advanced Hercules,** die Lockheed 1989 als Nachfolgemuster für den großen **C-130E**-Bestand der USAF anbot. Sie hat ein „Glas-Cockpit" für zwei Flugzeugführer, moderne Avioniksysteme, einschließlich HUD, und leistungsgesteigerte Turboprop-Triebwerke T56 der Serie IV.

***Lockheed Hercules C.Mk 1 des Lynham-Transportgeschwaders der Royal Air Force***

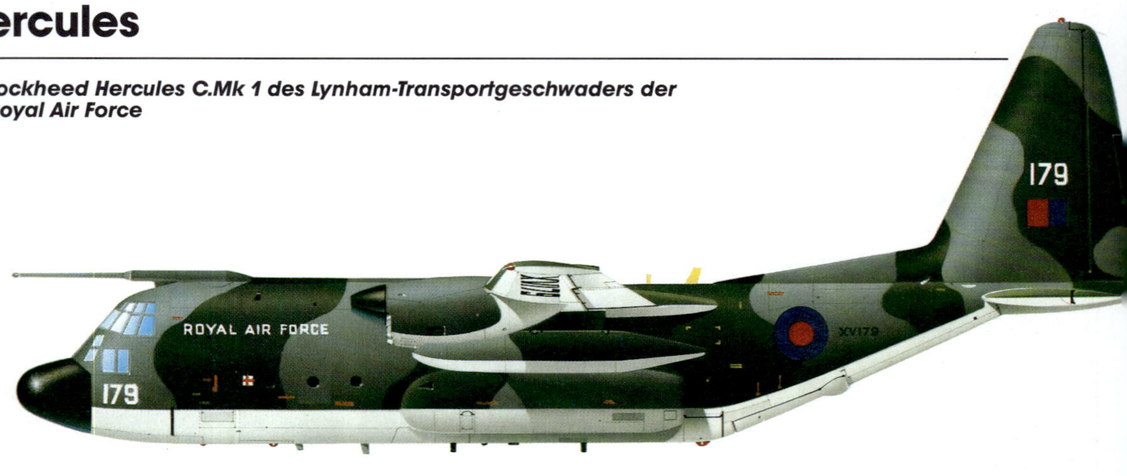


**Varianten**

**AC-130A:** für den Einsatz in Südostasien umgebaute C-130A
**C-130A-II:** zur elektronischen Aufklärung umgebaute C-130A
**DC-130A** (zuvor **GC-130A**): zu Drohnenstart- und Leitflugzeugen umgebaute C-130A
**JC-130A:** zu Flugkörper-Bahnverfolgungsflugzeugen über dem Atlantik-Testgebiet umgebaute C-130A
**NC-130A:** Bezeichnung von C-130A für Sonderversuche
**RC-130A:** Bezeichnung von C-130A für Luftbildaufklärung
**TC-130A:** Bezeichnung einer C-130A, die zum Prototyp eines vorgeschlagenen Besatzungs-Schulflugzeugs umgebaut wurde; später Umrüstung zur RC-130A
**C-130B:** zweite Serienversion mit erhöhter Treibstoffkapazität und zulässiger Betriebsmasse
**C-130B-II** (später **RC-130B**): zur elektronischen Aufklärung modifizierte C-130B; später Rückrüstung zur C-130B
**HC-130B:** Bezeichnung von zwölf SAR-Flugzeugen für die US Coast Guard
**JC-130B:** C-130B, ausgerüstet zur Bergung von Satelliten-Datenkapseln im Flug; die meisten erhielten später den Standard C-130B zurück
**KC-130B:** Bezeichnung zweier zu Lufttankern umgebauter C-130B
**VC-130B:** Bezeichnung einer JC-130B, die eine Zeitlang als Stabstransportflugzeug diente
**WC-130B:** Bezeichnung neugebauter Wetteraufklärungsflugzeuge und entsprechend umgebauter C-130B
**C-130D:** Bezeichnung einer Version mit Skifahrwerk für den Einsatz in der Arktis
**C-130E:** dritte Serienversion mit erweitertem Tankvolumen, intern und extern, sowie Allison T56-A-7 je 3020 kW (4107 WPS)
**AC-130E:** zu Schlachtflugzeugen umgebaute C-130E
**DC-130E:** zu Drohnenstart- und Leitflugzeugen umgebaute C-130E
**HC-130E:** zur Bergung von Besatzungen für den Aerospace Rescue and Recovery Service umgebaute C-130E
**JC-130E:** zeitweilige Bezeichnung einer C-130E für Testzwecke
**MC-130E:** Umbenennung von HC-130E, die später für Geheimoperationen verwendet wurden
**NC-130E:** zeitweilige Bezeichnung einer C-130E für Testzwecke
**WC-130E:** zu Wetteraufklärungsflugzeugen umgerüstete C-130E
**C-130F:** Mehrzweck-Transportversion der US Navy, anfänglich als GV-1U beschafft
**KC-130F:** Lufttankerversion des US Marine Corps, als GV-1 beschafft, mit Allison T56-A-16 je 3661 kW (4979 WPS)
**LC-130F:** vier Exemplare mit Skifahrwerk und T56-A-16-Turbinen zum Einsatz in der Antarktis; von der US Navy als UV-1L beschafft
**C-130G:** vier Transportflugzeuge für die US Navy; wie C-130E, aber mit T56-A-16
**EC-130G:** Umbenennung der vier C-130G nach Umbau zu VLF-Funkrelaisstationen
**C-130H:** Serienversion ähnlich der C-130E, aber mit Verbesserungen in bezug auf Zelle und Bordsysteme sowie T56-A-15 mit einer auf 3362 kW (4572 WPS) gedrosselten Leistung
**C-130H(CT):** neue Bezeichnung der MC-130E nach dem Einbau von T56-A-15-Turbinen und modernerer Avionik
**C-130H-MP** (später **PC-130H**): Seepatrouillen-/SAR-Variante der C-130H

**C-130H(S):** militärische Serienversion; im Grunde die C-130H mit dem längeren Rumpf der L-100-30
**AC-130H:** AC-130E nach Einrüstung von T56-A-15-Turbinen und der zur Abgabe von Treibstoff nötigen Komponenten
**DC-130H:** eine zum Drohnenstart- und Leitflugzeug umgebaute C-130H
**EC-130H:** neue Bezeichnung der EC-130E nach Umstellung auf verbesserte T56-A-15-Turbinen
**HC-130H:** Bergungsflugzeuge mit Suchradar für Wiedereintrittskörper und Fulton-Flugbesatzungs-Rettungssystem
**KC-130H:** Lufttanker
**JHC-130H:** zwei zur Bergung von Satelliten-Datenkapseln umgerüstete HC-130H
**VC-130H:** zwei zu VIP-Transportflugzeugen umgerüstete C-130H
**WC-130H:** 15 zu Wetteraufklärungsflugzeugen umgerüstete HC-130H
**C-130J:** von Lockheed 1989 vorgeschlagene Nachfolgeversion für die C-130E der USAF; enthält Merkmale des HTTB, einschließlich T56-Triebwerke der Serie IV, Zweimann-EFIS-Cockpit und moderner Avionik
**C-130K:** von Allison T56-A-15 angetriebene Version für die Royal Air Force als Hercules C.Mk 1 und mit gestrecktem Rumpf als C.Mk 3
**HC-130N:** Bezeichnung von 15 SAR-Flugzeugen zur Bergung von Besatzungen und Satellitenkapseln
**HC-130P:** Bergungsflugzeug, ähnlich wie die HC-130H, aber mit Luftbetankungseinrichtung für SAR-Hubschrauber
**EC-130Q:** moderne Ausführung der luftgestützten VLF-Funkrelaisstation EC-130G bei der US Navy auf der Basis der C-130H
**KC-130R:** Lufttanker für das US Marine Corps, ähnlich der KC-130H
**LC-130R:** Bezeichnung von sechs C-130H mit Schneekufen-Fahrgestell bei der US Navy
**RC-130S:** zwei für SAR-Einsätze bei Nacht mit Hochleistungsscheinwerfern ausgerüstete JC-130A
**KC-130T:** Lufttankerversion für die Reserve des US Marine Corps; weitgehend wie KC-130R, aber mit modernerem Avionikpaket, darunter Trägheits-, Omega- und TACAN-Navigationsgerät, Farbwetterradar sowie neue Autopilot- und Flugkommandogeräte; 16 Maschinen ab November 1983 den Staffeln VMGR-234 und VMGR-452 zugeführt
**KC-130T-30H:** KC-130T für das USMC, aber mit dem um 4,50 m gestreckten Rumpf der C-130H-30, der wesentlich mehr Interntreibstoff zuläßt; zwei Maschinen Ende 1991 ausgeliefert
**AC-130U:** neue Ausführung des Schlachtflugzeugs MC-130H für die in Hurlburt Field beheimatete 16. Special Operations Squadron der USAF; Bewaffnung auf je eine 25-mm- und eine 40-mm-Kanone sowie eine 105-mm-Haubitze reduziert, aber Überlebensfähigkeit stark verbessert; die erste von zwölf bei Rockwell International bestellten Maschinen flog am 20. Dezember des Jahres 1990
**EC-130V:** Bezeichnung der letzten HC-130H der US Coast Guard, von General Dynamics in Fort Worth mit Weitbereichsradar AN/APS-145 der Hawkeye und zugehörigem Rotordom auf dem Rumpfrücken ausgerüstet, um lang dauernde Abfangeinsätze gegen Drogenschmuggler durchführen zu können; Erstflug Ende Juli 1991, Abschluß der Erprobung im Oktober desselben Jahres
**L-100:** zivile Transportversion der C-130 mit Allison-Propellerturbinen 501-D22 je 3020 kW (4107 WPS); Erstflug am 20. April 1964
**L-100-20:** Version der L-100 mit um 2,54 m gestrecktem Rumpf und wahlweise Allison 501-D22 oder 501-D22A je 3362 kW (4572 WPS)
**L-100-30:** grundsätzlich wie L-100-20, aber mit nochmals um 2,03 m gestrecktem Rumpf
**L-100F Super Hercules:** von Lockheed 1992 angebotene zivile Hercules-Variante mit Allison-Propellerturbinen GMA 2100, die Sechsblatt-Luftschrauben aus Verbundwerkstoff antreiben; dadurch geringerer Treibstoffverbrach (17%) und höhere Marschgeschwindigkeit (15%), so daß die L-100F 21 Tonnen Fracht über 3200 km befördern kann
**HTTB:** Anfang der achtziger Jahre schlug Lockheed die High Technology Test Bed (HTTB) genannte Version der L-100-20 Hercules vor und brachte den Prototyp (N130X) am 19. Juni 1984 in die Luft; der Hochtechnologie-Versuchsträger, angetrieben von vier Allison-Turbinen 501D der Serie IV je 3915 kW (5324 WPS), ist für Forschung und Entwicklung auf dem Gebiet Kurzstreckenstart und -landung gedacht; ausgestattet mit fortschrittlicher, rechnergestützter Flugsteuerung, hochentwickelten Avionik- und Navigationssystemen und verbesserten Cockpit-Anzeigen; unterscheidet sich äußerlich von der Standard-Hercules durch längere Rückenfinne, neue Nasenform, nach vorn gezogene Ansätze des Höhenleitwerks („Horsals"), enorm vergrößerte Auftriebsklappen und verstärktes Fahrgestell, um höhere Sinkgeschwindigkeiten bei schwereren Landemassen zu gestatten; im November des Jahres 1989 kam die Maschine mit einer Landemasse von 59.000 kg nach einer Ausrollstrecke von insgesamt 365 m zum Stillstand

***Die US Coast Guard fliegt die HC-130H zur weiträumigen Luft- und Seenotrettung. Das ursprüngliche Fulton-Bergungsgeschirr STAR wurde entfernt und die Standard-Flugzeugnase wieder eingebaut.***

**TECHNISCHE DATEN**

**Lockheed C-130H Hercules**

**Typ:** Mittel-/Langstrecken-Transportflugzeug zur Gefechtsunterstützung
**Triebwerke:** vier Propellerturbinen Allison T56-A-15 je 3362 kW (4572 WPS)
**Leistung:** max. Marschgeschwindigkeit 602 km/h; Dienstgipfelhöhe 10.060 m; Reichweite mit max. Nutzlast 4002 km
**Gewicht:** Leermasse 34.356 kg; max. Startmasse 79.379 kg
**Abmessungen:** Spannweite 40,41 m; Länge 29,79 m; Höhe 11,66 m; Tragflügelfläche 162,11 m²

# Lockheed C-141 StarLifter

Auf eine Ausschreibung der USAF für ein großes Fracht-/Truppentransportflugzeug mit Mantelstromtriebwerk, das in der Lage sein mußte, weltweite Lufttransporte für das Military Airlift Command durchzuführen sowie logistische Versorgungsflüge des Strategic Air Command zu übernehmen, bot Lockheed die **Lockheed C-141A StarLifter** an, die sich gegen drei andere Entwürfe durchsetzte. Das Modell war als Pfeilflügel-Hochdecker ausgelegt, um eine möglichst hindernisfreie Kabine zu erhalten. Das hochgezogene Rumpfheck mit zweischaligem Frachttor und Laderampe lief in ein markantes, hohes T-Leitwerk aus, und für den Antrieb sorgten vier an Stielen unter die Tragflächen montierte Mantelstromtriebwerke. Die große Kabine bot Platz für 154 Soldaten, 123 Fallschirmjäger mit Kampfgepäck oder 80 Krankentragen und Sitze für 16 gehfähige Verwundete oder Sanitäter. Im hinteren Teil der Kabine waren zwei Türen zum Absetzen der Fallschirmjäger eingerichtet, und das bereits erwähnte Hecktor ermöglichte eine direkte Beladung der Maschine. 284 **StarLifter** wurden für die USAF gebaut.

Im April 1965 ging das Muster beim MAC in Dienst, und das StarLifter-Potential zeigte sich während der Luftoperationen in Vietnam. Es stellte sich jedoch bald heraus, daß die **C-141A** weniger Fracht faßte als ihr vorhandenes Tragvermögen eigentlich ermöglicht hätte. Mitte 1976 wurde Lockheed daher mit der Prototypumrüstung einer **C-141A** beauftragt, die einen um 7,11 m gestreckten Rumpf erhalten und fähig sein sollte, im Flug Treibstoff aufzunehmen. Die Erprobungsmaschine **YC-141B** flog erstmals am 24. März 1977, und anschließend paßte man die 270 verbliebenen StarLifter dem Standard **C-141B** an.

**TECHNISCHE DATEN**

**Lockheed C-141B StarLifter**

**Typ:** Langstrecken-Transportflugzeug
**Triebwerke:** vier Mantelstromtriebwerke Pratt & Whitney TF33-P-7 je 9525 kg Schub
**Leistung:** max. Marschgeschwindigkeit 910 km/h; Reichweite ohne Luftbetankung mit max. Nutzlast 4723 km
**Gewicht:** Leermasse 67.186 kg; max. Startmasse 155.582 kg
**Abmessungen:** Spannweite 48,74 m; Länge 51,29 m; Höhe 11,96 m; Tragflügelfläche 299,88 m²

***Die C-141-Flotte der USAF trat ihren Dienst im weiß-grauen Farbmuster an. Inzwischen haben auch die StarLifter das triste Einheitsgrau angelegt.***

## Lockheed Constellation, Super Constellation und Starliner bis Lockheed XFV-1 Salmon

**In seiner langjährigen Firmengeschichte hat Lockheed eine erstaunliche Vielzahl Flugzeugtypen produziert. Daß die meisten geschäftliche Erfolge waren, liegt nicht zuletzt daran, daß im Firmenwerk Marietta in Georgia für jedes intensiv geforscht und geplant wurde, vor allem in dem legendären „Skunk-Work" – dem Lockheed-Forschungs- und Entwicklungszentrum, aus dem 1983 auch der aufsehenerregende Jäger F-117 kam.**

# Lockheed Constellation, Super Constellation und Starliner

Der Entwurf der **Lockheed L-49** begann 1939 entsprechend den Anforderungen, die Pan American Airways und Transcontinental & Western Air (später Trans World Airlines) an ein Passagierflugzeug mit 40 Sitzen für den US-Inlandsverkehr gestellt hatten. Die Serienfertigung war angelaufen, als der Zweite Weltkrieg ausbrach und die Weisung erging, alle Maschinen, die sich auf der Produktionsstrecke befanden, der USAAF als Truppentransporter **C-69** zuzuführen. Die erste **C-69** flog am 9. Januar 1943, und 22 Exemplare nahmen den Wehrdienst auf, bis man die Anordnung nach der Kapitulation Japans wieder aufhob. Anschließend setzte Lockheed die Produktion ziviler Luftfahrzeuge unter der Bezeichnung **L-049 Constellation** fort und verwendete Teile, die für die **C-69** gefertigt worden waren. Die Inneneinrichtung aber entsprach dem Airline-Standard für 43 bis 48 Fluggäste oder bei dichter Bestuhlung für maximal 60 Personen. Die erste **Constellation** wurde am 11. Dezember 1945 für die zivile Luftfahrt zugelassen, und Pan Am sowie TWA führten das Muster als erste Gesellschaften im Liniendienst ein. TWA eröffnete am 6. Februar 1946 eine regelmäßige Verbindung zwischen den USA und Paris.

Die ersten rein zivilen Constellation-Verkehrsflugzeuge waren **Lockheed L-649** mit vier Wright-Sternmotoren 749C-18BD-1 je 1864 kW (2535 PS) und einer luxuriösen Kabine, die 48 bis 81 Passagieren (bei dichter Bestuhlung) Platz bot. Diese Version räumte die Fertigungsstrecke 1947 zugunsten der **L-749**, die dank des erweiterten Tankvolumens bei gleicher Nutzlast eine größere Reichweite besaß. Ende 1949 verzeichnete der Luftverkehr jedoch einen so starken Aufschwung, daß die Liniengesellschaften Muster mit größerer Sitzplatzkapazität verlangten. Dies führte zur Entwicklung der **L-1049 Super Constellation** mit einem um 5,59 m gestreckten Rumpf. Solange die Produktion anhielt, gingen Super **„Connies"** mit den unterschiedlichsten Inneneinrichtungen für maximal 109 Passagiere in Dienst. Der letzte Airliner-Abkömmling der Constellation war die **L-1649A Starliner** mit einem völlig neu konstruierten Tragwerk größerer Spannweite und einer enorm erweiterten Treibstoffanlage, die ihr eine wesentlich größere Reichweite im Vergleich zu den Vorgängermodellen ermöglichte. Als die Produktion Ende der fünfziger Jahre auslief, waren insgesamt 856 Maschinen aller Versionen für den zivilen und militärischen Bereich gebaut worden. Die Unterschiede zwischen den einzelnen Ausführungen sind im Abschnitt Varianten kurz angesprochen.

***Nachdem sie bei den großen Gesellschaften ausgedient hatten, kamen viele Constellation bei kleinen Frachtunternehmen unter.***

**Varianten**

**L-049:** Bezeichnung der Original-Constellation, gefertigt aus Baugruppen des militärischen Transportflugzeugs C-69

**L-649:** Bezeichnung der ersten Nachkriegs-Constellation, gefertigt und ausgestattet als reiner Airliner

**L-649A:** ähnlich der L-649, aber mit erhöhter Treibstoffkapazität

**L-749:** Langstreckenversion der Constellation mit verstärktem Fahrwerk

**L-749A:** grundsätzlich ähnlich der L-749, jedoch mit verstärkter Zelle für höhere Betriebsmassen

**L-1049:** Ausgangsversion der Super Constellation mit Standardeinrichtung für 69 bis 92 Passagiere und Wright-Motoren 749C-18BD-1 je 1864 kW (2535 PS)

**L-1049C:** verbesserte Version der Super Constellation mit Turbo-Verbundmotoren Wright 87TC-18DA-1 Turbo-Compound je 2424 kW (3296 PS)

**L-1049D:** Passagier-/Frachtmaschine mit Frachtluken im Hinterrumpf und verstärktem Kabinenboden

**L-1049E:** ähnlich der L-1049C, aber zugelassen für eine höhere Startmasse

**L-1049G:** Variante mit Wright 972TC-18DA-3 Turbo-Compound-Motoren je 2535 kW (3447 PS)

**L-1049H:** Schlußversion der Super Constellation, die die Auslegung der L-1049D mit der der L-1049G verband

**L-1649:** Starliner-Prototyp; im Grunde die Zelle der Super Constellation mit neu konstruiertem, effizienterem Tragwerk, das mehr Treibstoff aufnehmen konnte, und Wright 988TC-18EA-2 Turbo-Cyclone je 2535 kW (3447 PS)

**L-1649A:** Serienversion der Starliner; 43 gebaute Exemplare

**C-69:** Bezeichnung der ersten militärischen Transportversion

**C-69C-1 (ZC-69C-1):** VIP-Ausführung des militärischen Transportmusters

**XC-69E:** neue Bezeichnung einer C-69, die als Motor-Erprobungsträger diente

**C-121A:** Fracht-/Truppentransportmaschine L-749 für die USAF; ausgestattet mit verstärktem Kabinenboden und Frachtklappe im Hinterrumpf, backbord; die zum VIP-Dienst umgerüsteten Flugzeuge erhielten die Bezeichnung VC-121A

**VC-121B:** VIP-Flugzeug für den Gebrauch durch den US-Präsidenten

**PO-1W:** zwei Exemplare eines fliegenden Frühwarnsystems auf der Grundlage der L-749 für die US Navy

**R7O-1** (später **R7V-1**, dann **C-121J**): USN-Version der L-1049D, angetrieben von Wright R-3350-91 Turbo-Compound je 2424 kW (3296 PS)

**R7V-1P:** eine R7V-1, ausgerüstet für polare Packeis-Aufklärung

**R7V-2:** vier Versuchsmaschinen mit Turboprop-Antrieb zur Bewertung durch die USN; als Propellerturbinen kamen YT34-P-12A je 4139 kW (5639 WPS) von Pratt & Whitney zum Einsatz

***Mit ihren weiter gespannten Tragflächen, dem längeren Rumpf und neuen Motoren stellte die Starliner den Höhepunkt in der Entwicklung des kolbengetriebenen Verkehrsflugzeugs dar.***

**WV-2 Warning Star** (später **EC-121K**): USN-Frühwarnflugzeuge; 222 Exemplare mit L-1049-Zelle, der für die PO-1W entwickelten Avionikausrüstung, Wright R-3350-34 oder R-3350-42 Turbo-Compound je 2535 kW (3447 PS) und Zusatztanks an den Flächenenden

**WV-2E** (später **EC-121L**): versuchsweise zum Avionik-Testträger umgerüstete WV-2; erstes Luftfahrzeug mit großem rotierenden Radom auf dem Rumpfrücken

**WV-2Q** (später **EC-121M**): neue Bezeichnung für WV-2, umgerüstet zur Durchführung elektronischer Gegenmaßnahmen

**WV-3** (später **WQC-121N**): acht Wetteraufklärungsflugzeuge, ähnlich wie WV-2, aber ohne Zusatztanks an den Flächenenden

**C-121C:** USAF-Version der R7V-1 bei der US Navy mit Sternmotoren R-3350-34

**JC-121C:** Bezeichnung zweier C-121C und einer TC-121C, ausgerüstet zur Erprobung von Avionik- und Bordsystemen

**RC-121C:** USAF-Frühwarnflugzeuge, die der WV-2 bei der USN glichen; später in TC-121C umbenannt und zur AEW-Ausbildung genutzt

**VC-121C:** zu VIP-Transportflugzeugen umgerüstete C-121C

**RC-121D** (später **EC-121D**): USAF-Version der WV-2 bei der US Navy; unterschied sich durch Zusatztanks an den Flächenenden und einer anderen Inneneinrichtung und Bordausrüstung

**VC-121E:** für den US-Präsidenten eingerichtete VIP-Maschine

**YC-121F:** zwei R7V-1 mit Turboprop-Antrieb zur Bewertung durch die USAF; Propellerturbinen Pratt & Whitney T34-P-6 je 4474 kW (6084 WPS)

**C-121G:** 32 R7V-1, die von der USN zur USAF überstellt wurden

**EC-121H:** neue Bezeichnung von 42 EC-121D nach Einrüstung von Spezialavionik

**EC-121J:** zwei EC-121D mit zusätzlichen Avionikkomponenten

**JC-121K:** neue Bezeichnung einer EC-121K für Avionikexperimente

**NC-121K:** neue Bezeichnung für EC-121K, die die USN zu diversen Tests heranzog

**EC-121P:** neue Bezeichnung der EC-121K mit modernisierter ASW-Ausrüstung

**EC-121Q:** neue Bezeichnung von EC-121D mit modernisierter Avionik

**EC-121R:** EC-121K und EC-121P, ausgerüstet zur Datenverarbeitung der Signale, die entlang der Hauptdschungelpfade in Vietnam aus der Luft abgesetzte Seismometer übermittelten

**NC-121S:** zu Teilaufgaben der elektronischen Kampfführung umgerüstete C-121C

**EC-121T:** AEW-Flugzeuge nach Ausweitung ihrer Frühwarn-Kapazität

### TECHNISCHE DATEN

**Lockheed L-1649A Starliner**

**Typ:** Langstrecken-Verkehrsflugzeug

**Triebwerke:** vier Sternmotoren Wright 988-TC-18EA-2 Turbo-Compound je 2535 kW (3447 PS)

**Leistung:** Höchstgeschwindigkeit 606 km/h in 5670 m Höhe; Dienstgipfelhöhe 7225 m; Reichweite mit max. Nutzlast 7950 km

**Gewicht:** Leermasse 41.569 kg; max. Startmasse 72.575 kg

**Abmessungen:** Spannweite 45,72 m; Länge 35,41m; Höhe 7,54 m; Tragflügelfläche 171,87 m²

# Lockheed F-22 Rapier

Im April 1991 wurde die **Lockheed F-22** zum Sieger des 1981 eingeleiteten Wettbewerbs um den Advanced Tactical Fighter erklärt, den die USAF als Nachfolger für die F-15 Eagle brauchte. Dies war der Startschuß für ein technisches Programm in Höhe von 12 Milliarden US-Dollar zur Entwicklung eines Jagdflugzeugs mit „Stealth"-Eigenschaften, Fly-by-Wire-Steuerung und Bordradar. Ab April 1986 beteiligte sich die US Navy an dem Vorhaben, um die Nachfolgefrage für ihre F-14D Tomcat zu lösen. Im Oktober desselben Jahres gab das US-Verteidigungsministerium die Wahl der Firmen Lockheed und Northrop zur Konstruktion zweier Prototypen **YF-22** und **YF-23** bekannt. Nun ging Lockheed eine Partnerschaft mit Boeing und General Dynamics ein, um den ATF unter der Vereinbarung zu schaffen, daß der Gewinner dieser Ausschreibung zum alleinigen Auftragnehmer bestimmt würde. Der Prototyp **YF-22** flog am 29. September 1990 mit eigens für diesen Typ entwickelten YF120-Triebwerken von General Electric. Am 30. Oktober 1990 folgte 87-3998/N22YX mit Pratt & Whitney YF119 als Alternativantrieb. Nach einer Vergleichsprüfung gegen den Mitbewerber YF-23 von Northrop/McDonnell Douglas fiel die Wahl auf die **YF-22** mit YF119-Triebwerken.

Im März 1992 wurde der definitive Entwurf **F-22A** festgelegt. Die Unterschiede zu den Prototypen bestanden in einer auf 13,59 m erhöhten Spannweite des rautenförmigen Tragwerks, ohne daß sich die tragende Fläche dadurch vergrößert hatte, einer von 48° auf 42° zurückgenommenen Pfeilung an der Nasenkante, einer reduzierten Dicke des Flächenansatzes und einer reduzierten Wölbung und Schränkung, um die Manövrierbarkeit im Überschallflug zu verbessern. Die Fläche der beiden schräg gestellten Seitenflossen war verringert worden, aber die Pendelhöhenruder im Heck blieben unverändert. Das Cockpit hatte man nach vorn verlegt, um dem Insassen eine bessere Sicht zu vermitteln, die Lufteinlauflippen um 45 cm nach hinten gerückt und den Rumpf um 63 cm gekürzt. Eine Primärforderung war die Fähigkeit, Mach 1 ohne Einsatz der Nachbrenner zu erreichen und sämtliche Teilstrekken über feindlichem Territorium im sogenannten „supercruise" mit Überschallgeschwindigkeit durchzuführen.

Der Erstflug der Serienmaschine ist für März 1995 anberaumt, und die USAF rechnet damit, daß die erste **F-22A**-Staffel nach einer Flugerprobung über eine Spanne von vier Jahren im Jahre 2002 einsatzbereit steht. Die USAF plant eine Beschaffung von 648 Flugzeugen. Das erste Baulos soll elf Maschinen umfassen, zusammengesetzt aus neun Einsitzern **F-22A** und zwei Prototyp-Doppelsitzern **F-22B**. Der Stückpreis einer **F-22** wurde 1991 mit 59,4 Millionen Dollar beziffert.

Am 25. April 1992, nachdem man den Typ erst „Lightning II", dann „Super Star" und schließlich **Rapier** genannt hatte, erlitt das Programm einen Rückschlag, als N22YX bei einem Übungsanflug auf Edwards AFB stark beschädigt wurde.

**TECHNISCHE DATEN**
**Lockheed YF-22**

**Typ:** einsitziger Überschall-Luftüberlegenheitsjäger
**Triebwerke:** zwei Turbofan-Nachbrennertriebwerke Pratt & Whitney F119 je 157 kN Schub
**Leistung:** Höchstgeschwindigkeit Mach 2,2 oder 2335 km/h; Dienstgipfelhöhe 19.812 m; Einsatzradius 1285 km
**Gewicht:** Rüstmasse 14.061 kg; Standard-Startmasse 26.308 kg
**Abmessungen:** Spannweite 13,10 m; Länge 19,55 m; Höhe 5,39 m; Tragflügelfläche 77,10 m²
**Bewaffnung:** die seriengefertigte F-22 wird eine eingebaute Kanone vom Kaliber 20 mm oder 25 mm und Lenkflugkörper AIM-9 oder AIM-120 im internen Waffenschacht erhalten

***Die F-22 wird die Nachfolge der F-15 Eagle als primärer Luftkampfjäger der USAF antreten.***

# Lockheed F-94 Starfire

Im Herbst 1947, nur sechs Monate nach ihrer Aufstellung, informierte die USAF Lockheed über den Bedarf an einem zweisitzigen Allwetterjäger. Der erfolgreiche Einsatz der Lockheed P-80 Shooting Star und ihres Strahltrainer-Abkömmlings T-33 führte zu dem Vorschlag, den neuen Düsenjäger gemäß den Forderungen der USAF auf der T-33 aufzubauen. Die enge Verwandtschaft ist aus der Tatsache zu ersehen, daß eine modifizierte F-80 als Prototyp für die T-33 diente und dieselbe Maschine dann einer der beiden Versuchsjäger **YF-94** wurde. Die Unterschiede bestanden hauptsächlich im Rumpf, den man zur Aufnahme eines Feuerleitradars verlängert und zur Unterbringung des mächtigeren Allison-Strahltriebwerks J33-A-33 mit einer Nachbrennerleistung von 2722 kg modifiziert hatte. Die beiden **YF-94**, die am 16. April 1949, rund zwölf Monate nach dem Beginn des Projekts, zum ersten Mal flogen, litten anfangs unter Triebwerksproblemen, und so verzögerte sich die Indienststellung bis zum 29. Dezember 1949. Dennoch gelangte die USAF schneller in den Besitz ihres ersten strahlgetriebenen Allwetterjägers, als es bei jedem anderen üblichen Verfahren möglich gewesen wäre. Die Produktion ergab insgesamt 854 Flugzeuge, die zunächst für die USAF in Korea flogen und bis 1959 bei der Air National Guard im Dienst blieben.

**Varianten**

**F-94A:** erste Serienversion, zunächst in Form von auf der Fertigungsstrecke umgebauten T-33; ähnlich wie die Prototypen YF-94.

**YF-94B:** Musterexemplar für die zweite Serienversion mit verbesserten Avionik- und Bordsystemen

**F-94B:** zweite Serienversion, ähnlich dem Prototyp YF-94B, mit Allison J33-A-33 oder -33A und Flügelendentanks

**YF-94C** (ex-**YF-97A**): Bezeichnung zweier Prototypen einer verbesserten Hochleistungsversion mit neuen Tragflächen, reiner Raketenbewaffnung, neuem Höhenleitwerk und schubstärkerem Strahltriebwerk in Form des Pratt & Whitney J48

**F-94C Starfire** (ex-**F-97A**): abschließende Serienversion mit etlichen Verfeinerungen, ansonsten wie YF-94C-Prototypen

**TECHNISCHE DATEN**
**Lockheed F-94C Starfire**

**Typ:** zweisitziger Allwetterjäger
**Triebwerk:** ein Strahltriebwerk Pratt & Whitney J48-P-5 mit 2880 kg Schub ohne und 3969 kg Schub mit Nachverbrennung
**Leistung:** Höchstgeschwindigkeit 1030 km/h in Meereshöhe; Dienstgipfelhöhe 15.665 m; Standard-Reichweite 1296 km
**Gewicht:** Leermasse 5764 kg; max. Startmasse 10.970 kg
**Abmessungen:** Spannweite 11,38 m; Länge 13,56 m; Höhe 4,55 m; Tragflügelfläche 21,63 m²
**Bewaffnung:** 24 Raketen mit Klappleitwerk im Bug und 24 ähnliche Raketen in zwei Flügelbehältern

***Diese Aufnahme zeigt eine Starfire aus dem Jahre 1955 bei der Landung (mit Bremsschirm zur Verkürzung der Ausrollstrecke).***

# Lockheed F-104 Starfighter

Lockheed stand 1952 vor der anspruchsvollen Aufgabe, einen Jagdeinsitzer zu konzipieren und zu entwickeln, der den Mustern des Gegners in Korea weit überlegen sein sollte. Man setzte auf kleine Abmessungen, um mit der Schubkraft eines einzelnen Triebwerks dennoch eine hohe Geschwindigkeit und ausgezeichnete Manövrierfähigkeit zu erreichen. Außerdem wurde ein Minimum an komplexer Technik angestrebt, um die Anschaffungskosten zu reduzieren. Chefingenieur Johnson konstruierte ein trapezförmiges Tragwerk geringer Spannweite mit einer maximalen Dicke von 10,16 cm. Die Nasenkante war so scharf, daß sie am Boden zum Schutz vor Verletzungen abgedeckt werden mußte. Das Höhenleitwerk thronte praktisch auf der Seitenflosse, und der auf das Triebwerk General Electric J79 zugeschnittene Rumpf bewirkte, daß nur wenig Installationsraum für Ausrüstungskomponenten zur Verfügung stand. So bot der **Starfighter**, wie die **Lockheed F-104** genannt wurde, nicht einmal Raum für ein Abfangradar. Der erste von zwei **XF-104**-Prototypen, angetrieben von je einem Wright XJ65-W-6-Strahltriebwerk mit 3538 kg Schub (mit Nachbrenner 4627 kg Schub), flog erstmals am 4. März 1954. Es erforderte jedoch noch fast vier Entwicklungsjahre, bis die USAF den **Starfighter** im Januar 1958 zur Truppenverwendung freigab. Inzwischen hatte sie jedoch das Interesse an einem Jäger dieser Klasse verloren und nahm nur 296 Exemplare für den Eigenbedarf entgegen. Allerdings entschied sich eine Gruppe von NATO-Ländern, angeführt von der BRD, zur Produktion einer verbesserten Version für ihre Luftstreitkräfte. Dies führte zu einem umfangreichen internationalen Bauprogramm, in dessen Rahmen der **Starfighter** in Belgien, Italien, den Niederlanden und in der BRD für die NATO-Streitkräfte sowie in Kanada und in Japan gefertigt wurde. Bei Einstellung der Produktion waren zusätzlich 2282 **F-104 Starfighter** gefertigt worden.

Die letzte **Starfighter**-Entwicklung nahm Aeritalia/Alenia vor, die 150 **F-104** der italienischen Luftwaffe zwischen 1986 und 1990 eine Kampfwertsteigerung zukommen ließ. Diese **F-104S-ASA** (Aggiornamento Sistemi d'Arma) befinden sich weiterhin im aktiven Einsatz. Das Modernisierungsprogramm umfaßte den Einbau fortschrittlicher Ausrüstungsteile, darunter das Bordradar FIAR Setter, wirkungsvollere ECM- und IFF-Systeme und eine dem Stand der Technik entsprechende Bordelektrik. Neue Waffeneinsatzsysteme und zusätzliche Waffenträger außerhalb der Flügeltanks ermöglichten die Beladung mit Luft-Luft-Lenkflugkörpern vom Typ Aspide oder AIM-9L Sidewinder. Die erste so umgerüstete Maschine flog im März 1985, und die erste endgültige **F-104S-ASA** wurde der AMI im November 1986 übergeben. Ende 1990 befanden sich alle 150 Exemplare im Truppendienst.

***Lockheed F-104G Starfighter des Marinefliegergeschwaders 1, wie sie Ende der sechziger Jahre in Schleswig stationiert waren.***

**Varianten**

**YF-104A:** 17 Vorserienjäger mit um 168 cm gestrecktem Rumpf, erhöhter Treibstoffkapazität und dem General Electric XJ79-GE-3 mit einer Nachbrennerleistung von 6713 kg Schub; im Verlauf der ausgedehnten Flugerprobung wurde das verbesserte J79-GE-3A zum Standardtriebwerk
**F-104A:** erste Serienversion, anfangs mit J79-GE-3A, später auf J79-GE-3B ummotorisiert; Kielflosse und angeblasene Flügelklappen
**NF-104A:** drei für die Astronautenausbildung bei der USAF modifizierte F-104A
**QF-104A:** zu funkgesteuerten Zieldrohnen umgebaute YF-104A/F-104A
**F-104B:** zweisitzige Version der F-104A zur Einsatzausbildung; geänderte Treibstoffanlage und Bewaffnung; 26 Exemplare
**F-104C:** für das TAC der USAF bestimmte Jagdbomberversion mit J79-GE-7, das 7167 kg Nachbrennerschub erzeugte; mit Sidewinder-Lenkwaffen bzw. Bomben oder Raketenbehältern für konventionelle oder nukleare Gegenschläge bewaffnet; Luftbetankungssonde; 77 Exemplare
**F-104D:** Kampftrainerversion der F-104C; 21 Exemplare für die USAF und 20 F-104DJ für Japan
**F-104F:** verbesserte Version, ähnlich der F-104D für Deutschland; 30 Exemplare
**F-104G:** Hauptserienversion, produziert in Kanada, Europa und in den USA; hatte im Vergleich zur F-104C eine stärkere Zelle, aerodynamische Verfeinerungen, fortschrittliche Avionik und Ausrüstung sowie J79-GE-11A mit 7076 kg Nachbrennerschub oder eine Lizenzversion dieses Triebwerks bei den in Europa gefertigten Serienflugzeugen; 1127 Exemplare
**RF-104G:** taktische Aufklärungsversion der F-104G; 189 Exemplare
**TF-104G:** zweisitzige Trainerversion der F-104G; 220 Exemplare
**F-104J:** Version der F-104G für Japan, aber als allwettertauglicher Abfangjäger ausgerüstet; drei von Lockheed gebaute Musterflugzeuge, 29 von Mitsubishi aus Baugruppen von Lockheed montierte und dann 178 eigengefertigte Exemplare; die in Japan montierten/gebauten F-104J wurden mit einem lizenzfreien Nachbau des J79-GE-11A ausgerüstet
**F-104N:** Bezeichnung der für die NASA als überschallschnelle Begleitjäger gebauten F-104G
**F-104S:** von Aeritalia aus der F-104G entwickelte Mehrzweckversion; 254 Exemplare, angetrieben vom J79-GE-19 mit 8364 kg Nachbrennerschub, in Italien für die italienischen und türkischen Luftstreitkräfte gebaut
**F-104S-ASA:** 150 von Aeritalia/Alenia kampfwertgesteigerte F-104S mit besserem Radargerät, leistungsstärkeren ECM-, IFF- und Waffeneinsatzsystemen sowie Bewaffnung mit moderneren Lenkflugkörpern; Erstflug im März 1985
**CF-104:** von Canadair gebaute Version der F-104G mit lizenzgefertigtem J79-OEL-7; 200 Exemplare
**CF-104D:** zweisitzige Trainerversion der CF-104, von Lockheed für die kanadische Luftwaffe gebaut; 38 Exemplare mit Lizenzversion des J79-OEL-7

**TECHNISCHE DATEN**
**Lockheed F-104G Starfighter**
**Typ:** einsitziges Mehrzweck-Kampfflugzeug
**Triebwerk:** ein Nachbrennertriebwerk General Electric J79-GE-11A mit 7076 kg Schub
**Leistung:** Höchstgeschwindigkeit 1845 km/h in 15.240 m Höhe; Dienstgipfelhöhe 15.240 m; Reichweite 1740 km
**Gewicht:** Leermasse 6348 kg; max. Startmasse 13.170 kg
**Abmessungen:** Spannweite (ohne Raketen) 6,36 m; Länge 16,66 m; Höhe 4,09 m; Tragflügelfläche 18,22 m$^2$
**Bewaffnung:** eine 20-mm-Kanone mit sechs Rohren im Bündel, Sidewinder-Lenkraketen an den Flächenenden und Außenlasten bis zu 1814 kg

***Unter den Starfighter-Nutzern rangiert die Türkei ganz vorn. Diese F-104G flogen einst alle bei der italienischen Luftwaffe.***

# Lockheed F-117

Nahezu 15 Jahre lang blieb die **Lockheed F-117A** ein Geheimprojekt. Dieser Entwurf erhielt den Zuschlag innerhalb der XST-Ausschreibung (Experimental Stealth Technology = experimentelle Tarnkappen-Technologie), die von der DARPA (Defense Advanced Research Projects Agency) in den Jahren 1975/76 durchgeführt wurde. Sowohl Northrop als auch Lockheed hatten sich an diesem Programm beteiligt, doch der Auftrag ging 1976 an Lockheed. Unter dem Decknamen „Have Blue" konstruierte das Unternehmen zwei Prototypen. William C. Park führte die erste, von zwei GE-Strahltriebwerken CJ610 angetriebene XST-Maschine im Dezember 1977 von Groom Lake aus durch den Jungfernflug. Letztendlich stürzten beide Musterflugzeuge jedoch ab.

Vielversprechende Testergebnisse führten zur Entwicklung zweier maßstäblich vergrößerter Prototypen **YF-117A-LO**, und es folgten 57 seriengefertigte **F-117A**, bewilligt in den Haushaltsjahren 1980 bis 1986 und 1988. Die erste Vorserienmaschine flog erstmals am 18. Juni 1981, und im August 1982 wurde der USAF die erste **F-117A** ausgehändigt. Trotz weltweit kursierender Gerüchte gestand die USAF lange Zeit nicht einmal die Existenz dieses Programms ein. Erst im November 1988 wurde ein verschwommenes und irreführendes Foto des Flugzeugs freigegeben und die Bezeichnung bestätigt. Die nächste logische „F-Nummer" wäre F-19 gewesen, und viele Agenturen benutzten dieses Kürzel eine Zeitlang zur Beschreibung des Musters. Die USAF hatte die Bezeichnungen F-112 bis F-116 sowjetischen Jagdflugzeugen zugeordnet, die auf geheimen Wegen zur Bewertung beschafft worden waren, und da man annahm, die Bezeichnung **F-117** diene ähnlichen Zwecken, schenkte man ihr auch kaum Beachtung.

Die **F-117A** wurde 1983 einsatzbereit erklärt, aber die Maschinen flogen nur nachts vom geheimen Stützpunkt Tonopah, 140 Meilen nordwestlich von Las Vegas, Nevada, aus, um die Geheimhaltung dieses Programms zu wahren. Erst Ende 1989 begann der Flugbetrieb bei Tageslicht. Zwei Maschinen gingen im Juli 1986 und Oktober 1987 bei Unfällen verloren, die man darauf zurückführte, daß die Piloten die Orientierung verloren hatten.

Die **F-117A**, angeblich „Wobblin Goblin", aber von ihren Piloten meist „Black Jet" und offiziell **„Night Hawk"** genannt, wurde erstmals im Dezember 1989 im Rahmen der Operation „Just Cause" (zur Entmachtung des Generals Manuel Noriega in Panama) gefechtsmäßig eingesetzt. Die dabei erwiesene Leistung dieses Flugzeugs, seine Waffen mit absoluter Genauigkeit gegen spezifische Ziele zur Wirkung zu bringen, galt als Rechtfertigung für das gesamte Programm. Der nächste Kampfeinsatz erfolgte beim Golfkrieg im Januar 1991. Dazu verlegten insgesamt 42 **F-117** nach Saudi-Arabien.

Die **F-117A** ist das Ergebnis eines Entwurfskonzepts, das auf minimale Radarsignaturen eines Luftfahrzeugs abzielt. Die eckigen, facettenreichen Konturen der **F-117A**-Zelle dienen dazu, die auftreffende Radarenergie zu streuen und in gewissen Bereichen zu schlucken. Das mit 67° außerordentlich scharf zurückgepfeilte Tragwerk spiegelt die hochkomplexe Aerodynamik wider, und sämtliche Lufteinläufe, Klappen und Zugangsfelder wurden dahingehend optimiert, daß Radarsignale reflektiert werden, um im Hintergrundrauschen zu verschwinden. Die aerodynamisch miteinander verschmolzenen Baugruppen Rumpf und Tragflächen sind zwar aus gewöhnlichem Aluminium konstruiert, aber mit radarabsorbierendem Material überzogen. Die Kontrollflächen des Leitwerks, „Ruddervators" genannt, be-

## TECHNISCHE DATEN

**Lockheed F-117** (geschätzt)

**Typ:** einsitziger Tarnkappen-Jagdbomber
**Triebwerke:** zwei Mantelstromtriebwerke General Electric F404-GE-F102 je 4900 kg Schub
**Leistung:** Höchstgeschwindigkeit Mach 1; normale Einsatzgeschwindigkeit Mach 0,9
**Gewicht:** Leermasse 13.609 kg; max. Startmasse 23.814 kg
**Abmessungen:** Spannweite 13,20 m; Länge 20,08 m; Höhe 3,78 m; Tragflügelfläche 105,90 m$^2$
**Bewaffnung:** der Waffenschacht kann alle taktischen Kampfmittel der US-Jagdflugzeuge aufnehmen, aber in erster Linie werden zwei 907 kg schwere Laserlenkbomben GBU-10/GBU-27 oder Luft-Boden-Lenkflugkörper vom Typ AGM-65 oder AGM-89 mitgeführt

stehen aus Verbundwerkstoff, und das gesamte Flugzeug wird von einem vierfach ausgelegten Fly-by-Wire-System kontrolliert. Außerdem verfügt die F-117 über eine umfangreiche Avionikausrüstung.

***Der „Stealth Fighter" schließt an die erfolgreichen Produkte der „Skunk Works" an. Möglicherweise fliegt bereits ein verwandtes Nachfolgemuster.***

# Lockheed Hudson

Die **Lockheed Hudson** war das erste Flugzeug aus amerikanischer Produktion, das die RAF im Zweiten Weltkrieg gefechtsmäßig einsetzte. Als England Anfang 1938 die Eilforderung für ein Seepatrouillen- und Navigationsschulflugzeug erhob, schlug Lockheed eine militärische Version der Lockheed 14 Super Electra vor. Das neue Muster sollte der Lockheed 14-WF62 gleichen, aber einen modifizierten Rumpf erhalten mit Waffentürmen am Bug und auf dem Rücken, einem Bombenschacht im mittleren Abschnitt und einer hinter der Abströmkante des Tragwerks eingerichteten Navigatorstation. Die britische Rüstungskommission war jedoch mehr an einem Seeaufklärer als an einem Bomber interessiert und stimmte dieser Auslegung nicht zu. Sie schlug statt dessen vor, die Navigatorstation näher beim Piloten anzuordnen. Lockheed stellte daraufhin ein neues Modell vor, bei dem der Navigator im verglasten Bug untergebracht war. Dies reichte zum Start konkreter Vertragsverhandlungen, die Ende Juni 1938 zu einem Auftrag über 200 Maschinen vom Typ **B14L** führten, wie die firmeninterne Bezeichnung damals lautete. Der Vertrag enthielt die Klausel, daß 250 Exemplare abgenommen würden, sofern man alle vor Ende Dezember 1939 auslieferte. Die erste **B14L** flog mit einer Waffenturm-Attrappe am 10. Dezember 1938, und schon in der ersten Novemberwoche 1939 rollte die 250. Serienmaschine vom Band. Als die Produktion im Mai 1943 auslief, waren insgesamt 2941 Exemplare gebaut. Die Zahl umfaßte 1338 direkt bei Lockheed gekaufte und 1302 auf der Grundlage des Lend-Lease-Gesetzes bereitgestellte Maschinen, 300 Schulflugzeuge für die USAF sowie eine an Sperry gelieferte zivile **B14S**. Durch den Bau der **Hudson**, wie die **B14L** bei der RAF hieß, stieg Lockheed in die Gruppe der großen Flugzeughersteller auf.

***Lockheed Hudson Mk III der No. 279 Squadron, Royal Air Force, 1942 im englischen Sturgate stationiert.***

***Lockheed-Bomber A-29 des United States Army Air Corps mit Tarnfarben und Markierungen der Vorkriegszeit.***

## TECHNISCHE DATEN

**Lockheed Hudson Mk I**

**Typ:** Seepatrouillenflugzeug
**Triebwerke:** zwei Sternmotoren Wright GR-1820-G-102A je 820 kW (1115 PS)
**Leistung:** Höchstgeschwindigkeit 396 km/h in 1980 m Höhe; Dienstgipfelhöhe 7620 m; Reichweite 3154 km
**Gewicht:** Leermasse 5276 kg; max. Startmasse 7938 kg
**Abmessungen:** Spannweite 19,96 m; Länge 13,51 m; Höhe 3,61 m; Tragflügelfläche 51,19 m$^2$
**Bewaffnung:** zwei vorwärtsfeuernde 7,7-mm-Maschinengewehre und zwei entsprechende Waffen im Rückenturm sowie bis zu 635 kg Bomben oder Wasserbomben im internen Waffenschacht

Trotz ihrer Abstammung vom friedlichen Verkehrsflugzeug erzielte die **Hudson** etliche „Erstleistungen" im Kampfeinsatz. So schoß eine **Hudson** von No. 224 Squadron am 8. Oktober 1939 ein Dornier-Flugboot vom Typ Do 18 ab und erzielte damit den ersten Luftsieg eines in Amerika gebauten Flugzeugs der RAF im Zweiten Weltkrieg. Eine **Hudson** der No. 220 Squadron spürte im Februar 1940 das deutsche Schiff Altmark auf und führte britische Marineeinheiten heran, und eine **Hudson** der No. 269 Squadron beschädigte am 27. August 1941 das deutsche U-Boot U-570 im Atlantik, dessen Besatzung sich daraufhin ergeben mußte. No. 280 Squadron erhielt als erste Staffel die mit einem Rettungsboot ausgerüstete **Hudson** und setzte dieses erstmals Anfang Mai 1943 in der Nordsee ein. Das erste von einer **Lockheed A-29** der USAAF versenkte U-Boot (U-701) wurde am 7. Juli 1942 verzeichnet, und einer **PBO-1** (USN-Bezeichnung der **A-29**) der US Navy gelangen am 1. und 15. März 1942 die ersten beiden U-Boot-Zerstörungen, die man dieser Teilstreitkraft im Zweiten Weltkrieg zuschrieb. Neben seinem Einsatz bei den britischen und den Commonwealth-Streitkräften, der USAAF und der US Navy diente der Typ in kleiner Zahl auch bei BOAC, der chinesischen Luftwaffe und den portugiesischen Seeluftstreitkräften.

**Varianten**

**Hudson Mk I:** erste, direkt von Lockheed beschaffte Version für die RAF, ausgerüstet mit Wright-Sternmotoren GR-1820-G102A je 820 kW (1115 PS); 351 Exemplare
**Hudson Mk II:** direkt beschaffte Version, generell ähnlich der Mk I, aber mit stärkerer Zelle und auf gleiche Drehzahl geregelten Propellern; 20 Exemplare
**Hudson Mk III:** Zelle der Hudson Mk II mit Wright-Sternmotoren GR-1820-G205A je 895 kW (1217 PS); 428 direkt beschaffte Maschinen für britische und Commonwealth-Luftstreitkräfte vor Einführung des Land-Lease-Gesetzes
**Hudson Mk IIIA:** britische und Commonwealth-Bezeichnung der Lend-Lease-Version, ähnlich der Hudson Mk III, aber mit Wright R-1820-87 je 895 kW (1217 PS); von der USAAF als A-29 und von der US Navy

als PBO-1 beschafft; insgesamt 800 Hudson Mk IIIA, einschließlich 384 A-29A mit veränderbarer Inneneinrichtung zum Truppentransport
**Hudson Mk IV:** neue RAAF-Bezeichnung für 50 Hudson Mk I mit Pratt & Whitney Twin Wasp S3C-G je 783 kW (1065 PS), aber auch für eine verbesserte Ausführung der ursprünglich als Hudson Mk II beschafften Flugzeuge
**Hudson Mk IVA:** RAAF-Bezeichnung der Lend-Lease-Version, die die USAAF als A-28 beschaffte; 52 Exemplare
**Hudson Mk V:** direkt beschaffte Version, ähnlich der Hudson Mk III, aber mit Twin Wasp S3C4-G je 895 kW (1217 PS); 409 Exemplare
**Hudson Mk VI:** Lend-Lease-Version, von der USAAF als A-29A beschafft; generell ähnlich der Hudson Mk III/V, aber mit von Chevrolet gebauten Pratt & Whitney R-1830-67 je 895 kW (1217 PS); 450 Exemplare gefertigt
**Hudson C.Mk VI:** neue Bezeichnung einer Reihe von Hudson Mk VI, von der RAF nach dem Ausbau der Bewaffnung im Transportdienst verwendet
**A-29B:** neue Bezeichnung von 24 zu Luftbildaufklärern umgerüsteten A-29A der USAAF
**AT-18:** Bezeichnung von 217 Flugzeugen mit 895 kW (1217 PS) starkem Wright R-1820-87, von der USAAF zur Schießausbildung beschafft
**AT-18A:** 83 Maschinen, generell ähnlich der AT-18 und von der USAAF überwiegend als unbewaffnete Navigationsübungsflugzeuge eingesetzt
**B14S:** hierbei handelt es sich im wesentlichen um ein Einzelexemplar für die Sperry Gyroscope Company, die das Flugzeug hauptsächlich als Instrumenten-Testflugzeug einsetzte

***Die Lockheed AT-18, von der 300 Exemplare gebaut wurden, war die zur Schießausbildung bestimmte Hudson-Version, ausgestattet mit einem Martin-Rückenturm (zwei 12,7-mm-MG), wie ihn die meisten amerikanischen Bomber hatten.***

# Lockheed L-1011 TriStar

Das Lockheed-Großraumflugzeug mit der Bezeichnung Lockheed **L-1011 TriStar** sollte den Anforderungen an eine Verkehrsmaschine mit hoher Sitzplatzkapazität für den Kurz- und Mittelstreckenbetrieb bei American Airlines genügen. Die Konstruktion begann Anfang 1968, und am 17. November 1970 startete die erste Maschine zum Jungfernflug. Der freitragende Tiefdecker mit 35°-Pfeilung wurde von drei Mantelstromtriebwerken RB.211 von Rolls-Royce mit je 19.051 kg Schub angetrieben. Außer einer zwei- bis vierköpfigen Crew bot er Platz für 256 bis 400 Passagiere. In dieser Entwicklungsphase gerieten sowohl Lockheed als auch Rolls-Royce in finanzielle Schwierigkeiten. Beide waren auf die Unterstützung ihrer Regierungen angewiesen, bevor das Programm weiterlaufen konnte. Die Zulassung verzögerte sich daher bis zum 14. April 1972, und den ersten Flug mit zahlenden Passagieren führte Eastern Air Lines am 26. April 1972 durch. Anfängliche Probleme bereiteten vor allem die Triebwerke, doch nach kurzer Zeit war die **TriStar** bei Besatzungen und Passagieren sehr beliebt.

Nach der ersten Serienversion **L-1011-1** ging die **L-1011-100** in Dienst, die für größere Reichweiten mehr Treibstoff mitführen konnte und für eine entsprechend höhere Betriebsmasse zugelassen wurde. Um eine bessere Leistung zum Betrieb auf hochgelegenen Flughäfen in heißen Regionen bereitzustellen, entwickelte Lockheed die **L-1011-200** mit RB.211-524 je 21.772 kg Schub. Wahlweise war die Maschine aber auch mit der erweiterten Treibstoffanlage der **L-1011-100** erhältlich, und der bessere Wirkungsgrad ihrer RB.211-524 brachte sogar eine geringfügige Verbesserung der Reichweite mit sich. Diese Version ist für ein hohes Gesamtgewicht zugelassen. Als letzte Variante dieses Typs erschien die **L-1011-500**. Sie führte viele mit dem ersten Flugzeug (N1011) erprobte Merkmale ein und heißt seitdem **Advanced TriStar**. Die **L-1011-500** hat RB.211-524B oder -524B4-Triebwerke, einen um 4,11 m kürzeren Rumpf, ein erhöhtes Tankvolumen und eine neu konzipierte Inneneinrichtung für 246 bis 330 Passagiere.

Enttäuscht über den schwachen Absatz, gab Lockheed 1981 bekannt, daß sich das Unternehmen mit dem Ende der **TriStar**-Produktion vom Marktsektor für strahlgetriebene Verkehrsflugzeuge zurückziehen

***Als erste TriStar-Serie erschien die L-1011-1, hier ein Exemplar der Gulf Air.***

***Diese TriStar 1 von Pacific South West wurde später, wie viele andere Maschinen der ersten Baureihe, auf den Standard -100 angehoben.***

werde. Die 250. und letzte Serienmaschine (**TriStar 500** CS-TEE der TAP-Air Portugal) rollte am 19. August 1983 von der Fertigungsstrecke in Burbank, flog aber erst ab Januar 1984. Als letzte **TriStar** wurden zwei Maschinen der Serie **500** im Juni 1985 an Royal Jordanian (JY-AGI und -AGJ) ausgeliefert. Mit Blick auf den Ablösezeitpunkt der **TriStar** durch modernere Typen entwickelte Monarch Aviation in Miami ein Umrüstprogramm für dieses Muster zum reinen Frachtflugzeug. Dazu gehörte unter anderem eine 438 cm x 271 cm große, oben angeschlagene Frachtklappe in der Backbord-Rumpfseite vor dem Tragwerk. Sämtliche Passagiereinrichtungen entfielen. Den ersten Umbau nahm Pemco Aeroplex (damals Hayes) im Mai 1987 an einer frühen Maschine vor. Es wird angenommen, daß sowohl Royal Jordanian als auch Saudia an einer Verwandlung ihrer **TriStar-Flotten** in Frachtflugzeuge interessiert sind. Auch Lockheed und die britische Firma Marshall bieten Umrüstpakete für die **TriStar** an, und Marshall baute 1983 sechs **TriStar 500** zu Luftbetankungs- und Transportflugzeugen **K.Mk 1/KC.Mk 1** für die RAF um. 1984/85 wurden drei Exemplare von Pan Am erworben und als **C.Mk 2** verwendet.

### TECHNISCHE DATEN
**Lockheed L-1011-500 TriStar**

**Typ:** Langstrecken-Verkehrsflugzeug
**Triebwerke:** drei Mantelstromtriebwerke Rolls-Royce RB.211-524B je 22.680 kg Schub
**Leistung:** max. Reisefluggeschwindigkeit 974 km/h in 9145 m Höhe; Dienstgipfelhöhe 12.800 m; Reichweite mit max. Nutzlast 9653 km
**Gewicht:** Leermasse 109.299 kg; max. Startmasse 224.982 kg
**Abmessungen:** Spannweite 47,35 m; Länge 50,05 m; Höhe 16,87 m; Tragflügelfläche 321,06 m²

## Lockheed Modell 1329 JetStar I/II

***Lockheed L-1329 JetStar II in den Farben der Iraqi Airways. Bei dieser Gesellschaft besteht keine klare Abgrenzung zwischen dem zivilen und dem militärischen Betrieb ihrer Luftfahrzeuge.***

Die **Lockheed 1329 JetStar** basierte auf einer USAF-Forderung für ein leichtes Hochleistungs-Transportflugzeug „von der Stange". Der sauber durchkonstruierte Tiefdecker mit gepfeiltem Trag- und Leitwerk wurde als Prototyp von zwei Bristol Orpheus 1/5 je 2200 kg Schub angetrieben. Das erste von zwei Musterflugzeugen hob am 4. September 1957 vom Boden ab, und die anschließende Flugerprobung verlief zufriedenstellend. Als sich die geplante Lizenzfertigung des Orpheus-Triebwerks zerschlug, entschied Lockheed, die erste Serienversion mit vier 1361 kg schubstarken JT12A-6 von Pratt & Whitney auszurüsten, die man paarweise an den hinteren Rumpfseiten anordnete. Die militärische Beschaffung blieb geringer als erwartet, so daß die meisten der bis zum Produktionsende im Jahre 1980 gebauten 204 **JetStar** als Geschäftsreise- und Firmenflugzeuge verkauft wurden.

**Varianten**
**JetStar I:** erste Serienversion, die sich vom ersten Musterflugzeug durch größere Treibstoffkapazität, erreicht durch permanent auf Höhe der mittleren Spannweite montierte Außentanks, Enteisungsvorrichtung an allen Nasenkanten und P&W-Triebwerke JT12A-6 unterschied; der geringfügig gestreckte Rumpf des Geschäftsreiseflugzeugs nahm standardmäßig zwei Besatzungsmitglieder und zehn Passagiere auf; spätere Serienflugzeuge hatten JT12A-8 je 1497 kg Schub
**JetStar 731:** von AiResearch entwickelte Umrüstversion mit Mantelstromtriebwerken Garrett TFE731-1 statt der P&W-Triebwerke der JetStar I; etwa 60 JetStar I wurden auf diesen Standard angehoben
**JetStar II:** neue Serienversion, die standardmäßig Garrett TFE731-3 und etliche andere Verbesserungen erhielt
**C-140A:** fünf Maschinen für die USAF, grundsätzlich ähnlich der frühen JetStar und zur Eichung von Navigations-Funkfeuern ausgerüstet
**C-140B:** umrüstbare Fracht- und Passagierversion für die USAF, ansonsten ähnlich der C-140A; fünf Exemplare
**VC-140B:** Bezeichnung von sechs zusätzlichen Serienflugzeugen, generell ähnlich der C-140A, aber als VIP-Flugzeuge eingerichtet; die fünf C-140B wurden entsprechend nachgerüstet

### TECHNISCHE DATEN
**Lockheed JetStar II**

**Typ:** leichtes Verkehrsflugzeug
**Triebwerke:** vier Mantelstromtriebwerke Garrett TFE731-3 je 1678 kg Schub
**Leistung:** max. Reisefluggeschwindigkeit 880 km/h in 9145 m Höhe; Dienstgipfelhöhe 13.105 m; Reichweite mit max. Nutzlast 4820 km
**Gewicht:** Leermasse 11.294 kg; max. Startmasse 20.185 kg
**Abmessungen:** Spannweite 16,59 m; Länge 18,41 m; Höhe 6,22 m; Tragflügelfläche 50,40 m²

***Lockheed L-1329-25 JetStar II***

## Lockheed XFV-1 Salmon

Unter der Bezeichnung **Lockheed XFV-1** fertigte das Unternehmen einen von zwei Prototypen eines einsitzigen Senkrechtstarters für Forschungszwecke. Die von einer Allison-Propellerturbine XT-40-pA-6 mit 4362 kW (5932 WPS) angetriebene **Salmon** war einer von vielen „Schwanzhockern", die zu Beginn der fünfziger Jahre entworfen wurden, und im Grunde ein herkömmlicher Mitteldecker ohne das übliche Fahrgestell. Statt dessen hatte das Leitwerk kreuzförmig angeordnete Flächen einheitlicher Spannweite, die alle über Stoßdämpferstreben und frei beweglich gelagerte Räder verfügten. Auf ihnen sollte die Maschine beim Start und bei der Landung senkrecht stehen. Da das für den geplanten VTOL-Jäger XFV-2 vorgesehene Turboprop-Triebwerk T54-A-3 mit einer Nennleistung von 5294 kW (7200 WPS) nicht zustandekam, wurde die **XFV-1** mit einem behelfsmäßigen, konventionellen Fahrwerk ausgestattet und in dieser Form getestet, bis man das Programm im Juni 1955 beendete. Der Bau des zweiten Prototyps entfiel. Die Spannweite betrug 9,40 m, das maximale Startgewicht 7358 kg und die Höchstgeschwindigkeit 933 km/h.

***Bevor die Lockheed XFV-1 zum Senkrechtstart kam, nutzte sie ein improvisiertes Fahrgestell herkömmlicher Art. Dies war auf die Leistung der zuerst eingebauten Propellerturbine zurückzuführen, die für einen längeren Senkrechtflug nicht ausreichte. Der Name „Salmon" (Lachs) stammte vom Testpiloten Herman Salmon.***

***Die Lockheed XFV-1 in der von ihren Konstrukteuren geplanten Senkrechtposition.***

# Lockheed P-3 Orion bis Lockheed P2V Neptune

**Trotz anfänglicher Kinderkrankheiten bewährte sich die P-38 Lightning im Zweiten Weltkrieg. Nach dem Krieg begegnete Lockheed den neuen Gefahren aus dem Ostblock mit den schlagkräftigen U-Boot-Angreifern und Frühwarnflugzeugen P-3 Orion und P2V Neptune. Für die inzwischen seit 35 Jahren, u. a. auch in Spanien, Australien und Japan, fliegende Orion ist noch immer keine rechte Nachfolge in Sicht.**

## Lockheed P-3 Orion

Im August 1957 benötigte die US Navy ein fortschrittliches Seepatrouillen- und U-Boot-Abwehrflugzeug, so daß sie sogar bereit war, die Entwicklung eines Verkehrsflugzeugs aus laufender Serie zu akzeptieren. Lockheed schlug eine Version auf der Basis der L-188 Electra vor und erhielt am 8. Mai 1958 einen entsprechenden Untersuchungs- und Entwicklungsauftrag. Die dritte Electra-Zelle wurde für die Prüfung durch die US Navy zum aerodynamischen Prototyp modifiziert, und der Erstflug fand im August 1958 von Burbank aus statt. Es folgte der Einsatzprototyp **Lockheed YP3V-1,** der von Burbank aus erstmals am 25. November 1959 flog und später **Orion** getauft wurde. Die erste Serienmaschine **P3V-1** hob am 15. April 1961 vom Boden ab, und am 13. August 1962 nahmen die US Navy Patrol Squadron VP-8 und VP-44 die ersten Exemplare in Empfang. Inzwischen hatte man das Muster in **P-3** umbezeichnet. Die **Orion** behielt die Grundzelle der Electra bei, unterschied sich aber im Rumpf, der um 2,24 m kürzer und um einen Waffenschacht ergänzt war, sowie durch zweckbedingte Avionik- und Bordsysteme. Minen, Wasserbomben, Torpedos und nukleare Sprengkörper können im Waffenschacht untergebracht und verschiedene Außenlasten an zehn Unterflügelstationen mitgeführt werden. Die wichtigsten Änderungen seit der Indienststellung vor 30 Jahren betrafen die Avionik und das Leistungsvermögen. Bis heute wurden mehr als 640 Exemplare gebaut, und die Produktion dieses Typs (nunmehr in Marietta, Georgia) ist bis 1995/96 gesichert, da Südkorea im Dezember 1990 acht **P-3C Update III** bestellte. **Orion** befinden sich in Australien, Neuseeland, den Niederlanden, Norwegen, Pakistan, Portugal und Spanien sowie in den USA bei der US Navy, dem Customs Service (Zoll), der NASA und der NOAA (National Oceanic & Atmospheric Administration) im Einsatz. Potentielle Abnehmer der **Orion** aus Überschußbeständen der US Navy sind Thailand und Griechenland. Nach der Montage von vier **P-3C** aus Bauteilen, die Lockheed gefertigt hatte, ist die Firma Kawasaki mit der Lizenzproduktion von mehr als 100 Flugzeugen dieses Typs für die Japanese Maritime Self-Defence Force JMSDF befaßt. Darüber hinaus wurden 21 Exemplare einer abgeleiteten Version namens **CP-140/140A** an die kanadischen Streitkräfte geliefert.

**Varianten**

**P-3A:** erste Serienversion für die US Navy mit Allison-Propellerturbinen T56-A-10W je 3356 kW (4564 WPS); die Erstausrüstung zur Ortung von U-Booten wich ab dem 109. Flugzeug dem „Deltic"-System, das die meisten P-3 nachträglich erhielten; 157 Exemplare

**P-3A (CS):** vier Maschinen der US Navy; für den Customs Service bis zur Verfügbarkeit der P-3 AEW&C mit einem leistungsstärkeren Radar ausgerüstet

**EP-3A:** sieben versuchsweise zu elektronischen Aufklärungsflugzeugen umgebaute P-3A

**NP-3A:** drei für besondere Testzwecke des US Naval Research Laboratory in Patuxent River, Maryland, umgebaute P-3A

**RP-3A:** zwei für Forschungszwecke modifizierte P-3A bei der Oceanographic Development Squadron VXN-8 auf dem Marinefliegerhorst Patuxent River

**TP-3A:** zwölf zur Pilotenschulung modifizierte P-3A, die ohne ASW-Ausrüstung von Fleet Replacement Squadron VP-30 und VP-31 geflogen werden

**UP-3A:** 38 zu Mehrzweck-Transportflugzeugen umfunktionierte P-3A ohne ASW-Ausrüstung

**VP-3A:** drei WP-3A und zwei P-3A, die zu VIP-Flugzeugen umgerüstet wurden

**WP-3A:** vier P-3A, die 1971 zu Wetteraufklärungsflugzeugen als Ersatz für die WC-121 Super Constellation umgebaut wurden; eine Maschine erhielt den Standard NP-3A, die anderen drei wurden zu VP-3A

**P-3B:** Serienversion ab der 158. Orion, angetrieben von Allison T56-A-14 je 3661 kW (4979 WPS) und ausgerüstet mit „Deltic"-Ortungsanlage; das U-Jagd-Potential wurde gesteigert

**EP-3B:** zwei in Da Nang stationierte P-3B, umgerüstet für elektronische Aufklärung durch US Navy Squadron VQ-1

**P-3C:** Serienversion mit A-NEW-Ortungssystem; Erstflug am 18. September 1968, Indienststellung 1969; 267 Exemplare

**P-3C Update I:** 31 ab Januar 1975 gebaute Flugzeuge mit neuen und verbesserten Avionikgeräten

**P-3C Update II:** 44 ab August 1977 gebaute Flugzeuge mit Infrarot-Ortungs- und Sonarbojen-Referenzsystem

**P-3C Update II.5:** 24 im Jahre 1981 produzierte P-3C mit verläßlicheren Navigations- und Kommunikationssystemen sowie mit IACS, um Fernmeldeverbindungen mit Unterseebooten zu unterhalten, und mit standardisierten Flügelpylonen

**P-3C Update III:** die letzten 50 Orion für die US Navy, ausgerüstet mit einem neuen Akustikprozessor, Sonarbojenempfänger und verbessertem Hilfstriebwerk (APU); Auslieferung ab Mai 1984

**P-3C Update IV:** Einrüstung der für die gestrichene Lockheed P-7 vorgesehenen Ausrüstungskomponenten; befindet sich derzeit bei Boeing in der Vollentwicklung; alle P-3C Update II und II.5 sollen ab 1994 entsprechend umgerüstet werden; besseres System für elektronische Maßnahmen, zusätzlich Suchradar AN/APS-137(V) und Sensoren zur Ortung leiserer Unterseeboote

**EP-3C:** von Kawasaki für die JMSDF entwickelte Elint-Version der P-3C; bislang Mittel für drei Maschinen zugewiesen

***Wie viele als P-3B gebaute Orion erhielt auch diese Maschine im Rahmen eines Nachrüstungsprogramms den Standard P-3C.***

**NP-3C:** eine zum Testflugzeug für das US Naval Research Laboratory umgebaute P-3C

**RP-3C:** die als Ersatz für die RP-3A der Squadron VXN-8 modifizierte YP-3C

**UP-3C:** zwei Orion, ausgelegt als Nutzflugzeuge, von der Kawasaki-Fertigungsstrecke für die JMSDF

**RP-3D:** eine P-3C zur atmosphärischen Datenerfassung durch VXN-8

**WP-3D:** zwei für das Handelsministerium umgerüstete, von der NOAA geflogene P-3C

**EP-3E Aries:** zehn P-3A und zwei EP-3B, umgerüstet für elektronische Aufklärung; führten Radarantennen in großen Behältern über und unter dem Rumpf mit, ergänzt durch ein Bauchradom vor dem Tragwerk

**EP-3E Aries II:** zwölf P-3C mit wenigen Flugstunden, die die Ausrüstung der EP-3B erhielten; erste Umrüstmaschine von Lockheed AS in Greenville, South Carolina, im November 1988 ausgeliefert; 1991 waren alle bei den Aufklärungsstaffeln VQ-1 und VQ-2 der US Navy im Einsatz

**NP-3E:** verschiedene von den US-Streitkräften zum Teststatus freigestellte Orion-Flugzeuge; ein neugebautes Exemplar, vom japanischen Verteidigungsministerium bei Kawasaki bestellt

**P-3F:** sechs Ende der siebziger Jahre an die Kaiserlich Iranische Luftwaffe gelieferte P-3C mit einer zum Lufttanker Boeing 707 passenden Betankungsausrüstung

**P-3G:** Erstbezeichnung des Langstrecken-U-Jagdflugzeugs Lockheed-LRAACA, im Oktober 1988 als Orion-Nachfolger gewählt und 1989 in P-7A umbezeichnet; zwei Prototypen, denen 123 Serienflugzeuge hätten folgen sollen

**P-3H:** Angebot zur Leistungssteigerung der P-3C als Ersatz für das im Juli 1990 gestrichene Beschaffungsvorhaben der P-7A; der Vorschlag sah das Avionikpaket der Update IV, ein überarbeitetes Cockpit, neue Tragflächen und andere Triebwerke vor

**P-3K:** fünf neuseeländische Orion, deren Modernisierung 1990 gestrichen wurde

**P-3N:** Bezeichnung zweier P-3B, die die norwegische Küstenwache im Such- und Rettungsdienst betreibt; ein Teil der ASW-Ausrüstung ausgebaut

**P-3P:** sechs P-3B, die von der RAAF zu der in Montijo stationierten Esquadra 601 der portugiesischen Luftwaffe gelangten; eine Maschine von Lockheed, die anderen von OGMA auf den Standard Update II angehoben

**P-3W:** 20 P-3C-II für die RAAF, aber mit AQS-901-Prozessor und Barra-Sonarbojensystem anstelle der USN-Ausrüstung

**P-3AEW&C:** mit Rotodom ausgerüstete Frühwarn- und Leitversion ehemaliger RAAF-P-3B für die US-Zollbehörde zur Bekämpfung des Drogenschmuggels; zwei Maschinen im Juni 1988 und im Juni 1989 ausgeliefert und eine dritte bestellt; der Prototyp (N91LC) flog erstmals am 14. Juni 1984, gefolgt von der ersten Zollmaschine am 8. April 1989

**CP-140 Aurora:** 18 modifizierte P-3C mit ASW-Systemen der S-3 Viking, im Juli 1976 als Argus-Nachfolger eines Langstrecken-Seepatrouillenflugzeugs (LRPA) für die kanadischen Streitkräfte bestimmt

**CP-140A Arcturus:** drei weitere CP-140, ausgerüstet zur Überwachung der Fischfanggebiete, als Nachfolger der Tracker, die diesen Dienst bislang verrichtet hatten; alle Maschinen, ohne ASW-Komponenten, im September 1991 ausgeliefert

### TECHNISCHE DATEN

**Lockheed P-3C Orion**

**Typ:** Seepatrouillen- und U-Boot-Abwehrflugzeug

**Triebwerke:** vier Propellerturbinen Allison T56-A-14 je 3661 kW (4979 WPS)

**Leistung:** Höchstgeschwindigkeit 761 km/h; Patrouillengeschwindigkeit 381 km/h; max. Einsatzradius 3853 km

**Gewicht:** Leermasse 27.892 kg; max. Startmasse 64.410 kg

**Abmessungen:** Spannweite 30,38 m; Länge 35,61 m; Höhe 10,27 m; Tragflügelfläche 120,77 m²

**Bewaffnung:** bis zu 9072 kg Minen, Wasserbomben, Torpedos und Raketen im internen Waffenschacht oder an Halterungen unter den Tragflächen

## Lockheed P-38 Lightning

Die ungewöhnliche Auslegung der **Lockheed P-38 Lightning** war auf eine Forderung des USAAC von 1937 nach einem Hochleistungsjäger zurückzuführen. Verlangt wurde eine Spitzengeschwindigkeit, Steigleistung und Reichweite, die ein übliches einmotoriges Flugzeug nicht erbringen konnte. Um die gewünschte Leistung dennoch zu realisieren, entschied sich das Konstruktionsteam für die Verwendung zweier Flugmotoren. Der Aufbau des zweimotorigen Jagdeinsitzers ließ sich lösen, indem Zwillingsausleger die Motoren, Turbolader, Kühlanlagen und Haupträder des Dreibein-Fahrwerks aufnahmen und gleichzeitig das Leitwerk unterstützten. In das zentrale Teil des Mitteldeckertragwerks ließ sich die Pilotenkanzel einbinden, und die Bordkanonen sowie das Bugrad konnten in den Nasenteil dieser Gondel eingebaut bzw. eingefahren werden. Der von gegenläufigen Allison-Reihenmotoren V-1710-11/-15 mit 2 x 716 kW (974 PS) angetriebene Prototyp **XP-33** flog erstmals am 27. Januar 1939, ging jedoch nach knapp zwölf Flugstunden verloren, weil die

Landung zu kurz angesetzt war. Zum Glück gab es bis dahin bereits genügend Belege dafür, daß sich mit dieser Maschine die Forderungen des USAAC erfüllen ließen, und am 27. April 1939 erging ein Anschlußauftrag über 13 Vorserienjäger **YP-38.** Ende 1941 folgte die Indienststellung der **Lightning,** und ein erster (anteiliger) Luftsieg wurde am 14. August 1942 mit der Zerstörung einer Focke-Wulf Fw 200C-3 Condor über dem Nordatlantik verzeichnet. Der reguläre Gefechtseinsatz dieses Musters aber begann erst am 19. November 1942 in Nordafrika.

Von der **Lightning** wurden insgesamt 10.037 Maschinen produziert, einschließlich der 113 Exemplare von Consolidated-Vultee. Die USAAF setzte den Typ auf allen Kriegsschauplätzen ein, und im pazifischen Operationsgebiet erzielte er mehr Abschüsse japanischer Kriegsflugzeuge als irgendein anderer Jäger der USAAF. Zu den zahlreichen denkwürdigen Einträgen im **Lightning**-Geschichtsbuch gehört auch der Abschuß einer Mitsubishi G4M, rund 885 km vom **Lightning**-Stützpunkt Guadalcanal entfernt, mit dem japanischen Admiral Isoroku Yamamoto an Bord. Das amerikanische „As der Fliegerasse", Major Richard I. Bong, errang alle seine 40 Luftsiege im Pazifikraum mit einer **P-38.** Auf dem europäischen Kriegsschauplatz waren **P-38** hauptsächlich bei der 9. Air Force eingesetzt und mit dem Jagdschutz von Fernbombern der 8. Air Force bei deren Tagangriffen gegen Ziele in Deutschland betraut. Nach dem Sieg über Japan wurden die noch nicht ausgeführten Bestellungen storniert und die **Lightning** aus dem Einsatzbestand herausgelöst. Nur wenige Jäger späterer Baureihen hielten sich noch bis 1949 im Truppendienst.

***P-38J-5 der 70. Fighter Squadron, 20. Fighter Group, US 6. Air Force, 1944 in Kings Cliffe, Großbritannien, stationiert.***

**Varianten**

**YP-38:** Bezeichnung der Vorserienjäger, generell ähnlich dem Prototyp, aber mit 858 kW (1167 PS) starken Allison V-1710-27/-29, die gegenläufige Propeller antrieben

**P-38** (später **RP-38**): erste Serienversion; generell ähnlich der YP-38 und mit vier 12,7-mm-Maschinengewehren sowie einer 37-mm-Kanone bewaffnet; Panzerschutz einschließlich kugelsicherer Cockpitverglasung

**P-38D** (später **RP-38D**): Serienjäger, generell ähnlich der P-38, aber mit verbesserten Bordsystemen; 36 Exemplare

**P-38E** (später **RP-38E**): Serienversion mit geänderten Bordsystemen und einem 20-mm- statt des 37-mm-MG; 210 Exemplare

**P-38F:** erste wirklich kampftaugliche Serienversion; 527 Exemplare, einschließlich der 150 von England (als Lightning Mk I) und Frankreich bestellten Maschinen; der französische Auftrag wäre auf Großbritannien übergegangen, doch nach der Erprobung einiger früher Jäger lehnte die RAF die Annahme weiterer Maschinen ab; von dieser Version mit zwei Allison V-1710-49/-53 je 988 kW (1344 PS) gab es mehrere Varianten, als wichtigste die P-38F-15 mit Manöverklappen

**P-38G:** Serienversion, ähnlich der P-38F-15, aber mit Verbesserungen und Verfeinerungen im Verlauf der Serienfertigung; 1082 Exemplare

**P-38H:** Serienversion, ähnlich der P-38G, aber mit Allison V-1710-89/91 je 1063 kW (1446 PS); 601 Exemplare

**P-38J** (später **F-38J**): Serienversion, generell ähnlich der P-38H, aber mit vielen Detailänderungen, eingeführt während des Produktionslaufs von 2970 Maschinen; zum Einsatz als leichte Bomber erhielten einige Maschinen für den Bombenschützen einen verglasten Bug an der zentralen Gondel oder ein Bombardierungsradar

**P-38K:** einzelner Versuchsjäger mit 1063 kW (1446 PS) starken Allison-Motoren V-1710-75/-77 in der P-38G-Zelle

**P-38L** (später **F-38L**): letzte Lockheed-Serienversion mit Allison V-1710-111/-113 je 1100 kW (1496 PS); ansonsten wie P-38J; 3810 Flugzeuge

**P-38L-5:** von Consolidated-Vultee gefertigte Ausführung der P-38L; von 2000 bestellten Exemplaren bis zur Kapitulation Japans nur 113 fertiggestellt

**P-38M:** neue Bezeichnung von rund 80 P-38F, P-38K und P-38L, von der USAAF und von Lockheed zu zweisitzigen Nachtjägern umgebaut und bei Kriegsende erst kurz im Dienst

**TP-38L:** Bezeichnung einiger weniger, bei der USAAF zu zweisitzigen Übungsflugzeugen umgebauter Lightning; in ähnlicher Form umgerüstete P-38J hießen inoffiziell TP-38J

**F-4-1** (später **RF-4-1**): unbewaffnete Luftbildaufklärungsversion der P-38E mit vier Kameras; 99 Exemplare

**F-4A-1:** unbewaffnete Luftbildaufklärungsversion der P-38F mit vier Kameras; insgesamt 20 Exemplare

**F-5A:** unbewaffnete Luftbildaufklärungsversion mit fünf Kameras; eine Maschine ähnlich der P-38E, die übrigen wie P-38G; 181 Exemplare

**F-5B:** unbewaffnete Luftbildaufklärungsversion der P-38J; 200 Exemplare

**F-5C:** neue Bezeichnung von 123 P-38J, von Lockheed dem Standard F-5B angeglichen, aber mit verbessertem Kameraeinbau

**F-5E:** neue Bezeichnung von 205 P-38J und 500 P-38L, von Lockheed zu F-5C umgerüstet

**F-5F:** Neubezeichnung einer F-5B nach geändertem Kameraeinbau

**F-5F-3:** neue Bezeichnung der P-38L, mit der Kamerainstallation der F-5F

**F-5G-6:** letzte Luftbildaufklärungsversion in Gestalt umgerüsteter P-38L-5

**FO-1:** Dienstbezeichnung von vier F-5B der US Navy, übernommen von der USAAF

**XF-5D:** einzelnes Versuchsexemplar eines zweisitzigen Aufklärers

**XP-38A:** einzelne P-38, 1942 versuchsweise mit einem druckbelüfteten Cockpit ausgerüstet

**XP-49:** einzelner Prototyp, entwickelt aus der P-38; zunächst mit Continental-Motoren XIV-1430-9/11 je 1148 kW (1561 PS), verstärktem Fahrgestell und Druckkabine; keine Serienfertigung

***Eine radikale Weiterentwicklung der P-38 war die XP-58 Chain Lightning, ein schwerer Jäger für eine zweiköpfige Besatzung. Der von zwei Allison-Motoren V-3420 je 1939 kW (2637 PS) angetriebene Versuchsjäger sollte mit vier 37-mm-Kanonen oder einer 75-mm-Kanone und vier MGs bewaffnet werden.***

**XP-58 Chain Lightning:** völlig neues und viel größeres Flugzeug; der Prototyp flog schließlich am 6. Juni 1944, angetrieben von zwei Allison-Motoren V-3420-11/-13 je 1939 kW (2637 PS); keine Serienfertigung

**TECHNISCHE DATEN**
**Lockheed P-38L Lightning**
**Typ:** Jagdeinsitzer
**Triebwerke:** zwei Reihenmotoren Allison V-1710-111/-113 je 1100 kW (1496 PS)
**Leistung:** Höchstgeschwindigkeit 666 km/h in 7620 m Höhe; Dienstgipfelhöhe 13.410 m; normale Reichweite 724 km
**Gewicht:** Leermasse 5806 kg; max. Startmasse 9798 kg
**Abmessungen:** Spannweite 15,85 m; Länge 11,53 m; Höhe 3,91 m; Tragflügelfläche 30,47 m²
**Bewaffnung:** vier 12,7-mm-Maschinengewehre und eine 20-mm-Kanone sowie eine Höchstlast von 1451 kg Bomben

# Lockheed P-80 Shooting Star

Im Juni 1934 begannen die Entwurfsarbeiten am ersten einsatztauglichen Strahljäger der USAAF. Für die Auslegung war das britische Strahltriebwerk Halford H.1B mit einer Leistung von 1361 kg Schub bestimmend, mit dem der erste Prototyp **Lockheed XP-80** am 8. Januar 1944 zum Jungfernflug startete. In den zweiten und dritten Versuchsjäger **XP-80A** wurde jedoch das General Electric I-40 eingebaut, das 2983 kg Schub erzeugte, ebenso in die Vorserie **YP-80A.** Die **P-80 Shooting Star** (Sternschnuppe), ein Tiefdecker mit Einziehfahrwerk, nahm Anfang 1945 den Dienst bei der USAAF auf, und bis Kriegsende waren 45 Exemplare ausgeliefert. Zwei zur Einsatzerprobung nach Italien überführte Maschinen wurden sorgfältig vom Kampfgeschehen ferngehalten. Aufgrund der ausgezeichneten Leistung dieses ersten Lockheed-Düsenjägers war eine Beschaffung von 5000 Exemplaren geplant, aber diese Zahl wurde nach der Kapitulation Japans drastisch gekürzt. Allerdings wählte man das Muster, um Einsatzjagdgruppen der USAAF neu auszurüsten, und die im Juni 1950 bei der US Far East Air Force eingesetzten Maschinen griffen sofort in den Koreakrieg ein. Als die Produktion auslief, hatte Lockheed insgesamt 1732 **P-80** (später **F-80**) gebaut. Noch weit erfolgreicher aber war der zweisitzige Abkömmling dieses Musters in Gestalt der **T-33A** zur Pilotenschulung, bei der es sich im Grunde um eine **F-80** mit verlängertem Rumpf für den zweiten Sitz in Tandemanordnung handelte. Dieser Typ diente bei mehr als 30 Luftstreitkräften. Lockheed produzierte 5691 Exemplare, und weitere 210 montierte Kawasaki in Japan. Canadair fertigte 656 solcher Trainer, die vom Rolls-Royce Nene kanadischer Fertigung angetrieben und unter der Bezeichnung **CL-30 Silver Star** geführt wurden. Eine große Zahl von **T-33** leistet weiterhin Ausbildungsdienst.

***Lockheed F-80A der 61. Fighter Squadron, 56. Fighter Group, 1948 in Selfridge Field, Michigan, stationiert.***

**Varianten**

**P-80A** (später **F-80A**): erste Serienversion mit dem 1746 kg Schub starken Strahltriebwerk J33-GE-11 von General Electric, bewaffnet mit sechs 12,7-mm-MG; insgesamt 917 Exemplare

**XP-80B:** Prototyp einer verbesserten Ausführung mit neuem Flügelprofil und Allison-Strahltriebwerk J33-A-17

**P-80B** (später **F-80B**): Serienversion mit etlichen Verbesserungen; führte unter anderem einen Schleudersitz und Vorrichtungen für Starthilfsraketen (JATO) ein; 240 Exemplare

**P-80C** (später **F-80C**): letzte Serienversion, zunächst mit 2087 kg Schub starkem J33-A-23 und späte Serienjäger mit J33-A-35, das 2449 kg Schub erzeugte

**XFP-80A:** einzelner Prototyp einer Luftbildaufklärungsversion; wurde später XF-14 genannt
**ERF-80A:** hierbei handelte es sich um eine Neubezeichnung einer F-80A zur Erprobung der Kameraausrüstung
**F-14A** (später **FP-80A,** dann **RF-80A**): seriengefertigte Luftbildaufklärungsversion; die ersten 38 Exemplare durch Umrüstung neuer P-80A und die übrigen 114 neu gebaut
**RF-80C:** so lautete die neue Bezeichnung von 70 F-80A nach dem Umbau zu Aufklärern
**DF-80A:** zu Drohnenleitflugzeugen umgebaute F-80A
**QF-80A/QF-80C/QF-80F:** Bezeichnung der zu ferngelenkten Drohnen umgebauten Shooting Star
**TO-1** (später **TV-1**): Dienstbezeichnung der 50 P-80C, die die US Navy als strahlgetriebene Übungsmaschinen für fortgeschrittene Piloten des US Marine Corps beschaffte
**TP-80C** (später **TF-80C,** dann **T-33A**): nach erfolgreicher Erprobung des ersten zweisitzigen Trainers TP-80C mit Erstflug am 22. März 1948 ging der Typ für die USAF in Serie; insgesamt 128 Exemplare wurden gebaut
**AT-33A:** zur Einsatz- und Waffenausbildung sowie zur Aufstandsbekämpfung geeignete Version der T-33A für nachrangige Luftstreitkräfte
**DT-33A:** zu Drohnenleitflugzeugen umgebaute T-33A
**NT-33A:** für Sondertests umgebaute T-33A
**QT-33A:** zu ferngelenkten Drohnen umgebaute T-33A
**RT-33A:** Aufklärungsvariante der AT-33A; von ihr wurden insgesamt 85 Exemplare gebaut
**TO-2** (später **TV-2**): T-33A bei der US Navy
**TV-2D:** zu Drohnenleitflugzeugen umgebaute TO-2/TV-2
**TV-2KD:** zu ferngelenkten Drohnen umgebaute TO-2/TV-2
**T2V-1 SeaStar** (später **T-1A**): TV-2-Abkömmling mit Buckel-Cockpit, vorderen und hinteren Flügelklappen, System zur Beeinflussung der Grenzschichtströmung und einem Triebwerk vom Typ Allison J33-A-24 mit 2767 kg Schub

### TECHNISCHE DATEN
**Lockheed F-80C Shooting Star**
**Typ:** strahlgetriebener Jagdeinsitzer
**Triebwerk:** ein Strahltriebwerk Allison J33-A-35 mit 2449 kg Schub
**Leistung:** Höchstgeschwindigkeit 966 km/h in Meereshöhe; Dienstgipfelhöhe 14.265 m; Reichweite 1328 km
**Gewicht:** Leermasse 3819 kg; max. Startmasse 7646 kg
**Abmessungen:** Spannweite 11,81 m; Länge 10,49 m; Höhe 3,43 m; Tragflügelfläche 22 m²
**Bewaffnung:** sechs 12,7-mm-MGs und zwei 454-kg-Bomben

# Lockheed P2V Neptune

***Diese P2V-1 „The Turtle" stellte 1946 einen Streckenweltrekord für Kolbenmotorflugzeuge auf.***

Erste Studien über ein landgestütztes Patrouillenflugzeug für die US Navy wurden bereits 1941 von Lockheeds Vega-Tochterfirma erarbeitet, doch aufgrund der vorrangigen Flugzeugproduktion in den ersten Kriegsjahren ruhte dieses Projekt bis 1944. Inzwischen war der Bedarf der US Navy an solch einem Flugzeug dringlich geworden, und Lockheed befand, daß das 1941 entwickelte Vega-Konzept ohne größere Änderungen den geforderten Leistungen genügen konnte. Man schloß einen Vertrag über den Bau von zwei Musterflugzeugen **Lockheed XP2V-1** und 14 Serienmaschinen **P2V-1,** und der erste Prototyp flog ab 17. Mai 1945. Die **Neptune,** wie dieses Muster genannt wurde, war ein Schulterdecker mit einziehbarem Bugrad-Fahrwerk und zwei Wright-Sternmotoren R-3350-8 Duplex Cyclone mit einer Nennleistung von je 1715 kW (2332 PS) als Antrieb. Die mit sieben Mann besetzte XP2V-1 konnte im Waffenschacht zwei Torpedos oder zwölf Wasserbomben mitführen und verfügte zudem über sechs MGs zur Abwehr. Die ähnlichen Serienmaschinen **P2V-1** unterschieden sich vom Prototyp durch Unterflügelstationen für bis zu 16 Raketen.
Im März 1947 gelangten die ersten **P2V-1** zu den Einsatzstaffeln und erwiesen sich in der ihnen zugedachten Rolle als effektiv. Der Koreakrieg steigerte den Bedarf an solchen Flugzeugen, und das spätere Eingreifen der USA in Südostasien sowie die Rüstungsaufstockung der westlichen Alliierten ließ die Produktion der **P2V** in unterschiedlichen Ausführungen weiterlaufen. Zum Schluß betrug die Fertigungsziffer 1181 Flugzeuge.

**Varianten**
**XP2V-2:** einzelner Prototyp einer verbesserten Version mit Wright R-3350-24W je 2088 kW (2840 PS); Erstflug am 7. Januar 1947
**P2V-2:** ähnlich der XP2V-2, aber mit Vorkehrungen für Sonarbojen und stark veränderter Bewaffnung; 80 Exemplare
**P2V-2N:** Bezeichnung zweier eigens für polare Forschungsflüge ausgerüsteter P2V-2
**P2V-2S:** Prototyp einer Frühwarnversion mit Suchradar
**P2V-3:** ähnlich der P2V-2, aber mit Wright R-3350-26W je 2386 kW (3245 PS); 53 Exemplare
**P2V-3B:** Bezeichnung von fünf zur Nahunterstützung modifizierten Flugzeuge
**P2V-3C:** Bezeichnung von zwölf zu Atomwaffenträgern modifizierten Flugzeugen für den trägergestützten Einsatz
**P2V-3W:** seriengefertigte Neptune-Frühwarnflugzeuge; 30 Exemplare
**P2V-3Z:** Bezeichnung zweier zu VIP-Kampftransportern modifizierter P2V-3
**P2V-4** (später **P-2D**): Frühwarnversion, ausgerüstet wie der Prototyp P2V-2S, aber mit anderen Motoren und Zusatztanks an den Flächenenden; 52 Exemplare
**P2V-5:** Hauptserienversion; U-Jagdflugzeuge in diversen Ausführungen; hob sich von der P2V-4 in erster Linie durch den R-3350-30WA je 2424 kW (3296 PS) und größere Zusatztanks an den Flächenenden ab; Glasbug und MAD als Nachrüstung; 424 Exemplare wurden produziert
**P2V-5F** (später **P-2E**): grundsätzlich wie P2V-5, aber mit R-3350-32W je 2610 kW (3549 PS) und zwei zusätzlichen, 1474 kg Schub starken Strahltriebwerken unter den Tragflächen; nach 1962 erschienen eine EP-2E als permanente Testmaschine und mehrere OP-2E/AP-2E als Spezialsensorenträger für die US Navy beziehungsweise US Army
**P2V-5FD** (später **DP-2E**): zu Drohnenstart- und -leitflugzeugen umgebaute P2V-5F
**P2V-5FE** (später **EP-2E**): Bezeichnung der P2V-5F mit zusätzlicher Avionik
**P2V-5FS** (später **SP-2E**): Bezeichnung der P2V-5F mit Jezebel/Julie-Horchausrüstung
**P2V-6** (später **P-2F**): Mehrzweckversion mit Wright-Motoren R-3350-WA, größeren Flügelendentanks und erweitertem Bombenschacht; 67 Exemplare
**P2V-6B** (später **P2V-6M** und **MP-2F**): mit Petrel-Flugkörpern zur Bekämpfung von Überwasserschiffen bewaffnete Neptune; 16 Exemplare
**P2V-6F** (später **P-2G**): Bezeichnung der P2V-6 nach der Einrüstung zweier Westinghouse-Strahltriebwerke J34-WE-36 mit einem Nennschub von je 1542 kg
**P2V-6T** (später **TP-2F**): zu Besatzungsschulflugzeugen umgerüstete P2V-6
**P2V-7** (später **P-2H**): letzte Serienversion der Neptune mit Wright-Kolbenmotoren R-3350-32W je 2610 kW (3549 PS) und Westinghouse-Strahltriebwerken K34-WE-36 je 1542 kg Schub; 287 Exemplare; Varianten nach 1962 waren mehrere Umrüstflugzeuge AP-2H mit Spezialsensorik, Drohnenleitflugzeuge DP-2H, ein Spezialaufklärer EP-2H und eine Testmaschine NP-2H
**P2V-7B:** Bezeichnung von 15 Neptune für die niederländischen Seeluftstreitkräfte, ausgestattet mit metallenem Bug, in den vier 20-mm-Kanonen eingebaut waren
**P2V-7LP** (später **LP-2J**): Bezeichnung von vier P2V-7 mit einziehbarem Schneekufen-Fahrgestell für den Einsatz in der Antarktis
**P2V-7S (SP-2H):** neue Bezeichnung der P2V nach der Einrüstung der akustischen Ortungsgerätesätze Jezebel/Julie
**P2V-7U** (später **RB-69A**): elektronische Überwachungsversion für die USAF; fünf neugebaute Flugzeuge und zwei umgerüstete P2V-7
**P2V-7KAI:** nach dem Zusammenbau von 48 P2V-7 aus von Lockheed in den USA gefertigten Baugruppen durch Kawasaki in Japan produzierte die japanische Firma eine weiterentwickelte Version mit der P2V-7KAI als Prototyp; diese P-2J hatte einen verlängerten Rumpf für zusätzliche Avionik und zwei Propellerturbinen vom Typ General Electric T64-IHI-10 je 2125 kW (2990 WPS) sowie zwei Zusatzstrahltriebwerke J3-IHI-7C von Ishikawajima-Harima mit einem Nennschub von je 1400 kg; einige Exemplare später zu Zielschleppflugzeugen UP-2J umgerüstet

### TECHNISCHE DATEN
**Lockheed P2V-7 (später P-2H) Neptune**
**Typ:** Langstrecken-Seepatrouillenflugzeug
**Triebwerke:** zwei Sternmotoren Wright R-3350-32W Turbo-Compound je 2610 kW (3549 PS) und zusätzlich zwei Westinghouse-Strahltriebwerke J34-WE-36 je 1542 kg Schub
**Leistung:** Höchstgeschwindigkeit 649 km/h in 4265 m Höhe; Dienstgipfelhöhe 6705 m; max. Reichweite 5930 km
**Gewicht:** Leermasse 22.650 kg; max. Startmasse 36.240 kg
**Abmessungen:** Spannweite 31,65 m; Länge 27,94 m; Höhe 8,94 m; Tragflügelfläche 92,90 m²
**Bewaffnung:** zwei 12,7-mm-Maschinengewehre im Rückenturm und Unterflügelstationen für Raketen sowie bis zu 3629 kg Bomben, Wasserbomben oder Torpedos

***Die von Kawasaki in Japan gebaute P-2J wies eine Reihe von Antriebs- und Ausrüstungsverbesserungen auf.***

## Lockheed QT-2, Q-Star und YO-3A bis Loire 43, 45 und 46

**Die beiden höchstentwickelten Aufklärer der 60er Jahre waren die Lockheed SR-71 Blackbird und die U-2. Beide erregten öffentliche Aufmerksamkeit, aber die ungleich größte die U-2 mit ihren aufgekommenen Geheimflügen. Die ersten Flugzeuge des Wiener Werks Jacob Lohner & Co. waren auf ähnliche Weise zunächst nur für die Aufklärung gedacht, doch dann ging man bald zu aggressiveren Flugzeugtypen über.**

# Lockheed QT-2, Q-Star und YO-3A

Das Aufspüren der Vietkong-Guerillakämpfer in Vietnam stellte die amerikanischen Streitkräfte vor große Probleme, denn kleine Einheiten konnten vergleichsweise mühelos im dichten Dschungel vordringen, überfallartig zuschlagen und sofort wieder untertauchen. Zwar hatte man Sensoren entwickelt, mit denen sich Feindbewegungen verfolgen ließen, aber wegen ihrer kurzen Erfassungsreichweite waren sie nur dann brauchbar, wenn sie von einem dicht über dem Dschungel fliegenden Luftfahrzeug mitgeführt wurden, das der Gegner nicht lokalisieren konnte. Die Lockheed Missiles & Space Company schlug daher die Entwicklung eines langsamen Flugzeugs mit lärmgedämpftem Motor vor. Dies führte zum Bau zweier Doppelsitzer-Versuchsmaschinen mit der Bezeichnung **Lockheed QT-2.** Sie verbanden die Zelle des Schweizer Segelflugzeugs SGS 2-32 mit einem geräuscharmen Continental-Boxermotor O-200-A, der einen Vierblatt-Propeller antrieb. Die **QT-2** wurden mit dem kompletten Sensorenpaket in Vietnam getestet und erwiesen sich als äußerst effektiv. Ein drittes Exemplar, genannt **Q-Star,** diente der Erprobung verschiedener Propellertypen. Während des Untersuchungsprogramms wurde die Maschine auch mit einem Wankel-Flugmotor getestet. Die Entwicklung dieses Konzepts gipfelte in der **YO-3A,** die sich durch ein einziehbares Fahrgestell und einen Continental IO-360-D mit 157 kW (214 PS) auszeichnete. Insgesamt 14 solcher „Leiseflieger" wurden gebaut, von denen 13 fast zwei Jahre lang erfolgreich in Vietnam operierten, bis man die zuständige Einheit 1972 auflöste.

***Das erfolgreichste der leisen Sensoren-Flugzeuge von Lockheed war die YO-3A. Nach ihrem Dienst beim Heer fand sie vielfältige andere Verwendungen.***

# Lockheed S-3 Viking

Angesichts der Entwicklung leiser tieftauchender Atom-U-Boote forderte die US Navy, eine neue Generation von U-Jagdflugzeugen bereitzustellen, und Lockheed erhielt im August 1969 den Auftrag, ein entsprechendes Muster zu entwickeln. Es erhielt die Bezeichnung **Lockheed S-3A** und später den Beinamen **Viking.** In Zusammenarbeit mit Vought Aeronautics, zuständig für die Konstruktion des Trag- und Leitwerks, des Fahrgestells und der Triebwerksgondeln, und Univac Federal Systems, verantwortlich für die Entwicklung moderner Digitalrechner zur Hochgeschwindigkeits-Datenverarbeitung, konstruierte und fertigte Lockheed den Rumpf, integrierte die Avioniksysteme und führte die Endmontage sowie die Gesamtintegration der Systeme durch. Die **S-3A** ist ein Hochdecker für den trägergestützten Einsatz mit hydraulisch beiklappbaren Tragflächen, Einziehfahrwerk und einer druckbelüfteten, klimatisierten Kabine für eine vierköpfige Besatzung. Der erste Prototyp startete am 21. Januar 1972 zum Jungfernflug, und am 20. Februar 1974 folgte die Indienststellung des Musters bei der US-Marinestaffel VS-41. Seitdem wurden insgesamt 187 Exemplare gebaut und an 14 Staffeln der US Navy ausgeliefert.

Zur COD-Transportversion **US-3A** umgerüstet wurde ein RDT&E-Schwarm **S-3A,** die alle ASW-Ausrüstungskomponenten einbüßten, um für Verbindungs- und Versorgungsflüge Küste/Flugzeugträger und umgekehrt zu dienen. Diese Maschinen sind VRC-50 zugewiesen und operieren im Indischen sowie im Pazifischen Ozean. Eine Lufttanker-Spezialversion der **Viking** mit der Bezeichnung **KS-3A** wurde 1980 getestet, aber in dieser Form von der US Navy abgelehnt. Statt dessen paßte die US Navy 1985 die **Viking** auf die Übernahme von Treibstoff aus „Buddy"-Behältern anderer **S-3A** an, so daß die U-Jagd-Kapazität aller Maschinen erhalten blieb. Eine neue Forderung ergab die Umrüstung anderer **Viking** zu **ES-3A,** um die EA-3B Skywarrior in der Rolle „Elektronik- und Fernmeldeaufklärung" zu ersetzen. Die erste Maschine, die der aerodynamischen Erprobung diente, flog im Jahre 1990. Inzwischen wurden neun Umrüstflugzeuge den Staffeln VQ-5 (im April 1991 auf dem Marinefliegerhorst Agana, Guam, aufgestellt) und VQ-6 (im August 1991 auf NAS Cecil Field, Florida, aufgestellt) zugeführt. 1981 erhielt Lockheed einen Auftrag im Wert von 14,5 Millionen US-Dollar zur Verbesserung des **Viking**-Waffensystems. Dieses Programm brachte die **S-3B** hervor, die unter anderem auch Schiffsbekämpfungsflugkörper vom Typ Harpoon mitführen kann. Zunächst wurden zwei **S-3A** modifiziert, von denen die erste am 13. September 1984 flugbereit war. Auf die bis 1985 andauernde Flugerprobung folgte eine komplette technische und operationelle Prüfung, nach der man grünes Licht zur Umrüstung von 22 Maschinen gab. Die erste ging im Dezember 1987 an VS-27, und genau ein Jahr später bewilligte man die Modifikation weiterer 24 Exemplare. Alle diese Maschinen sind für Staffeln der Atlantikflotte vorgesehen, und die entsprechende Neuausrüstung der pazifischen Staffeln wurde 1991 verhandelt.

***Zwei S-3A der U-Jagdstaffel 31 (VS-31), eingesetzt auf dem atomgetriebenen Flugzeugträger USS Dwight D. Eisenhower.***

**TECHNISCHE DATEN**
**Lockheed S-3A Viking**

**Typ:** trägergestütztes Patrouillen- und U-Jagdflugzeug
**Triebwerke:** zwei Mantelstromtriebwerke General Electric TF34-GE-2 je 4207 kg Schub
**Leistung:** max. Patrouillengeschwindigkeit 686 km/h; Wartefluggeschwindigkeit 296 km/h; Einsatzreichweite über 3700 km
**Gewicht:** Leermasse 12.088 kg; Standard-Startmasse für U-Jagdeinsatz 19.278 kg
**Abmessungen:** Spannweite 20,93 m; Länge 16,26 m; Höhe 6,93 m; Tragflügelfläche 55,55 m²
**Bewaffnung:** bis zu 907 kg Bomben, Minen oder Torpedos im internen Waffenschacht sowie Schüttbomben oder Zusatztanks an Trägern unter den Tragflächen

# Lockheed SR-71 Blackbird

Am 29. Februar 1964 gab Präsident Johnson bekannt, daß die USAF über ein Hochgeschwindigkeitsaufklärungsflugzeug für große Höhen namens A-12 verfügte. Er führte aus, die Maschine sei schneller als 3219 km/h geflogen und auf Höhen über 21.335 m gestiegen. Selbst heute, gut 30 Jahre später, ist wenig über diese Maschine bekannt, aber es bestehen kaum Zweifel, daß es sich dabei um einen Vorläufer des Lockheed Deltaflügler-Abfangjägers YF-12A handelte, den die USAF damals erprobte. Von der YF-12 entstanden nur drei YF-12A sowie eine YF-12C, und trotz des beachtlichen Leistungsvermögens blieb die Serienfertigung aus. Als die Lockheed U-2 mit dem Piloten Frank Powers über Swerdlowsk in der UdSSR abgeschossen wurde, zeigte sich jedoch, wie dringend notwendig schnellere und höher fliegende Aufklärungsflugzeuge waren. Die A-12 und die Nachfolgerin YF-12A bildeten die Grundlage der **Lockheed SR-71A Blackbird** für das Strategic Air Command (SAC) der USAF. Die zweisitzige **SR-71A** wurde weitgehend aus Titan gefertigt, um die strukturelle Integrität der Zelle bei extremer Reibungshitze zu erhalten, denn bei Geschwindigkeiten oberhalb Mach 3 können einige Komponenten Temperaturen bis 3000° C erreichen. Da der aerodynamische Luftwiderstand bei zunehmender Geschwindigkeit enorm ansteigt, entschied man sich für einen möglichst schlanken Rumpf mit dünnen Tragflächen in Verbindung mit Integralkimmen an den vorderen Rumpfseiten, um ein Absinken des Bugs bei zunehmender Geschwindigkeit zu verhindern. Zwei Pratt & Whitney-J58-Strahltriebwerke mit durchgehendem Kreisprozeß bildeten den Kern eines komplexen Antriebssystems. Für den unteren Geschwindigkeitsbereich reichte allein der Schub dieser Triebwerke, doch bei Mach 3 produzierten sie nur noch 18% der Schubleistung. Der Rest wurde durch einen Wechsel des Kreisprozesses zum Staustrahltriebwerk (54%) und unter Umgehung der herkömmlichen Verdichterstufen sowie über Spezialdüsen am hinteren

***SR-71A Blackbird der 9. Strategic Reconnaissance Wing, in den siebziger Jahren auf Beale AFB in Kalifornien stationiert.***

Ende der Multiströmungstriebwerkszellen (28%) erzeugt. Der Treibstoffverbrauch lag enorm hoch, so daß eine Möglichkeit zur Luftbetankung unabdingbar war.

Die **SR-71A,** die als Ersatz für die U-2 in der Rolle eines unbewaffneten Aufklärers bestellt wurde, flog erstmals am 22. Dezember 1964 vom kalifornischen Palmdale aus, geführt vom Lockheed-Testpiloten Robert Gilliland. Als erstes Muster der USAF, das Mach 3 fliegen konnte, trat die **Blackbird** im Januar 1966 ihren Dienst bei der 4200. Strategic Reconnaissance Wing in Beale, Kalifornien, an. Man nimmt an, daß insgesamt 32 solcher Flugzeuge gebaut wurden, alles Doppelsitzer, von denen man zwei Exemplare später zu Ausbildungsmaschinen SR-71B und eine weitere Maschine zur **SR-71C** modifizierte. Bis 1988 sank die Stärke auf sechs Exemplare, und im November 1989 folgte die komplette Ausmusterung. Nach der offiziellen Abschiedszeremonie verteilte man die restlichen USAF-Maschinen im Laufe dieses Jahres als Kasernen-Blickfänger auf Edwards AFB, Robins AFB, Castle AFB, Beale AFB sowie March AFB, und zwei Exemplare gingen an das Air Force Museum auf Wright-Patterson AFB und das Smithonian Air & Space Museum in Washington, DC. Andere **SR-71** wurden bei Lockheed in Palmdale eingelagert und drei weitere Exemplare der NASA für nicht näher bezeichnete Zwecke zugeschleust.

**TECHNISCHE DATEN**

**Lockheed SR-71A**
**Typ:** zweisitziges Aufklärungsflugzeug
**Triebwerke:** zwei Nachbrenner-Strahltriebwerke Pratt & Whitney J58 mit durchgehend geregelter Strömung und einer Leistung von je 14.742 kg Schub
**Leistung:** Höchstgeschwindigkeit Mach 3 bis Mach 3,5 in 24.385 m Höhe; max. Dauermarschfluggeschwindigkeit Mach 3; Reichweite ohne Auftanken 4168 km
**Gewicht:** max. Startmasse (geschätzt) 77.111 kg
**Abmessungen:** Spannweite 16,94 m; Länge 32,74 m; Höhe 5,64 m

Aufgrund ihrer sagenhaften Leistung und einiger von der FAI anerkannter Rekordflüge war der **SR-71** weltweite Aufmerksamkeit gewiß. So wurden im September 1974 die Strecke New York–Farnborough in der phantastischen Zeit von einer Stunde, 55 Minuten und 42 Sekunden und der Rückflug von London nach Los Angeles in drei Stunden, 47 Minuten und 39 Sekunden zurückgelegt.

Die Verwunderung über die plötzliche Verabschiedung der **Blackbird**-Flotte ließ nach, als vermehrt Berichte über die Beobachtung eines bislang nicht identifizierten Hochgeschwindigkeitsflugzeugs erschienen, das vielleicht der **Blackbird**-Nachfolger ist. Die Maschine, von der man annimmt, daß sie von Lockheed stammt und den Decknamen „Aurora" trägt, wurde im Flug mit hoher Überschallgeschwindigkeit gesichtet und der zugehörige Knallvorgang in Kalifornien registriert.

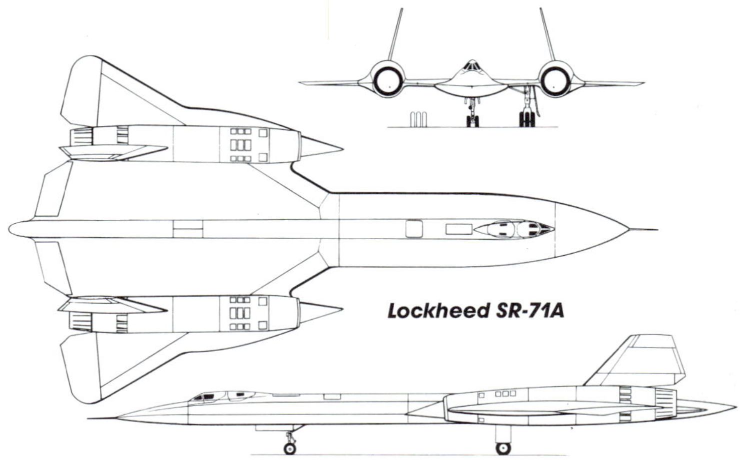

***Lockheed SR-71A***

Neuesten Pressemeldungen zufolge hat der Kongreß 100 Millionen Dollar aus dem Haushaltsjahr 1995 zur Reaktivierung dreier **Lockheed SR-71** bewilligt. Noch vor dem Sommer soll eine **SR-71** wieder mit einer USAF-Crew fliegen.

# Lockheed U-2

Vorkenntnisse über die militärische Stärke eines potentiellen Gegners können eine wichtige Rolle bei Verhandlungen spielen, die einen Krieg verhindern sollen. Solche Überlegungen bewegten den amerikanischen Präsidenten Eisenhower, als er im Juli 1955 seine Politik des „Offenen Himmels" darlegte. Danach hätten sowohl amerikanische als auch sowjetische Flugzeuge die Territorien des jeweils anderen Staates überfliegen dürfen, um Spannungen abzubauen und das gegenseitige Vertrauen zu stärken. Die UdSSR lehnte diese Idee ab, und einen Monat später flog Lockheed das erste Exemplar eines neuen Aufklärungsmusters, die **Lockheed U-2,** deren Entwurf und Konstruktion streng geheim in den sogenannten „Skunk Works" (Fuchsbau) der Firma durchgeführt worden waren. Seine außerordentliche Höhen- und Langstreckenleistung verdankte der Typ dem Triebwerk und der Auslegung. Ersteres war ein J57 von Pratt & Whitney mit geändertem Treibstoffsystem, und das wie bei einem Segelflugzeug konzipierte Tragwerk hoher Flügelstreckung ermöglichte eine Steigerung der Reichweite, indem man das Triebwerk auf Leerlauf regelte und die Maschine über weite Strecken segeln ließ. Die **U-2** war für den Einsatz in extremen Höhen vorgesehen, in denen eine Erfassung und ein Abfangen als unwahrscheinlich galten, und steckte voller Einrichtungen zur Datensammlung.

Die Verwundbarkeit der **U-2** zeigte sich am 1. Mai 1960, als ein von dem Amerikaner Gary Powers geflogener Höhenaufklärer über der Sowjetunion von einer Boden-Luft-Rakete abgeschossen wurde. Powers konnte sich mit dem Fallschirm retten, geriet aber in Gefangenschaft, und die Beziehungen der beiden Supermächte erreichten einen neuen Tiefpunkt. Der Wert der **U-2** wurde 1962 unter Beweis gestellt, als Maschinen die Versuche aufdeckten, ballistische Flugkörper auf Kuba in Stellung zu bringen.

**Varianten**
**U-2A:** erste Serienversion mit Pratt & Whitney J57-P-7 oder J57-P-57A mit 4763 kg und 5080 kg Schub
**WU-2A:** von der USAF zur Erforschung der Atmosphäre genutzte U-2A
**U-2B:** hierbei handelte es sich um eine verbesserte Serienversion mit verstärkter Zelle, P&W-Strahltriebwerk J57-P-13 oder J57-P-13B mit 7167 kg oder 7711 kg Schub und erhöhter Treibstoffkapazität
**U-2C:** Serienausführung mit erweitertem Tankvolumen und verlängertem Bug für weitere Ausrüstungskomponenten, die überwiegend der elektronischen Aufklärung dienen
**U-2CT:** Zweisitzer zur Umschulung und

**TECHNISCHE DATEN**

**Lockheed U-2C** (im Dienst der NASA)
**Typ:** Höhenaufklärungsflugzeug
**Triebwerk:** ein Strahltriebwerk Pratt & Whitney J75-P-13B mit 7711 kg Schub
**Leistung:** Marschgeschwindigkeit 740 km/h in 19.810 m Höhe; Einsatzhöhe 19.810 bis 21.335 m; Reichweite 4635 km
**Gewicht:** max. Startmasse 10.225 kg
**Abmessungen:** Spannweite 24,38 m; Länge 15,24 m; Höhe 4,57 m; Tragflügelfläche 52,49 $m^2$

***Nachdem Europa als Hauptbetätigungsfeld des Aufklärers Lockheed TR-1A ausgeschieden war, wurden alle verbliebenen Exemplare in U-2 umbenannt.***

Einsatzausbildung; zwei Exemplare mit getrennten und abgestuften Cockpits
**U-2D:** zweisitzige Variante der U-2B für Höhenforschung
**U-2EPX:** hierbei handelte es sich um eine geplante Seeraumüberwachungsversion; zwei umgerüstete U-2R wurden von der US Navy getestet
**U-2R:** weitgehend verbesserte Version der früheren Serienmodelle; größer und weitreichender aufgrund des erweiterten Tankraums
**TR-1A:** eine einsitzige Version, die mit J75-P-13 und moderneren Avioniksystemen ausgestattet war
**TR-1B:** hierbei handelte es sich um eine zweisitzige Trainerversion mit Cockpits auf gleicher Ebene
**ER-2:** zwei U-2R wurden umgebaut, um nach ihrer Modifikation zu NASA-Forschungsmaschinen Missionen zu übernehmen, deren Schwerpunkt die Erkundung von Bodenschätzen aus der Luft beinhaltete

## Lockheed Vega 35

North American Aviation Inc. konstruierte 1937 den Prototyp eines leichten Anfängerschulflugzeugs mit der Bezeichnung **North American NA-35.** Der Tiefdecker mit starrem Spornrad-Fahrgestell wurde vom Menasco-Reihenmotor Pirate mit 93 kW (126 PS) angetrieben. Für Lehrer und Schüler waren offene Cockpits in Tandemanordnung vorgesehen. Nachdem sich die **NA-35** 1939 keinen Auftrag des USAAC hatte sichern können, verkaufte North American die Rechte an Lockheeds Tochterfirma Vega. Diese fertigte nur vier **Vega 35,** darunter zwei mit dem stärkeren Menasco Pirate D-B (119 kW/162 PS). Als das erste Exemplar dieses Duos 1941 flog, hatte die Firma aus verschiedenen Gründen keine Produktionskapazität mehr frei, so daß die Fertigung der **Vega 35** gänzlich unterblieb. Die Spannweite dieser dennoch interessanten Maschine betrug 9,07 m, das Höchstgewicht 875 kg und die Höchstgeschwindigkeit 216 km/h.

***Die Lockheed Vega 35 wurde nur in sehr kleiner Stückzahl gebaut, da die Firma in jener Zeit mit profitableren Projekten befaßt war.***

## Lockheed Vega Starliner

Die von der Lockheed-Tochtergesellschaft AiRover Company (ab 1938 Vega Airplane Company) konstruierte **Vega Starliner** war ein fünf-/sechssitziger Kabinen-Tiefdecker mit Einziehfahrwerk und ungewöhnlichem Antrieb: Zwei nebeneinander montierte Menasco-Reihenmotoren C6S-4 gaben ihre Leistung von je 194 kW (256 PS) über eine gemeinsame Welle auf einen Einzelpropeller ab. Im Notfall wurden sie entkoppelt, und jeder der beiden Motoren konnte den Antrieb übernehmen. Die Maschine verfügte über eine Spannweite von 12,50 m, ein Höchstgewicht von 2722 kg und eine Spitzengeschwindigkeit von 338 km/h. Die am 22. April 1939 erstmals geflogene **Starliner** wurde nach etwa 85 Erprobungsflugstunden aufgegeben, da für ein Modell dieser Kategorie auf dem Markt keine Nachfrage bestand.

***Die Vega Starliner wurde zunächst mit einer einzelnen Seitenflosse getestet, flog aber nach einer Reparatur, zu der eine Notlandung aufgrund eines Propellerschadens gezwungen hatte, mit doppelten Endplatten am Höhenleitwerk.***

## Lockheed VZ-10 Hummingbird

Unter der Herstellerbezeichnung **Lockheed VZ-120** entwarf und entwickelte Lockheed zwei Prototypen eines VTOL-Flugzeugs mit Strahltriebwerken zur direkten Auftriebserzeugung. Der Mittelrumpf bildete eine riesige Ejektorkammer, die den Auftrieb mehr als verdoppeln konnte. Das erste Versuchsexemplar flog am 7. Juli 1962, führte aber erst am 20. November 1963 erfolgreiche Übergänge vom Senkrecht- zum Horizontalflug und umgekehrt durch. Die in **XV-4A** umbenannten Prototypen wurden der US Army übergeben.

Ende 1966 baute Lockheed eine der Maschinen zur **XV-4B** um. Die bedeutendste Neuerung bestand im Ersatz der beiden 1361 kg Schub starken Triebwerke der **XV-4A** durch vier Aggregate je 1368 kg Schub. Die Erprobung begann im August 1968, aber nach einem Unfall Anfang 1969 wurde die weitere Entwicklung abgebrochen. Kennzeichnende Daten der **XV-4B** waren eine Spannweite von 8,25 m, eine Höchstmasse von 5706 kg und eine Geschwindigkeit von 745 km/h.

***Die Seriennummer 62-4503 weist diese Hummingbird als erstes der beiden Lockheed-Forschungsflugzeuge XV-4A aus. Hier ist sie im konventionellen Flug zu sehen.***

## Loening-Baureihe M

Einer der luftfahrttechnischen Pioniere Amerikas, Grover C. Loening, der bereits 1911 sein erstes Flugboot konstruiert hatte, gründete im Frühjahr 1918 in New York die Loening Aeronautical Engineering Company. Das erste Produkt dieser Firma, die **Loening M-8,** war ein zweisitziger und abgestrebter, für die Jagdrolle gedachter Hochdecker. Ein Schleifsporn ergänzte das starre Hauptfahrgestell, und den Antrieb besorgte ein Hispano-Suiza-Motor im Bug, dessen Leistung von 220 kW (300 PS) eine Zugschraube umsetzte. Pilot und Bordschütze, letzterer mit zwei Lewis 7,62-mm-MGs ausgestattet, saßen in offenen Tandem-Cockpits. Die Tests durch die US Army verliefen zufriedenstellend, und ein Auftrag über 5000 Jäger wurde erteilt, doch das Ende des Ersten Weltkriegs machte eine Produktion überflüssig.

Kurz nach dem Krieg übernahm die US Navy ein Exemplar dieses Typs mit der Bezeichnung **M-8-0** und bestellte nach befriedigenden Testergebnissen weitere 46 Maschinen, aufgeschlüsselt in zehn **M-8-0** und 36 **M-8-1,** alle für die Erkundungsrolle. Ein abschließender Auftrag umfaßte sechs Seeflugzeuge **M-8-1S** mit doppeltem Schwimmwerk. Die **M-8-0** hatte eine Spannweite von 9,98 m, ein höchstzulässiges Gewicht von 938 kg und erreichte mit dem 220 kW (300 PS) starken Hispano-Suiza V-8-Motor eine Höchstgeschwindigkeit von 233 km/h.

***Die M-8-1 bot ihrer Besatzung ein ausgezeichnetes Sicht- und Schußfeld. Zudem waren Kühler und Flügelstützstreben aerodynamisch verbessert.***

## Loening OL

Das erfolgreichste Militärflugzeug der Firma Loening war das ungewöhnliche Amphibium **Loening OL,** das erstmals 1923 flog. Sein Ziel, ein amphibisches Hochleistungsflugzeug zu entwickeln, versuchte der Konstrukteur mit einem herkömmlichen Doppeldecker zu erreichen, der auf einen riesigen Einzelschwimmer montiert wurde, ergänzt durch stabilisierende Schwimmkörper an den Enden der Unterflügel. Das Radfahrwerk für den Betrieb an Land bestand aus zwei Haupträdern und einem Schleifsporn unter dem Heck. Zum Betrieb auf See ließen sich die Haupträder über die Wasserlinie hochschwenken. Die Besatzung saß in offenen Tandem-Cockpits, und die vier von der US Army bestellten Versuchsflugzeuge **XCOA-1** wurden vom Liberty V-1650-1 mit 298 kW (405 PS) angetrieben. Als die Produktion auslief, waren 165 zusätzliche Maschinen für das USAAC und die US Navy gebaut. Den Modellen des USAAC gingen die Buchstabengruppen **OA** und **XO** voraus.

**Varianten**
**COA-1:** drei XCOA-1 nach Umbau zu COA-1 sowie neun zusätzliche Serienflugzeuge
**OA-1A:** 15 Serienmaschinen, ähnlich der COA-1, aber mit neu konstruierten Leitwerksflächen
**OA-1B:** neun der OA-1A ähnliche Serienmaschinen

**OA-1C:** zehn Serienmaschinen, ähnlich der OA-1B, aber mit neu entworfenem Seitenleitwerk/Ruder
**XOA-1A:** ein Musterflugzeug, ähnlich der OA-1A, aber mit einem Wright V-1460-1 Tornado als Antrieb
**OA-2:** acht Flugzeuge, ähnlich der OA-1C, aber mit Wright-Motor V-1460-1
**XO-10:** so lautete die Bezeichnung der XOA-1A nach Ausrüstung mit experimentellem Amphibienfahrwerk
**OL-1L:** zwei Flugzeuge, ähnlich der COA-1, mit einem dritten Cockpit in Tandemanordnung und einem 328 kW (446 PS) starken Packard-Motor 1A-1500; das zweite Exemplar erhielt einige Verbesserungen
**OL-2:** fünf der COA-1 ähnliche Flugzeuge
**OL-3:** vier Maschinen, identisch mit der zweiten, verbesserten OL-1
**OL-4:** sechs Flugzeuge wie die OL-3, aber mit dem Liberty V-1650-1
**OL-6:** 28 Flugzeuge wie die OL-3, aber mit dem Seitenleitwerk/Ruder der OA-1C
**XOL-7:** Bezeichnung einer OL-6 nach Ausrüstung mit neuem Versuchstragwerk
**XOL-8:** so lautete die Bezeichnung einer OL-6 nach Einbau eines P&W-Sternmotors Wasp
**OL-8:** 20 Flugzeuge wie die OL-3 mit zwei Cockpits und Wasp-Triebwerk
**OL-8A:** 20 Flugzeuge, ähnlich wie die OL-8, aber mit Fanghaken für trägergestützten Einsatz
**OL-9:** 26 Maschinen, prinzipiell wie die OL-8, aber produziert nach dem Zusammenschluß von Loening und Keystone Aircraft Corporation
**XHL-1:** zwei Maschinen, ähnlich der OL-8, aber mit modifiziertem Rumpf zum Einsatz als Sanitätsflugzeuge; sie hatten ein offenes Einzelcockpit und Sitze für sechs Patienten im Rumpf

### TECHNISCHE DATEN
**Loening/Keystone OL-9**
**Typ:** Amphibien-Beobachtungsflugzeug
**Triebwerk:** ein Sternmotor Pratt & Whitney R-1340-4 Wasp mit 336 kW (457 PS)
**Leistung:** Höchstgeschwindigkeit 196 km/h; Dienstgipfelhöhe 4360 m; Reichweite 1006 km
**Gewicht:** Leermasse 1655 kg, max. Startmasse 2451 kg
**Abmessungen:** Spannweite 13,72 m; Länge 10,59 m; Höhe 3,89 m; Tragflügelfläche 46,82 m²

# Lohner-Flugzeuge

Die österreichisch-ungarischen Jacob Lohner Werke & Co. wurden vor dem Ersten Weltkrieg in Wien gegründet und begannen mit dem Bau eines zweisitzigen Doppeldeckers, der als unbewaffneter Aufklärer gedacht war. Bis 1917 produzierten sie eine Reihe stetig verbesserter Maschinen des Typs **Lohner B** mit Motoren der Leistungsklasse 63 bis 118 kW (85 bis 160 PS), die vor allem von Austro-Daimler, aber auch von anderen Firmen hergestellt wurden. Eine bewaffnete Version entstand als **Lohner C.I** mit einem 118 kW (160 PS) starken Austro-Daimler und Einzel-MG für den Beobachter im hinteren Cockpit. Sehr viel bedeutender waren jedoch die für Seepatrouillen- und Aufklärungsflüge entwickelten Flugboote, die zwar nicht in größerer Zahl gefertigt wurden, aber großen Einfluß auf die Entwicklung italienischer Flugboote ausübten. Die Macchi L.1 von 1915 basierte auf einer erbeuteten **Lohner L,** und der rasche Fortschritt dieses Modells, von dem man etwa 140 Exemplare baute, läßt sich an den italienischen Flugbooten des Ersten Weltkriegs ablesen. Lohners erstes serienmäßig gefertigtes Flugboot, die **Lohner E,** hatte ein Doppeldecker-Tragwerk, einen einstufigen Bootsrumpf in Holzbauweise und ein Leitwerk, das hoch über dem Rücken des Rumpfhecks abgestrebt war. Den Antrieb lieferte ein Hiero-Motor mit 63 kW (85 PS) in Verbindung mit einem Druckpropeller. Etwa 40 Maschinen wurden gebaut. Die wichtigste Version mit über 100 Exemplaren war die **Lohner L,** die den kräftigen Austro-Daimler-Motor erhielt. Zu den weiteren Variationen zählten der Luftbildaufklärer **Lohner R** und das unbewaffnete Schul- und Übungsflugzeug **Lohner S.**

### TECHNISCHE DATEN
**Lohner L**
**Triebwerk:** ein Reihenmotor Austro-Daimler mit 118 kW (160 PS)
**Leistung:** Höchstgeschwindigkeit 105 km/h; Flugdauer vier Stunden
**Gewicht:** max. Startmasse 1700 kg
**Abmessungen:** Spannweite 16,20 m; Länge 10,25 m
**Bewaffnung:** ein Schwarzlose-8-mm-Mg und bis zu 200 kg Bomben

***Die Lohner C.I war der einzige bewaffnete Lohner-Zweisitzer. Allerdings wurden auch einige Vertreter der Baureihe B mit einem MG für den Beobachter ausgerüstet.***

***Der Lohner-Dreideckerjäger von 1917 wurde von einem Austro-Daimler-Reihenmotor mit 136 kW (185 PS) angetrieben. Zur Richtungsstabilisierung diente eine keilförmige Rückenfinne.***

***Das erfolgreichste Flugboot der österreichisch-ungarischen Marine war die Lohner L, ein Dreisitzer, der zur Bombardierung von Landzielen an der italienischen Front herangezogen wurde.***

# Loire 43, 45 und 46

Der Prototyp des Jagdeinsitzers **Loire 43** flog am 17. Oktober 1932. Der aus Metall mit selbsttragender Haut konstruierte und von Knickflügeln getragene Versuchsjäger wurde von einem Hispano-Suiza 12Xbrs V-12-Motor mit 508 kW (690 PS) angetrieben, den das französische Luftfahrtministerium allen zehn Teilnehmern an dieser Ausschreibung vorgeschrieben hatte. Das erste Musterflugzeug **Loire 43.01** stürzte am 14. Januar 1933 ab, aber inzwischen war eine Fortentwicklung in Gestalt der **Loire 45.01** fertiggestellt. Der neue Versuchsjäger hob sich von der **43.01** durch einen Gnome-Rhône 14Kds mit einer Leistung von 545 kW (740 PS) und einer in Teilbereichen verfeinerten Struktur ab. Sein Erstflug fand am 20. Februar 1933 statt. Später, auf einen 662 kW (900 PS) starken Sternmotor Gnome-Rhône 14Kfs ummotorisiert, wies die **Loire 45.01** eine Spitzengeschwindigkeit von 370 km/h nach. Anschließend wurde unter anderem das Tragwerk höher angesetzt und der Motor etwas tiefer aufgehängt, um dem Piloten eine bessere Sicht zu ermöglichen. Weitere Modifikationen an Tragwerk, Fahrgestell und Leitwerk ergaben die **Loire 46.01,** die am 1. September 1934 zum Jungfernflug startete. 1935 erging ein Auftrag über 60 Serienjäger, die nochmals verbessert und mit einer Funksende- und -empfangsanlage ausgestattet waren.

Serienjäger **Loire 46** Nr. 2 bis 6 wurden 1936 auf geheimem Wege den spanischen Republikanern zugeschleust. Sie bekämpften Francos faschistische Truppen, aber nach wenigen Monaten waren zwei Maschinen bei Unfällen zerstört und zwei weitere Exemplare abgeschossen. Die Auslieferung an die Armée de l'Air begann im November 1936, und 1937 hatte die 6. Escadre in Chartres alle vier escadrilles auf diesen Typ umgestellt. 1939 wurden die verbliebenen **Loire 46** verschiedenen Fliegerschulen zugeführt.

***Loire 46 der Armée de l'Air, 1939 und 1940 bei der Bordschützenschule in Cazaux eingesetzt.***

### TECHNISCHE DATEN
**Loire 46**
**Typ:** Jagdeinsitzer
**Triebwerk:** ein Sternmotor Gnome-Rhône 14Kfs mit 662 kW (900 PS)
**Leistung:** Höchstgeschwindigkeit 390 km/h; Dienstgipfelhöhe 11.750 m; Reichweite 750 km
**Gewicht:** Rüstmasse 1360 kg; max. Startmasse 2100 kg
**Abmessungen:** Spannweite 11,83 m; Länge 7,88 m; Höhe 4,13 m; Tragflügelfläche 19,50 m²
**Bewaffnung:** vier MAC 7,5-mm-MGs in den Flächen und Bombengehänge unter dem Rumpf

## Loire 50 und 51 bis Macchi M.24

**In den 20er und 30er Jahren war man bei Loire davon überzeugt, daß Flugboote die Zukunft der Zivilluftfahrt seien. Die Kriegsgefahr verursachte dann den hastigen Bau wenig ausgereifter Jäger, vor allem der Loire 250. Die Produktion endete im Mai 1940. Die ersten Macchi-Wasserflugzeuge waren der erbeuteten österreichischen Lohner nachgebaut, allerdings in verbesserter Ausführung. Das führte Anfang der 20er Jahre zur Gründung des dann erfolgreichen Werks.**

# Loire 50 und 51

Der Prototyp eines dreisitzigen Schirmeindecker-Flugboots für den Schul- und Verbindungsdienst mit der Bezeichnung **Loire 50.01** flog am 7. September 1931. Im Sommer 1933 ersetzte man den Salmson-Sternmotor 9Ab mit 169 kW (230 PS) durch einen 258 kW (350 PS) starken Hispano-Suiza 9Qd und gab dem Muster die neue Bezeichnung **Loire 50bis**. Sechs Serienexemplare der **Loire 501,** die der **Loire 50-bis** ähnlich waren und die Anordnung für die Besatzung beibehielten, wurden 1935 verschiedenen französischen Seefliegerhorsten zugeführt.

***Das ungewöhnlichste Merkmal der Loire 51 war ihr Einziehfahrwerk, dessen Räder sich für den Betrieb auf dem Wasser in eine waagerechte Position bringen ließen.***

**TECHNISCHE DATEN**
**Loire 501**

**Typ:** Verbindungsflugboot
**Triebwerk:** ein Sternmotor Hispano-Suiza 9Qd mit 258 kW (350 PS)
**Leistung:** Höchstgeschwindigkeit 195 km/h in 1000 m Höhe; Dienstgipfelhöhe 4850 m; Reichweite 1100 km
**Gewicht:** Leermasse 1385 kg; max. Startmasse 2150 kg
**Abmessungen:** Spannweite 16 m; Länge 11,10 m; Höhe 4,47 m; Tragflügelfläche 39,40 $m^2$

# Loire 70

Der gemäß einer Forderung der französischen Marine von 1932 konstruierte Prototyp eines mit acht Mann zu besetzenden Langstrecken-Flugboots für Aufklärung und Bombardierung über See absolvierte seinen Jungfernflug als **Loire 70** am 28. Dezember 1933. Im Lauf der Erprobung wurden die drei Originalmotoren Gnome-Rhône 9Kbrs je 368 kW (500 PS) durch leistungsstärkere 9Kfr ersetzt. Weitere Änderungen umfaßten die Ergänzung des großen einteiligen Seitenleitwerks durch kleine Zusatzflossen, den Wegfall des Bugschützenstands und die Verlegung der Navigator-/Bombenschützenstation in die Flugzeugnase. Sieben Serienmaschinen wurden ab Juni 1937 Escadrille E.7 in Karouba zugeführt, wo sie mit dem Prototyp zusammentrafen. Unmittelbar nach dem Beginn der Kampfhandlungen im September 1939 unternahmen die **Loire 70** eine Reihe von Patrouillenflügen im Mittelmeerraum, bis drei von vier noch erhaltenen Maschinen am 12. Juni des Jahres 1940 bei einem Angriff der Italiener völlig zerstört wurden. Über das Schicksal der letzten **Loire 70** ist hingegen bis heute nichts bekannt geworden.

**TECHNISCHE DATEN**

**Typ:** Seefernaufklärer-Flugboot
**Triebwerke:** drei Sternmotoren Gnome-Rhône 9Kfr je 545 kW (740 PS)
**Leistung:** Höchstgeschwindigkeit 235 km/h; Dienstgipfelhöhe 4000 m; Reichweite 3000 km
**Gewicht:** Rüstmasse 6500 kg; max. Startmasse 11.500 kg
**Abmessungen:** Spannweite 30 m; Länge 19,50 m; Höhe 6,75 m; Tragflügelfläche 136 $m^2$
**Bewaffnung:** sechs 7,5-mm-MGs und eine Bombenlast von 600 kg oder vier 75-kg-Granaten zur U-Boot-Abwehr

***Die Abwehrbewaffnung der Loire 70 umfaßte mehrere MG-Gefechtsstände, darunter einer direkt vor dem erhöhten Flugdeck. Ein weiterer Waffenstand war im Rücken des Cockpits auf Höhe der Tragflächenhinterkante und ein dritter hinter einer wasserdichten Bodenluke direkt über der Heckkante der Bootsstufe eingerichtet.***

# Loire 102

Die für die Südatlantik-Poststrecke zwischen Westafrika und Brasilien entworfene **Loire 102 Bretagne** flog erstmals am 12. Mai 1936. Auf dem zweifach gestuften Bootsrumpf erhob sich ein riesiger Aufbau im Stil der Schiffskonstruktionen, für die diese Firma berühmt war. In ihm befanden sich die Steuerkabine und diverse Abteile für die Besatzung. In der vorderen Partie des Bootsrumpfes hatte man eine bequeme Kabine für vier Fluggäste und im hinteren Teil Räume für Post, Gepäck und Fracht eingerichtet. Auf dem abgestrebten Hochdeckertragwerk waren vier flüssigkeitsgekühlte Hispano-Suiza-Motoren 12Kbrs-1 in Tandempaaren montiert. Vibrationsprobleme mit der **Loire 102** (F-AOVV) wurden nie vollständig gelöst, so daß man das Flugboot 1938 endgültig verschrottete. Die Spannweite betrug 34 m und das maximale Startgewicht 19.100 kg.

***Die Loire 102 von 1936 ist hier in ihrer ursprünglichen Auslegung mit doppeltem Seitenleitwerk zu sehen. Später kam eine mittlere Seitenflosse hinzu, doch die letzte Ausführung beinhaltete eine große Einzelflosse/Ruder, ergänzt durch ein kleineres Seitenflossenpaar außen.***

# Loire 130

Der Prototyp **Loire 130,** der auf einer Forderung der französischen Marine von 1933 für ein dreisitziges Mehrzweck-Seeflugzeug zum schiffsgestützten Einsatz nach Katapultstart basierte, flog erstmals am 19. November 1934. Anhaltende Stabilitätsprobleme verzögerten die Produktion dieses Hochdecker-Flugboots, bis im August 1936 ein Serienauftrag für zwei Versionen, **Loire 130M (Metropole)** und **Loire 130C (Colonie),** erteilt wurde, letztere mit verstärkter Zelle und Sonderausrüstung für den Einsatz in heißen Klimazonen. Für den Antrieb sorgte ein Hispano-Suiza-Motor auf einem Gerüst über dem Bootsrumpf.

Die Einsatzstaffeln der französischen Marine erreichte die **Loire 130** aber erst 1938, und 1939 waren Escadrille 7S2 an Bord des Wasserflugzeugträgers Commandante Teste und die Escadrilles 7S3 sowie 7S4 mit diesem Typ ausgerüstet. Außerhalb Frankreichs diente die **Loire 130** bei 8S2 in Fort-de-France auf den französischen Antillen, bei 8S3 in Westafrika und bei 8S4 im heutigen Libanon. 1939/40 erhielten noch etliche neuaufgestellte Einheiten an Land und auf See diesen Typ und auch einige Einheiten der Armée de l'Air, darunter 1/CBS in Französisch-Indochina (heute Vietnam).

Nicht alle bestellten **Loire 130** waren bis zum Waffenstillstandsabkommen vom Juni 1940 fertiggestellt, aber die deutsche Be-

***Die Loire 130 war für den schiffsgestützten Einsatz ausgelegt und hatte demontierbare Flächenenden und beiklappbare Tragflächen.***

satzungsmacht gestattete dem Vichy-Regime den Bau weiterer 30 Exemplare. Man nimmt an, daß insgesamt rund 150 Maschinen dieses leistungsfähigen Flugbootes ausgeliefert wurden, die ein ganzes Bündel an Aufgaben erfüllten, wie Aufklärung, Küstenpatrouillen und Verbindungsflüge aller Art. Außer der Besatzung konnte die **Loire 130** drei Personen befördern.

Ab November 1942 mußten alle Katapulte von französischen Kriegsschiffen entfernt werden, so daß die über der See verhältnismäßig agile **Loire 130** plötzlich an Küstenstützpunkte gefesselt war. Die letzte einsatzklare **Loire 130** flog noch eine Zeitlang bei Escadrille 8S in Indochina, bis sie Ende 1949 abgezogen und verschrottet wurde.

### TECHNISCHE DATEN

**Typ:** dreisitziges Mehrzweck-Flugboot
**Triebwerk:** ein V-12-Reihenmotor Hispano-Suiza 12Xbrs mit 530 kW (720 PS)
**Leistung:** Höchstgeschwindigkeit 226 km/h in 2800 m Höhe; Dienstgipfelhöhe 6000 m; Reichweite 1100 km
**Gewicht:** Rüstmasse 2090 kg; max. Startmasse 3396 kg
**Abmessungen:** Spannweite 16 m; Länge 11,30 m; Höhe 3,85 m; Tragflügelfläche 40,10 m²
**Bewaffnung:** zwei Darne-7,5-mm-MGs und zwei 75-kg-Granaten SM oder zwei G-2-Bomben an Gehängen beiderseits des vorderen Bootsrumpfes

# Loire 210

1933 veröffentlichte die französische Marine eine Ausschreibung für einen katapultstartfähigen Jagdeinsitzer mit Flottendiensteignung. Das Angebot der Firma Loire, die **Loire 210.01,** startete am 21. März 1935 zum Jungfernflug. Dieser Versuchsjäger verband die Zelle der Loire 46 mit einem neuen, weiter gespannten Tragwerk, dessen äußere Teile zur Einsparung von Abstellfläche an Deck beigeklappt werden konnten. Für den Piloten war ein offenes Cockpit hinter der Abströmkante vorgesehen, und das Schwimmwerk bestand aus einem großen Zentral- und zwei Stützschwimmern unter den Flächen. Den Antrieb der Maschine lieferte ein einzelner Sternmotor vom Typ Hispano-Suiza 9Vbs mit 721 kW (980 PS).

Nach einer längeren Erprobungsphase schieden die Mitbewerber Bernard 110, Potez 453 und Romano R.90 aus, obgleich sie schneller waren. Im März 1937 erfolgte eine Bestellung über 20 Marinejäger **Loire 210.** Die Serienmaschinen unterschieden sich vom Prototyp durch die Bewaffnung mit vier flächenmontierten Darne-7,5-mm-MGs. Im August 1939 wurden die **Loire 210** den neuen Marine-Escadrilles HC.1 und HC.2 zugeführt, aber nur drei Monate später erging ein Flugverbot, nachdem fünf Maschinen wegen strukturellen Versagens der Tragflächen abgestürzt waren.

***Der langwierige Werdegang der Loire 210 hatte zur Folge, daß dieser Marinejäger bei seiner Indienststellung im Jahre 1937 bereits veraltet war.***

Die Spannweite betrug 11,79 m, die höchstzulässige Startmasse 2100 kg und die Spitzengeschwindigkeit 315 km/h.

# Loire 250

Die **Loire 250,** der Prototyp eines Ganzmetall-Jagdeinsitzers, flog erstmals am 27. September 1935. Der Tiefdecker mit einziehbarem Spornrad-Fahrgestell und einem 736 kW (1000 PS) starken Sternmotor Hispano-Suiza 14Ha-7a als Antrieb nahm seinen Piloten in einem Cockpit auf, das mit einer langgestreckten Glashaube abgedeckt war. Die **Loire 250** stand im Wettbewerb mit der Dewoitine D.513 und der Morane-Saulnier MS.405 und erhielt vor dem Vergleichsfliegen eine Reihe von Modifikationen zur Steigerung ihres Leistungsvermögens. Sie erwiesen sich jedoch insgesamt als unzureichend, denn trotz einer maximalen Spitzengeschwindigkeit von 480 km/h wurde die Entwicklung des Prototyps abgebrochen und auf die ursprünglich vorgesehene Bewaffnung von je zwei 20-mm-Kanonen und 7,5-mm-MGs verzichtet.

# Loire-Nieuport 40 (Serien)

Der einsitzige Sturzkampfbomber-Prototyp **Loire-Nieuport 40** absolvierte seinen Erstflug im Juni 1938. Der aus der Nieuport 140 entwickelte Eindecker war für den schiffsgestützten Einsatz bestimmt, so daß man seine umgekehrten Knickflügel klappbar auslegte. Die Hauptbaugruppen des Fahrgestells zogen in Gondeln unter die Tragflächen ein, und der untere Teil des Seitenruders ließ sich senkrecht in zwei Hälften auseinanderspreizen, die eine Sturzflugbremse bildeten. Die 225-kg-Bombe wurde unter dem Rumpf an einer Krücke mitgeführt, die nach vorn schwingen konnte, damit sich die Waffe beim Ausklinken im Sturzflug außerhalb des Propellerkreises befand. Offizielle Tests zogen Modifikationen des Hecks und die Abschaffung des Spreizruders nach sich. Als Sturzflugbremse diente statt dessen das ausgefahrene Fahrwerk. Sechs weitere **L.N.40** wurden bestellt, und bis zur Auslieferung dieser Maschinen hatte die französische Marine nochmals 36 Exemplare gefordert. Die Bezeichnung der Serienversion lautete inzwischen **L.N.401.** Im selben Jahr (1939) erteilte die Armée de l'Air einen Auftrag über 40 **L.N.411,** die sich nur durch starre Tragflächen und das Fehlen anderer marinespezifischer Ausrüstungskomponenten unterschieden.

### TECHNISCHE DATEN
**Loire-Nieuport L.N.401**

**Typ:** einsitziger Sturzkampfbomber für den schiffsgestützten Einsatz
**Triebwerk:** ein V-12-Reihenmotor Hispano-Suiza 12Xcrs mit 508 kW (690 PS)
**Leistung:** Höchstgeschwindigkeit 380 km/h; Dienstgipfelhöhe 9500 m; Reichweite 1200 km
**Gewicht:** Rüstmasse 2135 kg; max. Startmasse 2823 kg
**Abmessungen:** Spannweite 14 m; Länge 9,75 m; Höhe 3,50 m; Tragflügelfläche 24,75 m²
**Bewaffnung:** eine auf dem Motorrücken gelagerte 20-mm-Kanone und zwei 7,5-mm-MGs in den Tragflächen sowie eine Bombenlast von 225 kg

***Loire-Nieuport L.N.401 der Escadrille AB.2, Aéronavale, im Mai 1940 in Berck, Frankreich, stationiert.***

Vier Vorserienmaschinen **L.N.401** dienten Mitte 1939 als Schul- und Übungsflugzeuge bei Escadrille A.C.1 der Aéronavale, und Serienmaschinen gingen an die Escadrilles AB.2 und AB.4. Zwischen dem 10. Mai und dem 4. Juni wurden praktisch alle verfügbaren Sturzkampfbomber dieses Typs bei Angriffen auf die vorrückenden deutschen Truppen in Nordfrankreich zerstört. Das Restkontingent zog man nach Hyères in den Süden zurück, wo es gemeinsam mit einigen Ersatzmaschinen aus dem Reservebestand Aufklärung und Begleitschutz für die Marine gegen Italien flog. Am 25. Juni wurden die verbliebenen Maschinen nach Nordafrika überführt und anschließend eingelagert.

Bis März 1942 baute SNCASO in Chateauroux insgesamt 24 **L.N.401** und **411** aus noch vorhandenen Teilen zusammen. Diese Exemplare wurden anschließend nach Hyères überführt, wo zwölf von ihnen im November 1942 den Truppen der Achsenmächte in die Hände fielen. Das andere Dutzend hatte man nach Bizerta-Karouba geschafft, wo sie ebenso wie andere eingelagerte Flugzeuge durch Bombenangriffe der Alliierten vernichtet wurden. Die Gesamtproduktion beider Versionen belief sich vermutlich auf etwas mehr als 100 Maschinen.

Die **L.N.402** war eine Variante mit einem Hispano-Suiza-Motor der Bauart 12Y-31, und die **L.N.42** hatte ein neues Tragwerk kürzerer Spannweite und einen Hispano-Suiza-Motor 12Y-51, der 810 kW (1100 PS) erzeugte. Noch vor der Flugerprobung wurde die Maschine vor den Deutschen versteckt. Am 24. August 1945 flog sie in Toussus-le-Noble und 1947 endete sie in der Schrottpresse.

***Fast alle Sturzkampfbomber L.N.40 der Aéronavale wurden durch Flugabwehrfeuer zerstört, als sie im Frühjahr 1940 den Vormarsch der deutschen Truppen nach Frankreich aufzuhalten versuchten.***

# Lombardi-Flugzeuge

In den dreißiger Jahren konstruierte die italienische Firma Azionaria Vercelles Industrie Aeronautiche (AVIA) einen zweisitzigen Kabinen-Eindecker mit der Bezeichnung **AVIA F.L.3,** der 1939 erstmals flog. Dieser freitragende Tiefdecker mit starrem Fahrgestell und einem Continental-Boxermotor als Antrieb bot zwei Personen nebeneinander Platz. Die vor dem Zweiten Weltkrieg eingeleitete Produktion lief nach 1945 wieder an. 1947 wurde die Firma von Francis Lombardi übernommen, der die populäre **F.L.3** noch bis Ende 1948 fertigte. Zum Schluß hatten beide Firmen zusammen insgesamt rund 700 Exemplare produziert. AVIA hatte 1947 noch einen anderen Kabinen-Eindecker entworfen, der die Bezeichnung **Lombardi L.M.5 Aviastar** erhielt und von einem C.N.A. D4-Motor mit 44 kW (65 PS) angetrieben wurde. **Lombardi** baute dieses Modell in kleiner Stückzahl und entwickelte zudem eine drei-/viersitzige Version mit der Bezeichnung **L.M.7,** die im Frühjahr 1949 erfolgreich in Prototypform flog. Am Jahresende stellte die Firma ihre Aktivitäten auf dem Gebiet des Flugzeugbaus ein.

***Die Avia F.L.3 war ein Modell für die allgemeine Luftfahrt, erhältlich mit geschlossenem oder offenem Cockpit und mit Kolbenmotoren vom Typ C.N.A. D-4 (44 kW/60 PS) oder Continental C-85 (63 kW/85 PS) als Antrieb.***

**TECHNISCHE DATEN**
**Lombardi F.L.3**

**Typ:** zweisitziger Kabinen-Eindecker
**Triebwerk:** ein Vierzylinder-Boxermotor Continental C-85 mit 63 kW (85 PS)
**Leistung:** Höchstgeschwindigkeit 195 km/h; Dienstgipfelhöhe 6000 m; Reichweite 555 km
**Gewicht:** Leermasse 340 kg; max. Startmasse 570 kg
**Abmessungen:** Spannweite 9,85 m; Länge 6,35 m; Höhe 1,70 m; Tragflügelfläche 14,35 m²

# Luscombe Phantom, Luscombe 4 und Luscombe 8

Don A. Luscombe gründete 1933 in Kansas City, Missouri, die Luscombe Aircraft Engineering Company. Das erste Produkt dieser Firma war die **Luscombe Phantom,** ein abgestrebter Hochdecker in Ganzmetallbauweise mit starrem Spornrad-Fahrwerk. Die Maschine bot eine luxuriöse Innenausstattung mit zwei nebeneinander montierten Sitzen, und ihr Triebwerk, ein 108 kW (147 PS) starker Sternmotor Warner Super Scarab, verlieh ihr eine Geschwindigkeit von 270 km/h. Der hohe Kaufpreis, die Betriebskosten und das Leistungsvermögen sorgten dafür, daß die Produktion der **Phantom** nach rund 25 Exemplaren endete. Da die Firma diese Situation vorausgesehen hatte, führte sie 1938 die **Luscombe 4 (Modell 90)** ein. Dieses Modell war ähnlich ausgelegt wie die **Phantom,** basierte aber auf einem kostengünstigeren Fertigungskonzept, und als Antrieb diente ein Warner Scarab Junior mit 67 kW (91 PS). Trotz ihres niedrigeren Preises stieß die **Luscombe 4** auf wenig Interesse, so daß nicht einmal zehn Maschinen dieses Typs gebaut wurden.

Klugerweise hatte die Firma bereits die Entwicklung eines anderen Musters, der **Luscombe 8 (Modell 50)** vorangetrieben, die sich als das bedeutendste Flugzeug dieses Herstellers herausstellen sollte. Der Zweisitzer **Luscombe 8** übernahm die Grundauslegung der früheren Modelle, war jedoch beträchtlich leichter. Vom Entwurf her hatte man die **Luscombe 8** für den neuen Continental-Motor A-50 mit einer Nennleistung von 37 kW (50 PS) bestimmt, dessen Verwendungsreife jedoch auf sich warten ließ. Der neue Typ erhielt daher erst im August 1938 die Zulassung, doch nach kurzer Zeit existierte bereits eine lange Warteliste privater Kunden und Flugschulen. Die Produktion lief bis 1942 und setzte sich nach dem Zweiten Weltkrieg fort, bis die Firma 1949 von der Temco Aircraft Corporation übernommen wurde. Temco baute etwa 50 Exemplare, bevor die Herstellerrechte auf die Silvaire Aircraft Company übergingen. Letztere fertigte dieses Muster, bis sie 1961 in finanzielle Schwierigkeiten geriet. Inzwischen waren von allen Varianten der **Luscombe 8** etwa 6000 Exemplare entstanden, von denen auch heute noch viele in Gebrauch sind.

***Die Luscombe 8 Silvaire wurde in den USA eines der populärsten Leichtflugzeuge ihrer Zeit. Viele Maschinen existieren noch immer und tauchen in wachsender Zahl auch in Europa auf. Dieses Exemplar ist eine frühe Silvaire 8-F.***

**Varianten**

**Luscombe 8-A:** Version der Luscombe 8 mit Continental-Motor A-65 (48 kW/65 PS)
**Luscombe 8-B Trainer:** als reines Schulflugzeug gedachte Version mit nüchterner Inneneinrichtung und Avco Lycoming O-145-B-Motor (48 kW/65 PS)
**Luscombe 8-C Silvaire de Luxe:** erster Vertreter der populären Silvaire-Reihe mit Continental-Motor A-75 (56 kW/75 HP/76 PS)
**Luscombe 8-D Silvaire Trainer:** generell wie Luscombe 8-B, aber mit Continental A-75
**Luscombe 8-E Silvaire de Luxe:** hierbei handelte es sich um eine Maschine, die generell wie die Luscombe 8-C ausgestattet war, aber mit einem Continental C-85 (63 kW/85 HP/86 PS) flog
**Luscombe 8-F Silvaire 90:** letzte Serienausführung, auch von Silvaire Aircraft Company gebaut, mit Continental C-90 (67 kW/90 HP/91 PS)
**Luscombe T-8-F Observer 90:** Bezeichnung des Prototyps einer Variante der Luscombe 8-F mit zwei Sitzen hintereinander, die sich, wie man hoffte, beim Militär als Beobachtungs- und Aufklärungsflugzeug durchsetzen sollte

**TECHNISCHE DATEN**
**Luscombe 8-E**

**Typ:** zweisitziges Sport- und Reiseflugzeug
**Triebwerk:** ein Vierzylinder-Boxermotor Continental C-85 mit 63 kW (86 PS)
**Leistung:** Höchstgeschwindigkeit 196 km/h; Dienstgipfelhöhe 4875 m; Reichweite 821 km
**Gewicht:** Leermasse 367 kg; max. Startmasse 635 kg
**Abmessungen:** Spannweite 10,67 m; Länge 6,10 m; Höhe 1,91 m; Tragflügelfläche 13 m²

# Luscombe Modell 11A Sedan

Die **Luscombe 11A Sedan** hatte einen neuen Rumpf für vier Passagiere, hielt sich ansonsten aber an die abgestrebte Hochdeckerauslegung mit starrem Fahrgestell der früheren Luscombe-Modelle. Nach dem Erstflug im November 1946 kam es zu einer längeren Verzögerung, bis am 18. Mai 1948 die Musterzulassung erfolgte. Obwohl die **Sedan** auf Interesse stieß, wurden nur etwa 60 Exemplare gebaut, darunter eine kleine Zahl von Temco, die sie während ihrer Zeit als Eigentümer in dieser Firma fertigte. Einige Maschinen dieses Typs sind heute noch flugtauglich.

***Die Sedan war eine weiterentwickelte Version der Luscombe 8 Silvaire mit einem neuen Rumpf und einem stärkeren Triebwerk.***

**TECHNISCHE DATEN**

**Typ:** viersitziger Kabinen-Eindecker
**Triebwerk:** ein Sechszylinder-Boxermotor Continental E-165 mit 123 kW (165 HP/167 PS)
**Leistung:** Reisegeschwindigkeit 209 km/h; Dienstgipfelhöhe 5180 m; Reichweite 805 km
**Gewicht:** Leermasse 581 kg; maximale Startmasse 1034 kg
**Abmessungen:** Spannweite 11,58 m; Länge 7,16 m; Höhe 2,08 m; Tragflügelfläche 15,33 m²

# Macchi L.1 und L.2

Kurz nach ihrem Eintritt in den Ersten Weltkrieg erbeuteten die Italiener ein intaktes österreichisches Lohner-Flugboot im Seeflughafen Porto Corsini an der Adriaküste. Da das Land kein Luftfahrzeug besaß, das an die Leistung der österreichischen Flugboote herankam, wurde diese Lohner (Serienkennung L.40) von Macchi-Nieuport kopiert und als **Macchi L.1** innerhalb eines Monats fertiggestellt. Die **L.1** war ein dreistieliges Doppeldecker-Flugboot ungleicher Spannweite mit einfach gestuftem Gleitboden. Sie hatte die gleiche Motorkonfiguration mit Druckschraube und die nebeneinander angeordneten Cockpits für die Zweimann-Besatzung wie der österreichische Typ, aber eine allgemein verbesserte Struktur.

Etwa 14 **L.1** wurden italienischen Seeaufklärungs- und Bomberstaffeln zugeführt, die an der Adriaküste stationiert waren. Angetrieben von einem Vierzylinder-Reihenmotor Isotta-Fraschini V.4A mit 110 kW (150 PS), verfügte die **L.1** über eine Spitzengeschwindigkeit von 110 km/h und eine Reichweite von 385 km. Das maximale

Startgewicht betrug 1700 kg und die Spannweite 16,40 m. Eine Maschine wurde mit einer 40-mm-Kanone getestet.

Die Bemühungen der Macchi-Ingenieure, die Gesamtleistung zu steigern, ergaben 1916 die **L.2.** Dieses Flugboot wies eine leicht reduzierte Spannweite und einen Isotta-Fraschini V.4B mit 118 kW (160 PS) als Antrieb auf. Man hatte beträchtliche Mühe darauf verwendet, die Struktur zu verbessern, und so war das Höchstgewicht für den Start auf 1450 kg gesunken, die Spitzengeschwindigkeit in der Folge aber auf 140 km/h gestiegen. Trotz dieser Verbesserungen wurden jedoch nur zehn **L.2** gefertigt, da ein völlig neuer Entwurf, die **L.3,** das Muster verdrängte.

***Macchis Erstling, das Zweisitzer-Flugboot L.1 von 1915, war der Nachbau eines Beuteexemplars des Lohner-Flugbootes L, das Macchi zur Verfügung gestellt worden war. Die L.2 von 1916 (im Bild) stellte eine fortentwickelte Ausführung der L.1 mit dem stärkeren Isotta-Fraschini V.4B dar, den man zwischen die Doppeldecker-Tragflächen zum Antrieb einer Druckschraube montiert hatte. Merkmale der Macchi L.2 waren zurückgepfeilte Tragflächen und ein über dem Hinterrumpf von kräftigen Streben getragenes Leitwerk.***

## Macchi L.3 (M.3)

Die Macchi-Seeflugzeug-Abteilung in Schiranna entwickelte 1916 unter der Leitung von Felice Buzio die **Macchi L.3,** ein zwei-/dreisitziges, einfach gestuftes Flugboot mit einem neu konstruierten Bootsrumpf und einem Doppeldecker-Tragwerk ungleicher Spannweite, das von dem der L.2 abgeleitet war.

1917 änderte man die Erstbezeichnung **L.3** in **M.3,** um den Unterschied zu den ursprünglichen, von Lohner inspirierten Modellen zu verdeutlichen. Rund 200 **M.3** wurden gebaut und im adriatischen Raum für ein breites Einsatzspektrum verwendet, einschließlich Bombardierung, Aufklärung, Küstenpatrouillen und Geleitschutz. Der Typ diente sogar als Jagdflugzeug, bis 1917 der Einsitzer M.5 erschien. Mehrere **M.3** nahmen an Überfallkommandos hinter den österreichischen Linien teil. Ein Exemplar stellte einen Höhenweltrekord für Seeflugzeuge auf, als es 1916 über dem Lago Maggiore in 41 Minuten auf 5.400 m stieg. Die **M.3** standen bei der italienischen Marine in hohem Ansehen. Sie flogen zahlreiche Bombenangriffe auf die Marinestützpunkte Pola und Cattaro und leisteten außerdem Pionierarbeit auf dem Gebiet der Luftphotographie in häufigen Aufklärungseinsätzen.

Nach dem Krieg blieb der Typ noch bis 1924 bei Ausbildungseinheiten im Dienst. Mehrere Exemplare wurden an die Schweizer Firma Ad Astra Aero verkauft und dort für Charter- und Vergnügungsflüge von den Schweizer Seen aus umgebaut. Die Passagiere waren nebeneinander hinter einer großen Windschutzscheibe untergebracht, während der Pilot hinter ihnen in einem offenen Cockpit saß.

Unter dem Antrieb eines Isotta-Fraschini V.4B mit 118 kW (160 PS) brachte es die **M.3** auf eine Spitzengeschwindigkeit von 145 km/h und auf eine Reichweite von 450 km. Das maximale Startgewicht betrug 1350 kg und die Spannweite 15,95 m. Die Bewaffnung bestand aus einem schwenkbaren Fiat-MG, Kaliber 7,7 mm, oder einer leichten Kanone. Zudem konnte die **M.3** vier leichte Bomben mitführen.

***Die L.2 war kaum besser als die L.1 und wurde ab 1916 durch die L.3 (M.3) ersetzt. Mehrere Exemplare wurden nach dem Krieg für kommerzielle Zwecke gebaut.***

## Macchi M.5

Anfang 1917 flog der von den Ingenieuren Buzio und Calzavara konstruierte Prototyp eines einsitzigen Anderthalbdecker-Kampfflugboots, der einfach **Typ M** genannt wurde. Das Musterflugboot hatte einen schlanken, einstufigen Bootsrumpf mit der Pilotenkanzel unmittelbar vor den Tragflächen, verkleideten Stützschwimmern direkt unter den Unterflügeln und einem Leitwerk, das wie bei der M.3 auf Streben über dem Hinterrumpf angeordnet war. Der zweite, geringfügig verbesserte Prototyp erhielt die Bezeichnung **Ma,** und einige Maschinen, bei denen man ein neues Seitenleitwerk/Ruder direkt am Rumpf und die Seilzüge der Seiten- und Höhensteuerung im Rumpfinnern befestigte, hießen **M bis** oder **Ma II°.** Das letzte Versuchsflugboot dieser Reihe war die **Ma bis.** Die Serienmaschinen Macchi **M.5** erhielten den gleichen Isotta-Fraschini-Motor V.4B wie die Prototypen. Im Sommer 1917 wurden die ersten Exemplare der Aviazione per la Regia Marina (italienische Marineflieger) übergeben. Die Gesamtproduktion belief sich auf 244 **M.5,** 200 von Macchi und 44 von der Societá Aeronautica Italiana in Neapel. Die Serienflugboote wiesen überarbeitete Stützschwimmer an den Flächenenden und ein verbessertes Motorgehäuse auf. Eine Weiterentwicklung mit der Bezeichnung **M.5 mod** besaß den Isotta-Fraschini V.6, dessen Leistung von 184 kW (250 PS) eine Spitzengeschwindigkeit von 205 km/h ermöglichte. Hiervon wurden 100 Exemplare gebaut.

Die **M.5** diente bei verschiedenen Squadriglie, und einige Maschinen waren an Bord des Wasserflugzeugträgers Giuseppe Miraglia eingesetzt. Als 1923 die Regia Aeronautica entstand, befanden sich noch 66 **M.5** im Einsatz. Im Einsatz hatte sich die **M.5** als manövrierbares und effektives Flugboot erwiesen, das sich mit den meisten landgestützten Einsitzern jener Zeit messen konnte. Neben den üblichen Gefechtsaufgaben wurde der Typ auch zum Geleitschutz von Schiffskonvois und zur Luftbildaufklärung herangezogen. Die **M.5** darf neben den Caproni-Bombern als das berühmteste Luftfahrzeug italienischer Herkunft im Ersten Weltkrieg gelten.

***Die Macchi M.5 war ein Flugboot, dessen Leistungsvermögen sie zu einem ebenbürtigen Gegner der Landflugzeuge machten.***

### TECHNISCHE DATEN
**Macchi M.5**

**Typ:** einsitziges Kampfflugboot
**Triebwerk:** ein Reihenmotor Isotta-Fraschini V.4B mit 118 kW (160 PS)
**Leistung:** Höchstgeschwindigkeit 189 km/h; Dienstgipfelhöhe 6200 m; Flugdauer 3 Stunden, 40 Minuten
**Gewicht:** Rüstmasse 720 kg; maximale Startmasse 990 kg
**Abmessungen:** Spannweite 11,90 m; Länge 8,08 m; Höhe 2,85 m; Tragflügelfläche 28 m²
**Bewaffnung:** zwei starre, vorwärtsfeuernde Vickers-MG, Kaliber 7,7 mm

## Macchi M.7

Im Jahr 1918 erschien die **Macchi M.7,** die grundsätzlich mit der M.5 mod übereinstimmte, aber einen Isotta-Fraschini V.6 mit 184 kW (250 PS) als Antrieb und einen modifizierten Bootsrumpf hatte. Mit dem Ende des Zweiten Weltkriegs wurde die Beschaffung reduziert, so daß nur 17 Exemplare zur Auslieferung kamen, davon drei noch vor Einstellung der Kampfhandlungen. 1919 kauften Schweden und Argentinien je zwei **M.7,** und zwei Jahre später folgte Brasilien mit drei Exemplaren.

Die **M.7** hatte Alessandro Tonini entworfen, der 1920 die Rennversion **M.7bis** schuf. Die Maschine, die generell leichter konstruiert und mit einem Tragwerk kürzerer Spannweite ausgestattet war, nahm an Ausscheidungsrennen vor dem Wettbewerb um die Schneider-Trophäe 1921 in Venedig teil. Zu den zahlreichen Maschinen, die in diesem Rennen flogen, gehörten nicht weniger als fünf **M.7** verschiedener Versionen, und den eigentlichen Wettbewerb gewann eine **M7.bis** mit Giovanni di Briganti am Steuer. Auch beim Flugrennen des nächsten Jahres war wieder eine **M.7bis** vertreten.

Im Oktober 1923 absolvierte der Prototyp **M.7ter** seinen Jungfernflug. Es handelte sich praktisch um ein völlig neues Modell, das in der Draufsicht eine völlig neue Form zeigte. Die Flügelfläche hatte sich um 2,50 m² im Vergleich zu den 26 m² der **M.7** reduziert, und das Leitwerk basierte auf einem Stahlrohrgerüst. Die **M.7ter** wurde in drei Versionen gebaut. Die **M.7ter AR,** die auf das ursprüngliche Modell folgte, hatte klappbare Tragflächen und operierte vom Seeflugzeugträger Giuseppe Miraglia aus, die **M.7ter b** wurde von einem Lorraine 12Db mit 353 kW (480 PS) angetrieben, und SAI baute 1927 14 Maschinen zur Einrüstung des Isotta-Fraschini Asso 200 (oder Semi-Asso) mit einer Nennleistung von 184 kW (250 PS) um.

1924 rüsteten sechs squadriglie di caccia marittima auf die **M.7ter** um, die 161. in La Spezia, die 162. in Orbetello, die 163. in Siracusa, die 164. in Venedig, die 166. in Taranto und die 167. in Brindisi. 1930 flog nur noch die 163. Squadriglia die **M.7ter** in der Ausführung mit dem Semi-Asso. Insgesamt wurden über 100 **M.7ter** gefertigt, und aus Aufzeichnungen geht hervor, daß 1927 83 Exemplare Dienst in Einsatzverbänden leisteten, darunter 29 Maschinen der **AR**-Version.

***Die Macchi M.7 war als Ersatz für die M.5 gedacht, wurde aber nach Kriegsende nur in kleiner Stückzahl gebaut.***

**TECHNISCHE DATEN**
**Macchi M.7ter**

**Typ:** einsitziges Kampfflugboot
**Triebwerk:** ein Reihenmotor Isotta-Fraschini V.6 mit 191 kW (260 PS)
**Leistung:** Höchstgeschwindigkeit 200 km/h; Dienstgipfelhöhe 7000 m; Flugdauer 3 Stunden
**Gewicht:** Rüstmasse 805 kg; maximale Startmasse 1098 kg
**Abmessungen:** Spannweite 9,95 m; Länge 8,09 m; Höhe 2,97 m; Tragflügelfläche 23,50 m²
**Bewaffnung:** zwei Vickers-MGs, Kaliber 7,7 mm, im Bug

# Macchi M.8

Ende 1917 produzierte Macchi ein neues Aufklärer-/Bomber-Flugboot, die **Macchi M.8.** Sie führte eine neue, vom Konstruktionsteam der Firma entwickelte Flügelverstrebung ein, bestehend aus drei Paaren W-förmig angeordneter Stiele zu beiden Seiten, die zum typischen Erscheinungsbild der Macchi-Doppeldecker in den nächsten Jahren werden sollten. Im Vergleich zur M.3 war der Rumpf weiter verfeinert und das Leitwerk ähnlich wie bei der M.7 konzipiert. Pilot und Kopilot saßen nebeneinander in Cockpits auf Höhe der Flügelvorderkante, und ein drittes Cockpit vor ihnen wies ein 7,7-mm-MG auf einem Drehkranz auf. Zwischen dem Einzel- und den Doppel-Cockpits bestand ein Verbindungstunnel im Bootskörper. Zwischen 1917 und 1918 wurden insgesamt 57 **M.8** gebaut, die man zur küstennahen Aufklärung und gegen feindliche U-Boote im adriatischen Raum einsetzte. Mehrere Exemplare wurden von der US Navy geflogen, und nach dem Krieg dienten einige Maschinen bei Seefliegerschulen.

***Die M.8 wich zwar kaum von der Hauptlinie der Macchi-Flugboote ab, zeichnete sich aber durch eine neuartige Anordnung der Flügelstiele aus. Sowohl die italienischen als auch die amerikanischen Luftstreitkräfte flogen die M.8 zur küstennahen Aufklärung.***

Die Spannweite der Maschine betrug 16 m, die maximale Startmasse 1430 kg und die offensive Waffenlast vier 50 kg schwere Bomben. Die Version **M.8** hatte zwar den gleichen Isotta-Fraschini V.4B-Motor (125 kW/170 PS) wie die M.3, aber dank ihrer zweifellos besseren Konstruktion eine um 22 km/h höhere Spitzengeschwindigkeit von 167 km/h.

# Macchi M.18

Die erste Macchi **M.18** war als ziviles Flugboot für drei Passagiere gedacht, wurde aber schließlich als Aufklärungsbomber fertiggestellt. Sie ähnelte einer verbesserten Ausführung der M.9 und hatte offene Cockpits für den Piloten und den Kopiloten, die nebeneinander im Rumpf unmittelbar vor den Tragflächen saßen, geschützt durch eine einzelne große Windschutzscheibe. Eine dritte Kanzel im Bug enthielt außerdem einen Drehkranz für ein Vickers 7,7-mm-MG.

Die erste militärische Version wurde mit einem Isotta-Fraschini V.4B ausgerüstet, aber die späteren Serienmaschinen erhielten den V.6 und anschließend den ebenfalls von Isotta-Fraschini gebauten Asso. Die ersten **M.18** mit Asso-Antrieb erschienen 1928. Eine schiffsgestützte Variante mit klappbaren Tragflächen trug die Bezeichnung **M.18 AR.**

In die ursprünglich vorgesehene zivile Rolle schlüpfte dieses Muster als **M.18 Economico** mit dem V.4B-Motor und offenen Cockpits für zwei Passagiere, als **M.18 Lusso** (luxus) mit dem kräftigeren V.6-Triebwerk und einer geschlossenen Kabine für drei Fluggäste und als **M.18 Estivo** (Sommer) mit offenen Cockpits für drei Personen. Über 70 zivile **M.18** wurden insgesamt gebaut und fast alle in das italienische Luftfahrtregister eingetragen. Einige gingen an private Besitzer, andere an Rundflugunternehmen wie die Schweizer Ad Astra Aero, und SISA nutzte ein Dutzend als Schulflugzeuge für Besatzungen ihrer Adria-Linien.

**TECHNISCHE DATEN**

**Typ:** dreisitziges Bomber-/Aufklärer-Flugboot
**Triebwerk:** ein Reihenmotor Isotta-Fraschini Asso mit 184 kW (250 PS)
**Leistung:** Höchstgeschwindigkeit 187 km/h; Dienstgipfelhöhe 5500 m; Reichweite 1000 km
**Gewicht:** Rüstmasse 1275 kg; max. Startmasse 1785 kg
**Abmessungen:** Spannweite 15,80 m; Länge 9,75 m; Höhe 3,25 m; Tragflügelfläche 45 m²
**Bewaffnung:** ein Vickers 7,7-mm-MG und bis zu vier leichte Bomben an Gehängen unter den Tragflächen

Die militärische **M.18** war nicht weniger beliebt. Die **M.18 AR** mit klappbaren Tragflächen flog vom italienischen Seeflugzeugträger Miraglia aus, und andere **M.18** rüsteten jahrelang die squadriglie della ricognizione marittima aus. Einige **M.18** wurden als Schulflugzeuge für die italienische Luftwaffe gebaut und Anfang der dreißiger Jahre durch ehemalige Aufklärungsmaschinen bei Ausbildungsstationen wie der in Vigna di Valle am Lago di Bracciano ergänzt. 1923 verkaufte man rund 20 **M.18** an Spanien, darunter einige AR-Flugboote, die vom Seeflugzeugträger Dedalo aus operierten und Einsätze gegen Aufständische in Marokko absolvierten. Sechs bei Ausbruch des Spanischen Bürgerkriegs noch flugtüchtige **M.18** wurden später zu Aufklärungspatrouillen herangezogen. Portugal erwarb 1928 acht **M.18.**

***Die Macchi M.18 bewährte sich sowohl als Transporter wie auch als Aufklärungsbomber.***

# Macchi M.24

Die Konstruktion der **Macchi M.24** begann 1923, und der Erstflug fand im Jahr darauf statt. Die **M.24** bestand weitgehend aus Metall und hatte einen zweifach gestuften Bootsrumpf und ein Anderthalbdekker-Tragwerk. Ihre beiden Fiat-Motoren A.12bis je 221 kW (300 PS) waren als Doppelpack Rücken an Rücken zum Antrieb einer Druck- und Zugschraube auf einem Strebengerüst über dem Rumpf gelagert.

Die **M.24** war ein militärisches Flugboot mit MG-Ständen im Bug und auf dem Rükken und konnte zudem eine beachtliche Bombenlast tragen. Zwei Exemplare unternahmen 1925 eine Tour durch Nordeuropa, von Varese nach Kopenhagen, weiter nach Leningrad und über die Alpen zurück nach Italien. Später wurde der Typ zu Torpedostartversuchen genutzt.

Die militärische **M.24bis** von 1926 hatte einen modifizierten Rumpf und weiter gespannte Unterflügel, so daß sie zu einem Doppeldecker mit gleicher Spannweite wurde. Den Antrieb lieferten zwei 294 kW (400 PS) starke Lorraine-Motoren oder zwei Isotta-Fraschini Asso je 368 kW (500 PS). Die Zivilausgabe **M.24bis** von 1927 wies eine Kabine für acht Fluggäste im Vorderrumpf sowie nebeneinander angeordnete Cockpits für den Piloten und den Kopiloten direkt auf der Höhe der Nasenkante des Unterflügels auf. Firmen wie die Società Anonima Aero Espresso Italiana und SITO setzten dieses Muster auf Strecken zwischen italienischen Hafenstädten und auf Mittelmeerrouten ein.

Die **M.24ter** war eine miltärische Variante, die die Anderthalbdecker-Auslegung wieder aufgriff. Sie hatte eine um 5 m² verringerte Tragflügelfläche im Vergleich zu den 110 m² bei der **M.24bis,** gerundete Flügelspitzen und Asso-Motoren je 375 kW (510 PS). Die verschiedenen Ausführungen der **M.24** waren bei den Flugboot-Einheiten der italienischen Marine weit verbreitet, und nicht wenige Exemplare wurden im Ausland abgesetzt.

**TECHNISCHE DATEN**
**Macchi M.24ter**

**Typ:** dreisitziges Bomber/Aufklärer-Flugboot
**Triebwerke:** zwei Reihenmotoren Isotta-Fraschini Asso V.12 je 375 kW (510 PS)
**Leistung:** Höchstgeschwindigkeit 185 km/h; Dienstgipfelhöhe 4000 m; Reichweite 700 km
**Gewicht:** Rüstmasse 3730 kg; max. Startmasse 5500 kg
**Abmessungen:** Spannweite 22 m; Länge 14,63 m; Höhe 4,65 m; Tragflügelfläche 105,00 m²
**Bewaffnung:** zwei Vickers-7,7-mm-Maschinengewehre, je eines in Gefechtsständen im Bug und im Mittelrumpf, sowie 800 kg Bomben oder ein Torpedo

***Die M24bis konnte acht Passagiere in der Kabine ihres Vorderrumpfes befördern.***

# Macchi M.39 bis Macchi M.C.205V Veltro

**Mario Castoldis elegante Flugzeuge beteiligten sich erfolgreich an den Rennen um die Schneider-Trophy. Sein anspruchsvolles Team in Varese konstruierte die besten Jäger der Regia Autonautica im Zweiten Weltkrieg, die dann auch zur M.C.202 Folgore und M.C.205V Veltro führten, beide etwa der P-51 Mustang gleichwertig. Die ersten M.C.200 Saetta allerdings waren dann unverständlich untermotorisiert.**

## Macchi M.39

Der erste von Castoldi für die Firma Macchi konstruierte Tiefdecker, das Doppelschwimmer-Rennflugzeug **Macchi M.39**, war innerhalb weniger Monate fertiggestellt, und das erste Übungsexemplar flog erstmals am 6. Juli 1926 mit dem Antrieb eines Fiat-Motors A.S.2 mit 442 kW (600 PS). Die **M.39** wurde in Gemischtbauweise mit drahtverspannten Tragflächen gefertigt, und der Pilot saß in einem offenen Cockpit. Da das Muster am Schneider-Rennen 1926 in Hampton Roads (Virginia) teilnehmen sollte, hatte man es sorgfältig auf die äußeren Bedingungen dieses Wettbewerbs zugeschnitten. So war die linke Tragfläche etwas weiter gespannt als die rechte, um die Leistung der Maschine im engen Kurvenflug auf den links geflogenen Run-

***MM.76 war das letzte der fünf Doppelschwimmer-Rennflugzeuge Macchi M.39. Dieses Exemplar gewann 1926 die Schneider-Trophäe.***

den zu verbessern, und die Doppel-Schwimmer, die zugleich Kraftstoff enthielten, waren so ausbalanciert, daß sie dem Drehmoment des Propellers entgegenwirkten. Die Rennmaschine **M.39** hatte eine Spannweite von 9,26 m und eine maximale Startmasse von 1575 kg.

Auf zwei Übungsflugzeuge, Serienkennung MM.72 und MM.73, folgten drei Rennmaschinen MM.74 bis MM.76 und eine Zelle für statische Tests. Zu einem Rückschlag kam es am 21. September 1926, als der italienische Mannschaftsführer beim Absturz einer **M.39**-Übungsmaschine im Lago Maggiore den Tod fand. Dennoch wurde das Programm fortgeführt, und trotz der Vergaserprobleme ihrer A.S.2-Motoren nahmen alle drei Maschinen am Rennen des 13. November 1926 teil. Major Mario de Bernardi errang mit MM.76 den ersten Platz bei einer Durchschnittsgeschwindigkeit von 396,698 km/h, während Adriano Bacula mit MM.74 den dritten Platz belegte. Mit einer **M.39** gelang Mario de Bernardi am 17.11.1926 ein neuer Geschwindigkeitsrekord von 416,618 km/h über eine Strecke von drei km.

## Macchi M.41 und M.71

Die 1927 von Mario Castoldi entwickelte Macchi **M.41** war ein Jagdeinsitzer-Flugboot in der Auslegung eines Doppeldeckers mit stromlinienförmigem Rumpf, einem verbesserten Leitwerk und einem vereinfachten Gerüst samt Gehäuse für den Motor. Erst zwei Jahre nach diesem Prototyp (MM.77) folgte das Musterflugzeug **M.41bis** (MM.117), das sich kaum von seinem Vorgänger unterschied. So waren seine beiden starren Maschinengewehre höher im Bugraum gelagert, um Gischtprobleme auszuschalten. Zwei Baureihen **M.41bis** mit 41 Exemplaren wurden bestellt, die von 1931 bis 1938 die Ausrüstung der 164. und 166. Squadriglia der 88. Gruppo Autonomo di Czaccia Maritima in Vigna di Valle am Lago di Bracciano bei Rom stellten. Im Sommer 1936 gingen drei **M.41bis** an Spanien, die später während des Bürgerkriegs bei Francos Truppen auf Mallorca dienten.

Der Prototyp **Macchi M.71** (MM.125) erschien 1930 mit einer neuartigen Flügelverstrebung, die den raschen Abbau der Tragflächen für Abstellzwecke an Bord von Schiffen gestattete. Außerdem war die Zelle für Katapultstarts verstärkt.

***Die Macchi M.41bis (im Bild) unterschied sich von der ursprünglichen M.41 durch ihre geänderte Bewaffnung. Die beiden MGs waren höher im Bugraum eingebaut, um Sprühprobleme zu beseitigen.***

**TECHNISCHE DATEN**
**Macchi M.41bis**

**Typ:** Jagdeinsitzer-Flugboot
**Triebwerk:** ein Reihenmotor Fiat A.20 V.12 mit 302 kW (410 PS)
**Leistung:** Höchstgeschwindigkeit 255 km/h; Dienstgipfelhöhe 8000 m; Flugdauer drei Stunden, 20 Minuten
**Gewicht:** Rüstmasse 1107 kg; maximale Startmasse 1537 kg
**Abmessungen:** Spannweite 11,12 m; Länge 8,66 m; Höhe 3,12 m; Tragflügelfläche 31,92 m²
**Bewaffnung:** zwei starre, vorwärtsfeuernde Vickers-7,7-mm-Maschinengewehre

## Macchi M.52 und M.52R

Der Triumph seiner M.39 beim Schneider-Rennen von 1926 veranlaßte Mario Castoldi, die gleiche Grundformel auch bei der **Macchi M.52** anzuwenden, die erstmals Anfang August 1927 flog. Drei **M.52** wurden gebaut, jede mit einem neuen, 736 kW (1000 PS) starken Fiat A.S.3 als Antrieb. Die Abmessungen waren mit einer Spannweite von 8,98 m und einer Länge von 7,14 m leicht reduziert, und das maximale Abfluggewicht hatte sich um 60 kg verringert.

Probleme mit dem A.S.3-Motor führten dazu, daß bei dem Schneider-Rennen am 26. September 1927 in Venedig alle drei Maschinen vorzeitig ausschieden. Dennoch konnte Mario de Bernardi am 4. November desselben Jahres den Weltgeschwindigkeitsrekord auf 479,29 km/h erhöhen, errechnet als mittlerer Wert über die 3-km-Strecke.

Die einzige Macchi **M.52R** oder **M.52-bis** war eine überarbeitete Ausführung des Grundmodells **M.52.** Die Spannweite hatte man auf 7,85 m reduziert und zudem das Schwimmwerk strömungsgünstiger gestaltet. Testpilot De Bernardi führte diese Maschine am 30. März 1928 in Venedig zum neuen Weltgeschwindigkeitsrekord von 512,77 km/h.

***Im Jahre 1912 gab Jacques Schneider seine Absicht bekannt, internationale Rennen für Seeflugzeuge zu sponsern, um zu weiteren Luftfahrzeugkonstruktionen anzuspornen. Die Flugrennen lebten nach dem Krieg wieder auf und entwickelten sich zu hart umkämpften, internationalen Wettbewerben, bei denen stets mit italienischen Teilnehmern zu rechnen war. Auf Mussolinis Weisung wurde die M.52 speziell entwikkelt, um Flugrennen für Italien zu gewinnen. Beim Rennen von 1927 konnte dieses Muster den Triumph früherer Macchi-Entwürfe aber nicht wiederholen.***

Da eine der neueren M.67 abgestürzt war, sprang die **M.52R** als Teilnehmer am Rennen um die Schneider-Trophäe 1929 in Calshot ein und belegte einen achtbaren zweiten Platz, nachdem einige vielversprechendere Modelle vorher aufgeben mußten. Der Pilot, der die Maschine steuerte, war Tommaso Dal Mòlin, der 457,38 km/h erreichte.

# Macchi M.67

Die Arbeit am neuen Castoldi-Modell für das Schneider-Rennen 1929 in Calshot begann Ende 1928. Drei **Macchi M.67** (MM.103-105) wurden gebaut, deren Erstflüge Anfang August 1929 stattfanden. Im Vergleich zur M.52 hatte die **M.67** Rechteckflächen mit ausgerundeten Enden, einen schlankeren Rumpf und einen viel stärkeren Motor in Form des neuen von Giustano Cattaneo konstruierten Isotta-Fraschini 2-800, der 1325 kW (1800 PS) erzeugte. Um den damit verbundenen Kühlproblemen beizukommen, wurden die Flächenkühler des Flugzeugs durch zusätzliche Ölkühler ergänzt, die so in den Bug und am Hinterrumpf eingebaut waren, daß sie bündig mit der Außenhaut abschlossen. Später kamen weitere Kühlflächen an den Streben und an der Oberseite des Schwimmwerks hinzu.

Am 22. August stürzte Giuseppe Motta mit seiner **M.67** in den Gardasee, so daß nur noch zwei Maschinen dieses Typs für das Schneider-Rennen am 7. September gemeldet werden konnten. Eine mußte aufgeben, weil Motorabgase ins Cockpit eindrangen, und die andere, nachdem der Pilot Verbrühungen durch kochendheißes Wasser aus einer geborstenen Leitung des Kühlsystems davongetragen hatte.

Die **M.67** wies die gleiche Spannweite wie die M.52 auf, war aber mit 7,77 m etwas länger und hatte wegen des schwereren Motors ein höheres maximales Startgewicht von 2180 kg. Die geschätzte Spitzengeschwindigkeit lag bei 584 km/h.

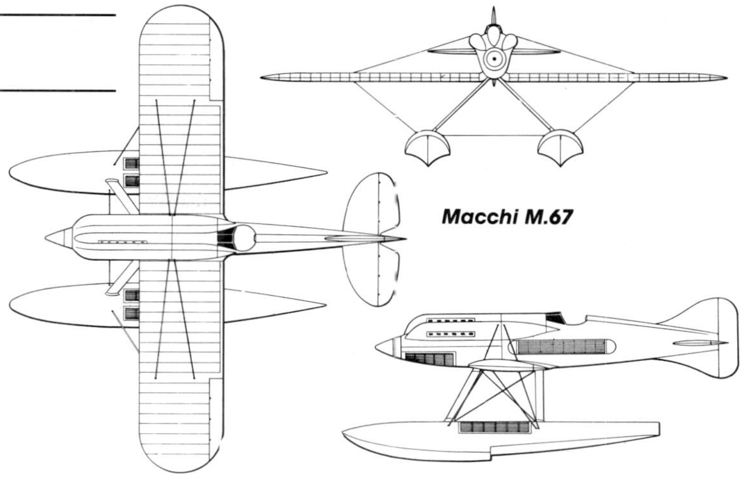

*Macchi M.67*

# Macchi M.C.72

Mit der **Macchi M.C.72** erreichte Mario Castoldi den Höhepunkt seiner Laufbahn als Konstrukteur von Luftfahrzeugen. Das zur Teilnahme am Schneider-Rennen 1931 bestimmte Muster war auf den neuen Fiat-Motor A.S.6 abgestimmt, den Tranquillo Zerbi entwickelt hatte. Das Triebwerk bestand aus zwei hintereinander montierten A.S.5 je 1104 kW (1500 PS) auf einem gemeinsamen Zylinderkurbelgehäuse. Tatsächlich trieb jeder A.S.5 über eine Koaxialwelle einen der beiden gegenläufigen Propeller an, so daß die Torqueprobleme früherer hochmotorisierter Seeflugzeuge auf dem Wasser beseitigt waren.

Verglichen mit früheren Macchi-Schwimmerflugzeugen zeigte die **M.C.72** eine neue Rumpfform, aber die Tragflächen und das Heck dieser schlanken Maschine verrieten die Ableitung von vorherigen Castoldi-Mustern. Die langen metallenen Doppelschwimmer hatte man gegen den Rumpf mit vier breiten Streben abgestützt, deren Flächen in den Kühlmittelkreislauf einbezogen waren. Die Oberseite der Tragflächen bedeckten Flachrohr-Oberflächenkühler, und auf der Oberseite des Schwimmwerks befanden sich zusätzliche Kühler. Die Ölkühleranlage war hinter dem offenen Cockpit seitlich und unten um den Hinterrumpf geschlungen.

Die erste von fünf **M.C.72** flog im Juni 1931 von Desenzano am Gardasee aus. Die Vergaseranlage bereitete Probleme, doch angesichts der erstaunlich kurzen Entwicklungsperiode ließen sich beachtliche Fortschritte verzeichnen. Am 2. August aber kam Giovanni beim Absturz seiner Maschine in den Gardasee ums Leben. Da man die Schwierigkeiten mit dem Modell bis zum Beginn des Schneider-Rennens 1931 nicht beheben konnte, verzichtete Italien in jenem Jahr auf die Teilnahme. Dennoch wurde die Entwicklung der **M.C.72** fortgeführt, obwohl auch die zweite Maschine bei einem Rekordversuch verlorenging. Zuletzt löste man die ständigen Vergaserprobleme des Flugzeugs durch die Verwendung eines speziellen Kraftstoffgemisches. Der Erfolg zeigte sich bald, und am 10. April 1933 erhöhte Unterleutnant Agello den Weltrekord über die 3-km-Strecke auf 682,078 km/h und gewann im Oktober 1933 den Coupe Louis Blériot. Am 23. Oktober 1934 steigerte Agello den absoluten Geschwindigkeitsrekord auf 709,209 km/h. Die von ihm geflogene **M.C.72** steht im Museum der Aeronautica Militare Italiana in Vigna di Valle, etwa 35 km von Rom entfernt.

***Die Macchi M.C.72 stellt die höchste Entwicklungsstufe des Rennschwimmerflugzeugs dar und hält den Weltgeschwindigkeitsrekord für kolbengetriebene Schwimmerflugzeuge. Trag- und Schwimmwerk sowie die Schwimmerstützen bildeten Kühlerfelder für den Motor.***

**TECHNISCHE DATEN**

**Typ:** einsitziges Rennseeflugzeug
**Triebwerk:** ein 24-Zylinder-Doppelmotor Fiat A.S.6 V.12 mit 2098 kW (2850 PS)
**Leistung:** Höchstgeschwindigkeit 708 km/h
**Gewicht:** Rüstmasse 2500 kg; maximale Startmasse 3025 kg
**Abmessungen:** Spannweite 9,48 m; Länge 8,32 m; Höhe 3,30 m; Tragflügelfläche 15 $m^2$

# Macchi M.C.94

Der Prototyp des Passagierflugzeugs **Macchi M.C.94** wurde von Castoldi als reines Flugboot konzipiert. Er erhielt in einer recht frühen Phase ein einziehbares Fahrgestell, blieb aber das einzige Amphibium der Baureihe **M.C.94.** Bei allen anderen elf Serienexemplaren handelte es sich um Flugboote. Das Muster war weitgehend aus Holz in der Auslegung eines freitragenden Hochdeckers mit zweifach gestuftem Bootsrumpf und einfachem Seitenleitwerk/Ruder konstruiert. Den Antrieb lieferten zwei Wright-Sternmotoren Cyclone SGR-1820-F52 je 574 kW (780 PS), und ab der siebten Serienmaschine wurden diese Motoren durch Alfa Romeo 126 RC 10 à 552 kW (750 PS) ersetzt. Die Kabine für die dreiköpfige Besatzung war vorn angeordnet, so daß Platz blieb, eine Hauptkabine für zwölf Passagiere einzurichten. Die **M.C.94** nahmen 1936 den Liniendienst auf Strecken der Ala Littoria im adriatischen Raum auf, und ein Teil blieb während des Zweiten Weltkrieges im Einsatz. 1939 wurden drei Flugboote an eine Fluglinie verkauft. Die **M.C.94** hatte eine Spannweite von 22,79 m, ein maximales Abfluggewicht von 8200 kg und erreichte eine Geschwindigkeit von 292 km/h.

***In Italien hatte der kommerzielle Flugbootverkehr in den zwanziger Jahren Hochkonjunktur. Die Hochdecker-Tragflächen gestatteten den Passagieren freie Sicht auf die Landschaft.***

# Macchi M.C.200 Saetta

Nach den italienischen Feldzügen in Ostafrika wurde ein Programm zur Neuausrüstung der Regia Aeronautica aufgestellt, und Mario Castoldi entwarf die Macchi **M.C.200 Saetta** (Blitz) entsprechend der Ausschreibung für einen Jagdeinsitzer. Der am 24. Dezember 1937 erstmals geflogene Prototyp (MM.336) war ein weitgehend aus Metall konstruierter freitragender Tiefdecker mit einziehbarem Spornrad-Fahrwerk, einer geschlossenen Kanzel und einem Fiat-Sternmotor A.74 RC 38 als Antrieb. Die Flugerprobung verlief äußerst erfolgreich, und aus dem Jägerwettbewerb, der 1938 stattfand, ging die **M.C.200** als eindeutiger Sieger hervor. Zu-

***Die ersten Macchi-Jäger M.C.200 hatten Cockpithauben, die den Piloten eine gute Rundumsicht gewährten. Aus irgendeinem Grunde bevorzugten die italienischen Flugzeugführer jedoch offene Kanzeln, was in den Anschlußbaureihen berücksichtigt wurde.***

nächst wurden 99 Serienjäger bestellt und die ersten im Oktober 1939 ausgeliefert. Als Italien im Juni 1940 in den Zweiten Weltkrieg eingriff, hatte die Regia Aeronautica rund 150 Exemplare übernommen. Die Produktion belief sich schließlich auf 1153 Jäger, davon etwa 400 von Macchi und der Rest von Breda und SAI-Ambrosini. Die **Saetta** wurde zunächst als Jagdschutz bei Luftangriffen gegen Malta im Herbst 1940 eingesetzt und kämpfte später in Griechenland, Nordafrika und Jugoslawien. Einige Exemplare nahmen 1941/1942 an Operationen an der Ostfront teil. Nach der Kapitulation Italiens im September 1943 wurden 23 **Saetta** auf Flugplätze der Alliierten in Süditalien überführt und dort anschließend von Jagdpiloten der freien italienischen Luftflotte geflogen.

**Varianten**
**M.C.200** (Prototypen): zwei Musterjäger mit dem 618 kW (840 PS) starken Fiat-Sternmotor A.74 RC 38
**M.C.200:** Bezeichnung der Serienversion mit leistungsgesteigertem A.74 RD; frühe, mittlere und späte Serienjäger hatten geschlossene, offene und halboffene Cockpits
**M.C.200AS:** tropentaugliche Ausführung
**M.C.200CB:** Jagdbomberversion mit Gehängen für eine Bombenlast bis zu 320 kg oder zwei Zusatztanks unter den Flächen
**M.C.201:** einzelner Versuchsjäger einer fortentwickelten Version mit überarbeitetem Rumpf und 736 kW (1000 PS) starkem Motor vom Typ Fiat A.76 RC 40; flog aber nur mit dem A.74 RC 38, und die Entwicklung wurde später zugunsten der M.C.202 aufgegeben

### TECHNISCHE DATEN
**Typ:** einsitziger Jäger/Jagdbomber
**Triebwerk:** ein Sternmotor Fiat A.74 RC 38 mit 649 kW (870 PS)
**Leistung:** Höchstgeschwindigkeit 502 km/h in 4500 m Höhe; Dienstgipfelhöhe 8900 m; Reichweite mit Zusatztanks 870 km
**Gewicht:** Leermasse 1895 kg; max. Startmasse 2590 kg
**Abmessungen:** Spannweite 10,58 m; Länge 8,19 m; Höhe 3,50 m; Tragflügelfläche 16,80 m²
**Bewaffnung:** zwei vorwärtsfeuernde 12,7-mm-Maschinengewehre im Motorgehäuse; einige späte Serienexemplare mit zwei zusätzlichen 7,7-mm-MGs in den Tragflächen bewaffnet

# Macchi M.C.202 Folgore

Mario Castoldi war überzeugt, daß sich das Potential der M.C.200 nur mit einem stärkeren Antrieb voll ausschöpfen ließ. Dies bestätigte sich beim Erstflug des Prototyps **Macchi M.C.202 Folgore** (Donnerschlag) am 10. August 1940, der von einem importierten Daimler-Benz DB 601A angetrieben wurde. Die unverzüglich in Serie gegebene **M.C.202** hatte wegen des größeren Motors einen neukonstruierten Rumpf (mit geschlossener Kanzel), aber Leitwerk, Fahrgestell und Tragflächen waren von der M.C.200 übernommen. In die frühen Serienjäger, die Macchi, Breda und SAI-Ambrosini parallel zur M.C.200 produzierten, wurden importierte DB 601A-1 eingebaut, bis Alfa Romeo eine Lizenzversion zu liefern in der Lage war. Da man letztere aber nur in begrenztem Umfang herstellen konnte, beschränkte sich die Zahl der **M.C.202** auf rund 1500 Exemplare. Davon fertigte Macchi 393 Maschinen, was die fortgesetzte Produktion der M.C.200 erklärt. Die ersten **M.C.202** wurden ab November 1941 in Libyen stationierten Einheiten zugewiesen, und im September des nächsten Jahres begann der Einsatz dieses Musters an der Ostfront.

***Die Macchi M.C.202 Folgore, eine Mischung aus Castoldis aerodynamischem Design und deutscher Motortechnik, war eines der besten italienischen Jagdflugzeuge des Zweiten Weltkriegs.***

**Varianten**
**M.C.202** (Prototyp): nur ein Exemplar; im Grunde eine ummotorisierte M.C.200 mit einziehbarem Heckrad-Fahrwerk
**M.C.202AS:** tropentaugliche Ausführung
**M.C.202CB:** Jagdbomberversion mit Gehängen für eine Bombenlast bis zu 320 kg oder zwei Zusatztanks
**M.C.202D:** Hierbei handelte es sich um einen einzelnen Versuchsjäger mit überarbeitetem Kühler

### TECHNISCHE DATEN
**Typ:** einsitziger Jäger/Jagdbomber
**Triebwerk:** ein 12-Zylinder-Reihenmotor (A-Form) Alfa Romeo RA. 1000 RC 41-I Monsone mit 865 kW (1175 PS)
**Leistung:** Höchstgeschwindigkeit 595 km/h in 5000 m Höhe; Dienstgipfelhöhe 11.500 m; Reichweite 765 km
**Gewicht:** Leermasse 2350 kg, maximale Startmasse 3010 kg
**Abmessungen:** Spannweite 10,58 m, Länge 8,85 m, Höhe 3,04 m, Tragflügelfläche 16,80 m²
**Bewaffnung:** zwei 12,7-mm-MG unter der Motorhaube; spätere Serien mit zwei weiteren 7,7-mm-MGs in den Tragflächen; ein Baulos hatte je eine 20-mm-Kanone unter den Tragflächen

# Macchi M.C.205V Veltro

***Macchi M.C.205V Veltro der 1. Squadriglia, 1. Gruppo der Aeronautica Nazionale Repubblicana, Ende 1943 in Norditalien stationiert.***

Der Prototyp der **Macchi M.C.205V Veltro** (Windhund) war im wesentlichen eine Weiterentwicklung der M.C.202, bei der eine Folgore-Zelle mit einem importierten Daimler-Benz DB 605A kombiniert wurde. Unmittelbar nach dem Erstflug am 19. April 1942 lief die Serienfertigung an, verzögerte sich dann allerdings, bis die Fiat-Lizenzausführung des 1086 kW (1475 PS) starken DB 605A, der RA.1050 RC 58 Tifone (Taifun), in ausreichender Zahl zur Verfügung stand. Die ersten **Veltro**-Jäger **M.C.205V** waren daher erst Mitte 1943 einsatzbereit. Ihr erstes Gefecht lieferten sie offenbar im Juli, als sie Torpedobomber bei Angriffen auf alliierte Seestreitkräfte vor der sizilianischen Küste unterstützten. Zwei Monate später, als die von Marschall Badoglio geleitete neue italienische Regierung mit den Alliierten Frieden schloß, verfügte die Regia Aeronautica über insgesamt 66 **Veltro**-Maschinen. Davon erreichten nur sechs Exemplare alliierte Flugplätze, um unter der freien italienischen Luftflotte weiterzukämpfen, und die übrigen flogen auf seiten Mussolinis. Nach dem Waffenstillstand wurde die Produktion in kleinem Maßstab fortgesetzt, so daß insgesamt 262 **Veltro** entstanden. Eine kleine Zahl diente der Luftwaffe zur Ausrüstung einer Jagdgruppe. Die **Veltro** gilt als das beste Jagdflugzeug, das die Italiener im Zweiten Weltkrieg gebaut haben, und war so berühmten Mustern wie der amerikanischen P-51D Mustang durchaus gewachsen.

**Varianten**
**M.C.205:** einzelner Prototyp mit der Standardbewaffnung der späten M.C.202 aus zwei 12,7-mm-Maschinengewehren und zwei 7,7-mm-MGs
**M.C.205V:** Bezeichnung der Serienmodelle, allgemein dem Prototyp entsprechend; später gebaute Maschinen mit zwei 20-mm-Kanonen statt der deutschen MG 151 in den Tragflächen; 262 Exemplare wurden gebaut
**M.C.205N-1:** Prototyp eines Höhenjägers mit weitergespannten Tragflächen und einer Bewaffnung aus einer motorgelagerten 20-mm-Kanone und vier rumpfmontierten 12,7-mm-Maschinengewehren
**M.C.205N-2:** alternativer Prototyp eines Höhenjägers, der sich nur durch die Bewaffnung mit drei 20-mm-Kanonen und zwei 12,7-mm-Maschinengewehren unterschied
**M.C.206:** Bezeichnung für den Prototyp einer weiterentwickelten Version, die aber nicht fertiggestellt wurde; das Muster hätte vermutlich eine nochmals erhöhte Spannweite aufgewiesen
**M.C.207:** Bezeichnung für den Prototyp einer fortentwickelten Version, die aber ebenfalls nicht fertiggestellt wurde; generell wie M.C.206, aber mit vier 20-mm-Kanonen in den Tragflächen

### TECHNISCHE DATEN
**Macchi M.C.205V Veltro**
**Typ:** einsitziger Jäger/Jagdbomber
**Triebwerk:** ein Reihenmotor Fiat RA.1050 RC 58 Tifone mit 1086 kW (1475 PS)
**Leistung:** Höchstgeschwindigkeit 642 km/h in 7200 m Höhe; Dienstgipfelhöhe 16.370 m; Reichweite 1040 km
**Gewicht:** Leermasse 2581 kg; max. Startmasse 3408 kg
**Abmessungen:** Spannweite 10,58 m; Länge 8,85 m; Höhe 3,04 m; Tragflügelfläche 16,80 m²
**Bewaffnung:** zwei 12,7-mm-Maschinengewehre und zwei 7,7-mm-MG; späte Serienmaschinen mit zwei 20-mm-Kanonen anstelle der 7,7-mm-MGs

# Macchi M.B.308 bis Martin 187 Baltimore

**Der leichte Bomber 187 Baltimore, im Zweiten Weltkrieg von der Firma Martin gebaut, wurde ausschließlich im Mittelmeerraum eingesetzt, wo seine Zuverlässigkeit und leichte Steuerbarkeit von Piloten und Bodenpersonal gleich geschätzt wurde. Die Glenn L. Martin Company war 1917 in Cleveland aus der Taufe gehoben worden, wurde 1957 zur Martin Company und gründete einen neuen Firmenzweig zur Beschleunigung der Errichtung von Startrampen für Vanguard-Erdsatelliten-Raketen.**

## Macchi M.B.308

Die von Ermano Bazzochi 1946 konstruierte Macchi **M.B.308** war ein freitragender Kabinen-Hochdecker. Die Maschine hatte ein starres Bugrad-Fahrgestell und bot Platz für zwei nebeneinandersitzende Personen. Die seriengefertigte **M.B.308** erzielte bei Sportveranstaltungen und Flugwettbewerben beachtliche Erfolge und war bei Privatpiloten für Sport- und Reiseflug ebenso beliebt wie als Schulflugzeug bei italienischen Fliegerclubs. Rund 15 Jahre lang blieb sie das weitverbreitetste Muster dieser Kategorie in Italien.

***Dies ist die dreisitzige Ausführung des Grundmusters M.B.308, die M.B.308G, erkennbar am zusätzlichen Kabinenfenster.***

Zu den Varianten zählten Zweisitzer mit dem 63 kW (86 PS) starken Continental-Motor C85 oder dem C90 mit 67 kW (90 HP/91 PS), der Dreisitzer **M.B.308** und die **M.B.308 Idro** mit Doppelschwimmern. Die Originalversion mit dem Continental-Motor C65 (65 PS) erreichte eine Spitzengeschwindigkeit von 175 km/h.

## Malmö Flygindustri MFI-9

Die A.B. Malmö Flygindustrie nahm die Flugzeugproduktion mit der **Malmö MFI-9 Junior** auf, die Björn Andreasson als **Andreasson BA-7** konstruiert hatte, bevor er in das Unternehmen eintrat. Der von einem Continental A65 mit 48 kW (65 PS) angetriebene Prototyp **BA-7** war bereits am 10. Oktober 1958 zum ersten Mal geflogen, doch die von MFI für die Serienproduktion gefertigten Musterflugzeuge und die nachfolgenden Serienmaschinen erhielten ein geändertes Leitwerk.

**TECHNISCHE DATEN**
**MFI-9B Trainer (Landflugzeug)**
**Typ:** zweisitziges Sport-/Schulflugzeug
**Triebwerk:** ein Vierzylinder-Boxermotor Rolls-Royce Continental O-200A mit 75 kW (102 PS)
**Leistung:** Höchstgeschwindigkeit 240 km/h in Meereshöhe; Dienstgipfelhöhe 4570 m; Reichweite mit maximaler Nutzlast 800 km
**Gewicht:** Leermasse 340 kg; max. Startmasse 575 kg
**Abmessungen:** Spannweite 7,43 m; Länge 5,85 m; Höhe 2 m; Tragflügelfläche 8,70 m²

Der abgestrebte Schulterdecker **MFI-9** hatte ein starres Bugrad-Fahrwerk, eine geschlossene Kabine mit zwei nebeneinander montierten Sitzen und einen beträchtlich stärkeren Boxermotor, den Rolls-Royce Continental O-200. In Deutschland wurde diese Version von Messerschmitt-Bölkow-Blohm unter der Bezeichnung **MBB 208 C Junior** mit rund 200 Exemplaren lizenzgefertigt. MFI baute 25 **MFI-9 Junior**, bis die Produktion auf die weiterentwickelte Variante **MFI-9B Trainer** (43 Maschinen) überging, die geänderte Leitwerksflächen, eine erweiterte Kabine und etliche Verfeinerungen aufwies. Beide **MFI**-Versionen waren auch mit Schwimmer- oder Schneekufen-Fahrgestell erhältlich. Die abschließende Version hieß **MFI-9 Militrainer**, von der die schwedische Luftwaffe zwei Prototypen zu Erprobungszwecken beschaffte. Diese unterschieden sich durch Aufhängungen unter den Tragflächen für diverse Flugkörper- und Raketentypen. Die Musterflugzeuge einer größeren Variante der **MFI-9** wurden 1969/70 unter den Bezeichnungen Saab **MFI-15** und **MFI-15B** geflogen.

***Die MFI-9 Junior wurde zum Standardtrainer MFI-9B der schwedischen Luftwaffe.***

## Martin 4-0-4

In dem Bemühen, einen Anteil am Nachkriegsmarkt für zivile Verkehrsflugzeuge zu erobern, brachte die Glenn L. Martin Company im November 1946 den Prototyp eines zweimotorigen Passagierflugzeugs mit 36 bis 40 Sitzen in die Luft, der die Bezeichnung **Martin 2-0-2** erhielt. Die ersten Vertreter dieses Typs wurden im Oktober 1947 in Dienst gestellt, doch als 1948 eine **2-0-2** aufgrund strukturellen Versagens der Tragflächen abstürzte, baute man die im Einsatz befindlichen Maschinen um und stellte die Produktion ein. Am 20. Juni 1947 war bereits der Prototyp der verbesserten Version **Martin 3-0-3** geflogen, aber da man ohnehin das Tragwerk neu konstruieren mußte, zog man die Entwicklung einer von Grund auf neuen **Martin 4-0-4** vor. Dieses Modell wies nicht nur die strukturellen Änderungen der Tragflächen auf, sondern führte auch einen druckbelüfteten Rumpf ein, der eine drei- bis vierköpfige Besatzung und 40 Passagiere aufnehmen konnte. Als die Produktion 1953 auslief, waren 103 Flugzeuge gebaut worden, davon zwei als Stabstransportmaschinen **RM-1G** ) für die Coast Guard, die dieses Duo später an die US Navy abgab.

**TECHNISCHE DATEN**
**Martin 4-0-4**
**Typ:** Kurz-/Mittelstrecken-Verkehrsflugzeug
**Triebwerke:** zwei Sternmotoren Pratt & Whitney R-2800-CB16 je 1790 kW (2434 PS)
**Leistung:** Höchstgeschwindigkeit 502 km/h in 4420 m Höhe; Dienstgipfelhöhe 8840 m; Reichweite mit maximaler Nutzlast 1738 km
**Gewicht:** Rüstmasse 13.211 kg; max. Startmasse 20.366 kg
**Abmessungen:** Spannweite 28,42 m; Länge 22,73 m; Höhe 8,66 m; Tragflügelfläche 80,27 m²

***Eine Martin 4-0-4 der in der Karibik niedergelassenen Marco Island Airways.***

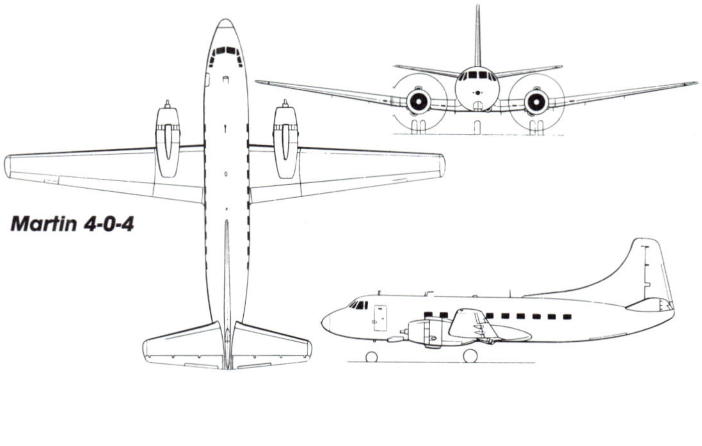

***Martin 4-0-4***

# Martin 167 Maryland

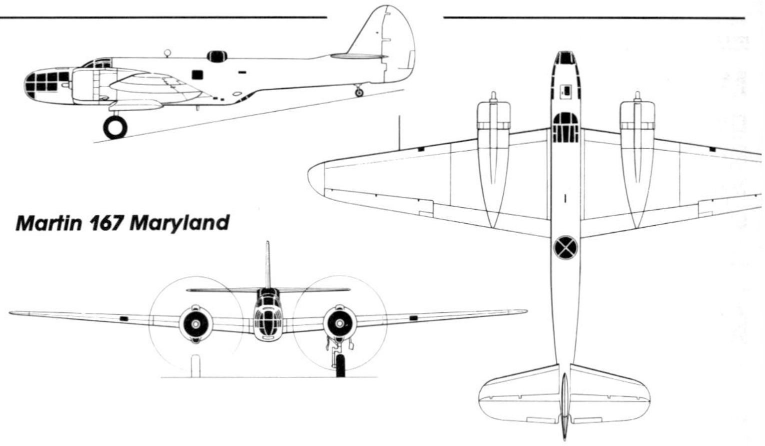

*Martin 167 Maryland*

Der Prototyp **Martin XA-22**, der den Anforderungen des USAAC für einen Kampfbomber genügen sollte, war als zweimotoriger, freitragender Mittel-/Tiefdecker mit einziehbarem Spornrad-Fahrgestell für eine dreiköpfige Besatzung ausgelegt. Nach dem Erstflug am 14. März 1939 wurde die Maschine amtlichen Prüfungen unterzogen und daraufhin vom USAAC abgelehnt. Noch vor dem Jungfernflug des Prototyps hatte die Firma bereits von Frankreich einen Auftrag über 115 Exemplare erhalten, deren Auslieferung sich jedoch bis zur Aufhebung des US-Waffenembargos im Oktober 1939 verzögerte. Inzwischen hatte Frankreich weitere 100 Flugzeuge geordert. Von diesem Modell **167F** waren bis zum Waffenstillstand Frankreichs im Juni 1940 erst 140 Maschinen ausgeliefert. Die in Frankreich **Martin 167A-3** bezeichneten Kampfbomber flogen bis Juni 1940 gegen die Achsenmächte und anschließend unter Vichy-Verbänden in Westafrika sowie in Nahost gegen die Alliierten.

Nach dem Zusammenbruch des französischen Widerstands in Europa wurde die ausstehende Lieferung von 75 Flugzeugen nach England umgeleitet. Diese und weitere 75 von der RAF bestellte Maschinen erhielten die Bezeichnung **Maryland Mk 1**. Ihnen allen dienten einfache Ladermotoren R-1830-SC3G Twin Wasp je 783 kW (1065 PS) als Antrieb.

Anschlußbeschaffungen der verbesserten Version **Maryland Mk II** mit leistungsstärkeren Motoren und zweistufigen Ladern ergaben nochmals 150 Exemplare für die RAF. Die zunächst im Zielschleppdienst und zur Fernaufklärung eingesetzten **Maryland** erwiesen sich als besonders wertvoll in der letztgenannten Rolle, machten sich aber auch als leichte Bomber verdient. Als erste operationelle Teileinheit wurde No. 431 Flight (später No. 69 Squadron) mit diesem Typ auf Malta aufgestellt, und später kämpfte er unter No. 39 und No. 223 Squadron in der West-Sahara. Etwa 72 **Maryland** der RAF wurden zur südafrikanischen Luftwaffe (SAAF) überstellt, die sie No. 12, 20, 21 und 24 Squadron zuwies. Zudem diente das Muster bei der Fleet Air Arm, und zu den herausragenden Kriegseinsätzen dieses Typs zählen die Aufklärungsflüge, die dem erfolgreichen Angriff der Fleet Air Arm im November des Jahres 1940 auf die im Hafen von Taranto vor Anker liegende italienische Kriegsflotte vorausgingen.

### TECHNISCHE DATEN
**Martin Maryland Mk II**

**Typ:** dreisitziger Aufklärer/Bomber
**Triebwerke:** zwei Sternmotoren Pratt & Whitney R-1830-S3C4G je 895 kW (1217 PS)
**Leistung:** Höchstgeschwindigkeit 447 km/h in 3595 m Höhe; Dienstgipfelhöhe 7925 m; Reichweite mit max. Bombenlast 1738 km
**Gewicht:** Leermasse 5086 kg; max. Startmasse 7624 kg
**Abmessungen:** Spannweite 18,69 m; Länge 14,22 m; Höhe 4,57 m; Tragflügelfläche 50 m²
**Bewaffnung:** vier Browning-7,7-mm-MGs in den Tragflächen, je ein 7,7-mm-MG Vickers „K“ in Gefechtsständen auf dem Rücken und unter dem Bauch sowie eine Höchstbombenlast von 907 kg

# Martin 170 Mars

Am 23. August 1938 bestellte die US Navy bei Martin einen einzelnen Prototyp des Entwurfs **Martin 170** für einen Patrouillenbomber in der Auslegung eines Flugboots. Dieses Musterexemplar mit der Bezeichnung **XPB2M-1** stellte bei seinem Erstflug am 3. Juli 1942 das größte Flugboot der Welt dar. Da die USA zu diesem Zeitpunkt in den Zweiten Weltkrieg eingetreten waren, entschied man sich gegen eine Beschaffung dieses Typs als Patrouillenbomber. Statt dessen wurde das Muster zur Verwendung im Transportdienst modifiziert und im Dezember 1943 mit der neuen Bezeichnung **XPB2M-1R** in Dienst gestellt. Das nach wie vor größte Flugboot im Einsatzverfügungsbestand der US Navy lieferte im Dezember 1944 einen überzeugenden Beweis seiner Fähigkeiten, als es knapp 9300 kg Fracht nach Hawaii transportierte und dabei 7564 km in nur 27 Stunden und 36 Minuten zurücklegte. Die US Navy erteilte daraufhin einen Auftrag über die Serienversion **JRM-1 Mars**, der 20 für die Transportrolle vorgesehene Flugboote beinhaltete, aber nach dem Ende des Zweiten Weltkriegs widerrufen wurde. Bis dahin waren erst fünf Exemplare und eine einzelne **JRM-2** für höhere Betriebsmassen fertiggestellt. Als man die fünf **JRM-1** später dem Standard **JRM-2** anglich, fiel ihnen die neue Bezeichung **JRM-3** zu. Diese leistungsfähigen Großflugboote mit einer Spannweite von 60,96 m wurden von vier Wright-Motoren R-3350-8 je 1715 kW (2332 PS) angetrieben.

***Die Martin JRM-2 war ein einzigartiges Luftfahrzeug, zugelassen für ein Startgewicht, das das der JRM-1 von 65.770 kg um 9072 kg übertraf. Die Tragflächen dieser Mars-Flugboote hatten eine Spannweite von fast 61 Metern.***

# Martin 187 Baltimore

Während der Maryland ein Forderungskatalog des USAAC zugrundegelegen hatte, wurde die **Martin 187** nach spezifisch britischen Vorgaben von der Maryland abgeleitet. Den Hauptunterschied machten stärkere Motoren und ein geräumigerer Rumpf aus, der den Besatzungsmitgliedern eine direkte Kommunikation ermöglichen sollte, denn bei Mustern wie der Maryland, Douglas Boston und Handley Page Hampden verhinderte der enge Rumpf, daß sie Verwundete versorgen und ihren Platz einnehmen konnten. Im Mai 1940 bestellte die RAF 400 solcher Flugzeuge namens **Baltimore**, und nachdem das Lend-Lease-Gesetz in Kraft getreten war, erging im Juni und Juli 1941 ein Auftrag über zwei weitere Baulose von 575 und 600 Maschinen. Die Gesamtzahl von 1575 Flugzeugen für die RAF wurde planmäßig produziert, doch nicht alle trafen in England ein, denn einige **Mk III** und **Mk IIIA** gingen bei der transatlantischen Überfahrt verloren, als zwei der Frachtschiffe versenkt wurden. Die ersten **Baltimore Mk I** kamen Ende 1941 zur Auslieferung, zunächst an Ausbildungseinheiten. Die folgenden **Mk II** gingen 1942 an No. 55 und No. 223 Squadron in Nahost. Sämtliche **Baltimore** wurden im Mittelmeerraum eingesetzt und erwiesen sich als effektive Tag- und Nachtbomber. Über den RAF-Bereich hinaus fand das Muster Verwendung bei der Royal Australian Air Force, der frei-französischen Luftwaffe, No. 13 Squadron, der italienischen Luftflotte und bei den südafrikanischen und türkischen Luftstreitkräften.

**Varianten**

**Baltimore Mk I:** erste Serienversion nach britischen Vorgaben mit Wright GR-2600-A5B Cyclone je 1193 kW (1622 PS); der Waffenturm auf dem Rumpfrücken war nur mit einem einzelnen, handbedientem Maschinengewehr vom Typ Vickers „K“ bestückt; 50 Exemplare

**Baltimore Mk II:** generell ähnlich der Mk I, aber mit handbedienten Vickers-Zwillings-MG im Rückenturm; 100 Exemplare

**Baltimore Mk III:** nach britischen Vorgaben verbesserte Version mit kräftigeren Wright-Motoren R-2600-19 und einem hydraulisch angetriebenen Boulton-Paul-Rückenturm mit vier Browning-7,7-mm-Maschinengewehren; 250 Flugzeuge

**Baltimore Mk IIIA:** erste Lend-Lease-Version, von der USAAF unter der Bezeichnung A-30 beschafft; generell ähnlich der Mk III, aber mit einem elektrisch angetriebenen Rückenturm von Martin, der zwei 12,7-mm-Maschinengewehre enthielt; 281 Flugzeuge

**Baltimore Mk IVA:** grundsätzlich wie Mk IIIA, aber mit Detailänderungen; von der USAAF unter der Bezeichnung A-30A beschafft; 294 Flugzeuge

**Baltimore Mk V:** letzte und mit 600 Exemplaren umfangreichste Serie; grundsätzlich wie Mk IV, jedoch mit stärkerem Antrieb durch R-2600-29 je 1268 kW (1724 PS); 600 Flugzeuge

***Die RAF setzte die Baltimore Mk V bei ihrer Luftflotte in Nordafrika (Desert Air Force) ein, wo sie sich als effektive Tag- und Nachtbomber bewährten.***

### TECHNISCHE DATEN
**Martin Baltimore Mk IV**

**Typ:** viersitziger leichter Bomber
**Triebwerke:** zwei Sternmotoren Wright R-2600-10 Cyclone 14 je 1238 kW (1684 PS)
**Leistung:** Höchstgeschwindigkeit 491 km/h in 3505 m Höhe; Dienstgipfelhöhe 7100 m; Reichweite mit einer Bombenlast von 454 kg 1741 km
**Gewicht:** Leermasse 7013 kg; max. Startmasse 10.251 kg
**Abmessungen:** Spannweite 18,69 m; Länge 14,80 m; Höhe 5,41 m; Tragflügelfläche 50 m²
**Bewaffnung:** vier 7,7-mm-MGs in den Tragflächen, zwei oder vier entsprechende Waffen im Rückenturm, zwei 7,62-mm-MGs und Vorrichtungen für vier entsprechende Waffen zur Abwehr nach hinten sowie eine Bombenlast von maximal 970 kg

## Martin AM-1 Mauler bis Martin P5M Marlin

**Die AM-1 war eine der wenigen einmotorigen Martin-Maschinen und kam ohnehin zur falschen Zeit, nämlich in den allerletzten Kriegsmonaten 1945, weshalb gar keine richtige Produktion mehr anlief. Mehr Erfolg hatte man danach mit den mehrmotorigen Modellen. Die Marauder ist bereits Luftfahrtgeschichte, und die RB-57D flog bei der USAF und für Nationalchina viele Erkundungseinsätze über kommunistischem Gebiet.**

# Martin AM-1 Mauler

Erste Kampferfahrungen im Zweiten Weltkrieg veranlaßten die US Navy zur Erarbeitung eines Anforderungsprofils für einen neuen einsitzigen Kampfbomber zum trägergestützten Einsatz. Auf die entsprechende Ausschreibung hin bot Martin die **Modell 210** an und sicherte sich einen Auftrag zum Bau zweier Prototypen **XBTM-1.** Als freitragender Tiefdecker mit einziehbarem Spornrad-Fahrgestell und einem P&W-Sternmotor XR-4360-4 als Antrieb mit 2237 kW (3042 PS) ausgelegt, absolvierte der Versuchsjagdbomber seinen Jungfernflug am 26. August 1944. Die erfolgreiche Erprobung der **XBTM-1** schlug sich in einem Auftrag über eine Serie von 750 **BTM-1** nieder. Bis zum Erstflug des seriengefertigten Jagdbombers am 16. Dezember 1946 hatte sich die Bezeichnung in **AM-1 Mauler** geändert, und da der Zweite Weltkrieg mittlerweile beendet war, beschränkte sich die Beschaffung auf 149 Exemplare. Im Oktober 1949 wurde die Produktion eingestellt. Die ersten **Mauler** erreichten VA-17A am 1. März 1948, doch den Maschinen war keine lange Dienstzeit vergönnt. Gegen Ende der Produktion ordnete die US Navy ihre Versetzung zu Reserveeinheiten an. Zu den 149 Maschinen zählten auch 17 **AM-1Q**, die zur Durchführung von elektronischen Gegenmaßnahmen ausgerüstet waren.

***Der Mauler-Prototyp XBTM-1, ein Torpedobomber, eignete sich aufgrund seiner mächtigen Landeklappen für den Trägereinsatz.***

**TECHNISCHE DATEN**
**Martin AM-1 Mauler**
**Typ:** einsitziger trägergestützter Kampfbomber
**Triebwerk:** ein Doppelsternmotor Wright R-3350-4 Cyclone 18 mit 2218 kW (3016 PS)
**Leistung:** Höchstgeschwindigkeit 591 km/h; Dienstgipfelhöhe 9295 m; Reichweite 2897 km
**Gewicht:** Leermasse 6577 kg; max. Startmasse 10.608 kg
**Abmessungen:** Spannweite 15,24 m; Länge 12,55 m; Höhe 5,13 m; Tragflügelfläche 46,08 $m^2$
**Bewaffnung:** vier 20-mm-Kanonen und 2041 kg an Bomben und Raketen

# Martin B-10, B-12 und B-14

Unter der Herstellerbezeichnung **Martin Modell 123** begann Martin Anfang der dreißiger Jahre mit Studien für einen modern konzipierten Bomber, von dem man sich das Interesse der US Army versprach. Der freitragende Mitteldecker mit einziehbarem Heckrad-Fahrgestell und zwei Wright SR-1820-E Cyclone je 448 kW (609 PS) als Antrieb war für eine dreiköpfige Besatzung ausgelegt. Bei der Prüfung im Juli 1932 wies der Versuchsbomber mit der Bezeichnung **XB-907** eine Spitzengeschwindigkeit von 317 km/h in einer Höhe von 1830 m nach, schneller als jedes der damals beim USAAC im Dienst befindlichen Jagdflugzeuge. Bevor dieses Muster zur Serienfertigung freigegeben wurde, mußten noch einige Änderungen vorgenommen werden, indem die Spannweite erhöht, der Bug durch einen Gefechtsstand für ein 7,62-mm-MG ergänzt und Wright R-1829-19 je 503 kW (684 PS) eingebaut wurden. Die offiziellen Tests der anschließend in **XB-907A** umbezeichneten Maschine erwiesen sich als zufriedenstellend, zumal die Geschwindigkeit noch um 16 km/h zugenommen hatte. Am 17. Januar 1933 wurde die Serienfertigung genehmigt. Den Prototyp **XB-907A** erwarb die US Army und teilte ihm die Dienstbezeichnung **XB-10** zu.

Die Indienststellung folgte im Juni 1934, und über die Aufgaben eines Bombers hinaus operierten einige Exemplare mit großen Zwillingsschwimmern im Patrouillendienst. Beim USAAC blieb das Muster bis Ende der dreißiger Jahre im Einsatz, und Martin exportierte den Typ nach Argentinien (35), China (neun), in die Niederlande (118), nach Siam (jetzt Thailand, 23), in die Sowjetunion (ein Exemplar) und in die Türkei (20). Die von holländischen Besatzungen in Niederländisch-Ostindien geflogenen Maschinen gehörten zu den ersten US-Bombern, die in den Zweiten Weltkrieg eingriffen.

***Martin B-10B der 28. Bombardment Squadron, USAAC, von 1937 bis 1941 in Luzon auf den Philippinen stationiert.***

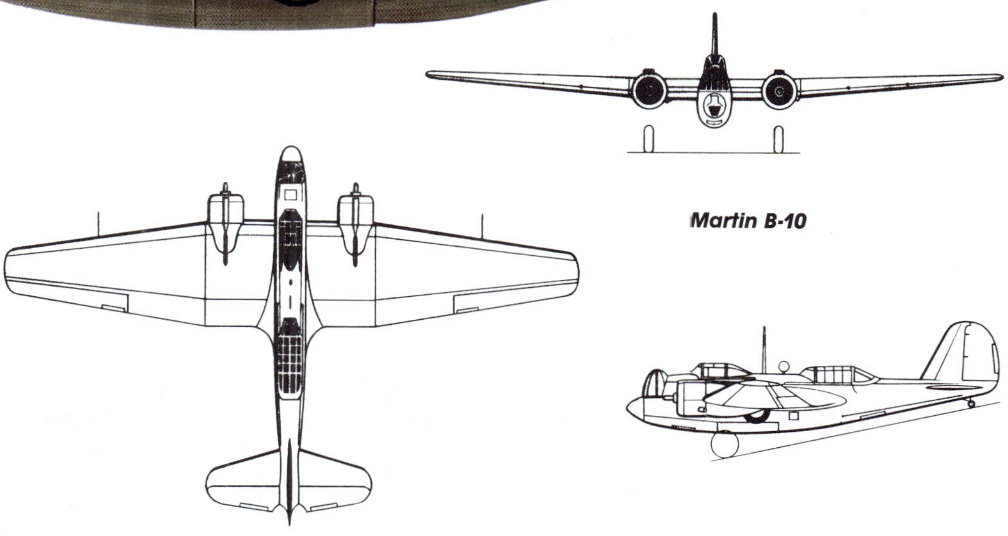

***Martin B-10***

**Varianten**

**YB-10:** erste Serienversion mit R-1820-25 je 503 kW (684 PS) und separaten Schließhauben über den Kanzeln des Piloten und des Bordschützen/Funkers; 14 Vorserienbomber gebaut

**B-10:** die Bezeichnung zweier zusätzlicher Serienbomber, wie YB-10

**YB-10A:** die Bezeichnung eines einzelnen Prototyps mit Turbolader-Motoren R-1820-25 je 503 kW (684 PS)

**RB-10MA:** USAAF-Bezeichnung einer Exportmaschine, die 1942 aus Niederländisch-Ostindien entkommen war und eingezogen wurde

**B-10B:** Hauptserienversion; wie YB-10,

aber mit stärkerem Antrieb
**B-10M:** neue Bezeichnung einiger B-10B, die zu Zielschleppmaschinen umgerüstet worden waren
**YB-12:** Serienversion; wie YB-10, aber von Pratt & Whitney R-1690-11 angetrieben
**B-12A:** Serienversion wie YB-12, aber mit Vorrichtungen zum Einbau eines Zusatztanks im Bombenschacht
**B-12AM:** neue Bezeichnung einiger B-12A, die zu Zielschleppmaschinen umgerüstet worden waren
**YB-13:** Bezeichnung einer geplanten Variante der YB-10 mit Pratt & Whitney R-1860-17 Hornet je 522 kW (710 PS)
**XB-14:** Bezeichnung eines einzelnen Versuchsbombers; ähnlich wie YB-10
**YO-45:** vorübergehende Bezeichnung einer YB-10 mit 503 kW (684 PS) starken Sternmotoren R-1820-17
**Modell 139:** Bezeichnung des Grundmodells für den Export
**Modell 139WH-1/2:** erste Exportserie für Niederländisch-Ostindien
**Modell 139WH-3/3A:** Exportfolgeserien für Niederländisch-Ostindien

### TECHNISCHE DATEN
**Martin B-10B**

**Typ:** dreisitziger mittlerer Bomber
**Triebwerke:** zwei Sternmotoren Wright R-1820-33 Cyclone je 578 kW (786 PS)
**Leistung:** Höchstgeschwindigkeit 343 km/h in optimaler Höhe; Dienstgipfelhöhe 7375 m; max. Reichweite 1996 km
**Gewicht:** Leermasse 4391 kg; max. Startmasse 7439 kg
**Abmessungen:** Spannweite 21,49 m; Länge 13,64 m; Höhe 4,70 m; Tragflügelfläche 62,99 m²
**Bewaffnung:** drei 7,62-mm-MGs in Bug-, Heck- und Bauchgefechtsständen sowie eine Bombenlast von 1025 kg

# Martin M-26 Marauder

***Eine Martin B-26G-1 Marauder der 456. Bomb Squadron, 323. Bomb Group, der neunten US Air Force, Ende 1944 im französischen Laon-Athies stationiert.***

Die auf eine Ausschreibung des USAAC von 1939 für einen mittelschweren Schnellbomber hin angebotene **Martin Modell 179** wurde im Vergleich zu den Angeboten anderer Hersteller als so überlegen beurteilt, daß im September 1939 ein Auftrag zur Produktion von 201 Exemplaren an Martin vergeben wurde. Etwas derartiges hatte es in der Geschichte des USAAC noch nie gegeben (weder Prototypen noch Vorserienmaschinen waren verlangt), und so flog der erste Serienbomber **B-26** am 25. November 1940. Das Muster, dem der Beiname **Marauder** verliehen wurde, war ein freitragender Schulterdekker mit einziehbarem Bugrad-Fahrgestell, dessen geräumiger Rumpf mit rundem Querschnitt für eine Crew von fünf Mann (später sieben) eingerichtet war. Für den Antrieb sorgten zwei Sternmotoren Pratt & Whitney R-2800-5 Double Wasp je 1380 kW (1877 PS). Die amtlichen Abnahmetests bestätigten, daß dieser Typ den strengen Spezifikationen mehr als genügte, allerdings war dieses Leistungsvermögen nur auf Kosten guter Langsamflugeigenschaften erreicht worden. Die nachfolgende **B-26A** führte einige Verbesserungen ein, die man aufgrund erster Einsatzerfahrungen für wünschenswert erachtet hatte, aber der damit verbundene Gewichtszuwachs verstärkte andererseits die Probleme der Marauder im Langsamflug. Die Ausbildungsunfälle häuften sich derart, daß eine Untersuchungskommission gebildet wurde, die zu entscheiden hatte, ob die Produktion eingestellt werden müsse. Sie entschied sich für die Einführung von Modifikationen, die die Flugleistungen bei niedrigen Geschwindigkeiten verbessern sollten, und zur Änderung der Handhabungstechniken. Im Endergebnis zeichnete sich die **Marauder** durch die niedrigste Flugunfallrate aller Typen im Bereich der 9. amerikanischen Luftflotte in Europa aus.

Anfangs blieb die **B-26** auf den pazifischen Einsatzraum beschränkt, aber ab November 1942 schlugen **B-26B** und **B-26C** in Nordafrika zu, wo schließlich zwölf Staffeln der 17., 319. und 320. Bombardment Groups der zwölften USAF mit diesem Muster ausgerüstet waren. Ihre Hauptaufgabe bestand darin, den alliierten Kampftruppen in Korsika, Italien, Sardinien und Südfrankreich Nahunterstützung zu liefern. Im taktischen Einsatz unter der neunten USAF gewannen die **Marauder** zunehmend an Stärke. Auf der Grundlage des Lend-Lease-Gesetzes erhielt die RAF insgesamt 522 **Marauder**, eingesetzt bei No. 14, 39, 326, 327 und 454 Squadron sowie bei No. 12, 21, 24, 25 und 30 Squadron der südafrikanischen Luftwaffe. Nach der mißglückten Verwendung als Torpedobomber operierten die britischen und südafrikanischen **Marauder** äußerst erfolgreich neben den **B-26** der 12. amerikanischen Luftflotte.

**Varianten**
**B-26:** erste Serienversion; 201 Exemplare wurden gebaut
**B-26A:** wie B-26, aber mit Sternmotoren R-2800-9 04-39 je 1380 kW (1877 PS), überarbeiteten Bordsystemen und einer schwereren Bewaffnung; 139 Exemplare
**B-26B:** verbesserte Hauptserie mit R-2800-41 je 1491 kW (2028 PS), revidierter Bewaffnung und Panzerschutz
**AT-23A** (später **TB-26B**): 208 B-26B, die 1943 zu Zielschlepp-/Schießausbildungsflugzeugen umgerüstet wurden
**CB-26B:** einige zu Transportmaschinen umfunktionierte B-26B
**B-26C:** Serienversion der separaten Fertigungsstrecke in Omaha, Nebraska; glich einer Untervariante der B-26B mit R-2800-43; 1210 Exemplare wurden gebaut
**AT-23B** (später **TB-26C**): neue Bezeichnung von 375 B-26C, die 1943 zu Zielschlepp-/Schießausbildungsflugzeugen umgerüstet wurden
**XB-26D:** Bezeichnung einer B-26, die versuchsweise mit einer Warmluftenteisungsanlage an den Nasenkanten des Trag- und Leitwerks ausgestattet wurde
**XB-26E:** Einzelexemplar in leichterer Ausführung und mit einem bis auf Höhe der Tragflächenhinterkante vorverlegten Rükkenturm
**B-26F:** Serienversion, bei der außer Änderungen in der Bordausrüstung die Tragflächen zur Verbesserung der Start- und Landeeigenschaften um 3,5° höher eingestellt waren; 300 Flugzeuge
**B-26G:** Serienversion; bis auf Detailänderungen wie B-26F; 893 Maschinen
**TB-26G:** letzte Serienausführung der B-26G zur Ausbildung von Besatzungen und zum Schleppen von Luftzielen
**XB-26H:** Umbezeichnung einer B-26G, mit der das für die Boeing B-47 vorgesehene Vierrad-Fahrgestell mit zwei Doppelrädern unter dem Rumpf getestet wurde
**JM-1:** neue Bezeichnung der 225 AT-23B, die zur US Navy versetzt wurden
**JM-1P:** eine kleine Zahl JM-1, die zu Luftbildaufklärern umgerüstet wurden
**JM-2:** siehe TB-26G
**Marauder Mk I:** RAF-Bezeichnung der im Lend-Lease-Rahmen beschafften B-26A
**Marauder Mk IA:** RAF-Bezeichnung der im Lend-Lease-Rahmen beschafften B-26B
**Marauder Mk II:** RAF-Bezeichnung der im Lend-Lease-Rahmen beschafften B-26C
**Marauder Mk III:** RAF-Bezeichnung der im Lend-Lease-Rahmen beschafften B-26F und B-26G

### TECHNISCHE DATEN
**Martin B-26G Marauder**

**Typ:** siebensitziger mittlerer Bomber
**Triebwerke:** zwei Sternmotoren Pratt & Whitney R-2800-43 Double Wasp je 1491 kW (2028 PS)
**Leistung:** Höchstgeschwindigkeit 455 km/h in 1525 m Höhe; Dienstgipfelhöhe 6035 m; Reichweite 1770 km
**Gewicht:** Leermasse 11.476 kg; max. Startmasse 17.327 kg
**Abmessungen:** Spannweite 21,64 m; Länge 17,09 m; Höhe 6,20 m; Tragflügelfläche 61,13 m²
**Bewaffnung:** elf 12,7-mm-MGs (4 x starr und 1 x beweglich im Bug, 2 x im Rückendrehturm, 2 x im Heckdrehturm und je 1 x in seitlichen Gefechtsständen in der Rumpfwanne) plus 1814 kg Bomben

***Auf diesem Bild sind die aerodynamische Rumpfform und die schlanken Tragflächen zu erkennen, die im Zusammenwirken mit den Double-Wasp-Sternmotoren der Marauder eine ausgezeichnete Leistung verliehen.***

# Martin XB-48

1944 veröffentlichte die USAAF ihr erstes Leistungsheft für einen schweren Strahlbomber, um den sich unter anderen auch Martin mit seiner **Modell 223** bewarb. Zwei Musterbomber **XB-48** wurden bestellt, von denen der erste am 14. Juni 1947 flog. Der große Schulterdecker konnte Bombenlasten bis zu 9072 kg tragen. Den Antrieb lieferten sechs Allison-Strahltriebwerke J35-A-5, die in drei Gondeln pro Seite unter die Tragflächen geschlungen waren und je 1701 kg Schub erzeugten. Das Fahrgestell war nach dem neuartigen Tandemkonzept mit Hauptbaugruppen vor und hinter dem Bombenschacht verwirklicht. Die Konkurrentin **Modell 223** mit einer Spannweite von 33 m ging bei der Vergabe des Produktionsauftrags leer aus.

***1947 rollte bei Martin der Prototypbomber XB-48 aus der Werkshalle. Die Entwicklung der Luftfahrzeugtechnik verlief derart rasant, daß dieses schwere Muster mit herkömmlichen Rechteckflügeln bereits veraltet war, noch bevor es sich in die Luft erheben konnte.***

# Martin XB-51

Die **Martin Modell 234** sollte einer Forderung der USAAF für einen Kampfbomber zur Luftnahunterstützung genügen und erhielt dementsprechend die Bezeichnung XA-45. Die Entwicklung schwenkte aber auf einen mittleren Bomber mit Strahlantrieb um, von dem zwei **XB-51** bezeichnete Prototypen bestellt wurden. Der freitragende Mitteldecker mit gepfeiltem Trag- und Leitwerk wurde von drei 2640 kg Schub starken Turbojet-Triebwerken J47-GE-7 oder -13 des Herstellers General Electric angetrieben, von denen zwei an unteren Stielen beidseitig am Vorderrumpf montiert waren, während sich das dritte im Hinterrumpf befand. Weitere fortschrittliche Merkmale waren die druckbelüftete Kabine für zwei Mann, Vorrichtungen für Starthilfsraketen (JATO) und ein Bremsschirm. Die erste Maschine flog 1949, doch trotz der ausgezeichneten Zuverlässigkeit und Steuereigenschaften dieses Musters blieb der Serienauftrag aus.

***Vom Strahlbomber Martin Modell XB-51 wurden nur zwei Exemplare gebaut.***

# Martin B-57

1950 wurde Martin die Lizenzfertigung der britischen English Electric Canberra gestattet – das erste Flugzeug ausländischer Prägung, das nach dem Zweiten Weltkrieg Einsatzverbänden der USAF zugeschleust werden sollte. Die erste **Canberra B-57A** rollte am 20. Juli 1953 von der Fertigungsstrecke. Nach nur acht Exemplaren wechselte die Herstellung zur **RB-57A**, die 1954 in Dienst gestellt wurde. Die in großer Stückzahl für Nachtstöreinsätze gebaute **B-57B** traf Anfang 1955 bei der 461. Bombardment Wing als erstem Verband des Tactical Air Command ein. Die **B-57** der USAF waren allerdings kaum ernsthaft gefordert, bis es zum Konflikt in Vietnam kam. Die zu dem Zeitpunkt bei Einheiten der Air National Guard fliegenden **B-57** wurden als Kampfbomber in Frontverbände zurückbeordert und nahmen in der Folgezeit an einer ganzen Reihe militärischer Aktionen in Vietnam teil. Auch die von Martin entwickelte und gefertigte Aufklärungsversion **RB-57D** errang in diesem Krieg beachtliche Erfolge.

**TECHNISCHE DATEN**
**Martin B-57B**
**Typ:** Nachtstörflugzeug
**Triebwerke:** zwei Strahltriebwerke Wright J65-W5 je 3266 kg Schub
**Leistung:** Höchstgeschwindigkeit 937 km/h in 12.190 m Höhe; Dienstgipfelhöhe 14.630 m; Reichweite 3701 km
**Gewicht:** Leermasse 11.793 kg; maximale Startmasse 24.948 kg
**Abmessungen:** Spannweite 19,51 m; Länge 19,96 m; Höhe 4,75 m; Tragflügelfläche 89,18 m²
**Bewaffnung:** acht 12,7-mm-Maschinengewehre oder vier 20-mm-Kanonen; 16 Raketen unter den Tragflächen und eine interne Bombenlast von maximal 2722 kg

***Ein schwarzer Glanzanstrich mit roten Markierungen stellte die Standardbemalung der Nachtstörflugzeuge B-57B dar.***

# Martin MB-1 und MB-2

***Die MB-2 war der erste Bomber, der ein Schlachtschiff versenkte – die deutsche „Ostfriesland" bei einem Test im Jahre 1921.***

Nachdem der amerikanische Luftfahrtpionier Glenn Martin die Partnerschaft mit der Wright-Martin Aircraft Corporation aufgelöst hatte, gründete er Ende 1917 die Glenn L. Martin Company in Cleveland, Ohio. Von der US Army aufgefordert, ein Bomberflugzeug zu entwickeln, das die O/400 von Handley Page übertreffen sollte, schlug der neue Firmeninhaber die **Martin MB-1** vor. Dieses Angebot wurde in Verbindung mit einem Serienauftrag über zehn Bomber angenommen, und schon am 17. August 1918 flog der erste Großbomber. Als einfacher Doppeldecker mit doppelten Seitenflossen/Rudern über dem Höhenleitwerk und vierrädrigem Hauptfahrgestell ausgelegt, wurde die **MB-1** von zwei Liberty-Reihenmotoren 12A je 298 kW (405 PS) angetrieben, die mit einem Gerüst zwischen Ober- und Unterflügel zu beiden Seiten des Rumpfes montiert waren. Die dreiköpfige Crew war in offenen Cockpits untergebracht. Die Auslieferung an den US Army Air Service begann im Oktober 1918, wobei die ersten sieben Exemplare die offizielle Bezeichnung **GMB** (Glenn Martin Bomber) trugen, obwohl vier der Maschinen für den Beobachtungsdienst vorgesehen waren. Die übrigen drei Flugzeuge dieses Auftrags wurden als Langstreckenmodell **GMT** (Glenn Martin Transcontinental), als Ausführung mit einer 37-mm-Bugkanone als **GMC** (Glenn Martin Cannon) und als zehnsitzige Passagiermaschine **GMP** (Glenn Martin Passenger) fertiggestellt. Anschließend wurden noch sechs modifizierte **MB-1** für den US Postal Service gebaut, von denen später die US Army einige übernahm.

Aus der **MB-1** entwickelte Martin die verbesserte, als Nachtbomber vorgesehene **MB-2**. Diese Version unterschied sich vom Original durch weiter gespannte und entsprechend verstärkte Tragflächen, die beigeklappt werden konnten, ein überarbeitetes Hauptfahrgestell, das mit zwei Rädern auskam, und leistungsstärkere Liberty-Motoren. 1920 bestellte die US Army 20 Flugzeuge unter Übernahme der Herstellerbezeichnung **MB-2**, aber der sechsten und allen nachfolgenden Maschinen fiel bei der Abnahme die Dienstbezeichnung **NBS-1** (Night Bomber Short range) zu. In der unmittelbaren Nachkriegsperiode, als die amerikanische Flugzeugindustrie eine gewaltige Durststrecke zu überwinden hatte, achtete die Regierung darauf, daß Produktionsaufträge breit gestreut wurden. Folglich wurde die **NBS-1** auch von Aeromarine (25), Curtiss (50, die letzten 20 davon mit Ladermotoren) und L.W.F. (35, davon vier als Schulflugzeuge mit Doppelsteuer) gefertigt.

**TECHNISCHE DATEN**
**Martin MB-2/NBS-1**
**Typ:** viersitziger Nachtbomber
**Triebwerke:** zwei V-12-Reihenmotoren Liberty 12 je 313 kW (426 PS)
**Leistung:** Höchstgeschwindigkeit 159 km/h in Meereshöhe; Dienstgipfelhöhe 2590 m; Reichweite 898 km
**Gewicht:** Leermasse 3297 kg; max. Startmasse 5472 kg
**Abmessungen:** Spannweite 22,61 m; Länge 13 m; Höhe 4,47 m; Tragflügelfläche 104,14 m²
**Bewaffnung:** fünf 7,62-mm-MGs und eine bis zu 816 kg schwere interne Bombenlast

# Martin Modell 130 China Clipper und Modell 156

Die für Fernflüge über den Ozean gedachte **Martin Modell 130 China Clipper** war ein viermotoriges Flugboot, dessen zweifach gestufter Bootsrumpf äußerst fortschrittlich gestaltet war. Drei Exemplare wurden 1935 für Pan American Airways gebaut; außer der vierköpfigen Crew konnte jede **Clipper** bei Tagesflügen 48 Passagiere befördern, und für den Nachtbetrieb ließ sich die Kabine für 18 Fluggäste in Schlafkojen herrichten. Den Antrieb besorgten vier 597 kW (812 PS) starke Sternmotoren Pratt & Whitney R-1830 Twin Wasp, die in Gondeln an der Nasenkante montiert waren. Mit der Modell 130 gewonnene Erfahrungen führten zur Konstruktion und Entwicklung der verbesserten **Modell 156,** die sich in mancherlei Hinsicht vom Original unterschied, grundsätzlich aber am Rumpf und Tragwerk der **Modell 130** festhielt. Neuerungen betrafen das abgestrebte Leitwerk mit doppelten Seitenflossen/Rudern, Wright-Sternmotoren der Bauart GR-1820-G2 Cyclone je 746 kW (1015 PS) anstelle der Twin Wasp und ein überarbeitetes Nutzungskonzept mit einer fünfköpfigen Besatzung und 46 Passagieren. Die Erprobung der **Modell 156** verlief erfolgreich, aber der Ausbruch des Zweiten Weltkriegs und die von der Firma eingegangenen Verpflichtungen zur Flugzeugproduktion für Großbritannien und Frankreich verhinderten die weitere Entwicklung des Flugboots. Die **Modell 130** nahmen bei Pan American am 21. Oktober 1936 auf der Strecke San Francisco–Manila den Liniendienst auf. Im Jahre 1942 requirierte die US Navy zwei Exemplare und nutzte sie im Transportdienst, ohne ihnen jedoch eine reguläre Dienstbezeichnung zukommen zu lassen.

***Bei ihrer Einführung im Jahre 1937 war die Modell 156 Soviet Clipper das größte Flugboot der Welt. Diese eindrucksvolle Maschine wurde später an die Sowjetunion verkauft.***

# Martin P4M Mercator

Die US Navy bemühte sich mehrmals um ein Einsatzmuster, dessen gemischter Antrieb sowohl ein großes Reichweitevermögen als auch ein hohes Leistungspotential im Zielgebiet ermöglichen sollte. Eines der Ergebnisse derartiger Ausschreibungen war die **Martin Modell 219,** von der am 6. Juli 1944 zwei Musterpatrouillenbomber **XP4M-1** bestellt wurden. Der erste dieser freitragenden Schulterdecker flog am 20. September 1946. Sein Antrieb bestand aus zwei Pratt & Whitney R-4360-4 Wasp Major je 2218 kW (3016 PS) und zwei Turbojet-Triebwerken Allison J33-A-17 je 1735 kg Schub. Nach einer längeren Entwicklungsphase wurden 19 **P4M-1** in Auftrag gegeben, von denen das erste Exemplar am 28. Juni 1950 der US-Marinestaffel VP-21 übergeben wurde. Auch alle anderen **Mercator** dienten bei dieser Staffel. Die meisten wurden zu Aufklärungsflugzeugen **P4M-1Q** umgerüstet, von denen eine abgeschossen wurde.

***Die Mercator war ein viermotoriges Luftfahrzeug, denn im Heck der Kolbenmotorgondeln steckte ein Strahltriebwerkspaar.***

**TECHNISCHE DATEN**
**Martin P4M-1 Mercator**

**Typ:** Patrouillenbomber
**Triebwerke:** zwei Sternmotoren Pratt & Whitney R-4360-20A je 2424 kW (3296 PS) und zwei Strahltriebwerke Allison J33-A-10A oder -23 je 2087 kg Schub
**Leistung:** Höchstgeschwindigkeit 660 km/h in 6125 m Höhe; Dienstgipfelhöhe 10.545 m; Reichweite 4570 km
**Gewicht:** maximale Startmasse 40.088 kg
**Abmessungen:** Spannweite 34,75 m; Länge 25,60 m; Höhe 7,95 m; Tragflügelfläche 121,79 m²
**Bewaffnung:** vier 20-mm-Kanonen und vier 12,7-mm-MGs (zwei im Rückenturm und je eines pro Rumpfseite) sowie eine Bombenlast von 2722 kg

# Martin P5M Marlin

Als die US Navy ein neues Patrouillenflugboot benötigte, entschied sich Martin für eine Weiterentwicklung der erfolgreichen PBM Mariner zur **Martin Modell 237.** Bei diesem Flugzeug hatte man das Tragwerk der Mariner mit einer neukonstruierten Bootswanne bzw. einem neuen Gleitboden kombiniert. Die Verwandtschaft beider Typen wurde durch die Tatsache unterstrichen, daß eine PBM-5 Mariner den Prototyp **XP5M-1** abgab, dem zu Beginn der Serienfertigung der Beiname **Marlin** verliehen wurde. Der modifizierte Rumpf der **XP5M-1** enthielt von einem Feuerleitradar aus gerichtete Bug- und Heckwaffentürme sowie einen motorisierten Rückenturm. Für den Antrieb der **Marlin** sorgten zwei Wright-Sternmotoren R-3350 je 2424 kW (3296 PS). Der Prototyp flog erstmals am 30. Mai 1948, aber bis die **P5M-1** in Serie ging, sollten noch zwei Jahre vergehen, so daß das erste Serienexemplar nicht vor dem 22. Juni 1951 in die Luft kam. Die Auslieferungen an US Navy Squadron VP-44 begannen am 23. April 1952, und das Muster blieb bis Mitte der sechziger Jahre in Dienst. Über die von der US Navy beschafften Flugboote hinaus wurden im Rahmen des US-Militärhilfeprogramms zehn Exemplare der späteren Version **P5M-2** an die französische Aéronavale geliefert.

**Varianten**
**P5M-1** (später **P-5A**): erste Serienversion; unterschied sich vom Prototyp durch Suchradar APS-80 anstelle des Bugwaffenturms, ein erhöhtes Flugdeck, Wegfall des Rückenturms und R-3350-30WA je 2535 kW (3447 PS); 160 Exemplare
**P5M-1G:** neue Bezeichnung von sieben P5M-1 für die US Coast Guard
**P5M-1S** (später **SP-5A**): Bezeichnung der P5M-1, nachdem MAD-, Horch- und Sonarbojen-Ortungsgeräte zur U-Boot-Abwehr eingerüstet worden waren
**P5M-1T** (später **TP-5A**): geänderte Bezeichnung der P5M-1G, nachdem die US Navy sie von der US-Küstenwache zur Ausbildung von Besatzungen übernommen hatte
**P5M-2** (später **P-5B**): zweite Serienversion mit modifiziertem Bootsrumpf und R-3350-32WA; 115 Exemplare produziert
**P5M-2G:** Bezeichnung von vier für die US Coast Guard gebauten P5M-2
**P5M-2S** (später **SP-5B**): neue Bezeichnung der meisten P5M-2, nachdem sie für die ASW-Rolle mit moderner Avionik und Ortungsausrüstung versehen waren

***Martins Modell 237 war das erste zweimotorige Flugboot, das nach dem Zweiten Weltkrieg für die US Navy zur U-Boot-Abwehr entwickelt wurde und zugleich das letzte, das bei der US Navy (bis 1966) Dienst tat. Die neuere Ausführung P5M-2 führte das markante „T-Leitwerk" ein, wie an dieser SP-5B von VR-40 zu sehen ist.***

**TECHNISCHE DATEN**
**Martin P5M-2**

**Typ:** Patrouillenflugboot mit elf Mann Besatzung
**Triebwerke:** zwei Sternmotoren Wright R-3350-32WA Turbo-Compound je 2573 kW (3499 PS)
**Leistung:** Höchstgeschwindigkeit 404 km/h in Meereshöhe; Dienstgipfelhöhe 7315 m; Reichweite 3299 km
**Gewicht:** Leermasse 22.900 kg; max. Startmasse 38.555 kg
**Abmessungen:** Spannweite 36 m; Länge 30,66 m; Höhe 9,97 m; Tragflügelfläche 130,62 m²
**Bewaffnung:** vier Torpedos, vier 907-kg-Bomben oder Minen bzw. kleinere Waffen bis zu 3629 kg in internen Schächten und bis zu acht 454-kg-Bomben oder Minen extern

# Martin P6M SeaMaster bis Maule-Flugzeuge

**Zwei der drei SeaMaster-Prototypen von Martin stürzten ab, und daraufhin stornierte die US Navy 1959 ihren Auftrag. Martin-Baker war seit den 50er Jahren am bekanntesten für Schleudersitze; aus dem Jahr 1938 stammte ein Jäger. Maule ist typisch für viele Hersteller leichter Flugzeuge nach 1945 in Amerika mit einfachen, robusten und relativ billigen Maschinen.**

## Martin P6M SeaMaster

Die Forderung der US Navy nach einem Hochleistungs-Mehrzweck-Flugboot erfüllte die Firma Martin mit der **Modell 275.** Der Ganzmetall-Bootsrumpf großer Länge nahm ein freitragendes Hochdecker-Pfeilflügeltragwerk mit so ausgeprägter negativer V-Stellung auf, daß die Stabilisierungsschwimmer an den Flächenenden dauerhaft angebracht werden konnten. Das hoch aufragende T-Leitwerk war durchweg gepfeilt. Die vier Allison-Strahltriebwerke hatte man paarweise auf den Tragflächen gelagert, um sie vor der Gischt zu schützen, und in der druckbelüfteten Kabine fand eine Fünfmann-Besatzung Platz. Der erste Prototyp **XP6M-1** flog am 14. Juli 1955, gefolgt vom zweiten am 18. Mai 1956.

***Die Martin XP6M-1 hob am 14. Juli 1955 von der Chesapeake Bay zum Erstflug ab. Während des Flugtestprogramms zerlegten sich zwei Maschinen in der Luft, doch ein Exemplar durchbrach die Schallmauer im leichten Sinkflug.***

Martin wurde mit dem Bau von sechs Vorserienflugbooten **YP6M-1** beauftragt, die Allison-J71-Strahltriebwerke mit einem Nachbrennerschub von je 5897 kg erhalten sollten. Die Erprobung führte zu einer Bestellung von 24 Serienmaschinen **P6M-2 SeaMaster,** die sich vom Vorgängermodell durch nachbrennerlose Turbojet-Triebwerke Pratt & Whitney J75-P-2 je 7711 kg Schub unterschieden. Dieser Auftrag wurde am 21. August 1959 gestrichen, nachdem erst drei Exemplare fertiggestellt waren, die man später zusammen mit den **YP6M-1** verschrottete.

## Martin PBM Mariner

Die **Martin Modell 162** von 1937 sollte einer Forderung der US Navy für ein neues Patrouillenflugboot genügen. Die Firma konstruierte zunächst den Einsitzer **162A** im Maßstab 1:4, um die Flugcharakteristik des Musters zu prüfen. Nach erfolgreichen Tests erteilte die US Navy einen Anschlußauftrag für das Einzelexemplar **XPBM-1** zur weiteren Entwicklung und Erprobung. Dieser Prototyp, der erstmals am 18. Februar 1939 flog, wurde von zwei Wright-Sternmotoren R-2600-6 Cyclone je 1193 kW (1622 PS) angetrieben. Die Motorgehäuse waren so groß ausgeführt, daß sie eine kombinierte Waffenlast von 907 kg Bomben und Wasserbomben aufnehmen konnten. Die in beträchtlicher Stückzahl und in mehreren Versionen gebaute **PBM Mariner,** wie dieses Muster schließlich bezeichnet wurde, bewährte sich vor allem im See- und Luftnotrettungsdienst, bei der U-Boot-Abwehr und im Transport. Die **PBM-3B Mariner** ging im Rahmen von Lend-Lease-Lieferungen an die RAF, die diesem Typ die Dienstbezeichnung **Mariner GR.Mk 1** zuteilte. Das erste Exemplar traf im August 1943 in Beaumaris, Anglesey, ein. Nach nur kurzer Zeit entschied die RAF jedoch, die **Mariner** nicht im Kampfeinsatz zu verwenden, und die Maschinen wurden bis zur Rückgabe an die USA in England eingelagert. Der andere Kriegsnutzer war die Royal Australian Air Force, die ab 1943 zwölf Exemplare übernahm. Nach dem Krieg gingen kleine Lieferungen aus dem Bestand der US Navy an Argentinien, die Niederlande und Uruguay.

***Martin PBM Mariner der Aviacion Naval Uruguaya (uruguayische Marineflieger), von 1956 bis 1963 in Punta del Este stationiert.***

**Varianten**

**XPBM-1:** erster Prototyp mit freitragenden Knickflügeln und einziehbaren Stützschwimmern

**PBM-1:** erste Serienversion; führte Höhenflossen mit positiver V-Stellung und einwärts geneigten Endplatten ein; 20 Exemplare gebaut

**XPBM-1A:** neue Bezeichnung der XPBM-1 nach Modifikation für Bewaffnungsversuche

**XPBM-2:** Einzelprototyp, grundsätzlich wie PBM-1, aber mit erhöhter Kraftstoffkapazität und Vorrichtungen für Katapultstart

**PBM-3B:** Bezeichung der PBM-3-Variante, die im Rahmen von Lend-Lease an die RAF geliefert wurde; erste Baureihe der PBM-3 und zugleich erste Serie mit größeren, nicht einziehbaren Stützschwimmern; die PBM-3B hatte 1268 kW (1724 PS) starke R-2600-12-Motoren in verlängerten Gondeln; 32 Exemplare

**PBM-3C:** der PBM-3B entsprechende Serienversion mit neuem Panzerschutz, einer Bombenlast von bis zu 1814 kg und geänderter Abwehrbewaffnung; 274 Exemplare, vier für die US Coast Guard

**PBM-3D:** Serienversion wie PBM-3C, aber mit stärkerem Antrieb durch R-2600-22, Suchradar, selbstdichtenden Kraftstofftanks, Vorrichtungen für bis zu 3628 kg Bomben, zwei Torpedos an Klauen unter den Tragflächen und geänderter Abwehrbewaffnung; 201 Exemplare

**XPBM-3E:** neue Bezeichnung einer zur Entwicklung eines Bordradars umgerüsteten PBM-3

**PBM-3R:** Transportversion der PBM-3 ohne Bewaffnung; führte Frachtladeklappen, einen verstärkten Kabinenboden und die Möglichkeit zum Einbau von 20 Truppensitzen ein; 50 Exemplare insgesamt gefertigt

**PBM-3S:** U-Jagdversion der PBM-3C mit zusätzlichen Treibstofftanks, einer auf vier MGs reduzierten Abwehrbewaffnung und der Möglichkeit zur Beladung mit vier 147-kg-Wasserbomben; 156 Exemplare wurden insgesamt gebaut

**XPBM-5:** Bezeichnung zweier Versuchsflugboote, grundsätzlich wie PBM-3D, aber mit 1566 kW (2130 PS) starken R-2800-34 Double Wasp von Pratt & Whitney ausgerüstet

***Ab der Serie PBM-3 wurde die Mariner mit starren Stützschwimmern unter den Tragflächen ausgerüstet.***

**PBM-5:** Hauptserienversion; wie XPBM-5, aber mit R-2800-22- oder -34-Motoren; 631 Exemplare gebaut

**XPBM-5A:** PBM-5-Einzelprototyp zur Erprobung eines einziehbaren Dreibeinfahrwerks, um Amphibientauglichkeit zu erreichen

**PBM-5A:** Serienausführung der XPBM-5A, hauptsächlich von der US Coast Guard im Luft- und Seenotrettungsdienst verwendet; 36 Exemplare

**PBM-5E:** Bezeichnung der mit Bordradar AN/APS-15 ausgerüsteten PBM-5

**PBM-5G:** neue Bezeichnung der vier PBM-5, die der US Coast Guard für den Luft- und Seenotrettungsdienst zugeführt wurden

**PBM-5M:** eine PBM-5E nach Ausrüstung mit Flugkörpern

**PBM-5S:** Bezeichnung einiger PBM-5 nach dem Einbau von Spezialgerät zur U-Boot-Abwehr

### TECHNISCHE DATEN

**Martin PBM-3D Mariner**

**Typ:** sieben-/achtsitziges Patrouillenflugboot

**Triebwerke:** zwei Sternmotoren Wright R-2600-22 Cyclone je 1417 kW (1927 PS)

**Leistung:** Höchstgeschwindigkeit 340 km/h in 455 m Höhe; Dienstgipfelhöhe 6035 m; Reichweite 3605 km

**Gewicht:** Leermasse 15.048 kg; max. Startmasse 26.308 kg

**Abmessungen:** Spannweite 35,97 m; Länge 24,33 m; Höhe 8,38 m; Tragflügelfläche 130,80 $m^2$

**Bewaffnung:** acht 12,7-mm-MGs in Bug- und Rückentürmen sowie seitlichen und hinteren Gefechtsständen und bis zu 3628 kg an Bomben oder Wasserbomben

# Martin SC-1/SC-2/T3M und T4M

Der erste Torpedobomber, den die Curtiss Aeroplane and Motor Company entwarf und baute, war ein dreisitziger Doppeldecker mit alternativem Schwimmer- oder Radfahrwerk, angetrieben vom Wright-Sternmotor T-2 (Curtiss CS-1) mit 391 kW (532 PS) oder Wright T-3 (Curtiss CS-2) mit 436 kW (593 PS). Nach der Auslieferung von sechs CS-1 und zwei CS-2 an die US Navy wurde die Produktion von weiteren 35 Maschinen an Martin vergeben. Unter der Bezeichnung **SC-1** baute Martin ein der CS-1 ähnliches Modell und erhielt auch den Anschlußauftrag über 40 der CS-2 entsprechende Maschinen, die als **SC-2** gefertigt und ausgeliefert wurden. Die US Navy führte die **SC-2** als **T2M.** Als Martin eine verbesserte Version entwickelte, erhielt diese die Bezeichnung **T3M.** Sie unterschied sich vor allem durch ein Stahlrohr-Rumpfgerüst, das den Piloten und den Torpedoschützen weiter vorn aufnahm. Ende 1926 begann die Auslieferung von 24 **T3M-1** mit Wright-Motor T-3B, der 429 kW (583 PS) erzeugte. Es folgte die Beschaffung von 100 **T3M-2** mit gleicher Spannweite und 529 kW (719 PS) starkem Packard-Triebwerk 3A-2500. Martins letztes Serienmodell war die **T4M-1** mit Pratt & Whitney-Sternmotor R-1690-24, von der 1927/28 102 Exemplare zur Auslieferung kamen, ehe das Martin-Werk in Cleveland an die Great Lakes Aircraft Corporation verkauft wurde. Als diese Firma die Möglichkeit erhielt, die Produktion der **T4M-1** fortzusetzen, stellte sie 18 **TG-1** und 32 **TG-2** mit R-1690-28 beziehungsweise Wright R-1820-56-Cyclone-Motor her. Ausführungen der **T3M-2** und **T4M-1** mit Radfahrgestell dienten an Bord der Flugzeugträger USS Lexington und USS Saratoga. Die bei Reserveeinheiten eingesetzten **T4M-1** hielten sich noch bis Mitte der dreißiger Jahre im Dienst.

### TECHNISCHE DATEN
**Martin T4M-1**

**Typ:** dreisitziger Torpedobomber/Kundschafterflugzeug
**Triebwerk:** ein Sternmotor Pratt & Whitney R-1690-24 Hornet mit 391 kW (532 PS)
**Leistung:** Höchstgeschwindigkeit 183 km/h in Meereshöhe; Dienstgipfelhöhe 3085 m; Reichweite 584 km
**Gewicht:** Leermasse 1783 kg; max. Startmasse 3661 kg
**Abmessungen:** Spannweite 16,15 m; Länge 10,85 m; Höhe 4,50 m; Tragflügelfläche 60,94 m²
**Bewaffnung:** ein 7,62-mm-MG auf Scarff-Ringlafette im hinteren Cockpit und ein außen mitgeführter Torpedo

**Varianten**

**XT3M-3:** neue Bezeichnung der ersten T3M-2 nach Einbau des Sternmotors Pratt & Whitney R-1690-24 Hornet
**XT3M-4:** neue Bezeichnung der XT3M-3 nach Einbau des Wright-Sternmotors R-1750 Cyclone
**XT4M-1:** Prototyp der Version T4M-1 mit R-1690-Motor

***Die Martin T4M-1 war ein Abkömmling der T3M mit P&W-Sternmotor anstelle des bisherigen Wright-Triebwerks. Dieses Exemplar von VT-28 kurvt hier über der USS Saratoga.***

# Martin-Baker-Flugzeuge

James Martin gründete 1934 die Martin-Baker Aircraft Company, um Flugzeuge zu bauen, die auf einer ungewöhnlichen, von ihm selbst entwickelten Gerüstbauweise aus Stahlrohr basierten. Diese Konstruktion war angeblich robust und leichtgewichtig, preiswert zu bauen und zu reparieren. Das erste praktikable Flugzeug mit dieser Struktur war die **Martin-Baker M.B.1,** ein freitragender Tiefdecker mit geschlossener Kabine für zwei Personen und einem 119 kW (162 PS) starken Napier Javelin IIIA als Antrieb. Der Erstflug dieser Maschine fand im März 1935 statt. Nur ein Versuchsexemplar wurde gebaut, das im Frühjahr 1938 einem Brand zum Opfer fiel. Martin-Baker wandte sich daraufhin der Konstruktion eines Jagdeinsitzers gemäß der Air Ministry Specification F.5/34 zu. Diesen Prototyp **M.B.2** finanzierte er ausschließlich mit Eigenkapital. Der freitragende Tiefdecker, angetrieben von einem Napier Dagger III „H"-Motor mit 746 kW (1015 PS), flog erstmals am 3. August 1938. Obwohl der Typ zahlreiche fortschrittliche Merkmale aufwies und bei Tests eine Spitzengeschwindigkeit von 563 km/h nachwies, kam es zu keiner Bestellung, und die Maschine wurde schließlich verschrottet.

Mit der **M.B.3** folgte ein noch leistungsfähigerer Versuchsjäger, der der Forderung F.18/39 nach einem Jagdeinsitzer zur Ablösung der Hawker Hurricane und der Supermarine Spitfire genügen sollte. Der Tiefdecker mit einem 1506 kW (2048 PS) starken Napier-Reihenmotor Sabre II als Antrieb flog erstmals am 31. August 1942, und bei der Erprobung erreichte er eine Höchstgeschwindigkeit von 668 km/h. Mit einer Bewaffnung von sechs 20-mm-Kanonen besaß dieses Muster ein beachtliches Kampfpotential, doch seine Entwicklung wurde nach dem Absturz des Prototyps am 12. September 1942 nicht fortgeführt. Die Bezeichnung **M.B.4** betraf einen neuen Jäger, der die Zelle der **M.B.3** mit einem Griffon-Triebwerk von Rolls-Royce verbinden sollte. Dieses Projekt konnte Martin-Baker nicht verwirklichen, verfolgte die Idee aber mit dem Einzelexemplar **M.B.5** weiter. Dieser Jagdeinsitzer wurde von einem Griffon 83 angetrieben, dessen Leistung von 1745 kW (2373 PS) ein dreiblättriger Gegenlauf-Doppelpropeller umsetzte. Der Prototyp flog erstmals am 23. Mai 1944, aber trotz ausgezeichneter Flug- und Steuereigenschaften sowie einer Spitzengeschwindigkeit von 740 km/h in 6095 m Höhe blieb der **M.B.5** die Serienfertigung versagt. Die **M.B.6,** das letzte Modell dieser Firma, war als strahlgetriebener, schwanzloser Deltaflügler konzipiert, doch auch dieser Jäger kam über die Projektphase nicht hinaus. James (später Sir James) Martin nutzte sein Talent als Konstrukteur später für eine Erfindung, die ihm Weltruhm einbrachte: den Martin-Baker-Schleudersitz, der bis heute mehr als 6000 Flugzeugführern das Leben gerettet hat.

***Der Versuchsjäger M.B.3 erbrachte hervorragende Flugleistungen und verfügte mit sechs 20-mm-Kanonen über eine starke Bewaffnung. Captain Baker kam beim Absturz dieser Maschine ums Leben.***

***Der vielleicht beste während des Zweiten Weltkriegs in England konstruierte Jäger, die M.B.5, vereinte gute Flugleistungen, Wendigkeit und Feuerkraft in einer schnittigen Zelle.***

# Martinsyde F (Serienjäger)

Diese Baureihe begann mit der **Martinsyde F.1,** einem zweisitzigen Doppeldecker mit offenen Tandem-Cockpits für die Besatzung. Seltsamerweise flog der Pilot auf dem hinteren Sitz, so daß der Beobachter ein stark begrenztes Schußfeld für sein schwenkbares MG vorgefunden und auf das Richten von starr eingebauten vorwärtsfeuernden MGs keinen Einfluß hätte nehmen können. Nur zwei **F.1** wurden gebaut und mit einem 186 kW (253 PS) starken Rolls-Royce-Motor ausgestattet. Da dieses Duo aber über die offiziellen Tests nicht hinauskam und unbewaffnet flog, läßt sich nur schwer einschätzen, welche Bewaffnung die **F.1** erhalten hätte. Von der folgenden **F.2** entstand nur ein Exemplar, ein kompakterer, zweisitziger Doppeldecker mit Tandem-Cockpits und einem Hispano-Suiza-Motor, der 147 kW (200 PS) erzeugte. Die Maschine nahm zwar an den amtlichen Prüfungen teil, hatte aber trotz umgekehrter Crew-Positionen wenig Aussicht auf Erfolg, da das Sichtfeld des Piloten durch die Tragflächenmittelstücke über und unter ihm viel zu stark beeinträchtigt wurde.

Der Jagdeinsitzer **Martinsyde F.3** war im Grunde eine kleinere Ausgabe der **F.2,** bei der der Pilot in einem offenen Cockpit knapp hinter dem Tragwerk mit großen Ausschnitten an der Hinterkante des Mittelstücks saß. Das aerodynamisch verfeinerte Modell wurde von einem Versuchsmotor Rolls-Royce Falcon mit 213 kW (290 PS) angetrieben und wies bei den offiziellen Tests vorzügliche Leistungen nach. Die Bewaffnung bestand aus zwei synchronisierten, vorwärtsfeuernden MGs. Sechs **F.3** mit 205 kW (279 PS) starkem Rolls-Royce Falcon III wurden bestellt. Dies war offenbar die Vorserie für die weitgehend ähnliche **F.4 Buzzard,** die sich vor allem durch das weiter hinten angeordnete Pilotencockpit und einen stärkeren Hispano-Suiza-Motor unterschied. Die RAF gab eine große Stückzahl in Auftrag, aber bis zum Ende des Ersten Weltkriegs waren erst 60 Maschinen ausgeliefert, so daß Martinsyde sich mit einem Bestand von

200 **F.4** konfrontiert sah. Ein Teil wurde an ausländische Luftstreitkräfte verkauft, und andere dienten als Ausgangsprodukte für eine Reihe ziviler Varianten.

**Varianten**
**Martinsyde F.4A:** zweisitzige Reiseausführung der F.4
**Martinsyde Type A.Mk I:** zweisitzige Langstreckenausführung der F.4
**Martinsyde Type AS.Mk I:** Variante der A.Mk I mit Schwimmwerk
**Martinsyde Type A.Mk II:** umgebaute F.4 mit geschlossener Kabine für vier Personen vor dem offenen Pilotencockpit
**Martinsyde F.6:** zweisitzige, umgerüstete F.4 mit geändertem Trag- und Fahrwerk
**Martinsyde A.D.C.1:** Bezeichnung einer von der Aircraft Disposal Company entwickelten Version, nachdem Martinsyde 1921 zahlungsunfähig geworden war; der Hauptunterschied bestand im Antrieb in Form eines 295 kW (401 PS) starken Jaguar-Sternmotors von Armstrong Siddeley
**Nimbus Martinsyde:** eine von A.D.C. auf den eigenen, 224 kW (305 PS) starken Nimbus-Motor umgestellte Maschine
**Martinsyde A.V.1:** eine weitgehend der F.4A entsprechende Maschine für den Triebwerkskonstrukteur Amherst Villiers

***Martinsyde F.4 Buzzard der portugiesischen Jagdflieger, 1923 in Tancos stationiert.***

**TECHNISCHE DATEN**
**Martinsyde F.4**
**Typ:** Jagdeinsitzer
**Triebwerk:** ein Reihenmotor Hispano-Suiza V-8 mit 221 kW (300 PS)
**Leistung:** Höchstgeschwindigkeit 108 km/h in Meereshöhe; Dienstgipfelhöhe 7620 m; Flugdauer 2 Stunden, 30 Minuten
**Gewicht:** Leermasse 776 kg; maximale Startmasse 1038 kg
**Abmessungen:** Spannweite 9,99 m; Länge 7,77 m; Höhe 3,15 m; Tragflügelfläche 29,73 m²
**Bewaffnung:** zwei synchronisierte, vorwärtsfeuernde Vickers-7,7-mm-MGs

# Martinsyde G.100 Elephant und G.102

Im Sommer 1915 konstruierte Martinsyde einen gegenüber der S.1 stark verbesserten und beträchtlich größeren Patrouilleneinsitzer in der Auslegung eines Doppeldeckers. Im September desselben Jahres startete der Prototyp **Martinsyde G.100** zum Erstflug. Die größeren Abmessungen resultierten aus der Forderung nach fünfstündiger Flugdauer zum Einsatz als Begleitschutz für zweisitzige Beobachtungs- und Aufklärungsflugzeuge. Die **G.100,** angetrieben vom Beardmore-Motor mit 89 kW (121 PS), wurde in kleiner Zahl an die Staffeln verteilt und im Frühjahr 1916 an der Westfront eingesetzt. In Frankreich erhielten die Maschinen den Spitznamen **Elephant,** vermutlich wegen der für ein einsitziges Kundschafterflugzeug erstaunlichen Größe. Die einzige komplett mit diesem Muster ausgerüstete Staffel war No. 27 Squadron, deren Verbandswappen seitdem einen Elefanten enthält. Auf die **G.100** folgte Ende 1916 die verbesserte **G.102** mit einem stärkeren Beardmore-Motor, der eine schwerere Zuladung erlaubte, allerdings auf Kosten der Flugdauer. In der Folge wurde diese Version vermehrt in der Bomberrolle eingesetzt. Insgesamt entstanden rund 300 **G.100/102,** von denen 133 an Westfrontstaffeln, 64 an Einheiten in Nahost und der Rest an Ausbildungseinheiten gingen. Von diesem Grundmuster wurde 1917 noch ein verbesserter Doppeldecker-Jagdeinsitzer **Martinsyde RG** abgeleitet. Die von einem Rolls-Royce-Falcon-Motor mit 142 kW (193 PS) angetriebene **RG** demonstrierte ausgezeichnete Flugleistungen. Die Serienfertigung des Flugzeugs unterblieb jedoch aus Mangel an Falcon-Motoren.

**TECHNISCHE DATEN**
**Martinsyde G.102**
**Typ:** einsitziges Pfadfinderflugzeug
**Triebwerk:** ein Reihenmotor Beardmore mit 119 kW (162 PS)
**Leistung:** Höchstgeschwindigkeit 167 km/h in 610 m Höhe; Dienstgipfelhöhe 4875 m; Flugdauer 4 Stunden, 30 Minuten
**Gewicht:** Leermasse 813 kg; max. Startmasse 1115 kg
**Abmessungen:** Spannweite 11,58 m; Länge 8,23 m; Höhe 2,95 m; Tragflügelfläche 38,09 m²
**Bewaffnung:** zwei Lewis-7,7-mm-MGs (ein vorwärtsfeuerndes MG auf dem Oberflügel und ein rückwärtsfeuerndes MG auf einer Stütze hinter dem Cockpit) sowie eine maximale Bombenlast von 118 kg an Gehängen unter den Flügeln und unter dem Rumpf

***Für einen Jagdeinsitzer war die Martinsyde F.100 zu groß geraten. Aufgrund ihrer Höhenqualität und guten Reichweite wurde sie zum Aufklärer und leichten Bomber G.102 umgebaut.***

# Maule-Flugzeuge

Belford Maule begann 1956 mit dem Entwurf eines Leichtflugzeugs, das eine geschlossene Kabine für vier Personen aufwies und die Bezeichnung **Maule M-4** erhielt. Die am 8. September 1961 erstmals geflogene Maschine war ein abgestrebter Eindecker mit starrem Spornrad-Fahrwerk und einem Continental O-300-A mit 108 kW (147 PS) als Antrieb. Die Serienfertigung lief 1963 an, und seitdem wurden mehr als 1100 Exemplare der **M-4** verkauft. Maule vermarktete dieses Muster als **M-4 Jetasen,** und Ende 1964 erschien die **M-4 Rocket** mit einem Continental IO-360-A, der 157 kW (214 PS) entwickelte. Zu den späteren Varianten zählten eine Luxusausführung der **Jetasen,** die **M-4 Astro-Rocket** mit einem 134 kW (182 PS) starken Franklin-Motor 6A-335-B1A, und die **M-4 Strata-Rocket,** deren Franklin-Motor 6A-350-C1 164 kW (223 PS) abgab.

1968 verlegte die Firma ihren Sitz nach Moultrie, Georgia, um hier eine verbesserte **M-5** auf der Grundlage der **M-4 Strata-Rocket** zu entwickeln. Das neue Modell unterschied sich durch eine um 30 Prozent größere Fläche des Landeklappensystems und erweiterte Leitwerksflächen, um bessere Kurzpistenleistungen zu erreichen. Zwei 1971 geflogene Prototypen leiteten zur Linie **Lunar Rocket** über. Sie umfaßte die **M-5-210C Strata Rocket** und die **M-5-220C,** angetrieben von Franklin-Motoren mit 157 kW und 164 kW (214 PS/223 PS). Beide gingen im Frühjahr 1974 in Produktion. Spätere Versionen waren die viertürige **M-5-180C** mit einem O-360-C1F (134 kW/182 PS), die **M-5-210TC** mit Turbolader und die **M-5-235C** mit einem Avco Lycoming O-540-J1A5D. Letztere wurde zur **M-6-235 Super Rocket** mit einem um 71 cm weiter gespannten Tragwerk, höherem Gesamtgewicht und erweitertem Tankvolumen weiterentwickelt. Die **Super Rocket** wiederum brachte die **Maule Patroller** hervor. Maule Aircraft unterlag 1984 Kapitel 11 des amerikanischen Konkursgesetzes, und zur Fortführung der Produktion einer neuen Variante, der **M-7,** wurde Maule Air Inc. gegründet. Die **M-7-235 Super Rocket** hat eine größere Kabine mit zusätzlichen Fenstern und weiteren Verfeinerungen. Derzeit in der Entwicklung befinden sich die **MX-7-180 Star Rocket** mit Bugrad-Fahrgestell und die Turboprop-Version **MX-7-250 Starcraft.** Anfang 1995 hatte die Maule-Flugzeugfamilie eine Produktionsziffer von rund 1800 erreicht, zu der die **M-5-235C** mit weit mehr als 400 Exemplaren beitrug.

***Die Maule-Baureihe M-5 Lunar Rocket verfügt über ausgezeichnete STOL-Eigenschaften.***

**TECHNISCHE DATEN**
**Maule M-5-235C Lunar Rocket**
**Typ:** viersitziges Leichtflugzeug
**Triebwerk:** ein 6-Zylinder-Boxermotor Avco Lycoming O-540-J1A5D mit 175 kW (235 HP/238 PS)
**Leistung:** Höchstgeschwindigkeit 277 km/h in optimaler Höhe; Dienstgipfelhöhe 6095 m; Reichweite mit Standardtreibstoffmenge 885 km
**Gewicht:** Leermasse 635 kg; max. Startmasse 1043 kg
**Abmessungen:** Spannweite 9,40 m; Länge 7,16 m; Höhe 1,89 m; Tragflügelfläche 14,67 m²

## Max Holste M.H.152 und M.H.1521 Broussard bis McDonnell Douglas A-4 Skyhawk

**Von McDonnell Douglas stammten einige der besten Kampfflugzeuge der Nachkriegszeit. Erst seit 1939 existierend, ist das Werk heute der führende US-Exporteur militärischer Flugzeuge. Die Phantom wird allgemein als bester Jäger der letzten 40 Jahre angesehen. Mit allen Varianten gab es von ihr über 6000.**

# Max Holste M.H.152 und M.H.1521 Broussard

Die **Max Holste M.H.152** basierte auf den Anforderungen des französischen Heeres an ein leichtes Verbindungs- und Beobachtungsflugzeug und hatte daher, außer dem doppelten Seitenleitwerk, kaum noch Gemeinsamkeiten mit dem ersten Produkt der französischen Firma. Das neue Modell, ein abgestrebter Hochdecker mit starrem Spornrad-Fahrgestell, nahm einen Piloten und vier Personen im kastenförmigen Rumpf auf. Der Prototyp flog erstmals am 12. Juni 1951 unter dem Antrieb eines Salmson-8AS-Argus-Motors mit 162 kW (220 PS). Inzwischen hatte das französische Heer seine Planung geändert und war an der schwach motorisierten **M.H.152** nicht mehr interessiert. In der Hoffnung, das Modell auf dem zivilen Markt als Agrar-, Sanitäts-, leichtes Zubringer- und Luftbildmeßflugzeug absetzen zu können, entschied sich der Hersteller, eine etwas größere Version mit stärkerem Antrieb zu entwickeln. So entstand die ähnliche **M.H.1521**, später **Broussard** genannt, die für einen Flugzeugführer und fünf Passagiere ausgelegt war. Der Prototyp startete am 17. November 1952 zum Erstflug und die erste serienfertigte **Broussard** am 16. Juni 1954. Acht Tage später folgte die erste für das Militär ausgerüstete Maschine. Nur wenige Exemplare der in beträchtlicher Zahl für den zivilen wie für den militärischen Bereich gebauten **M.H.1521 Broussard** befinden sich noch im Einsatz.

**TECHNISCHE DATEN**

**Max Holste M.H.1521 Broussard**

**Typ:** sechssitziges Nutzflugzeug
**Triebwerk:** ein Sternmotor Pratt & Whitney R-985-AN-1 mit 336 kW (457 PS)
**Leistung:** Höchstgeschwindigkeit 270 km/h in 1000 m Höhe; Dienstgipfelhöhe 5500 m
**Gewicht:** Leermasse 1530 kg; max. Startmasse 2500 kg
**Abmessungen:** Spannweite 13,75 m; Länge 8,65 m; Höhe 3,65 m; Tragflügelfläche 25,20 m$^2$

**Varianten**

**M.H.1521A:** Bezeichnung einer speziell für landwirtschaftliche Zwecke eingerichteten Version
**M.H.1522:** Bezeichnung einer Prototypumrüstung mit Vorflügeln über die gesamte Spannweite und Doppelspaltklappen zur Verbesserung der STOL-Leistung; Erstflug am 11. Februar 1958

***Im militärischen Dienst existiert das STOL-Transportflugzeug M.H.1521 nur noch bei den Luftstreitkräften des Tschad.***

# McDonnell F-4 Phantom II

Als die Produktion der **McDonnell F-4 Phantom II** im Oktober 1979 auslief, waren insgesamt 5057 Maschinen für die USAF (2597), die US Navy, das USMAC (1264) und Exportabnehmer (1196) gebaut worden. Außerdem hatte man elf Bausätze nach Japan geliefert, wo Mitsubishi 127 Exemplare in Lizenz fertigte und somit die Endziffer der **Phantom**-Fertigung auf 5195 brachte. Dieser Umfang übertrifft den aller anderen nach 1960 gebauten Düsenjäger der westlichen Welt und wird nur von dem der Mikojan-Gurewitsch MiG-21 ausgestochen. Die Geschichte der **Phantom II** begann 26 Jahre zuvor, im September 1953, als die Firma Studien für einen zweistrahligen Allwetterjäger aufnahm, der die McDonnell F3H Demon bei der US Navy ablösen sollte. Die Jagdrolle fiel jedoch der Chance Vought F8U Crusader zu, und McDonnell wurde aufgefordert, statt dessen einen Jagdbomber zu entwickeln. Der anschließend geänderte Bedarf zog einen weitreichenden Neuentwurf nach sich, damit das Muster die Rolle eines Allwetter-Abfangjägers und Jagdbombers übernehmen konnte. Im Juli 1955 erhielt die Firma den Auftrag, zwei Prototypen **XF4H-1** und fünf Vorserienmaschinen **Phantom II** zu bauen (die römische II wurde angefügt, um Verwechslungen mit der früheren McDonnell Phantom auszuschließen).

Die **Phantom II,** die erstmals am 27. Mai 1958 flog, wies rasch ein völlig neues Einsatzpotential nach: Bei einem Kampfradius von 467 km konnte sie bis zu zwei Stunden in der Luft ausharren, und als erstes Kampfflugzeug der Welt war sie in der Lage, Ziele ohne Unterstützung durch bodengestützte Radaranlagen innerhalb der Reichweite ihres Bordradars zu erfassen. Die US Navy zeigte sich beeindruckt und bestellte unverzüglich die erste Serienversion **F4H-1,** die im September 1962 in **F-4A** umbenannt wurde. Sogar die USAF, die aus Tradition keine Flugzeugtypen der US Navy beschaffte, machte bei der **Phantom II** eine Ausnahme.

***McDonnell RF-4B Phantom II der VMCJ-2, US Marine Corps, 1970 auf dem Marinefliegerhorst Jacksonville in Florida stationiert.***

Die **Phantom** wurde intensiv in Südostasien eingesetzt und spielte seitdem bei Frontgeschwadern der Luftstreitkräfte Ägyptens, Griechenlands, des Iran, Israels, Japans, Südkoreas, Spaniens, der Türkei, Großbritanniens, der USA und Deutschlands eine wichtige Rolle, die ihr auch in den neunziger Jahren erhalten bleibt. Bis zur Auslieferung der General Dynamics F-111 diente der Typ auch bei der Royal Australian Air Force. Außerdienstlich hielten **F-4** zeitweilig absolute Weltrekorde mit einer Höhe von 30.040 m (aufgestellt am 6. Dezember 1959) und mit einer Geschwindigkeit von 2585,43 km/h (22. November 1961). Diese Leistungen wurden inzwischen überboten, aber zahlreiche andere Auszeichnungen und ein Tiefflug-Weltgeschwindigkeitsrekord von 1452 km/h, der 16 Jahre lang unangefochten blieb, sind lebendiger Ausdruck für die Spitzenklasse der **Phantom.**

**Varianten**

**XF4H-1:** zwei Prototypen des ursprünglichen Allwetterjägers mit zwei Nachbrennerstrahltriebwerken General Electric J79-GE-3A je 6713 kg Schub
**F-4A** (zunächst **F4H-1F**): Vorserie mit einer Grundbewaffnung von vier Lenkflugkörpern Sparrow III; da das vorgesehene Triebwerk nicht verfügbar war, erhielten alle 45 Maschinen J79-GE-2/-2A mit einer Nachbrennerleistung von je 7326 kg Schub; der nachgestellte Buchstabe F verweist auf den vom Standard abweichenden Triebwerkstyp; insgesamt 45 Exemplare wurden gebaut
**F-4B** (zunächst **F4H-1**): Serienversion, allgemein ähnlich den späten F-4A, aber mit den vorgesehenen Strahltriebwerken J79-GE-8 je 7711 kg Nachbrennerschub; die für Jagd- und Jagdbombereinsätze konzipierte F-4B war mit dem Feuerleitradar APQ-72 ausgerüstet und konnte außer den vier Sparrow-Lenkraketen noch vier AIM-9 Sidewinder mitführen oder eine gemischte Waffenlast von maximal 7257 kg; 649 Maschinen gebaut
**EF-4B:** eine zur ECM-Schulung umgerüstete F-4B
**NF-4B:** eine zur Entwicklung und Erprobung verwendete F-4B
**QF-4B:** Bezeichnung der zu Drohnen beziehungsweise Zielen für neue Lenkwaffen umgebauten F-4B
**RF-4B:** Serienversion eines unbewaffneten Tag-/Nachtaufklärers; generell wie die F-4B, aber mit gestreckter Flugzeugnase; Standard-Radar- und Einsatzavionik der F-4B waren durch Kameras, Seitensichtradar und Infrarotsensoren ersetzt; 46 Maschinen für das USMC
**F-4C** (zunächst **F-110A**): Jagd-/Jagdbomberversion für die US Air Force; generell wie F-4B, aber mit Doppelsteuer, J79-GE-15 je 7711 kg Nachbrennerschub und zahlreichen Systemänderungen; 635 Maschinen gebaut
**EF-4C:** neue Bezeichnung mehrerer F-4C nach dem Umbau zu „Wild Weasel" für Aufgaben der elektronischen Kampfführung
**YRF-4C** (zunächst **YRF-110A**): Bezeichnung zweier F-4B nach Umrüstung zu Prototypen einer taktischen Aufklärungsversion für die USAF
**RF-4C:** Serienversion für taktische Aufklärung bei der USAF; im Grunde die Kopplung der F-4C-Zelle mit der RF-4B-Auslegung; 499 Exemplare
**F-4D:** USAF-Serienausführung; generell wie F-4C, aber mit einer auf die USAF zugeschnittenen Avionikausrüstung; 773 Exemplare, davon 68 weitergereicht (Iran 32 und Südkorea 36)
**EF-4D:** neue Bezeichnung einiger zu „Wild Weasel" umgerüsteter F-4D
**YF-4E:** Bezeichnung der ersten YRF-4C nach ihrem Umbau zum Prototyp der Version F-4E
**F-4E:** Hauptserienversion mit schubstärkeren J79-GE-17-Triebwerken, erhöhter Treibstoffkapazität, neu gestaltetem Bug mit kleinerem Radar APQ-120, Manöverklappen und mehrrohriger 20-mm-Kanone; 1405 Exemplare wurden gebaut, davon gingen Lieferungen an Australien, Griechenland, den Iran, Israel, die Türkei, Südkorea und die BRD

**F-4E(J):** Version der F-4E mit reduzierter Treibstoffkapazität für die JASDF zur Luftverteidigung; 13 von McDonnell und 126 von Mitsubishi in Lizenz mit Kawasaki als Unterauftragnehmer gefertigte Maschinen; letztes Exemplar im Mai 1981 ausgeliefert; ein erstes Los von 45 Maschinen befindet sich derzeit in der Nachrüstung zum Standard F-4EJ Kai mit verbesserten Waffen- und Avioniksystemen, einschließlich Digitalanzeigen, neuem Frontscheibensichtgerät, Feuerleitanlage, Radarwarnausrüstung und AN/APQ-172-Bugradar von Texas Instruments; dieses Kampfwertsteigerungsprogramm versetzt die Phantom in die Lage, ihre Sparrow- und Sidewinder-Lenkraketen aus der Überhöhung einzusetzen (LD-/SD-Fähigkeit); die erste Erprobungsmaschine flog im Juli 1984, und bis zu 100 Flugwerke stehen zur Nachrüstung an

**RF-4E:** Exportversion der F-4E für taktische Aufklärung; 130 Exemplare

**RF-4E(J):** unbewaffnete Aufklärerversion der F-4E(J) für die JASDF; 14 Exemplare, die zusammen mit 17 F-4EJ dem neuen Standard RF-4EJ Kai (s.o. F-4EJ) angepaßt werden

**F-4F:** 175 auf der F-4E basierende Luftüberlegenheitsjäger für die deutsche Luftwaffe; Manöverklappen der F-4E, aber ohne deren Luft-Boden-Waffensysteme und zugehörige Avionik; 110 größtenteils bei den Jagdgeschwadern 71 und 74 eingesetzte Phantom-Abfangjäger werden im Rahmen eines deutschen Kampfwertsteigerungsprogramms bei der DASA/MBB modernisiert; die beiden ersten Maschinen flogen 1991 wieder, und die Verbesserungen umfassen den Einbau des Hughes/Telefunken-Bordradars AN/APG-65, die Möglichkeit zur Bewaffnung mit vier AIM-120 AMRAAM an Frazer-Nash-Startschienen, neue Cockpitanzeigen, Feuerleitrechner, Laser-Trägheitsplattform, IFF-System und erhöhte Stör- und Täuschfestigkeit gegenüber elektronischen Manipulationen der Gegenseite

**F-4G:** Bezeichnung für zwölf F-4B, die mit der Datenübertragungsanlage ASW-21 in Vietnam operierte; sie erhielten später den Standard F-4B zurück

**F-4G:** später verwendete Bezeichnung für F-4E, die zu „Wild Weasel" umfunktioniert wurden

**YF-4J:** Bezeichnung dreier F-4B nach Umrüstung zu Prototypen einer vorgeschlagenen Jägerversion für die US Navy

**F-4J:** Serienjäger für die US Navy mit J79-GE-10 je 8119 kg Nachbrennerschub, erweiterten Tragflächen sowie geändertem Leitwerk zur Verbesserung der Start- und Landeleistungen und einer moderneren Avionik, darunter ein System für automatische Trägerlandungen; zwölf Exemplare

**F-4K:** für die Royal Navy überarbeitete Ausführung der F-4J mit Spey-Turbofan-Triebwerken RB.168-25R Mk 202/203 von Rolls-Royce je 9305 kg Nachbrennerschub; zwei YF-4K-Prototypen, gefolgt von 50 Serienmaschinen; RN-Dienstbezeichnung Phantom FG.Mk 1

**F-4M:** Variante der F-4K für die RAF; Antrieb wie bei der F-4K, aber ansonsten geringfügige Abweichungen; Lenkwaffen Sky Flash und externe Waffenstationen beibehalten; auf zwei Prototypen YF-4M folgten 116 Serienmaschinen; RAF-Dienstbezeichnung Phantom FGR.Mk2 für den Einsatz als Jagdbomber und Aufklärer

**F-4N:** neue Bezeichnung von 228 F-4B der US Navy nach Ausrüstung mit fortschrittlichem Avionikpaket und verstärkter Zelle im Rahmen eines 1971 genehmigten Programms zur Verlängerung der Lebensdauer; einige Maschinen später zu unbemannten Zieldrohnen QF-4N als Ersatz für die QF-86 beim Flugkörpertestzentrum in Point Mugu umgerüstet

**F-4S:** modernisierte F-4J mit verstärkter Zelle und Manöverklappen

***Nach einer langen Dienstzeit sowohl bei der Royal Navy als auch bei der Royal Air Force wurden die britischen Phantom am 31. Oktober 1992 endgültig ausgemustert.***

**TECHNISCHE DATEN**

**McDonnell F-4E Phantom II**

**Typ:** zweisitziges Mehrzweck-Kampfflugzeug

**Triebwerke:** zwei Nachbrenner-Strahltriebwerke General Electric J79-GE-17 je 8119 kg Schub

**Leistung:** Höchstgeschwindigkeit 2390 km/h oder Mach 2,25 in 12.190 m Höhe; Dienstgipfelhöhe 18.975 m; Einsatzradius 958 km

**Gewicht:** Leermasse 13.397 kg; max. Startmasse 27.964 kg

**Abmessungen:** Spannweite 11,71 m; Länge 19,20 m; Höhe 5,03 m; Tragflügelfläche 49,24 m²

**Bewaffnung:** eine 20-mm-Revolverkanone M61A1 und vier Lenkraketen AIM-7 Sparrow in Vertiefungen unter dem Rumpf oder bis zu 1370 kg Waffen unter dem Mittelrumpf und bis zu 5888 kg Waffen an Stationen unter den Tragflächen

# McDonnell XF-85 Goblin

Die **McDonnell XF-85 Goblin** basierte auf einer Forderung der USAAF nach einem einsitzigen Begleitjäger, der im Innern eines großes Bombers mitgenommen werden konnte. Der Auftrag vom März 1947 beinhaltete aber nur die Konstruktion und Entwicklung zweier Prototypen. Grundlegende Merkmale dieses Modells waren beiklappbare Tiefdecker-Pfeilflügel mit einer Spannweite von 6,44 m, ein tonnenförmiger Kurzrumpf, Notkufen als Fahrgestell, ein einziehbarer Fanghaken für das Trapez am Trägerflugzeug, sechs um das Rumpfhinterteil verteilte Leitwerksflächen und ein 1361 kg Schub starkes Westinghouse-Strahltriebwerk J34-WE-7 im Hinterrumpf. Der erste freie Flug fand am 23. August 1948 statt, nachdem der Mini-Jäger vom „Mutterschiff" Boeing EB-29B aus gestartet worden war. Nach gut zwei Testflugstunden zeigte sich bereits, daß die turbulente Luftströmung in der Nähe des Bombers erhebliche Kontrollprobleme des Mini-Jägers aufwarf. Als man dann erkannte, daß ein derart kleiner Jäger niemals die Geschwindigkeit und Manövrierbarkeit der von ihm abzufangenden Kampfflugzeuge aufbringen würde, verzichtete man auf die Weiterentwicklung.

***Ihre Proportionen verdankte die XF-85 den vorgegebenen Sachzwängen. Dies war der erste von zahlreichen Versuchen der Amerikaner, in den Besitz eines „Parasitenjägers" zu gelangen, den Bomber selbst mitführen konnten, um ihn zum eigenen Schutz im gegnerischen Luftraum abzusetzen. Das Konzept wurde später auf das Gespann B-36/F-84 übertragen.***

# McDonnell F-101 Voodoo

1946 forderte die USAF einen Langstrecken-Strahljäger, der sich für Eindring- oder Begleiteinsätze eignete. McDonnell reichte Entwurfsangebote ein, die im Februar 1947 einen Auftrag zum Bau zweier Prototypen **McDonnell XF-88** nach sich zogen. Am 20. Oktober 1948 flog der erste dieser beiden Versuchsjäger, ein Pfeilflügel-Mitteldecker mit langgestrecktem Rumpf, der die für die geforderte Reichweite nötigen Treibstoffvorräte und zwei Westinghouse-Strahltriebwerke XJ34-WE-13 je 1361 kg Schub in der Wanne des mittleren Rumpfabschnitts aufnahm. Bei der Flugerprobung erwies sich der Typ als enttäuschend langsam, was dem zu schwachen Antrieb zuzuschreiben war. Der zweite Prototyp **XF-88A** erhielt daher XJ34-WE-22-Nachbrennertriebwerke, die zwar mehr Treibstoff verbrannten, aber die Geschwindigkeit im Laufe der Tests bei Sturzflügen immerhin auf über Mach 1 steigerten. Aufgrund fehlender Haushaltsmittel ließ die USAF das Programm jedoch beenden.

Bei Ausbruch des Koreakrieges benötigte die USAF jedoch dringend leistungsfähigere Begleitjäger, da die verfügbaren Muster es nicht mit den MiG-15 der nordkoreanischen Luftstreitkräfte aufnehmen konnten, während die Typen, die ein Gefecht mit der MiG nicht zu scheuen brauchten, nicht die nötige Reichweite besaßen. Folglich wurde eine verbesserte Ausführung der **XF-88** unter der Bezeichnung **F-101 Voodoo** bestellt, um dem Strategic Air Command das zum Ferngeleit seiner Convair-Bomber B-36 benötigte Mittel in die Hand zu geben. Die Reichweite der **F-101** war für diese Aufgabe zwar unzulänglich, aber anscheinend hoffte die USAF, dieses Problem könne sich von selbst lösen. Als sich dieses Wunschdenken nicht erfüllte, wurde die **F-101** für das SAC gestrichen. Dann beschloß man, den Typ für das taktische Luftwaffenkommando (TAC) in Serie zu geben, falls die nachfolgenden Test- und Erprobungsergebnisse zufriedenstellend ausfielen.

Die erste **F-101A** erreichte beim Erstflug am 29. September 1954 Überschallgeschwindigkeit und wurde im Frühjahr 1957 bei der 27. TFW in Dienst gestellt. Ebenso wie die F3H Demon erschien auch die **Voodoo** zu spät für den Koreakrieg, und die taktischen Kampfversionen blieben nur kurze Zeit in den Einsatzverbänden. Die Aufklärervariante hingegen kam noch über Vietnam zum Einsatz, und nach der Ablösung durch die McDonnell Douglas RF-4C flog der Typ noch bis Mitte der siebziger Jahre bei der Air National Guard. Die an die nationalchinesische Luftwaffe übergebenen Maschinen vom Typ **RF-101A** und **RF-101C** blieben mehrere Jahre lang im Einsatz, und die Abfangjäger **CF-101B** und **C-101F** nahmen Ende 1961 den Dienst bei der Royal Canadian Air Force auf. Zehn Jahre später wurden die noch erhaltenen kanadischen **Voodoo** gegen eine Reihe modifizierter Maschinen ausgetauscht, und vier Staffeln der Canadian Armed Forces verwendeten diese **CF-101** noch bis ins Jahr 1985, als die McDonnell Douglas CF-18 eintrafen.

**TECHNISCHE DATEN**
**McDonnell F-101B Voodoo**
**Typ:** zweisitziger, allwettertauglicher Langstrecken-Abfangjäger
**Triebwerke:** zwei Nachbrennertriebwerke Pratt & Whitney J57-P-55 je 6749 kg Schub
**Leistung:** Höchstgeschwindigkeit 1965 km/h oder Mach 1,85 in 12.190 m Höhe; Dienstgipfelhöhe 16.705 m; Reichweite 2494 km
**Gewicht:** Leermasse 13.141 kg; max. Startmasse 23.768 kg
**Abmessungen:** Spannweite 12,09 m; Länge 20,54 m; Höhe 5,49 m; Tragflügelfläche 34,19 m²
**Bewaffnung:** zwei MB-1-Genie-Raketen mit atomarem Gefechtskopf und vier Falcon-Lenkraketen AIM-4C, -4D oder -4G oder sechs Falcon-Lenkwaffen

**Varianten**
**F-101A:** erste Serienversion mit zwei P&W-Strahltriebwerken J57-P-13 je 4627 kg ohne oder 6804 kg Schub mit Nachverbrennung; bewaffnet mit vier 20-mm-Kanonen und beladbar mit einer 735 kg oder 1688 kg schweren Nuklearwaffe; 77 Exemplare
**NF-101A:** Bezeichnung einer einzelnen F-101A, die General Electric zur Erprobung von J79-GE-1 nutzte
**YRF-101A:** neue Bezeichnung zweier F-101A, die als Prototypen einer Aufklärungsversion dienten; generell wie F-101A, aber unbewaffnet und mit vier von sechs Kameras im gestreckten Bug
**RF-101A:** seriengefertigte Voodoo-Aufklärer, grundsätzlich ähnlich den Prototypen; 35 Exemplare
**F-101B:** Serienversion eines zweisitzigen, allwettertauglichen Langstrecken-Abfangjägers mit neu konzipiertem Vorderrumpf zur Aufnahme eines Piloten und eines Radarbeobachters hintereinander im doppelsitzigen Cockpit, eines Luftbetankungsstutzens und eines fortschrittlichen Feuerleitsystems für zwei Genie-Raketen MB-1 und vier oder sechs Falcon-Lenkraketen; 407 Exemplare
**CF-101B:** Bezeichnung von 56 ab Juli 1961 an die Royal Canadian Air Force gelieferten F-101B
**RF-101B:** USAF-Bezeichnung einiger vormals kanadischer CF-101B nach ihrer Modifikation zur Verwendung als doppelsitzige Aufklärer
**TF-101B:** zur Einsatzausbildung umgebaute F-101B mit Doppelsteuer und eingeschränkter Kampftauglichkeit; 72 Exemplare gebaut
**F-101C:** einsitziges Jagdflugzeug; generell wie F-101A, aber mit verstärkter Zelle für den Einsatz beim TAC in der Angriffsrolle mit Sonderwaffen; 47 Exemplare
**RF-101C:** Aufklärungsversion der F-101C, ansonsten wie RF-101A; 166 Exemplare
**F-101D:** projektierte Variante mit J79-Triebwerken von General Electric; nicht gebaut
**F-101E:** projektierte Variante mit J79-Triebwerken von General Electric; nicht gebaut
**F-101F:** neue Bezeichnung der 153 F-101B nach dem Ausbau des Flugbetankungsstutzens und Einbau eines Infrarotdetektors sowie einer wesentlich verbesserten Feuerleitanlage
**CF-101F:** RCAF-Bezeichnung der zehn 1961/62 erhaltenen TF-101B
**TF-101F:** neue Bezeichnung der nachträglich dem Standard F-101F angepaßten Maschinen vom Typ TF-101B

*McDonnell F-101B Voodoo*

***Verglichen mit der F-101, verfügte die F-101B über eine größere Reichweite und besaß zudem eine leistungsgesteigerte Feuerleitanlage.***

**RF-101G:** neue Bezeichnung der F-101A nach Abzug von den Einsatzverbänden und Umrüstung zu Aufklärern für die Air National Guard
**RF-101H:** neue Bezeichnung der zu Aufklärungsflugzeugen für die ANG umgerüsteten F-101C

# McDonnell F2H Banshee

Nach dem Erfolg der FH-1 Phantom bei der US Navy und dem US Marine Corps wurde McDonnell aufgefordert, den Entwurf für einen neuen, verbesserten Strahljäger als Nachfolger für die FH-1 vorzulegen. Im Frühjahr 1945 erhielt die Firma auf ihr Angebot hin den Auftrag zur Konstruktion dreier Prototypen **McDonnell XF2D-1,** denen später der Beiname **Banshee** verliehen wurde. Das neue Modell war eine verbesserte und vergrößerte Ausführung der Phantom mit beiklappbaren Tragflächen, einem längeren Rumpf, der mehr Treibstoff fassen konnte, und ähnlich montierten, aber schubstärkeren Westinghouse-Strahltriebwerken. Der erste Versuchsjäger, inzwischen **XF2H-1** bezeichnet, flog am 11. Januar 1947, und nach erfolgreichen Tests ergingen Bestellungen über insgesamt 892 Serienmaschinen. Die ersten Serienjäger **F2H-1** wurden im August 1948 an die US Navy Squadron VF-171 ausgeliefert, und der Typ stellte seinen Wert als Begleitjäger im Koreakrieg unter Beweis, wo er eine Reihe von Einsätzen flog. Am Ende dieses Konflikts galt die **F2H** als technisch veraltet, diente aber noch bis Mitte der sechziger Jahre als Aufklärer bei Reserveeinheiten der US Navy. Im November 1955 erhielt die Royal Canadian Navy 39 **F2H-3,** die zuvor zur US Navy gehört hatten und nun die ersten Düsenjäger der kanadischen Teilstreitkraft wurden. Mit der Ausmusterung der letzten Maschinen aus diesen Los im September 1962 gab Kanada zugleich seine trägergestützten Kampfflugzeuge auf.

***McDonnell F2H-2 Banshee der US Navy im typischen Mitternachtsblau der fünfziger Jahre.***

**Varianten**
**F2H-1:** erste Serienversion, identisch mit dem Prototyp und angetrieben von zwei Westinghouse-Strahltriebwerken J34-WE-22 je 1361 kg Schub; 56 Exemplare wurden gebaut
**F2H-2:** zweite Baureihe mit etwas längerem Rumpf, der mehr Treibstoff aufnehmen konnte, Zusatztanks an den Flächenenden und Westinghouse J34-WE-34 je 1474 kg Schub; 308 Exemplare
**F2H-2B:** Jagdbomberversion mit Gehängen unter den Tragflächen für zwei 227-kg-Bomben; 25 Exemplare
**F2H-2N:** Nachtjägerversion mit leicht gestrecktem Bug für ein Abfangradar; 14 Exemplare gebaut
**F2H-2P:** unbewaffnete Aufklärerversion mit längerer Flugzeugnase als Gehäuse für sechs Kameras; 89 Exemplare wurden insgesamt gebaut
**F2H-3** (später **F-2C**): Allwetterjäger mit gestrecktem Rumpf für erhöhte Treibstoffkapazität, APQ-41-Bugradar und Bombenschlössern unter den Tragflächen wie bei der F2H-2B; 250 Maschinen
**F2H-3P:** vorgeschlagene Aufklärerversion der F2H-3; diese Variante wurde jedoch nicht gebaut
**F2H-4** (später **F-2D**): abschließende Banshee-Serie mit Westinghouse-Strahltriebwerken J34-WE-38 je 1633 kg Schub und APG-37-Radar zur Verbesserung der Allwetterfähigkeit; 150 Exemplare wurden gebaut

**TECHNISCHE DATEN**
**McDonnell F2H-3 Banshee**
**Typ:** einsitziger Allwetterjäger für den trägergestützten Einsatz
**Triebwerke:** zwei Strahltriebwerke Westinghouse J34-WE-34 je 1474 kg Schub
**Leistung:** Höchstgeschwindigkeit 933 km/h in Meereshöhe; Dienstgipfelhöhe 14.205 m; Reichweite 1883 km
**Gewicht:** Leermasse 5980 kg; max. Startmasse 11.437 kg
**Abmessungen:** Spannweite 12,73 m; Länge 14,68 m; Höhe 4,42 m; Tragflügelfläche 27,31 m²
**Bewaffnung:** vier 20-mm-Kanonen und zwei 227-kg-Bomben oder vier 113-kg-Bomben unter den Tragflächen

# McDonnell F3H Demon

*McDonnell F3H-2 Demon der VF-131, zu Beginn der sechziger Jahre auf dem Flugzeugträger USS Constellation eingesetzt.*

Nach den Erfahrungen der US Navy mit der McDonnell FD-1 Phantom und der F2H Banshee stand fest, daß es keinen zwingenden Grund gab, aus dem trägergestützte Strahljäger ihren landgestützten Gegenstücken unterlegen sein mußten. Die beiden am 30. September 1949 bei McDonnell bestellten Prototypen **XF3H-1** sollten diese Auffassung bestätigen, aber aus vielerlei Gründen wurde das Projekt ausgesprochen kostspielig. Die als Hochleistungs-Tagjäger gedachte **F3H** war als Pfeilflügler mit seitlichen Rumpfeinlässen für das im Hinterrumpf installierte Strahltriebwerk ausgelegt. Für die **XF3H-1** wurde das Westinghouse XJ40 bestimmt, doch dieses Triebwerk ließ sich weder auf seine Solleistung noch auf den nötigen Zuverlässigkeitsgrad entwickeln, so daß es zu enormen Kostensteigerungen und Verzögerungen des Programms kam. Erschwerend kam die Forderung der US Navy hinzu, daß die schon vor dem Erstflug der Prototypen bestellten 150 Serienmaschinen als Allwetter-Nachtjäger fertiggestellt werden sollten. Der Jungfernflug der ersten **XF3H-1** fand am 7. August 1951 statt, aber die erste Maschine der Serie **F3H-1N Demon** flog erst am 24. Dezember 1953. Sie unterschied sich vom Prototyp vor allem durch das Bordradar APG-51 und vier 20-mm-Kanonen sowie Unterflügelstationen für andere Waffen. Da das eigentlich vorgesehene Triebwerk nicht verfügbar war, erhielten die frühen **Demon** ein Westinghouse J40-WE-22 mit einer Leistung von 3266 kg Schub ohne und 4944 kg Schub mit Nachverbrennung. Damit war das Muster jedoch hochgradig untermotorisiert, und nach elf Unfällen, bei denen zwei Piloten den Tod fanden, wurde die Produktion gestoppt. Der Einbau des Allison-Strahltriebwerks J71 in die Serie **F3H-2** bereinigte die Situation, und bis zum Produktionsende Ende 1959 entstanden insgesamt 519 Exemplare aller Varianten. Die ersten Maschinen gingen im März 1956 an die US Navy Squadron VF-14, und der Typ diente bei elf Staffeln, bevor er im September 1964 aus der Einsatzflotte herausgelöst wurde. Die **Demon** erlebte nur wenige Kampfeinsätze, denn für den Koreakrieg kam sie zu spät, und zu Beginn des Vietnamkonflikts war sie bereits veraltet. Sie wurde von einer neuen, leistungsfähigeren Kampfflugzeug-Generation verdrängt, die während der Entwicklungsperiode der **Demon** erschienen war.

**Varianten**

**F3H-1N:** erste Serienversion; einige Maschinen wurden später zu Lehrzwecken am Boden verwendet oder verschrottet; 58 Exemplare

**F3H-1P:** geplante Aufklärungsvariante der F3H-1N mit dem Westinghouse-Triebwerk J40; nicht gebaut

**F3H-2N** (später **F-3C**): zwei F3H-1N wurden von der Fertigungsstrecke abgezweigt, um als Entwicklungsflugzeuge für die Version F3H-2N zu dienen; die Hauptunterschiede bestanden in einer um 18% größeren Tragflügelfläche, dem Allison-Triebwerk J71-A-2 und in Vorrichtungen für vier Lenkraketen Sidewinder AIM-9 neben der Grundbewaffnung der F3H-1N; 140 Exemplare wurden gebaut

**F3H-2M** (später **MF-3B**): allgemein ähnlich der F3H-2N, aber mit Vorrichtungen für vier radargelenkte Raketen AIM-7 Sparrow I anstelle der Sidewinder; 80 Exemplare wurden gebaut

**F3H-2** (später **F-3B**): endgültige Serienversion mit sämtlichen Bordkomponenten für den Sparrow-Einsatz, aber im Kern ein Jagdbomber, der eine Last von 2722 kg Bomben und/oder Raketen tragen konnte

**F3H-2P:** geplante Aufklärungsversion der F3H-2; nicht gebaut

**F3H-3:** projektierte Serienversion mit General Electric J73-GE-3-Triebwerk; wurde jedoch nicht gebaut

**TECHNISCHE DATEN**

**McDonnell F3H-2/F-3B Demon**

**Typ:** einsitziger, trägergestützter Jagdbomber

**Triebwerk:** ein Nachbrennertriebwerk Allison J71-A-2E mit einem Nennschub von 6350 kg

**Leistung:** Höchstgeschwindigkeit 1041 km/h in 9145 m Höhe; Dienstgipfelhöhe 13.000 m; max. Reichweite 2205 km

**Gewicht:** Leermasse 10.039 kg; max. Startmasse 15.377 kg

**Abmessungen:** Spannweite 10,77 m; Länge 17,96 m; Höhe 4,44 m; Tragflügelfläche 48,22 m²

**Bewaffnung:** vier 20-mm-Kanonen und bis zu 2722 kg Bomben oder Raketen; konnte aber auch Sparrow III mitführen

# McDonnell FH-1 Phantom

*McDonnell FH-1 Phantom der US Navy*

Da die traditionellen Flugzeughersteller den Bedarf an Kampfflugzeugen für die US Navy aufgrund der übersteigerten Kriegsproduktion nicht decken konnten, beauftragte das Bureau of Aeronautics die neue und relativ unerfahrene McDonnell Aircraft Corporation mit der Konstruktion von zwei Prototypen eines Modells, das später den ersten strahlgetriebenen Jagdeinsitzer der US Navy abgeben sollte. Die **McDonnell XFD-1** bezeichneten Versuchsjäger waren Tiefdecker mit einziehbarem Bugrad-Fahrwerk und einer geschlossenen Pilotenkanzel vor dem Tragwerk. Den Antrieb lieferten zwei in den Flächenansätzen montierte Westinghouse-Strahltriebwerke. Der Erstflug am 26. Januar 1945 fand aber nur mit einem dieser Triebwerke statt, da das zweite noch nicht geliefert worden war. Die erfolgreiche Flugerprobung machte die **XFD-1** zum ersten US-Düsenjäger, der auf einem Flugzeugträger (USS Franklin D. Roosevelt) landete und startete. Sie zog zudem eine Bestellung über 100 Jagdflugzeuge **FD-1 Phantom** nach sich, deren Bezeichnung sich noch vor dem Lieferbeginn im Januar 1947 in **FH-1** änderte. Der Widerruf von Aufträgen nach Kriegsende hatte zur Folge, daß nur 60 **FH-1** gefertigt wurden. Der erste Empfänger war US Navy Squadron VF-17A, die zur ersten trägergestützten Düsenjägerstaffel der USA wurde. Spätere Nutzer waren die Marine Squadrons VMF-122 und VMF-311, aber nach etwas mehr als zwei Jahren hatte man diese Strahljäger bereits wieder ausgemustert.

**TECHNISCHE DATEN**

**McDonnell FH-1 Phantom**

**Typ:** einsitziger, trägergestützter Strahljäger

**Triebwerke:** zwei Strahltriebwerke Westinghouse J30-WE-20 je 726 kg Schub

**Leistung:** Höchstgeschwindigkeit 771 km/h in Meereshöhe; Dienstgipfelhöhe 12.525 m; Standard-Reichweite 1118 km

**Gewicht:** Leermasse 3031 kg; max. Startmasse 5459 kg

**Abmessungen:** Spannweite 12,42 m; Länge 11,35 m; Höhe 4,32 m; Tragflügelfläche 24,64 m²

**Bewaffnung:** vier 12,7-mm-MGs im Bug

# McDonnell XP-67

*Die genial konstruierte XP-67 sollte mit sechs 37-mm-Kanonen bewaffnet werden.*

Die McDonnell Aircraft Corporation wurde im Juli 1939 in St. Louis, Missouri, gegründet und war den ganzen Zweiten Weltkrieg über als Unterauftragnehmer anderer Flugzeughersteller tätig. Gleichzeitig befaßte sich die Firma jedoch auch mit eigenen Entwürfen und konstruierte für die US Army Air Force als erstes zwei Prototypen eines einsitzigen Versuchshöhenjägers mit der Bezeichnung **McDonnell XP-67.** Der Entwurf zielte auf den Gewinn zusätzlichen Auftriebs durch den Rumpf ab, indem man den Mittelrumpf und die Motorgondeln in das Tragwerk einblendete, um die Fläche mit aerodynamischem Profil effektiv zu vergrößern. Der Prototyp flog erstmals am 6. Januar 1944, angetrieben von zwei Continental-Motoren XI-1430-17/-19 je 1007 kW (1369 PS) und gegenläufigen Propellern. Diese Motoren warfen erhebliche Probleme auf, und nachdem der erste Prototyp am 6. September durch einen Motorbrand zerstört worden war, brach man das Projekt ab.

# McDonnell XV-1 und Modell 120

McDonnell baute die beiden Prototypen des komplizierten Verwandlungsflugzeugs **McDonnell XV-1** in erster Linie zu Forschungszwecken. Der auf Kufen montierte Rumpf enthielt im Heck einen Continental-Sternmotor R-975 für einen Druckpropeller. Die Schulterdeckerflügel trugen doppelte Heckausleger mit zwei durch Höhenflossen und Höhenruder verbundenen Seitenleitwerken. Auf einem Rumpfsockel war ein Dreiblatt-Rotor mit Blattspitzenantrieb montiert. Die Tests im Rahmen eines gemeinsamen Programms der US Army und Air Force begannen mit Fesselflügen. Der erste freie Flug erfolgte am 14. Juli 1954 und der erste Übergang vom Senkrecht- zum Horizontalflug am 29. April 1955. Die **XV-1** erreichte zwar eine Spitzengeschwindigkeit von 322 km/h, war aber zu komplex, um genügend Vorteile gegenüber einem herkömmlichen Hubschrauber zu bieten. In der Folge flog bei McDonnell am 13. November 1957 der erste von zwei Prototypen eines kleinen Kranhubschraubers mit der Bezeichnung **Modell 120,** der in Eigeninitiative unter Verwendung des für die **XV-1** konstruierten Rotors entwickelt worden war. Trotz erfolgreicher Tests fand sich kein Absatzmarkt, so daß man auf eine Weiterentwicklung verzichtete.

***Ein hohes Maß an Weitblick bewies McDonnell bei seinem Wandelflugzeug XFV-1, das einen drehmomentfreien Hauptrotor, Tragflächen und eine Zweiblatt-Druckschraube am Heck für den Vortrieb besaß.***

# McDonnell Douglas A-4 Skyhawk

Eines der erfolgreichsten Muster, die die US Navy nach dem Zweiten Weltkrieg in Dienst stellte, die McDonnell Douglas **A-4 Skyhawk,** wurde in Eigeninitiative von einem Team mit Ed Heinemann an der Spitze konstruiert. Als dann die US Navy einen turbinengetriebenen Nachfolger für die Douglas AD-1 (A-1) Skyraider suchte, konnte das Unternehmen ein neues Angriffsflugzeug anbieten, das nur halb soviel wog, wie in der offiziellen Spezifikation angegeben, und zudem erheblich schneller war. Der als Deltaflügler mit Integraltanks ausgelegte Tiefdecker barg seine Avionik im Bug, einen weiteren Tank unmittelbar hinter dem Cockpit im vorderen Teil des Mittelrumpfes und dahinter das Wright-Strahltriebwerk J65 (Lizenzbau des Armstrong Siddeley Sapphire). Der während des Koreakrieges bestellte Prototyp flog erstmals am 22. Juni 1954 und die erste Vorserienmaschine am 14. August 1954. Die erste Auslieferung vom 26. Oktober 1956 ging an US Navy Attack Squadron VA-72. Drei Monate später, im Januar 1957, wurde VMA-224 die erste **Skyhawk**-Staffel des USMC. Die Einführung dieses brandneuen Angriffsflugzeugs erfolgte zu einem günstigen Zeitpunkt, denn bis die US Navy und die US Marines an den Kämpfen in Vietnam beteiligt wurden, waren beide Teilstreitkräfte mit dem Waffensystem so vertraut, daß sie es effektiv an der Front einsetzen konnten. Tatsächlich zeigte dieser Typ einen so hohen Wirkungsgrad, daß die fortwährend verbesserte **A-4** bis Februar 1979 in der Produktion blieb. Bis dahin waren 2960 Flugzeuge einschließlich Trainer gebaut und in mehrere Länder exportiert worden. In der Ausbildungsrolle hält sich die **Skyhawk** weiterhin bei der US Navy und beim USMC im Dienst, und zu den weiteren aktuellen Nutzernationen zählen Argentinien, Indonesien, Israel, Kuwait, Malaysia, Neuseeland und Singapur.

**Varianten**

**XA4D-1:** Bezeichnung eines Prototyps, angetrieben vom Wright J65-W-2 mit 3266 kg Schub
**YA4D-1** (später **YA-4A** und **A-4A**): Bezeichnung von 19 Vorserienflugzeugen, generell ähnlich der XA4D-1; führten Turbojet-Triebwerk J65-W-4 oder -4B mit 3493 kg Schub und eine Bewaffnung mit zwei 20-mm-Kanonen sowie bis zu 2268 kg Waffen an Aufhängungen unter dem Rumpf und unter den Tragflächen ein
**A4D-1** (später **A-4A**): Serienversion wie YA4D-1; 146 Maschinen
**A4D-2** (später **A-4B**): Serienversion mit verstärktem Hinterrumpf, Luftbetankungsvorrichtung und J65-W-16A mit 3538 kg Schub; 542 Exemplare
**A4D-2N** (später **A-4C**): Serienversion mit Geländefolgeradar, Autopilot und einer Reihe anderer Verbesserungen; J65-W-16A-Triebwerk, später auf eine Leistung von 3856 kg Schub gesteigert und in J65-W-16C umbezeichnet; 638 Exemplare
**A4D-3:** vorgeschlagene, allwettertaugliche Version mit P&W-Strahltriebwerk; nicht gebaut
**A4D-5** (später **A-4E**): verbesserte Serienausführung; führte das 3856 kg Schub starke Strahltriebwerk Pratt & Whitney J52-P-6A und zwei zusätzliche Außenlastträger unter den Flächen für eine maximale Waffenlast von 3719 kg ein; 494 Exemplare
**A4D-6:** vorgeschlagene Fortentwicklung mit TF30-Mantelstromtriebwerk von Pratt & Whitney mit 5216 kg Schub in der erweiterten Zelle; nicht gebaut
**TA-4E:** Bezeichnung zweier Serienprototypen einer doppelsitzigen Schulungsversion; generell wie A4D-5, aber mit 76 cm längerem Rumpf und reduzierter interner Treibstoffkapazität
**TA-4F:** Serienausführung der TA-4E mit 4218 kg Schub starkem Strahltriebwerk Pratt & Whitney J52-P-8A; 240 Exemplare
**A-4F:** letzte Jagdbomberserie für die US Navy; führte das J52-P-8A und zusätzliche Avionik im Rumpfbuckel ein; 146 Exemplare wurden gebaut
**A-4G:** der A4D-5 ähnelnde Version, jedoch mit J52-P-8A-Antrieb; acht Maschinen für die Royal Australian Navy (RAN) wurden gebaut; 1984 Weiterverkauf an die neuseeländische Luftwaffe (RNZAF)
**TA-4G:** zwei doppelsitzige Trainer für die RAN; allgemein ähnlich wie die TA-4F; 1984 Weiterverkauf an RNZAF
**A-4H:** Serienversion für die Luftstreitkräfte Israels; generell ähnlich der A4D-5, aber mit J52-P-8A, Bremsschirm und 30- statt 20-mm-Bordkanonen; 90 Maschinen
**TA-4H:** zweisitzige Übungsversion der A-4H für Israel; zehn Exemplare
**TA-4J:** doppelsitzige Trainerversion für die US Navy; ähnlich wie die TA-4F, aber mit abgespeckter taktischer Ausrüstung und nur mit einer 20-mm-Kanone bewaffnet (nicht immer eingebaut) sowie vom J52-P-6 mit 3856 kg Schub angetrieben; 291 Exemplare wurden gebaut
**A-4K:** generell der A-4F entsprechende Version für die RNZAF, jedoch mit Bremsschirm; zehn Exemplare
**TA-4K:** Doppelsitzerversion der A-4K für die RNZAF; vier Exemplare gebaut
**A-4KU:** Serienversion für Kuwait; grundsätzlich wie A-4M (weiter unten); 30 Maschinen gebaut
**TA-4KU:** Doppelsitzerversion der A-4KU für Kuwait; sechs Exemplare
**A-4L:** neue Bezeichnung der A-4C nach Abzug aus den Einsatzverbänden und Grundüberholung zum Dienst bei Reservestaffeln; alle mit J65-W-16C-Triebwerk
**A-4M:** Serienversion mit einer Reihe von Verbesserungen für das US Marine Corps; ausgestattet mit Bremsschirm und dem schubstärkeren J52-P-408A; 162 Maschinen wurden gebaut
**A-4N:** Serienversion für die israelische Luftwaffe; generell ähnlich der A-4M, jedoch mit fortschrittlicheren Avionik- und Bordsystemen sowie 30-mm-Kanonen; 117 Exemplare
**A-4P:** neue Bezeichnung ehemaliger A-4B aus Beständen der US Navy nach Grunderneuerung zum Dienst bei der argentinischen Luftwaffe
**A-4PTM:** Bezeichnung von 40 malaysischen A-4C und A-4L, die von Grumman in den USA dem Sonderstandard Malaysia (PTM – Peculiar To Malaysia) angepaßt wurden; neue Funkgeräte, Ferranti-Kanonenvisier, Hughes-ARBS (Bombenzielgerät mit automatischer Berechnung der Winkelgeschwindigkeit und Waffenauslösung), Lear-Siegler-AHARS (Fluglage-/Kursreferenzsystem) und Bremsschirm; erweiterte Lenkwaffenkapazität durch Sidewinder- und Maverick-Flugkörper an Extra-Flügelpylonen
**A-4Q:** so lautete die neue Bezeichnung ehemaliger A-4B aus Beständen der US Navy nach Grunderneuerung zum Dienst bei den argentinischen Seeluftstreitkräften
**A-4S:** neue Bezeichnung ehemaliger A-4B der US Navy nach Grunderneuerung zum Dienst bei der Luftwaffe der Republik Singapur
**TA-4S:** hierbei handelte es sich um eine zweisitzige Trainerversion der A-4S für die Luftwaffe der Republik Singapur (zwei getrennte Cockpithauben)

***McDonnell Douglas A-4M Skyhawk II***

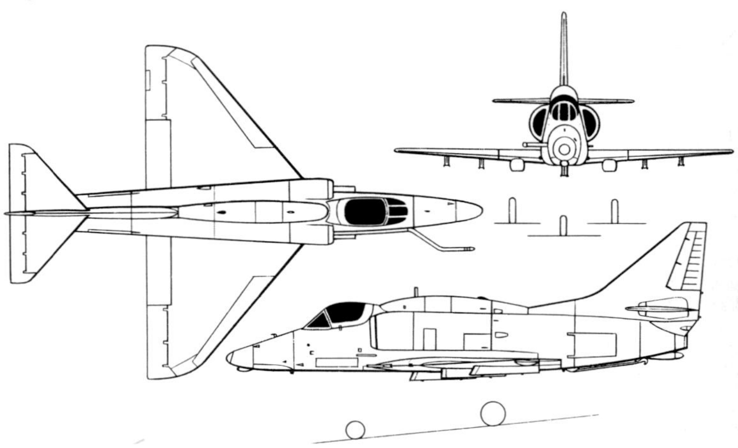

**TECHNISCHE DATEN**

**McDonnell Douglas A-4M Skyhawk**

**Typ:** einsitziger, trägergestützter Jagdbomber
**Triebwerk:** ein Strahltriebwerk Pratt & Whitney J52-P-408A mit 5080 kg Schub
**Leistung:** Höchstgeschwindigkeit 1078 km/h in Meereshöhe; taktischer Einsatzradius mit einer Bombenlast von 1814 kg 547 km
**Gewicht:** Leermasse 4747 kg; max. Startmasse 11.113 kg
**Abmessungen:** Spannweite 8,38 m; Länge 12,29 m; Höhe 4,57 m; Tragflügelfläche 24,15 $m^2$
**Bewaffnung:** zwei 20-mm-Kanonen und bis zu 4153 kg Waffen an fünf Außenstationen

## McDonnell Douglas YC-15 bis McDonnell Douglas DC-10

**In den 60er Jahren wandte sich McDonnell auch der zivilen Luftfahrt zu. Die DC-9 und DC-10 haben inzwischen Millionen Flugstunden in aller Welt absolviert. Von 1968-89 lieferte das Werk über 500 DC-10 sowie die militärische Tankerversion Extender davon aus.**

# McDonnell Douglas YC-15

Anfang 1970 gab die US Air Force ihre Leistungsforderung für ein Nachfolgemuster der C-130 Hercules bekannt. Dieses Projekt lief unter dem Titel Advanced Medium STOL Transport (AMST = fortschrittliches, mittleres STOL-Transportflugzeug), und McDonnell Douglas gehörte zu den fünf US-Firmen, die zur Vorlage von Angeboten aufgefordert wurden. Im November 1972 erhielt dieses Unternehmen wie auch Boeing den Auftrag, je zwei Prototypen zu konstruieren und zu erproben, um sie im abschließenden Vergleichsfliegen zu bewerten. Der McDonnell-Bewerber hieß **YC-15A,** und der Prototyp (72-1875) hob am 26. August 1975 zum Jungfernflug ab. Nach einem Testprogramm mit 600 Flugstunden wurde die weitere AMST-Finanzierung 1979 verweigert, so daß beide Hersteller die weitere Entwicklung einstellten. Das erste Musterflugzeug **YC-15A** diente jedoch dazu, das an der Außenposition backbord installierte Mantelstromtriebwerk CFM56 erstmals in die Luft zu bringen. Für eine geplante zivile Version nahm MDC später Modifikationen am Tragwerk und Antrieb vor. Die **YC-15A** hatte einen typischen Transporterrumpf mit Heckfrachttor und Laderampe, ein Hochleistungs-Einziehfahrwerk und ein hohes T-Leitwerk. Ihre Kurzpistenfähigkeit beruhte auf der gemeinsamen Wirkung von Tragwerk und Antrieb. Die Tragflächen wiesen tiefe Doppelspaltklappen auf, die sich im Abgasstrom der vier 71 kN Schub starken Turbofan-Triebwerke Pratt & Whitney JT8D-17 befanden und so für „Schubauftrieb" sorgten.

***Entscheidend für die bemerkenswerte STOL-Leistung der YC-15 war die Verwendung weitgespannter Doppelspaltklappen, die von Triebwerken unter den Tragflächen angeblasen wurden.***

# McDonnell Douglas C-17A

Nach der Auswertung von Vorschlägen, die die amerikanische Industrie für das C-X-Programm der USAF vom Oktober 1980 eingereicht hatte, ernannte man McDonnell Douglas im August 1981 zum Hauptvertragsnehmer für die Entwicklung eines Langstrecken-Frachtflugzeugs mit der Bezeichnung **C-17A**. Das neue Muster sollte die Lastentragkapazität der C-5 Galaxy mit der STOL-Leistung der C-130 Hercules verbinden. Im Januar 1982 wurde die geplante Vollentwicklung gestrichen und im Juli 1982 durch ein zeitlich weiter gestecktes Programm ersetzt, das drei Prototypen, einen zur Flugerprobung und zwei für Bodentests, vorsah. Für alle drei ging im Dezember 1985 eine offizielle Bestellung ein, und die Konstruktion des Prototyps (87-0025) begann im November 1987. Die im Dezember 1990 fertiggestellte Maschine absolvierte am 15. September 1991 ihren Erstflug von Long Beach nach Edwards AFB, Kalifornien. Ein Auftrag für das erste Serienbaulos war im Januar 1988 erteilt worden, gefolgt von einem weiteren über vier Exemplare im Jahre 1991. Im Frühjahr 1995 waren 19 Flugzeuge ausgeliefert, und weitere zwölf sind unter Vertrag beziehungsweise in der Fertigung. Für vier Maschinen stehen Mittel bis ins Haushaltsjahr 1997 zur Verfügung. Die ersten Serienexemplare nahmen ab 18. Mai 1992 am Flugtestprogramm teil. 1991 wurde die Forderung der USAF von 210 auf 120 Flugzeuge gekürzt, nachdem der Stückpreis von 125 auf 294 Millionen US-Dollar gestiegen war. Derzeit liegt die Grenze für die Serienfertigung bei 40 Maschinen.

Die Testflugphase war am 16. Dezember 1994 abgeschlossen, nachdem 18 **C-17** über 8850 Flugstunden geleistet hatten. Kurz vor Weihnachten erhielt die 17. AS in Charleston ihre zwölfte Maschine.

Realisierbarkeitsstudien für eine künftige Tankerversion befinden sich bei MDC in der Bearbeitung. Der neue Hochdecker-Militärtransporter mit T-Leitwerk weist das für die **YC-15** entwickelte, angeblasene Klappensystem auf. Die in den Strahl der vier Gondeltriebwerke ausgelenkten Auftriebshilfen lassen einen steilen Sinkflug und extrem kurze Lande- und Startstrecken zu. Die im Flug betankbare **C-17A**, ausgestattet mit einer elektrisch signalisierten Flugsteuerung von GEC und NACA-Flügelohren, kommt mit einer Pistenlänge von 915 m aus. Das weitgehend automatisierte Flugdeck erlaubt die Besetzung mit einer Dreimann-Crew (Pilot, Kopilot und Ladungsmeister). Die **C-17A** kann bis zu 102 Fallschirmjäger oder Apache-Kampfhubschrauber AH-64, Kampfpanzer M1 Abram oder Fünftonner-Lkw transportieren.

### TECHNISCHE DATEN

**Typ:** strahlgetriebenes Langstrecken-Schwerfrachtflugzeug
**Triebwerke:** vier Mantelstromtriebwerke Pratt & Whitney F117-PW-100 je 185 kN Schub
**Leistung:** max. Marschgeschwindigkeit in geringer Höhe 648 km/h, in großer Höhe Mach 0,77; Reichweite mit Interntreibstoff bei einer Nutzlast von 75.750 kg 4445 km; Überführungsreichweite mit Interntreibstoff 8710 km
**Gewicht:** Rüstmasse 22.000 kg; max. Nutzlast 78.100 kg; max. Startmasse 263.100 kg
**Abmessungen:** Spannweite 52,20 m; Länge 53,04 m; Höhe 16,79 m; Tragflügelfläche 353 m²

***Die erste C-17 erschien mit dem vertrauten „Eidechsen"-Tarnmuster. Die sechs seriengefertigten Erprobungsflugzeuge erhielten bereits den neuen Vollanstrich in Grau, und T-1 wurde nachträglich angepaßt.***

# McDonnell Douglas DC-9

Trotz einer scharfen Wettbewerbssituation riskierte McDonnell Douglas zu Beginn der sechziger Jahre die Konstruktion eines neuen zweistrahligen Kurzstrecken-Verkehrsflugzeugs. Im Vertrauen auf die Qualität seines Entwurfs begann das Unternehmen am 26. Juli 1963 mit dem Bau, und die erste **Douglas DC-9** startete am 25. Februar 1965 zum Jungfernflug. Bis dahin lagen bei Douglas erst Bestellungen für 58 **DC-9** vor, und es folgte eine angespannte Periode, bis man die Investitionskosten wieder hereinholen konnte. Wahrscheinlich glaubte zu dem Zeitpunkt niemand daran, daß die **DC-9** als bislang größter Erfolg in die Firmengeschichte eingehen würde. Im März 1992 waren in den Auftragsbüchern weit über 2000 Flugzeuge dieses Typs und der **MD-80** (vormals **DC-9 Super 80**) für zivile und militärische Nutzer vermerkt und davon 1865 Exemplare ausgeliefert. Der freitragende Tiefdecker mit gepfeiltem Trag- und T-Leitwerk nahm in seiner ersten Ausführung **DC-9 Serie 10 Modell 11** eine zweiköpfige Flugbesatzung, Kabinenpersonal und je nach Auslegung 80 bis 90 Passagiere auf. Den Antrieb lieferten zwei Mantelstromtriebwerke Pratt & Whitney JT-8D-5 je 55 kN Schub in Gondeln beidseitig am Hinterrumpf. Diese Version trat am 8. Dezember 1965 den Liniendienst bei Delta Airlines an. Der Hersteller hatte von Anfang an vor, die **DC-9** in mehreren Varianten zu produzieren und zu verkaufen, um den unterschiedlichen Anforderungen der Bedarfsträger zu genügen. Zudem wurde die Serie um besondere Militärversionen erweitert. Die **DC-9 Serie 30** und alle nachfolgenden Varianten waren als Fracht- **(F),** Umrüst- **(CF)** oder gemischte Fracht-/Passagier-Flugzeuge **(RC)** erhältlich.

**Varianten**

**DC-9 Serie 10 Modell 15:** wie Serie 10 Modell 11, aber mit JT8D-1 je 62 kN Schub für eine höhere zulässige Betriebsmasse
**DC-9 Serie 20:** Version für den Einsatz in hohen/heißen Regionen mit JT8D-9 je 65 kN Schub, einer um 1,22 m größeren Spannweite und einer Bestuhlung für maximal 90 Passagiere
**DC-9 Serie 30:** fortentwickelte Version mit einer Rumpfstreckung von 4,54 m zur Unterbringung von 105 bis 119 Fluggästen,

der Spannweite der Serie 20 und zunächst JT8D-7 je 62 kN Schub; spätere Maschinen wurden allesamt mit Triebwerken der Leistungsklasse 65 bis 72 kN Schub ausgestattet
**DC-9 Serie 40:** Version der Serie 30 mit nochmals um 1,92 m gestrecktem Rumpf für bis zu 132 Passagiere; alle Maschinen mit Triebwerken der Schubklasse 65 bis 72 kN produziert
**DC-9 Serie 50:** eine Weiterentwicklung der Serie 30 für den Kurz-/Mittelstreckenbereich mit nochmals um 2,44 m verlängertem Rumpf für maximal 139 Passagiersitze in neu eingerichteter Kabine; die Maschinen wurden nur mit Mantelstromtriebwerken der Schubklasse 69 bis 72 kN gefertigt
**C-9A Nightingale:** Sanitätsflugzeug auf der Basis der DC-9 Serie 30 für die USAF; 21 Exemplare
**C-9B Skytrain II:** hierbei handelt es sich um ein logistisches Transportflugzeug zur Flottenversorgung auf der Basis der DC-9 Serie 30 und Serie 40; im Dienst bei der US Navy und dem USMC (15) sowie Kuwait (2)
**VC-9C:** VIP-Transportflugzeug auf der Basis der DC-9 Serie 30; im Dienst bei der Special Air Missions Wing der USAF; nur drei Exemplare wurden gebaut

***McDonnell Douglas DC-9-50 der Haiwaiian Air***

**TECHNISCHE DATEN**
**McDonnell Douglas DC-9**
**Typ:** Kurz-/Mittelstrecken-Passagierflugzeug
**Triebwerke:** zwei Mantelstromtriebwerke Pratt & Whitney JT8D-17 je 72 kN Schub
**Leistung:** Höchstgeschwindigkeit für Reiseflug 898 km/h; Langstrecken-Reisefluggeschwindigkeit 821 km/h; max. Reichweite mit 97 Passagieren 3327 km
**Gewicht:** Leermasse 28.068 kg; max. Startmasse 54.885 kg
**Abmessungen:** Spannweite 28,47 m; Länge 40,72 m; Höhe 8,53 m; Tragflügelfläche 92,97 m²

# McDonnell Douglas DC-10

Die Konstruktion der **McDonnell Douglas DC-10** wurde 1966 eingeleitet, um den Anforderungen von American Airlines für ein Verkehrsflugzeug mit großer Kapazität zu genügen. Nachdem diese Gesellschaft 25 Maschinen fest bestellt sowie Optionen über weitere 25 Exemplare gezeichnet hatte und Aufträge von United Airlines über 30 Maschinen vorlagen, ging die **DC-10** in Serie. Die als Pfeilflügel-Tiefdecker mit entsprechend zurückgepfeiltem Leitwerk ausgelegte **DC-10** kehrte im Vergleich zur DC-9 zum herkömmlichen Antriebskonzept zurück, indem sie zwei Gondeltriebwerke an Stielen unter den Tragflächen und ein drittes im Leitwerkssockel aufnahm. Die erste Serienmaschine **DC-10 Serie 10** flog am 29. August 1970. Am 29. Juli 1971 erging die Musterzulassung, und eine Woche später, am 5. August, führte American Airlines den Typ im Liniendienst ein. Das Unternehmen erhielt insgesamt 446 Aufträge für zivile **DC-10,** von denen der letzte im Jahre 1989 für Nigeria Airways erfüllt wurde. Die Fertigungsstrecke blieb für die generell ähnliche **KC-10A Extender,** ein Luftbetankungs-/Frachtflugzeug für die USAF, noch bis Anfang 1990 in Betrieb.

**Varianten**
**DC-10 Serie 10:** erste, für maximal 380 Passagiere ausgelegte Serienversion mit Bläsertriebwerken General Electric CF6-6D oder -6D1 je 178 kN bzw. 182 kN Schub; 122 Flugzeuge
**DC-10 Serie 10CF:** umrüstbare Passagier-/Frachtversion der Serie 10; neun Exemplare
**DC-10 Serie 15:** grundsätzlich ähnlich der Serie 10, aber mit CF6-50C2F je 207 kN Schub für höhere Betriebsmassen; sieben Exemplare
**DC-10 Serie 30:** Version mit größerer Reichweite (ER-Ausführung) für Interkontinentalflüge; um 3,05 m weiter gespannte Tragflächen, erweitertes Tankvolumen, Standard-Fahrgestell ergänzt durch eine zweirädrige Hauptbaugruppe unter dem Rumpf und General Electric CF6-50A oder -50C je 218 kN Schub bzw. 227 kN Schub; 161 Exemplare gebaut, darunter auch Serie 30ER in unbestimmter Zahl (vermutlich drei oder vier)
**DC-10 Serie 30CF:** umrüstbare Passagier-/Frachtversion der Serie 30; spätere Maschinen mit General Electric CF6-50C1 je 234 kN Schub; 26 Exemplare wurden gebaut
**DC-10 Serie 30ER:** Serie 30 mit größerer Reichweite, erhöhter Treibstoffkapazität und General Electric CF6-50C2B je 240 kN Schub

***McDonnell Douglas KC-10A des Strategic Air Command, US Air Force, Anfang der achtziger Jahre.***

**DC-10 Serie 40:** Version mit interkontinentaler Reichweite; grundsätzlich ähnlich der Serie 30, aber die ersten 22 Maschinen mit Pratt & Whitney JT9D-20 je 220 kN Schub und die nachfolgenden mit JT9D-59A je 235 kN Schub; 42 Exemplare
**KC-10A Extender:** Ende 1977 entschied sich die USAF, die DC-10 als fortschrittlichen Lufttanker/Luftfrachter zu beschaffen; die KC-10A ist im Grunde eine Umrüstversion der DC-10 Serie 30CF mit zusätzlichen Treibstoffzellen im unteren Rumpfteil, einem Luftbetankungsausleger, zugehöriger Bedienerstation, Stutzen zur Selbstbetankung im Flug und einem verbesserten Frachtfördersystem; die über mehrere Jahre verteilte Beschaffung umfaßte 60 KC-10A, von denen die erste am 12. Juli 1980 (von Long Beach nach Yuma) im Flug getestet wurde; die Auslieferung an die USAF begann am 17. März 1981, und die letzte Maschine wurde im April 1990 abgenommen und nach Seymour Johnson AFB, North Carolina, überführt; nach dem Verlust einer Maschine am Boden verfügt die USAF noch über 59 KC-10A.

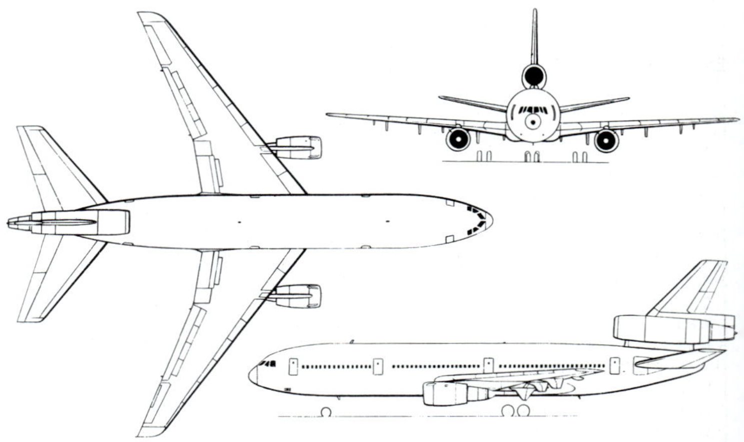

***McDonnell Douglas DC-10-30***

**TECHNISCHE DATEN**
**McDonnell Douglas DC-10 Serie 30**
**Typ:** Langstrecken-Passagierflugzeug
**Triebwerke:** drei Mantelstromtriebwerke General Electric CF6-50C je 226 kN Schub
**Leistung:** max. Reisefluggeschwindigkeit 908 km/h in 9145 m Höhe; Dienstgipfelhöhe bei durchschnittlicher Betriebsmasse 10.180 m; Reichweite mit max. Nutzlast 7411 km
**Gewicht:** Leermasse 121.199 kg; max. Startmasse 263.084 kg
**Abmessungen:** Spannweite 50,41 m; Länge 55,50 m; Höhe 17,70 m; Tragflügelfläche 367,70 m²

***Nigeria Airways erhielt die letzte DC-10, die die Fertigungsstrecke in Long Beach verließ.***

## McDonnell Douglas F-15 Eagle bis McDonnell Douglas MD-95

**Die F-15 ist ein ernsthafter Anwärter auf den Titel des besten Jägers der Gegenwart. Zwei Jahrzehnte lang wurde sie ständig verbessert und modernisiert, damit sie perfekt schlagkräftig gegen alle Ziele in der Luft und am Boden ist. Die kürzliche Fusion mit Boeing dürfte McDonnells Stellung im zivilen Flugzeugbau weiter stärken.**

# McDonnell Douglas F-15 Eagle

Nach mehr als dreijährigen Konstruktionsstudien für einen fortschrittlichen Luftüberlegenheitsjäger (Projekt F-X von 1968), die teils die USAF und teils das Unternehmen selbst finanziert hatten, wurde McDonnell Douglas im Dezember 1969 zum Hauptvertragsnehmer erklärt und mit dem Bau von 20 **F-15 Eagle** zur Entwicklung und Flugerprobung beauftragt. Dieses Baulos setzte sich aus 18 Einsitzern **F-15A** und zwei Doppelsitzern **TF-15A** (später **F-15B**) zusammen. Als erstes flog am 27. Juli 1972 eine **F-15A** (71-0280), gefolgt vom Doppelsitzerprototyp **TF-15A** am 7. Juli 1973. Anschlußaufträge eines mehrjährigen Beschaffungsprogramms sollen der USAF bis Mitte der neunziger Jahre insgesamt 1488 **F-15** bringen, von denen 1250 bis zum September 1990 ausgeliefert waren. Im Einsatz ist dieses Muster längst etabliert.

Auch die israelische Luftwaffe erhielt im Zeitraum von 1976 bis 1982 40 **F-15A/B Eagle**, und Saudi-Arabien übernahm zwischen 1981 und 1991 insgesamt 96 **F-15C** und **F-15D**. Verhandlungen mit Saudi-Arabien zur Beschaffung weiterer 72 **Eagle**-Jäger neuerer Bauart laufen seit einiger Zeit, doch bislang wurde kein konkreter Abschluß erreicht. Die Japanese Air Self-Defence Force (JASDF) bestellte Ende der siebziger Jahre 100 Exemplare, aufgeteilt in 88 Einsitzer **F-15J** und zwölf Doppelsitzer **F-15DJ**, von denen Mitsubishi 86 in Lizenz fertigen sollte. Die erste japanische **Eagle** flog im Juni 1980, und seitdem ist das Gros ausgeliefert und Jagdgeschwadern der Luftverteidigungszonen Mitte, Nord und West auf den Fliegerhorsten Chitose, Komatsu, Hyakuri und Tsuiki zugeführt worden.

Im Sommer 1979 gaben die **F-15A** und **F-15B** die Fertigungsstrecke für die verbesserte **F-15C** in einsitziger und zweisitziger Ausführung frei. Die neue **Eagle**-Version bietet eine erhöhte Kapazität für Interntreibstoff, eine völlig erneuerte Einsatzavionik und FAST-Pakete (Fuel And Sensor Tactical). Diese strömungsgünstig an die Seiten der Luftkanäle angepaßten Paletten können außer Treibstoff zusätzliche Avioniksysteme und Aufklärungskameras aufnehmen, während Flugkörper und Luft-Boden-Waffen extern montiert werden.

Um die ETF-Forderung (Enhanced Tactical Fighter) der USAF zu erfüllen, entwickelten McDonnell Douglas und Hughes die **F-15E Strike Eagle**. Dieser **Eagle**-Zweisitzer ist für Fernabriegelungseinsätze bestimmt, hat aber eine echte Doppelrolle, da er seine volle Luftkampffähigkeit bewahrte. Die entsprechend umgebaute zweite **F-15B** fungierte als Prototyp und flog erstmals im August 1981. Nach einem Vergleichsfliegen gegen die F-16XL wurde die **Strike Eagle** 1984 zum Sieger ernannt, und unmittelbar darauf begann die Vollentwicklung. Die erste **F-15E** hob im Dezember 1986 vom Boden ab und ging im August 1987 auf Luke AFB, Arizona, in Dienst. Die **F-15E** hat eine überarbeitete Flugsteuerungsanlage, Multifunktions-Bildschirme für Navigation und Waffeneinsatz, ein Weitwinkel-Frontscheibensichtgerät und ein AN/APG-70-Bordradar mit synthetischer Strahlöffnung.

Ihre Feuertaufe erhielt die **F-15E** im Jahre 1991 über dem Irak, als zwei Jagdstaffeln an der „Operation Desert Storm" teilnahmen. Insgesamt hat die USAF 209 Exemplare dieses Typs beschafft, deren Lieferung 1991 abgeschlossen war. Nachbestellungen sind möglich, da die **F-15E** nunmehr auch zum Export gebaut wird. Saudi-Arabien etwa nimmt 72 **F-15S** (vormals **F-15XP**) ab, eine Version ohne CFT (Conformal Fuel Tanks) und mit qualitativ geminderter Avionik- und Radarausrüstung. Israel hat die **F-15I** im Umfang von 21 Maschinen (bei einer Option auf vier weitere) bestellt. Die **F-15I** wird dem kompletten Standard entsprechend mit APG-70, LANTIRN und CFT gefertigt.

Die **F-15A/B/C/D** der USAF durchlaufen das MSIP (Multi-Stage Improvement Programme = Verbesserungsprogramm), das ihnen unter anderem das APG-70 anstelle des APG-63 und AIM-120 AMRAAM anstelle der AIM-7 einbringt.

**Varianten**

**F-15 STOL/MTD Agile Eagle:** Im Rahmen eines Auftrags der USAF wurde die F-15B mit der Nummer 71-0290 in den Jahren 1987/88 zum Kurzstart-Kurzlandung/Manöver-Technologiedemonstrator (STOL/MTD) modifiziert; das dreijährige Flugtestprogramm mit 150 Stunden zielte auf Untersuchungen in vier Bereichen ab: Schubdüsen zur Änderung der Strahlrichtung in zwei Ebenen und zur Umkehr, Flug-/Propulsionssysteme, ein feldtaugliches Fahrgestell und fortschrittliche Schnittstellen zwischen Pilot und Luftfahrzeug; der STOL/MTD-Erprobungsträger flog erstmals am 7. September 1988, und das Programm endete am 12. August 1991

**F-15/PDF** (**P**recision **D**irection **F**inder): Es wurde vorgeschlagen, die von Lockheed F-22 abgelösten F-15C der USAF für die Rolle „Unterdrückung der Luftverteidigungssysteme" vorzusehen; die mit Radarbekämpfungsflugkörpern AGM-88 HARM bewaffneten F-15PDF sollen die F-4G „Wild Weasel" ersetzen und die F-16 ergänzen, die bereits seit längerer Zeit solche Einsätze durchführen

***Die F-15C gilt dank ihrer Kombination aus Radar, Waffen und Manövrierfähigkeit als der weltweit beste Luftüberlegenheitsjäger. Diese beiden Eagle tragen die Markierungen der 5. FIS.***

**TECHNISCHE DATEN**

**McDonnell Douglas F-15C Eagle**

**Typ:** einsitziger Luftüberlegenheitsjäger

**Triebwerke:** zwei Turbofan-Nachbrenner-triebwerke Pratt & Whitney F100-PW-100 je 106 kN Schub

**Leistung:** Höchstgeschwindigkeit (in großer Höhe ohne Außenlasten) Mach 2,5; Steiggipfel 30.480 m; Flugdauer ohne Nachtanken 5 Stunden, 15 Minuten

**Gewicht:** max. Startmasse 30.844 kg

**Abmessungen:** Spannweite 13,05 m; Länge 19,43 m; Höhe 5,63 m; Tragflügelfläche 56,48 m²

**Bewaffnung:** eine 20-mm-Kanone M61A1 mit sechs Rohren im Bündel und vier AIM-9 Sidewinder, vier AIM-7 Sparrow oder acht AMRAAM (fortschrittliche Luft-Luft-Rakete mittlerer Reichweite); in der Zweitrolle als Jagdbomber können bis zu 7300 kg Waffen extern mitgeführt werden

***Das bislang neueste Eagle-Modell ist die F-15E. Dieses Exemplar führt unter dem Rumpf einen LANTIRN-Behälter mit.***

# McDonnell Douglas F/A-18 Hornet

1974 begann unter dem Programmtitel VFAX die Studie für ein Mehrzweck-Jagdflugzeug zum Einsatz bei der US Navy. Noch im selben Jahr wurde die Navy angewiesen, statt dessen die Prototypjäger General Dynamics YF-16 und Northrop YF-17 zu begutachten, die zur vergleichenden Bewertung durch die USAF gebaut worden waren. Als McDonnell Douglas davon erfuhr, prüfte das Unternehmen beide Entwürfe und kam mit Northrop überein, bei der Navy einen gemeinsamen Konstruktionsvorschlag einzureichen.

Das **Navy Air Combat Fighter (NACF)** genannte Projekt stieß bei der Navy auf großes Interesse, und am 22. Januar 1976 ließ man verlauten, daß die Vollentwicklung zweier einsitziger Versionen eingeleitet werden sollte, der **F-18** und der **A-18** als Abfangjäger beziehungsweise Jagdbomber. Die später **Hornet** (Hornisse) getaufte Maschine ist ein freitragender Mitteldecker mit Klappflächen. Das Leitwerk besteht aus zwei schräg nach außen gestellten Seitenflossen mit Rudern sowie an den Seiten des Rumpfhecks montierten Höhenflossen, die als Pendelruder zur Höhen- und Quersteuerung ausgelegt sind. Das einziehbare Bugrad-Fahrwerk mit katapultstartfähiger Bugbaugruppe ergänzt ein Fanghaken für Trägerlandungen, und für den Antrieb sorgen zwei Mantelstromtriebwerke General Electric F404-GE-400 mit einer Nennleistung von je 71 kN Schub.

Das erste (160775) von elf Entwicklungsflugzeugen führte MDC-Testpilot Jack Krings am 18. November 1978 in Lambert-St. Louis durch den Erstflug. Innerhalb von zwölf Monaten waren alle elf Maschinen und zwei doppelsitzige Trainer **TF/A-18A** (später **F-18B**) geflogen. Im Mai 1980 wurde die erste seriengefertigte **F/A-18A** der US Navy übergeben, die VFA-125 auf dem Marinefliegerhorst Lemoore als ersten Einsatzverband mit diesem Typ ausrüstete. Mitte der achtziger Jahre zogen die Einsatzerfahrungen Verbesserungen nach sich, die zur **F/A-18C** führten. Dieser Einsitzer ist durch neue Avioniksysteme und Fluginstrumentierung besser für Nachtangriffe gerüstet und hat zudem eine erweiterte Flugkörperkapazität mit neun Stationen, einschließlich AIM-120 und AGM-65F Maverick. Die erste **F/A-18C**, ummotorisiert auf schubstärkere F404-GE-402, flog am 3. September 1986 und wurde noch im selben Monat zum Naval Warfare Center überführt. Nach seiner Annahme löste dieser Typ die A-7 Corsair bei der USN endgültig ab. Den ersten Exportauftrag für die **Hornet** erteilte Kanada, das 98 Einsitzer und 40 Zweisitzer mit den Bezeichnungen **CF-188A** beziehungsweise **CF-188B** beschaffte. Die auf Nachtangriff spezialisierte Doppelsitzerversion **F/A-18D**, ausgerüstet mit Vorwärtssicht-Infrarotgerät (FLIR), war im Mai 1988 flugbereit und nahm am 1. November 1989 den Dienst beim USMC auf, wo sie die A-6 Intruder ersetzte. Weitere Entwicklungen ergaben die **F/A-18E** und **F/A-18F** mit gestrecktem Rumpf zur Steigerung der Reichweite. Diese Varianten der **F/A-18C** und **-D** sind mit dem verbesserten Radar APG-73 und elf Außenlastträgern ausgestattet. Im Sommer 1994 durchlief die erste **F/A-18E** die Endmontage.

Auf dem Exportsektor überzeugte die Hornet die Luftstreitkräfte Australiens (57 **F/A-18A** und 18 **F/A-18B**) ebenso wie die Kuwaits (24 **F/A-18C** und acht **F/A-18D**), der Schweiz (26 **F/A-18C/D**), Finnlands (57 **F/A-18C/D**) und Malaysias (nur **F/A-18D**). Die spanische Luftwaffe hat ihre Maschinen kampfwertgesteigert (Standard **EF-18A+** und **EF-18B+**) und mit AIM-120-Flugkörpern versehen, so daß sie den **F/A-18C/D** der US Navy gleichkommen.

**F/A-18** später Serien für die US Navy und das Marine Corps wurden als nachtkampftaugliche **Hornet** mit externem FLIR- und Zielerfassungsbehälter, ähnlich dem LANTIRN-System der **F-15E**, ausgeliefert. Die Marinejäger erhielten keine neue Bezeichnung, obwohl die doppelsitzige Nachtkampf-**Hornet** der Marineinfanteristen als **F/A-18D+** geführt wird. Inzwischen hat die **F/A-18** die A-7 von den Trägerdecks der US Navy verdrängt und ergänzt außerdem die F-14 und A-6 dieser Teilstreitkraft sowie die A-4 und A-6 des USMC.

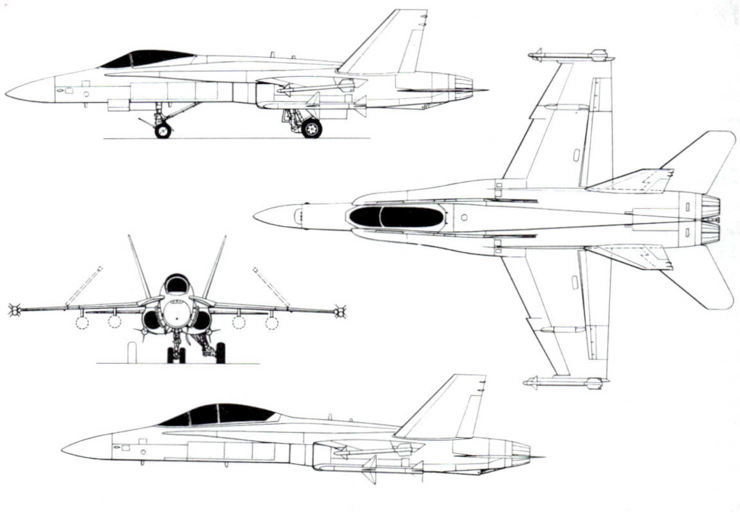

***F/A-18A Hornet und F/A-18B in der unteren Seitenansicht.***

**Varianten**

**F/A-18A:** erste Serienversion; Australien bestellte im Oktober 1981 75 Exemplare (57 F/A-18A und 18 F/A-18B) für die RAAF; die beiden ersten Maschinen lieferte MDC im Oktober 1984, und den Rest baute die Firma ASTA in Australien

**CF-18:** Bezeichnung der Hornet für die kanadischen Streitkräfte mit ILS und besonderem Überlebenspaket; geplante Stückzahl von 148 auf 114 Einsitzer CF-18A und 24 zweisitzige CF-18F gekürzt; Lieferung der ersten Maschine im Oktober 1982 und der letzten im September 1988

**EF-18:** Bezeichnung 72 trägergestützter Hornet für die spanische Luftwaffe, geordert im Mai 1983; 60 Einsitzer EF-18A und zwölf EF-18B (nationale Dienstbezeichnung C-15 und CE-15) wurden bis Juli 1990 geliefert

**F/A-18D(C/R):** projektierte Aufklärungsversion mit eingebautem ATARS SLAR (Seitensichtradar) und Datenübertragungs- einrichtung für das USMC; insgesamt 48 Hornet sollen für diese Ausrüstung unter Erhalt der Jagd- und Angriffsfähigkeit vorbereitet werden

**RF-18:** Bezeichnung einer Aufklärerversion der F/A-18A; die Konfiguration wurde im Februar 1984 am ersten Prototyp (160775) getestet, diese Maschine anschließend aber zur NASA überstellt; die einzige fliegende RF-18 ist die 161214 in Patuxent River

**TF/A-18A:** erste Kampftrainer-Version der F/A-18A mit zwei hintereinander angeordneten Sitzen und reduzierter Treibstoffkapazität; später wurden die Maschinen in F/A-18B umbezeichnet

## TECHNISCHE DATEN
**McDonnell Douglas F/A-18A Hornet**

**Typ:** trägergestütztes Marinekampfflugzeug
**Triebwerke:** zwei Mantelstromtriebwerke General Electric F404-GE-400 je 71 kN Schub
**Leistung:** Höchstgeschwindigkeit (in großer Höhe ohne Außenlasten) Mach 1,8; Kampfgipfelhöhe 15.240 m; Einsatzradius im Jagdeinsatz 750 km
**Gewicht:** max. Startmasse für Jagdbombereinsatz 22.317 kg
**Abmessungen:** Spannweite 11,43 m; Länge 17,07 m; Höhe 4,66 m; Tragflügelfläche 37,16 $m^2$
**Bewaffnung:** eine 20-mm-Kanone M61 mit sechs gebündelten Rohren im Bug und neun Außenstationen für eine Höchstlast von 7700 kg verschiedener Waffen, einschließlich AIM-7 Sparrow und AIM-9 Sidewinder

***Die F/A-18C bietet gegenüber den früheren Modellen eine verbesserte Avionik, und alle Hornet der US Navy und des Marine Corps sollen diesen Standard erhalten. Auch die spanischen EF-18 werden grundlegend erneuert.***

# McDonnell Douglas MD-11

1978 befaßte sich MDC erstmals mit Studien für ein Muster, das nach der DC-10 die Fertigungsstrecke in Long Beach belegen sollte. Diese Untersuchungen führten über die dreistrahlige MD-100 von 1982 und die dreimotorige MD-XXX von 1984 zum dreistrahligen Großraum-Verkehrsflugzeug **MD-11** von 1985. Im Kern handelt es sich um eine gestreckte DC-10, aber mit neuen Außenflächen samt Flügelohren, neuem Leitwerk und Zweimann-EFIS-Cockpit. Als Antrieb standen drei Turbofan-Triebwerkstypen zur Wahl: das CF6-80C von General Electric, das PW4460 von Pratt & Whitney und das Rolls-Royce Trent 650. Letzteres schied später aus, nachdem der einzige Kunde, Air Europe, 1991 seine Aufträge stornieren mußte. Die **MD-11** wird in vier Versionen produziert und von Fluggesellschaften betrieben: als reines Passagier-, Kombi-, Nur-Fracht- und als umrüstbares Passagier-/Frachtflugzeug (siehe Varianten). Eine fortentwickelte Ausführung (die MD-12) erwartet den Startschuß zur Serienfertigung. Gestützt auf „Kaufverträge" von zwölf Fluggesellschaften über 92 Maschinen, gab MDC im Dezember 1986 grünes Licht für die Produktion. Die Konstruktion des ersten von fünf Musterflugzeugen begann 1987, und die Endmontage lief im März 1988 an. Nach zahlreichen Verzögerungen startete die erste **MD-11**, angetrieben von CF6-80, am 10. Januar 1990 zum Jungfernflug, und nachdem vier Maschinen ein Testprogramm mit 2000 Flugstunden durchlaufen hatten, stellte die FAA im November 1990 die Musterzulassung aus. Noch im selben Monat setzten Lieferungen an Fluggesellschaften ein, von denen Finnair der erste Empfänger war. Eine Zeitlang stand die Absatzziffer der **MD-11** bei 180, doch Firmenfusionen und -zusammenbrüche sowie einige Streichungen verschlechterten die Auftragslage. Anfang 1995 waren 135 MD-11 ausgeliefert.

***Die MD-11 wurde in einer für die Luftfahrt ohnehin schwierigen Zeit geboren, und im Flugtestprogramm aufgedeckte Kinderkrankheiten kamen erschwerend hinzu.***

**Varianten**

**MD-11P:** kann 293 Fluggäste über 11.000 km oder 405 Passagiere in der Touristenklasse befördern; Erstkunde war 1986 British Caledonian

**MD-11 Combi:** Passagier- und Frachtversion, kann 176 Passagiere und sechs Frachtpaletten (in der Heckkabine) auf dem Hauptdeck sowie weitere Fracht in Unterflurräumen transportieren

**MD-11F:** reine Frachtversion mit einer 3,5 x 3 m großen Frachttür backbord am Vorderrumpf vor der Tragfläche

**MD-11CF:** umrüstbare Passagier-/Frachtversion, deren Zulassung 1994 angestrebt wurde; Erstkunde war im August 1991 die Gesellschaft Martinair

**TECHNISCHE DATEN**
**McDonnell Douglas MD-11P**

**Typ:** Langstrecken-Passagierflugzeug
**Triebwerke:** drei Turbofan-Triebwerke General Electric CF6-80C2D1F je 273 kN Schub oder Pratt & Whitney PW4460 je 267 kN Schub
**Leistung:** wirtschaftliche Reisefluggeschwindigkeit in 10.670 m Höhe 876 km/h; Höchstgeschwindigkeit im Horizontalflug in 8230 m Höhe 962 km/h; Dienstgipfelhöhe 9935 m; Reichweite mit max. Nutzlast 9270 km
**Gewicht:** Leermasse 125.870 kg; max. Startmasse 273.300 kg
**Abmessungen:** Spannweite 51,60 m; Länge 61,20 m; Höhe 17,60 m; Tragflügelfläche 338,90 m²

# McDonnell Douglas MD-80

Für Betreiber der DC-9, denen die Mitte der siebziger Jahre gestiegenen Treibstoffkosten Sorge bereiteten, schlug McDonnell Douglas neue Versionen der DC-9-50 vor. Diese erschienen zu verschiedenen Zeitpunkten als Serie 50RSS (Refanned Super-Stretch), als Serie 55 und als Super 60. Die endgültige **DC-9 Super 80** wurde im Oktober 1977 aufgelegt, als MDC 27 Festbestellungen und neun Optionen vorlagen. Die Aufträge stammten von Swissair als Erstkäufer (15), Austrian Airlines (acht) und Southern Airways (vier). Im Vergleich zur DC-9-50 war die Spannweite um 4,39 m und die Rumpflänge um 5,34 m gestiegen, so daß bis zu 172 Passagiere Platz fanden. Andere Verbesserungen beinhalteten aerodynamische Verfeinerungen, ein Leistungsmanagementsystem und genügsamere JT8D-Turbofan-Triebwerke der Serie 200 von Pratt & Whitney.

Im Juni 1983 führte das Unternehmen die neue Typkennung MD ein. Die Abkehr vom bisherigen Douglas Commercial zog die Umbenennung der **Super 80** in **MD-80** nach sich (die Zahl 80 identifiziert den Grundtyp und die fortlaufende Numerierung das jeweilige Modell). Der erste von drei Prototypen startete am 19. Oktober 1979 in Long Beach zum Jungfernflug, und nach einem Flugtestprogramm mit 1000 Stunden bescheinigte die FAA im August 1980 dem Muster die Lufttüchtigkeit. Im September nahm Swissair die erste Maschine entgegen, und im April 1992 wurde die 1000. **MD-80** an American Airlines geliefert. Anfang 1995 hatten insgesamt 1120 Exemplare aller gebauten Versionen das Werk verlassen.

**TECHNISCHE DATEN**
**McDonnell Douglas MD-82**

**Typ:** Mittelstrecken-Passagierflugzeug
**Triebwerke:** zwei Mantelstromtriebwerke Pratt & Whitney JT8D-217 je 89 kN Schub
**Leistung:** max. Reisefluggeschwindigkeit Mach 0,80; Höchstgeschwindigkeit im Horizontalflug 925 km/h; Reichweite mit 155 Passagieren 3800 km
**Gewicht:** Leermasse 35.629 kg; max. Nutzlast 19.709 kg; max. Startmasse 67.900 kg
**Abmessungen:** Spannweite 32,80 m; Länge 45 m; Höhe 9 m; Tragflügelfläche 118 m²

**Varianten**

**MD-81** (vormals **Super 81**): hierbei handelt es sich um die Grundversion mit zwei JT8D-209 je 82 kN Schub; maximales Abfluggewicht 29.200 kg; typische Passagierzahl 125 bis 146

**MD-82** (vormals **Super 82**): diese Variante wird angetrieben von Dash 217 je 89 kN Schub für eine bessere Leistung unter hohen und heißen Betriebsbedingungen; maximales Abfluggewicht 67.000 kg; Erstflug fand am 8. Januar 1981 und die Indienststellung bei Republic Airlines im August statt; 137 bis 146 Passagiere; seit 1986 auch in China von der Shanghai Aviation Industrial Corporation in Lizenz gefertigt;

***Die MD-87 findet ihre Käufer unter Fluggesellschaften, die eine Passagiermaschine mit begrenzter Sitzplatzkapazität benötigen.***

***Der langjährige DC-9-Betreiber Swissair war auch Erstkunde der MD-81, damals noch DC-9 Super 81 genannt. Die Zahl 81 bezieht sich auf das Entwurfsjahr.***

Jungfernflug der ersten dort gebauten MD-82 am 2. Juli 1987
**MD-83:** schwerere (max. Startmasse 72.600 kg), aber weiterreichende Version mit zusätzlichen Treibstofftanks; der erfolgreiche Erstflug fand am 17. Dezember 1984 statt; Dash-219-Mantelstromtriebwerke je 93 kN Schub; Fahrwerk und Bremsen verstärkt; Alaska Airlines führte die Serie 83 im Februar 1985 im Liniendienst ihres Unternehmens ein
**MD-87:** 1985 kündigte MDC eine verkleinerte Ausgabe der MD-80 mit einem um 5,3 m kürzeren Rumpf für 109 bis 130 Passagiere, aber unveränderten Triebwerken und Bordsystemen an; Erstflug am 4. Dezember 1986; nach der Zulassung im November 1987 erste Auslieferung an Finnair und Swissair
**MD-88:** einer Anforderung von Delta Airlines entsprechend im Januar 1986 aufgelegt; im Grunde eine MD-82 mit modernem EFIS-Cockpit und Scherwind-Warnanlage; Erstflug am 15. August 1987 und Übergabe der ersten Maschine an Delta Airlines im Januar 1988; auch andere Gesellschaften haben Maschinen vom Typ MD-88 geordert, darunter Aerolineas Argentinas und Aviaco

***McDonnell Douglas nutzte eine MD-80 als Erprobungsträger für Hochtechnologie-Triebwerke von verschiedenen Herstellern. Hier testet die Maschine den Propfan PW-Allison 578-DX. Nach Bescheinigung der Lufttüchtigkeit wurden bis 1995 über 1100 Exemplare des Typs ausgeliefert.***

**TECHNISCHE DATEN**
**McDonnell Douglas MD-87**
**Typ:** Mittelstrecken-Passagierflugzeug
**Triebwerke:** zwei Mantelstromtriebwerke Pratt & Whitney JT8D-217C je 89 kN Schub
**Leistung:** Reisefluggeschwindigkeit Mach 0,80; Höchstgeschwindigkeit im Horizontalflug 925 km/h; Reichweite mit 130 Passagieren 4395 km
**Gewicht:** Leermasse 33.183 kg; max. Nutzlast 17.619 kg; max. Startmasse 65.500 kg
**Abmessungen:** Spannweite 32,80 m; Länge 39,70 m; Höhe 9,30 m; Tragflügelfläche 118 m²

# McDonnell Douglas MD-90

Der neue MDC-Typ **DC-9 Super 90,** im Kern eine ummotorisierte und aktualisierte MD-80, erhielt bis zum formellen Start der Serie im November 1989 (gestützt auf 115 Optionen von Delta Airlines) die Bezeichnung **MD-90.** Das Muster, das die MD-80 Mitte der neunziger Jahre auf dem Montageband in Long Beach ablösen soll, wurde bislang in drei Versionen angekündigt, aber Bestellungen liegen nur für die Serie 30 vor. Als Erstkunde trat Delta Airlines auf, die 26 ihrer Optionen im Januar 1990 in Festaufträge umwandelte, gefolgt von Alaska Airlines (20), Japan Air Systems (sechs, später auf zehn erhöht) und ILFC (15, nachträglich widerrufen). Die Konstruktion des Prototyps **MD-90** begann 1990, und der Erstflug erfolgte am 22. Februar 1993. Die Montage der ersten Serienmaschine lief im Februar 1994 an, und im Februar 1995 übernahm Delta Airlines das erste Exemplar. Dem Hersteller zufolge soll ein Bindestrich für die Serie **MD-90** benutzt werden, aber die Untervarianten schreiben sich **MD90-30, MD90-50** usw.

Die **MD-90** weist den Rumpfquerschnitt, die modernen Hochauftriebsflächen und das EFIS-Cockpit der MD-80 auf, und die Varianten unterscheiden sich durch die Verwendung spezifischer modularer Komponenten. Die JT8D-200-Triebwerke sind fortschrittlichen V2500-Bläsertriebwerken mit geringer Lärm- und Schadstoffemission gewichen.

Seit April 1986 hat die Shanghai Aircraft Manufacturing Factory (SAMF) 35 MD-82 und MD-83 für den chinesischen Binnenmarkt gefertigt. 1992 unterzeichnete SAMF die sogenannte **„Trunkliner“**-Vereinbarung über den Zusammenbau von zunächst 20 **MD90-30T** mit speziell modifiziertem Hauptfahrwerk für die rauhen Betriebsflächen chinesischer Flughäfen. Bis zu 130 **Trunkliner** könnten insgesamt produziert werden, und die Lieferung soll 1997 beginnen. Anfang 1995 lagen Aufträge für 141 **MD-90** vor.

**Varianten**
**MD90-10:** Grundversion mit zwei V2522-D5 je 97 kN Schub, gedacht als Nachfolgerin für die MD-87; zwischen 111 und 116 Passagiere
**MD90-30:** um 1,45 m gestreckter Rumpf und V2525-D5-Bläsertriebwerke je 111 kN Schub; soll die MD-83 ersetzen; typische Passagierzahl 158
**MD90-30T Trunkliner:** für China entwickelte Version mit modifiziertem Vierrad-Tandem-Hauptfahrwerk zum Betrieb auf schlechten Pisten
**MD90-40:** hierbei handelt es sich um eine nochmals (auf eine Länge von 52,30 m) gestreckte Version mit V2528-D5 je 124 kN Schub; typische Passagierzahl 181; MDC sah den Erstflug der Serie 40 für das II. Quartal 1994 mit Lieferungsbeginn ab Mitte 1995 vor; für europäische Länder ist die Variante MD90-40EC mit erhöhter Treibstoff- und Nutzlastkapazität projektiert
**MD90-50:** Version mit V2528-D5-Motoren, im Juni 1992 angekündigt

**TECHNISCHE DATEN**
**McDonnell Douglas MD90-30**
**Typ:** zweistrahliges Mittelstrecken-Verkehrsflugzeug
**Triebwerke:** zwei fortschrittliche Bläsertriebwerke International Aero Engines V2525-D5 je 111 kN Schub
**Leistung:** Reisefluggeschwindigkeit in 10.670 m Höhe Mach 0,76; Reichweite 4329 km
**Gewicht:** Leermasse 39.275 kg; max. Startmasse 70.760 kg
**Abmessungen:** Spannweite 32,80 m; Länge 46,50 m; Höhe 9,42 m; Tragflügelfläche 112,30 m²

***Die Zulassung für den einzigen MD-90-Prototypen wurde von der FAA im November 1994 erteilt.***

# McDonnell Douglas MD-95

Auf der Pariser Luftfahrtschau 1981 gaben McDonnell Douglas, CATIC, Pratt & Whitney und Northwest Airlines die Projektstudie **MD-95** bekannt. Es handelte sich um einen Jetliner mit 105 bis 125 Sitzen als Nachfolge für die DC-9-30. Während der ersten Jahre war eine Beteiligung Chinas vorgesehen, die sich aber durch das Trunkliner-Vorhaben zerschlug. McDonnell hatte ursprünglich verlautbart, die **MD-95** solle in China zusammengebaut werden, doch da dies nicht mehr aktuell ist, sieht sich das Unternehmen nach anderen Partnern in dieser Region um.

**TECHNISCHE DATEN (vorläufig)**
**McDonnell Douglas MD-95**
**Typ:** zweistrahliges Mittelstrecken-Verkehrsflugzeug
**Triebwerke:** zwei Mantelstromtriebwerke Pratt & Whitney JT8D-216 je 74 kN Schub oder zwei Rolls-Royce Tay 670 je 79,5 kN Schub
**Leistung:** Reisefluggeschwindigkeit Mach 0,76; Reichweite 3240 km
**Gewicht:** max. Startmasse 53.700 kg
**Abmessungen:** Spannweite 32,60 m; Länge 37,30 m; Höhe 9,40 m

# McDonnell Douglas/British Aerospace Harrier II bis Messerschmitt Bf 108 Taifun

**Ein Gemeinschaftsprogramm zur Modernisierung des Jägers und Angreifers Harrier verlief erfolgreich. Der Typ hat nun für seine Waffenladung eine bessere Triebwerksleistung. Der Hubschrauber AH-64 Apache ist eines der technologisch modernsten Fluggeräte der Gegenwart.**

## McDonnell Douglas/British Aerospace Harrier II

***McDonnell Douglas AV-8B Harrier II des United States Marine Corps***

***Der AV-8 hat mehrere Seeluftstreitkräfte für sich gewonnen, darunter seit neuestem auch die italienischen. Dieser spanische AV-8B Matador dient unter Nova Escuadrilla (9. Staffel) der Arma Aérea de la Armada (spanische Marineluftwaffe) an Bord des Trägers Principé de Asturias. Der Verband wurde im September 1987 aufgestellt.***

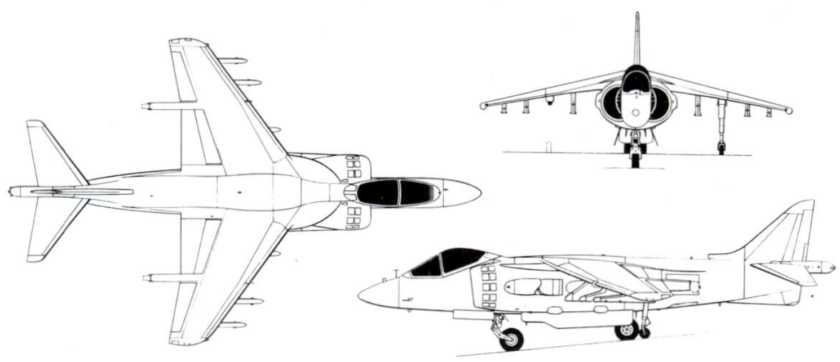

***McDonnell Douglas/BAe AV-8B Harrier II***

Die guten Erfahrungen des USMC mit dem Senkrechtstarter AV-8A Harrier von Hawker Siddeley (HSA) veranlaßten McDonnell Douglas (MDC) und HSA zu dem Vorschlag, gemeinsam eine verbesserte Version dieses Kampfflugzeugs für das amerikanische Marinekorps zu entwickeln. Als sich die britische Regierung jedoch 1975 gegen diesen Plan entschied, führten beide Unternehmen die Entwicklung unabhängig voneinander fort. Die **Harrier II** brachte in die Zelle leichtere Verbundwerkstoffe ein, die gemeinsam mit fortschrittlichen Auslegungsmerkmalen wie etwa superkritischen Tragflächen und vorgezogenen Flächenansätzen (LERX) in England geschaffen wurden, um die Manövrierfähigkeit dieses Typs im Kampfeinsatz zu steigern. Ein weiteres Ziel des Neuentwurfs bestand darin, den zum Kurzstrecken- und Senkrechtstart verfügbaren Auftrieb und Schub zu erhöhen, ohne auf ein stärkeres Triebwerk zurückzugreifen. Andere Verbesserungen umfaßten ein verstärktes Fahrwerk und zusätzliche Waffenträger unter den Tragflächen.

Nach einem erfolgreichen Testflugprogamm mit zwei **YAV-8B**, die aus modifizierten **AV-8A** hervorgegangen waren, wurden im April 1979 vier Entwicklungsmaschinen bestellt, die alle ab Juni 1982 flogen. Im August 1981 gab man die endgültige **AV-8B Harrier II** zur Produktion frei und bestimmte die britische Firma (inzwischen Teil von British Aerospace) und MDC zu partnerschaftlichen Hauptvertragsnehmern mit Fertigungsanteilen von 40 beziehungsweise 60 Prozent. Die ursprüngliche Forderung des USMC von 257 **Harrier II** stieg später auf 328 Exemplare, davon 24 Doppelsitzer, und die Royal Air Force bestellte 60 Einsitzer mit der Dienstbezeichnung **GR.Mk 5**. Alle RAF-Harrier wurden inzwischen dem Standard **GR.Mk 7** angepaßt, der im großen und ganzen dem des **US Night Attack AV-8B** entspricht. Die ersten **Harrier II** beider Fertigungsstrecken gingen im Oktober 1983 an das USMC, das im Sommer 1985 die Einsatzbereitschaft melden konnte. Lieferungen der **Harrier GR.Mk 5** an die RAF begannen im Mai 1987. Kurz darauf nahm das USMC die ersten **Harrier II** in Empfang, die auf Nachtangriffseinsätze spezialisiert waren.

Im September 1990 unterzeichneten Italien, Spanien und die USA eine Absichtserklärung zur Entwicklung der nochmals verbesserten **Harrier II Plus**, einer maritimen Jagdbomberversion des **AV-8B** mit dem Hughes-Suchradar AN/APG-65 im Rumpfbug. Die formelle Vereinbarung zur Vollentwicklung wurde im Februar 1992 unterschrieben. Nur 21 neugebaute Maschinen entstanden als **Harrier II Plus** für das USMC, aber alle **AV-8** der US-Marineinfanteristen sollen auf diesen Standard nachgerüstet werden.

Exportaufträge für die **Harrier II** kamen von der spanische Marine (Armada/Marina), die im März 1983 zwölf **EAV-8B** bestellte, um ihre ein- und zweisitzigen **AV-8S Matador**, eingesetzt bei der 8. Staffel auf dem Träger Principe de Asturias, zu ergänzen. Dieses Dutzend wurde zwischen 1987 und September 1988 der 9. Staffel zugeführt. Anschließend orderte Spanien 13 **Harrier II Plus** sowie einen Doppelsitzer **TAV-8B** zur Lieferung im Jahre 1995. Das Land will auch allen existierenden **AV-8S/TAV-8S Matador** entsprechende Neuerungen zukommen lassen. Italien gab 16 neue Einsitzer und zwei Trainer **TAV-8B** in Auftrag, deren Auslieferung im August 1991 begann. Das Muster ist zum Einsatz auf dem Träger Giuseppe Garibaldi vorgesehen. Auch die RAF baut ihre **Harrier**-Doppelsitzerflotte aus und bestellte 1992 13 Exemplare der uneingeschränkt kampftauglichen Version **Harrier T.Mk 10**, deren Auslieferung Anfang 1995 einsetzte.

**TECHNISCHE DATEN**

**MDC/BAe AV-8B Harrier II Plus**

**Typ:** kurzstartfähiger und senkrecht landender Strahljäger/Jagdbomber

**Triebwerk:** ein Schwenkdüsen-Mantelstromtriebwerk Rolls-Royce F402-RR-408 (Pegasus 11-61) mit 105,8 kN Schub

**Leistung:** Höchstgeschwindigkeit in Meereshöhe 1065 km/h; Höchstgeschwindigkeit im Höhenflug Mach 0,92; Einsatzradius mit zwei Harpoon, zwei Sidewinder und zwei 1136-Liter-Abwurftanks 1128 km

**Gewicht:** Leermasse 6344 kg; max. Außenlast 6003 kg; max. Startmasse 14.061 kg; max. Senkrechtstartmasse 9342 kg

**Abmessungen:** Spannweite 9,25 m; Länge 14,50 m; Höhe 3,50 m; Tragflügelfläche 21,30 m²

**Bewaffnung:** eine 25-mm-Kanone und zugehörige Munition in Behältern unter dem Rumpf plus acht Stationen unter den Tragflächen für sechs Luft-Luft-Lenkraketen AIM-9 Sidewinder oder vier lasergelenkte Luft-Boden-Flugkörper Maverick, sechs Bomben Mk 83 bzw. 15 Bomben Mk 82 oder zwölf Raketenbehälter oder vier 1136-Liter-Zusatztanks

### Varianten

**AV-8B Harrier II:** Grundversion zur Luftnahunterstützung, vom USMC (300) und von der spanischen Marine (zwölf) beschafft; die erste von zwei umgerüsteten AV-8A hob am 19. November 1978 vom Flughafen Lambert St. Louis in Missouri zum Erstflug ab; erste seriengefertigte AV-8B wurden dem USMC im Oktober 1983 übergeben; als Antrieb diente zunächst das 92 kN schubstarke F402-RR-406A (Pegasus 11-21), aber die ab Dezember 1990 gelieferten Flugzeuge waren allesamt mit dem F402-RR-408 (Pegasus 11-61) ausgerüstet

**AV-8B Night Attack Harrier II:** die 167. und alle nachfolgenden AV-8B besitzen ein Vorwärtssicht-Infrarotgerät (FLIR) von GEC, und der Pilot hat Nachtgläser, so daß die volle Nachtkampftauglichkeit gegeben ist; das erste Exemplar war eine umgerüstete AV-8B und flog ab 26. Juni 1987; Serienmaschinen erreichten das USMC ab September 1989

**AV-8B Harrier II Plus:** die im Juni 1987 angekündigte Nachtangriffsversion mit Radarausrüstung ist auch zur Schiffsbekämpfung mit Lenkwaffen vom Typ Sea Eagle und Harpoon vorgesehen; angetrieben vom F402-RR-408 und ausgerüstet mit größeren LERX; erweiterte Luft-Luft-Lenkwaffenkapazität durch Sparrow und AMRAAM

**EAV-8B:** Bezeichnung von zwölf Standardeinsitzern AV-8B bei der spanischen Marine

**TAV-8B:** Bezeichnung des zweisitzigen Schul- und Übungsflugzeugs Harrier II beim USMC (24) und bei der italienischen Marine (zwei); Erstflug am 21. Oktober 1986 und erste Auslieferung an das USMC im März 1987

**Harrier GR.Mk 5:** Variante der AV-8B für die RAF mit teilweise geänderter Ausrüstung, Pegasus-Triebwerk 105 mit 95 kN Schub und zwei Aden 25-mm-Kanonen; ausgerüstet mit neun Waffenstationen unter dem Rumpf und dem Tragwerk; die beiden zusätzlichen Träger unter den Tragflächen sind für Sidewinder zum Selbstschutz bestimmt; 1982 erging ein Auftrag über zwei Prototypen und 60 Serienflugzeuge; 40 Exemplare nach Standard GR.Mk 5 und die restlichen 22 nach dem Zwischenstandard GR.Mk 5A (ohne FLIR) gefertigt; der 1990 an BAe vergebene Auftrag deckt 58 GR.Mk 5/5A mit Kampfwertsteigerung zum GR.Mk 7 ab

**Harrier GR.Mk 7:** 34 im April 1988 als GR.Mk 5 bestellte, aber ab 1990 als GR.Mk 7 ausgelieferte Maschinen; diese nachtkampftaugliche Version ähnelte stark der Night Attack AV-8B und ist im Grunde eine Harrier GR.Mk 5 mit bugmontiertem FLIR-Sensor, digitalisierter Rollkartendarstellung und einem mit Nachtsichtgläsern kompatiblem Cockpit; letztes neugebautes Exemplar im Juni 1992 ausgeliefert, aber die Umrüstung der GR.Mk 5 hält an

**Harrier GR.Mk 9:** für die RAF vorgeschlagene Variante der GR.Mk 5 mit Pegasus-11-61-Antrieb und Möglichkeit zur Bewaffnung mit AIM-120-Lenkflugkörpern; fand keine Zustimmung

**Harrier T.Mk 10:** RAF-Version des Doppelsitzer-Trainermodells TAV-8B, aber zum Nachtangriff befähigt; Erstflug am 7. April des Jahres 1994

# McDonnell Douglas AH-64 Apache

Das Modell 77 wurde ursprünglich von Hughes Helicopters gemäß einer Forderung der US Army für einen Advanced Attack Helicopter (AAH) zur Bekämpfung von gepanzerten Zielen bei Tag und Nacht sowie unter allen Wetterbedingungen entworfen und im Dezember 1976 zur Serienfertigung als **AH-64** gewählt. Vorausgegangen war das Vergleichsfliegen des **YAH-64** gegen den von Bell eingereichten Mitbewerber YAH-63. Die ersten beiden Prototyp-Hubschrauber **YAH-64** waren am 30. September beziehungsweise am 22. November 1975 geflogen, und 1981 erhielt das Muster den Beinamen **Apache**. Der erste seriengefertigte **Apache** flog im Januar 1984 in Mesa, Arizona, und im Januar 1985 wurden die ersten Exemplare nach Fort Rucker, Alabama, geliefert.

**TECHNISCHE DATEN**
**McDonnell Douglas AH-64D**
**Typ:** moderner Kampfhubschrauber
**Triebwerke:** zwei Wellenturbinen General Electric T700-GE-701C je 1417 kW (1927 WPS)
**Leistung:** Höchstgeschwindigkeit 309 km/h; Dienstgipfelhöhe 6250 m; max. Reichweite mit Interntreibstoff 611 km
**Gewicht:** Leermasse 4657 kg; max. Kampfzuladung 771 kg; max. Startmasse 8006 kg
**Abmessungen:** Hauptrotordurchmesser 14,60 m; Länge bei laufenden Rotoren 17,30 m; Höhe 4,20 m; Hauptrotorkreisfläche 168,10 m$^2$
**Bewaffnung:** automatische 30-mm-Kanone Hughes XM230E1 im Turm unter dem Rumpfbug und vier Stationen unter den Stummelflächen für bis zu 16 Hellfire-Panzerabwehrraketen oder 76 70-mm-Raketen mit Klappleitwerk oder Kombinationen beider Waffenarten

Dieser bemerkenswert agile Hubschrauber hat vierblättrige Haupt- und Heckrotoren, deren Antrieb zwei Wellenturbinen General Electric T700 liefern. Stummelflügel mit Klappen an den Hinterkanten und Pendelhöhenruder steigern die Kontrollierbarkeit der ansonsten konventionell gesteuerten Maschine. Die beiden Besatzungsmitglieder sitzen hintereinander im gepanzerten Cockpit, der Pilot hinten in erhöhter Position und vor ihm der Kopilot/Bordschütze. Schlüsselelemente der Kampfleistung des **Apache** sind das Target Acquisition and Designation System (TADS = Zielerfassungs- und Beleuchtungssystem) des Bordschützen und der Pilot's Night Vision Sensor (PNVS = Nachtsichtsensor) des Piloten. TADS ist eine komplexe Anlage, bestehend aus einem Laserbeleuchter/Entfernungsmesser und Zielverfolger sowie einem Vorwärtssicht-Infrarotgerät (FLIR), das durch optische Direktsichtkomponenten und eine Fernsehkamera ergänzt wird. Bei dem PNVS handelt es sich um ein fortschrittliches FLIR, das dem Hubschrauberführer alle nötigen Daten bereitstellt, um in der Kampfzone den Konturen des Geländes in einer Höhe folgen zu können.

Die Auslieferung der von der US Army vorgesehenen 807 **AH-64** begann im Januar 1985. Bis zum Dezember 1991 waren rund 700 Exemplare übergeben, und inzwischen dürfte der letzte **AH-64** den Empfänger erreicht haben. Bekannte Exportkunden für den sogenannten **International Apache** sind Israel, das zwischen September 1990 und Oktober 1991 18, dort **Petan** (Kobra) genannte Hubschrauber erhielt, Saudi-Arabien (zwölf) mit Lieferbeginn Ende 1992, Ägypten (24) mit Lieferbeginn 1994, Griechenland (zwölf) und die Vereinigten Arabischen Emirate (20). Als weitere Käufer werden Bahrain (acht), Südkorea und Kuwait genannt.

Der nächste Schritt im **Apache**-Rüstungsprogramm für die US Army heißt **AH-64D Longbow**. Derzeit vorgesehen ist die Nachrüstung von 535 der 813 existierenden **AH-64A** mit einem Millimeterradar auf dem Rotormast, verbesserten Hellfire-Longbow-Lenkraketen, leistungsgesteigerten Wellenturbinen T700-GE-701C und neuen Cockpit-Avioniksystemen. Diese Modernisierung bereitet den Weg, um den Kampfhubschrauber der nächsten Generation, den **RAH-66 Comanche**, bei der US Army einzuführen. Ein Zwischenstandard des **Longbow-Apache** mit der Bezeichnung **AH-64C** wurde verworfen zugunsten der umfassenden Modernisierung der gesamten Hubschrauberflotte nach **AH-64D**.

***Die neueste Version des AH-64 ist der Longbow Apache mit Millimeterwellenradar.***

Außerhalb der Vereinigten Staaten befinden sich **AH-64A** nunmehr im Einsatz in Ägypten (24), in Israel (44, bis 1993 ausgeliefert) und in den Vereinigten Arabischen Emiraten (zwölf, mit Lieferbeginn 1993). Im Auftragsbuch stehen Griechenland (zwölf) und die Niederlande, während mit weiteren Bestellungen seitens Kuwaits und Großbritanniens zu rechnen ist.

**Varianten**

**AH-64B:** 254 umgerüstete AH-64A mit minimalen Verbesserungen

**AH-64D Longbow Apache:** umfassend modernisierter AH-64A, einschließlich Integration des Pakets Longbow/Hellfire und Antrieb durch T700-GE-701C

**International Apache:** Exportversion des AH-64A

# McDonnell Douglas Explorer

Das Hubschrauberprogramm „MDX McDonnell Douglas Experimental" wurde im Februar 1988 der Öffentlichkeit vorgestellt, und im Januar 1989 fiel die Entscheidung, den Helikopter zu entwickeln. Der im März 1992 formell **Explorer** getaufte **MDX** sollte einen neuartigen leichten Zivilhubschrauber mit acht bis zehn Sitzen abgeben, bei dem zwei Konstruktionsmerkmale im Vordergrund standen: ein erstmals komplett aus Verbundwerkstoffen bestehender HARP-Fünfblatt-Hauptrotor und die NOTAR-Technologie (NO TAil Rotor = ohne Heckrotor). Partnerfirmen sind Hawker de Havilland of Australia, verantwortlich für die Konstruktion, Herstellung und Lieferung des Rumpfes an MDH zur Endmontage im Mesa-Werk, und Kawasaki Heavy Industries, das zuständig für die Produktion der Kraftübertragungssysteme ist. Käufer können zwischen zwei Triebwerkstypen, einem Pratt & Whitney und einem Turboméca, wählen. Die ersten 100 Serienhubschrauber sollen allerdings mit dem PW206A ausgerüstet werden.

Der **Explorer**-Prototyp flog erstmals am 18. Dezember 1992, gefolgt von zwei weiteren Exemplaren am 17. September 1993 und am 16. Dezember 1993. Sieben **Explorer** sind derzeit in Zulassungs- und Vorführprogramme eingespannt. Anfang 1995 gab McDonnell Douglas Helicopters bekannt, daß dem Unternehmen Kaufverträge über 260 Hubschrauber von 100 Kunden vorlägen. Die ersten **Explorer** wird Petroleum Helicopters Inc. erhalten, und geplant ist eine Serienfertigung ab 1996 mit 108 Einheiten pro Jahr.

**TECHNISCHE DATEN (vorläufig)**
**McDonnell Douglas Explorer**
**Typ:** achtsitziger Mehrzweckhubschrauber
**Triebwerke:** zwei Wellenturbinen Pratt & Whitney Canada PW206A je 450 kW (612 WPS) oder Turboméca TM319-2C Arrius gleicher Leistung
**Leistung:** Reisefluggeschwindigkeit 278 km/h; Höchstgeschwindigkeit 322 km/h; Reichweite mit kompletter Nutzlast 584 km
**Gewicht:** Leermasse 1260 kg; interne Nutzlast 1150 kg; Hakenlast 1360 kg; max. Startmasse 2540 kg
**Abmessungen:** Hauptrotordurchmesser 10,30 m; Länge bei laufendem Rotor 11,60 m; Höhe 3,74 m; Rotorkreisfläche 11,15 m$^2$

# McDonnell Douglas MD520/530 (Serien)

Im Januar 1984, als Hughes Helicopters eine Tochterfirma von McDonnell Douglas wurde, hielt die Entwicklung militärischer und ziviler Versionen des **Modells 500** an, und beide werden weiterhin als **MD500E** und **MD530 Lifter** produziert. Nach der Entwicklung, Konstruktion und Flugerprobung (17. Dezember 1981) eines NOTAR-Testhubschraubers auf der Grundlage eines Hughes 500 lief die Serienfertigung zugelassener Ausführungen in Form des **MD520N** (NOTAR-Version des MD500) und des **MD530N** (NOTAR-Version des MD530F) an. Der endgültige Prototyp **MD530N** flog am 29. Dezember 1989, gefolgt vom **MD520N** am 1. Mai 1990. Nach dem Erstflug des **MD520N** im Juni 1991 erging am 17. September desselben Jahres die Musterzulassung.

Als erster Käufer stellte das Phoenix City Police Department den **MD520N** im Oktober 1991 in Dienst, als der erste von sieben zuvor bestellten Hubschraubern eintraf. Anfang 1995 waren 40 Hubschrauber an Kunden in den USA, Südkorea, der Schweiz, Frankreich, Venezuela, Guatemala und Kanada ausgeliefert. 1991 vergab die US Army an MDH den Auftrag, zwei Standard-Leichthubschrauber AH/MH-6E „Little Bird" auf das NOTAR-Konzept umzustellen. Diese „Tarnkappen-Hubschrauber" wurden im Juli 1992 dem Special Operations Aviation Regiment in Fort Campbell, Kentucky, zur weiteren Bewertung zugeführt.

**TECHNISCHE DATEN**
**McDonnell Douglas MD530N**
**Typ:** fünfsitziger leichter Nutzhubschrauber
**Triebwerk:** eine Wellenturbine Allison 250-C30 mit 485 kW (660 WPS)
**Leistung:** max. Reisefluggeschwindigkeit in Meereshöhe 249 km/h; normale Reichweite in Meereshöhe 354 km
**Gewicht:** Leermasse 742 kg; max. Startmasse 1519 kg
**Abmessungen:** Rotordurchmesser 8,33 m; Länge bei laufendem Rotor 8,69 m; Höhe 2,74 m; Rotorkreisfläche 5,45 m²

***Mit der Entwicklung des NOTAR-Systems beschritt McDonnell Douglas einen neuen Weg und bietet als erster Hersteller Serienhubschrauber dieser Art an. Die US Army ließ MH-6 für Kommandounternehmen nach dem neuartigen Konzept umrüsten.***

## Mercury-Flugzeuge

Im Jahre 1928 produzierte die Mercury Aircraft Inc. in Hammondsport, New York, ihren ersten eigenständigen Entwurf, den dreisitzigen, geschlossenen Kabineneindecker **Mercury Kitten**. Da das kommerzielle Interesse an diesem Muster ausblieb, konzentrierte sich die Firma auf die Entwicklung eines zweisitzigen Anfänger-Schulflugzeugs mit der Bezeichnung **Mercury Chic T-2**. Der leichte, gestielte Hochdecker mit einer Grundstruktur aus geschweißtem Stahlrohr war stoffbespannt, hatte ein starres Spornrad-Fahrgestell und nahm den Piloten und den Flugschüler in offenen Cockpits hintereinander auf. Die Maschine flog erstmals Ende 1928 und erwies sich mit ihrem 48 kW (65 PS) starken Velie-Sternmotor als untermotorisiert, so daß man sie zum Einbau eines LeBlond 7D mit 67 kW (91 PS) modifizierte. Dies wurde der Standard-Sternmotor, der dem Trainer mit einer Spannweite von 10,87 m zu einer Spitzengeschwindigkeit von 185 km/h verhalf. Das Unternehmen erhoffte sich lohnende Aufträge, aber es war nicht der richtige Zeitpunkt für solch ein Flugzeug. Rund 15 Maschinen ließen sich zwar noch vor der Wirtschaftsrezession der frühen dreißiger Jahre absetzen, doch fast die gleiche Zahl blieb unverkauft und mußte schließlich verschrottet werden.

## Meridionali-Hubschrauber

Die Elicotteri Meridionali SpA, die mit Unterstützung der Costruzioni Aeronautica Giovanni Agusta gegründet wurde, nahm im Oktober 1967 ihre Tätigkeit auf und befaßte sich zunächst mit der Hubschrauberwartung für die italienischen Streitkräfte. 1968 erwarb das Unternehmen Rechte zur Produktion, Vermarktung und technischen Betreuung des Boeing CH-47C Chinook, den Italien und andere Länder einsetzten. Dieser Geschäftsbereich wurde im Werk Sesto Calende konzentriert. Trotz industrieller Fusionstendenzen in jüngerer Zeit hat sich EM ihre Selbständigkeit als Agusta-Tochter erhalten. Das Unternehmen zeichnete auch verantwortlich für den dreisitzigen Leichthubschrauber **EMA 124**, abgeleitet vom Bell 47, den Agusta in den fünfziger Jahren lizenzgefertigt hatte.

***Der Hubschrauber Meridionali EMA 124 wurde gegenüber dem amerikanischen Bell 47, dem er ähnelt, in aerodynamischer Hinsicht stark verbessert.***

## Messerschmitt Bf 108 Taifun

Bis zum Ausbruch des Zweiten Weltkriegs war Messerschmitts M.35 eines der besten Kunstflugzeuge der Welt, und aus ihr wurde die **Messerschmitt M.37**, später **Bf 108 Taifun** genannt, entwickelt. Diese Maschine basierte auf einem Auftrag für ein Flugzeug, das am 4. Challenge de Tourisme Internationale, dem Europarundflug von 1934, teilnehmen sollte. Sechs Maschinen wurden im Rahmen dieser Bestellung gefertigt. Der Prototyp (D-ILIT), der im Frühjahr 1934 die Flugerprobung aufnahm, war ein freitragender Ganzmetall-Tiefdecker mit einziehbarem Hauptfahrwerk und Schleifsporn, einer viersitzigen Kabine und einem Hirth-Motor HM 8U als Antrieb mit 184 kW (250 PS). Die Serienmaschinen **Bf 108A** erzielten beim Tourisme Internationale keinen Erfolg, weil das Bewertungssystem leichteren und weniger fortschrittlichen Konstruktionen entgegenkam. Dank des hohen Leistungsvermögens der **Bf 108A** wurde der Typ jedoch Ende der dreißiger Jahre zu einer Reihe von Rekordflügen herangezogen und konnte auch etliche Wettbewerbserfolge erringen. Die Luftwaffe übernahm die **Bf 108** als Verbindungsflugzeug, und der Luftdienst nutzte sie als Versorgungs- und Zielschleppmaschine. Zudem ging sie in erheblicher Stückzahl in den Export nach Bulgarien, Ungarn, Japan, Rumänien, in die Sowjetunion, die Schweiz und nach Jugoslawien. Bei Kriegsausbruch wurden zwei **Bf 108** der deutschen Botschaft in London zum Dienst bei der RAF beschlagnahmt, die dieses Duo **Messerschmitt Aldon** nannte. Mehrere andere Exemplare dienten nach dem Krieg eine kurze Zeit bei der RAF. In Deutschland blieb der Typ bis 1942 in der Produktion, die man dann zum SNCAN-Werk nach Les Mureaux bei Paris auslagerte, und erreichte bis Kriegsende eine Auflage von 885 Flugzeugen. SNCAN (Nord) entwickelte das Muster nach dem Krieg weiter und baute sowohl die **Bf 108** (als **Nord 1002 Pingouin**) als auch die **Me 208** in mehreren Versionen im Gesamtumfang von 285 Exemplaren. Einige Original-**Bf 108** und eine Reihe der von Nord gefertigten Maschinen fliegen heute noch.

***Die endgültige Taifun hieß Messerschmitt Bf 108B, die sich von der Bf 108A in erster Linie durch aerodynamisch ausgeglichene Seiten- und Höhenruder unterschied.***

**Varianten**
**Bf 108B:** Hauptserienversion mit einer Reihe von Verbesserungen, darunter ein Spornrad statt des Schleifsporns und ein Argus As 10C als Antrieb mit insgesamt 199 kW (270 PS)
**Bf 108C:** vorgeschlagene Hochgeschwindigkeitsversion mit 294 kW (400 PS) starkem Hirth-Motor HM 512; nicht gebaut
**Me 208:** verbesserte Version mit einziehbarem Bugrad-Fahrwerk; SNCAN baute während des Krieges zwei Musterflugzeuge, von denen eines bei einem Luftangriff zerstört wurde

**TECHNISCHE DATEN**
**Messerschmitt Bf 108B**
**Typ:** viersitziger Kabineneindecker
**Triebwerk:** ein A-Reihenmotor Argus As 10C mit 177 kW (240 PS)
**Leistung:** Höchstgeschwindigkeit 300 km/h; Dienstgipfelhöhe 5000 m; max. Reichweite 1000 km
**Gewicht:** Leermasse 880 kg; max. Startmasse 1385 kg
**Abmessungen:** Spannweite 10,50 m; Länge 8,30 m; Höhe 2,30 m; Tragflügelfläche 16,40 m²

# Messerschmitt Bf 109 bis Messerschmitt Me 309

**Willy Messerschmitts Bf 109 (Me 109) war im Spanischen Bürgerkrieg ausführlich erprobt worden. „Der Emil" war eine formidable Maschine und erzielte höhere Abschußzahlen unter den alliierten Gegnern als jedes andere Flugzeug des Zweiten Weltkriegs. Die 262 wäre ein möglicherweise kriegsentscheidendes Düsenflugzeug gewesen, wurde aber jahrelang nur als Bomber eingesetzt.**

## Messerschmitt Bf 109

*Messerschmitt Bf 109 der 1./JG 1, im August 1939 in Seerapen stationiert*

*Messerschmitt Bf 109K-4 der II./JG 77, im Dezember 1944 in Bönningheim stationiert*

Der Aufbau der Luftwaffe gab Mitte der dreißiger Jahre den Anstoß zu einer grundsätzlichen Erneuerung der Jäger- und Bomberkonzepte. Willy Messerschmitt war damals mit der Bf 108 weit vorangekommen und hatte, noch bevor dieses Muster flog, einen Jagdeinsitzer in Angriff genommen, die Messerschmitt **Bf 109.** Sie trat beim Vergleichsfliegen Ende Oktober 1935 in Travemünde gegen die Arado Ar 80, die Focke-Wulf 159 sowie die Heinkel He 112 an und kam mit der He 112 in die nähere Auswahl, verbunden mit einem Auftrag zum Bau von je zehn Versuchsjägern. Der Prototyp der **Bf 109** flog erstmals am 28. Mai 1935 unter dem Antrieb eines Rolls-Royce Kestrel mit 518 kW (704 PS), aber die zweite Versuchsmaschine (V-2) wies bereits den 449 kW (610 PS) starken Junkers Jumo 210A auf, für den das Muster entwikkelt worden war. Die Vorserienjäger erhielten verschiedene Bewaffnungen, die die ersten drei Exemplare zu **Bf 109A** und spätere Prototypen zu **Bf 109B** machten. Diese Null-Reihe brachte erste Varianten wie die **Bf 109B-1** mit einem 467 kW (635 PS) starken Jumo 210D und die **Bf 109B-2** mit einem Jumo 210E hervor, der 471 kW (640 PS) erzeugte, aber bald dem Jumo 210G mit 493 kW (670 PS) wich.

Anfang 1937 wurde das beste Jagdgeschwader der Luftwaffe, JG 132 Richthofen, mit seriengefertigten **Bf 109B-1** ausgerüstet. Wie mehrere andere Flugzeugtypen erhielt auch die **Bf 109**, die ab Sommer 1937 bei der Legion Condor eingesetzt war, ihre Feuertaufe im spanischen Bürgerkrieg. Unmittelbar zuvor hatten fünf **Bf 109**, die nicht dem Standard entsprachen, an einer internationalen Flugveranstaltung in Zürich teilgenommen, zwei von ihnen mit Daimler-Benz-Motoren, deren 699 kW (950 PS) ihnen eine höhere Leistung vermittelten. Das Team gewann den Alpenrundflug, einen Mannschaftswettbewerb, eine Geschwindigkeitskonkurrenz und eine Steig- und Sturzdisziplin. Am 11. November 1937 krönte Hermann Wurster diesen Erfolg, als er mit einer **Bf 109**, angetrieben von einem auf 1214 kW (1650 PS) frisierten DB 601, eine Höchstgeschwindigkeit von 610,95 km/h erreichte und damit den absoluten Weltrekord für Landflugzeuge erstmals nach Deutschland holte.

Unterdessen wurde die Serie **Bf 109B** ausgeliefert und allmählich von der **Bf 109C-1** mit dem 515 kW (700 PS) starken Jumo 210Ga verdrängt. Dann steigerte sich die Produktion, da auch Arado, Erla, Focke-Wulf und Fieseler diesen Jäger herstellten, und bis zum September 1938 waren fast 600 Exemplare gebaut. Ein Jahr später, als der Zweite Weltkrieg ausbrach, befanden sich bei der Luftwaffe mehr als 1000 **Bf 109** im Dienst. Nach dem Zusammenbruch Frankreichs wurden allerdings keine ernsthaften Anstrengungen unternommen, die Fertigungsrate von durchschnittlich 156 Flugzeugen pro Monat anzuheben. 1941 bauten nur noch Messerschmitt, Erla und WNF (Österreich) die **Bf 109**, aber 1942 schnellte die Produktion bei Messerschmitt auf 2700 Maschinen, und 1943 trug Ungarn 600 Exemplare dazu bei. Trotz schwerer Bombardierung durch die Alliierten erreichte die **Bf-109**-Herstellung in Deutschland 1944 fast die Marke 14.000. Zwar liegen keine genauen Gesamtzahlen vor, aber man schätzt, daß rund 35.000 Flugzeuge gebaut wurden, eine Auflage, die nur die Iljuschin-Serien Il-2/Il-10 mit angeblich 42.330 Maschinen überboten.

**Bf 109** nahmen am Überfall auf Polen teil, der den Zweiten Weltkrieg einleitete, und spielten bei allen nachfolgenden Jagdoperationen der Luftwaffe eine wichtige Rolle. Ihr letzter Haupteinsatz mit 120 Flugzeugen fand am 7. April 1945 statt. Über die Produktion für die Luftwaffe hinaus exportierte Messerschmitt **Bf 109** nach Bulgarien, Finnland, Japan, Jugoslawien, Rumänien, in die Schweiz, die Slowakei, Spanien, in die UdSSR und nach Ungarn. In Spanien fertigte Hispano die **Bf 109** für die spanische Luftwaffe auf der Grundlage einer 1942 verhandelten Lizenz, und die ersten **Ha-1109-J1L**, die von Messerschmitt gebaute Baugruppen der Zelle und Hispano-Suiza-Motoren verbanden, flogen Anfang März 1945. Spätere Serien ergaben die **HA-1109-K1L** mit dem französischen Hispano-Suiza HS-12Z-89, der 957 kW (1300 PS) entwickelte, die **HA-1109-M1L** mit dem 1044 kW (1420 PS) starken Rolls-Royce Merlin 500-45 und die grundsätzlich ähnliche **HA-1112** mit geänderter Bewaffnung. Entsprechende Doppelsitzerversionen waren die **HA-1110-K1L** mit Hispano-Suiza-Triebwerk und die **HA-1110-M1L** mit dem Merlin-Motor. Als weiterer Hersteller betätigte sich die Tschechoslowakei, die nach dem Krieg ihre Luftwaffe mit der **Avia S-99** (DB 605A-Motor) und in weit größerer Zahl mit der vom Jumo 211F angetriebenen **S-199** ausrüstete. Diese Jäger blieben bis 1957 im Einsatz, allerdings in den letzten fünf Jahren im Ausbildungsdienst.

Nur die Hauptbaureihen der **Bf 109** und deren Varianten im deutschen Dienst sind unten aufgeführt.

**Varianten**

**Bf 109A:** Versuchsjäger mit Rolls-Royce-Kestrel- und Junkers-Jumo-Motoren

**Bf 109B:** die Nullserie Bf 109B-0 hatte den Jumo 210B mit 449 kW (610 PS); in die Reihen Bf 109B-1 und Bf 109B-2 waren Jumo 210D mit 467 kW (635 PS) bzw. Jumo 210E mit 471 kW (640 PS) eingebaut

**Bf 109C:** gebaut als Bf 109C-0 und in den Reihen Bf 109C-1 bis Bf 109C-3 alle mit dem 471 kW (640 PS) starken Jumo 210G, aber mit unterschiedlicher Bewaffnung

**Bf 109D:** die Bf 109D-0, umgerüstete Bf 109B, und eine kleine Baureihe Bf 109D-1 führten als erste, abgesehen von Versuchsträgern, den Daimler-Benz 600A mit 707 kW (960 PS) ein

**Bf 109E:** erste Großserienversion, die den neuen Motor Daimler-Benz DB 601A mit direkter Kraftstoffeinspritzung, verbesserten Ladern und einer Nennleistung von 810 kW (1100 PS) einführte; die einzelnen Baureihen reichten von Bf 109E-0 bis Bf 109E-9 mit DB 601N (883 kW/1200 PS) oder DB 601E (957 kW/1300 PS); unterschieden sich hauptsächlich in der Ausrüstung und Bewaffnung

**Bf 109F:** Hauptserienversion, ausgeführt in den Baureihen Bf 109F-0 bis Bf 109F-6 mit DB 601N oder DB 601E und unterschiedlicher Bewaffnung; etliche aerodynamische Verfeinerungen der Zelle ergaben eine bessere Höhenleistung

*Messerschmitt Bf 109G-14*

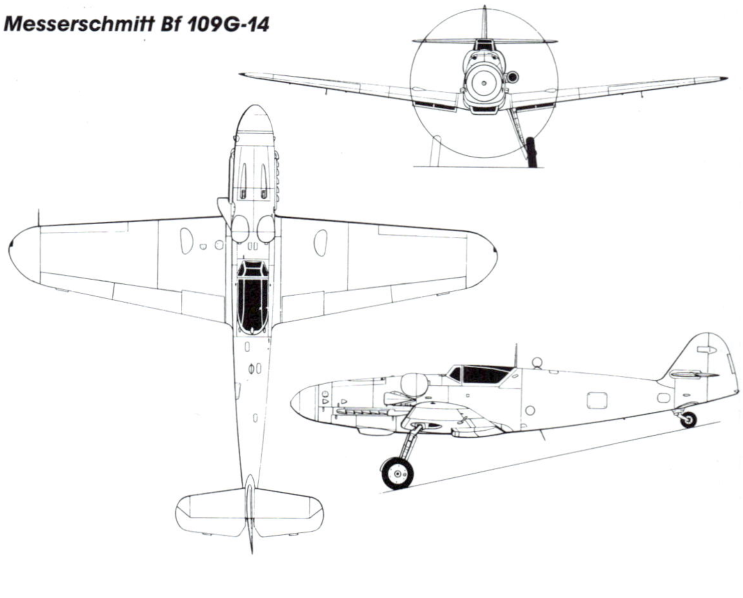

**Bf 109G:** Hauptserie mit Druckkabine, produziert in den Baureihen Bf 109G-0 bis Bf 109G-16; die Wertsteigerung war unerheblich, so daß die Druckbelüftung ab der Bf 109G-6 und allen nachfolgenden Varianten aufgegeben wurde; Bf 109G-0 behielt den DB 610E, aber die Bf 109G-1 erschien mit dem neuen DB 605A, dessen höhere Kompression eine Höchstleistung von 1086 kW (1475 PS) ergab; spätere Bauarten dieses Motors, etwa der DB 605DC, erzeugten mit Wasser-/Methanol-Einspritzung bis zu 1472 kW (2000 PS); die Bf 109G-12 war ein Schul-Zweisitzer
**Bf 109H:** aus der Bf 109F entwickelter Spezial-Höhenjäger mit um 2 m größerer Spannweite; Bf 109H-0 mit DB 601E und kleine Serie Bf 109H-1 mit DB 605A
**Bf 109K:** ähnelte der G-Reihe und wurde als Bf 109K-0 mit dem DB 605D seriengefertigt; Bf 109K-2 und Bf 109K-4 wie K-0, aber mit DB 605ASCM/DCM mit MW-50-Einspritzung und 1104 kW (1500 PS); Bf 109K-6 entsprach bis auf die Bewaffnung der Bf 109K-2; die Bf 109K-14 ähnelte der K-4, aber mit DB 605L-Motor
**Bf 109T:** zunächst zehn zu Bf 109T-0 umgerüstete Bf 109E mit weiter gespannten Tragflächen, klappbaren Außenflügeln, Störklappen, Fanghaken und Katapultspulen zum Einsatz an Bord des Flugzeugträgers Graf Zeppelin; es folgten 60 grundsätzlich ähnliche Serienjäger Bf 109T-1 mit DB 601N; als die Arbeiten am Flugzeugträger eingestellt wurden, entfernte man den Fanghaken und das Katapultgeschirr und teilte diesen Maschinen die neue Bezeichnung Bf 109T-2 zu

**TECHNISCHE DATEN**
**Messerschmitt Bf 109G-6**

**Typ:** Jagdeinsitzer
**Triebwerk:** ein 12-Zylinder-Reihenmotor (A-Form) Daimler-Benz DB 605AM mit GM-1-Einspritzanlage und einer Startleistung von 1325 kW (1800 PS)
**Leistung:** Höchstgeschwindigkeit 621 km/h in 7000 m Höhe; Dienstgipfelhöhe 11.750 m; Reichweite 720 km
**Gewicht:** Rüstmasse 2673 kg; max. Startmasse 3150 kg
**Abmessungen:** Spannweite 9,92 m; Länge 9,02 m; Höhe 3,40 m; Tragflügelfläche 16,05 $m^2$
**Bewaffnung:** zwei 13-mm-MGs 131 und drei 20-mm-Kanonen MG 151

# Messerschmitt Bf 110

Die Messerschmitt **Bf 110** war das Angebot des Herstellers auf die Forderung der Luftwaffe nach einem zweimotorigen Jäger, für den auch Focke-Wulf und Henschel Vorschläge einreichten. Das Muster sollte hauptsächlich als schwerer Jäger zum Schutz eigener Bomberverbände dienen, aber auch selbst die Funktion eines Schnellbombers übernehmen können. Als man die Anforderungen änderte, blieb Messerschmitts Modell als einziger Kandidat übrig, und der erste von drei Prototypen startete am 12. Mai 1936 zum Jungfernflug. Die beiden Daimler-Benz DB 600A je 670 kW (910 kW) erwiesen sich als äußerst unzuverlässig, doch die Flugerprobung ergab eine Spitzengeschwindigkeit von 505 km/h, und die allgemeinen Flugleistungen wurden positiv bewertet. Die Versuchstriebwerke DB 600 machten den drei Musterflugzeugen arg zu schaffen, und die Nullserie **Bf 110A-0** erhielt daher den verläßlichen Junkers Jumo 210Da, der allerdings nur 500 kW (680 PS) erzeugte, so daß sich die Leistung deutlich verschlechterte. Die Verwendungsreife des neuen DB 601A mit Wassereinspritzung ließ lange auf sich warten, und es kam zu einer gravierenden Verzögerung des gesamten **Bf-110**-Programms. Als die vierte Vorserienmaschine im März 1938 fertiggestellt war, ging Messerschmitt zur **Bf 110B** über, einer vor allem im Rumpfbug geänderten Version zum Einbau zweier 20-mm-Kanonen, die die vier Maschinengewehre der **Bf 110A-0** verstärken sollten. Insgesamt 45 solcher Maschinen mit Jumo-Motoren wurden gebaut. Sie umfaßten die Baureihen **Bf 110B-1**, die mit Luftbildkamera bestückte **Bf 110B-2** und einige **Bf 110B-3**, die aus zu Schulflugzeugen modifizierten **Bf 110B-1** entstanden.

Die Verfügbarkeit des DB 601A ermöglichte den Übergang zur **Bf 110C**, zunächst in Form von zehn Vorserienflugzeugen **Bf 110C-0**, die im Januar 1939 an die Erprobungsstellen der Luftwaffe gingen. Mitte 1939 folgten die ersten Serien-Einsatzmuster **Bf 110C-1**. Zur Steigerung der Produktion wurden Focke-Wulf und Gotha eingeschaltet. Der neue Jäger bewies seine Qualitäten erstmals im Polenfeldzug und bewährte sich im Dezember 1939 als Bomberzerstörer, indem er bei einem Einsatz über der Helgoländer Bucht neun von 22 Vickers-Wellington-Bombern abschoß. Die ersten Einsatzerfahrungen hatten den Wert der **Bf 110** aufgezeigt, und die vorrangige Produktion stellte sicher, daß bis Ende 1939 insgesamt 315 Exemplare ausgeliefert waren. Das ganze Jahr 1940 hindurch hielt die Fertigung mit einer Rate von 102 Flugzeugen pro Monat an.

1940 sah sich die **Bf 110** jedoch erstmals mit modernen Jagdeinsitzern der Gegenseite konfrontiert und zeigte sich der Wendigkeit einer Hawker Hurricane oder Supermarine Spitfire nicht gewachsen. Mit nur einer nach hinten feuernden Waffe konnte sich die **Bf 110** nicht angemessen zur Wehr setzen und erlitt in der Schlacht um England schwere Verluste. Das Muster wurde vorübergehend für Bomben- und Aufklärungseinsätze genutzt, fand aber im Winter 1940/41 mit der Nachtjagd die Rolle, für die sie am besten geeignet war. Der **Bf-110**-Nachtjäger flog zunächst ohne jegliche Spezialausrüstung, und die Besatzungen verließen sich zur Jagd auf Feindbomber allein auf ihre scharfen Augen. Das erste Infrarot-Sichtgerät „Spanner" erhielt die **Bf 110D-1/U-1**, die sich aber als Fehlschlag erwies. Mitte 1941 aber wurde die Organisation zur bodengeführten Abfangjagd aufgebaut, und die **Bf-110**-Nachtjagdverbände erzielten rasch bedeutende Erfolge. Zwölf Monate später lief ihre Ausrüstung mit dem Nachtjagd-Radargerät Lichtenstein an, und im Herbst 1942 führten die meisten Nachtjäger der Luftwaffe dieses Funkmeßgerät in unterschiedlicher Ausführung mit. Mitte 1943 reagierte die RAF darauf mit dem Abwurf gebündelter Aluminiumstreifen („Window") zur Störung der Bordradargeräte und konnte sich sechs Monate lang behaupten. Dann aber waren die **Bf 110** mit fortschrittlicheren Radargeräten ausgerüstet, die trotz „Window" effektiv funktionierten. Anfang 1944 hatten die deutschen Nachtjagdkräfte ihre Spitzenstärke erreicht, und in dieser Phase befanden sich rund 320 **Bf 110** im Einsatz. Sie machten etwa 60 Prozent der zum Schutz Deutschlands verfügbaren Nachtjäger aus. Ein Jahr später waren modernere Nachtjäger in Dienst gestellt worden, so daß sich nur noch 150 einsatztaugliche **Bf 110** in den Nachtjagdgruppen befanden. Alle büßten aber ihre Effektivität zusehends ein, da sich die deutschen Brennstoffvorräte erschöpften.

Bei Produktionsende im März 1945 waren rund 6050 **Bf 110** in vielen Varianten gebaut. Es gab unzählige Varianten in kleiner Auflage, und nur die wesentlichen Versionen sind unten aufgeführt.

**TECHNISCHE DATEN**
**Messerschmitt Bf 110G-4/R3**

**Typ:** dreisitziger Nachtjäger
**Triebwerke:** zwei 12-Zylinder-Reihenmotoren (A-Form) Daimler-Benz DB 601B-1 je 1086 kW (1475 PS)
**Leistung:** Höchstgeschwindigkeit 550 km/h in 6980 m Höhe; Dienstgipfelhöhe 8000 m; max. Reichweite mit Zusatztanks 2100 km
**Gewicht:** Leermasse 5090 kg; max. Startmasse 9890 kg
**Abmessungen:** Spannweite 16,25 m; Länge 13,05 m; Höhe 4,18 m; Tragflügelfläche 39,40 $m^2$
**Bewaffnung:** zwei 30-mm-Kanonen MK 108 und zwei 20-mm-Kanonen MG 151 im Rumpfbug und zwei 7,92-mm-MG 81

***Ein Jagdbomber Bf 110E-2 zeigt die für ihn typischen Auslegungsmerkmale wie das erweiterte Rumpfheck (Schlauchboot-Stauraum) und externe Bombengehänge, die eine Bombenlast von 1200 kg ermöglichten. Die Bf 110E folgte auf die Bf 110D, die ihrerseits eine Langstreckenausführung der Bf 110C war. Die von einem Daimler-Benz-Motorenpaar 601E angetriebene E-Serie bildete auch den Kern der ersten Nachtjagdverbände der Luftwaffe.***

**Varianten**
**Bf 110A-0:** Bezeichnung der vier bewaffneten Vorserienmuster mit Junkers-Jumo-210B-Motoren
**Bf 110B:** erste Serienversion, produziert in den Varianten Bf 110B-0 bis Bf 110B-2; die Bf 110B-3 ging aus der Umrüstung früherer Flugzeuge hervor
**Bf 110C:** Serienversion, die Daimler-Benz-Einspritzmotoren DB 601A je 810 kW (1100 PS) einführte; umfaßte Bf 110C-0 bis Bf 110C-7, von denen sich die Bf 110C-4 als Jagdbomber und die Bf 110C-5 als Aufklärer bewährte
**Bf 110D:** Serienversion, produziert in den Varianten Bf 110D-0 bis Bf 110D-3; die Bf 110D-2 war ein Langstrecken-Jagdbomber und die Bf 110D-3 ein Geleitjäger
**Bf 110E:** Serienversion, produziert in den Varianten Bf 110E-0 bis Bf 110E-3; die Bf 110E-1 und die Bf 110E-2 waren schwere Jagdbomber oder Nachtjäger, und die Bf 110E-3 Fernaufklärer
**Bf 110F:** Serienversion, grundsätzlich wie Bf 110E, aber mit DB 601F-Motoren je 994 kW (1350 PS); gefertigt in Unterreihen bis Bf 110F-4
**Bf 110G:** Serienversion mit DB 601B-1-Motoren je 1086 kW (1475 PS); gefertigt in Unterreihen bis Bf 110G-4
**Bf 110H:** Schlußserie, ähnlich der Bf 110G; gefertigt in Unterreihen bis Bf 110H-4

***Messerschmitt Bf 110C-3***

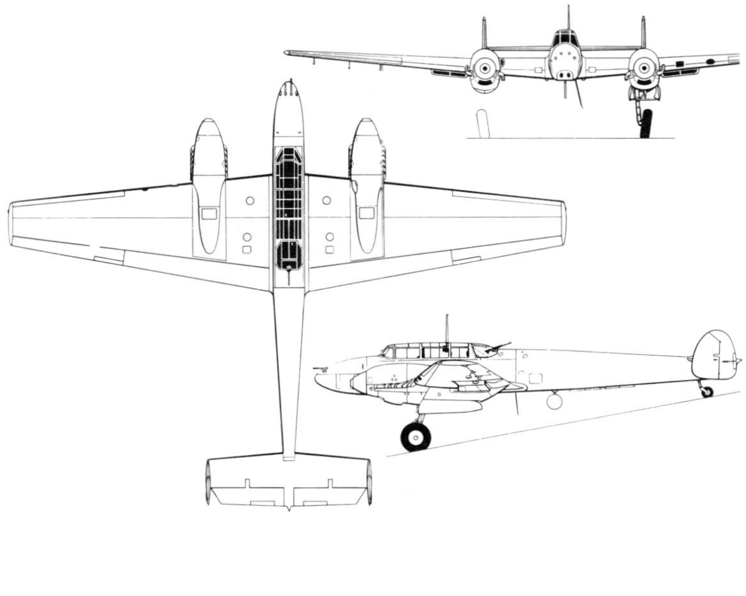

## Messerschmitt Bf 161

Nach der Flugerprobung der Messerschmitt Bf 110 wurde das Unternehmen mit der Entwicklung ähnlich spezialisierter Aufklärungs- und Bombermuster beauftragt, die die Bezeichnungen Messerschmitt **Bf 161** und **Bf 162** erhielten. Beide waren grundsätzlich wie die Bf 110 ausgelegt, aber dennoch völlig neue Flugzeuge mit nur wenigen gemeinsamen Baugruppen und Teilen. Als erste flog im Frühling 1937 die **Bf 162 V-1** (D-AIXA), gefolgt von zwei weiteren Versuchsmaschinen. Dann wurde die Messerschmitt angewiesen, sich auf Jagdaufklärer zu konzentrieren, und mußte die Entwicklung der **Bf 162** abbrechen. Die drei fertig gebauten Musterflugzeuge dienten anschließend für vielfältige Forschungs- und Entwicklungsvorhaben. Zwei Prototypen der **Bf 161** kamen ebenfalls in die Luft, teilten aber das Schicksal der **Bf 162**, nachdem für das Reichsluftfahrtministerium feststand, daß die Bf 110 die Rolle eines Fernaufklärers ebensogut erfüllen konnte.

***D-AOBE lautete die Kennung der Bf 162 V-2, mit der Messerschmitt Ende der dreißiger Jahre an der Schnellbomber-Ausschreibung für die Luftwaffe teilnahm. Das Muster unterlag der exzellenten Junkers Ju 88.***

## Messerschmitt Me 163 Komet

Der bemerkenswerte Raketenjäger Messerschmitt **163 Komet** wurde aus den schwanzlosen Segelflugzeugkonstruktionen entwickelt, mit denen sich Alexander Lippisch jahrelang befaßt hatte. Im Januar 1939 traten er und seine Mitarbeiter in die Firma Messerschmitt ein und machten sich daran, den antriebslosen Versuchsnurflügler DFS 194 auf einen Walter-Raketenmotor mit einer Leistung von 400 kg Schub abzustimmen. Nach erfolgreichen Tests dieses Flugzeugs, bei denen eine Geschwindigkeit von 550 km/h erreicht wurde, erhielt Messerschmitt den Auftrag, sechs solcher Versuchsjäger mit der neuen Bezeichnung **Me 163A** zu bauen.

Den ersten Prototyp prüfte man zunächst als Gleiter, indem ihn eine Messerschmitt Bf 110 auf Höhe schleppte. Die vom Walter-Raketenmotor HWK RII-203b mit 750 kg Schub angetriebenen Versuchsjäger wurden im Sommer 1941 in Peenemünde erprobt und wiesen Geschwindigkeiten bis zu 885 km/h nach. Eine von Heini Dittmar geflogene **Me 163A**, vor der Zündung des Raketenmotors auf 4000 m geschleppt, beschleunigte sogar auf 1003,9 km/h, bis sie aufgrund von Kompressibilitätseffekten instabil wurde. Dittmar gelang es aber, die Maschine wieder unter Kontrolle zu bekommen, und anschließend wurden die Tragflächen entsprechend nachgebessert. Dennoch stellten sich zahlreiche Entwicklungsprobleme ein, und am schwierigsten waren die zu lösen, die den Raketenmotor mit seinem hochexplosiven Flüssigtreibstoff und den nach dem Start abzusprengenden Radkarren sowie die einziehbare Landekufe betrafen. Nach diesen Prototypen fertigte Wolf Hirth zehn Vorserienmaschinen **Me 163A-0**, die als Schulgleiter genutzt wurden. Umfangreiche Konstruktionsänderungen gingen der Bestellung von sechs Prototypen und 70 Punktabfangjägern **Me 163B Komet** voraus. Die Versuchsjäger erhielten die Bezeichnung **Me 163Ba-1**, und die ersten seriengefertigten Abfangjäger **Me 163B-1a** wurden im Mai 1944 ausgeliefert. Am 28. Juli jenes Jahres flog dieser Typ seinen ersten Kampfeinsatz, als fünf **Me 163** der 1./JG 400 (der ersten **Komet**-Einsatzstaffel) einen Bomberverband Boeing B-17 angriffen. Diese Attacke blieb jedoch wirkungslos, denn die Annäherungsgeschwindigkeit von 1300 km/h bedeutete, daß die Maschinenkanonen MK 108 mit ihrer relativ niedrigen Schußfolge höchstens drei Sekunden lang feuern konnten, bevor der Pilot den Angriff abbrechen mußte. In dieser Phase des Krieges noch eine effektive Waffe bereitzustellen, erwies sich als unlösbares Problem. Im Februar 1945 wurde daher die Produktion der **Me 163B-1a** eingestellt, nachdem nahezu 400 Exemplare aller Varianten gefertigt waren. Dazu zählten einige Exemplare der Schulungsversion **Me 163S**, bei der man Munition und Treibstofftanks zur Unterbringung des zweiten Sitzes entfernt hatte und die als Gleiter geflogen werden mußte. Von der wesentlich verbesserten C-Reihe entstanden nur noch drei **Me 163C-1a**, aber nur eine kam in die Luft. Dies war eine überarbeitete Ausführung der **Me 163B** mit modifiziertem Triebwerk, das die Ausdauer im angetriebenen Flug erhöhte.

Geplante Entwicklungen schlossen unter anderem die **Me 163D** mit einziehbarem Dreibeinfahrgestell ein. Ein Versuchsjäger wurde gebaut, der zuerst die Bezeichnung **Junkers 248**, dann aber die Messerschmitt-Typenkennung **Me 263** erhielt. Zur Serienfertigung kam es nicht mehr. Dieser Prototyp fiel den Sowjets in die Hände, die Änderungen am Trag- und Leitwerk vornahmen, bevor er 1946 als **I-270(ZH)** flog.

***Die Me 263 V-1 hatte ein höher gewölbtes Kabinendach, größere Landeklappen und automatische Vorflügel.***

***Messerschmitt Me 163B-1a einer Ausbildungseinheit in Deutschland Ende 1944/Anfang 1945.***

### TECHNISCHE DATEN

**Messerschmitt Me 163B-1a**

**Typ:** einsitziger Abfangjäger

**Triebwerk:** ein Raketenmotor Walter HWK 509A-2 mit 1700 kg Schub

**Leistung:** Höchstgeschwindigkeit 960 km/h in 10.000 m Höhe; Dienstgipfelhöhe 12.100 m; Zeit für angetriebenen Flug sieben Minuten, 30 Sekunden

**Gewicht:** Leermasse 1905 kg; max. Startmasse 4110 kg

**Abmessungen:** Spannweite 9,32 m; Länge 5,84 m; Höhe 2,77 m; Tragflügelfläche 18,50 m²

**Bewaffnung:** zwei 30-mm-Maschinenkanonen MK 108 in den Flächenansätzen

## Messerschmitt Me 209

In den Jahren zwischen 1935, als Deutschland die Aufstellung der Luftwaffe ankündigte, und dem Ausbruch des Zweiten Weltkriegs war Adolf Hitler darauf bedacht, die Welt mit der Leistungsfähigkeit seiner Jagdflugzeuge zu beeindrucken. Dies führte unter anderem zum Entwurf der Messerschmitt **Me 209**, die nur zu dem Zweck konstruiert wurde, den Geschwindigkeitsweltrekord nach Deutschland zu holen. Die **Me 209** erinnerte bei oberflächlicher Betrachtung an die Bf 109, war aber auf den hochgezüchteten Daimler-Benz-Motor DB 601ARJ mit einer Startleistung von 1325 kW (1800 PS) zugeschnitten, der für sehr kurze Dauer sogar 1693 kW (2300 PS) erbrachte. Diese enorme Antriebskraft reichte aus für den erhofften Weltrekord, den Flugkapitän Fritz Wendel am 26. April 1939 im ersten speziell präparierten Versuchsjäger mit einer Geschwindigkeit von 755,136 km/h aufstellte. Nun schaltete sich das Propagandaministerium ein, und in den Unterlagen, die man der FAI zur Anerkennung vorlegte, wurde der Rekordbrecher als Me 109R ausgewiesen, um den Anschein zu erwecken, eine Version des damaligen deutschen Standardjägers habe diesen Erfolg erzielt. Nichtsdestoweniger stand dieser Rekord etwas mehr als 30 Jahre lang. Messerschmitt bemühte sich, einen neuen Jäger auf der Grundlage der **Me 209** zu entwickeln, doch das Programm wurde abgebrochen, weil die Konkurrenzmuster Fw 190D und Ta 152 bereits im Serienbau waren.

***Die Me 209 war als Rekordbrecher gedacht, aber den Rumpf nutzte man für die Me 209 V-4, in dem Versuch, ein Nachfolgemuster für die Bf 109 zu bauen. Die Schlangenbemalung war Teil der Propaganda.***

# Messerschmitt Me 210/410

*Messerschmitt Me 410A-2 Hornisse der 9./ZG 76, 1944 in Italien eingesetzt*

Die anfängliche Begeisterung der Luftwaffe über das Leistungsvermögen des zweimotorigen Jägers Bf 110 hatte zur Folge, daß man Messerschmitt sogleich mit der Konstruktion eines eventuellen Nachfolgers beauftragte. Daraus resultierte die Messerschmitt **Me 210**, angetrieben von zwei Daimler-Benz DB 601A mit je 773 kW (1050 PS), die zwei fernbediente, nach hinten feuernde 13-mm-Maschinengewehre MG 131 in elektrisch angetriebenen Gondeln an den Rumpfseitenwänden einführte. Als dieses Muster am 5. September 1939 erstmals flog, zeigten sich unbefriedigende Flugeigenschaften und eine hochgradige Instabilität bis hin zum gefürchteten Flachtrudeln. Auch wiederholte Modifikationen konnten diese Mängel nicht beheben, doch der Typ ging dennoch in Serie. Rund 200 Maschinen waren produziert, als man das Programm im April 1942 aufgab und statt dessen die Fertigung der Bf 110 wiederaufnahm. Man versuchte jedoch weiterhin, die **Me 210** zu retten. Dies gelang schließlich durch die Einführung automatischer Vorflügel sowie eines neu entworfenen, verlängerten Hinterrumpfes, und mit Daimler-Benz DB 603A je 1288 kW (1750 PS) als Antrieb wurde die Serienfertigung dieser Version unter der neuen Bezeichnung **410** eingeleitet.

Eine **Me 210A-0** hatte man zum Prototyp der **Me 410** umgebaut, und mehrere andere **Me 210A** erhielten durch Umrüstung einen weitgehend ähnlichen Standard. Im Januar 1943 übernahm die Luftwaffe ihre ersten Schnell- und Jagdbomber **Me 410A Hornisse**, und bis Ende April 1943 waren 48 Maschinen ausgeliefert, die Dornier Do 217 und Junkers Ju 88 in den betreffenden Verbänden ersetzten. Während die Produktion im Augsburger Messerschmitt-Werk auf Hochtouren lief (bis Ende 1943 waren 457 Exemplare gefertigt), fiel die Entscheidung, die Herstellung noch zu steigern, und so wurde ab Frühjahr 1944 Dornier an diesem Programm beteiligt. Weiterentwicklungen ergaben die **Me 410B** mit DB 603G je 1398 kW (1900 PS), ausgeführt als Bomber, Zerstörer und Aufklärer mit diversen Um- und Rüstsätzen für vielfältige Versionen. Als die Alliierten 1944 die Bombardierung Deutschlands verstärkten, zog man die **Me 410** zum Schutz der Heimat heran. Aber auch bei Jagdbomberangriffen auf Südengland am Tag und bei Nacht stellten die **Me 410** ihren Wert unter Beweis. Dennoch war der Typ kaum effektiver als die späten Versionen der Bf 110, und im September 1944 lief die Fertigung aus, nachdem man insgesamt 1160 Exemplare gebaut hatte.

**Varianten**

**Me 210A:** Serienversion, produziert in den Baureihen Me 210A-1 als Jagdbomber/Zerstörer und Me 210A-2 als Sturzkampfbomber/Zerstörer

**Me 210C:** Version mit den Vorflügeln und dem neuen Rumpfhinterteil der Me 410, hergestellt vom Donau-Flugzeugwerk in Ungarn mit der von Messerschmitt gelieferten Produktionsausrüstung; angetrieben von einer Bauart des 1086 kW (1475 PS) starken Daimler-Benz DB 605B, den Manfred Weiss in Lizenz fertigte; von insgesamt 267 gebauten Flugzeugen ging ein Drittel an die ungarischen Luftstreitkräfte, der Rest an die Luftwaffe

**Me 310:** geplanter Höhenjäger, dessen Entwicklung abgebrochen wurde

**Me 410A:** erste Serienversion, gefertigt als Schnellbomber Me 410A-1, als Zerstörer Me 410A-2 und als Aufklärer Me 410A-3, ferner Rüstsätze für diverse Variationen

**Me 410B:** Serienversion, weitgehend ähnlich der Me 410A, aber mit stärkeren DB 603G-Motoren; hergestellt in den Reihen Me 410B-1, Me 410B-2 und Me 410B-3 entsprechend der A-Reihe, ferner Rüstsätze zur Variation der Bewaffnung und Ausrüstung; hinzu kam die Me 410B-6 zur Schiffsbekämpfung; der Torpedobomber Me 410B-5 befand sich bei Kriegsende im Versuchsstadium, und die Versionen Me 410B-7 und Me 410B-8 (Tag- bzw. Nachtaufklärer) hatten den Prototypstatus erreicht

***Das Vorserienmodell der Messerschmitt Me 210A-0 (im Hintergrund) führte zur ersten Baureihe Me 210A-1, hier vertreten durch VN + AT.***

**TECHNISCHE DATEN**

**Messerschmitt Me 410A-1/U-2**

**Typ:** zweisitziger schwerer Jäger
**Triebwerke:** zwei 12-Zylinder-Reihenmotoren (A-Form) Daimler-Benz DB 603A je 1362 kW (1850 PS)
**Leistung:** Höchstgeschwindigkeit 625 km/h in 6700 m Höhe; Dienstgipfelhöhe 10.000 m; max. Reichweite 1690 km
**Gewicht:** Rüstmasse 7518 kg; max. Startmasse 9650 kg
**Abmessungen:** Spannweite 16,35 m; Länge 12,48 m; Höhe 4,28 m; Tragflügelfläche 36,20 m²
**Bewaffnung:** vier 20-mm-Kanonen MG 151 und zwei 7,92-mm-MG 17, alle nach vorn feuernd, sowie zwei 13-mm-MG 131 in ferngesteuerten, beweglichen Gondeln (FDL 131) an den Rumpfseiten zur Abwehr nach hinten

# Messerschmitt Me 261

***Das Langstreckenmuster Me 261 war als strategischer Fernaufklärer gedacht. Abgebildet ist die 1944 in Lechfeld zurückgelassene Me 261 V-2.***

Die **Messerschmitt Me 261**, entworfen für einen neuen Rekord im Nonstop-Flug von Berlin nach Tokio, war für die damalige Zeit insofern ungewöhnlich, als sie ein dick profiliertes Tragwerk mit integrierten Kraftstofftanks hatte. Als weitere bestimmende Auslegungsmerkmale kamen die Hauptfahrwerksbaugruppen hinzu, die beim Einfahren eine Drehung um 90° vollzogen, um flach in den Motorgondeln zu liegen, sowie Doppelmotoren in Form zweier Daimler-Benz 606A (backbord) und zweier DB 606B (steuerbord), bei denen es sich um zusammengebaute DB 601 unter Verwendung eines gemeinsamen Luftschraubengetriebes handelte. Nach dem Erstflug der Mustermaschine **Me 261 V-1** (BJ + CP) am 23. Dezember 1940 zog man die Verwendung dieses Typs als Seefernaufklärer in Erwägung. Da sich eine angemessene Abwehrbewaffnung jedoch nur schwer realisieren ließ, nutzte man die ersten beiden Prototypen als reine Testflugzeuge, bis sie 1944 bei Bombenangriffen der Alliierten schwer beschädigt wurden. Die **Me 261 V-3** mit leistungsstärkeren DB 610A-1/B-1-Doppelmotoren (je 2282 kW/3100 PS in 2100 m Höhe) diente als Fernaufklärer. Sie hatte eine Spannweite von 26,85 m, eine Spitzengeschwindigkeit von 620 km/h in 3000 m Höhe und eine Höchstreichweite von 11.025 km.

# Messerschmitt Me 262

Die Messerschmitt **Me 262** ging als erster im Krieg eingesetzter Strahljäger in die Luftfahrtgeschichte ein. Als im Herbst 1938 erste Daten der bei BMW und Junkers in der Entwicklung befindlichen neuartigen Luftstrahlturbinen zur Verfügung standen, wurde Messerschmitt vom RLM mit der Konstruktion eines Jagdflugzeugs beauftragt, das zwei solche Motoren als Antrieb erhalten sollte. Nach der amtlichen Abnahme des Entwurfs erging ein Auftrag zum Bau dreier Prototypjäger mit je zwei BMW-Strahlturbinen P-3302 je 600 kg Schub. Die **Me 262** war ein freitragender Tiefdekker, dessen Triebwerke man in Gondeln bei etwa einem Drittel der Spannweite unter das Tragwerk geschlungen hatte. Die ersten Versuchsmaschinen wiesen noch ein einziehbares Spornrad-Fahrgestell auf, während die späteren Prototypen und die Serienjäger ein Bugrad-Fahrwerk besaßen. Da BMW bei der Entwicklung der Triebwerke auf Schwierigkeiten gestoßen war, rüstete Messerschmitt die **Me 262 V-1** mit einem einzelnen Junkers-Kolbenmotor Jumo 210G im Bug aus. Mit diesem Antrieb startete die **Me 262 V-1** am 18. April 1941 zum Erstflug und bewies allgemein gute Flug- und Steuereigenschaften, so daß man die **Me 262** zur Entwicklung der Bordsysteme nutzen konnte. Am 25. März 1942 flog der Typ erstmals mit BMW-003-Strahlturbinen, doch der Junkers-Motor wurde für Notfälle beibehalten. Die **V-1** hatte kaum mit Hilfe aller drei Motoren abgehoben, als die beiden Strahltriebwerke auch schon nacheinander ausfielen. Flugkapitän Fritz Wendel gelang es gerade noch, die Platzrunde zu beenden und unter dem Antrieb des Jumo 210G zu landen. Da sich die Turbinen durch abgebrochene Verdichterschaufeln festgefressen hatten, mußte das Triebwerk völlig neu konstruiert werden. In der Zwischenzeit aber lief die Entwicklung der **Me 262** mit Junkers-Luftstrahlturbinen weiter. Da diese Aggregate größer und schwerer waren als die von BMW, galt es, die Zelle der **Me 262** entsprechend zu modifizieren. Die **Me 262 V-3** flog erstmals am 18. Juli 1942 mit zwei Jumo 004A je 840 kg Schub.

Die schwankende Haltung der deutschen Führung und Hitlers Weisung, die **Me 262** auch als potentiellen Schnellbomber auszulegen, dienen gewöhnlich als Erklärung dafür, daß sich die Indienststellung dieses taktisch wichtigen Modells verzögerte. In Wahrheit aber lag dies in der Entwicklung eines ausreichend starken und zuverlässigen Strahltriebwerks begründet. Junkers kam rascher voran als BMW, und Anfang November 1943 erhielt die **Me 262 V-6** zwei Jumo 004B-1 je 900 kg Schub, die jeweils 91 kg weniger wogen als der Jumo 004A. Dennoch trafen die ersten Serienjäger **Me 262A-1a** erst im Juli 1944 bei der Luftwaffe ein. Insgesamt wurden rund 1430 Exemplare gebaut, und zweifellos hätte der Typ bei rechtzeitigem Einsatz den Ausgang des Luftkriegs zugunsten Deutschlands beeinflussen können, da in dem Fall Bombenangriffe auf Deutschland bei Tageslicht für die Alliierten zu riskant gewesen wären. Die **Me 262** erwies sich als äußerst gefährliches Kampfflugzeug, das einen Bomberverband zunächst mit einer Salve von 24 R4M (Rakete, 4 kg, Minengeschoß) eindeckte und ihn dann mit dem Feuer seiner 30-mm-Kanonen unerbittlich nachsetzte. Obwohl die **Me 262** erheblich schneller waren als die alliierten Begleitjäger mit Kolbenmotorantrieb, wurden doch viele von ihnen im Luftgefecht abgeschossen, weil sie nicht die gleiche Manövrierfähigkeit besaßen.

**Varianten**

**Me 262 V-1** bis **V-12:** Versuchsmaschinen, V-1 mit BMW-Luftstrahlturbinen und alle anderen mit Jumo 004A
**Me 262A-0:** Vorserie mit Jumo 004B
**Me 262A-1a:** erste Standardserie als Jagdeinsitzer mit vier 30-mm-Kanonen vom Typ MK 108
**Me 262A-1b:** Abfangjäger, der eine Bewaffnung mit 24 R4M-Bordraketen von DWM einführte
**Me 262A-2:** wie Me 262A-1a, aber mit Gehängen für bis zu 500 kg Bomben
**Me 262A-5a:** bewaffneter Aufklärer
**Me 262B-1a:** doppelsitzige Schulflugzeuge mit Doppelsteuer; Me 262B-1a/U1 waren zu Behelfsnachtjägern umgerüstete Me 262B-1
**Me 262B-2a:** zweisitziger Nachtjäger
**Me 262C:** drei Testflugzeuge mit zusätzlichem Raketenantrieb

**TECHNISCHE DATEN**
**Messerschmitt Me 262A-1a**
**Typ:** einsitziger Abfangjäger
**Triebwerke:** zwei Strahlturbinen Junkers Jumo 004B-1/-2/-3 je 900 kg Schub
**Leistung:** Höchstgeschwindigkeit 870 km/h in 6000 m Höhe; Dienstgipfelhöhe 11.450 m; Reichweite mit Interntreibstoff 1050 km
**Gewicht:** Leermasse 3800 kg; max. Startmasse 6400 kg
**Abmessungen:** Spannweite 12,48 m; Länge 10,60 m; Höhe 3,84 m; Tragflügelfläche 21,70 m²
**Bewaffnung:** vier 30-mm-Maschinenkanonen MK 108 im Bug

***Messerschmitt Me 262A-2a der 1./KG 51, im März 1945 im Westen Deutschlands stationiert.***

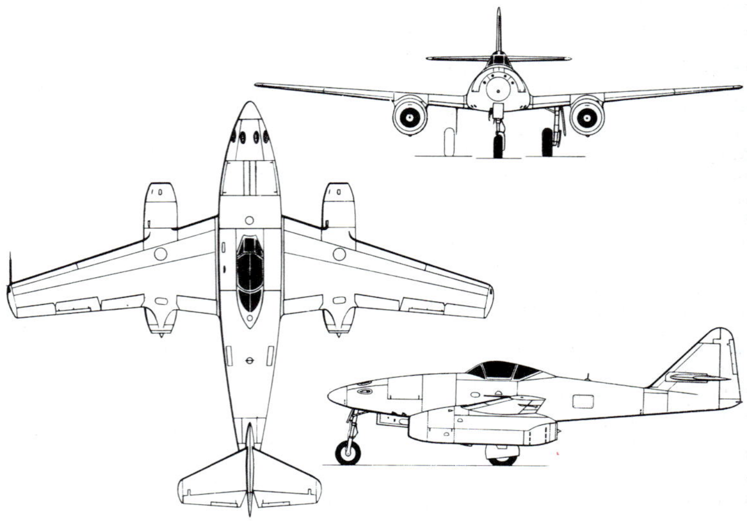

***Messerschmitt Me 262A-1***

# Messerschmitt Me 264

Die Messerschmitt-Konstruktionsabteilung begann 1940 mit Untersuchungen für einen viermotorigen Fernbomber und wählte noch im selben Jahr die endgültige Auslegung als freitragender Hochdecker mit einziehbarem Bugrad-Fahrwerk, einem geteilten Seitenleitwerk, dessen Endscheiben nach innen geneigt waren, und vier in Flügelgondeln montierten Junkers Jumo 211J-1-Motoren je 986 kW (1340 PS). In dieser Konfiguration flog das Musterflugzeug Messerschmitt **Me 264 V-1** erstmals im Dezember 1942. Inzwischen hatten die Vereinigten Staaten an der Seite der bedrohten westeuropäischen Mächte in den Weltkrieg eingegriffen, und Hitler war an einem „Amerika-Bomber" interessiert, der von europäischen Stützpunkten aus Ziele in den USA angreifen sollte. Diesen Anforderungen konnte die **Me 264** nicht genügen, und um der höheren Nutzlast gerecht zu werden, schlug die Firma eine sechsmotorige Auslegung des Musters vor. Das RLM aber gab der Junkers Ju 390 den Vorzug und erteilte einen entsprechenden Entwicklungsauftrag, bestellte aber dennoch zwei weitere **Me 264**-Versuchsmaschinen zur Bewertung in einer extremen Fernaufklärerrolle. Infolge alliierter Luftangriffe kamen jedoch beide Exemplare nicht in die Luft. Die **Me 264 V-2** und **V-3** wiesen eine Spannweite von 43 m auf und hätten mit vier BMW-Sternmotoren 801D oder G je 1251 kW (1700 PS) eine Spitzengeschwindigkeit von 350 km/h sowie eine Höchstreichweite von 15.000 km erreicht.

***Wie viele andere Messerschmitt-Großflugzeuge war auch die Me 264 durch einrädrige Fahrwerksbaugruppen mit sehr großen Reifen gekennzeichnet.***

# Messerschmitt Me 309

1940 planten die Messerschmitt-Konstrukteure ein modernes Jagdflugzeug, das die Bf 109 im Einsatz ablösen sollte. Als die neue Messerschmitt **Me 309** Ende 1941 das abschließende Entwurfsstadium erreicht hatte, stieß sie kaum noch auf Interesse, da bereits klar war, daß die Bf 109 ein beträchtliches Entwicklungspotential in sich barg. Dennoch wurden vier Prototypen mit dem Daimler-Benz-Motor 603A-1 oder dem DB 605B bestellt, da die **Me 309** über eine Druckkabine, ein einziehbares Bugrad-Fahrwerk, einen zur Minderung des Luftwiderstands verstellbaren Lufteinlauf und einen Bremspropeller zur Kürzung der benötigten Landestrecke verfügte. Der erste Vertreter dieses Quartetts flog am 18. Juli 1942 und der letzte im Juli 1943, aber der Typ ging nicht in Serie. Die **Me 309 V-2** erlitt bei einem Landeunfall so schwere Beschädigungen, daß sie nicht mehr zu reparieren war, die **Me 309 V-4** fiel einem Luftangriff der Alliierten zum Opfer, und die **Me 309 V-1** und **V-3** wurden in diverse Testprogramme eingespannt.

***Diese Zeichnung der Me 309 V-3 vermittelt einen überzeugenden Eindruck von der Verwandtschaft dieses Typs mit der Bf 109 und der Me 262. Angetrieben vom DB 605B mit 1086 kW (1475 PS), hatte dieser Jäger eine Spitzengeschwindigkeit von 580 km/h.***

## Messerschmitt Me 321 und Me 323 bis Microjet 200

**Die Gigant war ein Ungetüm mit einer großen Traglast, aber sehr anstrengend zu fliegen. Nach dem Krieg erzielte das Werk neue Erfolge mit zivilen Transportflugzeugen und militärischen Hubschraubern. Am anderen Ende der Skala schaffte es der eher winzige französische Microjet 200 nie in die Serienproduktion.**

# Messerschmitt Me 321 und Me 323

Der riesige Lastensegler **Messerschmitt Me 321 „Gigant"** war ursprünglich zum Transport von Panzern, Geschützen und Truppen für die Invasion Englands gedacht. Die Operation „Seelöwe" entfiel, doch es bestand weiterhin ein dringender Bedarf an solchen Flugzeugen, um Vorteile im Krieg gegen die Sowjetunion zu gewinnen. Junkers und Messerschmitt erhielten beide einen Auftrag über 100 entsprechende Großlastensegler, aber die Junkers Ju 322 erwies sich als Fehlschlag und wurde nicht weiterverfolgt. Der Prototyp **Me 321** hatte einen Frachtraum von 11 m Länge, 3,30 m Höhe und 3,15 m Breite für eine Ladung von bis zu 20.000 kg oder für 200 Soldaten. Bei der Flugerprobung wurde zum Start ein abwerfbarer Radkarren benutzt und die Landung mit Kufen abgefedert. Bis zu acht Raketen mit je 500 kg Schub, die einen Antrieb für die Dauer von 30 Sekunden sicherstellten, erleichterten den Start. Beim Erstflug am 25. Februar 1941 diente eine Junkers Ju 90 als Schleppmaschine. Anschließend erwies sich die **Me 321** als zufriedenstellend, aber angesichts zahlreicher Startunfälle in der Frühphase stand fest, daß ein stärkeres Schleppflugzeug vonnöten war. Nach der Fertigung von 100 Serienlastenseglern **Me 321A-1** beauftragte man Messerschmitt mit der Produktion der **Me 321B-1**. Die neue Version unterschied sich durch einen breiteren Führerraum für einen Piloten und einen Kopiloten, während die **Me 321A-1** nur einen Flugzeugführer unterbringen konnte. Als im Frühjahr 1942 die georderten 100 Exemplare fertiggestellt waren, standen die ersten Heinkel-Schleppflugzeuge He 111Z zur Verfügung, aber die anhaltenden Startprobleme machten die Notwendigkeit einer motorisierten Ausführung deutlich.

Messerschmitt rüstete die beiden Prototypen **Me 321** zu eigenstartfähigen Versuchslastenseglern **Me 323C** und **Me 323D** mit vier beziehungsweise sechs Gnome-Rhône-Sternmotoren um. Die viermotorige **Me 323C** war zum Start weiterhin auf ein Schleppflugzeug angewiesen, bevor sie zum Marschflug unter eigener Antriebskraft übergehen konnte; da das grundsätzliche Problem somit bestehen blieb, wurde diese Variante bald aufgegeben. Die seriengefertigte **Me 323D** konnte eine Nutzlast von 9750 kg oder 120 voll ausgerüstete Soldaten oder 60 Verwundete auf Tragen samt Sanitätspersonal über Entfernungen bis zu 1000 km transportieren. Nach Auslieferungsbeginn im August 1942 nahmen diese Großraumlastensegler Transporteinsätze über das Mittelmeer hinweg zur Unterstützung der deutschen und italienischen Truppen in Nordafrika auf. Die **Me 323**, eingesetzt in Transportgruppen mit einer Stärke von bis zu 100 **Me 323** und Ju 52/3m mit Jagdschutz, schienen zunächst gegen Angriffe gefeit, aber nach und nach forderten die Alliierten ihren Tribut. Mitte April 1943 griffen RAF-Jäger einen Verband von 16 **Me 323** an und zerstörten 14 Maschinen. Die Varianten der Baureihen **Me 323E** und **Me 323F** sollten die Widerstandsfähigkeit des Typs durch eine bessere Abwehrbewaffnung und eine verstärkte Panzerung erhöhen. Als sich dies als unpraktikabel erwies, wurde das Muster vom Mittelmeerraum abgezogen und an die Ostfront verlegt. Die Produktion lief im April 1944 aus, nachdem insgesamt 198 Exemplare dieses Musters ausgeliefert waren.

***Messerschmitt Me 323E Gigant der I./TG 5, Ende 1943 am Südabschnitt der Ostfront eingesetzt.***

**TECHNISCHE DATEN**
**Messerschmitt Me 323E-2**

**Typ:** schwerer Großraumtransporter
**Triebwerke:** sechs Sternmotoren Gnome-Rhône 14N je 839 kW (1140 PS)
**Leistung:** Höchstgeschwindigkeit 240 km/h in 1500 m Höhe; Dienstgipfelhöhe 4500 m; max. Reichweite 1300 km
**Gewicht:** Rüstmasse 29.060 kg; max. Startmasse 45.000 kg
**Abmessungen:** Spannweite 55 m; Länge 28,50 m; Höhe 9,60 m; Tragflügelfläche 300 m²
**Bewaffnung:** eine 20-mm-Kanone MG 151 pro Waffenturm auf den Tragflächen, zwei 13-mm-MG 131 in den Bugtüren und fünf weitere MG 131 in Gefechtsständen an den Rumpfseiten und im Heck

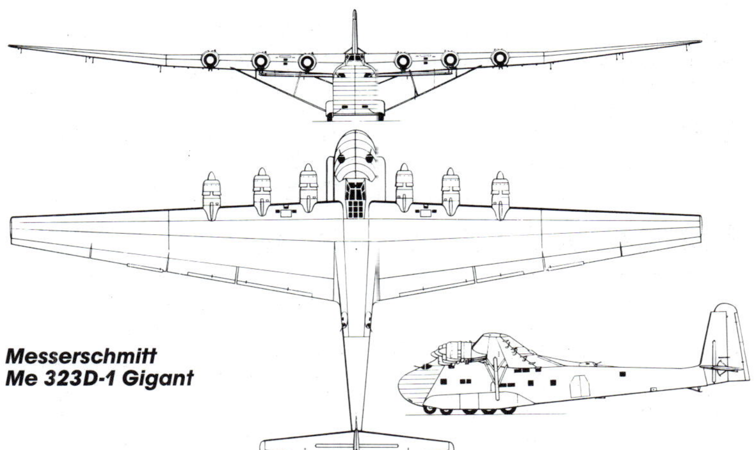

***Messerschmitt Me 323D-1 Gigant***

# Messerschmitt Me 328

Ende 1942 entwickelte Messerschmitt einen Hochgeschwindigkeits-Jagdeinsitzer, der außer zur Bekämpfung von Bomberverbänden nach Möglichkeit auch als Schlachtflieger dienen sollte. Die **Messerschmitt Me 328** stieß auf geringes Interesse, bis Hitler 1943 alles nur Mögliche versuchte, um die Niederlage abzuwenden. Messerschmitt, die Firma Jacob-Schweyer Segelflugzeugbau und die Deutsche Forschungsanstalt für Segelflug (DFS) arbeiteten dann gemeinsam an der Entwicklung eines neuen Modells. Dieser Tiefdecker in Gemischtbauweise startete auf einem abwerfbaren Zweiradfahrgestell und landete auf ausfahrbaren Kufen. Die Versuchsmaschine wurde von einer Dornier Do 217E im Mistelverfahren auf Höhe geschleppt und anschließend zum Gleitflug freigesetzt sowie später mit dem geplanten Antrieb in Form zweier Pulso-Schubrohre unter den Tragflächen getestet. Es zeigte sich jedoch bald, daß diese Triebwerke ungeeignet waren, und man brach das Programm ab.

***Von der Me 328, ausgerüstet mit zwei Argus-As-014-Pulso-Schubrohren, erwartete man eine Geschwindigkeit von 700 km/h.***

# Messerschmitt-Bölkow-Blohm BO 105

Der Entwurf des leichten Mehrzweckhubschraubers **MBB BO 105** begann im Jahr 1962, und ab 1964 fanden im Rahmen eines Auftrags der Bundesregierung Bodentests mit dem neuartigen gelenklosen Rotor statt. Gleichzeitig lief die Konstruktion der ersten Prototyphubschrauber an. Der erste Versuchshubschrauber mit zwei Wellenturbinen Allison 250-C18 als Antrieb und mit dem Rotor eines Westland Scout ging aufgrund von Bodenresonanzproblemen recht früh zu Bruch. Der zweite Prototyp, der am 16. Februar 1967 erstmals flog, verwendete den neuen gelenklosen Rotorkopf. Die erste Serienausführung war der **BO 105 C**, und 1975 löste ihn der **BO 105 CB** ab, der nach wie vor die Fertigungsstrecke belegt.

Die militärische Version des **BO 105** ist bei allen Wetterbedingungen einsetzbar und vor allem wegen ihrer bemerkenswerten Eignung zum Flug entlang der „Noppen der Erde", die sie dem gelenklosen Rotor verdankt, besonders geschätzt. Die Bundesregierung bestellte insgesamt 439 **BO 105** für die Bundeswehr: 227 **BO 105 M** (VBH) für den Verbindungs- und Beobachtungsdienst, deren Lieferung 1980 begann, und 212 **BO 105 P** (PAH-1) zur Panzerabwehr mit sechs Euromissile-HOT-Lenkraketen. Die letztgenannte Ausführung wurde ab Dezember 1980 der Truppe, zunächst dem Heeresfliegerregiment 16, zugeführt. MBB entwickelte außerdem eine Panzerabwehrversion, die mit acht TOW-Lenkflugkörpern von Hughes bewaffnet werden konnte. Andere militärische Nutzer des **BO 105** sind die mexikanische Marine, die sechs Exemplare mit Radarausrüstung zur Überwachung von Seegebieten einsetzt, und das spanische Heer mit 60 **BO 105 P**, von denen 57 von CASA zusammengebaut wurden. Das spanische Unternehmen ist außerdem mit der Montage von 80 Hubschraubern für andere Abnehmer befaßt, und Chile sowie Indonesien **(Nurtanio NBO 105)** führen umfangreiche Lizenzmontageprogramme durch. Weitere Betreibernationen dieses Typs sind Brunei, Südafrika, Holland, der Irak, Kanada, Kolumbien, Nigeria, Peru, Schweden und Sierra Leone. Inzwischen wurden über 1300 Hubschrauber dieses Typs an rund 40 Nationen geliefert. Die aktuelle Serienversion ist der **BO 105CBS-5**, auch als **EC Super Five** bekannt. Die Produktion soll des Typs 1996/97 zugunsten des BO 108/EC 135 auslaufen.

***MBB BO 105C der 300. Staffel der Königlich Niederländischen Luftwaffe, in den späten siebziger und frühen achtziger Jahren in Deelen stationiert.***

**Varianten**
**BO 105 CBS:** aktuelle Serienversion mit etwas längerem Rumpf für höhere Passagier- und Frachtkapazität
**BO 105D:** Version mit modifizierter Ausrüstung, an Kunden in Großbritannien und Nigeria ausgeliefert
**BO 105 LS:** verbesserte Ausführung für den Einsatz unter „hohen und heißen" Betriebsbedingungen

***Die Verwendung eines gelenklosen Rotors im Verein mit anderen fortschrittlichen Auslegungsmerkmalen macht den BO 105 zu einem leistungsstarken, wenngleich teuren taktischen Gefechtshubschrauber.***

**TECHNISCHE DATEN**
**MBB BO 105 CB**
**Typ:** fünfsitziger, leichter Mehrzweckhubschrauber
**Triebwerke:** zwei Wellenturbinen Allison 250-C20B je 313 kW (426 WPS)
**Leistung:** max. Reisefluggeschwindigkeit 270 km/h in Meereshöhe; max. Einsatzhöhe 5180 m; Reichweite mit max. Nutzlast ohne Reserven 658 km in 1525 m Höhe
**Gewicht:** Leermasse 1256 kg; max. Startmasse 2400 kg
**Abmessungen:** Hauptrotordurchmesser 9,84 m; Länge bei laufenden Rotoren 11,86 m; Höhe 3 m; Hauptrotorkreisfläche 76,05 m²

# Messerschmitt-Bölkow-Blohm BO 108

Der fünf-/sechssitzige **BO 108** wurde konstruiert, um Mitte der neunziger Jahre den BO 105 auf dem Montageband abzulösen. Der erste von zwei Prototypen (**D-HBOX**) flog erstmals am 15. Oktober 1988 unter dem Antrieb zweier Allison-Wellenturbinen 250-C20R. Im Juni 1991 folgte der zweite Versuchshubschrauber, der nominell um 15 cm gestreckt und mit leistungsstärkeren Turboméca-Turbinen TM-319 Arrius 1B sowie einem auf EFIS basierenden IFR-System ausgestattet war, das den Betrieb mit nur einem Hubschrauberführer gestatten sollte. Ein dritter Triebwerkstyp, PW206B, wird ebenfalls angeboten. Der zur Auslieferung im Jahre 1996 vorgesehene **BO 108** kommt als **Eurocopter EC 135** auf den Markt. Er nutzt die von MBB entwickelte fortschrittliche Technologie des gelenklosen Hauptrotors (inzwischen auch beim AH-66 Comanche eingeführt) und dürfte großen Anklang finden. Die in Deutschland für Kanada produzierten Hubschrauber werden im MBB-Werk in Fort Erie fertiggestellt.

**TECHNISCHE DATEN**
**Typ:** fünf-/sechssitziger, leichter Nutzhubschrauber
**Triebwerke:** zwei Wellenturbinen Allison 250-C20R-3 je 335 kW (455 WPS) oder Turboméca TM-319 Arrius 1B je 360 kW (490 WPS) oder Pratt & Whitney Canada PW206B je 410 kW (558 WPS)
**Leistung:** max. Reisefluggeschwindigkeit 270 km/h; max. Betriebshöhe 5000 m; Reichweite mit max. Treibstoff 800 km
**Gewicht:** Leermasse 1225 kg; max. Startmasse 2500 kg
**Abmessungen:** Hauptrotorkreisfläche 10 m; Länge bei laufenden Rotoren 10,60 m; Höhe einschließlich Rotorkopf 3 m

***Der BO 108 nutzt alle Fortschritte, die seit dem BO 105 auf dem Gebiet der Avionik und Konstruktionstechnik erreicht wurden.***

# Messerschmitt-Bölkow-Blohm BO 209

Am 22. Dezember 1967 flog bei MBB (damals noch Messerschmitt-Bölkow) der Prototyp **(D-EMHK)** des neuen zweisitzigen Reise- und Schulflugzeugs **MHK-101**, das Hermann Mylius konstruiert hatte. Nach der Fusion, die im Mai 1969 den MBB-Konzern ergab, beschloß das Unternehmen, diesen Typ als **MBB BO 209 Monsun** zu entwickeln. Das Musterflugzeug **(D-EEBC)** hob am 28. Mai 1969 zum ersten Mal vom Boden ab. Der attraktive Tiefdecker mit klappbaren Tragflächen und nebeneinander angeordneten Sitzen für den Piloten und Mitflieger/Flugschüler in einer geschlossenen Kabine hatte ein wahlweise einziehbares Bugrad-Fahrgestell und wurde mit Motoren in der Leistungsklasse zwischen 92 kW und 118 kW (125 PS bis 160 PS) angeboten. Inzwischen hatte MBB beschlossen, sich vom Markt für Leichtflugzeuge zurückzuziehen, und als die Produktion Anfang 1972 endete, waren 102 **Monsun** gebaut. Die Version **BO 209-160** hatte eine Spitzengeschwindigkeit von 274 km/h und eine Reichweite von 1200 km.

***Die BO 209-150 ist die Monsun-Ausführung mit mittlerer Antriebsleistung.***

**Varianten**
**BO 209-150:** Version mit 110 kW (150 PS) starkem Avco Lycoming O-320-E1C
**BO 209-160:** alternatives Serienmodell mit 118 kW (160 PS) starkem Avco Lycoming-Einspritzmotor IO-320-E1F
**BO 209S:** Schulversion mit 97 kW (132 PS) starkem Rolls-Royce-/Continental-Boxermotor O-240

# Messerschmitt-Bölkow-Blohm Flamingo Trainer

*Ein Flamingo-Trainer zur Grundausbildung, eingesetzt bei der syrischen Luftwaffe.*

SIAT (Siebelwerke-Allgemeine-Transportanlagen, die 1952 wiederauferstanden war) entwarf 1958 den Prototyp des viersitzigen Ganzmetall-Reiseflugzeugs **SIAT-222 (D-EKYT)**, der am 15. Mai 1961 unter dem Antrieb eines Lycoming-Boxermotors O-360 mit 134 kW (182 PS) erstmals vom Boden abhob. Um einige Mängel zu beheben, wurde die Maschine zur **SIAT-223** mit kürzerem Rumpf, anders profilierten Tragflächen und einem größeren Seitenleitwerk/Ruder umgestaltet. Der erste Vertreter dieses Modells **(D-ECRO)** startete am 1. März 1967 zum Jungfernflug.

Im Mai 1969 ging SIAT in MBB über und zwei weitere Prototypen flogen nunmehr unter der Bezeichnung **MBB Flamingo**. Die Serienmaschinen, ausgerüstet mit einem 149 kW (203 PS) starken Lycoming IO-360-C1A, wurden an militärische Abnehmer in der Türkei (15) und in Syrien zur Verwendung als Schlugflugzeuge exportiert. Für Flugsportvereine war dieses Muster technisch zu aufwendig, doch einige Exemplare gingen an zivile Betreiber wie etwa Swissair, die zehn Maschinen der Serie **A-1** für ihre Verkehrsfliegerschule in Zürich erwarb. Flamingo-Untertypen waren die **223A-1** mit 2+2-Sitzanordnung und der Kunstflug-Einsitzer **223K-1**.

Nachdem MBB 35 Exemplare selbst gebaut und die Fertigung weiterer 17 Maschinen an Farner vergeben hatte, überließ der Konzern das gesamte **Flamingo**-Programm der spanischen Firma Hispano Aviacion, die kurz darauf mit CASA fusionierte. Letztere baute anschließend eine Serie von 50 Flugzeugen, einschließlich 30 weiterer Schulmaschinen für das syrische Militär. Das erste von CASA gefertigte Exemplar flog am 14. Februar 1972. Mitte der siebziger Jahre stellte CASA schließlich die Produktion dieses Musters ein und reichte das Projekt **Modell 223** an die MBB-Tochter Flugzeug-Union-Süd (FUS) zurück, die eine Maschine **(D-EFWC)** zum neuen **MBB Flamingo Trainer T1** umgestaltete. Dieser flog ab 25. April 1979 und wurde schon kurze Zeit später auf einen Porsche-Motor PFM 3200 umgestellt, was die neue Bezeichnung **Modell 223-M4** nach sich zog.

**Varianten**

**Flamingo Trainer A1:** Standard-Trainerversion mit einem 149 kW (203 PS) starken Motor Avco Lycoming IO-360

**Flamingo Trainer K1:** kunstflugtaugliche Ausführung mit einem 149 kW (203 PS) starken AIO-360-Motor, der einen Hartzell-Zweiblatt-Propeller antrieb

**Flamingo Trainer T1:** Trainerversion mit einem 157 kW (214 PS) starken Turboladermotor TO-360-C1A6D, der einen Hartzell-Zweiblatt-Propeller oder einen Dreiblatt-Propeller mit konstanter Drehzahl antrieb

**TECHNISCHE DATEN**

**Typ:** drei-/viersitziges Grund-/Kunstflugschulflugzeug
**Triebwerk:** ein Boxermotor Avco Lycoming IO-360 mit 149 kW (203 PS)
**Leistung:** Reisefluggeschwindigkeit 241 km/h; Höchstgeschwindigkeit 278 km/h; Dienstgipfelhöhe 6690 m; Reichweite 893 km
**Gewicht:** Leermasse 700 kg; max. Nutzlast 227,6 kg; max. Startmasse 1050 kg
**Abmessungen:** Spannweite 8,28 m; Länge 7,60 m; Höhe 2,70 m; Tragflügelfläche 11,50 m²

# Messerschmitt-Bölkow-Blohm HFB 320 Hansa

*Hauptnutzer der Hansa war die Luftwaffe, die sie zur Ausbildung auf dem Gebiet der elektronischen Kampfführung einsetzte.*

Die **HFB 320 Hansa**, die die Hamburger Flugzeugbau GmbH vor ihrer Verbindung mit Messerschmitt-Bölkow entwarf, war als Geschäftsreise- und Zubringerflugzeug mit zwei Strahltriebwerken in eigenwilliger Auslegung konzipiert. Um kein Kabinenraumvolumen zu vergeuden, gab man dem freitragenden Mitteldeckertragflügel eine negative Pfeilung von 15°, um den Hauptholm hinter der Passagierkabine durch den Rumpf führen zu können. Zu den weiteren spezifischen Konfigurationsmerkmalen zählten permanente Zusatztanks an den Flächenenden, ein T-Leitwerk mit durchweg gepfeilten Flächen, ein einziehbares Bugrad-Fahrwerk und zwei beidseitig am Hinterrumpf in Gondeln montierte Strahltriebwerke. Der Prototyp **(D-CHFB)** flog erstmals am 21. April 1964 und die erste Serien-**Hansa** am 2. Februar 1966. Die ersten 15 **Hansa** wurden mit General Electric CJ610-1 je 12,7 kN Schub, die nächsten 20 Exemplare mit CJ610-5 je 13,1 kN Schub und die übrigen Maschinen mit noch schubstärkeren CJ610-9-Triebwerken ausgerüstet. Um sich auf dem hart umkämpften Marktsektor behaupten zu können, warb MBB um militärische Abnehmer und bot den Typ unter anderem für VIP-Dienste an. Aber nur die Bundeswehr zeigte Interesse und erwarb 14 der 45 insgesamt gebauten **Hansa**-Flugzeuge. Die für den VIP-Transport und zur ECM-Ausbildung eingesetzten Maschinen wurden am 24. Juni 1994 ausgemustert.

**TECHNISCHE DATEN**

**Typ:** zweistrahliges Transport-/Eloka-Ausbildungsflugzeug
**Triebwerke:** zwei Strahltriebwerke General Electric CJ610-9 je 13,7 kN Schub
**Leistung:** max. Marschgeschwindigkeit 825 km/h in 7620 m Höhe; Dienstgipfelhöhe 12.190 m; Reichweite mit 544 kg Nutzlast und Reserven 2370 km
**Gewicht:** Leermasse 5425 kg, max. Startmasse 9200 kg
**Abmessungen:** Spannweite 14,49 m; Länge 16,61 m; Höhe 4,94 m; Tragflügelfläche 30,14 m²

# Messerschmitt-Bölkow-Blohm/Kawasaki BK 117

Nach einer im Frühjahr 1977 abgeschlossenen Vereinbarung entwickelten MBB und die japanische Firma Kawasaki gemeinsam einen neuen Mehrzweckhubschrauber mit zwei Turbinen als Antrieb, der sich sowohl für die zivile Luftfahrt als auch für den militärischen Einsatz eignen sollte. Dieser **MBB/Kawasaki BK 117**, dessen Zelle ähnlich wie beim BO 105 strukturiert ist, kombiniert den gelenklosen Rotorkopf „System Bölkow" des BO 105 mit einem von Kawasaki entwickelten Kraftübertragungssystem und führte als Antrieb zwei Wellenturbinen LTS 101-650B-1 des Herstellers Avco Lycoming ein. In der Standardausführung bietet der **BK 117** Platz für einen Piloten und sieben Passagiere, in der Geschäftsversion für einen Piloten und bis zu sechs Passagiere. Der **BK 117** läßt sich für diverse Rollen ausrüsten, wie Frachttransport, Brandbekämpfung, Polizeidienste, Notambulanz, Offshore-Unterstützung und SAR-Dienste. Deutsche und japanische Prototypen flogen erstmals am 13. Juni 1979 **(D-HBKA)** beziehungsweise am 10. August 1979. Kawasaki brachte den ersten Serienhubschrauber am 24. Dezember 1981 in die Luft, und MBB folgte am

23. April 1982 mit dem **D-HBKC**, der als erster seriengefertigter **BK 117** im Frühjahr 1983 einem Kunden übergeben wurde.

Über die Produktion in Deutschland (Donauwörth) und Japan (Gifu) hinaus baut IPT Nurtanio in Indonesien dieses Muster auf der Grundlage einer 1982 abgeschlossenen Lizenzvereinbarung. Bis Ende 1993 waren 337 Exemplare gefertigt, davon 100 von Kawasaki. Eine Montagestrecke für aus Japan gelieferte Bausätze wurde von Hyundai in Korea eingerichtet.

Um Kunden künftig eine Triebwerksalternative anbieten zu können, flog ab April 1990 ein **BK 117**-Testhubschrauber mit Turboméca-Wellenturbinen vom Typ Arriel. Am 1. September 1991 gliederte MBB seine Hubschraubergruppe in die neu gegründete Eurocopter Hubschrauber GmbH ein. Diese ging später eine strategische Allianz mit Aérospatiale ein, um über die deutsch-französische Eurocopter Holding SA mit Sitz in Paris den NH-90, BO 105, BO 108 und **BK 117** zusammen mit den französischen Drehflüglertypen auf eine Weltbühne zu bringen.

**TECHNISCHE DATEN**

**Typ:** Mehrzweckhubschrauber
**Triebwerke:** zwei Wellenturbinen Avco Lycoming LTS 101-650B-1 mit einer Startleistung von je 410 kW (558 PS)
**Leistung:** max. Reisefluggeschwindigkeit 250 km/h in Meereshöhe; max. Betriebshöhe 4570 m; Reichweite mit max. Nutzlast ohne Reserven 500 km
**Gewicht:** Rüstmasse 1650 kg; max. Startmasse 2850 kg
**Abmessungen:** Hauptrotordurchmesser 11 m; Länge bei laufenden Rotoren 13 m; Höhe 3,83 m; Hauptrotorkreisfläche 95,03 m²

**Varianten**
**BK 117A-1:** erste Serienversion mit Wellenturbinen LTS 101-650B-1
**BK 117A-3:** im März 1985 zugelassenes Modell mit größerem Heckrotor samt neuer Blattform und einer auf 3200 kg erhöhten Startmasse
**BK 117A-4:** im Juli 1986 zugelassene Variante mit höheren Kraftübertragungsgrenzwerten für Triebwerksvollast beim Start, verbessertem Heckrotorkopf und zusätzlichem Interntreibstoff (deutsche Hubschrauber), was insgesamt das Leistungsvermögen steigerte
**BK 117B-1:** ausgerüstet mit stärkeren LTS 101-750B-1, um nochmals gesteigerte Flugleistungen und ein um 140 kg erhöhtes Nutzlastpotential zu bieten
**BK 117M:** von MBB 1985 vorgeschlagene militärische Version des A-1, die seit 1988 fliegt; ausgerüstet mit größeren Landekufen und einem Lucas-Turm unter dem Rumpf, der ein automatisches Browning-12,7-mm-Maschinengewehr und 450 Schuß Munition enthält und über ein Helmvisier gerichtet wird; Auslegerträger können bis zu acht Panzerabwehrraketen HOT II oder TOW, Luft-Luft-Lenkwaffen und Raketenbehälter aufnehmen. Als Kampfzonentransporter kann dieser Hubschrauber elf Soldaten heranführen

***Die meisten BK 117 wurden bisher im zivilen Bereich verkauft, obgleich mehrere leistungsfähige Militärversionen verfügbar sind. Viele Maschinen dienen als Luftambulanzen, denn die geräumige Kabine und die ruhigen Flugeigenschaften machen diesen Hubschrauber zu einem idealen Patientenfahrzeug.***

# Meyers OTW

Die Meyers Aircraft Company wurde 1936 in Tecumseh, Michigan, gegründet, um den von Allen Meyers konstruierten zweisitzigen Schuldoppeldecker herzustellen. Die Umsetzung des Kriegsausbildungsplans der amerikanischen Luftfahrtbehörde (CAA War Training – zivile Flugschulen sollten Anfängerkurse für künftige Militärpiloten durchführen) ließ eine kräftige Nachfrage nach Schulflugzeugen erwarten. Der Prototyp **Meyers OTW** flog erstmals am 10. Mai 1936. Es handelte sich um einen herkömmlichen Schuldoppeldecker in Leichtbauweise mit Tandemsitzen für zwei Personen in offenen Cockpits. Bei Produktionsende im Jahre 1944 waren insgesamt 102 Exemplare gebaut. Viele Maschinen wurden restauriert und finden heute noch bei Privatbesitzern in den USA Verwendung.

***Von den 102 gebauten Meyers-OTW-Doppeldeckern sind noch 16 Maschinen erhalten, die als Sport- und Schulflugzeuge dienen. Dieses Exemplar wurde in Wisconsin restauriert.***

**Varianten**
**OTW 125:** erste Baureihe mit 93 kW (125 HP/126,5 PS) starkem Warner-Scarab-Sternmotor
**OTW 145:** Version mit einem Warner-Scarab-Motor mit 108 kW (145 HP/147 PS)
**OTW 160:** Schlußbaureihe mit 119 kW (160 HP/162 PS) starkem Kinner-Triebwerk R5
**OTW-KR:** Exemplar mit einem Ken-Royce-7G-Motor mit 89 kW (120 HP/121 PS)

# Microjet 200

Das leichte Schulflugzeug **Microjet 200** wurde von der französischen Firma Microturbo SA entworfen, die sich auf die Konstruktion und Herstellung kleiner Gasturbinen spezialisiert hatte und einen neuen Absatzmarkt für ihre Produkte suchte. Der komplett aus Holz gefertigte Prototyp **(F-WZJF)** flog erstmals am 24. Juni 1980 und am 19. Mai 1983 das erste (F-WDMT) der drei verbesserten Vorserienflugzeuge **Microjet 200B**. Inzwischen befand sich das Projekt in den Händen der eigens für den Vertrieb gegründeten Tochterfirma Microjet SA. Ein viertes Flugwerk durchlief die statische Erprobung beim CEAT in Toulouse. Die **MJ200**, ausgelegt als freitragender Tiefdecker in Mischbauweise mit V-Leitwerk, einziehbarem Bugrad-Fahrwerk und zwei Microturbo-Strahltriebwerken TRS-18 als Antrieb bot eine geschlossene, aber drucklose Kabine mit zwei nebeneinander angeordneten Sitzen für Flugschüler und Lehrer. Sie war als kostengünstiges Hochleistungs-Turbinenflugzeug gedacht, das sich vor allem zur Ausbildung von Militärpiloten eignete. Zwei weitere Vorserienmaschinen, die ab Januar 1985 und November 1986 flogen, zeichneten sich durch etliche Verbesserungen aus, wie einen längeren Rumpf, eine ausgeprägtere Pfeilung des V-Leitwerks, ein Kabinendach mit neuem Profil, TRS-Triebwerke und, beim letzten Exemplar, Waffenstationen unter den Tragflächen. Anfangs wurden die **MJ200**-Bauteile von Marmande Aéronautique hergestellt und von Microturbo zusammengebaut, doch die beiden letzten Exemplare entstanden bei Marmande. Ende der achtziger Jahre wurden die Maschinen aufgrund des geringen Interesses eingelagert.

**TECHNISCHE DATEN**
**Microjet 200**

**Typ:** zweisitziger, leichter Strahltrainer
**Triebwerke:** zwei Turbojet-Triebwerke Microturbo TRS-18-1 je 1,3 kN Schub
**Leistung:** Marschgeschwindigkeit 389 km/h; Höchstgeschwindigkeit 555 km/h; Dienstgipfelhöhe 9150 m; Reichweite mit Interntreibstoff 741 km
**Gewicht:** Leermasse 780 kg; max. Startmasse 1300 kg
**Abmessungen:** Spannweite 7,56 m; Länge 6,60 m; Höhe 2,76 m; Tragflügelfläche 6,28 m²

***Der Entwurf der Microjet 200 zielte darauf ab, die Kosten der Grundausbildung bei den Luftstreitkräften zu senken.***

## Mignet Pou-de-Ciel bis Mikojan-Gurewitsch MiG-21

**Der „Fliegende Floh“ verschaffte Fliegerenthusiasten in den 30er Jahren viele Stunden Luftfreuden. Artem Mikojans Partnerschaft mit Michail Gurewitsch, einem hervorragenden Mathematiker, führte zur MiG-19, die ihren Anteil an der Kriegswende hatte und Mokojan-Gurewitsch in die erste Reihe der Flugzeugkonstrukteure hievte.**

# Mignet Pou-de-Ciel

Henri Mignets Ultraleichtflugzeug **Mignet Pou-de-Ciel**, wörtlich übersetzt „Himmelsfloh“, aber besser unter dem Namen „Fliegender Floh“ bekannt, war die erste Maschine, deren Baupläne auch Eigenbauern zur Verfügung standen. Henri Mignet, selbst ein begeisterter Amateurkonstrukteur, hatte wenig Erfahrung im Flugzeugbau und setzte sich bei der Fertigstellung seines Entwurfs über traditionelle aerodynamische und technische Belange hinweg. Er wollte ein mühelos zu bauendes, leicht zu fliegendes Luftfahrzeug schaffen, das Hunderten von begeisterten Amateurfliegern die kostengünstigste Gelegenheit bot, praktische Flugerfahrung zu sammeln. Zunächst war er auf natürliche Instabilität bedacht, indem er einen flachen Rumpfkörper mit zwei Tragflächenpaaren, einem vorderen und einem hinteren, von fast gleicher Größe kombinierte. Damit erübrigte

***Der „Fliegende Floh“ entsprang dem Bemühen, auch dem „Mann auf der Straße“ zu einem Luftfahrzeug zu verhelfen.***

sich ein herkömmliches Höhenleitwerk, und das vordere Tragwerk montierte er so, daß sein Einstellwinkel zur Nicksteuerung verändert werden konnte. Für die Querstabilität verließ sich Mignet auf die V-Stellung beider Tragflächenpaare, während er zur Kurssteuerung ein großes Seitenruder vorsah. Zur Kontrolle der Flugmaschine stand dem Piloten lediglich der „Steuerknüppel“ zur Verfügung, der zur Nicksteuerung vor- und zurück und zur Richtungsänderung seitlich bewegt wurde. Mignet gab eine Anleitung zum Zusammenbau der **„Pou“** heraus, die zahlreiche Abnehmer fand. Nach einigen tödlichen Unfällen wurde der Typ in Frankreich verboten, und dies setzte

einem Amateur-Flugzeugbauprogramm, das Hunderte von Exemplaren hervorgebracht hatte, ein rasches Ende. Mignet entwickelte sein Modell weiter und gründete 1953 die Avioes Mignet do Brasil. Dort begann er mit der Produktion der **Mignet H.M.310 Estafette**, einer zweisitzigen Kabinenversion der **„Pou“** mit einem 67 kW (91 PS) starken Continental A90-12F. Trotz verbesserter Kapazität konnte sich die **Estafette** nicht gegen die Leichtflugzeuge der Nachkriegszeit behaupten.

# Mikojan-Gurewitsch I-250 (N)

Auf die von Deutschland eingeführten Strahlflugzeuge reagierte die UdSSR 1944 mit einem Notprogramm zur Konstruktion eines Hochleistungsjägers, das zur **Mikojan-Gurewitsch I-250 (N)** und Suchoi Su-5 (I-107) führte. Der Jagdeinsitzer **I-250N** war ein freitragender, dünn profilierter Tiefdecker mit einziehbarem Spornrad-Fahrgestell und einem höchst ungewöhnlichen Antrieb. Es handelte sich um einen in üblicher Weise für einen Zugpropeller montierten Klimow-V-12-Reihenmotor VK-107R, doch sein hinterer Getriebesatz trieb über eine Fernwelle zudem einen Chalschewnikow-Kompressor mit sieben Kraftstoffbrennern an, die einen mit Hilfe einer verstellbaren Düse beschleunigten Schubstrahl erzeugten. Dieser Mischantrieb stellte in der Nennhöhe von 7000 m eine kombinierte Äquivalentleistung von 2060 kW (2800 PS) bereit. Nach dem Erstflug am 3. März 1945 wies die **I-250 (N)**

### TECHNISCHE DATEN

**Typ:** Jagdeinsitzer
Triebwerk: ein 12-Zylinder-V-Motor Klimow VK-107R mit 1214 kW (1650 PS) für einen Zugpropeller und einen Chalschewnikow-Kompressor VRDK, der 3 kN Schub erzeugte
**Leistung:** Höchstgeschwindigkeit 825 km/h in 7800 m Höhe; Dienstgipfelhöhe 11.900 m; Reichweite 1820 km
**Gewicht:** max. Startmasse 3680 kg
**Abmessungen:** Spannweite 11,05 m; Länge 8,75 m; Tragflügelfläche 15 $m^2$
**Bewaffnung:** vier 20-mm-Kanonen Beresin B-20

***Das neuartige Triebwerk der Mikojan-Gurewitsch I-250 (N) basierte auf einem Klimow-Kolbenmotor, der einen Zugpropeller und heckmontierte Strahlverdichter antrieb.***

bei Versuchen eine Spitzengeschwindigkeit von 825 km/h nach. Ab Ende 1945 wurde der Typ produziert und diente bis 1950 unter der Bezeichnung **MiG-13** bei Jagdfliegerregimentern des Nordkommandos und der Rotbannerflotte.

# Mikojan-Gurewitsch MiG-1 und MiG-3

Artjom Mikojan, der später zu einem der bedeutendsten Flugzeugkonstrukteure der Welt wurde, arbeitete erstmals 1938 mit Michail Gurewitsch zusammen. Ihr gemeinsames Konstruktionsbüro Mikojan & Gurewitsch trägt noch heute die Initialen MiG, obwohl seine Gründer 1970 beziehungsweise 1976 verstorben sind. Ihre Partnerschaft zielte darauf ab, einen Entwurfswettbewerb der Roten Luftstreitkräfte für einen neuen Jagdeinsitzer zu gewinnen, der auf einen Mikulin-12-Zylinder-V-Motor zugeschnitten sein sollte. Das erste von zwei nahezu gleichzeitig entwickelten Projekten trug die Bezeichnung **Typ 65**, wurde aber bald zugunsten eines Iljuschin-Modells aufgegeben. Das zweite Muster war die **Mikojan-Gurewitsch MiG-1**, zunächst in den Ausführungen **I-61** mit Mikulin-Motor AM-35A beziehungsweise AM-37. Nur die **I-61** fand Zustimmung mit einem Auftrag über drei Versuchsjäger, die in I-200 umbezeichnet wurden. Der erste dieser Prototypen flog erstmals am 5. April 1940, und nach der Er-

***Mikojan-Gurewitsch MiG-3 einer unbekannten sowjetischen Jagdstaffel im Sommer 1942 an der Ostfront.***

probung ging die **MiG-1** in Serie. Die Serienjäger erreichten eine Geschwindigkeit von 628 km/h, die die Propaganda zu der Behauptung veranlaßte, dies sei der schnellste Serienjäger der Welt.

Die MiG-1 zeigte jedoch eine Reihe von Schwächen, so daß nur rund 100 Exemplare gebaut wurden. Am schlimmsten waren die geringe Stabilität, die kurze Reichweite und die Empfindlichkeit gegenüber Kampfbeschädigungen. Entsprechende Modifikationen am Entwurf ergaben die **MiG-3**. Das neue Muster brachte aerodynamische Verfeinerungen, Außenflächen mit stärkerer V-Stellung, ein erweitertes

Tankvolumen, eine verstärkte Bewaffnung und einen verbesserten Panzerschutz. Die **MiG-3** konnte sich in 5000 m Höhe gut behaupten, war aber für die in geringerer Höhe operierenden deutschen Jäger kein ernsthafter Gegner. Insgesamt belief sich die Produktion der **MiG-1** und **MiG-3** auf 3422 Exemplare. Die Fertigung endete 1942, nachdem man die Herstellung des Mikulin-Motors AM-35A eingestellt hatte. Man bemühte sich, effektivere Versionen zu entwickeln, wie die **I-210** oder die **MiG-3-82** mit einem Schwezow-Sternmotor M-82 (später ASh-82), die verbesserte **I-211** mit demselben Motortyp und die nochmals verfeinerte **MiG-3U**, die zum Mikulin AM-35A zurückkehrte, doch keine erreichte die Serienfertigung.

### TECHNISCHE DATEN
**Mikojan-Gurewitsch MiG-3**

**Typ:** Jagdeinsitzer
**Triebwerk:** ein 12-Zylinder-V-Motor Mikulin AM-35A mit 994 kW (1350 PS)
**Leistung:** Höchstgeschwindigkeit 640 km/h in 7800 m Höhe; Dienstgipfelhöhe 12.000 m; max. Reichweite 1195 km
**Gewicht:** Leermasse 2595 kg; max. Startmasse 3350 kg
**Abmessungen:** Spannweite 10,20 m; Länge 8,26 m; Höhe 3,50 m; Tragflügelfläche 17,44 m²

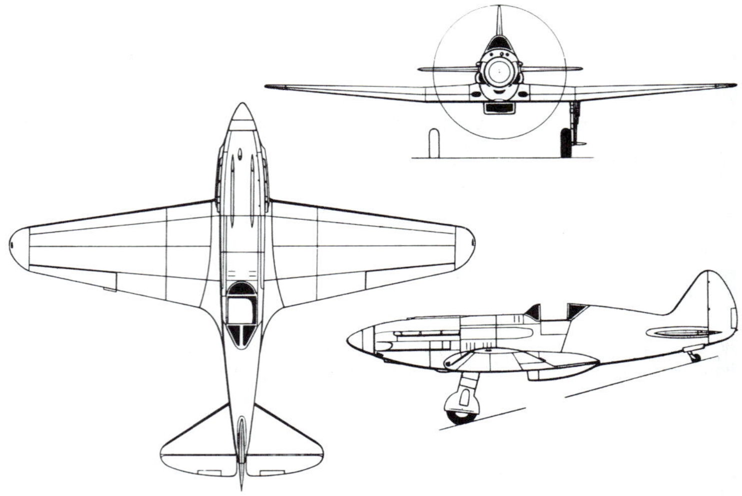

***Mikojan-Gurewitsch MiG-1***

## Mikojan-Gurewitsch MiG-9

Deutsche Strahltriebwerke und Turbinentechnologien erwiesen sich als unschätzbare Hilfe für die Sowjetunion, um zuverlässige Triebwerke dieser Gattung zu entwickeln. Als sowjetische Luftstrahlturbinen zur Verfügung standen, konnte das MiG-Konstruktionsbüro den Entwurf eines neuen Jagdeinsitzers mit der Prototypbezeichnung **I-300** vollenden. Dieser Mitteldecker mit freitragenden Laminarflächen dünnen Profils, ähnlich denen der I-250 (N), war zugleich das erste Jagdflugzeug mit einziehbarem Bugrad-Fahrwerk, das serienmäßig für die sowjetischen Luftstreitkräfte (VVS) gefertigt wurde. Seinen Antrieb lieferten zwei RD-20-Strahltriebwerke, die vom deutschen BMW 003 abgeleitet und nebeneinander im Mittelrumpf hinter dem Cockpit montiert waren. Ihre Lufteinläufe im Bug trennte ein Schott, in das man eine Nudelmann-37-mm-Kanone eingebaut hatte. Die **I-300** flog erstmals am 24. April 1946 und erreichte bei der anfänglichen Erprobung eine Geschwindigkeit von 910 km/h. Es galt aber noch eine Reihe von Problemen zu lösen, bevor die **Mikojan-Gurewitsch MiG-9**, wie die Dienstbezeichnung lautete, zur Serienfertigung für die VVS freigegeben werden konnte. Im Winter 1946/47 nahm der Typ den Dienst auf, größtenteils als Erdkampfflugzeug. Bis zur Einstellung der Produktion im Jahre 1948 sollen mehr als 1000 Exemplare des Musters in verschiedenen Versionen entstanden sein. Die NATO teilte der **MiG-9** den Decknamen **„Fargo"** zu.

**Varianten**

**MiG-9F:** erste Serienversion mit RD-20-Strahltriebwerken
**MiG-9UTI (I-301T):** Schulversion mit zwei Sitzen in Tandemanordnung; rund 80 Exemplare
**MiG-9FR:** verfeinerte Ausführung mit Druckkabine, revidierter Bewaffnung und RD-21 je 9,8 kN Schub

***Im Vergleich zum Prototyp I-300 hatte die MiG-9 einen längeren Bug, Zusatztanks und eine stärkere Kanonenbewaffnung.***

### TECHNISCHE DATEN
**Mikojan-Gurewitsch MiG-9F**

**Typ:** einsitziger Jagdbomber
**Triebwerke:** zwei Strahltriebwerke RD-20 je 7,8 kN Schub
**Leistung:** Höchstgeschwindigkeit 910 km/h in 5000 m Höhe; Dienstgipfelhöhe 13.000 m; max. Reichweite 1100 km
**Gewicht:** Leermasse 3540 kg; max. Startmasse 5500 kg
**Abmessungen:** Spannweite 10 m; Länge 9,75 m; Tragflügelfläche 18,20 m²
**Bewaffnung:** eine Nudelmann-37-mm-Kanone im Lufteinlaufteiler und zwei Nudelmann-23-mm-Kanonen NS-23 an der Buguntерseite

## Mikojan-Gurewitsch MiG-15

Um den dringenden Bedarf der UdSSR an einem Hochleistungs-Strahljäger zu decken, befaßte sich das MiG-Büro mit dem Entwurf eines Mitteldeckers, dessen freitragende Flügel um 35° zurückgepfeilt waren. Der Rumpf mit kreisrundem Querschnitt nahm am hinteren verjüngten Ende ein großes, ebenfalls zurückgepfeiltes Seitenleitwerk auf, in dessen oberem Drittel das Höhenleitwerk eingebunden war. Hinzu kam ein einziehbares, recht niedrig gestaltetes Bugrad-Fahrwerk. Das Hauptproblem warf der Mangel an geeigneten sowjetischen Strahltriebwerken auf, doch dies entfiel, als die britische Regierung Rolls-Royce erlaubte, eine Reihe von Nene-Aggregaten in die UdSSR zu exportieren. Klimow beeilte sich, eine Kopie dieses Triebwerks zu entwickeln, die zunächst die Bezeichnung RD-45 erhielt. Der erste Prototyp **I-310** flog Ende 1947, nachdem man etliche Änderungen vorgenommen hatte. Nach weiterer Flugerprobung wurde das Muster 1948 zur Serienfertigung zugelassen. Anfang 1949 folgte die Indienststellung dieses Düsenjägers unter der Bezeichnung Mikojan-Gurewitsch **MiG-15** (späterer NATO-Meldename **„Fagot"**). Im selben Jahr starteten auch die verbesserte Ausgabe **MiG-15bis** und der Doppelsitzer **MiG-15UTI** (NATO-Meldename **„Midget"**) zum Jungfernflug. Der erste Kampfeinsatz der **MiG-15** im November 1950 während des Koreakriegs bedeutete für den Westen eine unangenehme Überraschung. Bei den Alliierten gab es nur einen einzigen Jäger der gleichen Klasse, die North American F-86 Sabre, doch die **MiG-15** konnte schneller steigen und engere Kurven ziehen, besaß eine viel bessere Dienstgipfelhöhe und flog oberhalb 10.670 m Höhe sogar schneller als die Sabre. Diese enormen Fortschritte der Sowjetunion auf dem Gebiet der Düsenjägertechnologie stimmten den Westen nachdenklich.

Die Gesamtproduktion aller Versionen umfaßte vermutlich mehrere tausend Exemplare. Der Typ entstand zudem lizenzberechtigt in der Tschechoslowakei als **A-102** und **S-102** sowie in Polen als **LIM-1** und **LIM-2**, ebenso wie die **MiG-15UTI** als **CS-102** beziehungsweise **LIM-3**. Ersatzteile und Hauptbaugruppen der Zelle wurden auch in China hergestellt. Neben der umfangreichen Verwendung bei den sowjetischen Streitkräften diente die **MiG-15**

***In einer Zeit, in der sich Großbritannien noch auf veraltete Flugzeuge stützte, wirkte die Begegnung mit der MiG-15 im Koreakrieg wie ein schwerer Schock. Abgebildet ist eine in Polen gefertigte LIM-1.***

***Neugebaute und aus Einsitzern entstandene MiG-15UTI waren die meistgenutzten Strahltrainer der Satellitenstaaten der einstigen Sowjetunion.***

auch bei zahlreichen mit der UdSSR verbündeten Ländern. Nach der Verabschiedung aus den Einsatzverbänden baute man viele **MiG-15**-Einsitzer zu zweisitzigen Schulflugzeugen um und, da es keine serienmäßigen Trainerversionen der MiG-17 und MiG-19 gab, fiel ihnen im gesamten ehemaligen Ostblock die Rolle der weiterführenden Ausbildung von Strahlflugzeugführern zu.

**Varianten**
**MiG-15P:** von der MiG-15bis abgeleiteter Allwetterjäger
**MiG-15SB:** Jagdbomberversion mit zwei Waffenstationen unter den Tragflächen
**MiG-15SP-5:** von der MiG-15UTI abgeleiteter zweisitziger Allwetterjäger
**MiG-15T:** Zielschleppflugzeug
**MiG-15bisT:** Zielschleppflugzeug

**TECHNISCHE DATEN**
**Mikojan-Gurewitsch MiG-15bis**
**Typ:** einsitziges Kampfflugzeug
**Triebwerk:** ein Strahltriebwerk Klimow VK-1 mit 26,5 kN Schub
**Leistung:** Höchstgeschwindigkeit 1075 km/h in Meereshöhe; Dienstgipfelhöhe 15.500 m; max. Reichweite 1860 km
**Gewicht:** Leermasse 3681 kg; max. Startmasse 6045 kg
**Abmessungen:** Spannweite 10,08 m; Länge 10,86 m; Höhe 3,70 m; Tragflügelfläche 20,60 m$^2$
**Bewaffnung:** eine 37-mm-Kanone NR-37 und zwei 23-mm-Kanonen NS-23 oder NR-23 sowie bis 500 kg unterschiedlicher Waffen an Trägern unter den Tragflächen

# Mikojan-Gurewitsch MiG-17

Die Gefechtserfahrung im Koreakrieg hatte den Hauptnachteil der MiG-15 vor Augen geführt: Im engen Hochgeschwindigkeitskurvenflug neigte sie zu einer Schnapprolle, die unweigerlich in ein unkontrollierbares Trudeln mündete. Der Entwurf wurde daher nochmals überarbeitet, und das Ergebnis, der Prototyp **I-330** oder **MiG-15bis/45°**, hatte vollständig neu konstruierte Tragflächen mit einer Pfeilung von 45°. Gleichzeitig hatte man der Rumpf verlängert, um den Luftwiderstand zu verringern, das Leitwerk neu konzipiert und auch die Inneneinrichtung sowie die Bordsysteme verbessert. Nach den Tests ging das Modell Mitte 1951 unter der Bezeichnung **Mikojan-Gurewitsch MiG-17** in Serie, und Ende 1952 wurden die ersten Exemplare der VVS zugeführt. Die **MiG-17** (Nato-Kodename **„Fresco-A"**) entstand in mehreren Varianten. Auf die erste Serienversion, die das VK-1-Strahltriebwerk der MiG-15 behielt, folgte der Tagjäger **MiG-17F „Fresco-C"**, der das Nachbrennertriebwerk VK-1F einführte und die Hauptserie abgab. Die **MiG-17PF „Fresco-D"** war dank ihres neuen Festkeulen-Bordradars begrenzt allwettertauglich. Danach erschien die **MiG-17PFU „Fresco-E"**, bei der man die herkömmliche Kanonenbewaffnung durch vier Luft-Luft-Lenkraketen ARS-212 (Deckname „Alkali") ersetzt hatte. Dies war der erste mit Lenkraketen bewaffnete Abfangjäger, den die Sowjetunion in Dienst stellte. In der UdSSR galt die **MiG-17** schon in der Mitte der sechziger Jahre als veraltet, wurde aber noch mit großer Wirkung von nordvietnamesischen Piloten im Vietnamkonflikt eingesetzt.

Als die Produktion Ende der fünfziger Jahre auslief, waren in der UdSSR etwa 6000 **MiG-17** gebaut worden, einschließlich der Maschinen, die in die Tschechoslowakei gingen und dort unter der Bezeichnung **S-104** flogen. Zusätzliche, von der Sowjetunion genehmigte Lizenzfertigung ergab in Polen die **LIM-5P** (das polnische Gegenstück zur **MiG-17F**), die im eigenen Lande entwickelte **LIM-5M** (taktisches STOL-Kampfflugzeug = mit Kurzstart- und landeeigenschaften) und die weitgehend modifizierte **LIM-6** (für Luftnahunterstützung). Die **MiG-17** wurde außerdem in China hergestellt, wo die Modelle **MiG-17F** und **MiG-17PF** die Typkennungen **J-5** beziehungsweise **J-5 Jia** und **J-5A** trugen. Ferner entwickelte China in Eigeninitiative eine zweisitzige Version, die anscheinend die Tandemkabinen der MiG-UTI mit der übrigen Zelle der **MiG-17** verband und lange Zeit unter der Bezeichnung **JJ-5** als Standardtrainer für Fortgeschrittene bei den chinesischen Luftstreitkräften diente. Vermutlich bewegte sich die Gesamtproduktion in der UdSSR und im Ausland zwischen 9000 und 10.000 **MiG-17**.

**TECHNISCHE DATEN**
**Mikojan-Gurewitsch MiG-17F**
**Typ:** einsitziger Tagjäger
**Triebwerk:** ein Nachbrennertriebwerk Klimow VK-1F mit 33 kN Schub
**Leistung:** Höchstgeschwindigkeit 1145 km/h in 3000 m Höhe; Dienstgipfelhöhe 16.600 m; Reichweite 1980 km
**Gewicht:** Leermasse 3930 kg; max. Startmasse 6075 kg
**Abmessungen:** Spannweite 9,63 m; Länge 11,26 m; Höhe 3,80 m; Tragflügelfläche 22,60 m$^2$
**Bewaffnung:** eine 37-mm-Kanone NR-37 und zwei oder drei 23-mm-Kanonen NR-23 sowie bis zu 500 kg Waffen an Unterflügelträgern

***Mikojan-Gurewitsch MiG-17F***

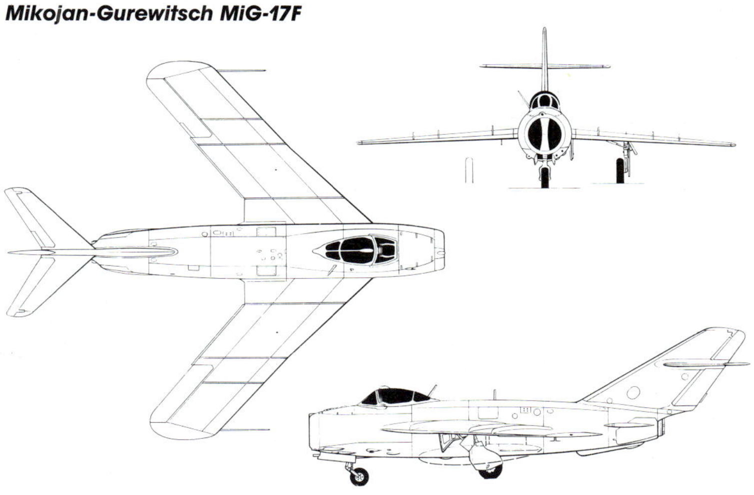

***In Polen wurde die MiG-17 in großen Stückzahlen und mehreren Ausführungen für die heimischen Luftstreitkräfte gebaut.***

# Mikojan-Gurewitsch MiG-19

Die MiG-17 war zwar erfolgreich, aber kaum mehr als eine verbesserte Ausgabe der MiG-15. In den späten vierziger Jahren aber begann das MiG-Konstruktionsbüro mit dem Entwurf eines von Grund auf neuen Jägers, nachdem Stalin persönlich eine entsprechende Weisung erteilt hatte. Dem MiG-Büro wurde die Verwendung des Mikulin-Strahltriebwerks AM-5 vorgegeben, das man erstmals in einem der vielen Prototypen um den 18. September 1953 herum im Flug erprobte. Die **MiG-19** (NATO-Meldename **„Farmer"**) trat den Dienst als Abfangjäger **MiG-19P** an, mußte ihn aber trotz ihrer Überschallgeschwindigkeit im Horizontalflug und wegen der hohen Flugunfallrate schon bald wieder quittieren. Die wichtigsten Veränderungen der **MiG-19S**, einer Neukonstruktion zur Lösung der Stabilitätsprobleme, umfaßten Höhenpendel-

***Die MiG-19P, eine Version der „Farmer", war ausschließlich mit Luft-Luft-Raketen vom Typ AA-1 „Alkali" bewaffnet.***

ruder, eine verbesserte Flugsteuerungsanlage und feinere Bordsysteme sowie die Einführung von Tumanskij-Strahltriebwerken des Typs RD-9B.

Die Auslieferung der **MiG-19S** begann im Sommer 1955, und bei Produktionsende im Jahre 1959 waren rund 2.500 Jagdflugzeuge gefertigt, größtenteils **MiG-19S** und allgemein ähnliche **MiG-19SF** sowie eine kleinere Zahl von **MiG-19PF** mit Bordradar für Allwetter-Einsatz und **MiG-19PM** mit Lenkraketen anstelle der für diese Flugzeuge üblichen Kanonenbewaffnung. Maschinen aus sowjetischer Produktion wurden an die Tschechoslowakei und Polen geliefert und dort unter den Bezeichnungen **S-105** beziehungsweise **LIM-7** eingesetzt. Hinzu kam eine umfangreiche Lizenzfertigung in China, um die Luftwaffe dieser Nation aufzurüsten und wie Ägypten, Albanien, Bangladesch, Kambodscha, Tansania und Vietnam im Export zu beliefern. Man nimmt an, daß die chinesische Produktion mehrere Tausend Exemplare dieses Musters umfaßte und erst im Jahre 1986 endete. Sie umfaßte die **J-6** (Gegenstück zur **MiG-19S/SF**), die **J-6A (MiG-19PF)**, die **J-6B (MiG-19PM)**, die **J-6C** (fortwährend verbesserte Ausführung der **J-6** und als **F-6C** nach Pakistan geliefert), die **J-6Xin** (Mehrzweck-Tagjäger mit einem speziellen, in China entwickelten Abfangradargerät), die **J-6 III** (führte zum Nanchang-Kampfflugzeug **A-5/Q-6**), die **JJ-6** (Strahltrainer mit zwei Sitzen in Tandemanordnung zur Jagd-/Fortgeschrittenenausbildung und als **FT-6** nach Pakistan geliefert) und die **JZ-6** (Jagdaufklärer).

### TECHNISCHE DATEN
**Mikojan-Gurewitsch MiG-19SF**

**Typ:** einsitziger Abfangjäger
**Triebwerke:** zwei Strahltriebwerke Tumanskij RD-9BF je 32,3 kN Nachbrennerschub
**Leistung:** Höchstgeschwindigkeit 1450 km/h in 10.000 m Höhe; Dienstgipfelhöhe 17.900 m; Einsatzradius 685 km
**Gewicht:** Leermasse 5760 kg; max. Startmasse 9100 kg
**Abmessungen:** Spannweite 9,20 m; Länge 12,60 m; Höhe 3,88 m; Tragflügelfläche 25 m²
**Bewaffnung:** drei 30-mm-Kanonen NR-30 und bis zu 500 kg Waffen an Unterflügelträgern

# Mikojan-Gurewitsch MiG-21

Die Mikojan-Gurewitsch **MiG-21**, der im Koreakrieg gewonnene Erfahrungen zugute kamen, sollte eine Ende 1953 erhobene Forderung nach einem Hochleistungs-Luftüberlegenheitsjäger mit kurzer Kampfreichweite erfüllen. Die weitere Entwicklung verhalf dem Muster zu einer guten Allwettertüchtigkeit, und stetige Verbesserungen der Reichweite und Bewaffnung machten den Typ zum meistgenutzten Kampfflugzeug der Welt. 1955 schuf das MiG-Büro die **E-50**, den ersten einer Reihe von Prototypen, bei denen man sich um Gewichtseinsparungen im Bereich der Zelle bemüht hatte. So kam sie mit einem neuen Tumanskij-Triebwerk aus, das nur wenig größer war als das RD-9, von dem zwei die MiG-19 antrieben. Da das neue Aggregat schließlich doch noch nicht zur Verfügung stand, als die Zelle des Pfeilflüglers **Je-50** fertiggestellt war, fand der Erstflug mit einem einzelnen RD-9E statt, das 37,3 kN Nachbrennerschub lieferte und durch einen Raketenmotor S-155 in einem Gehäuse am Fuß des Seitenleitwerks ergänzt wurde. Mit dem neuen Tumanskij-Strahltriebwerk R-11 kamen als erste die **Je-2A** im Mai und die **Je-5** am 16. Juni 1956 in die Luft. Erstere hatte die Pfeilflächen der **Je-50**, aber die **Je-5** führte ein neues Deltatragwerk bei unverändertem Leitwerk ein. Die Erprobung dieser beiden Versuchsjäger führte Ende 1956 zur Übernahme der Deltaflächen, und mit der Bezeichnung **MiG-21** wurde der Typ zur Serienfertigung freigegeben. 1957 flog der Vorserienprototyp **Je-6**. Wenn das Grundmuster auch grundsätzlich gute Flugleistungen an den Tag legte, ließen doch die Flugsteuerung und die Verträglichkeit von Lufteinlauf und Triebwerk zu wünschen übrig. Die Serienfertigung kam daher erst 1958 richtig in Schwung. Die NATO teilte dem Einsitzer den Meldenamen **„Fishbed"** und dem Doppelsitzer später den Namen **„Mongol"** zu. Über den für die VVS in der Sowjetunion und in der Tschechoslowakei gebauten Anteil hinaus wurden Luftstreitkräfte von 39 Ländern mit der **MiG-21** versorgt. China fertigte dieses Muster als **J-7** noch bis vor kurzem und Indien bis 1988 in Lizenz. Angesichts der geschätzten Produktionszahl von 11.000 und mehr kann die Vielzahl an Varianten, die nachstehend kurz beschrieben werden, kaum überraschen.

***Mikojan-Gurewitsch MiG-21FL (Typ 77) der indischen Luftwaffe***

**Varianten**

**MiG-21G „Fishbed-C":** erste Großserienversion; Kurzstrecken-Schönwetterjäger mit einem Tumanskij-Nachbrennertriebwerk R-11, das 56,4 kN Schub erzeugte; auch in der Tschechoslowakei gebaut und in China als J-7 lizenzgefertigt

**MiG-21PF „Fishbed-D":** zweite Serienversion mit erweitertem Lufteinlauf zur Integration eines effektiveren Such-/Verfolgungsradars, um Allwettertauglichkeit zu erlangen; spätere Serienjäger MiG-21PFS hatten Vorrichtungen für Starthilfsraketen und ein SPS-System (Sduva Pogranichnovo Sloya), mit dem die Landeklappen zur Reduzierung der Landegeschwindigkeit angeblasen wurden; die „Fishbed-E" besaß eine breitere Seitenflosse und konnte einen Kanonenanbaubehälter unter dem Rumpf mitführen

**MiG-21FL:** Exportversion der späten MiG-21PF, aber ohne Vorrichtungen für RATO und SPS; von Indien in Lizenz für die heimische Luftwaffe als Typ 77 gefertigt

**MiG-21PF(SPS):** Serienversion, grundsätzlich wie MiG-21PF, aber standardmäßig mit SPS ausgerüstet

**MiG-21PFM „Fishbed-F":** Seriennachfolgerin der MiG-21PF(SPS) mit allen bei der MiG-21PF und MiG-21PF(SPS) vorgenommenen Verbesserungen; auch in der Tschechoslowakei gebaut

**MiG-21PFMA „Fishbed-J":** Serienversion eines Mehrzweckjägers mit dickerem Rückentunnel als bei der MiG-21PFM, verbessertem Radargerät und vier statt zwei Lenkwaffenträgern unter den Tragflächen

**MiG-21M:** glich generell der MiG-21PFM und löste die MiG-21FL auf der Fertigungsstrecke in Indien ab; dort als Typ 96 bei der Luftwaffe in Dienst gestellt

**MiG-21R:** Aufklärerversion; allgemein wie MiG-21PFMA, jedoch mit internem Schacht oder Anbaubehälter für Kameras, Infrarotsensoren oder elektronische Störgeräte

**MiG-21MF „Fishbed-J":** Serienversion des Typs für die VVS mit dem leichteren und schubstärkeren Tumanski-Strahltriebwerk R-13-300

**MiG-21RF:** Aufklärungsvariante der MiG-21MF, ausgerüstet wie die MiG-21R

**MiG-21SMT „Fishbed-K":** ähnlich wie MiG-21MF, jedoch aerodynamisch verfeinert und fähig, mehr Treibstoff zu fassen und ECM-Geräte in abnehmbaren Gondeln an den Flächenenden mitzuführen

**MiG-21bis „Fishbed-L":** weiterentwickelte Version in geänderter Bauweise, mit erweitertem Tankvolumen und modernisierter Avionik zum Einsatz als Mehrzweck-Kampfflugzeug und Jagdbomber

**MiG-21bis „Fishbed-N":** verbesserte Version der „Fishbed-L" mit Tumanskij-Strahltriebwerk R-25, das 73,5 kN Nachbrennerschub lieferte, und nochmals modernisierter Avionik

**MiG-21U „Mongol-A":** Strahltrainerversion der MiG-21F mit zwei Sitzen hintereinander

**MiG-21US „Mongol-B":** allgemein wie MiG-21U, aber mit angeblasenen Klappen (SPS)

**MiG-21UM „Mongol-B":** Strahltrainerversion der MiG-21MF mit zwei Sitzen hintereinander

**Je-33, Je-66 und Je-76:** Bezeichnungen von MiG-21, die zur Aufstellung der von der FAI anerkannten, internationalen Rekorde verwendet wurden

### TECHNISCHE DATEN
**Mikojan-Gurewitsch MiG-21MF**

**Typ:** einsitziger Mehrzweckjäger
**Triebwerk:** ein Nachbrennertriebwerk Tumanskij R-13-300 mit 65,7 kN Schub
**Leistung:** Höchstgeschwindigkeit 2230 km/h oder Mach 2,1 oberhalb 11.000 m Höhe; Dienstgipfelhöhe 15.250 m; max. Reichweite mit Interntreibstoff 1100 km
**Gewicht:** max. Startmasse 9400 kg
**Abmessungen:** Spannweite 7,15 m; Länge 15,76 m; Höhe 4,10 m; Tragflügelfläche 23 m²
**Bewaffnung:** eine 23-mm-Kanone GSch-23 mit zwei Rohren im Anbaubehälter unter dem Rumpf und 1500 kg andere Waffen an vier Aufhängungen unter den Tragflächen

***Diese modifizierte MiG-21UM wird von der Testeinheit VZLU der tschechischen und slowakischen Luftstreitkräfte stark in Anspruch genommen und dient als Schleudersitz-Versuchsträger.***

## Mikojan-Gurewitsch MiG-23 und MiG-27 bis Mil Mi-6

**Das Büro Mikojan führte die dann ausgiebig in Afghanistan eingesetzte MiG-23 erstmals 1967 vor. In jüngster Zeit bemühte sich das Werk intensiv um Exportaufträge für die MiG-29. Ein modifizierter Hubschrauber Mil-4 erregte 1956, obwohl nach damaligem Standard schon wieder obsolet, einiges Aufsehen mit zahlreichen internationalen Nutzlast-und Hochflugrekorden.**

# Mikojan-Gurewitsch MiG-23 und MiG-27

Eines der wichtigsten taktischen Kampfflugzeuge der ehemaligen Sowjetunion, die **Mikojan-Gurewitsch MiG-23** (NATO-Meldename **„Flogger"**), flog erstmals 1966 und gelangte rund vier Jahre später in die Truppenerprobung. Dieser Luftkampfjäger und sein Jagdbomberabkömmling **MiG-27** wurden zwischen 1969 und 1984 in Großserien produziert.

Die MiG-23 war zur Ausrüstung der Frontfliegerkräfte mit einem taktischen Jagdflugzeug bestimmt, das in Zweitfunktion auch als Jagdbomber operieren und die zeitgemäßen Kampfflugzeuge des Westens ausstechen konnte. Primäres Entwurfsziel sollte ein Muster sein, das sich effektiv einsetzen ließ, ohne riesige Betonpisten zu brauchen. Man weiß, daß das Mikojan-Büro zwei Richtungen zur Erfüllung dieser Forderung einschlug: Das erste Versuchsflugzeug war die **Je-23** (oder **Je-230**) in der Auslegung eines Deltaflüglers mit Leitwerk und Hochauftriebshilfen, die die STOL-Kapazität sicherstellen sollten. Für den Antrieb sorgte ein einzelnes Mantelstromtriebwerk, das durch eine Batterie von Koliesow-Hubtriebwerken im Mittelrumpf für den VTOL-Betrieb ergänzt wurde. Der alternative Prototyp war die **Je-231**, die ohne Hubtriebwerke auskam und statt eines Deltatragwerks schwenkbare Tragflächen, sehr ähnlich denen der General Dynamics F-111, aufwies. Die Musterflugzeuge wurden 1966/67 bewertet, und man beschloß, den Schwenkflügler **Je-231** weiterzuentwickeln. Dies geschah vermutlich 1968 und führte zum Vorserienjäger **MiG-23S „Flogger-A"**, der von einem Nachbrennertriebwerk Tumanskij R-27 mit 10.200 kg Schub angetrieben und 1970/71 in ausgewählten Jagdregimentern erprobt wurde. Etwa zu diesem Zeitpunkt muß die Entscheidung gefallen sein, die **MiG-23** als Luftkampfjäger zu optimieren und eine Parallelversion als reinen Jagdbomber zu entwickeln, der die Bezeichnung **MiG-27** erhalten sollte. In der Folge nahm man an der **MiG-23** aerodynamische Veränderungen vor, reduzierte das Gewicht der Zelle und baute eine fortschrittlichere Avionik ein. Die erste Version **MiG-23M** ging 1973 in Dienst. Nahezu gleichzeitig wurde das Erdkampfflugzeug entwickelt, das zuvor viele Gemeinsamkeiten mit der **MiG-23** zeigte, aber auch genügend Unterschiede, um die neue Bezeichnung **MiG-27** zu rechtfertigen. Vom Luftkampfjäger hob sich der Typ in erster Linie durch einen vollständig neu konstruierten Vorderrumpf ab, der dem Piloten eine bessere Sicht ermöglichte, durch einen erweiterten Panzerschutz, ein Geländefolgeradar und Vorrichtungen für den Einsatz vielfältiger Luft-Boden-Waffen. Die MiG-27 erschien offenbar nur in zwei Ausführungen, die sich in der Form der Flugzeugnase, der Avionikausrüstung und der Aerodynamik voneinander unterscheiden und die NATO-Decknamen **„Flogger-D"** und **„Flogger-J"** tragen.

Sowohl die **MiG-23** als auch die **MiG-27** sind bei den ehemals sowjetischen Luftstreitkräften noch weitverbreitet im Einsatz, und man schätzt den Bestand auf 3000 Exemplare. Sie dienten auch bei den WP-Luftwaffen und wurden nach Ägypten, Äthiopien, Algerien, Angola, Bulgarien, in die DDR, nach Italien, in den Irak, nach Kuba, Libyen, Nordkorea, Polen, Südjemen, Syrien, in die Tschechoslowakei, nach Ungarn und Vietnam exportiert. Die **MiG-23M/K „Flogger-J"** befindet sich derzeit in Indien in der Produktion.

**TECHNISCHE DATEN**

**Mikojan-Gurewitsch MiG-23MF**

**Typ:** einsitziger Luftkampfjäger
**Triebwerk:** ein Strahltriebwerk Tumanski R-29 mit 12.500 kg Nachbrennerschub
**Leistung:** Höchstgeschwindigkeit 2500 km/h oder Mach 2,35 in optimaler Höhe; Dienstgipfelhöhe 18.600 m; max. Einsatzradius 1300 km
**Gewicht:** max. Startmasse 20.100 kg
**Abmessungen:** Spannweite gespreizt 14,25 m und zurückgeschwenkt 8,17 m; Länge 16,80 m; Höhe 4,35 m; Tragflügelfläche 28 m²
**Bewaffnung:** eine 23-mm-Kanone GSch-23 im Anbaubehälter unter dem Rumpf sowie fünf Träger für diverse Raketentypen und Luft-Luft-Lenkflugkörper

***MiG-23MF „Flogger-B" der Luftstreitkräfte der ehemaligen DDR im Jahre 1979.***

***MiG-23BN „Flogger-F" der ehemals tschechoslowakischen Luftstreitkräfte Ende der siebziger Jahre.***

**Varianten**

**MiG-23S „Flogger-A":** Vorserienversion zur Truppenerprobung
**MiG-23SM „Flogger-A":** generell wie MiG-23S, aber mit vier Waffenträgern unter den Lufteinlaufkanälen
**MiG-23M „Flogger-B":** erste Serienversion mit neukonstruierter Zelle zur Aufnahme des Turmanskij R-29
**MiG-23MF „Flogger-B":** Hauptserienversion ab 1978 mit verbessertem Bordradar und Infrarot-Sensorgondel
**MiG-23U „Flogger-C":** kampftaugliche Schulversion der MiG-23MF mit zwei Sitzen in Tandemanordnung
**MiG-23 „Flogger-E":** Exportversion, ähnlich der MiG-23MF, jedoch mit abgespeckter Ausrüstung und kleinerem Bordradar
**MiG-23BN „Flogger-F":** Exportversion zum Einsatz als Jagdbomber; im Grunde eine MiG-23MF, jedoch mit dem überarbeiteten Vorderrumpf und dem erweiterten Panzerschutz der MiG-27 „Flogger-D"
**MiG-23MF „Flogger-G":** Variante der MiG-23MF mit leichterem Radargerät
**MiG-23BN „Flogger-H":** Variante der MiG-23BN mit anderer Avionik
**MiG-23MLD „Flogger-K":** aktuelle Version eines taktischen Mehrzweck-Kampfflugzeugs mit modifizierter Nasenkante des Flügelkastens

***Das neueste „Flogger"-Modell, die MiG-27M „Flogger J-2", ist leicht zu erkennen, da sie die Pitotsonden wieder unter der Nase trägt und einen neuen Sucher für lasermarkierte Ziele aufweist.***

# Mikojan-Gurewitsch MiG-25

Die Sowjetunion wußte, daß die USAF einen Auftrag an North American Aviation zur Entwicklung des strategischen Bombers B-70 vergeben hatte, der Mach 3 fliegen konnte, und plante daher einen fortschrittlichen Abfangjäger, der in der Lage wäre, dieser Bedrohung wirksam zu begegnen. Dies führte zur Konstruktion und Entwicklung der **MiG-25**, der die NATO später den Meldenamen **„Foxbat"** zuteilte. Auf die Nachricht hin, daß North American das B-70-Programm eingestellt habe, wurde der Schwerpunkt der **MiG-25**-Entwicklung von der Abfangjagd auf die Schnellaufklärung verlagert. Erste Hinweise, daß die beim MiG-Konstruktionsbüro als **Je-266** geführte Maschine schon geflogen war, erhielt der Westen im April 1965, als die Sowjetunion behauptete, das Flugzeug habe einen neuen Geschwindigkeitsrekord über die 1000-km-Strecke aufgestellt. Seither haben die **Je-266** und die fortentwickelte **Je-266M** weitere Rekordleistungen erbracht, und letztere hält noch immer den absoluten Höhenweltrekord von 37.650 m. Die **MiG-25** ist ein freitragender Schulterdecker mit an der Nasenkante zurückgepfeilten Tragflächen, einem schlanken Rumpf, der mit den Triebwerksluftkanälen verschmolzen ist, sowie zwei nach außen abgewinkelten Seitenflossen und als Pendelruder ausgelegten Höhenflossen. Die Maschine wurde weitgehend aus Stahl konstruiert und für die Nasenkanten des Trag- und Leitwerks Titan verwendet, um trotz der durch Reibung entstehenden Temperaturen die strukturelle Integrität aufrechtzuerhalten.

Das Aufklärungspotential der **MiG-25** zeigte sich erstmals 1971, als vier Maschinen dieses Typs von in Ägypten operierenden VVS-Einheiten verwendet wurden. Sie flogen in den Jahren 1971/72 Aufklärungseinsätze gegen Israel und erwiesen sich als völlig immun gegen die Abfangversuche der McDonnell Douglas Phantom der israelischen Luftwaffe. Anschließend ging die **MiG-25** bei der VVS in Dienst, und verschiedene Versionen wurden nach Algerien, Indien, in den Irak, Libyen und Syrien exportiert. 1984 endete die Produktion zugunsten der MiG-31.

**TECHNISCHE DATEN**
**Mikojan-Gurewitsch MiG-25**
**Typ:** einsitziger Abfangjäger
**Triebwerke:** zwei Strahltriebwerke Tumanski R-31 je 12.250 kg Nachbrennerschub
**Leistung:** (geschätzt) max. Kampfgeschwindigkeit 2975 km/h oder Mach 2,8; Dienstgipfelhöhe 24.395 m; max. Einsatzradius 1450 km
**Gewicht:** (geschätzt) Leermasse 20.000 kg; max. Startmasse 36.200 kg
**Abmessungen:** Spannweite 13,95 m; Länge 23,82 m; Höhe 6,10 m; Tragflügelfläche 56,83 m²
**Bewaffnung:** Unterflügelpylonen für bis zu vier Luft-Luft-Lenkflugkörper

**Varianten**
**MiG-25 „Foxbat-A":** Serienversion des Grundmodells als Abfangjäger mit bis zu vier Luft-Luft-Flugkörpern unter den Tragflächen; 200 Exemplare durch Umrüstung zur „Foxbat-E" aufgewertet
**MiG-25R „Foxbat-B":** Serienversion des Grundmodells als Aufklärer mit Luftbildkameras, anderen Sensoren und ECCM-Schutzausrüstung; erreicht eine Spitzengeschwindigkeit von Mach 3,2
**MiG-25U „Foxbat-C":** doppelsitzige Schulversion mit neu gestaltetem Vorderrumpf und separatem Umschüler-Cockpit
**Je-133:** Maschine, mit der Swetlana Sawitskaja eine Reihe von Höhen- und Geschwindigkeitsrekorden für Frauen aufstellte, darunter am 22. Juni 1975 den Weltrekord von 2683,44 km/h

***MiG-25 „Foxbat-A" (obere Seitenansicht: MiG-25U „Foxbat-C")***

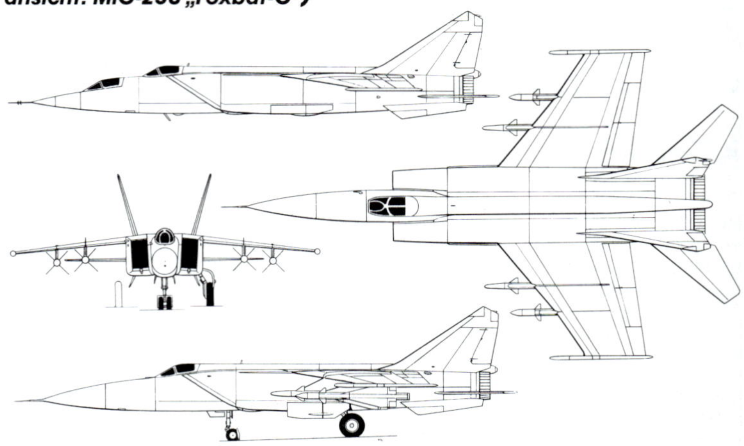

**MiG-25R „Foxbat-D":** Aufklärerversion; allgemein ähnlich der „Foxbat-B", aber mit zusätzlichen Elektroniksensoren und ohne Luftbildkameras; man nimmt an, daß die VVS über mehr als 160 „Foxbat-B/D" zur Aufklärung verfügen
**MiG-25PD „Foxbat-E":** zur Abfangjagd in geringer Höhe umgebaute „Foxbat"

***Ein Aufklärer MiG-25R „Foxbat-D", vor dem ein eindrucksvolles Lenkwaffenarsenal aufgebaut ist. Dieser Typ führt keine Kameras mit, sondern stützt sich auf elektronische Sensoren wie etwa ein Seitensichtradargerät (SLAR).***

# Mikojan-Gurewitsch MiG-29

Die **MiG-29**, die auf einer Forderung von 1972 nach einem Ersatz für die MiG-21, MiG-23, Su-15 und Su-17 der sowjetischen Luftstreitkräfte basierte, flog erstmals am 6. Oktober 1977. Zuvor hatte ein amerikanischer Satellit den Prototyp fotografiert, dem daraufhin die provisorische Bezeichnung **„RAM-L"** zugeteilt wurde. Nach zahlreichen Änderungen am Entwurf führte man den Frontfliegerkräften 1983 die ersten **„Fulcrum-A"** zu und erklärte den Typ Anfang 1985 für einsatzbereit.

Ein Austauschbesuch einer sowjetischen **MiG-29**-Staffel in Finnland bot dem Westen 1986 erstmals Gelegenheit, konkrete Informationen über dieses Flugzeug zu erhalten. Ähnlich ausgelegt wie die US-Rivalin F/A-18 Hornet, hat die supersonische und extrem agile **MiG-29** ein scharf zurückgepfeiltes (45°) Tragwerk, das oberhalb von zwei im Unterrumpf eingebetteten Nachbrenner-Turbofan-Triebwerken angeordnet ist. Das Leitwerk besteht aus zwei senkrechten Stabilisatoren und zwei als Pendelruder ausgelegten Höhenflossen. Das konventionelle Fahrwerk weist lenkbare Zwillingsbugräder und an den Hauptbaugruppen Einzelräder mit großen Niederdruckreifen auf.

Mehr als 600 **MiG-29** befinden sich bei den vormals sowjetischen Luftstreitkräften im Dienst, und das Muster wurde auch nach Kuba, in die damalige ČSFR und DDR (fliegt jetzt bei der Luftwaffe), in den Iran und den Irak, in das damalige Jugoslawien, nach Nordkorea, Polen, Rumänien, Syrien und nach Indien exportiert, wo Hindustan Aeronautics die **MiG-29** als **Baez** (Adler) in Lizenz baut. 18 **MiG-29SD** (Ausfuhrversion der **„Fulcrum-A"**) wurden 1995 an Malaysia geliefert.

**Varianten**
**MiG-29:** Standardausführung des einsitzigen Luftüberlegenheitsjägers für den landgestützten Einsatz
**MiG-29UB:** zweisitzige Schulversion („Fulcrum-B"), bei der der zweite Sitz vor dem Original-Cockpit eingearbeitet wurde; dem hinteren Besatzungsmitglied steht ein Periskop zur Verfügung; die Waffenstationen unter den Tragflächen blieben erhalten, aber das Bugradar mußte einem Entfernungsmeßradar weichen

***Die tschechischen und slowakischen Luftstreitkräfte verfügen über eine in Zatec stationierte MiG-29-Jagdstaffel. Der Verband ist mit den NATO-Tigerstaffeln freundschaftlich verbunden.***

**MiG-29 „Fulcrum-C“:** Variante der „Fulcrum-A“ mit hinter dem Cockpit erweitertem Rumpf für Avioniksysteme, die aus der Rumpfwanne dorthin verlegt wurden; befindet sich neben der „Fulcrum-A“ bei Jagdfliegerregimentern der ex-sowjetischen Luftstreitkräfte im Dienst
**MiG-29K „Fulcrum-D“:** Bezeichnung zweier zu Prototypen einer Marineversion umgebauten „Fulcrum-A“; die MiG-29K (K für kirabelnij wie schiffsgestützt), zum Einsatz auf sowjetischen Flugzeugträgern mit „Sprungschanze“ vorgesehen und mit Fanghaken ausgerüstet, wurde im November 1989 an Bord der Tbilisi (jetzt Admiral Kusnezow) erprobt; die Modifikationen umfassen hochklappbare Außenflächen, jede mit acht Waffenträgern bestückt, den Wegfall von Luftversorgungsklappen, den Einbau einer Luftbetankungssonde, ein verstärktes Fahrwerk und zusätzliche Rumpftanks
**MiG-29M „Improved Fulcrum“:** weiterentwickelte Version, die erstmals 1989 flog; ausgestattet mit schubstärkeren RD-33K, Quadruplex-FBW-Flugsteuerung, EFIS-Cockpit unter längerem Kabinendach, acht Unterflügelstationen, modifiziertem Leitwerk und geringfügig geänderter Position der Tragflächen, neu geformtem und 20 cm längerem Bugradom sowie einem breiteren und längeren Rückenwulst, im Februar 1992 in Minsk mit zwei Schiffsbekämpfungsflugkörpern AS-14 „Kedge“ und AMRAAMSKI gezeigt
**MiG-33 „Fulcrum-Plus“:** angeblich eine mit Canard-Vorflügeln und schwenkbaren Schubdüsen ausgestattete „Fulcrum“, die ungefähr Mitte der neunziger Jahre in Dienst gehen soll

***Zu den markantesten Merkmalen der Marineversion MiG-29K zählen auch die zusätzlichen Flugkörperschienen unter den klappbaren Außenflächen.***

### TECHNISCHE DATEN
**MiG-29 „Fulcrum-A“**

**Typ:** einsitziger, überschallschneller Luftüberlegenheitsjäger/Jagdbomber
**Triebwerke:** zwei Turbofan-Nachbrenner-triebwerke Sarkisow RD-33 je 81 kN Schub
**Leistung:** Höchstgeschwindigkeit in Meereshöhe Mach 1,06 oder 1300 km/h; in großer Höhe Mach 2,35 oder 2465 km/h; max. Steiggeschwindigkeit 330 m/sek; Dienstgipfelhöhe 18.500 m; Reichweite mit Interntreibstoff 1500 km, mit Außentanks 2495 km
**Gewicht:** Leermasse 10.900 kg; max. Startmasse 18.480 kg
**Abmessungen:** Spannweite 11,30 m; Länge 17,30 m; Höhe 4,70 m; Tragflügelfläche 35,20 m²
**Bewaffnung:** sechs Unterflügelstationen für radar- und/oder infrarotgelenkte Luft-Luft-Flugkörper AA-10 „Alamo“ und AA-11 „Archer“; auch geeignet für ältere Lenkwaffentypen wie AA-8 und AA-9, Bomben, Raketenbehälter (Kaliber 50 mm, 80 mm und 240 mm) und Submunitions-Ausstoßkanister; einzelne 30-mm-Kanone GSch-30 mit 130 Schuß Munition

# Mikojan-Gurewitsch MiG-31

Aus dem Abfangjäger **MiG-25 „Foxbat“** wurde Anfang der siebziger Jahre die zweisitzige **MiG-31 „Foxhound“** entwickelt, die in erster Linie der Bedrohung durch tieffliegende Marschflugkörper begegnen sollte. Der Erstflug fand am 17. September 1975 statt, doch die Indienststellung erfolgte erst 1983. Die **„Foxhound“**, ausgestattet mit einem hochentwickelten Abwärtssichtradargerät, das zehn Ziele gleichzeitig verfolgen und vier bekämpfen kann, befindet sich weiterhin im Gorki/Nischni-Nowgorod-Werk in der Produktion. Bislang wurden über 200 Exemplare ausgeliefert, davon 24 Maschinen an China.

Die **MiG-31M „Improved Foxhound“**, die man der GUS-Führung im Februar 1992 in Minsk vorstellte, war mit vier R-33-Lenkflugkörpern (AA-9 „Amos“) unter dem Bauch und vier sogenannten AMRAAMSKI unter den Tragflächen bewaffnet. Diese neue Version weist etliche Neuerungen der Zelle auf, wie einen längeren Rückenwulst, gekappte hintere und vorn weiter vorgezogene Ansätze der Seitenflossen, kleinere Grenzschichtzäune, erweiterte Nasenkanten der Tragflächenansätze, größere Bremsschirmgehäuse, ein neu konstruiertes Bugrad-Fahrwerk und Kabinendach sowie ESM/ECM-Behälter an den Flächenenden und ein einziehbares Luftbetankungsrohr. Damit dürfte sie zwar wesentliche Verbesserungen gegenüber früheren Modellen bieten, doch Ausgabenkürzungen könnten die Entwicklung der **MiG-31M** über die Prototypen hinaus ernsthaft in Frage stellen.

***Die MiG-31 weist zwar große Ähnlichkeit mit der MiG-25 „Foxbat“ auf, ist aber ein völlig anderes Flugzeug. Die Aufnahme zeigt eine Standard-„Foxhound“ mit Randbogenbehältern, die den beflügelten und an gleicher Stelle montierten Gondeln der neueren MiG-31M ähneln.***

### TECHNISCHE DATEN
**MiG-31 „Foxhound“**

**Typ:** zweisitziger Abfangjäger
**Triebwerke:** zwei Mantelstromtriebwerke Solowjew D30F-6 je 152 kN Schub
**Leistung:** Horizontalgeschwindigkeit in 17.500 m Höhe 3000 km/h; Höchstgeschwindigkeit Mach 2,83; Dienstgipfelhöhe 20.600 m; Reichweite mit Interntreibstoff im Überschallflug 720 km; subsonisch mit Außentanks 1400 km
**Gewicht:** Leermasse 21.825 kg; max. Startmasse 46.200 kg
**Abmessungen:** Spannweite 13,40 m; Länge 22,60 m; Höhe 6,10 m; Tragflügelfläche 61,60 m²
**Bewaffnung:** vier in Vertiefungen der Rumpfwanne gelagerte Lenkflugkörper AA-9 und AA-5, AA-6 oder AA-8 an inneren Unterflügelstationen sowie Treibstofftanks außen; eine einzelne 23-mm-Kanone GSch-6-23 mit 260 Schuß Munition (bei der MiG-31M vermutlich abgeschafft)

# Mil Mi-1 und Mi-2

Nachdem Michail Mil 1947 die Verantwortung für ein eigenes Konstruktionsbüro übertragen worden war, machte er sich an die Entwicklungsarbeit des **GM-1**, des ersten konventionellen Hubschraubers mit Haupt- und Heckrotor, der in der Sowjetunion in Serie gehen sollte. Das Muster flog erstmals im September 1948 und wurde 1951 bei der sowjetischen Luftwaffe als **Mil Mi-1** in Dienst gestellt. Die Produktion des sowohl für zivile als auch für militärische Nutzer bestimmten Drehflüglers (NATO-Deckname **„Hare“**) lief 1956/57 aus, nachdem Polen die Fertigung der Zelle und des Motors zum **SM-1** eingeleitet hatte. Große Stückzahlen von beiden Fertigungsstrekken wurden exportiert. Die Gesamtproduktion dürfte sich zwischen 2500 und 3000 Exemplaren bewegt haben. 1961 kündigte Mil die Entwicklung einer turbinengetriebenen Version des **„Hare“**, den **Mi-2** an, der statt des bisherigen Kolbenmotors zwei über dem Kabinendach installierte Isotow-Wellenturbinen GTD-350 erhalten sollte. Der Prototyp **(V-2)** startete im September jenes Jahres zum Erstflug. Nach Abschluß des Entwicklungsprogramms in der Sowjetunion wurde WSK-PZL Swidnik in Polen mit der Serienfertigung und Fortentwicklung des Hubschrauber **Mi-2** betraut, dem die NATO zwischenzeitlich den

***Bei der finnischen Luftwaffe hat der Mi-1 inzwischen ausgedient.***

Meldenamen **„Hoplite“** zugewiesen hatte. Vom **SM-2** über den Allison-motorisierten **Kania** mündete dieses Modell in die aktuelle Serienversion **Sokol** (Falke).

**Varianten**

**Mi-1:** erste Standardversion für einen Piloten und drei Passagiere

**Mi-1 Moskwitsch:** verfeinerte Version, zunächst zum Einsatz bei der Aeroflot, mit besserer Schalldämmung, Inneneinrichtung und Ganzmetallrotor

**Mi-1NKh:** Mehrzweckversion zur Verwendung als Frachthubschrauber

**Mi-1P:** Mi-1 mit Schwimmwerk

**Mi-1T:** Serienversion des Mi-1 für einen Piloten und zwei Passagiere

**Mi-1U:** Schulhubschrauber

### TECHNISCHE DATEN
**Mil Mi-1 „Hare“**

**Typ:** leichter Mehrzweckhubschrauber
**Triebwerk:** ein Kolbenmotor Iwtschenko AI-26V mit 423 kW (575 PS)
**Leistung:** Reise-/Marschgeschwindigkeit 140 km/h; Höchstgeschwindigkeit 205 km/h; max. Schwebeflughöhe 2000 m; Reichweite 590 km
**Gewicht:** Leermasse 1760 kg; max. Startmasse 2550 kg
**Abmessungen:** Hauptrotordurchmesser 14,30 m; Länge 12 m; Höhe 3,30 m; Hauptrotorkreisfläche 161,50 m$^2$

# Mil Mi-4

1951 begann die Konstruktion des **Mil Mi-4**, eines konventionellen Hubschraubers, der etwa die vierfache Kapazität des Mi-1 besaß. Das erste Exemplar flog im Mai 1952. Der **Mi-4 „Hound-A“**, der zunächst für die sowjetischen Streitkräfte als Kampftruppentransporter gebaut wurde, erhielt ein zweischaliges Hecktor, um das Verladen von Fahrzeugen und Fracht zu vereinfachen. Alternativ bietet die Kabine 14 Soldaten Platz. Militärische **Mi-4** sind leicht an ihrer Bauchgondel zu erkennen, die ursprünglich für einen Navigator oder Beobachter vorgesehen war, aber ebensogut Avionikausrüstung aufnehmen kann. Der in Großserien für die sowjetischen Streitkräfte produzierte **Mil Mi-4** wurde auch zum Einsatz bei über 20 ausländischen Luftstreitkräften exportiert. Ein beachtliches Kontingent leistet weiterhin Dienst, und in den vergangenen Jahren meldete man Umbauversionen, die in der sowjetischen U-Bootabwehr (**„Hound-B“**) und in der bewaffneten Luftnahunterstützung sowie elektronischen Kampfführung (**„Hound-C“**) Verwendung fanden. Ab 1964 kam die Fertigung für den zivilen Bereich hinzu, und bei Produktionsende im Jahre 1969 schätzte man die Zahl der für die zivile und militärische Luftfahrt gebauten **Mi-4** auf 3500 Exemplare. Alle Versionen lassen sich mit aufblasbaren Schwimmern ausrüsten, die so montiert sind, daß das Fahrwerk unter ihnen herausragt, und daher zu amphibischen Operationen dienen können. Auch China hat den Mi-4 bis 1979 in einer Auflage von rund 1000 Exemplaren lizenzgefertigt, davon rund zwei Drittel für zivile Dienste.

### TECHNISCHE DATEN
**Mil Mi-4P**

**Typ:** Verkehrshubschrauber
**Triebwerk:** ein Sternmotor Schwetsow ASch-82V mit 1315 kW (1700 PS)
**Leistung:** Höchstgeschwindigkeit 210 km/h in 1500 m Höhe; Dienstgipfelhöhe 5500 m; Reichweite mit elf Passagieren 250 km
**Gewicht:** Leermasse 5390 kg; max. Startmasse 7800 kg
**Abmessungen:** Hauptrotordurchmesser 21,00 m; Länge bei laufenden Rotoren 25,02 m; Höhe 5,18 m; Hauptrotorkreisfläche 346 m$^2$

***Der veraltete Mi-4 steht nur noch bei Luftwaffen im Dienst, denen die Mittel zur Beschaffung eines neuen Musters fehlen.***

**Varianten**

**Mi-4:** militärische Grundversion mit aufklappbaren Heckschalen; diese Konfiguration übernahm der Zivilhubschrauber

**Mi-4P:** Verkehrshubschrauber mit einer Bestuhlung für acht bis elf Personen in einer Passagierkabine; nach umfassender Verwendung durch die Aeroflot dient dieses Muster heute hauptsächlich als Sanitätshubschrauber

**Mi-4S:** grundsätzlich eine landwirtschaftliche Version mit großem Chemikalienbehälter in der Kabine, aber auch zur Brandbekämpfung eingesetzt

**Z-5:** chinesische Militärversion des Mi-4

**Xuangfeng:** chinesischer Name der zivilen Ausführung des Mi-4; ein Exemplar fliegt mit PT6T-6-Zwillingsturbinen

# Mil Mi-6

Bei seiner Ankündigung nach dem Erstflug im September 1957 war der **Mil Mi-6** (NATO-Deckname **„Hook“**) der mit Abstand größte Hubschrauber der Welt. Seine maximale Nutzlast übersteigt das Gesamtgewicht des Sikorsky S-64A, der zehn Jahre später als größter Drehflügler außerhalb der Sowjetunion erschien. Der nach den Anforderungen von VVS und Aeroflot entwickelte **Mi-6** war auch der erste turbinengetriebene Helikopter, den die UdSSR in die Serienfertigung nahm. Am Entwicklungsprogramm, das für ein derart revolutionäres Luftfahrzeug sehr schnell abgeschlossen wurde, nahmen fünf Maschinen teil, und die Produktion lief bereits 1960 an. Der als konventioneller Hubschrauber ausgelegte **Mi-6** führte zwei mühelos abnehmbare Stummelflächen in Schulterhöhe ein, die den Rotor im Reiseflug um gut 20 Prozent entlasten. Für Schwerlastoperationen nimmt man die Stummelflügel ab, um ein höheres Nutzlastpotential ausschöpfen zu können. Mit dem **Mi-6** wurden 1962 insgesamt 14 von der FAI anerkannte Geschwindigkeits- und Höhen-/Nutzlastrekorde aufgestellt. Die Hauptversion dieses Musters war der **Mi-6A**, von dem bis zum Produktionsende im Jahre 1981 mehr als 800 Exemplare entstanden. Der **„Hook“** wurde nach Ägypten, Äthiopien, Algerien, Syrien, Vietnam und Peru exportiert, wo er sowohl bei der Luftwaffe als auch bei der Marine dient. Den von einer fünfköpfigen Crew geflogenen **Mi-6** setzte die Aeroflot umfassend als Schwerstlasttransporter bei Hoch- und Tiefbauprojekten, etwa im Brückenbau, sowie in Gebieten ein, die für andere Transportmittel unerreichbar waren. Eine Nebenlinie dieses Musters ergab den zum fliegenden Kran entwickelten Mil **Mi-10 „Harke“**.

**Varianten**

**„Hook-A“:** Grundversion als militärischer Transporthubschrauber, der 70 Soldaten mit Kampfausrüstung oder 65 bis 90 Passagiere befördern kann; in der sanitätsdienstlichen Rolle bietet er 41 liegenden Patienten/Verwundeten und zwei medizinischen Helfern Platz; läßt sich auch zur Brandbekämpfung mit Sprühgerät oder Schwallwassertanks ausrüsten; im Frachtdienst kann der Mi-6 eine interne Nutzlast von 12.000 kg mitführen

**„Hook-B“:** Variante zur Unterstützung der militärischen Führung

**„Hook-C“:** Weiterentwicklung des „Hook-B“ mit der Bezeichnung Mi-22; erkennbar an zusätzlichen Antennen

### TECHNISCHE DATEN
**Mil Mi-6A**

**Typ:** schwerer Transporthubschrauber
**Triebwerke:** zwei Wellenturbinen Solowjew D-25V je 4048 kW (5500 WPS)
**Leistung:** Höchstgeschwindigkeit 300 km/h; Dienstgipfelhöhe 4500 m; Reichweite mit 8000 kg Nutzlast 620 km
**Gewicht:** Leermasse 27.240 kg; max. Senkrechtstartmasse 42.500 kg
**Abmessungen:** Hauptrotordurchmesser 35 m; Länge bei laufenden Rotoren 41,74 m; Höhe 9,86 m; Hauptrotorkreisfläche 962,11 m$^2$

***Ein Mil Mi-6 „Hook-A“ der ägyptischen Luftwaffe in den siebziger Jahren.***

# Mil Mi-8 bis Mil Mi-24

**Michail L. Mil ist ein legendärer Hubschrauberkonstrukteur. Er begann 1930 und arbeitete dabei mit den Motorkonstrukteuren V. A. Kusnetzow und N. K. Skrzschinski zusammen. Aeroflot und die GUS-Länder-Luftwaffen sind fast exklusive Abnehmer von Mil. Das Werk ist gegenwärtig federführend bei der Entwicklung eines einsitzigen Angriffshubschraubers.**

## Mil Mi-8

Der ursprünglich 1960 konstruierte Versuchshubschrauber **V-8 „Hip-A“** stellte im Grunde eine turbinengetriebene Ausführung des Mi-4 dar. Als Antrieb sollten zwei Isotow-Wellenturbinen dienen, die aber noch nicht fertig entwickelt waren, als sich der **V-8** seiner Vollendung näherte. Beim Erstflug im Juni 1960 wurde er daher von einer einzelnen großen Solowjew-Turbine angetrieben, deren Leistung wegen des Kraftübertragungssystems auf 1987 kW (2700 WPS) gedrosselt war. Die zweite Maschine aber (erstmals am 17. September 1962 geflogen) führte jedoch die Isotow-Motoren ein, die damals je 1104 kW (1500 WPS) erzeugten und in die ersten Serienhubschrauber **Mil Mi-8** (NATO-Meldename **„Hip“)** standardmäßig eingebaut wurden. Die seitdem einzige weitere wichtige Änderung ergab sich durch Probleme mit dem vom Mi-4 übernommenen Hauptrotor. Er wurde 1964 beim Prototyp **„Hip-B“** durch einen Fünfblatt-Rotor fortschrittlicher Konstruktion ersetzt. Da im Vergleich zu den 1251 kW (1700 PS) des Mi-4 mehr Leistung zur Verfügung stand, erhielt der neue Hubschrauber eine größere Kabine, die zwei bis drei Besatzungsmitgliedern und 28 Passagieren bei standardmäßiger Fluglinienausstattung Platz bot. Seit Beginn der Serienproduktion wurden rund 10.000 solcher Drehflügler für zivile und militärische Zwecke gebaut. Einige Komponenten entstanden in China.

Der **Mi-8** ist in großer Zahl bei der Aeroflot im Passagierdienst eingesetzt, dient aber auch zur Eisbeobachtung, für Rettungseinsätze und in der Logistik. Noch mehr Exemplare fliegen jedoch für die Front- und Marineluftstreitkräfte der ehemaligen Sowjetunion. Zudem ging dieses Muster auch an die Streitkräfte von rund 40 Ländern. Die militärischen Versionen werden, wie üblich, mit dem NATO-Decknamen bezeichnet.

***Ein Mil Mi-8T des polnischen Betreibers Instal.***

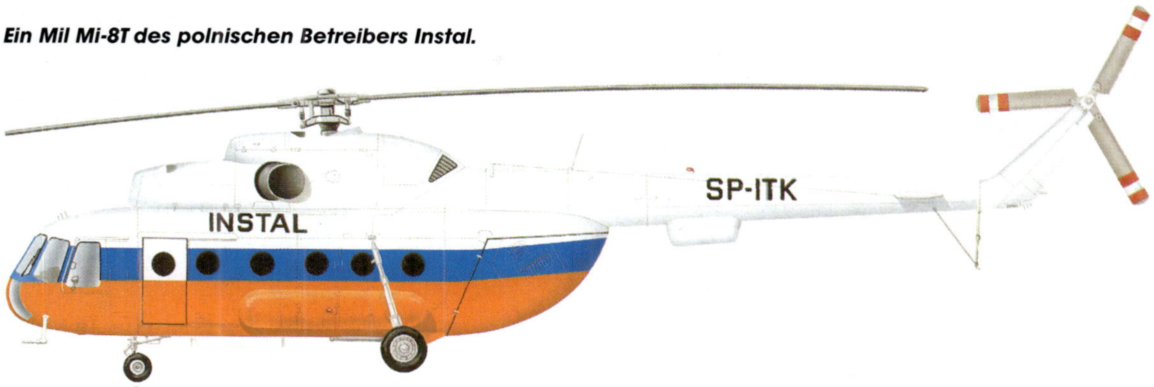

***Ein unbewaffneter Mi-8T „Hip-C“ der einstigen „Gruppe Sowjetischer Truppen in Deutschland“ (GSTD).***

**TECHNISCHE DATEN**
**Mil Mi-8**
**Typ:** Passagierhubschrauber
**Triebwerke:** zwei Wellenturbinen Isotow TV2-117A je 1251 kW (1700 WPS)
**Leistung:** Höchstgeschwindigkeit 260 km/h in 1000 m Höhe; Dienstgipfelhöhe 4500 m; Reichweite mit 28 Passagieren 500 km
**Gewicht:** Leermasse 6800 kg; max. Startmasse 12.000 kg
**Abmessungen:** Hauptrotordurchmesser 21,29 m; Länge bei laufenden Rotoren 25,24 m; Höhe 5,65 m; Hauptrotorkreisfläche 356 m²

### Varianten

**Mi-8:** Standardserienversion eines Passagierhubschraubers für 28 bis 32 Personen
**Mi-8T:** zivile Mehrzweck-Transportversion, die in erster Linie für den Transport von intern und extern mitgeführter Fracht vorgesehen ist, aber auf Klappsitzen entlang den Kabinenseiten auch 24 Fluggäste aufnehmen kann
**Mi-8 Salon:** zivile Luxusausführung mit alternativer Inneneinrichtung für neun bis elf Personen
**„Hip-C“:** militärischer Kampf- und Transporthubschrauber mit externen Gestellen für 128 Raketen oder andere Waffen an den Kabinenseiten; einige Exemplare wurden als Mi-8T und Mi-8TB dem Standard Mi-17 mit backbordseitigem Heckrotor angepaßt
**„Hip-D“:** Führungs- und Fernmeldehubschrauber
**„Hip-E“:** schwer bewaffneter Kampfhubschrauber mit einem 12,7-mm-Maschinengewehr und externen Halterungen für bis zu 192 Raketen an den Kabinenseiten sowie vier Panzerabwehrraketen AT-2
**„Hip-F“:** Exportversion, grundsätzlich wie „Hip-E“, aber mit sechs Panzerabwehrraketen AT-3 „Sagger“
**„Hip-G“:** Fernmelderelais-Hubschrauber
**„Hip-H“:** verbesserte Ausführung des Mi-8 mit leistungsgesteigerten Turbinen, die für höhere Flugleistungswerte sorgten
**„Hip-J“:** ECM-Version
**„Hip-K“:** Spezialversion für elektronische Störmaßnahmen

## Mil Mi-10

Der Prototyp **V-10** war eine Weiterentwicklung des Schwerlasthubschraubers Mi-6, jedoch speziell als fliegender Kran ausgelegt. Er behielt den Rotor, das Getriebe und die Turbinen der Mi-6 bei, hatte aber einen schlankeren Rumpf, der eher dem eines Starrflüglers glich und (fälschlicherweise) viel länger wirkt, da das Gondel-/Ausleger-Konzept fehlt. Diesem Hubschrauber gab man ein staksiges, breitspuriges Vierbein-Fahrgestell, damit er über extern zu tragende, sperrige Lasten rollen konnte. Da er mehr als der Mi-6 für Schwerlasttransporte bestimmt war, verzichtete man auf dessen Stummelflächen. Der erstmals 1960 geflogene **V-10** ging als **Mil Mi-10** in Serie und erhielt den NATO-Meldenamen **„Harke“**. Diese Version wurde 1964 durch eine Fortentwicklung mit der Bezeichnung **Mi-10K** abgelöst, die speziell zum Transport von Schlinglasten ausgelegt war. Der **Mi-10K** unterscheidet sich vom **Mi-10** durch ein um 2 m kürzeres Fahrgestell und ein Flugdeck für einen (statt zwei) Piloten. Der zweite Hubschrauberführer ist in einer Gondel unter dem Rumpf mit Blickrichtung zum Heck untergebracht, von wo aus er sowohl die Maschine als auch die Last voll unter Kontrolle hat. Die Hauptkabine kann für Fracht und/oder Passagiere genutzt werden, die allerdings mit schlichten Klappsitzen vorliebnehmen müssen. Bei Auslauf der Produktion im Jahre 1971 waren insgesamt 55 Exemplare beider Versionen gebaut. Berichten zufolge nahm man die Fertigung 1977 kurzzeitig wieder auf.

***Auf einer einzigartigen Frachtplattform kann der Mil Mi-10 bis zu 1,5 Tonnen schwere Nutzlasten befördern.***

**TECHNISCHE DATEN**
**Mil Mi-10K**
**Typ:** fliegender Kran/Schwerlasthubschrauber
**Triebwerke:** zwei Wellenturbinen Solowjew D25V je 4048 kW (5500 WPS)
**Leistung:** Höchstgeschwindigkeit mit Hängelast 202 km/h; Dienstgipfelhöhe 3000 m; Reichweite mit typischer Last 250 km
**Gewicht:** Leermasse 24.680 kg; max. Startmasse mit untergeschlungener Fracht 38.000 kg
**Abmessungen:** Hauptrotordurchmesser 35 m; Länge bei laufenden Rotoren 41,89 m; Höhe 7,80 m; Hauptrotorkreisfläche 962,11 m²

# Mil Mi-12 (V-12)

Vom **Mil Mi-12** wurden zwar nur zwei Exemplare gebaut, beides Prototypen **V-12,** doch dieses gigantische Luftfahrzeug verdient es, als größter Hubschrauber der Welt erwähnt zu werden. Um den Aufwand und die Entwicklungskosten gering zu halten, übernahm die Mil-Konstruktionsabteilung den Hauptrotor, das Kraftübertragungssystem und die Triebwerke des Mi-6, aber in doppelter Ausführung, indem je ein derartiger Komplex an den Enden zweier starrer, mit einem aufwendigen Gerüst zum Rumpf hin abgefangenen Tragflächen montiert war. Durch die Verwendung zweier gegenläufiger Hauptrotoren erübrigte sich ein Heckrotor, und die Maschine hatte statt dessen ein konventionelles Leitwerk mit zusätzlichen Endplatten an den Höhenflossen. Die vier Solowjew-Wellenturbinen D-25 VF erzeugten

***Der Mi-12 verblüffte den Westen bei seinem ersten öffentlichen Auftritt auf der Pariser Luftfahrtschau. „Homer" konnte zwar enorme Gewichte heben, aber er wies auch eine Reihe ernsthafter Defekte auf.***

insgesamt 19.136 kW (26.000 WPS) und befähigten den **V-12,** der am 10. Juli 1968 zum ersten Mal flog, im Februar 1969 eine Reihe von Rekorden aufzustellen. Als die Rekordleistungen zur Anerkennung eingereicht wurden, erfuhr der Westen erstmals von der Existenz dieses gigantischen Hubschraubers, der daraufhin den NATO-Decknamen **„Homer"** erhielt. Am 6. August 1969 hob der **V-12** eine Nutzlast von 40.204,5 kg auf eine Höhe von 2255 m und stellte damit einen bis heute ungebrochenen Rekord auf. Der erste Versuchshubschrauber wurde 1969 bei einem Landeunfall ohne Todesfolge zerstört, aber der andere **V-12** unternahm zahlreiche Vorführflüge, die jedoch keine Serienfertigung nach sich zogen.

# Mil Mi-14

Der im NATO-Decknamenverzeichnis als **„Haze"** aufgeführte **Mil Mi-14** ist eine amphibientaugliche **Mi-8**-Version, die den Mi-4 in der U-Boot- und Minenabwehr ersetzen sollte. Der Prototyp **V-14** besaß einen wasserdichten Bootsrumpf, Schwimmkörper, die zugleich Treibstoff aufnehmen konnten, und ein Einziehfahrgestell, das die Stabilität auf dem Wasser förderte. Er absolvierte seinen Erstflug im September 1969. Der „Haze" mit dem Triebwerkpaar und dem Rotorsystem des Mi-17 wurde 1977 in Dienst gestellt, um bei der sowjetischen Marine drei verschiedene Rollen als küstengestützter Hubschrauber zu übernehmen. Das Muster ist zwar amphibientauglich, macht aber von dieser Fähigkeit, wie sein britisches Pendant Sea King, nur gelegentlich Gebrauch. Bis 1991 wurden etwa 230 Exemplare des Mil Mi-14 geliefert. Im Export erreichte dieser Typ Bulgarien, die ehemalige DDR, das damalige Jugoslawien, Kuba, Libyen, Nordkorea, Polen, Rumänien und Syrien.

***Mil Mi-14 „Haze-A" der sowjetischen Seeluftstreitkräfte (AV-MF) Anfang der achtziger Jahre.***

**Varianten**

**Mi-14PL „Haze-A":** Grundmuster zur U-Boot-Abwehr, ausgestattet mit Tauchsonar und Suchradar

**Mi-14PW:** hierbei handelt es sich um die polnische Bezeichnung des „Haze-A"

**Mi-14BT „Haze-B":** dies ist die Minenabwehrversion

**Mi-14PS „Haze-C":** Such- und Rettungsversion, ausgerüstet mit Zwillingssuchscheinwerfern im Bug, doppelten Schiebetüren, backbord, und einer einziehbaren Winde, die drei Personen im Korbgeschirr tragen kann

## TECHNISCHE DATEN
### Mil Mi-14

**Typ:** küstengestützter Marinehubschrauber
**Triebwerke:** zwei Wellenturbinen Isotow TV3-117MT je 1435 kW (1950 WPS)
**Leistung:** Marschgeschwindigkeit 215 km/h; Höchstgeschwindigkeit 230 km/h; Reichweite mit max. Treibstoffmenge 1135 km
**Gewicht:** Leermasse (geschätzt) 9000 kg; max. Startmasse 14.000 kg
**Abmessungen:** Hauptrotordurchmesser 21,20 m; Länge 25,30 m; Hauptrotorkreisfläche 356 m²
**Bewaffnung:** interner Waffenschacht für Torpedos, Sprengkörper und Wasserbomben

# Mil Mi-17

Dem **Mi-17** wurde wegen seiner Abstammung der Deckname **„Hip-H"** zugewiesen. Der erstmals 1980/81 gesichtete Hubschrauber ist praktisch eine Neuausgabe des Mi-8 mit backbordseitigem Heckrotor und dem mächtigeren Turbinenpaar des Mi-14. Daraus resultierten Leistungssteigerungen auf allen Gebieten, vor allem aber ein höherer Wert für die maximale Schwebeflughöhe. Der **Mi-17** wird weiterhin für den zivilen und militärischen Bereich als Frachthubschrauber produziert, der in Zweitfunktion bis zu 24 Personen oder zwölf liegende Patienten befördern kann. Exporthubschrauber dieses Musters gingen 1983 nach Kuba, und heute dienen **Mi-17** außer in der GUS, in Angola, Indien, Nicaragua, Nordkorea, Papua Neuguinea, Peru, Polen und Ungarn.

## TECHNISCHE DATEN
### Mil Mi-17 „Hip-H"

**Typ:** zweimotoriger Mehrzweckhubschrauber
**Triebwerke:** zwei Wellenturbinen Isotow TV3-117MT je 1435 kW (1950 WPS)
**Leistung:** Marsch-/Reisefluggeschwindigkeit 240 km/h; Höchstgeschwindigkeit 250 km/h; Dienstgipfelhöhe 5000 m; max. Schwebeflughöhe 1760 m; Reichweite mit Interntreibstoff 495 km
**Gewicht:** Leermasse 7100 kg; interne Nutzlast 4000 kg; Höchstlast an der Schlinge 3000 kg; max. Startmasse 13.000 kg
**Abmessungen:** Hauptrotordurchmesser 21,10 m; Gesamtlänge bei laufenden Rotoren 25,30 m; Höhe bis Rotorkopf 4,70 m; Hauptrotorkreisfläche 365 m²
**Bewaffnung:** wie beim Mi-8, aber zusätzlich für Rüstsätze GSch-23 (23-mm-Kanone) geeignet

**Varianten**

**Mi-17PPA „Hip-K":** hierbei handelt es sich um die umfassend modifizierte Variante zur Störung von Fernmeldeverbindungen, ausgerüstet mit zahlreichen zusätzlichen Antennen; erstmals 1990 beobachtet und bekanntlich bei der ungarischen Luftwaffe im Einsatz

**Mi-17-1VA „Hip-H":** diese Variante ist ein fliegendes Hospital, vorgestellt auf der Pariser Luftfahrtschau im Jahre 1989 und angetrieben von zwei TV3-117VM je 1656 kW (2250 WPS)

***Der auffälligste Unterschied zwischen dem Mi-17 und dem Mi-8, von dem der Entwurf des Mi-17 in großen Teilen abgeleitet wurde, ist der backbord angeordnete Heckrotor. Zudem sind die mit einem mächtigen Turbinenpaar ausgestatteten Mi-17 fast immer mit Schutzkörben vor den Triebwerkslufteinläufen ausgestattet.***

# Mil Mi-24

Der **Mil Mi-24** (NATO-Deckname **„Hind“**) wurde Mitte der sechziger Jahre als Mehrzweck-Militärhubschrauber von höchster Qualität entwickelt. Der **„Hind“** scheint der Familie Mil Mi-8/Mi-14 anzugehören, bietet jedoch bei geringeren Abmessungen und stärkerem Antrieb eine erhöhte Manövrierbarkeit und Leistungsfähigkeit. Er hat die gleiche Grundauslegung wie die Vorgängermodelle und ein dynamisches System, das auf dem des Mi-8 basiert, aber einen viel schlankeren Rumpf, der seinem Zweck als Kampfhubschrauber angemessen ist und dennoch genügend Raum für eine vierköpfige Besatzung sowie eine acht Mann starke Gefechtsgruppe bietet. Das Fahrwerk besteht aus gänzlich einziehbaren Haupträdern und einem teilweise einfahrenden Bugrad. Auffällig sind die freitragenden Stummelflächen mit ausgeprägt negativer V-Stellung, an die sich vielfältige Waffentypen montieren lassen. Der **Mi-24** wurde in den Jahren 1973/74 in Dienst gestellt und zunächst in der DDR stationiert. Bei Großübungen erprobte man den **Mi-24** in Varianten als Transportmittel für Sturmtrupps, zur Panzerabwehr und als Begleithubschrauber, der durchaus in der Lage ist, sich feindlichen Helikoptern im Luftkampf zu stellen. Rund 1500 Exemplare dieses seit Anfang der siebziger Jahre produzierten Musters befinden sich bei den GUS-Streitkräften im Dienst. Der Typ kam intensiv in Afghanistan zum Einsatz, und dies war zugleich das Testgelände für etliche Verbesserungen seiner Kampftüchtigkeit. Zu Beginn der achtziger Jahre griff der **„Hind“** auch in den Krieg zwischen dem Irak und dem Iran ein. Der **Mi-24** wurde in erheblichem Umfang exportiert, so daß er derzeit in Afghanistan, Algerien, Angola, Bulgarien, Indien, im Irak, im Jemen, in Kuba, Libyen, Mosambik, Nicaragua, Nordkorea, Peru, Polen, Sri Lanka, Syrien, im Tschad, in Tschechien, Ungarn und Vietnam vertreten ist. Die Produktion läuft mit niedriger Rate weiter, und bis 1991 waren rund 2300 Exemplare fertiggestellt. Die vom **„Hind“**-Versuchshubschrauber **Mil A-10** aufgestellten FAI-Rekorde geben einigen Aufschluß über das Leistungsvermögen dieses Hubschraubers. Am 2. September 1978 erreichte er beispielsweise auf einer 15/50-km-Strecke eine Geschwindigkeit von 368,4 km/h.

**Varianten**

**Mi-24 „Hind“:** erste Serienversion, 1972 in Berichten erwähnt, aber erst 1973 gesichtet; 1973/74 in der UdSSR in Dienst gestellt

**Mi-24 „Hind-A“:** zweite Serienausführung, bei der der Heckrotor auf die linke Seite des Endträgers gerückt war; eingesetzt vor allem als bewaffneter Transporthubschrauber für eine Gefechtsgruppe von acht Mann

**Mi-24 „Hind-B“:** erste Serienversion mit steuerbord montiertem Heckrotor, Stummelflächen ohne negative V-Stellung und nur vier Aufhängungen unter den Flächen; diente lediglich Testzwecken

**Mi-24 „Hind-C“:** reiner Ausbildungs- und Übungshubschrauber wie „Hind-A“, aber ohne dessen Bug-MG und Raketenschienen an den Endplatten

**Mi-24D „Hind-D“:** erste Schlachthubschraubervariante; der Anfang 1977 gemeldete Mi-24D ist im Grunde ein später „Hind-A“ mit anders konzipiertem Vorderrumpf, der den Piloten (hinten) und den Bordschützen (vorn) in getrennten Kabinen aufnimmt; letzterer setzt ein einzelnes 12,7-mm-Maschinengewehr im Kinnturm und drahtgelenkte Panzerabwehrraketen (AT-2 „Swatter“) ein; einige Exemplare sind mit einer 23-mm-Kanone im Kinnturm bewaffnet

**Mi-24W „Hind-E“:** verbesserte Version des „Hind-D“, erstmals zu Beginn der achtziger Jahre gemeldet; kann mit zwölf AT-6 „Spiral“ zur Panzerbekämpfung und mit AA-8 „Aphid“ zum Selbstschutz bewaffnet werden

**Mi-24P „Hind-F“:** der Mi-24P (P für Puschka = Kanone) erschien 1982 mit einer GSch-30-2 (30-mm-Kanone mit zwei Rohren) im Waffenbehälter steuerbord unter dem Kinn, zusammen mit 750 Schuß Munition

**Mi-24R „Hind-G 1“:** ausgestattet mit Klauen an den Flächenenden, wird der Mi24R offenbar in der ABC-Abwehr eingesetzt; erstmals nach der Tschernobyl-Katastrophe von 1986 beobachtet

**Mi-24K „Hind-G 2“:** ähnlich wie der Mi-24R, aber mit großer in der Kabine aufgestellter Kamera und Objektiv

**Mi-25:** Exportversion des „Hind-D“

**Mi-35:** Exportversion des „Hind-E“

**Mi-35P:** Exportversion des „Hind-F“

***Ein Mil Mi-24 „Hind-D“ der 6. Pommerschen Luftschlachtbrigade der polnischen Luftstreitkräfte, Ende der achtziger Jahre in Hohensalza stationiert.***

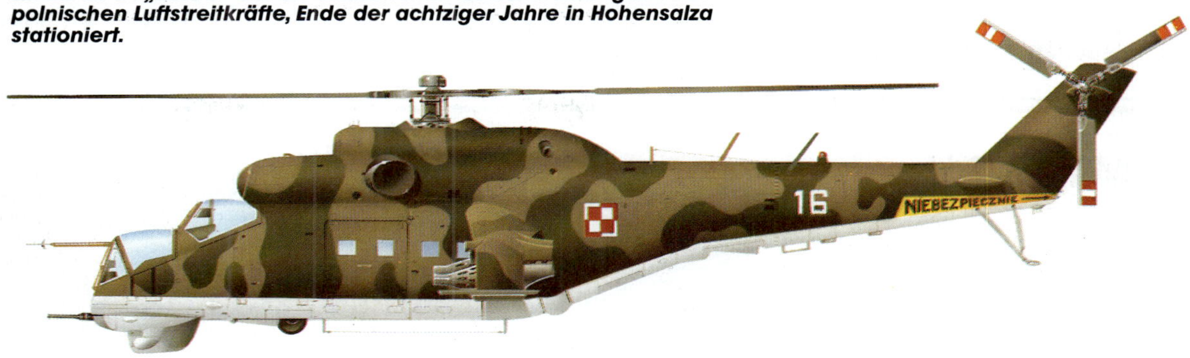

***Der „Hind-E“ ist eine verbesserte Version des ersten Schlachthubschraubers „Hind-D“ und führt ein feineres Sensorpaket unter der Bugschale mit.***

**TECHNISCHE DATEN**

**Mil Mi-24D „Hind-E“**

**Typ:** Schlacht- und Transporthubschrauber
**Triebwerke:** zwei Wellenturbinen Isotow TV3-117 je 1619 kW (2200 WPS)
**Leistung:** Marschgeschwindigkeit 270 km/h; Höchstgeschwindigkeit 335 km/h; Dienstgipfelhöhe 4500 m; max. Schwebeflughöhe 1500 m; Reichweite 500 km
**Gewicht:** Leermasse 8200 kg; externe Nutzlast 2400 kg; max. Startmasse 12.000 kg
**Abmessungen:** Hauptrotordurchmesser 17,30 m; Gesamtlänge bei laufenden Rotoren 21,50 m; Höhe bis Rotorkopf 3,90 m; Hauptrotorkreisfläche 235 $m^2$
**Bewaffnung:** ein 12,7-mm-MG; Schienenpaare für Panzerabwehrraketen AT-2; vier Stationen für Behälter je 32 57-mm-Raketen; GSch-23-Kanone als Rüstsatz; bis zu 1500 kg Bomben oder Minen; AK-47-Sturmgewehre

***Der „Hind-G1“ hat keine Parallele im Westen. Bei diesem Hubschrauber wurden die Lenkwaffenschienen durch „Greifer“ ersetzt, die offenbar dazu dienen, in verseuchtem Gelände Proben zu entnehmen.***

# Mil Mi-26 bis Miles M.14 Magister

**Miles Aircraft wurde 1943 gegründet, allerdings war F. G. Miles schon Flugzeugkonstrukteur seit 1933. Viele Pilotenveteranen der RAF erinnern sich daran, daß sie ihre „Schwingen“ auf Magister-Maschinen erwarben. 1950 gründete das Werk als neuen Geschäftszweig die Miles Electronics für den Bau von Flugsimulatoren für de Havillands Sea Vixen.**

## Mil Mi-26

Abgesehen von den vorausgegangenen V-12-Prototypen ist der **Mil Mi-26 „Halo“** der schwerste bis heute geflogene Helikopter. Dieser als Drehflügler gedachte Schwerlasthubschrauber der Aeroflot zur Erschließung schwer zugänglicher Regionen entstand in den frühen siebziger Jahren, als deutlich wurde, daß der V-12 diese Rolle nicht übernehmen konnte. Eine kosten- und zeitaufwendige Neuentwicklung des Rotor- und Kraftübertragungssystems war unabdingbar, und genau dies hatte das Mil-Konstruktionsteam zur Auslegung des V-12 geführt. Die Entwicklung, Konstruktion und Erprobung eines geeigneten dynamischen Gesamtsystems sowie die Erfüllung der offiziellen Forderung, daß das Leergewicht der Maschine nur die Hälfte ihres maximalen Fluggewichts betragen sollte, verzögerte den ersten Schwebeflug des Prototyps **V-26** bis zum 14. Dezember 1977.

Der **Mi-26** gleicht allgemein dem Mil Mi-6 und hat einen ähnlich dimensionierten Rumpf, aber einen kleiner bemessenen Achtblatt-Hauptrotor und einen fast doppelt so starken Antrieb im Vergleich zum Mi-6, so daß er eine um zwei Drittel höhere Nutzlast bewältigt. Diese Fähigkeit führte er am 3. Februar 1982 eindrucksvoll vor, als er im Rahmen einer ganzen Reihe von neuen Rekorden ein Gesamtgewicht (Hubschrauber plus Nutzlast) von 56.768,8 kg auf 2000 m Höhe hob.

Die Entwicklung des **„Halo“** war 1983 abgeschlossen, und seit 1985 befindet sich dieses Muster im zivilen und militärischen Dienst. Rund 70 **Mi-26** dürften gebaut worden sein. Der Serienhubschrauber transportiert bis zu 85 Soldaten mit Kampfausrüstung oder zwei Gefechtsfahrzeuge der Luftlandetruppen. Angeblich befindet sich eine neue Version des **„Halo“** als Ersatz für den „Hook“ in der Entwicklung, der zur Unterstützung der Führung dient. Vorgesehen sind leistungsstärkere Triebwerke, aus Verbundmaterial gefertigte Rotorblätter und ein auf 22.000 kg gesteigertes Nutzlastvermögen.

### TECHNISCHE DATEN

**Typ:** Schwerlasthubschrauber
**Triebwerke:** zwei Wellenturbinen Lotarew D-136 je 8273 kW (11.240 WPS)
**Leistung:** Höchstgeschwindigkeit 295 km/h; Dienstgipfelhöhe 4600 m; Reichweite mit max. Treibstoffmenge 800 km
**Gewicht:** Leermasse 28.200 kg; max. Startmasse 56.000 kg
**Abmessungen:** Hauptrotordurchmesser 32 m; Länge bei laufenden Rotoren 40 m; Höhe bis Rotorkopf 8,10 m; Hauptrotorkreisfläche 804,20 m²

***Hohe Werte sind das Markenzeichen des Mi-26. Bei einer maximalen Abflugmasse von 56.000 kg ist dies das erste Fluggerät, das sich mit einem Achtblatt-Hauptrotor in die Luft schraubt.***

***Einige russische „Halo“ führen inzwischen den neuen Zulassungsteil für Luftfahrzeuge der russischen Republik.***

## Mil Mi-28

Im November 1982 flog erstmals der wendige Kampfhubschrauber **Mil Mi-28 „Havoc“**. Er ist für eine ähnliche Rolle wie sein amerikanischer Gegenspieler AH-64 Apache vorgesehen, dem er im übrigen auch grundsätzlich ähnelt. Der zur Indienststellung bei den GUS-Streitkräften im Jahre 1992 eingeplante Hubschrauber unterlag dann allerdings dem Kamow Ka-50. Die drei Prototypen hatten einen konventionellen Dreiblatt-Heckrotor, doch dieser wich später unabhängigen Zweiblatt-Propellern auf einer gemeinsamen Welle, die zu einem schmalen „X“ angeordnet waren. Der im gepanzerten Frontcockpit untergebrachte Bordschütze bedient eine 30-mm-Kanone, wie sie normalerweise in Gefechtsfahrzeuge eingebaut wird. Diese Waffe ist unter dem Bug montiert, der eine TV-Kamera mit Restlichtverstärker sowie Vorwärtssicht-Infrarotgeräte birgt. Träger an den Stummelflächen können Waffen oder Treibstofftanks aufnehmen.

### TECHNISCHE DATEN

**Typ:** zweimotoriger Schlachthubschrauber
**Triebwerke:** zwei Wellenturbinen Isotow TV3-117 je 1619 kW (2200 WPS)
**Leistung:** Marschgeschwindigkeit 265 km/h; Höchstgeschwindigkeit 305 km/h; Dienstgipfelhöhe 5800 m; Reichweite mit max. Treibstoffzuladung 470 km
**Gewicht:** Leermasse 7000 kg; max. Startmasse 11.400 kg
**Abmessungen:** Hauptrotordurchmesser 17,20 m; Länge (ohne Rotor) 16,80 m; Höhe 4,80 m
**Bewaffnung:** eine 30-mm-Kanone vom Typ 2A42 im Kinnturm und 300 Schuß Munition; Stummelflächen können an Trägern bis zu 480 kg an Waffen aufnehmen, einschließlich 16 Panzerabwehrraketen AT-6, UV-20-Behälter mit 57- oder 80-mm-Raketen

***Die Rote Armee zog den Kamow Ka-50 dem Mil Mi-28 vor, aber Mil will dieses Muster für den Export produzieren.***

# Mil Mi-34

Der von der NATO mit dem Decknamen **„Hermit"** bedachte **Mi-34** ist ein zwei-/viersitziger Leichthubschrauber in der Klasse des Gazelle und Ecureuil, wird aber von einem Kolbenmotor angetrieben. Der erste von zwei Prototypen flog erstmals 1986, und im Juni 1987 wurde das Muster auf der Pariser Luftfahrtschau dem Westen vorgestellt. Der **Mi-34** ist der erste in der ehemaligen Sowjetunion gefertigte Drehflügler, der in der Lage ist, zu rollen und Loopings auszuführen. Die Serienproduktion begann 1993 im Arsenjew-Werk, und seitdem sind über 50 Exemplare gefertigt worden. Außerdem wurden Pläne für

***Der Mi-34 „Hermit" besitzt einen 9-Zylinder-Sternmotor M14, praktisch den gleichen wie die Kunstflugmaschinen Su-26 und -29. Der als leichter Nutz- und Ausbildungshubschrauber konzipierte Mi-34 ist zudem extrem wendig.***

einen verbesserten **Mi-34 VAZ** mit zwei Umlaufmotoren vom Typ VAZ-430 je 162 kW (220 PS) vorgestellt. Der Prototyp dieser Variante, die über einen neuen Rotor aus Verbundmaterial verfügt, flog 1992 zum ersten Mal und soll voraussichtlich 1996 in Dienst gestellt werden.

**TECHNISCHE DATEN**

**Typ:** leichter Nutzhubschrauber
**Triebwerk:** ein 9-Zylinder-Sternmotor Vedenejew M-14V-126 mit 239 kW (325 PS)
**Leistung:** Reisefluggeschwindigkeit 160 km/h, Höchstgeschwindigkeit 210 km/h; Dienstgipfelhöhe 4500 m; max. Schwebeflughöhe 1500 m; Reichweite mit einer Nutzlast von 90 kg 450 km
**Gewicht:** Standardmasse 1260 kg; max. Startmasse 1350 kg
**Abmessungen:** Rotorkreisfläche 10 m; Länge 8,71 m; Rotorkreisfläche 78,5 m²

# Mil Mi-38

Der **Mil Mi-38**, der 1989 in Modellform auf der Pariser Luftfahrtschau ausgestellt wurde, ist ein turbinengetriebener Mehrzweck-Hubschrauber mittlerer Reichweite in der Klasse des EH.101. Vom X-förmigen Doppelpropeller-Heckrotor abgesehen, weist er auch eine starke Ähnlichkeit mit dem Westhubschrauber auf. Die ersten zehn **Mi-38** sollen im Laufe des Jahres 1995 in Kazan an den Start gehen. Die Produktion soll 1996 anlaufen, die Auslieferung der ersten montierten Maschinen 1999 erfolgen. Der **Mi-38** ist auch zum Vertrieb im Westen vorgesehen und birgt zahlreiche fortschrittliche Merkmale wie ein „Glas-Cockpit" und FBW-Flugsteuerung in sich. Außerdem ist er weitgehend aus Verbundwerkstoffen konstruiert, einschließlich der Haupt- und Heckrotorblätter. Als Antrieb dienen zunächst zwei Klimow-Wellenturbinen TV-7-117V je 1730 kW (2350 WPS), aber wahlweise können auch geeignete Westmotoren installiert werden. Wie beim EH.101 befinden sich zahlreiche Varianten in der Entwicklung, einschließlich militärischer Nutz- und Spezialversionen, einer Passagierversion mit 32 Sitzen und auf Fracht-, Sanitäts- und Vermessungsdienste spezialisierte Ausführungen.

# Miles M.2 Hawk-Serie

F. G. Miles flog 1932 einen kleinen, einsitzigen Doppeldecker namens **Miles M.1 Satyr**. Es blieb bei diesem Einzelexemplar, das sich zwar gut bewährte, aber 1936 abgeschrieben werden mußte. Miles' frühere Erfahrungen mit den Zweideckern Southern Martlet und Metal Martlet führten zu dem Wunsch, einen zweisitzigen Eindecker statt der Doppeldecker zu bauen, die den Markt beherrschten. Das Ergebnis war die **M.2 Hawk**, die im März 1933 flog und zum Vorläufer einer brillanten Miles-Eindeckerserie wurde. Für den Antrieb sorgte zunächst ein Cirrus IIIA mit 71 kW (96,5 PS), doch spätere **M.2c** erhielten den 89 kW (121 PS) starken Gipsy III von de Havilland. Weitere Varianten waren die **M.2a** mit geschlossener Kabine, die einsitzige Langstreckenversion **M.2b** mit dem 89 kW (121 PS) starken Hermes IV und die dreisitzige **M.2d**. Insgesamt 55 solcher **Hawk** wurden von Miles gebaut.

Die Weiterentwicklung dieses Grundmodells führte zur Serie der **Hawk Major** (64 Flugzeuge), die mit der vom de Havilland Gipsy Major mit 97 kW (132 PS) angetriebenen **M.2F** begann und die ganze Varianten-Palette bis zur **M.2T** umfaßte. Die einsitzigen Rennmaschinen waren als **Hawk Speed Six** bekannt, und drei Exemplare wurden mit dem Gipsy-Six-Motor gebaut, der 149 kW (202,5 PS) erzeugte. Eine andere, etwas kleinere Rennversion hieß **M.5 Sparrowhawk**, von der fünf Exemplare entstanden. Der Prototyp überlebte den Krieg und erfuhr 1953 einen beträchtlichen Umbau durch die Umrüstung auf zwei Turboméca-Strahltriebwerke Palas je 150 kg Schub, die ihm den Namen **M.77 Sparrowjet** und eine Spitzengeschwindigkeit von 370 km/h eintrug. Die letzte Entwicklung aus der Zeit vor dem Krieg war die **Hawk Trainer**, von der man 25 Exemplare fertigte. Das Grundkonzept wurde später zur M.14 Magister fortentwickelt.

***G-AEEL war das letzte von neun Miles-Schulflugzeugen M.2X Hawk Trainer. Dieser Typ stellte eine Variante des M.2W Hawk Trainer mit ausgeglichenem Seitenruder größeren Zuschnitts dar.***

***Der zur Sparrowjet M.77 umgerüstete Prototyp M.5 Sparrowhawk fiel 1964 einem Hallenbrand zum Opfer.***

# Miles M.3 Falcon

Das erste wirkliche Kabinenflugzeug, das F. G. Miles konstruierte, war der Prototyp **Miles M.3 Falcon (G-ACTM)**. Diese Maschine, die am 12. Oktober 1934 zum Jungfernflug startete, war ein dreisitziger Kabineneindecker, aber das erste Serienexemplar hatte vier Sitzplätze in einer breiteren Kabine. Unter den Namen **M.3A Falcon Major** und **M.3B Falcon Six** flog eine Reihe von Varianten dieses Grundmodells. Die Gesamtproduktion betrug 36 Exemplare, von denen sechs bei Ausbruch des Zweiten Weltkriegs zum Dienst bei der RAF eingezogen wurden. Die **Falcon** hatte einen de-Havilland-Six-Reihenmotor mit 149 kW (202,5 PS), eine Spannweite von 10,67 m, eine Höchstgeschwindigkeit von 290 km/h und eine Reichweite von 900 km.

***Die meisten Miles-Kabineneindecker M.3 Falcon erhielten einen Gipsy-Major-Reihenmotor in A-Form mit einer Nennleistung von 97 kW (132 PS).***

# Miles M.4 bis M.8

Das fünfsitzige Reiseflugzeug Miles **M.4 Merlin**, im Prinzip eine größere Ausgabe der M.3A Falcon Major, flog ab 1935 unter dem Antrieb eines 149 kW (202,5 PS) starken de Havilland Gipsy Six. Vier Maschinen wurden gebaut, von denen zwei in Indien und eine in Australien zum Einsatz kamen. Die Einzelanfertigung **M.6 Hawcon** verband die Teile der Hawk und der Falcon miteinander und verwendete denselben Motortyp wie die **M.4**. Diese Maschine entstand für Dickflügel-Untersuchungen des Royal Aircraft Establishment in Farnborough, bei denen man vier Flügelsätze unterschiedlicher Dicke verwendete.

Eine Weiterentwicklung der M.3B Falcon Six war die **M.7 Nighthawk**, von der fünf Zivilmaschinen gebaut wurden. Dieses Muster, gedacht als Schul- und Verbindungsflugzeug, wurde schließlich von der RAF als **M.16 Mentor** beschafft. Die **M.8 Peregrine** von 1936 war Miles' erstes zweimotoriges Flugzeug, angetrieben von einem de Havilland Gipsy Queen mit je 153 kW (208 PS) und eingerichtet für sechs Passagiere sowie eine zweiköpfige Besatzung. Trotz guter Leistungen konnte die **Peregrine** nicht produziert werden, weil das Unternehmen mit der Fertigung der Magister ausgelastet war. Nur eine einzige weitere **Peregrine** wurde als fliegendes Labor für das RAE gebaut.

***Die Peregrine mit zugespitzter Windschutzscheibe (ein für Miles typisches Konstruktionsmerkmal) war das erste zweimotorige Luftfahrzeug dieser Firma.***

# Miles Master (M.9, M.19, M.24 und M.27)

Das wachsende Leistungsvermögen der Hochleistungseindecker, die ab Ende der dreißiger Jahre bei der RAF in Dienst gestellt wurden, verdeutlichte den Bedarf an derart leistungsstarken Schul- und Übungsflugzeugen für Fortgeschrittene. Miles entwarf daher eine als Tiefdecker ausgelegte Ausbildungsmaschine, die wie die Hawker-Doppeldecker Fury und Hart den Rolls-Royce Kestrel XVI mit 556 kW (770 PS) als Antrieb erhalten sollte. Das Air Ministry beurteilte den Entwurf zwar als „verfrüht", doch das Unternehmen konstruierte auf eigene Kosten einen Prototyp, genannt **Kestrel**, der erstmals am 3. Juni 1937 flog. Die Maschine wies eine Spitzengeschwindigkeit nach, die nur 24 km/h niedriger als die der Hurricane und Spitfire war. Da sich keinerlei Alternative abzeichnete, bestellte das Air Ministry am 11. Juni 1939 den Miles-Trainer unter der Bezeichnung **Miles M.9 Master**, verlangte aber einige Änderungen. So mußte beispielsweise der auf 533 kW (725 PS) gedrosselte Kestrel XXX eingebaut werden, der die Höchstgeschwindigkeit gegenüber dem Kestrel-Prototyp um 113 km/h verringerte. Selbst dann war die **M.9** immer noch das beste Schulflugzeug ihrer Zeit. Das erste von 900 Exemplaren der **M.9A Master Mk I** flog am 31. März 1939, und acht Monate später folgte die erste **M.19 Master Mk II**, die sich von der **Mk I** durch einen Bristol Mercury XX mit 649 kW (883 PS) abhob. Den Einbau dieses Sternmotors hatte das Air Ministry angeordnet, da die Versorgung mit Kestrel-Motoren zusehends knapper wurde. Dann aber bemerkte das Ministerium, daß es keine Mercury-Motoren im Bestand hatte, so daß man die Serienmaschinen mit dem Pratt & Whitney Twin Wasp Junior (615 kW/836 PS) in einer modifizierten Zelle ausstattete und ihnen die neue Bezeichnung **M.27 Master Mk III** zuteilte. Bei diesem Flugzeug kamen jedoch sowohl der Mercury als auch der Twin Wasp Junior zum Einsatz, und insgesamt entstanden 1747 **Master Mk II** und 602 **Master Mk III**. Hinzu kamen 26 **M.24 Master Fighter**, die mit je sechs 7,7-mm-MGs bewaffnet waren und die während der Luftschlacht um England für Noteinsätze gefertigt wurden. Außer an die RAF gingen auch etliche **Master Mk II** nach Ägypten (26), Südafrika (450) und in die Türkei (18). Ein Exemplar wurde der USAAF zur Verfügung gestellt, und eine **Master Mk III** stieß zum Irish Air Corps. Bei Produktionsende waren 3227 Flugzeuge gebaut, und die **Miles Master** erwies sich als das wichtigste Schulflugzeug britischer Herstellung, das im Zweiten Weltkrieg bei der RAF diente.

***Miles M.9A Master Mk I einer RAF Flying Training School in den vierziger Jahren.***

**TECHNISCHE DATEN**
**Miles M.19 Master Mk II**
**Typ:** zweisitziges Schulflugzeug für Fortgeschrittene
**Triebwerk:** ein 9-Zylinder-Sternmotor Bristol Mercury XX mit 649 kW (883 PS)
**Leistung:** Höchstgeschwindigkeit 389 km/h in 1830 m Höhe; Dienstgipfelhöhe 7650 m; Reichweite 632 km
**Gewicht:** Leermasse 1947 kg; max. Startmasse 2528 kg
**Abmessungen:** Spannweite 11,89 m (ab 1941 10,85 m); Länge 8,99 m; Höhe 2,82 m; Tragflügelfläche 21,83 m²
**Bewaffnung:** Möglichkeit zum Einbau eines starren, vorwärtsfeuernden Maschinengewehrs und zur Beladung mit Übungsbomben

***Die Produktion der Master Mk II belief sich auf fast 1800 Flugzeuge. Die auf der Master Mk I basierende zweite Version erschien nach Ausbruch des Zweiten Weltkriegs. Master Mk II wurden nach Ägypten, Portugal und in die Türkei exportiert.***

# Miles M.11A Whitney Straight und M.17 Monarch

Mitte der dreißiger Jahre bat der wohlhabende Hobbyflieger Whitney Straight F. G. Miles, ein Leichtflugzeug zur Verwendung in Fliegerclubs zu konstruieren. Das Ergebnis war der zweisitzige Kabinen-Tiefdecker Miles **M.11 Whitney Straight**. Der Prototyp (G-AECT) flog erstmals am 14. Mai 1936, und seine durchweg gute Qualität führte in den folgenden zwei Jahren zur Produktion von 50 **M.11A, M.11B** und **M.11C**. Einige dieser Maschinen wurden für Experimente verwendet, darunter Tests mit verschiedenen Motoren und, beim Prototyp, mit zusätzlichen Klappen zur Veränderung des Flügelprofils. Die dabei gewonnenen Erkenntnisse kamen späteren Miles-Flugzeugen zugute. Neue **M.11** wurden nicht für militärische Zwecke geliefert, aber etliche Exemplare im Zweiten Weltkrieg für Verbindungsdienste eingezogen, und zwar 23 für die RAF (21 in Großbritannien und zwei in Indien) und drei für die Royal New Zealand Air Force. Ein verbessertes Modell der **M.11** mit drei Sitzplätzen wurde entwickelt und am 21. Februar 1938 als **M.17 Monarch** geflogen. Dieses Muster erwies sich zwar als zufriedenstellend, doch das Unternehmen konnte wegen der Ma gister- und Master-Produktion vor Ausbruch des Zweiten Weltkriegs nur noch elf Exemplare dieses Musters fertigstellen, von denen außerdem fünf für den Dienst bei der RAF beschlagnahmt wurden.

***G-AFLW, die fünfte Miles M.17 Monarch, wurde 1938 gebaut. Das Muster war eine dreisitzige Weiterentwicklung der M.11 Whitney Straight.***

**TECHNISCHE DATEN**
**Miles M.11**

**Typ:** zweisitziger Kabineneindecker
**Triebwerk:** ein Reihenmotor de Havilland Gipsy Major mit 97 kW (132 PS)
**Leistung:** Höchstgeschwindigkeit 233 km/h; Reichweite 917 km
**Gewicht:** Leermasse 578 kg; max. Startmasse 860 kg
**Abmessungen:** Spannweite 10,87 m; Länge 7,62 m; Höhe 1,98 m; Tragflügelfläche 17,37 m$^2$

# Miles M.12 bis M.18

Nach den Vorgaben von Charles Lindbergh entwickelte Miles eine einzelne **M.12 Mohawk**, einen Kabineneindecker mit zwei Sitzen in Tandemanordnung und einem Menasco-Buccaneer-Motor, der 149 kW (202,5 PS) abgab. Ein weiteres Einzelexemplar, der Einsitzer **M.13 Hobby**, wurde für das King's Cup Race von 1937 gebaut und von einem Gipsy Major II mit 104 kW (141 PS) angetrieben. Probleme mit dem Einziehfahrwerk verhinderten jedoch die Teilnahme am Flugrennen, und man verkaufte die Maschine schließlich an das RAE für Windkanalversuche.

Miles unternahm zwei Versuche zum Bau weiterer Schulflugzeuge für die RAF. Das erste war die **M.15**, von der 1939 zwei Prototypen nach Spezifikation T.1/37 mit dem 149 kW (202,5 PS) starken Motor de Havilland Gipsy Six gebaut wurden. Sie genügten zwar nicht den Anforderungen, aber dies galt auch für die vier Mitbewerber anderer Hersteller.

Im Bemühen, ein Nachfolgemuster für die Magister zu schaffen, flog Miles 1938 die **M.18** mit einem de Havilland Gipsy-Major-Motor (97 kW/132 PS). Während der Rumpf dem der Magister glich, waren die dicken Rechteckflächen des Trag- und Leitwerks neu. Das Air Ministry entschied sich gegen eine Serienfertigung der **M.18**. Dennoch wurden drei weitere Maschinen gebaut, von denen die zweite mit einem Blackburn Cirrus Major III (112 kW/152 PS) ausgerüstet war.

***Das Einzelexemplar Miles M.12 Mohawk, ein eleganter Tiefdekker, wurde nach den Vorstellungen des Pioniers Charles Lindbergh gebaut.***

***HM545 war das zweite Musterflugzeug der M.18 oder Miles M.18 Mk II. Abgesehen vom Motor und dem vorverlegten Leitwerk stimmte es mit dem ersten Prototyp überein.***

# Miles M.14 Magister

Nach dem Erfolg der zivilen Serie M.2 Hawk Trainer im militärischen Ausbildungsdienst erarbeitete das Air Ministry die Spezifikation T.40/36 zur Weiterentwicklung der Hawk Trainer als Anfängerschulflugzeug für die RAF. Dies stand im Gegensatz zu der früheren Entscheidung, nur noch Ganzmetallflugzeuge zu beschaffen. Zu den konzeptionellen Änderungen zählten unter anderem größere Cockpits und eine Blindflugausrüstung. Nach dem Erstflug am 20. März 1937 wurde die **Miles M.14** nach der berichtigten Spezifikation T.37/37 zur Produktion freigegeben, und im Mai nahm die RAF ihre ersten Eindecker-Schulflugzeuge entgegen. Aber die **Magister**, wie dieses Muster inzwischen hieß, hatte, wie sich bald zeigte, ein Trudelproblem. Dies ließ sich jedoch rasch beheben, und die modifizierten sowie die nachfolgenden Serienflugzeuge erhielten die Bezeichnung **M.14A**. Zu ihrer Glanzzeit rüstete die RAF-**Magister** 16 Elementary Flying Training Schools und die Central Flying School aus und war darüber hinaus diversen Kommandos zugeteilt. Das letzte Exemplar wurde 1948 außer Dienst gestellt. Ferner dienten weitere Kontingente beim britischen Heer und bei der Marine. Zwischen 1937 und 1941 produzierte Miles insgesamt 1293 **Magister**, und in der Türkei wurden nach der Bewertung von vier direkt vom Hersteller bezogenen Maschinen nochmals 100 in Lizenz gefertigt. Außer der RAF mit 1229 **Magister** beschafften Ägypten (42), Irland (15) und Neuseeland (zwei) dieses Muster, und einige **Magister** fanden auch zivile Abnehmer. Nach dem Zweiten Weltkrieg rüsteten RAF-**Magister** als **Hawk Trainer III** zahlreiche Fliegerclubs aus.

***Miles M.14 Magister einer RAF Elementary Flying Training School in den vierziger Jahren.***

**TECHNISCHE DATEN**

**Typ:** zweisitziges Schulflugzeug für Anfänger
**Triebwerk:** ein Reihenmotor de Havilland Gipsy Major I mit 97 kW (132 PS)
**Leistung:** Marschgeschwindigkeit 199,5 km/h; Höchstgeschwindigkeit 228,5 km/h; Dienstgipfelhöhe 5486 m; Reichweite 612 km
**Gewicht:** Leermasse 571 kg; max. Startmasse 836,8 kg
**Abmessungen:** Spannweite 10,30 m; Länge 7,50 m; Höhe 2 m; Tragflügelfläche 16,30 m$^2$

# Miles M.16 Mentor bis Mitsubishi 1MT1N

**In seiner ganzen Laufbahn lag sich der dynamische George Miles (Sohn des Miles-Aircraft-Gründers F. G. Miles) mit dem konservativen britischen Luftfahrtministerium in den Haaren. Dabei waren die von Vater und Sohn konstruierten Flugzeuge wichtige Beiträge zu den alliierten Kriegsanstrengungen, zwar oft nur in wenig ruhmträchtigen, aber dennoch entscheidenden Aufgaben.**

## Miles M.16 Mentor

Die aus der M.7 Nighthawk entwickelte **Miles M.16 Mentor** sollte den in Spezifikation 38/37 des Air Ministry festgelegten Anforderungen für einen dreisitzigen Kabineneindecker im Verbindungsdienst genügen und außerdem zur Instrumentenflug- und Funkausbildung bei Tag und Nacht geeignet sein. Der Prototyp (L4932) flog erstmals am 5. Januar 1938, und die Erprobung ergab einen Auftrag über 45 Maschinen einschließlich Prototypen. Dieses Muster mit einer Spannweite von 10,85 m wurde von einem de Havilland Gipsy Six I mit 149 kW (203 PS) angetrieben, der ihm eine Spitzengeschwindigkeit von 251 km/h verlieh. Von diesen bei der RAF eingesetzten Flugzeugen überstand nur eines den Zweiten Weltkrieg.

## Miles M.25 Martinet

Bevor das Air Ministry die Spezifikation 12/41 herausgab, hatte die RAF für Aufgaben des Zielschleppdienstes gewöhnlich auf veraltete Flugzeuge zurückgegriffen, auch wenn sie sich wenig dafür eigneten. Der Ausbruch des Zweiten Weltkriegs zeigte die Kurzsichtigkeit dieser Praxis und die Notwendigkeit, ein eigens auf diese Rolle zugeschnittenes Muster zu beschaffen. Der entsprechend konstruierte Prototyp **Miles M.25 (LR241)** startete am 24. April 1942 zum Erstflug. Die Maschine basierte auf der Miles Master Mk II, hatte aber einen gestreckten Bug, um das Gewicht der Zielschleppeinrichtung auszugleichen. Im modifizierten Cockpit befand sich eine Seilwinde, angetrieben von einem E-Motor oder einem fahrtwindgetriebenen Propeller. Außerdem war hinreichend Platz für den Windenbediener und zur Lagerung von Zielschleppsäcken vorgesehen. Der Typ ging als **Miles Martinet** in Dienst, und zwischen 1942 und 1945 entstanden insgesamt 1724 Exemplare. 1946 wurde die **M.25** durch die **M.50 Queen Martinet** ergänzt, bei der es sich um eine funkgesteuerte Zielversion der Martinet handelte, von der elf neu gebaut wurden und weitere 54 aus Umrüstungen der **M.25** hervorgingen.

Zu den geplanten Varianten zählten eine Segelflugzeug-Schleppversion der **Martinet** und das doppelsitzige Schulflugzeug **M.37**, von dem man zwei Prototypen fertigte. Von sechs **Martinet**, die nach dem Krieg eine zivile Zulassung erhielten, wurden vier nach Schweden verkauft und dort vom zivilen Zieldarstellungsunternehmen Svensk Flygjärst betrieben.

***Das erste eigens zur Zieldarstellung konstruierte Flugzeug der RAF war die M.25 Martinet, von der über 1700 Exemplare gebaut wurden. Dieser Typ stellte die Nutzer zufriedener als die bisherigen Umrüstungen bestehender Muster wie der Henley, der Battle und der Defiant.***

**TECHNISCHE DATEN**
**Miles Martinet**
**Typ:** zweisitziges Zielschleppflugzeug
**Triebwerk:** ein 9-Zylinder-Sternmotor Bristol Mercury XX/XXX mit 649 kW (883 PS)
**Leistung:** Höchstgeschwindigkeit 386 km/h in 1770 m Höhe; Reichweite 1117 km
**Gewicht:** Leermasse 2105 kg; max. Startmasse 3062 kg
**Abmessungen:** Spannweite 11,89 m; Länge 9,42 m; Höhe 3,53 m; Tragflügelfläche 22,48 m²

## Miles M.33 Monitor

Die gemäß Unterlage Q.9/42 des Air Ministry für ein schnelles Zielschleppflugzeug konstruierte **Miles M.33 Monitor** war ein schnittiger freitragender Hochdecker mit Einziehfahrwerk und zwei flügelmontierten Kolbenmotoren als Antrieb. Das Miles-Angebot wurde zunächst zurückgewiesen, da man der Meinung war, daß keine geeigneten Triebwerke verfügbar seien. Nachdem man sich jedoch auf den Wright Cyclone R-2600-31 (1268 kW/1724 PS) geeinigt hatte, erging ein Auftrag über 600 Flugzeuge. Der erstmals am 5. April 1944 geflogene Prototyp (NF900) fand Anklang, doch das Kriegsende näherte sich, bevor die Entwicklung abgeschlossen war. Der Auftrag über 200 Exemplare wurde daher auf 50 gekürzt und nach der Auslieferung von 20 Maschinen schließlich eingestellt. Zehn Exemplare gelangten bei der Royal Navy kurzzeitig als **Monitor TT.Mk II** zum Einsatz, bevor sie durch die de Havilland Mosquito TT.Mk 39 ersetzt wurden. Mit einer Spannweite von 17,15 m hatte die **M.33 Monitor** eine Höchstgeschwindigkeit von 579 km/h und eine Dienstgipfelhöhe von 8840 m.

***Die Monitor war nicht nur ein hervorragendes Zielschleppflugzeug, sondern wurde auch für simulierte Bombenangriffe gegen Schiffe mit Sturzfluggeschwindigkeiten von bis zu 400 Meilen pro Stunde (664 km/h) verwendet.***

## Miles M.35 und M.39B Libellula

Zwei der seltsamsten Projekte einer ganzen Reihe, die Miles im Zweiten Weltkrieg hervorbrachte, waren die Tandemflügler **M.35** und **M.39.** Während das Gros der Vorhaben nicht über den Reißbrettstatus hinauskam, wurden diese beiden Muster von dem Unternehmen tatsächlich gebaut und geflogen.

***Die Miles M.35 war als aerodynamischer Prüfling eines geplanten Marinejägers mit Tandem-Tragflächen konzipiert. Sie wies die Tauglichkeit des Konzepts nach, fiel aber bei den zuständigen Behörden durch.***

Der **M.35** lag eine trägerfreundliche Auslegung zugrunde, bei der der Jagdpilot ganz vorn im Bug untergebracht und der Motor mit Druckschraube im Heck angeordnet war. Da zwei Tragflächenpaare für den Auftrieb sorgten, konnte die Spannweite kurz gehalten werden und jegliche Klapptechnik entfallen. Die **M.35** wurde innerhalb von sechs Wochen gebaut und geflogen, erwies sich jedoch als instabil. Versuche im Windkanal zeigten, daß die Probleme lösbar waren, und George Miles entwarf daraufhin den schweren Bomber **M.39**, der drei Strahltriebwerke als Antrieb erhalten sollte. Bei der ersten Versuchsform aber wollte man auf zwei höhentaugliche Rolls-Royce Merlin 60 oder Bristol Hercules VIII zurückgreifen. Ein im Maßstab von 5:8 gebautes Modell dieses Bombers mit der Bezeichnung **M.39B** flog erstmals am 22. Juli 1943 und erwies sich als aerodynamisch stabil. Die Flugerprobung fand zunächst auf rein privater Basis statt, aber 1944 wurde die **M.39B** dem Royal Aircraft Establishment in Farnborough übergeben. Hier war die Maschine in zwei Unfälle verwickelt, und nach Reparaturen wurde das Projekt aufgegeben.

**TECHNISCHE DATEN**

**Miles M.39B Libellula**

**Typ:** zweisitziges Tandemflügel-Versuchsflugzeug

**Triebwerke:** zwei Reihenmotoren de Havilland Gipsy Major 1C je 104 kW (141 PS)

**Leistung:** Höchstgeschwindigkeit 264 km/h

**Gewicht:** Leermasse 1091 kg; max. Startmasse 1270 kg

**Abmessungen:** Spannweite 11,43 m; Länge 6,76 m; Höhe 2,82 m; Tragflügelfläche 23,15 $m^2$

***Miles hoffte, mit dem Bomber das zu erreichen, was ihm mit der M.35 als Jäger beinahe gelungen wäre. Hier ist die M.39B zu sehen.***

# Miles M.38 Messenger

Auf die persönliche Anregung einiger britischer Heeresoffiziere hin begann George Miles im Juni 1942 mit dem Entwurf und der Konstruktion des Prototyps eines Beobachtungsflugzeugs (AOP – Air Observation Post). Die Maschine sollte eine Besatzung von zwei Mann, Panzerschutz, eine Funkausrüstung und andere militärische Ausrüstungsgegenstände aufweisen und auf extrem kleinen, baumumsäumten Feldern bei jedem Wetter starten und landen können. Der Prototyp **Miles M.38** (U-0223) war ein freitragender Tiefdecker mit starrem Spornrad-Fahrwerk und einem Gipsy-Major-Reihenmotor von de Havilland mit 104 kW (141 PS) als Antrieb. Die Tragflächen enthielten Klappen mit starrem Flügelprofil an der Hinterkante, die, wie sich beim Erstflug am 12. September 1942 herausstellte, die gewünschte STOL-Leistung bereitstellten. Eine AOP-Staffel, der Miles die Flugerprobung ermöglicht hatte, zeigte sich von den Fähigkeiten dieser Maschine begeistert. Das Ministerium für Flugzeugbau aber reagierte schockiert, daß ohne sein Wissen die Konstruktion und Erprobung eines militärischen Luftfahrzeugs erfolgt war, und verweigerte dem Muster die Zustimmung zur Serienfertigung für die AOP-Rolle. Ende 1943 wurden einige Exemplare als VIP-Transportflugzeuge mit der Bezeichnung **M.38 Messenger** in Auftrag gegeben und 21 gebaut. Zum Kreise der persönlich zugeteilten Messenger gehörten die Maschinen des Field Marshal Sir Bernard Montgomery und des Marshal of the Royal Air Force Lord Tedder. Nach dem Krieg entstanden weitere 71 Exemplare für den zivilen Bereich. 1944 hatte man ein Flugzeug mit konventionellen Klappen versehen und auf einen Blackburn Cirrus Major mit 112 kW (152 PS) umgestellt. Die Flugerprobung dieser **M.48 Messenger 3** ergab jedoch kaum Leistungsverbesserungen gegenüber der **M.38,** so daß man von einer Serienfertigung absah. Als VIP-Transporter hatte die Messenger eine Spannweite von 11,02 m, eine Höchstgeschwindigkeit von 187 km/h und eine Reichweite von 418 km.

***Die M.38 Messenger brachte Miles erneut in Schwierigkeiten, weil das Ministerium für Flugzeugbau den Entwurf nicht genehmigt hatte. Die Folge war, daß dieser glücklose Typ nicht für die vorgesehene AOP-Rolle in Serie ging.***

# Miles M.57 Aerovan

Miles war ein sehr produktiver Konstrukteur, wenn auch viele der zahlreichen Projekte nicht realisiert wurden. Ein eher ungewöhnliches Modell, das sich durchsetzen konnte, war die **Miles M.57 Aerovan,** ein zweimotoriges, leichtes Frachtflugzeug. Sie flog erstmals im Januar 1945. Trag- und Leitwerk ähnelten den Baugruppen der Messenger, hatten aber etwas größere Abmessungen, während der Rumpf als Gondel mit Ausleger konzipiert war.

Aus England und anderen Staaten gingen mehrere Bestellungen ein, und mit einer längeren Rumpfgondel als beim Musterflugzeug **Aerovan Mk I** und beim zweiten Prototyp **Aerovan Mk II** erreichte der Typ die Serienfertigung. Die erste Serienversion **Aerovan Mk III** entsprach der **Mk II** und wurde in sieben Exemplaren mit zwei Blackburn Cirrus-Major-III-Motoren je 112 kW (152 PS), dem Standard-Aerovan-Triebwerk, gefertigt. Die nächste Version **Aerovan IV** unterschied sich vom Vorgängermodell in Einzelheiten und entstand in einer Auflage von 40 Maschinen. Eine **Aerovan Mk V** wurde mit Motoren de Havilland Major Gipsy 10 je 108 kW (147 PS) gebaut, und zwei **Aerovan Mk VI** erhielten Avo Lycoming O-435-4A à 145 kW (197 PS). Eine **Mk VI** rüstete man 1957 versuchsweise mit einem Hurel-Dubois-Tragwerk hoher Streckung aus, was ihr die Bezeichnung **HDM.105** einbrachte. Soweit bekannt, hat die erste **Mk VI** als letzte **Aerovan** bis in das Jahr 1968 in italienischen Diensten durchgehalten.

***G-AILC war die fünfte Aerovan Mk IV. Abgesehen von vier runden anstelle von rechteckigen Kabinenfenstern an den Rumpfseiten entsprach diese Variante weitgehend der Mk III.***

Zu relativ geringen Kosten konnte die **Aerovan** Lasten in Gewicht und Größe eines Familienautos transportieren.

# Miles M.60 Marathon

Mit der **Miles M.60 Marathon** betrat die Firma Neuland, denn dies war ihr erstes Ganzmetallflugzeug und ihr erstes viermotoriges Muster. Die 1946 mit Gipsy-Queen-71-Motoren geflogene **Marathon** gewann die Ausschreibung 18/44 des Air Ministry, das anschließend drei Prototypen für BOAC bestellte.

Die wechselhafte Einstellung des Ministeriums für Flugzeugbau, das während des Vorserienstadiums ständig Weisungen und Gegenweisungen erteilte, hatte Miles arg zu schaffen gemacht, doch als der Prototyp endlich flog, fanden die Piloten die Maschine in der Handhabung aus-

***Eines der interessanteren Projekte, das durch den Konkurs der Firma Miles in Gefahr geriet, war die Marathon. Nachdem Handley-Page die Firma übernommen hatte, wurde das Muster zur H.P.R.1, die der RAF als Navigationstrainer diente.***

gesprochen angenehm. Der Verlust des Prototyps bei einem Absturz mit Todesfolge während der Erprobung in Boscombe Down wurde einem Pilotenfehler zugeschrieben. Das zweite Musterflugzeug kam im Februar 1947 in die Luft, aber bevor ein Produktionsvertrag abgeschlossen werden konnte, machte Miles Bankrott, und Handley Page erwarb schließlich die Luftfahrzeug-Vermögenswerte.

Die Firma wurde zur Handley Page (Reading) Ltd., und die **M.60 Marathon** erhielt die neue Bezeichnung **Handley Page H.P.R.1 Marathon I.** Es erging ein Serienauftrag über 50 Maschinen, 30 für BEA und 20 für Schwestergesellschaften der BOAC. BEA reduzierte die Bestellung später auf 25 und dann auf sieben Exemplare, um sie schließlich ganz zu annullieren. Insgesamt 28 **Marathon** wurden für die RAF als Navigationsschulflugzeuge mit der Bezeichnung **Marathon T.Mk 11** modifiziert. Sie dienten für die Dauer von sechs Jahren, bis die Vickers Varsity ihre Stelle einnahm. Handley Page baute lediglich 40 Exemplare. Die restlichen Flugzeuge leisteten Dienst in verschiedenen anderen Ländern wie Deutschland, Jordanien, Nigeria, Kanada, Japan und Birma. Einige Maschinen wurden später experimentell genutzt, einschließlich der Prüfung von Triebwerken im Flug, und die letzten Vertreter dieses Musters um die Mitte der sechziger Jahre verschrottet.

**TECHNISCHE DATEN**

**Miles M.60 Marathon**

**Typ:** leichtes Passagierflugzeug (18 bis 22 Personen)
**Triebwerke:** vier Reihenmotoren de Havilland Gipsy Queen 71 je 246 kW (335 PS)
**Leistung:** Höchstgeschwindigkeit 322 km/h in 1890 m Höhe; Dienstgipfelhöhe 5030 m; Reichweite 1368 km
**Gewicht:** Leermasse 5198 kg; max. Startmasse 7484 kg
**Abmessungen:** Spannweite 19,81 m; Länge 15,93 m; Höhe 4,27 m; Tragflügelfläche 46,45 m²

# Miles M.65 Gemini und M.75 Aries

Die als zweimotorige Version der Messenger mit Einziehfahrwerk konzipierte **Miles M.65 Gemini,** die erstmals am 26. Oktober 1945 flog, erwies sich sofort als Erfolg. Sie war das letzte Miles-Modell, das in größeren Serien gefertigt wurde. Die erste Ausführung **Gemini Mk 1A** hatte zwei Blackburn-Cirrus-Motoren je 75 kW (102 PS) als Antrieb und nichteinziehbare Hilfsklappen an der Abströmkante. Eine einzelne **Gemini Mk 1B** wurde mit einziehbaren Flügelklappen gefertigt. Das Einzelexemplar **Gemini Mk 2** entstand durch den Einbau von Continental-Boxermotoren je 93 kW (126 PS), während die Serie **Gemini Mk 3A** de Havilland Gipsy Major 10 je 108 kW (147 PS) erhielt. Es gab diverse Varianten, die sich nur in Details unterschieden, aber die antriebsstärkste Nebenlinie mit zwei Blackburn Cirrus Major III (116 kW/158 PS), verstärkter Zelle und größeren Rudern stach derart ab, daß die neue Bezeichnung **M.75 Aries** gerechtfertigt war.

170 **Gemini** sowie zwei **Aries** wurden gebaut und zwei Drittel von ihnen in andere Länder exportiert, bevor die Firma 1947 Bankrott machte. Der Typ war Miles' populärstes Modell der Nachkriegszeit.

***Einer der erfolgreichsten Miles-Entwürfe, die M.65 Gemini, ist hier in Gestalt einer Gemini 1A vertreten. Das von der Messenger abgeleitete Muster nutzte deren Rumpf und Tragwerk in leicht abgewandelter Form, hatte aber ein neues, geteiltes Seitenleitwerk. Der Prototyp flog mit starrem Fahrgestell, doch bei allen 170 Serienflugzeugen war es einziehbar.***

# Miles M.68 Boxcar, M.71 Merchantman und M.100 Student

Während Miles mit einer Vielzahl von Projekten befaßt war, flogen bei der Firma drei Prototypen, die eine kurze Erwähnung verdienen. Die Miles **M.68 Boxcar,** die am 22. August 1947 zum Erstflug startete, hatte vier Blackburn Cirrus Minor II je 105 kW (102 PS) als Antrieb und die gleiche Auslegung wie die Aerovan, mit Ausnahme des Mittelrumpfs: Dieser war so konzipiert, daß er einen Container mit den Abmessungen 3,05 x 1,37 x 1,37 m (L/B/H) aufnehmen konnte. Dahinter stand die Vorstellung, Frachtcontainer vor dem Flug beladen und die Boxcar mit oder ohne diesen Container operieren zu lassen.

Im selben Monat flog Miles die **M.71 Merchantman** mit vier 186 kW (253 PS) starken de Havilland Gipsy Queen 30 und modifizierten Marathon-Tragflächen. Ansonsten ähnelte die Auslegung derjenigen der Aerovan, aber die **M.71** war vollständig aus Metall konstruiert. Wegen des finanziellen Zusammenbruchs der Firma kam jedoch keiner dieser vielversprechenden Entwürfe zum Zuge.

Die **M.100 Student** ist außerhalb der Geschichte von Miles Aircraft angesiedelt, da es sich hierbei um ein 1953 gestartetes Privatprojekt von F. G. und George Miles handelte. Sie war ein strahlgetriebenes Schulflugzeug in Metallbauweise mit zwei Sitzen nebeneinander und flog erstmals am 15. Mai 1957 mit einem 400 kg Schub starken Turboméca-Strahltriebwerk Marboré. Miles hatte sich einen RAF-Auftrag erhofft, der schließlich aber an die Jet Provost ging, so daß die **Student** nicht in die Produktion ging. Sie wurde anschließend zwar noch mehrfach für Beschaffungsvorhaben eingereicht, aber ohne Erfolg.

***Die Miles M.71 Merchantman bildete die höchste Entwicklungsstufe des Aerovan-Grundkonzepts und konnte 2268 kg Fracht oder 20 Passagiere über eine Distanz von 850 Meilen (1367 km) befördern.***

# Mitsubishi 1MF

Die **Mitsubishi 1MF** gehörte zu den ersten Entwürfen, die für die Mitsubishi Internal Combustion Engine Co. Ltd., einer 1920 vom Mitsubishi-Industriekonzern gegründeten Tochterfirma, geschaffen wurden. Unter den drei Modellen, die der ehemalige Sopwith-Konstrukteur Herbert Smith produziert hatte, um die Anforderungen der Kaiserlich Japanischen Marine an Jagdflugzeuge für ihren ersten Flugzeugträger Hosho zu erfüllen, befand sich die **1MF1,** ein Doppeldecker-Jagdeinsitzer ungleicher Spannweite mit einem 221 kW (300 PS) starken Flugmotor Hispano-Suiza 8. Dieses Muster ging 1921 als **Marinetyp 10-1 Flugzeugträger-Jäger** in Serie. Es folgte die **1MF2,** eine Versuchsvariante mit modifizierten Oberflügel-Querrudern. Die Serienjäger **Marinetyp 10-2** oder **1MF3** hatten zwei Lamblin-Kühler zwischen den Fahrwerksbeinen, bei dem **Marinetyp 10-3 (1MF4)** hatte man das Cockpit weiter nach vorn gerückt und das Leitwerk neu konstruiert, und die **1MF5A** war eine Version der früheren **1MF4** mit experimentellem Schwimmwerk.

***Die vom Hispano-Suiza 8 angetriebene Mitsubishi 1MF ist dank ihres britischen Konstrukteurs Herbert Smith durch elementare Züge der Sopwith-Modelle geprägt.***

Die Produktion der Baureihe **1MF** endete 1928 mit dem 138. Exemplar. Der **Typ 10** erwies sich als ausdauernder, zuverlässiger Jäger und hielt sich mehrere Jahre lang im Einsatz, zuletzt als Schulflugzeug für fortgeschrittene Jagdpiloten. Die Höchstgeschwindigkeit **(Typ 10-2)** betrug 205 km/h, die Spannweite 8,50 m und die maximale Startmasse 1280 kg. Die Bewaffnung der Maschine bestand aus zwei starren, synchronisierten Vickers-Maschinengewehren, Kaliber 7,7 mm.

# Mitsubishi 1MT1N

Die von Herbert Smith für den Einsatz auf dem japanischen Flugzeugträger Hosho konstruierte **Mitsubishi 1MT1N** absolvierte ihren Jungfernflug im August 1922. Der einsitzige Torpedobomber in der Auslegung eines Dreideckers wurde als **Marinetyp 10 Torpedobomber** in Dienst gestellt. Sein 336 kW (457 PS) starker Napier Lion verhalf ihm zu einer Spitzengeschwindigkeit von 205 km/h und einer Dienstgipfelhöhe von 6000 m. Gefertigt wurden 20 Exemplare. Der Typ erwies sich jedoch als unfähig, mit seiner offensiven Waffenlast in Form eines 800 kg schweren Torpedos vom Träger aus zu operieren, so daß man ihn verschrottete.

# Mitsubishi 2MB1 bis Mitsubishi G4M

**Mitsubishi-Schwerindustrie begann 1920 auch mit dem Flugzeugbau und produzierte in den folgenden 25 Jahren bis zum Ende des Zweiten Weltkriegs 80 000 Flugzeuge hundert verschiedener Typen. 1952 ermöglichte der Friedensvertrag den Neuaufbau der japanischen Flugzeugindustrie, und Mitsubishi begann alsbald mit dem Bau der riesigen Komaki-Werke.**

## Mitsubishi 2MB1

Nach dem Bau von 57 Schulflugzeugen Nieuport 81 für das Kaiserlich Japanische Heer als Mitsubishi Ko-1 und 145 Hanriot HD-14 als Mitsubishi Ki-1 reichte Mitsubishi den von Alexander Baumann 1925 konstruierten leichten Versuchsbomber 2MB2 Washi in der Auslegung eines zweisitzigen Doppeldeckers ein. Das Modell ging nicht in Serie, da die Kaiserliche Armee den konventionelleren Entwurf **2MB1** von Herbert Smith vorzog, einen großen zweisitzigen Doppeldecker mit geteiltem Fahrgestell von großer Spurweite. Die **2MB1** ging 1927 als **Heerestyp 87 Leichter Bomber** in Dienst. Insgesamt 48 Exemplare wurden gebaut, alle angetrieben von einem Hispano-Suiza-Motor mit 331 kW (450 PS) für eine Spitzengeschwindigkeit von 185 km/h. Die **2MB1** hatte ein maximales Startgewicht von 3300 kg und eine Spannweite von 14,80 m. Die Bewaffnung umfaßte ein 7,7-mm-MG, ein MG-Paar gleichen Kalibers auf einem Drehring für den Beobachter und Vorrichtungen für eine vierte Waffe, die durch eine Falle an der Rumpfunterseite feuern konnte. Hinzu kam eine Höchstlast von 500 kg Bomben.

***Die Mitsubishi 2MB2 Washi war ein relativ fortschrittlicher Anderthalbdecker, wurde aber letztendlich verworfen.***

## Mitsubishi 2MR

Ein weiteres Modell von Herbert Smith, der zweisitzige Aufklärungsdoppeldecker Mitsubishi **2MR** für den trägergestützten Einsatz, flog erstmals im Januar 1922. Das Muster wurde als **Typ 10 Flugzeugträger-Aufklärungs-Doppeldecker** in Dienst gestellt und in mehreren Versionen gefertigt. Die **2MR1** hatte für ihren 221 kW (300 PS) starken Motor Hispano-Suiza 8 einen Stirnkühler, während man bei der **2MR2** zwei Lamblin-Kühler unter die Brust gehängt und das Leitwerk neu konstruiert hatte. Die Hauptserienversion **2MR4** erschien mit nochmals modifiziertem Leit- und Tragwerk, und die Varianten **2MRT1, 2MRT2, 2MRT2A, 2MRT3** und **2MRT3A** wiesen lediglich kleinere Änderungen auf. Von allen Versionen wurden insgesamt 159 Exemplare hergestellt, und die letzte Maschine verließ das Werk im Jahre 1930. Nach langem Einsatz diente die **2MR** Ende der dreißiger Jahre zur Ausbildung.

Die **2MR4** hatte eine Spannweite von 12,04 m, eine maximale Startmasse von 1320 kg und eine Bewaffnung von zwei vorwärtsfeuernden 7,7-mm-MGs, einem gleichkalibrigen MG-Paar über dem Beobachter-Cockpit und drei 30-kg-Bomben.

Die zu Zivilflugzeugen umgerüsteten **R-2.2** und **R-4** wiesen eine geschlossene Kabine für zwei Personen auf, und in den dreißiger Jahren wurden etliche vom Heer ausgesonderte Maschinen des Typs **2MR** auf dem zivilen Markt verkauft.

***Unter dem Rumpf dieses trägergestützten Aufklärers Mitsubishi 2MR sieht man deutlich die beiden Lamblin-Kühler.***

## Mitsubishi 2MB8

1927 gewann Mitsubishi den deutschen Konstrukteur Baumann zur Mitarbeit an einem neuen Aufklärungsmuster, wie vom Kaiserlich Japanischen Heer gefordert. Das Ergebnis, der zweisitzige Anderthalbdecker **2MR1 Tobi**, war ein groteskes Luftfahrzeug mit schwacher Leistung, die Baumanns nächster Entwurf im Folgejahr, der Jagdeinsitzer **1MF2 Hayabusa** in der Auslegung eines gestielten Hochdeckers, kaum verbesserte. Ein dritter erfolgloser Typ war der 1928 konstruierte Doppeldecker-Nahaufklärer **2MR7**.

1930 wurden jedoch drei Schirmeindekker-Aufklärer **2MR8** gefertigt und mit Erfolg getestet. Dieses Trio in gemischter Bauweise hatte ein starres, geteiltes Fahrgestell großer Spurbreite und einen Mitsubishi-Sternmotor Typ 92 mit 350 kW (475 PS) als Antrieb. Die Armee akzeptierte die **2MR8** und stellte sie 1932 als **Typ 92 Aufklärungsflugzeug** in Dienst. Die Produktion lief 1933 nach der 230. Maschine aus. Die Höchstgeschwindigkeit betrug 220 km/h, die Spannweite 12,75 m und das höchstzulässige Startgewicht 1770 kg. Die Bewaffnung des **Typ 92** bestand gewöhnlich aus einem starr auf dem Tragflächenmittelstück montierten, vorwärtsfeuernden 7,7-mm-MG und einem einzelnen MG oder Zwillings-MG gleichen Kalibers über dem Beobachter-Cockpit.

Der **Typ 92** wurde von 1933 bis 1936 in der Mandschurei bei den Heeresfliegern im Krieg eingesetzt, und eine zivile Ausführung diente der staatlichen Eisenbahn Japans als Vermessungsflugzeug. Diese Maschine unterschied sich äußerlich von den Militärflugzeugen durch eine Glaskuppel über der Kanzel und die Verkleidungen der Haupträder.

***Das breitspurige Fahrgestell der Mitsubishi 2MR8 erwies sich als äußerst vorteilhaft auf rauhen Flugfeldern. Das MG auf dem Tragflächenmittelteil ist gerade noch zu erkennen.***

## Mitsubishi A5M

Eine Spezifikation der Kaiserlich Japanischen Marine aus dem Jahre 1934 für einen Jagdeinsitzer mit einer Höchstgeschwindigkeit von 350 km/h schien damals kaum erfüllbar zu sein, da die japanische Flugzeugindustrie noch in den Kinderschuhen steckte. Dennoch erreichte der gemäß dieser Unterlage konstruierte Mitsubishi-Prototyp **Ka-14**, der am 4. Februar 1935 erstmals flog, in einer frühen Erprobungsphase eine Spitzengeschwindigkeit von 450 km/h, ein für damalige Verhältnisse beachtenswertes Ergebnis. Allerdings zeigten sich noch einige aerodynamische Schwächen, und die umgekehrten Knickflügel des ersten Prototyps wichen beim zweiten Versuchsjäger herkömmlichen Tiefdecker-Tragflächen. Diese Maschine, angetrieben von einem Nakajima Kotobuki-Sternmotor 2-KAI-1 mit 430 kW (585 PS), erreichte die Serienfertigung als **Marinetyp 96 Flugzeugträger-Jäger Modell 1 (Mitsubishi A5M1).** Es folgte die weitgehend ähnliche **A5M2a** mit dem 449 kW (610 PS) starken Kotobuki-Kolbenmotor 2-KAI-3, und sie galt ebenso wie die **A5M2b** mit dem Kotobuki 3 (471 kW/640 PS) als wichtigster Marinejäger Japans im Chinesisch-Japanischen Krieg. Zwei experimentelle **A5M3** flogen mit dem Hispano-Suiza-Motortyp 12Xcrs, aber die letzte und zugleich hauptsächliche Serienversion war die **A5M4**, die auch als Schulflugzeug **A5M4-K** mit zwei Sitzen hintereinander gebaut wurde. Alle Versionen der **A5M** erhielten von den Alliierten die Kode-Bezeichnung **„Claude“**. Bei Produktionsende belief sich die Zahl der von Mitsubishi gefertigten Flugzeuge einschließlich der Prototypen auf insgesamt 788 Exemplare. Hinzu kamen weitere 303 von Watanabe (39) und von der Marine-Flugzeugwerft Omura (264) produzierte Jäger dieses Typs. Das japanische Heer hatte ebenfalls Interesse an der **A5M** bekundet und den Prototyp **Ki-18** geprüft, der grundsätzlich der **Ka-14** glich. Die Maschine war zwar schnell, doch man vermißte die Manövrierbarkeit. Die Heeresleitung entschied sich daher gegen eine Produktion. Mitsubishi produzierte noch zwei verbesserte **Ki-33**-Musterflugzeuge mit anderen Motortypen, aber auch diese wurden als nicht genügend manövrierfähig beurteilt.

Zu Beginn des Pazifikkriegs nahm die **A5M4** am Fronteinsatz teil, aber das Leistungspotential reichte gegen die alliierten Jagdflugzeuge nicht aus, und bis zum Sommer 1942 hatte man sie ins zweite Glied zurückgezogen. Viele noch erhaltene **A5M4** und **A5M4-K** dienten in den letzten Kriegsmonaten zu Kamikaze-Einsätzen, konnten das Ruder aber auch nicht mehr herumwerfen.

Die Mitsubishi A5M4 von Leutnant Tamotsu Yokoyama, dem Führer der Jagdgruppe, die im November 1939 vom Träger Soryu aus Sperraufgaben im Ostchinesischen Meer erfüllte.

**TECHNISCHE DATEN**
**Mitsubishi A5M4**
**Typ:** trägergestützter Jagdeinsitzer
**Triebwerk:** ein Sternmotor Nakajima Kotobuki 41 (Bristol Jupiter) mit 523 kW (710 PS)
**Leistung:** Höchstgeschwindigkeit 440 km/h in 3000 m Höhe; Dienstgipfelhöhe 9800 m; max. Reichweite 1200 km
**Gewicht:** Leermasse 1216 kg; max. Startmasse 1705 kg
**Abmessungen:** Spannweite 11 m; Länge 7,55 m; Höhe 3,20 m; Tragflügelfläche 17,80 m²
**Bewaffnung:** zwei vorwärtsfeuernde 7,7-mm-Maschinengewehre und zwei 30-kg-Bomben

# Mitsubishi A6M Reisen

Der berühmteste Jagdeinsitzer Japans aller Zeiten war die Mitsubishi **Reisen (Typ 0 Jäger)**, die auf einer Forderung der Kaiserlich Japanischen Marine für ein Nachfolgemuster der A5M basierte. Der Prototyp **A6M1** war ein freitragender Tiefdecker mit einem 574 kW (780 PS) starken Mitsubishi-Sternmotor MK2 Zuisei und flog erstmals am 1. April 1939. Die Erprobungsflüge ergaben ein erstklassiges Leistungsvermögen, mit Ausnahme der Höchstgeschwindigkeit, die nicht an den geforderten Wert heranreichte. Dies führte zum Prototyp **A6M2** mit einem Nakajima-Triebwerk NK1C Sakae, das 681 kW (925 PS) erzeugte. Die Maschine, die ab 18. Januar 1940 flog, war so erfolgreich, daß Mitsubishi im Juli 1940 den Auftrag erhielt, 15 **A6M2**-Vorserienjäger zur Erprobung in China zu bauen, und am Ende jenes Monats genehmigte man die Serienfertigung als **Marinetyp 0 Flugzeugträger-Jäger Modell 11 (A6M2 Modell 11).** Diese Version wurde auch als **A6M2 Modell 21** mit manuell klappbaren Außenflächen und als zweisitziges Schul- und Übungsflugzeug **A6M2-K** gebaut. Nakajima fertigte eine Schwimmerversion des Null-Jägers mit der Bezeichnung **A6M2-N** (insgesamt 327 Exemplare). Zu den revidierten Ausführungen der **A6M2** zählten die **A6M3 Modell 22** mit dem Nakajima-Motor Nk1F Sakae 21 und die entsprechend angetriebene **A6M3** mit gekappten Tragflächen anstelle der beiklappbaren Flächenenden. Die Hauptserienversion war die **A6M5 Modell 52**, die eingeführt wurde, um der zunehmenden Kampfkraft der alliierten Jäger zu begegnen. Die Unterbaureihen der **Modell 52** in Gestalt der **A6M5a, A6M5b** und **A6M5c** unterschieden sich in erster Linie in der Bewaffnung, die **A6M5d-S** war ein Nachtjäger mit einer schräg im Hinterrumpf eingebauten 20-mm-Kanone und die **A6M5-K** eine doppelsitzige Schulausführung. Inzwischen hatte die **A6M** zwar den Höhepunkt ihrer Entwicklung erreicht, aber die verzweifelte Lage, in der sich Japan zu dem Zeitpunkt bereits befand, ließ eine ummotorisierte Version der **A6M5c** entstehen, die Ende 1944 als **A6M6c Modell 53c** in Serie ging. Ab Sommer 1945 wurde außerdem der Sturzkampfbomber **A6M7 Modell 63** mit einem Gehänge für eine 250-kg-Bombe unter dem Rumpf gebaut. Die Schlußvariante war die **A6M8c Modell 64c**, von der noch zwei Prototypen mit dem 1104 kW (1500 PS) starken Mitsubishi-Motor MK8K fertiggestellt wurden. Zur Serienproduktion kam es nicht mehr.

Bei der Erprobung im Chinesisch-Japanischen Krieg hatte sich dieser Jäger, dem die Alliierten den Decknamen **„Zeke"** zuteilten, als siegreich erwiesen. 1941 und Anfang 1942 wimmelte dieses Muster geradezu am Himmel über dem Pazifik. Nach der Schlacht von Midway im Juni 1942 gewannen jedoch die alliierten Jäger die Oberhand, und die **A6M** errang nie wieder die Luftüberlegenheit in größerem Stil. Trotz seiner Mängel blieb dieser Typ, von dem 10.450 Exemplare gebaut wurden, noch bis zum Ende des Krieges im Einsatz. Darüber hinaus lieferten Hitachi und die Flugzeugwerft Omura 515 **Reisen**-Schulflugzeuge **A6M2-K** und **A6M5-K**.

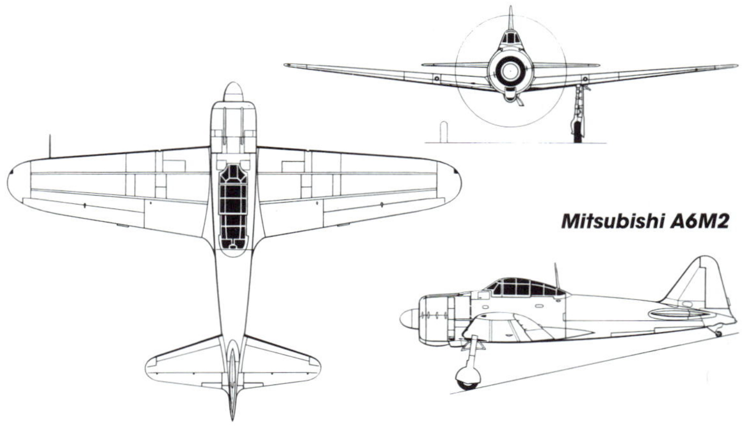

Mitsubishi A6M2

**TECHNISCHE DATEN**
**Mitsubishi A6M6c Modell 53c**
**Typ:** einsitziger Abfangjäger/Jagdbomber
**Triebwerk:** ein Sternmotor Nakajima Sakae 31 mit 832 kW (1130 PS)
**Leistung:** Höchstgeschwindigkeit 557 km/h in 6000 m Höhe; Dienstgipfelhöhe 10.700 m; max. Reichweite 1800 km
**Gewicht:** Leermasse 1895 kg; max. Startmasse 2950 kg
**Abmessungen:** Spannweite 11 m; Länge 9,07 m; Höhe 3,50 m; Tragflügelfläche 21,30 m²
**Bewaffnung:** zwei 20-mm-Kanonen (in den Tragflächen) und drei 13,2-mm-Maschinengewehre (zwei in den Tragflächen und eines im Rumpf) und acht 10-kg-Raketen oder zwei 60-kg-Raketen für den Einsatz Luft-Luft

Mit ausgeklügelten Verfahren der Propeller- und Motorregelung brachte es der Null-Jäger auf eine phantastische Reichweite.

# Mitsubishi A7M

Die japanische Marine hatte bereits 1940 geplant, daß Mitsubishi einen trägergestützten Jäger zur Nachfolge der A6M Reisen entwerfen sollte. Dies verzögerte sich jedoch, weil die Firma mit dringenderen Entwicklungs- und Produktionsprogrammen ausgelastet war, und erst 1942 begann die Konstruktion der **M-50 Reppu (Hurrikan)**. Da Mitsubishi aber unter dem andauernden Druck stand, die A6M weiterzuentwickeln, startete der inzwischen in **Mitsubishi A7M1** umbenannte Prototyp erst am 6. Mai 1944 zum Erstflug. Der freitragende Tiefdecker mit einziehbarem Spornrad-Fahrwerk zeigte rasch ausgezeichnete Flugeigenschaften, doch die mit dem Nakajima-Sternmotor NK9K Homare 22 installierte Antriebsleistung reichte, wie von Mitsubishi vorhergesagt, nicht, um die geforderte Höchstgeschwindigkeit zu erbringen. Die weitere Erprobung stagnierte, bis der Mitsubishi-Sternmotor MK9A mit einer Nennleistung von 1619 kW (2200 PS) verfügbar war. Daraufhin wurden sieben Muster- und Erprobungsjäger **A7M2** gebaut, von denen der erste Prototyp am 13. Oktober 1944 flog. Mit einer Spitzengeschwindigkeit von 630 km/h in optimaler Höhe konnte diese **Reppu** es durchaus mit Jägern der Alliierten aufnehmen und wurde folglich als **Marine-Flugzeugträger-Jäger Reppu Modell 22** zur Serienfertigung zugelassen. Inzwischen war es allerdings für die Japaner zu spät: Luftangriffe und ein Erdbeben beschränkten die Produktion auf ein einziges Exemplar dieses Musters, dem die Alliierten den Decknamen **„Sam“** zuordneten. Die Entwicklung ähnlicher landgestützter Jäger lief unter den Bezeichnungen **A7M3** und **A7M3-J**, aber keines der beiden Modelle wurde vor Kriegsende fertiggestellt.

***Um aus der A7M1 die A7M2 zu schaffen, mußte die Firma den gesamten Vorderrumpf der Reppu neu konstruieren, damit der mächtigere Sternmotor MK9A eingerüstet werden konnte.***

# Mitsubishi B1M

Das erfolgreichste aller Modelle, die Herbert Smith für Mitsubishi erarbeitet hatte, war zweifellos die **Mitsubishi 2MT**, ein zweisitziger Doppeldecker-Torpedobomber. Der **Prototyp 2MT1** flog im Januar 1923 und erreichte als **B1M1** die Serienfertigung für die Kaiserlich Japanische Marine, die diesem Muster die Bezeichnung **Typ 13 Träger-Kampfflugzeug** zuwies. Der Grundentwurf wurde ständig weiter modifiziert, und das letzte Serienmodell **B1M3** war ein Dreisitzer.

Als sich im Januar 1932 der Zwischenfall von Schanghai ereignete, befanden sich die Flugzeugträger Kaga und Hosho in chinesischen Gewässern, und die Kaiserlich Japanische Marine setzte von beiden Schiffen aus 32 beziehungsweise neun **Typ-13**-Kampfflugzeuge gegen Ziele in und um Schanghai ein. Diese Maschinen griffen auch in Offensiven japanischer Bodentruppen ein. Am 5. Februar 1932 waren zwei **Typ 13**, eskortiert von drei Nakajima-Flugzeugträger-Jägern Typ 3, in ein Luftgefecht mit chinesischen Vought Corsair verwickelt, und am 22. Februar wurden drei **Typ 13** mit Jagdschutz von der Kaga von dem amerikanischen Piloten Robert Short in einem Doppeldecker des Boeing-Modells 218 angegriffen.

Weil sich die Yokosho B3Y1 als Fehlschlag erwies, hielt man etliche **B1M3** noch bis Mitte der dreißiger Jahre im Truppendienst, obwohl das Modell inzwischen eindeutig veraltet war.

**Varianten**

**2MT1:** Prototyp und erste Serienversion
**2MT2** und **2MT3:** leicht abgewandelte Ausführungen der 2MT1, die mit der 2MT1 unter der Bezeichnung B1M1 oder Typ 13-1 Träger-Kampfflugzeug zusammengefaßt wurden; 196 Exemplare
**2MT4 Otori:** Aufklärungsversion der 2MT2 mit Zwillingsschwimmern; drei Flugzeuge wurden getestet, aber die Serienfertigung blieb aus
**2MT5:** Version mit einem Hispano-Suiza V-12-Motor, der 368 kW (500 PS) abgab; 116 Maschinen
**3MT2:** dreisitzige Version mit einem 442 kW (600 PS) starken Hispano-Suiza-Triebwerk; in den Jahren 1929/30 produzierte Mitsubishi 88 Exemplare und das Hiro-Arsenal später nochmals 40; Marinebezeichnung B1M3 oder Typ 13-2-2 Träger-Kampfflugzeug; vorwärtsfeuerndes Einzel-MG
**T-1.2:** Bezeichnung für zivile Umrüstungsmaschinen mit geschlossener Kabine für zwei oder drei Personen

***Die B1M war Herbert Smiths erfolgreichster Wurf für Mitsubishi. Bis weit in die dreißiger Jahre hinein hielt sich dieses Muster weitverbreitet im Dienst.***

**TECHNISCHE DATEN**
**Mitsubishi 2MT2**

**Typ:** zweisitziger, trägergestützter Torpedobomber
**Triebwerk:** ein Napier-Lion-Kolbenmotor mit 368 kW (500 PS)
**Leistung:** Höchstgeschwindigkeit 210 km/h; Dienstgipfelhöhe 4500 m
**Gewicht:** Leermasse 1442 kg; max. Startmasse 2697 kg
**Abmessungen:** Spannweite 14,77 m; Länge 9,77 m; Höhe 3,50 m; Tragflügelfläche 59 m²
**Bewaffnung:** zwei starre und zwei schwenkbare 7,7-mm-Maschinengewehre und ein 18-Zoll-Torpedo oder zwei 240-kg-Bomben

# Mitsubishi B2M

1928 stellte Mitsubishi der Kaiserlich Japanischen Marine drei neue Flugzeugtypen vor: den trägergestützten Doppeldecker-Jäger **Mitsubishi 1MF9 Taka** mit einem Kiel „avion marin“ nach französischem Vorbild, das zweimotorige Versuchsflugboot **Typ R** in Eindecker-Konfiguration, das auch als ziviles Verkehrsflugzeug gebaut werden sollte (beide auf Rohrbach-Entwürfen beruhend), und den trägergestützten Aufklärungsdoppeldecker **3MR4**. Letzterer stammte in Wirklichkeit vom Reißbrett G. E. Pettys, des Chefkonstrukteurs der britischen Firma Blackburn Aeroplane, und war in Großbritannien bereits produziert worden. Mitsubishi fertigte anschließend drei Musterflugzeuge zur Entwicklung, und man kam überein, diesen Typ in erster Linie als trägergestützten Torpedobomber zu nutzen. Anhaltende Schwierigkeiten verzögerten die Einführung der **3MR4** bei der Marine bis zum März 1932, als sie mit der Bezeichnung **Marinetyp 89-1 Träger-Kampfflugzeug** oder **Mitsubishi B2M1** den Dienst aufnahm.

Angetrieben von einem Hispano-Suiza-Reihenmotor 12Lb mit 478 kW (650 PS), brachte es die **B2M1** auf eine Spitzengeschwindigkeit von 213 km/h. Dieser Doppeldecker mit gleicher Spannweite und breitspurigem Fahrgestell nahm seine dreiköpfige Besatzung in drei offenen Cockpits hintereinander auf. Die Abwehrbewaffnung bestand aus zwei 7,7-mm-MGs, und für offensive Zwecke konnte die **B2M1** einen Torpedo mitführen.

1934 erschien die verbesserte Version **B2M2** oder **Typ 89-2** mit einer Spannweite von 14,98 m und einer maximalen Startmasse von 3600 kg. Die Gesamtleistung war aber kaum besser als die der **B2M1**. Die Produktion beider Versionen ergab insgesamt 204 Exemplare, die während des Zwischenfalls von Schanghai intensive Bombenangriffe gegen chinesische Truppen flogen.

***Die vom markanten Hispano-Suiza-Reihenmotor 12 angetriebene Mitsubishi B2M1 war von Anfang an als trägergestützter Torpedobomber konzipiert. Bombengehänge wurden erst später hinzugefügt.***

# Mitsubishi B5M

Die Herstellerbezeichnung **Mitsubishi Ka-16** betraf einen trägergestützten Torpedobomber in der Auslegung eines freitragenden Tiefdeckers, der in Prototypform 1936 als **Marine 10-Shi Versuchskampfbomber** flog. Der Dreisitzer hatte ein langgestrecktes, verglastes Kabinendach und hob sich vom Nakajima-Konkurrenzmodell B5N durch mächtige Radverkleidungen am starren, freitragenden Hauptfahrwerk ab. Außerhalb des Fahrwerks ließen sich die Tragflächen zum Abstellen auf dem Trägerdeck nach oben klappen.

Um möglichen Problemen mit der B5N vorzubeugen, wurde die **Mitsubishi B5M1** in Serie gegeben und dann als **Marinetyp 97 Flugzeugträger-Angriffsbomber Modell 2** in Dienst gestellt. Die Alliierten änderten den anfänglichen Decknamen **„Mabel“** dieses Typs später in **„Kate 61“**. Mindestens 125 Exemplare waren ausgeliefert, als die eindeutige Überlegenheit des Rivalen die Produktion zum Erliegen brachte. Die **B5M1** wurde von Landstützpunkten im Südpazifik aus auch im Krieg eingesetzt, bevor man die Maschinen schließlich in den Schul- und Verbindungsdienst zurückzog.

Von einem Mitsubishi-Sternmotor Kinsei 43 mit 736 kW (1000 PS) angetrieben, erreichte die **B5M1** eine Spitzengeschwindigkeit von 380 km/h. Die Bewaffnung umfaßte ein bewegliches 7,7-mm-Maschinengewehr und einen 800-kg-Torpedo.

***Die Mitsubishi B5M1 (Herstellerbezeichnung Ka-16) war ein dreisitziger Eindecker-Torpedobomber für den trägergestützten Einsatz. Wegen der Überlegenheit des Nakajima-Mitbewerbers B5N, der als Typ 97 Torpedobomber in Dienst ging, blieb eine großmaßstäbliche Produktion des Mitsubishi-Flugzeugs aus.***

# Mitsubishi F-1

Die Entwicklung eines Kampfflugzeugs für Luftnahunterstützung aus dem überschallschnellen Mitsubishi-Strahltrainer T-2 wurde 1972 ins Auge gefaßt, und zwei seriengefertigte T-2 dienten als Prototypen **FS-T2-Kai**. Ihre Zelle blieb dabei weitgehend erhalten, und die Änderung bestand in erster Linie in umfangreicherer und modernerer Avionik und Ausrüstung im hinteren Cockpit, die zur Erfüllung der Luftunterstützungsrolle nötig war. Die beiden modifizierten Maschinen flogen erstmals im Juni 1975 und wurden einer einjährigen Erprobung durch die Air Proving Wing der JASDF unterzogen, bevor man das Muster als **Mitsubishi F-1** schließlich zur Serienfertigung freigab.

Die **F-1** hat allgemein gleiche Abmessungen und Flugleistungen wie die T-2, aber eine maximale Startmasse von 13.700 kg, und ihre komplexeren Waffensysteme ermöglichen den Einsatz der mehrrohrigen Vulcan-Maschinenkanone, diverser Bomben- und Raketentypen, Mitsubishi-Luft-Boden-Lenkwaffen ASM-1, Luft-Luft-Lenkwaffen AIM-9 und von Zusatztanks für Langstreckenflüge.

***Die F-1 wird primär zur Schiffsbekämpfung eingesetzt, wenngleich man dies offiziell als „Abwehr von Landungsschiffen" umschreibt, um mit dem verfassungsgemäßen Selbstverteidigungsauftrag der JASDF übereinzustimmen.***

Insgesamt 77 **F-1** wurden in Auftrag gegeben, und die erste Serienmaschine absolvierte ihren Erstflug am 17. Juni 1977. Die Auslieferung an die 3. Staffel des Kampfgeschwaders 3 in Misawa begann im September 1977, und später ging das Muster auch an zwei Staffeln des Kampfgeschwaders 8 in Tsuiki. Das letzte Exemplar wurde am 9. März 1987 übergeben.

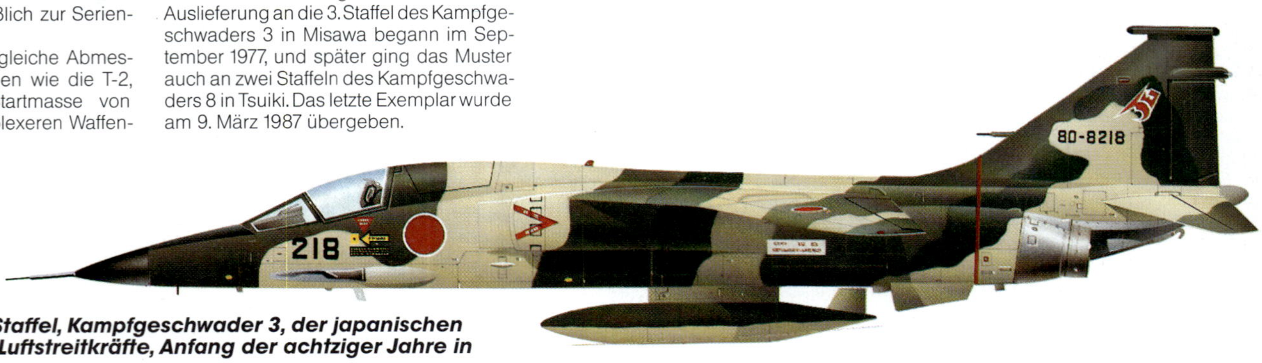


***Mitsubishi F-1 der 3. Staffel, Kampfgeschwader 3, der japanischen Selbstverteidigungs-Luftstreitkräfte, Anfang der achtziger Jahre in Misawa stationiert.***

# Mitsubishi F1M

1935 entwarf Mitsubishi für die japanische Marine das zweisitzige, katapultstarttaugliche Beobachtungs-Schwimmerflugzeug **Ka-17**. Dieser erstmals im Juni 1936 geflogene Doppeldecker wurde von einem Nakajima-Motor Hikari mit 604 kW (820 PS) angetrieben, zeigte aber eine enttäuschende Leistung. Daraufhin baute man vier Prototypen **F1M1** mit dem stärkeren Mitsubishi-Sternmotor Zuisei 13. Bei den Tests und Einsatzversuchen erwies sich die Leistung als zufriedenstellend, und das Muster ging als **Marinetyp 0 Beobachtungs-Seeflugzeug Modell 11 (Mitsubishi F1M2)** in Serie. Die Alliierten wiesen diesem Typ später den Kodenamen **„Pete"** zu. Die Produktion ergab insgesamt 1118 Exemplare von Mitsubishi (528) und der 21. Marine-Flugzeugwerft (590). Eine kleine Zahl wurde später zu zweisitzigen Schulflugzeugen mit der Bezeichnung F1M2-K umgerüstet.

Die F1M betätigten sich auch mit Erfolg in den unerwarteten Rollen eines Abfangjägers und Sturzkampfbombers.

***Trotz ihrer nicht mehr aktuellen Technik und Auslegung bewährte sich die F1M2 als „Mädchen für alles" im Kampfeinsatz auf sekundären Kriegsschauplätzen.***

### TECHNISCHE DATEN

**Mitsubishi F1M2**

**Typ:** zweisitziges Patrouillen- und Aufklärungs-Schwimmerflugzeug
**Triebwerk:** ein Sternmotor Mitsubishi Zuisei 13 mit 644 kW (875 PS)
**Leistung:** Höchstgeschwindigkeit 370 km/h in 3440 m Höhe; Dienstgipfelhöhe 9440 m; Reichweite 740 km
**Gewicht:** Leermasse 1928 kg; max. Startmasse 2550 kg
**Abmessungen:** Spannweite 11 m; Länge 9,50 m; Höhe 4 m; Tragflügelfläche 29,54 $m^2$
**Bewaffnung:** zwei vorwärtsfeuernde 7,7-mm-Maschinengewehre und ein gleichkalibriges MG auf einer Drehstütze im hinteren Cockpit sowie zwei 60-kg-Bomben

# Mitsubishi/Lockheed Martin FS-X

Japans Untersuchungen für einen Ersatz des Mitsubishi-Unterstützungsjägers F-1 waren im Oktober 1987 mit der Wahl einer Spezialentwicklung der Lockheed (General Dynamics) F-16C abgeschlossen. Das neue Kampfflugzeug für Nahunterstützung, das derzeit noch **FS-X** heißt, aber später die Dienstbezeichnung **F-2** erhalten dürfte, wird sich in mehreren wichtigen Bereichen von der F-16C unterscheiden. Die **FS-X** ist gekennzeichnet durch eine hintere Rumpfstreckung von 41 cm, ein aus Verbundwerkstoffen gefertigtes Tragwerk, ein erweitertes Höhenleitwerk sowie einen längeren Bug zur Unterbringung des phasengesteuerten Radargerätes von Mitsubishi Electrics (MELCO) und einer reinen FBW-Flugsteuerung.

Für den Antrieb sorgt das Turbofan-Triebwerk F110-GE-129 mit 129 kN Schub. Dieses General-Electric-Produkt wird in Japan von IHI montiert, und Mitsubishi zeichnet verantwortlich für den Zusammenbau der Zelle unter Verwendung von Baugruppen, die Kawasaki und Fuji zuliefern. Der Jungfernflug des ersten von vier Prototypen, einschließlich eines zweisitzigen Strahltrainers **TFS-X**, ist für den Sommer 1995 anberaumt, und die Serienaufträge sollen 1999 vergeben werden.

Die JASDF hat einen Bedarf von 130 Maschinen angemeldet (einschließlich einiger **TFS-X**-Doppelsitzer), die die F-1 der 3., 6. und 8. Hikotai ablösen sollen. Die Verschiebungen im **FS-X**-Zeitplan könnten bewirken, daß zwei Staffeln mit der kampfwertgesteigerten F-4EJ Kai vorübergehend für die F-1-Verbände einspringen.

# Mitsubishi G3M

1934 konstruierte Mitsubishi einen zweimotorigen Bomber/Transporter mit der anfänglichen Bezeichnung **Ka-15**, einen Mitteldecker mit Einziehfahrwerk. Der von zwei Hiro-Motoren Typ 91 mit je 552 kW (750 PS) angetriebene Prototyp flog erstmals im Juli 1935. Zwanzig weitere Versuchsbomber **Ka-15** folgten, um mehrere unterschiedliche Propeller-/Motor-Kombinationen zu erproben. Die truppenseitige Prüfung zog im Juni 1936 einen Serienauftrag als **Marinetyp 96 Angriffsbomber Modell 11 (Mitsubishi G3M1)** nach sich. Die ersten 34 Serienbomber hatten Mitsubishi-Motoren Kinsei 3 je 670 kW (910 PS). Hieran schloß sich die **G3M2 Modell 21** mit erhöhter Kraftstoffkapazität und Sternmotoren der Bauart Kinsei 41 oder 42 je 791 kW (1075 PS) an. Spätere Serienmodelle waren die **G3M2 Modell 22** mit verbesserter Bewaffnung und die **G3M3 Modell 23** mit abermals erhöhtem Antrieb. Einige Maschinen der Baureihe **G3M1** wurden zu Transportern mit den Bezeichnungen **G3M1-L** und **L3Y1 Modell 11** umgebaut, während entsprechende Umrüstungen der **G3M2 Modell 21** die **L3Y2 Modell 12** ergaben. Insgesamt wurden 1048 Exemplare hergestellt, davon 636 von Mitsubishi und 412 von Nakajima. Die Alliierten nannten die Bomber und Transporter dieses Musters **„Nell"** und **„Tina"**.

Die **G3M2** stellten ihre Langstreckenleistung erstmals am 14. August 1937 unter Beweis, als eine in Taipeh (Taiwan) stationierte Staffel chinesische Ziele in 2010 km Entfernung angriff. Der Typ ist vor allem dadurch bekannt, daß er an der Versenkung des britischen Schlachtschiffs HMS Prince of Wales und des Kreuzers HMS Repulse am 10. Dezember 1941 (knapp drei Tage nach dem Überfall auf Pearl Harbor) beteiligt war. Er blieb den ganzen Pazifikkrieg hindurch im Einsatz, wenngleich ab 1943 nur noch im zweiten Glied und ohne großen Einfluß auf das Geschehen.

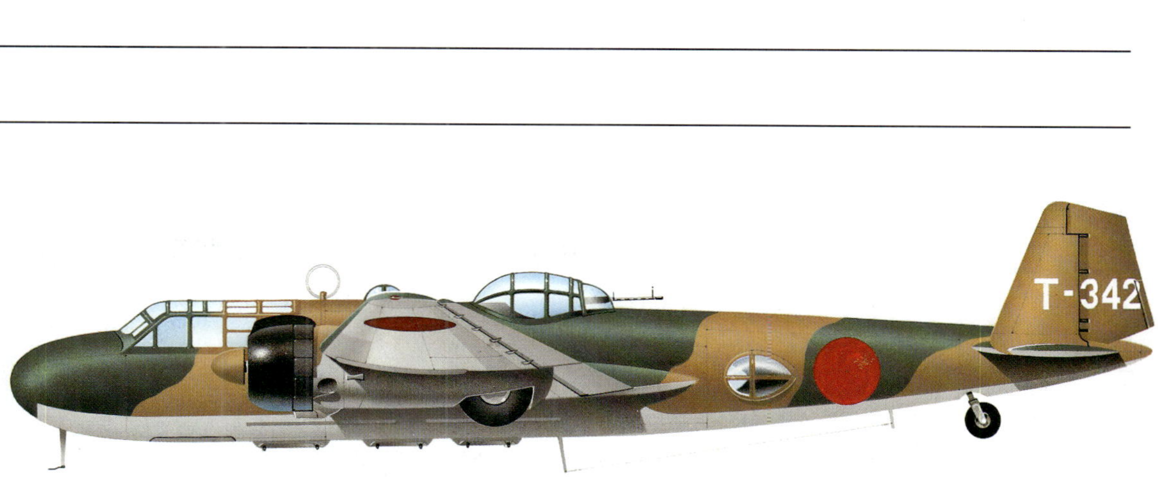


***Mitsubishi G3M3 der Takao Kokutai, 21. Koku Sentai, im März 1941 von Hanoi in Indochina aus eingesetzt.***

**TECHNISCHE DATEN**
**Mitsubishi G3M3 Modell 23**

**Typ:** Fernbomber mit sieben Mann Besatzung
**Triebwerke:** zwei Sternmotoren Mitsubishi Zuisei 51 je 957 kW (1300 PS)
**Leistung:** Höchstgeschwindigkeit 415 km/h in 5900 m Höhe; Dienstgipfelhöhe 10.280 m; max. Reichweite 6230 km
**Gewicht:** Leermasse 5240 kg; max. Startmasse 8000 kg
**Abmessungen:** Spannweite 25 m; Länge 16,45 m; Höhe 3,69 m; Tragflügelfläche 84,30 m$^2$
**Bewaffnung:** eine 20-mm-Kanone und vier 7,7-mm-Maschinengewehre sowie ein 800-kg-Torpedo oder eine entsprechende Bombenlast unter dem Rumpf

# Mitsubishi G4M

Die Kaiserlich Japanische Marine gab 1937 eine Ausschreibung für einen landgestützten Bomber als Nachfolger der G3M heraus. Daraufhin entwarf die Firma die in Großserien produzierte **Mitsubishi G4M**, einen geräumigen Mitteldecker, dessen Prototyp unter dem Antrieb seiner zwei Mitsubishi-Sternmotoren Kasei 11 je 1126 kW (1530 PS) am 23. Oktober 1939 zum Erstflug abhob. Nachdem die Truppenerprobung zufriedenstellend verlaufen war, wurde das Muster 1940 als **Marinetyp 1 Angriffsbomber Modell 11 (G4M1 Modell 11)** in die Serienfertigung genommen. Im Sommer 1941 trafen die ersten Serienbomber dieses Typs bei den Einsatzverbänden ein. Zu den späteren Serienmodellen gehörten die weitgehend ähnliche **G4M1 Modell 12**, die **G4M2 Modell 22** mit Mitsubishi-Motoren MK4P Kasei 21 je 1325 kW (1800 PS) und etlichen anderen Modifikationen sowie die ähnlichen, in der Bewaffnung veränderten Ausführungen **G4M2 Modell 22A** und **G4M2 Modell 22B**. Es folgten die Baureihen **G4M2a Modell 24** mit Motoren der Bauart MK4T Kasei 25 je 1343 kW (1825 PS) und ausgebauchten Bombenschachtklappen und die Varianten **G4M2a Modell 24A** sowie **24B**. Die letzte Serienversion **G4M3 Modell 34** erschien zu spät, um noch in den Krieg eingreifen zu können. Sie sollte die Vorgängermängel durch selbstversiegelnde Kraftstofftanks und Panzerschutz ausmerzen. Experimentelle Varianten zur Erprobung verschiedener Triebwerke waren ein Exemplar der **G4M2b Modell 25**, zwei **G4M2c Modell 26**, eine **G4M2d Modell 27** und zwei **G4M3 Modell 36**. Ferner wurden zahlreiche **G4M2a Modell 24B** und **24C** zu bemannten Flugbomben MXY7 für Selbstmordeinsätze umgebaut und erhielten als solche die Bezeichnung **G4M2e Modell 24J**. Kurz vor dem Produktionsbeginn der **G4M** hatte die Marine den dringenden Bedarf an einem Langstrecken-Begleitjäger erkannt, der im chinesisch-japanischen Krieg eingesetzt werden sollte. 30 entsprechende Flugzeuge wurden für diese spezifische Rolle gefertigt und unter der Bezeichnung **G6M1** zusammengefaßt. Da sie sich als untauglich erwiesen, baute man einige von ihnen später zu Schul- und Transportmaschinen **G6M1-K** beziehungsweise **G6M1-L2** um. Als die Produktion auslief, hatte Mitsubishi insgesamt 2446 Exemplare sämtlicher Versionen dieses Typs hergestellt.

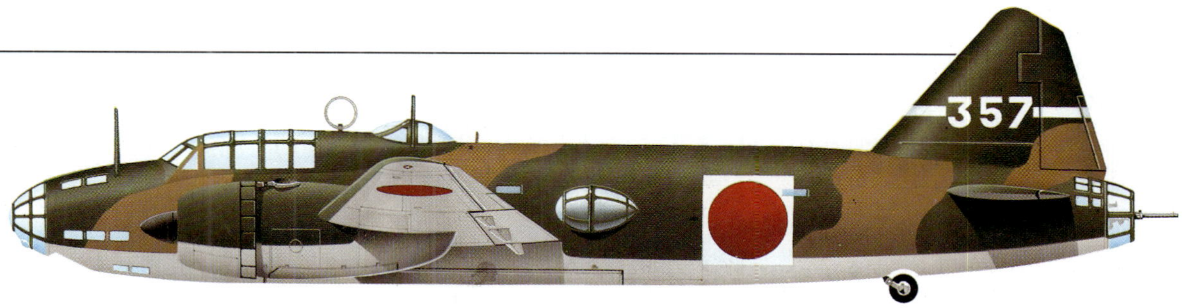


***Mitsubishi G4M1 der 705. Kokutai der Kaiserlich Japanischen Marineflieger, 1943 von Rabaul aus operierend.***

**TECHNISCHE DATEN**
**Mitsubishi G4M3 Modell 34**

**Typ:** Fernbomber mit sieben Mann Besatzung
**Triebwerke:** zwei Sternmotoren Mitsubishi MK4T Kasei 25 je 1343 kW (1825 PS)
**Leistung:** Höchstgeschwindigkeit 470 km/h in 5150 m Höhe; Dienstgipfelhöhe 9220 m; max. Reichweite 4335 km
**Gewicht:** Leermasse 8350 kg; max. Startmasse 12.500 kg
**Abmessungen:** Spannweite 25,00 m; Länge 19,50 m; Höhe 6,00 m; Tragflügelfläche 78,13 m$^2$
**Bewaffnung:** vier 20-mm-Kanonen und zwei 7,7-mm-Maschinengewehre sowie ein 800-kg-Torpedo oder eine Bombenlast von 1000 kg

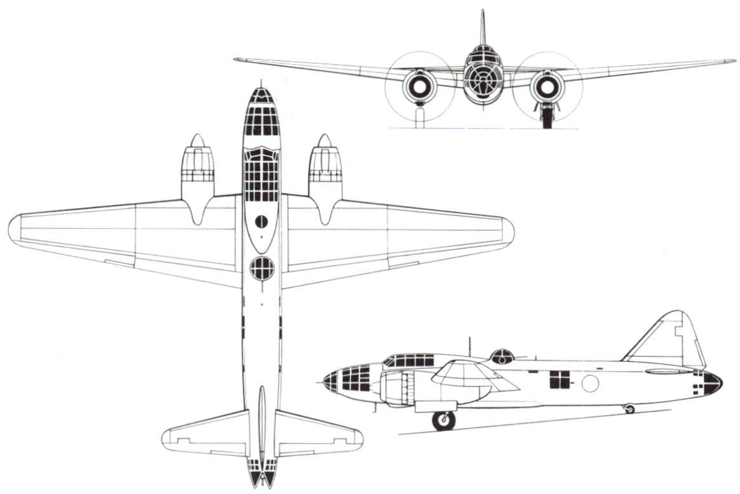

***Mitsubishi G4M2a Modell 24***

Mit der **G4M**, der die Alliierten den Decknamen **„Betty"** zuteilten, verbinden sich etliche herausragende Ereignisse in den Kriegstagebüchern, wie die Beteiligung an der Versenkung der HMS Prince of Wales und Repulse sowie am ersten Luftangriff auf Darwin in Australien, der Einsatz als MXY7-Flugbomberträger und am 19. August 1945 der Transport der japanischen Kapitulationsdelegation in zwei **G4M1** nach Ie-Shima. Diese Bomber wären noch effektiver gewesen, hätten sie den Panzerschutz und die selbstdichtenden Tanks früher erhalten, doch von der Gesamtproduktion wiesen nur 60 **G4M3** diese Schutzausrüstung auf. An die Konstrukteure wurden ständig Forderungen bezüglich einer Reichweite gestellt, für die man in Verbindung mit den Schutzvorrichtungen vier Motoren benötigt hätte.

# Mitsubishi J2M Raiden bis Mitsubishi Ki-51

**Der Prototyp Raiden (Blitzstrahl/Donnerschlag) erlitt frühe Rückschläge, obwohl eine Konstruktion eines Teams unter Jiri Horikoshi, dem Schöpfer der Zer-Sen. Die Mitsubishi-Bomber vernachlässigten notorisch die Defensivbewaffnung zugunsten von Reichweite und Nutzlast. Die Ki-46 korrigierte dies in gewissem Maße und fand Anerkennung dafür.**

## Mitsubishi J2M Raiden

Eine Forderung der Kaiserlich Japanischen Marine im Jahre 1938 nach einem Jagdeinsitzer führte zum Bau dreier Prototypen **Mitsubishi J2M1**, von denen der erste am 20. März 1942 zum Jungfernflug startete. Die Entwicklung dieses freitragenden Tiefdeckers mit einziehbarem Spornrad-Fahrwerk verlief schleppend, da die vorrangige Motorproduktion keine Zeit ließ, um ein geeignetes Triebwerk zu konstruieren. So baute man schließlich einen 1052 kW (1430 PS ) starken Mitsubishi-Sternmotor Kasei 13 mit großem Durchmesser ein und führte mit einer Fernwelle zwischen Motor und Untersetzungsgetriebe die Stirnfläche auf ein Minimum zurück. Schon in der frühen Testphase zeigte sich, daß die **J2M1** die von der Marine geforderten Leistungswerte in bezug auf Höchstgeschwindigkeit und Steigrate nicht erfüllen konnte. Es wurde daher der stärkere MK-4R-A Kasei 23a installiert und der Typ in **J2M2** umbenannt. Diese Version ging im Oktober 1942 als **Marine-Abfangjäger Raiden Modell 11** in Serie. Weitere Anfangsschwierigkeiten bei der Entwicklung verzögerten die Indienststellung der **J2M2** bis Dezember 1943. Inzwischen war bereits die Produktion der Hauptserienversion **J2M3** angelaufen, die sich in erster Linie durch eine geänderte Bewaffnung unterschied. Zu den Varianten zählten die ähnliche **J2M3a** mit abermals modifizierter Bewaffnung, die Schlußbaureihe **J2M5** mit dem 1340 kW (1820 PS) starken Mitsubishi-Motor MK4U-4 und in der Ausführung **J2M5a** mit geänderter Bewaffnung sowie die beiden Versuchsjäger **J2M4** mit Ladermotor und das Einzelexemplar **J2M6** in Form einer umgerüsteten **J2M3** mit neukonzipiertem Cockpit. Bei Produktionsende hatte Mitsubishi insgesamt 476 Exemplare aller Versionen gebaut, einschließlich der Prototypen.

Die **J2M Raiden** („Donnerschlag") erhielt den Kodenamen **„Jack"** und wurde 1944 erstmals eingesetzt, allerdings ohne Erfolg, bis sich in der Schlußphase dieses Krieges der Abwehrring um die japanischen Inseln schloß und dem Typ eine größere Bedeutung zukam.

***Mitsubishi J2M3 der 302. Kokutai, Kaiserlich Japanische Seeluftstreitkräfte, 1945 in Japan stationiert***

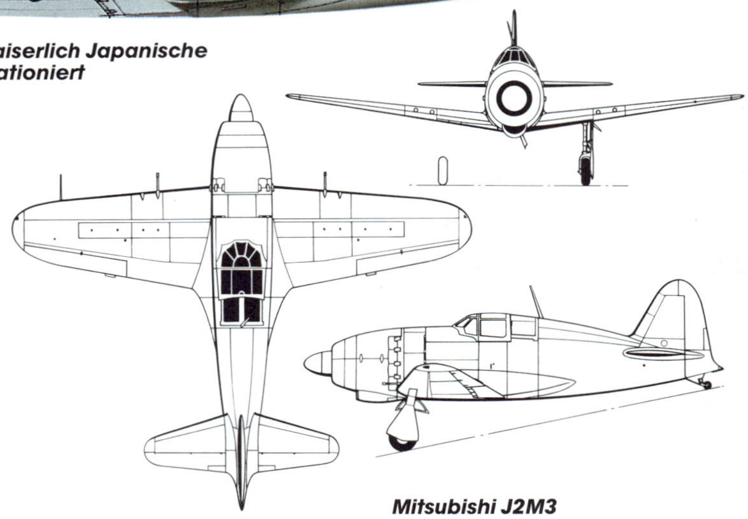

***Mitsubishi J2M3***

### TECHNISCHE DATEN

**Mitsubishi J2M3 Raiden**

**Typ:** einsitziger Abfangjäger
**Triebwerk:** ein Sternmotor Mitsubishi MK-4R-A Kasei 23a mit 1340 kW (1820 PS)
**Leistung:** Höchstgeschwindigkeit 595 km/h in 5900 m Höhe; Dienstgipfelhöhe 11.700 m; max. Reichweite 1055 km
**Gewicht:** Leermasse 2460 kg; max. Startmasse 3945 kg
**Abmessungen:** Spannweite 10,82 m; Länge 9,95 m; Höhe 3,95 m; Tragflügelfläche 20,05 m²
**Bewaffnung:** vier 20-mm-Kanonen und zwei 60-kg-Bomben an externen Gehängen

***Eine von alliierten Jägern abgeführte J2 Raiden der Kaiserlich Japanischen Marineflieger.***

## Mitsubishi J8M Shusui

Die Entwicklung des Raketenmotor-Objektschutzjägers Me 163B in Deutschland regte Japan dazu an, Rechte an der Produktion dieses Musters und des Walter-Raketenmotors zu erwerben. Da nur ein einziger Motor und ein technisches Handbuch der Me 163 den Seetransport überstanden, mußte Mitsubishi die Konstruktion des Typs, der die Armee- und Marinebezeichnungen **Mitsubishi Ki-200** beziehungsweise **J8M** erhielt, weitgehend selbständig ausführen. Als der Prototyp-Entwurf **J8M1** fertiggestellt war, begann die 1. Marine-Flugzeugwerft mit dem Bau einer maßstabsgetreuen Schulversion in der Ausführung eines Gleiters mit der Bezeichnung **MXY8 Akigusa** („Herbstgras"). Diese **Akigusa** wurde im Dezember 1944 erstmals in die Luft geschleppt und geflogen. Man baute zudem ein schwereres Segelflugzeug mit Ballasttanks zur Simulierung des Startgewichts der Serienmaschinen, das die Bezeichnung **Ku-13 Shusui** („Schwertstreich") erhielt. Die Konstruktion des Raketenmotors war ein Projekt von Mitsubishi, Heer und Marine, und der daraus resultierende Toko Ro.2 leistete 1500 kg Schub. Dieses Triebwerk wurde im ersten der von Mitsubishi gefertigten **J8M1** Marine-Raketenversuchsjäger **Shusui** installiert. Am 7. Juli 1945 hob der Prototyp zum Erstflug ab, stürzte aber nach dem Start ab, da der Raketenmotor versagt hatte. Vor Kriegsende kamen keine weiteren Exemplare mehr in die Luft.

***Die Mitsubishi J8M stellte eine beachtliche Leistung dar, wenn man bedenkt, daß den japanischen Konstrukteuren beim Bau nur ein simples Handbuch zur Verfügung stand.***

# Mitsubishi K3M

Der Prototyp des Besatzungstrainers **Mitsubishi 4MS1** absolvierte seinen Jungfernflug im Jahre 1930. Die Produktion hielt bis 1941 an, und im Krieg als Verbindungsflugzeuge eingezogene Exemplare fanden in der Nachkriegszeit in zahlreichen Ländern Verwendung. Die **4MS1** war ein abgestrebter Kabinen-Hochdecker mit starrem, breitspurigem Fahrwerk und einzelnem Motor als Antrieb. Die erste Serienversion **K3M2** wurde 1932 bei der Marine als **Typ 90 Besatzungsschulflugzeug** in Dienst gestellt. In ihm waren der Pilot und der Bordschütze in getrennten, offenen Cockpits untergebracht, während der Fluglehrer und seine beiden Schüler in der geschlossenen Kabine saßen. Die späteren Flugzeuge nahmen fünf Personen in der Kabine auf. Von allen Versionen wurden 625 Exemplare hergestellt.

**Varianten**

**K3M1:** Dienstbezeichnung des 4MS1-Prototyps und dreier 1930/31 gebauter Erprobungsflugzeuge; angetrieben vom V-8-Motor Hispano-Suiza 8 mit einer Leistung von 250 kW (340 PS)

***Die Mitsubishi K3M war ein wichtiges Element im Arsenal der japanischen Marineflieger. Abgebildet ist eine K3M2 „Pine“.***

**K3M2:** Herstellerbezeichnung der 1932–1935 produzierten 4MS2 mit 250 kW (340 PS) starkem Hitachi-Sternmotor Amakaze 11; Mitsubishi fertigte 70 Exemplare, und die restlichen 247 Flugzeuge stammten aus der späteren Aichi-Fertigung

**K3M3:** 1939 übernahm Watanabe die Produktion von Aichi und baute diese neue Version mit vergrößertem Seitenleitwerk und Nakajima-Sternmotor Kotobuki 2; einige Maschinen wurden später zu leichten Verkehrsflugzeugen K3M3-L für fünf Passagiere oder eine entsprechende Frachtmasse modifiziert; Watanabe fertigte insgesamt 301 Exemplare

**Ki-7:** Bezeichnung zweier Flugzeuge, die das Kaiserlich Japanische Heer 1932 prüfte; Zelle der K3M; ein Exemplar mit Mitsubishi-Sternmotor 92 und das andere mit Nakajima Kotobuki

**MS-1:** Verkehrsmaschine mit Sternmotor Jupiter VI (343 kW/466 PS)

**TECHNISCHE DATEN**

**Mitsubishi/Watanabe K3M3**

**Typ:** fünfsitziges Schulflugzeug

**Triebwerk:** ein Sternmotor Nakajima Kotobuki 2 Kai 2 mit 427 kW (580 PS)

**Leistung:** Höchstgeschwindigkeit 235 km/h; Dienstgipfelhöhe 6390 m; Reichweite 800 km

**Gewicht:** Leermasse 1360 kg; max. Startmasse 2200 kg

**Abmessungen:** Spannweite 15,78 m; Länge 9,54 m; Höhe 3,82 m; Tragflügelfläche 34,50 m²

**Bewaffnung:** ein schwenkbares 7,7-mm-Maschinengewehr und 120 kg Bomben

# Mitsubishi K7M

Die **Mitsubishi Ka-18** oder **11-Shi Experimenteller Besatzungstrainer** war ein freitragender Kabinen-Hochdecker mit zwei Sternmotoren Ha-9 je 250 kW (340 PS) als Antrieb. Zwei Prototypen wurden gefertigt, doch die Kaiserlich Japanische Marine entschied sich gegen die Entwicklung eines relativ kostenträchtigen zweimotorigen Typs als Nachfolger für die damals im Einsatz befindliche K3M. Die beiden Musterflugzeuge dienten jedoch zur Ausbildung bei der japanischen Marine und erhielten die Bezeichnung **K7M1**. Das Muster bot Platz für eine fünfköpfige Schüler-Crew und einen oder zwei Instruktoren. Es führte eine Navigations- und Kameraausrüstung mit und war mit zwei 7,7-mm-MGs sowie 90 kg Bomben bewaffnet.

# Mitsubishi Ki-1

Der schwere Bomber **Mitsubishi Ki-1-I**, der 1933 erstmals flog, zeigte unverkennbare Junkers-Züge. Der kantige Tiefdekker mit einer vierköpfigen Besatzung hatte ein großrädriges Hauptfahrwerk, das sich nicht einziehen ließ, ein geteiltes Seitenleitwerk und als Antrieb zwei Sternmotoren Ha-2-2 je 692 kW (940 PS), die diesem Bomber zu einer Spitzengeschwindigkeit von 220 km/h verhalfen. Die beiden Flugzeugführer saßen hintereinander unter einem geschlossenen Kabinendach, und in teilweise geschlossenen Bug- und Rükkengefechtsständen sowie einem fahrbaren „Kehrbesen“ in der Rumpfwanne besetzten Bordschützen einzelne 7,7-mm-Maschinengewehre. Die Zuladung bestand aus 1500 kg Bomben. Die Version **Ki-1-II** war durch Ha-2-3-Motoren mit je 714 kW (970 PS) und eine verbesserte Zelle gekennzeichnet, die die Höchstgeschwindigkeit auf 220 km/h steigerten.

***Ihre mäßigen Flugleistungen glich die Ki-1 durch eine beachtliche Bombenlast aus.***

Beide Versionen gelangten als **Heerestyp 93-1** beziehungsweise **Heerestyp 93-2** in den Truppendienst. Die Gesamtproduktion belief sich auf 118 Bomber.

# Mitsubishi Ki-2

Der auf der Grundlage der Junkers K 37 entwickelte leichte Bomber **Mitsubishi Ki-2** war ein höchst erfolgreiches Modell, wurde aber nur in relativ kleiner Stückzahl gebaut. Japan hatte 1931 eine Junkers K 37 aus Deutschland importiert und mit Hilfe einer öffentlichen Spendenaktion für das Heer erworben. Der Maschine fiel der Ehrentitel **„Aikoku 1“** zu als erstem Geschenk japanischer Patrioten für die Kämpfe in der Mandschurei.

Der **Prototyp Ki-2**, ein freitragender Tiefdecker, startete zum Erstflug im Frühjahr 1933, angetrieben von zwei Nakajima-Sternmotoren Kotobuki je 420 kW (570 PS). Der Typ war an seiner Wellblechhaut, dem Doppelseitenleitwerk und dem starren, geteilten Hauptfahrwerk mit Pantoffeln an den Rädern zu erkennen (letztere wurden allerdings meist entfernt).

Von der ersten Version entstanden 113 Exemplare, und diese Bomber mit der Bezeichnung **Ki-2-I** oder **Heerestyp 93 zweimotoriger leichter Bomber** bewährten sich ausgezeichnet im Kampf gegen China. Ihre Höchstgeschwindigkeit betrug 225 km/h, die Standardreichweite 900 km und die maximale Startmasse 4550 kg. Einzelne 7,7-mm-Maschinengewehre waren in halbwegs geschlossenen Bug- und Rückenkanzeln lafettiert, und es konnten bis zu 500 kg Bomben mitgeführt werden.

Die hohe Leistung der **Ki-2-I** gab den Anstoß zur Entwicklung der **Ki-2-II** oder **Heerestyp 93-2 zweimotoriger leichter Bomber**. Gleichzeitig wurde der bisherige **Typ 93** in **Typ 93-1** umbenannt. Die generelle Auslegung war gleich geblieben, aber der **Typ 93-2** erhielt einen vollständig geschlossenen und mit einem Schützen zu besetzenden Bugwaffenstand, ein geschlossenes Cockpit für den Bomberpiloten und Hauptfahrwerksbeine, die zur Hälfte nach vorn in die Motorgondeln einzogen. Die **Ki-2-II**, angetrieben von zwei Ha-8-Sternmotoren je 552 kW (750 PS), wartete mit durchweg besseren Flugleistungen wie einer Spitzengeschwindigkeit von 283 km/h auf. Insgesamt 61 **Ki-2-II** wurden gefertigt und unterstützten die **Ki-2-I** im Krieg gegen China. Beide Versionen beendeten ihren Flugdienst in der Ausbildung.

Eine für die zivile Luftfahrt umgebaute **Ki-2-II** namens **Otori** („Phoenix“) erwarb der Zeitungsverlag Asahi Shimbun. Die Maschine mit der Registriernummer J-BAAE legte im Dezember 1936 die 4930 km zwischen dem Militärflugplatz Tachikawa und Bangkok in einer Flugzeit von 21 Stunden und 36 Minuten zurück. Anfang 1939 absolvierte sie zudem einen 9300-km-Rundflug um China.

***Der mit der Ki-1 eingeleitete Modernisierungsprozeß fand seine Fortsetzung in der Mitsubishi-Version Ki-2 der erfolgreichen Junkers K 37.***

# Mitsubishi Ki-15

Die **Mitsubishi Ki-15** basierte auf einem Leistungsheft des Kaiserlich Japanischen Heeres von 1935 für ein zweisitziges Aufklärungsflugzeug. Zwei Prototypen, ein ziviler und ein militärischer, wurden gebaut, von denen letzterer im Mai 1936 den Erstflug absolvierte. Die Truppenerprobung verlief glatt, so daß man das Modell als **Heerestyp 97 Führungsaufklärer Modell 1 (Ki-15-I)** zur Serienfertigung freigab. Erste Auslieferungen an das Heer erfolgten im Mai 1937. Kurz zuvor war der zivile Prototyp (J-BAAI) mit dem Namen **Kamikaze** („göttlicher Wind“) von Tachikawa nach London geflogen, um Foto- und Filmmaterial von der Krönung George VI. abzuholen. Nach diesem öffentlichen Leistungsbeweis der Kamikaze erwarben einige zivile Betreiber in Japan eine kleine Anzahl Maschinen dieses Typs, der die Bezeichnung **Karigane I** erhielt.

Die im Krieg gegen China eingesetzten **Ki-15-I** des japanischen Heeres besaßen praktisch die Luftherrschaft über China, bis die sowjetische Polikarpow I-16 eintraf. Anschließend wurde die Leistung der **Ki-15-I** durch den Einbau des 662 kW (900 PS) starken Mitsubishi-Motors Ha-26-I gesteigert und die so entstandene **Ki-15-II** im Jahr 1939 in Dienst gestellt. Das gleiche Verfahren wandte man zu einem späteren Zeitpunkt nochmals an, um die Forderung nach mehr Leistung zu erfüllen. Zwar wurden zwei Versuchsmaschinen mit dem 773 kW (1050 PS) starken Mitsubishi-Sternmotor 102 getestet, aber eine Serienfertigung unterblieb, da sich inzwischen fortschrittlichere Typen in der Entwicklung befanden. Die Kaiserlich Japanische Marine beschaffte 20 **Ki-15-II** unter der Bezeichnung **Marinetyp 98 Aufklärungsflugzeug Modell 1 (C5M1)** und 30 weitere Exemplare mit dem Nakajima-Motor Sakae 12 als **C5M2**. Die Gesamtproduktion der **Mitsubishi Ki-15/CSM**, der die Alliierten den Kodenamen **„Babs"** zuteilten, betrug 489 Maschinen.

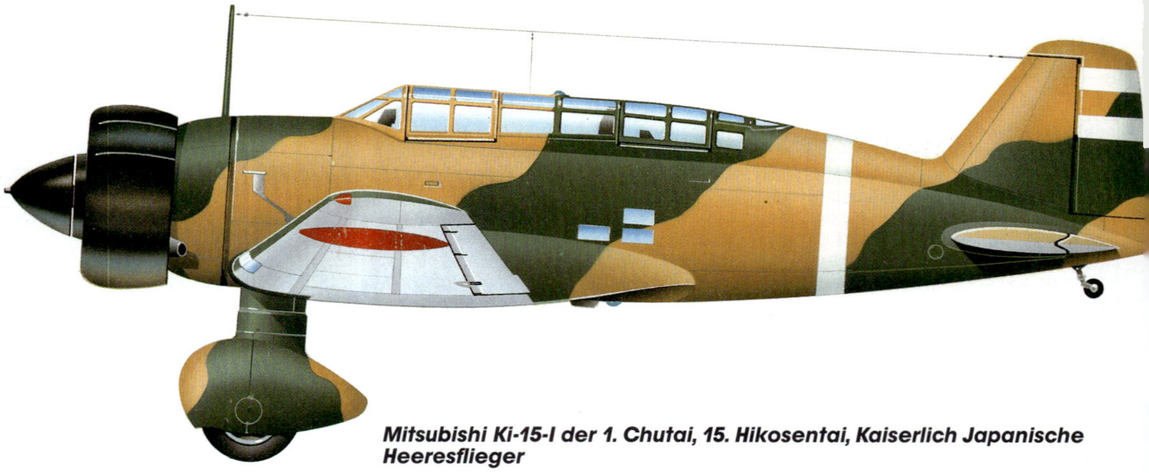

***Mitsubishi Ki-15-I der 1. Chutai, 15. Hikosentai, Kaiserlich Japanische Heeresflieger***

### TECHNISCHE DATEN

**Mitsubishi Ki-15-I**

**Typ:** zweisitziges Aufklärungsflugzeug
**Triebwerk:** ein Sternmotor Nakajima Ha-8 mit 471 kW (640 PS)
**Leistung:** Höchstgeschwindigkeit 480 km/h in 4000 m Höhe; Dienstgipfelhöhe 11.400 m; Reichweite 2400 km
**Gewicht:** Leermasse 1400 kg; max. Startmasse 2300 kg
**Abmessungen:** Spannweite 12 m; Länge 8,70 m; Höhe 3,35 m; Tragflügelfläche 20,36 m²
**Bewaffnung:** ein 7,7-mm-Maschinengewehr auf Drehlafette im hinteren Cockpit

## Mitsubishi Ki-20

Zwischen 1931 und 1936 wurden unter strikter Geheimhaltung sechs Exemplare der **Mitsubishi Ki-20** gebaut, einer Bomberversion des gigantischen Junkers-Verkehrsflugzeugs G 38. Die vom Kaiserlich Japanischen Heer **Typ 92 Superschwerer Bomber** genannten Schwergewichtler kamen jedoch nie zum Kriegseinsatz. Die **Ki-20**, angetrieben von vier Junkers Jumo-Motoren in schlanken Gondeln, erreichte eine Spitzengeschwindigkeit von nur 200 km/h. Ihre Startmasse war mit 25.488 kg und die Spannweite mit 44 m angegeben. Die Besatzung bestand aus zehn Personen, und die Abwehrbewaffnung umfaßte acht 7,7-mm-Maschinengewehre sowie eine 20-mm-Kanone. Die **Ki-20** konnte mit 5000 kg Bomben beladen werden.

## Mitsubishi Ki-21

***Mitsubishi Ki-21-IIb des Kaiserlich Japanischen Heeres im Jahre 1944.***

Auf eine Anforderung des Kaiserlich Japanischen Heeres aus dem Jahre 1936 hin wurde der zweimotorige Prototyp des viersitzigen Bombers **Mitsubishi Ki-21-I** konstruiert. Der von Nakajima-Motoren Ha-5 angetriebene Musterbomber demonstrierte ein Leistungsvermögen, das dem jedes anderen Flugzeugtyps dieser Kategorie auf der Welt gleichkam. Die Serienfertigung wurde daher genehmigt, und ab Sommer 1938 erreichte der **Heerestyp 97 Schwerer Bomber Modell 1A (Mitsubishi Ki-21-Ia)** die Truppe. Der Kriegseinsatz in China zeigte, daß der Typ unterbewaffnet war, und dies führte zur verbesserten Version **Ki-21-Ib** mit fünf anstelle von drei Maschinengewehren und einem erweiterten Bombenschacht. Es folgte die **Ki-21-Ic** mit erweitertem Tankvolumen und einem zusätzlichen Maschinengewehr. Die fortgeführte Entwicklung ergab vier Prototypbomber **Ki-21-II** mit leistungsstärkeren Mitsubishi-Motoren Ha-101. Dieses Modell erhielt die gleiche Bewaffnung wie die **Ki-21-Ic** und ging als **Ki-21-IIa** in Serie. Die letzte Serienversion war die allgemein ähnliche **Ki-21-IIb**, die einige Verfeinerungen erfahren hatte. Über die Produktion der militärischen **Ki-21** hinaus wurden später einige **Ki-21-Ia** zu zivilen Fracht-/Passagierflugzeugen umgebaut.

**Ki-21**, bei den Alliierten unter dem Kodenamen **„Sally"** geführt, spielten in der ersten Phase des Pazifikkrieges eine bedeutende Rolle. Aufgrund der steigenden Anzahl und Leistung der alliierten Jäger wurden diese Bomber aber bald von der Front abgezogen. Insgesamt entstanden 2064 **Ki-21**, davon 1713 Exemplare bei Mitsubishi und 351 bei Nakajima.

### TECHNISCHE DATEN

**Mitsubishi Ki-21-IIb**

**Typ:** fünf-/siebensitziger, schwerer Bomber
**Triebwerke:** zwei Sternmotoren Mitsubishi Ha-101 je 1104 kW (1500 PS)
**Leistung:** Höchstgeschwindigkeit 485 km/h in 4720 m Höhe; Dienstgipfelhöhe 10.000 m; Reichweite 2700 km
**Gewicht:** Leermasse 6070 kg; max. Startmasse 10.610 kg
**Abmessungen:** Spannweite 22,50 m; Länge 16 m; Höhe 4,85 m; Tragflügelfläche 69,60 m²
**Bewaffnung:** sechs 7,7-mm-Maschinengewehre und, je nach Einsatzdistanz, eine Bombenlast von bis zu 1000 kg

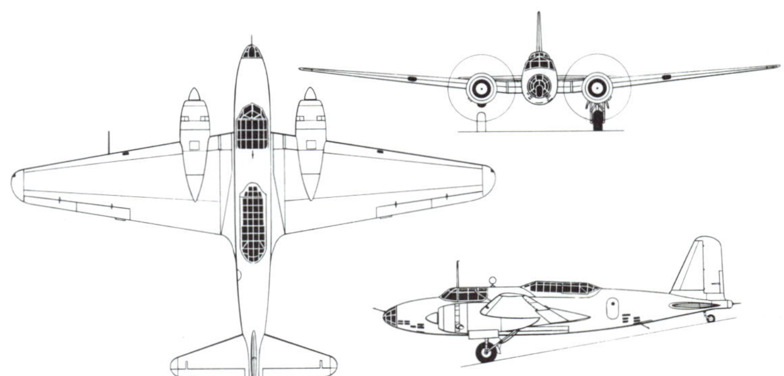

***Mitsubishi Ki-21-IIa***

## Mitsubishi Ki-30

Der Prototyp **Mitsubishi Ki-30**, angetrieben von einem Ha-6-Sternmotor mit 607 kW (825 PS), startete am 28. Februar 1937 zum Erstflug. Er basierte auf einer Spezifikation des Kaiserlich Japanischen Heeres für einen leichten Bomber. Das Unternehmen hatte zwei solcher Musterbomber gebaut, und der zweite flog kurz darauf unter dem Antrieb des stärkeren Nakajima-Motors Ha-5 KAI. Da dieser zweite Prototyp eine gesteigerte Leistung nachwies, die sogar die Vorgaben des Lastenheftes vom Heer übertraf, erging ein Sofortauftrag über 16 Erprobungsbomber. Die Auslieferung erfolgte im Januar 1938, und zwei Monate später wurde die Serienfertigung der

***Die Mitsubishi Ki-30 „Ann" stellte das Endglied einer Entwicklungskette leichter Bomber dar, die mit der Karigane begonnen hatte. Trotz ihrer Anfangserfolge in der Mandschurai erwies sich die Ki-30 nach dem Eintritt Japans in den Zweiten Weltkrieg rasch als veraltet.***

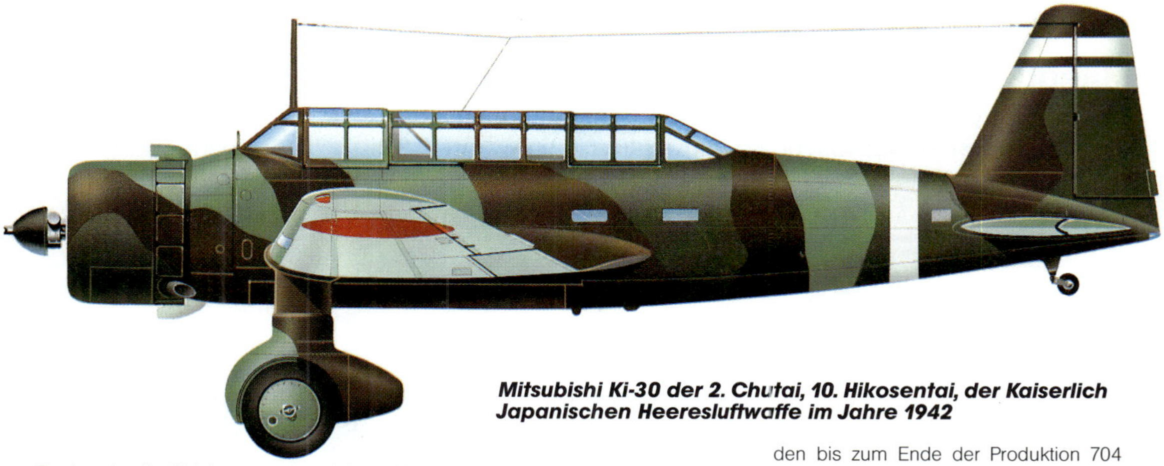

*Mitsubishi Ki-30 der 2. Chutai, 10. Hikosentai, der Kaiserlich Japanischen Heeresluftwaffe im Jahre 1942*

**TECHNISCHE DATEN**

**Typ:** zweisitziger, leichter Bomber
**Triebwerk:** ein Sternmotor Nakajima Ha-5 KAI mit 699 kW (950 PS)
**Leistung:** Höchstgeschwindigkeit 425 km/h in 4000 m Höhe; Dienstgipfelhöhe 8570 m; Reichweite 1700 km
**Gewicht:** Leermasse 2230 kg; max. Startmasse 3220 kg
**Abmessungen:** Spannweite 14,55 m; Länge 10,35 m; Höhe 3,65 m; Tragflügelfläche 30,58 m²
**Bewaffnung:** ein vorwärts und rückwärts feuerndes 7,7-mm-Maschinengewehr sowie bis zu 400 kg Bomben

**Ki-30** als **Heerestyp 97 leichter Bomber** genehmigt. Bei ihrem Einsatz in China und zu Beginn des Pazifikkrieges erwies sich der **Typ 93** mit Jagdschutz als äußerst effektiv. Als diese Bomber jedoch ohne Jagdeskorte operieren mußten, fügten alliierte Jäger ihnen schwere Verluste zu, so daß man dieses Muster bald ins zweite Glied zurücknahm. Von der **Ki-30**, die bei den Alliierten den Decknamen **„Ann“** erhielt, wurden bis zum Ende der Produktion 704 Exemplare gebaut, davon 68 vom 1. Heeresflieger-Arsenal in Tachikawa. In der Schlußphase des Pazifikkrieges endeten zahlreiche **Ki-30** bei Kamikaze-Einsätzen.

# Mitsubishi Ki-46

Die **Mitsubishi Ki-46** war wohl das beste Aufklärungsflugzeug im Zweiten Weltkrieg und mit Sicherheit der von der aerodynamischen Formgebung her gelungenste Entwurf Japans. Das Muster basierte auf einer Forderung des Kaiserlich Japanischen Heeres von 1937 nach einem Hochleistungsaufklärer als Nachfolger der Ki-15. Der zweisitzige Prototyp in der Auslegung eines freitragenden Tiefdeckers mit einziehbarem Spornrad-Fahrgestell und zwei Mitsubishi-Sternmotoren Ha-21-I je 662 kW (900 PS) als Antrieb flog erstmals Ende November 1939. Erste Erprobungsflüge zeigten, daß die **Ki-46** die im Lastenheft angegebene Spitzengeschwindigkeit um 10 Prozent unterschritt. Da aber die Flugleistungen insgesamt besser als die aller im Dienst befindlichen Heeres- und Marineflugzeuge waren, wies man dennoch die Serienfertigung als **Heerestyp 100 Führungsaufklärer Modell 1 (Ki-46-I)** an. Die Alliierten teilten dem Muster später den Kodenamen **„Dinah“** zu. Erste Erfahrungen im Einsatz mit der **Ki-46-I** führten zur Produktion der verbesserten **Ki-46-II** mit 795 kW (1080 PS) starken Ha-102-Motoren. Dieser Antrieb sorgte für eine Höchstgeschwindigkeit, die den ursprünglich spezifizierten Wert sogar etwas übertraf. Mit über 1000 Exemplaren stellte die **Ki-46-II** die Hauptserienversion dar, von der etliche Maschinen später unter der Bezeichnung **Ki-46-II KAI** zu dreisitzigen Schulflugzeugen für Funker und Navigatoren umgebaut wurden. Die nachfolgende

*Mitsubishi Ki-46-III der Kaiserlich Japanischen Heeresluftwaffe, 1944/45 in Japan stationiert.*

**Ki-46-III** war verbessert und noch schneller. Von den 609 Exemplaren dieser Variante rüstete man später eine kleine Zahl zu Abfangjägern **Ki-46-III KAI** und zu Erdkampfjägern **Ki-46-IIIb** um. Die Prototypen **Ki-46-IV** mit turbogeladenen Mitsubishi-Motoren Ha-112-II Ru je 1104 kW (1500 PS) für eine bessere Höhenleistung befanden sich bei Kriegsende noch in der Erprobungsphase.

Die **Ki-46** kam während des gesamten Pazifikkrieges zum Einsatz und erwies sich als ein für das japanische Heer überaus wertvolles Instrument. Die zunehmende Leistungsfähigkeit und die hohe Anzahl der alliierten Jäger führten allerdings zu unvertretbar hohen Verlusten unter den **Ki-46-II**. Dank der gesteigerten Leistung der **Ki-46-III** war diese Version jedoch bis in die letzte Kriegsphase praktisch nicht abfangbar. Insgesamt wurden 1742 Ki-46 gefertigt, alle von Mitsubishi.

**TECHNISCHE DATEN**
**Mitsubishi Ki-46-III**

**Typ:** zweisitziger Aufklärer
**Triebwerke:** zwei Sternmotoren Mitsubishi Ha-112-II je 1104 kW (1500 PS)
**Leistung:** Höchstgeschwindigkeit 630 km/h in 6000 m Höhe; Dienstgipfelhöhe 10.500 m; Reichweite 4000 km
**Gewicht:** Leermasse 3830 kg; max. Startmasse 6500 kg
**Abmessungen:** Spannweite 14,70 m; Länge 11 m; Höhe 3,88 m; Tragflügelfläche 32 m²
**Bewaffnung:** Ki-46-I und Ki-46-II waren mit einem einzelnen 7,7-mm-MG auf Drehlafette zur Abwehr nach hinten bewaffnet; III KAI hatten zwei 20-mm-Kanonen Ho-5 im Bug und eine schräg hoch nach vorn feuernde 37-mm-Kanone Ho-203

# Mitsubishi Ki-51

Als das Kaiserlich Japanische Heer 1937 ein Erdkampfflugzeug forderte, produzierte das Unternehmen zwei Prototypen Mitsubishi **Ki-51** mit dem eigenen Ha-26-II-Motor als Antrieb. Sie wurden im Sommer 1939 geflogen und getestet. Trotz kleinerer Abmessungen entsprach die Auslegung der **Ki-51** grundsätzlich derjenigen der Ki-30, doch da kein Bombenschacht erforderlich war, hatte man die Tragflächen von der Mittel- zur Tiefdeckerposition gerückt und das Cockpit der Zweimann-Besatzung neu konzipiert. Es folgten elf Maschinen zur Erprobung in der Truppe, die sich von den beiden Prototypen durch Panzerschutz für Motor und Besatzung sowie durch aerodynamische Verfeinerungen zur Verbesserung der Langsamflugeigenschaften abhoben. In dieser Form wurde die Produktion als **Heerestyp 99 Schlachtflugzeug** genehmigt, dem die Alliierten später den Kodenamen **„Sonia“** zuwiesen. Die Produktion ergab schließlich 2385 Exemplare (1472 von Mitsubishi und 913 vom 1. Heeresflieger-Arsenal in Tachikawa). Die erstmals in China eingesetzten **Ki-51** überdauerten den gesamten Pazifikkrieg, allerdings wegen der Verwundbarkeit durch alliierte Jäger vorwiegend auf Nebenkriegsschauplätzen, bis sie in der Endphase des Krieges zu Kamikaze-Flügen dienten. Der Prototyp eines taktischen Aufklärers mit der Bezeichnung **Ki-51a** ging aus der Umrüstung einer **Ki-51** hervor, und unter der Bezeichnung **Ki-71** entwarf Mitsubishi den endgültigen Prototyp eines taktischen Aufklärers, den das Tachikawa-Arsenal in drei Exemplaren mit dem 1104 kW (1500 PS) starken Ha-112-II-Motor und Einziehfahrwerk fertigte. Keine dieser Aufklärungsversionen gelangte zur Serienfertigung.

***Die Ki-51 war auf den Erdkampf spezialisiert und daher besser gepanzert.***

**TECHNISCHE DATEN**
**Mitsubishi Ki-51**

**Typ:** zweisitziges Erdkampfflugzeug
**Triebwerk:** ein Sternmotor Mitsubishi Ha-26-II mit 692 kW (940 PS)
**Leistung:** Höchstgeschwindigkeit 425 km/h in 3000 m Höhe; Dienstgipfelhöhe 8270 m; Reichweite 1060 km
**Gewicht:** Leermasse 1873 kg; max. Startmasse 2920 kg
**Abmessungen:** Spannweite 12,10 m; Länge 9,20 m; Höhe 2,73 m; Tragflügelfläche 24,02 m²
**Bewaffnung:** zwei vorwärtsfeuernde 7,7- oder 12,7-mm-MGs und ein 7,7-mm-MG im hinteren Cockpit

**Die Ki-67 Hiryu (Fliegender Drache), eine Konstruktion des Büros Dr. Hisanojo Ozawa, war vermutlich Japans bester Allzweck-Bomber. Das erste japanische Nachkriegsflugzeug war das zweisitzige Schulflugzeug T-1, später abgelöst von der Mitsubishi T-2, mit der auch die Luftwaffen-Kunstflugstaffel „Blauer Impuls" fliegt.**

# Mitsubishi Ki-57

Als Japan Air Lines Interesse an einer zivilen Version des Mitsubishi-Bombers Ki-21 bekundete, konstruierte die Firma den Prototyp **Mitsubishi Ki-57**, der im August 1940 zum ersten Mal flog. Er unterschied sich von der Ki-21 durch freitragende Tiefdekkerflügel an einem neuen Rumpf mit Sitzplätzen für bis zu elf Passagiere. Nach seiner erfolgreichen Erprobung ging der Typ unter den Zivil- und Militärbezeichnungen **MC-20-1** beziehungsweise **Heeres-Typ 100 Transportmodell 1 (Mitsubishi Ki-57-I)** in Serie. Nach 100 Serienflugzeugen löste die verbesserte **Ki-57-II** Anfang 1942 die **Ki-57-I** auf der Fertigungsstrecke ab. Außer etlichen Verfeinerungen führte die neue Version die stärkeren Mitsubishi-Motoren Ha-102 ein. Von dieser **MC-20-II** (zivil) beziehungsweise **Heeres-Typ 100 Transportmodell 2** (militärisch) wurden insgesamt 406 Exemplare gebaut. Eine kleine Zahl **Ki-57-I**, die bei der japanischen Marine Dienst leistete, erhielt die Bezeichnung **L4M1**. Die Alliierten faßten alle Varianten dieses Typs unter dem Kodenamen **„Topsy"** zusammen.

***Die Mitsubishi MC-20-II war ein gutes Passagierflugzeug. Dieses Exemplar wurde zum Dienst bei der nationalchinesischen Luftwaffe eingezogen.***

### TECHNISCHE DATEN
**Mitsubishi Ki-57-II**

**Typ:** Personaltransportflugzeug
**Triebwerke:** zwei Sternmotoren Mitsubishi Ha-102 je 795 kW (1080 PS)
**Leistung:** Höchstgeschwindigkeit 470 km/h in 5800 m Höhe; Dienstgipfelhöhe 8000 m; Reichweite 3000 km
**Gewicht:** Leermasse 5585 kg; max. Startmasse 9120 kg
**Abmessungen:** Spannweite 22,60 m; Länge 16 m; Höhe 4,85 m; Tragflügelfläche 70 m²

# Mitsubishi Ki-67 Hiryu

Im Februar 1941 wurde Mitsubishi angewiesen, drei Prototypen eines taktischen schweren Bombers auf der Grundlage eines vom Kaiserlich Japanischen Heer aufgestellten Lastenheftes zu konstruieren. Daraus resultierte der Versuchsbomber **Mitsubishi Ki-67**, der am 27. Dezember 1942 zum Erstflug bereitstand. Der von zwei Mitsubishi-Sternmotoren Ha-104 angetriebene Mitteldecker war für eine Crew von sechs bis acht Mann eingerichtet und mit einem großen Bombenschacht ausgestattet. Die Erprobung dieses Prototyps und weiterer 16 Test- und Vorserienbomber verlief so erfolgreich, daß die Armee ein ganzes Bündel an Varianten plante. Letztendlich entschied man aber, sich auf nur eine Version zu konzentrieren, die dann am 2. Dezember 1943 als **Heeres-Typ 4 Schwerer Bomber Modell 1 Hiryu** („fliegender Drache") beziehungsweise **Ki-67-I** zur Serienfertigung freigegeben wurde. Die Alliierten wiesen diesem Typ den Decknamen **„Peggy"** zu.

Alle Maschinen ab Werknummer 160 erhielten Torpedoklammern, und die **Ki-67-I** bewährte sich im Bomber- und im Torpedobombereinsatz. Die Bezeichnung **Ki-67-I KAI** betraf Maschinen, die man zu dreisitzigen Selbstopferungsflugzeugen mit einem Sprengkopf von 2900 kg umgerüstet hatte, und als **Ki-109** entstand in nur 22 Exemplaren ein Jagdzweisitzer mit einer 75-mm-Kanone im Bug. Alliierte Angriffe auf japanische Fertigungsstätten begrenzten die Produktion auf nur 698 **Ki-67**, die von Mitsubishi (606), Kawasaki (91) und der Heeresflugzeugwerft in Tachikawa hergestellt wurden. Nippon montierte 29 Exemplare aus der Mitsubishi-Produktion, was zu der häufig zitierten, aber falschen Produktionsziffer 727 führte. In der Funktion als schwerer Bomber kam die **Ki-67** in der Schlußphase des Pazifikkrieges umfassend zum Einsatz.

***Mitsubishi Ki-67 der Kaiserlich Japanischen Heeresluftwaffe***

### TECHNISCHE DATEN
**Mitsubishi Ki-67-I**

**Typ:** schwerer Bomber/Torpedobomber
**Triebwerke:** zwei Sternmotoren Mitsubishi Ha-104 je 1398 kW (1900 PS)
**Leistung:** Höchstgeschwindigkeit 537 km/h in 6090 m Höhe; Dienstgipfelhöhe 9470 m; Reichweite 3800 km
**Gewicht:** Leermasse 8650 kg; max. Startmasse 13.765 kg
**Abmessungen:** Spannweite 22,50 m; Länge 18,70 m; Höhe 7,70 m; Tragflügelfläche 65,85 m²
**Bewaffnung:** vier 12,7-mm-Maschinengewehre und eine 20-mm-Kanone bei allen Flugzeugen bis zur Werksnummer 450; alle nachfolgenden Exemplare hatten ein zusätzliches 12,7-mm-MG; hinzu kamen entweder max. 800 kg Bomben oder ein 800-kg- bzw. 1070-kg-Torpedo

***Mitsubishi Ki-67-I (mit Anti-Schiffs-radar und Torpedo)***

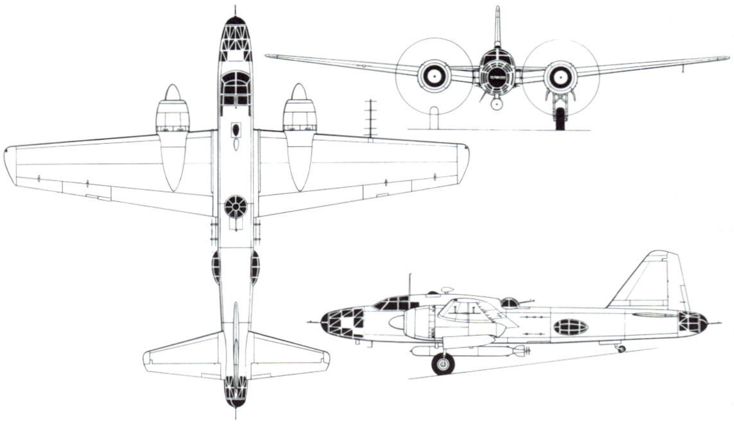

# Mitsubishi MU-2 Marquise und Solitaire

1956 begann Mitsubishi mit dem Entwurf eines leichten Mehrzweck-Transportflugzeugs, das von zwei Propellerturbinen angetrieben werden sollte und die Bezeichnung **Mitsubishi MU-2** erhielt. Der erste von vier Prototypen flog jedoch erst am 14. September 1963. Der freitragende Hochdecker mit Druckkabine, Einziehfahrwerk und zwei flügelmontierten Propellerturbinen wurde zunächst in den Ausführungen **MU-2A** mit Turboméca Astazou, **MU-2B** mit Garrett TPE331, **MU-2D** und **MU-2C** (Mehrzweckflugzeug ohne Druckbelüftung für die JGSDF), **MU-2E** für den Such- und Rettungsdienst und **MU-2F** mit leistungsgesteigerten TPE331 produziert. Die nachfolgende **MU-2G** hatte den Antrieb der **MU-2F** und erschien als erste mit einem um 1,88 m gestreckten Rumpf. Zu den späteren Versionen zählten die **MU-2J** mit stärkeren Propellerturbinen, die **MU-2K**, die den Rumpf der **MU-2F** mit dem Antrieb der **MU-2J** verband, die für höhere Betriebsmassen zugelassenen **MU-2L** und **MU-2M** sowie die **MU-2N** und **MU-2P**, die der **MU-2L** und der **MU-2M** entsprachen, aber mit Garrett-Turbinen der Bauart TPE-331-5-252M ausgestattet waren. 1965 gründete Mitsubishi ein Werk im texanischen San Angelo, um dort die **MU-2** für den amerikanischen Markt zu montieren. In der Folgezeit entwickelte sich dies unter Mitsubishi Aircraft International Inc. zum Hauptmontage- und Vermarktungsort für die Muster. Die letzten Serienmodelle der **MU-2** waren die **Marquise** mit langem Rumpf und auf 533 kW (725 WPS) gedrosselten Garrett TPE331-10-501-M und die **Solitaire** mit den gleichen, aber auf 496 kW (675 WPS) gedrosselten Propellerturbi-

***Mitsubishi MU-2N Marquise der Gateway Aviation, Kanada***

nen zur Beförderung von sechs bis sieben Passagieren neben zwei Flugzeugführern. Abgesehen von den Triebwerken gleichen die beiden letztgenannten Varianten der früheren **Mitsubishi MU-2N** beziehungsweise **MU-2P**. Bei Produktionsende im Jahre 1983 waren insgesamt 831 **MU-2** aller Versionen gefertigt worden, darunter 73 Militärflugzeuge.

**TECHNISCHE DATEN**

**Mitsubishi International Marquise**

**Typ:** Turboprop-Geschäftsreiseflugzeug
**Triebwerke:** zwei Propellerturbinen Garrett TPE331-10-501M mit einer Nennleistung von je 533 kW (725 WPS)
**Leistung:** max. Reisefluggeschwindigkeit 571 km/h; Dienstgipfelhöhe 9070 m; max. Reichweite 2583 km
**Gewicht:** Rüstmasse 3470 kg; max. Startmasse 5250 kg
**Abmessungen:** Spannweite 11,94 m; Länge 12,01 m; Höhe 4,17 m; Tragflügelfläche 16,55 m²

***Das SAR-Flugzeug MU-2 ist mit einem Bugradar, zusätzlichen Treibstofftanks und einer Schiebetür zum Abwurf von Schlauchbooten ausgestattet.***

# Mitsubishi MU-300 und Diamond

1977 konstruierte Mitsubishi zwei Prototypen eines Geschäftsreiseflugzeugs mit zwei Mantelstromtriebwerken, das die Bezeichnung **MU-300** erhielt. Das erste Exemplar startete am 29. August 1978 zum Jungfernflug. Den Antrieb des freitragenden Tiefdeckers mit druckbelüftetem Rumpf und einziehbarem Bugrad-Fahrwerk lieferten zwei Turbofan-Triebwerke JT15D-4, die man in Gondeln beidseitig am Hinterrumpf montiert hatte. Standardmäßig war die Maschine für eine Zweimann-Besatzung und sieben Fluggäste ausgelegt. Nach Abschluß des Entwicklungsprogramms wurden die beiden Musterflugzeuge demontiert und in die USA verfrachtet, dann dort von der amerikanischen Tochtergesellschaft Mitsubishi Aircraft International Inc. wieder zusammengebaut und in **Diamond I** umbenannt. Anschließend durchliefen sie das amerikanische Zulassungsverfahren und erhielten am 6. November 1981 das entsprechende Zertifikat. Erste Lieferungen an Abnehmer erfolgten im Juli 1982, und die Gesamtproduktion betrug 62 solcher Maschinen.

Eine verbesserte Version mit der Bezeichnung **Diamond IA** wurde 1983 angekündigt und das erste Exemplar einer Baureihe von 27 Maschinen 1984 ausgeliefert. Die wichtigsten Unterschiede bestanden in aufgewerteten JT15D-4D-Triebwerken, die die Gesamtleistung steigerten, einem EFIS-Cockpit und der auf 7361 kg angehobenen höchstzulässigen Startmasse. Mit einem auf 7157 kg zurückgenommenen MTOW, aber erweitertem Tankvolumen und schubstärkeren JT15D-5 wurden weitere acht Flugzeuge als **Diamond II** produziert. Im Dezember 1985 verkaufte Mitsubishi jedoch sämtliche Rechte am Entwurf der **Diamond II** an Beech. Diese wurden in Wichita montiert und als **Beechjet 400** vermarktet. Anschließend leitete Beech die Herstellung dieses Typs ein, und 1991 lagen Aufträge über 113 Exemplare des Modells **400A** vor. Im Februar 1990 hatte die USAF diesen Typ als Flugzeugkomponente des Tanker/Transport Training System gewählt, und der Beschaffungsumfang betrug 211 **Beech 400T T-1A Jayhawk**. Auf die Lieferung der ersten Exemplare im Juli 1991 folgte im März 1992 die Indienststellung, so daß die Ausbildung von Besatzungen für KC-135, C-5, KC-10 und C-17 anlaufen konnte.

**TECHNISCHE DATEN**

**Mitsubishi Diamond I**

**Typ:** Turbofan-Geschäftsreiseflugzeug
**Triebwerke:** zwei Mantelstromtriebwerke Pratt & Whitney Aircraft of Canada JT15D-4 je 1485 kg Schub
**Leistung:** Reisefluggeschwindigkeit 741 km/h in 11.890 m Höhe; Dienstgipfelhöhe 12.495 m; Reichweite mit vier Passagieren 2817 km
**Gewicht:** Rüstmasse 4127 kg; max. Startmasse 6636 kg
**Abmessungen:** Spannweite 13,26 m; Länge 14,75 m; Höhe 4,19 m; Tragflügelfläche 22,43 m²

***Die Mitsubishi Diamond I setzte den Erfolg des Turboprop-Musters MU-2 fort. Die verbesserte Diamond II dient bei der USAF als T-1A Jayhawk.***

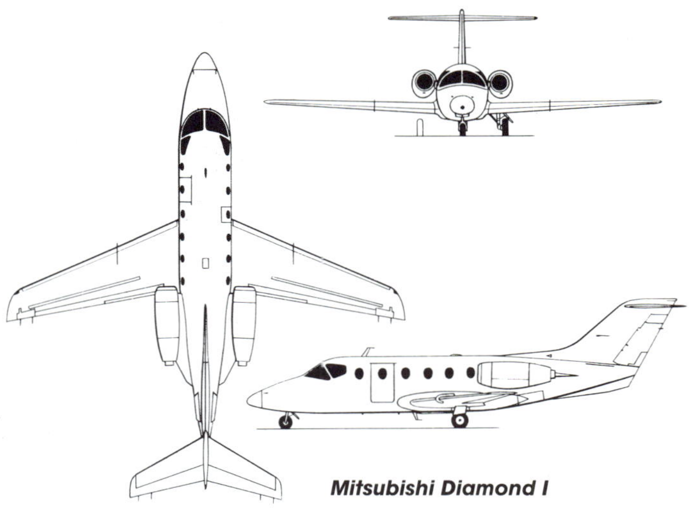

***Mitsubishi Diamond I***

## Mitsubishi T-2

Das erste von der japanischen Luftfahrzeugindustrie entwickelte Überschallflugzeug, die **Mitsubishi T-2**, basierte auf einer Forderung der JASDF für einen zweimotorigen Überschall-Doppelsitzer zur Ausbildung fortgeschrittener Strahlflugzeugführer. Der freitragende Schulterdecker mit einziehbarem Bugrad-Fahrwerk nimmt seine Besatzung in druckbelüfteten und klimatisierten Tandemcockpits auf. Für den Antrieb sorgen zwei Rolls-Royce-/Turboméca-Adour-Bläsertriebwerke, die unter der Bezeichnung TF40-IHI-801A von Ishikawadschima-Harima in Japan lizenzgefertigt werden. Der erste (19-5101) der beiden Prototypen **XT-2** flog ab 20. Juli 1971, und dieses Duo sowie zwei weitere Exemplare bestritten das Entwicklungsprogramm. Es folgten Produktionsaufträge über 92 Flugzeuge, unterteilt in 28 **T-2** zur Fortgeschrittenenausbildung, 62 **T-2A** zur Einsatz- und Waffenausbildung und zwei Prototypen einer Nahunterstützungsversion mit der Bezeichnung **F-1**. Bis März 1988 waren alle **T-2** in Dienst gestellt, einschließlich der sechs Maschinen des JASDF-Kunstflugteams „Blue Impulse". Zur Untersuchung aktiver Flugsteuerungstechnologien, die beim künftigen Jagdflugzeug FS-X für Luftnahunterstützung zum Einsatz kommen sollen, modifizierte Mitsubishi eine **T-2** zu einem künstlich stabilisierten Luftfahrzeug (CCV=Control Configuration Vehicle) mit dreifachem, rechnergestütztem FBW-Steuerungssystem. Diese **T-2CCV** flog erstmals am 9. August 1983.

### TECHNISCHE DATEN

**Mitsubishi T-2A**

**Typ:** zweisitziger Kampftrainer
**Triebwerke:** zwei Bläsertriebwerke Ishikawadschima-Harima TF40-IHI-801A je 3570 kg Nachbrennerschub
**Leistung:** Höchstgeschwindigkeit Mach 1,6; Dienstgipfelhöhe 15.240 m; Überführungsreichweite mit Außentanks 2595 km
**Gewicht:** Leermasse 6307 kg; max. Startmasse 12.900 kg
**Abmessungen:** Spannweite 7,88 m; Länge 17,85 m; Höhe 4,39 m; Tragflügelfläche 21,17 m²
**Bewaffnung:** eine mehrrohrige 20-mm-Kanone JM61A1 Vulcan und eine Unterrumpf- sowie vier Unterflügelstationen für unterschiedliche Waffentypen plus Startschienen für Luft-Luft-Lenkflugkörper an den Tragflächenenden

***Japan zählt zu den wenigen Ländern der Welt, die überschallschnelle Schulflugzeuge betreiben, in diesem Fall die Mitsubishi T-2 und die waffentaugliche T-2A.***

## Monocoupe-Flugzeuge

Die Monocoupe-Geschichte begann 1927, als Don Luscombe für die Central States Aero Inc. ein zweisitziges Leichtflugzeug in Mischbauweise aus Holz und Stahlrohr mit Stoffbespannung konstruierte. Der abgestrebte Hochdecker mit starrem Spornrad-Fahrgestell wurde ursprünglich entweder von einem Anzani-Motor mit 44 kW (60 PS) oder von einem Detroit-Air-Cat-Sternmotor mit 48 kW (65 PS) angetrieben, der sich aber nicht bewährte. Es waren rund 20 Flugzeuge verkauft, als sich abzeichnete, daß man ein besseres Triebwerk brauchte, um das Potential der **Monocoupe**, wie dieses Muster hieß, voll ausschöpfen zu können. Im Jahr 1928 schloß sich Luscombe mit dem Automobilhersteller W. Velie zusammen, gründete in Moline, Illinois, die Mono Aircraft Corporation und wählte als Antrieb für die **Monocoupe** einen von Velie konstruierten Fünf-Zylinder-Sternmotor mit einer Nennleistung von 46 kW (63 PS). Diese Kombination, genannt **Monocoupe 70**, erwies sich sofort als Erfolg, und 1929 folgte die **Monocoupe 113** mit geändertem Fahrwerk und einer Reihe von Verbesserungen, darunter auch der 48 kW (65 PS) starke Velie-Motor M-5. Dieses Triebwerk wurde für das generell ähnliche Schulflugzeug **Monoprep** beibehalten, das im Herbst 1929 erschien.

Bald darauf wurde mit Blick auf den am Luftrennen interessierten Piloten die **Monosport Modell 1** eingeführt, die einen 82 kW (112 PS) starken Sieben-Zylinder-Sternmotor besaß. Zeitgleich kam die **Monosport Modell 2** heraus, deren Hauptunterschied der Kinner-Sternmotor K-5 mit 75 kW (102 PS) ausmachte. Im Jahr 1930 brachte Mono die **Monocoupe 90** heraus, bei der die Linienführung verbessert und der Rumpf erweitert worden war. Vertrieben wurde diese Maschine in den Versionen **Monocoupe 90** und **Monocoupe 90A** mit einem 67 kW (90 HP/91 PS) starken Lambert-Sternmotor R-266. Als **Monocoupe 90 De-Luxe** mit dem gleichen Triebwerk wies der Typ Flügelklappen, Radverkleidungen und eine verbesserte Motorhaube auf und als **Monocoupe 90-AF** und **Monocoupe 90AL** einen Franklin- beziehungsweise Lycoming-Motor mit 86 kW (117 PS). Später im Jahr 1930 waren drei weitere Versionen der **Monocoupe 90** lieferbar, die **Monocoupe 90-J** mit einem 67 kW (91 PS) starken Warner Scarab Jr, die **Monocoupe 110** mit einem 82 kW (110 HP/112 PS) starken Warner Scarab und die **Monocoupe 125** mit einem Kinner B-5, der 93 kW (125 HP/127 PS) entwickelte. Der schlechten Wirtschaftslage des Landes trug die **Monocoupe Modell 70-V** von 1932 Rechnung, die wieder den Velie M-5 mit nur 48 kW (65 PS) erhielt, um auf Kosten der Flugleistungen einen wirtschaftlicheren Betrieb zu ermöglichen. Den Schluß dieser bemerkenswerten Reihe zweisitziger Luftfahrzeuge bildete die **Monocoupe D-145** von 1934, eine Hochleistungsversion mit einer geringfügig vergrößerten Kabine und einem Warner Super Scarab als Antrieb mit 108 kW (145 HP/147 PS). Genaue Angaben über die Produktion der **Monocoupe** liegen nicht vor, aber man weiß, daß weit mehr als 1000 Exemplare gebaut wurden, ein für die dreißiger Jahre beachtlicher Absatz.

Um in einen anderen Marktsektor vorzudringen, flog Mono 1928 zum ersten Mal den Prototypen eines etwas größeren, viersitzigen Musters, das generell ähnlich wie die **Monocoupe** ausgelegt war und ursprünglich von einem Velie-Motor L-9 mit 138 kW (188 PS) angetrieben wurde. Dieses neue Triebwerk stellte sich als unzuverlässig heraus, und statt dessen baute man den 168 kW (228 PS) starken Neun-Zylinder-Sternmotor Wright J-5 in das neue Flugzeug namens **Monocoach** ein. Im Jahr darauf erschien eine „verbesserte" **Monocoach** mit einem Sieben-Zylinder-Sternmotor Wright J-6. Für die viersitzige Ausführung bestand kaum Nachfrage, und bald nach Einführung der zweisitzigen **Monocoupe D145** stellte die Mono Aircraft Corporation ihre Tätigkeit ein.

### TECHNISCHE DATEN

**Monocoupe Modell 110**

**Typ:** zweisitziger Kabineneindecker
**Triebwerk:** ein 7-Zylinder-Sternmotor Warner Scarab mit 82 kW (112 PS)
**Leistung:** Höchstgeschwindigkeit 214 km/h; Dienstgipfelhöhe 4875 m; Reichweite 724 km
**Gewicht:** Leermasse 450 kg; max. Startmasse 731 kg
**Abmessungen:** Spannweite 9,75 m; Länge 6,20 m; Höhe 2,11 m; Tragflügelfläche 12,26 m²

***Zu den klassischen Hochdecker-Leichtflugzeugen, die in den dreißiger Jahren in den Vereinigten Staaten gebaut wurden, gehörte die Monocoup-Serie von Don Luscombe. Abgebildet ist die robuste Monocoupe 90A.***

# Mooney-Flugzeuge

Al W. Mooney begann seine Laufbahn als Konstrukteur von Leichtflugzeugen Mitte der zwanziger Jahre und trat später in die Mono Aircraft Corporation ein, wo er wesentlich zum Erfolg der Monocoupe-Serie beitrug. Als Mono den Betrieb einstellte, war Mooney für mindestens zwei andere Firmen tätig, bevor er sich mit K. K. Culver zusammentat und mit ihm die Culver Aircraft Corporation gründete, in der er bis zum Ende des Zweiten Weltkriegs wirkte. 1946 konstruierte er einen rassigen Sportflugeinsitzer, genannt **Mooney M-18 Mite**. Dieser Kabineneindecker mit einer Spannweite von 8,20 m und einem Avco Lycoming O-145-B2 als Antrieb mit 48 kW (65 PS) brachte es auf eine Spitzengeschwindigkeit von 222 km/h. Der Erbauer gründete die Mooney Aircraft Inc., um diesen Typ in eigener Regie zu fertigen, und stellte zunächst in Wichita, Kansas, und später in Kerrville, Texas, insgesamt rund 300 solcher Flugzeuge her. Anfang der siebziger Jahre wurde die **Mite** schließlich als Bausatz für Heimwerker lieferbar.

Mit der **M-20** wandte sich Mooney dem Viersitzer-Marktsektor zu. Dieser erstmals im August 1953 geflogene Kabineneindekker führte ein Einziehfahrwerk ein und wurde von einem Avco Lycoming O-320 mit 112 kW (152 PS) angetrieben. Es folgte zunächst die verbesserte **M-20A** und danach die vollständig aus Metall gefertigte **Mark 21 (M-20C)**, angetrieben von einem Avco Lycoming O-360-A1A mit 134 kW (182 PS). 1963 erweiterte sich das Mark-21-Programm um die **Master (M-20D)** mit starrem Fahrwerk und um die **Super 21 (M-20E)** mit dem 149 kW (203 PS) starken Einspritzmotor IO-360-A1A. 1967 erwarb

**TECHNISCHE DATEN**

**Mooney M20M Modell 257TLS**

**Triebwerk:** ein Turboladermotor Textron Lycoming TIO-540-AFIA mit 201 kW (273 PS)
**Leistung:** Reisegeschwindigkeit in 3960 m Höhe 371 km/h; Höchstgeschwindigkeit in 7620 m Höhe 413 km/h; Dienstgipfelhöhe 7620 m; Reichweite mit max. Treibstoffzuladung 1983 km
**Gewicht:** Leermasse 913 kg; max. Startmasse 1451 kg
**Abmessungen:** Spannweite 11 m; Länge 8,20 m; Höhe 2,50 m; Tragflügelfläche 16,24 m²

***Das Markenzeichen aller Mooney-Leichtflugzeuge ist die umgekehrt gepfeilte Seitenflosse, wie sie diese Mooney M-20 erkennen läßt.***

Mooney die Firma Alon Inc. und fertigte die berühmte Alon Aircoupe als **Mooney A-2A Cadet** weiter. Im selben Jahr begann auch die Auslieferung eines fünfsitzigen Leichtflugzeugs mit Druckkabine, das die Bezeichnung **Mustang (M-22)** trug und einen Avco Lycoming TIO-540-A1A mit 231 kW (314 PS) hatte. Im Jahr darauf wurde die **Mark 21** als **Mooney Ranger** bekannt, und als neueste Erweiterungen des Angebots erschienen die **Executive 21 (M-20F)** und die **Statesman (M-20G)**, beide mit einem etwas längeren Rumpf zur Vergrößerung des Fußraums. Inzwischen war das Unternehmen in eine Finanzkrise geraten und firmierte kurzzeitig als Aerostar Aircraft Corporation, bevor es als Tochtergesellschaft der Republic Steel Corporation den Firmennamen Mooney Aircraft Corporation annahm. Die **Ranger** blieb bis 1979 in der Produktion, die bis dahin mehr als 2000 Exemplare umfaßte. Unterdessen hatte man die **Ranger** durch die **Chaparral**, eine modernisierte Ausführung der **Super 21**, und die **Executive** ergänzt, eine **Ranger**-Variante mit einem 149 kW (203 PS) starken Flugmotor.

1976 löste die **Mooney 201 (M-20J)** die **Executive** ab, und die aktuelle Version heißt **Modell 201SE**. Beide zusammen haben bis heute eine Auflage von knapp über 1700 Exemplaren erreicht. Die Produktion der **Mooney 205** lief Ende der achtziger Jahre nach 77 Flugzeugen aus. Auf die **Turbo Mooney 231 (M-20K)**, eine Version der **M-20J** mit Turboladermotor, von der 880 Exemplare gebaut wurden, folgte das Modell **252TSE Turbo Special Edition**. Das Modell **252 PFM (M-20L)** mit gestrecktem Rumpf und dem Porsche-Motor PFM-3200 (162 kW/220 PS) flog im Mai 1987, und 1989 schloß sich das Modell **257TLS (M-20M)** an, die **„Turbo Lycoming Sabre"** genannte Version der **M-20L** mit einem TIO-540-AFIA, erhöhter Treibstoffkapazität, einer höheren zulässigen Startmasse und zusätzlichen Fenstern. Am 21. April 1983 brachte Mooney den Prototyp (N301MX) der **M-30 Modell 301** (anfänglich **MX** bezeichnet) in die Luft, einen neuen druckbelüfteten Kabineneindecker mit sechs Sitzen und einem 270 kW (367 PS) starken Lycoming-Motor TIO-540-X27. Die weitere Entwicklung dieser Maschine wurde jedoch im Jahre 1987 eingestellt, nachdem Mooney und Socata fusioniert hatten, um gemeinsam das ähnlich ausgelegte Turboprop-Flugzeug **TBM-700** zu entwickeln.

***Eine Nummer größer als die M-20-Serie war die druckbelüftete Mooney M-22 Mustang mit dem typisch kurzen Fahrgestell.***

***Die TBM-700 wird inzwischen zwar ausschließlich von SOCATA (der für die allgemeine Luftfahrt zuständigen Aérospatiale-Tochter) gebaut, aber dieses Muster birgt sehr viel von der Arbeit in sich, die Mooney für die M30 Modell 201 leistete.***

# Morane-Saulniers erste Eindecker

Die französischen Luftfahrtpioniere Léon Morane und Raymond Saulnier gründeten im Oktober 1911 die Société Anonyme des Aéroplanes Morane-Saulnier, nachdem sie zuvor mit Borel zusammengearbeitet hatten. In den Jahren 1911 bis 1912 brachten sie eine ganze Serie von abenteuerlichen, drahtverspannten Schulterdeckern heraus, von denen praktisch keiner dem andern glich. Die wichtigsten Modelle waren der von einem Gnome-Motor mit 44 kW (60 PS) angetriebene Eindecker, mit dem der Werkspilot Roland Garros am 18. Dezember 1912 von Tunis nach Marsala auf Sizilien flog, und das ebenfalls von einem Gnome-Motor, aber mit 59 kW (80 PS) angetriebene Doppelschwimmer-Seeflugzeug, das am Rennen um die Schneider-Trophäe des Jahres 1913 teilnahm. Am 23. September 1913 gelang Garros mit einem neuen Eindecker ein beachtlicher 730-km-Flug von St. Raphael nach Bizerta, eine Strecke, die ausschließlich über das Mittelmeer führte.

Der Erfolg des neuen Unternehmens stieß im In- und Ausland auf Interesse, und das französische Kriegsministerium bestellte einsitzige Eindecker mit Gnome-Motoren je 37 kW (50 PS) und der Bezeichnung **Morane-Saulnier Typ A** als Schulflugzeuge. Insgesamt 13 solcher Maschinen kamen 1912 zur Auslieferung. An Rußland wurden fünf Eindecker **Typ C** mit einem 58 kW (80 PS) starken Gnome-Motor und an Rumänien zwei vom **Typ F** verkauft. Wie bei den meisten späteren Konstruktionen von Morane-Saulnier erfolgte die Rollsteuerung durch Flügelverwindung.

# Morane-Saulnier Typ AC

Im Herbst 1916 erschien der Jagdeinsitzer in Schulterdecker-Auslegung **Morane-Saulnier Typ AC**, der über den experimentellen **Typ U** aus dem **Typ V** entwickelt wurde. Die bedeutendste Neuerung bestand in seiner starren Flügelverstrebung, wobei ein vielstrebiges Stahlrohrgerüst die Tragflächen von unten her stützte. Ein ähnliches Konzept fand sich beim zweisitzigen Schirmeindecker **Typ AE bis**, der nur Versuchszwecken diente. Die Tragflügel wiesen Querruder zur Rollsteuerung auf, und der in einem kantigen Leitwerk endende Rumpf hatte durch Verkleidungselemente einen kreisrunden Querschnitt erhalten. Das einzelne Vickers-7,7-mm-MG war unter einem Buckel auf dem Rücken des Vorderrumpfes teilweise abgedeckt. Die Aéronautique Militaire bestellte 30 Exemplare des **Typs AC**, von denen einige den französischen Jagdstaffeln (escadrilles) an der Westfront zugewiesen wurden. Zwei für das RFC beschaffte Maschinen kamen jedoch nie im Gefecht zum Einsatz.

***Die Morane-Saulnier Typ AC war ein für ihre Zeit ungewöhnlich fortschrittliches Luftfahrzeug.***

Der **Typ AC** hatte eine Spitzengeschwindigkeit von 178 km/h und als Antrieb einen Umlaufmotor Le Rhône 9J mit 81 kW (110 PS) oder Le Rhône 9Jb mit 88 kW (120 PS). Die Spannweite betrug 9,80 m und die maximale Abflugmasse 658 kg.

# Morane-Saulnier Typ AF bis Morane-Saulnier Typ S

**Morane-Saulnier war eine Gründung aus dem Jahre 1911. Ihre Parasol-(Gestielten) Hochdecker flogen die französische Luftwaffe und das britische Royal Air Corps im Ersten Weltkrieg. Aufklärer von Morane und die britische B.E.2 gelten als die ersten Militärflugzeuge der Welt. Die Morane L setzte in dieser Hinsicht das Maß für die nächsten 22 Jahre.**

## Morane-Saulnier Typ AF

Die **Morane-Saulnier Typ AF**, die erstmals am 23. Juni 1917 flog, war ein wohlkonstruierter Doppeldecker-Jagdeinsitzer mit einem Tragwerk ungleicher Spannweite, Querrudern, herkömmlichem Achsfahrgestell und einem Seitenleitwerk mit langgestreckter Rückenfinne, geteiltem Seitenruder und einer Kielflosse. Das einzelne Vickers-MG, Kaliber 7,7 mm, war synchronisiert und in einem markanten Buckelgehäuse teilverkleidet. Der Umlaufmotor Gnome Monosoupape mit einer Leistung von 110 kW (150 PS) verlieh dem **Typ AF** (oder **MoS.28** nach dem offiziellen Bezeichnungsschema) eine Spitzengeschwindigkeit von 207 km/h. Trotz guter Flugeigenschaften wurde das Muster nicht in großer Stückzahl gefertigt, da die Produktion der SPAD XIII bereits weit fortgeschritten war. Die Variante **Typ AFH** war für den Schiffseinsatz als Amphibienflugzeug vorgesehen.

***Mit vier Querrudern und einem 150-PS-Flugmotor war der Typ AF ein gelungener Jäger.***

## Morane-Saulnier Typ AI

Im Frühsommer 1917 wurde die **Morane-Saulnier Typ AI** zur Probe geflogen. Dieser Schirmeindecker-Jagdeinsitzer erschien parallel zum Doppeldecker **Typ AF**. Er hatte zurückgepfeilte, mit Parallelstreben abgefangene Tragflügel und einen Rumpf kreisrunden Querschnitts, der im vorderen Bereich aus Metall konstruiert war. Sein 150-PS-Umlaufmotor Gnome Monosoupape 9NI lag in einem Metallgehäuse, das das könnerhafte Aussehen dieses kleinen Jägers noch unterstrich.

Die erste Version, die in Serie ging, erhielt die Dienstbezeichnung **MoS.27** und war mit einem Vickers 7,7-mm-MG samt Unterbrechergetriebe bewaffnet. Eine Variante mit Vickers-Zwillings-MGs trug die Bezeichnung **MoS.29**. Insgesamt 1210 Jäger dieser Kategorie C.1 (Jagdeinsitzer) wurden produziert. Anfang 1918 rüstete das Muster Frankreichs neu aufgestellte escadrilles MS 156, MS 158 und MS 161 aus, doch bis Mitte Mai waren alle Maschinen wieder außer Dienst gestellt, da Probleme mit der Zelle und dem Motor eine Reihe von Unfällen verursacht hatten.

Es entstand auch eine Version mit dem 110 kW (150 PS) starken Gnome-Motor und modifizierter Flügelverstrebung, aber hauptsächlich konzentrierte sich die Fertigung auf die **MoS.30**, eine E.1 (einsitziges Schulflugzeug für Fortgeschrittene), die entweder vom Umlaufmotor Le Rhône 9Jb mit 88 kW (120 PS) oder dem Le Rhône 9Jby mit 99 kW (135 PS) angetrieben wurde. Eine Variante mit einem auf 66 kW (90 PS) gedrosselten 9Jby, bei der man die Waffen ausgebaut und die Tankkapazität reduziert hatte, erhielt die Bezeichnung **MoS.30bis**. Der US Army Air Service erwarb 51 Schulflugzeuge **MoS.30**, und Belgien kaufte drei Exemplare. Die Erprobungsmaschinen gingen nach Japan, in die Sowjetunion und in die Schweiz.

Etliche französische Heeresflugzeuge wurden neben einer Reihe anderer Typen wie der M.S.35 und M.S.138 zu **„Penguin"** umgebaut, einer Art Boden-Übungsflugzeug, das in den zwanziger Jahren bei französischen Flugschulen sehr beliebt war. Bei diesen Maschinen hatte man die Stoffbespannung der Tragflächen weitgehend entfernt, so daß der Schülerpilot in der Lage war, die Steuerung zu bedienen sowie auf dem Flugfeld herumzurollen und so sehr viel praktische Erfahrung zu sammeln, ohne abheben zu können.

Andere Maschinen vom **Typ AI** wurden in verschiedenen Ausführungen an zivile Piloten verkauft. Zu den renommierten Fliegern, die ihre Kunstfertigkeit mit diesem Muster zur Schau stellten, gehörten Nungesser und Alfred Fronval, der in seiner orangefarbenen und blauen Morane (F-ABAO) am 25. Februar 1928 über dem Flughafen von Villacoublay in vier Stunden und 56 Minuten 1111 Loopings drehte.

**Varianten**

**1917 Experimentalflugzeug:** eine Version mit Holz-Schalenrumpf und integriertem Leitwerk

**1918 Experimentalflugzeug:** Version mit einem 125 kW (170 PS) starken Le-Rhône-Umlaufmotor; diese Variante blieb allerdings erfolglos

### TECHNISCHE DATEN

**MoS.27**

**Typ:** gestielter Hochdecker-Jagdeinsitzer

**Triebwerk:** ein Umlaufmotor Gnome Monosoupape 9N mit 110 kW (150 PS)

**Leistung:** Höchstgeschwindigkeit 225 km/h; Dienstgipfelhöhe 7000 m; Flugdauer 1 Stunde, 45 Minuten

**Gewicht:** Rüstmasse 421 kg; maximale Startmasse 649 kg

**Abmessungen:** Spannweite 8,51 m; Länge 5,65 m; Höhe 2,40 m; Tragflügelfläche 13,39 m$^2$

**Bewaffnung:** ein vorwärtsfeuerndes, synchronisiertes 7,7-mm-Maschinengewehr der Marke Vickers

***Die MoS.30 war ein vom Typ AI (MoS.27) abgeleitetes, einsitziges Schulflugzeug für Fortgeschrittene.***

## Morane-Saulnier Typ AN

Der zweisitzige Jagd-Doppeldecker **Morane-Saulnier Typ AN**, der um den wassergekühlten Bugatti-Motor (331 kW/450 PS) herum konstruiert wurde, flog im Herbst 1918. Der klotzige Motor und die beiden extern montierten Lamblin-Kühler gaben diesem zweistieligen Muster ungleicher Spannweite ein häßliches Aussehen, das der sich geschmeidig verjüngende Hinterrumpf und das elegante Leitwerk nur zum Teil wieder ausglichen. Zu den gebauten Varianten gehörten der Ende 1918 getestete **Typ ANL** mit Liberty-Motor (298 kW/405 PS), der **Typ ANR** mit Renault-Motor (331 kW/450 PS) und der **Typ ANS** mit Salmson-Motor (390 kW/530 PS). Die beiden letztgenannten Ausführungen flogen 1919. Nach dem Krieg bestand kein besonderes Interesse an den Flugzeugen, und die Entwicklung wurde eingestellt.

Die offizielle Bezeichnung des **Typs AN** in der Kategorie C.2 (zweisitziger Jäger) lautete **MoS.31**. Die Bewaffnung bestand aus einem starren Vickers-MG und zwei schwenkbaren Lewis-MGs. Die Höchstgeschwindigkeit betrug 225 km/h.

***Seine häßliche Frontpartie verdankte der ansonsten leistungsfähige Typ AN den Leitungen, Auspuffstutzen und externen Kühlern seines wassergekühlten Bugatti-Motors.***

## Morane-Saulnier Typ AR (M.S.35)

Die **Morane-Saulnier Typ AR** war ein zweisitziges Anfängerschulflugzeug, das schon 1915 als Prototyp erschien. Sie wurde aus dem Typ LA entwickelt und war wie dieser als drahtverspannter Schirmeindecker ausgelegt. Neue Merkmale stellten das Seitenleitwerk und Ruder, offene Tandem-Cockpits mit Doppelsteuer, ein wohlgeformter, schlanker Hinterrumpf und das großrädrige Achsfahrgestell dar. Nach dem Krieg ging das zweisitzige Muster der Kategorie E.P.2 als **M.S.35** in Großserienproduktion, deren Hauptversion die vom Le-Rhône-Umlaufmotor 9C mit 59 kW (80 PS) angetriebene **M.S.35R** war. Andere Baureihen umfaßten die **M.S.35A** mit Anzani-Motor und die **M.S.35C** mit einem Clerget 9C gleicher Leistung.

Über 400 Exemplare wurden gebaut, von denen die meisten bei den Ecoles de Pilotage der Aeronautique Militaire flogen. Als sie dort 1929 ausschieden, kamen einige bei zivilen Fliegerclubs und Privatbesitzern unter, die sie noch die ganzen dreißiger Jahre hindurch betrieben. Andere Nutzer waren die französische Marine und mehrere ausländische Luftstreitkräfte, darunter Polen (70), die Sowjetunion (30), Argentinien, Belgien, Brasilien, Guatemala, Rumänien und die Türkei.

Die Geschwindigkeit der **M.S.35R** betrug 125 km/h und die Gipfelhöhe 4600 m. Die Spannweite war mit 10,57 m und die Abflugmasse mit 764 kg angegeben.

***Die entweder als Typ AR oder als M.S.35 bekannte M.S.35 wies die Merkmale aller Luftfahrzeugprodukte französischer Hersteller des Ersten Weltkriegs auf: Umlaufmotor, Schirmeindecker-Auslegung und einen elegant konstruierten Schwanz. Im Krieg hieß das Muster bei den französischen Streitkräften M.S.35, und anschließend wurden mehr als 400 Exemplare für eine internationale Kundschaft gebaut.***

# Morane-Saulnier Typ BB und Typ BH

Die 1915 im britischen Auftrag gebaute **Morane-Saulnier Typ BB** war ein kompakter Aufklärungs-Doppeldecker mit gleicher Spannweite, bei dem Pilot und Beobachter dicht hintereinander unter einem großen Ausschnitt an der Hinterkante des Oberflügels im Rumpf saßen. Die ursprüngliche Bestellung umfaßte 150 Flugzeuge, die vom Le-Rhône-Umlaufmotor mit 81 kW (110 PS) angetrieben werden sollten. Tatsächlich erhielten die meisten der 94 gefertigten Maschinen jedoch einen nur 59 kW (80 PS) starken Le Rhône, da ein Engpaß an Motoren der spezifizierten Leistungsklasse bestand. Dieser **Typ BH** hob sich durch eine große, stromlinienförmige Propellerhaube für seine Zweiblatt-Luftschraube ab.

Der **Typ BH** mit dem 80-PS-Motor rüstete No. 60 Squadron des RFC und No. 4 Squadron des RNAS in Nordfrankreich aus. No. 60 Squadron flog einige dieser Maschinen als Jäger, bei denen man das reguläre, beweglich montierte Lewis-MG durch ein weiteres Lewis-MG auf dem Oberflügel ergänzt hatte. Den **Typ BB** mit cem 110-PS-Motor flogen No. 1 und No. 2 Squadron des RFC.

Das Muster war nur bedingt erfolgreich. Seine Spannweite betrug 8,65 m, die maximale Startmasse 750 kg und die Höchstgeschwindigkeit 147 km/h.

***Die Morane-Saulnier Typ BB von 1915 war ein zweisitziger Doppeldecker kurzer Spannweite, der von unterschiedlichen Umlaufmotoren der Marke Le Rhône angetrieben werden konnte. Der Kolbenmotor selbst lag unter einer großen Verkleidung und war mit einer überdimensionierten Propellerhaube versehen. Die Maschinen führten ein Lewis 7,7-mm-MG und als Hauptbewaffnung ein über den Propeller hinweg feuerndes MG-Paar auf dem Oberflügel mit.***

# Morane-Saulnier Typ G

Die aus den älteren Morane-Saulnier-Eindeckern entwickelte **Morane-Saulnier Typ G** war ein drahtverspannter Schulterdecker für einen Piloten und einen Passagier, die in einem gemeinsamen Cockpit eng beieinander saßen. Das Muster wurde von Grahame-White in Hendon in Lizenz gebaut und von vielen angesehenen britischen und französischen Piloten der Vorkriegszeit geflogen. Das französische Kriegsministerium erteilte einen Auftrag über 94 Flugzeuge dieses Typs, und auch das RFC beschaffte einige der in Großbritannien gebauten Maschinen. Bei Kriegsausbruch im August 1914 zeigte sich jedoch rasch, daß sich der **Typ G** als Militärflugzeug kaum eignete, und die verbliebenen Exemplare dieses Typs wurden deshalb weitgehend zur Ausbildung angehender Piloten verwendet. Die Spannweite des Flugzeugs betrug 9,63 m, und mit einem 80-PS-Gnome-Umlaufmotor erreichte die Maschine eine Spitzengeschwindigkeit von 135 km/h.

***Die kontinuierliche Entwicklung der ersten Serie von MoS-Schulterdeckern führte 1912 zum endgültigen Eindecker Typ G mit vollverkleidetem Rumpf. Abgebildet ist die zum gestielten Hochdekker weiterentwickelte Version, die der Besatzung ein besseres Sichtfeld bieten sollte.***

**Varianten**

**Morane-Saulnier Typ WR:** eine für die russische Regierung gebaute Version mit einem ungewöhnlichen „Glashaus-Vorbau" an den Seiten des Vorderrumpfes knapp vor dem Tragwerk

**Morane-Saulnier Typ G (1915):** diese Ausführung fiel zwar unter die gleiche Bezeichnung, war aber ein Jagdeinsitzer mit einem starren Hotchkiss 8-mm-Maschinengewehr und Ablenkgeschirr; nur wenige Exemplare für die Aéronautique Militaire gebaut, angetrieben von einem Le-Rhône-Umlaufmotor mit 59 kW (80 PS).

# Morane-Saulnier Typ H

Der parallel zum Typ G entwickelte Einsitzer **Morane-Saulnier Typ H** flog 1913 zum ersten Mal und fand schon bald bei einer Reihe herausragender französischer Piloten Gefallen. Die Maschine war etwas kleiner als der Typ G, hatte an den Enden abgeschrägte Tragflächen mit einer Spannweite von 9,12 m und wies etliche Detailverbesserungen auf. Man nimmt an, daß das französische Kriegsministerium 26 Exemplare bestellte, von denen einige im ersten Jahr des Ersten Weltkriegs eingesetzt wurden und im Herbst 1914 an der Verteidigung von Paris teilnahmen. Ihre Bewaffnung blieb auf Revolver oder Karabiner beschränkt, die die Piloten mitführten. Mehrere Maschinen dieses Typs waren auch beim RFC im Einsatz. Die meisten **Typ H** wurden vom Gnome- oder Le-Rhône-Umlaufmotor mit 59 kW (80 PS) angetrieben, und ihre Höchstgeschwindigkeit lag geringfügig über der des Typs G.

***Der Typ H glich im Grunde dem Typ G, war aber nur für einen Flugzeugführer ausgelegt. In dieser Rückansicht gut zu erkennen sind die vom zentralen Mast auf die Flügeloberseite geführten Drähte: Der vordere Satz verhinderte ein Durchsacken der Tragflächen beim Landestoß.***

**Varianten**

**Morane-Saulnier Typ O:** Dieser Eindekker erschien 1914, konstruiert für Roland Garros, der damit an der Monaco-Luftrallye jenes Jahres teilnehmen wollte; ein weiteres Exemplar wurde gefertigt; die wegen des Wettbewerbs so leicht wie möglich gebaute Maschine hatte ein Fahrgestell, das harte Landungen verursachte; eine der Maschinen erhielt später neue Tragflächen und ein modifiziertes Fahrwerk

# Morane-Saulnier Typ L und Typ LA

Im August 1913 rüstete Morane-Saulnier eine Maschine vom Typ G zum drahtverspannten Schirmeindecker um. Dies war der Prototyp der **Morane-Saulnier Typ L**, die 1914 herauskam, ein zerbrechlich wirkendes, zweisitziges Aufklärungs- oder Beobachtungsflugzeug. Der **Typ L** hatte einen kantigen Rumpf, ein gewöhnliches Achsfahrgestell und einen Schwanz, der nur aus einem kleinen Seiten- und Höhenruder bestand. Einige Serienmaschinen erhielten eine starre Seitenflosse.

Der **Typ L** ging im Puteaux-Werk von Morane-Saulnier in Serie, um einen Auftrag der Türkei über 50 Flugzeuge zu erfüllen. Bei Kriegsausbruch im August 1914 wurden die türkischen Maschinen von der französischen Regierung requiriert. Die vom Gnome- oder Le-Rhône-Umlaufmotor mit 59 kW (80 PS) angetriebenen **Typ L** dienten als Ausrüstung der beiden neuaufgestellten escadrilles MS 23 und MS

26. Letzterer gehörte auch der berühmte Pilot Roland Garros an. In den Jahren 1914/15 wurde der **Typ L** häufig als Einsitzer geflogen, dessen einzige Bewaffnung in einer Pistole oder einem Karabiner bestand. Garros führte mit seiner Maschine Versuche mit einem Maschinengewehr und Ablenkplatten durch und schoß mit dieser Einrichtung am 1. April 1915 ein Feindflugzeug ab. Am 7. Juni 1915 zerstörte Flight Sub-Lieutenant Warneford des 1. Geschwaders der britischen Marineflieger den Zeppelin LZ.37 des deutschen Heeres, indem er kleine Bomben auf dessen Hülle abwarf und ihn so in Brand setzte. Die meisten der über 600 **Typ L** wurden jedoch von den Franzosen, den Russen sowie vom britischen RFC und RNAS als zweisitzige Aufklärer geflogen, normalerweise ohne jegliche Bewaffnung.

Der gestielte Hochdecker **Morane-Saulnier Typ LA** war zwar dank einer Reihe von Verfeinerungen ein wesentlich besseres Flugzeug, blieb aber nur eine Übergangslösung. Die Franzosen verwendeten das Muster nur vereinzelt, aber das RFC erwarb 24 Exemplare. Der **Typ LA** war ähnlich motorisiert wie **Typ L**, so daß sich lediglich eine geringfügige Leistungssteigerung ergab.

**TECHNISCHE DATEN**

**Typ:** zweisitziges Aufklärungsflugzeug
**Triebwerk:** ein Umlaufmotor Gnome oder Rhône mit 59 kW (80 PS)
**Leistung:** Höchstgeschwindigkeit 115 km/h; Flugdauer zwei Stunden
**Gewicht:** Rüstmasse 385 kg; max. Startmasse 655 kg
**Abmessungen:** Spannweite 11,20 m; Länge 6,88 m; Höhe 3,93 m; Tragflügelfläche 18,30 m²

***Die Morane-Saulnier Typ LA war eine technisch verbesserte Ausgabe des Typs L, ausgestattet mit Querrudern statt Drähten zur Flügelverwindung. Das Bild zeigt die mit Skiern ausgerüstete Version, wie sie die zaristischen Luftstreitkräfte flogen.***

# Morane-Saulnier Typ N

Im Juli 1914 flog Garros auf dem Flugtag im österreichischen Aspen die erste **Morane-Saulnier Typ N**. Die Maschine zeigte die damals bei Morane-Saulnier übliche Schulterdecker-Auslegung, aber der Rumpf war zum Rundprofil verkleidet, und das Leitwerk enthielt die später beim Typ L eingeführte starre Seitenflosse. Roland Garros geriet im April 1915 in Gefangenschaft, nachdem man ihn mit seiner Maschine vom Typ L zur Landung gezwungen hatte, und die erste militärische **Typ N**, die über der Westfront zu sehen war, führte Eugène Gilbert von der Escadrille MS 23 mit der Aufschrift „Le Vengeur" (Der Rächer). Es folgten weitere, speziell entwickelte Flugzeuge mit der Bezeichnung **Typ Nm**, von denen aber nur eine geringe Zahl in Dienst gestellt wurde. Diese Maschinen wiesen eine geänderte Form des Hinterrumpfs und ein modifiziertes Leitwerk auf. Zu den erfolgreichen Fliegern des **Typs N** gehörten Jean Navarre von der Escadrille MS 12 und der Vorkriegs-Kunstflugpilot Adolphe Pégoud von MS 39.

Der **Typ N** wurde von den Franzosen fälschlicherweise häufig als **Morane Monocoque** und von den Briten als **Morane Bullet** bezeichnet. Das RFC erhielt 24 Maschinen dieses Typs, nachdem die ersten französischen Exemplare den Dienst aufgenommen hatten. Das Muster wurde an mehrere Staffeln verteilt, aber der Hauptbetreiber war No. 6 Squadron. Etliche Maschinen flogen allerdings auch für die zaristischen Luftstreitkräfte Rußlands.

**Varianten**

**Morane-Saulnier Typ I:** Diese Version hob sich vom Typ Nm nur durch den Le-Rhône-Umlaufmotor 9J mit 81 kW (110 PS) ab; einige Maschinen flogen kurzzeitig bei No. 60 Squadron, aber der Hauptnutzer war Rußland, das eine beachtliche Stückzahl in Dienst stellte; die erfolgreichste russische Einheit war das in Lusk stationierte Jagdkommando XIX

**Morane-Saulnier Typ V:** Die ebenfalls mit dem 110-PS-Motor Le Rhône ausgestattete Version war im Vergleich zu den vorhergehenden Maschinen umfassend modifiziert worden; sie wies beispielsweise eine höhere Spannweite und einen verbreiterten Vorderrumpf auf, der einen Bauchtank für große Reichweite aufnehmen konnte; zwölf Exemplare gingen an das RFC und andere an Rußland

**TECHNISCHE DATEN**
**Morane-Saulnier Typ Nm**

**Typ:** Jagdeinsitzer
**Triebwerk:** ein Umlaufmotor Le Rhône 9C mit 59 kW (80 PS)
**Leistung:** Höchstgeschwindigkeit 145 km/h
**Gewicht:** Leermasse 288 kg; max. Startmasse 444 kg
**Abmessungen:** Spannweite 8,15 m; Länge 5,83 m; Höhe 2,50 m; Tragflügelfläche 11 m²
**Bewaffnung:** ein starres Hotchkiss-8-mm-Maschinengewehr oder ein 7,7-mm-MG vom Typ Vickers oder Lewis

# Morane-Saulnier Typ P

Der zweisitzige Schirmeindecker-Aufklärer **Morane-Saulnier Typ P** von Anfang 1916 führte einen neuen, völlig verkleideten Rumpf runden Querschnitts und Tragflächen mit Querrudern sowie abgeschrägten Endkappen ein. Der 81 kW (110 PS) starke Umlaufmotor Le Rhône 9J der ersten Maschinen hatte eine angepaßte, hufeisenförmige Verkleidung, aber später deckte man das Triebwerk mit einem kompletten Ringgehäuse ab. Vom **Typ P** wurden insgesamt 565 Exemplare produziert, doch keine französische Einheit war komplett mit diesem Typ ausgerüstet, obwohl die Aéronautique Militaire ihn umfassend verwendete. Eine beträchtliche Zahl stieß zum RFC und rüstete 1916/17 No. 1 und No. 3 Squadron aus. Einige RFC-Flugzeuge erhielten den Le Rhône mit 59 kW (80 PS). Die Bewaffnung variierte, und der Beobachter war zunächst mit einem Lewis-MG auf einer Drehstütze ausgerüstet, die aber später durch eine Ringlafette ersetzt wurde. Einige Flugzeuge hatten ein starres, vorwärtsfeuerndes Lewis-MG auf dem Tragwerk, andere ein synchronisiertes Vickers-MG, beide vom Kaliber 7,7 mm. Zwei zu Jagdeinsitzern umgebaute Maschinen wurden kurz getestet, und bei einer war das Tragwerk so weit nach unten gerückt, daß es knapp über dem Rumpf auf kurzen Streben ruhte. Der Zweisitzer **Typ P** hatte eine Spannweite von 11,20 m, eine Startmasse von 732 kg und eine Höchstgeschwindigkeit von 156 km/h, wenn der 110-PS-Motor installiert war.

***Der Typ P oder Morane-Saulnier 21 war ein brauchbarer Aufklärer, wurde aber nur in relativ geringer Stückzahl produziert. Die meisten Maschinen dienten ab 1917 den Franzosen, doch einige gingen auch an das RFC. Die Aufnahme zeigt eines der britischen Flugzeuge mit Lewis-MG.***

# Morane-Saulnier Typ S

Der Doppeldecker **Morane-Saulnier Typ S**, ein drei-/viersitziger schwerer Bomber, wurde 1915 gebaut. Seine beiden Renault-V-12-Motoren ermöglichten ihm eine Spitzengeschwindigkeit von 155 km/h. Mit seinem 26 m weit gespannten Tragwerk war der **Typ S** erheblich größer als der 1914 geflogene Typ T. Das Fahrwerk hatte eine ähnliche Auslegung wie das des Typs T, aber Zwillingsräder unter dem Vorderrumpf. Die Gefechtsstände der Bordschützen befanden sich im Bug und im Mittelrumpf der Maschine. In amtlichen Vergleichstests schnitt der Typ S überraschend erfolgreich ab, aber über die Anzahl der gebauten Flugzeuge dieses Typs gibt es keine offiziellen Aufzeichnungen.

***Der zweimotorige, schwere Bomber Morane-Saulnier Typ S war in seiner Zeit ein echtes Großflugzeug. Der Entwurf basierte auf dem Typ T, einem Doppeldecker ungleicher Spannweite, dessen Größe aber bei weitem nicht an die des neueren Typs S heranreichte. Den Antrieb lieferten zwei Le-Rhône-Umlaufmotoren.***

## Morane-Saulnier Typ T bis Morane-Saulnier M.S.450

**Zwischen den Kriegen baute Morane-Saulnier hauptsächlich Militärschulmaschinen und einsitzige Jäger, fast alle als Parasol-Hochdecker. Während der deutschen Besetzung produzierte das Werk für die Vichy-Regierung. Einige Lieferungen gingen mit Skiern als Fahrwerk nach Finnland.**

# Morane-Saulnier Typ T

Im Juli 1914 flog erstmals die **Morane-Saulnier Typ T**, ein großer Doppeldecker mit zwei 59 kW (80 PS) starken Le-Rhône-Umlaufmotoren in stromlinienförmigen Gehäusen zwischen Ober- und Unterflügel. Die Maschine hatte eine große einzelne Seitenflosse, und das Fahrgestell bestand aus zwei Hauptbaugruppen mit vier Rädern, die durch ein Rad unter dem Bug und einen Schleifsporn am Heck ergänzt wurden. Der **Typ T** mit 17,65 m weit gespanntem Tragwerk erreichte eine Höchstgeschwindigkeit von 140 km/h. Er war ursprünglich als Bomber vorgesehen, wurde 1916 aber als schwerer Begleitjäger für Bomber in Auftrag gegeben. Vermutlich hat man die Bestellung über 100 Flugzeuge jedoch widerrufen, nachdem erst wenige Exemplare fertiggestellt waren.

***Zur Verringerung des Luftwiderstands waren die Motoren des Typ T mit riesigen Propellerhauben versehen. Die Höchstgeschwindigkeit lag dennoch nur bei 140 km/h.***

# Morane-Saulnier Typ TRK

Über den Dreidecker-Bomber **Morane-Saulnier Typ TRK** von 1915 ist wenig bekannt. Die beiden 162 kW (220 PS) starken Canton-Unné-Motoren waren an den vorderen Rumpfseiten montiert und trieben über schräge Fernwellen große, vor dem Tragwerk installierte Zweiblatt-Luftschrauben ungleicher Spannweite an. Das Fahrgestell entsprach dem des Doppeldekkers Typ T, und die beiden Flugzeugführer saßen nebeneinander im Vorderrumpf. Ein drittes Besatzungsmitglied war im Mittelrumpf untergebracht, um einen Zwillings-MG-Stand zu besetzen.

***Der MoS Typ TRK war durch etliche ungewöhnliche Merkmale gekennzeichnet, wie etwa seine Dreidecker-Auslegung ungleicher Spannweite.***

# Morane-Saulnier M.S.43

Sieger der Ausschreibung des französischen Kriegsministeriums von 1924 für ein zweisitziges Schulflugzeug der Kategorie ET.2 war die **Morane-Saulnier M.S.43**, die aus dem Prototyp M.S.42 hervorging. Im Unterschied zum Vorläufer-Doppeldecker mit gleicher Spannweite hatte man den Oberflügel der **M.S.43** ein gutes Stück weiter gespannt als den Unterflügel und die Zelle insgesamt stärker ausgelegt, damit sie den Betrieb auf den rauhen Oberflächen damaliger Flugfelder besser verkraftete. Die mit Doppelsteuerung in Tandem-Cockpits ausgerüstete **M.S.43** brachte es auf eine Produktionsziffer von 79 Exemplaren. Als das Muster 1929 aus dem militärischen Dienst ausschied, erwarben private Organisationen einige dieser Maschinen.

***Das Fahrwerk der M.S.43 war enorm stark, so daß sich die Maschine besonders gut für den Betrieb auf unebenen Grasplätzen eignete.***

Ein Exemplar hatte der amerikanische Militärattaché in Frankreich genutzt. Der V-8-Motor Hispano-Suiza 8Ab mit einer Leistung von 132 kW (180 PS) verlieh der **M.S.43** eine Spitzengeschwindigkeit von 162 km/h. Die Flügelspannweite des Flugzeugs betrug 10,88 m und das höchstzulässige Abfluggewicht 1120 kg.

# Morane-Saulnier M.S.50, M.S.51 und M.S.53

Das als Schirmeindecker ausgelegte Anfängerschulflugzeug **Morane-Saulnier M.S.50C** erschien 1924. Die von einem Salmson-Sternmotor 9Ac mit 88 kW (120 PS) angetriebene Maschine erreichte eine Spitzengeschwindigkeit von 168 km/h. Sechs Exemplare wurden 1925 an Finnland verkauft, wo sie bis 1932 im Einsatz blieben. Die Kennungen der finnischen Maschinen lauteten **2G6** bis **2G11** und später **M.S.51** bis **M.S.56**.

Zwei **M.S.51** kamen 1925 heraus, eine von ihnen als umgebaute **M.S.50**. Der Hauptunterschied bestand im Einbau des V-8-Motors 8Ab von Hispano-Suiza mit einer Nennleistung von 132 kW (180 PS).

***Die vom Salmson-Sternmotor angetriebene M.S.50 von 1924 führte neue Randbögen an dem für Morane-Saulnier typischen Schirmeindecker-Tragwerk ein.***

Ebenfalls 1925 flog erstmals die **M.S.53**, wie die anderen ein Schulflugzeug, aber mit geänderter Verstrebung der zurückgepfeilten Baldachin-Tragflächen. Von den seriengefertigten Maschinen gingen fünf an die türkische Luftwaffe. Die Spannweite maß 10,70 m im Vergleich zu 11,70 m bei der **M.S.50** und der **M.S.51**.

Wenn auch in relativ kleinen Stückzahlen gebaut, stellten diese Trainer doch einen Fortschritt in der M.S.-Flugzeugkonstruktion dar, da sie ein neues Tragwerk mit günstigeren aerodynamischen Eigenschaften einführten.

# Morane-Saulnier M.S.121, 221, 222, 223 und M.S.224

Der 1927 gebaute leichte Jagdeinsitzer **Morane-Saulnier M.S.121** sollte den 1926 von französischen Ämtern aufgestellten Kriterien für einen Jäger in Leichtbauweise genügen. Gefordert war ein Muster mit maßvollem Antrieb, aber guter Steigleistung, um Feindbomber beim Überfliegen der Grenze abfangen zu können. Von den sieben Prototypen, die innerhalb dieses Programms gefertigt wurden, erreichte keiner die Serienproduktion.

Die **M.S.121**, angetrieben von einem V-8-Motor Hispano-Suiza 12Jb mit 294 kW (400 PS), erreichte die bescheidene Spitzengeschwindigkeit von 248 km/h. Bei der nächsten Entwicklungsstufe, der **M.S.221**, behielt man die generelle Auslegung eines abgestrebten Schirmeindeckers mit Achsfahrgestell bei, reduzierte aber das maximale Startgewicht und baute einen Gnome-Rhône-Sternmotor 9Ag mit 353 kW (480 PS) ein. Die von Fronval 1928 testgeflogene **M.S.221** beschleunigte auf 268 km/h. Neuerlich geänderte Anforderungen führten zur **M.S.222** mit einem 9Asb-Jupiter-Ladermotor. Dieser Prototypjäger flog erstmals im März 1929, und die berühmte Pilotin Maryse Hilz stellte mit ihm 1932 einen neuen Höhenrekord für Frauen auf. Ein zweites Exemplar (F-AJZT) mit Townend-Ring um den Motor, das im Oktober 1930 flog, wurde für Vorführungen im Ausland verwendet.

Die **M.S.223.01** von 1930 war mit der **M.S.222** identisch, abgesehen vom neuen, geteilten Fahrwerk mit Ölstoßdämpfern. Kurz nach ihrem Erscheinen brach das französische Luftfahrtministerium das Programm ab. Inzwischen hatte Morane-Saulnier die weitgehend ähnliche **M.S.224** fast fertiggestellt und konnte sie 1930 beim Salon de l'Aéronautique vorstellen. Spannweite und Tragflügelfläche waren erweitert, und bis auf hölzerne Rippen bestand die **M.S.224** aus Metall. Dieses Modell steigerte die Höchstgeschwindigkeit auf 299 km/h. Die nächste Entwicklungsstufe war die M.S.225.

Die Bewaffnung all dieser „Jockey"-Jäger von Morane-Saulnier bestand aus zwei synchronisierten 7,7-mm-Maschinengewehren im Nasenrücken.

## Morane-Saulnier M.S.129 und M.S.130

Die **Morane-Saulnier M.S.129** von 1925 und die **M.S.130** von 1926 hatten viele neue Konstruktionsmerkmale gemein und stammten beide von der M.S.53 ab. Nur relativ wenige **M.S.129** wurden gebaut, einige für die rumänische Luftwaffe und andere für den zivilen Gebrauch. Von der erfolgreichen **M.S.130** entstanden insgesamt 145 Exemplare.

Zu den Innovationen dieses Entwurfs zählten „selbststabilisierende" Schirmeindecker-Pfeilflügel. Für den Antrieb der **M.S.129** sorgte ein Hispano-Suiza-8Ab V-8-Motor mit 132 kW (180 PS), während in den sorgfältiger geformten Vorderrumpf der **M.S.130** ein Salmson-Sternmotor 9Ab mit einer Leistung von 169 kW (230 PS) eingebaut war, dessen Zylinder freilagen.

Die meisten **M.S.130** gingen an die französische Marine und dienten von 1927 bis 1935 bei deren Ausbildungszentren. Privateigner und Fliegerclubs erwarben 26 Exemplare dieses Typs, und einige Maschinen wurden exportiert, 15 nach Brasilien, zwei nach Belgien und andere nach China, Guatemala und in die Türkei. Die französischen Heeresflieger nutzten lediglich eine kleine Stückzahl.

Der zweite **M.S.130**-Prototyp wurde 1929 für ein neues Fahrwerk modifiziert, das später auch die M.S.230 ausrüstete, und nahm am Wettbewerb Coupe Michelin jenes Jahres teil. Später glich man zwei **M.S.130** dem Standard M.S.230 an.

Die **M.S.130** hatte eine Spannweite von 10,70 m, ein Abfluggewicht von 1149 kg und eine Geschwindigkeit von 208 km/h.

**Varianten**

**M.S.131:** eine zur Aufnahme eines 169 kW (230 PS) starken Lorraine-Motors umgebaute M.S.130

**M.S.132:** Umrüstflugzeug mit 88 kW (120 PS) starkem Salmson-Sternmotor 7Ac

**M.S.133:** vier ummotorisierte Flugzeuge, eine M.S.130 und drei M.S.129

**M.S.134:** auf den 59 kW (80PS) starken Clerget-Motor 9B umgestellte M.S.130

***Die bei der M.S.130 eingeführten Pfeilflügel boten ein gewisses Maß an „eingebauter" Stabilität und wurden daher zum Standard erhoben.***

**M.S.136:** auf den 88 kW (120 PS) starken Salmson-Sternmotor umgestellte M.S.130

## Morane-Saulnier M.S.138

Die erstmals 1927 geflogene **Morane-Saulnier M.S.138** war ein zweisitziges Anfängerschulflugzeug der Kategorie EP.2. Dieser Abkömmling der M.S.35 hob sich von ihr durch eine Pfeilung seiner Schirmeindecker-Tragflächen, ein neukonstruiertes Leitwerk und einen stärker gerundeten Rumpf ab. Die meisten der 178 gebauten Maschinen nutzte die Aéronautique Militaire, und nach Aufstellung der Armée de l'Air dienten sie bis 1935 weiterhin bei dieser Teilstreitkraft. Andere flogen bei der Aéronavale und bei zivilen Fliegerclubs (33 Exemplare waren im zivilen Register eingetragen.) Zudem erwarb Griechenland eine kleine Serie.

***Viele M.S.138 entstanden für die französische Luftwaffe.***

Die **M.S.138** wurde vom Umlaufmotor Le Rhône 9C mit 59 kW (80 PS) angetrieben und erreichte eine Spitzengeschwindigkeit von 135 km/h. Ihre Flügelspannweite betrug 10,90 m und ihr maximales Startgewicht 772 kg. Zu den Varianten zählten die **M.S.137** mit einem Salmson-Sternmotor 9Ac (88 kW/120 PS), die **M.S.139** mit dem Clergt-Umlaufmotor 9B (96 kW/130 PS) und die **M.S.191** mit leicht reduzierter Spannweite sowie deren Untervarianten mit dem Clerget 9B beziehungsweise Salmson 9Nc.

## Morane-Saulnier M.S.140S und M.S.141S

Das leichte Sanitätsflugzeug **Morane-Saulnier M.S.140S** wurde auf der Grundlage einer offiziellen französischen Unterlage als einstieliger Doppeldecker mit horizontal gestaffelten Pfeilflügeln und einem geteilten Fahrgestell mit großer Spurweite entwickelt. Der Pilot saß vorn im offenen Cockpit, und auf der rechten Rumpfseite schloß sich eine lange Scharnierklappe an, die die Aufnahme eines auf einer Trage liegenden Patienten ermöglichte. Weder die **M.S.140S** mit dem Umlaufmotor Le Rhône 9C (59 kW/80 PS) noch die verbesserte **M.S.141S** mit dem stärkeren Salmson-Sternmotor 9Ac (88 kW/120 PS) wurde zur Serienfertigung freigegeben.

***Der Prototyp M.S.141S war von Grund auf als Sanitätsflugzeug konzipiert. Im Hinterrumpf befanden sich Vorrichtungen für eine Krankentrage und einen Sanitäter. Die Sichtscheibe auf der linken Seite war für den Patienten gedacht.***

## Morane-Saulnier M.S.147, M.S.148 und M.S.149

Die Eindecker-Serie, die mit der **Morane-Saulnier M.S.147** begann, verband den Rumpf und das Fahrwerk der M.S.130 mit dem drahtverspannten Tragwerk des gestielten Hochdeckers M.S.138. Der Prototyp **M.S.147** (F-AIXA) hob 1928 zum Erstflug ab. Unter dem Antrieb eines Salmson-Sternmotors 9Ac mit 88 kW (120 PS) konnte das Muster eine Geschwindigkeit von höchstens 145 km/h erreichen. Insgesamt 109 Flugzeuge wurden gebaut. Drei **M.S.147P** setzte die Firma Aéropostale auf ihren Luftpoststrecken ein, und von den Exportmaschinen gingen 30 Exemplare nach Brasilien sowie fünf nach Griechenland. Zu den weiteren Auslandsabnehmern zählten Guatemala und die Türkei.

***Bis Mitte der dreißiger Jahre war die Mehrzahl der 109 Schulflugzeuge M.S.149 ausgeschieden.***

Die einzige **M.S.148**, angetrieben von einem Salmson 7Ac mit 70 kW (95 PS), erschien 1928, und im Jahr darauf fand der Jungfernflug der ersten von 56 **M.S.149** statt. Alle diese Maschinen übernahm die französische Marine zur Ausbildung ihrer Fluganwärter. Diese Schulflugzeuge mit dem 74 kW (100 PS) starken Lorraine-Sternmotor 5Pa erreichten eine Spitzengeschwindigkeit von 140 km/h. Sie blieben bei den Flugschulen der Marine bis 1935 im Einsatz.

## Morane-Saulnier M.S.152

Der zweisitzige, abgestrebte Schirmeindecker-Jagdaufklärer **Morane-Saulnier M.S.152** flog 1928. Das Muster war mit einem 7,7-mm-Zwillings-MG auf Ringlafette über dem Beobachter-Cockpit, Sichtfeldern in den Rumpfseiten und einer Bodenklappe für ein drittes MG oder eine Luftbildkamera ausgestattet. Außerdem konnte ein vorwärtsfeuerndes Maschinengewehr starr eingebaut werden. Die Spannweite der **M.S.152** betrug 12,80 m und die Höchstgeschwindigkeit unter dem Antrieb eines Salmson-Sternmotors 9Ab mit 169 kW (230 PS) nur 183 km/h.

## Morane-Saulnier M.S.180, M.S.181 und M.S.185

Die erstmals 1928 geflogene **Morane-Saulnier M.S.180** war ein kleiner Einsitzer in der Auslegung eines gestielten Hochdeckers, bestimmt für Sport- und Kunstflieger. Für den Antrieb sorgte ein Salmson 9Ad mit knapp 30 kW (40 PS). Die im folgenden Jahr herausgebrachte **M.S.181** sah der vorausgegangenen Maschine sehr ähnlich, hatte aber einen 44 kW (60 PS) starken Salmson-Sternmotor 5Ac. Weitere Verbesserungen umfaßten ein größeres Seitenruder und einen schlankeren Rumpf. Für erhöhte Wirtschaftlichkeit entwickelte die Firma die **M.S.185** mit weiter gespannten Tragflächen und rundlichen Endkappen. Diese Version stützte sich auf einen schwächeren Salmson-Sternmotor mit nur 34 kW (46 PS), war aber ebenso erfolgreich wie die **M.S.181**. Sowohl die **M.S.181** als auch die **M.S.185** wurden in größerer Zahl gebaut: Über 100 Exemplare gingen an Privathalter und Fliegerclubs. Zwei **M.S.181** flogen noch 1983 in Frankreich.

# Morane-Saulnier M.S.225

Der Jäger **Morane-Saulnier M.S.225** sollte die Zeit bis zur Einsatzreife der neuen Typen für die escadrilles de chasse der Armée de l'Air überbrücken, die sich in der Entwicklung befanden. Er wurde 1932 als Modell auf dem Pariser Salon de l'Aéronautique vorgestellt, und nach erfolgreichem Abschluß der Flugerprobung erging ein Serienauftrag.

Der Jagdeinsitzer **M.S.225** (Kategorie C.1) war eine Ganzmetall-Konstruktion und hatte ein geteiltes Fahrwerk großer Spurbreite mit sorgsam verkleideten Beinen und Rädern. Für den Antrieb des Flugzeugs sorgte ein Gnome-Rhône-Sternmotor vom Typ 9Krsd. Der Rumpf war stärker gerundet und die Zelle insgesamt robuster als beim direkten Vorläufer **M.S.224.01**. Das für so viele Morane-Saulnier-Muster dieser Periode typische Pfeilflügel-Baldachin-Tragwerk fand sich auch bei der **M.S.225**.

**TECHNISCHE DATEN**

**Typ:** Jagdeinsitzer
**Triebwerk:** ein Sternmotor Gnome-Rhône 9Kbrs mit 368 kW (500 PS)
**Leistung:** Höchstgeschwindigkeit 333 km/h in 4000 m Höhe; Dienstgipfelhöhe 9500 m; Reichweite 700 km
**Gewicht:** Rüstmasse 1217 kg; max. Startmasse 1580 kg
**Abmessungen:** Spannweite 10,56 m; Länge 7,24 m; Höhe 3,29 m; Tragflügelfläche 17,20 m²
**Bewaffnung:** zwei starre, synchronisierte Vickers-7,7-mm-Maschinengewehre im Vorderrumpf

Insgesamt 75 **M.S.225** wurden im Puteaux-Werk gefertigt. Das letzte von 55 Exemplaren für die Armée de l'Air kam im November 1933 zur Auslieferung, und die Aéronautique Maritime nahm im Februar 1934 das erste von insgesamt 16 Jagdflugzeugen entgegen. Drei Maschinen dieses Typs gingen außerdem an China, und der berühmte Pilot Detroyat hatte eine **M.S.225** zur persönlichen Verwendung, mit der er bei zahlreichen Flugschauen und Wettbewerben auftrat.

Die Armée de l'Air rüstete ab 1933 je zwei escadrilles des 7. Escadre in Dijon und des 42. Escadre in Reims mit der **M.S.225** aus, die sich bei diesen Jagdstaffeln bis 1936/37 im Dienst hielt. Auch die namhafte Escadrille 3C1 der Aéronavale, beheimatet in Marignane, flog dieses Muster; Anfang 1936 wurde 3C1 jedoch zur 1. Escadrille/Groupe de Chasse II/8 der Armée de l'Air umorganisiert und gab die **M.S.225** im Juli 1938 ab.

Von 1934 bis 1938 setzte die der Flugschule in Etampes angehängte „Patrouille Acrobatique" fünf **M.S.225** ein, und als letzte Einheit der Armée de l'Air nutzte die „Patrouille" der Ecole de l'Air in Salon de Provence 15 Exemplare dieses Modells, die andere Einheiten abgegeben hatten. Alle diese Maschinen waren für den Kunstflug modifiziert und am höheren Seitenleitwerk erkennbar. Seine letzte große Vorstellung gab das berühmte Team 1939 im belgischen Evère. Bei Kriegsausbruch existierten noch 21 flugtüchtige Exemplare, aber bis zum Sommer 1940 waren alle Maschinen verschrottet.

**Varianten**

**M.S.226:** Trägerversion von Ende 1933 mit Deckfanghaken unter dem Hinterrumpf; die Maschine blieb allerdings landgestützt in Hyères
**M.S.226bis:** hierbei handelt es sich um die Variante der M.S.226 mit beiklappbaren Tragflächen; 1934 geflogen
**M.S.227:** flog 1933 als Erprobungsträger des Hispano-Suiza 12Xcrs mit 508 kW (690 PS) in Verbindung mit einem Vierblatt-Propeller
**M.S.275:** diese 1934 geflogene Ausführung mit modifiziertem Trag- und Leitwerk wurde vom Gnome-Rhône-Motor 9Krse mit 508 kW (690 PS) angetrieben, der ihr zu einer Höchstgeschwindigkeit von 348 km/h in 4000 m Höhe verhalf; die Maschine wurde allerdings nicht zur Serienfertigung zugelassen
**M.S.278:** die zur Aufnahme eines 383 kW (520 PS) starken Clerget-Dieselmotors 14Fos umgebaute M.S.225 Nr. 2

***Die als Übergangsjäger produzierte M.S.225 wurde als erster Einsatztyp Frankreichs (neben der Nieuport-Delage 629) mit einem Ladermotor ausgerüstet. Die Maschine wurde auch erfolgreich auf Flugschauen und bei Wettbewerben vorgeführt.***

# Morane-Saulnier M.S.230 (Serien)

Die **Morane-Saulnier M.S.230**, ein zweisitziges Zwischenstufen-Schulflugzeug, stellte das wichtigste französische Modell der Kategorie Et.2 zwischen den beiden Weltkriegen dar. Der im Februar 1929 erstmals geflogene Prototyp, ein abgestrebter Schirmeindecker mit einem Rumpf runden Querschnitts und geteiltem Fahrwerk großer Spurbreite, war das Ergebnis einer Entwicklung des Eindeckers Typ AR aus dem Ersten Weltkrieg. Der Schüler saß in einem offenen Cockpit unter dem Ausschnitt an der Hinterkante des Tragflächenmittelstücks, und dahinter lag das Cockpit des Fluglehrers.

An eine Erstbestellung der französischen Aéronautique Militaire über 500 **M.S.230** schlossen sich weitere militärische Aufträge an, auch von der französischen Marine, zivilen Flugschulen und Privatpiloten. Andere Exemplare wurden exportiert. Die Produktion bei Morane-Saulnier steigerte sich noch durch Bestellungen, die SFAN (59) und Levasseur (80) annahmen. 18 Flugzeuge des Levasseur-Kontingents entstanden nach dem Krieg. Die Exportversionen **M.S.233** und **M.S.236** wurden von OGMA (Portugal) und SABCA (Belgien) hergestellt.

Neben der reinen Schulung diente das Muster auch für zahlreiche andere Aufgaben, wie für den Verbindungs- und Beobachtungsdienst, zur Ausbildung von Bordschützen, als Zieldarstellungs- und Segelschleppflugzeug sowie zum Kunstflug. Die berühmte Flugschule der Armée de l'Air in Etampes verlieh den Tragflächen der drei **M.S.230** ihres Kunstflugteams einen grünweißen Anstrich, so daß sie bei den französischen Fliegertreffen der Vorkriegszeit sofort ins Auge fielen.

**Varianten**

**M.S.229:** zwei 1931 für die Schweizer Fliegertruppen gefertigte Flugzeuge; ähnlich wie M.S.230, aber mit V-8-Motor Hispano-Suiza 8Ac; ein Exemplar 1932 auf den Wright-Sternmotor 9Qa ummotorisiert
**M.S.230:** über 1100 Flugzeuge; davon kaufte Rumänien 20 im Jahr 1930 und Griechenland 25 im Jahr 1931; Belgien und Brasilien erwarben je neun Exemplare; der Typ war nicht jahrelang das hauptsächliche Schulflugzeug der Armée de l'Air, wurde aber auch von der französischen Marine und etlichen namhaften Privatpiloten, darunter auch Louis Dollfus, geflogen; mehrere Exemplare dienten der Erprobung von Vorflügeln und Schneekufen-Fahrwerk; eine Maschine mit einem Lorraine-Motor 9Nb Algol Junior als Antrieb
**M.S.231:** sechs 1930 mit dem 177 kW (240 PS) starken Lorraine-Motor 7Mb gebaute Flugzeuge
**M.S.232:** experimentelle Version mit einem 147 kW (200 PS) starken Dieselmotor vom Typ Clerget 9Ca; flog kurzzeitig im November 1930

***Die Morane-Saulnier M.S.230 war ein in jeder Hinsicht ausgezeichnetes Schulflugzeug.***

**M.S.233:** vom Gnome-Rhône-Sternmotor 5Ba oder 5Bc mit 169 kW (230 PS) angetriebene Ausführung; sechs in Frankreich und 16 in Portugal lizenzgefertigte Maschinen für die dortigen Luftstreitkräfte
**M.S.234:** Hispano-Suiza 9Qa mit 184 kW (250 PS); zwei Flugzeuge, davon eines für den amerikanischen Botschafter in Paris
**M.S.234/2:** umgebaute Rennversion der M.S.130, die 1931 am Rennen um den Coupe Michelin teilnahm; angetrieben von einem 169 kW (230 PS) starken Hispano-Suiza 9Qb mit NACA-Haube; 1933 auf einen Hispano-Suiza 9Qa umgestellt und in M.S.234 Nr. 2 umbezeichnet; wurde von Michel Detroyat bei Kunstflugveranstaltungen in Frankreich und in den USA bis ins Jahr 1938 geflogen
**M.S.235:** ein 1930 mit Gnome-Rhône-Motor 7Kb (221 kW/300 PS) gebautes und geflogenes Flugzeug
**M.S.235H:** Zwillingsschwimmerversion der M.S.235; dieser Typ wurde 1931 vom Etang de Berre aus geflogen
**M.S.236:** SABCA baute 19 Exemplare für die belgischen Luftstreitkräfte; angetrieben vom Armstrong-Siddeley Lynx 4C mit 160 kW (218 PS); Erstflug im Juli 1932
**M.S.237:** fünf für private Halter gebaute Exemplare mit einem 206 kW (280 PS) starken Salmson-Sternmotor 9Aba; erschienen im Jahre 1934

**TECHNISCHE DATEN**
**Morane-Saulnier M.S.230**

**Typ:** zweisitziges Schulflugzeug
**Triebwerk:** ein Sternmotor Salmson 9Ab mit 169 kW (230 PS)
**Leistung:** Höchstgeschwindigkeit 205 km/h; Dienstgipfelhöhe 5000 m
**Gewicht:** Rüstmasse 829 kg; max. Startmasse 1150 kg
**Abmessungen:** Spannweite 10,70 m; Länge 6,98 m; Höhe 2,80 m; Tragflügelfläche 19,70 m²

# Morane-Saulnier M.S.250

Die **M.S.250**, vorgesehen für die Anschlußausbildung von Beobachtern, konnte ihre Abstammung von der M.S.230 nicht leugnen. Das hintere Cockpit wies eine Ringlafette für ein MG und eine gerahmte Windschutzscheibe auf. Unter dem Antrieb eines Salmson 9Ab mit 169 kW (230 PS) erreichte die Maschine eine Geschwindigkeit von 189 km/h. Die Ausführung **M.S.251** griff auf einen Lorraine-Sternmotor 7Mc mit 177 kW (240 PS) zurück.

***Diese Aufnahme des Prototyps zeigt die Abkehr vom bisherigen Leitwerkskonzept.***

# Morane-Saulnier M.S.315

Die **Morane-Saulnier M.S.315**, abgeleitet vom Prototyp des Anfängerschulflugzeugs M.S.300 von 1930 und seinen Ablegern M.S.301 und M.S.302, flog erstmals im Oktober 1932. Die typisch robuste Schirmeindecker-Auslegung dieses Modells war mit einer gemischten Bauweise kombiniert. Auf vier Musterflugzeuge folgten 346 Serienmaschinen, von denen 33 nach dem Krieg gefertigt wurden. Ferner entstanden fünf antriebsstärkere **M.S. 315/2** für die zivile Luftfahrt und eine einzelne **M.S.316** mit einem zweireihig hängenden Regnier-Motor. Der Typ mit geteiltem Hauptfahrwerk entwickelte sich zum Arbeitspferd der Armée de l'Air und diente außerdem bei der Aéronavale sowie diversen zivilen Flugschulen. Diesen Favoriten auf Luftfahrtschauen der Vorkriegszeit flogen namhafte Piloten wie Thoret, Fleurquin und Detroyat.

Zwischen 1960 und 1962 wurden 40 Exemplare der seinerzeit im zivilen Segelflugzeugschleppdienst eingesetzten **M.S.315** auf den Continental-Sternmotor W-670K mit einer Nennleistung von 164 kW (223 PS) aus Kriegsbeständen umgerüstet und erhielten daraufhin die neue Bezeichnung **M.S.317**.

**TECHNISCHE DATEN**
**Morane-Saulnier M.S.315**
**Typ:** zweisitziges Grundschulflugzeug
**Triebwerk:** ein Sternmotor Salmson 9Nc mit 99 kW (135 PS)
**Leistung:** Höchstgeschwindigkeit 170 km/h; Dienstgipfelhöhe 5500 m
**Gewicht:** Rüstmasse 548 kg; max. Startmasse 860 kg
**Abmessungen:** Spannweite 12 m; Länge 7,60 m; Höhe 2,80 m; Tragflügelfläche 21,60 m²

***Mit schwächerem Antrieb und größerer Flügelfläche als bei der M.S.230 war die Morane-Saulnier M.S.315 ein ideales Schulflugzeug für Anfänger. Der Typ wurde in großen Stückzahlen gebaut.***

# Morane-Saulnier M.S.325

Der Prototyp **Morane-Saulnier M.S.325**, der im Frühjahr 1933 erstmals flog, unterlag im Beschaffungsprogramm des französischen Luftfahrtministeriums für einen Jagdeinsitzer der Dewoitine D.500 und der Blériot-SPAD D.510. Der Ganzmetall-Tiefdecker, dessen halbwegs elliptische Tragflächen durch Y-Streben zum Rumpfobergurt hin abgefangen waren, nahm seinen Piloten in einem offenen Cockpit oberhalb der Abströmkante auf, geschützt durch einen hinteren Überrollbuckel. Der 478 kW (650 PS) starke Hispano-Suiza-Reihenmotor 12Xbrs ermöglichte der **M.S.325** eine Spitzengeschwindigkeit von 365 km/h. Ihre Spannweite betrug 11,80 m und die maximale Startmasse 1789 kg. Trotz einer ganzen Reihe von Innovationen war die **M.S.325** technisch eindeutig veraltet, als die Entwicklung im Jahre 1934 abgebrochen wurde.

***Die M.S.325 zeigte viele Merkmale der ersten Eindecker-Generation, wie ein starres, wenngleich verkleidetes Fahrgestell und abgestrebte Tragflächen. Das offene Cockpit war mit einer Kopfstütze ausgestattet.***

# Morane-Saulnier M.S.340 bis M.S.345

Der im April 1933 geflogene Prototyp **Morane-Saulnier M.S.340** war als Reise- und Schulflugzeug konzipiert. Der Hersteller hatte an seiner üblichen Schirmeindekker-Auslegung festgehalten, dieses Mal allerdings in Verbindung mit einer Pfeilung von 18°. Die gemischt konstruierte **M.S.340** wies bis auf den blechbeplankten Motorbereich eine Stoffbespannung auf. Die Hauptserienversion war die **M.S.341**, und bis 1937 wurden rund 40 Flugzeuge aller Versionen gefertigt. Zwei Maschinen flogen bei den Truppen der antifaschistischen Regierung im Spanischen Bürgerkrieg als Verbindungsmaschinen.

**Varianten**
**M.S.340:** Prototyp (F-AMOP), angetrieben vom Gipsy III mit 89 kW (121 PS)
**M.S.341:** das erste Exemplar war eine umgerüstete M.S.340 mit Renault-Motor 4Pdi gleicher Leistung
**M.S.341/2:** stärkere Flügelverstrebung und neukonstruiertes Leitwerk
**M.S.341/3:** angetrieben vom Renault 4Pei mit 103 kW (140 PS); außer zivilen Exemplaren entstanden auch zwölf M.S. 341/3 als Grundschulflugzeuge für die Armée de l'Air; Höchstgeschwindigkeit 200 km/h, Spannweite 10,20 m und max. Startmasse 920 kg
**M.S.342:** Version mit de-Havilland-Motor Gipsy Major (89 kW/121 PS); zweite Maschine mit Cockpit-Glashaube und verkleideten Rädern eigens für den Millionär Louis Gazaniol in Sidi-bel-Abbès, Algerien, gebaut
**M.S.343:** Einzelexemplar (F-APIA), für die bekannte Pilotin Maryse Hilz gefertigt; angetrieben vom Salmson-Sternmotor 9Nd mit 129 kW (175 PS)
**M.S.343/2:** wie M.S.343, aber mit Salmson 9Nc (99 kW/130 PS)
**M.S.345:** erschien im Juni 1935; Einzelexemplar (F-ANVR) mit einzelner Profilstrebe pro Flügel und komplett verkleidetem Fahrgestell; Antrieb durch Renault 4Pei mit 103 kW (140 PS); befand sich im Besitz einiger reicher Amateurpiloten, ging aber nicht in Serie

***Zwei wesentliche Merkmale der M.S.340 waren die stärker betonte Rückpfeilung der Tragflächen und die Verwendung eines Reihenmotors mit hängenden Zylindern.***

# Morane-Saulnier M.S.350

Die erstmals am 8. Februar 1936 geflogene **Morane-Saulnier M.S.350** war ein kleiner, einsitziger Kunstflug-Doppeldecker mit offenem Cockpit, Tragflächen gleicher Spannweite und freitragenden Kurzbeinen eines starren Fahrgestells, das einschließlich stromlinienförmiger Radgehäuse sorgsam verkleidet war. Der zunächst von einem Renault 453/01 angetriebene Prototyp wurde rasch auf einen Renault 478/01 6 Q/01 mit einer Leistung von 162 kW (220 PS) umgestellt. Dienstliche Aufträge für diesen Typ blieben aus, doch er schuf sich einen ausgezeichneten Ruf dank einer Serie atemberaubender Vorführungen auf Flugveranstaltungen, die bis September 1939 in Frankreich und in der Schweiz stattfanden. Anschließend wurde die Maschine tiefgreifend modifiziert und mit einem Zenith-Vergaser für längere Rückenflugphasen ausgestattet. Nachdem sie im Zweiten Weltkrieg eingelagert war, erfolgte eine Grundüberholung und die neue Zulassung als F-BDYL. In begrenztem Umfang flog die **M.S.350** noch bis zum 8. Dezember 1964, als sie in Italien einen Totalschaden erlitt und verschrottet werden mußte.

***Nach dem Zweiten Weltkrieg wurde der Kunstflug-Doppeldecker Morane-Saulnier M.S.350 wieder flugtüchtig gemacht und bis 1964 sporadisch eingesetzt.***

# Morane-Saulnier M.S.406C-1

Auf die Ausschreibung des französischen Luftfahrtministeriums von 1934 für einen neuen Jagdeinsitzer hin entwarf das Unternehmen den Tiefdecker **Morane-Saulnier M.S.405**, der erstmals am 8. August 1935 flog. Die **M.S.405** wies eine Ganzmetall-Primärstruktur und einziehbare Hauptbaugruppen eines Spornrad-Fahrgestells auf. Den Antrieb lieferte ein V-12-Reihenmotor Hispano-Suiza 12Ygrs mit 633 kW (860 PS). Mit den Versuchsjägern **M.S.-405-01** und **M.S.405-02** wurde das amtliche Erprobungsprogramm durchgezogen. Die **0-2** hatte eine geänderte Flügelform und einen Hispano-Suiza-Motor der Bauart 12Ycrs. Im Frühjahr 1937 erhielt die Firma einen Auftrag über 15 Vorserienjäger **M.S.405** und eine andersgeartete **M.S.406**. Die Anschlußbestellung über 50 **M.S.405** wurde später in ebenso viele **M.S.406** umgewandelt, so daß sich die Produktionszahl der **M.S.405** auf insge

samt 17 Flugzeuge belief, von denen etwa die Hälfte für Versuchsvorhaben diente.

Die infolge der fortdauernden Amtserprobung eingeführten Neuerungen zogen die Bezeichnung **M.S.406C-1** für die Serienversion nach sich, und im März 1938 erging ein Auftrag über 1000 Jäger. Da dieser Umfang die Produktionskapazität der Firma Morane-Saulnier überstieg, sollte der Typ von drei Gruppen der verstaatlichten Industrie gebaut werden. Am 29. September 1939 hob der erste Serienjäger vom Erdboden ab. Die **M.S.406** glich generell dem Prototyp **M.S.405**, hatte aber eine leichtere Flügelstruktur, den Hispano-Suiza 12Y-31 als Standardmotor und diverse Detailverbesserungen in der Konstruktion und in der Ausrüstung.

Unterdessen war Morane-Saulnier mit der Fortentwicklung der **M.S.406** und mit Exportaufträgen befaßt. Letztere umfaßten zwölf Jäger für China, die auf dem Wege zu ihrem Bestimmungsort von französischen Kolonialbehörden beschlagnahmt wurden, 30 Exemplare für die 28. Staffel der finnischen Luftwaffe, 13 wegen des Kriegsausbruchs nicht ausgelieferte Maschinen für Litauen, 45 für die Türkei und 20 im Frühjahr 1940 bestellte, aber nicht ausgelieferte Flugzeuge für Jugoslawien. Polen hatte 160 Jäger in Auftrag gegeben, von denen 50 nach Gdingen verschickt wurden, ihr Ziel aber vor dem Zusammenbruch des polnischen Widerstands nicht mehr erreichten. Die Schweiz kaufte zwei frühe **M.S.406** als Musterflugzeuge für die Lizenzproduktion von 82 **EFW D-3800** durch die Eidgenössischen Flugzeugwerke. Zusammen mit den in Altenrhein ansässigen Dornier-Werken AG baute die regierungseigene Produktionsfirma 207 Exemplare der in der Schweiz entwickelten Variante **D-3801**. Die letzten ausländischen Jäger dieses Typs waren mehrere **M.S.406**, die man nach der Besetzung Frankreichs durch Deutschland den kroatischen und finnischen Luftstreitkräften zuwies. Die meisten finnischen Maschinen wurden später auf sowjetische 810 kW (1100PS) starke Beutemotoren Klimow M-105P umgerüstet. Diese leistungsstärkeren Jäger nannte man **Mörkö Moraani**.

**TECHNISCHE DATEN**

**Morane-Saulnier M.S.406C-1**

**Typ:** Jagdeinsitzer
**Triebwerk:** ein V-12-Reihenmotor Hispano-Suiza 12Y-31 mit 633 kW (860 PS)
**Leistung:** Höchstgeschwindigkeit 485 km/h in 5000 m Höhe; Dienstgipfelhöhe 9400 m; Reichweite 800 km
**Gewicht:** Leermasse 1900 kg; max. Startmasse 2470 kg
**Abmessungen:** Spannweite 10,60 m; Länge 8,15 m; Höhe 2,80 m; Tragflügelfläche 16 m²
**Bewaffnung:** eine durch die Propellernabe feuernde 20-mm-Kanone im Motorgehäuse und zwei 7,5-mm-Maschinengewehre in den Tragflächen

***Morane-Saulnier M.S.406C-1 der Escadron d'Entrainement der Vichy-Luftstreitkräfte, 1941 in Toulouse stationiert.***

Versorgungsschwierigkeiten mit dem Hispano-Suiza-12Y-Motor hatten zur Folge, daß bei Kriegsausbruch von den geplanten 1000 **M.S.406** erst 572 an die Armée de l'Air ausgeliefert waren. Zudem zeigte sich, daß dieser Typ es mit der deutschen Bf 109E keineswegs aufnehmen konnte. Während der Einsatzperiode meldeten die **M.S.406**-Jagdstaffeln zwar 175 zerstörte Feindflugzeuge, aber dem standen mehr als 400 eigene Verluste gegenüber. Bis zur Kapitulation Frankreichs wurden 1081 solcher Jäger geliefert, davon einige an die französische Marine.

***Die M.S.406 war untermotorisiert und durch veraltete Konstruktionsmerkmale gekennzeichnet, wie ein abgestrebtes Höhenleitwerk und stoffbespannte Bereiche der Zelle.***

# Morane-Saulnier M.S.430 bis M.S.435

Jnter weitreichender Nutzung von Komponenten des Jägers M.S.405 entwickelte das Konstruktionsteam von Morane-Saulnier ein Fortgeschrittenen-Schulflugzeug mit der Bezeichnung **Morane-Saulnier M.S.430**, dessen Prototyp am 3. März 1937 um Jungfernflug startete. Der freitragende Tiefdecker mit nach innen einklappendem Fahrgestell nahm den Flugschüler und den Lehrer in Tandem-Cockpits unter einer durchgehenden Glashaube auf. Für den Antrieb sorgte ein Salmson-Sternmotor 9Ag mit 287 kW (390 PS). Die Tests dauerten bis 1939 an, und die Ausführung eines Einsitzers wurde unter der Bezeichnung **M.S.408** geprüft. Eine andere Version mit Sternmotor Gnome-Rhône 7Kfs, die **M.S.433**, wurde nie fertiggestellt.

Die Versuchsmaschine **M.S.435.01** hob am 6. Dezember 1939 zum Erstflug ab. Sie wurde von einem Gnome-Rhône 9Kdrs mit 405 kW (550 PS) angetrieben und besaß einen neukonstruierten Rumpf mit größerem Durchmesser. Sechs Monate zuvor hatte das französische Luftfahrtministerium 60 Serienexemplare bestellt, aber die Produktion der M.S.406 erhielt Vorrang. Vor dem Fall Frankreichs im Juni 1940 konnten daher keine seriengefertigten **M.S.435** (Kategorie P.2) mehr ausgeliefert werden. Die **M.S.435.01** hatte eine Spannweite von 10,71 m und erreichte eine Höchstgeschwindigkeit von 395 km/h.

***Die auf der M.S.405 basierende Morane-Saulnier M.S.435 war ein Fortgeschrittenen-Schulflugzeug, das sich gut zur Waffenausbildung eignete.***

# Morane-Saulnier M.S.450

ie Ausschreibung des französischen Luftahrtministeriums von 1937 für einen Jagdeinsitzer als Nachfolger der M.S.406 stellte das Unternehmen Morane-Saulnier in Konkurrenz zu Gruppierungen der staatlichen Flugzeugindustrie. Die Firma bot die **Morane-Saulnier M.S.450** an, von der drei Versuchsjäger gebaut und ab 14. April 1939 geflogen wurden. Sie unterschied sich von der M.S.406 lediglich durch eine verbesserte Linienführung und den Einbau eines stärkeren Hispano-Suiza-Motors. Der Typ konnte dem Hersteller keinen Produktionsauftrag sichern, da die Dewoitine D.520 den Vorzug erhielt. In der Schweiz wurden zwölf Exemplare unter der Bezeichnung **D-3802** lizenzgefertigt, bei denen man die MGs durch 20-mm-Kanonen ersetzt hatte.

**TECHNISCHE DATEN**

**Morane-Saulnier M.S.450**

**Typ:** Jagdeinsitzer
**Triebwerk:** ein Hispano-Suiza-Kolbenmotor 12Y-51 mit 810 kW (1100 PS)
**Leistung:** Höchstgeschwindigkeit 560 km/h; Dienstgipfelhöhe 10.000 m; Reichweite 750 km
**Gewicht:** max. Startmasse 2500 kg
**Abmessungen:** Spannweite 10,60 m; Länge 8,80 m; Höhe 2,75 m; Tragflügelfläche 16 m²
**Bewaffnung:** eine durch die Propellernabe feuernde 20-mm-Kanone und zwei 7,5-mm-Maschinengewehre in den Tragflächen

***Die Morane-Saulnier M.S.450 war eine stark verbesserte Entwicklung der M.S.406. Die Serienfertigung blieb aus, da man dem M.S.-Jäger die deutlich überlegene Dewoitine D.520 vorgezogen hatte.***

# Morane-Saulnier M.S.470 Vanneau bis Mudry-Flugzeuge

**Nach dem Krieg kehrte Morane-Saulnier zu Konstruktion und Bau von Schulflugzeugen zurück, erreichte aber die Vorkriegsproduktionszahlen nicht mehr. Die Rechte der M.S. 760 wurden an die Beech Aircraft Company verkauft. Die elegante Mudry-CAP fand seit dem Produktionsbeginn Ende der 60er Jahre viele Liebhaber unter den Kunstflugpiloten.**

## Morane-Saulnier M.S.470 Vanneau

Der Prototyp des zweisitzigen Fortgeschrittenen-Schulflugzeugs **Morane-Saulnier M.S.470 Vanneau**, den Morane-Saulniers Chefkonstrukteur Gauthier unter dem Vichy-Regime entwickelte, startete am 22. Dezember 1944 zum Erstflug. Zufriedenstellende Testergebnisse veranlaßten die Armée de l'Air, die **Vanneau** („Kiebitz") als Ausbildungsgerät für die nächste Pilotengeneration zu beschaffen. Drei Musterflugzeuge der überarbeiteten Version **M.S.472** wurden bestellt, von denen die **M.S.472.01** am 12. Dezember 1945 erstmals flog. Die **M.S.470** war als freitragender Tiefdecker in Ganzmetallbauweise ausgelegt, in dem Schüler und Lehrer unter einer langgestreckten Glashaube in Trapezform saßen. Die Hauptfahrwerksbeine zogen so nach innen ein, daß die Räder teilweise an der Rumpfunterseite hervorstanden, um Beschädigungen im Falle einer Bauchlandung gering zu halten. Die **M.S.472** tauschte den Hispano-Suiza 12X der **M.S.470** gegen einen Gnome-Rhône-Sternmotor 14M mit 515 kW (700 PS) ein.

Serienflugzeuge **M.S.472** wurden ab Dezember 1946 ausgeliefert, und die für den Betrieb auf Flugzeugträgern modifizierte Ausführung **M.S.474** erreichte die Aéronavale ab Dezember 1947. Im Februar jenes Jahres hatte eine vorübergehend umgerüstete **M.S.472** als Versuchsmaschine für die Marineversion gedient. Insgesamt wurden 230 **M.S.472 Vanneau II** und 70 **M.S.474 Vanneau IV** produziert. Eine weitere Serienversion war die **M.S.475 Vanneau V**, deren Prototyp am 8. August 1947 seinen Jungfernflug absolviert hatte. Die Belieferung der Armée de l'Air mit 200 **M.S.475**, die sich von den Vorgängermustern durch den V-12-Motor Hispano-Suiza 12Y-45 mit einer Leistung von 626 kW (850 PS) unterschieden, begann 1950.

Im Vergleich zu ihren Vorgängerinnen zeigte die **Vanneau V** eine bessere Manövrierfähigkeit, Geschwindigkeit und Steigleistung, da sie außer dem stärkeren Antrieb auch ein geändertes Tragflächenprofil erhalten hatte. Eine noch radikalere Modifikation mit erweiterter Flügelfläche erfuhr eine Serienmaschine, die anschließend in **M.S.476.01** umbezeichnet wurde. Eine andere **M.S.475** wurde auf den 427 kW (580 PS) starken SNECMA Renault 12S-02 ummotorisiert und erhielt die neue Bezeichnung **M.S.477.01**. Sie flog im November 1950. Die **M.S.478.01** hingegen, für die der italienische Delta-Motor von Isotta Fraschini vorgesehen war, kam über das Projektstadium nicht hinaus. Die letzte experimentelle Entwicklung der **Vanneau** war die zur Aufnahme eines Motors vom Typ SNECMA 14X Super Mars (604 kW/820 PS) modifizierte **M.S.472 Nr. 295.** Das Erprobungsprogramm dieser **M.S.479.01** lief im März 1952 an, die Entwicklung wurde aber bald abgebrochen. Die **Vanneau II, IV** und **V** blieben bis Ende der sechziger Jahre auf den Schulfliegerhorsten der Armée de l'Air im Einsatz.

### TECHNISCHE DATEN

**Morane-Saulnier M.S.475 Vanneau V**

**Typ:** zweisitziges Grundschulflugzeug

**Triebwerk:** ein V-12-Motor Hispano-Suiza 12Y-45 mit einer Leistung von 633 kW (860 PS)

**Leistung:** Höchstgeschwindigkeit 445 km/h; Dienstgipfelhöhe 8500 m; Reichweite 1500 km

**Gewicht:** Rüstmasse 2351 kg; max. Startmasse 3125 kg

**Abmessungen:** Spannweite 10,65 m; Länge 9,05 m; Höhe 3,62 m; Tragflügelfläche 17,30 m²

**Bewaffnung:** zwei 7,5-mm-Maschinengewehre MAC 1934 in den Tragflächen und zwei Alkan-Gehänge für leichte Bomben

***Die in der Besatzungszeit entworfene und erstmals im Dezember 1944 geflogene Morane-Saulnier M.S.470 diente der Armée de l'Air ab 1946 zur weiterführenden Ausbildung ihrer Fluganwärter. 500 Exemplare wurden gebaut.***

## Morane-Saulnier M.S.560 und M.S.570 (Serien)

Der Prototyp (F-WBBB) des Kunstflugeinsitzers **Morane-Saulnier M.S.560** entstand im Jahre 1946. Dieser Tiefdecker mit Einziehfahrwerk und Schiebehaube wurde von einem Motor des Typs Train 6D-01 angetrieben, dessen Leistung von 56 kW (75 PS) ihm eine Spitzengeschwindigkeit von 235 km/h ermöglichte. Es folgten drei weitere Flugzeugvarianten, die **M.S.561** und die **M.S.563** (F-BBGC) von 1947, beide mit Mathis-Motor G.4 (74 kW/100 PS), und die **M.S.562** mit einem Cirrus Minor gleicher Leistung.

Ende 1946 flog der Prototyp **M.S.570** (F-BBBC), ein auf der **M.S.560** basierendes Schul-/Reiseflugzeug mit einem breiteren Vorderrumpf für zwei Sitze nebeneinander und einem 103 kW (140 PS) starken Renault 4Pei, der für eine Geschwindigkeitsspitze von 265 km/h sorgte. Es folgte die dreisitzige Versuchsmaschine **M.S.571** (F-BBGB), angetrieben von einem Renault 4P-01 gleicher Leistung, und fünf weitere Exemplare schlossen sich an. Ihre Höchstgeschwindigkeit betrug 240 km/h. Die grundsätzlich ähnliche **M.S.572** bot vier Personen Platz, und ihren Antrieb besorgte ein Potez 4D mit 103 kW (140 PS).

***Die als reine Kunstflugmaschine gedachte M.S.560 war ein kleines, aerodynamisch sauber durchkonstruiertes Flugzeug mit einem Einziehfahrwerk und einer Vollsichthaube.***

## Morane-Saulnier M.S.700 (Serie)

Das erste zweimotorige Modell dieses Herstellers seit dem Ersten Weltkrieg, die **Morane-Saulnier M.S.700** von 1948, war ein schlanker, freitragender Tiefdecker mit einziehbarem Bugrad-Fahrgestell und einer fünfsitzigen Kabine, entweder in Geschäftsreise- oder Lufttaxiausführung. Die von zwei Potez-Reihenmotoren 4D-33 je 118 kW (160 PS) angetriebene **M.S.700** hatte eine Spitzengeschwindigkeit von 290 km/h. Es folgten die **M.S.701** mit Mathis 8G-20 je 132 kW (180 PS), die sechssitzige **M.S.703** mit zwei Argus As 10C je 177 kW (240 PS) und die **M.S.704**, ähnlich wie die **M.S.703**, aber mit zwei Potez-4D-31-Motoren je 162 kW (220 PS). Die **M.S.703**, die erstmals im Jahre 1951 flog, erreichte eine Spitzengeschwindigkeit von 300 km/h. Keine dieser Varianten ging jedoch in Serie, und nur vier Maschinen dieser Baureihe wurden in das französische Luftfahrzeugregister eingetragen.

***Mit der M.S.700 wollte Morane-Saulnier auf den Marktsektor für zweimotorige Leicht- und Geschäftsflugzeuge vordringen, den sich die Amerikaner nach dem Zweiten Weltkrieg gesichert hatten und seitdem behaupten. Abgebildet ist die argusmotorisierte M.S.703, die als Luftambulanz diente.***

## Morane-Saulnier M.S.733 Alcyon

Die Entwicklung des Grundschulflugzeugs Morane-Saulnier **M.S.733 Alcyon** („Eisvogel") begann mit dem Prototyp **MS.730.01**, der am 11. August 1949 erstmals vom Boden abhob. Nachdem der V-8-Original-Motor Mathis 8G.20 mit 132 kW (180 PS) einem 177 kW (240 PS) starken Argus As 10 gewichen war, flog die Maschine (F-WFOB) im November desselben Jahres als **M.S.731**. Anfang 1951 wurden zwei Prototypen **M.S.732** (F-WFOD und F-BFDQ) im Flug getestet, beide mit Potez-Motor 6D.30 und einziehbarem statt bisher starrem Fahrgestell. Das erste Exemplar der endgültigen Version startete am 16. April 1951 als **M.S.733.01**, gefolgt von fünf Vorserien- und 200 Serienflugzeugen. 40 Exemplare erhielt die französische Marine, 15 wurden für Kambodscha gefertigt, und die übrigen gingen an die Armée de l'Air, darunter 70 mit MG-Bewaffnung zur Waffen- und Schießausbildung. Im Jahre 195 kamen einige der Waffentrainer bei de Armée de l'Air gegen Rebellen in Algerier zum Einsatz. Von diesen modifizierten Ma schinen mit der Bezeichnung **M.S.733** wurde später ein ganzes Kontingent a Marokko verkauft.

*Mit der Morane-Saulnier M.S.733 setzte der Hersteller seine Tradition fort, Schulflugzeuge von guter Qualität zu bauen.*

### TECHNISCHE DATEN
**Morane-Saulnier M.S.733**

**Typ:** zwei-/dreisitziges Grundschulflugzeug
**Triebwerk:** ein Potez 6D.30 mit 177 kW (240 PS)
**Leistung:** Höchstgeschwindigkeit 260 km/h; Dienstgipfelhöhe 4800 m; Reichweite 920 km
**Gewicht:** Rüstmasse 1260 kg; max. Startmasse 1670 kg
**Abmessungen:** Spannweite 11,28 m; Länge 9,32 m; Höhe 2,42 m; Tragflügelfläche 21,90 m²

# Morane-Saulnier M.S.760 Paris

Im Januar 1953 flog Morane-Saulnier den Prototyp **M.S.755 Fleuret**, einen zweisitzigen Strahltrainer, der mit der Fouga Magister um einen Auftrag der Armée de l'Air rang. In diesem Wettbewerb unterlag die **Fleuret**, aber der Entwurf bildete die Grundlage für die **Morane-Saulnier M.S.760 Paris**. Dieses in erster Linie als Hochgeschwindigkeits-Verbindungsflugzeug gedachte Modell kann als Vorläufer des strahlgetriebenen Geschäftsreiseflugzeugs betrachtet werden. Der erste Prototyp flog am 29. Juli 1954, und die französischen Militärbehörden erteilten Aufträge für die Luftwaffe und die Marine. Das erste Serienexemplar mit der Bezeichnung **M.S.760A** hob am 27. Februar 1958 vom Boden ab. Insgesamt 109 Flugzeuge für den zivilen und militärischen Bereich wurden bestellt. 36 Bausätze gingen nach Argentinien zur Montage durch das staatseigene Werk in Cordoba, und Brasilien erwarb 30 Maschinen für Verbindungs-, Luftbildvermessungs- und Ausbildungsdienste. Die erste Serienversion wich 1961 der **M.S.760B Paris II** mit zwei Strahltriebwerken Marboré VI je 480 kg Schub. Als deren Produktion 1964 auslief, waren von beiden Serien zusammen 156 Flugzeuge gebaut, einschließlich der in Argentinien montierten. Als letzte Version erschien 1963 die **M.S.760C Paris III**, ebenfalls mit Marboré-VI-Antrieb, aber mit erweiterten Tragflächen ohne Tanks an den Enden und einer erhöhten Tankkapazität im neukonzipierten Rumpf für fünf oder sechs Passagiere. Das einzige Musterflugzeug (F-WLKL) flog erstmals am 28. Februar 1964, fand aber als Geschäftsreiseflugzeug keinen Anklang, so daß man auf eine weitere Entwicklung verzichtete. Die **Paris**, deren jüngste Zelle inzwischen 30 Jahre alt ist, steht zur Ausmusterung an. Argentinien mit einer Restflotte von rund 40 Paris hat sich für den Pampa-Strahltrainer von FMA als Nachfolgemuster entschieden und Frankreich, wo sich noch immer mehr als 50 Exemplare im Dienst befinden, für das Turboprop-Muster TBM700.

### Technische Daten
**Morane-Saulnier M.S.760 Paris I**

**Typ:** zweistrahliges Verbindungsflugzeug
**Triebwerke:** zwei Strahltriebwerke Turbméca Marboré II je 400 kg Schub
**Leistung:** Höchstgeschwindigkeit 650 km/h in Meereshöhe; Dienstgipfelhöhe 10.000 m; Reichweite 1500 km
**Gewicht:** Leermasse 1945 kg; max. Startmasse 3470 kg
**Abmessungen:** Spannweite 10,15 m; Länge 10,05 m; Höhe 2,60 m; Tragflügelfläche 18 m²

*Zivile M.S.760 gibt es heute praktisch nicht mehr. In Europa verfügen nur noch die Armée de l'Air und die Aéronavale über einige Maschinen des Typs.*

# Morane-Saulnier M.S.1500

Der Prototyp **Morane-Saulnier M.S.1500 Epervier** („Sperber") flog erstmals am 12. Mai 1958. Es handelte sich um einen freitragenden Tiefdecker, dessen Zweimann-Cockpit mit hoch aufgewölbter Glashaube dicht hinter der 515 kW (700 PS) starken Turboméca-Propellerturbine Bastan IV angeordnet war. Das starre, konventionelle Fahrgestell hatte stämmige, freitragende Hauptbeine. Die **M.S.1500** basierte auf einer offiziellen Forderung der Armée de l'Air nach einem Aufklärungs- und Kleinkriegsflugzeug zum Einsatz in Algerien gegen die nach Unabhängigkeit strebenden Nationalisten. Es wurde noch ein zweiter Prototyp gebaut und geprüft, doch ein Serienauftrag blieb aus. Die **M.S.1500** besaß eine Spannweite von 13,06 m, ein maximales Abfluggewicht von 2850 kg und eine Höchstgeschwindigkeit von 315 km/h.

*Ihre ungewöhnliche Flugzeugnase verdankte die M.S.1500 der Bastan-Propellerturbine. Das Muster konnte wahlweise mit sechs 50-kg-Splitterbomben oder sechs 68-mm-Raketen bewaffnet werden.*

# Morrisey-Flugzeuge

William Morrisey, einst Cheftestpilot der Douglas Company, entwarf und baute ein leichtes Schulflugzeug, dem er die Bezeichnung **Morrisey Modell 1000C Nifty** gab. Der freitragende Tiefdecker mit starrem Bugrad-Fahrwerk bot zwei Personen hintereinander unter einer durchgehenden Plexiglashaube Platz. Die **Nifty**, die 1948 unter dem Antrieb eines 4-Zylinder-Boxermotors Continental A65 (48 kW/65 PS) erstmals flog, war eigentlich für Amateurflugbauer gedacht. 1949 aber entstand die Morrisey Aircraft Company in Santa Ana, Kalifornien, um zwei **Nifty**-Versionen, **Modell 2000C** mit einem 67-kW-Motor und **Modell 2150** mit einem 112-kW-Motor, zu fertigen und zu vertreiben. Die Herstellungs- und Vertriebsrechte für die **2150** gingen später an die Shinn Engineering Inc., die unter der Bezeichnung **Shinn Modell 2150** eine kleinere Zahl von Flugzeugen baute. 1967 verkaufte Shinn das Lufttüchtigkeitszeugnis an die Varga Aircraft Corporation in Chandler, Arizona, und der neue Inhaber produzierte die **Modell 2150A Kachina**. 1981 lag diesem Hersteller zudem die Zulassung der **Modell 2180** mit einem 134 kW (182 PS) starken Motor vor. Die Produktion der **Kachina** endete 1982, nachdem 139 Flugzeuge gefertigt waren. Bill Morrisey kündigte später das Erscheinen einer modernisierten Ausführung namens **Modell 2000C** an.

### TECHNISCHE DATEN
**Varga Modell 2150A Kachina**

**Typ:** zweisitziges Reise-/Schulflugzeug
**Triebwerk:** ein 4-Zylinder-Boxermotor Avco Lycoming O-320-A2C mit 112 kW (152 PS)
**Leistung:** Höchstgeschwindigkeit 238 km/h in Meereshöhe; Dienstgipfelhöhe 6705 m; Reichweite mit max. Treibstoff 845 km
**Gewicht:** Leermasse 510 kg; max. Startmasse 824 kg
**Abmessungen:** Spannweite 9,14 m; Länge 6,45 m; Höhe 2,79 m; Tragflügelfläche 13,38 m²

*Das Morrisey-Modell 2150 hatte eine lange Lebensdauer unter wechselnden Namen.*

# Moskaljew SAM-5

Die Arbeiten des russischen Konstrukteurs Alexander Moskaljew waren ihrer Zeit zu weit voraus, so daß die Mehrzahl seiner Entwürfe Prototypen blieben. Sein erfolgreichstes Modell stellte die **Moskaljew SAM-5** dar, ein leichtes Verkehrsflugzeug in der Auslegung eines freitragenden Hochdeckers für einen Flugzeugführer und vier oder fünf Passagiere. Der Original-Prototyp war mit Aluminiumblech in selbsttragender Bauweise abgedeckt, aber da die Arbeitskräfte keinerlei Erfahrung im Umgang mit diesem Material besaßen, enttäuschte die fachliche Qualität Moskaljew so sehr, daß er das Muster sofort in eine Holzkonstruktion umwandelte. Dies führte zum zweiten Prototyp **SAM-5bis**, der eine grundsätzlich ähnliche Auslegung, aber nunmehr abgestrebte Tragflächen, einen schlankeren Rumpf und eine gemischte Haut aus Sperrholz und Gewebe aufwies. Nach Abschluß eines amtlichen Testprogramms wurde die Produktion von 37 Flugzeugen genehmigt, von denen man die Mehrzahl als Ambulanzflugzeuge für drei Patienten und einen Sanitäter fertigstellte. Die 1937/38 ausgelieferten Maschinen blieben während des Zweiten Weltkriegs weiterhin im Einsatz.

Während der Produktion der **SAM-5** begann Moskaljew mit der Entwicklung der Version **SAM-5-2bis**, die zahlreiche Verfeinerungen zur Minderung des Luftwiderstands erhielt. Die mit dem MG-21 und einem Ladermotor M-11FN von 147 kW (200 PS) Leistung getestete Maschine wies nicht nur ein beachtliches Leistungvermögen nach, sondern stellte auch Entfernungs- und Höhenrekorde auf. Nach der Erprobung erging ein Auftrag über 200 **SAM-5-2bis**, doch die feindselige Haltung des Kommissars Kaganowitsch verhinderte die Auslieferung.

***Hier posiert der Konstrukteur vor dem ersten Prototyp SAM-5.***

**TECHNISCHE DATEN**
**Moskaljew SAM-5bis**

**Typ:** leichtes Ambulanzflugzeug
**Triebwerk:** ein 5-Zylinder-Sternmotor M-11 mit 74 kW (100 PS)
**Leistung:** Höchstgeschwindigkeit 173 km/h; Dienstgipfelhöhe 2800 m; Reichweite 900 km
**Gewicht:** Leermasse 710 kg; max. Startmasse 1219 kg
**Abmessungen:** Spannweite 12,50 m; Länge 8 m; Tragflügelfläche 24 m²

# Mudry-Flugzeuge

1958 gründete Auguste Mudry in Bernay das Unternehmen Avions Mudry et Cie, das er zunächst als Ergänzung seiner Coopérative des Ateliers Aéronautiques de la Région Parisienne (CAARP) betrieb. Später wurden alle Aktivitäten der beiden Unternehmen unter dem Namen Avions Mudry vereint. Dies erklärt die gelegentliche Verwendung von CAARP-/Mudry-Bezeichnungen. Das erste (und bislang erfolgreichste) Produkt dieses Unternehmens ist die **Mudry CAP 10 B**, ein zweisitziges, kunstflugtaugliches Leichtflugzeug, das sich für den Sport- und Ausbildungsflugbetrieb eignet. Der freitragende Tiefdecker mit hölzerner Grundzelle und gemischter Holzbeplankung/Stoffbespannung wird in der Serienausführung von einem Vier-Zylinder-Boxermotor AEIO-360-B2F des Herstellers Avco Lycoming angetrieben. Als Prototyp **CAP 10** flog das Muster erstmals im August 1968 (die **CAP 10 B** unterschied sich lediglich durch geänderte Leitwerksflächen), und bis Frühjahr 1992 entstanden insgesamt 260 Flugzeuge. Etwa die Hälfte ging an militärische Nutzer, einschließlich der französischen Luftwaffe (56) und der Marine (sechs) sowie der mexikanischen Luftstreitkräfte (20). Parallel zur **CAP 10** wurde der Kunstflugeinsitzer **CAP 20** entwickelt, und es folgte die leichtere Ausführung **CAP 20L**, erhältlich in den Varianten **CAP 20L-180** und **CAP 20LS-200** mit Avco-Lycoming-Triebwerken, die 134 kW (183 PS) beziehungsweise 149 kW (203 PS) abgaben. Die Produktion der **CAP 20L** endete im Sommer 1980, nachdem zwölf Exemplare gefertigt waren, und an ihre Stelle trat die aktuelle Version **CAP 21**, die die gleiche Konfiguration und den 149-kW-Antrieb des früheren Modells aufwies, aber Tragflächen mit fortschrittlichem Profil einführte. Der Prototyp **CAP 21** (F-WZCH) flog am 23. Juni 1980, und das erste Baulos von zehn Maschinen wurde ab Mai 1982 ausgeliefert.

Es folgte ein neues, zweisitziges Grundschulflugzeug, in dessen Konstruktion einige Verbundwerkstoffe eingeflossen waren und das ein Bugrad-Fahrgestell besaß. Beim Erstflug des Prototyps **CAP-X** (F-WZCJ) am 10. September 1982 lieferte ein Vier-Zylinder-Boxermotor Mudry-Buchoux MB4-80 den Antrieb mit 59 kW (80 PS), aber 1983 wurde die Maschine auf ein Lycoming-Triebwerk mit 80 kW (110 PS) umgestellt, wie es die vorgesehene Serienversion **CAP-X Super** erhalten sollte. Man fertigte jedoch nur drei Exemplare, plante allerdings noch einen vierten Prototyp mit Heckrad-Fahrgestell. Eine im Januar 1991 unterzeichnete Vereinbarung, nach der Suchoi die Produktion von **CAP-X4**-Rümpfen übernehmen sollte, wurde Anfang 1992 außer Kraft gesetzt.

1985 hatte Mudry die **CAP-230** angekündigt, eine ummotorisierte **CAP 21** mit einem 223,8 kW (304 PS) starken Lycoming-Triebwerk und eckiger geformtem Leitwerk. Das dieser Konfiguration angepaßte Musterflugzeug **CAP 21** hob erstmals am 8. Oktober 1985 vom Boden ab. Die Standardserienversion des Kunstflugzeugs wurde die **CAP-231**, deren erster Vertreter im April 1990 flog. Die Musterzulassung folgte im Juli. Zu den Nutzern der **CAP-231** zählt das Kunstflugteam „Marche Verte" der marokkanischen Luftwaffe. Ein nochmals verbessertes Modell, **CAP-231 EX** bezeichnet, startete mit einem 194 kW (264 PS) starken Barrett-Motor am 18. Dezember 1991 zum Erstflug.

***Der erfolgreiche Mudry-Zweisitzer CAP 10 eignet sich zum Kunst- und Reiseflug.***

***Parallel zur CAP 10 wurde die CAP 20 als Kunstflug-Einsitzer entwickelt.***

**TECHNISCHE DATEN**
**Murdy CAP 10B**

**Typ:** zweisitziges Kunstflug-Leichtflugzeug
**Triebwerk:** ein 4-Zylinder-Boxermotor Avco Lycoming AEIO-360-B2F mit 134 kW (182 PS)
**Leistung:** Höchstgeschwindigkeit 250 km/h in Meereshöhe; Dienstgipfelhöhe 5000 m; Reichweite mit max. Treibstoff 1200 km
**Gewicht:** Rüstmasse 540 kg; max. Startmasse 760 kg
**Abmessungen:** Spannweite 8,06 m; Länge 7,16 m; Höhe 2,55 m; Tragflügelfläche 10,85 m²

***CAP 20L waren lange Zeit das Vorführgerät der „Equipe de Voltige", der Paradetruppe des 312 Groupement d'Instruction.***

## Mjassischtschew M-4 bis Nakajima E2N

**Wladimir Mjassischtschew wurde mit der M-4 betraut, obwohl er nicht annähernd die Reputation hatte wieTupolew oder Mikojan-Gurewitsch. Der Space Shuttle ist das komplexeste Fluggerät, das je gebaut wurde. Sein Erfolg auf bisher über 80 Flügen ist auch ein Beweis für die Zuverlässigkeit von Rockwell und der NASA-Ingenieure.**

# Mjassischtschew M-4

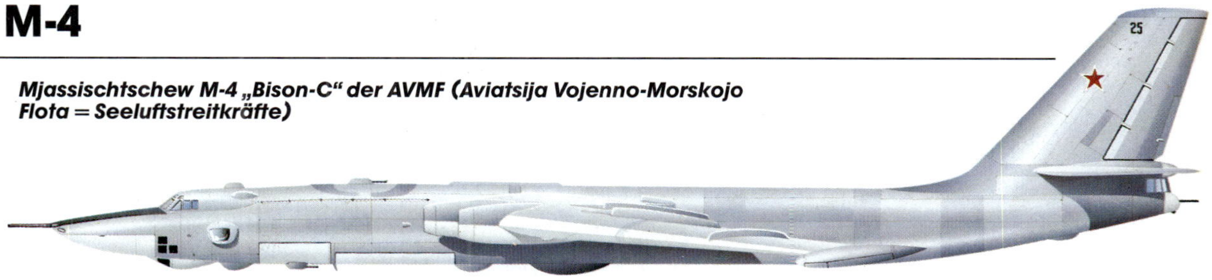

***Mjassischtschew M-4 „Bison-C" der AVMF (Aviatsija Vojenno-Morskojo Flota = Seeluftstreitkräfte)***

Wladimir M. Mjassischtschew trug ab 1924 verantwortlich zu einer Reihe sowjetischer Flugzeugkonstruktionen bei, doch am besten ist er durch seine **Mjassischtschew M-4** bekannt, den ersten vierstrahligen strategischen Einsatzbomber der Sowjetunion. Nach dem Erstflug Ende 1953 wurde der Typ am 1. Mai 1954 bei einer Flugparade in Moskau vorgeführt. Die **M-4** ist ein freitragender Mitteldecker mit dicken Pfeilflügeln, einem Leitwerk, dessen Flächen zurückgepfeilt sind, und einem Einziehfahrwerk aus zwei Hauptbaugruppen mit Vierrad-Achsträgern hintereinander unter dem Mittelrumpf und doppelrädrigen Ausleger-Stützbeinen, die in die Flächenenden einziehen. Der Rumpf mit kreisrundem Durchmesser enthält druckbelüftete Zellen in Bug und Heck für die Crew und einen internen Waffenschacht in der Wanne zwischen den Hauptfahrwerksbaugruppen. Den Antrieb liefern vier in die Tragflächen eingebettete Strahltriebwerke Mikulin AM-3D je 8700 kg Schub. Die erste Bomberversion, zum Transport thermonuklearer Waffen über interkontinentale Strecken bestimmt, erhielt von der NATO den Meldenamen **„Bison-A"**. Man nimmt an, daß sie Anfang 1956 in Dienst ging und etwa 200 Exemplare gebaut wurden. Zu den späteren Versionen gehörte der Seeaufklärer **„Bison-B"**, den man 1964 erstmals beobachtete. Er wies anstelle des Glasbugs der **„Bison-A"** eine massive Flugzeugnase mit Radarkuppel auf. Noch später kam die **„Bison-C"** heraus, ebenfalls ein Seeaufklärer, jedoch mit größerer Radaranlage im gestreckten Bug. Eine Reihe von Bombern der Version **„Bison-A"** wurde zu Lufttankern mit einem Schlauchtrommelgerät im Bombenschacht umgebaut. Noch eine weitere Variante ist bekannt, ein Testflugzeug mit vier D-15-Strahltriebwerken je 13.000 kg Schub, genannt **201-M**. Im September 1959 stellte sie etliche Nutzlast-/Höhenrekorde auf. 1995 standen noch einige **„Bison"**-Tankflugzeuge im Dienst, und das Muster tritt nach wie vor bei Luftfahrtschauen auf. Die Maschinen sollen durch Il-78 „Midas" ersetzt werden. **M-4**-Zellen dienten auch zum Bau zweier Frachtflugzeuge **VM-T „Atlant"**. Sie transportierten das Raumfahrzeug Buran und Energija-Trägerraketen zu und von Startkomplexen in der UdSSR, bis sie 1989 der An-225 „Mrija" weichen mußten. Die **VM-T** verwendete den Rumpf und die Tragflächen der **M-4**, hatte aber statt des Standard-Leitwerks große Endplatten am modifizierten Höhenleitwerk, damit sie die 40-Tonnen-Nutzlast auf dem Rücken befördern konnte.

***Die als Fernaufklärer ausgelegte „Bison-B" wurde, soweit bekannt, als erstes sowjetisches Muster mit einer Luftbetankungssonde produziert.***

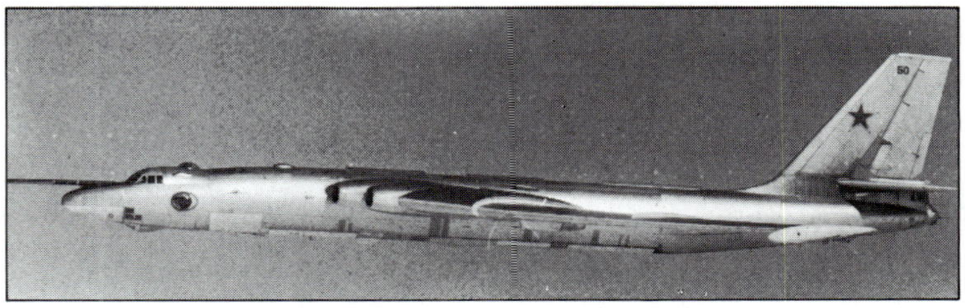

### TECHNISCHE DATEN
**Mjassischtschew M-4 „Bison-A"**

**Typ:** strategischer Bomber/Lufttanker
**Triebwerke:** vier Strahltriebwerke Mikulin AM-3D je 9500 kg Schub
**Leistung:** (geschätzt) Höchstgeschwindigkeit 1000 km/h in optimaler Höhe; Reichweite 10.700 km
**Gewicht:** Standard-Startmasse 160.000 kg
**Abmessungen:** Spannweite 50,48 m; Länge 47,20 m; Höhe 14,10 m; Tragflügelfläche 309 m²
**Bewaffnung:** bis zu zehn 23-mm-Kanonen und bis zu 9000 kg an Freifallwaffen

# Mjassischtschew M-17/M-55 Geofisika

Amerikanische Aufklärungssatelliten entdeckten 1982 erstmals den einsitzigen Höhenaufklärer **„RAM-M"**. Inzwischen ist bekannt, daß dieser strahlgetriebene Trapezflügler mit doppelten Leitwerksträgern, der bei der NATO den Kodenamen **„Mystic"** erhielt und derzeit als Höhen- und Umweltforschungsflugzeug für eine Sensorenlast von 1500 kg angeboten wird, in zwei Ausführungen existiert. Das erste von zwei Musterflugzeugen **M-17 Stratosfera („Mystic-A")** flog 1988 unter dem Antrieb eines Rybinsk-Strahltriebwerks RD-36-51V mit 68,6 kN Schub, das aus dem Triebwerk der Tu-144 entwickelt worden war. Die **M-55 Geofisika („Mystic-B")** besitzt zwei Perm/Solowjew-Turbofan-Triebwerke PS-30-V12 je 49 kN Schub, die nebeneinander im erweiterten Rumpf montiert sind. Das Cockpit ist höher im verlängerten Bug angeordnet und die Spannweite zurückgenommen. Die heutige Rolle des einstigen „Ballonjägers" wird mit Umwelt- und Höhenforschungsflügen angegeben, bei denen sich der Typ laut Herstellerangaben länger als vier Stunden in einer Höhe von 20.000 m aufhalten kann. Eine weitere Variante der **M-55** befindet sich angeblich in der Entwicklung. Bei ihr sind die Triebwerke in den Flächenwurzeln an einem konventionellen Rumpf mit Normalleitwerk montiert. Auf zwei Prototypen **„Mystic-A"** folgten zwei **„Mystic-B"**, und 1995 flog eine Vorserienmaschine **„Mystic-B"**.

### TECHNISCHE DATEN
**Mjassischtschew M-55 Geofisika**

**Typ:** einsitziges Höhenforschungsflugzeug
**Triebwerke:** zwei Turbofan-Triebwerke Perm/Solowjew PS-30-V12 je 49 kN Schub
**Leistung:** Höchstgeschwindigkeit im Horizontalflug 750 km/h; Flugdauer in 17.000 m Höhe sieben Stunden
**Abmessungen:** Spannweite 40,70 m; Länge 24 m; Höhe 4,80 m

***Die Mjassischtschew M-55 unterscheidet sich von der M-17 vor allem durch zwei Triebwerke mit längeren Schubrohren und kürzeren Lufteinläufen.***

# Mjassischtschew M-50/M-52

Dieses Mjassischtschew-Muster ist, obwohl nur als Prototyp gebaut, doch eine Erwähnung wert, da es sich um einen fortschrittlichen Strahlbomber der Frühzeit mit Überschallfähigkeit handelt. Die **M-50** (NATO-Deckname **„Bounder“**) war als Schulterdecker mit gestutztem Deltatragwerk, konventionellem Leitwerk und einziehbaren Hauptfahrwerksbaugruppen mit vierrädrigen Achsträgern in Tandemanordnung unter dem Rumpf ausgelegt, ergänzt durch ebenfalls einziehbare Zweirad-Stützbeine unter den Flächenenden. Der schlanke, flächengeregelte Rumpf bot in druckbelüfteten Zellen Platz für drei Mann und enthielt einen großen Waffenschacht. Für den Antrieb sorgten vier Solowjew-Strahltriebwerke D-15 je 13.000 kg Schub. Der Erstflug der **M-50** fand vermutlich 1957 statt, und der letzte von mehreren Prototypen, in **M-52** umbezeichnet, nahm am Überflug anläßlich des sowjetischen Tags der Luftfahrt im Jahre 1961 teil. Bei ihm waren die beiden äußeren der vier Koljesow-Nachbrennertriebwerke ND-7F oder VD-7F je 18.145 kg Schub von den Randbögen in Gondeln unter die Tragflächen gerückt. Die vom Westen als hochwertig eingestufte **M-52** dürfte in optimaler Höhe Mach 1,83 oder 1950 km/h erreicht haben.

***Wahrscheinlich waren bei der M-50 zunächst alle vier Triebwerke in Gondeln unter die Tragflächen gehängt, doch später wurden die beiden äußeren Aggregate an die Randbögen verlegt. Eine solche „Bounder“ kann man im Moskauer Luftfahrtmuseum Monino besichtigen.***

# NAMC YS-11

Die Konstruktion des Mittelstrecken-Verkehrsflugzeugs **NAMC YS-11** begann 1957 mit Unterstützung der japanischen Regierung. Sechs heimische Flugzeughersteller waren an diesem Projekt beteiligt: Fuji, Japan Aircraft Manufacturing Co., Kawasaki, Mitsubishi, Shin Meiwa und Showa. Diese Gruppe, zunächst unter dem Namen Transport Aircraft Development Association zusammengefaßt, wurde später von der Regierung und den sechs Unternehmen unter dem neuen Namen Nihon Aeroplane Manufacturing Company (NAMC) ins Firmenregister eingetragen. Der konventionell ausgelegte freitragende Tiefdecker **NAMC YS-11** hat ein einziehbares Bugrad-Fahrwerk und einen druckbelüfteten Rumpf mit kreisrundem Querschnitt sowie zwei Dart-Propellerturbinen von Rolls-Royce als Antrieb. Der erste von zwei Prototypen absolvierte seinen Erstflug am 30. August 1962, und nach Erteilung der Musterzulassung wurden die ersten Serienflugzeuge im März 1965 ausgeliefert. Bei Einstellung der Produktion im Jahre 1972 waren insgesamt 182 Exemplare folgender Versionen gebaut: das Grundmodell **YS-11-100** mit 60 Passagiersitzen (49 Flugzeuge), die **YS-11A-200** mit höherer Betriebsmasse (92), die **YS-11A-300** für den gemischten Verkehr mit 46 Passagieren und Fracht für ein Raumvolumen von 15,30 m³ (16), die reine Frachtmaschine **YS-11A-400** (neun) sowie Varianten der **YS-11A-200** und **YS-11A-300** mit höherer Betriebsmasse unter den Bezeichnungen **YS-11A-500** (vier) bzw. **YS-11A-600** (fünf). Von diesen Maschinen befanden sich 1992 noch rund 120 im Dienst, davon 23 bei der JASDF (Luftwaffe) und JMSDF (Marine). Die JASDF-Versionen umfassen VIP-Transportmaschinen **YS-11-103/105**, Truppentransporter **YS-11A-218**, Personal- und Materialtransporter **YS-11A-305**, Nur-Frachter **YS-11A-402** und ECM-Schulflugzeuge **YS-11E**. Die JMSDF verfügt über Frachtflugzeuge vom Typ **YS-11-112**, U-Boot-Abwehr-Schulflugzeuge **YS-11A-206** und Nur-Frachtflugzeuge vom Typ **YS-11A-400**.

**TECHNISCHE DATEN**
**NAMC YS-11A-200**
**Typ:** Mittelstrecken-Verkehrsflugzeug
**Triebwerke:** zwei Propellerturbinen Rolls-Royce Dart Mk 542-10K mit je 2457 kW (3341 WPS) Äquivalentleistung
**Leistung:** max. Reisefluggeschwindigkeit 470 km/h in 4570 m Höhe; Dienstgipfelhöhe 7000 m; Reichweite mit max. Nutzlast 1090 km
**Gewicht:** Leermasse 15.419 kg; max. Startmasse 24.500 kg
**Abmessungen:** Spannweite 32 m; Länge 26,30 m; Höhe 8,98 m; Tragflügelfläche 94,80 m²

***NAMC YS-11 der TOA Domestic Airlines***

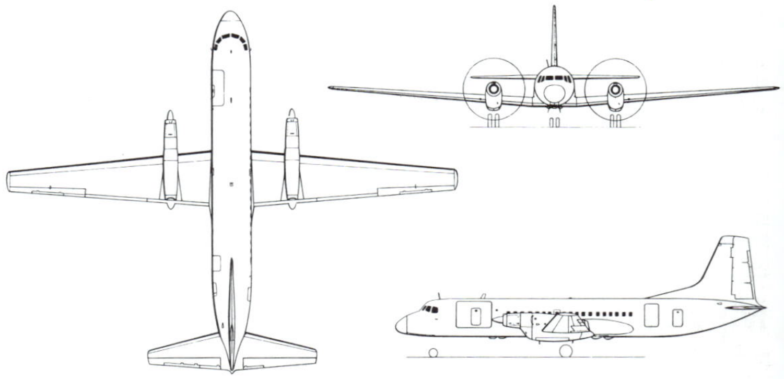

# NASA/Rockwell Shuttle

Das AIRCRAFT-LEXIKON listet eigentlich nur Luftfahrzeuge auf, die schwerer als Luft sind und luftatmende Triebwerke haben, also keine Raumfahrzeuge. Die Raumfähre **NASA/Rockwell Shuttle** sollte dennoch angesprochen werden, weil sie zwar raketengetrieben von der Erde abhebt und anschließend als Raumschiff in Umlaufbahnen manövriert, aber nach dem Wiedereintritt in die Erdatmosphäre wie ein konventioneller Starrflügler im antriebslosen Flug kontrolliert und gelandet wird. Ausgelegt ist der **Shuttle** als freitragender Tiefdecker mit doppeltem Deltatragwerk, einem Großraumrumpf in konventioneller Bauweise, einem nur aus einer Seitenflosse bestehenden Leitwerk und einziehbarem Bugrad-Fahrwerk. Er startet senkrecht unter dem Antrieb dreier Rocketdyne-Haupttraketenmotoren, die je 170.097 kg Schub erzeugen, und zweier Thiokol-Feststoff-Boosterraketen mit je 1.315.418 kg Schub. Zusammen ergibt dies eine Schubkraft von 3141 Tonnen. Die Hilfsraketen sind an den externen Flüssigmittel-Treibstofftanks montiert, und diese Kombi-Baugruppen werden nach dem

***Der Space Shuttle Columbia bei der Landung auf Edwards AFB nach seinem ersten Raumflug. Trotz kostengünstiger Alternativen ist der Space Shuttle nach wie vor das einzige im Dienst befindliche wiederverwendbare Raumfahrzeug.***

Start abgeworfen, geborgen und wiederverwendet. In der Erdumlaufbahn wird der Raumtransporter mit Hilfe von zwei Aerojet-Triebwerken manövriert und von 38 Rückstoßdüsen sowie sechs Feinsteuerdüsen gelenkt. Alle diese Umlaufbahn-Antriebseinheiten sind Zweistoff-Flüssigkeits-Raketenmotoren.

Die beim Wiedereintritt in die Erdatmosphäre entstehende Reibungshitze kann am Bug und an den Nasenkanten örtliche Temperaturen von bis zu 1648°C hervorrufen. Um die Temperatur der Außenhaut beim Wiedereintritt auf maximal 176°C zu halten, hat der Raumtransporter einen Hitzeschutzschild, der aus wärmedämmenden Kacheln besteht. Nach dem Eintritt in die Erdatmosphäre wird die Raumfähre wie ein konventionelles Flächenflugzeug geflogen, wobei Elevon-Ruder an der Hinterkante die Nick- und Rollsteuerung übernehmen, während das Seitenruder die Giersteuerung kontrolliert. Zudem sind mächtige Luftbremsklappen vorhanden, um den Piloten bei der Landung im antriebslosen Flug zu unterstützen. Wie nicht anders zu erwarten, verfügen alle Shuttle-Fahrzeuge über hochentwickelte Navigationsgeräte, die die exakte Positionierung für den Wiedereintritt und das Erreichen des Landegebietes gewährleisten. Der **Space Shuttle Columbia** startete am 12. April 1981 zum Erstflug und umkreiste 36-mal die Erde, ehe er 55 Stunden später am 14. April in Kalifornien wieder landete.

Seitdem sind vier weitere **Shuttle** geflogen, die **Challenger** im April 1983, die **Discovery** im August 1984, die **Atlantis** im Oktober 1985 und die **Endeavour** im Mai 1992. Die **Challenger** wurde bei einer Explosion nach dem Start im Januar 1986 zerstört, alle sechs Astronauten an Bord kamen ums Leben. Daraufhin stoppte man das Programm bis 1989, um das Booster-System zu überarbeiten.

### Technische Daten

**Leistung:** Umlaufgeschwindigkeit 28325 km/h; Landegeschwindigkeit 341 km/h
**Abmessungen:** Spannweite 23,70 m; Länge 37,20 m; Höhe 17,20 m; Tragflügelfläche 249,91 m²
**Gewicht:** Leermasse 77.754 kg; Landemasse 104.328 kg

# NDN-Flugzeuge

Nigel Desmond Norman, Mitgründer der Britten-Norman Aircraft Company (Hersteller von über 1000 Islander, Defender und Trislander) gründete Anfang 1976 NDN Aircraft Ltd., um ein neues militärisches Grundschulflugzeug mit der Bezeichnung **NDN 1 Firecracker** zu entwickeln. Der Prototyp (G-NDNI), der erstmals am 26. Mai 1977 startete, war ein Tiefdecker mit einziehbarem Bugrad-Fahrwerk und einem geschlossenen Cockpit für Schüler und Lehrer hintereinander. Eine Turboprop-Variante (G-SFTR) flog am 1. September 1983 unter der Bezeichnung **NDN 1T Turbo Firecracker**. Von ihr wurden drei Exemplare für den einzigen Abnehmer, die Specialist Flying Training Ltd. in Hamble, gebaut. 1981 konstruierte NDN Aircraft ein neues landwirtschaftliches Turboprop-Muster, die **NDN 6 Fieldmaster**, deren Prototyp (G-NRDC) am 17. Dezember 1981 in Sandown zum Erstflug abhob. Dieser Tiefdecker hatte oben abgestrebte Tragflächen, ein nicht einziehbares Fahrwerk und einen in den Rumpf integrierten, großen Chemikalienbehälter.

1985 ließ Desmond Norman die Norman Aeroplane Company mit Sitz in Cardiff, Wales, ins Register eintragen. Im dortigen Werk wurde eine Serie von sechs **NAC-6** aufgelegt, und das erste Exemplar (G-NACL) dieser Baureihe flog am 29. März 1987, angetrieben von einer Propellerturbine PT6A-34 des Herstellers Pratt & Whitney Canada. Im April 1987 erhielt die **NAC-6** die Zulassung als Sprühflugzeug. Im Oktober 1988 mußte die Firma Konkurs anmelden, doch bis dahin hatte sie weitere Maschinen fertiggestellt, die in Frankreich als Brandwach- und Feuerlöschflugzeuge dienten. Im April 1989 lebte das **NAC-6**-Programm wieder auf. Der Prototyp wurde zum Wasserbomber **Firemaster-65** umgebaut und am 28. Oktober 1989 von Sandown aus durch den Erstflug geführt. Beide Muster, die Sprühmaschine **Fieldmaster** und das Feuerlöschflugzeug **Firemaster**, sind derzeit entweder mit dem 559 kW (760 WPS) starken PT6A-34AG und Dreiblatt-Propeller oder dem 933 kW (1269 WPS) starken PT6A-65AG und Fünfblatt-Propeller erhältlich. Die jeweilige Ausführung wird durch die Endnummer des PT-6A-Triebwerks gekennzeichnet.

Die für eine Nutzlast von 2040 kg zugelassene **NAC-6** ist mit einem zweiten Sitz und Steuerorganen für einen Mechaniker/Ladungsmeister ausgestattet, so daß sie sich auch zur Sonderschulung verwenden läßt. Die 1991 geplante Herstellung von Baugruppen und Montage der **NAC-6** durch die jugoslawische Firma UTVA hat sich durch den Bürgerkrieg zerschlagen.

Die einmotorige **NAC-1 Freelance** ist ein leichtes Nutzflugzeug mit vier Sitzen. Der von einem Kolbenmotor mit 134 kW (182 PS) angetriebene Prototyp (G-NACI) hob am 29. September 1984 zum ersten Mal vom Boden ab, und eine weitere Maschine (G-NACA) wurde fertiggestellt.

### TECHNISCHE DATEN

**1T Turbo Firecracker**

**Triebwerk:** eine Propellerturbine Pratt & Whitney Aircraft of Canada PT6A-25A mit 533 äkW (725 äWPS)
**Leistung:** Höchstgeschwindigkeit 420 km/h in 2440 m Höhe; Dienstgipfelhöhe 8445 m; Reichweite mit Standard-Treibstoffmenge 1231 km
**Gewicht:** Leermasse 1043 kg; max. Startmasse 1928 kg
**Abmessungen:** Spannweite 7,92 m; Länge 8,33 m; Höhe 3,25 m; Tragflügelfläche 11,89 m²
**Bewaffnung:** vier Halterungen unter den Tragflächen für eine kombinierte Waffenlast von 726 kg

***Innovation erwies sich als ärgster Feind der Firecracker (im Bild) und der Turbo Firecracker. Ihre Qualitäten wurden überschattet von mangelhaftem NDN-Management.***

***Ein wenig besser als den anderen Typen erging es der Fieldmaster. Dieses Sprüh- und Feuerlöschflugzeug wird von Croplease & Brooklands Avn als Firemaster 65 vertrieben.***

# Nakajima – frühe Modelle

Am 6. Dezember 1917 gründete Marineleutnant Tschikuhei Nakajima die Nihon Hikoki Seiskusho K.K. (Japanische Luftfahrzeugproduktionsgesellschaft mbH). Im Dezember 1919 wurde das Unternehmen zur Nakajima Hikoki K.K. (Nakajima Flugzeuggesellschaft mbH) umorganisiert und entwickelte sich bald zu einem der beiden führenden Flugzeughersteller Japans.

Im Laufe des Jahres 1919 entstanden Einzelexemplare zweisitziger Doppeldecker-Schulflugzeuge **Nakajima Typ 1, Typ 2** und **Typ 3**. Bald darauf folgte der Trainer **Typ 5**, von dem zwischen 1919 und 1921 118 Exemplare für das Heer gefertigt wurden. Der von einem Hall-Scott-Motor mit 112 kW (152 PS) angetriebene **Typ 5** hatte eine Spitzengeschwindigkeit von 130 km/h. Dieser Doppeldecker mit ungleicher Spannweite und Doppelsteuer hielt sich nur kurze Zeit im Armeedienst, und zu Beginn der zwanziger Jahre gelangten etliche Maschinen in zivile Hände. Weitere Nakajima-Typen umfaßten das Postflugzeug **Typ 6** als Einzelexemplar, das Reiseflugzeug **Typ 7** und die **B-6**.

Nakajima produzierte etliche ausländische Entwürfe, wie den Jagdeinsitzer Nieuport 24, von dem 1921/22 77 Exemplare als **Ko-3** zur Jägerschulung gebaut wurden, das zweisitzige Schulflugzeug Nieuport 83, vor dem 1922 40 Maschinen als **Ko-2** entstanden, und den Avro-Trainer **504K** mit 250 Exemplaren, die man im Zeitraum von 1922 bis 1924 herstellte. Wichtiger aber war die Lizenzfertigung von 600 Jagdeinsitzern Nieuport-Delage NiD-29 in den Jahren 1924–32, die bis Mitte der dreißiger Jahre als **Ko-4** bei Fronteinheiten der japanischen Armee in der Mandschurei und in China dienten. Von 1922 bis 1925 produzierte Nakajima 160 Exemplare des Seeaufklärers Hansa-Brandenburg W 33. Die **Nakajima A1N1** sowie der Ableger **A1N2** waren Lizenzversionen der Gloster Gambet, von der 1929/30 150 Maschinen als **Typ 3 Trägergestützter Jäger** für die Marine gebaut und beim Schanghai-Zwischenfall geflogen wurden.

***Die Abstammung der Nakajima A1N1 von der Gloster Gambet ist unübersehbar. Solche Importkonstruktionen vermittelten der jungen Luftfahrzeugindustrie Japans wertvolle Erfahrungen.***

# Nakajima A2N

Der Prototyp der **NY**, die die A1N1 und die A1N2 im Dienst ablösen sollte, flog erstmals 1930. Dieser Jagdeinsitzer war als Doppeldecker ungleicher Spannweite mit starrem, geteiltem Fahrgestell ausgelegt. Die **A2N** wurde Ende 1930 zur Einführung in die Truppe als **Marinetyp 90 Trägergestützter Jäger** akzeptiert und in mehreren Versionen produziert. Bei der **A2N1** und **A2N2** wiesen nur die Unterflügel eine positive V-Stellung auf, während bei der **A2N3** Ober- und Unterflügel nach oben abgewinkelt waren. Das MG-Paar der **A2N1** war in den unteren Rumpfflanken installiert, doch bei späteren Versionen rückte es nach oben auf die Abdeckung des Vorderrumpfs. Von 1930 bis 1935 wurden 106 solche Jäger gebaut, und anschließend erschienen noch weitere 66 Exemplare der zweisitzigen Schulungsvariante **A3N1**. Maschinen des Typs **A2N** des Flugzeugträgers Kaga (2. Trägerdivision) flogen 1937 im Chinesisch-Japanischen Krieg Kampfeinsätze im Raum Schanghai.

***Bei der A2N2 waren die beiden MGs auf den Rumpfrücken verlegt und erleichterten es dem Piloten, Ladehemmungen zu beheben.***

**TECHNISCHE DATEN**
**Nakajima A2N1**

**Typ:** trägergestützter Jagdeinsitzer
**Triebwerk:** ein Sternmotor Nakajima Kotobuki 2 mit 427 kW (580 PS)
**Leistung:** Höchstgeschwindigkeit 292 km/h; Dienstgipfelhöhe 9000 m; Reichweite 500 km
**Gewicht:** Leermasse 1045 kg; max. Startmasse 1500 kg
**Abmessungen:** Spannweite 9,37 m; Länge 6,18 m; Höhe 3,03 m; Tragflügelfläche 19,74 m$^2$
**Bewaffnung:** zwei 7,7-mm-MGs

# Nakajima Heerestyp 91 Jäger

Um den 1927 vom japanischen Heer geforderten neuen Jagdeinsitzer bewarben sich Nakajima, Kawasaki und Mitsubishi. Alle Entwürfe waren Schirmeindecker, von japanischen Konstruktionsteams entwikkelt, denen Europäer vorstanden, im Falle von Nakajima die französischen Ingenieure Mary und Robin. Nachdem die Struktur des Mitsubishi-Prototyps versagt hatte, wurden die beiden anderen Musterjäger um so härter geprüft und schieden in der Folge ebenfalls aus. Der Nakajima-Prototyp mit der Herstellerbezeichnung **NC** hatte einen schlanken Rumpf in Schalenbauweise, der sich nach hinten zuspitzte, einen unverkleideten Jupiter-Sternmotor und ein komplexes Strebengerüst, das die Tragflächen, den Rumpf und das breitspurige Fahrgestell miteinander verband. Nakajima hielt an der Konstruktion fest und fertigte sechs weitere Musterflugzeuge, von denen das letzte der Erprobung durch das Heer unterzogen und als **Heerestyp 91 Jäger Modell 1** zur Serienfertigung freigegeben wurde. Dieser Jäger war zwar wie der **NC**-Prototyp ausgelegt, aber im Grunde eine Neukonstruktion mit einer verfeinerten Zelle. Die Produktion des **Typ 91** endete 1934 nach 450 Flugzeugen, davon 22 **Heerestyp 91 Jäger Modell 2** mit modifizierter Motorverkleidung. Ein Modell mit der Bezeichnung **Typ 91** wurde zum Trägereinsatz vorbereitet und mit Radverkleidungen für die Ausschreibung des 7-Shi-Versuchsjägers angeboten, aber von der Marine abgelehnt.

Der ab 1932 eingeführte **Typ 91** kam mit vier Staffeln des 11. Fliegerbataillons zum Einsatz, das in der Mandschurei gegen China operierte. 1933 war dieses Muster der wichtigste Jäger der Armee und bildete die Standardausrüstung der neu aufgestellten Fluggeschwader (Hiko Rentai).

**TECHNISCHE DATEN**

**Typ:** einsitziger Luftüberlegenheitsjäger
**Triebwerk:** ein Sternmotor Nakajima Kotobuki 2 mit 427 kW (580 PS)
**Leistung:** Höchstgeschwindigkeit 300 km/h; Dienstgipfelhöhe 9000 m; Reichweite 500 km
**Gewicht:** Leermasse 1075 kg; max. Startmasse 1500 kg
**Abmessungen:** Spannweite 11 m; Länge 7,30 m; Höhe 3 m; Tragflügelfläche 20 m$^2$
**Bewaffnung:** zwei 7,7-mm-MGs

***Der Nakajima-Jäger Heerestyp 91 spiegelte den Einfluß seiner französischen Konstrukteure wider. In den dreißiger Jahren war dies der Grundjäger des japanischen Heeres.***

# Nakajima A4N1

In den dreißiger Jahren war die Firma Nakajima überaus aktiv. Ganze Serien experimenteller Typen erschienen, darunter der zweisitzige Jagd-Eindecker Ki-8, der einsitzige Jagd-Eindecker PA oder die Ki-11, die zwischen 1935 und 1937 in vierfacher Ausfertigung gebaut wurde, der Tiefdecker Ki-12 mit Einziehfahrwerk, der zweimotorige Mitteldecker-Bomber Ki-19, die zweisitzigen, trägergestützten Jagd-Doppeldekker NAF-1 und NAF-2, der trägergestützte Torpedobomber-Doppeldecker Y3B 7-Shi und der zweimotorige Fernbomber LB-2, den die Firma auf eigene Kosten für die Marine entwickelte.

Mitten in dieser innovationsreichen Periode setzte Nakajima zur Konstruktion eines konventionellen Doppeldecker-Jagdeinsitzers an. Daraus resultierte der Prototyp **YM**, ein Doppeldecker ungleicher Spannweite in Mischbauweise, der unverkennbar der veralteten A2N ähnelte. Dennoch hielt die Marine ihn für durchaus geeignet, die Zeit bis zur Einsatzreife zu überbrücken, und beauftragte Nakajima, die Weiterentwicklung des Konzepts fortzuführen. So entstand der **Marinetyp 95 Trägergestützter Jäger (Nakajima A4N1)** mit einem für Trägerlandungen geteilten Fahrgestell, Spornrad statt Schleifsporn und anderen Detailänderungen, die die Leistungswerte im Vergleich zu dem älteren Jäger kaum verbesserten. Der Zuwachs an Geschwindigkeit war dem Hikari-Motor zuzuschreiben. Die Produktion zwischen 1935 und 1937 ergab 221 **A4N1**.

***Die A4N1 diente als Lückenbüßer bis zur Einsatzreife neuer Eindecker-Jagdflugzeuge. Das Muster war zwar sehr wendig, aber viel zu leicht bewaffnet.***

**TECHNISCHE DATEN**

**Typ:** trägergestützter Jagdeinsitzer
**Triebwerke:** ein Sternmotor Nakajima Hikari mit 537 kW (730 PS)
**Leistung:** Höchstgeschwindigkeit 350 km/h; Dienstgipfelhöhe 7740 m; Reichweite 845 km
**Gewicht:** Rüstmasse 1276 kg; max. Startmasse 1760 kg
**Abmessungen:** Spannweite 10 m; Länge 6,64 m; Höhe 3,07 m; Tragflügelfläche 22,89 m$^2$
**Bewaffnung:** zwei 7,7-mm-MGs und Bombenschlösser für eine Gesamtlast von 120 kg

# Nakajima B5N

Als die Kaiserlich Japanische Marine 1935 einen trägergestützten Kampfbomber als Ersatz für die Yokosuka B4Y1 forderte, reichte Nakajima den **Prototyp K** ein. Der freitragende Tiefdecker mit einziehbarem Spornrad-Fahrwerk und einem 567 kW (770 PS) starken Nakajima-Sternmotor Hikari 3 wurde in zwei Versionen getestet: mit Fowler- und hydraulischen Flügelklappen sowie mit hydraulischem Flügelklappwerk und mit Wölbungsklappen sowie von Hand beizuklappenden Tragflächen. Letztere Ausführung erhielt den Zuschlag für die Serienfertigung als **Marinetyp 97 Trägergestützter Kampfbomber Modell 1 (Nakajima B5N1)**. Dieser Typ erwies sich im Chinesisch-Japanischen Krieg als wirkungsvolle Waffe, bis die Chinesen sowjetische Jäger erhielten. Dies zog die verbesserte **B5N2** von 1939 mit einem stärkeren Flugmotor nach sich. Als **B5N2** die **B5N1** ablösten, wurden viele der älteren Maschinen zu Schulflugzeugen **B5N1-K** für Fortgeschrittene umgebaut.

Die 144 **B5N2**-Bomber, die am Überfall auf Pearl Harbor teilnahmen, machten deutlich, daß dieser Typ allen vergleichbaren Mustern der Alliierten überlegen war. **„Kate"**, wie die **B5N2** bei den Alliierten hieß, zeichnete auch für die Zerstörung der Flugzeugträger USS Hornet, Lexington und Yorktown verantwortlich. Bis 1944 führte die zunehmende Leistungsfähigkeit der

**TECHNISCHE DATEN**
**Nakajima B5N2**
**Typ:** trägergestützter Torpedobomber
**Triebwerk:** ein Nakajima NK1B Sakae mit 736 kW (1000 PS)
**Leistung:** Höchstgeschwindigkeit 378 km/h; Dienstgipfelhöhe 8260 m; max. Reichweite 1990 km
**Gewicht:** Leermasse 2279 kg; max. Startmasse 4100 kg
**Abmessungen:** Spannweite 15,52 m; Länge 10,30 m; Höhe 3,70 m; Tragflügelfläche 37,70 m²
**Bewaffnung:** ein 7,7-mm-MG im hinteren Cockpit und eine Bombenlast von 800 kg

***Nakajima B5N2 der Kaiserlich Japanischen Marineluftwaffe, 1941 bis 1942 auf dem Träger Akagi stationiert***

alliierten Jäger zwar zum Rückzug dieser Kampfbomber aus der vordersten Linie, aber sie dienten der Kaiserlich Japanischen Luftwaffe weiterhin zur Abwehr von amerikanischen Unterseebooten und zur Aufklärung über See. 1149 Exemplare dieses Typs wurden von Aichi (200), Nakajima (669) und von der Marineflugzeugwerft Hiro (280) gebaut.

## Nakajima B6N Tenzan

Ende 1939 forderte die Kaiserlich Japanische Marine einen trägergestützten Bomber als Ersatz für die B5N. Dazu verwendete Nakajima eine ähnliche Zelle mit überarbeitetem Leitwerk und führte den 1325 kW (1800 PS) starken Sternmotor NK7A Mamoru 11 ein. Anfang 1941 flog der erste von zwei Prototypen, und nach einigen Modifikationen lief 1943 die Serienfertigung als **Marine-Träger-Kampfbomber Tenzan Modell 11 (Nakajima B6N1)** an. Bereits nach 135 **Tenzan** („himmlische Wolke") wurde Nakajima angewiesen, die Produktion des Mamoru-Motors einzustellen und an seiner Stelle den Kasei von Mitsubishi einzubauen. Dies zog die neue Bezeichnung **B6N2** nach sich. Die Variante **B6N-2a** unterschied sich nur durch ein 13-mm-MG zur Abwehr nach hinten. Zwei umgerüstete Flugzeuge dieser Variante ergaben **B6N3**-Prototypen mit 1362 kW (1850 PS) starken Mitsubishi-Motoren MK4T-C Kasei 25C zur Erprobung als landgestützte Bomber. Bei Nakajima wurden 1133 **B6N2** aller Versionen gebaut und von den Alliierten unter dem Decknamen **„Jill"** zusammengefaßt. In den beiden letzten Kriegsjahren kam die **Tenzan** intensiv zum Einsatz, und viele Maschinen gingen bei Kamikaze-Flügen verloren.

***Nakajima B6N2 Tenzan der Kaiserlich Japanischen Marineluftwaffe im Jahr 1944***

**TECHNISCHE DATEN**
**Nakajima B6N2**
**Typ:** dreisitziger, trägergestützter Torpedobomber
**Triebwerk:** ein Sternmotor, Mitsubishi MK4T Kasei 25 mit 1362 kW (1850 PS)
**Leistung:** Höchstgeschwindigkeit 480 km/h; Dienstgipfelhöhe 9040 m; max. Reichweite 3045 km
**Gewicht:** Leermasse 3010 kg; max. Startmasse 5650 kg
**Abmessungen:** Spannweite 14,90 m; Länge 10,87 m; Höhe 3,80 m; Tragflügelfläche 37,20 m²
**Bewaffnung:** zwei 7,7-mm-MGs und eine Bombenlast von 800 kg

## Nakajima C6N Saiun

Erfahrungen im Pazifikkrieg zeigten, daß ein trägergestützter Seefernaufklärer benötigt wurde. Anfang 1942 beauftragte man daher Nakajima mit der Entwicklung eines Flugzeugs, das den von der Marine gestellten Anforderungen genügte. Dies führte zu einem Flugwerk, das bis auf Kamera- und Beobachtungsfenster dem der B6N glich. Der vom Nakajima-Sternmotor Homare 11 mit 1400 kW (1820 PS) angetriebene Prototyp hob am 15. Mai 1943 zum Erstflug ab, doch seine Leistung enttäuschte. Es folgten weitere 18 Versuchsflugzeuge, darunter einige mit dem stärkeren Homare 21, ehe der Typ als **Trägergestützter Seeaufklärer Saiun (Nakajima C6N1)** in Serie ging. Die im Sommer 1944 in Dienst gestellte und von den Alliierten mit dem Decknamen **„Myrt"** bedachte **Saiun** („gemalte Wolke") war für die Abfangjäger der Alliierten zu schnell. Bei Produktionsende im August 1945 waren 463 Exemplare dieses kampferprobten Flugzeugs gebaut worden, darunter eine kleine Zahl zu zweisitzigen Nachtjägern **C6N1-S** umgerüstete **CN61** und ein einzelner Prototyp **C6N2** mit einem 1475 kW (1980 PS) starken Homare-Ladermotor.

***Die Nakajima C6N1 Saiun, die Anfang 1942 von der Kaiserlich Japanischen Marine in Auftrag gegeben worden war, diente als Aufklärer mit beachtlicher Geschwindigkeit und Reichweite. Als Fernaufklärer führte die Saiun Kameras im mittleren Cockpit mit, und ihre Bewaffnung beschränkte sich auf ein einzelnes 7,92-mm-Maschinengewehr im Kabinenheck. Als Torpedobomber wurde der Typ mit nur zwei Mann besetzt. Diese Version war ein hervorragendes Nachtkampfflugzeug, das über zwei 20-mm-Kanonen verfügte.***

**TECHNISCHE DATEN**
**Nakajima C6N1**
**Typ:** dreisitziges, trägergestütztes Aufklärungsflugzeug
**Triebwerk:** ein Sternmotor Nakajima NK9H Homare 21 mit 1465 kW (1990 PS)
**Leistung:** Höchstgeschwindigkeit 610 km/h in 6100 m Höhe; Dienstgipfelhöhe 10.740 m; max. Reichweite 5310 km
**Gewicht:** Leermasse 2968 kg; max. Startmasse 5260 kg
**Abmessungen:** Spannweite 12,50 m; Länge 11 m; Höhe 3,95 m; Tragflügelfläche 25,50 m²
**Bewaffnung:** ein 7,92-mm-MG auf Richtlafette zur Abwehr nach hinten

## Nakajima E2N

Dieser zweisitzige Anderthalbdecker mit einem 221 kW (300 PS) starken Hispano-Suiza-Motor wurde zwischen 1927 und 1929 gebaut. Das zur schiffsgestützten Aufklärung bestimmte und 166 km/h schnelle Seeflugzeug flog bei der Marine als **Typ 15 Aufklärer-Schwimmerflugzeug (Nakajima E2N1** und **E2N2).** 80 Exemplare wurden gebaut, von denen viele in den dreißiger Jahren zu Schulungszwecken abgestellt oder an zivile Nutzer verkauft wurden. Zwei Maschinen waren von vornherein für den zivilen Fischereischutz vorgesehen.

***Die E2N war typisch für diese Art schiffsgestützter Schwimmerflugzeuge, die damals von vielen Staaten verwendet wurden.***

# Nakajima E4N bis Nakajima Ki-49 Donyru

**An der Nakajima Ki-27 schätzten die japanischen Piloten ihre große Manövrierfähigkeit. Sie wurde nach und nach von der Ki-43 Hayabusa (alliierter Code-Name „Oscar") abgelöst. Japans Fliegerasse gewannen fast alle ihre Luftsiege mit ihr, obwohl der Jäger leicht gebaut und gegen gegen schweres Feuer sehr anfällig war.**

## Nakajima E4N

Der erste Prototyp dieses Aufklärer-Doppeldeckers erschien 1930 mit der Herstellerbezeichnung **NZ** als **Typ 90-2 Aufklärer-Schwimmerflugzeug**. Die zum Dienst bei der Marine als **Nakajima E4N1** vorgesehene Maschine hatte Zwillingsschwimmer und einen unverkleideten Kotobuki-Sternmotor. Das erste Musterflugzeug wurde jedoch zugunsten der **NJ** oder **Marinetyp 90-2-2 Aufklärer-Schwimmerflugzeug** abgelehnt. Dabei handelte es sich um eine komplette Neukonstruktion mit einem Schwimmwerk, das sich aus einem zentralen Haupt- und zwei Stützkörpern unter den Enden des Tragwerks zusammensetzte. Die Maschine erinnerte an die amerikanische Vought O3U-1 Corsair und war wie diese für den schiffsgestützten Einsatz gedacht. Der von einem Nakajima-Sternmotor Kotobuki mit 331 kW (450 PS) angetriebene **Typ 90-2-2** erreichte eine Spitzengeschwindigkeit von 222 km/h. 85 Exemplare erhielt die japanische Marine zwischen 1931 und 1933 als **E4N2**, und eine Variante mit starrem Radfahrgestell ging als **E4N2-C** in Dienst. Die Baureihe ergab 67 Flugzeuge, von denen neun im Jahre 1933 zu Nachtpost-Luftfahrzeugen umgebaut und zwischen den japanischen Hauptinseln eingesetzt wurden.

***Die Nakajima E4N2 war eine Neukonstruktion der älteren E4N mit zentralem Hauptschwimmer und kleinen Stützkörpern an den Flächenenden. 85 Flugzeuge flogen bei der Marine.***

## Nakajima E8N

Der von Nakajima als Nachfolger für die E4N2 der Marine angebotene Entwurf **MS** war im Grunde eine aktualisierte Ausführung der E4N2. Das neue Muster in ähnlicher Doppeldecker-Auslegung mit Haupt- und Stützschwimmern sollte von einem Kotobuki-Sternmotor 2 KAI 1 mit 427 kW (580 PS) angetrieben werden. Den Hauptunterschied zum Vorgänger machte das überarbeitete Trag- und Leitwerk aus. Ab März 1934 wurden sieben Prototypen getestet, und nach dem Vergleich mit Konkurrenzprodukten wies man die MS im Oktober 1935 als **Marinetyp 95 Aufklärer-Seeflugzeug Modell 1 (Nakajima E8N1)** zur Serienfertigung an. Vor Produktionsende im Jahre 1940 erschien noch die Version **E8N2** mit verbesserter Ausrüstung und stärkerem Antrieb. 755 Exemplare wurden von Nakajima (707) und Kawanishi (48) gefertigt. Das Muster kam im Chinesisch-Japanischen Krieg zum Einsatz und diente zur Artilleriebeobachtung, als Sturzflugbomber sowie als Aufklärer. Zu Beginn des Pazifikkrieges operierten einige Maschinen von Schiffen der japanischen Marine aus, was ihnen den Decknamen **„Dave"** einbrachte. Auch sie rückten bald ins zweite Glied des Verbindungsdienstes.

***Eine E8N2, die vom Schlachtschiff Kirishima aus operierte. Die Leistung des Typs entsprach in keiner Weise den Anforderungen des Krieges, so daß er bald mit sekundären Aufgaben betraut wurde.***

### TECHNISCHE DATEN
**Nakajima E8N2**

**Typ:** zweisitziges Aufklärungsseeflugzeug
**Triebwerk:** ein Sternmotor Nakajima Kotobuki 2 KAI 2 mit 464 kW (630 PS)
**Leistung:** Höchstgeschwindigkeit 300 km/h in 3000 m Höhe; Dienstgipfelhöhe 7270 m; Reichweite 900 km
**Gewicht:** Leermasse 1320 kg; max. Startmasse 1900 kg
**Abmessungen:** Spannweite 10,98 m; Länge 8,81 m; Höhe 3,84 m; Tragflügelfläche 26,50 m²
**Bewaffnung:** zwei 7,7-mm-MGs, je eines nach vorn und nach hinten feuernd, und zwei 30-kg-Bomben

## Nakajima G8N Renzan

Der als **Schwerer Versuchsbomber 18-Shi Renzan (Nakajima G8N1)** entwickelte Typ war ein äußerst moderner Fernbomber, angetrieben von vier Nakajima-Sternmotoren Homare 24 je 1472 kW (2000 PS). Dieser Antrieb verhalf ihm zu einer Spitzengeschwindigkeit von 592 km/h in 8000 m Höhe, und seine Höchstreichweite betrug 7465 km. Die Bewaffnung bestand aus sechs 20-mm-Kanonen in Zwillings-Drehtürmen auf dem Rücken, unter dem Bauch und im Heck, zwei 13-mm-MGs im angetriebenen Bugdrehturm und einzelnen MGs gleichen Kalibers in seitlichen Gefechtsständen. Über kurze Distanzen konnte eine Gesamtbombenlast von 4000 kg mitgeführt werden.

Bis Juni 1945 entstanden vier solcher Versuchsbomber. Das Produktionsprogramm wurde jedoch durch alliierte Bombenangriffe unterbrochen und schließlich aufgegeben. Die Prototypen erhielten den alliierten Kodenamen **„Rita"**.

***Hätte die Indienststellung früher erfolgen können, wäre die G8N1 der erste viermotorige Bomber Japans geworden.***

## Nakajima J1N Gekko

Eine Anforderung der Kaiserlich Japanischen Marine für einen Langstrecken-Eskortjäger zum Schutz von Bombern, die tief im chinesischen Landesinneren Angriffe fliegen sollten, führte zum Prototyp **Nakajima J1N1**. Sein Erstflug fand im Mai 1941 statt. Der freitragende Tiefdecker mit einziehbarem Spornrad-Fahrgestell wurde von zwei gegenläufigen, flügelmontierten Nakajima-Motoren Sakae 21 und 22 angetrieben und war für eine dreiköpfige Besatzung eingerichtet. Die Bewaffnung umfaßte eine 20-mm-Kanone und sechs 7,7-mm-MGs. Erste Tests zeigten, daß die **J1N1** für die Rolle eines Begleitschutzjägers nicht geeignet war, und man entwickelte den Typ zum Fernaufklärer **J1N1-C** weiter. Diese Version unterschied sich vom Original durch zwei Sakae 21, eine Bewaffnung mit nur einem 13-mm-MG zur Abwehr nach hinten und ein geringeres Tankvolumen. Zum Ausgleich konnten abwerfbare Außentanks mitgeführt werden. Nach dem Abschluß der Truppenerprobung mit sieben Prototypen ging die **J1N1-C** als **Marinetyp 2 Aufklärungsflugzeug** in Serie. Diese Bezeichnung änderte sich anschließend in **J1N1-R**. Bei einigen Maschinen entfiel später das Heck-MG zugunsten einer 20-mm-Kanone, was die neue Bezeichnung **J1N1-F** ergab. Anfang 1943 wurde die Verwendung dieses Musters zur Nachtjagd erwogen und probehalber ein Exemplar zum Zweisitzer umgebaut sowie mit vier 20-mm-Kanonen bewaffnet, die in Paaren schräg in Rücken- und Bauchpositionen montiert waren. Nachdem diese Maschine einige amerikanische Consolidated B-24 Liberator zerstört hatte, baute man unter der Bezeichnung **J1N1-C KAI** weitere Flugzeuge um, und es erging ein Auftrag über eine Serienversion als **J1N1-S Gekko** (Mondschein). Einige Maschinen waren zunächst mit einem Suchschein-

### TECHNISCHE DATEN
**Nakajima J1N1-S**

**Typ:** zweisitziger Nachtjäger
**Triebwerke:** zwei Sternmotoren Nakajima Sakae 21 je 832 kW (1130 PS)
**Leistung:** Höchstgeschwindigkeit 507 km/h in 5800 m Höhe; Dienstgipfelhöhe 9320 m; max. Reichweite 3780 km
**Gewicht:** Leermasse 4850 kg; max. Startmasse 8185 kg
**Abmessungen:** Spannweite 16,98 m; Länge 12,77 m; Höhe 3,99 m; Tragflügelfläche 40 m²
**Bewaffnung:** vier 20-mm-Kanonen, in Paaren montiert, schräg nach oben und unten gerichtet

werfer im Bug ausgerüstet, doch spätere Serienjäger erhielten ein Bordradar. Die Bezeichnung **J1N1-Sa** bezog sich auf die Nachtjäger, bei denen man die abwärts feuernden Rohrwaffen ausgebaut hatte.

Die Produktion aller **J1N**-Versionen durch Nakajima betrug 479 Exemplare. Als die **Gekko** bei ersten Einsätzen mit den Bombern B-24 konfrontiert waren, erwiesen sie sich als schlagkräftige Nachtwaffen, doch gegen die schnellere und schwerer bewaffnete B-29 Superfortress vermochten sie wenig auszurichten.

***Die saubere Linienführung der Nakajima J1N1 ging durch Modifikationen in Verbindung mit der Bewaffnung und Ausrüstung für die Nachtjagd verloren.***

# Nakajima J5N Tenrai

Katsuji Nakamura und Kazuo Ohno konstruierten gemäß einer 18-Shi-Spezifikation für einen Hochleistungs-Jagdeinsitzer die Nakajima **J5N1 Tenrai** (himmlischer Donner), die im Juli 1944 zur Flugerprobung bereitstand. Der Mitteldecker mit hochgewölbter Haube über dem Cockpit wurde von zwei Nakajima-Sternmotoren NK9H Homare 21 je 1466 kW (1990 PS) angetrieben. Die **J5N1** konnte auf 597 km/h beschleunigen, und ihre Bewaffnung bestand aus je zwei 30-mm- und 20-mm-Kanonen. Sechs Maschinen wurden gebaut, doch da die Leistungen unterhalb der geforderten Werte lagen, kam eine Serienfertigung nicht in Frage.

***Die Nakajima J5N war zur Abwehr der B-29 gedacht, erreichte aber keine der Sollvorgaben. Von einer Serienfertigung dieses Typs sah man deshalb ab.***

# Nakajima Ki-4

Der 1934 ausgiebig im Flug erprobte Anderthalbdecker **Nakajima Ki-4** hatte ein geteiltes Fahrwerk mit windschnittigen Radverkleidungen und offene Cockpits in Tandemanordnung für einen Beobachter und einen Flugzeugführer. Letzterer saß direkt unter einem großen Ausschnitt an der Hinterkante des Oberflügels. Die **Ki-4** erreichte die Serienfertigung und wurde 1935 als **Heerestyp 94 Aufkärungsflugzeug Modell 2** in Dienst gestellt, allerdings ohne die Radverkleidungen und mit neu entworfenem Leitwerk. Die Produktion lief mehrere Jahre lang, und von den 516 Maschinen fertigte Tachikawa einige Exemplare in Lizenz.

Der **Typ 94** wurde vom japanischen Heer in China zur Nahunterstützung eingesetzt. Er war mit bis zu vier 7,7-mm-MGs bewaffnet und konnte 50 kg an leichten Bomben mitführen. 1941 dienten immer noch etliche **Ki-4** im Nachschub- und Verbindungswesen. Die japanische Armee erprobte zwei **Ki-4** als Wasserflugzeuge, eines mit Zwillingsschwimmwerk und eines mit Haupt- und zwei Stabilisierungsschwimmern. Mit einem Landflugzeug wurden Schwimmbälge für den Fall einer Notwasserung getestet.

Der von einem Ha-8-Sternmotor mit 471 kW (640 PS) angetriebene **Typ 94** konnte eine Geschwindigkeit von 300 km/h halten. Die Spannweite betrug 12 m und die höchstzulässige Abflugmasse 2500 kg.

***Ein anerkennenswertes Auslegungsmerkmal der Ki-4 stellte die große Windschutzscheibe vor dem hinteren Cockpit dar.***

# Nakajima Ki-27

Nakajima hatte in Eigeninitiative die Konstruktion eines Jagdeinsitzers in der Auslegung eines Tiefdeckers begonnen, der die Bezeichnung **PE** erhielt. Als die Kaiserlich Japanische Armee Nakajima Mitte 1935 anwies, ein Flugzeug dieser Klasse zur Bewertung bereitzustellen, entsprach der neue Prototyp **Nakajima Ki-27** weitgehend dem firmeneigenen **PE**-Versuchsjäger, barg allerdings Verbesserungen in sich, die sich aus früheren Tests ergeben hatten. Zur Diensterprobung wurden zwei Prototypen und zehn Vorserienjäger herangezogen. Die Vorserie wies eine größe-

**TECHNISCHE DATEN**

**Nakajima Ki-27a**

**Typ:** Jagdeinsitzer
**Triebwerk:** ein Sternmotor Nakajima Ha-1b mit 523 kW (710 PS)
**Leistung:** Höchstgeschwindigkeit 470 km/h in 3500 m Höhe; Dienstgipfelhöhe 12.250 m; max. Reichweite 625 km
**Gewicht:** Leermasse 1110 kg; max. Startmasse 1790 kg
**Abmessungen:** Spannweite 11,31 m; Länge 7,53 m; Höhe 3,25 m; Tragflügelfläche 18,55 m²
**Bewaffnung:** zwei vorwärtsfeuernde 7,7-mm-MGs

***Die von Oberstleutnant Toshio Katoh, Kommandeur der 1. Sentai des Kaiserlich Japanischen Heeres, geflogene Ki-27b, die im Juni 1939 in Kagamigahara stationiert war***

re Spannweite sowie eine Schiebehaube über dem Cockpit auf, und in dieser Form gelangte der Typ Ende 1937 als **Heerestyp 97 Jäger Modell A (Nakajima Ki-27a)** zur Serienfertigung. Als die Produktion 1942 auslief, waren 3399 Exemplare gebaut, davon 2020 von Nakajima und 1379 von Mansyu. Bei diesen einzigen Varianten handelte es sich um die geringfügig verbesserte Spätserie **Ki-27b** und zwei experimentelle **Ki-27 KAI** in Leichtbauweise, aus denen sich aber keine Serienfertigung ergab. Diese Jäger erwiesen sich im Einsatz als effektiv und zuverlässig. Sie wurden im März 1938 über dem Norden Chinas eingesetzt und konnten hier die Luftüberlegenheit wahren, bis die sowjetische Polikarpow I-16 erschien. Maschinen des Typs **Ki-27** waren an der Invasion Birmas und Malaysias, Niederländisch-Ostindiens und der Philippinen beteiligt und erhielten von den amerikanischen Streitkräften den Kodenamen **„Nate"** (auf den Kriegsschauplätzen China, Birma und Indien zunächst **„Abdul"**). In der Anfangsphase zeigten sich diese wendigen Flugzeuge am erfolgreichsten gegen die Alliierten, bis sie auf deren zunehmend modernere Jäger stießen. Danach wurden sie noch bis ins Jahr 1943 zur Verteidigung der japanischen Inseln sowie zur Schulung fortgeschrittener Jagdpiloten eingesetzt.

# Nakajima Ki-34

Von Douglas Aircraft in den USA erwarb Nakajima die Lizenzbaurechte für das Verkehrsmuster DC-2 und konstruierte 1935 ein zweimotoriges Verkehrsflugzeug auf der Basis der DC-2 mit der Bezeichnung **AT-1**. Dieses Modell wurde zwar nicht produziert, aber eine Überarbeitung ergab die verbesserte **AT-2** mit zwei Nakajima-Sternmotoren Kotobuki 2-1 je 427 kW (580 PS). Eine **AT-2**-Mustermaschine flog erstmals am 12. September 1936. Der Erprobung folgte ein Auftrag über 32 Serienflugzeuge zur Ausrüstung der Fluggesellschaften Greater Japan Airlines und Manchurian Airlines. Anfang 1937 führte auch das Kaiserlich Japanische Heer dieses Modell als **Heerestyp 97 Transportflugzeug (Nakajima Ki-34)** ein. Von diesem militärischen Transporter für eine dreiköpfige Besatzung und acht Passagiere entstanden 318 Exemplare. Einige dieser Maschinen wurden vom Heer zur Marine überstellt, die ihnen die Dienstbezeichnung **Marinetyp AT-2 Transportflugzeug (Nakajima L1N1)** zuteilte. Beide Versionen waren bei den Alliierten unter dem Kodenamen **„Thora"** zusammengefaßt. Die Maschinen blieben den ganzen Krieg hindurch im Einsatz.

***Trotz aller Probleme mit der Motorkühlung, dem Fahrwerkseinziehen und einigen Ausrüstungskomponenten erwies sich die AT-2 als populär.***

**TECHNISCHE DATEN**
**Nakajima Ki-34/L1N1 und AT-2**
**Typ:** leichtes Kurzstrecken-Transportflugzeug
**Triebwerke:** zwei Sternmotoren Kotobuki 41 je 523 kW (710 PS)
**Leistung:** Höchstgeschwindigkeit 360 km/h in 3360 m Höhe; Dienstgipfelhöhe 7000 m; max. Reichweite 1200 km
**Gewicht:** Leermasse 3500 kg; max. Startmasse 5250 kg
**Abmessungen:** Spannweite 19,81 m; Länge 15,30 m; Höhe 4,15 m; Tragflügelfläche 49,20 m²

# Nakajima Ki-43 Hayabusa

Im Dezember 1937 begann das Unternehmen mit der Konstruktion eines Jägers, der die Nakajima Ki-27 ablösen sollte. Im Januar 1939 startete der erste von drei Prototypen **Nakajima Ki-43** zum Jungfernflug. Der freitragende Tiefdecker mit Einziehfahrwerk nahm seinen Piloten in einem geschlossenen Cockpit auf, und für den Antrieb sorgte ein aufgeladener Nakajima-Sternmotor Sakae Ha-25 mit 718 kW (975 PS). Die Erprobung der Prototypen deckte Schwächen in der Manövrierbarkeit auf. Die zehn nachfolgenden Vorserienjäger wiesen daher eine niedrigere Gesamtmasse und Tragflügel mit einer größeren tragenden Fläche auf, die zudem mit Manöver- oder Luftkampfklappen ausgestattet waren. Diese Auslegung erwies sich als gut genug, um das Muster als **Heerestyp 1 Jäger Modell 1A Hayabusa (Ki-43-1a)** in Serie gehen zu lassen. In der ersten Phase des Pazifikkrieges erwies sich dieser Typ als recht erfolgreich. Mit dem Aufkommen leistungsstärkerer Jäger der Alliierten wurden nachgebesserte Prototypen **Ki-43-II** mit dem stärkeren Nakajima-Motor Ha-115 erprobt. Diese Version führte nicht nur Panzerschutz und selbstdichtende Kraftstofftanks ein, sondern auch eine reduzierte Spannweite, und sie ging als **Ki-43-IIa** in Serie. Die Schlußvariante der **Hayabusa** (Wanderfalke) war die **Ki-43-III**, von der jedoch nur noch Versuchsjäger fertiggestellt wurden. Bis dahin waren insgesamt 5919 Exemplare bei Nakajima (3239), Tachikawa (2631) und dem 1. Heeresflieger-Arsenal (49) entstanden, die alle den Kodenamen **„Oscar"** erhielten. Die **Hayabusa** kam während des Pazifikkrieges zum Einsatz und diente zur Verteidigung Tokios sowie zu Kamikaze-Angriffen auf die alliierten Streitkräfte.

**Varianten**
**Ki-43-Ia:** erste Serienversion, bewaffnet mit zwei vorwärtsfeuernden 7,7-mm-MGs und zwei externen 15-kg-Bomben
**Ki-43-Ib:** wie Ki-43-Ia, aber ein MG war 12,7-mm-kalibrig
**Ki-43-Ic:** wie Ki-43-Ia, aber beide MGs waren 12,7-mm-kalibrig
**Ki-43-II:** fünf Prototypen einer verbesserten Version mit Panzerschutz, selbstversie-

***Bei der Nakajima Ki-43-IIb, auch als Ki-43-II Otsu bekannt, waren die Bombenschlösser verlegt worden, weil frühere Versionen beim Bombenabwurf ihre Propeller eingebüßt hatten.***

**TECHNISCHE DATEN**
**Nakajima Ki-43-IIb**
**Typ:** einsitziger Jäger/Jagdbomber
**Triebwerk:** ein Sternmotor Nakajima Ha-115 mit 846 kW (1150 PS)
**Leistung:** Höchstgeschwindigkeit 530 km/h in 4000 m Höhe; Dienstgipfelhöhe 11.200 m; max. Reichweite 3200 km
**Gewicht:** Leermasse 1910 kg; max. Startmasse 2590 kg
**Abmessungen:** Spannweite 10,84 m; Länge 8,92 m; Höhe 3,27 m; Tragflügelfläche 21,40 m²
**Bewaffnung:** zwei vorwärtsfeuernde 12,5-mm-MGs und zwei Gehänge für je eine 250-kg-Bombe unter den Tragflächen

gelnden Tanks und Nakajima-Motor vom Typ Ha-115
**Ki-43-IIa:** erste Baureihe Ki-43-II mit MG-Bewaffnung der Ki-43-Ic und zwei Gehängen für 250-kg-Bomben
**Ki-43-IIb:** generell wie Ki-43-IIa, aber mit geringfügig geänderter Ausrüstung
**Ki-43-II KAI:** Version, die die Modifikationen der Ki-43-IIa und der Ki-43-IIb zusammenfaßte
**Ki-43-IIIa:** zehn Prototypen, ähnlich der Ki-43-II KAI, aber angetrieben vom Ha-115-II mit besserer Höhenleistung
**Ki-43-IIIb:** zwei Versuchsabfangjäger mit Mitsubishi-Motor Ha-112, zwei vorwärtsfeuernden 20-mm-Kanonen und Bombenschlössern wie bei der Ki-43-IIa

***Nakajima Ki-43-IIb der 3. Chutai, 25. Sentai der Kaiserlich Japanischen Heeresluftwaffe, im Januar 1944 in Hankow, China, stationiert***

# Nakajima Ki-44 Shoki

Parallel zur Ki-43 entwickelte Nakajima einen Hochleistungs-Abfangjäger mit einem 920 kW (1250 PS) starken Nakajima-Sternmotor Ha-41. Der ansonsten wie die Ki-43 ausgelegte neue Prototyp **Ki-44** flog erstmals im August 1940. Nach Abschluß der Truppenerprobung wurde der Jäger als **Heerestyp 2 Jagdeinsitzer Modell 1A Shoki (Nakajima Ki-44-Ia)** zur Serienfertigung zugelassen. Aufgrund ihrer hohen Landegeschwindigkeit und begrenzten Manövrierbarkeit fand die **Shoki** (Dämon) mit ihrer für damalige Verhältnisse recht hohen Flächenbelastung bei den Jagdpiloten zunächst wenig Anklang. Zunehmende Erfahrung im Umgang mit der **Ki-44** und ihre unbestrittenen Qualitäten als Abfangjäger verwandelten jedoch das anfängliche Unbehagen allmählich in Respekt. Als die Produktion Ende 1944 eingestellt wurde, hatte Nakajima 1225 Exemplare aller Versionen, einschließlich Prototypen, gebaut. Diese Jäger, von den Alliierten mit dem Decknamen **„Tojo"** bedacht, dienten in erster Linie zur Verteidigung der japanischen Heimatinseln.

***Nakajima Ki-44-IIb der 23. Sentai, Kaiserlich Japanische Heeresluftwaffe, 1944 in Japan stationiert***

**Varianten**
**Ki-44:** Prototyp mit einer Bewaffnung von je zwei 7,7-mm- und 12,7-mm-MGs
**Ki-44-Ia:** erste Serienversion, weitgehend identisch mit der Ki-44
**Ki-44-Ib:** wie Ki-44-Ia, aber mit vier 12,7-mm-MGs bewaffnet
**Ki-44-Ic:** wie Ki-44-Ib, aber mit modifizierten Hauptradverkleidungen
**Ki-44-II:** Prototyp und Vorserienmodell mit dem stärkeren Motor Ha-109
**Ki-44-IIa:** erste Baureihe der Ki-44-II, bewaffnet wie die Ki-44-Ia
**Ki-44-IIb:** Hauptbaureihe, bewaffnet wie Ki-44-Ib
**Ki-44-IIc:** Variante der Ki-44-II, bewaffnet mit vier 20-mm-Kanonen oder zwei 40-mm-Kanonen und zwei 12,7-mm-MG
**Ki-44-IIIa:** Serienversion mit 1472 kW (2000 PS) starkem Nakajima-Sternmotor Ha-145 und vier 20-mm-Kanonen
**Ki-44-IIIb:** letzte Serienausführung; wie Ki-44-IIIa, aber mit zwei 20-mm- und zwei 37-mm-Kanonen

## TECHNISCHE DATEN
### Nakajima Ki-44-IIb
**Typ:** einsitziger Abfangjäger
**Triebwerk:** ein Sternmotor Nakajima Ha-109 mit 1119 kW (1520 PS)
**Leistung:** Höchstgeschwindigkeit 605 km/h in 5200 m Höhe; Dienstgipfelhöhe 11.200 m; max. Reichweite 1700 km
**Gewicht:** Leermasse 2105 kg; max. Startmasse 2995 kg
**Abmessungen:** Spannweite 9,45 m; Länge 8,80 m; Höhe 3,25 m; Tragflügelfläche 15 m²
**Bewaffnung:** vier vorwärtsfeuernde 12,7-mm-MGs

# Nakajima Ki-49 Donryu

Die Nakajima **Ki-49**, entworfen zur Ablösung der seit 1938 eingesetzten Mitsubishi-Bomber Ki-21, sollte ein Leistungsvermögen aufweisen, das jeglichen Jagdschutz entbehrlich machte. Der achtsitzige Versuchsbomber war ein freitragender Mitteldecker, der beim Erstflug im August 1939 mit zwei Nakajima-Sternmotoren Ha-5 KAI je 699 kW (950 PS) angetrieben wurde. Der zweite und dritte Prototyp sowie sieben Vorserienbomber erhielten Nakajima-Motoren Ha-41 je 920 kW (1250 PS), ebenso die erste, im März 1941 bestellte Baureihe mit der Bezeichnung **Heerestyp 100 Schwerer Bomber Modell I Donryu (Ki-49-I)**. Die ersten **Donryu**-Bomber erreichten noch im Herbst die Einsatzverbände, die mit Schwerpunkt Neuguinea und Australien in den Pazifikkrieg eingriffen. Dabei zeigte sich, daß die **Donryu** (Sturmdrache) eindeutig untermotorisiert war, was entweder auf Kosten der Bombenlast oder der Geschwindigkeit ging. Im Frühjahr 1942 wurden daher zwei Prototypen **Ki-49-II** mit stärkeren Nakajima-Motoren Ha-109, verbessertem Panzerschutz und kugelsicheren Tanks testgeflogen. Dieser Typ ging als **Ki-49-IIa** mit der gleichen Bewaffnung wie die **Ki-49-I** in Serie. Zudem entstand die **Ki-49-IIb** mit drei 12,7-mm-MGs statt der bisherigen 7,7-mm-MGs. Da die **Ki-49** selbst in dieser Form den modernen Jägern der Alliierten nicht gewachsen war, entwickelte man die **Ki-49-III** mit Nakajima-Triebwerken Ha-117 je 1781 kW (2420 PS). Von ihr waren allerdings erst sechs Prototypen fertiggestellt, als die Produktion im Dezember 1944 endete. Da die **Ki-49** die erwarteten Rollen nicht erfüllen konnte, betraute man sie gegen Ende des Pazifikkrieges mit Aufgaben der U-Boot-Abwehr, des Truppentransports und mit Kamikaze-Flügen. Bei Nakajima wurden insgesamt 769 und bei Tachikawa 50 Exemplare gebaut. Das Nakajima-Kontingent enthielt außerdem drei Prototypen des Typs Ki-58 einer geplanten Begleitschutz-Jägerversion mit leistungsstarken Ha-109-Motoren und zwei weitere Prototypen Ki-80, gedacht als Führungsmaschinen oder Pfadfinderflugzeuge. Alle Versionen der **Ki-49** hießen bei den Alliierten **„Helen"**.

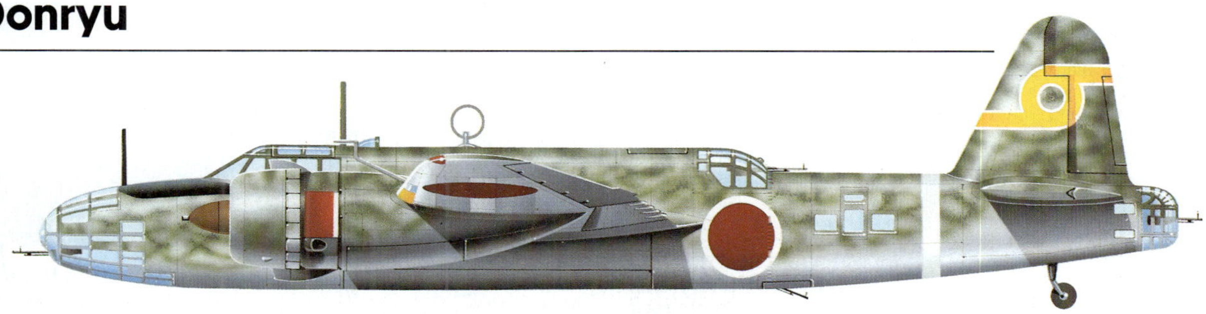

***Nakajima Ki-49-IIa der 3. Chutai, 62. Sentai der Kaiserlich Japanischen Heeresluftwaffe***

## TECHNISCHE DATEN
### Nakajima Ki-49-IIa
**Typ:** schwerer Bomber
**Triebwerke:** zwei Sternmotoren Nakajima Ha-109 je 1104 kW (1500 PS)
**Leistung:** Höchstgeschwindigkeit 492 km/h in 5000 m Höhe; Dienstgipfelhöhe 9300 m; max. Reichweite 2950 km
**Gewicht:** Leermasse 6530 kg; max. Startmasse 11.400 kg
**Abmessungen:** Spannweite 20,42 m; Länge 16,50 m; Höhe 4,25 m; Tragflügelfläche 69,05 m²
**Bewaffnung:** eine 20-mm-Kanone und fünf 7,7-mm-MGs sowie eine Höchstlast von 1000 kg an Bomben

## Nakajima Ki-84 Hayate bis Naval Aircraft Factory N3N Canary

**Die Ki-84 „Frank" war das beste Flugzeug des Nakajima-Chefkonstrukteurs T. Koyama. Allerdings wurde die Produktion durch ständige Luftangriffe auf das Motorenwerk Mushai und Rohstoffmangel stark behindert. Ähnliche Qualitätskontrollprobleme machten auch dem chinesischen Werk Nanchang für den Jäger Fantan zu schaffen.**

# Nakajima Ki-84 Hayate

Der im Sommer 1944 in Dienst gestellte Jagdeinsitzer/Jagdbomber **Nakajima Ki-84 Hayate** (Sturm) erreichte das Kaiserlich Japanische Heer zu spät. Wäre dieser Typ früher und in größerer Zahl einsetzbar gewesen, hätte er den Alliierten sicher Probleme bereitet, denn er stieg schneller und ließ sich besser manövrieren als die P-51H Mustang und die Republic P-47N Thunderbolt. Die Entwurfsarbeiten begannen im Frühjahr 1942, und nach erfolgreichen Tests mit zwei Prototypen wurden 83 Erprobungsjäger für die Truppe und 42 Vorserienjäger gefertigt. Ende 1943 lief die Produktion unter der offiziellen Bezeichnung **Heerestyp 4 Jäger Modell 1A Hayate (Ki-84-Ia)** an. Das Muster hatte ebenso wie die Test- und Vorserienmaschinen eine Bewaffnung von zwei 12,7-mm-MGs und zwei flügelmontierten 20-mm-Kanonen. Zu den nachfolgenden Serienmodellen gehörten die **Ki-84-Ib** mit zwei 20-mm-Kanonen, die mit je zwei 20-mm- und 30-mm-Kanonen bewaffnete **Ki-84-Ic** und die **Ki-84-II**, bei der Teile der Zelle aus Holz gefertigt waren, um Leichtmetall-Werkstoffe einzusparen. Der mit dem Alliierten-Kodenamen **„Frank"** bedachte Typ wurde ab Ende 1944 in großer Zahl eingesetzt, und als die Produktion auslief, waren 3514 Exemplare gebaut, davon 94 bei Mansyu. Unter diese Gesamtzahl fielen auch drei Prototypen **Ki-106** in Holzbauweise, die das 1. Heeresflieger-Arsenal in Tachikawa gefertigt hatte, und eine **Ki-113**, die weitgehend aus Stahl konstruiert war. Diese vier Musterjäger sollten bedeutende Einsparungen im Verbrauch von Leichtmetall-Werkstoffen erbringen. Die letzte Variante hieß **Ki-116**, eine von Mansyu umgebaute Nakajima **Ki-84-Ia** mit einem Mitsubishi-Sternmotor Ha-33 (1104 kW/1500 PS).

***Nakajima Ki-84-Ia der 58. Shimbu-tai im August 1944***

***Nakajima Ki-84-Ia***

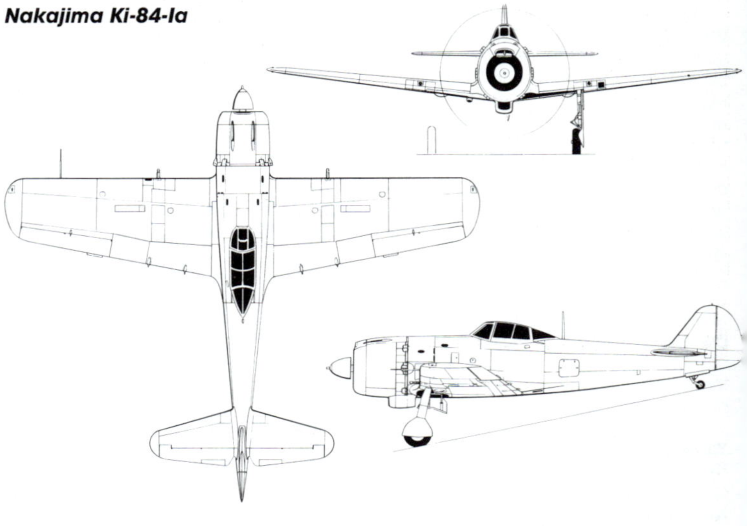

**TECHNISCHE DATEN**
**Nakajima Ki-84-Ia**
**Typ:** einsitziger Abfangjäger/Jagdbomber
**Triebwerk:** ein Sternmotor Nakajima Ha-45 mit 1398 kW (1900 PS)
**Leistung:** Höchstgeschwindigkeit 631 km/h in 6120 m Höhe; Dienstgipfelhöhe 10.500 m; max. Reichweite 2168 km
**Gewicht:** Leermasse 2660 kg; max. Startmasse 3890 kg
**Abmessungen:** Spannweite 11,24 m; Länge 9,92 m; Höhe 3,39 m; Tragflügelfläche 21 m²
**Bewaffnung:** zwei 12,7-mm-Maschinengewehre und zwei 20-mm-Kanonen sowie Gehänge für zwei 250-kg-Bomben unter den Tragflächen

# Nakajima Ki-115 Tsurugi

Im Januar 1945 beauftragte die Kaiserlich Japanische Armee Nakajima mit der Entwicklung eines Luftfahrzeugs, das eine bis zu 800 kg schwere Bombe zum Kamikaze-Einsatz tragen konnte. Das Ergebnis war die Nakajima **Ki-115**, ein Tiefdecker-Prototyp in Gemischtbauweise mit einem Nakajima-Sternmotor Ha-35 und Hauptfahrwerksbaugruppen aus geschweißtem Stahlrohr ohne Stoßdämpfer, da die Beine nach dem Start zum Kamikaze-Flug abgeworfen werden sollten. Die Flugerprobung zeigte, daß sich die Maschine in dieser Konfiguration am Boden nicht handhaben ließ. Daraufhin wurden Fahrwerksbaugruppen mit einfachen Stoßdämpfern eingeführt. In dieser Form und mit einigen kleineren Modifikationen ging das Modell als **Ki-115a Tsurugi** (Säbel) in Serie. Bei Kriegsende war noch keines der 104 gebauten Selbstopferungsflugzeuge zum Einsatz gekommen.

***Die Ki-115 war als bemannte Flugbombe zum Kamikaze-Einsatz gegen US-Kriegsschiffe gedacht. Die beiden Kugeln auf dem Nasenrücken vor dem Cockpit sind geöffnete Tankdeckel.***

**TECHNISCHE DATEN**
**Typ:** einsitziger Kamikaze-Sturzkampfbomber
**Triebwerk:** ein Sternmotor Nakajima Ha-35
**Leistung:** Höchstgeschwindigkeit 550 km/h in 2800 m Höhe; Reichweite 1200 km
**Gewicht:** Leermasse 1640 kg; max. Startmasse 2880 kg
**Abmessungen:** Spannweite 8,60 m; Länge 8,55 m; Höhe 3,30 m; Tragflügelfläche 12,40 m²
**Bewaffnung:** eine bis zu 800 kg schwere Bombe, halbversenkt unter dem Rumpf

# Nanchang A-5 Fantan

Die **A-5**, in China **Qiangjiji-5** (Kampfflugzeug-5) bezeichnet, entstand 1958 im Shenyang-Werk als Abkömmling des Jagdflugzeugs J-6, das man seinerseits aus der lizenzgefertigten MiG-19 „Farmer" entwickelt hatte. Das 1961 gestrichene Programm lebte 1963 wieder auf, und ein Prototyp flog erstmals am 4. Juni 1965. Nach einer langen Entwicklungsperiode flog im Oktober 1969 der erste von zwei weiteren Prototypen, und am Jahresende wurde das Muster zur Serienfertigung freigegeben. Änderungen gegenüber der J-6 umfaßten eine Streckung des Rumpfes um 25 Prozent, um einen internen Waffenschacht und voluminöse Treibstoffzellen unterzubringen, die Teilung des Triebwerkslufteinlaufs zu beiden Seiten des Cockpits und die Installation eines Suchradars in die Flugzeugnase. Die Kernstruktur der Tragflächen blieb unverändert, aber die Spoiler wurden abgeschafft und die Auftriebsklappen neu entworfen. Bis 1992 waren fast 1000 Exemplare produziert, und das Muster befindet sich bei den chinesischen Teilstreitkräften Luftwaffe und Marine im Einsatz. Andere Maschinen gingen in den Export nach Bangladesch (20), Birma (24), Nordkorea (40) und Pakistan (52). Die pakistanischen **Fantan**-Verbände sind No. 7, 16 und 26 Squadron. Die verbesserten Exportversionen **A-5K** und **A-5M** der **Q-5 II** wurden in Zusammenarbeit mit westlichen Firmen entwickelt, doch bis lang haben sich keine Käufer gefunden. Die **A-5K** entstand im Verbund mit dem französischen Unternehmen Thomson-CSF. Ihre Hochrüstung umfaßt einen Laserentfernungsmesser, eine Trägheitsnavigationsanlage und ein Frontscheibensichtgerät. Das erste von zwei Musterflugzeugen hob am 17. September 1988 vom Boden ab, aber bislang wurden keinerlei Verkaufsabschlüsse bekanntgegeben. Die im Zusammenwirken mit der italienischen Firma Alenia entwickelte **A-5M** weist das für die AMX geschaffene Navigations- und Waffeneinsatzsystem, zwei zusätzliche Außenlastträger unter den Flächen und schubstärkere Strahltriebwerke der Bauart WP-6A je 29,4 kN auf. Zwei Prototypen sind geflogen, der erste am 30. August 1988 (am 17. Oktober abgestürzt) und der zweite am 8. März 1989. Das **A-5M**-Programm war 1991 abgeschlossen, aber auch hier fehlen konkrete Aufträge.

**TECHNISCHE DATEN**
**Nanchang A-5C Fantan**
**Typ:** einsitziger Angriffsjäger
**Triebwerke:** zwei Strahltriebwerke Shenyang WP-6 je 25,5 kN Schub
**Leistung:** Höchstgeschwindigkeit in 11.000 m Höhe 1190 km/h, in Meereshöhe 1210 km/h; Dienstgipfelhöhe 15.850 m; max. Reichweite mit Höchstmenge an Intern- und Externtreibstoff 2000 km
**Gewicht:** Leermasse 6494 kg; max. Startmasse mit Außenlasten 12.000 kg
**Abmessungen:** Spannweite 9,70 m; Länge 16,20 m; Höhe 4,50 m; Tragflügelfläche 27,90 $m^2$
**Bewaffnung:** je eine Norinco-23-mm-Kanone in den Flächenansätzen mit 100 Schuß pro Rohr; zehn Außenstationen, davon zwei Paare in Tandemanordnung unter dem Rumpf und je drei an der Tragflächenunterseite; die Stationen unter dem Rumpf können mit Bomben bis zu 250 kg und die unter den Flügeln mit Bomben, Raketen- oder ECM-Behältern, Zusatztanks und/oder Schiffsbekämpfungsflugkörpern beladen werden

***Das wichtigste Plus der A-5 besteht in ihrer Einfachheit und dem niedrigen Beschaffungspreis. Die Tatsache, daß dieses Muster auf gestriger Technologie beruht, ist irrelevant.***

**Varianten**
**Q-5:** erste Serienversion für die chinesischen Streitkräfte
**Q-5 I:** fortentwickelte Variante mit höherem Nutzlastpotential und größerer Reichweite; der interne Waffenschacht wurde stillgelegt, so daß man den Haupttreibstofftank erweitern und zusätzliche Kraftstoffzellen einbringen konnte
**Q-5 IA:** verbesserte Q-5 I mit zusätzlichen Außenlastträgern unter den Tragflächen
**Q-5 II:** ähnlich wie Q-5 IA, aber mit Radarwarnanlage
**A-5C:** Exportversion für Pakistan und später Bangladesch; Ausführung der Q-5 I mit moderneren Avioniksystemen und Martin-Baker-Schleudersitz Mk 10
**A-5K Kong Yun (Wolke):** kampfwertgesteigerte Exportversion mit Laserentfernungsmesser, INS und HUD; zwei Entwicklungsmaschinen sind geflogen, die erste im September 1988
**A-5M:** alternative kampfwertgesteigerte Exportversion der Q-5 II; bislang sind nur zwei Prototypen geflogen, der erste am 30. August 1988 (am 17. Oktober abgestürzt) und der zweite am 8. März 1989

# Nardi F.N.305

Die von den Gebrüdern Euste, Elio und Luigi Nardi in Mailand gegründete Partnerschaftsfirma Fratelli Nardi baute ihr erstes Luftfahrzeug in den Jahren 1934/35. Der Prototyp **Nardi F.N.305**, Seriennummer MM277, unternahm seinen Erstflug am 19. Februar 1935. Der freitragende Tiefdecker in Gemischtbauweise mit nach innen einklappenden Hauptfahrwerksbeinen war zur Ausbildung von Flugzeugführern nach der Anfangsschulung sowie für den Sport- und Reiseflug gedacht und daher sowohl ein- als auch zweisitzig erhältlich. Das Musterflugzeug **MM277**, ein Zweisitzer mit geschlossener Haube über dem Cockpit, erhielt als Antrieb einen Fiat-Sternmotor A.70S mit 147 kW (200 PS), der ihm eine Spitzengeschwindigkeit von 340 km/h ermöglichte. Es folgten zwei weitere Prototypen, ebenfalls mit Fiat-Sternmotor: ein einsitziges Jagdschulflugzeug und ein zweisitziges Grundschulflugzeug, beide mit offenen Cockpits. Anschließend wurden zwei Exemplare der Langstreckenversion **F.N.305D** gebaut, angetrieben von einem Walter-Sternmotor Bora mit 147 kW (200 PS). Das erste Exemplar (I-UEBI), ein Zweisitzer, unternahm im März 1939 einen bemerkenswerten Nonstopflug von Rom nach Addis Abeba in Abessinien und stellte dabei einen Klassenrekord von 4463,8 km bei einer Durchschnittsgeschwindigkeit von 240 km/h auf. Die zweite Maschine, die **F.N.305D II**, war ein einsitziges Flugzeug, das von Jugoslawien für einen (nicht durchgeführten) Nonstopflug über den Nordatlantik gekauft wurde. Schließlich testete man einen Prototyp mit einem Alfa-Romeo-Motor 115, und diese Version ging als **F.N.305A** im Piaggio-Werk in Serie, da die Kapazität der Nardi-Werksanlagen zur Realisierung dieses Vorhabens einfach nicht ausreichte.

Für das italienische Luftfahrtministerium wurden insgesamt 258 **F.N.305** von Piaggio gefertigt, fast alle zweisitzige **F.N.305A**, die zur Ausbildung von Jagdpiloten und im Verbindungsdienst bei der Regia Aeronautica dienten. In dieser Zahl waren auch einige einsitzige **F.N.305B** und **F.N.305C** enthalten, erstere mit offenem und letztere mit geschlossenem Cockpit. Die Produktion fand schwerpunktmäßig im Zeitraum von 1937 bis 1943 statt, doch 1948 wurden noch acht teilgefertigte Exemplare im Piaggio-Werk komplettiert. Die Serienmaschinen **F.N.305A** glichen, bis auf die neue Cockpithaube, dem Prototyp mit dem Alfa-Romeo-Motor.

Zwischen 1937 und 1940 nahmen **F.N.305** an Wettbewerben und Rennen teil. Da der Typ häufig Preise gewann, gingen dank dieser guten Reklame zahlreiche Exportaufträge ein. So erwarb Chile 1938 neun Maschinen und Rumänien 31. Rumänien fertigte anschließend weitere 124 Exemplare der **F.N.305** in Lizenz (durch IAR in Brasov), die zum Standardtrainer für die Anfänger-/Fortgeschrittenenausbildung wurden. Die Maschinen hatten IAR-6G-1-Motoren, eine Lizenzversion des de Havilland Gipsy Six. Später übernahm Rumänien 21 **F.N.305** der sechsten Baureihe anstelle der von der rumänischen Regierung abgelehnten SIAI S.83. Der lukrativste Exportauftrag aber kam aus Frankreich, doch von den 300 bestellten Flugzeugen waren erst 41 an die Armée de l'Air ausgeliefert, als Mussolini im Juni 1940 Frankreich den Krieg erklärte. Als letzter ausländischer Abnehmer trat Ungarn mit einer Bestellung über 50 Maschinen auf.

**TECHNISCHE DATEN**
**Nardi F.N.305A**
**Typ:** zweisitziges Jagdschul- und Verbindungsflugzeug
**Triebwerk:** ein Reihenmotor Alfa Romeo 115 mit 136 kW (185 PS)
**Leistung:** Höchstgeschwindigkeit 300 km/h; Dienstgipfelhöhe 6000 m; Reichweite 620 km
**Gewicht:** Rüstmasse 704 kg; max. Startmasse 984 kg
**Abmessungen:** Spannweite 8,47 m; Länge 6,98 m; Höhe 2,10 m; Tragflügelfläche 12 $m^2$
**Bewaffnung:** (falls eingebaut) ein oder zwei 7,7-mm-MGs, synchronisiert

***Auf den ersten Blick schien der klobige Rumpf der Nardi F.N.305A auf einen Typ hinzudeuten, von dem nur mittelmäßige Leistungen zu erwarten waren. Tatsächlich aber bedeutete das nach innen einklappende Fahrgestell, daß dieses Muster eine respektable Geschwindigkeit erreichen konnte, vor allem im Zusammenspiel mit einem vergleichsweise leistungsschwachen Motor. Die italienische Luftwaffe beschaffte eine beachtliche Flotte.***

# Nardi F.N.310

Die 1936 von Luigi und Euste Nardi konstruierte Nardi **F.N.310** hatte einen Fiat-Sternmotor A.70S als Antrieb, dessen Leistung von 147 kW (200 PS) dem Prototyp zu einer Spitzengeschwindigkeit von 300 km/h verhalf. Das Modell war ein viersitziges Reiseflugzeug, das der F.N.305 ähnelte, aber um einiges größer ausfiel. Die Spannweite betrug 10 m und das zulässige Abfluggewicht 1150 kg. Das Kabinendach des Flugzeugs war in der Mitte unterteilt, so daß beide Hälften zum Einstieg nach vorn geklappt werden konnten. Eine modifizierte und mit zahlreichen Änderungen versehene Ambulanzversion bot im hinteren Kabinenteil nach Ausbau der Rücksitze Platz für eine Krankentrage.

# Nardi F.N.315

Die von Giovanni Zapetta am 10. Juli 1938 erstmals geflogene Nardi **F.N.315** basierte auf der F.N.305, hatte aber ein völlig neu entworfenes Leitwerk, ein modifiziertes und anders positioniertes Kabinendach sowie Tragflächen mit stärkerer V-Stellung und herkömmlichen Landeklappen. Den Antrieb des ersten Prototyps lieferte ein Alfa Romeo 115-I bis mit 151 kW (205 PS). Nach Abschluß der Erprobung baute Nardi sechs **F.N.315** mit dem Hirth-Triebwerk, davon zwei für die Schweizer Fliegertruppe und 25 Exemplare mit Alfa-Romeo-Motor für die Regia Aeronautica, die sie zur weiteren Ausbildung des Fliegernachwuchses verwendete.

Die Standardversion **F.N.315** mit Alfa-Romeo-Antrieb hatte eine Spannweite von 8,47 m und eine maximale Startmasse von 1045 kg. Die Höchstgeschwindigkeit betrug 315 km/h, die Dienstgipfelhöhe 6200 m und die Reichweite 740 km.

***Die Nardi F.N.315 war eine antriebsstärkere Ausgabe der F.N.305, ausgerüstet mit dem neuen Hirth-Motor. Sie konnte als zweisitziges Reiseflugzeug mit Extrafenster für den Mitflieger oder als Schulflugzeug für Fortgeschrittene ausgelegt werden. Außer der italienischen Luftwaffe nutzten mehrere andere Nationen dieses Muster, darunter auch die Schweiz.***

# Nardi F.N.316

Ihre höchste Entwicklungsstufe erreichte die F.N.305 in dem Jagdpilotenschulflugzeug **Nardi F.N.316**, dessen Prototyp im Herbst 1941 seinen Jungfernflug absolvierte. Das vorgesehene Triebwerk, ein 199 kW (270 PS) starker Sternmotor Isotta-Fraschini Beta RC 10 IZ, warf andauernde Kühlprobleme auf, so daß nach der Erstbestellung von 50 Flugzeugen keine weiteren Aufträge eingingen. Tatsächlich wurden nur 49 Exemplare, 30 einsitzige **F.N.316M** und 19 zweisitzige **F.N.316B**, fertiggestellt. Verglichen mit dem Prototypen, wiesen beide Versionen aerodynamische Verfeinerungen sowie ein neu konstruiertes Trag- und Leitwerk auf. Die einsitzige **F.N.316M** hatte zudem ein geschlossenes Cockpit. Diese Maschinen dienten ab Januar 1942 **(F.N.316M)** und Juni 1943 **(F.N.316B)** bei den Flugschulen der Regia Aeronautica. Nach dem Waffenstillstand Italiens mit den Alliierten blieben einige Exemplare bis 1944 bei der deutschen Luftwaffe in Norditalien im Einsatz.

Die **F.N.316M** konnte auf 330 km/h beschleunigen, auf eine maximale Höhe von 6500 m steigen und 740 km weit fliegen. Ihre Bewaffnung bestand aus einem oder zwei 7,7-mm-MGs.

# Nardi F.N.333 Riviera

Der Prototyp des Amphibien-Flugboots Nardi **F.N.333** erschien im September 1952. Das Luxus-Reiseflugzeug war als freitragender Hochdecker mit einer Kabine im vorderen Teil des einstufigen Bootsrumpfs ausgelegt. Für die Stabilität auf dem Wasser sorgten zwei in die Flächenenden einziehbare Schwimmer, und zwei schlanke Ausleger ragten hinter den Tragflächen hervor, um ein Leitwerk mit doppelten Seitenflossen/Rudern aufzunehmen. Der aus Metall konstruierte Prototyp **F.N.333** wurde von einem Continental-Boxermotor angetrieben, der seine Leistung von 108 kW (147 PS) auf eine Druckschraube abgab.

***Die Riviera, in den USA als North Star bekannt, war Nardis erstes Nachkriegsprodukt. Das Amphibium hatte eine ungewöhnliche Flügelklapptechnik, bei der die Stützschwimmer während des gesamten Klappvorgangs im Wasser blieben. Die Haupträder zogen hinter der Kabine in den Rumpf ein.***

Nardi baute drei Entwicklungsmaschinen, von denen die letzte den definitiven Prototyp für die Serie **F.N.333 Riviera** darstellte. Da Nardi nicht über die Kapazitäten für eine Serienproduktion verfügte, wurden 30 Amphibienflugzeuge **F.N.333S** von SIAI Savoia-Marchetti in Somma Lombardo und Vergiate gebaut. Das erste Serienexemplar, das 1960 vom Lago Maggiore aus Testflüge absolvierte, hob sich vom Prototypen durch ein neues Leitwerk, eine geräumigere Kabine und wasserdichte Fahrwerksklappen ab. Die Spannweite betrug 10,40 m, und das Standardtriebwerk, ein Continental IO-470-P mit 186 kW (253 PS), ermöglichte der **Riviera** eine Spitzengeschwindigkeit von 285 km/h.

# Naval Aircraft Factory N3N Canary

Das vom Bureau of Aeronautics der US Navy entworfene und am häufigsten gebaute Modell der NAF war ein zweisitziges Grundschulflugzeug und zugleich der letzte Doppeldecker im Dienst der amerikanischen Streitkräfte. Das letzte Exemplar wurde 1961 ausgemustert. Es handelte sich um einen konventionellen Doppeldecker gleicher Spannweite mit Radfahrgestell oder Schwimmwerk in Form eines zentralen Schwimmers und Stützkörpern außen am Unterflügel. Die Zelle bestand im wesentlichen aus Metall und war mit Gewebe überzogen. Den Anfang machte der erstmals im August 1935 geflogene Prototyp **NAF XN3N-1**. Nach erfolgreichen Tests wurden 179 Serienflugzeuge **N3N-1** gebaut, davon 158 mit dem 164 kW (223 PS) starken Wright-Sternmotor J-5, den die US Navy auf Lager hatte. Ein zusätzlicher Prototyp mit der Bezeichnung **XN3N-2** wurde bestellt und eine Serienmaschine zum Prototyp **XN3N-3** modifiziert. Beide sollten den von der Marine gebauten Wright-Sternmotor R-760-96 mit einer Nennleistung von 179 kW (243 PS) erhalten, da der J-5 veraltet war und der R-760 sich bei den letzten 20 Serienflugzeugen **N3N-1** als geeignet erwiesen hatte.

Später wurden alle anderen **N3N-1** ebenfalls auf den R-760-2 umgestellt, der auch in die ab 1938 gebauten 816 Serienexemplare der **N3N-3** eingegangen war. Letztere zeichneten sich zudem durch ein geändertes Leit- und Fahrwerk aus. Abgesehen von vier Exemplaren, die 1941 der US Coast Guard überstellt wurden, dienten diese Maschinen während des Zweiten Weltkriegs bei der US Navy als Anfänger-Trainer. Die meisten wurden bald nach Kriegsende ausgemustert.

***Naval Aircraft Factory N3N-1, 1939 in Pensacola stationiert***

**TECHNISCHE DATEN**

**NAF N3N-3**

**Typ:** zweisitziges Anfänger-Schulflugzeug
**Triebwerk:** ein Sternmotor Wright R-760-2 Whirlwind 7 mit 175 kW (238 PS)
**Leistung:** Höchstgeschwindigkeit 203 km/h; Dienstgipfelhöhe 4635 m; Reichweite 756 km
**Gewicht:** Leermasse 948 kg; max. Startmasse 1266 kg
**Abmessungen:** Spannweite 10,36 m; Länge 7,77 m; Höhe 3,30 m; Tragflügelfläche 28,33 $m^2$

## Naval Aircraft Factory PN bis Nieuport-Delage Ni-D 29

**Der nach dem Ende des Zweiten Weltkriegs scharf abfallende Bedarf für militärische Flugboote brachte das Produktionsinteresse der US Navy an ihnen zum Stillstand. Neiva in São Paolo blieb im Nachkriegsbrasilien eines der wenigen Flugzeugwerke und dominierte viele Jahre lang die brasilianischen Fliegerclubs, bis dann EMBRAER einen heimischen Markt aufzubauen begann.**

# Naval Aircraft Factory PN

Eines der erfolgreichsten Patrouillenboote des Ersten Weltkriegs war die Felixstowe F.5, die John Porte in England auf der Grundlage eines Curtiss-Entwurfs entwikkelte. Die Naval Aircraft Factory (NAF) baute 138 Exemplare dieses Typs unter der Bezeichnung F-5L für die US Navy. Der angehängte Buchstabe „L" verwies auf den Liberty-Antrieb anstelle der Rolls-Royce Eagle-Motoren der britischen Version. Als sich das Bezeichnungsverfahren 1922 änderte, wurde die F-5L zu **PN-5**, und es schloß sich eine Reihe von Ableitungen an, bei denen die NAF die Kapazität dieses Flugboots steigerte. Dazu gehörten zwei Maschinen mit neuem Seitenleitwerk, denen die Bezeichnung **F-6L** (später **PN-6**) zufiel, gefolgt von zwei **PN-7** mit neuen Tragflächen und Wright-Motoren T2 je 391 kW (532 PS). Die **PN-8**, ebenfalls in zweifacher Ausfertigung gebaut, glich der **PN-7**, führte aber einen aus Metall konstruierten Bootsrumpf und Packard-Motoren 1A-2500 je 354 kW (481 PS) ein. Eine Maschine dieses Duos erhielt später ein modifiziertes Leitwerk und geänderte Motorgondeln, was die Bezeichnung **PN-9** nach sich zog. Zwei weitgehend ähnliche Exemplare mit Detailverbesserungen wurden im Kennungssystem als **PN-10** geführt. Eine weitaus radikalere Neuerung brachte das Trio **PN-11**. Ihr metallener Bootsrumpf war neu konstruiert und breiter gestaltet, und das Versuchsflugboot **XPN-11** wies zwei Seitenflossen auf. Den Schluß dieser NAF-Entwicklungsreihe bildete die **PN-12**, von der wiederum zwei Exemplare entstanden. Eines dieser mit der **PN-9** übereinstimmenden Flugboote wurde von zwei Wright-Sternmotoren R-1750-D Cyclone je 391 kW (532 PS) angetrieben, das andere von Pratt & Whitney R-1850-A Hornet gleicher Leistung. Angesichts der begrenzten Produktionskapazität der NAF wurde die Serienfertigung den Firmen Douglas, Martin und Keystone übertragen. Douglas baute 25 **PD-1** mit 429 kW (583 PS) starken Wright-Motoren in neuen Triebwerksgondeln, Martin produzierte 30 **PM-1** mit dem R-1750-D und 25 **PM-2** mit Wright R-1820-64 Cyclone je 429 kW (583 PS) und dem mit der **XPN-11** getesteten Seitenleitwerk, und Keystone fertigte 18 **PK-1**, die praktisch mit der **PM-2** von Martin identisch waren. Die letzte Entwicklung der NAF-PN-Flugbootserie löste der Auftrag der US Navy an die Hall Aluminium Aircraft Corporation aus, ein auf der **PN-11** basierendes Flugboot zu konstruieren. Der Einzelprototyp **XPH-1** unterschied sich kaum von der **PN-11**, abgesehen vom größeren Seitenleitwerk/Ruder und zwei Wright-Motoren GR-1750 je 400 kW (544 PS). Es folgten neun **PH-1** mit 462 kW (628 PS) starken Wright-Motoren R-1820-86 und einer rudimentären Abdeckung des Führerraums. Weitere 14 Maschinen wurden für die US Coast Guard zum Such- und Rettungsdienst gefertigt. Diese Baureihe setzte sich aus sieben **PH-2** und sieben **PH-3** zusammen, die sich von der **PH-2** durch eine verbesserte Abdeckung des Führerraums unterschieden. Einige **PH-3** dienten noch im Zweiten Weltkrieg und wurden zur U-Boot-Abwehr eingesetzt.

***Die von der NAF konstruierte PN-7 zeigte noch die für Flugboote des Ersten Weltkriegs charakteristische Rumpfauslegung.***

Diese Maschinen standen am Ende der Entwicklung des Curtiss-Flugboots, das während des Ersten Weltkriegs eine so bedeutende Rolle gespielt hatte.

**TECHNISCHE DATEN**

**NAF PN-12**

**Typ:** fünfsitziges Patrouillenflugboot
**Triebwerke:** zwei Sternmotoren Wright R-1750-D Cyclone je 391 kW (532 PS)
**Leistung:** Höchstgeschwindigkeit 183 km/h in Meereshöhe; Dienstgipfelhöhe 3320 m; Reichweite 2108 km
**Gewicht:** Leermasse 3479 kg; max. Startmasse 6406 kg
**Abmessungen:** Spannweite 22,20 m; Länge 14,99 m; Höhe 5,11 m; Tragflügelfläche 113,06 m²
**Bewaffnung:** Bug- und Mittschiffswaffenstände mit je einem 7,62-mm-MG und vier 104-kg-Bomben

# Naval Aircraft Factory TG

In Philadelphia, Pennsylvania, wurde 1918 die Naval Aircraft Factory (NAF) eingerichtet, um der amerikanischen Marine ihre eigene Flugzeugwerft und Prüfstätte zur Verfügung zu stellen. Die US Navy brauchte zu dieser Zeit dringend Luftfahrzeuge, und die NAF begann mit einer für ihre Verhältnisse ausgesprochen umfangreichen Produktion, die bis 1922 anhielt.

Die **NAF TG** von 1922 war ein Seeflugzeug zur Waffen- und Schießausbildung, von dem Einzelexemplare in fünf Varianten zur Erprobung gebaut wurden. Von der Grundauslegung her handelte es sich um einen Doppeldecker gleicher Spannweite mit offenen Cockpits in Tandemanordnung und einem großen zentralen Schwimmer, der

***Die TG-2 mit ihrem Schwimmwerk, das sich in den zwanziger Jahren zunehmender Beliebtheit erfreute, war zur Schützenausbildung gedacht.***

an einem Strebengerüst unter den Rumpf montiert war und durch kleinere Stützschwimmer an den Enden des Unterflügels ergänzt wurde. Die ersten beiden Maschinen, **TG-1** und **TG-2**, hatten als Antrieb den Liberty-Motor mit 149 kW (203 PS), die **TG-3** und **TG-4** den Aeromarine T-6 mit gleicher Nennleistung und die **TG-5** den Wright-Hispano E-4 mit 134 kW (182 PS). Alle fünf von der NAF gebauten Flugzeuge glichen sich äußerlich, aber die **TG-1**, **TG-3** und **TG-4** hatten Rumpfkraftstofftanks, während die beiden anderen Maschinen ihren Betriebsstoff im Hauptschwimmer mitführten. In allen fünf Fällen betrug die Spannweite 10,97 m und die Länge 9,14 m. Die **TG-2** mit einer Startmasse von 1359 kg erreichte eine Spitzengeschwindigkeit von 156 km/h.

# Naval Aircraft Factory TS

Das am 10. August 1921 eingerichtete Bureau of Aeronautics der US Navy zeichnete für den Entwurf des Doppeldeckerjägers **NAF TS** verantwortlich, der speziell zum Einsatz von Flugzeugträgern aus konzipiert war. Es handelte sich um einen Einsitzer mit offenem Cockpit, einem Fahrgestell, das sich sowohl zur Montage von Rädern als auch Schwimmern eignete, und einem Lawrence-Sternmotor J-1 mit 149 kW (203 PS). In Übereinstimmung mit der damaligen Praxis der amerikanischen Regierung wurde die Serienproduktion ausgeschrieben, und die Curtiss Aeroplane and Motor Company erhielt den Zuschlag zum Bau von 34 Serienjägern **TS-1**, von denen die ersten im Dezember 1922

***A6301 war die zweite von der NAF gebaute TS-1, hier mit Schwimmwerk abgebildet. Man beachte die Anlasserkurbel auf der rechten Seite der Flugzeugnase, direkt hinter dem Motor.***

an Bord des Flugzeugträgers USS Langley in Dienst gingen. Die **TS-1**-Schwimmerflugzeuge, von Schlachtschiffen und Zerstörern der US Navy aus eingesetzt, blieben mehrere Jahre lang im Dienst. Sie wurden per Kran zu Wasser gelassen und wieder an Bord zurückgehievt. Später erhielt Curtiss einen Anschlußauftrag über zwei **TS-1** in Ganzmetallbauweise, die man unter der Bezeichnung **F4C-1** erprobte.

Zu den Aufgaben der NAF gehörte es, Musterexemplare von Modellen, für die Aufträge vergeben worden waren, in eigener Regie herzustellen, um die Kostenkalkulation und den Kaufpreis zu überwachen. Zu diesem Zweck baute NAF fünf

**TS-1** und vier verbesserte Maschinen mit unterschiedlichen Triebwerken für Vergleichstests, davon zwei mit dem 179 kW (243 PS) starken Aeromarine-Motor und zwei mit dem Wright-Hispano E, der 134 kW (182 PS) erzeugte. Diese NAF-Varianten erhielten die Bezeichnungen **TS-2** beziehungsweise **TS-3**. Eine **TS-3** wurde später zum Rennflugzeug **TR-2** modifiziert. Nach tiefgreifenden Änderungen diente dieselbe Maschine dem US Navy Team als Übungsgerät zur Vorbereitung auf das Rennen um die Schneider-Trophäe von 1923. Die **TS-1** hatte eine Spannweite von 7,62 m und eine Geschwindigkeit von 198 km/h in Meereshöhe.

# Neiva Paulistinha 56 und Campeiro

Die brasilianische Firma Sociedade Aeronautica Neiva begann bald nach dem Zweiten Weltkrieg mit dem staatlich geförderten Bau von ein- und zweisitzigen Segelflugzeugen für die Fliegerclubs dieses Landes. Ende der fünfziger Jahre startete Neiva die Konstruktion eines zweisitzigen Leichtflugzeugs in der Auslegung eines Kabinen-Hochdeckers mit starrem Spornrad-Fahrgestell, genannt **Neiva Paulistinha 56**. Den Antrieb lieferte ein Continental-Vierzylinder-Boxermotor C90. Der Typ blieb bis November 1964 in der Produktion. Von den 238 Exemplaren, die gebaut wurden, waren die meisten Reise- und Schulflugzeuge, aber einige Maschinen hatte man auch zur landwirtschaftlichen Nutzung gerüstet. Die letzte Serienversion war die **Paulistinha 56-C**, aber es flog auch ein Prototyp (PP-ZTG) der **Paulistinha 56-D** mit einem Avco Lycoming O-320-A1A. Später erwarb die brasilianische Luftwaffe diese Maschine und setzte sie mit der Bezeichnung **L-6A** im Unterstützungsdienst ein. Die **Paulistinha 56-D** selbst wurde zwar nicht in Serie gefertigt, leitete aber direkt zur ähnlichen **Campeiro** über. Der Hauptunterschied bestand in der geänderten Struktur. 1962 bestellte die brasilianische Luftwaffe 20 Exemplare dieses Modells und nutzte sie als **L-7** im Verbindungs-, Beobachtungs-, Rettungs- und Ausbildungsdienst.

**TECHNISCHE DATEN**
**Neiva Campeiro**
**Typ:** zweisitziges Mehrzweckflugzeug
**Triebwerk:** ein Vierzylinder-Boxermotor Avco Lycoming O-320-A mit 112 kW (152 PS)
**Leistung:** Höchstgeschwindigkeit 215 km/h; Dienstgipfelhöhe 5200 m; Reichweite mit max. Nutzlast 955 km
**Gewicht:** Leermasse 491 kg; max. Startmasse 790 kg
**Abmessungen:** Spannweite 10,70 m; Länge 6,90 m; Höhe 2,65 m; Tragflügelfläche 16,80 m²

***Mit der Neiva Paulistinha 56 kam ein Leichtflugzeug auf den brasilianischen Markt, das mit amerikanischen Modellen dieser Art vergleichbar war.***

# Neiva Regente und Lanceiro

1959 begann Neiva mit dem Entwurf eines abgestrebten, viersitzigen Kabinen-Hochdeckers mit starrem Bugrad-Fahrwerk und einem Continental-Motor O-300, der 108 kW (147 PS) erzeugte. Der erstmals am 7. September 1961 als **Neiva Regente 360C** geflogene Typ ging mit einem 134 kW (182 PS) starken Continental-Boxermotor O-360-A1D für die brasilianische Luftwaffe in Serie. Die Dienstbezeichnung **U-42** änderte sich später in **C-42**. 80 Exemplare wurden gebaut und als Mehrzweckflugzeuge verwendet. Neiva entwikkelte anschließend ein dreisitziges Artillerie-Beobachtungsflugzeug für die Luftwaffe, vom Hersteller **Regente 420L** bezeichnet. Es unterschied sich vom Vorgänger durch einen stärkeren Continental-Motor und den im Sinne eines besseren Sichtfelds abgeflachten Hinterrumpf. Der Prototyp **YL-42** flog erstmals im Januar 1967, gefolgt von 40 Serienmaschinen **L-42** für die brasilianische Luftwaffe. Das Gros dieser militärischen **C-42/L-42** befindet sich weiterhin im Dienst. Außerdem entwickelte Neiva eine viersitzige zivile Ausführung der **L-42** namens **Lanceiro**.

**TECHNISCHE DATEN**
**Neiva L-42**
**Typ:** dreisitziges Artillerie-Beobachtungsflugzeug
**Triebwerk:** ein Sechszylinder-Boxermotor Continental IO-360-D mit 157 kW (214 PS)
**Leistung:** Höchstgeschwindigkeit 245 km/h in Meereshöhe; Dienstgipfelhöhe 4820 m; Reichweite 925 km
**Gewicht:** Rüstmasse 745 kg; max. Startmasse 1120 kg
**Abmessungen:** Spannweite 9,13 m; Länge 7,21 m; Höhe 2,93 m; Tragflügelfläche 13,45 m²
**Bewaffnung:** Halterungen für leichte Bomben oder Raketen unter den Tragflächen

***Der Einfluß amerikanischer Modelle, vor allem der Cessna, ist bei der Neiva Lanceiro unverkennbar. Angesichts der wachsenden Beteiligung des Unternehmens an EMBRAER-Projekten wurde das Programm Mitte der siebziger Jahre allerdings aufgegeben.***

# Neiva Universal

Der Prototyp (PP-ZTW) der **Neiva Universal**, der 1963 als neues Grundschulflugzeug für die brasilianische Luftwaffe konstruiert wurde, flog erstmals am 29. April 1966. Der freitragende Ganzmetall-Tiefdekker mit einziehbarem Bugrad-Fahrwerk bietet Fluglehrer und Schüler nebeneinander Platz in einer geschlossenen Kabine, die zusätzlich den Einbau eines Rücksitzes zuläßt. Den Antrieb mit 216 kW (294 PS) lieferte anfangs ein Sechszylinder-Boxermotor Avco Lycoming IO-540-G1A5, aber spätere Serienmaschinen erhielten eine leistungsstärkere Bauart dieses Triebwerks. Ein erster Auftrag der brasilianischen Luftwaffe umfaßte 150 **Universal** mit der Bezeichnung **T-25**. 1978 wurden nochmals 28 Exemplare bestellt, von denen rund 160 heute noch als Anfänger- und Fortgeschrittenen-Schulflugzeuge, aber auch als Waffentrainer mit zwei Kanonenbehältern unter den Flächen im Dienst stehen dürften. Am 22. Oktober 1978 startete das Musterflugzeug **YT-25B Universal II** zum Erstflug. Man hatte mit einem Bedarf der brasilianischen Luftwaffe von 80 Maschinen dieser Version gerechnet, doch jegliche Produktion entfiel. Neben den **T-25** der brasilianischen Luftwaffe gingen zehn ähnliche Flugzeuge an das chilenische Heer, das sie später an die Luftwaffe abgab, wo sie noch heute im Einsatz sind.

***Das Foto zeigt eine Neiva T-25 mit den Markierungen der brasilianischen Luftwaffe. Dieser Typ befindet sich noch im Dienst.***

**TECHNISCHE DATEN**
**T-25 Universal**
**Typ:** zweisitziges Anfänger-Schulflugzeug
**Triebwerk:** ein Sechszylinder-Boxermotor Avco Lycoming IO-540-K1D5 mit 224 kW (305 PS)
**Leistung:** Höchstgeschwindigkeit 300 km/h in Meereshöhe; Dienstgipfelhöhe 6095 m; Reichweite 1000 km
**Gewicht:** Rüstmasse 1150 kg; max. Startmasse 1500 kg
**Abmessungen:** Spannweite 11 m; Länge 8,60 m; Höhe 3 m; Tragflügelfläche 17,20 m²

# Frühe Nieuport-Eindecker

Die 1910 von Edouard de Niéport gegründete Société Anonyme des Etablissements Nieuport hatte ihren Sitz in Issy-les-Moulineaux im Südwesten von Paris und betrieb eine Flugschule in Villacoublay.

Leider erhielten die meisten der frühen Eindecker-Luftfahrzeuge dieses Herstellers keine technische Bezeichnung. Das erste Exemplar, ein 1908 geflogener Einsitzer, folgte dem Blériot-Konzept mit nacktem Rumpfgerüst. Wie es heißt, konnte diese von einem Darracq-Motor mit 21 kW (28 PS) angetriebene Flugmaschine eine Geschwindigkeit von 72 km/h erreichen. 1910 folgte eine Version mit strömungsgünstigerem Rumpf und einem 37 kW (50 PS) starken Gnome-Motor. In „Jane's All the World's Aircraft" findet sich die Zeichnung und Kurzbeschreibung einer Version mit einem Gnome-Motor, die 1911 flog. Es handelte sich vermutlich um das Luftfahrzeug, mit dem Nieuport noch im selben Jahr in Châlons einen Geschwindigkeitsrekord von 133,14 km/h aufstellte. Ein Einsitzer mit einem 22-kW-Flugmotor, den Nieuport

***Von Anfang an bestachen Nieuport-Eindecker wie dieser von 1912 durch ihre klare Linienführung. Der „Drahtverhau" war schon wegen der Flügelverwindung unumgänglich.***

selbst entworfen hatte, erhielt die Bezeichnung **Nieuport Typ 2-N**. Seine Höchstgeschwindigkeit betrug 109 km/h.

Für den ersten militärischen Flugwettbewerb, den Frankreich 1911 zur Auswahl eines Musters für die Streitkräfte abhielt, wurden 110 Prototypen gemeldet, aber schon bald auf 32 eingegrenzt. Die drei siegreichen Muster stammten von Deperdussin, Breguet und Nieuport. Letzterer erhielt einen Auftrag über zehn Zweisitzer, von denen einer 1912 das erste Flugzeug der Welt mit einem fest eingebauten MG wurde.

1913 flog der russische Pilot Nesterow in Kiew mit einem Nieuport-Eindecker **Typ IV** einen Looping, und mehrere solcher Maschinen dienten bei der russischen Fliegertruppe. Die britische Armee erwarb fünf Nieuport, darunter eine mit einem Gnome-14-Zylinder-Umlaufmotor, der eine Leistung von 74 kW (100 PS) erzeugte.

Bei Kriegsausbruch im Jahr 1914 diente der **Typ 6M** bei einigen französischen, italienischen und russischen Staffeln, war aber bald veraltet. Es sei noch angemerkt, daß zwei der vier Flugzeuge, die 1913 am ersten Rennen um die Schneider-Trophäe in Monaco teilnahmen, Nieuport-Produkte mit 74 kW (100 PS) starken Gnome-Motoren waren und daß im nächsten Jahr zwei der sechs Teilnehmerpiloten Nieuport-Maschinen mit 119 kW (160 PS) starken Gnome-Motoren flogen. Keines der vier Exemplare erreichte das Ziel.

# Nieuport Typ 10 und 12

1914 trat Gustave Delage der Firma Nieuport bei und begann mit der Konstruktion eines zweisitzigen Aufklärungs- und Jagddoppeldeckers. Dieser moderne Entwurf wurde in zwei Richtungen ausgelegt: der **Nieuport Typ 10AV** nahm den Beobachter/Bordschützen im vorderen und den Piloten im hinteren Cockpit auf, und beim **Typ 10AR** war diese Reihenfolge umgekehrt. Mit seinem Gnome- oder Le Rhône-Motor, der nur 59 kW (80 PS) entwickelte, war der Typ als Zweisitzer zu schwach motorisiert. Folglich wurden einige Maschinen dieses Typs zu Einsitzern umgebaut, hauptsächlich im Bereich des Royal Naval Air Service (RNAS) in der Ägäis und bei französischen Staffeln an der Westfront.

Die Bemühungen um eine Leistungssteigerung führten zu einer größeren Version mit einem 81 bis 96 kW (110 bis 130 PS) starken Clerget-Motor. Dieser neue **Nieuport Typ 12** machte den **Typ 10** für Schu-

***Der Anderthalbdecker Nieuport Typ 12 war im Grunde eine größere und stärker motorisierte Ausgabe des Nieuport Typ 10.***

lungsaufgaben frei. Etwa 170 Exemplare des **Typs 10** und **12** dienten bei Staffeln des Royal Flying Club (RFC) und des RNAS, darunter auch einige von der Beardmore Company in Schottland in Lizenz gefertigte Flugzeuge. Als ihre Ablösung in Form des neuen **Nieuport Typs 11** eintraf, baute man die früheren Maschinen zu Schulflugzeugen um, indem man sie mit einem vierrädrigen Fahrgestell an einem erweiterten Strebengerüst ausrüstete, um ein Überschlagen bei der Landung zu verhindern. In dieser Form erhielten sie die Bezeichnungen **80E.2, 81D.2** und **83E.2.**

# Nieuport Typ 11 und 16

Nieuports Entschluß, eine Maschine für das Rennen um die Gordon Bennett Trophäe von 1914 zu konstruieren, führte zu einer Reihe schmucker Jagdeinsitzer, angefangen vom **Nieuport Typ 11**, der in nur vier Monaten fertiggestellt wurde. Der Kriegsausbruch verhinderte das Rennen, aber das Potential des neuen Musters war offensichtlich, und sowohl Großbritannien als auch Frankreich reichten Bestellungen ein. Den Antrieb besorgte ein Le Rhône-Umlaufmotor mit 59 kW (80 PS), und als Bewaffnung war ein einzelnes Lewis-MG auf dem Oberflügel montiert. Der Unterflügel hatte nur etwa die halbe Fläche des oberen, ein Merkmal, das diese wegen ihrer Größe **Nieuport Bébé** oder nach ihrer Hauptrolle **Nieuport Scout** genannten Maschinen berühmt machte.

Die hohe Steiggeschwindigkeit und die gute Manövrierbarkeit der ab 1915 an die französischen Staffeln ausgelieferten Flugzeuge verschafften den Alliierten vorübergehend die Luftüberlegenheit. Mehrere hundert Exemplare wurden von Macchi in Italien (als **Nieuport 11000**) gebaut, und der **Typ 11** flog auch bei der belgischen Aviation Militaire sowie beim RFC.

Eine verbesserte Version, die **Nieuport 16**, erschien 1916 mit einem 81 kW (110 PS) starken Le Rhône-Umlaufmotor. Der von britischen, belgischen und französischen Piloten geflogene **Typ 16** war das Gerät, mit dem sich das französische Fliegeras Georges Guynemer einen Namen machte. Dieses Muster leistete außerdem Pionierarbeit bei der Verwendung von Le Prieur-Raketen zur Zerstörung von Sperrballons und Luftschiffen. Acht solcher Raketen konnten an Flügelstreben schräg aufwärts gelagert mitgeführt und elektrisch abgefeuert werden.

**TECHNISCHE DATEN**

**Nieuport Typ 11**

**Typ:** Jagdeinsitzer
**Triebwerk:** ein Umlaufmotor Le Rhône mit 59 kW (80 PS)
**Leistung:** Höchstgeschwindigkeit 155 km/h in Meereshöhe; Dienstgipfelhöhe 4500 m; Flugdauer 2 Stunden, 30 Minuten
**Gewicht:** Leermasse 350 kg; max. Startmasse 480 kg
**Abmessungen:** Spannweite 7,55 m; Länge 5,80 m; Höhe 2,45 m; Tragflügelfläche 13 m²
**Bewaffnung:** ein starres, vorwärtsfeuerndes Lewis 7,7-mm-MG

***Nieuport 11 der 3. Jagdstaffel in Ciora, im September 1917 der 1. Rumänischen Armee zugeordnet***

# Nieuport Typ 14, 15, 18, 20 und 26

Im Sommer 1916 produzierte Nieuport den zweisitzigen Tagbomber Nieuport **Typ 14** mit einem 110 kW (150 PS) starken Hispano-Suiza-Reihenmotor und einem Lewis-MG im hinteren Cockpit. Drei französische Flugstaffeln erhielten diesen Typ als Ersatz für die veraltete Voisin. Die **Nieuport 14** leistete offenbar keinen besonderen Beitrag zum Krieg, denn nur 18 Tage später wurden die französischen Staffeln auf den Nieuport Typ 17 umgestellt und zu Jagdstaffeln erklärt. Die zweisitzigen Schulflugzeuge **Typ 15** und **Typ 26** waren Abkömmlinge des **Typs 14**, gingen aber nicht in Dienst. Ein Auftrag des RNAS über 40 Exemplare des **Typs 15** mit einem 169 kW (230 PS) starken Renault-Motor wurde widerrufen. Der Jagdeinsitzer **Typ 18** von 1917 hatte ebenfalls einen Hispano-Suiza-Motor mit 110 kW (150 PS), aber in Sternform. Der **Typ 18** ging nicht in Serie, ebensowenig der von einem Le Rhône mit 81 kW (110 PS) angetriebene Zweisitzer **Typ 20**, der im Jahre 1917 gefertigt wurde. Dennoch leisteten beim RFC einige Maschinen des letztgenannten Typs Dienst.

# Nieuport Typ 17, 21 und 23

Die mit früheren Modellen gewonnenen Erfahrungen schlugen sich im März 1916 im **Nieuport Typ 17** nieder, der zum bekanntesten Muster dieses Herstellers werden sollte. Das neue Modell, das stärker als die Vorgänger konstruiert war und als Antrieb einen Le Rhône mit 81 kW (110 PS) oder (im Falle der **Nieuport 17-bis**) einen Clerget mit 96 kW (130 PS) hatte, erwies sich als manövrierfähig und wartete mit guten Flugleistungen auf, insbesondere einem hervorragenden Steigvermögen. Auf dem Oberflügel war ein Lewis-MG gelagert, das über den Propellerkreis hinweg feuerte. Die zugehörige Stütze gestattete es dem Piloten, die Waffe tiefer zu ziehen und nach oben zu richten, um den Feindjäger von unten aus dem toten Winkel heraus angreifen zu können. Später, als die Synchronisiereinrichtung für das MG-Feuer durch den Propellerkreis perfektioniert war, baute man ein Vickers-MG ein.

Mehrere französische Staffeln wurden mit dem **Typ 17** neu ausgerüstet, ebenso wie belgische, italienische, russische und britische Einheiten (des RFC). Das Muster schuf sich rasch einen Namen durch Fliegerasse wie Nungesser, Ball und Bishop.

Der **Typ 21** war eine Variante des **Typs 17** mit einem 59 kW (80 PS) starken Le Rhône-Motor und größeren Querrudern. Rußland und die USA beschafften sehr viele **Typ 21**, die Amerikaner fast 200 Exemplare. Das letzte Baulos für die USA hatte einen Le Rhône-Motor, der 81 kW (110 PS) erzeugte. Mehrere **Typ 21** wurden nach dem Krieg von Sportpiloten geflogen.

Den Antrieb der etwas schwereren Ausführung **Typ 23** lieferte ein Le Rhône mit 59 kW (80 PS) oder 88 kW (120 PS).

**TECHNISCHE DATEN**
**Nieuport Typ 17**

**Typ:** Jagdeinsitzer
**Triebwerk:** ein Umlaufmotor Le Rhône mit 88 kW (120 PS)
**Leistung:** Höchstgeschwindigkeit 170 km/h in 1980 m Höhe; Steigzeit auf 4000 m 19 Minuten, 30 Sekunden; Dienstgipfelhöhe 5350 m; max. Reichweite 250 km
**Gewicht:** Leermasse 374 kg; max. Startmasse 560 kg
**Abmessungen:** Spannweite 8,20 m; Länge 5,96 m; Höhe 2,44 m; Tragflügelfläche 14,75 m²
**Bewaffnung:** ein starres, vorwärtsfeuerndes 7,7-mm-MG vom Typ Lewis oder Vickers

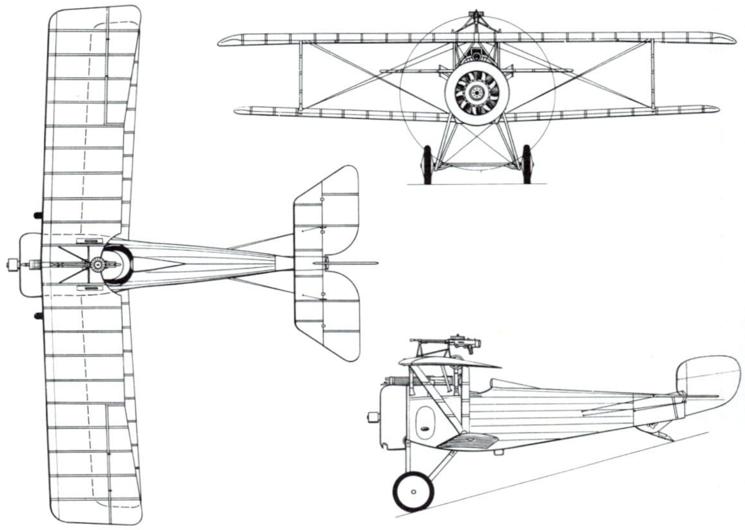

***Nieuport 17-bis***

# Nieuport Typ 24, 25 und 27

Nungessers Nieuport 17-bis war zum Typ 23 umgerüstet worden und gab später den Prototyp des Typ **Nieuport 24** ab, eines stromlinienförmiger gestalteten Modells mit einem 88 kW (120 PS) starken Le Rhône-Motor, einer starren Seitenflosse und einem Rumpf mit kreisrundem Querschnitt. Die USA kauften im November 1917 121 **Typ 24**, und weitere Exemplare dienten bei belgischen und italienischen Einheiten. Nakajima fertigte eine kleine Zahl von Maschinen dieses Typs in Lizenz. Eine weitere Variante mit dem Leitwerk des Typ 17 und rechteckig geschnittenen Tragflächenenden war der **Typ 24-bis**, ein von den Franzosen, der American Expeditionary Force (140 Exemplare) und dem RNAS geflogenes Schulflugzeug (in England von der British Nieuport and General Aircraft Co. Ltd. gebaut). Die neue Bezeichnung **Typ 25** wurde dem Musterflugzeug **Typ 24** zuteil, nachdem man es zum Träger des für den **Typ 27** vorgesehenen Höhenleitwerks und Schleifsporns modifiziert hatte.

**TECHNISCHE DATEN**
**Nieuport Typ 27**

**Typ:** Jagdeinsitzer
**Triebwerk:** ein Umlaufmotor Le Rhône mit 88 kW (120 PS)
**Leistung:** Höchstgeschwindigkeit 185 km/h in Meereshöhe; Dienstgipfelhöhe 5550 m; max. Reichweite 250 km
**Gewicht:** Leermasse 380 kg; max. Startmasse 585 kg
**Abmessungen:** Spannweite 8,20 m; Länge 5,85 m; Höhe 2,42 m; Tragflügelfläche 14,75 m²
**Bewaffnung:** ein starres, vorwärtsfeuerndes Lewis- und/oder Vickers-MG, Kaliber 7,7 mm

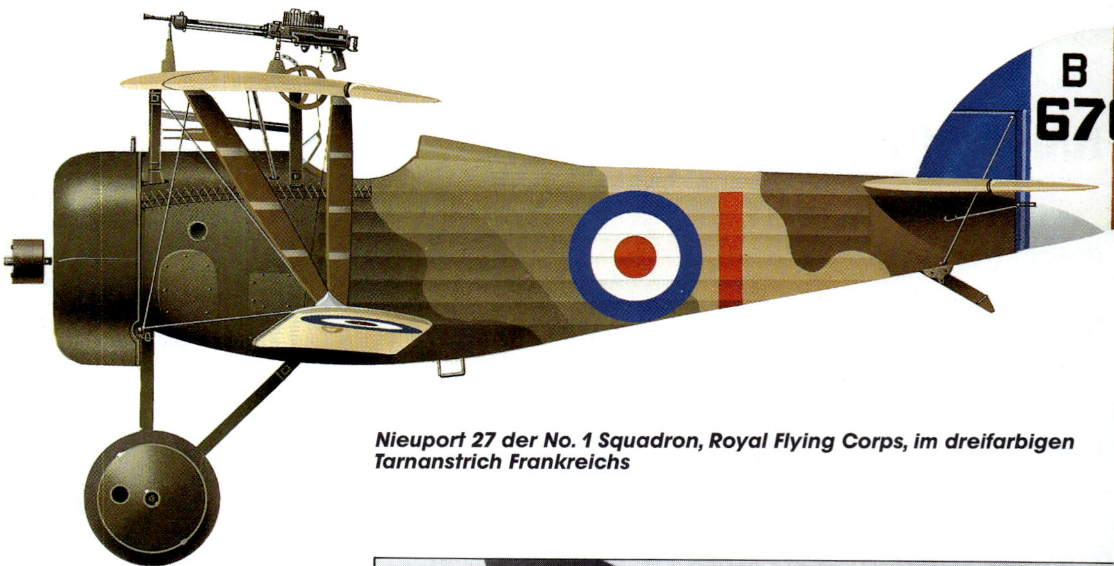


***Nieuport 27 der No. 1 Squadron, Royal Flying Corps, im dreifarbigen Tarnanstrich Frankreichs***

Der **Typ 27**, der im Kern dem **Typ 24** entsprach, besaß einen Le Rhône-Motor mit 88 kW (120 PS) und diente bei Einheiten in Schweden, England und den USA, die im November 1917 287 solcher Flugzeuge erwarben. Macchi fertigte eine kleine Serie des Musters in Lizenz.

***Die Nieuport 27 war die letzte Stufe in der Anderthalbdecker-Entwicklung dieses Herstellers. Anschließend wurden nur noch Doppeldecker produziert.***

# Nieuport Typ 28

Die erstmals im Juni 1917 als Prototyp geflogene **Nieuport 28** unterschied sich merklich von den früheren Modellen dieses Herstellers. Der vertraute, schmale Unterflügel und die eckig geschnittenen Flächenenden waren gleich großen Ober- und Unterflügeln mit abgerundeten Randbögen und die bisherigen V-Stiele Parallelstreben gewichen, und statt eines rechteckigen Querschnitts wies der Rumpf ein rundes Profil auf. Die Serienjäger erhielten den neuen Gnome-Umlaufmotor mit neun Zylindern und einer Nennleistung von etwa 118 kW (160 PS). Das Muster wurde in Großserien für Frankreich und die USA aufgelegt, obgleich es bei seinem Erscheinen leistungsmäßig bereits der SPAD unterlegen war. Allerdings brauchte das amerikanische Expeditionskorps dringend Jagdflugzeuge, und alle SPAD wurden seinerzeit an Frankreich geliefert. So kam es, daß Nieuport die amerikanischen Staffeln mit 297 **Typ 28** versorgte. Die berühmteste Einheit mit diesem Modell war wahrscheinlich die 94. Aero Squadron mit dem Wappen „Hut im Ring". Probleme mit dem Triebwerk und der Flügelbespannung, die sich bei längeren Sturzflugmanövern teilweise vom Oberflügel löste, machten den **Typ 28** bei den Jagdpiloten nicht gerade beliebt. Sie nahmen als Ersatz für diesen Typ deshalb im Juli 1918 die leistungsfähigere SPAD 13 entgegen.

Nach dem Krieg flogen vier zivile **Typ 28** während eines französischen Poststreiks zwischen Paris und London. In den Vereinigten Staaten nutzte die US Navy ein Dutzend **Typ 28** als Testmaschinen, die von Plattformen über den Geschützbatterien bestimmter Schlachtschiffe aus gestartet wurden.

**TECHNISCHE DATEN**
**Nieuport Typ 28**
**Typ:** Jagdeinsitzer
**Triebwerk:** ein Umlaufmotor Gnome 9N mit 118 kW (160 PS)
**Leistung:** Höchstgeschwindigkeit 195 km/h in 1981 m Höhe; Steigzeit auf 5000 m Höhe 21 Minuten, 15 Sekunden; Dienstgipfelhöhe 5200 m; max. Reichweite 400 km
**Gewicht:** Leermasse 532 km; max. Startmasse 740 kg
**Abmessungen:** Spannweite 8 m; Länge 6,20 m; Höhe 2,48 m; Tragflügelfläche 20 $m^2$
**Bewaffnung:** zwei starre, vorwärtsfeuernde Vickers 7,7-mm-MGs

***Nieuport Typ 28 der 94. Aero Squadron, American Expeditionary Force, im Mai 1918 in Frankreich stationiert***

# Nieuport-Delage Ni-D 29

***Nieuport-Delage Ni-D 29 der französischen Luftstreitkräfte in den zwanziger Jahren***

Der erste Prototyp des Jagdeinsitzers (Kategorie C.1) **Nieuport-Delage Ni-D 29**, ein Doppeldecker mit gleicher Spannweite und Querrudern an Ober- und Unterflügeln, absolvierte seinen ersten offiziellen Testflug am 21. August 1918. Das Musterexemplar flog gut und erbrachte alle geforderten Leistungswerte bis auf die Dienstgipfelhöhe. Der zweite Prototyp hielt am Hispano-Suiza 8Fb und dem schlanken Rumpf mit rundem Durchmesser des Vorgängers fest, aber die Tragflächen waren etwas weiter gespannt. Er erreichte die vorgeschriebene Dienstgipfelhöhe, und die **Ni-D 29** wurde zu Beginn des Jahres 1920 zur Serienfertigung freigegeben. Die Jäger erhielten Verbesserungen, von denen der Wegfall der Querruder am Oberflügel und die Vergrößerung der Ruder am Unterflügel die hervorstechendsten waren.

Erste Auslieferungen an die französische Aviation Militaire erfolgten 1922 mit den in Deutschland stationierten Escadrilles SPA 37, 81 und 91 als Empfänger. Die **Ni-D 29** erwies sich als populär, obwohl die Piloten ihre Neigung zum Flachtrudeln bemängelten. Etwa 250 Exemplare wurden von Nieuport und sieben anderen Firmen für das französische Militär gebaut, das zwischen 1922 und 1924 18 Aufträge erteilte. 1925 rüstete die **Ni-D 29** die Staffeln des 1. und des 3. Régiment de Chasse in Thionville und Châteauroux aus.

Die **Ni-D 29** entwickelte sich rasch zum bedeutendsten Jagdflugzeug der zwanziger Jahre. Spanien erwarb 30 Flugzeuge, von denen zehn im eigenen Land in Lizenz gefertigt wurden, und Belgien hatte 108 im Bestand. Japan importierte ein Musterexemplar, und Nakajima produzierte nicht weniger als 608 Lizenzjäger, die als **Ko-4** der Kaiserlich Japanischen Armee zugeführt wurden. Italien kaufte sechs französische Maschinen, und anschließend erhielt die Regia Aeronautica 175 Serienjäger. Diese von Macchi (95) und Caproni (80) gebauten **Macchi-Nieuport 29** rüsteten sechs italienische Jagdstaffeln zwischen 1925 und 1928 aus. Schließlich beschaffte Schweden noch neun Flugzeuge dieses Typs mit der Bezeichnung **J 2**, und auch Argentinien nutzte einige Exemplare.

Unter den französischen **Ni-D 29**, die gegen die aufständischen Rifkabylen in Marokko kämpften, befanden sich auch einige, die auf den Standard B.1 gebracht worden waren und kleine Bomben mitführen konnten. Die spanischen Nieuport-Jäger nahmen ebenfalls an Gefechten gegen Rebellen in Nordafrika teil.

Die japanische Lizenzversion **Ko-4** blieb bis 1933 die hauptsächliche Jagdwaffe des Heeres und spielte sowohl bei der Besetzung der Mandschurei durch Japan als auch beim Schanghai-Zwischenfall eine wesentliche Rolle.

Die **Ni-D 29** brachte eine Reihe von erfolgreichen Rennflugzeugen hervor, die nicht weniger als acht Weltgeschwindigkeitsrekorde erflogen.

**Varianten**

**Ni-D 29 B.1:** experimentelle Angriffsversion des Jägers, bewaffnet mit sechs 10-kg-Bomben; der berühmte Pilot Sadi Lecointe verdiente sich mit der Ni-D 29 drei Belobigungen und eine Beförderung; nur eine kleine Versuchsreihe erhielt die Konfiguration B.1
**Ni-D 29bis:** beim Pariser Luftfahrtsalon 1922 vorgestellt; nur ein Prototyp mit reduzierter Flügelfläche und steuerbarem Hecksporn
**Ni-D 29G:** parallel zu den Prototypen mit Hispano-Suiza-Motoren gebaute Version mit Gnome-Umlaufmotor 9N; erstes von zwei Exemplaren nachträglich auf den Hispano-Suiza ummotorisiert und mit zwei Haupt- sowie einem Heckschwimmer ausgerüstet; nahm am Seeflugzeugtreffen 1920 in Monaco teil; zweites Exemplar mit dem Gnome-Triebwerk als Jäger für den trägergestützten Einsatz getestet und zur Ni-D 32RH mit einem 133 kW (180 PS) starken Le Rhône 9R umgebaut
**Ni-D 29D:** ein für einen Höhenrekordversuch umgebauter Jäger; erreichte mit Rateau-Lader eine Höhe von 7000 m
**Ni-D 29 E.1:** für die Aviation Militaire gebaute Schulvariante mit einem 133 kW (180 PS) starken Hispano-Suiza-Motor und synchronisiertem Vickers-Einzel-MG
**Ni-D SHV:** Seeflugzeug zur Teilnahme am Rennen um die Schneider-Trophäe von 1919; Spannweite auf 8,00 m zurückgenommen, alle militärischen Ausrüstungskomponenten ausgebaut und Finish der Außenhaut verbessert; zwei Exemplare, davon eines 1921 ebenfalls gemeldet, aber keine Ni-D 29 beim Wettbewerb geflogen
**Ni-D 29V:** 1919 vom Konstrukteur Mary gemeinsam mit dem Firmeningenieur Gustave Delage entwickeltes leichtes Rennflugzeug mit einer Spannweite von nur 6,00 m und einem auf 236 kW (320 PS) hochgezüchteten HS-Motor 8Fb; maximale Abflugmasse auf 936 kg verringert; drei Rennflugzeuge gebaut und mehrfach modifiziert, der Typ schrieb sich bei zahlreichen Großveranstaltungen in die Siegerliste ein; Sadi Lecointe gewann 1919 den Coupe Deutsche und 1920 die Gordon-Bennett-Trophäe mit Ni-D 29V; die Ni-D 29V bis war eine einmalige Umrüstmaschine, von der man sich eine höhere Geschwindigkeit erhoffte, als die Windschutzscheibe und die Kopfstütze des offenen Cockpits entfielen; der Pilot kauerte im Rumpf und war für die Außensicht auf winzige Fensterkuppeln an beiden Rumpfseiten angewiesen; daß diese Maschine im April 1921 bei einem Landeunfall zerstört wurde, konnte nicht verwundern

**TECHNISCHE DATEN**
**Nieuport-Delage Ni-D 29**
**Typ:** Jagdeinsitzer
**Triebwerk:** ein V-8-Reihenmotor Hispano-Suiza 8Fb mit 221 kW (300 PS)
**Leistung:** Höchstgeschwindigkeit 235 km/h; Dienstgipfelhöhe 8500 m; Reichweite 580 km
**Gewicht:** Rüstmasse 760 kg; max. Startmasse 1150 kg
**Abmessungen:** Spannweite 9,70 m; Länge 6,49 m; Höhe 2,56 m; Tragflügelfläche 26,70 $m^2$
**Bewaffnung:** zwei starre, vorwärtsfeuernde Vickers 7,7-mm-MGs

# Nieuport-Delage Ni-D 30T bis Nieuport-Delage Sesquiplan

**1914 trat Gustave Delage in die Etablissements Nieuport ein und begann mit dem Bau einer Palette militärischer Flugzeuge, die ihn und das Werk berühmt machten. Er blieb noch bis 1934, aber Nieuport war inzwischen im Niedergang. Auch ein Versuch, verlorenes Prestige mit Rennmaschinen für die Schneider Trophy 1931 zurückzugewinnen, schlug fehl.**

## Nieuport-Delage Ni-D 30T

Das Doppeldecker-Verkehrsflugzeug **Nieuport-Delage Ni-D 30T1** wurde Anfang 1920 von der Nieuport-eigenen Compagnie Générale Transaérienne auf der Strecke Paris–London in Dienst gestellt. Der Pilot saß in einem offenen Cockpit hinter dem 261 kW (355 PS) starken Sunbeam-Flugmotor Matabele, und in seinem Rücken befand sich eine Kabine für vier Passagiere. Insgesamt sieben **Nieuport-Delage Ni-D 30T1** wurden gebaut, die zweimal täglich nach London und zurück flogen, bis am 27. April 1920 eine Maschine (F-CGTY) im dichten Seenebel über dem Ärmelkanal verlorenging. Daraufhin rüstete man die anderen mit einem Tonfrequenz-Leitsystem aus, das von A. W. Loth entwickelt worden war. Das Einzelexemplar **Ni-D 30T2**, von der **Ni-D 30T1** als Anderthalbdecker abgeleitet, absolvierte am 23. März 1921 seinen Erstflug unter dem Antrieb eines Darracq 12A mit 309 kW (420 PS). Bei den Tests traten jedoch Probleme auf, und die Entwicklung wurde abgebrochen. Die Höchstgeschwindigkeit der **Ni-D 30T1** betrug 172 km/h, und die **Ni-D 30T2**, die bis zu sieben Fluggäste aufnehmen konnte, war nur wenig langsamer.

***Einer der ersten London-Paris-Airliner, die Nieuport-Delage Ni-D 30T, beförderte vier Fluggäste in einer geschlossenen Kabine.***

## Nieuport-Delage Ni-D 33

Dieses klassische Doppeldecker-Grundschulflugzeug erschien im Jahre 1921 in der Ausführung **Nieuport-Delage Ni-D 33 SAL**, die mit einem 191 kW (260 PS) starken Salmson-Sternmotor 9Z vor allem für die französische Marine gebaut wurde. Im folgenden Jahr ging die **Ni-D 33 HS** mit einem Motor vom Typ Hispano-Suiza 8Fb in Serie, der eine Leistung von 221 kW (300 PS) erzeugte. Fünf Exemplare dieser Variante wurden seinerzeit für Japan gefertigt. Das maximale Startgewicht des Flugzeugs betrug 1280 kg und die Höchstgeschwindigkeit 220 km/h.

## Nieuport-Delage Ni-D 38

Die **Nieuport-Delage Ni-D 38**, ein dreisitziger Reisedoppeldecker, wurde für eine Reihe von Motortypen der Leistungsklasse 132 kW bis 162 kW (180 bis 220 PS) konzipiert. Für die beiden Passagiere war hinter dem offenen Piloten-Cockpit eine Kabine vorgesehen. Das erste Exemplar wurde 1924 beim Pariser Salon de l'Aéronautique vorgestellt und als F-AGFK zugelassen. Für den Antrieb von 132 kW (180 PS) sorgte ein aufgeladener Hispano-Suiza 8Ab aus Militärbeständen. Vier Maschinen vom Typ **Ni-D 38** wurden gefertigt, von denen das erste Duo statt der Passagierkabine ein Postabteil aufwies und regelmäßig die Nachtpoststrecke Genf–Bordeaux bediente. Das zuletzt gebaute Exemplar der Reihe flog zunächst mit einem Renault-Motor vom Typ 8Gd und erhielt anschließend einen Hispano 8Ad, der zur neuen Bezeichnung **Ni-D 381** führte. Diese Maschine wurde erst 1938 verschrottet.

## Nieuport-Delage Ni-D 40R

Der Prototyp des einsitzigen Doppeldekker-Höhenjägers **Nieuport-Delage Ni-D 40** stieß bei den französischen Behörden auf kein Interesse, da ursprünglich kein Bedarf für ein Flugzeug dieser Kategorie bestand. Daraufhin modifizierte der Hersteller das Flugzeug für einen Höhenrekordversuch zur **Ni-D 40R**. Ihre Spannweite betrug 14 m und die Tragflügelfläche 34 m$^2$. Den Antrieb lieferte ein Hispano-Suiza-Ladermotor mit 294 kW (400 PS). In dieser geänderten Form flog die Maschine erstmals am 1. Juli 1923 mit Sadi Lecointe im Führerraum. Am 5. September 1923 erreichte sie eine Höhe von 10.741 m und brach damit den bestehenden Weltrekord. Sadi Lecointe verbesserte diesen Wert am 30. Oktober 1923 auf 11.145 m, und dieser Rekord blieb vier Jahre lang unangefochten. Im Jahre 1924 wurde die Variante **Ni-D 40R** als Seeflugzeug mit Zwillingsschwimmern getestet.

## Nieuport-Delage Ni-D 41 und Ni-D 42S

Die Nieuport-Delage **Ni-D 41** wurde für das Rennen um den Coupe Deutsche de la Meurthe von 1922 gebaut, an dem sie jedoch nicht teilnahm. Sie ähnelte der früheren Sesquiplan, hatte aber einen Rumpf mit etwas größerem Querschnitt und einen Hispano-Suiza-Motor als Antrieb mit 294 kW (400 PS). Das freitragende Tragwerk war von dem Prototyp der Ni-D 37 abgeleitet, doch am Tag des Rennens konnte die **Ni-D 41** nicht starten. Anschließend hörte man nichts mehr von ihr.

Bei der ebenfalls aus der Sesquiplan entwickelten **Ni-D 42S** war der Rahmen weiter gesteckt. Das Abfluggewicht hatte sich von 980 kg auf 1440 kg erhöht, und den Antrieb lieferte ein Hispano-Suiza 12Hb mit 442 kW (600 PS). Nach einer längeren Entwicklungsphase wurden zwei **Ni-D 42S** für das Rennen um den Coupe Beaumont im Juni 1924 gemeldet. Sadi Lecointe siegte mit seiner **Ni-D 42**, weil kein anderes Flugzeug die Rennstrecke bis zum Ende durchstand, und er stellte mit 306,696 km/h einen neuen Weltrekord über 500 km auf. Die Maschine wurde beim Pariser Salon de l'Aéronautique von 1924 ausgestellt. Sie markierte einen Höhepunkt in der Geschichte der Firma Nieuport-Delage, die sich anschließend nicht mehr an Luftrennen beteiligte.

## Nieuport-Delage Ni-D 42C

Auf dem Nieuport-Stand des Pariser Salon de l'Aéronautique von 1924 waren drei neue Modelle mit der Typnummer 42 ausgestellt. Bei dem einen handelte es sich um die oben erwähnte Rennmaschine **Ni-D 42S** und bei den beiden anderen um Anderthalbdecker, den Jagdeinsitzer Nieuport-Delage **Ni-D 42 C.1** und den Jagdzweisitzer **Ni-D 42 C.2**. An letzterem bestand kaum Interesse, aber die **C.1** war das erste Exemplar einer erfolgreichen Jagdflugzeug-Baureihe dieses Unternehmens, die in den nächsten zehn Jahren produziert werden sollte, einschließlich der Serien Ni-D 52 und Ni-D 62.

Der Original-Entwurf sah einen Schirmeindecker vor, der aber nachträglich mit kleinen Unterflügeln ausgestattet wurde, um eine höhere Zuverlässigkeit des Tragwerks zu erreichen. In seiner endgültigen Form flog dieser Prototyp erstmals Anfang 1924. Hinzugekommen war ein Hilfsflügel an der Querstrebe des Hauptfahrwerks. Der neue Jäger machte die Behörden bald auf sich aufmerksam, und im Januar 1927 erging ein Auftrag über 25 Flugzeuge für die Aviation Militaire. 1928 folgte die Indienststellung dieses Typs beim 2., 3. und 38. Régiment d'Aviation. Die von einem Hispano-Suiza-V-12-Reihenmotor 12Hb mit 368 kW (500 PS) angetriebene **Ni-D 42** erreichte eine Höchstgeschwindigkeit von 265 km/h und war mit zwei flügelmontierten 7,7-mm-Maschinengewehren sowie einem dritten MG auf dem Motorgehäuse bewaffnet, das synchronisiert war, damit es durch den Propellerkreis feuern konnte. Die bei den französischen escadrilles de chasse eingesetzte **Ni-D 42** wirkte im Vergleich zu anderen im Dienst befindlichen Typen des In- und Auslands überaus eindrucksvoll und ermutigte die Nieuport-Ingenieure zur Fortentwicklung und Verbesserung dieses Musters.

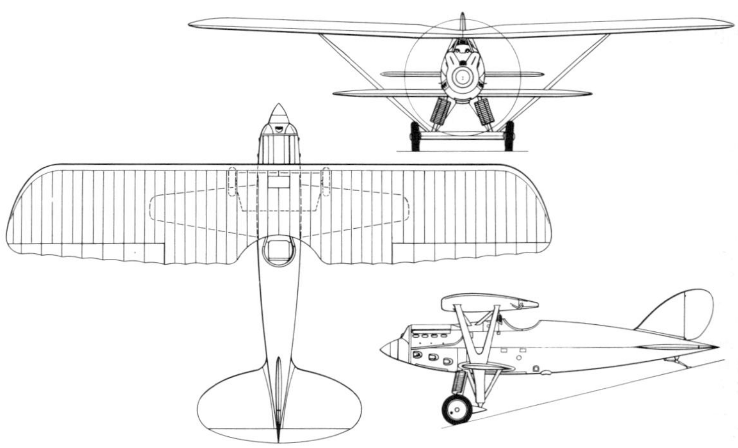

***Nieuport-Delage Ni-D 42 mit Motorkühlern am Fahrwerk***

## Nieuport-Delage Ni-D 43

Die Nieuport-Delage **Ni-D 43** war ein sogenanntes „avion marin", das sowohl an Land als auch auf Flugzeugträgern starten und landen, notfalls aber auch auf See niedergehen und schwimmen konnte. Der einmotorige Doppeldecker hatte ein Normalfahrgestell, dessen Räder aus einem nur zur Notwasserung gedachten Schwimmerpaar ragten. Der zweisitzige und mit vier 7,7-mm-MGs bewaffnete Marinejäger konnte dank seines 331 kW (450 PS) starken Hispano-Suiza-Motors 12Ha auf eine Höchstgeschwindigkeit von 200 km/h beschleunigen.

# Nieuport-Delage Ni-D 48

Der Jagdeinsitzer Nieuport-Delage **Ni-D 48** wurde 1926 entsprechend den Anforderungen des französischen „Jockey"-Programms für ein leichtes Jagdflugzeug konstruiert. Das Tragwerk des Schirmeindeckers war mit großen Y-Streben zur Querachse des Hauptfahrwerks hin abgestützt, und den Antrieb besorgte ein Hispano-Suiza 12Jb mit 294 kW (400 PS). Die **Ni-D 48** wurde 1926 auf dem Pariser Salon de l'Aéronautique vorgestellt und anschließend gründlichen Flugtests unterzogen, wobei sie eine Höchstgeschwindigkeit von 275 km/h erreichte. Im Juli 1929 stürzte die Maschine ab.

Die nachfolgende **Ni-D 48bis** hatte einen Hispano-Suiza-Motor der Bauart 12Hb und ein größeres Leitwerk, doch nach einigen Erprobungsflügen stellte man die Entwicklung ein. 1930 baute man allerdings einen 221 kW (300 PS) starken Lorraine-Sternmotor Algol mit Townend-Ring ein und bereitete die Maschine für das Flugrennen Coupe Michelin vor. Die Teilnahme mit René Paulhan als Pilot wurde aber durch einen Unfall verhindert.

***Bei der Ni-D 48 hielt der Hersteller an seiner Praxis fest, die Tragflügel und das Fahrgestell durch große Y-Streben miteinander zu verbinden. Diese Stützstreben bestanden in der Regel aus zwei Blech-Preßteilen.***

# Nieuport-Delage Ni-D 52

Der Prototyp des Jagdeinsitzers **Ni-D 52**, der 1927 erschien, erinnerte zwar stark an die Ni-D 42, war aber weitgehend aus Metall statt aus Holz konstruiert. 1928 gewann der Musterjäger einen von der spanischen Regierung unterstützten Flugwettbewerb. Nieuport lieferte 34 solcher Flugzeuge nach Spanien, und der erste der von Hispano Aviacion in Lizenz gefertigten 91 Jäger dieses Typs wurde 1930 auf dem Flugplatz Getafe getestet. Die letzte Maschine spanischer Herstellung kam 1936 zur Auslieferung, und der Typ bildete rund sieben Jahre lang das Rückgrat der Aviacion Militar. Bei Ausbruch des Spanischen Bürgerkriegs flogen sechs Staffeln noch immer dieses Muster. Die meisten Maschinen dienten bei den Republikanern, aber etwa ein Dutzend war den Franco-Truppen in die Hände gefallen. Die republikanischen Jäger kamen eine Zeitlang nicht zum Einsatz und wurden dann von Fiat C.R. 32 der Nationalisten ausgestochen. Die meisten **Ni-D 52** zog man daher in den Küstenwach- und Ausbildungsdienst zurück. In der ersten Kriegsphase montierten die staatlichen Guadalajara-Werke rund 20 **Ni-D 52** aus Ersatzteilbeständen. 1938 hatte der Typ jedoch jeglichen Wert verloren, und alle verbliebenen Maschinen wurden verschrottet.

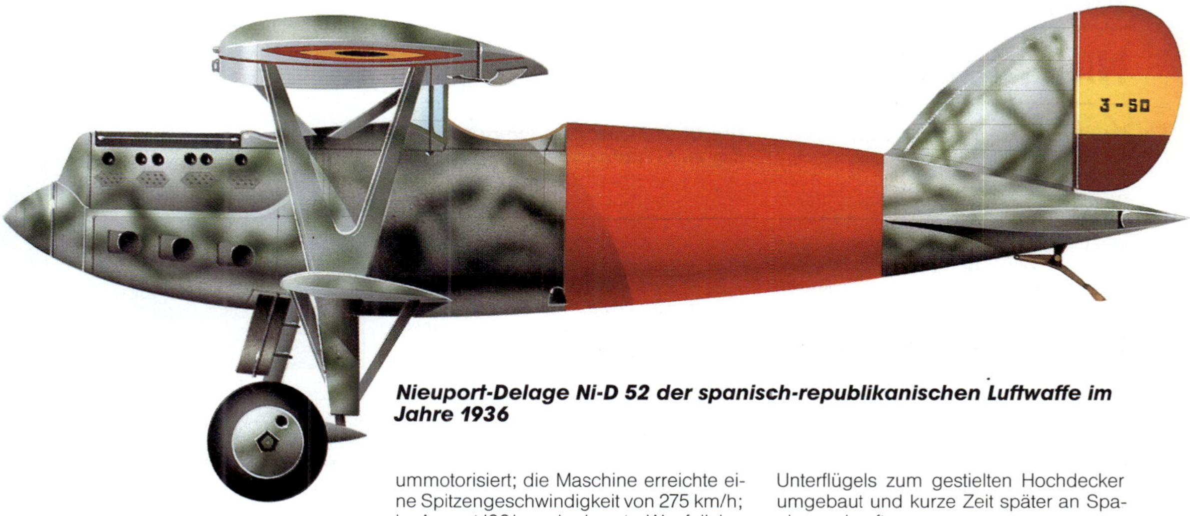


***Nieuport-Delage Ni-D 52 der spanisch-republikanischen Luftwaffe im Jahre 1936***

**Varianten**

**Ni-D 72:** Version der Ni-D 52 mit Ganzmetallhaut; Prototyp flog am 23. Januar 1928; drei Serienjäger wurden 1929 nach Belgien und vier modifizierte Exemplare 1931 nach Brasilien geliefert

**Ni-D 82:** ein Prototyp von 1930 mit geänderter Form des Oberflügels; flog zunächst mit einem 442 kW (600 PS) starken Hispano-Suiza 12Lb und wurde dann in Verbindung mit einem neuen Seitenleitwerk auf einen Lorraine 12Ha Petrel mit einer Nennleistung von 368 kW (500 PS) ummotorisiert; die Maschine erreichte eine Spitzengeschwindigkeit von 275 km/h; im August 1931 wurde sie unter Wegfall des Unterflügels zum gestielten Hochdecker umgebaut und kurze Zeit später an Spanien verkauft

**TECHNISCHE DATEN**
**Nieuport-Delage Ni-D 52**

**Typ:** Jagdeinsitzer
**Triebwerk:** ein V-12-Reihenmotor Hispano-Suiza 12Hb mit 427 kW (580 PS)
**Leistung:** Höchstgeschwindigkeit 255 km/h; Dienstgipfelhöhe 7000 m; Reichweite 400 km
**Gewicht:** Rüstmasse 1368 kg; max. Startmasse 1837 kg
**Abmessungen:** Spannweite 12 m; Länge 7,50 m; Höhe 3 m; Tragflügelfläche 30,90 m²
**Bewaffnung:** zwei vorwärtsfeuernde, synchronisierte Vickers 7,62-mm-MGs

# Nieuport-Delage Ni-D 62 (Serien)

1927 erschien die Nieuport-Delage **Ni-D 62**, die die hölzerne Zelle der älteren Ni-D 42 beibehielt. Es handelte sich um eine verfeinerte Ausgabe des früheren Typs mit einigen strukturellen Verstärkungen, Tragflächen mit längerer Profilsehne und kleineren Querrudern. Die auffälligste äußere Änderung bestand jedoch im vergrößerten Leitwerk. Von 1928 bis 1931 übernahm die französische Aviation Militaire 265 Jagdeinsitzer des Typs **Ni-D 62** und die Aéronautique Maritime 50 Exemplare. Von der eigens zur Schulung konstruierten **Ni-D 621** entstanden drei Maschinen, und drei andere **Ni-D 62** wurden zur Vorbereitung französischer Piloten auf das Flugrennen um die Schneider-Trophäe mit einem Schwimmwerk ausgestattet.

Als man 1931 die weiterentwickelte **Ni-D 622** baute, war das Grundmuster technisch überholt. Die **Ni-D 622** hatte den leichten Hispano-Suiza-Ladermotor 12Md, und ihre Querruder reichten über die volle Spannweite. Für die Aviation Militaire wurden 248 und für die französische Marine nochmals 62 Exemplare produziert. 1933 bildeten die kleinen Nieuport-Jäger den Kern der französischen Jagdkräfte, aber ihre Schwächen zeigten sich überdeutlich, als **Ni-D 622** versuchten, die berühmte Formation von Savoia-Marchetti S.55 des Generals Italo Balbo über Straßburg zu eskortieren und mit den großen Doppelrumpf-Flugbooten kaum Schritt halten konnten! Zu den Varianten der **Ni-D 622** gehörten drei Umrüstungen, nämlich die **Ni-D 623** für Geschwindigkeitsrekordversuche, das Eindecker-Rennflugzeug **Ni-D 624** und die **Ni-D 625** für Fallschirm-Experimente. Zwölf Exemplare der Exportversion **Ni-D 626** wurden 1933 an Peru verkauft. Die **Ni-D 629** von 1932 hatte einen 368 kW (500 PS) starken Hispano-Suiza-Motor der Bauart 12Mdsh mit Lader für verbesserte Höhenleistung und ein Fahrgestell mit Öl-Luftfederbeinen. Als diese 50 Jäger 1935 den escadrilles de chasse zugeführt waren, mußte der Typ als veraltet eingestuft werden. Noch 1939 rüsteten **Ni-D 62** französische Reservestaffeln aus, und als im Mai 1940 der Einmarsch der Deutschen begann, zählten 143 Maschinen zum Soll der Armée de l'Air.

***Die von der Ni-D 42 abgeleitete Ni-D 62 war das letzte Modell mit wuchtigen Y-Streben und Querachse am Fahrgestell.***

**TECHNISCHE DATEN**
**Nieuport-Delage Ni-D 629**

**Typ:** Jagdeinsitzer
**Triebwerk:** ein V-12-Reihenmotor Hispano-Suiza 12Mdsh mit 368 kW (500 PS)
**Leistung:** Höchstgeschwindigkeit 260 km/h; Dienstgipfelhöhe 8850 m; Reichweite 900 km
**Gewicht:** Rüstmasse 1385 kg; max. Startmasse 1880 kg
**Abmessungen:** Spannweite 12 m; Länge 7,64 m; Höhe 3 m; Tragflügelfläche 28,95 m²
**Bewaffnung:** zwei vorwärtsfeuernde, synchronisierte Vickers 7,62-mm-MGs

# Nieuport-Delage Ni-D 121 bis Ni-D 125

Der Jagdeinsitzer **Ni-D 122**, der aus dem Projekt Nieuport-Delage Ni-D 120 hervorging, wies stromlinienförmige Verkleidungskörper am starren Radfahrgestell auf und ein Tragwerk in elliptischer Form mit geringerer Dicke im Mittelteil, das wegen des geringen Abstands zum Rumpf einen großen Ausschnitt für den Piloten und seine Windschutzscheibe hatte. Die im November 1932 erstmals geflogene **Ni-D 121** unterschied sich vor allem durch einen 478 kW (650 PS) starken Lorraine-Motor 12Hars Petrel statt des Hispano-Suiza 12Xbrs der **Ni-D 122** mit 508 kW (690 PS). Der Verlust der **Ni-D 122** bei einem Vorführflug am 13. April 1933 beschleunigte die Fortentwicklung, und im Februar 1934 kam die **Ni-D 123** heraus. Diese Maschine konnte mit Radfahrgestell oder Zwillingsschwimmern betrieben werden und führte Ausgleichsgewichte an den beweglichen Steuerflächen ein, eine Innovation, die andere Flugzeughersteller später übernahmen. Die **Ni-D 121** und die **Ni-D 124** (neugebaute **Ni-D 122**) waren ebenfalls mit dieser Neuerung ausgestattet. Zwei Exemplare der **Ni-D 125** flogen im April beziehungsweise Juni 1934 und führten eine Reihe von Änderungen ein, darunter einen größeren Flügelausschnitt für den Piloten, eine stärkere V-Stellung des Tragwerks und ein verstärktes Fahrwerk. Als Triebwerk diente ein moteur-canon von Hispano-Suiza, ein 12Ycrs mit 633 kW (860 PS). Er ergänzte die Bewaffnung von zwei MGs durch eine 20-mm-Kanone, die durch die Propellernabe feuerte. Die **Ni-D 125** erreichte eine Höchstgeschwindigkeit von 400 km/h gegenüber 370 km/h bei der **Ni-D 121**. Allen Flugzeugen dieser Serie war eine ausgezeichnete Kurven- und Steiggeschwindigkeit gemein. 1935 wurden sechs Seeflugzeugjäger **Ni-D 123H** nach Peru geliefert, die 320 km/h erreichten.

***Nieuport-Delage Ni-D 122***

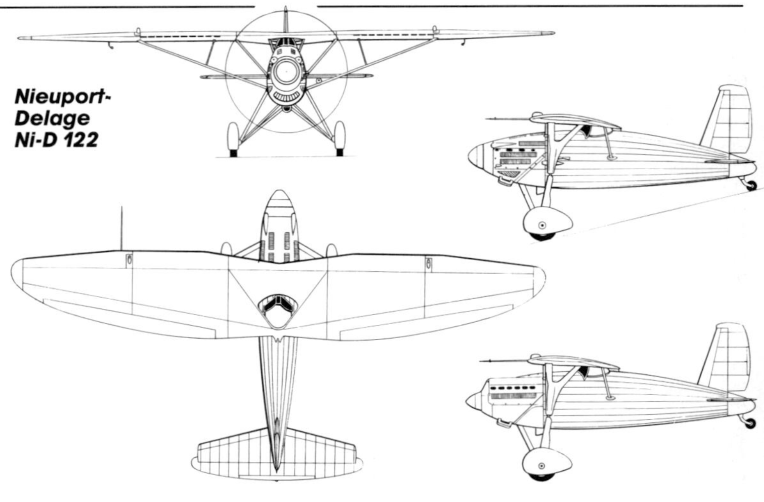

# Nieuport Ni-140

***Die Ni-140 wies Ähnlichkeiten mit der Ju-87 auf.***

Mit dem Ausscheiden von Gustave Delage aus dem Unternehmen gab Nieuport 1934 die Bezeichnung Ni-D auf, und im selben Jahr erschien der zweisitzige Sturzkampfbomber **Ni-140.01**. Diese Maschine und ihre Abkömmlinge zeigten eine Ähnlichkeit mit der Ju 87, die zu Anschuldigungen von deutscher Seite führte, Frankreich habe in den dreißiger Jahren einige deutsche Konstruktionszeichnungen gestohlen. Ähnliche Vermutungen wurden auch im Zusammenhang mit der Potez 63 und der Messerschmitt Bf 110 geäußert.

Die erstmals am 12. März 1935 geflogene **Ni-140** basierte auf einer Anforderung der französischen Marine für ein trägergestütztes Jagdflugzeug. Es handelte sich um einen Ganzmetall-Tiefdecker mit umgekehrten Knickflügeln, einer gläsernen Haube über der Kabine, einer großen, kantigen Seitenflosse und einem starren Fahrwerk, dessen Hauptbeine mit „Hosen" verkleidet waren. Unter dem Antrieb eines Hispano-Suiza V-12-Motor 12Xbrs mit 508 kW (690 PS), erreichte das erste Musterflugzeug eine Spitzengeschwindigkeit von 336 km/h, doch nach einer Notlandung im Juli 1935 mußte es abgeschrieben werden. Im November flog erstmals die **Ni-140.02**, die sich von der **01** durch erweiterte Leitwerksflächen und kleinere „Hosenbeine" abhob. Zwar kam auch die **02** bei Bombenabwurfversuchen am 15. Mai 1936 zu Schaden, aber das Projekt **Ni-141** wurde dennoch als **Loire-Nieuport 40** verwirklicht und in Form der **Loire-Nieuport 401** und **411** serienmäßig produziert.

# Nieuport Ni-160 und Ni-161

Der Jagdeinsitzer **Nieuport Ni-160.01**, der einem 1935 festgeschriebenen Leistungskatalog Frankreichs genügen sollte, war ein freitragender Tiefdecker mit breitspurigem Einziehfahrwerk und einem 508 kW (690 PS) starken moteur-canon 12Xcrs von Hispano-Suiza, der einen hölzernen Zweiblatt-Propeller antrieb. Die Bewaffnung umfaßte die 20-mm-Kanone im Motorgehäuse und zwei flügelmontierte 7,5-mm-MGs. Die **Ni-160.01** startete am 5. Oktober 1935 zum Jungfernflug und wurde später mit einem Dreiblatt-Metallpropeller sowie mit nach oben abgewinkelten Flügeln anstelle der bisher waagrechten Tragflächen erprobt. Der Einbau eines Hispano-Suiza 12Ycrs mit 633 kW (860 PS) und Änderungen an der Cockpithaube sowie am Leitwerk zogen die neue Bezeichnung **Ni-161.01** nach sich. Die Flugerprobung begann im April 1936, doch dieser Versuchsjäger mußte nach seinem Absturz im September abgeschrieben werden, so daß man beim Salon de l'Aéronautique jenes Jahres nur ein maßstabsgetreues Modell ausstellen konnte. Zwei weitere Prototypen wurden gebaut. Die im Oktober 1936 geflogene **Ni-161.02** erreichte eine Spitzengeschwindigkeit von 478 km/h in4000 m Höhe und war damit schneller als alle anderen konkurrierenden Angebote innerhalb der Ausschreibung. Die **Ni-161.03** vom März 1938 führte einen Verstellpropeller ein und erhielt zwei zusätzliche Seitenflossen. Das offizielle Interesse richtete sich indes auf neuere Entwürfe, so daß die Serienfertigung ausblieb.

***Die als Jagdflugzeug gedachte Nieuport Ni-160 blieb ein Testflugzeug, mit dem verschiedene Motortypen und Bordwaffen erprobt wurden.***

# Nieuport-Delage Ni-D 390 und Ni-D 391

Die erste, nach den Vorgaben der Compagnie Aérienne Française entwickelte **Nieuport-Delage Ni-D 390** (F-AIMP) absolvierte Ende 1927 ihren Erstflug, gefolgt von sieben Serienmaschinen. Alle wurden vom Hispano-Suiza 8Ac mit 132 kW (180 PS) angetrieben und boten zwei oder drei Passagieren Platz. Das Unternehmen nahm auch 20 **Ni-D 391** ab, von denen 18 neugebaut und zwei umgerüstete **Ni-D 390** waren. Vom Vorgänger unterschied sich die **Ni-D 391** durch einen Armstrong Siddeley Lynx-Sternmotor mit 149 kW (203 PS). Die **Ni-D 391/2** von 1931 hielt am Lynx-Triebwerk fest, hatte aber einen längeren Rumpf und eine auf 1500 kg erhöhte maximale Startmasse. Eine **Ni-D 391** wurde zum Sanitätsflugzeug umfunktioniert und 1932 als **Ni-D 391/3** geflogen. Über das Einzelexemplar **Ni-D 393** mit einem 177 kW (240 PS) starken Lorraine 7Ma Mizar hörte man nur wenig. Die **Ni-D 391** hatte eine Spannweite von 10,60 m und eine Höchstgeschwindigkeit von 175 km/h.

# Nieuport-Delage Ni-D 450 und Ni-D 650

Für das Rennen um die Schneider-Trophäe im Jahre 1929 wurden zwei Exemplare der Nieuport-Delage **Ni-D 450** gebaut. Den Antrieb dieser Tiefdecker mit Zwillingsschwimmern lieferte der neue Hispano-Suiza-Motor 18R, der 1236 kW (1680 PS) erzeugte. 1928 hatte man ein maßstabsgetreues Modell gefertigt und im Juli 1929 die Zellen fertiggestellt. Probleme mit dem Triebwerk und dem aufwendigen, flügelmontierten Kühlersystem verursachten Verzögerungen, so daß sich Nieuport-Delage gezwungen sah, die Meldungen zum Schneider-Wettbewerb im Herbst zurückzuziehen. Der Prototyp Nieuport **Ni-D**

**450.01** wurde am 8. April 1930 vorgestellt, überschlug sich aber beim Start im Juli. Das zweite Exemplar diente französischen Piloten, die für das Schneider-Rennen 1931 gemeldet waren, als Übungsgerät. Äußerlich hatte sich die in **Ni-D 650** umbenannte Maschine kaum verändert. Sie ging im Juli 1931 bei einer Notlandung auf der Seine verloren. Ersatzweise wurde die **Ni-D 650.02** mit kleinerem Tragwerk, zweifach gestuften Schwimmern und einem größeren Seitenruder gebaut. Sie startete im November 1931 zum Erstflug und wurde nach zwei Flügen demontiert.

Als endgültige Teilnehmerin am Schneider-Wettbewerb des Jahres 1931 bestimmte man die **Ni-D 651** mit einem Lorraine 12Rcr Radium-Sternmotor und die **Ni-D 652** mit einem Renault 12Ncr. Beide Triebwerke in der Leistungsklasse 1472 kW/ 2000 PS hatten zum Zeitpunkt des Flugrennens erst die erste Testphase durchlaufen, obwohl das Flugwerk der **Ni-D 651** fertiggestellt war. Es gab folglich keine französische Beteiligung, so daß Großbritannien 1931 den Sieg davontragen konnte.

***Die Nieuport-Delage 450 wurden als Rennmaschinen für den Schneider-Wettbewerb des Jahres 1929 gebaut, waren aber eigentlich Seeflugzeuge.***

## Nieuport-Delage Ni-D 580

Das erste Exemplar des Ganzmetall-Schirmeindeckers **Nieuport-Delage Ni-D 580** flog Anfang 1931, und erwies sich als wendiger Gefechtsfeldaufklärer mit guten Flugeigenschaften. Auf diese für die französische Aviation Militaire bestimmte Maschine der Kategorie R.2 (zweisitziger Aufklärer) folgte eine zweite Ausführung, die den Hispano-Suiza-Originalmotor 12Nb beibehielt, aber mehrere Verbesserungen einführte. Die mit vier MGs bewaffnete **Ni-D 580** erreichte eine Spitzengeschwindigkeit von 265 km/h.

***Die Nieuport-Delage Ni-D 580 war ein wendiger Gefechtsfeldaufklärer mit offenen Cockpits in Tandemanordnung und guten Langsamflugeigenschaften.***

## Nieuport-Delage Ni-D 590

Die Nieuport-Delage **Ni-D 590** war ein freitragender Kabinen-Hochdecker der Kategorie Col.3 für den Kolonialdienst. Das im Juli 1932 erstmals geflogene Mehrzweckflugzeug wurde von drei Sternmotoren Lorraine 9Na Algol mit Townend-Ring je 221 kW (300 PS) angetrieben. Ungewöhnlich war die Bewaffnung mit einem MG im Rumpf, dessen Feuer den Boden weiträumig bestreichen konnte. 1933 wurde ein zweites Exemplar gebaut und geflogen. Bei dieser **Ni-D 690** handelte es sich um eine Weiterentwicklung der **Ni-D 590**, die jedoch von nur einem Algol-Sternmotor mit 221 kW (300 PS) angetrieben wurde. Die gegenüber dem Vorgängermodell kleinere und leichtere **Ni-D 690** erwies sich als Mißerfolg.

***Die Ni-D 590 war ein für die französischen Territorien in Übersee gebautes Mehrzweckflugzeug mit drei starken Motoren.***

## Nieuport-Delage Ni-D 640, 641 und 642

Nach der gescheiterten Nieuport-Delage Ni-D 540 von 1931, einem Verkehrsflugzeug in der Auslegung eines Hochdeckers für acht Passagiere und 800 kg Fracht, entwickelte das Unternehmen die kompaktere **Ni-D 640**. Die von einem Wright-Sternmotor J-5C mit 164 kW (223 PS) angetriebene Maschine war ein freitragender Hochdecker in Holzbauweise mit einem geschlossenen, zweisitzigen Cockpit für die Piloten vor und einer Kabine für vier Passagiere hinter dem Tragwerk. Die nächsten zwölf Flugzeuge wurden als **Ni-D 641** fertiggestellt und hoben sich durch einen Lorraine-Sternmotor 7M Mizar mit einer Nennleistung von 177 kW (240 PS) ab. STAR (Société des Transports Aériens Rapides) flog sieben solcher Maschinen auf ihren Passagier-/Frachtstrecken ab Paris. **Ni-D 641** mit der Kennung F-AJRE und dem Namen Icare II gehörte Suzanne Deutsch de la Meurthe, die später ein zweites Exemplar (F-ILEV) kaufte. Die erste **Ni-D 640**, die man inzwischen in ein Sanitätsflugzeug für zwei liegende Patienten umgebaut hatte, wurde durch den Einbau eines Mizar-Triebwerks zur 13. **Ni-D 641**. Das Einzelexemplar **Ni-D 642**, angetrieben von einem Armstrong Siddeley Lynx Major, fand keinen Käufer und wurde bald verschrottet. Die experimentelle **Ni-D 740**, eine Fortentwicklung der **Ni-D 641**, entstand 1930 entsprechend den amtlichen Anforderungen für ein zweisitziges Nachtpostflugzeug. Größer als die **Ni-D 641** und angetrieben von drei Salmson-Sternmotoren 7Ac je 70 kW (95 PS), konnten die beiden gebauten Maschinen je 300 kg Postfracht befördern.

Die **Ni-D 641** hatte eine Spannweite von 15,40 m, ein maximales Abfluggewicht von 1900 kg und eine Höchstgeschwindigkeit von 205 km/h.

## Nieuport-Delage Ni-D 941

Die auf dem Pariser Luftfahrtsalon von 1932 ausgestellte Nieuport-Delage **Ni-D 941** war ein schwanzloser Kabinen-Tiefdecker, der an die in Deutschland erschienenen Konstruktionen von Lippisch erinnerte. Die als Reiseflugzeug gedachte Maschine hatte ein starres Bugrad-Fahrwerk und einen 88 kW (120 PS) starken Lorraine-Motor in einer Gondel am Rumpfheck, der eine Druckschraube antrieb. Das im Februar 1934 geflogene Einzelexemplar wurde anschließend modifiziert, um Stabilitätsprobleme zu beheben, und auf einen Salmson mit 99 kW (135 PS) umgestellt. In dieser Form flog die Maschine unter der Bezeichnung **Ni-D 942** ab September 1935 vom Testzentrum Villacoublay aus, doch die weitere Entwicklung dieses vielversprechenden Typs unterblieb.

## Nieuport-Delage Sesquiplan

Das 1921 erschienene Rennflugzeug **Nieuport-Delage Sesquiplan**, konstruiert vom Nieuport-Delage-Ingenieur Mary, war ein schnittiger Schulterdecker-Einsitzer mit einem 221 kW (300 PS) starken Hispano-Suiza 8Fb als Antrieb. Seinen Namen **Sesquiplan** (Anderthalbdecker) verdankte er einem Hilfsflügel, der an der Achse des starren Fahrgestells befestigt war. Die beiden gebauten Exemplare wurden für das Geschwindigkeitsrennen Coupe Deutsch de la Meurthe im Oktober 1921 angemeldet, und am 26. September flog Sadi Lecointe seine Maschine mit 330,275 km/h. Sie fiel jedoch während des Rennens wegen eines Propellerschadens aus, und den Sieg errang Kirsch in der zweiten **Sesquiplan**, der die gesamte Strecke mit einer durchschnittlichen Geschwindigkeit von 278,360 km/h zurücklegte.

Die verbliebene Maschine erhielt überarbeitete Leitwerksflächen und einen Wright-Motor H.3 mit 298 kW (405 PS). Mit dieser **Sesquiplan** namens Eugène Gilbert erhöhte Sadi Lecointe am 13. Oktober 1923 den Geschwindigkeits-Weltrekord auf 375,132 km/h.

***Die Nieuport-Delage Sesquiplan war das erfolgreichste Rennflugzeug. Mit Sadi Lecointe im Cockpit erflog die Maschine zwischen 1920 und 1923 sieben von der FAI anerkannte absolute Geschwindigkeits-Weltrekorde. Sukzessive Nachrüstungen steigerten ihre Geschwindigkeit von 275,22 km/h auf 374,95 km/h.***

# Noorduyn Norseman bis Nord 1500 Griffon I und II

**Die Noorduyn Norseman sieht aus wie die Otter von de Havilland, wurde aber schon fast 16 Jahre früher in Kanada gebaut, ohne allerdings je so erfolgreich zu werden. Nord-Aviation entstand 1936 in der Folge der Verstaatlichung der französischen Flugzeugindustrie und befaßte sich nach dem Krieg mit Forschung und Entwicklung von Raketen und Staustrahltriebwerken.**

## Noorduyn Norseman

Noorduyn Aircraft Ltd., deren Name sich schon bald in Noorduyn Aviation Ltd. änderte, entstand 1935 in Kanada und nutzte das ehemalige Curtiss-Reid-Werk bei Montreal. Noch vor der Firmengründung hatte 1934 die Konstruktion eines Transportflugzeugs begonnen, das einen breiten Marktsektor ansprechen, für den Betrieb unter den harschen Klimabedingungen kanadischer Winter geeignet und wahlweise mit Rad-, Schneekufen- und Schwimmerfahrgestell erhältlich sein sollte. Der **Noorduyn Norseman I** genannte Prototyp (CF-AYO) flog erstmals am 14. November 1935. Der abgestrebte Hochdekker mit starrem Spornrad-Fahrwerk wurde von einem Wright-Sternmotor R-975-E3 kanadischer Herstellung mit 313 kW (426 PS) angetrieben. Ein geschlossenes und beheizbares Cockpit mit zwei Sitzen nebeneinander war vor dem Tragflächenmittelstück eingerichtet und in tieferer Ebene dahinter eine geräumige Kabine für acht Personen, so daß die Umrüstung des Innenraums zum Frachttransport nur wenig Zeit erforderte. Die erste Serienversion war die **Norseman II** mit nur geringfügigen Änderungen gegenüber dem Musterflugzeug. Es stellte sich jedoch rasch heraus, daß die **Norseman** mit dem Wright-Triebwerk untermotorisiert war. In die **Norseman III** (drei Exemplare) wurde daher ein 336 kW (457 PS) starker Pratt & Whitney Wasp SC eingebaut und die **Norseman IV** mit dem Pratt & Whitney S3H1 oder R-1340-AN-1 Wasp ausgestattet, beides Motortypen mit einer Nennleistung von 410 kW (558 PS). Das gleiche Triebwerk erhielten die **Norseman V** und **Norseman VI**. Die letztgenannte Bezeichnung betraf Maschinen, die im Zweiten Weltkrieg für die RCAF und die USAAF gebaut wurden. Die Typkennung **Norseman V** hatte Bob Noorduyn für die erste Nachkriegs-Zivilversion reserviert, wobei die römische Zahl V „Victory" (Sieg) bedeutete. Anfang 1946 erwarb das Unternehmen Canadian Car & Foundry (CCF) Herstellungs- und Vertriebsrechte am **Norseman**-Muster und entwickelte anschließend den Einzelprototyp **Norseman VII**, mit vollständig aus Metall konstruiertem Trag- und Leitwerk sowie mit verlängerter Kabine. Diese Maschine wurde zwar 1951 geflogen, doch die Serienfertigung blieb aus. Im Mai 1953 verkaufte CCF die Rechte an der **Norseman** an ein eigens für dieses Muster gegründetes Unternehmen, die Noorduyn Norseman Aircraft Ltd., die seitdem die rund 50 noch existierenden **Norseman**-Flugzeuge technisch betreut. Insgesamt produzierten Noorduyn und CCF etwa 900 Exemplare, von denen die meisten zunächst im Zweiten Weltkrieg für den Militärdienst bestimmt waren. Die Beschaffung durch die RCAF begann 1938 mit vier **Norseman IV**, die unter der Bezeichnung **Norseman Mk IVW** zur Ausbildung von Bordfunkern dienten. Nach dem Ausbruch des Krieges wurden Folgebeschaffungen getätigt. Hauptabnehmer war die USAAF, die nach der Erprobung einer **Norseman IV** diese Maschine und sechs weitere Exemplare mit der Dienstbezeichnung YC-64 erwarb. Anschlußaufträge für die **Norseman V** summierten sich auf 749 Flugzeuge, zunächst C-64A und später UC-64A bezeichnet. Drei Exemplare wurden der US Navy zugeführt, die ihnen die Bezeichnung **JA-1** zuwies. Sechs Maschinen mit Zwillingsschwimmwerk nutzte das USAC of Engineers als UC-64B. Weitere militärische Betreiber der **Norseman** waren die Luftstreitkräfte Australiens, Brasiliens, Honduras, Indonesiens, Niederländisch-Indiens, Norwegens und Schwedens.

***Die äußerst zuverlässige und strukturfeste Noorduyn Norseman hatte Fahrwerksbaugruppen, die Räder, Schwimmer oder Schneekufen aufnehmen konnten. Dieses Merkmal machte den Norseman-Klassiker zu einem echten „Buschflugzeug" für die Nordregionen Kanadas.***

### TECHNISCHE DATEN
**Noorduyn Norseman V**

**Typ:** Mehrzweck-Transportflugzeug
**Triebwerk:** ein Sternmotor Pratt & Whitney R-1340-AN-1 Wasp mit 410 kW (558 PS)
**Leistung:** Höchstgeschwindigkeit 249 km/h; Dienstgipfelhöhe 5180 m; Reichweite 1851 km
**Gewicht:** Leermasse 2123 kg; max. Startmasse 3357 kg
**Abmessungen:** Spannweite 15,70 m; Länge 9,75 m; Höhe 3,12 m; Tragflügelfläche 30,19 m²

## Nord 1000 Pingouin und 1100 Noralpha

Anfang 1942 wurde die Produktion der Messerschmitt Bf 108 Taifun zur Société de Constructions Aéronautiques du Nord in Les Mureaux, Frankreich, ausgelagert, die allgemein unter dem Namen Nord oder SNCAN bekannt war. Die dort eingerichtete Fertigungsstrecke brachte bis zur Befreiung Frankreichs im Jahre 1944 170 Bf 108 für Deutschland hervor. Nord setzte dann die Produktion unter der Bezeichnung **Nord 1000** fort. Dabei wurde 1945 der Argus-Motor durch den Renault 6Q 11 mit 173 kW (235 PS) ersetzt, was diesem dreisitzigen Modell die neue Bezeichnung **Nord 1001 Pengouin I** einbrachte. Die nachfolgende **Nord 1002 Pengouin II** mit einem Renault 6Q 10 gleicher Leistung unterschied sich von der **Pengouin I** durch vier Sitzplätze. Von der **Pengouin I** und **II** wurden 250 Exemplare gefertigt, von denen das Gros bei den französischen Streitkräften im allgemeinen Verbindungsdienst zum Einsatz kam.

In den Jahren 1943/44 baute Nord zwei Prototypen der Messerschmitt Me 208, die sich von der Bf 108 durch ein Einziehfahrwerk unterschied. Zum Zeitpunkt der Befreiung existierte nur noch ein Exemplar, das die Bezeichnung **Nord 1100 Noralpha** erhielt und mit Renault 6Q 10 beziehungsweise 6Q 11 zur **Nord 1101** beziehungsweise **Nord 1102** fortentwickelt wurde. Die französischen Streitkräfte teilten diesem Muster die Bezeichnungen **Ramier I** und **Ramier II** zu. Nord produzierte insgesamt 200 solcher **1101/1102**. Unter der Bezeichnung **N 1104 Noralpha** verwendete das Unternehmen eine Maschine als Erprobungsträger für einen 177 kW (240 PS) starken Potez-Motor 6Dba, und für ähnliche Flugtests mit der Turboméca-Wellenturbine Astazou wurden zwei **N 1101 Ramier I** unter der Bezeichnung **N1110 Nord-Astazou** umgerüstet. Die erste Maschine (F-WJDQ) flog am 15. Oktober 1959.

***Die Nord N.1100 Noralpha war im Grunde eine Messerschmitt Bf 108 der Nachkriegszeit mit einziehbarem Bugrad-Fahrwerk. Diese Aufnahme zeigt die Ausführung Nord N.1101, im französischen Militärdienst Ramier I genannt.***

### TECHNISCHE DATEN
**Nord 1101 Noralpha**

**Typ:** viersitziger Kabineneindecker
**Triebwerk:** ein Reihenmotor Renault 6Q 10 mit 173 kW (235 PS)
**Leistung:** Höchstgeschwindigkeit 305 km/h; Dienstgipfelhöhe 5900 m; Reichweite 1200 km
**Gewicht:** Leermasse 948 kg; max. Startmasse 1645 kg
**Abmessungen:** Spannweite 11,48 m; Länge 8,53 m; Höhe 3,25 m; Tragflügelfläche 17,37 m²

## Nord 1200 Norécrin

Für die Teilnahme an einem vom französischen Verkehrsministerium geförderten Konstruktionswettbewerb für zwei- und dreisitzige Kabineneindecker baute Nord den Prototyp **Nord 1200 Norécrin** (F-BBBJ), der grundsätzlich wie die Nord 1100 ausgelegt war. Beim Erstflug am 15. Dezember 1945 wurde die Maschine noch von einem Mathis-Motor G4R mit 74 kW (100 PS) angetrieben, aber die erste Serienversion **N 1201 Norécrin I** unterschied sich vom Musterflugzeug durch einen Renault 4P01 mit 103 kW (140 PS) und drei Sitzplätzen. Die Bezeichnung änderte sich in **N 1203 Norécrin II**, nachdem man einen Regnier 4L00 mit 99 kW (135 PS) eingebaut hatte. 1946 wurde eine viersitzige **N 1202 Norécrin** mit einem 118 kW (160PS) starken Potez 4D-1 erprobt. Diese Maschine führte 1948 zum Viersitzer **N 1203/Norécrin II** mit Regnier 4L00. Im Jahr darauf folgte die **N 1203/III Norécrin III** mit modifiziertem Fahrwerk. Die **N 1203/IV Norécrin IV** führte den Regnier 4L02 mit 125 kW (170 PS) ein, und die **N 1203/V Norécrin V** war eine entsprechend angetriebene Militärversion, bewaffnet mit MGs und Raketen. Die Produktion wurde 1953 unterbrochen und 1955 mit der **N 1203/VI Norécrin VI** wieder aufgenommen, die den 107 kW (145 PS) starken Regnier 4L14 erhielt. Als letzte Varianten erschienen 1959 die **N 1204 Norécrin** und die **N 1204/II Norécrin** mit Vierzylinder-Boxermotoren der Bauart C125 (93 kW/126 PS) beziehungsweise C145 (108 kW/147 PS). Bei Einstellung der Produktion waren etwa 470 **Norécrin** aller Versionen gefertigt.

***Die Norécrin war eines der erfolgreichsten Flugzeuge Frankreichs nach dem Zweiten Weltkrieg.***

**TECHNISCHE DATEN**

**Nord 1203/II Norécrin II**

**Typ:** viersitziger Kabineneindecker
**Triebwerk:** ein Regnier 4L00 mit 99 kW (135 PS)
**Leistung:** Höchstgeschwindigkeit 280 km/h; Dienstgipfelhöhe 5000 m; Reichweite 900 km
**Gewicht:** Leermasse 652 kg; max. Startmasse 1050 kg
**Abmessungen:** Spannweite 10,22 m; Länge 7,21 m; Höhe 2,90 m; Tragflügelfläche 13 m²

# Nord 1220

1948 wurde die Konstruktion eines leichten dreisitzigen Schulflugzeugs mit der Bezeichnung **Nord 1220** eingeleitet. Dieses Muster war grundsätzlich ähnlich ausgelegt wie die Norécrin-Frühserien und sollte ein einziehbares Bugrad-Fahrwerk erhalten. Letztendlich sah man aber für den Prototyp **N 1221 Norélan** (F-WFAU) ein starres Spornrad-Fahrgestell vor. Unter dem Antrieb eines zweireihig hängenden 12-Zylinder-Reihenmotors Mathis 8G20 mit 132 kW (180 PS) startete der Prototyp am 30. Juni 1948 zum Erstflug. Nach der Ummotorisierung auf einen 4LO4-Reihenmotor gleicher Leistung erhielt er die neue Bezeichnung **N 1222 Norélan**. Diese Maschine sowie ein weiteres Exemplar (beide von einem hängenden Argus-V-Motor AL 10C mit 177 kW/240 PS angetrieben und zweisitzig ausgelegt) flogen unter der Bezeichnung **N 1223 Norélan**. Es ergaben sich keine Serienaufträge, und lediglich eine weitere Zweisitzer-Version, die **N 1226 Norélan**, wurde noch als Prüfstand für den 177 kW (240 PS) starken Potez-Reihenmotor 6D0 geflogen.

***Der augenfälligste Unterschied der Nord N.1221 Norélan war die V-Stellung der Tragflächen. Mit diesem Merkmal zielt der Konstrukteur auf aerodynamische Stabilität ab.***

# Nord 1400 Noroit

Unter der Bezeichnung **Nord 1400** konstruierte Nord ein Seeaufklärungs- und Seenotrettungs-Amphibienflugboot für die französische Marine. Der freitragende Knickflügel-Eindecker mit Ganzmetall-Bootsrumpf bot sieben Besatzungsmitgliedern Platz und hatte für Rettungseinsätze eine geräumige Heckkabine mit einer großen Schiebetür auf der linken Seite. Das Musterexemplar **N 1400-01 Noroit** (F-WFDL) hob am 6. Januar 1949 zum ersten Mal als Flugboot unter dem Antrieb zweier Gnome-Rhône-Sternmotoren 14R je 1178 kW (1600 PS) vom Boden ab. Das einziehbare Heckrad-Fahrwerk, das dem Muster die Amphibientauglichkeit verleihen sollte, wurde erstmals bei der **N 1400-02** installiert und bei der **N 1400-01** später entsprechend nachgerüstet. Die **N 1401 Noroit** (F-WFKU) startete am 6. August 1949 zum Erstflug, angetrieben von zwei bei SNECMA produzierten Junkers-Jumo-Motoren je 1325 kW (1800 PS), und das zweite Exemplar (F-SFKN) folgte später mit gleichem Antrieb. 1950 erprobte man beide Flugboote mit Bristol-Hercules-Sternmotoren. Diese Vorserienmaschinen sowie 21 weitere Exemplare wurden alle für Escadrille 5F der französischen Marine entsprechend dem Standard **N 1402 Noroit** fertiggestellt. Das letzte dieser Flugboote kam 1956 zur Auslieferung.

***Die N.1402 gehörte zu den letzten Flugbooten, die im Westen serienmäßig gebaut wurden. Der abgebildete Prototyp war unbewaffnet, aber die Serienvertreter führten eine schwere Bewaffnung mit.***

**TECHNISCHE DATEN**

**Nord 1402 Noroit**

**Typ:** Aufklärungsflugboot
**Triebwerke:** zwei 12-Zylinder-V-Motoren, zweireihig hängend, SNECMA 12H00 (Jumo 213A) je 1546 kW (2100 PS)
**Leistung:** Höchstgeschwindigkeit 270 km/h in 2650 m Höhe; max. Reichweite 3450 km
**Gewicht:** nicht bekannt
**Abmessungen:** Spannweite 31,60 m; Länge 22,05 m; Höhe 6,85 m; Tragflügelfläche 100 m²
**Bewaffnung:** sechs 20-mm-Kanonen und acht Raketen

# Nord 1402/1405 Gerfaut

Die **1402A Gerfaut 1A**, ein Deltaflügel-Forschungsflugzeug, wurde von der Firma Arsenal entworfen, die sich nach der Rationalisierung der französischen Luftfahrtindustrie zur SFECMAS wandelte und später in Nord einging. Kernmerkmale waren dünne Deltaflügel mit einer Pfeilung von 58° an der Vorderkante, eine zurückgepfeilte Seitenflosse mit hoch angesetztem Delta-Höhenleitwerk, ein einziehbares Bugrad-Fahrwerk und ein im Rumpf montiertes Strahltriebwerk. Beim Erstflug am 15. Januar 1954 sorgte ein SNECMA Atar 101C mit 27 kN für den Antrieb. Am 3. August 1954 wurde die **Gerfaut** zum ersten Luftfahrzeug europäischer Herstellung, das ohne Einrichtung zur Schuberhöhung im Horizontalflug Mach 1 überschritt. Die **N 1402B Gerfaut 1B**, die am 9. Februar 1955 zum Jungfernflug startete, hatte ein größeres Tragwerk, ein Atar-Strahltriebwerk 101D1 sowie etliche andere Verfeinerungen. Schließlich entstand noch die **N 1405 Gerfaut II** in grundsätzlich gleicher Auslegung, aber mit einer ausgefeilteren Zelle und einem Atar 101F, das 37 kN Schub abgab. Sie flog erstmals am 17. April 1956 und wurde mit einem Atar G21 ausgerüstet, das mit Nachverbrennung 39 kN Schub erzeugte. Nach dem Abschluß des erfolgreichen Versuchsprogramms diente die Maschine dazu, das Aladin-Bordradar, das sich seinerzeit in der Entwicklung befand, zu erproben.

***Nach einem erfolgreichen Forschungsprogramm wurde die Nord N.1405 Gerfaut II zur Entwicklung von Bordradargeräten weitergenutzt. Die Maschine überschritt als erstes europäische Flugzeug Mach 1.***

# Nord 1500 Griffon I und II

Nach den ersten Tests der Gerfaut 1A konstruierte Nord das Forschungsflugzeug **1500-01 Griffon I**, mit dem ein kombiniertes Strahl-/Staustrahltriebwerk im Flug erprobt werden sollte. Der **Griffon**-Deltaflügler mit 60° Pfeilung an der Nasenkante war mit Kombi-Rudern (Elevon) zur Nick- und Rollsteuerung ausgestattet. Das Leitwerk bestand aus einer großen, zurückgepfeilten Vertikalflosse, ergänzt durch starre Entenflügel beidseitig am Vorderrumpf. Die **Griffon I** flog erstmals am 20. September 1955, zunächst mit einem SNECMA-Strahltriebwerk Atar 101G21 mit 4100 kg Schub und später mit einem 3800 kg Schub starken Atar 101F. Nach Abschluß der ersten Tests wurde die Zelle umgebaut, um ein Atar 101E3 mit 3500 kg Schub im Schacht eines integrierten Staustrahltriebwerks aufzunehmen, das die Firma Nord selbst konstruiert hatte. Die so geänderte Maschine mit der neuen Bezeichnung **N 1500-02 Griffon II** flog erstmals am 23. Januar 1957.

***Den Antrieb der Griffon II lieferten ein Strahl- und ein Staustrahltriebwerk.***

## Nord 1601 bis North American XB-21

**Die Norman Thompson N.T.4 war eines aus der wahren Flut von Flugbooten während und nach dem Ersten Weltkrieg, aber in keiner Weise außergewöhnlich. North American entwickelte den beeindruckenden trägerstationierten Bomber A-5 Vigilante, der auch als Aufklärer Hervorragendes leistete.**

# Nord 1601

Unter der Bezeichnung **Nord 1601** konstruierte Nord einen einsitzigen Düsenjäger mit zwei Strahltriebwerken, um das aerodynamische Potential und die Effizienz von Pfeilflügeln in Verbindung mit entsprechenden Auftriebshilfen zu erforschen. Der freitragende Mitteldecker **N 1601** hatte ein Tragwerk mit einer Pfeilung von 33° an der Nasenkante, Querrudern, Störklappen, Vorflügeln und Landeklappen. Im übrigen umfaßte die Auslegung gepfeilte Leitwerksflächen, ein einziehbares Bugrad-Fahrwerk und zwei Rolls-Royce-Strahltriebwerke Derwent 5, die dicht am Rumpf in Gondeln unter die Flächen gehängt waren. Der Pilot saß auf einem Martin-Baker-Schleudersitz in einem Cockpit mit abwerfbarem Kabinendach. Am 24. Januar 1950 startete die **N 1601** zum Erstflug. Das Forschungsprogramm dieses Flugzeugs mit einer Spannweite von 12,46 m, einer Höchstgeschwindigkeit von 1000 km/h und einer Dienstgipfelhöhe von 12.000 m lieferte wertvolle Entwurfsdaten. Eine Jagdversion mit der Projektbezeichnung **N 1600** wurde nicht realisiert.

***Das eigenwillige Aussehen der Nord 1601 rührt daher, daß es sich um ein Forschungsflugzeug handelte, mit dem man die Flug- und Steuereigenschaften schneller Pfeilflügler untersuchen wollte. Später erhielt die Maschine experimentelle Auftriebshilfen.***

# Nord 1700 und 1750 Norelfe

Der **Nord 1750 Norelfe**, ein dreisitziger Hubschrauber mit klarer Linienführung, war gekennzeichnet durch einen einzelnen Hauptrotor und das Fehlen eines Heckrotors zum Ausgleich des Drehmoments. Das Projekt lief unter der Bezeichnung **N 1700 Norelfe** an, aber die beiden Versuchsexemplare erhielten die Kennung **N 1750 Norelfe**. Ihren Antrieb lieferte je eine Turboméca-Wellenturbine Artouste, deren Abgasstrahl durch den Heckausleger in einen über die Ruderpedale regelbaren Ejektorkanal geführt wurde, um so dem Drehmoment zu begegnen. Bei

***Der Nord Norelfe stammte vom MATRA Cantineau M.C. 101A ab. Der N 1750 ist als NOTAR-Helikopter (NO TAil Rotor) anzusehen, denn statt des Heckrotors nutzte er den Abgasstrahl zur Steuerung um die Hochachse.***

Vorwärtsgeschwindigkeiten oberhalb 80 km/h wurde dieses System abgeschaltet und automatisch auf zwei Seitenflossen am Heck verlagert, die bei diesen Geschwindigkeiten dazu ausreichten, der Drehkraft entgegenzuwirken, und die sich über dieselben Fußpedale auslenken ließen. Beide **N 1750** sowie die Produktionsrechte wurden 1954 an das spanische Unternehmen Aerotécnica SA verkauft.

# Nord 2500 Noratlas

Der Prototyp (F-WFKL) des für die französischen Luftstreitkräfte entworfenen Transportflugzeugs **Nord 2500 Noratlas** flog erstmals am 10. September 1949. Er war ähnlich wie die Fairchild C-82 und C-119 Flying Boxcar mit Rumpfgondel und doppelten Leitwerksträgern ausgelegt und wurde von Gnome-Rhône-Sternmotoren 14R je 1196 kW (1625 PS) aus der Produktion von SNECMA angetrieben. Es folgten zwei Prototypen **N 2501** mit dem für die Serie vorgesehenen Antrieb in Form zweier 1521 kW (2068 PS) starker Sternmotoren Bristol Hercules 739, ebenfalls von SNECMA gefertigt. Die erste Maschine dieses Duos (F-WFRG) startete am 28. November 1950 zum Erstflug. Nach der Flugerprobung lief die Serienfertigung an, und die **Noratlas** wurde zum Standardtransporttyp der Luftwaffen Frankreichs, der BRD und Israels, wo sie lange Zeit Dienst leistete. Die von vier bis fünf Besatzungsmitgliedern geflogene **Noratlas** bietet eine Frachtkapazität von 7,5 Tonnen, kann 45 Soldaten beziehungsweise 36 komplett ausgerüstete Fallschirmjäger oder, beim Ausfliegen von Verwundeten, 18 Personen auf Liegen und Sanitätshelfer befördern. Die deutsche Luftwaffe beschaffte 186 dieser Transportflugzeuge, von denen 25 von Nord und der Rest in Lizenz von der Flugzeugbau Nord in Deutschland gebaut wurden. Als die Produktion im Oktober 1961 auslief, hatten die Werke in Frankreich und Deutschland insgesamt 425 **Noratlas** in verschiedenen Ausführungen gefertigt, die im Abschnitt Varianten kurz beschrieben werden. Der Typ hielt sich bis Ende der achtziger Jahre im Dienst.

***Nord N 2501 Noratlas des Lufttransportgeschwaders 61 der deutschen Luftwaffe, in den sechziger Jahren in Neubiberg stationiert***

**TECHNISCHE DATEN**

**Nord 2501**

**Typ:** zweimotoriges Frachtflugzeug

**Triebwerke:** zwei von SNECMA gebaute Sternmotoren Hercules 739 mit Schieberventilsteuerung und einer Nennleistung von je 1521 kW (2068 PS)

**Leistung:** Höchstgeschwindigkeit 440 km/h; Dienstgipfelhöhe 7500 m; Reichweite 3000 km

**Gewicht:** Rüstmasse 13.075 kg; max. Startmasse 21.000 kg

**Abmessungen:** Spannweite 32,50 m; Länge 21,95 m; Höhe 6 m; Tragflügelfläche 101,20 m²

***Bei den französischen Luftstreitkräften diente die Noratlas ab 1951 als Frachter. Die letzten Spezialversionen für Aufgaben der elektronischen Kampfführung wurden erst 40 Jahre später außer Dienst gestellt.***

**Varianten**

**N 2501:** Standardserienversion mit Sternmotoren Hercules 739

**N 2501IS:** für die israelische Luftwaffe gebaute Version; generell wie N 2501

**N 2501A:** zivile Ausführung mit SNECMA Hercules 758/759 je 1230 kW (1673 PS) für Union Aéromaritime de Transport (UAT)

**N 2501E:** neue Bezeichnung der Standardversion N 2501 zur Flugerprobung zweier zusätzlicher Turboméca-Strahltriebwerke Marboré II je 400 kg Schub in Gondeln an den Flächenenden, die die Leistung unter „hohen und heißen" Betriebsbedingungen steigern sollten

**N 2502:** zivile Ausführung für Air Algérie und UAT mit je zwei Sternmotoren SNECMA Hercules 758/759 und Strahltriebwerken Marboré IIE

**N 2502A:** zivile Ausführung wie die N 2502 für UAT

**N 2502B:** Frachtversion mit SNECMA-Hercules 758/759-Kolbentriebwerken

**N 2502C:** Frachtversion wie N 2502B
**N 2503:** Umbenennung des Original-Prototyps der Serie (F-WRFG) nach Einrüstung zweier Sternmotoren Pratt & Whitney R-2800-CB17 je 1864 kW (2535 PS) zur Bewertung; Erstflug im Januar 1956
**N 2504:** Ausbildungsversion für ASW-Besatzungen der französischen Marine; Antrieb wie beim Prototyp N 2501E
**N 2505:** projektierte ASW-Version; wurde allerdings nicht gebaut
**N 2506:** Sturmtruppen-Transportversion; Antrieb wie bei der N 2504
**N 2507:** SAR-Version; Antrieb wie bei der N 2504
**N 2508:** Frachtversion mit zwei Sternmotoren Pratt & Whitney R-2800-CB17 und zwei Strahltriebwerken Turboméca Marboré IIE
**N 2508B:** Frachtversion, generell wie oben beschrieben und mit identischem Antrieb
**N 2509:** nur Projekt; nicht gebaut
**N 2510:** projektierte ASW-Version der Noratlas; nicht gebaut

# Nord 3200

Die **Nord 3202** basierte auf einer Forderung der französischen Heeresflieger nach einem Zweisitzer für die fliegerische Grundausbildung. Die erste (F-MAJD) von 50 Serienmaschinen flog bei Nord am 17. April 1957. Als Vorlage hatten die **N 3200** mit einem Salmson-Kolbenmotor 8AS04 (177 kW/240 PS) und die **N 3201** mit einem Regnier 4L22 (125 kW/170 PS) gedient. Der freitragende Tiefdecker **N 3202** mit starrem Spornrad-Fahrwerk hatte ein geschlossenes Cockpit mit zwei hintereinander angeordneten Sitzen (Schüler vorn und Lehrer hinten). Die Erstserie erhielt den Potez-Reihenmotor 4D32 mit 177 kW (240 PS) und die Anschlußbaureihe von 50 Flugzeugen **N 3202B** einen Motor vom Typ Potez 4D34.

**TECHNISCHE DATEN**
**Nord 3202B**
**Typ:** zweisitziges Grundschulflugzeug
**Triebwerk:** ein Reihenmotor Potez 4D34 mit 191 kW (260 PS)
**Leistung:** Höchstgeschwindigkeit 260 km/h in Meereshöhe; Reichweite 1000 km
**Gewicht:** Leermasse 860 kg; max. Startmasse 1220 kg
**Abmessungen:** Spannweite 9,50 m; Länge 8,12 m; Höhe 2,82 m; Tragflügelfläche 16,25 m²

***Die N 3202 diente der Armée de l'Air in den frühen sechziger Jahren zur fliegerischen Grundausbildung.***

# Nord 3400

Der Prototyp (F-MBTD) der **Nord 3400**, der erstmals am 20. Januar 1958 flog, basierte auf einer Forderung der französischen Heeresflieger für ein zweisitziges Beobachtungsflugzeug, das sich in Zweitfunktion auch für den Transport von Verwundeten nutzen ließ. Der abgestrebte Hochdekker mit starrem Heckrad-Fahrwerk hatte eine geschlossene Kabine, die ein ausgezeichnetes Blickfeld bot. Auf das erste Musterflugzeug mit einem 177 kW (240 PS) starken Potez-Reihenmotor 4D30 folgte im selben Jahr ein zweiter Prototyp, der sich vom Vorgänger durch eine größere Tragflügelfläche und einen stärkeren 4D34 unterschied. In dieser Ausführung erreichte die **N 3400** die Serienfertigung.

**TECHNISCHE DATEN**
**Nord 3400 (Serienversion)**
**Typ:** zweisitziges Beobachtungs- und Sanitätsflugzeug
**Triebwerk:** ein Reihenmotor Potez 4D34 mit 191 kW (260 PS)
**Leistung:** Höchstgeschwindigkeit 235 km/h in Meereshöhe; Reichweite 1000 km
**Gewicht:** Leermasse 920 kg; max. Startmasse 1350 kg
**Abmessungen:** Spannweite 13 m; Länge 8,42 m; Höhe 2,20 m; Tragflügelfläche 20,82 m²

***Die N 3400 war das Ergebnis der Erfahrung, die man im Zweiten Weltkrieg bei der luftgestützten Gefechtsfeldbeobachtung gewonnen hatte.***

# Norman-Thompson-Flugzeuge

1909 schlossen sich Norman Thompson und Douglas White als Geschäftspartner zusammen und gründeten in Middleton-on-Sea bei Bognor Regis in Sussex, England, ein Unternehmen zur Konstruktion und Produktion von Luftfahrzeugen, das sie White & Thompson Ltd. nannten. Bis zum Oktober 1915 hatte sich der Firmenname in Norman Thompson Flight Company Ltd. geändert, und als erstes Produkt der Firma erschien ein zweimotoriges Doppeldecker-Flugboot mit der Bezeichnung **Norman Thompson N.T.4**. Es war ähnlich wie die Curtiss H-4 (Modell 6) ausgelegt, aber insgesamt etwas größer mit anders konzipiertem Bootsrumpf und mit zwei Hispano-Suiza-Motoren als Antrieb, die zwischen Ober- und Unterflügel lagen und ihre Leistung von 110 kW (150 PS) auf Druckschrauben abgaben. Die zufriedenstellende Erprobung veranlaßte die Admiralität, 50 **N.T.4** für den RNAS zu bestellen. Als die erste Sechser-Baureihe ausgeliefert war, führte der Einbau von 147 kW (200 PS) starken Hispano-Suiza-Motoren zur neuen Bezeichnung **N.T.4A**. Zwei Prototypen einer verbesserten Version wurden 1918 unter der Typkennung **N.2C** geflogen. Für einen Einsatz im Ersten Weltkrieg kamen sie jedoch zu spät. Von der **N.T.4** hoben sie sich durch einen Bootsrumpf ab, der dem der Felixstowe-Flugboote glich, sowie durch ein geändertes Leitwerk und den Antrieb in Form zweier Sunbeam-Arab-Motoren je 147 kW (200 PS).

Die höchste Auflage der Norman-Thompson-Entwürfe erreichte die **N.T.2B**, ein zweisitziges Doppeldecker-Flugboot ungleicher Spannweite. Seine geschlossene Kabine mit nebeneinander montierten Sitzen und Doppelsteuer machte es zum idealen Schulflugzeug. Welchen Wert der RNAS diesem Typ beimaß, läßt sich daraus ersehen, daß mehr als 200 Exemplare produziert wurden. In der Ausgangsform hatte die **N.T.2B** einen Beardmore-Motor mit 119 kW (162 PS), und die ersten 50 Serienflugboote erhielten entweder dieses Triebwerk oder einen 112 kW (152 PS) starken Beardmore. Die **N.T.2B** war bis zum Ende des Ersten Weltkriegs das Standard-Schulflugboot des RNAS und der RAF. Die benötigten Stückzahlen überstiegen jedoch die Produktionskapazität des Unternehmens Norman Thompson, so daß man S.E. Saunders Ltd. und die Supermarine Aviation Works als Subunternehmen an der Fertigung beteiligte. Das letzte von Norman Thompson konstruierte Flugboot war der zweisitzige Doppeldecker-Prototyp **N.1B**, der für bewaffnete Seepatrouillen vorgesehen war.

**TECHNISCHE DATEN**
**Norman Thompson N.T.2B**
**Typ:** zweisitziges Schul-Flugboot
**Triebwerk:** ein Reihenmotor Sunbeam Arab V-8 mit 149 kW (203 PS)
**Leistung:** Höchstgeschwindigkeit 137 km/h in 610 m Höhe; Dienstgipfelhöhe 3475 m
**Gewicht:** Leermasse 1053 kg; max. Startmasse 1437 kg
**Abmessungen:** Spannweite 14,75 m; Länge 8,34 m; Höhe 3,25 m; Tragflügelfläche 42,08 m²

***Die Norman Thompson N.T.2B war ein Schul- und Übungsflugboot. Sie ist hier mit einem Sunbeam-Arab-Motor ausgerüstet, doch zuvor war ein Beardmore-Flugmotor eingebaut.***

# North American A-5 Vigilante

Die **North American NA-247**, zunächst unter dem Titel NAGPAW (North American General Purpose Attack Weapon) geführt, sollte den Forderungen der US Navy an ein allwettertaugliches Hochleistungs-Kampfflugzeug genügen. Sie sicherte dem Hersteller am 29. Juni 1956 zunächst einen Konstruktionsauftrag für zwei Prototypen **YA3J-1**. Wenig später erhielt das Muster den Beinamen **Vigilante**, und die Bezeichnung **A3J** wechselte anschließend zu **A-5**. Die freitragenden Pfeilflächen dieses Schulterdeckers weisen keinerlei Querruder auf, da die Rollsteuerung durch Spoiler im Zusammenspiel mit differentiell ausgelenkten Pendelflossen an beiden Seiten des Rumpfhecks erfolgte. Bei ihrer Indienststellung war die **Vigilante** das erste US-Serienmuster mit verstellbaren Lufteinläufen für ihre beiden J79-Strahltriebwerke von General Electric. Der erste dieser Prototypen, damals noch von zwei YJ-79-GE-2 angetrieben, die bei zugeschaltetem Nachbrenner je 6804 kg Schub erzeugten, flog erstmals am 31. August 1958, und die Trägererprobung an Bord der USS Saratoga war im Juli 1960 abgeschlossen. Als erste Serienversion erschien die **A3J-1** (A-5A), und VAH-7 der US Navy wurde im Juni 1961 ihre erste Einsatzstaffel. Die Primärwaffe der **A3J-1** war eine freifallende Atombombe, die aus einem Schacht zwischen den beiden Triebwerkszellen nach hinten ausgestoßen wurde. Die Baureihe **A3J-1** lief nach 57 Flugzeugen aus, gefolgt von der Zwischenversion **A3J-2 (A-5B)**, einem Fernbomber mit erweitertem Tankvolumen und aerodynamischen Verbesserungen. Änderungen im Einsatzkonzept der US Navy führten dazu, daß lediglich sechs Exemplare gebaut und anschließend zu unbewaffneten Fernaufklärern **A3J-3P (RA-5C)** umgerüstet wurden. Diese Maschinen waren mit Seitensichtradar, Luftbildkameras und Geräten für elektronische Gegenmaßnahmen ausgerüstet. Die erste **RA-5C** flog am 30. Juni 1962, und ihr folgten 55 **Vigilante**-Aufklärer sowie 53 nachgerüstete **A3J-1**. Als erste Staffel erhielt RVAH-5 die **RA-5C Vigilante** und operierte ab Juni 1964 von der USS Ranger aus. Die anderen mit der Vigilante ausgerüsteten Staffeln hießen RVAH-1, RVAH-7, RVAH-9 und RVAH-11.

*North American RA-5C Vigilante der RVAH-5, 1968 an Bord der USS Constellation vor Vietnam*

**Technische Daten**
**North American RA-5C**
**Typ:** trägergestützter Fernaufklärer
**Triebwerke:** zwei Strahltriebwerke General Electric J79-GE-10 je 8101 kg Nachbrennerschub
**Leistung:** Höchstgeschwindigkeit Mach 2,1; Dienstgipfelhöhe 14.750 m; Reichweite 4828 km
**Gewicht:** Leermasse 17.009 kg; max. Startmasse 29.937 kg
**Abmessungen:** Spannweite 16,15 m; Länge 23,32 m; Höhe 5,91 m; Tragflügelfläche 70,05 m$^2$

*Zur ersten Einsatz-Kreuzfahrt brach die A-5 Vigilante im Februar 1962 an Bord der USS Enterprise auf. Als Mach 2 schneller Atombomber erlebte sie nur eine relativ kurze Karriere, doch in der Ausführung RA-5C erwies sie sich als ein hervorragendes Aufklärungsflugzeug. Die zunächst A3J-3P bezeichnete RA-5C flog im Juni 1962 als Prototyp. Sie vereinte alle Verbesserungen hinsichtlich Reichweite und Aerodynamik in sich, die man für das eingestellte Projekt A-5B entwickelt hatte.*

# North American AJ-2 Savage

Von der North American **NA-146 (XAJ-1)**, die auf den Anforderungen der US Navy für einen trägergestützten Hochleistungsbomber basierte, wurden am 24. Juni 1946 drei Prototypen bestellt. Das hervorstechende Auslegungsmerkmal dieses Musters bestand im Antrieb: Für den Marschflug genügten zwei P&W-Doppelsternmotoren je 1790 kW (2434 PS), und zur Angriffsphase konnte ein Allison-Strahltriebwerk J33-A-19 mit 2087 kg Schub zugeschaltet werden. Nach dem Jungfernflug des ersten Prototyps am 3. Juli 1948 wurden 40 Serienbomber **AJ-1 Savage** (später **A-2A**) gebaut, und die Auslieferung an VC-5 der US Navy begann im September 1949. Die Anschlußserie **AJ-2** (später **A-2B**) zeichnete sich durch modifizierte Leitwerksflächen, eine erhöhte Betriebsstoffkapazität und einen stärkeren Antrieb aus, und die erste von 70 AJ-2 flog am 19. Februar 1953. Ferner entstanden 30 Aufklärer **AJ-2P** mit geänderter Flugzeugnase zur Unterbringung der Luftbildkameras.

*Die AJ-2 Savage war nur deswegen ein strategischer Typ, weil sie eine Nuklearwaffe zum Einsatz bringen konnte. Ihr seltsamer Propeller-Düsen-Mischantrieb ging auf die schwache Schubleistung früher Strahltriebwerke und auf das enorme Gewicht der ersten Atombomben-Generation zurück.*

# North American XA2J-1

1948 begann North American mit der Arbeit an der **NA-163**, einem Abkömmling der AJ-1 Savage mit Turboprop-Antrieb. Im September wurden zwei Prototypen bestellt. Die US Navy forderte etliche Hauptänderungen, darunter den Wegfall des Allison-Zusatztriebwerks J33, so daß der erste Prototyp **North American XA2J-1** erst am 4. Januar 1952 flugbereit war. Die Entwicklung litt unter Problemen mit den Allison-Motoren XT40-A-6, bestehend aus je zwei T38-Turbinen, die über ein gemeinsames Getriebe Gegenlauf-Doppelpropeller antrieben, so daß eine der beiden T38 jedes Komplexes zum Marschflug abgestellt werden konnte. Für die dreiköpfige Besatzung war eine Druckkabine vorgesehen, und die Bewaffnung umfaßte zwei 20-mm-Kanonen in einem ferngesteuerten Geschützturm. Die Höchstlast an Waffen betrug 4911 kg Bomben. Das zweite Musterflugzeug wurde nie geflogen.

*Die North American XA2J-1 hatte wie die AJ-2 Savage ein beiklappbares Seitenleitwerk.*

# North American XB-21

Im äußeren Erscheinungsbild glich der Bomber **North American NA-21** der Douglas B-18 Bolo, sollte aber ein höheres Leistungsvermögen aufweisen. Der Prototyp wurde im kalifornischen Inglewood-Werk in den Jahren 1935 bis 1937 entwickelt. Der von zwei P&W-Sternmotoren R-2180 Twin Hornet je 895 kW (1217 PS) und F-10-Turbolader angetriebene Versuchsbomber **XB-21** flog mit einer sechsköpfigen Besatzung. Die Bewaffnung bestand aus einzelnen 7,62-mm-MGs im Bug- und Rückenturm sowie entsprechenden Waffen in Gefechtsständen am Bauch und an den Rumpfseiten. Für Kurzstreckeneinsätze verkraftete die **NA-21** eine Höchstlast von 4536 kg Bomben, die sich bei Entfernungen über 3058 km auf 990 kg verringerte. Nur der Prototyp wurde gebaut. Seine Spannweite betrug 28,96 m und die Höchstgeschwindigkeit 354 km/h.

*Die North American XB-21 wies den stattlichen Rumpf der US-Bomber aus den dreißiger Jahren auf.*

# North American B-25 Mitchell bis North American OV-10 Bronco

**Die B-25 Mitchell bekam ihren Namen zu Ehren von Bill Mitchell, der in den 30er Jahren wegen seiner Zuversicht in die Zukunft des Luftkriegs vor ein Militärgericht mußte. Die Flugzeuge von North American, die viel zur amerikanischen Luftüberlegenheit im Koreakrieg beitrugen, kamen günstig zu einer Zeit mit sehr großzügigen Verteidigungsbudgets.**

## North American B-25 Mitchell

Der Prototyp **North American NA-40**, der den Anforderungen des USAAC für einen zweimotorigen Kampfbomber genügen sollte, war als Schulterdecker mit einziehbarem Bugrad-Fahrwerk und Raum für eine dreiköpfige Besatzung ausgelegt. Bei seinem Erstflug im Januar 1939 wurde der Versuchsbomber von zwei Pratt & Whitney-Sternmotoren R-1830-S6C3-G je 820 kW (1115 PS) angetrieben. Diese wichen aber bald 969 kW (1318 PS) starken Wright-Motoren GR-2600-A71 Cyclone, und so entstand die **NA-40B**, die im März 1939 zur Erprobung an das USAAC ging. Zwei Wochen später stürzte die Maschine aufgrund eines Pilotenfehlers ab. Die ersten Testergebnisse waren jedoch beeindrukkend, so daß North American angewiesen wurde, die Entwicklung fortzuführen. Bei der im September 1939 fertiggestellten **NA-62** hatte man das Tragwerk von einer Schulter- in eine mittlere Position gerückt und den Rumpf so verbreitert, daß der Pilot und der Kopilot/Navigator nebeneinander in einer geschlossenen Kanzel sitzen konnten. Wright-Motoren R-2600-9 Cyclone je 1268 kW (1724 PS) fingen das höhere Gesamtgewicht und eine schwerere Bombenlast auf. Die **NA-62** wurde unter der Bezeichnung **B-25 Mitchell** zur Serienfertigung freigegeben. Die erste **B-25** flog im August 1940, und nach dem 24. Serienbomber änderte sich die Bezeichnung in **B-25A**. Diese Baureihe (40 Bomber) führte selbstdichtende Kraftstofftanks und Panzerschutz für die Besatzung ein. Die übrigen 120 Exemplare des Erstauftrags wurden als **B-25B** mit motorgetriebenen Zwillings-MG-Drehtürmen in Rücken- und Bauchposition gefertigt. Die Baureihe **B-25C** umfaßte 1619 Kampfbomber, die dem Muster einen Autopiloten, den Motor R-2600-13 und Bombengehänge unter den Tragflächen brachten. Anschließend folgten 2290 ähnliche **B-25D**. Zwei vom Montageband der **B-25C** abgezweigte Flugzeuge dienten als **XB-25E** und **XB-25F** für Versuche, Eisansatz am Tragwerk mit Hilfe von Warmluft beziehungsweise elektrischen Heizmatten zu verhüten oder zu beseitigen. Ein Versuchsbomber **XB-25G** wurde mit einem 75-mm-Feldgeschütz im Bug bewaffnet und als Prototyp für die **B-25G** zur Schiffsbekämpfung (405 Exemplare) genutzt. Diese Version, die mit einer 75-mm-Kanone M4 und sechs MGs bewaffnet war, setzten amerikanische Luftflotten in Fernost gegen japanische Ziele ein. Eine noch schwerere Be-

***North American Mitchell Mk II der No. 26 Squadron, Royal Air Force, Mitte 1944 in Südengland stationiert***

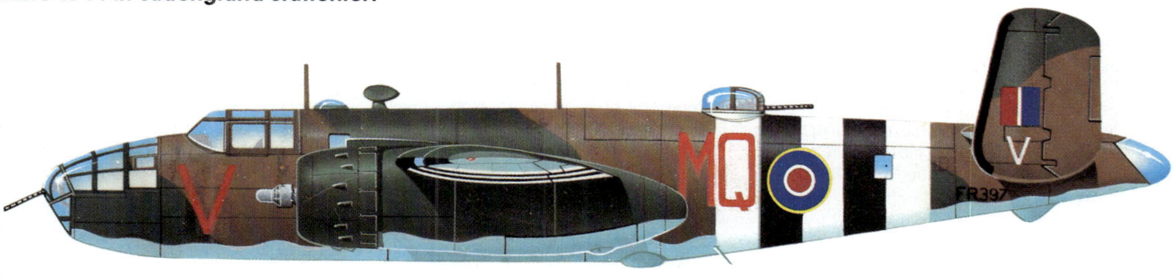


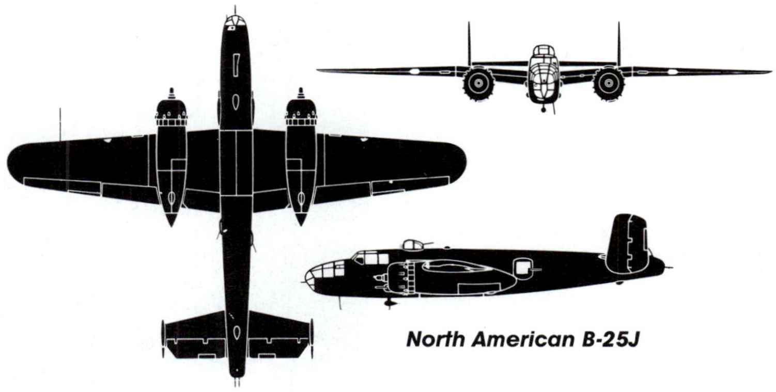

***North American B-25J***

waffnung wies die **B-25H** (1000 Exemplare) mit einer 75-mm-Kanone und 14 (bei späten Baulosen sogar 18) 12,7-mm-MGs auf. Die höchste Auflage erreichte die Schlußversion **B-25J** (mit 4390 von 4805 georderten Exemplaren) mit Wright-Motoren R-2600-92 und zwölf 12,7-mm-MGs. Zehn Maschinen der Aufklärungsversion F-10 entstanden durch Umrüstung von **B-25D**, und in den Jahren 1943/44 modifizierte man 60 **B-25D**, **B-25G**, **B-25C** und **B-25J** zu Ausbildungsbombern für Fortgeschrittene mit den Bezeichnungen **AT-25A**, **AT-25B**, **AT-25C** und **AT-25D**, die sich später in **TB-25D**, **TB-25G**, **TB-25C** und **TB-25J** wandelten. Nach dem Krieg erfolgte die Umrüstung von mehr als 600 Schulbombern der letztgenannten Version, und zwischen 1951 und 1954 wurden 157 **Mitchell** zu fliegenden Klassenzimmern **TB-25K** (117) und **TB-25M** (40) für die Einweisung des Bordpersonals in das Feuerleitradargerät Hughes E-1 und E-5 modifiziert. Weitere Nachkriegs-Umbauten ergaben die Mehrmotor-Schulflugzeuge **TB-25L** und **TB-25N**, von denen die Hayes Aircraft Corporation 90 beziehungsweise 47 Exemplare produzierte, sowie eine Reihe von Mehrzweck- und Stabstransportmaschinen **ZB-25C**, **ZB-25D**, **ZXB-25E**, **CB-25J** und **VB-25J**.

Insgesamt 706 Flugzeuge dieses Typs, ähnlich den **B-25J**, wurden für die US Navy und das Marine Corps unter den Bezeichnungen **PBJ-1C** (50), **PBJ-1D** (152), **PBJ-1G** (1), **PBJ-1H** (248) und **PBJ-1J** (255) beschafft. Die RAF erhielt 23 **B-25B**, denen sie die Bezeichnung **Mitchell Mk I** zuordnete, gefolgt von 432 **B-25C** und 113 **B-25D** als **Mitchell Mk II** sowie 296 **B-25J** als **Mitchell Mk III**. Andere Nationen, die die Mitchell flogen, waren Australien, Bolivien, Brasilien, Chile, Frankreich, Indonesien, Kolumbien, Kuba, Mexiko, Uruguay und Venezuela.

Die ersten Auslieferungen für das USAAC erfolgten im Frühjahr 1941 an die 17. Bombardment Group (Medium), und es war ein Bomber dieses Verbandes, der am 24. Dezember 1941 erstmals ein japanisches U-Boot versenkte. 16 speziell gerüstete **B-25** derselben Gruppe flogen am 18. April 1942 den historischen Angriff auf die japanische Hauptinsel. Unter dem Kommando von Lieutenant Colonel James H. Doolittle starteten diese Kampfbomber, seinerzeit die schwersten Maschinen im Trägereinsatz, vom Flugzeugträger USS Hornet zur Bombardierung von 1300 km entfernten Zielen in Kobe, Nagoya, Tokio und Yokohama, um sich anschließend zur Notlandung nach China zurückzuziehen. **Mitchell** blieben den ganzen Zweiten Weltkrieg hindurch im Einsatz.

### Technische Daten
**North American B-25J**

**Typ:** fünfsitziger, mittlerer Bomber
**Triebwerke:** zwei Sternmotoren Wright R-2600-92 Cyclone je 1268 kW (1724 PS)
**Leistung:** Höchstgeschwindigkeit 438 km/h in 3960 m Höhe; Dienstgipfelhöhe 7375 m; Reichweite 2173 km
**Gewicht:** Leermasse 8836 kg; max. Startmasse 15.876 kg
**Abmessungen:** Spannweite 20,60 m; Länge 16,13 m; Höhe 4,98 m; Tragflügelfläche 56,67 m²

## North American XB-28

Die ursprünglich als Höhenversion der B-25 Mitchell konzipierte **North American NA-63 (XB-28)** erschien nach einer Reihe von durchgreifenden Veränderungen als völlig neu konstruiertes Muster. Sie wies nur noch eine Flosse als Seitenflosse auf, hatte einen druckbelüfteten Rumpf runden Querschnitts für eine fünfköpfige Besatzung und zwei 1491 kW (2028 PS) starke P&W-Sternmotoren R-2800 als Antrieb. Waffentürme mit 12,7-mm-Zwillings-MGs ließen sich vom Cockpit aus bedienen, und zudem waren drei vorwärtsfeuernde Waffen gleichen Kalibers eingerichtet. Von den drei im Februar 1940 bestellten Prototypen flog der erste im April 1942, der zweite wurde gestrichen, und der dritte (mit Aufklärungskameras) stürzte während des Testprogramms ab. Die **XB-28** erreichte eine Höchstgeschwindigkeit von 599 km/h in 7620 m Höhe und konnte eine Bombenlast von 272 kg über 3283 km tragen, doch es erfolgten keine Serienaufträge für dieses fortschrittliche Flugzeug.

***Die XB-28 war ein fortschrittlicher Abkömmling der North American B-25 mit druckbelüftetem Rumpf und fernbedienten Waffentürmen.***

# North American B-45 Tornado

Der erste vierstrahlige US-Bomber, der bis zum Flugteststatus vorstieß, die **North American NA-130**, ging aus Ende 1944 eingeleiteten Studien hervor. Mit diesem Muster sollten die Auswirkungen des neuartigen Strahlantriebs auf schwere Bombertypen untersucht werden. Mit Ausnahme der zwei Strahltriebwerkspaare General Electric J35-A-4 (von Allison produziert) in Gondeln unter den Tragflächen stellte die **XB-45 Tornado** keinen besonderen Fortschritt dar. Drei Prototypen wurden 1945 bestellt, und am 17. März 1947 führte Testpilot George Krebs die erste Maschine durch den Jungfernflug. Der Schulterdecker **XB-45** nahm zwei Piloten im Cockpit unter einer Klarsichthaube im Stil eines Jagdflugzeugs und den Bombenschützen im verglasten Bug auf. Der Heckschütze bediente im Heckturm ein Paar 12,7-mm-MGs Browning M7, die der North-American-Bomber als einzige Abwehrwaffen mit sich führte.

**Varianten**

**B-45A:** Die US Air Force beschaffte 96 Serienbomber B-45A und stellte sie im November 1948 bei der 47. Bombardment Group auf Barksdale AFB, Louisiana, in Dienst; 1952 verlegten die Einheiten dieser Gruppe nach England; nur die ersten 22 Exemplare erhielten J35-Triebwerke, die übrigen General Electric J47 je 2424 kg Schub; 1958 wurden die letzten B-45A ausgesondert; aus vorhandenen Bomberzellen entstanden 14 Zielschleppflugzeuge TB-45A, an deren Schleppwinde im Bombenschacht ein Zieldarstellungs-Segelflugzeug von Chance Vought befestigt werden konnte; eine entsprechend modifizierte Maschine des Typs JB-45A diente Westinghouse eine Zeitlang als fliegender Triebwerksprüfstand

**B-45B:** hierbei handelte es sich um eine geplante Version mit revidierter Radar- und Feuerleitausrüstung

**B-45C:** insgesamt zehn B-45C wurden von North American gebaut und ab 1949 ausgeliefert; sie waren zur Luftnahunterstützung bestimmt und verfügten über 2359 kg Schub starke J47-Triebwerke sowie ein robusteres Flugwerk für Einsätze mit einer auf 49.895 kg erhöhten Startmasse; eine zusätzliche und von außen erkennbare Änderung bestand in dem schwer gerahmten Kabinendach; diese Kampfbomber verkrafteten eine Abwurflast von bis zu 9979 kg

**RB-45C:** zwischen Juni 1950 und Oktober 1951 wurden von North American 33 RB-45C geliefert und zur Luftbildaufklärung mit zwölf Kameras in vier Rumpfpositionen eingesetzt; der Bombenschacht barg 25 Blitzlichtbomben M122 und zusätzliche Treibstofftanks; zur Erhöhung des Startschubs per Wassereinspritzung war je ein abwerfbarer Behälter unter die Triebwerksgondeln montiert; diese Version kam zunächst bei der 91. Strategic Reconnaissance Wing und später bei der 19. Tactical Reconnaissance Squadron der USAFE sowie bei anderen Einheiten zum Einsatz, zum Teil mit britischen Hoheitsabzeichen; eine einzelne JB-45C wurde für General Electric als Triebwerk-Erprobungsträger modifiziert

**TECHNISCHE DATEN**
**North American RB-45C**
**Typ:** Luftbildaufklärer
**Triebwerke:** vier Strahltriebwerke General Electric J47-GE-13/15 je 2722 kg Schub (bei Wassereinspritzung)
**Leistung:** Höchstgeschwindigkeit 917 km/h; Dienstgipfelhöhe 12.270 m; Reichweite 4072 km
**Gewicht:** Leermasse 22.672 kg; max. Startmasse 50.222 kg
**Abmessungen:** Spannweite 29,26 m; Länge 23,14 m; Höhe 7,67 m; Tragflügelfläche 109,16 m²
**Bewaffnung:** zwei Browning 12,7-mm-Maschinengewehre

***Ein NA-Bomber Tornado in Form einer B-45A der ersten Baureihe. Die meisten dieser Maschinen wurden später dem Standard B-45C mit schubstärkeren Triebwerken und Tanks an den Flächenenden angepaßt.***

***Die Aufklärungsversion RB-45C, die mit zwölf Kameras im Rumpf ausgerüstet war, wurde im Koreakrieg eingesetzt.***

# North American B-70 Valkyrie

Die Mach 3 schnelle North American **XB-70A** wurde nach einer Forderung der USAF als interkontinentaler Bomber zur Nachfolge der B-52 konzipiert. Am 4. Oktober 1961 erfolgte ein Auftrag über drei Prototypen, ausgelegt als Deltaflügler mit Canard-Vorflügeln. Die Ecken des Deltatragwerks ließen sich um 65° abwärts regeln, um die Stabilität der Maschine im Überschallflug zu erhöhen. Der erste Versuchsbomber, angetrieben von sechs Strahltriebwerken J93-GE-3 je 13.608 kg Schub, startete am 21. September 1964 zum Jungfernflug. Am 14. Oktober 1965 erreichte er die Sollgeschwindigkeit von Mach 3. Der verbesserte zweite Prototyp flog ab 17. Juli 1965, wurde aber bei einem Zusammenstoß in der Luft am 8. Juni 1966 zerstört. Die verbliebene Maschine durchlief eine Reihe von Testprogrammen, die im Zusammenhang mit dem SST-Projekt (supersonisches Verkehrsflugzeug) standen. Am 4. Februar 1969 startete die **Valkyrie** jedoch zu ihrem letzten Flug nach Wright Patterson AFB in Dayton, Ohio, um im dortigen US Air Force Museum einen Ehrenplatz einzunehmen. Die **XB-70A** hatte eine Spannweite von 32 m, eine Länge von 59,75 m und eine maximale Startmasse von 249,5 Tonnen.

***Bei ihrem Schicksalsflug am 8. Juni 1966 war Valkyrie Nummer Zwei in die Öffentlichkeitsarbeit für General Electric eingespannt. Sie wurde begleitet von je einer F-4, F-5, T-38 und F-104. Die F-104 geriet in die von der XB-70 verwirbelte Luftströmung, legte sich auf den Rücken und kollidierte dabei mit der Valkyrie. Einige Sekunden lang hielt sich der Bomber noch in Normallage, bis er abstürzte.***

# North American F-86 Sabre

Auf die Ausschreibung der United States Air Force für einen Tagjäger hin, der auch als Begleitjäger und Sturzkampfbomber einsetzbar sein sollte, reichte North American den Entwurf **NA-140** ein.

Ende 1944 wurden zwei Prototypen des Angebots **NA-140** als **XP-86** in Auftrag gegeben, doch als kurz nach dem Krieg deutsche Forschungsunterlagen über Pfeilflügel zur Verfügung standen, holte North American die Zustimmung der USAF ein, die **XP-86** zum Pfeilflügler umzugestalten. Dadurch verzögerte sich die Konstruktion um ein Jahr, so daß der erste Prototyp erst am 1. Oktober 1947 flog, damals mit einem General-Electric-Strahltriebwerk TG-180 (oder J35-C-3) als Antrieb. Am 25. April 1948 überschritt die Maschine, inzwischen mit einem J47-Strahltriebwerk von General Electric ausgerüstet und in **YP-86A** umbenannt, die Geschwindigkeit von Mach 1 im leichten Sturzflug. Die erste Serienversion war die **P-86A**, die zunächst von einem J47-GE-1 mit 2200 kg Schub angetrieben wurde und erstmals am 20. Mai 1948 flog. Einen Monat später machte das geänderte Bezeichnungsverfahren der USAF aus der **P-86A** die **F-86A**, und 1949 ging der inzwischen auf den Beinamen **Sabre** getaufte Typ bei der 1., 4. und 81. Fighter Group in Dienst. Die erste Maschine erhielt die 94. Squadron der 1. Fighter Group im Februar jenes Jahres. Die Gesamtproduktion der **F-86A** betrug 554 Exemplare, die meisten davon mit dem Strahltriebwerk J47-GE-3, -7, -9 oder -13. Im Anschluß entstanden (in chronologischer Reihenfolge) die **F-86E** mit Höhenrudern in der Ausführung von Pendelflossen, die **F-86F** (1539) mit modifizierten Tragflächen, die mit 2054 Exemplaren meistgebaute Version **F-86D**, ein überarbeiteter Allwetter-/Nachtjäger, der Jagdbomber **F-86H** (477) mit dem schubstärkeren J73 und die **F-86K** (120), eine vereinfachte Ausgabe der **F-86D**. Unter der Bezeichnung **TF-86** wurden zwei **F-86F** zu Schulflugzeugen mit Doppelsteuer umgerüstet, und die Kennung **F-86L** betraf 827 umgebaute **F-86D** mit weiter gespannten Tragflächen und moderner Avionik. Die **F-86B** (mit breiterem Rumpf und größeren Reifen) und die **F-86C** (mit neu entworfenem Rumpf) wurden nicht seriengefertigt. Über die Produktion von North American hinaus baute Canadair Ltd. in Kanada 60 **F-86E** für die USAF, gefolgt von 290 ähnlichen Jägern **Sabre Mk 2**, davon 230 für die RCAF und 60 für das MDAP (Militärhilfeprogramm). Die kanadische Fertigung setzte sich fort mit der **Sabre Mk 3** zur Erprobung des im eigenen Lande konstruierten Orenda-Strahltriebwerks, 438 **Sabre Mk 4** mit GE-Triebwerk für die RAF, 370 **Sabre Mk 5** mit dem 2883 kg Schub starken Orenda 10 und 655 **Sabre Mk 6** mit dem Orenda 14, das 3300 kg Schub entwickelte. Die Commonwealth Aircraft Corporation in Australien beteiligte sich ebenfalls an der Sabre-Herstellung, indem sie eine Zelle zur Aufnahme zweier Aden 30-mm-Kanonen und des 3402 kg Schub starken Rolls-Royce Avon 26 modifizierte und 21 **Sabre Mk 30**, 20 **Sabre Mk 31** sowie 69 **Sabre Mk 32** mit Triebwerken australischer Herkunft für die RAAF produzierte. Die italienische Firma Fiat montierte 221 **F-86K** aus Bausätzen von North American, und in gleicher Weise lief die Fertigung in Japan an, wo Mitsubishi eine Gruppe heimischer Unternehmen der Luftfahrtbranche anführte, die später 300 der **F-86F** und **RF-86F** entsprechende Düsenjäger in eigener Regie baute.

Der Bedarf der US Navy und des Marine Corps an einem Jagdbomber als Nachfolger für die FJ-1 Fury führte zu einem Auftrag über drei Erprobungsflugzeuge **XFJ-2 Fury**, die weitgehend der **F-86E** bei der USAF ähnelten, aber mit Fanghaken, einem längeren Bugfederbein und Katapultgeschirr ausgerüstet waren. Es folgten 200 Serienjagdflugzeuge **FJ-2** mit beiklappbaren Tragflächen, 538 **FJ-3** mit erweitertem Rumpf für das mächtigere Wright-Strahltriebwerk J65-W-2 oder J65-W-4, die 3648 kg beziehungsweise 3470 kg Schub erzeugten, 152 **FJ-4** (später **F-1E**), eine völlig neu konstruierte Jagdbombervariante mit dem 3493 kg Schub starken Wright-Triebwerk J65-W-16A, und 222 **FJ-4B** (später **AF-1E**) mit neuer Zelle. Zwei Exemplare einer Untervariante der **FJ-4B** erhielten nach einer Reihe von Veränderungen die Bezeichnung **FJ-4F**. Sie waren mit einem Raketenmotor Treibstofftanks ausgestattet und dienten reinen Testzwecken.

Die **F-86** wurde intensiv im Koreakrieg eingesetzt, wo sie trotz des etwas schlechteren Leistungsvermögens gegenüber der MiG-15 dank der besseren Ausbildung der amerikanischen Jagdpiloten die Oberhand gewann. Später diente die **F-86 Sabre** auch bei den NATO-Luftstreitkräften und den Streitkräften des Commonwealth sowie in zahlreichen Staaten überall auf der Welt.

**TECHNISCHE DATEN**

**North American F-86D Sabre**

**Typ:** einsitziger Allwetter-/Nachtabfangjäger

**Triebwerk:** ein Strahltriebwerk General Electric J47-GE-17B oder -33 mit 3402 kg Nachbrennerschub

**Leistung:** Höchstgeschwindigkeit 1138 km/h in Meereshöhe; Dienstgipfelhöhe 16.640 m; Reichweite 1344 km

**Gewicht:** Leermasse 5656 kg; max. Startmasse 7756 kg

**Abmessungen:** Spannweite 11,30 m; Länge 12,29 m; Höhe 4,57 m; Tragflügelfläche 27,76 m²

**Bewaffnung:** 24 Luft-Luft-Raketen, Kaliber 69,85 mm

***North American FJ-3M Fury der VF-142, US Navy, 1957 auf dem Flugzeugträger USS Hornet eingesetzt***

***Zwei Exemplare der F-86F wurden zu TF-86 mit einem zweiten Cockpit und einem 160 cm längeren Rumpf modifiziert. Die Tragflächen waren zudem weiter nach vorn gerückt.***

***Die North American F-86K war eine vereinfachte Ausführung der F-86D „Sabre Dog". Sie behielt das Radargerät im Bugradom bei, hatte aber eine Bewaffnung aus vier 20-mm-Kanonen.***

# North American F-100 Super Sabre

1949 begann North American mit einer Fortentwicklung der F-86 Sabre, die den Arbeitstitel **Sabre 45** erhielt, da die Tragflächen um 45° zurückgepfeilt waren. Dieses Muster sollte Überschallgeschwindigkeiten im Horizontalflug erreichen können. Der Lohn für zwei Jahre intensiver Konstruktions- und Entwicklungsbemühungen erfolgte am 1. November 1951 mit einem Auftrag der USAF über zwei Erprobungsjäger **YF-100** (später **TF-100A**) und 10 Serienjäger **F-100A Super Sabre**. Schon bei seinem Jungfernflug am 24. April 1953 durchbrach der erste Prototyp die Schallmauer, und am 29. Oktober 1953 hob nicht nur der erste Serienjäger vom Boden ab, sondern der erste Prototyp stellte mit 1215,04 km/h auch einen neuen Weltrekord auf. Als das Muster am 29. September 1954 bei der 479. Fighter Day Wing den Status der Einsatzbereitschaft erreichte, war es der erste Jagdeinsitzer der Welt, der Überschalleistung im Horizontalflug entwickeln konnte. Die ersten seriengefertigten **F-100A Super Sabre** wurden vom Pratt & Whitney J57-P-7-Strahltriebwerk angetrieben, das bei zugeschaltetem Nachbrenner 6804 kg Schub erzeugte. Die letzten 36 der 203 gebauten Serienjäger erhielten jedoch das J57-P-39 mit einer Nachbrennerleistung von 7257 kg Schub. Eine verbesserte Ausführung als taktischer Jagdbomber mit der Bezeichnung **F-100B** wurde geplant, doch anschließend in die **YF-107A** umgewandelt, von der nur drei Exemplare mit J75-Triebwerk flogen. Nachdem zwei USAF-Geschwader mit dem neuen Muster ausgerüstet waren, führten mehrere Unfälle infolge einer unkontrollierbaren Roll-Gier-Kopplung zu einer Krise, die einen Neuentwurf der **F-100A** mit größerem Seitenleitwerk und weiter gespannten Tragflächen veranlaßte.

Die Entwicklung der **Super Sabre** wurde mit dem Jagdbomber **F-100C** fortgesetzt. Diese Baureihe mit 476 Flugzeugen zeichnete sich durch eine Luftbetankungsanlage, das Pratt & Whitney J57-P-21 und acht Außenlastträger unter den Tragflächen aus. Die meistgebaute Version war die Jagdbomberversion **F-100D**, die zahlreiche Änderungen aufwies, einschließlich Flügelklappen, integrierten ECM-Systemen und einer LABS-Anlage für den Ein-

### TECHNISCHE DATEN
**North American F-100D Super Sabre**

**Typ:** einsitziger Jagdbomber
**Triebwerk:** ein Strahltriebwerk Pratt & Whitney J57-P-21A mit 7711 kg Nachbrennerschub
**Leistung:** Höchstgeschwindigkeit 1390 km/h oder Mach 1,3 in 10.670 m Höhe; Dienstgipfelhöhe 14.020 m; Standard-Reichweite 966 km
**Gewicht:** Leermasse 9525 kg; max. Startmasse 15.800 kg
**Abmessungen:** Spannweite 11,82 m; Länge (ohne Sonde) 14,36 m; Höhe 4,95 m; Tragflügelfläche 35,77 $m^2$
**Bewaffnung:** vier 20-mm-Kanonen und eine Waffenlast von 3402 kg an Trägern unter den Tragflügeln, einschließlich Bomben, Flugkörpern und Raketen

***Die F-100C war der Jagdbomberabkömmling der F-100A. Diese Version wies acht Waffenstationen unter den Tragflächen auf und hob sich von der späteren F-100D durch ein kleineres Leitwerk ab.***

satz nuklearer Bordwaffen im Schleuderwurfverfahren. Insgesamt 1274 **F-100D** wurden gebaut, gefolgt von 339 Doppelsitzern der Schlußversion **F-100F**. Zu den Untervarianten gehörte eine kleine Zahl **RF-100A** in Form von zu Aufklärern umgerüsteten **F-100A**, das Einzelexemplar **TF-100C**, das als Vorläufer für den Tandem-Zweisitzer **F-100F** diente, und einige Drohnenleitflugzeuge **DF-100F** in Gestalt umgebauter **F-100F**. Unter der Bezeichnung **NF-100F** dienten drei **F-100F** zu reinen Testzwecken, und die Bezeichnung **TF-100F** führten sechs an die dänischen Luftstreitkräfte gelieferte **F-100F**.

Zu den Fremdnutzern dieses Typs zählten Taiwan **(F-100A)**, Dänemark und Frankreich **(F-100D** und **F-100F)**. Auch die türkische Luftwaffe übernahm zahlreiche gebrauchte **F-100**. Die USAF setzte die **Super Sabre** im Vietnamkrieg ein, und einige Maschinen wurden für Aufgaben der Elektronischen Kampfführung modifiziert.

***Die ursprünglich F-100B bezeichnete YF-107A war ein moderner Jagdbomber, dessen Antrieb ein J75-Strahltriebwerk mit verstellbarem Lufteinlauf in gegabelter Keilform auf dem Rumpfrücken hinter dem Cockpit besorgte. Drei Musterflugzeuge wurden gebaut, von denen das erste am 10. September 1956 flog.***

# North American FJ-1 Fury

Der Prototyp **North American NA-134 (US Navy FJ-1)** war eines von drei strahlgetriebenen Mustern zur Bewertung durch die US Navy (hinzu kamen die McDonnell FD Phantom und Vought F6U Pirate). Er wurde am 1. Januar 1945 bestellt und flog erstmals am 27. November 1946 mit einem 1733 kg Schub starken J35-GE-2-Strahltriebwerk von General Electric. Am 28. Mai 1945 erfolgte ein Auftrag über 100 Serienjäger **FJ-1**, doch später reduzierte man den Umfang auf 30 Flugzeuge mit einer Bewaffnung von sechs 12,7-mm-MGs seitlich am Lufteinlauf und dem J35-A-2 mit 1814 kg Schub als Antrieb. Die Auslieferung begann im März 1948 bei der Marinestaffel VF-5A (später VF-51) an Bord des Flugzeugträgers USS Boxer. Die ersten Trägerlandungen fanden am 10. März 1948 statt, und die **Fury**, der erste Strahljäger im Trägereinsatz, wies bei ihren zahlreichen Flügen eine Spitzengeschwindigkeit von 880 km/h nach.

### TECHNISCHE DATEN
**North American FJ-1 Fury**

**Typ:** trägergestützter Jagdeinsitzer
**Triebwerk:** ein Strahltriebwerk Allison J35-A-2
**Leistung:** Höchstgeschwindigkeit 880 km/h in 2743 m Höhe; Anfangssteiggeschwindigkeit 16,76 m/sek; Dienstgipfelhöhe 9754 m; Überführungsreichweite 2414 km
**Gewicht:** Leermasse 4011 kg; Abflugmasse 7076 kg
**Abmessungen:** Spannweite 9,80 m; Länge 10,50 m; Höhe 4,50 m; Tragflügelfläche 20,50 $m^2$
**Bewaffnung:** sechs vorwärtsfeuernde 12,7-mm-Maschinengewehre

***Die Vorläuferin der F-86, die FJ-1, zeigte noch nicht die schlanken Linien der Sabre. Ihre pummelige Gestalt entsprang der Notwendigkeit, alle Treibstofftanks in den Rumpf und einen möglichst unkomplizierten Triebwerkslufteinlauf in den Bug einzubringen. Die Fury war der letzte US-Marinejäger, der mit 12,7-mm-MGs bewaffnet wurde, und für kurze Zeit auch das schnellste Jagdflugzeug der US Navy, nachdem eine FJ-1 im Jahr 1947 auf Mach 0,87 beschleunigt hatte.***

# North American O-47

Die von General Aviation, der Vorläuferin von North American Aviation, als Beobachtungsflugzeug konzipierte **GA-15** stellte eine radikale Abkehr von bisherigen Flugzeugentwürfen für diese Rolle dar. Im Gegensatz zu den Vorgängern war die **GA-15** ein Tiefdecker mit einer geschlossenen Kabine für eine Drei-Mann-Besatzung. Der Prototyp flog erstmals Mitte 1935, angetrieben von einem Wright-Cyclone-Motor mit 634 kW (862 PS). Um dem Beobachter ein besseres Sichtfeld zu bieten, hatte man seine Station in die Rumpfwanne mit verglastem Stirnteil eingearbeitet. North American nahm den Typ in die Serienfertigung, als das USAAC einen Auftrag über 109 **North American O-47A** erteilte, der später auf 164 Exemplare erhöht wurde. Den Antrieb dieser Serienmaschinen lieferte ein Cyclone mit 727 kW (989 PS), während 74 **O-47B** einen 790 kW (1074 PS) starken Motor und ein erweitertes Tankvolumen erhielten. Im Zweiten Weltkrieg dienten **O-47** als Schul- und Zielschleppflugzeuge.

***Die als Beobachtungsflugzeug konzipierte O-47 hatte einen erweiterten Bauch mit Sichtscheiben. Der Typ diente zur Ausbildung und Zieldarstellung.***

# North American OV-10 Bronco

In den frühen sechziger Jahren forderte das US Marine Corps ein leichtes Flugzeug für bewaffnete Aufklärung, das sogenannte LARA (= Light Armed Reconnaissance Airplane). Den Zuschlag erhielt 1964 das von North American angebotene Muster **NA-300** in Verbindung mit einem Auftrag über sieben Prototypen **YOV-10A**, von denen der erste am 16. Juli 1965 zum Jungfernflug startete. Die Maschine war ein Hochdecker mit einer schlanken Rumpfgondel und zwei Leitwerksträgern in der Verlängerung der beiden Propellerturbinengehäuse, die in hoch aufragende Seitenflossen/Ruder mündeten und am oberen Ende durch ein Höhenleitwerk miteinander verbunden waren. Die Hauptbaugruppen des Bugrad-Fahrgestells zogen in die Triebwerksgondeln ein. Sechs der Prototypen wurden von Garrett-Propellerturbinen T76-G-6/8 je 447 kW (608 WPS) angetrieben, während der siebte zu Vergleichszwecken YT74-CP-8/10 von Pratt & Whitney erhielt. Die Serienversion **OV-10A Bronco** hatte eine um 3,05 m erhöhte Spannweite und leistungsstärkere Turboprop-Triebwerke T76-G-10/12. Das erste Exemplar flog am 6. August 1967, und 114 solcher Maschinen wurden für das USMC gebaut. Es folgten 157 ähnliche **OV-10A** für die USAF, die 1968 den Einsatz in Vietnam aufnahmen. Im Rahmen des Programms „Pave Nail" beschaffte man 15 weitere Exemplare mit Spezialausrüstung zur Ortung und Beleuchtung von Zielen bei Nacht. Andere Versionen umfaßten sechs Zielschleppflugzeuge **OV-10B** für Deutschland und 18 **OV-10B(Z)** für den gleichen Zweck mit zusätzlicher Strahlturbine auf dem Rücken. Maschinen in einer der **OV-10A** ähnlichen Ausführung erreichten Indonesien (16), Thailand (40) und Venezuela (16) unter den Bezeichnungen **OV-10F**, **OV-10C** beziehungsweise **OV-10E**, und sechs **OV-10A** der USA gingen an die Marokkanische Luftwaffe.

Mit der Auflösung von VMO-4 des USMC am 16. April 1994 schied die **Bronco** aus dem amerikanischen Militärdienst aus, und viele **OV-10** des USMC kamen bei Dienststellen der amerikanischen Regierung unter. Andere Bronco leisten weiterhin Dienst in Indonesien **(OV-10F)**, Marokko **(OV-10A)**, auf den Philippinen **(OV-10A)**, in Thailand **(OV-10C)** und in Venezuela **(OV-10E)**.

## Technische Daten

**North American (Rockwell) OV-10D**

**Typ:** Kleinkriegs- und Nachtaufklärungsflugzeug

**Triebwerke:** zwei Propellerturbinen Garrett T76-G-420/421 je 776 kW (1055 WPS)

**Leistung:** Höchstgeschwindigkeit 463 km/h in Meereshöhe; Dienstgipfelhöhe 9145 m; Einsatzradius mit kompletter Waffenzuladung 367 km

**Gewicht:** Leermasse 3127 kg; max. Startmasse 6552 kg

**Abmessungen:** Spannweite 12,19 m; Länge 13,41 m; Höhe 4,62 m; Tragflügelfläche 27,03 $m^2$

**Bewaffnung:** fünf Waffenstationen an Rumpf und Auslegern für eine Gesamtlast von 1633 kg an verschiedenen Bombentypen, Kanonen, Maschinengewehren und Flugkörpern sowie zwei Träger unter den Tragflächen für eine Last von je 272 kg, geeignet für Bomben, Treibstofftanks und Sidewinder-Lenkraketen

*OV-10A Bronco der 601. Tactical Control Squadron, US Air Force, in den siebziger Jahren in Sembach, Deutschland, stationiert*

*Unten: Die letzte Bronco-Ausführung war die OV-10D NOS. An die Unterseite der erweiterten Flugzeugnase ist ein FLIR-Turm mit Laserzielmarkierer montiert. Die zunächst vorgesehene Bewaffnung der OV-10D mit einem Kanonenbehälter unter dem Rumpf zur Entwicklung der NOGS-Bronco entfiel, und statt dessen erhielten rund 20 OV-10 den weniger komplizierten NOS-Standard. Die unten abgebildete Maschine diente bei VMO-2 in Camp Pendleton. Die Außenlastträger unter den Flächen können mit Startschienen für AIM-9 Sidewinder versehen werden.*

*Zu den Hauptnutzern der Bronco gehörte die Königlich Thailändische Luftwaffe. Sie erhielt zwischen 1971 und 1974 32 OV-10C, von denen heute nur noch vier Exemplare existieren. Zwei Staffeln, die in Chiang Mai beheimatete 411. Squadron/41. Wing und die in Surat Thani stationierte 711. Squadron/71. Wing, waren mit diesem Typ ausgerüstet. Die Bronco nahmen umfassend an FAC- und COIN-Einsätzen im umstrittenen Grenzverlauf zwischen Thailand, Laos und Kampuchea teil.*

# North American P-51 Mustang bis North American T-39 Sabreliner

**1940 akzeptierte Generaldirektor J. H. „Dutch" Kindelberger von North American den Wunsch nach Entwicklung eines neuen Jägers für die britische RAF. Das Ergebnis nach genau 117 Tagen — die Mustang — sollte den Kriegsausgang wesentlich mitbeeinflussen. North American ging später in der *Rockwell International*-Gruppe auf.**

## North American P-51 Mustang

Die **North American P-51 Mustang**, eines der effektivsten Jagdflugzeuge des Zweiten Weltkriegs, entstand im April 1940 als **NA-73X** nach britischen Vorgaben. Die kritische Lage in Europa gebot höchste Dringlichkeit, und noch vor Ablauf der von England angesetzten 120-Tage-Frist war die Zelle fertiggestellt. Leider verzögerte sich die Produktion des 820 kW (1115 PS) starken Allison-Reihenmotors V-1710-F3R, so daß das Musterflugzeug erst am 26. Oktober 1940 erstmals in die Luft kam. Die **NA-73X** durchlief ein erstaunlich glattes Testprogramm, und der erste von 320 Serienjägern **NA-73** flog am 1. Mai 1941. Im November traf das zweite Serienexemplar zur Prüfung durch die RAF in England ein. Diese **Mustang Mk I** bezeichnete Maschine wies bei der gründlichen Flugerprobung eine bemerkenswerte Leistung in geringer Höhe nach, aber oberhalb 3660 m Höhe fiel die Ausgangsleistung des Allison-Flugmotors rapide ab. Dies bedeutete, daß sich der Typ kaum zur Abfangjagd in Europa eignete, wohl aber für taktische Aufklärung, und seine Standardbewaffnung von je vier 12,7-mm- und 7,62-mm-Maschinengewehren auch für den Erdkampf. Ausgerüstet mit einer Schrägbildkamera, nahmen **Mustang Mk I** der RAF im April 1942 den Einsatz durch No. 2 Squadron des Army Cooperation Command auf und flogen anschließend bei nicht weniger als 23 Staffeln dieses Kommandos. Es folgte eine Bestellung über weitere 300 Exemplare. Die amerikanische Regierung hatte der Entwicklung der **NA-73** unter der Auflage zugestimmt, daß zwei Testflugzeuge als **XP-51** zum US Army Air Corps abgezweigt würden. Kurz zuvor hatte das USAAC aber 150 **P-51** zur Lieferung nach England im Rahmen des Lend-Lease-Abkommens bestellt, die sich vom ursprünglichen Modell durch selbstversiegelnde Kraftstofftanks und vier 20-mm-Kanonen anstelle der acht Maschinengewehre unterschieden. Die RAF erhielt 93 Exemplare dieser Version und wies ihnen die Kennung **Mustang Mk IA** zu, während 55 mit Kameras ausgestattete **F-6A** für taktische Aufklärung an die US Army Air Force gingen. Die beiden übrigen Maschinen dieser Baureihe erhielten versuchshalber von Packard produzierte Merlin-Motoren V-1650-2 mit einer Nennleistung von 1066 kW (1450 PS) und daraufhin die Bezeichnung **XP-78** (später **XP-51B**). Die Ummotorisierung erfolgte, da sich bei den Tests der USAAF mit der **XP-51** die von der RAF festgestellten Leistungsschwächen in großer Höhe bestätigt hatten. In England waren deswegen probehalber Merlin 61 und 65 von Rolls-Royce in die Mustang eingerüstet worden. In den USA beschritt man den gleichen Weg, und die **XP-51B** erreichten in 9085 m Höhe eine Spitzengeschwindigkeit von 710 km/h. Dies zog die großmaßstäbliche Beschaffung der Merlin-motorisierten **P-51** nach sich. Die Verwendung der Mustang für Angriffe auf Bodenziele durch die RAF hatte schon vorher eine Bestellung der USAAF über 500 **A-36A** ausgelöst, die anfangs **Apache** hießen, aber später den britischen Namen **Mustang** übernahmen. Ein Einzelexemplar dieses Typs mit Sturzflugbremsen und Bombengehängen unter den Tragflächen wurde der RAF zur Verfügung gestellt.

Fast gleichzeitig mit der Beschaffung der **A-36A** gab die USAAF 310 **P-51A** mit V-1710-81-Motor (895 kW/1217 PS), vier 12,7-mm-MGs und Waffenstationen unter den Tragflächen in Auftrag. Von diesem Baulos gingen 50 Maschinen an die RAF, die ihnen die Bezeichnung **Mustang Mk II** zuteilte, und 35 wurden zu taktischen Aufklärern F-6B für die USAAF umgerüstet. Die Produktion der Merlin-motorisierten Versionen begann 1943 mit der **P-51B**, von der 1988 Exemplare aus dem kalifornischen Inglewood-Werk von North American rollten, und mit der grundsätzlich ähnlichen **P-51C** im neuen Dallas-Werk, Texas, in dem man eine Serie von 1750 Jägern auflegte. Beide Typen hoben sich von früheren Versionen durch einen verstärkten Rumpf, neu konstruierte Querruder und eine Bewaffnung von vier 12,7-mm-Maschinengewehren ab. Lend-Lease-Zuweisungen dieser Varianten an die RAF umfaßten 274 beziehungsweise 636 Jagdflugzeuge, zusammengefaßt unter der Bezeichnung **Mustang Mk III**. Etwa 71 der von der USAAF übernommenen **P-51B** und **P-51C** baute man zu taktischen Aufklärern **F-6C** um. Mit 7956 Exemplaren war die **P-51D** die bedeutendste Serienversion. Sie führte eine blasenförmige Cockpithaube ein, die ein besseres Sichtfeld bot, einen modifizierten Hinterrumpf und sechs 12,7-mm-Maschinengewehre als Grundbewaffnung. 136 Maschinen dieser Serie wurden per Nachrüstung zu taktischen Aufklärern **F-6D**, und 281 übernahm die RAF als **Mustang Mk IV**. Es folgten 1500 im Kern ähnliche Jagdflugzeuge **P-51K**, von denen wiederum 163 als taktische Aufklärer **F-6K** fertiggestellt und 594 der RAF zugeführt wurden, die sie der **Mustang IV** zuordnete. Die Erprobung der leichten Prototypen **XP-51F**, **XP-51G** und **XP-51J** mit verschiedenen Motortypen führte zur letzten Serienversion **P-51H**, von der noch 555 Exemplare gefertigt wurden, bis das Restkontingent dieses Bauloses von 2000 **P-51H** wegen der Kapitulation Japans abbestellt wurde. Ebenso gestrichen wurden 1700 ähnliche, vom V-1650-11 angetriebene **P-51L** und 1628 **P-51M**. Letztere waren als Dallas-Ausführung der **P-51H** gedacht, doch nur ein einziges Flugzeug wurde fertiggestellt. In den USA entstanden insgesamt 15.386 **Mustang**, aber ein kleines Kontingent stammte aus Australien, wo die Commonwealth Aircraft Corporation zunächst 80 **P-51D** aus importierten Baugruppen montierte. Diese Maschinen dienten bei der Royal Australian Air Force (RAAF) als **Mustang Mk 20**. Die nachfolgende Lizenzfertigung für die RAAF umfaßte 26 **Mustang Mk 21** mit V-1650-7-Motor, von denen man 14 nachträglich dem Standard **Mustang Mk 22** anpaßte, 67 **Mustang Mk 23** mit Merlin 66 oder 70 und 13 **Mustang Mk 22** für taktische Aufklärung. Keines dieser RAAF-Jagdflugzeuge kam noch vor dem VJ-Day zum Einsatz. Im Rahmen des Lend-Lease-Abkommens gelangten 50 **P-51D** nach China und 40 zu den niederländischen Streitkräften im pazifischen Raum. Zudem gingen einige **P-51** der USAAF an die AVG in China. In der direkten Nachkriegsperiode hielt sich der Typ beim Strategic Air Command noch bis 1949 und bei Einheiten der US Air Reserve sowie der Air National Guard noch etliche weitere Jahre im Dienst. Dies waren die ersten Jagdflugzeuge, die im Koreakrieg eingesetzt wurden. Bei der Royal Air Force blieben einige **Mustang** bis 1946 im Einsatz, und überschüssige Exemplare aus amerikanischen und britischen Beständen flogen noch mehrere Jahre lang bei den Luftstreitkräften von mehr als 50 Ländern.

***Die Mustang Mk I, die sich von der Mustang mit Merlin-Motor leicht durch den Vergaserlufteinlauf auf dem Nasenrücken unterscheiden ließ, wurde vom Allison-Reihenmotor angetrieben.***

**TECHNISCHE DATEN**

**North American P-51D Mustang**

**Typ:** einsitziger Abfangjäger/Langstrecken-Begleitjäger

**Triebwerk:** ein von Packard gebauter V-12-Reihenmotor Merlin V-1650-7 mit 1264 kW (1719 PS)

**Leistung:** Höchstgeschwindigkeit 703 km/h in 7620 m Höhe; Dienstgipfelhöhe 12.770 m; max. Reichweite 3347 km

**Gewicht:** Leermasse 3232 kg; max. Startmasse 5488 kg

**Abmessungen:** Spannweite 11,28 m; Länge 9,83 m; Höhe 2,64 m; Tragflügelfläche 21,65 m²

**Bewaffnung:** sechs 12,7-mm-Maschinengewehre und bis zu zwei 454-kg-Bomben oder sechs 127-mm-Raketen

***P-51B der 364. Fighter Squadron, 357. Fighter Group, US 8. Air Force, im Jahre 1944 in Leiston (England) stationiert.***

***North American Mustang Mk IV (P-51K) der No. 19 Squadron, 2. Tactical Air Force, der Royal Air Force im Jahre 1945.***

In den fünfziger Jahren vermarktete Trans-Florida Aviation eine zum zweisitzigen Geschäftsreiseflugzeug umkonstruierte **Mustang**, die in den sechziger Jahren von der Cavalier Aircraft Corporation in Saratoga als **Cavalier 2000** angeboten wurde. Diese Maschinen veranlaßten die USAF zu einem Auftrag über eine kleine Zahl neugebauter **Mustang** für MAP-Empfänger zur Aufstandsbekämpfung und für Fliegerleitdienste. An die verbesserte Version **Mustang II** schlossen sich Variationen der **Turbo Mustang III** an, entweder mit der Propellerturbine Rolls-Royce Dart oder dem Lycoming T55. In dieser Phase übernahm die Piper Aicraft Corporation das Programm und brachte die von der T55 angetriebene **Turbo-Mustang** im April 1971 in die Luft. Bis zum September 1981 mußte Piper auf einen Auftrag warten, der die Konstruktion, Entwicklung und Erprobung eines auf der **P-51** basierenden Turboprop-Leichtflugzeugs für Luftnahunterstützung abdeckte. Zwei Prototypen dieses **PA-48 Enforcer** genannten Musters wurden mit T55-Antrieb gefertigt, und der erste flog am 9. April 1983. Nach Abschluß der umfassenden Prüfung im August 1984 verlor die USAF das Interesse an diesem Muster, und man verfolgte das Projekt nicht weiter. Die beiden Musterflugzeuge wurden in Davis-Monthan eingelagert.

## North American P-64

Für den Export entwickelte North American eine einsitzige Version der AT-6 Texan/ Harvard für Kampfeinsätze mit zwei 7,62-mm-Maschinengewehren, zwei 20-mm-Kanonen und einer Bombenlast von maximal 181 kg unter dem Rumpf. Sieben solcher Flugzeuge mit der Herstellerbezeichnung **North American NA-50A** wurden für Peru gebaut und alle bis Mai 1939 ausgeliefert. Anschließend entstanden sechs **NA-68** für die Royal Thai Air Force. Auf dem Seeweg nach Thailand wurden sie in Hawaii von US-Dienststellen beschlagnahmt, weil Japan im Dezember 1941 in dieses Land eingefallen war, in die USA zurückgeschickt und bei der USAAF ohne Bewaffnung als **P-64** zur Fortgeschrittenenausbildung in Dienst gestellt. Die vom Wright-Sternmotor R-1820-77 mit 649 kW (883 PS) angetriebene **P-64** erreichte eine Spitzengeschwindigkeit von 435 km/h.

***Die zum Export nach Thailand bestimmte NA-68 wurde konfisziert und der USAAF als P-64 überstellt, doch entgegen dem Buchstaben „P" (Persuit) nur zur Schulung genutzt.***

## North American P-82 Twin Mustang

Die P-51 hatte zwar eine für ein Jagdflugzeug außerordentlich große Reichweite nachgewiesen, da sie von England aus Bomber bis hin zu den entferntesten Zielen im Dritten Reich, in der Tschechoslowakei, in Norditalien und Polen begleiten konnte, doch für den pazifischen Kriegsschauplatz war ein noch besseres Reichweitevermögen erforderlich. Um dies zu erzielen, wurde der Prototyp **North American XP-82 Twin Mustang** in Form zweier gekoppelter P-51 entwickelt. Bei der einen Mustang hatte man die Steuerbordfläche, bei der anderen die Backbordfläche und bei beiden die Höhenflossen demontiert und die restlichen Flugwerke durch ein Tragflächenmittelstück sowie ein neues Höhenleitwerk miteinander verbunden. Das neu ausgelegte Fahrgestell bestand aus je einer Hauptbaugruppe unter den Rümpfen. Die Erprobung von drei Prototypflugzeugen veranlaßte die USAAF, 500 Serienjäger **P-82B** zu bestellen. Bei Kriegsende waren jedoch erst 20 Exemplare fertiggestellt, von denen zwei zu Nachtjägern **P-82C** und **P-82D** mit Bordradar SCR-720 bzw. APS-4 umgerüstet wurden. 1946 erteilte die USAAF einen Auftrag über 250 **P-82**-Begleitjäger, aufgeschlüsselt in 100 Eskortjäger **P-82E** sowie 150 Nachtjäger **P-82F** und **P-82G**. Alle Serienjäger der Versionen B bis G wurden 1948 in **F-82** umbenannt. Die letzte in Dienst gestellte Version war die **F-82H**, eine winterfeste Ausführung der **F-82F/G**.

***Der in der Regel vom Backbordsitz aus geflogene Nachtjäger North American F-82F Twin Mustang führte sein Radar in einem riesigen Zentralbehälter mit.***

### TECHNISCHE DATEN

**North American F-82G Twin Mustang**

**Triebwerke:** zwei V-12-Reihenmotoren Allison V-1710-143/145 je 1193 kW (1622 PS)
**Leistung:** Höchstgeschwindigkeit 742 km/h in 6400 m Höhe; Dienstgipfelhöhe 11.855 m; max. Reichweite 3605 km
**Gewicht:** Leermasse 7256 kg; max. Startmasse 11.608 kg
**Abmessungen:** Spannweite 15,62 m; Länge 12,93 m; Höhe 4,22 m; Tragflügelfläche 37,90 $m^2$
**Bewaffnung:** sechs flügelmontierte 12,7-mm-Maschinengewehre und bis zu vier 454-kg-Bomben oder vier Zusatztanks unter den Tragflächen

## North American T-2 Buckeye

Um den Bedarf an einem Mehrzweck-Strahltrainer zu decken, vergab die US Navy 1956 einen Auftrag an North American für deren Muster **NA-241**, das bereits erprobte Komponenten und Ausrüstungsgegenstände früherer Modelle dieses Herstellers miteinander verband. Der als **T2J-1** (später **T-2A**) bestellte Typ kombinierte ein von der FJ-1 abgeleitetes Tragwerk, das Flugsteuerungssystem der T-28C Trojan und ein einzelnes Westinghouse-Strahltriebwerk J34-WE-36 mit 1542 kg Schub. Lehrer und Schüler waren hintereinander und schließlich auf Zero/Zero-Schleudersitzen) untergebracht. Die erste von sechs seriengefertigten **T-2A** startete am 31. Januar 1958 zum Jungfernflug, und die Auslieferung an die US Navy begann im Juli 1959. Inzwischen hatte das Muster den Beinamen **Buckeye** erhalten. Insgesamt 217 **T-2A** wurden gebaut, die die US Navy Training Squadron VT-4, -7, -9 und -19 ausrüsteten. Zwei **Buckeye**-Trainer modifizierte man zu Prototypen **YT-2B**, die zwei P&W-Strahltriebwerke J60-P-6 je 1361 kg Schub

***Bis zum Eintreffen der T-45A Goshawk wird der Buckeye-Veteran der primäre Strahltrainer bei der US Navy bleiben. Sieben Staffeln und die Navy Test Pilots School fliegen die T-2C.***

statt des Einzeltriebwerks J34 aufwiesen. Der erste zweistrahlige Prototyp dieser Variante flog am 30. August 1962, gefolgt von 97 entsprechenden **T-2B**. Als letztes Serienmodell der Flugzeug-Baureihe erschien die **T-2C** mit J85-Strahltriebwerken von General Electric. Vorausgegangen war die Umrüstung einer einzelnen Maschine vom Typ **T-2B** zum Vorserientrainer **YT-2C**. Im Auftrag der US Navy wurden insgesamt 273 Maschinen vom Typ **T-2C** gebaut, davon 231 für den eigenen Bereich, zwölf als **T-2D** für Venezuela und 30 als **T-2E** für Griechenland.

### TECHNISCHE DATEN
**North American (Rockwell) T-2C**

**Typ:** zweisitziger Strahltrainer
**Triebwerke:** zwei Strahltriebwerke General Electric J85-GE-4 je 1338 kg Schub
**Leistung:** Höchstgeschwindigkeit 838 km/h in 7620 m Höhe; Dienstgipfelhöhe 13.535 m; Reichweite 1465 km
**Gewicht:** Leermasse 3681 kg; max. Startmasse 5978 kg
**Abmessungen:** Spannweite 11,63 m; Länge 11,79 m; Höhe 4,51 m; Tragflügelfläche 23,70 m²

# North American T-28 Trojan

Auf die Ausschreibung für ein Nachfolgemuster des Grundschulflugzeugs T-6 Texan von North American hin reichte dieser Hersteller das Angebot **NA-159** ein und erhielt einen Auftrag zur Konstruktion von zwei Prototypen **XT-28**, von denen der erste am 26. September 1949 zum Jungfernflug startete. Nach der erfolgreichen Erprobung dieser beiden Prototypen ging das Modell als **T-28A** mit dem Beinamen **Trojan** für die USAF in Serie. Der freitragende Tiefdecker mit Einziehfahrwerk und einem Wright-Sternmotor R-1300 mit 597 kW (812 PS) nahm den Flugschüler und Lehrer hintereinander in einer geschlossenen Kabine auf. Der 1950 erteilte Erstauftrag umfaßte 266 **T-28A**, von denen die ersten Exemplare noch im selben Jahr das Air Training Command erreichten. Insgesamt entstanden 1194 solcher **Trojan**-Trainer. 1952 wurden die Schulflugzeuge der amerikanischen Teilstreitkräfte standardisiert, und nachdem die US Navy zwei **T-28A** der USAF geprüft hatte, bestellte sie die Version **T-28B**, die sich vom Original in erster Linie durch den Wright-Motor R-1820-86 mit einer Nennleistung von 1063 kW (1445 PS) unterschied. Auf die Produktion von 489 **T-28B** für die US Navy folgte die Baureihe

***Die T-28B war die erste Trojan-Version der US Navy. Diese Maschine flog vom kalifornischen Marinefliegerhorst Point Mugu aus.***

**T-28C** mit 299 Flugzeugen, die zur Trägerausbildung der Marinepiloten mit Fanghaken ausgerüstet waren. 1962 begann North American mit dem Umbau der **T-28A** für die COIN-Rolle (Kleinkrieg, Aufstandsbekämpfung). Diese **T-28D** erhielten Wright R-1820 als Antrieb sowie sechs Träger für unterschiedliche Außenlasten und Waffen. North American führte 321 und Fairchild Hiller nochmals 72 derartige Umrüstungen durch. Unter der Bezeichnung **AT-28D** wurden außerdem mehrere Maschinen zu Kampftrainern umfunktioniert. Zahlreiche **T-28D** dienten im Kongo und in Vietnam und gingen an Luftstreitkräfte mehrerer anderer Nationen. 1958 produzierte North American das Einzelexemplar **NA-260**, eine auf einen Wright R-1820-56S mit 969,8 kW (1319 PS) Leistung um_motorisierte **T-28A**. Pacific Airmotive sollte für die Serienfertigung dieser Variante als PacAero Nomad übernehmen, doch das Vorhaben verlief im Sande. Andere Umrüstungen ergaben das Mehrzweckmuster Hamilton **T-28R Nomair** und eine Luftbildmeßversion der Thompson Aircraft Sales of Phoenix, aber diese Projekte kamen über Einzelexemplare nicht hinaus. Anfang der sechziger Jahre bekundete die USAF Interesse an einer Turboprop-Version der **T-28D**, und drei Versuchsflugzeuge **YAT-28E** mit der 1822,7 kW (2479 WPS) starken Lycoming-Turbine T55 wurden gefertigt. Die erste Maschine flog ab 15. Februar 1963, stürzte im März jedoch aufgrund strukturellen Versagens ab. Das Testprogramm setzte sich mit den beiden anderen Prototypen fort, doch akzeptiert wurde dieser Typ nicht. In Frankreich verwandelte Sud-Aviation 245 **T-28D** in **Fennec** für die französischen Luftstreitkräfte als Ersatz für die in Algerien eingesetzten **T-6**. Einige dieser Maschinen dienten später bei der argentinischen Marine.

### Technische Daten
**North American T-28B Trojan**

**Typ:** zweisitziges Grundschulflugzeug
**Triebwerk:** ein Sternmotor Wright R-1820-86 mit 1063 kW (1445 PS)
**Leistung:** Höchstgeschwindigkeit 552 km/h; Dienstgipfelhöhe 10.820 m; Reichweite 1706 km
**Gewicht:** Leermasse 2914 kg; max. Startmasse 3856 kg
**Abmessungen:** Spannweite 12,22 m; Länge 10,06 m; Höhe 3,86 m; Tragflügelfläche 24,90 m²

# North American T-39 Sabreliner

Die auf dem zivilen ebenso wie auf dem militärischen Markt erfolgreiche **North American NA-246 Sabreliner** war vom Hersteller in Eigeninitiative entwickelt worden. Den Start des Serienprogramms, bekanntgegeben am 27. August 1956, löste allerdings eine Ausschreibung für den experimentellen Mehrzweck-Trainer UTX (Utility Trainer Experimental) aus, den die USAF zu Beginn dieses Monats veröffentlicht hatte. Der zivil registrierte Prototyp für eine zweiköpfige Flugbesatzung und mit einer Kabine für sechs Personen war im Mai 1958 fertiggestellt, doch der Mangel an geeigneten Triebwerken verzögerte den Erstflug (in Los Angeles) bis zum 16. September. Man verwendete zunächst zwei Strahltriebwerke YJ85 je 1134 kg Schub von General Electric, und im Dezember 1958 schloß der so angetriebene Prototyp das militärische Prüfprogramm in Edwards Air Force Base ab. Einen Monat später erging die erste **Sabreliner**-Order über sieben **NA-265** oder **T-39A** mit Pratt & Whitney-J60-Triebwerken je 1361 kg Schub. Die Produktion für militärische Abnehmer umfaßte insgesamt 213 Maschinen. Alle militärischen Modelle der Baureihe **T-39** wurden nach zivilen Lufttüchtigkeitskriterien zugelassen, angefangen mit der **T-39A** am 23. März 1962. Danach brachte North American die zivile Ausführung auf den Markt, die am 17. April 1963 die Zulassung als **NA-265-40 Sabreliner 40** erhielt. Seitdem entstanden mehr als 600 zivile Maschinen aller Modelle, einschließlich der Schlußversion **Sabreliner 65A**, deren letzter Vertreter 1981 vom Band rollte. 1983 wurde Rockwell Internationals Sabreliner Division von der eigens gebildeten Sabreliner Corporation mit Sitz in St Louis, Missouri, erworben, um die technische Betreuung des Produkts weiterhin zu gewährleisten. Ende 1990 hatte die Firma den Entwurf einer neuen **Sabreliner**-Version mit der Bezeichnung **Modell 85** fertiggestellt. Kennzeichnende Merkmale des neuen Musters sind superkritische Tragflächen mit „Flügelohren", ein um 1,50 m gestreckter Rumpf und schubkräftigere Mantelstromtriebwerke der Marke TFE731-5. Die weitere Entwicklung setzt allerdings einen Partner voraus, der sich am Geschäftsrisiko beteiligt.

**Varianten**

**T-39A:** 143 Maschinen für die USAF, von denen die erste am 30. Juni 1960 flog und im Oktober ausgeliefert wurde; die Serienausführung dieser Variante erhielt einen längeren Bug und zusätzliche Ausrüstungskomponenten
**T-39B:** sechs frühe Serienmaschinen mit Such- und Entfernungsmeßradar R-14 NASARR sowie Doppler-Navigationssystem APN-131 zur Einweisung von F-105-Piloten, anfangs auf Nellis AFB und später auf McConnell AFB stationiert
**T-39D:** Radarbeobachter-Schulflugzeug der USN, zunächst T3J-1 bezeichnet; ähnlich wie die T-39B, aber mit Magnavox-Abfangradargerät APQ-94 ausgerüstet; diente zur Ausbildung von Besatzungen der F-8 Crusader und F-4 Phantom; 42 Exemplare gebaut und ab August 1963 nach NAS Pensacola geliefert
**CT-39E:** sieben VIP-Transport- und Verbindungsflugzeuge für die US Navy; ähnlich wie die zivile Sabreliner 40 mit Pratt & Whitney JT12A-8 je 1361 kg Schub
**T-39F:** drei für die USAF Fighter Weapons School, Nellis AFB, umgerüstete T-39A zur Ausbildung von Piloten und elektronischen Kampfführungsoffizieren der zweisitzigen F-105G „Wild Weasel"
**CT-39G:** zwölf für die USN-Flotte gebaute taktische Transportflugzeuge
**T-39N:** 17 zivile Sabreliner 40; seit Juni 1991 in Pensacola zur Ausbildung von Naval Flight Officers eingesetzt
**Sabreliner 40:** neunsitziges Geschäftsreiseflugzeug mit einem dritten Fenster beidseitig am Rumpf
**Sabreliner 50:** ein der Serie 40 ähnelndes Einzelexemplar; von der North American Autonetics Division als Elektronik-Prüfstand verwendet
**Sabreliner 60:** Modell mit zehn Passagiersitzen in einem um 97 cm gestreckten Rumpf mit fünf Kabinenfenstern pro Seite; angetrieben von zwei JT12A-8 mit je 1497 kg Schub; Musterzulassung im April 1967
**Sabreliner 65:** bis Ende 1981 produzierte Serienflugzeuge mit superkritischen Tragflächen und Garrett-Turbofan-Triebwerken TFE731-3-1D; Erstflug des Prototyps am 29. Juni 1977; Musterzulassung am 28. November 1979
**Sabreliner 75:** Prototyp flog am 4. Dezember 1969 als Sabreliner 70 mit breiterem Rumpf und rechteckigen Kabinenfenstern; zugelassen im Juni 1970, doch 1973 auf der Fertigungsstraße vom Modell 75A mit CF700-Antrieb verdrängt; Erstflug am 18. Oktober 1972
**Sabreliner 80A:** Modell 75A mit Raisbeck-Modifikationen zur Leistungssteigerung; Erstflug im April 1978
**Sabreliner 85:** projektierte Version mit neuem Tragwerk, geändertem Antrieb und gestrecktem Rumpf; Entwurf war 1990 fertiggestellt

### TECHNISCHE DATEN
**North American (Rockwell) Sabreliner 65**

**Typ:** Geschäftsreiseflugzeug
**Triebwerke:** zwei Mantelstromtriebwerke Garrett TFE731-3-1D je 1678 kg Schub
**Leistung:** max. Reisefluggeschwindigkeit Mach 0,81; Dienstgipfelhöhe 13.715 m; Reichweite 4447 km
**Gewicht:** Leermasse 6420 kg; max. Startmasse 10.886 kg
**Abmessungen:** Spannweite 15,37 m; Länge 14,30 m; Höhe 4,88 m, Tragflügelfläche 35,30 m²

***Erster Abnehmer der Sabreliner war die USAF, die die T-39A für den Verbindungsdienst beschaffte. In Südostasien kam dieses Muster intensiv zum Einsatz.***

# North American Texan/SNJ/Harvard bis Familie Northrop F-5

**Die Harvard war anfangs ein Schul-Eindecker mit starrem Fahrwerk und zwei offenen Sitzen. Im Zweiten Weltkrieg wurde sie der häufigste Trainer auf alliierter Seite. Nach 1945 wurden Tausende wiederaufbereitet und sind noch immer in Gebrauch. Die raketenartige X-15 war das bedrohlichste Flugzeug, das North American je produzierte.**

## North American Texan/SNJ/Harvard

Das wahrscheinlich am meisten eingesetzte Schulflugzeug aller Zeiten war die **Harvard**, von der North American mehr als 17.000 Exemplare produzierte. Ihr Prototyp **North American NA-16** flog erstmals im April 1935. Der freitragende Tiefdecker mit starrem Spornrad-Fahrgestell und offenen Tandem-Cockpits wurde von einem Wright-Sternmotor R-975 Whirlwind mit 298 kW (405 PS) angetrieben. Nach der offiziellen Flugerprobung erging ein Serienauftrag für diesen Typ unter der Bezeichnung **BT-9** mit der Auflage, einige Modifikationen vorzunehmen. Diese beinhalteten auch den Wechsel zu geschlossenen Cockpits. Das entsprechend geänderte Vorserienmodell **NA-18** erhielt den 447 kW (608 PS) starken Pratt & Whitney-Sternmotor R-1340 Wasp, doch bei den nachfolgenden Serienmaschinen blieb man beim Wright R-975. Auf die **BT-9** (42 Exemplare) folgten die **BT-9A** (40) mit zwei 7,62-mm-MGs, die **BT-9B** (117) mit Detailverbesserungen und die ähnliche **BT-9C** (67) mit geänderter Ausrüstung. Eine einzelne **BT-9D** mit überarbeiteten Außenflächen und geändertem Seitenruder führte zur verbesserten Baureihe **BT-14** (251) mit metallbeplanktem Rumpf und dem 336 kW (457 PS) starken R-985-25 Wasp Junior von Pratt & Whitney. 1941 wurden 27 solcher Flugzeuge auf den R-985-11 mit 298 kW (405 PS) ummotorisiert und in **BT-14A** umbezeichnet. Bei der US Navy flogen 40 **BT-9** mit R-1340 Wasp-Motoren unter der Bezeichnung **NJ-1**. Exportaufträge für diese Ausführung mit starrem Fahrwerk umfaßten eine Maschine für Australien, die als Muster für die Serienherstellung durch die Commonwealth Aircraft Corporation diente, 85 Flugzeuge für China, drei für Honduras und je zwei Musterexemplare für die Lizenznehmerländer Japan und Schweden. Frankreich erhielt 230 der **BT-9** ähnliche Maschinen zum Einsatz bei der Luftwaffe (200) und der Marine (30). Von einer **BT-14**-Nachbestellung in gleicher Größenordnung waren bis zum Zusammenbruch Frankreichs erst 111 Exemplare ausgeliefert. Die restlichen 119 Maschinen erwarb Großbritannien und reichte sie an die RCAF weiter, die ihnen die Bezeichnung **Yale Mk I** zuwies.

Der Bedarf an einem Schulflugzeug zur Einsatzausbildung führte zur Entwicklung der **NA-26**, einer Version der **NA-16** mit Einziehfahrwerk, R-1340-Motor (447 kW/608 PS) und einer dem Standard der Einsatztypen entsprechenden Bordausrüstung. Seriengefertigt wurden die **BC-1** (177), von der man 30 Exemplare zu Blindlugtrainern **BC-1I** modifizierte, die **BC-1A** 93) mit revidierter Zelle und eine einzelne **3C-1B** mit geändertem Tragflächenmittelstück. Der Rollenwechsel zum Schulflugzeug für Fortgeschrittene schlug sich in neuen Bezeichnungen nieder: **AT-6 Texan** (94), die sich kaum von der **BC-1A** unterschied, **AT-6A** (1847) mit R-1340-49 und überarbeiteter Kraftstoffanlage, **AT-6B** 400) zur Schießausbildung, **AT-6C** (2970) nd **AT-6D** (4388) mit geänderter Struktur ur Einsparung von Leichtmetall sowie **AT-F** (956) mit verstärkter Zelle. Auch die US Navy nutzte diesen Typ in großer Zahl, und uf die **NJ-1** folgten die **SNJ-1** (16 Maschinen ähnlich wie die **BC-1**, aber mit metallbeplanktem Rumpf), die **SNJ-2** (61) mit R-1340-56, die **SNJ-4** (2400) und die **SNJ-5** (1357) als Pendant zur **AT-6C** beziehungsweise **AT-6D** sowie die **SNJ-6** (931 der 956 für das Heer beschafften **AT-6F**). Die Bezeichnung **SNJ-5C** trugen **SNJ-5**, die man zur Einweisung in Decklandungen mit Fanghaken ausgerüstet hatte.

Im Juni 1938 bestellte England 200 **BC-1**. Diese **Harvard Mk I** bezeichneten Flugzeuge waren die ersten von mehr als 5000 Maschinen, die man an die Luftstreitkräfte des Commonwealth lieferte. Die meisten der ersten 200 **Harvard Mk I** wurden nach Südrhodesien zur Umsetzung des Commonwealth Air Training Plan verschifft, aber fast alle 200 Maschinen der Anschlußserie nahm die RAF für sich in Anspruch. Nachdem die RCAF 30 ähnliche Flugzeuge erhalten hatte, gingen von 600 der **AT-6** entsprechenden **Harvard Mk II** 20 an die RAF, 67 an die RNZAF und die übrigen an Kanada als Beitrag zum Air Training Plan. Außer der **Harvard Mk I** und **II** wurden **Harvard Mk III** beschafft, die der **AT-6C** und **AT-6D** gleichkamen. Die Bezeichnung **Harvard Mk IIB** betraf 2610 von Noorduyn Aviation Ltd. in Montreal als **AT-16** für die RAF und die RCAF gebaute Exemplare, die mit der **AT-6A** übereinstimmten. 1946 wurde diese Firma von der Canadian Car and Foundry übernommen, die für die RCAF 270 Schulflugzeuge **Harvard Mk 4** nach dem Standard der **T-6G** sowie 285 ähnliche Maschinen mit der Bezeichnung **T-6J** für das USAF Mutual Aid Program fertigte.

Ab 1949 baute man 2068 **T-6** verschiedener Versionen zu **T-6G** um, die den Motor R-1340-AN-1, ein erweitertes Tankvolumen, ein besser ausgelegtes Cockpit, ein lenkbares Heckrad und etliche andere Verbesserungen einführten. Diese Maschinen dienten bei der US Air Force und der US Navy, und während des Koreakrieges wurden 97 Exemplare zu **LT-6G** zur Gefechtsfeldüberwachung und Fliegerleitung umgerüstet. Über die nach Brasilien, China und Venezuela exportierten **Texan**-Trainer hinaus gingen überschüssige Flugzeuge dieses Typs aus den Beständen der RAF, RCAF und USAAF an die Luftstreitkräfte zahlreicher anderer Länder.

***North American SNJ-2 der US Navy***

***Einer der frühesten Vertreter der Schulflugzeugfamilie North American T-6 war die AT-6A, die ab Frühjahr 1941 als Waffentrainer eingesetzt wurde.***

### TECHNISCHE DATEN

**North American SNJ-5**

**Typ:** zweisitziges Schulflugzeug für Fortgeschrittene

**Triebwerk:** ein Sternmotor Pratt & Whitney R-1340-AN-1 mit 410 kW (558 PS)

**Leistung:** Höchstgeschwindigkeit 330 km/h in 1525 m Höhe; Dienstgipfelhöhe 6555 m; Reichweite 1207 km

**Gewicht:** Leermasse 1886 kg; max. Startmasse 2404 kg

**Abmessungen:** Spannweite 12,81 m; Länge 8,99 m; Höhe 3,58 m; Tragflügelfläche 23,57 m²

***North American T-6G Texan der pakistanischen Luftwaffe***

# North American X-15

Das bemerkenswerteste und wertvollste Testflugzeug, das in der von der USAF und USN geförderten X-Baureihe entstand, war zweifellos die **North American X-15**. Sie hatte Grenzleistungsparameter wie eine Höhe von 76.200 m und eine Geschwindigkeit von Mach 6, das heißt weit mehr als 6437 km/h, zu erfüllen. Das **X-15**-Programm wurde gemeinsam von der US Air Force und der US Navy finanziert. Erstere zeichnete für die Überwachung des Entwurfs und der Konstruktion verantwortlich, während die technische Gesamtleitung beim National Advisory Committee for Aeronautics (NACA) lag. Am 30. Dezember 1954 erging an zwölf Flugzeughersteller die Aufforderung, Angebote einzusenden, sowie am 4. Februar 1955 an vier Triebwerksfirmen das Ersuchen, Vorschläge für den Raketenmotor einzureichen. North American erhielt im November 1955 den Zuschlag für das im Entwurf vorgelegte Flugwerk **NA-240**, und im September des darauffolgenden Jahres wurde Reaction Motors Inc. mit der Lieferung des XLR-99-Motors beauftragt.

**TECHNISCHE DATEN**

**North American X-15A**

**Typ:** Forschungsflugzeug für extreme Höhen und Geschwindigkeiten

**Triebwerk:** ein Raketenmotor XLR-99 mit einer Nennleistung von 25.855 kg Schub in Meereshöhe und ca. 31.751 kg Schub in maximaler Höhe

**Leistung:** Höchstgeschwindigkeit 6693 km/h

**Gewicht:** max. Startmasse 15.422 kg

**Abmessungen:** Spannweite 6,71 m; Länge 15,24 m; Höhe 4,12 m; Tragflügelfläche 18,58 $m^2$

***Die X-15A-2 erhielt zwei externe Brennstofftanks, um die Ausdauer dieses Forschungsflugzeugs zu steigern.***

Die **X-15** war für den Start aus der Luft vorgesehen, und so modifizierte man zwei Boeing B-52, die den Typ unter der Steuerbord-Tragfläche zwischen dem Rumpf und der inneren Triebwerksgondel tragen sollten. Kennzeichnende Auslegungsmerkmale der **X-15** waren der lange zylindrische Rumpf mit seitlichen Kimmen zur Führung der Steuer- und Kontrollverbindungen sowie zur Unterbringung von Brennstoff und dicke, keilförmige Rücken- und Kielflossen am Hinterrumpf. Der untere Abschnitt der Kielflosse konnte vor der Landung abgeworfen werden, damit die ausfahrbaren Landekufen genügend Bodenfreiheit erhielten.

Den beiden ersten **X-15A**-Flugwerken dienten zunächst zwei XLR-11-Raketenmotoren je 3629 kg Schub als Antrieb. Am 10. März 1959 hob das erste Exemplar zum Jungfernflug unter dem Trägerflugzeug ab, mit dem es auch für den Rest des Fluges verbunden blieb. Testpilot Scott Crossfield vollzog am 8. Juni die erste Trennung der **X-15** vom Mutterflugzeug und absolvierte mit der zweiten **X-15A** am 17. September auch den ersten angetriebenen Flug. Die letztgenannte Maschine sollte am 15. November 1960 als erste mit dem definitiven Raketenmotor XLR-99 fliegen, aber wegen eines Unfalls beim vorhergehenden Bodenprüflauf wäre dies beinahe der dritten Zelle zugefallen. Der Unfallschaden konnte jedoch rasch behoben werden, und nachdem man auch die erste **X-15A** entsprechend ummotorisiert hatte, band man alle drei Maschinen in die Flugtestphase dieses Programms zur Leistungsermittlung ein. Es folgten fast 200 Flüge, darunter auch eine Testreihe mit dem zweiten Exemplar, das nach einem Landeunfall am 9. November 1962 neu zusammengebaut wurde und in der neuen Form einen um 74 cm längeren Rumpf, Außentanks sowie eine Beschichtung aus hitzebeständigem Material erhielt. Unter der neuen Bezeichnung **X-15A-2** absolvierte es am 28. Juni 1964 seinen Erstflug und erreichte später sogar eine Höhe von 107.960 m und eine Spitzengeschwindigkeit von 7297 km/h.

# Northrop Alpha und Beta

1928 gründeten John K. Northrop und Ken Jay in Burbank, Kalifornien, die Avion Corporation. Im Jahr zuvor hatte Northrop Lockheeds erstes Luftfahrzeug, die Vega, entworfen. 1919 schuf er das schnittige Doppeldecker-Sportflugzeug Loughead S-1, das aber wegen der großen Zahl an ausgesonderten Militärflugzeugen keinen Absatz fand. Loughead ging 1920 nach dem Bau der Prototypen in Konkurs, tauchte aber 1927 unter dem neuen Namen Lockheed Aircraft Company wieder auf.

Northrops erstes Modell für seine neue Firma war die Flying Wing (siehe Northrop Flying Wing), aber ungleich größere Bedeutung erlangte sein nächster Entwurf, der siebensitzige, einmotorige Ganzmetall-Tiefdecker **Northrop Alpha**. 1929 wurde aus der Avion Corporation die Northrop Aircraft Corporation, ein Ableger der United Aircraft and Transport Corporation, an der auch Boeing beteiligt war. Trans Continental and Western Air Inc. (später Trans World Airlines) bestellte fünf **Alpha**-Verkehrsflugzeuge mit dem 313 kW (426 PS) starken Pratt & Whitney Wasp-Motor und setzte diese Maschinen ab dem 20. April 1931 auf der Strecke San Francisco–New York ein. Der Flug mit 13 Zwischenlandungen dauerte gut 23 Stunden. Die **Alpha** konnte nicht nur drei Passagiere, sondern auch 211 kg an Post und Fracht aufnehmen, denn in jener Zeit war der Posttransport ein ertragreiches Geschäft. Um bei jedem Wetter und in der Nacht fliegen zu können, waren die **Alpha**-Maschinen mit modernsten Funk- und Navigationsgeräten ausgerüstet. Für den Winterbetrieb erhielten sie als erste Verkehrsflugzeuge Goodrich-Gummimatten zur Enteisung der Nasenkanten von Trag- und Leitwerk. 13 von 17 **Alpha**-Flugzeugen, die insgesamt gebaut wurden, dienten bei TWA, und drei Exemplare gingen zur Prüfung an das USAAC. Hätte das US-Heeresfliegerkorps dieses Muster beschafft, wäre ihm die Bezeichnung **C-19** zugefallen.

Verschiedene Konfigurationen ergaben die Bezeichnungen **Alpha 2, Alpha 3, Alpha 4** und **Alpha 4-A**, und zudem wurden mehrere Veränderungen vorgenommen, die nachträglich in frühere Exemplare einflossen, etwa die Auskleidung des ursprünglich „nackten" Fahrgestells mit „Hosenbeinen". Die letzte Umrüstung ergab die **Gamma 4-A**, ein reines Frachtflugzeug, das 567 kg Nutzlast tragen konnte. Die **Gamma 4** und **Gamma 4-A** erhielten den 336 kW (457 PS) starken Wasp-Motor, auf den man nachträglich die meisten früheren Maschinen umstellte.

Die langlebigste **Alpha** (Nr. 3 dieser Baureihe) flog beim US Assistant Secretary of Commerce for Aeronautics, bei der Ford Motor Company, beim National Air Transport (Ableger von United Airlines) und bei der TWA. 1975 wurde die Maschine von der Fluggesellschaft zurückgekauft, restauriert und im National Air and Space Museum der Smithsonian Institution in Washington ausgestellt.

1931 baute Northrop die **Beta**, einen Zweisitzer mit einem 119 kW (162 PS) starken Reihenmotor Menasco Buccaneer. Die **Beta** war das erste Luftfahrzeug, das eine Geschwindigkeit von mehr als 200 Meilen pro Stunde (322 km/h) erreichte.

***Trotz des plumpen Aussehens und des klobigen, starren Fahrgestells ist die Northrop Alpha als erstes wirklich modernes Verkehrsflugzeug anzusehen.***

# Northrop YA-9A

Unter der Bezeichnung Northrop **YA-9A** baute das Unternehmen zwei Musterflugzeuge eines einsitzigen Strahljägers zur Luftnahunterstützung, mit denen es an der Vergleichsphase des Entwicklungsprogramms für das von der USAF ausgeschriebene „A-X Close Support Aircraft" teilnahm. Der erste dieser freitragenden Hochdecker flog erstmals am 30. Mai 1972 mit zwei Mantelstromtriebwerken Avco Lycoming ALF 502 je 2722 kg Schub.

***Der Prototyp der A-9A verdeutlicht, daß Northrop einen anderen Lösungsansatz wählte als Fairchild mit der A-10.***

# Northrop A-13, A-16, A-17 und A-33

Northrop nutzte das zivile Gamma-Frachtflugzeug als Basis für einen in Eigeninitiative entwickelten leichten Kampfbomber, der die Bezeichnung **Northrop Gamma 2C** erhielt. Diesen Musterbomber, angetrieben von einem Wright-Sternmotor SR-1820F mit 548 kW (745 PS), kaufte das US Army Air Corps im Juni 1934 zur Prüfung als **YA-13**. Die nachträgliche Umstellung auf einen 708 kW (963 PS) starken Pratt & Whitney R-1830 Twin Wasp hatte die neue Bezeichnung **XA-16 (Northrop Gamma 2F)** zur Folge. Nach Tests mit der **YA-13** und **XA-16** erhielt Northrop einen Auftrag im Wert von zwei Millionen Dollar für den Bau von 110 Kampfbombern **A-17**. Die Erprobung der **XA-16** hatte aber gezeigt, daß das Muster übermotorisiert war. Die **Gamma 2F** wurde daher auf einen R-1535 Twin Wasp Junior von Pratt & Whitney mit einer Leistung von 559 kW (760 PS) ummotorisiert und zum Prototyp für die Baureihe **A-17** bestimmt. Nachdem verschiedene andere Modifikationen in das Muster eingeflossen waren, kamen im Dezember 1935 die ersten 110 Serienbomber **A-17** zur Auslieferung. Noch im selben Monat erfolgte eine Bestellung für die verbesserte Version **A-17A**, die ein einziehbares Spornrad-Fahrwerk und den 615 kW (836 PS) starken Pratt & Whitney R-1535-13 einführte. Insgesamt 129 solcher Bomber wurden gebaut, zunächst von Northrop, dann von der Douglas Company, die 1937 die übrigen 49 Prozent Aktienanteile an der Northrop Corporation erworben hatte. Von der Gesamtzahl dienten 93 Exemplare 18 Monate lang beim USAAC und gingen anschließend zum Weiterverkauf an den Hersteller zurück. Die RAF erhielt 60 Maschinen, die sie mit der Bezeichnung **Nomad Mk I** an die South African Air Force weiterreichte. Douglas fertigte dieses Muster auch für den Export und lieferte es als **Douglas Modell 8A** an Argentinien, den Irak, die Niederlande und Norwegen. Ferner entstand eine Serie von 34 Exemplaren des Modells **8A-5** für Peru, von denen 31 Anfang 1942 eingezogen und der US Army Air Force für offensive Luftoperationen übergeben wurden. Alle diese Maschinen, die mit sechs 7,62-mm-MGs bewaffnet und mit einer Bombenlast von bis zu 816 kg beladbar waren, wurden als **A-33** im Ausbildungsdienst verwendet.

**TECHNISCHE DATEN**
**Northrop A-17A**
**Typ:** zweisitziger Kampfbomber
**Triebwerk:** ein Sternmotor Pratt & Whitney R-1535-13 mit 615 kW (836 PS)
**Leistung:** Höchstgeschwindigkeit 354 km/h; Dienstgipfelhöhe 5915 m; Reichweite 1175 km
**Gewicht:** Leermasse 2316 kg; max. Startmasse 3421 kg
**Abmessungen:** Spannweite 14,55 m; Länge 9,65 m; Höhe 3,66 m; Tragflügelfläche 33,63 m²
**Bewaffnung:** fünf 7,62-mm-MGs (vier vorwärtsfeuernd und eines auf Drehstütze im hinteren Cockpit) und vier 45-kg-Bomben

***Douglas 8A der irakischen Luftwaffe im Jahr 1941***

# Northrop BT-1 und BT-2

Während Northrop mit der Entwicklung der Gamma YA-13/XA-16 befaßt war, untersuchte das Unternehmen auch eine kleinere Ausführung mit der Bezeichnung **Northrop XFT-1** für die US Navy. Sie gehörte zu den beiden Northrop-Prototypen, die dem Hersteller keinen Produktionsauftrag einbrachten (der andere war die 3-A von 1935). Bei beiden handelte es sich um Ganzmetall-Jagdflugzeuge, und die für die US Navy bestimmte **XFT-1** besaß ein starres Fahrgestell und einen 466 kW (634 PS) starken Wright-Sternmotor XR-1510. Der später durch den Einbau eines Pratt & Whitney R-1535 (485 kW/660 PS) in **XFT-2** umbenannte Versuchsjäger stürzte drei Monate danach, im Juli 1936, ab. Die **Northrop 3-A** war ein ähnlicher Entwurf für die US Army, unterschied sich aber vom Marinejäger durch ihr Einziehfahrwerk und eine modifizierte Cockpithaube. Parallel zu diesen Prototypen entwickelte man die **XBT-1** mit halbwegs einziehbarem Fahrgestell, und dieses Modell erreichte die Serienfertigung als Torpedobomber **BT-1**. Die ersten von 54 Exemplaren der **BT-1** wurden im April 1938 ausgeliefert. Für den Antrieb der **BT-1** sorgte ein Pratt & Whitney R-1535 Twin Wasp Junior mit 615 kW (836 PS), aber ein Exemplar modifizierte man zur **BT-2** mit geändertem Fahrwerk und einem leistungsstärkeren Motor vom Typ Wright XR-1820 Cyclone (597 kW/812 PS). Dieses Muster wurde nach weiteren Veränderungen schließlich zur **Douglas SBD Dauntless**, da die Northrop Corporation inzwischen die El Segundo Division von Douglas geworden war.

***Northrop BT-1 der US Navy***

# Northrop B-2A

Aufgrund seiner früheren Erfahrungen mit Nurflügel-Luftfahrzeugen war das Unternehmen Northrop geradezu prädestiniert für die Entwicklung des von der USAF geforderten **Advanced Technology Bomber (ATB)**, der die 1955 in Dienst gestellten, strategischen Bomber B-52 ablösen sollte. Der angemeldete Bedarf von 133 **ATB** wurde wegen des enormen Stückpreises (Stand 1992: 1.020 Millionen Dollar) bereits 1991 auf 76 Exemplare reduziert, und weitere Kürzungen innerhalb dieses Programms sind zu erwarten. Die Arbeiten am Vorentwurf liefen 1978 an, und im Oktober 1981 erteilte die USAF einen formellen Auftrag zur Indienststellung dieses Musters im Jahr 1995. Die Zelle ist weitgehend aus Verbundwerkstoffen mit einem radarabsorbierenden Wabenkern aus Graphit-Epoxid-Material konstruiert, doch in bestimmten Bereichen werden auch hochlegiertes Aluminium und Titan verwendet. Sechs Flugzeuge (82-1066 bis -1071) bestellte man für das Test- und Erprobungsprogramm mit 3500 Flugstunden. 1987 wurde die Existenz des Nurflügler-Tarnkappenbombers („Stealth Bomber") öffentlich bestätigt, und im November 1988 folgte die Vorstellung des ersten Exemplars. Zu ihrem ersten Flug startete die **B-2** am 17. Juli 1989 in Palmdale. Die Nutzlastzelle des Flugzeugs beginnt hinter dem Apex des Tragwerks, endet kurz vor der gezackten Hinterkante und ist weich in die obere Struktur des Nurflügeltragwerks eingeblendet. Im Cockpit sitzen beide Besatzungsmitglieder auf ACES-II-Schleuder-

***Nach jahrelangem Streit scheint nunmehr festzustehen, daß die Produktion der B-2 nach 20 Flugzeugen auslaufen wird. Das genehmigte Kontingent an „Silver Bullet" wird sich aus 19 „Stealth"-Bombern und einem permanenten Test- und Erprobungsflugzeug zusammensetzen.***

sitzen. Zusätzlich ist ein Klappsitz für einen Lehrer/Prüfer oder Beobachter eingerichtet. Die erste **B-2A** des Air Command („Spirit of Missouri") wurde der 509. Bomb Wing auf dem Luftwaffenstützpunkt Whiteman in Missouri am 17. Dezember 1993 übergeben, auf den Tag genau 90 Jahre nach dem ersten Motorflug der Gebrüder Wright. Im Sommer 1995 verfügte das Bombergeschwader über sechs **B-2**, und weitere sechs Exemplare waren der **B-2**-Teststaffel der USAF auf Edwards AFB in Kalifornien zugeführt.

### TECHNISCHE DATEN
**Northrop B-2A**

**Typ:** strategischer Tarnkappen-Bomber
**Triebwerke:** vier nachbrennerlose Mantelstromtriebwerke General Electric F118-GE-100 je 8620 kg Schub
**Leistung:** Höchstgeschwindigkeit 1010 km/h oberhalb 12.200 m Höhe und 917 km/h in Meereshöhe; Dienstgipfelhöhe oberhalb 16.765 m; Reichweite mit Interntreibstoff und einer Waffenlast von 16.920 kg 9815 km; Reichweite in großer Höhe mit Interntreibstoff und einer Waffenlast von 10.890 kg 12.225 km
**Gewicht:** Leermasse 45.360 kg; max. Waffenzuladung 22.680 kg; max. Startmasse 181.437 kg
**Abmessungen:** Spannweite 52,43 m; Länge 21,03 m; Höhe 5,18 m; Tragflügelfläche 465,50 m$^2$
**Bewaffnung:** zwei nebeneinander in der Wanne des Mittelrumpfs angeordnete Waffenschächte, die mit Boeing Rotary Launcher für je acht AGM-69 SRAM II oder AGM-129A ACM oder AGM-137 Tri-Service Standoff Attack Missiles ausgerüstet sind; alternative Lasten können aus acht taktischen/strategischen Atombomben B61 oder freifallenden Nuklearsprengkörpern B83 für strategische Einsätze oder 454-kg-Seeminen Mk 36 bestehen

# Northrop Delta

Während der Entwicklung der Gamma arbeitete Northrop an einem neunsitzigen Verkehrsflugzeug, bei dem im Prinzip ein neuer Rumpf mit dem Tragwerk der Gamma verbunden wurde. Zwischenzeitlich änderte sich jedoch der Air Commerce Act von 1926, der den Betrieb einmotoriger Flugzeuge zum Personentransport bei Nacht und über für Notlandungen ungeeignete Gebiete untersagte. Folglich bestand bei den Luftverkehrsgesellschaften in den USA keinerlei Interesse mehr an diesem Muster, obwohl drei Exemplare bereits vor Inkrafttreten der neuen Bestimmungen verkauft worden waren. Acht weitere Maschinen verwendete man als Geschäftsreiseflugzeuge, und ein Exemplar, ergänzt durch eine weitere Maschine, ging an die schwedische AB Aerotransport. Die letzte **Delta** erreichte Kanada als Musterflugzeug für den Zusammenbau durch die Firma Canadian Vickers, die 20 Exemplare in verschiedener Ausführung mit Radfahrgestell und Schwimmwerk fertigte. Den Antrieb der **Delta** besorgten diverse Motortypen, darunter der Wright SR-1820 mit einer Nennleistung von 529 kW (719 PS) und 548 kW (745 PS) und der Pratt & Whitney Hornet mit 485 kW (660 PS), 492 kW (669 PS) und 522 kW (710 PS).

***Die Northrop RT-01 war die Version des Delta-Verkehrsflugzeugs bei der US Coast Guard. Die von einem Wright-Sternmotor SR-1820-F3 Cyclone mit 529 kW (719 PS) angetriebene Maschine hatte eine Spannweite von 14,57 m, eine maximale Abflugmasse von 3334 kg und eine Geschwindigkeit von 359 km/h.***

# Northrop-Flugzeugfamilie F-5

Mitte der fünfziger Jahre begann Northrop mit dem Entwurf des Leichtjägers **Northrop N-156**, der den Vorstellungen der US-Regierung für ein kostengünstiges Kampfflugzeug zur Versorgung befreundeter Staaten im Rahmen des Military Assistance Program genügen sollte. Daraus entstand zunächst der Strahltrainer **T-38 Talon** für die US Air Force, und erst am 23. April 1962 erhielt das amerikanische Verteidigungsministerium die Zustimmung der USAF für den Jagdeinsitzer-Prototyp **Northrop N-156F**. Der in Leichtbauweise mit fortschrittlichen aerodynamischen Auslegungsmerkmalen konstruierte Strahljäger hatte zwei kleine Turbojet-Triebwerke. Der Versuchsjäger flog erstmals am 30. Juli 1959. Dem unter der Bezeichnung **Northrop F-5A Freedom Fighter** seriengefertigten Modell ging das zweisitzige Schulflugzeug **F-5B** voraus, das am 30. April 1964 bei der 4441. Combat Crew Training Squadron der USAF auf Williams AFB in Dienst gestellt wurde. Vier Monate später trafen die ersten **F-5A** bei derselben Einheit ein. Um das Kampfpotential der **F-5A** zu messen, schickte man eine Teilstaffel mit zwölf **Freedom Fighter** im Oktober 1965 nach Südostasien, die innerhalb von vier Monaten mehr als 2500 Flugstunden in den Rollen Luftnahunterstützung, Abriegelung und Aufklärung leistete.

Während des Produktionslaufs der Northrop **F-5A/B** nutzte der Hersteller eine **F-5A**-Zelle als Vorläufer einer verbesserten Version mit zwei Strahltriebwerken General Electric J85-GE-21, die rund 23 Prozent mehr Schub als die Aggregate der **F-5A** erzeugten. Erst am 20. November 1970 sollte dieser revidierte Typ zur Produktion freigegeben werden, um die neudefinierte Sparte eines „International Fighter Aircraft" auszufüllen. Diese **F-5E** (später **Tiger II** genannt) zeichnete sich durch etliche Modifikationen zur Verbesserung von Manövrierfähigkeit und Kurzpistenleistung aus und verfügte über eine höhere Treibstoffkapazität sowie ein integriertes Feuerleitsystem (allerdings ohne Bordradar). Der erste Serienjäger **F-5E** flog am 11. August 1972 und wurde am 4. April 1973 von der USAF zur Einführung abgenommen. Das Leistungsvermögen der **F-5E** läßt sich daraus ersehen, daß die führenden Luftkampfschulen in den USA, die Fighter Weapon School der US Navy und die Aggressor Squadron der US Air Force, die **F-5E** zur Darstellung der Feindflugzeuge bei der Ausbildung der Jagdpiloten ihrer taktischen Einsatzverbände benutzten. Mit der **F-5F** wurde auch eine Schulversion mit verlängertem Rumpf und zwei Sitzen in Tandemanordnung entwickelt, bei der die integrierte Feuerleitanlage erhalten blieb, so daß diese Doppelsitzer sowohl zur Ausbildung als auch zum Kampf eingesetzt werden können.

Darüber hinaus schuf Northrop auf eigene Kosten eine fortschrittliche Version der **F-5** mit einem einzigen F404-Mantelstromtriebwerk und anderen bedeutenden Änderungen. Aus dieser zunächst **F-5G** bezeichneten Maschine wurde später die **F-20A Tigershark**. Als die Produktion dieser Jagdflugzeugfamilie 1987 mit einer Anschlußlieferung an die Luftstreitkräfte Singapurs auslief, waren nicht weniger als 2622 **Freedom Fighter** von Canadair in Kanada, CASA in Spanien und Northrop in den USA gebaut. Zudem wurden **F-5** auch in den Niederlanden und in Südkorea montiert. Unterschiedliche Versionen dieses Typs haben bei den Luftstreitkräften Äthiopiens, Bahrains, Brasiliens, Chiles, Griechenlands, Indonesiens, des Iran, Jordaniens, Kanadas, Kenias, Libyens, Malaysias, Marokkos, Mexikos, der Niederlande, Nordjemens, Norwegens, der Philippinen, Saudi-Arabiens, der Schweiz, Singapurs, Südkoreas, des Sudan, Spaniens, Taiwans, Thailands, Tunesiens, der Türkei, der USA und Venezuelas gedient. Da starke **F-5**-Kontingente weiterhin im Dienst sind, bieten etliche Firmen Modernisierungsprogramme an. Am erfolgreichsten war bisher die Bristol Aerospace Ltd. in Winnipeg, Kanada, die 1987 mit der Erneuerung und Verlängerung der Lebensdauer von 56 **CF-5A/D** der kanadischen Streitkräfte betraut wurde, damit man diese Maschinen weiterhin zur Einweisung von Strahlflugzeugführern nutzen konnte. Die von Bristol runderneuerten **F-5A/B** mit einer für weitere 4000 Flugstunden zugelassenen Zelle, fortschrittlichen Avioniksystemen und einigen Eingriffen zur Verbesserung der Aerodynamik verlassen das Werk als **F5-2000**, was ihre Verwendungsdauer bis über das Jahr 2000 anzeigt. Die Kosten für die erste so modifizierte Maschine, die Anfang 1991 an die Truppe zurückging, wurden mit vier Millionen Dollar angegeben. Fokker und IAI bieten ebenfalls Modernisierungspakete für die **F-5** an.

***Northrop F-5E Tiger II***

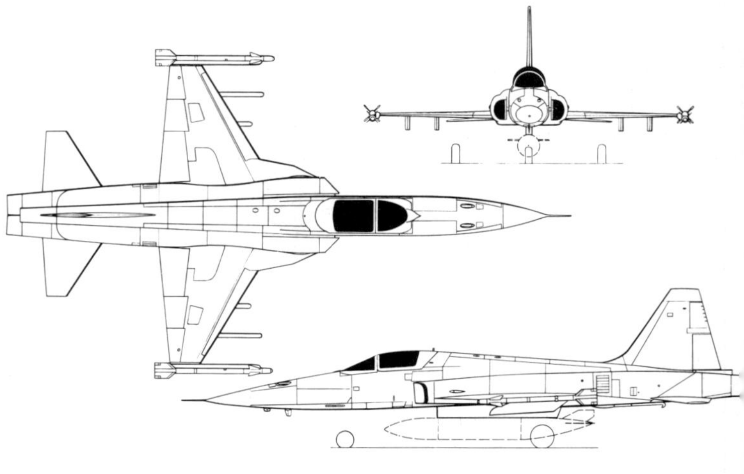

**Varianten**

**CF-5A/CF-5D:** von Candair für die Canadian Armed Forces gebaute Versionen der F-5A/F-5B mit 1950 kg Schub starken J85-CAN-15-Triebwerken
**NF-5A/NF-5B:** von Canadair für die Niederlande gebaute Jagdeinsitzer und doppelsitzige Strahltrainer
**RF-5A:** Aufklärungsversion der F-5A mit vier Luftbildkameras in der Flugzeugnase
**RF-5E Tigereye:** Aufklärungsvariante der F-5E mit modifiziertem Vorderrumpf zur Unterbringung eines breiten, rollenbedingten Ausrüstungsspektrums
**SR-5A/SR-5B:** von CASA für die spanische Luftwaffe gebaute Strahltrainer
**SRF-5A:** von CASA für die spanische Luftwaffe gebaute Ausführung der RF-5A

### TECHNISCHE DATEN
**Northrop F-5E**

**Typ:** taktisches Jagdflugzeug
**Triebwerke:** zwei Strahltriebwerke General Electric J85-GE-21 je 2268 kg Schub
**Leistung:** Höchstgeschwindigkeit Mach 1,64 oder 1743 km/h in 10.975 m Höhe; Dienstgipfelhöhe 15.790 m; max. Reichweite mit abwerfbaren Zusatztanks 2483 km
**Gewicht:** Leermasse 4410 kg; max. Startmasse 11.214 kg
**Abmessungen:** Spannweite 8,13 m; Länge 14,45 m; Höhe 4,06 m; Tragflügelfläche 17,28 m$^2$
**Bewaffnung:** zwei 20-mm-Bugkanonen und zwei Lenkraketen AIM-9 Sidewinder an den Flächenenden sowie bis zu 3175 kg an Abwurfwaffen/Außenlasten

## Northrop YF-17A bis Northrop N-3PB

**Northrop (jetzt Northrop Grumman) baute im Zweiten Weltkrieg 1131 Flugzeuge eigener Konstruktion. In Kalifornien stehen insgesamt sechs Northrop-Werke. Interessant ist die Ähnlichkeit der frühen Northrop-Flügel der YB-35, YB-49 und YB-56 mit dem neuen Tarnkappenbomber Northrop Grumman B-2.**

# Northrop YF-17A

Unter der Bezeichnung **Northrop P-530 Cobra** entwarf die Firma in Eigeninitiative ein modernes taktisches Kampfflugzeug. Als dann die US Air Force Einzelheiten ihres „Lightweight Fighter Prototype Program" bekanntgab, übernahm Northrop für sein Angebot **P-600** viele der für die **P-530** entwickelten aerodynamischen Neuerungen sowie den Antrieb. Aus den vier eingereichten Vorschlägen wählte die USAF die Modelle von General Dynamics und Northrop und gab bei beiden Firmen zwei Prototypen mit den Bezeichnungen YF-16A beziehungsweise **YF-17A** in Auftrag. Die Northrop-Musterflugzeuge **YF-17A** flogen am 9. Juni und 21. August 1974, doch das anschließende Vergleichsfliegen entschied die YF-16 von General Dynamics für sich. Spätere Tests der **YF-17A** durch die US Navy führten dazu, daß McDonnell Douglas und Northrop dieses Modell weiterentwickelten, um den hochgesteckten Forderungen der US Navy für ein neues Doppelrollen-Kampfflugzeug zu genügen. So entstand die McDonnell Douglas F/A-18 Hornet, die sich derzeit in Produktion befindet.

***Bestimmende Auslegungsmerkmale der Northrop YF-17A waren doppelte, nach außen gestellte Seitenflossen und weich in den Rumpf übergehende Erweiterungen des vorderen Flächenansatzes. Die von zwei Strahltriebwerken General Electric YJ-101 angetriebene YF-17A hatte eine Spannweite von 10,67 m sowie eine Standard-Startmasse von 9525 kg. Sie konnte mühelos Mach 2 erreichen.***

# Northrop F-20A Tigershark

Auf eigene Kosten entwickelte Northrop 1979 eine fortschrittliche, überschallschnelle Version der F-5, die für den Export und zur Lizenzfertigung, aber auch als mögliche Nachfolgerin der F-4 und der F-106 bei der USAF in der Luftverteidigungsrolle gedacht war. Der überarbeitete Entwurf mit der anfänglichen Bezeichnung **F-5G** hatte ein Turbofan-Triebwerk der neuen Gattung F404-GE-100 von General Electric und ein „EFIS"- oder „Glas"-Cockpit. Um den Eindruck zu erwecken, daß es sich hierbei um ein grundlegend neues, zur Serienfertigung vorgesehenes Muster handelte, verlieh Northrop ihm später die Bezeichnung **F-20A Tigershark**. In der Folgezeit übertraf die **Tigershark** sämtliche Sollwerte und wies eine Zuverlässigkeit von 97 Prozent nach. Drei Exemplare wurden gefertigt, von denen das erste im August 1982 erstmals flog. Ein Jahr später folgte das zweite und im Mai 1984 das dritte. Nach dem Verlust der ersten zwei Maschine im Oktober 1984 beziehungsweise im Mai 1985 begann Northrop mit der Konstruktion einer vierten Zelle, brach dieses Unternehmen 1986 aber wieder ab, da sich die USAF für die F-16 als Luftverteidigungsjäger (ADF) entschieden hatte. Eine Reihe von Ländern, einschließlich Deutschland, bekundeten starkes Interesse an der **F-20A**. Südkorea und Indien boten Northrop 1987 sogar den Erwerb des gesamten Programms als Paket (Zeichnungen, das eingelagerte dritte Flugzeug und das teilgefertigte vierte Exemplar) an, doch dies zerschlug sich, und das Unternehmen gab alle Absatzhoffnungen auf.

***Diese Tigershark ist eine der drei F-20, die zusammen 1500 Testflugstunden absolvierten.***

### TECHNISCHE DATEN

**Typ:** einsitziges taktisches Jagdflugzeug
**Triebwerk:** ein Bläsertriebwerk General Electric F404-GE-100 mit 8164 kg Schub
**Leistung:** Höchstgeschwindigkeit im Horizontalflug in 13.100 m Höhe 2334 km/h; Dienstgipfelhöhe 17.315 m; Einsatzradius (Hi-Lo-Hi) mit zwei 1249-Liter-Abwurftanks, zwei Sidewinder-Lenkflugkörpern und fünf Mk-82-Bomben 1019 km; Überführungsreichweite mit drei 1249-Liter-Zusatztanks 3984 km
**Gewicht:** Leermasse 5965 kg; Waffenlast 4080 kg; max. Startmasse 12.700 kg
**Abmessungen:** Spannweite (mit Lenkwaffen) 8,53 m; Länge 14,40 m; Höhe 4,20 m; Tragflügelfläche 18,60 m²
**Bewaffnung:** zwei 20-mm-Kanonen M39 mit 225 Schuß Munition im oberen Bugraum; an Stationen unter dem Rumpf, den Tragflächen und an den Flächenenden konnte ein breites Waffenspektrum mitgeführt werden: 30-mm-Kanonenbehälter GPU-5/A, zwei AIM-7F Sparrow oder sechs AIM-9 Sidewinder, vier Luft-Boden-Flugkörper Maverick, neun 227-kg-Bomben Mk 82 oder vier Paveway-Laserlenkbomben

# Northrop F-89 Scorpion

Die **Northrop F-89 Scorpion** war als strahlgetriebener Ersatz für die P-61 Black Widow gedacht. Nach Abschluß des Entwicklungsvertrags im Mai 1946 erhielt Northrop im Dezember eine Bestellung über zwei Prototypen. Die erste **XF-89** flog im August 1948 und zeigte so zufriedenstellende Flugleistungen, daß im Januar 1949 ein Serienauftrag über 48 **F-89A** erfolgte. Der zweite Prototyp, die **XF-89A (N-49)**, war Anfang 1950 fertiggestellt. Im Juli 1950 lief die Auslieferung der **F-89A** an, deren Firmenbezeichnung **N-35** lautete. Die frühen Jäger waren mit dem Allison-Strahltriebwerk J33-A-21 ausgerüstet. Vom 19. Exemplar an änderten sich Teile der Bordausrüstung, was zur **F-89B** mit Lear-Autopilot und ILS-Bordanlage führte. Dreißig Maschinen dieser Version wurden gefertigt, bevor die **F-89C** mit neuem Leitwerk und diversen Änderungen in bezug auf die Ausrüstung erschien. Im Laufe der Produktion baute man bei 164 **F-89C** mehrere Varianten des Allison-Strahltriebwerks ein.

Als nächstes Modell wurde 1953 die **F-89D (N-68)** in Dienst gestellt, die sich durch ein neues Hughes-Feuerleitsystem, den Wegfall der sechs 20-mm-Bugkanonen und Anschlüsse für Behälter mit je 52 Klappflossen-Bordraketen an den Flächenenden auszeichnete. Die Baureihe **F-89D** ergab 682 Flugzeuge. Die **YF-89E (N-71)** war ein einzelner Erprobungsträger für das Allison YJ-71, ein Strahltriebwerk in der Leistungsklasse 3175 kg Schub ohne Nachverbrennung. Eine geplante Serienversion hieß **F-89F**, die aber ebensowenig gebaut wurde wie die **F-89G** mit geänderter Bewaffnung.

Das letzte Serienmodell war die **F-89H (N-138)** von 1956. Diese Ausführung ähnelte der **F-89D**, hatte aber schubstärkere Triebwerke und neue Behälter für drei gelenkte Luft-Luft-Raketen vom Typ Hughes Falcon an den Flächenenden. Unter den Tragflächen konnten nochmals sechs Raketen mitgeführt werden. Die Produktion der **F-89H** belief sich auf 156 Exemplare. Ein anderes Modell, die **F-89J (N-160)**, stellte eine umgebaute **F-89D** dar, die an Pylonen unter den Tragflächen je eine ungelenkte Rakete mit atomarem Gefechtskopf (Douglas MB-1 Genie) und vier Falcon-Lenkflugkörper GAR-2 aufnehmen konnte. Die Raketenbehälter an den Flächenenden waren Zusatztanks gewichen.

Als man die **F-89** 1957 durch die Convair F-102 ersetzte, leitete man sie an Staf-

### TECHNISCHE DATEN
**Northrop F-89D Scorpion**

**Typ:** zweisitziger Allwetter-Abfangjäger
**Triebwerke:** zwei Nachbrennertriebwerke Allison J35-A-35, -33A, -41 oder -47 je 3266 kg Schub
**Leistung:** Höchstgeschwindigkeit 1024 km/h in 3230 m Höhe; Dienstgipfelhöhe 14.995 m; Reichweite 4184 km
**Gewicht:** Leermasse 11.428 kg; max. Startmasse 19.160 kg
**Abmessungen:** Spannweite 18,19 m; Länge 16,41 m; Höhe 5,36 m; Tragflügelfläche 52,21 m²
**Bewaffnung:** 104 70-mm-Raketen in Behältern an den Flächenenden oder 27 Raketen und drei Falcon-Lenkflugkörper

feln der Air Force Reserve und Einheiten der Air National Guard weiter. Einige Exemplare wurden zu Flugkörper- und Drohnenleitflugzeugen mit den Bezeichnungen **DF-89A** und **DF-89B** umgebaut.

***Diese als Northrop F-89D gebaute Scorpion diente als F-89H-Prototyp und wurde später zur F-89J mit den technischen Vorkehrungen für zwei Genie-Atomraketen (Douglas MB-1) und Falcon-Lenkflugkörper (Hughes) umgebaut. Je ein Paar beider Waffentypen sind unter den Tragflächen zu erkennen. Die unter dem Projektnamen „Ding Dong“ entwickelte Genie wurde im Juli 1957 über dem Übungsgebiet Yucca Flats im scharfen Schuß getestet. USAF-Offiziere beobachteten vor Ort die durch Bodenkommandos ausgelöste Luftdetonation.***

# Northrop-Nurflügelflugzeuge

1929 entwarf und konstruierte John Northrop ein zweisitziges, einmotoriges Luftfahrzeug, das trotz seiner zwei schlanken Leitwerksträger ein Nurflügler war. Die von Northrops neugegründeter Avion Corporation (später Northrop Aircraft Corporation) gebaute Maschine wurde von einem Menasco-Motor angetrieben.

Die mit diesem Nurflügler gesammelte Erfahrung lag etwa ein Jahrzehnt lang brach, doch 1940 flog die **Northrop N-1M** mit zwei Lycoming-Motoren je 48 kW (65 PS), die im Tragwerk eingebettet waren und Druckschrauben antrieben. Die **N-1M** stellte ein reines Nurflügelflugzeug dar, dessen niedriger Luftwiderstandswert die Beschleunigung in Sturz- und Gleitflug deutlich verbesserte. Auch zum Start benötigte die Maschine erheblich weniger Antriebskraft als herkömmliche Luftfahrzeuge von vergleichbarer Größe und entsprechendem Gewicht. Die **N-1M** ist heute im US National Air and Space Museum ausgestellt.

Die Erfahrung mit der **N-1M** überzeugte Northrop davon, daß ein Nurflügelbomber durchaus sinnvoll war. Nachdem Experten der USAAF das Konzept geprüft hatten, wurde ein Entwurfsvertrag über die **XB-35** abgeschlossen. Northrop baute vier maßstabsgetreue Modelle **N-9M** mit einer Spannweite von 18,29 m, um Flugdaten zu gewinnen, aber das erste im Dezember 1942 geflogene Exemplar stürzte ab. Die ersten drei **N-9M** waren mit zwei luftgekühlten Menasco-Motoren je 205 kW (279 PS) ausgerüstet, aber die vierte Maschine, die **N-9MB**, erhielt 224 kW (305 PS) starke Franklin-Triebwerke. In beiden Fällen trieben die Motoren Druckschrauben an. Im Laufe eines dreijährigen Testprogramms wurden zahlreiche Daten zusammengetragen, und die Piloten sammelten Erfahrung im Umgang mit den sogenannten „Flying Wings“ (schwanzlose Luftfahrzeuge). Auch der für die **XB-35** vorgesehene Autopilot wurde in einer **N-9M** erprobt. Alle **N-9M** wiesen ein Einziehfahrwerk und unterschiedliche Farbschemata auf: Die ersten beiden Exemplare waren gelb, das dritte **(N-9MA)** hatte man blau an den Ober- und gelb an den Unterseiten gestrichen und das vierte **(N-9MB)** in umgekehrter Farbfolge.

Im November 1941 bestellte die USAAF zwei **XB-35**, angetrieben von vier Sternmotoren Pratt & Whitney R-4360 Wasp Major je 2237 kW (3042 PS) in Verbindung mit gegenläufigen Achtblatt-Druckpropellern. Weitere 13 Erprobungsbomber mit der Bezeichnung **YB-35** wurden im Frühjahr 1943 in Auftrag gegeben. Propeller und Getriebe warfen immense Probleme auf, aber am 25. Juni 1946 startete die erste **XB-35** zum Jungfernflug.

Das Ende des Zweiten Weltkriegs und die Beschaffung des Convair-Rivalen B-36 besiegelten das Schicksal der **B-35** mit Kolbenmotor. Northrop, der diese Entwicklung vorausgesehen hatte, erhielt von der USAF immerhin den Auftrag, zwei seiner **YB-35** auf Strahlantrieb umzustellen. Der erste der beiden in **YB-49** umbenannten Versuchsbomber flog am 21. Oktober 1947 mit acht Allison-Strahltriebwerken J35 je 1814 kg Schub. Der zweite erhielt sechs Allison-Aggregate je 2540 kg Schub, davon vier im Tragwerk und zwei in untergeschlungenen Gondeln. Im Juni 1948 stürzte die zweite **YB-49** infolge strukturellen Versagens ab, und die fünfköpfige Besatzung kam dabei ums Leben.

Dennoch bestellte die USAF 30 modifizierte **RB-49A**, von denen eine von Northrop und 29 wegen anderweitiger Verpflichtungen der Firma von Consolidated Vultee gebaut werden sollten. Dieser Auftrag wurde allerdings später widerrufen, um Mittel für die B-36 freizumachen. Das **YB-35**-Programm lief mit diversen Testzellen bis Oktober weiter, doch dann gab man das gesamte Projekt auf und ließ die Flugzeuge verschrotten.

Die erste ganz aus Magnesium-Legierung konstruierte Zelle erhielt die als fortschrittlicher Jäger gedachte **XP-56**. Am 6. September 1943 flog in Muroc Dry Lake die erste **XP-56**, angetrieben von einem P&W-Doppelsternmotor R-2800 Double Wasp, der im Hinterrumpf installiert war und einen gegenläufigen Dreiblatt-Doppelpropeller mit 1491 kW (2028 PS) drehte. Die Maschine wurde aber bald darauf zerstört, als ein Reifen platzte und sie sich überschlug. Die zweite, im März 1944 geflogene **XP-56** hatte ein vergrößertes Seitenleitwerk und andere Modifikationen. Sie zeigte verbesserte Flugeigenschaften, doch die Erfindung des Düsentriebwerks setzte der Entwicklung ein Ende.

Eine im September 1942 durchgeführte Untersuchung Northrops in bezug auf

***Die erste XP-56 mit nur einer kleinen oberen Seitenflosse/Rückfinne wurde beim Rollen am Boden zerstört, als ein Reifen platzte. Ihre Spannweite betrug 12,95 m, die Spitzengeschwindigkeit schätzt man auf 748 km/h.***

einen militärischen Abfangjäger mit Raketenantrieb führte zum Bau von drei Gleitern **MX-324**, mit denen die Aerodynamik eines Nurflüglers mit einer Spannweite von 9,75 m und einem Cockpit für einen liegenden Piloten geprüft werden sollte. Noch vor seiner Fertigstellung baute man den dritten Gleiter zur **MX-334** mit einem Aerojet-Raketenmotor XCAL-200 um, der 91 kg Schub erzeugte. Nach Tests mit den von der Lightning P-38 geschleppten Gleitern flog die **MX-334** am 22. Juni 1944 erstmals drei Minuten und 30 Sekunden lang unter eigenem Antrieb.

1943 wurde Northrop mit dem Bau zweier Nurflügelflugzeuge **JB-1 (MX-543)** beauftragt. Das erste war wiederum ein Segelflugzeug zur Untersuchung der Flugeigenschaften, aber das zweite Exemplar, die **JB-1A**, erhielt zwei 181 kg Schub starke Strahltriebwerke von General Electric, die

***Der Rammjäger XP-79 sollte Feindbomber in der Luft aufschlitzen. Die Zelle war für zehn solcher Rammstöße ausgelegt.***

die Stelle des Piloten einnahmen. Sie wurden so zur ersten vom Boden gestarteten Flugbombe mit einem vorprogrammierten Leitsystem. Für den Antrieb des Schlittens, auf dem die **MX-543** zur Beschleunigung auf ihre Startgeschwindigkeit von 257 km über eine Strecke von 122 m montiert war, führte sie Raketen mit je 1814 kg Schub mit. Der Wechsel zu Pulsostrahltriebwerken brachte das Projekt zugunsten der **JB-10 (MX-544) Jet Bomb** zu Fall, einer Nurflügel-Flugbombe mit einer Spannweite von 8,84 m und einem Ford-Pulsostrahltriebwerk mit einer Leistung von 363 kg Schub. Zwei 828-kg-Sprengladungen waren im inneren Abschnitt des

***Der Nurflügel-Erprobungsbomber YB-49 wurde zugunsten der Convair B-36 gestrichen, obwohl er dieser in nahezu jeder Hinsicht überlegen war.***

Tragwerks untergebracht, und die **Jet Bomb** wurde auf einem Schlitten auf einer nur 15,24 m langen Rollspur mit Hilfe von vier Feststoffraketen gestartet. Noch vor dem Ende des Zweiten Weltkriegs lieferte Northrop 24 **JB-10** an die US Army.

Forderungen der US Army nach einem modernen Nurflügel-Kampfflugzeug führten im Januar 1943 zu einem Auftrag an Northrop, drei **XP-79 Flying Ram** zu konstruieren, die von einem Aerojet-Raketenmotor mit 907 kg Schub angetrieben werden sollten. Aufgrund von Problemen bei der Entwicklung dieses Triebwerks löste man jedoch den Vertrag und vergab einen neuen für eine einzige **XP-79B** mit Westinghouse-Strahltriebwerken des Modells B je 635 kg Schub. Die Konstruktion der **XP-79B** bestand aus einer starken Magnesiumlegierung und Stahlpanzerplatten, da sie auf feindliche Bomberpulks herabstürzen, sie buchstäblich rammen und dabei das Leitwerk abtrennen sollte. Für den Fall eines Fehlschlags waren eine Bewaffnung mit vier 12,7-mm-MGs und ein Cockpit für einen liegenden Piloten vorgesehen. Am 12. September 1945 absolvierte die Maschine ihren ersten und einzigen Flug in Muroc Dry Lake. Er endete mit einem Absturz und dem Tod des Piloten.

Als letzter Northrop-Entwurf eines Nurflüglers, oder hier besser eines schwanzlosen Luftfahrzeugs, erschien die **XS-4 Skylancer**, ein unterschallschnelles Forschungsvehikel mit zwei Westinghouse-Strahltriebwerken je 726 kg Schub. Das erste von zwei später in **X-4** umbenannten Exemplaren flog in Muroc am 15. Dezember 1948. Die beiden **X-4** mit einer Spannweite von nur 8,18 m beendeten ihr Testprogramm im April 1954. Beide Maschinen sind heute im Museum ausgestellt.

### TECHNISCHE DATEN
**Northrop XB-35**

**Typ:** siebensitziger Prototypbomber
**Triebwerke:** vier Sternmotoren Pratt & Whitney R-4360 je 2237 kW (3042 PS)
**Leistung:** Höchstgeschwindigkeit 629 km/h in 10.670 m Höhe; Dienstgipfelhöhe 12.190 m; Reichweite 1159 km mit kompletter Bombenlast
**Gewicht:** Leermasse 40.624 kg; max. Startmasse 94.801 kg
**Abmessungen:** Spannweite 52,43 m; Länge 16,18 m; Höhe 6,12 m; Tragflügelfläche 371,60 m²
**Bewaffnung:** (geplant) 20 12,7-mm-Maschinengewehre in sieben Drehtürmen und bis zu 4536 kg Bomben

# Northrop Gamma

Im Januar 1932 gründeten John Northrop und Donald Douglas die Northrop Corporation als Tochterfirma der Douglas Aircraft Co. Das erste Modell des neuen Unternehmens war die **Northrop Gamma**, von der mehrere Exemplare in Sonderaufträgen gebaut wurden. Die ersten beiden Flugzeuge, eine **Gamma 2A** und eine **Gamma 2B**, angetrieben vom Wright-Motor mit 585 kW (796 PS) beziehungsweise vom P&W-Sternmotor Wasp mit 373 kW (507 PS), wurden Ende 1932 ausgeliefert. Die erste ging an die Firma Texaco, die sie an Frank Hawks für Rekordflüge auslieh, und die andere an Lincoln Ellsworth, der sie für einen Flug über den Atlantik nutzte.

TWA erwarb 1934 drei **Gamma 2D** mit dem 529 kW (719 PS) starken Cyclone-Motor von Wright als einsitzige Postflugzeuge. Die zweite **Gamma 2D** wurde später auf einen Wright-Motor mit 578 kW (786 PS) umgestellt und von Texaco zu Testzwekken verwendet. Danach verkaufte man sie an das United States Army Air Corps, das ihr die Bezeichnung **UC-100** zuwies.

Etliche **Gamma**-Flugzeuge gingen an individuelle Betreiber, darunter zwei nach England. Eine **2E (K5053)** war für das Aeroplane & Armament Experimental Establishment (A&AEE) bestimmt, und eine **Gamma 2L (G-AFBT)** diente der Bristol Aeroplane Co. als Erprobungsträger für ihre Hercules-Motoren. Die chinesische Regierung bestellte 24 **Gamma 2E** als leichte Bomber mit dem 529 kW (719 PS) starken Wright-Motor. Sie konnten eine Bombenlast von 726 kg tragen und waren außerdem mit fünf 7,62-mm-MGs bewaffnet. Weitere 25 **Gamma 2E** wurden in China aus Fertigteilen montiert, die Northrop geliefert hatte.

***Die Northrop Gamma 2D war ein Eilpostflugzeug. Dieses Exemplar wurde später für Höhenversuche modifiziert.***

# Northrop-Auftriebskörper

Im Sommer 1964 vergab die NASA einen Auftrag an Northrop zur Konstruktion zweier flügelloser Ganzmetall-Auftriebskörper, die für die Erprobung von Lösungen zur Zurückführung von Raumflugkörpern in die Erdatmosphäre bestimmt waren. Sie sollten auf den Erfahrungen basieren, die man mit dem hölzernen Segelflugzeug **Northrop M2-F1** bei mehr als 500 Flügen in den Jahren 1963/64 gesammelt hatte. Die beiden neuen Luftfahrzeuge, die sich durch die Form ihrer Rumpfober- und -unterseite unterschieden, erhielten die Bezeichnungen **M2-F2** und **HL-10**. Der Erstflug der **M2-F2** als Gleiter fand am 12. Juli 1966 statt. Die **HL-10** unternahm den ersten Flug mit Raketenantrieb am 13. November 1968 von einer B-52 aus. Im Mai 1967 war die **M2-F2** bei einem Landeunfall schwer beschädigt und anschließend als **M2-F3** wiederhergestellt worden. In dieser Form startete sie am 2. Juni 1970 zum Jungfernflug. Zu einem späteren Zeitpunkt des Programms wurden eine Höhe von fast 27.430 m und eine Geschwindigkeit von Mach 1,7 verzeichnet. Die **HL-10** erreichte Mach 1,9 und eine Höhe oberhalb 27.430 m. Die bei diesen Versuchen zusammengetragenen Daten erwiesen sich für das Space Shuttle-Progamm der NASA als höchst wertvoll.

***Zusammen mit der Northrop HL-10 diente die M2-F2 in den sechziger und siebziger Jahren der Untersuchung von Auslegungsmerkmalen für Wiedereintritts-Raumfahrzeuge. Die Ergebnisse kamen später dem Space-Shuttle-Programm zugute.***

# Northrop N-3PB

1940 erhielt Northrop den Auftrag einer norwegischen Beschaffungskommission zur Konstruktion und Entwicklung eines einmotorigen Eindecker-Patrouillenbombers mit Zwillingsschwimmwerk. Bestellt wurden 24 Maschinen. Weniger als acht Monate später (am 1. November 1940) flog der Prototyp **Northrop N-3PB**, angetrieben vom Sternmotor Wright Cyclone GR-1820 mit 895 kW (1217 PS). Die Maschine erreichte eine Geschwindigkeit von 414 km/h und wurde zum damals schnellsten militärischen Seeflugzeug der Welt erklärt.

Kurz nach der Vergabe dieses Auftrags waren deutsche Truppen in Norwegen eingefallen, und man lieferte die **N-3PB** daher an eine Einheit des Royal Norwegian Naval Air Service aus, die als Teil der RAF von isländischen Behelfsstützpunkten aus U-Boot-Abwehrpatrouillen und Konvoi-Begleiteinsätze flog. Während der folgenden 19 Monate der Jahre 1941/42 gingen mehrere Maschinen bei Landungen auf See durch die widrigen Wetterverhältnisse in der Arktis verloren, aber keine einzige **N-3PB** fiel feindlichen Kampfhandlungen zum Opfer. Noch 1965 wurde beim Einsturz eines mit Schnee bedeckten Hangars eine **N-3PB** zerstört, doch in den frühen achtziger Jahren entdeckte man eine andere **N-3PB**, die vom Hersteller in den norwegischen Originalfarben vorbildlich restauriert wurde.

***Northrop N-3PB der No. 330 Squadron, RAF Coastal Command, 1941/42 auf Island stationiert***

# Northrop N-23 Pioneer bis P.Z.L. P.23 und P.43 Karas

**Das Interesse der US Army in den 40er Jahren an einem Nachtjäger führte zur P-61 mit ihrer Spezialradarausstattung von MIT. Der brillante junge polnische Konstrukteur Zygmund Pulaski war 1928 Mitbegründer der P.Z.L. (Nationale Flugzeugwerke), deren Knickflügel-Eindecker von hervorragender Qualität waren.**

## Northrop N-23 Pioneer

Die **Pioneer**, angetrieben von drei Wright-Sternmotoren Cyclone 744BA2 je 596 kW (810 PS), konnte bis zu 36 Passagiere oder fünf Tonnen Fracht befördern. Die Sitze ließen sich rasch aus- und Frachtrückhalteringe einbauen. In Meereshöhe hob das 10.433 kg schwere Muster nach einem Startlauf von knapp 122 m ab, doch trotz dieser Leistung war das Projekt angesichts der großen Zahl von verfügbaren Transportern aus Kriegsbeständen zum Scheitern verurteilt und kam über das Prototypstadium nicht hinaus. Ein Jahr nach dem Erstflug stürzte die Maschine ab, und die Besatzung kam ums Leben.

Northrops Erfahrung mit der **Pioneer** zahlte sich dennoch aus, denn im März 1948 erhielt die Firma einen USAF-Auftrag im Wert von 5,5 Millionen US-Dollar über 23 ähnlich ausgelegte Maschinen mit der Bezeichnung **N-32 Raider**. Bestellt wurden 13 Transporter zur Ausbildung von Luftlandetruppen **(C-125A)** sowie zehn Rettungs- und Bergungsflugzeuge für die Arktis **(C-125B)**. Die erste **C-125** flog am 1. August 1949, angetrieben von drei 895 kW (1217 PS) starken Sternmotoren Wright Cyclone R-1820-99. Für den Kurzpisteneinsatz ließen sich sechs Starthilfsraketen je 454 kg Schub montieren, die eine Startrollstrecke von weniger als 152 m ermöglichten. Der Typ konnte bis zu 32 Soldaten oder 5443 kg Fracht beziehungsweise gemischte Ladung transportieren. Der Zustieg oder die Beladung erfolgte über eine Rampe an der Rumpfunterseite dieses Flugzeugs. Die Auslieferung an die USAF war Ende 1950 abgeschlossen, und die **C-125** blieben noch bis ins Jahr 1955 im Einsatz.

***Die nicht gerade anmutige N-23 Pioneer bot vorzügliche STOL-Leistungen, konnte sich aber auf dem Nachkriegsmarkt nicht durchsetzen.***

## Northrop P-61 Black Widow

Als ersten US-Nachtjäger mit Bordradar konstruierte Northrop einen dreisitzigen, zweimotorigen Typ mit doppelten Leitwerksauslegern. Am 11. Januar 1941 bestellte das US Army Air Corps zwei solche Prototypjäger **Northrop XP-61**, von denen der erste ab 21. Mai 1942 flog. Es folgten 13 Erprobungsjäger **YP-61**, und die Entwicklungsprobleme dieses Musters entsprachen denen, die das neue auf der britischen Magnetron-Laufzeitröhre basierende Abfangradar aufwarf. Dennoch erschienen die ersten Serienjäger **P-61A Black Widow** bereits Ende 1943. Es stellte sich jedoch bald heraus, daß der fernbediente Waffenturm auf dem Rumpfrücken ein gravierendes Schütteln verursachte, wenn die vier Maschinengewehre seitlich gerichtet waren. Er wurde daher nach den ersten 37 **P-61A** weggelassen. In der ersten Hälfte des Jahres 1944 lief die Indienststellung der **P-61A** bei Jagdgruppen im Südpazifik an. Von dieser Version entstanden insgesamt 200 Exemplare. Die Auslieferung der nachfolgenden **P-61B** setzte ebenfalls im Juli 1944 ein. Diese Baureihe umfaßte 450 Flugzeuge, die standardmäßig mit vier 726-kg-Bomben oder 1136-Liter-Abwurftanks unter den Tragflächen beladen werden konnten. Die letzten 250 **P-61B** erhielten zudem wieder den Vierlings-Waffenturm auf dem Rücken. Die letzte Baureihe ergab nur 41 **P-61C**, weil 476 Exemplare, die bereits geplant waren, bei Kriegsende gestrichen wurden. Damit belief sich die Gesamtzahl auf 706 Maschinen. **Black Widow** kamen ab Juli 1944 auch in Europa zum Einsatz. Während der V-1-Offensive gegen Antwerpen wehrte der Typ mehrere solcher Flugbomben ab, und die Verwendung der **P-61** zu Störflügen tief in feindliches Gebiet unterstreicht die Vielseitigkeit dieses exzellenten schweren Jagdflugzeugs.

***Nur die ersten 37 P-61A Black Widow waren mit dem Vierlings-Waffenturm auf dem Rücken ausgerüstet. Dies ist der 23. Serienjäger.***

**TECHNISCHE DATEN**
**Northrop P-61B Black Widow**
**Typ:** dreisitziger Nachtjäger
**Triebwerke:** zwei Sternmotoren Pratt & Whitney R-2800-65 Double Wasp je 1491 kW (2028 PS)
**Leistung:** Höchstgeschwindigkeit 589 km/h in 6095 m Höhe; Dienstgipfelhöhe 10.090 m; max. Reichweite 2173 km
**Gewicht:** Leermasse 10.637 kg; max. Startmasse 16.420 kg
**Abmessungen:** Spannweite 20,12 m; Länge 15,11 m; Höhe 4,47 m; Tragflügelfläche 61,53 m²
**Bewaffnung:** vier 20-mm-Kanonen in der Wanne des Vorderrumpfs und vier 12,7-mm-Maschinengewehre im Rückenturm sowie bis zu 2903 kg Bomben oder andere Außenlasten an vier Stationen unter den Tragflächen

**Varianten**

**XP-61D:** neue Bezeichnung zweier P-61A nach dem Versuchseinbau von Ladermotoren R-2800-77

**XP-61E:** neue Bezeichnung zweier P-61B ohne Rückenturm und ohne Radargerät, aber mit erhöhter Kraftstoffkapazität und vier 12,7-mm-Maschinengewehren im Bug, zusätzlich zu den vier 20-mm-Kanonen

**XP-61F:** Bezeichnung einer P-61C, die zur XP-61E umgebaut werden sollte; nicht fertiggestellt

**XF-15 Reporter:** neue Bezeichnung der ersten XP-61E, die sie nach dem Umbau zum Prototyp eines unbewaffneten Aufklärers mit sechs Kameras im modifizierten Bug erhielt

**XF-15A:** Bezeichnung einer zum Prototyp nach Standard XF-15 Reporter umgerüsteten P-61C

**F-15A Reporter:** 36 Serienaufklärer, die aus teilgefertigten Zellen der P-61C hervorgingen

**F2T-1N:** Bezeichnung der US Navy für zwölf P-61A der USAAF, die Ende 1945 zur Nachtjagdausbildung übernommen wurden

***Die Maschine mit der USAF-Seriennummer 43-8335 wurde als Northrop-Nachtjäger P-61C Black Widow gebaut, aber später durch den Einbau eines neuen Cockpits und diverser Luftbildkameras zum Versuchsaufklärer XF-15A umgestaltet.***

## Northrop T-38 Talon

Als die US-Regierung die Beschaffung eines leichten Hochleistungsjägers plante, den man im Rahmen des Militärhilfeprogramms auch an befreundete Nationen liefern wollte, befaßte sich Northrop Mitte der fünfziger Jahre auf eigene Kosten mit der Konstruktion solch eines Typs. Dieser Entwurf mit der Bezeichnung **Northrop N-156** sollte die Grundlage für eine ganze Flugzeugfamilie abgeben, einschließlich eines Überschalltrainers mit der Firmenkennung **N-156T**. Im Dezember 1956 erging ein Auftrag über drei Prototypen **YT-38**. Die Zahl wurde im Juni 1958 auf sechs erhöht, und das erste Exemplar flog am 10. April 1959. Die beiden ersten Vertreter dieses freitragenden Tiefdeckers mit schlankem, flächengeregeltem Rumpf erhielten nachbrennerlose Strahltriebwerke General Electric YJ85-GE-1 je 953 kg Schub und die übrigen **YT-38** dieser ersten Baureihe erhielten zwei YJ85-GE-5, die je 1633 kg Nachbrennerschub liefern konnten. Die Erprobung der Versuchsjäger mit letzteren Triebwerken zog eine Erstbestellung von **T-38A Talon** nach sich, von denen die erste am 17. März 1961 bei der 3510. Flying Training Wing auf dem US-Luftwaffenstützpunkt Randolph eintraf. Die **Talon** mit Schleudersitzen in Tandemanordnung für Schüler und Lehrer sowie mit durchweg kraftverstärkter Flugsteuerung genießt den Ruf, eines der sichersten Überschallflugzeuge der USAF zu sein. Bis zur Einstellung der Produktion im Frühjahr 1972 wurden daher nicht weniger als 1187 **T-38** für die USAF gebaut. Die US Navy übernahm fünf Exemplare von der USAF, von denen drei weiterhin bei der Test Pilots School in Patuxent River Dienst leisten. Über die USAF beschaffte auch die deutsche Luftwaffe 46 Exemplare zur Ausbildung ihrer Strahlflugzeugführer in den USA. Einziger Exportabnehmer war Portugal, das 1977 und 1981 zwei Sechser-Gruppen ehemaliger USAF-Talon samt Sidewinder-Paketen erwarb. Die NASA bezog einige Maschinen direkt von Northrop, um sie zur Ausbildung und Übung von Astronauten zu nutzen. Die Bezeichnungen **AT-38A** und **NT-38A** fielen an zwei **T-38A**, nachdem man die eine Maschine versuchshalber zum Waffentrainer und die andere zum Entwicklungs- und Forschungsflugzeug umgebaut hatte. Vier zu Drohnenleitflugzeugen umgerüstete **T-38** gingen an die US Navy, bei der sie die neue Kennung **DT-38A** erhielten. Die **AT-38B** ist eine leicht bewaffnete Ausführung des Ausbildungsflugzeugs, die auf Holloman AFB in New Mexico die Rolle des Lead-in Fighter Training erfüllt.

*Die Northrop T-38A Talon, einer der wenigen zur Zeit eingesetzten Überschalltrainer, erwies sich als außerordentlich problemlos im Alltagsbetrieb und gilt zudem als überaus sicher.*

### TECHNISCHE DATEN

**Typ:** zweisitziger Überschalltrainer
**Triebwerke:** zwei Nachbrennertriebwerke General Electric J85-GE-5A je 1746 kg Schub
**Leistung:** Höchstgeschwindigkeit Mach 1,3 oder 1381 km/h in 10.975 m Höhe; Dienstgipfelhöhe 16.335 m; Reichweite mit max. Treibstoffmenge 1759 km
**Gewicht:** Leermasse 3250 kg; max. Startmasse 5485 kg
**Abmessungen:** Spannweite 7,70 m; Länge 14,14 m; Höhe 3,92 m; Tragflügelfläche 15,79 m²

## Northrop/McDonnell Douglas YF-23A

Die **YF-23A** ging Mitte der achtziger Jahre als Verlier aus dem Wettbewerb um den Advanced Tactical Fighter (ATF) hervor, der der USAF einen Jagdeinsitzer mit Tarnkappeneigenschaften als Nachfolger für die F-15 Eagle bringen sollte. Zwei Konsortien hatten an der USAF-Ausschreibung teilgenommen: Lockheed mit Boeing und General Dynamics sowie Northrop im Verein mit McDonnell Douglas. Im September 1985 verbündete sich Northrop mit McDonnell Douglas in der Überlegung, daß der unterlegene Anbieter in jedem Fall am Fertigungsprogramm beteiligt würde. Zwei **YF-23 PAV** (Prototype Air Vehicle) wurden genehmigt, das erste Exemplar (87-800) mit dem Turbofan-Nachbrennertriebwerk YF119 von Pratt & Whitney und das zweite (87-801) mit dem ähnlichen General Electric YF120. Der erste Prototyp, inoffiziell „Grey Ghost" genannt, startete am 27. August 1990 vom kalifornischen Edwards AFB aus zum Jungfernflug, und der zweite folgte am 26. Oktober 1990. Das Flugtestprogramm mit der Vorgabe von 65 Flugstunden in 50 Einsätzen schloß der zweite Prototyp am 18. Dezember 1990 ab. Nach dem Vergleichsfliegen erklärte man die Lockheed YF-22 am 23. April 1991 zum Sieger und gab sie (mit dem F119-Triebwerk) zur Serienproduktion frei. Das Northrop-PAV-Duo, das in den meisten Belangen durchaus konkurrenzfähig war, wurde auf Edwards AFB eingelagert.

*Die Prototypjäger YF-23, gelegentlich „Black Widow II" genannt, hießen offiziell PAV-1 und PAV-2. Das zweite Exemplar trägt einen hellgrauen Sichtschutz.*

### TECHNISCHE DATEN
**Northrop YF-23 Prototype Air Vehicle**

**Typ:** einsitziges taktisches Jagdflugzeug
**Triebwerke:** PAV-1 mit zwei Turbofan-Nachbrennertriebwerken Pratt & Whitney YF119-PW-100 je 155,7 kN Schub und PAV-2 mit Turbofan-Nachbrennertriebwerken General Electric YF120-GE-100 gleicher Leistung
**Leistung:** Höchstgeschwindigkeit Mach 2; Überschallmarschgeschwindigkeit ohne Nachbrenner (Supercruise) Mach 1,6; Dienstgipfelhöhe 19.812 m; Reichweite mit Interntreibstoff 1200 km
**Gewicht:** Leermasse 16.783 kg; Interntreibstoff 952 kg; Einsatzstartmasse 29.030 kg
**Abmessungen:** Spannweite 13,20 m; Länge 20,50 m; Höhe 4,20 m; Tragflügelfläche 87,80 m²
**Bewaffnung:** (geplant) eine langrohrige 20-mm-Kanone M61 und zwei interne Waffenschächte für AIM-9 Sidewinder (acht), AIM-120 AMRAAM, Luft-Luft-Lenkflugkörper „Have Dash 2" und Luft-Boden-Lenkflugkörper „Have Slick", die sich derzeit in der Entwicklung befinden

## Nyeman KhAI-1 und KhAI-5

Unter der Leitung von Josef Grigorewitsch Nyeman produzierte ein Team des Charkower Luftfahrtinstituts zwischen 1930 und 1941 eine Reihe von Entwürfen. Die beiden erfolgreichsten waren die **KhAI-1** und **KhAI-5**. Beim ersten Modell handelte es sich um einen freitragenden Tiefdecker in Holzbauweise, der ähnlich wie die Lockheed Orion ausgelegt war. Die **KhAI-1** wies ein manuell einziehbares Fahrgestell, einen M-22-Sternmotor mit 353 kW (480 PS) und eine offene Kanzel für den Piloten auf, während die Passagiere in einer geschlossenen Kabine saßen. Nach dem Erstflug des Prototyps am 8. Oktober 1932 und einer erfolgreichen Erprobung erging die Produktionsgenehmigung, und 43 Exemplare für den heimischen Luftverkehr wurden ausgeliefert. Die Serienmaschinen besaßen eine Schiebehaube über der Pilotenkanzel. Zwei Exemplare eines zweisitzigen Schulflugzeugs für Bomberbesatzungen, **KhAI-1B** bezeichnet, gingen aus der Umrüstung bestehender **KhAI-1**-Passagierflugzeuge hervor. Diese hatten eine Spannweite von 14,85 m, eine Höchstgeschwindigkeit von 324 km/h und eine Reichweite von 1130 km.

In weitaus größerer Zahl wurde die **KhAI-5**, ein zweisitziger leichter Jagdbomber/Aufklärer in der Auslegung eines freitragenden Tiefdeckers mit einziehbarem Spornrad-Fahrwerk, gebaut. Für den Flugzeugführer und für den Bordfunker/Bordschützen waren separate Cockpits eingerichtet. Der Pilot konnte zwei vorwärtsfeuernde SchKAS-Maschinengewehre, Kaliber 7,62 mm, einsetzen, und dem Bordschützen stand ein einzelnes SchKAS-MG gleichen Kalibers im motorisierten Drehturm zur Verfügung. Den Antrieb des Prototyps besorgte ein Wright Cyclone mit 529 kW (719 PS), aber die ersten 180 Maschinen der Serie **R-10** erhielten den 537 kW (730 PS) starken Sternmotor M-25B eingebaut, und die übrigen 310 Exemplare den M-62 mit 611 kW (830 PS). Beide sowjetische Motortypen waren vom Wright Cyclone abgeleitet. Die zwischen 1938 und 1940 aus Holz gebauten Jagdbomber wurden zum Teil während des Winterkriegs mit Schneekufen-Fahrwerk eingesetzt. Mindestens 60 Exemplare gingen als **PS-5** an die Aeroflot. Die Spitzengeschwindigkeit der **R-10** betrug 388 km/h in optimaler Höhe.

*Dem Nyeman-Jagdbomber R-10 mangelte es an Geschwindigkeit und Abwehrbewaffnung.*

## P.W.S. 10

Das Kürzel P.W.S. steht für den Namen der polnischen Firma Podlaska Wytwórnia Samolotów (Podlaska-Flugzeugwerk), die 1923 bei Biala Podlaska gegründet wurde. Während der ersten drei Jahre ihres Bestehens sammelte die Firma wertvolle Erfahrungen durch den Lizenzbau von Avia- und Potez-Flugzeugen, und 1926 wagte sie sich an eigene Entwürfe heran. Keine dieser Konstruktionen kam über den Prototypstatus hinaus, bis P.W.S. 1927 einen Jagdeinsitzer nach Vorgaben des polnischen Luftfahrtministeriums schuf. Der abgestrebte Schirmeindecker mit starrem Spornrad-Fahrgestell und einem von Skoda gebauten Lorraine-Dietrich als Antrieb erhielt zunächst die Bezeichnung **P.W.S. 10M**. Erst 1929 wurde die Firma mit dem Bau von zwei Prototypjägern beauftragt, von denen der erste im Mai 1930 flog. Bei der anschließenden Erprobung zeigten sie insgesamt etwas enttäuschende Leistungen. Mangels einer besseren Alternative wurde der Typ dennoch als **P.W.S. 10** zur Serienfertigung angewiesen; es erging ein Auftrag über 80 Flugzeuge. Diese Jäger dienten ab Frühjahr 1932 beim 3. und 4. Fliegerregiment der polnischen Luftwaffe, später auch beim 5. Sie blieben allerdings nicht lange bei den Frontverbänden, sondern wurden mit Ausbildungsaufgaben betraut, die einige **P.W.S. 10** noch zu Beginn des Zweiten Weltkriegs erfüllten. 1936 hatte man 15 **P.W.S. 10** des polnischen Heeres heimlich den republikanischen Streitkräften Spaniens zugeschleust, doch sie erwiesen sich bald als ungeeignet für den Kampfeinsatz in der Jagdrolle und wurden an Ausbildungseinheiten weitergereicht. Die **P.W.S. 10** mit einer Spannweite von elf Metern hatte eine Spitzengeschwindigkeit von 245 km/h in Meereshöhe und eine Reichweite von nur 300 km. Die Bewaffnung dieser polnischen Maschine bestand aus zwei vorwärtsfeuernden Maschinengewehren.

***Frühe Entwürfe des Jägers P.W.S. 10 wiesen zwar einen Frontkühler auf, doch die Serienjäger erhielten eine klotzige Kühlerbaugruppe, die unter den Vorderrumpf geschlungen und an das Lamblin-Konzept angelehnt war. Von diesem mit zwei vorwärtsfeuernden Maschinengewehren bewaffneten Jäger wurden nur 65 Exemplare fertiggestellt. Sie dienten bei den polnischen Luftstreitkräften bis 1933.***

## P.W.S. 12 und 14

Zeitgleich mit der P.W.S. 10 entstand eine weniger komplexe Version mit einem 177 kW (240 PS) starken Gnome-Rhône-Titan-Motor, die speziell als Einsitzer zur Schulung von Jagdpiloten gedacht war. Diese **P.W.S. 11** gelangte nicht über das Stadium eines Prototyps hinaus, doch aus ihr wurde die **P.W.S. 12**, ein Zweisitzer für die Zwischenausbildung Anfänger-/Einsatzpilot, entwickelt. Die Doppeldeckerauslegung ergab sich aus dem Anbau eines zusätzlichen Unterflügelpaares an die bestehende Zelle. Die ersten beiden Prototypen **P.W.S. 12**, die im November 1929 flogen, zeigten allerdings ein gestaffeltes Doppeldeckertragwerk reduzierter Spannweite und wurden von einer bei Skoda gebauten Version des Wright-Sternmotors J-5 Whirlwind mit 162 kW (220 PS) angetrieben. Die Erprobung zog einen Serienauftrag für die **P.W.S. 12** nach sich, doch wegen des geforderten Wechsels von der Holzbauweise zum Stahlrohr-Rumpfgerüst und einiger anderer Verbesserungen änderte sich die Bezeichnung später in **P.W.S. 14**. Dieses Muster mit einer Spannweite von neun Metern und einer Startmasse von 1100 kg brachte es in Meereshöhe auf eine Höchstgeschwindigkeit von 190 km/h.

***Die Serie P.W.S. 12 erschien in Doppeldeckerauslegung und mit einer neuartigen Motorverkleidung.***

## P.W.S. 16 und 26

Die **P.W.S. 16**, die von der P.W.S. 12/14 abgeleitet war, barg eine Reihe von Verfeinerungen in sich, einschließlich effektivere Querruder. Die nachfolgende **P.W.S. 16bis** unterschied sich vom Vorgängermodell in erster Linie durch ein neues Kraftstoffsystem, das auch den Rückenflug ermöglichte. Von beiden Ausführungen wurden je 20 Exemplare produziert, und die ausgezeichnete Leistung dieser Maschinen führte zur Serienfertigung einer bewaffneten Trainerversion, der **P.W.S. 26** mit verstärkter Zelle für den Einsatz als Sturzkampfbomber. Die **P.W.S. 16/16bis** gingen 1934/35 bei Schuleinheiten der polnischen Luftstreitkräfte in Dienst, erfüllten aber nur noch nachrangige Aufgaben, als 1937 die **P.W.S. 26** verfügbar wurde. Als die Produktion dieser letzten Version 1938 auslief, waren insgesamt 250 Exemplare vom Band gerollt, von denen einige im September 1939 deutschen Truppen in die Hände fielen. Den größten Teil der **P.W.S. 26** beschlagnahmten die Russen, und viele dieser Maschinen dienten bei der VVS.

***Die P.W.S. 26 war rein äußerlich mit der P.W.S. 16 identisch, abgesehen von der Bewaffnung und der Verkleidung am inneren V-Strebenpaar des Fahrwerks.***

### TECHNISCHE DATEN
**P.W.S. 26**

**Typ:** zweisitziges Schulflugzeug für Fortgeschrittene
**Triebwerk:** ein lizenzgefertigter Sternmotor Wright J-5 Whirlwind mit 162 kW (220 PS)
**Leistung:** Höchstgeschwindigkeit 215 km/h in Meereshöhe; Dienstgipfelhöhe 4620 m; Reichweite 460 km
**Gewicht:** Leermasse 850 kg; max. Startmasse 1162 kg
**Abmessungen:** Spannweite 9 m; Länge 7,03 m; Höhe 2,75 m; Tragflügelfläche 24 m²
**Bewaffnung:** ein 7,7-mm-Maschinengewehr

## P.Z.L. I-22 Iryda

In der klassischen Auslegung eines zweistrahligen Hochdeckers mit zwei Sitzen hintereinander ähnelt die **I-22** frappierend dem französisch-deutschen Alpha Jet. Die **Iryda** (Iridium) wurde zur Ablösung der TS-11 Iskra und Lim-6 entworfen, die sich derzeit bei der polnischen Luftwaffe im Dienst befinden. Zwei Prototypen wurden gefertigt, von denen der erste am 5. März 1985 seinen Jungfernflug absolvierte, während der zweite als bodengebundener Prüfstand fungiert. Die erste Maschine stürzte am 31. Januar 1987 ab, aber ab September 1991 flogen vier weitere Vorserienexemplare. Zu dem Zeitpunkt bestellte die polnische Luftwaffe zwölf **I-22** mit Auslieferungstermin 1992/93. Die ersten beiden gingen im Oktober 1992 an die Deblin-Fliegerakademie. Ein Anschlußauftrag über 30 Serienflugzeuge wird noch verhandelt. Bei P.Z.L. befindet sich auch eine einsitzige Kampfversion der **Iryda** mit der Bezeichnung **I-22MS** in der Entwicklung. Zu den in Erwägung gezogenen Triebwerkstypen für diese Variante zählen das Larzac, das Viper und das JT15D sowie die polnischen Aggregate K-15 und D-18A.

### TECHNISCHE DATEN

**Typ:** zweisitziger Strahltrainer/leichter Jagdbomber
**Triebwerke:** zwei Strahltriebwerke P.Z.L.-5 SO-3W22 je 10,7 kN Schub
**Leistung:** Marschgeschwindigkeit 570 km/h; Spitzengeschwindigkeit im Horizontalflug in 5000 m Höhe 840 km/h; Dienstgipfelhöhe 11.000 m; Reichweite mit max. Nutzlast 420 km; Reichweite mit max. Treibstoff 4000 km
**Gewicht:** Leermasse 4700 kg; max. Startmasse 6900 kg
**Abmessungen:** Spannweite 9,60 m; Länge 13,20 m; Höhe 4,30 m; Tragflügelfläche 19,90 m²
**Bewaffnung:** eine zweirohrige 23-mm-Kanone GSz-23 mit bis zu 200 Schuß Munition im Anbaubehälter unter dem Rumpf; vier Außenlastträger unter den Flügeln, die je 500 kg an Bomben, Raketenbehälter oder Abwurftanks (nur innen) aufnehmen können

## P.Z.L. P.6 und P.7

Der erste Jäger dieses Herstellers, die **P.Z.L. P.1**, kam über das Prototypstadium nicht hinaus. Ein wichtiges Merkmal des Entwurfs war das damals einzigartige Tragwerk, konstruiert von Zygmunt Pulawski. Er hatte sich für eine Hochdeckerauslegung seines Jägers entschieden, wollte aber dem Piloten eine bessere Sicht nach vorn als üblich bieten, indem er eine Art Knickflügelstruktur schuf, die später international als Pulawski-Flügel bezeichnet wurde. Die sowohl in der Tiefe als auch in der Dicke abnehmenden Tragflügel enthielten schräg ansteigende Innenteile mit dünnem Profil, und durch dieses flache V konnte der Pilot das vorausliegende Gelände klar einsehen. Ein anderes Kennzeichen der **P.1** war das sogenannte Scherenfahrwerk mit Öl-/Luft-Stoßdämpferstreben. Zwei Prototypen wurden gebaut und mit Hispano-Suiza-Motoren geflogen, aber eine Serienbestellung blieb aus. Zu dem Zeitpunkt liefen Verhandlungen mit Bristol in England über die Lizenzproduktion des Jupiter-Sternmotors, und P.Z.L. wurde angewiesen, die **P.1** auf dieses Triebwerk umzustellen. So entstanden vier weitere Versuchsjäger, die **P.6/I** mit einem 336 kW (457 PS) starken Jupiter VI für geringe Höhen, die **P.7/I** mit dem 363 kW (494 PS) starken Jupiter VII für große Höhen (Erstflug im August beziehungsweise Oktober 1930), die im Frühjahr 1931 erstmals geflogene **P.6/II**, die sich von den Vorgängern vor allem durch ein überarbeitetes Abgassystem unterschied, und die **P.7/II** mit geändertem Hinterrumpf. Letztere wurde für

***Die P.Z.L. P.6/1 wurde von einem Jupiter VI angetrieben, dessen Motorverkleidung durch je zwei Auspuffstutzen unterbrochen wurde.***

die polnische Luftwaffe in Serie gegeben, die schließlich 150 solcher Jäger (einschließlich Prototyp) beschaffte. Unter der Bezeichnung **P.7a** lief Ende 1932 die Indienststellung bei der 111. Staffel (Eskadra Kościuszkowska) des 1. Fliegerregiments an. Im Herbst 1933 hatte Polen als erstes Land Einsatzverbände, die komplett mit Ganzmetalljägern ausgerüstet waren. Kurz vor dem Ausbruch des Zweiten Weltkriegs befanden sich noch etwa 100 Exemplare im Einsatz, von denen rund 50 Stück Ende September nach Rumänien überführt wurden. Die anderen Maschinen erbeuteten die deutschen Streitkräfte beim Überfall auf Polen und nutzten sie nach einer Grundüberholung zur Schulung von Luftwaffenpiloten.

### TECHNISCHE DATEN
**P.Z.L. P.7a**

**Typ:** Jagdeinsitzer
**Triebwerk:** ein von Skoda gebauter Sternmotor Bristol Jupiter VII mit 362 kW (492 PS)
**Leistung:** Höchstgeschwindigkeit 320 km/h in 4000 m Höhe; Dienstgipfelhöhe 8275 m; Reichweite 560 km
**Gewicht:** Leermasse 1010 kg; max. Startmasse 1410 kg
**Abmessungen:** Spannweite 10,30 m; Länge 7,15 m; Höhe 2,75 m; Tragflügelfläche 17,20 m²
**Bewaffnung:** zwei 7,7-mm-Maschinengewehre Vickers Type E

# P.Z.L. P.11

Der Einbau eines Sternmotors in die P.Z.L. P.7 hatte die ausgezeichnete Sicht des Piloten, die bei der P.Z.L. P.1 mit ihrem schmaleren V-12-Motor erreicht worden war, beeinträchtigt. Abhilfe sollte der Bristol-Sternmotor Mercury schaffen, der einen geringeren Durchmesser als der Jupiter der P.7a aufwies. In dieser Ausführung erhielt der Jäger die Bezeichnung **P.Z.L. P.11**. Weil Bristol den Mercury nicht rechtzeitig liefern konnte, flog der Prototyp **P.11/I** im August 1931 zunächst mit einem 384 kW (522 PS) starken Jupiter IX.ASb, den Gnome-Rhône in Lizenz hergestellt hatte. Erst im Dezember 1931 folgte die **P.11/II**, die einen 395 kW (537 PS) starken Bristol Mercury IVA unter einer Motorhaube mit breitem Townend-Ring hatte. Dieser Prototyp wurde später auf einen Gnome-Rhône 9K Mistral mit 368 kW (500 PS) umgestellt und in dieser Form 1932 beim Pariser Luftfahrtsalon vorgestellt. Ein drittes Exemplar, die **P.11/III** mit Mercury-Triebwerk, diente als Vorserienprototyp und wurde zur Serienfertigung als **P.11a** für die polnische Luftwaffe akzeptiert. Vorher belegten jedoch 50 **P.11b** mit Mistral-Motor für Rumänien die Fertigungsstraße. Die Produktion der **P.11a** begann mit einer Reihe von 30 Maschinen, die der späten Ausführung der **P.11b** weitgehend ähnelten, aber mit dem von Skoda gebauten Mercury-Motor IVS2 ausgerüstet wurden, der 386 kW (525 PS) leistete. Die Hauptserienversion aber war die **P.11c**, bei der man radikalere Methoden zur Verbesserung des Sichtfelds ergriffen hatte, indem man den Motor tiefer legte und den Piloten weiter hinten auf einem erhöhten Sitz unterbrachte. Im gleichen Zuge waren etliche andere Verbesserungen eingearbeitet worden. Die Produktion dieser Version umfaßte 175 Jäger, von denen das erste Baulos den von Skoda gebauten Mercury VS2 mit einer Leistung von 412 kW (560 PS) erhielt, während man alle anderen mit dem von P.Z.L. gebauten Mercury VIS2 ausstattete. Eine Variante der **P.11c** mit dem Lizenzmotor 9K Mistral wurde von I.A.R. in Rumänien als **P.11f** in einer Auflage von rund 80 Exemplaren zwischen 1936 und 1938 gefertigt.

Bei Ausbruch des Zweiten Weltkriegs waren zwölf Staffeln mit diesem Typ ausgerüstet. Sie zerstörten angeblich 126 Flugzeuge der deutschen Luftwaffe bei eigenen Verlusten von 114 Maschinen. Im Frühjahr 1939, als sich abzeichnete, daß man den geplanten Jäger **P.Z.L. P.50 Jastrzab** nicht verwirklichen konnte, bemühte man sich um eine Leistungssteigerung der **P.11c** durch den Einbau des 618 kW (840 PS) starken Lizenzmotors Mercury VIIIa und durch eine verstärkte Bewaffnung mit vier Kanonen. Der Versuchsjäger **P.11g Kobuz** war geflogen und die Serienfertigung bereits eingeleitet, als der deutsche Überfall auf Polen dieses Vorhaben zunichte machte.

***Die im nationalen polnischen Luftfahrtmuseum in Krakau ausgestellte P.Z.L. P.11c trägt die Kennung der 122. Jagdstaffel/Fliegerregiment 2. Sie war die wichtigste Version dieses Jägers, die in Serie ging, und erhielt einige Verbesserungen gegenüber den Vorgängermodellen.***

### TECHNISCHE DATEN
**P.Z.L. P.11c**

**Typ:** Jagdeinsitzer
**Triebwerk:** ein von P.Z.L. gebauter Sternmotor Bristol Mercury VI.S2 mit 475 kW (645 PS)
**Leistung:** Höchstgeschwindigkeit 390 km/h in 5500 m Höhe; Dienstgipfelhöhe 8000 m; Reichweite 700 km
**Gewicht:** Leermasse 1147 kg; max. Startmasse 1630 kg
**Abmessungen:** Spannweite 10,72 m; Länge 7,55 m; Höhe 2,85 m; Tragflügelfläche 17,90 m²
**Bewaffnung:** zwei 7,7-mm-Maschinengewehre und Gehänge für leichte Bomben unter den Tragflächen

# P.Z.L. P.23 und P.43 Karaś

1931 hatte P.Z.L. ein leichtes Verkehrsflugzeug für sechs Personen, die **P.Z.L. P.13**, entworfen, die für den Einsatz bei der Luftfahrtgesellschaft LOT gedacht war, fand dort aber keinen Anklang. Später beschloß man, dieses Muster als Ausgangsprodukt für ein Flugzeug zur Heeresunterstützung zu nutzen, das mit drei Mann besetzt und von einer Lizenzversion des Sternmotors Bristol Pegasus angetrieben werden sollte. Nach Prüfung des Entwurfs durch das Luftfahrtministerium erhielt P.Z.L. einen Auftrag über drei Prototypen, von denen der erste unter dem Antrieb eines 440 kW (598 PS) starken Bristol Pegasus IIM2 im August 1934 erstmals flog. Die Maschine trug die Bezeichnung **P.23/I** und den Namen **Karaś** (Karausche). Bei der anschließenden Flugerprobung offenbarten sich einige Schwachstellen, und bei den beiden nächsten Musterflugzeugen **P.23/II** und **P.23/III** legte man den Motor tiefer, damit der Pilot ein besseres Sichtfeld nach vorn erhielt, schaffte den Bombenschacht ab, um ein größeres Rumpfvolumen zu erzielen und führte ein weitgehend verglastes Kabinendach ein. Die **P.23/II** stürzte in der Flugerprobungsphase ab, aber die **P.23/III** erbrachte gute Flugleistungen und wurde im Laufe der Erprobungsphase progressiv auf den Standard des späteren Serienmodells gebracht. 1935 erfolgte ein Auftrag über 40 **P.23 Karaś A** mit dem von P.Z.L. gebauten Pegasus II (433 kW/589 PS) und 210 **P.23 Karaś B** mit dem ebenfalls von P.Z.L. gebauten Pegasus VIII (507 kW/690 PS). Die erste **P.23 Karaś A** flog im Juni 1936, aber Entwicklungsprobleme mit dem Pegasus II führten dazu, daß man diese Maschinen zur Schulung nutzte. Die **Karaś B** hingegen wurde ab Sommer 1937 den Einsatzverbänden zugeführt, und am Ende der Serienproduktion diente das Modell bei 14 Fronteinheiten. Unter der Bezeichnung **P.42** baute man eine Karaś B zum Entwicklungsflugzeug für die **P.46 Sum** mit doppeltem Seitenleitwerk und einer fahrbaren Bauchgondel um. Die P.46 gelangte jedoch über das Prototypstadium nicht hinaus, und die P.42 wurde zur Karaś B rückgerüstet. Eine andere Variante, ähnlich der **Karaś B**, erreichte aber als **P.43A Karaś** die Serienfertigung. Zwölf Exemplare für die bulgarische Luftwaffe wurden gebaut und 1937 ausgeliefert. Dieses Modell besaß einen Gnome-Rhône-Sternmotor mit 685 kW (930 PS), eine verbesserte Besatzungskabine und eine verstärkte Bewaffnung in Form eines zweiten vorwärtsfeuernden Maschinengewehrs. Die ausgezeichnete Leistung der **P.43A Karaś** führte zu Anschlußbestellungen über 42 **P.43B Karaś** mit dem 721 kW (980 PS) starken Gnome-Rhône N.1. Bis August 1939 waren 33 Exemplare ausgeliefert sowie acht schon zur Lieferung verpackt, und eines befand sich in der Endmontage. Diese Flugzeuge übernahm bei Ausbruch des Zweiten Weltkriegs die polnische Luftwaffe, aber nur fünf überstanden die erste Bombardierung des P.Z.L.-Werks durch Deutschland. Die wurden zur 41. Staffel überführt, einer der zwölf Frontstaffeln, die mit der **P.23B Karaś B** ausgerüstet waren. Diese Einheiten absolvierten die meisten Bomben- und Aufklärungsflüge der polnischen Luftwaffe in den ersten 16 Septembertagen des Jahres 1939. Der deutschen Übermacht fielen 95 Prozent der Maschinen zum Opfer.

***P.Z.L. P.23B Karaś der 42. Staffel der polnischen Luftwaffe, im September 1939 der Pomorze-Armee zugeordnet.***

### TECHNISCHE DATEN
**P.Z.L. P.23B Karaś B**

**Triebwerk:** ein von P.Z.L. gebauter Sternmotor Bristol Pegasus VIII mit 507 kW (690 PS)
**Leistung:** Höchstgeschwindigkeit 320 km/h in 3650 m Höhe; Dienstgipfelhöhe 7300 m; Reichweite 1260 km
**Gewicht:** Rüstmasse 1928 kg; max. Startmasse 3525 kg
**Abmessungen:** Spannweite 13,95 m; Länge 9,70 m; Höhe 3,30 m; Tragflügelfläche 26,80 m²
**Bewaffnung:** ein vorwärtsfeuerndes 7,7-mm-Maschinengewehr und zwei Vickers-MGs gleichen Kalibers in Gefechtsständen auf dem Rücken und unter dem Bauch sowie bis zu 700 kg Bomben an Außenstationen

## P.Z.L. P.24 bis P.Z.L. Swidnik Mi-2

**Der P.Z.L.-Konstrukteur Zygmund Pulaski kam 1932 bei einem Absturz ums Leben. Seine Nachfolger wurden Stanislaw Prauss und W. Jakimuik. Der letzte Jäger von P.Z.L. war die P.24. Nach dem Zweiten Weltkrieg konzentrierte man sich auf Schul- und Nutzflugzeuge und baute ab 1955 in Lizenz sowjetische Mil-Drehflügler.**

# P.Z.L. P.24

Wegen der Lizenzbestimmungen für die polnische Herstellung von Bristol-Motoren war es schwierig, Exportflugzeuge mit den von P.Z.L. gebauten Versionen dieser britischen Flugmotoren zu vermarkten. Um dieses Hindernis zu überwinden, beschloß man im Februar 1932, einen Jäger mit einem anderen Triebwerk zu entwickeln, und stimmte daraufhin die Zelle der P.Z.L. P.11 auf einen 559 kW (760 PS) starken Gnome-Rhône-Motor mit der Bezeichnung 14Kds Mistral Major ab. Da der erste dieser Motoren erst verspätet verfügbar wurde, kam der Versuchsjäger **P.Z.L. P.24/I** nicht vor Mai 1933 in die Luft. Sein Erstflug endete zudem mit einer Notlandung, da sich der Propeller abgelöst hatte. Erst im Oktober konnte die **P.24/I** erneut starten, und es zeigte sich, daß noch vieles verbesserungswürdig war. Solche Modifikationen flossen in den zweiten Prototyp **P.24/II** ein, auch **Super P.24** genannt. Am 28. Juni 1934 stellte diese Maschine einen von der FAI anerkannten Klassenrekord von 414 km/h auf. Der 1934 geflogene dritte Prototypjäger **P.24/III** oder **Super P.24bis** wurde von einem Gnome-Rhône 14Kfs mit 684 kW (930 PS) angetrieben und war mit zwei 20-mm-Kanonen sowie zwei Maschinengewehren bewaffnet. Beim Pariser Luftsalon jenes Jahres stieß dieser Typ auf Interesse und sicherte seinem Hersteller schließlich wertvolle Exportaufträge. Der erste kam aus der Türkei, die nicht nur eine Herstellungslizenz für die **P.24** aushandelte, sondern auch 40 **P.24A** und 26 **P.24C** bestellte, die dem in Paris vorgestellten Jäger weitgehend entsprachen, aber mit vier flügelmontierten Maschinengewehren bewaffnet waren. Zudem umfaßte diese Beschaffung Baugruppen und Werkstoff zur Montage weiterer 20 **P.24A**. Es folgte eine Order von Bulgarien über 14 **P.24B**, die bis auf wenige Abweichungen mit der **P.24C** übereinstimmten. Auf diese ab Anfang 1938 gelieferten Jäger folgten 24 **P.24C** und 26 **P.24F**, die letzte Entwicklungsstufe dieses Typs, mit einem 714 kW (970 PS) starken Gnome-Rhône 14N.07 geringeren Durchmessers und je einem Kanonen- und Maschinengewehrpaar als Bewaffnung. Die für Rumänien entwickelte **P.24E** glich der **P.24C**. Die sechs von P.Z.L. gebauten Maschinen hatten 662 kW (900 PS) leistende Gnome-Rhône-Motoren 14KIIc32 rumänischer Herstellung. Die später von I.A.R. in Rumänien produzierten etwa 40 **P.24E** waren aber mit dem 14KMc36 ausgerüstet, der im eigenen Hause produziert wurde und 692 kW (940 PS) erzeugte. Ende 1939 entwickelte I.A.R. eine Tiefdeckerversion der **P.24E** mit der Bezeichnung **I.A.R.80**. Die der **P.24F** entsprechende Ausführung mit vier Maschinengewehren erhielt die Bezeichnung **P.24G**. 30 beziehungsweise sechs Exemplare erwarb Griechenland. Sie machten beinahe die Gesamtstärke der hellenischen Jagdfliegertruppe aus und erzielten Erfolge im Kampf gegen die Luftwaffe und die Regia Aeronautica.

***P.Z.L. P.24C des 4. Regiments der türkischen Luftwaffe, 1939 in Kütahya stationiert.***

**TECHNISCHE DATEN**

**P.Z.L. P.24F**

**Triebwerk:** ein 14-Zylinder-Doppelsternmotor Gnome-Rhône 14N.07 mit 714 kW (970 PS)
**Leistung:** Höchstgeschwindigkeit 430 km/h in 4500 m Höhe; Dienstgipfelhöhe 10.500 m; Reichweite 700 km
**Gewicht:** Rüstmasse 1332 kg; max. Startmasse 2000 kg
**Abmessungen:** Spannweite 10,70 m; Länge 7,60 m; Höhe 2,70 m; Tragflügelfläche 17,90 m²
**Bewaffnung:** zwei 20-mm-Kanonen Oerlikon FF und zwei 7,7-mm-Maschinengewehre

***Im Unterschied zur P.24/I wies die P.24/II ein längeres Motorgehäuse und einen Dreiblatt-Metallpropeller, die den Luftwiderstand herabsetzten.***

# P.Z.L. P.37 Loś

Bei Ausbruch des Zweiten Weltkriegs war die **P.Z.L. P.37 Loś** (Elch) nicht nur einer der fortschrittlichsten Bomber, die die polnische Flugzeugindustrie bis dahin hervorgebracht hatte, sondern auch das einzige Muster der polnischen Luftwaffe, dessen Konstruktion das Attribut modern verdiente. P.Z.L. hatte den Bomber **P.Z.L.3** gemäß einer Forderung des polnischen Luftfahrtministeriums für ein Kriegsflugzeug dieser Klasse vorgeschlagen, aber die angespannte Haushaltslage im Jahr 1930 verhinderte es, daß die **P.Z.L.3** über das Entwurfsstadium hinauskam. Das nächste P.Z.L.-Bomberangebot beruhte auf dem Verkehrsmuster **P.Z.L.30**, das keinen Käufer gefunden hatte. Später führte die Firma L.W.S. seine Entwicklung fort und brachte es als **L.W.S. 4 Zubr.** zur Serienfertigung. P.Z.L. entwarf daraufhin einen zweimotorigen Eindecker-Bomber, der 1935 zu einem Auftrag über drei Prototypen führte. Der erste, **P.Z.L. P.31/I**, startete Ende Juni 1936 zum Jungfernflug, angetrieben von zwei Bristol-Sternmotoren Pegasus XII je 651 kW (885 PS). Seine erfolgreiche Erprobung zog eine Bestellung von 30 Serienbombern mit der Bezeichnung **P.37A Loś A** nach sich. Die Produktion dieser Reihe war 1938 abgeschlossen. Die ersten zehn Maschinen wiesen ein Normalleitwerk auf, aber die letzten 20 Exemplare erhielten das beim zweiten Musterbomber **P.37/II** eingeführte und erprobte Doppelleitwerk. Dieser Prototyp hatte auch zu Entwicklungstests für Triebwerke der Klasse um 736 kW (1000 PS) von Herstellern wie Fiat, Gnome-Rhône und Renault gedient. Die 1938 auf einer Ausstellung in Belgrad und beim Pariser Luftsalon desselben Jahres vorgeführte **P.37A** erweckte großes Interesse, das sich in einer Serie von Exportaufträgen niederschlug. Bulgarien und Jugoslawien bestellten 15 beziehungsweise 20 **P.37C** mit Gnome-Rhône 14N.07 à 714 kW (970 PS) und Rumänien sowie die Türkei 30 beziehungsweise 10 **P.37D** mit Gnome-Rhône 14N.20/21 je 773 kW (1050 PS). Die Türkei beschaffte außerdem Fertigteile für 15 weitere Bomber und erwarb das Recht zur Lizenzproduktion. Da die Lieferung ab Juni 1940 erfolgen sollte, wurde keines dieser Exportflugzeuge fertiggestellt. Die Auslieferung der **Loś A** an die polnische Luftwaffe begann Anfang 1938. Alle diese Maschinen erhielten nachträglich Doppelsteuer, damit sie zur Schulung eingesetzt werden konnten. Die Übergabe der nachfolgenden **P.37B Loś B** mit neuem Kabinendach, doppelrädrigen Hauptfahrwerksbaugruppen und Pegasus-Motoren der Bauart XX lief Ende 1938 an. Insgesamt 150 Exemplare waren geordert, aber neue Richtlinien, die Jägern statt Bombern den Vorzug gaben, ließen die Zahl auf 100 sinken, und bis zum Überfall Deutschlands

***P. Z. L. P.37B Łoś B der Bomberbrigade der polnischen Luftstreitkräfte im September 1939.***

auf Polen wurden davon nur 70 fertiggestellt. Noch katastrophaler für Polen war die Tatsache, daß von den im Dienst befindlichen **Łoś B** nur 36 eine komplette Kampfausrüstung besaßen. Schon bald kamen allerdings neun Reservebomber hinzu. Etwa 26 dieser Maschinen gingen im Einsatz verloren, und am 17. September 1939 wurden die übrigen und 20 andere **P.37** nach Rumänien überführt, wo sie später für die rumänische Luftwaffe flogen.

Eine Version der **P.37** mit der Bezeichnung **P.49 Miś** (Teddybär) und Motoren der Leistungsklasse bis zu 1178 kW (1600 PS) war geplant, doch als die deutschen Truppen nach Warschau vorstießen, wurde der in der Konstruktion befindliche Prototyp von Werksmitarbeitern absichtlich zerstört, damit er nicht dem Gegner in die Hände fiel.

### TECHNISCHE DATEN
**P. Z. L. P.37B Łoś B**

**Typ:** mittlerer Bomber mit vier Mann Besatzung
**Triebwerke:** zwei von P.Z.L. gebaute Sternmotoren Bristol Pegasus XX je 681 kW (925 PS)
**Leistung:** Höchstgeschwindigkeit 445 km/h in 3400 m Höhe; Dienstgipfelhöhe ohne Bombenlast 9145 m; Reichweite mit 2200 kg Bomben 1500 km
**Gewicht:** Leermasse 4280 kg; max. Startmasse 8900 kg
**Abmessungen:** Spannweite 17,95 m; Länge 12,92 m; Höhe 5,09 m; Tragflügelfläche 53,50 m²
**Bewaffnung:** drei 7,7-mm-Maschinengewehre in Bug-, Rücken- und Bauchgefechtsständen sowie eine interne Bombenlast von 2580 kg

# P. Z. L. 102B

Am 23. Mai 1958 flog bei P.Z.L. der Prototyp eines zweisitzigen, begrenzt kunstflugtauglichen Tiefdeckers mit der Bezeichnung **P.Z.L. 102**, der später den Beinamen **Kos** (Amsel) erhielt. Das Leichtflugzeug mit starrem Spornrad-Fahrgestell nahm zwei Personen in einer geschlossenen Kabine auf. Den Antrieb lieferte ein Narkiewicz WN-1, ein 48 kW (65 PS) starker Vier-Zylinder-Boxermotor. Weitere Musterflugzeuge gingen der Serienversion **P.Z.L. 102B** voraus, die im Oktober 1959 erstmals flog, angetrieben von einem Continental C90-12F. Der Typ brachte es bis 1964 nur auf eine kleine Auflage.

***Die P.Z.L. 102B zeichnete sich durch klare Linien und ein angesichts des kleinen Motors gutes Leistungsvermögen aus.***

### TECHNISCHE DATEN
**P.Z.L. 102B**

**Typ:** zweisitziges Schul-/Reiseflugzeug
**Triebwerk:** ein 4-Zylinder-Boxermotor Continental C90-12F mit 71 kW (97 PS)
**Leistung:** Höchstgeschwindigkeit 190 km/h; Dienstgipfelhöhe 4600 m; Reichweite mit max. Nutzlast 640 km
**Gewicht:** Leermasse 418 kg; max. Startmasse 655 kg
**Abmessungen:** Spannweite 8,50 m; Länge 6,95 m; Höhe 1,90 m; Tragflügelfläche 11 m²

# P. Z. L. 104 Wilga

Die **P.Z.L. 104 Wilga** (Drossel) war als Nachfolgerin für die in Polen gebaute Jak-12 und die aus ihr entwickelte **P.Z.L. 101** gedacht. Der Prototyp, angetrieben von einem Sechs-Zylinder-Boxermotor Narkiewicz WN-6 mit 132 kW (180 PS), flog erstmals am 24. April 1962. Auf diesen freitragenden Hochdecker mit starrem Heckrad-Fahrgestell und einer geschlossenen Kabine folgten mehrere Musterflugzeuge **Wilga 2P** und **Wilga CP** mit Sechs-Zylinder-Boxermotoren der Marke Narkiewicz WN-6RB2 (136 kW/185 PS) beziehungsweise Continental O-470-13A oder O-470-L (168 kW/228 PS). Die als Mehrzweckmuster konzipierte **P.Z.L. 104** wurde zunächst in Ausführungen angeboten, die sich für den Transport von vier Passagieren sowie als Verbindungs-, Club-, Segelschlepp- und Absetzflugzeug für Fallschirmspringer eigneten. Eine landwirtschaftliche Version war mit einem 500-Liter-Chemikalienbehälter ausgerüstet, und als Luftambulanz konnte der Typ außer dem Piloten einen Arzt, zwei Patienten auf Tragen und medizinisches Gerät aufnehmen. Nach dem Bau unterschiedlicher Prototypen ging das Modell zunächst als Clubflugzeug **Wilga 3A** und als Luftambulanz **Wilga 3S** in Serie. 1967 wurde der Entwurf überarbeitet, um die Kabinenauslegung und das Fahrwerk zu verbessern. 1968 begann die Produktion der **Wilga 35**, die erstmals am 28. Juli 1967 unter dem Antrieb ihres Iwtschenko-Motors AI-14R (191 kW/260 PS) geflogen war, und der **Wilga 32**, die am 12. September 1967 ihren Erstflug absolvierte, angetrieben von einem Continental O-470-K (172 kW/234 PS). Die zuletzt genannte Version wurde in Indonesien als **Lipnur Gelatik 32** (Reisstar) mit einem Continental O-470-R gleicher Leistung in Lizenz gefertigt.

### TECHNISCHE DATEN
**P.Z.L. 104 Wilga 35A**

**Typ:** Mehrzweck-Leichtflugzeug
**Triebwerk:** ein von P.Z.L. gebauter Sternmotor Iwtschenko AI-14RA mit 191 kW (260 PS)
**Leistung:** Höchstgeschwindigkeit 195 km/h; Dienstgipfelhöhe 4040 m; Reichweite mit max. Treibstoffmenge 670 km
**Gewicht:** Rüstmasse 900 kg; max. Startmasse 1300 kg
**Abmessungen:** Spannweite 11,12 m; Länge 8,10 m; Höhe 2,96 m; Tragflügelfläche 15,50 m²

Weitere Entwicklungen ergaben die **Wilga 35A** für Fliegerclubs, die **Wilga 35H** mit kanadischem Schwimmwerk Airtech LAP-3000, das 1990 in Prototypform geflogene Mehrzweckmuster **Wilga 35M** mit dem 265 kW (360 PS) starken Sternmotor M-14P, das Reiseflugzeug oder Lufttaxi **Wilga 35P** und die Agrarvariante **Wilga 35R**. Eine der **Wilga 35** ähnliche Version, die aber den Bestimmungen der US FAR Part 23 genügt, erhielt die Bezeichnung **Wilga 80**. Das erste Exemplar flog am 30. Mai 1979, und diese Gattung ist in drei Variationen erhältlich: **80A** für Fliegerclubs, **80H** als Schwimmerflugzeug und **80R** als Landwirtschaftsmaschine. Ein weiterreichender Neuentwurf ergab die **Wilga 88**, aus der schließlich die **P.Z.L. 105 Flamingo** wurde. **Wilga 35** und **80** befinden sich weiterhin in der Produktion; bis 1995 hatte P.Z.L. rund 1000 Exemplare verkauft.

***Für ihr ruppiges Aussehen entschädigt die P.Z.L. 104 Wilga 35 ihren Besitzer durch geringe Kosten, ihre Stärke und Zuverlässigkeit, die mit einer geräumigen Kabine und einem hervorragenden Blickfeld nach allen Seiten gepaart sind.***

# P. Z. L. 105 Flamingo

Der erste (SP-PRC) von drei Prototypen **P.Z.L. 105**, die die Serie Wilga 35/80 ablösen sollten und zunächst **Wilga 88** hießen, flog erstmals am 19. Dezember 1989, angetrieben von einem VMKB M-14P mit 265 kW (360 PS). Die Serienmaschinen tragen die Bezeichnung **P.Z.L. 105M**. Der zweite Prototyp, der einen Textron Lycoming IO-720-A1B mit 298 kW (405 PS) und die Bezeichnung **P.Z.L. 105L** erhielt, flog Mitte 1991. Die Zulassung nach amerikanischer Vorschrift sollte bis Ende 1992 und die Auslieferung ab 1993 erfolgen. Die **Flamingo** ist zwar ähnlich wie die Wilga konfiguriert, aber dennoch ein neuer Entwurf mit deutlich verbesserten Flugleistungen.

### TECHNISCHE DATEN
**P.Z.L. 105M Flamingo**

**Typ:** sechssitziges Mehrzweck-Leichtflugzeug
**Triebwerk:** ein luftgekühlter Neun-Zylinder-Sternmotor VMBK M-14P mit 265 kW (360 PS) in Verbindung mit einem Zweiblatt-Propeller oder ein Acht-Zylinder-Boxermotor Textron Lycoming mit 298 kW (405 PS) in Verbindung mit einem Dreiblatt-Propeller
**Leistung:** Reisefluggeschwindigkeit 205 km/h; Höchstgeschwindigkeit 306 km/h; Dienstgipfelhöhe 4140 m; Reichweite mit max. Treibstoffmenge 1085 km
**Gewicht:** Leermasse 1130 kg; max. Startmasse 1850 kg
**Abmessungen:** Spannweite 12,90 m; Länge 8,70 m; Höhe 2,87 m

# P.Z.L. 106 Kruk

Anfang 1972 leitete das Unternehmen den Entwurf eines neuen landwirtschaftlichen Flugzeugs in der Auslegung eines abgestrebten Tiefdeckers mit starrem Spornrad-Fahrwerk, T-Leitwerk und einer geschlossenen Kabine für den Piloten ein. Der erstmals am 17. April 1973 geflogene Prototyp **P.Z.L. 106** (SP-PAS) wurde von einem Avco Lycoming IO-720 mit 298 kW (405 PS) angetrieben. Es folgten fünf weitere Musterflugzeuge, davon eines mit dem genannten Antrieb und vier mit dem Sternmotor P.Z.L. 3S, den man auch für das Serienmodell wählte. Als erste Version erschien die **P.Z.L. 106A Kruk** (Rabe), deren Serienfertigung 1976 anlief. Sie war ähnlich wie die Prototypen ausgelegt und unterschied sich in erster Linie durch ein herkömmliches Leitwerk sowie einen größeren Chemikalienbehälter. Beide Merkmale wurden zum Standard der nachfolgenden Serien. Diese umfaßten die **P.Z.L. 106AR**, die den Getriebemotor P.Z.L. 3SR und einen größeren Propeller einführte, den Prototyp **P.Z.L. 106AS** mit dem von P.Z.L. gebauten 736 kW (1000 PS) starken Schwezow-Sternmotor ASz-62IR, auf den die in Ägypten operierende Pezetel 60 **P.Z.L. 106A** umstellen ließ, und die **P.Z.L. 106AT** mit einer 567 kW (771 WPS) starken Propellerturbine PT6A-34AG von Pratt & Whitney Canada, die erstmals am 22. Juni 1981 vom Boden abhob. Der Prototyp **(SP-PKW)** einer verbesserten Version der **P.Z.L. 106A** mit der Bezeichnung **P.Z.L. 106B** flog erstmals am 15. Mai 1981. Die wesentliche Neuerung bestand in einem Tragwerk größerer Spannweite und Flügelfläche. Dieses Modell sowie seine Varianten **P.Z.L. 106BR** und **106BS** lösten 1982 die entsprechenden Ausführungen der A-Serie ab. An sie schloß sich die **P.Z.L. 106BT Turbo-Kruk** an, die am 18. September 1985 zum Erstflug startete. Zu den Verbesserungen dieser von einer tschechischen Motorlet-Propellerturbine M601D mit 537 kW (730 WPS) angetriebenen Version zählten stärker zurückgepfeilte Tragflächen, eine höhere Seitenflosse und eine günstigere Chemikalienkapazität.

Bis 1990 wurden rund 250 **Kruk** aller Versionen gefertigt. Davon gingen allein 54 Exemplare in die ehemalige DDR, und gut 60 nutzt die landwirtschaftliche Flugorganisation Pezetel. Im Jahr 1992 wurde die Produktion dieser Maschine jedoch angeblich gestoppt.

**TECHNISCHE DATEN**
**P.Z.L. 106B**
**Typ:** Agrarflugzeug
**Triebwerk:** ein Sternmotor P.Z.L. 3S mit 441 kW (600 PS)
**Leistung:** Höchstgeschwindigkeit mit Sprühgeschirr 137 km/h; Dienstgipfelhöhe 4600 m; Reichweite bei max. Treibstoffzuladung 1100 km
**Gewicht:** Rüstmasse 1670 kg; Startmasse 3000 kg

***Die P.Z.L. 106 wurde als reines Agrarflugzeug entworfen, das vor allem erstklassige Flug- und Steuereigenschaften besitzen sollte. Kennzeichnend für die erste Kruk-Serienversion sind das konventionelle Leitwerk, die Nasenklappen und die Sprühstange hinter der Abströmkante.***

# P.Z.L. 110 Koliber

Die **P.Z.L. 110** ist die modifizierte Lizenzversion des einmotorigen Leichtflugzeugs Rallye 100ST des französischen Herstellers SOCATA. Das erste auf einen 86,5 kW (118 PS) starken Kolbenmotor P.Z.L.-F (Franklin) ummotorisierte Exemplar flog ab 18. April 1978. Anschließend wurden zehn Flugzeuge der Serie I gefertigt, gefolgt von 25 Maschinen der Serie II und 45 der Serie III. 1987 brachte P.Z.L. die **Koliber 150** mit einem Lycoming-Triebwerk heraus. Seitdem wurde dieses Muster nach Belgien, Dänemark, Deutschland, Norwegen, Südafrika, Schweden und Großbritannien exportiert. 1991 gab P.Z.L. bekannt, daß sie das Angebot um die Version **Koliber 235** mit einem Sechs-Zylinder-Boxermotor O-540-B4B5 von Textron Lycoming (175,3 kW/235 HP/238 PS) bereichern werde.

**TECHNISCHE DATEN**
**P.Z.L. Koliber 150**
**Typ:** zwei-/viersitziges Reise-, Vereins- und Segelschleppflugzeug
**Triebwerk:** ein Vier-Zylinder-Boxermotor Textron Lycoming O-320-E2A mit 112 kW (152 PS)
**Leistung:** Reisefluggeschwindigkeit 170 km/h; Höchstgeschwindigkeit 270 km/h; Dienstgipfelhöhe 3700 m; Reichweite in 500 m Höhe über Grund sowie bei voller Betankung 600 km
**Gewicht:** Rüstmasse 548 kg; max. Startmasse 850 kg
**Abmessungen:** Spannweite 9,75 m; Länge 7,37 m; Höhe 2,80 m; Tragflügelfläche 12,60 m²

# P.Z.L. 130 Orlik/Turbo-Orlik

Die Arbeit am Entwurf des kolbengetriebenen Grundschulflugzeugs **P.Z.L. 130 Orlik** (Schreiadler) begann 1981. Die Konstruktion von vier Flugzeugzellen, einem Bodenprüfling und drei Prototypen zur Flugerprobung, lief 1982 an. Das erste Musterexemplar **(SP-PCA)** startete am 12. Oktober 1983 zum Jungfernflug, und schon bald folgte das zweite. Die dritte Maschine flog jedoch erst im Januar 1985, und die beiden nachfolgenden Vorserienflugzeuge kamen erst im Februar 1988 in die Luft, weil sich die Lieferung des russischen Neun-Zylinder-Flugmotors Vedenejew M14Pm (242 kW/330 PS) immer wieder verzögerte. Unterdessen hatte P.Z.L. andere Motortypen in Erwägung gezogen, darunter den firmeneigenen, aber leistungsschwächeren Kalisz K8-AA, den die zweite Vorserienmaschine („006") im März 1988 erhielt. Obwohl die Flugerprobung noch zwei Jahre lang andauerte und auch die polnische Luftwaffe dieses Muster eingehend prüfte, wurde die Kolbenmotor-**Orlik** 1990 aufgegeben.

Während die Firma auf die M14Pm-Motoren wartete, stellte P.Z.L. den dritten Prototyp **(SP-PCC)** auf die Propellerturbine PT-6A-25A von Pratt & Whitney um. In dieser Form flog die Maschine (als **SP-RCC**) erstmals am 13. Juli 1986 und erhielt im Januar 1987 eine vorläufige Zulassung, stürzte aber noch im selben Monat ab. Drei weitere Vorserienflugzeuge wurden gebaut, alle mit unterschiedlichem Antrieb: die **P.Z.L. 130TM** mit der Propellerturbine Motorlet M601D (552 kW/750 PS), die **P.Z.L. 130T** mit einer PT6A-25A (410 kW/558 WPS) und die **P.Z.L. 130TP** mit dem Turboprop-Triebwerk PT6A-62 (708 kW/963 WPS), die alle in den Jahren 1989/90 flogen. Nach weiteren Triebwerkstests erteilte die polnische Luftwaffe 1991 einen Auftrag über 48 **P.Z.L. 130TB** mit der tschechischen Turbine M601E, und die erste seriengefertigte Turbo-Orlik wurde Ende 1992 ausgeliefert. Inzwischen bemühte sich das Unternehmen um den Exportabsatz der **P.Z.L. 130TC** mit PT6A-62, der **P.Z.L. 130TD** mit PT6A-25C und der „Sparversion" **P.Z.L. 130TE** mit PT6A-25A, die über eine abgespeckte Bordausrüstung ohne Schleudersitze verfügt.

**TECHNISCHE DATEN**
**P.Z.L. 130TB Turbo-Orlik**
**Typ:** zweisitziges Schulflugzeug für Anfänger und Fortgeschrittene
**Triebwerk:** eine Propellerturbine Motorlet M601E mit 552 kW (750 WPS)
**Leistung:** Höchstgeschwindigkeit im Horizontalflug in Meereshöhe 454 km/h; Höchstgeschwindigkeit im Horizontalflug in 6000 m Höhe 501 km/h; Reichweite mit max. Treibstoffmenge 970 km
**Gewicht:** Rüstmasse 1600 kg; externe Nutzlast 800 kg; max. Startmasse 2000 kg
**Abmessungen:** Spannweite 9 m; Länge 9 m; Höhe 3,50 m; Tragflügelfläche 13 m²

***Der Einbau einer Propellerturbine in die Original-Orlik hat ihre Leistung verbessert. Die Turbo-Orlik wurde von der polnischen Luftwaffe in Dienst gestellt.***

# P.Z.L. Mielec MD-12

Polens größtes Flugzeugwerk, das ein Jahr vor Ausbruch des Zweiten Weltkriegs in Mielec eingerichtet wurde, ist heute unter dem Namen P.Z.L. Mielec bekannt. Eines seiner ersten Nachkriegsprojekte war das leichte Kurzstrecken-Verkehrsmuster **P.Z.L. Mielec MD-12**, dessen erster Prototyp im August 1959 flog. Der freitragende Ganzmetall-Tiefdecker mit einziehbarem Bugrad-Fahrwerk wurde von vier Narkiewicz-Sternmotoren WN-3 in flügelmontierten Gondeln angetrieben. Für die zweiköpfige Besatzung war ein gesondertes Flugdeck eingerichtet, und in der Hauptkabine fanden 20 Fluggäste oder nach leicht durchführbarem Ausbau der Passagiersitze 1900 kg Fracht Platz. Die **MD-12** gelangte über den Status eines Prototyps nicht hinaus, aber eine Ausführung für Luftbildvermessung wurde in geringer Anzahl produziert. Diese **MD-12F** bezeichnete Variante flog in Prototypform erstmals am 21. Juli 1962. Ihr Innenraum war für eine siebenköpfige Besatzung ausgelegt und enthielt vier Kamerastationen sowie eine Dunkelkammer.

**TECHNISCHE DATEN**
**P.Z.L. Mielec MD-12F**
**Typ:** Luftbildmeßflugzeug
**Triebwerke:** vier Sternmotoren Narkiewicz WN-3 je 221 kW (300 PS)
**Leistung:** Höchstgeschwindigkeit 305 km/h; Dienstgipfelhöhe 5200 m; Reichweite mit max. Treibstoffmenge 2100 km
**Gewicht:** Rüstmasse 5025 kg; max. Startmasse 7000 kg
**Abmessungen:** Spannweite 23,20 m; Länge 15,80 m; Höhe 5,95 m; Tragflügelfläche 57 m²

***Die P.Z.L. Mielec MD-12 war ein einfacher Airliner, auf den die polnische Firma große Hoffnungen setzte. Die UdSSR blockierte mit Erfolg seine Karriere, indem sie die Lieferung moderner Turboprop-Triebwerke und die nötige technische Unterstützung verweigerte, um mögliche Konkurrenz für die eigene Industrie auszuschalten. Die einzige verbliebene MD-12 kann im nationalen Luftfahrtmuseum in Krakau besichtigt werden.***

# P.Z.L. Mielec B-15 Belphegor

Nach einer Vereinbarung zwischen der polnischen und der sowjetischen Regierung zur Konstruktion und Produktion eines neuen, großen Agrarflugzeugs mit der Bezeichnung **P.Z.L. Mielec M-15** begannen Ende 1971 Entwurfsarbeiten, und am 30. Mai 1973 startete der Prototyp **LLP-M-15** zum Jungfernflug. Es folgten ein weiterer M-15-Prototyp und fünf Vorserienflugzeuge, bis das Entwicklungsprogramm am 4. April 1979 mit der Ausstellung des Lufttüchtigkeitszeugnisses abgeschlossen wurde.

Die Auslegung der **M-15** war unorthodox: Doppeldeckertragwerk ungleicher Spannweite, doppelte Leitwerksträger für rechteckige Seitenflossen mit aufliegendem Höhenleitwerk, starres Dreibein-Fahrwerk, zentrale Rumpfgondel mit vorderem Cockpit für einen Piloten und dahinter eine Kabine für zwei Begleiter bei Flügen zwischen den einzelnen Einsatzgebieten, ein einzelnes, oberhalb der Rumpfgondel montiertes Turbofan-Triebwerk und zwei stromlinienförmige Chemikalienbehälter mit einem Fassungsvermögen von insgesamt 2900 Litern, die direkt an die Leitwerksträger angebunden waren und den gesamten Zwischenraum zwischen Ober- und Unterflügel einnahmen.

Die geplante Herstellung von 3000 **M-15**, ab 1979 **Belphegor** genannt, wurde nicht verwirklicht, sondern die Produktion 1981 nach nur 120 Maschinen wegen Unwirtschaftlichkeit im Betrieb abgebrochen.

***Die Belphegor war ein bizarres Modell, das man ganz nach sowjetischen Bedürfnissen und ständig abgewandelten Forderungen ausgerichtet hatte. P.Z.L.-Testpiloten weigerten sich aus Sicherheitsgründen, den Prototyp zu fliegen.***

**TECHNISCHE DATEN**
**Typ:** dreisitziges Agrarflugzeug
**Triebwerk:** ein Mantelstromtriebwerk Iwtschenko AI-25 mit 1500 kg Schub
**Leistung:** Höchstgeschwindigkeit für Reiseflug 200 km/h; normale Einsatzgeschwindigkeit 160 bis 175 km/h; max. Reichweite 480 km in 3000 m Höhe
**Gewicht:** Sprüherleermasse 3270 kg; max. Startmasse 5750 kg
**Abmessungen:** Spannweite 22,33 m; Länge 13,13 m; Höhe 5,34 m; Tragflügelfläche 67,90 m²

# P.Z.L. Mielec M-18 Dromader

Das Agrarflugzeug **P.Z.L. M-18 Dromader** hat die gleiche Grundkonfiguration wie die P.Z.L. 106 Kruk, ist jedoch erheblich größer und genügt den Bestimmungen nach US FAR Pt 23. Vom Vorgängermuster unterscheidet sich die **Dromader** vor allem durch ihr freitragendes, ungepfeiltes Trag- und Höhenleitwerk sowie durch den antriebsstärkeren P.Z.L. ASz-621R, der auch bei späteren Versionen der Kruk zum Einsatz kam. Bei dem Entwurf wurde besonderer Wert auf die Sicherheit des Piloten gelegt, denn er sitzt in einem Cockpit, das einem Aufprall mit 40 g widerstehen können soll. Durch Verwendung spezieller Werkstoffe und entsprechender Oberflächenbehandlung ist die Zelle weitgehend korrosionsfest. Zwei Prototypen flogen ab 27. August beziehungsweise 2. Oktober 1976, gefolgt von sieben Vorserienmaschinen, von denen fünf die eigentliche Einsatzerprobung bestritten und zwei im Sommer 1978 Streu- und Sprühflüge in Ägypten durchführten. Ein weiteres Exemplar wurde am 11. November 1978 als Feuerlöschflugzeug erprobt, um die Tauglichkeit für dieses Konzept auszuloten. Nach der polnischen Zulassung am 27. September 1978 lief die Produktion der **M-18** an, endete aber bereits 1984, kurz nachdem die polnische Luftfahrtbehörde der zweisitzigen **M-18A** die Zulassung erteilt hatte. Die Sonderausführung des zweisitzigen Agrarschulflugzeugs **M-18AS** mit kleinerem Chemikalienbehälter, der den Einbau eines hinteren Lehrersitzes ermöglichte, flog erstmals am 21. März 1988. Bis 1992 wurden fünf solcher Trainer gebaut.

1985 begann die Firma mit der Konstruktion von fünf Zellen der verbesserten Version **M-24 Dromader Super**, davon eine als Bodenprüfstand und je zwei zur Flugerprobung, angetrieben vom ASz-621R mit 736 kW (1000 PS) beziehungsweise vom P.Z.L. K9-AA mit 861 kW (1170 PS). Der erste dieser Prototypen flog am 14. Juli 1987 und im November 1988 das gesamte Quartett. Die Turboprop-Version **M-24T** mit einer 875 kW (1190 WPS) starken Propellerturbine PT-6A im verlängerten Bug existiert bislang nur als Modell. Zwei Prototypen der maßstäblich verkleinerten Version **M-21 Dromader Mini** hingegen sind geflogen, das erste Exemplar **(SP-PDM)** am 18. Juni 1982 unter dem Antrieb eines 442 kW (600 PS) starken P.Z.L. 3S.

Eine vorläufige Zulassung wurde erteilt, doch die Produktion dieses Typs blieb aus. Die 1982 vorgeschlagene **Dromader Mikro** kam ebenfalls nicht weiter.

**TECHNISCHE DATEN**
**P.Z.L. Mielec M-18A**
**Typ:** einsitziges Agrarflugzeug
**Triebwerk:** ein Sternmotor P.Z.L. Kalisz ASz-62IR mit 736 kW (1000 PS)
**Leistung:** (mit Sprühgerät) Höchstgeschwindigkeit 237 km/h; Einsatzgeschwindigkeit 170 bis 185 km/h; max. Reichweite 520 km
**Gewicht:** Leermasse 2470 kg; max. Startmasse 4700 kg
**Abmessungen:** Spannweite 17,70 m; Länge 9,47 m; Höhe 3,70 m; Tragflügelfläche 40 m²

***Die M-18 Dromader, der größere Abkömmling der P.Z.L. 106, sollte nicht nur zuverlässig und ökonomisch sein, sondern ihrem Piloten auch ebenso hohe Sicherheit wie westliche „Ag-Flugzeuge" bieten.***

# P.Z.L. Mielec Mewa

Die **Mewa** (Möwe) ist die polnische Lizenzversion der Piper PA-34-200T Seneca II, ein sechs- bis siebensitziges Leichtflugzeug mit zwei Franklin-Motoren, die P.Z.L. ebenfalls in Lizenz im Debica-Werk herstellt. Im Januar 1977 unterzeichneten Piper und P.Z.L. einen Vertrag, der die Montage, die Herstellung und den Vertrieb der Seneca II durch P.Z.L. (damals nur in Osteuropa) vorsah.

Seitdem wurden fünf Varianten produziert: fünf **M-20-00** mit Zellen amerikanischer Fabrikation und polnischen Motoren (Erstflug am 25. Juli 1979), fünf **M-20-01** mit polnischen Zellen und Motoren (Erstflug am 22. September 1982) und die **M-20-02** in nicht bekannter Stückzahl mit polnischer Bordausrüstung und einem 27,5-Volt-Bordnetz, die ihren Erstflug im Oktober 1985 absolvierte.

Insgesamt 50 Exemplare der aktuellen Serienversion **M-20-03** fanden Abnehmer in der Polish First Aid Aviation Society (20), in Südafrika (15), wo sie **TM-20B Flamingo III** heißen, sowie in Österreich, der Bundesrepublik Deutschland, in Indien und in der Türkei (15). Die projektierte **M-20-04** mit verstärkten Tragflächen, einem völlig neu entworfenen Hauptholm, 28-Volt-Bordnetz und einer auf 2156 kg angehobenen maximalen Startmasse sollte noch vor Ablauf des Jahres 1992 flugbereit sein.

**TECHNISCHE DATEN**
**P.Z.L. Mielec M-20-03 Mewa**
**Typ:** Mehrzweck-Leichtflugzeug
**Triebwerke:** zwei Sechs-Zylinder-Boxermotoren P.Z.L. F-6A-350C je 151 kW
**Leistung:** Höchstgeschwindigkeit 360 km/h; Dienstgipfelhöhe 7620 m; Reichweite mit max. Treibstoffmenge 1833 km
**Gewicht:** Leermasse 1320 kg; max. Startmasse 2070 kg
**Abmessungen:** Spannweite 11,80 m; Länge 8,70 m; Höhe 3 m

# P. Z. L. TS-8 Bies

Am 23. Juli 1955 flog der erste Prototyp des zweisitzigen Anfängerschulflugzeugs **P.Z.L. TS-8**, das später den Beinamen **Bies** (Teufelskerl) erhielt. Der freitragende Tiefdecker mit einziehbarem Bugrad-Fahrwerk wurde von einem Narkiewicz-Sternmotor WN-3 angetrieben und nahm zwei Personen hintereinander unter einem durchsichtigen, abwerfbaren Kabinendach auf. Die ersten Lieferungen an die polnische Luftwaffe erfolgten 1958. Der Typ stellte mehrere Geschwindigkeitsrekorde für Luftfahrzeuge dieser Klasse auf, und der am 20. Mai 1957 über die 2000-km-Rundstrecke erflogene Wert von 320,362 km/h blieb bis zum August 1982 unangefochten. Nach sechs Dienstjahren bei der polnischen Luftwaffe wurde dieser uneingeschränkt kunstflugtaugliche Trainer 1964 von der TS-11 Iskra abgelöst.

**TECHNISCHE DATEN**

**Typ:** zweisitziges Grundschulflugzeug
**Triebwerk:** ein Sternmotor Narkiewicz WN-3 mit 243 kW (330 PS)
**Leistung:** Höchstgeschwindigkeit 312 km/h; Dienstgipfelhöhe 6000 m; Reichweite 800 km
**Gewicht:** Leermasse 1070 kg; max. Startmasse 1600 kg
**Abmessungen:** Spannweite 10,50 m; Länge 8,50 m; Höhe 3,30 m; Tragflügelfläche 19,10 m²
**Bewaffnung:** (Sonderausstattung) Gehänge für 200 kg Übungsbomben unter den Tragflächen

***Die TS-8 Bies verband die Vorteile eines Tiefdeckers mit einem Einziehfahrwerk.***

# P. Z. L. Mielec TS-11 Iskra

Die Konstruktion des zweisitzigen Strahltrainers **P.Z.L. Mielec TS-11 Iskra** (Funke) für Anfänger und Fortgeschrittene wurde 1957 geplant, um einen Nachfolger für die TS-8 Bies in der fliegerischen Grundausbildung bereitzustellen. Es entstanden vier Prototypen, und der Erstflug des Typs fand am 5. Februar 1960 statt. 1961 erging die Musterzulassung, und im März 1963 begann die Zuschleusung an die polnische Luftwaffe. Ein Jahr später nahm die **TS-11** den regulären Ausbildungsdienst auf. Seitdem wurden über 500 Exemplare gebaut, nicht nur für den heimischen Bedarf, sondern auch für den Export nach Indien, das 50 Maschinen beschaffte.

Die **TS-11** ist ein freitragender Ganzmetall-Mitteldecker mit Einziehfahrwerk und einem einzelnen, hinter dem Cockpit im Rumpf installierten Strahltriebwerk. Die ersten Flugzeuge erhielten das in Polen entwickelte HO-10, das 780 kg Schub erzeugte, aber ab Mitte der sechziger Jahre wurden nacheinander das SO-1 mit 800 kg Schub, das verbesserte SO-3 gleicher Leistung und das schubstärkere SO-3W eingebaut. Die polnische Luftwaffe ersetzt die **Iskra** derzeit durch die I-22 Iryda.

**TECHNISCHE DATEN**
**TS-11 Iskra-Bis DF**

**Typ:** uneingeschränkt kunstflugtauglicher Strahltrainer zur Waffen- und Einsatzausbildung einschließlich Aufklärung
**Triebwerk:** ein Strahltriebwerk IL SO-3W mit 1100 kg Schub
**Leistung:** Höchstgeschwindigkeit 770 km/h in 5000 m Höhe; Dienstgipfelhöhe 11.000 m; Reichweite mit max. Interntreibstoff 1260 km
**Gewicht:** Leermasse 2560 kg; max. Startmasse 3840 kg
**Abmessungen:** Spannweite 10,06 m; Länge 11,15 m; Höhe 3,50 m; Tragflügelfläche 17,50 m²
**Bewaffnung:** eine 23-mm-Kanone im Bugraum, steuerbord, und vier Halterungen unter den Tragflächen für unterschiedliche Waffentypen

***Der Strahltrainer P.Z.L. Mielec TS-11, der nach dem einfachen Konstruktionsrezept „Rumpfgondel mit Leitwerksausleger und ungepfeiltem Tragwerk" gebaut wurde, kann auch leichte Angriffs- und Aufklärungsaufgaben erfüllen.***

**Varianten**
**TS-11 Iskra-Bis A:** erste Doppelsitzer-Serienversion zur Schulung von Anfängern und Fortgeschrittenen; ausgerüstet mit zwei externen Waffenstationen
**TS-11 Iskra-Bis B:** ursprünglich Iskra 100; zweisitziger Strahltrainer mit vier externen Waffenstationen zur Ausbildung von Anfängern und Fortgeschrittenen
**TS-11 Iskra-Bis C:** ursprünglich als Iskra 200 bezeichnet; einsitziger Aufklärer mit erweiterter Treibstoffkapazität und einer Luftbildkamera in der Rumpfwanne
**TS-11 Iskra-Bis D:** ähnlich wie die Iskra-Bis B; gebaut für die indischen Luftstreitkräfte
**TS-11 Iskra-Bis DF:** zweisitziger Strahltrainer zur Waffen- und Einsatzausbildung einschließlich Aufklärung; kann schwerere Waffen und drei Luftbildkameras mitführen

# P. Z. L. Swidnik Mi-2

Nach der Lizenzfertigung von 1700 Hubschraubern des sowjetischen Typs Mi-1 „Hare" ab 1955 erhielt das polnische Swidnik-Werk 1964 das Recht zur Entwicklung, Produktion und Vermarktung des turbinengetriebenen **Mi-2**, und im November 1965 flog das erste Exemplar polnischer Fertigung. Der von Michail Mil konstruierte **Mi-2** (NATO-Deckname **„Hoplite"**), der im September 1961 in der UdSSR vom Boden abhob, hielt an der Grundkonfiguration des Mi-1 mit Dreiblatt-Hauptrotor und Steuerbord-Heckrotor fest, aber seine Kabine war viel größer, und statt des früheren Kolbenmotors besorgten zwei nebeneinander über der Kabine montierte Isotow-Wellenturbinen den Antrieb. Der **Mi-2** wurde stetig verfeinert und neuen Rollen angepaßt.

**TECHNISCHE DATEN**
**P. Z. L. Swidnik Mi-2B**

**Typ:** sechs-/achtsitziger Mehrzweck-Hubschrauber
**Triebwerke:** zwei Wellenturbinen Isotow GTD-350 je 294 kW (400 WPS)
**Leistung:** Reisefluggeschwindigkeit 190 km/h; Höchstgeschwindigkeit 200 km/h; Dienstgipfelhöhe 4000 m; Reichweite mit max. Nutzlast in 500 m Höhe 170 km
**Gewicht:** Rüstmasse 2400 kg; max. Startmasse 3550 kg
**Abmessungen:** Hauptrotordurchmesser 14,50 m; Länge bei laufenden Rotoren 17,40 m; Höhe, gemessen am Rotorkopf 3,70 m

***Der in der Luftrettungsorganisation eingesetzte Sanitätshubschrauber Mi-2R kann einen liegenden Patienten und einen Helfer transportieren.***

Als man die Produktion 1991 wegen der für 1992 geplanten Privatisierung des Unternehmens einstellte, waren mehr als 5250 solcher Hubschrauber gebaut. Für den Absatz im Westen wurden optimierte Exportversionen des **Mi-2** unter den Namen **Kania/Kitty Hawk** und **Taurus** entwickelt.

**Varianten**
**Mi-2:** Standard-Zivilversion, erhältlich als umrüstbarer Passagier-/Frachthubschrauber, Chemikalien-Sprüher (Bazant), Ausbildungs-, Luftbildmeß- und Photogrammetrie-Hubschrauber oder als Transporthubschrauber für Außenlasten an der Schlinge samt Elektro-Winde
**Mi-2B:** Grundmuster des Mi-2, aber mit aktualisierter Navigationsausrüstung und modifizierter Bordelektrik, jedoch ohne Rotorblattenteisung
**Mi-2R:** Luftambulanz- und SAR-Version des Mi-2 mit elektrischer Rettungswinde
**Mi-2RM:** Marineversion
**Mi-2URN:** Variante des Mi-2-Schlachthubschraubers von 1973 mit zwei Mars-2-Startbehältern (je 16 x 57-mm-Raketen, ungelenkt) für Luftnahunterstützung oder bewaffnete Aufklärung
**Mi-2URP:** Panzerabwehrhubschrauber von 1976 mit vier Lenkraketen AT-3 „Sagger" an Waffenpylonen und vier weiteren in der Frachtkabine; spätere Modelle können vier „Strela 2" mitführen
**Mi-2US:** Schlachthubschrauber mit einer Bewaffnung von einer 23-mm-Kanone NS-23KM an der rechten Rumpfseite, zwei 7,62-mm-Maschinengewehren in Behältern an seitlichen Rumpfpylonen und zwei beweglich gelagerten 7,62-mm-Maschinengewehren im Kabinenheck

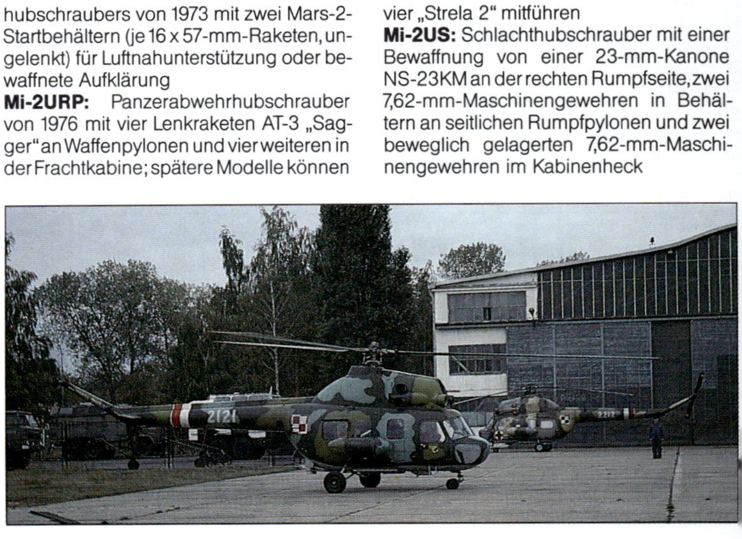

***Die PWL (polnische Luftwaffe) unterhält eine starke Mi-2-Flotte, nicht nur für das Lufttransportwesen, sondern auch für den bewaffneten Gefechtsdienst.***

## P.Z.L. Swidnik Kania, Kitty Hawk und Taurus bis Pemberton-Billing-Flugzeuge

**P.Z.L. wurde 1950 von den Russen reorganisiert. Das Drei-Nationen-Kampfflugzeug Tornado von Panavia war ein großer Triumph der Zusammenarbeit. Der Konstrukteur Luigi Peschale veranlaßte die Partenavia Costruzione Aeronautiche in Neapel zum Bau einer internationalen Serie leichter Flugzeuge.**

# P.Z.L. Swidnik Kania, Kitty Hawk und Taurus

Gemeinsam mit der Allison Division von General Motors entwickelte P.Z.L. Swidnik Ende der siebziger Jahre eine Exportversion des Mil-Hubschraubers Mi-2 mit zwei Allison-Wellenturbinen als Antrieb. Der **Kania** oder **Kitty Hawk** getaufte Drehflügler entsprach allgemein dem von P.Z.L. Swidnik gebauten Mi-2, da die Umrüstung auf seriengefertigten Zellen dieses Herstellers basierte. Das erste Exemplar **(SP-PSA)** flog erstmals am 3. Juni 1979. Der Typ war wie der Mi-2 für eine Vielzahl unterschiedlicher Rollen vorgesehen und konnte außer dem Piloten maximal neun Passagiere oder einen Kopiloten und acht Passagiere aufnehmen. Entsprechend umkonfiguriert, war das Muster in der Lage, bis zu 800 kg Fracht, teilweise extern an der Schlinge, zu transportieren. Die Zahl der zu **Kania Modell 1** umgerüsteten Hubschrauber belief sich angeblich auf vier Prototypen und sechs Maschinen des definitiven Modells.

Im August 1978 hatte P.Z.L. Swidnik mit der amerikanischen Firma Spitfire Helicopter vereinbart, daß sie in westlichen Ländern eine modifizierte **Kania**-Version unter dem Namen **Spitfire Taurus** vermarkten dürfe. Von der polnischen Standardversion unterschied sich dieser Hubschrauber in erster Linie durch Allison-Wellenturbinen 250-C28 mit einer Startleistung von je 373 kW (507 WPS), für die ein gemeinsamer Lufteinlauf bestand. Ferner wies er einen neu geformten Bug und eine Kielflosse auf. Heute existiert die Firma jedoch nicht mehr.

**TECHNISCHE DATEN**
**P.Z.L. Swidnik Kania**
**Typ:** leichter Mehrzweckhubschrauber
**Triebwerke:** zwei Wellenturbinen Allison 250-C20B je 313 kW (426 WPS)
**Leistung:** Höchstgeschwindigkeit für Reiseflug 210 km/h; Dienstgipfelhöhe 4000 m; Reichweite mit max. Nutzlast 497 km
**Gewicht:** Leermasse 2140 kg; max. Startmasse 3550 kg
**Abmessungen:** Hauptrotordurchmesser 14,56 m; Länge bei laufenden Rotoren 17,41 m; Höhe 3,75 m; Hauptrotorkreisfläche 166,50 m²

# P.Z.L. W-3 Sokol

Die Konstruktion des **Sokol** (Falke), der Mitte der siebziger Jahre entworfen und von der sehr ähnlichen Kania-Hubschrauberserie abgeleitet wurde, begann 1978 mit fünf Prototypen. Der erste **(SP-PSA)** startete am 16. November 1979 zum Jungfernflug, und nach etlichen Änderungen, die sich aus der Früherprobung ergeben hatten, folgte am 6. Mai 1982 der zweite **(SP-PSB)**. 1985 lief die Serienfertigung in ziviler und militärischer Version an. Dieser Hubschrauber, der sich 1995 noch in der Produktion befand, wurde nach Polen, Rußland, Deutschland und Birma ausgeliefert.

**Varianten**
**W-3 Sokol-Long:** gestreckte Version mit leistungsstärkeren Triebwerken; derzeit als Truppentransporter für 14 Personen in der Entwicklung
**W-3R Anakonda:** Offshore-SAR-Version, eingeschränkt amphibientauglich durch wasserdichte Kabine und sechs aufblasbare Schwimmerbälge; nach Vergleichsprüfung mit dem Mi-14 „Haze" im Zeitraum 1989/91 in kleiner Stückzahl von der polnischen Marine in Dienst gestellt
**W-3W:** bewaffneter Truppentransporter (W = Wielozadanioy/Mehrzweck); bis Juli 1994 zehn Exemplare an die polnische Luftwaffe ausgeliefert
**W-3WB Huzar:** vorgeschlagener Transporthubschrauber mit südafrikanischer Bewaffnung und Sensorik; Erstflug im August 1993; Projekt aufgegeben

***Dieser mit einer Winde ausgerüstete Sokol fliegt für die paramilitärische Rettungsorganisation mit Sitz in Warschau-Bemowo.***

**TECHNISCHE DATEN**
**Typ:** Mehrzweckhubschrauber
**Triebwerke:** zwei Wellenturbinen WSK-P.Z.L. Rzeszow TWD-10W je 662 kW (900 WPS)
**Leistung:** Höchstgeschwindigkeit 255 km/h; Dienstgipfelhöhe 5100 m; Reichweite mit Standard-Treibstoffmenge 715 km
**Gewicht:** Leermasse 3300 kg; max. Startmasse 6100 kg
**Abmessungen:** Hauptrotordurchmesser 15,70 m; Gesamtlänge bei laufenden Rotoren 18,50 m; Höhe 4,10 m
**Bewaffnung:** eine 23-mm-Kanone GSch-23

# PacAero Learstar und Nomad

Im Herbst 1953 bildete William Lear in seiner Lear Incorporated die Aircraft Engineering Division in der Absicht, eine verfeinerte Geschäftsreiseversion der Lockheed Lodestar zu entwickeln. Das **Learstar** genannte Modell erhielt die gleiche Grundauslegung und zwei Wright-Sternmotoren R-1820 Cyclone als Antrieb, führte aber strukturelle Verbesserungen und neue Bordsysteme ein, die ein höheres Leistungsvermögen als bei der Lodestar ergeben sollten. 1957 erwarb die Pacific Airmotive Corporation die Aircraft Engineering Division von Lockheed Incorporated und gründete zur Fortentwicklung und Produktion der **Learstar** die PacAero Engineering Corporation. Ebenfalls erhältlich war eine verbesserte **PacAero Learstar Mk II**, die sich vom Ausgangsprodukt durch ein größeres Tankvolumen in den Außenflächen und durch andere, auf Wunsch in neuen Motorgondeln installierte Bauarten des R-1820 unterschied. Die Produktion dieser Umrüstflugzeuge lief nach der Fertigung von etwa 30 Exemplaren in den frühen sechziger Jahren aus.

Auf ähnliche Weise modifizierte North American Aviation das zweisitzige Grundschulflugzeug T-28A zum Mehrzweckmodell **Nomad** für den zivilen und militärischen Bereich. PacAero wurde mit der Umrüstung aller ehemaligen USAF-T-28A zur **Nomad** betraut, erhältlich als **Nomad Mk I** mit Wright R-1830-56S je 969 kW (1318 PS) und **Nomad Mk II** mit Wright R-1820-76A je 1063 kW (1445 PS).

***Hier zeigt sich die Learstar in Form einer Sonderausführung für die Honeywell Corporation.***

**TECHNISCHE DATEN**
**PacAero Learstar Mk I**
**Typ:** Geschäftsreiseflugzeug
**Triebwerke:** zwei Sternmotoren Wright R-1820-76A/-76B/86 je 1063 kW (1445 PS)
**Leistung:** Höchstgeschwindigkeit 517 km/h; Dienstgipfelhöhe 6995 m; Reichweite mit max. Treibstoffmenge 6920 km
**Gewicht:** Leermasse 6804 kg; max. Startmasse 10.886 kg
**Abmessungen:** Spannweite 20,17 m; Länge 15,54 m; Höhe 3,61 m; Tragflügelfläche 51,19 m²

# Panavia Tornado

Die Panavia Tornado GmbH wurde am 26. März 1969 von drei internationalen Firmen gegründet, der British Aircraft Corporation (jetzt British Aerospace Defence), Messerschmitt-Bölkow GmbH (jetzt Deutsche Aerospace Military Aircraft Division) und Societa per Azioni Fiat (jetzt Alenia Aeronautica). Das neue Konsortium sollte für die Luftstreitkräfte Großbritanniens, der Bundesrepublik Deutschland und Italiens ein allwettertaugliches Kampfflugzeug konstruieren, entwickeln und produzieren, das damals unter dem Begriff Multi-Role Combat Aircraft (MRCA) lief. Im September 1974 wurde der Name **Panavia Tornado** eingeführt, und am 29. Juli 1976 unterzeichneten Regierungsvertreter ein Memorandum über die Produktion von 809 **Tornado**. Beschaffungen durch Saudi-Arabien und den Oman erhöhten den Umfang später auf 923 Exemplare.

Der freitragende Ganzmetall-Schulterdecker kann seine Tragflächen im Sektor von 43° schwenken, und im Zusammenwirken mit zwei modernen Turbofan-Triebwerken von Turbo-Union und hochentwikkelten Avioniksystemen versetzen diese Schwenkflügel den **Tornado** in die Lage, unter allen Wetterbedingungen in den gegnerischen Luftraum einzudringen. Der **IDS Tornado** (Interdictor/Strike) verfügt über ein völlig unabhängiges Navigations- und Waffeneinsatzsystem, ein Geländefolgeradar und eine duale, rechnergestützte Triplex-Flugsteuerungsanlage, die Fly-by-Wire mit Autostabilisierung kombiniert. Neun flugtüchtige Prototypen wurden gebaut, von denen der erste **(D-9591)**, von MBB montiert, am 14. August 1974 von Manching aus seinen Jungfernflug absolvierte. Die ersten britischen, deutschen und italienischen Serienmaschinen folgten am 10. und 27. Juli 1979 beziehungsweise am 25. September 1981.

Von den 933 insgesamt produzierten Flugzeugen erhielten die RAF 402, aufgeschlüsselt in 229 Jagdbomber/Aufklärer **Tornado GR.Mk 1/1A** und 173 Abfangjäger **Tornado F.Mk 2/3**, die Luftwaffe 247 Jagdbomber (einschließlich 35 **ECR-Tornado**), die Marineflieger 112 Jagdbomber, die Aeronautica Militare Italiana 100 Jagdbomber und die Königlich Saudische Luftwaffe 48 Jagdbomber und 24 Abfangjäger. Der Verkauf von acht Abfangjägern an das Scheichtum Oman zerschlug sich, und die Maschinen wurden der RAF zugeschlagen. Von dem Gesamtbestand sind 194 Exemplare kampftaugliche Trainer mit Doppelsteuerung. Auf dem Höhepunkt der Serienfertigung im Jahr 1983 stießen die drei Produktionszentren 110 Tornado pro Jahr aus. Das letzte in Deutschland gebaute Exemplar wurde der Luftwaffe im Januar 1992 übergeben, und die letzte in England gefertigte Maschine rollte im Dezember 1992 vom Warton-Montageband.

Im Januar 1993 schließlich erweiterte Saudi-Arabien den Al Yamamah II-Vertrag von 1988 um 48 Abfangjäger. Da in Warton nur noch zwei **F.Mk 3** die Fertigungsstrecke belegten, rettete dieser Auftrag viele Arbeitsplätze bei BAe und erhöhte den Absatz auf 992 **Tornado**.

Britische und saudische **Tornado** aller Versionen wurden im Golfkrieg eingesetzt, und die RAF büßte gleich zu Beginn etliche Maschinen bei Tiefflugangriffen auf Flugplätze ein. Als Teil der Operation Deny Flight über Bosnien ist ein RAF-Kommando mit **Tornado F.Mk 3** seit mehr als zwei Jahren in Italien stationiert, und im August 1995 kamen deutsche **ECR-** und Aufklärer-Tornados hinzu. Die **Tornado GR.Mk 1/A** der RAF durchlaufen derzeit ein Modifikationsprogramm, das sie auf den Standard **GR.Mk 4** bringen wird. Die Nachrüstung umfaßt neue Avioniksysteme und ein verbessertes Cockpit mit Frontscheibensichtgerät, Satellitennavigation (GPS) und Vorwärtssicht-Infrarotgerät sowie eine modernere Bewaffnung. Auch für die **Tornado-Version F.Mk 3** wurde eine Kampfwertsteigerung (einschließlich eines verbesserten Bordradars und AIM-120 AMRAAM-Fähigkeit) vorgeschlagen, um den effektiven Dienst bis zum Eintreffen des Eurofighter 2000 zu gewährleisten. Die italienische Luftwaffe hat zur Überbrückung dieser Zeit einen Leasingvertrag über 24 **Tornado F.Mk 3** der RAF abgeschlossen.

### TECHNISCHE DATEN
**Panavia Tornado IDS**

**Typ:** zweisitziges, allwettertaugliches Mehrzweckkampfflugzeug
**Triebwerke:** zwei Turbofan-Triebwerke Turbo-Union RB199-34R Mk 101 mit einer Leistung von je 7257 kg Nachbrennerschub
**Leistung:** Höchstgeschwindigkeit in optimaler Höhe Mach 2,2; Höchstgeschwindigkeit mit Außenlasten in optimaler Höhe 1112 km/h; Einsatzradius im Profil Hi-Lo-Hi 1335 km; Überführungsreichweite 3890 km
**Gewicht:** Leermasse 13.600 kg; max. Startmasse 27.210 kg
**Abmessungen:** Spannweite bei vorgespreizten Tragflächen 13,90 m, bei voll zurückgeschwenkten Tragflächen 8,60 m; Länge 16,70 m; Höhe 5,70 m; Tragflügelfläche in Spreizstellung 30 m²
**Bewaffnung:** zwei 27-mm-Kanonen IWKA Mauser als Standard und eine max. Waffenlast von 8165 kg an drei Stationen unter dem Rumpf und an je zwei, stets zur Flugzeuglängsachse ausgerichteten Trägern unter den Schwenkflächen

***Saudi-Arabien ist der einzige Exportabnehmer des Tornado ADV. Italien hat 24 Exemplare per Leasingvertrag erworben.***

***Unten: Diese beiden Tornado GR.Mk 1, beladen mit 454-kg-Übungsbomben, gehören zu No. IX Squadron der RAF.***

## Pander-Flugzeuge

Der Möbelfabrikant Henk Pander übernahm im August 1924 das ehemalige Holland-Flugzeugwerk zusammen mit einer Maschine, dem Eindecker **Holland H-2**. Dieser Teil der holländischen Flugzeugindustrie ging auf Joop Carley zurück, der 1917 eine Reihe früher Luftfahrzeuge gebaut hatte und anschließend viele eigenständige Entwürfe konstruierte, ehe er mit dem Ingenieur Teo Slot zusammenarbeitete. Das letzte Carley-Modell war die **Carley C-12** von 1922, ein einsitziger Eindecker mit einem 15 kW (20 PS) starken Anzani-Flugmotor. Die **C-12** wurde in Brüssel, Paris und London vorgestellt und später weiterentwickelt, nachdem Carley ein neues Unternehmen gegründet hatte, die bei Den Haag ansässige Firma Holland. Das Muster wurde als **Holland H-2** (die H-1 war ein Doppeldecker) bekannt, angetrieben von einem Anzani-Motor mit 19 kW (25 PS). Es blieb bei diesem Einzelexemplar.

Nachdem Pander das Holland-Werk übernommen und unter dem Firmennamen Nederlandse Fabriek von Vliegtuigen H. Pander & Zn neu ins Register hatte eintragen lassen, entwickelte man aus der **H-2** die **Pander D**, ebenfalls mit einem 19-kW-Anzani-Motor. Die Gesamtproduktion dieses Typs, dessen Erstflug am 16. November 1924 stattfand, belief sich auf elf Exemplare, davon neun **Pander D**, eine **DB** und eine **DF.1**. Zwei **Pander D** gingen im Juli 1925 an die Königlich Niederländische Marine und zwei andere im November 1925 an die holländische Luftwaffe in Niederländisch-Ostindien. Je ein Exemplar erhielten private Betreiber in Ostindien, Spanien und in Frankreich, wo man einen 33 kW (45 PS) starken Anzani einbaute. Die übrigen **Pander D** blieben im holländischen Luftfahrzeugregister, ebenso die Einzelexemplare **Pander DB** mit einem Bristol-Motor Cherub und **DF.1** mit einem 30 kW (41 PS) starken A.B.C. Scorpion.

Der nächste Entwurf, die **Pander E**, erwies sich als größter Firmenerfolg: 17 solcher zweisitzigen Anderthalbdecker wurden gefertigt, alle grundsätzlich gleich, aber mit verschiedenen Motortypen. Der Prototyp flog am 18. Februar 1926 in Waalhaven, ging aber im August bei einem Unfall mit tödlichem Ausgang in Dortmund verloren. Dennoch führte die nationale holländische Flugschule NLS diesen Typ mit neun Exemplaren ein, und der Rotterdam Aero Club erwarb drei Maschinen. Die ersten sechs **Pander E** hatten eine hölzerne Rumpfstruktur, die aber ab Nummer 7 einem Gerüst aus Stahlrohr wich. Varianten waren die **EC** mit einem Walter-IV-Motor (44 kW/60 PS), die **EF** mit einem Walter Vega (63 kW/85 PS), die **EG** mit einem de Havilland Gipsy I (75 kW/102 PS) sowie die Einzelexemplare **EH** mit einem de Havilland Gipsy III (89 kW/121 PS) und **EK**. Die **EK** wurde als letzter Vertreter dieser Serie im März 1933 registriert. Mindestens drei Maschinen überdauerten bis in den Krieg hinein, dem sie im Mai 1940 zum Opfer fielen, und drei andere flogen in den holländischen Besitzungen Ost- und Westindiens.

1929 konstruierte Pander zwei doppelsitzige Hochdecker, die **P-1** und **P-2**, beide mit einem de Havilland Gipsy I-Motor (75 kW/102 PS), doch die Serienfertigung blieb aus. Die **P-2** gelangte in die USA. Drei Jahre später griff Pander das Hochdeckerkonzept mit dem Einzelexemplar **P-3** nochmals auf. Dieser offene Zweisitzer wurde von einem de Havilland Gipsy III mit 89 kW (121 PS) angetrieben. Später erhielt die Maschine eine geschlossene Kabine, stürzte aber im Mai 1933 in Almelo ab.

Nach der **P-3** folgten drei Exemplare der etwas größeren, dreisitzigen **Multipro**, einem Kabinenhochdecker mit 63 kW (86 PS) starkem Pobjoy-Motor, der erstmals im September 1932 flog. Zwei Maschinen wurden bei Kampfhandlungen im Mai 1940 zerstört.

***Der einzige Postjäger S.4 stürzte beim MacRobertson-Wettbewerb ab.***

Panders letztes und wahrscheinlich berühmtestes Flugzeug war der **S-4 Postjäger**, ein Schnellpostflugzeug, das den KLM-Maschinen auf der Strecke nach Niederländisch-Ostindien die Stirn bieten sollte. Die von drei Wright-Sternmotoren Whirlwind je 313 kW (426 PS) angetriebene Maschine flog erstmals am 6. Oktober 1933 und unternahm im Dezember 1933 den ersten Postflug nach Batavia. Am 20. Oktober 1934 startete sie mit einer dreiköpfigen Besatzung in Mildenhall, um am London-Melbourne-Flugrennen teilzunehmen, und traf nach 36 Stunden in Allahabad ein, wo sie jedoch durch Fahrwerksschwierigkeiten aufgehalten wurde. Beim Abflug in Allahabad am 26. Oktober stieß sie mit einem Traktor zusammen und brannte aus.

Der **Postjäger** hatte Pander so viel Geld gekostet, daß er die Fabrik 1934 schließen mußte.

# Parnall-Flugzeuge

Während des Ersten Weltkriegs baute die holzverarbeitende Firma Parnall & Sons eine Reihe von Flugzeugen nach den Konstruktionsplänen anderer Hersteller, darunter die Avro 504 und die Fairey Humble Baby. Die ersten eigenständigen Entwürfe, der Zeppelinjäger **Parnall Scout** und das Amphibium **Puffin** mit einem Schwimmer, blieben erfolglos. 1917 trat Harold Bolas als Chefkonstrukteur in das Unternehmen ein, und im Jahr darauf erging ein Auftrag über 300 Exemplare seines zweisitzigen Flottenaufklärer-Doppeldeckers **Panther**. Kurze Zeit später wurde der Waffenstillstand unterzeichnet, und das Air Ministry reduzierte die Beschaffung auf 150 Maschinen. Inzwischen hatte W. T. Avery Parnall erworben, und er lehnte diese Minderung ab. Daraufhin vergab man den Auftrag an die British & Colonial Aeroplane Co., die zwischen 1919 und 1920 150 Serienflugzeuge fertigte, während Parnall nur sechs Prototypen produziert hatte. Die **Panther** war zwar kein erfolgreiches Muster, doch als einer der ersten britischen Flugzeugtypen für den Betrieb auf Flugzeugträgern ausgelegt. Zwei Exemplare gingen 1920 an die USA und zwölf in den Jahren 1921/22 an Japan. Die letzten **Panther** der Fleet Air Arm wurden 1926 ausgemustert und durch Fairey IIID ersetzt.

Nach dem Verlust des Panther-Auftrags schloß Avery Parnall & Sons und zog sich vom Flugzeugbau zurück. George Parnall gründete daraufhin seine eigene Firma, die George Parnall & Co., und übernahm den Chefkonstrukteur Bolas. Das erste Produkt der neuen Firma war die **Plover**, ein Doppeldecker-Jagdeinsitzer für den trägergestützten Einsatz, der sich zusammen mit der Fairey Flycatcher um die Nachfolge der Nieuport Nightjar bewarb. Drei Versuchsjäger wurden gebaut, einer mit Jaguar-Motor (287 kW/390 PS) und die beiden anderen mit dem Bristol Jupiter IV (325 kW/442 PS), der den Zuschlag für die Serie erhielt. Die als Land- oder Amphibienflugzeug mit zwei Schwimmern angebotene **Plover** unterlag der Flycatcher, und so umfaßte die Produktion nur zehn Serienflugzeuge.

Ein Kuriosum aus dem Jahr 1923 war die **Possum**, ein einmotoriger Dreidecker mit drei Sitzplätzen und einem im Rumpf eingebauten Napier-Lion-Motor, der zwei Propeller am Mittelflügel über ein Kegelgetriebe und Fernwellen antrieb. Zwei Prototypen wurden bestellt, von denen einer nachweislich im Juni 1923 geflogen ist. Es gab jedoch Schwierigkeiten mit der Kraftübertragungsstrecke, so daß man den zweiten möglicherweise nicht mehr fertiggestellt hat.

Im selben Jahr entwarf Bolas die **Pixie**, einen ultraleichten Eindecker-Einsitzer in Holzbauweise für die Lympne Light Aeroplane Trials. Der Prototyp hatte einen 500-$cm^3$-Douglas-Motor, erhielt aber später einen Douglas-Motor mit einem Hubraum von 736 $cm^3$. Damit erreichte er eine Geschwindigkeit von 122,5 km/h und gewann die Siegesprämie. Das Luftfahrtministerium bestellte zwei **Pixie** mit 696-$cm^3$-Motoren vom Typ Blackburne Tomtit, die später in das zivile Register eingetragen wurden.

Im Jahr 1926 brachte Parnall eine Reihe anderer sonderbarer Luftfahrzeuge hervor, darunter zwei Prototypen der **Pike**, eines vom Napier Lion angetriebenen Doppeldeckers, der mit Rad- oder Schwimmerfahrgestell operieren konnte und als dreisitziger Aufklärer nach Spezifikation 1/24 die Stelle der Fairey IIID einnehmen sollte, die nach Spezifikation 5/24 als zweisitziger Trainer für Decklandungen mit Rad- und Schwimmerfahrgestell konstruierte **Perch** (nur ein Versuchsexemplar) und die **Peto** zur Erfüllung der ungewöhnlichsten Forderungen nach Spezifikation 16/24. Dieses kleine, zweisitzige Schwimmerflugzeug sollte Klappflächen vorweisen und in den 2,44 m breiten Hangar auf dem Deck des Unterseeboots M.2 passen. Parnall erfüllte weitgehend die strengen Vorgaben und baute zwei Prototypen, den ersten mit dem 101 kW (137 PS) starken Mongoose-Motor von Armstrong Siddeley und den zweiten mit einem Bristol-Lucifer gleicher Leistung. Angeblich wurden sechs Serienmaschinen in Auftrag gegeben, aber nur die erste läßt sich nachweisen. Leider sank das U-Boot und riß seine Besatzung mit in die Tiefe, da sich vermutlich bei der Tauchfahrt die Hangartore geöffnet hatten.

Im Juli 1927 orderte das Air Ministry zwei Prototypen der **Pipit**, eines Flottenjägers mit metallenem Rumpfgerüst und dem neuen Rolls-Royce-Motor F.XI. Der Typ wurde gemäß Spezifikation 21/26 in Konkurrenz zur Hawker Hoopoe und der Gloster Gnatsnapper konstruiert, aber ebensowenig akzeptiert wie seine Mitbewerber.

Das Einzelexemplar des zweisitzigen Doppeldecker-Sportflugzeugs **Imp** erhielt im Mai 1928 das Lufttüchtigkeitszeugnis. Die ursprünglich von einem Armstrong Siddeley Genet II mit 60 kW (82 PS) angetriebene Maschine diente später als Testträger des 48 kW (65 PS) starken Sternmotors Pobjoy P, bis sie im Dezember 1933 verschrottet wurde. Zu den bei der 7. Londoner Luftfahrtausstellung im Juli 1929 vorgestellten neuen Modellen gehörte auch Bolas jüngster Entwurf **Elf**, ein zweisitziger Doppeldecker mit klappbaren Tragflächen und einem 78 kW (106 PS) starken A.D.C. Hermes I. Sie war Parnalls Antwort auf die Moth, konnte allerdings nicht überzeugen. Nur zwei weitere Exemplare wurden gebaut, und das erste mit einem 89-kW-Motor Hermes II ist in flugtüchtigem Zustand beim Shuttleworth erhalten.

Als letztes Parnall-Muster konstruierte Bolas 1930, bevor er in die USA auswanderte, die **Prawn**, ein im Auftrag des Air Ministry gefertigtes einsitziges Eindeckerflugboot. Sein 48 kW (65 PS) leistender A.C.-Ricardo-Burt-Motor, der einen Zugpropeller am Bug antrieb, ließ sich um 15° aufrichten, um die Luftschraube beim Start und bei der Landung von Spritzwasser freizuhalten. Allerdings reichte die Motorleistung nicht aus, die Maschine vom Wasser in die Luft zu befördern. Die **Prawn** mit einer Spannweite von nur 8,66 m war das kleinste britische Flugboot.

Bolas Nachfolger Henry B. Clarke erarbeitete einen Entwurf nach Spezifikation G.4/31 für ein Mehrzweck-Militärflugzeug. Der Parnall-Bewerber, ein vom Bristol Pegasus III angetriebener Doppeldecker, hatte allerdings keinen Erfolg im gemischten Kreis der von Armstrong Whitworth, Blackburn, Bristol, Fairey, Handley Page, Westland und Vickers eingereichten Ein- und Doppeldecker. Am Ende errang Vickers den Auftrag.

***Der Motor im Rumpf der ungewöhnlichen Parnall Possum trieb zwei Propeller an den Tragflächen an.***

***Von der Elf, einer erfolglosen Rivalin der Moth von de Havilland, wurden nur zwei Exemplare gebaut, von denen sich eines im Besitz des Shuttleworth Trust befindet.***

**TECHNISCHE DATEN**

**Parnall Panther**

**Typ:** zweisitziger, trägergestützter Aufklärungsdoppeldecker

**Triebwerk:** ein Umlaufmotor Bentley B.R.2 mit 172 kW (234 PS)

**Leistung:** Höchstgeschwindigkeit 175 km/h in 3050 m Höhe; Dienstgipfelhöhe 4420 m; Flugdauer 4¼ Stunden

**Gewicht:** Leermasse 602 kg; max. Startmasse 1177 kg

**Abmessungen:** Spannweite 8,99 m; Länge 7,59 m; Höhe 3,20 m; Tragflügelfläche 31,21 $m^2$

**Bewaffnung:** ein bewegliches Lewis-7,7-mm-Maschinengewehr im hinteren Cockpit

# Parnall Heck

Im Mai 1936 fusionierten die Firmen George Parnall & Company, Hendy Aircraft Company und Nash & Thompson Ltd. zur Parnall Aircraft Ltd. Als erstes Produkt brachte das neue Unternehmen die **Parnall 3308 Heck** heraus, die bereits im Juli 1934 ihren Erstflug absolvierte. Der von Westland gebaute Prototyp war ein Eindekker mit zwei Sitzen hintereinander, Einziehfahrwerk und einem 149 kW (203 PS) starken Motor de Havilland Gipsy Six.

Schwierigkeiten mit dem Fahrwerk führten dazu, daß man es im ausgefahrenen Zustand verriegelte und verkleidete. Anschließend wurde in Parnalls Yate-Werk, Gloucestershire, eine Serie von sechs **Heck 1C** aufgelegt, Dreisitzern mit de Havilland Gipsy Queen-Motor und windschnittig verkleideten Haupträdern. Nachdem keine einzige Maschine verkauft werden konnte, nutzten die Hersteller vier Exemplare für eigene Verbindungsflüge, und die beiden anderen führten Erprobungen mit Waffen, Kanonenvisieren und Propellern für die RAF durch. Die letzte verbliebene **Heck** wurde bei einem Rollunfall im Juni 1950 so stark beschädigt, daß die Reparatur nicht mehr lohnte. Dann folgte das Anfängerschulflugzeug **Parnall 382**, im Grunde eine **Heck** mit offenem Cockpit. Serienaufträge blieben aber aus.

***Trotz guter Flugleistungen fand sich nur die RAF als Abnehmer der Heck.***

# Partenavia P.48-B Astore/P.52 Tigrotto

Die Partenavia Costruzioni Aeronautiche wurde Anfang der fünfziger Jahre in Neapel gegründet und baute eine Reihe von Leichtflugzeugen, die Ing. Luigi Pascale entworfen hatte. Das erste dieser Modelle war die **Partenavia P.48B Astore**, ein von einem Continental A65 mit 48 kW (65PS) angetriebener Zweisitzer in der Auslegung eines Hochdeckers. Der 1952 seriengefertigte Typ hatte eine Höchstgeschwindigkeit von 185 km/h. 1953 folgte die **P.52 Tigrotto**, ein zweisitziger Kabinentiefdecker mit einem Continental C85-12F, dessen 63 kW (86 PS) ihm eine Reisegeschwindigkeit von 200 km/h ermöglichte.

# Partenavia P.53 Aeroscooter

Mario de Bernadi, der 1926 mit einem Macchi-Seerennflugzeug M.39 die Schneider-Trophäe nach Italien geholt hatte, stellte die technische Beschreibung für die **Partenavia P.53 Aeroscooter** auf. Den Entwurf erarbeitete Luigi Pascale, und die Konstruktion führte Partenavia durch. Das einsitzige Cockpit erhielt einen Überschlagbügel, an den ein antriebsloser Zweiblatt-Rotor montiert werden konnte. Dieser sollte die Durchsackgeschwindigkeit herabsetzen und bei Motorausfall die Sinkgeschwindigkeit reduzieren. Der Prototyp absolvierte den Erstflug mit eingebautem Ambrosini-Motor P-25 (16 kW/22 PS), aber ohne einen Rotor.

# Partenavia P.55 Tornado

Der durchweg aus Holz konstruierte, für Wettbewerbsveranstaltungen und Reiseflüge gedachte Hochleistungszweisitzer **Partenavia P.55 Tornado** aus den fünfziger Jahren erreichte mit seinem 112 kW (152 PS) leistenden Avco Lycoming O-320 eine Spitzengeschwindigkeit von 348 km/h. Dieses geradezu winzige, aber enorm leistungsfähige Flugzeug (Spannweite 7,20 m, Länge 6,02 m) mit Einziehfahrwerk gewann zweimal den Wettbewerb Giro di Sicilia.

# Partenavia P.57 Fachiro

Der Prototyp der **Partenavia P.57 Fachiro I**, gedacht als preisgünstiger Reiseviersitzer, flog erstmals am 7. November 1958 unter dem Antrieb eines 112 kW (152 PS) starken Avco Lycoming O-320. Der Typ wurde später mit dem Avco Lycoming O-360-B2A (125 kW/170 PS) als **Fachiro II** produziert, die am 3. Januar 1959 zum Erstflug startete. Die **Fachiro II-f** führte den Avco Lycoming O-320-A2A mit einer Leistung von 134 kW (182 PS) und ein gepfeiltes Seitenleitwerk ein. Die **Fachiro II** hatte eine Spannweite von 9,14 m, ein max. Abfluggewicht von 1050 kg und eine Spitzengeschwindigkeit von 240 km/h in Meereshöhe.

# Partenavia P.59 Jolly

Die Ähnlichkeit der **Partenavia P.59 Jolly** mit der P.57 Fachiro war unverkennbar. Die **Jolly**, ein Zweisitzer mit Spornrad-Fahrgestell, wurde unter der Schirmherrschaft des Aero Club d'Italia in Konkurrenz zur Aviamilano P.19 Scricciolo als Standard-Schulflugzeug für die nationalen Fliegerclubs entwickelt. Den Zuschlag erhielt die P.19.

Der von einem Continental-Motor mit 71 kW (97 PS) angetriebene Prototyp flog erstmals am 2. Februar 1960. Später wurde ein 75 kW (102 PS) starker Continental O-200 installiert und die Spannweite um 1,02 m auf 10,21 m erhöht. In dieser Form erreichte die Maschine eine Höchstgeschwindigkeitsspitze von 195 km/h.

***Die Partenavia P.59 Jolly wurde für einen Wettbewerb entwickelt, der Ende der fünfziger Jahre stattfand. Da der Erfolg ausblieb, entstand nur noch ein Exemplar, bis Partenavia sich lukrativeren Vorhaben widmete.***

Die **Partenavia P.59 Jolly** war in Hinblick auf einen Leichtflugzeug-Wettbewerb konstruiert worden, der Ende der fünfziger Jahre stattfinden sollte. Da sie erfolglos blieb, wurden lediglich zwei Exemplare fertiggestellt.

# Partenavia P.64 Oscar/P.66 100/Charlie/Delta

Im Jahr 1964 begannen die Arbeiten an der **Partenavia P.64 Oscar**, einer viersitzigen Weiterentwicklung der P.57 Fachiro II-f in Ganzmetallbauweise. Den Antrieb aller Versionen besorgten Avco-Lycoming-Motoren. Der **P.64-Prototyp (I-LRAS)**, angetrieben von einem O-360-A mit 134 kW (182 PS), startete am 2. April 1965 zum Erstflug. Im November 1966 ging man zur verbesserten Version **P.64B Oscar B** über, die erstmals Anfang 1967 flog. Sie hatte einen abgeflachten Hinterrumpf und eine Panorama-Heckscheibe, die zusammen eine bessere Rundumsicht ergaben. Die **Oscar B** wurde anschließend auch in kleiner Stückzahl von AFIC (Pty) Ltd. in Südafrika als **AFIC RSA 200 Falcon** gebaut. Später erhielt sie die neue Bezeichnung **Oscar-180**. Hinzu kamen neun **Oscar-200** mit dem IO-360-A (149 kW/203 PS), 80 zweisitzige **P.66B Oscar-100** mit dem O-235-C (86 kW/117 PS) und 50 dreisitzige **Oscar-150** mit dem O-320-E hinzu.

**TECHNISCHE DATEN**
**Partenavia P.66C-160 Charlie**
**Typ:** zwei-/viersitziger Kabineneindecker
**Triebwerk:** ein Vier-Zylinder-Boxermotor Avco Lycoming O-320-H2AD mit 119 kW (162 PS)
**Leistung:** Höchstgeschwindigkeit 240 km/h; Dienstgipfelhöhe 4570 m; max. Reichweite 780 km
**Gewicht:** Leermasse 600 kg; max. Startmasse 990 kg
**Abmessungen:** Spannweite 10 m; Länge 7,24 m; Höhe 2,77 m; Tragflügelfläche 13,40 $m^2$

Im Januar 1976 flog Panavia den Prototyp der zwei-/viersitzigen **P.66C Charlie**, angetrieben vom Continental O-320-H mit 119 kW (162 PS). Die nach US FAR Pt 23 in der Utility-Kategorie und für Kunstflugfiguren mit 6 *g* sowie für Trudeln mit sechs Umdrehungen zugelassene **Oscar Charlie** wurde zwischen 1977 und 1980 in 97 Exemplaren gebaut, nachdem der Aero Club d'Italia diesen Typ zum Standard-Grundschulflugzeug der italienischen Fliegerclubs bestimmt hatte. Ein Anschlußauftrag über elf Maschinen führte 1981 zur Wiederaufnahme der Produktion. 1976 hatte Partenavia auch den Zweisitzer **P.66T Charlie** entwickelt, der von einem O-235-N mit 82 kW (112 PS) angetrieben wurde. In diesem Fall blieb es aber beim Musterflugzeug

**(I-TRAY)**. Eine weitere Nebenlinie war die **P.66D Delta**, im wesentlichen eine **Oscar-100** mit geringfügigen Modifikationen. Wieder entstand nur ein Exemplar **(I-AVLT)**, diesmal bei der Firma Aviolight in Mailand, die im Februar 1988 alle Rechte am Entwurf und zur Produktion der Partenavia-Leichtflugzeuge erworben hatte. Die **Delta** flog im September 1988, aber die weitere Entwicklung dieses Flugzeugtyps wurde abgebrochen.

***Die Partenavia P.64 mit ihrem nur mäßigen Absatzerfolg war einer von vielen Typen, die die Vormachtstellung amerikanischer Leichtflugzeuge nicht ernsthaft gefährden konnten.***

# Partenavia P.68 Victor/Observer/Spartacus/Viator

Der von Luigi Pascale konstruierte Prototyp des zweimotorigen Leichtflugzeugs **Partenavia P.68 Victor** mit sechs bis sieben Sitzen flog erstmals am 25. Mai 1970, angetrieben von zwei Avco Lycoming IO-360-A mit je 149 kW (203 PS). An 14 Vorserienflugzeuge schloß sich die verbesserte **P.68B** an, deren Rumpf man vor dem Tragwerk um 15 cm gestreckt hatte, um den Führerraum der Kabine zu vergrößern. Anfang 1974 lief die Serienfertigung, die 190 Exemplare ergab. Es folgte die nochmals verbesserte **P.68C**, die einen verlängerten Bug (zur Unterbringung eines Wetterradars), ein erweitertes Tankvolumen und etliche interne Änderungen einführte. In Zusammenarbeit mit der deutschen Firma Sportavia-Putzer wurde 1975/76 eine Spezialversion **P.68 Observer** für Überwachungs- und Beobachtungsflüge entwikkelt, deren Vorderrumpf mit Plexiglas-Nase eine Sicht nach unten und vorn bot. Der Prototyp **(D-GERD)** flog im Februar 1976. Die Serienfertigung fand bei der Firma Partenavia statt, die bis heute rund 20 Exemplare auslieferte. Die **P.68R**, eine **P.68B** mit Einziehfahrwerk (I-VICR), flog im Dezember 1976, ging aber nicht in Serie. Die **P.68C-TC** mit Turboladermotoren TIO-360-C je 157 kW (214 PS) erhielt im Juni 1980 die Zulassung, und seitdem wurden 36 Exemplare verkauft. Später unternahm Partenavia gemeinsam mit Alitalia die Entwicklung einer Turboprop-Version, die sie ursprünglich **P.68 Turbo** nannten. Daraus entstand die neunsitzige **AP.68TP**, deren Prototyp am 11. September 1978 zum Jungfernflug startete. Diese von zwei Allison-Turbinen 250-B17C je 245 kW (333 WPS) angetriebene Maschine hatte ein einziehbares Bugrad-Fahrgestell, doch das zweite Musterflugzeug mit der Bezeichnung **AP.68TP Series 100** kehrte zum starren Fahrwerk zurück. Sein Rumpf war um 36 cm gestreckt und wies ein zusätzliches Fenster auf. Beide Prototypen hatten als Pendelruder ausgelegte Höhenflossen, und beide gingen während der Flugerprobung verloren. Die Fortentwicklung ergab die für acht Passagiere ausgelegte **Series 300 Spartacus** mit starrem Fahrwerk und konventionellem Höhenleitwerk. Die erste **Spartacus** flog am 1. April 1983, und im Juli 1984 folgte die **Spartacus RG (I-RAIZ) mit Einziehfahrwerk. Die RG** wurde ihrerseits zur **Spartacus-10** mit längerem Bug

**TECHNISCHE DATEN**
**Partenavia P.68C Victor**
**Typ:** leichtes Verkehrsflugzeug
**Triebwerke:** zwei Vier-Zylinder-Boxermotoren Avco Lycoming IO-360-A1B6 je 149 kW (203 PS)
**Leistung:** Höchstgeschwindigkeit 320 km/h in Meereshöhe; Dienstgipfelhöhe 5850 m; Reichweite mit Treibstoffreserve 2100 km
**Gewicht:** Leermasse 1230 kg; max. Startmasse 1990 kg
**Abmessungen:** Spannweite 12 m; Länge 9,55 m; Höhe 3,40 m; Tragflügelfläche 18,60 $m^2$

***Der Victor-Prototyp flog 1970 noch vom Firmenflugplatz in Arzano aus, aber die Fertigungsstrecke wurde bald in das neu gebaute Werk in Casoria verlegt. Nach 14 P.68 wechselte die Produktion zur verbesserten P.68B. Die Kabine dieser um 15 cm gestreckten Version hatte sechs Passagiersitze.***

und nochmals um 64 cm gestrecktem Rumpf weiterentwickelt, um zehn Personen transportieren zu können. Der Prototyp **(I-RAIL)** flog am 29. März 1985 und erhielt später die Bezeichnung **ATP.68TP Series 600 Viator**. 1989 gab der Hersteller einen Absatz von zwölf **Viator** an. Derzeit soll sich eine druckbelüftete Version namens **Pulsar** in der Entwicklung befinden. Bis Januar 1995 waren insgesamt über 400 **P.68** produziert worden.

# Partenavia P.70 Alpha

Ab August 1970 beschäftigte sich Luigi Pascale mit dem leichten Kunstflugtrainer **Partenavia P.70 Alpha**. Die Konstruktion des Prototyps **(I-GIOY)** begann im Januar 1971, und sein Erstflug fand am 27. Mai 1972 statt. Die **Alpha** war in gemischter Bauweise mit selbsttragender Haut und glasfaserverstärktem Kunststoffmaterial gefertigt, letzteres im Bereich der Flügelnase, des Rumpfrückens und des Heckkonus. Den Antrieb für dieses enorm leichte Flugzeug lieferte ein Rolls-Royce/Continental O-200-A mit 75 kW (102 PS), aber man plante auch eine Version mit einem 119 kW (162 PS) starken Avco Lycoming O-320-B.

***Dies ist der einzige Kunstflugtrainer Partenavia P.70 Alpha mit starrem Fahrwerk, der im Mai 1972 zum ersten Mal flog.***

# Pasped Skylark

Mitte der dreißiger Jahre entstand in Glendale, Kalifornien, die Pasped Aircraft Company, die einen zweisitzigen Kabineneindecker, genannt **Pasped Skylark**, konstruierte und bis zum Ausbruch des Zweiten Weltkriegs in kleiner Stückzahl baute. Die **Skylark** war ein abgestrebter Tiefdecker in Mischbauweise mit starrem Heckrad-Fahrwerk, das drahtverspannte Hauptbeine hatte, sowie einer geschlossenen Kabine mit nebeneinander montierten Sitzen und Doppelsteuer. Angetrieben von einem Warner-Scarab-Sternmotor mit 93 kW (126 PS), erreichte das Muster, dessen Spannweite 10,92 m betrug, eine Spitzengeschwindigkeit von 224 km/h. Dieser Leistungsstandard wurde in den Vereinigten Staaten jedoch von vielen zweisitzigen Eindeckern mit schwächeren Motoren erreicht beziehungsweise übertroffen, was den mäßigen Absatzerfolg der **Skylark** erklärt.

***Pasped Skylark aus den dreißiger Jahren, die durch ihr hohes, elegantes Seitenleitwerk auffiel, hatte hölzerne Tragflächen, verbunden mit einem Rumpfgerüst aus geschweißtem Stahlrohr. Ihre maximale Abflugmasse betrug 855 kg und die Reichweite 1046 km.***

# Paulista-Flugzeuge

Die brasilianische Companhia Aeronáutica Paulista wurde Mitte der vierziger Jahre in São Paulo zum Bau und zur Reparatur von Luftfahrzeugen gegründet. Das erste eigenständige Muster des Unternehmens, das die Serienfertigung erreichte, ein zweisitziges Fortgeschrittenen-Schulflugzeug in der Auslegung eines freitragenden Tiefdeckers, trug die Bezeichnung **Paulista CAP.1 Planalto**. Die hölzerne Primärstruktur war mit Gewebe und Sperrholz abgedeckt, das Fahrwerk ließ sich nicht einziehen, und Fluglehrer und Schüler saßen in offenen Cockpits hintereinander. Für den Antrieb sorgte ein Franklin-Vier-Zylinder-Boxermotor mit 67 kW (91 PS).

Der nächste seriengefertigte Entwurf, die **CAP.4 Paulistinha**, war ein abgestrebter Hochdecker-Zweisitzer für Schul- und Reiseflug, in dem sich problemlos eine geschlossene Kabine mit zwei Sitzen in Tandemanordnung einrichten ließ. Diese Konfiguration vervollständigten ein herkömmliches, drahtverspanntes Leitwerk und ein starres Heckrad-Fahrgestell. Den Antrieb lieferte wieder ein Franklin-Vier-Zylinder-Boxermotor. Der bescheidene Verkaufserfolg der **CAP.4** führte zur Entwicklung der ähnlichen **CAP.4B Ambulancia**. Bei dieser Version fehlte der hintere Sitz, so daß sich eine Krankenliege unterbringen ließ, die durch eine Rumpfrückenklappe zwischen Tragflächen- und der Seitenflossenhinterkante ein- und ausgeladen werden konnte. Die letzte Variante war die **CAP.4C Paulistinha Radio**, ein Beobachtungs- und Verbindungsflugzeug für militärische Zwecke. Bei diesem Modell konnte ein Beobachter mit dem Rücken zum Piloten untergebracht werden, so daß er ein ausgezeichnetes Blickfeld hatte.

**TECHNISCHE DATEN**

**Paulista CAP.4 Paulistinha**

**Typ:** zweisitziges Schul-/Reiseflugzeug
**Triebwerk:** ein Franklin-Vier-Zylinder-Boxermotor mit 48 kW (65 PS)
**Leistung:** Höchstgeschwindigkeit 155 km/h; Dienstgipfelhöhe 4000 m; Reichweite 500 km
**Gewicht:** Leermasse 320 kg; max. Startmasse 540 kg
**Abmessungen:** Spannweite 10,10 m; Länge 6,65 m; Höhe 1,95 m; Tragfügelfläche 17 m²

# Payen-Flugzeuge

Vor Ausbruch des Zweiten Weltkriegs hatte der französische Konstrukteur Roland Payen Forschungsarbeiten am Deltaflügel betrieben und zwei Flugzeuge gebaut, um seine Theorien in der Praxis zu erproben. 1952 leitete er dann die Konstruktion einer kleinen Forschungsmaschine ein, der er die Bezeichnung **Payen Pa.49** zuteilte. Ihr Deltatragwerk war mit einer einfachen Rumpfstruktur verschmolzen, die eine geschlossene Kabine für den Flugzeugführer enthielt. Am Boden stützte sich die Maschine auf ein starres Dreibein-Fahrgestell, und den Antrieb lieferte ein Turboméca-Strahltriebwerk Palas mit 150 kg Schub. Bei einer Spannweite von 5,15 m und einer Länge von 5,10 m erreichte die **Pa.49**, die am 22. Januar 1954 zum ersten Mal flog, mit der bescheidenen Schubleistung des Palas-Triebwerks eine Geschwindigkeit von 400 km/h. Dies erschien Roland

***Die Payen Pa.22 war ein aerodynamisches Testflugzeug.***

Payen so vielversprechend, daß er 1964 die verbesserte, zweisitzige **Pa.16B Arbalète I** (Armbrust) konstruierte. Sie hatte eine überarbeitete Flügel- und Rumpfstruktur sowie einen im Hinterrumpf eingebauten Hirth-Motor, dessen Leistung von 77 kW (105 PS) ein Druckpropeller umsetzte.

Spätere Versuchsflugzeuge, die auf diesem Entwurf basierten, waren die **Pa.61F Arbalète II** mit einem 134 kW (182 PS) starken Vier-Zylinder-Boxermotor von Avco Lycoming, die ähnliche **Pa.61G**, bei der Payen die Luftbremsen und Straken der **Pa.61F** durch einziehbare Vorflügel ersetzt hatte, und die vorgeschlagene **Pa.61H**, die, wie die **Payen Pa.61G**, zwei nebeneinander im Hinterrumpf montierte Turboméca-Strahltriebwerke je 160 kg erhalten sollte. Ebenfalls geplant, aber nicht gebaut wurde die **Pa.610 Arbalète III**, gedacht als viersitziges Geschäftsreiseflugzeug mit einem 149 kW (203 PS) starken Kolbenmotor in Verbindung mit einem Druckpropeller.

Die nachfolgenden Konstruktionen waren als Bausätze für Amateure vorgesehen: die einsitzige **Pa.71** mit einem Rolls-Royce Continental O-200 (75 kW/101 PS), gedacht als Formel-1-Rennflugzeug, und die zweisitzige **Pa.149** als Sportflugzeug, das von zwei Turboméca Palas je 150 kg Schub angetrieben werden sollte.

# Pazmany-Flugzeuge

Ladislao Pazmany konstruierte ein zweisitziges Leichtflugzeug für den Eigenbau und gründete die Pazmany Aircraft Corporation in San Diego, Kalifornien, um seine Bauplanpakete zu vermarkten. Sein erstes Muster, die **Pazmany PL-1 Laminar**, flog am 23. März 1962 als Prototyp. Die Konstruktionspläne erwarb die nationalchinesische Luftwaffe in Taiwan und fertigte anschließend eine einzelne **PL-1**, um ihre Eignung als Grundschulflugzeug zu prüfen. Nach der Erprobung, die mit einem Erstflug am 26. Oktober 1968 begann, entschied man sich zur Serienfertigung, und unter der Bezeichnung **PL-1B** wurden bis 1974 in Taiwan 58 Flugzeuge gefertigt.

Der **PL-1**-Prototyp war ein freitragender Ganzmetall-Tiefdecker mit starrem Bugrad-Fahrwerk und einem 71 kW (97 PS) starken Vier-Zylinder-Boxermotor Continental C-90-12F. Die in Taiwan gebauten PL-1B erhielten jedoch einen Avco Lycoming O-320 mit 112 kW (152 PS).

Kurz nach dem Erstflug der **PL-1** stellte Ladislao Pazmany den Entwurf der verbesserten **PL-2** fertig. Äußerlich hatte sich die Auslegung kaum geändert, aber das Cockpit war etwas breiter, und die Zelle barg umfangreiche Änderungen, die den Zusammenbau erleichtern sollten.

Als erste flog die von Mr. H. Pio in Ramona, Kalifornien, montierte **PL-2**. Mehrere Exemplare dieser Version wurden von den Luftstreitkräften Indonesiens (wo dieses Muster **LT-200** hieß), Südkoreas, Sri Lankas, Thailands und Vietnams zu Prüfzwecken gebaut. Am 12. Juli 1972 hob der Prototyp der **PL-4** vom Boden ab. Dieses ultraleichte Sportflugzeug in der Auslegung eines einsitzigen Tiefdeckers war für den Bau in der Garage konzipiert.

## TECHNISCHE DATEN
**Pazmany/Lipnur LT-200**

**Typ:** zweisitziges Schulflugzeug
**Triebwerk:** ein 4-Zylinder-Boxermotor Avco Lycoming O-320-E2A mit 112 kW (152 PS)
**Leistung:** Höchstgeschwindigkeit 245 km/h; Dienstgipfelhöhe 4570 m; Flugdauer bei wirtschaftlicher Reisegeschwindigkeit fünf Stunden, 30 Minuten
**Gewicht:** Leermasse 410 kg; max. Startmasse 730 kg
**Abmessungen:** Spannweite 8,53 m; Länge 5,88 m; Höhe 2,31 m; Tragflügelfläche 10,78 m²

*Pazmany PL-1B der taiwanischen Luftwaffe*

# Pemberton-Billing-Flugzeuge

Der britische Luftfahrzeugkonstrukteur und Pionierflieger Noel Pemberton-Billing ist am ehesten durch seine in Woolston, Southampton, gegründete Firma Pemberton-Billing Ltd. bekannt, die 1916 den später berühmten Namen Supermarine Aviation Works Ltd. annahm. Zuvor aber hatte sich Pemberton-Billing mit der Konstruktion des einsitzigen Erkundungsdoppeldeckers **Pemberton-Billing P.B.9** befaßt, in dem der Pilot unter einem großen Ausschnitt im Oberflügel des Tragwerks gleicher Spannweite saß. Das starre Hauptfahrgestell war durch einen Schleifsporn ergänzt, und den Antrieb lieferte ein Gnome-Umlaufmotor mit 37 kW (50 PS). Das Flugzeug zeigte zwar eine zufriedenstellende Leistung, doch es blieb bei dem Einzelexemplar, das der RNAS später als Trainer übernahm.

## TECHNISCHE DATEN
**Pemberton-Billing P.B.25**

**Typ:** einsitziges Erkundungsflugzeug
**Triebwerk:** ein Umlaufmotor Gnome Monosoupape mit 74 kW (100 PS)
**Leistung:** Höchstgeschwindigkeit 159 km/h; Steigzeit auf 4665 m 40 Minuten, 30 Sekunden; Flugdauer 3 Stunden
**Gewicht:** Leermasse 490 kg; max. Startmasse 715 kg
**Abmessungen:** Spannweite 10,06 m; Länge 7,34 m; Höhe 3,17 m; Tragflügelfläche 25,73 m²
**Bewaffnung:** ein vorwärtsfeuerndes Lewis-7,7-mm-Maschinengewehr, das vor dem Cockpit auf der Rumpfgondel montiert war

Auf die **P.B.9** folgte die 1915 als Scout-Einsitzer entworfene **P.B.23**, deren geradlinige Doppeldeckerflügel vertikal so gestaffelt waren, daß zwischen ihnen eine Rumpfgondel an Streben montiert werden konnte. Letztere enthielt ein offenes Cockpit für den Piloten und im Heck einen Le-Rhône-Motor mit 59 kW (80 PS), der einen Druckpropeller antrieb. Doppelte Seitenflossen/Ruder waren an ein weitgespanntes Höhenleitwerk montiert, an dem man auch das Höhenruder befestigt hatte. Das gesamte Leitwerk war an vier Auslegerröhren angebunden, die sich von der Flügelstruktur aus nach hinten streckten. Die Anfang September 1915 erstmals geflogene **P.B.23** erbrachte keinen Auftrag. Von ihr wurde die **P.B.25** abgeleitet, die sich durch gepfeilte Flügel, ein modifiziertes Fahrgestell, eine überarbeitete Rumpfgondel und den neu eingeführten Clerget-Umlaufmotor mit einer Leistung von 81 kW (110 PS) unterschied. Das Standard-Triebwerk der 20 für den RNAS gebauten **P.B.25** war allerdings der Gnome Monosoupape. Die **P.B.25** wurden anscheinend nicht im Kampf eingesetzt, sondern auf den Marinefliegerhorsten Eastchurch und Hendon stationiert und zur Ausbildung verwendet.

Zur Abwehr deutscher Luftschiffe, die Ziele in England angriffen, konstruierte Pemberton-Billing den Vierdecker **P.B.29**, dessen Sollgeschwindigkeit von rund 56 km/h ihm eine lange Patrouillendauer sichern sollte. Der Rumpf mit zwei offenen Cockpits in Tandemanordnung war am zweiten Tragflächenpaar befestigt, ebenso wie die beiden Austro-Daimler-Motoren mit 66 kW (90 PS), die Vierblatt-Druckpropeller antrieben. Das ungewöhnlichste Auslegungsmerkmal der **P.B.29** aber stellte die Station für ein drittes Besatzungsmitglied dar. Zwischen dem dritten und vierten Flügelpaar befand sich eine stromlinienförmige Bordschützenkanzel, dessen Maschinengewehr auf der Flügeloberseite gelagert war. Diese Konfiguration vervollständigte ein Doppeldecker-Leitwerk mit drei Seitenflossen/Rudern. Es wurde nur eine **P.B.29** gebaut, die bald darauf bei einem Unfall verlorenging. Vor ihrer Zerstörung hatte die **P.B.29** jedoch beachtliches offizielles Interesse gefunden, und Pemberton wurde angewiesen, die Entwicklung dieses Musters fortzuführen. Das Ergebnis war die von zwei Anzani-Sternmotoren je 74 kW (100 PS) angetriebene **P.B.31 Night Hawk**, die eine Reihe ungewöhnlicher Merkmale aufwies. Dazu gehörten zwei MG-Stände über der Kabine, die Bewaffnung des Bugschützen mit einer Davis-Kanone, die 0,68-kg-Geschosse verfeuerte, und ein in der Flugzeugnase installierter Suchscheinwerfer.

***Die P.B.1 von 1914 war ein elegantes Flugboot, das allerdings wegen seines übermäßigen Was serwiderstands nicht abheben konnte.***

Den Strom erzeugte ein zusätzliches Bord aggregat – möglicherweise die erste Ve wendung eines APU durch ein Luftfah zeug. Von zwei bestellten **P.B.31** wurde nu das erste Exemplar gebaut.

***Die P.B.31 Night Hawk, die 18 Stunden lang in der Luft ausharren konnte, war mit einer einzigen Ruhekoje für die gesamte Besatzung ausgerüstet.***

## Serie Percival-Gull bis Piaggio P.16

**Von 1932-44 baute Percival Transport- und Schulflugzeuge und ging dann in der Hunting-Gruppe auf. Die Pe-2 von Wladimir M. Petljakow wurde erst lange nach der deutschen Kapitulation auch im Westen als hervorragendes Kampfflugzeug anerkannt.**

# Percival-Gull-Serie

Edgar W. Percival baute 1932 in Maidstone, England, den Prototyp seines dreisitzigen Toureneindeckers **Percival Typ D.1 Gull**, und als diese Maschine am King's Cup Race jenes Jahres teilnahm, erreichte sie eine Durchschnittsgeschwindigkeit von 229,7 km/h. Das sauber durchkonstruierte Muster erregte sofort Interesse, und die neu gegründete Percival Aircraft Co. vergab die Produktion von 24 **Typ D.2 Gull** an George Parnall & Co. in Yate als Subunternehmer. Zu den eingebauten Motortypen gehörten der Cirrus Hermes IV und DH Gipsy Major – beide mit einer Nennleistung von 97 kW (132 PS) – und der 119 kW (162 PS) starke Napier Javelin III. Diese Flugzeuge hießen allgemein **Gull Four**.

1934 eröffnete Percival Aircraft ein eigenes Werk in Gravesend und stellte den überarbeiteten **Typ D.3 Gull Six** mit dem Motor de Havilland Gipsy Six (149 kW/203 PS) in Serie. Diese Version wies außer Detailverfeinerungen in der Kabine ein einstrebiges und besser verkleidetes Fahrgestell mit eiförmigen Radabdeckungen auf. 1936 bezog das Unternehmen ein neues Werk in Luton und beendete im Oktober 1937 die Produktion der **Gull Six** mit dem 48. Exemplar.

***Die Percival D.3 Gull Six war zu ihrer Zeit ein klassisches Reiseflugzeug. Mehrere Maschinen überstanden den Krieg.***

Noch in Gravesend hatte Percival an einer viersitzigen Weiterentwicklung der **Gull Six** gearbeitet und den Prototyp **Typ K.1 Vega Gull** im November 1935 geflogen. Dieser war mit Doppelsteuer, Landeklappen und dem gleichen Motortyp wie in der **Gull Six** ausgerüstet; spätere erhielten den Gipsy Six Series II mit 153 kW (208 PS). **Vega-Gull**-Flugzeuge erzielten eine Reihe von Erfolgen bei Flugrennen und Langstreckenflügen. Percival baute insgesamt 90 Exemplare, von denen er das letzte im Juli 1939 auslieferte. Nach Percival-Vorführungen dieses Typs bei den Streitkräften wurde die **Vega Gull** für den Verbindungsdienst beschafft.

***Die Mew Gull erfuhr viele Veränderungen. Abgebildet ist die letzte Ausführung.***

Die **Mew Gull**, ein einsitziges Rennflugzeug, flog mit einem 123 kW (167 PS) starken Napier Javelin Ia erstmals im März 1934 in Gravesend. Beim King Cup Air Race im Juni trat sie aber mit einem Gipsy Six (149 kW/203 PS) an und erreichte damit 307 km/h. Dieser Erstling war als **Typ E.1** eingestuft, und ihm folgte das völlig umkonstruierte Modell **Typ E.2**, von dem vier Exemplare gefertigt wurden. Auch dieses Quartett stellte etliche Rekorde auf, darunter einen mit Alex Henshaw am Steuer, der in vier Tagen, zehn Stunden und 16 Minuten zum Kap der Guten Hoffnung und zurück flog. Diese **Mew Gull** überstand den Krieg sowie mehrere Unfälle und wurde 1992 wieder in flugtüchtigen Zustand gebracht. Die letzte Maschine **E.3H** hatte ein kleineres Trag- und Leitwerk sowie einen schlankeren Rumpf.

# Percival P.28-Proctor-Serie

Aus der Vega Gull wurde die **Percival Proctor** nach Spezifikation 20/38 für ein Verbindungs- und Funkerschulflugzeug entwickelt. Die erfolgreiche Erprobung des Prototyps, der erstmals am 8. Oktober 1939 flog, führte zur Erstserie dreisitziger Verbindungsflugzeuge **P.28 Proctor Mk I** (247 Exemplare). Es folgten die **P.30 Proctor Mk II** (175) und die **P.34 Proctor Mk III** (437), beides Muster zur Ausbildung von Bordfunkern. Das nach Spezifikation T.9/41 entworfene Funkerschulflugzeug **Proctor Mk IV**, zunächst **Preceptor** genannt, hatte einen längeren und breiteren Rumpf für vier Personen. Dieses größere Raumvolumen machte die **Proctor** (258 Exemplare) zu einem brauchbaren Verbindungsflugzeug, und viele spätere Maschinen erhielten Doppelsteuerung. Im Krieg wurden die meisten **Proctor** im Unterauftrag von F. Hills & Sons in Manchester gebaut, aufgeschlüsselt in 25 **Mk I**, 100 **Mk II**, 437 **Mk III** und 250 **Mk IV**.

**TECHNISCHE DATEN**

**Percival Proctor Mk IV**

**Typ:** drei-/viersitziges Verbindungs- und Funkerschulflugzeug

**Triebwerk:** ein Reihenmotor de Havilland Gipsy Queen II mit 157 kW (214 PS)

**Leistung:** Höchstgeschwindigkeit 257 km/h; Dienstgipfelhöhe 4265 m; Reichweite 805 km

**Gewicht:** Leermasse 1075 kg; max. Startmasse 1588 kg

Nach dem Krieg zählte man rund 200 **Proctor Mk I, Mk II** und **Mk III** zum Überschußbestand. Einige **Mk IV** dienten noch bei Verbindungsstaffeln, bis sie 1955 auf dem zivilen Markt erschienen. 1945 waren drei **Proctor Mk IV** bereits auf den Standard von Zivilflugzeugen umgerüstet worden, was die Einführung der **Proctor 5** (150 Exemplare) nach sich zog. Vier dieser Maschinen beschaffte die Royal Air Force als **Proctor C.Mk 5** für den diplomatischen Dienst. 1946 wurde ein einziges Schwimmerflugzeug **Proctor 6** für die Hudson's Bay Company in Kanada gebaut.

***Dieses seltene Foto einer Proctor aus dem Zweiten Weltkrieg zeigt deutlich das verkleidete Fahrgestell und den Landescheinwerfer.***

# Percival P.40 Prentice

Von Anfang bis Ende des Zweiten Weltkriegs verwendete die RAF ein und denselben Flugzeugtyp, die Tiger Moth von de Havilland, zur fliegerischen Grundausbildung ihres Nachwuchses. Ein modernes Muster war dringend erforderlich. Gemäß Spezifikation T.23/43 wurde daher die **Percival P.40 Prentice** konstruiert, ein Ganzmetall-Eindecker mit zahlreichen Neuerungen und einem Gesamtgewicht, das das der Tiger Moth um mehr als das Doppelte überstieg. Da ihr Antrieb aber keineswegs doppelt so stark wie bei der Tiger Moth war, ließ ihre Leistung zu wünschen übrig. Tatsächlich bot der alte Doppeldecker eine Steiggeschwindigkeit von 3,8 m/sek im Vergleich zu nur 3,3 m/sek bei der **Prentice**. Eine unnötige Komplikation,

***Percival Prentice der No. 3 FTS auf dem RAF-Fliegerhorst Feltwell, England***

die für zusätzliches Gewicht sorgte, bestand in der ursprünglichen Forderung nach einem dritten Sitz, für den in der Praxis gar keine Notwendigkeit bestand. Immerhin war die **Prentice** das erste Schulflugzeug der RAF mit nebeneinander montierten Sitzen, ein Konzept, das man bis heute mit der 1988 in Dienst gestellten Tucano beibehielt.

Der Prototyp flog ab März 1946, und nach Modifikationen am Leitwerk und an den Randbögen wurde eine Erstserie zur Truppenerprobung aufgelegt. Anschließend belegte die **Prentice** zwei Fertigungsstrecken: Das Percival-Werk in Luton produzierte 230 Maschinen für die RAF und Blackburn in Brough weitere 125. Außerdem baute Percival zwei **Prentice-Trainer** für den Libanon und verkaufte angeblich 200 Exemplare nach Argentinien. Hindustan Aircraft stellte 65 Maschinen mit dem de Havilland Gipsy Queen (257 kW/350 PS) für die indische Luftwaffe her, die sie von 1948 bis 1959 nutzte.

1953 leitete die RAF den Wechsel von der **Prentice** zur Provost ein, und 1955 erwarb Aviation Traders in Southend 252 ausgesonderte **Prentice**, um sie für die zivile Luftfahrt herzurichten. Zwei weitere Maschinen gingen an Privatbesitzer.

**TECHNISCHE DATEN**
**Percival Prentice**

**Typ:** zwei-/dreisitziges Militärschulflugzeug
**Triebwerk:** ein Reihenmotor de Havilland Gipsy Queen 32 mit 187 kW (254 PS)
**Leistung:** Höchstgeschwindigkeit 230 km/h in 1525 m Höhe; Dienstgipfelhöhe 5485 m
**Gewicht:** Leermasse 1461 kg; max. Startmasse 1905 kg
**Abmessungen:** Spannweite 14,02 m; Länge 9,53 m; Höhe 3,92 m; Tragflügelfläche 28,33 $m^2$

## Percival P.50/P.54 Prince

***Das kommerzielle Verkehrsmuster Percival P.50 Prince wurde in geringer Stückzahl, aber in vielen Versionen gebaut.***

Kurz nach dem Ende des Zweiten Weltkriegs produzierte Percival Aircraft den Prototyp der fünfsitzigen P.48 Merganser. Als Antrieb dieses freitragenden Hochdekkers mit einziehbarem Bugrad-Fahrwerk dienten zwei Gipsy Queen 51 mit je 221 kW (300 PS). Da die Herstellung dieser Motoren eingestellt wurde und sich kein Alternativmotor fand, ging das Unternehmen zur Entwicklung der **Percival P.50 Prince** mit Alvis-Neun-Zylinder-Sternmotoren über. Nach dem Erstflug des **Prince**-Prototyps am 13. Mai 1948 wurden 24 Serienmaschinen mit vielen Detailunterschieden und Motortypen im Leistungsbereich von 388 kW bis 418 kW (528 PS bis 568 PS) gefertigt. Diese Varianten erhielten die Bezeichnungen **Prince 1, 2, 3, 3A, 3B, 3D, 3E, 4, 4B, 4D, 4E** und **6B**. Die geplante **Prince 5** hingegen wurde als **President** entwikkelt. Einzelheiten über dieses Flugzeug und die mit ihm verwandten **Pembroke** und **Sea Prince** sind unter dem Eintrag Hunting (Percival) zu finden. Sechs Sonderausführungen mit längerem Bug und Kameraluken wurden als Vermessungsflugzeuge **P.54 Survey Prince** fertiggestellt, von denen das erste Exemplar (G-ALRY) Anfang der fünfziger Jahre flog.

**TECHNISCHE DATEN**
**Percival Prince 2**

**Typ:** zehnsitziges Passagierflugzeug
**Triebwerke:** zwei Sternmotoren Alvis Leonides 501/4 je 388 kW (528 PS)
**Leistung:** Höchstgeschwindigkeit 348 km/h; Dienstgipfelhöhe 7160 m; Reichweite 1513 km
**Gewicht:** Leermasse 3340 kg; max. Startmasse 4990 kg
**Abmessungen:** Spannweite 17,07 m; Länge 13,06 m; Höhe 4,90 m; Tragflügelfläche 33,91 $m^2$

## Percival Q.6 Petrel

Edgar Percivals erstes zweimotoriges Flugzeug war die **Percival Typ Q**, geplant als viersitziges Leichtverkehrsflugzeug **Q.4** mit Gipsy-Major-Motoren von de Havilland und als sechssitziges Zubringerflugzeug **Q.6** mit Gipsy-Six-Triebwerken. Nur die letztgenannte Version wurde verwirklicht, und der Prototyp **Q.6** flog erstmals am 14. September 1937. Es entstanden 27 Exemplare, davon vier mit Einziehfahrwerk. Zu den hoheitlichen Nutzern zählten Ägypten (2) und die RAF, die sieben Maschinen mit der Bezeichnung **Q.6 Petrel** beschaffte. Im Mai 1940 wurden neun in Großbritannien zugelassene **Q.6** zur Royal Air Force/Royal Navy eingezogen und zwei weitere Exemplare in Heliopolis requiriert. Nach dem Krieg fanden die noch verbliebenen Flugzeuge ins britische Zivilregister zurück, ebenso drei **Q.6 Petrel** der RAF. Ferner wurde eine Maschine auf der Isle c Man wieder hergestellt.

**Technische Daten**

**Typ:** sechssitziges Verbindungsflugzeug
**Triebwerke:** zwei Reihenmotoren de Havilland Gipsy Six je 153 kW (208 PS)
**Leistung:** Höchstgeschwindigkeit 314 km/h; Dienstgipfelhöhe 6400 m; Reichweite 1207 km
**Gewicht:** Leermasse 1588 kg; max. Startmasse 2495 kg
**Abmessungen:** Spannweite 14,22 m; Länge 9,83 m; Höhe 2,97 m; Tragflügelfläche 25,83 $m^2$

***Eine Percival Q.6, die britische Streitkräfte im Zweiten Weltkrieg eingezogen hatten.***

## Petljakow Pe-2

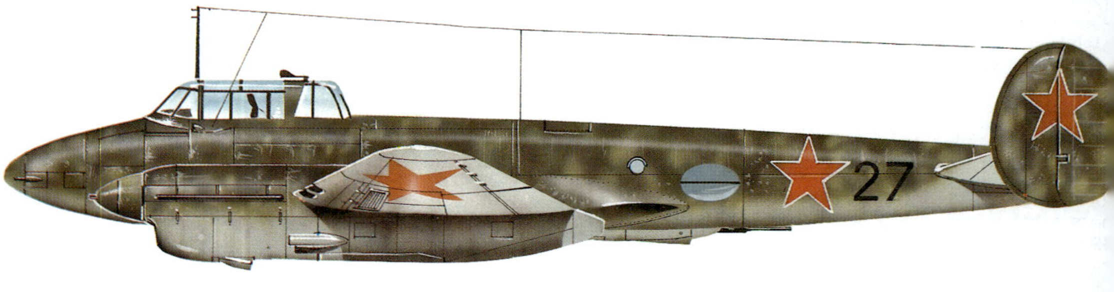


***Eine Petljakow Pe-2FT eines nicht bekannten Bomberregiments der sowjetischen Luftwaffe***

Der sowjetische Konstrukteur Wladimir M. Petljakow, der beträchtliche Erfahrung bei der Mitarbeit an Projekten Andrei N. Tupolews gesammelt hatte, wurde während seiner Inhaftierung mit der Konstruktion eines neuen Höhenjägers beauftragt, dem die Bezeichnung **VI-100** zufiel. Der freitragende Tiefdecker mit kreisrundem Rumpfquerschnitt, Einziehfahrwerk und einem Leitwerk mit doppelten Seitenflossen/Rudern wurde von zwei 773 kW (1050 PS) starken V-12-Motoren M-105 mit Turbolader TK-3 angetrieben, die in flügelmontierten Gondeln installiert waren. Dieses Muster sollte eine Druckkabine erhalten, die aber noch nicht zur Verfügung stand, als die **VI-100** sich ihrer Fertigstellung näherte. Statt dessen richtete man die Kabine so her, daß der Pilot in einer geschlossenen Kanzel weit vor der Flügelnase saß und der Beobachter/Heckschütze ähnlich auf Höhe der Abströmkante untergebracht war. Bei den ersten Flügen im Zeitraum 1939/40 zeigten sich Probleme mit den Stoßdämpferstreben des Fahrwerks und mit der Richtungsstabilität. Letzere ließen sich durch die Einführung größerer Seitenflossen lösen, aber die Schwierigkeiten mit den Stoßdämpfern konnten nie vollständig behoben werden. Ende Mai 1940 entschied man sich für einen Rollenwechsel vom Höhenjäger zum dreisitzigen Sturzkampfbomber mit der Bezeichnung **PB-100**. Daher verzichtete man auf die Druckkabine und gestaltete den Innenraum für eine dreiköpfige Besatzung um. Die Position des Flugzeugführers änderte sich kaum, aber auf einer tieferen Ebene vor ihm kam eine Liegestellung für den Navigator/Bombenschützen hinzu. Eine **VI-100** wurde unter der Bezeichnung **PB-100** fertiggestellt und nach ersten erfolgreichen Tests zur Serienproduktion als **Petljakow Pe-2** freigegeben.

Die **Pe-2** erwies sich als hervorragender taktischer Kampfbomber. Die Zelle hatte sich gegenüber der **PB-100** kaum geändert, abgesehen von dem nochmals umgestalteten Innenraum. Der Pilot saß nun links in einem erweiterten Cockpit und der Navigator/Bombardier auf einem Drehsitz hinter ihm, so daß er sein Maschinengewehr unbehindert einsetzen, aber bei der Zielannäherung leicht einen Stellungswechsel zur Bombardierliege im Bug vc nehmen konnte. Das dritte Besatzungsm glied war der Bordfunker/Abwehrschütz in einem abgetrennten Abteil hinter de Rumpftank, ausgestattet mit Dachluk zwei Seitenfenstern und einer MG-Bauc stellung.

Die erste seriengefertigte **Pe-2** flog a 18. November 1940. Bis zum 22. Juni 19 waren insgesamt 458 Exemplare ausg liefert und knapp 65 Prozent von ihnen e satzbereit. Ende April 1941 stieg die **Pe** zum taktischen Standardbomber der R ten Luftwaffe auf mit dem Ergebnis, daß sich die Produktion bis Anfang 1945, als sie eingestellt wurde, auf 11.427 Maschinen steigerte. Nach dem Krieg ging das Muster an verschiedene ausländische Streitkräfte; so an die Tschechoslowakei (als **B-32**), an Polen und an Jugoslawien.

**Varianten**

**Pe-27(*):** Erstflug im Oktober 1941; ausgerüstet mit VK-105TK-Motoren und internem Bombenschacht für max. vier 500-kg-Bomben; spätere Serien erhielten automatische Vorflügel, die aber bald wieder entfielen

**Pe-2Sh:** Bezeichnung des umgerüsteten PB-100-Prototyps mit zwei 20-mm-Kanonen ShVAK und einem 12,7-mm-Maschinengewehr UBS unter dem Rumpf für den Erdkampf

**Pe-3:** Bezeichnung einer kleinen Zahl von Bomberzerstörern ohne Sturzflugbremsen und mit einer Bewaffnung von zwei 20-mm-Kanonen ShVAK, zwei 12,7-mm-Maschinengewehren und zwei 7,92-mm-Maschinengewehren im Bug sowie einem 12,7-mm-Maschinengewehr im Rückenturm

**Pe-3bis:** Nachtjäger in einer Auflage von rund 300 Stück; bewaffnet mit einer 20-mm-Kanone ShVAK, einem 12,7-mm-MG und drei 7,92-mm-MG im Bug; späte Maschinen erhielten zwei 20-mm-Kanonen ShVAK, drei 12,7-mm-MG und zwei 7,92-mm-MG; die Mehrzahl mit internem Bombenschacht für drei 100-kg-Bomben und Startrosten unter den Tragflächen für acht Raketen RS-82

**Pe-3R:** Aufklärungsjäger mit Senkrecht- und Schrägbildkameras

**Pe-2MV:** Version mit zwei 20-mm-Kanonen ShVAK und zwei 12,7-mm-MG in einer Anbauwanne unter dem Rumpf; kein Bombenschacht und ein 12,7-mm-MG im Rückenturm

**Pe-2FT:** Standardserienversion ab Frühjahr 1942; ähnlich wie Pe-2MV, aber mit reduzierter Bugverglasung, ohne Sturzflugbremsen und mit zweitem 7,62-mm-MG für den Funker/Abwehrschützen

**Pe-2 Paravan:** Variante mit Sperrballon-Räumgeschirr in Gestalt von Kabeln, die von einem kurzen Mast auf der Flugzeugnase zu den Tragflächenenden gespannt waren

**Pe-2FZ:** kleine Baureihe von 1943 mit modifiziertem Cockpit; Navigator in einem Gefechtsstand mit zwei 12,7-mm-MG; keine zusätzliche Gefechtsposition in der Flugzeugnase

**Pe-2VI:** zum Höhenjäger mit Druckkabine und Sonderladern umgerüstete Pe-2; diente als Ausgangspunkt zur Fortentwicklung

**Pe-2I:** zweisitzige Kampfbomberversion mit umkonstruiertem Rumpf, weiter gespannten Tragflächen, erweitertem Bombenschacht für eine Last von 1000 kg, zwei 12,7-mm-MG (eines im Bug und eines im Heckkonus) und VK-107A-Motoren je 1214 kW (1650 PS); auf die geplante Produktion wurde Anfang 1945 verzichtet

**Pe-3M:** zweisitzige Jägerversion von 1943 mit VK-105PF-Motoren und einer Bewaffnung von zwei 20-mm-Kanonen ShVAK, drei 12,7-mm-MG und bis zu 700 kg Bomben

**Pe-2S/Pe-2UT/U Pe-2:** zweisitzig ausgeführte Schulflugzeuge mit voller Bombenkapazität; einige Varianten mit vier vorwärtsfeuernden Maschinengewehren, je ein Paar vom Kaliber 12,7 mm und 7,62 mm; die tschechische Bezeichnung lautete CB-32

**Pe-6B:** Standardserienbomber ab 1944; viele Verbesserungen an Zelle und Bordsystemen; bewaffnet mit drei 12,7-mm-MG und einem 7,62-mm-MG

**Pe-2R(*):** dreisitziger Tagaufklärer, ausgerüstet in der Regel mit drei oder vier Luftbildkameras, drei 12,7-mm-MG und VK-105PF-Motoren

**Pe-2R(**):** dreisitziger Tagaufklärer von 1944; wie Pe-2R(*), aber mit drei 20-mm-Kanonen ShVAK und VK-107A-Antrieb

**Pe-2K:** Version mit den für die Pe-2I entwickelten Tragflächen, Motorgondeln und Fahrwerksbaugruppen; ausgerüstet mit VK-105PF-1-Motoren

**Pe-2RD:** einmalige Umrüstung einer Pe-2 mit im Heck installiertem Flüssigkeits-Raketenmotor Gluschko RD-1, dessen Schub von 300 kg die Start- und Kampfleistung kurzzeitig verbessern sollte; von 1943 bis 1945 getestet

**Pe-2D:** dreisitzige Kampfbomberversion von 1944 mit VK-107A-Antrieb

**Pe-27(**):** Kampfbomberversion vom September 1944 mit VK-107A-Motoren, bis zu 2000 kg Bomben und drei 20-mm-Kanonen ShVAK

***Petljakow Pe-2 (anfänglicher Serienbomber)***

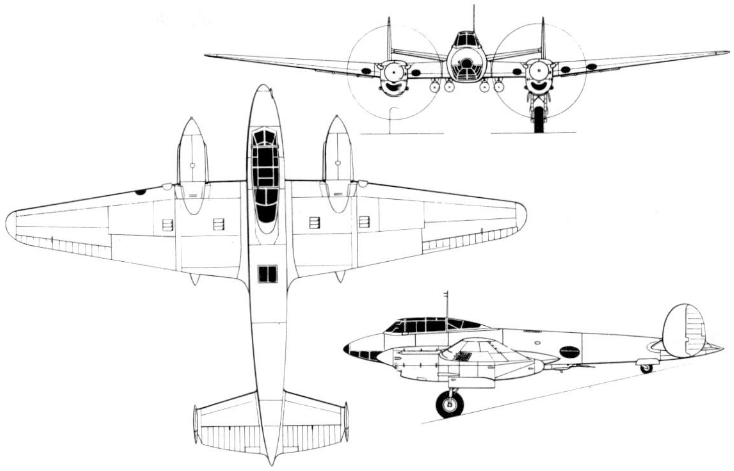

**TECHNISCHE DATEN**

**Petljakow Pe-2FT**

**Typ:** dreisitziger Kampfbomber
**Triebwerke:** zwei Reihenmotoren Klimow VK-105PF je 927 kW (1260 PS)
**Leistung:** Höchstgeschwindigkeit 580 km/h in 4000 m Höhe; Dienstgipfelhöhe 9000 m; Reichweite 1770 km
**Gewicht:** Leermasse 6200 kg; max. Startmasse 8520 kg
**Abmessungen:** Spannweite 17,11 m; Länge 12,78 m; Höhe 3,42 m; Tragflügelfläche 40,50 m²
**Bewaffnung:** MGs und/oder Kanonen, wie unter Varianten beschrieben, und bis zu 1000 kg Bomben

# Petljakow Pe-8

Die **Petljakow Pe-8** war der einzige moderne viermotorige Bombertyp der Sowjetunion im Zweiten Weltkrieg. Den Original-Entwurf hatte A. N. Tupolew für eine Forderung vom Sommer 1934 nach einem Flugzeug dieser Klasse konzipiert. Der freitragende Mitteldecker mit der damaligen Bezeichnung **ANT-42** war bis auf die stoffbespannten Kontrollflächen vollständig aus Metall konstruiert und wies ein Spornrad-Fahrwerk auf, bei dem sich nur die Hauptbaugruppen einziehen ließen. Für den Antrieb sollten vier flügelmontierte Motoren und ein zentraler Lader im Rumpf sorgen. Da beim Erstflug am 27. Dezember 1936 dieser ATsN-Kompressor aber noch nicht zur Verfügung stand, startete die **ANT-42** mit vier 810 kW (1100 PS) starken V-Reihenmotoren des Typs Mikulin M-100. Die Maschine wurde später bei einer harten Landung schwer beschädigt, doch man führte die offizielle Erprobung weiter und brachte sie 1937 zum Abschluß. Inzwischen war auch der ATsN-Lader verfügbar, den ein einzelner M-100-Motor antrieb. Der zweite **ANT-42**-Versuchsbomber, der am 26. Juli 1938 erstmals flog, enthielt zahlreiche Verbesserungen, einschließlich eines vom M-100A angetriebenen Laders ATsN-2. Der Bomber war für eine elfköpfige Besatzung ausgelegt, und seine komplette Bewaffnung umfaßte elektrisch angetriebene Waffentürme mit je einem ShKAS 7,62-mm-Maschinengewehr auf dem Rumpfrücken und im Heck, einen Bug-Drehturm mit einem einzelnen ShKAS-MG (später Zwillings-MG) und je einen 12,7-mm-MG-Gefechtsstand im Heck der inneren Motorgondeln, erreichbar über Kriechtunnel. Die Standard-Bombenlast bestand aus sechs 100-kg- oder vier 250-kg-Bomben, aber für Kurzstrecken war auch eine Überlast von 4000 kg möglich.

Im April 1937 erging die Genehmigung zur Fertigung von fünf Vorserienbombern, doch Bemühungen, das Programm einstellen zu lassen, verzögerten die Produktion bis 1939. Die fünf Vorserienmaschinen mit der Bezeichnung **TB-7** unterschieden sich von der **ANT-42** durch den Wegfall des ATsN-Zentralladers und den Ersatz der Haupttriebwerke durch AM-35-Ladermotoren. Zudem führten sie einige Verbesserungen an der Zelle ein. Ihre Auslieferung begann im Mai 1940. Die Leistung mit dem AM-35-Antrieb war enttäuschend, so daß mehrere andere Motortypen geprüft wurden. Im Oktober 1940 wählte man den Dieselmotor ACh-40 mit 1030 kW (1400 PS) als Standardantrieb. Er erwies sich jedoch als unzuverlässig, und so griff man wieder auf den 994 kW (1350 PS) starken AM-35A zurück, bis die in Dienst gestellten Bomber auf ACh-30B-Dieselmotoren je 1104 kW (1500 PS) umgestellt waren. In der Nacht des 7./8. August 1941 flogen 18 solcher Maschinen einen Angriff auf Berlin. Nachdem eine wegen Motorschadens beim Start verunglückt war und acht andere aus dem gleichen Grund hatten notlanden müssen, entschied man sich endgültig gegen die weitere Verwendung des Dieselmotors. In der Zwischenzeit hatte die Bezeichnung **TB-7** zu **Pe-8** gewechselt. Bei Produktionsende im Oktober 1941 waren insgesamt 79 Exemplare gefertigt und bis Ende 1942 etwa 48 dieser Flugzeuge auf den ASh-82FN ummotorisiert. Eine von AM-35A-Motoren angetriebene Maschine führte in der Zeit vom 19. Mai bis zum 13. Juni 1942 einen bemerkenswerten Etappenflug von Moskau nach Washington und zurück durch. Die verbliebenen **Pe-8** wurden 1942/43 intensiv zur Nahun-

***Bei dieser Petljakow Pe-8 der sowjetischen Luftstreitkräfte sind die Abwehr-MG-Stellungen im Heck der inneren Motorgondeln gerade noch erkennbar.***

terstützung der Fronttruppen eingesetzt und ab Februar 1943 zum Abwurf der 5000-kg-Bombe FAB-5000NG auf Punktziele genutzt.

Nach dem Krieg existierten noch rund 30 **Pe-8**, die vielerlei Zwecken dienten, einschließlich der Flugerprobung neuer Triebwerke. 1952 spielten zwei von ihnen eine Schlüsselrolle bei der Einrichtung einer Station in der Arktis, bis sie die Expeditionsteilnehmer in einem Nonstop-Flug von 5000 km nach Moskau zurückbrachten.

### TECHNISCHE DATEN
**Petljakow Pe-8**

**Typ:** schwerer Fernbomber
**Triebwerke:** vier 14-Zylinder-Sternmotoren Schwezow ASh-82FN je 1251 kW (1700 PS)
**Leistung:** Höchstgeschwindigkeit 450 km/h in 9000 m Höhe; Reichweite mit maximaler Bombenlast etwa 4700 km
**Gewicht:** Leermasse 18.420 kg; max. Startmasse 36.000 kg
**Abmessungen:** Spannweite 39,10 m; Länge 23,59 m; Höhe 6,20 m; Tragflügelfläche 188,68 $m^2$
**Bewaffnung:** zwei 7,62-mm-MG im Bugturm, je eine ShVAK-20-mm-Kanone in Rücken- und Heckturm und je ein 12,7-mm-MG im Heck der inneren Motorgondeln sowie eine maximale Internlast von 4000 kg Bomben

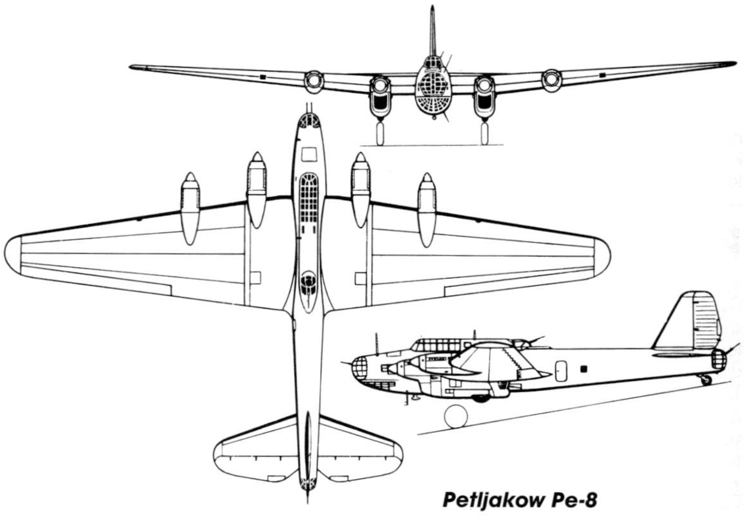

*Petljakow Pe-8*

# Pfalz A.I/A.II, E.I/E.II/E.III/E.IV und E.V

Die Pfalz Flugzeugwerke GmbH wurde 1913 in Speyer am Rhein zur Konstruktion und Produktion von Luftfahrzeugen gegründet. Wie bei vielen anderen europäischen Firmen stand am Anfang aber der Lizenzbau von ausländischen Mustern, die sich bereits als praktisch und zuverlässig erwiesen hatten. So stellte Pfalz bald den Schulterdecker Morane-Saulnier Typ H und den Schirmeindecker Typ L her und leitete von letzterem eine geringfügig geänderte Version ab, die von einem 59 kW (80 PS) starken Oberursel-Umlaufmotor U.O. angetrieben wurde. Dieses Modell erhielt die Bezeichnung **Pfalz A.I**. Das Hauptunterscheidungsmerkmal der einzigen **A.II** war der Oberursel U.I mit einer Nennleistung von 74 kW (100 PS). Die **A.I** diente 1914 als Aufklärungsflugzeug.

Eine separate Entwicklungsreihe brachte die Morane-Saulnier Typ H hervor, die nach geringfügigen Modifikationen und dem Einbau des 59 kW (80 PS) starken Oberursel-Motors als unbewaffneter Erkundungseinsitzer verwendet wurde. Als sich 1915 zeigte, daß die MG-Synchronisiereinrichtung von Fokker einwandfrei funktionierte, rüstete man sie zusammen mit einem vorwärtsfeuernden LMG 08/15 in den Pfalz-Eindecker ein. Von diesem in **Pfalz E.I** umbenannten Typ wurden rund 60 Exemplare produziert. Ein ähnliches Flugzeug mit dem 74 kW (100 PS) starken Oberursel-Motor erhielt die Bezeichnung **E.II**. Das Einzelexemplar **A.II** (s. o.) erhielt ebenfalls die Fokker-Synchronisieranlage und ein Maschinengewehr sowie die neue Bezeichnung **E.III**. Dieses Muster entstand in kleiner Stückzahl. Die grundsätzlich ähnliche **E.IV** hatte man strukturell verstärkt und modifiziert, um den Oberursel U.III mit einer Leistung von 118 kW (160 PS) einbauen zu können. Es waren 24 Maschinen gefertigt, als die Unzuverlässigkeit dieses Triebwerks zur Einführung der **E.V** führte, die die Zelle der **E.II** mit einem 74 kW (100 PS) starken Mercedes-Motor D.I verband. Die **E.V** war das beste Modell der **Pfalz E-Serie**, doch wurden nur noch wenige Exemplare produziert.

### TECHNISCHE DATEN
**Pfalz E.IV**

**Typ:** einsitziger Jagdaufklärer
**Triebwerk:** ein 14-Zylinder-Umlaufmotor Oberursel U.III mit 118 kW (160 PS)
**Leistung:** Höchstgeschwindigkeit 160 km/h; Steigzeit auf 2000 m Höhe acht Minuten, 30 Sekunden; Flugdauer eine Stunde
**Gewicht:** Leermasse 471 kg; max. Startmasse 695 kg
**Abmessungen:** Spannweite 10,20 m; Länge 6,60 m; Höhe 2,55 m; Tragflügelfläche 16 $m^2$
**Bewaffnung:** zwei synchronisierte, vorwärtsfeuernde 7,92-mm-MGs LMG 08/15

**_Im Vergleich zur E.IV hatte die Pfalz E.I eine Spannweite von nur 9,26 m und wog maximal 535 kg. Den Antrieb lieferte ein Oberursel-Umlaufmotor U.O.I._**

# Pfalz D.III und D.IIIa

Nach Abschluß der noch offenen Aufträge über den Bau von Erkundungs-Einsitzern beschäftigte sich Pfalz 1916 zunächst mit der Lizenzfertigung der L.F.G. Roland D.I und Anfang 1917 mit der der L.F.G. Roland D.II. Im Sommer 1917 hatte Pfalz den eigenen Entwurf eines Jagdeinsitzers fertiggestellt, dessen Konstruktion stark an die der L.F.G. Roland D.I und D.II angelehnt war. Diese **Pfalz D.III**, die erstmals im Sommer 1917 flog, war ein Doppeldecker ungleicher Spannweite mit einem starren Schleifsporn-Fahrgestell, dem Mercedes-Motor D.III mit einer Leistung von 74 kW (100 PS) und einer offenen Kanzel für den Flugzeugführer unter einem Ausschnitt an der Hinterkante des Oberflügels. Die **Pfalz D.III** wurde Ende 1917 an der Westfront in Dienst gestellt, und Anfang 1918 folgte die verbes serte **D.IIIa**, die den stärkeren Mercedes Motor D.IIIa einführte. Man nimmt an, daß bei Einstellung der Fertigung insgesam über 600 Maschinen ausgeliefert waren Das Einzelexemplar einer experimenteller Dreidecker-Version der **D.III** entstand durch den Einbau eines dritten Flügelpaa res zwischen die Doppeldeckerflügel.

**_Die Pfalz D.III von 1916 war ein oft unterschätzter Doppeldeckerjäger, der eine angemessene Flugleistung, ein gutes Sichtfeld und Wendigkeit bot._**

### TECHNISCHE DATEN
**Pfalz D.IIIa**

**Typ:** Jagdeinsitzer
**Triebwerk:** ein Reihenmotor Mercedes D.IIIa mit 132 kW (180 PS)
**Leistung:** Höchstgeschwindigkeit 165 km/h in 3050 m Höhe; Dienstgipfelhöhe 5180 m; Flugdauer etwa zwei Stunden, 30 Minuten
**Gewicht:** Leermasse 695 kg; max. Startmasse 935 kg
**Abmessungen:** Spannweite 9,40 m; Länge 6,95 m; Höhe 2,67 m; Tragflügelfläche 22,10 $m^2$
**Bewaffnung:** zwei starre, vorwärtsfeuernde 7,92-mm-MGs LMG 08/15

# Pfalz D.XII

Abgesehen von der Serie D.III/D.IIIa war Pfalz nur wenig Erfolg mit der Konstruktion und Produktion militärischer Luftfahrzeuge vergönnt. Auf die D.III folgte eine Reihe einsitziger Prototypjäger, von denen aber nur die D.VIII und Dr.I die Serienfertigung mit insgesamt 40 beziehungsweise zehn Exemplaren erreichten. Das letzte Pfalz-Modell, das in großer Stückzahl gebaut wurde, war der Jagdeinsitzer **Pfalz D.XII**, ein zweistieliger Doppeldecker mit Hornausgleich an den Querrudern, einem stark überarbeiteten Leitwerk, starrem Schleifsporn-Fahrgestell und dem Mercedes-Reihenmotor D.IIIa. Nach dem Erstflug im Frühjahr 1918 nahmen Versionen der **D.XII** sowohl mit Mercedes-D.IIIa als auch dem B.M.W.III-Motor am deutschen Jägerwettbewerb teil, der im Juni 1918 in Berlin-Adlershof stattfand. Führende Jagdpiloten stimmten darin überein, daß die Pfalz **D.XII** der Fokker D.VII in mancher Hinsicht überlegen war. In den Frontverbänden fand der neue Jäger zunächst aber keine Billigung. Gegen Ende des Ersten Weltkriegs befanden sich nahezu 200 **Pfalz D.XII** bei zehn deutschen Jagdstaffeln (Jastas) an de Westfront, und darüber hinaus flogen He matschutzstaffeln diesen Typ.

### TECHNISCHE DATEN

**Typ:** Jagdeinsitzer
**Triebwerk:** ein Reihenmotor Mercedes D.IIIa mit 132 kW (180 PS)
**Leistung:** Höchstgeschwindigkeit 170 km/h; Dienstgipfelhöhe 5640 m; Flugdauer zwei Stunden, 30 Minuten
**Gewicht:** Leermasse 716 kg; max. Startmasse 900 kg
**Abmessungen:** Spannweite 9 m; Länge 6,35 m; Höhe 2,70 m; Tragflügelfläche 21,70 $m^2$
**Bewaffnung:** zwei starre, vorwärtsfeuernde 7,92-mm-MGs LMG 08/15

# Pfalz D.XIV und D.XV

Unter der Bezeichnung **Pfalz D.XIV** konstruierte das Unternehmen einen einsitzigen Versuchsjäger, der der Pfalz D.XII sehr ähnlich war. Von dieser hob er sich in erster Linie durch seine auf 10 m erhöhte Spannweite und durch größere Leitwerksflächen ab, die der kräftigere Benz-Reihenmotor Bz.IV mit einer Leistung von 147 kW (200 PS) erforderlich gemacht hatte. Die **D.XIV** erreichte eine Spitzengeschwindigke von 180 km/h, wurde aber vom letzte Pfalz-Jagdeinsitzer **D.XV** überboten, de noch vor dem Ende des Ersten Weltkrieg in kleiner Stückzahl entstand.

Die bedeutendste Änderung des letztgenannten Musters bestand darin, daß der Rumpf an Streben zwischen Ober- und Unterflügel des Doppeldeckers unter gleichzeitigem Wegfall aller Spanndrähte des Tragwerks montiert war. Die **Pfalz D.XV** wurde in zwei unterschiedlichen Ausführungen gefertigt. Eine Variante erhielt eine Motorisierung mit dem Mercedes D.IIIa (132 kW/180 PS), und die andere Version versah man mit dem unwesentlich stärkeren B.M.W.IIIa (136 kW/185 PS), mit dem sie eine Höchstgeschwindigkeit von rund 200 km/h nachweisen konnte. Die Spannweite betrug bei beiden Ausführungen der **Pfalz D.XV** 8,60 m.

# Pfalz-Zwischentypen der D-Serie

Parallel zur Konstruktion und Entwicklung der D.III arbeitete Pfalz an einem verfeinerten und etwas kleineren Jagdeinsitzer, der die Bezeichnung **Pfalz D.VI** erhielt. Das Tragwerk, das Fahrgestell und der Rumpf glichen den Baugruppen der D.III, doch die Zelle war abgeändert, um den Oberursel-Umlaufmotor U.II mit einer Leistung von 81 kW (110 PS) aufnehmen zu können. Dieser wies eine große Propellerhaube und eine glatte Ringverkleidung auf, was der **D.VI** ein sehr gutes Aussehen verlieh, zumal sie auch ein neu konstruiertes Leitwerk einführte.

Dagegen stand allerdings eine äußerst bescheidene Steigleistung. So folgte bald die etwas größere **D.VII**, von der zwei Exemplare mit unterschiedlichem Antrieb gebaut wurden, eines mit dem 118 kW (160 PS) starken Oberursel U.III und das andere mit dem Siemens-Halske Sh.III gleicher Leistung. Weder die **D.VI** noch die **D.VII** gingen in Serie, aber der Dreidecker **Pfalz Dr.I** brachte es zu einer kleinen Baureihe. Dies war im Grunde genommen eine **D.VII** mit einem dritten Flügelpaar geringerer Tiefe und Spannweite zwischen dem Doppeldeckertragwerk. Der Doppeldecker **D.VIII** von 1918 wurde ebenfalls in kleiner Zahl mit dem Umlaufmotor Siemens-Halske Sh.III (118 kW/160 PS) gebaut, bevor man die Produktion einstellte. Er glich in der äußeren Gesamterscheinung der **D.VII**, unterschied sich aber vor allem durch ein zweifach gestieltes Tragwerk. Der Typ flog in zwei Ausführungen, zum einen mit dem Oberursel U.III (118 kW/160 PS), zum anderen mit dem Goebel Goe.III-Triebwerk (103 kW/140 PS) und aerodynamisch ausgeglichenen Querrudern.

***Der vom Siemens-Halske Sh.III mit 118 kW (160 PS) angetriebene Pfalz-Dreidecker Dr.I wurde in kleiner Stückzahl gebaut. Er war mit zwei Maschinengewehren bewaffnet und hatte eine Spannweite von 8,55 m sowie ein höchstzulässiges Abfluggewicht von 705 kg.***

# Phönix C.I

Die österreichisch-ungarischen Phönix-Flugzeugwerke begannen mit der Lizenzfertigung der Albatros und Brandenburg. Ihr erstes eigenes Produkt war der zweisitzige, bewaffnete Aufklärungs- und Mehrzweck-Doppeldecker **Phönix C.I**, den die Firma von der lizenzgefertigten Hansa-Brandenburg C.II (von Ernst Heinkel konstruiert) abgeleitet hatte. Die **C.I** war keine Schönheit, aber ein praktisches Flugzeug, ausgestattet mit starrem Schleifsporn-Fahrgestell, einem Hiero-Reihenmotor und zwei offenen Kanzeln hintereinander für den Piloten und den Beobachter/Bordschützen. Phönix baute 110 **C.I**, die ab Frühjahr 1918 in Dienst gestellt wurden und bis zum Ende des Krieges im Einsatz blieben.

***Die Phönix C.I mit dem für Heinkel typischen Hinterrumpf und Leitwerk bot ihrem Bordschützen ein ausgezeichnetes Schußfeld.***

Kurz nach dem Krieg fertigte die Technische Abteilung des schwedischen Heeres 30 solcher Maschinen in Lizenz, angetrieben von einem Benz-Reihenmotor mit 162 kW (220 PS). Sie leisteten bis Ende der zwanziger Jahre Dienst.

**TECHNISCHE DATEN**

**Typ:** zweisitziges Mehrzweck-Flugzeug
**Triebwerk:** Reihenmotor Hiero mit 169 kW
**Leistung:** Höchstgeschwindigkeit 180 km/h; Dienstgipfelhöhe 5400 m
**Gewicht:** max. Startmasse 1105 kg
**Abmessungen:** Spannweite 11 m; Länge 7,52 m; Höhe 2,95 m
**Bewaffnung:** zwei Schwarzlose 8-mm-MGs

# Phönix D.I, D.II und D.III

Wie bereits im Eintrag unter Phönix C.I erwähnt, hatte das Unternehmen Hansa-Brandenburg-Modelle in Lizenz gefertigt, ehe es sich der Konstruktion eigenständiger Entwürfe zuwandte. Daher war der Jagdeinsitzer **Phönix D.I**, von dem im Sommer 1917 ein Prototyp fertiggestellt wurde, eine weiterentwickelte Version des Doppeldeckers Hansa-Brandenburg D.I. Bei der offiziellen Flugerprobung zeigte sich, daß dieser Jäger zwar schnell war, aber zu schwerfällig in der Luft lag und sich daher nur schlecht manövrieren ließ. Wegen des dringenden Bedarfs an Jagdflugzeugen wurde die **Phönix D.I** dennoch zur Serienfertigung angewiesen, und man unternahm erst später den Versuch, die Manövrierbarkeit und die Flugleistungen zu verbessern. Die **D.II** führte dann ausgeglichene Höhen- und Querruder (am Oberflügel) ein, und die letzte Serienversion **D.III** erhielt ausgeglichene Querruder an Ober- und Unterflügeln sowie einen Hiero-Reihenmotor mit 169 kW (230 PS). Die **Phönix-D-Serie** ergab insgesamt 158 Flugzeuge, von denen das letzte am 4. November 1918 zur Auslieferung kam. Diese Jagdeinsitzer flogen sowohl bei der Luftwaffe als auch bei der Marine. Etliche wurden zu Fotoaufklärern umgerüstet, und nach dem Krieg gelangte eine Reihe von **D.III** nach Schweden.

***Die D.III war schnell, aber zu stabil, um als glänzende Konstruktion gelten zu können.***

**TECHNISCHE DATEN**
**Phönix D.I**

**Typ:** Jagdeinsitzer
**Triebwerk:** ein Sechs-Zylinder-Reihenmotor Hiero mit 147 kW (200 PS)
**Leistung:** Höchstgeschwindigkeit 180 km/h; Dienstgipfelhöhe 6000 m
**Gewicht:** max. Startmasse 805 kg
**Abmessungen:** Spannweite 9,75 m; Länge 6,65 m; Höhe 2,80 m
**Bewaffnung:** zwei starr montierte Schwarzlose-MGs, Kaliber 8 mm

# Piaggio P.2

Der genuesische Industrielle und Politiker Rinaldo Piaggio nahm während des Ersten Weltkriegs den Bau von Luftfahrzeugen in seinem Werk in Finale Ligure auf und fertigte Caproni-Bomber sowie F.B.A.- und Macchi-Flugboote in Lizenz. Die **Piaggio P.2** von Giovanni Pegna war die erste eigene Konstruktion des Unternehmens. Dieser Jagdeinsitzer in der Auslegung eines freitragenden Tiefdeckers mit starrem, geteilten Fahrgestell und einem in Schalenbauweise gefertigten Rumpf entstand 1923 im Sestri-Ponente-Werk (Genua). Für den 221 kW (300 PS) starken Hispano-Suiza-Motor waren zwei Kühler beidseitig am Vorderrumpf montiert, und die Bewaffnung bestand aus zwei synchronisierten Vickers-7,62-mm-MGs. Die Spannweite der **P.2** betrug 10,50 m.

***Die für die damalige Zeit erstaunlich klare Linienführung der Piaggio P.2 wurde lediglich durch die beiden Kühlerelemente an den hinteren Motorflanken beeinträchtigt.***

# Piaggio P.3

Der von Pegna entworfene Nachtbomber **Piaggio P.3** von 1923 war ein zweistieliger Doppeldecker, dessen Unterflügel eine größere Spannweite als der Oberflügel hatte. Das Doppeldecker-Leitwerk enthielt drei Seitenflossen/Ruder, und vier Motoren der Marke S.P.A. 6A je 147 kW (200 PS) waren in Tandempaaren am Unterflügel montiert, so daß sie je zwei Druck- und Zugpropeller antrieben. Pilot und Kopilot saßen nebeneinander in einem offenen Cockpit vor den Tragflächen, und im Bug sowie im mittleren Rumpfabschnitt befanden sich Schützenstände. Der hintere Bordschütze konnte das Feuer eines Maschinengewehrs durch einen Tunnel auf den Boden richten. In einer späteren Phase wurde die **P.3** auf zwei Fiat A.20V je 302 kW (410 PS) ummotorisiert, aber von der Regia Aeronautica nicht für die Serienproduktion akzeptiert. Die Spannweite betrug 24 m und die Höchstgeschwindigkeit lag in etwa bei 185 km/h.

***Die vier Motoren S.P.A. 6A des Piaggio-Bombers P.3 waren als Tandempaare zwischen den Flügeln montiert.***

# Piaggio P.6

1927 wurden zwei Modelle parallel entwikkelt, um einer Forderung der italienischen Marine nach einem zweisitzigen, katapultstartfähigen Seeflugzeug nachzukommen. Das eine war ein kleines Flugboot, **Piaggio P.6bis**, mit einem einzelnen, zwischen den Flügeln montierten V.6-Motor Isotta-Fraschini, der seine Leistung von 191 kW (260 PS) auf einen Druckpropeller abgab. Bei dem anderen handelte es sich um das Schwimmerflugzeug **P.6**, ausgestattet mit einem großen zentralen Schwimmkörper und zwei Stützschwimmern sowie einem Fiat-Motor A.20 im Bug, der 280 kW (380 PS) erzeugte. Das starr verstrebte Tragwerk beider Modelle war identisch, ebenso wie die Abwehrbewaffnung mit einem Maschinengewehr, das sich beim Flugboot im Bug und beim Schwimmerflugzeug im hinteren Cockpit befand.

Die **P.6ter** von 1928 ähnelte der **P.6**, doch ihr Motor war auf 302 kW (410 PS) getrimmt, was eine Spitzengeschwindigkeit von 195 km/h ermöglichte. Die Tragflächen hatten eine Spannweite von 13,50 m, und das maximale Startgewicht betrug 2360 kg. Insgesamt 15 Schwimmerflugzeuge **P.6ter** wurden gebaut.

***Die zum Katapultstart von Schlachtschiffen und Kreuzern bestimmte Piaggio P.6ter war ein Aufklärungsschwimmerflugzeug.***

# Piaggio P.7

Mit der **Piaggio P.7** beziehungsweise **Piaggio-Pegna P.c.7** wurde ein bemerkenswertes Luftfahrzeug für das Flugrennen um die Schneider-Trophäe von 1929 konstruiert. Der freitragende Tiefdecker mit langgestrecktem, schlankem Rumpf hatte statt des üblichen Schwimmwerks ein Wassertragflügelpaar, auf dem er in den Phasen der Wasserung schwamm. Auf dem Wasser wurde das Seerennflugzeug von einer gewöhnlichen Schiffsschraube angetrieben, die über eine Welle und eine Kupplung mit dem 714 kW (970 PS) starken V.6-Motor Isotta-Fraschini Special verbunden war. Sobald die Maschine auf eine Geschwindigkeit beschleunigt hatte, die ausreichte, um sie auf die Wassertragflügel zu heben, und sich der normale Zugpropeller nicht mehr im Wasser befand, sollte dieser ein- und der Schiffspropeller ausgekuppelt werden.

***Die auf dem Wasser ruhende Piaggio P.7 wird hier zum Hieven fertiggemacht. Sie stellte den genialen Versuch dar, die Startprobleme von Seerennflugzeugen zu überwinden, die um die Schneider-Trophäe rangen.***

In der Praxis verhinderten Probleme mit den beiden Kupplungen allerdings, daß die **Piaggio-Pegna P.c.7** jemals in die Luft kam. Zwar führte Dal Molin vom italienischen Schneider-Team noch die Wassererprobung auf dem Gardasee durch, aber die Konstruktion eines zweiten Exemplars wurde abgebrochen.

# Piaggio P.8

Der kleine Seeaufklärer **Piaggio P.8** von 1928 war ein einsitziges Schwimmerflugzeug in der Auslegung eines gestielten Hochdeckers, der, wie sein Macchi-Konkurrent M.53, in einem zylindrischen Behälter an Bord von Unterseebooten der großen „Ettore Fieramosca"-Klasse untergebracht werden sollte. Von der Konstruktion her zielte das Muster auf den schnellen Zusammenbau ab. Die von einem Blackburn Cirrus II mit 56 kW (76 PS) angetriebene **P.8** erreichte eine Spitzengeschwindigkeit von 135 km/h.

***Ein interessantes Konzept stellte auch das Schwimmerflugzeug P.8 dar, das auf den zylindrischen Container der U-Boot-Klasse „Ettore Fieramosca" zugeschnitten war. Bei Bedarf konnte die P.8 zügig montiert und zur Aufklärung eingesetzt werden.***

# Piaggio P.10

1932 produzierte Piaggio die robuste dreisitzige **Piaggio P.10**, einen einstieligen Doppeldecker mit einzelnem Hauptschwimmer und zwei Stützschwimmkörpern an den Enden des Unterflügels. Der zum Katapultstart von Schlachtschiffen und Kreuzern der Regia Marina vorgesehene Aufklärer war gemischt konstruiert und wurde von einem Bristol-Sternmotor Jupiter VI (von Piaggio hergestellt) mit 328 kW (446 PS) angetrieben. Die Pilotenkanzel lag direkt vor dem Tragwerk, und der Beobachter saß in einem zweiten offenen Cockpit vor dem Höhenleitwerk. Der Bordschütze mit einem einzelnen 7,62-mm-Maschinengewehr auf Ringlafette besetzte ein drittes Cockpit vor dem Beobachter. Die **P.10** hatte eine Spannweite von 13,80 m und eine Höchstgeschwindigkeit von 195 km/h.

1933 erschien die **P.10bis** als landgestützte Ausführung dieses Musters mit starrem Fahrgestell. Im selben Jahr kamen auch der zweitsitzige Kunstflug-Trainer **P.11**, eine Lizenzversion des Blackburn-Doppeldeckers Lincock, und die **P.12** heraus, die ebenfalls in Lizenz hergestellte Version des zweimotorigen, viersitzigen Tiefdecker-Reiseflugzeugs Blackburn Segrave.

***Die zweisitzige Piaggio P.11 von 1932 wurde eigens zur Kunstflugschulung gebaut. In Wirklichkeit war dieses Muster aber kaum mehr als eine lizenzgefertigte Kopie der Blackburn Lincock. Es folgte die Piaggio P.12, eine in Lizenz gebaute Blackburn Segrave.***

# Piaggio P.16

Der dreimotorige schwere Bomber **Piaggio P.16** von 1934 war durch halbelliptische Schulterdecker-Tragflächen mit dikkem Profil gekennzeichnet, die eine umgekehrte Knickflügel-Konfiguration aufwiesen. Die Abwehrbewaffnung bestand aus vier 7,62-mm-Maschinengewehren, die vorn in den Tragflächen, im fahrbaren Rückenturm und im Rumpfheck unterhalb des hoch gelagerten Seitenleitwerks installiert waren. Die **P.16** hatte einziehbare Hauptfahrwerksbaugruppen und ein starres, verkleidetes Heckrad. Die Position des Bombenschützen befand sich in der Wanne des Vorderrumpfs direkt hinter dem Motor.

***Die P.16 hatte eine MG-Stellung im Rumpfheck vor dem überhängenden Leitwerk.***

# Piaggio P.23 bis Piel Emeraude und Super Emeraude

**Die berühmte italienische Ingenieurfirma Piaggio begann 1916 mit dem Flugzeugbau. 1938 entstand ein neues Werk für mehrmotorige Ganzmetallmaschinen. Nach dem Krieg expandierte man zu einmotorigen Trainern und zivilen Transportflugzeugen und bekam damit dicke Auftragsbücher.**

## Piaggio P.23

Die **Piaggio P.23** wurde für Nordatlantikflüge entworfen, ließ sich aber auch zum Transportflugzeug für kommerzielle Nutzung entwickeln. Es handelte sich um einen Schulterdecker mit umgekehrten Knickflügeln und vier 662 kW (900 PS) starken, paarweise montierten V-Zwölf-Motoren vom Typ Fraschini Asso XI R, die je zwei Zug- und Druckpropeller antrieben.

Das Hauptfahrwerk war einziehbar und das Seitenleitwerk geteilt. Ein bestimmendes Merkmal stellte der im Stil eines „avion marin“ ausgeführte Bootsrumpf dar.

Die höchstzulässige Abflugmasse betrug 18.400 kg und die Höchstgeschwindigkeit angeblich 400 km/h. Bei einer Reisegeschwindigkeit von 300 km/h schätzte man die Reichweite auf 5100 km. Da aber kein einziger Transatlantikflug stattfand, wurde das Flugzeug bald nach seinem Erscheinen im Jahre 1935 verschrottet.

***Die Piaggio P.23 ähnelte in mancher Hinsicht der P.16, hatte aber ein vierfach abgestrebtes Tragflächenmittelstück und vier Motoren.***

## Piaggio P.23R

Die **Piaggio P.23R** von 1936 war ein völlig neuer Entwurf, der mit dem Original P.23 nur noch wenig gemein hatte. Dieser freitragende Tiefdecker, gedacht als reines Rekordflugzeug, wies einen bleistiftdünnen Rumpf sowie drei Fraschini Asso XI R je 662 kW (900 PS) in superschlanken Motorgondeln auf und nahm seine zweiköpfige Besatzung nebeneinander in separaten Cockpits auf, jedes mit eigener Windschutzscheibe. Die **P.23R** wurde später auf drei Piaggio-Sternmotoren P.XI RC.40 je 736 kW (1000 PS) ummotorisiert und mit geschlossenen Hauben pro Cockpit sowie geändertem Fahrwerk modifiziert. In dieser Form stellte sie am 30. Dezember 1938 neue Weltrekorde auf, indem sie eine Nutzlast von 5000 kg mit einer durchschnittlichen Geschwindigkeit von 404 km/h über 1000 beziehungsweise 2000 km Entfernung transportierte. In den Erkennungshandbüchern der Alliierten war die **P.23R** zwar noch als ein potentieller Bomber aufgeführt, aber man hatte ihre weitere Entwicklung bereits im Jahre 1939 abgebrochen.

***Die P.23R war zwar ein schnittiger Rekordbrecher, er erwies sich aber als recht unbrauchbar. Die italienische Propaganda gab ihr die Bezeichnung P.123, um den Eindruck zu erwecken, der Typ werde auch als Bomber produziert.***

## Piaggio P.32

Der Prototyp des zweimotorigen Bombers **Piaggio P.32** flog im Frühjahr 1936 mit zwei V-Zwölf-Motoren Isotta Fraschini Asso XI R als Antrieb. Die gemischt konstruierte **P.32** hatte einen dicklichen Rumpf, das Tragwerk eines Tief-/Mitteldeckers mit Handley-Page-Vorflügeln und doppelten Auftriebsklappen an der Hinterkante sowie ein am Rumpfheck aufliegendes Höhenleitwerk mit Endflossen als Seitenleitwerk/Ruder. Die V-Zwölf-Motoren wichen später Piaggio-Sternmotoren P.XI RC.40 je 736 kW (1000 PS). Die Bewaffnung bestand aus einem einzelnen Breda-7,7-mm-Maschinengewehr im Buggefechtsstand sowie zwei weiteren Maschinengewehren gleichen Typs in einziehbaren Rücken- und Bauchtürmen.

Eine Serie von 16 **P.32** mit Isotta-Fraschini-Motoren wurde 1937 bei der 47. und 48. Squadriglia B.T. der Regia Aeronautica in Dienst gestellt, aber im Jahr darauf bereits wieder abgezogen und verschrottet, weil der Absturz eines Exemplars auf nicht korrigierbare Steuerungsprobleme hatte schließen lassen.

***Die vom Sternmotor angetriebene P.32 hatte eine „Balkon-Nase“, wie sie französische Konstrukteure bevorzugten, da sie den Einbau eines Bug-Waffenturms erleichterte.***

**Varianten**

**P.32bis:** von Reggiane gebaut; neugestalteter, schlankerer Rumpf und Isotta-Fraschini-Motoren; erreichte bei Testflügen im Februar 1937 eine Spitzengeschwindigkeit von 420 km/h; beim zweiten Prototyp kam es während eines Erprobungsflugs zum Motorbrand, was zur Streichung der 22 geplanten P.32bis führte

**Ca.405:** die Caproni-Reggiane „Procellaria“ war eine Langstrecken-Rennversion der P.32bis, vorgesehen zur Teilnahme am Istres-Damaskus-Flugrennen 1937, aber nicht rechtzeitig fertiggestellt

## Piaggio P.50

Der viermotorige schwere Bomber **Piaggio P.50** war das erste Muster, das Giovanni Casiraghi für den Hersteller nach Vorgaben von Giovanni Pegna konstruierte. Der 1937 im Flug getestete Prototyp **P.50-I (MM 369)** war ein Schulterdecker mit einer großen einzelnen Seitenflosse/Ruder und vier paarweise an den Tragflächen montierten V-Zwölf-Motoren Isotta Fraschini XI RC, deren Leistung von 537 kW (730 PS) je zwei Zug- und Druckpropeller umsetzten. Zur Abwehr bestanden drei MG-Gefechtsstände, davon einer im Bug, und die Offensivlast durfte maximal 2500 kg betragen. Ein zweiter Versuchsbomber **(MM 370)** wurde 1938 bei einem Landeunfall auf dem Malpensa-Flugfeld beschädigt. Im selben Jahr erschien die **P.50-II (MM 371)** mit vier herkömmlich angeordneten Piaggio-Sternmotoren P.XI RC.40 (736 kW/1000 PS), die Dreiblatt-Zugpropeller antrieben, und einer auf fünf 12,7-mm-MGs erhöhten Abwehrbewaffnung. Die Serienfertigung blieb zwar aus, aber die **P.50** war der Vorläufer der P.108 des Zweiten Weltkriegs.

Die Spannweite dieses viermotorigen schweren Bombers betrug 25,76 m und die Länge 19,80 m. Die Spitzengeschwindigkeit von 435 km/h bei der **P.50-I** ließ sich bei der **P.50-II** noch auf 450 km/h steigern.

***Die Piaggio P.50 wirkt auf den ersten Blick zweimotorig, aber bei genauerem Hinsehen kann man steuerbord den Druckpropeller des Doppelmotors erkennen.***

## Piaggio P.108

Der einzige viermotorige schwere Bombertyp, den Italien im Zweiten Weltkrieg einsetzte, war die **Piaggio P.108**, hervorgegangen aus der früheren P.50-II. Der freitragende Tiefdecker mit einziehbarem Spornrad-Fahrgestell und vier Sternmotoren Piaggio P.XII RC.35 flog 1939 als Prototyp. Vier Versionen waren geplant, von denen aber nur die **P.108B Bombardiere** eine nennenswerte Auflage erreichte. Sie

***Die P.108B war Italiens einziger viermotoriger Bombertyp im Zweiten Weltkrieg. Dieses Exemplar gehörte zur 274. Squadriglia, die den Namen des Mussolini-Sohns Bruno annahm.***

führte ab Anfang 1942 Nachtangriffe auf Gibraltar durch, nahm später aber auch an Luftoperationen im weiteren Mittelmeerraum, Nordafrika und in der Sowjetunion teil. Insgesamt 163 solcher Bomber wurden gebaut, doch aufgrund schwerer Verluste blieben nach dem Waffenstillstandsabkommen mit den Alliierten nur weniger als fünf Prozent für den Dienst bei der Aeronautica Nazionale Repubblicana übrig. Der einzige Prototyp **P.108** wurde anschließend unter der Bezeichnung **P.108A Artiglieri** zur Schiffsbekämpfung umgerüstet und die Bewaffnung des Standardbombers durch eine 102-mm-Kanone verstärkt. Diese Maschine fiel deutschen Truppen in die Hände, die sie der Luftwaffe zuführten. Ein Prototyp und 15 Serienflugzeuge wurden als Passagiermaschinen **P.108C Civile** für 32 Personen gefertigt, doch später ebenso wie 24 **P.108B** zu militärischen Transportflugzeugen für 56 Soldaten umgebaut. Eine dieser modifizierten **P.108C** ergab den Vorläufer einer militärischen Frachtversion mit seitlichen Ladetüren und einer Klappe unter dem Rumpf. Zur Serienfertigung kam es jedoch nicht. Erwähnt werden sollte noch die vorgeschlagene **P.133**, eine fortentwickelte Version der **P.108B** mit stärkeren Motoren. Die Wende im Krieg hatte jedoch zur Folge, daß dieser Typ nie gebaut wurde.

### TECHNISCHE DATEN
**Piaggio P.108B**

**Typ:** schwerer Bomber
**Triebwerke:** vier 18-Zylinder-Doppelsternmotoren Piaggio P.XII RC.35 je 1104 kW (1500 PS)
**Leistung:** Höchstgeschwindigkeit 430 km/h in 4200 m Höhe; Dienstgipfelhöhe 8500 m
**Gewicht:** Leermasse 17.325 kg; max. Startmasse 29.885 kg
**Abmessungen:** Spannweite 32 m; Länge 22,30 m; Höhe 6 m; Tragflügelfläche 135 m²
**Bewaffnung:** acht 12,7-mm-Maschinengewehre und bis zu 3500 kg Bomben

# Piaggio P.119

Die **Piaggio P.119** startete erstmals am 19. Dezember 1942 vom Werksflugplatz Villanova d'Albegna aus. Sie war ein Jagdeinsitzer in der Auslegung eines Ganzmetall-Tiefdeckers mit auffallend schlankem Rumpf, ermöglicht durch den Einbau des 1214 kW (1650 PS) starken Piaggio-Sternmotors P.XV RC.60 im Mittelrumpf, direkt hinter der mit einer Jägerhaube verschlossenen Pilotenkanzel. Der Dreiblatt-Propeller an der Flugzeugnase wurde über eine Fernwelle angetrieben. Die klaren Linien des Flugzeugs unterbrach lediglich der vor dem Tragwerk unter den Vorderrumpf geschlungene Motorlufteinlauf. Als Bewaffnung waren vier 12,7-mm-Maschinengewehre im Bug und eine durch die Propellernabe feuernde 20-mm-Kanone vorgesehen.

***Wie fast alle Muster, die aus Gründen der Aerodynamik und Gewichtsverteilung von einem im Rumpf eingebetteten Motor angetrieben wurden, stützte sich auch die P.119 auf eine lange Fernwelle, um die Motorleistung zum Zugpropeller zu übertragen. Die zwangsläufig auftretenden Vibrationsschwierigkeiten bekam man nicht in den Griff.***

Bei Testflügen wurde eine Spitzengeschwindigkeit von 640 km/h nachgewiesen, aber die Maschine litt unter vom Motor erzeugten Schwingungsproblemen. Nach einem Landeunfall am 2. August 1943 verzichtete man auf die Weiterentwicklung.

# Piaggio P.136-L

Unter der Bezeichnung **Piaggio P.136-L** entwarf das Unternehmen ein amphibientaugliches Flugboot mit zweifach gestuftem Ganzmetall-Bootsrumpf, freitragenden Schulterdecker-Knickflügeln, an die außen Stützschwimmer abgestebt waren, und einziehbarem Heckrad-Fahrgestell. Für den Antrieb sorgten Sechs-Zylinder-Boxermotoren Avco Lycoming GO-435-C2 je 194 kW (264 PS), die in Gondeln auf den Tragflächen saßen und Druckpropeller antrieben. Die geschlossene Kabine bot fünf Personen Platz, zwei vorn auf Sitzen nebeneinander und drei auf einer Sitzbank dahinter. Der Prototyp flog erstmals Ende 1948, und nach Abschluß der Zulassungsprüfflüge im Frühjahr 1949 erwarb die italienische Luftwaffe ein Exemplar zur gründlichen Erprobung. Ende 1950 folgte ein Auftrag über weitere 14 **P.136** für den Küstenpatrouillen- und Luft-/Seenotrettungsdienst. Die Baureihe umfaßte zwei Ausführungen, die **P.136-L-1** mit Getriebemotoren GO-480-B je 201 kW (273 PS) und die **P.136-L-2** mit dem stärkeren, aufgeladenen Getriebemotortyp GSO-480. Über die Fertigung für die italienische Luftwaffe hinaus wurden beide Versionen in den USA als **Royal Gull** von der Tracker Aircraft Corporation vermarktet, die drei von Piaggio montierte Exemplare und Baugruppen für weitere 29 Flugzeuge erhielt. Außer dem Zusammenbau dieser **Royal Gull** fertigte Tracker noch eine kleine Stückzahl in Lizenz.

### TECHNISCHE DATEN
**Piaggio P.136-L-2**

**Typ:** fünfsitziges Amphibium
**Triebwerke:** zwei Sechs-Zylinder-Boxermotoren Avco Lycoming GSO-480 je 254 kW (345 PS)
**Leistung:** Höchstgeschwindigkeit 335 km/h in Meereshöhe; Dienstgipfelhöhe 7800 m; Reichweite 1450 km
**Gewicht:** Leermasse 2110 kg; max. Startmasse 2995 kg
**Abmessungen:** Spannweite 13,53 m; Länge 10,80 m; Höhe 3,83 m; Tragflügelfläche 25,10 m²

***Abgesehen von den Druckpropellern, unterschied sich die Piaggio P.136 kaum von anderen amphibischen Flugbooten, bewährte sich in Italien aber ausgezeichnet. 23 von 80 gebauten Exemplaren dieses ersten Piaggio-Nachkriegsmodells gingen an die italienische Luftwaffe.***

# Piaggio P.148

Die Bezeichnung **Piaggio P.148** vergab der Hersteller an ein leichtes Schulflugzeug, das sich sowohl zur fliegerischen Grundausbildung als auch zur Einweisung in den Kunstflug eignete. Der Prototyp, der erstmals am 12. Februar 1951 flog, war ein freitragender Tiefdecker in Ganzmetallbauweise mit starrem Spornrad-Fahrwerk und einem Sechs-Zylinder-Boxermotor Avco Lycoming O-435. Es handelte sich zwar im Grunde um einen Zweisitzer, doch die geschlossene Kabine bot genügend Platz, um auf Wunsch einen dritten Sitz hinter den beiden vorderen einzurichten. Auf die amtliche Erprobung hin führte die Aeronautica Militare Italiana diesen Typ bei den für die Grundausbildung zuständigen Flugschulen ein und beschaffte insgesamt 100 Exemplare.

Später wurden sie allerdings abgezogen, weil die italienischen Luftstreitkräfte wie viele andere auch zu einer durchgehenden Düsenjägerschulung übergingen. 1970 gelangte man zu der Einsicht, daß ein Kolbenmotor-Schulflugzeug vor allem für die ersten Auswahlverfahren unter den Fluganwärtern unverzichtbar war, und reaktivierte das Muster. 1962 wurde eine kleine Zahl von **P.148** der italienischen Luftwaffe an das somalische Fliegerkorps übergeben. Angesichts des jahrelang wütenden Bürgerkrieges in diesem Lande schmolz der Bestand stetig zusammen. Mehrere Exemplare dieses unkomplizierten Typs hielten dennoch bis zu den achtziger Jahren durch, und eine Maschine war an der Wache des militärischen Flughafenteils von Mogadischu aufgestellt. Im Jahr 1993 existierte keine somalische **P.148** mehr.

### TECHNISCHE DATEN

**Typ:** zweisitziges, kunstflugtaugliches Schulflugzeug
**Triebwerk:** ein Sechs-Zylinder-Boxermotor Avco Lycoming O-435-A mit 142 kW (193 PS)
**Leistung:** Höchstgeschwindigkeit 234 km/h in Meereshöhe; Dienstgipfelhöhe 5000 m; Reichweite mit Reserven 925 km
**Gewicht:** Leermasse 876 kg; max. Startmasse 1280 kg
**Abmessungen:** Spannweite 11,12 m; Länge 8,44 m; Höhe 2,40 m; Tragflügelfläche 18,85 m²

***Piaggio P.148***

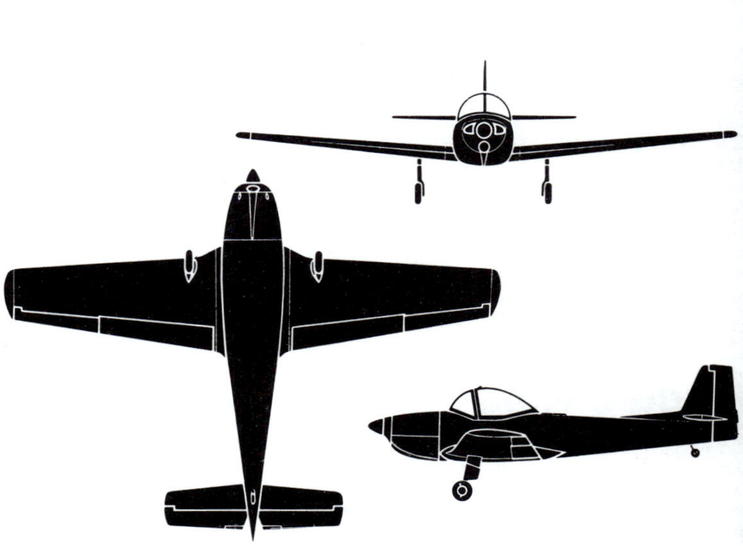

# Piaggio P.149

Der Erfolg der P.148 reizte Piaggio, aus diesem Muster ein viersitziges Reiseflugzeug zu entwickeln. Der Hauptunterschied dieser neuen **Piaggio P.149** bestand im Einziehfahrwerk und im stärkeren Antrieb, für den beim Erstflug des Prototyps am 19. Juni 1953 ein Avco Lycoming GO-435 mit 194 kW (264 PS) sorgte. Der Typ erzielte nur einen bescheidenen Absatz, bis die Bundesrepublik Deutschland beschloß, die **Piaggio P.149** als Standard-Grundschul- und Verbindungsflugzeug für die Luftwaffe zu beschaffen. Im Mai 1957 lieferte Piaggio die erste von 72 **P.149D** nach Deutschland. Focke-Wulf fertigte weitere 190 Exemplare in Lizenz und lieferte das erste Exemplar im November 1957 aus. Dieses Muster nutzten auch die Luftstreitkräfte Nigerias, Tansanias und Ugandas, doch nur im letztgenannten Land leistet eine kleine Zahl weiterhin Dienst.

***Ab 1953 baute Piaggio insgesamt 88 P.149D. Diese erweiterte und vielseitigere Ausführung der P.148 hob sich durch ein einziehbares Bugrad-Fahrwerk ab, das die Leistung deutlich verbesserte. Die von Focke-Wulf gebauten Maschinen dienten als Anfängertrainer bei der Luftwaffe, und ein kleines Kontingent ging an zivile Abnehmer. Fünf P.149.E erwarb Swissair für ihre Pilotenausbildung.***

**TECHNISCHE DATEN**

**Piaggio P.149D**

**Typ:** Verbindungs- oder Schulflugzeug
**Triebwerk:** ein Sechs-Zylinder-Boxermotor Avco Lycoming GO-480 mit 201 kW (273 PS)
**Leistung:** Höchstgeschwindigkeit 305 km/h in Meereshöhe; Dienstgipfelhöhe 6050 m
**Gewicht:** Leermasse 1160 kg; max. Startmasse 1680 kg
**Abmessungen:** Spannweite 11,12 m; Länge 8,80 m; Höhe 2,90 m

# Piaggio P.150

Die **Piaggio P.150**, die in Konkurrenz zur Fiat G.49 und Macchi M.B.323 als Nachfolgemuster für die bei der Aeronautica Militare Italiana weitverbreitete North American T-6 entwickelt wurde, flog erstmals im November 1952. Der freitragende Ganzmetall-Tiefdecker mit begradigten Randbögen am Trag- und Leitwerk hatte ein breitspuriges Hauptfahrwerk, das nach innen einklappte. Schüler und Lehrer saßen hintereinander in Cockpits mit Doppelsteuer unter einem langen, verglasten Kabinendach. Der erste Triebwerkstyp war ein P&W-Sternmotor R-1340-S3H1 Wasp, dessen Leistung von 447 kW (608 PS) der **P.150** zu einer Spitzengeschwindigkeit von 380 km/h verhalf. Eine spätere Version erhielt einen Alvis-Leonides-Getriebemotor, doch eine Serienfertigung des Typs für die italienischen Luftstreitkräfte wurde abgelehnt.

***Die Piaggio P.150 war als moderner, kolbengetriebener Trainernachfolger für die North American T-6 gedacht, gelangte aber nicht zur Serienreife.***

# Piaggio P.166

***Piaggio P.166-DL3 der Alitalia***

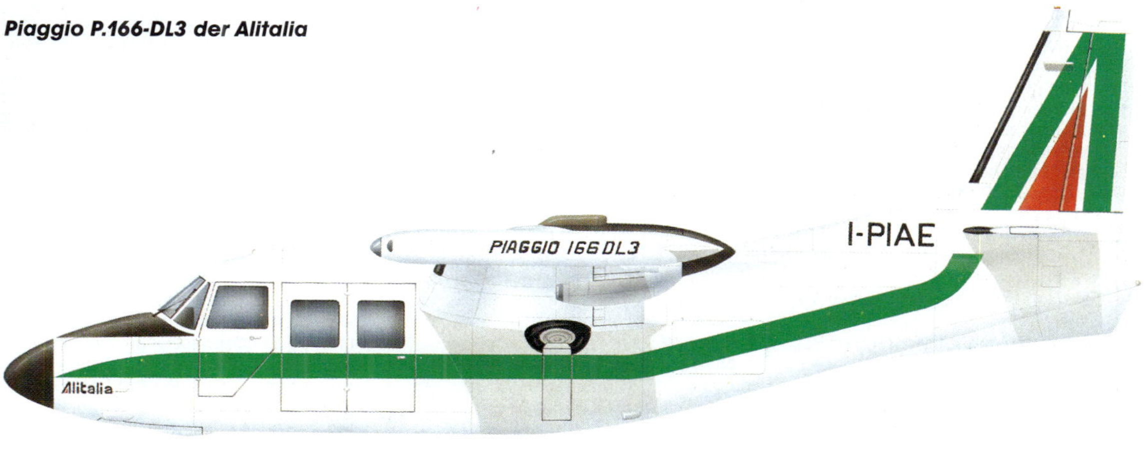


Der Prototyp **Piaggio P.166** hob erstmals am 26. November 1957 vom Boden ab. Das ursprünglich als leichtes Verkehrsmuster gedachte Flugzeug hatte die gleichen Tragflächen und Motoren wie das Amphibien-Flugboot P.136-L, und wie bei letzterem waren die 254 kW (345 PS) starken Avco Lycoming GSO-480 auf freitragenden Schulterdecker-Knickflügeln zum Antrieb von Druckpropellern gelagert. Die **P.166** erhielt ein einziehbares Bugrad-Fahrwerk, und eine Rückenfinne ergänzte die einzelne kantige Seitenflosse.

Der Typ ist durch hervorragende Kurzpisteneigenschaften gekennzeichnet, und die Reichweite läßt sich durch Anbautanks an den Flächenenden beträchtlich steigern. Die ersten 32 **P.166** gingen an zivile Betreiber. Spätere Versionen für die zivile Luftfahrt hatten einen stärkeren Antrieb und konnten mehr Passagiere befördern.

**Varianten**

**P.166:** erste Serienversion; fand in Australien und Guinea einen günstigen Absatzmarkt und mit der Tracker Corporation eine Generalvertretung in den USA; kann außer zwei Flugzeugführern bis zu sechs Passagiere befördern

**P.166B:** erschienen 1962 und Portofino genannt; Direkteinspritzer Avco Lycoming IGSO-480 je 283 kW (385 PS); sechs Exemplare, die meisten für den Export

**P.166C:** neukonstruierter Mittelrumpf mit zusätzlichem Kabinenraum für fünf Passagiere und neuartigem Hauptfahrwerk, das in stromlinienförmige Behälter an den Rumpfflanken einzieht; ab 1964 seriengefertigt

**P.166M:** militarisierte Version, von der 51 Exemplare für die Aeronautica Militare Italiana gebaut wurden; Einsatz bei der Scuola Plurimotori in Latina und Verteilung einzelner Maschinen auf die militärischen Luftregionen Italiens als Verbindungs- und Gefechtsfeld-Transportflugzeuge; verstärkter Kabinenboden für schweres Frachtgut und eine erweiterte Frachtklappe

**P.166S Albatross:** von Südafrika gekaufte Ausführung für den Küstenpatrouillen- und SAR-Dienst; 20 Flugzeuge

**P.166BL2:** Version mit zwei Avco Lycoming IGSO-540-A1H je 283 kW (385 PS) und erweiterter Treibstoffanlage

**P.166-DL3:** letzte Serienversion, deren Prototyp am 3. Juli 1976 mit zwei Avco Lycoming-Propellerturbinen LTP-101 flog; kann für ein breites Rollenspektrum hergerichtet werden; zwei solcher Maschinen nutzte Alitalia zur Fliegerschulung und das Somalian Aeronautical Corps noch bis vor kurzem als Transportflugzeuge

**P.166-DLR-MAR:** derzeit erhältliche, speziell zur Seeüberwachung konfigurierte Variante der P.166-DL3; bei jedem Wetter, zu jeder Tages- und Nachtzeit von Notpisten aus einsetzbar; ausgerüstet mit einer integrierten Bordanlage zur Suche, Erfassung und Identifizierung verdächtiger Zielobjekte

**TECHNISCHE DATEN**

**Piaggio P.166-DL3**

**Typ:** leichtes Nutz-/Transportflugzeug
**Triebwerke:** zwei Propellerturbinen Avco Lycoming LTP 101-600 je 447 kW (608 WPS)
**Leistung:** Höchstgeschwindigkeit 400 km/h in 3050 m Höhe; Dienstgipfelhöhe 8840 m; Reichweite mit Reserven 2035 km
**Gewicht:** Rüstmasse 2650 kg; max. Startmasse 4300 kg
**Abmessungen:** Spannweite (mit Tanks an den Flächenenden) 14,69 m; Länge 11,88 m; Höhe 5 m; Tragflügelfläche 26,56 m²

# Piaggio P.180 Avanti

Bei der NBAA-Zusammenkunft des Jahres 1983 in Dallas, Texas, gab Piaggio die Entwicklung eines zweimotorigen Turboprop-Geschäftreiseflugzeugs bekannt. Die Arbeiten am Entwurf dieser **P.180 Avanti** hatten 1979 in der Hauptniederlassung Piaggios in Genua begonnen. Das Modell mit einer Kabine für sechs bis zehn Passagiere stellte eine Abkehr des Unternehmens von allen vorhergehenden Produkten dar, profitierte aber von den Erfahrungen mit dem Bau anderer druckpropellergetriebener Typen wie der P.166.

Das wichtigste Auslegungsmerkmal dieses Typs besteht in der Verwendung von drei Auftriebsflächen. Das Haupttragwerk ist in Mitteldeckerposition so in den Hinterrumpf eingebunden, daß der Hauptholm den Rumpf hinter der Passagierkabine passiert. Nur die Triebwerkslufteinläufe unterbrechen die gerade Nasenkante der in einem Winkel von 2° leicht nach oben weisenden Tragflächen. Über ihre orthodoxe Steuer- und Kontrollfunktion hinaus wirken das T-Leitwerk und die Höhenruder als zweite Auftriebskomponente. Die Vorflügel sind aber keine simplen Canard-Elemente, sondern erzeugen ein positives Auftriebsmoment zusätzlich zu dem des Tragwerks. Daher konnte letzteres relativ klein ausfallen, was dem Gesamtgewicht und Luftwiderstandswert zugute kommt. Ursprünglich waren PT6A-66A-Propellerturbinen von Pratt & Whitney Canada vorgesehen, aber später gab man leistungsstärkeren PT6A-61 den Vorzug. Jede dieser Turbinen treibt einen von Segel- bis in Bremsstellung regelbaren Hartzell-Fünfblatt-Propeller mit spitzem Spinner an. Die Triebwerke sind in Gondeln aus Verbundwerkstoffen montiert. Darüber hinaus kommen in der **Avanti** große Mengen von Verbundmaterial zur Verwendung, wenngleich nicht ganz in dem Maße wie etwa bei der Starship von Beech. Die für den amerikanischen Markt bestimmten Flugzeuge werden in „grünem" Zustand in die USA zu ausgesuchten Ausrüstern überführt, und es bestehen Pläne, alle Flugzeuge schließlich in den Vereinigten Staaten zusammenzubauen.

**TECHNISCHE DATEN**
**Piaggio P.180 Avanti**
**Typ:** zweimotoriges Hochleistungsfirmenflugzeug
**Triebwerke:** zwei Propellerturbinen Pratt & Whitney PT6A-66 je 1108 kW (1505 WPS)
**Leistung:** höchstzulässige Betriebsgeschwindigkeit Mach 0,67; Höchstgeschwindigkeit im Horizontalflug 482 km/h; Dienstgipfelhöhe 12.500 m; max. Reichweite 3187 km
**Gewicht:** Leermasse 3384 kg; max. Startmasse 5080 kg
**Abmessungen:** Spannweite 14,03 m; Länge 14,41 m; Höhe 3,94 m

Das Cockpit weist ein EFIS-System von Collins auf, das drei CRT-Bildschirmanzeigen umfaßt, zudem sind ein Collins-Wetterradar sowie Collins-Navigationsgeräte im Standardumfang enthalten. Die **Avanti** wurde für den Betrieb mit nur einem Flugzeugführer zugelassen. 1983 wurde Gates Learjet als Partner gewonnen, schied aber im Januar 1986 aus wirtschaftlichen Gründen wieder aus. Daraufhin schaffte man die gesamte Werkstattausrüstung und die Vorderrümpfe der drei Vorserien-**Avantis**, die sich zu dem Zeitpunkt auf der Fertigungsstrecke in Wichita befanden, nach Italien. Die Endmontage der ersten **P.180** in Piaggios Finale-Ligne-Werk begann 1986, und der Erstflug **(I-PJAV)** fand am 23. September 1986 statt. Am 14. Mai 1987 folgte die zweite **Avanti (I-PJAR)**, im März 1990 stellte die italienische Luftfahrtbehörde die Musterzulassung aus, und im Mai desselben Jahres rollte die erste Serienmaschine vom Band. Die letzte Hürde in Form der US-Zulassung nahm die **P.180** im Oktober 1990, und im nächsten September übergab man den ersten US-Käufer feierlich seine Avanti. 30 **P.180** waren bis Ende 1995 ausgeliefert, mehrere Bestellungen liegen noch vor.

***Piaggio begleitete das Erscheinen der P.180 Avanti mit einer aufwendigen Werbekampagne, die sie um den ganzen Erdball herum und vor allem auf den amerikanischen Markt führen sollte.***

# Piaggio PD-808

1957 begann die Douglas Aircraft Company in den USA mit Entwurfsstudien für ein strahlgetriebenes Dienstreiseflugzeug mit sechs bis zehn Sitzen für die zivile, aber nicht kommerziell betriebene Luftfahrt. 1961 erwarb Piaggio die Rechte am Entwurf, um gemeinsam mit dem Vorbesitzer die Entwicklung dieses leichten Verkehrsflugzeugs fortzuführen. Douglas beschränkte sich auf eine beratende Funktion. Der freitragende Ganzmetall-Tiefdekker wurde im Prototypstadium von zwei

***Sechs PD-808ECM der italienischen Luftwaffe zur Ausbildung auf dem Gebiet der elektronischen Kampfführung sind dem 71. Stormo in Pratica de Mare zugewiesen.***

Strahltriebwerken Rolls-Royce Bristol Viper angetrieben. Der erste von zwei Prototypen **Piaggio PD-808** flog ab 29. August 1964, und am 14. Juni 1966 folgte der zweite. Beide Maschinen wurden später auf schubstärkere Viper 526 umgestellt, die Piaggio in Lizenz fertigte.

Die Gesamtproduktion ergab letztlich nur 29 **PD-808**, einschließlich der zwei Prototypen. Die Serie schlüsselte sich in zwei siebensitzige Geschäftsreiseflugzeuge und 25 Sondermaschinen für die Aeronautica Militare Italiana auf. Letztere unterteilten sich in zwölf **PD-808RM** zur Kalibrierung von Navigationsanlagen, drei **PD-808ECM** zur Ausstrahlung elektronischer Störsignale mit zwei Flugzeugführern sowie drei Spezialisten der elektronischen Kampfführung, sechs **PD-808TA** mit neun Sitzen zur Ausbildung von Bordfunkern und Navigatoren und vier **PD-808VIP** mit sechs Sitzen zum VIP-Transport. Von der Gesamtzahl befanden sich 1984 noch 22 Exemplare bei der italienischen Luftwaffe im Dienst. Es wurde noch eine turbofangetriebene Version **PD-808TF** untersucht, doch nicht gebaut.

**TECHNISCHE DATEN**
**Piaggio PD-808**
**Typ:** leichtes, strahlgetriebenes Mehrzweckflugzeug
**Triebwerke:** zwei Strahltriebwerke Piaggio Viper Mk 526 je 1524 kg Schub
**Leistung:** Höchstgeschwindigkeit 850 km/h in 6000 m Höhe; Dienstgipfelhöhe 13.700 m; Reichweite mit Höchstmenge an Treibstoff 2100 km
**Gewicht:** Rüstmasse 4830 kg; max. Startmasse 8165 kg
**Abmessungen:** Spannweite einschließlich Tiptanks 13,20 m; Länge 12,85 m; Höhe 4,80 m; Tragflügelfläche 20,90 $m^2$

# Piasecki H-21

Vom HRP-2 der US Navy wurde der Prototyphubschrauber **Piasecki PD-22** (USAF-Dienstbezeichnung **XH-21**) mit zwei Rotoren in Tandemanordnung abgeleitet und erstmals am 11. April 1952 geflogen. Die USAF hatte 1949 18 Erprobungshubschrauber **YH-21** zur Bewertung in Auftrag gegeben, und darauf folgte eine Erstserie von 32 **H-21A**, die im USAF-Truppendienst **Workhorse** hießen. Diese für den Einsatz beim Military Air Transport Service/Air Rescue Service bestimmten Maschinen erhielten einen auf 932 kW (1267 PS) gedrosselten Wright-Sternmotor R-1820-103, und das erste Exemplar flog im Oktober 1953. Sechs weitere Hubschrauber dieses Typs wurden im Auftrag der USAF gebaut, aber im Rahmen des Militärhilfeprogramms nach Kanada geliefert.

**TECHNISCHE DATEN**
**Piasecki H-21C Shawnee**
**Typ:** Truppen- bzw. Materialtransporthubschrauber
**Triebwerk:** ein Sternmotor Wright R-1820-103 Cyclone mit 1063 kW (1446 PS)
**Leistung:** Höchstgeschwindigkeit 211 km/h in Meereshöhe; Dienstgipfelhöhe 2360 m; Reichweite 644 km
**Gewicht:** Leermasse 3629 kg; max. Startmasse 6668 kg
**Abmessungen:** Rotordurchmesser, je 13,41 m; Länge bei laufenden Rotoren 26,31 m; Höhe 4,70 m; Rotorkreisfläche insgesamt 282,52 $m^2$

***Der H-21C, die höchste Entwicklungsstufe des Piasecki, konnte in seiner langen Kabine 14 Soldaten oder zwölf liegende Verwundete aufnehmen.***

Die zweite Serienversion war der **H-21B**, der die volle Leistung des R-1820-103 von 1063 kW (1446 PS) nutzte, um den Anstieg des maximalen Abfluggewichts auf 6804 kg zu ermöglichen. Etwa 163 Maschinen wurden produziert und größtenteils dem Troop Carrier Command zugeführt.

Das Pendant bei der US Army war der **H-21C Shawnee**, von dem 334 Exemplare entstanden, davon 98 für das französische Heer, zehn für die französische Marine und sechs für Kanada. 32 **Shawnee** gingen in die Bundesrepublik Deutschland an das Heeresfliegerbataillon 300. Der **H-21C**, ab Juli 1962 **CH-21C** bezeichnet, hatte einen Lasthaken für Schlinglasten bis zu 1814 kg unter dem Rumpf. Die Auslieferung erfolgte zwischen September 1954 und März 1959. Spätere Hubschrauber fielen unter die Herstellerbezeichnung **Modell 43**, nachdem sich die Piasecki Helicopter Company 1956 zur Vertol Aircraft Corporation gewandelt hatte. Die Versionen **H-21A** und **H-21B** wurden nachträglich in **Modell 42** umbenannt.

Zwei **H-21C** erhielten versuchsweise zwei Wellenturbinen und damit die Bezeichnungen **Modell 71** beziehungsweise **Modell 105**. Ersterer **(H-21D)** flog erstmals im September 1957 unter dem Antrieb zweier T58-Turbinen von General Electric und letzterer führte zum Vertol 107 (Boeing Vertol H-46).

# Piasecki HUP Retriever

Die charakteristische Form des HRP-1 genannt „fliegende Banane", verschwand mit dem **Piasecki Modell PV-14**, von dem man zwei Versuchsexemplare **XHJP-1** zur Bewertung im allgemeinen Rettungsdienst und in der Flieger-Rettungswache auf Flugzeugträgern bestellte. Dieses Modell wurde zum Typ **PV-18** fortentwickelt, dem die US Navy die Dienstbezeichnung **HUP-1** zuwies. Sein besonderes Merkmal waren Höhenflossen mit schräggestellten Endplatten am Heckrotorpylon. Zwischen Februar 1949 und 1952 entstanden 32 **HUP-1** für die US Navy, angetrieben vom Continental R-975-34 mit 391 kW (532 PS).

Die erfolgreiche Erprobung eines Sperry-Autopiloten in einem der **XHJP-1** führte zur Entwicklung des **HUP-2** mit verbesserter Kursstabilität, die den Wegfall der Endplatten ermöglichte, und dem leistungsstärkeren Sternmotor R-975-46 (410 kW/ 558 PS). Insgesamt 339 solcher Hubschrauber rollten vom Band, davon 193 für die US Navy. Eine Reihe dieser **Retriever**, ausgerüstet mit Tauchsonar zur U-Bootabwehr, führte die Bezeichnung **HUP-2S**. Auch die französische Marine erhielt 15 **HUP-2**. Die US Army bestellte 1951 eine verbesserte Erstserie, die als **H-25A Army Mule** bekannt wurde. Dieser vom R-975-46A angetriebene „Maulesel des Heeres" führte in die Flugsteuerungsanlage integrierte Kraftverstärker, einen verstärkten Kabinenboden und größere Frachttüren ein. 50 ähnliche Hubschrauber gingen als **HUP-3** an die US Navy. Mit der Einführung des teilstreitkraftübergreifenden Bezeichnungssystems für Luftfahrzeuge im Jahr 1962 wurde der **HUP-2** zum **UH-25B** und der **HUP-3** zum **UH-25C**.

**TECHNISCHE DATEN**
**Piasecki HUP-3**
**Typ:** Rettungs- und leichter Transporthubschrauber für Personal und Material
**Triebwerk:** ein Sternmotor Continental R-975-46A mit 410 kW (558 PS)
**Leistung:** Höchstgeschwindigkeit 169 km/h; Dienstgipfelhöhe 3050 m; max. Reichweite 547 km
**Gewicht:** Leermasse 1782 kg; max. Startmasse 2767 kg
**Abmessungen:** Rotordurchmesser je 10,67 m; Länge bei laufenden Rotoren 17,35 m; Höhe 3,81 m

***Ein Piasecki HUP-1 landet auf dem Achterdeck des schweren Kreuzers der „Baltimore"-Klasse USS Helena.***

# Piasecki PV-2, PV-3 und PV-17

Frank N. Piasecki, der als erster einen US-Hubschrauberführerschein erwarb, gründete 1943 das PV Engineering Forum zur Entwicklung praktisch nutzbarer Rotorflugzeuge. Sein erster erfolgreicher Entwurf war der einsitzige Versuchshubschrauber **Piasecki PV-2**, dessen Franklin-Vier-Zylinder-Boxermotor einen Dreiblatt-Hauptrotor mit 67 kW (91 PS) antrieb. Den Erstflug am 11. April 1943 führte Piasecki persönlich durch.

Die nächste Konstruktion war der **PV-3**, ein Entwicklungsgerät für den Transport- und Rettungshubschrauber **HRP Rescuer** der US Navy. Dieser Tandemrotorhubschrauber mit R-975-Kolbenmotor, den die US Navy am 1. Februar 1944 in Auftrag gegeben hatte, flog erstmals im März 1945 in Morton, Pennsylvania. Es folgten zwei weitere Hubschrauber mit der Bezeichnung **XHRP-1**, einer als bodengebundener Prüfstand und der andere für das Flugerprobungsprogramm, während dessen Verlauf sich der Firmenname in Piasecki Helicopter Corporation änderte. Im Juni 1946 erhielt das Unternehmen einen Auftrag über zehn Serienhubschrauber **HRP-1**. Die erste dieser vom Pratt & Whitney R-1340-AN-1 mit 447 kW (608 PS) angetriebenen Maschinen flog am 15. August 1947. Es entstanden insgesamt 20 Exemplare, deren Hinterrumpf mit Blech beplankt und deren Hauptkabine im vorderen Teil mit Gewebe überzogen war, das aber häufig entfernt wurde. Die Truppenerprobung führte die US Navy Squadron HMX-1 durch, und drei Exemplare gingen unter der Bezeichnung **HRP-1G** an die US Coast Guard. Fünf verfeinerte Hubschrauber des Modells **PV-17** mit vollständig blechbeplanktem Rumpf wurden im Juni 1948 als **HRP-2** bestellt. Auch sie dienten bei der US Coast Guard.

***Der PV-3, das Entwicklungsmodell für den HRP-1, darf als erster erfolgreicher Tandemrotorhubschrauber der Welt gelten.***

**TECHNISCHE DATEN**
**Piasecki HRP-2**
**Typ:** Transport-/Rettungshubschrauber mit zwei Rotoren in Tandemanordnung
**Triebwerk:** ein Sternmotor Pratt & Whitney R-1340-AN-1 mit 447 kW (608 PS)
**Leistung:** Höchstgeschwindigkeit 169 km/h in Meereshöhe; Marschgeschwindigkeit 148 km/h; Reichweite 483 km
**Gewicht:** Leermasse 2404 kg; max. Startmasse 3277 kg
**Abmessungen:** Rotordurchmesser je 12,50 m; Länge 16,46 m; Höhe 4,52 m; Rotorkreisfläche insgesamt 245,30 m²

# Piel Emeraude und Super Emeraude

Der bekannte Konstrukteur von Leichtflugzeugen für Heimwerker Claude Piel gründete Anfang der fünfziger Jahre die Firma Avions Claude Piel, um seine Baupläne geschäftsmäßig zu vermarkten. Die erste dieser Bauanleitungen, die beachtliches Interesse weckte, betraf die **Piel C.P.30 Emeraude**, ein zweisitziges Reise- und Schulflugzeug in der Auslegung eines freitragenden Tiefdeckers mit starrem Heckradfahrgestell, das ein geschlossenes Cockpit mit zwei Sitzen nebeneinander und Doppelsteuer als Standardausrüstung bot. Der Prototyp **C.P.30**, angetrieben von einem Vier-Zylinder-Boxermotor Continental A65 mit 48 kW (65 PS), flog erstmals 1952. Claude Piel vergab Lizenzen an etliche Hersteller in Frankreich und im Ausland, so daß schließlich rund 250 Exemplare gebaut und als fertige Flugzeuge verkauft wurden.

Diese serienmäßig produzierten **Emeraude**-Zweisitzer umfaßten die 1953 gebaute **C.P.30** und die verbesserte Version **C.P.301A**. Mit dem neuen Modell wurden Federstoßdämpfer am Hauptfahrwerk, beschädigte Flächenenden und eine leistungsstärkere Bauart des Continental-Motors eingeführt. Die **C.P.301B** wies eine verstärkte Zelle sowie etliche andere Verfeinerungen auf, und die **C.P.301C** hatte längere Stoßdämpferstreben, eine Schiebehaube und den Continental C90 mit 71 kW (97 PS). Unter der Bezeichnung **C.P.301S** stellte Binder Aviatik in Deutschland eine fortentwickelte Variante der **C.P.-301A** her, die eine Reihe von Verbesserungen brachte, und Scintex-Aviation baute das Einzelexemplar **C.P.315** mit dem 78 kW (106 PS) starken Potez-Motor, das im übrigen dem Standard der **C.P.301C** entsprach.

Mit rund 200 Maschinen war Scintex der Haupthersteller der **C.P.30/301**. In Zusammenarbeit mit Claude Piel entwickelte die Firma die verbesserte **Super Emeraude**, die aufgrund der mit der **C.P.315** gewonnenen Erfahrung einen stärkeren Motor erhielt. Dieses Muster wurde in zwei Ausführungen gebaut, als **C.P.1310**, die am 20. April 1962 mit dem 75 kW (102 PS) starken Continental-Triebwerk von Rolls-Royce zum Erstflug startete, und als **C.P.1315**, die eine Woche später unter dem Antrieb eines Potez-Motors 4 E-20 mit 78 kW (106 PS) in die Luft kam. 31 **Super Emeraude** wurden gebaut, darunter elf von der Coopérative des Ateliers Aéronautiques de la Région Parisienne (CAARP).

***Statt einer Schiebehaube wie bei den späteren C.P.301-Modellen hatte die Piel C.P.301A Emeraude nur eine klappbare Kabinenhaube. Von dieser Erstversion wurden 118 Exemplare gebaut.***

**TECHNISCHE DATEN**
**Piel C.P.301A Emeraude**
**Typ:** zweisitzige Reise-/Schulflugzeug
**Triebwerk:** ein Vier-Zylinder-Boxermotor Continental C90 mit 67 kW (90 PS)
**Leistung:** Höchstgeschwindigkeit 220 km/h; Dienstgipfelhöhe 4500 m; Reichweite 950 km
**Gewicht:** Leermasse 380 kg; max. Startmasse 640 kg
**Abmessungen:** Spannweite 8,30 m; Länge 6,03 m; Tragflügelfläche 10,85 m²

## Pilatus P-2 bis Piper PA-18 Super Cub und Serien L-18/L-21/U-7

**Die Pilatus-Flugzeugwerke AG. entstanden im Dezember 1939. Einer ihrer Mitgründer war M. E. Bührle, dem die Örlikon gehörte, zu der Pilatus schließlich kam. Von der gefügigen Piper Cub der Piper Aircraft Corporation profitierten Tausende Flugschüler.**

# Pilatus P-2

An die Konstruktion der SB-2 Pelican schlossen sich die Entwurfsarbeiten für das Fortgeschrittenen-Schulflugzeug **Pilatus P-2** an, einen freitragenden Tiefdekker in Mischbauweise mit stoffbespannten Kontrollflächen. Das hydraulisch einziehbare Spornrad-Fahrgestell gehörte zum Standard, und um eine gute Startleistung auf hochgelegenen Flugplätzen sicherzustellen, wurde ein Argus-Zwölf-Zylinder-Reihenmotor As 410 A-2 (A-Form, zweireihig) eingebaut. Fluglehrer und Schüler waren hintereinander unter einer langen, abwerfbaren „Glashaus"-Haube untergebracht, und beiden stand eine komplette Nachtflug-Instrumentierung, Funk- und Sauerstoffausrüstung zur Verfügung. Zur Einsatzausbildung ließen sich ein Maschinengewehr, ein kreiselstabilisiertes Visier und eine Schießkamera sowie Halterungen für leichte Bomben und Raketen unter den Tragflächen montieren. Zur Schulung von Beobachtern konnte das hintere Cockpit mit der nötigen Ausrüstung einschließlich Luftbildkamera bestückt werden. Die **P-2** entstand Ende der vierziger Jahre in größeren Serien für die Schweizer Luftwaffe und schied erst 1982 endgültig aus dem Dienst.

***Die Schulflugzeuge Pilatus P-2 mit einem Argus-Motor tschechischer Herstellung setzte die Schweizer Flugwaffe gut 30 Jahre lang intensiv im Ausbildungsdienst von sehr hochgelegenen Flugplätzen aus ein.***

**TECHNISCHE DATEN**

**Typ:** Schulflugzeug für Fortgeschrittene
**Triebwerk:** ein Zwölf-Zylinder-Reihenmotor Argus As 410 A-2 mit 347 kW (465 PS)
**Leistung:** Höchstgeschwindigkeit 340 km/h in 2500 m Höhe; Reichweite 865 km
**Gewicht:** Leermasse 1520 kg; max. Startmasse 1970 kg
**Abmessungen:** Spannweite 11 m; Länge 9,07 m; Höhe 2,70 m; Tragflügelfläche 17 m²

# Pilatus P-3

Der Erfolg der P-2 führte zur Entwicklung eines neuen Mehrzweck-Schulflugzeugs mit der Bezeichnung **Pilatus P-3**, dessen Prototyp am 3. September zum Erstflug startete. Der sowohl für Anfänger als auch für Fortgeschrittene gedachte Trainer **P-3** ist ein freitragender Tiefdecker, der sich vom Vorgängermodell durch seine Ganzmetallbauweise abhebt. Die Maschine hat ebenfalls ein Einziehfahrwerk, erhielt aber den schwächeren Motor Avco Lycoming GO-435-C2A, da die Schweizer Luftwaffe die **P-3** zur „durchgehenden" fliegerischen Ausbildung, das heißt von der Anfangsschulung bis zum Umstieg auf den Strahltrainer de Havilland Vampire, gefordert hatte. Wie bei der zuvor in Dienst gestellten P-2 deckten Ausrüstung und Bewaffnung der **P-3** sämtliche Aspekte für eine fundierte Pilotenausbildung am Tag und bei Nacht ab. Insgesamt 72 **P-3** wurden für die eidgenössische Luftwaffe ge baut, von denen 1993 noch einige Exem plare Dienst taten.

***Die Pilatus P-3 war zwar schwächer motorisiert als die P-2, aber dennoch ein sehr taugliches Schulflugzeug.***

**TECHNISCHE DATEN**
**Pilatus P-3**

**Typ:** zweisitziges Schulflugzeug
**Triebwerk:** ein Sechs-Zylinder-Boxermotor Avco Lycoming GO-435-C2A mit 194 kW (264 PS)
**Leistung:** Höchstgeschwindigkeit 310 km/h von Meereshöhe bis 2000 m Höhe; Dienstgipfelhöhe 5500 m; max. Reichweite 750 km
**Gewicht:** Rüstmasse 1110 kg; max. Startmasse 1500 kg
**Abmessungen:** Spannweite 10,40 m; Länge 8,75 m; Höhe 3,05 m; Tragflügelfläche 16,50 m²

# Pilatus P-4

Die **Pilatus P-4** stellte einen neuerlichen Versuch der Firma dar, auf den Markt für zivile Luftfahrzeuge vorzudringen, doch dieser fünfsitzige Kabineneindecker hatte kaum mehr Erfolg als das Vorgängermodell SB-2. Die **P-4**, ausgelegt als abgestrebter Hochdecker mit starrem Heckrad-Fahrgestell, verstrebtem Leitwerk und einem Avco-Lycoming-Boxermotor O-435, bot Platz für vier Fluggäste und einen Piloten. Die Passagiersitze ließen sich mühelos ausbauen, so daß man die Maschine auch als leichtes Fracht- oder als Sanitätsflugzeug mit zwei Krankenliegen und zwei Sanitätern nutzen konnte. Bei einer Spannweite von 11,85 m und einem maximalen Abfluggewicht von 1500 kg er reichte die **P-4** eine Spitzengeschwindig keit von 245 km/h. Leider konnten die Ver kaufszahlen dieses Kabineneindeckers die Erwartungen nicht erfüllen

# Pilatus PC-6 Porter und Turbo-Porter

Mit dem Jungfernflug des ersten von fünf Prototypen des Mehrzweck-Transportflugzeugs **Pilatus PC-6 Porter** am 4. Mai 1959 begann für die Firma eine Erfolgsgeschichte, deren Schlußkapitel noch nicht geschrieben ist. Ende 1993 waren rund 450 **PC-6** aller Versionen an Abnehmer in mehr als 50 Ländern ausgeliefert. Der abgestrebte Ganzmetall-Hochdecker mit für den Kurzpistenbetrieb konzipierten Tragflächen, konventionellem Leitwerk und starrem Spornrad-Fahrgestell wird von nur einem Motor angetrieben, im Falle der Muster- und Vorserienflugzeuge vom Sechs-Zylinder-Boxermotor Avco Lycoming GSO-480-B1A6 mit 254 kW (345 PS). Die wichtige Fähigkeit, überall starten und landen zu können, gewährleistet ein Fahrgestell, das sich mit Rädern, beräderten Schneekufen und Schwimmern ausrüsten läßt. Die Kabine der **PC-6** weist standardmäßig einen Piloten- und einen Passagiersitz auf, so daß eine Bodenfläche von 2,30 m x 1,16 m für vielfältige Zwecke frei bleibt.

An die Erstserie **PC-6 Porter** schloß sich die **PC-6/350 Porter** an, die den 261 kW (350 HP/355 PS) starken Avco Lycoming IGO-540-A1A einführte und im September 1962 die Zulassung erhielt. Seitdem hat man die **Porter** fortlaufend durch die Einrüstung alternativer Triebwerkstypen, durch eine graduelle Verfeinerung der gesamten Zelle und durch den Einbau neuartiger Ausrüstungskomponenten verbessert, um die Vielseitigkeit dieses überaus tüchtigen Nutzflugzeugs noch zu erweitern. Außer an zivile Betreiber ging die **Porter** auch an die Luftstrei kräfte Angolas, Argentiniens, Australiens Österreichs, Boliviens, Birmas, des Tscha Ecuadors, des Oman, Perus, des Suda der Schweiz und Thailands. Unter de Bezeichnung **UV-20A Chiricahua** hatt zudem die US Army zwei **Turbo-Porter** i Berlin stationiert.

**TECHNISCHE DATEN**
**Pilatus PC-6/B2-H2 Turbo-Porter**

**Typ:** Mehrzweck-Transportflugzeug
**Triebwerk:** eine Propellerturbine Pratt & Whitney Aircraft of Canada PT6A-27 mit einer auf 410 kW (558 WPS) gedrosselten Leistung
**Leistung:** max. Reisefluggeschwindigkeit 260 km/h in 3050 m Höhe; Dienstgipfelhöhe 8535 m; Reichweite mit Interntreibstoff 1050 km
**Gewicht:** Rüstmasse 1218 kg; max. Startmasse 2770 kg
**Abmessungen:** Spannweite 15,13 m; Länge 10,90 m; Höhe 3,20 m; Tragflügelfläche 28,80 m²

**Varianten**

**PC-6/A Turbo-Porter:** erste Turboprop Version mit einer 390 kW (530 WPS) sta ken Propellerturbine Turboméca Astazo IIE oder IIG; Erstflug am 2. Mai 1961

***Das geringe Gewicht der Propellerturbine der Turbo-Porter erforderte eine lange Nase, damit der Schwerpunkt erhalten blieb.***

**PC-6/A1 Turbo-Porter:** Version von 1968 mit Turboméca Astazou XII (427 kW/ 580 WPS)
**PC-6/A2 Turbo-Porter:** Version von 1971 mit Turboméca Astazou XIVE (427 kW/ 580 WPS)
**PC-6/B Turbo-Porter:** Version mit Propellerturbine PT6A-6A (410 kW/558 WPS) von Pratt & Whitney of Canada; Erstflug am 1. Mai 1964
**PC-6/B1 Turbo-Porter:** generell wie PC-6/B, aber mit Turboprop-Triebwerk PT6A-20 (410 kW/558 WPS)
**PC-6/B2-H2 Turbo-Porter:** aktuelle Serienversion mit P&WC-Propellerturbine PT-6A-27, deren Nennleistung von 507 kW (690 WPS) auf 410 kW (558 WPS) in Meereshöhe gedrosselt ist
**PC-6/C Turbo-Porter:** Variante mit 429 kW (583 WPS) starker Garrett-Propellerturbine TPE 331-25D; ein von Fairchild Industries in den USA gebauter und erstmals im Oktober 1965 geflogener Prototyp
**PC-6/C1 Turbo-Porter:** generell wie PC-6/C, aber mit Garrett-Propellerturbine TPE-331-1-100 gleicher Leistung
**PC-6/C2-H2 Porter:** von Fairchild Industries entwickelte Version mit Garrett-Propellerturbine TPE 331-101F für eine Äquivalenzleistung von 485 kW (660 WPS); diente als Prototyp der militarisierten Ausführung Fairchild Peacemaker, ausgerüstet für allgemeine Unterstützungsdienste; 15 im Auftrag der USAF gebaute Flugzeuge mit der Bezeichnung AU-23A, von denen 14 an die Royal Thai Air Force gingen; später erwarb die RTAF im Rahmen des USAF-Militärhilfeprogramms weitere 20 AU-23A, von denen sich Ende 1993 noch mehrere im Dienst befanden
**PC-6/D-H3 Porter:** einzelner Prototyp mit Avco-Lycoming-Ladermotor (373 kW/ 507 PS) und modifizierten Flächenenden/ Leitwerksflächen

# Pilatus PC-7 Turbo-Trainer

Auf die gleiche Weise wie bei der Umrüstung der Porter zur Turbo-Porter baute Pilatus mit einer PC-3-Zelle in Eigeninitiative auch einen turbopropgetriebenen Prototyp des **PC-3**-Schulflugzeugs für Fortgeschrittene. Das neue Muster wurde anfangs als **P-3B** bezeichnet, aber später in **Pilatus PC-7 Turbo-Trainer** umbenannt. Der Prototyp flog erstmals am 12. April 1966, doch militärische Betreiber zeigten zunächst kein Interesse. So kam es, daß die erste seriengefertigte **PC-7** erst am 18. August 1978 in die Luft kam. Wie das Ausgangsmodell ist die **PC-7** in aktueller Serienausführung ein freitragender Ganzmetall-Tiefdecker mit einziehbarem Bugradfahrwerk. Das mit einer abwerfbaren Schiebehaube abgedeckte Cockpit nimmt zwei Personen hintereinander auf, und den Antrieb liefert ein P&WC-Turboprop-Triebwerk PT6A-25. Die Standardausrüstung dieses Schulflugzeugs umfaßt sechs verstärkte Unterflügelstationen für vielfältige Waffen beziehungsweise andere Außenlasten, und die beiden inneren Stationen sind zum Anschluß von Zusatztanks für eine Gesamtmenge von 1040 kg Treibstoff geeignet.

Anfang 1993 waren mehr als 400 Exemplare ausgeliefert. Zu den Abnehmern zählten die Luft- und Seestreitkräfte der Länder Abu Dhabi, Angola, Bolivien, Chile, Frankreich, Guatemala, Holland, Irak, Iran, Malaysia, Mexiko, Myanmar, Österreich, Schweiz und Tschad sowie drei Nutzer, deren Identität offiziell nicht preisgegeben wurde. Die Maschinen, die bei der Schweizer Luftwaffe dienen, heißen **PC-7/CH**. Einige paramilitärische Organisationen und sogar Privatleute erwarben diesen Typ ebenfalls. Das französische Kunstflugteam „Patrouille Martini" setzt seit 1987 bei Vorführungen vier **PC-7** ein.

***Der Turbo-Trainer Pilatus PC-7 ist mehr als nur ein tauglicher Nachfolger der PC-3. Mit einer gewissen Verzögerung schaffte er den „Durchbruch", wie eine eindrucksvolle Bestellkette von Ende der siebziger bis in die achtziger Jahre hinein belegt.***

**TECHNISCHE DATEN**
**PC-7/CH**
**Typ:** ein-/zweisitziges Schulflugzeug
**Triebwerk:** eine Propellerturbine Pratt & Whitney Aircraft of Canada PT6A-25A mit 485 kW (660 WPS)
**Leistung:** max. Reisefluggeschwindigkeit 412 km/h in 6095 m Höhe; Dienstgipfelhöhe 9755 m; max. Reichweite 2260 km
**Gewicht:** Rüstmasse 1330 kg; max. Startmasse 2700 kg
**Abmessungen:** Spannweite 10,40 m; Länge 9,78 m; Höhe 3,21 m

# Pilatus PC-9

Im Mai 1982 begann die Konstruktion der **Pilatus PC-9** als Nachfolgerin der PC-7 im Ausbildungsdienst für Anfänger und Fortgeschrittene. Trotz unverkennbarer Ähnlichkeit mit den vorausgegangenen Modellen ist die Zelle der **PC-9** nur zu etwa zehn Prozent baugleich mit der der PC-7. Den Hauptunterschied bilden ein kräftigeres Triebwerk, ein neugestaltetes Kabinendach, ein „gestuftes" Cockpit mit Martin-Baker-Schleudersitzen Mk CH 11A, eine Luftbremse unter dem Bauch, modifizierte Tragflächen, ein geändertes Seitenleitwerk und größere Räder mit Hochdruckreifen.

Die ersten Modifikationen wurden mit einer **PC-7** im Flug getestet, und die erste von zwei **PC-9**-Vorserienmaschinen (HB-HPA) flog erstmals am 7. Mai 1984. Dieses Exemplar wies noch einen Hartzell-Dreiblatt-Propeller auf, aber die zweite **PC-9 (HB-HPB)** entsprach schon weitgehend dem Serienstandard, beispielsweise durch ihr Collins-„Glas-Cockpit". Am 19. September 1985, früher als geplant, bescheinigten die Schweizer Behörden dem Muster die Kunstflugtauglichkeit. Zudem genügt die **PC-9** den FAA-Bestimmungen nach FAR Part 23 und mehreren US-Militärvorschriften.

Erstkäufer war die Union of Burma Air Force (Myanmar), die bereits PC-7 betrieb. 1985 folgte die Royal Saudi Air Force, die ihre Maschinen von British Aerospace bezog. BAe hatte ab 1984 die **PC-9** als potentiellen Ersatz für die Jet Provost der RAF angeboten, doch die Wahl fiel schließlich auf die Shorts Tucano. Allerdings behielt BAe das Recht, in der Schweiz gebaute **PC-9** auszurüsten und sie für die Einweisungsphase vor dem Umstieg auf den Hawk-Strahltrainer anzubieten. Die saudischen **PC-9** wurden auf der Grundlage des Al-Yamamah-Abkommens geliefert. 1986 kam es ferner zu einem Lizenzvertrag mit der australischen Firma Hawker de Havilland über 67 Flugzeuge für die Royal Australian Air Force. Auf zwei von der Schweiz gelieferte Komplettmaschinen folgten sechs Exemplare als Bausatz, und der Rest entstand in Australien.

1995 überstieg der Absatz der von Pilatus gebauten und an elf Kunden gelieferten **PC-9** die Ziffer 200. Für den Wettbewerb um das Joint Primary Aircraft Training System (J/PATS) der USAF/USN hatte sich Beechcraft (jetzt Raytheon) mit Pilatus für das gemeinsame Angebot **Beech Mk II** zusammengetan. Hierbei handelt es sich um eine modifizierte **PC-9** mit neuen Schleudersitzen, modernisierter Avionik, Druckbetankungsanschluß und einer verstärkten Cockpithaube. Im Juni 1995 erhielt die **Mk II** den J/PATS-Zuschlag, der einen Auftrag über mehr als 700 Flugzeuge in Aussicht stellte.

***Hawker de Havilland stellt das Gros der 67 für die Royal Australian Air Force bestimmten PC-9 her.***

### Varianten

**PC-9/A:** von Hawker de Havilland und ASTA in Australien gefertigte Lizenzversion; erste Auslieferung im Dezember 1987
**PC-9B:** für die deutsche Luftwaffe gebaute und von einer zivilen Organisation betriebene Zielschleppversion; ausgerüstet mit zwei Southwest-Winden RM-24 an den inneren Pylonen und im Heck verstauten Schleppzielen; Zusatztanks und ein akustisches Trefferaufnahmegerät können ebenfalls mitgeführt werden
**Beech Mk II:** Gewinner der J/PATS-Ausschreibung zur Ablösung der T-37 und T-34 bei der USAF und US Navy; auf eine zum technischen Prüfstand umgerüstete PC-9 folgten zwei von Beech gefertigte Prototypen, einer im Dezember 1992 und der andere im Juli 1993.

**TECHNISCHE DATEN**
**Pilatus PC-9**
**Typ:** zweisitziges Hochleistungsschulflugzeug
**Triebwerk:** eine Propellerturbine Pratt & Whitney Canada PT6A-62 mit einer Nennleistung von 857 kW (1165 WPS) und Hartzell-Vierblatt-Propeller HC-D4N-ZA/09512A
**Leistung:** Höchstgeschwindigkeit im Horizontalflug 556 km/h; höchstzulässige Sturzfluggeschwindigkeit 667 km/h; max. Betriebshöhe 7620 m; Dienstgipfelhöhe 11.580 m; max. Reichweite 1642 km
**Gewicht:** Leermasse 1620 kg; max. Startmasse 3200 kg
**Abmessungen:** Spannweite 10,12 m; Höhe 3,26 m; Länge 10,05 m

# Pilatus PC-12

Die **PC-12** mit der Herstellerbezeichnung **Pilatus PC-XII** stellt den einzigartigen Versuch dar, ein einzelnes leistungsstarkes Turboprop-Triebwerk mit einer geräumigen Zelle moderner Konstruktion zu kombinieren. Das Ergebnis ist ein Flugzeug, das sich für ein weitgefächertes Aufgabenspektrum eignet. Die auf der NBAA-Luftfahrtschau bekanntgegebene Entwicklung eines Prototyps verlief so zügig, daß der Erstflug dieser **P.01 (HB-FOA)** bereits am 31. Mai 1991 stattfand. Die zweite Maschine flog im Sommer 1992, und die Musterzulassung der Schweizer und der US-Luftbehörde sollte 1993 erfolgen. Zu dem Zeitpunkt plante man die Einrichtung einer zweiten Fertigungslinie.

Von Anfang an war die **PC-12** auf Schnelligkeit und Reichweite hin ausgerichtet. Angesichts der langen und erfolgreichen Verbindung der Firma mit der PT6-Propellerturbine konnte es nicht verwundern, daß auch das neueste Pilatus-Produkt dieses Triebwerk erhielt. Besonderes Gewicht wurde darauf gelegt, der **PC-12F** als Frachtflugzeug ein hohes Maß an Vielseitigkeit zu verleihen. So wählte man unter anderem ein T-Leitwerk, um möglichen Beschädigungen durch Frachtfördergeräte vorzubeugen. In den Rumpf ist backbord eine große Frachtklappe eingelassen, und direkt hinter dem Cockpit liegt eine Passagiertür mit Einbautreppe. Das Raumvolumen der Kabine beträgt 9,34 $m^3$. In die Version **PC-12P** können bis zu neun Sitze nach Airliner-Standard eingebaut werden. Eine VIP-Ausführung mit sechs Sitzen ist ebenso erhältlich wie eine Kombi-Version. Eine militärische Variante zum Truppentransport und Absetzen von Fallschirmjägern befindet sich in der Planung.

Das Cockpit ist mit einem Bendix/King EFIS einschließlich Wetterradar (wahlweise) ausgestattet. Das Flugdeck weist zwar zwei Sitze auf, aber das Zulassungsverfahren geht vom Betrieb mit nur einem Piloten aus. Der Hersteller schätzt den potentiellen Bedarf auf über 800 **PC-12**, und Ende 1995 lagen 33 Festbestellungen sowie Optionen für weitere zwölf Exemplare vor.

**TECHNISCHE DATEN**
**Pilatus PC-12**
**Typ:** druckbelüftetes, einmotoriges Turboprop-Nutzflugzeug
**Triebwerk:** eine Propellerturbine Pratt & Whitney PT6A-67B mit einer Nennleistung von 1327 kW (1805 WPS) und Hartzell-Vierblatt-Propeller aus Verbundmaterial
**Leistung:** max. Reisefluggeschwindigkeit 497 km/h; max. Betriebshöhe 7620 m; max. IFR-Reichweite 2965 km
**Gewicht:** (PC-12P) Leermasse 2386 kg; max. Nutzlast 1150 kg; max. Startmasse 4000 kg
**Abmessungen:** Spannweite 13,78 m; Höhe 4,14 m; Länge 13,96 m

***Die PC-12 erforderte erheblich höhere Investitionskosten als jedes andere Flugzeugobjekt der Firma Pilatus. Sie ringt daher um den Absatz dieses Typs, von dem ihre Zukunft abhängt.***

# Pilatus SB-2 Pelican

Die Pilatus Flugzeugwerke AG wurde im Dezember 1939 in Stans als Teil des Oerlikon-Bührle-Konzerns gegründet. Das erste Erzeugnis der neuen Firma war ein leichtes Verkehrsflugzeug mit der Bezeichnung **Pilatus SB-2 Pelican**. Der abgestrebte Hochdecker mit starrem Bugrad-Fahrgestell wurde von einem P&W-Sternmotor Wasp Junior mit 336 kW (457 PS) angetrieben. Der Pilot und der Kopilot/Navigator saßen in einem separaten Abteil vor dem Tragwerk, und die Hauptkabine unter den Tragflächen ließ sich je nach Auslegung für zwei bis vier Passagiere einrichten. Die erstmals 1944 geflogene **Pelican** stieß auf keinerlei kommerzielles Interesse, weshalb sie auch nicht in die Serienfertigung kam. Ihre Spannweite betrug 15,50 m und die Höchstgeschwindigkeit 250 km/h.

***Die Pilatus SB-2 Pelican aus der ersten Hälfte der vierziger Jahre erhielt keinen Serienauftrag, legte aber den Grundstein für künftige Pilatus-Flugzeuge mit STOL-Eigenschaften (Kurzstrekkenstart und -landung).***

# Piper J-3 Cub, O-59 und L-4 Grasshopper (Serien)

C. Gilbert Taylor und sein Bruder hatten 1929 die Taylor Brothers Aviation Corporation gegründet, um das Leichtflugzeug Taylor Chummy zu vermarkten, und 1931 erfolgte die Umorganisation zur Taylor Aircraft Company mit W. T. Piper Sr. als Geschäftsführer und Buchhalter. Als die Firma in finanzielle Schwierigkeiten geriet, erwarb W. T. Piper das Recht zur Herstellung und zum Vertrieb der **Taylor Cub**, die im September 1930 zum ersten Mal geflogen war, und gründete 1937 die Piper Aircraft Corporation, um die Produktion dieses Flugzeugs fortzuführen. Die **Cub**, ein abgestrebter Hochdecker in Mischbauweise mit Stoffbespannung, hatte ein konventionelles Leitwerk, ein starres Spornrad-Fahrgestell (auf speziellen Wunsch des Kunden auch mit Schwimmwerk) und eine geschlossene Kabine mit zwei Sitzen hintereinander.

Die zunächst von Piper produzierte **J-3 Cub** wurde von einem Vier-Zylinder-Boxermotor Continental A40-4 mit 30 kW (40 PS) angetrieben, aber schon bald führte die **J-3C-50 Cub** einen 37 kW (50 PS) starken A50-4 oder A50-5 mit Doppel-Zündanlage ein. Die damit erreichte Leistungssteigerung machte dieses schon vorher attraktive Leichtflugzeug zu einem wahren Verkaufsschlager, so daß die neue Firma 1938, in ihrem ersten vollen Produktionsjahr, nicht weniger als 737 **Cub** baute. Der Continental A50 war zwar ein neuer Flugmotor, doch erste Erfahrungen stellten seine Zuverlässigkeit und sein Entwicklungspotential unter Beweis. So wurde er später auf 48 kW (65 PS) bei einer höheren Drehzahl getrimmt. Seine Verwendung bei der Konkurrenz bedeutete, daß Piper nachziehen mußte, und so erschien 1940 die **J-3C-65 Cub** mit dem Continental A65. Mit alternativen Vier-Zylinder-Boxermotortypen von Franklin, dem 4AC-150 (37 kW/50 PS) oder dem 4AC-176 (48 kW/65 PS), erhielt die **Cub** die Bezeichnung **J-3F-50** beziehungsweise **J-3F-65** und mit Avco-Lycoming-Triebwerk O-145-A1 (37 kW/50 PS) oder O-145-B (48 kW/65 PS) **J-3L-50** beziehungsweise **J-3L-65**. In vergleichsweise kleiner Stückzahl wurde auch die **J-3P-50** gefertigt, deren Antrieb ein 37 kW (50 PS) starker Drei-Zylinder-Sternmotor Lenape Papoose besorgte. Der Absatz stieg, und 1941 wählte die US Army dieses Muster zur Bewertung in der Rolle eines luftgestützten Feuerleitstands für die Artillerie. Wenig später wurden 40 Exemplare mit der Dienstbezeichnung **O-59** bestellt. Bei den wie alljährlich im Herbst abgehaltenen Großmanövern von 1941 prüfte die US Army diese Flugzeuge unter Feldbedingungen, und es stellte sich heraus, daß die **Cub** eine weitaus größere Verwendungsbreite besaß als erwartet.

Diese Erfahrung veranlaßte die US Army, eine verbesserte **O-59A** zu bestellen. Die neue Version wurde vom Continental-Vier-Zylinder-Boxer O-170-3 mit 48 kW (65 PS) angetrieben und bot Pilot wie Beobachter ein günstigeres Rundum-Sichtfeld. Die Aufträge für die **O-59A** ergaben 948 Flugzeuge, die aufgrund von Änderungen im Bezeichnungsverfahren als **L-4A** in Dienst gingen. Die bisherigen **YO-59** und **O-59** wurden in **L-4** umbezeichnet und später erhielt der Typ den Beinamen **Grasshopper**. Folgebeschaffungen umfaßten 980 **L-4B** mit reduzierter Funkausrüstung, 1801 **L-4H** mit kleineren Änderungen und 1680 **L-4J** mit neuem Verstellpropeller. Zu den zivilen **Cub**-Flugzeugen, die

***Die NE-1, das Navy-Pendant der L-4 bei der US Army, war zwar grundsätzlich zur Schulung bestimmt, dieses Exemplar diente jedoch bei der Airship Squadron 32.***

***Das zweisitzige Leichtflugzeug Piper J-3 Cub war ein Meilenstein in der Luftfahrtgeschichte, und zahlreiche liebevoll gehegte Vertreter dieses Typs sind noch heute flugtüchtig.***

**TECHNISCHE DATEN**
**Piper J-3C-65 Cub**
**Typ:** zweisitziges Leichtflugzeug
**Triebwerk:** ein Vier-Zylinder-Kolbenmotor Continental A65 mit 48 kW (65 PS)
**Leistung:** Höchstgeschwindigkeit 148 km/h; Dienstgipfelhöhe 3660 m; Reichweite 402 km
**Gewicht:** Leermasse 290 kg; max. Startmasse 499 kg
**Abmessungen:** Spannweite 10,73 m; Länge 6,78 m; Höhe 2,03 m

zu Beginn des Zweiten Weltkriegs zum Heeresdienst eingezogen wurden, gehörten acht **J-3C-65** und fünf **J-3F-65**, denen man die Bezeichnungen **L-4C** und **L-4D** zuwies. Zwischenzeitlich hatte man Piper mit der Entwicklung eines Segelschulflugzeugs aus der **L-4** beauftragt. Diese motorlose Variante mit neu konzipiertem Vorderrumpf für einen Fluglehrer und zwei Schüler wurde in einer Auflage von 250 Exemplaren als **TG-8** für die US Army gefertigt. Die US Navy beschaffte drei solcher Gleiter unter der Bezeichnung **XLNP-1** und zudem 230 **NE-1**, die grundsätzlich der **L-4** bei der US Army entsprachen und zur fliegerischen Grundausbildung dienten. 20 ähnliche Flugzeuge, die zu einem späteren Zeitpunkt beschafft wurden, erhielten die Bezeichnung **NE-2**. Als Piper die Produktion nach dem Zweiten Weltkrieg auf die nochmals verbesserte **Cub J-4 Coupe** umstellte, waren insgesamt 14.125 zivile und 5703 militärische **Cub**-Flugzeuge gefertigt worden.

# Piper J-4 Cub Coupe

Um dem wachsenden Leichtflugzeugangebot anderer Hersteller ein eigenes Produkt an die Seite zu stellen, produzierte Piper 1938 die **Piper J-4 Cub Coupe**. Die Zelle der **J-3 Cub** war grundsätzlich unverändert geblieben, aber das neue Muster erhielt eine etwas größere Spannweite und ein verbessertes Fahrgestell mit freibeweglich gelagertem Spornrad, Radbremsen und Geschwindigkeitskappen an den Haupträdern. Mit dem 37 kW (50 PS) starken Continental A50-1 als Antrieb hieß der Typ **J-4**, aber die Einführung des 48 kW (65 PS) starken Continental A65-1 oder -8 im Jahre 1940 führte zur Umbenennung in **J-4A** und mit dem später eingebauten Continental A75-9 (56 kW/75 HP/76 PS) in **J-4E**. 1939 erschien die **J-4B**, die sich von den Vorgängermodellen nur durch ihre Triebwerkstypen abhob. Dies war anfangs ein Franklin 4AC-171 (45 kW/60 PS) und bald darauf ein Franklin 4AC-176-B2 (48 kW/65 PS), ohne daß sich die Bezeichnung änderte. Die letzte **J-4**-Version hatte Avco-Lycoming-Motoren der Bauart O-145-A1 und -A2 (41 kW/55 PS) oder O-145-B1 (48 kW/65 PS). Diese beiden Varianten der **Cup Coupe** waren unter der Bezeichnung **J-4F** zusammengefaßt. Die Produktion der **J-4** belief sich auf insgesamt 1250 Exemplare.

***Der J-3-Ableger Piper J-4 Cub Coupe hatte einen komplett verkleideten Avco-Lycoming-Flugmotor, windschnittige Kappen an den Haupträdern und sogar Radbremsen.***

**TECHNISCHE DATEN**

**Piper J-4F Cub Coupe**

**Typ:** zweisitziges Leichtflugzeug
**Triebwerk:** ein Vier-Zylinder-Kolbenmotor Avco Lycoming O-145-B1 mit 48 kW (65 PS)
**Leistung:** Höchstgeschwindigkeit 161 km/h; Dienstgipfelhöhe 3660 m; Reichweite 547 km
**Gewicht:** Leermasse 336 kg; max. Startmasse 590 kg
**Abmessungen:** Spannweite 11,02 m; Länge 6,86 m; Höhe 2,08 m; Tragflügelfläche 17 m²

# Piper J-5 Cruiser

Eine bescheidene Kapazitätssteigerung der Muster J-3 und J-4 wurde mit der **Piper J-5 Cruiser** erreicht, die der J-3 zwar grundsätzlich ähnelte, aber einen etwas fülligeren Rumpf für drei Sitze aufwies. Die

**TECHNISCHE DATEN**

**Piper J-5C Cruiser**

**Typ:** dreisitziges Leichtflugzeug
**Triebwerk:** ein Vier-Zylinder-Boxermotor Avco Lycoming O-235-C mit 75 kW (101 PS)
**Leistung:** Höchstgeschwindigkeit 177 km/h; Dienstgipfelhöhe 4570 m; Reichweite 620 km
**Gewicht:** Leermasse 388 kg; max. Startmasse 703 kg
**Abmessungen:** Spannweite 10,82 m; Länge 6,86 m; Höhe 2,08 m

***Die dreisitzige Piper J-5-Serie war eine von mehreren Varianten des Grundmodells J-3 Cub, die Piper in Lock Haven aufgrund der enormen Nachfrage für dieses Luftfahrzeug produzierte.***

Anfang 1940 herausgebrachte **J-5A Cruiser** mit Continental-Motor A75-8 (56 kW/75 HP/76 PS) war anschließend als **J-5B** mit dem GO-145-C2 gleicher Leistung von Avco Lycoming erhältlich. Später rüstete man den 75 kW (101 PS) starken Avco Lycoming O-235-C ein, was die neue Bezeichnung **J-5C** nach sich zog. Zivile **J-5A** und **-5B**, die im Zweiten Weltkrieg zum Wehrdienst bei der US Army einberufen wurden, hießen dort **L-4F** beziehungsweise **L-4G**. 100 von der US Navy beschaffte Flugzeuge, die in etwa der **J-5C** entsprachen, dienten als **HE-1**. Die Marine-Cruiser wurden vom Avco Lycoming O-235-2 mit 75 kW (101 PS) angetrieben und hatten eine Rückenklappe am Hinterrumpf, um das Be- und Entladen mit einer Krankentrage zu erleichtern. Als 1943 der Buchstabe H des Bezeichnungssystems Hubschraubern zugewiesen wurde, änderte sich die Kennung **HE-1** in **AE-1**. Bei Produktionsende waren 1404 **J-5 Cruiser** gefertigt.

# Piper PA-11 Cub Special

Nach dem Ende des Zweiten Weltkriegs schien eine Zeitlang ein unersättlicher Bedarf an Leichtflugzeugen zu bestehen. Diese Marktlage änderte sich schlagartig, als Maschinen aus den militärischen Überschußbeständen zu Billigpreisen zu haben waren. Einer der strategischen Schachzüge, mit denen Piper dieser Entwicklung gegensteuern wollte, bestand im Angebot einer zivilen Sparversion der langen Baureihe **L-4 Grasshopper**. Diese **Piper PA-11 Cub Special**, angetrieben vom Continental-Vier-Zylinder-Boxermotor A65-8 mit 48 kW (65 PS), erwies sich als recht attraktive Kaufalternative, denn bei einem Preis von nur 2495 US-Dollar im Jahre 1947 zogen viele Kunden ein etwas teureres Neuflugzeug einer ausgesonderten Kriegsmaschine mit ungewissem Lebenslauf vor. Bis zur Einstellung der Produktion wurden insgesamt 1323 **Cup Special** für die zivile Luftfahrt gebaut. Die **PA-11** erreichte eine Höchstgeschwindigkeit von 161 km/h und konnte 483 km weit fliegen. Auch die US Army interessierte sich für diesen Typ, zumindest zur Belieferung anderer Nationen im Rahmen des Militärhilfeprogramms. So wurden 105 Exemplare mit dem Continental C90-8F (71 kW/97 PS) als **L-18B** an die Türkei ausgeliefert.

# Piper PA-12 Super Cruiser

Als sich das Ende des Zweiten Weltkriegs abzeichnete, traf Piper Vorbereitungen zur Massenproduktion von Leichtflugzeugen für die allgemeine Luftfahrt. Die Firma begann mit der Entwicklung einer verbesserten Version der J-5C Cruiser, deren Produktion 1942 ausgelaufen war. Obwohl technisch ein Dreisitzer, wurde diese **Piper PA-12 Super Cruiser** gewöhnlich als komfortabler Zweisitzer genutzt. Die allgemein als zweisitzige De-Luxe-Ausgabe anerkannte Maschine unterschied sich von der J-5C nur durch eine Reihe rein kosmetischer Verfeinerungen, die den Kaufanreiz erhöhen sollten. Der Prototyp flog erstmals im Dezember 1945 und stieß auf ein so hohes Interesse, daß die Liste unerfüllter Aufträge immer länger wurde. Als Piper die Fertigung dieser Version einstellte, waren nicht weniger als 3758 **Super Cruiser** vom Band gerollt. Die **PA-12** hatte nahezu die Abmessungen der J-5C und denselben Motortyp (Avco Lycoming O-235-C), der ihr eine Spitzengeschwindigkeit von 183 km/h in Meereshöhe verlieh.

***Die Piper PA-12 Super Cruiser stellte kaum mehr als eine aerodynamisch verfeinerte Ausführung der J-5 Cruiser dar, ausgestattet mit einem Lycoming-Triebwerk in einer länger geformten Flugzeugnase. Sie war Pipers erstes Nachkriegsprodukt.***

# Piper PA-14 Family Cruiser

Piper hatte die PA-12 Super Cruiser zwar als Dreisitzer entwickelt, aber den Raum zur Unterbringung für drei Erwachsene knapp bemessen. So stellte sich bald heraus, daß der Absatz zugunsten leichter Viersitzer von der Konkurrenz nachließ. Im Bemühen, ein Muster mit vier Sitzen bereitzustellen, ohne gleichzeitig den Kaufpreis über Gebühr hochschnellen zu lassen, gestaltete die Firma den Rumpf der PA-12 für eine Vierer-Bestuhlung breiter und installierte einen Avco Lycoming O-235-C1. Trotz des sehr scharf kalkulierten Preises weckte die so entstandene **PA-14 Family Cruiser** kein großes Kaufinteresse, und bis zur Einstellung der Produktion im Jahr 1949 wurden insgesamt nur 232 Exemplare gebaut.

***Die Piper PA-14 Family Cruiser ähnelte der PA-12 wie die Piper J-5 der J-3. Immerhin bot dieses Muster eine echte Viersitzer-Kabine.***

### TECHNISCHE DATEN

**Typ:** viersitziges Leichtflugzeug
**Triebwerk:** ein Vier-Zylinder-Boxermotor Avco Lycoming O-235-C1 mit 86 kW (117 PS)
**Leistung:** Höchstgeschwindigkeit 198 km/h; Dienstgipfelhöhe 3660 m; Reichweite 805 km
**Gewicht:** Leermasse 454 kg; max. Startmasse 839 kg
**Abmessungen:** Spannweite 10,82 m; Länge 7,06 m; Höhe 1,96 m; Tragflügelfläche 16,66 m²

# Piper PA-15, PA-16 Clipper und PA-17 Vagabond

Der ersten Verkaufswelle nach dem Ende des Zweiten Weltkriegs folgte eine nahezu katastrophale Periode, als die US-Regierung eine riesige Anzahl ausgesonderter Kriegsflugzeuge auf den Markt warf. Dieser plötzliche Zustrom von 31.000 Flugzeugen zu äußerst attraktiven Preisen lähmte die Geschäftstätigkeit bei Firmen wie Beech, Cessna und Piper, die AL-Flugzeuge für einen aufnahmebereiten Marktsektor herstellten. Die Einführung der Piper PA-14 Family Cruiser war einer von zwei Lösungsversuchen. Der andere zielte auf ein Notprogramm zur Entwicklung eines preiswerten Nutzflugzeugs ab, das eine ähnliche Auslegung wie die Piper Cub, aber eine kürzere Spannweite und einen schwächeren Avco Lycoming O-145-B2 als Antrieb erhalten sollte. Das oberste Gebot in bezug auf den Standard hieß „Schlichtheit". Dies bedeutete, daß man das Grundfluggerät zu einem niedrigen Preis anbieten und Luxusbeigaben zu einem späteren Zeitpunkt verwirklichen würde, wenn der Käufer sie sich leisten konnte. Der Prototyp **Piper PA-15** flog erstmals am 29. Oktober 1947, und schon bald gingen Aufträge für das neue Muster ein. Im Herbst 1948, als sich zumindest der US-amerikanische Markt allmählich wieder erholte, führte Piper die **PA-17 Vagabond** ein, die von einem Continental A65-8 mit 48 kW (65 PS) angetrieben wurde und keineswegs Schlichtheit als Standard bot. Von diesen beiden Versionen baute Piper insgesamt 585 Flugzeuge, hatte aber den ohnehin großen Erfolg dieses Modells zuvor durch eine Viersitzer-Variante der **PA-15** noch erheblich ausgeweitet. Dieses von einem Avco Lycoming O-235-C1 mit 86 kW (117 PS) angetriebene Gebrauchsflugzeug **PA-16 Clipper** brachte es ab dem Jahr 1949 auf die ansehnliche Auflage von 726 Exemplaren.

***Die etwas antriebsstärkere und intern verfeinerte Piper PA-17 Vagabond zeigte, daß sich die US-Leichtflugzeugindustrie nach dem Zweiten Weltkrieg wieder erholt hatte.***

### TECHNISCHE DATEN
**Piper PA-15**

**Typ:** zweisitziges Leichtflugzeug
**Triebwerk:** ein Vier-Zylinder-Boxermotor Avco Lycoming O-145-B2 mit 48 kW (65 PS)
**Leistung:** Höchstgeschwindigkeit 164 km/h in Meereshöhe; Dienstgipfelhöhe 3810 m; Reichweite 410 km
**Gewicht:** Leermasse 281 kg; max. Startmasse 499 kg
**Abmessungen:** Spannweite 8,92 m; Länge 5,69 m; Höhe 1,83 m; Tragflügelfläche 13,70 m²

# Piper PA-18 Super Cub und L-18/L-21/U-7 (Serien)

Das sicher berühmteste Produkt der Firma Piper war die von einem Vier-Zylinder-Boxermotor Continental C90-12F mit 67 kW (91 PS) angetriebene Originalversion der **Piper PA-18 Super Cub**. Sie kam Ende 1949 auf den Markt, nachdem sie am 18. November 1949 die Musterzulassung erhalten hatte. In der Produktion bei Piper blieb sie bis 1981, als die Firma alle Rechte an diesem Entwurf an WTA Inc. in Lubbock, Texas, abtrat. Die letzte Piper-Serienausführung **PA-18-150** wies wieder die gleiche Grundauslegung wie die frühesten Cub-Zweisitzer auf: abgestrebte Hochdeckertragflächen, ein drahtverspanntes Leitwerk und ein starres Spornrad-Fahrgestell. Für den Antrieb sorgte allerdings ein Avco Lycoming O-320-Boxer, dessen vier Zylinder 112 kW (152 PS) erzeugten. Dieses Triebwerk erhielt auch die landwirtschaftliche Spezialversion **PA-18A**, die 1952 eingeführt wurde. Die Baureihe endete nach insgesamt 2650 Exemplaren. Über die Fertigung für die zivile Luftfahrt hinaus baute Piper 838 **PA-18** mit dem 71 kW (97 PS) starken Continental C90-8F für die US Army, die dieses Muster als **L-18C** führte. Von diesen Maschinen gingen 108 im Rahmen des Militärhilfeprogramms an Fremdnationen. Die US Army bestellte anschließend 150 generell ähnliche **L-21A**, die aber vom Avco Lycoming O-290-II mit 92 kW (125 PS) angetrieben wurden. Einige der letztgenannten Flugzeuge rüstete man später zu Schulmaschinen mit der Bezeichnung **TL-21A** um. Unter der Kennung **YL-21** prüfte die US Army zwei Exemplare einer Version der **PA-18 Cub**, für deren Antrieb ein Avco Lycoming O-290-D2 mit 101 kW (137 PS) sorgte. Dies führte später zu einer Beschaffung von 584 solcher Maschinen, denen die Bezeichnung **L-21B** zufiel. Wiederum erreichten etliche von ihnen Fremdnationen. Die **L-21B**, die sich 1962 noch im Dienst befanden, wurden in **U-7A** umbezeichnet.

***Eine der schwächer motorisierten Versionen der Super Cub war die PA-18-95, die dennoch eine brauchbare Leistung ohne Einbußen an Komfort bot.***

***Unten: Diese militärische PA-18 ist mit Tandem-Haupträdern zum Betrieb auf frontnahen Flugfeldern ausgestattet.***

### TECHNISCHE DATEN
**Piper PA-18-150 Super Cub**

**Typ:** zweisitziges Leichtflugzeug
**Triebwerk:** ein Vier-Zylinder-Boxermotor Avco Lycoming O-320 mit 112 kW (152 PS)
**Leistung:** Höchstgeschwindigkeit 209 km/h; Dienstgipfelhöhe 5790 m; Reichweite mit max. Nutzlast 740 km
**Gewicht:** Leermasse 446 kg; max. Startmasse 794 kg
**Abmessungen:** Spannweite 10,73 m; Länge 6,88 m; Höhe 2,04 m; Tragflügelfläche 16,58 m²

## Piper PA-20 Pacer bis Piper PA-38-112 Tomahawk

**Unbestritten König unter den Produzenten leichter Flugzeuge ist Piper. Comanche, Tri-Pacer und Cherokee sind nur drei der vielen klassisch gewordenen Typen, die aus dem Piper-Entwicklungszentrum hervorgingen, welches im übrigen bis auf diesen Tag noch kein einziges Düsenflugzeug gebaut hat.**

# Piper PA-20 Pacer

Unter der Bezeichnung **Piper PA-20 Pacer** ging die Firma 1950 zur Produktion einer aktualisierten Version der viersitzigen PA-16 Clipper über. Dieses Muster führte eine Reihe von Verbesserungen ein, darunter ein größeres Höhenleitwerk mit Ruderausgleich, ein erweitertes Tankvolumen, ein überarbeitetes Fahrgestell und etliche Verfeinerungen der Inneneinrichtung. Angetrieben vom Avco Lycoming O-235-C1 mit 81 kW (110 PS), trug dieser Typ die Bezeichnung **PA-20 Pacer 115**, doch anschließend wurden die **Pacer 125** mit einem 93 kW (125 HP/126 PS) starken O-290-D und die ähnliche **Pacer 135** erhältlich, die einen Verstellpropeller einbrachte. Bei Produktionsende im Jahr 1955 waren insgesamt 1119 Exemplare der **Pacer** gefertigt. Die **PA-20 Pacer 135** hatte eine Spitzengeschwindigkeit von 225 km/h und verfügte über eine Reichweite von 933 km.

# Piper PA-22 Tri-Pacer

Im Jahr 1951 brachte Piper die **PA-22 Tri-Pacer** heraus, bei der es sich im Grunde um eine PA-20 Pacer mit lenkbarem Bugrad-Fahrgestell handelte. Das neue Muster hob sich von der PA-20 aber auch durch einen Vier-Zylinder-Boxermotor der Marke Avco Lycoming O-320 ab, der anfangs 112 kW (152 PS) erzeugte, sowie durch eine neuartige Flugsteuerungsanlage, bei der die Seitenruderpedale mit den Querrudern verbunden waren. Dadurch konnte der Pilot die **Tri-Pacer** im Kurvenflug nur mit der Steuersäule bewegen, ohne in die Ruder treten zu müssen. Dieses System ließ sich aber ohne weiteres entkoppeln, um auch den völlig getrennten Gebrauch der Ruder zu ermöglichen. Die **Tri-Pacer** kam gut an, und spätere Versionen erhielten den etwas stärkeren O-320-B. Bei Produktionsende zu Beginn der sechziger Jahre waren insgesamt 7668 Flugzeuge gebaut. Dazu gehörten auch einige Exemplare mit 112-kW-Motor, die als **Piper Caribbean** verkauft wurden.

***Eines der erfolgreichsten Piper-Flugzeuge der fünfziger Jahre war die PA-22 Tri-Pacer.***

**TECHNISCHE DATEN**
**Piper PA-22 Tri-Pacer**

**Typ:** viersitziger Kabinen-Hochdecker
**Triebwerk:** ein Vier-Zylinder-Boxermotor Avco Lycoming O-320-B mit 119 kW (162 PS)
**Leistung:** Höchstgeschwindigkeit 227 km/h; Dienstgipfelhöhe 5030 m; Reichweite 1054 km
**Gewicht:** Leermasse 503 kg; max. Startmasse 907 kg
**Abmessungen:** Spannweite 8,92 m; Länge 6,28 m; Höhe 2,54 m

# Piper PA-22 Colt 108

Am 1. November 1960 gab Piper die Einführung eines kostengünstigen Zweisitzers mit dem Namen **Piper PA-22 Colt 108** bekannt. Damit stand für Eingeweihte fest, daß die Zelle weitgehend mit derjenigen der PA-22 Tri-Pacer übereinstimmte. Die Kabine war jedoch für zwei Personen ausgelegt und in der Standardausführung nur mit dem Allernötigsten ausgestattet. Wahlweise waren auch die Modelle **Custom** und **Super Custom** mit einer höherwertigen Ausstattung und Instrumentierung erhältlich, deren Preis dementsprechend um einiges höher lag als bei der Normalversion. Den Antrieb besorgte ein Avco Lycoming O-235-C1B mit 81 kW (108 HP/110 PS), der dieser Version zu einer Höchstgeschwindigkeit von 193 km/h in Meereshöhe und einer Reichweite von 1110 km in 2135 m Höhe bei vollen Tanks verhalf. Innerhalb der dreijährigen Produktionszeit rollten 1827 Exemplare vom Band.

# Piper PA-23 Apache und Aztec

Am 2. März 1952 flog Piper den Prototyp eines neuen zweimotorigen Musters, das damals unter der Bezeichnung **Piper PA-23 Twin-Stinson** geführt wurde. Der freitragende Ganzmetall-Tiefdecker hatte ein hoch am Rumpf angesetztes Höhenleitwerk mit Endplatten und Rudern zur Kursstabilität und Seitensteuerung. Das Bugrad-Fahrgestell war einziehbar, und die geschlossene Kabine bot vier Personen paarweise nebeneinander Platz. Für den Antrieb sorgten zwei Vier-Zylinder-Boxermotoren Avco Lycoming O-320, die in Gondeln an die Tragflächen montiert waren und je 112 kW (150 HP/152 PS) abgaben. Das Leitwerk wich bald konventionellen Höhenflossen und einer zentralen Seitenflosse mit Ruder. In dieser Form erreichte das Muster Anfang 1954 die Serienfertigung als **PA-23 Apache**, später in **PA-23 Apache 150** umbenannt. Als **Apache** blieb der Typ bis 1965 in der Produktion. Bis dahin wurden 2166 Exemplare gebaut, einschließlich 1231 Exemplaren der ersten Serienversion. Auf das Originalmodell war 1958 die **PA-23 Apache 160** gefolgt, die außer dem 119 kW (160 HP/162 PS) starken O-320-B etliche interne Änderungen einführte, so daß sie als vier-/fünfsitziges Flugzeug zugelassen werden konnte. 1962 erschien die ähnliche **PA-23 Apache 235**, ausgestattet mit gepfeilten Leitwerksflächen und Sechs-Zylinder-Boxermotoren O-540-B1A5 je 175 kW (235 HP/238 PS). Dieser **Apachen**-Stamm brachte es auf eine Auflage von 119 Maschinen.

Als der Absatz der **Apache 235** nachließ, entwickelte Piper eine verbesserte Version dieses Typs mit O-540 je 186 kW (250 HP/253 PS) und sechs Sitzen. Diese Version ging 1959/1960 als **PA-23 250 Aztec** in Serie, und die US Navy beschaffte 20 solche Flugzeuge, die sie als **UO-1** (nach 1962 **U-11A**) in Dienst stellte. Die **Aztec** wurde bis Anfang 1982 gebaut. In der letzten Serienausführung trug der Typ die Bezeichnung **PA-23-250 Aztec F**, auch erhältlich als **PA-23T-250 Turbo Aztec F**. Wie der Name bereits andeutet, wurde letztere von Avco-Lycoming-TIO-540-Motoren mit Garrett-Turbolader angetrieben.

***Das gesamte Erscheinungsbild der PA-23-Serie änderte sich mit der Aztec 250 und deren Nachfolgern durch das moderne, zurückgepfeilte Leitwerk.***

**TECHNISCHE DATEN**
**PA-23T-250 Turbo Aztec F**
**Typ:** leichtes Verkehrsflugzeug mit sechs Sitzen
**Triebwerke:** zwei Sechs-Zylinder-Ladermotoren Avco Lycoming TIO-540-C1A je 186 kW (250 HP/253 PS)
**Leistung:** Höchstgeschwindigkeit 407 km/h in 5640 m Höhe; Dienstgipfelhöhe 7315 m; Höchstreichweite mit max. Treibstoffmenge 2120 km
**Gewicht:** Leermasse 1507 kg; max. Startmasse 2359 kg
**Abmessungen:** Spannweite 11,37 m; Länge 9,52 m; Höhe 3,07 m; Tragflügelfläche 19,23 m²

***Die frühen PA-23 hatten ein ungepfeiltes, rundliches Leitwerk.***

# Piper PA-24 Comanche

Am 24. Mai 1956 flog beim Hersteller der Prototyp eines neuen einmotorigen Kabinen-Eindeckers für vier Personen, der zunächst **Piper PA-24 Comanche** hieß, später aber als **Piper-24-180 Comanche** bekannt wurde. Dieses Muster in der Auslegung eines freitragenden Ganzmetall-Tiefdeckers mit bestechender Linienführung war mit Qualitätsmerkmalen wie einem Bugrad-Einziehfahrwerk, Pendelhöhenruder und 134 kW (180 HP/182 PS) starkem Avco-Lycoming-Triebwerk O-360-A1A ausgestattet. Die erste Serienmaschine flog am 21. Oktober 1957, und dieser Typ wurde von Anfang an in vier Versionen angeboten, der **Standard** mit dem grundsätzlichen Ausrüstungspaket, und der **Custom, Super Custom** sowie **Auto-Flite** mit niveauvollerer Ausstattung, einschließlich Zwei-Achsen-Autopilot bei der letzteren.

**TECHNISCHE DATEN**
**PA-24T-260 Turbo Comanche**
**Typ:** viersitziger Kabinen-Eindecker
**Triebwerke:** ein turbogeladener Sechs-Zylinder-Boxermotor Avco Lycoming IO-540 mit 194 kW (260 HP/264 PS)
**Leistung:** Höchstgeschwindigkeit 389 km/h in optimaler Höhe; Dienstgipfelhöhe 7620 m; Höchstreichweite mit max. Treibstoffzuladung 2398 km
**Gewicht:** Leermasse 859 kg; max. Startmasse 1451 kg
**Abmessungen:** Spannweite 10,97 m; Länge 7,62 m; Höhe 2,29 m; Tragflügelfläche 16,54 m²

Die überzeugende Leistungsfähigkeit der **PA-24 Comanche** zeigte der amerikanische Pilot Max Conrad bereits zu einem sehr frühen Zeitpunkt auf, als er 1959 und 1960 von der FAI anerkannte Strecken-Weltrekorde für Luftfahrzeuge dieser Klasse aufstellte: 11.211,83 km auf einer Geraden und 11.138,72 km auf der Umkehrstrekke. Mit einer **PA-24-250 Comanche** erhöhte er den Wert für die gerade Strecke 1959 auf 12.341,26 km, und diese Rekordmarken standen bis 1983. Die erwähnte **PA-24-250 Comanche** löste bald die **PA-24-180** (1143 Exemplare) ab, von der sie sich im wesentlichen nur durch einen O-540-A1A mit einer Nennleistung von 186 kW (250 HP/253 PS) unterschied. Diese Variante brachte es auf eine Produktionsziffer von 2537. 1964 folgte die **PA-24-260 Comanche**, angetrieben von einer Bauart des O-540 mit 194 kW (260 HP/264 PS). Sheila Scott aus Großbritannien stellte mit dieser Version zwischen dem 18. Mai und dem 20. Juni 1966 einen neuen Geschwindigkeitsrekord für den Flug um die Erde auf und legte dabei eine Distanz von 46.759 km zurück.

***Der Comanche-Klassiker unter den Privatflugzeugen bot ein hohes Leistungsvermögen zu einem relativ günstigen Preis.***

Der letzte Sprößling der einmotorigen **Comanche**-Familie war die **PA-24T-260 Turbo Comanche**, deren IO-540-Motor mit Rayjay-Turbolader ihr zu einem deutlich gesteigerten Leistungsvermögen verhalf. Als ihre Produktion 1973 nach 1028 Exemplaren auslief, stand die **Comanche**-Gesamtzahl bei 4708.

# Piper PA-25 Pawnee

Das in den fünfziger Jahren rasch expandierende Unternehmen Piper brauchte bald neue Werke, und 1957 wurde ein neues Zentrum zur Luftfahrzeugentwicklung in Vero Beach, Florida, eröffnet. Es zeichnete von nun an für die Konstruktion, Entwicklung und Erprobung neuer Piper-Projekte verantwortlich. Als erstes baute Vero Beach ein neues Agrarflugzeug mit der Bezeichnung **Piper PA-25 Pawnee**, denn wie die Erfahrung mit der für landwirtschaftliche Zwecke ausgelegten PA-18A gezeigt hatte, bestand großer Bedarf an dieser Flugzeugkategorie. Die **Pawnee** war ein abgestrebter Tiefdecker mit starrem Spornrad-Fahrwerk und anfangs einem Vier-Zylinder-Boxermotor Avco Lycoming O-320 mit 112 kW (150 HP/152 PS). Folglich wurde diese Version in **PA-25-150 Pawnee** umbezeichnet. Moderne Auslegungsmerkmale zielten darauf ab, die Wahrscheinlichkeit eines Unfalls zu reduzieren und dem Piloten gegebenenfalls eine bessere Überlebenschance zu bieten. Er erhielt daher eine hohe Sitzposition, die eine vorzügliche Rundumsicht gewährleistete, ein Sicherheitsgurt- und Rückhaltesystem, dessen Stärke die Norm weit überstieg, und eine speziell konstruierte Zelle, die das Cockpit beim Absturz mit geringer Geschwindigkeit, wie sie für Agrarflugzeuge typisch ist, weitgehend unbeschädigt ließ. Diese Sorgfalt in der Detailkonstruktion schlug sich in hohen Absatzzahlen nieder, so daß die **PA-25-235** mit weiterer struktureller Verstärkung, einem größeren Chemikalienbehälter und O-540-B2B5-Motor (175 kW/235 HP/238 PS) oder wahlweise O-540-E (194 kW/260 HP/264 PS) nicht lange auf sich warten ließ. Bei Produktionsende Anfang 1982 waren rund 5000 **Pawnee** gefertigt.

**TECHNISCHE DATEN**
**Piper PA-25-235 Pawnee**
**Typ:** einmotoriges Agrarflugzeug
**Triebwerk:** ein Sechs-Zylinder-Boxermotor Avco Lycoming 0-540-B mit 175 kW (235 HP/238 PS)
**Leistung:** Höchstgeschwindigkeit im Streueinsatz 161 km/h oder 169 km/h im Sprüheinsatz; Reichweite mit vollen Tanks als Streuflugzeug 410 km und als Sprühflugzeug 435 km
**Gewicht:** Grundleermasse 725 kg; max. Startmasse 1315 kg
**Abmessungen:** Spannweite 11,02 m; Länge 7,73 m; Höhe 2,21 m; Tragflügelfläche 17 m²

***Die Pawnee war völlig anders geartet als die übrigen Piper-Produkte.***

# Piper PA-28 Cherokee und Derivate

Als am 14. Januar 1960 der Prototyp des Sport- und Schulflugzeugs **Piper PA-28-150 Cherokee** erstmals flog, ahnte Piper sicher noch nichts von der fast unendlichen Vielfalt dieses Grundmodells oder einer Produktionsdauer bis in die neunziger Jahre. Der Typ erschien als freitragender Ganzmetall-Tiefdecker mit starrem Bugrad-Fahrwerk, einer geschlossenen Kabine für vier Personen und einem Avco-Lycoming-Boxermotor O-320 mit 112 kW (150 HP/152 PS) beziehungsweise 119 kW (160 HP/162 PS) beim O-320-B2B der **PA-28-160 Cherokee**. Die erste seriengefertigte **Cherokee** flog ab 10. Februar 1961, und der Typ war von Anfang an, wie unter dem Eintrag PA-24 Comanche erwähnt, als **Standard**, **Custom**, **Super Custom** und **AutoFlite** erhältlich. Eine ähnliche Angebotspalette optionaler Modelle mit unterschiedlichen Ausrüstungsstandards besteht bis zum heutigen Tage. Die 1962 eingeführte **PA-28-180 Cherokee** brachte dem Muster den 134 kW (180 HP/182 PS) starken Motor O-320-A2A, und 1963 folgte die strukturell verstärkte **PA-28-235**, mit dem Sechs-Zylinder-Boxermotor O-540-B2B5 von Avco Lycoming, dessen Leistung von 175 kW (235 HP/238 PS) eine höhere Betriebsmasse ermöglichte. Im Jahr darauf schwenkte das Pendel in die entgegengesetzte Richtung, als die zweisitzige **PA-28-140 Cherokee** mit einem Vier-Zylinder-Boxer O-320-A2B erschien, der für eine Leistung von 104 kW (140 HP/141 PS) bemessen war. Die Einführung der **PA-28-180R Cherokee Arrow** am 19. Juni 1967 stellte einen bedeutenden Wechsel dar, denn die neue Maschine hatte ein Ein-

***Die Cherokee war eine der großartigsten Leichtflugzeugserien aller Zeiten und verband gute Flugleistungen mit vielerlei Optionen.***

ziehfahrwerk, einen Einspritzmotor und einen Propeller mit konstanter Drehzahl. Zu diesem Zeitpunkt wurde die Fertigung der **PA-28-150** und **-160** eingestellt. 1969 bot Piper zur Wahl die **PA-28-200R Cherokee Arrow** mit 149 kW (200 HP/203 PS) starkem O-360-C1C an, und 1971 folgten neue Modelle der **PA-28-140** als **Cherokee Flite Liner**, ein zweisitziges Übungsflugzeug für die von Piper geförderten Flugschulen, und **Cherokee Cruiser 2 Plus 2**, eine zwei-/viersitzige Luxusausführung, die im Jahr darauf zum Standardserienmodell erkoren wurde. 1973 benannte man die zehnjährige **PA-28-180** in **Cherokee Challenger** um. Ihre Spannweite und Rumpflänge waren leicht vergrößert und die Inneneinrichtung sowie die Bordausrüstung verbessert. Ähnliche gleichzeitig an der **PA-28-235** vorgenommene Änderungen ergaben die **Cherokee Charger**. 1974 erfuhr die **Cherokee**-Linie mehrere Namensänderungen, und aus der **Cherokee 2 Plus 2** wurde die **Cherokee Cruiser**, aus der **Cherokee Challenger** die **Cherokee Archer** und aus der **PA-28-235** die **Cherokee Pathfinder**. Parallel dazu erhielt die Familie ein neues Mitglied, die **PA-28-151 Cherokee Warrior**. Diese von einem 112 kW (150 HP/152 PS) starken O-320-E3D angetriebene Version entsprach grundsätzlich der **Archer**, mit Ausnahme der völlig neu entworfenen und weiter gespannten Tragflächen. 1977 ließ Piper die Fertigung der **Cherokee Cruiser** und **Pathfinder** auslaufen, führte aber gleichzeitig die **PA-28-236 Dakota** ein. Auch sie ähnelte generell der **Archer**, wurde aber von einem Vier-Zylinder-Boxermotor O-540-J3A5D mit 175 kW (235 HP/238 PS) angetrieben und stützte sich auf das neue Tragwerk größerer Spannweite. 1978 erschien eine **Dakota**-Variante mit 149 kW (200 KP/203 PS) starkem Continental-Turbolader-motor TSIO-360-FB, die **PA-28-201T Turbo Dakota**. Infolge der schwachen Nachfrage wurde ihre Produktion jedoch 1980 wieder eingestellt. Im selben Jahr entwickelte Piper für die chilenische Luftwaffe einen zweisitzigen Trainer, der auf der **Cherokee**-Serie beruhte. Der Prototyp, genannt **PA-28R-300 Pillan** („Teufelchen"), hatte ein einziehbares Bugrad-Fahrgestell und einen Avco Lycoming AEIO-540-H1K5 mit 224 kW (300 HP/305 PS).

In den achtziger Jahren wurde die Herstellung der **Cherokee**-Flugzeugfamilie mit der **PA-28-161 Warrior II** und der **CPA-28-181 Archer II** fortgeführt. Erstere erhielt den Avco Lycoming O-320-D3G mit 119 kW (160 HP/162 PS) und letztere einen 134 kW (180 HP/182 PS) starken O-360-A4M desselben Herstellers. Am oberen Ende des Leistungsspektrums ist die **PA-28RT-201T Turbo Arrow IV** angesiedelt, die den gleichen Triebwerkstyp wie die **Turbo Dakota** nutzt. Auch EMBRAER in Brasilien fertigte weiterhin Lizenzflugzeuge. Finanzielle Probleme und die Krise infolge der neugeregelten Produzentenhaftung bremsten den Absatz ganz erheblich. Bis Januar 1991 waren 2985 **PA-28-161** neben 9894 **Cherokee 180/Archer II** und einige **Arrow** und **Turbo Arrow** verkauft.

### TECHNISCHE DATEN
**Piper PA-28RT-201T Turbo Arrow IV**

**Triebwerk:** ein turbogeladener Vier-Zylinder-Boxermotor Teledyne Continental TSIO-360-FB mit 149 kW (200 HP/203 PS)
**Leistung:** Höchstgeschwindigkeit 330 km/h; max. Betriebshöhe 6095 m; Höchstreichweite 1665 km
**Gewicht:** Leermasse 767 kg; max. Startmasse 1315 kg
**Abmessungen:** Spannweite 10,80 m; Länge 8,33 m; Höhe 2,52 m; Tragflügelfläche 15,79 m²

***Die Fortentwicklung der PA-28 ergab die Piper PA-28R Arrow IV mit leistungsstärkerem Motor und einziehbarem Fahrgestell.***

***Die höchste Entwicklungsstufe der Cherokee stellt sicherlich das militärische Schulflugzeug T-35 Pillan in Chile dar. ENAER bietet dieses Muster inzwischen sowohl mit Kolbenmotor (wie abgebildet) als auch mit Propellerturbine an.***

## Piper PA-30 Twin Comanche

Nachdem die Firma sich entschieden hatte, die Produktion der PA-23 Apache einzustellen, führte sie einen neuen zweimotorigen Kabinen-Eindecker mit vier Sitzen, die **Piper PA-30 Twin Comanche**, ein, um weiterhin auch auf diesem Marktsektor präsent zu bleiben. Dieses Nachfolgemuster war als freitragender Tiefdecker mit Einziehfahrwerk und zwei Vier-Zylinder-Boxermotoren IO-320-B von Avco Lycoming mit je 119 kW (162 PS) ausgelegt. Das erste Serienflugzeug flog ab 3. Mai 1963, und vom 24. bis zum 26. Dezember 1964 stellte Max Conrad mit einer dieser Maschinen bei seinem Nonstop-Flug von Kapstadt, Südafrika, nach St. Petersburg in Florida mit 12.678,83 km einen exzellenten neuen Strecken-Weltrekord für Luftfahrzeuge dieser Klasse auf, der bis ins Jahr 1993 ungeschlagen bleiben sollte. Die **PA-30** wurde 1965 von der verbesserten vier-/sechssitzigen **PA-30B-160 Twin Comanche** abgelöst, und gleichzeitig kam die **PA-30B Turbo Twin Comanche** mit IO-320-C1A und Rayjay-Turbolader heraus. Beide wichen jedoch 1970 grundsätzlich ähnlichen Versionen, deren Antrieb mit gegenläufigen Propellern konzipiert war. Die Herstellung dieser Modelle **PA-39 Twin Comanche C/R** und **PA-39 Turbo Twin Comanche C/R** lief 1972 nach einer Gesamtproduktion aller Versionen von 2142 Exemplaren aus.

### TECHNISCHE DATEN
**Piper PA-39 Twin Comanche C/R**

**Typ:** vier-/sechssitziger Kabinen-Eindecker
**Triebwerke:** zwei Vier-Zylinder-Boxermotoren Avco Lycoming IO-320-B1A je 119 kW (162 PS) mit gegenläufigen Propellern
**Leistung:** Höchstgeschwindigkeit 330 km/h in Meereshöhe; Dienstgipfelhöhe 6095 m; Höchstreichweite 1931 km
**Gewicht:** Leermasse 1030 kg; max. Startmasse 1690 kg
**Abmessungen:** Spannweite einschließlich Tanks 11,21 m; Länge 7,67 m; Höhe 2,51 m

***Auf die Piper Apache folgte die Piper Twin Comanche in mehreren Ausführungen, die alle eine sinnvoll aufgeteilte Kabine, gute Flugleistungen und ein höheres Maß an Sicherheit boten.***

# Piper PA-31 Navajo und Derivate

*Piper PA-31-350 Navajo Chieftain der Chaparral Airlines, USA*

Am 30. September 1964 flog Piper den Prototyp eines neuen zweimotorigen Geschäftsreiseflugzeugs, das seinerzeit das größte Modell dieses Herstellers war. Seine Bezeichnung lautete zunächst **Piper PA-31 Inca**, änderte sich bis zur Auslieferung der ersten Serienmaschine am 17. April 1967 aber in **PA-31 Navajo**. Das sechs-/achtsitzige Firmen- und Zubringerflugzeug in freitragender Tiefdecker-Auslegung mit Einziehfahrwerk wurde von Sechs-Zylinder-Boxermotoren der Marke Avco Lycoming IO-540-K je 224 kW (305 PS) angetrieben und in den Ausführungen **Standard**, **Commuter** und **Executive** mit unterschiedlicher Inneneinrichtung angeboten. Zur Wahl stand ferner die **PA-31T Turbo Navajo**, die sich vom Grundmodell lediglich durch ihre turbogeladenen TIO-540-A unterschied. 1970 kam die **PA-31P Pressurized Navajo** hinzu, deren Zelle im druckbelüfteten Bereich in ausfallsicherer Bauweise ausgeführt war. Ihren Antrieb lieferten zwei Avco Lycoming TIGO-541-E1A je 317 kW (431 PS). Die Fertigung der **PA-31 Navajo** lief 1972 aus, doch 1973 erschien die **PA-31-350 Navajo Chieftain** mit einem im Vergleich zur Vorgängerin um 0,61 m verlängerten Rumpf und zwei turbogeladenen TIO-540-J2BD je 261 kW (355 PS), die gegenläufige Propeller antrieben. Eine bedeutsame Änderung erfuhr die **Navajo**-Familie mit der **PA-31T Cheyenne**, deren erstes seriengefertigtes Exemplar am 22. Oktober 1973 flog. Sie verband eine Zelle, die im Kern der der **Pressurized Navajo** entsprach, mit zwei Propellerturbinen PT6A-28 von Pratt & Whitney Aircraft of Canada (P&WC) je 462 äkW (628 äPS). Im Jahr darauf wurde eine zusätzliche Version der **Turbo Navajo** in Gestalt der **PA-31-325 Turbo Navajo C/R** erhältlich, die eine 242-kW-Version (325-HP/329-PS) der gegenläufigen Triebwerke einführte, wie sie in die **Chieftain** eingebaut waren. Die Fertigung der **PA-31P Pressurized Navajo** endete 1977 nach 248 Exemplaren. Gleichzeitig brachte Piper eine neue Variante der **Cheyenne**, die **PA-31T-1 Cheyenne I**, heraus und benannte die Original-**Cheyenne** in **PA-31T Cheyenne II** um. Die Auslieferung der neuen **Cheyenne I**, die sich vom Vorgängermodell in erster Linie durch P&WC-Propellerturbinen PT6A-11 je 373 kW (507 WPS) abhob, begann Ende April 1978. Die **Cheyenne**-Palette erweiterte sich 1981 durch die **PA-31T Cheyenne IIXL**, die einen um 61 cm längeren Rumpf und P&WC-Propellerturbinen der Bauart PT6A-135 einführte, deren Leistung auf 462 kW (628 WPS) gedrosselt war. 1982 wurde die Produktion der **PA-31 Navajo** nach 1317 Exemplaren eingestellt. Zu den späten Serienversionen der **Navajo**-Familie zählten die **PA-31-325 Navajo C/R**, die **PA-31-350 Chieftain** sowie die **PA-31T-1 Cheyenne I**, **PA-31T Cheyenne II** und **PA-31T-2 Cheyenne IIXL**. Die durch die **Navajo** freigewordene Kapazität nutzte Piper 1983 zur Fertigung der **PA-31P-350 Mojave**, die im Grunde die Zelle der **Cheyenne II** mit dem Antrieb der **PA-315-350 Chieftain** kombinierte. Schon im Jahre 1981 gründete Piper eine Airline Division, deren Aufgaben in erster Linie darin bestanden, die Regionalgesellschaften zu betreuen, die **Piper PA-31-350 Chieftain** einsetzten, beziehungsweise spezielle Versionen der **PA-31 Cheyenne** für den Regionalverkehr zu entwickeln. Daraus entstanden unter anderem die Modelle **T-1040** und die **T-1020**.

***Die PA-31 Navajo C/R ist bis auf ihre gegenläufigen Motoren mit der Standard-Navajo identisch.***

### TECHNISCHE DATEN
**Piper PA-31-350 Chieftain**

**Typ:** sechs-/achtsitziges Firmen-/Zubringerflugzeug
**Triebwerke:** zwei turbogeladene und gegenläufige Sechs-Zylinder-Boxermotoren Avco Lycoming TIO-540-J2BD je 261 kW (355 PS)
**Leistung:** Höchstgeschwindigkeit 428 km/h; zugelassene Betriebshöhe 7315 m; max. Reichweite 2388 km
**Gewicht:** Leermasse 1915 kg; max. Startmasse 3175 kg
**Abmessungen:** Spannweite 12,40 m; Länge 10,55 m; Höhe 3,96 m; Tragflügelfläche 21,27 m²

# Piper PA-32-260-6 Cherokee Six und Derivate

Am 6. Dezember 1963 flog Piper den Prototyp einer sechssitzigen Version der **PA-28 Cherokee**, die die allgemeine Grundauslegung, aber eine leicht erhöhte Spannweite, einen um 1,35 m verlängerten Rumpf und einen Sechs-Zylinder-Boxermotor O-540-E4B5 von Avco Lycoming mit 194 kW (264 PS) aufwies. Dieses **Piper PA-32-260-6 Cherokee Six** genannte Modell war anfangs je nach Ausrüstung als **Standard**, **Custom**, **Executive** und **Sportsman** erhältlich. 1966 kürzte der Hersteller die Bezeichnung auf **PA-32-260** und bot die **Cherokee Six** nunmehr wahlweise auch siebensitzig und als **PA-32-300** mit 224 kW (300 HP/305 PS) starkem IO-540-K-Motor an. 1971 taufte Piper das Muster in **Cherokee SIX** um. Abgesehen von den alljährlichen Produktverbesserungen, gab es keine Änderungen mehr bis 1975, als die neue Version **PA-32R-300 Cherokee Lance** in die Serienfertigung genommen wurde. Sie ergänzte die **Cherokee SIX**, von der sie sich durch eine neue Rumpfstruktur und ein einziehbares Bugrad-Fahrgestell unterschied. Die **Lance**-Version von 1978 erhielt statt des herkömmlichen Leitwerks ein T-Leitwerk und die neue Bezeichnung **PA-32RT-300 Lance II**. Parallel dazu erschien ein Modell mit 224 kW (300 HP/305 PS) starkem Turboladermotor TIO-540-S1AD, genannt **PA-32-RT-300T Turbo Lance II**. Als die Produktion der **PA-32-260 Cherokee SIX** Ende 1978 eingestellt wurde, erhielt die verbliebene Variante den Namen **PA-32-300 SIX 300**, aber im nächsten Jahr schied auch sie ebenso wie die **Lance II** und **Turbo Lance II** aus. Auf sie folgte die sechs-/siebensitzige **PA-32-301 Saratoga** (Grundmodell der verwandten Neufamilie) mit weiter gespannten Tragflächen, einem wieder herkömmlichen Leitwerk, starrem Bugrad-Fahrgestell und IO-540-K1G5D (224 kW/300 HP/305 PS) in Verbindung mit einem Verstellpropeller. Zur gleichen Zeit kamen die grundsätzlich ähnlichen Eindecker-Modelle **Piper PA-32-301T Turbo Saratoga** mit einer Turboladerversion desselben Motortyps und die entsprechenden Variationen mit Einziehfahrwerk **Piper PA-32R-301 Saratoga SP** sowie **Piper PA-32R-301T Turbo Saratoga SP** heraus. Die Produktion dieser erstaunlich vielseitigen Produktpalette lief bis Anfang der neunziger Jahre, allerdings mit sehr geringem Ausstoß.

*Piper PA-32RT Turbo Lance II*

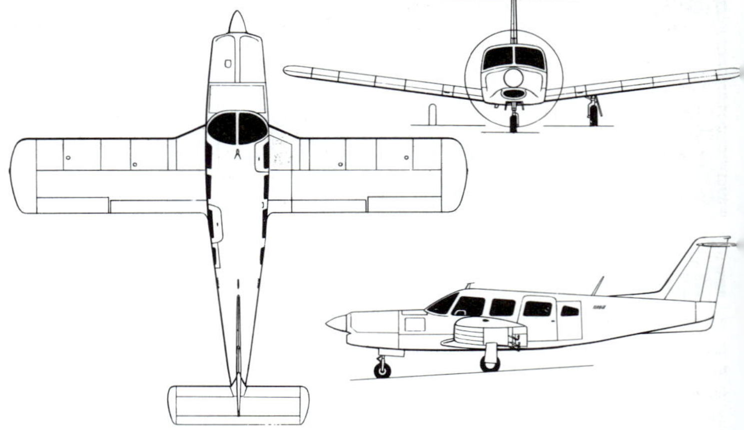

### TECHNISCHE DATEN
**Piper PA-32-301T Turbo Saratoga**

**Typ:** sechs-/siebensitziger Kabinen-Eindekker
**Triebwerk:** ein turbogeladener Sechs-Zylinder-Boxermotor Avco Lycoming TIO-540-S1AD mit 224 kW (300 HP/305 PS)
**Leistung:** Höchstgeschwindigkeit 330 km/h; zulässige Betriebshöhe 6095 m; max. Reichweite 1593 km
**Gewicht:** Leermasse 906 kg; max. Startmasse 1097 kg
**Abmessungen:** Spannweite 11,02 m; Länge 8,59 m; Höhe 2,49 m; Tragflügelfläche 16,56 m²

***Die Piper-Serie PA-32 erhielt im Laufe der Jahre eine verwirrende Reihe von Bezeichnungen. Dies ist eine frühe PA-32 Cherokee Six.***

# Piper PA-34 Seneca

Für das Jahr 1972 führte Piper die sechs-/siebensitzige **Piper PA-34 Seneca** ein, die im Grunde eine zweimotorige Ausführung der Cherokee SIX mit Einziehfahrwerk, neu konstruiertem Rumpf und 149 kW (200 HP/203 PS) starken Vier-Zylinder-Boxermotoren IO-360 von Avco Lycoming darstellte. Bis 1975 stellte der Hersteller den Antrieb auf gegenläufige Turboladermotoren TSIO-360-E gleicher Leistung von Continental um und verstärkte das Fahrwerk für höhere Betriebsmassen. Dies zog den neuen Namen **PA-34-200T Seneca II** nach sich. 1982 wurde die **Seneca II** von der verbesserten Version **PA-34-220T Seneca III** abgelöst. Vom direkten Vorgängermodell unterscheidet sich diese aktuelle Serienversion durch leistungsstärkere, turbogeladene und gegenläufige Sechs-Zylinder-Boxermotoren Continental TSIO-360-KB. 1976/77 unterzeichnete Piper ein Abkommen mit der polnischen Außenhandelsgesellschaft Pezetel, das P.Z.L. Mielec zur Endmontage beziehungsweise Fertigung der **Seneca** für den Verkauf in Osteuropa berechtigt. Der erste Prototyp polnischer Fertigung namens **P.Z.L. Mielec M-20 Mewa** (Möwe) flog am 25. Juli 1979. Die derzeitige Serienversion dieser Modelle heißt **M-20-03** und ist eines der wenigen zweimotorigen Leichtflugzeugmuster, die gegenwärtig auf dem Markt verfügbar sind. Bis zum 1. Januar 1991 waren insgesamt 4464 Exemplare der **Seneca** ausgeliefert.

***Die Piper Seneca, die der PA-32 ähnelte, bot sieben Personen Platz. Abgebildet ist eine Seneca III. Dieser immer noch erschwingliche und moderne Typ eines zweimotorigen Leichtflugzeugs wird heute von P.Z.L. in Lizenz gefertigt.***

**TECHNISCHE DATEN**
**Piper PA-34-220T Seneca III**
**Typ:** sechs-/siebensitziger Kabinen-Eindekker
**Triebwerke:** zwei Continental TSIO-360-KB je 164 kW (220 HP/223 PS)
**Leistung:** Höchstgeschwindigkeit in optimaler Höhe 364 km/h; höchstzulässige Höhe 7620 m; max. Reichweite 1667 km
**Gewicht:** Leermasse 1294 kg; max. Startmasse 2155 kg
**Abmessungen:** Spannweite 11,86 m; Länge 8,72 m; Höhe 3,02 m

# Piper PA-36 Pawnee Brave

1972 kündigte Piper eine völlig neue Version des Agrarflugzeugs **PA-25 Pawnee** an. Zu den Hauptneuerungen zählten ein stärkerer Antrieb in Form des Sechs-Zylinder-Boxermotors Continental Tiara 6-285 (213 kW/285 HP/290 PS), freitragende Tragflächen, neuartige Sicherheitsmerkmale, gefilterte Frischluftversorgung des Piloten im heizbaren Cockpit und ein Chemikalienbehälter mit einem Fassungsvermögen von 0,85 m³ als Standard oder 1,08 m³ als Sonderausstattung. Dieses neue Modell mit der Bezeichnung **Piper PA-36 Pawnee Brave** wurde 1973 in Dienst gestellt. Im Jahr 1977 erschien eine weitere Version, angetrieben vom Avco Lycoming IO-540-K1G5 mit 224 kW (300 HP/305 PS). Daraufhin änderten sich die Bezeichnungen der beiden Modelle in **PA-36 Pawnee Brave 285** beziehungsweise **PA-36 Pawnee Brave 300**. Letztere wurde 1978 zur Standardversion, und die **PA-36 Pawnee Brave 375** kam als neue Variante hinzu. Sie war mit dem 280 kW (375 HP/381 PS) starken Acht-Zylinder-Boxer IO-720-D1CD von Avco Lycoming und dem größeren der beiden genannten Chemikalienbehälter ausgerüstet. Bei Piper blieben diese Flugzeuge bis 1981 in der Produktion, als die WTA Inc. das Recht an beiden **PA-36**-Versionen erwarb. Sie vermarktete dieses Agrarflugzeug ebenfalls in zwei Ausführungen. Die Version mit dem 280-kW-Motor bildete nunmehr das Grundmodell, genannt **PA-36 New Brave 375**, das wahlweise auch mit einem 298 kW (400 HP/405 PS) starken IO-720-D1C-Triebwerk als **PA-36 New Brave 400** erhältlich war.

***Piper PA-36 Pawnee Brave***

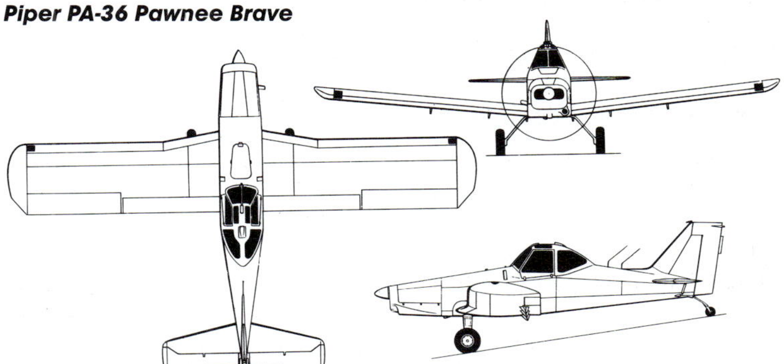

**TECHNISCHE DATEN**
**PA-36 Pawnee Brave 300**
**Typ:** einsitziges Agrarflugzeug
**Triebwerk:** ein Sechs-Zylinder-Boxermotor Avco Lycoming IO-540-K1G5 mit 224 kW (300 HP/305 PS)
**Leistung:** Höchstgeschwindigkeit im landwirtschaftlichen Einsatz 229 km/h; Dienstgipfelhöhe 1950 m; Reichweite 740 km
**Gewicht:** Rüstmasse 989 kg; max. Startmasse 1996 kg
**Abmessungen:** Spannweite 11,89 m; Länge 8,34 m; Höhe 2,29 m; Tragflügelfläche 20,96 m²

# Piper PA-38-112 Tomahawk

Nach Eingang der Musterzulassung am 20. Dezember 1977 führte Piper 1978 ein völlig neues zweisitziges Schul- und Reiseflugzeug unter dem Namen **Piper PA-38-112 Tomahawk** ein. Der freitragende Tiefdecker mit starrem Dreibein-Fahrwerk, T-Leitwerk und einer geschlossenen Kabine für zwei Personen nebeneinander wurde von einem Avco Lycoming O-235-L2C angetrieben. Verbesserungen, die 1982 in das Muster einflossen, führten zur Neubezeichnung **PA-38-112 Tomahawk II**, doch gegen Jahresende wurde die Produktion aus wirtschaftlichen Gründen gestoppt. Bis dahin hatte Piper 2497 **Tomahawk**-Flugzeuge gebaut und hoffte, die Fertigung 1984 wieder aufnehmen zu können. Dies zerschlug sich jedoch, da die **Tomahawk** zu den Typen zählte, die am stärksten von den neuen Produkthaftungsgesetzen betroffen waren und ohnehin Absatzschwierigkeiten hatte.

***Die speziell zur Pilotenschulung entwickelte Piper PA-38 Tomahawk ist ein sicherer Zweisitzer, der nicht nur bei Piper-Flugschulen großen Anklang fand.***

**TECHNISCHE DATEN**
**Piper PA-38-112 Tomahawk II**
**Typ:** zweisitziges Übungs-/Nutzflugzeug
**Triebwerk:** ein Avco Lycoming Vier-Zylinder-Boxermotor mit 84 kW (112 HP/114 PS)
**Leistung:** Höchstgeschwindigkeit 203 km/h in Meereshöhe; Dienstgipfelhöhe 3960 m; max. Reichweite 867 km
**Gewicht:** Leermasse 512 kg; max. Startmasse 757 kg
**Abmessungen:** Spannweite 10,36 m; Länge 7,04 m; Höhe 2,76 m; Tragflügelfläche 11,58 m²

## Piper PA-42 Cheyenne III bis Polikarpow I-16

**1939 flog die polnische Luftwaffe mit völlig veralteten Flugzeugen, die der deutschen Luftwaffe in keiner Weise Paroli bieten konnten. Da sahen sich die deutschen Piloten mit der Polikarpow I-16 schon ernsterem Widerstand gegenüber. Diese wie gestaucht wirkende unelegante sogenannte „Rata" (der russische Spitzname) war jedoch ein sehr hochentwickeltes Flugzeug und hatte sich ihren Namen im spanischen Bürgerkrieg gemacht.**

# Piper PA-42 Cheyenne III

Am 30. Juni 1980 begann Piper mit der Auslieferung einer neuen Serienversion des zweimotorigen Turboprop-Musters **Cheyenne**. Diese als Firmen- und Zubringerverkehrsmaschine mit sechs bis elf Sitzen gedachte **Cheyenne III** unterscheidet sich beträchtlich von den bisherigen Namensvettern, eine Tatsache, die der Hersteller durch die neue Bezeichnung **Piper PA-42** hervorhob. Das Muster hat eine größere Spannweite, einen längeren Rumpf, ein T-Leitwerk und einen stärkeren Antrieb in Form zweier P&WA-Propellerturbinen PT6A in längeren Triebwerksgondeln. Die **Cheyenne III** befindet sich weiterhin in der Serienfertigung, ergänzt durch die **Cheyenne IIIA**, die sich vor allem durch ihre von 634 kW (862 WPS) auf 537 kW (730 WPS) gedrosselten PT6A-61-Turbinen abhebt und verbesserte Flugleistungen bietet. Zusätzlich zur **Cheyenne III** befaßte sich Piper 1983 mit dem Zulassungsprogramm der neuen **Cheyenne IV**, deren gegenläufige Turboprop-Triebwerke Garrett TPE331-14A/14B von 1227 kW (1669 WPS) auf 746kW (1015 WPS) gedrosselt waren. Im Frühsommer 1984 wurden die ersten **Cheyenne IV** ausgeliefert. Mit einer Geschwindigkeit von 644 km/h gehörten sie zu den schnellsten aller zweimotorigen Propellerleichtflugzeuge.

Nach der finanziellen Reorganisation Pipers von 1991/92 ist die **Cheyenne** eines der sehr wenigen Piper-Produkte, das in der Serienfertigung blieb. Im derzeitigen Angebot befindet sich die **Cheyenne IIIA**, von der Anfang 1993 insgesamt 59 Exemplare ausgeliefert waren. Neun von der US Drug Enforcement Administration übernommene **Cheyenne III** sind mit AN/APG-66-Radar und FLIR ausgerüstet. Diese am Tag und bei Nacht zu Patrouillenflügen eingesetzten Maschinen wurden als **Customs High Endurance Tracker (CHET)** bekannt. Aus dem Lock-Haven-Werk kam die **PA-42-1000 Cheyenne 400** hinzu, ursprünglich die **Cheyenne IV**, aus der später die **Cheyenne 400LS** wurde. Die Lieferungen summieren sich inzwischen auf insgesamt 43 Maschinen.

***Piper PA-42 Cheyenne III***

**TECHNISCHE DATEN**
**Piper PA-42 Cheyenne III**
**Typ:** sechs-/elfsitziges Firmen-/Zubringerverkehrsflugzeug
**Triebwerke:** zwei Propellerturbinen Pratt & Whitney Aircraft of Canada PT6A-41 je 537 kW (730 WPS)
**Leistung:** Höchstgeschwindigkeit 549 km/h; Dienstgipfelhöhe 9755 m; max. Reichweite 4150 km
**Gewicht:** Leermasse 2898 kg; max. Startmasse 5080 kg
**Abmessungen:** Spannweite einschließlich Tanks 14,53 m; Länge 13,23 m; Höhe 4,50 m; Tragflügelfläche 27,22 m²

# Piper PA-44-180 Seminole

Am 21. Februar 1978 kündigte Piper ein neues, kostengünstigeres zweimotoriges Muster in der Auslegung eines viersitzigen Kabinen-Eindeckers an. Diese **Piper PA-44-180 Seminole** war ein freitragender Tiefdecker mit T-Leitwerk, Einziehfahrwerk und zwei gegenläufigen Boxermotoren O-360-E1AD von Avco Lycoming. Am 24. April 1980 kam eine Turbo-Version mit TO-360-E1AD-Triebwerken hinzu, die die Bezeichnung **PA-44-180T Turbo Seminole** erhielt. Ende 1982 wurde die Produktion beider Versionen jedoch eingestellt, nachdem insgesamt 431 Exemplare gefertigt worden waren. Im Jahr 1988 nahm Piper die Produktion wieder auf und lieferte innerhalb der nächsten drei Jahre nochmals 29 Maschinen aus.

**TECHNISCHE DATEN**
**Typ:** viersitziger Kabinen-Eindecker
**Triebwerke:** zwei turbogeladene, gegenläufige 4-Zylinder-Boxermotoren Avco Lycoming TO-360-E1AD je 134 kW (180 HP/182 PS)
**Leistung:** Höchstgeschwindigkeit in optimaler Höhe 364 km/h; Dienstgipfelhöhe 6095 m
**Gewicht:** Leermasse 1116 kg; max. Startmasse 1780 kg
**Abmessungen:** Spannweite 11,77 m; Länge 8,41 m; Höhe 2,59 m

***Die PA-44 Seminole, die einen niedrigen Kaufpreis mit modernem Aussehen verband, wurde in Ausführungen mit Normal- und Ladermotoren produziert.***

# Piper PA-46 Malibu

Ende 1982 gab Piper die Absicht bekannt, bis zum Jahreswechsel 1983/84 das weltweit erste einmotorige Luftfahrzeug der Kabinenklasse mit Druckbelüftung herauszubringen. Das **Piper PA-46-310P Malibu** bezeichnete Muster ist ein freitragender Tiefdecker mit Einziehfahrwerk und Turboladermotor Teledyne Continental TSIO-520-BE. In die Druckkabine sind das Cockpit und ein Rumpfraum für fünf Passagiere einbezogen.

***Die Malibu erschloß einen Marktsektor für einmotorige Druckkammer-Privatflugzeuge, in den bald auch die TBM 700 vordrang.***

Die **PA-46-310P** wurde im September 1983 zugelassen, und im November darauf begann die Auslieferung. 402 solcher Maschinen waren gebaut, als die **PA-46-350P Malibu Mirage** das Montageband belegte. Im Frühjahr 1991 lagen Piper 100 Aufträge für diese Version vor, doch nachdem mehrere **Malibu**-Flugzeuge Schaden genommen hatten, entzog die FAA das IMC-Tüchtigkeitszeugnis. Im Februar 1992 war die **Malibu** wieder uneingeschränkt zugelassen.

**Technische Daten**
**Piper PA-46-350P Malibu Mirage**
**Typ:** sechssitziger Kabinen-Eindecker
**Triebwerk:** ein turbogeladener und zwischengekühlter Sechs-Zylinder-Boxermotor Textron Lycoming TIO-540-AE2A mit 261 kW (350 HP/355 PS)
**Leistung:** max. Reisefluggeschwindigkeit 417 km/h; Dienstgipfelhöhe 7625 m; Reichweite mit max. Treibstoff 2687 km
**Gewicht:** Leermasse 1265 kg; max. Startmasse 1950 kg
**Abmessungen:** Spannweite 13,11 m; Länge 8,66 m; Höhe 3,44 m

# Piper T-1020 und T-1040

Mitte 1981 gab Piper die Gründung einer Airline Division bekannt. Sie sollte vor allem jene Regionalgesellschaften betreuen, die auf ihren Strecken die Piper PA-31-350 Chieftain einsetzten, und speziell für den Regionalverkehr bestimmte Versionen der Chieftain sowie der PA-31 Cheyenne entwickeln. Am 25. März 1980 begann die Arbeit am ersten dieser Muster, der **Piper T-1040**, deren alternative Bezeichnung **PA-31T-3** auf die direkte Verwandtschaft mit der Cheyenne verweist. Um ein derartiges Flugzeug möglichst rasch zur Verfügung zu stellen, wurden die Tragflächen und das Fahrwerk der Cheyenne IIXL, der Rumpf der Chieftain und das Leitwerk sowie der Antrieb der Cheyenne I kombiniert. Das erste Nullserien-Exemplar flog am 17. Juli 1981, und Lieferungen an Regionalgesellschaften erfolgten ab Mai 1982. Im Jahr 1983 wurde eine Kurzbeschreibung der projektierten **T-1050** veröffentlicht, deren Rumpf um 3,51 m gestreckt war, um eine für den Frachtdienst taugliche Maschine anbieten zu können. Die **T-1020 (PA-31-350)**, deren Konstruktion im April 1981 begann, ist im Grunde eine speziell für den Regionaldienst modifizierte Version der Chieftain. Der Prototyp des Musters flog erstmals am 25. September 1981. Die Gesamtproduktion der **T-1020** umfaßte 21 Maschinen.

**TECHNISCHE DATEN**
**Piper (PA-31T-3) T-1040**
**Typ:** elfsitziges Regionalverkehrsflugzeug
**Triebwerke:** zwei Propellerturbinen Pratt & Whitney Aircraft of Canada PT6A-11 je 373 kW (507 WPS)
**Leistung:** Höchstgeschwindigkeit 451 km/h; Dienstgipfelhöhe 7315 m; Reichweite mit max. Nutzlast 1093 km
**Gewicht:** Leermasse 2177 kg; max. Startmasse 4082 kg
**Abmessungen:** Spannweite 12,52 m; Länge 11,18 m; Höhe 3,96 m

# Pitcairn-Doppeldecker

Bevor sich die von Harold Pitcairn in Pennsylvania gegründete Pitcairn Aircraft Inc. der Entwicklung und Produktion von Tragschraubern zuwandte, baute sie eine Reihe von Doppeldeckern, die Agnew Larsen konstruiert hatte. Das erste Mitglied dieser Flugzeugfamilie war die **Pitcairn PA-1 Fleetwing**, ein Doppeldecker ungleicher Spannweite, der von einem Curtiss-Motor C-6 mit 119 kW (162 PS) angetrieben wurde und fünf Personen in drei getrennten Cockpits Platz bot. Der Ende 1925 vorgestellten **Fleetwing** folgte der dreisitzige Anderthalbdecker **PA-2 Arrow**, der sich wahlweise mit dem 67 kW (91 PS) starken OX-5 oder dem Curtiss-Flugmotor ausrüsten ließ und für die Teilnahme an Flugrennen in verschiedenen Klassen vorgesehen war. Die **PA-3 Orowing** war ebenfalls ein Dreisitzer mit entsprechenden Motortypen, aber wieder als reiner Doppeldecker ausgelegt. Auf sie folgte 1927 der dreisitzige Doppeldecker **PA-4 Fleetwing 2** mit OX-5-Motor. Im selben Jahr stellte Pitcairn die **PA-5 Mailwing** vor, ein einsitziges Fracht- oder Postflugzeug, das anstelle des konventionellen Frontcockpits ein Abteil für 227 kg Fracht oder Post hatte und den Piloten weiter hinten aufnahm. Die vom Wright-Sternmotor J-5 mit 164 kW (223 PS) angetriebenen **Mailwing**-Serienflugzeuge wurden durch einige Exemplare des grundsätzlich ähnlichen Modells **Sport Mailwing** ergänzt, das drei Sitzplätze nach herkömmlicher Art bot. Von beiden Versionen entstanden insgesamt 18 Maschinen, bevor man 1928 die generell ähnliche **PA-6 Super Mailwing** einführte. Der Hauptunterschied bestand im größer bemessenen Fracht-/Postgepäckraum. Dieses Muster wurde Privatpiloten auch als dreisitzige **PA-6 Super Sport Mailwing** angeboten. Pitcairn führte die Entwicklung mit dem Prototypen **PA-6B** fort, der einen verfeinerten Rumpf und eine Motorverkleidung zur Verringerung des Luftwiderstands erhielt, und stellte 1929 das Post-/Frachtflugzeug **PA-7M Super Mailwing** sowie die dreisitzige **PA-7S Super Sport Mailwing** vor. Diese Serienmaschinen, von denen über 20 Exemplare gebaut wurden, unterschieden sich nicht nur durch die strömungsgünstige Motorverkleidung, sondern auch durch einen neuen Sieben-Zylinder-Sternmotor von Wright. Als letztes Glied dieser Kette erschien 1930, bevor sich Pitcairn mit der Entwicklung von Tragschraubern befaßte, die **PA-8M Super Mailwing**, angetrieben vom Neun-Zylinder-Sternmotor Wright R-975 mit 224 kW (305 PS) und ausgestattet mit einem fast doppelt so großen Fracht-/Postgepäckraum wie bei der ersten **Mailwing**. Der Prototyp **PA-8M** wurde später zum Musterflugzeug für die **PA-8S Super Sport Mailwing** umgebaut. Es kam aber nicht zur Serienfertigung, und auch von der **PA-8M** entstanden insgesamt nur sechs Exemplare, weil die zunehmende Wirtschaftskrise der frühen dreißiger Jahre den Verkauf beeinträchtigte.

**TECHNISCHE DATEN**
**Pitcairn PA-7M Super Mailwing**
**Typ:** leichtes Fracht-/Postflugzeug
**Triebwerk:** ein Sternmotor Wright J-6 mit 168 kW (228 PS)
**Leistung:** Höchstgeschwindigkeit 217 km/h; Dienstgipfelhöhe 4875 m; Reichweite 837 km
**Gewicht:** Leermasse 826 kg; max. Startmasse 1384 kg
**Abmessungen:** Spannweite 10,06 m; Länge 7,24 m; Höhe 2,90 m; Tragflügelfläche 22,62 m²

***Die Pitcairn Mailwing wurde zu Nachtpostflügen innerhalb des ausgeleuchteten Luftstraßennetzes eingesetzt. Entscheidend für ihre erstklassige Dienstleistung waren das Breitspurfahrwerk mit großen Reifen und der zuverlässige Wright-Sternmotor.***

# Pitcairn-(Cierva)-Tragschrauber

Der amerikanische Luftfahrzeughersteller Harold Pitcairn erwarb Ende 1928 von der British Autogiro Company ein Einzelexemplar des Cierva C.8L Mk IV und eine Produktionslizenz. Dieser Tragschrauber, bezeichnet **C.8W**, flog im Januar 1929 als erstes Luftfahrzeug dieser Kategorie in den USA, und Harold Pitcairn gründete die Pitcairn-Cierva Autogiro Company in Pennsylvania zur Fortführung der Entwicklung und Serienfertigung des Autogiro.

Die erste Pitcairn-Weiterentwicklung des **C.8W** war der **Pitcairn PCA-1**. Ihm folgte der dreisitzige **PCA-2**, dessen starre Tragflügel zur Verbesserung der Stabilität an den Enden hochgewölbt waren. Den Antrieb lieferte ein in üblicher Weise im Bug montierter Wright-Sternmotor T-975 mit 224 kW (305 PS), um den Vortrieb durch eine Zugschraube zu besorgen. Der Vierblatt-Rotor mit einem Durchmesser von 13,72 m war auf einem vorderen Rumpfgerüst gelagert. Das Interesse, das dieser erste Tragschrauber in den USA weckte, führte zum Verkauf an etliche Firmen, die die Maschine als Werbeträger nutzten, indem sie den Rumpf auffällig mit ihrem Firmennamen beschrifteten. Zu den ersten Piloten, die einen **PCA-2** zur Aufstellung neuer Rekorde verwendeten, gehörte die berühmte Amelia Earhart, der am 8. April 1931 ein Höhenrekord von 5615 m gelang. Drei solcher Autogiros beschaffte die US Navy und prüfte sie unter der Dienstbezeichnung **XOP-1**. Etwa 20 **PCA-2** wurden gebaut, und an diesen Typ schloß sich der etwas kleinere, zweisitzige **PAA-1** an, der vom Kinner-Sternmotor B5 mit 93 kW (126 PS) angetrieben wurde und leichter als der **PCA-2** konstruiert war, da er Privatkunden ansprechen sollte. Der allgemein ähnlich ausgelegte **PA-20** mit dem gleichen Antrieb erreichte durch strukturelle Verfeinerungen etwas bessere Flugleistungen. Verwandte Tragschrauber dieser leichten, zweisitzigen Gattung umfaßten den **PC-2-30** mit einem Warner-Scarab-Sternmotor, der 82 kW (112 PS) erzeugte, und den **PAA-2** mit einem 89 kW (121 PS) starken Reihenmotor Martin-Chevrolair.

Wie sich zeigte, bereiteten diese schwächer motorisierten Autogiros Piloten mit nur begrenzter Praxis größere Handhabungsschwierigkeiten, so daß man den **PA-18** mit nochmals verfeinerter Struktur und dem 119 kW (162 PS) starken Kinner-Sternmotor R5 entwickelte. Die höhere PS-Zahl ergab zwar wesentlich bessere Flug- und Steuereigenschaften im unteren Teil des Flugleistungsbereichs, aber es bestand nur eine begrenzte Nachfrage für diese unkonventionellen Luftfahrzeuge. Die Produktion blieb daher auf rund 20 **PA-18** beschränkt. Die Erfahrung mit dem **PA-18** ließ jedoch den Schluß zu, daß auch ältere Modelle vom stärkeren Motor des **PA-18** profitieren könnten, und führte zu einem Flugwerk, das dem des **PAA-1** glich, aber für den Einbau des Kinner R5 modifiziert war. Dieses Nachrüstungsmodell **PA-24** wurde den Autogiros **PAA-1** und **PA-20** zugänglich gemacht.

Fortentwicklungen des antriebsstärkeren **PCA-2** ergaben den ähnlichen **PCA-3**, der aber mit einem 224 kW (305 PS) starken Sternmotor Pratt & Whitney Wasp Junior ausgerüstet war, den **PA-21** mit einem Wright-Motor, der 313 kW (426 PS) abgab, und den technisch nochmals verbesserten **PA-34**, dessen Dreiblatt-Rotor sich direkt regeln ließ, so daß die starren Tragflügel entfallen konnten. Ein ähnliches Rotorkonzept fand sich bei der Experimentalversion **PA-22** mit einer zweisitzigen, geschlossenen Kabine und 56 kW (76 PS) starkem Pobjoy-Motor. Neukonstruierte Starrflügel mit deutlicher V-Stellung in Verbindung mit dem Vierblatt-Originalrotor erhielt jedoch der **PA-19**, ein vier-/fünfsitziger Kabinentragschrauber, angetrieben von einem Wright R-975-E2 mit 313 kW (426 PS). Vier oder fünf solcher Autogiros wurden gefertigt.

***Der Pitcairn PA-34 war ein reiner Autogiro mit direkt verstellbarem Dreiblatt-Rotor und ohne Starrflügel.***

**TECHNISCHE DATEN**
**Pitcairn PAA-1**
**Typ:** zweisitziger Tragschrauber
**Triebwerk:** ein Sternmotor Kinner B5 mit 93 kW (126 PS)
**Leistung:** Höchstgeschwindigkeit 145 km/h; Dienstgipfelhöhe 3050 m; Reichweite 402 km
**Gewicht:** Leermasse 534 kg; max. Startmasse 794 kg
**Abmessungen:** Rotordurchmesser 11,28 m; Starrflügel-Spannweite 6,93 m; Rumpflänge 5,66 m; Höhe 3,35 m; Rotorkreisfläche 99,89 m²

# Pitts S-1 und S-2

Es dürfte nur wenige Luftfahrtbegeisterte geben, die nicht von den hervorragenden Kunstflugqualitäten der ein- und zweisitzigen Doppeldecker des Amerikaners Curtis Pitts wüßten. Die erste Pitts 190 Special wurde 1947 für die US-Kunstflugpilotin Betty Skelton konstruiert, aber nach der Herstellung relativ weniger Maschinen machte Curtis Pitts die Baupläne Amateuren zugänglich, die über die Fähigkeit, die Geduld und die Zeit verfügten, sich ein Flugzeug nach eigenen Vorstellungen zu bauen. Ende 1976 veräußerte er sämtliche Verkaufs- und Produktionsrechte und gründete Anfang 1977 in Afton, Wyoming, das neue Unternehmen Pitts Aerobatics, das weiterhin auch Pläne und Bausätze für Amateur-Flugzeugbauer fertigt.

Zu den aktuellen Serienversionen zählt die **Pitts S-1S Special**, ein einsitziger Doppeldecker mit starrem Spornrad-Fahrwerk und 134 kW (182 PS) starkem Vier-Zylinder-Boxermotor Avco Lycoming IO-360-B4A. Treibstoffversorgung und Schmierung für Rückenflugphasen sind im Standardumfang der Bordsysteme enthalten. Seit 1981 wird sie durch die einsitzige **S-1T Special** ergänzt, für deren Antrieb ein Avco Lycoming AEIO-360-A1E mit 149 kW (203 PS) und ein Propeller mit gleichbleibender Drehzahl sorgen. Eine etwas größere Zweisitzer-Version mit einem Triebwerk gleicher Leistung ist als **S-2A Special** erhältlich, ergänzt durch die zweisitzige **S-2B Special** mit Sechs-Zylinder-Boxermotor Avco Lycoming AEIO-540 (194 kW/264 PS), die die uneingeschränkte Zulassung zum Kunstflug mit zwei Personen an Bord erhielt. Die letzte aktuelle Version ist die **Pitts S-2S**, die der **S-2A** im allgemeinen gleicht und einen etwas kürzeren, einsitzigen Rumpf mit dem Triebwerk der **S-2B** verbindet.

### TECHNISCHE DATEN

**Pitts S-2A Special**

**Typ:** zweisitziger Kunstflug-Doppeldecker
**Triebwerk:** ein 4-Zylinder-Boxermotor Avco Lycoming IO-360-A1A mit 149 kW (203 PS)
**Leistung:** Höchstgeschwindigkeit 253 km/h; Dienstgipfelhöhe 6125 m; Reichweite mit max. Kraftstoffmenge 552 km
**Gewicht:** Leermasse 454 kg; max. Startmasse 680 kg
**Abmessungen:** Spannweite 6,10 m; Länge 5,41 m; Höhe 1,94 m; Tragflügelfläche 11,61 m²

***Schwierig zu fliegen, aber ein Genuß für den Könner ist die Pitts S-2S Special eine der besten Kunstflugmaschinen.***

# Plage & Laskiewicz R-VIII

Die polnische Firma Zaklady Mechaniczne E. Plage und T. Laskiewicz wurde 1864 in Lublin gegründet. Eine luftfahrttechnische Abteilung nahm Anfang 1920 ihre Arbeit auf. Der im westlichen Ausland schwer auszusprechende Name des Unternehmens führte dazu, daß man die Produkte häufig mit der Fertigungsstätte in Verbindung bringt und die **Plage & Laskiewicz R-VIII** als **Lublin R-VIII** aufführt. Die erste Tätigkeit der Firma bestand im Lizenzbau der Ansaldo A-1 Balilla und A.300, von denen je 70 Exemplare hergestellt wurden. Aufgrund der mangelnden Erfahrung des jungen Unternehmens waren diese Flugzeuge nicht sonderlich erfolgreich, aber die insgesamt rund 200 in Lizenz gebauten Potez XV und 25, die sich anschlossen, entsprachen einem viel höheren Standard. Die Lizenzfertigung endete mit einer Serie von elf Fokker-Verkehrsmaschinen F.VIIB-3m. Auf diese griff die Firma zurück, um einen von drei Skoda-Motoren angetriebenen Bomber zu entwickeln. Sie baute 21 Exemplare, die zu Beginn der dreißiger Jahre drei Staffeln der polnischen Luftwaffe ausrüsteten. Später wurden sie auf Wright-Motoren mit je 313 kW (426 PS) ummotorisiert.

***Die Plage & Laskiewicz R-VIIIbis war die Schwimmerflugzeugvariante, die zur Überwachung der Küstenlinie eingesetzt wurde.***

Frühe Bemühungen um eigenständige Entwürfe schlugen fehl, und als erstes Muster eigener Konstruktion wurde in geringer Stückzahl der Aufklärer/Bomber **R-VIII** gefertigt, der auf einer amtlichen Forderung basierte und als Doppeldecker ungleicher Spannweite in reiner Holzbauweise ausgelegt war. Der Typ hatte zwei offene Cockpits in Tandemanordnung, von denen das hintere für eine oder zwei Personen eingerichtet werden konnte. Der erste Prototyp, angetrieben von einem Farman-12W-Motor mit 410 kW (558 PS), flog im März 1928. Ihm folgte drei Monate später eine zweite Versuchsmaschine, deren Antrieb ein Lorraine-Dietrich mit 559 kW (760 PS) lieferte. Die zufriedenstellende Erprobung der **R-VIII** brachte einen Auftrag über fünf Vorserienflugzeuge, die von der polnischen Nationalmannschaft 1930 bei einem Flugwettbewerb verwendet, aber dann an den Hersteller zurückgereicht wurden. Drei Exemplare baute die Firma zu Schwimmerflugzeugen für die polnische Marine um und gab ihnen die neue Bezeichnung **R-VIIIbis**. Zwei dieser Maschinen befanden sich noch bei Ausbruch des Zweiten Weltkriegs im Dienst. Beide, die **R-VIII** und die **R-VIIIbis**, hatten eine Spannweite von 17 m. Die **R-VIII** erreichte eine Spitzengeschwindigkeit von 230 km/h und die **R-VIIIbis** mit Schwimmwerk maximal 220 km/h.

Das Unternehmen entwarf und konstruierte noch eine Weiterentwicklung der **R-VIII** als achtsitziges Verkehrsflugzeug **R-IX**, das von einem Gnome-Rhône Jupiter mit 358 kW (487 PS) angetrieben wurde. Dieses Modell, das ab April 1929 flog, reizte offenbar niemanden zum Kauf, so daß es bei dem Einzelexemplar blieb. Der letzte Abkömmling der **R-VIII** war ein dreisitziges Küstenwach-Schwimmerflugzeug, das sich auch als Torpedobomber verwenden ließ. Dieses als **R-XXII** bezeichnete Projekt wurde nach einer langwierigen Prüfung des Konstruktionsvorschlags jedoch aufgegeben.

# Plage & Laskiewicz R-XIII

Entsprechend einer offiziellen Anforderung von 1927 für ein zweisitziges Beobachtungs-/Verbindungsflugzeug konstruierte das Unternehmen den abgestrebten Hochdecker Plage & Laskiewicz R-X und gewann mit diesem Angebot einen Auftrag über drei Prototypen (einer davon als Bodenprüfling) und fünf Vorserienmaschinen. Es erfolgte jedoch keine Serienbestellung, obwohl die R-X gute Flugleistungen vorwies. Der Grundentwurf bildete aber die Basis für einen Ausschreibungsbeitrag des Unternehmens in Form eines zweisitzigen Schulflugzeugs mit der Bezeichnung R-XIV und dessen Variante R-XV für bewaffnete Aufklärung und Verbindungsdienste. Die R-XV wurde verworfen, aber ein Auftrag über 15 Schulflugzeuge erteilt mit der Auflage, das letzte Exemplar dieser Reihe so fertigzustellen, daß man es als Aufklärungsflugzeug prüfen konnte. Die erste R-XIV flog im Juli 1930, und einen Monat später erfolgte die Indienststellung bei der polnischen Luftwaffe.

Die letzte R-XIV wurde im Juli 1931 wie gefordert als Aufklärungs-/Verbindungsflugzeug fertiggestellt. Danach beauftragte man die Firma, ein anderes Muster mit Scarff-Ringlafette für das Abwehr-Maschinengewehr des Beobachters und modifiziertem Leitwerk zur Verbesserung des Schußfelds zu schaffen. Entgegen dem verbreiteten Aberglauben erhielt das Muster die Bezeichnung **R-XIII** und entwikkelte sich zum erfolgreichsten aller Plage & Laskiewicz-Produkte: 200 Exemplare in verschiedenen Ausführungen wurden für die polnische Luftwaffe und nochmals 20 für die Marine gebaut. Der erste **R-XIII**-Prototyp flog im August 1931, und im Sommer 1932 gingen die ersten Serienmaschinen in Dienst. Der Typ war 1939 bei Kriegsausbruch zwar veraltet, rüstete aber nach wie vor sieben Beobachtungsstaffeln aus und

***Plage & Laskiewicz (Lublin) R-XIIID der polnischen Luftwaffe im Jahre 1939***

kam auch im Verbindungsdienst zum Einsatz. Erschreckende Verluste waren die Folge, viele sogar durch eigenes Flugabwehrfeuer. Vielleicht hätte man die Bezeichnung **R-XIII** meiden sollen, denn im Herbst 1935 führte die Ablehnung der **R-XIIIF** das Unternehmen in den Konkurs.

**Varianten**

**R-XIII:** ursprünglicher Prototyp mit einem von Skoda gebauten 164 kW (223 PS) starken Wright-Sternmotor Whirlwind

**R-XIIIA:** neue Bezeichnung der R-XIII nach Einführung kleinerer Verbesserungen

**R-XIIIB:** Bezeichnung der ersten Serienversion (50 Flugzeuge), deren letztes Exemplar im Mai 1933 ausgeliefert wurde

**R-XIIIbis:** Seeflugzeugversion der R-XIII mit Zwillingsschwimmern; drei Exemplare für die polnische Marine

**R-XIIIC:** grundsätzlich wie die R-XIIIB, aber in einigen Bereichen geringfügig verfeinert (48 Flugzeuge)

**R-XIIID:** verbesserte Version der R-XIIIC mit aerodynamischen Verfeinerungen und schmalem Townend-Ring um die Motorzylinder (95 Flugzeuge)

**R-XIIIter/hydro:** Schwimmerflugzeugversion der R-XIIID für die polnische Marine (zehn Flugzeuge)

**R-XIIIE:** einzelner Prototyp, auf der modifizierten Zelle der R-XIIID mit Gnome-Rhône-Sternmotor 7K Titan Major (265 kW/360 PS) basierend

**R-XIIIF:** einzelner Prototyp, auf der Zelle der R-XIIIC mit Skoda-Sternmotor G.1620 Mors (250 kW/340 PS) basierend

**R-XIIIF:** Serienversion des zuvor genannten Prototyps; sieben Exemplare bis zum Konkurs des Unternehmens gebaut

**R-XIIIG/hydro:** Schwimmerflugzeugversion der R-XIIIF, aber mit 164 kW (223 PS) starkem Wright-Sternmotor von Skoda (sieben Flugzeuge)

**R-XIIIt:** sechs zur Blindflug- und Navigationsausbildung umgerüstete R-XIIIB

**R-XIX:** Bezeichnung des Originalprototyps R-XIII nach seiner Umrüstung zur Flugerprobung des von Jerzy Rudlicki konstruierten „Schmetterling"-Leitwerks

**R-XXIII:** das letzte Exemplar der Erstserie R-XIIIB war als ziviles Luftfahrzeug ausgeliefert worden; die dem Grundstandard R-XIIID angepaßte Maschine erhielt zunächst die Bezeichnung R-XIIIDr, später R-XXIII; sie wurde für einen Flug von Warschau nach Melbourne vorbereitet, der aber scheiterte, da sie in Thailand notlanden mußte

**TECHNISCHE DATEN**
**Plage & Laskiewicz R-XIIID**
**Typ:** Aufklärungs-/Verbindungsflugzeug
**Triebwerk:** ein von Skoda gebauter Sternmotor Wright J-5 Whirlwind mit 164 kW (223 PS)
**Leistung:** Höchstgeschwindigkeit 195 km/h in Meereshöhe; Dienstgipfelhöhe 4450 m; Reichweite 600 km
**Gewicht:** Rüstmasse 887 kg; max. Startmasse 1330 kg
**Abmessungen:** Spannweite 13,20 m; Länge 8,46 m; Höhe 2,76 m; Tragflügelfläche 24,50 m²
**Bewaffnung:** ein 7,7-mm-Maschinengewehr auf Scarff-Drehkranz im hinteren Cockpit

# Plage & Laskiewicz R-XVI

Um eine offizielle Forderung nach einem leichten Verkehrsflugzeug für die polnische Liniengesellschaft LOT zu erfüllen, konstruierte das Unternehmen den freitragenden Hochdecker Plage & Laskiewicz **R-XVI**. Der von einem Wright-Sternmotor (Skoda-Herstellung) angetriebene Prototyp nahm den Flugzeugführer in einer geschlossenen Kanzel vor dem Tragwerk und dahinter auf tieferer Ebene vier Passagiere in der Kabine auf. Da die Maschine den Anforderungen der LOT nicht genügte, wurde sie zum Sanitätsflugzeug für zwei liegende Patienten und einen medizinischen Betreuer umgebaut. Ihre erfolgreiche Erprobung und Vorführung auf einem flugmedizinischen Kongreß im Sommer 1933 in Spanien führte zu einem Auftrag über fünf Serienflugzeuge **R-XVIB**, die gegen Ende 1934 in Dienst gestellt wurden. Alle sechs Exemplare befanden sich bei Kriegsausbruch am 1. September 1939 noch im Einsatz.

**TECHNISCHE DATEN**
**Plage & Laskiewicz R-XVIB**
**Typ:** leichtes Sanitätsflugzeug
**Triebwerk:** ein (von Skoda gebauter) Sternmotor Wright J-5 Whirlwind mit 164 kW (223 PS)
**Leistung:** Höchstgeschwindigkeit 190 km/h in Meereshöhe; Dienstgipfelhöhe 4450 m; Reichweite 800 km
**Gewicht:** Leermasse 1150 kg; max. Startmasse 1630 kg
**Abmessungen:** Spannweite 14,93 m; Länge 10,08 m; Höhe 2,96 m; Tragflügelfläche 30,50 m²

***Plage & Laskiewicz R-XVI***

# Platt-Le Page R-1

Die Platt-Le Page Aircraft Company in Eddystone, Pennsylvania, schuf den Entwurf eines Doppelrotor-Hubschraubers, der ihr einen Auftrag der US Army Air Force über zwei Prototypen einbrachte. Der Rumpf ruhte auf einem hochbeinigen Heckrad-Fahrgestell und nahm ein konventionelles Leitwerk sowie zwei gegenläufige Rotoren mit einem Durchmesser von je 9,60 m auf, die beidseitig an verkleideten Auslegern montiert waren. Den Rotorantrieb des ersten **Platte-Le Page XR-1** lieferte ein im Rumpf installierter P&W-Sternmotor R-985-21 mit 328 kW (446 PS). Der nachfolgende **XR-1A** erhielt eine erweiterte Verglasung des Zweimann-Cockpits und einen R-985-AN-1, der 336 kW (457 PS) erzeugte. Die USAAF akzeptierte diesen Hubschrauber, ihren ersten Drehflügler, zwar zu einer eingehenden Prüfung und Bewertung, doch zur Serienfertigung kam es dennoch nicht.

# Polikarpow BDP und MP

Der ursprüngliche Luftlandetruppen-Lastensegler **Polikarpow BDP**, der 1941 erschien, aber vermutlich nie flog, wurde 1942 zum **BDP-2** für die gleiche Verwendung umgebaut. Der Typ war in Holzbauweise als freitragender Hochdecker mit einer hohen, einzelnen Seitenflosse ausgelegt und startete auf zwei Radpaaren, die gleich nach dem Abheben abgeworfen wurden (die Landung erfolgte auf zwei langen Rutschkufen). Außer dem Piloten konnte die **BDP-2** bis zu 20 Soldaten transportieren. 1943 folgte die **MP**, eine angetriebene **BDP-2** mit zwei flügelmontierten Sternmotoren M-11F je 107 kW (145 PS), Panzerschutz und Kabinenfenstern, die das Abwehrfeuer mit DP-Maschinengewehren gestatteten. Sie hatte die gleiche Transportkapazität wie die **BDP-2**, die in begrenzter Zahl produziert wurde. Die Höchstgeschwindigkeit der **MP** mit einer Spannweite von 20 m betrug 172 km/h.

# Polikarpow I-1

Der Prototyp des modernen Tiefdecker-Jagdeinsitzers **Polikarpow I-1**, alternativ auch **IL-400** bezeichnet (I für Istrebitel = Jagdflugeug, L-400 wegen des 298 kW/400 HP/405 PS starken US-Motors Liberty), war bereits beim Erstflug Mitte 1923 zu einer Bruchlandung gezwungen. Mit neuem Trag- und Leitwerk wurde die Maschine wiederhergestellt und erhielt die neue Bezeichnung **IL-400B**. Es folgte noch ein weiterer Versuchsjäger, bevor eine Serie von 30 Jägern gefertigt wurde, die sich alle in Kleinigkeiten voneinander unterschieden. Die **I-1** neigte zum Trudeln, aus dem sie sich kaum auffangen ließ. Im Juni 1927 rettete sich M. M. Gromow durch einen der ersten in der Sowjetunion verzeichneten Fallschirmabsprünge aus seiner nicht mehr kontrollierbaren Maschine. So kam es, daß dieser moderne Jägertyp nie die Truppe erreichte.

***Die Polikarpow I-1, ein überaus ehrgeiziges Projekt, war der erste heimische Sowjetjäger.***

# Polikarpow I-3

1927 schuf Polikarpow während seiner Tätigkeit für die OSS (Landflugzeug-Konstruktionsabteilung) den eindrucksvollen Jagdeinsitzer **Polikarpow I-3**. Der weitgehend aus Holz konstruierte Doppeldecker ungleicher Spannweite flog als Prototyp erstmals am 4. Mai 1928 unter dem Antrieb des BMW VI mit 537 kW (730 PS). Er ließ sich gut manövrieren, so daß dieser Typ zur Serienfertigung freigegeben wurde. Die vom M-17B (sowjetische Ableitung des BMW VI) angetriebenen **I-3**, etwa 400 Maschinen, gingen ab 1929 in Dienst.

**TECHNISCHE DATEN**
**Typ:** Jagdeinsitzer
**Triebwerk:** ein V-Zwölf-Reihenmotor M-17B mit 500 kW (680 PS)
**Leistung:** Höchstgeschwindigkeit 278 km/h; Dienstgipfelhöhe 7200 m; Reichweite 585 km
**Gewicht:** Rüstmasse 1400 kg; max. Startmasse 1863 kg
**Abmessungen:** Spannweite 11 m; Länge 8,01 m; Tragflügelfläche 27,85 m²
**Bewaffnung:** zwei synchronisierte 7,7-mm-Maschinengewehre PV-1

# Polikarpow I-5 und I-6

Der von Polikarpow und D. P. Grigorowitsch während ihrer gemeinsamen Haftzeit konstruierte Jagdeinsitzer **Polikarpow I-5** wurde in Rekordzeit im Winter 1929/30 gebaut. Der Prototyp **VT-11** dieses kompakten Sternmotor-Jägers flog erstmals am 29. April 1930 mit B. L. Bucholz am Steuer. Der zweite Versuchsjäger, genannt **Klim Woroschilow**, nutzte statt des ersten Motortyps Gnome-Rhône Jupiter VII einen Jupiter VI, der sich besser für Flüge in mittlerer und geringer Höhe eignete. Der dritte Prototyp, der ab 1. Juli 1930 flog, hatte einen

**TECHNISCHE DATEN**

**Polikarpow I-5**

**Typ:** Jagdeinsitzer

**Triebwerk:** ein Sternmotor M-22 mit 353 kW (480 PS)

**Leistung:** Höchstgeschwindigkeit 278 km/h; Dienstgipfelhöhe 7500 m; Reichweite 560 km

**Gewicht:** Rüstmasse 934 kg; max. Startmasse 1355 kg

**Abmessungen:** Spannweite 10,24 m; Länge 6,78 m; Tragflügelfläche 21,25 $m^2$

**Bewaffnung:** zwei synchronisierte 7,62-mm-Maschinengewehre und zwei 20-kg-Bomben

***In der endgültigen Serienform hatte der I-5-Jäger einen schmalen Townend-Ring um den Zylinderkranz und ein Kurbelgehäuse mit Kühllufthutzen.***

M-15-Sternmotor mit Townend-Ringverkleidung, die in der UdSSR gebaute Version des Jupiter VI. Die **I-5** wurde einem Vergleichsfliegen gegen die **Polikarpow I-6** unterzogen, einem weitgehend ähnlichen Doppeldecker ungleicher Spannweite, der als geplanter I-3-Nachfolger mit einem unverkleideten Gnome-Rhône Jupiter VI ausgerüstet war. Die Fertigstellung der **I-6** hatte sich durch die Inhaftierung Polikarpows verzögert, so daß der Erstflug erst am 30. März 1930 stattfand. Es folgte ein zweiter **I-6**-Prototyp mit dem sowjetischen Sternmotor M-22, und beide Jäger nahmen an der Flugparade anläßlich des Maifeiertages 1930 teil. Nach den Vergleichstests lehnte man die **I-6** schließlich zugunsten der **I-5** ab, da deren Zelle robuster war.

Im August und September 1930 wurden sieben **I-5**-Vorserienjäger mit M-22-Sternmotor gebaut und geflogen. Die **I-5** war ebenfalls ein Doppeldecker ungleicher Spannweite, bei dem man aber die in einem früheren Entwicklungsstadium eingeführten Haupträder mit windschnittigen Verkleidungskörpern durch ein fachmännisches Querachsen-Fahrgestell ersetzt hatte. Dieses Modell ging 1930 beim Werk GAZ-21 in Serie, und die Gesamtproduktion umfaßte 803 Maschinen.

Bis 1936 blieb die **I-5** der Standardjäger der Roten Luftwaffe, wurde dann aber nach und nach aus den Frontverbänden herausgelöst. Einige wenige Maschinen hatten eine vom Standard abweichende Bewaffnung mit vier 7,62-mm-Maschinengewehren PV-1 erhalten, wie sie auch den Erdkampfjäger **I-5LSch** kennzeichnete, mit dem zwei Einheiten der Schwarzmeerflotte noch 1940 ausgerüstet waren. Zwei zu Doppelsitzern mit Doppelsteuer umgebaute **I-5** wurden getestet und andere zu Wachmistrows Zweno-Versuchen herangezogen, bei denen Tupolew-Bomber TB-3 mehrere **I-5**-Jäger als „Küken" auf ihre Fittiche nahmen.

# Polikarpow I-15 und I-15bis Tschaika

Den von der I-5 abgeleiteten Prototyp-Doppeldecker **ZKB-3** konstruierte Polikarpow beim ZKB (Zentrales Konstruktionsbüro). Der neue Entwurf zeichnete sich durch Oberflügel aus, die zum Rumpf geknickt waren, Flügelstiele in I-Form und freitragende Fahrwerkseinzelbeine, deren Räder sich mit windschnittigen Kappen versehen ließen. Um den Bedarf der Roten Luftwaffe an einem neuen Jagdeinsitzer zu decken, wurde die Entwicklung dieses Typs beschleunigt, und bereits im Oktober 1933 führte V. P. Tschkalow die **ZKB-3** durch den Erstflug. Für den Antrieb des Versuchsjägers sorgte ein importierter Wright-Sternmotor SGR-1820-F3 Cyclone mit 529 kW (719 PS), der mit einem Townend-Ring verkleidet war. Nach einer konzentrierten und erfolgreichen Erprobung lief Anfang 1934 die Produktion an. Da kein stärkeres Triebwerk zur Verfügung stand, erhielten die 404 vor 1936 gebauten Serienjäger **I-15 Tschaika** (Möwe) den M-22-Sternmotor, dessen Leistung von 353 kW (480 PS) die Spitzengeschwindigkeit auf 320 km/h begrenzte. Bei den nächsten 59 Flugzeugen koppelte man den SGR-1820-F3 Cyclone mit einem in zwei Stellungen regelbaren Hamilton-Propeller, der wie die Motoren aus den USA stammte. Der Prototyp dieser Reihe wurde im November 1935 als **ZKB-3bis** geprüft. Am 21. November flog Wladimir Kokkinaki die zuvor abgespeckte **ZKB-3bis** zur neuen sowjetischen Rekordhöhe von 14.575 m. Alle diese Flugzeuge waren mit je zwei synchronisierten PV-1-Maschinengewehren bewaffnet, nur die letzten 270 **I-15** mit sowjetischem M-25-Motor und AV-1-Propeller (abgeleitete Wright- und Hamilton-Produkte) erhielten vier Maschinengewehre. Die letzte **I-15**-Auslieferung erfolgte 1937, und wahrscheinlich wurde ein Teil der vom M-22 angetriebenen Jäger nachträglich auf den M-25 umgestellt.

Die **I-15** bewies nicht nur außerordentliche Manövrierqualitäten, sondern gab zudem eine effektive MG-Plattform ab. Der Jäger kämpfte 1938 gegen die Japaner in Chenkufen an der Grenze zur Mandschurei und (in großer Zahl) auf der Seite der republikanischen Streitkräfte im Spanischen Bürgerkrieg. Die ersten **I-15** wurden im Oktober 1936 in Cartagena ausgeschifft, und

***Polikarpow I-15bis der chinesischen Zentralregierungsluftstreitkräfte, Anfang 1938 in Nanking stationiert.***

bis Ende 1937 waren 155 Exemplare eingetroffen. Der Typ bewährte sich in Spanien gut und wurde später mit einem effektiveren SchKAS-Maschinengewehrpaar ausgestattet. Auch spanische Staatsfabriken produzierten insgesamt 287 **I-15** in Lizenz, von denen aber viele, zum Teil noch ohne Motor, ohne Bewaffnung oder ohne beides, in die Hände der Nationalisten fielen, als der Konflikt im März 1939 ein Ende fand. Die mit dem Spitznamen **„Chato"** (Stupsnase) bedachten Maschinen rüsteten vier Jagdstaffeln (escuadrillas) aus, und ihre Piloten stammten aus Spanien, der Sowjetunion sowie aus mehreren anderen Ländern.

Einigen Nachrichtenquellen zufolge wurden zwölf umgerüstete **I-15** mit horizontalen Tragflächen im Flug getestet, doch in jedem Fall flog der wesentlich geänderte Prototyp **ZKB-3ter** zu Beginn des Jahres 1937. Dieser Versuchsjäger hatte den stärkeren M-25V-Sternmotor unter einer längeren Motorhaube und ein modifiziertes Fahrgestell mit Radverkleidungen. Den Hauptunterschied machte jedoch der neue Oberflügel aus, dessen herkömmliches Mittelstück mit einem schrägen N-Strebenpaar zum Rumpf hin abgefangen war. Die Hinterkante des Oberflügel-Mittelstücks wies einen Ausschnitt direkt über der offenen Pilotenkanzel auf. Querruder befanden sich wie bei der **I-15** nur am Oberflügel. Dieser neue Jäger, **I-15bis** oder **I-152** bezeichnet, war anfangs mit vier synchronisierten PV-1-Maschinengewehren, Kaliber 7,62 mm, bewaffnet, die aber später effektiveren SchKAS-MGs gleichen Kalibers wichen. Eine kleine Anzahl **I-15bis/I-152** flog mit einem Paar 12,7-mm-MGs. Während die **I-15** vier 20-kg-Bomben an Gehängen unter den Flügeln mitführen konnte, verkraftete die **I-15bis** eine Abwurflast von 150 kg.

Die Produktion der **I-15bis** endete Anfang 1939 nach dem 2408. Jäger. Der Typ war an Luftoperationen gegen die Japaner im umstrittenen Grenzgebiet der Mandschurei beteiligt und spielte auch im Winterkrieg gegen Finnland (1939/40) eine bedeutende Rolle. Etwa 93 Exemplare gelangten über Frankreich zu den spanischen Republikanern, um in den letzten

**TECHNISCHE DATEN**

**Polikarpow I-15bis**

**Typ:** Jagdeinsitzer

**Triebwerke:** ein Sternmotor M-25V mit 570 kW (775 PS)

**Leistung:** Höchstgeschwindigkeit 370 km/h; Dienstgipfelhöhe 9500 m; Reichweite 530 km

**Gewicht:** Rüstmasse 1320 kg; max. Startmasse 1900 kg

**Abmessungen:** Spannweite 10,20 m; Länge 6,27 m; Höhe 2,19 m; Tragflügelfläche 22,53 $m^2$

**Bewaffnung:** vier 7,62-mm-Maschinengewehre, PV-1 oder SchKAS, und eine max. Bombenlast von 150 kg oder sechs Raketen RS-82 an Unterflügelstationen

***Die entweder Polikarpow I-15bis oder I-152 genannte Version der I-15 führte ein ungeknicktes Oberflügelmittelstück ein. Das Bild zeigt einen von den Finnen geflogenen Beutejäger mit Schneekufen-Fahrgestell.***

Monaten des Jahres 1938 die dort bereits stationierten **„Chato"** zu unterstützen. Von diesen Maschinen erreichten jedoch nur 30 das Ziel, die aber kaum eingesetzt und noch vor dem Untergang der spanischen Republik 1939 nach Frankreich zurückgeschafft wurden. Diese Variante nannte man **„Super Chato"**.

1937/38 wurden vier sowjetische „eskadrili" zur Unterstützung der chinesischen Streitkräfte gegen die einfallenden Japaner entsandt, und hinzu kamen nicht weniger als 186 an die chinesischen Luftstreitkräfte gelieferte **I-15bis**. In der letzten Phase wurden sie jedoch von japanischen Eindecker-Jägern übertroffen.

Im Juni 1941 befanden sich bei den sowjetischen Luftstreitkräften noch immer über 1000 **I-15bis**-Jäger im Einsatz. Die meisten aber dienten bereits zur Luftnahunterstützung, bis die Iljuschin Il-2 Schturmowik sie ersetzte.

**Varianten**

**I-152TK:** Bezeichnung einer Maschine, die 1939 mit zwei TK-3-Ladern ausgerüstet wurde und in 6000 m Höhe auf 435 km/h beschleunigen konnte

**I-152GK:** Bezeichnung einer Maschine, die 1939 eine von Scherbakow entwickelte Druckkabine, die eine Verbesserung des bereits mit einer I-15 erprobten Typs darstellte, erhielt

# Polikarpow I-16

***Polikarpow I-16 Typ 24 des 4. Jagdregiments der sowjetischen Luftstreitkräfte, im Winter 1940/41 am Lagoda-See stationiert***

Die Polikarpow-Gruppe beim ZKB begann im Frühjahr 1933 mit dem Entwurf des Jagdeinsitzer-Prototyps **Polikarpow ZKB-12**. Der stämmige Tiefdecker mit Sternmotor hatte einen hölzernen Schalenrumpf und freitragende Metallflügel mit weit gespannten Querrudern, die zugleich als Spreizklappen zur Minderung der Landegeschwindigkeit dienten. Die Hauptfahrwerksbaugruppen wurden manuell nach innen in die Tragflächen eingezogen. Der von einem M-22-Sternmotor mit 353 kW (480 PS) angetriebene Versuchsjäger startete am 31. Dezember 1933 zum Erstflug, und am 18. Februar 1934 folgte die **ZKB-12bis** mit einem importierten Wright-Motor SR-1820-F3 Cyclone. Mit dem M-22 ließ sich eine Spitzengeschwindigkeit von 359 km/h erreichen, aber der vom Cyclone mit 529 kW (719 PS) angetriebene Prototyp beschleunigte in 3000 m Höhe auf 437 km/h. Die **I-16** stellte hohe Ansprüche an ihre Piloten, doch ihre Geschwindigkeit und ausgezeichnete Steigleistung sicherten ihr die amtliche Unterstützung in Form einer Prüfserie von 30 **I-16** mit M-22-Motor. Zehn dieser Jäger nahmen an der Moskauer Luftparade des Maifeiertages 1935 teil. Die Entwicklung wurde mit verschiedenen Motortypen und Bewaffnungskonzepten bis zum geplanten Produktionsende im Jahr 1939 fortgeführt. Bemerkenswerterweise lief die Fertigung der **I-16** aber 1941/42 wieder an. Die letzte Ausführung erhielt den M-63 mit 810 kW (1100 PS). Insgesamt 7005 solcher Jäger aller Versionen wurden gebaut, darunter auch Schulflugzeuge mit Doppelsteuerung.

Ab 1935 gingen Serienjäger **Typ 4** (mit Cyclone-Importmotor) und **Typ 5** (M-25-Motor) an die eskadrili der Roten Luftwaffe. Lieferungen des **Typ 5** an die spanisch-republikanische Luftwaffe setzten im Oktober 1936 ein, und auf dieses Modell folgten der **Typ 6 (M-25A)** und der **Typ 10 (M-25V)**. Die **Typen 5** und **6** nannte man **Mosca** (Fliege) und **Typ 10 Super Mosca**. Insgesamt erhielt Spanien 278 **I-16**, und weitere zehn Jäger **Typ 10** produzierte Hispano-Suiza in Lizenz vor Ort, bevor die demokratischen Regierungstruppen im März 1939 aufgeben mußten. Das Franco-Regime ließ anschließend noch 30 Exemplare fertigstellen. Die **I-16** erwies sich als durchaus brauchbar, wenn auch die Jagdpiloten (zumeist russische Freiwillige) mit den Taktiken, die sie anwandten, die Geschwindigkeit und das Steigvermögen dieses Typs nicht voll nutzten.

In China wurden 1937 Kampfeinsätze gegen die Spitzen japanischer Eroberungstruppen mit sowjetischen **I-16** zweier eskadrili geflogen, die zuvor mit der I-15bis ausgerüstet waren. Ab Frühjahr 1938 diente die **I-16 Typ 10** bei chinesischen Fliegereinheiten, und 1939 führten sowjetische **I-16** erbitterte Luftgefechte mit den Japanern, die ihre Jagdflugzeuge nach Nomonhan an der Grenze zur Mandschurei entsandt hatten. An diesen Kämpfen waren zuletzt vier Jagdregimenter (IAP) beteiligt. Im Winterkrieg 1939/40 gegen Finnland kam der **I-16** noch große Bedeutung zu, doch beim Überfall Deutschlands auf Rußland im Juni 1941 war dieses Muster (selbst in der neuesten Ausführung **Typ 24**) bereits veraltet. Fast zwei Drittel der sowjetischen Jagdfliegerkräfte verwendeten seinerzeit noch die **I-16**. Der Typ mußte 1941 schwere Verluste sowohl am Boden als auch in der Luft hinnehmen. Er wurde berühmt für seine Rammangriffe, genannt Taran, auf deutsche Bomber und Jagdflugzeuge. Erst Ende 1943 zog man die **I-16** endgültig von den Frontfliegereinheiten ab. Von geschickten Piloten geflogen, hatte sich die **I-16** gegen deutsche Kriegsflugzeuge gut behaupten können. So wurden mehrere **P-16**-Veteranenpiloten zu „Helden der Sowjetunion" erklärt, und etliche **I-16-IAP** errangen den begehrten Garde-Titel.

***Die I-16 Typ 10 von 1937 mit hochgezüchtetem Motor und stärkerer Bewaffnung war die gebräuchlichste Version.***

Das Muster war außerdem weltweit das erste Tiefdecker-Jagdflugzeug mit Einziehfahrwerk, das großmaßstäblich bei der Truppe eingeführt wurde. Auf dem Höhepunkt ihres Kriegseinsatzes galt die **I-16** als veraltet, aber wegen ihrer robusten Konstruktion stand sie bei sowjetischen Piloten hoch im Kurs trotz der hohen Anforderungen, die sie an sie stellte.

**Varianten**

**I-16 Typ 1:** etwa 30 Erprobungsjäger mit M-22-Motor und zwei SchKAS-7,62-mm-Maschinengewehren in den Tragflächen; gelegentlich auch I-16M-22 bezeichnet

**I-16 Typ 4:** erste Großserie mit Cyclon-Importmotor, verkleideten Haupträdern und 8-mm-Rückenpanzer für den Flugzeugführer

**I-16 Typ 5:** ab Juli 1935 gefertigte Serienversion; Sternmotor M-25 (vom Cyclone abgeleitet) und AV-1-Propeller; erstes Modell mit Bombenschlössern; mehr als 1500 Exemplare dieser Version gebaut; ein Typ 5 zur ersten I-16P mit zwei SchKAS-Maschinengewehren (im Rumpf) und zwei 20-mm-Kanonen (in den Flächen) umgerüstet; Cyclone-Motor

**I-16 Typ 6:** 1936 produzierte Version mit 537 kW (730 PS) starkem M-25A-Motor und verstärkter Zelle

**I-16 Typ 10:** ab 1937 gebaute Version; vier SchKAS-7,62-mm-MG, zwei davon synchronisiert auf dem Nasenrücken; Hauptserie, zum Winterbetrieb mit einziehbaren Schneekufen ausrüstbar; M-25V mit 552 kW (750 PS)

**I-16 Typ 17:** Serienversion von 1938 mit verstärkter Zelle für höhere Betriebsmassen; Schleifsporn durch Vollgummi-Spornrad ersetzt; konnte anstelle von Bomben mit sechs Raketen RS-82 beladen werden; zwei SchKAS-20-mm-Kanonen statt der Maschinengewehre in den Tragflächen

**I-16 Typ 18:** Serienversion von 1939; Sternmotor M-62 mit 677 kW (920 PS) und zweistufigem Lader; Vorrichtungen für zwei Abwurftanks; vier SchKAS-Maschinengewehre

**I-16 Typ 24:** Ende 1939 in Dienst gestellte Ausführung; erste Exemplare mit M-62, später mit 810 kW (1100 PS) starkem M-63; verstärkte Tragflächen, größere Zusatztanks, Funkgerät RSI-1 oder RSI-3 und Sauerstoffversorgung

**I-16 Typ 28 und Typ 30:** 1941/42 neu aufgelegte Serien; je 450 Exemplare beider Versionen gebaut; M-63-Motor

**I-16P:** zweite Verwendung dieser Bezeichnung für den Prototyp ZKB-12P von 1938; Zelle des Typ 10 mit zwei flügelmontierten SchKAS-20-mm-Kanonen; in geringer Zahl vor der I-16 Typ 17 gebaut

**I-16Sch/ZKB-18:** Prototyp mit erweitertem Panzerschutz für den Einsatz als Schlachtflugzeug; vier SchKAS-Maschinengewehre; keine Serienfertigung

**I-16SPB:** I-16 waren in Wachmistrows „Huckepack"-Versuche eingespannt, angefangen mit „Zweno 6", bestehend aus einem Bomber TB-3 und zwei I-16 Typ 1 unter den Tragflächen zum Luftstart; „Zweno 7" umfaßte eine TB-3 und zwei I-5-Doppeldecker auf den Tragflächen, einen Grigorowitsch-Eindecker I-Z am Trapez zwischen den Fahrwerksbeinen und zwei I-16 unter den Tragflächen; anschließend wandte sich Wachmistrow wieder „Zweno 6" zu, diesmal in der Form 5PB: TB-3 mit zwei modifizierten Jagdflugzeugen Typ 5, hergerichtet zur Beladung mit je einem Paar 250-kg-Bomben und umbenannt in Sturzkampfbomber ZKB-29/I-16SPB; diese luftgestarteten Sturzkampfbomber flogen ab 1938 bei Luftstreitkräften der Schwarzmeerflotte; ein Verband operierte 1941 von der Ukraine bei Odessa aus gegen Ziele in Rumänien und über der Donaubrücke bei Cernavodă sowie 1942 gegen andere Punktziele

**I-16TK:** Typ 10 mit zwei ZIAM-Ladern TK-1; stark verbesserte Höhenleistung, doch nur wenige Exemplare gebaut

**UTI-4:** rund 1600 Schulflugzeuge mit Doppelsteuer; auf dem Höhepunkt der Produktion jedes vierte Flugzeug als UTI-4 (oder I-16UTI) mit zwei offenen Tandem-Cockpits gefertigt, basierend auf Typ 5 mit M-25-Motor; die meisten mit starrem Fahrgestell, aber einige auch mit Standard-Einziehfahrwerk gemeldet; Blindflugversion mit Spezialschiebehaube über dem hinteren Cockpit; frühere Versionen waren die UTI-1 (Variante des Typ 1) und die UTI-2, eine überarbeitete UTI-1 mit starrem Fahrwerk

**TECHNISCHE DATEN**

**Polikarpow I-16 Typ 24**

**Typ:** Jagdeinsitzer

**Triebwerk:** ein Sternmotor M-62 mit 736 kW (1000 PS)

**Leistung:** Höchstgeschwindigkeit 490 km/h in 3000 m Höhe; Dienstgipfelhöhe 9470 m; Reichweite 600 km

**Gewicht:** Rüstmasse 1475 kg; max. Startmasse 2060 kg

**Abmessungen:** Spannweite 8,88 m; Länge 6,04 m; Höhe 2,41 m

**Bewaffnung:** vier SchKAS-7,62-mm-Maschinengewehre, zwei synchronisiert im Vorderrumpf und zwei in den Tragflächen; bei einigen Maschinen zwei SchKAS-20-mm-Kanonen statt der Maschinengewehre in den Flügeln; Rumpfbewaffnung manchmal durch ein 12,7-mm-UB-Maschinengewehr verstärkt; ferner eine Bombenlast von bis zu 200 kg oder sechs Raketen RS-82 unter den Tragflächen

# Polikarpow I-153 bis Polikarpow-Prototypen

**Die Konstrukteure von Polikarpow unter Leitung von Alexej Schtscherbakow waren vermutlich von der amerikanischen Gee Bee, einer Rennmaschine, beeinflußt. Der Doppeldecker I-153 verfügte nur über sehr rudimentäre Visiere und war verrufen als schwierig zu fliegen, aber in der Hand erfahrener Piloten gleichwohl eine hochpotente Waffe.**

## Polikarpow I-153

***Polikarpow I-153 eines sowjetischen Jagdregiments, 1940/41***

Einige sowjetische Beobachter zogen den Luftkrieg über Spanien als Beweis dafür heran, daß das Konzept des Jagddoppeldeckers seine Berechtigung habe und ein zukunftsweisendes Potential besitze. Man wies daher Nikolai Polikarpow an, seine I-15bis zu einem leistungsstärkeren Jagdflugzeug umzugestalten; Alexej Scherbakow wurde zum Projektleiter bestimmt. Im Herbst 1937 begann die Entwicklung eines Prototyps, der im Sommer 1938 zum Erstflug startete.

Im Mai 1939 lieferten die Werke GAZ-1 und GAZ-156 (beide in Moskau) die ersten neuen Serienjäger **Polikarpow I-153 Tschaika** (Möwe) an die sowjetischen Luftstreitkräfte. Die Baugruppen Rumpf und Leitwerk waren von der I-15bis übernommen (allerdings verfeinert und strukturell verstärkt) und mit einem gestaffelten, einstieligen Doppeldecker-Tragwerk gepaart, dessen Oberflügel wie bei der I-15 zur Rumpfmitte hin einen Knick bildete. Die Hauptfahrwerksteile hatte man so konstruiert, daß sie sich im Handbetrieb nach hinten einziehen ließen. Sie führten eine Drehung um 90° aus, so daß die Räder flach im Flügelkasten lagen. Die Erstserie, gelegentlich auch **I-15ter** bezeichnet, hielt am AV-1-Propeller und M-25V-Motor der I-15bis fest, die ihr eine Spitzengeschwindigkeit von 415 km/h verliehen. Später führte man den kräftigeren M-62-Sternmotor mit zweistufigem Lader ein und bewaffnete einige Exemplare mit vier BS-Maschinengewehren, Kaliber 12,7 mm, statt der üblichen SchKAS-7,62-mm-MGs. Zudem bestand die Möglichkeit, daß diese Jäger RS-82-Raketen als Alternative für die 200 kg schwere Bombenlast mitführten. Einsatzflugzeuge erhielten zum Teil einziehbare Schneekufen und Vorrichtungen für Zusatztanks. Das Muster wurde mit einem gleichbleibend hohen Ausstoß gefertigt, und bei Produktionsende im Herbst 1940 waren insgesamt 3437 Exemplare gebaut.

Die ersten Serienjäger wurden dem 70. Jagdregiment (IAP) zugeführt und im Sommer 1939 gegen japanische Heeresflieger an der Grenze zur Mandschurei bei Nomonhan eingesetzt. Anschließend kämpfte der Typ im Winterkrieg 1939/40 an der finnischen Front. Beim Angriff Deutschlands auf Rußland im Juni 1941 war ein Großteil der sowjetischen Jagdfliegerkräfte mit diesem Muster ausgerüstet, doch sie mußten schwere Verluste sowohl am Boden als auch in der Luft hinnehmen. Als moderne Eindeckerjäger verfügbar wurden, gingen die **I-153** an Frontfliegereinheiten, die in den Erdkampf eingriffen, und einige Maschinen blieben noch bis 1943 im Dienst.

Anfang 1940 erhielt die chinesische Nationalregierung 93 **I-153** zur Abwehr der japanischen Invasionstruppen. Einziger weiterer Fremdnutzer war Finnland mit 22 **I-153**, das elf Exemplare direkt von den Sowjets erbeutet und elf von Deutschland übernommen hatte.

Die **I-153** ließ sich gut manövrieren und konnte sich in den Händen eines erfahrenen Piloten auch häufig behaupten. Meistens sah sich der Typ allerdings mit größeren Rudeln des Gegners oder überlegenen Eindeckerjägern konfrontiert, und zudem war die Mehrzahl der sowjetischen und chinesischen Jagdpiloten recht unerfahren.

**Varianten**

**I-153BS:** Bezeichnung der Version mit vier BS-12,7-mm-Maschinengewehren anstelle der SchKAS-MGs

**I-153DM:** Bezeichnung eines Versuchsjägers von 1940 mit zusätzlichen Staustrahltriebwerken (zunächst mit einem Durchmesser von 400 mm, später 500 mm)

**I-153P:** Kanonenjägerversion, wie die I-153BS nur in relativ kleiner Stückzahl gebaut; zwei synchronisierte SchVAK-20-mm-Kanonen anstelle eines MG-Paars

**I-153V:** Experimentalflugzeug mit Scherbakow-Druckkabine; die I-153TKGK war eine weitere Höhenjäger-Versuchsversion, aber mit einer von Polikarpow entwickelten Druckkabine und M-63-Sternmotor mit zwei TK-3-Ladern

**I-190:** Träger des Versuchsmotors M-88V mit einer Nennleistung von 810 kW (1100 PS) und etlichen Verbesserungen gegenüber der I-153; erreichte eine Höchstgeschwindigkeit von 490 km/h; Entwicklung nach dem Absturz des Prototyps gestoppt

**TECHNISCHE DATEN**

**Typ:** Jagdeinsitzer
**Triebwerk:** ein Sternmotor M-62 mit 736 kW (1000 PS)
**Leistung:** Höchstgeschwindigkeit 444 km/h; Dienstgipfelhöhe 10.700 m; Reichweite 470 km
**Gewicht:** Rüstmasse 1452 kg; max. Startmasse 2110 kg
**Abmessungen:** Spannweite 10 m; Länge 6,17 m; Höhe 2,80 m; Tragflügelfläche 22,14 m²
**Bewaffnung:** vier SchKAS-Maschinengewehre, Kaliber 7,62 mm, synchronisiert im Vorderrumpf, und sechs Raketen RS-82 oder eine Höchstlast von 200 kg Bomben

***Die Polikarpow I-153 darf aus vielerlei Gründen als bester Jagddoppeldecker gelten, der je gebaut wurde. Andererseits hat sie die Sowjets von der Erkenntnis abgelenkt, daß Ende der dreißiger Jahre die Zeit des Doppeldeckers, selbst wenn er ein Einziehfahrwerk besaß, endgültig vorüber war.***

## Polikarpow I-180 und I-185

Der Jagdeinsitzer-Prototyp der **Polikarpow I-180-1**, die als Nachfolgerin für die I-16 gedacht war, hatte vieles mit dem Vorgängermuster gemein, vom Leitwerk über den Hinterrumpf bis hin zur offenen Kanzel. Sein 699 kW (950 PS) starker Sternmotor M987A unter einer langen Motorhaube verlieh ihm eine Spitzengeschwindigkeit von schätzungsweise 557 km/h. Waleri Tschkalow führte die Maschine am 15. Dezember 1938 durch den Erstflug, der jedoch mit einer Katastrophe endete: Das Triebwerk versagte, und Tschkalow kam beim Absturz aus geringer Höhe ums Leben. Der zweite Prototyp mit der Bezeichnung **I-180-2** war ähnlich, aber mit einem M-87B-Motor ausgerüstet. Er flog ab März 1939, stürzte aber zwei Monate später ebenfalls ab, und auch sein Pilot fand den Tod. Es folgte die **I-180-3** mit verbesserter Zelle und M-88R-Motor, der 736 kW (1000 PS) erzeugte, doch diese am 25. Februar 1939 erstmals geflogene Maschine zerlegte sich im Sommer beim Kunstflug. Trotz dieser Fehlschläge wurde eine auf der

***Die I-180S wurde in kleiner Stückzahl gebaut, bis 1940 feststand, daß in diesem Typ kein wirkliches Potential steckte.***

**I-180-3** basierende Versuchsserie von zehn **I-180S** aufgelegt mit verbesserten Rumpfkonturen, einer abgedeckten Kanzel und neu konstruiertem Tragwerk mit höherer Streckung. Die **I-180S** hatte eine Spannweite von 10,10 m, ein maximales Abfluggewicht von 2675 kg und eine Höchstgeschwindigkeit von 585 km/h in 7100 m Höhe.

Anschließend wurde die **I-180S** zur **I-185** aufgewertet durch ein neues Tragwerk mit NACA-Profil 230, das hinten Spreizklappen und vorn Vorflügel erhielt sowie ein Spornrad-Fahrgestell, dessen Teile alle nach hinten einzogen. Die **I-185R(02)**, auch **I-188** oder **I-185M-90** genannt, flog ab 10. Februar 1942 unter dem Antrieb des Sternmotors M-71, dessen Leistung von 1472 kW (2000 PS) ihr die eindrucksvolle Höchstgeschwindigkeit von 680 km/h in 6100 m Höhe verlieh. Probleme mit dem M-71-Triebwerk fesselten die **02** an den Boden und führten zum Musterjäger **I-185RM(03)** oder **I-187**, der vom M-82A mit nur 979 kW (1330 PS) angetrieben wurde. Das neue Muster erreichte bei der Erprobung, die am 15. April 1942 begann, eine Höchstgeschwindigkeit von 615 km/h. Mit einem neuen M-71-Motor gesellte sich die **I-185R(02)** später wieder hinzu, und man bewaffnete beide Maschinen mit bugmontierten SchVAK-20-mm-Kanonen und übergab sie dem 728. Jagdfliegerregiment (IAP) zur Einsatzerprobung. Der Serienprototyp **I-185R(04)** mit M-71-Motor wurde im November 1942 in das Testprogramm einbezogen, nachdem die Entscheidung gefallen war, die **I-185** und den M-71 in Massen zu produzieren. Der M-71 blieb jedoch problematisch, so daß am 16. Dezember 1942 mit **I-185(04)** zwar noch eine Notlandung gelang, aber am 5. April 1943 Testpilot V. A. Stepantschenko sein Leben lassen mußte, nachdem der Motor des Vorserienprototyps **I-185E** wieder ausgesetzt hatte. Daraufhin wurde die Entwicklung abgebrochen und die geplante Serienfertigung gestrichen.

# Polikarpow P-2

Der Prototyp des Zwischenphasen-Schulflugzeugs **Polikarpow P-2**, ein einstieliger Doppeldecker mit ausgeprägter Staffelung, bestand Ende 1927 die Flugerprobung und Endabnahme. Die Serienfertigung lief mit einer Erstbestellung über 55 solcher Zweisitzer mit Doppelsteuer an. Für ihren M-6-Reihenmotor mit einer Leistung von 221 kW (300 PS) hatte die **P-2** einen einziehbaren Kühler, und das hintere Cockpit war mit einem Drehkranz für ein einzelnes DA-Maschinengewehr ausgestattet. Der Originalflügelstiel (Diagonalstreben mit Eiprofil) verursachte bei den zwischen 1928 und 1930 gebauten Serienflugzeugen erhebliche Schwierigkeiten.

***Das Polikarpow-Schulflugzeug P-2 schloß die Lücke zwischen der Polikarpow U-2 für Anfänger und der R-5 für Fortgeschrittene.***

# Polikarpow PM-1

Der Prototyp des großen einmotorigen Passagierflugzeugs **Polikarpow PM-1** flog erstmals am 10. Juni 1925. Der Oberflügel dieses Doppeldeckers ungleicher Spannweite war direkt in den Rumpfrükken eingebunden. Der Flugzeugführer saß in einer offenen Kanzel vor der Flügelnase, und die geschlossene Kabine dahinter bot fünf Passagieren ein genügend großes Raumangebot. Das „M" in der Typkennung verwies auf den Maybach-Reihenmotor IVa, dessen Leistungsvermögen von 191 kW (260 PS) dem Passagierflugzeugmuster eine Geschwindigkeit von 170 km/h ermöglichte.

Die gelungene Flugerprobung zog einen Auftrag über zehn Exemplare nach sich, die die Strecken der Deruluft bedienen sollten. Nach einem Absturz in Deutschland wurden die meisten Maschinen aber offenbar wieder abbestellt. Die **PM-1** (gelegentlich **P-2** genannt) hatte eine Spannweite von 15,50 m und ein höchstzulässiges Abfluggewicht von 2360 kg.

# Polikarpow-Prototypflugzeuge

Unter diesem Titel sind nachstehend verschiedene Polikarpow-Konstruktionen zusammengefaßt, die aus welchen Gründen auch immer nicht in Serie gingen. Am Anfang der 18 Jahre umfassenden chronologisch geordneten Reihe steht der zweisitzige Jagddoppeldecker **Polikarpow DI-1** oder **2I-N1**, der erstmals am 12. Januar 1926 flog. Das „N" in der Typkennung verweist auf das Triebwerk, den 336 kW (457 PS) starken Napier-Lion-Motor, der diesem Jäger eine Höchstgeschwindigkeit von 268 km/h vermittelte. Die **DI-1** wies gute Flugleistungen und ausgezeichnete Konturen auf, stürzte aber im März 1926 aus geringer Höhe ab, da sich aufgrund mangelhafter Fertigung die Stoffbespannung am Tragwerk gelöst hatte. Die Entwicklung dieses Musters wurde daraufhin eingestellt. Ein ähnliches Schicksal war dem zweisitzigen Jäger **DI-2** (oder **D-2**) bestimmt, einem etwas größeren Abkömmling der I-3 mit BMW-VI-Motor, der ihm eine Geschwindigkeit von 272 km/h verlieh. Als der Prototyp 1929 bei der Flugerprobung abstürzte, wurde seine Entwicklung ebenfalls abgebrochen.

Unter der Projektbezeichnung **L-2** befaßte sich das OSS 1927 mit dem Entwurf eines zweimotorigen schweren Bombers. Das Ergebnis, die gemeinsam mit Kolpakow konstruierte **TB-2**, war ein Anderthalbdecker für eine fünfköpfige Besatzung mit zwei direkt in Gondeln auf dem Unterflügel gelagerten BMW-VI-Motoren je 500 kW (680 PS). Bei Testflügen im Jahr 1930 erreichte die **TB-2** nur eine Höchstgeschwindigkeit von 216 km/h und wurde daraufhin zugunsten der Tupolew TB-3 aufgegeben. Völlig anders geartet war die **I-17**, ein leichter Jagdeinsitzer in der Auslegung eines freitragenden Tiefdeckers in Mischbauweise, den das OSS unter der Bezeichnung **ZKB-15** entwickelt hatte. Unter dem Antrieb eines Hispano-Suiza 12 Ybrs mit 559 kW (760 PS) erreichte die Maschine beim Erstflug am 1. September 1934 eine Spitzengeschwindigkeit von 455 km/h. Es folgte die **ZKB-19** mit einem sowjetischen M-100-Motor und revidiertem Fahrgestell, die 1936 beim Salon de l'Aéronautique ausgestellt wurde. Der dritte Prototyp **ZKB-33** erhielt eine geringere Bewaffnung, um Gewicht einzusparen, und ein neues Oberflächenkühlsystem für den Motor, aber auch seine Entwicklung lief 1936 aus. Ungebaute Projekte umfaßten den Parasitenjäger **I-17Z**, die **ZKB-25** mit einem M-34-RNF-Motor und die **ZKB-43** mit einem kräftigeren Hispano-Suiza-Triebwerk. Im Sommer des folgenden Jahres flog der Prototyp **ZKB-44**, ein Tiefdecker zur Luftnahunterstützung, dessen zwei 707 kW (960 PS) starke M-103-Motoren ihm zu einer Höchstgeschwindigkeit von 450 km/h verhalfen. Zu den geplanten Versionen zählten der Mehrzweck-Kanonenjäger **MPI**, das Schlachtflugzeug **SVB** und der Panzerabwehrjäger **VIT-1**. Nur letzterer wurde als Versuchsjäger **VIT-1** mit einer überaus schweren Bewaffnung gefertigt, bestehend aus vier 37-mm-Kanonen in den Flächen, einer 20-mm-Kanone im Bug und einem Rückenturm mit einem 7,62-mm-Maschinengewehr. Eine verbesserte Ausführung **ZKB-48** mit zwei M-105-Motoren je 773 kW (1050 PS) flog am 11. Mai 1938 und wies eine Höchstgeschwindigkeit von 513 km/h nach. Dieses Modell mit der Bezeichnung **VIT-2** gewann die offizielle Zustimmung und eine Bestellung über 50 Serienflugzeuge, die aber nie gebaut wurden.

Im Februar 1938 flog der Prototyp **Iwanow**, genannt nach dem Wettbewerb, der zu einem neuen Aufklärungs-/Schlachtflugzeug für die sowjetischen Streitkräfte führen sollte. Der Typ war ein freitragender Tiefdecker mit 611 kW (830 PS) starkem M-62-Sternmotor, schwerer Bewaffnung und zwei Mann Besatzung. Seine Spitzengeschwindigkeit betrug 425 km/h, doch trotz der ausgezeichneten Qualitäten wurden lediglich zwei Versuchsjäger gebaut. Im Frühjahr 1940 brachte Polikarpow den ersten Prototyp des dreisitzigen Schlachtflugzeugs **SPB(D)** in die Luft, das einer kleineren Ausgabe der **VIT-2** ähnelte. Fünf Musterexemplare dieses zweimotorigen Tiefdeckers mit einer Standardbewaffnung von vier Maschinengewehren und 1500 kg Bomben wurden geflogen. Den Antrieb lieferten M-105 je 773 kW (1050 PS), die eine Höchstgeschwindigkeit von 520 km/h ermöglichten. Nach zwei Abstürzen mit Todesfolge brach man die Entwicklung ab.

***Gegenüber dem ersten Musterflugzeug war die zweite I-17 durch das nach innen einklappende Breitspurfahrwerk verbessert.***

Am 30. Juli 1944 starb Nikolai Polikarpow, und sein Konstruktionsbüro wurde bald darauf aufgelöst. Mehrere fast fertiggestellte Flugzeuge blieben unvollendet, ebenso sämtliche Prototyp-Testprogramme. Dies betraf auch die **TIS**, einen schweren Begleitjäger nach dem Vorbild der Messerschmitt Bf 110. Die erste **TIS(A)** hatte zwei V-12-Reihenmotoren AM-37 je 1030 kW (1400 PS), die für eine Spitzengeschwindigkeit von 535 km/h und eine Reichweite von 1720 km sorgten. Ein zweites Musterflugzeug **TIS(MA)** war mit zwei AM-39-Motoren je 1251 kW (1700 PS) ausgestattet und im Juli 1944 in die Luft gekommen, kurz vor dem Ende aller Entwicklungsprogramme. Der schwere Kanonenjäger **ITP**, ein freitragender Tiefdecker in Gemischtbauweise, erlitt ein ähnliches Schicksal. Der erste Prototyp **ITP(M1)** flog im Oktober 1942, angetrieben von einem M-107PA mit 1214 kW (1650 PS) und bewaffnet mit einer 37-mm-Kanone, zwei 20-mm-Kanonen sowie einer externen Bombenlast von 400 kg oder acht RS-82-Raketen. Der zweite Prototyp **ITP(M2)** erhielt den AM-39-Motor und eine 20-mm-Rohrwaffe statt der 37-mm-Kanone. Der letzte dieser aufgegebenen Prototypen war die **Polikarpow NB**, ein zweimotoriger Nachtbomber in der Auslegung eines Schulterdeckers mit doppeltem Seitenleitwerk. Für den Antrieb sorgten Sternmotoren ASch-82FNV mit einer Nennleistung von 1251 kW (1700 PS). Die mit fünf Mann besetzte **NB** konnte über kurze Distanzen eine interne Bombenlast von 5000 kg mitführen und besaß eine Höchstgeschwindigkeit von 515 km/h.

***Die Polikarpow-Iwanow war als Schnellaufklärer konzipiert.***

# Polikarpow R-1 bis Polikarpow U-2/Po-2

**Außerhalb der Fliegerei ist der Name Nikolai Polikarpow ziemlich unbekannt. Dabei entsprachen seine einfach konstruierten, robusten Maschinen den sowjetischen Bedürfnissen im Zweiten Weltkrieg ideal. Die Massenproduktion der U-2 und Po-2 ohne komplexe Bestandteile oder Montageanforderungen war einfach und leicht.**

## Polikarpow R-1

1918 wurde dem damals 26jährigen Nikolai Nikolajewitsch Polikarpow die Verantwortung für das Duks-Flugzeugwerk in Moskau, das spätere GAZ-1, übertragen. Nach der Fertigung von 20 de Havilland D.H.4 mit Fiat-Motor produzierte die Fabrik 130 D.H.9 mit dem Motortyp Puma von Armstrong Siddeley und über 100 D.H.9 mit Mercedes-Benz-Beutemotoren. Die **Polikarpow R-1**, ein modifizierter Abkömmling der D.H.9A mit dem 294 kW (400 PS) starken M-5-Motor (einer Lizenzversion des amerikanischen Liberty), erschien im Jahr 1923 und wurde bis 1931 in Serie gebaut.

Die **R-1** war mit einem starren 7,7-mm-Maschinengewehr PV-1 und einem drehkranzgelagerten Zwillings-Maschinengewehr gleichen Kalibers bewaffnet. Mit einer **Polikarpow R-1** führte Michail M. Gromow im Sommer 1925 den ersten sowjetischen Flug nach Fernost durch und landete am 13. Juli in Peking.

***Die Polikarpow R.1 war eine lizenzgefertigte D.H.9A.***

**TECHNISCHE DATEN**

**Typ:** zweisitziger Aufklärer/leichter Bomber
**Triebwerk:** ein V-Reihenmotor M-5 mit 294 kW (400 PS)
**Leistung:** Höchstgeschwindigkeit 185 km/h; Dienstgipfelhöhe 5000 m; Reichweite 700 km
**Gewicht:** Rüstmasse 1450 kg; max. Startmasse 2200 kg
**Abmessungen:** Spannweite 14,02 m; Länge 9,24 m; Tragflügelfläche 44,54 m²
**Bewaffnung:** drei 7,7-mm-Maschinengewehre und bis zu 400 kg Bomben

**Varianten**
**R-1 BMW:** 20 Flugzeuge mit 177 kW (240 PS) starkem BMW IVa
**R-2:** auch R-II bezeichnete Version der R-1 mit 162 kW (220 PS) starkem Siddeley Puma; 130 Exemplare
**MR-1:** Seeflugzeug mit Zwillingsschwimmwerk; 124 in den Jahren 1927/28 vom GAZ-10 in Taganrog gebaute Exemplare
**PM-2:** Musterflugzeug mit Metallschwimmern anstelle des hölzernen Schwimmwerks der MR-1 von 1927

## Polikarpow R-5

Der in einem Zeitraum von drei Jahren entwickelte Prototyp des zweisitzigen Leichtbombers/Doppeldeckeraufklärers **Polikarpow R-5** flog erstmals im Herbst 1928. Dieser Typ erwies sich als ein echter Klassiker, von dem bis 1937 rund 7000 Exemplare in verschiedenen Ausführungen gebaut wurden. Der gemischt konstruierte Doppeldecker ungleicher Spannweite hatte einen schlanken, sorgfältig gestalteten Rumpf und einen V-12-Reihenmotor mit 500 kW (680 PS) als Antrieb.

Die Auslieferung der ersten Serienexemplare mit M-17B-Motor (500 kW/680 PS) vom Werk GAZ-1 begann 1931, und die sowjetischen Luftstreitkräfte rüsteten während der dreißiger Jahre fast alle ihre leichten Bomber- und Aufklärungseinheiten mit diesem Typ aus. Ab 1933 erhielten die Serienmaschinen den stärkeren Flugmotor M-17F. Die **R-5** nahm im Fernen Osten an den Grenzstreitigkeiten mit Japan (1938/39) teil, stand im Spanischen Bürgerkrieg auf republikanischer Seite und kämpfte während des Winterkriegs gegen Finnland (1939/40). Im „Vaterländischen Krieg" gegen Deutschland von 1941 bis 1945 befand sich die **R-5** immer noch in großer Zahl im Einsatz und führte Aufklärung, leichte Bombardierung und Störflüge, aber auch Aufgaben im Verbindungsdienst aus. Viele Varianten wurden gebaut, ebenso zahlreiche experimentelle Versionen. In den dreißiger Jahren flog dieser Typ auch bei der Aeroflot, da man einige Maschinen als Reiseflugzeuge mit verglasten Kuppeln für Pilot und Passagiere gefertigt oder dazu umgerüstet hatte.

**Varianten**
**ARK-5:** mindestens zwei für Arktis-Flüge im Jahr 1935 umgerüstete Maschinen mit stromlinienförmigen Vorratsbehältern an den Rumpfseiten und am Unterflügel; geschlossener und beheizter Führerraum sowie ein neu konstruiertes Seitenleitwerk
**P-5:** Passagierversion, ab 1931 unter Wegfall aller militärischer Ausrüstungsteile für die zivile Luftfahrtbehörde gebaut; bis 1940 mehr als 1000 Exemplare im Einsatz, hauptsächlich bei der Aeroflot oder bei der Arctic Aviation; die meisten dienten zum Transport von Fracht bis zu 400 kg, aber bei vielen war das hintere Cockpit erweitert, um zwei Fluggäste auf Korbstühlen unterzubringen; andere wurden mit geschlossenem Heckabteil für zwei oder drei Passagiere umgebaut; etliche Maschinen hatten verstärkte Unterflügel für zwei G-61-Container, die jeweils bis zu sieben auf dem Bauch liegende Personen aufnehmen konnten; ähnliche Behälter wurden von P-5 zur Rettung des in der Arktis verunglückten Forschungsschiffs Tscheljuschkin verwendet
**Pa-5:** Version der P-5 mit Zwillingsschwimmern; nur in kleiner Stückzahl gefertigt
**P-5L:** Limousinenflugzeugversion für zwei Passagiere von 1933; nur in kleiner Stückzahl gefertigt
**PR-5:** endgültiges Verkehrsflugzeug von 1936; neu konstruierter Rumpf mit größerem Querschnitt, geschlossener Pilotenkanzel und einer Kabine für vier Passagiere, die über eine seitliche Tür mit Klapptritt einstiegen; Schwierigkeiten aufgrund des verlagerten Schwerpunkts wurden durch eine geringfügige Versetzung des Oberflügels behoben, die zur Bezeichnung PR-5bis führte
**R-5a:** Seeaufklärer mit Zwillingsschwimmern; nach dem Erstflug des Prototyps im April 1931 in kleiner Stückzahl gebaut; alternative Bezeichnungen MR-5 (manchmal auch MR-5bis, um Verwechslungen mit der Tschetwerikow MR-5 auszuschließen) und Samolet 10
**R-5D:** einzelnes Langstreckenflugzeug für Rekordversuche
**R-5 Jumo:** Triebwerksversuchsträger mit für zwei Beobachter erweiterten hinteren Cockpit; alternative Bezeichnung ED-1
**R-5L:** erste werksseitig gebaute Limousinenversion mit einer Kabine für zwei Fluggäste
**R-5M-34:** Versuchsflugzeug mit M-34-Motor, 1934 mit Erfolg geflogen
**R-5Sch:** 1931 getestete Schturmowik-Schlachtflugzeugversion mit zunächst vier zusätzlichen PV-1-Maschinengewehren, paarweise in Behältern auf die Unterflügel gepackt; auch Unterrumpf-Container für leichte Bomben bis zu einer Höchstlast von 500 kg; Serienversion von 1933 hatte M-17B-Motor und acht MGs in Zweierbündeln
**R-5SSS:** gewöhnlich einfach SSS genannt; Neuentwurf zur Leistungssteigerung; dazu Fahrgestell mit stromlinienförmigen Bein- und Radverstrebungen, M-17F-Motor im neu gestalteten Gehäuse und eine auf zwei SchKAS-MGs verstärkte Bewaffnung; Schturmowik-Variante mit vier weiteren SchKAS-MGs auf den Unterflügeln; 1935/36 mehr als 100 Exemplare gebaut; Höchstgeschwindigkeit auf 269 km/h und Dienstgipfelhöhe auf 8000 m gestiegen
**R-5T:** 50 Torpedobomber mit geteiltem Fahrwerk zum Transport eines Lufttorpedos unter dem Rumpf
**Verschiedene Varianten:** andere **R-5**-Experimente umfaßten die Erprobung eines Rudlicki-„Schmetterlingsleitwerks", den Ersatz des Radfahrgestells durch ein Raupenfahrwerk und die Ausrüstung mit nach innen einklappenden Haupträdern, drehbar gelagerten Flügelstielen zur Ausleitung aus Trudelmanövern sowie mit geschlitzten Tragflächen

***Die Polikarpow R-5 war ein klassischer Mehrzwecktyp aus der Zeit zwischen den beiden Weltkriegen.***

**TECHNISCHE DATEN**

**Typ:** zweisitziger Leichtbomber-/Aufklärungsdoppeldecker
**Triebwerk:** ein V-12-Reihenmotor M-17F mit 526 kW (715 PS)
**Leistung:** Höchstgeschwindigkeit 245 km/h; Dienstgipfelhöhe 5940 m; Reichweite 1000 km
**Gewicht:** Rüstmasse 1969 kg; max. Startmasse 2997 kg
**Abmessungen:** Spannweite 15,50 m; Länge 10,55 m; Tragflügelfläche 50,20 m²
**Bewaffnung:** ein synchronisiertes 7,62-mm-Maschinengewehr PV-1, starr auf dem Rücken des Vorderrumpfs montiert, und zwei 7,62-mm-Maschinengewehre DA auf Drehkranz im hinteren Cockpit sowie eine Höchstlast von 400 kg Bomben

## Polikarpow R-Z (Zet)

Die auch als **R-Zet** bekannte **Polikarpow R-Z** war das letzte Mitglied der R-5-Flugzeugfamilie, hatte einen neuen Rumpf mit in der Vertikalen erhöhtem Durchmesser und zeigte ein völlig geändertes Unterbringungskonzept für die Besatzung. Die Pilotenkanzel war mit verglasten Klappteilen an den Seiten halb geschlossen, und der Beobachter saß, außer wenn er sein SchKAS-7,62-mm-Maschinengewehr bediente, unter einer Haube mit einem starren und einem verschiebbaren Teil. Das Fahrwerk war neu konstruiert, und den Antrieb lieferte der stärkere M-34N.

Die Entwurfsarbeiten begannen 1933, und im Januar 1935 startete der Prototyp zum Erstflug. Die Serienproduktion endete im Frühjahr 1937 nach 1031 Exemplaren.

Die professionell wirkende **R-Z** bewährte sich 1939 in Fernost bei den Gefechten gegen die Japaner und auf republikanischer Seite im Spanischen Bürgerkrieg. Insgesamt 62 **R-Z** wurden nach Spanien geschickt, wo sie drei Gruppen ausrüsteten und zahlreiche Kampfeinsätze flogen. Der Typ operierte in geringer Höhe im Verbandsflug, und das Abwehrfeuer der SchKAS-Maschinengewehre erwies sich recht effektiv gegenüber angreifenden Feindjägern. Hatten die Maschinen ihre Bombenlast von je 400 kg abgeworfen, kehrten sie einzeln im Tiefstflug zum Stützpunkt zurück. Bei Einstellung der Kampfhandlungen fielen 36 **R-Z** den Nationalisten in die Hand. In Spanien hieß dieses Modell **„Natascha"**. Das zweite SchKAS-Maschinengewehr, das starr im Vorderrumpf montiert war, wurde in diesem Land kaum benutzt.

Als Deutschland im Juni 1941 Rußland überfiel, befand sich die **R-Z**, obwohl längst überholt, bei vielen Leichtbomberstaffeln noch im Dienst. Die ersten drei Regimenter, die mit dem einsitzigen Iljuschin-Eindecker Il-2 für den Erdkampf ausgerüstet wurden, flogen zuvor die **R-Z**.

### TECHNISCHE DATEN

**Typ:** zweisitziger Leichtbomber
**Triebwerk:** ein V-12-Reihenmotor M-34N mit 626 kW (850 PS)
**Leistung:** Höchstgeschwindigkeit 315 km/h; Dienstgipfelhöhe 8700 m; Reichweite 1000 km
**Gewicht:** Rüstmasse 2230 kg; max. Startmasse 3500 kg
**Abmessungen:** Spannweite 15,50 m; Länge 9,72 m; Höhe 3,60 m; Tragflügelfläche 42,52 m$^2$
**Bewaffnung:** zwei oder drei SchKAS-7,62-mm-Maschinengewehre und bis zu 400 kg Bomben

**Varianten**

**PT:** Prototyp eines Verkehrsflugzeugs, wegen schlechter Flugeigenschaften nicht weiter verfolgt
**P-Z:** 1936 bei der Aeroflot in Dienst gestelltes Postfrachtflugzeug mit Inneneinrichtung für zwei einander gegenübersitzende Passagiere; einige Exemplare mit Unterflügelbehältern für zusätzliche Fracht oder Post; Antrieb durch M-34NB-Motor mit 604 kW (820 PS); manche Maschinen noch bis Kriegsende im Dienst; einige P-Z entstanden durch Umrüstung, andere wurden neu produziert
**R-ZR:** für Rekordzwecke zum Einsitzer umgebautes Einzelexemplar; stellte am 8. Mai 1937 einen Höhenrekord von 11.100 m auf
**R-ZSch:** Schturmowik-Prototyp mit vier zusätzlichen SchKAS-Maschinengewehren auf dem Unterflügel

***Die Polikarpow R-Z wurde während des Spanischen Bürgerkriegs von den Republikanern häufig zu Bombeneinsätzen aus geringer Höhe und gezielten Störflügen verwendet.***

## Polikarpow U-2/Po-2

Eine einzigartige Stellung in der Geschichte der sowjetischen Luftfahrt nimmt der Schuldoppeldecker **Polikarpow U-2** ein, der unter ungünstigen Vorzeichen startete. Der Anfang 1927 erschienene Prototyp **U-2TPK** war mit dem Ziel konstruiert worden, die Kosten für Wartung und Reparaturen möglichst niedrig zu halten. Das Doppeldecker-Tragwerk bestand folglich aus vier identischen, austauschbaren Rechteckfeldern mit dickem Profil und eckigen Endkappen. Ebenso hatten sämtliche Ruder der Quer-, Höhen- und Seitensteuerung einen gleichartigen Zuschnitt. Das Ergebnis war ein Doppeldecker mit denkbar schlechten Flugeigenschaften. Er mußte daher von Grund auf neu entworfen werden und erschien dann als schmucker, manövrierfähiger Doppeldecker mit einstieligem, gestaffeltem Tragwerk samt gerundeten Enden, konventionellem Querachsen-Fahrgestell und offenen Tandem-Cockpits für Lehrer und Schüler. Der neue Prototyp flog erstmals am 7. Januar 1928, angetrieben von einem Sternmotor mit 74 kW (100 PS). Er war auf Anhieb ein Erfolg, so daß unverzüglich die Serienfertigung eingeleitet wurde. Die Auslieferung begann 1928, und als Deutschland im Sommer 1941 in die UdSSR einfiel, hatte man mehr als 13.000 Exemplare gefertigt.

Die **U-2** war zwar in erster Linie zur Schulung bestimmt, wurde aber schon bald auch zum leichten Passagier-, Sanitäts- und Agrarflugzeug umgebaut. Während des Zweiten Weltkriegs lief die Produktion in großem Maßstab weiter, und der **U-2** fiel eine noch breitere Aufgabenpalette zu, einschließlich Verbindungs-, leichter Angriffs-, Nachtstör- und Propagandaflügen unter Verwendung von Mikrofon und Lautsprecher.

Nach Polikarpows Tod am 30. Juli 1944 wurde die **U-2** ihm zu Ehren in **Po-2** umbenannt und in der Sowjetunion auch nach dem Krieg noch mehrere Jahre lang produziert. In Polen führte man die Serienfertigung der Schul- und Ambulanzversion von 1948 bis 1953 in großem Stil fort. Glaubwürdigen Quellen zufolge wurden mehr als 33.000 Maschinen gebaut.

**Varianten**

**U-2A:** einsitziges landwirtschaftliches Streuflugzeug, ab 1930 in den Versionen U-2AP und U-2AO mit Chemikalienbehälter für 250 kg im Hinterrumpf gebaut; nach 1944 liefen Produktion und Verwendung unter der Bezeichnung Po-2A mit 85 kW (115 PS) starkem M-11K-Motor weiter; insgesamt 9000 Exemplare
**U-2G:** Einzelexemplar, mit dem die Kopplung sämtlicher Ruder am Steuerknüppel erprobt wurde
**U-2KL:** zwei Spezialflugzeuge, bei denen die hintere Kabine mit einer aufgewölbten Haube abgedeckt war; erschienen 1932
**U-2LSch:** leichtes Schturmowik-Schlachtflugzeug; ab 1941 viele Vorkriegsmaschinen gefechtstauglich gemacht und neue Exemplare als Kampfdoppeldecker gefertigt; bewaffnet mit einem SchKAS-7,7-mm-Maschinengewehr auf Ringlafette über dem hinteren Cockpit, Gehängen für 120 kg Bomben und Schienen für vier RS-82-Raketen
**U-2LNB:** ab 1941 gefertigte Seriendoppeldecker mit auf 200 kg erhöhter offensiver Zuladung; Bezeichnung steht für leichter Nachtbomber, und tatsächlich führte der Typ häufig Leuchtfackeln und Suchscheinwerfer mit; gewöhnlich Schalldämpferzusatz für den Auspuff
**U-2LPL:** Forschungsflugzeug von 1935 für einen liegenden Piloten
**U-2M:** andere Bezeichnung für die 1931 getestete MU-2; erste von mehreren Seeflugzeugversionen mit großem Zentralschwimmer und zwei Stützschwimmkörpern; keine dieser Versionen in größerer Stückzahl gefertigt
**U-2NAK:** leichtes Artilleriebeobachtungs- und Aufklärungsflugzeug; Beobachter waren mit einem Heeresfunkgerät ausgestattet
**U-2S:** Serie ab 1934 in begrenzter Auflage; hinteres Cockpit durch eine geschlossene Kleinkabine für einen Sanitäter und ein Abteil mit Rückenklappe für eine Krankenliege ersetzt; später kamen Seitenfenster hinzu; andere Versionen erhielten die Bezeichnungen U-2S-1 und U-2SS (Sanitarnij Samoljet oder Sanitätsflugzeug)
**U-2SP:** für den Einbau des dritten offenen Cockpits mußten die beiden bisherigen versetzt werden; insgesamt 861 zwischen 1934 und 1939 hauptsächlich für die Aeroflot gebaute Flugzeuge; Restkontingent im Krieg zum militärischen Verbindungsdienst eingezogen
**U-2SPL:** Limousinen-Reiseflugzeug mit einer Kabine für zwei Personen anstelle des hinteren Standard-Cockpits
**U-2UT:** ab 1941 in begrenzter Zahl gebaute Schulversion mit M-11D-Motor (85 kW/115 PS)
**U-2VS:** Grundmodell der sowjetischen Luftstreitkräfte; diente im Krieg dem Führungspersonal in großer Zahl als Verbindungsflugzeug; 1945 über 9000 Maschinen, inzwischen in Po-2VS umbenannt, im Verbindungsdienst eingesetzt
**U-3:** eine von N. G. Michelson und A. I. Morschtschichin 1934 verbesserte Version zur Grundausbildung; angetrieben vom M-48 mit 147 kW (200 PS); dem Grundmodell U-2 nicht überlegen
**U-4:** bereinigte Version der U-2 mit schlankerem Rumpf, entwickelt von Michelson; nicht seriengefertigt
**Po-2GN:** Propaganda-Flugzeug „Stimme vom Himmel" mit Lautsprecher zur Ansprache feindlicher Kampftruppen
**Po-2L:** Limousinenmodell mit geschlossener Passagierkabine und Backbordtür
**Po-2P:** in begrenzter Zahl im Krieg gebaute Schwimmerflugzeugversion
**Po-2S:** militärisches Sanitätsflugzeug; Po-2S-1 ähnelte dem Vorkriegsmodell; Po-2S-2 mit M-11D-Motor und Po-2S-3 mit zwei Unterflügelbehältern für je einen Verwundeten; alternative Bezeichnung der letztgenannten Variante lautete Po-2SKF
**Po-2SchS:** Stabsverbindungsflugzeug, gebaut ab 1943; neuer Rumpf mit geschlossener Kabine für den Piloten und zwei oder drei Personen
**Po-2SP:** auf Landvermessung und Luftbildfotografie spezialisierte Version der Nachkriegszeit
**RV-23:** für Seeflugzeug-Höhenrekordversuche 1937 von Michelson entwickelter U-2-Abkömmling mit Schwimmwerk und US-Sternmotor Cyclone R-1820-F3 (529 kW/719 PS)
**CSS-13:** Bezeichnung der polnischen Ausführung; einige Maschinen mit verglastem Kabinenteil über den Besatzungsstationen
**CSS-S-13:** polnische Ambulanzversion mit Hauben über der Kanzel des Flugzeugführers und des Sanitätshelfers sowie einem geschlossenen Abteil für einen liegenden Patienten im Hinterrumpf
**E-23:** Versuchsversion von 1935 für Rückenflug

### TECHNISCHE DATEN
**Polikarpow U-2VS**

**Typ:** Schul- und Mehrzweckflugzeug
**Triebwerk:** ein Sternmotor M-11 mit 74 kW (100 PS)
**Leistung:** Höchstgeschwindigkeit 156 km/h; Dienstgipfelhöhe 4000 m; Reichweite 400 km
**Gewicht:** Rüstmasse 635 kg; max. Startmasse 890 kg
**Abmessungen:** Spannweite 11,40 m; Länge 8,17 m; Höhe 3,10 m; Tragflügelfläche 33,15 m$^2$

***Die Polikarpow U-2/Po-2 ist wahrscheinlich das meistgebaute Flugzeug aller Zeiten. Es kann daher nicht verwundern, daß viele Exemplare, wie diese CSS-13, heute noch flugtüchtig sind.***

## Pomilio-Flugzeuge bis Serie Potez 58

**Potez wurde im Ersten Weltkrieg gegründet und wuchs rasch zu einem der größten und produktivsten französischen Flugzeugwerke heran. Die Verstaatlichung 1936 brachte die Potez-Produktionsstätten in zwei verschiedene staatliche Gruppen. Erst 1953 kehrte man wieder in die Flugzeugindustrie zurück.**

# Pomilio-Flugzeuge

Die italienische Firma Fabbrica Aeroplani Ing. O. Pomilio & Compagnia wurde 1916 in Turin gegründet und nahm bald die Produktion eines Doppeldeckers ungleicher Spannweite auf, der zur bewaffneten Aufklärung dienen sollte. Die erste Ausführung, in Mischbauweise mit starrem Schleifsporn-Fahrgestell konstruiert, erhielt die Bezeichnung **Pomilio PC**. Die beiden Cockpits waren hintereinander angeordnet, und für den Antrieb sorgte ein Fiat-Reihenmotor A.12 mit 191 kW (260 PS). Die Bewaffnung bestand aus zwei Revelli-Maschinengewehren, eines auf dem Oberflügel montiert, so daß es über den Propellerkreis hinweg feuern konnte, und das andere auf einer Drehstütze im hinteren Cockpit. Erste Erfahrungen mit der im März 1917 in Dienst gestellten **PC** deckten eine gefährliche Instabilität auf, was sehr bald zur verbesserten **PD** mit überarbeitetem Motorgehäuse und, viel wichtiger, einer Kielflosse führte. Von beiden Versionen zusammen wurden 545 Exemplare gefertigt, zum größten Teil **PD**. Ende 1917 folgte die Hauptserienversion **PE** mit einer Auflage von 1071 Flugzeugen. Von den früheren Versionen dieses Doppeldeckermusters hob sie sich durch ein größeres Seiten- und Höhenleitwerk sowie durch eine etwas stärkere Bauart des Fiat-Motors A.12 ab. Im Laufe der Produktion flossen zahlreiche Detailverbesserungen in das Muster ein, und die späten Serienexemplare wurden mit einem synchronisierten, vorwärtsfeuernden Maschinengewehr und einem oder zwei Lewis-Maschinengewehren für den Beobachter bewaffnet.

### TECHNISCHE DATEN
**Pomilio PE**

**Typ:** zweisitziges, bewaffnetes Aufklärungsflugzeug
**Triebwerk:** ein V-12-Reihenmotor Fiat A.12-bis mit 221 kW (300 PS)
**Leistung:** Höchstgeschwindigkeit 195 km/h in Meereshöhe; Dienstgipfelhöhe 5000 m; Flugdauer drei Stunden, 30 Minuten
**Gewicht:** max. Startmasse 1535 kg
**Abmessungen:** Spannweite 11,80 m; Länge 8,95 m; Höhe 3,35 m
**Bewaffnung:** ein synchronisiertes, vorwärtsfeuerndes Revelli-Maschinengewehr, Kaliber 8 mm, und eine oder zwei Lewis-7,7-mm-Maschinengewehre auf Scarff-Drehkranz im hinteren Cockpit

***Die von der PC und PD abgeleitete Pomilio PE war ein bewaffneter Aufklärungsdoppeldecker, der ab 1917 bei der Regia Aeronautica diente. Dieses Exemplar hat je ein Maschinengewehr auf dem oberen Mittelflügel und im hinteren Cockpit.***

Bei Kriegsende verkauften die Gebrüder Pomilio ihre Fabrik an das Unternehmen Ansaldo und wanderten nach Amerika aus, wo Ottorino Pomilio 1917/18 als Abgesandter der Alliierten die US-Regierung in Fragen der Luftrüstung beraten hatte. Im Auftrag der US Army Air Service Engineering Division entwarf er einen Jagdeinsitzer, die **FVL-8**, und einen zweisitzigen Bomber, die **BVL-12**, mit Liberty 8 (209 kW/284 PS) beziehungsweise Liberty 12 (298 kW/405 PS) als Antrieb. Bei beiden handelte es sich um Doppeldecker ungleicher Spannweite mit starrem Hecksporn-Fahrwerk und, damals einzigartig in den USA, einem zwischen Ober- und Unterflügel verstrebten Rumpf statt des direkt am Rumpf befestigten Unterflügels. Je sechs Exemplare wurden gebaut. Der **FVL-8-Jäger** mit einer Spannweite von 8,13 m erreichte eine Spitzengeschwindigkeit von 214 km/h, aber der **BVL-12-Bomber** mit seinem 13,79 m weit gespannten Tragwerk brachte es nur auf 179 km/h, und man verzichtete auf eine weitere Produktion beider Typen.

# Porokowtschikow-Flugzeuge

Alexander Porokowtschikow gehörte zu den ersten russischen Flugzeugbauern. Schon im Ersten Weltkrieg hatte er Muster gefertigt, deren Konzeption allgemein den Modellen der Gebrüder Caudron in Frankreich ähnelte: Doppeldecker ungleicher Spannweite mit starrem Schleifsporn-Fahrgestell, einer zentralen Rumpfgondel zur Aufnahme des Motors und der Besatzung sowie mit einem durch vier verstrebte Längsträger an das Tragwerk angebundenen Leitwerk. Ungewöhnlich war, daß diese Konfiguration unabhängig davon beibehalten wurde, ob der Motor eine Druck- oder Zugschraube antrieb. Das wichtigste Modell stellte die im Februar 1917 erstmals geflogene **Porokowtschikow P-IV** dar, die drei Monate später in Serie ging und meistens von einem 37 kW (50 PS) starken Gnome- oder Le Rhône-Umlaufmotor angetrieben wurde. Bei der ersten Baureihe **P-IV** war der Motor für eine Druckschraube konfiguriert, und die beiden Besatzungsmitglieder saßen hintereinander in offenen Kanzeln der Rumpfgondel. Die nachfolgende **P-IVbis** erhielt einen Zugschraubenmotor und nebeneinander montierte Sitze. Die **P-IV2bis** übernahm den Zugschraubenmotor, kehrte aber wieder zu Tandemsitzen zurück. Die nach dem Krieg gebaute **P-VI**, die 1921 in Produktion ging, entsprach ihr weitgehend, hatte aber eine verstärkte Struktur zum Einbau des stärkeren (81 kW/110 PS) Le-Rhône-Motors, mit dem sie in der Regel ausgerüstet wurde. Das Mittelstück des Oberflügels dieser Version war frei von Rippen und Bespannung, um dem Piloten eine bessere Sicht nach oben zu ermöglichen. Die **P-VIbis** von 1923 erhielt jedoch wieder die übliche Art des Oberflügel-Mittelstücks. Über die **P-IV**-Familie hinaus baute Porokowtschikow etliche Doppelsitzer **P-V** zur Fortgeschrittenenschulung.

### TECHNISCHE DATEN
**Porokowtschikow P-IVbis**

**Typ:** zweisitziges Schulflugzeug
**Triebwerk:** ein Umlaufmotor Le Rhône mit 59 kW (80 PS)
**Leistung:** Höchstgeschwindigkeit 112 km/h; Dienstgipfelhöhe 3000 m; Flugdauer vier Stunden, 36 Minuten
**Gewicht:** Leermasse 398 kg; max. Startmasse 660 kg
**Abmessungen:** Spannweite 10,21 m; Länge 7,30 m; Tragflügelfläche 33,10 m²

# Porterfield Flyabout

Das von Noel Hockaday entworfene und von Studenten der Wyandotte High School in Kansas City konstruierte Leichtflugzeug Wyandotte Pup erschien derart aussichtsreich, daß die heimische Porterfield Aircraft Corporation den Entwurf aufkaufte und zugleich seinen Erbauer als Werksleiter und Chefkonstrukteur einstellte. Die Pup wurde zur **Porterfield Modell 35 Flyabout** fortentwickelt, einem abgestrebten Hochdecker mit zweisitziger Kabine und starrem Hecksporn-Fahrwerk. In der ab 1935 erhältlichen Ausführung lieferte ein LeBlond-Sternmotor 5D den Antrieb mit 45 kW (61 PS), doch 1937 wurde der 52 kW (70 HP/71 PS) starke LeBlond 5DE eingebaut, und die Bezeichnung änderte sich in **Modell 35-70 Flyabout**.

### TECHNISCHE DATEN
**Porterfield 35-70 Flyabout**

**Typ:** zweisitziger Kabinen-Eindecker
**Triebwerk:** ein Sternmotor LeBlond 5DE mit 52 kW (71 PS)
**Leistung:** Höchstgeschwindigkeit 185 km/h; Dienstgipfelhöhe 4570 m; Reichweite 579 km
**Gewicht:** Leermasse 366 kg; max. Startmasse 594 kg
**Abmessungen:** Spannweite 9,75 m; Länge 6,17 m; Höhe 2,01 m; Tragflügelfläche 13,66 m²

***Das Modell 35 Flyabout war mit verschiedenen Motortypen erhältlich.***

Zu den späteren Versionen dieses populären Musters zählten das **Modell 35-V** mit einem Velie-M-5-Motor (48 kW/65 PS) und das Spitzenmodell **35-W**, auch **De Luxe Sport** oder **Modell 90** genannt, angetrieben vom Warner Scarab Junior mit 67 kW (91 PS). Die Produktion aller Varianten belief sich auf etwa 250 Exemplare.

# Porterfield Zephyr und Collegiate

1936 entwickelte die Porterfield Aircraft Corporation eine leichtere Version der Flyabout, die anfangs **Porterfield Zephyr** genannt und später in **Porterfield CP-40** umgetauft wurde. Sie war grundsätzlich ähnlich wie die Flyabout ausgelegt, hatte aber ein anderes Leitwerk und einen 30-kW-Flugmotor (40 PS). Die begrenzte Leistung und die wachsenden Ansprüche an die Pilotenausbildung führten dann zur Entwicklung der **CP-50 Collegiate**, die zunächst einen Continental-Motor A50-4 m

**TECHNISCHE DATEN**
**Porterfield CP-65 Collegiate**
**Typ:** zweisitziges Schulflugzeug
**Triebwerk:** ein Vier-Zylinder-Boxermotor Continental A65-8-9 mit 48 kW (65 PS)
**Leistung:** Höchstgeschwindigkeit 174 km/h; Dienstgipfelhöhe 4570 m; Reichweite 438 km
**Gewicht:** Leermasse 304 kg; max. Startmasse 526 kg
**Abmessungen:** Spannweite 10,59 m; Länge 6,91 m; Höhe 2,11 m; Tragflügelfläche 15,68 m²

***Die Kennung Collegiate bezog sich auf die Nennleistung des verwendeten Flugmotors. Die abgebildete CP-55 hatte einen 55 PS starken Vier-Zylinder-Boxermotor von Continental.***

37 kW (50 PS) als Antrieb erhielt. Diese Ausführung kam sogar noch besser an als die Flyabout, so daß insgesamt rund 400 Exemplare in folgenden Versionen entstanden: **CP-55** mit neuer Motorhaube, **CP-65** mit Continental A65-8/-9 (48 kW/65 PS), **FP-60** mit Franklin-Motor 4AC-171-A1 (45 kW/60 PS), **FP-65** mit Franklin 4AC-176-B29 (48 kW/65 PS), **LP-50** mit Avro Lycoming O-145-A1 (37 kW/50 PS), **LP-55** mit O-145-A3 (41 kW/55 PS) und **LP-65** mit O-145-B1/B2 (48 kW/65 PS). Die letzten Maschinen wurden 1941 gebaut, und die Herstellung von zivilen Luftfahrzeugen endete kurz vor dem Eintritt der USA in den Zweiten Weltkrieg.

# Potez VIII

Der Prototyp des zweisitzigen Reise- und Grundschulflugzeugs **Potez VIII** flog erstmals am 9. April 1920. Den Antrieb besorgte ein eigens konstruierter Flugmotor, der Potez A 4 mit 37 kW (50 PS). Die **Potez VIII**, ein leichter Doppeldecker ungleicher Spannweite, hatte ein vierrädriges Fahrgestell mit Schleifsporn, der aber nur zur Landung benutzt wurde. Der ungewöhnliche A-4-Motor erwies sich als völlig ungenügend, so daß man für die geplanten 100 Serienflugzeuge auf den Anzani-Sternmotor 6Ab mit 52 kW (70 PS) zurückgriff.

Eine der gebauten Versionen war die **Potez VIIIA** von 1922 mit einem 59 kW (80 PS) starken Anzani 6A3 und konventionellem Zweirad-Fahrgestell. Es entstanden fünf solcher Maschinen, von denen zwei nachträglich die Konfiguration der **Potez VIII** erhielten und eine für einen wohlhabenden Geschäftsmann in Marseille zum Schwimmerflugzeug **Potez VIIIH** umgerüstet wurde.

**TECHNISCHE DATEN**
**Potez VIII**
**Typ:** zweisitziges Reise-/Grundschulflugzeug
**Triebwerk:** ein Sternmotor Anzani 6Ab mit 52 kW (70 PS)
**Leistung:** Höchstgeschwindigkeit 142 km/h; Dienstgipfelhöhe 4000 m
**Gewicht:** Rüstmasse 240 kg; max. Startmasse 470 kg
**Abmessungen:** Spannweite 8 m; Länge 5,72 m; Tragflügelfläche 20 m²

***Die Potez VIII siegte 1924 mit einer fünfköpfigen Mannschaft beim Grand Prix de Tourisme.***

# Potez IX

Der Doppeldecker **Potez IX** hatte einen sorgfältig zugeschnittenen Rumpf, dem ein völlig neues Konzept zugrunde lag. Hinter der geschlossenen Kabine für vier Fluggäste war ein offenes Cockpit für den Piloten eingerichtet. Für die vier Passagiere bedeutete dies eine enorme Verbesserung, da sie auf diese Weise vor Wind und Wetter geschützt waren und daher auch längere Flüge keine große Strapaze mehr darstellten. Der von einem Lorraine Dietrich 12Da angetriebene Prototyp flog erstmals 1921, gefolgt von 30 Serienmaschinen mit erweiterter Seitenflosse. Das Einzelexemplar **Potez IX S** mit einem Tragwerk von größerer Flügelfläche wurde im Jahr 1921 getestet.

# Potez X

Die **Potez X A** von 1922 war eine dreimotorige, vergrößerte Ausgabe der Potez IX, vorgesehen für allgemeine Transportdienste in den Kolonien. Von den drei Hispano-Suiza-Motoren 8Aa je 103 kW (140 PS) hatte man einen im Bug und die beiden anderen in Gerüsten beiderseits vom Rumpf zwischen Ober- und Unterflügel montiert. Zehn Passagiere fanden in einer vorderen Rumpfkabine Platz. Die freistehenden Fahrwerksbeine wurden durch Zwillingsbugräder und einen Schleifsporn im Heck ergänzt. Später wich der ursprüngliche Triebwerkstyp dem kräftigeren Hispano-Suiza 8Ab.

Die **Potez X B** war eine militärische Ausführung mit Hispano-Suiza 8Bec, die je 206 kW (280 PS) erzeugten, und die **Potez X C** wiederum eine zivile Verkehrsmaschine mit dem gleichen Antrieb wie bei der **Potez X B**.

# Potez XV

Der zweisitzige Beobachtungsdoppeldecker **Potez XV**, von Louis Coroller in Eigeninitiative konstruiert, wurde 1921 beim Pariser Salon de l'Aéronautique vorgestellt. Der vom Lorraine 12D mit 272 kW (370 PS) angetriebene Prototyp erbrachte gute Flugleistungen und erreichte die amtliche Zulassung in der Kategorie H.2 (zweisitziges Beobachtungsflugzeug). Großaufträge gingen von der Aéronautique Militaire ein, und die Auslieferung begann Ende 1923. Die Serienmaschinen erhielten zwar den Lorraine-Motor 12Db, aber ansonsten blieb die Original-Konfiguration unverändert. Die hölzerne Grundstruktur war im vorderen Rumpfbereich mit Blech beplankt und der Rest mit Stoff bespannt.

Die **Potez XV** erzielte etliche Exportaufträge. So gingen acht Maschinen an Dänemark, zwölf an Spanien, 120 an Rumänien und 30 Exemplare einer leicht modifizierten Version mit der Bezeichnung **Potez XVII** an Bulgarien. Darüber hinaus schloß sich an ein offenbar erfolgreiches, nach Polen exportiertes Vorführbaulos eine Serie von 135 Lizenzflugzeugen aus polnischer Fertigung an.

***Auch die Potez XV gewann einen Preis, den Coupe Zénith des Jahres 1924.***

# Potez XXVII

Die 1924 erschienene **Potez XXVII** hatte zwar die höhere Typnummer, stellte aber eine Zwischenstufe zwischen der Potez XV und der Potez 25 dar. Es handelte sich um einen zweisitzigen Doppeldecker der Kategorie A.2 (Beobachtung), der die Baugruppen Motor, Rumpf, Seitenflosse samt Ruder und Achsfahrwerk der Potez XV mit dem Höhenleitwerk samt ausgeglichenen Rudern und dem Tragwerk ungleicher Spannweite der Potez 25 miteinander verband.

Der Typ wurde nur für den Export gebaut. Polen erwarb 1925 20 Maschinen und fertigte anschließend nochmals 155 Lizenzexemplare in den P.W.S.-Werken. Einige davon dienten noch 1936 als Übungsflugzeuge. Auch Rumänien produzierte 1926 30 **Potez XXVII**.

***Dies ist eine der 155 Potez XXVII, die P.W.S. für die polnischen Luftstreitkräfte in Lizenz fertigte.***

Die Bewaffnung umfaßte ein starres, synchronisiertes und zwei schwenkbare 7,7-mm-Maschinengewehre sowie eine Höchstlast von 200 kg Bomben. Die **Potez XXVII** wurde vom Lorraine 12Db mit 294 kW (400 PS) angetrieben.

# Potez 25

Die **Potez 25**, eines der berühmtesten Militärflugzeuge aus der Zeit zwischen den Kriegen, wurde aus dem von Louis Coroller konstruierten Prototyp Potez 24 der Kategorie A.2 entwickelt, der erstmals 1924 geflogen war. Das verbesserte Musterflugzeug **Potez 25** entstand im neuen Potez-Werk in Méaulte und startete Anfang 1925 zum Erstflug. Der Doppeldecker ungleicher Spannweite hatte eine Motoraufhängung, die sich für ein breites Spektrum unterschiedlicher Triebwerkstypen mit einer Leistungsspanne von 294 kW (400 PS) bis 442 kW (600 PS) eignete. Der sorgfältig geformte Rumpf nahm den Piloten und den Beobachter/Bordschützen dicht hintereinander in Cockpits unter einem Ausschnitt in der Hinterkante des Oberflügel-Mittelstücks auf. Das neue Querachsen-Fahrgestell war mit Potez-Spezialstoßdämpfern ausgestattet.

***Die Potez 25 wurde ebenso wie ihre britischen, niederländischen und sowjetischen Gegenstücke in zahlreichen Varianten gebaut. Abgebildet sind Zweisitzer der Kategorie A.2.***

Insgesamt 87 Varianten dieses Typs wurden für den zivilen und militärischen Bereich entwickelt und in Frankreich in über 3500 Exemplaren gebaut, größtenteils im Potez-Werk, aber auch in Lizenz von A.N.F. Les Mureaux und Hanriot. Im Ausland fertigte Polen 300 **Potez 25** in Lizenz, Jugoslawien 200, Rumänien 70 und Portugal 27. Zu den Ländern, die in Frankreich hergestellte Maschinen nutzten, gehörten China, das den Typ gegen die Japaner einsetzte, Paraguay, das ihn gegen die bolivianische Luftwaffe verwendete, Uruguay, Griechenland, Äthiopien, das ein kleines Kontingent 1935 gegen die Invasionstruppen Italiens einsetzte, die Schweiz, die den Typ bis 1940 im Dienst hielt, und Estland. Ferner

wurden einige Versuchsflugzeuge an die Sowjetunion und an Dutzende andere Länder verkauft. Viele der exportierten und in Lizenz gebauten **Potez 25** waren zweisitzige Leichtbomber B.2.

Zivile **Potez 25** mit Lorraine-Motor dienten Aéropostale und den ihr angeschlossenen Unternehmen in Südamerika für regelmäßige Postflüge über die Anden, ferner den Flugschulen Caudron und Hanriot. Die Compagnie Française d'Aviation setzte vom Salmson angetriebene **Potez 25** zur Ausbildung ein.

***Eine Potez 25 A.2 der 2. Escadron de Reconocimiento y Bombardio der paraguayischen Luftwaffe, im Juni 1933 auf Isla Poi stationiert.***

**Varianten**

**Potez 25 1925 Experimental:** Prototyp mit Hispano-Suiza-Motor 12Ga (331 kW/450 PS)

**Potez 25 A.2:** zweisitzige Beobachtungsversion mit Salmson-Sternmotor 18Cmb (383 kW/520 PS) oder Lorraine 12Eb

**Potez 25 ET.2:** zweisitziges Zwischenphasen-Schulflugzeug mit dem 368 kW (500 PS) starken Sternmotor Salmson 18Ab; von der Aéronautique Militaire und der C.F.A. geflogen

**Potez 25 „Jupiter":** von Ikarus (Jugoslawien) und OSGA (Portugal) gebaute Lizenzversion und an Estland und an die Schweiz verkaufte Maschinen französischer Herstellung mit Gnome-Rhône-9Ac-Jupiter-Sternmotor (309 kW/420 PS)

**Potez 25/5:** Serienversion (100 Flugzeuge) der Gattung A.2 und CN.2; V-12-Reihenmotor Renault 12Jb mit 368 kW (500 PS) und größerem Seitenruder

**Potez 25 TOE:** Hauptserienversion; 2270 Flugzeuge gebaut, davon 297 exportiert, 25 auf zivilen Luftpoststrecken und die übrigen bei den französischen Luftstreitkräften eingesetzt

**Potez 25GR:** Einrüstung einer Kraftstoffanlage mit größerem Fassungsvermögen für Langstreckenflüge in die Standardversion mit Lorraine-Motor

**Potez 25M:** Umbau eines vom Hispano-Suiza angetriebenen Doppeldeckers zum gestielten Hochdecker für Rumänien; keine Serienfertigung

**Potez 25 Hispano-Suiza:** ministerielle VIP-Transportversion mit V-12-Reihenmotor Hispano-Suiza 12Lb; dieser 600-PS-Motor trieb auch die nach Griechenland exportierte Leichtbomber-/Aufklärungsversion an

**Potez 25 Farman** (oder **Potez 25/4**): Aufklärerversion; zwölf Exemplare mit Farman-Motor 12We (368 kW/500 PS); diente bei der Armée de l'Air

**Potez 25/35:** vom Lorraine angetriebene Variante, verwendet zum Schleppen von Luftzielen; zwölf Exemplare für die Aéronavale

**Potez 25/55:** vom Lorraine angetriebene Variante mit Doppelsteuer; 40 Exemplare gebaut und hauptsächlich von der Aéropostale, der Flugschule Caudron und der Liniengesellschaft Hanriot verwendet

**Potez 25-O:** besonders verstärkte und zur Nonstop-Atlantiküberquerung modifizierte Version („O" stand für „Océan") mit Jupiter-Sternmotor, verstärktem abwerfbaren Fahrgestell und verstärkter Landekufe an der Rumpfunterseite; Maschine verunglückte im September 1925 bei einem Rundkurs-Rekordversuch, und Atlantikflug fand nicht statt; eine zweite transatlantische Potez 25 1927 gebaut, aber mangels Interesse wieder aufgegeben

**Potez 25H:** mindestens zwei auf der Potez 25 mit Jupiter-Antrieb basierende Schwimmerflugzeuge wurden getestet, eines mit einem großen Haupt- und zwei Stützschwimmern unter den Tragflächen und das andere mit Doppelschwimmern

**TECHNISCHE DATEN**

**Potez 25 TOE**

**Typ:** zweisitziges Mehrzweck-Militärflugzeug

**Triebwerk:** ein Lorraine-Kolbenmotor 12Eb mit 331 kW (450 PS)

**Leistung:** Höchstgeschwindigkeit 208 km/h; Dienstgipfelhöhe 5800 m; Reichweite 1260 km

**Gewicht:** Rüstmasse 1510 kg; max. Startmasse 2500 kg

**Abmessungen:** Spannweite 14,14 m; Länge 9,10 m; Höhe 3,67 m; Tragflügelfläche 47 m²

**Bewaffnung:** ein starres Vickers-Maschinengewehr, Kaliber 7,7 mm, synchronisiert im Motorgehäuse, und zwei Lewis-7,7-mm-Maschinengewehre auf Drehlafette TO 7 über dem Beobachter-Cockpit sowie maximal 200 kg Bomben

# Potez 29

Der Prototyp **Potez 29 (F-AIQD)**, 1927 im Flug erprobt, war als Passagierversion der Potez 25 entwickelt worden. Der Antrieb entsprach dem der Potez 25 TOE, und die Tragflächen sowie das Fahrgestell waren ähnlich konstruiert, doch der völlig neu entworfene Rumpf bot ein geschlossenes Cockpit für die zweiköpfige Besatzung und eine Standardkabine mit fünf Passagiersitzen. Der Rumpf hatte eine beachtliche lichte Höhe und füllte den gesamten Raum zwischen Ober- und Unterflügel aus.

Die **Potez 29** kam sofort gut an, und 29 Exemplare gingen in den Liniendienst bei zivilen Fluggesellschaften wie CIDNA und Aeroput (Jugoslawien).

**Varianten**

**Potez 29:** Prototyp und die ersten sechs Serienexemplare, alle Verkehrsflugzeuge mit Lorraine 12Eb; vier an die jugoslawische Fluglinie Aeroput ausgeliefert

**Potez 29/2:** 123 Exemplare mit gleichem Motor wie oben, davon 120 für die französische Aéronautique Militaire; 1932 verfügte jede französische Kolonialstaffel über eine Abteilung mit drei Sanitätsflugzeugen Potez 29/2; zwei zivile Maschinen gingen nach Jugoslawien

**Potez 29/4:** zivile Ausführung mit Sternmotor Gnome-Rhône Jupiter 9Ady (353 kW/480 PS); 15 Maschinen, davon 13 Exemplare für die Fluglinie CIDNA und zwei für Rumänien

**Potez 29/11:** von Pelletier d'Oisy geflogene Langstreckenversion mit erweitertem Tankvolumen und dem gleichen Motor wie in der Potez 29/5

***Beim Doppeldecker Potez 29 wurde größerer Wert auf die Nutzlast als auf Flugleistungen gelegt. So war der kastenförmige Rumpf zur maximalen Unterbringung von Passagieren ausgelegt. Abgebildet ist eine Potez 29/2, die die Briten 1940 zum Dienst in Nahost einzogen.***

# Potez 32 und 33

Das von der Potez 29 abgeleitete fünfsitzige Passagier- oder Postflugzeug **Potez 32** behielt den Rumpf, das Leitwerk und das Fahrgestell des Vorgängermodells bei, wurde aber als abgestrebter Hochdecker ausgelegt. Auf den Prototypen **(F-AIKZ)**, der erstmals 1928 flog, folgten 54 Serienmaschinen. Ein Unterschied zur Potez 29 bestand im leistungsschwächeren und folglich wirtschaftlicheren Salmson-Sternmotor, doch spätere Flugzeuge erhielten den stärkeren Jupiter-Motor. Der Typ diente bei der CIDNA, Air Orient und Aéropostale, und zwölf Exemplare wurden nach Kanada exportiert.

Der im März 1928 getestete Prototyp **Potez 33** war eine Militärversion der **Potez 32** für den Verbindungs- und Beobachtungsdienst oder zur Schulung von Flugzeugführern und Beobachtern. Die Maschine hatte standardmäßig Doppelsteuer und führte große Beobachtungsfenster sowie ein Maschinengewehr auf dem Rumpfrücken ein. Leichte Bomben konnten ebenfalls mitgeführt werden.

**TECHNISCHE DATEN**

**Potez 33/2**

**Typ:** Mehrzweck-Militärflugzeug

**Triebwerk:** ein Sternmotor Salmson 9Ab mit 169 kW (230 PS)

**Leistung:** Höchstgeschwindigkeit 190 km/h; Dienstgipfelhöhe 4500 m; Reichweite 700 km

**Gewicht:** Rüstmasse 950 kg; max. Startmasse 1750 kg

**Abmessungen:** Spannweite 14,50 m; Länge 10,15 m; Tragflügelfläche 35 m²

**Bewaffnung:** ein Vickers-7,7-mm-Maschinengewehr auf Drehkranz und leichte Bomben an Halterungen unter dem Rumpf

***Die abgebildete Potez 32 trägt die Farben der französischen Compagnie Internationale de Navigation Aérienne, abgekürzt CIDNA.***

**Varianten**

**Potez 32:** ziviler Prototyp und 31 Serienflugzeuge; Salmson-Sternmotor 9Ab

**Potez 32/2:** Einzelexemplar mit 169 kW (230 PS) starkem Lorraine 7Ma

**Potez 32/3:** sieben Exemplare mit Wright-Sternmotor J-5 (164 kW/223 PS)

**Potez 32/4:** vom Gnome-Rhône Jupiter 9Aa mit 280 kW (380 PS) angetriebene Ausführung der Potez 32 mit etwas größerer Flügelfläche; neun neugebaute und fünf nachgerüstete Exemplare

**Potez 32/5:** Versuchsflugzeug mit Hispano-Suiza-Motor 9Qd

**Potez 33/1:** Musterflugzeug und ein weiteres Exemplar mit einem 169 kW (230 PS) starken Lorraine 7Me; beide von Portugal für den militärischen Transportdienst erworben

**Potez 33/2:** Version mit Salmson-Sternmotor 9Ab; 40 Exemplare, davon eine kleine Serie für die brasilianische Luftwaffe, der Rest für die Aéronautique Militaire; neun Maschinen bildeten ab März 1931 die Hauptausrüstung der kolonialen Escadrille de Madagascar

**Potez 33/3:** 1931 mit Sternmotor Gnome-Rhône 7Kdrs (221 kW/300 PS) gebaute Version; vier Exemplare für Belgien

**Potez 33/4:** 1931 mit Lorraine-Motor 9Na (221 kW/300 PS) gebaute Version

## Potez 36

Die **Potez 36** war ein abgestrebter Hochdecker mit geteiltem Breitspur-Fahrwerk, und ihr Pilot und sein Mitflieger saßen nebeneinander in einer geschlossenen Kabine. Die von Potez konstruierten Vorflügel bedeuteten einen hohen, von allen geschätzten Sicherheitsfaktor, die es sich finanziell leisten konnten, das Muster für Wochenend- und Ferienflüge zu erwerben. Der Entwurf berücksichtigte auch Klappflügel, so daß sich die Maschine in der Garage parken und ohne weiteres im Pkw-Schlepp bewegen ließ.

Die **Potez 36** erwies sich als großer Erfolg, und von 1929 bis 1933 wurden gut 300 Exemplare für Privatpiloten und Fliegerclubs gebaut. In den dreißiger Jahren verwendete die Armée de l'Air einige **Potez 36** als Erkundungs- und Verbindungsflugzeuge.

**TECHNISCHE DATEN**
**Potez 36/3**
**Typ:** zweisitziges Sport-/Reiseflugzeug
**Triebwerk:** ein Sternmotor Salmson 5Ac mit 45 kW (60 PS)
**Leistung:** Höchstgeschwindigkeit 150 km/h; Dienstgipfelhöhe 3600 m; Reichweite 500 km
**Gewicht:** Rüstmasse 427 kg; max. Startmasse 650 kg
**Abmessungen:** Spannweite 10,45 m; Länge 7,50 m; Höhe 2,45 m

**Varianten**
**Potez 36/3:** Prototyp und sechs Serienflugzeuge Potez 36/3 ohne Vorflügel
**Potez 36/5:** Version mit 70 kW (95 PS) starkem Salmson-Sternmotor 7Ac und ohne Nasenklappen; das erste von fünf Exemplaren flog im August 1929
**Potez 36/13:** Serienversion; Antrieb wie bei der Potez 36/5, aber mit Vorflügeln; das erste von 96 Exemplaren flog im Juni 1931
**Potez 36/14:** Hauptserienversion; 103 Flugzeuge mit Renault 4Pb (70 kW/95 PS)
**Potez 36/15:** erste Variante mit 74 kW (100 PS) starkem Potez-Motor 6Ab; 18 von 1931 bis 1932 gebaute Maschinen
**Potez 36/17:** zwei Exemplare mit Cirrus Hermes IIB (78 kW/106 PS)
**Potez 36/19:** zwei im November 1932 mit Renault-Motor 4Pci (74 kW/100 PS) gebaute Exemplare
**Potez 36/21:** Serienversion mit Potez-Motor 6Ac (74 kW/100 PS) und Ballonreifen am Hauptfahrwerk; 29 ab November 1932 gebaute Flugzeuge

***Die Vorflügel der Potez 36 sorgten für gute Langsamflugeigenschaften.***

## Potez 37 und 39

Die **Potez 37** und **Potez 39** erschienen 1930, beide als abgestrebte Schirmeindekker in Ganzmetallbauweise für zwei Personen. Erstere war als Jagdaufklärer gedacht, dessen Hinterrumpf sich zum dünnen Rohrträger für das Leitwerk verjüngte, um dem Bordschützen ein möglichst gutes Schußfeld zu bieten. Der Prototoyp **Potez 39 (F-ALRL)** war für die Beobachtungskategorie A.2 konzipiert und hatte einen entsprechend konventionellen Rumpf sowie Tragflächen mit elliptisch geformten Randbögen.

Die Serienproduktion der **Potez 37** wurde abgelehnt, so daß letztlich nur zwei Exemplare entstanden. Die **Potez 39** dagegen erwies sich als vielversprechend und wurde von der Armée de l'Air akzeptiert. Die Serienmaschinen **Potez 390** und **Potez 391** erfuhren im Laufe der Produktion und im Truppendienst verschiedene Modifikationen, so vor allem die Einführung eines größeren Seitenruders. Unverändert bestehen blieben die Grundzüge des Entwurfs: das geteilte starre Breitspur-Fahrwerk mit Radkappen, stromlinienförmige V-Streben des Tragwerks und verglaste Flächen an den Rumpfseiten zwischen den Cockpits.

Die Armée de l'Air erhielt 232 **P-390** und **P-391**. Als erste Einheit rüstete Anfang 1934 die 34e Escadre von der Potez 25 auf das neue Muster um.

**TECHNISCHE DATEN**
**Potez 390 A.2**
**Typ:** zweisitziges Beobachtungsflugzeug
**Triebwerk:** ein V-12-Reihenmotor Hispano-Suiza 12Hb mit 427 kW (580 PS)
**Leistung:** Höchstgeschwindigkeit 240 km/h; Dienstgipfelhöhe 7000 m; Reichweite 700 km
**Gewicht:** Rüstmasse 1492 kg; max. Startmasse 2650 kg
**Abmessungen:** Spannweite 16 m; Länge 10 m; Höhe 3,40 m; Tragflügelfläche 35 m²
**Bewaffnung:** ein synchronisiertes Darne-7,5-mm-Bugmaschinengewehr und zwei Lewis-7,7-mm-Maschinengewehre auf Ringlafette über dem Beobachter-Cockpit sowie bis zu 120 kg Bomben an Gehängen unter dem Rumpf

**Varianten**
**Potez 39:** Prototyp des erfolgreicheren Modells, ausgestattet mit einem Hispano-Suiza-Motor 12Hb mit größerem Lufteinlauf als bei den Serienflugzeugen
**Potez 390:** Hauptserienversion der Potez 39; das Triebwerk des Prototyps wurde beibehalten; Triebwerk wie beim Prototyp; insgesamt 244 Potez 390 und 391
**Potez 391:** Baureihe mit Lorraine-Motor 12Hdr (383 kW/520 PS); Peru beschaffte zwölf Exemplare, ausgerüstet als leichte Bomber beziehungsweise Nachtjäger; sie verfügten über einen größeren Lufteinlauf, als er bei den französischen Standardflugzeugen zum Einsatz kam
**Potez 39/10:** in der Kategorie R.2 eines zweisitzigen Aufklärers mit kräftigerem Hispano-Suiza-Motor 12Ybrs (633 kW/860 PS); der Erstflug fand im Januar 1934 statt; anschließend wurde das Muster einer sowjetischen Kommission in Villacoublay vorgeführt; ein Auftrag zur Serienfertigung erging jedoch nicht
**Potez 49 TOE:** zum Mehrzweck-Anderthalbdecker für den Kolonialdienst umgebaute Potez 392; der kleine Unterflügel war mit zwei Streben gegen den Oberflügel abgefangen; flog 1932 mit Hispano-Suiza-Motor 12Hb (427 kW/580 PS), obwohl die Tests erfolgreich verliefen, gab es keine Serienproduktion des Modells

***Der auslegerähnliche Hinterrumpf der Potez 37 sollte dem Bordschützen ein gutes Schußfeld bieten. Als Triebwerk diente ein Hispano-Suiza mit 478 kW (650 PS).***

## Potez 43 (Serien)

)er Erfolg des Reiseflugzeugs Potez 36 ührte zur Entwicklung der verbesserten otez 43, deren Prototyp im Juni 1932 seien Jungfernflug absolvierte. Das abgetrebte Hochdecker-Tragwerk der P.36 lieb erhalten, doch die Spannweite der orflügel wurde auf die der Querruder reuziert und ein verfeinerter Rumpf eingeührt, dessen Kabine drei Personen Platz ot. Am Fahrwerk ließen sich Radkappen nbringen, und das Leitwerk war überareitet worden.

***Das Leichtflugzeug Potez 430 war mit kurz gespannten Vorflügeln ausgestattet.***

Der Prototyp und die ersten Serienmaschinen wurden vom Potez 6Ac angetrieben, aber spätere Varianten erhielten größtenteils den Renault 4. Die Gesamtproduktion ergab 161 Flugzeuge, einschließlich der kleinen Zahl, die speziell für den Verbindungs- und Übungsdienst bei der Armée de l'Air entstanden.

**TECHNISCHE DATEN**
**Potez 438**
**Typ:** dreisitziges Verbindungs-, Beobachtungs- und Schulflugzeug
**Triebwerk:** ein Reihenmotor Renault 4Pdi mit 88 kW (120 PS)
**Leistung:** Höchstgeschwindigkeit 170 km/h; Dienstgipfelhöhe 5000 m; Reichweite 700 km
**Gewicht:** Rüstmasse 560 kg; max. Startmasse 840 kg
**Abmessungen:** Spannweite 11,30 m; Länge 7,65 m; Höhe 2,36 m; Tragflügelfläche 18 m²

**Varianten**
**Potez 430:** Prototyp und die ersten 24 Serienflugzeuge mit Potez-Motor 6Ac
**Potez 431:** Serienversion; 60 ab Juni 1933 gebaute Flugzeuge mit modifizierten Vorflügeln und erweiterter Seitenflosse
**Potez 432:** drei Exemplare mit Renault-Motor 4Pei (74 kW/100 PS)
**Potez 434:** neun Exemplare mit de Havilland Gipsy Major I (89 kW/121 PS); Erstflug am 2. November 1933
**Potez 435:** elf Exemplare mit Renault 4Pdi (38 kW/120 PS)
**Potez 438:** Serienversion mit Renault 4Pdi (88 kW/120 PS) und neu eingeführtem Spornrad; 33 Maschinen ab Mai 1934 als Verbindungs-, Beobachtungs- und Schulflugzeuge an die Armée de l'Air ausgeliefert; 17 Maschinen 1937 grundüberholt und zur privaten Nutzung verkauft

## Potez 54

er in Eigeninitiative für die Kategorie M.4 ıtwickelte Prototyp **Potez 54** flog erstmals am 14. November 1933. Der Entwurf dieses „multiplace de combat", gedacht als Viersitzer, der Aufgaben als Begleitjäger, Bomber und Fernaufklärer erfüllen konnte, stammte von Louis Coroller. Die weitgehend aus Holz konstruierte **Potez 54** war ein Hochdecker mit geteiltem Seitenleitwerk und zwei V-12-Reihenmotoren Hispano-Suiza 12Xbrs je 508 kW (690 PS) als Antrieb. Die stromlinienförmigen Motorgondeln waren mit Stummelflächen an den Rumpf angebunden und fungierten zugleich als Gehäuse für die Hauptfahrwerksbaugruppen. Unter die Stummelflügel konnten Bomben gehängt werden. Im

Laufe der Entwicklung wich das doppelte Seitenleitwerk einer einzelnen Seitenflosse/Ruder. In dieser Form erhielt der Typ die neue Bezeichnung **Potez 540 Nr. 1** und stieß am 25. November 1934 zur Armée de l'Air. Parallel zur **Potez 540** wurden die Musterflugzeuge **Potez 541** mit Gnome-Rhône-Sternmotoren 14Kdrs und **Potez 542** mit Lorraine-Petrel-Motoren entwikkelt, die 530 kW (720 PS) erzeugten.

Allen Versionen gemein war die Abwehrbewaffnung in Form handbedienter Waffentürme im Bug und auf dem Rumpfrücken sowie einer fahrbaren MG-Wanne unter dem Rumpf. Funk-, Sauerstoff- und Nacht- beziehungsweise Blindflugausrüstung gehörten zum Standardumfang, und zudem konnten Aufklärungskameras mitgeführt werden.

***Potez 540***

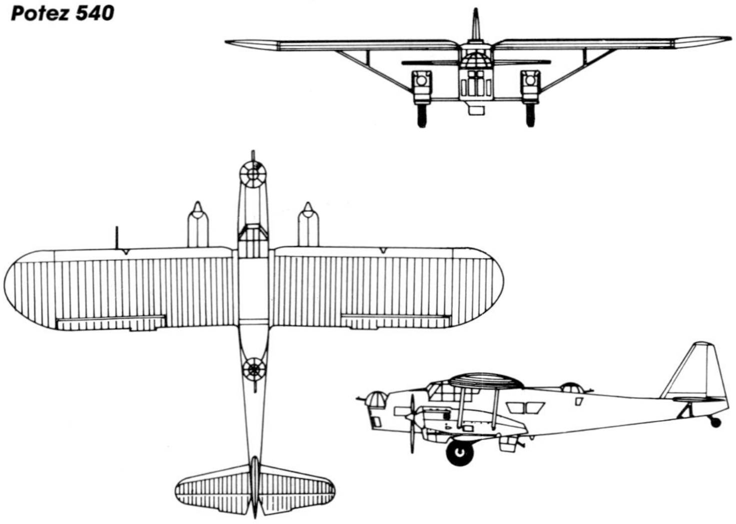

***Die Potez 54 zeigte das kantige Erscheinungsbild französischer Bomber der dreißiger Jahre. Diese 540 wurde 1940 in Middle Wallop fotografiert.***

### TECHNISCHE DATEN
**Potez 540**

**Triebwerke:** zwei V-12-Reihenmotoren Hispano-Suiza 12Xirs je 508 kW (690 PS)
**Leistung:** Höchstgeschwindigkeit 310 km/h; Dienstgipfelhöhe 5182 m; Reichweite mit maximaler Bombenlast 1250 km
**Gewicht:** Rüstmasse 3785 kg; max. Startmasse 5950 kg
**Abmessungen:** Spannweite 22,10 m; Länge 16,20 m; Hähe 3,88 m; Tragflügelfläche 76 m$^2$
**Bewaffnung:** drei Darne-7,5-mm-Maschinengewehre und eine Abwurflast von entweder vier 225-kg-Bomben an externen Aufhängungen oder zehn 55-kg-Bomben im internen Waffenschacht

# Potez 56 (Serien)

Der Prototyp **(F-ANSU)** des von Louis Coroller entworfenen Geschäftsreiseflugzeugs **Potez 56** absolvierte seinen Jungfernflug am 18. Juni 1934. Die weitgehend aus Holz konstruierte **Potez 56** war ein freitragender Tiefdecker mit Standard-Leitwerk, aber einem Flügelprofil, das dem des Rennflugzeugs Potez 53 entsprach. Die vorbildlich klare Linienführung dieses Typs wurde von einem Fahrwerk unterstrichen, das nach hinten in die Gehäuse der beiden Potez-Sternmotoren 9Ab einzog. Die zweiköpfige Besatzung saß in einem geschlossenen Cockpit, und die Kabine war für sechs Personen eingerichtet. Die anfängliche Flugerprobung bescheinigte der **Potez 56** außerordentlich gute Flugqualitäten und eine bemerkenswerte Stabilität.

Zu den seriengefertigten Maschinen zählten mindestens drei **Potez 561** mit Verstellpropellern zur Verbesserung der Startleistung, aerodynamisch verfeinerten Motorgondeln und überarbeiteter Cockpit-Verglasung.

Es folgten militärische Versionen für Flugzeugträger-Verbindungsflüge sowie den allgemeinen Nutz-, Zielschlepp- und Ausbildungsdienst für Piloten, die mehrmotorige Muster fliegen sollten. Die Gesamtproduktion aller militärischen und zivilen Versionen belief sich auf 72 Flugzeuge. Die letzten Exemplare waren zwei **Potez 568 P.3** einer Baureihe, die zum Zeitpunkt des Waffenstillstands mit Deutschland im Juni 1940 fertiggestellt wurde.

### TECHNISCHE DATEN
**Potez 560**

**Typ:** achtsitziges Geschäftsreiseflugzeug
**Triebwerke:** zwei Sternmotoren Potez 9Ab je 136 kW (185 PS)
**Leistung:** Höchstgeschwindigkeit 270 km/h; Dienstgipfelhöhe 6000 m; Reichweite 650 km
**Gewicht:** Rüstmasse 1910 kg; max. Startmasse 2980 kg
**Abmessungen:** Spannweite 16 m; Länge 11,84 m; Höhe 4,60 m; Tragflügelfläche 33 m$^2$

**Varianten**
**Potez 56:** Prototyp und 16 seriengefertigte Passagierflugzeuge; gelegentlich auch Potez 560 genannt
**Potez 561:** modifizierte Version mit gesteigerter Leistung; drei Exemplare
**Potez 565:** Originalbezeichnung
**Potez 56E:** Einzelexemplar mit noch strömungsgünstiger gestaltetem Rumpf, Erstflug im Januar 1936; zum Bordeinsatz auf Flugzeugträger Béarn vorgesehen und dazu mit Fanghaken ausgerüstet; beendete seine Laufbahn als Verbindungsflugzeug auf dem Marinefliegerhorst Orly; Kode OR-31
**Potez 566:** erster von drei Dreisitzern flog als Potez 566 T.3 am 2. Juli 1937; der Buchstabe T in der Bezeichnung stand für Travail, eine Kategorie der Mehrzweck-Flugzeuge; der Rumpf ähnelte dem der Potez 56E, enthielt aber einen handbedienten Waffenturm auf dem Rücken mit 7,5-mm-Einzel-MG Darne und eine verglaste Bodenwanne für den Beobachter; zwei Potez 9Eo je 177 kW (240 PS) ermöglichten eine Spitzengeschwindigkeit von 310 km/h

***Die zweimotorige Potez 560 war eines der ersten von Anfang an für Geschäftsreisende konzipierten Lufffahrzeuge.***

**Potez 567:** Version für die französische Marine; 22 zwischen Oktober 1939 und März 1940 ausgelieferte Maschinen; von „sections d'entraînement" auf einigen Ausbildungsplätzen geflogenen, hauptsächlich um Zielbanner beim Übungsschießen auf Flugziele zu schleppen.
**Potez 568:** 1938 bestellte die Armée de l'Air 26 Potez 568 P.3, ausgerüstet zur Pilotenausbildung; Kabine hatte nebeneinander montierte Pilotensitze, und hinter einer Trennscheibe befand sich die Position des Fluglehrers

# Potez 58 (Serien)

Den krönenden Abschluß in der Kette leichter Hochdecker-Reiseflugzeuge, angefangen mit der Potez 36, bildete die **Potez 58**, deren Prototyp im September 1934 zum Erstflug startete. Wie das direkte Vorgängermodell Potez 43 bot auch das neue Muster einem Flugzeugführer und zwei Passagieren Platz. Das Tragwerk behielt die V-Streben, die Vorflügel und die Klapptechnik bei, aber der Flächenansatz war vergrößert, der Rumpf und das Leitwerk nochmals verfeinert und das geteilte Fahrwerk verstärkt sowie mit Radkappen als Standardausrüstung versehen.

**Varianten**
**Potez 580:** erste Serienversion; 80 ab Herbst 1934 gebaute Flugzeuge mit dem 88 kW (120 PS) starken Potez-Motor 6B; eine Ambulanzversion mit Vorrichtungen für einen liegenden Patienten und einen Sanitäter getestet
**Potez 584:** vier 1935 gebaute Flugzeuge mit de Havilland Gipsy Major I (89 kW/121 PS) und Spornrad statt Schleifsporn
**Potez 585:** 108 ab 1935 gebaute Flugzeuge, davon 99 mit militärischer Ausrüstung für die Armée de l'Air, die ursprünglich 120 Exemplare beschaffen wollte
**Potez 586:** ähnlich wie die Potez 585, aber mit einer für einen Piloten und drei Passagiere ausgelegten Kabine; zehn Exemplare von 1936 bis 37 gebaut

***Von ihren Potez-58-Verwandten hob sich die Potez 595 durch ihren Sternmotor mit elegantem Townend-Ring ab.***

### TECHNISCHE DATEN
**Potez 585**

**Typ:** dreisitziges Verbindungs- und Beobachtungsflugzeug
**Triebwerk:** ein Sternmotor Potez 6Ba mit 96 kW (130 PS)
**Leistung:** Höchstgeschwindigkeit 190 km/h; Reichweite 750 km
**Gewicht:** Rüstmasse 515 kg; max. Startmasse 906 kg
**Abmessungen:** Spannweite 11,30 m; Länge 7,44 m; Höhe 2,36 m; Tragflügelfläche 19 m$^2$

# Potez 62 und 65 bis Potez (CAMS) 141, 160 und 161

**Potez produzierte und exportierte in den 30er Jahren. 1936/37 verstaatlichte Frankreich den Großteil seiner Waffen- und Flugzeugindustrie. Die Potez-Werke in Méalte und Sartrouille wurden der Société Nationale de Constructions Aéronautiques zugeschlagen. 1958 übernahm Potez den Flugzeugzweig von Fouga, kam aber auch damit auf keinen rechten grünen Zweig mehr.**

## Potez 62 und 65

Der Prototyp des Airliners **Potez 62**, der auf der militärischen Potez 54 basierte, flog erstmals am 28. Januar 1935. Er wies eine abgestrebte Hochdeckerauslegung auf und einen neuen Rumpf vorbildlichen aerodynamischen Zuschnitts. Die beiden Piloten saßen nebeneinander in einem Führerraum, an den sich zwei Kabinen für insgesamt 16 Personen anschlossen. Die im selben Jahr etwas später geflogene **Potez 621** führte V-Reihenmotoren Hispano-Suiza 12Xrs je 530 kW (720 PS) und eine Pfeilung von 2° an den Tragflächen ein. Die Produktion belief sich auf 23 Verkehrsflugzeuge, und vier von 14 als **Potez 62** gefertigte Maschinen paßte man nachträglich dem Standard der **Potez 621** an. 1937 wurden neun **Potez 62** auf Gnome-Rhône-Sternmotoren 14N16/17 mit je 662 kW (900 PS) ummotorisiert.

**TECHNISCHE DATEN**

**Potez 62 oder 620**

**Typ:** Verkehrsflugzeug

**Triebwerke:** zwei Sternmotoren Gnome-Rhône 14Kirs Mistral je 640 kW (870 PS)

**Leistung:** Höchstgeschwindigkeit 325 km/h; Dienstgipfelhöhe 7500 m; Reichweite 1000 km

**Gewicht:** Rüstmasse 4895 kg; max. Startmasse 7500 kg

**Abmessungen:** Spannweite 22,45 m; Länge 17,32 m; Höhe 3,90 m; Tragflügelfläche 76 m²

Auch die Armée de l'Air interessierte sich für den Typ und bestellte eine Truppentransportversion **Potez 65** (oder **Potez 650 TT**), die außer der dreiköpfigen Besatzung 14 Soldaten mit kompletter Kampfausrüstung oder, als Sanitätsflugzeug, sechs liegende und vier sitzfähige Verwundete sowie einen medizinischen Betreuer transportieren konnte. Potez erhielt zwei Aufträge über insgesamt 15 Flugzeuge, von denen das erste Ende 1935 ausgeliefert wurde. Die von zwei Hispano-Suiza Xirs I oder HS 12Xbrs I/grs I mit je 530 kW (720 PS) angetriebene militärische Version, deren maximale Abflugmasse die der **Potez 62** noch um einiges überstieg, erreichte eine auf 300 km/h reduzierte Höchstgeschwindigkeit.

***Die Potez 621, die die allgemeine Auslegung einschließlich der abgestrebten Motorgondeln der Potez 54 mit einem eleganten Rumpf verband, flog in Europa für die Air France.***

## Potez 63 (Serien)

Die von Louis Coroller und seinen Mitarbeitern konstruierte **Potez 63.01**, die am 25. April 1936 erstmals flog, basierte auf einer komplexen Forderung des französischen Luftfahrtministeriums aus dem Jahre 1934. Das von zwei Hispano-Suiza-Sternmotoren 14 Hbs angetriebene Muster hatte drei Hauptfunktionen zu erfüllen: die Kategorie C.2 eines zweisitzigen Abfang- oder Begleitjägers, die Kategorie CN.2 eines zweisitzigen Nachtjägers und die Kategorie C.3 eines dreisitzigen Jagdflugzeugs, das die Operation eines kompletten Jagdeinsitzerverbands über der Gefechtszone per Funk leiten sollte.

Die modern wirkende **Potez 63** war der erste Vertreter der klassischen Gattung zweimotoriger „strategischer" Jagdflugzeuge – ein Ganzmetalltiefdecker mit Einziehfahrwerk, geteiltem Seitenleitwerk und einer langgestreckten Glashaube über der Besatzungskabine. Nach einer Bruchlandung wurde der erste Prototyp repariert, mit HS-14Ab-Motoren sowie neu konstruiertem Leitwerk ausgerüstet und in **Potez 630.01** umbenannt. Ein zweiter Versuchsträger mit der Bezeichnung **Potez 631.01** flog ab 15. März 1937. Seinen Antrieb lieferten Gnome-Rhône-Sternmotoren 14Mars, doch im übrigen entsprach er dem ersten Prototyp. Im Juni 1937 übernahm die verstaatlichte SNCAN das Potez-Werk Méaulte, und kurz darauf gingen Aufträge über 0 **Potez 630** und 90 **Potez 631** ein.

***Potez 633 der rumänischen Luftstreitkräfte im Zeitraum 1940 bis 1941***

***Potez 63.11 einer Heeresunterstützungsstaffel der Armée de l'Air im Jahr 1940***

Die **Potez 633.01**, der Prototyp eines zweisitzigen Tagbombers nach Kategorie .2, kam Ende 1937 in die Luft. Ein Großauftrag der Armée de l'Air wurde zwar in der Folgezeit annulliert, aber es lagen mehrere Exportbestellungen vor. Der Bomber übernahm die verglaste Bugwanne von den ersten Prototypen (die bei den Serien **Potez 630** und **Potez 631** entfallen war) und erhielt einen internen Waffenschacht für acht )-kg-Bomben. Rumänien nahm letzten ndes 21 **Potez 633** ab, die die deutsche fensive 1941 gegen die Ukraine unterstützten, und Griechenland zehn Maschinen (die elfte stürzte beim Überführungsg ab), die im Oktober 1940 italienische vasionstruppen bekämpften. Die übrigen 19 beziehungsweise 13 Exemplare der rumänischen und der griechischen Bestellungen wurden von Frankreich einbehalten, ebenso die acht von China in Auftrag gegebenen **Potez 633**. Der Typ ging zunächst an Groupe de Bombardement d'Assault II/52, doch nach einem Kampfeinsatz im Mai 1940 dienten alle diese Flugzeuge zur Einsatzausbildung für die Breguet 693.

Die relativ schwache Vorstellung der **Potez 630** zog die baldige Nutzung im Ausbildungsdienst nach sich, aber von der **Potez 631** wurden weitere Exemplare bestellt und in Dreierlosen 20 „sections de commandement" von Jagdeinsitzer-Escadrilles zugeführt. Das oben umrissene C.3-Konzept gab man wenig später auf, und zum Zeitpunkt der Schlacht um Frankreich flog die **Potez 631** bei der Tagjagdgruppe II/8, den Nachtjagdstaffeln ECN I/13 und II/13 sowie bei den landgestützten Marinestaffeln AC 1 und AC 2.

Die **Potez 637** war als dreisitziges Übergangs-Jagdflugzeug nach Kategorie A.3 für die Zusammenarbeit mit dem Heer und zur Aufklärung gedacht. Der Prototyp flog im Sommer 1938, und bis September 1939 waren alle 60 Serienmaschinen ausgeliefert. Die **Potez 637** ähnelte der **Potez 631**, hatte aber eine Bauchwanne (für den Beobachter), die auch ein Maschinengewehr zur Abwehr nach hinten aufnahm, und im Hinterrumpf konnte eine Luftbildkamera installiert werden. Die **Potez 637** nahm die Stelle der Potez 542 bei den Aufklärungsgeschwadern Escadre de Reconnaissance 33 und 52 ein, und am 4. September 1939 flog sie den ersten Aufklärungseinsatz über den deutschen Linien. Da dieser Typ häufig ohne Begleitschutz operierte, kam es in den ersten neun Kriegsmonaten zu schweren Verlusten. **Potez 637** Nr. 52 wurde am 8. September 1939 als erstes Kriegsflugzeug der Alliierten über der Westfront abgeschossen.

***Die Potez 63.11 war die Hauptserienversion der Baureihe Potez 63.***

Der Prototyp **Potez 63.11 A.3 No. 01**, der am 31. Dezember 1938 zum Erstflug startete, zeigte einen völlig neu konstruierten unter Wahrung der Rundform durchweg verglasten Bug und ein modifiziertes Kabinendach. Der Bug der ersten Serienmaschine, die am 10. Juli 1939 flog, wies weitere Änderungen auf. Bis zum 31. Mai 1940 wurden insgesamt 702 solcher Flugzeuge für taktische Aufklärung und Zusammenarbeit mit dem Heer seriengefertigt.

Nach der Besetzung der Werke Méaulte und Les Mureaux durch die Deutschen lief die Produktion weiter, so daß insgesamt mindestens 850 **Potez 63.11** gefertigt wurden. Die Luftwaffe nutzte mehr als 100 Maschinen, die Regia Aeronautica besaß 15 und die rumänischen Luftstreitkräfte 53 Exemplare.

**Varianten**

**Potez 63.01 und 630.01:** Bezeichnungen der ersten zwei Prototypen

**Potez 631.01:** erstes Musterflugzeug mit Gnome-Rhône-14Mars-Motoren

**Potez 630:** Serienjäger mit Hispano-Suiza-Sternmotoren 14Ab; 82 Exemplare, davon zwei für die Schweiz und eines für Jugoslawien

**Potez 631:** Serienjäger mit Gnome-Rhône-14Mars; 207 Exemplare

**Potez 632:** ursprünglich der Prototyp-Nachtjäger Potez 630 CN2 No. 01; geplant als Sturzkampfbomber-Prototyp für die Aéronavale Potez 632 Bp.2, aber als herkömmlicher Leichtbomber mit Hispano-Suiza-14Ab fertiggestellt

**Potez 633:** leichter Serienbomber; französischer Auftrag über 125 Flugzeuge der Kategorie B.2 gestrichen, aber von Exportbestellungen 21 Maschinen an Rumänien und zehn an Griechenland geliefert; 40 Exemplare für die Armée de l'Air verwendet

**Potez 637:** 60 Serienaufklärer für die Armée de l'Air

**Potez 63.11 No. 01 und No. 02:** Prototypen einer dreisitzigen Aufklärungsversion mit neu konstruiertem Bug und geänderter Kabinenhaube

**Potez 63.11:** Hauptserienversion mit über 850 Flugzeugen

**TECHNISCHE DATEN**

**Potez 63.11**

**Typ:** dreisitziges Jagdflugzeug für taktische Aufklärung

**Triebwerke:** zwei Sternmotoren Gnome-Rhône 14 M04/05 oder -06/07 je 515 kW (700 PS)

**Leistung:** Höchstgeschwindigkeit 425 km/h; Dienstgipfelhöhe 8500 m; Reichweite 1500 km

**Abmessungen:** Spannweite 16 m; Länge 10,93 m; Höhe 3,08 m; Tragflügelfläche 32,70 $m^2$

**Bewaffnung:** anfangs zwei starr eingebaute 7,5-mm-Maschinengewehre MAC 1934, eines nach vorn und eines nach hinten feuernd, sowie ein schwenkbares MG gleichen Kalibers im hinteren Cockpit; Anfang 1940 durch je ein weiteres starres MAC-MG-Paar für das Feuergefecht nach vorn und hinten verstärkt; die meisten Maschinen zudem mit vier vorwärtsfeuernden MAC-7,5-mm-Maschinengewehren unter den Außenflächen bestückt; Gehänge für vier 50-kg-Bomben unter den Tragflächen

# Potez 670 und 671

Der aus der Potez 631 entwickelte dreisitzige Langstreckenjäger **Potez 670.01** hatte einen ähnlichen Rumpf wie sein Vorgänger, aber neu konstruierte Tragflächen und ein Hauptfahrwerk, das komplett in die Motorgondeln der beiden Sternmotoren Gnome-Rhône 14Mars je 515 kW (700 PS) einzog. Der Prototyp flog erstmals am 30. März 1939. Auf Hispano-Suiza-Sternmotoren 14Ab 12/13 umgestellt, erhielt er die neue Bezeichnung **Potez 671.01**, doch die ursprünglich geplante Bewaffnung mit zwei vorwärtsfeuernden 20-mm-Kanonen HS-404, zwei vorwärtsfeuernden 7,5-mm-Maschinengewehren MAC 1934 und einer richtbaren HS-404-Maschinenkanone zur Abwehr nach hinten blieb erhalten. Bei den ab Juli 1939 durchgeführten Testflügen wies diese Maschine eine Spitzengeschwindigkeit von 500 km/h nach. Danach änderte sich die Forderung zum Zweisitzer hin, und die ersten Serienaufträge gingen ein. Ein erstes Baulos von 40 Jägern **Potez 671** befand sich in der Fertigung, als das Potez-Werk Méaulte von der Wehrmacht überrollt wurde.

# Potez 840

Der erste Prototyp **(F-WJSH)** des Geschäftsreiseflugzeugs **Potez 840** absolvierte seinen Erstflug am 29. April 1961. Der freitragende Ganzmetalltiefdecker wurde von vier Propellerturbinen Turboméca Astazou II mit je 324 kW (440 WPS) angetrieben, sein Fahrwerk war komplett einziehbar, und neben der dreiköpfigen Besatzung fanden 18 Passagiere in der Kabine Platz. Das zweite Musterflugzeug, das im Juni 1962 flog, hatte Astazou-XII-Triebwerke je 442 kW (600 WPS).

Nach einer Tour durch Nordamerika zur Förderung des Absatzes plante man eine Serienfertigung von 25 **Potez 840**, doch tatsächlich wurden nur noch zwei weitere Musterexemplare gebaut, eines davon für Bodentests. Es folgten zwei **Potez 841** mit vier 417 kW (567 WPS) starken PT6A-6 von Pratt & Whitney Aircraft of Canada als Antrieb. 1965 erschien die **Potez 842** und zwei Jahre später noch ein zweites Exemplar, das wiederum von Astazou XII angetrieben wurde.

Diese acht leichten Verkehrsflugzeuge waren die letzten Potez-Produkte. Eines von ihnen ist im Pariser Musée de l'Air ausgestellt, und ein anderes fliegt im Namen der französischen Association Aéromédicale (Verband der Flugmediziner). Die **Potez 840** hatte eine Spannweite von 19,33 m, ein höchstzulässiges Startgewicht von 7800 kg und eine Höchstgeschwindigkeit von 540 km/h.

***Trotz der zusätzlichen Sicherheit, die ihre vier Turbinen im Vergleich zur zweimotorigen Konkurrenz boten, fand die Potez 840 keine Nische auf dem bereits bedrängten Marktsektor.***

# Potez (CAMS) 141, 160 und 161

Nach dem Erwerb der Firma Chantiers Aéro-Maritimes de la Seine (CAMS) im Jahr 1933 zeigte sich Potez stärker an der Entwicklung von Seeflugzeugen interessiert. So sollte die **Potez (CAMS) 141** einer offiziellen Forderung nach einem Seeaufklärer-Flugboot genügen. Ihr weit gespanntes Eindecker-Tragwerk ruhte auf einem verkleideten Sockel über dem Bootsrumpf, gegen den es mit großen N-Streben abgefangen war. Am äußeren Ende beider Mittelflügel hatte man Stabilisierungsschwimmer montiert, und der zweifach gestufte Bootsrumpf nahm am hinteren Ende ein Leitwerk mit doppelten Seitenflossen/Rudern auf. Die mit neun bis zwölf Mann besetzte **Potez 141** hatte eine Spannweite von 41 m und wurde von vier V-Reihenmotoren Hispano-Suiza 12Y-26/27 je 684 kW (930 PS) in flügelmontierten Gondeln angetrieben. Die erfolgreiche Erprobung des erstmals am 21. Januar 1938 geflogenen Typs zog Großaufträge nach sich, doch da sich der Zweite Weltkrieg anbahnte, kam es nicht zur Serienfertigung.

Gemäß einer Forderung des französischen Luftfahrtministeriums nach einem Transatlantik-Flugboot für 20 Passagiere, das eine Reisegeschwindigkeit 250 km/h und eine Reichweite 6000 km hatte, wurde die **Potez (CAMS) 161** mit sechs V-Reihenmotoren Hispano-Suiza 12Ydrs je 655 kW (890 PS) entworfen. Zur praktischen Bewertung dieses Flugbootentwurfs mit einer Spannweite von 45,72 m konstruierte das Unternehmen die **Potez (CAMS) 160**, eine maßstabsgerechte Nachbildung der **Potez 161** im Größenverhältnis 1:3. Das von sechs 30 kW (40 PS) starken Train-Reihenmotoren angetriebene Versuchsflugboot wies eine Höchstgeschwindigkeit von 222 km/h in 950 m Höhe nach. Die Kriegsvorbereitungen setzten der weiteren Entwicklung jedoch ein Ende.

***Die Potez (CAMS) 141 wog 25.900 kg und erreichte eine Spitzengeschwindigkeit von 320 km/h.***

## Praga-Flugzeuge bis Rearwin-Flugzeuge

**Die meisten Hersteller leichter Flugzeuge der 30er Jahre sind längst verschwunden. Einer der erfolgreicheren darunter war R.W.D. in Warschau, auch nach der Übernahme in deutsche Hände 1939/40. RFB Mönchengladbach, zu MBB (Messerschmitt-Bölkow-Blohm) gehörend und mit Werken in Lübeck-Blankensee und Hamburg, entwarf einen kostensparenden Fan-(Gebläse-triebwerks-)Trainer in der Form der Fantrainerserien 400 und 600.**

# Praga-Flugzeuge

Die tschechische Flugmotorenfirma Ceskomorawska-Kolben-Danek, gegründet 1915, führte für einige ihrer Produkte den Namen Praga ein. Als das Unternehmen 1931 zum Entwurf und der Konstruktion von Luftfahrzeugen überging, nahm es den Namen CKD-Praga an, was im allgemeinen zu Praga verkürzt wurde. Die Firma warb von Avia die Ingenieure Benes und Hajn ab, deren Initialen in die Bezeichnung einiger früher Typen eingingen. Zu den frühen Entwürfen zählte die **Praga E.36**, ein militärischer Mehrzweck-Doppeldecker mit zwei Sitzen im offenen Cockpit und einem Hispano-Suiza 12 Nbr mit 442 kW (600 PS)

**TECHNISCHE DATEN**
**Praga E.114 Air Baby**
**Typ:** zweisitziger, leichter Kabinen-Eindekker
**Triebwerk:** ein Zwei-Zylinder-Boxermotor Praga B mit 29 kW (40 PS)
**Leistung:** Höchstgeschwindigkeit 150 km/h; Dienstgipfelhöhe 3300 m; Reichweite 510 km
**Gewicht:** Leermasse 265 kg; max. Startmasse 465 kg
**Abmessungen:** Spannweite 10,90 m; Länge 6,58 m; Höhe 1,65 m; Tragflügelfläche 15,20 m²

oder einem V-Reihenmotor Praga ESVR als Antrieb. Die Bewaffnung konnte zwei vorwärtsfeuernde, synchronisierte Maschinengewehre und ein weiteres MG auf Drehstütze im hinteren Cockpit sowie eine Bombenlast von maximal 800 kg umfassen. Die **B.H.39NZ** von 1931 war ebenfalls ein Doppeldecker mit zwei Sitzen im offenen Cockpit, aber zur Schulung fortgeschrittener Piloten bestimmt und mit einem Sternmotor Walter NZ mit 88 kW (120 PS). 1936 folgte die **B.H.39G** mit einem 110 kW (150 PS) starken Walter Gemma und im Jahr darauf die **B.H.39AG** mit einem Armstrong Siddeley Genet Major gleicher Leistung. Eine überarbeitete und etwas größere Version der **B.H.39**, auch zur Fortgeschrittenenausbildung gedacht und von einem Hispano-Suiza-V-Motor mit 221 kW (300 PS) angetrieben, erhielt die Bezeichnung **B.H.41**. Numerisch gesehen, dazwischen lag der leichtere Schulungsdoppeldecker **E.40**, dessen Antrieb ein Walter Minor mit 70 kW (95 PS) besorgte. Die **E.44**, ein außerordentlich sauber durchkonstruierter Doppeldecker, war als Jagdeinsitzer konzipiert, angetrieben vom V-Motor Praga ES mit 405 kW (550 PS) und bewaffnet mit zwei synchronisierten Maschinengewehren im Bug. Der nächste Schritt hin zum attraktiven Jagdeinsitzer in der Auslegung eines Doppeldeckers ergab die **E.45**, die sowohl mit dem Rolls-Royce Kestrel V als auch dem Hispano-Suiza 12Ybrs geflogen wurde. Beide Triebwerke erzeugten 442 kW (600 PS).

Bessere Erfolge erzielte die Firma Praga jedenfalls mit ihren Konstruktionen für die zivile Luftfahrt, vor allem mit der **E.114 Air Baby**, die sie auch nach dem Zweiten Weltkrieg noch in kleiner Zahl fertigte. Der zweisitzige Kabinen-Hochdecker wurde anfangs von einem Zwei-Zylinder-Boxer Praga B mit 29 kW (40 PS) angetrieben, war aber später als **E.115** mit einem 48 kW (65 PS) starken Vier-Zylinder-Boxer Praga D erhältlich. Praga wandte sich dann einem viersitzigen Kabinen-Hochdecker, der **E.210** zu. Sie wurde von zwei Walter Minor angetrieben, die in flügelmontierten Gondeln installiert waren, um ihre Leistung von je 70 kW (95 PS) von Druckschrauben umsetzen zu lassen, und aus diesem Grunde hatte man auch auf ein geteiltes Seitenleitwerk zurückgegriffen. Die nachfolgende **E.214** war ebenfalls ein viersitziger Kabinen-Eindecker, allerdings in üblicherer Auslegung mit einem Rumpf, der dem der **E.114** glich. Den Antrieb mit 56 kW (76 PS) lieferte ein Sternmotor Pobjoy R. Der letzte Entwurf dieser Firma vor dem Zweiten Weltkrieg war die **E.241**, ein Schuldoppeldekker für Fortgeschrittene mit einem 250 kW (340 PS) starken Walter-Pollux-Motor, der ihm eine Spitzengeschwindigkeit von 240 km/h verlieh.

***Die Praga E.114 wurde in kleiner Zahl seriengefertigt. Flog sie mit zwei Personen, war ihre Leistung aufgrund des Minimotors doch stark eingeschränkt.***

# Pratt-Read LNE-1

Im Jahr 1942 testete die US Navy ein zivil zugelassenes Einzelexemplar des hölzernen Segelflugzeugs mit zwei nebeneinander angeordneten Sitzen von Pratt-Read. Da eine eingehende Prüfung zufriedenstellend ausfiel, wurde dieser Gleiter gekauft und ein Auftrag über 100 weitere Exemplare erteilt.

Die ersten Segelflugzeuge dieser Serie nahmen als **Pratt-Read XLNE-1** am Prüf- und Erprobungsprogramm teil, und alle anderen erhielten daraufhin die Bezeichnung **LNE-1**. 1943 gingen 73 Exemplare zur USAAF, die ihnen die interne Bezeichnung **TG-32** zuwies. Diese Schulsegler wurden allerdings kaum genutzt und noch lange vor der Kapitulation Japans verkauft. Die als freitragender Hochdecker und mit Einzelrad plus Landekufe ausgelegte **LNE-1** verfügte über eine Spannweite von 16,61 m und eine maximale Startmasse von 522 kg.

# Procaer F15 Picchio

Die italienische Firma Procaer, im vollen Wortlaut Progetti Costruzioni Aeronautiche SpA, befaßte sich seit dem Erstflug des Prototyps am 7. Mai 1959 mit der Entwicklung und Produktion des viersitzigen Leichtflugzeugs **Procaer F15 Picchio**. Der freitragende Tiefdecker hatte eine hölzerne Primärstruktur, die mit Sperrholz und einer Aluminiumhaut als äußerster Schicht abgedeckt war. Zu den weiteren Auslegungsmerkmalen gehörten fest montierte Tanks an den Flächenenden, ein Bugradfahrwerk und eine geschlossene Kabine für vier Personen. Die erste Serienversion war die **F15** mit einem 119 kW (162 PS) starken Flugmotor von Avco Lycoming, und 1960 folgte die **F15A** mit dem Avco Lycoming O-360-A1A, der 134 kW (182 PS) abgab. Die **F15B** mit erweiterter Flügelfläche und größeren Flügelspitzentanks wurde 1962 zugelassen, und 1964 führte die Firma die **F15C** mit 194 kW (264 PS) starkem Continental IO-470E ein. Danach konzentrierte sie sich auf die Entwicklung der **F15D** mit turbogeladenem Franklin-Motor 6AS-350 (186 kW/253 PS) und der **F15E** mit Ganzmetallrumpf und Continental-Triebwerk IO-520-F (224 kW/305 PS). Die Serienfertigung der **F15D** wurde jedoch aufgeschoben, und die Rechte an der **F15E** erwarb die Societa Aeronautica Italiana Ing. A. Ambrosini & C., die das Muster in **Ambrosini NF 15** umtaufte und seine Entwicklung eine Zeitlang fortführte. Als der von der italienischen Luftwaffe erwartete Auftrag für die **NF 15** jedoch ausblieb, nahm Ambrosini von der Serienfertigung Abstand.

In Vereinbarung mit Procaer entwickelte General Avia dann eine verbesserte Version der **F15E Picchio, F15F**. Sie erhielt einen weitgehend verglasten Formaufbau und ein Avco-Lycoming-Triebwerk IO-360-A1B1 mit einer Nennleistung von 149 kW (203 PS). General Avia fertigte einen Prototyp **(I-PROL)**, der erstmals am 20. Oktober 1977 flog. Der einzige Prototyp stürzte 1984 ab, und die **F15F** gelangte nie zur Serienproduktion.

**TECHNISCHE DATEN**
**Procaer F15C Picchio**
**Typ:** viersitziger Kabinen-Eindecker
**Triebwerk:** ein Sechs-Zylinder-Boxermotor Continental IO-470-E mit 194 kW (264 PS)
**Leistung:** Höchstgeschwindigkeit 340 km/h; Dienstgipfelhöhe 6000 m; Reichweite mit max. Nutzlast 1600 km
**Gewicht:** Leermasse 800 kg, max. Startmasse 1300 kg
**Abmessungen:** Spannweite 10,10 m; Länge 7,52 m; Höhe 2,81 m; Tragflügelfläche 13,30 m²

***Die Picchio ist typisch für die Entwürfe von Stelio Frati: einfache Konstruktion, klare Linien, geräumige Kabine und ausgezeichnete Flugleistungen trotz eines mäßig starken Flugmotors.***

# Procter (Nash) Petrel

Procter Aircraft Associates in Großbritannien erwarb die Modellrechte am einsitzigen Leichtflugzeug Mitchell-Procter Kittiwake I, ausgelegt zur Fertigung durch Heimwerker. Aus diesem Muster wurde die zweisitzige **Procter Petrel** entwickelt, die ebenfalls für den Eigenbau gedacht war. 1978 erwarb Alan Nash jedoch die Aktienmehrheit, und 1980 änderte sich der Firmenname in Nash Aircraft Ltd. Das Unternehmen verfolgte die Fortentwicklung der **Petrel** als Serienflugzeug in Form eines freitragenden Tiefdeckers mit starrem Bugradfahrgestell. Als Standardtriebwerk wählte man einen Avco-Lycoming-Kolbenmotor mit 134 kW (182 PS). 1983 wurde eine Vorserie von fünf Maschinen aufgelegt, doch zur Serienproduktion kam es nicht.

# Promavia Jet Squalus

Manch ein bekanntes Leichtflugzeug stammt aus der Feder des italienischen Konstrukteurs Stelio Frati. Sein unverwechselbarer Stil prägt einige elegante Muster wie die SIAI-Marchetti SF-260 und die Procaer F15. Im Jahr 1970 gründete er die Firma General Avia, um von ihm konstruierte Prototypen zu entwickeln und sie anderen Herstellern zur Serienfertigung anzubieten. In Zusammenarbeit mit der vom Staat Belgien geförderten Firma Promavia entstand zunächst der Strahltrainer **F.1300 Squalo** für Anfänger, der in erster Linie als preiswertes Modell für den militärischen Sektor gedacht war. Im März 1985 begann die Konstruktion des Prototyps unter Verwendung von Verbundwerkstoffen in Teilbereichen der Ganzmetallzelle. Den Antrieb sollte entweder das Turbofan-Triebwerk WJ-44 von Williams oder das Garrett F199 liefern. Die **F.1300** war ein konventionell ausgelegter Trainer mit zwei Sitzen nebeneinander und einer einteiligen, den Rumpfkonturen wohlangepaßten Haube.

Bis zum Rollout des Prototyps **(OO-SQA)** änderte sich sowohl der Name als auch das Erscheinungsbild. Als **Jet Squalus F1300 NGT** („Squalus" ist der lateinische Begriff für Hai) hatte das Muster optisch deutlich gewonnen mit seiner längeren, viel stärker zugespitzten Flugzeugnase und einem markanter zurückgepfeilten Leitwerk. Auch die Lufteinläufe waren überarbeitet und in die Flügelansätze einbezogen. An beiden Seiten der Lufteinläufe befanden sich kleine Straken, von Promavia „Spinner" genannt, die die Strömung über die Tragflächen glätten und die Überziehgeschwindigkeit reduzieren sollten. Die hintere Rumpfsektion hatte vertikal im Durchmesser zugelegt und eine Luftbremse an der Unterseite aufgenommen.

Zwei Prototypen wurden gefertigt, und auf der Internationalen Luftfahrtschau Farnborough 1986 stellte man das Muster erstmals der Öffentlichkeit vor. Das zweite Musterflugzeug erhielt das schubstärkere Garrett-Triebwerk TFE109-1, wie man es für die Fairchild T-46A entwickelt hatte. Erhältlich waren nun vier Außenlastträger unter den Flügeln und auf Wunsch auch Schleudersitze. Der Erstflug fand am 30. April 1987 statt, und in den nächsten Jahren absolvierte die Maschine über 250 Testflugstunden. Das Kaufinteresse blieb gering, und 1991 wurde die **Jet Squalus** den kanadischen Streitkräften als potentieller Ersatz für deren T-33 vorgestellt. Wäre es zu einer Beschaffung gekommen, hätte man die Produktion unter der Aufsicht der Promavia International Corporation nach Saskatoon in Saskatchewan verlagert, aber der Auftrag blieb aus. Der zweite Prototyp **(OO-JET)** wurde nun dem Standard zur Ausbildung von Airliner-Piloten angepaßt, doch Ende 1995 war er noch immer nicht in die Luft gekommen. Das dritte Musterflugzeug, sollte es je gebaut werden, ist mit Druckkabine geplant. Promavia zeichnet inzwischen für das gesamte **Jet-Squalus**-Programm verantwortlich und hat eine Entwicklungsversion für die JPATS-Ausschreibung der USAF/USN angeboten. Das russische Mikojan-Konstruktionsbüro wurde als möglicher Hersteller genannt, nicht zuletzt wegen des dringenden Bedarfs der GUS-Staaten an einem neuen Strahltrainer.

***Der Promavia-Strahltrainer Jet Squalus hatte einen wechselhaften Werdegang ohne sichere Perspektiven. Heute erscheint es immer wahrscheinlicher, daß dieses Muster wegen niedriger Produktionskosten in Rußland gebaut werden könnte.***

**Varianten**

**AWS (Air Ward System):** vier vorgeschlagene Versionen, spezialisiert auf Seepatrouille/SAR, Lutbildaufklärung, Waffenausbildung und Zielschlepp

**ATTA 3000 (Advanced Tactical Training Aircraft):** Tandemsitz-Trainerversion, angeboten für den JPATS-Wettbewerb (Joint Primary Aircraft Training System) der USAF/USN; ausgerüstet mit abgestuften Schleudersitzen, EFIS-Cockpit und einem oder zwei Triebwerken

**ARA 3600 (Attack Reconnaissance Aircraft):** projektierte leichte Jagdbomber- und Aufklärerversion, angekündigt 1989; ähnlich wie die ATTA 3000, aber mit revidierten Tragflächen, TFE109-3 und bis zu 1000 kg an Außenlasten

### TECHNISCHE DATEN
**Promavia Jet Squalus F1300 NGT (nur erster Prototyp)**

**Typ:** zweisitziger militärischer Strahltrainer für Anfänger und Fortgeschrittene
**Triebwerk:** ein Mantelstromtriebwerk Garrett TFE109-1 mit 5,92 kN Schub
**Leistung:** Höchstgeschwindigkeit im Horizontalflug in 4265 m Höhe 519 km/h; max. Steiggeschwindigkeit 12,7 m/sek; Dienstgipfelhöhe 11.275 m; Überführungsreichweite 1850 km
**Gewicht:** Leermasse 1300 kg; max. Startmasse 2000 kg
**Abmessungen:** Spannweite 9,04 m; Länge 9,36 m; Höhe 3,60 m
**Bewaffnung:** vier Außenlastträger unter den Tragflächen, belastbar mit je 150 kg, können diverse Bomben- und Raketentypen sowie Kanonenbehälter und andere Mittel aufnehmen

# RFB-Flugzeuge

Die 1956 gegründete deutsche Firma Rhein-Flugzeugbau GmbH (RFB) befaßte sich zunächst mit der Entwicklung von Rümpfen und Flügelstrukturen auf der Basis glasfaserverstärkter Harzstoffe. Der namhafte Dr. Alexander Lippisch entwickelte das Konzept eines Luftfahrzeugs, das unter Nutzung des Bodeneffekts bei geringer Geschwindigkeit in niedriger Höhe ökonomisch fliegen und Bodenhindernisse überspringen können würde. Das erste auf dieser Theorie basierende Versuchsflugzeug war die **Collins X-112 Aerofoil Boat**, 1963/64 in den USA gebaut und geflogen. Das Konzept wurde Ende der sechziger Jahre mit der **RFB X-113 Am Aerofoil Boat** weiterverfolgt, die Ende 1970 vom Bodensee aus flog. Es folgte die verbesserte **X-114**, ein sechs- bis siebensitziges Amphibium, das ein typisches Deltatragwerk in umgekehrter Form (zur Schaffung des Bodeneffekt-Luftkissens) mit einem ummantelten Bläser-Antriebspaket verband. Ab Frühjahr 1977 diente die Maschine zur Forschung, und der mit diesem Antrieb gewonnene Erfahrungsschatz veranlaßte RFB, den Basistyp in einem herkömmlicheren Flugwerk einzubauen.

Das erste dieser Projekte war die **Fanliner**, ein zweisitziges Muster in Leichtbauweise, das RFB und Grumman American in den USA gemeinsam entwickelten. Zwei Prototypen wurden erfolgreich im Flug erprobt, doch das kommerzielle Interesse blieb aus. Daraufhin richtete sich die Entwicklung auf einen früher vorgeschlagenen Trainer mit zwei Sitzen in Tandemanordnung, Einziehfahrwerk und wiederum einem ummantelten Bläser als Antrieb. Im März 1975 beauftragte das deutsche Verteidigungsministerium RFB mit dem Bau zweier Prototypflugzeuge, von denen das erste, die **AWI-2**, von zwei Wankelmotoren je 110 kW (150 PS) in Verbindung mit einem ummantelten Fan angetrieben wurde. Der zweite Prototyp, **ATI-2**, unterschied sich vom ersten hauptsächlich durch seine Allison-Wellenturbine 250-C20B mit einer Leistung von 313 kW (425 WPS). Diese Musterflugzeuge flogen ab 27. Oktober 1977 beziehungsweise 31. Mai 1978. Die **AWI-2** wurde später auf das stärkere Allison-Triebwerk 250-C20B umgestellt und unter der Bezeichnung **Fantrainer 400** auf den militärischen Serienstandard gebracht. Nach Einrüstung der leistungsstärkeren Allison-Wellenturbine 250-C30 änderte sich die Bezeichnung in **Fantrainer 600**. Von der Royal Thai Air Force erhielt RFB einen Auftrag über 47 **Fantrainer**, aufgeschlüsselt in 31 **Fantrainer 400** und 16 **Fantrainer 600**. Zwei Exemplare wurden komplett aus Deutschland und die übrigen in Baugruppen zur Montage durch die RTAF geliefert. Der **Fantrainer 400** hat metallene Tragflächen, während die der Version **600** aus Verbundmaterial bestehen. Der Zusammenbau dieser RFB-**Fantrainer** war 1991 abgeschlossen. 1990 kündigten Rockwell und MBB ein turbofangetriebenes Muster an, das beide Unternehmen gemeinsam zur Teilnahme am JPATS-Rennen (Joint Primary Aircraft Training System) der USAF/USN entwickeln wollten. Die auf dem **Fantrainer** basierende **Fan Ranger** wurde zur Einrüstung des P&W-Turbofan-Triebwerks JT15-D4 umkonstruiert und erhielt darüber hinaus ein „Glas-Cockpit". Der Prototyp flog erstmals im Januar 1993, und die Montage des Musters soll in Deutschland bei RFB erfolgen

***Der Fantrainer 400, der preisgünstig zu erwerben, zu betreiben sowie einfach zu warten ist, bietet eine Kombination erstklassiger Flug- und Steuereigenschaften und ansprechende Flugleistungen.***

### TECHNISCHE DATEN
**RFB Fantrainer 600**

**Typ:** Grundschulflugzeug (einschließlich Blindflugausbildung)
**Triebwerk:** eine Wellenturbine Allison 250-C30 mit 485 kW (660 PS)
**Leistung:** Höchstgeschwindigkeit 430 km/h in 5500 m Höhe; Dienstgipfelhöhe 7600 m; Reichweite mit max. Treibstoffmenge 1390 km
**Gewicht:** Leermasse 1060 kg; max. Startmasse 2300 kg
**Abmessungen:** Spannweite 9,70 m; Länge 9,23 m; Höhe 3 m; Tragflügelfläche 13,90 m²

# R.W.D.1/2/3/4/7

Die in Warschau-Okecie eingerichtete Anlage war ursprünglich als Werkstatt für Studenten der Warschauer Technischen Hochschule gedacht und anfangs unter dem Namen Warsztaty Lotnicze bekannt. Sie wurde 1931 an drei talentierte Flugzeugkonstrukteure, Stanislaw Rogalski, Stanislaw Wigura und Jerzy Drzewiecki vermietet, die die Anfangsbuchstaben ihrer Nachnamen ihren Entwurfsbezeichnungen voranstellten. Ihr erstes noch vor der Pacht der Anlage geschaffenes Luftfahrzeug war die **R.W.D. 1**, ein grundeinfacher, freitragender Hochdecker mit einem 25 kW (34 PS) starken Zwei-Zylinder-Boxermotor der Marke A.B.C. Scorpion. Der Erfolg des erstmals im September 1928 geflogenen Modells spornte das Team an, den verbesserten Typ **R.W.D. 2** mit 29 kW (40 PS) starken Salmson-Sternmotor AD.9 zu entwickeln. Der Prototyp, dessen Erstflug im Mai 1929 stattfand, erwies sich als so gut, daß er Rundflüge durch Polen und Europa absolvieren konnte und am 16. Oktober 1929 den Höhenrekord für Luftfahrzeuge seiner Klasse auf 4004 m schraubte. Diese Leistung zog einen Auftrag über drei **R.W.D. 2** und drei ähnliche **R.W.D. 4** mit stärkeren Motortypen nach sich. Mit diesen sechs Flugzeugen errang die polnische Nationalmannschaft in den Jahren 1930/31 beachtliche Wettbewerbserfolge. Für Rekordzwecke wurde aus der **R.W.D. 2** das verfeinerte und leichtere Einzelexemplar **R.W.D. 7** entwickelt. Diese vom britischen Sternmotor Armstrong Siddeley Genet II mit 60 kW (82 PS) angetriebene Maschine stellte neue, von der FAI anerkannte Geschwindigkeits- und Höhenweltrekorde für Luftfahrzeuge dieser Klasse auf: 178,75 km/h am 12. August 1931 und 6023 m am 30. September 1932.

***Die R.W.D.2 wurde von einem Salmson-Sternmotor mit 29 kW (40 PS) angetrieben. Das abgebildete Exemplar ist der Prototyp von 1929.***

Die **R.W.D. 3** war ein Verbindungsflugzeug, das auf der **R.W.D. 2** basierte, aber erfolglos blieb. Über die drei für Flugwettbewerbe gefertigte **R.W.D. 4** hinaus wurden sieben weitere Exemplare gebaut. In der Normausführung mit einer Spannweite von 10,50 m und einem 86 kW (117 PS) starken Cirrus Hermes II als Antrieb erreichte die **R.W.D. 4** eine Spitzengeschwindigkeit von 205 km/h in Meereshöhe.

# R.W.D.5

Der Prototyp **(SP-AGJ)** einer stark überarbeiteten Version der früheren R.W.D.-Zweisitzer startete am 7. August 1931 zum Erstflug. Das **R.W.D.5** genannte Musterflugzeug war ein für diese Periode typischer Hochdecker. Die gelungene Flugerprobung führte zur Serienfertigung von 20 Exemplaren durch D.W.L. in zwei Baulosen. Diese Maschinen nahmen mit großem Erfolg an zahlreichen Sportflugveranstaltungen und Sternflugmeisterschaften teil. Die spektakulärste Leistung einer **R.W.D.5** erbrachte die **SP-AJU**, die man für einen Nonstop-Flugversuch über den Südatlantik mit einem verstärkten Tragwerk reduzierter Spannweite, erhöhter Kraftstoffkapazität und einem 97 kW (132 PS) starken de Havilland Gipsy Major als Antrieb zur **R.W.D.5bis** modifiziert hatte. Am 7./8. Mai 1933 führte Hauptmann Stanislaw Skarzynski sie von Louis-de-Sénégal nach Maceió, Brasilien, ohne Zwischenlandung über den Südatlantik. Dies ist nach wie vor das leichteste Flugzeug, das den Südatlantik im Nonstop-Flug überquert hat.

***Die freitragenden Hochdeckerflügel mit dickem Profil boten sehr viel Auftrieb.***

### TECHNISCHE DATEN
**R.W.D.5 (Erstserie)**

**Typ:** leichtes Reiseflugzeug
**Triebwerk:** ein Reihenmotor Hermes IIB mit 86 kW (117 PS)
**Leistung:** Höchstgeschwindigkeit 200 km/h in Meereshöhe; Dienstgipfelhöhe 4700 m
**Gewicht:** Leermasse 445 kg; max. Startmasse 760 kg
**Abmessungen:** Spannweite 10,50 m; Länge 7,20 m; Höhe 2,70 m; Tragflügelfläche 15 m²

# R.W.D.8

Das meistgebaute R.W.D.-Modell war der zweisitzige Schirmeindecker **R.W.D.8**, dessen Prototyp Ende 1932 erstmals flog. Zu den besonderen Auslegungsmerkmalen gehörten abgestrebte Eindeckerflügel mit 12° Pfeilung außerhalb des Mittelstücks, ein starres Schleifsporn-Fahrgestell und offene Kanzeln in Tandemanordnung. Den Antrieb des Prototyps lieferte ein Cirrus Hermes II mit 86 kW (117 PS), doch in die späteren **R.W.D.8** wurden verschiedene Motortypen im Leistungsbereich zwischen 74 kW und 110 kW (100 PS bis 150 PS) eingebaut. Die Anfangserprobung zeigte das ausgezeichnete Leistungsvermögen dieses Musters, und ab Frühjahr 1934 bis 1938 produzierte D.W.L. rund 100 Exemplare. Da sich auch die polnische Luftwaffe für die **R.W.D.8** als Standardschulflugzeug entschied und die Nachfrage die Fertigungskapazität des R.W.D.-Werks bei weitem überstieg, wurde eine Herstellungslizenz an Podlaska Wytwórnia Samolotów (P.W.S.) vergeben. Die von dieser Firma gefertigten Flugzeuge unterschieden sich geringfügig von der zivilen Version durch Modifikationen, die die polnische Luftwaffe gefordert hatte. Bei P.W.S. entstanden insgesamt 500 Exemplare. Lizenzen zum Bau der **R.W.D.8** erwarben auch die Tschechoslowakei, Estland und Jugoslawien.

Von Mitte bis Ende der dreißiger Jahre nahm die **R.W.D.8** ständig an Sportflugveranstaltungen teil, und ein bewegtes Finale ihrer militärischen Karriere erlebte sie in den Tagen nach der deutschen Invasion, als sie Störeinsätze gegen die Wehrmacht flog, indem sie Handgranaten auf Truppenteile abwarf. In der Schlußphase entkamen etwa 60 Flugzeuge nach Rumänien, von denen nicht wenige den Krieg überlebten.

### TECHNISCHE DATEN
**R.W.D.8 (Frühserie)**

**Typ:** Sport- und Reiseflugzeug
**Triebwerk:** ein Reihenmotor Walter Major mit 88 kW (120 PS)
**Leistung:** Höchstgeschwindigkeit 175 km/h in Meereshöhe; Dienstgipfelhöhe 5000 m; Reichweite 435 km
**Gewicht:** Leermasse 480 kg; max. Startmasse 750 kg
**Abmessungen:** Spannweite 11 m; Länge 8 m; Höhe 2,30 m; Tragflügelfläche 20 m²

***Diese von D.W.L. gefertigte R.W.D.8 ist das Standardserienmodell mit 81 kW (110 PS) starkem Reihenmotor vom Typ Walter Junior.***

# R.W.D.9 und R.W.D.20

Zur Teilnahme am Challenge de Tourisme International von 1932 wurde ein neuer abgestrebter Hochdecker mit der Bezeichnung R.W.D.6 entworfen und in dreifacher Ausfertigung gebaut. Ein Exemplar ging bei einem Unfall während der Anfangserprobung verloren, aber die beiden anderen R.W.D.6 nahmen am Wettbewerb teil, aus dem eine als Sieger hervorging. Zum Challenge 1934 wurde von diesem Flugzeug die verbesserte **R.W.D.9** abgeleitet und eine Erstserie von zehn Maschinen aufgelegt, von denen die erste Anfang 1934 flog. Als Antrieb war ein neuer polnischer Sternmotor, der Skoda GR.760 mit einer Nennleistung von 206 kW (280 PS), geplant, doch da sich seine Entwicklung verzögerte, erhielt der Prototyp zunächst einen 198 kW (269 PS) starken Menasco B-6S Buccaneer. Von ihren zweisitzigen Vorgängern unterschied sich die **R.W.D.9** durch ihre Auslegung als Viersitzer, und vier der acht Serienflugzeuge (ein Flugwerk diente als Bodenprüfstand) hatten

***Mit voll ausgefahrenen Vorflügeln und offenen Flügelschlitzen zieht diese R.W.D.9 mit dem Namen „Dar Tytoniowcow" steil nach oben.***

den GR.760, die anderen den Walter-Sternmotor Bora (162 kW/220 PS). Sechs **R.W.D.9** nahmen am Challenge 1934 teil und belegten nicht nur einen der ersten zehn Plätze, sondern sogar Platz 1, 2 und 3. Verblüffenderweise gelang es den **R.W.D.9** auch beim Circuit of Europe im September desselben Jahres, die Plätze 1 bis 3 zu erobern. Mit GR.760-Antrieb erreichte die **R.W.D.9**, die eine Spannweite von 11,64 m hatte, eine Höchstgeschwindigkeit von 280 km/h in Meereshöhe.

Um zu erproben, ob sich ein starres Dreibein-Fahrgestell für Leichtflugzeuge eignete, rüstete man den Original-Prototyp **R.W.D.9** entsprechend um. Diese Maschine, angetrieben von einem Walter-Reihenmotor der Bauart Major mit 96 kW (130 PS), wurde 1938 unter der Bezeichnung **R.W.D.20** erfolgreich getestet.

## R.W.D.10

Um polnische Fliegerclubs mit einem kunstflugtauglichen Schulflugzeug zu versorgen, konstruierte das R.W.D.-Team wiederum einen abgestrebten Hochdecker, die einsitzige **R.W.D.10**, deren Prototyp erstmals im April 1933 flog. Die Entwicklung dieses Musters zur Zulassungsreife erwies sich als schwierig, so daß es erst 1936 das Lufttüchtigkeitszeugnis erhielt. Dennoch wurden rund 30 Serienmaschinen gebaut, die im Vergleich zum Prototyp ein wenig verfeinert waren. Die standardmäßig von einem Reihenmotor P.Z. Inz Junior mit 81 kW (110 PS) angetriebene **R.W.D.10** mit einer Spannweite von 7,50 m brachte es auf eine Geschwindigkeitsspitze von 230 km/h.

## R.W.D.13

Die Stärke des R.W.D.-Teams war zweifellos die Konstruktion von Hochdeckerflugzeugen, denn der Versuch, ein zweimotoriges Zubringermuster für sechs Passagiere in der Auslegung eines Tiefdeckers, die R.W.D.11 zu entwickeln, endete im Prototypstadium. Bei der nachfolgenden **R.W.D.13** handelte es ich um einen schwächer motorisierten, für drei Personen ausgelegten Abkömmling der R.W.D.6, von der zwei Exemplare am Challenge de Tourisme International von 1932 teilgenommen hatten. Dieser abgestrebte Hochdekker in Mischbauweise hatte klappbare und mit weit gespannten Vorflügeln ausgerüstete Tragflügel, aber ansonsten herkömmliche Merkmale und wurde als Prototyp von einem Flugmotor mit 96 kW (130 PS) angetrieben. Einem Erstauftrag über zehn Flugzeuge folgte eine Reihe von Nachbestellungen, und als die Fertigung im September 1939 auslief, waren insgesamt rund 100 Exemplare gebaut. Dazu gehörten auch 15 Sanitätsflugzeuge **R.W.D.13S**, die für einen Flugzeugführer, eine Person auf einer Krankenliege und einen medizinischen Betreuer eingerichtet waren. Rund 20 Exemplare wurden exportiert, darunter eines, das die polnische Regierung dem Schah von Persien als Hochzeitsgeschenk überreichte, und vier **R.W.D.13** setzten die nationalistischen Streitkräfte im Spanischen Bürgerkrieg als Verbindungsmaschinen ein. Sowohl das Reiseflugzeug **R.W.D.13** als auch die Ambulanzversion **R.W.D.13S** wurden von Jugoslawien in Lizenz gefertigt sowie umfassend im zivilen und militärischen Bereich genutzt.

Als im September 1939 der Zweite Weltkrieg ausbrach, wurden die meisten **R.W.D.13** zur polnischen Luftwaffe eingezogen. Noch bevor sich Polen der deutschen Übermacht ergeben mußte, konnten rund 40 Exemplare nach Rumänien entkommen.

### TECHNISCHE DATEN

**R.W.D.13**

**Typ:** Sport-/Reiseflugzeug
**Triebwerk:** ein Reihenmotor de Havilland Gipsy Major I oder P.Z. Inz Major beziehungsweise Walter Major mit 96 kW (130 PS)
**Leistung:** Höchstgeschwindigkeit 210 km/h in Meereshöhe; Dienstgipfelhöhe 4200 m; Reichweite 900 km
**Gewicht:** Leermasse 530 kg; max. Startmasse 930 kg
**Abmessungen:** Spannweite 11,50 m; Länge 7,85 m; Höhe 2,05 m; Tragflügelfläche 16 m²

***Für die damalige Zeit war der Hochdecker R.W.D.13 ein äußerst erfolgreiches Reiseflugzeug. Mit dem Gipsy Major oder Walter Major als Antrieb brachte es der Typ zwar nur auf eine mäßige Geschwindigkeit, glich dies aber durch glänzende Flug- und Steuereigenschaften wieder aus.***

## R.W.D.14

Unter der Bezeichnung R.W.D.12 wurde eine Entwurfsstudie für ein Aufklärungs-/Beobachtungsflugzeug gefertigt, das von der R.W.D.8 abgeleitet war und einer amtlichen Forderung genügen sollte. Da dieses Angebot nicht überzeugte, erstellte man ein neues Pflichtenheft und schrieb das Projekt wettbewerbsmäßig aus. Das R.W.D.-Konstruktionsteam schlug eine Entwicklungslinie der R.W.D.12 mit einem Motor doppelter Nennleistung vor und erhielt einen Auftrag über drei Prototypen **R.W.D.14**, davon einer als Bodenprüfstand. Der erste flog 1935, angetrieben von einem Pratt & Whitney Wasp Junior mit 313 kW (425 PS), doch seine Leistungen blieben hinter den Erwartungen zurück. Die nachfolgende verbesserte **R.W.D.14a** war mit dem Sternmotor P.Z.L.G.1620A Mors ausgerüstet, der in etwa die gleiche Leistung erzeugte. Diese 1936 geflogene Maschine ging im selben Jahr verloren, weil die Heckstruktur versagt hatte, und ebenso die zweite **R.W.D.14a**, als sie 1937 mit einer modifizierten Heckbaugruppe getestet wurde. Der letzte von D.W.L. gebaute Prototyp war die **R.W.D.14b** mit nochmals geändertem Rumpfheck und Leitwerk sowie dem stärkeren Motortyp P.Z.L.G.1620B Mors. Nach zufriedenstellender Flugerprobung wurde der Entwurf an die polnische Regierung verkauft, die die Firma L.W.S. mit der Produktion von 65 grundsätzlich ähnlichen **R.W.D.14b Czapla (Reiher)** beauftragte. Bei Kriegsausbruch waren die 13., 23., 33., 53. und 63. Staffel mit diesem Typ ausgerüstet, erlitten infolge seiner Geschwindigkeit aber schwere Verluste, zumeist durch (polnisches) Abwehrfeuer bodengestützter Waffen. Nur etwa zehn Exemplare konnten sich in der Schlußphase des polnischen Widerstands gegen Deutschland nach Rumänien absetzen.

### TECHNISCHE DATEN

**Typ:** zweisitziges Aufklärungs-/Beobachtungsflugzeug
**Triebwerk:** ein Sternmotor P.Z.L.G. 1620B Mors B mit 346 kW (470 PS)
**Leistung:** Höchstgeschwindigkeit 245 km/h in Meereshöhe; Dienstgipfelhöhe 5000 m; Reichweite 580 km
**Gewicht:** Leermasse 1153 kg; max. Startmasse 1700 kg
**Abmessungen:** Spannweite 11,90 m; Länge 9 m; Höhe 3 m; Tragflügelfläche 22 m²

***Auf diesem verblichenen Foto des vierten Prototyps der Baureihe R.W.D.14b Czapla sind die mächtigen Vorflügel am Hochdeckertragwerk noch klar zu erkennen. Der von L.W.S. gebaute Typ wurde von einem P.Z.L.-Mors-Sternmotor mit 309 kW (420 PS) angetrieben.***

## R.W.D.15

Das vier-/fünfsitzige Reiseflugzeug **R.W.D.15**, das die Hochdeckerlinie fortführte, sollte ein im Vergleich zur Hochleistungsmaschine R.W.D.9 wirtschaftlicheres und leichter absetzbares Luftfahrzeug dieser Kategorie abgeben. Der in einfacher Leichtbauweise konstruierte Prototyp flog erstmals im Sommer 1937 unter dem Antrieb eines de Havilland Gipsy Six Series II. Die Erprobung zeigte das ausgezeichnete Leistungsvermögen dieses Flugzeugs, und es folgte ein Auftrag über 15 Maschinen, von denen bei Kriegsausbruch aber erst vier oder fünf fertiggestellt waren. Zwei brandneue Exemplare wurden in der Endphase des Kriegs in Polen ab Werk nach Rumänien überführt mit D.W.L.-Konstrukteuren und technischen Mitarbeitern an Bord, die den Kampf gegen die Deutschen von Frankreich oder England aus weiterführen wollten. Die seriengefertigte **R.W.D.15** hatte eine Spannweite von 12,40 m und brachte es mit dem de-Havilland-Motor Gipsy Six Series I auf eine Höchstgeschwindigkeit von 240 km/h.

## R.W.D.16 und R.W.D.21

Das R.W.D.-Konstruktionsteam und auch D.W.L. hatten es versäumt, ein ‚Leichtflugzeug zu entwickeln, das preiswert genug war, um einen hohen Absatz in Polen erzielen zu können. Die **R.W.D.16** sollte diese Lücke füllen. Das Musterflugzeug erfuhr noch einige Änderungen, bevor im Winter 1938/39 die Serienfertigung der Baureihen **R.W.D.16bis** und **R.W.D.21** anlief. Letztere umfaßte zehn Exemplare, die sich nur durch einen 67 kW (91 PS) starken Cirrus Minor von dem anderen Baulos unterschieden. Da der für die **R.W.D.16bis** vorgesehene Motor Avia 3 nicht in Produktion ging, wurde der Walter Mikron II mit 44 kW (60 PS) zum Alternativtriebwerk bestimmt. Ende August 1938 standen viele Zellen vor der Fertigstellung, doch es ist fraglich, ob je eine dieser Maschinen in die Luft kam. Die **R.W.D.21**-Prototypen konnten nach Rumänien gelangen, und ein Exemplar wurde Polen nach dem Krieg zurückerstattet. Die vom Avia 3 angetriebene und elf Meter weit gespannte **R.W.D.16bis** hatte eine Höchstgeschwindigkeit von 172 km/h in Meereshöhe.

# R.W.D.17/18/19/22/23 und 25

Der deutsche Überfall auf Polen am 1. September 1939, der den Zweiten Weltkrieg einleitete, hatte zur Folge, daß D.W.L. ein weiteres Serienmuster, die **R.W.D.17**, nur noch in kleiner Zahl fertigen konnte. Da die R.W.D.-Leichtflugzeuge dieser Firma aber früher so viele achtbare Wettbewerbs- und Rekorderfolge eingeflogen hatten, sollte auch kurz auf die letzten Entwürfe eingegangen werden. Die **R.W.D.17** war ein kunstflugtaugliches Schulflugzeug in der Auslegung eines zweisitzigen Schirmeindeckers, und der im Juli 1937 geflogene Prototyp wurde von einem P.Z. Inz. Major mit 96 kW (130 PS) angetrieben. Zwar hatten sowohl das polnische Heer als auch die polnische Marine die **R.W.D.17** bestellt, aber bei Kriegsausbruch waren erst wenige zivile Exemplare fertiggestellt. Die **R.W.D.18** war ein zweimotoriger Kabineneindecker mit vier bis fünf Sitzen. Das als Geschäfts- oder Nutzflugzeug gedachte Hochdeckermuster mit STOL-Eigenschaften sollte zwei Cirrus Major je 112 kW (152 PS) als Antrieb erhalten, doch der teilgefertigte Prototyp wurde bei einem der ersten Luftangriffe zerstört. Der zweisitzige Kabineneindecker **R.W.D.19**, angetrieben von einem de Havilland Gipsy Major I (97 kW/132 PS), flog Anfang 1939, wurde aber als zu teuer in der Fertigung und im Betrieb erachtet und daher nicht produziert. Im Sommer 1939 lief die Konstruktion zweier Prototypen des dreisitzigen Küstenaufklärers/Torpedobombers **R.W.D.22** für die polnische Marine an. Für den freitragenden Tiefdecker mit Zwillingsschwimmern waren zwei Sternmotoren P.Z.L.G. 1620B Mors B à 346 kW (470 PS) vorgesehen, aber keines dieser Musterflugzeuge wurde mehr fertiggestellt. Als letzten Prototyp vor Kriegsausbruch baute D.W.L. die **R.W.D.23**, einen im Frühjahr 1939 geflogenen zweisitzigen Eindecker mit offenen Cockpits in Tandemanordnung. Der letzte Entwurf dieses Ingenieurteams, dessen Konstruktion aber vor dem Kriegsausbruch noch nicht begonnen worden war, zielte auf einen Jagdeinsitzer in der Auslegung eines freitragenden Tiefdeckers ab. Dieser Jäger mit der geplanten Bezeichnung **R.W.D.25** hätte von einem 589 kW (800 PS) starken Sternmotor Mars des Herstellers Gnome-Rhône angetrieben und mit vier flügelmontierten Maschinengewehren bewaffnet werden sollen.

# Rawdon T-1

***Trotz ihrer guten Flugleistungen und des modernen Zuschnitts wurde die Rawdon T-1 nur in geringer Stückzahl produziert.***

Die zu Beginn der vierziger Jahre konstruierte und geflogene **Rawdon T-1** war in erster Linie als zweisitziges Schulflugzeug gedacht, doch wegen der Beteiligung der USA am Zweiten Weltkrieg konnte ihre Entwicklung erst nach der Kapitulation Japans fortgesetzt werden. Sie hatte ein mit Einzelstreben pro Rumpfseite abgefangenes, 10,16 m weit gespanntes Tiefdeckertragwerk, ein starres Spornrad-Fahrgestell und einen Vier-Zylinder-Boxermotor Avco Lycoming mit 112 kW (152 PS) als Antrieb. Flugschüler und Lehrer saßen hintereinander in einer Kabine, die mit einer langgestreckten Glashaube abgedeckt war. Als **T-1S** wurde das Muster auch zum Agrarflugzeug mit Chemikalienbehälter und Sprühgeschirr unter dem Rumpf entwickelt. Bei der Unterversion **T-1SD** wich der hintere Sitz einem Chemikalienbehälter und Streu-/Sprühgerät. Wegen der Konkurrenz durch etablierte Hersteller von Leichtflugzeugen und die riesige Anzahl ausgesonderter Militärflugzeuge, die den Markt geradezu überschwemmten, blieb die Nachfrage gering, so daß letztendlich nur 35 Exemplare gebaut wurden. Die **T-1** war für eine maximale Abflugmasse von 862 kg zugelassen und erreichte eine Höchstgeschwindigkeit von 222 km/h.

# Rearwin-Flugzeuge

Nach dem Alleinflug von Charles Lindbergh über den Atlantik wuchs in Amerika die Begeisterung für die Sportfliegerei, von der auch Ray Rearwin angesteckt wurde. Er stellte daher im Sommer 1928 Fred Landgraf als Ingenieur und Konstrukteur ein und versuchte sich im Flugzeugbau. Das erste Produkt war die **Rearwin Ken-Royce 2000C** (Rearwins Söhne hießen Ken und Royce), ein konventioneller Doppeldecker ungleicher Spannweite mit drei Sitzen in Tandem-Cockpits und Curtiss-Sternmotor Challenger mit 127 kW (173 PS) als Antrieb. Trotz guter Flugleistungen wurden nur drei Exemplare gebaut, gefolgt von zwei oder drei **Ken-Royce 2000CO**, die sich vom ersten Modell hauptsächlich durch ihren Continental-Sternmotor A70 mit 123 kW (167 PS) unterschieden. Es entstanden zwar nur fünf oder sechs **Ken-Royce**-Doppeldecker, doch ihre Erfolge bei Wettbewerbsveranstaltungen verhalfen der jungen Firma zu wertvoller Erfahrung und der Erkenntnis, daß sie mit Leichtflugzeugen die größten Chancen hätte, sich gegen die etablierte Konkurrenz zu behaupten. Die vom neuen Chefkonstrukteur Douglas H. Webber und Noel Hockaday entworfene **Rearwin Junior 3000** war ein Tandem-Zweisitzer in der Auslegung eines gestielten Hochdeckers, dessen Bauweise und Ausrüstung auf einen möglichst niedrigen Verkaufspreis abzielten. Das von einem Drei-Zylinder-Sternmotor Szekely mit 34 kW (46 PS) angetriebene Modell flog erstmals Mitte 1931, aber infolge der prekären Wirtschaftslage wurden nur 17 Exemplare produziert. 1932 folgten die **Junior 4000** mit dem 37 kW (50 PS) starken Sternmotor Aeromarine AR-3 und die mit zwei Exemplaren noch erfolglosere **Junior 3100** mit einem gleich starken Szekely als Antrieb. Rearwin hatte offenbar noch nicht das rechte Erfolgsrezept gefunden und sollte es auch nicht mehr finden. Es lag wohl eher an der allgemeinen Erholung der Wirtschaft als an der Originalität des Entwurfs, daß die **Sportster 7000** den Aufschwung brachte. Sie war ein zweisitziger Kabinen-Eindecker in der Konfiguration eines abgestrebten Hochdeckers, dessen Erstflug am 30. April 1935 stattfand. Etwa 75 Exemplare wurden gebaut, angetrieben vom Sternmotor Le Blond 5DE oder 5E mit 52 kW (71 PS). Anschließend erschienen luxuriösere und kräftiger motorisierte Versionen mit den Bezeichnungen **Sportster 8500, 9000-L** und **9000-KR** und (in gleicher Reihenfolge) den Motortypen Le Blond 5DF (63 kW/86 PS), Le Blond 5F (67 kW/91 PS) und Ken-Royce. Die Standardausführung sah ein starres Schleifsporn-Fahrgestell vor, aber auf Wunsch war der Typ auch mit Schneekufen und Schwimmwerk erhältlich. Von rund 260 insgesamt gebauten Exemplaren wurden schätzungsweise zehn Prozent exportiert. 1937 kam eine weitere **Sportster**-Version auf den Markt, die **Sportster 9000-W** mit einem Warner-Scarab-Sternmotor, der 67 kW (91 PS) erzeugte. Inzwischen aber war die Nachfrage durch die früheren Modelle befriedigt, so daß nur neun **Sportster 9000-W** gefertigt wurden.

Auf dem Höhepunkt der wirtschaftlichen Depression hatte Rearwin die Produktion vorübergehend einstellen müssen. Zu der Zeit befand sich ein zweisitziger Kabinen-Eindecker, ausgelegt als abgestrebter Hochdecker, im Entwurfsstadium, der eine Zwischenstufe in der **Sportster**-Entwicklungsreihe darstellte. Er erhielt die Bezeichnung **Speedster 6000** und flog erstmals im Sommer 1934 unter dem Antrieb eines ACE-Reihenmotors Cirrus H-Drive mit 71 kW (97 PS). Ein Abkömmling der **Sportster 9000-KR** mit nebeneinander angeordneten Sitzen, zugelassen als **Cloudster 8090**, erwies sich als weitaus erfolgreicher. Als Antrieb diente ein Ken-Royce 5F mit 67 kW (91 PS), doch die Kundschaft verlangte ein höheres Leistungspotential. Rearwin führte daraufhin die zweisitzige **Cloudster 8125** mit 89 kW (121 PS) starkem Ken-Royce 7-F ein und die dreisitzige **Cloudster 8135** mit einem Ken-Royce 7-G gleicher Leistung. Die Produktion belief sich auf insgesamt 125 Exemplare, darunter 20 Schulflugzeuge **Cloudster 8135-T** für Pan American Airways, die dieses Muster mit zwei Sitzen hintereinander bestellt hatte. Ferner wurden 25 **Cloudster** als Schulflugzeuge in den Irak exportiert.

Der letzte Rearwin-Entwurf, **Ranger 165**, war wie die Vorgängermodelle ein Hochdecker, aber mit zwei nebeneinander angeordneten Sitzen. Seinen Antrieb beim Erstflug im April 1940 lieferte ein 48 kW (65 PS) starker Kolbenmotor. In der ersten Serienausführung erhielt die **Ranger** einen Vier-Zylinder-Boxermotor Continental A75-8 (75 HP/56 kW/76 PS) und die neue Bezeichnung **Skyranger 175**. Es folgten die **Skyranger 180**, **180-F** und **190-F** mit Continental A80-8 (80 HP/60 kW/82 PS), Franklin 4AC-176-F3 gleicher Leistung beziehungsweise Franklin 4AC-199-E3 (90 HP/67 kW/91 PS). Rearwin verkaufte sein Unternehmen an die Commonwealth Aircraft Corporation, die nach dem Krieg noch etwa 275 **Skyranger 185** mit dem Continental-Triebwerk C85-12 (85 HP/63 kW/86 PS) produzierte.

**TECHNISCHE DATEN**

**Rearwin Sportster 8500**

**Typ:** Sport-/Reiseflugzeug

**Triebwerke:** ein Sternmotor Le Blond 5DF mit 63 kW (86 PS)

**Leistung:** Höchstgeschwindigkeit 187 km/h; Dienstgipfelhöhe 4635 m; Reichweite 772 km

**Gewicht:** Leermasse 376 kg; max. Startmasse 640 kg

**Abmessungen:** Spannweite 10,67 m; Länge 6,78 m; Höhe 2,06 m; Tragflügelfläche 15,42 m²

***Ein weiterer Flugzeugtyp, der nur eine bescheidene Auflage erreichte, war die Rearwin-Hochdeckerserie, hier von einer Sportster 9000-KR vertreten.***

## Serie Reggiane Re.2000 bis Republic F-84

**Fast alle 170 Flugzeuge der Serie Reggiane Re.2000 Falco 1 (im wesentlichen Kopien der Seversky P-35) flogen bei nichtitalienischen Streitkräften. Erst spätere Modelle bis zum Ende des Zweiten Weltkriegs übernahm auch die italienische Luftwaffe. Die Republic Aviation Corporation in Long Island, N.Y., baute 4457 Geradflügler-Thunderjets F-84, die in den 50er Jahren im Koreakrieg und auch in Westeuropa in Dienst waren.**

# Reggiane Re.2000 (Serie)

Die Officine Meccaniche Reggiane SA, ein Tochterunternehmen der Firma Caproni, begannen 1937 mit der Entwicklung eines Jagdeinsitzers, den Antonio Alessio und Roberto Longhi gemeinsam konstruiert hatten. Letzterer war zwei Jahre zuvor nach einer Anstellung in den USA in die Heimat zurückgekehrt. Der Prototyp **Reggiane Re.2000 Falco** hob sich deutlich von den zeitgenössischen Jagdflugzeugen italienischen Ursprungs ab und erinnerte stark an die damals in Nordamerika produzierten stämmigen Jäger, deren mächtige Sternmotoren einen gewaltigen Durchmesser aufwiesen. Diese als freitragender Tiefdecker mit einziehbarem Spornrad-Fahrwerk ausgelegte Maschine wurde von einem Piaggio-Sternmotor P.XI RC.40 mit 640 kW (870 PS) angetrieben. Der nach dem Erstflug im Jahre 1938 abgehaltene Vergleichswettbewerb rief kein Interesse der italienischen Luftwaffe hervor, aber für die heimische Marine baute Reggiane zwölf eigens für Katapultstarts verstärkte **Re.2000 Serie II** und 24 **Re.2000 Serie III** mit erweitertem Tankvolumen für Ferneinsätze. Anschließend fertigte die Firma mehrere Exemplare für Ungarn, wo zusätzlich eine kleine Zahl in Lizenz hergestellt wurde. Diese Maschinen dienten alle bei der ungarischen Luftwaffe unter der Bezeichnung **Hejja** („Habicht"). Schweden bestellte weitere 60 **Re.2000**, die die schwedische Luftwaffe als **J 20** einsetzte.

Hersteller und Nutzer waren überzeugt, daß sich die Leistung der **Re.2000** durch einen stärkeren Flugmotor steigern ließe, und dies führte zur **Re.2001 Falco II** mit einem Daimler-Benz DB 601A-1. Wegen des vorrangigen Eigenbedarfs der Luftwaffe an diesem Triebwerk baute man dann eine Lizenzversion in Gestalt des Alfa-Romeo RC.41-la Monsoni ein, doch auch bei der Zuteilung dieser Motoren erhielt die MC.202 den Vorzug, so daß nur 252 **Re.2001** produziert wurden. Diese Zahl setzte sich aus 100 Jagdflugzeugen **Re.2001 Serie I, II** und **III** (mit unterschiedlicher Bewaffnung) und Jagdbombern **Re.2001 Serie IV** sowie 150 Nachtjägern **Re.2001 CN** zusammen. Zwei neue Flugzeuge wurden zur Katapulterprobung gefertigt, und man nahm eine Reihe von Umrüstungen vor, um dieses Muster als Schulflugzeug mit zwei Sitzen hintereinander, als Panzerjäger und als Torpedobomber zu prüfen. Ein Exemplar diente als Erprobungsträger für den neuen Isotta-Fraschini-Delta-Motor.

Der Zwang, wieder auf einen Sternmotor zurückzugreifen, ergab den Jagdbomber **Reggiane Re.2002 Ariete** („Widder"), der die verbesserte Zelle der **Re.2001** mit dem 865 kW (1175 PS) starken Piaggio P.XIX RC.45 verband. Diese Jagdbomber (rund 50 Exemplare) kamen 1942 zum Einsatz und erlitten schwere Verluste während der Landung der Alliierten auf Sizilien. Der letzte Sprößling dieser Flugzeugfamilie war die **Reggiane Re.2005 Sagittario** („Schütze"), das wahrscheinlich beste Jagdflugzeug, das Italien im Zweiten Weltkrieg hervorgebracht hat. Sie hatte nicht nur eine umfassend verfeinerte Struktur, sondern auch erneut einen Reihenmotor. Der von einem Daimler-Benz DB 605A-1 angetriebene Prototyp flog im September 1942, doch die Serienversion **Re.2005** erhielt den Fiat RA.1050 RC.58 Tifone (eine Lizenzausführung des Daimler-Benz-Triebwerks). Bis zum Waffenstillstand mit den Alliierten waren zwar nur 48 **Sagittario** ausgeliefert, die aber intensiv zur Verteidigung Neapels, Roms und Siziliens eingesetzt wurden. Das Restkontingent kämpfte schließlich noch über den rauchenden Trümmern von Berlin.

***Reggiane Re.2000 (J 20) der 1. Division, Flygflottilj 10, Königlich Schwedische Luftwaffe***

***Reggiane Re.2001 der 150. Squadriglia, 2. Gruppo „Golletto", Regia Aeronautica, im August 1942 in Pantellaria stationiert***

### TECHNISCHE DATEN

**Reggiane Re.2005 Sagittario**

**Typ:** einsitziger Jäger/Jagdbomber

**Triebwerk:** ein V-Reihenmotor Fiat RA.1050 RC.58 Tifone mit 1086 kW (1475 PS)

**Leistung:** Höchstgeschwindigkeit 630 km/h in 7000 m Höhe; Dienstgipfelhöhe 12.000 m; Reichweite 1250 km

**Gewicht:** Leermasse 2600 kg; max. Startmasse 3560 kg

**Abmessungen:** Spannweite 11 m; Länge 8,73 m; Höhe 3,15 m; Tragflügelfläche 20,40 m²; Bewaffnung: drei 20-mm-Kanonen und zwei 12,7-mm-Maschinengewehre, alle vorwärtsfeuernd, sowie bis zu 630 kg Bomben beim Einsatz als Jagdbomber

# Reims Aviation

Anfang 1960 erwarb die Cessna Aircraft Company 49 Prozent der Anteile an der französischen Firma Société Nouvelle des Avions Max Holste, deren Name sich daraufhin in Reims Aviation SA änderte. Diese Firma besaß Produktionsrechte an bestimmten Cessna-Modellen für den Absatz in Europa und Afrika. Bis Anfang 1983 hatte Reims Aviation nicht weniger als 6135 Cessna-Flugzeuge montiert, darunter das Cessna Modell 150 als F 150 und FA 150 Aérobat, das Cessna Modell 152 als F 152 Aérobat, die Cessna Skyhawk II als F 172 Skyhawk/100 und F 172 Skyhawk/100 II, die Cessna Hawk XP/II als FR 172K Hawk XP und FR 172K Hawk XP/II, die Cessna Cardinal RG als F 177RG, die Cessna Skylane und Skylane RG als F 182 und F 182RG sowie Versionen der Cessna 337 Skymaster als F 337. Außerdem entwickelte Reims eine Variante der Cessna Skyhawk als **FR 172 Reims-Rocket** mit dem 157 kW (214 PS) starken Sechs-Zylinder-Boxermotor Rolls-Royce/Continental IO-360-D. Einzelheiten zu den Originalmodellen sind in den Cessna-Einträgen aufgeführt, und unter dem Cessna Modell 336/337 Skymaster finden sich technische Angaben zu der verwandten **F 337** und **F 337P** sowie zu den von Reims entwickelten Ausführungen **FTB 337** und **Milirole**.

Das einzige eigenständige Reims-Produkt ist die **F406 Caravan II**, die auf der Cessna-Serie Titan basiert. Sie wurde 1982 angekündigt und flog erstmals im September 1983. Seitdem gingen Bestellungen über fast 100 solcher Nutzflugzeuge mit Propellerturbinen von P&WC für die zivile und militärische Luftfahrt ein.

***Der französische Zolldienst nutzt vier F406 Caravan II, die mit einem Überwachungsradar vom Typ Bendix/King 1500 unter dem Rumpf ausgerüstet sind.***

# Renard Epervier

1927 gründeten Georges und Alfred Renard, die zuvor für die Firma Stampe & Vertongen als Konstrukteure gearbeitet hatten, in Evere bei Brüssel die Société Anonyme des Avions et Moteurs Renard. Ihr Vorhaben, Flugmotoren zu bauen, gaben sie bald auf und konzentrierten sich auf die Konstruktion von Luftfahrzeugen.

Das erste Modell der neuen Firma war die **Renard Epervier** („Sperber"), ein Jagdeinsitzer in der Auslegung eines Schirmeindeckers, der einen von der belgischen Regierung ausgeschriebenen Entwurfswettbewerb für sich entschied. Die vollständig aus Metall konstruierte **Epervier** hatte einen schmalen Rumpf runden Querschnitts, ein starres Fahrgestell und einen Gnome-Rhône-Sternmotor Jupiter VI als Antrieb mit 353 kW (480 PS).

***Die Renard Epervier hatte einen schlanken Rumpf und ein durch seine Verkleidung wuchtig wirkendes Fahrgestell.***

Zwei Exemplare wurden gebaut, aber keines der beiden von Renard selbst. Die erste **Epervier** entstand bei Stampe & Vertongen in Antwerpen. Das Testprogramm lief 1928 an, doch im Oktober desselben Jahres mußte Testpilot Charles Wouters sich mit dem Fallschirm aus seiner **Epervier** retten, nachdem sie in ein unkontrollierbares Flachtrudeln geraten war. Die zweite von SABCA gebaute Maschine **(OO-AKN)** schloß das Flugprogramm mit zufriedenstellenden Ergebnissen ab, und Anfang 1930 führte Capitaine Vanderlinden sie bei einem Vergleichsfliegen mit mehreren französischen Prototypen vor. Obwohl die **Epervier** später von der belgischen Luftwaffe übernommen wurde, kam es nicht zur Serienfertigung. Die zweite **Epervier** erreichte eine Spitzengeschwindigkeit von 273 km/h.

# Renard R.31

Der Prototyp des von Alfred Renard entworfenen Aufklärungsflugzeugs **Renard R.31** flog erstmals am 16. Oktober 1932. Der abgestrebte Schirmeindecker mit zwei Sitzen war größtenteils aus Metall konstruiert und mit Gewebe überzogen. Er hob sich insofern von der Masse gestielter Hochdecker ab, als sein Baldachin nicht wie üblich auf Streben, sondern auf einem verkleideten Sockel ruhte. Ein verstellbarer Sitz ermöglichte dem Piloten dennoch eine gute Sicht über die Tragflächen hinweg oder unter ihnen hindurch. Das starre Hauptfahrgestell hatte von einander unabhängige Beine, und den Antrieb lieferte ein Rolls-Royce Kestrel II.

Die belgische Aéronautique bestellte 1934 insgesamt 32 **R.31**, die von SABCA und Renard gebaut werden sollten. Sie ersetzten ab 1935 die veralteten Breguet 19 bei der 9. und 11. Escadrille d'Observation. Im Einsatz erwies sich die **R.31** als tüchtiges, aber schwerfälliges Muster. Während des kurzen Widerstands Belgiens gegen die deutsche Invasion im Mai 1940 verlegten die Maschinen von ihrem Stammhorst Liège-Bierset nach Duras, doch nach 54 Kampfeinsätzen wurden alle noch erhaltenen **R.31** am 28. Mai 1940 vorsätzlich zerstört, damit sie nicht in die Hände des Gegners fielen.

### TECHNISCHE DATEN
**Renard R.31**

**Typ:** Aufklärungsflugzeug
**Triebwerk:** ein V-Reihenmotor Rolls-Royce Kestrel II mit 365 kW (496 PS)
**Leistung:** Höchstgeschwindigkeit 290 km/h; Dienstgipfelhöhe 8650 m; Reichweite 650 km
**Gewicht:** Rüstmasse 1400 kg; max. Startmasse 2150 kg
**Abmessungen:** Spannweite 14,40 m; Länge 9,24 m; Höhe 2,92 m; Tragflügelfläche 32 m²
**Bewaffnung:** ein synchronisiertes 7,92-mm-Maschinengewehr FN Browning unter der Motorhaube und eine ähnliche Waffe auf Ringlafette im Beobachter-Cockpit sowie bis zu 80 kg Bomben

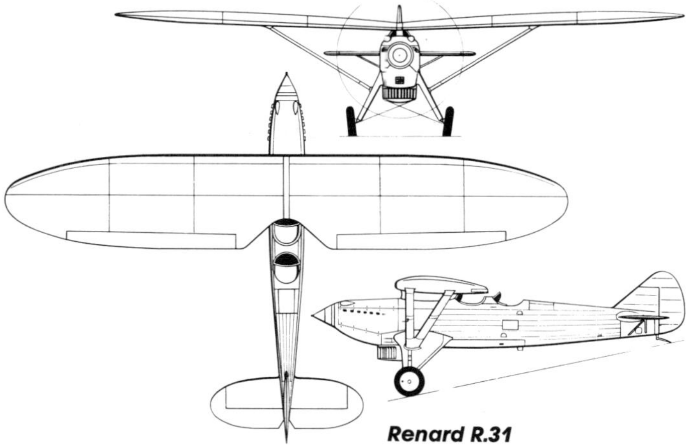

***Renard R.31***

### Varianten
**R.31 Lorraine:** zweite R.31, vorübergehend mit einem 478 kW (650 PS) starken Lorraine-Motor Petrel getestet
**R.32:** Variante der R.31; zwei Exemplare; Lücke zwischen dem neu konstruierten Rumpf und den Tragflächen mit verglaster Kabinenhaube über den Besatzungsstationen ausgefüllt; erste R.32 im August 1936 unter Antrieb eines Gnome-Rhône-Sternmotors 14 N01 geflogen; zweites Exemplar bald verlorengegangen, als der Militärpilot wegen Erstickungsgefahr durch Abgase des Hispano-Suiza-Motors 12Ybrs (611 kW/830 PS) aussteigen mußte; dieses Triebwerk ermöglichte eine Höchstgeschwindigkeit von 350 km/h

# Renard R.36

Den eindrucksvollen, von Alfred Renard entworfenen Jagdeinsitzer **Renard R.36** führte Werkspilot Georges Van Damme am 5. November 1937 durch den Erstflug. Der freitragende Leichtmetall-Tiefdecker hatte eine hochgewölbte Plexiglas-Schiebehaube über dem Cockpit, einwärts klappende Fahrwerksbeine und ein Tragwerk großer Tiefe mit vierteiligen Spreizklappen, die hydraulisch betätigt wurden. Die vom Hispano-Suiza 12Ycrs Typ 2 moteur canon angetriebene **R.36** erregte erhebliches Aufsehen, doch die Fertigung von sechs zur Erprobung bestimmten Maschinen wurde abgebrochen, als der Prototyp am 17. Januar 1939 abstürzte.

### TECHNISCHE DATEN
**Renard R.36**

**Typ:** Jagdeinsitzer
**Triebwerk:** ein Hispano-Suiza 12Ycrs moteur canon mit 670 kW (910 PS)
**Leistung:** Höchstgeschwindigkeit 515 km/h in 4000 m Höhe; Dienstgipfelhöhe 12.000 m
**Gewicht:** Rüstmasse 1700 kg; max. Startmasse 2400 kg
**Abmessungen:** Spannweite 11,64 m; Länge 8,54 m; Höhe 2,90 m; Tragflügelfläche 20 m²
**Bewaffnung:** eine 20-mm-Kanone zwischen den Motorzylinderreihen und vier flügelmontierte Browning-7,7-mm-Maschinengewehre sowie acht 10-kg-Bomben

### Varianten
**R.37:** eine zu Prüfzwecken mit einem Gnome-Rhône-Sternmotor 14 N21 (810 kW/1100 PS) in einem neuartigen, enganliegenden Gehäuse fertiggestellte R.36; im Juli 1939 auf dem Brüsseler Luftfahrtsalon vorgestellt und im Mai 1940 von deutschen Truppen erbeutet; projektierter zweisitziger Torpedo- oder Jagdbomber R.37B nicht gebaut
**R.38:** andere mit 771 kW (1048 PS) starkem Rolls-Royce Merlin II ausgerüstete R.36-Zelle; erstmals am 4. August 1939 geflogen, erreichte sie eine nachgewiesene Höchstgeschwindigkeit von 525 km/h; eine Bewaffnung mit vier flügelmontierten Maschinengewehren und bis zu 80 kg Bomben war geplant. Sie wurde nach Frankreich ausgeflogen und dort von der Luftwaffe beschlagnahmt
**R.40:** dritte R.36-Zelle für Frankreich mit Merlin-Motor und ungewöhnlicher, druckbelüfteter, mit Hilfe einer Kartusche absprengbarer Kabine für den Piloten entwickelt; während der Evakuierung im Mai 1940 noch auf belgischem Boden Komponenten von den Deutschen erbeutet; weiterer Verbleib unbekannt

***Bei der R.37 hatte Alfred Renard viel Wert auf die aerodynamischen Details gelegt. Trotz des klobigen Hispano-Suiza-Sternmotors waren die Bugkonturen ungewöhnlich fein ausgeführt.***

# Republic (unbedeutende Typen)

**Republic P-72:** Unter der Bezeichnung **XP-72** konstruierte und fertigte Republic zwei Musterjäger einer fortentwickelten Ausführung der P-47 Thunderbolt mit gesteigertem Leistungsvermögen dank des 2573 kW (3499 PS) starken Sternmotors R-4360-13 Wasp Major von Pratt & Whitney. Der Typ war gedacht als Abfangjäger für die geflügelten Fernbomben V-1 Deutschlands. Die **XP-72** flog erstmals am 2. Februar 1944 und erreichte während der Tests eine Höchstgeschwindigkeit von 789 km/h. 100 Serienjäger **P-72** wurden bestellt, aber später wieder gestrichen.

**Republic F-12:** Unter der Bezeichnung **XF-12** (später **XR-12**) konstruierte und fertigte Republic zwei Prototypen eines großen, viermotorigen Luftbildaufklärers in Eindeckerkonfiguration, angetrieben von vier P&W-Sternmotoren R-4360-31 Wasp Major je 2479 kW (3371 PS). Die erste Maschine startete am 2. Juli 1946 zum Jungfernflug; trotz weiterer Erprobung durch die USAAF ergab sich kein Serienauftrag. Eine geplante Ableitung als Passagierflugzeug mit 46 Sitzen für Pan American Airways mit der Bezeichnung **RC-2 Rainbow** wurde nicht verwirklicht.

**Republic F-91:** Unter der Bezeichnung **XF-91** mit dem geplanten Beinamen **Thunderceptor** baute Republic gemäß eines USAAF-Auftrags vom März 1946 zwei Prototypen eines experimentellen Hochleistungsabfangjägers. Dieser Typ wies etliche ungewöhnliche Auslegungsmerkmale auf. Die sich zum Rumpf hin verjüngenden Pfeilflügel ließen sich im Einstellwinkel verändern, die Hauptbaugruppen des Bugrad-Fahrwerks waren mit kleinen Tandem-Doppelrädern ausgestattet und zogen nach außen in die Tragflächenenden ein, und zum Hauptstrahltriebwerk J47-GE-3 konnten bis zu vier Raketenmotoren zugeschaltet werden. Der erste Versuchsjäger flog am 9. Mai 1949 und erreichte eine Höchstgeschwindigkeit von 1192 km/h. Zur Serienproduktion kam es aber nicht.

***Zu den auffälligen Merkmalen der XF-91 gehörten Pfeilflügel, deren Tiefe von den äußeren Enden zur Wurzel hin abnahm. Unter dem Heck ist das Raketenmotorgehäuse zu erkennen.***

## Republic F-84

***Republic F-84G Thunderjet der Fotoflight, Königlich Dänische Luftwaffe, im Jahre 1956***

***Republic F-84F Thunderstreak der 1. Ecadrille, 2. Escadre, Königlich Belgische Luftwaffe, 1969 in Florennes stationiert***

Am Namensbeginn „Thunder", der Republic bei der P-47 so viel Ruhm eingebracht hatte, hielt das Unternehmen auch beim nächsten Produkt fest, einem strahlgetriebenen Tagjäger als Nachfolger der P-47, und taufte ihn **Republic Thunderjet**. Der Typ war als einsitziger Tief-/Mitteldecker in Ganzmetallbauweise mit einziehbarem Bugrad-Fahrwerk konzipiert. Im März 1945 erging ein Auftrag über drei Musterjäger **XP-84**, doch die Entwicklung wurde durch eine Reihe von Problemen behindert, allen voran das zunehmend höhere Gewicht der Zelle und die zu geringe Schubleistung. Nach dem Jungfernflug der beiden ersten Prototypen am 28. Februar beziehungsweise im August 1946, zeigte sich aber schnell, daß Republic wiederum ein Hochleistungsflugzeug gelungen war. So stellte am 26. September 1946 einer dieser Versuchsjäger mit 983 km/h einen neuen US-Geschwindigkeitsrekord auf.

Beide Prototypen wurden vom General Electric J35-GE-7 mit einer Nennleistung von 7,6 kN Schub angetrieben, das auch für die ersten 25 Vorserienjäger **YP-84** vorgesehen war. Der anschließend geänderte Auftrag über 15 Erprobungsjäger **YP-84A** gab aber das Allison-Strahltriebwerk J35-A-15 vor, das 8 kN Schub erzeugte. Diesen Maschinen ging der dritte Prototyp in ähnlicher Auslegung als **XP-84A** voraus. Es folgte die **P-84B** als erstes Serienmodell (226 Exemplare) mit Schleudersitz, Raketenbewaffnung und Allison-Strahltriebwerk J35-A-15C mit gleicher Schubkraft wie das J35-A-15. Die **P-84C**, später **F-84C** (191 Exemplare), erschien mit neuer Bordelektrik und dem J35-A-13C bei unveränderter Schubleistung von 8 kN. Tiefergreifende Änderungen brachte die **F-84D** (154 Exemplare), darunter stärker beplankte Tragflächen und Querruder, ein winterfestes Treibstoffsystem für das 10 kN schubstarke J35-A-17D und eine revidierte Fahrwerksstruktur. Die Indienststellung und der Einsatz dieser Version im Koreakrieg beschleunigten die Einführung der **F-84E** (843 Exemplare) mit etwas längerem Rumpf, in dem sich das Cockpit günstiger unterbringen ließ, modifizierten Flügelspitzentanks und der Möglichkeit, ein Feuerleitradar für die Kanonen einzubauen. Rund 100 **F-84E** gingen an NATO-Streitkräfte. Als letzte **F-84**-Ausführung mit „geraden" Tragflächen erschien die **F-84G** (3025 Exemplare), von der 1936 Exemplare an NATO-Luftstreitkräfte gingen. Dies war übrigens der erste Jagdeinsitzer, der atomare Mittel zum Einsatz bringen konnte. Die vom J35-A-29 mit 11 kN Schub angetriebene **F-84G** konnte Außenlasten bis 1814 kg tragen, ließ sich während des Flugs auftanken und war wegen der dadurch ermöglichten Ferneinsätze mit einem Autopiloten ausgestattet. Das Muster wurde anschließend mit einem LABS-Bombenzielgerät zum Einsatz nuklearer Waffen aus dem Tiefflug heraus ausgerüstet, und das taktischen Einschränkungen unterliegende Luftbetankungssystem per Auslegerarm wich der von Flight Refuelling Ltd. in England entwickelten Methode, das Empfängerflugzeug mit einem Tankrohr an den Schlauch-Fangtrichter des Gebers. Erste Prototypen waren zwei in England umgerüstete **EF-84E**, die am 22. September 1950 mit Hilfe dieses Luftbetankungsverfahrens als erste einsitzige Düsenjäger den Nordatlantik nonstop überquerten.

Die Einführung von Pfeilflügeln erfolgte erstmals mit der Zelle einer **F-84E**. Dieser vom Allison XJ35-A-25 mit 10,5 kN Schub angetriebene Erprobungsjäger **YF-84F** absolvierte seinen Junfernflug am 3. Juni 1950, doch seine Leistung enttäuschte. Ein schubstärkeres Triebwerk sollte Abhilfe schaffen, und ein zweiter Prototyp flog daher mit einem aus England importierten Armstrong-Siddeley-Sapphirestrahltriebwerk. Eine in Lizenz gebaute Version dieses Triebwerks, das Wright J65, warf zu Beginn der Entwicklung erhebliche Schwierigkeiten auf, doch schließlich wurden fast alle der 2713 gebauten **F-84F Thunderstreak** mit dem 14,6 kN Schub starken Wright J65-W-3 gefertigt. Nur 375 frühe Exemplare erhielten schwächere Triebwerke der Versionen J65-W-1 und -1A. NATO-Luftstreitkräfte übernahmen 1301 Exemplare.

Die letzte Entwicklung des Grundentwurfs ergab eine Aufklärungsversion, die **RF-84F Thunderflash**, die sich hauptsächlich durch Lufteinläufe in den Flächenansätzen für das Strahltriebwerk J65-W-7 mit 15,7 kN Schub und die Kameranase von den früheren Versionen unterschied. Von den 715 gebauten **RF-84F** gingen 386 an NATO-Luftstreitkräfte. Zur Fernaufklärung wurden 25 **F-84F** im Rahmen des FICON-Projekts (Fighter Conveyor – Jagdflugzeugträger) der USAF so modifiziert, daß sie an einem Trapez hängend von einer GRB-36F, einer Variante des riesigen Convair-Bombers B-36, zum vorbestimmten Aufklärungsgebiet in der Ferne transportiert werden konnten. Die ursprüngliche Bezeichnung **GRF-84F** änderte sich später in **RF-84K**. Hatte das Gespann den Einsatzraum erreicht, löste sich die **RF-84K** vom Trägerflugzeug und führte ihren Aufklärungsauftrag durch, um sich anschließend für den Rücktransport zum Stammhorst wieder in das Traggeschirr einzuhängen. Derartige Konzepte sind inzwischen durch Fortentwicklungen auf dem Gebiet der Luftbetankung überholt. Die **F-84F** und **RF-84F** blieben am längsten bei der USAF im Einsatz. Viele Exemplare wurden noch der Air National Guard zugeführt, bevor man das Muster 1971 endgültig verabschiedete.

**Varianten**

**EF-84B:** zwei umgerüstete F-84B für Schlepptests an den Tragflächenender einer Boeing ETB-29

**XF-84H:** zwei F-84F mit der 4362 kW (5932 PS) starken Allison-Propellerturbi ne XT40-A-1 ausgerüstet, die Überschall propeller antrieb

**YF-84J:** zwei umgebaute F-84F mit vert kal erweitertem Rumpf und vergrößerten Triebwerkslufteinlauf am Bug; mit einen Exemplar wurde das 29 kN schubstark XJ73-GE-5 und mit dem anderen das YJ 73-GE-7 von General Electric getestet

**F-84KX:** 80 zu Zieldrohnen für die US Navy umgebaute F-84B der USAF

**TECHNISCHE DATEN**

**Republic F-84F Thunderstreak**

**Typ:** einsitziger Jagdbomber

**Triebwerk:** ein Strahltriebwerk Wright J65-W-3 mit 15,7 kN Schub

**Leistung:** Höchstgeschwindigkeit 1118 km/h in Meereshöhe; Dienstgipfelhöhe 14.020 m; Einsatzradius mit Abwurftanks 1304 km

**Gewicht:** Leermasse 6273 kg; max. Startmasse 12.701 kg

**Abmessungen:** Spannweite 10,24 m; Länge 13,23 m; Höhe 4,39 m; Tragflügelfläche 30,19 m²

**Bewaffnung:** sechs 12,7-mm-Maschinengewehre Browning M3 und Außenlasten bis zu 2722 kg

## Republic F-105 Thunderchief bis Republic RC-3 Seabee

**Die F-105 Thunderchief, liebevoll auch kurz „Thud" genannt, trug die Hauptlast der Lufteinsätze in Vietnam, ähnlich wie vor ihr im Zweiten Weltkrieg die P-47 Thunderbolt von Alexander Katveli. In den 60er Jahren hatte die an sich sehr erfolgreiche Firma in Long Island mit steigenden Schulden zu kämpfen und wurde im September 1965 für 17,6 Millionen Dollar von Fairchild-Hiller aufgekauft.**

# Republic F-105 Thunderchief

Als die F-84 Thunderstreak 1954 in Dienst gestellt wurde, hatte sich Republic bereits einige Jahre lang mit Studien zur Konstruktion eines Hochleistungs-Jagdbombers befaßt, der, so hoffte man, die Nachfolge der Thunderstreak antreten konnte. Nachdem der USAF der Entwurf **AP-63** vorgelegt worden war, erhielt die Firma einen Auftrag zur Fertigung zweier Erprobungsflugzeuge **Republic YF-105A**. Das erste startete am 22. Oktober 1955 zum Jungfernflug, angetrieben von einem Pratt & Whitney J57-P-25 mit einer Leistung von 6804 kg Schub. Diese gegenüber der F-84F verdoppelte Schubkraft läßt auf den Zuwachs an Größe und Gewicht der **YF-105A** schließen, deren veränderte Rollen auch aus ihrem Tragvermögen von 5443 kg an gemischten Waffen, darunter bis zu 3629 kg nukleare Mittel im internen Bombenschacht, hervorgehen. Die **F-105A** wurde nicht seriengefertigt, weil inzwischen mit dem J75 ein stärkeres P&W-Nachbrennertriebwerk zur Verfügung stand. Es folgten daher vier Prototypen **YF-105B**, die grundsätzlich ähnlich ausgelegt waren, aber einen nach der „Flächenregel" eingeschnürten Rumpf, vorgereckte Triebwerkslufteinlässe und das 7484 kg Schub starke YJ75-P-3 hatten. Die 71 seriengefertigten **F-105B** stimmten weitgehend mit dem Y-Quartett überein und wurden ab August 1958, drei Jahre später als geplant, in Dienst gestellt. Erstempfänger war die 335. Tactical Fighter Squadron, doch erst Mitte 1959 verfügte die USAF über eine reine **F-105B**-Einsatzstaffel.

Die Hauptbaureihe bildete die **F-105D** mit 610 Exemplaren. Diese vom J75-P-19W mit 7802 kg Schub angetriebene Version war allwettertauglich, mit einem stark verbesserten Avionikpaket ausgerüstet und in zahlreichen Kleinigkeiten verfeinert. Als letztes Serienmodell erschien die **F-105F** (143 Exemplare) mit verlängertem Rumpf zum Einbau von Tandemsitzen. Diese Version sollte eigentlich zur Prüfung der Kampftauglichkeit und Umschulung von Piloten dienen, wurde aber aufgrund des dringenden Bedarfs an Hochleistungs-Jagdbombern im Vietnamkrieg häufig ins Gefecht geworfen. Später stattete man 86 **F-105F** für „Wild-Weasel"-Einsätze gegen Nordvietnam mit Radarwarnempfängern, Störgondeln, Spezialempfängern zur Erfassung der Startsignale von Boden-Luft-Flugkörpern und anderen Einrichtungen zur Ortung und Identifizierung von Stellungen der SA-2 „Guideline" aus. Von diesen 86 Maschinen wurden 60 nochmals modifiziert sowie zunächst in **EF-105F** und später in **F-105G** umbezeichnet.

Die Einführung der **F-105F** als „Wild Weasel" im Operationsgebiet erfolgte 1966, und diese **Thunderchief**-Gattung bildete bis 1973 das Hauptmittel zur Bekämpfung gegnerischer SAM-Raketenstellungen. Die verbliebenen **F-105G** dienten anschließend noch bis Ende der siebziger Jahre bei der 35. TFW in George AFB, Kalifornien. 25 Exemplare wurden dann zur Air National Guard überstellt, doch inzwischen ist auch dieses Kontingent ausgemustert. Auch die **F-105D** kam in Vietnam zum Einsatz, doch mehr als die Hälfte der 610 gebauten Jagdbomber wurden zerstört. Nach ihrem Rückzug im Zeitraum 1969/70 ging der Restbestand an nachgeordnete Einheiten der ANG und der USAF Reserve. Die ständige Modernisierung dieser Einheiten führte dazu, daß man auch diese **F-105D** bis 1984 verabschiedete.

***Die USA setzte die Republic F-105D Thunderchief im Vietnamkrieg in großen Stückzahlen als allwettertauglichen Jagdbomber ein.***

**Varianten**

**RF-105B:** geplante Aufklärerversion; nicht gebaut

**JF-105B:** drei Testflugzeuge für Bordsysteme, hervorgegangen aus den RF-105B-Prototypen

**F-105C:** projektierter Einsatztrainer mit zwei Sitzen in Tandemanordnung; nicht gebaut

**RF-105D:** projektierte Aufklärerversion der F-105D; nicht gebaut

**F-105E:** geplante Kampftrainer-Version der F-105D mit zwei Sitzen in Tandemanordnung; nicht gebaut

**TECHNISCHE DATEN**

**Typ:** einsitziger Jagdbomber

**Triebwerk:** ein Strahltriebwerk Pratt & Whitney J75-P-19W, das mit Nachbrenner 11.113 kg Schub oder mit Nachbrenner und Wassereinspritzung 60 Sekunden lang 12.020 kg Schub erzeugte

**Leistung:** Höchstgeschwindigkeit 2237 km/h oder Mach 2,1 in 10.975 m Höhe; Dienstgipfelhöhe 12.560 m; Überführungsreichweite mit max. Externtreibstoff 3846 km

**Gewicht:** Leermasse 12.474 kg; max. Startmasse 23.967 kg

**Abmessungen:** Spannweite 10,59 m; Länge 19,61 m; Höhe 5,97 m; Tragflügelfläche 35,77 m²

**Bewaffnung:** eine 20-mm-Kanone M61 Vulcan und über 6350 kg an Kampfmitteln, intern und extern mitgeführt

***Republic F-105D Thunderchief der 192. FG, Nationalgarde der Luftwaffe im Bundesstaat Virginia***

# Republic P-43 Lancer

Das letzte Exemplar der Seversky P-35 wurde als verbesserte Version mit Ladermotor unter der Bezeichnung **XP-41** fertiggestellt. Diese Maschine diente als Prototyp der **Republic P-43 Lancer**. Nach ausgiebiger Erprobung der **XP-41** entwickelte die Firma eine nochmals verbesserte Version und erhielt einen Auftrag des USAAC über eine Prüfserie von 13 **YP-43**. Dieses Muster unterschied sich von der P-35 in erster Linie durch ein neu konstruiertes Tragflächenmittelstück, ein nach innen statt nach hinten einziehbares Fahrgestell und durch den Ladermotor Pratt & Whitney R-1830-35. Die Erprobung zeigte Verbesserungen sowohl in der Geschwindigkeit als auch in der Höhenleistung, die 1940 zu einer Bestellung über 54 Serienjäger **P-43** mit R-1830-47-Triebwerk führten. Eine projektierte Ausführung mit nochmals gesteigertem Leistungsvermögen (die **P-44**) zerschlug sich, und das USAAC gab statt dessen 80 **P-43A** mit dem R-1830-49-Motor in Auftrag. Die letzte Version war die **P-43A-1**, von der 1941 insgesamt 125 Exemplare mit dem erneut verbesserten Motortyp R-1830-57 geordert wurden. Von diesen 272 Patrouillenjägern baute man den Restbestand 1942 zu Aufklärungsflugzeugen um, so daß aus der **P-43**, **P-43A** und **P-43A-1** die **RP-43**, **RP-43A** und **RP-43A-1** wurden. Von der Gesamtzahl produzierter Lancer erhielten 152 Exemplare unterschiedliche Kameraausrüstungen und die Bezeichnung **P-43B** (150) beziehungsweise **P-43C** (2).

**TECHNISCHE DATEN**

**Republic P-43**

**Typ:** Jagdeinsitzer

**Triebwerk:** ein Sternmotor Pratt & Whitney R-1830-47 mit 895 kW (1216 PS)

**Leistung:** Höchstgeschwindigkeit 562 km/h in 7620 m Höhe; Dienstgipfelhöhe 11.580 m; Reichweite 1287 km

**Gewicht:** Leermasse 2565 kg; max. Startmasse 3599 kg

**Abmessungen:** Spannweite 10,97 m; Länge 8,69 m; Höhe 4,27 m; Tragflügelfläche 20,72 m²

**Bewaffnung:** zwei 12,7-mm-Maschinengewehre und zwei 7,62-mm-MG, alle nach vorn feuernd

***Republic P-43 Lancer***

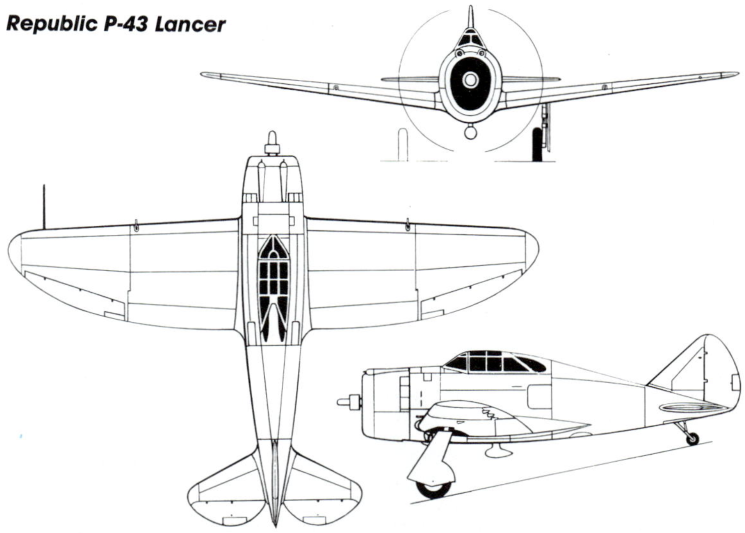

# Republic P-47 Thunderbolt

***Republic P-47M Thunderbolt der 63. Figther Squadron, 56. Fighter Group, der US 8. Air Force, im Frühjahr 1945 in Boxsted in Großbritannien stationiert***

Das berühmteste aller Republic-Muster, die von Alexander Kartveli konstruierte **Republic P-47 Thunderbolt**, spielte eine herausragende Rolle im Zweiten Weltkrieg. Obwohl nach der Kapitulation Japans noch ausstehende Bestellungen gestrichen wurden, erreichte die Produktion die erstaunliche Zahl von 15.677 Exemplaren. Wie viele andere Kriegsflugzeuge erhielt auch die von ihren Piloten wegen ihrer Kampftüchtigkeit geliebte **P-47** zwei Spitznamen, **„Jug"** (eine Abkürzung von Juggernaut = Moloch, in Anspielung auf ihre massigen Proportionen) und **„T-bolt"** als Kürzel des offiziellen Beinamens. Die **P-47** setzte die Flugzeuglinie fort, die mit Alexander Severskys P-35 begonnen hatte und mit der P-43 Lancer und der geplanten Hochleistungsausführung P-44 weiterentwickelt worden war. Das USAAC zeigte sich 1940 unentschlossen, ob nun ein leichtes oder ein schweres Jagdflugzeug zu beschaffen sei. Die anfängliche Planung sah vor, die Jäger Republic AP-4 und AP-10 unter den Projektnamen **XP-47** und **XP-47A** zu bestellen, wurde aber nach dem Eintreffen erster Kriegsberichte aus Europa aufgegeben. Kartveli skizzierte daraufhin Vorschläge für ein schweres Jagdflugzeug, das den neuen Anforderungen gerecht werden konnte. Sein Modell, das auf der Verwendung des aufgeladenen Sternmotors Pratt & Whitney R-2800 Double Wasp basierte, fand Zustimmung, und es folgte der Auftrag zum Bau eines Versuchsjägers **XP-47B**. Dieser Prototyp war ein freitragender, bis auf stoffbespannte Kontrollflächen vollständig aus Metall konstruierter Tiefdecker mit einziehbarem Spornrad-Fahrwerk und Jägercockpit mit oben angeschlagener Haube. Als die **XP-47B** am 6. Mai 1941 zum ersten Mal flog, erkannte man unschwer ihr Kampfpotential, aber vorerst gab es noch eine Reihe ernsthafter Probleme zu lösen. Dennoch gingen bald Bestellungen der US Army ein, zunächst über 171 Serienjäger **P-47B**, die ab März 1942 vom Band rollten und drei Monate später die Ausrüstung von drei Jagdstaffeln der 56. Fighter Group bei der USAAF stellten. Bis Januar 1943 hatte man diese Jagdgruppe der 8. Air Force in Großbritannien angegliedert und kurzzeitig noch durch die 78. Fighter Group verstärkt. Erste Kampfbegegnungen mit deutschen Jagdflugzeugen zeigten, daß Flugleistungen und Manövrierbarkeit der **Thunderbolt** im unteren und mittleren Höhenband zu wünschen ließen und ihre Reichweite für den Einsatz als Begleitjäger nicht ausreichte. Diese Mängel wurden bei den nachfolgenden Versionen behoben, deren Leistungsvermögen sich immer mehr steigerte. Dieser Jäger galt damals als Koloß, würde am heutigen Standard gemessen aber eher klein genannt. Von der Leistung her war die **P-47** jedoch ein wahrer Riese, robust, zuverlässig und fähig, erhebliche Schläge zu verkraften, wie die beispiellos niedrige Verlustquote beweist. Für jede eigene eingebüßte Maschine zerstörte die **P-47** im Schnitt 4,6 Feindflugzeuge. Bei 546.000 Kampfeinsätzen brachte sie es auf 1.934.000 Flugstunden und allein in Europa auf 3752 in der Luft und 3315 am Boden zerstörte Feindflugzeuge (nicht eingerechnet die italienische Front).

Außer den Kriegseinsätzen unter der USAAF flog die **P-47** in dieser Periode auch bei den Luftstreitkräften Brasiliens, der freifranzösischen Luftflotte, der mexikanischen Luftwaffe, bei der RAF und in der Sowjetunion. Die **P-47D** und **P-47N** dienten bei der USAF noch mehrere Jahre nach dem Krieg und wurden an Einheiten der Air National Guard weitergereicht, bis man sie 1954 aussonderte. Zwischenzeitlich hatte sich die Typkennung in **F-47D** und **F-47N** geändert. Auch danach hielt sich die **Thunderbolt** noch jahrelang im Einsatz bei den Luftstreitkräften Boliviens, Brasiliens, Chiles, der Dominikanischen Republik, Ecuadors, Frankreichs, Guatemalas, Honduras, des Iran, Italiens, Jugoslawiens, Mexikos, Nationalchinas, Perus und der Türkei.

**Varianten**

**XP-47B:** Prototyp, angetrieben von einem XR-2800, der zunächst 1380 kW (1877 PS) und später 1491 kW (2028 PS) abgab (Einzelexemplar)
**P-47B:** erste Serienversion mit 1491 kW (2028 PS) starkem Sternmotor R-2800-21, Schiebehaube und blechbeplankten Rudern (171 Exemplare)
**P-47C:** überarbeitetes Serienmodell, zunächst mit dem gleichen Motor wie in der P-47B, aber später mit 1715 kW (2332 PS) starkem R-2800-59, längerem Rumpfvorderteil und Gehänge für eine Bombe oder einen Abwurftank unter dem Bauch (602 Exemplare)
**P-47D:** Hauptserienversion mit R-2800-21W (1715 kW/2332 PS) oder R-2800-59W (1890 kW/2570 PS) bei Wassereinspritzung; zahlreiche Modifikationen innerhalb der aufeinanderfolgenden Baulose; (12.602 Exemplare)
**XP-47D:** erprobungshalber umgerüstete P-47D mit druckbelüftetem Cockpit (Einzelexemplar von 1943)
**XP-47F:** versuchsweise umgerüstete P-47B mit laminar angeströmten Tragflächen (Einzelexemplar von 1943)
**P-47G:** Bezeichnung einer frühen, von Curtiss-Wright gebauten Version der P-47D (354 Exemplare)
**XP-47H:** neue Bezeichnung zweier P-47D als Testträger für den zweireihig hängenden V-Motor Chrysler XIV-2220-1 mit einer Nennleistung von 1715 kW (2332 PS)
**XP-47J:** einzelnes Testflugzeug, auf der P-47D basierend, aber mit leichterer Zelle und besonderem Ladermotor R-2800-57(C), der 2088 kW (2840 PS) erzeugen konnte; erreichte am 2. August 1944 die höchste je von einem Kolbenmotor-Luftfahrzeug erzielte Spitzengeschwindigkeit von 811 km/h
**XP-47K:** umgebaute P-47D mit der tropfenförmigen Klarsichthaube einer Hawker Typhoon und abgeflachtem Hinterrumpf
**XP-47L:** umgerüstete P-47D mit erweitertem Tankvolumen im Rumpf
**YP-47M:** drei versuchsweise umgerüstete P-47D, die zu einer spurtschnellen Variante mit dem gleichen Antrieb wie bei der XP-47J führen sollten
**P-47M:** Serienausführung der YP-47M (130 Exemplare)
**XP-47N:** umgebaute YP-47M mit weiter gespannten und verstärkten Tragflächen, die Kraftstofftanks enthielten, verstärktem Fahrgestell und weiteren Modifikationen, die Fernflüge auf dem pazifischen Kriegsschauplatz ermöglichten
**P-47N:** Serienversion der XP-47N; späte Serienjäger mit 2088 kW (2840 PS) starkem R-2800-77 (1816 Exemplare)

**TECHNISCHE DATEN**

**Republic P-47D Thunderbolt**

**Typ:** einsitziger Jagdbomber
**Triebwerk:** ein Sternmotor Pratt & Whitney R-2800-59W Double Wasp mit 1890 kW (2570 PS)
**Leistung:** Höchstgeschwindigkeit ohne Außenlasten 697 km/h; Dienstgipfelhöhe 12.495 m; Reichweite mit Abwurftanks 3058 km
**Gewicht:** Leermasse 4513 kg; max. Startmasse 7938 kg
**Abmessungen:** Spannweite 12,43 m; Länge 11,02 m; Höhe 4,47 m; Tragflügelfläche 27,87 m²
**Bewaffnung:** acht 12,7-mm-Maschinengewehre und Außenlasten wie Bomben, Napalmbehälter und Raketen bis zu 1134 kg

***Im Einsatz mit konzentrierten Kräften war die P-47D Thunderbolt, wie diese Maschinen der 78. Fighter Group/8. Air Force, eine mächtige Angriffswaffe. Bis zum 16. April 1945 hatte diese Jagdgruppe 145 deutsche Kriegsflugzeuge am Boden zerstört.***

# Republic RC-3 Seabee

Republic wollte ein leichtes Amphibienflugzeug für den Freizeitmarkt anbieten und erwarb die Rechte an einem Entwurf von P. H. Spencer, einem namhaften Konstrukteur einmotoriger Amphibien-Luftfahrzeuge. Das Ergebnis, der Prototyp **Republic RC-1**, flog erstmals im Jahre 1945. Der freitragende Hochdecker bestand, mit Ausnahme der stoffbespannten Kontrollflächen, ganz aus Metall, war mit Stabilisierungsschwimmern unter den Tragflächen ausgestattet und hatte einen einfach gestuften Bootsrumpf, der drei Personen in einer geschlossenen Kabine Platz bot. Das Spornrad-Fahrgestell ließ sich einziehen, und der in einer Gondel auf dem Tragflächenmittelstück montierte Motor trieb einen Druckpropeller an. Die Serienausführung **RC-3 Seabee** erschien mit einer viersitzigen Kabine und einem Sechs-Zylinder-Boxermotor von Franklin. Sie rief eine gewaltige Nachfrage hervor, vor allem, weil die Firma sie weit unter Preis verkaufte. Als die Produktion 1947 auslief, waren insgesamt mehr als 1000 Exemplare gebaut. Republic hatte die Auftragsliste noch nich erfüllt, konnte es sich aber nicht länger le sten, die **Seabee** mit Verlust zu verkaufe und bei einer realistischen Preisforderun wären die Käufer ausgeblieben.

***Die Seabee war eines der markantesten Luftfahrzeuge der Nachkriegszeit.***

**TECHNISCHE DATEN**

**Republic RC-3 Seabee**

**Typ:** viersitziges Amphibienflugzeug
**Triebwerk:** ein Sechs-Zylinder-Boxermotor Franklin 6A-215-B8F oder -B9F mit 160 kW (215 HP/218 PS)
**Leistung:** Höchstgeschwindigkeit 193 km/h in 760 m Höhe; Dienstgipfelhöhe 3660 m; Reichweite 579 km
**Gewicht:** Leermasse 953 kg; max. Start masse 1429 kg
**Abmessungen:** Spannweite 11,48 m; Län ge 8,53 m; Höhe 2,92 m; Tragflügelfläche 18,21 m²

## Rey R.1 bis Rockwell B-1B

**Die leichten Robin-Schulflugzeuge sind in den Fliegerclubs in ganz Europa ein vertrauter Anblick. Die Firma, 1988 vom Service Aéronautique aufgekauft, hat ein Werk auf dem Flughafen Val-Suzon in Dijon. Frank D. Robinsons Firma hat das scheinbar Unmögliche vollbracht, indem sie einfach und billig zu fliegende und zu wartende Hubschrauber baute. Die Gesamtkosten der bisherigen 100 Rockwell Lancer B-1B hingegen werden auf über 15 Milliarden US-Dollar geschätzt.**

# Rey R.I

Das Versuchsmuster **Rey R.I**, ein freitragender Tiefdecker, konstruiert von der Société des Avions F. J. Rey, war insofern ein ungewöhnliches Flugzeug, als sich die Flügelstücke außerhalb seiner zwei 162 kW (220 PS) starken Renault-Reihenmotoren 6QR im Anstellwinkel verändern ließen und automatisch bis zu einem gewissen Grad um die eigene Achse drehten, um die Wirkungen von Böen und Turbulenzen unmittelbar ausgleichen zu können. Eine zur Erprobung dieses Systems gebaute Maschine wurde im Zweiten Weltkrieg zerstört. Nach der Überwindung einiger kriegsbedingter Schwierigkeiten folgten zwei Exemplare, die in den Jahren 1949 beziehungsweise 1951 flogen.

# Rieseler-Flugzeuge

Die in den frühen zwanziger Jahren in Berlin-Johannistal gegründete Sportflugzeugbau Rieseler entwarf und konstruierte den Prototyp eines einsitzigen Leichtflugzeugs **Rieseler R.III** in der Auslegung eines gestielten Hochdeckers für Sportflieger. Den Antrieb lieferte ein Zwei-Zylinder-Boxermotor von Haacke. Später folgte eine zweisitzige Variante mit der Bezeichnung **R.IV**, die von der Mark Abteilung Flugzeugbau in Breslau in einer kleinen Serie gefertigt wurde.

# Robin ATL

Im Frühjar 1981 begann bei Avions Pierre Robin die Arbeit am Entwurf eines zweisitzigen Leichtflugzeugs, das sich kostengünstig herstellen und betreiben lassen und möglicherweise in Bausatzform verfügbar sein sollte. Als Antrieb dieser **Robin ATL** (Avion Très Léger) war ein neuer Flugmotor mit 35 kW (47,5 PS) vorgesehen, den die Firma gemeinsam mit Jacques Buchoux von Ateliers ATX (JPX) entwickelt hatte. In weiten Teilen wurde Verbundmaterial und für den Rumpf ausschließlich glasfaserverstärkter Kunststoff verwendet. Die Tragflächen des Mitteldeckers bestanden aus Holz, und am Heckausleger erhob sich ein Leitwerk in V-Form. Die grazile Maschine wies eine Kabine mit zwei Sitzen nebeneinander und ein starres Bugrad-Fahrgestell auf. Der Prototyp **(F-WFNA)** wurde 1983 auf dem Pariser Luftfahrtsalon vorgestellt, der Erstflug fand am 17. Juni desselben Jahres statt. Um die Zulassung der **ATL** zu beschleunigen, erhielt das Musterflugzeug bald einen von ATX angepaßten Volkswagen-Motor, der in verbesserter Ausführung zum Standardtriebwerk wurde. Seine größeren Abmessungen erforderten einen Neuentwurf der Tragflächen, damit der Schwerpunktbereich erhalten blieb.

Erste Bestellungen trafen vom französischen Luftfahrt-Bundesverband (30 Flugzeuge) ein, und die Auslieferung der ersten vorläufig zugelassenen **ATL** begann 1985. Die französischen Behörden stellten zwar 1986 schließlich das Lufttüchtigkeitszeugnis aus, doch alle **ATL** mußten für weitere Modifikationen ins Werk Dijon zurück. Diese Probleme, die in erster Linie das Triebwerk verursachte, schlugen sich negativ auf den Export nieder, so daß nur wenige Maschinen Frankreich verließen. Für den deutschen Marktsektor wurde eine Version mit dem 51,5 kW (70 PS) starken Limbach-Vier-Zylinder-Motor entwickelt und 1989 zugelassen. Es war geplant, dieses Triebwerk zum **ATL**-Standard zu erheben, doch die Produktion endete nach nur zehn Maschinen. Mehrere Exemplare rüstete man nachträglich auf den neuen Motor um. Als die Fertigungsstrecke 1991 stillgelegt wurde, waren 132 **Robin ATL** ausgeliefert.

***Mit der Robin ATL wollte man ein sehr leichtes und entsprechend schwach motorisiertes sowie kostengünstiges Luftfahrzeug für die allgemeine Luftfahrt schaffen. Der Absatz blieb aber weit hinter den Erwartungen zurück, und die Firma mußte die Produktion einstellen.***

**TECHNISCHE DATEN**
**Robin ATL Club/Bijou**

**Typ:** sehr leichtes Schul- und Reiseflugzeug mit zwei Sitzen
**Triebwerk:** ein luftgekühlter Vier-Zylinder-Boxermotor JPX 4T (umgebauter VW-Motor) mit 48 kW (65 PS)
**Leistung:** (Modell 89 mit Limbach-Motor) max. Reisefluggeschwindigkeit 167 km/h; Dienstgipfelhöhe 4267 m; Reichweite mit maximaler Treibstoffmenge 1004 km
**Gewicht:** Leermasse 360 kg; max. Startmasse 580 kg
**Abmessungen:** Spannweite 10,25 m; Länge 6,72 m; Höhe 2 m; Tragflügelfläche 12,15 m²

**Varianten**
**ATL Club:** erste Serienversion, in England Bijou genannt
**ATL Club Modell 88:** Variante mit kleinerem Propeller zur Verbesserung der Bodenfreiheit; außerdem mit verfeinerter Kabine und erhöhter Treibstoffkapazität, die die Höchstreichweite um zehn Prozent auf 1100 km steigerte
**ATL Club Modell 89:** vom Limbach angetriebene Flugzeuge

# Robin DR.100/1050 Ambassadeur

Die ersten Leichtflugzeugmodelle von Pierre Robin aus dem Jahre 1957 waren von denen aus dem Hause Jodel beeinflußt. Der Firmenname Jodel selbst setzte sich aus den Namen der zwei Männer zusammen, die dieses Unternehmen prägten: Pilot Edouard Joly und Konstrukteur Jean Delemontez. Ende der fünfziger Jahre schloß sich Delemontez dem Robin-Team in Dijon an und nahm die Arbeit an der drei- bis viersitzigen **DR.100** auf, deren Fertigung schließlich parallel zu SAN (Jodel) erfolgte. Nur zehn Exemplare dieser **Ambassadeur** getauften Version mit Continental-C90-Antrieb waren gebaut, als Robin sich der kräftiger motorisierten (Continental O-200-A mit 74 kW/100 PS) **DR.1050 Ambassadeur** zuwandte. Zu diesem Entwurf hatte ihn der Erfolg seiner modifizierten **DR.100**, der **DR.100A**, bei der Tour de Sicile 1961 angeregt. Die **DR.1050** erhielt eine verbesserte Kraftstoffanlage und Bordstromversorgung, während das Modell **Sicile** Radverkleidungen und eine verfeinerte Motorhaube aufwies. Insgesamt 114 Exemplare wurden gebaut. Ab 1964 folgten andere Ausführungen, darunter die **DR.1000M Sicile Record** und die bei internationalen Wettbewerben sehr erfolgreiche **DR.1051 Ambassadeur/1051M Sicile Record**. Ihre Gesamtproduktion belief sich im ganzen auf gut 200 Maschinen, größtenteils mit Potez-Motor 4E.

# Robin DR.220, DR.221, DR.250 und DR.253

Der Erfolg der Serie DR.1050 veranlaßte Robin, eine längere Version mit neuen, verstärkten Tragflächen zu bauen. Zwei Prototypen **(DR.200)** wurden zum Viersitzer **Robin DR.250 Capitaine** fortentwickelt, von denen der erste **(F-WLKZ)** am 2. April 1964 seinen Jungfernflug absolvierte. Dieses Muster mit 119 kW (162 PS) starkem Lycoming O-360-A war bei Fliegerclubs sehr beliebt, zumal es auch seine Tauglichkeit als Segelschleppflugzeug unter Beweis stellte. 100 Maschinen waren verkauft, als ein schwächer motorisierter Zweisitzer, die **DR.220**, erschien. Letztere wurde jedoch bald verbessert, indem man zusätzlichen Kabinenraum schuf, und in dieser Form **DR.220 2+2** genannt. Sie bot einen sogenannten Kindersitz, der allerdings eher einer kleinen Sitzbank gleichkam. Von dieser Version entstanden 83 Exemplare. Als nächtes erschienen 62 **DR.221 Dauphin**, komplett eingerichtet für vier Personen und mit Pendelhöhenrudern sowie einem 86 kW (117 PS) starken Lycoming-Motor O-235C ausgerüstet.

Die **DR.253 Régent**, die im März 1967 herauskam, setzte einen wichtigen Meilenstein in der Robin-Geschichte, denn dies war das erste der Leichtflugzeugmuster mit starrem Bugrad-Fahrgestell, durch die sich dieser Hersteller in den kommenden Jahren auszeichen sollte. Die **DR.253** bot vier Personen eine komfortable Kabine und wurde von einem Lycoming O-360-D2A angetrieben, dessen Nennleistung von 134 kW (182 PS) eine höchstzulässige Abflugmasse von 1107 kg ermöglichte. Robin, inzwischen als Centre Est Aéronautique etabliert, entwickelte bald eine dreibeinige Version der **DR.221**, die erstmals 1968 geflogene **DR.315 Petit Prince**. Sie war mit einer ganzen Palette verschiedener Motortypen erhältlich und brachte es auf einen ansehnlichen Absatz von 388 Exemplaren.

**TECHNISCHE DATEN**
**Robin DR.221 Dauphin**

**Typ:** leichter Kabineneindecker
**Triebwerk:** ein Vier-Zylinder-Boxermotor Avco Lycoming O-235-C2A mit 86 kW (117 PS)
**Leistung:** max. Reisefluggeschwindigkeit 205 km/h in Meereshöhe; Dienstgipfelhöhe 3900 m; Reichweite 910 km
**Gewicht:** Rüstmasse 475 kg; max. Startmasse 840 kg
**Abmessungen:** Spannweite 8,72 m; Länge 7,00 m; Höhe 1,85 m

***Exakt 100 DR.250 Capitaine wurden gebaut, die sich von der früheren DR.200 vor allem durch als Ganzes bewegliche Höhenflossen und vorgezogene Flächenansätze abhoben.***

# Robin DR.300 und 400

1969 kehrte das Unternehmen Centre Est zu seinen Wurzeln zurück und änderte seinen Namen wieder in Société des Avions Pierre Robin. Von ihrem Werk in Dijon-Darois aus startete die Firma eine neue Serie von Flugzeugen, die auf dem Erfolg der viersitzigen DR.253 und DR.315 aufbauen sollten. Das Ergebnis war die Serie **DR.300** mit individuellen Modellbezeichnungen wie **DR.300-108**, **DR.300-120** und **DR.300-180**, deren Endzahl die jeweilige Motorleistung wiedergab (108, 120 und 180 PS). Ergänzt wurden sie durch die **DR.340 Major**, eine **DR.250** mit Klarsichthaube und Lycoming O-320-E der Leistungsklasse 104 bis 112 kW (141 bis 152 PS) sowie durch die **DR.360 Chevalier**, eine **DR.340** mit massivem Kabinendach und 119 kW (162 PS) starkem Lycoming O-320-D.

Als erster Vertreter einer neuen Serie kam die **DR.400/125 Petit Prince** mit einem 93 kW (125 HP/127 PS) starken Avco Lycoming O-235-F2B in die Luft und erhielt im Dezember 1972 die Zulassung als Drei-/Viersitzer. Noch im selben Monat flog die **DR.400/180 Régent**, mit dem Avco Lycoming O-360-A (134 kW/180 HP/182 PS) das antriebsstärkste Modell der neuen Baureihe als Ersatz für die DR.253 und die **DR.380**. Ab Juni flog die **DR.400/160 Chevalier**, deren Avco Lycoming O-320-D (119 kW/160 HP/162 PS) sie zur Nachfolgerin der **DR.360** prädestinierte. Auch die übrigen drei neuen Modelle erschienen noch 1972: im Oktober die **DR.400/140 Major** mit einem 104 kW (140 HP/141 PS) starken Lycoming O-320-E, im November das Segelschleppflugzeug **DR.400/180R Remorqueur** mit einem Avco Lycoming O-360-A (134 kW/180 HP/182 PS) und im Dezember die **DR.400/2+2** als kleinster Vertreter dieser Reihe mit einem Avco Lycoming O-235-C20 (75 kW/100 HP/101 PS). Letztere war ein Zweisitzer mit zwei kleinen Kindersitzen. Alle sechs Modelle der neuen Serie hatten eine Cockpithaube, die sich anstelle der bisherigen Klapphauben nach vorn über die Motorhaube hinweg aufschieben ließ. 1980 war die Produktion der **DR.400/2+2** ausgelaufen, und die **DR.400/120 Dauphin 80** mit einem Avco Lycoming O-235-L2A (84 kW/112 HP/114 PS) hatte die 1975 eingeführte **DR.400/120 Petit Prince** verdrängt. In der Produktion befinden sich die **DR.400/160 Major 80**, **DR. 400/180 Régent** und **DR.400/180R Remorqueur**.

***Typisch für die derzeit von Robin erhältlichen Viersitzer ist die DR.400/120 Dauphin, ein Zweisitzer, der auf recht engem Raum zwei weitere Passagiere im Kabinenheck aufnehmen kann.***

**TECHNISCHE DATEN**
**Robin DR.400/180 Regént**

**Typ:** viersitziges Leichtflugzeug
**Triebwerk:** ein Vier-Zylinder-Boxermotor Avco Lycoming O-360-A mit 134 kW (180 HP/182 PS)
**Leistung:** Höchstgeschwindigkeit 278 km/h in Meereshöhe; Dienstgipfelhöhe 4715 m; Reichweite 1450 km
**Gewicht:** Leermasse 600 kg; max. Startmasse 1100 kg
**Abmessungen:** Spannweite 9,08 m; Länge 7,59 m; Höhe 2,23 m; Tragflügelfläche 14,20 m²

# Robin HR.100

Zur Konstruktion seiner Leichtflugzeuge verwendete Robin erstmals Metall, als er den Prototyp der DR.253 Régent mit metallenen Flächen umbaute. Unter dem Antrieb eines Avco Lycoming O-360 mit 134 kW (182 PS) startete diese Maschine am 3. April 1969 in neuer Form als **Robin HR.100/180** zum Jungfernflug. 1970 flogen drei Vorserienexemplare, und 1971 erschien die erste Serienversion, die **HR.100/200** mit einem 149 kW (200 HP/203 PS) starken Avco Lycoming IO-360. Eines der Erprobungsflugzeuge wurde als **HR.100/320/4+2** bezeichnet und mit Sitzplätzen für vier Erwachsene und zwei Kinder fertiggestellt. Die **HR.100/210** mit einem 157-kW-Motor (210 HP/214 PS) flog erstmals im April 1971, und bis zur Einstellung der Produktion im Februar 1976 wurden 75 Maschinen gebaut.

Eine stärker motorisierte Version mit Einziehfahrwerk und umfangreichen Änderungen der Zelle, die **HR.100/285**, kam im November 1972 in die Luft. Ihren Antrieb besorgte ein Teledyne Continental Tiara mit 239 kW (325 PS), doch die im Juli 1974 zugelassene Serienversion erhielt den Tiara 6-285B mit 213 kW (285 HP/290 PS). Ab 1975 wurde auch die **HR.100/250TR** mit dem 186 kW (250 HP/253 PS) starken Avco Lycoming-Einspritzmotor IO-540 angeboten.

**TECHNISCHE DATEN**
**Robin HR.100/285**

**Typ:** viersitziges Leichtflugzeug
**Triebwerk:** ein Sechs-Zylinder-Boxermotor Teledyne Continental Tiara 6-285 mit 213 kW (285 HP/290 PS)
**Leistung:** Höchstgeschwindigkeit 325 km/h in Meereshöhe; Dienstgipfelhöhe 5700 m; Reichweite 2130 km
**Gewicht:** Leermasse 840 kg; max. Startmasse 1400 kg
**Abmessungen:** Spannweite 9,08 m; Höhe 2,71 m; Tragflügelfläche 15,20 m²

***Die letzte Serienvariante der Robin-Baureihe HR.100 war die HR.100/250 mit dem Sechs-Zylinder-Boxermotor IO-540 von Avco Lycoming.***

# Robin HR.200

Die Nachfrage nach einem Zweisitzer in Metallbauweise für Fliegerclubs und Flugschulen gab den Anstoß zur Serie **Robin HR.200**, deren Prototyp am 29. Juli 1971 flog. Das Grundmuster war die **HR.200/100 Club** mit einem 81 kW (110 PS) starken Avco Lycoming O-235-H2C. Erhältlich waren aber auch die **HR.200/120** mit einem Avco Lycoming O-235-J2A (93 kW/126 PS), die **HR.200/140** mit einem Avco Lycoming O-320-E (104 kW/140 HP/141 PS) und die **HR.200/160** mit einem Avco Lycoming IO-320-D (119 kW/160 HP/162 PS). Die Auslieferung begann gegen Ende 1973. Mit fortschreitender Entwicklung dieses Modells wurde eine kostengünstige Version, die **HR.200/100S**, eingeführt. Sie glich grundsätzlich der **HR.200/100**, war aber sparsamer ausgerüstet. Statt der **HR.200/120** belegte daraufhin die **HR.200/120B** mit einem 88 kW (120 PS) starken Avco Lycoming O-235-L2A die Fertigungsstrecke.

**TECHNISCHE DATEN**
**Robin HR.200/160**

**Typ:** zweisitziges Leichtflugzeug
**Triebwerk:** ein Vier-Zylinder-Boxermotor Avco Lycoming IO-320-D mit 119 kW (162 PS)
**Leistung:** Höchstgeschwindigkeit 260 km/h in Meereshöhe; Dienstgipfelhöhe 5000 m; Reichweite 935 km
**Gewicht:** Leermasse 530 kg; max. Startmasse 800 kg
**Abmessungen:** Spannweite 8,33 m; Länge 6,64 m; Höhe 1,94 m

# Robin R.1180 Aiglon

Bei der Entwicklung der **Robin R.1180 Aiglon** entschied sich der Hersteller gegen die Verwendung von Knickflügeln, wie sie alle früheren Abkömmlinge der Original-Jodel-Modelle aufwiesen. Der erstmals Ende 1976 geflogene Prototyp war

**TECHNISCHE DATEN**
**Robin R.1180 Aiglon**

**Typ:** viersitziges Leichtflugzeug
**Triebwerk:** ein Vier-Zylinder-Boxermotor Avco Lycoming O-360-A3AD mit 134 kW (180 HP/182 PS)
**Leistung:** Höchstgeschwindigkeit 251 km/h in Meereshöhe; Dienstgipfelhöhe 5030 m
**Gewicht:** Leermasse 650 kg; max. Startmasse 1150 kg
**Abmessungen:** Spannweite 9,08 m; Länge 7,26 m; Höhe 2,38 m

***Die augenfälligste Neuerung der R.1180 Aiglon sind ihre Tragflächen, die eine gleichmäßig positive V-Stellung aufweisen.***

ein Ganzmetall-Tiefdecker mit Einziehfahrwerk und einem Avco Lycoming O-360-A3AD als Antrieb mit 134 kW (180 HP/182 PS). Die Serienversion, die eine Reihe von Verbesserungen brachte, darunter eine erweiterte, getönte Cockpithaube, wurde am 19. September 1978 zugelassen. Die SFACT bestellte für die Flugschulen Carcassonne, Grenoble und Muret 18 **R.1180TD**, die eine anders angeordnete Instrumentierung und eine erhöhte Kraftstoffkapazität hatten.

# Robin R.2112/R.2160

Die kunstflugtaugliche Zweisitzer-Baureihe **R.2000** sollte die HR.200 ersetzen. Sie hatte Rumpf und Seitenleitwerk des Vorgängermodells beibehalten, führte aber Tragflächen mit größerer Tiefe und modifiziertem Profil, ein vergrößertes Seitenruder und eine lange Kielflosse ein, die das Ausleiten der Maschine aus dem Trudeln erleichtern sollte. Im September 1976 flog der Prototyp als **R.2160** mit 119 kW (160 HP/162 PS) starkem Avco Lycoming O-320-D2A. Die Maschine wurde anfangs als **Acrobin** vermarktet und ist derzeit als **Alpha Sport** in der Produktion. Eine schwächer motorisierte Schulausführung, die **R.2100A**, erhielt den Avco Lycoming O-235-H mit einer Nennleistung von 81 kW (110 PS). Nach dem Bau von 34 Exemplaren folgte die ähnliche **R.2112 Alpha**. Robin richtete die kanadische Tochterfirma Avions Pierre Robin Inc. mit Sitz in Lachute, Quebec, ein, die zuständig für die Endmontage der **R.2160** vor Ort mit Baugruppen und Teilen französischer Herstellung ist. Das erste kanadische Exemplar wurde 1980 fertiggestellt, nachdem Kanada im Oktober 1979 die Musterzulassung erteilt hatte. Die Produktion endete 1984 nach weniger als 100 Flugzeugen.

**TECHNISCHE DATEN**
**Robin R.2160**
**Typ:** kunstflugtauglicher Zweisitzer
**Triebwerk:** ein Vier-Zylinder-Boxermotor Avco Lycoming O-320-D mit 119 kW (160 HP/162 PS)
**Leistung:** Höchstgeschwindigkeit 257 km/h in Meereshöhe; Dienstgipfelhöhe 4570 m; Reichweite 795 km
**Gewicht:** Leermasse 550 kg; max. Startmasse 800 kg
**Abmessungen:** Spannweite 8,33 m; Länge 7,10 m; Höhe 2,13 m; Tragflügelfläche 13 m²

***Ein markantes Merkmal der Serie R.2000 ist die lange Kielflosse, wie an der R.2160 im Hintergrund zu sehen. Sie soll das Ausleiten aus Trudelmanövern unterstützen.***

# Robin R.3000

1978 begann Robin mit der Entwicklung einer neuen Serie von Ganzmetall-Reise- und Schulflugzeugen, die unter dem Familiennamen **Robin R.3000** zusammengefaßt wurden. Der erste von zwei Prototypen **R.3140** flog am 8. Dezember 1980. Er hatte Tragflächen mit gleichbleibender Tiefe, während die zweite Mustermaschine, die am 2. Juni 1981 vom Boden abhob, die für die Serie vorgesehenen Standard-Tragflächen zeigte. Sie waren nicht geknickt, aber in der Draufsicht von typischer Jodel-Form. Aufwärts geschwungene Endstücke kamen erst später. Als erste Serienversionen erschienen die **R.3120**, ein Dreisitzer (oder für zwei Erwachsene und zwei Kinder) mit einem 88 kW (120 PS) starken Avco Lycoming O-235, und die **R.3140E** als preisgünstiger Viersitzer mit einem Avco Lycoming O-320-D2A (104 kW/140 HP/141 PS) und rundlichem Hardtop-Teil-Kabinendach. Zu den geplanten Modellen zählt das zweisitzige Übungsflugzeug **R.3100L** mit Avco Lycoming O-235-L (80 kW/109 PS), gewölbter Klarsichthaube und unverkleideten Rädern. Mit einer verbesserten Inneneinrichtung, einem 112-kW-Motor und Verstellpropeller verwandelt sich die **R.3140E** in das viersitzige Reiseflugzeug **R.3150**, und der Einbau eines 119 kW (160 HP/162 PS) starken O-360-Motors macht sie zur **R.3160GT**. Die antriebsstärkste Variante wird vermutlich das Segelschleppflugzeug **R.3180** mit einem 134-kW-Motor und Einziehfahrwerk. Eine **R.3140** erhielt einen von der Ecole Nationale des Ingénieurs de St.-Etienne (ENISE) modifizierten PRV-Automotor (Peugeot-Renault-Volvo) und flog in dieser Form erstmals am 2. August 1983. Der weitere Werdegang zog sich jedoch außerordentlich in die Länge, und die Zulassung erfolgte erst 1993.

Ein abrupter Auftragsrückgang zwang die Firma 1981, die Fertigungsstrecke der R.2000 zu schließen. Um diese Zeit herum wurden enge Verbindungen mit SOCATA geknüpft, und zwischen 1983 und 1988 zeichnete die Aérospatiale-Tochter für die Vermarktung der **R.3000**-Flugzeugfamilie verantwortlich. Dank staatlicher Unterstützung konnte Robin die Entwicklung fortführen. Die Produktion der **R.3000/120** endete 1987. Das aktuelle Angebot umfaßt die **R.3000/140** (vormals **R.3140E**) und die **R.3000/160**, die den Platz der **R.3000/120** auf der Fertigungsstraße einnahm. Auf der Pariser Luftfahrtschau 1989 stellte Robin ein Muster mit einem ATAL-Fernsehkamerasystem von Aérospatiale vor, das die Übermittlung von Echtzeitbildern an Bodenstationen gestattete. Eine Version mit Einziehfahrwerk und Textron Lycoming IO-360 (149 kW/203 PS) befindet sich in der Entwicklung.

**TECHNISCHE DATEN**
**Robin R.3140E**
**Typ:** viersitziges Leichtflugzeug
**Triebwerk:** ein Vier-Zylinder-Boxermotor Avco Lycoming O-320-D2A mit 104 kW (140 HP/141 PS)
**Leistung:** Höchstgeschwindigkeit 260 km/h in Meereshöhe; Dienstgipfelhöhe 4420 m; Reichweite 890 km
**Gewicht:** Leermasse 575 kg; max. Startmasse 1000 kg
**Abmessungen:** Spannweite 9,81 m; Länge 7,51 m; Höhe 2,66 m; Tragflügelfläche 14,47 m²

***Die Robin R.3140 zeigt die hochgewölbten Randbögen, die ab dem zweiten Musterflugzeug zum Standard gehörten.***

# Robin X4

Das viersitzige, experimentelle Leichtflugzeug **X4** flog erstmals am 25. Februar 1991 und erschien auf der Pariser Luftfahrtschau jenes Jahres. Im Kern ist dieses Flugzeug ein aerodynamischer Prüfling im Maßstab 1:1 für Windkanaltests, um die Werte mit denen der vorhandenen DR.400 zu vergleichen. Bei der mit Laminarflächen in Holzbauweise ausgerüsteten **X4** stieß die Firma Avions Pierre Robin erstmals auf das Gebiet der Verbundwerkstoffe vor. Dieser Schritt konnte kaum überraschen, denn Robin-Muster sind traditionell „leichte" Konstruktionen. Die Sicht aus dem großzügig verglasten Cockpit heraus ist sogar noch besser als bei der Serie R.3000. Die **X4** wird von einem erstaunlich kleinen Motor des Herstellers Textron Lycoming mit 86,5 kW (118 PS) angetrieben.

***Das X4-Musterflugzeug soll die Tauglichkeit des Konzepts für Robin-Modelle erweisen.***

# Robinson Redwing

Der Prototyp der von der Robinson Aircraft Company Ltd. (später Redwing Aircraft Ltd.) in Croydon, Sussex, gebauten **Robinson Redwing** war ein Doppelsitzer mit zwei Sitzen nebeneinander im Cockpit unter der Hinterkante des Oberflügels. Das erste Versuchsexemplar, im nachhinein Redwing I genannt, flog erstmals 1930 unter dem Antrieb eines Vier-Zylinder-Boxermotors A.B.C. Hornet mit 56 kW (75 PS). Im Oktober 1930 folgte der **Redwing-II**-Prototyp mit einem Sternmotor Armstrong Siddeley Genet IIA, und neun Seriendoppeldecker schlossen sich an. Die letzte Variante, von der nur ein Einzelexemplar entstand, war die **Redwing III** mit reduzierter Spannweite und windschnittigen Radkappen am Fahrgestell. Sie wurde anschließend auf den Standard der **Redwing II** gebracht, die eine Spannweite von 9,30 m hatte und mit dem 60 kW (80 PS) starken Genet IIA eine Spitzengeschwindigkeit von 153 km/h erreichte.

***Die Robinson Redwing II war angenehm zu fliegen, konnte sich aber nicht gegen die de Havilland Moth behaupten.***

# Robinson Modell R22

Seitdem Hubschrauber brauchbare Luftfahrzeuge geworden sind, lag ihr Stückpreis immer über dem von Starrflüglern mit vergleichbarer Kapazität. In den USA gründete Fanklin D. Robinson die Robinson Helicopter Company zur Konstruktion und Vermarktung eines leichten Drehflüglers für die zivile Luftfahrt, der vom Kaufpreis her mit den verfügbaren zweisitzigen Starrflüglern konkurrieren konnte. Sein Prototyp **Robinson Modell R22** flog erstmals am 28. August 1975, gefolgt von einem zweiten Anfang 1977. Diese beiden Hubschrauber erhielten 1979 beziehungsweise 1981 das CAA-Luftfahrttüchtigkeitszeignis. Vom Grundmodell, das als **R22 Alpha** bekannt wurde, entstanden 500 Exemplare, bis sich 1985 der antriebsstärkere **R22 Beta** anschloß. Die **R22**-Hubschrauberfamilie verkaufte sich in riesiger Zahl rund um den Globus, da dies praktisch der erste Helikopter war, den sich auch Privatleute leisten konnten.

**TECHNISCHE DATEN**
**Robinson R22 Beta**
**Typ:** zweisitziger Leichthubschrauber
**Triebwerk:** ein Vier-Zylinder-Kolbenmotor Textron Lycoming 0-320-B2C mit 119 kW (162 PS)
**Leistung:** Höchstgeschwindigkeit im Horizontalflug 180 km/h; Dienstgipfelhöhe 4265 m; Reichweite mit max. Nutzlast 592 km
**Gewicht:** Leermasse 379 kg; max. Startmasse 621 kg
**Abmessungen:** Hauptrotordurchmesser 7,67 m; Länge 6,30 m; Höhe 2,67 m; Hauptrotorkreisfläche 46,21 m²

**Varianten**

**R22 Mariner:** Version mit Radfahr- und Schwimmwerk, zunächst an Mexiko und Venezuela für küstennahe Offshore-Dienste ausgeliefert

**R22 Police:** Version mit spezifischer Funkausrüstung und (wahlweise) Steuerorganen auf der linken Seite, leistungsstärkerem Generator für Suchscheinwerfer, Lautsprecher, Sirene und ATC-Transponder

**R22 IFR:** Ausbildungsversion mit wesentlich verbesserter Instrumentierung und Funkausrüstung für den Betrieb nach Instrumentenflugregeln

**External load R22:** zusätzlich mit einem für 181 kg zugelassenen Haken für Schlinglasten ausgerüstet; ist dieser montiert, beträgt die höchstzulässige Geschwindigkeit (VNE)139 km/h; Nachrüstung bei der Classic Helicopter Corp. auf Boeing Field in Seattle, Washington, durchgeführt

***Der Robinson-Bestseller R22 befindet sich inzwischen in über 25 Ländern im Einsatz und ist in 30 Ländern zugelassen.***

**R22 Agricultural:** ausgerüstet mit flachem Chemikalienbehälter unter dem Bauch und Sprühstange

# Robinson Modell R44 Astro

Nachdem die Robinson Helicopter Company den Markt für einen zweisitzigen Leichthubschrauber erschlossen hatte, entschloß sie sich, den nächsten folgerichtigen Schritt zu wagen, und gab im Sommer 1986 die Entwicklung eines viersitzigen Hubschraubers auf der Grundlage des R22 bekannt. Dieses neue Modell mit der Bezeichnung **R44** sah dem kleineren Vorgänger recht ähnlich und hatte auch seine Zweiblatt-Hauptrotor-Auslegung. Der Prototyp **(N44RH)** startete am 31. März 1990 zum Erstflug, und zwei Exemplare wurden in das Erprobungsprogramm einbezogen. Ein dritter Versuchshubschrauber flog im März 1992, und im weiteren Verlauf des Jahres erfolgte die Musterzulassung. Für die Serienfertigung des **R44** wurde ein neues Werk in Santa Maria, Kalifornien, errichtet, doch die Produktion der ersten 25 Exemplare fand noch in Torrance parallel zu der des R22 statt. Das erste Baulos ist ausschließlich für Abnehmer im Südwesten der USA bestimmt für den Fall, daß man die Maschinen zur Modifikation zurückrufen muß. Eine Häufung von Unfällen in den Jahren 1994/95 trug Robinson die Kritik der US-Luftfahrtbehörde (FAA) ein. Der **R44** war davon aber kaum betroffen, und im übrigen mußte man die Ursache eher bei den Nutzern als bei der Konstruktion suchen.

***Der R44 Astro ist ein viersitziger Hubschrauber mit einem erschwinglichen Kolbenmotor und einer Reisegeschwindigkeit von 110 Knoten. Der Hersteller schätzt die Betriebskosten des Astro auf ganze 36 Dollar pro Stunde. Hier sieht man den R44-Prototyp mit Frank Robinson persönlich am Steuer.***

**TECHNISCHE DATEN**
**Robinson R44**
**Typ:** viersitziger Nutzhubschrauber
**Triebwerk:** ein Sechs-Zylinder-Boxermotor Textron Lycoming 0-540, dessen Leistung von 194 kW (264 PS) auf 165 kW (242 PS) gedrosselt ist
**Leistung:** Reisefluggeschwindigkeit bei 75% Triebwerksleistung 209 km/h; Dienstgipfelhöhe 4270 m; max. Reichweite ohne Reserven 643 km
**Gewicht:** Leermasse 635 kg; max. Startmasse 1088 kg
**Abmessungen:** Hauptrotordurchmesser 10,06 m; Höhe 3,28 m

# Rockwell-Agrarflugzeuge

Mit dem Erwerb der Snow Aeronautical Corporation drang Rockwell-Standard 1965 auf das Gebiet der Agrarflugzeuge vor. Leland Snow hatte diese Firma 1955 gegründet, um ein von ihm selbst konstruiertes Landwirtschaftsflugzeug in der Auslegung eines freitragenden Einsitzer-Tiefdeckers mit starrem Spornrad-Fahrwerk zu produzieren. In der Original-Serienausführung wurde diese **Snow S-2B** von einem P&W-Sternmotor R-985 mit 336 kW (457 PS) angetrieben. Erste Lieferungen erfolgten kurz nach der Zulassung im Jahre 1958. Nach der **S-2B** erschienen die schwächere **S-2A** (Continental W670 mit 164 kW/223 PS) sowie die verbesserten **450 S-2C** und **600 S-2C**, die den 447 kW (600 HP/608 PS) starken P&W-Sternmotor R-1340 einführten. Bis 1965 waren 250 **S-2** aller Versionen gebaut.

***Die Commander-Agrarflugzeuge wurden von drei Herstellern in einer Vielzahl von Versionen mit Propellerturbine oder Kolbentriebwerk (Stern- und Boxermotor) gebaut.***

Der Unternehmensbereich Aero Commander von Rockwell-Standard konzentrierte die Produktion zunächst auf eine grundsätzlich ähnliche, aber verbesserte Version der **S-2C**, die zunächst **Rockwell 600 S-2D Snow Commander**, im Jahr darauf **Ag Commander S-2D** bezeichnet wurde. Inzwischen hatte Rockwell die Rechte an dem Landwirtschaftsflugzeug **CallAir A-9** sowie an der etwas größeren **B-1** erworben und produzierte die **A-9** (Avco Lycoming O-540-B2B5 mit 175 kW/238 PS) als **Ag Commander A-9**, eine antriebsstärkere (IO-540 mit 216 kW/294 PS) Variante als **Ag Commander A-9 Super** und die **B-1** (Avco Lycoming IO-720-A1A mit 298 kW/405 PS) als **Ag Commander B-1**. Einzelheiten über die Verwendung der **CallAir**-Flugzeuge finden sich unter dem **CallAir**-Eintrag, **Modell A**.

1967 wurde die **Ag Commander S-2D** durch eine Weiterentwicklung mit der Bezeichnung **Thrush Commander** ersetzt, ohne daß sich der Motortyp P&W R-1340 AN-1 änderte. 1974 kam die noch antriebsstärkere, aber im übrigen baugleiche **Thrush Commander S-2R** hinzu, deren

Wright-Sternmotor R-1300-1B Cyclone 597 kW (800 HP/812 PS) erzeugte. 1976 benannte man diese beiden Muster in **Thrush Commander-600** beziehungsweise **Thrush Commander-800** um, bevor sie 1977 an die Ayres Corporation in Albany, Georgia, verkauft wurden. Ayres weitete die Reihe anschließend aus und vertrieb die **Thrush S2R-R1340** mit P&W-Sternmotor, die **Pezetel Thrush S2R-R3S** mit **Pezetel-Motor PZL-3S** gleicher Leistung (447 kW/608 PS), die **Bull Thrush S2R-1820** mit Wright R-1820 Cyclone (895 kW/1217 PS), die mit dieser Motorisierung als stärkstes Landwirtschaftsflugzeug der Welt gilt, sowie die **Turbo-Thrush S2R-T34**, die **Turbo-Thrush S2R-T15** und die **Turbo-Thrush S2R-T11** mit Propellerturbine Pratt & Whitney PT6A-34AG (559 kW/760 WPS), PT6A-15AG (507 kW/690 WPS) beziehungsweise PT6A-11AG (373 kW/507 WPS).

### TECHNISCHE DATEN

**Rockwell Thrush Commander-800**

**Typ:** einsitziges Agrarflugzeug
**Triebwerk:** ein Sternmotor Wright R-1300-B1 mit 597 kW (812 PS)
**Leistung:** Höchstgeschwindigkeit 249 km/h; Dienstgipfelhöhe 7620 m
**Gewicht:** Rüstmasse 1860 kg; max. Startmasse für landwirtschaftlichen Einsatz 3538 kg
**Abmessungen:** Spannweite 13,51 m; Länge 8,89 m; Höhe 2,79 m; Tragflügelfläche 30,34 m$^2$

## Rockwell B-1B

***Rockwell B-1B der US Air Force im Jahre 1984 während der Erprobung***

Am 3. November 1969 erging die Aufforderung, Angebote für einen modernen, bemannten Bomber zur Nachfolge der Boeing B-52 beim Strategic Air Command abzugeben. North American Rockwell erhielt den Zuschlag für die Zelle und General Electric für das Triebwerk. Am 5. Juni 1970 folgten Aufträge für Forschung, Entwicklung, Erprobung und Bewertung, die zunächst fünf **Rockwell B-1** zur Flugerprobung, zwei Zellen für Bodentests und 40 F101-Bläsertriebwerke umfaßten, doch diese Stückzahlen wurden später reduziert. Der erste Prototyp startete am 23. Dezember 1974 zum Jungfernflug, der zugleich die Premiere für ein YF101-Triebwerk war.

Dieser Prototypbomber absolvierte ein Erprobungsprogramm mit 79 Flügen und verbrachte insgesamt 403 Stunden und 18 Minuten in der Luft, bis er eingelagert wurde. Der zweite Versuchsbomber flog ab 14. Juni 1976 und verbuchte in 60 Flügen 282 Stunden und 30 Minuten, bevor man auch ihn stillegte. Zuvor hatte die Maschine jedoch am 5. Oktober 1978 eine Geschwindigkeit von Mach 2,2 nachgewiesen. Der dritte Prototyp, der aber als zweiter flog und als Avionik-Prüfstand diente, kam erstmals am 26. März 1976 in die Luft und führte im ursprünglichen Testprogramm 138 Flüge in insgesamt 829 Stunden und 24 Minuten durch. Die vierte **B-1**, die im Grunde ein Vorserienbomber war, hob am 14. Februar 1979 zum ersten Mal vom Boden ab und brachte es in 70 Flügen auf insgesamt 378 Stunden.

Am 30. Juni 1977 ließ Präsident Carter die **B-1**-Produktion zugunsten der Entwicklung von Marschflugkörpern einstellen. Sein Nachfolger im Amt, Präsident Reagan, führte die Erprobung jedoch weiter, so daß die **B-1** schließlich als strategischer Mehrzweck-Fernbomber rehabilitiert wurde. Im Oktober 1981 gab der Präsident seine Absicht bekannt, 100 Bomber der definitiven Version **B-1B** für die US Air Force zu beschaffen. Im Vergleich zur ursprünglichen **B-1** erhielt die **B-1B** eine verstärkte Zelle und ein schwereres Fahrwerk, um den Einsatz mit einer höheren Betriebsmasse zu ermöglichen. Die Schwenkflügel der **B-1** wurden beibehalten, aber die verstellbaren Triebwerksluft-einläufe durch starre Elemente ersetzt und die Triebwerksgondeln geändert. Modifizierte Waffenschächte ermöglichen die Beladung mit vielfältigen Waffentypen und/oder Zusatztanks. Zudem erhielt das Muster eine außerordentlich fortschrittliche Avionikausrüstung für Verteidigung und Angriff, die es in die Lage versetzt, seinen Primärauftrag, Eindringflüge mit schallnaher Geschwindigkeit in geringer Höhe, zu erfüllen. Dieses komplexe System AN/ALQ-161 hatte einen schwierigen Werdegang und erfuhr häufige Modifikationen.

Im März 1983 lief ein neuerliches Flugtestprogramm mit dem zweiten und vierten Prototyp **B-1A** an. Am 4. September 1985 rollte der erste Serienbomber **B-1B** aus dem Rockwell-Werk Palmdale in Kalifornien, und am 18. Oktober startete er zum Erstflug. Die erste Übergabe fand am 27. Juli 1985 auf dem Fliegerhorst Offutt statt, und die Einsatzbereitschaft mit dem neuen Muster erreichte als erster Verband die 96. Bomb Wing auf Dyess AFB in Texas. Die Flotte ist derzeit auf vier Geschwader des Air Combat Command (ACC) verteilt, und zwischenzeitlich hat der Typ den Beinamen **Lancer** erhalten. Die als Speerspitze des SAC/ACC gedachte **B-1B** war zu Beginn ihres Truppendienstes nicht gerade vom Glück begünstigt. Mehrere Maschinen gingen aufgrund katastrophaler Triebwerksausfälle verloren, und in den letzten acht Jahren erhielt der Typ ein halbes Dutzend Mal Flugverbot.

Dieses unerwünschte Aufsehen überschattete die eigentlichen Qualitäten der **B-1B**. Sie war der erste „Tarnkappenbomber" der USAF und bietet den gegnerischen Radargeräten nur ein Viertel der Rückstrahlfläche einer Boeing B-52. Da die **B-2**-Verbände wahrscheinlich nie mehr als 20 Maschinen aufbringen werden, muß sich die USAF allein auf die **B-1B** stützen, um ihre strategischen Langstrecken-Offensiveinsätze effektiv ausführen zu können. Die **Lancer** ist vom Konzept her dafür ausgelegt, im Tiefstflug in feindlichen Luftraum einzudringen und trotz starker Abwehr zu überleben. Sie stellt nach wie vor den wichtigsten bemannten Bomber der USA zur atomaren Abschreckung dar.

Was den Komfort der Besatzung angeht, bietet sie zwei nicht zu unterschätzende Vorteile gegenüber der B-52: eine Toilette und eine Bordküche.

***Äußerlich gleicht die B-1B zwar der B-1A, aber in der Avionikausrüstung, in der Konstruktion der Zelle und im Konzept der Triebwerksl ufteinläufe unterscheidet sie sich erheblich vom Original.***

***Über ihrem Stammhorst Ellsworth AFB mit dem zweckmäßig eingerichteten Hallenvorfeld ist hier eine B-1B der dort beheimateten 29. Wing zu sehen. Dieses Geschwader gehörte einst zur 15. Air Force des SAC.***

### TECHNISCHE DATEN

**Typ:** strategischer Mehrzweck-Fernbomber
**Triebwerke:** vier Turbofan-Triebwerke General Electric F101-GE-102 mit je 64,94 kN Schub
**Leistung:** Höchstgeschwindigkeit Mach 1,25; Tiefflug-Eindringgeschwindigkeit 966 km/h und mehr in 60 m über Grund; Reichweite ohne Flugbetankung 11.998 km
**Gewicht:** max. Startmasse 216.364 kg
**Abmessungen:** Spannweite, vorgespreizt 41,67 m und angelegt 23,84 m; Länge 44,81 m; Höhe 10,36 m; Tragflügelfläche 181,16 m$^2$
**Bewaffnung:** drei interne Waffenschächte für bis zu 84 227-kg-Bomben Mk 82 oder 24 907-kg-Bomben Mk 84; alternativ bis zu acht Marschflugkörper AGM-86B, 24 Kurzstrecken-Angriffsraketen AGM-69 SRAM, zwölf freifallende Atombomben B-28 oder B-43 beziehungsweise 24 B-61 oder B-83

## Rockwell Commander, einmotorige Serie, bis Rogozarski R-313

**Rockwell International verfügt über ein sehr breites Sortiment. Aus bescheidenen Anfängen vor über 50 Jahren als Produzent leichter Mehrzweckflugzeuge wurde der führende auf dem Gebiet der Aerodynamik und der Hauptzulieferer für den Space Shuttle. Rogozarski-Flugzeuge (speziell die IK-3) fanden 1941 limitierte Verwendung bei den jugoslawischen Streitkräften, doch davon blieb nur eine Handvoll übrig.**

# Rockwell Commander (einmotorige Muster)

Die 1944 gegründete Aero Design and Engineering Company veränderte 1960 als Unternehmensbereich der Rockwell-Standard Corporation ihren Namen und nannte sich Aero Commander. Als sich die Rockwell-Standard Corporation und die North American Inc. im September 1967 zusammenschlossen, erhielt das Gesamtunternehmen schließlich den neuen Namen North American Rockwell Corporation, der sich 1973 in Rockwell International Corporation wandelte. 1980 stellte Rockwell die Produktion der einmotorigen Flugzeugserie **Rockwell Commander** ein.

1965 hatte diese Reihe ihren Anfang genommen, als Rockwell-Standard die Firmen Volaircraft Inc. und Meyers Aircraft Company erwarb und die Produktion des Volair-Modells 1050 und der Meyers 200B als **Aero Commander 100** beziehungsweise **Aero Commander 200** fortsetzte.

***Die Lark Commander war eine aufgewertete Ausgabe der Darter Commander. Das Muster schaffte es aber nicht, in den bereits von Piper- und Cessna-Produkten beherrschten Leichtflugzeugmarkt einzudringen.***

1968 flossen einige geringfügige Verbesserungen in die **Aero Commander 100** ein, die man daraufhin in **Darter Commander** umbenannte. Gleichzeitig lief die Fertigung der **Aero Commander 200** aus, und eine verbesserte Version der **Darter Commander** mit einem 134-kW-Flugmotor wurde als **Lark Commander** eingeführt. Im Jahr darauf endete auch die Produktion der **Darter Commander**.

Ende 1970 stellte North American Rockwell einen neuen Kabineneindecker mit vier Sitzen vor, der mit starrem Fahrwerk die Bezeichnung **Aero Commander 111** erhielt, aber nie gebaut wurde, und mit Einziehfahrwerk **Aero Commander 112** hieß. Den Antrieb mit 134 kW (182 PS) lieferte der Vier-Zylinder-Boxermotor O-360-A1G6 von Avco Lycoming. Im Jahr 1971 stellte man die Produktion der **Lark Commander** ein, die **Commander 112** hingegen erzielte zunehmende Erfolge. Das Muster wurde kontinuierlich verbessert und 1973 ein IO-360-C1D6 mit 149 kW (203 PS) eingeführt. Weitere Verfeinerungen zogen 1974 den neuen Namen **Aero Commander 112A** nach sich. Für 1976 stellte man eine turbogeladene Version mit dem 157 kW (214 PS) starken TIO-360-C1A6D als **Commander 112TC** vor und bot parallel dazu ein grundsätzlich ähnliches Flugzeug **Commander 114** an, das einen noch stärkeren Motor und eine umfangreichere Standardausrüstung hatte. Im letzten Produktionsjahr 1979 änderte man erneut die Bezeichnungen und vermarktete die turbogeladene Version der **Commander 112** nun als **Alpine Commander** und die **Commander 114** unter der Bezeichnung **Gran Turismo Commander**.

Mehrere Jahre ruhte die **Commander**-Linie, da der neue Besitzer, Gulfstream Aerospace, das Muster veräußern wollte, bis es schließlich 1988 zu einem Vertrag mit Randall Greene, dem Gründer der Commander Aircraft Company, kam. Er erwarb sämtliche Rechte zur technischen Betreuung der bereits vorhandenen Flugzeuge und nahm die Fertigung neuer **Commander 114B** auf. Die Firma richtete sich dann im ehemaligen Aero-Commander-Werk in Bethany, Oklahoma, ein und lieferte Mitte 1990 die ersten **Commander** eigener Produktion aus. Im Bemühen, die kommerziell fatalen Produzentenhaftungsgesetze in den USA zu umgehen, werden die Flugzeuge nicht mehr verkauft, sondern vermietet. Die aktuelle **Commander 114B** unterscheidet sich vom Original **Commander 114A** nur in Details, die vor allem eine aerodynamische Verfeinerung betreffen. Bislang wurden rund 200 Bestellungen ausgeführt.

### TECHNISCHE DATEN

**Rockwell Gran Turismo Commander**

**Typ:** viersitziger Kabineneindecker
**Triebwerk:** ein Sechs-Zylinder-Boxermotor Avco Lycoming IO-540-T4B5D mit 194 kW (264 PS)
**Leistung:** Höchstgeschwindigkeit 307 km/h in Meereshöhe; Dienstgipfelhöhe 5030 m; Höchstreichweite mit max. Treibstoffmenge 1308 km
**Gewicht:** Leermasse 939 kg; max. Startmasse 1479 kg
**Abmessungen:** Spannweite 10,85 m; Länge 7,63 m; Höhe 2,57 m

***Die Gran Turismo war die beste einmotorige Commander, die Rockwell gebaut hat. Die Commander Aircraft Company verhalf dem Muster zu neuem Leben.***

# Rockwell Commander (zweimotorige Muster)

Die Auslieferung zweimotoriger **Rockwell-Commander**-Flugzeuge der Aero Design and Engineering Company begann am 5. Februar 1952 mit der ersten seriengefertigten **Aero Commander 520**, einem freitragenden Hochdecker mit fünf bis sieben Sitzen, einziehbarem Bugrad-Fahrwerk und zwei Sechs-Zylinder-Boxermotoren Avco Lycoming GO-435-C2 je 179 kW (243 PS) als Antrieb. Drei solcher Maschinen prüfte die US Army unter der Bezeichnung **YL-26** (später **YU-9A**). 1954 wurde dieser Typ auf der Fertigungsstrecke von der verbesserten **Aero Commander 560** abgelöst, deren Antrieb zwei GO-480-B mit je 201 kW (273 PS) besorgten. In diesem Fall prüfte die USAF ein Exemplar unter der Bezeichnung **YL-26A** und bestellte später 14 Exemplare der neueren Ausführung **Commander 560A** mit GO-480-C1B6 à 220 kW (299 PS). Die Maschinen erhielten die Dienstbezeichnung **L-26B** (später **U-4A**), und eine von ihnen diente Präsident Eisenhower als persönliches Transportmittel. Die US Army erwarb eine einzelne **L-26B** (später **U-9B**).

***Die Mehrzweck-Militärversionen der Aero Commander 680 waren bei der US Army unter der Dienstbezeichnung L-26C zusammengefaßt.***

Die **Commander 560A** wurde 1955 zusammen mit einer neuen, leistungsstärkeren Version, der **Aero Commander 680 Super**, eingeführt, die sich vor allem durch Ladermotoren GSO-480-A1A6 von je 254 kW (345 PS) unterschied. Die USAF beschaffte zwei Exemplare (**L-26C**, später **U-4B**) zur Beförderung des Präsidenten, die US Army vier (**L-26C**, später **U-9C**) und das amerikanische Heer zwei Maschinen mit Seitensichtradar als **RL-26D** (später **RU-9D**) sowie ein Einzelexemplar **NL-26D** (später **NU-9D**) mit besonderer Elektronikausrüstung. Das zunehmende Interesse an der **Commander**-Serie führte 1958 zur viersitzigen **Aero Commander 500** (zwei Avco Lycoming O-540 je 186 kW/253 PS) und zu einer Version der **Aero Commander 680 Super** mit Druckkabine, der **Aero Commander 720 Alti-Cruiser**. Letztere stieß auf nur geringes Interesse, so daß man die Produktion 1960 einstellte. Im Jahr darauf nahm die Firma die Arbeiten an der fünf- oder neunsitzigen **Aero Commander Grand Commander** mit Avco Lycoming IGSO-540-B1A je 283 kW (385 PS) auf, und 1963 setzte die Lieferung der Serienmaschinen ein. 1964 wurde die Reihe mit der Einführung der **Aero Commander Turbo Commander** weiter ausgebaut, einer Turboprop-Ausführung der **Grand Commander** (zwei Propellerturbinen TPE 331 von Garrett AiResearch je 429 kW/583 WPS). 1965 folgte die Auslieferung der ersten **Aero Commander Jet Commander**, deren Entwurf 1961 begonnen worden war. Im Gegensatz zu den Vorgängerinnen war sie ein Mitteldecker mit gepfeilten Leitwerksflächen und zwei beidseitig am Hinterrumpf in Gondeln montierten General-Electric-Strahltriebwerken CJ610-1 je 1293 kg Schub. Die Produktion der **Commander 560** und **680** lief 1965 aus, und 1967

gab es weitere Änderungen, als man die **Commander 500** und die **Grand Commander** in **Shrike Commander** beziehungsweise **Courser Commander** umbenannte. 1968 endete die Fertigung der **Jet Commander**, nicht aber die der **Shrike Commander**, der **Courser Commander** und der **Hawk Commander**, der umbenannten **Turbo Commander**, sowie der **Courser-Liner**, einer umrüstbaren Fracht-/Passagierversion der **Courser Commander**. 1970 stellte man nur noch die **Hawk Commander** (inzwischen in **Turbo Commander 681** umbenannt) und die **Shrike Commander** her, erhältlich in der Standardausführung oder als Luxusversion **Shrike Commander Esquire**. Im Jahr darauf weitete sich die Linie weiter aus, und zur **Turbo Commander 681** gesellten sich die ähnliche **Turbo Commander 690** (zwei Propellerturbinen Garrett AiResearch TPE 331-5-251K je 535 kW/728 WPS) und die **Commander 685** mit Kolbenmotor (zwei Continental GTSIO-520-F je 324 kW/441 PS). 1975 war nur noch eine Standardversion der **Shrike Commander** lieferbar. Die **Turbo Commander 681** gab es nicht mehr, und ebenso erging es 1976 der **Turbo Commander 685**. Für 1980 wurde die **Turbo Commander** durch eine ihr ähnliche **Jetprop 840** und eine antriebsstärkere **Jetprop Commander 980** ersetzt, Ende 1980 bestand die Linie **Rockwell Commander** nicht mehr. Das Unternehmen Gulfstream American Corporation hatte die Reihe **Jetprop Commander** übernommen. Einzelheiten über diese Flugzeuge und ihre vielfältigen Weiterentwicklungen sind unter Gulfstream American Commander Jetprop 840/900/980/1000 zu finden.

**TECHNISCHE DATEN**
**Rockwell Shrike Commander**
**Typ:** vier-/siebensitziges leichtes Transportflugzeug
**Triebwerke:** zwei Sechs-Zylinder-Boxermotoren Avco Lycoming IO-540-E1B5 je 216 kW (294 PS)
**Leistung:** max. Reisefluggeschwindigkeit 346 km/h in Meereshöhe; Dienstgipfelhöhe 5915 m; Reichweite, voll aufgetankt und ohne Reserven, 1525 km
**Gewicht:** Rüstmasse 2102 kg; max. Startmasse 3062 kg
**Abmessungen:** Spannweite 14,95 m; Länge 11,22 m; Höhe 4,42 m; Tragflügelfläche 23,69 m²

***Die Commander 685 war im Grunde eine Kolbenmotor-Version der turbinengetriebenen (TPE 331) Turbo Commander. Beide boten das gleiche hohe Maß an Komfort und Avionikausrüstung. Bis 1979 wurden insgesamt 66 Exemplare dieses Musters gebaut.***

## Rockwell XFV-12

Rockwell wurde 1972 mit der Entwicklung des Technologieträgers **XFV-12A** für ein V/STOL-Kampfflugzeug der US Navy betraut. Im Kern ging es hierbei um einen einsitzigen Allwetter-Jäger/Jagdbomber, der fähig sein sollte, senkrecht oder zumindest auf Kurzpisten zu starten und zu landen. Die **XFV-12A** sollte das Konzept von Tragflächen mit aktiver Auftriebserhöhung umsetzen, bei dem sich der Abgasstrahl des einzelnen Turbofan-Nachbrennertriebwerks Pratt & Whitney F401-PW-400 für den V/STOL-Betrieb zu Düsen in den Tragflächen und Vorflügeln umleiten ließ. In die Tragflächen und Vorflügel war ein Ejektor-Klappensystem eingearbeitet, bei dem die Umgebungsluft im Verhältnis 7:1 mit dem Turbinenstrahl gemischt wurde, um den für den Senkrechtflug nötigen Hubtrieb zu liefern. Das progressive Heben oder Senken der Klappen ergab den Übergang zum Horizontalflug und umgekehrt. Das Programm erwies sich jedoch als Fehlschlag und bot keine Alternative zur wohlerprobten Harrier.

***Die Rockwell XFV-12A mit einer Spannweite von 8,69 m über dem hinteren Tragflächenpaar und einem Höchstgewicht von 11.000 kg war als ein weiter fortgeschrittener und überschallschneller Konkurrent der Harrier gedacht, doch sie kam nie in die Serienproduktion.***

## Rockwell/MBB X-31 EFM

Das Programm **X-31 Enhanced Fighter Maneuverability (EFM)** erwuchs 1987 aus einer Initiative, die die DARPA (jetzt ARPA) des amerikanischen Verteidigungsministeriums und das Bundesamt für Wehrtechnik und Beschaffung des deutschen Verteidigungsministeriums gemeinsam ergriffen. Ziel war die Entwicklung einer technologischen Demonstrationsplattform zur Erforschung der Manövrierbarkeit von Luftfahrzeugen über die normalen Flugparameter hinaus. Die **X-31** ist das bislang einzige „X-plane"-Projekt der USA mit Beteiligung einer Fremdnation und zugleich eines der ersten NATO-Gemeinschaftsvorhaben, das im Rahmen der Nunn-Quayle-Research-&-Development-Initiative verwirklicht wurde.

Untersuchungen in den achtziger Jahren räumten mit der Vorstellung auf, die Zeit des gekurbelten Luftkampfes sei vorüber. Zwar bleibt es weiterhin äußerst wichtig, den Gegner schon außerhalb der visuellen Reichweite (BVR) angreifen zu können, aber künftige Jagdflugzeuge müssen ebenso dafür gerüstet sein, den Widersacher auch im Nahkampf auszumanövrieren. Mit der **X-31** sollten alle Aspekte dies Post-stall-Flugbereichs (hohe Anstellwinkel, starke *g*-Belastung, niedrige Geschwindigkeit) unter Verwendung moderner Technologien wie schubvektorgesteuerten Triebwerken erforscht werden.

Die Firmen Rockwell und MBB wurden wegen ihren Erfahrungen auf diesem Gebiet (zum einen HIMAT und zum anderen TKF-90) ausgewählt. Beide hatten zwar ähnliche, aber voneinander unabhängige Forschungen hinsichtlich der Konzeption hochmanövrierfähiger Kampfflugzeuge betrieben, und nun sollten ihre Erkenntnisse gebündelt werden. Um den Zeit- und Finanzrahmen einzuhalten, machte man intensiven Gebrauch von vorhandenen Systemen, Baugruppen und Teilen. Als Antrieb wählte man das bewährte Turbofan-Triebwerk F404 von General Electric. Die Liste der anderen übernommenen Komponenten enthielt Canard-Vorflügel (V-22-Höhenflossen), Haube, Schleudersitz und Nasenklappen-Stellmotoren (F/A-18), Notluftanlasser (F-20), Flugsteuerungsrechner (HTTB C-130), Klimaanlage (F-5E), Hauptfahrwerksreifen (A-7) und Räder sowie Bremsen (Citation III).

Die erste **X-31A** (BuNo. 164584), von Rockwell zusammengebaut, flog erstmals am 11. Oktober 1990, und die zweite Maschine (BuNo. 164585) folgte am 19. Januar 1991. Das Schubvektorsystem wurde am 14. Februar 1991 erstmals von der **X-31A** im Flug erprobt. Seitdem haben beide Maschinen eine konstante und detaillierte Testreihe absolviert, einschließlich taktischer Luftkämpfe gegen die Hornet und die Tomcat.

***Der Abgasstrahl des Triebwerks F404-GE-400 der X-31A wird mit Hilfe dreier Schaufeln vektorisiert, die um das Schubrohr herum angeordnet sind. Der Schub läßt sich in jede Richtung bis zu 15° von der Normlinie umlenken.***

**TECHNISCHE DATEN**
**Rockwell/MBB X-31A**
**Typ:** einsitziges, extrem manövrierfähiges Forschungsflugzeug
**Triebwerk:** ein Turbofan-Triebwerk General Electric F404-GE-400 mit 71,17 kN Schub
**Leistung:** Höchstgeschwindigkeit im Horizontalflug Mach 1,3; max. Betriebshöhe 12.200 m
**Abmessungen:** Spannweite 7,26 m; Gesamtlänge 14,85 m; Höhe 4,44 m

# Rogozarski (unbedeutendere Muster)

Die Firma Rogozarski (im vollen Wortlaut Prva Srpska Fabrika Aviona Zivojin Rogozarski) wurde 1924 in Belgrad gegründet.
**Aufklärungsdoppeldecker:** ein zweisitziger Doppeldecker ungleicher Spannweite, der als Aufklärer gedacht war; das Original wurde vom Walter-Sternmotor Castor mit 177 kW (240 PS) angetrieben und erreichte eine Geschwindigkeit von 214 km/h; ein Exemplar erschien 1932 mit der zivilen Kennung **UN-PAU**, doch eine Serienfertigung fand anscheinend nicht statt.
**SIM-II:** der erste firmeneigene Entwurf; das von Sima Milutinovic konstruierte zweisitzige Schulflugzeug in der Auslegung eines gestielten Hochdeckers erschien 1930; sein 74 kW (100 PS) starker Siemens-Sternmotor vermittelte ihm eine Höchstgeschwindigkeit von 148 km/h; für die jugoslawische Luftwaffe wurde eine kleine Serie gefertigt.
**SIM-VI:** Der Prototyp **(YU-PDX)** dieses Tiefdecker-Reise- und Schulflugzeugs mit Doppelsteuer wurde von einem Walter-Mikron-Flugmotor mit 37 kW (50 PS) angetrieben; die **SIM-VIa** von 1937 brachte kleinere Verbesserungen und einen auf 44 kW (60 PS) hochgezüchteten Motor, der die Spitzengeschwindigkeit um 10 km/h auf 160 km/h steigen ließ.
**SIM-VIII:** Dieses Muster wurde speziell als zweisitziges Reiseflugzeug aus der SIM-II entwickelt und barg etliche Konstruktionsänderungen in sich. Es entstand eine Reihe von Maschinen mit 74 kW (100 PS) starkem Siemens 14 für Privatbesitzer und Fliegerclubs.
**SIM-IX:** Prototyp eines einsitzigen Schulflugzeugs mit einem Bramo Sh 14a (118 kW/160 PS).

# Rogozarski IK-3

Die in Jugoslawien von Ljubomir Ilič, Kosta Sivcev und Slobodan Zrnič konstruierte **Rogozarski IK-3** war ein moderner Jagdeinsitzer in gemischter Bauweise. Der freitragende Tiefdecker hatte ein Breitspur-Fahrgestell, das einwärts hochklappte, eine Schiebehaube über der Kanzel und einen Hispano-Suiza-Lizenzmotor als Antrieb. Der **IK-3**-Prototyp wurde erstmals im Mai 1938 erprobt und zeigte ansprechende Flugleistungen, doch die transparente Kanzelverkleidung bereitete Schwierigkeiten. Im November 1938 folgte ein Auftrag über zwölf Serienjäger, aber am 19. Januar 1939 ging der Musterjäger bei einem Unfall mit tödlichem Ausgang verloren. Die Produktion wurde dennoch fortgeführt, und alle zwölf Serienjäger (mit erheblichen Konstruktionsänderungen einschließlich eines neuen Kabinendachs und vereinfachten Fahrwerksverkleidungen) waren bis Juli 1939 an die jugoslawische Luftwaffe ausgeliefert.

Die **IK-3** rüstete die 161. und 162. Eskdrila aus, die zur 51. Grupa auf dem Jagdfliegerhorst Zemun gehörten. Ab dem 6. April 1941, dem ersten Tag der deutschen Invasion, kamen diese Jäger gegen die deutsche Luftwaffe zum Einsatz und meldeten elf Abschüsse von Feindflugzeugen. Danach wurden die noch verbliebenen **IK-3** in Veliki Radnici zerstört, damit sie nicht in Feindeshand fielen.

**TECHNISCHE DATEN**
**Rogozarski IK-3**
**Typ:** Jagdeinsitzer
**Triebwerk:** ein von Avia gebauter Zwölf-Zylinder-Kolbenmotor Hispano-Suiza 12Ycrs (moteur canon)
**Leistung:** Höchstgeschwindigkeit 527 km/h; Dienstgipfelhöhe 9400 m; Reichweite 785 km
**Gewicht:** Rüstmasse 2068 kg; max. Startmasse 2630 kg
**Abmessungen:** Spannweite 10,30 m; Länge 8 m; Höhe 3,25 m; Tragflügelfläche 16,50 m²
**Bewaffnung:** eine auf dem Motorrücken gelagerte 20-mm-Kanone Oerlikon und zwei rumpfmontierte, synchronisierte 7,92-mm-Maschinengewehre FN Browning

***Rogozarski IK-3 der Königlich Jugoslawischen Luftwaffe, im April 1941 in Zemun stationiert***

# Rogozarski PVT

Das Fortgeschrittenen-Schulflugzeug **Rogozarski PVT (Prototip Vazduhoplovno Tehcnicki)** mit Doppelsteuer flog 1934 erstmals als Prototyp. Die von dem talentierten Team Rudolf Fizir, Sima Milutinovič, Kosta Sivcev, Aleksander Biscevič und Ljubomir Ilič konstruierte **PVT** war ein eleganter, abgestrebter und weitgehend aus Holz gebauter Schirmeindecker mit rundem Rumpfquerschnitt, zurückgepfeilten Tragflächen und einem robusten, geteilten Fahrgestell.

Die ab 1934 seriengefertigte **PVT** war bekannt für ihre ausgezeichneten Steuereigenschaften und Kunstflugqualitäten und rüstete in großer Stückzahl die Militärflugschulen Jugoslawiens aus. Alle Jagdpiloten erhielten auf diesem Typ ihre Ausbildung. Die Produktionszahlen sind nicht bekannt, aber im April 1941, zum Zeitpunkt der deutschen Invasion in Jugoslawien, befanden sich 57 Exemplare im Dienst.

**Varianten**
**PVT-H:** die glänzende Leistung des PVT-Landflugzeugs weckte auch das Interesse der jugoslawischen Marine, und so wurde ein Exemplar mit einem Paar Edo-Leichtmetallschwimmer ausgerüstet; die erfolgreiche Erprobung führte zu einer Reihe von Serienflugzeugen, die an der Marinefliegerschule für Fortgeschrittene und im Verbindungsdienst zum Einsatz kamen
**P-100:** eine Fortentwicklung der PVT mit höherem Metallanteil der Zelle und generell verbesserter Linienführung; hatte den Gnome-Rhône-Sternmotor K7 beibehalten, führte aber eine NACA-Haube ein; das Leitwerk war ein neuer Entwurf, und ein Heckrad ersetzte den Schleifsporn des Vorgängermodells; die P-100 erreichte die Serienfertigung, und bis 1941 stellte man 27 Exemplare für die Ausbildung Fortgeschrittener einschließlich Kunstflug in Dienst; im Vergleich zur PVT war die Spannweite auf 10,20 m zurückgenommen, die höchstzulässige Startmasse auf 1226 kg gesunken und die Spitzengeschwindigkeit auf 251 km/h gestiegen

***Der Prototyp Rogozarski PVT-H erwies sich als überaus erfolgreich, so daß er auch eine Serie von Marineschulflugzeugen nach sich zog.***

**TECHNISCHE DATEN**
**Rogozarski PVT**
**Typ:** zweisitziges Fortgeschrittenen-Schulflugzeug
**Triebwerk:** ein Sternmotor Gnome-Rhône 7K Titan Major mit 331 kW (450 PS)
**Leistung:** Höchstgeschwindigkeit 240 km/h; Dienstgipfelhöhe 7000 m; Reichweite 550 km
**Gewicht:** Rüstmasse 965 kg; max. Startmasse 1310 kg
**Abmessungen:** Spannweite 11,20 m; Länge 7,38 m; Höhe 2,10 m; Tragflügelfläche 22,10 m²
**Bewaffnung:** ein synchronisiertes 7,7-mm-Maschinengewehr (oder eine Kamera)

# Rogozarski R-313

Der von Sima Milutinovič konstruierte zweisitzige Leichtbomber/Aufklärer **Rogozarski R-313**, ein weitgehend aus Holz konstruierter, freitragender Mitteldecker, wurde Anfang 1940 im Flug erprobt. Für den Antrieb sorgten zwei Walter-V-Motoren, zweireihig hängende Sagitta I-SR je 368 kW (500 PS). Trotz dieser schwachen Motorisierung erreichte die **R-313** eine Geschwindigkeit von 460 km/h und bot ein beachtliches Entwicklungspotential. Bei einem Einsatztest zur Zeit der deutschen Invasion im April 1941 ging die Maschine jedoch auf dem Wege nach Griechenland bei einem Startunfall verloren. Bestimmende Auslegungsmerkmale der **R-313** waren eine Spannweite von 13 m, ein geteiltes Seitenleitwerk und ein einziehbares Spornrad-Fahrwerk. Die Bewaffnung bestand aus einer 20-mm-Kanone HS-404, einem 8-mm-Maschinengewehr FN und einer internen Bombenlast von 400 kg.

***Auslegungsmerkmale des leichten Bombers Rogozarski R-313 waren die höher gestufte Beobachterkanzel und die auf den Hinterrumpf gesockelte Leitwerksbaugruppe.***

1940 befand sich bei Rogozarski auch die **Brucos**, ein zweisitziges Tiefdecker-Schulflugzeug, in der Entwicklung.

## Rogozarski SIM-X bis Rose Parakeet

**Die SIM-XIV-H war ein gutes Beispiel für die weit unterschätzten Konstruktionsqualitäten Rogozarskis und seiner Mitarbeiter, von denen bedauerlicherweise die meisten im Zweiten Weltkrieg umkamen. Etienne Romano war ein typischer Vertreter der europäischen Flugzeugpioniere der 20er und 30er Jahre. Er finanzierte den Großteil seiner Entwicklungskosten aus eigener Tasche ohne jede Garantie kommerziellen Erfolgs. Nur seine R-82 brachte es auf nennenswerte Stückzahlen.**

# Rogozarski SIM-X

*Das von einem Walter-Reihenmotor tschechischer Produktion angetriebene Schwimmerflugzeug Rogozarski SIM-X war zur Ausbildung jugoslawischer Seeflieger gedacht und wurde mit einer besonderen Instrumentierung vorwiegend zur Nachtflugschulung verwendet.*

Die als zweisitziges Schulflugzeug bezeichnete **Rogozarski SIM-X** hatte Sima Milutinovic 1936 für das jugoslawische Militär konstruiert. Die Maschine war weitgehend aus Holz gebaut und besaß einen neukonzipierten Rumpf runden Querschnitts, abgestrebte Schirmeindeckerflügel, ein starres, geteiltes Fahrgestell großer Spurbreite sowie einen Walter-Sternmotor als Antrieb. Die erfolgreiche Erprobung des Prototyps **(YU-PDY)** führte zu einer Serienversion, die ab 1937 an die für die fliegerische Grundausbildung zuständigen Einheiten Jugoslawiens ging. Das Muster wurde in beträchtlicher Stückzahl gefertigt, und zum Zeitpunkt der deutschen Invasion in Jugoslawien im Frühjahr 1941 befanden sich bei den drei Hauptflugschulen noch immer 20 Exemplare im Dienst.

**TECHNISCHE DATEN**
**Rogozarski SIM-X**
**Typ:** zweisitziges Anfängerschulflugzeug
**Triebwerk:** ein Walter-Sternmotor mit 88 kW (120 PS)
**Leistung:** Höchstgeschwindigkeit 192 km/h; Dienstgipfelhöhe 5000 m; Reichweite 500 km
**Gewicht:** Rüstmasse 548 kg; max. Startmasse 790 kg
**Abmessungen:** Spannweite 10 m; Länge 6,96 m; Tragflügelfläche 18,50 m²

**Varianten**

**SIM-XI:** Einsitzerversion der SIM-X zur Fortgeschrittenen- beziehungsweise Kunstflugschulung; mit dem 110 kW (150 PS) starken Siemens-Sternmotor Sh 14a erreichte sie eine Höchstgeschwindigkeit von 200 km/h; etwas andere Abmessungen als die SIM-X

**SIM-XII-H:** von der SIM-X für die jugoslawische Marine abgeleitete Version mit zwei Edo-Schwimmern zur Anfangsausbildung der Seeflieger und 140 kW (190 PS) starkem Walter-Reihenmotor Major Six (A-Form); hatte ovaler geformten Rumpf und vergrößerte Leitwerksfläche; der Prototyp flog erstmals im Februar 1937, und 1939 folgten vier Serienflugzeuge

# Rogozarski SIM-XIV-H

*Die kaum bekannte Rogozarski SIM-XIV-H war eines der eindrucksvollsten militärischen Schwimmermuster, die vor dem Zweiten Weltkrieg flogen. Der Typ wurde allerdings nur in kleiner Stückzahl gebaut.*

Der Prototyp **Rogozarski SIM-XIV-H** flog erstmals am 8. Februar 1938 und ließ hervorragende Flugeigenschaften erkennen. Der Doppelschwimmer-Küstenaufklärer, der auf einer Forderung der jugoslawischen Marine vom Januar 1937 basierte, bestand zu weiten Teilen aus Holz, sein Tiefdecker-Tragwerk war mit Parallelstreben zum Rumpf hin abgefangen, und der Schalenrumpf ovalen Querschnitts enthielt einen verglasten Bug (mit manuell betätigtem MG-Drehturm). Den Antrieb besorgten zwei Argus-Reihenmotoren As 10C je 177 kW (240 PS).

**TECHNISCHE DATEN**
**Rogozarski SIM-XIV-H Serie I**
**Typ:** Küstenaufklärer
**Triebwerke:** zwei hängende V-Motoren Argus As 10E je 199 kW (270 PS)
**Leistung:** Höchstgeschwindigkeit 243 km/h; Dienstgipfelhöhe 4500 m; Reichweite 840 km
**Gewicht:** Rüstmasse 2230 kg; max. Startmasse 3350 kg
**Abmessungen:** Spannweite 15,20 m; Länge 11,20 m; Höhe 4,48 m; Tragflügelfläche 35,55 m²
**Bewaffnung:** zwei 7,5-mm-Maschinengewehre FN Browning (eines im Bug und eines auf dem Rumpfrücken) und bis zu 200 kg Bomben

Zunächst wurde eine Baureihe von sechs **SIM-XIV-H Serie 0** bestellt, an die sich insgesamt 18 Serienmaschinen anschlossen. Vom Prototyp unterschied sich die Nullserie durch den Wegfall des Bugwaffenturms, ein verändertes Leitwerk und ein umkonstruiertes Kabinendach. Die ersten sechs Maschinen der Reihe **SIM-XIV-H Serie I** (1939 bestellt) wurden 1940 ausgeliefert, aber das zweite Baulos von zwölf Exemplaren befand sich 1941 beim deutschen Einfall in Jugoslawien noch auf der Fertigungsstrecke. Die Maschinen der Serie I hatten stärkere Motoren, völlig freitragende Flügel, ein Stahlrohrgerüst im Bereich des Hinterrumpfs sowie eine nochmals geänderte Haube und Leitwerksbaugruppe.

Die **SIM-XIV-H** bot gute Flugleistungen und war komfortabel. Sie konnte außer ihrer dreiköpfigen Besatzung noch drei Passagiere aufnehmen. Nachdem die Achsenmächte Jugoslawien besetzt hatten, entkamen zwei dieser Maschinen nach Nordafrika zu den Alliierten. Unbestätigten Berichten zufolge wurden mehr als acht **SIM-XIV-H** für italienische Dienste beschlagnahmt, darunter mehrere für die Seefliegerschule Orbetello.

# Rohrbach-Flugzeuge

***Die Roland II wurde für die Deutsche Luft Hansa und andere Fluggesellschaften gebaut. Ihre Abstammung von Zeppelin-Staaken-Konstruktionen war offensichtlich.***

Dr. Ing. Rohrbach, der während des Ersten Weltkriegs für die Zeppelin Werke Staaken GmbH tätig war, gründete 1922 die Rohrbach Metall Flugzeug GmbH und entwickelte das erste Serienflugzeug in moderner Schalenbauweise ohne Wellung des Aluminiumblechs. Die Konstruktion fand im Tochterunternehmen Rohrbach Metall A/S in Kopenhagen statt, um die Bestimmungen der Alliierten Kontrollkommission zu umgehen, die den Flugzeugbau in Deutschland verboten hatte. Das dänische Werk wurde jedoch Ende der zwanziger Jahre geschlossen, als der Bau von Luftfahrzeugen in Deutschland wieder anlief.

Die meisten Flugzeuge dieses Unternehmens waren weiterentwickelte Versionen der Muster, die Rohrbach bei den Zeppelin-Werken geschaffen hatte. Zunächst erschien das Flugboot **Rohrbach Ro II**, angetrieben von zwei Eagle-Motoren des Herstellers Rolls-Royce je 268 kW (365 PS). Im Oktober 1923 stellte eine dieser Maschinen mit einer Nutzlast von 250 kg an Bord Geschwindigkeitsrekorde über die 100-, 200-, 500- und 1000-km-Strecke auf. Der beste gemessene Wert betrug 159,15 km/h. Etwa zehn solcher **Ro II** gingen nach Japan, wo eine ähnlich motorisierte, aber verbesserte **Ro III** in geringer Stückzahl hergestellt wurde. Rohrbach produzierte eine auf der **Ro III** basierende Version unter der Bezeichnung **Ro IIIa Rodra** und lieferte 1926 mehrere Exemplare dieser Variante an die Türkei. Dieser Typ hatte eine stärkere Zelle und zwei Lorraine Dietrich als Antrieb mit je 331 kW (450 PS). Eine geänderte Ausführung der **Ro III** mit 336 kW (457 PS) starken Napier-Lion-Motoren erhielt die Bezeichnung **Ro IV**, und zwei Exemplare wurden für die britische Firma William Beardmore & Co. Ltd. gefertigt, die ihnen den Namen **Beardmore Inverness** verlieh.

Die **Ro V Rocco** war ein Flugboot für zehn Passagiere und hatte zwei 537 kW (730 PS) starke Rolls-Royce Condor IIIa, die über dem abgestrebten Eindecker-Tragwerk auf Gerüsten montiert waren. Es blieb bei einem Einzelexemplar, das für die Deutsche Luft Hansa flog. Die von zwei BMW-Motoren IV je 236 kW (320 PS) angetriebene **Ro VII Robbe I** wurde ähnlich ausgelegt wie die **Ro III** und **IV**, doch bei der **Robbe II** handelte es sich um eine etwas größere Variante mit BMW-VI-Motoren, die je 515 kW (700 PS) abgaben. Weitaus wichtiger war das Landflugzeug **Ro VIII Roland**. Es basierte auf der von

Rohrbach konstruierten, viermotorigen Zeppelin-Staaken E.4/20, die 1920 erfolgreich im Flug erprobt worden war, dann aber auf Weisung der Alliierten Kontrollkommission hatte zerstört werden müssen. Der fast freitragende Eindecker **Ro VIII** nahm zehn Passagiere in einer geschlossenen Kabine auf. Den Antrieb lieferten drei BMW-Motoren der Bauart IV oder Va mit je 236 kW (320 PS) beziehungsweise 265 kW (360 PS). Unter der Bezeichnung **Ro VIIIa Roland II** erschien zudem eine Variante mit drei BMW-Motoren Va, die auf je 280 kW (380 PS) hochgezüchtet waren. Zwischen 1927 und 1929 wurden neun solcher Linienflugzeuge für die Deutsche Luft Hansa gebaut. Die Bezeichnung **Ro IX Rofix** erhielt ein Schirmeindecker-Jäger, der 1926 fertiggestellt wurde. Sein 552 kW (750 PS) starker BMW VIUZ verhalf ihm zu einer Spitzengeschwindigkeit von 260 km/h. Das Einzelflugboot **Rostra** für fünf Passagiere flog 1928, angetrieben von zwei Gnome-Rhône Jupiter VI je 331 kW (450 PS). Bevor das Unternehmen Anfang 1934 von Weser Flugzeugbau übernommen wurde, entstand das letzte Serienmuster, die **Ro X Romar**, ein Langstrecken-Flugboot für vier bis fünf Besatzungsmitglieder und standardmäßig zwölf Passagiere in zwei Kabinen. Die überarbeitete **Romar II** war für 16 Fluggäste ausgelegt. Nur vier solcher Flugboote wurden gebaut, von denen drei die Ostseeverbindungen der Deutschen Luft Hansa bedienten und eines bei der französischen Marine flog.

**TECHNISCHE DATEN**
**Rohrbach Ro X Romar**
**Typ:** Langstrecken-Verkehrsflugboot
**Triebwerke:** drei V-Reihenmotoren BMW VIUZ je 478 kW (650 PS)
**Leistung:** Höchstgeschwindigkeit 210 km/h; Dienstgipfelhöhe 2800 m; Reichweite mit max. Kraftstoffmenge 4000 km
**Gewicht:** Leermassse 9900 kg; max. Startmasse 19.000 kg
**Abmessungen:** Spannweite 36,90 m; Länge 22 m; Höhe 8,50 m

***Von der Rohrbach Ro V Rocco entstand nur ein einziges Exemplar im Jahr 1927. Dank der beiden Condor-Motoren von Rolls-Royce konnte die Rocco zehn Fluggäste befördern. Im Mai und Juni 1928 wurde dieses Flugboot von der Deutschen Luft Hansa auf der Strecke Lübeck–Oslo eingesetzt, aber anschließend aus dem Verkehr gezogen.***

# Rollason-Flugzeuge

Rollason Aircraft and Engines Ltd. war ursprünglich ein luftfahrttechnisches Vertriebs- und Wartungsunternehmen, das aber dann in die Konstruktion von Leichtflugzeugen einstieg, als es eine Lizenz von Roger Druine in Frankreich zur Produktion der einsitzigen Druine Turbulent erwarb. Druine-Flugzeuge waren für den Eigenbau konzipiert, doch die Beliebtheit der Turbulent in Großbritannien (etwa 25 Exemplare wurden von Heimwerkern gefertigt) ließ Rollason vermuten, daß ein lohnender Markt für eine Serienversion bestehe. Rollason stellte 25 Exemplare der **Rollason Turbulent** her, eines simplen freitragenden Tiefdeckers mit einem 25 kW (34 PS) starken Ardem-Boxermotor als Standardtriebwerk. Auf Wunsch waren aber auch Versionen mit diesen modifizierten Volkswagenmotoren Ardem erhältlich, die 28 kW und 30 kW (38 PS und 40 PS) abgaben. An diesen bescheidenen Erfolg schloß sich der Erwerb einer Lizenz für den Bau der Druine Condor mit zwei Sitzen nebeneinander an. Rollason glaubte, diesen Typ in lohnenden Stückzahlen an Fliegerclubs als Schul- und Reiseflugzeug verkaufen zu können. Die Condor war generell ähnlich ausgelegt wie die Turbulent, hob sich aber vor allem durch einen breiteren Rumpf und einen kräftigeren Motor ab. Der Prototyp **Rollason D.62 Condor** wurde von einem Continental A75 mit 56 kW (76 PS) angetrieben, und es folgten zwei **D.62A** mit einem 75 kW (102 PS) starken Rolls-Royce/Continental O-200-A. Letzterer wurde zum Triebwerk der leicht veränderten Serienversion **D.62B** bestimmt, von der mehr als 40 Exemplare entstanden. Darüber hinaus fertigte man vier Segelschleppflugzeuge mit der Bezeichnung **D.62C Condor** und einem Rolls-Royce/Continental O-240-A mit 97 kW (132 PS).

***G-ATOH war die vierte seriengefertigte D.62B Condor und der erste Vertreter dieses Musters mit Flügelklappen.***

# ROMAERO ROMBAC One-Eleven

Zu Beginn der achtziger Jahre baute British Aerospace die Produktion der BAC One-Eleven ab und vereinbarte mit IAv Bucuresti, die gesamte Fertigungsstrecke nach Rumänien zu verlegen. Nach und nach wurde die komplette Konstruktions- und Produktionsausrüstung zu einer auf dem Baneasa Airport neu eingerichteten Fertigungsstraße geschafft. Parallel dazu leitete man ein entsprechendes Programm für die Lizenzproduktion des Rolls-Royce-Triebwerks Spey 512 ein. Die One-Eleven hatte sich als verläßliches und beliebtes Verkehrsflugzeug erwiesen, und ROMBAC war überzeugt, daß es trotz seiner lauten Triebwerke noch viele Jahre lang im Dienst bleiben könne. Die erste rumänische Version erhielt die Bezeichnung **One-Eleven 560**, da sie auf der letzten von BAe produzierten Serie 500 mit gestrecktem Rumpf basierte. Um den Übergang auf die rein rumänische Fertigung zu erleichtern, wurden in den Jahren 1981/82 ein Frachtflugzeug der Serie 487 und zwei Maschinen der Serie 525 britischer Herstellung geliefert.

Die erste in Rumänien gebaute One-Eleven war im September 1982 fertiggestellt und wurde an die Staatslinie TAROM ausgeliefert. Das Ausgangsabkommen umfaßte die Produktion von 22 Flugzeugen, doch der Herstellungsprozeß verlief mehr als schleppend. Zwar verfügte ROMBAC über die nötigen Fachkräfte, aber unter dem Ceausescu-Regime fehlte es der heimischen Flugzeugindustrie an harter Währung, um die für die One-Eleven erforderlichen Werkstoffe kaufen zu können. Bis heute wurden erst neun Flugzeuge ausgeliefert, davon sieben bis 1989.

Zugleich hatte man den Bau einer Version **One-Eleven 495** geplant, und erste Bestellungen über zwei Flugzeuge gingen 1987 ein. Diese Variante sollte ein Fahrgestell mit Niederdruckreifen für den Betrieb auf rauhen Flugfeldern erhalten und den kürzeren Rumpf der BAe Serie 400 nutzen. ROMBAC dachte an ein umrüstbares Fracht-/Passagierflugzeug mit seitlicher Frachttür, aber dieses Konzept setzte einen komplexen Neuentwurf voraus, der viele Probleme bereitete. Das erste Flugzeug dieser Gattung befindet sich daher noch immmer ungefertigt im Werk.

Weitere Bestellungen für das Spey-motorisierte Muster blieben aus, und seine Zukunft war zunehmend durch die Lärmbestimmungen nach Stage 3, Chapter 3 gefährdet. Bereits 1986 hatte die US-Firma Dee Howard in Zusammenarbeit mit Rolls-Royce ein Programm zur Umstellung der One-Eleven auf Tay 650 entwickelt, das aber nie zum Zuge kam. ROMBAC bietet inzwischen ein ähnliches Projekt als **ROMAERO One-Eleven 2500** an. Es sieht die Ummotorisierung einer 95- bis 115sitzigen **One-Eleven 500** auf Tay-Triebwerke vor, die anspruchsvollen Bestimmungen hinsichtlich Lärm- und Schadstoffemissionen genügen. Man hatte gehofft, bis 1991 die ersten Flugzeuge ausliefern zu können, doch die betreffenden Luftverkehrsgesellschaften zeigten wenig Interesse. 1993 erteilte die neue amerikanische Gesellschaft Kiwi Air eine Erstbestellung über 20 Flugzeuge.

***Eine ROMBAC One-Eleven 561RC der TAROM. Die One-Eleven 2500 soll Tay-Antrieb sowie ein EFIS-Cockpit erhalten, und die Ausrüstung könnte von FLS Aerospace in England vorgenommen werden.***

**TECHNISCHE DATEN**
**ROMBAC One-Eleven Serie 560**
**Typ:** zweistrahliges Kurz-/Mittelstrecken-Verkehrsflugzeug
**Triebwerke:** zwei Mantelstromtriebwerke Rolls-Royce Spey Mk 512-14DW (rumänische Lizenzproduktion) je 55,8 kN Schub
**Leistung:** Höchstgeschwindigkeit im Horizontalflug 870 km/h; max. Reiseflughöhe 10.670 m; Höchstreichweite 3515 km
**Abmessungen:** Spannweite 28,50 m; Gesamtlänge 32,61 m; Höhe 7,47 m

# Romano (unbedeutendere Typen)

Im Alter von 19 Jahren baute Etienne Romano, angeregt vom Wright-Doppeldecker, sein Flugzeug **Romano R-1**, das leider schon beim Jungfernflug abstürzte. 1922 beschaffte er sich Werkstätten und gründete das Unternehmen Chantiers Navals de la Croisette. Erst dann begann seine wirkliche Laufbahn als Flugzeugkonstrukteur.

**Romano R-2:** ein Beobachtungs-Doppeldecker in der Konfiguration eines Seeflugzeugs mit einem großen zentralen Schwimmer, Stützkörpern außen unter dem Tragwerk und Umlaufmotor Le Rhône 9C als Antrieb mit 59 kW (80 PS)

**Romano R-3:** Weiterentwicklung der R-2 mit 132 kW (180 PS) starkem Hispano-Suiza-Sternmotor 8Ab von 1924; von der französischen Marine in St. Raphaël umfassend erprobt

**Romano R-4:** Erstflug 1927; eine militarisierte und verstärkte Fortentwicklung der R-3 mit 169 kW (230 PS) starkem Salmson-Sternmotor 9Ab und der Möglichkeit zur Bewaffnung mit einem Maschinengewehr auf einer Drehstütze im Beobachter-Cockpit

**Romano R-5:** einmotoriges Patrouillen-/Aufklärungsflugboot; Erstflug im September 1932; vollständig aus Metall konstruierter Schirmeindecker mit zweifach gestuftem Bootsrumpf mit Stabilisierungsstummeln, geschlossener Kabine für zwei Besatzungsmitglieder und flügelmontiertem Hispano-Suiza 12Nbr als Antrieb mit 478 kW (650 PS); Bewaffnung bestand aus zwei Maschinengewehren und einer Bombenlast von 200 kg; trotz guter Flugleistungen stimmte die französische Marine der Serienfertigung nicht zu

**Romano R-6:** abgestrebter Hochdecker, angetrieben von drei Gnome-Rhône-Sternmotoren 7Kb je 221 kW (300 PS), für eine zweiköpfige Besatzung und acht Passagiere; Erstflug am 20. Dezember 1932

**Romano R-15:** freitragendes Hochdekker-Amphibienflugzeug mit drei Salmson-Sternmotoren 9Aer je 55 kW (75 PS); Erstflug 1933; geschlossene Kabine für den Flugzeugführer und einen Passagier

**Romano R-16:** ähnlich ausgelegt wie die R-6, entsprechend einer offiziellen Anforderung für ein dreisitziges Kolonialflugzeug (Kategorie Col. 3), aber zugunsten der Bloch M.B.120 abgelehnt; anschließend unter der geänderten Bezeichnung R.160 als Transportflugzeug für Minister in Betracht gezogen, doch der erwartete Auftrag über fünf Serienmaschinen R-162 blieb aus; Einzelexemplar R-160 mit drei Lorraine-Sternmotoren 9Na Algol je 221 kW (300 PS) von Général Paul Armengaud, Befehlshaber der 5. Région Aérienne in Nordafrika, genutzt

**Romano R-110:** basierte auf den Anforderungen der Armée de l'Air für einen dreisitzigen Jäger, der als fliegender Leitstand für eine gesamte Jagdeinsitzer-Staffel dienen sollte; zwischen dem Piloten und Beobachter/Bordschützen bestand Platz für einen „commandant de manoeuvres" zur Führung der Jagdeinsitzer in jeder besonderen Operationsphase; in weiten Teilen aus Metall konstruierter Tiefdecker mit geteiltem Seitenleitwerk, einziehbarem Spornrad-Fahrwerk und zwei Renault 12 Ro2/3 je 331 kW (450 PS) als Antrieb; ein Prototyp am 30. März 1938 geflogen, aber keine Serienfertigung

**Romano R-120:** letztes von Romano konstruiertes Modell; basierte auf einer amtlichen Spezifikation für einen mittleren Bomber der Kategorie B.4 (viersitzig); ein Prototyp gefertigt; freitragender Ganzmetall-Tief-/Mitteldecker mit zwei Sternmotoren Hispano-Suiza 14 Aa 08/09 je 721 kW (980 PS); eine 20-mm-Kanone und drei Maschinengewehre als Bewaffnung vorgesehen; wies während der Erprobungsphase eine Höchstgeschwindigkeit von 520 km/h nach, doch errang die R-120 keinen Serienauftrag

**Romano R-130:** letzter Romano-Entwurf eines Jagddoppeldeckers mit Einziehfahrwerk, aber noch vor der Konstruktion eines Prototyps aufgegebenen

***Die Romano R-110 war ein interessantes Flugzeugprojekt für eine ungewöhnliche Rolle. Sie sollte, besetzt mit Beobachter- und Führungspersonal, als fliegender Gefechtsstand für andere Jäger dienen.***

# Romano R-80 und R-82

Den ersten Prototyp **Romano R-80.01** hatte Etienne Romano in Eigeninitiative geschaffen, um dem Werkspiloten Lemoigne einen kunstflugtauglichen Doppeldecker-Zweisitzer für Vorführungen auf Flugschauen an die Hand zu geben. Die Anfang 1935 erprobte Maschine wurde auch von Michel Detroyat mit viel Erfolg geflogen. Zu den Konstruktionsdetails gehörten Querruder an Ober- und Unterflügeln, ein robustes, geteiltes Fahrgestell und ein Lorraine-Sternmotor 7Me mit 177 kW (240 PS) unter der NACA-Haube. Nach der Prüfung durch die offizielle STAé nahm die **R80.01** mit Lemoigne am Steuer an zahlreichen Kunstflugvorführungen teil.

Auf offizielle Anregungen hin entstand die **R-80.02** mit dem kräftigeren Salmson 9Aba, die im März 1936 erstmals flog und auf dem Pariser Salon de l'Aéronautique jenes Jahres vorgestellt wurde. Sie wies Änderungen auf, die bereits der Kunstflug-Prototyp erhalten hatte, darunter Querruder nur noch am Unterflügel und ein großflächigeres Seitenleitwerk. Die als zweisitziges Fortgeschrittenen-Schulflugzeug mit Doppelsteuer vorgesehene Maschine benannte man bald darauf in **R-82.01** um. Es wurden zwei weitere Musterflugzeuge gebaut und beide an Privatkunden verkauft, davon eines an die berühmte Fliegerin Lucienne Saby.

Unterdessen war Romano Teil der staatlichen SNCASE geworden, und Michel Detroyat ernannte man zum Inspekteur für das Fluggerät aller staatlichen Luftfahrzeugunternehmen. Auf sein Drängen hin vergab der Staat Großaufträge für **R-82**-Schulflugzeuge zur Versorgung der Armée de l'Air. Insgesamt 147 Exemplare wurden schließlich gefertigt, und hinzu kamen weitere 30 Maschinen, die die Aéronavale 1937 bestellte. Die Serientrainer zeigten eine Reihe von Verbesserungen und etliche Vereinfachungen. Die hauptsächliche Änderung im äußeren Erscheinungsbild bestand in einem längeren Motorgehäuse.

Bis zum 1. August 1939 waren 70 **R-82** in Dienst gestellt und bis zum Mai 1940 alle 177 Serienflugzeuge ausgeliefert. Die **R-82** bewährte sich bei der Armée de l'Air und bei der Aéronavale überaus gut.

Im Februar 1938 wurden zwei **R-82 (F-AQJN** und **F-AQJP)** von einer französischen Zwischenhandelsfirma gekauft und nach Spanien verfrachtet, wo sie von der republikanischen Regierung im Kampf gegen die nationalistischen Streitkräfte als Schul- und Verbindungsflugzeuge dienten. Es ist nicht bekannt, ob es sich bei diesem Duo um zusätzlich gebaute Flugzeuge oder um abgezweigte Maschinen aus dem Beschaffungsumfang der Armée de l'Air handelte.

**TECHNISCHE DATEN**

**Romano R-82**

**Typ:** zweisitziges Fortgeschrittenen- und Kunstflug-Schulflugzeug

**Triebwerk:** ein Sternmotor Salmson 9Aba mit 206 kW (280 PS)

**Leistung:** Höchstgeschwindigkeit 240 km/h; Dienstgipfelhöhe 6500 m; Reichweite 660 km

**Gewicht:** Rüstmasse 918 kg; max. Startmasse 1328 kg

**Abmessungen:** Spannweite 9,88 m; Länge 7,82 m; Höhe 3,34 m; Tragflügelfläche 23,72 $m^2$

***Der Romano-Doppeldecker R-82 war ein vorzügliches Kunstflug-Schulflugzeug und wurde folglich in relativ großer Stückzahl gebaut. Die rund 200 Serienmaschinen erhielten alle die langsehnige Motorverkleidung.***

# Romano R-90

Die **Romano R-90**, die im August 1935 ihren Erstflug absolvierte, sollte den Anforderungen der französischen Marine für einen schiffsgestützten und katapultstartfähigen Seeflugzeug-Jagdeinsitzer genügen. Der Doppeldecker mit offenem Cockpit und zum Rumpf hin abgeknicktem Oberflügel war mit doppeltem Schwimmwerk ausgerüstet und für den Schiffseinsatz verstärkt ausgelegt. Den Antrieb lieferte zunächst ein Hispano-Suiza-Sternmotor 9Vbrs mit 478 kW (650 PS), doch im Oktober 1935 wurde das Musterflugzeug auf einen Hispano-Suiza 14Hbrs umgestellt, dessen 500 kW (680 PS) ihm zu einer Spitzengeschwindigkeit von 380 km/h verhalfen. Aufgrund einer offiziellen Aufforderung erhielt die **R-90** 1937 ein neues Triebwerk, den 615 kW (835 PS) starken V-12-Motor Hispano-Suiza 12Ycrs moteur canon, doch ein Serienauftrag blieb weiterhin aus.

Die vorgeschlagene Bewaffnung der **R-90** bestand aus vier Darne-Maschinengewehren, Kaliber 7,5 mm, die in der endgültigen Ausführung noch durch eine 20-mm-Kanone verstärkt werden sollten. Es gab unbestätigte Gerüchte, daß ein ungenanntes belgisches Unternehmen 1938 für die spanisch-republikanische Regierung eine landgestützte Jägerversion der **R.90** mit der Bezeichnung **R-92** als Prototyp gebaut habe.

# Rose Parakeet

Die Rose Aeroplane and Motor Company konstruierte und produzierte 1936 einen attraktiven, einsitzigen Doppeldecker mit offenem Cockpit, der sich als Privat- und Clubflugzeug anbot. Diese leicht gebaute **Rose Parakeet Modell A-1** mit 29 kW (39 PS) starkem Vier-Zylinder-Boxermotor Continental konnte bei einer Reisegeschwindigkeit von 137 km/h knapp 550 km weit fliegen. Das Muster mit einer Spannweite von nur 6,10 m erwies sich als recht populär, doch man wünschte sich einen stärkeren Antrieb. Dies führte zum **Modell A-2** mit dem Vier-Zylinder-Boxer M-50 von Menasco, der 37 kW (50 PS) abgab.

***Die einfache, aber attraktive Rose Parakeet wurde nach dem Krieg als Hannaford Parakeet mit verschiedenen Motortypen vermarktet.***

# Rotocraft RF-1 Pinwheel bis Rumpler C.VIII

**Die Royal Aircraft Factory in Farnborough produzierte in den beiden Jahren vor Beginn des Ersten Weltkriegs den Großteil der britischen Militärflugzeuge. 1914/15 arbeitete man sogar Tag und Nacht, um dem Bedarf nachzukommen. Die S.E. (Scout Experimental) 5a war zweifellos das beste Flugzeug des Werks; viele Fliegerasse auf alliierter Seite flogen damit. Ihre Hauptgegner waren die Rumpler-Flugzeuge aus Berlin.**

## Rotorcraft RF-1 Pinwheel

Der Einmann-Hubschrauber **Rotorcraft RF-1 Pinwheel** wurde 1954 in der Absicht konstruiert, das Militärpersonal mit einem einfachen Transportmittel für jedes Gelände zu versorgen. Da dieses „Rucksack"-Fluggerät den Flüssigmittel-Blattspitzenantrieb nutzte, trat kein Rotordrehmoment auf. Zur Lenkung war dennoch ein riemengetriebener Heckrotor nötig, der in die einfache und leistungsbegrenzte Struktur eingebracht wurde. Der im Auftrag der US Navy konstruierte Drehflügler **RF-1** durchlief umfassende Tests und führte zur Entwicklung einer ähnlichen Militärversion, die **Sky Hook** genannt wurde. Der **Pinwheel** besaß eine Höchstgeschwindigkeit von 161 km/h und eine Dienstgipfelhöhe von 4570 m.

## RotorWay Scorpion 133 und Exec

Der **RotorWay Scorpion 133**, früher auch **Scorpion Too** genannt, ist der erfolgreichste und attraktivste einer sehr geringen Anzahl von Hubschraubern, die zum Eigenbau durch Amateure entwickelt wurden. Der von B. J. Schramm entworfene Helikopter hat einen Zweiblatt-Haupt- und Heckrotor, zwei nebeneinander angeordnete Sitze in einer geschlossenen Kabine und einen RotorWay-Vier-Zylinder-Boxermotor als Antrieb mit 108 kW (147 PS). Die de-Luxe-Ausführung **Exec** unterscheidet sich durch eine wesentlich verbesserte, tropfenförmige Kabinengondel, einen verkleideten Heckausleger und, wahlweise, durch eine vielfältigere Ausrüstungspalette. Obwohl der Markt für einen Eigenbauhubschrauber verständlicherweise klein ist, hat sich der Exec recht gut verkauft.

## Royal Aircraft Factory (frühe Typen)

Als kaum noch Zweifel daran bestehen konnten, daß Ballons und Luftschiffe wegen der zunehmenden Leistungsfähigkeit motorisierter Flugzeuge bald veraltet sein würden, unternahm His Majesty's Balloon Factory in Farnborough unter der Leitung von Mervyn O'Gorman erste Schritte zur Konstruktion von Lüftfahrzeugen, die schwerer als Luft waren. Das Werk setzte alles daran, irgendeine Maschine in die Hände zu bekommen. Im Dezember 1910 konnte man schließlich das Wrack eines Blériot-Eindeckers vom Heer zur „Reparatur" erwerben. Dieses Flugzeug in typischer Blériot-Auslegung mit Zugpropeller tauchte nach einer umfangreichen Überarbeitung mit der Bezeichnung **S.E.1** als Doppeldecker-Einsitzer mit Druckpropeller wieder auf. Die Tatsache, daß die Maschine innerhalb kürzester Zeit abstürzte, mag dafür gesorgt haben, daß man bei dem im April 1911 zur Reparatur erstandenen Voisin-Druckschrauben-Doppeldecker das umgekehrte Verfahren anwandte. Er kam als Zugpropeller-Doppeldecker **B.E.1** neu heraus, und der Wolseley-Originalmotor war erhalten geblieben. Wenig später wich dieser einem 45 kW (60 PS) starken Renault-Motor. Nach einem Unfall im Januar 1915 mußte die **B.E.1** abgeschrieben werden. Inzwischen war die ehemalige „Balloon Factory" nach einer kurzen Periode als „Army Aircraft" zur „Royal Aircraft Factory" geworden. Die **B.E.1** hatte im Laufe ihrer dreijährigen Lebenszeit dem Team große Hilfestellung bei der Ausarbeitung neuer Ideen geleistet und sich als wertvolles Versuchswerkzeug erwiesen. Zugpropeller-Flugzeuge der Fabrik erhielten die Bezeichnung B.E. (Blériot Experimental), und andere Typkennungen lauteten F.E. (Fighting Experimental) sowie R.E. (Reconnaissance Experimental).

## Royal Aircraft Factory B.E.2

Die **Royal Aircraft Factory B.E.2**, die Anfang 1912 erschien, hatte einen ganz ähnlichen Rumpf wie die B.E.1, zeichnete sich aber durch einige Verfeinerungen der Zelle und einen 52 kW (70 PS) starken Renault-Motor aus. Da die Maschine aus der Royal Aircraft Factory stammte, war sie von den Military Trials des Jahres 1912 ausgeschlossen. Dennoch nahm die von Geoffrey de Havilland geflogene **B.E.2** außerhalb der Konkurrenz am Erprobungswettbewerb teil und erwies sich als das beste Allgemeinflugzeug. Das Muster wurde in größerer Stückzahl, zumeist von Subunternehmen, für das Royal Flying Corps gebaut, doch es ist schwierig zu bestimmen, ob die **B.E.2** oder die ähnliche, aber geringfügig verbesserte **B.E.2a** als erste zum RFC stieß. Kein Zweifel besteht allerdings darüber, daß eine **B.E.2a** als erstes britisches Flugzeug beim Ausbruch des Ersten Weltkriegs nach Frankreich gelangte und daß das RFC diesen Typ zu seinem mutmaßlich ersten Aufklärungsflug nutzte. Es folgte die **B.E.2b**, deren spätere Versionen Querruder einführten. Die in größerem Umfang gebaute **B.E.2c** hatte den neuen 66 kW (90 PS) starken RAF-Motor 1a und als erstes dieser Flugzeuge ein Maschinengewehr. Alternative Bewaffnungen wurden mit der **B.E.2d** und der meistgebauten Schlußversion **B.E.2e** erprobt.

Während die **B.E.2d/-e** an der Westfront kämpften, kamen die älteren Versionen in Großbritannien sowie auf verschiedenen anderen Kriegsschauplätzen zum Einsatz und dienten zudem zur Schulung. Die Stabilität, die bei der als Aufklärer gedachten **B.E.2** als wichtiges Auslegungsmerkmal erschienen war, führte letztlich zum Untergang dieses Typs. Da der **B.E.2** jede Manövrierbarkeit fehlte, war sie in den Jahren 1915/16, als die neue Fokker eingeführt wurde, und im „Bloody April" des Jahres 1917 ein wehrloses Ziel der Feindjäger. Das Muster, von dem insgesamt über 3200 Exemplare aller Versionen produziert wurden, blieb bis 1918 im Dienst.

**TECHNISCHE DATEN**

**Royal Aircraft Factory B.E.2e**

**Typ:** zweisitziger Aufklärer/leichter Bomber

**Triebwerk:** ein Reihenmotor RAF 1a mit 67 kW (90 PS)

**Leistung:** Höchstgeschwindigkeit 145 km/h in Meereshöhe; Dienstgipfelhöhe 2745 m

**Gewicht:** Leermasse 649 kg; max. Startmasse 953 kg

**Abmessungen:** Spannweite 12,42 m; Länge 8,31 m; Höhe 3,66 m; Tragflügelfläche 33,44 m²

**Bewaffnung:** gewöhnlich ein Lewis-7,7-mm-Maschinengewehr, das je nach Bedarf manuell von einer Halterung auf die andere umgesetzt wurde, und (beim Einsatz als Bomber) leichte Fliegerbomben an Gehängen unter dem Rumpf

*Royal Aircraft Factory B.E.2c des Royal Flying Corps*

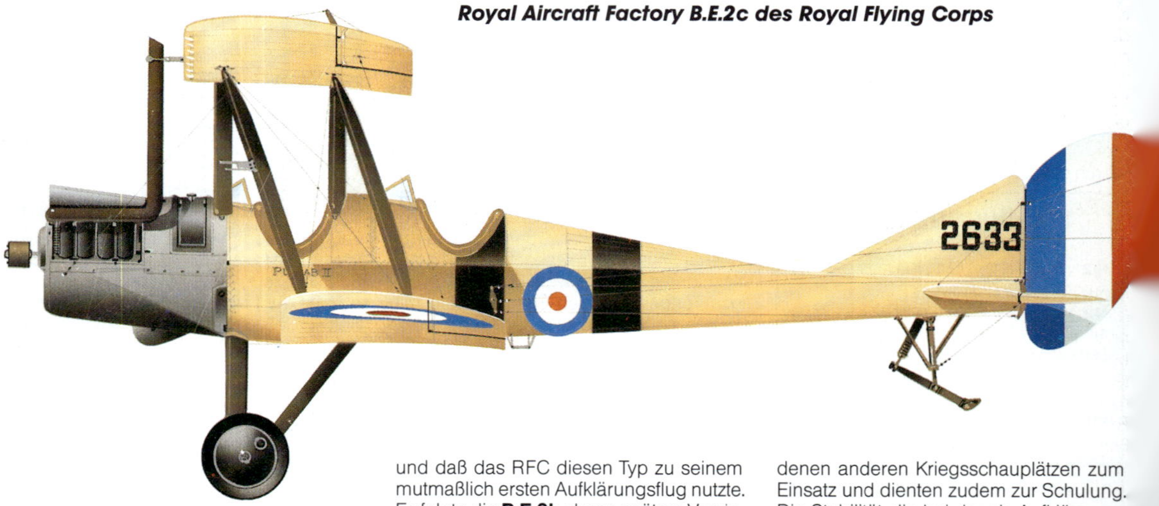


## Royal Aircraft Factory B.E.8

Unter der Bezeichnung **Royal Aircraft Factory B.E.8** konstruierte die RAF einen zweisitzigen Erkundungsdoppeldecker, der als letzter Vertreter der B.E.-Serie von einem Umlaufmotor angetrieben wurde. Die für die damalige Zeit konventionell ausgelegte **B.E.8** hatte ein starres Schleifsporn-Fahrgestell mit zwei vor den Hauptbeinen montierten Kufen, die das Risiko eines Vornüberkippens auf rauhem Gelände verringerten. Das ungewöhnlichste Merkmal der drei in Farnborough gefertigten Prototypen bestand in einem einzigen, länglichen Cockpit für beide Besatzungsmitglieder, doch die in einem Unterauftrag seriengefertigten **B.E.8** wiesen minimale Änderungen zur Integration zweier Cockpits auf. Die 1915 eingeführte **B.E.8a** unterschied sich vom Original durch neue Tragflügel mit Querrudern statt der bisherigen Flügelverwindung zur Rollsteuerung und durch ihren überarbeiteten Flugzeugschwanz. Ein oder zwei Exemplare flogen erste Bombenangriffe, die meisten dieser Flugzeuge rüsteten allerdings Ausbildungseinheiten aus. Die vom Gnome-Umlaufmotor mit 59 kW (80 PS) angetriebene **B.E.8a** hatte eine Spannweite von 11,49 m und eine Spitzengeschwindigkeit von 113 km/h in Meereshöhe.

# Royal Aircraft Factory B.E.12

Das ursprüngliche Konzept, nach dem Militärflugzeuge „Augen am Himmel" sein sollten, mündete zwangsläufig in gute, stabile Beobachtungsplattformen. Genau dies hatte sich als Schwäche der B.E.2 bei der Konfrontation mit dem wendigeren Fokker-Eindecker erwiesen, der mit seinem synchronisierten, vorwärtsfeuernden Maschinengewehr zudem wirkungsvoll bewaffnet war. Da Stabilität aber vor Ausbruch des Ersten Weltkriegs noch als unabdingbare Vorraussetzung aller Militärflugzeuge gegolten hatte, wirkte der Fokker-Eindecker auf mehrere Flugzeugtypen der Alliierten wie ein rotes Tuch. Die **Royal Aircraft Factory B.E.12** war der hastige Versuch, diese Situation dadurch zu bereinigen, daß man auf Grundlage des B.E.2c-Flugwerks einen bald einsetzbaren Jagdeinsitzer schuf. Eine kaum modifizierte B.E.2c diente als Prototyp, bei dem der Standard-Motor RAF 1a durch den beträchtlich stärkeren RAF 4a ersetzt war. Zwar hatte man die Höchstgeschwindigkeit um mehr als zehn Prozent gesteigert, aber offenbar übersehen, daß die **B.E.12** die „stabilen" Flugeigenschaften ihres Vorgängers geerbt hatte. So nimmt es nicht wunder, daß dieses Muster als Jäger praktisch nutzlos war. Die Alliierten benötigten jedoch so dringend Flugzeuge, daß die **B.E.12** als Bomber an der Westfront ausharren mußte. Wegen ihrer Verletzlichkeit gegenüber Feindjägern wurden ab Frühjahr 1917 aber nur noch wenige Exemplare für Unterstützungsaufgaben in Frankreich verwendet. Inzwischen befand sich die verbesserte Ausführung **B.E.12a** mit revidiertem Trag- und Leitwerk in der Entwicklung, doch keine dieser Maschinen wurde nach Frankreich entsandt. Die Gesamtproduktion der **B.E.12/-12a** belief sich auf 468 Flugzeuge. Etwa 120 **B.E.12b** wurden für den Heimatschutz gebaut. Diese Version unterschied sich durch den Einbau eines 147 kW (200 PS) starken Hispano-Suiza-Motors und eine effektivere Bewaffnung.

### TECHNISCHE DATEN

**Royal Aircraft Factory B.E.12**

**Typ:** Jagdeinsitzer
**Triebwerk:** ein V-Motor RAF 4a mit 112 kW (152 PS)
**Leistung:** Höchstgeschwindigkeit 164 km/h; Dienstgipfelhöhe 3810 m; Flugdauer drei Stunden
**Gewicht:** Leermasse 742 kg; max. Startmasse 1066 kg
**Abmessungen:** Spannweite 12,42 m; Länge 8,31 m; Höhe 3,39 m; Tragflügelfläche 34,47 m²
**Bewaffnung:** zwei Lewis-7,7-mm-Maschinengewehre, beidseitig am Vorderrumpf montiert, um außerhalb des Propellerkreises feuern zu können, und zwei 51-kg- oder 16 7,3-kg-Bomben

***Die von Daimler gebaute C3113 war eine Royal Aircraft Factory B.E.12b mit Hispano-Suiza-Motor. Der Typ hatte Vorrichtungen für ein Lewis-Maschinengewehrpaar, das zum Einsatz gegen Zeppelin-Luftschiffe schräg nach oben gerichtet war.***

# Royal Aircraft Factory F.E.2

In der chronologischen Reihenfolge ging die **Royal Aircraft Factory F.E.2** der B.E.12 voraus. Sie stellte eine effektive Zwischenlösung des Problems dar, vorausfeuernde Waffen bereitzustellen, solange das Unterbrecherwerk noch nicht erfunden war. Letzteres regelte die Schußfolge eines starr eingebauten, vorwärtsfeuernden Maschinengewehrs zeitlich so, daß die Kugeln in den freien Zwischenphasen des Umlaufs der Propellerblätter durch den Kreis jagten. Die **F.E.2** war ein Doppeldecker mit einer zweisitzigen Rumpfgondel, in deren Heck man einen Flugmotor zum Antrieb einer Druckschraube eingebaut hatte. Der Pilot nahm den hinteren Sitz ein, und ein Beobachter/Bordschütze besetzte das vordere Cockpit, das ihm ein unbehindertes Schußfeld nach vorn im Sektor von gut 180° bot. Die erste Version hieß **F.E.2a**, angetrieben vom Green-Motor mit 74 kW (100 PS). Aufgrund der enttäuschenden Leistung erhielt jedoch die **F.E.2b**, die gegen Ende 1915 in geringer Zahl in Frankreich in Dienst gestellt wurde, den 89 kW (121 PS) starken Beardmore-Motor. Danach produzierte das Werk zwei **F.E.2c**, bei denen der Pilot vorn und der Beobachter hinten saßen, wie es für die Nachtflugrolle vorgesehen war. Die Bezeichnung **F.E.2d** galt einer Version mit ähnlichem Flugwerk, aber mit einem Rolls-Royce-Motor, der 186 kW (253 PS) erzeugte (und später Eagle genannt wurde). Diese Ausführung zeigte erheblich bessere Flugleistungen, vor allem in bezug auf Steiggeschwindigkeit und Flughöhe. Die übrigen Bezeichnungen **F.E.2e, F.E.2f, F.E.2g** und **F.E.2h** betrafen Versuchsjäger mit alternativen Triebwerken.

Im Einsatz konnte die **F.E.2b** im Zusammenwirken mit der Airco (de Havilland) D.H.2 allmählich die Bedrohung durch Fokker-Eindecker begrenzen, nicht aber die durch die fortschrittlicheren Albatros- und Halberstadt-Kundschafter, die Ende 1916 bei der deutschen Fliegertruppe eingeführt wurden. Die Eignung der **F.E.2b** zum Nachtflug bedeutete jedoch, daß man sie zu Nachtbombardierungen in Europa und, in kleiner Zahl, zum Schutz der Heimat vor angreifenden Zeppelin-Luftschiffen und Gotha-Bombern heranziehen konnte. In dieser Rolle blieben sie bis zur Schlußphase des Ersten Weltkriegs im Einsatz. Die Produktion der **F.E.2a/F.E.2b** belief sich auf 1939 Flugzeuge. Die genaue Anzahl aller seriengefertigten **F.E.2d** ist nicht bekannt, aber man geht von rund 250 Exemplaren aus.

***Royal Aircraft Factory F.E.2b der No. 22 Squadron, RFC, 1917 in Frankreich stationiert***

### TECHNISCHE DATEN

**Royal Aircraft Factory F.E.2b**

**Typ:** zweisitziger Jäger
**Triebwerk:** ein Reihenmotor Beardmore mit 89 kW (121 PS)
**Leistung:** Höchstgeschwindigkeit 129 km/h in Meereshöhe; Dienstgipfelhöhe 2745 m; Flugdauer drei Stunden
**Gewicht:** Leermassse 904 kg; max. Startmasse 1347 kg
**Abmessungen:** Spannweite 14,55 m; Länge 9,83 m; Höhe 3,85 m; Tragflügelfläche 45,89 m²
**Bewaffnung:** anfangs ein einzelnes Lewis-7,7-mm-Maschinengewehr, doch später kam ein zweites Lewis-MG hinzu; im Bombereinsatz konnte eine maximale Bombenlast von 159 kg in verschiedenen Kombinationen mitgeführt werden

# Royal Aircraft Factory F.E.8

Der Jäger **Royal Aircraft Factory F.E.8**, der ähnlich wie die Airco (de Havilland) D.H.2 ausgelegt war, wurde entwickelt, als dem britischen Militär noch immer ein funktionstüchtiges Unterbrechergeschirr für ein vorwärtsfeuerndes Maschinengewehr fehlte. Dieser einsitzige Druckschrauben-Doppeldecker mußte sich daher auf die äußerst unzureichende Bewaffnung mit einem einzelnen Lewis-Maschinengewehr auf dem Nasenrücken stützen, wo der Pilot es nachladen und Ladehemmungen beseitigen konnte. Als Standard-Triebwerk diente ein Gnome-Monosoupape-Umlaufmotor mit 74 kW (100 PS), aber unter den 182 **F.E.8** für das RFC befand sich auch eine kleine Zahl mit alternativen Umlaufmotortypen je 81 kW (110 PS) von Clerget oder Le Rhône.

Die **F.E.8** ging im August 1916 an der Westfront in Dienst und zeigte sich wendiger als die F.E.2, schnitt aber im Vergleich mit der zeitgleichen D.H.2 schlechter ab. Da sich der Pilot sowohl auf die Führung seiner Maschine als auch auf das unberechenbare Lewis-MG konzentrieren mußte, war dieses Muster im Gefecht weitaus weniger effektiv als die F.E.2. Dies trat über-

***Da ein taugliches MG-Unterbrecherwerk fehlte, wurde die RAF F.E.8 als druckpropellergetriebener Jäger konzipiert.***

deutlich zutage, als bei einem einzigen Einsatz gegen ein vom „Roten Baron" Manfred von Richthofen geführtes Rudel vier **F.E.8** der No. 40 Squadron abgeschossen wurden, brennend abstürzten und fünf wegen Schäden am Flugzeug oder Verletzungen ihrer Piloten notlanden mußten.

### TECHNISCHE DATEN
**Royal Aircraft Factory F.E.8**

**Typ:** Jagdeinsitzer
**Triebwerk:** ein Umlaufmotor Gnome Monosoupape mit 74 kW (100 PS)
**Leistung:** Höchstgeschwindigkeit 151 km/h in Meereshöhe; Dienstgipfelhöhe 4420 m
**Gewicht:** Leermasse 406 kg; max. Startmasse 610 kg
**Abmessungen:** Spannweite 9,60 m; Länge 7,21 m; Höhe 2,79 m; Tragflügelfläche 20,25 $m^2$
**Bewaffnung:** ein Lewis-7,7-mm-Maschinengewehr, direkt vor dem Cockpit montiert

# Royal Aircraft Factory R.E.5

Die „eingebaute" Stabilität galt zu Beginn des Ersten Weltkriegs als essentielles Merkmal eines Aufklärungsflugzeugs, und bei den beiden Prototypen R.E.1, die 1913 in der Fabrik entworfen und konstruiert wurden, hatte man dies in hohem Maße berücksichtigt. Es ist nachgewiesen, daß man diese Maschinen über längere Zeiträume hinweg fliegen konnte, ohne die Steuerorgane auch nur zu berühren. Leitete man sie beispielsweise in den Sturzflug, kehrten sie selbsttätig wieder in den Normalflug zurück. Aus der R.E.1 entwickelte man die **Royal Aircraft Factory R.E.5**, einen zweisitzigen Doppeldecker gleicher Spannweite, der in der Standardausführung einen Austro-Daimler mit 88 kW (120 PS) als Antrieb erhielt oder auch entsprechende Lizenzmotoren der Firma William Beardmore and Co. in England. Nur 24 Exemplare wurden gefertigt, von denen etwa die Hälfte im Sommer 1915 in Frankreich flog. Die **R.E.5** konnte drei 9-kg-Bomben mitführen und erreichte eine Spitzengeschwindigkeit von 126 km/h.

***Die Royal Aircraft Factory R.E.5, die hier in der zweisitzigen Standardversion abgebildet ist, war ein durchweg mittelmäßiger Typ.***

# Royal Aircraft Factory R.E.7

Der aus der R.E.5 entwickelte Zweisitzer **Royal Aircraft Factory R.E.7** sollte schwerere Lasten tragen und sowohl Geleitschutz als auch Aufklärung fliegen können. Dieser Doppeldecker ungleicher Spannweite, den zunächst ein Beardmore-Motor mit 89 kW (121 PS) antrieb, wurde Anfang 1916 in Frankreich eingesetzt. Dabei erwies er sich rasch als völlig ungeeignet für die Geleitschutzrolle, da der im vorderen Cockpit untergebrachte Beobachter/Bordschütze ein derart begrenztes Schußfeld hatte, daß sein Lewis-Einzel-MG praktisch nutzlos war. Zweifellos aber besaß die **R.E.7** ein hohes Tragevermögen und konnte daher als Bomber, angetrieben vom RAF 4a oder Beardmore-Motor mit 119 kW (162 PS), sehr nützlich sein. Etwa 25 Prozent der schätzungsweise 250 gebauten **R.E.7** flogen in Frankreich und wurden im Sommer 1916 etwa drei Monate lang erfolgreich als Bomber eingesetzt. Aufgrund ihrer niedrigen Geschwindigkeit und Dienstgipfelhöhe waren die beladenen Bomber allerdings stark gefährdet. Nach dem Abzug von der Front dienten die **R.E.7** hauptsächlich bei Schuleinheiten, aber auch für etliche Versuchsreihen, vor allem als Motortestträger. Einige Exemplare wurden auch als Zielschleppflugzeuge verwendet, indem sie für Luftschießübungen ein Bannerziel hinter sich herzogen. Die **R.E.7** war vermutlich eines der ersten Flugzeuge, die man in einer derartigen Funktion einsetzte.

***Die R.E.7 war als leichter Bomber konstruiert, erwies sich aber aufgrund ihrer niedrigen Geschwindigkeit und Flughöhe sowie wegen ihrer höchstens mittelmäßigen Wendigkeit als leichte Beute für Feindjäger.***

### TECHNISCHE DATEN
**Royal Aircraft Factory R.E.7**

**Typ:** leichter Bomber
**Triebwerk:** ein V-Reihenmotor RAF 4a mit 112 kW (152 PS)
**Leistung:** Höchstgeschwindigkeit 135 km/h in Meereshöhe; Dienstgipfelhöhe 1980 m; Flugdauer sechs Stunden
**Gewicht:** Leermasse 1036 kg; max. Startmasse 1565 kg
**Abmessungen:** Spannweite 17,37 m; Länge 9,72 m; Höhe 3,84 m; Tragflügelfläche 50,91 $m^2$
**Bewaffnung:** keine eigentliche Abwehrbewaffnung, aber eine einzelne 152-kg-Bombe oder kleine Sprengkörper bis zu einer Höchstlast von 147 kg

# Royal Aircraft Factory R.E.8

Die **Royal Aircraft Factory R.E.8**, die auf den ersten Blick wie eine vergrößerte Ausführung der B.E.2 wirkte, wurde im Frühjahr 1916 entworfen und konstruiert, um den Anforderungen des RFC für ein Aufklärungs-/Artillerie-Beobachtungsflugzeug zu genügen. Das Modell erhielt den Spitznamen „Harry Tate", ein spezifisch englisches Wortspiel, das auf den Namen eines seinerzeit populären Music-Hall-Stars verwies. Wie das Vorgängermodell war auch die **R.E.8** ein zweisitziger Doppeldecker ungleicher Spannweite. Der Ausstoß von 4077 Exemplaren, von denen 22 an die belgische Luftwaffe gingen, legt nahe, daß die **R.E.8** großen Erfolg erzielte, doch diese Annahme trügt. Erste Tests des Prototyps im Sommer 1916 hatten nachgewiesen, daß das neue Muster eine gute Höchstgeschwindigkeit, Steigleistung und Dienstgipfelhöhe besaß. Daraufhin strömten stetig Großaufträge ein, ungeachtet der

***Eine der Royal Aircraft Factory R.E.8 der No. 16 Squadron, die von 1917 bis 1918 in Frankreich eingesetzt waren.***

Lehren, die die B.E.2 erteilt hatte: Auch die **R.E.8** besaß eine inhärente Stabilität.

Gegen Ende des Jahres 1916 nahmen einige Serienflugzeuge den Felddienst in Frankreich auf, aber als mehrere Exemplare bei Unfällen zerstört wurden, zog man den Typ vorübergehend ab, um Untersuchungen durchzuführen und entsprechende Verfahren zur Unfallverhütung zu entwickeln. Dennoch erhielt die **R.E.8** ein neues Leitwerk, das der Trudelneigung entgegenwirken sollte. Trotz aller Mängel wurde die **R.E.8** vom Führungsstab des RFC akzeptiert und in großer Menge beschafft. In Ermangelung eines besseren Modells erfüllte die **R.E.8** dank der Fähigkeiten ihrer Besatzungen die Artilleriebeobachtungsrolle recht gut. Ab Frühjahr 1917 kam es in Italien, Palästina und an der Westfront umfassend zum Einsatz und blieb bis zum Waffenstillstand im Gefechtsdienst.

### TECHNISCHE DATEN

**Typ:** Aufklärer/Artillerie-Beobachter
**Triebwerk:** ein V-12-Reihenmotor RAF 4a mit 112 kW (152 PS)
**Leistung:** Höchstgeschwindigkeit 164 km/h; Dienstgipfelhöhe 4115 m; Flugdauer vier Stunden, 15 Minuten
**Gewicht:** Leermasse 717 kg; max. Startmasse 1301 kg
**Abmessungen:** Spannweite 12,98 m; Länge 8,50 m; Höhe 3,47 m; Tragflügelfläche 35,07 m²
**Bewaffnung:** ein vorwärtsfeuerndes, synchronisiertes Vickers-7,7-mm-Maschinengewehr und ein Lewis-MG auf Drehstütze über dem hinteren Cockpit sowie eine übliche Bombenlast von zwei 51-kg-Bomben oder leichtere Fliegerbomben bis zu einem entsprechenden Höchstgewicht

# Royal Aircraft Factory S.E.5 und S.E.5a

Als Fluggerät vieler alliierter Fliegerasse wie William Bishop, James McCudden und Edward Mannock sicherte sich die **Royal Aircraft Factory S.E.5** einen festen Platz in der Luftfahrtgeschichte. Dieser einsitzige Doppeldecker gleicher Spannweite war zweifellos das beste Produkt der königlichen Flugzeugfabrik. Er profitierte von der Entschlossenheit seiner Konstrukteure, dem Team H. P. Follands, ein leicht zu fliegendes Muster zu schaffen (angesichts des ungeheuren Zeitdrucks erhielten Piloten nur eine minimale Ausbildung, bevor sie zu den Jagdstaffeln beordert wurden). Diesem Ziel entsprach auch der Einbau eines statischen Flugmotors, denn die Drehkräfte des Umlaufmotors warfen ernsthafte Kontrollprobleme auf, die nur äußerst erfahrene Flugzeugführer meistern konnten. Auch wenn man nun der Manövrierfähigkeit Vorrang gegenüber der inhärenten Stabilität einräumte, war die **S.E.5** längst nicht so beweglich wie die zeitgenössische Sopwith Camel.

Als Standardantrieb wählte man den neu entwickelten Hispano-Suiza-V-Motor mit 112 kW (152 PS), und im April 1917 nahm der Typ den Gefechtsdienst in Frankreich auf. Hispano-Suiza züchtete diesen Motor anschließend auf eine Nennleistung von 147 kW (200 PS) hoch, und die damit ausgestatteten sowie geringfügig modifizierten Jäger erhielten die Bezeichnung **S.E.-5a**. Die ersten Maschinen dieser Version gelangten im Sommer 1917 an die Front und ersetzten nach und nach die **S.E.5**. Allerdings litten die **S.E.5a** unter Problemen, die durch das nicht vollkommen ausgereifte Triebwerk sowie durch die Unzuverlässigkeit des frühen Constantinesco-Unterbrechergetriebes hervorgerufen wurden, doch als diese Schwierigkeiten beseitigt waren, erwiesen sie sich als ausgezeichnete Luftkampfjäger. In der Endphase des Krieges setzte man die **S.E.5a** umfassend auch zur Nahunterstützung ein.

***Royal Aircraft Factory S.E.5a, von Captain E. Mannock der No. 74 Squadron, RAF, geflogen und 1918 in Frankreich stationiert***

Die Produktion der **S.E.5/S.E.5a** belief sich auf 5205 Exemplare, von denen einige zu doppelsitzigen Schulflugzeugen umgerüstet waren. Das Muster diente auch in Ägypten, Mesopotamien, Palästina und Griechenland, außerdem wurde die **S.E.5a** mit Heimatschutzaufgaben betraut. Die beabsichtigte Verwendung als Abfangjäger scheiterte jedoch daran, daß der wassergekühlte Motor zu lange brauchte, um seine Betriebstemperatur zu erreichen. Das amerikanische Expeditionskorps flog ebenfalls die **S.E.5a**, und 1000 Exemplare für die US Army sollten bei der Curtiss Aeroplane and Motor Company in den USA entstehen. Nach Kriegsende wurde der Vertrag annulliert, und Curtiss stellte nur ein einzelnes Exemplar her. Später montierte die US-Firma jedoch 56 solcher Jäger anhand von Baugruppen und Teilen aus britischer Produktion. Nach dem Krieg wurde zusätzlich ein bestimmtes Kontingent von Eberhart Steel Products in den Vereinigten Staaten zusammengebaut.

### TECHNISCHE DATEN
**Royal Aircraft Factory S.E.5a**

**Typ:** Jagdeinsitzer
**Triebwerk:** ein Reihenmotor Hispano-Suiza V-8 mit 147 kW (200 PS)
**Leistung:** Höchstgeschwindigkeit 222 km/h; Dienstgipfelhöhe 6705 m; Flugdauer drei Stunden
**Gewicht:** Leermasse 635 kg; max. Startmasse 887 kg
**Abmessungen:** Spannweite 8,12 m; Länge 6,38 m; Höhe 2,90 m; Tragflügelfläche 22,67 m²
**Bewaffnung:** ein vorwärtsfeuerndes, synchronisiertes Vickers-7,7-mm-Maschinengewehr und ein Lewis-MG auf dem Mittelstück des Oberflügels sowie bis zu vier 18,6-kg-Bomben

# Rumpler (frühe Typen)

1909 gründete Edmund Rumpler in Berlin die E. R. Rumpler Luftfahrzeugbau GmbH, um den Eindecker Etrich Taube in Lizenz zu fertigen. Bald hatte die Firma ein Werksgelände auf dem Flugfeld Berlin-Johannisthal erworben und produzierte 1912 Berichten zufolge nicht weniger als 60 Taube-Flugzeuge. Rumpler richtete dort auch eine zivile Flugschule ein, gefolgt von einer militärischen Flugschule in Mönchelberg. Zwischen 1912 und dem Ausbruch des Ersten Weltkriegs im August 1914 lief die Produktion und Entwicklung der Taube weiter, und Rumpler verbesserte die vielen Maschinen dieses Typs, die sich damals im militärischen Einsatz befanden, im Vergleich zur originalen Etrich Taube, ganz erheblich. 1914 flog Rumpler den Prototyp eines unbewaffneten, zweisitzigen Doppeldeckers, der als Schul- und/oder Aufklärungsflugzeug gedacht war und als **Rumpler B.I** beim Militär in Dienst ging. Dieser Doppeldecker mit gleich weit gespanntem Ober- und Unterflügel, offenen Tandem-Cockpits und einem Mercedes-Reihenmotor D.I mit 74 kW (100 PS) als Antrieb erwies sich als so erfolgreich, daß immerhin 198 Exemplare für die Fliegertruppe gebaut wurden. Rumpler produzierte auch mehrere andere Versionen der **B.I**, darunter ein Seeflugzeug mit zwei Schwimmern und einem 74 kW (100 PS) starken Benz-Motor Bz.I, die **4B 11**. Dieses Muster entstand in kleiner Stückzahl als Küstenaufklärer für die Kriegsmarine. Erfolgreicher war die Rumpler **4B 12**, ein weiter entwickeltes und noch fachgerechter ausgeführtes Seeflugzeug mit dem 110 kW (150 PS) starken Benz-Motor Bz.III. Mindestens 18 Exemplare wurden für die deutsche Marine gefertigt. Die Rumpler **4B 12** hatte eine Spannweite von 14,50 m und erreichte eine Spitzengeschwindigkeit von 135 km/h in Meereshöhe.

***Dieses frühe Rumpler-Schwimmerflugzeug, das vermutlich durch Umrüstung einer landgestützten B.I entstand, bahnte den Weg für die seriengefertigten Küsten- und Seeaufklärer 4B 11 und 4B 12. Beide Serien erhielten höhergezogene und um einiges größer bemessene Seitenruder zur Verbesserung der Flugsteuerung.***

# Rumpler C.I

Der Anfangserfolg mit der Rumpler B.I und ihren Seeflugzeugversionen für die Kriegsmarine ermutigte die inzwischen in Rumpler Flugzeug-Werke umbenannte Firma, einen zweisitzigen Doppeldecker der bewaffneten Kategorie **C.I** zu konstruieren. Diese **Rumpler C.I** ähnelte deutlich der B.I und hatte wie sie einen typischen Taube-Schwanz mit Schleifsporn zum starren Fahrgestell. Die beiden offenen Cockpits waren hintereinander im Hauptrumpf angeordnet, und der Beobachter/Bordschütze nahm das hintere ein. Für den Antrieb sorgte ein Mercedes-Reihenmotor D.III mit 118 kW (160 PS). Erste Flugtests verliefen sehr erfolgreich, und so folgten auf die Prüfung durch das Militär für damalige Zeiten wahrhafte Großaufträge. Zwar sind keine genauen Produktionszahlen überliefert, aber Kriegsberichten zufolge befanden sich bereits im Oktober 1916 rund 250 **C.I** und verbesserte **C.Ia** im Felddienst. Die neuere Version unterschied sich in erster Linie durch einen Argus-Motor, der 132 kW (180 PS) erzeugte. Bis Juni 1917 hielt die Produktion an. Mit Sicherheit wurden mehrere hundert solcher Flugzeuge produziert, was die Kapazität des Rumpler-Werks bei weitem überstieg. Subunternehmen wie die Germania Flugzeug-Werke, die Märkischen Flugzeug-Werke, die Hannoversche Waggonfabrik und die Albert Rinne Flugzeug-Werke sprangen ein. Zudem entwickelten die Bayrischen Rumpler-Werke eine zweisitzige Schulversion mit Doppelsteuer und dem 110-kW-Motor Benz Bz.III als Antrieb.

**TECHNISCHE DATEN**
**Rumpler C.Ia**
**Typ:** zweisitziges Aufklärungs-/Allzweckflugzeug
**Triebwerk:** ein Argus-Reihenmotor mit 132 kW (180 PS)
**Leistung:** Höchstgeschwindigkeit 150 km/h; Dienstgipfelhöhe 5000 m; Flugdauer vier Stunden
**Gewicht:** Leermasse 793 kg; max. Startmasse 1300 kg
**Abmessungen:** Spannweite 12,15 m; Länge 7,85 m; Höhe 3,05 m; Tragflügelfläche 35,70 m$^2$
**Bewaffnung:** ein starres vorwärtsfeuerndes 7,92-mm-Maschinengewehr LMG 08/15 und ein Parabellum-MG gleichen Kalibers für den Beobachter sowie eine externe Bombenlast von 100 kg

Als die **C.I** 1915 an der Westfront eingeführt wurde, reichte das einzelne Parabellum-MG in der Beobachterkanzel in Verbindung mit dem Flugleistungspotential aus, um angreifende Feindjäger abzuschlagen oder ihnen zu entkommen. Dann aber wurden die alliierten Scout-Jagdflugzeuge leistungs- und angriffsstärker, so daß man den **C.I**-Piloten zusätzlich mit einem LMG 08/15 ausstattete. Schließlich mußte man diesen Typ jedoch von der Westfront abziehen und schickte ihn nach Mazedonien und Palästina. Im Frühjahr 1917 spielte ein kleines **C.I**-Kontingent eine wichtige Rolle bei der Schlacht um Gaza. Neben den für die Westfront hergestellten **C.I** fertigte Rumpler auch eine Seeflugzeugversion für die deutsche Marine, die **6B 1**, die sich von der **C.I** vor allem durch ihr Doppelschwimmwerk unterschied. Es folgte die Produktion der weitgehend ähnlichen **6B 2** mit dem neuen Leitwerk der **C.IV**. Von beiden Versionen entstanden insgesamt 98 Exemplare für die deutsche Marine, die sie zum Schutz ihrer Seefliegerhorste einsetzte. Nach dem Krieg wurden mehrere vormals militärische **C.I** zu zivilen Passagierflugzeugen umgebaut.

***Die Rumpler C.I, hier der zweite Prototyp von 1915, war einer der besten Zweisitzer Deutschlands im Ersten Weltkrieg. Das Rohr, das über das Mittelstück des Oberflügels hinausragt, ist der Auspuff des Reihenmotors.***

# Rumpler C.IV

Der eindeutige Erfolg der C.I/Ia führte zur Fortentwicklung des Typs, und so flog Rumpler 1916 einen Prototyp der Rumpler C.III. Vom Vorgänger unterschied sich dieses Modell vor allem durch seine aerodynamisch bereinigte Form, ausgeglichene Querruder, einen veränderten Flugzeugschwanz und den Benz-Motor Bz.IV mit 162 kW (220 PS). Da ein noch leistungsstärkerer Flugmotor in Aussicht stand, diente die C.III aber lediglich als Entwicklungsgerät. Die Serienversion **C.IV** erschien mit einem neuen Leitwerk, das sich von den charakteristischen Taube-Zügen gelöst und eine größere Fläche hatte, um trotz des stärkeren Mercedes-Reihenmotors D.IVa die Kursstabilität zu erhalten. Sie bewies ausgezeichnete Flugleistungen, die dem Vernehmen nach ausreichten, um die meisten alliierten Jäger in Höhen oberhalb 4600 m auszustechen, wurde aber nur in vergleichsweise geringer Stückzahl gebaut. So produzierten Rumpler und die Bayrischen Rumpler-Werke gemeinsam nicht einmal 100 Exemplare. Die Pfalz-Flugzeugwerke fertigten zusätzlich einige Maschinen in Lizenz, die weitgehend der **C.IV** entsprachen, aber etliche firmeneigene Verbesserungen wie Querruder an allen vier Tragflügeln aufwiesen und bei der deutschen Fliegertruppe als **Pfalz C.I** dienten.

Wegen ihres Geschwindigkeits- und Höhenvermögens wurden die Rumpler **C.IV** hauptsächlich zur Fern- und Luftbildaufklärung verwendet und operierten gelegentlich weit hinter den feindlichen Linien. Wie im Fall der C.I baute man auch mehrere Rumpler **C.IV** nach dem Krieg zu Verkehrsflugzeugen um.

**TECHNISCHE DATEN**
**Rumpler C.IV**
**Typ:** Aufklärer/Luftbildaufklärer
**Triebwerk:** ein Reihenmotor Mercedes D.IVa mit 191 kW (260 PS)
**Leistung:** Höchstgeschwindigkeit 170 km/h in 500 m Höhe; Dienstgipfelhöhe 6400 m; Flugdauer drei Stunden, 30 Minuten
**Gewicht:** Leermasse 1080 kg; max. Startmasse 1530 kg
**Abmessungen:** Spannweite 12,65 m; Länge 8,40 m; Höhe 3,25 m; Tragflügelfläche 33,50 m$^2$
**Bewaffnung:** ein starres vorwärtsfeuerndes 7,92-mm-Maschinengewehr LMG 08/15 und ein Parabellum-MG gleichen Kalibers

# Rumpler C.VII

Die anhaltende Entwicklung der Rumpler-C-Typen zielte auf eine Steigerung der Höhenleistung ab, da die Auswertung der Kriegsberichte ergeben hatte, daß sie sich auf diese Weise dem Zugriff der alliierten Kundschafterjäger entziehen konnten. Ein Zwischenschritt auf diesem Wege stellte das Versuchsflugzeug Rumpler C.V dar, eine C.III, in die ein 191 kW (260 PS) starker Mercedes D.IVa eingebaut worden war. Da dies keine deutliche Verbesserung brachte, erwog man die Verwendung eines hochkomprimierten Flugmotors, der seine Nennleistung auch in größerer Höhe abgeben konnte. Dies führte Ende 1917 zur **C.VII**, bei der es sich im Grunde um eine C.IV mit einem Maybach-Reihenmotor Mb.IV handelte. Die Startleistung lag etwa acht Prozent unter der des Mercedes D.IVa der Rumpler C.IV, doch dieser Wert war noch in Höhen gegeben, in denen der Mercedes-Motor deutlich nachließ. Die **C.VII**, bis auf das Triebwerk praktisch mit der C.IV identisch, erwies sich als ein wertvoller Fernaufklärer. Dennoch wurde anschließend auch noch eine Spezialversion für die Luftbildaufklärung aus großer Höhe entwickelt. Diese **C.VII Rubild** unterschied sich vom Vorgängermodell durch den Wegfall des vorwärtsfeuernden Maschinengewehrs und anderer verzichtbarer Ausrüstungsgegenstände, so daß ihr Gewicht erheblich sank und sie in Höhen von weit über 7000 m operieren konnte, die für übliche Abfangjäger nahezu unerreichbar waren.

**TECHNISCHE DATEN**
**Rumpler C.VII Rubild**
**Typ:** Luftbildhöhenaufklärer
**Triebwerk:** ein Reihenmotor Maybach Mb.IV mit 177 kW (240 PS)
**Leistung:** Höchstgeschwindigkeit 175 km/h in 1000 m Höhe; Dienstgipfelhöhe 7300 m; Flugdauer drei Stunden, 30 Minuten
**Gewicht:** Leermasse 1050 kg; max. Startmasse 1485 kg
**Abmessungen:** Spannweite 12,55 m; Länge 8,20 m; Höhe 3,40 m; Tragflügelfläche 33,60 m$^2$
**Bewaffnung:** ein Parabellum-7,92-mm-Maschinengewehr auf Drehstütze im hinteren Cockpit

***Die Rumpler C.VII war ein effektiver Fernaufklärer.***

# Rumpler C.VIII

Die **Rumpler C.VIII** wurde zwar als bewaffnetes Aufklärungsflugzeug bezeichnet, war aber für diese Rolle nie vorgesehen, sondern von Anfang an als zweisitziges Schulflugzeug für die Einsatzausbildung konzipiert. Sie verband denen der C.I ähnliche Tragflächen mit dem neuen Leitwerk der C.IV und einem Argus-Reihenmotor As.III, der eine für den Ausbildungsdienst ausreichende Leistung lieferte. Die Schulung auf diesem Muster zielte vor allem darauf ab, die Fertigkeiten des Beobachters unter konkreten Flugbedingungen zu erhöhen, insbesondere im Umgang mit der Kamera, dem Maschinengewehr und dem Funkgerät. Die **Rumpler C.VIII** wurde gegen Ende des Jahres 1917 bei Ausbildungseinheiten in Dienst gestellt und erwies sich als höchst wertvolles Übungsinstrument. Sie war ähnlich bewaffnet wie die C.I und C.IV, allerdings ohne Bombengehänge, hatte eine Spannweite von 12,18 m, erreichte eine Spitzengeschwindigkeit von 140 km/h und konnte vier Stunden lang in der Luft ausharren.

## Rumpler D.I. bis SAML S.1 und S.2

**Burt Rutan begann mit seiner Entwicklungs- und Testfirma 1960 auf dem Mojave-Airport in Kalifornien und hat seitdem eine Menge zum Fortschritt in der Verwendung von Legierungen im Flugzeugbau beigetragen. Lindberghs Transatlantikflug brachte Ryan in San Diego gewaltigen Auftrieb und führte auch zur Umbenennung der Fertigungsstätten in „Lindbergh Field". Vom dann erfolgreichsten Typ PT-22 wurden über 1000 abgesetzt.**

# Rumpler D.I

Während des Ersten Weltkriegs bemühte sich Rumpler angestrengt um die Konstruktion und Entwicklung eines guten Jagdeinsitzers der Kategorie D, doch als die **Rumpler D.I** schließlich das Produktionsstadium erreichte und 1918 an den Ausscheidungswettbewerben in Adlershof teilnahm, war der Krieg schon so gut wie verloren. Der erste Versuchsjäger **Rumpler 7D 1** war ein Doppeldecker-Einsitzer mit rund profiliertem, sperrholzbeplanktem Rumpf und starrem Schleifsporn-Fahrgestell. Den Antrieb lieferte ein Mercedes-Motor D.III mit 118 kW (160 PS). Die nachfolgende Entwicklungsreihe umfaßte die **7D 2, 7D 4** und **7D 5**, alle mit Mercedes-D.III-Antrieb und Verfeinerungen der Strukur, mit denen Gewicht eingespart und der Luftwiderstand verringert werden sollte. Die **7D 7** entsprach weitgehend den Vorläufern, abgesehen vom stärkeren Motortyp Mercedes D.IIIa. In zwei Versionen erschien schließlich die **Rumpler D.I**, die 1918 an den Jägerausscheidungen teilnahm: Die eine glich generell der **7D 7**, war aber nochmals strukturell verfeinert, die andere hatte einen 136 kW (185 PS) starken BMW-Motor. Letztere flog bei dem im Herbst 1918 abgehaltenen Jägerwettbewerb, doch es ist unwahrscheinlich, daß überhaupt noch Serienjäger gefertigt wurden, auch wenn einige, jedoch nicht vollkommen vertrauenswürdige Quellen von einer begrenzten Produktion der **Rumpler D.I**, die allerdings nicht mehr zum Einsatz kamen, sprechen. Die vom Mercedes D.IIIa mit 132 kW (180 PS) angetriebene **D.I** erreichte eine Spitzengeschwindigkeit von 180 km/h in 5000 m Höhe und war mit zwei vorwärtsfeuernden Maschinengewehren der berühmt gewordenen Bauart LMG 08/15 „Spandau" bewaffnet.

***Die Entwicklung des Rumpler-Jagdeinsitzer D.I dauerte zu lange, um noch Erfolg haben zu können. Als der Typ die Serienreife erlangt hatte, war der Krieg praktisch vorüber.***

# Rumpler G.I, G.II und G.III

1915 flog Rumpler den ersten Prototyp seiner Großflugzeugserie G für die Kategorie zweimotoriger Bomber. Das zunächst **Rumpler 4A 15** bezeichnete Musterexemplar war ein großer Doppeldecker mit starrem Fahrgestell, bestehend aus zwei Hauptradpaaren, bugmontierten Zwillingsrädern und einem Schleifsporn. Den Antrieb lieferten zwei Benz-Reihenmotoren Bz.III je 110 kW (150 PS), die direkt über den Fahrwerksgerüsten auf dem Unterflügel montiert und mit Druckpropellern verbunden waren. Die Hauptserienversion **G.I** kam auf 60 Exemplare, die entweder mit zwei Benz Bz.III je 110 kW (150 PS) oder Mercedes D.III je 118 kW (160 PS) ausgerüstet waren. Die Abwehrbewaffnung bestand aus einem einzelnen Parabellum-Maschinengewehr, das vom Bordschützen im Buggefechtsstand bedient wurde, Einzelheiten über die Bombenzuladung sind nicht überliefert. Sie dürfte jedoch beträchtlich gewesen sein, denn für das Jahr 1915 ist ein Flug des Prototyps mit einem Piloten und 15 Passagieren verzeichnet.

Die **G.II** war kaum verändert worden, abgesehen von der Einrüstung zweier Benz Bz.IV je 162 kW (220 PS) und eines zweiten Parabellum-Maschinengewehrs. Die Schlußversion **G.III** erhielt umkonstruierte Motorgehäuse für den 191 kW (260 PS) starken Mercedes D.IVa und führte Querruder mit Hornausgleich ein.

### TECHNISCHE DATEN
**Rumpler G.I**

**Typ:** schwerer Bomber für drei Mann Besatzung
**Triebwerke:** zwei Reihenmotoren Mercedes D.III je 118 kW (160 PS)
**Leistung:** Höchstgeschwindigkeit 145 km/h; Dienstgipfelhöhe 4000 m; Flugdauer vier Stunden
**Gewicht:** Leermasse 1998 kg; max. Startmasse 2940 kg
**Abmessungen:** Spannweite 19,30 m; Länge 11,80 m; Höhe 4 m; Tragflügelfläche 78,70 m²
**Bewaffnung:** ein Parabellum-7,92-mm-Maschinengewehr auf Drehstütze in der Bugkanzel und eine nicht näher bezeichnete Bombenlast

***Die Rumpler G.I war als schwerer Bomber konzipiert und stellte ein für die damalige Zeit sorgfältig durchkonstruiertes Lufffahrzeug dar.***

# Rutan Aircraft/Scaled Composites Incorporated

Mr. Elburt L. „Burt" Rutan wurde Ende der sechziger Jahre durch kühne Entwürfe wie die der Rutan VariViggen, VariEze und LongEZ weltberühmt. Diese für den Heimbausektor bestimmten, innovativen Muster nutzten alle eine moderne Leichtbauweise und Druckschraubenantrieb. Um seine Vorstellungen in seriengefertigte Produkte umzusetzen, gründete Rutan 1974 die Rutan Aircraft Factory (RAF) in Mojave, Kalifornien. **Modell 40 Defiant**, das als erstes über die neue Fertigungsstraße rollte, war im Grunde eine vergößerte und verbesserte Ausgabe der VariEze mit einem 119 kW (162 PS) starken Avco-Lycoming-Motor. Der Prototyp (N78RA) flog ab 30. Juni 1978 und wurde in ein umfangreiches Testprogramm eingespannt. Man plante, diesen Typ als **Modell 74 Defiant** mit stärkeren Motortypen (134 kW/182 PS) und einer Kabine für fünf Personen zu bauen. Letztlich wurde die **Defiant** jedoch nur als Blaupausensatz für Eigenbauer vermarktet und in einer Auflage von 200 Stück abgesetzt. Unter der neben dem RAF-Werk in Mojave betriebenen Firma Scaled Composites Inc. (SCI) betätigte sich Rutan außerdem als Berater für andere Firmen und Organisationen. So war SCI beispielsweise am NASA-Forschungsflugzeug **AD-1** mit elliptischem „Scherentragwerk", an der **Fairchild/Ames NGT** und am Eigenbaumuster **Quickie** beteiligt.

Zu Beginn der achtziger Jahre liefen bei RAF mehrere Projekte. Das **Modell 59 Predator** startete als einzigartiger Doppeldecker mit ungestieltem Tragwerk, bei dem ein an der Hinterkante zurückgepfeilter Teil an das vorgepfeilte V-Leitwerk in umgekehrter Form angebunden war. Dieses Konzept wurde umfassend getestet und von der NASA durch Windkanalversuche überprüft, doch am Ende erfuhr der Entwurf eine starke Vereinfachung, und die Advanced Technology Aircraft Company setzte ihn zum Prototyp **Modell 480 Predator** um, einem weitgehend aus Verbundwerkstoffen konstruierten Tiefdecker mit einem 294,5 kW (400 PS) starken Acht-Zylinder-Boxermotor IO-720-B1BD von Avco Lycoming. Die Haupttragflügel wiesen betonte Sägezähne und an den Enden Winglets auf. Im oberen Teil des Bugs waren Entenflügel montiert. Das Flugzeug ähnelte einer stark modifizierten NDN Fieldmaster. Man hatte gehofft, ein Produktionsabkommen mit SABCA in Belgien abschließen zu können, doch diese Pläne zerschlugen sich.

Rutan entwarf auch das einsitzige selbststartfähige Segelflugzeug **Modell 77-6 Solitaire**, das als Bauplansatz verkauft wurde. Bis 1982 hatte er sich dem viersitzigen **Modell 72 Grizzly** zugewendet, dessen Erstflug am 14. Januar stattfand. Dieses Muster sollte die Tauglichkeit des Tandemflügels für den STOL-Betrieb nachweisen, doch es endete als Schlepper für das Segelflugzeug **Solitaire** und als Begleitmaschine für neue Rutan-Produkte.

Im Juni 1985 kaufte Beechcraft die Firma SCI auf, und Rutan wurde intensiv an den Arbeiten für das neue Modell 2000 Starship dieses Herstellers beteiligt. Dieses Druckpropeller-Canardflügel-Muster trug die unverkennbare Handschrift Rutans, war aber viel größer als alle seine bisherigen Entwürfe und als Geschäftsreiseflugzeug für acht bis elf Personen gedacht. Ein Musterexemplar im Maßstab 85:100 flog am 29. August 1983, und die erste richtige Starship (N2000S) folgte am 15. Februar 1986. 1988 erwarb Rutan in Partnerschaft mit der Wyman-Gordon Company in Worcester, Massachusetts, die Firma Scaled Composites zurück. Der Kaufvertrag räumte Rutan die Rechte an mehreren Entwürfen ein, die er für Beech geschaffen hatte, und aus dieser Vereinbarung ging das Modell 81 als **Rutan Modell 81 Catbird** hervor. Der einzige Prototyp **(N187RA)** gewann das Rennen California CAFE 400 von 1988, bei dem die Effizienz der Zelle und die Gesamtleistung des Flugzeugs anhand der erreichten Geschwindigkeit, des Treibstoffverbrauchs und der Nutzlast ermittelt werden.

Rutan versuchte nun den Einstieg in potentiell lukrativere Märkte und begann, gestützt auf einen Vertrag mit der DARPA (US-Amt für Rüstungsforschung) über 2,5 Millionen Dollar, die Arbeiten am **Scaled Composites Modell 133-3, 62 POC Advanced Technology Tactical Transport** oder, in Kurzform, **AT³**. Dieses Muster war als Kurzstrecken-Militärtransporter für bis zu 14 Soldaten gedacht, um die Lücke zwischen der Lockheed C-130 und größeren Hubschraubern wie dem Boeing-Vertol CH-47 zu schließen. Der Prototyp **(N133SC)**, der die Tauglichkeit des Grundkonzepts erweisen sollte, flog erstmals am 29. Dezember 1987 in einer Größe, die 62 Prozent von der des Endprodukts betrug. Seine STOL-Leistung basierte in erster Linie auf der Trimaran-Auslegung, bei der Tragflügel großer Streckung über lange Triebwerksgondeln mit einem zweiten „Vorflügelpaar" verbunden waren, während im Heck ein T-Leitwerk aufragte.

Gleichzeitig nahm mit dem **Rutan Modell 143 Triumph** ein neues Zivilflugzeug konkrete Gestalt an. Auch dieses Muster war einst für Beech entworfen worden. Die auf diverse Triebwerkstypen abgestimmte **Triumph** flog erstmals am 12. Juli 1988 unter dem Antrieb zweier Williams-Turbofan-Triebwerke FJ44. Sie ähnelte einer kleinen strahlgetriebenen Starship und sollte bis zu acht Passagiere mit rund 740 km/h befördern. Bis 1990 absolvierte die **Triumph** etwa 110 Flugstunden, hauptsächlich als Begleitflugzeug für das **ARES**-Projekt. Anschließend lagerte man die Maschine ein und lieferte die Triebwerke an Williams zurück. Das Muster als solches aber steht jedem Hersteller zur Produktion offen.

SCI war auch an der Konstruktion der **Pond Racer** beteiligt, mit dem Mr. Robert J. Pond bei den Flugrennen von Reno in der unbegrenzten Klasse antreten wollte, um sämtliche bestehenden Geschwindigkeitsrekorde für Kolbenmotorflugzeuge zu brechen. Die **Pond Racer**, die mit ihren zwei Leitwerksträgern an die Lockheed P-38 erinnert, wird von zwei 746 kW (1015 PS) starken Electromotive/Nissan VG-30 angetrieben, flüssigkeitsgekühlten V-6-Automotoren mit Turbolader und Zwischenkühler.

Rutans neuestes Projekt erwies sich zugleich als eines der langwierigsten. 1981 hatte die US Army zu Studien für ein Low Cost Battlefield Attack Aircraft (LCBAA – preiswertes Gefechtsfeldflugzeug) aufgerufen, an denen auch Rutan teilnahm. Seine Ideen zu diesem Projekt führten zum **Modell 151 ARES** (Armed Response Effective Support), dessen Entwurf 1985 begann. Der Prototyp **(N151SC)** flog ab 19. Februar 1990 und erfüllte nach und nach die Sollziele im Hinblick auf Geschwindigkeit und Reichweite. Das von einem einzigen Strahltriebwerk P&W JT15D-5 mit 13,12 kN Schub angetriebene **ARES**-Musterflugzeug wies eine Spitzengeschwindigkeit von 750 km/h nach. Da seine primäre Funktion Luftnahunterstützung lautet, ist die **ARES** mit einer intern eingebauten 25-mm-Kanone GAU-12/U auf der rechten Seite bewaffnet. Dies hatte zur Folge, daß man den Triebwerkslufteinlauf bewußt nur backbord anordnete, um Probleme durch das Ansaugen von Kanonengas auszuschließen. Die Kanone als solche ist oberhalb der Steuerbord-Tragfläche montiert, und in den Vorderrumpf wurde eine Mulde eingelassen, damit die Geschosse ungehindert aus dem Rohr jagen können. Sowohl die US Navy als auch die Air Force haben Interesse an **ARES** bekundet, doch das Projekt liegt nach wie vor in rein privater Hand. Potentiellen Kunden stehen verschiedene Bestuhlungen und Bewaffnungen zur Wahl, und der Kaufpreis liegt bei 1 Million Dollar.

Erwähnt werden sollte auch die **Rutan Voyager**. Am 14. Dezember 1986 um 7.59 Uhr Ortszeit hob die mit Dick Rutan und Jeana Yeager besetzte Trimaran-**Voyager** vom Luftwaffenstützpunkt Edwards zu einem eindrucksvollen Flug rund um die Erde ab, der neun Tage, drei Minuten und 44 Sekunden dauerte. Das aus Magnamite-Graphit und Hexcel-Wabenpappe konstruierte Luftfahrzeug mit einer Spannweite von 33,52 m legte eine Distanz von 24.986 Meilen ohne Nachtanken zurück und kehrte am 23. Dezember um 8.05 Uhr nach Edwards zurück – eine bislang einmalige Leistung.

***Die Rutan Defiant, die eindeutig vieles von der VariEze und Vari-Viggen geerbt hatte, war ein vielversprechendes Muster, wurde aber letzten Endes nur in Bausatzform vertrieben, da sich der Hersteller Anfang der achtziger Jahre mit neuen Projekten befaßte.***

***Rutans Modell 151 dürfte eher unter dem Namen Scaled Composites ARES (Agile Response Effective Support) bekannt sein. Mit ihr wurde die GAU-12-Kanone im scharfen Schuß erprobt, die auf dieser Aufnahme deutlich zu erkennen ist.***

# Ryan (frühe Modelle)

T. Claude Ryan gründete 1922 an der US-Westküste Ryan Airlines und begann bald darauf, Militärflugzeuge aus Überschußbeständen für die zivile Luftfahrt umzubauen. So wandelte er neun Standard-Doppeldecker mit offenen Cockpits in Kabinen-Verkehrsmaschinen **Ryan-Standard** um, die direkt hinter dem Motor eine geschlossene viersitzige Kabine und dahinter ein offenes Cockpit für den Piloten erhielten. Von zwei kalifornischen Geschäftsleuten erwarb Ryan zudem das Langstreckenflugzeug Douglas Cloudster, das die Vorbesitzer für einen Flugzeugführer und fünf Passagiere in drei offenen Cockpits modifiziert hatten. Als der Oberflügel bei einem Landeunfall beschädigt wurde, nutzte Ryan die Reparatur zum Umbau für eine zweiköpfige Crew im offenen Frontcockpit und zehn Fluggäste in einer geschlossenen Kabine dahinter. So entstand das Einzelexemplar **Ryan Cloudster.**

Sein erster eigenständiger Entwurf war die **Ryan M-1**, ein abgestrebter Hochdekker, dessen erstes Exemplar am 14. Februar 1926 zum Jungfernflug startete. Dieses Modell konnte einen Piloten und zwei Passagiere oder Luftpost von entsprechendem Gewicht befördern. Den größten Erfolg der insgesamt 16 gebauten **M-1** erzielten neun Exemplare mit dem Wright-Sternmotor J-4B, der 149 kW (203 PS) erzeugte. Einige von ihnen erschlossen Pionierpoststrecken für Colorado Airways und Pacific Air Transport. Auf die **M-1** folgten 21 weitgehend ähnliche Post-/Passagierflugzeuge **M-2**, angetrieben von verschiedenen Motortypen der Klasse 112–149 kW (152–203 PS). Der Erfolg der **M-1** und **M-2** führte zur Konstruktion der **B.1 Brougham** mit grundsätzlich gleicher externer Konfiguration, aber einer geschlossenen Kabine für einen Piloten und vier Fluggäste. Der **B.1**-Prototyp wurde von einem Hispano-Suiza-V-Motor angetrieben, doch für das erste Serienflugzeug war der 168 kW

(228 PS) starke Wright-Sternmotor J-5 Whirlwind vorgesehen. Die Fertigstellung verzögerte sich jedoch durch den Bau der **Ryan NYP** (New York Paris) für Charles Lindberghs ersten Nonstop-Alleinflug über den Nordatlantik von New York nach Paris. Die von der **M-1/M-2** abgeleitete **NYP** unterschied sich in erster Linie durch einen 177 kW (240 PS) starken Wright J-5C Whirlwind und einen Großtank im Vorderrumpf, der dem Piloten die Direktsicht nach vorn verwehrte. Diese Maschine sollte unter dem Namen **„Spirit of St. Louis"** durch Charles Lindberghs Leistung weltberühmt werden und das Interesse an der Fliegerei nachhaltig fördern.

**TECHNISCHE DATEN**

**Ryan B.1 Brougham**

**Typ:** fünfsitziger Kabinen-Eindecker

**Triebwerk:** ein Sternmotor Wright J-5 Whirlwind mit 168 kW (228 PS)

**Leistung:** Höchstgeschwindigkeit 201 km/h; Dienstgipfelhöhe 4875 m; Reichweite 1127 km

**Gewicht:** Leermasse 848 kg; max. Startmasse 1497 kg

**Abmessungen:** Spannweite 12,80 m; Länge 8,46 m; Höhe 2,67 m; Tragflügelfläche 25,08 m²

Kurz vor der Herstellung der **NYP** hatte Claude Ryan seine Firmenanteile an Partner B. F. „Frank" Mahoney verkauft. Die Produktion der **B.1 Brougham** wurde dann von der B. F. Mahoney Aircraft Corporation fortgesetzt, bis 1928 in St. Louis die Ryan-Mahoney Aircraft Corporation entstand. Der Flug von New York nach Paris steigerte die Nachfrage nach der ähnlich gearteten **B.1**, von der 150 Exemplare gefertigt wurden. An dieses Modell schloß sich 1928 die etwas größere **B.3 Brougham** für sechs Personen (neun Exemplare) an, 1929 folgte die **B.5 Brougham** (61 Exemplare) mit einigen Verfeinerungen und dem 224 kW (305 PS) starken Wright J-6, und Ende 1929 erschien als letzter Vertreter dieser Serie die **B.7 Brougham** (acht Exemplare) mit einem Wasp C-1 von Pratt & Whitney, der 313 kW (425 PS) erzeugte.

Angesichts der drohenden Wirtschaftskrise übertrug die Firma die Grundkonfiguration der **Brougham** auf einen kleineren,

***Das zweifellos berühmteste Flugzeug von Ryan war die NYP mit dem Namen „Spirit of St. Louis", die Charles Lindbergh 1927 für seinen historischen Alleinflug über den Nordatlantik nutzte. Die NYP hatte einen Wright-Sternmotor J-5C Whirlwind mit 177 kW (240 PS), eine Spannweite von 14,02 m, ein höchstzulässiges Abfluggewicht von 2381 kg und eine theoretische Höchstreichweite von 6775 km.***

leichteren Viersitzer mit der Bezeichnung **C.1 Foursome**. Der Prototyp flog erstmals im Frühjahr 1930 unter dem Antrieb eines Wright J-6 mit 168 kW (228 PS), aber die Serienversion erhielt den 179 kW (243 PS) starken Wright J-6-7. Die Entwicklung erfolgte zu spät, um den Untergang der Firma abwenden zu können, und im Oktober 1930 wurde sie verkauft, nachdem erst drei **C.1 Foursome** gebaut waren.

# Ryan FR-1 Fireball

1942 stellte die US Navy die höchst ungewöhnliche Forderung nach einem trägergestützten Jagdbomber auf, der von einem der neuen Strahltriebwerke im Hinterrumpf und einem herkömmlich im Bug installierten Kolbenmotor angetrieben werden sollte. Letzteres sah man als ideal für die Trägerlandung und für den Marschflug an wie auch als Ergänzung des Strahltriebwerks im Hochgeschwindigkeitsflug.

**TECHNISCHE DATEN**

**Ryan FR-1 Fireball**

**Typ:** einsitziger Jagdbomber für den trägergestützten Einsatz

**Triebwerke:** ein Sternmotor Wright R-1820-72W Cyclone mit 1063 kW (1445 PS) und ein Strahltriebwerk General Electric J31 mit 726 kg Schub

**Leistung:** Höchstgeschwindigkeit mit beiden Triebwerken 686 km/h in 5515 m Höhe; Dienstgipfelhöhe 13.135 m; Reichweite 1658 km

**Gewicht:** Leermasse 3590 kg; max. Startmasse 4806 kg

**Abmessungen:** Spannweite 12,19 m; Länge 9,86 m; Höhe 4,15 m; Tragflügelfläche 25,55 m²

***Die Ryan XF2R-1 „Flying Shark" war ein Einzelexemplar in Form einer hochgezüchteten FR-1 mit einer 1268 kW (1725 WPS) starken Propellerturbine TG-100 im Bug und einem Strahltriebwerk J31-2 im Heck, das 762 kg Schub abgab. Beide Aggregate stammten von General Electric.***

Der von Ryan eingereichte Entwurf erhielt als besonders praxisnah den Zuschlag in Verbindung mit einem Auftrag über drei Prototypen **Ryan XFR-1** und 100 Serienflugzeuge **FR-1**, denen später der Beiname **Fireball** verliehen wurde. Der erste Prototyp absolvierte seinen Jungfernflug am 25. Juni 1944 ohne das Strahltriebwerk, und im Monat darauf fand der Erstflug mit beiden Triebwerken statt. Im März 1945 begann die Auslieferung der seriengefertigten **FR-1** an US Navy Squadron VF-66 als Erstempfänger. Inzwischen lagen Ryan Bestellungen über insgesamt 1300 solcher Jagdbomber vor. Die Annullierung von vergebenen Aufträgen nach dem Sieg über Japan führte allerdings dazu, daß Ryan die Fertigung auf 66 **FR-1** beschränkte. Im Zweiten Weltkrieg kam die **Fireball** nicht mehr zum Einsatz, stellte aber ihren Wert bei zahlreichen Trägererprobungen unter Beweis, bis sie Ende 1947 aus dem Dienst schied.

Unter der Bezeichnung **XF2R-1** wurde eine **FR-1** zum Versuchsträger der Propellerturbine General Electric XT31-GE-2 (militärische Bezeichnung des Turboprop-Triebwerks General Electric TG-100) umgerüstet. Dies war das erste in den USA entworfene, konstruierte und, am 21. Dezember 1945 in einer Consolidated Vultee XP-81, geflogene Turboprop-Triebwerk. Mit der **XF2R-1** kam es als Ersatz für den Wright-Kolbenmotor Cyclone im November 1946 erstmals in die Luft. Während des Testprogramms erreichte die Maschine eine Spitzengeschwindigkeit von 805 km/h.

# Ryan S-C

Mit dem dreisitzigen Kabinen-Eindecker **Ryan S-C** (Sport-Coupe) wollte die Firma einen Sport-Trainer für gehobene Ansprüche schaffen. Dieser freitragende Tiefdekker mit starrem Spornrad-Fahrwerk wies erhebliche Verbesserungen auf. Bei seinem Erstflug im Herbst 1937 lieferte ein Menasco-Reihenmotor C4S den Antrieb mit 112 kW (152 PS), und das Serienmodell **S-C-W** erhielt den Sternmotor Warner Super Scarab (108 kW/147 PS), so daß es auf den ersten Blick wie ein völlig neues Muster wirkte. Das steigende Engagement der Firma bei Vertrieb und Produktion der S-T brachte es jedoch mit sich, daß sie sich um den Absatz der **S-C** zu wenig bemühte. So entstanden nur zwölf Exemplare, von denen eines im Export nach Brasilien ging. Eine Maschine (Werksnummer 211) wurde bei Ausbruch des Zweiten Weltkriegs zur US Army eingezogen und mit der Bezeichnung **L-10** im Verbindungsdienst eingesetzt. Die 11,43 m weit gespannte **S-C-W** erreichte eine Spitzengeschwindigkeit von 241 km/h in 915 m Höhe.

***Die Auslastung durch das S-T-Programm ließ Ryan kaum Zeit zur Vermarktung und Produktion des attraktiven Leichtflugzeugs S-C (Sport-Coupe).***

# Ryan S-T, ST und PT (Serien)

Nachdem Claude Ryan 1927 kurz vor dem Bau der NYP seine Anteile an Ryan Air Lines an Frank Mahoney verkauft hatte, setzte er den Betrieb seiner 1922 gegründeten Flugschule Ryan School of Aeronautics fort. Als sich 1933 die wirtschaftliche Erholung der USA abzeichnete, hielt er den Augenblick für gekommen, wieder ins Geschäft des Flugzeugbaus einzusteigen. Das erste Produkt seiner neuen Firma, der Ryan Aeronautical Company mit Sitz in San Diego, Kalifornien, war die **Ryan S-T** (Sport-Trainer). Der abgestrebte Tiefdecker mit starrem Spornrad-Fahrgestell bot Fluglehrer und Schüler offene Cockpits in Tandemanordnung, und für den Antrieb sorgte zunächst ein Menasco-Reihenmotor B-4 Pirate mit 71 kW (96 PS). Die **S-T** erwies sich als ein ausgezeichnetes Muster, doch wegen des schwachen Antriebs wurden nur fünf Exemplare gebaut. Es folgten die **S-T-A** (71 Flugzeuge), die **A-T-A Special** (elf Flugzeuge) und die **STM**, ein Jagdeinsitzer, der in kleinen Stückzahlen nach Bolivien, Ecuador, Guatemala, Honduras, Mexiko und Nicaragua exportiert wurde. Zudem beschaffte Niederländisch-Indien dieses Muster als zweisitziges Landflugzeug **CTM-2** sowie als Seeflugzeug **STM-S2** und China als **STM-2E/P**.

Dies war allerdings erst der Anfang, denn 1939 erwarb das US Army Air Corps eine einzelne **S-T-A** zur Bewertung unter der Bezeichnung **XPT-16** (das erste Eindecker-Schulflugzeug des USAAC zur fliegerischen Grundausbildung). Kurze Zeit später folgte ein Anschlußauftrag über 15 **YPT-16** zur gründlicheren Truppenerprobung. Beide Prüfversionen hatten den Reihenmotor Menasco L-365-1 mit einer Nennleistung von 93 kW (126 PS). Die Produktion für das USAAC lief 1940 mit 30 **PT-20** an, die grundsätzlich der **YPT-16** entsprachen, abgesehen von unwesentlichen Verfeinerungen der Zelle. Im folgenden Jahr entwickelte Ryan die **ST-3KR** mit

Kinner-Sternmotor, von dem die US Army sich bessere Flugleistungen erhoffte. Die 100 im Jahr 1941 in Auftrag gegebenen **PT-21** erhielten den Kinner R-440-3, der 98 kW (133 PS) erzeugte. Die Überlegenheit dieser Zelle-/Triebwerk-Kombination führte dazu, daß 14 der **YPT-16** und 27 der **PT-20** nachträglich auf den Kinner R-440-1 gleicher Leistung umgestellt und in **PT-16A** beziehungsweise **PT-20A** umbezeichnet wurden. Drei mit dem zivilen Menasco-Motor D4 ausgerüstete **PT-20** nannte man **PT-20B**. Die zügige Ausweitung der Pilotenausbildung im Jahre 1941 schlug sich bei

**TECHNISCHE DATEN**
**Ryan PT-22 Recruit**
**Typ:** Anfänger-Schulflugzeug
**Triebwerk:** ein Sternmotor Kinner R-540-1 mit 119 kW (162 PS)
**Leistung:** Höchstgeschwindigkeit 211 km/h; Dienstgipfelhöhe 4725 m; Reichweite 566 km
**Gewicht:** Leermasse 596 kg; max. Startmasse 844 kg
**Abmessungen:** Spannweite 9,17 m; Länge 6,83 m; Höhe 2,08 m; Tragflügelfläche 12,47 m²

***Die PT-20A war in Wirklichkeit eine Ryan PT-20 mit Kinner-Sternmotor R-440. Ryan-S-T-Versionen kamen im fliegerischen Ausbildungsdienst der amerikanischen Streitkräfte weitverbreitet zum Einsatz.***

Ryan mit einem Auftrag über 1023 Exemplare der somit meistgebauten Version **PT-22 Recruit** nieder. Sie unterschied sich von der **PT-21** in erster Linie durch den Wegfall der Fahrwerksverkleidungen und durch die Einführung des 119 kW (162 PS) starken Kinner R-540-1. Ein Baulos von 25 ähnlichen **ST-3** hatten die Niederlande in Auftrag gegeben, doch zum Auslieferungstermin war Holland bereits von der Wehrmacht überrollt, und das USAAC übernahm diese Maschinen als **PT-22A**. Nach der Bewertung der **XPT-16/YPT-16** durch die US Army beschaffte auch die US Navy 100 Exemplare der **ST-3** mit Kinner-Motor R-440-3 und teilte ihnen die Dienstbezeichnung **NR-1 Recruit** zu. Diese Ryan-Trainer blieben beim USAAC und der USAAF bis zum Ende des Zweiten Weltkriegs und bei der US Navy bis Mitte 1944 im Dienst.

***Die STM, der Jagdeinsitzer-Abkömmling der Baureihe S-T war als kostengünstiges Exportmodell gedacht und wurde von etlichen lateinamerikanischen Luftstreitkräften beschafft.***

# Ryan YO-51 Dragonfly

Eigens für die US Army entwarf Ryan 1939/40 einen abgestrebten Hochdecker mit STOL-Eigenschaften, der die Zusammenarbeit der verschiedenen Waffengattungen dieser Teilstreitkraft erleichtern sollte. Die zweiköpfige Besatzung war in offenen Tandem-Cockpits untergebracht, und den Antrieb lieferte ein P&W-Sternmotor Wasp Junior mit 313 kW (425 PS). Die nötige Kurzpistenfähigkeit stellten Nasen- und Fowler-Klappen sicher, die über die volle Spannweite reichten. Unter dem Titel **Ryan YO-51 Dragonfly** wurden drei Musterflugzeuge bestellt, doch nach der Erprobung entstanden keine weiteren Exemplare dieses 15,85 m weit gespannten Musters mehr.

***Erst unterhalb 51,5 km/h ging die Kontrolle über die kleine Ryan Dragonfly verloren.***

# Ryan-Forschungsflugzeuge

In den Jahren von 1955 bis 1963 flog Ryan eine Gruppe ungewöhnlicher Forschungsmuster, die nachfolgend kurz vorgestellt werden.

**Ryan X-13 Vertijet:** Dieser erstmals am 10. Dezember 1955 geflogene Senkrechtstarter war ein sogenannter „Schwanzhokker", angetrieben von einem Avon-Strahltriebwerk des Herstellers Rolls-Royce mit 4536 kg Schub. Die als Hochdecker-Deltaflügler ausgelegte **X-13** hatte kein Fahrgestell und sollte, mit der Flugzeugnase am Auslegerarm eines Bodenfahrzeugs eingehakt, senkrecht starten. Zwei Prototypen wurden gebaut. Beim eingangs erwähnten Erstflug fand ein herkömmlicher Start statt, für den man die **X-13** mit einem provisorischen Bugrad-Fahrgestell ausstattete. Der erste komplette Übergang vom Senkrechtstart zum Horizontalflug und umgekehrt wurde am 11. April 1957 erreicht.

***Die vom Navy-Projekt XF3R-1 abgeleitete Ryan X-13 Vertijet ergab ein höchst erfolgreiches Versuchsprogramm, und eine Zeitlang hoffte man, sie werde die Grundlage für den VTOL-Jäger XF-109 der USAF abgeben. Beide beteiligten Luftfahrzeuge blieben erhalten.***

**Ryan VZ-3RY Vertiplane:** Das V/STOL-Versuchsfluggerät (Vertical/Short Take-Off and Landing = Senkrecht-/Kurzstreckenstart und -landung) **VZ-3RY** war ein einfach konstruiertes, einsitziges Luftfahrzeug, mit dem man die grundsätzliche Eignung angeblasener Klappen für das V/STOL-Potential nachweisen wollte. Für den Antrieb des Hochdeckers sorgte eine einzige Wellenturbine Avco Lycoming T53-L-1 im Rumpf, die ihre Leistung von 746 kW (1015 WPS) auf zwei groß bemessene Propeller vorn am Tragwerk abgab. Weit gespannte, einziehbare Doppelklappen an der Hinterkante konnten in den Propellernachstrom abgesenkt werden und ermöglichten der **Vertiplane** einen Beinah-Senkrechtstart, bei dem sie nach einer Rollstrecke von nur neun Metern bei einer Vorwärtsgeschwindigkeit von 40 km/h abhob.

**Ryan XV-8A Fleep:** Zwei Exemplare dieses Experimentalflugzeugs mit flexiblen Tragflügeln produzierte Ryan für die US Army; beides einsitzige Tragschrauber mit offenem Rumpfgerüst und nach Art Rogallo verstellbaren Tragflügeln. Den Antrieb der **Fleep** lieferte ein Sechs-Zylinder-Boxermotor von Continental, der im Hinterrumpf montiert war und eine Druckschraube mit 157 kW (213 PS) drehte. Die **XV-8A** hatte eine offene Plattform mit zwölf eingelassenen Fracht-Zurrbeschlägen, die den Transport einer Nutzlast von 454 kg (einschließlich Pilot) bei einer Geschwindigkeit von 105 km/h ermöglichte.

**Ryan XV-5A und XV-5B:** Im äußeren Erscheinungsbild glich die **Ryan XV-5A** einem herkömmlichen Mitteldecker mit Einziehfahrwerk und einer Kabine für zwei Personen auf Zero/Zero-Schleudersitzen nebeneinander. Tatsächlich aber handelte es sich um ein Forschungsflugzeug der sogenannten Gattung „fan-in-wing" (etwa Flügelbläser), bei dem je ein großes Gebläse waagerecht im Holmkasten der beiden Tragflächen montiert war und ein kleinerer Bläser im Bug, um die Nickssteuerung im Senkrechtflug zu besorgen. Den Antrieb lieferten zwei Strahltriebwerke vom Typ General Electric J85-GE-5 je 1206 kg Schub. Der Düsenstrahl ließ sich entweder zum Antrieb der Gebläse (über kleine Düsen an den Blattspitzen) für den Senkrechtflug oder zum herkömmlichen Vortrieb im Horizontalflug nutzen. Der Übergang vom Senkrecht- zum Horizontalflug wurde durch Ablenkschaufeln über den Gebläsen kontrolliert. Der erste dieser beiden Prototypen flog ab 25. Mai 1964, und zusammen brachten sie es bis Oktober 1966 auf 338 Flugstunden. Eine Maschine ging im April 1965 verloren, und die andere wurde im Oktober 1966 beschädigt, aber 1967/68 in modifizierter Form als **XV-5B** wiederhergestellt und ab Mitte 1968 für weitere Versuch durch die NASA verwendet.

***Die VZ-3RY Vertiplane ist hier mit dem staksigen Fahrwerksprovisorium abgebildet. Die vollkardanisch aufgehängte Abgasdüse im Rumpfheck verlieh dem Vertiplane-Piloten die nötige Kontrolle im Schwebeflug.***

# SABCA-Flugzeuge

Die Flugzeugbaufirma SABCA (Société Anonyme Belge des Constructions Aéronautiques) wurde Ende 1920 gegründet und besteht noch heute, angegliedert an SABENA (Société Anonyme Belge d'Exploitation de la Navigation Aérienne), die staatliche Fluggesellschaft Belgiens. Dieses Kernunternehmen der belgischen Luftfahrzeugindustrie stellte vor dem Zweiten Weltkrieg rund 600 Flugzeuge her, die meisten davon in Lizenz. Die Besetzung Belgiens und die Beschädigung des Werks durch anschließende Luftangriffe verhinderten jegliche Produktion, und sie konnte erst in den frühen fünfziger Jahren wieder anlaufen. Seitdem hat sich die Firma vornehmlich auf Flugzeugmontage, Wartung und Reparatur konzentriert. Derzeit fertigt sie im Auftrag anderer Unternehmen Hauptbaugruppen und zeichnet für die technische Betreuung der belgischen und dänischen F-16 verantwortlich.

In Lizenz baute SABCA die Muster Avia B.H.21, Avro 504, Breguet XIX, Handley Page W.8, Nieuport 29C.1, Renard R.31 und Savoia-Marchetti S.73 sowie in Zusammenarbeit mit der belgischen Firma Stampe et Vertongen eine leicht modifizierte Version des Modells RSV.22. Zu SABCAs eigenen Entwürfen zählte die **SABCA D.P. Monoplane**, ein unansehnlicher, kleiner abgestrebter Hochdecker mit 37 kW (50 PS) starkem Anzani-Sternmotor und einer geschlossenen Kabine für Pilot und Passagier. An dieses 1927 geflogene Muster schloß sich der freitragende Hochdekker **SABCA 2** an, der eine zweiköpfige Besatzung im direkt vor dem Tragwerk angeordneten offenen Cockpit und auf einer tieferen Ebene dahinter vier Passagiere in einer geschlossenen Kabine aufnehmen konnte. Dieses Einzelexemplar wurde von SABENA eingesetzt. Die Lizenzfertigung für andere Hersteller lastete SABCA derart aus, daß sie erst 1935 wieder ein eigenes Muster entwarf und konstruierte. Diese

***Die als Jäger, Leichtbomber, Jagdbomber und Aufklärer konzipierte SABCA S.47 konnte eine Geschwindigkeit von ungefähr 500 km/h erzielen.***

**S.20** war ein dreisitziger Kabinen-Eindekker in der Auslegung eines abgestrebten Hochdeckers mit Reihenmotor Walter Major als Antrieb mit 96 kW (130 PS). Das Leichtflugzeug **S.30** flog 1936, ausgestattet mit zwei Sitzen nebeneinander im offenen Cockpit und angetrieben von einem Zwei-Zylinder-Boxermotor Saroela Aiglon mit 30 kW (40 PS). Zu den letzten Entwürfen vor Ausbruch des Zweiten Weltkriegs gehörte der Schul-Eindecker **S.40E** mit 103 kW (140 PS) starkem Reihenmotor Renault 4Pei und zwei Sitzen hintereinander unter einem durchsichtigen Kabinendach. Die belgische Luftwaffe beschaffte diesen Typ in kleiner Stückzahl. Es folgte der zweisitzige Jäger **S.47** in der Auslegung eines freitragenden Tiefdeckers, angetrieben vom „moteur canon", einem Zwölf-Zylinder-V-Motor des Herstellers Hispano-Suiza. Seine Bewaffnung bestand aus einer 20-mm-Kanone und drei Browning-Maschinengewehren, Kaliber 7,7 mm, von denen eines schwenkbar in der hinteren Beobachterkanzel gelagert war.

Die begrenzte Produktion eigener Entwürfe zeigt, daß sich für SABCA die Herstellung von Luftfahrzeugen und Baugruppen für Fremdunternehmen stets besser ausgezahlt hat.

# SAIMAN 200

Die Società Anònima Industrie Meccàniche Aeronàutiche Naval (SAIMAN) begann 1937 unter der technischen Leitung von Mario Bottini mit der Konstruktion von Luftfahrzeugen. Die SAIMAN C.4 hatte 1936 den Circùito Sahariano gewonnen, einen anspruchsvollen Wettbewerb für Sportflugzeuge. Das italienische Luftfahrtministerium rief daraufhin zur Konstruktion eines Schul- und Sportflugzeugs auf, das mehr auf die allgemeine Luftfahrt zugeschnitten war. Diesem Anspruch genügte die **SAIMAN 202**, die vor dem Prototyp **(MM364)** des zweisitzigen Grundschulungs-Doppeldeckers **SAIMAN 200** Ende 1938 in die Luft kam. Das größtenteils aus Holz konstruierte Musterflugzeug hatte ein breitspuriges, geteiltes Fahrgestell und einen Alfa Romeo 115 als Antrieb. Zwei weitere Prototypen wurden gebaut, gefolgt von drei SAIMAN 205, die sich von den Vorgängern nur durch einen 88 kW (120 PS) starken Alfa Romeo 110 unterschieden. Die erfolgreiche Erprobung zog größere Aufträge nach sich: Ala Littoria kaufte zwei Exemplare, gefolgt von drei Baulosen für die Regia Aeronautica. Caproni-Vizzola und SAIMAN lieferten zwischen November 1940 und Herbst 1941 insgesamt 115 beziehungsweise 25 Flugzeuge aus. In der Anfangszeit war die **SAIMAN 200** in etliche Unfälle bei Ausbildungsflügen verwickelt, was zu einer generellen Verstärkung der Struktur und einer Modifikaton des Querruders führte.

Die **SAIMAN 200** diente bei diversen Anfänger-Flugschulen der Regia Aeronautica, so in Siena, Parma, Pistoia, Ferugia, Falconara und Mostar, flog aber auch im Verbindungsdienst. Nach dem Waffenstillstand mit den Alliierten vom September 1943 setzten die Luftstreitkräfte der R.S.I., ihre deutschen Verbündeten, die italienische Luftflotte auf Seiten der Alliierten sowie Briten und Amerikaner die noch verbliebenen **SAIMAN 200** im Verbindungsdienst ein.

***Die SAIMAN 200 war ein robustes Grundschulflugzeug mit angenehmen Flug- und Steuereigenschaften.***

**TECHNISCHE DATEN**

**Typ:** zweisitziges Grundschulflugzeug
**Triebwerk:** ein Reihenmotor Alfa Romeo 115 mit 136 kW (185 PS)
**Leistung:** Höchstgeschwindigkeit 220 km/h; Dienstgipfelhöhe 6000 m; Reichweite 475 km
**Gewicht:** Rüstmasse 761 kg; max. Startmasse 1055 kg
**Abmessungen:** Spannweite 8,78 m; Länge 7,47 m; Höhe 2,50 m; Tragflügelfläche 22 m²

# SAIMAN 202 und 204

Die **SAIMAN 202**, die Mario Bottini entsprechend den Vorgaben des italienischen Luftfahrtministeriums für einen zweisitzigen Reise-Eindecker entwarf, flog als Prototyp **(I-BOTT)** erstmals Anfang 1938. Der überwiegend aus Holz konstruierte Kabinen-Tiefdecker zeigte eine ausgezeichnete Linienführung, und auch die Haupträder des starren Fahrgestells waren verkleidet. Den Antrieb besorgte der 90 kW (122 PS) starke Flugmotor de Havilland Gipsy Major.

Die Produktion der **SAIMAN 202** war zunächst auf zivile Nutzer ausgerichtet, und bis 31. Dezember 1939 hatten 27 **SAIMAN 202** und zwei **SAIMAN 202bis** private Besitzer gefunden. Die für die Ausbildung von Sportfliegern (als Stamm künftiger Militärpiloten) verantwortliche Organisation RUNA verfügte über zwei **SAIMAN 202** und vier **SAIMAN 202/I**, während die Firma selbst zwei **SAIMAN 202** (darunter auch den Prototyp) und das Einzelexemplar **SAIMAN 204 R** behielt. Neun weitere Zivilflugzeuge wurden 1940 ausgeliefert. Die **SAIMAN 202bis** wies lediglich eine andere Kabinenauslegung auf, doch bei der **SAIMAN 202/I** handelte es sich um einen tiefgreifenden Neuentwurf mit verbessertem Rumpf, versetztem Höhenleitwerk und erweiterter Instrumentierung. Diese Version ging im Mai 1930 in Produktion.

Für den prestigeträchtigen Reiseflugzeug-Wettbewerb IV Avio Raduno del Littorio, der im Sommer 1936 stattfinden sollte, wurden zwei Maschinen entwickelt, die **SAIMAN 202 RL** mit dem für die zivilen Serienexemplare standardisierten Alfa-Romeo-Motor 110 I und reduzierter Spannweite sowie der **SAIMAN**-Viersitzer **204 R** mit erweiterter Kabine und verlängerter Nase zur Aufnahme des 136 kW (185 PS) starken Alfa-Romeo-Motors 115.

Um den Bedarf an militärischen Schulflugzeugen zu decken, bestellte die Regia Aeronautica im Oktober 1939 die **SAIMAN 202/M**. Von dieser zur Kosteneinsparung vereinfachten Ausführung fertigte die Stammfirma 215, C.N.A. 85 und SABCA 65 Exemplare. Der Typ befand sich weitverbreitet bei Flugschulen im Einsatz, darunter auch in Siena, Pistoia, Perugia und Orvieto. Außerdem flogen mehrere Exemplare bei den Ausbildungsgruppen der verschiedenen Luftkommandos in Italien, beim Blindflug-Zentrum und im Verbindungsdienst. Andere waren dem in Rom beheimateten „Reparto P" zugewiesen.

***Die SAIMAN 202/M war eine vereinfachte Ausführung der SAIMAN 202 RL für die Anschlußausbildung von Anfängern.***

**TECHNISCHE DATEN**
**SAIMAN 202/M**

**Typ:** zweisitziges Schul-/Kurierflugzeug
**Triebwerk:** ein Reihenmotor Alfa Romeo 110 I mit 88 kW (120 PS)
**Leistung:** Höchstgeschwindigkeit 220 km/h; Dienstgipfelhöhe 5050 m; Reichweite 600 km
**Gewicht:** Rüstmasse 670 kg; max. Startmasse 930 kg
**Abmessungen:** Spannweite 10,66 m; Länge 7,65 m; Höhe 1,91 m; Tragflügelfläche 17,66 m²

# SAML S.1 und S.2

Die italienische Firma Società Aeronàutica Meccàniche Lombarda (SAML) fertigte die deutsche Aviatik B.I bis 1915 in Lizenz. Anschließend entwickelte sie auf der Grundlage der B.I ein verbessertes Muster für bewaffnete Aufklärung, angetrieben von 191 kW (260 PS) starken Fiat-Reihenmotor A.12, das die Bezeichnung **SAML S.1** erhielt. Auf dieses 1916 in Dienst gestellte Modell folgte im Jahr darauf die verbesserte **S.2** mit reduzierter Spannweite, modifiziertem Seitenruder und dem stärkeren Fiat-Motor A.12bis. SAML und andere italienische Unterauftragnehmer fertigten insgesamt 660 Exemplare, und der Typ rüstete nicht weniger als 16 italienische „squadriglie da ricognizione" (Aufklärungsstaffeln) in Albanien, Italien und Mazedonien aus. Nach dem Ersten Weltkrieg kamen viele dieser Flugzeuge in Ostafrika weiterhin zum Einsatz.

# SAN-Jodel-Flugzeuge bis SIAI MVT S.50 und S.52

**Die Société Aéronautique Normande betätigte sich nur kurz im Flugzeugbau. Die SEPECAT Jaguar erwies sich als hervorragendes Beispiel anglo-französischer Zusammenarbeit. Das jetzt schon über zehn Jahre alte Flugzeug war bei englischen und französischen Staffeln im Golfkrieg im Einsatz.**

## SAN-Jodel-Flugzeuge

Die Société Aéronautiqe Normande (SAN) produzierte, ebenso wie Robin, von Jodel entworfene Leichtflugzeuge. Die Firma begann mit der **SAN D.117 Grand Tourisme**, einem zweisitzigen Kabineneindecker, der von einem Vier-Zylinder-Boxermotor Continental C90 mit 71 kW (96,5 PS) angetrieben wurde. SAN entwickelte anschließend eine vier- bis fünfsitzige Version dieses Musters als **D.140 Mousquetaire** mit einem 134 kW (182 PS) starken Avco Lycoming O-360, die erstmals am 4. Juli 1958 flog. Ende 1958 stellte SAN die Fertigung der **D.117** nach 250 gebauten Exemplaren zugunsten der **DR.100 Ambassadeur** mit dem gleichen Triebwerkstyp wie in der **D.117** ein. 1961 wurde die **DR.100** in **DR.1050 Ambassadeur** umbezeichnet, und im Jahr darauf erschien die **D.150 Grand Tourisme** (ab 1963 **Mascaret** genannt), ein Zweisitzer, der Merkmale der **D.117** und **DR.1050** miteinander verband. Eine verbesserte Ausführung der **Ambassadeur** kam 1963 mit der **DR.1052 Excellence** heraus, deren Antrieb ein Rolls-Royce/Continental O-200-A mit 75 kW (102 PS) oder auf Wunsch ein Potez 4 E-20 mit 77 kW (105 PS) besorgte. Ein **Mousquetaire**-Abkömmling für Segelflugzeug- und Bannerschlepp wurde Mitte 1965 eingeflogen und erhielt die Bezeichnung **D.140R Abeille**. Inzwischen hatte die Firma die Herstellung der **DR.1052 Excellence** eingestellt und konzentrierte sich auf die Produktion der **Mascaret, Mousquetaire** und **Abeille**, bis sie im Jahr 1969 schließlich Konkurs anmelden mußte.

### TECHNISCHE DATEN
**SAN D.140E Mousquetaire IV**

**Typ:** vier-/fünfsitziger Kabineneindecker
**Triebwerk:** ein Vier-Zylinder-Boxermotor Avco Lycoming O-360-A2A mit 134 kW (182 PS)
**Leistung:** Höchstgeschwindigkeit 255 km/h in Meereshöhe; Dienstgipfelhöhe 5000 m; Reichweite mit max. Kraftstoffvorrat 1400 km
**Gewicht:** Leermasse 620 kg; max. Startmasse 1200 kg
**Abmessungen:** Spannweite 10,27 m; Länge 7,82 m; Höhe 2,05 m; Tragflügelfläche 18,50 m²

***Die D.117 wurde von der D-112 abgeleitet, aber mit einem 71 kW starken Motor anstelle eines 48-kW-Kolbentriebwerks ausgerüstet.***

## SCAN 20

Die Société de Constructions Aéro-Navales de Port-Neuf (SCAN) entwarf, den Vorgaben des französischen Luftfahrtministeriums entsprechend, ein leichtes Flugboot, das sich zur Ausbildung von Piloten dieser Luftfahrzeuggattung eignete. Die **SCAN 20** war ein freitragender Hochdecker mit abgestrebten Stützschwimmern unter den Flügeln und geteiltem Seitenleitwerk. Den Antrieb lieferte ein einzelner Reihenmotor Béarn 6-D. Das Muster wurde 1941 heimlich gebaut und kam erst nach der Befreiung Frankreichs, im Oktober 1945, in die Luft. Nach der Erprobung erhielt SCAN einen Auftrag über 30 Flugboote, von denen aber nur 23 Exemplare ab 1951 an die französische Marine ausgeliefert wurden.

***Die heimlich im Zweiten Weltkrieg konstruierte SCAN 20 wurde nur in begrenzter Zahl von der französischen Kriegsmarine bestellt.***

### TECHNISCHE DATEN

**Typ:** Übungsflugboot
**Triebwerk:** ein V-Reihenmotor Salmson 8.AS.00, zweireihig hängend, mit 206 kW (280 PS)
**Leistung:** Höchstgeschwindigkeit 220 km/h in Meereshöhe; Dienstgipfelhöhe 5500 m; Reichweite mit max. Nutzlast 600 km
**Gewicht:** Leermasse 1805 kg; max. Startmasse 2500 kg
**Abmessungen:** Spannweite 15 m; Länge 11,95 m; Höhe 3,62 m

## SECAN SUC.10 Courlis

Die Société d'Etudes et de Constructions Aéro-Navales (SECAN) begann nach dem Zweiten Weltkrieg mit der Herstellung von Luftfahrzeugzubehör und -baugruppen. Ende der vierziger Jahre konstruierte das Unternehmen einen viersitzigen, leichten Kabineneindecker mit der Bezeichnung **SECAN SUC.10 Courlis** (Brachvogel). Die eigenwillige Auslegung umfaßte eine Rumpfgondel mit gespreiztem Bugrad-Fahrgestell und freitragend auf dem Gondelrücken gelagerte Flügel, an denen zwei röhrenfömige Leitwerksträger mit Seitenflossen befestigt und durch eine Höhenflosse samt Ruder miteinander verbunden waren. Das Triebwerk befand sich im Rumpfheck, um einen Druckpropeller antreiben zu können. Der übrige Kabinenraum wies standardmäßig vier Sitze auf, ließ sich aber mühelos für die Luftambulanz- oder Luftfrachttransporterrolle herrichten. SECAN produzierte und lieferte 144 solcher Maschinen, verlegte sich anschließend aber wieder auf die Teilefertigung und spezialisierte sich vor allem auf den Bau von Flugzeugtanks.

***Die große Tür der SECAN SUC.10 Courlis sollte das Be- und Entladen erleichtern, um sie als Sanitäts- und Frachttransportflugzeug einsetzen zu können.***

### TECHNISCHE DATEN

**Typ:** leichter Kabineneindecker
**Triebwerk:** ein V-Motor (A-Form) Mathis 8G40 mit 147 kW (200 PS)
**Leistung:** Höchstgeschwindigkeit 210 km/h; Dienstgipfelhöhe 3500 m; Reichweite 1000 km
**Gewicht:** Leermasse 1015 kg; max. Startmasse 1560 kg
**Abmessungen:** Spannweite 12,35 m; Länge 8,18 m; Höhe 2,68 m

## SEPECAT Jaguar

Als die Armée de l'Air und die Royal Air Force gemeinsam ein Muster forderten, das sich (zweisitzig) sowohl zur Schulung und Einsatzausbildung fortgeschrittener Strahlflugzeugführer als auch für taktische Kampfeinsätze eignen sollte, reichten etliche britische und französische Hersteller Angebote ein. Den Zuschlag erhielt das Projekt Br.121, und im Mai 1965 wurde die Entwicklung dieses Modells für beide Nationen genehmigt. Es folgte die Einrichtung eines Jaguar Management Committee, das die Interessen beider Länder an diesem Vorhaben wahrnahm. Ein Jahr später gründeten die British Aircraft Corporation (heute British Aerospace) und Breguet Aviation (jetzt Avions Marcel Dassault) die Société Européenne de Production de l'Avion ECAT (SEPECAT) zur Konstruktion und Produktion des überschallschnellen Jagdflugzeugs und Strahltrainers **SEPECAT Jaguar**. Der nachgestellte Namensteil ECAT bezog sich auf die Ecole de Combat et d'Appui Tactique, denn Frankreich wollte dieses Muster in der Luftkriegs- und Taktikschulung verwenden. Die **Jaguar** ist ein freitragender Schulterdecker mit 40° Pfeilung, durchweg gepfeil ten Leitwerksflächen, einziehbarem Bug rad-Fahrwerk und zwei Turbofan-Triebwer ken der Marke Rolls-Royce/Turboméca Adour. Die anfangs eingebauten Adou Mk 102 je 32,5 kN Nachbrennerschub wur den bei der **Jaguar S** (GR.Mk 1) durch di verbesserte Ausführung Adour Mk 104 er setzt. Für die britischen und französische Luftstreitkräfte entstand die **Jaguar** in vie verschiedenen Versionen, und für den Export bot man die **Jaguar International** an. Als erste Versionen erschienen der französische Einsitzer **Jaguar A** (160 Exemplare) für taktische Luftnahunterstützung, der erstmals am 23. März 1969 flog, und der doppelsitzige Trainer **Jaguar E** (40 Exemplare), dessen Erstflug am 8. September 1968 stattfand. Die britischen Gegenstücke waren der taktische Einsitzer **Jaguar S** (165 Flugzeuge mit der RAF-Dienstbezeichnung **Jaguar GR.Mk 1**), der am 12. Oktober 1969 seinen Jungfernflug absolvierte, und der zweisitzige Einsatztrainer **Jaguar B** (38 Flugzeuge mit der RAF-Dienstbezeichnung **Jaguar T.Mk 2**), der am 30. August 1971 zum ersten Mal vom Boden abhob.

Ihr Geschwindigkeitspotential von Mach 1,6 und fortschrittliche Avioniksysteme, die eine genaue Navigation und einen sicheren Flug in Baumwipfelhöhe ermöglichen, machen die **Jaguar** zu einem äußerst effektiven Nahunterstützungs-Kampfflugzeug, und dank ihrer Fähigkeit, eine schwere Waffenlast über lange Strekken zu transportieren und punktgenau abzusetzen, ist sie ein ernstzunehmendes Einsatzflugzeug. Die **Jaguar**-Einsitzer verkraften eine maximale Waffenlast von 4536 kg an Außenstationen unter dem Rumpf (1) und unter den Flügeln (4). Luft-Luft- und Luft-Boden-Lenkwaffen, Schüttbomben können ebenso mitgenommen werden wie freifallende und abgebremste Bomben (einschließlich Sonderwaffe WE177), Luft-Boden-Raketen, Aufklärungsbehälter und Zusatztanks.

Die Vielseitigkeit der **Jaguar** förderte die Exporterfolge, und die für diesen Absatzmarkt gedachte **Jaguar International** flog erstmals am 19. August 1976. Die ersten Bestellungen gingen aus Oman (zwölf) und Ecuador (zwölf) ein. Diese Maschinen erhielten für den Einsatz unter „hohen und heißen" Bedingungen das leistungsgesteigerte Adour Mk 804, das bei zugeschaltetem Nachbrenner 16,23 kN Schub lieferte. Anschlußaufträge beinhalteten nochmals zwölf **Jaguar** mit Adour Mk 811 je 37,38 kN Nachbrennerschub für den Oman, und 1979 wurde ein Abkommen mit Indien unterzeichnet, das die Herstellung von 40 Maschinen mit Adour 804 durch SEPECAT in Warton vorsah, gefolgt von Baugruppen für weitere 45 Exemplare zur Montage durch Hindustan Aeronautics in Indien. Die erste indische **Jaguar** flog am 31. März 1982, und anschließend rüstete man fünf Staffeln mit diesem Muster aus. Acht dieser Flugzeuge wurden zur Schiffsbekämpfung mit Agave-Bugradar sowie BAe-Lenkflugkörper Sea Eagle modifiziert und der „A"-Flight von No. 6 Squadron zugeführt. Die indische Luftwaffe hatte geplant, ihren **Jaguar**-Bestand auf 160 Exemplare aufzustocken, was sie bisher jedoch noch nicht in die Tat umsetzen konnte, doch sie hofft nach wie vor, eine weitere **Jaguar**-Staffel aufzustellen. Die **Jaguar** heißt in Indien **„Shamsher"** (etwa „Schwert der Gerechtigkeit"). Letzter Käufer der **Jaguar** war Nigeria, lange Zeit als „offiziell nicht genannter Kunde" umschrieben. Das Land beschaffte 18 Flugzeuge, darunter fünf Trainer, von denen die ersten acht Exemplare im Mai 1984 in Warton übergeben wurden. Die Maschinen blieben zur Umschulung und Einweisung der Piloten in England, bis man sie im Oktober nach Makurdi überführte. 1991 hat die nigerianische Luftwaffe ihr Restkontingent von 14 **Jaguar** als Kostensparmaßnahme ausgemustert.

Die einzige andere **Jaguar**-Variante war das Einzelexemplar **Jaguar ACT** (Active Control Technology), das das britische Verteidigungsministerium dem Unternehmen BAe zur Untersuchung von elektrisch signalisierten Flugsteuerungsanlagen (Fly-By-Wire/FBW) und Stabilitätserprobungen leihweise zur Verfügung gestellt hatte.

Ab Dezember 1983 durchliefen 75 **Jaguar**, die der RAF bis dahin bei drei Staffeln des Coltishall-Geschwaders eingesetzt waren, eine Modifikation auf den Standard GR.Mk 1A. Kernstück dieser Avionik-Nachrüstung war das Ferranti FIN 1064, bestehend aus einem neuen Frontscheibensichtgerät (HUD), Trägheitsnavigationssystem (INS), Funkhöhenmesser und Laufkartensichtgerät als Ersatz für das bisher schon seht gut funktionierende NAVWASS-System.

### TECHNISCHE DATEN
**SEPECAT Jaguar S (GR.Mk 1)**

**Typ:** einsitziges Kampfflugzeug für taktische Nahunterstützung
**Triebwerke:** zwei Mantelstromtriebwerke Rolls-Royce/Turboméca Adour Mk 104 je 35,78 kN Nachbrennerschub
**Leistung:** Höchstgeschwindigkeit Mach 1,6 oder 1699 km/h in 11.000 m Höhe; Einsatzradius im Profil Hi-Lo-Hi mit Außentanks 1408 km
**Gewicht:** Leermasse 7000 kg; max. Startmasse 15.700 kg
**Abmessungen:** Spannweite 8,69 m; Länge 16,83 m; Höhe 4,89 m; Tragflügelfläche 24,18 m²
**Bewaffnung:** zwei ADEN-30-mm-Kanonen und Außenlasten bis zu 4536 kg an fünf Stationen; Oberflügelpylonen für Luft-Luft-Lenkflugkörper

***Die Jaguar GR.Mk 1A ist ein schlagkräftiges taktisches Kampfflugzeug, bekannt für seine hochgenauen Navigations- und Waffeneinsatzsysteme. Diese Maschine führt einen Vinten-Aufklärungsbehälter mit.***

## S.E.T. 3 und S.E.T. 31

Die von Grigore Zamfirescu 1929 konstruierte **S.E.T. 3** war ein Schulflugzeug mit Doppelsteuer, das von einem unverkleideten Salmson-Sternmotor 9Ab mit 169 kW (230 PS) angetrieben wurde. Dieser aus Holz gebaute und mit Stoff bespannte Doppeldecker gleicher Spannweite verfügte über ein konventionelles Fahrgestell mit Querachse sowie Schleifsporn und bot ausgezeichnete Flug- und Steuereigenschaften. Die **S.E.T. 3** wurde für die rumänische Luftwaffe in Serie gegeben und in zwei Baulosen mit jeweils 50 Flugzeugen ausgeliefert. Die Spannweite dieses Musters betrug 9,80 m und das höchstzulässige Startgewicht 1120 kg.

***Die S.E.T 31, die sich von dem 1929 gebauten Doppeldecker S.E.T. 3 durch ein geteiltes Fahrgestell unterschied, diente der rumänischen Luftwaffe zur Grundausbildung ihrer Fluganwärter.***

Die verfeinerte, ebenfalls serienmäßig produzierte **S.E.T. 31** von 1930 glich generell der **S.E.T. 3**, besaß aber ein neues, geteiltes Fahrgestell und einen kürzer gespannten Unterflügel mit prägnanter positiver V-Stellung.

## S.E.T. 7

Die in großer Zahl für die rumänische Luftwaffe gebaute **S.E.T. 7** war ein Fortgeschrittenen-Schulflugzeug in Holzbauweise mit Stoffbespannung, das den anderen, schwächer motorisierten S.E.T.-Schuldoppeldeckern grundsätzlich glich. Ihren Antrieb lieferte ein Jaguar-Sternmotor von Armstrong Siddeley, dessen Leistung von 273 kW (371 PS) ihr eine Spitzengeschwindigkeit von 240 km/h ermöglichte.

Das Originalmuster **S.E.T. 7** erschien 1930, und im Jahr darauf folgte ein Versuchsseeflugzeug mit Doppelschwimmern. Die **S.E.T. 7K** von 1934 unterschied sich von den Vorgängern in mehreren bedeutenden Punkten: Das Rumpfgerüst bestand aus Metall, den Antrieb lieferte ein 280 kW (380 PS) starker Gnome-Rhône-Sternmotor 7Ksd unter einer langsehnigen Haube, das Leitwerk war neu gestaltet, und im hinteren Cockpit ließ sich ein 7,7-mm-Maschinengewehr einrichten. Ein zweites Maschinengewehr war synchronisiert im Motorgehäuse installiert, damit es nach vorn durch den Propellerkreis feuern konnte. Zur weiteren Bordausrüstung gehörten ein Funkgerät, eine Luftbildkamera und I.A.R.-Barbieri-Bombengehänge für eine Höchstlast von 144 kg.

Die verbesserte **S.E.T. 7KB** von 1935 erhielt eine stärkere I.A.R.-Bauart des Gnome-Rhône 7 und war speziell für taktische Aufklärung und Verbindung bestimmt. An sie schloß sich 1939 die **S.E.T. 7KD** mit verbesserter Ausrüstung und Instrumentierung sowie einer schwereren Bombenlast an. Mehrere **S.E.T. 7K, KB** und **KD** leisteten noch 1944 Dienst.

### TECHNISCHE DATEN
**S.E.T. 7KB**

**Typ:** zweisitziges taktisches Aufklärungs-/Kurierflugzeug
**Triebwerk:** ein Sternmotor Gnome-Rhône 7K (von I.A.R. gebaut) mit 309 kW (420 PS)
**Leistung:** Höchstgeschwindigkeit 250 km/h; Dienstgipfelhöhe 5500 m; Reichweite 580 km
**Gewicht:** Rüstmasse 1115 kg; max. Startmasse 1780 kg
**Abmessungen:** Spannweite 9,80 m; Länge 7,15 m; Höhe 3,26 m; Tragflügelfläche 26,60 m²
**Bewaffnung:** zwei 7,7-mm-Maschinengewehre und 24 12-kg-Bomben

***Die S.E.T. 7K von Grigore Zamfirescu flog jahrelang bei der rumänischen Luftwaffe, da sich dieses Muster hervorragend für eine Zusammenarbeit der Heeresteile und zur Luftbeobachtung eignete. Für Kampfaufgaben wurde die S.E.T. 7K mit einem schwenkbaren Maschinengewehr für das zweite Besatzungsmitglied, einem klobigen Funkgerät und leichten Fliegerbomben ausgerüstet.***

# S.E.T. 10 und S.E.T. X

Die **S.E.T. 10** und **S.E.T. X** trugen zwar nahezu gleiche Bezeichnungen, waren aber grundverschiedene Flugzeuge. Der Doppeldecker **S.E.T. 10** erreichte mit seinem 97 kW (132 PS) starken de-Havilland-Reihenmotor Gipsy Major eine Spitzengeschwindigkeit von 180 km/h und hatte eine Spannweite von 9,46 m sowie eine maximale Startmasse von nur 800 kg. Er wurde in begrenzter Stückzahl für die rumänische Luftwaffe gebaut.

Der Doppeldecker gleicher Spannweite **S.E.T. X** war ein Kunstflugtrainer für Fortgeschrittene. Für seinen Antrieb sorgte ein unverkleideter Sternmotor Armstrong Siddeley Jaguar mit 270 kW (365 PS), und ein MG bildete die Bewaffnung.

***Nur zwei Kunstflugtrainer S.E.T. X wurden gebaut.***

# SFAN 2 und 4

Die Société Française d'Aviation Nouvelle (SFAN) wurde 1935 zur Konstruktion von Segel- und Leichtflugzeugen gegründet. Um die Produktion von Leichtflugzeugen aufzunehmen, erwarb SFAN von der britischen Kronfeld Ltd. die Lizenzrechte zur Fertigung und Vermarktung der Kronfeld Drone. Der Entwurf wurde geringfügig geändert, um französischen Ansprüchen gerecht zu werden, und mit einem Vier-Zylinder-Boxermotor Ava mit einer Leistung von 19 kW (25 PS) versehen. Dieses wie die Kronfeld Drone einsitzige Modell erhielt die Bezeichnung **SFAN 2**. Eine zweisitzige Ausführung mit einem 26 kW (35 PS) starken Zwei-Zylinder-Boxermotor Mengin ging als **SFAN 4** in Produktion.

# SFCA-Flugzeuge

Das französische Unternehmen Société Française de Constructions Aéronautiques (SFCA) wurde Mitte 1934 zur Produktion von Maillet-Leichtflugzeugen gegründet. Die Fertigung begann mit der völlig aus Holz konstruierten **SFCA Maillet 20** mit einem 132 kW (180 PS) starken, zweireihig hängenden Régnier-Motor und drei Sitzen hintereinander unter einer durchgehenden Haube aus transparentem Material. Die nachfolgende **SFCA 20 Lignel**, ebenfalls ein freitragender Tiefdecker in Ganzholz-Bauweise, führte ein Einziehfahrwerk ein. Das Muster war als Einsitzer konzipiert, ließ sich auf Wunsch aber auch mit Tandemsitzen für zwei Personen ausstatten. Bei der von einem Renault-Reihenmotor 6Q (A-Form) mit 162 kW (220 PS) angetriebenen **Lignel** handelte es sich um ein Hochleistungs-Leichtflugzeug, das eine Spitzengeschwindigkeit von 385 km/h in Meereshöhe erreichte.

***Die SFCA Taupin hatte Tandemtragflügel, die an den oberen Längsgurten befestigt und zu den unteren Längsholmen hin abgestrebt waren. Ihre Spannweite betrug 8,71 m, die Höchstgeschwindigkeit 135 km/h.***

Einige Jahre zuvor hatte der Franzose Louis Peyret einen ungewöhnlichen Tandem-Eindecker konstruiert, bei dem kurz gespannte Heckflügel das Höhenleitwerk ersetzten. SFCA erwarb Lizenzrechte an diesem Typ und entwickelte ihn zur einsitzigen **SFCA Taupin**, die einen Zwei-Zylinder-Boxermotor Mengin mit 22 kW (30 PS) erhielt. Beide Flügelpaare waren in abgestrebter Hochdeckerart gehalten, und die Klappen an den vorderen Hauptflügeln konnten gemeinsam als Auftriebshilfen verwendet werden. Eine als **SFCA Taupin Cinq-demi** oder **Taupin 5/2** bekannte zweisitzige Version mit einem 52 kW (70 PS) starken Régnier-Reihenmotor befand sich in der Entwicklung, als der französische Leichtflugzeugbau durch den Zweiten Weltkrieg zum Stillstand kam.

# S.I.A.-Doppeldecker

1917 produzierte die Societá Italiana Aviazione die **S.I.A.1200**, einen großen Doppeldecker, dessen Fahrgestell aus vier nebeneinander angeordneten Hauptradpaaren, einem Schleifsporn und zwei Einzelrädern vor der Hauptradgruppe bestand. Letztere sollten ein Vornüberkippen bei der Landung verhindern. Das Höhenleitwerk nach Doppeldeckerart wurde durch sechsteilige Seitenflossen/Ruder ergänzt. Die **S.I.A.1200** hatte zwei Fiat-A.14-Motoren je 442 kW (600 PS) als Antrieb und erreichte eine Höchstgeschwindigkeit von 150 km/h. Ihre Spannweite betrug 32,90 m und ihr Startgewicht maximal 8500 kg.

Ebenfalls 1917 erschien die **S.I.A.7B**, ein zweisitziger Aufklärungsdoppeldecker gleicher Spannweite. Bei Tests zeigte das Muster gute Flugeigenschaften, so daß man sofort die Produktion einleitete. Die

***Die S.I.A.7B von 1917 bot gute Flugleistungen, eine große Wendigkeit und ein hervorragendes Schußfeld für den Beobachter/Bordschützen. Nachdem sich fundamentale strukturelle Schwächen gezeigt hatten, wurde die Entwicklung der S.I.A.7B-2 beschleunigt.***

**S.I.A.7B** wurde von einem Fiat-A.12-Motor mit 184 kW (250 PS) angetrieben und erreichte eine Spitzengeschwindigkeit von 175 km/h. Sie hatte eine Spannweite von 13,32 m und ein maximales Abfluggewicht von 1650 kg. Die Bewaffung bestand aus zwei 7,7-mm-Maschinengewehren. Nachdem 500 **S.I.A.7B** gebaut und größtenteils an Frontstaffeln gegangen waren, kam es zu Unfällen infolge struktureller Schwächen des Tragwerks. Man verstärkte daher das Grundmuster und nahm die Produktion unter der neuen Bezeichnung **S.I.A.7B-2** wieder auf.

Die **S.I.A.9B** wurde eigens als leichter Schnellbomber entwickelt. Bei dieser Maschine, die Ende 1917 als Prototyp erstmals flog, hatte man die Grundauslegung der **S.I.A.7** beibehalten, aber die Zelle so überarbeitet, daß die zuvor aufgetretenen Schwierigkeiten behoben waren. Im Februar 1918 setzte man das Musterflugzeug bei einem Bombenangriff ein.

Die **S.I.A.9B** hatte eine Spannweite von 15,50 m sowie ein maximales Startgewicht von 2990 kg und erreichte mit dem 442 kW (600 PS) starken Fiat-Motors A.14 eine Geschwindigkeit von 215 km/h.

# SIAI MVT S.50 und S.52

Anfang 1922 wurde Alessandro Marchetti Chefkonstrukteur der Firma SIAI und brachte den MTV-Entwurf ein, den er 1917 in den Vickers-Terni-Werken in La Spezia geschaffen hatte. Die Maschine, die 1919 über dem Militärtestgelände Montecelio eine Geschwindigkeit von 260 km/h nachgewiesen hatte, wurde 1920 vom SPA 6a auf einen SPA 6-2a mit 210 kW (285 PS) ummotorisiert. 1922 galt dieser Entwurf nach wie vor als wettbewerbsfähiger Jagdeinsitzer und erhielt die Bezeichnung **MVT S.50**, der Nummernfolge entsprechend, die SIAI unter der Federführung Marchettis eingeführt hatte.

1923 schrieb das Commissariato di Aeronautico einen Wettbewerb für einen neuen italienischen Jäger aus, der von einem Hispano-Suiza-42-Motor mit 221 kW (300 PS) angetrieben werden sollte. Marchetti konstruierte dafür die **S.52**, eine überarbeitete Version der **S.50** mit einem

***1922 stieß der junge Alessandro Marchetti zu SIAI (Societa Italiana Aeroplani Idrovolanti). In Anerkennung der Leistung ihres namhaftesten Konstrukteurs nannte sich die 1915 gegründete Firma später Savoia-Marchetti. Als erstes Werk für seine neue Firma schuf Marchetti die S.52, einen Entwurf, der von seiner Arbeit bei Vickers-Terni an der MVT S.50 profitierte. Marchettis S.52 unterschied sich von diesem Vorgängermuster in erster Linie durch ein starres Höhenleitwerk samt Ruder anstelle der bisherigen ganzflächigen Höhenruder sowie durch Querruder zur Rollsteuerung statt der Flügelverwindung. Der neue Entwurf war zwar gut, brachte SIAI aber keine Aufträge ein.***

ähnlich schlanken Rumpf zwischen den ungewöhnlich eckig umrissenen und deutlich zurückgepfeilten Ober- und Unterflügeln. Die **S.50** besaß lediglich ganzflächige Höhenrudern, während die **S.52** ein echtes Höhenleitwerk aufwies, und die Flügelverwindung der **S.50** zur Quersteue- rung war bei der **S.52** den inzwischen üb- lich gewordenen Querrudern am Oberflü- gel gewichen. Im Wettbewerb unterlag die **S.52** jedoch trotz ihrer Höchstgeschwin- digkeit von 280 km/h der Fiat CR.1.

# SIAI S.8 bis Serie SOCATA Rallye

**Die SIAI Marchetti in Mailand ging aus der Savoia-Marchetti hervor und produzierte, bis sie in der größeren Agusta-Gruppe aufging, eine breite Palette militärischer und ziviler Flugzeuge. Die französischen Staatsbetriebe SIPA und SNCAC waren relativ kurzlebige Unternehmungen.**

## SIAI S.8

Am 12. August 1915 wurde in Mailand die Società Idrovolanti Alta Italiana (SIAI) gegründet. Nach der Lizenzfertigung des französischen Flugboots F.B.A. stellte das Unternehmen Raffaele Conflenti als Chefkonstrukteur ein, und sein Flugboot **SIAI S.8** wurde 1917 von Emilio Taddeoli im Flug erprobt. Im Vergleich zur F.B.A. hatte man bei der S.8 die Unterflügel des Doppeldeckertragwerks gleicher Spannweite direkt an der Oberseite eines kräftigeren Bootsrumpfs befestigt, und das Höhenleitwerk war ähnlich montiert.

Die italienische Marine bestellte über 800 **S.8**, die sowohl von SIAI als auch von Subunternehmen gebaut werden sollten. Die Produktion lief bei Kriegsende jedoch rasch aus, nachdem nur 172 Exemplare ausgeliefert und bei der 266. Squadriglia in San Remo sowie bei vier anderen Squadriglie der Regia Marina in Dienst gestellt waren. Insgesamt entstanden mindestens 214 solcher Flugboote, anfangs mit einem Isotta Fraschini V4B als Antrieb. Später erhielten mehrere Maschinen aber den kräftigeren Hispano-Suiza 44 mit 162 kW (220 PS) und einige Schulflugboote mit Doppelsteuer den 88 kW (120 PS) starken Colombo F.150. 1920 existierten nur noch 63 **S.8**.

***Die SIAI diente im Ersten Weltkrieg als Aufklärungsflugboot, doch nach dem Krieg lief die Fertigung aus.***

### TECHNISCHE DATEN

**Typ:** zweisitziges Aufklärungsflugboot
**Triebwerk:** ein Reihenmotor Isotta Fraschini V4B mit 134 kW (180 PS)
**Leistung:** Höchstgeschwindigkeit 144 km/h; Dienstgipfelhöhe 6000 m; Reichweite 700 km
**Gewicht:** Rüstmasse 900 kg; max. Startmasse 1375 kg
**Abmessungen:** Spannweite 12,77 m; Länge 9,84 m; Höhe 3,30 m; Tragflügelfläche 46 m²
**Bewaffnung:** ein 7,7-mm-Maschinengewehr im Bugstand und bis zu 120 kg Bomben

## SIAI S.9

Im Sommer 1919 flog erstmals Conflentis Aufklärungsflugboot **SIAI S.9**, das gegenüber der S.8 ein verbessertes Trag- und Leitwerk und einen günstiger geformten Bug hatte. Unter dem Antrieb eines Fiat A.12bis mit 221 kW (300 PS) erreichte es eine Höchstgeschwindigkeit von 170 km/h.

Das Muster wurde in kleiner Stückzahl gebaut, aber die italienische Marine sah von einer Beschaffung ab, und auch die Bemühungen, militärische und zivile Versionen zu exportieren, letztere mit vier Passagiersitzen in einer geschlossenen Kabine, hatten nur mäßigen Erfolg.

Einzelexemplare der militärischen Ausführung erreichten Finnland (vor den tödlichen Abstürzen), Schweden und Spanien. Belgien erwarb eine Zivilversion zur Verwendung im Kongo, und die von dem Italiener Santoni in St. Quen, Frankreich, gegründete CAMS baute unter der Bezeichnung **CAMS C-9** eine geringe Stückzahl in Lizenz. Die letzten Serienflugboote erhielten erstmals eine Seitenflosse und hatten zudem eine geänderte Flügelstruktur.

## SIAI S.12

Das Aufklärungsbomber-Flugboot **SIAI S.12**, eine Weiterentwicklung der S.9, erschien Ende 1918. Dieser Typ führte das charakteristische Erscheinungsbild ein, das die SIAI-Flugboote während der nächsten Dekade prägen sollte: einen sorgsam geformten, hohen Bug und einen schlanken Hinterrumpf, der sich nach der Stufe rasch verjüngte. Das Leitwerk war eckiger ausgeführt als bei den früheren Conflenti-Konstruktionen und das Doppeldeckertragwerk gleicher Spannweite mit bewehrten Spanndrähten doppelt ausgekreuzt und außen verstrebt, um der Struktur eine höhere Festigkeit zu verleihen.

Trotz der für damalige Zeiten ausgezeichneten Spitzengeschwindigkeit von 222 km/h, die am 7. Januar 1921 offiziell verzeichnet wurde, gingen keine Aufträge von der italienischen Marine ein. Die **S.12** förderte jedoch den guten Ruf des Herstellers durch ihre Erfolge bei sportlichen Veranstaltungen.

***Die SIAI S.12 ging zwar nicht in Serie, setzte aber das Richtmaß für künftige Flugboot-Entwürfe. Das Exemplar bestritt 1920 als einziger Teilnehmer das Schneider-Rennen in Venedig, alle anderen Nationen verzichteten wegen des Krieges. Leutnant Luigi Bologna flog die Strecke mit der S.12 ab und wurde zum Sieger erklärt.***

## SIAI S.13

Kurz nach der S.12 kam die **SIAI S.13** als kleinere Ausgabe des früheren Flugboots heraus, gedacht für Aufklärung und Luftraumsicherung. Die Besatzung saß nebeneinander hinter einer einzelnen Windschutzscheibe, und der Beobachter war mit einem 7,7-mm-Einzel-MG auf Drehstütze bewaffnet. Auf den bei den älteren SIAI-Flugbooten üblichen Buggefechtsstand hatte man verzichtet. Die **S.13** besaß ähnlich verstrebte Flügel wie die S.12 und einen 184 kW (250 PS) starken Motor Isotta Fraschini V6, der ihr eine Höchstgeschwindigkeit von 197 km/h verlieh. Zwölf Maschinen gingen 1919 an die italienische Marine.

**S.13** wurden nach Schweden, Japan, Norwegen, Spanien und Jugoslawien exportiert. CAMS fertigte eine französische Version mit der Bezeichnung **CAMS C-13**, und die spanische Marinewerft baute später sieben Exemplare in Lizenz. Mehrere spanische **S.13**, die vom Seeflugzeugträger Dedálo aus operierten, waren 1922 an den Kämpfen gegen die Riff-Rebellen in Marokko beteiligt. 1924 wurden noch sechs weitere spanische **S.13** gefertigt, darunter einige Einsitzer.

Der Einsitzer **S.13 Tip „S"** weckte auch das Interesse der italienischen Marine, doch sie nahm ihre Bestellung über 50 Exemplare zugunsten von weiterentwickelten Versionen der Macchi M.7, die sich bereits im Einsatz befand, wieder zurück. Ähnlich erging es der zivilen Ausführung **S.13bis**, die trotz neukonstruierter Stützschwimmer und eines überarbeiteten Leitwerks keine Aufträge einbrachte.

***Die S.13 trat 1919, geflogen von Sergeant Guido Janello, beim Schneider-Rennen gegen französische und britische Muster an. Im dichten Seenebel erreichte sie als einzige das Ziel, wurde aber anschließend disqualifiziert, weil sie die Strecke nicht eingehalten hatte.***

## SIAI S.16

Das erste Flugboot, das Conflenti von Anfang an als Passagiermaschine konzipierte, war die **SIAI S.16**, die 1919 erschien. Er hatte den kanuförmigen Rumpf der Vorgängermuster übernommen, aber das Erscheinungsbild insgesamt eleganter gestaltet.

Die **S.16** erlebte eine ruhmreiche Karriere und gilt allgemein als das erfolgreichste Flugboot ihres Jahrzehnts. Militärische Versionen wurden ebenfalls gebaut und in der Heimat sowie im Ausland genutzt.

**Varianten**

**S.16:** erstes Verkehrsflugboot mit Sitzen für fünf Fluggäste

***Die SIAI S.16 glänzte sowohl im zivilen als auch im militärischen Bereich. Diese S.16ter von de Pinedo wird hier im Juli 1925 nach einer Überholung in Point Cook von Männern der Royal Australian Air Force zu Wasser gelassen.***

**S.16bis:** ebenfalls eine Zivilversion; behielt den Fiat-A.12bis-Motor der S.16 bei, hatte aber einen verstärkten Rumpf, festere Nasenkanten, ein erweitertes Tankvolumen und einen größeren Propeller

**S.16bis M:** militärische Ausführung der S.16bis mit Buggefechtsstand für einen Beobachter/Bordschützen und Bombengehängen am Unterflügel; blieb die ganzen zwanziger Jahre hindurch erfolgreich; Mitte der zwanziger Jahre erhielt die brasilianische Marine 15 S.16bis M; die Sowjetunion beschaffte zwei Serien mit vermutlich insgesamt 80 Exemplaren, die mit der sowjetischen Dienstbezeichnung S-1bis bis 1931 bei der Schwarzmeer-Fliegertruppe dienten; die sowjetischen OMOS-Werkstätten bauten 1927/28 einige dieser Flug-

boote zu S-1ter um, die sich vor allem durch den Einbau eines 331 kW (450 PS) starken Lorraine-Dietrich-Motors auszeichneten; vermutlich 20 S.16bis M gingen auf dem Luftweg nach Spanien, darunter einige mit einem Hispano-Suiza-Motor (221 kW/300 PS); später wurde eine Serie von zehn Exemplaren in Barcelona lizenzgefertigt, gefolgt von anderen kleineren Aufträgen

**S.16ter:** diese Militärversion ging ab 1924 an die italienische Marine, zunächst wurden die 141. und 145. Squadriglie beliefert, die zuvor die Macchi M.18 geflogen hatten, und anschließend verdrängten sie bei anderen Einheiten die S.16bis; den Antrieb lieferte ein Lorraine-Dietrich 12Db mit 294 kW (400 PS) von Isotta Fraschini

**S.23:** vereinfachte Schulversion; nur ein Exemplar

**TECHNISCHE DATEN**

**SIAI S.16ter**

**Typ:** zwei-/dreisitziges Bomber/Aufklärer-Flugboot

**Triebwerk:** ein V-Reihenmotor Lorraine-Dietrich 12Db mit 294 kW (400 PS)

**Leistung:** Höchstgeschwindigkeit 194 km/h; Dienstgipfelhöhe 4000 m; Reichweite 1000 km

**Gewicht:** Rüstmasse 1852 kg; max. Startmasse 2652 kg

**Abmessungen:** Spannweite 15,50 m; Länge 9,89 m; Höhe 3,67 m; Tragflügelfläche 52 m²

**Bewaffnung:** ein 7,7-mm-Maschinengewehr auf Drehkranz im Buggefechtsstand und bis zu 220 kg Bomben an Schlössern des Unterflügels

## SIAI-Rennflugzeuge

Die **SIAI S.17** war das erste Spezial-Seeflugzeug dieses Herstellers und nahm 1920, angetrieben von einem Ansaldo San Giorgio 4E-14 mit 228 kW (310 PS), am Monaco Seaplane Meeting teil. Beim Start zum Schlußereignis dieser Veranstaltung wurde die Maschine irreparabel beschädigt und fiel daher für das Rennen um die Schneider-Trophäe des Jahres 1920 aus. Auch das einsitzige Seeflugzeug **SIAI S.19** hatte man für dieses Rennen gebaut und als Antrieb für das etwas größere und aerodynamisch verfeinerte Flugwerk einen Ansaldo San Giorgio 4E-29 mit 368 kW (500 PS) vorgesehen. Da dieses Triebwerk aber nicht rechtzeitig fertiggestellt werden konnte, mußte man die Teilnehmermeldung zurückziehen. Die **SIAI S.21** von 1921, das damals angeblich kleinste Flugboot der Welt, wies ein umgekehrtes Anderthalbdecker-Tragwerk mit einer Spannweite von nur 7,69 m und eine Gesamtlänge von 7,62 m auf. Angetrieben von einem Ansaldo San Giorgio 4E-14 mit 221 kW (300 PS), nahm die **S.21** am Monaco Seaplane Meeting von 1921 teil und erlitt dabei einige Schäden. Man konnte die Maschine zwar rechtzeitig für den Schneider-Wettbewerb jenes Jahres reparieren, mußte sie dann aber wegen Krankheit des vorgesehenen Piloten wieder abmelden. Ein noch ungewöhnlicheres und viel größeres Rennflugzeug war das zweimotorige Flugboot **SIAI S.22** mit einer Spannweite von 13,50 m und einer maximalen Startmasse von 2500 kg, das ebenfalls am Monaco Seaplane Meeting von 1921 teilnahm. Seine beiden Isotta-Fraschini-Motoren V6-bis je 221 kW (300 PS) waren, auf acht Streben gestützt, direkt unter dem Mittelstück des Oberflügels angeordnet und trieben einen Zug- und einen Druckpropeller an. Aber auch diese Maschine war vom Pech verfolgt. Bei einem Testflug zur Vorbereitung auf den Wettbewerb stürzte sie in den Lago Maggiore ab, und ihr Pilot kam dabei ums Leben.

***Die S.19 konnte wegen technischer Probleme nicht am Rennen um die Schneider-Trophäe 1920 teilnehmen.***

## SIAI-Marchetti S.205 und S.208

Der Prototyp **SIAI-Marchetti S.205** startete am 4. Mai 1965 zum Erstflug und wurde wenig später auf dem Pariser Salon de l'Aéronautique vorgestellt. Das viersitzige Kabinenreiseflugzeug war als freitragender Tiefdecker mit wahlweise einziehbarem oder starrem Bugrad-Fahrwerk ausgelegt (letzteres mit Bein- und Radverkleidungen). Das Muster sollte von Motoren der Leistungsklasse 132 kW bis 221 kW (180 bis 300 PS) angetrieben werden, doch man zog den schwächeren Sechs-Zylinder-Boxermotor 6A-350C1 von Franklin vor. Da ein stärkerer Antrieb und mehr Leistung gefragt waren, kam der Prototyp **S.208** heraus, der am 22. Mai 1967 erstmals flog. Dieser Typ erhielt ein Einziehfahrwerk, den kräftigeren Avco-Lycoming-Motor O-540-E4A5 (194 kW/264 PS) und eine Kabine, in die sich ein fünfter Sitz einbauen ließ.

Die Produktion aller Versionen der **S.205** und **S.208** ergab in vier Jahren knapp 400 Flugzeuge, darunter 44 **S.205M** für den Verbindungs- und Ausbildungsdienst bei der Aeronautica Militare Italiana. Diese Variante unterscheidet sich von der zivilen **S.208** durch eine Kabinentür auf der rechten Seite, die im Notfall abgeworfen werden kann, und durch eine zweite Kabinentür backbord. Die Militärflugzeuge sind standardmäßig mit einer kompletten Blindflug- und Navigationsausrüstung versehen. Sowohl die zivile als auch die militärische **S.208** ist mit Zusatztanks an den Flügelenden ausgestattet und erreicht maximal 320 km/h.

**TECHNISCHE DATEN**

**SIAI-Marchetti S.205**

**Typ:** viersitziger Kabineneindecker

**Triebwerk:** ein Sechs-Zylinder-Boxermotor Franklin 6A-350C1 mit 164 kW (223 PS)

**Leistung:** Höchstgeschwindigkeit 295 km/h; Dienstgipfelhöhe 6200 m; Reichweite 1325 km

**Gewicht:** Rüstmasse 750 kg; max. Startmasse 1350 kg

**Abmessungen:** Spannweite 10,86 m; Länge 8 m; Höhe 2,89 m; Tragflügelfläche 16,09 m²

***Die SIAI-Marchetti S.205 errang zwar auch selbst einigen Erfolg, ist aber mehr als Vorläuferin der S.208 bekannt geworden, die sich durch eine Rundsichtkabine und einen stärkeren Antrieb zur Beförderung von fünf Personen auszeichnet.***

## SIAI-Marchetti S.210

Der erste von zwei aus der einmotorigen S.205 entwickelten Prototypen des leichten zweimotorigen Geschäftsreiseflugzeugs **SIAI-Marchetti S.210** flog ab 18. Februar 1970. Es handelte sich um einen klassischen 11,63 m weit gespannten Ganzmetall-Tiefdecker mit einziehbarem Bugrad-Fahrgestell, dessen zwei Vier-Zylinder-Boxermotoren vom Typ Avco Lycoming TIO-360-A1B je 149 kW (203 PS) eine Spitzengeschwindigkeit von 375 km/h ermöglichten. Die Kabine war für einen Piloten und fünf Passagiere, je zwei nebeneinander in drei Sitzreihen, eingerichtet. Das zweite Musterflugzeug hatte versetzte Kabinen-Einstiegstüren, einen größeren Gepäckraum und erweiterte Rückfenster. In die nachfolgende Baureihe von zehn Maschinen flossen die am zweiten Prototyp vorgenommenen Änderungen ein.

***Ein zusätzlicher Motor verwandelte die S.205 in die elegante S.210.***

## SIAI-Marchetti S.211

Der erste Prototyp dieses turbofangetriebenen Grundschulflugzeugs wurde am 10. April 1981 vom Flughafen Mailand-Malpensa aus eingeflogen und anschließend gemeinsam mit dem zweiten Musterflugzeug auf dem Salon de l'Aéronautique in Le Bourget im Juni 1981 ausgestellt. Der Hersteller hatte das Muster in Privatinitiative entwickelt, obwohl er wußte, daß Bestellungen von der Aeronautica Militare Italiana kaum zu erwarten waren.

Die **S.211** ist ein kompakter zweisitziger Schulterdecker mit einziehbarem Bugrad-Fahrwerk, der in Zweitfunktion auch als leichtes Kampfflugzeug eingesetzt werden kann. Die Auslieferung begann erst 1984, und bislang hielt sich der Beschaffungsumfang in Grenzen. Vier nach Haiti gelieferte Maschinen wurden zurückgereicht, so daß die **S.211** nurmehr bei zwei Nationen Dienst leistet. Der Hauptnutzer ist Singapur mit 30 Flugzeugen, die bei zwei Staffeln zur Grundausbildung von Strahlflugzeugführern eingesetzt sind. Die ersten sechs Exemplare wurden als Bausätze geliefert und die übrigen von Singapore Aerospace montiert. Diese Maschinen sollen bald nach Australien verlegen, da Sin-

**TECHNISCHE DATEN**

**Typ:** zweisitziges Grundschulflugzeug

**Triebwerk:** ein Bläsertriebwerk Pratt & Whitney Canada JT15D-4C mit 11,12 kN Schub

**Leistung:** max. Reisefluggeschwindigkeit in 7620 m Höhe 665 km/h; Dienstgipfelhöhe 12.190 m; Flugdauer ohne Reserven 4 Stunden

**Gewicht:** Rüstmasse 1615 kg; max. Startmasse ohne Außenlast 2500 kg

**Abmessungen:** Spannweite 8,43 m; Länge 9,31 m; Höhe 3,80 m; Tragflügelfläche 12,60 m²

**Bewaffnung:** (Zweitrolle) vier Unterflügelstationen für eine externe Last von insgesamt 600 kg, die aus Maschinengewehr- und Aufklärungsbehältern, Bomben, Übungsbomben, Napalmbehältern und Raketen bestehen kann

gapur plant, die gesamte Ausbildung der Fluganwärter von der RAAF durchführen zu lassen. 1988 bestellten die Philippinen 14 Exemplare zur Lizenzfertigung durch die Philippine Aircraft Development Co. (PADCO). Die ersten wurden 1989 in Form von Baugruppen und Fertigteilen geliefert und Ende 1991 fertiggestellt. Die Maschinen der Philippine Air Force waren für leichte Kampfaufgaben ausgerüstet, doch nach mehreren unerklärlichen Abstürzen erhielt der Typ Flugverbot. SIAI-Marchettis Muttergesellschaft ist der italienische Luft- und Raumfahrtkonzern Agusta, so daß die **S.211** nun formell **Agusta S.211** heißt.

***Die SIAI-Marchetti S.211 bietet die klassischen Linien eines Tandemsitz-Strahltrainers in kompakter Form und mit einem effizienten Triebwerk.***

**Varianten**

**S.211A:** zwei Erprobungsflugzeuge mit dem schubstärkeren (14,29 kN) P&WC JT1-5D-5C; fliegen in Italien und in den USA

**S.211 JPATS:** Version für das von der USAF/USN ausgeschriebene Joint Primary Aircraft Training System (JPATS), eingereicht mit Grumman Aircraft Systems als US-Partner; Grumman legte das erste Angebot für diesen Wettbewerb in Form einer verbesserten S.211A vor; die anfängliche Produktion sollte je zur Hälfte durch Agusta und Grumman erfolgen, die Endmontage jedoch ausschließlich in den Vereinigten Staaten

# SIAI-Marchetti SF.260 (Serien)

Diesen bemerkenswert erfolgreichen, dreisitzigen Mehrzweck-Tiefdecker konstruierte Stelio Frati für die Firma Aviamilano, die dem Muster die Bezeichnung **Aviamilano F.250** zuwies. Der Prototyp flog erstmals am 15. Juli 1964, angetrieben von einem 186 kW (253 PS) starken Boxermotor von Avco Lycoming. SIAI übernahm das Projekt, benannte es in **SIAI-Marchetti SF.260** um und installierte einen kräftigeren Motor Avco Lycoming O-540.

Die erste für die zivile Luftfahrt bestimmte Version hieß **SF.260A**. Sie erwies sich jedoch als recht teures Reiseflugzeug/Lufttaxi, so daß der Absatz begrenzt blieb. Daraufhin setzte SIAI-Marchetti alles daran, das militärische Potential dieses Musters weiterzuentwickeln.

**TECHNISCHE DATEN**
**SIAI-Marchetti SF.260W Warrior**

**Typ:** ein-/dreisitziges leichtes Allzweck-Militärflugzeug

**Triebwerk:** ein Sechs-Zylinder-Boxermotor Avco Lycoming O-540-E4A5 mit 192 kW (261 PS)

**Leistung:** Höchstgeschwindigkeit 305 km/h in Meereshöhe; Dienstgipfelhöhe 4480 m; Überführungsreichweite mit zwei Personen und Zusatztanks 1715 km

**Gewicht:** Rüstmasse 830 kg; max. Startmasse 1300 kg

**Abmessungen:** Spannweite 8,35 m; Länge 7,10 m; Höhe 2,41 m; Tragflügelfläche 10,10 m²

**Bewaffnung:** beim Einsitzer vier Unterflügelstationen für eine kombinierte Höchstlast von 300 kg; als Beladung kommen SIAI-Behälter mit einem oder zwei 7,62-mm-Maschinengewehren, Raketen, Splitter-, Mehrzweck- oder Übungsbomben, Fallschirm-Leuchtkörper, Luftbild-Aufklärungsgondeln und Zusatztanks in Frage

***Die SIAI-Marchetti SF.260M trägt die unverkennbare Handschrift Stelio Fratis. Das Muster befindet sich weltweit im Einsatz, und dies ist eine von 32 Maschinen der belgischen Luftwaffe.***

Der Prototyp **SF.260M**, ein dreisitziges Schulflugzeug für militärische Fluganwärter, kam erstmals am 10. Oktober 1970 in die Luft. Er führte eine Reihe struktureller Änderungen ein, die in alle nachfolgenden Modelle eingingen, und bei den verstärkten Tragflächen entfielen die externen Versteifungselemente, die noch ein typisches Kennzeichen der **SF.260A** bildeten.

Im Mai 1972 absolvierte der Prototyp **SF.260W Warrior** seinen Jungfernflug. Während man die **SF.260M** mit einer Zweitfunktion zur Luftnahunterstützung vermarktet hatte, sollte die **Warrior** der Erstrolle eines leichten Kampfflugzeugs genügen. Sie kam besonders gut bei Luftstreitkräften mit knappen finanziellen Ressourcen an, da sie dem Nutzer eine reichhaltige Einsatzpalette bietet. So können vier Halterungen unter den Tragflächen die unterschiedlichsten Lasten aufnehmen, die zur Unterstützung von Heerestruppen geboten sind, einschließlich Tiefflugangriff und Versorgung der Kampftruppen aus der Luft. Zudem läßt sich die **Warrior** mühelos zum Trainer umgestalten. 1976 flog ein Exemplar der **SF.260SW Sea Warrior**, gedacht zur Küstenüberwachung und zum Fischereischutz. Die aktuelle Zivilversion mit den erstmals bei der **SF.260M** eingeführten Verbesserungen der Zelle ist die dreisitzige, voll kunstflugtaugliche **SF.260C**. Das jüngste Familienmitglied, die **SF.260TP** mit einer 261 kW (355 WPS) starken Allison-Propellerturbine 250-B17C, startete am 8. April 1981 zum Erstflug. Die Turboprop-Maschine zeichnet sich nicht nur durch bessere Flugleistungen wie eine Spitzengeschwindigkeit von 420 km/h in 3050 m Höhe aus, sondern laut Hersteller auch durch wesentlich niedrigere Betriebskosten. SIAI-Marchetti bietet zudem Rüstsätze zur Ummotorisierung der **SF.260** von Kolben- auf Turboprop-Triebwerk an. Für die **SF.260TP** gilt die gleiche Einsatzbandbreite wie für die Kolbenmotor-Serienflugzeuge.

Bis 1993 hatte das Unternehmen Bestellungen über 800 Exemplare aller **SF.260**-Varianten erhalten und davon über 700 ausgeliefert, hauptsächlich an militärische Nutzer in rund 20 Ländern. Den größten Einzelauftrag erteilte Libyen mit 240 **SF.260ML**, und 33 **SF.260AM** übernahm die italienische Luftwaffe. Andere **SF.260M** gingen an die Luftstreitkräfte von Belgien (36), Bolivien (sechs), Brunei (zwei), Burma (zehn), Burundi (drei), die Philippinen (32), Singapur (28), Thailand (18), Zaire (20) und Zambia (neun). **SF.260W** fliegen bei den Luftstreitkräften von Burma (zehn), der Komoren (drei), von Dubai (eine), Irland (elf), der Philippinen (16), Simbabwe (17), von Somalia (16) und Tunesien (18). **SF.260TP** wurden von Haiti Airways und den Luftstreitkräften Dubais und Simbabwes geordert, und zivile **SF.260C** dienen außer bei privaten Betreibern, bei Air Inter, Maroc, Alitalia und SABENA. Wie bei allen SIAI-Marchetti-Flugzeugen änderte sich auch bei der **SF.260** die Bezeichnung, so daß sie offiziell **Agusta SF.260** heißt.

# SIAI-Marchetti SF.600TP

Das Mehrzweck-Transportflugzeug **SF.600 Canguro**, angetrieben von zwei Avco Lycoming T10-540J je 261 kW (355 PS), wurde 1979 auf dem Pariser Luftfahrtsalon vorgestellt und später zur **SIAI-Marchetti SF.600TP** weiterentwickelt. Diese **I-CANG** flog erstmals am 8. April 1981 und gab im selben Jahr ihr Debüt auf der Pariser Luftfahrtschau.

Die **SF.600TP** war in erster Linie als leichte Passagiermaschine für zehn Personen gedacht, aber auch als Frachtflugzeug mit einem von Hand schwenkbaren Rumpfheck erhältlich, das das Be- und Entladen sperriger Frachtstücke erleichterte. Zudem ließ es sich als Sanitätsflugzeug für vier Personen auf Krankenliegen und zwei medizinische Betreuer einrichten. Das Angebot umfaßte ferner eine Luftbildmeß- sowie eine Seeüberwachungsversion.

**TECHNISCHE DATEN**

**Typ:** Mehrzweck-Transportflugzeug

**Triebwerke:** zwei Propellerturbinen Allison 250-B17C je 313 kW (426 WPS)

**Leistung:** Höchstgeschwindigkeit 305 km/h in 3050 m Höhe, Dienstgipfelhöhe 7300 m; Standardreichweite mit Interntreibstoff 1580 km

**Gewicht:** Rüstmasse der Frachtversion 1800 kg; max. Startmasse 3300 kg

**Abmessungen:** Spannweite 15 m; Länge 12,15 m; Höhe 4,60 m

Die von Stelio Frati entworfene **SF.600TP** mit zwei Allison-Propellerturbinen als Antrieb ist eine robuste, nüchterne Ganzmetall-Konstruktion mit starrem Bugrad-Fahrgestell. Sie war ursprünglich als Kolbenmotor-Flugzeug vorgesehen, doch SIAI-Marchetti beschloß, die Serienversion mit Turboprop-Triebwerken auszurüsten. Der dritte Prototyp **(I-KANG)** erhielt ein Einziehfahrwerk, und diese Konfiguration wurde auch für potentielle Kunden verfügbar. 1987 erteilte die italienische Luftfahrtbehörde die Musterzulassung, und die erste Baureihe umfaßte neun Flugzeuge, von denen drei ab April 1988 den Lufttaxi-Dienst bei der in Rom ansässigen Sun Line aufnahmen. 1989 kamen die Gruppo Agusta und die koreanische Sammi Corporation überein, die **Canguro** unter der Dachorganisation „Sammi Agusta Aerospace" in Korea zu bauen und von dort aus in der Pazifikregion abzusetzen. Man plante ein neues Werk für eine Belegschaft von 400 Fachkräften, doch die Produktionsausrüstung wurde nie dorthin geschafft. Seit neuestem zeigt sich die Philippine Airplane Development Corporation (PADCO) am Bau dieses Typs interessiert. PADCO hat schon früher Teile für mehrere SIAI-Marchetti-Muster gefertigt.

***Die SIAI-Marchetti SF.600TP stammt von einem Kolbenmotor-Flugzeug ab. Das Muster wurde nur in sehr geringer Stückzahl gefertigt, so daß der Hersteller nun einen Lizenznehmer sucht.***

**Variante**

**S.700 Cormorano:** SIAI-Marchetti hat Studien zum Bau einer amphibischen Version der SF.600TP erstellt, bei der die Wanne des Originalrumpfs einem einfach gestuften Bootsrumpf aus Verbundmaterial gewichen war; zur Diskussion standen auch leistungsstärkere Triebwerke der Hersteller Lycoming und Garrett.

# SIAI-Marchetti S.M.102

Am 20. Dezember 1947 flog SIAI-Marchetti den Prototyp einer leichten Verkehrsmaschine mit der Bezeichnung SIAI-Marchetti S.M.101. Es handelte sich um einen freitragenden Tiefdecker mit sechs Sitzplätzen, Einziehfahrwerk und einem 173 kW (235 PS) starken Walter-Bora-Sternmotor. Die Firma erkannte jedoch bald, daß das Konzept eines einmotorigen Passagiermusters kaum Interesse finden würde, und wandte sich daher der zweimotorigen **S.M.102** zu, deren Prototyp **(I-NDIA)** erstmals am 24. Februar 1949 vom Flugfeld Vergiate abhob. Die Maschine, ein freitragender Tiefdecker mit gefälligen Konturen, bot außer den Besatzungsmitgliedern noch acht Passagieren Platz und hatte zwei Ranger-Reihenmotoren SGV-770C-1B (A-Form) je 373 kW (507 PS) als Antrieb. Sie wurde in Indien sowie in Nah- und Fernost vorgeführt, erzielte aber keine Bestellungen.

***Der SIAI-Marchetti S.M.102 gelang es nicht, Aufträge von Liniengesellschaften zu erringen, ging aber schließlich in kleiner Zahl an die italienische Luftwaffe.***

Man entschied daraufhin, die **S.M.102** für den Einsatz bei der Aeronautica Militare Italiana zu ändern. Das Musterexemplar der neuen Ausführung **(MM551)** startete am 7. April 1950 zum Erstflug. Den Hauptunterschied machten P&W-Sternmotoren R-985 Wasp Junior aus, deren Leistung von je 336 kW (457 PS) eine Spitzengeschwindigkeit von 330 km/h ermöglichte. Das Einziehfahrwerk und die Mischbauweise des Original-Prototyps hatte man beibehalten. Diese Version besaß eine Spannweite von 18 m und eine höchstzulässige Startmasse von 5050 kg. Es folgte eine kleine Baureihe.

# SIAI-Marchetti S.M.1019

Der erstmals am 24. Mai 1969 geflogene Prototyp **SIAI-Marchetti S.M.1019** war ein vom Cessna-Modell 305A/O-1 Bird Dog abgeleitetes Kurzpisten-Verbindungsflugzeug, wie es das italienische Heer gefordert hatte. Die hauptsächlichen Änderungen bestanden in der Einrüstung der 236 kW (348 WPS) starken Allison-Propellerturbine 250-B15C und in einem überarbeiteten Leitwerk.

Die **S.M.1019** erwies sich dem einzigen Mitbewerber, der Macchi AM-3C, gegenüber als deutlich überlegen. Die Aviazione Leggera del'Esercito Italiano gab daher 100 Exemplare in Auftrag, die ab Sommer 1976 bei der Heeresfliegertruppe in Dienst gingen. Die Serienmaschinen werden von der stärkeren Bauart 250-B17B der Allison-Turbine mit 298 kW (405 WPS) angetrieben und unter den Bezeichnungen **S.M.1019A** (Hersteller) beziehungsweise **S.M.1019E.I** (Truppe) geführt.

Anfang 1993 befanden sich nur noch weniger als 70 Flugzeuge dieses Typs bei sieben Staffeln und bei der Heeresfliegerschule der Aviazione Leggera del'Esercito im Dienst.

Die **S.M.1019** mißt in der Spannweite 10,97 m und fliegt mit einer maximalen Marschgeschwindigkeit von 280 km/h.

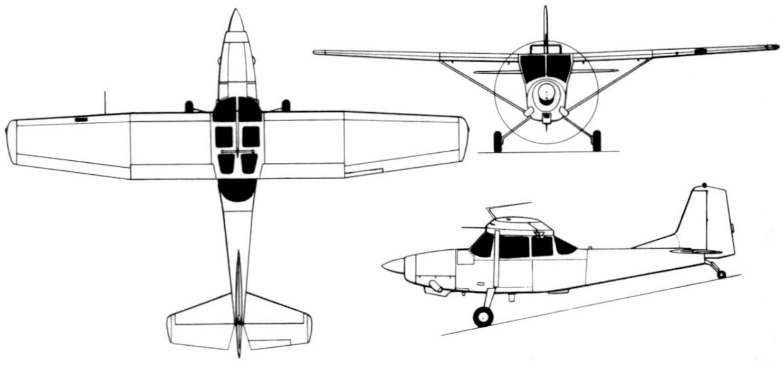

***SIAI-Marchetti S.M.1019***

# SIPA S.10, S.11 und S.12

Die Société Industrielle Pour l'Aéronautique (SIPA) wurde 1938 in Frankreich gegründet und produzierte zunächst als Subunternehmen Teile für andere Flugzeughersteller. 1944 betraute man das Unternehmen mit der Entwicklung des zweisitzigen Übungsflugzeugs Arado Ar 396. Der erste von drei Prototypen flog am 29. Dezember 1944, nach der Befreiung Frankreichs durch die Alliierten. Das Muster ging als **SIPA S.10** an die französische Luftwaffe in Serie. An 28 Exemplare dieser Baureihe schlossen sich 50 modifizierte **S.11** an, die unter anderem den Zwölf-Zylinder-Reihenmotor (A-Form) Renault 125 S-12-SO2-3H mit 433 kW (580 PS), eine von Renault produzierte Version des deutschen Argus As 411, einführten. Die Bezeichnung **S.111** erhielten nachgebesserte **S.11**. Sowohl die **S.10** als auch die **S.11** zeigten eine Mischbauweise, aber die Serienversion **S.12** (52 Exemplare) erhielt eine Ganzmetallzelle. Es folgte die grundsätzlich ähnliche, aber leichter konstruierte **S.121** (58 Exemplare). Eine Reihe von **S.111** und

***Das Fortgeschrittenen-Schulflugzeug SIPA S.12 hatte eine Spannweite von 11 m sowie eine maximale Abflugmasse von 2325 kg und konnte eine Geschwindigkeit von 360 km/h erreichen.***

**S.121** stattete man für den Einsatz durch die französische Luftwaffe in Algerien so aus, daß sie Bomben und Raketen zur Nahunterstützung mitführen konnten, und wies ihnen die Bezeichnung **S.111A** beziehungsweise **S.121A** zu. Die Gesamtzahl aller für die französischen Luftstreitkräfte produzierten Maschinen betrug 234.

# SIPA S.200 Minijet und SIPA 300

Am 14. Januar 1952 flog SIPA den Prototyp eines leichten strahlgetriebenen Doppelsitzers mit der Bezeichnung **SIPA S.200 Minijet**, des weltweit ersten Musters dieser Kategorie in Ganzmetallbauweise. Die als Strahltrainer oder Schnellverbindungsflugzeug gedachte **Minijet** war ein freitragender Mitteldecker, und ihre in eine Rumpfgondel eingebundenen Tragflügel nahmen an der Hinterkante zwei runde, durch ein Höhenleitwerk miteinander verbundene Ausleger mit hinteren Seitenflossen und Rudern auf. Die Rumpfgondel enthielt eine geschlossene Kabine mit zwei Sitzen nebeneinander und beim ersten Musterflugzeug im Heck die Zelle eines Turboméca-Strahltriebwerks Palas I. Der zweite Prototyp hob sich vom ersten dadurch ab, daß man seine Zelle für den Kunstflug verstärkt, Zusatztanks an den Flügelenden montiert und ein Palas II mit einer Schubkraft von 0,712 kN installiert hatte. Die **Minijet** wurde jedoch nur in kleiner Stückzahl gebaut.

Unter der Bezeichnung **SIPA 300** entwarf und konstruierte die Firma den Prototyp eines Strahltrainers mit konventionellerer Auslegung als bei der **S.200**. Es handelte sich um einen freitragenden Ganzmetall-Tiefdecker mit einziehbarem Bugrad-Fahrwerk und Turboméca-Strahltriebwerk Palas II. Letzteres war im Rumpf hinter der Besatzungszelle montiert, die zwei Sitze in Tandem-Anordnung, Doppelsteuer und ein durchgehendes, transparentes Kabinendach aufwies. Die **SIPA 300** mit einer Spannweite von 8.02 m brachte es auf eine Geschwindigkeit von 360 km/h.

### TECHNISCHE DATEN

**SIPA S.200 Minijet**

**Typ:** Anfänger-Düsentrainer
**Triebwerk:** ein Strahltriebwerk Turboméca Palas I mit 0,667 kN Schub
**Leistung:** Höchstgeschwindigkeit 400 km/h in Meereshöhe; Dienstgipfelhöhe 8000 m; Reichweite mit Interntreibstoff 550 km
**Gewicht:** Leermasse 450 kg; max. Startmasse 780 kg
**Abmessungen:** Spannweite 8 m; Länge 5,15 m; Höhe 1,78 m; Tragflügelfläche 9,60 m²

***Die französische SIPA S.200 war ein in mehrfacher Hinsicht außergewöhnlicher Entwurf. Trotz des schubschwachen Triebwerks bot die Minijet von Anfang an ausgezeichnete Flugleistungen. Zum Einstieg der Piloten ließ sich das gesamte Kabinendach nach vorn aufschieben. Das erste Exemplar wurde 1951 auf der Pariser Luftfahrtausstellung in Le Bourget vorgestellt und diente später nur noch als nichtfliegender Prüfstand. Das zweite Musterflugzeug startete am 14. Januar 1952 zum Erstflug, nur 347 Tage nach Beginn der Entwurfsarbeiten bei SIPA in Suresnes. Der Typ war zur Hochgeschwindigkeitsschulung und für Eilverbindungsflüge gedacht, doch letztlich gingen nur vier Maschinen beim Motorflugtestzentrum in St. Yan zur Einweisung in und Umschulung auf Düsenjäger in Dienst.***

# SIPA S.901

1947 konstruierte SIPA das leichte zweisitzige Schulflugzeug **SIPA S.90**. Als der französische Service de l'Aviation Légère et Sportive ein Anforderungsheft für einen zweisitzigen Trainer zum Einsatz bei den Flugschulen dieser Organisation veröffentlichte, nahm SIPA entsprechende Änderungen an seinem Entwurf vor und taufte ihn in **S.901** um. Der freitragende Tiefdekker mit hölzerner Struktur, Sperrholzbeplankung und Stoffbespannung hatte ein starres Spornrad-Fahrgestell, eine geschlossene Kabine mit zwei Sitzen nebeneinander und als Standardantrieb einen Vier-Zylinder-Boxermotor Minié 4 DC 30. Die **S.901** entschied die Ausschreibung für sich und wurde nicht nur für die französischen Fliegerclubs in großer Stückzahl gebaut, sondern auch in erheblichem Umfang exportiert. Als Varianten erschienen die **S.902** mit einem 67 kW (91 PS) starken Continental und die **S.903** mit dem Mathis 4 GB 60 (69 kW/94 PS), beides Vier-Zylinder-Boxermotoren.

**TECHNISCHE DATEN**
**SIPA S.901**

**Typ:** zweisitziges Schulflugzeug
**Triebwerk:** ein Vier-Zylinder-Boxermotor Minié 4 DC 30 mit 55 kW (75 PS)
**Leistung:** Höchstgeschwindigkeit 200 km/h; Dienstgipfelhöhe 4000 m; Reichweite 500 km
**Gewicht:** Rüstmasse 366 kg; max. Startmasse 600 kg
**Abmessungen:** Spannweite 8,75 m; Länge 5,75 m; Höhe 1,75 m; Tragflügelfläche 11,20 m²

***Die SIPA S.901 war zwar kein sonderlich origineller Entwurf, bewährte sich aber auch im Ausland als ausgezeichnetes Übungsflugzeug.***

# SIPA (späte Modelle)

Zu den letzten Entwürfen, die SIPA noch vor der Übernahme durch eine Aérospatiale-Tochter Ende der sechziger Jahre schuf, gehörte das zweisitzige Leichtflugzeug **SIPA 1000 Coccinelle**. Dieser freitragende Tiefdecker mit starrem Bugrad-Fahrwerk und einer geschlossenen Kabine für zwei Personen nebeneinander wurde von einem Vier-Zylinder-Boxermotor Continental C90 mit 67 kW (91 PS) angetrieben. Der Prototyp flog erstmals am 11. Juni 1955. Die nachfolgende **SIPA 1100** war ein zweimotoriger Mehrzweck-Militäreindecker, der sich zum Betrieb auf einfachen Feldpisten eignete. Es handelte sich um einen

***Der Einbau eines schlanken Turboprop-Triebwerks in die Nase der sonst eher pummeligen SIPA S.2150 Antilope verlieh dem Muster ein ungewöhnliches Aussehen.***

dreisitzigen Schulterdecker mit Einziehfahrwerk und zwei P&W-Sternmotoren R-1340 je 455 kW (619 PS). Die vorgesehene Bewaffnung umfaßte zwei 20-mm-Kanonen und einen breiten Fächer an Außenlasten. Am interessantesten aber war das letzte Modell, die **S.2150 Antilope**. Dieser viersitzige Kabineneindecker, angetrieben von einer Turboméca-Propellerturbine Astazou X mit einer Äquivalentleistung von 482 kW (655 PS), startete am 7. November 1962 zum Erstflug. Das Muster erhielt im Frühjahr 1964 die Zulassung, stellte im weiteren Verlauf des Jahres nicht weniger als sechs internationale Klassenrekorde auf und steigerte Anfang 1965 den 100-km-Klassenrekord auf eine Geschwindigkeit von 436 km/h. Die geplante Produktion der **S.2150 Antilope** kam trotz all dieser Erfolge nicht zustande, da SIPA enger in die Produktionskette von Aérospatiale einbezogen wurde.

# SITAR-Flugzeuge

Die Société Industrielle de Tolerie pour l'Aéronautique et Matériel Roulant (SITAR) produzierte einige Maschinen des bekannten Leichtflugzeugkonstrukteurs Yves Gardan. Dazu gehörte die **SITAR GY 100 Bagheera**, die sich für eine Verwendung als zweisitziger Trainer oder leichter Kabinenviersitzer eignete. Der freitragende Ganzmetall-Tiefdecker mit starrem Bugrad-Fahrwerk flog als Prototyp erstmals am 21. Dezember 1967, angetrieben von einem auf 100 kW (135 PS) gedrosselten Vier-Zylinder-Boxermotor Avco Lycoming O-320. Unter der Bezeichnung **GY 110 Sher Khan** war eine vergrößerte Version der **GY 100** mit einem Flugmotor in der Klasse 147/221 kW (200/300 PS) ge-

***Die SITAR GY 100 Bagheera (benannt nach einer Figur in Rudyard Kiplings „Dschungelbuch") trug die unverkennbare Handschrift ihres Konstrukteurs Yves Gardan.***

plant, ferner eine zum Eigenbau weitgehend vereinfachte Zweisitzerausführung mit der Bezeichnung **GY 90 Mowgli**, die in Form von Zeichnungen und Bausätzen für Amateurflugzeugbauer zugänglich gemacht wurde.

# SNCAC-Flugzeuge

Die Société Nationale de Constructions Aéronautiques du Centre (SNCAC) wurde 1936 bei der Verstaatlichung der französischen Flugzeugindustrie gegründet und vereinte die bekannten Firmen Farman und Hanriot. Die häufig Aérocentre oder nur Centre abgekürzte Organisation mußte die aktuellen Projekte der ehemaligen Unternehmen fortführen, da beide noch offene Militär- und Zivilaufträge zu erfüllen hatten. SNCAC schloß daher den Bau einer Serie von elf schweren Bombern vom Typ **F.221.1** ab, die bei Farman im April 1936 angelaufen war, fertigte anschließend zwei Baulose **F.222.2** und erfüllte einen Auftrag von Air France über vier **F.224**. Einzelheiten zu diesen Modellen sind dem Farman-Eintrag zu entnehmen. Ebenso wurde die Entwicklung der **F.223** fortgesetzt, doch da SNCAC in diesem Falle eine bedeutendere Rolle spielte, wechselte die Bezeichnung zu **SNCAC NC.223**. Einzelheiten über dieses Modell finden

***Dies ist die Versuchsmaschine NC.530 mit der vorletzten Ausführung des Leitwerks von Anfang 1940. Nach der Invasion Deutschlands wurde sie zerstört.***

sich ebenfalls unter dem Farman-Eintrag. Zudem führte SNCAC die Entwicklung des sechssitzigen Besatzungsschul- oder Küstenüberwachungs-Flugboots **Farman F.470** unter dem neuen Titel **NC.470** zu Ende. Von den rund 30 für die französische Marine produzierten Flugbooten wurde das letzte Baulos nach dem Beginn des Zweiten Weltkriegs ausgeliefert. Einzelheiten zu diesem Muster stehen unter **Farman NC.470**.

Bei der Gründung von SNCAC war Hanriot mit zwei Grundmodellen befaßt, dem zweisitzigen Schulflugzeug für Fortgeschrittene **H.220/230/232**, dem SNCAC die Bezeichnung **NC.600** zuwies, und dem dreisitzigen Mehrzweck-Militärflugzeug **H.510**, dessen Entwicklung unter **NC.510** weiterlief. Der Prototyp dieses von zwei flügelmontierten Sternmotoren angetriebenen Schulterdeckers erbrachte bei der Erprobung im Juni 1938 nur enttäuschende Flugleistungen, nach denen feststand, daß die Konstrukteure mit der **NC.510** in eine entwicklungstechnische Sackgasse geraten waren. Die Folge war ein tiefgreifender Neuentwurf unter der Bezeichnung **NC.530**. Die Versuchsmaschine **NC.530 Exp** (EXPérimental) flog ab 29. Juni 1939, doch der eigentliche Prototyp **NC.530.01** folgte erst am 29. Dezember 1939, angetrieben von zwei Gnome-Rhône-Sternmotoren 14M je 515 kW (700 PS).

Zum Zeitpunkt der deutschen Invasion im Mai 1940 war das Entwicklungsprogramm noch nicht abgeschlossen, und das Flugzeug wurde in den darauffolgenden Monaten zerstört. Es bestanden Pläne, eine Version **NC.531** mit Einziehfahrwerk und Renault-Reihenmotoren 12R (A-Form) je 331 kW (450 PS) sowie eine verbesserte **NC.532** mit erhöhter Spannweite und Gnome-Rhône 14N je 788 kW (1070 PS) zu bauen, doch die über Frankreich hereinbrechenden Kriegsereignisse des Jahres 1940 machten sie zunichte.

# SNCAC NC.701 und NC.702

In Deutschland hatte Siebel auf der Grundlage des fünfsitzigen zweimotorigen Reiseflugzeugs Fh 104 Hallore das schwere zehnsitzige Reise- oder Kleinverkehrsflugzeug Siebel Si 204 entwickelt und so ausgelegt, daß es als Verbindungsflugzeug für höhere Stäbe, als Fracht-, Sanitäts- und Wetterflugzeug eingesetzt werden konnte. Die hauptsächliche Serienproduktion lief jedoch bei SNCAC in Frankreich, und zwar in den beiden Ausführungen **Si 204A** und

***Der wichtigste äußere Unterschied zwischen der SNCAC NC.701 und der NC.702 war der stufenlos in die Vollsichtkanzel übergehende Glattbug.***

**Si 204C** sowohl für die deutsche als auch für die französische Luftwaffe. Nach Kriegsende baute SNCAC diese Flugzeuge als **SNCAC NC.701** (entsprach der **Si 204D**) und als **NC.702** (entsprach der **Si 204A**), die beide den Beinamen **Martinet** erhielten. Von den Kriegsmodellen unterschieden sie sich durch den Motortyp Renault (SNECMA) 12S, eine französische Ausgabe des deutschen Argus As 411 mit einer Nennleistung von 434 kW (590 PS).

# SNCAC (letzte Modelle)

Zu den ersten SNCAC-Nachkriegsprodukten zählte, abgesehen von der NC.701/702, eine Serienversion der Focke-Wulf Fw 190A, hergestellt unter der Bezeichnung **SNCAC NC.900**. Der erste dieser Jäger flog im März 1945, und von den 64 **NC.900**, die insgesamt gefertigt wurden, gingen 40 an die französische Luftwaffe und 24 an die Marine. Ohne Erfolg blieben Bemühungen, heimische Leichtflugzeugmuster zu vermarkten, wie die **NC.840 Chardonneret**, ein attraktiver Viersitzer in der Auslegung eines abgestrebten Hochdeckers. Es folgten die zweisitzige **NC.853** und **NC.854** mit dem 55 kW (75 PS) starken Minié 4DC-32 beziehungsweise dem Continental, der 48 kW (65 PS) abgab, die viersitzige **NC.856**, angetrieben von einem Walter-Motor mit 75 kW (105 PS), und als abschließende Entwicklung eine zweimotorige Version der **NC.856** mit der Bezeichnung **NC.860**. Dies war das letzte von SNCAC gebaute Luftfahrzeug, und im Jahr 1949 stellte das Unternehmen den Betrieb ein.

***Dem Hochdecker SNCAC.854 verlieh das gespreizte Höhenleitwerk mit Endplatten zur Richtungsstabilität ein eher ungewöhnliches Aussehen.***

# SNECMA-VTOL-Forschungsflugzeuge

Das französische Unternehmen Société Nationale d'Etude et de Construction de Moteurs d'Aviation (SNECMA) war, wie sein Name besagt, in erster Linie mit dem Studium und der Konstruktion von Flugzeugmotoren befaßt. Wie Rolls-Royce in England begann auch SNECMA sich für die Gewinnung von direktem Auftrieb durch Luftstrahlturbinen zu interessieren, erwarb die europäischen Rechte am Ringflügelflugzeug (Coléoptère) des Professors von Zborowski und startete in den Jahren 1952/1953 eine Phase der Forschung und Entwicklung. Dies führte 1954 zu Tests mit einem ferngesteuerten Versuchsfluggerät, das von einem SNECMA-Pulsostrahltriebwerk mit 0,44 kN Schub angetrieben wurde. Der nächste Schritt ergab das Testgerät **Atar Volant** („fliegender Stern") **C.400 P-1**, wiederum unbemannt und ferngesteuert, aber in der Größe eines realen Flugzeugs. In diesem Fall hatte man ein SNECMA-Strahltriebwerk Atar 101DV mit einer Leistung von 28,44 kN Schub in einer vertikalen Gondel montiert, die auf einem simplen Vierradfahrgestell ruhte. An einen ersten Fesselflug am 22. September 1956 schlossen sich 205 Testflüge an. Die erste mit einem Piloten besetzte **Atar Volant** war die **C.400 P-2**, ausgerüstet mit einem Schleudersitz oberhalb des Triebwerkslufteinlaufs. Sie absolvierte am 14. Mai 1957 einen fesselfreien Flug, auf den bis Anfang 1958 123 gefesselte und freie Flüge folgten. Den Abschluß der Entwicklungsreihe **Atar Volant** bildete die **C.400 P-3**, eine verbesserte Ausführung der **P-2** mit dem schubstärkeren (34,32 kN) Strahltriebwerk Atar 101E.

Nach diesen Versuchsfluggeräten entstand das Prototypforschungsflugzeug **C.450-01 Coléoptère**, bei dem im Kern die **C.400 P-3** mit einem Ringflügel verbunden war, wie ihn Zborowski konstruiert hatte. Der erste Senkrechtstart zum freien Flug der **C.450-01** erfolgte am 6. Mai 1959. Beim Übergang vom Vertikal- zum Horizontalflug am 25. Juli desselben Jahres stürzte die Maschine ab.

***Das Projekt SNECMA C.450 gehörte zu den ehrgeizigsten luftfahrttechnischen Unternehmen der fünfziger Jahre.***

# SOCATA GY 80 Horizon und ST 10 Diplomate

Das französische Unternehmen Société de Construction d'Avions de Tourisme et d'Affaires (SOCATA) wurde 1966 gegründet, zunächst als Tochterfirma von Sud-Aviation. Durch wiederholte Fusionen ist es inzwischen jedoch in Aérospatiale eingegliedert. SOCATA produzierte für Sud-Aviation, von Yves Gardan lizensiert, einen freitragenden, viersitzigen Tiefdecker mit der Bezeichnung **SOCATA GY 80 Horizon**. Das Muster hatte eine Spannweite von 9,70 m, ein halbwegs einziehbares Bugrad-Fahrgestell und einen Avco Lycoming O-360-A als Antrieb mit 134 kW (182 PS), der ihm eine Höchstgeschwindigkeit von 250 km/h in Meereshöhe verlieh. SOCATA fertigte über 250 Exemplare, bevor diese Baureihe 1969 zugunsten einer verbesserten Version auslief. Dieser **Super Horizon 2000** und **Provence** genannte viersitzige Kabineneindecker erreichte 1969 die Serienfertigung als **ST 10 Diplomate**. Er unterschied sich von der **GY 80** durch einen etwas längeren Rumpf, ein geändertes Leitwerk und Fahrgestell sowie durch den mit 149 kW (202 PS) ein wenig stärkeren Vier-Zylinder-Boxermotor Avco Lycoming IO-360-C1B. Trotz des gesteigerten Leistungsvermögens, wie einer Spitzengeschwindigkeit von 280 km/h in Meereshöhe, weckte die **Diplomate** nicht das gewünschte Käuferinteresse. Nur 56 Exemplare waren ausgeliefert.

***Trotz des guten Stammbaums konnte die SOCATA ST 10 Diplomate auf dem überaus hart umkämpften Marktsektor viersitziger Leichtflugzeuge außerhalb Frankreichs nicht Fuß fassen, da hier amerikanische Muster dominierten. Einige Exemplare befinden sich auf europäischen Flugplätzen nach wie vor im Einsatz.***

# SOCATA Rallye (Serien)

SOCATAs Verbindung zum Leichtflugzeugbau begann mit einem Reiseflugzeug, konstruiert von der Firma Morane-Saulnier, die 1965, ein Jahr vor der Gründung von SOCATA, zu einem Ableger von Sud-Aviation geworden war. SOCATA stieg als Tochter von Sud-Aviation mit dem Bau von Versionen dieser Flugzeuge ein, die bis 1979 ihre ursprünglichen **Rallye**-Namen behielten. Alle diese Maschinen sind im Grunde freitragend konstruierte Tiefdecker mit starrem Bugrad-Fahrwerk, die nur im Antrieb und in der Inneneinrichtung variieren. Die alten **Rallye**-Bezeichnungen entfielen 1979, da man in jenem Jahr ein neues Fertigungsprogramm einleitete und neue Namen vergeben wurden. Die jüngsten Vertreter der **Rallye**-Serie, von der SOCATA etwa 3300 Exemplare baute, umfassen die **SOCATA Galopin** (früher **Rallye 110ST**), ein Übungsflugzeug, das als Zweisitzer, nicht aber als Drei-/Viersitzer für Trudelmanöver zugelassen ist und als Antrieb einen Avco Lycoming O-235-L2A mit 82 kW (112 PS) hat. Dieses Modell wird auch in Polen von P.Z.L. Warszawa-Okecie als **P.Z.L.-110 Koliber** („Kolibri") lizenzgefertigt in zwei-/dreisitziger Auslegung und mit einem 94 kW (128 PS) starken Franklin 4A-235-B1, den P.Z.L. ebenfalls in Lizenz herstellt. Die **Galérien (Rallye 180T)** ist eine Sonderausführung für Segelflugzeug- und Bannerschlepp, angetrieben vom Avco Lycoming O-360-A3A mit 134 kW (182 PS). Die **Gabier (Rallye 235GT)** aber stellt eine Hochleistungsversion mit STOL-Eigenschaften dar, die eine verstärkte Zelle und den wesentlich stärkeren Motor Avco Lycoming O-540 aufweist. Zu den lieferbaren Varian ten gehört eine Maschine mit Heckrad an stelle des Bugrad-Fahrwerks und di **R235 Guerrier** („Krieger"), eine militär sche Ausgabe der **Gabier**. Von letzterer ur terscheidet sie sich durch Waffenträger ur ter den Flügeln.

> **TECHNISCHE DATEN**
> **SOCATA Gabier**
> **Typ:** viersitziger Kabineneindecker
> **Triebwerk:** ein Sechs-Zylinder-Boxermotor Avco Lycoming O-540-B4B5 mit 175 kW (235 HP/238 PS)
> **Leistung:** Höchstgeschwindigkeit 275 km/h in Meereshöhe; Dienstgipfelhöhe 4500 m; Reichweite mit max. Treibstoffmenge 1090 km
> **Gewicht:** Leermasse 694 kg; max. Startmasse 1200 kg
> **Abmessungen:** Spannweite 9,75 m; Länge 7,25 m; Höhe 2,80 m

***Die SOCATA Rallye 100T, die sich durch ein kuppelförmiges Cockpit (ein Merkmal späterer Morane-Saulnier-Entwürfe) und eine nicht alltägliche Leitwerksform auszeichnet, war das Grundmodell der höchst erfolgreichen Rallye-Flugzeugfamilie.***

## SOCATA TB 9, TB 10/11, TB 20 und TB 200XL bis Saab-17

**Einen großen Teil ihres Erfolgs im Zweiten Weltkrieg verdankte die SPAD.V.II dem von Marc Birkigt gebauten V-8-Hispano-Suiza-Motor, mit dem 81 französische Jägerstaffeln bestückt waren. Das Flugzeugwerk Saab entstand 1937 und übernahm 1939 den Flugzeugbauzweig der Svenska Järnvägsverkstäderna.**

# SOCATA TB 9, TB 10/11, TB 20 und TB 200 XL

Anfang 1975 begann SOCATA mit der Konstruktion eines vier-/fünfsitzigen Kabinen-Eindeckers, der **SOCATA TB 10**, die später den Beinamen **Tobago** erhielt. Die **TB 10**, die erstmals am 23. Februar 1977 unter dem Antrieb eines Avco Lycoming O-320-D2A mit 119 kW (162 PS) flog, wurde das Ausgangsmodell für eine neue Serie von Leichtflugzeugen in der Auslegung eines freitragenden Ganzmetall-Tiefdeckers mit starrem Bugrad-Fahrgestell. Ein zweiter Prototyp folgte mit einem 134 kW (182 PS) starken Avco Lycoming O-360-A1AD. Die Entscheidung, beide Versionen zu produzieren, führte dazu, daß man die schwächer motorisierte Ausführung als Viersitzer betrachtete und in **TB 9 Tampico** umbenannte. Das dritte Mitglied dieser Serie, die **TB 20 Trinidad**, startete am 14. November 1980 zum Erstflug. Sie unterschied sich durch ein Einziehfahrwerk und einen kräftigeren Motor sowie durch geringfügige Änderungen an der Zelle. Ein Prototyp als Ergänzung dieser Serie wurde auf der Pariser Luftfahrtschau 1983 vorgestellt. Es handelte sich im Grunde um eine **TB 10** für Fliegerschulen zur Kunstflugausbildung von Berufspiloten. Erste Serienexemplare dieser **TB 11** standen 1984 zur Verfügung. Die Bezeichnung wurde allerdings nie offiziell vergeben, da der Typ letztlich nur eine **TB 10** mit einem 134-kW-Motor darstellte. Weitere geplante, aber nicht gebaute Familienmitglieder waren mit dem neuen Porsche-Flugmotor PFM.3200 ausgestattete **Tobago** und **Trinidad**, genannt **TB 15** bzw. **TB 16**. Die Flugzeugfamilie hat sich gut verkauft, nicht zuletzt in den Vereinigten Staaten, denen es aufgrund der neuen US-Produkthaftungsgesetze an modernen Leichtflugzeugen heimischer Prägung mangelte. Mehr als 1100 Flugzeuge waren verkauft, als im März 1991 eine neue Nebenlinie in Form der **TB 200 Tobago XL** erstmals vom Boden abhob. Dieses vier-/fünfsitzige Muster entspricht weitgehend der **TB 10**, wird aber von Textron Lycoming O-230-D2A mit 149 kW (203 PS) angetrieben.

**TECHNISCHE DATEN**
**SOCATA TB 20 Trinidad**
**Typ:** vier-/fünfsitziges Leichtflugzeug
**Triebwerk:** ein Sechs-Zylinder-Boxermotor Avco Lycoming IO-540-C4DS5D mit 186 kW (253 PS)
**Leistung:** Höchstgeschwindigkeit 310 km/h; Dienstgipfelhöhe 6095 m; max. Reichweite mit max. Kraftstoffmenge 1785 km
**Gewicht:** Leermasse 772 kg; max. Startmasse 1335 kg
**Abmessungen:** Spannweite 9,76 m; Länge 7,71 m; Höhe 2,85 m; Tragflügelfläche 11,90 m²

***Die Tobago ähnelte zwar früheren SOCATA-Leichtflugzeugen, unterschied sich aber durch ein starres Bugrad-Fahrgestell und ein größeres Platzangebot. Sie sollte die Rallye-Baureihe eher ergänzen als ersetzen.***

***Die SOCATA-Leichtflugzeugfamilie für die allgemeine Luftfahrt auf einen Blick: von hinten nach vorn das Grundmuster TB 9 Tampico, eine TB 20 Trinidad und eine TB 21 Trinidad. Die TB 20 zeichnet sich durch ein Einziehfahrwerk aus und die TB 21 durch ein turbogeladenes Lycoming-Triebwerk T10-540-AB1AD.***

# SOCATA TB 31 Omega

Im Dezember 1979 flog Aérospatiale den Prototyp des zweisitzigen Kolbenmotorflugzeugs **TB 30 Epsilon**, das die Armée de l'Air als Grundschulmuster wählte. Die Vermarktung wurde der für den Bereich Allgemeine Luftfahrt zuständigen Tochterfirma SOCATA übertragen, die inzwischen für alle Propeller-Flugzeugtypen des Herstellers zuständig ist. Die **Epsilon** erhielt später eine Versuchspropellerturbine, und SOCATA beschloß, den Entwurf auf eigene Kosten zum Trainer **TB 31 Omega** fortzuentwickeln. Ausgerüstet mit einer Turbomeca-Turbine TP 319, startete die erste **Omega (F-WOMG)** am 30. April 1989 zum Erstflug. Mit der **Epsilon** weist sie nurmehr eine Baugleichheit von 60 Prozent auf. Die hauptsächlichen Unterschiede bestehen in ihrer längeren Nase, dem strebenfreien Kabinendach (Poly 76), dem gepfeilten Leitwerk und einer erweiterten Rückenflosse. Das Cockpit ist mit Martin-Baker-Schleudersitzen 15FC ausgerüstet, die einen sicheren Ausschuß „durch das Kabinendach" in Höhe Null und bei Geschwindigkeiten oberhalb 111 km/h gewährleisten. Der für die portugiesische Export-**Epsilon** entwickelte Anzeigeschirm der Funk- und Navigationsdaten gehört bei der **Omega** zur Normausrüstung. Die Zelle ist für höhere Belastungen verstärkt, und vier Unterflügelstationen sind ebenfalls erhältlich.

**TECHNISCHE DATEN**
**SOCATA TB 31 Omega**
**Typ:** Turboprop-Grundschulflugzeug
**Triebwerk:** eine Propellerturbine Turbomeca TP 319-1AS Arrius mit 364 kW (495 WPS)
**Leistung:** Höchstgeschwindigkeit im Horizontalflug 510 km/h; Dienstgipfelhöhe 9145 m; Reichweite bei 75 Prozent Motorleistung und Reserven 1309 km
**Gewicht:** Rüstmasse 860 kg; max. Startmasse 1450 kg
**Abmessungen:** Spannweite 7,92 m; Höhe 2,68 m; Länge 7,81 m

***Die TB 31 Omega von SOCATA ist eigentlich ein eigenfinanziertes Projekt des Konzerns Aérospatiale. Mit diesem Muster hoffte man in den heiß umkämpften Marktsektor für Fortgeschrittenen-Schulflugzeuge einsteigen zu können.***

# SOCATA TBM 700

Am 12. Juni 1987 gaben SOCATA und Mooney Aircraft Corporation ihre Absicht bekannt, ein einmotoriges Geschäftsreise-Propellerflugzeug mit sechs bis acht Sitzen zu produzieren. Bei Mooney war die Entwicklung solch eines Musters bereits angelaufen. Im Mooney-Werk Columbus, Ohio, hatte Roy LoPresti die vom Lycoming TIO-540-X27 angetriebene **MX** konstruiert, die später als **M.30 Mooney 301** bekannt wurde. Im April 1983 war der erste Prototyp **(N301MX)** geflogen, doch Schwierigkeiten mit der Finanzierung brachten dieses Vorhaben zum Erliegen, bis man die Partnerschaft mit SOCATA einging. Die französische Regierung wollte ein Drittel der entstehenden Entwicklungskosten übernehmen unter der Bedingung, daß die Systemführerschaft für dieses Projekt bei SOCATA läge. Der neue Typ erhielt die Bezeichnung **TBM 700**.

Im Juni 1988 stieg das finnische Unternehmen Valmet in das Projekt ein. Drei Prototypen wurden arbeitsteilig gefertigt: Mooney war für den Hinterrumpf und die Tragflächen, SOCATA für den Vorderrumpf und Valmet für das Heck zuständig. Die Endmontage erfolgte bei SOCATA in Tarbes-Ossun-Lourdes. Das erste Exemplar **(F-WTBM)** flog am 14. Juli 1988, das zweite **(F-WKPG)** am 3. August 1989 und das dritte **(F-WKDL)** am 11. Oktober 1989. Inzwischen hatte sich Valmet wieder aus dem Programm zurückgezogen.

Die Kabine der **TBM 700** wurde nun für vier bis sieben Passagiere eingerichtet. Das Cockpit war für zwei Piloten ausgelegt, doch die Zulassung dieses Musters mit nur einem Flugzeugführer gehörte zu den vorrangigen Entwicklungszielen. Als Triebwerk wählte man die bewährte Propellerturbine PT6A in Verbindung mit einem auf gleiche Drehzahl geregelten, voll verstellbaren Vierblatt-Metallpropeller von McCauley. Das Seitenleitwerk ist zurückgepfeilt, doch die Tragflächen weisen kaum eine Pfeilung auf. Die von ATR entworfenen Klappen bestehen aus Nomex-Wabenkern-Verbundwerkstoffen. Der Treibstoff wird in Flügelintegraltanks mitgeführt.

Die französische Zulassung erfolgte im Januar 1990 und die der FAA FAR Pt 23 im August. Die erste Auslieferung fand am 21. Dezember 1990 statt. Mooney verabschiedete sich im Mai 1991 von der **TBM 700**, doch SOCATA hielt an der Originalbezeichnung fest. Anfang 1995 waren 106 **TBM 700** produziert, pro Monat kommen vier Flugzeuge hinzu. Der in sieben Ländern beheimatete Typ hat inzwischen auch seine erste militärische Bestellung erzielt und fliegt bei ET 65 der Armée de l'Air im Verbindungsdienst.

***Nach langwieriger Entwicklung und zunächst trägem Absatz kommt das turbinengetriebene Geschäftsreiseflugzeug TBM 700 allmählich in Schwung.***

**TECHNISCHE DATEN**
**SOCATA TBM 700**

**Typ:** druckbelüftetes Turboprop-Verkehrsflugzeug mit vier bis sieben Sitzen
**Triebwerk:** eine Propellerturbine Pratt & Whitney Canada PT6A-64 mit 552 kW (710 WPS)
**Leistung:** max. Reisefluggeschwindigkeit 555 km/h; Dienstgipfelhöhe 9150 m; max. Reichweite 2985 km
**Gewicht:** Rüstmasse 1826 kg; max. Startmasse 2992 kg
**Abmessungen:** Spannweite 12,16 m; Höhe 3,99 m; Länge 10,43 m

# SPAD A 1 bis A 5

Als die Luftfahrzeugfirma Société Pour les Appareils Deperdussin (SPAD) in Konkurs ging, wurde sie von Louis Blériot übernommen und in Société Pour l'Aviation et ses Dérivés umbenannt, so daß die Initialen SPAD erhalten blieben. Die neue Gesellschaft selbst baute im Ersten Weltkrieg über 2000 Militärflugzeuge, doch noch weitaus mehr entstanden bei Subunternehmen. Am Anfang stand die **SPAD A 1** mit einer äußerst ungewöhnlichen Auslegung. Das vorwärtsfeuernde Maschinengewehr forderte ein möglichst großes Schußfeld, und in Großbritannien hatte die Royal Aircraft Factory dieses Problem durch die Verwendung eines Druckpropellers gelöst. Der Motor war dabei hinter den Flügeln im Heck einer Rumpfgondel montiert und die Besatzung hintereinander im vorderen Teil der Gondel untergebracht – der Bordschütze und seine Waffe im Bug und dahinter der Flugzeugführer. SPAD erachtete dies zwar als annehmbare Lösung, fand aber für sich einen anderen Weg: In die Zelle eines herkömmlichen Doppeldeckers wurde vorn ein Umlaufmotor installiert, doch vor dessen Propeller eine Bugstruktur mit Schützenstand montiert. Dieses Konzept kam weder bei den Piloten noch bei den Bordschützen an, weil die Latte sich dabei in unmittelbarer Nähe zwischen ihnen drehte. Prototypen entstanden von der **A 1** und der **A 2**, bei beiden mit Le Rhône-Umlaufmotor, von der **A 3**, einer Schulversion der **A 2** mit Doppelsteuer, von der **A 4**, einer verbesserten Ausführung der **A 2**, und von der **A 5**, angetrieben von einem Motor des Typs Renault 8. Insgesamt wurden angeblich rund 100 **A 2** gebaut und zwölf **A 4** sollen nach Rußland verkauft worden sein.

***Die SPAD A 4 gehörte zu den vielen glücklosen Konstruktionen, die auf dem Papier gut (oder zumindest brauchbar) aussahen, doch im Truppendienst eher eine Last für alle Beteiligten waren.***

# SPAD S.VII und S.XII

Nach den Erfahrungen mit der **A 1** bis **A 5** wählte Louis Béchereau für den einsitzigen Doppeldecker **S.V**, der gegen Ende 1915 erstmals flog, eine weitaus herkömmlichere Auslegung mit Zugpropeller. Diese Maschine diente als Prototyp für das erste wirklich erfolgreiche Militärflugzeug des Unternehmens, die **SPAD S.VII**. Die aus Holz konstruierte und bis auf Aluminiumbleche im vorderen Rumpfbereich mit Stoff bespannte **S.VII** hatte ein starres Schleifsporn-Fahrgestell und einen Ringkühler an der Stirn des Acht-Zylinder-V-Motors der Marke Hispano-Suiza. Die ab April 1916 geflogene **S.VII** wies eine für damalige Zeiten sauber durchkonstruierte Zelle auf, die zusammen mit dem starken und zuverlässigen Hispano-Suiza-Motor

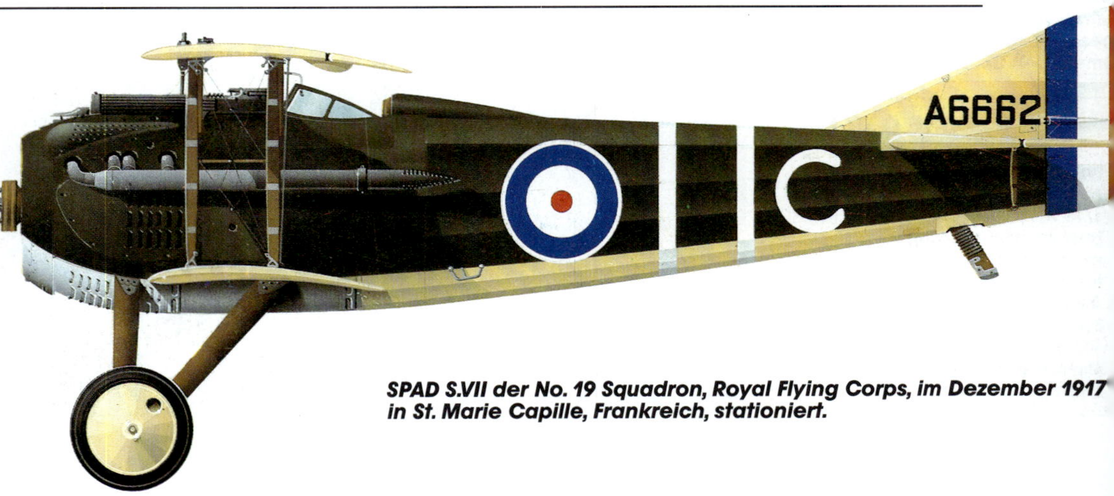


***SPAD S.VII der No. 19 Squadron, Royal Flying Corps, im Dezember 1917 in St. Marie Capille, Frankreich, stationiert.***

**TECHNISCHE DATEN**
**SPAD S.VII (Hauptserie)**
**Typ:** Jagdeinsitzer
**Triebwerk:** ein V-Reihenmotor Hispano-Suiza 8Ac mit 134 kW (180 PS)
**Leistung:** Höchstgeschwindigkeit 190 km/h in 2000 m Höhe; Dienstgipfelhöhe 5485 m; Flugdauer zwei Stunden, 15 Minuten
**Gewicht:** max. Startmasse 755 kg
**Abmessungen:** Spannweite 7,82 m; Länge 6,16 m; Höhe 2,35 m
**Bewaffnung:** ein vorwärtsfeuerndes, synchronisiertes Vickers-Maschinengewehr, Kaliber 7,7 mm

dafür sorgte, daß man zügig die Serienfertigung aufnahm. Die Auslieferung der ersten Version mit einem 112 kW (150 PS) starken Hispano-Suiza 8Aa begann im September 1916, und im ersten Jahr entstanden mehr als 500 Maschinen. Die zweite Serienversion, die den stärkeren 8Ac (134 kW/180 PS) und etwas weiter gespannte Tragflügel einführte, wurde von SPAD und Unterauftragnehmern in einer Auflage von 6000 Exemplaren produziert. Über die große Zahl bei den französischen Streitkräften hinaus diente der Typ beim Royal Flying Corps und dem Royal Naval Air Service, bei der belgischen 5. Staffel, bei fünf italienischen Squadriglie (214 Flugzeuge), bei den amerikanischen Expeditionsstreitkräften (189) und auf russischer Seite (43).

1917 flogen zwei Entwicklungsmaschinen, eine mit Renault-Motor 12D und die andere mit einem 149 kW (200 PS) starken Hispano-Suiza 8Bc. Nachdem man die letztgenannte neben ihrem Vickers-Standard-Maschinengewehr noch mit einer 37-mm-Kanone bewaffnet hatte, teilte man ihr die Bezeichnung **SPAD XII** zu. Sie hob in Prototypform erstmals am 5. Juli 1917 vom Boden ab und brachte es auf eine Serie von 300 Flugzeugen, darunter einige mit einem 164 kW (220 PS) starken Hispano-Suiza 8Bec. Eine kleine Stückzahl in der Ausführung von Schwimmerflugzeugen nutzte der Royal Naval Air Service.

Nach dem Ersten Weltkrieg wurden viele **S.VII** als Zivilflugzeuge verwendet, in erster Linie zur Schulung. Letzte Abkömmlinge dieses Musters waren die von vornherein zur Ausbildung bestimmten **SPAD 62** und **SPAD 72**, die bis 1923 flogen.

***Diese italienische SPAD S.VII wurde von einer Fachgruppe Luftfahrtbegeisterter des FIAR-Werks Baranzate di Bollante in Mailand makellos restauriert.***

# SPAD S.XIII

Der Erfolg der SPAD S.VII zog Weiterentwicklungen des Grundmodells nach sich. Kurz vor der Einführung der SPAD S.XII hatte das Unternehmen die S.VII als Grundlage für einen zweisitzigen Leichtbomber/Aufklärer verwendet. Er unterschied sich hauptsächlich durch leicht gepfeilte und gestaffelte Tragflächen zum Ausgleich der Schwerpunktverlagerung, die der längere Rumpf bewirkte. Das SPAD S.XI bezeichnete und Ende 1917 in Dienst gestellte Modell wurde von einer neuen, stärkeren (175 kW/235 PS) Version des Hispano-Suiza-8-Motors angetrieben. Die Unzuverlässigkeit dieses Triebwerks, gepaart mit einer Instabilität aufgrund der Empfindlichkeit dieses Muster gegenüber der Lastverteilung, machte den Typ bei der Truppe unbeliebt, so daß man ihn Mitte 1918 vom Fronteinsatz abzog.

Im Gegensatz dazu brachte es die **SPAD S.XIII** auf die hohe Produktionszahl von 8472 Exemplaren. Sie hob sich von der S.VII durch eine etwas größere Spannweite, verbesserte Querruder und weitere aerodynamische Verfeinerungen ab sowie durch eine neue leistungsstärkere Version des Hispano-Suiza-Motors 8B der S.XII. Der Prototyp kam am 4. April 1917 erstmals in die Luft, und die beträchtlich gesteigerten Flugleistungen sorgten für eine rasche Indienststellung des Musters. Schon Ende Mai 1917 trafen die ersten **S.XIII** an der Westfront ein. Bei den französischen Jagdstaffeln verdrängte der Typ die S.VII und später auch die Nieuport. Er diente beim Royal Flying Corps sowie bei der Fliegertruppe Belgiens, Italiens und der USA. Welche Bedeutung die **S.XIII** errungen hatte, zeigt die Tatsache, daß zum Ende des Ersten Weltkriegs offene Aufträge über rund 10.000 Exemplare storniert wurden. In den ersten Nachkriegsjahren ging der Typ im Export nach Belgien, in die Tschechoslowakei, nach Japan und nach Polen.

Kurz vor Kriegsende hatte man noch eine verbesserte Version der **S.XIII** in Dienst gestellt, einen Jagdeinsitzer/Luftbildaufklärer mit der Bezeichnung **SPAD S.XVII**. Die Maschine war mit zwei Kameras bestückt, doch nur noch mit einem einzelnen Maschinengewehr bewaffnet. Die verbesserte und verstärkte Zelle konnte einen Hispano-Suiza 8F mit einer Nennleistung von 224 kW (300 PS) aufnehmen, was der **S.XVII** zu einer Spitzengeschwindigkeit von 240 km/h in optimaler Höhe verhalf. Produziert wurden allerdings nur noch 20 Exemplare, und auch die Konstruktion einer projektierten Variante **SPAD S.XXI** entfiel, als der Krieg endete.

**TECHNISCHE DATEN**
**SPAD S.XIII**
**Typ:** Jagdeinsitzer
**Triebwerk:** ein V-Reihenmotor Hispano-Suiza 8Be mit 164 kW (220 PS)
**Leistung:** Höchstgeschwindigkeit 224 km/h in 2000 m Höhe; Dienstgipfelhöhe 6650 m; Flugdauer 2 Stunden
**Gewicht:** max. Startmasse 845 kg
**Abmessungen:** Spannweite 8,10 m; Länge 6,30 m; Höhe 2,35 m
**Bewaffnung:** zwei vorwärtsfeuernde, synchronisierte Vickers-Maschinengewehre, Kaliber 7,7 mm

***SPAD S.XIII der No. 23 Squadron, Royal Flying Corps, im zweiten Halbjahr 1917 und Anfang 1918 in Frankreich stationiert.***

***Die Bolling-Kommission wählte die S.XIIIC-1 zur Großserienfertigung in den USA. Bei Curtiss wurden 2000 Exemplare in Auftrag gegeben, aber anschließend wieder gestrichen.***

# SPCA-Flugzeuge

Das französische Unternehmen Société Provençale Constructions Aéronautiques (SPCA) wurde als Luftfahrzeug-Unternehmensbereich der Société Provençale de Constructions Navales und der Messageries Maritimes gegründet. Die Firma begann ihre Tätigkeit mit dem Bau des dreimotorigen Doppeldecker-Flugboots **SPCA Météore 63**, konstruiert von der Compagnie Générale de Constructions Aéronautique. Drei dieser fünfsitzigen Passagier-Flugboote stellte Air Union 1926 in Dienst. In Lizenz gefertigt wurden anschließend dreimotorige Zivilflugboote des Typs Paulhan-Pillard E.5 mit Gnome-Rhône-Sternmotoren mit je 313 kW (420 PS) und der Küstenaufklärer/Torpedobomber T3-BN.4 desselben Herstellers, ein großes Seeflugzeug mit zwei Schwimmern und zwei Gnome-Rhône-Jupiter-Sternmotoren mit je 358 kW (480 PS).

**TECHNISCHE DATEN**
**SPCA 81**
**Typ:** Kolonialdienst-Transportflugzeug
**Triebwerk:** ein Sternmotor Gnome-Rhône 7Kb mit 224 kW (300 PS)
**Leistung:** Höchstgeschwindigkeit 220 km/h; Dienstgipfelhöhe 6200 m; Reichweite 700 km
**Gewicht:** max. Startmasse 2030 kg
**Abmessungen:** Spannweite 15 m; Länge 11 m; Höhe 3,15 m; Tragflügelfläche 31,50 m²

***Die SPCA 81 war durch einen großen, kastenförmigen Rumpf gekennzeichnet, der außer zwei Besatzungsmitgliedern auch vier Passagieren Platz bot.***

Der erste eigenständige Entwurf dieses Unternehmens war die ungewöhnliche **SPCA 30**, ein fünfsitziger, zweimotoriger Jäger in der Auslegung eines freitragenden Tiefdeckers mit einer Spannweite von 26,50 m und einer auf das Tragflächenmittelstück montierten zentralen Rumpfgondel, die einen Bordschützen/Navigator/Beobachter im Bug und zwei Piloten in getrennten Tandem-Cockpits aufnahm. Beidseitig dieser Gondel befanden sich konventionelle Rumpfstrukturen, in deren Bug man je einen 485 kW (650 PS) starken Lorraine-V-Motor 18Kd, weiter hinten, nach den Flügeln, einen MG-Gefechtsstand und im Heck eine Seitenflosse samt Ruder installiert hatte. Die beiden Rümpfe waren durch ein Höhenleitwerk mit dreiteiligem Ruder verbunden, alle fünf Besatzungsmitglieder konnten durch Kriechtunnel miteinander Kontakt aufnehmen, und ein Schleifsporn unter jedem Rumpfende ergänzte das starre Fahrgestell.

Weitaus praktischer war das zivile Transportflugzeug **SPCA 40T**, ein freitragender Hochdecker mit drei Salmson-Sternmotoren 9Nc mit je 101 kW (135 PS). Hier fand die zweiköpfige Crew in einem Cockpit kurz vor der Flügelvorderkante Platz, und auf einer tieferen Ebene dahinter lag eine geschlossene Kabine für Fracht, Post oder vier bis fünf Passagiere. Eine kleine Zahl wurde produziert, und es hieß, diese Maschinen hätten zuverlässige Dienste geleistet. Nach den Vorgaben der französischen Regierung für einen einmotorigen, zweisitzigen Transporteindecker zum Kolonialdienst konstruierte das Unternehmen die **SPCA 81** als freitragenden Hochdecker mit starrem Schleifsporn-Fahrwerk. Das von einem Gnome-Rhône-Sternmotor 7Kb angetriebene Flugzeug konnte außer der zweiköpfigen Besatzung vier Passagiere befördern. 1933 folgte die größere **SPCA 90**, die grundsätzlich ähnlich, aber für eine Drei-Mann-Crew ausgelegt war und von drei Gnome-Rhône-Sternmotoren 7Kd mit je 261 kW (350 PS) angetrieben wurden. Dieses für den gleichen Mehrzweck-Transportdienst bestimmte Muster hatte eine ausreichend große Kabine, um bei einer Verwendung als Sanitätsflugzeug zwei liegende Patienten und einen medizinischen Betreuer zu befördern. Beide Versionen sollen in Französisch-Marokko zum Einsatz gekommen sein. Der letzte Typ, den das Unternehmen baute, war eine Version der **SPCA 90** für die zivile Luftfahrt. Diese **SPCA 91.T** unterschied sich dadurch, daß ihre Kabine für acht Passagiere eingerichtet war, denen Gepäckraum und eine Toilette zur Verfügung standen.

# Saab-17

Die schwedische Firma Svenska Aeroplan AB wurde 1937 durch den Zusammenschluß von AB Jarnvagsverkstaderna und Svenska Flygmotor AB gegründet. Erste Lizenzproduktionen umfaßten die Douglas 8A-1 (ähnlich der A-17 des US Army Air Corps), den zweimotorigen Bomber Junkers Ju 86A und die North American NA-16, aus der in den USA die AT-6 Texan hervorging. Saabs erster eigener Entwurf war ein zweisitziger Aufklärer, der auf amtlichen Vorgaben basierte. Nach dem Erstflug des Prototyps **Saab-17** am 18. Mai 1940 schlug der Hersteller vor, die Flygvapen solle eine Entwicklung zum Bomber in Erwägung ziehen. Die Bewertung des Musterflugzeugs hatte zur Folge, daß man die **Saab-17** sowohl für diese Rolle als auch zur Aufklärung entwickelte. Insgesamt 325 solcher Flugzeuge wurden gebaut. Die **Saab-17** war ein freitragender Mitteldecker mit einziehbarem Spornrad-Fahrgestell und einer Kabine für zwei Mann hintereinander. Der Motortyp variierte: der Sturzkampfbomber **B17A** hatte einen in Schweden gebauten Pratt & Whitney-Sternmotor R-1830-SC3G Twin Wasp mit einer Leistung von 794 kW (1065 PS), der Sturzkampfbomber **B17B** und der ähnliche Aufklärer **S17B** einen 731 kW (980 PS) starken Sternmotor Bristol Pegasus XXIV schwedischer Herstellung und der Sturzkampfbomber **B17C** (der sich von der **B17B** nur im Motor unterschied) den Piaggio P.XIbis. Die Gesamtproduktionszahl beinhaltet 38 Exemplare der **S17BS**, einer Seepatrouillenversion der **B17B** mit Zwillingsschwimmwerk. Viele Landflugzeuge dieses Typs erhielten später einziehbare Schneekufen für den Betrieb auf schneebedeckten Flächen.

Die **Saab-17**, die 1941 den Dienst bei der Flygvapen aufnahm, zeichnete sich besonders durch die robuste Konstruktion aus. Der Typ blieb bis 1948 im Einsatz.

***Die Saab B17B war eine Sturzkampfbombervariante des Grundmusters B17. Die Maschine wies eine Bombenkrücke vorn unter dem Rumpf auf, die dafür sorgte, daß die Abwurfwaffe die nötige Freiheit vom Propellerkreis erhielt.***

**TECHNISCHE DATEN**
**Saab-17 (B17C)**
**Typ:** zweisitziger Sturzkampfbomber
**Triebwerk:** ein Sternmotor Piaggio P.XIbis RC.40D mit 761 kW (1020 PS)
**Leistung:** Höchstgeschwindigkeit 435 km/h; Marschgeschwindigkeit 370 km/h
**Gewicht:** max. Startmasse 3865 kg
**Abmessungen:** Spannweite 13,70 m; Länge 9,80 m; Höhe 4,40 m; Tragflügelfläche 28,50 m²
**Bewaffnung:** zwei 13,2-mm-Maschinengewehre M/39A in den Flügeln und ein hinten lafettiertes 7,9-mm-Maschinengewehr M/22 sowie eine maximale Bombenlast von 680 kg

***Die Saab 17 hatte eine so schnörkellose Silhouette, daß Flugzeuge, die in schwedischen Luftraum eingedrungen waren, sie häufig für einen Abfangjäger hielten. Das nachträglich eingebaute Schneekufen-Fahrgestell beeinträchtigte die klaren Linien in keiner Weise.***

# Saab-18 bis Saab-35 Draken

**Die Saab 21 wurde 1941 in ganzen zwei Wochen von Frid Wänstrøm entworfen. Sie wurde das einzige Flugzeug, welches Fronteinsatz sowohl mit Kolbenmotoren als auch mit Düsenantrieb erlebte. Lars Brisling konnte mit seinen Mitarbeitern den ersten Pfeilflügeldüsenjäger Europas bauen, weil ihm das Turbojet-Triebwerk Ghost von Rolls-Royce zur Verfügung stand.**

## Saab-18

Die **Saab-18** wurde Ende der dreißiger Jahre nach einer amtlichen Forderung Schwedens für ein Aufklärungsflugzeug entworfen, kam aber erst am 19. Juni 1942 als Prototyp in die Luft. Der Grund für diese Verzögerung waren geänderte Vorgaben, die den Umbau der beiden Musterflugzeuge **Saab-18A** zu leichten Bombern beziehungsweise Sturzkampfbombern erfordert hatten. Die **Saab-18** war ein primär aus Metall konstruierter freitragender Mitteldecker mit geteiltem Seitenleitwerk und einziehbarem Spornrad-Fahrgestell. Den Antrieb lieferten zwei in Schweden gebaute Pratt & Whitney-Sternmotoren R-1830 Twin Wasp je 794 kW (1080 PS) in flügelmontierten Gondeln. Die Besatzung bestand aus dem Piloten, einem Navigator/Bordschützen und einem Bombardier im verglasten Rumpfbug. Die anfängliche Erprobung der Prototypen zeigte, daß die **Saab-18A** untermotorisiert war. Da sich dieser Mangel aber nicht sofort beheben ließ, nahm man den Typ als Bomber **B18A** und als Luftbildaufklärer **S18A** in die Serienfertigung. Von 60 insgesamt gebauten Flugzeugen wurden die letzten auch mit Bordradar ausgestattet. Als 1944 eine schwedische Lizenzversion des kräftigeren Daimler-Benz-Motors DB 605B zur Verfügung stand, fertigte man den Einzelprototyp **Saab-18B**, der erstmals am 10. Juni 1944 flog. An ihn schlossen sich 120 seriengefertigte Sturzkampfbomber **B18B** an. Die letzte Serienversion war die **T18B** (62 Exemplare), die als Torpedobomber entwickelt, aber als Angriffskampfflugzeug gebaut wurde. Sie hatte eine zweiköpfige Besatzung, und ihre Bewaffnung bestand aus zwei 20-mm-Kanonen sowie einer unter dem Bug montierten 57-mm-Bofors-Kanone. Die ersten **B18A**-Bomber gingen im Juni 1944 bei der Flygvapen in Dienst, und die Produktion der **T18B** endete 1948. Die 242 Flugzeuge dieser Serie leisteten wertvolle Dienste, bis im Jahr 1956 schließlich das letzte Exemplar ausgemustert wurde.

### TECHNISCHE DATEN
**Saab-18B (B18B)**

**Typ:** leichter Bomber/Sturzkampfbomber
**Triebwerke:** zwei V-Reihenmotoren (A-Form) Daimler-Benz DB 605B je 1085 kW (1475 PS)
**Leistung:** Höchstgeschwindigkeit 575 km/h in optimaler Höhe; Dienstgipfelhöhe 9800 m; max. Reichweite 2600 km
**Gewicht:** max. Startmasse 8800 kg
**Abmessungen:** Spannweite 17 m; Länge 13,23 m; Höhe 4,35 m; Tragflügelfläche 43,75 $m^2$
**Bewaffnung:** ein starres, vorwärtsfeuerndes 7,9-mm-Maschinengewehr M/22F und zwei 13,2-mm-MGs auf Drehlafette sowie eine interne Bombenlast von 1500 kg und Vorrichtungen für Luft-Luft-Raketen

***Die Sturzkampfbomberversion Saab-B18B der Saab-18 unterschied sich von den vorausgegangenen Modellen durch Daimler-Benz-Motoren DB 605 mit zweireihig hängenden Zylindern, und es fehlte ihr die 57-mm-Bofors-Kanone, die der Erdkampfjäger T18B unter dem Bug mitführte.***

## Saab-21

*Saab J21A der F12, Flygvapen*

Die schwedische Flygvapen war 1941 mit einem Mix aus Jagdflugzeugen italienischen und amerikanischen Ursprungs ausgerüstet, und man entschied, einen einheimischen Typ dieser Kategorie konstruieren und entwickeln zu lassen, der zugleich als Erdkampfflugzeug eingesetzt werden konnte. Dies führte zu einem ungewöhnlichen Entwurf in der Auslegung eines freitragenden Tiefdeckers mit mäßiger Flügelpfeilung und einer zentralen Rumpfgondel, die im Heck einen Flugmotor zum Antrieb eines Druckpropellers aufnahm. Hinzu kamen doppelte Leitwerksträger, die sich von den Tragflügeln nach hinten reckten und in Seitenflossen, verbunden mit einem Höhenleitwerk samt Höhenruder, mündeten. Am 30. Juli 1943 flog der erste von drei Prototypen **Saab-21A**, die von importierten Daimler-Benz-Motoren DB 605 angetrieben wurden. Alle nachfolgenden Exemplare der Serie erhielten eine Lizenzversion.

Der neue Typ ging Ende 1945 als **J21A-1** in Dienst und stellte das einzige Jagdflugzeug des Zweiten Weltkriegs mit Druckpropellern dar. Es folgten die grundsätzlich ähnliche **J21A-2** und das Erdkampfflugzeug **A21A**. Von diesen drei Versionen entstanden bis zur Einstellung der Produktion im Jahre 1948 insgesamt 299 Maschinen. Die **A21A** hatte die gleiche Bewaffnung wie der Jäger **J21A**, konnte aber Raketen sowie leichte Bomben an Gehängen unter den Flügeln aufnehmen.

### TECHNISCHE DATEN
**Saab-21A (J21A)**

**Typ:** Jagdeinsitzer
**Triebwerk:** ein in Schweden in Lizenz produzierter Daimler-Benz-Reihenmotor (A-Form) DB 605B mit 1085 kW (1475 PS)
**Leistung:** Höchstgeschwindigkeit 640 km/h in optimaler Höhe; Dienstgipfelhöhe 11.000 m
**Gewicht:** Leermasse 3250 kg; max. Startmasse 4150 kg
**Abmessungen:** Spannweite 11,60 m; Länge 10,45 m; Höhe 3,96 m; Tragflügelfläche 22,20 $m^2$
**Bewaffnung:** eine 20-mm-Hispano-Bugkanone und vier 13,2-mm-Browning-Maschinengewehre, je ein Paar im Bug und in den Tragflächen

## Saab-21R

***Mit Kanonenbehältern ausgerüstete Saab A21R des in Satenas stationierten Jagdgeschwaders F7 der Flygvapen***

Zur Konstruktion des ersten schwedischen Düsenjägers griff die Svenska Aeroplan auf den Entwurf der Saab 21 zurück und paßte ihn für den Einbau einer Goblin-Gasturbine von de Havilland an. Dies erschien als einfacher Weg, um Erfahrungen mit dieser Antriebsform zu sammeln und gleichzeitig das Leistungspotential der bewährten Saab-21 auszuweiten. Das Vorhaben gestaltete sich jedoch weitaus schwieriger als zunächst angenommen. Zunächst mußte man den gesamten Teil der Rumpfgondel hinter dem Brandschott neu gestalten, um das dicke Radialtriebwerk unterbringen zu können, und dann das Höhenleitwerk an das obere Ende der Seitenflossen außerhalb des Düsenstrahls versetzen. Angesichts der höheren Leistung hielt man ferner eine strukturelle Verstärkung in Teilbereichen für erforderlich, und da kein Propeller mehr vorhanden war, der in Bodenkontakt hätte kommen können, wurden die Fahrwerksbeine gekürzt. In dieser Form startete der erste Versuchsjäger **Saab-21R** am 10. März 1947 zum Jungfernflug. Die Lösung aller Entwicklungsprobleme nahm jedoch noch zwei volle Jahre in Anspruch, so daß die ersten Serienjäger erst im Februar 1949 zur Auslieferung kamen. Der Originalauftrag für die **Saab-21R** hatte 120 Flugzeuge umfaßt, aber wegen der schleppenden Entwicklung war ein zeitgleiches Programm für die von Haus aus strahlgetriebene Saab-29 schon weit fortgeschritten, so daß man die Bestellung auf 60 **Saab-21R** halbierte. Je 30 **J21RA** mit dem 1361 kg Schub starken Goblin 2 und **J21RB** mit einer Lizenzversion dieses Strahltriebwerks wurden gebaut, aber nach einer relativ kurzen Dienstzeitspanne als Jäger alle zu Erdkampfflugzeugen umgerüstet und in **A21R** beziehungsweise in **A21RB** umbenannt. In dieser Form waren sie mit zehn 100-mm- oder fünf 180-mm-Bofor-Raketen oder zehn 80-mm-Panzerabwehrraketen bewaffnet.

### TECHNISCHE DATEN
**Saab-21RB (J21RB)**

**Typ:** Jagdeinsitzer
**Triebwerk:** ein in Schweden in Lizenz gebautes Strahltriebwerk de Havilland Goblin 3 mit 1500 kg Schub
**Leistung:** Höchstgeschwindigkeit 800 km/h in 8000 m Höhe; Dienstgipfelhöhe 12.000 m; Reichweite 720 km
**Gewicht:** max. Startmasse 4990 kg
**Abmessungen:** Spannweite 11,60 m; Länge 10,45 m; Höhe 2,95 m
**Bewaffnung:** eine 20-mm-Hispano-Bugkanone und vier 13,2-mm-Browning-Maschinengewehre, je ein Paar im Bug und in den Tragflächen

## Saab-29

Das Originalprojekt **Saab-29** sah einen konventionellen Eindecker mit einem Goblin-Strahltriebwerk von de Havilland vor. Bald nach Kriegsende wurden aber Informationen über die deutsche Pfeilflügelforschung zugänglich, und es stand das schubstärkere Ghost-Triebwerk von de Havilland zur Verfügung, so daß man den Entwurf entsprechend änderte. Da die Firma keinerlei Erfahrung mit Pfeilflügeln besaß, beschloß man, ein Saab-Leichtflugzeug Safir als Erprobungsträger zu verwenden. So erhielt die Maschine ein im Maßstab reduziertes Tragwerk mit einer Pfeilung von 25° und wurde in dieser Ausführung testgeflogen. Mit de Havilland vereinbarte Saab die Lizenzproduktion des Ghost-Triebwerks in Schweden. Der erste von vier **Saab-29**-Prototypen kam am 1. September 1948 in die Luft, doch es dauerte bis zum Frühjahr 1951, bis die **Saab-29** als erstes westeuropäisches Flugzeug dieser Klasse in Serie ging. Der freitragende Schulterdecker hatte ein einziehbares Bugrad-Fahrwerk, und das Triebwerk war im Rumpf untergebracht, der etwas pummelig wirkte. Der Pilot saß bei diesem Flugzeug auf einem Schleudersitz im druckbelüfteten Cockpit.

Im weiteren Verlauf des Jahres 1951 nahmen Saab-Jäger **J29A** den Dienst bei der Flygvapen auf, und als die Produktion im April 1956 endete, waren 661 Exemplare gebaut. Sie blieben im Einsatz, bis 1958 der Zulauf der Saab-32 Lansen begann. 1961/62 wurden 30 Maschinen vom Typ **J29F**, die vormals zur Flygvapen gehörten, an die Luftwaffe der Republik Österreich übergeben.

### TECHNISCHE DATEN
**Saab-29F (J29F)**

**Typ:** Jagdeinsitzer
**Triebwerk:** ein Nachbrenner-Strahltriebwerk der Marke Flygmotor RM2B mit 2800 kg Schub (Lizenzbau des de Havilland Ghost)
**Leistung:** Höchstgeschwindigkeit 1060 km/h in 1550 m Höhe; Dienstgipfelhöhe 15.500 m; max. Reichweite 2700 km
**Gewicht:** Leermasse 4300 kg; max. Startmasse 8000 kg
**Abmessungen:** Spannweite 11 m; Länge 10,13 m; Höhe 3,73 m; Tragflügelfläche 24 $m^2$
**Bewaffnung:** vier 20-mm-Kanonen und zwei Sidewinder-Lenkraketen RB24

***Die „Tunnan" („Tonne") genannte Saab-29 war eine beachtliche Leistung der schwedischen Luftfahrtindustrie. Das Foto zeigt zwei Exemplare der letzten Serienversion J29F.***

**Varianten**

**J29A:** erste Jagdeinsitzer-Serienversion, ab April 1951 ausgeliefert
**J29B:** zweite, verbesserte Serienausführung mit erweitertem Rumpftank, Anfang 1953 statt der J29A in die Fertigung genommen
**A29B:** hierbei handelte es sich um eine Erdkampfversion, weitgehend identisch mit der J29B
**S29C:** Luftbildaufklärungsversion, ähnlich konstruiert wie die J29B, aber mit sechs vollautomatischen Kameras und verbesserter Navigationsausrüstung; erste Auslieferungen Ende 1953; erhielt nachträglich die für die J29F entwickelten Außenflügel
**J29D:** in nur kleiner Stückzahl gebaute Versuchsversion, die zur Erprobung eines schwedischen Nachbrenners verwendet wurde
**J29E:** Erstflug am 3. Dezember 1953; führte Außenflügel mit Sägezahn zur Verbesserung der Eigenschaften im schallnahen Geschwindigkeitsbereich ein; Serienmaschinen erhielten den mit der J29D getesteten Nachbrenner
**J29F:** letzte Serienversion mit sämtlichen Neuerungen der vorausgegangenen Modelle
**A29F:** hierbei handelte es sich um eine Erdkampfversion der J29F; konnte über die Standard-Bewaffnung der J29F hinaus 24 Luft-Luft-Raketen, Kaliber 75 mm, oder eine gemischte Waffenlast von bis zu 500 kg an Stationen unter den Flügeln mitführen

## Saab-32 Lansen

Die **Saab-32** flog am 3. November 1952 erstmals in Prototypform, ging ab 1955 an die Flygvapen und blieb 28 Jahre lang im Dienst – ein überragender Beweis für die Leistungsfähigkeit dieses Musters. Der Entwurf wurde Ende der vierziger Jahre eingeleitet, um der schwedischen Luftwaffe ein allwettertaugliches Kampfflugzeug mit zwei de Havilland-Strahltriebwerken zur Verfügung zu stellen. Als aber ein heimisches und somit preiswerteres Triebwerk in Aussicht stand, stimmte man das Projekt auf den neuen schwedischen Antrieb ab. Dessen Entwicklung verzögerte sich jedoch, und das gesamte Saab-Programm erschien gefährdet. Saab entschied sich daher zum Wechsel auf das Avon von Rolls-Royce und erhielt grünes Licht für die Serienfertigung. Vier Prototypen der **Saab-32** wurden in Auftrag gegeben, zweisitzige Tiefdecker mit kraftverstärkter Flugsteuerung, einziehbarem Bugrad-Fahrwerk und druckbelüfteter Kabine mit zwei hintereinander angeordneten Schleudersitzen für die Besatzung. Die Tragflügel waren um 35° zurückgepfeilt und wurden wie bei der Saab-29 in verkleinerter Form mit einem Saab-Trainer Safir als Versuchsträger erprobt.

1953 lief die Produktion der **A32A Lansen** („Lanze") an, eines Allwetter-Kampfflugzeugs mit einer in Schweden gebauten Version des Rolls-Royce-Triebwerks Avon Serie 100, das bei zugeschaltetem Nachbrenner 4500 kg Schub abgab. Die Produktion endete Mitte 1958, und unmittelbar darauf begann die Auslieferung des Allwetter-/Nachtjägers **J32B**, der erstmals am 7. Januar 1957 geflogen war. Der neue Jäger führte das Strahltriebwerk Flygmotor RM6B ein, eine Lizenzversion des Rolls-Royce Avon Serie 200 mit einem Nachbrennerschub von 6900 kg. Die Produktion der erheblich leistungsgesteigerten **J32B** lief Anfang 1960 aus. Parallel dazu hatte man die Aufklärungsvariante **S32C** mit modifizierter Flugzeugnase zur Aufnahme moderner Kameras und Radarüberwachungssysteme gebaut. Als die Fertigung mit der Auslieferung der letzten **J32B** am 2. Mai 1960 endete, waren insgesamt 450 Exemplare aller Versionen der **Saab-32** für die Flygvapen gebaut worden.

1993 befanden sich nur noch wenige **Lansen** im Dienst, hauptsächlich bei der Försökscentralen der Flygvapen. Zweisitzige **J32B** und **J32D** fungieren weiterhin als Zielschleppflugzeuge neben 14 **J32E**, die eigens für die Rolle als elektronische Angreiferflugzeuge modifiziert wurden. Diese **Lansen** fliegen bei der in Malmslätt beheimateten F13M, die ein Außenkommando auf dem Norland-Flugkörpertestgelände in Vidsel, Lappland, stellt. Drei Zielschleppmaschinen **J32B** dienten früher bei der Vertragsfirma Swedair, jetzt wieder bei der Flygvapen.

### TECHNISCHE DATEN
**Saab-32B (J32B)**

**Typ:** Allwetter-/Nachtjäger
**Triebwerk:** ein Nachbrenner-Strahltriebwerk Flygmotor RM6B mit 6900 kg Schub
**Leistung:** Höchstgeschwindigkeit 1145 km/h in optimaler Höhe; Dienstgipfelhöhe 16.000 m; max. Reichweite 3200 km
**Gewicht:** Leermasse 7000 kg; max. Startmasse 13.500 kg
**Abmessungen:** Spannweite 13 m; Länge 14,50 m; Höhe 4,65 m; Tragflügelfläche 37,40 $m^2$
**Bewaffnung:** vier 30-mm-Kanonen und Sidewinder-Lenkraketen oder ungelenkte Luft-Luft-Raketen als Außenlasten

***Die ausgezeichnete Saab Lansen ist außerhalb Schwedens kaum bekannt. Das Foto zeigt den Prototyp J 32B, der ein in Lizenz gefertigtes, schubstärkeres Avon-Triebwerk einführte.***

***Zu Beginn der neunziger Jahre setzte die Flygvapen noch immer einige Exemplare aus den fünfziger Jahren als Zielschleppflugzeuge ein.***

# Saab-35 Draken

Schon bald nachdem die schwedische Luftwaffe der Entwicklung und Produktion der Saab-32 zugestimmt hatte, stellte sie einen Anforderungskatalog für ein neues einsitziges Jagdflugzeug auf, das in der Lage sein sollte, Bomber im transsonischen Geschwindigkeitsbereich abzufangen. Der neue Typ mußte offenkundig überschallschnell sein, eine bislang unerreichte Steigleistung bieten, überdurchschnittliche Werte in bezug auf Reichweite und Flugdauer erbringen sowie eine beachtliche Waffenlast mitführen können. Gleichsam als Krönung wurden STOL-Eigenschaften (Kurzpisteneigenschaften) gefordert.

Saab ging im August 1949 nach diesen Vorgaben ans Werk und wählte eine Doppel-Delta-Konfiguration, die ein hohes Maß an struktureller Integrität bei geringem Gewicht in Aussicht stellte und, sofern sie sich als geeignet erweisen sollte, genügend Raumvolumen bot, um die für die Primärrolle erforderlichen Ausrüstungskomponenten, Treibstofftanks und Waffen unterzubringen. Windkanaltests mit Modellen bestätigten die Tauglichkeit des Flügelkonzepts ebenso wie das im Maßstab verkleinerte Versuchsflugzeug Saab-210, ausgestattet mit einem Armstrong-Siddeley-Strahltriebwerk Adder mit 476 kg Schub. Die erstmals am 21. Februar 1952 geflogene Saab-210 lieferte den Nachweis, daß das Doppel-Delta-Tragwerk keinerlei Probleme aufwarf, und nach der Prüfung eines hölzernen Entwurfsmodells erging ein Auftrag über den Bau von drei Prototypen **Saab-35**. Die Musterflugzeuge erhielten eine kraftverstärkte Flugsteuerung, eine Kombination von Gummi- und Integraltanks sowie ein einziehbares Bugrad-Fahrgestell, das durch zwei ebenfalls einfahrbare Heckräder ergänzt wurde. Dieses Konzept gestattete einen Landeanflug mit steilem Anstellwinkel, um die aerodynamische Bremswirkung der Deltaflügel auch nach dem Aufsetzen noch voll zur Wirkung kommen zu lassen. In Verbindung mit dem Bremsschirm ergab dies eine Landestrekke von nur 610 m.

Der erste Prototyp flog am 25. Oktober 1955, und die beiden anderen folgten im Frühjahr 1956. Alle drei waren mit einem Nachbrennertriebwerk Rolls-Royce Avon ausgerüstet. Der Typ ging 1956 in Serie, und der erste Serienjäger **J35A Draken** („Drache") startete am 15. Februar 1958 zum Jungfernflug, angetrieben von einem Flygmotor RM6B, der Lizenzversion des Rolls-Royce Avon. Die Indienststellung begann im März 1960 bei der Flygflottilj 13 in Norrköping. Für die Flygvapen wurden insgesamt 525 **Draken** aller Versionen gebaut, von denen sich derzeit noch 60 **J35J** und zwölf **Sk35C** bei vier Staffeln von F10 in Angelholm (Südschweden) im Dienst befinden.

Saab entwickelte zudem eine Exportversion der Draken mit der Bezeichnung **Saab-35X**, die eine größere Treibstoffkapazität sowie ein höheres Gesamtgewicht zur Aufnahme schwererer Außenlasten bot.

Erster Abnehmer war Dänemark, das seine Flugzeuge als **A35XD** (Äquivalent der schwedischen **J35F**) übernahm. Ihre Dienstbezeichnung bei der Kongelige Danske Flyvevabnet lautete allerdings **F-35**. Die **RF 35** (**Saab-S35XD**) ist eine Variante der schwedischen Aufklärer-**Draken S35E**, hat aber inzwischen ausgedient.

Der zweite Exportkunde war Finnland, das zwölf **J35XS** (schwedische **J35F-2**), fünf **J35CS** (schwedische **Sk35C**) und schließlich noch 24 **J35FS** (einsitzige **J35F** der Flygvapnet mit null Flugstunden) erhielt. Ein einziges Jagdgeschwader, die „Lapland Wing", setzt dieses Muster heute noch ein.

Der vierte **Draken**-Nutzer wurde Mitte der achtziger Jahre Österreich, dem 23 **J35Ö** (schwedische **J35D**) als primäre Abfangjäger dienen.

In Schweden hat die Saab 37 Viggen die **Draken**, von der insgesamt 606 Exemplare entstanden, nahezu völlig verdrängt. Saabs Leistung, das erste supersonische Kampfflugzeug Europas gebaut zu haben, ist hervorzuheben, und ohne die politischen Ausfuhrbeschränkungen von Rüstungsmaterial wäre ein viel höherer Absatz möglich gewesen.

**TECHNISCHE DATEN**

**Saab-35A (J35F)**

**Typ:** einsitziger Abfangjäger
**Triebwerk:** ein Flygmotor RM6C mit 7830 kg Nachbrennerschub (Lizenzversion des Rolls-Royce-Strahltriebwerks Avon 300)
**Leistung:** Höchstgeschwindigkeit Mach 2 oder 2125 km/h in 11.000 m Höhe (ohne Außenlasten); Dienstgipfelhöhe 20.000 m; Einsatzradius im Profil Hi-Lo-Hi mit Interntreibstoff 560 km
**Gewicht:** Leermasse 7425 kg; max. Startmasse 12.700 kg
**Abmessungen:** Spannweite 9,40 m; Länge 15,35 m; Höhe 3,89 m; Tragflügelfläche 49,20 m²
**Bewaffnung:** eine 30-mm-Kanone ADEN M/55 in der Steuerbordfläche, je zwei Falcon-Lenkflugkörper RB 27 und RB 28 sowie bis zu 1000 kg Bomben oder zwölf Bofors-Raketen, Kaliber 135 mm

***Diese Aufnahme von der Unterseite einer dänischen Draken hebt das Doppel-Delta-Tragwerk hervor.***

**Varianten**

**J35A:** erste Serienversion mit Flygmotor RM6B, der 7000 kg Nachbrennerschub entwickelte; ursprünglich mit kurzem Heckkonus, aber nachträglich mit längerer Ausführung modifiziert
**J35B:** verbesserte Version mit verlängertem Heckkonus, einziehbaren Doppelrädern unter dem Heck, STRIL-60-Datenverbindung zu Leitstellen der schwedischen Luftverteidigungsorganisation, Bordradar zur Abfangjagd im Kollisionskursverfahren und verstärkter externer Bewaffnung
**Sk35C:** zweisitziger Einsatztrainer, nicht kampftauglich
**J35D:** verbesserter Abfangjäger mit schubstärkerem Flygmotor RM6C, erweiterten Triebwerkslufteinläufen, modernerer Avionik und Zero/Zero-Schleudersitz
**S35E:** taktische Aufklärungsversion mit einer Batterie von fünf Kameras in modifizierter Flugzeugnase
**J35F:** letzte Serienversion mit moderner Avionik und den technischen Voraussetzungen zur Bewaffnung mit lizenzgefertigten Hughes-Falcon-Lenkflugkörpern anstelle der Sidewinder
**J35F-2:** nachgebesserte Variante der J35F (dann J35F-1) mit Ericsson-Infrarotabtaster unter dem Kinn
**Saab 35H:** erfolglos der Schweizer Flugwaffe angebotene Version mit Ferranti-Radar A.I.23 Airpass; ein Umrüstexemplar
**J35J:** 64 modifizierte J35F, zunächst J35F Mod und J35F-Ny (neu) bezeichnet; neuer Transponder und Bodenannäherungswarnsystem; Radargerät, Infrarotsucher, Freund-Feind-Funkkenngerät und Avionik komplett erneuert; zusätzlicher Außenlastträger unter dem Innenflügel

***Mit der Draken gelang Saab ein Mach 2 schnelles Jagdflugzeug, obwohl nur ein Avon-Nachbrennertriebwerk eingebaut wurde. Finnland hat insgesamt vier verschiedene J35-Varianten betrieben. Diese Draken im natürlichen Metallsilber gehört der von Valmet montierten Erstserie von zwölf J35XS an.***

## Saab-37 Viggen bis Saab 340

**1950 kaufte Saab eine Fabrik auf und richtete sie zur Entwicklung und Fertigung ziviler und militärischer Flugzeuge ein. 1958-61 geschah dort die Fertigungsplanung der Viggen 37 in fünf Versionen. Die Auslieferung an das königliche schwedische Luftfahrtministerium begann 1978. Die Passagiermaschine Saab 340 konnte sich diverse Exportaufträge sichern.**

# Saab-37 Viggen

Die Entwicklung der **Saab-37** wurde eingeleitet, um der schwedischen Luftwaffe ein vollkommen integriertes Waffensystem zur Verfügung zu stellen, das auf dem in den USA erstmals praktizierten Konzept beruhte. Ausgedehnte Untersuchungen und Tests ergaben die Einführung einer seinerzeit einzigartigen Canard- oder Entenflügel-Konfiguration für den Abfangjäger, der die fliegende Komponente des Gesamtwaffensystems darstellen sollte. Die Auslegung umfaßte ein großes Deltatragwerk am Hinterrumpf, kombiniert mit Delta-Vorflügeln samt Klappen an der Hinterkante. Die Canardflügel-Baugruppe sollte für eine bessere STOL-Leistung sorgen, damit die **Saab-37** von Kurzpisten und etwa 500 m langen Kraftfahrstraßenteilstrecken aus operieren konnte. Diese aerodynamische Auslegung in Verbindung mit einem Hochleistungs-Turbofan-Triebwerk erbrachte im wesentlichen die angestrebte Fähigkeit zum Kurzstreckenstart. Das Triebwerk seinerseits unterstützt die Kurzstreckenlandung durch eine Schubumkehrvorrichtung (erstmalig bei einem Kampfflugzeug). Die **Saab-37** wurde zum Landeanflug ohne „Aushungern" mit einer Sinkgeschwindigkeit von 5 m/sek entworfen und mit einem besonderen Fahrgestell versehen, das derart heftige Landestöße auffangen konnte. Sobald die Maschine aufsetzt, greift die Schubumkehr ein und sorgt zusammen mit Antiblockier-Bremsanlagen für eine minimale Ausrollstrecke. Der Pilot sitzt auf einem Zero/Zero-Schleudersitz im vollklimatisierten und druckbelüfteten Cockpit, geschützt durch eine vogelschlagsichere Frontscheibe. Zum hohen Kampfwert dieses Musters trägt der Einbau modernster Avioniksysteme bei. Für den Selbstschutz sind ECM- und Radarwarngeräte sowie zur Navigation Dopplerradar und Funkhöhenmesser eingerüstet. Hinzu kommen ein taktisches Instrumentenlandesystem und ein Führungssystem zum Blindanflug.

Der Jungfernflug des ersten von sieben Prototypen fand am 8. Februar 1967 statt, und der erste einsitzige Jäger **AJ 37 Viggen** (Donnerschlag) flog ab 23. Februar 1971. Die Auslieferung der ersten Maschinen an Flygflottilj 7 in Satenäs begann am 21. Juni 1971. Das Kürzel AJ steht für Attack-Jakt, hebt also die offensive Erstrolle hervor. Als nächstes entwickelte Saab Aufklärerversionen der **Viggen**. Haushaltsmittel für das nominelle Programm „S-37" (Spanning – Aufklärung) wurden 1971 bewilligt, und zunächst entstand die **SF 37 Viggen** (Spanning Foto – Fotoaufklärung), die die Saab 35E Draken und die Lansen bei der Aufklärung über Land ablösen sollten. Der erste Prototyp startete am 21. Mai 1973 zum Jungfernflug. Die **SF 37** ist mit sieben Kameras unterschiedlicher Art in einer keilförmigen Flugzeugnase ausgerüstet und verzichtet auf jegliches Bordradar. Diese Systeme können durch Gondeln, vor allem Nachtaufklärungsbehälter, an den Schulterpylonen der **Viggen** ergänzt werden.

Die zweite reine Aufklärungsversion ist die **SH 37 Viggen** (Spanning Havsövervakning – Hafen-/Seeraumüberwachung). Das dritte **Viggen**-Serienflugzeug diente als Prototyp der **SH 37** und flog in dieser Konfiguration erstmals am 10. Dezember 1973. Diese **Viggen** ist nicht nur mit einem Weitbereichsüberwachungs- und Angriffsradar, dem auf die Überwachung von Seegebieten optimierten PS-371/A von Ericsson, ausgestattet, sondern auch mit der Kamera RKA 40, die Radarbilder zur späteren Auswertung aufzeichnet. Äußerlich ähnelt die **SH 37 Viggen** der **AJ 37**, und werden zusätzliche Aufklärungssysteme mitgeführt, gewöhnlich ein Backbordbehälter für Nachtaufnahmen und ein LOROP-Steuerbordbehälter, so sind sie an den Schulterpylonen angebracht. **SH-37**-Piloten gewannen ihre Erfahrung größtenteils bei der Beobachtung von Marinemanövern des Warschauer Pakts in der Ostsee, waren aber auch für die Besatzungen von NATO-Kampfschiffen recht gute Bekannte.

Mit der **Viggen** als primärem Einsatzmuster brauchte die Flygvapen fraglos eine zweisitzige Schul- und Übungsversion. Diese Rolle füllt die **Sk 37 Viggen** (Skol – Schule) aus, die eine eher ungewöhnliche Auslegung mit getrennten Cockpits für Lehrer und Schüler erhielt.

Die **Sk 37** besitzt eine erweiterte Seitenflosse und die Standardnase der **Viggen**, verzichtet allerdings auf das Radar und stützt sich statt dessen zur Navigation allein auf ihre Doppler- und DME-Ausrüstung. Sie basiert auf der **AJ 37**, hat aber wegen des zweiten Cockpits ein kleineres Tankvolumen, so daß sie in der Regel mit Zusatztanks fliegt.

Die ersten 27 **Viggen** wurden mit schwachen Holmen gefertigt, die dem Muster zunächst einen schlechten Ruf einbrachten. An der Solidität des Saab-Grundmodells kamen jedoch nie Zweifel auf, denn alle Nachkriegs-Militärflugzeuge dieses Herstellers zeichneten sich durch eine lange Lebensdauer aus. So konnte auch die Entscheidung nicht verwundern, die abschließende und vielleicht radikalste Fortentwicklung des Systems 37 durchzuführen. Als Nachfolgerin der J 35 Draken in der Luftverteidigungsorganisation wurde die **JA 37 Viggen** (Jakt – Jagd) geschaffen, die äußerlich der **AJ 37** ähnelte, aber an den Unterseiten ein ganz anderes Kampfflugzeug darstellte. Der Entwurf hatte seit 1968 langsam Gestalt angenommen, und die ersten Aufträge wurden 1972 vergeben. Insgesamt fünf Prototypen waren erforderlich, von denen der erste am 4. Juni 1974 erstmals in die Luft kam. Man hatte den Rumpf um 7 cm verlängert und die Seitenflosse wie bei der **Sk 37** erweitert. Ein weiterer augenfälliger Unterschied bestand in einer VHF-Blattantenne hinter dem Seitenruder.

Ein umfangreiches Testprogramm wurde aufgezogen, um das neue RM8B-Triebwerk von Volvo-Flygmotor, das Multifunktionsradar PS-46 von Ericsson, Bordsysteme für BVR-Lenkwaffen und brandneue Avionik- und Sichtanzeigegeräte in das Cockpit beziehungsweise in die vorhandene **Viggen**-Zelle zu integrieren. Die **JA 37** ist zwar relativ klein und einmotorig, aber außerordentlich manövrierfähig und genau darauf abgestimmt, was Schweden zur Sicherung seines Luftraums braucht: auf Kurzstreckeneinsätze bei einer hohen Umlaufrate. Die Tragflächen sind für einen höheren Belastungswert verstärkt, und das Muster hat an Gewicht zugelegt. Die erste von 149 seriengefertigten **JA 37** flog am 4. November 1977, und die Zuschleusung an die Verbände begann 1980. Die letzte Maschine wurde der Flygvapen am 29. Juni 1990 übergeben, und damit endete die **Viggen**-Produktion nach 329 Flugzeugen.

Das Unternehmen versuchte auch, den Typ zu exportieren, scheiterte aber aufgrund der von der Legislative auferlegten Ausfuhrbeschränkungen für Wehrmaterial.

Die beantragte Finanzierung von Ersatzflugzeugen für erlittene Verluste wurde ebenfalls abgelehnt, und die **Viggen** der ersten Generation scheiden aus, bevor die neue JAS 39 Gripen voll einsatzbereit ist. Um diese Phase zu überbrücken, hat Saab ein tiefgreifendes Modernisierungsprogramm für 115 **AJ**, **SF** und **SH 37** gestartet aus dem diese als **AJS 37** hervorgehen. Im Rahmen dieser Nachrüstung erhalten die **Viggen** einen digitalen Datenbus, der ihnen zur echten Mehrfach-Rollenfähigkeit verhilft, ein Geländefolge-Bordradar und technische Komponenten, die es ihnen ermöglichen, einige der für die Saab Gripen in der Entwicklung befindlichen Waffen (wie die DWS 39) zu nutzen.

### TECHNISCHE DATEN

**Saab-37 (JA 37)**

**Typ:** einsitziger Allwetter-Abfangjäger/Jagdbomber

**Triebwerk:** ein Turbofan-Nachbrennertriebwerk Flygmotor RM8B mit 12.750 kg Schub

**Leistung:** Höchstgeschwindigkeit über Mach 2 in optimaler Höhe; Steigzeit auf 10.000 m Höhe eine Minute und 40 Sekunden; Einsatzradius im Profil Hi-Lo-Hi mit externer Waffenlast mehr als 1000 km

**Gewicht:** max. Startmasse 17.000 kg

**Abmessungen:** Spannweite der Hauptflächen 10,60 m; Spannweite der Vorflügel 5,45 m; Länge 16,40 m; Höhe 5,90 m; Tragflügelfläche einschließlich Vorflügel 52,20 m²

**Bewaffnung:** eine 30-mm-Kanone Oerlikon KCA und drei Unterrumpf- sowie vier Unterflügelstationen für Waffen, darunter zwei Luft-Luft-Flugkörper Sky Flash (RB71) und vier Sidewinder (RB24); im Einsatz Luft-Boden können bis zu 24 135-mm-Raketen mitgeführt werden

***Saab AJ 37 Viggen (untere Seitenansicht: Sk 37)***

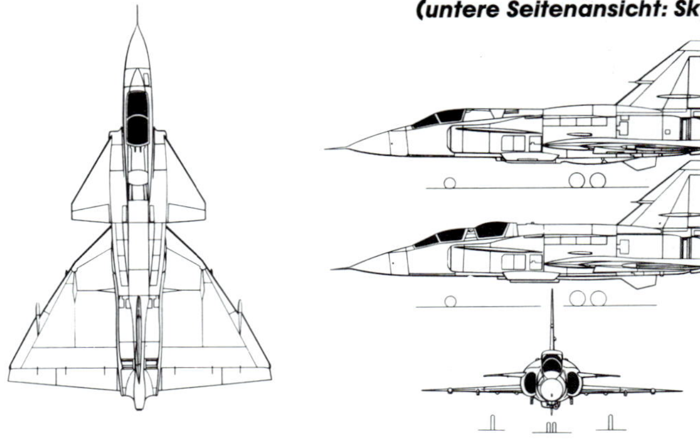

***Die Saab JA 37 verfügt über ein fortschrittliches Bordradar, eine außerordentlich durchschlagskräftige Kanone und eine effektive Flugkörperbewaffnung. Diese Viggen zeigt einen nicht mehr verwendeten Sichtschutz.***

***Die SF 37 hat eine andere Nasenform, da im Bug vier Kameras für Senkrecht-/Schrägaufnahmen aus geringer Höhe, zwei Fernkameras für Senkrechtbilder und eine Infrarotkamera eingebaut sind.***

**Varianten**
**AJ 37:** erste Serienversion; einsitziger, allwettertauglicher Jagdbomber, in Zweitrolle zur Abfangjagd einsetzbar; ausgestattet mit dem 11.789 kg Schub starken Turbofan-Nachbrennertriebwerk RM8A, dem supersonischen JT8D von Pratt & Whitney, das Flygmotor für militärische Zwecke mit Nachbrenner und Schubumkehrer versehen hat
**SF 37:** allwettertauglicher Einsitzer für bewaffnete Luftbildaufklärung; Zelle und Triebwerk ähnlich wie bei der AJ 37, aber modifizierter Bug mit insgesamt acht Kameras, darunter eine zur Dokumentation der Flugdaten wie Höhe, Kurs, Position etc., Infrarot-Sensor und ECM-Ausrüstung; zwei Sidewinder-Lenkraketen zur Selbstverteidigung
**SH 37:** allwettertauglicher Einsitzer zur bewaffneten Aufklärung über See; Zelle und Triebwerk ähnlich wie bei der AJ 37, aber bugmontiertes Überwachungsradar mit gekoppelter Kamera zur Aufzeichnung des Radarbilds; ECM-Ausrüstung, Flugdatenkamera und Bewaffnung wie SF 37
**Sk 37:** zweisitziger Trainer mit Cockpits in Tandemanordnung, in Zweitfunktion als Kampfflugzeug einsetzbar; Zelle und Triebwerk ähnlich wie bei der AJ 37, aber ohne einige Elektronikbausteine und den vorderen Rumpftank, um ein zweites Cockpit und eine größere Seitenflosse zu ermöglichen
**JA 37:** einsitziger Abfangjäger, sekundär als Jagdbomber einsetzbar; letzte Serienversion mit verbesserten Flugleistungen dank des schubstärkeren Triebwerks RM8B, der komplett überarbeiteten Zelle und fortschrittlicheren Avioniksystemen

# Saab-90 Scandia

Für Svenska Aeroplan war die **Saab-90 Scandia** insofern ungewöhnlich, als sich die Firma bislang auf den Bau von Militärflugzeugen konzentriert hatte. Mit diesem Projekt begab auch sie sich, wie zahlreiche andere Unternehmen, auf die Nachkriegsjagd nach dem großen Gewinn, den ein Nachfolgemuster für die legendäre Douglas DC-3 versprach. Saab blieb allerdings wenig erfolgreich und produzierte zwischen 1948 und 1954 nur 18 **Saab-90**. Dazu gehörte auch der Prototyp dieses freitragenden Ganzmetall-Tiefdeckers mit einziehbarem Bugrad-Fahrwerk und zwei 1081 kW (1470 PS) starken, flügelmontierten Sternmotoren Pratt & Whitney Twin Wasp, der erstmals am 16. November 1946 flog. Neben der vier- bis fünfköpfigen Besatzung konnte das Muster 24 bis 36 Passagiere transportieren.

Es erfolgte nur ein einziger Auftrag für die Serienversion **Saab-90A**, erteilt von der schwedischen AB Aerotransport, der sich noch auf sechs Exemplare reduzierte, als diese Fluggesellschaft in SAS aufging. Die restlichen vier Flugzeuge konnten an Aerovias Brasil (später VASP) abgesetzt werden. Beide Gesellschaften stellten diesem Muster ein gutes Zeugnis im Alltagsbetrieb aus und bestellten zwei (SAS) beziehungsweise fünf (VASP) Maschinen nach. Weitere Aufträge blieben jedoch aus. Eine **Saab-90B** mit Druckkabine wurde noch geplant, aber mangels Nachfrage nicht mehr gebaut.

***Die Saab-90A Scandia war ein herkömmlicher, durchaus annehmbarer Kurzstrecken-Airliner, fand aber keine Abnehmer.***

**TECHNISCHE DATEN**
**Saab-90A Scandia**
**Typ:** Kurzstrecken-Verkehrsflugzeug
**Triebwerke:** zwei Sternmotoren Pratt & Whitney R-2180-E1 je 1342 kW (1825 PS)
**Leistung:** Reisegeschwindigkeit 390 km/h in 3050 m Höhe; Dienstgipfelhöhe 7500 m; Reichweite 1480 km
**Gewicht:** Leermasse 9960 kg; max. Startmasse 16.000 kg
**Abmessungen:** Spannweite 28 m; Länge 21,30 m; Höhe 7,10 m; Tragflügelfläche 85,65 m²

# Saab-91 Safir

1945 brachte Saab den Prototyp der **Saab-91 Safir** in die Luft, einen dreisitzigen Kabineneindecker in der Auslegung eines freitragenden Tiefdeckers mit einziehbarem Bugrad-Fahrgestell und einem 97 kW (132 PS) starken de-Havilland-Reihenmotor Gipsy Major 1C. Auf die erfolgreiche Erprobung folgte die erste Serienversion **Saab-91A** mit dem kräftigeren de Havilland Gipsy Major 10. Die schwedische Luftwaffe bekundete ihr Interesse an diesem Typ als Anfänger-Schulflugzeug, und dies führte zu einem Prototyp, der von einem Sechszylinder-Boxermotor Avco Lycoming O-435-A mit 142 kW (193 PS) angetrieben wurde. Diese Version, deren Erstflug am 18. Januar 1949 stattfand, ging bei der Flygvapen als Standardtrainer mit der Bezeichnung **Sk 50** in Dienst. Mit dem gleichen Motor fertigte Saab dieses Modell als **Saab-91B**. Die **Sk 50/Saab-91B** ließen sich mit Maschinengewehren, Übungsbomben oder Raketen bewaffnen und dienten auch bei den Luftstreitkräften Äthiopiens und Norwegens. In der Unterversion eines reinen Schulflugzeugs nutzten zudem verschiedene europäische Fluggesellschaften dieses Muster. Die erstmals im September 1953 geflogene **Saab-91C** unterschied sich von ihrer Vorgängerin durch vier Sitze. Die letzte seriengefertigte Version war die **Saab-91D** mit einer Reihe von Verbesserungen, darunter einem neuen Avco Lycoming-Motor O-360-A1A, Scheibenbremsen und anderen Neuerungen zur Einsparung von Gewicht. Als die Produktion auslief, waren insgesamt rund 320 **Safir** gebaut.

***Saab-91D Safir vom Schulgeschwader, Fliegerregiment 2, österreichische Luftstreitkräfte im Jahre 1969.***

**TECHNISCHE DATEN**
**Saab-91D Safir**
**Typ:** viersitziger Kabineneindecker
**Triebwerk:** ein Vierzylinder-Boxermotor Avco Lycoming O-360-A1A mit 134 kW (182 PS)
**Leistung:** Höchstgeschwindigkeit 266 km/h; Dienstgipfelhöhe 5000 m; Reichweite 1000 km
**Gewicht:** Leermasse 710 kg; max. Startmasse 1205 kg
**Abmessungen:** Spannweite 10,60 m; Länge 7,95 m; Höhe 2,20 m; Tragflügelfläche 13,60 m²

# Saab-105

Mit der in Eigeninitiative entwickelten **Saab-105** wollte der Hersteller seine Produktlinie durch ein leichtes, strahlgetriebenes Muster bereichern, das vielfältige Verwendungen im zivilen und militärischen Bereich finden konnte. Die Arbeiten am Entwurf begannen bereits 1959, doch der Jungfernflug des ersten von zwei Prototypen verzögerte sich bis zum 29. Juni 1963. Dies lag an der Schwierigkeit, ein geeignetes kleines, aber dennoch leistungsstarkes Turbofan-Triebwerk, wie schließlich das Turboméca Aubisque mit einer Nennleistung von 745 kg Schub, zu finden. Der freitragende Schulterdecker, leicht erkennbar an der ausgeprägt negativen V-Stellung seiner Tragflügel und an seinem hohen T-Leitwerk, ist mit einem einziehbaren Bugrad-Fahrwerk und zwei beidseitig am Rumpf in Gondeln montierten Turbofan-Triebwerken ausgestattet. Das geschlossene Cockpit bietet zwei Personen auf Schleudersitzen nebeneinander oder vier Personen auf genormter Festbestuhlung Platz.

Nach ausgiebiger Erprobung der Prototypen vergab die Flygvapen Anfang 1964 einen Auftrag über 130 Serienflugzeuge, der später noch auf 150 Exemplare erhöht wurde. Als erstes kam am 29. August 1965 das Schul-/Verbindungsflugzeug **Sk 60A** in die Luft, das sich in Zweitfunktion als leichtes Kampfflugzeug einsetzen ließ. Die nachfolgende **Sk 60B** war ein reines Kampfflugzeug, und die Bezeichnung

***Dieser Saab-Schwarm Sk 60A gehörte dem Geschwader F21 an, das diesen Typ zur fliegerischen Grundausbildung und im Verbindungsdienst einsetzte. Eine Zweitfunktion als leichtes Kampfflugzeug war möglich.***

**Sk 60C** fiel einer Reihe von Kampf- und Aufklärungsflugzeugen zu, die durch Umrüstung der **Sk 60B** mit permanent eingebauter Luftbildkamera entstanden. Über diese Baureihen hinaus fertigte Saab 40 Maschinen für die österreichischen Luftstreitkräfte. Die schwedische Luftwaffe hat ihre **Sk-60**-Restflotte einem Programm zur Verlängerung der Lebensdauer bei Saab unterzogen.

**Varianten**

**Saab-105H:** geplante Schweizer Version mit besseren Flugleistungen, stärkerer Bewaffnung und größerer Treibstoffkapazität im Vergleich zur Saab-105XT; nicht gebaut

**Saab-105XT:** fortentwickelte Version der Sk 60B mit besseren Flugleistungen und höherer Waffenlast dank der schubstärkeren GE-Strahltriebwerke J85-17B; verstärkte Tragflügel für eine externe Waffenlast von max. 2000 kg

**Saab-105Ö:** Serienversion der Saab-105XT für Österreich; 40 Exemplare gebaut und ab Juli 1970 ausgeliefert

**Saab-105G:** Prototyp/Vorführmaschine einer verbesserten Version der Saab-105Ö mit einer Reihe von Modifikationen, vor allem einer modernen Avionik und einer auf 2350 kg erhöhten externen Waffenlast

### TECHNISCHE DATEN
**Saab-105Ö**

**Typ:** leichtes Mehrzweck-Düsenflugzeug
**Triebwerke:** zwei Turbojet-Triebwerke General Electric J85-17B mit je 1293 kg Schub
**Leistung:** Höchstgeschwindigkeit 970 km/h in Meereshöhe; Einsatzradius im Profil Hi-Lo-Hi mit 1360 kg Bombenlast 825 km
**Gewicht:** leer 2565 kg; max. Startmasse 6500 kg
**Abmessungen:** Spannweite 9,50 m; Länge 10,80 m; Höhe 2,70 m; Tragflügelfläche 16,30 m²
**Bewaffnung:** sechs Unterflügelstationen für eine maximale Waffenlast von 2000 kg, darunter 30-mm-Bordkanonen, Hochexplosiv- und Napalmbomben, ferner Luft-Luft- und Luft-Boden-Flugkörper

# Saab-340

Im Januar 1980 gaben Saab-Scania und Fairchild Industries in den USA ihre Absicht bekannt, gemeinsam ein neues Verkehrsflugzeug zu konstruieren und zu produzieren. Diese bis dahin einzigartige europäisch-amerikanische Zusammenarbeit auf dem Gebiet der zivilen Luftfahrt führte am 25. Januar 1983 zum Jungfernflug des ersten Prototyps **Saab-Fairchild 340**. Dieses Exemplar und ein zweiter Prototyp **(SE-ISA)** sowie die erste Serienmaschine (**SE-ISB**, geflogen am 25. August 1983) bestritten das Programm für die Zulassung, die die JAR und die FAA am 29. Juni 1984 erteilten. Die ersten Maschinen gingen an die Schweizer Crossair.

Das Muster ist als konventioneller, freitragender Tiefdecker in Ganzmetallbauweise mit teilweiser Verwendung von Verbundmaterial ausgelegt. Der druckbelüftete Rumpf wurde „ausfallsicher“ konstruiert und das einziehbare Bugrad-Fahrwerk mit Doppelrädern an allen Baugruppen ausgestattet. Den Antrieb liefern zwei Propellerturbinen in flügelmontierten Gondeln.

Fairchild war für den Entwurf und die Herstellung der Tragflächen, des Leitwerks und der Triebwerksgondeln verantwortlich und die Firma Saab, die 75 Prozent der Entwicklungskosten trug, für den Rumpf, die Systemintegration, die Flugerprobung sowie für die Musterzulassung. Außer der zweiköpfigen Flugbesatzung finden im Rumpf mit rundem Querschnitt bis zu 35 Passagiere und ein Flugbegleiter Platz. Die Tragflügel erhielten ein von der NASA entwickeltes widerstandsarmes Profil, und als Antrieb wählte man zwei Propellerturbinen General Electric CT7.

Zunächst wurden zwei Versionen angeboten, das Grundmodell des Passagierflugzeugs und eine Ausführung für Geschäftsreisende. Das erste dieser „Geschäftsreise-Propellerflugzeuge“ ging an die Mellon Bank in Pittsburgh. Der Typ erlitt 1984 einen Rückschlag, als man vorübergehend Flugverbot verhängte, da die Triebwerke von Crossair-Maschinen mehrfach im Flug versagt hatten. Diese Probleme waren aber bald behoben, und Saab trieb den nächsten Entwicklungsschritt voran. Auf der Pariser Luftfahrtschau 1985 stellte die Gesellschaft eine **340** mit leistungsgesteigerten CT7-Turbinen und größeren Dowty-Propellern vor. Das maximale Abfluggewicht war von 11.793 kg auf 12.872 kg gestiegen. Vorhandene **SF 340** konnten diese Verbesserung im Rahmen eines Modifikationsprogramms erhalten.

Aufgrund finanzieller Schwierigkeiten zog sich Fairchild im Oktober 1985 aus dem **SF-340**-Programm zurück, und die Produktion wurde nach und nach gänzlich dem Saab-Werk in Linköping, südlich von Stockholm, übertragen. Als nächstes bot Saab das Frachtflugzeug **S340QC** an, das, wie aus den angehängten Buchstaben QC (Quick Change) hervorgeht, schnell umrüstbar war. Die erste Maschine ging 1987 an Finnaviation. Im selben Jahr löste Saab die letzten Verbindungen mit Fairchild und taufte das Muster in **S340** um.

1987 erschien auch die **Saab-340B**, die noch aktuelle Serienversion mit leistungsstärkeren Propellerturbinen CT7-9B, einem weiter gespannten Höhenleitwerk und dem nochmals gesteigerten Abfluggewicht von 12.928 kg. Wiederum war Crossair der Erstkunde. Die **Saab-340B** steigerte erneut den Absatz, der nach 200 Exemplaren abzuebben begann, und 1996 hatte der Auftragsbestand für die **Saab-340** die Marke 500 überschritten.

Eine der jüngsten Bestellungen galt dem Frühwarnflugzeug **Saab-340AEW Erieye**, das die schwedische Luftwaffe am 3. Februar 1993 in Auftrag gab. Diese Version ist durch ein phasengesteuertes Überwachungsradar von Ericsson auf dem Rumpfrücken gekennzeichnet, das von drei Mann in der Kabine bedient wird. Die **Erieye** kann sieben Stunden lang in der Luft bleiben. Schweden will sechs solcher Flugzeuge beschaffen.

Die vor kurzem angezeigte Verbesserung der **Saab-340** soll höhere Leistungen unter „heißen und hohen“ Bedingungen beziehungsweise ein gesteigertes Kurzpistenpotential des Musters durch erweiterte Tragflächenstücke mit einer Länge von 60 cm bringen. Diese unter dem Titel „1-g stall modification“ propagierte Veränderung ermöglicht es, das Startgewicht der **Saab-340** um 544 kg, dem Äquivalent von sieben Passagieren, anzuheben.

***Seit 1990 unterhält die Flygvapen für VIP-Flüge eine einzelne Saab-340, die das Rufzeichen „Swedik 01“ verwendet.***

***Zu Northwest Airlink gehört der in Memphis und Minneapolis beheimatete Saab-340-Betreiber Express Airlines, der für die Muttergesellschaft die Drehscheiben-Flughäfen im Norden und im mittleren Westen der USA bedient.***

### TECHNISCHE DATEN
**Saab-340B**

**Typ:** 35sitziges Regionalverkehrsflugzeug
**Triebwerke:** zwei Propellerturbinen General Electric CT7-9B mit 1394 kW (1896 WPS)
**Leistung:** max. Reisefluggeschwindigkeit in 4575 m Höhe 522 km/h; Dienstgipfelhöhe 7620 m; Reichweite (mit 35 Passagieren, Gepäck und Reserven) 1807 km
**Gewicht:** Leermasse 8035 kg; max. Rampenmasse 13.063 kg
**Abmessungen:** Spannweite 21,44 m; Höhe 6,87 m; Länge 19,73 m

## Saab-2000 bis St. Louis PT-15

**Die Flügelkonstruktion der neuen Saab-Gripen gleicht zwar wieder der Viggen, ist aber immer noch vielen leichten Jägern und Angreifern voraus. Sablating in Berlin erlebte mit Wasserflugzeugen eine Erfolgsphase im Ersten Weltkrieg, doch der Friedensvertrag von Versailles 1919 stellte das Todesurteil für das Werk dar.**

# Saab-2000

Die Erfahrungen mit dem Regionalflugzeug S340 veranlaßten Saab, den Blick auf die künftigen Bedürfnisse von Zubringergesellschaften zu richten. Es ließ sich kaum abschätzen, in welche Richtung der Hauptmarktsektor für Verkehrsflugzeuge tendierte, doch es zeichnete sich ein Bedarf an kleineren, flexiblen Turboprop-Flugzeugen ab, deren Leistungspotential dem strahlgetriebener Muster auf vielen Strecken in nichts nachstand. Nachdem das Unternehmen mit seinem kleineren Typ einen festen Kundenstamm gewonnen hatte, nutzte es die S340 als Basis zur Entwicklung eines neuen, schnellen Turboprop-Airliner mit 50 Sitzplätzen, den es **Saab-2000** nannte. Den Startschuß erteilte der Saab-Stammkunde Moritz Suter am 15. Dezember 1988 mit einer Festbestellung für Crossair über 25 Flugzeuge und weitere 25 Exemplare als Option.

Ende 1989 hatte man das Projekt **Saab-2000** endgültig definiert und wesentliche Konstruktionsanteile an andere Hersteller vergeben. CASA in Spanien zeichnete für die Konstruktion und Produktion der Tragflügel verantwortlich, für die Saab allerdings das Grundprofil vorgab, die finnische Firma Valmet für das komplette Leitwerk und Westland in England für den Hinterrumpf. In das Cockpit sollte das Collins-Avionikpaket Proline 4 einfließen, und für die Kabine sagte man einen im Vergleich zu existierenden Mustern niedrigeren Lärmpegel zu. Einen Kernpunkt in der Absatzstrategie stellte das Konzept der Drehscheiben-Umgehung dar. Um dieses Ziel zu erreichen, plante Saab den Bau eines Flugzeugs, das eine Strecke von 1000 Meilen (1852 km) mit 360 Knoten (665 km/h) befliegen konnte, vergleichbar mit der Geschwindigkeit einer BAe 146 (Avro RJ). Ebenso wichtig war ein Steigvermögen wie das eines Strahlflugzeugs mit Werten von 0–6096 m Höhe in weniger als elf Minuten. Als Antrieb standen zunächst das General Electric GE38 (für das projektierte USN-Seepatrouillenflugzeug LRAACA) und das Mantelstromtriebwerk PW300 von Pratt & Whitney zur Diskussion. Am Ende wählte Saab gemeinsam mit Crossair aber die Allison-Propellerturbine GMA 1200 in Verbindung mit geräuscharmen Sechsblatt-Propellern von Dowty.

Im Februar 1990 lief die Fertigung der **Saab-2000** in Linköping an, und am 26. März 1992 startete der Prototyp (SE-001) zum Jungfernflug. Ein Testprogramm, das vier Maschinen einbeziehen sollte, begann mit Nr. 2 (SE-002) zur Prüfung der Stabilität und Flugsteuerung. Die zweite **Saab-2000** absolvierte auch einen Großteil der Versuchsflüge unter extremen Wetterbedingungen, darunter zwei Flüge nach Spanien. Das erste nach komplettem Serienstandard gefertigte Exemplar war SE-003, mit der man bis Mitte 1993 die Zulassungsreife sämtlicher Bordsysteme, abgesehen vom Autopiloten, erreichte. Funktionale Erprobungsflüge unternahm Flugzeug Nr. 4 (SE-004) im Rahmen des laufenden Testprogramms, in dem bislang mehr als 1200 Flugstunden stattfanden. Alle Saab-Zusagen hinsichtlich der Leistung wurden eingehalten oder übertroffen. Die Start- und Landestrecken lagen um 100 bis 200 m besser als vorausgesagt. Die Zeit vom Lösen der Bremsen bis auf 20.000 Fuß (6096 m) beträgt weniger als acht Minuten, und damit hat die **Saab-2000** mühelos den bestehenden Steigrekord für Luftfahrzeuge dieser Klasse gebrochen. Reichweite und Betriebsmassen sind alle günstiger als erwartet, und die Reisegeschwindigkeit von 360 Knoten in 8534 m Höhe beträgt durchschnittlich acht Knoten (15 km/h) mehr als versprochen. Im Sinkflug hat die **Saab-2000** 430 Knoten (794 km/h) erreicht, ohne nachteilige Effekte spüren zu lassen. Die Werte der internationalen Lärmvorschriften werden um 9,1 Dezibel übertroffen.

Der Verminderung des Kabinenlärms räumte Saab einen hohen Stellenwert in der Entwurfsphilosophie der **Saab-2000** ein. Dazu hat das Unternehmen ein bislang einzigartiges System entwickelt und an Bord einer S340 in der Praxis überprüft, so daß es zum Einbau im größeren Nachfolger bereitsteht. Dieses Geräuschdämpfungssystem besteht aus einer Vielzahl von Mikrofonen. Sie überwachen den Kabinenlärm und löschen Hintergrundgeräusche und -vibrationen effektiv durch phasenverschobene Gegengeräusche (Active Noise Control – ANC) aus.

Saab hatte insgesamt einen Bedarf von 1400 neuen 40- bis 50sitzigen Regionalflugzeugen bis zur Jahrhundertwende ermittelt und daher einen Absatz in Höhe von 400 **Saab-2000** erhofft. Zwar liegen dem Hersteller inzwischen weit über 100 bezahlte Optionen vor, doch bis März 1995 waren nur 42 Festbestellungen eingegangen. Die Auslieferung an Crossair setzte am 30. August 1994 ein.

***Oben: Die Saab-2000 bietet Regionalfluggesellschaften einen erheblichen Vorteil, da sie die Geschwindigkeit und die Pistenleistung eines Jets mit den Kostenvorteilen eines Turboprops verbindet. Statt wie die Saab-340 als reiner Zubringer wurde die Saab-2000 von Anfang an als „Drehkreuz-Umgeher" ausgelegt, der mit seiner kompletten Passagierzahl Strecken bis zu 1000 NM (1852 km) befliegen kann.***

***Unten: Crossair hat in der Geschichte neuerer Saab-Airliner eine entscheidende Rolle gespielt. Diese eidgenössische Gesellschaft war nicht nur der Erstkunde für die Saab-340 und die verbesserte Saab-340B, sondern leitete auch die Entstehung der Saab-2000 ein.***

**TECHNISCHE DATEN**
**Saab-2000 (Vorserie)**
**Typ:** 50sitziges, schnelles Regionalflugzeug
**Triebwerke:** zwei Propellerturbinen Allison GMA 2100 je 3096 kW (4210 WPS)
**Leistung:** max. Reisegeschwindigkeit 368 Knoten (680 km/h); Dienstgipfelhöhe 9450 m; max. Reichweite mit 35 Passagieren, Gepäck und Reserven 2557 km
**Gewicht:** Leermasse 13.500 kg; max. Startmasse 22.000 kg
**Abmessungen:** Spannweite 24,76 m; Höhe 7,73 m; Länge 27,03 m

# Saab-JAS 39 Gripen

Wollte Schweden seinen Stand als Hersteller von Militärflugzeugen wahren und weiterhin nur im eigenen Lande produzierte Kampfflugzeuge betreiben, mußte man schon Anfang 1980 mit den Arbeiten an einem Nachfolgemuster für die Viggen beginnen, die sich im zügigen Zulauf befand. Strikte Regierungsvorgaben bestimmten, daß das neue Flugzeug nur 60 bis 65 Prozent mehr kosten und halb soviel wiegen dürfte wie eine Saab-37. Seine Primärrolle sollte die Abfangjagd und eine wichtige Zweitfunktion der Angriffseinsatz sein. Gefordert war also ein echtes Mehrzweck-Kampfflugzeug, deutlich entgegengesetzt zur aufgabengegliederten Viggen-Familie. Man hoffte zudem, daß das neue Muster die betagte Trainerflotte Sk 60 (Saab-105) ablösen könnte.

Saab, Volvo Flygmotor, Ericsson und FFV gründeten die Industriegruppen JAS, und ihr Angebot zur Entwicklung des neuen Jagdflugzeugs wurde angenommen. Vorentwürfe zielten auf einen einsitzigen, einmotorigen Deltaflügler mit elektrisch signalisierter Flugsteuerung (FBW) und als Ganzes beweglichen Canardflügeln. Dreißig Prozent des Endgewichts von acht Tonnen würden aus Verbundmaterial bestehen, und als Antrieb war das Mantelstromtriebwerk F404F von General Electric vorgesehen. Volvo Flygmotor sollte vom US-Hersteller an der Endmontage und Erprobung dieses Triebwerks mit der Bezeichnung RM12 beteiligt werden, Ericsson die Entwicklung des neuen, im X-Band arbeitenden Mehrbetriebsarten-Impuls-Dopplerradargerätes PS-046 (später PS-05) durchführen, und FFV für die Navigations- und Waffeneinsatzsysteme verantwortlich zeichnen. Für das Cockpit waren drei Bildschirmanzeigen und ein holographisches Weitwinkel-Frontscheibensichtgerät geplant. Ferner wollte man ein Vorwärtssicht-Infrarotsystem mit dem Radar und den Avionikgeräten koppeln.

Die Verträge zwischen dem schwedischen Beschaffungsamt FMV und der IG JAS für das nun **JAS 39** bezeichnete Flugzeug wurden im Juni 1982 unterzeichnet. Sie deckten die Entwicklung von fünf Prototypen und eine Erstserie von 30 Flugzeugen ab. Im Juni 1984 stimmte der Riksdag dem JAS-Beschaffungsvorhaben (JAS für Jakt, Attak und Spanning, also Jagd, Angriff und Aufklärung) zu als einer für das Land erschwinglichen Antwort auf den Bedarf der Flygvapen an einem Kampfflugzeug der Dritten Generation. Unterdessen hatte man der **JAS 39** den Beinamen **Gripen** (Greif) verliehen. Der schwedische Bedarf wurde mit 350 Flugzeugen beziffert und die zunächst für 1990 erhoffte Indienststellung auf 1992 verschoben.

Die Triebwerkserprobung lief 1984 an, und bis Juni 1985 verzeichneten fünf Prüfstände zusammen über 800 Betriebsstunden im Testlauf. Anfang 1986 war ein Modell im Maßstab 1:1 fertiggestellt, das sich von den ersten Rißzeichnungen durch eine kompaktere und kastenförmige Gestaltung abhob, aber die mäßige Größe und die gefällige Schnittigkeit des Entwurfs bewahrt hatte. Der Erstflug sollte 1986 stattfinden, verzögerte sich aber zunehmend durch Probleme mit den Programmen für die komplexe FBW-Flugsteuerungsanlage. Schließlich wurde das Muster am 26. April 1987 in Linköping der Öffentlichkeit vorgestellt. Die erste **JAS 39** (39-1) hob am 9. Dezember 1988 mit Stig Holmström am Steuer zu einem 51minütigen Erstflug ab. Die anschließend erbrachten Flugleistungen halfen der **Gripen** im Januar des Folgejahres eine kritische Überprüfung der Finanzierung zu überstehen.

Ein gravierender Rückschlag ereignete sich beim sechsten Flug am 2. Februar 1989, als der erste Prototyp aufgrund eines Fehlers der Flugsteuerungsanlage abstürzte. Der Pilot, wiederum Stig Holmström, blieb unverletzt. Umfangreiche Korrekturen an der Software nahm Calspan in den USA anhand einer modifizierten T-33 vor, und im Mai konnte das **Gripen**-Testflugprogramm wieder anlaufen. Nach zwei Prüfungen betonte die FMV-Beschaffungsbehörde, sie werde an der **JAS 39** festhalten, und die Regierung rang sich schließlich zu Ausgleichszahlungen an Saab für den erlittenen Verlust durch. Auch das RM12 bereitete Probleme, wie etwa „Schubdurchhänger" und Ausbildung von Rissen an den Verdichter-Schaufelblättern, die sich aber rasch beheben ließen. Das neue PS-05/A-Radargerät wurde (bis Ende 1991) in einer modifizierten Viggen erprobt, und Tests in beiden Betriebsarten, „Luft-Luft" und „Luft-Boden", waren vielversprechend, aber zeitraubend. 1989 hatten Untersuchungen für den geplanten Doppelsitzer begonnen, während man das Einsitzerprogramm mit dem zweiten Musterflugzeug (39-2) fortführte, das ab 4. Mai 1990 flog.

Die Flugerprobung zeigte bald auf, daß der aerodynamische und der induzierte Widerstand des Flugzeugs ohne Außenlasten 10 Prozent unterhalb der erwarteten Werte lag. Start- und Landeleistungen übertrafen die Kriterien des Pflichtenheftes. Die als Luftbremsen wirkenden Canard-Nasenflügel werden bei einer Landegeschwindigkeit von 220 km/h ausgefahren. Die **Gripen** hat wiederholt bewiesen, daß sie von einer Standard-Piste Base 90 (Teilstrecke einer Kraftfahrstraße mit den Maßen 800 m x 9 m) aus operieren kann. Die **JAS 39** wurde mit 9 *g* geflogen und die Bodentestzelle Lastprüfungen unterzogen, bei denen man den Bruchlast-Grenzwert um 230 Prozent überschritt (gefordert waren 180 Prozent). Im Oktober 1991 legte Saab Kostenangebote für den kampftauglichen **Gripen**-Doppelsitzer **JAS 39B** und die Anschlußbeschaffung von 110 Einsitzern vor. Bis Januar 1992 hatte das **Gripen**-Programm 300 Testflüge erreicht, und in jenem Jahr kam die erste Serienmaschine (39-101), das nach dem Absturz des Prototyps bewilligte Exemplar, hinzu. Schwierigkeiten bereiteten das Hilfstriebwerk (APU) und die Klimaanlage. Wegen der hohen Ausfallquote des APU zog man die Beschaffung einer anderen Gasturbine in Erwägung.

Im Juni 1992 wurde grünes Licht für das Baulos 2 und die **JAS 39B** erteilt. Die Leistungsparameter des Doppelsitzers sollten sich von denen der **JAS 39** kaum unterscheiden, doch es mußten rund 40 Prozent der Zelle geändert werden, einschließlich einer Rumpfstreckung von 65,5 cm. Im Sommer 1993 waren der Entwurf des Skolflygplan zu 90 Prozent abgeschlossen, die Konstruktion zu 50 Prozent realisiert und Aufträge an Subunternehmen zu 70 Prozent vergeben. Die Schleudersitztests liefen ebenfalls an.

Am 8. Juni 1993 übernahmen die Flygvapen in Linköping die ersten **Gripen** und überstellten sie noch am selben Tag an F7 in Satenäs. Saab plant die Auslieferung der 140 **JAS 39** und der 14 **JAS 39B** zwischen 1993 und 2002. Diese Jagdflugzeuge werden die AJ 37 Viggen bei acht Staffeln ablösen, doch dann ist es an der Zeit, die jüngeren JA 37 in der Landesluftverteidigung zu ersetzen.

Die erste **Gripen**-Staffel war im Oktober 1995 einsatzbereit, und Saab hält bereits ein Modifikationsprogramm zum Rückruf der ersten 30 Flugzeuge (Baulos 1) in Händen, um deren Software dem Stand des Bauloses 2 anzupassen. Bei einer geplanten Produktionsrate von 20 bis 30 Flugzeugen pro Jahr bemüht sich Saab, völlig im Gegensatz zur bisherigen Politik Schwedens, angestrengt um Exportabnehmer. Die **JAS 39** wurde Finnland umfassend vorgeführt, doch am Ende fiel die Entscheidung zugunsten der F/A-18 Hornet aus. Saab setzt jedoch weiterhin große Hoffnungen auf die **JAS 39 Gripen**.

***Diese Gripen, der zweite Prototyp, zeigt eine Waffenkonfiguration mit Bofors-Raketenbehältern und RB74-Sidewinder sowie einem Testkamerapaar zur Aufzeichnung der Waffentrennung.***

***Die zweite seriengefertigte Gripen führte den neuen Sichtschutz des Luftüberlegenheitsjägers in zwei Grautönen ein.***

### TECHNISCHE DATEN

**Saab-JAS 39 Gripen (Vorserie)**

**Typ:** einsitziger, allwettertauglicher Mehrzweck-Leichtjäger
**Triebwerk:** ein Volvo Flygmotor RM12 (Turbofan-Triebwerk General Electric F404-GE-400) mit 80,5 kN Schub
**Leistung:** keine Parameter freigegeben; Überschallgeschwindigkeit in allen Höhenbereichen
**Gewicht:** Leermasse 6622 kg; max. Startmasse 12.473 kg
**Abmessungen:** Spannweite 8 m; Höhe 4,70 m; Länge 14,10 m
**Bewaffnung:** intern eingebaute 27-mm-Kanone Mauser BK27; fünf Außenlastträger für Luft-Luft-Lenkflugkörper RB71 (Sky Flash) und RB74 (AIM-9L Sidewinder), Luft-Boden-Flugkörper RB75 (Maverick) und RB15-F sowie Abstandswaffen DWS 39

## Saab-MFI 15 und -MFI 17 Safari-Supporter

Am 11. Juli 1969 flog Saab den Prototyp (SE-301) eines zwei-/dreisitzigen zivilen/militärischen Schul- oder Mehrzweckflugzeugs mit der Bezeichnung **Saab-MFI 15**. Er hatte einen Vierzylinder-Boxermotor IO-320-B2 von Avco Lycoming als Antrieb mit 119 kW (162 PS) und ein herkömmliches Höhenleitwerk, das man aber dann durch ein T-Leitwerk ersetzte, um das Risiko von Beschädigungen beim Betrieb auf unbefestigten Flugfeldern zu mindern. Am 26. Februar 1971 flog der Prototyp mit einem kräftigeren Avco-Lycoming-Motor, der zum Standard-Triebwerk der Serienversion **Saab Safari** wurde. Das Muster ist ein abgestrebter Schulterdecker mit starrem Bugrad-Fahrgestell (auf Wunsch auch mit Heckrad-Fahrwerk erhältlich), einer geschlossenen Kabine mit zwei nebeneinander montierten Sitzen und Doppelsteuer als Standardausrüstung. Eine militärische Ausführung mit der Bezeichnung **Saab-MFI 17** hob erstmals am 6. Juli 1972 vom Boden ab. Sie unterschied sich von der **Safari** durch ihre militärspezifische Ausrüstung zur Schulung sowie für Aufgaben wie Artilleriebeobachtung, Fliegerleit- und Kurierdienste. Diese Version wurde später in **Saab Supporter** umbenannt. Im August 1978 flog bei Saab eine Variante der **Safari** mit einem Sechszylinder-Turboladermotor von Continental. Diese **Safari TS** kam allerdings über den Status eines Prototyps nicht hinaus.

Saab baute insgesamt 250 **Safari/Supporter**, bis die Produktion in den späten siebziger Jahren auslief. Die **Supporter** ging an die Luftstreitkräfte Pakistans (45), Dänemarks (30, Dienstbezeichnung **T-17**)

**TECHNISCHE DATEN**
**Saab Safari**
**Typ:** zwei-/dreisitziges Leichtflugzeug
**Triebwerk:** ein Vierzylinder-Boxermotor Avco Lycoming IO-360-A1B6 mit 149 kW (203 PS)
**Leistung:** Höchstgeschwindigkeit 235 km/h in Meereshöhe; Dienstgipfelhöhe 4100 m; max. Flugdauer 5 Stunden, 10 Minuten
**Gewicht:** Rüstmasse 646 kg; max. Startmasse 1200 kg
**Abmessungen:** Spannweite 8,85 m; Länge 7 m; Höhe 2,60 m; Tragflügelfläche 11,90 m²

und Sambias (20). 1976 nahm Pakistan die Lizenzproduktion dieses Typs auf, zunächst mit von Saab gelieferten Bausätzen, doch dann in komplett landeseigener Herstellung. Die pakistanische Produktion umfaßte mehr als 150 dort **Mushshak** bezeichnete Exemplare.

***Im dänischen Militärdienst heißt die Saab-MFI Supporter T-17. Noch verbliebene Maschinen werden zur Schulung und für Verbindungsflüge genutzt.***

# Sablatnig SF – Serie

Der Österreicher Josef Sablatnig richtete 1915 in Berlin die Sablatnig Flugzeugbau GmbH ein, die durch die Konstruktion und Herstellung von Schwimmerflugzeugen für die deutsche Marine bekannt wurde. Die Serie begann mit dem zweisitzigen Einzelexemplar **Sablatnig SF 1**, einem recht einfachen Doppeldecker in herkömmlicher Holz- und Stoffbauweise auf zwei Schwimmkörpern, der von einem Mercedes-Reihenmotor D.III mit 119 kW (160 PS) angetrieben wurde. Auf die **SF 1** folgten 36 Exemplare der verbesserten, aber vom gleichen Motortyp angetriebenen Version **SF 2**. Die Auslieferung dieses Musters, das unverkennbar von der **SF 1** abstammte, setzte im August 1916 ein. Nur jeweils eine Maschine entstand von dem Jagdzweisitzer-Seedoppeldecker **SF 3**, dem Jagdeinsitzer-Doppeldecker **SF 4** und einer Dreidecker-Variante der **SF 4**.

***Josef Sablatnigs Schwimmerflugzeug SF 3 ragte in keiner Beziehung über das Mittelmaß hinaus und kam daher über das Prototypstadium nicht hinaus. Dennoch legte es die Basis für eine Sablatnig-Serie, die ab Oktober 1915 gebaut wurde.***

Das zweisitzige Seeaufklärungsschwimmerflugzeug **SF 5** hingegen, eine Weiterentwicklung der erfolgreichen **SF 2**, wurde in 101 Exemplaren gefertigt und ab März 1917 ausgeliefert. Eine Einzelerscheinung blieb wahrscheinlich auch die **SF 6**, bei der es sich im Grunde um eine **SF 5** mit konventionellem Rad-/Schleifsporn-Fahrgestell handelte. Es folgten drei Jagdzweisitzer-Schwimmerflugzeuge **SF 7**, die auf der Zelle der **SF 3** mit einem 177 kW (240 PS) starken Maybach-Motor basierten. Der letzte Vertreter der SF-Serie war die **SF 8**, ein Schulflugzeug mit Doppelsteuer, Zwillingsschwimmern und Benz-Motor Bz.III, der 110 kW (150 PS) erzeugte. Die erste von 41 in Auftrag gegebenen **SF 8** wurde im Januar 1917 ausgeliefert.

**TECHNISCHE DATEN**
**Sablatnig SF 5**
**Typ:** Aufklärungsschwimmerflugzeug
**Triebwerk:** ein Reihenmotor Benz Bz.III mit 110 kW (150 PS)
**Leistung:** Höchstgeschwindigkeit 148 km/h
**Gewicht:** Leermasse 1052 kg; max. Startmasse 1605 kg
**Abmessungen:** Spannweite 17,30 m; Länge 9,60 m; Höhe 3,55 m; Tragflügelfläche 50,50 m²
**Bewaffnung:** keine

# Sablatnig-Flugzeuge der Kategorie C, N und P

Als wirklichen Erfolg konnte der Sablatnig-Flugzeugbau lediglich die Produktion von rund 200 Schwimmerflugzeugen für die deutsche Marine verbuchen, und dies vielleicht auch nur deshalb, weil es kaum Konkurrenten für diese Luftfahrzeuggattung gab.

Mit der Konstruktion von Landflugzeugen hatte die Firma jedenfalls kein Glück. Zu ihren Modellen aus der Zeit des Ersten Weltkriegs zählten die **Sablatnig C.I**, ein zweisitziger, bewaffneter Doppeldecker-Aufklärer mit Argus-Motor As.III (132 kW/180 PS) und starrem Schleifsporn-Fahrgestell, der ähnlich ausgelegte Doppeldecker **C.II** mit Maybach-Motor Mb.IV (177 kW/240 PS), zwei Varianten mit alternativ konstruiertem Tragwerk und der zweisitzige Eindecker **C.III**, alles wahrscheinlich Einzelexemplare.

In kleiner Stückzahl aber dürfte der zweisitzige Nachtbomber **Sablatnig N.I** gebaut worden sein, offenbar ein Abkömmling der **C.I** mit dem 162 kW (220 PS) starken Benz-Motor Bz.IV und einer kompletten Nachtflugausrüstung.

Unmittelbar nach Kriegsende entstanden einige Exemplare des viersitzigen Zivilflugzeugs **P I**, das auf der **N.I** basierte. Maschinen dieses Typs dienten bei Danish Air Express und LloydLuftverkehrSablatnig. Es folgte die etwas erfolgreichere **P III**, ein solider Schirmeindecker, der den Piloten in einer offenen Kanzel und sechs Passagiere in einer geschlossenen Kabine aufnahm. Sie wurde für etliche Fluggesellschaften gefertigt, darunter die estländische Aeronaut, Danish Air Express, Deutsche Luft-Hansa und Lloyd-Luftverkehr Sablatnig sowie für die Schweizer Luftwaffe. Sie blieb das letzte Erzeugnis der Firma Sablatnig, die ab 1921 nicht mehr bestand.

# St. Louis Cardinal – Serie

Die in St. Louis, Missouri, ansässige St. Louis Aircraft Corporation war eine Tochterfirma der St. Louis Car Company, die Straßenbahnen herstellte. 1928 konstruierte und entwickelte dieses Unternehmen die **St. Louis Cardinal C2-60**, einen abgestrebten Hochdecker mit starrem Schleifsporn-Fahrgestell und einer geschlossenen Kabine mit zwei nebeneinander montierten Sitzen. Die Cardinal flog erstmals 1928, angetrieben von einem LeBlond-Sternmotor 5-D mit 48 kW (65 PS), und wurde im Jahr darauf öffentlich zugelassen. Sie bot aber im Vergleich mit Mustern anderer, etablierter Hersteller nur unzulängliche Flugleistungen, so daß nur etwa zehn Exemplare entstanden. Die wahlweise mit einem 67 kW (90 HP/91 PS) starken LeBlond 7-D erhältliche **Cardinal C3-90** schnitt mit sechs produzierten Flugzeugen sogar noch schlechter ab. Die leistungsstärkere **Super Cardinal C2-110**, für die ein Warner Scarab als Antrieb mit 82 kW (110 HP/112 PS) vorgesehen war, erschien 1929 mit einem 75 kW (100 HP/102 PS) starken Kinner-Motor K5, ohne daß sich die Bezeichnung deswegen änderte. Von dieser Version wurden sechs Exemplare gebaut. Die Firma unternahm nur zwei weitere Versuche, um doch noch zum Durchbruch zu kommen. So entstand zum einen die **Cardinal C2-85** durch den Einbau eines LeBlond-Sternmotors 5-DF mit einer Nennleistung von 63 kW (85 HP/86 PS) in eine **C2-90**, und Anfang 1931 wurde eine neue Cardinal mit dem schon einmal eingeplanten Warner Scarab-Triebwerk (82 kW/110 HP/112 PS) konstruiert. Letztere erhielt aber die Bezeichnung **Cardinal C2-100**, um Verwechslungen mit der Super Cardinal zu vermeiden. Danach stellte die Firma den Luftfahrzeugbau ein, bis Ende der dreißiger Jahre der Aufwuchs des US Army Air Corps begann.

**TECHNISCHE DATEN**
**St. Louis Cardinal C2-60**
**Typ:** zweisitziger Kabinen-Eindecker
**Triebwerk:** ein Sternmotor LeBlond mit 48 kW (65 PS)
**Leistung:** Reisegeschwindigkeit 137 km/h; Dienstgipfelhöhe 2955 m; Reichweite 684 km
**Gewicht:** Leermasse 421 kg; max. Startmasse 658 kg
**Abmessungen:** Spannweite 9,86 m; Länge 6,27 m; Höhe 2,13 m; Tragflügelfläche 15,05 m²

# St. Louis PT-15

Unter dem Titel **St. Louis PT-1W** konstruierte die St. Louis Aircraft Corporation für den zivilen Markt ein attraktives Doppeldecker-Schulflugzeug mit offenen Tandem-Cockpits. 1939 startete das US Army Air Corps sein erweitertes Flugzeugführer-Ausbildungsprogamm und prüfte daher eine Reihe ziviler Schulflugzeuge amerikanischer Hersteller. So beschaffte es unter der Dienstbezeichnung **XPT-15** ein Exemplar der **St. Louis PT-1W**, angetrieben von einem Wright-Sternmotor R-760-1 Whirlwind mit 168 kW (228 PS). Nach der zufriedenstellenden Anfangserprobung erwarb das USAAC 13 **YPT-15** zur gründlicheren Bewertung. Dieser Trainer mit einer Spannweite von 10,31 m erreichte eine Höchstgeschwindigkeit von 200 km/h, errang aber zum Leidwesen des Herstellers keine weiteren Aufträge. Die Firma konstruierte ferner einen zweisitzigen Schuleindecker mit der Bezeichnung **PT-LM-4**, doch auch er ging nicht in Serie.

Bald darauf fertigte sie doch im Unterauftrag 200 Fairchild-Schulflugzeuge **PT-23** für das USAAC. Die St. Louis Aircraft Corporation blieb den ganzen Zweiten Weltkrieg hindurch mit Aufträgen des US War Department ausgelastet.

## Salmson Cri Cri bis Savoia-Marchetti S.59

**Alberto Santos-Dumont war ein Flugzeugpionier, der noch bis in die 30er Jahre hinein für seine furchtlosen Flugunternehmungen bekannt war. Er wurde nicht müde, die zivile Fliegerei zu propagieren. Saunders-Roe baute eine erstaunliche Vielfalt von Flugbooten, hatte aber im Nachkrieg gegen die versiegenden Märkte zu kämpfen.**

# Salmson Cri Cri

Nach dem Ersten Weltkrieg konzentrierte sich Salmson auf die Herstellung von Flugmotoren und Kraftfahrzeugen und riskierte erst 1934 den Wiedereinstieg in die Produktion von Luftfahrzeugen.

Die von M. Deville konstruierte **Salmson Cri Cri** (Grille) war ein zweisitziger leichter Schirmeindecker, gedacht als preiswertes und funktionales Schulflugzeug für Fliegerclubs.

Das von einem unverkleideten Salmson-Sternmotor 9ADr mit 45 kW (60 PS) angetriebene Muster bot den Nutzern offene Tandem-Cockpits mit Doppelsteuer. Die Spannweite dieses Leichtflugzeugs betrug 9,65 m und die Höchstgeschwindigkeit 150 km/h. Nach ausgiebigen Tests entschied sich das Luftfahrtministerium zur Einführung dieses Typs für die Aviation Populaire, eine Bewegung zur Förderung der Sportfliegerei.

Salmson baute 50 Exemplare, und viele andere entstanden in Lizenz bei anderen französischen Firmen. Pläne zum Bau eines Nachfolgemusters mit kräftigerem Motor zerschlugen sich.

# Salmson Typ 2

1912 gründete Emile Salmson die Société des Moteurs Salmson zur Konstruktion und Entwicklung wassergekühlter Flugzeug-Sternmotoren, die technische Details des Motortyps Canton-Unné, enthielten. Der Ausbruch des Ersten Weltkriegs hatte einen großen Bedarf an diesem Triebwerk zur Folge, doch sowie diese Produktion erst einmal in sichere Bahnen geführt war, wandte sich die Firma dem Flugzeugbau zu. Das erste Erzeugnis war der von Lieutenant René Moineau entworfene und von Salmson gebaute Aufklärungsdoppeldecker **Salmson-Moineau S-M.1**, dem allerdings von Anfang an Probleme zu schaffen machten, die auf das ungewöhnliche Antriebskonzept zurückzuführen waren: ein Sternmotor Salmson Canton-Unné, war vorn im Rumpf eingebaut und gab seine Leistung von 118 kW (160 PS) über Fernwellen auf zwei Zugpropeller ab, die zu beiden Rumpfseiten zwischen den Ober- und Unterflügeln montiert waren. Drei oder vier solche Aufklärer nutzte die französische Luftwaffe kurzzeitig im Jahre 1917. Im vollkommenen Gegensatz dazu stand der überaus erfolgreiche bewaffnete Aufklärungsdoppeldecker **Salmson Typ 2**, im Alleingang von Salmson entworfen und hergestellt. Dieser konventionell ausgelegte und robust konstruierte Typ wurde 1917 in der Kategorie A.2 (zweisitzige Aufklärungsflugzeuge) in Dienst gestellt und brachte es auf eine Auflage von rund 3200 Exemplaren. Angeblich waren 24 französische Aufklärungsstaffeln mit diesem Muster ausgerüstet, und die Amerikaner beschafften 705 Exemplare, um sie elf Staffeln zuzuschleusen. Interessant ist ein Hinweis in der offiziellen Chronik der US 12th Aero Squadron, in der dieser Typ besonders gelobt wird: „Kein anderes bis zum Waffenstillstand eingesetztes Beobachtungsflugzeug gab größeren Anlaß zur umfassenden Befriedigung."

Nach Kriegsende fanden viele militärische **Salmson 2** verschiedene zivile Verwendungen. Einige Maschinen wurden vom Hersteller mit einer geschlossenen Kabine für zwei Passagiere zur **Salmson Limousine** hergerichtet. In Japan wurde die **Salmson 2** in Lizenz gefertigt, um ein Bataillon (drei Staffeln) der Heeresflieger damit auszurüsten.

***Drei oder vier Aufklärungsdoppeldecker Salmson-Moineau S-M.1 wurden im Ersten Weltkrieg eingesetzt. Sie standen im Schatten des späteren Typ 2.***

**TECHNISCHE DATEN**
**Salmson Typ 2**

**Typ:** bewaffneter Aufklärer
**Triebwerk:** ein Sternmotor Salmson Canton-Unné, mit 191 kW (260 PS)
**Leistung:** Höchstgeschwindigkeit 185 km/h; Dienstgipfelhöhe 6250 m; Flugdauer drei Stunden
**Gewicht:** max. Startmasse 1340 kg
**Abmessungen:** Spannweite 11,80 m; Länge 8,50 m; Höhe 2,90 m
**Bewaffnung:** ein vorwärtsfeuerndes, synchronisiertes Vickers 7,7-mm-Maschinengewehr und ein oder zwei Lewis-Maschinengewehre vom gleichen Kaliber auf Drehstütze im hinteren Cockpit

# Santos-Dumont 14bis und Demoiselle

Alberto Santos-Dumont, ein in Frankreich lebender Brasilianer, machte erstmals am 19. Oktober 1901 in Paris Schlagzeilen, als er mit seinem Luftschiff Nr. 6 den Eiffelturm umrundete. Erneut großes Aufsehen erregte er am 23. Oktober 1906, als er mit seiner seltsamen Flugmaschine **Santos-Dumont Nr. 14bis** – einer monströsen, primitiven Kombination aus Leitwerk und Höhenruder an einem Ausleger weit vorn wie Kopf und Hals eines Wasservogels und einem kastenförmigen Doppeldecker-Tragwerk – den ersten Flug in Europa über eine Distanz von knapp 60 m schaffte. Dadurch wurde ihm der Archdeacon-Preis über 3000 Francs zugesprochen, der für einen Flug über eine Distanz von mehr als 25 m ausgelobt worden war. Es grenzte an ein Wunder, daß die zerbrechlich wirkende und von einem Antoinette-Motor mit 37 kW (50 PS) angetriebene **Santos-Dumont Nr. 14bis** überhaupt fliegen konnte. Doch nicht einmal drei Wochen später, am 12. November, legte Santos mit demselben Flugzeug eine Strecke von 220 m zurück, den längsten bis dahin in Europa verzeichneten Motorflug. Wenn man bedenkt, daß die Gebrüder Wright mit Flyer III schon ein Jahr früher 39 km überflogen hatten, erscheint es heute unglaublich, daß der Flug von Santos-Dumont am 12. November 1906 zugleich als internationaler Streckenweltrekord anerkannt wurde.

Die **Santos-Dumont Demoiselle** war ein Leichtflugzeug auf der Grundlage der Santos-Dumont Nr. 19 und der robusteren Santos-Dumont Nr. 20, (die im Musée de l'Air erhalten ist). Die späteren Ausführungen der **Demoiselle** mit einem Zweizylinder-Boxermotor Darracq, der 22 kW (30 PS) erzeugte, waren ausgesprochen attraktive Modelle für die damalige Zeit. Da Alberto Santos-Dumont Flugbegeisterten die Möglichkeit bot, sein Modell nachzubauen, muß die **Demoiselle** als das erste Eigenbauflugzeug der Welt angesehen werden.

# Saro A.7 Severn und A.27

Im Jahr 1928 wurde eine Supermarine Southampton mit einem experimentellen Bootsrumpf in Leichtbauweise geflogen. Dieses von Saunders-Roe konstruierte und gefertigte Flugboot erhielt die Bezeichnung A.14. Die erfolgreiche Erprobung dieses Musterexemplars ermutigte 1930 zum Entwurf der **Saro A.7 Severn**, eines militärischen Flugboots in der Auslegung eines Anderthalbdeckers mit fast identischem Bootsrumpf und drei Bristol-Sternmotoren Jupiter IX je 362 kW (492 PS) als Antrieb. Die **A.7** ergatterte jedoch keine Aufträge, vermutlich weil sich das Supermarine-Muster bereits in der Produktion für die Royal Air Force befand.

Als das Luftfahrtministerium die Spezifikation R.24/32 für ein Küstenpatrouillen-Flugboot herausgab, konstruierte Saunders-Roe die **A.27 London**, ähnlich konfiguriert wie die **A.7**, von der sie abstammte, aber etwas kleiner und zunächst von zwei Bristol-Sternmotoren Pegasus III mit je 652 kW (887 PS) angetrieben. Im Anschluß an die amtliche Prüfung erging ein Auftrag über zehn solche Flugboote mit der Bezeichnung **London Mk I**, von denen das erste 1936 ausgeliefert wurde. Es folgten 20 **London Mk II**, die sich vom Vorgängermodell hauptsächlich durch stärkere Pegasus-Triebwerke unterschieden. Sämtliche **London Mk I** erhielten nachträglich den Standard **London Mk II**.

***Im Vergleich zur London Mk I hatte die Saro London Mk II stärkere Motoren mit Vierblatt-Propellern.***

**TECHNISCHE DATEN**
**Saro A.27 London Mk II**

**Typ:** Küstenwach-Flugboot
**Triebwerke:** zwei Sternmotoren Bristol Pegasus X je 787 kW (1070 PS)
**Leistung:** Höchstgeschwindigkeit 249 km/h in 1905 m Höhe; Dienstgipfelhöhe 6065 m; Standard-Reichweite 1770 km
**Gewicht:** Leermasse 5035 kg; max. Startmasse 8346 kg
**Abmessungen:** Spannweite 24,38 m; Länge 17,31 m; Höhe 5,72 m; Tragflügelfläche 132,38 m²
**Bewaffnung:** drei Lewis 7,7-mm-Maschinengewehre in Bug- und Mittschiffgefechtsständen sowie Bomben oder Wasserbomben bis zu 907 kg

# Saro A.17 Cutty Sark

1928 erwarb A. V. Roe Anteile an S. E. Saunders Ltd., und der Firmenname änderte sich anschließend in Saunders-Roe Ltd., deren Produkte allerdings eher unter dem Kurznamen Saro bekannt sind. Das erste von der neuen Firma seriengefertigte Muster war die **Saro A.17 Cutty Sark**, ein leichtes Eindecker-Flugboot für einen Piloten und drei Passagiere. Beim Erstflug am 4. Juli 1929 wurde der Prototyp (**G-AAIP**) von zwei ADC-Motoren Hermes I je 78 kW (106 PS) angetrieben, die auf Gerüsten über dem Tragwerk montiert waren und Zugpropeller drehten. Das Flugboot wurde später durch den Einbau eines einziehbaren Fahrgestells amphibientauglich gemacht, und die zufriedenstellende Leistung dieses Typs führte zum Bau weiterer elf **A.17**. Sie unterschieden sich vom Prototyp im Antrieb: Die meisten erhielten 89 kW (121 PS) starke de Havilland-Triebwerke Gipsy II, doch die letzten drei Exemplare wurden mit dem stärksten Standardantrieb in Form zweier Armstrong Siddeley Genet Major I versehen. Die Ausnahme bildete ein Exemplar (**G-ABVF**), das für einen Flug von San Francisco nach Japan gebaut worden war. Diese Maschine hob sich von allen anderen **A.17** durch einen Einzelmotor Armstrong Siddeley Lynx IVC mit 179 kW (243 PS), eine erhöhte Kraftstoffkapazität und keinerlei Amphibieneigenschaften ab.

***Die sechste seriengefertigte Saro A.17 Cutty Sark wurde im Dezember 1930 an die Seaplane Training Flight der Royal Air Force in Calshot geliefert und diente dort als Schulflugzeug mit einem Sternmotorpaar de Havilland Gipsy II.***

**TECHNISCHE DATEN**
**Saro A.17 Cutty Sark**
**Typ:** leichtes, amphibientaugliches Flugboot
**Triebwerke:** zwei Sternmotoren Armstrong Siddeley Genet Major I je 104 kW (141 PS)
**Leistung:** Höchstgeschwindigkeit 172 km/h; Dienstgipfelhöhe 2745 m; Reichweite 507 km
**Gewicht:** Leermasse 1236 kg; max. Startmasse 1769 kg
**Abmessungen:** Spannweite 13,72 m; Länge 10,46 m; Höhe 3,40 m; Tragflügelfläche 29,73 m²

# Saro A.19 Cloud, A.21 Windhover und A.33

Der Erfolg der Saro A.17 (in den späten zwanziger Jahren galt eine Baureihe von elf Maschinen als Erfolg) führte zum Entwurf und zur Konstruktion des Prototyps **Saro A.19 Cloud**, bei dem es sich eigentlich nur um eine größere Ausführung der A.17 Cutty Sark für eine zweiköpfige Besatzung und acht Fluggäste handelte. Das Motordoppelgerüst des früheren Musters wurde bei der **Cloud** beibehalten, denn dieses bot die nötige Flexibilität, um dem Verlangen individueller Kunden nach unterschiedlichen Motortypen nachkommen zu können. Das war auch gut so, denn die **Cloud** nutzte schließlich fünf verschiedene Motortypen. Der Prototyp (**G-ABCJ**) hatte anfangs zwei 224 kW (305 PS) starke Wright-Sternmotoren J-6 Whirlwind, wurde aber nach drei Jahren in Kanada von Saunders-Roe zurückgekauft und als Versuchsträger für den Napier Rapier IV mit einer Leistung von 254 kW (345 PS) verwendet; zwei dieser Motoren wurden montiert, zusammen mit einem kleinen Profilflügel dahinter, der Turbulenzen des Propellernachstroms minimieren sollte. Ein Exemplar stach durch seine atypische Ausrüstung mit drei Armstrong Siddeley Lynx IVC hervor, die der Käufer gefordert hatte. Probleme mit diesem Antriebskonzept hatten zur Folge, daß diese Maschine letztendlich mit zwei P&W-Sternmotoren Wasp C je 317 kW (431 PS) ausgeliefert wurde. Die vierte und letzte zivile **Cloud** wurde mit zwei Armstong Siddeley Serval III-Motoren je 254 kW (345 PS) ausgestattet, die aber nach dem Verkauf an einen tschechoslowakischen Kunden (im Rahmen einer Vorführtour durch Europa) zwei Walter Pollux je 221 kW (300 PS) wichen.

Vier zivile Flugboote **A.19 Cloud** stellten nicht eben einen Erfolg dar, aber zum Glück für Saunders-Roe bestellte das Luftfahrtministerium einen Prototyp und 16 Serienflugboote zur Piloten- und Navigatorenausbildung. Diese standardmäßig von zwei Armstrong Siddeley Serval V angetriebenen Maschinen flogen mit einer zweiköpfigen Besatzung. Von der zivilen **Cloud** unterschied sich die mit Kartentischen zur Ausbildung von sechs Navigatoren eingerichtete Kabine. Von 1933 bis 1936 dienten diese Maschinen bei der School of Air Pilotage in Andover, bei der Seaplane Training Squadron in Calshot und bei No. 48 Squadron. 1938 konstruierte Saunders-Roe das Einzelexemplar **Saro A.33** mit Monospar-Tragwerk und vier flügelmontierten Bristol-Motoren Perseus XII je 619 kW (842 PS). Dieses Flugboot, nach R.2/33 des Air Ministry konzipiert, die die Short Sunderland ergab, verband die Auslegung eines gestielten Hochdeckers mit Stummelauslegern am Rumpf. Die **A.33** wurde bei Rolltests schwer beschädigt und anschließend verschrottet.

Auf die **A.19 Cloud** folgte die weitgehend ähnliche **A.21 Windhover**, von der nur ein einziges Exemplar gefertigt wurde. In der Größe war dieses Flugboot zwischen der **A.17** und der **A.19** angesiedelt und konnte zwei Besatzungsmitglieder sowie sechs Passagiere aufnehmen. Vielleicht hatte der mit der zweiten **Cloud** erprobte dreimotorige Antrieb doch gewisse Potentialvorteile aufgezeigt, denn dieses Modell wurde mit drei 89 kW (121 PS) starken de Havilland Gipsy II-Motoren ausgerüstet. Ein besonderes Merkmal dieser Installation war ein hinter den Motoren auf Streben gelagerter Hilfsflügel. Die **Saro A.21 Windhover** blieb vom Erstflug im Jahre 1931 bis 1938 im Einsatz.

**TECHNISCHE DATEN**
**Saro A.19 Cloud (militärische Version)**
**Typ:** Ausbildungflugboot für Piloten und Navigatoren
**Triebwerke:** zwei Sternmotoren Armstrong Siddeley Serval V je 254 kW (345 PS)
**Leistung:** Höchstgeschwindigkeit 190 km/h; Dienstgipfelhöhe 4265 m; Reichweite 612 km
**Gewicht:** Leermasse 3084 kg; max. Startmasse 4309 kg
**Abmessungen:** Spannweite 19,51 m; Länge 15,28 m; Höhe 5 m; Tragflügelfläche 60,39 m²
**Bewaffnung:** Vorrichtungen für je ein Lewis 7,7-mm-Maschinengewehr auf Drehstütze in Bug- und Heckgefechtsstand sowie bis zu vier extern mitgeführte 22,7-kg-Übungsbomben

***Hier ist der Prototyp des Flugboots Saro A.19 Cloud zu sehen, im Grunde eine maßstäblich vergrößerte Version der A.17 Cutty Sark. Der Hersteller nutzte diese Maschine die mittleren dreißiger Jahre hindurch für Triebwerkstests und andere Versuche.***

# Saro S.36 Lerwick

Die nach der Spezifikation R.1/36 des Air Ministry für ein Aufklärungsflugboot entworfene **Saunders-Roe S.36 Lerwick** war wohl das am wenigsten gelungene Modell dieser Firma, obwohl immerhin 21 Exemplare für das RAF Coastal Command gefertigt wurden. Die **Lerwick** war ein freitragendes Hochdecker-Flugboot mit zwei schiebergesteuerten Sternmotoren Bristol Hercules II oder IV in flügelmontierten Gondeln. Schon bei den ersten Erprobungsflügen offenbarten sich eine unzureichende Stabilität und eine nicht akzeptable Tendenz zum Strömungsabriß. Zwar wurden verschiedene Modifikationen ergriffen, um diesen Mängeln beizukommen, doch sie wurden bestenfalls abgeschwächt. Ende 1940 nahm die **Lerwick** den Dienst bei No. 209 Squadron auf, und bis November waren alle 21 Flugboote ausgeliefert. Nach dem Verlust zweier **Lerwick** wurde der Typ bereits im Mai 1941 aus dem Einsatz genommen. Einige Maschinen dienten vorübergehend in nachrangigen Rollen, doch das Gros wurde eingelagert. Die 24,64 m weit gespannte und mit sechs Mann besetzte **Lerwick** hatte eine Höchstgeschwindigkeit von 343 km/h. Ihre Bewaffnung bestand aus insgesamt sechs Browning-Maschinengewehren in Rükken- und Hecktürmen (zwei/vier) sowie einer Bombenlast von 907 kg.

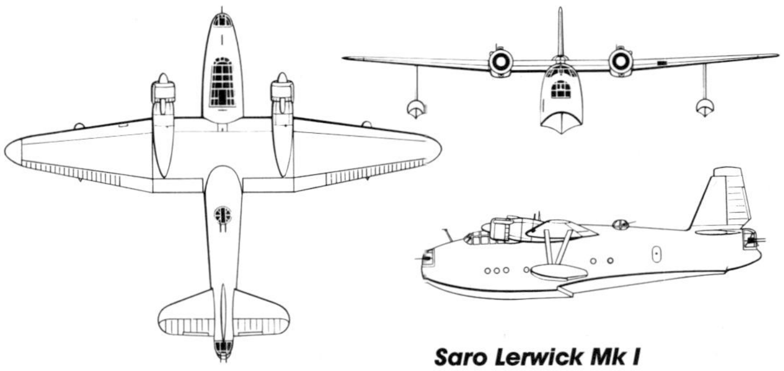
***Saro Lerwick Mk I***

# Saro Skeeter

Da es nach dem Zweiten Weltkrieg am Interesse an Flugbooten fehlte, machte sich Saunders-Roe für eine Diversifikation innerhalb der Luftfahrzeugindustrie stark und erwarb im Januar 1951 das Unternehmen Cierva, um auf dem Gebiet der Drehflügler Tritt zu fassen. Cierva hatte am 8. Oktober 1948 den Prototyp eines zweisitzigen Experimental-Hubschraubers geflogen, der die Bezeichnung **Cierva W.14 Skeeter I** trug, und Saro setzte dessen Entwicklung fort. Das britische Army Air Corps prüfte drei Prototyphubschrauber **Saro Skeeter 6**, die vom Gipsy Major 200 mit 149 kW (200 HP/203 PS) angetrieben wurden. Dies zog eine Erstbestellung von vier weiteren Testhubschraubern nach sich, die als **Skeeter AOP.Mk 10** (drei) und als **Skeeter T.Mk 11** mit Doppelsteuer (einer) ausgeliefert wurden. Das Army Air Corps beschaffte 64 Serienhubschrauber **AOP.Mk**

**12 Skeeter**, die sich von den Prüflingen durch einen 160 kW (218 PS) starken Gipsy Major unterschieden, und eine kleine Zahl entsprechend angetriebener **Skeeter T.Mk 13**, mit denen die RAF Hubschrauber-Fluglehrer für das Heer ausbildete. Außerdem kaufte die Bundeswehr unter den Bezeichnungen **Skeeter Mk 50** und **Skeeter Mk 51** sechs bzw. vier Exemplare für das Heer und die Marine. Diese Hubschrauber hatten einen Hauptrotor, der im Durchmesser 9,75 m maß, und konnten eine Höchstgeschwindigkeit von 267 km/h erreichen. Eine zivile Ausführung war als **Skeeter Serie 8** geplant, von der nur ein Exemplar gefertigt wurde, da keine Aufträge eingingen. 1960 wurde die Produktion eingestellt.

***Der fragil wirkende AOP.Mk 12 erwies sich im Truppendienst beim britischen Heer durchaus als Erfolg.***

# Saro – weniger bedeutende Typen

Das im Maßstab 1:2 gefertigte Modell des geplanten Seeaufklärungsflugzeugs **Saro A.37** von 1939 wurde ob seiner kleinen Größe als „Shrimp" (Krabbe) verspottet. Der freitragende Hochdecker war für eine Zwei-Mann-Besatzung ausgelegt und sollte von vier Pobjoy Niagara-Sternmotoren je 67 kW (91 PS) in flügelmontierten Gondeln angetrieben werden. Zwar bestand die **A.37** die Erprobung durch das Marine Aircraft Experimental Establishment, doch zum Bau des Prototyps im realen Maßstab kam es nicht mehr.

Am 16. Juli 1947 flog der erste von drei Prototypen des Jagdflugboots **Saro SR.A/1**, ein freitragender Mitteldecker, der seinen Piloten auf einem Schleudersitz im druckbelüfteten Cockpit aufnahm. Den Antrieb dieses Typs besorgten zwei Metropolitan-Vickers-Strahltriebwerke F2/4 Beryl, die 1474 kg, 1588 kg bzw. 1746 kg Schub im Falle des ersten, zweiten und dritten Prototyps entwickelten. Obgleich dieser Seejäger mit einer Spannweite von 14,02 m ausgezeichnete Leistungen, etwa eine Höchstgeschwindigkeit von 824 km/h, nachwies, gelangten die Verantwortlichen nach einer eingehenderen Prüfung des Flugboot-Jägerkonzepts zu der Einsicht, daß ein landgestützter Strahljäger wertvoller sei. Folglich wurden keine weiteren **SR.A/1** in Auftrag gegeben.

Der in chronologischer Reihenfolge nächste der weniger bedeutenden Saunders-Roe-Typen war paradoxerweise das riesige Flugboot **Saro SR.45 Princess**, von dem im Mai 1946 drei Exemplare bestellt wurden. Dieses Trio war für Nonstop-Transatlanktikflüge durch BOAC vorgesehen, doch anschließend gelangte man zu der Erkenntnis, daß Landflugzeuge diese Strecke mindestens ebenso sicher und viel wirtschaftlicher betreiben konnten, und das Interesse an diesem Muster schwand. Die Flugboote wurden daher als Ferntransporter für die RAF fertiggestellt, doch der Mangel an geeigneten Triebwerken ließ auch diese optimistischen Pläne scheitern. Der **Princess**-Prototyp, größer als die Martin Mars und schwerer als die Bristol Brabazon I, flog erstmals am 22. August 1952; seine Spannweite bei eingezogenen Flügelspitzenschwimmern betrug 66,90 m, die Abflugmasse 156.492 kg und die Höchstgeschwindigkeit 579 km/h. Den Antrieb besorgten zehn Bristol-Propellerturbinen Proteus 600, die als zwei Einzeltriebwerke außen und als vier Doppelmotoren innen an den Tragflächen montiert waren und je 2386 kW (3245 WPS) abgaben. Getriebeschwierigkeiten der gekoppelten Turbinen führten zum Abbruch der Entwicklung. Die zweite und dritte **Princess** wurden daher direkt eingemottet.

***Die Saro SR.45 Princess ist dem Höchststand in der Entwicklung des Flugboots zuzurechnen. Das von zehn Motoren (acht gekoppelte und zwei einzelne Propellerturbinen) angetriebene Muster war für eine Startmasse von 165.492 kg zugelassen.***

Am 16. Mai 1957 flog Saunders-Roe ein ganz anderes Luftfahrzeug, nämlich den ersten von zwei überschallschnellen Versuchsjägern, mit denen das Air Ministry einen Mischantrieb – ein Novum in England – testen wollte. Es handelte sich um das landgestützte Jagdflugzeug **Saro SR.53**, einen Deltaflügel-Mitteldecker mit Delta-Höhenflossen, die als Pendelruder konzipiert waren, und einem im Rumpf montierten, 794 kg Schub starken Viper-Strahltriebwerk von Armstrong Siddeley; letzteres war durch einen im Hinterrumpf unter dem Schubrohr des Viper gelagerten Flüssigtreibstoff-Raketenmotor Spectre von de Havilland ergänzt, der etwa 3630 kg Schub erzeugen konnte. Der Einsatzjäger **SR.53** sollte mit zwei Luft-Luft-Lenkflugkörpern Firestreak an den Flügelspitzen bewaffnet werden. Mehr oder weniger parallel zur **SR.53** hatte Saunders-Roe die etwas größere Version **SR.177** entwickelt, gedacht als Mehrzweck-Kampfflugzeug für die RAF. Es war aber die Admiralität, die an diesem Muster Interesse zeigte und 1956 sechs Vorserienjäger bestellte. Diese Maschinen mußten natürlich eine verstärkte Zelle, Katapultbeschläge und einen Fanghaken erhalten und sollten von einem de Havilland Gyron Junior-Strahltriebwerk plus einem Flüssigstoff-Raketenmotor de Havilland Spectre 5A angetrieben werden, beide mit einer Nennleistung von 3630 kg. Obgleich diese Marinejäger schon fast komplett waren, wurden sie aufgrund eines 1957 erlassenen Weißbuchs verschrottet, das den Wechsel auf Boden-Luft-Flugkörper zur Verteidigung Großbritanniens vorsah.

***TG263 war der erste Flugboot-Jäger Saro SR.A/1. Selbst ohne Überlasttanks ließ dieses Schwergewicht die Nadel der Waage auf 7360 kg schwingen.***

# Saunders – frühe Flugboote

Die Bootswerft S. E. Saunders Ltd. mit Sitz in Cowes auf der Isle of Wight war für ihre Hochgeschwindigkeits-Motorbootsrümpfe bekannt, die dank des Werkstoffs Consuta – mit Kupferdraht „vernähtes" Sperrholz – sowohl leicht als auch mechanisch fest waren. Diese Bauweise war ideal für Flugbootrümpfe und -schwimmer, und schon im Jahre 1912 waren bei der Sopwith Bat Boat No.1 Doppeldeckerflügel mit einem Consuta-Rumpf kombiniert worden. Dies brachte dem Unternehmen im Ersten Weltkrieg zahlreiche Konstruktionsaufträge anderer Luftfahrzeughersteller ein. Das erste bedeutende Eigenprodukt war die **Saunders Kittiwake**, ein Doppeldecker-Amphibienflugboot für zwei Besatzungsmitglieder und sieben Fluggäste, das viele fortschrittliche Ideen enthielt, etwa einen demontierbaren Consuta-Bootsrumpf. Für gute Langsamflugeigenschaften waren sämtliche Tragflügel über die volle Spannweite mit Teilen versehen, die das Profil veränderten, so daß Querruder zwischen Ober- und Unterflügel montiert werden mußten. Die innerhalb von drei Monaten entworfene und gefertigte **Kittiwake** verfehlte die Air Ministry Commercial Amphibian Competition, an der sie hätte teilnehmen sollen, dennoch knapp. Sie flog am 19. September 1920 zum erstenmal, angetrieben von zwei ABC-Sternmotoren Wasp Mk II je 149 kW (203 PS). Mangels kommerziellen Interesses wurde die **Kittiwake** 1921 verschrottet. Vickers Ltd. hatte 1918 Anteile an S. E. Saunders erworben und die Konstruktion des Prototyps eines zweimotorigen Doppeldecker-Flugboots verlangt, das **Vickers Valentia** genannt wurde. Das von zwei Rolls-Royce Condor IA-Motoren je 485 kW (660 PS) angetriebene Musterflugboot wurde 1922 erfolgreich geflogen und erprobt, aber weitere Exemplare wurden nicht gebaut. Erst als Saunders 1925 vom Air Council mit der Konstruktion eines Verkehrsflugboots für zwei Besatzungsmitglieder und sechs Fluggäste beauftragt wurde, kam das nächste Muster in Gestalt der **Saunders A.4 Medina** heraus. Bei diesem Doppeldecker waren die Unterflügel weiter gespannt, und die beiden Bristol-Sternmotoren Jupiter V je 336 kW (457 PS) ermöglichten ihm eine Spitzengeschwindigkeit von 185 km/h. Trotz der Verwendung dieses Flugboots von 1926 bis 1929 wurden keine weiteren Exemplare gebaut. Mit einer Spannweite von 29,57 m war die **Saunders A.3 Valkyrie** aus dem Jahre 1927 wesentlich größer als ihre beiden Vorgängerinnen. Die **Valkyrie** war als Militärflugboot für eine fünfköpfige Besatzung ausgelegt und wurde von drei Rolls-Royce Condor III-Motoren je 485 kW (660 PS) angetrieben. Zwar war die Leistung der **Valkyrie** zufriedenstellend, aber das Militär bestand auf einem metallenen Rumpfkörper.

# Savoia-Marchetti S.55

Eines der fortschrittlichsten und erfolgreichsten Flugboote der Welt, die in der Zeit zwischen den Weltkriegen erschienen, war die **Savoia-Marchetti S.55**, konstruiert nach dem Pflichtenheft eines neuen, mehrmotorigen Torpedobomber-Flugboots. Einzigartig waren die beiden katamaranähnlichen Rumpfkörper, das freitragende und dick profilierte Tragwerk, in dessen Mittelteil die Pilotenkanzeln eingearbeitet waren, und das aus zwei Seitenflossen und drei Rudern bestehende Leitwerk, getragen von Zwillingsauslegern, die von den Tragflügeln und den Rumpfhecks nach hinten gereckt waren. Unter dem Antrieb zweier Fiat-Motoren A.12bis, die Rücken an Rücken über dem Tragflächenmittelstück montiert waren, damit je ein Zug- und ein Druckpropeller ihre Leistung von 221 kW (300 PS) umsetzen konnten, wurde der erste Prototyp im Sommer 1924 zur Probe geflogen. Dieses Musterexemplar erwies sich als untermotorisiert und kam über eine Spitzengeschwindigkeit von 160 km/h nicht hinaus. Der zweite Prototyp mit 294 kW (400 PS) starken Lorraine 12Db wartete mit kaum besseren Leistungen auf. Die italienische Marine blieb skeptisch. Die zivile Ausführung **S.55C** mit je einer Kabine für fünf Passagiere in den schlanken Rümpfen brachte der Hersteller im Sommer 1925 in die Luft.

Das Ministero dell'Aeronautica zeigte schließlich doch noch Interesse an der militärischen **S.55** und bestellte 1926 eine Erstserie von 14 Flugbooten mit Asso-Triebwerken. Anschließend wurden erhebliche Stückzahlen gebaut, um die squadriglie di bombardamento marittimo neu auszurüsten. 1930 wurde eine verbesserte Version mit Fiat-Motoren A.22R und überarbeiteten Bootsrümpfen in Dienst gestellt und eine zweite, zivile Version, die **S.55P**, nahm in Italien, in der Sowjetunion und in den USA den Dienst auf.

**Varianten**
**S.55:** zwei Prototypen und 88 seriengefertigte Militärflugboote, die zwischen 1927 und 1930 ausgeliefert wurden; alle wurden schließlich mit zwei Isotta-Fraschini Asso 500 ausgerüstet, deren Leistung von 2 x 375 kW (510 PS) ihnen eine Höchstgeschwindigkeit von 190 km/h ermöglichte
**S.55C:** erste Zivilversion, von der 1925/26 acht Exemplare gebaut wurden; das Gros hatte Lorraine-Motoren, doch später wurden alle auf den Asso 500 umgestellt
**S.55P:** zweite Zivilversion, von der zwischen 1928 und 1932 23 Exemplare ausgeliefert wurden; für zehn Passagiere erweiterte Rümpfe und geschlossene Besatzungskanzeln; es wird angenommen, daß 14 Maschinen die Strecken der Società Aerea Mediterranea bedienten; Antrieb zunächst durch Asso 500, dann Asso 550 Ru

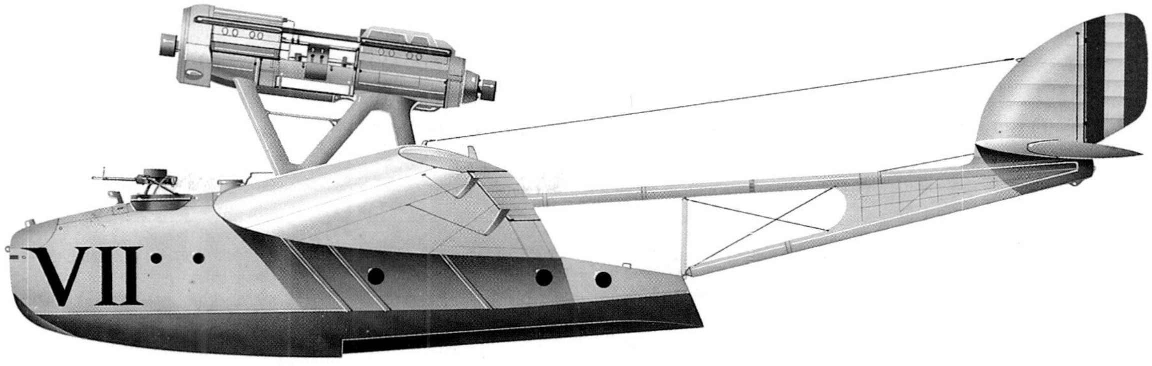

***Savoia-Marchetti S.55A der 1a Escadrilla Hydro der rumänischen Luftwaffe, in den dreißiger Jahren in Constanza stationiert.***

und schließlich 515 kW (700 PS) starke Fiat A.24R; drei S.55P wurden in die USA exportiert, fünf Exemplare mit Asso 750 je 589 kW (800 PS) und verbesserten Rümpfen wurden 1932 an die Sowjetunion verkauft
**S.55A:** Bezeichnung (A für Atlantik) von 16 Militärflugbooten mit Fiat-Motoren A.22R je 412 kW (560 PS)
**S.55M:** sieben 1930 von Piaggio gebaute Exemplare mit Asso 500 Ri und weitgehend durch Metall ersetzter Holzstruktur
**S.55 Scafo Allargato:** ähnlich wie die S.55A, aber erweiterte Rümpfe sowie geschlossene Besatzungskanzeln; Savoia-Marchetti produzierte 16 Exemplare, je acht mit Asso 500 und Asso 500Ri; ferner baute CANT je acht Exemplare
**S.55 Scafo Allargatissimo:** nochmals erweiterte und strömungsgünstiger gestaltete Rümpfe; Savoia-Marchetti fertigte 1932/33 insgesamt 20 Exemplare mit Fiat A.22R, Machi baute 1933 weitere 16 und CANT sechs solche Flugboote, beide Baulose mit Isotta-Fraschini Asso 500Ri
**S.55X:** 35 im Jahr 1933 gelieferte Exemplare mit Asso 750-Motoren für Nordatlantik-Formationsflüge; nach ihrer Rückkehr in die Heimat wurden diese Flugboote bewaffnet und als Aufklärungsbomber durch 31° und 35° Stormi BM genutzt, bis 1938 das Nachfolgemuster CANT Z.506B eintraf; einige militärische S.55 mit anderen Rümpfen wurden auch als S.55X bezeichnet, wenn sie mit Asso 750-Motoren bestückt waren; andere Angehörige dieser Baureihe, die den neuen Motortyp nicht erhielten, wurden häufig als S.55N bezeichnet

**TECHNISCHE DATEN**
**Savoia-Marchetti S.55X**
**Typ:** Fernbomber-/Fernaufklärer-Flugboot
**Triebwerke:** zwei V-Reihenmotoren Isotta-Fraschini Asso 750 je 648 kW (880 PS)
**Leistung:** Höchstgeschwindigkeit 279 km/h; Dienstgipfelhöhe 5000 m; Reichweite 3500 km
**Gewicht:** Rüstmasse 5750 kg; max. Startmasse 8260 kg
**Abmessungen:** Spannweite 24 m; Länge 16,75 m; Höhe 5 m; Tragflügelfläche 93 m²
**Bewaffnung:** vier 7,7-mm-Maschinengewehre und ein Torpedo oder 2000 kg Bomben

# Savoia-Marchetti S.56

Die **Savoia-Marchetti S.56** von 1924 war ein dreisitziges Schul-/Reiseflugboot, ausgelegt als Doppeldecker ungleicher Spannweite in Holzbauweise. Pilot und Kopilot saßen nebeneinander in separaten Cockpits mit Doppelsteuer, dahinter eine dritte Person. Den Antrieb mit 52 kW (70 PS) lieferte ein Anzani-Motor, doch zwei mit 59 kW (80 PS) starken Anzani-Motoren gefertigte Flugboote **S.56A** hatten eine etwas größere Spannweite und waren durch die Einführung eines von Hand einziehbaren Radfahrgestells amphibientauglich gemacht worden. Mindestens zwölf **S.56A** wurden an Privatleute und Fliegerclubs verkauft, und vier Exemplare nutzte die Regia Aeronautica im Ausbildungsdienst. Letztere wurden von diversen Motortypen angetrieben, darunter dem Fiat A.53 mit 85 kW (115 PS), dem Fiat A.54 mit 99 kW (135 PS) und dem Walter Venus.

Die American Aeronautical Corporation begann 1929 mit der Lizenzfertigung der **S.56**, angetrieben vom Kinner K5 mit 67 kW (91 PS); an drei Zweisitzer schlossen sich mindestens 40 Dreisitzer an. 1930 flog in den USA erstmals die **S.56B**, deren Antrieb ein Kinner B5 mit 93 kW (126 PS) besorgte. Ein Exemplar, das zum Einsitzer umgebaut, mit zusätzlichen Kraftstofftanks ausgerüstet und in **S.56C** umbezeichnet worden war, wurde von Zachery Reynolds rund um den Globus geflogen.

***Die Savoia-Marchetti S.56 erwies sich in den USA als besonders populär, wo der Typ von der American Aeronautical Corporation in Lizenz produziert wurde.***

**TECHNISCHE DATEN**
**American Aeronautical S.56A**
**Typ:** dreisitziges, amphibientaugliches Reise-/Schulflugboot
**Triebwerk:** ein Sternmotor Kinner B5 mit 67 kW (91 PS)
**Leistung:** Höchstgeschwindigkeit 138 km/h; Dienstgipfelhöhe 1670 m; Flugdauer drei Stunden
**Gewicht:** Rüstmasse 658 kg; max. Startmasse 975 kg
**Abmessungen:** Spannweite 10,72 m; Länge 7,80 m; Höhe 2,99 m; Tragflügelfläche 26,50 m²

# Savoia-Marchetti S.57

Die beiden 1923 aus Holz konstruierten Prototypen des Aufklärungsflugboots **Savoia-Marchetti S.57** waren durch einen einfach gestuften Rumpf gekennzeichnet, in dem der Pilot und der Beobachter/Bordschütze hintereinander in offenen Cockpits im Bug untergebracht waren. Den Antrieb mit 184 kW (250 PS) lieferte ein einzelner /6-Motor von Isotta-Fraschini, und über der Beobachterkanzel war ein Drehkranz für ein Fiat-Maschinengewehr vom Kaliber 7,7 mm eingerichtet. In die Versuchsversion **S.57bis** war ein 221 kW (300 PS) starker Hispano-Suiza-Motor 42 eingebaut. Die **S.57** hatte eine Spannweite von 11,25 m, eine maximale Startmasse von 1605 kg und eine Spitzengeschwindigkeit von 215 km/h. 1925 wurden 18 **S.57** an die italienische Luftwaffe ausgeliefert, die diesen Typ als Schulflugzeug verwendete und einige Exemplare Einsatzstaffeln zur Typeneinweisung zuteilte.

# Savoia-Marchetti S.59

Der erstmals 1925 geflogene Prototyp **Savoia-Marchetti S.59** war eine modernisierte Ausgabe der S.16, ein Aufklärer-/Bomberflugboot der für die Seeaufklärung zuständigen squadriglie Italiens. Die Crew war in zwei Cockpits nebeneinander vor dem Tragwerk im Rumpf sowie in einer Bauchkanzel mit einem Lewis-Maschinengewehr auf einer Drehstütze untergebracht. Das Muster war von vornherein untermotorisiert: der Prototyp hatte einen Rolls-Royce Eagle mit 268 kW (365 PS) und die Serienflugboote den Lorraine-Dietrich 12Db mit einer Nennleistung von 294 kW (400 PS). Trotz der durch diesen Motortyp eingeschränkten Leistung wurden die ersten von 40 **S.59** im Jahr 1926 ausgeliefert.

Die **S.59bis** von 1927 unterschied sich lediglich durch den stärkeren Isotta-Fraschini Asso 500; diese Version wurde vom Hersteller selbst (80), von CANT (50) und Macchi (50) produziert, und alle diese Flugboote waren bis 1930 ausgeliefert. Insgesamt 51 **S.59bis**-Flugboote bildeten den Kern des spektakulären Formationsflugs über dem westlichen Mittelmeer von 1928. In den dreißiger Jahren wurden bei vielen **S.59bis** die Oberflügel durch HP-Vorflügel ergänzt. Ab 1937 fand der Typ nur noch im Ausbildungsdienst Verwendung. Exporte der **S.59bis** umfaßten zehn Exemplare für Argentinien und acht für Rumänien. Die 1928 vorgestellte Zivilversion **S.59P** hatte eine Kabine für zwei Besatzungsmitglieder und vier Passagiere.

***Diese auf den Namen „Buenos Aires" getaufte Savoia-Marchetti S.59 absolvierte 1926 den gefeierten Flug von New York nach Buenos Aires, Argentinien. Die S.59 war für den Wehrdienst bestimmt.***

**TECHNISCHE DATEN**
**Savoia-Marchetti A.59bis**
**Typ:** Aufklärer-/Bomberflugboot
**Triebwerke:** ein V-Reihenmotor Isotta-Fraschini Asso 500 mit 375 kW (510 PS)
**Leistung:** Höchstgeschwindigkeit 200 km/h; Dienstgipfelhöhe 4550 m; Flugdauer fünf Stunden
**Gewicht:** Rüstmasse 1950 kg; max. Startmasse 2950 kg
**Abmessungen:** Spannweite 15,50 m; Länge 10,36 m; Höhe 3,50 m; Tragflügelfläche 60 m²
**Bewaffnung:** ein Lewis 7,7-mm-Maschinengewehr und bis zu 280 kg Bomben an externen Gehängen

## Savoia-Marchetti S.62 bis weitere Schweizer Flugzeuge

**Savoia-Marchetti, später SIAI-Marchetti, baute in den 30er Jahren dreimotorige Transporter als Rückgrat der Frachtflotte Italiens. Die Pipistrello war der Junkers JU52 sehr ähnlich, doch das gilt als Zufall, nicht als Imitation. Die S.M.79 Spaviero (Habicht) war, obwohl oft schlampig gebaut, tatsächlich ein guter und robuster Bomber.**

# Savoia-Marchetti S.62

Das Bomber-/Aufklärer-Flugboot **Savoia-Marchetti S.62** mit modernerer Auslegung als bei der S.59 erschien 1926 in Prototypform. Ober- und Unterflügel hatten eine unterschiedliche Spannweite, die Zelle war viel stärker als die des Vorgängermodells konstruiert, im aufgedickten Rükkenteil des Bootsrumpfes hinter den Tragflügeln befand sich ein zweiter Schützenstand, und den Antrieb lieferte ein Asso 500 mit 375 kW (510 PS).

**TECHNISCHE DATEN**
**Savoia-Marchetti S.62**

**Typ:** viersitziges Bomber-/Aufklärer-Flugboot
**Triebwerk:** ein V-Reihenmotor Isotta-Fraschini Asso 750 mit 626 kW (850 PS)
**Leistung:** Höchstgeschwindigkeit 220 km/h; Dienstgipfelhöhe 4900 m; Reichweite 2000 km
**Gewicht:** Rüstmasse 2630 kg; max. Startmasse 5030 kg
**Abmessungen:** Spannweite 16,66 m; Länge 12,26 m; Höhe 4,19 m; Tragflügelfläche 69,50 m²
**Bewaffnung:** vier 7,7-mm-Maschinengewehre und 600 kg Bomben

1928 folgte eine kleine Verkehrsflugboot-Baureihe **S.62P**. Ein Teil der Maschinen war mit geschlossener Kabine für eine vierköpfige Besatzung und vier Passagiere, ein anderer mit offenen Cockpits ausgerüstet. Einige solcher Flugboote nutzte die italienische Luftfahrtgesellschaft SAM, und Einzelexemplare wurden in die USA sowie nach Spanien exportiert.

Der erste Vertreter der fortentwickelten Version **S.62bis** flog Anfang 1930. Die Spannweite dieses Modells war erhöht, der Antrieb verstärkt, die Bewaffnung erweitert und das Tankvolumen vergrößert. Die Sowjetunion bestellte 50 Exemplare, und im März 1930 wurde die erste **S.62bis** nach Sewastopol überführt. Das Land übernahm aber nur 24 von SIAI gebaute Flugboote und fertigte 29 weitere in Lizenz, denen es die Bezeichnung **MBR-4** zuwies. Um den harten Witterungsbedingungen im Winter gerecht zu werden, waren viele dieser Maschinen mit Schneekufen zum Betrieb auf zugefrorenen Wasserflächen ausgerüstet.

Zu den von Savoia-Marchetti getesteten Varianten gehörten eine **S.62bis** mit Getriebemotor Asso 500Ri und eine einzelne **S.62ter** mit Fiat-Motor A.24R.

# Savoia-Marchetti S.66

Der Prototyp des dreimotorigen Passagier-Flugboots **Savoia-Marchetti S.66**, das die S.55P ersetzen sollte, flog erstmals 1931. Man hatte das Doppelrumpf-Konzept der S.55 erhalten, doch die Rumpfkörper im Querschnitt höher und eleganter gestaltet, ebenso die Heckausleger und das Leitwerk. Für den Antrieb sorgten drei Fiat-Motoren A.22R, die auf einem Gerüst oberhalb des Tragwerks installiert waren. Pilot und Kopilot saßen in einem geschlossenen Cockpit vorn im Tragflächenmittelstück. Jeder Rumpf wies zunächst sieben Sitze, zwei Schlafkojen und eine Toilette auf, aber bei den 23 nachfolgenden Serienflugbooten entfielen die Schlafliegen zugunsten von vier weiteren Sitzen pro Rumpf, und die Originalmotoren wichen stärkeren Fiat A.24R.

**TECHNISCHE DATEN**

**Typ:** Passagier-Flugboot
**Triebwerke:** drei V-Reihenmotoren Fiat A.24R je 552 kW (750 PS)
**Leistung:** Höchstgeschwindigkeit 238 km/h; Dienstgipfelhöhe 5350 m; max. Reichweite 1200 km
**Gewicht:** Rüstmasse 7450 kg; max. Startmasse 10.950 kg
**Abmessungen:** Spannweite 33 m; Länge 16,65 m; Höhe 4,90 m; Tragflügelfläche 126,70 m²

***Die S.M.66 stellte im Kern eine vergrößerte Ausgabe der S.55 mit drei statt zwei Motoren dar. Rümpfe und Tragflächen bestanden aus Holz, Heckausleger und Leitwerk aus Stahlrohr, das mit Gewebe abgedeckt war.***

# Savoia-Marchetti S.71

**TECHNISCHE DATEN**

**Typ:** leichtes Verkehrsflugzeug für acht Passagiere
**Triebwerke:** drei Sternmotoren Walter Castor je 177 kW (240 PS)
**Leistung:** Höchstgeschwindigkeit 235 km/h; Dienstgipfelhöhe 6000 m; Reichweite 1600 km
**Gewicht:** Rüstmasse 2900 kg; max. Startmasse 4600 kg
**Abmessungen:** Spannweite 21,20 m; Länge 14 m; Höhe 4,10 m; Tragflügelfläche 60 m²

***Die Savoia-Marchetti S.71 flog häufig mit windschnittigen Fahrwerksverkleidungen, allerdings nicht diese I-ROMA.***

Die erstmals 1930 geflogene **Savoia-Marchetti S.71** war ein dreimotoriger, freitragender Kabinen-Hochdecker in Mischbauweise mit starrem Spornrad-Fahrgestell, der außer seiner vierköpfigen Besatzung acht Passagiere aufnehmen konnte.

Die ersten vier **S.71** besaßen Walter-Castor-Sternmotoren, doch die übrigen drei Maschinen erhielten 272 kW (370 PS) starke Piaggio-Kolbentriebwerke P.VII.

# Savoia-Marchetti S.72

Die **Savoia-Marchetti S.72**, die wie eine vergrößerte und verstärkte Version der S.71 wirkte, war als schwerer Bomber gedacht und flog 1934 erstmals als Prototyp (**MM 219**).

Die Regia Aeronautica führte dieses Muster zwar nicht ein, aber der Prototyp diente für VIP-Flüge, die Italien mit seinem Kolonialreich verbanden. Im Sommer 1935 wurde das Flugzeug in China vorgeführt und anschließend Generalissimo Tschiang Kai-Tschek als Geschenk übergeben. Die Chinesen bestellten sechs Serienmaschinen **S.72**, die sie im Lande zusammenbauen wollten. Man nimmt an, daß weitere Exemplare dort Ende 1937 japanischen Luftangriffen zum Opfer fielen.

**TECHNISCHE DATEN**

**Typ:** Bomber/Verkehrsflugzeug
**Triebwerke:** drei von Alfa Romeo in Lizenz gebaute Sternmotoren Bristol Pegasus je 410 kW (558 PS)
**Leistung:** Höchstgeschwindigkeit 295 km/h; Dienstgipfelhöhe 8000 m; Standardreichweite 2000 km
**Gewicht:** Rüstmasse 6800 kg; max. Startmasse 12.800 kg
**Abmessungen:** Spannweite 29,68 m; Länge 19,95 m; Höhe 5,50 m; Tragflügelfläche 118,50 m²
**Bewaffnung:** bis zu sechs 7,7-mm-Maschinengewehre und eine 20-mm-Kanone sowie 1000 kg an Bomben

***Der von der S.71 abgeleitete, aber etwas größere Bomber Savoia-Marchetti S.72 stieß in Italien nicht auf offizielles Interesse.***

# Savoia-Marchetti S.73

Die parallel zum Bomber S.81 entwickelte **Savoia-Marchetti S.73** war ein dreimotoriges Passagierflugzeug, das am 4. Juli 1934 zum Erstflug startete. Die Tragflügel dieses freitragenden Tiefdeckers bestanden aus Holz, während der geräumige Rumpf auf einem geschweißten Stahlrohrgerüst aufbaute, das mit Sperrholz beplankt und in Teilbereichen mit Stoff bespannt war.

***Die S.73 führte die Auslegung als dreimotoriger Tiefdecker ein, die zum Markenzeichen dieses Herstellers wurde.***

spannt war. Pilot und Kopilot saßen nebeneinander in einer geschlossenen Kanzel, an die sich Bordfunker- und Mechanikerabteile sowie eine Passagierkabine mit 18 Einzelsitzen in zwei Längsreihen anschlossen.

Sieben belgische **S.73** wurden im Mai 1940 nach England geflogen, dort von der RAF beschlagnahmt und anschließend nach Nordafrika entsandt. Dort übernahm die Regia Aeronautica später vier Exemplare. Einige italienische **S.73** wurden in Ostafrika für den Militärdienst eingezogen und die in Italien selbst stationierten Maschinen im Juni 1940 requiriert, um die 605. und 606. Squadriglia auszurüsten. Nach dem Verlust der italienischen Kolonialgebiete in Ostafrika kehrten drei **S.73** auf Umwegen nach Italien zurück.

Während ihres 20monatigen Aufenthalts an der Ostfront unterstützten **S.73** der 247. Squadriglia ab Herbst 1941 das Corpo di Spedizione Italiano. Von vier **S.73**, die bis zum Waffenstillstand im September 1943 durchgehalten hatten, flogen drei für die Alliierten weiter.

### TECHNISCHE DATEN

**Typ:** 18sitziges Passagier-/Transportflugzeug
**Triebwerke:** drei Sternmotoren Alfa Romeo 126 RC.10 je 589 kW (800 PS)
**Leistung:** Höchstgeschwindigkeit 325 km/h; Dienstgipfelhöhe 7000 m; Reichweite 1000 km
**Gewicht:** Rüstmasse 7300 kg; max. Startmasse 10.800 kg
**Abmessungen:** Spannweite 24 m; Länge 18,37 m; Höhe 4,45 m; Tragflügelfläche 92,20 $m^2$

# Savoia-Marchetti S.M.75 und S.M.76

1937 stellte das Unternehmen den Prototyp seiner **Savoia-Marchetti S.M.75** fertig und brachte ihn am 6. November jenes Jahres zum erstenmal in die Luft. Dieses 30sitzige Passagierflugzeug stellte eine weitere Verbesserung des Savoia-Marchetti-Konzepts für dreimotorige, freitragende Tiefdecker dar, denn unter anderem ließen sich die Hauptfahrwerksbaugruppen in die beiden äußeren Motorgondeln einziehen. Von den sechs Exemplaren der Erstserie erhielt Ala Littoria fünf, und eins ging mit der Regia-Aeronautica-Kennung MM 384 an das italienische Luftfahrtministerium.

Erste Erfahrungen bestätigten die Leistungsfähigkeit und Effizienz der **S.M.75**, so daß zwischen 1937 und 1943 insgesamt 90 Maschinen gefertigt wurden. Der gewöhnliche Motortyp war der Alfa Romeo 126 RC.34, aber in elf Exemplare baute man den Alfa Romeo 126 RC.18 ein und teilte ihnen die Bezeichnung **S.M.75bis** zu.

Ala Littoria setzte insgesamt 38 **S.M.75** auf ihrem europäischen und nordafrikanischen Streckennetz ein, und 1939 übernahm die italienische Fluglinie LATI, neu gegründet, um die Strecken von Natal und Rio de Janeiro in Brasilien zu bedienen, ihre erste **S.M.75**. Ende 1940 wurde dieses LATI-Exemplar in **S.M.76** umbezeichnet, nachdem es einen längeren und breiteren Rumpf, geänderte Tragflügel, größere Tanks und P&W-Sternmotoren Twin Wasp erhalten hatte.

### TECHNISCHE DATEN
**Savoia-Marchetti S.M.75**

**Typ:** Verkehrsflugzeug
**Triebwerke:** drei Sternmotoren Alfa Romeo 126 RC.34 je 552 kW (750 PS)
**Leistung:** Höchstgeschwindigkeit 363 km/h; Dienstgipfelhöhe 6250 m; Reichweite 1720 km
**Gewicht:** Rüstmasse 9500 kg; max. Startmasse 13.000 kg
**Abmessungen:** Spannweite 29,68 m; Länge 21,60 m; Höhe 5,10 m; Tragflügelfläche 118,60 $m^2$

Als Italien im Juni 1940 offiziell den Krieg erklärte, fielen alle **S.M.75** unter militärische Kontrolle in den Organisationen Servizi Aerei Speciali und Nuclei Communicazione. Die deutsche Luftwaffe flog nach 1943 etliche **S.M.75**, und andere dienten der italienischen Luftflotte auf alliierter Seite. Nach dem Krieg blieb der Typ noch bis 1949 im Dienst.

**Varianten**
**S.M.87:** Seeflugzeugversion der S.M.75 mit Zwillingsschwimmern; vier Exemplare gebaut und dem Nucleo Communicazioni „Ala Littoria“ im Sommer 1940 zugeführt; drei Fiat-Sternmotoren A.80 mit je 736 kW (1000 PS) für eine Höchstgeschwindigkeit von 365 km/h
**S.M.90:** einzelner Prototyp mit drei Sternmotoren Alfa Romeo 135 je 1030 kW (1400 PS) und einem auf 23,90 m verlängerten Rumpf

***Die S.M.75 war das erste Muster dieses Herstellers mit Einziehfahrwerk. Das Foto zeigt eine militärische Transportmaschine.***

# Savoia-Marchetti S.78

Die Ende 1932 testgeflogene **Savoia-Marchetti S.78** war ein aus der S.62 entwickeltes Bomber-/Aufklärer-Flugboot mit einem Isotta-Fraschini Asso 750R als Antrieb. Der Prototyp hatte eine geschlossene Kanzel für zwei Piloten nebeneinander, aber bei den insgesamt 49 von Piaggio (32) und SIAI (17) gebauten Serienexemplaren saßen die Flugzeugführer nebeneinander in offenen Cockpits.

Die **S.78** war das letzte Doppeldecker-Flugboot, das die Regia Aeronautica in großer Stückzahl verwendete. Sie rüstete die 144. („Leghorn“), die 182. („Nisida“), die 141. („La Spezia“) und die 189. („Syracuse“) Squadriglie aus, und die beiden erstgenannten Staffeln hielten bis 1938 an diesem Muster fest.

Die **S.78** hatte eine Spannweite von 16,66 m, eine maximale Startmasse von 5150 kg und mit dem 626 kW (850 PS) starken Isotta-Fraschini Asso 750R eine Spitzengeschwindigkeit von 245 km/h. Die Bewaffnung umfaßte vier 7,7-mm-Maschinengewehre und eine Bombenlast von bis zu 700 kg.

# Savoia-Marchetti S.M.79 Sparviero

Der Prototyp (I-MAGO) der **Savoia-Marchetti S.M.79 Sparviero** (Sperber), entworfen als dreimotorige Verkehrsmaschine für acht Flugreisende, flog erstmals Ende 1934. Sein Leistungsvermögen zog die frühzeitige Umwidmung zum Bomber/Aufklärer nach sich, der sich als eines der erfolgreichsten italienischen Kampfflugzeuge dieser Kategorie im Zweiten Weltkrieg erwies. Rund 1300 Exemplare wurden gebaut. Der freitragende Tiefdecker in Mischbauweise hatte ein einziehbares Heckrad-Fahrgestell, war für eine vier- bis fünfköpfige Besatzung eingerichtet und wurde als Prototyp von drei Sternmotoren Alfa Romeo 126 RC.34 je 574 kW (780 PS) angetrieben. Nach der erfolgreichen Erprobung ging der Typ als **S.M.79-I Sparviero** in Serie, und diese Version kam unter der Aviazione Legionaria im Spanischen Bürgerkrieg zum Einsatz. Als gut bewertete Erfahrungsberichte über die hohe Kampfstärke des Musters veranlaßten Jugoslawien 1938, 45 ähnliche Flugzeuge zu beschaffen.

1937 hatte man die **S.M.79** als Torpedobomber erprobt, und dies leitete zur **S.M.-79-II** über, die man in den meisten Fällen mit Piaggio-Sternmotoren RC.40 ausstattete. Etwa 600 **S.M.79-I** und **S.M.79-II** befanden sich im Truppendienst, als Italien in den Zweiten Weltkrieg eintrat. Diese und die nachfolgenden Serienversionen wurden zu jedem Kriegsschauplatz entsandt, auf dem italienische Truppen kämpften. Savoia-Marchetti errangen zudem einige Exportaufträge. So ging die zweimotorige **S.M.79B** an Brasilien (3), den Irak (4) und an Rumänien (24), das später nicht nur weitere 24 **S.M.79JR** erwarb, sondern auch 16 Exemplare in Lizenz fertigte.

Im italienischen Dienst wurde die **S.M.79** auch zur Nahunterstützung, zur Aufklärung und zum Transport herangezogen, und nach dem Krieg verwendete die Aeronautica Militare Italiana diesen Typ noch bis Anfang der fünfziger Jahre. Nachdem sich Italien den Alliierten ergeben hatte, waren einige **S.M.79-I** und **-II** in die Aeronautica Cobelligerante del Sud integriert worden, und die verbesserte **S.M.79-III** erwies sich für die Aeronautica Nazionale Repubblicana als äußerst wertvoll.

### TECHNISCHE DATEN
**Savoia-Marchetti S.M.79-I**

**Typ:** mittelschwerer Bomber
**Triebwerke:** drei Sternmotoren Alfa Romeo 126 RC.34 je 574 kW (780 PS)
**Leistung:** Höchstgeschwindigkeit 430 km/h in 4000 m Höhe; Dienstgipfelhöhe 6500 m; Reichweite 1900 km
**Gewicht:** Leermasse 6800 kg; max. Startmasse 10.480 kg
**Abmessungen:** Spannweite 21,20 m; Länge 15,80 m; Höhe 4,30 m; Tragflügelfläche 61,70 $m^2$
**Bewaffnung:** drei 12,7-mm-Maschinengewehre und ein 7,7-mm-MG sowie bis zu 1250 kg Bomben im internen Waffenschacht

**Varianten**
**S.M.79-I:** Versuchsbomber und erste Serienversion, die sich vom Prototyp durch ein geändertes Cockpit und eine Bauchgondel unterschied
**S.M.79-II:** Torpedobomber, eingerichtet zur Beladung mit zwei 45-cm-Torpedos; drei Piaggio P.XI RC.40 mit je 736 kW (1000 PS) oder Fiat A.80 RC.41 mit je 758 kW (1030 PS)
**S.M.79-III:** verbesserte Version der S.M.-79-II ohne Bauchwanne und mit revidierter Bewaffnung
**S.M.79B:** zweimotorige Exportvariante

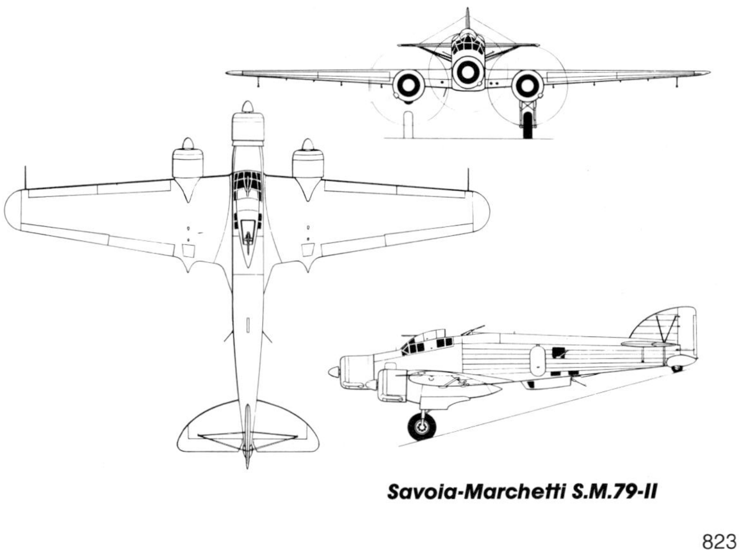

***Savoia-Marchetti S.M.79-II***

der S.M.79-I mit neukonstruiertem Bug; als Motoren kamen bei der S.M.79B Alfa Romeo 128 RC.18 mit je 685 kW/930 PS (Brasilien), Fiat A.80 RC.41 mit je 758 kW/1030 PS (Irak) und Gnome-Rhône Mistral Major K14 mit je 736 kW/1000 PS (Rumänien) zum Einsatz
**S.M.79C:** VIP-Umrüstversion der S.M.79-I mit 736 kW (1000 PS) starken Piaggio-Motoren P.XI RC.40; Waffenstände auf dem Rücken und unter dem Bauch ausgebaut
**S.M.79K:** Version für Jugoslawien, grundsätzlich ähnlich der S.M.79C
**S.M.79JR:** Exportausführung für Rumänien, grundsätzlich ähnlich der S.M.79B, aber mit zwei Junkers Jumo 211 Da je 824 kW (1120 PS)
**S.M.79T:** Langstreckenversion der S.M.79C mit erweitertem Tankvolumen und Alfa Romeo 126 RC.34

# Savoia-Marchetti S.M.81 Pipistrello

Die **Savoia-Marchetti S.M.81 Pipistrello** (Fledermaus) war eine Weiterentwicklung der S.M.73 und ausgelegt als dreimotoriger, freitragender Tiefdecker mit starrem Heckrad-Fahrgestell. Sie flog erstmals 1935 und befand sich im Einsatz, als Italien am 3. Oktober jenes Jahres in Abessinien (Äthiopien) einmarschierte, wo sie nicht nur als Bomber, sondern auch als Aufklärer und Transporter diente. **S.M.81** gehörten auch zu den ersten Flugzeugen, die im Spanischen Bürgerkrieg zur Unterstützung von General Franco bereitgestellt wurden, und weitere Exemplare flogen später bei der Aviazione Legionaria. Etwa 100 Maschinen waren bei der Regia Aeronautica in Dienst gestellt, als Italien in den Zweiten Weltkrieg eintrat. Wegen seiner niedrigen Geschwindigkeit wurde der Typ allerdings hauptsächlich in der Etappe verwendet. Im Schutze der Dunkelheit operierten aber dennoch viele **S.M.81** als Nachtbomber. Etliche Exemplare leisteten nach der Kapitulation Italiens weiterhin Dienst bei der Aeronautica Cobelligerante del Sud, andere flogen nach dem Krieg noch fünf oder sechs Jahre lang für die Aeronautica Militare Italiana.

***Savoia-Marchetti S.M.81 Pipistrello der Gruppo Transporti „Terraciano", Luftstreitkräfte der Repubblica Sociale Italiana, 1944 im Einsatz an der Ostfront.***

### TECHNISCHE DATEN
**Savoia-Marchetti S.M.81**

**Typ:** Bomber/Transportflugzeug
**Triebwerke:** drei Sternmotoren Piaggio RC.35 je 515 kW (700 PS)
**Leistung:** Höchstgeschwindigkeit 340 km/h in 1000 m Höhe; Dienstgipfelhöhe 7000 m; Reichweite 2000 km
**Gewicht:** Leermasse 6300 kg; max. Startmasse 9300 kg
**Abmessungen:** Spannweite 24 m; Länge 17,80 m; Höhe 4,45 m; Tragflügelfläche 93 m²
**Bewaffnung:** gewöhnlich fünf 7,7-mm-Maschinengewehre und eine Bombenlast von 1000 kg im internen Waffenschacht

**Varianten**
**S.M.81:** Serienversion mit insgesamt 535 Exemplaren; diverse Motortypen wie Gnome-Rhône 14K mit 478 kW (650 PS), Alfa Romeo 125 RC.35 mit 662 kW (900 PS) und Piaggio P.X RC.35 mit 515 kW (700 PS) wurden verwendet
**S.M.81B:** einzelner, zweimotoriger Prototyp mit Isotta-Fraschini Asso XI RC je 618 kW (840 PS)

# Savoia-Marchetti S.M.82 Canguru

Der aus der S.M.75 entwickelte Prototyp der **Savoia-Marchetti S.M.82 Canguru** (Känguruh) flog erstmals 1939. Es handelte sich im Grunde um eine vergrößerte Ausführung des Vorgängermodells mit einem in der Länge und im Querschnitt erweiterten Rumpf, aber ansonsten ähnlicher Auslegung. Dieser Truppen- und Nachschubtransporter war zwar untermotorisiert, diente aber in großer Zahl bei der Regia Aeronautica, und auch die Luftwaffe setzte mehrere Exemplare ein. Die speziell für den Frachtdienst ausgerüsteten **S.M.82** hatten Ladegeschirr für schweres Frachtgut und boten genügend Kabinenraum, um problemlos einen zerlegten Fiat-Jagddoppeldecker CR.42 aufzunehmen. Als Truppentransporter war der Typ standardmäßig für 40 Soldaten samt Kampfgepäck eingerichtet.

Die ersten von rund 400 **S.M.82** gingen 1941 in Dienst. Man hatte diesem Muster zwar eine Zweitrolle als Bomber zugeordnet, doch in dieser Funktion kam es nur selten zum Einsatz. Nach der Kapitulation Italiens wurde der Typ weiterhin als Transportflugzeug verwendet, und es flogen rund 50 Exemplare für die Aeronautica Nazionale Repubblicana sowie 30 für die Aeronautica Cobelligerante del Sud. Nach dem Krieg blieben noch etwa 30 Maschinen bis in die fünfziger Jahre im Dienst der Aeronautica Militare Italiana.

***Die Savoia-Marchetti S.M.82 erwies sich im Zweiten Weltkrieg als taugliches Transportflugzeug und diente nach 1945 bei der AMI, bis zu Beginn der fünfziger Jahre die Fairchild C-119G Flying Boxcar ihre Stelle einnahm.***

### TECHNISCHE DATEN

**Typ:** schwerer Transporter/Bomber
**Triebwerke:** drei Sternmotoren Alfa Romeo 128 RC.21 je 699 kW (950 PS)
**Leistung:** Höchstgeschwindigkeit 370 km/h; Dienstgipfelhöhe 6000 m; Reichweite 3000 km
**Gewicht:** Rüstmasse 10.550 kg; max. Startmasse 18.020 kg
**Abmessungen:** Spannweite 29,68 m; Länge 22,90 m; Höhe 6 m; Tragflügelfläche 118,60 m²
**Bewaffnung:** (Bomber) ein 12,7-mm-Maschinengewehr und vier 7,7-mm-MGs sowie bis zu 4000 kg an Bomben

# Savoia-Marchetti S.M.83

Der Prototyp der zehnsitzigen Passagiermaschine **Savoia-Marchetti S.M.83** hob am 19. November 1937 zum Erstflug ab. Das Muster war eng an den Bomber S.79 angelehnt und ähnelte einer verfeinerten Version des Langstreckenflugzeugs S.79T. Insgesamt 23 Exemplare wurden produziert und noch vor dem Eintritt Italiens in den Zweiten Weltkrieg in Dienst gestellt. Sieben Maschinen gingen in den Export.

Im Juni 1940 zog die Regia Aeronautica acht **S.M.83** der LATI ein, um mit ihnen die 615. Squadriglia aufzustellen, die auch als Nucleo Communicazione LATI bekannt war. Die weitgehend mit Personal der Fluggesellschaften besetzten **S.M.83** wurden für Passagierflüge nach Ostafrika und Libyen verwendet und hielten einen eingeschränkten Flugverkehr nach Südamerika aufrecht. Die **S.M.83** hatte eine Spannweite von 21,20 m, eine maximale Startmasse von 11.500 kg und mit ihren drei Sternmotoren vom Typ Alfa Romeo 126 RC.34 je 552 kW (750 PS) eine Spitzengeschwindigkeit von 444 km/h.

***Die S.M.83 war eine reine Transportversion des Bombers S.M.79. Sie bewährte sich auf den italienischen Linienverbindungen über den Südatlantik, wo die große Reichweite und die Zuverlässigkeit dieses Typs entscheidend waren.***

# Savoia-Marchetti S.M.84

Der Prototyp der **Savoia-Marchetti S.M.84**, die die S.M.79 Sparviero ablösen sollte, startete am 5. Juni 1940 zum Erstflug. Er hatte einen völlig neu konstruierten, bukkelfreien Rumpf und eine Abwehrbewaffnung aus einem um 360° drehbaren Lanciani-Rückenturm Delta E, dessen Schußfeld lediglich durch die beiden Seitenflossen/Ruder eingeschränkt war. Zusätzlicher Panzerschutz erhöhte zwar das Gewicht, aber die echten Schwächen dieses Musters zeigten sich erst nach der Indienststellung bei der 41. Gruppo Bombardamento Terrestre im Februar 1941 und wenig später beim 31. Stormo Aerosiluranti im Einsatz als Torpedobomber. Der Piaggio-Motor P.XI erwies sich als unzuverlässig, und zusammen bewirkten die zu klein bemessenen Seitenflossen und die hohe Tragflächenbelastung eine potentiell gefährliche Instabilität. Die Produktion wurde dennoch fortgeführt und ein Auftrag über 309 Serienflugzeuge erteilt. Allerdings erhielt die Regia Aeronautica nur 246 Maschinen, und eine kleine Serie ging an die slowakische Luftwaffe.

**TECHNISCHE DATEN**
**Savoia-Marchetti S.M.84**

**Typ:** mittlerer Bomber/Torpedobomber
**Triebwerke:** zwei Sternmotoren Piaggio P.XI je 736 kW (1000 PS)
**Leistung:** Höchstgeschwindigkeit 432 km/h; Dienstgipfelhöhe 7900 m; Reichweite 1830 km
**Gewicht:** Rüstmasse 8846 kg; max. Startmasse 13.288 kg
**Abmessungen:** Spannweite 21,13 m; Länge 17,93 m; Höhe 4,59 m; Tragflügelfläche 61 m²
**Bewaffnung:** vier 12,7-mm-Maschinengewehre Isotta-Fraschini und zwei Torpedos oder bis zu 1600 kg an Bomben

***Ungewöhnlich am Savoia-Marchetti-Bomber S.M.84 war die fahrbare Bombenschützengondel, hier ausgefahren unter dem Bug zu sehen.***

# Savoia-Marchetti S.M.85 und S.M.86

Der Prototyp des einsitzigen Sturzkampfbombers **Savoia-Marchetti S.M.85** flog erstmals am 19. Dezember 1936. Der freitragende Schulterdecker mit kastenförmigem Rumpf nahm den Piloten vorn im Bug unter einer Glashaube auf, und die Hauptfahrwerksbeine klappten in die Gehäuse der beiden Piaggio-Sternmotoren P.VII C.16 ein. Trotz schwacher Geschwindigkeits- und Steigwerte testete man noch einen zweiten Prototyp und baute anschließend 32 Serienflugzeuge. Die modifizierte **S.M.86**, angetrieben von zwei Sternmotoren Walter Sagitta je 331 kW (450 PS) kam im Sommer 1940 in die Luft und erreichte eine Spitzengeschwindigkeit von 412 km/h. Aber ebenso wie der zweite Prototyp, der ab dem 7. August 1941 mit zwei Versuchsmotoren Isotta-Fraschini Gamma geflogen wurde, machte auch das erste **S.M.86**-Muster keine Fortschritte.

***Der Pilot einer Savoia-Marchetti S.M.85 saß direkt vor der kurzen Flugzeugnase, um eine möglichst gute Sicht zu haben. Ein Sichtfenster unter seinen Füßen erleichterte es ihm, Ziele auszumachen.***

**TECHNISCHE DATEN**
**Savoia-Marchetti S.M.85**

**Typ:** einsitziger Sturzkampfbomber
**Triebwerke:** zwei Sternmotoren Piaggio P.VII C.35 je 339 kW (460 PS)
**Leistung:** Höchstgeschwindigkeit 368 km/h; Dienstgipfelhöhe 6500 m; Reichweite 827 km
**Gewicht:** Rüstmasse 2950 kg; max. Startmasse 4190 kg
**Abmessungen:** Spannweite 14 m; Länge 10,40 m; Höhe 3,30 m; Tragflügelfläche 25,80 m²
**Bewaffnung:** ein starres, vorwärtsfeuerndes Maschinengewehr, Kaliber 12,7 oder 7,7 mm, und eine Bombe bis zu einem Höchstgewicht von 800 kg im internen Waffenschacht

# Savoia-Marchetti S.M.95

Der Prototyp **Savoia-Marchetti S.M.95**, der als viermotorige Version des Verkehrsflugzeugs S.75 entwickelt wurde, flog erstmals im Mai 1943. Der freitragende Tiefdekker in Mischbauweise mit Einziehfahrwerk und dem Sternmotortyp Alfa Romeo 128 als Antrieb konnte eine fünfköpfige Besatzung und 18 Passagiere aufnehmen.

Die dritte **S.M.95** kam erst nach dem Zweiten Weltkrieg, am 30. Juli 1945, in die Luft und diente zur Eröffnung des Alitalia-Nachkriegs-Luftverkehrs in Europa. Ihr folgten 20 seriengefertigte **S.M.95**, von denen die letzte im November 1949 ausgeliefert wurde. Mehrere Exemplare verwendete die Aeronautica Militare Italiana als VIP-Transportflugzeuge, Alitalia kaufte sechs Maschinen, und ab Juli 1949 betrieb LATI mit drei **S.M.95** zweimal pro Monat einen Liniendienst nach Venezuela. Vier weitere Flugzeuge gingen an die ägyptische Staatslinie SAIDE, die sie einige Jahre lang auf den Strecken zwischen Kairo und Rom beziehungsweise Paris einsetzte.

Die frühen **S.M.95** behielten den Alfa Romeo 128 des Prototyps, doch die LATI-Maschinen hatten P&W-Sternmotoren Twin Wasp. Die späteren Maschinen für Ala Littoria ebenso wie die für SAIDE wurden mit Bristol-Sternmotoren Pegasus 48 je 552 kW (750 PS) ausgerüstet.

***Ein Nachkriegs-Airliner Savoia-Marchetti S.M.95 im Dienst der italienischen Luftwaffe.***

**TECHNISCHE DATEN**
**Savoia-Marchetti S.M.95**

**Typ:** Mittelstrecken-Verkehrsflugzeug
**Triebwerke:** vier Sternmotoren Alfa Romeo 128 RC.18 je 633 kW (860 PS)
**Leistung:** Höchstgeschwindigkeit 400 km/h; Dienstgipfelhöhe 6500 m; Reichweite 2000 km
**Gewicht:** Rüstmasse 12.800 kg; max. Startmasse 21.600 kg
**Abmessungen:** Spannweite 34,28 m; Länge 24,77 m; Höhe 5,70 m; Tragflügelfläche 128,30 m²

# Savoia-Pomilio-Flugzeuge

Die Luftfahrtabteilung der Fiat-Motorenwerke in Turin hatte seit 1908 Flugmotoren hergestellt, und 1914 fertigte das Unternehmen die Farman M.F.11 als **Typ 5B** in Lizenz. Die nachfolgende **Savoia Pomilio S.P.1**, von Major Umberto Savoia und Leutnant Ottorino Pomilio konstruiert, war eine fortentwickelte und verstärkte Ausführung der Farman mit einem 184 kW (250 PS) starken Fiat-Motor A.12, der ihr eine Spitzengeschwindigkeit von 135 km/h verlieh. Bald darauf erschien die aerodynamisch verfeinerte **S.P.2**, und die Fiat-Luftfahrtabteilung, die inzwischen als Societá Italiania Aviazione oder S.I.A firmierte, baute neben 300 von Pomilio produzierten **S.P.2** eine kleine Zahl **S.P.1** als **S.P.2**. Bis zum Frühjahr 1917 waren zwölf Squadriglie der italienischen Aeronautica Militare mit der **S.P.2** ausgerü-

***Die S.P.3 war zwar im Vergleich zur S.P.2 aerodynamisch verbessert, aber bereits 1917 nicht mehr zeitgemäß.***

stet, die an der Front als Aufklärer, Artilleriebeobachter und Leichtbomber operierte. Die Bewaffnung bestand normalerweise aus einem Maschinengewehr, aber rund ein Dutzend Maschinen wurden mit einer 25-mm-Kanone getestet.

**TECHNISCHE DATEN**

**Savoia-Pomilio S.P.3**

**Typ:** zweisitziges Allzweck-Militärflugzeug
**Triebwerk:** ein Reihenmotor FIAT A.12 mit 184 kW (250 PS)
**Leistung:** Höchstgeschwindigkeit 145 km/h; Dienstgipfelhöhe 5000 m; Reichweite 450 km
**Gewicht:** Rüstmasse 1048 kg; max. Startmasse 1498 kg
**Abmessungen:** Spannweite 14,70 m; Länge 10,95 m; Höhe 3,55 m; Tragflügelfläche 60 m²
**Bewaffnung:** ein 7,62-mm-Maschinengewehr, zusätzlich leichte Bomben

Die erstmals 1917 geflogene **S.P.3** stellte eine nochmalige Fortentwicklung des Grundmusters dar, das sich als zu langsam und zu verwundbar erwiesen hatte. Die Spannweite war zurückgenommen, die Besatzungsgondel verbessert, das Gewicht reduziert und die Antriebskraft durch den Fiat A.12bis auf 221 kW (300 PS) erhöht. Im Frühjahr und Sommer 1917 erreichten zahlreiche **S.P.3** (von der über 300 Exemplare gebaut wurden) die Frontstaffeln.

Das letzte Muster dieser Serie war die von der Firma A.E.R. gefertigte **S.P.4** mit der gleichen generellen Auslegung, aber lafettierten Maschinengewehren in vorderen und hinteren Kanzeln der Besatzungsgondel. Den Antrieb lieferten zwei 110 kW (150 PS) starke, zwischen Ober- und Unterflügel montierte Motoren Isotta-Fraschini V4B. Die Produktion belief sich auf 123 **S.P.4** im Jahre 1917 und weitere 23 im Jahr 1918. Neben ihren Funktionen als Aufklärer und leichte Bomber wurden einige **S.P.4** auch dazu verwendet, Agenten und Saboteure hinter den feindlichen Linien abzusetzen.

# Schweizer Ag-Cat

Der Entwurf des Agrarflugzeugs **Ag-Cat** stammt von der Firma Grumman, aber Schweizer produzierte von 1957 bis 1979 insgesamt 1730 Exemplare im Auftrag von Grumman (später Gulfstream American Corporation). 1981 erwarb Schweizer sämtliche Rechte an diesem Muster. Die **Ag-Cat** ist ein robust ausgelegter Doppeldecker mit starrem Heckrad-Fahrgestell und einem geschlossenen, druckbelüfteten Cockpit, das den Piloten vor dem Eindringen giftiger Chemikalien, schützt. Der Typ steht derzeit in drei einander ähnlichen Ausführungen mit unterschiedlichem Antrieb zur Verfügung: als **Schweizer Ag-Cat B-Plus/600** mit Pratt & Whitney-Sternmotor R-1340, als **Ag-Cat Turbine** (**G-164B**) mit alternativen P&WC-Propellerturbinen PT6A der Leistungsklasse 373 bis 559 kW (507 bis 760 WPS) und als **Ag-Cat B-Plus/450** mit P&W-Sternmotor R-985 (336 kW/450 HP/457 PS). Es gibt noch eine vierte Version, die **Ag-Cat Turbine** (**G-164D**), die sich von der **G-164B** durch einen größeren Chemikalienbehälter und alternative PT6A-Propellerturbinen mit entweder 559 oder 634 kW (760 oder 862 WPS) abhebt.

**TECHNISCHE DATEN**

**Schweizer Ag-Cat B-Plus/600**

**Typ:** einsitziges Agrarflugzeug
**Triebwerk:** ein Sternmotor Pratt & Whitney R-1340 mit 447 kW (600 HP/608 PS)
**Leistung:** Einsatzgeschwindigkeit 185 km/h
**Gewicht:** Rüstmasse 1656 kg; max. Startmasse 3184 kg
**Abmessungen:** Spannweite 12,93 m; Länge 7,47 m; Höhe 3,51 m; Tragflügelfläche 36,42 m²

***Die aus dem Hause Grumman stammende Ag-Cat ist durch und durch fachmännisch konzipiert. So wird das Sprühgerät beispielsweise nach dem Windmühlenprinzip vom Fahrtwind angetrieben.***

# Schweizer, andere Flugzeugtypen

Die Schweizer Aircraft Company wurde 1939 gegründet, um Gleiter und Segelflugzeuge zu bauen, ein Geschäftsfeld, dem sie bis heute treu geblieben ist. Die Erfahrung in der Konstruktion von Leichtflugzeugen kam dem Unternehmen entgegen, als die US Army Anfang der achtziger Jahre die Entwicklung eines neuen Überwachungsflugzeugs finanzierte. Gefordert war ein ultraleises Luftfahrzeug, das mit einer fundierten Sensorenpalette Wacheinsätze von langer Dauer absolvieren konnte. Der 1986 geflogene Prototyp war ein modifizierter Motorsegler vom Typ **SGM 2-37A**, und die US Army beschaffte ein erstes Dreier-Baulos mit der Bezeichnung **RG-8**. Ein Exemplar ging bei einem Flugunfall verloren, und das verbliebene Paar ging an die US Coast Guard. Die in Miami stationierten und inzwischen in **RG-8A Condor** umbenannten Maschinen dienen dazu, den Drogenstrom in den Süden der USA zu unterbinden.

Die mit einer zweiköpfigen Besatzung betriebenen **RG-8A** sind mit einer wechselbaren Ausrüstungspalette im Rumpf ausgestattet. Die Maschine kann unter anderem ein Vorwärtssicht-Infrarotgerät der Marke AAQ-15 von Texas Instruments aufnehmen, das an ein VHS-Bandaufzeichnungsgerät angeschlossen ist, um die Auswertung am Boden zu erleichtern. Ferner lassen sich Standardkameras und solche mit Restlichtverstärker mitführen. Die Fernmeldeausrüstung ermöglicht VHF-AM-, abhörsichere UHF- und HF- sowie geschützte VHF-FM-Sprechfunkverbindungen. Eine Satellitennavigationsanlage wurde ebenfalls installiert, und die Cockpit-Instrumentierung ist durchweg mit Nachtsichtgläsern kompatibel.

Die **RG-8** operieren regelmäßig einzeln in Zusammenarbeit mit einem Wachschiff der US Coast Guard. Haben sie ein verdächtiges Objekt, etwa ein anderes Schiff, in ihrem Wachgebiet mit einem Radius von mehr als 800 km entdeckt, wechseln sie zum Schleichbetrieb. So können sie das Zielobjekt observieren und die Aufklärungsdaten aufzeichnen.

Der aktuelle Schweizer-Produktionstyp ist eine völlig andere Maschine. Im Juli 1983 betraute Hughes Helicopters die Firma Schweizer mit der Herstellung ihres Hubschrauber-Verkaufsschlagers Modell **300C**. Der Erstflug des **Schweizer 300C** fand im Juni 1984 statt, und 1986 übertrug man Schweizer die Verantwortung für das gesamte Programm. Seitdem riß der Absatz dieses Musters nicht ab, und inzwischen dürften knapp 500 Exemplare in Dienst gestellt sein. Zusätzlich zum dreisitzigen zivilen Grundmodell offeriert Schweizer mit dem Modell **300C Sky Night** eine Spezialversion für die Polizei. Diese Ausführung zeichnet sich durch ein verstärktes, unfallsicheres Cockpit mit Panzersitzen, Suchscheinwerfer, Lautsprecher- und Sirenenanlage sowie durch eine viel bessere Kommunikationsausrüstung aus. 1985 bestellte die US Army 30 neugebaute Übungshubschrauber **TH-300C** zur Ergänzung ihrer bereits vorhandenen Hughes TH-55A Osage. Im Verein mit UNC nimmt Schweizer mit der verbesserten Version **TH-330** am Wettbewerb um den NTH (New Trainer Helicopter) für die US Army teil.

***Die Schweizer Version des Hughes-Hubschraubermodells 300 unterscheidet sich äußerlich kaum vom Original. Der Verkauf des S.300 blieb dennoch rege, und der Hersteller findet sicher noch jahrelang einen Absatzmarkt für dieses Muster und seine Ersatzteile.***

***Schweizers Wachflugzeug RG-8 profitiert in hohem Maße vom Erfahrungsschatz dieses Unternehmens im Bau von Segelflugzeugen. Das Leichtgewicht eignet sich hervorragend für Wachflüge in großer Höhe über lange Zeiträume hinweg. Die RG-8A, die im Dienst der US Coast Guard steht, kann umfassende Elektronikausrüstung mitführen.***

## Scottish Aviation Prestwick Pioneer bis Shin Meiwa D.H.114-TAW

**Die Scottish Aviation wurde 1935 als Arbeitsbeschaffungsmaßnahme für Schottland gegründet und zog den internationalen Flughafen Prestwick nach sich. Mitte der 30er Jahre war die von einem russischen Emigranten ins Leben gerufene Seversky Aircraft Corporation die Wiege der später so berühmten Republic Aviation Corporation.**

# Scottish Aviation Prestwick Pioneer

Das ursprünglich als **Scottish Aviation Prestwick Pioneer** bekannte viersitzige Leichtflugzeug war nach den Vorgaben des britischen Luftfahrtministeriums in Unterlage A.4/45 für den Betrieb auf Kurzpisten ausgelegt. Später wurde dieses Muster kurz **Pioneer** genannt. Um die geforderten STOL-Eigenschaften zu bieten, erhielt der abgestrebte Hochdecker Vorflügel und große Landeklappen. Den Antrieb des Prototyps lieferte ein de Havilland Gipsy Queen 32 mit 179 kW (243 PS), der aber zu enttäuschenden Leistungen führte, so daß die militärische Beschaffung ausblieb. Daraufhin entwickelte der Hersteller den Typ zu einem fünfsitzigen Zivilflugzeug **Pioneer 2** mit einem 388 kW (528 PS) starken Alvis Leonides-Sternmotor.

***Im Malaya-Konflikt erwies sich das STOL-Vermögen der Pioneer als überaus wertvoll für die Dschungel-Operationen der RAF.***

Der neue Prototyp flog erstmals am 5. Mai 1950. Die STOL-Leistung dieser Version zog einen Auftrag der RAF über 40 Exemplare nach sich, denen man die Dienstbezeichnung **Pioneer C.C.Mk 1** zuteilte. Die 1953 in Dienst gestellten Maschinen kamen in Regionen wie Aden, Zypern und Malaya umfassend zum Einsatz. Insgesamt 59 Exemplare wurden gebaut, darunter vier für die Royal Ceylon Air Force und neun für die Royal Malayan Air Force. Die 15,16 m weit gespannte **Pioneer C.C.Mk 1** der RAF erreichte eine Höchstgeschwindigkeit von 233 km/h in 455 m Höhe.

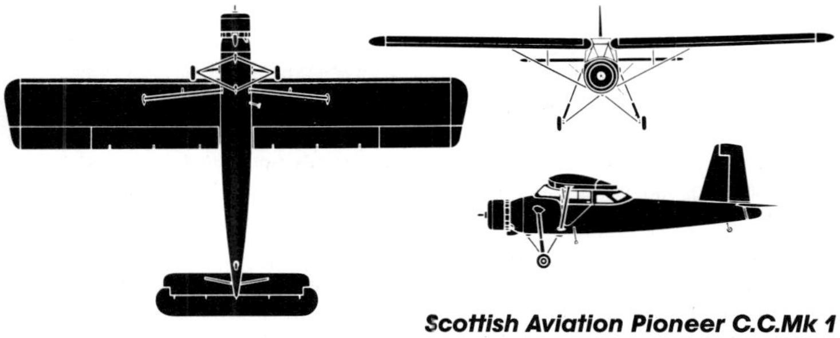

***Scottish Aviation Pioneer C.C.Mk 1***

# Scottish Aviation Twin Pioneer

Der Erfolg mit der Pioneer führte zur Konstruktion und Entwicklung einer größeren, zweimotorigen Version mit der Bezeichnung **Scottish Aviation Twin Pioneer**. Vom Vorgänger übernahm dieses Muster etliche Merkmale für gute STOL-Eigenschaften, führte aber ein dreifaches Seitenleitwerk, ein geändertes Fahrgestell und einen viel größeren Rumpf zum Transport von Personal und Material ein. Letzterer ließ sich wahlweise für Rollen des Luftsanitäts-, Geschäftsreise-, Wetter- und Luftbildvermessungsdienstes einrichten. Der erstmals am 25. Juni 1955 geflogene Prototyp wurde von zwei Sternmotoren der Marke Alvis Leonides 503/8 je 403 kW (548 PS) angetrieben, doch die Serienmaschinen **Twin Pioneer Series 1**, deren erster Vertreter am 28. April 1956 in die Luft kam, erhielten Leonides 514/8 oder 8A je 418 kW (568 PS).

Die Produktion belief sich auf 87 Flugzeuge, aufgeschlüsselt in **Twin Pioneer Series 1**, **Twin Pioneer Series 2** mit P&W-Sternmotortypen R-1340-S1H1-G je 447 kW (608 PS) und **Twin Pioneer Series 3** mit Leonides 531. Von diesen Exemplaren wurden 29 exportiert, 19 in die zivile Luftfahrzeugrolle Großbritanniens eingetragen und die übrigen an die RAF geliefert, wo sie als **Twin Pioneer C.C.Mk 1** (32) und als **Twin Pioneer C.C.Mk 2** (7) Dienst leisteten. Die RAF verwendete diese Maschi-

***Ein Twin-Pioneer-Trio von No. 21 Squadron der RAF, Anfang der sechziger Jahre bei Nairobi stationiert, schwärmt über Kenia aus.***

**TECHNISCHE DATEN**

**Scottish Aviation Twin Pioneer C.C.Mk 1**

**Typ:** militärisches Mehrzweck-Transportflugzeug

**Triebwerke:** zwei Sternmotoren Alvis Leonides 531 je 477 kW (650 PS)

**Leistung:** Höchstgeschwindigkeit 266 km/h in 610 m Höhe; Dienstgipfelhöhe 6095 m; Reichweite mit max. Nutzlast 338 km

**Gewicht:** Rüstmasse 4627 kg; max. Startmasse 6622 kg

**Abmessungen:** Spannweite 23,32 m; Länge 13,79 m; Höhe 3,73 m; Tragflügelfläche 62,24 m²

**Bewaffnung:** bis zu 907 kg an Spreng- oder Splitterbomben an Außenstationen

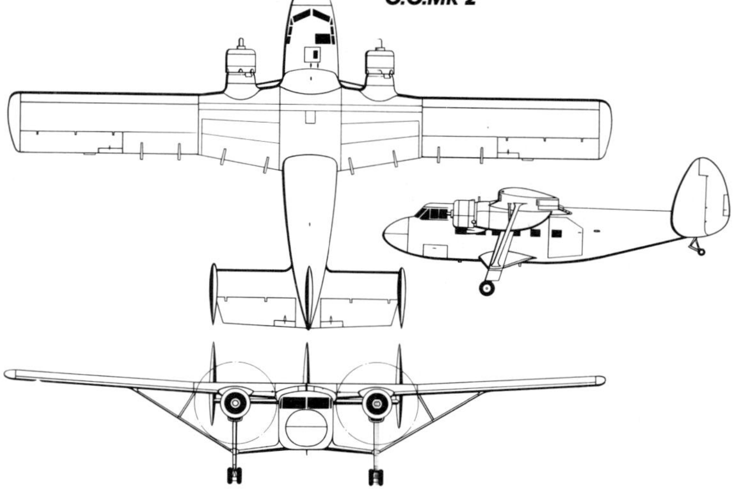

***Scottish Aviation Twin Pioneer C.C.Mk 2***

nen zum Material- und Truppentransport (13 Soldaten), zum Absetzen von Fallschirmtrupps (elf Fallschirmjäger) sowie zum Ausfliegen von Verwundeten, zur Fotovermessung, zum Abwurf von Versorgungsgütern und sogar für leichte Bombardierungen. Die letzten drei RAF-Exemplare wurden mit stärkeren Motoren Leonides 531 geliefert und alle früheren Maschinen 1961 entsprechend ummotorisiert. Die ab 1958 in Dienst gestellten **Twin Pioneer** blieben bis Ende 1968 im Einsatz.

## Security Airster S-1-A und S-1-B

Im Jahr 1933 gründete W. B. („Bert") Kinner im kalifornischen Downey die Security National Aircraft Corporation, um einen von ihm selbst konstruierten offenen Eindecker mit zwei Sitzen nebeneinander zu bauen. Dieser Typ mit der Bezeichnung **Security Airster S-1-A** war ein abgestrebter Tiefdecker mit beiklappbaren Tragflügeln, starrem Heckrad-Fahrgestell und einem 75 kW (102 PS) starken Kinner-Sternmotor K5 als Standardantrieb. Daneben wurde Käufern, die eine geschlossene Kabine wünschten, eine „Coupé-Version" angeboten. Der Erstflug fand im Sommer 1933 statt. Die Wirtschaftslage war jedoch ausgesprochen ungünstig, um ein neues Leichtflugzeug einzuführen, und so wurde die Produktion im Januar 1935 nach nur 15 Exemplaren eingestellt.

Anfang 1939 versuchte Kinner einen neuen Start unter dem Namen American Aircraft Company, um das generell ähnliche, aber verbesserte Muster **Airster S-1-B** mit dem von ihm selbst konstruierten Sternmotor Security S5-125 (93 kW/125 HP/126 PS) in Großserie zu produzieren. Damit hatte Kinner noch weniger Erfolg. Nur vier oder fünf Exemplare waren gebaut, als Werk und Aktiva der American Aircraft Company Anfang 1942 von einer anderen Firma übernommen wurden. Die **Airster S-1-B** hatte eine Spannweite von 12,19 m und eine Spitzengeschwindigkeit von 180 km/h in Meereshöhe.

## Seversky AT-12

Unter der Bezeichnung **Seversky 2PA Guardsman** entwickelte das Unternehmen aus der P-35 eine zweisitzige Exportversion mit dem 746 kW (1014 PS) starken Wright-Sternmotor R-1820 Cyclone. Insgesamt 20 solcher Flugzeuge wurden nach Japan und zwei an die UdSSR geliefert. Von einem Auftrag Schwedens über 52 als Jagdbomber auszurüstende **2PA** waren erst zwei Exemplare ausgehändigt, als der Rest für das US Army Air Corps requiriert wurde. Da die US Army allerdings keinen Bedarf an zweisitzigen Jagdbombern hatte, ließ sie die Maschinen bald auf den P&W-Sternmotor R-1830-45 mit 783 kW (1065 PS) umrüsten und stellte sie danach als **AT-12**-Fortgeschrittenentrainer wieder in Dienst.

## Seversky BT-8

Aus der Seversky SEV-2XP, die als erster, in Eigeninitiative entstandener Prototyp der P-35 gedient hatte, entwickelte Seversky für das US Army Air Corps ein zweisitziges Grundschulflugzeug mit starrem Spornrad-Fahrwerk und einem P&W-Sternmotor R-985-11 Wasp Junior mit 336 kW (457 PS) als Antrieb. Zwar wurden nur 30 Exemplare gebaut und dem USAAC als **BT-8** zugeführt, doch sie gingen als erste seriengefertigte Eindecker-Schulflugzeuge in die Geschichte der US Air Force ein und zugleich als erste Maschinen, die eigens für die fliegerische Grundausbildung konstruiert waren. Die **Seversky BT-8** hatte die gleiche Spannweite von 10,97 m wie die P-35 und erreichte eine Höchstgeschwindigkeit von 282 km/h in Meereshöhe.

***Die Seversky SEV-2XP, ein kompakter Entwurf mit einem Höchstgewicht von 1837 kg, hat insofern Bedeutung, als sie das erste speziell für den Schul- und Übungsdienst konstruierte Flugzeug der US Army war. Alle früheren Typen dieser Kategorie waren größtenteils ausgesonderte Beobachtungsflugzeuge. Die zweisitzige BT-8 wurde aus der Seversky 1XP entwickelt.***

## Seversky P-35

***Seversky P-35A der 17. Pursuit Squadron, USAAF, 1941 auf Nichols Field (Philippinen) stationiert.***

In Privatinitiative konstruierte Seversky den Prototyp eines zweisitzigen Jagdflugzeugs, das die Bezeichnung **Seversky SEV-2XP** erhielt. Während der Erprobung durch das US Army Air Corps im Juni 1935 wurde der Musterjäger so stark beschädigt, daß die Reparatur im Werk erfolgen mußte. Der leitende Konstrukteur der Firma, Alexander Kartveli, nutzte die Gelegenheit, um ein Einziehfahrwerk einzubauen und das Cockpit zu dem eines Jagdeinsitzers umzugestalten. Daraufhin wurde das Muster in **SEV-1XP** umbenannt. Nachdem das USAAC den Versuchsjäger erprobt und als untermotorisiert beurteilt hatte, ersetzte man den 634 kW (862 PS) starken Wright-Sternmotor R-1820-G5 Cyclone durch einen Pratt & Whitney R-1830-9 Twin Wasp gleicher Leistung, was die neue Bezeichnung **SEV-7** nach sich zog. Mit dem R-1830-9 verschlechterten sich die Flugleistungen sogar noch, da er kaum mehr als 85 Prozent seiner Nennleistung lieferte. Daraufhin baute man einen R-1830-9 mit einer garantierten Ausgangsleistung von 708 kW (963 PS) ein und benannte die Maschine in **AP-1** um. Diese Ausführung beschaffte das USAAC als **P-35** und erhielt das erste von 77 Flugzeugen im Juli 1937. Das erste Exemplar dieser Serie wurde als verbesserte Version **XP-41** fertiggestellt und gelangte kurz vor der Änderung des Firmennamens in Republic Aircraft Corporation zum Erstflug. Dies war im Kern der Prototyp der Republic P-43 Lancer.

Unter der Bezeichnung **EP-1** wurde der Typ im Export angeboten, und die schwedische Regierung bestellte die ersten 15 Exemplare einer Gesamtbeschaffung von 120 **EP-106**, die sich in erster Linie durch einen stärkeren R-1830-45-Sternmotor und eine schwerere Bewaffnung vom Original unterschieden. Bis zum 18. Juni 1940 war dieses Baulos zur Hälfte ausgeliefert und in Schweden unter der Dienstbezeichnung **J 9** im Einsatz. Die restlichen 60 Flugzeuge aber wurden für das USAAC einbehalten und dem Nutzer als **P-35A** zugeschleust. Während ihres Einsatzes auf den Philippinen wurden diese Maschinen von den Japanern vernichtend geschlagen. Dies war die erste und letzte operationelle Nutzung dieses Typs. Die anderen zwölf **P-35A** gingen später an Ecuador.

### TECHNISCHE DATEN

**Seversky P-35A**

**Typ:** Jagdeinsitzer
**Triebwerk:** ein Sternmotor Pratt & Whitney R-1830-45 mit 783 kW (1065 PS)
**Leistung:** Höchstgeschwindigkeit 499 km/h in 4360 m Höhe; Dienstgipfelhöhe 9570 m; max. Reichweite 1529 km
**Gewicht:** Leermasse 2075 kg; max. Startmasse 3050 kg
**Abmessungen:** Spannweite 10,97 m; Länge 8,18 m; Höhe 2,97 m; Tragflügelfläche 20,44 m²
**Bewaffnung:** je zwei 12,7-mm- und 7,62-mm-Maschinengewehre und Bomben bis zu 159 kg an äußeren Schlössern

## Seversky SEV-3

Die **Seversky SEV-3** war das erste Produkt der Seversky Aircraft Corporation, die der gebürtige Russe Alexander P. Seversky 1931 gegründet hatte. Das dreisitzige Ganzmetall-Amphibienflugzeug wurde als freitragender Tiefdecker ausgelegt und vom Wright-Sternmotor J-6 Whirlwind mit 313 kW (425 PS) angetrieben. Die hintereinander angeordneten Cockpits des Piloten (vorn) und zweier Mitflieger (hinten) waren mit Schiebehauben abgedeckt. Die beiden von Seversky konstruierten Schwimmer enthielten hydraulisch fahrbare Haupträder, und beim Betrieb auf dem Wasser mit eingezogenen Rädern war das Schwimmwerk in horizontaler Lage verriegelt. Wurden die Räder zum Landbetrieb ausgefahren, richteten sich die freigegebenen Schwimmer hinten auf. Kleine Räder unter den Hecks stützten die Schwimmkörper bei der konventionellen Landung so lange, bis das Heckrad und die ausgefahrenen Haupträder das Flugzeug am Boden trugen.

Die **SEV-3** absolvierte ihren Erstflug im Juni 1933 und wurde in geringer Stückzahl für den Export gebaut. Im selben Jahr stellte der Typ einen Geschwindigkeits-Weltrekord für Amphibienflugzeuge mit Kolbenmotor auf. Gut zwei Jahre später (15. September 1935) verbesserte eine neue **SEV-3M-WW**, angetrieben von einem 529 kW (719 PS) starken Wright-Cylone-Sternmotor, diesen Rekord auf 370,814 km/h.

***Die Seversky SEV-3XAR, das erste Produkt der Seversky Aircraft Corporation, wurde als Schwimmerflugzeug konzipiert und zunächst als solches auch im Flug erprobt. Später baute man es zu einem Landflugzeug um, das sich nach damaligem Standard durch außerordentlich glatte Linien auszeichnete.***

## Schawrow-Luftfahrzeuge

Wladim B. Schawrow arbeitete ab 1925 als Mitglied des Konstruktionsbüros OMOS und begann dort nach zwei Jahren mit der Konstruktion des leichten Mehrzweck-Flugboots **Schawrow Sch-1**. Bei diesem Anderthalbdecker war das Haupttragwerk auf einem Strebengerüst über dem einfach gestuften Bootsrumpf gelagert, und die Stützschwimmer hatte man in untere Stummelflügel integriert. Die Haupträder des Fahrgestells ließen sich von Hand einziehen. Die erstmals am 21. Juni 1929 geflogene **Sch-1** zeigte gute Flugleistungen und erreichte mit ihrem 63 kW (85 PS) starken Walter-Sternmotor eine Spitzengeschwindigkeit von 126 km/h.

Die **Sch-1** blieb ein Prototyp und wurde zu der etwas größeren und verbesserten **Sch-2** fortentwickelt, deren erster landgestützter Testflug am 11. November 1930 stattfand. Der Typ entstand in großen Stückzahlen, die man, je nach Quelle, mit 300 bis 700 beziffert. Die **Sch-2** kam in der gesamten Sowjetunion als Mehrzweck-Transport-, Verbindungs- und Schulflugzeug zum Einsatz und flog viele Jahre lang im Fischereischutz- und Grenzpatrouillendienst. 16 Exemplare wurden unter der Bezeichnung **Sch-2S** als Sanitätsflugzeuge für einen oder zwei liegende Patienten gebaut. 1939 montierte Aeroflot aus verbliebenen Ersatzteilen weitere **Sch-2**, und später lebte die Produktion dieses Typs wieder auf. Neben den genannten zivilen Verwendungen diente die **Sch-2** auch bei der V-VS als Mehrzweckflugzeug. Etliche später gefertigte Exemplare erhielten eine verglaste Besatzungskabine sowie andere Verbesserungen und damit die neue Bezeichnung **Sch-2bis**. Die meisten dieser Flugzeuge hatten den Motortyp M-11L.

Als nächster Schawrow-Entwurf wurde die **Sch-5** konstruiert und mit einziehbarem Skifahrwerk erstmals am 19. März 1934 geflogen. Dieses amphibientaugliche Flugboot war als Hochdecker ausgelegt und für Luftfotografie/Luftbildvermessung vorgesehen. Den Antrieb besorgte ein Sternmotorpaar M-22 je 353 kW (480 PS). Aufgrund der langwierigen Konstruktions- und Entwicklungsperiode kam es nicht mehr zur Serienfertigung. Das gleiche Schicksal teilte die nachfolgende **Sch-7**, ein Amphibien-Flugboot in der Auslegung eines freitragenden Hochdeckers. Die **Sch-7** war als Vielzweck-Transportflugzeug für die zivile Luftfahrt gedacht und konnte neben zwei Besatzungsmitgliedern vier Passagiere in einer Kabine aufnehmen. Ihr Erstflug fand am 16. Juni 1940 statt, aber der Kriegsausbruch 1941 verhinderte die Serienfertigung. Der zivile Prototyp diente während der Kampfhandlungen zum Transport von Fracht und Passagieren an der Wolga.

Weitere Schawrow-Muster waren die **Sch-3**, ein amphibientaugliches leichtes Verkehrsflugzeug mit einem 89 kW (121 PS) starken Cirrus-Hermes-Motor, das jedoch im Februar 1936 in der Prototyp-Bauphase steckenblieb, und das Langstrecken-Aufklärungsflugboot **MDR-7**, dessen Entwicklung 1937 eingestellt wurde.

***Das ungewöhnlichste Merkmal des Schawrow-Amphibienflugboots Sch-2 bestand im kleinen freitragenden Unterflügel mit eingebauten Stabilisierungsschwimmern.***

**TECHNISCHE DATEN**
**Schawrow Sch-2**

**Typ:** amphibientaugliches Allzweck-Flugboot
**Triebwerk:** ein Sternmotor M-11 mit 74 kW (100 PS)
**Leistung:** Höchstgeschwindigkeit 139 km/h; Dienstgipfelhöhe 3850 m; Reichweite 1300 km
**Gewicht:** Rüstmasse 660 kg; max. Startmasse 937 kg
**Abmessungen:** Spannweite 13 m; Länge 8,20 m; Tragflügelfläche 24,70 m²

## Schtscherbakow Schtsche-2

Alexej Schtscherbakow trat 1926 in das Kalinin-Konstruktionsteam ein und verließ es 1935 wieder, um sich auf die Druckkabinentechnik zu spezialisieren. Später spielte er bei der Entwicklung des Jagddoppeljägers Polikarpow I-153 eine wichtige Rolle, doch nur ein einziger seiner Entwürfe, das Transportflugzeug **TS-1**, wurde seriengefertigt. Da im Krieg dringender Bedarf an einem leichten militärischen Mehrzweck-Transportflugzeug bestand, unterbrach Schtscherbakow seine Führungsaufgaben, um diesen abgestrebten Kabinen-Hochdecker mit starrem Heckrad-Fahrgestell, geteiltem Seitenleitwerk und zwei Sternmotoren in flügelmontierten Gondeln zu konstruieren. Die weitgehend aus Holz gebaute **Schtscherbakow Schtsche-2**, kam 1942/43 zur Erprobung, ging Ende 1943 in Serie und erreichte bis zum Produktionsende im Jahre 1946 angeblich eine Auflage von 550 Exemplaren. Die **Schtsche-2** erwies sich als leicht zu fliegende Maschine. Sie diente zum Transport von 16 Soldaten oder elf liegenden Verwundeten oder neun Fallschirmjägern, und als Schulflugzeug für Besatzungen und Navigatoren hatte sie fünf Auszubildende an Bord. Nach dem Krieg erfüllte die **Schtsche-2** noch jahrelang zivile Unterstützungsdienste in der Sowjetunion und mehreren Satellitenstaaten.

***Die Schtsche-2 war zwar schwach motorisiert, erwies sich aber dennoch als überaus nützliches leichtes Transport- und Verbindungsflugzeug.***

**TECHNISCHE DATEN**

**Typ:** leichtes Mehrzweck-Transportflugzeug
**Triebwerke:** zwei Sternmotoren M-11d je 85 kW (115 PS)
**Leistung:** Höchstgeschwindigkeit 155 km/h; Dienstgipfelhöhe 3000 m; Reichweite 980 km
**Gewicht:** Rüstmasse 2235 kg; max. Startmasse 3700 kg
**Abmessungen:** Spannweite 20,54 m; Länge 14,27 m; Tragflügelfläche 64 m²

## Schtschetinin-Luftfahrzeuge

Unter dem Namen „Erste Russische Luftfahrtgesellschaft S.S. Schtschetinin Petersburg“ entstand 1909 in St. Petersburg die erste Luftverkehrsgesellschaft Rußlands. Das Unternehmen, das den Namen seines Gründers S. S. Schtschetinin im Titel führte, stellte zu Beginn des Jahres 1913 Dimitri P. Grigorowitsch als Werksleiter ein. Seine Konstruktionen umfaßten ein lange Reihe von Flugzeugen mit der Bezeichnung M für Morskoj (Marine), über die Einzelheiten in früheren Einträgen unter Grigorowitsch M-5, M-9, M-11/M-12, M-15, M-16 und M-24/M-24bis zu finden sind.

## Shin Meiwa D.H.114-TAW

Nach dem Ende des Zweiten Weltkriegs nahm die einstige Kawanishi Aircraft Company 1949 unter dem Namen Shin Meiwa Industry Company Ltd. wieder Verbindung zur Luftfahrtindustrie auf. Das Unternehmen wurde zunächst zu einer bedeutenden Wartungszentrale für Flugzeuge japanischer und amerikanischer Herstellung.

Shin Meiwa reihte sich Anfang 1963 unter die ersten Firmen ein, die ein Angebot zur Ummotorisierung der de Havilland D.H.114 Heron vorlegten. Dieses bescheidene Programm, bei dem man fünf Maschinen der Toa Airways von vier Gipsy Queen 30 auf vier Sechszylinder-Boxermotoren der Marke Continental IO-470-D umstellte, umfaßte ferner auch den Einbau einer Kabinenbeheizung. Dieses Quintett wurde nach dem Umbau in **D.H.114-TAW** umbenannt, und das erste Exemplar flog in seiner neuen Form am 12. November 1964.

## Shin Meiwa SS-2 und SS-2A bis Short S.25 Sunderland (Zivilversion) und Solent

**Die japanischen maritimen Verteidigungsstreitkräfte unterhalten immer noch eine Flotte Flugboote Shin Meiwa SS-2A, allerdings nur noch zu Rettungszwecken. Short Brothers wurde 1909 mit dem Bau von sechs Wright-Doppeldeckern Großbritanniens erstes Flugzeugwerk. Viele Short- Marineflugzeuge waren im Ersten Weltkrieg im Einsatz.**

# Shin Meiwa SS-2 und SS-2A

Im Januar 1966 erhielt Shin Meiwa den Auftrag, für die japanischen Selbstverteidigungs-Seestreitkräfte ein Flugboot zur U-Boot-Abwehr zu konstruieren. Der erste von zwei Prototypen mit der Herstellerbezeichnung **SS-2** flog am 5. Oktober 1967 zum Jungfernflug. Nach Abschluß der Erprobung durch die 1. Flugteststaffel der JMSDF wurden 23 solcher Flugboote seriengefertigt und mit der offiziellen Dienstbezeichnung **PS-1** in Dienst gestellt. Das als freitragender Hochdecker mit starren Stützschwimmern unter den Außenflügeln ausgelegte Muster hatte einen einfach gestuften Bootsrumpf, ein T-Leitwerk und ein einziehbares Strandchassis. Den Antrieb lieferten vier von Ishikawajima in Lizenz gefertigte GE-Propellerturbinen T64-IHI-10 mit einer Äquivalentleistung von je 2282 kW (3103 WPS). Ein fünftes Triebwerk, in Form einer im Rumpf installierten 1044 kW (1420 WPS) starken Gasturbine T58-IHI-10, ebenfalls von Ishikawajima gebaut, versorgt das Bordsystem zur Beeinflussung der Grenzschichtströmung für die STOL-Eigenschaften mit der nötigen Druckluft. Der erste Prototyp wurde anschließend zum Wasserbomber umgebaut und vom staatlichen Brandschutzamt geprüft.

### TECHNISCHE DATEN

**Shin Meiwa US-1A**

**Typ:** Luft- und Seenotrettungsamphibium
**Triebwerke:** vier Propellerturbinen Ishikawajima/General Electric T64-IHI-10J je 2602 kW (3540 äWPS)
**Leistung:** Höchstgeschwindigkeit 512 km/h; Dienstgipfelhöhe 7195 m; max. Reichweite 3817 km
**Gewicht:** Rüstmasse 25.500 kg; max. Startmasse 45.000 kg
**Abmessungen:** Spannweite 33,15 m; Länge 33,46 m; Höhe 9,95 m

1970 wurde die Entwicklung der amphibientauglichen Version **SS-2A** eingeleitet, die sich hauptsächlich durch das einziehbare Bugrad-Fahrgestell unterschied. Das erste Exemplar flog am 16. Oktober 1974 vom Wasser aus, und der erste Landstart folgte erst am 3. Dezember 1974. Diese Verzögerung hatten Schwierigkeiten verursacht, mit denen Dr. Kikuhara und seine Mitarbeiter bei der Unterbringung des Fahrgestells konfrontiert waren. Schließlich ließ man die Hauptbaugruppen in Flankenbehälter einziehen, aus deren Heck die Zwillingsräder hervorragten. Über diese augenfällige Änderung hinaus waren auch die gesamte ASW-Ausrüstung und die Bewaffnung entfallen sowie das Tankvolumen erweitert und die Kabine zur Aufnahme von bis zu zwölf Verwundetenliegen hergerichtet. Für 20 Personen stehen Tuchsitze zur Verfügung, doch im reinen Truppentransport finden bis zu 100 Soldaten Platz. Rettungsluken mit Rampe sind eingerichtet, und in der Steuerbord-Rumpfseite befindet sich eine große Tür zum Absetzen von Schlauchbooten.

***Im Vergleich zur PS-1 ist die Shin Meiwa SS-2A (US-1) voll amphibientauglich, eine nützliche Eigenschaft für den Such- und Rettungsdienst. Ein ungewöhnliches Merkmal stellt das „fünfte" Triebwerk dar, eine im Hinterrumpf installierte T58-Wellenturbine, die für zusätzlichen Auftrieb Luft durch Flügel- und Leitwerksklappen bläst.***

Diesen **US-1** bezeichneten Typ flog als erste Einheit die 71. Kokutai, aufgestellt als spezielle SAR-Staffel mit nur diesem Muster. Ab dem siebten Exemplar wurden T64-IHI-10J mit einer Nennleistung von je 2603 kW (3540 WPS) eingebaut, was zur neuen Bezeichnung **US-1A** führte. Die Cockpit-Crew besteht aus drei Mann (zwei Flugzeugführern und einem Bordingenieur), und dahinter sind ein Navigator, Funk- und Radarbetriebsspezialisten sowie zwei Beobachter untergebracht. Bis zu fünf Sanitäter oder Rettungsspringer können mitgenommen werden.

Bei einem typischen Einsatz verfügt die **US-1** über eine Flugdauer von sechs Stunden im Radius von 1110 km oder 2,5 Stunden im Radius von 1850 km. Ferner kann sie auf See Treibstoff von einem Schiff oder von einer anderen **US-1** übernehmen. Die erste Baureihe endete 1988 nach zwölf Flugbooten, die sich alle noch im Einsatz befinden. Eine zivile Version wurde in Erwägung gezogen. Das Vorhaben verwirklichte man zwar nicht, doch die JMSDF kündigte an, zwei weitere **US-1** beschaffen zu wollen. Diese Stärkung der japanischen SAR-Mittel und -Kräfte eröffnet die Möglichkeit, die **US-1** in geringer Stückzahl weiterhin zu produzieren.

# Short-Doppeldecker

Die Gebrüder Eustace und Oswald Short begannen 1897 mit der Fliegerei, indem sie einen mit Leuchtgas gefüllten Ballon kauften und ihn zu führen lernten. Im November 1908 gesellte sich Horace Short zu ihnen, und die drei Brüder ließen ihre Firma als Short Brothers ins Register eintragen. Sie erwarben das Recht zur Lizenzfertigung von sechs Wright Flyer und wurden somit zum ersten Flugzeughersteller der Welt.

Als Produktionsstätte für die Flyer wurde ein Gelände bei Leysdown auf der Insel Sheppey in der Themsemündung gewählt. Anschließend begannen die Arbeiten am ersten Doppeldecker, den die Firma Short Brothers selbst entworfen hatte, der **Short Biplane No. 1**. Sie flog im Sommer 1909 unter dem Antrieb eines 45 kW (60 PS) starken Green-Motors. **Biplane No. 2** für Moore Brabazon gewann am 30. Oktober den von der Daily Mail ausgesetzten Preis für den ersten britischen Rundflug. **Biplane No. 3**, ein kleinerer und leichterer Doppeldecker mit einem Green-Motor von 26 kW (35 PS), war ein Mißerfolg. Es folgten zwei von J. W. Dunne konstruierte Doppeldecker, einer davon ein schwanzloses Modell für das Blair Atholl Syndicate. Aus unbekannten Gründen überging man die nächsten Konstruktionsnummern bis S.25 und ließ die Serie **S.26** folgen, Doppeldecker mit Druckschrauben, die Horace Short auf der Grundlage des Typs Farman-Sommer konzipiert hatte. Sie wurden in einer neuen Fabrik in Eastchurch gebaut, wohin die Firma Short im Mai 1910 ihren Sitz verlegt hatte. Die ersten zwei Flugzeuge erhielten Green-Motoren je 30 kW (40 PS), während man das dritte Exemplar mit einem 45 kW (60 PS) starken ENV ausrüstete. Die **S.27** erwies sich als das erfolgreichste Muster, und in die nachfolgenden Zellen wurden verschiedene Motoren montiert. Zu den bekannteren Typen gehörte die **S.38** mit zwei Exemplaren. Eines gehörte der Naval Flying School in Eastchurch. Zwei Modelle mit Doppelsteuer, **S.43** und **S.44**, entstanden für die Central Flying School in Upavon, und die frühere **S.33** wurde als Seeflugzeug erprobt, um ihre Leistung mit Schwimmwerk zu testen. Weitere Lieferungen gingen an die CFS, die Naval School und an private Käufer.

1914 unternahm Frank McClean eine Reihe von Flügen entlang dem Nil mit der **S.80**, einem doppelsitzigen Wasserflugzeug mit Zwillingsschwimmern und einem 119 kW (162 PS) starken Gnome-Motor. Noch im selben Jahr wurde dieses Luftfahrzeug der Admiralität als Geschenk übergeben und auf einen Gnome-Motor mit 75 kW (102 PS) umgestellt. Shorts letztes Modell mit Druckpropeller war die **S.81**, ähnlich wie die **S.80**, aber mit zusätzlichen Flügelschwimmern. Insgesamt 36 **S.38**-Schuldoppeldecker wurden 1914/15 für die Royal Navy gebaut, davon zwölf von Pemberton-Billing und der Rest von White & Thompson Ltd.

***Hier streicht J. T. C. Moore-Brabazon im September 1909 mit seinem Vivinus-motorisierten Short-Doppeldecker Nr. 2 im Tiefflug über das Flugfeld von Leysdown hinweg.***

Im Zeitraum von 1911 bis 1913 produzierte die Firma Short Brothers mehrere zweimotorige Doppeldecker, angefangen mit der **S.39 Triple Twin**. Den Antrieb besorgten zwei Gnome-Motoren je 37 kW (50 PS), die vorn und hinten in die Pilotengondel eingebaut waren. Der vordere trieb über Ketten zwei flügelmontierte Zugpropeller und der Heckmotor eine einzelne Druckschraube an. Die durch Umrüstung der S.27 entstandene **Tandem Twin** war konventioneller mit je einem Zug- und Druckpropeller ausgelegt. Am 10. Januar 1912 flog die **S.36**, der erste von mehreren einmotorigen Short-Doppeldeckern mit Zugpropellern. Das von einem Gnome-Motor mit 52 kW (71 PS) angetriebene Musterflugzeug wurde an die Naval Flying School ausgeliehen, und die Admiralität bestellte daraufhin zwei Zugpropeller-Doppeldekker, die **S.41** und **S.45**. Erstere hatte einen Gnome-Motor mit 75 kW (102 PS) und wurde bald zum Seeflugzeug umgebaut, ebenso wie die kleinere **S.45** mit 52 kW (71 PS) starkem Gnome-Motor. Vom größeren Muster bestellte die Admiralität nochmals drei Exemplare (**S.48** bis **50**).

# Short-Bomber

Bis 1915 hatten die Gebrüder Short in Rochester eine zweite Fabrik eingerichtet. Während dort das erste von zwei Exemplaren des Typs 184 entstand, war das Team in Eastchurch mit der modifizierten Version eines Landflugzeugs befaßt, das die Zeitspanne bis zur Verfügbarkeit der neuen Handley Page O/100 überbrücken sollte. Neue, weitergespannte Tragflächen wurden eingeführt, doch bei Tests stellte sich heraus, daß eine noch größere tragende Fläche notwendig war, und so erhöhte man die Spannweite auf 25,60 m.

Obgleich dieser **Short-Bomber** nur eine mäßige Leistung erbrachte, wurden 110 Exemplare in Auftrag gegeben, aber später nur 82 gebaut. Davon fertigte Short 35, Sunbeam 15, Mann und Egerton zusammen 20 sowie Parnall und Phoenix Dynamo je sechs Maschinen. Abgesehen von den Sunbeam-Flugzeugen mit 168 kW (228 PS) starken Sunbeam-Motoren hatten alle anderen **Short-Bomber** Rolls-Royce-Motoren mit einer Nennleistung von 186 kW (253 PS). Den ersten Kampfeinsatz flogen vier mit je acht 29-kg-Bomben beladene Bomber von No. 7 Wing der R.N.A.S. am 15. November 1916 gegen U-Boot-Bunker in Zeebrugge.

# Unbedeutendere Short-Flugzeuge

***Das Foto zeigt die beiden Prototypbomber Short Sperrin 1952 im Flug über Aldergrove, Nordirland. Die parallel zu den V-Bombern entwickelte Sperrin war nur eine Rückversicherung für den Fall, daß einer der V-Bombentypen scheiterte. Die S.A.4 leisteten jedoch wertvolle Beiträge für das V-Bomberprogramm, indem sie als Versuchsträger für Avionik- und Radarausrüstung fungierten.***

Kurz erwähnt werden sollen auch verschiedene Typen, die von Short Brothers im Verlauf der Firmengeschichte geschaffen wurden, aber keinen kommerziellen Erfolg erzielten. Dazu gehörten zwei Seeflugzeuge **Short N.2A**, im Grunde eine kleinere und schnellere Ausführung des Typs 184. Als Antrieb diente zunächst ein Sunbeam Afridi mit 149 kW (203 PS) und später ein Sunbeam Maori mit 194 kW (264 PS), den auch zwei **N.2B**-Seeflugzeuge erhielten. Es folgten drei Maschinen mit der Bezeichnung **Short Shirl**, trägergestützte Torpedobomber.

1918 wurde die **N.3 Cromarty** angeboten, eine verbesserte Version des Felixstowe-Flugboots F.3/F.5, das Short im Unterauftrag gefertigt hatte. Die Firma entwickelte zudem die Version **S.2** mit metallenem Bootsrumpf. Das 1921 geflogene Modell hatte keinen Erfolg, ebensowenig konnte Short sich im selben Jahr mit den drei zweisitzigen Doppeldeckern **Short Sporting Type Seaplane** auf dem Markt für Leichtflugzeuge behaupten. Die in Eigeninitiative entwickelte **Short Silver Streak** in Ganzmetallbauweise von 1920 weckte Interesse beim Luftfahrtministerium, aber aus wirtschaftlichen Erwägungen heraus wurde der Auftrag über zwei Prototypen bald widerrufen.

Da man für den Dienst im Irak jedoch ein Ganzmetall-Flugzeug brauchte, erneuerte man die Bestellung. So entstanden fünf Exemplare als **Short S.3 Springbok I**, gefolgt von drei **S.3a Springbok** mit stoffbespanntem Trag- und Leitwerk. Eine dieser **Springbok**-Maschinen wurde zu einem späteren Zeitpunkt zur **Short S.3B Chamois** umgebaut, um ihre Eignung für die Zusammenarbeit der Truppenteile des Heeres zu prüfen. Unter der Bezeichnung **Short S.1 Satellite** erschien 1924 ein winziges Einsitzer-Flugboot mit zwei Bristol-Cherub-Motoren je 24 kW (32 PS). Nach der Umstellung auf einen einzelnen Blackburn-Motor änderte sich der Name in **Cockle**. Ein weiteres Leichtflugzeug aus demselben Jahr war die **Short S.4 Satellite**, die an der Ausschreibung des Luftfahrtministeriums für zweisitzige Leichtflugzeuge von 1924 teilnehmen sollte. Anschließend konstruierte Short Brothers die **Short S.7 Mussel**, einen experimentellen Eindecker für zwei Personen, der ähnlich wie die Cockle ausgelegt war. Diese und eine zweite Mussel, die nach der Abschreibung der ersten Maschine im Jahre 1928 folgte, erweiterten die Erfahrung der Firma in bezug auf die Konstruktion von Schwimmwerken.

Die beiden Prototypen **Short S.6 Sturgeon** unterlagen im Wettbewerb der Fairey IIIF, doch wegen der an sich guten Leistung nutzte man den Grundentwurf für die **Short S.10 Gurnard I** und **Gurnard II**. Ihren Antrieb lieferte ein Bristol Jupiter X beziehungsweise Rolls-Royce Kestrel II, doch trotz guter Flugleistungen im Ausscheidungswettbewerb errang den Auftrag die Hawker Osprey. Ein völlig anderer Typ war die **Short-Bristol Crusader**, ein für den Schneider-Wettbewerb von 1927 gebautes Seerennflugzeug. Bei den Vorbereitungen für den Wettkampf in Venedig wurden die Querruder-Steuerseile vertauscht, und die Maschine stürzte gleich nach dem Start ab. Im selben Jahr baute Short Brothers die **Short S.11 Valetta**, mit einer Spannweite von 32,61 m das damals größte Schwimmerflugzeug. Sir Alan Cobham nutzte sie 1931 für Vermessungsarbeiten am Nil und in Zentralafrika. Noch größer war die **Short S.14 Sarafand**, ein Langstrecken-Flugboot mit einer Spannweite von 36,58 m und sechs in Tandempaaren montierten Rolls-Royce-Buzzard-Motoren. Die erstmals im Juni 1932 geflogene **S.14** diente ausschließlich Forschungszwecken und wurde 1936 verschrottet.

Auf Spezifikation R.24/31 hin entwarf und konstruierte Short Brothers das Knickflügel-Eindecker-Flugboot **Short S.18** mit zwei verdunstungsgekühlten Goshawk-Motoren von Rolls-Royce. Der unzuverlässige Antrieb hatte zur Folge, daß es bei diesem einen Musterflugzeug blieb.

Short und Saunders-Roe taten sich zusammen, um die **Short S.35 Shetland** zu konstruieren und zu entwickeln. Dieses Flugboot war erheblich größer als die Sunderland und als schwerbewaffnetes Langstreckenmuster gedacht. Der erste von zwei Prototypen flog Ende 1944, brannte jedoch im Januar 1946 an seinem Ankerplatz völlig aus. Das zweite Exemplar wurde als Verkehrsflugboot für 40 Passagiere fertiggestellt, doch mangels Nachfrage in der Nachkriegszeit bald verschrottet. Zu den besonderen Entwicklungen der Nachkriegsperiode zählte der vierstrahlige Bomber **Short S.A.4 Sperrin**. Der erste von zwei Prototypen flog im August 1951, aber der Serienauftrag ging an die modernere Vickers Valiant. Den Abschluß bildeten zwei Forschungsflugzeuge. Das erste war das Nurflügel-Segelflugzeug **Short S.B.1** im Maßstab 1:3 eines neuen, viermotorigen Düsenbombers, den die Firma plante. Nach dem Umbau und der Einrüstung von zwei Strahltriebwerken Turboméca Palas kam dieses Muster als **S.B.4 Sherpa** im Oktober 1953 zum ersten Mal in die Luft. Das zweite, die Short **S.B.5**, wurde von einem Derwent-Strahltriebwerk von Rolls-Royce angetrieben. Es sollte zur Prüfung der Pfeilflügel-Konfiguration im unteren Geschwindigkeitsbereich dienen, die man für die English Electric P.1 Lightning vorgesehen hatte.

***DX166 war die erste Short Shetland. Dieser Typ kam zu spät, um die klassische Sunderland nach dem Zweiten Weltkrieg zu ersetzen. Die S.35 war viel größer als alle bisherigen britischen Flugboote. Das zweite Exemplar wurde als Flugboot für die zivile Luftfahrt gefertigt. Diese Shetland II bot 70 Passagieren Sitzplätze auf zwei Decks.***

# hort Typ 184

ringende Anfragen der Admiralität für ein rpedoträger-Seeflugzeug veranlaßten orace Short zur Konstruktion der **Short p 184**. Dieses Muster blieb fast zwei Jahrhnte lang das berühmteste Produkt dier Firma und wurde in mehr als 900 Exnplaren gefertigt, sowohl von Short lbst als auch durch neun Subunternehen. Der **Typ 184** flog zunächst mit dem 3 kW (228 PS) starken Sunbeam Maori, ch spätere Maschinen erhielten verhiedene Motortypen wie Sunbeam und Renault je 168 kW (230 PS) sowie einen Sunbeam mit 194 kW (264 PS).

Im August 1915 versenkte eine von drei an Bord des Seeflugzeugträgers HMS Ben-My-Chree stationierten **Typ 184** als erstes Flugzeug der Welt ein feindliches Schiff mit einem 367-kg-Lufttorpedo. Zwei weitere Schiffe wurden fünf Tage später versenkt, aber diese Erfolge waren untypisch für das Modell. Es diente daher nur noch selten in dieser Rolle und erfüllte andere Aufgaben einschließlich Bombardierung und Aufklärung.

Das Muster diente auf den meisten Kriegsschauplätzen, von der Arktis bis zum Indischen Ozean, und im Juni 1916 startete eine Maschine mit provisorisch montierten Rädern vom Deck des Seeflugzeugträgers Campania. Im Jahr darauf fanden weitere Flüge vom Vordeck des Trägerschiffs HMS Furious statt. **Typ 184** blieb bis Anfang der zwanziger Jahre im militärischen Einsatz. Fünf Maschinen wurden in das zivile Luftfahrzeugregister Großbritanniens eingetragen, aber nur vier tatsächlich umgebaut und zwei bereits ein Jahr später verschrottet.

***Shorts Typ 184 war als wichtigster Torpedobomber Großbritanniens im Ersten Weltkrieg praktisch auf allen Kriegsschauplätzen eingesetzt. In dieser Rolle diente das Muster auch noch etliche Jahre nach Kriegsende.***

## TECHNISCHE DATEN

**Short Typ 184**

**yp:** zweisitziger Torpedobomber/Aufklärer
**riebwerk:** ein V-Reihenmotor Sunbeam Maori mit 194 kW (264 PS)
**eistung:** Höchstgeschwindigkeit 142 km/h 1 610 m Höhe; Dienstgipfelhöhe 2745 m; Flugauer zwei Stunden, 45 Minuten
**ewicht:** Leermasse 1680 kg; max. Startmasse 2433 kg
**Abmessungen:** Spannweite 19,36 m; Länge 12,38 m; Höhe 4,11 m; Tragflügelfläche 63,92 m²
**Bewaffnung:** ein 7,7-mm-Lewis-Maschinengewehr im hinteren Cockpit und ein 356-mm-Torpedo oder bis zu 236-kg-Bomben

## Short Typ 310

Zur Leistungssteigerung des Typs 184 überarbeitete Short das Flugwerk, um den neuen Sunbeam-Motor Cossack mit einer Nennleistung von 231 kW (310 HP/314 PS) einzubauen. Das daraus resultierende Flugzeug bezog seine Typkennung aus der Motorleistung, die später allerdings auf 239 kW (320 HP/325 PS) erhöht wurde. Die erstmals im Juni 1916 geflogene **Short Typ 310-A4** konnte den 454 kg schweren Torpedo Mk IX tragen, aber selbst mit dem stärkeren Triebwerk nicht gleichzeitig noch einen Beobachter aufnehmen. Insgesamt 124 Exemplare wurden von Short (74) und Sunbeam (50) gebaut. Nach dem Ende des Krieges behielt die RAF 50 Maschinen weiterhin im Dienst. Sechs gingen 1917 an die Kaiserlich-Japanische Marine. Die nur als Prototyp produzierte **Short 310-B** war ein Seepatrouillen-Schwimmerflugzeug mit einer von 22,86 m auf 20,88 m reduzierten Spannweite. Ihre Höchstgeschwindigkeit von 116 km/h übertraf die der **Short 310-A4**.

## Short Typ 827 und Typ 830

1913 waren die Gebrüder Short für ihre Luftfahrzeugprodukte vom Druck- zum Zugpropeller übergegangen, und im Eastchurch-Werk entstand eine Serie von Doppeldecker-Schwimmerflugzeugen, darunter neun Maschinen für die Admiralität, zwei mit 119 kW (162 PS) starken und sieben mit 75 kW (102 PS) starken Gnome-Motoren. Es folgten zwei weitere Flugzeuge mit 119-kW-Triebwerken sowie eine große Anzahl mit verschiedenen Motortypen, die an dieser Stelle aus Platzgründen nicht im einzelnen aufgeführt werden können. Eines dieser Seeflugzeuge warf am 27. Juli 1914 erstmals einen Torpedo aus der Luft ab.

Sieben Short-Seeflugzeuge, darunter drei **S.74** und zwei **S.135**, griffen am 1. Weihnachtstag 1914 Schiffe im Kaiser-Wilhelm-Kanal (Nord-Ostsee-Kanal) an. Zu dieser Zeit wurden zwei Kennungssysteme für Short-Modelle verwendet: Die S-Nummern stammten vom Hersteller, während die Admiralität andere Seriennummern und Bezeichnungen vergab. Selbst innerhalb dieses Systems herrschte Verwirrung, denn die Admiralität wählte als Typkennung irgendeine Werknummer der ersten Baureihe. So trugen sechs Short-Seeflugzeuge **Typ 166** die Werknummern **S.90** bis **S.95** und die Admiralitäts-Seriennummern 161 bis 166. Westland Aircraft baute 20 solcher Maschinen. **Typ 166** hatte Klappflügel und einen Salmson-Motor mit 149 kW (203 PS).

Die ersten in Großserien für den RNAS produzierten Short-Seeflugzeuge waren der **Typ 827** und der **Typ 830**, beide etwas kleiner als der **Typ 166**. Für ihren Antrieb sorgte der V-Reihenmotor Sunbeam Nubian mit 112 kW (152 PS) beziehungsweise der Salmson-Sternmotor mit 101 kW (137 PS). Man nimmt an, daß 28 Exemplare vom **Typ 830** und 108 vom **Typ 827** gebaut wurden. Das letztgenannte Muster stellten auch vier andere Firmen her, und beide Typen dienten in so fernen Gegenden wie Ostafrika und Mesopotamien.

### TECHNISCHE DATEN
**Short Typ 827**

**Typ:** zweisitziges Aufklärer-Bomber-Schwimmerflugzeug
**Triebwerk:** ein V-Reihenmotor Sunbeam Nubian mit 112 kW (152 PS)
**Leistung:** Höchstgeschwindigkeit 100 km/h; Flugdauer drei Stunden, 30 Minuten
**Gewicht:** Leermasse 1225 kg; max. Startmasse 1542 kg
**Abmessungen:** Spannweite 16,43 m; Länge 10,74 m; Höhe 4,11 m; Tragflügelfläche 47,01 m²
**Bewaffnung:** ein Lewis-Maschinengewehr im hinteren Cockpit und Leichtbomben an Gehängen unter den Flügeln

## Short S.5, S.12 und S.19 Singapore I, II und III

Die Firma Short Brothers setzte große Hoffnung auf den Prototyp der **Short S.5 Singapore I**, doch bekannt wurde dieses Muster nur durch den insgesamt 37.015 km langen Erkundungsflug von Alan Cobham rund um den afrikanischen Kontinent.

Die **S.12 Singapore II** aus dem Jahre 1930 war zum Bedauern von Short auch nicht viel erfolgreicher.

Die nach Spezifikation R.3/33 dem Luftfahrtministerium angebotene **S.19 Singapore III** errang jedoch einen Auftrag über vier Entwicklungsflugzeuge, von denen das erste im Juli 1934 in die Luft kam. Nach der erfolgreich verlaufenen Erprobung wurden 33 weitere Exemplare seriengefertigt. Die **Singapore III**, deren Erstflug im März 1935 stattfand, diente anschließend bei No. 203, 205, 209, 210 und 230 Squadron. 19 solcher Flugboote blieben bei Ausbruch des Zweiten Weltkriegs weiterhin z[u] Aufklärungszwecken im Dienst, bis di[e] Short Sunderland eintraf.

***Short Singapore Mk III der No. 203 Squadron, 1940 in Aden stationiert***

### TECHNISCHE DATEN
**Short Singapore III**

**Typ:** sechssitziges Flugboot für allgemeine Aufklärung
**Triebwerke:** vier V-12-Reihenmotoren Rolls-Royce Kestrel VIII/IX je 418 kW (568 PS)
**Leistung:** Höchstgeschwindigkeit 233 km/h; Dienstgipfelhöhe 4570 m; Reichweite 1610 km
**Gewicht:** Leermasse 8355 kg; max. Startmasse 12.475 kg
**Abmessungen:** Spannweite 27,43 m; Länge 23,16 m; Höhe 7,19 m; Tragflügelfläche 170,38 m²

## Short S.8 Calcutta und S.8/8 Rangoon

1926 bestellte Imperial Airways zwei dreimotorige Doppeldecker-Flugboote **Short S.8 Calcutta**, die von Bristol-Sternmotoren Jupiter XI mit je 403 kW (548 PS) angetrieben werden sollten. Der **Calcutta**-Entwurf, ausgelegt für 15 Passagiere, war eng an die militärische **Singapore I** angelehnt. Als Short diese beiden Maschinen im Spätsommer 1928 an Imperial Airways auslieferte, stellten sie die ersten kommerziell eingesetzten Flugboote mit metallenem Bootsrumpf in Schalenbauweise dar. Die Produktion für Imperial Airways umfaßte schließlich fünf **Calcutta**, und ein weiteres Exemplar entstand für die französische Regierung. Breguet schloß mit Short eine Lizenzvereinbarung und entwickelte aus der **Calcutta** die sehr ähnliche **Breguet 521 Bizerte**.

Die Möglichkeit, eine militärische Ausführung der **Calcutta** zu produzieren, bot sich Short mit der Spezifikation R.18/29, die für No. 203 Squadron in Basra ein neues Flugboot vorsah. Schließlich wurden sechs solcher Militärflugboote mit der Bezeichnung **S.8/8 Rangoon** gebaut und bis September 1934 ausgeliefert. Die mit fünf Mann besetzte **Rangoon** konnte bis zu 454 kg Bomben unter den Flächen tragen und war mit einem Lewis-Einzel-MG im Bugraum sowie einem weiteren Paar an den Rumpfseiten hinter dem Tragwerk bewaffnet. Alle sechs **S.8/8** kehrten im August 1935 nach England zurück, nachdem man sie durch **Singapore III** ersetzt hatte. Ein Exemplar wurde entmilitarisiert und diente Imperial Airways etliche Jahre lang als Ausbildungsgerät für Besatzungen.

Eine weitere Fortentwicklung der **Calcutta** war ein Langstrecken-Flugboot für die Kaiserlich-Japanische Marine, das von Kawanishi vor Ort in Lizenz gebaut und mit ebenfalls in Lizenz herzustellenden Rolls-Royce-Buzzard-Motoren ausgerüstet werden sollte. Short fertigte den Prototyp **S.15 K.F.1** in Rochester, und im März 1931 lief die Produktion als **H3K** bei Kawanishi an, [d]ie schließlich vier Exemplare baute.

***S1434 war die zweite Short Rangoon der RAF. Sie flog erstmals im Dezember 1930 und diente zur Ausbildung von Besatzungen in Felixstowe. 1931 erfolgte die Versetzung nach Basra im Irak zu No. 203 Squadron.***

# Short S.16 Scion und S.22 Scion Senior

1933 nahm Short Brothers mit der **Short S.16 Scion** die Produktion von leichten Verkehrsflugzeugen auf. Dieser zweimotorige Hochdecker war für fünf oder sechs Passagiere ausgelegt, und seinen Antrieb lieferten Pobjoy-R-Motoren je 56 kW (76 PS).

Die erste **Scion** flog im August 1933 in Gravesend und erhielt im Februar 1934 das Lufttüchtigkeitszeugnis. Die erste Vierer-Baureihe **Scion I** wurde mit Pobjoy Niagara I oder II je 63 kW (86 PS) ausgestattet, doch die fünfte **Scion I** und Short Brothers' Schlußserie mit zehn **Scion II** hatten den 67 kW (91 PS) starken Pobjoy Niagara III. Wegen der Auslastung durch die Empire-Flugboote verkaufte Short die **Scion**-Produktionsrechte an die Firma Douglas Pobjoy, die noch weitere sechs Exemplare herstellte.

Während der **Scion**-Fertigung baute Short Brothers sechs Exemplare einer vergrößerten Ausführung **S.22 Scion Senior** für zehn Passagiere, angetrieben von vier Pobjoy Niagara III (67 kW/91 PS). Eine **S.22** wurde zum Landflugzeug umgebaut und als Vorführgerät genutzt. Das letzte dieser Schwimmerflugzeuge ging an das Air Ministry, um dort als Bootsrumpf-Testmaschine zu dienen. Sein zentraler Schwimmkörper war ein Sunderland-Bootsrumpf, den man um insgesamt 50 Prozent verkleinert hatte.

***Diese australische Short Scion II erhielt 1946 anstelle der Originalsternmotoren vom Typ Pobjoy Niagara-Reihenmotoren de Havilland Gipsy Minor.***

# Short S.17 Kent und L.17 Scylla

Wegen politischer Schwierigkeiten auf der Strecke nach Kairo beauftragte Imperial Airways die Firma Short Brothers mit dem Bau von drei viermotorigen Flugbooten, die eine große Reichweite, genügend Kapazität für Luftpostfracht (die hohe Erträge einbrachte) und eine komfortable Kabine für 15 Passagiere bieten sollten. Als Triebwerk wurde der Bristol Jupiter XFBM mit einer Nennleistung von 414 kW (563 PS) gewählt. Das erste Exemplar der **Short S.17 Kent** ging im Mai 1931 in Dienst, und wenig später folgten die beiden anderen. Jedes dieser Flugboote mußte pro Woche mehr als 4000 Meilen zurücklegen. Eines versank nach einer harten Landung im Meer, und ein anderes fiel im November 1935 in Brindisi einem Brandanschlag zum Opfer. Die dritte **S.17 Kent** aber überdauerte bis zu ihrer Verschrottung im Juni 1938.

***Das erste von zwei Landflugzeugen Short L.17 mit der Kennung G-ACJJ und dem Namen Scylla leistete Imperial Airways die ganzen dreißiger Jahre hindurch hervorragende Dienste. Erst im April 1940 mußte Scylla abgeschrieben werden, nachdem ein Sturm in Schottland sie aus ihrer Verankerung gerissen hatte. Die Maschine war nach einem Unfall im Jahr 1935 schon einmal umfassend erneuert worden.***

Anfang 1933 bestellte Imperial Airways eine Landversion der **Kent**. So entstanden zwei **Short L.17**, die ab März beziehungsweise Mai 1934 flogen und später die Namen **Scylla** und **Syrinx** erhielten. Diese von vier Bristol Jupiter XFBM je 444 kW (604 PS) angetriebenen Linienmaschinen konnten 39 Fluggäste befördern und waren mit Autopilotanlagen ausgerüstet. Eine später versuchsweise auf den Perseus IIL ummotorisierte **L.17** erlitt Sturmschäden, und im Zuge der Reparatur baute man Pegasus XC mit je 492 kW (669 PS) ein.

# Short S.20 und S.21 Mayo Composite

Gründliche Tests hatten gezeigt, daß Empire-Flugboote der Imperial Airways den Atlantik nur dann überqueren konnten, wenn die gesamte Nutzlast aus Kraftstoff bestand. Da ein Luftfahrzeug bekanntlich mit einem viel höheren Gewicht fliegen als vom Boden abheben kann, schlug Robert Mayo vor, ein kleines, schwerbeladenes Postflugzeug mit einem größeren „Mutterflugzeug" auf seine Reiseflughöhe zu befördern und es dann für seinen Langstreckenflug freizusetzen. Das Air Ministry und Imperial Airways stimmten zu und beauftragten gemeinsam Short Brothers mit dem Entwurf und der Konstruktion eines solchen Huckepack-Luftfahrzeugs.

Das Trägerflugzeug **Short S.21 Maia** war eine etwas vergrößerte sowie modifizierte Ausgabe des Empire-Flugboots, die obere Langstreckenkomponente **Short S.20 Mercury** ein neues Seeflugzeug in Hochdeckerauslegung mit Zwillingsschwimmern, angetrieben von vier Napier Rapier H je 254 kW (345 PS), die ihm mit 454 kg Postfracht eine Reichweite von 3800 Meilen (6116 km) ermöglichten.

Die erste Trennung der beiden Flugboote in der Luft fand am 6. Februar 1938 statt. Nach mehreren Versuchsflügen wurde die **Mercury** am 21. Juli über Foynes gestartet und erreichte mit einer Nutzlast von 272 kg das 4715 km entfernte Montreal im Nonstopflug nach 20 Stunden und 20 Minuten. Am 6. Oktober 1938 startete **Mercury** über Dundee und stellte mit 9652 km bis Orange River in Südafrika einen bislang ungebrochenen Nonstop-Streckenrekord für Seeflugzeuge auf. Der Ausbruch des Zweiten Weltkriegs setzte den Experimenten jedoch ein jähes Ende. **Mercury** wurde schließlich in Rochester verwertet, und **Maia** fiel im Mai 1941 einem Bombenangriff zum Opfer.

***Die Short-Mayo Composite war ein faszinierender, aber letzten Endes fruchtloser Versuch, einen Langstrecken-Luftpostdienst zu schaffen. Dieses Gespann stellte jedoch einen bis heute gültigen Weltrekord auf.***

# Short S.23, S.30 und S.33 Empire

Im Vergleich zu den großen und schwerfälligen Doppeldecker-Flugbooten der Short Brothers bedeutete die **Short S.23** von 1936 einen völligen Stilwechsel. Sie war ein freitragender Ganzmetall-Hochdecker mit vier Bristol-Sternmotoren Pegasus XC je 686 kW (933 PS) und sorgfältig nach aerodynamischen Gesichtspunkten gestaltetem Rumpf und Bootskörper. Mit einer Spitzengeschwindigkeit von 322 km/h überbot die **S.23** den aktuellen RAF-Jäger Bristol Bulldog um 42 km/h. Der Typ wirkte so vielversprechend, daß Imperial Airways gleich 28 Exemplare in Auftrag gab. Die Beförderung von Luftpost war ein wichtiger Unternehmenszweig geworden, nachdem die britische Regierung bekanntgegeben hatte, daß die gesamte Empire-Post künftig auf dem Luftweg zugestellt werde. Diese Maschinen sollten daher auch als **Empire-** oder **C-Klassen**-Flugboote bekannt werden.

***G-ADHM „Caledonia" mit einer Tankkapazität für 5310 km war das zweite Flugboot Short S.23 Empire für Imperial Airways. Sie wurde 1947 verschrottet, nachdem sie 15.143 Flugstunden geleistet hatte.***

**TECHNISCHE DATEN**

**Short S.23**

**Typ:** Passagier-/Postflugboot
**Triebwerke:** vier Sternmotoren Bristol Pegasus XC je 686 kW (933 PS)
**Leistung:** Höchstgeschwindigkeit 322 km/h; Dienstgipfelhöhe 6095 m; Reichweite 1223 km
**Gewicht:** Leermasse 10.659 kg; max. Startmasse 18.370 kg
**Abmessungen:** Spannweite 34,75 m; Länge 26,82 m; Höhe 9,70 m; Tragflügelfläche 139,35 m²

Die erste **S.23** (**Canopus**) flog im Juni 1936 von Rochester aus und trat Anfang September den Liniendienst an. Im Abstand von 14 Tagen folgten weitere Maschinen, die im Flugboothafen der Imperial Airways in Hythe bei Plymouth stationiert und auf Strecken nach Australien, Bermuda, Durban, Ägypten, Malaya, New York sowie Ost- und Südafrika eingesetzt wurden.

Ursprünglich waren die **S.23** für 1360 kg Postfracht und 24 Tag- oder 16 Nachtpassagiere eingerichtet. Eine Erhöhung der Postfracht um 454 kg ließ die Kapazität jedoch auf 17 Fluggäste sinken. Bei den 1937 ohne Nutzlast durchgeführten Transatlantik-Testflügen stellte sich heraus, daß die **S.23** keine wirtschaftliche Fracht über diese Distanz transportieren konnte. Dies führte einerseits zur Entwicklung der Short-Mayo Composite und andererseits zu Luftbetankungsversuchen mit der Armstrong Whitworth 23 als Tankflugzeug. Der Erfolg dieses Systems sicherte Inflight Refuelling Ltd ein Auftragsbündel. Mit vier Lufttankern Handley Page Harrow dieser Firma gelangen 16 Atlantiküberquerungen, bis der Ausbruch des Zweiten Weltkriegs deren Fortsetzung verhinderte. Dabei kamen Maschinen vom Typ **Short S.30** mit Bristol Pegasus Perseus XIIC-Motoren je 664 kW (903 PS) und mehr als doppelt so großer Reichweite wie bei der **S.23** zum Einsatz. Die letzte Variante war die **S.33** mit Bristol Pegasus XC je 686 kW (933 PS). Insgesamt 42 **Empire**-Flugboote wurden gebaut, aufgeschlüsselt in 31 **S.23**, neun **S.30** und zwei **S.33**. Die Herstellung einer dritten **S.33** brach Short wieder ab.

Mehrere **S.23** wurden für die RAF eingezogen und zwei davon zu **S.23M** mit ASV-Bordradar sowie einer Bewaffnung von zwei Vierlings-MG-Türmen und sieben Wasserbomben umgerüstet. Insgesamt 13 **Empire**-Flugboote überstanden den Krieg, inzwischen mit 753 kW (1024 PS) starken Bristol Pegasus-Motoren ausgerüstet. Das letzte Exemplar (bei Qantas) schied 1941 aus dem Dienst. Short produzierte außerdem drei **Short S.26**, von Imperial Airways bestellte Postflugboote für Nonstop-Atlantikflüge. Dieser Typ war größer als die **C-Klasse** und hatte vier Bristol-Hercules-Motoren mit je 1029 kW (1400 PS). Das erste Exemplar (**Golden Hind**) startete im Juni 1939. Diese Flugboote, bekannt als **G-Klasse**, wurden alle für Aufklärungsflüge eingezogen, und eines ging durch Motorschaden verloren. Die beiden anderen kehrten 1942 zur Fluggesellschaft zurück, die inzwischen BOAC hieß.

# Short S.25 Sunderland

Als ein vom Air Ministry gefordertes Flugboot zur militärischen Aufklärung entwikkelte Short Brothers die **Short S.25**, die als **Sunderland Mk I** die Serienfertigung erreichte. Der erstmals am 16. Oktober 1937 geflogene Prototyp war das erste britische Flugboot mit motorisierten Waffentürmen. Insgesamt 90 **Sunderland Mk I** wurden gebaut, darunter 15 von der Blackburn Aircraft Company. Alle hatten als Antrieb vier Bristol Pegasus XXII je 753 kW (1024 PS) und als Bewaffnung zwei 7,7-mm-Maschinengewehre Vickers „K" seitlich im Mittelrumpf, zwei 7,7-mm-MGs Browning im Bugturm und vier ähnliche Rohrwaffen im Heckturm. Ab 1941 folgten 43 **Sunderland Mk II**, gebaut von Short Brothers (38) und Blackburn (fünf). Sie unterschieden sich von der **Mk I** durch Pegasus-XVIII-Motoren und einen motorisierten Rückenturm anstelle der seitlichen MG-Stände.

Die größte Stückzahl erreichte die **Sunderland Mk III** mit 456 Exemplaren, von denen Blackburn 170 und Shorts den Rest produzierte. Sie besaßen das gleiche Triebwerk wie die **Mk II**, einen überarbeiteten Bootsrumpf und das Luft-Überwasserschiffsradar (ASV) Mk II, das die früheren Versionen per Nachrüstung erhalten hatten. Die antriebsstärkere und schwerbewaffnete **Sunderland Mk IV** wurde für den Einsatz im pazifischen Raum entwickelt, aber die beiden Prototypen unterschieden sich derart von der Standardversion, daß man sie in **Seaford** umbenannte. Die letzte Serienversion war die im März 1944 eingeführte **Sunderland Mk V**, von der Short 90 und Blackburn 60 Maschinen fertigten. Sie brachte stärkere Sternmotoren Pratt & Whitney Twin Wasp und das ASV Mk IVC, mit dem man bereits späte Sunderland Mk 38 III ausgerüstet hatte.

Als erste Einsatzstaffel war No. 230 Squadron im Dezember 1938 komplett mit der **Sunderland Mk I** ausgerüstet. Außer der RAF flogen die Royal Australian, die Royal Canadian und die Royal New Zealand Air Forces dieses Muster. No. 330 Squadron wurde im Februar in Oban mit norwegischem Personal aufgestellt, und No. 343 Squadron, die im November 1943 in Dakar entstand, rekrutierte ihr Personal aus der vormaligen Aéronavale Flottille 7E.

Nach dem Zweiten Weltkrieg wurde die Zahl der bei der RAF eingesetzten **Sunderland** stark reduziert, so daß an der im Juni 1948 beginnenden Berliner Luftbrücke nur No. 201 und No. 230 Squadron sowie No. 235 OCU teilnehmen konnten. Alle in England stationierten **Sunderland** wurden 1957 ausgemustert, aber in Fernost blieb der Typ noch bis 1959 im Dienst.

***Diese Sunderland-Flugboote GR.Mk V wirken nach der langen Einsatzperiode beim RAF Coastal Command entschieden kriegsmüde. Die Sunderland Mk V war die letzte Entwicklung dieses Musters.***

### TECHNISCHE DATEN
**Short Sunderland Mk V**

**Typ:** Seeaufklärer-/Bomber-Flugboot
**Triebwerke:** vier Sternmotoren Pratt & Whitney R-1830-90B Twin Wasp je 895 kW (1217 PS)
**Leistung:** Höchstgeschwindigkeit 343 km/h in 1525 m Höhe; Dienstgipfelhöhe 5455 m; Reichweite 4329 km mit 757 kg Bomben
**Gewicht:** Leermasse 16.738 kg; max. Startmasse 29.484 kg
**Abmessungen:** Spannweite 34,38 m; Länge 26 m; Höhe 10,52 m; Tragflügelfläche 156,72 m²
**Bewaffnung:** zehn 7,7-mm-Maschinengewehre (vier starr eingebaut, zwei im Bugturm und vier im Heckturm) und zwei 12,7-mm-Maschinengewehre sowie bis zu 2250 kg an Bomben, Wasserbomben oder Minen

# Short S.25 Sunderland (Zivilversion) und Solent

Im März 1943 flog BOAC das erste Exemplar einer ganzen Flugbootflotte von **Short Sunderland Mk III**, die für die zivile Luftfahrt hergerichtet waren. Sie erwiesen sich als Erfolg, und in den nächsten zwei Jahren setzte die Fluggesellschaft 24 Maschinen auf immer längeren Streckenabschnitten ein. Ende 1944 erhielt die Royal New Zealand Air Force ebenfalls vier umgebaute **Sunderland**.

Der Nachkriegsmangel an Langstrecken-Verkehrsflugzeugen in Großbritannien veranlaßte BOAC, ihre Flotte auf einen Standard zu bringen, der einer renommierten Liniengesellschaft eher entsprach. Das Ergebnis war die **Short Hythe**.

Eine optisch attraktivere Umrüstversion, bei der Bug- und Heckwaffentürme geschickt verkleidet waren, erhielt den Namen **Short Sandringham**. Sie erschien im November 1945 mit Pegasus-Motoren. Spätere Umrüstflugboote hatten den 895 kW (1217 PS) starken P&W-Sternmotor R-1830-92 Twin Wasp und konnten maximal 45 Fluggäste auf zwei Decks befördern. Rund 30 **Sandringham** in verschiedenen Ausführungen entstanden durch Modifikation und dienten nicht nur bei BOAC, sondern auch in Argentinien, Australien, Neuseeland, Norwegen und Uruguay. Direkte **Sunderland**-Umrüstflugboote dienten ebenfalls in mehreren Ländern, und von beiden Typen existieren heute noch einige Exemplare.

Nachdem man 1946 eine **Seaford** erprobt und die Beschaffung dieses Typs für die RAF gestrichen hatte, erhielt BOAC zwölf auf die zivile Luftfahrt abgestimmte Flugboote dieses Musters mit der Bezeichnung **Short Solent 2**. Sie flogen mit einer siebenköpfigen Crew und konnten 34 Tagpassagiere auf zwei Decks befördern, zu deren luxuriöser Einrichtung ein Speisesalon, eine Cocktailbar und eine Promenade gehörten.

Die **Solent 2** kam bei den Passagieren sehr gut an, und BOAC mietete sechs dem Überschußbestand zugeschlagene **Sea ford** von der RAF, um sie zur **Solent 3** fü 39 Passagiere umrüsten zu lassen. Vier fü Tasman Empire Airways neugebaute **So ent 3** hatten 44 Sitzplätze und eine Reic weite von 4828 km.

Als BOAC im November 1950 den Flu bootbetrieb einstellte, verteilte sich ihre **S lent**-Flotte auf andere Betreiber wie Aqui Airways. Zwei Maschinen existieren sog heute noch.

### TECHNISCHE DATEN
**Short Solent 3**

**Typ:** Langstrecken-Verkehrsflugboot
**Triebwerke:** vier Sternmotoren Bristol Hercules 637 je 1260 kW (1713 PS)
**Leistung:** Höchstgeschwindigkeit 430 km/h; Dienstgipfelhöhe 4725 m; Reichweite 3540 km
**Gewicht:** Leermasse 21.868 kg; max. Startmasse 35.652 kg
**Abmessungen:** Spannweite 34,38 m; Länge 26,72 m; Höhe 10,45 m; Tragflügelfläche 156,72 m²

***G-AHIY wurde zwar als Solent I bestellt, aber als Solent II mit fünf Kabinen für je sechs Tag- oder vier Nachtpassagiere fertiggestellt. Dies entsprach in etwa der Kapazität einer Sandringham.***

# Short S.29 Stirling bis Short S.C.1

**Die Stirling begegnete allgemeiner Ablehnung bei den Fliegern, hauptsächlich wegen der kleinen Spannweite, welche nur geringe Dienstgipfelhöhen zuließ und außerdem eine schlechte Manövrierfähigkeit verursachte. Das erfolgreiche Flugboot Sunderland wurde in Kent gebaut. 1947 begann Short sich auf Belfast zu konzentrieren, wo heute der hochentwickelte RAF-Trainer, die brasilianische EMBRAER EMB-312 Tucano, produziert wird.**

## Short S.29 Stirling

***Short Stirling Mk V der No. 196 Squadron, RAF, 1946 in Shepherd's Groove, Großbritannien, stationiert.***

Am 19. September 1938 flog erstmals das Versuchsflugzeug **Short S.31**, angetrieben von vier Pobjoy Niagara je 67 kW (91 PS). Außenstehende dürften über die Funktion dieses Musters gerätselt haben, denn die **S.31** war eine im halben Maßstab gebaute **Short S.29 Stirling** gemäß der Spezifikation B. 12/36 des Air Ministry für einen schweren Bomber mit sieben- bis achtköpfiger Besatzung. Der richtige **Stirling**-Prototyp startete am 14. Mai 1939 zum Jungfernflug. Seinen Antrieb lieferten vier 1025 kW (1394 PS) starke Bristol Hercules II, doch der erste **Stirling**-Serienbomber, der ab 7. Mai 1940 flog, erhielt Hercules XI mit je 1189 kW (1617 PS).

Die Auslieferung dieses Musters begann im August 1940, und in der Nacht des 10./11. Februar 1941 griff die **Stirling** zum erstenmal in das Kampfgeschehen ein, als drei Maschinen von No. 7 Squadron Öltanks in Rotterdam attackierten. Die **Stirling** war der erste RAF-Bomber in der Auslegung eines viermotorigen Eindeckers und zugleich der erste Typ dieser Kategorie, der nach einem letzten Einsatz am 8. September 1944 von der Bomberrolle entbunden wurde. Dies geschah, als das Bomber Command über genügend Avro Lancaster und Handley Page Halifax verfügte, denn die **Stirling** hatte eine unzureichende Dienstgipfelhöhe und konnte die größeren Sprengbomben, die zwischenzeitlich eingeführt worden waren, nicht zum Einsatz bringen. Die Produktion der Bomberversionen umfaßte 1759 Exemplare, aufgeschlüsselt in 712 **Stirling Mk I** und 1047 **Stirling Mk III**.

Die Bezeichnung **Stirling Mk II** war einer geplanten Serienversion zugeteilt worden, die in Kanada mit Wright Cyclone R-2600 gebaut werden sollte, aber später doch gestrichen wurde.

Ab Jahresbeginn 1944 diente die **Stirling** als Truppentransporter und Schleppflugzeug für Lastensegler. Für letztere Rolle hatte man zwei **Stirling Mk III** versuchsweise umgebaut, indem man die Bug- und Rückentürme, nicht aber den Heckturm, entfernte. Sie wurden mit entsprechendem Schleppgeschirr ausgestattet und als **Stirling Mk IV** bezeichnet. In dieser neuen Funktion erwiesen sie sich als äußerst effektiv.

So konnten sie eine General Aircraft Hamilcar oder zwei Airspeed Horsa zum Sturmangriff oder bis zu fünf General Aircraft Hotspur bei Überführungsflügen und zu Übungszwecken schleppen. Sie nahmen an der Landung der Alliierten in der Normandie (D-Day), an Luftlandeoperationen in Arnheim und an der Rheinüberquerung im März 1945 teil. Insgesamt 450 **Stirling Mk IV** wurden gebaut, gefolgt von 150 **Stirling Mk V** für das RAF Transport Command. Diese Version konnte 40 Soldaten oder 20 vollausgerüstete Fallschirmjäger oder zwölf liegende und 14 sitzfähige Verwundete sowie als Frachter zwei Jeeps mit Anhänger oder einen Jeep mit Feldgeschütz, Fahrlafette und Munition transportieren.

**Mk V** waren die letzten **Stirling**-Flugzeuge im Dienst und wurden nach und nach durch die Avro York ersetzt. Das letzte Exemplar schied 1946 aus. Im Jahr 1947 rüstete Airtech Ltd in Thame, Oxon, zwölf **Stirling Mk V** für einen belgischen Zivilbetreiber um.

***Die Short Stirling Mk III hatte vier Hercules-Sternmotoren der Bauart XVI anstelle der älteren Hercules-Marke XI. Im übrigen blieb die Auslegung weitgehend unverändert.***

### TECHNISCHE DATEN

**Short Stirling Mk III**

**Typ:** schwerer Bomber
**Triebwerke:** vier Sternmotoren Bristol Hercules XVI je 1230 kW (1673 PS)
**Leistung:** Höchstgeschwindigkeit 435 km/h in 4420 m Höhe; Dienstgipfelhöhe 5180 m; Reichweite mit max. Bombenlast 950 km
**Gewicht:** Leermasse 19.595 kg; max. Startmasse 31.751 kg
**Abmessungen:** Spannweite 30,20 m; Länge 26,59 m; Höhe 6,93 m; Tragflügelfläche 135,63 m²
**Bewaffnung:** acht 7,7-mm-Maschinengewehre in Bug-, Rücken- und Hecktürmen sowie bis zu 6350 kg an Bomben

## Short S.45 Seaford

ne antriebsstärkere und schwerer beaffnete Version des **Sunderland**-Flugbots für den pazifischen Kriegsschauatz wurde anfangs als **Sunderland Mk** ' bezeichnet. Gegenüber dem Original ar das Gesamtgewicht aber auf 34.019 gestiegen. Dies bedingte strukturelle nderungen, die zur Umbezeichnung in **hort S.45 Seaford** führten. Der erste von vei Prototypen startete am 30. August un- dem Antrieb von 1253 kW (1704 PS) starn Bristol Hercules XVII zum Jungfern-g. Die Erprobung verlief zufriedenstellend, und es erging ein Auftrag über 30 Serienflugboote mit Sternmotoren Bristol Hercules XIX, die 1283 kW (1745 PS) erzeugten. Von diesem Baulos wurden nur sechs Exemplare gebaut. Sie erwarb BOAC später per Miet-/Kaufvertrag und ließ sie zu **Solent**-Flugbooten herrichten.

***Der Prototyp Short Sunderland Mk IV ist hier in der endgültigen Seaford-Ausführung mit dem neuen, hohen Seitenleitwerk samt Rückenfinne abgebildet. Der Martin-Waffenturm im Heck wurde nie eingebaut, und nach einem Motorbrand im Jahre 1947 verschrottete man das Flugboot.***

# Short S.A.1/2 Sturgeon 1, 2, 3 und S.B.3

Die **Short Sturgeon** wurde als Torpedobomber/Seeaufklärer zum Einsatz auf den neuen Flugzeugträgern der US Navy entworfen. Die Admiralität akzeptierte den Entwurf, und es erging ein Auftrag über drei Prototypen. Die geforderte Torpedobewaffnung wurde bald gestrichen, und als man den Bau der Flugzeugträger gegen Ende des Krieges abbrach, entfiel damit auch die vorgesehene Aufgabe der **Sturgeon**.

Man entschied, den Typ zum Hochgeschwindigkeits-Zielschleppflugzeug gemäß der neuen Spezifikation Q.1/46 umzugestalten. Die beiden ersten Maschinen wurden allerdings als Bordschützentrainer **S.A.1 Sturgeon S.Mk 1** mit Vorrichtungen für Bordwaffen fertiggestellt. Das dritte Exemplar entstand als Prototyp **S.A.2 Sturgeon TT.Mk 2** und brachte eine Bestellung über 23 Serienflugzeuge ein. Ein interessantes Merkmal waren die Gegenlaufpropeller der beiden 1238 kW (1684 PS) starken Motoren Rolls-Royce Merlin 140. Der kleine Durchmesser ihres Propellerkreises ermöglichte den Einbau der Triebwerke nahe am Rumpf, so daß sich mit beigeklappten Flächen eine günstige, kompakte Form ergab. Die **Sturgeon** hatte eine Höchstgeschwindigkeit von 595 km/h und konnte einen 9,75 m langen Zielkörper mit Tragflügeln auf eine Höhe von 10.030 m schleppen. Etliche Maschinen wurden später auf den Standard **Sturgeon TT.Mk 3** angehoben und von Küstenstützpunkten aus eingesetzt.

Um die **Sturgeon** auch für die U-Boot-Abwehr tauglich zu machen, modifizierte man das 24. und letzte Exemplar zur **Short S.B.3** mit erweitertem Bug, der eine Radarantenne und Positionen für zwei Radarbeobachter aufnahm, und Propellerturbinen vom Typ Armstrong Siddeley Mamba je 1100 kW (1496 WPS). Die Maschine blieb jedoch erfolglos, und man wählte statt dessen die Fairey Gannet AEW.Mk 3.

***Der Bug der Sturgeon TT.Mk 2 war beträchtlich länger als der der Mk 1 und zur optimalen Nutzung der Vinten-Kamera für Luftzielschießen ausgelegt, die diese Version mitführte.***

# Short S.A.6 und S.B.7 Sealand

Eines der attraktivsten Modelle von Short Brothers war die **Short S.A.6 Sealand**, ein kleines, zweimotoriges Amphibium, das erstmals im Januar 1948 flog. Die Flugerprobung verlief zufriedenstellend, und 1947 wurde eine Vierer-Vorserie aufgelegt. Im Juli 1949 erhielt das erste Exemplar dieses Quartetts das Lufttüchtigkeitszeugnis. Seriengefertigte **Sealand I** und **S.B.7 Sealand II** gingen an Käufer in Borneo (zwei), Ägypten (eine), Indonesien (zwei), Norwegen (zwei), Pakistan (drei), Venezuela (eine) und Jugoslawien (zwei). Der mit Abstand größte Abnehmer aber war die indische Marine, die zehn Exemplare beschaffte. Sie stellten wohl die letzten Vertreter dieses Typs im Routinedienst dar, nachdem Short den Prototyp im April 1955 verschrottet hatte. Man nimmt an, daß heute noch zwei **Sealand** existieren, eine im ehemaligen Jugoslawien und eine in den USA. Die **Sealand III** war 150 kg leichter und 1,13 m weiter gespannt.

**TECHNISCHE DATEN**

**Short Sealand III**

**Typ:** siebensitziges Amphibienflugzeug
**Triebwerke:** zwei Reihenmotoren de Havilland Gipsy Queen 70 je 254 kW (345 PS)
**Leistung:** Höchstgeschwindigkeit 298 km/h in 1525 m Höhe; Dienstgipfelhöhe 6340 m; Reichweite 958 km
**Gewicht:** Leermasse 3205 kg; max. Startmasse 4128 kg
**Abmessungen:** Spannweite 18,75 m; Länge 12,85 m; Höhe 4,57 m; Tragflügelfläche 32,79 m²

***Die Short Sealand war eines der attraktivsten Muster dieser Firma. Das Foto zeigt das erste Serienexemplar, das im September 1949 bei einer Vorführtour durch Skandinavien leider abstürzte.***

# Short S.B.6 Seamew

1951 forderte die Admiralität einen einfachen U-Boot-Jäger für den Schlechtwettereinsatz von kleinen Trägerschiffen aus. Dies führte zur **Short S.B.6 Seamew**, die im August 1953 flog, angetrieben von einer Mamba-Propellerturbine Armstrong Siddeley mit 1186 kW (1613 WPS). Die **Seamew** war strikt nach zweckmäßigen Gesichtspunkten konzipiert, und das ganz vorn plazierte Cockpit bot der zweiköpfigen Besatzung eine hervorragende Sicht. Das Muster verlangte allerdings einen erfahrenen Piloten und legte seine Eigenwilligkeit selbst nach einer Reihe von Modifikationen nie völlig ab. Insgesamt 41 Serienflugzeuge wurden bestellt, darunter die Version **S.C.2 Seamew Mk 2** für die RAF, doch nur 19 Exemplare gebaut. Sieben hatte die Royal Navy abgenommen, als das ganze Programm im Zuge der Sparmaßnahmen von 1957 abgebrochen wurde. Die Spannweite betrug 16,76 m, die höchstzulässige Startmasse 6804 kg und die Spitzengeschwindigkeit 378 km/h.

***XA209 war der Prototyp der Short Seamew, deren unschönes Aussehen mehr von den Einsatzbedingungen als von aerodynamischen Kriterien herrührte.***

# Short S.C.1

Nach der Erprobung der Hubkraft von Strahltriebwerken konstruierte Rolls-Royce das RB.108 mit 8,9 kN Schub für den Einsatz als Hubtriebwerk. Unter der Spezifikation ER.143 vergab das Air Ministry einen Auftrag an Short Brothers zum Bau von zwei Deltaflügel-Forschungsflugzeugen **Short S.C.1**, die von vier RB.108 zum Senkrechtstart und einem weiteren zum Horizontalflug angetrieben werden sollten. Der erste konventionelle Flug fand im April 1957 statt, wobei nur das RB.108-Einzeltriebwerk installiert war. Das zweite Versuchsflugzeug (mit Hubtriebwerken) unternahm seinen ersten gefesselten Schwebeflug im Mai 1958 und den ersten freien Flug im darauffolgenden Oktober. Der erste Übergang vom Senkrecht- zum Horizontalflug erfolgte im April 1960. Im Juni 1963 wurde die zweite **S.C.1** bei einem Unfall schwer beschädigt, konnte aber repariert werden, ehe Mittelkürzungen das Projekt stoppten. Die Schwenkdüsen des Harrier-Triebwerks Pegasus machten vier Triebwerke lediglich zum Start und für die Landung überflüssig. Beide **S.C.1** sind im Science Museum bzw. im Ulster Folk and Transport Museum ausgestellt.

***Die Short S.C.1 war ein echter VTOL-Pionier, wenngleich nur einer von vielen Entwürfen mit separaten Hub- und Schubtriebwerken, die alle in eine Sackgasse führten. Der experimentelle Deltaflügler mit einer Spannweite von 7,16 m durfte beim Senkrechtstart höchstens 3493 kg wiegen.***

## Short S.C.5 Belfast bis Sikorsky S-40

**Als es in der Nachkriegszeit für viele britische Flugzeugwerke schwierig wurde, solvent zu bleiben, konnte Short große Exportverkaufszahlen erzielen. Siemens unternahm einen zwar nur kurzen, aber ziemlich eindrucksvollen Ausflug in den deutschen Flugzeugbau. Der Doppeldeckerjäger D.IV kam nur zu spät, um noch merklich in den Ersten Weltkrieg eingreifen zu können.**

# Short S.C.5 Belfast

Nach dem Zweiten Weltkrieg bestand so gut wie kein Absatzmarkt mehr für Flugboote, und Short Brothers versuchte, sich auf dem Gebiet von Mehrzwecktransportflugzeugen zu etablieren. Im Februar 1959 begann der Entwurf des großen militärischen Transporters **Short S.C.5/10**, eines Hochdeckers mit druckbelüftetem Rumpf runden Profils, der ein nutzbares Frachtraumvolumen von 311,49 m³ bot.

Das Muster wurde zur **Belfast C.Mk 1** der RAF, konnte die größten Lenkraketen, Haubitzen und Fahrzeuge im Bereich der britischen Teilstreitkräfte Heer und Luftwaffe transportieren und ließ sich zur Beförderung von 150 bis 250 Soldaten umrüsten.

Das erste Exemplar flog am 5. Januar 1964, und da auf ziviler Seite kein Interesse bestand, wurden lediglich zehn Flugzeuge für die RAF gebaut. Die erste **Belfast** ging am 20. Januar 1966 bei No. 53 Squadron in Dienst als seinerzeit größtes Muster im Bestand der RAF.

***Die Belfast war seinerzeit das weltweit größte Flugzeug mit Blindlandesystem. Dieses Exemplar, die dritte Belfast, hier kurz vor ihrer Auslieferung im Jahre 1964, führte im Juni 1966 die erste automatische Landung durch und nahm auch an der berühmten Massenlandung auf der Farnborough-Luftfahrtschau von 1964 teil.***

Ende der siebziger Jahre wurde die RAF von Schwerlasttransporten über große Entfernungen entbunden und bot die **Belfast** auf dem zivilen Markt an. Nach etlichen gescheiterten Versuchen diverser Firmen erwarb British Carrier TAC HeavyLift (heute HeavyLift Cargo Airlines) fünf Maschinen, von denen drei zur konkreten Nutzung umgebaut und zwei als Reserve eingelagert wurden. Diese Flugzeuge erwiesen sich als äußerst effektiv, nicht zuletzt während des Falklandkriegs. HeavyLift hielt das Belfast-Trio bis Ende 1993 im Dienst. Von den anderen fünf RAF-Maschinen wurden vier verschrottet, eine ist im Cosford Air and Space Museum erhalten.

### TECHNISCHE DATEN

**Typ:** schweres Transportflugzeug
**Triebwerke:** vier Propellerturbinen Rolls-Royce Tyne RTy.12 je 4273 äkW (5810 äWPS)
**Leistung:** max. Marschgeschwindigkeit 566 km/h; Dienstgipfelhöhe 9145 m; Reichweite mit max. Nutzlast 1609 km
**Gewicht:** Leermasse 57.606 kg; max. Startmasse 104.326 kg
**Abmessungen:** Spannweite 48,40 m; Länge 41,58 m; Höhe 14,33 m; Tragflügelfläche 229,09 m²

***Short Belfast C.Mk 1 der No. 53 Squadron, RAF Transport Command, Ende der sechziger Jahre in Brize Norton stationiert.***

# Short S.C.7 Skyvan/Skyliner

Die Entwicklung der **Short S.C.7 Skyvan** begann 1959 in privater Initiative, und der Prototyp **Skyvan Series I** flog erstmals am 17. Januar 1963. Bestimmende Merkmale dieses Typs waren Tragflügel hoher Streckung nach dem Vorbild der Hurel-Dubois-Flugzeuge und ein Rumpf mit quadratischem Querschnitt für maximales Raumvolumen, konstruiert aus leichten, doppelgängigen Schalen und mit einer angelenkten Ladetür als Heckunterseite. Beim Erstflug der **Skyvan** lieferten zwei flügelmontierte Kolbenmotoren vom Typ Continental GTSIO-520 den Antrieb mit je 291 kW (396 PS), aber für die Serie waren Turboméca-Propellerturbinen vorgesehen. Als **Skyvan Series 1A** flog die Maschine im Mai 1963 auch mit Astazou II, die je 388 äkW (528 äWPS) erzeugten. Das erste Serienexemplar der **Skyvan Series 2** hob am 29. Oktober 1965 unter dem Antrieb zweier Astazou-XII-Propellerturbinen je 544 äkW (740 äWPS) ab, und das aktuelle Serienmodell **Skyvan Series 3**, das 1968 die **Series 2** ablöste, ist mit Garrett-Turboprop-Triebwerken TPE331 ausgerüstet. Die im September 1970 vorgestellte **Skyvan Series 3A** wurde für ein höheres Gesamtgewicht zugelassen.

In der Auslegung eines Passagierflugzeugs konnte die **Skyvan** 19 Personen aufnehmen, ebenso wie die Luxusausführung **Skyliner** von 1970. Andere Serienversionen waren die auf der **Series 3** basierende militärische **Skyvan Mk 3M** und die für ein höheres Betriebsgewicht zugelassene **Skyvan Series 3M-200**. Bis zur Einstellung der Produktion im Jahre 1986 wurden 153 **Skyvan** aller Versionen gefertigt, und das letzte Exemplar ging im Februar jenes Jahres an die Amiri Air Wing, Katar. Zu diesem Zeitpunkt befanden sich noch etliche Zellen auf der Fertigungsstrecke, die man per Lastkraftwagen nach Sydenham zur Verschrottung schaffte. **Skyvan** dienten in 47 Ländern unter 15 militärischen Organisationen und bei über 70 zivilen Betreibern. Die verbliebenen Maschinen fliegen fast alle als Luftfrachter, doch der Typ ist auch bei Fallschirmspringern beliebt.

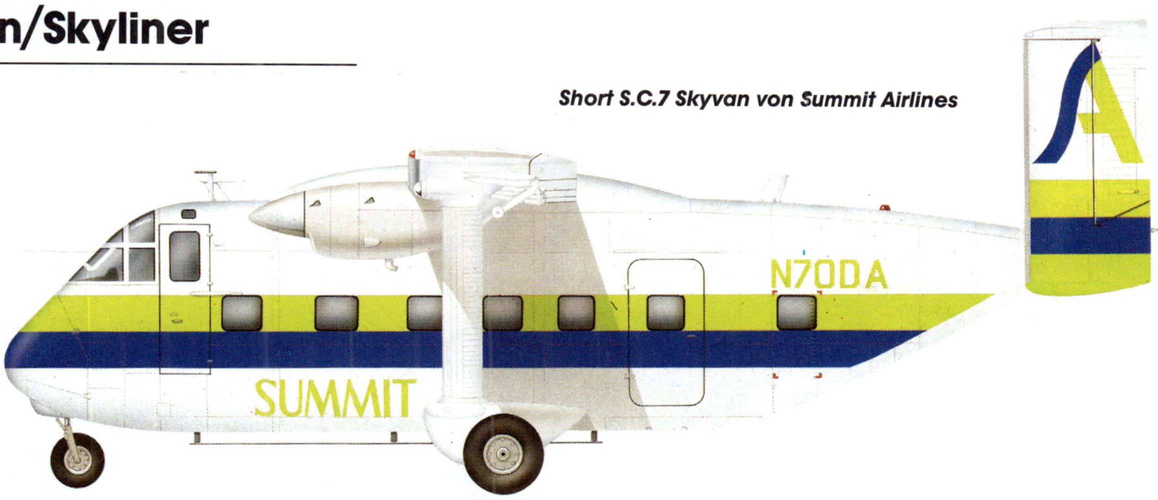


***Short S.C.7 Skyvan von Summit Airlines***

### TECHNISCHE DATEN
**Short Skyvan Series 3**

**Typ:** leichtes Mehrzwecktransportflugzeug
**Triebwerke:** zwei Propellerturbinen Garrett TPE331-201 je 533 kW (725 WPS)
**Leistung:** max. Reisegeschwindigkeit in 3050 m Höhe 325 km/h; Dienstgipfelhöhe 6860 m; max. Reichweite mit Treibstoffreserven 1117 km
**Gewicht:** Leermasse 3331 kg; max. Startmasse 5670 kg
**Abmessungen:** Spannweite 19,79 m; Länge 12,22 m; Höhe 4,60 m; Tragflügelfläche 34,65 m²

# Short 330

Short erkannte, daß das geringe Leistungspotential der Skyvan den Absatz begrenzte, und entwarf eine verbesserte, größere Version mit der Bezeichnung **SD3-30**, später **Short 330**. Dieses Muster mit einer um 2,97 m erhöhten Spannweite und einem um 3,78 m gestreckten Rumpf bietet 30 Passagieren in einer Kabine Platz, die sich je nach Bedarf für den gemischten Passagier-/Frachtbetrieb umrüsten läßt. Für den nötigen stärkeren Antrieb sorgten zwei P&W-Propellerturbinen PT6A-45B mit einer Nennleistung von je 862 kW (1172 WPS) und einer Dauerleistung von je 761 (1035 WPS). Der erste von zwei Prototypen flog am 22. August 1974, und die Auslieferung der Serienmaschinen begann im Juni 1976. Time Air in Alberta, Kanada, beförderte mit diesem Muster am 24. August 1976 die ersten zahlenden Gäste.

Die Absatzsäule baute sich nur langsam auf, doch ab Anfang der achtziger Jahre zahlte sich die von Short gestartete Marketing-Offensive aus, vor allem in den USA. Die meisten Flugzeuge sollten schließlich mehrere Besitzer finden, denn als den Liniengesellschaften, die einst mit der **330** angefangen hatten, dieses Muster zu klein wurde, reichten sie es an jüngere Kleingesellschaften weiter, die dann das gleiche wiederholten. Das Interesse an diesem Typ ließ nach, als sich 1981 die größere Short 360 auf dem Montageband befand. Dennoch lieferte Short in jenem Jahr 18 Flugzeuge aus und erhielt weitere Aufträge für dieses Muster.

Im Jahr darauf erschienen zwei neue Versionen, die vom gelichteten Zivilsektor wegführten. Die **Short 300-UTT** (Utility Tactical Transport) wurde auf der Farnborough-Luftfahrtschau jenes Jahres als Mehrzweckransportflugzeug für Unterstützungsdienste angekündigt. Die maximale Nutzlast war auf 3630 kg gesteigert, verbunden mit einer entsprechenden Verstärkung des Kabinenbodens und dem Einbau von Zurrbeschlägen zur Sicherung des Frachtguts. Zwei nach innen öffnende Türen ersetzten die einzelne Passagiertür der **Short 330** auf der linken Rumpfseite, um das Ein- und Ausbringen von bis zu 30 Fallschirmjägern zu erleichtern. Die **UTT** verfügt aber auch über einen Sanitätsrüstsatz, der den Transport von 15 liegenden Verwundeten gestattet. Als die **UTT** in die langwierige Zulassungsperiode eintrat, lagen dem Hersteller noch keinerlei Aufträge vor, und erst 1983 stellte sich der erste Kunde ein. Die Königlich Thailändische Polizei und das Heer nahmen je ein Einzelexemplar ab, doch 1985 folgte eine Nachbestellung über zwei Flugzeuge. Eine weitere **Short 300-UTT** ging 1986 an die Amiri Guard Air Wing.

Die zweite Militärversion hatte mehr Erfolg. Diese zur gleichen Zeit wie die **UTT** entstandene **Sherpa** war für den militärischen Transport von Material und Personal gedacht. Von allen bisherigen Versionen unterschied sie sich durch ihre Frachtklappe samt Laderampe im Heck, die sie zu einem wirklich leistungsfähigen Frachtflugzeug machte. Der verstärkte Kabinenboden kann mit vier Standardcontainern LD3, sieben CO8-Containern oder zwei Halbtonnern (Land Rover etwa) beladen werden, und für zügige Änderungen der Konfiguration sind Sitzschienen eingearbeitet. 1983 suchte USAFE ein vorhandenes Muster für das EDS-Konzept (European Distribution System), das den entsprechend vielfältigen Transportdiensten dieses Kommandobereichs gewachsen war. Gegen viele Mitbewerber setzte sich die **Sherpa** als Siegerin durch, und im März 1984 wurden 18 **Sherpa** als **C-23A** bestellt.

Sie gingen an die 10th Military Airlift Squadron am Standort Zweibrücken und gehörten bald zum Alltagsbild der USAF-Stützpunkte in ganz Europa. Weitere sechs Exemplare erwarb die US Army per Leasingvertrag von ehemaligen Regionalgesellschaften zur Versorgung der US-Flugkörpertesteinrichtung auf dem Kwajalein Atoll. Die sektiererische Beschäftigungspolitik des Unternehmens Short in Nordirland stieß jedoch beim amerikanischen Senat auf Unverständnis und warf einen Schatten auf die **Sherpa**-Beschaffung. Die

***Mit der Short 330 gelang es dem Hersteller, eine Skyvan in bezug auf Aerodynamik und Kapazität erheblich zu verbessern, ohne das wichtige Kurzpistenpotential aufgeben zu müssen.***

USAF blieb zwar offensichtlich vom Wert dieses Musters überzeugt, rief Optionen auf weitere 48 Flugzeuge aber nicht ab. 1988 erhielt Short dennoch einen Auftrag über zehn Maschinen für die United States Army National Guard als Ersatz für deren de Havilland Canada C-7 Caribou.

Nach fünfjährigem Dienst löste USAFE die ESD-Organisation auf. Die 10. MAS mußte abtreten, und ihre Maschinen wurden dem Heer und dem US Forestry Service überstellt. Im Januar 1992 erging eine Nachbestellung über zehn **C-23B** für die Nationalgarde des Heeres zur Auslieferung im selben Jahr.

1993 befanden sich nur noch drei **C-23A** bei der USAF im Dienst, stationiert auf dem Luftwaffenstützpunkt Edwards in Kalifornien. Theoretisch hat die **Short 330** die Short 360 überlebt, denn für militärische Abnehmer ist die **330**-Fertigungsstrecke noch immer geöffnet. Die Realität sieht allerdings so aus, daß Anfang 1992 die letzten Aufträge von der Army National Guard einliefen. Mitte 1993 stand die Produktionsziffer der **Short 330**, der **330-UTT** und der **Sherpa** bei 179.

## TECHNISCHE DATEN
**Short 330-200**

**Typ:** leichtes Verkehrsflugzeug
**Triebwerke:** zwei Propellerturbinen Pratt & Whitney Canada PT6A-45R je 893 kW (1214 WPS)
**Leistung:** max. Reisegeschwindigkeit 351 km/h in 3050 m Höhe; Reichweite bei max. Passagierzahl 875 km
**Gewicht:** Rüstmasse 6680 kg; max. Startmasse 10.387 kg
**Abmessungen:** Spannweite 22,76 m; Länge 17,69 m; Höhe 4,95 m; Tragflügelfläche 42,08 m²

# Short 360

Nachdem der Absatz der Short 330 in Schwung gekommen war, kündigte die Firma am 10. Juli 1980 eine neue, gestreckte Version **SD3-60** an. Um sechs weitere Fluggäste (über die 30 Sitze des Grundmusters 330 hinaus) unterbringen zu können, verlängerte Short den Rumpf um 91 cm vor den Tragflügeln und verstärkte die Stützstreben sowie die Flügel, um das höhere Gewicht aufzufangen. Der neukonzipierte Hinterrumpf mündete in ein Heck mit ungeteiltem Seitenleitwerk, dem augenfälligsten Unterschied zur 330.

Die so entstandene **Short 360** war für den Betrieb auf kurzen Zubringerstrecken (140 Meilen/225 Kilometer) gedacht. Da solche Maschinen in einer Reiseflughöhe von 3050 m operierten, konnte man auf eine Druckbelüftung verzichten und somit Kosten einsparen. Die neue Form des Rumpfes trug nicht nur zu einer Verbesserung der Aerodynamik bei, sondern erhöhte auch das für Gepäck nutzbare Raumvolumen und beseitigte so einen Schwachpunkt der 330. Am bewährten PT6-Triebwerk von Pratt & Whitney hielt Short fest, wählte aber für die **360** die Ausführung PT6-45 mit einer Nennleistung von 861 kW (1171 WPS). Diese wirtschaftlichen Turbinen wirkten sich günstig auf die Sitzmeilenkosten aus und stellten zugleich sicher, daß die **360** den schärferen Lärmvorschriften nach FAR Part 36 deutlich besser genügen konnte.

Die erste Maschine (G-ROOM) kam sechs Monate vor dem Zeitplan am 1. Juni 1981 in die Luft und wurde bei der Pariser Luftfahrtschau jenes Jahres vorgestellt. Zu diesem Zeitpunkt war noch keines der Muster geflogen, die Short als Hauptkonkurrenten der **360** ansah, die SF-340, EMB-120, DHC-8 und ATR-42, noch stand dies für die nächsten zwei Jahre an. Bis das nächste Entwicklungsflugzeug (G-WIDE) erschien, sollten allerdings noch 14 Monate vergehen.

Der Hersteller hatte sich jedoch bemüht neue Kunden für den Typ zu gewinnen Suburban Airlines in Pennsylvania flog die **360** als erste Gesellschaft im bezahlten Luftverkehr, nachdem sie am 11. November 1982 ihre erste Maschine übernommen

***Aer Lingus gründete ihren Zubringerzweig mit einer einzigen Short 330 und baute dann eine Flotte mit Short 360 auf. Dieser Kunde brachte Short einen wichtigen Prestigegewinn.***

hatte. Anfang 1983 beschleunigte sich die Auslieferung, da alle 14 Tage eine Maschine von der Sydenham-Fertigungsstrecke rollte. Der 330-Kundenstamm kaufte zunehmend das neue Muster, doch ein bedeutender Neukunde stellte sich 1984 mit der CAAC (Civil Aviation Administration of China) ein, die acht **Short 360** in Auftrag gab.

Im November 1985 führte Short eine zweite Generation dieses Musters ein, die **360 Advanced**. Diese Version, beginnend ab Werknummer 80, erhielt PT6A-65AR je 1062 kW (1444 WPS), und die beiden ersten Exemplare gingen an Thai Airways. Das Muster wurde die neue Standardserienversion und schließlich zur **Short 360-200**. In der Folge heißen alle vorherigen Maschinen jetzt **Short 360-100**. 1988 waren 150 Flugzeuge dieses Typs bestellt und davon 144 ausgeliefert. Unterdessen hatte Short eine neue Version gebaut, und ab Flugzeug Nr. 116 (Erstflug im Februar 1987) erfolgte die Fertigung nach Standard **Short 360-300**. Diese abschließende Serienausführung zeichnet sich durch Sechsblattpropeller, überarbeitete Flügelstreben und Triebwerksgondeln sowie zur Freude der Besatzung durch einen Autopiloten aus. Nochmals leistungsgesteigerte Turbinen der Marke PT6A-67R wurden eingebaut, um das Potential der **-300** zum Betrieb unter hohen und heißen Bedingungen sowie ihr Steigvermögen zu verbessern. Die ersten **-300** nahm Philippine Airlines ab, und im Oktober 1987 erhielt die britische Capital Airlines die erste für 39 Passagiere zugelassene **360-300**, die auf der neueingerichteten Route London–Dublin in Dienst ging. Anschließend wurde die Frachtversion **Short 360-300F** angekündigt, beladbar mit fünf LD3-Containern oder Paletten bis zu einer Gesamtlast von 4536 kg. Erstkunde dieser Version war Rheinland Air Services in Deutschland mit zwei Exemplaren, die ab März 1989 eintrafen.

Zu Beginn der neunziger Jahre sank die Nachfrage nach der **Short 360**, da modernere Muster auf den Sektor für Zubringerflugzeuge vordrangen. Bis Ende 1989 waren 160 **Short 360** aller Versionen verkauft und sofort lieferbare wie auch teilgefertigte Maschinen vorhanden, doch es gingen praktisch keine weiteren Bestellungen ein. Im Juni 1991 übernahm Rheinland Air Services die zweite **360-300F**. Sie stellte zugleich die letzte Lieferung dar, und nach der Produktion von insgesamt 164 Flugzeugen wurde die Fertigungsstraße geschlossen.

**TECHNISCHE DATEN**
**Short 360-300**
**Typ:** 36sitziges Zubringerflugzeug
**Triebwerke:** zwei Propellerturbinen Pratt & Whitney PT6A-67R je 1062 kW (1444 WPS) in Verbindung mit Hartsell-Sechsblattverstellpropellern
**Leistung:** Reisegeschwindigkeit 400 km/h in 3050 m Höhe; Reichweite in Reiseflughöhe mit Reisegeschwindigkeit und kompletter Zuladung 745 km
**Gewicht:** Leermasse 7870 kg; max. Startmasse 12.292 kg
**Abmessungen:** Spannweite 22,80 m; Länge 21,58 m; Höhe 7,27 m; Tragflügelfläche 42,18 m²

*Short 360 von Air Ecosse*

# Siebel Fh 104 Hallore und Si 204

Die **Siebel Fh 104** und **Si 204** wurden in Deutschland von Siebel konstruiert wie im Eintrag SNCAC NC.701 und NC.702 Martinet erwähnt. Zusätzlich zur Produktion der **Si 204** durch SNCAC in Frankreich entstanden bei Aero in der CSSR Exemplare der militärischen und zivilen Ausführungen **C.5** beziehungsweise **C.103**.

# Siemens-Schuckert D-Baureihe

Vor dem Ersten Weltkrieg hatten die Siemens-Schuckert-Werke bereits erwogen, Luftfahrzeuge zu bauen, aber die endgültige Entscheidung führte erst der Kriegsausbruch und der daraus folgende große Bedarf an Fluggerät herbei. So erschien 1916 der einsitzige Jagddoppeldecker **Siemens-Schuckert D.I**, der stark der Nieuport XI ähnelte. Den Antrieb lieferte ein Umlaufmotor Siemens-Halske Sh.I mit 81 kW (110 PS).

Nach zufriedenstellenden Tests wurden 150 solche Jäger bestellt, aber nur 95 fertiggestellt und ausgeliefert, da neue Muster der Alliierten im Sommer 1917 die Leistung der **D.I** in den Schatten stellten. Ein Einzelexemplar der fortentwickelten Ausführung **D.Ia** mit größerer Flügelfläche und einem stärkeren Flugmotor wurde im Flug erprobt, aber nicht mehr in Serie gefertigt.

Die Weiterentwicklung führte über **D.II**-Prototypen schließlich zur **Siemens-Schuckert D.III**, von der Ende 1917 erste Exemplare beschafft wurden. Dieser schmucke Doppeldecker hatte zunächst unter den Anfangsschwierigkeiten mit dem neuen 118 kW (160 PS) starken Umlaufmotor Sh.III zu leiden, doch sobald diese behoben waren, wählte man ihn aufgrund seiner beispiellosen Steigleistung als Abfangjäger: Es zeigte sich aber, daß zeitgleiche Jäger die **D.III** im Horizontalflug überrundeten. Mehrere **D.III**-Versuchsjäger wurden gebaut, um eine bessere Aerodynamik zu erzielen. Diese Bemühungen gipfelten in der grundsätzlich ähnlichen Serienversion **D.IV**, die aber erst im August 1918 die Einsatzreife erlangte. Sie war 11 km/h schneller als die **D.III** und verfügte zudem über eine bessere Steigleistung. Insgesamt 280 **D.IV** wurden bestellt, doch bis Kriegsende nur weniger als die Hälfte ausgeliefert.

Andere **D**-Typen, die sich bei Kriegsende 1918 noch in der Entwicklung befanden, waren die von der D.II/III/IV abgeleitete **D.V** und der Schirmeindecker **D.VI**, dessen Prototyp eine Spitzengeschwindigkeit von immerhin 221 km/h nachgewiesen hatte.

***Rund 50 Siemens-Schuckert D.IV (von 180 bestellten Exemplaren) erreichten deutsche Jagdstaffeln noch vor dem Waffenstillstand. Dank ihrer beispiellosen Steigleistung, hohen Wendigkeit und guten Geschwindigkeit erwiesen sich die D.IV als hervorragende Jagdflugzeuge.***

**TECHNISCHE DATEN**
**Siemens-Schuckert D.III**
**Typ:** Jagdeinsitzer
**Triebwerk:** ein Umlaufmotor Siemens-Halske Sh.III oder IIIa mit 118 kW (160 PS)
**Leistung:** Höchstgeschwindigkeit 180 km/h; Dienstgipfelhöhe 8000 m; Flugdauer zwei Stunden
**Gewicht:** Leermasse 534 kg; max. Startmasse 725 kg
**Abmessungen:** Spannweite 8,43 m; Länge 6,70 m; Höhe 2,80 m; Tragflügelfläche 18,90 m²
**Bewaffnung:** zwei starre, vorwärtsfeuernde 7,92-mm-Maschinengewehre LMG 08/15

# Siemens-Schuckert E-/R-Baureihen

Der begrenzte Erfolg, den Siemens-Schuckert mit seinen Doppeldeckerjägern errang, konnte mit den **E-Typen** (Eindecker) nicht wiederholt werden. Die Ende 1915 erstmals geflogene **Siemens-Schuckert E.I** hatte ein für die damalige Zeit typisches, drahtverspanntes Tragwerk, einen kW (100 PS) starken Siemens-Halske-Umlaufmotor Sh.I und eine Bewaffnung aus einem einzigen LMG 08/15. Nach der zufriedenstellend verlaufenen Erprobung wurden 20 Serienjäger gebaut. Bemühun-

***Ein frühes Produkt der Firma Siemens-Schuckert war der 1915 konstruierte Eindeckerjäger E.I, gebaut im Nürnberger SSW-Umformerwerk. Dieser Jäger führte zu den verbesserten Ausführungen E.II und E.III.***

gen zur Leistungssteigerung ergaben später den Musterjäger **E.II**, der bis auf seinen 88 kW (120 PS) starken Reihenmotor Argus As.II der **E.I** glich. Dieser Prototyp wurde bei einem Landeunfall zerstört.

Das letzte Eindeckerjagdflugzeug von Siemens-Schuckert war die **E.III**, von der aber nur sechs Exemplare entstanden. Auch diese Jäger waren kaum besser als die **E.I**, hatten aber einen Oberursel-Umlaufmotor U.I.

Die Kriegsproduktion begann Siemens-Schuckert mit einer Reihe von sieben **R-Bombern** (R = Riesenflugzeug), Doppeldeckern mit auffälligem, gabelförmigem Rumpfhinterteil. Den Antrieb lieferten drei Kolbenmotoren im Rumpfbug, verbunden mit zwei Zugpropellern. Die Bomber mit den Bezeichnungen **R.I** bis **R.VII** entsprachen einander weitgehend bis auf Spannweite und Motortyp. Das größte Exemplar war die **R.VII** mit einer Spannweite von 38,45 m und drei 191 kW (260 PS) starken Mercedes D.IVa. Alle wurden in Dienst gestellt, die Serien-**R.I** bis **R.III** zur Ausbildung und die übrigen als Bomber an der Ostfront.

Die letzte Bomberversion der Firma, die **L.I** von 1918, hatte eine noch ausgefallenere Konfiguration: Sie maß in der Spannweite 32 m und hatte einen Doppelrumpf mit je einem Motor im Bug sowie eine mittlere Gondel mit einem Motor im Heck, der einen Druckpropeller antrieb. Drei **L.I** wurden gefertigt, alle mit drei Maybach Mb.IV je 177 kW (240 PS) als Antrieb.

# Sikorsky – frühe Muster

Nach den ersten, erfolglosen Experimenten mit Rotorflugzeugen in den Jahren 1909/10 konzentrierte sich der Russe Igor Sikorsky auf die Konstruktion und Entwicklung von Starrflüglern. Die Modelle **Sikorsky S-1** bis **S-5** waren kaum mehr als experimentelle Luftfahrzeuge, aber mit seinem Doppeldecker **S-2** gelang ihm ein immerhin zwölf Sekunden währender Lufthopser.

Zunehmende Erfahrung und Könnenschaft brachten ihm 1912 die Stelle des Chefkonstrukteurs bei der RVBZ (Russisch-Baltische Waggonwerke) ein. Er wurde sogleich in die Konstruktion des ersten viermotorigen Bombers der Welt eingespannt, der **Russki Witjas** („russischer Ritter") mit einer Spannweite von 28 m, die ihr zu dem Beinamen **„Le Grand"** verhalf. Vier Argus-Reihenmotoren je 74 kW (100 PS) waren auf den Unterflügel gepackt, und mit diesem Antrieb führte Sikorsky den Typ am 13. Mai 1913 durch den Erstflug. Am 2. August 1913 blieb das Flugzeug mit acht Personen an Bord eine Stunde und 54 Minuten in der Luft. Es absolvierte 53 fast störungsfreie Flüge, bis es schließlich nach einem am Boden erlittenen Schaden zerlegt wurde.

Diese Maschine bildete die Basis für die Entwicklung der viermotorigen Großbomberserie **Ilja Muromez**, die die zaristische russische Armee während des Ersten Weltkriegs nutzte. Das erste von 70 bis 80 Exemplaren, die von diesem schweren Bombertyp gebaut wurden, flog im Januar 1914 und stellte am 12. Februar 1914 einen Weltrekord auf, indem es 16 Personen auf 2000 m Höhe trug. Nur wenige dieser Serienbomber waren identisch, da ständig weitere Verbesserungen erfolgten und Motorengpässe dazu führten, daß man verschiedene Triebwerkstypen einrüstete. In einigen Fällen wurden sogar unterschiedliche Typen an ein und demselben Flugzeug verwendet.

Andere Entwürfe, die in der Kriegszeit die Serienproduktion erreichten, umfaßten die **S-16**, einen herkömmlichen Erkundungsdoppeldecker für zwei Mann, der einen Gnome-Umlaufmotor mit 59 kW (80 PS) hatte und sowohl mit Rad- als auch mit Schneekufenfahrgestell betrieben werden konnte. Die 1917 in Dienst gestellte **S-20** war ein einsitziges Kundschafterflugzeug, angetrieben von einem Le-Rhône-Umlaufmotor mit 81 kW (110 PS). Dies blieb Sikorskys letzte in Rußland gefertigte Konstruktion, da er 1917 kurz vor der Revolution in die USA auswanderte.

Dort gründete er nach leidvollen Anfangsjahren eine Kleinfirma und schuf das zweimotorige Doppeldeckerverkehrsflugzeug **Sikorsky S-29A**, dessen Erstflug am 4. Mai 1924 stattfand. Die größere **S-30** war ebenfalls ein zweimotoriger Doppeldecker, ausgelegt für zehn Fluggäste. Der erste kommerzielle Erfolg stellte sich mit der einmotorigen **S-31** ein, die drei oder vier Passagiere befördern konnte. Die nachfolgenden **S-32**, **S-33**, **S-34** und **S-35** fanden keinen Anklang, doch den echten Durchbruch verschaffte ihm ein Auftrag von Pan American Airways für das achtsitzige, amphibientaugliche Flugboot **S-36** mit zwei Sternmotoren Wright Whirlwind je 149 kW (203 PS). Mit diesem Muster begann eine Verbindung, die das Unternehmen Sikorsky berühmt machte und die es Pan American ermöglichte, die Karibik und den Pazifik für den Linienverkehr zu erschließen. Unter der Bezeichnung **XPS-1** lieferte Sikorsky eine **S-36** mit MG-Gefechtsstand im Bug zur Prüfung als Patrouillenflugboot durch die US Navy.

***Das Foto zeigt die erste Sikorsky Ilja Muromez bei ihrem gelungenen Erstflug. Ein fünf Tage zuvor, am 11. Dezember 1913, unternommener Versuch hätte fast zur Katastrophe geführt, da nicht genügend Auftrieb erzeugt wurde.***

# Sikorsky S-38, S-39 und S-41

Ende der zwanziger Jahre hatte Sikorsky mit der **S-36** sein erstes Amphibium in der Auslegung eines Anderthalbdeckers mit Rumpfgondel und doppelten Leitwerksträgern herausgebracht. Aus diesem Muster entwickelte er die Sikorsky **S-38** mit zwei Sternmotoren Pratt & Whitney R-1340 Wasp je 317 kW (431 PS). Diesen Achtsitzer stellte Pan American Airways am 31. Oktober 1928 in Dienst. Im selben Monat bestellte die US Navy zwei **S-38A** mit der Bezeichnung **XPS-2**, und in vier **S-38B** mit der Dienstbezeichnung **PS-3** wurden 336 kW (457 PS) starke R-1340-7 eingebaut.

***Die Sikorsky S-38 war ein Typ, den Pan American gut gebrauchen konnte. Abgebildet ist Pan Ams zweites Exemplar, das erste, das als Amphibium gebaut wurde. Die S-38 war 21,84 m weit gespannt und durfte beim Abflug maximal 4753 kg wiegen.***

Als die US Navy 1930 drei weitere **S-38B** beschaffte, ordnete sie das Muster der Mehrzweckkategorie zu, und aus der **XPS-2** wurde die **XRS-2**, aus der **PS-3** die **RS-3**. Das United States Army Air Corps erwarb 1929/30 elf **S-38A** und nutzte diese Flugboote zwischen 1930 und 1933 als **C.6** und **C.6A**. Die **S-39** war eine kleinere, einmotorige Ausgabe der **S-38** mit fünf Sitzen und einem Pratt & Whitney Wasp Junior als Antrieb. Die für 15 Passagiere ausgelete **S-41** erhielt drei Sternmotoren Pratt Whitney Hornet je 429 kW (583 PS). Die U Navy gab 1934 drei Exemplare dieses M dells als **RS-1** in Auftrag.

# Sikorsky S-40

Nachdem Pan American die Fluggesellschaft New York, Rio and Buenos Aires Airways mit ihrer Flotte von Consolidated Commodore übernommen hatte, stellte die Airline im November 1931 drei Amphibienflugboote vom Typ **Sikorsky S-40** in Dienst, die am 2. Dezember 1929 in Auftrag gegeben worden waren. Die **S-40** beruhte auf der älteren **S-38** und zeigte deren Auslegung mit Rumpfgondel und Leitwerksträgern. Sie konnte bis zu 40 Passagiere und sechs Besatzungsmitglieder befördern und wurde von vier Hornet-Sternmotoren je 429 kW (583 PS) angetrieben. Die in moderner Ganzmetallbauweise hergestellte **Sikorsky S-40** hatte eine Spannweite von 34,74 m und wog 15.422 kg. Der „Unterflügel" der **Sikorsky S-40** bestand im Grunde nur aus dem Trägergerüst für Stabilisierungsschwimmer und Flügelstreben.

Die erste **S-40** wurde im Rahmen einer Feierlichkeit am 12. Oktober 1931 von Mrs. Herbert Hoover auf den Namen „American Clipper" getauft. Der erste Passagierflug fand am 19. November statt mit Colonel Charles Lindbergh und Captain Basil Rowe am Steuer und Igor Sikorsky als Fluggast an Bord. Er führte von Miami zur Panamakanalzone mit Zwischenlandung in Cienfuegos auf Kuba, Kingston auf Jama ka und in Barranquilla in Kolumbien. 193 wurden die drei Flugboote in **S-40A** u benannt, nachdem man sie auf 492 k (669 PS) starke Hornet T2D1 ummotorisie hatte. Pan American Airways war d Hauptbetreiber der **Sikorsky S-40**, d damals größten Amphibienflugboots d Welt. Ihre 28 Passagiere reisten in eine beispiellosen Luxus, und sogar ein Rauc salon fehlte nicht.

# Sikorsky S-42 bis Sikorsky S-61

**Die S-61 war ein gewaltiger Sprung nach vorne im Hubschrauberbau und wurde auch einer der größten Sikorsky-Erfolge. Der russische Emigrant und Flugpionier Igor Sikorsky gründete seine Firma 1923 und gilt seither weithin als „Vater des Hubschraubers".**

## Sikorsky S-42

Am 15. August 1931 gab Pan American ein Pflichtenheft für ein Transatlantik-Flugboot heraus, das mit einer vierköpfigen Besatzung und mindestens zwölf Passagieren bei einer Reisegeschwindigkeit von 233 km/h eine Distanz von 4023 km zurücklegen können sollte. Am 30. November 1932 unterzeichnete die Fluggesellschaft Verträge mit Martin über die M-130 und mit Sikorsky über die **Sikorsky S-42**. Letztere hatte einen herkömmlichen Flugbootrumpf mit vier Sternmotoren Pratt & Whitney-Hornet-S5D1G je 522 kW (710 PS), die in der Flügelnase eines gestielten Hochdeckertragwerks montiert waren. Die erste **S-42** wurde im August 1934 an Pan American in Dinner Key ausgeliefert, und ihr erster Linienflug, von Miami nach Rio de Janeiro, fand am 16. August statt. 1935 erschlossen **S-42** eine Route über den Pazifik von der US-Westküste nach Manila auf den Philippinen, und 1937 erkundeten sie eine südpazifische Strecke nach Neuseeland. Insgesamt zehn solcher Flugboote wurden gebaut, darunter drei **S-42** und drei **S-42A** mit 559 kW (760 PS) starken Hornet-S1EG-Motoren, größerer Spannweite und einer um 907 kg erhöhten Startmasse.

***Die S-42 führte vom Flugboot mit Rumpfgondel und Leitwerksauslegern weg. Sie behielt das abgestützte Hochdeckertragwerk bei, hatte aber einen Ganzmetallrumpf. Dieses Muster spielte bei der Erschließung der Überseestrecken eine entscheidende Rolle.***

Die letzten vier **S-42B** führten eine Reihe aerodynamischer Verbesserungen sowie Hamilton-Propeller mit gleicher Drehzahl ein, und ihr höchstzulässiges Abfluggewicht war nochmals um 907 kg gesteigert worden.

## Sikorsky S-43

Die **Sikorsky S-43** von 1935 war im Grunde eine kleinere Ausgabe der S-42. Dieser gestielte Hochdecker mit zwei Pratt & Whitney-Hornet-Motoren je 559 kW (760 PS) konnte 18 Passagiere befördern. Er ging im April bei Pan American in Dienst. Der Typ flog auch bei Betreibern in China, Hawaii, Norwegen, Philippinen, UdSSR und Westafrika. 1937 beschaffte die US Navy sieben Exemplare und teilte ihnen die Dienstbezeichnung **JRS-1** zu, und 1938/39 folgten weitere zehn, von denen zwei beim US Marine Corps dienten. Fünf **Y1OA-8** erhielt das US Army Air Corps 1937 zur Erprobung. Im Juli 1941 wurde ein Zivilflugboot eingezogen und als **OA-11** eingesetzt.

## Sikorsky S-52

Der zweisitzige **Sikorsky S-52-1** war der erste US-Hubschrauber mit Ganzmetall-Rotorblättern. Er flog erstmals am 12. Februar 1947, angetrieben von einem Franklin-Motor mit 133 kW (181 PS). 1948 stellte dieser Typ drei internationale Hubschrauberrekorde für Geschwindigkeit und Flughöhe auf und wurde zum drei-/viersitzigen **S-52-2** mit 183 kW (249 PS) starken Franklin-Motor weiterentwickelt. Das US Marine Corps bestellte das Muster als Ersatz für den HO3S, und die Auslieferung als **HO5S-1** begann im März 1952. Die US Coast Guard nutzte diesen Typ als **HO5S-1G**.

***Der Sikorsky HO5S-1G hatte einen Rotordurchmesser von 10,06 m, ein höchstzulässiges Abfluggewicht von 1225 kg und eine Spitzengeschwindigkeit von 117 km/h. Dieses Exemplar diente bei der amerikanischen Küstenwache. Insgesamt neun solcher Hubschrauber wurden beschafft.***

## Sikorsky S-55

1948 erhielt Sikorsky einen Auftrag über fünf **Sikorsky S-55** für die USAF zur Bewertung als Nutzhubschrauber **YH-19**. Die erste Maschine wurde von einem Sternmotor Pratt & Whitney R-1340-57 angetrieben, der im Bug montiert war und seine Leistung von 410 kW (558 PS) über eine lange Fernwelle an das Hauptrotorgetriebe abgab. Dieser **YH-19** flog erstmals am 10. November 1949. Die 447 kW (608 PS) starke Version des R-1340-57 lieferte den Antrieb für 50 Serienhubschrauber **H-19A** und der Wright R-1300-3 mit 522 kW (710 PS) für 270 **H-19B**, von denen viele mit Rettungswinde ausgestattet und als **SH-19** bezeichnet wurden. Die US Navy erteilte am 28. April 1950 einen Auftrag über zehn **HO4S-1**, ähnlich dem **H-19A**, und es folgten 61 **HO4S-3**, die auf dem **H-19B** fußten. Die entsprechende Ausführung bei der US Coast Guard hieß **HO4S-3G**. Die ersten Versionen für den Truppen- und Sturmtruppentransport erhielten die Bezeichnungen **HRS-1** und **HRS-2**. Diese 151 Hubschrauber, ausgeliefert ab April 1952, glichen dem **HO4S-1**. Ferner wurden 84 **HRS-3** mit Wright R-1300-3 gebaut. Die 72 **H-19C** der US Army sowie die 338 als **Chickasaw** bekannten **H-19D** entsprachen dem **H-19A** beziehungsweise dem **H-19B**. SNCA du Sud Est in Frankreich und Westland in Großbritannien fertigten dieses Muster in Lizenz. Unter der Familienbezeichnung **Whirlwind** entwickelte Westland auch Versionen mit dem Kolbenmotor Alvis Leonides Major und mit der Wellenturbine Bristol Siddeley Gnome.

Fred P. Clark gründete 1964 Orlando Helicopter Airways Inc. in Sanford, Florida, um **Sikorsky**-Hubschrauber, die das Stammhaus nicht mehr produzierte, technisch zu betreuen und in einigen Fällen neu aufzulegen. Orlando Helicopters vertreibt inzwischen nicht mehr nur Ersatzteile, sondern ist auch von der FAA als luftfahrttechnischer Betrieb für alle **H-19**- und **S-55**-Modelle zugelassen. Seitdem hat die Firma mehrere Versionen des **S-55** entwickelt, darunter den **OHA-S-55 Heli-Camper**, einen VIP-Hubschrauber für vier Fluggäste. Die luxuriöse Ausstattung dieses Typs umfaßt neben Dusche, Waschbecken und Toilette eine Klimaanlage, Teppichboden und schallisolierende Innenverkleidung. Auf Wunsch lassen sich eine Hydraulikwinde, eine Lastschlinge und Außenscheinwerfer installieren. Der **Heli-Camper** wird von einem grundüberholten und überarbeiteten Wright-Cyclone-R-1300-3D mit 596 kW (810 PS) angetrieben.

Der **OHA-S-55 Nite-Writer** ist ein einzigartiger Hubschrauber für Luftwerbung, ausgerüstet mit einem rechnergesteuerten Lampenfeld von 12,20 m x 2,40 m zur Darstellung von Schrift und Grafiken, die bis in Entfernungen von 3200 m lesbar sind. Mehr Anklang findet jedoch der **OHA-S-55 Bearcat**, für den Orlando einen Schnellrüstsatz mit Behälter und Sprühgerüst zum Ausbringen von Düngemitteln und Saat entwickelt hat. Der 1991 zugelassene **Bearcat** fliegt mit einem Pratt & Whitney-R-1340-Sternmotor, der mit gewöhnlichem Benzin betrieben werden kann.

Im Oktober 1985 unterzeichnete die Firma ein Abkommen mit der Guangzhou Machinery Tool Company in China zur Lizenzfertigung des **OHA-S-55 Bearcat**. Der auf 20 Jahre angesetzte Vertrag sieht zunächst die **Bearcat**-Montage durch Guangzhou Orlando Helicopters mit Teilen amerikanischer Herstellung vor, bevor die chinesische Firma zur Produktion kompletter Einheiten übergeht. Zum Transport von schweren Außenlasten wie Baumstämmen oder Fertigteilen von Bauwerken entwickelte Orlando den **OHA-S-55 Heavy Lift**, der bis zu 1361 kg schwere Lasten an der Schlinge verkraftet. Durch Modifikation des **S-55** für das US Army Missile Command hat sich die Firma zudem einen einmaligen Marktsektor erschlossen. Dieser **OS-55 Aggressor** wurde zur Feinddarstellung dem Erscheinungsbild des Mil Mi-24 „Hind" angeglichen, mit einem neuen Fünfblatthauptrotor, komplett überarbeitetem Bug, Stummelflügeln sowie Düppel-/Leuchtfackelwerfern ausgestattet, und fliegt mit einem Piloten oder als Drohne (mit Flugzeugführerattrappen

***Die Sikorsky-Serie S-55 ist inzwischen Geschichte. Dieser UH-19 gehörte zur US Army, die ihre letzten Exemplare erst in den achtziger Jahren ausmusterte. Der Hauptrotordurchmesser beträgt 16,15 m und das Höchststartgewicht 3583 kg.***

im Cockpit). Eine zweite, aggressivere Militärversion ist der 1990 entworfene bewaffnete **OHA-AT-55 Defender**. Dieser auf eine Garrett-Wellenturbine TPE331-3 oder auf einen Wright-Sternmotor R-1330-3 umgestellte Hubschrauber hat ebenfalls Stummelflügel mit Trägern für eine 500 kg schwere Waffenlast und einen Fünfblattrotor. Der Defender kann bis zu zehn Soldaten mit kompletter Ausrüstung oder sechs liegende Verwundete und zwei Sanitäter transportieren.

Eine kleine Zahl ziviler **S-55**-Hubschrauber aus der Produktion Sikorskys befindet sich weiterhin im Dienst, beim Militär ist dieser Typ gänzlich verschwunden.

## Sikorsky S-56

Der **Sikorsky S-56** war der erste zweimotorige Hubschrauber dieses Herstellers. Er basierte auf den Anforderungen des US Marine Corps für einen großen Transporthubschrauber, der entweder 26 Soldaten oder Militärfahrzeuge befördern können sollte. Dazu wurden im Bug muschelförmige Klapptüren eingerichtet, und an Stummelflügeln waren zwei Doppelsternmotoren Pratt & Whitney-R-2800-50-Double Wasp je 1417 kW (1927 PS) montiert (später R-2800-54 je 1566 kW/2130 PS). Ihre Gondeln nahmen auch die Hauptbeine des Einziehfahrwerks auf, das damals eine Neuerung darstellte. Der Prototyp **XHR2S-1** flog erstmals am 18. Dezember 1953, und ab Juli 1956 kamen 60 Serienhubschrauber zur Auslieferung. Zwei Maschinen wurden als **HR2S-1W** für den Frühwarndienst bei der US Navy umgebaut und mit einem AN/APS-20E-Radargerät unter dem Kinn ausgerüstet. Die Bewertung eines **HR2S-1** durch die US Army als **YH-37** führte zur Beschaffung von 94 **H-37A Mojave**, die im Februar 1956 zunächst bei der 4. Medium Helicopter Transportation Company in Dienst gingen. Modernisierte **H-37A** erhielten die Bezeichnung **H-37B** (später **CH-37B**) und wurden der US Army ab 1961 zurückgereicht.

***Der Sikorsky S-56/XHR2S war einer der ersten Schwerlasthubschrauber. Abgebildet ist ein CH-37B Mojave der US Army. Die maximale Außenlast betrug 4536 kg.***

## Sikorsky S-58

Der **Sikorsky S-58** wurde entsprechend einem Auftrag der US Navy vom 30. Juni 1952 für einen Prototyphubschrauber **XHSS-1** entwickelt, um den Mangel an Reichweite und offensiver Nutzlast zu beheben, unter dem die U-Jagdversion HO4S des S-55 litt. Der Bug blieb Einbauort des Wright-Sternmotors R-1820 mit einer Leistung von 1137 kW (1546 PS), aber der Rumpf, die Vierblatthaupt- und -heckrotoren sowie das Kraftübertragungssystem waren vollständig neu konstruiert. Außerdem ließen sich der Hauptrotor und das gesamte Rumpfheck zur Unterbringung auf Schiffen beiklappen. Der Musterhubschrauber flog am 8. März 1954, am 20. September folgte der erste Serienhubschrauber **HSS-1 Seabat** (später **SH-34G**), und ab August ging der Typ an die U-Jagdstaffeln. Der **HSS-1N** (**SH-34J**) wurde für Nachteinsätze entwickelt und mit Dopplernavigationsgerät sowie Autostabilisierungsanlage und automatischer Schwebeflugkupplung ausgerüstet. Das Einzelexemplar **HSS-1F** (**SH-34H**), das erstmals am 30. Januar 1957 flog, hatte zwei GE-Wellenturbinen T58 als Antrieb. 1960 erhielt das Executive Flight Detachment fünf **HSS-1Z** (**VH-34D**) für Flüge des Präsidenten und anderer hochgestellter Persönlichkeiten/Amtsträger. **Seabat**-Hubschrauber, die ohne U-Boot-Abwehrausrüstung Routinetransportdienste erfüllten, trugen die Bezeichnungen **UH-34G** und **UH-34J**.

Das US Marine Corps gab am 15. Oktober 1954 die Version **HUS-1 Seahorse** (**UH-34D**) in Auftrag, die zwölf Marineinfanteristen transportieren konnte, und stellte sie im Februar 1957 in Dienst. Vier Hubschrauber wurden zu **HUS-1L** (**LH-34D**) für den Betrieb in der Arktis modifiziert, und die **HUS-1A** (**UH-34E**) der US Marines sowie die **HUS-1G** (**HH-34F**) der US Coast Guard waren am aufblasbaren Schwimmwerk zu erkennen. Die US Army beschaffte mehrere hundert **H-34A**, **H-34B** und **H-34C Choctaw**, angetrieben vom R-1820-84 mit 1063 kW (1445 PS), die Platz für 16 Soldaten oder – im Sanitätsdienst – für acht Personen auf Liegen boten. Die erste Einheit rüstete man im September 1955 mit dem **Choctaw** aus. Der Typ wurde in großem Umfang exportiert und in Frankreich sowie in England bei Westland in Lizenz gebaut. Letztere Firma nannte ihr turbinengetriebenes Produkt **Wessex**. Im April 1971 erhielt Sikorsky die FAA-Freigabe für den **S-58T** in Form umgerüsteter **H-34** mit Zwillingsturbine PT6A Twin Pac. Insgesamt 146 solcher Umrüstungen waren erfolgt beziehungsweise als Bausatz produziert, als die Rechte 1981 an California Helicopter International verkauft wurden. Zum Käuferkreis des **California Helicopter** (**Sikorsky**) **S-58T** zählten New York Airways, die indonesischen und südkoreanischen Luftstreitkräfte sowie die Regierung und Luftwaffe Thailands. Zudem leistet der **S-58T** in Argentinien bei der Presidential Aircraft Squadron Dienst.

Die zivilen Passagier- und Frachthubschrauber **S-58B** und **S-58D** entstanden in geringen Stückzahlen, und eine Airliner-Version mit zwölf Sitzplätzen nutzten Chicago Helicopter Airways, New York Airways und SABENA. Als die Produktion im Januar 1970 eingestellt wurde, hatte Sikorsky von allen Versionen des **S-58** insgesamt 1820 Exemplare gebaut.

Außer California Helicopter International bietet auch Orlando Helicopters **S-58**-Umrüstungen an. Erhältlich ist der **S-58 Heli-Camper** mit ähnlicher Ausrüstung wie der OHA-S-55 Heli-Camper (siehe Eintrag Sikorsky S-55) und einem Wright-Cyclone-R-1820-84. Eine andere Orlando-**S-58T**-Umrüstung stellt der **Orlando Airliner** dar, ein reiner Passagierhubschrauber mit 18 Sitzen.

***Mit der S-58-Serie wandte sich Sikorsky sehr erfolgreich vom Hubschrauberkonzept mit Rumpfgondel und Leitwerksträger ab. Dieser H-34A traf als dritter Choctaw bei der US Army ein.***

## Sikorsky S-60 und S-64

Der erste als „fliegender Kran" ausgelegte Sikorsky-Hubschrauber war der **Sikorsky S-60**, der aus dem **S-56** entwickelt wurde und dessen Antrieb, Kraftübertragung sowie Rotorsystem beibehielt. Die Arbeiten liefen im Mai 1958 an, und der Prototyp flog erstmals am 25. März 1959. Dieser Hubschrauber vermochte an seinem Traggeschirr unter dem Rumpf 5553 kg mitzuführen, und der Kopilot konnte zur Überwachung der Be- und Entladevorgänge seinen Sitz in Richtung Heck drehen. Der Prototyp **S-60** stürzte im April 1961 ab, aber Sikorsky hatte bereits mit der Konstruktion einer größeren Version begonnen, deren Sechsblatthauptrotor von zwei JFTD-12A-Wellenturbinen je 3020 kW (4107 WPS)

***Sikorsky CH-54B Tarhe der 291. Aviation Company, US Army, Anfang der siebziger Jahre.***

angetrieben werden sollte. Der Prototyp mit der Bezeichnung **S-64** startete am 9. Mai 1962 zum Erstflug, und ihm folgten zwei weitere Maschinen zur Bewertung durch die Bundeswehr. Daraus ergaben sich zwar keine deutschen Aufträge, aber die US Army bestellte im Juni 1963 sechs **S-64A** unter der Dienstbezeichnung **CH-54A Tarhe**. Diese Variante hatte T73-P-1-Turbinen von Pratt & Whitney je 3356 kW (4564 WPS), und die Produktion erreichte annähernd die Zahl 60. Zehn **CH-54B** wurden mit 3579 kW (4867 WPS) starken Wellenturbinen T73P-700 gefertigt. Der **Tarhe** diente in Vietnam bei der 478. und der 291. Aviation Company als Schwerlasthubschrauber.

Nur 97 **Tarhe**-Kranhubschrauber wurden zwischen 1964 und 1972 für die US Army gebaut. In den letzten Dienstjahren ordnete man das Muster größtenteils Einheiten der Army National Guard zu, und zu Beginn der neunziger Jahre waren immer noch sieben Reservestaffeln mit dem **Tarhe** ausgerüstet. Er mußte jedoch zunehmend dem (weniger leistungsfähigen) CH-47D weichen, und 1993 gab die letzte Einheit, die D Company, 113. Aviation, der Nevada Army National Guard in Reno, ihre **CH-54** ab. Am 1. Februar 1992 verkaufte Sikorsky die Rechte am **S-64** an Erickson Air-Crane Co. in Central Point, Oregon, doch noch hat diese Firma die Produktion nicht aufgenommen.

### TECHNISCHE DATEN
**Sikorsky CH-54B**

**Typ:** Kranhubschrauber
**Triebwerke:** zwei Wellenturbinen Pratt & Whitney T73-700 je 3579 kW (4867 WPS)
**Leistung:** Einsatzgeschwindigkeit 169 km/h; Reichweite mit vollen Treibstofftanks und zehn Prozent Reserve 370 km; kann normale Lasten bis 9072 kg heben; der standardmäßige Universal Military Container mißt 8,36 m in der Länge, 2,89 m in der Breite und 1,98 m in der Höhe
**Gewicht:** Leermasse ca. 8981 kg; max. Startmasse 21.318 kg
**Abmessungen:** Hauptrotordurchmesser 21,95 m; Rumpflänge 21,41 m; Höhe 5,67 m; Hauptrotorkreisfläche 378,10 m$^2$

# Sikorsky S-61

Der **Sikorsky HSS-2**, der die Funktionen Ortung und Bekämpfung von U-Booten in einem Flugwerk vereinen sollte, war Gegenstand eines Auftrags der US Navy vom 23. September 1957. Gefordert wurde ein allwettertauglicher U-Jagdhubschrauber mit „Tauchsonar" und einer offensiven Waffenlast von 381 kg. Der Entwurf **S-61** sah ein seetüchtiges, in Stabilisierungsschwimmer am Bootsrumpf einziehbares Fahrgestell und einen Fünfblatthauptrotor vor, angetrieben von zwei Wellenturbinen General Electric T58. Der Prototyp flog am 11. März 1959, und es folgten sieben Erprobungshubschrauber **YHSS-2**. Im September 1959 wurde der Typ in **SH-3** umbenannt, und die erste Serienversion, der **SH-3A Sea King**, lief den Flottenstaffeln ab September 1961 zu. Zu den späteren Umrüsthubschraubern zählten auch die VIP-Hubschrauber **HH-3A** des Executive Flight Detachment in Washington. Die im Kern ähnlichen **CH-124**, die United Aircraft of Canada montierte, gingen an die kanadische Marine. Die Königlich Norwegische Luftwaffe beschaffte **S-61A** ohne U-Bootabwehrausrüstung für den Such- und Rettungsdienst, und die Königlich Malaiischen Luftstreitkräfte ließen ihre **S-61A-4 Nuri** zum Transport von 31 Soldaten oder für den SAR-Dienst einrichten. Insgesamt 167 **HSS-2** (inzwischen ausgesondert), **HSS-2A** (**SH-3D**), **HSS-2B** (**SH-3H**) und 18 **S-61A** in SAR-Konfiguration fertigte Mitsubishi in Lizenz innerhalb eines Programms, das 1990 abgeschlossen war.

Größere Tanks und der Einbau von 1044 kW (1420 WPS) starken T58-GE-10 anstelle der ursprünglichen T58-GE-8B je 932 kW (1267 WPS) zogen die neue Bezeichnung **SH-3D** nach sich. Diese Version wurde ab Juni 1966 ausgeliefert und von Argentinien, Brasilien und Spanien sowie von der US Navy geordert. Seit 1969 fertigt Agusta den **SH-3D** unter dem Titel **Agusta-Sikorsky ASH-3D** in Lizenz. Nach dem Ausbau der U-Jagdausrüstung und Umwidmung für den allgemeinen Dienst wurden 105 **ASH-3A** in **SH-3G** umbenannt, während andere Umrüstungen, die 1971 begannen, **SH-3G** mit aktualisierter ASW- und elektronischer Wachausrüstung ergaben. Die Produktion des **ASH-3TS** (Transporto Special, eine VIP-Version) und des **ASH-3H** ist zwar inzwischen ausgelaufen, aber Agusta behauptet, die Fertigungsstraße innerhalb von 36 Monaten wiedereröffnen zu können. In der Tat hat die Firma die Produktion des Such- und Rettungshubschraubers **AS-61R** (**HH-3F**) wieder aufgenommen, um die staatliche Zivilschutzorganisation mit zwei und die Luftwaffe mit 13 Exemplaren zu versorgen. Die Maschinen erhalten ein leistungsstärkeres Radargerät, LORAN, FLIR und dem Stand der Technik entsprechende Navigationsgeräte. Diese Modifikationen sollen den vorhandenen 19 **AS-61R** der Luftwaffe per Nachrüstung zukommen. Agusta ist zugleich das Generalunternehmen für Grundüberholungen und Instandsetzungen dieses Typs in Europa und im Mittelmeerraum.

Der **SH-3H** ist die aktuelle Standardversion bei der US Navy, und rund 150 frühere Hubschrauber wurden diesem Standard angeglichen. **SH-3H**, ergänzt durch eine kleine Zahl noch vorhandener Mehrzweckhubschrauber **SH-3G** ohne U-Jagdausrüstung, dienen regelmäßig an Bord der USN-Flugzeugträger und auf Küstenstützpunkten, wichen aber nach und nach dem SH-60 Seahawk und Ocean Hawk. Acht nach Spanien gelieferte **SH-3** modifizierte man zu **SH-3H** und rüstete drei von ihnen zum luftgestützten Frühwarndienst von Schiffen mit einem Radargerät Thorn-EMI Searchwater im aufblasbaren Außenradom aus.

Der **CH-3B** der US Air Force wurde zunächst zur Versorgung von abgelegenen Radarstationen beschafft. Er war im wesentlichen ein **SH-3** ohne marinespezifische Ausrüstungsteile, während der im November 1962 eingeführte **CH-3C** eine Reihe wichtiger Änderungen brachte, darunter auch eine Heckladerampe. Der Prototyp mit der Herstellerbezeichnung **S-61R** kam am 17. Juni 1963 in die Luft, und die erste **CH-3C**-Auslieferung fand am 30. Dezember 1963 statt. Der Turbinenwechsel von der T58-GE-1 (969 kW/1318 WPS) zur T58-GE-5 mit einer Nennleistung von 1119 kW (1522 WPS) führte im Februar 1966 zum **CH-3E**. Später wurden einige Exemplare für den USAF Aerospace Rescue & Recovery Service auf den Standard **HH-3E** umgerüstet, und mit Panzerschutz, selbstversiegelnden Tanks, einer einziehbaren Luftbetankungssonde, einer Rettungswinde und 12,7-mm-Maschinengewehren zur Defensive ausgestattet. Dies war der im Vietnamkrieg berühmt gewordene **„Jolly Green Giant"**. Alle diese Hubschrauber sind inzwischen ausgemustert und durch HH-60 ersetzt. Die US Coast Guard flog den **HH-3F Pelican** mit fortschrittlicher Elektronikausrüstung für Such- und Rettungsaufgaben, aber ohne die selbstdichtenden Tanks, den Panzerschutz und die Bewaffnung des **HH-3**.

Zivile Versionen für Passagierdienste begannen mit dem nicht amphibientauglichen **S-61L**, der am 6. Dezember 1960 seinen Jungfernflug absolvierte und am 2. November 1961 die FAA-Zulassung erlangte. In seinem gestreckten Rumpf fanden bis zu 30 Passagiere Platz. Ihm folgte der grundsätzlich ähnliche, aber amphibientaugliche **S-61N** mit versiegeltem Rumpf und Stabilisierungsschwimmern, die das Einziehfahrgestell aufnahmen. Er flog erstmals am 7. August 1962 und befindet sich immer noch weitverbreitet in Gebrauch. Die von Westland gebauten Versionen werden in einem separaten Eintrag behandelt.

Orlando Helicopters liefert heute alle gängigen Ersatzteile für den **S-61** und untersucht Möglichkeiten zur Umstellung bestehender Hubschrauber auf Motoren, die mit alternativen Brennstoffen wie Benzin, Propan und Methylalkohol betrieben werden können.

***British Airways Helicopters kann ihre Firmengeschichte bis 1947 zurückverfolgen, auch wenn sie heute als British International Helicopters im Register eingetragen ist. Sie betreibt derzeit 15 zweimotorige S-61N.***

### TECHNISCHE DATEN
**Sikorsky SH-3D**

**Typ:** U-Bootabwehrhubschrauber
**Triebwerke:** zwei Wellenturbinen General Electric T58-GE-10 je 1044 kW (1420 WPS)
**Leistung:** Höchstgeschwindigkeit 267 km/h; Reichweite mit max. Treibstoffmenge und zehn Prozent Reserven 1005 km
**Gewicht:** Leermasse 5382 kg; max. Startmasse 9752 kg
**Abmessungen:** Hauptrotordurchmesser 18,90 m; Rumpflänge 16,69 m; Höhe 5,13 m; Hauptrotorkreisfläche 280,50 m$^2$
**Bewaffnung:** externe Halterungen für eine Waffenlast von 381 kg, üblicherweise zwei Torpedos Mk 46

***Der Sikorsky HH-3E „Jolly Green Giant" bewährte sich sehr gut in Vietnam. Dieses Exemplar gehört zur 48. Aerospace Rescue and Recovery Squadron der USAF mit Standort Eglin AFB in Florida.***

# Sikorsky S-62 bis Skandinavisk-Flugzeuge

**Von den Ölfeldern in der Nordsee bis zu den Wüsten des Nahen Ostens findet man Sikorsky-Hubschrauber bei allen möglichen Verrichtungen, vom Minensuchen und Zivil- und Militärtransport bis zu Suche und Rettung. Ständige Investitionen in weitere Forschungs- und Entwicklungsarbeit soll dem Werk die fortdauernde Führung auf dem Drehflüglermarkt sichern.**

## Sikorsky S-62

Der amphibientaugliche Hubschrauber **Sikorsky S-62** wurde vom kolbenmotorgetriebenen S-55 abgeleitet. Er behielt dessen Haupt- und Heckrotorsysteme sowie andere Baugruppen, hatte aber einen neuen, abgedichteten Bootsrumpf. Der **S-62**-Prototyp flog erstmals am 22. Mai 1958. Es folgte die Serienversion **S-62A**, die, angetrieben von einer Wellenturbine General Electric CT58-110-1, maximal elf Passagiere aufnehmen konnte. Ein einzelner **S-62B** wurde mit dem Hauptrotorsystem des S-58 gefertigt. Den **S-62C** wählte die US Coast Guard als Nachfolgemuster für ihre Rettungshubschrauber HH-34, und die Auslieferung begann im Januar 1963 mit der Bezeichnung **HH-52A Seaguard**. Diese Version mit einer Wellenturbine CT58-GE-8 wurde vom HH-3 Pelican verdrängt. Sikorsky exportierte den **S-62** zudem nach Japan. Mitte 1993 waren die militärischen **S-62** ausgemustert und von den zivilen nur noch wenige im Einsatz.

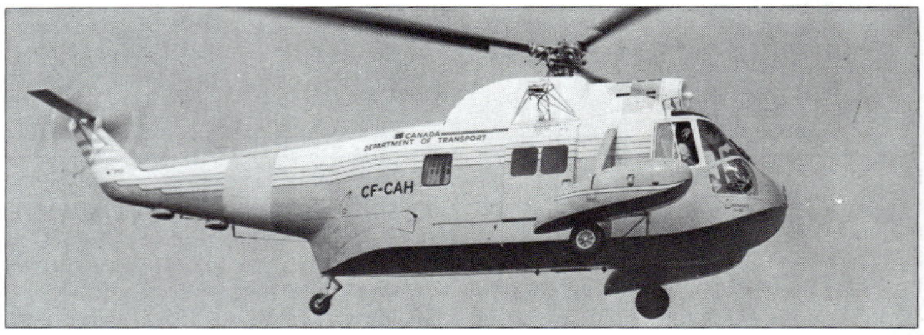


***Nur kleine Erfolge errang der S-62, der das Rotorsystem des S-55 mit einer Wellenturbine und dem Amphibienrumpf des S-61 verband. Sein Hauptrotor hatte einen Durchmesser von 16,15 m.***

## Sikorsky S-65

Für den Dienst beim US Marine Corps entwickelte Sikorsky den schweren Sturmtruppentransporthubschrauber **Sikorsky S-65**, der als **CH-53 Sea Stallion** am 14. Oktober 1964 zum erstenmal in die Luft kam. Er enthielt einige Baugruppen des S-64 Skycrane, hatte aber einen wasserdichten Bootsrumpf und zwei Wellenturbinen General Electric T64-GE-6 je 2125 kW (2890 WPS). Der **S-65** wies Heckladetüren auf, da die Spezifikation Lasten wie eine 105-mm-Feldhaubitze oder 38 Soldaten mit Kampfgepäck vorsah. Die erste Serienversion war der **CH-53A**, ausgeliefert ab September 1966. Der im März 1969 eingeführte **CH-53D** unterschied sich durch Turbinen der Bauart T64-GE-413 mit 2927 kW (3980 WPS). Die auf das Räumen von Minen spezialisierte Version **RH-53D** flog erstmals am 27. Oktober 1972. Für die US Air Force entstanden die SAR-Varianten **HH-53B** und **HH-53C**. Erstere wurde nach einem ähnlichen Standard ausgerüstet wie der HH-3E, von T64-GE-3 je 2297 kW (3124 WPS) angetrieben und am 15. März 1967 erstmals geflogen. Den Antrieb des verbesserten **HH-53C** besorgten T64-GE-7 je 3925 kW (5338 WPS), und den gleichen Turbinentyp erhielt auch der **CH-53G** für die Bundeswehr. Zwei Rettungshubschrauber **S-65Oe** gingen 1970 an Österreich.

1971 liefen die Arbeiten an einer vergrößerten Version mit gestrecktem Rumpf, einem neuen Rotorsystem und drei T64-GE-416 je 3266 kW (4441 WPS) an. Der Auftrag der US Navy über zwei Versuchshubschrauber und deren Flugerprobung wurde 1973 vergeben. Am 1. März 1974 startete der **YCH-53E** zum Jungfernflug, und den ersten **CH-53E Super Stallion** übernahm das US Marine Corps am 16. Juni 1981. Ab 1982 entwickelte Sikorsky den Minenabwehrhubschrauber **MH-53E**, der sich durch wesentliche Änderungen der Bordausrüstung und viel größere Behälter an den Rumpfflanken für zusätzliche 3785 Liter Treibstoff auszeichnet.

### TECHNISCHE DATEN
**Sikorsky CH-53E**

**Typ:** schwerer Transporthubschrauber
**Triebwerke:** drei Wellenturbinen General Electric T64-GE-416 je 3266 äkW (4441 äWPS)
**Leistung:** Höchstgeschwindigkeit 315 km/h; Reichweite mit max. Nutzlast 2075 km
**Gewicht:** Leermasse 15.071 kg; max. Startmasse 33.339 kg
**Abmessungen:** Hauptrotordurchmesser 24,08 m; Rumpflänge 22,35 m; Höhe 8,66 m; Hauptrotorkreisfläche 455,40 m²
**Nutzlast:** 13.608 kg Fracht intern oder 1415 kg extern und 55 Soldaten auf Sitzen

**Varianten**

**YCH-53A:** Gewinner der HH(X)-Ausschreibung; zwei CH-53A-Prototypen zur Bewertung durch die US Navy bis März 1966 gefertigt; Erstflug des zweiten Exemplars (BuNo. 151614) am 14. Oktober 1964 unter dem Antrieb zweier Wellenturbinen T64-GE-6

**CH-53A:** erste Serienversion, ab September 1965 dem US Marine Corps zugeführt; beschleunigte Einführung in Südostasien; Verbesserung der Triebwerkslufteinlauffilter, der Abwehrbewaffnung, des Panzerschutzes und der Außenlasthebekapazität; T64-GE-1 nachgerüstet für eine Beanspruchung mit Vollast über einen längeren Zeitraum hinweg; ab dem 34. Hubschrauber Verstärkungen und Beschläge für Minenräumgeschirr; die USAF nutzte sieben von der Navy geliehene Exemplare zunächst zur Ausbildung von Besatzungen und später für verdeckte Operationen in Vietnam und Laos; 139 CH-53A gebaut

**RH-53A:** 15 Spezialhubschrauber zur Minenabwehr, über das Marinekorps an die US Navy ausgeliefert; ummotorisiert auf T64-GE-413-Wellenturbinen; rechteckiger Rahmen an der Heckrampe zum Ziehen des Minenräumschlittens und zusätzliche Rückspiegel an beiden Bugseiten; kamen bei der Operation „Endsweep" 1973 zur Räumung nordvietnamesischer Minen zum Einsatz; bei der US Navy durch RH-53D ersetzt und an das Marinekorps zurückgereicht

**TH-53A:** ehemalige CH-53A des USMC, von der USAF ab 1989 zur Ausbildung von MH-53-Crews auf Kirtland AFB, New Mexico, genutzt; bei mindestens drei Hubschraubern wurde die Bordausrüstung größtenteils entfernt und ein Tarnanstrich aufgetragen

**HH-53B:** acht Hubschrauber, ähnlich dem CH-53A, aber dem Aerospace Rescue & Recovery Service der USAF zugeschleust, um die HH-3 in Südostasien zu verstärken; Luftbetankungsrohr an die rechte Bugseite verlegt und Träger für Außentanks eingerichtet; Bewaffnung mit drei 7,62-mm-Minikanonen GAU-2A/B auf Drehstütze; Antrieb durch T64-GE-3, später -7; bald durch HH-53C ersetzt und erneut CONUS zugeordnet; die letzten vier HH-53B Ende der achtziger Jahre zu MH-53J modifiziert

**CH-53C:** 22 Schwerlasttransporter für die USAF mit Flankenbehältern und Außentanks wie für den HH-53C entwickelt; dieser Version weitgehend ähnlich, aber ohne Flugbetankungsrüssel; löste die vom USMC ausgeliehenen CH-53A für verdeckte Operationen in Laos ab; flog später für TAC und USAFE; sieben noch verbliebene CH-53C Ende der achtziger Jahre auf den Standard MH-53J angehoben

**HH-53C:** verbesserte Version des HH-53B; 44 Exemplare für den ARRS-Kampfrettungsdienst gefertigt; von der Truppe „Super Jolly Green Giant" genannt; Wegfall der Stützstreben für Außentanks und zusätzlicher Panzerschutz für die Crew sowie bessere Funkausrüstung, um Verständigung mit HC-130-Tankern zu erleichtern; aufgrund der Erfahrung von 1972 in Nordvietnam Radarwarn- und Infrarotstörsysteme installiert; HH-53C unterstützten Apollo-Raumfahrtmissionen zur Bergung der Rettungskapsel im Notfall; HH-53 dienten bei der USAF bis Ende der achtziger Jahre, als alle zu MH-53J umgerüstet wurden

**S-65C-2 (S-65Ö):** Exportversion des CH-53C; zwei Exemplare 1970 an die österreichische Luftwaffe geliefert, aber später aus Kostengründen aufgegeben und 1981 an Israel weitergereicht

**S-65-C3:** einzige andere Exportvariante des H-53 und dem HH-53C entsprechend; ab 1969 nach Israel geliefert; 33 Exemplare, 1981 durch die beiden S-65 aus Österreich ergänzt; Restflotte wird derzeit von der IAI-Tochterfirma MATA Helicopters aktualisiert

***Das kräftigste Mitglied der Sikorsky-Hubschrauberfamilie S-65 ist der dreimotorige CH-53E Super Stallion des US Marine Corps. Das Foto zeigt den Prototyp YCH-53E von 1974.***

***Der HH-53B war ein äußerst fähiger Kampfrettungshubschrauber mit Panzerschutz, Bewaffnung und teleskopartigem Tankrohr am Bug.***

**CH-53D:** verbesserte Version des CH-53A mit neuem Kraftübertragungssystem für bessere Leistung unter „hohen und heißen" Betriebsbedingungen; flog erstmals am 27. Januar 1969; insgesamt 124 Exemplare
**RH-53D:** Erstflug am 27. Oktober 1972; 30 Exemplare (genannt Sea Stallion) speziell zur Minenabwehr produziert aufgrund der positiven Erfahrung mit dem RH-53A; Antrieb durch zwei T64-GE-415; unterscheidet sich vom RH-53A zudem durch Luftbetankungssonde, automatische Flugsteuerungsanlage, stärkeren Frachthaken und Rettungswinde; bewaffnet mit zwei schwenkbaren 7,7-mm-Maschinengewehren; sechs Exemplare vor dem Sturz des Schahs an den Iran geliefert
**VH-53D:** zwei dem USMC für VIP-Flüge zugewiesene CH-53D
**CH-53G:** von VFW-Fokker für das Bundesheer gebaute Lizenzversion; Originalauftrag über 135 Hubschrauber später auf 110 gekürzt; aus Teilen rein amerikanischer Fertigung baute VFW-Fokker 20 Exemplare zusammen und ging dann progressiv zur heimischen Produktion über; Gesamtumfang enthält zwei in den USA gebaute CH-53G; erster in Deutschland montierter CH-53G am 11. Oktober 1971 ausgeliefert und 1973 in Dienst gestellt
**YHH-53H:** erste mit „Pave Low I" ausgerüstete Version zur Erprobung der geplanten Einsatzkategorie „Nacht-und-Allwetter-Kampfrettung/-Infiltration"; ausgestattet mit einer frühen Restlichtfernsehkamera, die sich als unzureichend erwies; erste erfolgreiche Rettung bei Nacht mit verbessertem System im Dezember 1972 in Laos; nachträglich dem Standard „Pave Low II" mit externen Rumpfbehältern und Tanks angeglichen
**HH-53H:** acht HH-53C und YHH-53H, gemäß dem endgültigen Standard „Pave Low III" modifiziert; ausgerüstet mit FLIR, Geländefolgeradar, Trägheitsnavigationsanlage, vom Rechner erzeugter Laufkarte, Radarwarngerät und Düppel-/Leuchtfakkelwerfern; zwischen 1979 und 1980 ausgeliefert; später in MH-53H umbenannt
**MH-53H:** neue Bezeichnung des HH-53H im Rahmen des Modifikationsprogramms „Constant Green"; alle „Pave-Low-III"-Hubschrauber durchlaufen die Umrüstung zum MH-53J
**MH-53J:** Modifikation von 31 HH-53B, CH-53C und HH-53C sowie Modernisierung von MH-53H gemäß Standard „Pave Low III Enhanced"; ausgerüstet mit digitalem Datenbus, verbesserter Leistungsübertragung, T64-GE-415-Turbinen und 453 kg an Titan-Panzerung; maximale Abflugmasse von 19.050 kg auf 22.680 kg erhöht; die so modifizierten HH-53B behalten die abgestrebten Außentankpylonen des ersten Super Jolly bei
**YCH-53E:** zwei Prototyphubschrauber, ausgerüstet mit einer dritten T64-GE-415-Turbine, so daß die installierte Antriebsleistung auf 9789 kW (13.312 WPS) stieg; Erstflug am 1. März 1974; erstes Exemplar stürzte im September 1974 ab
**CH-53E:** aktuelle, dreimotorige Serienversion; 162 Exemplare für das USMC und die USN in Auftrag gegeben; abgeknickte Höhenflosse und schräg montierter Heckrotor; erster Serienhubschrauber ging am 13. Dezember 1980 an das USMC
**MH-53E:** genannt Sea Dragon; vereint die Zelle und den Antrieb des CH-53E mit der Minenräumkapazität des RH-53D; kann mehr Interntreibstoff aufnehmen und ist mit zwei lafettierten 7,7-mm-Maschinengewehren bewaffnet; erkennbar an übergroßen Flankenbehältern und Rückspiegeln an den Bugseiten
**VH-53F:** sechs für die USAF vorgesehene VIP-Hubschrauber, aber mit USN-Seriennummern; nicht ausgeliefert
**S-80M-1:** an die JMSDF gelieferte Minenräumversion; erster von elf Hubschraubern am 13. Januar 1989 übergeben

## Sikorsky S-67, S-69 und S-72

In privater Initiative konstruierte und entwickelte die Firma Sikorsky den Hochgeschwindigkeitskampfhubschrauber **Sikorsky S-67 Blackhawk**. Er verband zwei General-Electric-Wellenturbinen T58-GE-5 je 1119 kW (1522 WPS) und Fünfblattrotorsysteme mit dem schlanken Rumpf eines Schlachtflugzeugs, starren Tragflügeln mit einer Spannweite von 8,33 m, einem kreuzförmigen Leitwerk, dessen Höhenflosse als Ganzes ausgelenkt wurde, und einem einziehbaren Spornrad-Fahrgestell. Der äußerst manövrierfähige **S-67** stellte am 14. Dezember 1970 mit 348,971 km/h über die 3-km-Strecke einen neuen Geschwindigkeitsweltrekord für Luftfahrzeuge seiner Klasse auf. Nach einem Unfall 1974 gab man die Entwicklung auf.

1972 konstruierte Sikorsky für die US Army den **S-69** und sicherte sich einen Auftrag über zwei Prototypen **XH-59A**, mit denen das ABC-Rotorkonzept (Advancing Blade Concept) überprüft werden sollte. Dieses System bestand aus zwei gegenläufigen, gelenklosen Dreiblattrotoren, angetrieben von einer Zwillingsturbine Pratt & Whitney Canada PT6T-3 Turbo Twin Pac mit 1361 kW (1850 WPS). Der **S-69** braucht keinen Heckrotor und hat ein herkömmliches Höhenleitwerk mit Endplattenseitenflossen/-rudern. Zwei beidseitig am Rumpf in Gondeln montierte Strahltriebwerke vom Typ Pratt & Whitney J60-P-3A lieferten nochmals je 1361 kg Schub, so daß es der **S-69** auf eine Geschwindigkeit von 488 km/h brachte. 1982 wurden diese Maschinen zu **XH-59B** mit fortschrittlicheren Rotoren, neuem Triebwerk und einem ummantelten Druckpropeller im Heck fortentwickelt. In diesem Ansatz sah man eine mögliche Lösung für die Forderung der US Army nach einem leichten Kampfhubschrauber (LHX) und empfahl die weitere Finanzierung. Das **S-69-/H-59**-Programm wurde in der Folgezeit jedoch aufgegeben.

Im Auftrag der NASA und der US Army baute Sikorsky auch zwei **S-72 Rotor Systems Research Aircraft (RSRA)**, die als Testvehikel für eine Vielzahl von Rotoren/Rotorsystemen dienen sollten. Ihre Auslegung umfaßte Tragflügel mit einer Spannweite von 13,74 m, ein Leitwerk mit herkömmlichen Rudern, zwei Wellenturbinen General Electric T58-GE-5 je 1044 kW (1420 WPS) zum Antrieb der Rotoren und einen Zusatzantrieb in Form zweier Turbofantriebwerke General Electric TF34-GE-400A je 4207 kg Schub. Die Tragflügel und die zusätzlichen Bläsertriebwerke, beidseitig am Rumpf an- und abbaubar, ermöglichten die Prüfung von Rotoren, die ansonsten zu klein gewesen wären, um den **S-72** in die Luft befördern und im Flug tragen zu können. Ein neuer Vorstoß innerhalb dieses Programms führte dann zur Erprobung von X-Flügeln anstelle des Hauptrotors. Mit Hilfe eines Druckluftsystems konnten diese Tragflügel angeblasen werden, um die zyklische und kollektive X-Wing-Blattverstellung zu bewirken. Die X-Flügel ließen sich im Flug zum Stillstand bringen, und Sikorsky glaubte, daß der **S-72X1** das Potential zum „Hochgeschwindigkeits-Convertiplan" der Zukunft in sich barg. Der erste Flug fand am 2. Dezember 1987 statt, doch nach drei weiteren Flügen entzog man diesem Projekt die gesamte Finanzierung, und der **S-72X1** wurde in Edwards eingelagert.

***Der Sikorsky S-69, vom Militär als XH-59A bewertet, war der Versuchsträger des ABC-Rotorkonzepts, bei dem die Blätter der gegenläufigen Rotoren nur in der Vorlaufphase (0° bis 180°) Auftrieb erzeugen und somit den Widerstand verringern.***

## Sikorsky S-70

Der **Sikorsky S-70** wurde für das UTTAS-Programm (Utility Tactical Transport Aircraft System) der US Army entworfen. Er war als Nachfolger des Bell UH-1 gedacht und mußte daher in der Lage sein, eine elfköpfige Infanteriegruppe samt Kampfgepäck und Waffen zu transportieren. Der erste Prototyphubschrauber **YUH-60A** flog am 17. Oktober 1974 und wurde am 23. Dezember 1976 zum Gewinner des Vergleichswettbewerbs mit dem Bell 240 und dem Boeing Vertol 179 erklärt. Dieser Sieg war entscheidend für den Fortbestand der guten Finanzlage des Unternehmens, da Aufträge über 1107 UTTAS-Hubschrauber zu erwarten waren, die den sinkenden Absatz der Firma ab 1978 wieder beleben würden. Der erste Serienauftrag beinhaltete 15 **UH-60A Black Hawk** und eine Festpreisoption für weitere 353. Im April 1982 erging ein Anschlußauftrag über 294 Exemplare zur Auslieferung bis 1985.

Der erste Serienhubschrauber **UH-60A** flog am 17. Oktober 1978, angetrieben von zwei Wellenturbinen General Electric T700-GE-700 je 1163 kW (1582 WPS), und wurde im Juni des nächsten Jahres bei der 101. Airborne Division (Air Assault) in Dienst gestellt. Es zeigte sich schnell, daß der **Black Hawk** dem UH-1H weit überlegen war. Er konnte nicht nur 20 Soldaten befördern, sondern verkraftete auch bis zu 2000 kg schwere Außenlasten. ESSS-Pylonen (External Stores Support System) ermöglichen es dem **UH-60A**, Waffen wie Hellfire-Panzerabwehrraketen und Langstreckenzusatztanks mitzuführen. Im vorderen Kabinenbereich lassen sich seitlich feuernde M60-Maschinengewehre montieren. Die US Army stellte eine Fülle von Versionen für Luftkavallerie, Sanitätsdienst, elektronische Kampfführung und Kommandounternehmen in Dienst.

Als das LAMPS-Programm (Light Airborne Multi-Purpose System) der US Navy einen Hubschrauber mit größerem Leistungsvermögen als beim Kaman Seasprite erforderte, der den Zuschlag für LAMPS Mk I erhalten hatte, konnte man aufgrund umfassender Gemeinsamkeiten mit dem **UH-60A** wesentliche Einsparungen dadurch erzielen, daß man die Marineversion **S-70L** als **SH-60B Seahawk** auswählte. Diese Version ist mit einem Suchradar unter dem Kinn, ESM-Geräten (für elektronische Unterstützungsmaßnahmen), Magnetortungsgerät (MAD) an einem Träger steuerbord am Leitwerksträger, Sonarbojenwerfer, Rotorfaltautomatik, Heckrotorbockklapptechnik und modifiziertem Fahrgestell ausgestattet. Der erste

### TECHNISCHE DATEN

**Sikorsky SH-60B**

**Typ:** schiffsgestützter ASW-/ASST-Hubschrauber mit drei Mann Besatzung
**Triebwerke:** zwei Wellenturbinen General Electric T700-GE-401 je 1261 kW (1715 WPS)
**Leistung:** max. Marschgeschwindigkeit 249 km/h; Standardreichweite 966 km
**Gewicht:** Leermasse 6191 kg; max. Startmasse 9926 kg
**Abmessungen:** Hauptrotordurchmesser 16,36 m; Rumpflänge 15,26 m; Höhe 5,23 m; Hauptrotorkreisfläche 210,10 m²
**Bewaffnung:** komplette Sensorenpalette zur U-Boot-Abwehr und Grundbewaffnung in Form zweier Torpedos Mk 46

***Der Sikorsky SH-60B Seahawk ist der LAMPS-Mk-III-Hubschrauber der US Navy und löst Zug um Zug die H-3 Sea King und H-2 Seasprite an Bord der Kriegsschiffe aller Größen bei der US Navy ab.***

von fünf Prototyphubschraubern flog am 12. Dezember 1979, gefolgt vom ersten Serien-**Seahawk** am 11. Februar 1983, und die Auslieferung an die Truppe begann im März. Der **SH-60B** dient auf Fregatten und Zerstörern, während der von ihm abgeleitete **SH-60F** die Stelle des SH-3H Sea King einnimmt. Bis Ende 1995 hatte Sikorsky insgesamt 2013 **H-60/S-70** für Nutzer in 20 Nationen gebaut.

**Varianten**

**YUH-60A:** drei Prototyphubschrauber für den UTTAS-Wettbewerb und drei weitere, nachdem Sikorsky den Zuschlag erhalten hatte; Modifikationen während der Erprobungsphase ergaben eine neue Form des Hecks, der oberen Rumpfabdeckung, der Kabinenfenster und der Rotorwelle

**UH-60A:** erste Serienversion des Transporthubschraubers Black Hawk für die US Army; von Hand beiklappbarer Heckrotorträger zum Transport durch C-130; über die Jahre stetige Verbesserung durch Nachrüstungen mit Rettungswinde, ESSS-Komponenten (ab dem 431. Exemplar serienmäßig, alle früheren nachträglich), M60D-Maschinengewehren statt der M134-Minikanonen, Infrarotdämpfer zu den Abgasanlagen, Drahtschutz über dem Cockpit, Flugunfallaufzeichnungsgerät, Omega-Navigationsanlage AN/ARN-148 von Tracor, Sender/Empfänger für Satellitenfernmeldeverkehr und inzwischen auch GPS zur Satellitennavigation; die US-Zollbehörde setzt den UH-60A „Pot Hawk" zur Bekämpfung des Drogenschmuggels ein; andere Lieferungen gingen an die Bahrein Amiri Air Arm, Fuerza Aérea Colombiana, die philippinische Luftwaffe und an das saudiarabische Heer; Mitte der achtziger Jahre erhielt die USAF UH-60A „Credible Hawk" als erste Kampfrettungsversion dieses Typs zur Ablösung des HH-3 beim ARRS; zunächst elf „Credible Hawk" bestellt, die sich kaum von nachgerüsteten „Black Hawk" der US Army unterscheiden, doch im nachhinein wurde diese Beschaffung gekürzt

**GUH-60A:** nicht flugtüchtige Zellen zu Lehrzwecken

**JUH-60A:** vorübergehend in Testprogramme einbezogene Hubschrauber

**EH-60A:** als Teil des SEMA-Programms (Special Electronics Mission Aircraft) der US Army rüstete TRW einen einzelnen YEH-60A mit dem Senderortungssystem Quick Fix IIB aus; Haushaltsmittel für 40 solcher Hubschrauber bereitgestellt; spätere Bezeichnung EH-60C

**HH-60A:** Einzelexemplar zur Entwicklung des HH-60D für die USAF

**MH-60A:** 30 für Sondereinsätze modifizierte UH-60A bis zur Auslieferung der endgültigen Version MH-60A; wegen der zusammengewürfelten Ausrüstung „Velcro Hawk" genannt; inzwischen von fast allen aktiven Verbänden abgezogen und durch MH-60L ersetzt

**VH-60A:** Erstbezeichnung von neun VIP-Hubschraubern des USMC; spätere Dienstbezeichnung VH-60N

**UH-60B:** verbesserte Transportversion des „Black Hawk" mit Bildschirmcockpit, leistungsstärkeren Triebwerken und anderen Neuerungen; die meisten dieser Elemente gingen in den UH-60L ein

**YEH-60B:** zur Zielerfassung im Abstandsverfahren modifizierte UH-60A mit einem rotierenden Sensor im untergeschlungenen Kanubehälter; Erstflug am 6. Februar 1981, doch geplante Beschaffung von 78 Exemplaren zugunsten der Finanzierung von J-STARS aufgegeben

**YSH-60B:** fünf Seahawk-Prototyphubschrauber für die US Navy zur Prüfung ihrer Tauglichkeit nach LAMPS Mk III

**SH-60B:** ASW-Seahawk-Serienversion für die US Navy; Ausrüstung umfaßt RAST-Niederholvorrichtung, 25-Rohr-Sonarbojenwerfer, MAD-Tauchsonde an Backbord-Stummelflügel, Suchradar AN/APS-142, ESM-Anlage ALQ-142 unter dem Bug, einteilige Frontscheibe und beiklappbaren Heckrotorbock; primär mit zwei Torpedos Mk 46 bewaffnet; diese Hubschrauber durchlaufen ein in Phasen unterteiltes Modernisierungsprogramm einschließlich neuer Bewaffnungsmöglichkeiten in Verbindung mit entsprechender Avionik

**EH-60C:** serienmäßig mit Quick Fix II ausgerüstet zur Ortung und Störung gegnerischer Funksender; ausgestattet mit einer Antennengruppe unter dem Leitwerksträger und einholbarer Peitschenantenne unter dem Rumpf; geplante Beschaffung von 130 EH-60C, später auf 66 gekürzt

**CH-60E:** eine dem Marinekorps angebotene Truppentransportversion; nicht weiterverfolgt, da die USMC-Zugstärke für die Kabine zu hoch war

**HH-60D:** „Night Hawk" genannte Kampfrettungsversion für die USAF, ausgerüstet mit nachtsichtbrillentauglichem Cockpit, Luftbetankungssonde, ESSS-Komponenten, Infrarotstörer, HIRSS-Dämpfer im Abgasrohr, Vereisungsschutz für den Rotor und Farbbildwetterradar; infolge Beschaffungskürzung nur ein Entwicklungshubschrauber fertiggestellt und später in die HH-60A-Entwicklung eingebunden

**HH-60E:** vorgeschlagene „Sparversion" des HH-60D für die USAF; zugunsten des HH-60A nicht weiterverfolgt

**HH-60G:** anfängliche Bezeichnung MH-60G; erste HH-60G nicht mit kompletter Ausrüstung wie für Sondereinsätze des MH-60G vorgegeben, sondern für den Such- und Rettungsdienst optimiert; sollen später nachgerüstet werden.

**SH-60F:** genannt „Ocean Hawk"; führt eine leichtere Ausrüstung mit als SH-60B; soll die US-Flugzeugträger in einer engeren Zone vor U-Booten schützen

**MH-60G:** „Pave Hawk"; nach Komplett-Standard umgerüstete USAF-Hubschrauber für Kampfrettungs- und Sondereinsätze; spezifizierte Ausrüstungsteile: Farbbildwetterradar von Bendix, Doppler-, INS- und GPS-Navigationssysteme, bewegliche Kartendarstellung, neue HF-, VHF- und Satellitenfernmeldesysteme, Infrarotstörer, Bedrohungswarnanlage, Düppel-/Leuchtfackelwerfer, FLIR, Tankrohr, Infrarotleuchtbalken, ESSS, HUD, digitaler Datenbus und zusätzliche Minikanonen; erster MH-60G im Dezember 1987 der 55. SOS übergeben; alle Hubschrauber durchlaufen Modifikationsprogramm, um volle Kapazität zu erreichen

**HH-60H:** „Rescue Hawk"; Kampfrettungs- und Sondereinsatzhubschrauber für die US Navy

**HH-60J:** Jayhawk, von der US Coast Guard als Ersatz für den HH-3F im SAR-Dienst bestellt

**UH-60J:** löste den KV-107 bei der JASDF und den S-61A bei der JMSDF ab; entspricht im wesentlichen dem Sikorsky S-70A-12 (UH-60L) und hebt sich von den US-Hubschraubern durch Optimierung auf den Rettungsdienst ab; ausgerüstet mit Steuerbordrettungswinde, externen Treibstofftanks, Wetterradar und Avionik japanischer Prägung sowie turmmontiertem FLIR; erstes Exemplar von Sikorsky geliefert, zwei andere von Mitsubishi montiert und die übrigen 26 Exemplare komplett von Mitsubishi in Japan gefertigt; befindet sich seit März 1992 im Einsatz

**MH-60K:** Army-Version für Sondereinsätze, ähnlich dem MH-60G der Air Force, aber von Haus aus mit höherem Ausrüstungsstandard; enthält Texas Instruments-FLIR, Nachtsichtbilderzeuger, Laufkarte, OBOGS (Sauerstoffgenerator), Turbinentyp T700-GE-701C, Hauptrotorbremse und ein Selbstschutzpaket einschließlich Flugkörperflammendetektor, Radarwarnempfänger, Düppel-/Leuchtfackelwerfer, Infrarotstörer, Funkstör- und Radarwarngerät; Prototyp flog am 10. August 1990, und der erste von 22 derzeit bewilligten MH-60K wurde im Frühjahr 1992 ausgeliefert; 38 weitere MH-60K für US Army und ANG-Einheiten benötigt

**UH-60L:** Nachbesserungen des UH-60A erhöhten die Grundmasse des Hubschraubers um 25 Prozent; zur Abhilfe entwickelte Sikorsky den von T700-GE-210C angetriebenen UH-60L, der ab Oktober 1989 die Standardversion des Transporthubschraubers für die US Army abgab; 190 Exemplare bestellt; UH-60A werden entsprechend nachgerüstet

**VH-60N:** „Presidential Hawk"; VIP-Transporthubschrauber, ausgeliefert an HMX-1 auf MCAS Quantico; ursprünglich wie VH-60A, nachgerüstet mit Wetterradar, gut schallgedämpfter VIP-Kabine, verkleideten Abgasrohren sowie umfassenderer Avionik- und Fernmeldeausrüstung

**UH-60P:** 100 vom südkoreanischen Heer bestellte UH-60L mit verbessertem Getriebe und Hauptrotorbremse; erstes von Sikorsky gefertigtes Exemplar am 10. Dezember 1990 übergeben; 19 Hubschrauber als Bausätze geliefert und in Korea montiert; die restlichen 80 produziert Korean Air

**UH-60Q:** „Dustoff Hawk"; Sanitätshubschrauber auf der Grundlage des UH-60L mit zweckmäßiger Ausrüstung

**S-70A:** Exportgros des Black Hawk unter Verwendung der zivilen Typkennung mit nachgestellter Zahl für den jeweiligen Abnehmer; Lieferungen an Saudi-Arabien, die Philippinen, Thailand, Australien, Jordanien, Japan, Brunei, die Türkei, Korea, Ägypten, Mexiko, Hongkong, Marokko und Rolls-Royce/Westland in England; die saudiarabischen Landstreitkräfte erhielten 21 S-70A-1 Desert Hawk und weitere acht Sanitätshubschrauber S-70A-L1, alle wüstentauglich; 39 S-70A-9 an die Royal Australian Air Force geliefert und weitere 38 von Hawker de Havilland in Bankstown, New South Wales, zusammengebaut

**S-70B-6:** U-Jagdversion für Griechenland

**S-70C:** Bezeichnung für zivile Ausführungen des Black Hawk; VIP-Hubschraubern für Brunei sowie Black Hawk und Seahawk für die Republik China zugeordnet um Ausfuhrbestimmungen für Wehrmaterial zu umgehen

**S-70C(M)-1:** „Thunderhawk"; im Grunde der SH-60F, ab 1993 an die Marine der Republik China geliefert

**WS-70:** von Westland Helicopters in Großbritannien lizenzgefertigte S-70/H-60

*Sikorsky UH-60A Black Hawk der US Army zu Beginn der achtziger Jahre*

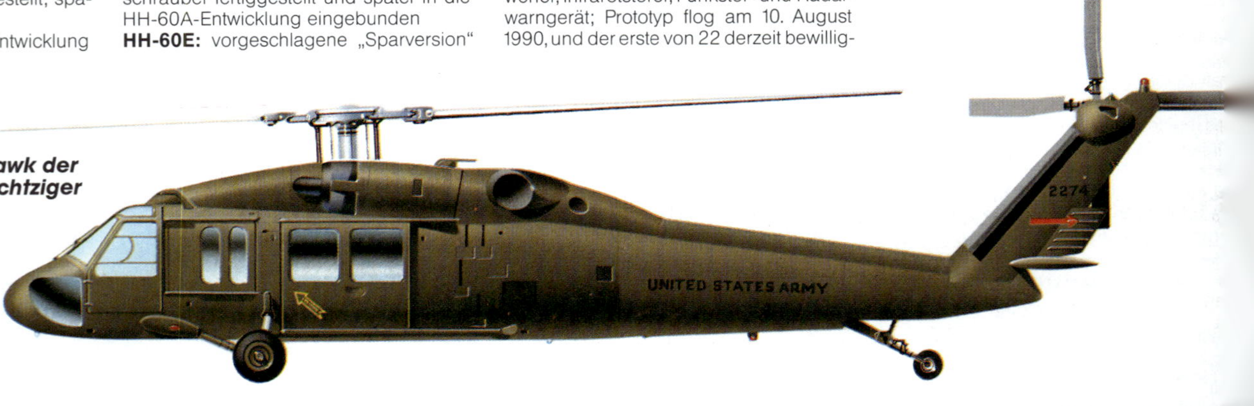


# Sikorsky S-76 Spirit

Die wachsende Nachfrage nach Transporthubschraubern zur Unterstützung der im Küstenschelf operierenden Energiekonzerne veranlaßte Sikorsky zu einer weltweiten Marktuntersuchung, um die Anforderungen solcher Betreiber zu sondieren. Ein wichtiger Faktor war beispielsweise die Sitzplatzkapazität, und 1975 begann Sikorsky einen 14sitzigen Zivilhubschrauber mit der Bezeichnung **Sikorsky S-76** zu entwickeln, der später **Spirit** getauft wurde. Der erste von vier Prototypen (**N762SA**) flog am 13. März 1977, und der erste komplett zum Instrumentenflug zugelassene **Spirit** ging am 27. Februar 1979 an Air Logistics in Lafayette, Louisiana.

Die zweijährige Dauer des Zulassungsverfahrens ergab sich aus der Verwendung einer fortschrittlichen, für militärische Erfordernisse nötigen Kombination dynamischer Komponenten und Turbinen. Die Entwicklung lief jedoch gleich nach Beginn der Serienfertigung weiter und führte zum **S-76 Mk II**. Diese ab 1. März 1982 gebaute Version unterschied sich vom C ginal durch eine verbesserte Kabinenb lüftung, feinere Dynamiksysteme, mehr Z gangsklappen zur Vereinfachung der W tungsabläufe und eine modernere Varia te der Wellenturbine Allison 250 mit höh rer Soll-Leistung. 1983 flog bei Sikorsky d erste **S-76B** und verdrängte den **Mk** von der Fertigungsstrecke. Der von zw P&W-Wellenturbinen PT6B-36A je 771 k

(1048 WPS) angetriebene **S-76B** weist für den UH-60 entwickelte aerodynamische Verfeinerungen auf und erfüllt die IFR-Bestimmungen nach FAR Pt 29, Kategorie A. Im Juni 1989 wurde das Nachfolgemuster **S-76C** angekündigt und bereits im Mai 1990 geflogen. Der mit Turboméca Arriel 1S1 und zwölf Sitzen ausgestattete **S-76C** errang militärische Aufträge aus Hongkong und Spanien und befindet sich auch bei Offshore-Betreibern im Einsatz.

Der militärische Absatz des **S-76** blieb schwach, bis 1985 die bewaffnete Version **H-76 Eagle** erschien. Sitze, Kabinenboden und Treibstofftanks des Eagle sind gepanzert, und er läßt sich mit einer Kombination von Kanonen- und Raketenbehältern bewaffnen, ferner sogar mit Luft-Luft-Lenkflugkörpern an Stummelträgern. Er kann als Schlacht-, Sanitäts-, Truppentransport- und Kampfrettungshubschrauber eingesetzt und mit einem kinn- oder mastmontierten Visier ausgerüstet werden. Südkorea hat sich für diesen Typ als leichten Mehrzweckhubschrauber entschieden, und man rechnet mit einer Beschaffung von 175 Exemplaren. Die Fertigung dieser Hubschrauber erfolgt zunächst in den

***Sikorsky S-76 Spirit der Petroleum Helicopters Incorporated.***

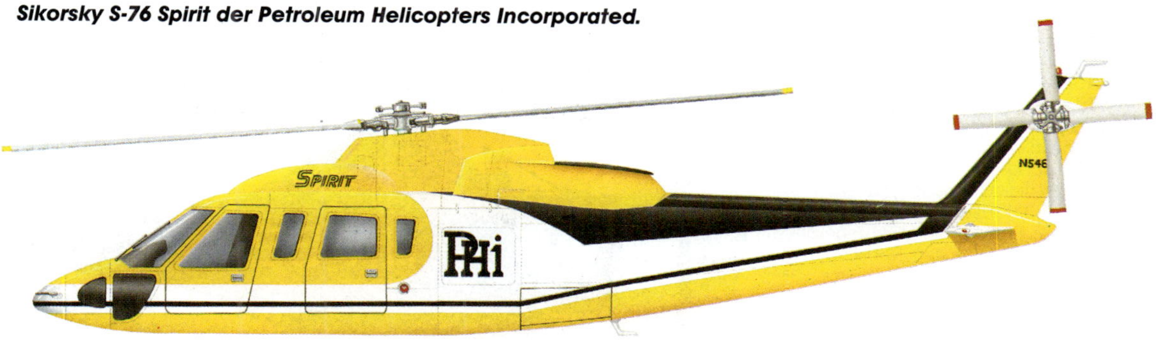


USA, soll aber allmählich auf Daewoo-Sikorsky Aerospace Ltd. übergehen.

Der **S-76** diente auch als Technologiedemonstrator für mehrere Projekte. Im Rahmen des SHADOW-Programms (Sikorsky Helicopter Advanced Demonstrator and Operator Workload) erhielt ein **S-76** ein Vorbaucockpit, in dem eine FBW-Steuerungsanlage, sprachgesteuerte Verfahren und seitliche Ministeuerknüppel getestet wurden, ebenso wie Helmvisiere, FLIR- und HUD-Kombinationen sowie eine NVG-kompatible Kanzel. Boeing/Sikorsky nutzte diesen Hubschrauber umfassend für ihr First-Team-Angebot zum Nachtsichtsystem als Teil der LHX-Ausschreibung der US Army. Ein zweiter **S-76** wurde als sogenannter Fantail Demonstrator mit einem Anti-Torque-Heckrotorsystem ausgestattet. Dies spielte bei der Entscheidung der US Army für den Entwurf des First Team als RAH-66 Comanche eine wichtige Rolle.

Der Absatz des **S-76** an zivile und militärische Kunden nähert sich der Marke 600.

**Varianten**

**S-76:** erste Serienversion; diese Typkennung gilt für alle vor dem 1. März 1982 gelieferten Hubschrauber

**S-76A:** unverkaufte S-76, auf Wunsch mit Turboméca-Arriel-Wellenturbinen motorisiert; bislang nur im Auftrag der Royal Hong Kong Auxiliary Air Force mit FLIR-Kinnturm GEC MRTS und Suchscheinwerfer produziert

**S-76 Mk II:** ab März 1982 seriengefertigter IFR-Verkehrshubschrauber; löste den S-76B ab

**S-76 Utility:** einfachere Ausführung des S-76 Mk II mit Schiebetüren und wahlweise mit starrem Fahrgestell; die Maschine ist in ziviler und militärischer Version erhältlich

**S-76B:** Serienversion mit PT6B-36-Wellenturbinen von Pratt & Whitney

**S-76C:** alternative aktuelle Serienversion mit Turboméca Arriel 1S1

**S-76D:** für 1994 projektierte Serienversion mit leistungsstärkeren Turboméca Arriel 2S1

**H-76 Eagle:** bewaffnete Ausführung des S-76B

**H-76N:** 1984 angekündigte Marineversion; bislang keine Aufträge

**TECHNISCHE DATEN**

**Sikorsky S-76 Mk II**

| | |
|---|---|
| **Typ:** Allwettertransporthubschrauber<br>**Triebwerke:** zwei Wellenturbinen Allison 250-C30S je 509 kW (682 WPS)<br>**Leistung:** max. Marschgeschwindigkeit 269 km/h; Dienstgipfelhöhe 4570 m; Reichweite mit zwölf Passagieren und Zusatztreibstoff 748 km | **Gewicht:** Leermasse 2540 kg; max. Startmasse 4672 kg<br>**Abmessungen:** Hauptrotordurchmesser: 13,41 m; Rumpflänge (Rotoren geklappt): 16 m; Höhe: 4,41 m; Hauptrotorkreisfläche: 116,78 m² |

## Sikorsky S-92

Der **Sikorsky S-92**, entwickelt als Konkurrenz zu Hubschraubern wie dem Aérospatiale/Eurocopter Super Puma auf dem zivilen Marktsektor, stammt von der S-70-Familie ab. Die geringe Kabinenhöhe des S-70, die vom militärischen Black Hawk herrührte, war für potentielle zivile Abnehmer ein Nachteil. Der **S-92** erhielt daher einen völlig neuen Rumpf, verbunden mit der bewährten Kraftübertragung, den Rotorsystemen und dem Antriebsstrang verschiedener Untertypen des militärischen S-70.

Dieser Rumpf ist herkömmlich konstruiert, hat aber einen quadratischen Durchmesser von 1,83 m sowie eine Länge von 5,89 m und läßt sich auf Wunsch mit einer Heckladerampe ausstatten. Für bis zu 19 Passagiere sind Sitzplätze eingerichtet. Das Fahrgestell ist einziehbar, wobei die Bugzwillingsräder nach hinten und die Hauptradpaare in riesige Flankenbehälter einfahren, die zugleich unfallsichere Treibstofftanks bergen. Der Rotorkopf wurde von dem des UH-60L abgeleitet, und das 2500-kW-Kraftübertragungssystem stammt vom SH-60B.

Der Rotor als solcher ist neu entworfen mit Graphitholmen, langsehnigeren Blättern und abgewölbten Blattspitzen. Das gleiche gilt für das Cockpit, das farbige Multifunktionsbildschirme, Sprachaufzeichnungsgeräte und umfangreiche Überwachungssysteme erhielt. Für dieses neue Muster sind Wellenturbinen vom Typ General Electric CT-7 und Rolls-Royce RTM 322 vorgesehen.

In Modellform existiert inzwischen auch ein militärischer Abkömmling, der **S-92M**, der mit einer Faltautomatik für Haupt- und Heckrotor, einer verkürzbaren Tanksonde, Heckladerampe und Rollbahnen im Frachtboden aufwartet. Seine Flankenbehälter und die Tanks in ihnen sind noch größer gestaltet. Der **S-92M** bietet ein doppelt so großes Kabinenraumvolumen wie der MH-60G, so daß er 24 Soldaten oder 16 liegende Verwundete transportieren kann, und wurde daher als Ersatz für den

MH-53 bei den SOS-Verbänden der USAF und für den CH-46 des USMC vorgeschlagen.

Man beabsichtigt, Turbinen vom Typ General Electric T701-GE-401X einzurüsten, die diesem Muster zu einer Marschgeschwindigkeit von 276 km/h und einer Reichweite von rund 750 km verhelfen

***Der S-92 existiert vorerst nur als Nachbildung in ziviler und militärischer Form.***

würden. Sikorsky hofft, die kommerziell ausgerichtete Version **S-92 Helibus** (oder **S-92C**) im Jahr 1997 in die Luft zu bringen.

## ikorsky VS-300, R-4, R-5 und R-6

der ersten Dekade des zwanzigsten ahrhunderts begann Sikorsky sich für ubschrauber zu interessieren und konruierte 1909 seinen ersten Drehflügler. as von einem 18 kW (25 PS) starken Anani-Motor angetriebene Fluggerät schaffes jedoch nicht, vom Boden abzuheben. e zweite Flugmaschine von 1910 konnte ch zwar vom Erdboden lösen, aber nur ne Pilot.

Sikorsky erkannte, daß sein Wissen zur sung dieser Probleme noch nicht ausichte, und wandte sich daher dem Enturf und der Konstruktion von Starrflügrn zu.

Erst 1939, als technischer Leiter von ught-Sikorsky in den USA, begann er t dem Bau eines neuen Hubschraubers. Auch dieser blieb zunächst erfolglos, aber die Einführung eines zusätzlichen Rotors beseitigte das Drehmoment und löste so die letzten Hauptprobleme von Flugsteuerung und Kontrolle. Es schlossen sich monatelange Versuche an, in denen der Prototyp **Sikorsky VS-300**, der am 14. September 1939 seinen ersten Fesselflug absolvierte, mit verschiedenen Zusatzrotoren ausgerüstet wurde.

***Der Sikorsky VS-316A darf als erster echter Serienhubschrauber der Welt gelten. Seine Grundauslegung und das Steuerungsprinzip sind noch immer aktuell. Für den Antrieb sorgte ein Warner-Sternmotor R-550.***

Im Frühjahr 1941 beauftragte die US-Regierung Vought-Sikorsky mit der Entwicklung der zweisitzigen Version **VS-316A** als **XR-4** mit stoffbespanntem Rumpf und 123 kW (167 PS) starkem Warner-Motor R-550. Dieser Versuchshubschrauber hob am 14. Januar 1942 zum Erstflug ab.

30 Vorserienhubschrauber **YR-4** wurden bestellt, aufgeschlüsselt in drei **YR-4A** und 27 **YR-4B** und alle vom stärkeren Warner R-550 angetrieben, der seine Leistung von 134 kW (182 PS) auf einen größeren Hauptrotor abgab.

Die Hauptserie von 100 **R-4B** erhielt den hochgezüchteten Warner R550-3 mit 149 kW (203 PS). Die US Navy übernahm 1942 mit einem von der USAAF geliehenen **YR-4B** ihren ersten Hubschrauber, der als **HNS-1** bezeichnet wurde. 24 **HNS-1** flogen später bei Einheiten der US Navy und der US Coast Guard, bei letzterer in der Luft- und Seenotrettung. Die Einheiten, die die Royal Air Force und die Fleet Air Arm 1945 zur Bewertung von Hubschraubern im Truppendienst aufstellten, setzten insgesamt sieben **YR-4B** und 45 **R-4B** als **Hoverfly Mk I** ein.

Die Rotoren und das Kraftübertragungssystem des **R-4** wurden in einen neuen, stromlinienförmigen Rumpf mit Ganzmetallheckausleger in Schalenbauweise installiert. Dies ergab den **VS-316B** oder **XR-6**, angetrieben von einem Boxermotor Avco Lycoming O-435 mit 168 kW (228 PS). Insgesamt 193 Serienhubschrauber wurden für die USAAF als **R-6A**, für die US Navy als **HOS-1** und für die Briten als **Hoverfly Mk II** produziert. Parallel dazu hatte Sikorsky an einem völlig neuen Hubschrauber gearbeitet, dem Tandemzweisitzer **VS-337** mit einem Hauptrotor, der im Durchmesser 14,63 m maß, und einem Sternmotor Pratt & Whitney R-985-AN-5 mit 336 kW (457 PS). Die erste dieser Maschinen mit der Bezeichnung **XR-5** flog in Bridgeport am 18. August 1943. Anschließend wurden insgesamt 64 Exemplare seriengefertigt, davon weitere vier **XR-5**, 26 **YR-5A** und 34 **R-5A**. Letztere konnten Tragen an beiden Rumpfseiten aufnehmen und dienten beim Air Rescue Service.

Die 21 Hubschrauber **R-5D** waren modifizierte **R-5A** mit Bugrad-Fahrgestell, Rettungswinde und zusätzlichem Außentank. Fünf **YR-5A** wurden mit Doppelsteuer ausgestattet und in **YR-5E** umbenannt.

Der zivile **S-51** mit vier Sitzplätzen flog erstmals am 16. Februar 1946, und die Auslieferung der Maschinen begann im August. Los Angeles Airways eröffnete am 1. Oktober 1947 den ersten Hubschrauberluftpostdienst mit **S-51**.

Insgesamt 379 **S-51** wurden gebaut, darunter 66 **H-5**, **H-5G** und **H-5H** für den Air Rescue Service der USAAF, **HO3S-1** für die US Navy und **HO3S-1G** für die US Coast Guard. Westland in England produzierte den **S-51** in Lizenz als **Westland Dragonfly**.

***Sikorsky HO3S-1 der US Navy Mitte der fünfziger Jahre***

# Sikorsky XPBS-1 und VS-44 Excalibur

Die ganzen dreißiger Jahre hindurch förderte die US Navy die Entwicklung immer größerer Flugboote und bestellte am 29. Juni 1935 den Prototyp eines Sikorsky-Modells, das die Bezeichnung **XPBS-1** erhielt.

Die von vier Sternmotoren Pratt & Whitney XR-1830-68 je 783 kW (1155 PS) angetriebene und am 13. August 1937 erstmals geflogene **XPBS-1** war ein Patrouillenbomber, der, erstmalig bei einem US-Kriegsflugzeug, einen Heckturm mit einem 12,7-mm-Maschinengewehr aufwies. Entsprechende Waffen befanden sich auch im Bugturm und in seitlichen Gefechtsständen.

Die **XPBS-1** ging zwar nicht in Serie, bildete aber die Grundlage für das Verkehrsflugboot **Sikorsky VS-44 Excalibur**. Es wurde von vier Pratt & Whitney R-1830-S1C3-G je 895 kW (1217 PS) angetrieben und konnte mit einer Nutzlast von 2268 kg maximal 6116 km weit fliegen. American Export Airlines (AEA) bestellte drei Exemplare für eine geplante Transatlantikverbindung nach England und Frankreich. Die Zulassung durch die CAB-Luftfahrtbehörde verzögerte sich, doch am 12. Januar 1942 erteilte der Naval Air Transport Service der US Navy der AEA einen Auftrag zum Betrieb einer militärischen Flugverbindung über den Atlantik. Die vorläufige zivile Zulassung der Fluglinie für die Nonstopstrecke New York-Foynes (Irland) erfolgte am 10. Februar 1942 und blieb nach dem Erstflug am 20. Juni den ganzen Krieg hindurch erhalten.

***Die VS-44A Excalibur stellte die höchste Entwicklungsstufe des Sikorsky-Verkehrsflugboots dar. Ihre Spannweite betrug 37,79 m.***

Eine nach dem Krieg von der Gesellschaft Antilles Air Boats geflogene **VS-44** ist heute im Museum in Windsor Locks, Connecticut, ausgestellt.

# Silvercraft SH-4

Die 1962 in Italien gegründete Firma Silvercraft SpA entwarf und konstruierte den Prototyp eines dreisitzigen Leichthubschraubers, der im Oktober 1963 zum Erstflug startete. Mit finanzieller und technischer Unterstützung durch SIAI-Marchetti wurde die Entwicklung fortgeführt, und das Ergebnis, der **Silvercraft SH-4**, war der erste komplett in Italien konstruierte und hergestellte Hubschrauber, der die nationale und die amerikanische Musterzulassung (FAA) erhielt. Der konventionell mit zweiblättrigem Haupt- und Heckrotor ausgelegte Typ wurde wahlweise von Franklin-Motoren der Baureihe 6A-350 mit Nennleistungen von 149 kW (203 PS) und 175 kW (238 PS) angetrieben, die aber beide auf 127 kW (173 PS) gedrosselt waren. Das Muster stand als Allzweckhubschrauber **SH-4** und als Agrarhubschrauber **SH-4A** zur Verfügung. 50 solche Leichthubschrauber und Prototypen einer verbesserten, zweisitzigen Version mit der Bezeichnung **SH-200** wurden fertiggestellt.

***Der Silvercraft SH-200 wurde nur noch als Prototyp gefertigt. Hierbei handelte es sich um eine verbesserte Version der früheren Baureihe SH-4 mit dem gleichen Rotor, aber einem neuen Lycoming-Triebwerk.***

# Skandinavisk-Luftfahrzeuge

Skandinavisk Aero-Industrie A/S wurde 1937 am Flughafen Kastrup in Kopenhagen gegründet, um Krame & Zeuthen zu übernehmen, die bislang den Einsitzereindecker **Krame & Zeuthen KZ-1** produziert hatten. Skandinavisk hielt am KZ-Kürzel für seine Produkte fest. Den Anfang machte der Schul-/Reisetiefdecker **Skandinavisk KZ-2 Sport** mit zweisitzigem, offenem Cockpit, der von einem Hirth H.M.-504A mit 78 kW (105 PS) angetrieben wurde. Es folgte die **KZ-2 Kupe** mit breiterem Rumpf für zwei Sitze nebeneinander in einer geschlossenen Kabine und einem 67 kW (91 PS) starken Cirrus-Minor-Motor.

Eine Schulversion der **KZ-2** ging in geringer Stückzahl an die Königlich Dänische Luftwaffe. Der Betrieb kam durch die deutsche Besetzung Dänemarks zum Stillstand, doch nach dem Krieg wurden noch einige Muster produziert. Hierzu zählte das zweisitzige Leichtflugzeug **KZ-3**, an das sich der viersitzige Kabinenhochdekker **KZ-7 Lark** mit 93 kW (126 PS) starkem Continental-Motor C125 anschloß. Mit dem Einsitzerübungsflugzeug **KZ-8** für Fortgeschrittene, angetrieben von einem Reihenmotor Gipsy Major 10 mit 108 kW (147 PS) kehrte das Unternehmen zur ursprünglichen Tiefdeckerauslegung zurück. Als letztes Modell wurde das zweisitzige Beobachtungsflugzeug **KZ-10** gebaut, das auf der KZ-7 basierte. Die **KZ-10** hatte eine Spannweite von 9,40 m und führte einen Continental C145-2 mit einer Nennleistung von 108 kW (147 PS) ein, der ihr zu einer Spitzengeschwindigkeit von 215 km/h in Meereshöhe verhalf.

***Nur zwölf Aero-Industri KZ-10 wurden gebaut, die dem dänischen Heer zu Beginn der fünfziger Jahre kurzzeitig als Beobachtungsflugzeuge dienten.***

## SOKO G2 Galeb und J-1 Jastreb bis Sparmann S-1

**Die SOKO Galeb war der erste jugoslawische Jet, der – in bescheidenen Stückzahlen für die heimische Luftwaffe und mit einigen Verkäufen nach Sambia – in Produktion ging . 1913 baute Tommy Sopwith eine Eisbahn zum Werksgelände seiner Sopwith Aviation and Engineering Company um. Einer seiner ersten Mitarbeiter war Harry Hawker, der später mit den Namen Hawker und Hawker Siddeley berühmt wurde.**

# SOKO G-2 Galeb und J-1 Jastreb

***Eine Soko J-1 Jastreb (zweiter Prototyp) mit den Markierungen der jugoslawischen Luftstreitkräfte***

Alle jugoslawischen Flugzeugfabriken, die es vor dem Zweiten Weltkrieg gab, wurden während der deutschen Besatzungszeit zerstört, und ab 1945 dauerte es noch zwei bis drei Jahre, bis sie die Konstruktion und den Bau von Flugzeugen wiederaufnehmen konnten. 1951 wurde das Unternehmen Preduzece SOKO, heute Soko Vazduhoplovna Industrija, Ro Vazduhoplovstvo, gegründet, das nach anfänglicher Lizenzfertigung verschiedener Fremdmuster 1957 mit seinem ersten eigenen Entwurf begann, dem zweisitzigen Strahltrainer **SOKO G-2-A Galeb** („Möwe"). Der erste von zwei Prototypen, die in ihrer Auslegung an die Aermacchi M.B.326 erinnerten, flog ab Mai 1961, und die Produktion lief 1963 an. Die von einem Rolls-Royce Viper 22-6 mit 1134 kg Schub angetriebene **G-2-A** war die Standardversion der jugoslawischen Luftwaffe. Ab Ende 1974 stand die Exportvariante **G-2-AE** zur Verfügung, und Libyen sowie Sambia griffen zu.

Die **Galeb** wurde durch eine ähnliche, aber leistungsstärkere Einsitzerversion für leichte Angriffsaufgaben und taktische Aufklärung ergänzt. Diese **J-1 Jastreb** („Falke") hatte eine verstärkte Zelle und das verbesserte Strahltriebwerk Rolls-Royce Viper 531.

Der Einsitzer wurde als Jagdbomber **J-1** und als taktischer Aufklärer **RJ-1** für die jugoslawischen Luftstreitkräfte gebaut, und die entsprechenden Exportbezeichnungen lauteten **J-1E** und **RJ-1E**. Zur Umschulung und Waffenausbildung wurde die zweisitzige **TJ-1** entwickelt.

Die Produktion aller **Jastreb**-Versionen endete 1978 und die der **Galeb** 1983. Es ist unwahrscheinlich, daß sich in Jugoslawien noch **Jastreb** und **Galeb** im regulären Truppendienst befinden, und der Status der libyschen und sambischen Exemplare bleibt ungewiß.

### TECHNISCHE DATEN

**SOKO J-1 Jastreb**

**Typ:** einsitziges Kampf-/Aufklärungsflugzeug
**Triebwerk:** ein Strahltriebwerk Rolls-Royce Viper 531 mit 1361 kg Schub
**Leistung:** Höchstgeschwindigkeit 820 km/h in 6000 m Höhe; Dienstgipfelhöhe 12.000 m; Reichweite mit max. Treibstoffmenge 1520 km
**Gewicht:** Rüstmasse 2820 kg; max. Startmasse 5100 kg
**Abmessungen:** Spannweite (gemessen über Flügeltanks) 11,68 m; Länge 10,88 m; Höhe 3,64 m; Tragflügelfläche 19,43 m$^2$
**Bewaffnung:** drei 12,7-mm-Maschinengewehre Colt-Browning im Bug und acht Halterungen für Bomben, Raketen und Napalmbehälter unter den Tragflächen

# SOKO G-4 Super Galeb

Das zweisitzige Grundschul- und leichte Kampfflugzeug **SOKO G-4 Super Galeb** unterschied sich erheblich von seinem Namensvetter G-2-A Galeb, den es bei den Ausbildungseinheiten der jugoslawischen Luftstreitkräfte ablösen sollte. Ins Auge fällt vor allem das gepfeilte Trag- und Leitwerk mit deutlich negativer V-Stellung der Höhenflossen. Die Leistung dieses Musters wurde durch die Einführung einer schubstärkeren Version des Rolls-Royce-Viper-Strahltriebwerks wesentlich gesteigert. Der erste von zwei Prototypen flog am 17. Juli 1978 und das erste von sechs Vorserienflugzeugen am 17. Dezember 1980. Diese Maschinen und der erste Prototyp, alle als **G-4 PPP** bezeichnet, hatten starrmontierte Höhenflossen ohne negative V-Stellung mit eingesetzten Höhenrudern.

Die Serienflugzeuge (und der zweite Prototyp) erhielten die Bezeichnung **G-4** und waren durch abgewinkelte Pendelhöhenruder sowie umfangreiche Avionikverbesserungen gekennzeichnet. Die **G-4** flog ab 1983 und wurde in großer Stückzahl für die jugoslawische Luftwaffe beschafft. Die Air Academy in Zemunik (inzwischen nach Udbina verlegt) und die Flugschulen für Fortgeschrittene in Pula und Tograd haben dieses Muster bereits übernommen. Zum Flugzeugsoll der Akademie zählen auch die rot-weiß-blau gestrichenen Maschinen des Formationskunstflugteams „Letece Zvezde". Zwölf **G-4** wurden 1991 und 1992 in zwei Schüben nach Myanmar geliefert. Unter der Bezeichnung **G-4M** wurde ein moderner Erdkampftrainer mit fortschrittlicher Avionik, einem besseren Navigations- und Waffeneinsatzsystem sowie Lenkwaffenstartschienen an den Flächenenden entwickelt. Ein Prototyp ist allerdings bislang nicht in die Luft gekommen. Ein entsprechender Einsitzerabkömmling befindet sich als **G-5** in der Entwicklung.

***Die SOKO G-4 Galeb war ein vollständig in Jugoslawien gefertigter Entwurf, für den aber viele Teile eingeführt wurden.***

### TECHNISCHE DATEN

**Typ:** Basistrainer/leichtes Kampfflugzeug
**Triebwerk:** ein Strahltriebwerk Rolls-Royce Viper Mk 632 mit 1814 kg Schub
**Leistung:** Höchstgeschwindigkeit 910 km/h in 6000 m Höhe; absolute Dienstgipfelhöhe 15.000 m; Tiefflugeinsatzradius mit Kanonenbehälter unter dem Rumpf und 32 57-mm-Raketen unter den Tragflächen 300 km
**Gewicht:** Rüstmasse 3250 kg; max. Startmasse 6330 kg
**Abmessungen:** Spannweite 9,88 m; Länge 11,86 m; Höhe 4,28 m; Tragflügelfläche 19,50 m$^2$
**Bewaffnung:** eine 23-mm-Kanone GSch-23L im Anbaubehälter unter dem Rumpf und vier Halterungen unter den Tragflächen für eine Höchstlast von 1200 kg an Bomben, Schüttbomben, Antipersonen- und Antipanzer-Kleinbomben, Napalmbehältern, diversen Raketentypen und/oder einer Aufklärungsgondel mit Beleuchtungssatz für Nachtaufnahmen

# SOKO P-2 Kraguj

SOKO konstruierte und entwickelte mit der **P-2 Kraguj** auch ein einsitziges, bescheiden motorisiertes Leichtflugzeug, das zur Guerillabekämpfung ausgerüstet war. Der freitragende Tiefdecker in Ganzmetallbauweise mit starrem Spornradfahrgestell wurde standardmäßig von einem Sechszylinder-Boxermotor Avco Lycoming GSO-480B1A6 mit 254 kW (345 PS) angetrieben. Man nimmt an, daß ein Prototyp erstmals 1966 flog und anschließend etwa 30 Exemplare für die jugoslawischen Luftstreitkräfte entstanden. Ende der achtziger Jahre musterte man den Typ aus. Einige **Kraguj** wurden auf dem zivilen Markt verkauft, andere den territorialen Streitkräften der verschiedenen jugoslawischen Bundesstaaten zugeführt. Viele dieser Maschinen nahm der serbische Teil der Luftstreitkräfte beim Zerfall Jugoslawiens in Beschlag und stellte sie wieder in Dienst. Die 10,64 m weit gespannte **P-2** brachte es auf eine Spitzengeschwindigkeit von 295 km/h in 1500 m Höhe, war mit je einem 7,7-mm-Maschinengewehr in den Flügeln bewaffnet und besaß zwei Stationen unter den Flügeln für je eine 100-kg-Bombe oder einen Napalmbehälter oder eine Zwölfrohr-Raketengondel. An vier weiteren Punkten konnte je eine 57-mm- oder 127-mm-Rakete montiert werden.

***Von der Kraguj wurde nur eine kleine Reihe gefertigt, da die Luftwaffe eine höhere Leistung für erforderlich hielt.***

# SOKO/CNIAR Orao und IAR-93

Um den gemeinsamen Bedarf der Luftstreitkräfte des neutralen Jugoslawiens und des damaligen Warschauer-Pakt-Mitglieds Rumänien an einem einsitzigen Jagdbomber und Kampfflugzeug für Luftnahunterstützung zu decken, wurde 1970 unter dem Titel „JUROM“ ein internationales Gemeinschaftsprogramm ins Leben gerufen.

Diese Partnerschaft konnte nicht überraschen, da Nikolai Ceausescu, der damalige Präsident Rumäniens, ein überzeugter Isolationist war, der den sowjetischen Einfluß stets dadurch zu schwächen suchte, daß er Beziehungen zu westlichen Nationen flocht und beispielsweise durch internationale Zusammenarbeit eine heimische Luftfahrtindustrie aufzubauen versuchte. Dies hatte zur Lizenzfertigung der BAC One-Eleven und der Aérospatiale-Hubschrauber Alouette und Puma geführt.

Der jeweilige Nationalstolz gebot, diesem Vorhaben den Anschein absoluter Gemeinsamkeit zu verleihen, das heißt, keines der beiden Länder durfte etwa die Projektführerschaft besitzen. So wurde das Muster von Ingenieuren des Vazduhoplovno Technicki Institut Jugoslawiens und der Institutal de Macanica Fluidelor si Constructii Aerospatiale Rumäniens zusammen entworfen, während man SOKO und CNIAR (Centrul National al Industriei Aeronautice Romane) mit der Fertigung beauftragte.

Beide Firmen konstruierten Musterflugzeuge, die am selben Tag, dem 31. Oktober 1974, zum Erstflug abhoben. Den Antrieb dieser Prototypen lieferte ein nachbrennerloses Viper-Strahltriebwerkspaar Mk 622-41R, und es folgten zwei Doppelsitzerversuchstrainer, die wiederum gleichzeitig am 29. Januar 1977 erstmals flogen.

Bei der Bezeichnung hörten die Gemeinsamkeiten wohl auf, denn der Typ (Einsitzer wie Doppelsitzer) heißt in Jugoslawien **J-22 Orao** („Adler“) und in Rumänien **IAR-93**. Nach dem Jungfernflug der Doppelsitzerprototypen legten beide Firmen eine Vorserie von je 15 Maschinen auf, von denen die ersten 1978 zu ihrem Erstflug starteten.

Die Serienfertigung der **IAR-93** lief 1979 und die der **J-22** 1980 an. Das erste Baulos mit je 20 Exemplaren in beiden Ländern wurde nachbrennerlos, aber mit etlichen Änderungen im Vergleich zu den Prototypen gefertigt. Jugoslawien bestimmte diese Flugzeuge wegen ihrer unzureichenden Schubkraft zu Aufklärern **IJ-22**, und es halten sich weiterhin unbestätigte Gerüchte, daß einige von ihnen zweisitzige Strahltrainer **NJ-22** waren. In Rumänien erhielt diese erste Baureihe die Bezeichnung **IAR-93A**, und wiederum hieß es, daß sich darunter einige Doppelsitzer befänden.

Die endgültige Serienversion wurde mit dem Nachbrennertriebwerk Viper Mk 633-41 ausgerüstet und als **J-22(M)** oder **Orao 2** in Jugoslawien und als **IAR-93B** in Rumänien bezeichnet. Der **Orao-2**-Prototyp flog erstmals am 20. Oktober 1983, und im Jahr darauf ging der Typ in Serie. Die Auslieferung verzögerte sich wegen des Ausbleibens der Nachbrennertriebwerke jedoch bis 1986.

Diese Variante führte erweiterte Flächenansätze und ein erhöhtes Tankvolumen für Interntreibstoff ein, während gleichzeitig die inneren Grenzschichtzäune entfielen. Die Außenlastträger unter den Flügeln waren für Lasten von bis zu 500 kg und die Unterrumpfstation für 800 kg zugelassen. Schließlich erhielt das Muster noch ein neues Avionikpaket einschließlich Frontscheibensichtgerät VE-120T von Thomson-CSF.
Der Prototyp und einige frühe Maschinen waren noch mit auffälligen Vortex-Generatoren ausgerüstet, die aber bei der Hauptserie nicht mehr vorzufinden sind.

Das rumänische Pendant **IAR-93B**, das erstmals 1985 flog, unterschied sich von der **Orao 2** durch fehlende Kielflossen, Antiflattergewichte an den Höhenflossen, ein neues Entfernungsmeßradar im Bug und eine versetzte Dopplerantenne. Auch die Cockpithaube war neu konstruiert und klappte nicht mehr nach oben, sondern seitwärts auf.

Sowohl von der **IAR-93B** als auch von der **J-22(M)** gibt es zweisitzige Ausführungen, von denen die jugoslawische **Orao 2B** oder **NJ-22(M)** heißt. Einige dieser Doppelsitzer sind möglicherweise durch Umrüstung früher Strahltrainer **IAR-93A** und **NJ-22** entstanden, da sie das Originaltragwerk mit vier Grenzschichtzäunen aufweisen. Ob die Originaltrainer schon mit LERX ausgestattet waren, ist nicht bekannt.

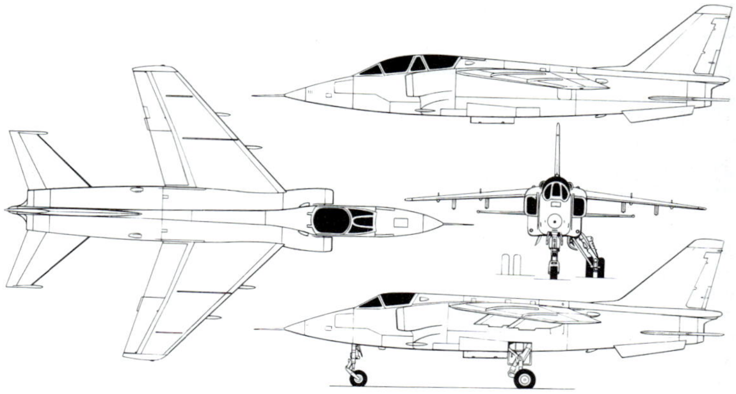

*SOKO/CNIAR Orao/IAR-93A (obere Seitenansicht: Doppelsitzer)*

### TECHNISCHE DATEN

**SOKO/CNIAR IAR-93B**

**Typ:** einsitziger Jagdbomber/Kampfflugzeug für Nahunterstützung

**Triebwerke:** zwei von Turbomecanica lizenzgefertigte Nachbrennertriebwerke Rolls-Royce Viper Mk 633-47 je 2268 kg Schub

**Leistung:** Höchstgeschwindigkeit 1160 km/h in Meereshöhe; Dienstgipfelhöhe 12.500 m; Einsatzradius mit vier 250-kg-Bomben und Zusatztanks 530 km

**Gewicht:** Rüstmasse 5900 kg; max. Startmasse 10.100 kg

**Abmessungen:** Spannweite 9,62 m; Länge 14,90 m; Höhe 4,45 m; Tragflügelfläche 26 m²

**Bewaffnung:** zwei 23-mm-Kanonen GSch-23L in der vorderen Rumpfwanne und fünf Stationen für Außenlasten bis zu einer Gesamtmasse von 1500 kg an Bomben, Raketen, Kanonenbehältern, einer Aufklärungsgondel und Zusatztanks

*SOKO/CNIAR-93A der rumänischen Luftwaffe*

# Sopwith – frühe Luftfahrzeuge

Der britische Fliegerpionier T. O. M. („Tom“) Sopwith beschäftigte sich erstmals mit der Konstruktion von Luftfahrzeugen, als er in der Zeit vor Ausbruch des Ersten Weltkriegs mehrere Flugmaschinen reparierte und modifizierte.

Eines der ersten bedeutenden Flugzeuge war die **Sopwith Bat Boat** von 1913 mit sogenanntem „Consuta“-Bootsrumpf („vernähtes“ Sperrholz nach S. E. Saunders) und Doppeldeckerflügeln sowie anfangs einem Austro-Daimler-Flugmotor zum Antrieb eines Druckpropellers mit 66 kW (90 PS).

Die **Bat Boat**, das erste in Großbritannien gebaute Flugboot, diente bei Ausbruch des Ersten Weltkriegs beim Royal Naval Air Service. Andere frühe Sopwith-Militärflugzeuge waren die **Sopwith Three Seater**, ein Doppeldecker mit Tandemcockpits für zwei Personen vorn und den Piloten dahinter, die **Sopwith Sociable**, ein Doppeldecker mit zwei Sitzen nebeneinander, die **Sopwith Anzani Seaplane** mit 74 kW (100 PS) starkem Anzani-Motor und die **Sopwith Gun Bus**. Sechs **Gun Bus**, die den griechischen Marinefliegern als Seeschulflugzeuge dienen sollten, ließ die Admiralität einziehen und zu Landflugzeugen umrüsten. Robey & Company in Lincoln fertigte weitere Exemplare in Lizenz.

Berühmter war die **Sopwith Tabloid**, ein eigentlich für Flugrennen gedachter „Hochleistungsdoppeldecker“, der in der Auslegung eines Schwimmerflugzeugs mit Howard Pixton im Cockpit 1914 in Monaco das Schneider-Rennen gewann. Die Maschine hatte eindeutig militärisches Potential, und drei Exemplare nutzte der RNAS zu Beginn des Ersten Weltkriegs für Angriffe auf deutsche Ziele.

Der von Flight Lieutenant R. L. G. Marix am 8. Oktober 1914 geflogene **Tabloid**-Doppeldecker zerstörte den Zeppelin Z.IX in seinem Düsseldorfer Hangar. Weitere 36 **Tabloid** wurden für das RFC und den RNAS gebaut, gefolgt von 160 Exemplaren einer Schwimmerflugzeugversion, die sich kaum von der von Howard Pixton geflogenen Maschine unterschied und unter der Bezeichnung **Sopwith Schneider** in Dienst ging.

Aus der **Sopwith Schneider** wurde die leistungsstärkere **Sopwith Baby** entwikkelt, von der 286 Exemplare für den RNAS (100 von Sopwith und der Rest von Blackburn) entstanden. Dieses Muster hatte entweder einen Gnome-Motor mit 74 kW (100 PS) oder einen Clerget mit 81 kW (110 PS) oder 96 kW (130 PS). Mit letzterem Motortyp erreichte die 7,82 m weit gespannte **Sopwith Baby** eine Spitzengeschwindigkeit von 161 km/h.

***Die Sopwith Three Seater zeigte sich erstmals bei der Olympia Aero Show von 1913. Sie gehörte zu den bedeutendsten Flugzeugen ihrer Zeit. Hier ist sie mit T. O. M. Sopwith im hinteren Cockpit abgebildet.***

# Sopwith 1½-Strutter

***Eine Sopwith 1½-Strutter der No. 70 Squadron, RFC, in der zweiten Jahreshälfte 1916 in Frankreich stationiert***

Dieser einsitzige Bomber- und zweisitzige Jagddoppeldecker wurde allgemein als **Sopwith 1½-Strutter** bekannt, offenbar wegen der Anordnung seiner Flügelstiele, doch bei der Admiralität und beim RFC trug er die offiziellen Bezeichnungen **Sopwith Type 9700** beziehungsweise **Sopwith Two-Seater**. Der Zweisitzerprototyp, der Ende 1915 mit einem 81 kW (110 PS) starken Clerget-Umlaufmotor flog, führte Luftbremsen und ein im Einstellwinkel veränderbares Höhenleitwerk ein. Anfang 1916 gingen die ersten Serienexemplare beim RNAS in Dienst. Sie wiesen als erste britische Kriegsflugzeuge ein Synchronisationsgetriebe auf, so daß das vordere Maschinengewehr durch den Propellerkreis feuern konnte. Sowohl Einsitzer als auch Zweisitzer erhielten 81 kW (110 PS) und 96 kW (130 PS) starke Clerget-Umlaufmotoren, aber einige Zweisitzer auch den Le Rhône mit 81 kW (110 PS).

Als sie an die Westfront geschickt wurde, war die **1½-Strutter** den deutschen Jägern im Luftkampf überlegen, aber nur wenige Monate später stachen Albatros- und Halberstadt-Erkundungsjäger des Gegners sie aus. Die **1½-Strutter** des RNAS blieben eine längere Zeit im Einsatz und dienten bei Kriegsende als schiffsgestützte Flugzeuge mit Kufen- und Radfahrgestell. Am 4. April 1918 startete eine Maschine von einer über dem Geschützturm der HMAS Australia montierten Plattform als erster Zweisitzer, der von einem britischen Kriegsschiff abhob.

Man nimmt an, daß insgesamt 1513 **Sopwith 1½-Strutter** für das Royal Flying Corps und den Royal Naval Air Service entstanden, und der Typ wurde auch in Frankreich in zwei- bis dreimal so hohen Stückzahlen gebaut. Über ihre Verwendung durch britische Streitkräfte hinaus kam dieses bemerkenswerte Muster während beziehungsweise nach dem Ersten Weltkrieg bei den Luftwaffen Belgiens, Frankreichs, Japans, Lettlands, Rumäniens und Rußlands sowie beim amerikanischen Expeditionskorps zum Einsatz.

**TECHNISCHE DATEN**
**Sopwith 1½-Strutter**

**Typ:** einsitziger Bomber
**Triebwerk:** ein Clerget-Umlaufmotor mit 96 kW (130 PS)
**Leistung:** Höchstgeschwindigkeit 164 km/h in 1980 m Höhe; Dienstgipfelhöhe 3960 m
**Gewicht:** Leermasse 597 kg; max. Startmasse 1062 kg
**Abmessungen:** Spannweite 10,21 m; Länge 7,97 m; Höhe 3,12 m; Tragflügelfläche 32,14 m²
**Bewaffnung:** ein starres, vorwärtsfeuerndes 7,7-mm-Maschinengewehr Vickers und bis zu vier 25-kg-Bomben oder dieselbe Masse an leichteren Bomben

# Sopwith 5F.1 Dolphin

***Diese Sopwith 5F.1 Dolphin zeigt den kompletten Serienstandard dieses Typs mit Längskühlern, abgeflachtem Rumpfrücken und Vickers- sowie Lewis-Maschinengewehren.***

Die Auslegung des einsitzigen Jagddoppeldeckers **Sopwith 5F.1 Dolphin** zielte darauf ab, dem Piloten das bestmögliche Sichtfeld zu bieten. Dazu erhöhte man das Rumpfprofil in der Vertikalen und lagerte die Oberflügel so nahe an den Rumpf, daß der Kopf des Piloten durch einen Ausschnitt im Mittelteil herausragte. Dadurch war die Sicht nach oben und rundum ausgezeichnet, doch nach unten eingeschränkter. Der Prototyp, angetrieben von einem Hispano-Suiza-Motor mit 149 kW (203 PS), flog erstmals im Mai 1917, und nach der erfolgreichen Erprobung wurde das Muster gegen Jahresende der Fliegertruppe als **Dolphin Mk I** zugeführt. Die Produktion umfaßte insgesamt 1532 **Dolphin** in zwei Versionen mit unterschiedlichen Motortypen, von denen aber nur 621 noch vor dem Ende des Krieges in Dienst gingen. Die übrigen wurden eingelagert. Die **Dolphin Mk I** hatte den gleichen Getriebemotor wie der Prototyp, doch da das Getriebe nicht einwandfrei funktionierte, wurde die **Dolphin Mk III** mit einer ähnlich starken Ausführung des Hispano-Suiza-Motors zum Direktantrieb eingeführt. Die Bezeichnung **Dolphin Mk II** fiel an eine Version mit 224 kW (305 PS) starkem Hispano-Suiza-Motor zum Direktantrieb, die in Frankreich gebaut, aber bis zum Kriegsende nur in geringer Stückzahl fertiggestellt wurde.

Bei den Piloten war die **Dolphin** nicht sonderlich beliebt, denn durch ihr gestaffeltes Doppeldeckertragwerk ergaben sich ungewöhnliche Überzieheigenschaften, und die hohe Sitzposition konnte sich beim Überschlag nach einer schlechten Landung für den Insassen als lebensgefährlich erweisen. Einige **Dolphin** bei Ausbildungseinheiten erhielten daher Überrollbügel auf dem Mittelstück, und solche, die für Nachtflüge verwendet wurden, stattete man mit Schutzpylonen aus.

**TECHNISCHE DATEN**
**Sopwith Dolphin Mk I**

**Typ:** Jagdeinsitzer
**Triebwerk:** ein V-Reihenmotor Hispano-Suiza mit 149 kW (203 PS)
**Leistung:** Höchstgeschwindigkeit 180 km/h in 3050 m Höhe; Dienstgipfelhöhe 6095 m
**Gewicht:** max. Startmasse 911 kg
**Abmessungen:** Spannweite 9,91 m; Länge 6,78 m; Höhe 2,59 m; Tragflügelfläche 24,46 m²
**Bewaffnung:** zwei vorwärtsfeuernde, synchronisierte 7,7-mm-Maschinengewehre Vickers und ein oder zwei Lewis-Maschinengewehre, die gewöhnlich so montiert waren, daß sie nach vorn über den Propellerkreis hinweg feuern konnten, und bis zu vier 11,3-kg-Bomben an externen Aufhängungen

# Sopwith F.1 und 2F.1 Camel

***Sopwith F.1 Camel***

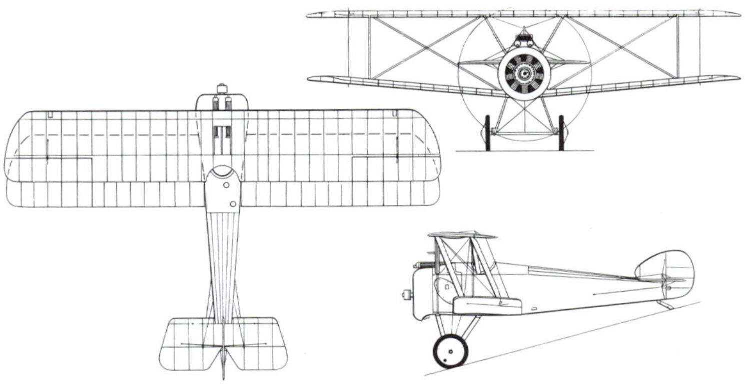

Die **Sopwith F.1 Camel** galt als der beste britische Jäger des Ersten Weltkriegs. Sie war im Grunde eine Weiterentwicklung der Pup, die sie im Einsatz an der Westfront ablöste, aber etwas schwerer und hatte standardmäßig einen stärkeren Motor. Antrieb, Bewaffnung, Brennstoff und Besatzung hatte man auf engem Raum zusammengefaßt, so daß sich eine überragende Manövrierbarkeit ergab. Das Drehmoment des mächtigen Motors verstärkte diese Wendigkeit noch, und nach rechts gerissene Rollen wurden dadurch so schnell, daß manche Piloten eine Viertelwende nach links einer Dreiviertelwende nach rechts vorzogen. Sie glaubten, damit im Luftgefecht schneller zu sein, und für den Widersacher war dies ein taktisch verwirrender Schachzug. Dank dieser kombinierten Eigenschaften wurde die **Camel** zum erfolgreichsten Jäger der Alliierten im Ersten Weltkrieg. Erstaunlicherweise hat man als ihre offizielle Abschußzahl 70 Jahre lang allgemein die Zahl 1294 akzeptiert, doch Nachforschungen des britischen Schriftstellers Chaz Bowyer anhand einschlägiger Kriegstagebücher deckten auf, daß Einheiten des RFC, der RAF und des RNAS allein schon über 2800 Abschüsse erzielt hatten und die Gesamtbilanz somit

**TECHNISCHE DATEN**
**Sopwith F.1 Camel**

**Typ:** Jagdeinsitzer
**Triebwerk:** ein Clerget-Umlaufmotor mit 96 kW (130 PS)
**Leistung:** Höchstgeschwindigkeit 185 km/h in 1980 m Höhe; Dienstgipfelhöhe 5790 m; Flugdauer zwei Stunden, 30 Minuten
**Gewicht:** Leermasse 421 kg; max. Startmasse 659 kg
**Abmessungen:** Spannweite 8,53 m; Länge 5,72 m; Höhe 2,59 m; Tragflügelfläche 21,46 m²
**Bewaffnung:** zwei vorwärtsfeuernde, synchronisierte 7,7-mm-Maschinengewehre Vickers und bis zu vier 11,3-kg-Bomben an externen Aufhängungen

den Wert 3000 überstieg. Der Typ wurde auch von Einheiten der British Home Defence zur Tag- und Nachtjagd verwendet.

Genau wie die Pup erhielt auch diese Maschine mit **„Camel“** einen Spitznamen, der die offizielle Bezeichnung **Sopwith Biplane F.1** der ersten Serienversion lange überdauerte. Der Standardantrieb umfaßte Motoren von Bentley, Clerget, Gnome und Le Rhône mit 75 bis 112 kW (102–152 PS). Versuchsweise flog die **Camel** auch mit einem 112 kW (152 PS) starken Le Rhône und einem Gnome Monosoupape, der 134 kW (182 PS) erzeugte. Fortentwicklungen ergaben die **F.1/1** mit trapezförmigen Flügeln und die **T.F.1** (Trench Fighter) mit einem Lewis-Maschinengewehrpaar, das für den Grabenkrieg nach unten durch den Cockpitboden feuern konnte, aber beide Versionen gelangten nicht zur Serienfertigung. Einige **Camel F.1** operierten auch von Schiffen aus, doch erst die letzte Serienversion **Sopwith 2F.1 Camel** war von vornherein zum schiffsgestützten Einsatz ausgelegt. Insgesamt 5490 **Camel** wurden produziert, die neben dem RFC und dem RNAC bei den Luftstreitkräften Belgiens, Kanadas und Griechenlands sowie bei der American Expeditionary Force und bei der 1918 in Rußland operierenden Slavo-British Aviation Group im Einsatz waren.

## Sopwith Gnu

Der letzte Versuch des Unternehmens Sopwith, auf dem Marktsektor für zivile Luftfahrzeuge Fuß zu fassen, ergab die im Mai 1919 vorgestellte **Sopwith Gnu**. Die schwere Wirtschaftskrise, die kurz nach dem Krieg begann, setzte dem bescheidenen Anfangserfolg ein Ende, und die Firma stellte den Betrieb ein.

Die **Gnu** war ein herkömmlicher Doppeldecker gleicher Spannweite mit zwei Cockpits, einem offenen vorderen für den Piloten und einem hinteren, das zwei Passagieren nebeneinander Platz bot und mit einem verglasten Kabinendach abgedeckt war. Dadurch saßen die Passagiere recht beengt, so daß bei den meisten Serienflugzeugen die hintere Abdeckung entfiel. Der Prototyp und fast alle zwölf Serienexemplare wurden von einem Le-Rhône-Umlaufmotor angetrieben, doch einige Maschinen flogen auch mit einem 149 kW (203 PS) starken Bentley-Umlaufmotor B.R.2 und dem Wright-Sternmotor J-5 Whirlwind, der 224 kW (305 PS) erzeugte. Nur fünf Flugzeuge fanden Käufer.

***Die Sopwith Gnu maß in der Spannweite 11,60 m und in der Länge 7,80 m. Das Standardtriebwerk war ein Le-Rhône-Umlaufmotor.***

## Sopwith Pup

Die **Sopwith Admiralty Type 9901** war ein eleganter kleiner Doppeldecker, dessen gleich weit gespannter Ober- und Unterflügel dasselbe Zwischenstrebenkonzept aufwies, wie es die 1½-Strutter eingeführt hatte. Die um 20 Prozent geringere Spannweite legte es nahe, daß man diesen Doppeldecker das „Junge“ („Pup“) des älteren Musters nannte. Der Spitzname **„Pup“** hat die offizielle Bezeichnung lange überlebt, und der Name **Sopwith Pup** hat einen festen Platz in der britischen Luftfahrtgeschichte. Dieser Jagdeinsitzer wurde bei seinem Erstflug von einem Le-Rhône-Umlaufmotor mit 59 kW (80 PS) angetrieben, und die Tatsache, daß die **Pup** mit diesem schwachen Antrieb ein äußerst wendiger und effektiver Jäger war, sagt genug über die Qualität ihres Entwurfs und ihrer Konstruktion aus.

Die **Pup** nahm 1916 den Dienst bei der RAF und beim RNAS auf und schuf sich bald den Ruf eines Jägers, der prächtig zu fliegen sei oder dem man besser aus dem Weg gehe – je nachdem, ob der Pilot ein Alliierter oder ein Deutscher war. Dank ihres vorwärtsfeuernden, synchronisierten Maschinengewehrs und ihrer Fähigkeit, in größeren Höhen als alle anderen zeitgenössischen Jäger noch manövrierbar und reaktionswillig zu bleiben, war die **Pup** in der Tat ein gefährlicher Gegner. Entsprechend groß war die Nachfrage, so daß insgesamt 1770 Exemplare gebaut wurden. Der Typ diente auch zum Schutz der Heimat, und viele **Pup** dieser Kategorie hatten den 74 kW (100 PS) starken Umlaufmotor Gnome Monosoupape. Die damit einhergehende Verbesserung der Steiggeschwindigkeit und der allgemeinen Flugleistungen machte die **Pup** zum effektivsten Abfangjäger. Im Dienst beim RNAS spielte der Typ eine wichtige Pionierrolle beim schiffsgestützten Einsatz. Eine **Pup** mit Squadron Commander E. H. Dunning am Steuer landete als erstes Flugzeug auf einem fahrenden Schiff auf See, als sie am 2. August 1917 auf dem Deck des Flugzeugträgers HMS Furious aufsetzte.

1919 versuchte man mit der Entwicklung der zivilen zweisitzigen **Dove** Kapital aus den hervorragenden Flugeigenschaften der **Pup** zu schlagen. Ihr Le-Rhône-Umlaufmotor eignete sich aber nicht für den Betrieb mit Privatpiloten, und dies war der mit Abstand wichtigste Grund, weshalb nur zehn solche Flugzeuge gebaut wurden.

**TECHNISCHE DATEN**
**Sopwith Pup**
**Typ:** Jagdeinsitzer
**Triebwerk:** ein Le-Rhône-Umlaufmotor mit 59 kW (80 PS)
**Leistung:** Höchstgeschwindigkeit 180 km/h in Meereshöhe; Dienstgipfelhöhe 5335 m; Flugdauer drei Stunden
**Gewicht:** Leermasse 357 kg; max. Startmasse 556 kg
**Abmessungen:** Spannweite 8,08 m; Länge 6,04 m; Höhe 2,87 m; Tragflügelfläche 23,60 m²
**Bewaffnung:** ein vorwärtsfeuerndes, synchronisiertes 7,7-mm-Maschinengewehr Vickers und bis zu vier 11,3-kg-Bomben an externen Gehängen

***Sopwith Pup der No. 46 Squadron, 1917 in Izel-le-Hameau (Frankreich) stationiert***

## Sopwith Snipe, Salamander und Dragon

Die **Sopwith 7F.1 Snipe**, die um den neuentwickelten Bentley-Umlaufmotor B.R.2 herum konstruiert wurde, sollte die Nachfolge der Camel antreten. Die Zelle des ersten Prototyps war testbereit, bevor ein Exemplar des B.R.2 zur Verfügung stand. Der Musterjäger flog daher zunächst mit dem 112 kW (152 PS) starken B.R.1, der zu den alternativen Camel-Triebwerken gehörte, so daß die **Snipe** ihrer berühmten Vorgängerin sehr ähnlich sah. Mit dem Einbau des größeren Motors änderte sich das Erscheinungsbild beträchtlich, und die erheblich höhere Antriebskraft zog auch etliche strukturelle Änderungen nach sich. Nach der zufriedenstellend verlaufenen Flugerprobung ging der Typ als **Snipe Mk I** in Serie, und die ersten Jäger konnten im Sommer 1918 ausgeliefert werden. Bei Kriegsende befanden sich jedoch erst rund 100 **Snipe** bei der RAF in Frankreich im Einsatz, und bei Produktionsende im Jahr 1919 waren 497 Exemplare gebaut. In ihrer kurzen operationellen Phase hatte sich die **Snipe** eindeutig als Ausnahmejäger erwiesen und blieb daher den primären Jagdstaf-

**TECHNISCHE DATEN**
**Sopwith Snipe Mk I**
**Typ:** Jagdeinsitzer
**Triebwerk:** ein Umlaufmotor Bentley B.R.2 mit 172 kW (234 PS)
**Leistung:** Höchstgeschwindigkeit 195 km/h in 3050 m Höhe; Dienstgipfelhöhe 5945 m; Flugdauer drei Stunden
**Gewicht:** Leermasse 595 kg; max. Startmasse 916 kg
**Abmessungen:** Spannweite 9,17 m; Länge 6,02 m; Höhe 2,67 m; Tragflügelfläche 25,08 m²
**Bewaffnung:** zwei vorwärtsfeuernde, synchronisierte 7,7-mm-Maschinengewehre Vickers und bis zu vier 11,3-kg-Bomben an externen Aufhängungen

***Diese Snipe wurde von Mr. Jack Canary auf dem US-Luftwaffenstützpunkt Wright-Patterson restauriert, bis sie 1961 wieder flugtüchtig war.***

feln auch noch lange nach dem Krieg erhalten. Bei einigen Flugschulen diente die **Snipe** sogar über die allgemeine Ausmusterung im Jahr 1926 hinaus.

Für den Grabenkrieg wurde aus der **Snipe** die **Salamander T.F.2** entwickelt. Sie zeichnete sich durch eine 295 kg schwere Panzerung unter dem Vorderrumpf aus, die Pilot und Kraftstofftanks vor den Geschossen bodengestützter Flugabwehrwaffen schützte. Die Standardbewaffnung mit zwei Vickers-MGs blieb erhalten, und zahlreiche, abwärtsfeuernde Rohrwaffen wurden erprobt. Bis zur Produktionseinstellung im Jahr 1919 hatte man zwar noch 82 Exemplare gefertigt, doch nur wenige waren vor dem Waffenstillstand in Frankreich eingetroffen.

Keines dieser Flugzeuge kam jedoch je zum Kampfeinsatz, und nach dem Ende des Kriegs schied das Muster bei der Royal Air Force aus.

Anfang 1918 erhielt der **Snipe**-Prototyp versuchsweise einen 239 kW (325 PS) starken A.B.C. Dragonfly I. Die ausgezeichnete Spitzengeschwindigkeit von 241 km/h führte zu einem Produktionsauftrag, und rund 76 **Sopwith Dragon** mit dem noch stärkeren Dragonfly IA (268 kW/ 365 PS) als Standardmotor wurden fertiggestellt.

Kein **Dragon**-Jäger flog Kampfeinsätze im Ersten Weltkrieg, und wegen der Unzuverlässigkeit des Dragonfly-Motors wurde der Typ auch nach dem Krieg nicht weiterverwendet.

## Sopwith T.1 Cuckoo und B.1

Die **Sopwith T.1 Cuckoo** wurde als Torpedoträgerlandflugzeug konstruiert, das von Flugzeugträgern aus operieren sollte. Dazu waren die gleich weit gespannten Flügel des einsitzigen Doppeldeckers klappbar gestaltet. Das Muster flog erstmals im Sommer 1917, angetrieben von einem Hispano-Suiza-Motor mit 149 kW (203 PS). Die erfolgreich verlaufene Erprobung führte zu Aufträgen über 350 Serienflugzeuge, von denen bis Kriegsende aber erst 90 ausgeliefert waren; die übrigen wurden gestrichen. Diese als **Cuckoo Mk I** bezeichneten Maschinen unterschieden sich vom Prototyp durch einen Sunbeam-Arab-Motor, weil der Hispano-Suiza vorrangig für die Royal Aircraft Factory S.E.6a bestimmt war. Die erste mit der **Cuckoo** ausgerüstete Einsatzstaffel ging erst am

***Diese T.1 Cuckoo einer Spätserie stammt von Blackburn und ist mit einem Sunbeam-Arab-Motor, größerem Seitenruder und Hecksporn ausgerüstet. Die Spannweite betrug 14,25 m, das maximale Abfluggewicht 1761 kg und die Spitzengeschwindigkeit 166 km/h. Zwischen den Fahrwerksbeinen ist auch Blackburns Torpedoschlinge zu erkennen. Das Muster war für den schiffsgestützten Einsatz im Ersten Weltkrieg gedacht, doch die erste Staffel hob erst nach Kriegsende ab.***

19. Oktober 1918 an Bord der HMS Argus, so daß sie vor dem Waffenstillstand nicht mehr zum Kampfeinsatz kam. Von der Fairchild Shipbuilding & Engineering Company in Glasgow gebaute Flugzeuge mit dem Wolseley-Viper-Motor gleicher Nennleistung erhielten die Bezeichnung **Cuckoo Mk II**. Dieser Typ wurde aber auch mit dem Rolls-Royce Falcon III (205 kW/ 279 PS) getestet. Nach dem Krieg brachte die British Air Mission sechs **Cuckoo II** nach Japan.

Etwa gleichzeitig mit der **Cuckoo** wurden zwei Exemplare eines ähnlichen, einsitzigen Bombers mit der Bezeichnung **Sopwith B.1** entworfen und konstruiert. Sie hatten den Hispano-Suiza-Motor mit 149 kW (203 PS) und waren für eine interne Bombenlast von 254 kg konzipiert. Nach der amtlichen Erprobung von 1917 erging kein Serienauftrag.

## Sopwith Triplane

Der bemerkenswerte kleine Jäger **Sopwith Triplane** erhielt einen Rumpf und ein Leitwerk, die denen der Pup glichen, aber einen stärkeren Motor und ein zusätzliches Flügelpaar. Dieser Dreidecker war genauso wendig wie die Pup, jedoch schneller und hatte dank des zusätzlichen Flügelpaars und des Clerget-Umlaufmotors als Standardtriebwerk mit 81 kW (110 PS) auch ein besseres Steigvermögen. Bei einigen der letzten Exemplare sorgte der 96 kW (130 PS) starke Clerget-Motor für eine weitere Leistungssteigerung.

Die Anfang 1917 in Dienst gestellte **Triplane** war der erste Jäger in Dreideckerauslegung an der Westfront.

Im nachhinein erscheint es fast als unglaublich, daß dieser winzige Jäger, der in nur etwa 140 Exemplaren gebaut und ausschließlich vom RNAS geflogen wurde, die Luftherrschaft über die Jagdfliegerkräfte des Gegners errang und diese für einen Zeitraum von rund sieben Monaten behielt, bis ihn im November 1917 die Sopwith Camel ablöste. Wie groß diese Leistung war, läßt sich daran abschätzen, daß die deutschen Jagdpiloten den Luftkampf mit einem **Triplane**-Schwarm tunlichst vermieden und die deutsche Flugzeugindustrie alles daransetzte, einen gleichwertigen Dreidecker zu entwickeln.

Kurz nach der Entwicklung der Standard-**Triplane** flog Sopwith zwei Exemplare einer anderen Dreideckerversion, beide mit einem Hispano-Suiza-V-Motor. Diese Versuchsjäger, der eine mit einem 112-kW-, der andere mit einem 149-kW-Motor, wurden häufig als ummotorisierte Standard-**Triplane** abgetan, doch in Wirklichkeit basierten sie auf einer erheblich geänderten Zelle. Beide wiesen im Vergleich zur älteren **Triplane** ein stark verbessertes Leistungsvermögen nach, aber es erfolgte keine Serienfertigung, da nicht genügend Hispano-Suiza-Motoren zur Verfügung standen.

***Die Sopwith Triplane des Flight Lieutenant R. A. Little, No. 8 (Naval) Squadron, RNAS, im Frühjahr 1917 in Nordfrankreich stationiert***

### TECHNISCHE DATEN
**Sopwith Triplane**

**Typ:** Jagdeinsitzer
**Triebwerk:** ein Clerget-Umlaufmotor mit 96 kW (130 PS)
**Leistung:** Höchstgeschwindigkeit 188 km/h in 1525 m Höhe; Dienstgipfelhöhe 6250 m; Flugdauer zwei Stunden, 45 Minuten
**Gewicht:** Leermasse 499 kg; max. Startmasse 699 kg
**Abmessungen:** Spannweite 8,08 m; Länge 5,74 m; Höhe 3,20 m; Tragflügelfläche 21,46 m²
**Bewaffnung:** ein oder zwei vorwärtsfeuernde, synchronisierte 7,7-mm-Maschinengewehre Vickers

## Southern Martlet

G. Miles vom ehemaligen Avro-Werk hatte neben anderen Flugzeugteilen die Zelle ner zweisitzigen Avro Baby erworben nd einen Cirrus-I-Motor mit 44 kW 0 PS) eingebaut. So entstand die **Southern Martlet**, die in Shoreham, Sussex, zum Erstflug startete. Die beachtliche Leistung dieser Maschine brachte Southern Aircraft einen Auftrag über einen ähnlichen, kunstflugtauglichen Einsitzer ein. Der Prototyp mit einem 63 kW (85 PS) starken Vierzylinder-Boxermotor A.B.C. Hornet flog erstmals im August 1929 und wurde anschließend auf einen Genet-II-Sternmotor mit 60 kW (82 PS) ummotorisiert. Diesem kleinen Doppeldecker, ebenfalls **Southern Martlet** genannt, folgten fünf Serienflugzeuge, die sich in Details und/oder durch ihr Triebwerk voneinander unterschieden. 1931 schloß sich eine **Metal Martlet** an, die auf einem Stahlrohrrumpfgerüst aufgebaut war und einen A.D.C. Hermes I mit 78 kW (106 PS) als Antrieb erhielt. Ein zweites Exemplar befand sich im Bau, wurde aber nicht fertiggestellt und später verschrottet.

## Sparmann S-1

er Kunstflieger Edmund Sparmann hatte die österreichischen Phoenix-Werke arbeitet, bevor er 1919 nach Schweden swanderte. Er wurde 1926 eingebürgert und bei ASJA in Malmslätt als Testpilot angestellt. Sparmann war zudem ein Erfinder und erhielt von der US-Regierung eine Entschädigung für im Krieg erlittene Urheberrechtsverletzungen.

So konnte er Mitte der dreißiger Jahre in Stockholm die Sparmann's Flyplanverkstad gründen. Ihr erstes Produkt war ein einsitziges Leichtflugzeug, das sich zur Ausbildung fortgeschrittener Zivil- und Militärpiloten eignete. Dieser abgestrebte und 8 m weit gespannte Tiefdecker **Sparmann S-1** mit starrem Spornradfahrgestell wurde von einem de Havilland Gipsy Major mit 97 kW (132 PS) angetrieben und in kleiner Zahl für die schwedische Luftwaffe gebaut. Trotz Unterstützung durch die Luftwaffe weigerte sich Edmund Sparmann, mit anderen Firmen zusammenzuarbeiten, und 1937 kaufte Saab schließlich die Firma auf.

## Spartan-Flugzeuge (GB) bis Sud-Est (SNCASE), frühe Typen

**Europäischen Liebhabern gelten die Flugzeuge des Belgiers Stampe ebensoviel wie Engländern die Tiger Moth. Die chinesische Flugzeugindustrie importierte zu ihren Anfangszeiten noch die meisten Bauteile (und Konstruktionspläne). Stinson baute von 1926-49 eine Anzahl sehr zuverlässiger einfacher Kabinen-Eindecker mit relativ hoch sitzenden Flügeln.**

# Spartan-Luftfahrzeuge (GB)

1928 entwarf und konstruierte Oliver Simmonds den Prototyp **Simmonds Spartan**. Der konventionell ausgelegte Doppeldecker-Zweisitzer wurde in Prototypform von einem Cirrus III mit 71 kW (97 PS) angetrieben, doch die rund 50 Serienmaschinen, die etwa zur Hälfte an ausländische Käufer gingen, flogen mit verschiedenen Motortypen der Leistungsklasse 63 bis 89 kW (86 bis 121 PS). Diese Flugzeuge hatte Simmonds Aircraft Ltd. gebaut, doch der Erfolg der **Spartan** führte dazu, daß das Unternehmen 1930 als Spartan Aircraft Ltd. ihren Namen verwendete. Sein erstes Produkt war die **Spartan Arrow**, ein etwas größerer Doppeldecker-Zweisitzer, von dem 28 Exemplare mit Motoren zwischen 71 und 119 kW (97 bis 162 PS) entstanden. Es folgte ein dreisitziger Doppeldecker mit offenen Cockpits, genannt **Spartan Three Seater**, von dem 19 Exemplare gefertigt wurden. Nach Einführung der verbesserten **Three Seater II** (sieben Maschinen) im Juni 1932 wies man der erstgenannten Baureihe die Bezeichnung **Three Seater I** zu. Beide Versionen hatten 86 kW oder 89 kW (117 PS/121 PS) starke Motoren. Das letzte Produkt von Spartan Aircraft war das leichte Transportflugzeug **Spartan Cruiser**, das auf dem von Edgar Percival konstruierten Einzelexemplar der **Saro-Percival Mailplane** basierte. Saro hatte Spartan die Fortentwicklung der **Mailplane** übertragen, aber da keine Nachfrage bestand, änderte Spartan die Inneneinrichtung so um, daß zwei Besatzungsmitglieder und sechs Passagiere Platz fanden. Diese als **Spartan Cruiser I** bezeichnete Maschine behielt die drei **Mailplane**-Motoren de Havilland Gipsy III je 89 kW (121 PS), doch die zwölf seriengefertigten **Cruiser II** erhielten einen stärkeren Antrieb. Von der verbesserten **Cruiser III** wurden drei Exemplare gebaut, bevor die Firma 1935 den Flugzeugbau einstellte.

***G-ABWP war die letzte Spartan Arrow, angetrieben von einem Cirrus Hermes II mit 78 kW (106 PS). Ihre Spannweite betrug 9,32 m und die Spitzengeschwindigkeit 171 km/h.***

**TECHNISCHE DATEN**
**Spartan Cruiser II**

**Typ:** leichtes Verkehrsflugzeug
**Triebwerke:** drei Reihenmotoren de Havilland Gipsy Major, Cirrus Hermes IV oder Walter Major 4, je 97 kW (132 PS)
**Leistung:** Höchstgeschwindigkeit 214 km/h; Dienstgipfelhöhe 4570 m; Reichweite 499 km
**Gewicht:** Leermasse 1656 kg; max. Startmasse 2812 kg
**Abmessungen:** Spannweite 16,46 m; Länge 11,94 m; Höhe 3,05 m

# Spartan-Luftfahrzeuge (USA)

Am 25. Oktober 1926 flog erstmals der von Willis Brown konstruierte Doppeldecker **Spartan**. Dies zog die Gründung der Mid-Continent Aircraft Company in Tulsa, Oklahoma, zur Produktion dieses Musters nach sich. Innerhalb eines Jahres wurden die Aktiva der Mid-Continent jedoch von einer Investorengruppe erworben, und das junge Unternehmen firmierte daraufhin Anfang 1928 als Spartan Aircraft Company. Die erste Serienversion **Spartan C3-1** war ein stoffbespannter Doppeldecker mit in Mischbauweise aus Holz und Stahlrohr konstruierter Zelle und einem 92 kW (125 PS) starken deutschen Sternmotor von Siemens-Halske als Antrieb. Nachdem man etwa 15 Exemplare gebaut hatte, führten Motorlieferschwierigkeiten zur **Spartan C3-2**, die Ende 1928 mit einem 88 kW (120 PS) starken Walter-Sternmotor vorgestellt wurde. Von dieser Version waren etwa 35 Exemplare gefertigt, als man Mitte 1929 die **Spartan C3-165** mit dem Wright-Sternmotor J-6 einführte, der 123 kW (165 HP/167 PS) abgab. Bis zur Entwicklung der verbesserten **Spartan C3-225** im Jahr 1930 entstanden schätzungsweise 40 **C3-165**. Das neue Muster zeigte dank des 168 kW (225 HP/228 PS) starken Wright J-6 bessere Flugleistungen. An diese Version mit 14 gebauten Exemplaren schloß sich 1930 als letzter Sproß dieser Familie das Einzelexemplar **Spartan C3-166** an, dessen Sternmotor Comet 7-E 123 kW (165 HP/167 PS) erzeugte.

Das zunehmende Interesse an Kabinen-Eindeckern anstelle der offenen Doppeldecker führte zur Konstruktion der **Spartan C4-225**. Dieser viersitzige, abgestrebte Hochdecker wurde von der 168-kW-Version (225 HP/228 PS) des Wright J-6 angetrieben und Anfang 1930 vorgestellt. Von diesem Typ entstanden fünf Exemplare, gefolgt von zwei Einzelstücken – der **C4-300** mit Wright-Sternmotor R-975 (224 kW/305 PS) und der **Spartan C4-301** mit einem Pratt & Whitney Wasp Junior gleicher Leistung. Der erfolglose Versuch, dieses Muster zu vermarkten, zog die **Spartan C5-301** mit Wasp-Junior-Triebwerk nach sich, die aber auch nur vier Käufer fand.

Das letzte Spartan-Leichtflugzeug war die Sport-/Übungsmaschine **Spartan C2-60**, ein abgestrebter Tiefdecker mit offenem Cockpit für zwei Personen nebeneinander. Dieses von einem Jacobs-Sternmotor L-3 mit 41 kW (56 PS) angetriebene Muster wurde Anfang 1931 eingeführt. Erst 16 Exemplare waren gebaut, als die zunehmende Wirtschaftskrise in den USA die Serienfertigung drosselte. In dieser Flaute konstruierte das Unternehmen den Prototyp eines sehr attraktiven, freitragenden Tiefdeckers mit vier Sitzen und Einziehfahrwerk, der 1936 zum Erstflug startete. Von stoffbespannten Steuerflächen abgesehen war dieses Musterflugzeug **Spartan 7-X** vollständig aus Metall konstruiert. Aus ihm entstand die fünfsitzige **Spartan 7-W Executive** mit 298 kW (405 PS) starkem Wasp Junior. Bis zur kriegsbedingten Unterbrechung der Produktion im Jahr 1940 wurden 34 Exemplare gefertigt und davon 16 als **UC-71** zur US Army Air Force eingezogen. Zwar versuchte man nach dem Zweiten Weltkrieg, mit der **Spartan 12-W** wieder an die **Executive** anzuknüpfen, doch zum Bau dieses Musters kam es nicht.

Der drohende Kriegseintritt der USA hatte zur Entwicklung eines zweisitziger Mehrzweckmilitärflugzeugs geführt, das auf der **Executive** basierte und auf einen P&W-Sternmotor Wasp S3H-1 mit 410 kW (558 PS) sowie auf eine leichte Bewaffnung abgestimmt war. Vier oder fünf Exemplare wurden unter der Herstellerbezeichnung **FBW-1 Zeus** gebaut, doch das Muster stieß kaum auf Interesse. Dann erhielt die Firma völlig unerwartet ihren bislang größten Auftrag, als am 10. Juli 1940 die US Navy 201 zweisitzige Grundschulflugzeuge bestellte, die auf dem dreisitzigen **C3** Doppeldecker beruhen sollten. Diese Variante mit der Herstellerbezeichnung **NS-** wurde von einem Sternmotor Avco Lycoming R-680-8 mit 164 kW (223 PS) angetrieben. Die Schulflugzeuge mit der offiziellen Dienstbezeichnung **Spartan NP-1** hatte eine Spannweite von 10,29 m und eine Höchstgeschwindigkeit von 174 km/h.

***Die in Amerika konstruierte Spartan 7W Executive bot nicht nur ein Einziehfahrwerk, sondern fiel auch durch ihre diagonal geschnittenen Flügelenden auf.***

# Sperry/Engineering Division Messenger

1921 konstruierte die Engineering Division des US Army Air Service den einsitzigen Doppeldecker **Messenger**, der als Kurierflugzeug zwischen Kommandeuren des Feldheeres und ihren Hauptquartieren dienen sollte. Das durchweg konventionell ausgelegte und nur 6,10 m weit gespannte Muster wurde von einem Lawrence-Sternmotor L-4 angetrieben, dessen Leistung von 45 kW (60 PS) eine Spitzengeschwindigkeit von 156 km/h ermöglichte. Die Sperry Aircraft Company in Farmingdale, New York, die Elmer Sperrys Sohn Lawrence gegründet hatte, baute insgesamt 42 **Messenger**-Flugzeuge, einschließlich der Prototypen. Außer in der vorgesehenen Rolle diente die **Messenger** auch für etliche Versuchszwecke. So wurden beispielsweise acht der ersten zwölf Exemplare als funkgesteuerte Lufttorpedos fertiggestellt. 1924 erhielten diese Flugzeuge Dienstbezeichnungen, nachdem man sie bis dahin unter dem Sammeltitel **Sperry**-Kurierflugzeug zusammengefaßt hatte. 18 der ersten 26 Flugzeuge hießen nun **M-1**, die acht funkgesteuerten **Messenger MAT** (Messenger Aerial Torpedo, um eine Verwechslung mit dem Kürzel AT für Advanced Trainer – Schulflugzeug – zu vermeiden) und die letzten 16 Exemplare mit erweitertem Tankvolumen **M-1A**.

Lawrence Sperry wollte eine zivile Maschine nach England bringen, mußte aber über dem Ärmelkanal notlanden und ertrank. Bald darauf wurde sein Unternehmen geschlossen.

***Mit der Sperry wurde ein Geschirr erprobt, um an ein Luftschiff anzudocken. Hier ist das Greifergerüst auf dem Oberflügel zu sehen.***

# Stampe-Luftfahrzeuge

Der Chefkonstrukteur der 1922 gegründeten belgischen Firma Stampe et Vertongen hieß Alfred Renard, und so war den ersten Typkennungen das Kürzel „RSV“ für Renard, Stampe und Vertongen vorangestellt. Das Unternehmen spezialisierte sich auf den Entwurf und die Konstruktion von Grundschul- und Reiseflugzeugen sowie Schulflugzeugen für Fortgeschrittene, und zu seinen ersten Produkten zählten die **Stampe et Vertongen RSV.18-100** und die **RSV.26-100**, nahezu identische Zweisitzer für Schul- und Reiseflug, wenn auch der erstgenannte Typ ein Ein und der zweite ein Doppeldecker war. Den Antrieb lieferte in beiden Fällen ein Renard-Sternmotor mit 74 kW (100 PS). Es folgten die **RSV.-20-100**, ein Zweisitzer in der Auslegung eines gestielten Hochdeckers mit 81 kW (110 PS) starkem Renard-Sternmotor, und die **RSV.22-180**, ein offener Tandemzweisitzer zur Fortgeschrittenenausbildung, ausgelegt als Doppeldecker mit 134 kW (180 HP/182 PS) leistendem V-Motor von Hispano-Suiza, aber wahlweise auch als **RSV.22-200** mit Renard-Sternmotor erhältlich, der 147 kW (200 PS) abgab. Die **RSV.28-180 Typ III** war ein Fortgeschrittenenschulflugzeug mit dem 134-kW-V-Motor (130 HP/182 PS) von Hispano-Suiza und speziell zur Ausbildung von Militärpiloten im Blindflug ausgerüstet. Der kompakte Fortgeschrittenentrainer **RSV.22-Lynx** von 1932 hieß so wegen seines Armstrong-Siddeley-Sternmotors Lynx, der 160 kW (218 PS) erzeugte, und das gleiche Triebwerk wurde in die zur Blindflugschulung hergerichtete **RSV.26-Lynx** eingebaut. Mehrere dieser frühen Modelle dienten bei der belgischen Fliegertruppe, vor allem aber die **RSV.26-Lynx** und in die **RSV.28-180 Typ III**. Das Schul- und Verbindungsflugzeug **RSV.32** wurde bis 1932 in 57 Exemplaren gebaut und umfaßte die Varianten **RSV.32-90** (Anzani-Motor 10C mit 66 kW/90 PS), **RSV.32-100** (Renard-Motor mit 74 kW/100 PS), **RSV.32-105** (Hermes mit 78 kW/105 HP/106 PS), **RSV.32-110** (Lorraine-Dietrich mit 81 kW/110 PS) und **RSV.32-120** (Gipsy III mit 89 kW/120 HP/121 PS). Die Mehrzahl dieser Maschinen diente bei der belgischen Luftwaffe.

Als Renard ausschied, um ganz für die einige Jahre zuvor von Georges und Alfred Renard gegründete Société Anonyme des Avions et Moteurs Renard zu arbeiten, wechselte die Typkennung zu „SV“. Die **SV.4** von 1933, ein leichter Doppeldecker für Reise- und Übungsflüge, der als Prototyp von einem de Havilland Gipsy III mit 89 kW (121 PS) angetrieben wurde, erwies sich als das erfolgreichste Flugzeug von Stampe et Vertongen. Das Muster war anfangs als kunstflugtaugliche **SV.4A** für Fortgeschrittene mit 103 kW (140 PS) starkem Renault-Motor 4-PO5 erhältlich, aber die verbesserte **SV.4B** erschien mit neukonstruiertem Tragwerk, Gipsy Major I, der 97 kW (132 PS) erzeugte, und insgesamt kleineren Abmessungen. Vor dem Zweiten Weltkrieg wurden nur etwa 35 Exemplare gebaut, aber nach dem Krieg produzierte das Unternehmen Stampe und Renard, das durch den Zusammenschluß von Stampe et Vertongen mit der SA Avions et Moteurs Renard entstanden war, weitere 65 Exemplare.

Zudem fertigten SNCAN in Frankreich und Atelier Industriel de l'Aéronautique d'Alger in Algerien die **SV.4** als **SV.4C** (mit dem 103 kW/140 PS starken Renault 4-Pei) in großem Umfang in Lizenz. Gemeinsam brachten sie es auf 940 Maschinen. An die **SV.4** hatte sich vor dem Krieg der größere und schwerere Militärschuldoppeldecker **SV.5** angeschlossen, der vom Servalsternmotor des Herstellers Armstrong Siddeley mit 265 kW (360 PS) angetrieben wurde und sich zur Ausbildung von Bomben- und Bordschützen herrichten ließ. Von ihm entstanden etwa 30 Exemplare, davon zehn für Lettland und der Rest für die belgische Luftwaffe. Zu den letzten Entwürfen, bevor der Hersteller den Betrieb wegen der deutschen Invasion am 10. Mai 1940 einstellen mußte, zählten der leichte Schirmeindecker **SV.18**, angetrieben von einem Gipsy III mit 89 kW (121 PS), und das zweisitzige Reiseflugzeug **SV.18M**, das aber auch als einsitziges Jagdschulflugzeug **SV.18MA** angeboten wurde.

Nach der **SV.4B** hatte Stampe et Renard in der Nachkriegszeit kaum noch Erfolg. Das Einzelexemplar **SV.4D** mit 129 kW (175 PS) starkem Mathis-Motor weckte kein Interesse. Nicht anders erging es dem Schulflugzeug **SR.7B Monitor IV**, einem freitragenden Tiefdeckerzweisitzer mit einem Reihenmotor Blackburn Cirrus Bombardier 702 und Tandemcockpits.

***G-ASHS war eine Stampe et Vertongen SV.4B des British Tiger Club, die Rollason auf einen de Havilland Gipsy Major Mk 10-1 abgestimmt hatte. Wie alle SV.4 hatte die Maschine vier Querruder.***

### TECHNISCHE DATEN

**Stampe et Vertongen SV.4B**

**Typ:** kunstflugtaugliches Reise-/Schulflugzeug

**Triebwerk:** ein Reihenmotor (A-Form) de Havilland Gipsy Major I mit 97 kW (132 PS)

**Leistung:** Höchstgeschwindigkeit 200 km/h; Dienstgipfelhöhe 5500 m

**Gewicht:** Leermasse 480 kg; max. Startmasse 780 kg

**Abmessungen:** Spannweite 8,40 m; Länge 6,50 m; Höhe 2,60 m; Tragflügelfläche 19 $m^2$

# Standard-Luftfahrzeuge

Standard Aircraft Corporation wurde 1916 in Plainfield, New Jersey, in der Annahme gegründet, daß die USA trotz ihrer neutralen Politik in den Ersten Weltkrieg eintreten würden. Erst als fünfter oder sechster Flugzeuglieferant des US Army Signal Corps erhielt die Firma 1916 einen Auftrag über drei Doppeldecker **Standard H-2**. Diese auf der Sloane H2 beruhenden Dreisitzer mit offenen Cockpits und einem Hall-Scott-Motor A-5 mit 93 kW (126 PS) waren zur Erkundung und Beobachtung aus der Luft bestimmt. Kurz darauf bestellte die US Army neun entsprechend motorisierte und verbesserte **H-3**-Doppeldecker, und drei ähnliche Exemplare, ausgestattet mit Zwillingsschwimmern, gingen als Schulflugzeuge **H-4H** an die US Navy.

Weitaus bedeutender aber war die **J**-Serie des Unternehmens, die die Curtiss JN-4 im Ausbildungsdienst ergänzen sollte und dieser stark ähnelte. Als erste Version erschien die **SJ**, angetrieben von einem Hall-Scott-Reihenmotor A-7 mit 75 kW (102 PS), und es folgten die Hauptbaureihen **J-1** und **SJ-1**, die sich von ihr nur im Detail unterschieden und zusammen eine Auflage von rund 800 Exemplaren erreichten. Der Hauptschwachpunkt dieser Flugzeuge war der unzuverlässige Hall-Scott-Motor, und die Bemühungen der Firma ein tauglicheres Muster zu entwickeln, blieben wenig erfolgreich. Hierzu gehörte die **JR**, die der **SJ** glich, aber einen 112 kW (152 PS) starken Wright-Hispano-Motor hatte. Von ihr beschaffte die US Army nur sechs Maschinen als Schulflugzeuge für Fortgeschrittene. An sie schlossen sich sechs weitere **JR** mit etlichen Änderungen an, darunter gleich weit gespannte Ober- und Unterflügel, neue Leitwerksflächen und der Hall-Scott-Motor A-5 (130 kW/177 PS). Unter der Bezeichnung **JR-1B** wurden auch einige Maschinen an das US Post Office Department geliefert.

1917 entwickelte Standard den kleineren Doppeldecker **E-1**, von dem die US Army zwei Exemplare beschaffte, um sie als Jäger zu prüfen. In der Jagdrolle fiel die **E-1** zwar durch, aber als Fortgeschrittenenschulflugzeug brachte sie es auf 100 Serienexemplare. Etwa die Hälfte davon wurde als **E-1** mit dem 74 kW (100 PS) starken Gnome- oder dem 59 kW (80 PS) starken Le-Rhône-Umlaufmotor gefertigt, während man die übrigen zur Bewaffnung vorbereitete und als **M-Defense** bezeichnete.

***Die Standard E-1 wurde in kleiner Zahl zur Flug- und Schießausbildung produziert. Nach dem Ersten Weltkrieg baute man drei E-1 zu funkgesteuerten „Lufttorpedos“ um.***

# State Aircraft Factories (Volksrepublik China)

Nachdem 1949 ein kommunistisches Regime die Macht in China übernommen hatte, wurde die junge Luftfahrtindustrie des Landes im Sinne einer strengen staatlichen Kontrolle neu organisiert.

In den Städten Beijing (Peking), Chengdu, Hanzhong, Harbin, Nanchang, Shanxii, Shanghai, Shenjang, Tianjin und Xian wurden nationale Flugzeugwerke (State Aircraft Factories) errichtet. Diese waren zumeist nur mit der lizensierten (gelegentlich auch nicht lizensierten) Produktion ausländischer Flugzeugtypen, gewöhnlich sowjetischen Ursprungs, befaßt und sind es auch teilweise heute noch.

Details dieser Flugzeuge finden sich unter den Einträgen der Originalhersteller. In der nachstehenden Tabelle sind die wichtigsten Luftfahrtprojekte aufgeführt, die die chinesische Industrie seit der Revolution in Form berechtigter (und unberechtigter) Kopien sowjetischer Muster durchgezogen hat.

| Chinesische Bezeichnung | Originalbezeichnung |
|---|---|
| Harbin H-5 | Iljuschin Il-28 |
| Xian H-6 | Tupolew Tu-16 |
| Shenjang J-5 | Mikojan MiG-17 |
| Shenjang J-6 | Mikojan MiG-19 |
| Chengdu/Shenjang/ Guishou J-7 | Mikojan MiG-21 |
| Xian Y-5 | Antonow An-2 |
| Harbin Y-7 | Antonow An-24 |
| Shanxi Y-8 | Antonow An-12 |
| Harbin Z-5 | Mil Mi-4 |
| Harbin Z-9 | Aérospatiale Dauphin |

Zu den rein chinesischen Entwürfen gehören die Harbin Y-12, die Harbin SH-5 und die Nanchang A-5 (beschrieben unter Harbin und Nanchang, da sie erst entstanden, nachdem die Hersteller den Titel State Aircraft Factory abgelegt hatten). Weitere bedeutende einheimische Typen werden im folgenden vorgestellt.

# State Aircraft Factory Chengdu JJ-5/FT-5

Die **Shenjang J-5** war Chinas erster im eigenen Land gebauter Düsenjäger. Die Produktion erfolgte in enger Zusammenarbeit mit der Sowjetunion im Rahmen eines sorgfältig geplanten, in vier Phasen unterteilten Programms, bei dem heimische Fachkräfte mit dem einfachen Zusammenbau sowjetisch gefertigter Baugruppen und Teile begannen und schließlich 48 Prozent jedes Flugzeugs herstellten. Die **J-5** absolvierte ihren Erstflug am 19. Juli 1956 und konnte im September in Serie gehen. Insgesamt 767 Exemplare wurden gebaut.

Spätere Abkömmlinge entwickelte und konstruierte Chengdu. Zunächst erschien die **J-5A**, im Grunde eine chinesische MiG-17PF mit einheimischem Abfangradar im größeren und längeren Vorderrumpf. Nach dem Erstflug des Prototyps am 11. November 1964 wurde das Muster in kleiner Stückzahl produziert. Mehr Erfolge erzielte der Doppelsitzertrainer **JJ-5**, abgeleitet von der **J-5**. Er hatte einen leicht verlängerten Rumpf, und sein Lufteinlauf sowie das Schubrohr waren überarbeitet. Die Entwicklung begann 1965, nachdem die damals im Einsatz stehende MiG-15UTI einige nicht akzeptable Steuer- und Flugeigenschaften gezeigt hatte. Die Sichelflügel der MiG-17, deren Pfeilung am äußeren Abschnitt zurückgenommen war, beseitigten einen Großteil dieser Probleme.

Die **JJ-5** flog erstmals am 8. Mai 1966, und bis zur Einstellung der Produktion im Jahr 1986 wurden 1061 Exemplare gebaut und zum Teil als **FT-5** nach Albanien, Bangladesch, Pakistan, Sri Lanka und Simbabwe exportiert. Mikojan selbst hat nie eine zweisitzige MiG-17-Variante entwickelt.

# State Aircraft Factory Harbin Y-11/Y-12

Die **Harbin Y-11** wurde als Allzwecktransportflugzeug zur Nachfolge der Antonow An-2/Xian/ShijiazhuangY-5 entwickelt. Die ersten Maschinen erhielten heimische Neunzylinder-Sternmotoren Quzhou Huosai-6A je 210 kW (285 PS), die auf dem Iwtschenko A1-14RF beruhten. Dieser Antrieb ermöglichte es der **Y-11**, eine Nutzlast von 940 kg zu transportieren, die sich durch Einrüstung von HS6D-Motoren auf 1250 kg erhöhte. Außer der zweiköpfigen Besatzung konnte die **Y-11** acht Personen gegenüber mindestens zwölf in der An-2 befördern. Um eine bessere Leistung im Einmotorenflug zu erzielen, wurde die **Y-11B** mit Sechszylinder-Boxermotoren der Marke Continental TSIO-550-B je 261 kW (355 PS) entwickelt. Der Prototyp flog am 25. Dezember 1990, und die Auslieferung begann 1992. Die **Y-11BI** ist ähnlich, hat aber eine nochmals verbesserte Avionik chinesischer Prägung. Die **Y-12I** teilt mit der **Y-11** die Grundauslegung, ist aber insgesamt größer. Der Rumpf wurde im Querschnitt erweitert und durch eine vor den Flügeln eingefügte Sektion verlängert. Das Muster sollte eigentlich die Bezeichnung **Y-11T1** erhalten, doch dann entschied man sich noch vor dem Erstflug für **Y-12**. Varianten der **Y-12** finden sich unter dem Harbin-Eintrag.

# State Aircraft Factory Nanchang CJ-5 und CJ-6

Das Grundmuster Yak-18 wurde in China als **Nanchang CJ-5** in Lizenz gefertigt und als Nachfolger zwischen 1956 und 1958 in Shenjang das engverwandte Kolbenmotorgrundschulflugzeug **CJ-6** entwickelt. Es behielt die generelle Auslegung der **CJ-5** bei, führte aber ein komplett einziehbares Fahrwerk ein, dessen Hauptbeine nach innen in das Tragflächenmittelstück einfuhren und das Bugrad nach hinten in den Vorderrumpf. Die Außenflügel erhielten eine deutlich positive V-Stellung.

Der Prototyp flog erstmals am 27. August 1958 mit einem 107 kW (145 PS) starken Mikulin-Motor M-11ER, der sich als zu schwach erwies und später einem Iwtschenko AI-14R wich.

In dieser Form kam die Maschine am 18. Juli 1960 wieder in die Luft. Die Standardserienversion ab 1965 war die **CJ-6A** mit dem kräftigeren Motor Quzhou Huosai-6A HS6A, der vom leistungsstärkeren AI-14RF abstammte.

Die Produktion der **CJ-6A** überschritt die Marke 1800, und Teilserien wurden an befreundete Nationen wie Albanien, Bangladesch, Kambodscha, Korea, Tansania und Sambia geliefert.

# State Aircraft Factory Nanchang J-12

Die **J-12**, die auf einem chinesischen Anforderungskatalog für einen leichten STOL-Jäger basierte, war weitgehend ähnlich ausgelegt wie die MiG-21. Sechs Musterjäger wurden gebaut, von denen der erste am 26. Dezember 1970 zum Jungfernflug startete. Die **J-12** bewies Agilität, Schnelligkeit und gute Eigenschaften für Kurzstrekkenstarts und -landungen, aber auch eine unzulängliche Feuerkraft, Robustheit und Schubkraft.

Nachdem strukturelles Versagen das Flugtestprogramm beeinträchtigt hatte, wurde das Vorhaben schließlich im Jahr 1977 aufgegeben.

# State Aircraft Factory Shanghai Y-10

Die **Shanghai Y-10** war ein vierstrahliger Turbofan-Airliner, der ab 1970 für die CAAC entwickelt wurde. Da dieses Projekt amerikanischen FAA-Vorschriften genügen sollte, lieferte es nützliche Erfahrungen in der Herstellung, Flugerprobung und Zulassung eines modernen Verkehrsflugzeugs. Dies zahlte sich bei der späteren Koproduktion der McDonnell Douglas MD-82 aus.

Der **Y-10**-Prototyp, der in Größe und Auslegung an die Boeing 707 erinnerte, war Chinas bislang größter Flugzeugentwurf. Den Antrieb lieferten JT3D-7, die CAAC von Original-Boeing 707 hatte demontieren lassen.

***Die Shanghai Y-10 wies eine markante Ähnlichkeit mit der Boeing 707 auf. China hatte ursprünglich vor, diesen Typ zu einem moderneren zweimotorigen Airliner weiterzuentwickeln.***

Die Kabine konnte bis zu 178 Passagiere in der Touristenklasse, 149 in gehobener Klasse oder 124 im Klassenmix aufnehmen.

Das Cockpit war für eine Fünfmanncrew aus Pilot, Kopilot, Navigator, Funker und Flugingenieur eingerichtet.

Der erste von zwei Prototypen kam am 26. September 1980 in die Luft. Die weitere Entwicklung wurde gestoppt, da den Verantwortlichen der Bedarf an diesem recht teuren einheimischen Jetliner als zu gering erschien.

# State Aircraft Factory Shenjang JJ-1

Die **JJ-1** erreichte als erstes einheimisches Muster des kommunistischen China den Flugstatus. Der schwerfällig wirkende Strahltrainer war ähnlich wie die britische Jet Provost ausgelegt, wenngleich mit Tandemsitzen und einem Kabinendach, das wie von der MiG-15UTI übernommen wirkte. Die **JJ-1** flog erstmals am 26. Juli 1958, wurde aber aufgegeben, da man das Ausbildungssystem CJ-6/MiG-15UTI ohne Einweisung durch einen Anfängerstrahltrainer einführte.

# State Aircraft Factory Shenjang J-6/F-6 und JJ-6/FT-6

Die MiG-19 wurde zur Produktion im zweiten Fünfjahresplan bestimmt. Die Shenjang Aircraft Factory erhielt Zeichnungen und stellte die Werkzeug- und Produktionsausrüstung her sowie die Dokumentation für eine Kopie der MiG-19 mit der Bezeichnung **J-6**. Das erste in China montierte Flugzeug dieser Gattung hob am 17. Dezember 1958 zum Jungfernflug ab. Zudem beauftragte man die Shenjang Aircraft Factory mit der Lizenzfertigung der MiG-19P und MiG-19PM. Nach einer Unterbrechung des Programms wegen unzureichender Qualitätskontrolle lief die Produktion mit dem Tagjäger MiG-19S „Farmer-C" wieder an. Das Muster wurde im Dezember 1963 erneut zugelassen und 1964/65 in Dienst gestellt.

Es entstand eine Reihe neuer, rein chinesischer Varianten, darunter der zweisitzige Strahltrainer **JJ-6**, der am 6. November 1970 erstmals flog. Mikojan baute eine kleine Zahl zweisitziger MiG-19UTI, aber dieser Typ ging nicht in Dienst, da man den Übergang von der MiG-15UTI auf die MiG-19 für unproblematisch hielt.

China hingegen hielt einen Trainer mit ähnlichen Steuereigenschaften wie bei der **J-6** für wichtig und wurde durch ansehnliche Exportaufträge in dieser Meinung bestätigt. Der chinesische Doppelsitzer hatte mit dem russischen Original nur noch wenig gemein. Der Rumpf wurde vor den Tragflügeln um 84 cm gestreckt, und die Kanonen in den Flächenansätzen entfielen zugunsten zusätzlicher Treibstofftanks, so daß die Treibstoffkapazität der des Einsitzers bis auf 150 Liter ähnelte. Eine Einzelkanone unter dem Rumpf blieb in der Regel bestehen. Zur Erhaltung der Richtungsstabilität kamen doppelte Kielflossen unter dem Hinterrumpf hinzu.

Insgesamt 634 **JJ-6** wurden produzier und viele von ihnen unter der Bezeich nung **FT-6** zur Umschulung auf die **F-** und die A-5 sowie zur Inübunghaltung ex portiert. Der Typ dient weiterhin in Bangla desch, China, Pakistan und Nordkorea.

Zu den weiteren heimischen MiG-1 Abkömmlingen zählt auch das Aufklä rungsflugzeug **JZ-6**. Dieses Muster wurd in Unterversionen für Aufklärungsflüg produziert. Bei der fälschlich als **J-6Xin** i terpretierten Ausführung, der man ein i Lande konstruiertes Allwetterradar in de Radomspitze des Triebwerkslufteintritt körpers zuschrieb, handelte es sich in Wirklichkeit um den Hochgeschwindigkeitstagjäger **J-6III**, dessen Nasenspitze ein regelbarer Stoßwellenkonus war. Der Prototyp flog am 6. August 1969. Die **J-6III** zeigte ein völlig anderes Erscheinungsbild mit kürzer gespannten, gestutzten Tragflügeln sowie langsehnigeren Querrudern und Landeklappen. Sie flog schneller, stieg besser und kurvte enger als die **J-6**, litt aber unter Steuerungsproblemen und unzureichender Qualitätskontrolle. Die weniger anspruchsvolle **J-6C** erwies sich als erfolgreicher. Sie unterschied sich vom Grundmuster **J-6**/MiG-19 durch ein Bremsschirmgehäuse, das an das Ende des Seitenleitwerkssockels gerückt war, und durch schlauchlose Reifen sowie Scheibenbremsen am Hauptfahrwerk. Pakistanische **F-6** wurden weiter verbessert, indem man sie sidewindertauglich machte und mit Martin-Baker-Schleudersitzen sowie diversen neuen Avioniksystemen ausrüstete.

***Von der MiG-19 wurden in China mehrere Versionen als J-6 gebaut, die größtenteils stark an das Original angelehnt waren. Der Doppelsitzer JJ-6 zur Umschulung und Inübunghaltung hatte jedoch einen längeren Rumpf und kein sowjetisches Gegenstück.***

Guizhou zeichnete für die Schlußvariante verantwortlich, die allwettertaugliche **J-6A** (oder **J-6IV**). Sie gründete auf der **J-6C**, verfügte aber über Allwetterradar und PL-2-Lenkflugkörper. Im Vergleich zu den ersten **J-6**-Allwetterjägern, die auf der MiG-19P und der MiG-19PM basierten, hatte die **J-6IV** etwas anders geformte Radome mit einer größer genoppten „Oberlippe" und stärker zugespitztem Eintrittskonus. Es ist nicht bekannt, ob diese Jäger noch mit Kanonen in den Flügelwurzeln und/oder unter dem Rumpf bewaffnet sind. Die **J-6** der fünfziger Jahre wurde bis in die achtziger Jahre hinein produziert und dürfte eine Auflage von rund 3000 Exemplaren erreicht haben. Exportabnehmer waren Ägypten, Albanien, Bangladesch, der Irak, der Iran, Nordkorea, Pakistan, Sambia, Somalia, Tansania und Vietnam, von denen die meisten dieses Muster nach wie vor in kleinen Stückzahlen betreiben. Bei der Luftwaffe der Volksbefreiungsarmee hingegen ist die **J-6** numerisch weiterhin der bedeutendste Typ, eingesetzt als Jagdbomber und Abfangjäger.

## State Aircraft Factory Shenjang J-8

Die **J-8** ging aus einer Forderung der PLA für einen Jäger hervor, der die MiG-21 an Flug- und Kampfleistung übertreffen sollte. Shenjangs Entschluß, zwei Triebwerke einzusetzen, und die Vertrautheit des Unternehmens mit „Leitwerk-Deltaflüglern" im Stil der MiG-21 sorgten dafür, daß das neue Muster wie eine maßstäblich vergrößerte MiG-21 aussah, ähnlich Mikojans Je-152A „Flipper". Zwei Prototypjäger waren im Juli 1968 fertiggestellt, von denen der erste am 5. Juli zum Jungfernflug startete. Die Original-**J-8** hatte ein kleines Entfernungsmeßradar im zentralen Lufteintrittskörper und hielt an der einteiligen, vorn angeschlagenen Haube der J-7 fest. Der Typ war mit einer 30-mm-Kanone und bis zu vier Luft-Luft-Flugkörpern PL-2 bewaffnet. Sofern es überhaupt zur Serienfertigung kam, blieb diese sehr begrenzt.

Die **J-8I** war als Allwetterjagdabkömmling des Grundmusters **J-8** konzipiert und mit dem neuen Sichuan-Radargerät SR-4 (Typ 204) im vergrößerten Eintrittskörper des Lufteinlaufs ausgestattet. Die 30-mm-Kanone hatte man durch zwei 23-mm-Kanonen 23-III ersetzt und die Beladung mit vier Raketenbehältern als Alternative zu den PL-2-Lenkwaffen ermöglicht. Die **J-8I** übernahm vom Grundmuster **J-8** die beiden WP-7B-Strahltriebwerke je 59 kN Schub, führte aber einige aerodynamische Verfeinerungen ein, wie kleine Grenzschichtzäune an der Saugseite, geänderte Randbögen und an anderer Stelle eingebaute Luftbremsklappen. Hinzu kam ein zweiteiliges, hinten angeschlagenes Kabinendach in Verbindung mit einer starren Frontverglasung. Die Prototypmontage war im Mai 1980 abgeschlossen, aber die Maschine brannte beim ersten Triebwerkslauf aus. Der zweite Versuchsjäger wurde zügig fertiggestellt und absolvierte den Jungfernflug am 24. April 1981. Die **J-8**- und **J-8I**-Produktion belief sich auf rund 100 Flugzeuge, und einige der ersten **J-8** wurden angeblich dem neuen Standard angepaßt.

Die **J-8I** stellte zwar eine erhebliche Verbesserung gegenüber dem Original **„Finback"** dar, aber es blieb offenbar noch Spielraum für eine viel radikalere Neuerung. Dies führte zur Entwicklung der **J-8II „Finback-B"**, die im Mai 1981 grünes Licht erhielt. Die neue Variante hatte seitliche Lufteinläufe zur Versorgung der WP-13B mit einer Nennleistung von 69 kN Standschub, und damit war die Nase frei für eine Radarantenne mit größtmöglichem Durchmesser. Die Triebwerkslufteinläufe weisen eine verblüffende Ähnlichkeit mit denen der MiG-23 „Flogger" auf, und die beiden Originalkielflossen wichen einer seitlich wegklappbaren Klappe, wie sie die MiG-23 besitzt. 70 Prozent der Zelle waren geändert gegenüber dem Originalmuster **J-8**, ebenso wie 30 Prozent der zugelieferten Teile.

Der erste von vier Prototypen flog ab 12. Juni 1984. Die **J-8II** wurde vermutlich in kleinen Baulosen seriengefertigt, aber wohl nicht in Dienst gestellt. Eine Exportversion mit der Bezeichnung **F-8B** und einem Paar WP-13B als Antrieb lockte mit abwärtssichtfähigem Impulsdopplerradar und digitalisierter Avionik, einschließlich HUD und zwei HDD, errang aber keinerlei Bestellungen.

Am 5. August 1987 erhielt Grumman einen Auftrag, im Rahmen des Militärhilfeprogramms (FMSP) ein modernes Avionikpaket für die **J-8II** zu entwickeln und zu testen. Das Massaker auf dem Platz des Himmlischen Friedens zog einen sofortigen Stopp des Projekts nach sich. Die Entwicklung lief zwar wieder an, aber die Systemerprobung im Flug und die Bausatzlieferung hätten eine geänderte US-Außenpolitik vorausgesetzt.

***Oben: Die meisten Shenjang J-8O (erste Prototypen) und J-8I dienten lediglich zu Erprobungszwecken.***

***Unten: Im Rahmen des Programms „Peace Pearl" wurden zwei J-8II für Grumman-Tests nach Edwards AFB geschickt.***

## Stearman-Flugzeuge

Die Stearman Aircraft Company, die 1927 im kalifornischen Venice gegründet wurde, aber wenig später nach Wichita (Kansas) umsiedelte, konnte sich auf die Begabung ihres Konstrukteurs Lloyd Stearman und die Hilfe der Lyle-Hoyt Aircraft Corporation stützen. 1934 wurde das Unternehmen zu einer Tochter der Boeing Airplane Corporation und 1939 deren Wichita Division.

Der erste Entwurf, den diese neue Gesellschaft bauen sollte, war der Klassiker **Stearman C3B**, dessen Auslegung die Grundlage aller nachfolgenden Stearman-Doppeldecker bildete. Bei der Standardform handelte es sich um einen Doppeldecker ungleicher Spannweite mit starrem Schleifspornfahrgestell, offenen Cockpits für einen Piloten und zwei Passagiere in Tandemanordnung und einem 164 kW (223 PS) starken Wright-Sternmotor J-5 Whirlwind. Alternative Triebwerke ergaben die **C3C** (mit Hispano-Suiza je 112 kW oder 134 kW/152 PS oder 182 PS), die **C3K** (Siemens-Halske Sh.12 mit 95 kW/130 PS), die **C3L** (Cornet mit 97 kW/132 PS) und die **C3R** (Wright J-6 mit 168 kW/228 PS).

Die erste Fortentwicklung brachte die Stearman **C3MB** hervor, die sich von der **C3B** nur dadurch unterschied, daß das vordere (Passagier-) Cockpit zur Beförderung von Fracht oder Post hergerichtet war. Viele **C3B** wurden später entsprechend umgebaut. Dieses Muster bildete die Basis für die viel größere **Stearman M-2 Speedmail** von 1929, die unter dem Antrieb eines Wright Cyclone mit 391 kW (532 PS) eine Last von 454 kg an Fracht oder Post transportieren konnte. Die **Speedmail** wurde ihrerseits zur **Stearman LT-1** weiterentwikkelt, bei der man das Frachtabteil der **M-2** durch eine geschlossene Kabine für vier Passagiere oder eine Nutzlast von 544 kg ersetzt hatte. Der Prototyp behielt noch den Cyclone-Motor der **M-2**, aber in die Serienflugzeuge baute man den Hornet gleicher Leistung von Pratt & Whitney ein. Die 1930 eingeführte **Stearman 4E Junior Speedmail** mit 313 kW (425 PS) starkem Pratt & Whitney Wasp C1 stand in bezug auf Größe und Leistung zwischen der **C3** und der **M-2**. Wie die **C3** war die **4E** im Grunde ein Dreisitzer, aber das vordere Cockpit ließ sich mühelos in ein Fracht-/Postabteil verwandeln. Auf die in kleiner Stückzahl gefertigte **4E** folgten die **Stearman 4C** mit Wright J-6 (224 kW/305 PS), die **Stearman 4D** mit Pratt & Whitney Wasp Junior (224 kW/305 PS), die **Stearman 4EM Senior Speedmail** mit speziell für Fracht/Post ausgelegtem Frontcockpit und Pratt & Whitney Wasp (336 kW/460 PS), die **Stearman 4CM-1 Senior Speedmail**, eine Post-/Frachtversion der **Stearman 4C** mit Wright-Sternmotor R-975 (224 kW/305 PS) und eine entsprechend abgewandelte **Stearman 4D**, genannt **Stearman 4DM-1 Senior Speedmail**. Als letztere am 27. Mai 1930 die Zulassung erhielt, hatte die wirtschaftliche Depression in den USA ihren Höhepunkt erreicht. So wurden nur zwei **4DM-1** verkauft, und das Unternehmen mußte sich neue Absatzmärkte erschließen.

Es entwickelte daher 1931/32 die **Stearman 6A Cloudboy**, einen zweisitzigen Doppeldecker mit offenen Tandemcockpits, der speziell als Schulflugzeug für die zivile und die militärische Luftfahrt konzipiert war. Die vom Wright J-6 mit 123 kW (227 PS) angetriebene **Cloudboy** erzielte wegen der Wirtschaftskrise den nur geringen Erfolg von drei gebauten Zivilflugzeugen. Eine Bestellung des US Army Air Corps für ähnlich motorisierte Doppeldecker mit der Dienstbezeichnung **YPT-9** ließ hoffen, doch ein Serienauftrag blieb aus. Spätere USAAC-Umrüstungen dieser Flugzeuge ergaben die Bezeichnungen **YPT-9A** (Continental A-70 mit 123 kW/ 227 PS), **YPT-9B** (Lycoming mit 149 kW/ 203 PS), **YPT-9C** (Kinner mit 127 kW/ 173 PS), **YBT-3** (Wright J-6-9 mit 224 kW/ 305 PS) und **YBT-5** (Pratt & Whitney Wasp Jr mit 224 kW/305 PS). Anschließende zivile Umbauten folgten dem Muster des USAAC. So erhielt die **Stearman 6F Cloudboy** den Continental, die **Stearman 6D** den Wasp Junior, die **Stearman 6H** den Kinner und die **Stearman 6L** den Lycoming, aber nur je zwei oder drei Exemplare wurden gefertigt.

***Der Zweisitzer Stearman Modell 81 gehörte zu den späteren Modellen dieses Herstellers und entstand kurz vor der Übernahme durch Boeing. Dieses Einzelexemplar wurde im Laufe seiner Dienstzeit mehrmals überarbeitet und erhielt zum Schluß, wie hier zu sehen, eine Haube für das Frontcockpit.***

Die Stearman-Firma konnte sich nur mit Mühe halten, setzte aber alles daran, die sehr geringen Absatzerträge durch Einnahmen aus Reparatur und Wartung zu ergänzen. 1933 konstruierte die Firma sogar das Einzelexemplar **Modell 80**, einen offenen Doppeldeckerzweisitzer, und das ähnliche **Modell 81**, dessen Cockpits aber mit einer stromlinienförmigen Haube abgedeckt waren. Zur selben Zeit hatte das Unternehmen mit der Konstruktion des **Modell 73** begonnen, das ihm zusammen mit dem **Modell 75** unvergänglichen Ruhm einbrachte.

# Stearman-Hammond Y-1

1936 gründeten Lloyd Stearman und Dean Hammond die Stearman-Hammond Aircraft Corporation, um gemeinsam die **Hammond Modell Y** zur Serienreife zu bringen. Die **Stearman-Hammond Y-1** (**Y-125**) war als Tiefdecker mit Rumpfgondel und doppelten Leitwerksträgern ausgelegt. Erstere bot vorn zwei Personen nebeneinander Platz und nahm im Heck einen Flugmotor Menasco C-4 auf, dessen 93 kW (125 HP/126 PS) von einem Druckpropeller umgesetzt wurden. Die beiden Ausleger waren hinten mit dem Höhenleitwerk verbunden und trugen die Seitenflossen/Ruder. Das starre Fahrgestell hatte man wie einen Schemel unter der Rumpfgondel angeordnet. Die in geringer Stückzahl gebaute **Y-1** erwies sich mit diesem Triebwerk als zu träge. Dies führte zur **Y-1S** mit 112 kW (152 PS) starkem Menasco C-4S, mit dem der 12,19 m weit gespannte Zweisitzer eine Spitzengeschwindigkeit von 209 km/h in 915 m Höhe erreichte. Obwohl die Maschine einfach zu fliegen war, blieb ihre Produktion auf rund 20 Exemplare beschränkt.

***R2676 war eine Stearman-Hammond Modell Y, die die RAF von der KLM erwarb und nach der Auswertung 1942 verschrotten ließ.***

# Stinson Detroiter

Der Flugpionier Eddie Stinson gründete 1926 die Firma Stinson Aircraft Syndicate, um den viersitzigen Kabinendoppeldecker **Stinson Detroiter** zu bauen, den er und der bekannte Konstrukteur Alfred Verville gemeinsam entworfen hatten. Die erste Version **SB-1 Detroiter** zeichnete sich durch Ausstattungsmerkmale wie Kabinenheizung, Radbremsen und einen elektrischen Anlasser für den 164 kW (223 PS) starken Flugmotor Wright J-5 Whirlwind aus. Im weiteren Verlauf des Jahres änderte sich der Firmenname in Stinson Aircraft Corporation, und etwa zur gleichen Zeit begannen die Arbeiten am Entwurf und der Konstruktion einer abgestrebten Hochdecker-**Detroiter**-Version, der **SM-1D**. Die neue **Detroiter** erhielt den gleichen Motor wie die **SB-1**, aber ihre Kabine war für sechs Personen eingerichtet. Diese Konfiguration erwies sich als sehr beliebt, und die nachfolgenden **SM-1DA** und **SM-1DB** führten lediglich geringfügige Verbesserungen ein. Die **SM-1DC** und die **SM-1DD** waren Einzelexemplare, beides Zweisitzer mit Frachtkabine. Letztere erschien als letzte **Detroiter** mit J-5-Motor, nachdem die Firma rund 75 **SM-1D** aller Versionen gebaut hatte. Die Überlegung, daß dieses Muster von einem stärkeren Antrieb profitieren würde, führte zum letzten Sproß der **Detroiter**-Originallinie, der **SM-1F** von 1929 mit dem 224 kW (300 HP/305 PS) starken Wright J-6. Diese Ausführung der **SM**-Serie hatte eine Spannweite von 14,22 m und eine Spitzengeschwindigkeit von 212 km/h. Viele **SM-1D** erhielten nachträglich diesen Motor und die neue Bezeichnung **SM-1D300**. Die **SM-1F** war auch mit Edo-Schwimmern als **SM-1FS** erhältlich, und die Gesamtproduktion von **SM-1F** und **-1FS** belief sich auf rund 30 Exemplare.

1928 wurden zwei größere, siebensitzige **SM-6B Detroiter** gebaut, an die sich sieben oder acht Maschinen mit achtsitziger Inneneinrichtung anschlossen. Diese größten Vertreter der einmotorigen **Stinson**-Serie wurden vom Wright-Sternmotor Wasp C-1 mit 336 kW (457 PS) angetrieben

# Stinson Junior

1928 begann Stinson die Produktpalette zu erweitern mit einer im Maßstab verkleinerten Detroiter, genannt **Stinson SM-2**. Dieser drei-/viersitzige Kabinenhochdecker war zudem leichter konstruiert, hatte einen Sternmotor Warner Scarab mit 82 kW (112 PS) und wurde zunächst als **Detroiter Junior** bekannt.

Der Namensteil „Detroiter" entfiel 1929 mit der Produktion der **SM-2AA Junior**, die einen neuen Wright-Sternmotor mit 123 kW (167 PS) erhielt. Nachdem etwa 24 Maschinen gefertigt waren, kam man mit der **SM-2AB** dem Wunsch nach noch mehr Leistung nach. Von diesem Muster mit 164 kW (223 PS) starkem Wright-Sternmotor, einer Spannweite von 12,60 m und einer Höchstgeschwindigkeit von 209 km/h wurden mehr als 30 Exemplare gebaut.

Als letztes Mitglied der **SM-2**-Familie erschien die **SM-2AC** mit einem Wright-Motor J-6, der 168 kW (228 PS) abgab. Auch dieses Muster war wahlweise mit Zwillingsschwimmern als **SM-2ACS** erhältlich, und die Gesamtproduktion der **SM-2AC/SM-2ACS** belief sich auf rund 20 Flugzeuge.

Anschließend gabelte sich die **Stinson-Junior**-Linie: Die antriebsstarke **SM-7A Junior** von 1930 mit Luxuskabine und Wright J-6 (R-975 mit 224 kW/305 PS) wurde noch im selben Jahr durch die **SM-7B** ergänzt, die sich vom Vorgänger nur durch einen Pratt & Whitney Wasp Junior gleicher Leistung abhob, und den anderen Zweig bildeten die **SM-8A** und die **SM-8B**, die einen Lycoming-Sternmotor R-680 mit 160 kW (218 PS) beziehungsweise einen Wright J-6 (R-760) mit 168 kW (228 PS) einführte.

Nur etwa sechs **SM-8B** wurden verkauft, aber die wesentlich preisgünstigere **SM-8A** erzielte unerwartete Absatzerfolge mit Hunderten von Exemplaren. Diese 12,70 m weit gespannte **Junior** hatte eine Höchstgeschwindigkeit von 201 km/h und eine Reichweite von 805 km. Die kurz darauf vorgestellte **SM-8D** mit neuem Packard-Dieselmotor stieß allerdings auf Skepsis und fand nur zwei Käufer.

Die **Junior**-Produktreihe setzte sich anschließend ohne den Namen Junior fort, da das Unternehmen befürchtete, er könne auf eine mindere Qualität schließen lassen.

Das **Stinson-Modell S** von 1931 (über 100 Exemplare) unterschied sich von der **SM-8A** daher nur durch einige Vereinfachungen. Bei dem im selben Jahr eingeführten **Modell W** handelte es sich im Grunde um eine Neuausgabe der **SM-7B** einschließlich des Pratt & Whitney Wasp Junior, doch wegen des höheren Preises wurden zum Bedauern der Firma wiederum nur fünf Exemplare verkauft.

Das verbesserte **Modell R** von 1932 (über 30 Exemplare) war eine Weiterentwicklung des **Modell S** mit dem gleichen Motortyp, aber geänderter Rumpfstruktur

***Die Stinson SM-8A mit Lycoming-Antrieb war ein Geschäftserfolg.***

für eine günstigere Inneneinrichtung. Da **Modell R-2** (zwei oder drei Exemplare führte den Lycoming-Sternmotor R-680 BA mit 179 kW (243 PS) ein, und das **Modell R-3** war bis auf das Einziehfahrwer mit der **R-2** identisch.

Die Variante **R-3-S** hatte den 183 kW (249 PS) starken R-680-6 und einen Verstellpropeller. Die **R**-Serie schloß die eigentliche **Junior**-Reihe ab, auch wen später noch einige verwandte Flugzeug erschienen, die stark an die klassisch Auslegung der **Detroiter/Junior** ange lehnt waren.

# Dreimotorige Stinson-Muster

1930 hielt es die Stinson Aircraft Corporation für an der Zeit, auf dem Markt für Verkehrsflugzeuge Fuß zu fassen. Als Erstangebot stellte sie im Juli jenes Jahres die **Stinson SM-6000 Airliner** vor, einen abgestrebten Hochdecker für einen Piloten und zehn Passagiere. Den Antrieb besorgten drei Lycoming-Sternmotoren je 160 kW (218 PS), von denen einer im Bug und je einer an seitlichen Streben, direkt über den Hauptfahrwerksbeinen, montiert waren. Die **SM-6000** wurde Ende 1930 durch die **SM-6000-A** ergänzt, die sich lediglich durch eine Vielzahl alternativer Inneneinrichtungen von ihrer Vorgängerin unterschied. Die **SM-6000-B** von 1931 war generell ähnlich, aber mit nochmals verbesserter Innenausstattung und in den Standardversionen **SM-6000-B1** (nur Passa giere) sowie **SM-6000-B2** (Postfracht un Passagiere) erhältlich.

1932 lief die Produktion des **Modell Airliner** an, das die gleiche Kapazität wi die vorausgegangenen Modelle, aber L coming R-680-BA je 179 kW (243 PS) hatt Eine wesentliche Neuerung bedeutete tiefangesetzte Stummelflügel, die an den Enden die seitlichen Motoren aufnahmen. Von dieser dreimotorigen **SM-6000**-Serie wurden insgesamt rund 80 Flugzeuge gebaut.

Der nächste und letzte dreimotorige Airliner dieses Herstellers erhielt eine völlig andere Auslegung: Das **Modell A** war ein abgestrebter Tiefdecker mit einziehbarem Spornradfahrwerk und drei Lycoming-Sternmotoren R-680-5 (einer im Bug und zwei in flügelmontierten Gondeln) je 194 kW (264 PS). Dieses Muster bot zwei Flugzeugführern, einer Stewardeß und zehn Passagieren Platz. Etwa 35 Exemplare wurden gebaut, und zwei der vier an Airlines of Australia gelieferten Maschinen erhielten später eine zweimotorige Konfiguration mit Pratt & Whitney Wasp je 336 kW (457 PS).

# Stinson L-1 Vigilant

Das US Army Air Corps gab 1940 eine Ausschreibung für ein zweisitziges, leichtes Beobachtungsflugzeug heraus. Stinson reichte das **Modell 74** ein und erhielt einen Auftrag über drei Exemplare, die unter der Bezeichnung **YO-49** gegen die Angebote von Bellanca (YO-50) und Ryan (YO-51) bewertet werden sollten. Es folgte eine Bestellung über 142 Serienflugzeuge **O-49**, die häufig unter dem Namen **Vultee** geführt werden, weil Stinson 1940 ein Unternehmensbereich der Vultee Aircraft Inc. wurde. Um das erforderliche Langsamflug- und Hochauftriebspotential zu gewährleisten, versah man den abgestrebten Hochdecker mit mächtigen Auftriebshilfen in Form von Flügelklappen an Nasen- und Abströmkante. Den Antrieb lieferte ein Lycoming-Sternmotor R-680-9. Ein Anschlußauftrag beinhaltete 182 **O-49A** mit etwas längerem Rumpf, einigen Verfeinerungen und geänderter Ausrüstung. 1942 wurden die **O-49** und die **O-49A** in **L-1** beziehungsweise **L-1A** umbenannt. Acht **L-1** und 100 **L-1A**, die im Rahmen des Lend-Lease-Gesetzes an die RAF gingen, hießen **Vigilant Mk I** und **Vigilant Mk II** (viele **Vigilant Mk II** wurden unter gemeinsamer anglo-amerikanischer Kontrolle eingesetzt). Umrüstungen der **O-49** und der **O-49A** für andere Rollen ergaben drei Sanitätsflugzeuge **O-49B** (später **L-1B**), die eine Verwundetenliege aufnehmen konnten, ein Sanitätsflugzeug **L-1C** mit geänderter Innenausstattung, 21 **L-1D** zur Einweisung von Piloten in Lastenseglerschleppverfahren aus modifizierten **L-1A**, sieben amphibientaugliche Sanitätsflugzeuge **L-1E** aus umgebauten **L-1** und fünf **L-1F** aus entsprechend umgerüsteten **L-1A**. Weitere Serienflugzeuge wurden nicht produziert, da die leistungsfähigere Grasshopper-Familie die **Vigilant** ablöste. Die **L-1A** mit einer Spannweite von 15,52 m hatte einen R-680-9 mit 220 kW (299 PS) als Antrieb, um eine Spitzengeschwindigkeit von 196 km/h zu erreichen.

***Die Luftambulanzrolle dieser Stinson O-49B des USAAC ist durch das Kreuz seitlich am Hinterrumpf angezeigt. Vorflügel und Auftriebsklappen verliehen dem Muster beachtliche Kurzpisteneigenschaften.***

# Stinson Modell O

Das am wenigsten typische Stinson-Muster war die von der SR Reliant abgeleitete **Stinson Modell O** von 1933, ein gestielter Hochdecker mit Lycoming-Sternmotor R-680-4 (164 kW/223 PS). Das als Schulflugzeug für Militärpiloten vorgesehene Muster nahm Fluglehrer und Schüler in offenen Cockpits hintereinander auf und ließ sich mit zwei vorwärtsfeuernden Maschinengewehren, einem schwenkbaren MG im hinteren Cockpit und leichten Bomben an Schlössern unter dem Rumpf bewaffnen.

Insgesamt zehn Exemplare wurden gebaut, darunter der Prototyp, der an eine zivile US-Flugschule ging; die anderen verteilten sich auf verschiedene Abnehmer in Brasilien (eines), China (drei) und Honduras (fünf).

Das **Modell O** hatte eine Spannweite von 12,17 m und eine Höchstgeschwindigkeit von 219 km/h.

# Stinson Modell 108 Voyager

Den ganzen Zweiten Weltkrieg hindurch konzentrierte sich die Stinson Division der Vultee Aircraft Inc. (später Consolidated Vultee Aircraft Corporation) auf den Bau von Militärflugzeugen, trug aber mit dem verbesserten **Stinson Modell 108 Voyager** Vorsorge für die Friedenszeit. Dieses Muster war viel sauberer durchkonstruiert als die Vorkriegs-**Voyager**, da ihr die umfassenden, mit der Produktion von Kriegsflugzeugen gesammelten Erfahrungen zugute kamen. Es erschien im August 1945 zunächst als **Voyager 125** mit einem Avco-Lycoming-Motor (93 kW/125 HP/126 PS) und kam dann als **Voyager 150** mit einem Franklin-Motor 6A4-150 (112 kW/150 HP/169 PS) als erstes Zivilflugzeug der Nachkriegszeit auf den Markt. Bis Ende 1946 hatte die Firma über 1400 Exemplare gebaut. Es folgten eine verbesserte **Voyager 150** und eine alternative Mehrzweckversion **Station Wagon**, die beide wahlweise mit Rad-, Schwimmer- und Skifahrgestell erhältlich waren. Den Abschluß bildeten die Versionen **Voyager 165** und eine entsprechende **Station Wagon** mit 123 kW (165 HP/167 PS) starkem Franklin-Motor 6A4-165-B3. Bis Juli 1948 hatte Stinson über 5000 Exemplare aller Versionen des **Modell 108** ausgeliefert. Der Markt wurde dann von Leichtflugzeugen aus militärischen Überschußbeständen zu Schleuderpreisen überschwemmt, und bis Ende November 1948 hatte Vultee Consolidated die Stinson Division an die Piper Aircraft Corporation abgestoßen. Piper unternahm jedoch nur halbherzige Versuche, die nun **Piper-Stinson Voyager** genannten Flugzeuge zu verkaufen, und ab Ende 1949 waren sie nicht mehr lieferbar. Die **Voyager 165** hatte eine Spannweite von 10,36 m, eine Spitzengeschwindigkeit von 217 km/h und eine Reichweite von 789 km.

***Das Stinson Modell 108 erschien in mehreren Ausführungen. Dies ist eine vom Franklin angetriebene Voyager 150.***

# Stinson Reliant

Die **Stinson Modell R** und **S** bildeten die Grundlage für die in großen Stückzahlen produzierte **Stinson Reliant**, und die ersten im Sommer 1933 vorgestellten **Stinson SR Reliant** hatten praktisch die gleiche Grundauslegung. Die auf Wunsch auch mit Schwimmerwerk erhältliche **Reliant** wurde in einer langen Serie mit unterschiedlichen Triebwerken gefertigt. So erhielt die **SR** einen Lycoming-Sternmotor R-680 mit 160 kW (218 PS), die **SR-1** den R-680-2 und die **SR-2** den R-680-7, beide mit einer Ausgangsleistung von 179 kW (243 PS). Die **SR-3** glich im Grunde der **SR-1**, abgesehen von unwesentlichen Änderungen der Zelle. Die **SR-4** führte den 179 kW (243 PS) starken Wright-Sternmotor R-760-E ein, und die verbesserte **SR-5** von 1934 gab es in drei Versionen: als **SR-5** mit dem 168 kW (228 PS) starken Lycoming R-680-4 und als **SR-5B** sowie als **SR-5C** mit dem R-680-2 (179 kW/243 PS) beziehungsweise dem R-680-5 (194 kW/264 PS). Die meistgebauten zivilen **Reliant** (rund 75 Exemplare) aber waren die gutausgestattete **SR-5A** mit dem R-680-6 (183 kW/249 PS) und die eher spartanische **SR-5E** mit dem R-680-4 (168 kW/228 PS), für die aber eine reichhaltige Sonderausstattung bestand.

Die teuerste **Reliant** war die **SR-5F**, wahlweise mit Wright-Motor R-760-E und R-760-E1 je 186 kW (253 PS) beziehungsweise 213 kW (290 PS) erhältlich. 1935 erschienen das verfeinerte Modell **Reliant SR-6**. Die **SR-6** und die **SR-6B** mit den leistungsstärkeren Motortypen R-680-6 und R-680-5 waren Fünfsitzer, während die **SR-6A** mit dem R-680-4 nur vier Sitze hatte. Die **SR-7 Reliant** von 1936 sah aufgrund der neueingeführten Trapezflügel völlig anders aus und wurde als viersitzige **SR-7A** mit dem R-680-4 sowie als fünfsitzige **SR-7B** und **SR-7C** mit dem R-680-6 beziehungsweise R-680-5 angeboten. Die **SR-8 Reliant** aus demselben Jahr glich generell der **SR-7**, war aber in fünf Variationen lieferbar. Die **SR-8A**, **SR-8B** und **SR-8C** hatten die gleichen Triebwerke wie die **SR-7A**, **-7B** und **-7C**, waren aber alle Viersitzer, die **SR-8D** und **SR-8E** hinge-

**TECHNISCHE DATEN**
**Stinson Reliant SR-5A**

**Typ:** viersitziger Kabineneindecker
**Triebwerk:** ein Sternmotor Lycoming R-680-6 mit 183 kW (249 PS)
**Leistung:** Höchstgeschwindigkeit 217 km/h; Dienstgipfelhöhe 4725 m; max. Reichweite 1038 km
**Gewicht:** Leermasse 1055 kg; max. Startmasse 1576 kg
**Abmessungen:** Spannweite 12,50 m; Länge 8,31 m; Höhe 2,57 m

***Mitte der dreißiger Jahre beschaffte die US Navy zwei Stinson SR-5 Reliant, und dieses Exemplar ging als RQ-1 an die US Coast Guard.***

***FK818 war das fünfte Exemplar einer Serie von 250 Stinson Reliant Mk I, mit denen die britischen Seeluftstreitkräfte versorgt wurden.***

gen Fünfsitzer mit Wright-Sternmotoren, erstere mit dem R-760-E1 (213 kW/290 PS), die andere mit dem R-760-E2 (239 kW/325 PS). Diese beiden Versionen wurden unter den Bezeichnungen **SR-8DM** und **SR-8EM** wahlweise auch als Mehrzweckflugzeuge angeboten. Die zur Einführung im Jahr 1937 bestimmte **SR-9** war durch weitere strukturelle Verfeinerungen gekennzeichnet und in den Versionen **SR-9A**, **SR-9B**, **SR-9C** sowie **SR-9E** mit den gleichen Motortypen wie bei den **SR-8**-Varianten erhältlich. Sie wurden entsprechend dem Standard der vorangegangenen Modelle geliefert, aber auf Wunsch auch mit Luxusinneneinrichtung oder Mehrzweckkabine.

1937 kam die **SR-9F** mit 298 kW (405 PS) starkem Pratt & Whitney Wasp Junior hinzu, für die gleiche Innenausstattung zur Wahl stand. Das letzte zivile **Reliant**-Modell war die **SR-10** von 1938 mit weiteren Feinerungen und einer noch größeren Motorenvielfalt im Leistungsbereich von 183 kW bis 336 kW (249 PS bis 457 PS). Von ihr entstanden insgesamt 90 Exemplare, davon größtenteils die Versionen **SR-10B**, **SR-10C**, **SR-10D**, **SR-10E** und **SR-10F**. Die Produktion der **Reliant** endete mit dem Eintritt der USA in den Zweiten Weltkrieg. Es wurden zwar keine Maschinen dieses Typs für die USAAF gebaut, aber bei der Army flogen 46 requirierte Zivilflugzeuge mit den Bezeichnungen **UC-81A** und **UC-81N**, hinter denen sich verschiedene Varianten von **SR-8**, **SR-9** und **SR-10** verbargen, und eine einzelne **SR-10F** als **XC-81D**, die zur Entwicklung von Lastenseglerstartverfahren diente. Zwei **Reliant SR-5A** und **SR-7B** wurden unter den Bezeichnungen **L-12** und **L-12A** ebenfalls eingezogen, und einzelne Exemplare gingen an die US Coast Guard und die US Navy zur Prüfung als **RQ1** beziehungsweise **XR3Q-1**. Während des Krieges wurden 500 neuproduzierte **Reliant** mit der Bezeichnung **AT-19** beschafft, um die Royal Navy nach dem Lend-Lease-Abkommen zu versorgen. Diese Maschinen glichen generell der **SR-10G** mit Lycoming-Motor R-680-E1, einem längeren Rumpf sowie Sonderausstattung und dienten bei zwölf Staffeln. Darüber hinaus zog man 15 **Reliant** zum Wehrdienst ein, die im zivilen Luftfahrzeugregister Großbritanniens eingetragen waren.

# Stinson Voyager und Sentinel

1939 trat die Firma mit dem **Stinson Modell 105** in den Leichtflugzeugmarkt ein. Dieses Muster, das stark einer verkleinerten Junior ähnelte, war ein abgestrebter Hochdecker für drei Personen, der vom Vierzylinder-Boxermotor Continental A75-3 (75 HP/76 PS/56 kW) oder vom Sechszylinder-Boxermotor A80-6 (80 HP/82 PS/60 kW) angetrieben wurde. Von diesen beiden Zivilversionen entstanden zu etwa gleichen Teilen insgesamt rund 530 Exemplare. Dieser Erfolg führte 1941 zum verbesserten **Modell 10 Voyager**, das sich in erster Linie durch einen höheren Standard der Inneneinrichtung und Ausrüstung unterschied. Die Grundversion mit dem 67 kW (91 PS) starken Franklin-Motor 4AC-199-E3 hieß **Modell 10-A**, und bis Fertigungsende im Jahr 1942 wurden rund 750 Exemplare produziert. Unter **Modell 10-B** waren einige Exemplare mit dem Lycoming GO-145-E3 zusammengefaßt, der 56 kW (76 PS) erzeugte. Sechs **10-A** mit dem Continental O-170-1 (60 kW/82 PS) beschaffte 1941 die US Army Air Force, um sie als **YO-54** einer Bewertung zu unterziehen. Die positiven Ergebnisse zogen einen Auftrag über 275 etwas größere und schwerere Flugzeuge mit dem Vierzylinder-Boxermotor O-435-1 von Lycoming nach sich, die die Dienstbezeichnung **O-62** erhielten. Die Anschlußbestellung betraf 1456 ähnliche Flugzeuge **L-5**, denen man 1941 mit Beginn der Auslieferung den Beinamen **Sentinel** verlieh. Gleichzeitig erfolgte die Umbenennung der **O-62** in **L-5**. Es folgten die **L-5A** (688 umgerüstete **L-5**) mit geänderter Bordelektrik, die **L-5B** (679) mit modifiziertem Hinterrumpf für den Verwundetentransport und die **L-5C** (200) mit Vorrichtungen für eine Luftbildkamera. Die Bezeichnung **L-5D** wurde nicht verwendet, und die **L-5E** (588) erhielt Querruder, die sich beim Auffahren der Klappen mit absenkten. Das Einzelexemplar **XL-5** diente der Prüfung kleinerer Änderungen und eines O-435-2-Motors, und die letzte Serienversion **L-5G** (115) glich der **L-5E**, abgesehen von neueingeführten O-435-11 mit 142 kW (193 PS).

**TECHNISCHE DATEN**
**Stinson L-5 Sentinel**
**Typ:** Verbindungs-/Beobachtungsflugzeug
**Triebwerk:** ein Sechszylinder-Boxermotor Lycoming O-435-1 mit 138 kW (188 PS)
**Leistung:** Höchstgeschwindigkeit 209 km/h; Dienstgipfelhöhe 4815 m; Reichweite 676 km
**Gewicht:** Leermasse 703 kg; max. Startmasse 916 kg
**Abmessungen:** Spannweite 10,36 m; Länge 7,34 m; Höhe 2,41 m

Außer den vorgenannten Flugzeugen zog man acht **Stinson 105** und zwölf **10A Voyager** zum Dienst bei der USAAF mit den Bezeichnungen **AT-19A** (später **L-9A**) beziehungsweise **AT-19B** (später **L-9B**) ein. Insgesamt 306 **L-5** verschiedener Bezeichnungen wurden dem US Marine Corps und weitere 152 der US Navy zugeführt, die alle unter der USN-Dienstbezeichnung **OY-1** zusammengefaßt waren. Von diesem Kontingent erhielten 30 Exemplare aufgrund von Nachrüstungen die neue Bezeichnung **OY-2**. Auf der Grundlage des Lend-Lease-Abkommens gingen 40 **L-5** und 60 **L-5B** an die RAF, die ihnen die Bezeichnungen **Sentinel Mk I** beziehungsweise **Sentinel Mk II** zuwies.

Die **Sentinel** wurde von der USAAF den ganzen Zweiten Weltkrieg hindurch intensiv genutzt und bewährte sich auch noch im Koreakrieg. Die RAF setzte ihre **Sentinel Mk I** und **Mk II** in Burma ein, und die Maschinen des USMC und der USN dienten primär im pazifischen Raum. Die der USAF noch verbliebenen **L-5** wurden 1962 in **U-19A** umbenannt, und die **U-19B** war ein Exemplar, das die USAF Academy als Segelschleppflugzeug nutzte.

***Ein Stinson-Ambulanzflugzeug L-5B Sentinel hebt hier 1945 auf der Insel Okinawa ab zu der Einsatzart, in der sich die Stinson Sentinel auszeichnete.***

# Stout-Flugzeuge

Die Stout Metal Airplane Company wurde 1922 von W. B. Stout gegründet, der zugleich Chefkonstrukteur der Firma war. Ein Ersterfolg stellte sich mit der **Stout 2-AT Pullman** ein, einem achtsitzigen Airliner in der Auslegung eines Hochdeckers, der standardmäßig von einem Liberty-Motor mit 298 kW (405 PS) angetrieben wurde. Die **Stout 2-AT** ging bei Florida Airways sowie bei Ford Air Transport Services in Dienst und bediente bei letzterer ab 1926 die Luftpoststrecken Detroit – Chicago und Detroit – Cleveland. Aus diesem Grundmuster wurde 1925 das dreimotorige Einzelexemplar **Stout 3-AT** entwickelt, angetrieben von drei Sternmotoren Wright Whirlwind je 149 kW (203 PS). Es handelte sich im Grunde um die wenig attraktive Umrüstung einer Pullman für acht Passagiere und einen dreimotorigen Antrieb. Dennoch muß die **Stout 3-AT** ein großes Potential besessen haben, denn nach dem Ausscheiden von Scout setzte das Unternehmen die Entwicklung dieses Musters zur erfolgreichen Ford Tri-Motor fort.

# Sud-Est (SNCASE) – frühe Produkte

Mit der Verstaatlichung der französischen Luftfahrtindustrie im Jahr 1936 wurden die Aktivitäten von Chantiers Aéro-Maritime de la Seine (CAMS), Lioré-et-Olivier, Potez, Romano und der Société Provençale des Constructions Aéronautiques (SPCA) in der Société Nationale de Constructions Aéronautiques de Sud-Est (SNCASE) zusammengefaßt.

Einige der Programme, die die einzelnen Firmen eingeleitet hatten, führte das neue Unternehmen, das man allgemein Sud-Est nannte, fort. Hierzu zählte auch der Entwurf des ungewöhnlichen, dreisitzigen Jägers **Lioré-et-Olivier LeO 50**, dessen Antrieb zwei Sternmotoren Gnome-Rhône liefern sollten.

Unter der Bezeichnung **Sud-Est S.E.100** wurden zwei Prototypen gebaut, die sich durch ein Einziehfahrwerk auszeichneten. Es bestand aus einem lenkbaren Bugrad und kleinen Haupträdern, die in die Seitenflossen eines geteilten Leitwerks einzogen. Der erste Versuchsjäger

***Die Sud-Est S.E.100, die den Begleitjäger Potez 631 ablösen sollte, rollte 13 Monate vor der deutschen Invasion Frankreichs aus der Werkshalle.***

flog am 29. März 1939, ging aber bei einem Unfall im April 1940 verloren. Den Flug des zweiten Prototyps und die geplante Serienfertigung verhinderte die deutsche Besetzung Frankreichs. Die Bezeichnung **S.E.101** galt einer Version, die Pratt & Whitney-Sternmotoren erhalten sollte.

Die Entwicklung des sechsmotorigen Flugboots **Lioré-et-Olivier H.49**, das auf einer Forderung des französischen Luftfahrtministeriums für ein Transatlantikpost-/-passagierflugzeug basierte, wurde unter der Bezeichnung **S.E.200** fortgesetzt. Die Konstruktion von vier Prototypen, ausgelegt für 80 Passagiersitze, war angelaufen, doch die beiden zu Beginn des Zweiten Weltkriegs fertiggestellten Exemplare fielen alliierten Luftangriffen zum Opfer. Die beiden anderen wurden nach dem Krieg fertiggestellt und geflogen, doch zu diesem Zeitpunkt war das Zeitalter de Flugboote schon vorüber.

## Sud-Est Vampire, Mistral und Aquilon bis Suchoi Su-17, Su-20 und Su-22

**Sud-Aviation entstand 1957 aus der Fusion von Ouest-Aviation und Sud-Est Aviation. In der erfolgreichsten Zeit der 50er Jahre mit dem größten und ausgedehntesten Geschäftsvolumen unterhielt das Unternehmen zehn verschiedene Fertigungsstätten für Zivil- und Militärflugzeuge.**

# Sud-Est Vampire, Mistral und Aquilon

Nach dem Zweiten Weltkrieg mußte sich die französische Luftfahrtindustrie nicht nur reorganisieren, sondern auch fünf Jahre aufholen, in denen riesige Fortschritte erzielt worden waren, vor allem auf dem Gebiet strahlgetriebener Luftfahrzeuge. Sud-Est (Société Nationale de Constructions Aéronautiques – SNCASE) unterzeichnete ein Abkommen mit de Havilland zum Lizenzbau der **Vampire FB.Mk 5** mit Goblin-Antrieb, um Erfahrung in der Konstruktion von Düsenjägern als Auftakt zu einer definitiven französischen Version mit Nene-Triebwerk von Hispano-Suiza zu gewinnen. In Marignane bei Marseilles war bald ein Montageband eingerichtet, und bis 1951 wurden 100 solcher Jagdbomber für die Armée de l'Air gefertigt.

Da der französische Gesamtbedarf aber 450 **Vampire** ausmachte, nahm man zügig die Arbeit an der **Sud-Est Mistral** (**Vampire Mk 53**) mit dem 22,5 kN starken Nene 102 auf. Dieses Muster verwendete das Tragwerk, den Rumpf etc. der **Vampire Mk 5**, erhielt aber ein druckbelüftetes Cockpit, modifizierte Lufteinläufe für ein neues Triebwerk und einen von SNCASO entwickelten Schleudersitz. Die Höchstgeschwindigkeit stieg von 852 km/h bei der FB.Mk 5 auf 925 km/h. Die erste **Mistral** flog am 2. April 1951, und eine Beschaffung von 2500 Exemplaren wurde geplant, aber später drastisch reduziert.

Am 31. Oktober 1952 kam die erste in Frankreich gebaute de Havilland Sea Venom FAW.Mk 20 in die Luft. Vorausgegangen waren vier vom de Havilland Ghost 103 angetriebene Maschinen, die man mit aus England gelieferten Baugruppen und Teilen montiert hatte. Diese Version wurde als **Aquilon 20** bekannt und führte 1954 zur **Aquilon 201** französischer Produktion. Auf 25 **Aquilon 201** folgte eine gleiche Anzahl **Aquilon 202** mit formschöner, nach oben öffnender und abwerfbarer Klarsichthaube. Alle Flugzeuge erhielten Schleudersitze, doch die Triebwerkshersteller variierten, da man Fiat in Italien mit eingeschaltet hatte. Anstelle der britischen 20-mm-Kanone Hispano Mk V wurden vier Hispano-Suiza HS404 installiert. Als nächste Version erschien der allwettertaugliche Jagdeinsitzer **Aquilon 203**, von dem 40 Exemplare mit dem französischen Bordradar APQ-65 und nach hinten aufschiebbarem Kabinendach entstanden. Das Radar ließ die Position des Piloten in der **Aquilon 203** ein wenig nach links rücken, obgleich der Vorderrumpf um 67 cm verlängert war. Das **Aquilon**-Kapitel endete mit der zweisitzigen **Aquilon 204**, die der **202** sehr ähnlich war. Nur sechs Exemplare wurden gebaut, alle unbewaffnet und kurzbeinig. **Aquilon**-Düsenjäger flogen bei Flottille 11 und 16 der Aéronavale sowie bei den Ausbildungsstaffeln 2S, 4S, 54S und 59S. Wie die **Vampire** und **Mistral** nahm auch die **Aquilon** an den Kämpfen um Algerien teil.

***Eine der zuletzt gebauten Aquilon 202 befreit sich vom Fangkabel, nachdem sie sicher auf dem Flugzeugträger Clémenceau gelandet ist.***

# Sud-Est-Hubschrauber

Die Entwicklung von Hubschraubern lief bei Sud-Est mit dem **Sud-Est S.E.3000**, der auf dem Focke-Achgelis Fa 223 basierte, und Professor Heinrich Focke unterstützte das Unternehmen bei den Bemühungen, dieses Modell zu verbessern. Nachdem erste Erfahrungen mit Drehflüglern gesammelt worden waren, konstruierte Sud-Est zunächst einen rein funktionellen, einrotorigen Experimentalhubschrauber mit der Bezeichnung **S.E.3101**. Diese von einem Vierzylinder-Boxermotor Mathis 4 GB 20 mit 82 kW (110 PS) angetriebene Maschine hatte eine völlig nackte Stahlrohrzelle, abgesehen von einer Windschutzscheibe, die den Piloten vor den Elementen schützte. Der Heckausleger mündete in ein V-Leitwerk mit Heckrotoren an beiden „Flügeln" zum Ausgleich des Drehmoments. Der Helikopter war ausschließlich dazu bestimmt, das Rotorsystem zu testen. Das Ergebnis muß positiv ausgefallen sein, denn anschließend wurde ein zweisitziger Leichthubschrauber **S.E.3110** konstruiert, der im Grunde das gleiche Rotorsystem (ein Haupt- und zwei Heckrotoren) verwendete. Noch vor dem Bau des ersten Prototyps wurde dieser Entwurf aber nochmals revidiert. Er zeigte nunmehr die typische Auslegung mit Rumpfgondel und Leitwerksträger, doch die Kernzelle mit zwei Sitzen war nur teilweise verkleidet und mit einem simplen Kufenpaar als Fahrgestell versehen, während der Heckausleger eine offene Gitterstruktur mit dreieckigem Profil bildete. Das Rotorsystem umfaßte einen Dreiblatt-Haupt- und einen Zweiblatt-Heckrotor. Dieser als **S.E.3120 Alouette** bezeichnete Helikopter flog erstmals am 31. Juli 1952. Knapp ein Jahr später, am 2. Juli 1953, stellte er mit 13 Stunden und 56 Minuten einen neuen internationalen Ausdauerrekord auf.

***Der S.E.3120 war der Stammvater der klassischen Leichthubschrauber-Familie Alouette, wurde aber – im Unterschied zu den späteren Modellen – von einem Kolbenmotor angetrieben.***

# Sud-Est, militärische Prototypen

Der erste von mehreren bei SNCASE entstandenen Prototypen war die **Sud-Est S.E.2410 Grognard**, ein einsitziger Eindecker-Jagdbomber, der zwei übereinander montierte Strahltriebwerke im Hinterrumpf erhalten sollte. Vor Beginn der Konstruktion wurde ein Modell im Maßstab 8:100 im Windkanal getestet, und die zufriedenstellenden Ergebnisse gaben grünes Licht. Die **S.E.2410 Grognard I** war ein Mitteldecker mit gepfeiltem Trag- und Leitwerk und zwei von Hispano-Suiza in Lizenz gebauten Rolls-Royce Nene-Strahltriebwerken. An diese erstmals am 30. April 1950 geflogene Maschine schloß sich die **S.E.2415 Grognard II** an, die sich durch einen für die Radarausrüstung verlängerten Vorderrumpf auszeichnete. Zudem plante man einen Allwetterjäger mit der Bezeichnung **S.E.2421**.

Die etwas später konzipierte **S.E.5000 Baroudeur** war ein einsitziger Strahljäger, der keine langen Pisten mehr brauchte, da er zum Start einen auch auf Grasplätzen funktionierenden Karren und zur Landung drei einziehbare Kufen nutzte. Letztere ließen sich auch zum Start von schnee- und eisbedeckten Flächen verwenden. Der Startwagen war zusätzlich mit Vorrichtungen für bis zu sechs Starthilfsraketen für rauh beschaffenen Untergrund versehen. Der Prototyp hatte ein SNECMA-Strahltriebwerk Atar 101C mit 27,46 kN Schub und flog erstmals am 1. August 1953. Am 12. Mai 1954 folgte ein zweiter, generell ähnlicher Prototyp, der gut zwei Monate später im leichten Sinkflug Mach 1 überschritt. Die Entwicklung wurde mit drei Vorserienflugzeugen **S.E.5003** fortgeführt, aber keine **Baroudeur**-Serie aufgelegt.

Der letzte dieser interessanten Sud-Est-Prototypen war die einsitzige **S.E.212 Durandal**, ein leichter Deltaflügel-Abfangjäger, dessen SNECMA Atar G-3 mit einer Nennleistung von 44 kN Schub durch einen Raketenmotor SEPR.65 mit 8,09 kN Schub ergänzt wurde. Der **Durandal**-Prototyp absolvierte seinen Jungfernflug am 20. April 1956 und schloß 1957 das Testprogramm ab. Eine **Durandal IV** mit stärkerem Atar-Strahltriebwerk wurde in der Entwicklung abgebrochen, als Sud-Est (SNCASE) und Sud-Ouest (SNCASO) 1957 zu Sud-Aviation fusionierten.

***Der Vorserien-Strahljäger S.E.5003 Baroudeur ist hier im Landeanflug mit ausgefahrenen Kufen und ausgelöstem Bremsschirm zu sehen.***

# Sud-Est S.E.2010 Armagnac

Das Projekt **S.E.2000** für ein Langstreckenverkehrsflugzeug mit großer Passagierkapazität brachte den Prototyp **Sud-Est S.E.2010 Armagnac** hervor, der am 2. April 1949 zum Erstflug startete. Dieser große Airliner bewährte sich zwar nicht im Liniendienst, bedeutete für die französische Luftfahrtindustrie aber einen wichtigen Schritt nach vorn, denn sein druckbelüfteter Rumpf mit rundem Querschnitt maß im Durchmesser immerhin 4,70 m. Der freitragende Mitteldecker mit einziehbarem Bugrad-Fahrgestell (doppelrädrige Hauptbaugruppen) war standardmäßig für eine sechsköpfige Crew und 84 Passagiere ausgelegt, konnte aber bei dichter Bestuhlung auch 160 Fluggäste aufnehmen. Für Air France sollten 15 Flugzeuge gebaut werden, aber nach einer sorgfältigen Bewertung der Prototyp-Testergebnisse lehnte die Gesellschaft es ab, auch nur eine einzige Maschine zu übernehmen. Statt dessen gingen vier Exemplare an die Transports Aériens Intercontinenteaux (TAI), die den Typ am 8. Dezember 1952 im Liniendienst einführte. Dieser Betreiber wurde bald gewahr, warum Air France die **Armagnac** nicht akzeptiert hatte, und zog diese völlig unwirtschaftlichen Flugzeuge bald aus dem Verkehr. Als in Indochina der Kampf gegen die französischen Kolonialherren immer stärker entbrannte, gingen sieben **Armagnac** an die neugegründete Gesellschaft SAGETA, um ab Ende 1953 Fracht, Post und Truppen in Etappen nach Saigon zu transportieren.

***Die S.E.2010 war die Serienausführung des Projekts Sud-Est S.E.2000, und die einzige Nebenlinie bildete der Triebwerkstestträger S.O.2060.***

**TECHNISCHE DATEN**

**Sud-Est S.E.2010 Armagnac**

**Typ:** Langstrecken-Verkehrsflugzeug
**Triebwerke:** vier Sternmotoren Pratt & Whitney R-4360-B13 Wasp Major je 2610 kW (3549 PS)
**Leistung:** Höchstgeschwindigkeit 495 km/h in 4500 m Höhe; Dienstgipfelhöhe 6800 m; Reichweite 5120 km
**Gewicht:** Leermasse 37.813 kg; max. Startmasse 77.500 kg
**Abmessungen:** Spannweite 48,95 m; Länge 39,63 m; Höhe 13,50 m; Tragflügelfläche 235,60 m²

# Sud-Ouest (SNCASO), Experimentalflugzeuge

Zu der interessanten Reihe von Experimentalflugzeugen, die von SNCASO konstruiert und geflogen wurden, gehörte die **Sud-Ouest S.O.6000 Triton**, deren geheime Entwicklung 1943 begonnen hatte. Dieser Mitteldecker mit kurz gespannten, dünn profilierten Tragflügeln, korpulentem Rumpf, zwei nebeneinander montierten Sitzen und einziehbarem Bugrad-Fahrwerk kam als erstes strahlgetriebenes Muster französischer Konstruktion in die Luft. Der erste Prototyp entstand 1945 und flog erstmals am 11. November 1946 unter dem Antrieb eines Junkers Jumo 004 B2. Vier weitere Prototypen wurden mit Derwent-Triebwerken von Rolls-Royce bestellt, tatsächlich aber alle vom Rolls-Royce-Nene angetrieben, das Hispano-Suiza in Lizenz hergestellt hatte. Der erste Vertreter dieses Quartetts hob am 19. März 1948 vom Boden ab.

Der einsitzige Abfangjäger **S.O.6020 Espadon** (Schwertfisch) sollte den Leistungsparametern genügen, die im ersten Luftrüstungsprogramm Frankreichs nach dem Zweiten Weltkrieg vorgegeben waren. Er flog erstmals am 12. November 1948. Der Prototyp **S.O.6020.01** war ein Mitteldecker-Pfeilflügler mit einem von Hispano-Suiza in Lizenz gebauten Strahltriebwerk Rolls-Royce Nene, der noch keine Bewaffnung besaß. Der nachfolgende Versuchsjäger **S.O.6020.02** mit überarbeiteten Lufteinlässen, geändertem Seitenleitwerk und einer Bewaffnung von sechs Kanonen absolvierte seinen Jungfernflug am 30. Dezember 1949. Anschließend paßte man die **01** dieser Konfiguration an, und ab 1952 diente sie als Forschungsflugzeug mit zwei an den Flügelenden montierten Turboméca-Marboré-Strahltriebwerken. Nach der Einrüstung eines zusätzlichen Raketenmotors im Hinterrumpf unter dem Strahlrohr wurde aus der **02** später die **S.O.6026**. Der dritte Original-Prototyp, die **S.O.6020.03**, wurde nicht wie anfangs bestellt gebaut, sondern in modifizierter Form zur Aufnahme einer zusätzlichen Flüssigkeitsrakete und abwerfbarer Brennstofftanks unter dem Rumpf. Diese Änderung zog die neue Bezeichnung **S.O.6025** nach sich. Einer Serienversion am nächsten kam die **S.O.6021**. Sie war aus dem Prototyp **S.O.6020.02** entwickelt worden, hatte aber eine leichtere Zelle und kraftverstärkte Ruder, ein kleineres, druckbelüftetes und klimatisiertes Cockpit mit Schleudersitz und eine Bewaffnung von sechs 20-mm- oder vier 30-mm-Kanonen.

Die Erfahrungen mit den flügelmontierten Marboré-Strahltriebwerken der **S.O.6020.02 Espadon** führten dazu, daß man dieses Konzept zunächst mit dem Forschungsflugzeug **S.O.9000 Trident** für Mischantriebe umsetzte. Beim Erstflug am 2. März 1953 lieferten zwei Turboméca Marboré II den Antrieb. Im Jahr darauf wurde der geplante Raketenmotor SEPR.481 eingebaut, den die **Trident** bei ihrem Erstflug am 4. September 1954 nutzte. Kurz darauf tauschte man die Marboré-Triebwerke gegen zwei Dassault M.D.30 Viper ASV.5, und mit diesem Mischantrieb wurde eine Geschwindigkeit über Mach 1,5 registriert. Ein zweiter Prototyp ging beim Jungfernflug verloren, aber das erwiesene Potential des ersten brachte einen Auftrag über zwei strukturell verfeinerte Prototypen **S.O.9050 Trident II**. Später orderte man sechs Vorserienmaschinen, von denen die erste am 3. Mai 1957 flog, angetrieben von zwei Dassault M.D.30 und einem Raketenmotor SEPR.631. Einer der Vorserienjäger schob den Höhenweltrekord am 2. Mai 1958 auf 24.217 m Höhe.

Von völlig anderer Natur und Fluggeschwindigkeit war die **S.O.1310 Farfadet**, ein experimentelles Verwandlungsflugzeug mit druckluftbetriebenem Dreiblatt-Hauptrotor, konventioneller Flugmotor/Zugpropeller-Kombination und starren Tragflügeln. Der Rotor versetzte die **Farfadet** in die Lage, senkrecht zu starten, zu schweben und zu landen, während das herkömmliche Triebwerk den normalen Horizontalflug ermöglichte, bei dem die in Autorotation geregelten Drehflügel das starre Tragwerk teilweise entlasteten. Der Antrieb der **Farfadet** bestand aus einem Turbokompressor Turboméca Arrius II mit 268 kW (360 PS) zur Erzeugung von Druckluft für den Rotor und einer Propellerturbine Turboméca Artouste II gleicher Leistung. Der erste komplette Übergang vom Senkrecht- zum Horizontalflug und umgekehrt fand am 1. Juli 1953 statt.

Ein 1949 geflogenes Luftfahrzeug mit weit weniger interessanter Auslegung war das leichte Verkehrsflugzeug **S.O.7010 Pégase**. Es hatte einen ungewöhnlichen Antrieb in Form zweier Mathis-Boxer 8GB 22, die Rücken an Rücken zu einem X-Doppelmotor zusammengekoppelt waren, um ihre Leistung von je 172 kW (230 PS) über ein gemeinsames Getriebe auf einen Verstellpropeller abzugeben. Eine Kupplung innerhalb des Getriebes ermöglichte es, zwischen den Motoren zu wählen, so daß, sollte einer ausfallen, die Sicherheit gewährleistet blieb. Das letzte Sud-Ouest-Produkt hieß **S.O.7060 Deauville**, ein zwei-/dreisitziges Leichtflugzeug in der Auslegung eines freitragenden Ganzmetall-Tiefdeckers. Angetrieben von einem Walter-Reihenmotor Minor 4-III mit 78 kW (105 PS), erreichte diese Maschine eine Geschwindigkeit von 205 km/h.

***Die Espadon wurde in mehreren Ausführungen produziert. Abgebildet ist die S.O.6025 mit Flüssigkeitsraketen.***

# Sud-Ouest S.O.30P Bretagne

Nach der Invasion Frankreichs im Jahr 1940 zog sich ein Gruppe von Konstrukteuren und Ingenieuren aus Werken in der Besatzungszone nach Cannes zurück und richtete sich dort im Mai 1941 als Groupe Technique de Cannes ein, um Prototypen mehrerer Muster zu entwerfen und zu konstruieren, von denen zwei nach dem Krieg zur Serienfertigung gelangten. Der erste war ein mittleres Verkehrsflugzeug mit der Anfangszeichnung **Sud-Ouest S.O.30N**, ein freitragender Ganzmetall-Mitteldecker mit Einziehfahrwerk, dessen Antrieb beim Erstflug am 26. Februar 1945 zwei Sternmotoren Gnome-Rhône 14R à 1193 kW (1600 PS) lieferten. Die erste Serienversion **S.O.30P** wurde als **S.O.30P-1** mit zwei P&W-Sternmotoren R-2800-B43 je 1342 kW (1800 PS) sowie als **S.O.30P-2** mit zwei 1790 kW (2400 PS) starken R-2800-CA18 und anderen Verbesserungen angeboten. Beide erhielten den Namen **Bretagne**. Standardmäßig war der Typ für eine fünfköpfige Besatzung einschließlich Stewardeß und 30 bis 43 Passagiere ausgelegt, aber auch als Frachtversion **S.O.30C** erhältlich mit geänderter Inneneinrichtung, darunter ein abgesenkter und verstärkter Kabinenboden und große Ladeluken an der Unterseite des Rumpfhecks. Den Antrieb des Luftfrachters besorgten zwei Gnome-Rhône-Sternmotoren 14R.81, die mit Wassereinspritzung 1380 kW (1850 PS) erzeugten. Insgesamt nur 45 Exemplare wurden gebaut, die außer bei Air France, Air Algérie und einigen kleineren Fluggesellschaften in den Kolonialgebieten Frankreichs auch bei der Armée de l'Air und bei der Aéronavale dienten. Einige **S.O.30P-1** erhielter einen Zusatzantrieb in Form zweier Strah triebwerke Turboméca Pallas. Andere Tu bojet-Typen, mit denen die **Bretagne** prc behalber flog, waren das SNECMA Atar 10 und das Rolls-Royce Nene in der Lizenz ausführung von Hispano-Suiza.

***Die S.O.30P-2 Bretagne wurde im Krieg für den zivilen Luftverkehr entworfen und nachträglich zum Dienst bei der französischen Luftwaffe und Marine hergerichtet.***

# Sud-Ouest S.O.95 Corse II

Der zweite Prototyp der Groupe Technique de Cannes, der nach dem Krieg in Serie ging, war das leichte Post-/Passagierflugzeug **Sud-Ouest S.O.95 Corse II**, hervorgegangen aus der **S.O.90**. Mit neun Passagieren an Bord hatte sich diese Maschine im Krieg trotz der Wachsamkeit der deutsch-italienischen Waffenstillstandskommission in einem dramatischen Erstflug von Frankreich nach Algiers durchgeschlagen. Nach dem Krieg wurde sie über die Prototypen **S.O.93** und **S.O.94** zur Serienversion **S.O.95 Corse II** weiterentwikkelt, deren Erstflug am 17. Juli 1947 stattfand. Der freitragende Mitteldecker konnte bis zu 13 Passagiere aufnehmen. Zum Einsatz als Fracht- oder Postflugzeug ließen sich die Sitze ausbauen. Die **Corse II** war zur Verwendung auf den Inlandsstrecken gedacht, erfüllte aber nicht die Vorstellungen der Air France. 60 Exemplare wurden für die Aéronavale und eine kleine Zahl für Fluglinien in Übersee gebaut.

***Diese Sud-Ouest S.O.95 Corse II flog bei Escadrille de Servitude 50 im Transport- und Ausbildungsdienst.***

**TECHNISCHE DATEN**
**Sud-Ouest S.O.95 Corse II**
**Typ:** leichtes Post-/Passagierflugzeug
**Triebwerke:** zwei Zwölfzylinder-Reihenmotoren, zweireihig hängend, Renault 12S-02-201 je 440 kW (590 PS)
**Leistung:** Höchstgeschwindigkeit für Reiseflug in 2700 m Höhe 350 km/h; Reichweite 1300 km
**Gewicht:** Leermasse 4024 kg; max. Startmasse 5605 kg
**Abmessungen:** Spannweite 17,90 m; Länge 12,35 m; Höhe 4,30 m

# Sud-Ouest S.O.1100 Ariel

Das frühzeitige Interesse des Unternehmens an der Entwicklung von Rotorflugzeugen führte zum Entwurf und zum Bau des Ganzmetallhubschraubers **Sud-Ouest S.O.1100 Ariel I** mit einer geschlossenen Kabine für zwei Personen. Der Hersteller hatte Einfachheit angestrebt und einen einzigen drehmomentfreien Dreiblatt-Rotor mit Blattspitzenantrieb verwendet. Der Antriebsstrang bestand daher aus einem Mathis-Motor G8, der seine Leistung von 164 kW (220 PS) einem Turboméca-Kompressor zuführte. Dieser förderte schwach verdichtete Druckluft durch die hohlen Rotorblätter in die Brennkammern der Blattspitzendüsen, wo Kraftstoff beigemischt und das Kraftstoff-/Luftgemisch elektrisch gezündet wurde. In seiner Originalform **Ariel I** mit stämmigem Heckausleger, der zwei Seitenflossen trug, flog dieser Hubschrauber erstmals 1947. Der verbesserte **S.O.1110 Ariel II**, dessen Erstflug am 23. März 1949 stattfand, hatte eine grundsätzlich ähnliche Auslegung, aber ein überarbeitetes Doppelseitenleitwerk. Das Zwei-Komponenten-Triebwerk dieser ersten beiden Prototyphubschrauber war recht schwer und wich daher im verbesserten **S.O.1120 Ariel III** einem leichteren Turbinen-Kompressor-Verbund der Bauart Turboméca Arrius mit einer Nennleistung von 205 kW (275 PS). Diese Gewichtseinsparung ermöglichte es, einen weiteren Passagier unterzubringen. Der **Ariel III** unterschied sich vom Vorgänger außerdem durch ein Leitwerk, das im Grunde nur noch aus Seitenflosse und Ruder bestand und durch den Abgasstrom der Turbine eine erhöhte Steuerwirksamkeit besaß. Die Abgase wurden bis zum Heck geleitet und konnten von Leitblechen nach beiden Seiten ausgeblasen werden.

***Der Versuchshubschrauber S.O.1110 Ariel II erprobte einen Rotor mit Blattspitzenantrieb. Als Grundtriebwerk diente ein Mathis-Kolbenmotor G8 mit 164 kW (220 PS).***

# Sud-Ouest S.O.1221 Djinn

Die Erfahrungen mit den Ariel-Hubschraubern stützten die Überzeugung, daß es möglich sein müsse, einen Hubschrauber nur mit Druckluftdüsen an den Blattspitzen anzutreiben und so das zusätzliche Gewicht der Brennstoff- und Zündsysteme einzusparen, die für die Strahldüsen an den Blattspitzen der Ariel-Luftfahrzeuge nötig gewesen waren. SNCASO flog daher am 2. Januar 1953 das Testvehikel **Sud-Ouest S.O.1220**, das aus einem nackten Stahlrohrgerüst zur Aufnahme eines Zweiblatt-Rotors und darunter eines ungeschützten Sitzes für den Piloten bestand. Den Antrieb lieferte ein Palouste-Turbokompressor von Turboméca. Er erzeugte eine Menge hochkomprimierter Luft, die wie beim Ariel verteilt und an den Blattenden ausgeblasen wurde. Bei den Tests zeigte sich, daß dieses System besser als der komplexe Blattspitzen-Strahlantrieb war. Daraufhin baute man fünf zweisitzige Prototypen **S.O.1221** mit geschlossener Kabine. Nur 13 Tage nach dem Erstflug am 16. Dezember 1953 stellte der erste Vertreter dieses Quintetts mit 4789 m einen neuen Höhenweltrekord für Luftfahrzeuge seiner Klasse auf.

Das Interesse des französischen Heeres beschleunigte den Bau von 22 Vorserienhubschraubern, von denen die meisten der Erprobung durch die Truppe dienten. Die erste dieser Erprobungsmaschinen flog am 23. September 1954, und wenig später erwarb die US Army drei Exemplare zur Prüfung als **YHO-1**. Die französische Armee war von der Leistung und Einfachheit des **S.O.1221 Djinn** begeistert und bestellte 100 Exemplare, die sie zur Bergung von Verwundeten (mit einem Piloten und zwei externen Tragwannen) sowie als Verbindungs-, Beobachtungs- und Schulhubschrauber verwendete. Auch die Bundeswehr beschaffte sechs solcher Hubschrauber. Der erste Serien-**Djinn** flog am 5. Januar 1956, und im April 1958 erging die französische sowie die amerikanische Musterzulassung. Bis zur Einstellung der Fertigung Mitte der sechziger Jahre wurden insgesamt 178 Helikopter gebaut.

Bis zum Ende der Produktion hatte Sud-Ouest zweimal den Firmennamen geändert: am 1. September 1956 in Ouest-Aviation und am 1. März 1957, beim Zusammenschluß mit Sud-Est Aviation, in Sud-Aviation. Daher wird der **Djinn** mitunter als **Ouest S.O.1221** oder als **Sud-Aviation S.O.1221** angeführt.

***Der S.O.1221 wurde in geringer Stückzahl gebaut und bald in Flugleistung wie auch Tragkapazität von den Serien Alouette II und III überholt.***

**TECHNISCHE DATEN**
**Sud-Ouest S.O.1221 Djinn**
**Typ:** zweisitziger Leichthubschrauber
**Triebwerk:** ein Turbo-Kompressor Turboméca Palouste IV mit 179 kW (240 PS)
**Leistung:** Höchstgeschwindigkeit 130 km/h; Flugdauer mit Standardtreibstoffmenge zwei Stunden, 15 Minuten
**Gewicht:** Leermasse 360 kg; max. Startmasse (Militär) 800 kg
**Abmessungen:** Rotordurchmesser 11 m; Rumpflänge 5,30 m; Höhe 2,60 m

# Sud-Ouest S.O.4050 Vautour

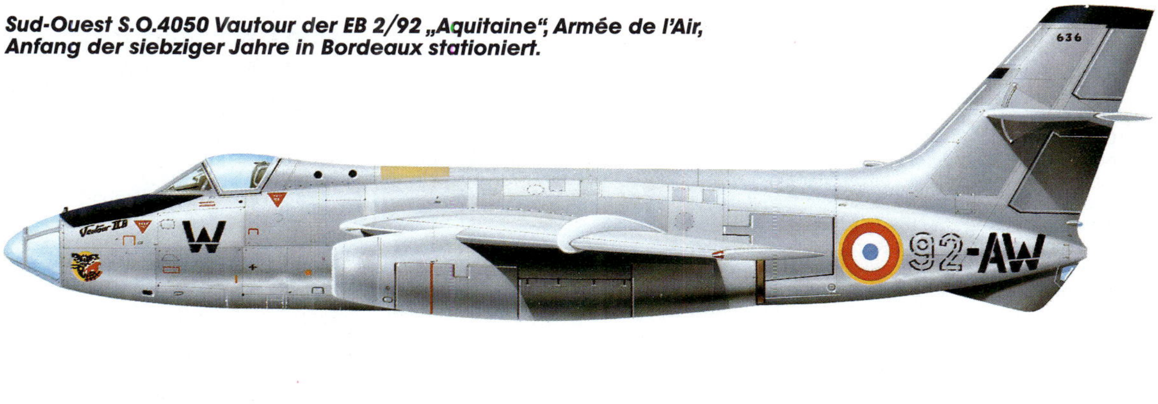


***Sud-Ouest S.O.4050 Vautour der EB 2/92 „Aquitaine", Armée de l'Air, Anfang der siebziger Jahre in Bordeaux stationiert.***

:ur stufenweisen Entwicklung eines fortchrittlichen, zweistrahligen experimentelen Hochleistungsbombers schuf Sud-)uest zwei Modelle im Maßstab 1:2. Das rste, ein reines Segelflugzeug mit der Beeichnung **Sud-Ouest S.O.M.1**, wurde rstmals am 26. September 1949 von einer anguedoc 161 als Trägerflugzeug abgeetzt. Das zweite Modell, **S.O.M.2**, angetrieen von einem einzelnen Strahltriebwerk olls-Royce Derwent, absolvierte am 3. April 1949 seinen Jungfernflug. Die Erhrungen mit diesen beiden Maschinen ıhrten zum Prototyp **S.O.4000**, einem freiagenden Ganzmetall-Mitteldecker mit aren Linien. Sein Einziehfahrwerk beand im Unterschied zu dem der **M.2** aus nem Bugrad und vier in Tandempaaren ngeordneten Haupträdern. Im Vorderımpf war eine Kabine für zwei Personen ntereinander eingerichtet, und der Hinrrumpf nahm zwei Strahltriebwerke olls-Royce Nene auf. Am 15. März 1951 og die **S.O.4000** zum erstenmal.

Anschließend wurde die **S.O.4050 Vautour** entwickelt, die in großer Stückzahl an die Armée de l'Air gehen sollte. Die **S.O.4050** unterschied sich erheblich von den Vorgängermodellen, doch ihr kamen die Erfahrungen zugute, die man mit den Bordsystemen und Steuereinrichtungen der beiden Modelle im halben Maßstab und des Prototyps gesammelt hatte. Der ähnlich ausgelegte Mitteldecker erhielt zurückgepfeilte Tragflügel und Leitwerksflächen sowie ein Einziehfahrwerk mit zwei Hauptradpaaren in Tandemanordnung und kleinen Auslegerbeinen, die in die Gondeln der Triebwerke einziehen konnten, da letztere bei der **S.O.4050** unter die Tragflügel geschlungen waren. Sud-Ouest wurde mit dem Bau von drei Prototypen beauftragt, von denen der erste am 16. Oktober 1952 flog. Dieses Trio bestand aus dem zweisitzigen Allwetterjäger **S.O.405001** mit zwei SNECMA-Strahltriebwerken Atar 101B je 23,5 kN Schub, dem einsitzigen Jagdbomber **S.O.4050-02** mit Atar 101D je 27,6 kN Schub (Erstflug am 16. Dezember 1953) und dem zweisitzigen Kampfbomber **S.O.4050-03** mit Armstrong Siddeley Sapphire (Erstflug am 5. Dezember 1954). Die Erprobung dieser Prototypen zog einen Auftrag über sechs Vorserienflugzeuge nach sich, von denen das letzte, ein zweisitziger Allwetterjäger mit zwei 44,5 kN schubstarken Strahltriebwerken Rolls-Royce Avon R.A.14, am 18. Oktober 1955 zum Erstflug startete. Die Truppenerprobung dieser Vorserie führte zur Beschaffung aller drei **Vautour**-Versionen, und bis zur Einstellung der Produktion wurden insgesamt 140 Exemplare mit dem Atar 101E als Standardtriebwerk für die Armée de l'Air gefertigt. Dazu gehörten 30 taktische Jagdeinsitzer **Vautour II-A** (Erstflug am 30. April 1956), 40 zweisitzige Kampfbomber **Vautour II-B** (Erstflug am 31. Juli 1957) und 70 doppelsitzige Allwetterjäger **Vautour II-N** (Erstflug am 10. Oktober 1956). Achtzehn Maschinen wurden später der israelischen Luftwaffe zugeführt. Die Kabine variierte entsprechend der Rolle, war aber in jedem Fall druckbelüftet und mit Schleudersitz(en) ausgestattet. Auch die Bewaffnung unterschied sich erheblich, allerdings weniger bei Kampfbombern und taktischen Jagdbombern für Nahunterstützung, wie unten beschrieben. Der Allwetterjäger **Vautour II-N** hatte DEFA-30-mm-Kanonen, Raketen und Flugkörper, aber auch ein Bordradar. Die Nachrüstung der Maschine in Form von Höhenflossen, die als Pendelruder ausgelegt waren, zog die neue Bezeichnung **Vautour II-1N** nach sich.

### TECHNISCHE DATEN
**Sud-Ouest S.O.4050 Vautour II-A**

**Typ:** taktischer Jagdeinsitzer
**Triebwerke:** zwei Strahltriebwerke SNECMA Atar 101E-3 je 34,3 kN Schub
**Leistung:** Höchstgeschwindigkeit 1105 km/h; Anfangssteiggeschwindigkeit 60 m/sek; Dienstgipfelhöhe oberhalb 15.000 m
**Gewicht:** Leermasse 10.000 kg; max. Startmasse 20.000 kg
**Abmessungen:** Spannweite 15,09 m; Länge 15,57 m; Höhe 4,50 m
**Bewaffnung:** vier DEFA-30-mm-Bugkanonen, bis zu 240 Raketen oder zehn Bomben im Rumpfwaffenschacht und Unterflügelstationen für insgesamt 76 Raketen MATRA M.116E oder 24 120-mm-Raketen oder zwei 450-kg-Bomben oder vier Abwurftanks

# Suchoi-Flugzeuge von 1939–1949

Pawel Suchoi hatte längere Zeit für A. N. Tupolew gearbeitet und die Konstruktion mehrerer erfolgreicher Tupolew-Muster (Jäger I-4 und Bomber ANT-25) als Leiter begleitet, bis man ihm schließlich im Dezember 1938 gestattete, sein eigenes Konstruktionsbüro (OKB) zu eröffnen. Abgesehen von der Entwicklung und Produktion der ANT-51 unter der Bezeichnung **Su-2** und einer Reihe von Prototypen konnte das Suchoi-OKB kaum Erfolge vorweisen und wurde 1949 auf Stalins Befehl hin geschlossen. Erst nach Stalins Tod im Jahr 1953 durfte der in Ungnade gefallene (und wiederum Tupolew unterstellte) Suchoi sein Büro wiedereröffnen. Dies führte zu einer neuen und höchst erfolgreichen Flugzeuggeneration. Es folgt eine Kurzbeschreibung der bis zum Jahre 1949 produzierten Entwürfe.

Die **Suchoi Su-1** (OKB-Nummer 330) war der Prototyp eines einsitzigen Höhenjägers, ausgelegt als Tiefdecker mit Einziehfahrwerk. Der erstmals im Oktober 1940 geflogene Versuchsjäger wurde von einem M-105P-Motor mit TK-Doppelladern angetrieben, dessen Leistung von 812 kW (1100 PS) ihm zu einer Spitzengeschwindigkeit von 640 km/h in 10.000 m Höhe verhalf. Die Unzuverlässigkeit der Turbolader setzten der Entwicklung jedoch ein Ende. 1943 flog kurzzeitig die **I-360** oder **Su-3**, ein **Su-1**-Abkömmling mit reduzierterSpannweite und anderen kleineren Entwurfsänderungen, doch auch ihre Entwicklung wurde abgebrochen. Im Frühjahr 1941 erschien der Prototyp **Su-6**, ein einsitziger Schturmowik-Tiefdecker mit Einziehfahrwerk, Panzerschutz für den Piloten, selbstversiegelndem Hauptkraftstofftank, einer starren Bewaffnung mit zwei Kanonen und vier Maschinengewehren sowie einer Abwurflast von Bomben (intern) und Raketen (extern). Der zweite Prototyp dieser **Su-6(A)** erhielt den 1491 kW (2000 PS) starken Sternmotor M-71. Die **Su-6(2A)** war ein Zweisitzer für einen Piloten und einen Bordschützen mit geänderter Bewaffnung und 1641 kW (2200 PS) starkem ASh-71F-Motor. Der letzte Prototyp dieser Reihe hieß **Su-6 (2A-AM-42)** nach seinem V-12-Motor AM-42 (1472 kW/2000 PS). Hiervon abgeleitet wurde der Einsitzer **Su-7**, ein auf der Zelle der **Su-6(A)** basierender experimenteller Prototyp-Höhenjäger mit turbogeladenem Sternmotor. In seiner endgültigen Form erhielt dieser Versuchsjäger aber einen Mischantrieb aus einem Sternmotor ASh-82FN (1380 kW/1850 PS) mit zwei TK-3-Turboladern und einem Raketenmotor RD-1-KhZ mit 2,94 kN Schub. Diese Entwicklung gab man jedoch nach zahlreichen Versuchen 1945 auf.

Im selben Jahr flog der erste von zwei Prototypen **Su-8**, ein Schturmowik-Doppelsitzer in der Auslegung eines zweimotorigen Mitteldeckers mit geteiltem Seitenleitwerk. Das Muster, ausgerüstet mit zwei Sternmotoren ASh-71F je 1641 kW (2200 PS) und schwerer Bewaffnung, ging jedoch nicht in Produktion, da kein Bedarf mehr an einem solchen Flugzeug bestand. Die größere Version, die die Bezeichnung **ER-20H** trug, war im allgemeinen ähnlich ausgelegt, aber mit Knickflügeln ausgestattet und als Bomber beziehungsweise als Transporter gedacht.

Ein Zwischenschritt zum Düsenantrieb erfolgte mit der **I-107** oder **Su-5**, die Anfang 1945 zum Erstflug startete. Sie war ein herkömmlicher einsitziger Tiefdecker, hatte aber als Antrieb einen modifizierten V-12-Motor VK-1 7A (1230 kW/1650 PS) in Verbindung mit einem Propeller, der sich auch zum Betrieb eines VRDK-Kompressors umkuppeln ließ. Dieser wiederum versorgte sieben Treibstoff-Brennkammern, die für die Dauer von maximal zehn Minuten einen Zusatzschub von 671 kW (900 PS) bereitstellten. Die Entwicklung endete im Sommer 1945, als die Überlegenheit des Turbinen-Luftstrahltriebwerks feststand.

Suchois erster Strahljäger, **Flugzeug K** oder **Su-9** genannt, erhielt eine ähnliche Auslegung wie die der Messerschmitt Me 262, doch ungepfeilte Tragflächen und zwei RD-10-Strahltriebwerke je 8,8 kN Schub. Der erste von zwei Prototypen kam am 18. August 1946 in die Luft, ging aber trotz guter Flugleistungen und einer Höchstgeschwindigkeit von 900 km/h in 8000 m Höhe nicht in Serie, weil angeblich keine Produktionskapazität verfügbar war. Im Oktober 1947 flog die verbesserte Ausführung **LK** oder **Su-11**, angetrieben von zwei TR-1-Strahltriebwerken mit je 12,7 kN Schub, deren Unzuverlässigkeit jedoch 1948 zum Abbruch der Entwicklung führte. Gleichzeitig wurde auch die größere **Su-13 (Flugzeug KD)** aufgegeben. Im Dezember 1947 flog erstmals die **Su-12**, deren Auslegung an die der Fw 189 erinnerte. Sie brachte die Rückkehr zum Kolbenmotorantrieb mit zwei flügelmontierten Sternmotoren ASh-82FN je 1380 kW (1850 PS). Das gutbewaffnete und gepanzerte Muster erreichte 530 km/h in 5300 m Höhe, erreichte aber nicht die Serienproduktion, da es inzwischen als überholt galt. Parallel zur **Su-12** wurde **Flugzeug E** oder die **Su-10** konstruiert, ein vierstrahliger Tagbomber, der TR-1A-Strahltriebwerke je 14,7 kN Schub in übereinander gestaffelten Paaren an der Flügelvorderkante erhalten sollte. Das Flugzeug wurde zwar fertiggestellt, aber nie geflogen und am Ende für Rollübungen genutzt. Als Vorläufer der modernen Generation höchst erfolgreicher Suchoi-Kampfflugzeuge gelten heute **Flugzeug P (Su-15)**, das erstmals am 11. Januar 1949 flog, und **Flugzeug R (Su-17)**, das noch nicht fertiggestellt war, als Suchois OKB am 1. November 1949 geschlossen wurde. Die schwerfällig wirkende **Su-15** war ein allwettertauglicher Jagdeinsitzer mit gepfeiltem Trag- und Leitwerk, Einziehfahrwerk und fülligem Rumpf mit Bugradom und Triebwerkslufteinlauf unter dem Kinn. Den Antrieb lieferten zwei Nachbrennerstrahltriebwerke RD-45F je 21,6 kN Schub, die übereinander gestaffelt im Rumpf montiert waren. Nach dem Verlust des Prototyps am 3. Juni 1949 wurde die Weiterentwicklung eingestellt. Für den Nachfolger, die als überschallschneller Tagjäger konzipierte **Su-17**, hatte man ein nachbrennerloses TR-3-Strahltriebwerk vorgesehen, doch bis zur Schließung des Suchoi-OKB war die Maschine, die äußer lich wie eine gestreckte Lawotschkin La-15 wirkte, noch nicht fertiggestellt.

# Suchoi Su-2

***Suchoi Su-2 einer Schuleinheit der roten Luftwaffe im Winter 1941/42.***

Pawel Suchoi begann seine Konstrukteur-Karriere 1924 bei AGOS als Mitglied der Tupolew-Gruppe. Er war anschließend an einer Reihe von Tupolew-Entwürfen beteiligt und leitete schließlich eine praktisch selbständige „Brigade“ innerhalb des OKB. Zu seinen Konstruktionen gehören der Bomber/Rekordbrecher ANT-37 und die ANT-51, ein für taktische Aufklärung und Erdkampf gedachter Tiefdecker. Der erste Prototyp flog am 25. August 1937, angetrieben von einem M-62-Sternmotor mit 611 kW (820 PS), doch weitere Musterflugzeuge wurden mit Einziehfahrwerk und den stärkeren Motortypen M-87A und M-87B entwickelt. Nach weiteren Änderungen am Entwurf und dem erfolgreichen Abschluß der amtlichen Prüfungen im Herbst 1940 ging das Muster als **Su-2** (Suchois Brigade hatte inzwischen den OKB-Status erworben) in Serie. Die Dienstbezeichnung lautete **BB-1** (BB bedeutete Kurzstreckenbomber). Die ersten Serienmaschinen dieses freitragenden Tiefdekkers mit einziehbarem Spornrad-Fahrwerk wurden vom Sternmotor M-88 mit 708 kW (950 PS) angetrieben. Pilot und Beobachter/Schütze waren unter einem langen, verglasten Kabinendach untergebracht, das in einem manuell betätigte Maschinengewehr-Drehturm endete, un beide waren durch 9 mm starke Panze platten geschützt.

Die spätere Serienversion der **Su-2** m 746 kW (1000 PS) starkem M-88B-Moto genoß bei den Fliegerregimentern eine guten Ruf, bis der Krieg ihre Schwäche aufdeckte. Die **Su-2** war ähnlichen Leich bombern anderer Länder vergleichba aber bei der deutschen Invasion im Ju 1941 zeigte sich überdeutlich, daß leich Bomber, die in geringer bis mittlerer Hö

### TECHNISCHE DATEN
**Suchoi Su-2 (Spätserie)**

**Typ:** leichter Bomber/Aufklärer
**Triebwerk:** ein Sternmotor Schwezow M-82 mit 1044 kW (1400 PS)
**Leistung:** Höchstgeschwindigkeit 486 km/h in 5800 m Höhe; Dienstgipfelhöhe 9000 m; Reichweite 1100 km
**Gewicht:** Leermasse 3273 kg; max. Startmasse 4700 kg
**Abmessungen:** Spannweite 14,30 m; Länge 10,46 m; Tragflügelfläche 29 m²
**Bewaffnung:** bis zu neun SchKAS-7,62-mm-Maschinengewehre und max. 400 kg an Bomben und Raketen RS-82/RS-130 unter den Tragflügeln

operierten, ohne einen starken Jagdschutz in unvertretbarem Maß durch Feindjäger gefährdet waren. Dennoch wurde die Produktion und Entwicklung dieses Typs, der zuletzt einen Sternmotor M-82 erhielt, bis Ende 1942 fortgeführt. Einige **Su-2** hatte man mit einem zweiten Maschinengewehr in der Heckkanzel und andere mit einem fahrbaren Bauch-MG bewaffnet. Die Maschinen mit M-88B-Antrieb flogen Anfang 1941 allerdings nur mit zwei MGs in den Tragflächen und einer auf 400 kg begrenzten Bombenlast in dem verzweifelten Versuch, die Leistung zu verbessern. Ab 1942, als die meisten **Su-2**-Regimenter auf die Iljuschin Il-2 umgerüstet waren, teilte man jeder Schturmowik-Einheit zwei oder drei Exemplare der **Su-2** zu, die als Führungsmaschinen von Formationen dienten und vor allem Aufgaben im Aufklärungs-, Zielschlepp-, Ausbildungs- und Verbindungsdienst erfüllten.

**Varianten**

**ShB:** hierbei handelte es sich um einen einzelnen Prototyp einer verbesserten Erdkampfversion, geflogen Anfang 1940 mit revidiertem Fahrgestell, erweitertem Panzerschutz, einer auf insgesamt 600 kg erhöhten Bombenlast und 746 kW (1000 PS) starkem M-88A

**Su-4:** bei diesem Modell handelte es sich um eine verbesserte Ausführung der Su-2 mit 1566 kW (2100 PS) starkem Schwezow-Motor M-90 und einer Bewaffnung von zwei flügelmontierten BS-Maschinengewehren, Kaliber 12,7 mm, und SchKAS-Zwillings-MG, Kaliber 7,62 mm in der Heckkuppel; da als leichter Bomber eingestuft, hatte sie keine Gehänge für offensive Mittel unter den Tragflügeln. Der Erstflug fand im Dezember 1941 statt; ob und in welchem Umfang die Su-4 produziert wurde, ist aufgrund widersprüchlicher Berichte bis heute ungewiß

## Suchoi Su-7

Nach der Schließung des Suchoi-OKB im November 1949 setzte Pawel Suchoi seine Konstruktionstätigkeit wieder unter Tupolew fort. Nach Stalins Tod im Jahr 1953 durfte er sein eigenes Büro wieder eröffnen und baute als erstes die Prototypen **S-1**. Diese Pfeilflügel-Tiefdecker stammten von der **Su-17** des Jahres 1949 ab, wiesen aber keine mit ihr baugleichen Teile auf. Die **S-1**-Prototypen, angetrieben vom Ljulka AL-7 mit 63,7 kN Schub oder Nachbrennerversionen dieses Strahltriebwerks mit 78,5 kN Schub, wurden zur Bewertung verschiedener aerodynamischer Konzepte und Waffenkonfigurationen genutzt. Eine **S-1** mit der Sonderausführung AL-7F des Ljulka-Triebwerks stellte 1957 mit 2170 km/h einen nationalen Geschwindigkeitsrekord auf.

Die fortdauernde Entwicklung führte zu **S-2**-Prototypen, deren Höhenflossen als Pendelruder ausgelegt waren, und anschließend zu Vorserienjägern **S-22** mit ausgedicktem Hinterrumpf (der wie flächengeregelt wirkte). Diese Maschinen leiteten zur **Suchoi Su-7B** (NATO **„Fitter-A"**) über, die 1958 in Serie ging. Der eigentlich zur Abwehr der F-100 und F-101 gedachte Abfangjäger wurde in verschiedenen Ausführungen zum taktischen Standard-Jagdbomber der sowjetischen Luftstreitkräfte und ging im Export auch nach Ägypten, Afghanistan, Algerien, in die ČSSR, nach Indien, in den Irak, nach Nordkorea, Polen, Syrien und in den Südjemen.

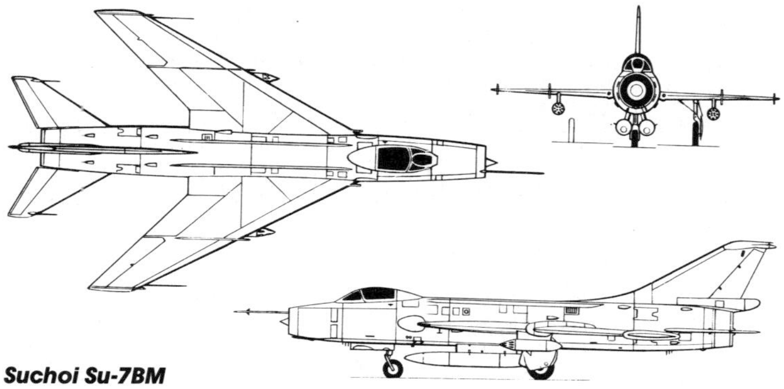

*Suchoi Su-7BM*

**TECHNISCHE DATEN**
**Suchoi Su-7BMK**

**Typ:** Jagdbomber
**Triebwerk:** ein Nachbrennertriebwerk Ljulka AL-7F-1 mit 98 kN Schub
**Leistung:** Höchstgeschwindigkeit ohne Außenlasten 1700 km/h oder Mach 1,6 in 11.000 m Höhe; Dienstgipfelhöhe ohne Außenlasten 15.150 m; typischer Einsatzradius 320 km
**Gewicht:** Leermasse 8636 kg; max. Startmasse 14.800 kg
**Abmessungen:** Spannweite 8,93 m; Länge 17,37 m; Höhe 4,57 m
**Bewaffnung:** zwei 30-mm-Kanonen NR-30 in den Flügelwurzeln und Träger unter den Flächen für zwei 750-kg- und zwei 500-kg-Bomben, begrenzt auf eine Waffenlast von 1000 kg, wenn Außentanks mitgeführt werden

**Varianten**

**Su-7B:** erste Serienversion mit AL-7F, das 88,2 kN Nachbrennerschub erzeugte

**Su-7BM:** verbesserte Version der Su-7B mit AL-7F-1, Straken entlang dem Rumpfrücken, verlagertem Instrumententräger und (im Laufe der Produktion ergänzten) Halterungen für Starthilfsraketen, Heckradarwarngerät, Zwillingsbremsschirmen und Schleudersitz zum Rettungsausschuß in Höhe null; der fahrbare Raketenkasten der Su-7B entfiel

**Su-7BKL:** Serienversion für den Einsatz von unbefestigten Flugfeldern aus mit umkonstruiertem Fahrgestell und Landeklappensystem, Niederdruckreifen und außen neben den Haupträdern montierten Stahlkufen; doppelter Bremsschirmpack im vergrößerten Gehäuse unter dem Seitenruder

**Su-7BMK:** Serienversion mit dem verbesserten Fahrwerk der Su-7BKL, neuem Radarwarngerät, ILS und raketengetriebenem Schleudersitz KM-1

**Su-7U** und **Su-7UM:** zweisitzige Ausbildungsversionen der Su-7BM beziehungsweise Su-7BMK, bei der NATO unter dem Decknamen „Moujik" zusammengefaßt

## Suchoi Su-9 und Su-11 sowie verwandte Prototypen

arallel zum Pfeilflügler S-1 schuf Suchoi ine Reihe von Deltaflügel-Prototypen uner Verwendung von Rumpf, Leitwerk und ahrgestell der S-1. Der erste von ihnen, die -3, die Anfang 1956 flog, war durch ein Radom in der Oberlippe des Lufteinlaufs geennzeichnet. Über eine Serie von Forchungs-Prototypen (darunter die **PT-7** iit Radomen am Eintrittskörper und an er Oberlippe sowie die langnasige **PT-8**) urde die **T-3** zur **T-40** fortentwickelt, die s Prototyp des einsitzigen Allwetterjäers **Suchoi Su-9** (NATO **„Fishpot B"**) gilt. ieser Mittel-/Tiefdeckerzwitter mit Einehfahrwerk hatte ein Nachbrennertriebwerk Ljulka AL-7F mit 88,2 kN Schub und Träger unter den Flügeln für seine einzige Bewaffnung in Form von vier AA-1-Flugkörpern mit halbaktiver Radarsteuerung, die die NATO unter dem Decknamen „Alkali" führte. Die Entwicklung setzte sich fort mit der **T-43**, die am Tuschino-Flugtag von 1961 vorgeführt wurde. Sie war der Vorläufer einer verbesserten Version mit der Bezeichnung **Su-11** (NATO **„Fishpot-C"**), unterschied sich aber durch einen neuen Vorderrumpf, der das Radargerät Uragan 5B aufnehmen konnte. Die **Su-11** hatte zwei Luft-Luft-Lenkflugkörper AA-3 (NATO „Anab") mit Infrarot- oder halbaktivem Radarsuchkopf und führte das schubstärkere Triebwerk AL-7F-1 ein. Zudem entstand ein zweisitziges Schulflugzeug **Su-9U**.

***Die Suchoi Su-9 maß in der Spannweite 8,43 m, hatte ein Höchststartgewicht von 12.000 kg und konnte auf 1915 km/h beschleunigen.***

Die **Su-9** wurde 1959 in Dienst gestellt und 1966 von der **Su-11** in der Fertigung abgelöst. Zusammen brachten sie es auf eine Produktionsziffer von etwa 2000. Keines dieser Flugzeuge wurde exportiert. Berichten zufolge baute man viele **Su-9/Su-11** zu funkgesteuerten Zieldrohnen um. Bis 1980 waren die meisten Exemplare ausgemustert.

**TECHNISCHE DATEN**
**Suchoi Su-11**

**yp:** Allwetterjäger
**riebwerk:** ein Nachbrennertriebwerk Ljulka AL-7F-1 mit 98 kN Schub
**eistung:** Höchstgeschwindigkeit ohne Außenlasten 1915 km/h oder Mach 1,8 in 1.000 m Höhe; Dienstgipfelhöhe 17.000 m; insatzradius 460 km
**Gewicht:** Leermasse 9100 kg; max. Startmasse 14.000 kg
**Abmessungen:** Spannweite 8,43 m; Länge 17,40 m; Tragflügelfläche 26,20 m²
**Bewaffnung:** zwei Luft-Luft-Lenkraketen AA-3 an Unterflügelpylonen als Standardbewaffnung

## uchoi Su-15 und verwandte Prototypen

n Bedarf an einem leistungsstärkeren fangjäger zur Nachfolge der Su-11 sollte Suchoi Su-15 decken, die erstmals bei Flugparade von 1967 gesichtet wurde. OKB-interne Bezeichnung der **Su-15** tete **T-58**, da dieses Muster von dem zelprototyp **T-5** abstammte. Dies war im unde eine maßstäblich vergrößerte Ausgabe der **Su-9/Su-11** mit zwei Strahltriebwerken und dem gleichen Lufteinlauf in der Flugzeugnase samt Pitotsonde. Aufgrund der Erfahrungen mit den einmotorigen Prototypen **T-49** und **P-1** führte Suchoi bei der **T-58** eine massive Radarnase und verstellbare Triebwerkslufteinläufe, ähnlich denen der F-4 Phantom, an den Rumpfseiten ein. Dieser Typ ging ab 1967 bei den sowjetischen Truppen der Landesluftverteidigung in Dienst, und man nimmt an, daß etwa 1500 **Su-15** gebaut wurden. Diese Jäger dienten weder bei anderen Nationen des Warschauer Pakts, noch wurden sie exportiert. 1993 befand sich nur noch ein kleines Kontingent im Einsatz (schätzungsweise zwei PVO-Regimenter), das aber ebenfalls schrittweise durch Su-27 und MiG-31 ersetzt wird.

**Varianten**

**Suchoi T-58:** interne OKB-Bezeichnung der Su-15-Prototypen (auf der achten Version des Grundmusters T-5 basierend); Erstflug am 30. Mai 1962; der Truppe als Su-15-98 zur Erprobung zugeführt, bis Serienjäger zur Verfügung standen

**Su-15 „Flagon-A“:** erste Serienversion mit kurz gespannten Tragflügeln (8,61 m) und Bordradar Oriol-D; bewaffnet mit zwei R-8M (frühe AA-3 „Anab“) und Vorrichtungen für zwei Kanonenbehälter UPK-23; angetrieben von zwei Strahltriebwerken R11F2S-300

**Suchoi T-58L (T-58VD) „Flagon-B“:** experimenteller Senkrecht-/Kurzstreckenstarter (V/STOL) mit drei Kolesow-Hubtriebwerken im Rumpfschacht; fälschlicherweise auch Su-15DPD bezeichnet; vermutlich Triebwerkstestträger für V/STOL T-6-1, dem Vorläufer der Su-24

**Suchoi Su-15 „Flagon-D“:** erste in Großserie hergestellte Version; ähnlich der früheren „Flagon-A“, aber mit weiter gespannten Tragflügeln (9,34 m) und mit zwei R-98 (AA-3 „Anab“) bewaffnet

**Su-15T „Flagon-E“:** generell ähnlich der „Flagon-D“, aber mit neuem „Typhoon“-Bordradar (immer noch unter dem gleichen Radomkegel) und schubstärkeren Nachbrennertriebwerken Tumanskij R-13-300; verstärktes Fahrwerk, einschließlich Zwillingsbugrädern, zum Auffangen des höheren Gesamtgewichts; gekürzte Produktion, da das Typhoon-Radargerät in erster Ausführung versagte: einigen Quellen zufolge nur zehn Exemplare

**Suchoi Su-15UT „Flagon-C“:** zweisitzige Trainerversion der Su-15T mit individuellen Hauben über den Sitzen; Periskop für bessere Sicht nach vorn aus dem hinteren Cockpit heraus; die Bewaffnung und damit die Kampftauglichkeit blieb erhalten; wurde vor dem Einsitzer Su-15T (und Su-15 „Flagon-D“) beobachtet und erhielt von der NATO den Kennbuchstaben „C“

**Su-15TM „Flagon-F“:** jüngste Serienversion, vermutlich 1971 entwickelt und 1975 in Dienst gestellt; generell ähnlich der „Flagon-E“, aber mit Bugradom für die Antenne des Radargerätes „Typhoon M“ und schubstärkeren Triebwerken; führte die Version R-98M des Lenkflugkörpers AA-3 ein; eine mit AA-3 bewaffnete Su-15TM schoß 1983 die Boeing 747 von Korean Air Lines ab; mehrere Jahre lang fälschlicherweise als Su-21 interpretiert

**Su-15UM „Flagon-G“:** zweisitzige Trainerversion der Su-15TM

### TECHNISCHE DATEN
**Suchoi Su-15TM „Flagon-F“**

**Typ:** einsitziger, allwettertauglicher Abfangjäger
**Triebwerke:** zwei Nachbrennertriebwerke Tumanskij R-13-300 je 70 kN Schub
**Leistung:** Höchstgeschwindigkeit ohne Außenlasten in optimaler Höhe 2230 km/h; Dienstgipfelhöhe 18.500 m; Reichweite mit Waffenzuladung 1780 km
**Gewicht:** (geschätzt) max. Startmasse für Kampfeinsatz 17.200 kg
**Abmessungen:** Spannweite 9,34 m; Länge 21,41 m; Tragflügelfläche 36,60 m²
**Bewaffnung:** vier Unterflügelträger nehmen je eine R-98M (NATO AA-3 „Anab“) an den äußeren Stationen (eine infrarot- und eine halbaktiv-radargelenkt) und je eine Kurzstrecken-Lenkwaffe R-60 (NATO AA-8 „Aphid“) an den inneren Stationen auf; zwei Träger unter dem Rumpf können für Kanonenbehälter UPK-23 oder Treibstofftanks genutzt werden

***Diese Suchoi Su-15TM „Flagon-F“ ist mit zwei Kanonenbehältern bewaffnet und kann dank ihres Bordradars und der AA-3 „Anab“ eingeschränkt auch Luftziele aus der Überhöhung bekämpfen.***

# Suchoi Su-17, Su-20 und Su-22

Die Entwicklung der Suchoi Su-7 endete mit der Erprobung der **S-22I** oder **Su-7IG.** Mit diesem Testflugzeug wurden die aerodynamischen Eigenschaften einer Su-7 untersucht, deren Außenflügel man in einem Abschnitt von 3,96 m schwenkbar gemacht hatte. Man führte ein schubstärkeres Triebwerk ein, und als diese **Su-7IG** (NATO **„Fitter-B“**) 1966 getestet wurde, zeigte sich, daß sie der Standard-Su-7 „Fitter-A“ deutlich überlegen war, vor allem in bezug auf Kurzpistenstarts und -landungen. Dieser Jagdbomber, der 1971 unter der Bezeichnung **Su-17** in Dienst ging, wurde in mehreren Versionen produziert und nicht nur den russischen sowie anderen vormals sowjetischen Luftstreitkräften in großer Zahl zugeführt, sondern auch etlichen ausländischen Kunden. Die Frontfliegerkräfte haben alle Versionen erhalten, ausgenommen vielleicht die **„Fitter-F“** und **„Fitter-J“**.

**Varianten**

**Su-17M „Fitter-C“:** erste Serienversion für die sowjetischen Luftstreitkräfte; erweitertes Tankvolumen, modernere Avionik und Ljulka AL-21F-3; Maschinen des ersten Bauloses (sowjetische Bezeichnung Su-17, NATO möglicherweise „Fitter-B Mod“) hatten das schubschwächere AL7F-1 und behielten die externen Kabelkanäle der „Fitter-A“, wiesen aber alle den Rückenwulst und ein nach oben aufklappbares Kabinendach anstelle der bisherigen Schiebehaube auf; spätere Serienflugzeuge (Su-17M) erhielten neue innere Grenzschichtzäune, eine breitere, dreiholmige Seitenflosse, nur noch einen Bremsschirm im kleineren Gehäuse und doppelte Sondenträger an der Flugzeugnase; Polen war der einzige Fremdnutzer der „Fitter-C“ nach Komplett-Standard

**Su-20 „Fitter-C“:** Exportversion der „Fitter-C“ mit reduziertem Ausrüstungsstandard; an Ägypten, Afghanistan, Algerien, den Irak, Nordkorea und Vietnam geliefert

**Su-17M-2 „Fitter-D“:** ähnlich wie oben beschrieben, aber mit gestrecktem, oben abgeflachtem Vorderrumpf mit Hinderniswarnradar und Dopplergerät im Gehäuse unter dem Kinn und Laser-Entfernungsmesser im Lufteinlaufkegel

**Su-17UM** und **UM-2D „Fitter-E“:** Trainerversion der „Fitter-C“ mit abgesenktem Bug zur Sichtverbesserung nach vorn; einige Exemplare (Su-17UM-2D) haben einen Verkleidungskeil vor der Seitenflosse und das Sensorpaket der Su-17M unter dem Kinn

**Su-22 „Fitter-F“:** Exportversion der „Fitter-D“ mit ähnlichem Kinngehäuse und Tumanskij-Nachbrennertriebwerk R-29B im Hinterrumpf; mit Infrarot-Lenkflugkörper K-13A (NATO „Atoll“) beladbar; große Rükkenfinne vor dem Seitenleitwerk

**Su-17UM-3 „Fitter-G“:** fortentwickelte Version der „Fitter-E“; führte ein aufgedicktes Rumpfrückgrat, eine erhöhte Treibstoffkapazität, eine höhere Seitenflosse mit glatt gekappter Kappe und eine kleine (da nicht immer vorhanden, vielleicht demontierbare) Kielflosse ein; der Meldename der zweisitzigen, vom Tumanskij R-29B angetriebenen Exportversion Su-22UM-3K ist nicht bekannt, obgleich sie erstmals 1980 beobachtet wurde; fällt möglicherweise auch unter „Fitter-G“

**Su-17M-1 „Fitter-H“:** einsitzige Ausführung der „Fitter-C“ mit den bei der „Fitter-G“ eingeführten Verbesserungen, entsprechend dickem Rückenwulst, Kielflosse und hohem Seitenleitwerk; leistungsgesteigerte Avionik, einschließlich Radarbekämpfungsflugkörper-Kapazität; einige „Fitter-H“ fliegen taktische Aufklärung mit einem großen Multisensorenbehälter unter dem Rumpf

**Su-17M-3 „Fitter-H“:** äußerlich fast identisch mit der Su-17M-1; führte einen neuen Lenkwaffenträger unter den Flügeln zwischen den bisherigen ein; signifikant leistungsgesteigerte Avionik; Ungarn ist der einzige Fremdnutzer

**Su-22M-3K „Fitter-J“:** generell ähnlich der „Fitter-H“, aber mit Tumanskij-Strahltriebwerk R-29B und zum Einsatz der K-13A „Atoll“ ausgerüstet; an Angola, Libyen, Peru, Syrien sowie Nord- und Südjemen geliefert

**Su-17M-4 „Fitter-K“:** neueste Version mit modernisierter Avionik und leistungsgesteigertem Kühlsystem, das das einzige äußerliche Erkennungsmerkmal dieses Typs, eine Lufthutze an der Stirn der vorgezogenen Seitenflossenwurzel, mit sich brachte; die Kielflosse ist stets vorhanden und diese Maschinen können die gleiche Aufklärungsgondel und Anti-Radarflugkörper wie die „Fitter-H“ aufnehmen; diese aktuelle Variante der Frontfliegerkräfte erreichte im Export auch Afghanistan, die ČSSR, die DDR, Polen und Vietnam (als Su-22M-4K); am Hinterrumpf lassen sich Düppel- und Leuchtfackelwerfer anbringen, eine Neuerung, die auch einige frühere Varianten per Nachrüstung erhalten

### TECHNISCHE DATEN
**Suchoi Su-17 „Fitter-C“**

**Typ:** Jagdbomber
**Triebwerk:** ein Nachbrennertriebwerk Ljulka AL-21F-3 mit 109,8 kN Schub
**Leistung:** Höchstgeschwindigkeit in optimaler Höhe Mach 2,17; Dienstgipfelhöhe 18.000 m; Einsatzradius (Hi-Lo-Hi) 630 km
**Gewicht:** Leermasse 10.000 kg; max. Startmasse 14.000 kg
**Abmessungen:** Spannweite, ungepfeilt 14 m und gepfeilt 10,60 m; Länge 18,75 m; Höhe 4,75 m; Tragflügelfläche, ungepfeilt 40,10 m²
**Bewaffnung:** zwei 30-mm-Kanonen in den Flügelwurzeln und acht Außenlastträger für einen Waffenmix bis zu 4000 kg, einschließlich Luft-Boden-Lenkflugkörper wie AS-7 (NATO „Kerry“), Bomben, Raketen und taktische Nuklearwaffen

***Die in der DDR unter der 16. Luftarmee der Westgruppe der Streitkräfte (WGT) stationierten „Fitter-Verbände“ waren mit der Su-17M-4 („Fitter-K“) ausgerüstet. Fremdnutzer wie die Tschechoslowakei und Polen bezogen dieses Muster als Su-22M-4K.***

## Suchoi Su-24 bis Tachikawa Ki-17

**Pavel Osipowitsch Suchoi war außerhalb der Sowjetunion lange völlig unbekannt. Im Zweiten Weltkrieg taten sich seine Flugzeuge nicht weiter hervor, aber seine späteren Konstruktionen hatten mehr Erfolg. Supermarine und ihr Chefkonstrukteur Reginald Mitchell waren schon erfolgreiche Teilnehmer an der Schneider Trophy, bevor sie mit der Spitfire groß herauskamen.**

# Suchoi Su-24

Flugzeugkonstrukteure in aller Welt kamen zur gleichen Lösung, wie sich die zunehmend wirksameren Luftverteidigungssysteme überwinden ließen: Kampfflugzeuge mußten sich an den Erdboden schmiegen und die Radarkeulen „unterfliegen". Das Suchoi-OKB wurde mit dem Entwurf solch eines Bombers als Ersatz für die Iljuschin Il-28 und Jak-28 betraut.

Die gestellten Anforderungen waren äußerst anspruchsvoll, angefangen von Überschallgeschwindigkeit (auch im Tiefflug) über Tag- und Nachteinsatz bei jedem Wetter bis hin zur Bekämpfung von stehenden und mobilen Zielen sowie der sekundären Fähigkeit zur Luftbildaufklärung. Vorgegeben war auch die Möglichkeit zum Betrieb auf unbefestigten Flugfeldern mit begrenzter Pistenlänge.

Die letzte Passage des Forderungsbündels veranlaßte Suchoi, einen Deltaflügelbomber mit separaten Marsch- und Hubtriebwerken für Senkrechtstart und -landung zu entwickeln. Dieser VTOL-Bomber wurde unter der Bezeichnung **T-6-1** gebaut und im Juni 1967 erstmals geflogen. Das Tragwerk mit gemischter Pfeilung an der Nasenkante basierte in der Draufsicht auf dem der **T-58VD**. Die geplante Teilnahme an der Luftfahrtschau in Domodjedowo mußte wegen der äußerst schlechten Steuereigenschaften der Maschine entfallen. Die **T-6-1** wurde zu einem STOL-Flugzeug umkonfiguriert, indem man die Hubtriebwerke ausbaute, die Tragflächenenden nach unten wölbte und klotzige Kielflossen sowie enorme, neue Spaltklappen installierte. Die riesige Tragflügelfläche führte zu unangenehmen Tiefflugeigenschaften.

Der Erfolg der Su-17 und der Mikojan 23-11 wies den richtigen Weg: die Einführung eines Tragwerks mit veränderlicher Geometrie. Der zweite **T-6**-Prototyp (die **T-6-2IG**) erhielt Schwenkflügel zum bisherigen Rumpf. Der Ausbau der schweren Hubtriebwerke schuf Platz für zusätzlichen Treibstoff oder Waffen. Wie bei der etwa zeitgleichen F-111 enthielten die Tragflügel ent-

***Die Su-24M „Fencer-D" ist ein taktischer Atombomber, der in mehrere Fremdländer ausgeführt wurde. Dieses sowjetische Exemplar führt 250-kg-Bomben und lasergelenkte Luft-Boden-Flugkörper AS 14 mit.***

sprechende Nasenklappen und Doppelspaltklappen über die volle Spannweite. Die Schwenkflügel ließen sich zum Start und für die Landung auf 16° nach vorn regeln, so daß sich eine niedrige Anfluggeschwindigkeit und gute Kurzstreckeneigenschaften ergaben, und nach hinten über Zwischenstellungen von 35° und 45° auf 69° zurückschwenken. Ihren Jungfernflug absolvierte die Maschine im Mai 1970 unter dem Antrieb zweier AL-7F-1-Strahltriebwerke. Sie erhielt die Täuschbezeichnung **Su-15M**, deren Falschübersetzung dazu führte, daß erste Westberichte dieses Flugzeug mit **„Su-19"** angaben.

Die seriengefertigte **Su-24 „Fencer-A"** erhielt zwei Perm/Solowjew AL-21F-3. Diese Turbofan-Triebwerke wurden zunächst von Lufteinläufen mit Verstellrampen versorgt, die der **Su-24** eine Geschwindigkeit von Mach 2,18 in großer Höhe ermöglichten. Später baute man die Verstellmechanik aus, um Gewicht einzusparen. Dadurch verringerte sich die Spitzengeschwindigkeit zwar auf Mach 1,35, aber die Tiefflugleistung verschlechterte sich praktisch nicht, da sich in Bodennähe ohnehin keine hohe Machzahl einhalten läßt.

Die **Su-24** wurde um das erste integrierte Avioniksystem der Sowjetunion herum konstruiert, bestehend aus Bombenvisier, Waffenkontrollrechner und Navigationskomplex im Rechnerverbund. Dieser Typ war das erste sowjetische Kampfflugzeug mit Zero/Zero-Schleudersitzen K-36D.

Vergleichsweise geringfügige Änderungen in der Ausrüstung ergaben jeweils neue NATO-Meldenamen, obgleich die sowjetische Bezeichnung unverändert blieb. Die UdSSR ordnete diese **Su-24**, die in der Ausrüstung nur wenig voneinander abwichen, wahrscheinlich einem einzigen Untertyp zu. Bei der **„Fencer-B"** folgte die Form des Hinterrumpfes mehr den Strahlrohren, verglichen mit dem gekasteten, flachseitigen Hinterrumpf der Prototypen und der **„Fencer-A"**. Außerdem führte sie ein Bremsschirmgehäuse unter dem Seitenruder ein. Die **„Fencer-C"** ist ähnlich, weist aber dreieckige Radarwarngehäuse an den Seiten der Seitenflossenkappe und an den Triebwerkslufteinläufen vor dem Flügelkasten auf. Von einigen frühen Maschinen der **„A-Serie"** abgesehen, sind alle drei Varianten durch einen kleinen Lufteintritt am Fuß der Seitenflosse und einen Knick im oberen Teil der Nasenkante gekennzeichnet.

Den Truppendienst erreichte die **Su-24** im Jahr 1974. Die Stationierung dieses Musters außerhalb der UdSSR lief 1979 mit einem Regiment an, das zur Einsatzerprobung in die DDR geschickt wurde. 1984 tauchte ein Regiment in Afghanistan auf, das an Luftangriffen gegen Rebellenstellungen im Panjshir-Tal beteiligt war.

Maßnahmen, um die Effektivität der **Su-24** im Kampfeinsatz zu steigern, wurden 1975 eingeleitet und ergaben schließlich die **Su-24M „Fencer-D"**, die 1986 in Dienst ging. Diese Version brachte dem Muster eine fahrbare Luftbetankungssonde auf dem Rücken der Flugzeugnase und die Möglichkeit zur Ausrüstung mit einem Schlauch-Trommel-Tankbehälter UPAZ-A unter dem Mittelrumpf. Der Avionikkomplex war dahingehend erneuert, daß sich eine neue Generation fernseh- und lasergelenkter Waffen mitführen ließ, die Genauigkeit der Navigation und des Bombenabwurfs verbessert und die Überlebenswahrscheinlichkeit erhöht wurde.

Die auffälligste Neuerung der **Su-24M** aber bestand im kürzeren, anders geformten Bugradom eines neuartigen Bordradars. Zudem nahm die Spitze ein einfaches Pitotrohr anstelle der Mehrfachfühler der früheren Versionen auf. Der Laserbeleuchter/TV-Zielverfolger Kaira ist auf die neuesten sowjetischen Luft-Boden-Flugkörper abgestimmt und hinter einem verglasten Gehäuse mittig unter dem Vorderrumpf untergebracht. Die Überlebenstüchtigkeit wurde durch verbesserte Abwehrmittel einschließlich Radarwarngerät, Flugkörperstartmelder, elektronische Störsender und Düppel/Leuchtfackelwerfer gesteigert.

Bei einigen **„Fencer-D"** fehlen die großen kombinierten Grenzschichtzäune/Unterflügelpylone. Dies könnte ein Hinweis dafür sein, daß es sich um umgerüstete **„Fencer-C"**, vielleicht aber auch nur um an- und abbaubare Ausrüstungsteile handelt. Nur wenige **Su-24M** in sowjetischen Farben wurden in dieser Konfiguration beobachtet und einige (aber definitiv nicht alle) Exportflugzeuge. Maschinen mit diesen Zäunen könnten unter die Meldekategorie **„Fencer-D (Mod)"** fallen. Ausgeführte **„Fencer-D"** tragen die Bezeichnung **Su-24MK** und dürften ein abgespecktes Avionikpaket erhalten haben. **Su-24** wurden nach Libyen, in den Iran, den Irak und nach Syrien exportiert. „Fencer-Bomber" sind mit einer Einzelkanone GSch-6-23M in der unteren Rumpfflanke, steuerbord, bewaffnet. Die Mündung dieser Schnellfeuerkanone mit sechs Rohren im Bündel ist mit Lidklappen verschlossen und die zugehörige Munition backbord in einem Unterrumpfgehäuse verstaut. Es bestehen Anschlüsse für einen mittleren Träger und zwei Unterrumpfpylone sowie weitere Pylone unter dem starren Flügelkasten und drehbare Lastenträger unter den Außenflügeln. Die **Su-24** kann freifallende Atombomben TN-1000 und TN-1200 sowie eine Vielzahl konventioneller Freifallbomben und Luft-Boden-Flugkörper mitführen.

Als sich die Nachfolgefrage für die Jak-28 „Brewer" in der taktischen und maritimen Aufklärung sowie in der elektronischen Kampfführung stellte, lag es nahe, die **Su-24** zu wählen, da sie eine große Reichweite und ausgezeichnete Flugleistungen mit einem beachtlichen Nutzlast-Tragvermögen verband. Die in der Folge entstandene **Su-24MR „Fencer-E"** war primär für taktische Aufklärung mit internen und in Außenbehältern untergebrachten Sensoren verschiedener Art konzipiert, deren Ergebnisse in Echtzeit an Bodenstationen übertragen werden konnten. In Zweitfunktion erfüllte dieses Muster aber auch zivile Aufgaben wie ökologische, land- und forstwirtschaftliche sowie umwelttechnische Überwachung und Unterstützung in Katastrophenfällen.

**„Fencer-E"** wurden mit und ohne Zaun/Unterflügelträger gesichtet und sind von der Frontscheibe bis zum Heck äußerlich von den **„D"** kaum zu unterscheiden. Das markanteste, äußere Abweichungsmerkmal in Form einer Auswölbung hat der leistungsstärkere Wärmetauscher verursacht, der für eine bessere Kühlung der vielen neuen Elektronikbausteine des Aufklärers sorgt.

Die **Su-24MP „Fencer-F"** sieht ähnlich aus und zeigt wie die **Su-24MR** häufig eine weiße Nasenspitze, um einen Standardbomber **Su-24M** vorzutäuschen. Von früheren Versionen hebt sich die **„F"** durch ein Kinngehäuse hinter dem Radom und durch „Hockeyschläger"-Antennen ab.

Die **Su-24MP** ist vermutlich primär zur elektronischen Aufklärung bestimmt. Man nimmt an, daß nur zwölf Exemplare gebaut wurden, von denen die Ukraine acht zurückgehalten hat.

### TECHNISCHE DATEN

**Suchoi Su-24 „Fencer-C"**

**Typ:** Tiefflug-Angriffsflugzeug
**Triebwerke:** zwei Strahltriebwerke NPO Saturn (Ljulka) AL-21F-3A je 76,49 kN Schub ohne und 110,32 kN Schub mit Nachverbrennung
**Leistung:** Höchstgeschwindigkeit ohne Außenlasten im Horizontalflug in 11.000 m Höhe 2320 km/h und 1470 km/h in Meereshöhe; Einsatzradius 1050 km im Profil Hi-Lo-Hi mit einer Waffenlast von 3000 kg und zwei Abwurftanks
**Gewicht:** max. Startmasse 39.700 kg
**Abmessungen:** Spannweite, ungepfeilt 17,63 m und gepfeilt 10,36 m; Länge 24,53 m, einschließlich Bugsonde; Tragflügelfläche 42 m²

# Suchoi Su-25 und Abkömmlinge

Die **Su-25 „Frogfoot"** wurde als „Schturmowik-Düsenjäger" ähnlich wie die US-Bewerber YA-9 und YA-10 AX entwickelt. Suchoi setzte allerdings andere Schwerpunkte als die amerikanischen Firmen und produzierte ein relativ leicht gepanzertes, strahlgetriebenes Schlachtflugzeug, das mit Höchstgeschwindigkeit über dem Gefechtsfeld operieren sollte. Das neue Muster mit der sowjetischen Bezeichnung **T-8** und dem anfänglichen NATO-Meldenamen **„Ram-J"** flog erstmals am 22. Februar 1975 mit einem Strahltriebwerkpaar RD-9 (wie in der MiG-19) als Antrieb. Die Serienflugzeuge erhielten jedoch zwei R-95Sh, die mit diversen Brennstoffarten betrieben werden konnten. Die Diensterprobung schloß Kampfeinsätze in Afghanistan ein und zog etliche Änderungen nach sich, darunter V-gestellte Höhenflossen, eine neue 30-mm-Einbaukanone AO-17 mit zwei Rohren, eine schwerere

Panzerung, ein verbessertes Steuergestänge und ausgeschäumte Treibstofftanks. Im Laufe der Produktion führte man weitere Verbesserungen ein wie anschraubbare Düppel/Leuchtfackelwerfer, Infrarotdämpfer, ein Freongas-Feuerlöschsystem und einen Panzerkiel zwischen den Triebwerken. Unter der Bezeichnung **Su-25BM** wurden ein paar Flugzeuge für Zieldarstellungsdienste produziert oder umgebaut. Zur Umschulung und Einsatzausbildung entwickelte Suchoi die **Su-25UB** mit Tandem-Cockpits und die ähnliche **Su-25UT** (später in **Su-28** umbezeichnet) für die Fortgeschrittenenausbildung bei der DOSAAF und den Flugschulen der Luftstreitkräfte. Die **Su-25UTG** wurde vom Basisdoppelsitzer für die Trägerausbildung abgeleitet und erhielt ein entsprechend verstärktes Fahrgestell. Zehn Exemplare waren fertiggestellt, als man die Produktion auf die verbesserte **Su-25UBP** umstellte. Die **Su-25** erreichte Bulgarien, die Tschechoslowakei, den Irak und Nordkorea unter den Exportbezeichnungen **Su-25K/Su-25UBK**.

Die in Afghanistan gewonnenen Erfahrungen führten zu einer zweiten **Su-25**-Generation. Diese **T-8M** basierte auf der Zelle der **Su-25UB**, aber die interne Bordkanone entfiel, und das hintere Cockpit wurde abgedeckt, um weitere Avionikgeräte und Treibstofftanks unterzubringen. Die erstmals im August 1984 geflogene **Su-25T** (wie die Dienstbezeichnung der **T-8M** lautete) war mit einer externen Kanone und einem Düppel/IR-Täuschkörperwerfer für 192 Ladungen an der Hinterkante der Seitenflosse ausgerüstet. Nachbesserungen am FLIR und die Einführung des Kinzhal-Radargerätes ergaben die neue Bezeichnung **Su-25TM**.

***Seit ihrem Kampfdebüt in Afghanistan hat man die Suchoi Su-25 „Frogfoot" fortlaufend verbessert. Die Su-25T etwa ist viel besser zur Selbstverteidigung gerüstet.***

# Suchoi Su-27 und Abkömmlinge

Die **Suchoi Su-27** wurde als Langstrecken-Abfangjäger und Begleitjäger für die IA-PVO entwickelt, um die Su-15 und die MiG-23 abzulösen, die weder die nötige Reichweite besaßen noch tieffliegende Luftziele bekämpfen konnten und im Einsatz an Bodenleitstellen gebunden waren. Der Typ absolvierte am 20. Mai 1971 als **T-10** seinen Jungfernflug, und nach dem vorläufigen Meldenamen **„Ram-K"** teilte ihm die NATO die Kodebezeichnung **„Flanker-A"** zu. Er litt jedoch unter zahlreichen Problemen wie exzessivem Luftwiderstand, unzureichender Festigkeit der Zelle, Flattererscheinungen und Übergewicht, so daß ein kompletter Neuentwurf (als **T-10S**) unumgänglich war, bevor die Serienfertigung anlaufen konnte. Die nachgebesserte Ausführung erhielt von der NATO den Decknamen **„Flanker-B"**. Die enorme Größe dieses Flugzeugs ermöglichte ein massives internes Tankvolumen und eine entsprechend große Reichweite. Über die eingebaute 30-mm-Kanone hinaus kann die **Su-27** bis zu zehn Luft-Luft-Flugkörper (sechs AA-10 „Alamo" für große Kampfentfernungen und vier AA-11 „Archer" für kurze Distanz) mitführen. Zur Ausbildung von **Su-27**-Piloten schuf Suchoi die **Su-27UB** mit zwei Sitzen hintereinander. Bislang ist China der einzige Exportabnehmer der **Su-27**, doch das Muster dient infolge des Zusammenbruchs der UdSSR in mehreren ehemaligen Sowjetrepubliken, darunter in Rußland und in der Ukraine. Es gab eine Vielzahl experimenteller Versionen der **Su-27**, etwa die **P-42**, die viele der von der F-15 „Streak Eagle" aufgestellten Steigzeitrekorde einstellte.

Suchoi erhielt den Auftrag, einen auf der **Su-27** basierenden Langstrecken-Abfangjäger zum Dienst an Bord der neuen sowjetischen Flugzeugträgergeneration zu entwickeln, während man Mikojan mit der Entwicklung eines kleineren Mehrzweck-Kampfflugzeugs auf der Basis der MiG-29 betraute. So entstand die **Su-27K**, eine in vielerlei Aspekten nur minimal geänderte Version des Grundserienflugzeugs **Su-27**, das die gesamte Avionik und das auf die Abfangjagd optimierte Waffensystem übernahm. Sie hatte jedoch Canard-Flügel, eine verstärkte Struktur, hochklappbare Außenflügel und Höhenflossen, einen Fanghaken und Korrosionsschutz. Das Ende des kalten Krieges und die Auflösung der Sowjetunion ließen Rußland lediglich einen der vier geplanten Flugzeugträger zurück, und man beschloß, dieses Schiff mit nur einem einzigen Flugzeugtyp auszurüsten. Unverständlicherweise entschied man sich für die **Su-27**, trotz deren Größe (die das Bordkontingent einschränkte), hohen Kosten und mangelnder Vielseitigkeit. Das Muster wurde anschließend in **Su-33** umbenannt.

Für extreme Ferneinsätze entwickelte Suchoi die **Su-27PU**, einen auf der **Su-27-UB** basierenden Zweisitzer mit Luftbetankungsanlage, Bordsystemen, die sich für Flüge großer Dauer eigneten, und technischen Vorrichtungen für einen Jägerleitoffizier im hinteren Cockpit, damit das Flugzeug als Mini-AWACS agieren konnte. Diese Variante erhielt anschließend die Bezeichnung **Su-30**. Die von ihr abgeleitete **Su-30M** (**Su-30MK** für den Export) ist erdkampftauglich und auf ein breites Spektrum an Luft-Boden-Lenkwaffen abgestimmt. Der verwandte Einsitzer **Su-27P** wurde ebenfalls mit einem fahrbaren Luftbetankungsarm ausgestattet.

Die **Su-27M** (seit 1992 **Su-35**) wurde als Nachfolger für die **Su-27** der PVO und Frontfliegerkräfte entwickelt. Ihre Zelle gleicht weitgehend derjenigen der Standard-**„Flanker"**, abgesehen von unwesentlichen Verfeinerungen wie größeren, horizontal gekappten Seitenflossen. Unter der Haut aber hatte sich sehr viel geändert. Ein neues Radar- und Feuerleitsystem ging mit einem modernen Glas-Cockpit samt drei Multifunktions-Bildschirmen einher, und auch die FBW-Steuerung war überarbeitet. Gravierende wirtschaftliche Probleme führten zur Aufgabe des geplanten **Su-27M**-Gegenstücks, der kostengünstigeren, vielseitigeren und für kürzere Distanzen gedachten MiG-29M.

Die jüngste **Su-27**-Variante wirft Rätsel auf, zumal das OKB mit Detailinformationen sehr zurückhaltend ist. Der Prototyp mit einer völlig neuen, breiten, flachen Flugzeugnase und einem für zwei Sitze nebeneinander ausgelegten Cockpit wurde anfangs unter dem Titel **Su-27KU** geführt. Es hieß, dies sei ein Übungsflugzeug für Trägerpiloten, obwohl die Auftriebsklappen der **Su-27K**, die Flügelklapptechnik und der Fanghaken fehlten. Später sickerte durch, daß diesem Muster auch die Bezeichnung **Su-27IB** zugeordnet war, was auf einen Jagdbomber (Istrebitel Bombardirowtschik) verwies, vermutlich den se[it] langem erwarteten Su-24-Nachfolge[r]. Allerdings fehlten das für diese Rolle nötige Bordradar und sämtliche Avioniksysteme für Nachtangriff. Man nimmt an, daß dieses Muster zwischenzeitlich in **Su-3** umgetauft wurde.

***Die Su-27UB „Flanker-C" ist die zweisitzige Version der Su-27 und besitzt eine ebenso eindrucksvolle Manövrierbarkeit wie der Einsitzer.***

# Suchoi Su-26 und Abkömmlinge

Suchois Interesse an Kunstflugmaschinen wurde angeblich geweckt, als sein OKB Ermüdungserscheinungen an einem Kunstfluggerät eines anderen Luftfahrzeugherstellers untersuchte. Freie Kapazität und die einhellige Meinung der Mitarbeiter seines Büros, daß sie ein Weltklassemuster schaffen könnten, führten zum Bau des Prototyps **Su-26**, der im Juni 1984 zum Erstflug startete. Vier Exemplare wurden nach dem Originalstandard mit Zweiblatt-Propeller gefertigt, bevor die Produktion zur **Su-26M** mit überarbeitetem Leitwerk und Hoffman-Dreiblatt-Propeller wechselte. Ab der sechsten Maschine (**Su-26M** Nr. 2, Kennzahl 06 an der Rumpfseite) nahm man die Verglasung an den Rumpfseiten zurück. Bei der Kunstflug-Weltmeisterschaft von 1986 errangen drei **Su-26M** alle Preise in den Mannschaftswertungen für Männer und Frauen.

***Die Suchoi Su-29T, die nach der Su-26 produziert wurde, heißt inzwischen Su-31T. In den Händen eines erfahrenen Piloten hat diese Kunstflugmaschine westliche Zuschauer verblüfft.***

Nochmals verfeinert erschien das Muster auf der Pariser Luftfahrtschau 1989, und auch die Exportversion **Su-26MX**, die im Jahr darauf in Farnborough vorgestellt wurde, enthielt diese neuen Merkmale. Ein Prototyp des Zweisitzers **Su-29** mit einer hinten angeschlagenen, durchgehenden Haube über den Tandemsitzen flog erstmals 1991. Diese Variante führte zudem einen neuen Hinterrumpf in Halbschalenbauweise aus Verbundwerkstoffen ein.

Unter der Erstbezeichnung **Su-29T** wurde ein einsitziger Abkömmling mit dem gleichen Hinterrumpf aus Verbundmaterial entwickelt und später in **Su-31T** umbenannt. Die **Su-31U** wird einen nochmals verfeinerten Einsitzer abgeben, angeblich mit Einziehfahrwerk. Verwandt mit der **Su-26/-29/-30** ist eine Familie schwererer, zweisitziger Kunstflugübungsflugzeuge, die man als **Su-32** beschrieb, obwohl diese Bezeichnung auch an die **Su-27** vergeben ist. Sie sind durch ein Bugra[d]-Fahrgestell gekennzeichnet und einig[e] mit Vier- und Sechszylinder-Boxermotoren westlicher Herkunft ausgestattet. V[or]erst existieren sie aber nur auf dem Pap[ier] und in Modellform.

# Supermarine Attacker

Die eigentlich zum Dienst bei der RAF vorgesehene **Supermarine Attacker** wurde mit dem Ziel entworfen, möglichst rasch einen Jagdeinsitzer mit dem Nene-Strahltriebwerk von Rolls-Royce zu produzieren. Aus diesem Grunde verband man beim ersten Prototyp (**TS409**) die Tragflügel und das Fahrwerk der Spiteful mit einem neuen Rumpf und Leitwerk. Nach dem Erstflug am 27. Juli 1946 wurden zwei weitere Prototypen mit längeren Federbeinen gemäß den Anforderungen der Marine fertiggestellt, von denen der erste (**TS413**) am 17. Juni 1947 zum Jungfernflug abhob.

***Die füllige Rumpfform der Attakker-Serie, hier vertreten durch drei Attacker F.Mk 1, war auf das Nene-Strahltriebwerk zurückzuführen, dessen Radialverdichter einen großen Durchmesser verlangte.***

Nach dem Abschluß der erfolgreichen Erprobung an Bord des Flugzeugträgers HMS Illustrious gaben die Royal Navy und die pakistanische Luftwaffe die **Attacker** in Auftrag. Für die Fleet Air Arm entstanden insgesamt 145 Flugzeuge, davon 52 Abfangjäger **Attacker F.Mk 1**, acht Jagdbomber **Attacker FB.Mk 1** und 85 Jagdbomber **Attacker FB.Mk 2**. Die **Mk 1** wurden vom Nene 3 und die **Mk 2** vom Nene 2 angetrieben. Die **Attacker**, die ab 17. August 1951 bei No. 800 Squadron in Dienst ging, flog nur kurze Zeit für die FAA und mußte bereits 1954 der Hawker Sea Hawk und de Havilland Sea Venom weichen.

Die 36 an die pakistanischen Luftstreitkräfte gelieferten Flugzeuge glichen der **Attacker F.Mk 1** der FAA, hatten aber weder Flügelklapptechnik noch andere marinespezifische Ausrüstungsteile.

**TECHNISCHE DATEN**

**Supermarine Attacker F.Mk 1**

**Typ:** einsitziger, trägergestützter Abfangjäger
**Triebwerk:** ein Strahltriebwerk Rolls-Royce Nene 3 mit 22,24 kN Schub
**Leistung:** Höchstgeschwindigkeit 950 km/h in Meereshöhe; Dienstgipfelhöhe 13.715 m; Reichweite mit Standardtreibstoffmenge 950 km
**Gewicht:** Leermasse 3826 kg; max. Startmasse 5339 kg
**Abmessungen:** Spannweite 11,25 m; Länge 11,43 m; Höhe 3,02 m
**Bewaffnung:** vier 20-mm-Kanonen in den Tragflächen

# Supermarine Scapa und Stranraer

Die **Supermarine Southampton Mk IV** war eine tiefgreifend überarbeitete Version des früheren **Southampton**-Flugboots, das der RAF wertvolle Dienste geleistet hatte. Der neue Typ unterschied sich in vielerlei Hinsicht, vor allem aber durch den sauberen Einbau der beiden Rolls-Royce-Motoren Kestrel IIIMS je 391 kW (532 PS) in Gondeln direkt unter dem Oberflügel. Weitere von außen erkennbare Änderungen bestanden im geschlossenen Cockpit mit zwei Sitzen nebeneinander statt der offenen Kanzeln in Tandemanordnung des Vorgängermodells und dem drei- statt zweiteiligen Seitenleitwerk. Ein bedeutender Unterschied, der nicht ins Auge sprang, war die metallene Grundstruktur. Nur die aerodynamischen Flächen hatten noch eine Stoffbespannung.

Noch vor der Fertigstellung des Musterflugboots benannte man den neuen Typ in **Supermarine Scapa** um. Vierzehn Serienexemplare wurden der RAF zugeführt, von denen die ersten im Mai 1935 an No. 202 Squadron auf Malta gingen. Später umgerüstete Staffeln waren No. 204, 228 und 240 Squadron. Die **Scapa** schied jedoch bereits 1938 wieder aus den Einsatzverbänden aus. Das mit fünf Mann besetzte Muster hatte eine Spannweite von 22,86 m, eine Spitzengeschwindigkeit von 227 km/h in 1000 m Höhe und eine schlagkräftige Bewaffnung mit drei Lewis-Maschinengewehren sowie einer Bombenlast von 454 kg.

Die eng mit ihr verwandte **Supermarine Stranraer**, die ursprünglich **Southampton Mk V** hieß, war das letzte von R. J. Mitchell konstruierte Doppeldecker-Flugboot. Im Vergleich zur **Scapa** hatte die **Stranraer** eine größere Spannweite von 25,91 m, als Neuerung einen MG-Drehturm im Heck und in der Serienausführung zwei Sternmotoren Bristol Pegasus X mit je 652 kW (887 PS). Insgesamt 17 Exemplare wurden für die RAF gebaut und 1936 mit No. 228 Squadron als Erstempfänger in Dienst gestellt. Am Ende waren auch No. 201, 209 und 240 Squadron mit der **Stranraer** ausgerüstet. Bei Kriegsausbruch befanden sich noch 15 solcher Flugboote im Dienst, wurden aber 1940 aus dem Einsatz genommen. Neben den für die RAF gebauten Flugbooten produzierte Canadian Vickers in Montreal 40 Exemplare für die RCAF, und nach dem Krieg wurden 14 von ihnen für die zivile Luftfahrt in Kanada erworben.

***Eine Supermarine Stranraer der No. 240 Squadron, RAF, startet hier zu einem Kriegspatrouillenflug mit Wasserbomben zur U-Boot-Bekämpfung.***

# Supermarine Schneider-Rennflugzeuge

Als ersten Teilnehmer am Wettbewerb um die Schneider-Trophäe schickte die Firma Supermarine die **Supermarine Sea Lion I** ins Rennen, die sie aus dem nach einer Spezifikation des Admiralty Air Department Nr. 1B von 1917 konstruierten Einzelexemplar des Jagd-Flugboots **Supermarine N.1B Baby** entwickelt hatte. Die **Sea Lion** war somit ein kleiner Doppeldecker und verdankte ihren Namen einem zwischen Ober- und Unterflügel montierten Napier-Lion-Motor, der einen Druckpropeller mit 336 kW (457 PS) antrieb. Beim vernebelten Bournemouth-Rennen von 1919 wurde die **Sea Lion** nach einer Runde zurückgezogen, und erst 1922 beim Wettbewerb in Neapel stellte Supermarine mit der **Sea Lion II** wieder einen Teilnehmer. Diese Maschine, aus dem Einzelexemplar des Jagdeinsitzer-Flugboots **Sea King II** entwickelt, wurde von Henri Biard mit einer Durchschnittsgeschwindigkeit von 234,48 km/h zum Sieg geführt.

Für den Wettbewerb 1923 in Cowes erhielt die **Sea Lion II** eine 410 kW (558 PS) starke Bauart des Napier Lion und die neue Bezeichnung **Sea Lion III**. Bei diesem Rennen belegte der Supermarine-Teilnehmer jedoch nur den dritten Platz nach den hervorragenden Seeflugzeugen Curtiss CR-3 der US Navy. Der nächste Wettbewerb fand 1925 in Baltimore statt, doch das von R. J. Mitchell äußerst schnittig und vollständig aus Holz konstruierte Seeflugzeug **Supermarine S.4**, angetrieben von einem Napier Lion mit 522 kW (710 PS), stürzte bereits bei einem Probeflug ab. Erst 1927 in Venedig waren die neuen Ganzmetall-Eindecker-Seeflugzeuge **Supermarine S.5** soweit, daß sie am Rennen teilnehmen konnten, eines mit einem 671 kW (912 PS) starken Napier Lion VIIA und das andere mit einem Napier Lion VIIB, der 652 kW (887 PS) erzeugte. Dieses Duo errang Platz 1 und 2, wobei Flight Lieutenant S. N. Webster mit der Siegermaschine eine Geschwindigkeit von 453,28 km/h im Mittel erflog.

Den vorletzten Wettbewerb, der 1929 in Calshot ausgetragen wurde, entschied die verbesserte **Supermarine S.6** für sich. Die von einem Rolls-Royce „R" mit 1417 kW (1927 PS) angetriebene und von Flying Officer H. R. Waghorn geflogene Maschine erreichte eine Rekordgeschwindigkeit von 528,87 km/h. Da aber die Unterstützung durch die Regierung fehlte, galt es als sicher, daß Großbritannien 1931 nicht mehr am Wettbewerb würde teilnehmen können. Lady Houston wußte dies aus Nationalstolz zu verhindern, doch die Zeit reichte nicht mehr, um ein neues Flugzeug zu konstruieren. Supermarine blieb also nichts anderes übrig, als die **S.6** zur Aufnahme einer auf 1752 kW (2383 PS) hochgezüchteten Version des Rolls-Royce „R" zu modifizieren. Die so entstandene **Supermarine S.6B** wurde von Flight Lieutenant J. N. Boothman unangefochten über die Calshot-Rennstrecke geführt, erzielte 547,305 km/h und brachte damit die Trophäe auf Dauer nach Großbritannien. Am selben Tag, dem 13. September 1931, stellte G. H. Stainforth mit der Reserve-**S.6B** den neuen absoluten Geschwindigkeitsweltrekord von 610,02 km/h auf.

***S1596 war die Supermarine S.6B, mit der Flight Lieutenant George Stainforth 1931 den absoluten Geschwindigkeitsweltrekord auf 610 km/h steigerte, und am selben Tag gewann S1595 die Schneider-Trophäe endgültig für England. R. J. Mitchells siegreicher Entwurf wurde durch eine Spende von Lady Houston in Höhe von £ 100.000 für die Entwicklungskosten ermöglicht. Die 9,14 m weit gespannte und 2760 kg schwere S.6B erhöhte den Geschwindigkeitsweltrekord später sogar noch auf 655,8 km/h.***

# Supermarine Scimitar

Der Entwurf, den Supermarine auf die Marinespezifikation N.113D hin einreichte, wurde zunächst als **Supermarine N.113** bekannt, aber das letztlich zur Serienfertigung als **Scimitar** bestimmte Muster hatte die Firma über die Prototypen **Supermarine Typ 508** und **Typ 529** mit geraden Tragflügeln und V-Leitwerk sowie über **Typ 525** mit Pfeilflügeln und kreuzförmigem Leitwerk entwickelt. Der endgültige **Typ 544** unterschied sich vom **Typ 525** durch einen flächengeregelten Rumpf und, noch wichtiger, durch angeblasene Flügelklappen, die die Mindestgeschwindigkeit zur Kontrolle des Flugzeugs herabsetzten und diesem schweren Marinejäger den Katapultstart und die Trägerlandung erleichterten. Das erste (**WT854**) von drei Musterflugzeugen des Typs 544 startete am 19. Januar 1956 zum Jungfernflug. Die ersten Serienjäger gingen im August 1957 an No. 700X Trials Flight, und die erste Einsatzstaffel (No. 803) wurde im Juni 1958 aufgestellt. Mit der **Scimitar F.Mk 1** verfügte die FAA erstmals über ein überschallschnelles Tiefflug-Kampfflugzeug, das taktische Nuklearwaffen zum Einsatz bringen konnte, über einen mit Luft-Luft-Lenkwaffen ausgerüsteten Höhenjäger. Mit den insgesamt 76 gebauten Flugzeugen wurden auch No. 800, 804 und 807 Squadron ausgerüstet, bis 1969 das Nachfolgemuster Blackburn Buccaneer eintraf.

***Eine Scimitar F.Mk 1 hat sich hier bei der Landung an Bord der HMS Centaur im April 1961 ins Fangseil eingehakt.***

### TECHNISCHE DATEN
**Supermarine Scimitar F.Mk 1**

**Typ:** einsitziges, trägergestütztes Mehrzweck-Kampfflugzeug
**Triebwerke:** zwei Strahltriebwerke Rolls-Royce Avon 202 je 50,04 kN Schub
**Leistung:** Höchstgeschwindigkeit 1143 km/h in Meereshöhe; Dienstgipfelhöhe 14.020 m; Reichweite 2288 km
**Gewicht:** Leermasse 10.869 kg; max. Startmasse 15.513 kg
**Abmessungen:** Spannweite 11,33 m; Länge 16,87 m; Höhe 5,28 m; Tragflügelfläche 45,06 m²
**Bewaffnung:** vier 30-mm-Kanonen ADEN und vier 454-kg-Bomben oder vier Luft-Boden-Flugkörper Bullpup oder vier Luft-Luft-Flugkörper Sidewinder oder wahlweise andere Lasten wie Abwurftanks und Atomwaffen

# Supermarine Sea Otter

Die **Supermarine Sea Otter** (zunächst **Stingray** genannt) war im Grunde eine verbesserte Version der **Walrus**, die sie ab 1944 im Aufklärungs- und Luft-/Seenotrettungsdienst der FAA ablöste. Sie stellte nicht nur das letzte Doppeldeckeramphibium dieses Herstellers, sondern auch den letzten Doppeldeckertyp im FAA-Truppendienst dar. Die Primärstruktur bestand aus Metall, und Trag- und Leitwerk hatten eine Stoffbespannung. Gegenüber der **Walrus** war die Zelle insgesamt verfeinert, doch in erster Linie unterschied sich die **Sea Otter** durch ihren Sternmotor Bristol Mercury XXX, dessen Leistung von 638 kW (868 PS) ein Zugpropeller umsetzte.

***Im wesentlichen war die Supermarine Sea Otter eine verbesserte Zugpropeller-Ausführung der Walrus desselben Herstellers. Die Sea Otter diente als letzter Doppeldeckertyp bei den FAA-Staffeln.***

Die Bewaffnung bestand aus drei Vickers-Maschinengewehren „K", und zudem konnte die **Sea Otter** eine Bombenlast von 454 kg mitführen. Der Prototyp flog erstmals im September 1938, aber erst im November 1944 ging die **Sea Otter** bei No. 1700 Squadron in Dienst. Insgesamt 292 Exemplare wurden produziert, aufgeschlüsselt in Prototypen, 250 Seeaufklärungs- und Verbindungsmaschinen **Sea Otter Mk I** und 40 Luft-/Seenotrettungsflugboote **Sea Otter Mk II**. Außer No. 1700 Squadron flogen No. 730, 742, 753, 778, 781, 799, 1701, 1702 und 1703 diesen Typ.

Nach dem Krieg erreichten einige Exemplare die dänische Luftwaffe, die holländische Marine sowie die französische Zollbehörde in Indochina, und etliche andere fanden zivile Käufer, darunter Qantas Empire Airways mit zwei Maschinen. Die **Sea Otter Mk II** hatte eine Spannweite von 14,02 m, eine Höchstgeschwindigkeit von 248 km/h in 1525 m Höhe und eine Reichweite von 1344 km.

# Supermarine Seagull und Walrus

Die **Supermarine Seal II** von 1921 war ein dreisitziges, decklandetaugliches Amphibium für die RAF, das von Flugzeugträgern der Royal Navy als Seeaufklärer operieren sollte. Im Jahr darauf wurde die **Seal II** zum Prototyp **Seagull** umgebaut. Dieser Doppeldecker mit klappbaren Tragflügeln und einziehbarem Radfahrgestell für den amphibischen Betrieb erhielt als Antrieb einen Napier Lion II, der auf einem Gerüst zwischen Ober- und Unterflügel gelagert war und seine Leistung von 358 kW (487 PS) auf einen Zugpropeller abgab. Die Serienversion **Seagull Mk II** mit geringfügigen Verbesserungen und einem 367 kW (499 PS) starken Napier Lion IIB erreichte eine Produktionszahl von 26, darunter ein Exemplar für Japan und drei Verkehrsflugboote. Hinzu kamen sechs **Seagull Mk III** für die Royal Australian Air Force, die grundsätzlich der **Mk II** bei der RAF glichen, aber einen Napier Lion V gleicher Nennleistung hatten.

Der versuchsweise Einbau eines Bristol-Sternmotors Jupiter IX in Verbindung mit einem Druckpropeller führte zum Prototyp **Seagull Mk V** mit 463 kW (628 PS) starkem Bristol-Sternmotor Pegasus IIM2. Von diesem Muster bestellte die australische Regierung 24 Exemplare. Nach der Erprobung übernahm die FAA das von Supermarine mit Metallrumpf gebaute Flugboot unter der Bezeichnung **Walrus Mk I**. Insgesamt 746 Exemplare wurden produziert, davon 461 von Saunders-Roe.

Die Gesamtzahl umfaßte auch 191 **Walrus Mk II** mit hölzernem Saro-Bootsrumpf und Bristol-Pegasus-VI-Motor. Die 1936 bei der FAA in Dienst gestellte **Walrus** war für Katapultstarts von Schlachtschiffen und Kreuzern der australischen, britischen und neuseeländischen Seestreitkräfte verstärkt und befand sich während des größten Teils des Zweiten Weltkriegs auf praktisch jedem Kriegsschauplatz im Einsatz. Bei der RAF spielte der Typ auch eine bedeutende Rolle im Luft- und Seenotrettungsdienst. Sehr viele gerettete Besatzungen denken dankbar an die **Walrus** zurück, die bei den Kriegsteilnehmern besser als **„Shagbat"** bekannt ist. Vor dem Zweiten Weltkrieg hatte man sechs **Seagull Mk V** in die Türkei exportiert, und nach dem Krieg wurden acht **Walrus** nach Argentinien geliefert.

***Supermarine Walrus Mk I der No. 700 Squadron, Fleet Air Arm, Anfang der vierziger Jahre an Bord der HMS Belfast stationiert.***

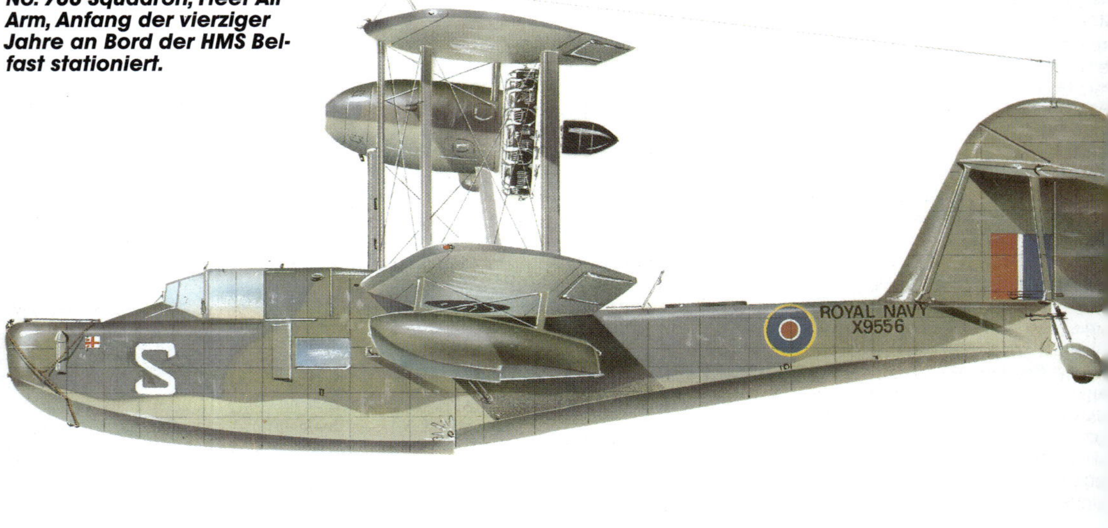


### TECHNISCHE DATEN
**Supermarine Walrus Mk I**

**Typ:** amphibientaugliches Aufklärungsflugboot für eine vierköpfige Besatzung
**Triebwerk:** ein Sternmotor Bristol Pegasus VI mit 559 kW (760 PS)
**Leistung:** Höchstgeschwindigkeit 217 km/h in 1450 m Höhe; Dienstgipfelhöhe 5210 m; Reichweite 966 km
**Gewicht:** Leermasse 2223 kg; max. Startmasse 3266 kg
**Abmessungen:** Spannweite 13,97 m; Länge 11,35 m; Höhe 4,65 m; Tragflügelfläche 56,67 m²
**Bewaffnung:** ein 7,7-mm-Maschinengewehr Vickers „K" im Bug und ein oder zwei entsprechende MGs mittschiffs sowie bis zu 272 kg an Bomben unter den Flügeln oder zwei Wasserbomben Mk VIII

# Supermarine Southampton

*Supermarine Southampton Mk I der No. 480 (Coastal Reconnaissance) Flight, RAF, Mitte der zwanziger Jahre in Calshot stationiert*

Die **Supermarine Southampton** wurde aus dem zehnsitzigen Passagierflugboot **Supermarine Swan** entwickelt, das Imperial Airways leihweise vom Air Ministry zur Verfügung gestellt wurde und die Flüge der Sea Eagle zwischen Southampton und den Kanalinseln im Zeitraum 1926/27 ergänzte. Mit dem Entwurf der **Southampton** gelang dem später berühmten R.J. Mitchell sein erster großer Erfolg, denn nicht weniger als 68 Exemplare dieses eleganten Flugboots wurden für die RAF gebaut. Der schlanke Rumpf des Doppeldeckers mit Stützschwimmern unter den Flügeln schwang sich zum Heck nach oben, um das Höhenleitwerk aufzunehmen, das seinerseits drei Seitenflossen und Ruder trug. Den Antrieb besorgten zwei Napier-Lion-Motoren, die zwischen Ober- und Unterflügel eingerüstet waren. Das erste von sechs Flugbooten **Southampton Mk I** mit Holzrumpf und einer fünfköpfigen Besatzung hob am 10. März 1925 zum Jungfernflug ab, und wenige Monate später erfolgten erste Zuweisungen an die No. 480 Coastal Reconnaissance Flight der RAF.

Die Hauptserienversion **Southampton Mk II** führte einen Rumpf aus Duralumin ein, der für eine beträchtliche Leistungssteigerung sorgte, da die Zelle leichter war und zudem die sonst vom Holzrumpf aufgesaugte Wassermasse entfiel.

Mit der **Southampton** rüstete die RAF No. 201, 203, 204, 205 und 210 Squadron aus, denen dieses Muster mehr als zehn Jahre lang gute Dienste leistete. Auch für die Royal Australian Air Force, Argentinien, Japan und die Türkei wurden solche Flugboote gebaut.

**TECHNISCHE DATEN**

**Supermarine Southampton Mk II**

**Typ:** allgemeines Aufklärungsflugboot
**Triebwerke:** zwei Kolbenmotoren Napier Lion VA W-12 je 373 kW (507 PS)
**Leistung:** Höchstgeschwindigkeit 174 km/h in Meereshöhe; Dienstgipfelhöhe 4265 m; Höchstreichweite 1497 km
**Gewicht:** Leermasse 4082 kg; max. Startmasse 6895 kg
**Abmessungen:** Spannweite 22,86 m; Länge 15,58 m; Höhe 6,82 m; Tragflügelfläche 134,61 m²
**Bewaffnung:** drei 7,7-mm-Maschinengewehre Lewis (eines im Bug und zwei mittschiffs) sowie bis zu 499 kg an Bomben

# Supermarine Spiteful und Seafang

Die **Supermarine Spiteful** und **Seafang** waren die geplanten Nachfolgemuster für die Spitfire beziehungsweise Seafire. Bei oberflächlicher Betrachtung erinnerte die **Spiteful** stark an die Spitfire, war aber praktisch eine völlig neue Konstruktion mit laminar angeströmten und rechtwinklig gekappten Tragflügeln, deren dünnes Profil ein nach innen einklappendes Breitspur-Fahrgestell bedingte. Drei Prototypen in drei leicht voneinander unterschiedenen Ausführungen wurden bestellt und ab Juni 1944 geflogen: die **Spiteful F.Mk 14** (Griffon 65/Fünfblatt-Propeller), die **Spiteful F.Mk 15** (Griffon 89 oder 901/Gegenlauf-Doppelpropeller) und die **Spiteful F.Mk 16** (Dreistufen-Griffon 101/Fünfblatt-Propeller). Als das 17. Exemplar gefertigt war, wurde der Auftrag über 67 **Spiteful F.Mk 14** gestrichen. Nur drei **Spiteful** kamen dann tatsächlich zu Testeinheiten der Royal Air Force.

Der **Seafang**, die sich von der **Spiteful** durch ein komplettes Flugzeugträgergeschirr abhob, erging es nicht besser. Nur 18 Maschinen eines Auftrags über zwei Prototypen und 150 Serienflugzeuge wurden fertiggestellt. Hierzu zählten acht Marinejäger **Seafang F.Mk 31** mit dem Griffon-Motor 61 und zehn **Seafang Mk 32** mit Griffon 89, Gegenlauf-Doppelpropeller und Klappflügeln. Die **Spiteful F.Mk 16** hatte eine Spannweite von 10,82 m und wurde von einem Rolls-Royce Griffon 101 angetrieben, dessen Antriebsleistung von 1771 kW (2408 PS) ihr eine Spitzengeschwindigkeit von 795 km/h in optimaler Flughöhe ermöglichte.

*VB895 war der zweite Seafang-Prototyp und zugleich der erste Vertreter der Serie Seafang F.Mk 32 mit dem 1752 kW (2383 PS) starken Reihenmotor Griffon 89.*

# Supermarine Spitfire und Seafire

*Supermarine Spitfire LF Mk XVI der No. 74 Squadron, RAF, im Jahr 1945*

)as zweifellos bekannteste britische Jagd-lugzeug des Zweiten Weltkriegs war die **Supermarine Spitfire**, hervorgegangen us dem **Typ 224**, den R. J. Mitchell nach Spezifikation F.7/30 konstruiert hatte. Der eitragende Ganzmetall-Tiefdecker mit Knickflügeln und starrem Fahrgestell samt Hosenbeinkleidern" wurde von einem -Motor Rolls-Royce Goshawk II mit 47 kW (608 PS) angetrieben. Bei der Flugrprobung zeigte **Typ 224** enttäuschende eistungen, und da auch die anderen Beverber den Anforderungen nicht genügen, vergab man keinen Auftrag.

Mitchell, der nun freie Hand zur Konruktion eines neuen Jagdeinsitzers erelt, ohne an amtliche Weisungen gebunen zu sein, entwarf den rassigen **Typ 300**. as kleinere, schlankere Muster mit einehbarem Fahrgestell zur Minderung des uftwiderstands war um den neuen Rollsoyce-Flugmotor P.V.12 (Merlin) herum gealtet. Die Tragflügel wiesen nicht nur eine genartige Ellipsenform auf, sondern baren auch acht Maschinengewehre, die e außerhalb des Propellerkreises feuern onnten. Für seine Spezifikation F.36/34 ientierte sich das Air Ministry nun am **Typ 00** und bestellte einen Musterjäger. Dier **(K5054)** wurde von einem 738 kW 004 PS) starken Rolls-Royce Merlin „C" getrieben und am 5. März 1936 erstmals geflogen. Nur relativ wenige Testflüge waren nötig, um die Klasse dieses Jägers zu bestätigen. Seine vorzüglichen Steuereigenschaften und Flugleistungen führten am 3. Juni 1936 zu einer Erstbestellung von 310 **Spitfire Mk I**. Die geplante Serienfertigung kam jedoch nur langsam voran, und die erste **Spitfire Mk I** traf nicht vor Juli 1938 bei No. 19 Squadron in Duxford ein. Bei der Münchner Krise im September desselben Jahres waren ganze fünf Maschinen ausgeliefert, doch das Rinnsal sollte sich zu einer wahren Flut von insgesamt 20.334 **Spitfire** und 2556 verwandten Marinejägern **Seafire** entwickeln. Ein gewisses Maß an Mehrzweck-Tauglichkeit ergab sich aus der Entwicklung der Tragflügel: für Tiefflugeinsätze gekappte Flächen (Kennung LF), weiter gespannte Höhenflügel (Kennung HF) und Standardflügel (Kennung F). Variationen in der Bewaffnung der Flügel umfaßten acht Maschinengewehre (nachgestellter Kennbuchstabe A), zwei Kanonen und vier Maschinengewehre (B), vier Kanonen (C) und zwei Kanonen, zwei 12,7-mm-MGs und bis zu 454 kg Bomben (E).

Bei Kriegsausbruch am 3. September 1939 verfügte die RAF über neun einsatz-

**TECHNISCHE DATEN**

**Supermarine Spitfire Mk VA**

**Typ:** einsitziger Abfangjäger
**Triebwerk:** ein V-Reihenmotor Rolls-Royce Merlin 45 mit 1102 kW (1499 PS)
**Leistung:** Höchstgeschwindigkeit 594 km/h in 5945 m Höhe; Dienstgipfelhöhe 11.125 m; Höchstreichweite 1827 km
**Gewicht:** Leermasse 2267 kg; max. Startmasse 2911 kg
**Abmessungen:** Spannweite 11,23 m; Länge 9,12 m; Höhe 3,02 m; Tragflügelfläche 22,48 m²
**Bewaffnung:** acht 7,7-mm-Maschinengewehre Browning

bereite **Spitfire**-Staffeln, und am 16. Oktober 1939 meldete ein **Spitfire**-Pilot der No. 603 Squadron den ersten Abschuß eines deutschen Flugzeugs (Heinkel He 111) über Großbritannien im Zweiten Weltkrieg. Im August 1940, kurz bevor die Luftschlacht um England ihren Höhepunkt erreichte, konnte das RAF Fighter Command auf 19 Jagdstaffeln mit der **Spitfire Mk I** zurückgreifen. Ab Dezember 1940 absolvierten **Spitfire Mk II** über den besetzten Teilen Europas sogenannte „Rhabarber-Feuerüberfälle", und die ersten außerhalb Englands eingesetzten Flugzeuge dieses Typs waren **Spitfire Mk VB**, die am 7. März 1942 von der HMS Eagle aus nach Malta überführt wurden.

Wenig später griff dieselbe Version von Nahost aus in das Geschehen ein, und Anfang 1943 trafen die ersten **Spitfire Mk V** auf dem pazifischen Kriegsschauplatz ein.

Der Erfolg der Hawker Sea Hurricane, die die Fleet Air Arm von Flugzeugträgern der Royal Navy aus einsetzte, führte zur Entwicklung der **Supermarine Seafire**. Die ersten Umrüstungen der **Spitfire Mk VB** zu diesem Standard erfolgte durch die Luftfahrzeug-Lehrwerft in Hamble, Hampshire. Die Auslieferung der so entstandenen **Seafire Mk IB** begann im Januar 1942, und der Typ wurde in zunehmenden Stückzahlen sowie in verschiedenen Versionen den ganzen Krieg hindurch verwendet. **Seafire Mk 47** der No. 800 Squadron bewährten sich im Koreakrieg, und nach dem Ausscheiden aus den Einsatzverbänden diente der Typ bei Ausbildungseinheiten und RNVR-Flugstaffeln noch bis 1967.

**Varianten**

**Spitfire Mk I:** erste Serienversion mit 768 kW (1044 PS) starkem Merlin-II-Motor; acht 7,7-mm-Maschinengewehre Browning (zunächst nur vier wegen Versorgungsengpässen) oder Spitfire Mk IB mit vier 7,7-mm-MGs und zwei 20-mm-Kanonen; 1566 Exemplare

**Spitfire Mk II:** in Castle Bromwich produzierte Flugzeuge mit 876 kW (1191 PS) starkem Merlin XII; 750 Spitfire Mk IIA und 170 Spitfire Mk IIB

***Die Supermarine Seafire FR.Mk 47, die hier gerade das Fangseil an Bord eines Flugzeugträgers der Royal Navy ergreift, war das Marinegegenstück der Spitfire F.Mk 22 bei der RAF.***

**Spitfire Mk III:** einzelner Versuchsjäger mit 954 kW (1297 PS) starkem Merlin XX

**Spitfire Mk IV:** Griffon-motorisierte Prototypen (2); die gleiche Bezeichnung erhielten 229 Luftbildaufklärungsflugzeuge der Baureihe Spitfire Mk V

**Spitfire Mk V:** verstärkter Rumpf zur Aufnahme des Merlin 45 mit 1074 kW (1460 PS) oder Merlin 50 mit 1096 kW (1490 PS), Abwurftanks und Bomben; F- oder LF-Tragflügel und A-, B- oder C-Bewaffnung; 94 Spitfire Mk VA, 3923 Spitfire Mk VB und 2447 Spitfire Mk VC

**Spitfire Mk VI:** Höhenjäger mit 1055 kW (1435 PS) starkem Merlin 47, druckbelüfteter Kabine und HF-Tragflächen; 100 Exemplare

**Spitfire Mk VII:** Höhenjäger mit zweifach gestuftem Ladermotor Merlin 61, 64 oder 71, druckbelüfteter Kabine, einziehbarem Spornrad und oft auch breiterem, zugespitztem Seitenruder; 140 Exemplare

**Spitfire Mk VIII:** endgültige Jägerversion mit zweistufigem Ladermotor Merlin 61, 63, 66 oder 70, Cockpit ohne Druckausgleich und LF-, F- oder HF-Flügeln; 1658 Exemplare

**Spitfire Mk IX:** Verbund des Zweistufen-Ladermotors Merlin 61, 63 oder 70 und Zelle der Spitfire Mk V; LF-, F- oder HF-Flügel; 5665 Exemplare

**Spitfire Mk X:** druckbelüftete Ausführung der Spitfire PR.Mk XI mit Merlin 77; eine Maschine mit HF-Flügeln; 16 Exemplare

**Spitfire Mk XI:** unbewaffneter Fernaufklärer mit Merlin 61, 63 oder 70; 471 Exemplare

**Spitfire Mk XII:** Tiefflug-Abfangjäger mit 1294 kW (1760 PS) starkem einstufigem Ladermotor Griffon II oder IV; LF-Flügel und B-Bewaffnung; 100 Exemplare

**Spitfire Mk XIII:** auf der Spitfire Mk V basierender Luftbildaufklärer mit Merlin 32 und nur vier 7,7-mm-MGs; 18 Exemplare

**Spitfire Mk XIV:** umkonstruierte und verstärkte Zelle für den Griffon 65 oder 66 mit 1529 kW (2079 PS) und Fünfblatt-Propeller; breites Seitenleitwerk und häufig auch tropfenförmige Cockpithaube; F- oder LF-Flügel und C- oder E-Bewaffnung; 957 Exemplare

**Spitfire Mk XVI:** wie Spitfire Mk IX, aber mit Packard Merlin 226; F- oder LF-Flügeln und gewöhnlich C- oder E-Bewaffnung; viele mit tropfenförmiger Cockpithaube; 1054 Exemplare

**Spitfire Mk XVIII:** endgültige Jägerversion mit Zweistufen-Ladermotor Griffon, tropfenförmiger Cockpithaube und zusätzlichen Flügeltanks; F-Flügel und E-Bewaffnung

**Spitfire FR.Mk XVIII** (nach dem Krieg **Spitfire FR.Mk 18**): Hinterrumpf-Aufklärungskamera; 300 Exemplare

**Spitfire Mk XIX** (nach dem Krieg **PR.Mk 19**): unbewaffneter Luftbildaufklärer mit zweistufigem Griffon-Ladermotor; die meisten mit Druckausgleich; 225 Exemplare

**Spitfire Mk XX:** einzelner Prototyp, entstanden durch den Umbau einer Spitfire Mk IV und des Prototyps Spitfire Mk XII

**Spitfire Mk 21:** überarbeitete Zelle und hauptsächlich Griffon 61 oder 64 mit Fünfblatt-Propeller; C-Bewaffnung; 122 Exemplare

**Spitfire Mk 22:** geringfügig geänderte Mk 21; einige Flugzeuge mit 1771 kW (2408 PS) starkem Griffon 85 und Gegenlauf-Doppelpropeller; 278 Exemplare

**Spitfire Mk 24:** unwesentliche Änderungen, abgesehen vom Spiteful-Leitwerk; Kurzrohrkanone Mk V; 54 Exemplare

**Seafire Mk IB:** Marineversion der Spitfire Mk VB; 166 Exemplare

**Seafire Mk IIC:** Katapulthaken und verstärktes Fahrwerk; Merlin 32 mit Vierblatt-Propeller; 372 Exemplare

**Seafire Mk III:** doppelt klappbare Flügel und Merlin 55M mit 1182 kW (1607 PS)

**Seafire Mk XV:** einstufiger Ladermotor Griffon VI mit 1380 kW (1877 PS); die meisten mit Fanghaken

**Seafire Mk XVII** oder **Mk 17:** wie Seafire Mk XV mit tropfenförmiger Cockpithaube und häufig verstärktem Fahrgestell; einige Maschinen (Seafire FR.Mk 17) mit einer Kamera anstelle des hinteren Rumpftanks; 232 Exemplare

**Seafire Mk 45:** Zelle wie bei Spitfire Mk 21; nicht klappbare Flügel, Griffon 61 mit Fünfblatt-Propeller oder Griffon 85 mit Gegenlauf-Doppelpropeller; 50 Exemplare

**Seafire Mk 46:** wie Seafire Mk 45 mit tropfenförmiger Cockpithaube; Seafire FR.Mk 46 mit Hinterrumpf-Luftbildkamera; späte Serienflugzeuge mit Spiteful-Leitwerk; 24 Exemplare

**Seafire Mk 47:** Klappflügel, Griffon 87 oder 88 mit 1771 kW (2408 PS), Lufteinlauf unter dem Kinn und Gegenlauf-Doppelpropeller; erweiterte Kraftstoffkapazität; späte Serienflugzeuge nur noch FR-Version mit Luftbildkameras; 140 Exemplare

# Supermarine Swift

Die Entwicklung der **Supermarine Swift** begann 1946, um die Nachfolge für die Gloster Meteor zu sichern. Zwei Musterflugzeuge vom **Typ 510** wurden bestellt, bei dem es sich im Grunde genommen um eine Fortentwicklung der **Supermarine Attacker** mit Nene-2-Triebwerk handelte, allerdings mit einem um 40° zurückgepfeilten Trag- und Leitwerk. Nach dem Erstflug am 29. Dezember 1948 setzte Supermarine die Entwicklung progressiv über den **Typ 517** mit im Einstellwinkel veränderlichen Höhenflossen und den **Typ 535** fort, der ein einziehbares Bugrad-Fahrwerk, einen auf ein Rolls-Royce-Nene-Nachbrennertriebwerk abgestimmten Rumpf sowie weitere Änderungen und Verfeinerungen einführte. Ab 25. August 1952 flog die erste von 193 Serienmaschinen, eine **Swift F.Mk 1** mit zwei 30-mm-Kanonen ADEN, Avon-Triebwerk RA.7 ohne Nachbrennerstufe und fest eingestellten Höhenflossen. Nachfolgende Versionen waren die **Swift F.Mk 2** mit vier ADEN-Kanonen und neuen Tragflächen mit unterschiedlicher Pfeilung an der Nasenkante, die **Swift F.Mk 3** mit Nachbrenner-Triebwerk Avon RA.7R und die **Swift F.Mk 4** mit verstellbaren Höhenflossen.

Bereits nach einer kurzen Dienstzeit stand fest, daß sich die **Swift** als Abfangjäger nicht eignete, und man entschied, die weitere Entwicklung auf einen taktischen Aufklärer auszurichten. So kam es zur Produktion von 58 **Swift FR.Mk 5** und vier entsprechend umgerüsteten **Swift F.Mk 4**. Anfang 1956 wurden die ersten **Swift**-Aufklärer No. 2 Squadron in Westdeutschland zugeführt. Von der **F.Mk 4** unterschied sich die **FR.Mk 5** durch eine längere Flugzeugnase zur Aufnahme von drei Luftbildkameras, ein strebenfreies Kabinendach und neue Tragflächen, deren größere Tiefe vor den Querrudern einen „Sägezahn" ergab.

Eine Zeitlang waren sowohl No. 2 als auch No. 79 Squadron mit der **Swift FR.Mk 5** ausgerüstet. Bei No. 2 Squadron in Deutschland blieb der Typ bis zum Sommer 1961 im Einsatz.

Von einer später entwickelten Version entstanden insgesamt zwei Prototypen und zwölf Serienflugzeuge, die die Bezeichnung **Swift F.Mk 7** erhielten. Sie hatten einen längeren Bug zur Einrüstung eines Radargerätes und weiter gespannte Tragflügel, die vier Luft-Luft-Raketen Blue Sky aufnehmen konnten, ohne daß die vier Kanonen entfielen. Die **Swift F.Mk** dienten auf dem RAF-Fliegerhorst zur Waffenerprobung.

**TECHNISCHE DATEN**

**Supermarine Swift FR.Mk 5**

**Typ:** einsitziges, taktisches Aufklärungsflugzeug

**Triebwerk:** ein Strahltriebwerk Rolls-Royce Avon 114 mit 42,04 kN Schub

**Leistung:** Höchstgeschwindigkeit 1102 km/h in Meereshöhe; Dienstgipfelhöhe 13.960 m; Reichweite 1014 km

**Gewicht:** Leermasse 6094 kg; max. Startmasse 9707 kg

**Abmessungen:** Spannweite 9,86 m; Länge 12,88 m; Höhe 4,11 m

**Bewaffnung:** zwei 30-mm-Kanonen ADEN und Vorrichtungen für Bomben oder Raketen unter den Flügeln

***Supermarine Swift FR.Mk 5 der No. 2 Squadron, RAF, Ende der fünfziger Jahre im westdeutschen Jever stationiert***

# Svenska-Luftfahrzeuge

1921 gründete Carl Bucker in Lidingo bei Stockholm die Svenska Aero Aktiebolaget, um Luftfahrzeuge zu produzieren, wie sie Heinkel in Deutschland konstruiert hatte. Erste Produkte dieser Firma waren die Doppelschwimmer-Seeflugzeuge **Svenska S.1** und **S.11**, Torpedobomber **HD 14** und Jagdaufklärer **HD 17**. Eigenständige Entwürfe entstanden mit dem zweisitzigen Mehrzweck-Doppeldecker Pirat, erhältlich mit Radfahr- oder Schwimmwerk. Als Schulflugzeug wurde dieser Typ von einem Armstrong Siddeley Lynx mit 149 kW (203 PS) angetrieben und für andere Verwendungen von einem 317 kW (431 PS) starken Jaguar desselben Herstellers. Ihm folgte mit der **Falken** ein leichter Doppeldecker mit zwei offenen Cockpits hintereinander, der zur Grund- und Fortgeschrittenenschulung gedacht war. Im ersten Fall lieferte ein Armstrong Siddeley Mongoose den Antrieb mit 101 kW (137 PS), in letzterem ein Lynx mit 149 kW (203 PS).

***Die Svenska J6 Jaktfalk (im Bild) war ein mittelmäßiger Jäger, der in seiner endgültigen Form J6B mit dem Jaguar-Sternmotor eine Höchstgeschwindigkeit von 310 km/h bot.***

Das bedeutendste Muster dieses Herstellers aber hieß **Jaktfalk** (Jagdfalke), ein einsitziger Jagddoppeldecker mit einer Spannweite von 9 m und einem 373 kW (507 PS) starken Sternmotor Armstrong Siddeley Jaguar. Den Prototyp beschaffte die Flygvapen zur Prüfung unter der Bezeichnung **J5**. Die Erprobung zog einen Anschlußauftrag über zwei weitere Versuchsjäger **J6** nach sich, die vom vorverdichteten Bristol Jupiter VIIF mit 388 kW (528 PS) angetrieben wurden. Fünf **J6**-Serienjäger fertigte Svenska Aero, bevor das Unternehmen in finanzielle Schwierigkeiten geriet und von der AB Svenska Jarnvagsverkstaderna übernommen wurde.

Diese Firma produzierte 1931 drei weitere **J6A** und 1934 sieben **J6B** mit Jupiter- beziehungsweise Jaguar-Motoren. Die **J6B** erbrachte eine Spitzengeschwindigkeit von 310 km/h in 4500 m Höhe. Die letzten dieser Flugzeuge blieben bis 1941 bei der Flygvapen im Dienst.

Anschließend entwarf AB Svenska einen leichten Kabineneindecker für drei Personen, der von einem Walter-Sternmotor Mars mit 108 kW (145 PS) angetrieben und als **Viking I** bezeichnet wurde. Die **Viking II** war dessen viersitziger Abkömmling mit einem Gipsy-Six-Reihenmotor.

# Swallow-Luftfahrzeuge

Die in Wichita, Kansas, ansässige Swallow Aircraft Company Inc. produzierte Ende der zwanziger Jahre einen dreisitzigen offenen Doppeldecker, der von den älteren Laird-Konstruktionen abstammte und **Swallow New Swallow** oder **Commercial Three-Seater** genannt wurde. Von diesem Muster entstanden etwa 100 Exemplare mit dem 67 kW (91 PS) starken Curtiss-Motor OX-5, neben einer kleinen Zahl mit Hispano-Suiza- und Wright-Whirlwind-Motoren. Die Fluggesellschaft Varney Air Lines eröffnete als Vorreiter mit fünf **Swallow** ihre Luftpoststrecke CAM.5. Bei diesen Maschinen war das vordere Passagiercockpit zum Transport von Postfracht umgebaut, und ihren Antrieb besorgte ein Wright J4 Whirlwind mit 149 kW (203 PS). Mit der **Swallow TP**, einem zweisitzigen Schulflugzeug von 1929, schloß sich eine leichtere Baureihe mit dem Curtiss-Motor OX-5 an. Etwa 200 Exemplare waren produziert, als Versorgungsengpässe mit diesem Triebwerk zur **Swallow TP-K** (13 Exemplare) mit dem Kinner-Motor K5 (75 kW/102 PS) und zur **Swallow TP-W** (drei Exemplare) mit dem Warner Scarab (82 kW/112 PS) führten. Bemühungen zur Absatzsteigerung mündeten 1930 in der **Swallow Sport**, die in den Versionen **HA**, **HC** und **HW** mit Axelson-, Continental- beziehungsweise Wright-Motor angeboten wurde. Aufgrund der wachsenden Wirtschaftskrise geriet dieses Modell jedoch zu einem völligen Fehlschlag. Ende der dreißiger Jahre unternahm die Firma erneut den Versuch, an die Erfolge der Vergangenheit anzuknüpfen, und führte die leichte **Coupe** ein, einen zweisitzigen Kabineneindecker, sowie die **LT-65**, einen zweisitzigen, abgestrebten Tiefdecker. Nun aber standen die USA am Rande eines Krieges, und für Swallow war die Zeit endgültig abgelaufen.

***Dieser Doppeldecker mit offenen Cockpits, bekannt als „J-4 Swallow", wurde zu alter Pracht restauriert und fliegt in den Originalfarben des einstigen amerikanischen Betreibers Varney Air Lines.***

# Tachikawa Ki-9

Der zweisitzige Doppeldecker **Tachikawa Ki-9** mit ungleich weit gespannten Ober- und Unterflügeln erschien Ende 1934. Das Muster war als Grund- und Zwischenstufenschulflugzeug (Funktionswechsel durch den Einbau unterschiedlicher Motoren in ein- und dasselbe Flugwerk) gedacht. Der erste von drei Prototypen flog am 7. Januar 1935, angetrieben von einem Hitachi-Sternmotor Ha-13a mit 258 kW (350 PS). An den gleich motorisierten zweiten Prototyp schloß sich der dritte mit einem Siebenzylinder-Sternmotor Nakajima NZ an, der 112 kW (150 PS) entwickelte. Tests deckten Schwerpunktprobleme beim geplanten Grundschulflugzeug auf, so daß die **Ki-9** nur noch in der antriebsstärkeren Ausführung zur Zwischenstufenschulung fortentwickelt wurde.

Die Auslieferung der Serienflugzeuge begann 1935. Der **Tachikawa**-Doppeldecker mit der Bezeichnung **Heerestyp 95-I Zwischenphasen-Trainermodell A** und dem später von den Alliierten zugeteilten Decknamen **„Spruce"** hatte ein komplexes Fahrgestell mit geteilter Achse und Halbverkleidungen über den Rädern. 1939 wurde dieses Fahrwerk vereinfacht. Der so entstandene **Heerestyp 95-I Modell B** oder **Ki-9 Kai** war manövrierfähiger und besaß bessere Flugeigenschaften.

Tachikawa produzierte bis 1942 insgesamt 2395 **Ki-9**, und mindestens 220 weitere Exemplare wurden in den zwei letzten Jahren von Tokyo Gasu Denki gebaut. Die **Ki-9** war nicht nur das Standard-Schulflugzeug des japanischen Heeres, sondern flog auch in Indonesien.

***Diese Ki-9 Kai gehörte zum Bestand der Kumagaya Heeresflieger-schule, wie aus dem Abzeichen am Seitenruder hervorgeht.***

## TECHNISCHE DATEN
**Tachikawa Ki-9 Modell A**

**Typ:** Grundschulflugzeug
**Triebwerk:** ein Sternmotor Hitachi Ha-13a mit 261 kW (350 PS)
**Leistung:** Höchstgeschwindigkeit 240 km/h; Dienstgipfelhöhe 5800 m; Flugdauer drei Stunden, 30 Minuten
**Gewicht:** Rüstmasse 1120 kg; max. Startmasse 1580 kg
**Abmessungen:** Spannweite 10,32 m; Länge 7,90 m; Höhe 3,10 m

# Tachikawa Ki-17

Der Doppeldecker **Tachikawa Ki-17** wurde nach dem Scheitern der schwächer motorisierten Variante des **Ki-9**-Prototyps entwickelt. Er hatte einen schlankeren Rumpf, rechtwinkliger geschnittene Tragflügel gleicher Spannweite und ein neukonstruiertes Höhenleitwerk. Das erste von zwei Musterflugzeugen kam im Juli 1935 in die Luft, und die Erprobung verlief erfolgreich.

Zwischen 1936 und 1943 fertigte Tachikawa 658 **Ki-17**, und den Typ nutzten nicht nur die vier Hauptflugschulen, sondern auch die Heeresflieger-Akademie. Die Dienstbezeichnung der Tachikawa **Ki-17** lautete **Heerestyp 95-III Grundschulflugzeug** und der alliierte Deckname des Modells lautete **„Cedar"**.

## TECHNISCHE DATEN
**Tachikawa Ki-17**

**Typ:** zweisitziges Grundschulflugzeug
**Triebwerk:** ein Sternmotor Hitachi Ha-12 mit 116 kW (150 PS)
**Leistung:** Höchstgeschwindigkeit 170 km/h; Dienstgipfelhöhe 5300 m
**Gewicht:** Rüstmasse 639 kg; max. Startmasse 914 kg
**Abmessungen:** Spannweite 9,82 m; Länge 7,85 m; Höhe 2,95 m; Tragflügelfläche 26,20 m²

***In der Serienausführung hatte die Tachikawa Ki-17 nur noch an den unteren Flügeln Querruder, da ihre Einrichtung an allen vier Flügeln den Prototyp entschieden zu kapriziös gestaltet hatte.***

# Tachikawa Ki-36 und Ki-55 bis Tupolew ANT-25

**Aus der Taylorcraft Aviation Corporation wurde die Taylorcraft Inc., aber das finanzielle Glück war trotz der Produktion einiger sehr leistungsfähiger Maschinen wechselhaft. Das Programm der Transall C-160 verschaffte Frankreich und Deutschland einen gemeinsamen Truppen- und Frachttransporter, der ungefähr der Lockheed Hercules entspricht.**

## Tachikawa Ki-36 und Ki-55

Das zweisitzige Heeresverbindungsflugzeug **Tachikawa Ki-36** flog als Prototyp erstmals am 20. April 1938. Der freitragende Tiefdecker mit starrem Spornradfahrgestell wurde von einem Hitachi-Sternmotor Ha-13 mit 331 kW (450 PS) angetrieben, und die beiden Insassen saßen unter einem länglichen Kabinendach. Nach der gelungenen Erprobung gab man das Muster mit einem stärkeren Motor als **Heerestyp 98**, Luftfahrzeug zur direkten Zusammenarbeit der Waffengattungen, zur Serienfertigung frei. Bis zum Produktionsende im Januar 1944 entstanden 1334 Exemplare.

Die Tatsache, daß die Armee die **Ki-36** verwendete, empfahl sie auch als Fortgeschrittenentrainer, was zur Entwicklung der **Ki-55** führte. Nach der Prototypen-Erprobung im September 1939 wurde das Muster als Fortgeschrittenenübungsflugzeug, Heerestyp, in Auftrag gegeben. Bis zur Einstellung der Produktion im Dezember 1943 entstanden 1389 Exemplare. Die **Ki-36** verzeichnete anfangs in China beachtliche Erfolge, doch als sie zu Beginn des Zweiten Weltkriegs mit alliierten Jägern konfrontiert war, stellte sie sich als extrem verwundbar heraus. Beide Versionen, von den Alliierten als **„Ida"** geführt, dienten in der Endphase des Krieges für Kamikaze-Einsätze. Als **Ki-72** hatte man eine Version der **Ki-36** mit Einziehfahrwerk und stärkerem Motor geplant, aber nicht mehr verwirklicht.

### TECHNISCHE DATEN
**Tachikawa Ki-36**

**Typ:** Heeresverbindungsflugzeug der Truppenteile
**Triebwerk:** ein Sternmotor Hitachi Ha-13a mit 375 kW (510 PS)
**Leistung:** Höchstgeschwindigkeit 348 km/h in 1800 m Höhe; Dienstgipfelhöhe 8150 m; Reichweite 1235 km
**Gewicht:** Leermasse 1247 kg; max. Startmasse 1660 kg
**Abmessungen:** Spannweite 11,80 m; Länge 8 m; Höhe 3,64 m; Tragflügelfläche 20 $m^2$
**Bewaffnung:** ein vorwärts- und ein rückwärtsfeuerndes 7,7-mm-Maschinengewehr sowie eine externe Bombenlast von maximal 150 kg

***Der Fortgeschrittenentrainer Tachikawa Ki-55 wurde aus einem veralteten Typ zur Zusammenarbeit der Heerestruppenteile entwickelt.***

## Tachikawa Ki-54

Die als Fortgeschrittenen-/Besatzungstrainer gedachte **Tachikawa Ki-54** flog im Sommer 1940 als Prototyp. Der freitragende Tiefdecker mit einziehbarem Heckradfahrwerk wurde von zwei flügelmontierten Hitachi-Sternmotoren Ha-13a angetrieben. Nach zufriedenstellender Erprobung gab man 1941 die erste, primär zur Ausbildung fortgeschrittener Piloten vorgesehene Version als **Heerestyp 1 Fortgeschrittenentrainermodell A** (**Tachikawa Ki-54a**) in Auftrag. Das Muster wurde in mehreren Ausführungen bis zu einer Gesamtzahl von 1368 Exemplaren gebaut. Die Alliierten nannten es **„Hickory"**.

**Varianten**

**Ki-54b:** Hauptserienversion zur Schulung von Besatzungen
**Ki-54c:** Transport-/Verbindungsflugzeug mit acht Passagiersitzen; etliche für die zivile Luftfahrt gefertigte Maschinen erhielten die Bezeichnung Y-59
**Ki-54d:** Bezeichnung einer kleinen Zahl von U-Boot-Abwehrflugzeugen, die acht 60-kg-Wasserbomben mitführen konnten
**Ki-110:** Prototyp einer Ganzholzversion der Ki-54c; vor der Fertigstellung zerstört
**Ki-111:** projektierte Lufttankerversion
**Ki-114:** fortschrittlicheres Ganzholzprojekt der Ki-110

***Die achtsitzige Tachikawa Y-59 war die Passagierversion des militärischen Transportflugzeugs Ki-54 Heerestyp 1 von 1940. Sie wurde in kleiner Stückzahl für Inlandsbetreiber gefertigt.***

### TECHNISCHE DATEN
**Tachikawa Ki-54b**

**Typ:** Besatzungsschulflugzeug
**Triebwerke:** zwei Sternmotoren Hitachi Ha-13a je 375 kW (510 PS)
**Leistung:** Höchstgeschwindigkeit 375 km/h in 2000 m Höhe; Dienstgipfelhöhe 7180 m; Reichweite 960 km
**Gewicht:** Leermasse 2954 kg; max. Startmasse 3897 kg
**Abmessungen:** Spannweite 17,90 m; Länge 11,94 m; Höhe 3,58 m; Tragflügelfläche 40 $m^2$
**Bewaffnung:** vier 7,7-mm-Maschinengewehre und Übungsbomben

## Tachikawa Ki-74

Ab 1937 entstanden bei Tachikawa etliche interessante Entwürfe, die die Serienfertigung nicht erreichten.

Hierzu zählten der einsitzige, ultraleichte Kabinentiefdecker **TS-1**, der zweisitzige Schirmeindecker **R-38** zur Grundschulung, der an die Lockheed 14 angelehnte, zweimotorige Tiefdecker **SS-1** für Höhenflugforschung, der zweimotorige Schnellaufklärer **Ki-70** und das Langstreckenrekordflugzeug **A-26**, später in **Ki-77** umbenannt, das einen bemerkenswert schlanken Rumpf sowie außerdem leicht trapezförmige Eindeckerflügel großer Spannweite hatte.

Die größte offizielle Unterstützung erhielt jedoch der Eindecker **Tachikawa Ki-74**. 1941 war das Projekt als Fernbomber/Höhenaufklärer anerkannt worden, und der erste Prototyp flog im März 1944, angetrieben von zwei aufgeladenen Sternmotoren Ha-211-Ru je 1619 kW (2200 PS). Es folgten 13 Vorserienmaschinen, deren zuverlässigere Ha-104-Ru-Motoren je 1472 kW (2000 PS) ihnen eine Spitzengeschwindigkeit von 570 km/h in 8500 m Höhe verliehen.

Sie konnten eine Bombenlast von 1000 kg aufnehmen und waren zur Abwehr mit einem fernbedienten 12,7-mm-Maschinengewehr im Heck bewaffnet. Obwohl die **Ki-74** nicht zum Kampfeinsatz kam, erhielt sie von den Alliierten den Decknamen **„Patsy"**.

Der druckbelüftete Jagdeinsitzer **Ki-94-II** mit Nakajima-Sternmotor Ha-44 war im August 1945 fertiggestellt, doch das Kriegsende verhinderte, daß es noch zur Flugerprobung kam.

Im Juli 1945 hatte man noch drei Ganzholzjägerprototypen **Ki-106** im Flug getestet. Diese Maschinen basierten auf dem Muster Nakajima Ki-84 und wurden vom Motor Nakajima Ha-45 mit 1465 kW (1990 PS) angetrieben.

***An der Unterseite dieses Tachikawa-Höhenbombers Ki-74 erkennt man deutlich den Bombenschacht und die Einstiegsluke.***
***Die 27 m weit gespannte Ki-74 war für eine Reichweite von insgesamt 8000 km in 12.000 m Höhe ausgelegt.***

## Tachikawa KKY

Tachikawa wurde im Dezember 1924 gegründet, hieß eine Zeitlang Ishikawajima Aircraft Manufacturing Company und baute von 1927 bis 1933 eine Reihe von zweisitzigen Doppeldeckern. Hierzu zählten die Aufklärer T-2 und T-3 sowie die Schulflugzeuge R-1 (CM-1), R-2, R-3 und R-5. Von jedem dieser Muster wurden nur ein oder zwei Exemplare getestet, ausgenommen die R-3, von der fünf Maschinen zwischen 1929 und 1931 an die japanische Armee gingen.

Die **Tachikawa KKY „Leichtes Heeressanitätsflugzeug"** wurde 1933 im Flug erprobt. Der Kabinendoppeldecker ungleicher Spannweite hatte einen Cirrus-Reihenmotor Hermes IV mit 89 kW (121 PS) und konnte außer dem Piloten zwei liegende Verwundete und einen Sanitäter transportieren. Die Serienfertigung endete 1939 nach dem 23. Exemplar. Viele dieser Maschinen waren der Armee als **„Aikoku"** g[e]stiftet worden.

Ihre Spannweite betrug 10 m und d[ie] Höchstgeschwindigkeit 180 km/h. 1939 e[r]schien eine Version mit einem 110 k[W] (150 PS) starken Kamikaze-Sternmot[or], doch nur zwei Exemplare wurden geba[ut] und unter der Bezeichnung **KS-1** im Ve[r]messungsdienst eingesetzt.

# Taylor Chummy und Cub

Die Taylor Brothers Aircraft Corporation leitete ihre Produktion mit der **Taylor Chummy** ein, einem zweisitzigen Leichtflugzeug in der Auslegung eines Hochdeckers mit geschlossener Kabine für zwei Personen nebeneinander. Die **Chummy**, angetrieben vom 67 kW (91 PS) starken Sternmotor Kinner K5 oder Brownback Tiger, erschien 1928 und erwies sich als beliebtes Leichtflugzeug. Die Firma verlegte anschließend ihren Sitz nach Bradford, Pennsylvania, und änderte ihren Namen in Taylor Aircraft Company. Neue Finanzquellen wurden erschlossen, aber die wachsende Rezession ging auch an diesem Unternehmen nicht vorbei, so daß es die Produktion der **Chummy** einstellen mußte. Der Präsident, Konstrukteur und Chefingenieur C. Gilbert Taylor entwickelte einen verbesserten, aber ähnlichen Zweisitzer, der mit einem 28 kW (38 PS) starken Continental-Motor A40 als **Cub E-2** zugelassen wurde. Das aggressiv und kompetent vermarktete Muster übertraf die Produktionsmarke 300 und trug das Unternehmen durch die Wirtschaftskrise. Es folgten die **Cub F-2** mit einem 30 kW (41 PS) starken Aeromarine-Motor AR3-40 (etwa 30 Exemplare), die **Cub H-2** mit einem 26 kW (35 PS) starken Szekely-Motor SR-3-35 (vier Exemplare) und schließlich die äußerst erfolgreiche und verbesserte **Cub J-2**, wahlweise mit 28 kW (38 PS) oder 30 kW (41 PS) starkem Continental-Motor erhältlich. Mehr als 1200 Exemplare waren verkauft, als die Fertigungsstraße Anfang 1937 durch einen Brand zerstört wurde. Während man nach einer Lösung für diese Notlage suchte, montierte und verkaufte die Aircraft Associates Inc. im kalifornischen Long Beach 63 Flugzeuge, bevor William T. Piper von Taylor Aircraft sämtliche Rechte an der **Cub** erwarb und ihre Produktion mit der **Piper Cub** fortführte.

***Die Taylor J-2 Cub war zwar selbst erfolgreich, hat aber größere Bedeutung als direktes Vorläufermodell der Hochdeckerleichtflugzeugserie Piper Cub.***

# Taylorcraft-Muster (USA)

Nachdem C. Gilbert Taylor aus der Taylor Aircraft Company ausgeschieden war, gründete er 1936 in Alliance, Ohio, die Taylorcraft Aviation Company. Später im selben Jahr änderte sich der Name in Taylor-Young Airplane Company und 1940 in Taylorcraft Aviation Corporation. Obgleich Gilbert Taylor mit der Cub einen Erfolgsschlager geschaffen hatte, nahm er sich 1936 für seine neue Firma den Grundentwurf nochmals vor und kam zu dem Schluß, daß dieses Flugzeug mit einem breiteren Rumpf für zwei Sitze nebeneinander noch besser ankommen würde. Dies war die grundlegende Änderung bei dem 1937 vorgestellten **Taylor-Young Modell A**, einem abgestrebten Hochdecker mit starrem Heckradfahrgestell, einer geschlossenen Kabine für zwei Personen nebeneinander und einem Vierzylinder-Boxermotor Continental A40-4 mit 30 kW (40 HP/41 PS). Das **Modell A** fand sofort Anklang, und über 600 Exemplare waren verkauft, bevor die Produktion auf das **Modell BC**, speziell das **Modell BC-50** mit einem Continental A50 (37 kW/50 PS), umgestellt wurde. Die nachfolgenden Varianten dieses Musters umfaßten das **Modell BC-65** und die feinere Ausführung **BC-12-65** (Continental A65 mit 48 kW/65 PS), die **Modelle BF-50**, **BF-60**, **BF-65** und **BF-12-65** mit Franklin-Motoren, deren PS-Stärke die nachgestellte Zahl wiedergibt, und die **Modelle BL-50**, **BL-55**, **BL-65** sowie **BL-12-65** mit Lycoming-Triebwerken.

Diese Flugzeuge wurden zu Hunderten verkauft. Dennoch blieb Zeit, den Wunsch nach einer zweisitzigen Tandemergänzung dieser Flugzeugfamilie zu erfüllen und Ende 1941 die **Tandem DC-65** einzuführen. Dieses Muster, das als **Tandem DF-65** und **DL-65** vom Continental A65 (48 kW/65 PS) und Franklin- oder Lycoming-Motoren entsprechender Leistung angetrieben wurde, führte zu der in großen Stückzahlen gebauten **Taylorcraft L-2 Grasshopper**. Die Produktion der **Grasshopper** und von Segelschulflugzeugen lastete das Unternehmen während des Krieges zwar weitgehend aus, aber es fand noch Zeit, das **Modell 15 Foursome** zu konstruieren. Dabei handelte es sich im Grunde um eine vergrößerte Ausgabe des **Modells BC** mit vier Sitzen und 112 kW (150 HP/152 PS) starkem Franklin-Motor 6A4-150-B3. Nur ein Exemplar war fertiggestellt, als die Firma 1946 in Konkurs ging. 1949 wagte Taylor eine Neugründung als Taylorcraft Inc. Die Produktion lief mit **Modell 15** als **Modell 15A Tourist** an, aber nur etwa 20 Exemplare wurden gebaut.

Wie die meisten Luftfahrzeughersteller erlebte auch Taylorcraft einen anfänglichen Nachkriegsaufschwung, indem die Firma unter einer Vielzahl von Namen Varianten der Modelle aus der Kriegszeit und davor absetzte. Die Muster unterschieden sich hauptsächlich in Details und im Motortyp. Die Zweisitzer dieser Periode hießen **Ace** (Continental-A65-Motor), **De Luxe 65** und **De Luxe 85** (Continental A65 und A85), **Modell 19 Sportsman** (Continental C8512F), **Special De Luxe** (Continental A65) und **Traveler** (Continental A65). Von dem viersitzigen **Modell 15A Tourist** war eine alternative Ausführung mit dem Continental C145-2 erhältlich, und die letzten viersitzigen Entwicklungen, die dieses Unternehmen vor der endgültigen Schließung im Jahre 1958 unternahm, basierten alle auf dem **Modell 15**. Dazu gehörte das neue **Modell 20**, das sich hauptsächlich durch den umfassenden Gebrauch von glasfaserverstärktem Kunststoff unterschied und von einem Continental O-470-J mit 168 kW (228 PS) angetrieben wurde. Die Angebotspalette umfaßte das **Modell 20 Zephyr 400** als Reiseflugzeug, die Nutzversion **Ranch Wagon**, die landwirtschaftliche Ausführung **Topper** und das Schwimmerflugzeug **Seabird**.

1968 wurde eine völlig neue Taylorcraft Aviation Corporation zur technischen Betreuung der zahlreichen Taylorcraft-Flugzeuge in aller Welt gegründet. 1973 begann dieses Unternehmen mit der Produktion des zweisitzigen **Modells F-19 Sportsman 100**, das auf dem **Modell B** der Vorkriegszeit beruhte. Dieses Muster wurde 1980 von **Modell F-21** mit einem Vierzylinder-Boxermotor Lycoming O-235-L26 (88 kW/120 PS) abgelöst, und 1983 kam **Modell F-21A** mit einem überarbeiteten und erweiterten Kraftstoffsystem hinzu. Typisch für die lange Kette ihrer Vorgängerinnen, hatte die **F-21** eine Spannweite von 10,97 m, eine Höchstgeschwindigkeit von 201 km/h in Meereshöhe und eine Reichweite von 644 km.

1986 erwarb eine Gruppe ehemaliger Angestellter der Piper Aircraft Company diese Firma und verlegte deren Sitz in die Piper-Heimatstadt Lock Haven, Pennsylvania. Die neue Firma war allerdings weniger erfolgreich, denn schon nach der Fertigstellung von 16 Flugzeugen im August 1986 mußte sie den Schutz vor Gläubigern nach Kapitel 11 der US-Konkursordnung anmelden.

1989 erwarb die Aircraft Acquisition Corp. in Morgantown, West Virginia, das Unternehmen. Im November desselben Jahres wurde die Fertigungsstrecke in Lock Haven wiedereröffnet. Die Produktion lief mit dem **Modell F-21B „Classic“** und dem **Modell 180GT** an, doch gleichzeitig kündigte man sechs neue Muster an. 1990 war die **F-21B** zur **F-22 „Classic“** herangereift, die in mehreren Versionen zur Verfügung stand, darunter als **F-22A Tractor** und als **F-22C Trooper** mit Bugradfahrwerk, als **F-22B Ranger** mit Spornradfahrgestell und als **F-22S** mit Schwimmwerk. 1992 wurde Taylorcraft von AAC unabhängig, doch im Oktober stockte die Produktion erneut.

***Die 1990 eingeführte F-22B Ranger Patrol zeigte die klassischen Linien früherer Taylorcraft-Luftfahrzeuge. Die als robustes STOL-Flugzeug propagierte F-22B wurde mit vielfältigen Lycoming-Kolbenmotoren angeboten.***

# Taylorcraft L-2 Grasshopper

941 prüfte die US Army vier Exemplare des **Taylorcraft-Modells D** unter der Dienstbezeichnung **YO-57**, angetrieben vom Continental **YO-170-3** mit 48 kW (65 PS). Die positive Bewertung als Artillerie-Beobachtungs- und -Verbindungsflugzeug brachte einen Auftrag für die grundsätzlich ähnliche **O-57 Grasshopper** (70 gebaute Exemplare). Es folgte die **O-57A**, die für eine bessere Rundumsicht modifiziert war (336 Exemplare). Die Bezeichnungen wandelten sich 1942 in **L-2** beziehungsweise **L-2A**, als nochmals 140 **L-2A** geschafft wurden. Die nächste Serienversion **L-2B** (490 Exemplare) brachte eine geänderte Ausrüstung und die mit 900 Exemplaren meistgebaute Schlußversion **L-2M** einen vollständig verkleideten Motor sowie Flügelspoiler. Zur Schulung von Lastenseglerpiloten wurden auch zivile Taylorcraft-Flugzeuge eingezogen, darunter die **L-2C** (neun **DF-65**), die **L-2D** (eine **DL-65**), die **L-2E** (sieben **DF-65**), die **L-2F** (sieben **BL-65**), die **L-2G** (zwei **BF-65**), die **L-2H** (neun **BC-12-65**), die **L-2J** (vier **BL-12-65**), die **L-2K** (drei **BF-12-65**) und die **L-2L** (eine **BF-50**). Mit dem 48 kW (65 PS) starken Continental O-170-3 als Antrieb erreichte die 10,79 m weit gespannte **L-2** eine Geschwindigkeit von 142 km/h. Aus demselben **D**-Grundmodell wurde das Übungssegelflugzeug **Taylorcraft ST-100** entwickelt, dessen neuer, gestreckter Rumpf nach dem Ausbau des Motors drei Sitzplätze bot. Als **TG-6** entstanden 250 solcher Segelflugzeuge für die US Army Air Force und drei Prüflinge **XLNT-1** für die US Navy. Nach Abschluß der Tests erwarb die US Navy zehn weitere **XLNT-1** von der USAAF, gefolgt von nochmals 25, die die Bezeichnung **LNT-1** erhielten.

***Als 1942 die Beobachtungskategorie („O“ für „Observation“) durch die Verbindungskategorie („L“ für „Liaison“) ersetzt wurde, faßte man rund 330 verbliebene O-57A als L-2A zusammen.***

# Ted Smith Aerostar

Im Oktober 1967 flogen bei der Ted Smith Aircraft Company Prototypen der **Aerostar 600** und der **Aerostar 601**, beides freitragende Mitteldecker mit einziehbarem Bugradfahrwerk. Sie boten eine luxuriöse, klimatisierte Kabine für sechs Personen und unterschieden sich allein im Antrieb: Die **600** war mit zwei Sechszylinder-Boxermotoren vom Typ Avco Lycoming I-540 je 216 kW (294 PS) ausgerüstet, und die **601** mit der Laderversion TIO-540. Im Jahr darauf wurde die **Aerostar 601P** eingeführt, deren TIO-540-Turbolader einen höheren Luftdurchsatz hatten, so daß sich Luft zur Druckbelüftung abzapfen ließ. 1978 erwarb die Piper Aircraft Corporation das inzwischen zur Ted Smith Aerostar Corporation gewordene Unternehmen und setzte anfangs die Produktion aller drei Versionen fort. Bis 1982 befand sich jedoch keine mehr in der Fertigung, nachdem beide Firmen insgesamt 874 Exemplare hergestellt hatten. Piper ersetzte die zunächst als **Sequoia** gebaute **601P** durch die verbesserte **Piper Aerostar 602P**, die sich in erster Linie durch TIO-540-A1A5 für gesteigerte Flugleistungen unterschied. Sie wurde Mitte 1983 durch die **Piper PA-60 Aerostar 700P** ergänzt. Dieses neue Muster glich grundsätzlich den Vorgängermodellen, hatte aber zwei gegenläufige Sechszylinder-Boxermotoren Avco Lycoming TIO-540U2A je 261 kW (355 PS), die für eine weitere Leistungssteigerung sorgten. Mit einer Flügelspannweite von 11,18 m brachte es die **700P** auf eine Höchstgeschwindigkeit von 507 km/h in 5485 m Höhe und konnte bei voller Nutzlast rund 1000 km weit fliegen, ohne allerdings ihre Reserven auszuschöpfen.

Nachdem Piper die Produktion der Modelle ohne Druckausgleich eingestellt hatte, verlagerte die Firma die Fertigung in ihr Hauptwerk nach Vero Beach, wo 1984 die letzte **Aerostar** gebaut wurde. Die Produktion aller Versionen (einschließlich der Prototypen) belief sich auf 1089 Flugzeuge.

***Pipers großartige Pläne für die Aerostar vereitelte ein geschäftlicher Abschwung, den auch neue Modelle wie die Aerostar 700P nicht verhindern konnten.***

# Temco TE-1 Buckaroo und Modell 51 Pinto

Die Texas Engineering & Manufacturing Company Inc. in Dallas, allgemein Temco genannt, erwarb 1947 die Produktionsrechte für das Globe Swift Modell GC-1, die sie bereits im Unterauftrag für Globe gefertigt hatte, und führte ihre Herstellung unter der Bezeichnung **Temco Swift Modell GC-1B** fort.

Temco entwickelte aus diesem Muster auch das zweisitzige Grundschulflugzeug **TE-1 Buckaroo** und bot es zunächst in zwei Versionen an: als **TE-1A** mit dem Continental-Motor C145-2H (108 kW/145 HP/147 PS) und als **TE-1B** mit dem Franklin 6A4-165-B3 (123 kW/165 HP/167 PS). Unter der Dienstbezeichnung **YT-35** prüfte die USAF drei **TE-1A**, während Israel und Italien je ein Prüfexemplar abnahmen. Serienaufträge ergaben sich daraus nicht, aber die USAF beschaffte zehn **TE-1B** unter der Bezeichnung **T-35A**, die sie an die saudiarabische Luftwaffe weiterreichte. Temco baute mit dem **Modell 33 Plebe** auch eine zivile Ausführung, von der die US Navy ein Exemplar bewertete. Die Serienfertigung, zivil wie militärisch, blieb aber wiederum aus. Die **TE-1B Buckaroo** mit einer Spannweite von 8,94 m erreichte eine Spitzengeschwindigkeit von 251 km/h in Meereshöhe.

Anfang der fünfziger Jahre begann Temco mit dem Entwurf eines leichten, strahlgetriebenen Schulflugzeugs für Anfänger, genannt **Modell 51 Pinto**. Der freitragende Mitteldecker mit einziehbarem Bugradfahrwerk und geschlossener Kabine für Schüler und Lehrer hintereinander erhielt ein Continental-Strahltriebwerk J69-T-9.

Der erstmals am 26. März 1956 geflogene Prototyp wurde später von der US Navy geprüft, die daraufhin 14 seriengefertigte **TT-1** beschaffte. Diesen ersten Strahltrainer im Dienst der US-Teilstreitkräfte nutzte die US Navy, um die Tauglichkeit von Düsenjägern zur Anfängerausbildung zu untersuchen. Keine weitere Produktion folgte, und die Pläne für den Einsatztrainer **Super Pinto** zerschlugen sich ebenfalls.

**TECHNISCHE DATEN**

**Temco TT-1 Pinto**

**Typ:** strahlgetriebenes Grundschulflugzeug
**Triebwerk:** ein Strahltriebwerk Continental J69-T-9 mit 4,1 kN Schub
**Leistung:** Höchstgeschwindigkeit 555 km/h in 4570 m Höhe; Dienstgipfelhöhe 9815 m; Flugdauer in Meereshöhe 1,5 Stunden
**Gewicht:** max. Startmasse 1996 kg
**Abmessungen:** Spannweite 9,09 m; Länge 9,32 m; Höhe 3,30 m; Tragflügelfläche 13,94 m²

***Ihre schlanke Linienführung läßt die Pinto auch heute noch durchaus modern erscheinen. TT-1 lautete die USN-Dienstbezeichnung des Temco-Modells 51, von dem Mitte der fünfziger Jahre eine kleine Serie zur Erprobung beschafft wurde.***

# Thomas Brothers und Thomas-Morse

Die Thomas Brothers Aeroplane Company wurde 1912 in Bath, New York, gegründet und baute 1915 für den Royal Naval Air Service (RNAS) 24 Doppeldecker **Thomas T-2**. Diese vom Curtiss-OX-5-Motor mit 67 kW (91 PS) angetriebenen Maschinen gingen in zwei Losen an Großbritannien. Ein sehr ähnliches Muster, aber mit Schwimmern statt Radfahrgestell und einem 75 kW (102 PS) starken Thomas-Flugmotor, wurde in 15 Exemplaren als **SH-4** für die US Navy produziert. 1916 beauftragte man die Firma mit dem Bau zweier offener Doppeldeckerzweisitzer zur Prüfung durch das US Army Signal Corps. Diese Maschinen erhielten den Thomas-Motor Modell 8 mit 101 kW (137 PS) und die Bezeichnung **D-5**.

Im Januar 1917 schlossen sich Thomas Brothers und die Morse Chain Company zur Thomas-Morse Aircraft Corporation zusammen. Das Ergebnis war die kompakte **Thomas-Morse S-4**, der Prototyp eines einsitzigen Doppeldeckerfortgeschrittenentrainers mit gleicher Spannweite und einer Lizenzversion des Gnome-Umlaufmotors mit 75 kW/102 PS. Nach der Truppenerprobung wurde dieses Muster als **S-4B** mit dem Gnome-Triebwerk gebaut (100 Exemplare), gefolgt von der verbesserten **S-4C** (498 Exemplare), 51 mit Gnome-Motor und der Rest mit dem zuverlässigeren, aber nur 59 kW (80 PS) starken Le-Rhône-Umlaufmotor. Von dieser Gesamtzahl erhielt die US Navy zehn **S-4B** und vier **S-4C**, die sie im Ausbildungsdienst verwendete, sowie sechs weitere **S-4B**, die mit Schwimmwerk ausgestattet und als **S.5** bezeichnet wurden. Ein einzelner Prototyp **S.4E** zur Schulung im Kunstflug unterschied sich in erster Linie durch neukonstruierte Leitwerksflächen und einen Le-Rhône-Motor mit 81 kW (110 PS).

Anschließend nahm Thomas-Morse die Konstruktion von Jagdflugzeugen auf und fertigte zunächst je zwei Prototypen dreier verschiedener Muster zur Prüfung als **MB-1**, **MB-2** und **MB-3**. Das letztgenannte Modell, angetrieben von einem Wright-Hispano mit 224 kW (305 PS), galt als fähigste Version. Nach der offiziellen Bewertung zweier weiterer Musterdoppeldecker **MB-3** baute die Firma 50 Serienflugzeuge, von denen elf an das US Marine Corps zur Schulung fortgeschrittener Jagdpiloten gingen. Von der verbesserten **MB-3A** produzierte Boeing im Unterauftrag 200 Exemplare, von denen später einige als **MB-3M** zu Fortgeschrittenenschulflugzeugen umgebaut wurden. Eine **MB-3** rüstete man zum Rennflugzeug **MB-6** um, und eine umgestaltete **MB-3A** erhielt die Bezeichnung **MB-7**. Erfolglos blieben der Schirmeindecker **MB-9** und das Anfängerschulflugzeug **MB-10**.

Der letzte Thomas-Morse-Entwurf, der die Fertigung in Großserien erreichte, bevor das Unternehmen 1929 von der Consolidated Aircraft Corporation übernommen wurde, war die **O-19**, eingeleitet mit den Prototypen **XO-6**, **O-6** und **XO-6B**. Zu den ersten Erprobungsflugzeugen gehörten die **XO-19** (Pratt & Whitney Wasp), die **YO-20** (Pratt & Whitney Hornet), die **XO-21** (Curtiss Chieftain), die **XO-21A** (Wright Cyclone), die **O-19** und die **O-19A** (Pratt & Whitney Wasp) sowie die **O-23** (Curtiss Conqueror). Zwei spätere Varianten entstanden mit der **Y10-33** durch Umrüstung einer **O-19B** (Curtiss Conqueror) und mit der **Y10-41** (Curtiss-Conqueror-Getriebemotor). Die Doppeldecker waren bis auf die stoffbespannten Flügel und die starren Leitwerksflächen weitgehend aus Metall konstruiert. Die erste Serienversion **O-19B** (70 Exemplare) unterschied sich von der **O-19A** durch modifizierte Cockpits, die **O-19C** (71 Exemplare) führte ein Heckrad sowie Detailänderungen ein, und das Einzelexemplar **O-19D** war eine zum VIP-Transportflugzeug umgestaltete **O-19C**. Die Schlußversion **O-19E** hob sich von der **O-19C** durch weiter gespannte Oberflügel und den 429 kW (583 PS) starken P&W-Sternmotor R-1340 Wasp ab.

***Die Thomas-Morse O-19C war vor allem an ihrem Townend-Ring um den P&W R-1340 zu erkennen.***

## Thurston-Flugzeuge

David B. Thurston gründete 1966 die Thurston Aircraft Corporation in Sandford, Maine, um das von ihm selbst konstruierte Leichtflugzeugamphibium **Thurston TSC-1A Teal** zu produzieren. Die **Teal** war ein Hochdecker mit Ganzmetallbootsrumpf und geschlossener Kabine für zwei bis drei Personen. Für den Antrieb sorgte ein Vierzylinder-Boxermotor Avco Lycoming O-320-A3B mit 112 kW (152 PS), der auf einem Gerüst hoch über dem Tragwerk gelagert war. Zum amphibischen Betrieb ließ sich das Heckradfahrgestell per Hand einziehen. Nach Erteilung der Musterzulassung im August 1969 lief die Produktion an, und die ab der 16. Maschine eingeführten Verfeinerungen zogen die neue Bezeichnung **TSC-1A1 Teal** nach sich. 1972 ging David Thurston eine Verbindung mit der Schweizer Aircraft Corporation ein, die die **Teal** in Form der verbesserten **TSC-1A2 Teal II** weiterbaute, bis die Produktionsrechte Anfang 1976 an die Teal Aircraft Corporation in Markham, Ontario, veräußert wurden. Dieses Unternehmen entwickelte noch die **TSC-1A3 Marlin**, bis es Anfang 1979 in finanzielle Schwierigkeiten geriet.

Vor der Übernahme durch Schweizer hatte Thurston zusammen mit dem Verlag einer Flugzeitschrift eine Landflugzeugversion, die **TSC-2 Explorer**, konstruiert. Die Marvin Patchen Inc., die die Entwicklung finanziert hatte, erwarb die Produktionsrechte an diesem Muster, das als Zivil- und Polizeiflugzeug unter den Bezeichnungen **Explorer** beziehungsweise **Observer** gebaut werden sollte. Anschließend kaufte Dr. Maitland Reed's National Dynamics (Pty) Ltd. in Durban, Südafrika, dieses Projekt von Patchen, entschied aber später, keine der beiden Versionen des Musters zu bauen.

***Die TSC-1A Teal (im Bild) war ein Zweisitzer, während sich die verbesserte TSC-1A1 mit einem dritten Sitz ausrüsten ließ.***

## Transall C.160

Die Transall-Gruppe (Transporter Allianz) wurde im Januar 1959 mit den Partnerfirmen Aérospatiale in Frankreich und Messerschmitt-Bölkow-Blohm sowie Vereinigte Flugtechnische Werke in Deutschland gebildet. Diese Organisation produzierte das zweimotorige Turboprop-Transportflugzeug **Transall C.160** für die Luftstreitkräfte Frankreichs (50 **C.160F**), der Bundesrepublik Deutschland (90 **C.160D**), der Türkei (20 **C.160T**) und Südafrikas (neun **C.160Z**), bis die Fertigung 1972 endete. Ferner wurden vier **C.160F** unter der geänderten Bezeichnung **C.160P** für die Air France zu Nachtpostflugzeugen umgebaut.

Die **C.160** ist ein Hochdecker mit Druckkabine, einem Frachttor samt Laderampe im hochgezogenen Hinterrumpf und Fallschirmjägerabsetztüren beidseitig am Rumpf. Das Programm lief 1977 wieder an, zunächst, um die französische Luftwaffe mit zusätzlichen Maschinen zu versorgen. Frankreich bestellte insgesamt 29 Exemplare (von 25 im Jahr 1982 auf diesen Umfang erweitert) der zweiten **C.160**-Serie **C.160NG** (Nouvelle Génération), von denen vier als Funkrelaisflugzeuge fungieren sollten. Darüber hinaus gingen drei Exemplare an Indonesien, mit denen Pelita Air Service die dünner besiedelten Inseln dieser Nation bedient. Zehn Maschinen des französischen Kontingents wurden von Anfang an mit Schlauchtrommelbehältern zur Luftbetankung gefertigt, während fünf andere sich leicht zu Lufttankern umrüsten lassen. Im Transportdienst können die Maschinen 93 Soldaten oder 61 bis 88 Fallschirmjäger oder 62 liegende Verwundete und vier Sanitäter oder Fahrzeuge und/oder Fracht bis zu einem Höchstgewicht von 16.000 kg aufnehmen. Die ersten Maschinen erreichten ET 64 in Evreux im Jahr 1981.

Vier **C.160NG** wurden später als **Astarté** (Avion-Station-relais de Transmissions exceptionelles) ausgestattet, um die Kommunikation mit Frankreichs U-Bootflotte (Interkontinentalraketenträger) im Krieg sicherzustellen, ähnlich wie bei den EC-130Q TACAMO Hercules der US Navy für die USA. Die Produktion der **C.160NG** endete 1985. Modulare Rüstsätze wurden entwickelt, um diese Maschinen als **C.160S** zur Seeraumüberwachung, als **C.160SE** zur elektronischen Aufklärung und als **C.160AAA** zur luftgestützten Frühwarnung einsetzen zu können. Zwei Exemplare erfuhren tiefgreifende Modifikationen nach dem Standard Gabriel mit etlichen Zusatzgehäusen am Rumpf, Behältern an den Flächenenden und einer großen, fahrbaren Kuppel unter dem Vorderrumpf. Eine der beiden Maschinen, die EET 11/54 in Metz zur elektronischen Überwachung und Aufklärung flog, wurde für die Operation „Desert Shield"/„Desert Storm" in die Golfregion beordert.

***Die neue Serienversion C.160NG der deutsch-französischen Transall-Flugzeugfamilie ist nur in Frankreich vertreten und mit einem Luftbetankungsrohr ausgestattet.***

### TECHNISCHE DATEN
**Transall C.160**

**Typ:** Mehrzwecktransportflugzeug
**Triebwerke:** zwei Propellerturbinen Rolls-Royce Tyne RTy.20 Mk 22 je 4549 kW (6186 WPS) Äquivalentleistung
**Leistung:** Höchstgeschwindigkeit 513 km/h in 4875 m Höhe; Dienstgipfelhöhe 8230 m bei 45.000 kg Gesamtgewicht; Reichweite mit max. Nutzlast 1850 km
**Gewicht:** Leermasse 29.000 kg; max. Startmasse 51.000 kg
**Abmessungen:** Spannweite 40 m; Länge 32,40 m; Höhe 11,65 m; Tragflügelfläche 160 m²

## Transavia PL-12 Airtruk und Skyfarmer

Die von Luigi Pellarini konstruierte **Transavia PL-12 Airtruk** ist ein ungewöhnlich ausgelegtes Mehrzweckluftfahrzeug mit verstrebtem Anderthalbdeckertragwerk, einer Rumpfgondel zur Aufnahme des Flugzeugführers und Passagieren oder Fracht sowie des Motors im Bug, zwei am Hauptflügel nach hinten ragenden Auslegern für doppelte Seitenflossen/Ruder und ein „T" bildende Höhenflossen/Ruder sowie einem starren Bugradfahrgestell. Der Prototyp flog erstmals am 22. April 1965, und seitdem wurden 118 Exemplare gebaut und nach Australien, Dänemark, Malaysia, Neuseeland, Südafrika, Taiwan, Thailand und Jugoslawien verkauft. 1981 wechselte der Name von **Airtruk** zu **Skyfarmer**, und Transavia plante mit der **T-550** eine Turboprop-Version und fertigte das militärische Unterstützungsflugzeug **M.300** in Modellform. Anschließend bot die Firma Versionen für friedlichere Zwekke an, darunter die Nutzversion **PL-12-U**, die sich für Vermessungs- und Sanitätsdienste, zum Frachttransport und zur Passagierbeförderung (fünf) ausrüsten läßt, das Nuragrarflugzeug **Skyfarmer T-300**, das sich durch seinen 224 kW (305 PS) starken Motor Avco Lycoming IO-540-KIA5 unterscheidet, und die **Skyfarmer T-300A**, die eine geräumigere Kabine und etliche aerodynamische Verbesserungen bietet. Die **T-300A** wurde 1981 das Standardproduktionsmodell und bleibt in Transavias Seven-Hills-Werk, New South Wales, mit sehr niedriger Fertigungsrate weiterhin in der Produktion.

### TECHNISCHE DATEN
**Transavia PL-12-U Airtruk**

**Typ:** Mehrzweckflugzeug
**Triebwerk:** ein Sechszylinder-Boxermotor Teledyne Continental IO-520-D mit 224 kW (305 PS)
**Leistung:** Höchstgeschwindigkeit 196 km/h in 915 m Höhe; Dienstgipfelhöhe 3810 m
**Gewicht:** Leermasse 1017 kg; max. Startmasse 1925 kg
**Abmessungen:** Spannweite 11,98 m; Länge 6,35 m; Höhe 2,79 m; Tragflügelfläche 24,53 m²

***Spezifische Rollenanforderungen haben häufig zu ungewöhnlichen Entwürfen geführt, so bei der australischen Transavia Airtruk.***

## ravel-Air-Luftfahrzeuge

nde 1924 entstand in Wichita, Kansas, die ravel Air Manufacturing Company, deren ründer so klangvolle Luftfahrtnamen wie /alter Beech, Clyde Cessna und Lloyd earman trugen. Bei dem hohen Fachwissen dieser Männer konnte es nicht verwundern, daß das neue Unternehmen etliche bemerkenswerte Flugzeuge hervorbrachte. Die **Travel Air 1000** leitete eine Erfolgsgeschichte ein, die bis 1930 währte, als die Firma bei der Curtiss-Wright Corporation Schutz vor der wachsenden Rezession suchte und deren Übernahmeangebot akzeptierte.

Die 1925 vorgestellte **Travel Air 1000** war ein herkömmlicher Doppeldecker, der von einem Curtiss OX-5 mit 67 kW (91 PS) angetrieben wurde und drei Personen in offenen Cockpits hintereinander Platz bot (der Flugzeugführer ganz hinten). Das ausgewogene Verhältnis zwischen Tragflächen, vertikalem Flügelabstand und horizontaler Flügelstaffelung sowie die Konfiguration des Leitwerks ließen dieses Muster deutlich aus der Reihe der zahlreichen anderen Doppeldecker herausragen, die damals auf dem US-amerikanischen Flugzeugmarkt angeboten wurden.

Die nachfolgende **Travel Air 2000** unterschied sich nur durch geringfügige Details, wurde aber bis 1930 in einer enormen Variantenvielfalt gebaut: als **SC-2000** (Curtiss C-6 mit 119 kW/162 PS), **Travel Air 3000** (Hispano-Suiza-Modell A oder E mit 112 kW/152 PS beziehungsweise 134 kW/182 PS), **Travel Air A-4000** (Axelson mit 112 kW/152 PS), **B-4000** (Wright J-5 mit 164 kW/223 PS), Schwimmerflugzeuge **BC-4000** und **SBC-4000**, **C-4000** (Challenger mit 127 kW/173 PS), **E-4000** (Wright

**TECHNISCHE DATEN**
**Travel Air E-4000**
**Typ:** dreisitziger Doppeldecker
**Triebwerk:** ein Sternmotor Wright J-6 mit 123 kW (167 PS)
**Leistung:** Höchstgeschwindigkeit 193 km/h; Dienstgipfelhöhe 3960 m; Reichweite 1046 km
**Gewicht:** Leermasse 769 kg; max. Startmasse 1226 kg
**Abmessungen:** Spannweite 10,06 m; Länge 7,34 m; Höhe 2,72 m; Tragflügelfläche 26,85 m²

***Die Travel Air 4000 war mit dem Modell 3000 verwandt, wurde aber von einem Sternmotor anstelle des schwächeren Reihenmotors angetrieben, so daß sie weitaus „spritzigere" Leistungen bot.***

J-6 mit 123 kW/167 PS), **K-4000** (Kinner K5 mit 75 kW/102 PS), **W-4000** (Warner Scarab mit 82 kW/112 PS), **B9-4000** (Wright J-6-9 mit 224 kW/305 PS), **Travel Air 8000** (Fairchild-Caminez mit 89 kW/121 PS), **Travel Air 9000** (Ryan-Siemens mit 93 kW/126 PS), **Modell 4D** (Wright J-6 mit 168 kW/228 PS oder 179 kW/243 PS) und, als letzte vor der Übernahme durch Curtiss-Wright, **Modell 4P** (ACE La.1 mit 104 kW/141 PS).

Eine völlig andere Gattung stellte die **Travel Air 5000** dar, ein leichtes Verkehrsflugzeug in der Auslegung eines abgestrebten Hochdeckers mit fünf Sitzen und Wright-Sternmotor J-5 als Antrieb mit 164 kW (223 PS). Dies war im Grunde der Entwicklungsprototyp für die sechssitzige **Travel Air 6000** mit dem gleichen Triebwerk. Zu den späteren Versionen zählten die **A-6000A** (Pratt & Whitney Wasp mit 336 kW/457 PS), die auch als Schwimmerflugzeug **SA-6000-A** erhältlich war, und die **Travel Air 6000-B** sowie deren Schwimmerausführung **S-6000-B** (Wright J-6-9 mit 224 kW/305 PS).

Als letztes **Travel-Air**-Produkt erschien ein ebenfalls abgestrebter Hochdecker, aber als leichterer Viersitzer. Dieses Muster erreichte nach der Zulassung im Dezember 1929 die Serienfertigung als **Travel Air Modell 10-D**. Versionen mit Triebwerken der Leistungsklasse 137 kW bis 224 kW (186 PS bis 305 PS) waren geplant (und ein Exemplar des **Modells 10-B** mit dem 224 kW/305 PS starken Wright J-6 wurde geflogen), doch die Übernahme durch Curtiss-Wright setzte diesem Vorhaben ein Ende.

# Tupolew – frühe Muster

Andrej N. Tupolew, der zusammen mit Schukowski das ZAGI (Zentrales Aero- und Hydrodynamisches Institut) gegründet hatte, richtete 1925 sein eigenes Konstruktionsbüro ein. Zuvor hatte er dem staatlichen Ausschuß zur Untersuchung der Verwendung von Metall im Flugzeugbau vorgestanden. Von den richtungweisenden deutschen Junkers-Verfahren beeinflußt, griff Tupolew bei der Konstruktion des einsitzigen Versuchsflugzeugs **ANT-1** zum Nachweis der Tauglichkeit verschiedener Legierungen erstmals auf Kolchug (Duralumin) zurück und verwendete beim leichten Transportflugzeug **ANT-2** eine Ganz-Kolchug-Zelle mit gewellter Außenhaut. Diese Einzelexemplare bewiesen, daß die Konstruktionsverfahren praktikabel waren, aber eine Serienfertigung erfolgte nicht. Der Erfolg veranlaßte jedoch die Luftwaffe dazu, die Beschaffung derart konstruierter Flugzeuge ins Auge zu fassen. Als erstes Muster wählte man die **ANT-3**, und der Prototyp startete im August 1925 zum Jungfernflug. Der zur Aufklärung gedachte Doppeldecker ungleicher Spannweite war vollständig aus Metall konstruiert und mit Wellblech beplankt. Nachdem man den Originalmotor, einen Liberty mit 298 kW (405 PS), durch einen 336 kW (457 PS) starken Napier Lion ersetzt hatte, erhielt die Maschine die neue Bezeichnung **R-3NL**. Die ersten zwölf Serienmaschinen wurden noch mit dem Liberty ausgerüstet, doch die nächsten 18 hatten die sowjetische Entwicklung dieses Triebwerks, genannt M-5. Die letzten 79 Flugzeuge mit Lorraine-Dietrich-Motor (331 kW/450 PS) hießen **R-3LD**, und eine **ANT-3** wurde mit einem BMW VI (500 kW/680 PS) getestet. Die meisten **R-3** flogen beim Militär, aber einige Exemplare dienten als Post-, Verbindungs- und Propagandaflugzeuge, ohne daß sich ihre Bezeichnung **ANT-3** änderte. Die **R-3LD** erreichte eine Höchstgeschwindigkeit von 205 km/h, war mit drei 7,7-mm-Maschinengewehren bewaffnet und konnte zehn 10-kg-Bomben an externen Gehängen mitführen. Die **ANT-10** (**R-7**) war eine verbesserte Fortentwicklung mit BMW-VI-Motor, erwies sich aber 1930 bei Vergleichstests als der Polikarpow R-5 unterlegen und wurde folglich aufgegeben.

# Tupolew ANT-4 (TB-1)

Der freitragende Tiefdecker, der von zwei Napier Lion je 336 kW (457 PS) angetrieben und **TB-1** oder **Tupolew ANT-4** genannt wurde, absolvierte am 26. November 1925 als Prototyp mit Skiern seinen Jungfernflug. Die hauptsächlich als schwerer Bomber gedachte **ANT-4** war vollständig aus Metall konstruiert, mit Wellblech beplankt und am Bug verglast. Sie trug starke Junkers-Züge, und die deutsche Firma erhob (vergeblich) Anklage wegen Verletzungen des Patentrechts. Das zweite Musterflugzeug war der echte **TB-1**-Bomberprototyp. Es flog erstmals im Juli 1928 mit einem umkonstruierten Bug, der eine balkonartige Schützenkuppel enthielt. Die Besatzung umfaßte fünf Mann, davon drei Bordschützen, und den Antrieb lieferten zwei BMW-VI-Motoren mit je 537 kW (730 PS). Ein dritter Versuchsbomber mit der Bezeichnung **ANT-4bis** hatte geänderte Motorgondeln und eine verstärkte Bewaffnung.

**TECHNISCHE DATEN**
**Tupolew TB-1**
**Typ:** schwerer Bomber
**Triebwerke:** zwei V-Reihenmotoren M-17 je 500 kW (680 PS)
**Leistung:** Höchstgeschwindigkeit 178 km/h; Dienstgipfelhöhe 4830 m; Reichweite 1000 km
**Gewicht:** Rüstmasse 4520 kg; max. Startmasse 6810 kg
**Abmessungen:** Spannweite 28,70 m; Länge 18,01 m; Tragflügelfläche 120 m²
**Bewaffnung:** sechs 7,62-mm-Maschinengewehre DA und eine interne Bombenlast von 1000 kg

Die erste Serienmaschine wurde als Propagandaflugzeug gefertigt und **„Strana Sowjetow"** („Land der Sowjets") genannt. Sie war für einen in Etappen aufgeteilten Flug über Sibirien nach New York ausgerüstet, erlitt aber bald bei einer Notlandung schwere Beschädigungen. Einem zweiten, entsprechend vorbereiteten Exemplar gelang der Fernflug, und je nach Bedarf mit Radfahrgestell oder Schwimmwerk ausstaffiert, legte es nach dem Start in Moskau am 23. August 1929 bis zur Landung in New York am 1. November 21.242 km zurück.

Die Produktion der **TB-1** lief bis August 1932, und insgesamt 152 Maschinen wurden ausgeliefert sowie zudem 66 Schwimmerflugzeugbomber/Torpedoseeflugzeuge **TB-1P**. Letztere entstanden im Fili-Werk, in dem man die Junkers-Produktion zugunsten der neuen Flugzeuge sowjetischen Ursprungs einstellte. **ANT-4** stellten jahrelang die Ausrüstung der Frontfliegerkräfte, bevor sie als **G-1** nachrangige Transportdienste übernahmen. Viele dieser Flugzeuge wurden von der Aeroflot sowie der sowjetischen Arktis-Flugbehörde (Aviaarktika) bis 1945 als Frachtmaschinen genutzt. Die **TB-1** nahm auch an einer Reihe von Versuchen teil, wie Erprobung eines Autopilotgeräts, Drohnenexperimente, Abgabe von Brennstoff an andere Luftfahrzeuge, Start mit Hilfsraketen, Abwurf von Fallschirmlasten und „Zweno" Tests mit Parasitenjägern.

***Rund 90 ausgediente Bomber TB-1 wurden zu Frachtflugzeugen umgebaut. Als G-1 flogen die von militärischen Ausrüstungsgegenständen befreiten Maschinen bei der Aeroflot.***

Die **TB-1** war das erste zweimotorige Ganzmetallflugzeug in der Auslegung eines freitragenden Eindeckers, das weltweit in Serie gebaut wurde.

# Tupolew ANT-5 (I-4)

Der erste Prototyp des als Anderthalbdekker ausgelegten Ganzmetalljagdeinsitzers **ANT-5** startete im Juli 1927 zum Jungfernflug, angetrieben von einem Jupiter-IV-Motor. Ein zweiter Versuchsjäger erhielt den Jupiter VI. Die Auslieferung der Serienmaschinen **I-4** begann im Oktober 1928. Sie wiesen etliche Änderungen auf, darunter erweiterte Leitwerksflächen mit ausgeglichenen Rudern und den Sternmotor M-22, eine sowjetische Ausführung des Jupiter VI. Nach 371 Exemplaren endete die Produktion im Januar 1934. Mit diesem Muster waren nicht nur sowjetische Jagd-„Eskadrilii" etliche Jahre lang ausgerüstet, sondern die **I-4** wurde auch für Experimente mit Raketenantrieb und Parasitenjägern (als **I-4Z**) verwendet. Varianten waren der Eindecker **I-4bis** und das Schwimmerflugzeug **I-4P**.

**TECHNISCHE DATEN**
**Typ:** Jagdeinsitzer
**Triebwerk:** ein Sternmotor M-22 mit 353 kW (480 PS)
**Leistung:** Höchstgeschwindigkeit 231 km/h; Dienstgipfelhöhe 7000 m; Reichweite 840 km
**Gewicht:** Rüstmasse 978 kg; max. Startmasse 1430 kg
**Abmessungen:** Spannweite 11,40 m; Länge 7,28 m; Tragflügelfläche 23,80 m²
**Bewaffnung:** zwei synchronisierte 7,7-mm-Maschinengewehre PV-1 und vier 50-kg-Bomben

# Tupolew ANT-6 (TB-3)

Zu Beginn der dreißiger Jahre war die **Tupolew TB-3** als freitragend konstruierter, viermotoriger Ganzmetalleindecker der fortschrittlichste schwere Bomber der Welt. Der Prototyp flog erstmals am 22. Dezember 1930, und ab Ende 1931 bis Anfang 1937 wurden unter zahlreichen Änderungen insgesamt 818 **TB-3** gebaut. Viele Jahre lang war die **TB-3** das Rückgrat der schweren Bomberverbände der VVS (sowjetische Luftstreitkräfte). Etliche Maschinen behielten die Kennung **ANT-6** des Konstruktionsbüros bei und wurden im Transportdienst, hauptsächlich in der Arktis, genutzt. 1938/39 kamen **TB-3** bei Grenzstreitigkeiten mit Japan zum Kampfeinsatz. Bis zum Überfall Deutschlands auf die UdSSR im Juni 1941 hatte man die meisten jedoch bereits zu Fallschirmjäger- und Frachttransportern umgerüstet und in **G-2** umbenannt. Andere Verwendungen umfaßten Nachtbombardement, Lastenseglerschlepp und Lufttransport jeglicher Art. Im Rahmen von Experimenten dienten **TB-3** der Schwarzmeerflotte 1941 dazu, zwei vom Jäger I-16 abgeleitete Polikarpow-SPB-Sturzkampfbomber gegen Ziele in der Ukraine und in Rumänien zu starten.

***Zur Versorgung der sowjetischen Stützpunkte in der Arktis entstanden fünf ANT-6A mit abgeschlossenem Führerraum, umfangreichen Enteisungs-/Heizeinrichtungen und austauschbarem Rad-/Skifahrgestell.***

**Varianten**

**Prototypen:** erstes Musterflugzeug mit Curtiss-Conqueror-Motoren je 447 kW (608 PS); 1931 zum Prototyp für den Serienbomber modifiziert; zwei andere Prototypen flogen mit 537 kW (730 PS) starken BMW-VI-Motoren
**TB-3/M-17:** rund 400 bis Ende 1933 produzierte Serienbomber; überarbeitetes Fahrgestell mit getrennten, starren Doppelradhauptbaugruppen und großem Schleifsporn unter dem Heck; KA-Duralwellblechhaut für Tragflächen und Rumpf
**TB-3/M-34:** weniger als 100 Serienflugzeuge mit M-34-Motoren (611 kW/830 PS) und Bombenschützengondel unter dem Bug
**TB-3/M-34R:** verbesserter Motortyp M-34R in Teilbereichen modifizierte Zelle und Heckschützengefechtsstand; neun „zivile" TB-3/M-34RD besuchten 1934 europäische Hauptstädte
**TB-3/AM-34RN:** 1935 eingeführte Version mit AM-34RN-Motoren je 714 kW (970 PS) zur Verbesserung der Höhenleistung; revidierte Abwehrbewaffnung
**TB-3/AM-34FRN:** im Sommer 1936 getestete Variante; neues Hauptfahrwerk mit großen Einzelrädern, umkonstruierter Bug mit geschlossenem, manuell betätigtem MG-Drehturm, Glatthaut statt Wellblech und AM-34FRN-Motoren je 662 kW (900 PS); rund 100 Exemplare
**TB-3/AM-34FRNV:** Schlußversion, ähnlich der TB-3/AM-34FRN, aber mit geschlossenem MG-Turm auf dem Rumpfrücken und Motortyp AM-34FRNV je 883 kW (1200 PS); rund 100 Exemplare
**TB-3D:** ein mit Tscharomski-Dieselmotoren AN-1 geprüftes Flugzeug
**ANT-6A:** fünf TB-3/AM-34R mit abgeschlossenem Führerraum, Spezialausrüstung und Skifahrwerk für Aviaarktika; zwischen 1937 und 1944 verwendet

**TECHNISCHE DATEN**
**Tupolew TB-3/M-17**

**Typ:** viermotoriger, schwerer Bomber
**Triebwerke:** vier V-Reihenmotoren M-17F je 526 kW (715 PS)
**Leistung:** Höchstgeschwindigkeit 197 km/h; Dienstgipfelhöhe 3800 m; Reichweite 1350 km
**Gewicht:** Rüstmasse 10.967 kg; max. Startmasse 17.200 kg
**Abmessungen:** Spannweite 39,50 m; Länge 24,40 m; Tragflügelfläche 230 m²
**Bewaffnung:** acht 7,7-mm-Maschinengewehre DA in Bug- und Rückentürmen sowie fahrbaren Gefechtswannen unter den Flügeln; bis zu 2000 kg an Bomben

# Tupolew ANT-7 (R-6)

Der Prototyp **Tupolew ANT-7** war eine im Maßstab zurückgenommene ANT-4. Das erstmals am 11. September 1929 geflogene Musterexemplar wurde von zwei BMW VI je 537 kW (730 PS) angetrieben. Die Produktion lief im Sommer 1930 mit der Mehrzweckversion **R-6** für die Luftstreitkräfte an, und bis zum Juni 1934 wurden insgesamt 435 Exemplare gebaut. Die **KR-6** war ein Fernaufklärer mit erweitertem Tankvolumen, aber ohne Bombenkapazität und die **MR-6** das Marinependant mit Zwillingsschwimmwerk. Viele späte Serienflugzeuge kamen für zivile Verwendungen als **PS-7** oder **P-6** mit minimalen Änderungen wie einem für Fracht verstärkten Kabinenboden zur Auslieferung. **MP-6** hieß die Schwimmerversion für die zivile Luftfahrt, und viele **P-/MP-6** sowie **PS-7** erhielten einen geschlossenen Führerraum für den Arktiseinsatz. Als **R-6L** erschien eine einzelne „Limousinen"-Sonderausführung für neun Personen.

***Nachdem die ANT-7 (R-6) bei den Frontfliegerkräften ausgeschieden war, wurde sie für vielerlei zivile Aufgaben verwendet. Dieses Exemplar flog für die Aviaarktika.***

**TECHNISCHE DATEN**
**Tupolew R-6**

**Typ:** Aufklärungsbomber und Begleitjäger
**Triebwerke:** zwei V-Reihenmotoren M-17F je 526 kW (715 PS)
**Leistung:** Höchstgeschwindigkeit 230 km/h; Dienstgipfelhöhe 5620 m; Reichweite 800 km
**Gewicht:** Rüstmasse 3856 kg; max. Startmasse 6472 kg
**Abmessungen:** Spannweite 23,20 m; Länge 15,06 m; Tragflügelfläche 80 m²
**Bewaffnung:** fünf 7,7-mm-Maschinengewehre DA und eine maximal 500 kg schwere Bombenlast

# Tupolew ANT-9

Der Prototyp des Hochdeckerverkehrsflugzeugs **Tupolew ANT-9** absolvierte seinen Erstflug im Mai 1929. Die Ganzmetallmaschine mit geriffelter Aluminiumhaut war für zwei Piloten und neun Passagiere ausgelegt. Ihre drei Sternmotoren Gnome-Rhône Titan je 169 kW (230 PS) wichen bei der Serie sowjetischen M-26, die sich allerdings als zu schwach erwiesen und ihrerseits durch 223 kW (303 PS) starke Importmotoren der Marke Wright Whirlwind ersetzt wurden. Nach einer ersten Baureihe von etwa zwölf Maschinen stimmte man den Entwurf auf nur noch zwei Motoren ab. Die beiden nun eingerüsteten M-17 je 500 kW (680 PS) steigerten die Höchstgeschwindigkeit von 205 km/h auf 215 km/h. Diese Version, von der etwa 70 Exemplare gebaut wurden, war allgemein als **PS-9** bekannt. Der **ANT-9**-Prototyp mit der Kennung URSS-309 bereiste im Sommer 1929 die europäischen Hauptstädte, und die dreimotorigen **ANT-9** bedienten bei der deutsch-russischen Fluggesellschaft Deruluft die Strecke Moskau – Berlin. Einige Exemplare flogen auch bei der VVS als Truppen- und VIP-Transportmaschinen. Die **PS-9** kam weitverbreitet im Passagierdienst zum Einsatz, und der wohl bekannteste Vertreter dürfte das Propagandaflugzeug **„Krokodil"** gewesen sein, dessen Sperrholzbug mit entsprechenden Zähnen dekoriert war. Das Einzelexemplar **ANT-14 Prawda**, das der Propagandastaffel als Flaggschiff diente, war eine vergrößerte Ausgabe der **ANT-9**. Diese von fünf Jupiter-Sternmotoren je 358 kW (487 PS) angetriebene Maschine konnte außer fünf Besatzungsmitgliedern 36 Passagiere mit einer Höchstgeschwindigkeit von 236 km/h befördern. Ihre Spannweite betrug 40,40 m im Vergleich zu 23,80 m bei der **ANT-9**. Bis zur Stillegung im Jahr 1941 transportierte die **„Prawda"** über 40.000 Passagiere.

# Tupolew ANT-25

Die erste spezielle Langstreckenmaschine **Tupolew ANT-25** (**RD**) kam erstmals am 22. Juni 1933 in die Luft, angetrieben von einem einzelnen M-34-Motor. Das drei Monate später geflogene zweite Exemplar hatte jedoch einen M-34R-Getriebemotor, der 662 kW (900 PS) leistete. Die **ANT-25** war als freitragender Ganzmetalltiefdecker mit einer Spannweite von 34 m und einer geschlossenen Kabine für die dreiköpfige Besatzung ausgelegt.

Mit einer von Tschkalow angeführten Crew absolvierte die vom M-34R angetriebene **ANT-25** mit der Zulassung N-025-1 einen bemerkenswerten Flug. Sie startete am 18. Juni 1937 in Moskau von einer eigens für diesen Zweck gebauten Betonrampe, damit sie trotz einer Überlast an Kraftstoff abheben konnte, und erreichte die amerikanische Westküste mit einer Notlandung, nachdem sie 9130 km in einem Nonstopflug von 63 Stunden und 25 Minuten zurückgelegt hatte. Einer beträchtlich modifizierten Maschine gelang ein zweiter spektakulärer Flug mit einer Crew mit Gromow an der Spitze. Sie hob am 12. Juli 1937 in Moskau ab und landete 62 Stunden und 17 Minuten später nach einem Nonstopflug über eine Gesamtstrecke von 11.500 km sicher in San Jacinto, Kalifornien.

***Die ANT-25 war ein einmalig fortschrittlicher Entwurf, der um ein außergewöhnliches freitragendes Tragwerk herum konstruiert wurde.***

Eine verbesserte Version der **ANT-25** wurde zur Erforschung von Fernbombeneinsätzen in Serie gegeben. Etwa 20 Exemplare waren angeblich ausgeliefert, als man den Rest des Auftrags über 50 Flu zeuge im Frühjahr 1936 strich. Diese schinen flogen mit diversen Motor

## Tupolew ANT-23 (I-12) und ANT 31 (I-14) bis Tupolew Tu-154

**Den größten Teil der 30er Jahre war der Ingenieur Andrei Nikolajewitsch Tupolew ein politisch Internierter in seiner eigenen Heimat, der Sowjetunion, und entwarf dabei dennoch einige hervorragende Kriegsflugzeuge. Nach dem Krieg kam sein Genie der sowjetischen Bomberflotte zugute. 1952 bekam er den Stalinpreis.**

# Tupolew ANT-23 (I-12) und ANT-31 (I-14)

***Für ihre Zeit war die ANT-31 sehr fortschrittlich konzipiert. Der einzige Schwachpunkt bestand in der gewellten Außenhaut.***

Der experimentelle Jagdeinsitzer **Tupolew ANT-23** oder **I-12** flog erstmals 1931. Seine beiden Leitwerksträger waren jeweils mit einer schwerkalibrigen Kurtschewsky-Kanone bestückt, und den Antrieb lieferten zwei Gnome-Rhône Jupiter VI je 386 kW (525 PS) in Stirn- und Heckteil der Pilotengondel. Da sich dieser Versuchsjäger als untauglich erwies, überarbeitete das Tupolew-Konstruktionsbüro das Konzept eines Kanonenjägers erneut und schuf die **ANT-31** oder **I-14**, deren Erstflug im Mai 1933 stattfand.

Die **I-14** war ein Ganzmetalltiefdecker mit Einziehfahrwerk und einer Bewaffnung mit einem 7,7-mm-Maschinengewehr PV1 und zwei 37-mm-Kanonen APK-37. Die stark modifizierte **I-14bis** mit je zwei SchKAS-Maschinengewehren und APK-11-Kanonen ging 1935 in Serie, aber von 55 bestellten Exemplaren wurden bis Dezember 1936 nur 18 ausgeliefert, weil inzwischen die überlegene Polikarpow I-16 verfügbar war. Die vom M-25A-Sternmotor mit 530 kW (720 PS) angetriebenen Serienjäger **I-14bis** erreichten eine Geschwindigkeitsspitze von 375 km/h.

# Tupolew ANT-35

Der Prototyp des leichten Passagierflugzeugs **Tupolew ANT-35** in Metallbauweise, das auf dem Bomber **SB-2** basierte, kam am 20. August 1936 in die Luft. Der Tiefdecker mit Einziehfahrwerk wurde von zwei Sternmotoren Gnome-Rhône 14K je 589 kW (800 PS) angetrieben, die später sowjetischen M-85 wichen. Der Rumpf mit fast kreisrundem Querschnitt war für zwei oder drei Besatzungsmitglieder und zehn Fluggäste ausgelegt. Auf den verbesserten Prototyp **ANT-35bis** folgten neun Serienexemplare mit 736 kW (1000 PS) starken M-62IR. Dieser Typ ging als **PS-35** bei der Aeroflot zwischen 1937 und 1939 in Dienst. Ab Juni 1941 wurden mehrere Exemplare auch als Verbindungsflugzeuge und VIP-Transporter verwendet. Das 20,80 m weit gespannte Muster hatte eine Spitzengeschwindigkeit von 372 km/h und eine Reichweite von 1640 km.

***Die Tupolew ANT-35, hier auf einem stark retuschierten Foto zu sehen, kann als ziviles Gegenstück zum Bomber SB-2 angesehen werden.***

# Tupolew ANT-37 (DB-2)

***Die Tupolew ANT-37, deren Flügel hoher Streckung von der ANT-25 hergeleitet waren, wurde in Schalenbauweise aus Duralumin konstruiert. Ihre Spannweite betrug 31 m und ihre Geschwindigkeit 342 km/h.***

Der Fernbomber **Tupolew ANT-37** (**DB-2**) wurde von der Suchoi-Konstruktionsbrigade unter der Oberaufsicht Tupolews aus der unvollendeten **Tupolew ANT-36** (**DB-1**) entwickelt, einem einmotorigen Fernbomber, der seinerseits auf der **ANT-25** beruhte. Der von zwei Gnome-Rhône-Sternmotoren 14K je 589 kW (800 PS) angetriebene **DB-2**-Prototyp flog ab 16. Juni 1935, stürzte aber im Monat darauf ab. Die **DB-2D** war eine Neukonstruktion, bei der man vor allem Fehler im Leitwerk korrigiert hatte. Diesem Musterexemplar folgte wiederum die **DB-2B** oder **ANT-37bis**, von der aber nur drei Exemplare als Rekordbrecher/Forschungsflugzeuge entstanden, nachdem der Entwurf zugunsten der Iljuschin DB-3 abgelehnt worden war.

Mit der ersten **DB-2B**, genannt **„Rodina“** (**„Mutterland“**), stellte eine ausnahmslos weibliche Besatzung am 24./25. September 1938 einen Langstreckenrekord für Frauen über eine Distanz von 5908 km auf. Die Maschinen flogen bis weit in den Krieg hinein, entweder für Aeroflot oder im Rahmen von Versuchsprojekten.

# Tupolew ANT-40

***Tupolew SB-2bis der Roten Luftwaffe, Ende 1941 von den Deutschen erbeutet***

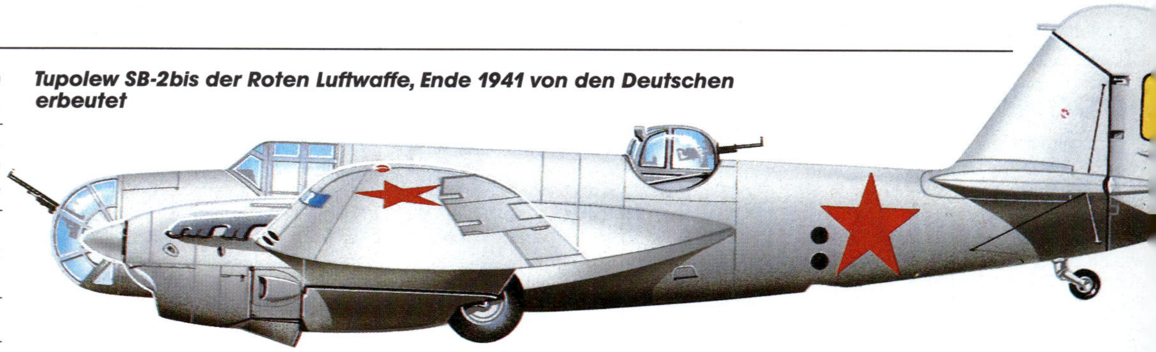

Der erste Prototyp der **Tupolew ANT-40** (**SB** – Schnellbomber), der einiges dem zweimotorigen, mehrsitzigen Versuchsjäger **Tupolew ANT-21** (**MI-3**) von 1933 und dem Kanonenjäger **Tupolew ANT-29** (**DIP**) verdankte, startete am 25. April 1934 unter dem Antrieb zweier Wright-Cyclone-Sternmotoren zum Jungfernflug. Er wurde dann auf sowjetische M-87 ummotorisiert und nach einem Landeunfall beträchtlich modifiziert. Der zweite und der dritte Prototyp erhielten Hispano-Suiza-Motoren, eine größere Flügeltiefe, eine höhere Seitenflosse-/Seitenruderbaugruppe und modifizierte Querruder. Diese Maschinen flogen im Oktober 1934 beziehungsweise September 1935, und weitere Änderungen führten zur endgültigen Version, die 1935 zur Serienfertigung gelangte.

Die **SB** war ein Ganzmetallmitteldecker für eine zwei- bis dreiköpfige Besatzung. ...ie ersten Serienbomber hatten zwei M-100-Triebwerke mit je 552 kW (750 PS), die dann 633 kW (860 PS) starken M-100A wichen. In die letzte Serienversion **SB-2bis**, die erstmals im Oktober 1936 flog, baute man jedoch M-103 mit einer höheren Nennleistung ein. Insgesamt 6656 solcher Schnellbomber wurden produziert, die letzten Ende 1940. Die **SB-2** bewährte sich auf republikanischer Seite im Spanischen Bürgerkrieg und kam später bei Grenzauseinandersetzungen mit Japan im Fernen Osten zum Einsatz. Als das Muster 1939/40 am Winterkrieg gegen Finnland teilnahm, war es bereits veraltet.

Zu den ausländischen Betreibern zählte die Tschechoslowakei, die 53 **SB** mit M-100A-Motoren importierte und diesen Typ anschließend als **B-71** mit Hispano-Suiza-Motoren tschechischer Herstellung in Lizenz baute. Insgesamt 111 von 161 bestellten Maschinen wurden fertiggestellt, von denen die meisten nach dem Fall der Tschechoslowakei der Luftwaffe zur Schulung und zum Lastenseglerschlepp dienten. Finnland nutzte 24 Bomber **SB** und **SB-2bis**. China erhielt Ende 1937 rund 200 **SB**, von denen das Gros bei japanischen Luftangriffen am Boden zerstört wurde. Beim Überfall Deutschlands auf die Sowjetunion im Juni 1941 rüsteten **SB** und **SB-2bis** eine große Zahl sowjetischer Leichtbomber-Front-„Eskadrilii“ aus. Trotz großer Verluste blieb der Typ bis Ende 1943 im Einsatz, zum Schluß allerdings vorzugsweise nur noch bei Nacht.

Nebenlinien der **SB** ergaben das Verkehrsmuster **PS-40**, das 1938 in nennenswertem Umfang an die Aeroflot ging, das Besatzungsschulflugzeug **USB** oder **SB-3** mit einer offenen Fluglehrerkanzel im neuen, unverglasten Bugbereich (auch zum Lastenseglerschlepp verwendet), die Verkehrsmuster **PS-41** und **PS-41bis** von 1939 beziehungsweise 1940, den Torpedobomber **ANT-41** (**T-1**) von 1936 und den zweisitzigen Kanonenjäger **ANT-46** (**DI-8**)

### TECHNISCHE DATEN

**Tupolew SB-2bis**

...ichter Bomber
...**erke:** zwei V-Reihenmotoren M-103 je ...960 PS)
... Höchstgeschwindigkeit 450 km/h; ...höhe 7800 m; Reichweite ...
...tmasse 4768 kg; max. Startmasse 7880 kg
**Abmessungen:** Spannweite 20,33 m; Länge 12,57 m
**Bewaffnung:** bis zu sechs 7,62-mm-Maschinengewehre SchKAS und eine Bombenlast von 600 kg

# Tupolew-Riesenflugzeuge

Die **Tupolew ANT-16** oder **TB-4** war ein überschwerer Bomber mit sechs 611 kW (830 PS) starken M-34-Motoren, davon zwei in Tandemanordnung auf dem Rumpf. Die Bewaffnung umfaßte zwei 20-mm-Kanonen und zehn Maschinengewehre sowie eine Höchstlast von 10.000 kg Bomben. Die erstmals am 3. Juli 1933 geflogene **TB-4** hatte eine Spannweite von 54 m und eine Höchstgeschwindigkeit von 200 km/h.

Bei der berühmten **Tupolew ANT-20 „Maxim Gorki"** handelte es sich um ein Passagier- und Propagandaflugzeug mit acht Zwölfzylinder-Reihenmotoren AM-34FRN je 662 kW (900 PS), von denen man sechs vorn an den Tragflügel und zwei weitere auf einem Gerüst über dem Rumpf montiert hatte. Sie war mit Druckpresse, Kino, Fotolabor sowie vielen anderen seinerzeit einmaligen Einrichtungen ausgestattet und für eine zwanzigköpfige Besatzung ausgelegt. Der Luftgigant wurde am 17. Juni 1934 erstmals probegeflogen und am 18. Mai 1935 bei einem Zusammenstoß mit einem I-5-Jäger, der als Eskorte diente, in der Luft zerstört. Die **„Maxim Gorki"** hatte eine Spannweite von 63 m, eine maximale Startmasse von 42.000 kg und eine Höchstgeschwindigkeit von 245 km/h.

Die öffentliche Reaktion auf den Verlust der **„Maxim Gorki"** führte zur Gründung eines Fonds für die Fertigung von 16 weiteren Riesenflugzeugen, von denen jedoch nur eines gebaut wurde, die **ANT-20bis**, auch als **PS-124** und **L-760** bekannt. Die Ende 1939 erstmals geflogene Maschine unterschied sich erheblich von der **ANT-20**, da Tragflügel, Rumpf und Leitwerk neu konstruiert waren und nur noch sechs AM-34FRNV, alle flügelmontiert, den Antrieb lieferten, allerdings mit je 883 kW (1200 PS). Die **ANT-20bis** wurde als reines Passagierflugzeug fertiggestellt. Sie hatte die gleichen Abmessungen wie die **ANT-20**, war aber schwerer und erreichte eine Höchstgeschwindigkeit von 275 km/h.

***Die Tupolew ANT-20bis stellte eine für ihre Zeit gewaltige Errungenschaft dar. Sie hatte erheblich stärkere Motoren als die ANT-20, die den Wegfall des Triebwerkspaars auf dem Rumpf ermöglichten.***

Die **Tupolew ANT-22** oder **MK-1** mit sechs M-34R-Motoren je 611 kW (830 PS) erschien als Fernbomber-/Fernaufklärerflugboot in Doppelrumpfauslegung, die eindeutig von der Savoia-Marchetti S.55 inspiriert war. Die am 8. August 1934 erstmals im Flug erprobte Maschine stellte im Dezember 1936 mehrere Gewicht-/Höhen-Weltrekorde auf, wurde aber bald darauf aufgegeben. Ihre Bewaffnung bestand aus acht 7,7-mm-Maschinengewehren SchKAS, einer 20-mm-Kanone und einer Bombenlast von bis zu 6000 kg. Die **MK-1** hatte eine Spannweite von 51 m und eine Höchstgeschwindigkeit von 223 km/h.

Der kolossale Schwerbomber **ANT-26** wurde 1936 noch vor seiner Fertigstellung wieder gestrichen.

# Tupolew Tu-2

Während seiner Inhaftierung konstruierte Andrej Tupolew den ersten Prototyp dieses leistungsstarken Bombers, der als **Flugzeug 103** bezeichnet wurde. Die Entwicklung zog sich hin, und der Prototyp, der auch als **Tupolew ANT-58** bekannt war, flog erstmals am 29. Januar 1941. Am 18. Mai desselben Jahres startete die verbesserte Ausführung **103U** oder **ANT-59** zum Jungfernflug. Im Rahmen der Erprobung wurden die ursprünglichen V-12-Motoren AM-37 je 1030 kW (1400 PS) durch Sternmotoren ASh-82 ersetzt. Bemühungen, den Entwurf für die Serienproduktion zu vereinfachen, ergaben die **103V** oder **ANT-60**, und entsprechende Serienmaschinen mit der Bezeichnung **103S** oder **ANT-61** gingen ab November 1942 in Dienst. Anfang 1943 änderte sich die Typkennung in **Tu-2**. Diese Kampfbomber hatten nicht mehr die Sturzflugbremsen der ersten Prototypen. Nachdem die Produktion angelaufen war, erschien die verfeinerte Version **Tu-2S**, aber Probleme in den Fabriken führten dazu, daß bis Kriegsende nur rund 1100 Bomber **Tu-2** und **Tu-2S** ausgeliefert wurden. Die Nachkriegsfertigung erhöhte die Gesamtzahl aber noch auf 2527. **Tu-2S**-Bomber kämpften im Koreakrieg auf seiten der nordkoreanischen Streitkräfte und rüsteten etliche Verbündete der Sowjetunion aus. Der NATO-Deckname lautete **„Bat"**.

***Tupolew Tu-2S eines sowjetischen Bomberregiments, das 1945 an der Ostfront kämpfte***

**Varianten**

**ANT-62T:** Torpedobomber; Erstflug und Produktionsbeginn 1947; Erprobungsmaschinen hießen Tu-2T
**ANT-67:** Fernbomber mit Dieselmotortyp ACh-39 und fünfköpfiger Besatzung
**Tu-1 (ANT-63P):** dreisitziger Langstreckenbegleitjäger, auf der Tu-10 basierend; erschien Ende 1946
**Tu-2D (ANT-62):** Langstreckenversion mit überarbeitetem Vorderrumpf, neuen, weiter gespannten Tragflügeln und Sitzen für zwei Flugzeugführer nebeneinander
**Tu-2DB (ANT-65):** fortentwickelter Fernbomber mit AM-44TK-Motoren je 1619 kW (2200 PS)
**Tu-2F (ANT-64):** Fotoaufklärer
**Tu-2G:** modifizierte Eilfrachttransportversion; konnte leichte Fahrzeuge extern befördern
**Tu-2M (ANT-61M):** mutmaßliche Bezeichnung einer Serienversion mit ASh-83-Sternmotoren je 1398 kW (1900 PS)
**Tu-2N:** Erprobungsträger des Strahltriebwerks Rolls-Royce Nene
**Tu-2R:** Aufklärungsspezialversion
**Tu-2RShR:** Prototyp mit 57-mm-Kanone RShR im Vorderrumpf
**Tu-2K:** zwei Exemplare zur Erprobung von Katapultsitzen
**Tu-2Sh:** Schturmowik-Schlachtflugzeug von 1944
**Tu-2 Paravan:** zwei Maschinen, genutzt zur Erprobung von Abweisern/Schneidgerät für Sperrballonkabel
**Tu-2/104:** Allwetterabfangjäger mit Radarausstattung; 1944 getestet
**Tu-6:** zu Aufklärungsflugzeugen umgebaute Tu-2
**Tu-8 (ANT-69):** letzte Fernbomberversion von Ende 1946; mit fünf B-20-Kanonen bewaffnet, davon einige indirekt aus Sichtstationen heraus gerichtet
**Tu-10 (ANT-68):** Prototyp eines Mehrzweckbombers von 1945; nach dem Krieg mindestens 50 solcher Bomber mit 1472 kW (2000 PS) starken AM-42-Motoren produziert

## TECHNISCHE DATEN

**Tupolew Tu-2S**

**Typ:** mittlerer Bomber für eine vierköpfige Besatzung
**Triebwerke:** zwei Sternmotoren ASh-82FNV je 1362 kW (1850 PS)
**Leistung:** Höchstgeschwindigkeit 550 km/h; Dienstgipfelhöhe 9500 m; Reichweite 1400 km
**Gewicht:** Rüstmasse 7474 kg; max. Startmasse 11.360 kg
**Abmessungen:** Spannweite 18,86 m; Länge 13,80 m; Höhe 4,55 m; Tragflügelfläche 48,80 m²
**Bewaffnung:** zwei 20-mm-Kanonen SchVAK, drei 12,7-mm-Maschinengewehre UBT und eine Bombenlast von maximal 4000 kg

# Tupolew Tu-4

Die **Tupolew Tu-4** basierte auf der Boeing B-29 Superfortress, von der einige Exemplare 1944 bei Luftoperationen gegen Japan in Rußland notgelandet waren, hob sich aber durch ihre Bewaffnung und ihren Antrieb vom US-Bomber ab. Sie war zudem schwerer und hatte weder den druckbelüfteten Tunnel, der die vorderen und die mittleren Besatzungszellen miteinander verband, noch die Integraltanks der B-29. Das erste Exemplar einer Vorserie von 20 Maschinen hob am 3. Juli 1947 zum Jungfernflug ab. Die Serienfertigung lief 1952 aus, nachdem mehr als 400 Flugzeuge ausgeliefert worden waren und die **Tu-4** sich bei den sowjetischen DA (Fernfliegerkräften) im Dienst befand. Der NATO-Meldename lautete **„Bull"**. Einige Maschinen wurden als Lufttanker im Verfahren Flügelspitze-Flügelspitze verwendet.

***Von außen ließ sich die Tu-4 praktisch nicht von der B-29 unterscheiden.***

## TECHNISCHE DATEN

**Tupolew Tu-4**

**Typ:** schwerer Fernbomber
**Triebwerke:** vier Sternmotoren Schwezow ASh-73TK je 1766 kW (2400 PS)
**Leistung:** Höchstgeschwindigkeit 558 km/h; Dienstgipfelhöhe 11.200 m; Reichweite 5100 km
**Gewicht:** Rüstmasse 35.270 kg; max. Startmasse 66.000 kg
**Abmessungen:** Spannweite 43,08 m; Länge 30,19 m; Tragflügelfläche 161,70 m²
**Bewaffnung:** entweder fünf 12,7-mm-Zwillings-MGs UBT oder fünf 20-mm-Kanonen B-20E beziehungsweise 23-mm-Kanonen NS-23 und eine Höchstlast von 8000 kg an Bomben

# Tupolew-Nachkriegsflugzeuge

Während das Tupolew-Konstruktionsbüro auf dem Gebiet der schweren Bomber weiterhin führend war, hatte es mit seinen leichten und mittleren Bombern für die VVS kaum Erfolg. Es brachte eine lange Kette gescheiterter Prototypen hervor.

**Tu-70:** Einzelexemplar eines Passagierflugzeugs, parallel zur Tu-4 entwickelt; Erstflug am 27. November 1946; neuer Bug mit konventionellem Führerraum anstelle des widerstandsarmen Bugs im Stil der Superfortress; ausgelegt für eine achtköpfige Besatzung und 48 VIP-Passagiere, aber als Stabstransportflugzeug der Luftwaffe mit einer Sechs-Mann-Crew und 72 Passagieren genutzt

**Tu-72:** Bezeichnung eines dreimotorigen Bomberprojekts, das nicht einmal zur Flugreife gelangte; Grundlage für die Tu-73

**Tu-73:** flog erstmals am 29. Dezember 1947; als Konkurrenz zur Il-28 gedacht; zweites (nicht gebautes) Musterflugzeug als taktisches Aufklärungsflugzeug Tu-73R oder Tu-74 geplant

**Tu-75:** Einzelexemplar eines von der Tu-4 abgeleiteten Transportflugzeugs für 10.000 kg Fracht oder 100 Soldaten

**Tu-77:** mittlerer Strahlbomber mit fünf Sitzen, dessen Entwicklung im Sommer 1946 begann; Trag- und Leitwerk von dem der Tu-2S abgeleitet, aber abgeändert und verstärkt, und neukonstruierter Rumpf mit längerem und komplett verglastem Bug; erster sowjetischer Bomber dieser Größe mit Bugradfahrwerk; zwei Strahltriebwerke Rolls-Royce Nene je 2268 kg Schub; die beiden ersten fertiggestellten Maschinen nahmen an der Tuschino-Flugparade am 3. August 1947 teil, nachdem das erste Exemplar am 27. Juni zum Jungfernflug gestartet war; es folgte eine kleine Prüfserie von vermutlich nicht mehr als 50 Flugzeugen; Dienstbezeichnung Tu-12

**Tu-78:** Abkömmling der Tu-73; tatsächlich entstand das erste Exemplar durch den Umbau der nicht fertiggestellten zweiten Tu-73; Erstflug am 17. April 1948; neuartige Bugverglasung und Lufteinlauf für das Hecktriebwerk im erweiterten Rückenkeil vor der Seitenflosse

***Das 72sitzige Passagierflugzeug Tu-70 konnte seine Abstammung von der B-29 nicht leugnen. Tupolew hatte den Rumpf neu konzipiert, aber das Boeing-Heck und die Originalnase für den Bombenschützen beibehalten.***

**Tu-79:** ungebauter Tu-78-Abkömmling ohne Hecktriebwerk und mit entsprechend geänderten Leitwerksflächen etc.

**Tu-80:** neben Tupolew befaßte sich auch Mjassischtschew (mit dem Prototyp DVB-202) mit einer umfassenden Fortentwicklung des Grundmusters Tu-4; der im November 1949 geflogene Tu-80-Prototyp hatte einen umkonstruierten Bug, ein großes Seitenleitwerk/Ruder und das bisherige Bugfahrwerk; Abwehrbewaffnung auf fünf 23-mm-Zwillingskanonen NS-23 geändert; Antrieb durch vier Sternmotoren ASh-73FN je 1766 kW (2400 PS); Spitzengeschwindigkeit 650 km/h; keine Serienfertigung

**Tu-81:** zweimotoriger, taktischer Bomber, auf der Basis der Tu-78/Tu-79 ohne das dritte Triebwerk; statt dessen motorisierter Heckdrehturm mit 23-mm-Zwillingskanonen eingebaut; Erstflug 1949 und zur Serienfertigung als Tu-14 mit Klimow-Strahltriebwerken VK-1 freigegeben; 200 Exemplare für die sowjetische Marine beschafft und ab 1950 den „Eskadrilii" zugeführt; Sonderausführungen waren der Luftbildaufklärer Tu-14R (Tu-81R) und die Tu-14T (Tu-89), die zwei Torpedos vom Typ 45-36-A im Waffenschacht mitführen konnte; nach etwa 100 Flugzeugen Produktion eingestellt

**Tu-82:** ein experimenteller Pfeilflügler, dessen Rumpf auf der Tu-73 basierte; im Februar 1949 testgeflogen; zweiter Prototyp mit Heckwaffenturm, erster mit zwei Waffenkuppeln

**Tu-85:** zwei Exemplare für die Flugerprobung und eines als Bodenprüfstand gebaut; erstes Musterflugzeug Ende 1949 im Flug getestet; umfassend überarbeiteter Entwurf der Tu-80, ausgelegt für eine 16-Mann-Crew, eine Bombenlast von 20.000 kg und eine Abwehrbewaffnung von zehn NS-23-Kanonen in fünf Gefechtsständen; Antrieb durch vier VD-4K-Kolbenmotoren, deren Leistung von 3165 kW (4300 PS) eine Höchstgeschwindigkeit von 665 km/h in 10.000 m Höhe ermöglichte; Standardreichweite 13.000 km; Einführung der Propellerturbine und des Strahltriebwerks sowie die Hinwendung zu Pfeilflüglern setzten der Entwicklung ein Ende zugunsten der Tu-95 „Bear"; NATO-Meldename „Barge"

**Tu-86:** Pfeilflügelbomber, dessen Rumpf auf dem der Tu-14 basierte, in Verbindung mit im Maßstab vergrößerten Tragflügeln der Tu-82

**Tu-91:** Bewerber für das von der VVS geforderte Schturmowik-Schlachtflugzeug mit Strahlantrieb; „Boot" war eine außerordentlich ungeschlachte Maschine, ähnlich wie die Fairey Gannet; 1957 nach Flugerprobung aufgegeben

**Tu-98:** NATO-Meldename „Backfin"; anfangs irrtümlich als Iljuschin-Muster und dann als Yakowlew Yak-42 gedeutet; Bugsektion ähnlich wie bei der Yak-28, der Il-28 und der Tu-14, aber gepaart mit einer ungewöhnlichen transsonischen Zelle, die Triebwerkslufteinläufe in Schulterhöhe und Tragflügel in Mitteldeckerposition aufnahm; Projekt aufgegeben

***Die Tupolew Tu-89 (Dienstbezeichnung Tu-14T) war eine reine Torpedobomberversion der Tu-14 mit modifiziertem Heckwaffenturm und Seitenruder.***

# Tupolew Tu-16

Die **Tupolew Tu-88** (**Flugzeug N**), die als Prototyp für die **Tu-16 „Badger"** diente, flog erstmals im Winter 1952. Der Rumpf, die Struktur, die Bordsysteme und die Abwehrbewaffnung beruhten auf dem Konzept der **Tu-4**, kombiniert mit neuen Pfeilflügeln, einem Bugradfahrwerk und auch neuen sowjetischen Strahltriebwerken AM-3, die das Mikulin-Konstruktionsbüro entwickelt hatte.

Die Produktion der **Tu-16** lief 1953 an, und 1955 begann die Auslieferung an die DA-Fernfliegerkräfte. Spätere Serienbomber, einschließlich der **„Badger-A"**, erhielten das aufgewertete Mikulin-Triebwerk AM-3M, das sowohl ihre Reichweite als auch ihre Höchstgeschwindigkeit verbesserte. Schätzungsweise 2000 solcher Bomber wurden insgesamt produziert, von denen nicht wenige noch heute Dienst leisten.

Das Muster wurde auch nach Ägypten, in den Irak und nach Indonesien exportiert. Als **Xian H-6** (**B-6** zur Ausfuhr) ist der Typ in der Volksrepublik China nach wie vor in Produktion.

***Die „Badger-F" ist der Spezialist für elektronische Aufklärung innerhalb der Tu-16-Familie. Passive Mehrbandempfänger füllen die beiden Gondeln unter den Flügeln.***

**Varianten**

**Tu-16 „Badger-A":** Grundversion des strategischen Bombers zum Einsatz konventioneller und atomarer Freifallbomben; die chinesische Serienversion (Xian H-6) basiert auf dieser Variante; der NATO-Meldename „Badger-A" umfaßt auch Atombomber Tu-16A (H-6A chinesischer Prägung), Torpedobomber Tu-16T, Rettungsbootträger Tu-16K und Lufttanker Tu-16N; einige Maschinen zu Tu-16G (Tu-104G) umgerüstet, mit denen die Aeroflot ihre Besatzungen schulte und Eilpost zustellte

**Tu-16KS-1 „Badger-B":** ähnlich wie „Badger-A", aber anfänglich zur Bewaffnung mit Antischiffsflugkörpern KS-1 Komet III (AS-1 „Kennel") hergerichtet; fahrbarer Radombehälter hinter dem Bombenschacht; viele Exemplare nachträglich zu Bombern für freifallende Waffen umgerüstet

**Tu-16K-10 „Badger-C":** Schiffsbekämpfungsversion mit Luft-Boden-Flugkörpern K-10 (AS-2 „Kipper") unter dem Rumpf und Suchradar „Puff Ball" im breiten, flachen Bugradom

**Tu-16K-26 „Badger-C Mod":** umgerüstete Tu-16K-10 mit Vorrichtungen für kleinere K-26 (AS-6 „Kingfish") unter den Tragflügeln statt oder in Ergänzung zur K-10 unter dem Mittelrumpf

**Tu-16R „Badger-D":** umgerüstete „Badger-C" zur Seeaufklärung, elektronischen Aufklärung und Führung von Flugkörpern in der mittleren Marschflugphase; größeres Kinnradom und neue Radombeulen unterhalb des Bombenschachts

**Tu-16R „Badger-E":** ähnlich wie „Badger-A", aber für Fotoaufklärungspalette im Bombenschacht hergerichtet; kann auch elektronische Aufklärung fliegen

**Tu-16R „Badger-F":** ähnlich wie „Badger-E", mit ESM-Gondeln unter den Flügeln

**Tu-16K-? „Badger-G":** ähnlich wie „Badger-A", kann aber auch Schiffsbekämpfungsflugkörper AS-5 „Kelt" unter den Trag flächen aufnehmen; Radargerät „Shor Horn" unter dem Bug; führt gelegentlich auch AS-6 mit; die chinesische Versior H-6-IV (B-6D) ist mit faßartigem Kinnra dom und Flugkörpern C-601 Silkworm ur ter den Tragflügeln weitgehend ähnlich

**Tu-16K-26 „Badger-G Mod":** speziell al Träger für Luft-Boden-Flugkörper AS- „Kingfish" entwickelte Version mit neuen Flugkörperlenkradar im Bauchradom zw schen den Triebwerkslufteinläufen

**Tu-16PP „Badger-J":** ECM-Version zu Störung feindlicher Funksender; dazu m Flachantennen an den Flügelenden un kanuförmigem Radom unter dem Rump ausgestattet; diverse Staulufthutzen etc.

**Tu-16R „Badger-K":** Aufklärungsversio mit andersartiger Bordausrüstung

**Tu-16R „Badger-L":** Marineversion m aufgestülptem Bugradom im Zentrum de transparenten Bugkonus, Unterflügelgo deln und ECM-Heckkonus

## TECHNISCHE DATEN

**Tupolew Tu-16 „Badger-A" (Spätserie)**

**Typ:** mittelschwerer Bomber, für zahlreiche Zweitfunktionen geeignet

**Triebwerke:** zwei Strahltriebwerke Mikulin AM-3M je 9500 kg Schub

**Leistung:** Höchstgeschwindigkeit 960 km/h; Dienstgipfelhöhe 15.000 m; Reichweite mit max. Waffenlast 4800 km

**Gewicht:** Leermasse 40.300 kg; max. Startmasse 75.800 kg

**Abmessungen:** Spannweite 32,93 m; Länge 34,80 m; Höhe 10,82 m; Tragflügelfläche 164,65 $m^2$

**Bewaffnung:** sieben 23-mm-Kanonen NR-23 und eine maximale Waffenlast von 9000 kg

# Tupolew Tu-22

Die Entwicklung des überschallschnellen Bombers/Seepatrouillenflugzeugs **Tupolew Tu-22 „Blinder"** begann 1955 unter den Bezeichnungen **Flugzeug Yu** und **Flugzeug 105**. In dieser Periode stieg die Effektivität der westlichen Luftverteidigungssysteme rasch an und stellte den Einsatzwert der subsonischen Tu-16 in Frage. Man konstruierte daher die **Tu-22**, um das Eindringen in den feindlichen Luftraum in größeren Höhen mit höheren Geschwindigkeiten zu ermöglichen. Zu den herausragenden Merkmalen dieses Entwurfs zählten 52°-Pfeilflügel mit vorgezogenen Flächenansätzen, ein flächengeregelter Rumpf und heckmontierte Dobrynin-Strahltriebwerke, die die Strömungs- und Gewichtsnachteile langer Lufteinlaufkanäle vermieden. In typischer Tupolew-Manier zog das Hauptfahrwerk in hintere Flügelgondeln ein. Die **Tu-22** wurde 1961 erstmals in der Öffentlichkeit gezeigt und in schätzungsweise 250 Exemplaren produziert. Davon befanden sich 1983 noch etwa 180 Exemplare im Dienst bei den DA-Fernfliegerkräften (140) und bei den Seeluftstreitkräften AV-MF (40). In geringen Stückzahlen ging der Typ auch an die Luftstreitkräfte des Iraks und Libyens.

***Tupolew Tu-22 „Blinder-A" der Luftstreitkräfte der Arabischen Republik Libyen zu Anfang der achtziger Jahre***

**Varianten**

**Tu-22 „Blinder-A":** erste Serienversion; Grundbomber/Aufklärer mit internen Waffenschächten für bis zu 12.000 kg an Freifallbomben, darunter FAB-9000; erste Baulose ohne Luftbetankungsrohr gefertigt; Bordradar RBP-4 („Short Horn"); nach 1968 produzierte Flugzeuge mit VD-7M-Triebwerken je 16.500 kg Schub

**Tu-22K „Blinder-B":** generell wie „Blinder-A", aber mit Ausbuchtung im Waffenschacht zur Aufnahme eines Abstandsflugkörpers AS-4 „Kitchen"; größeres Rubin-Radargerät („Down Beat") und Luftbetankungsrohr

**Tu-22R „Blinder-C":** Seeaufklärungsversion der „Blinder-A" mit Kameras und/oder Sensoren im Waffenschacht; Initiativa-Radargerät RBP-4

**Tu-22U „Blinder-D":** Schul- und Übungsversion mit erhöhter Kanzel hinter der Standardkabine für den Fluglehrer

**Tu-22P „Blinder-E":** aus der Tu-22R entwickelte Variante zur elektronischen Kampfführung mit RBP-4-Radar, ECM-Heckkonus anstelle des Waffenturms, Unterrumpfbehälter für elektronische Aufklärung und Antennen der EW-Ausrüstung

**TECHNISCHE DATEN (geschätzt)**

**Tupolew Tu-22**

**Typ:** Überschallbomber
**Triebwerke:** vermutlich zwei Dobrynin-Strahltriebwerke VD-7M
**Leistung:** Höchstgeschwindigkeit 1610 km/h oder Mach 1,5 in 12.190 m Höhe; Dienstgipfelhöhe 18.290 m; Einsatzradius 2200 km
**Gewicht:** max. Startmasse 92.000 kg
**Abmessungen:** Spannweite 23,50 m; Länge 42,60 m; Höhe 10 m; Tragflügelfläche 162 m²
**Bewaffnung:** eine 23-mm-Kanone NR-23 im Heckturm und bis zu 12.000 kg an Abwurfmitteln im Waffenschacht oder Lenkflugkörper AS-4 „Kitchen"

# Tupolew Tu-22M

Dieser Typ wurde eine Zeitlang für die **Tupolew Tu-26** gehalten und mit dem NATO-Meldenamen **„Backfire"** bedacht, in den SALT-2-Dokumenten von der Sowjetunion aber mit **Tu-22M** angegeben. Er entstand als einfacher Schwenkflüglerabkömmling der **Tu-22**, deren scharf zurückgepfeilte Tragflügel auf Hochleistung optimiert waren. Die veränderliche Geometrie des Tragwerks bot jedoch eine weitaus bessere Lösung. Die Entwicklung begann um 1966, doch westliche Berichte, man baue Tu-22-Zellen zum Prototyp **Tu-136** und zur Vorserie um, stimmten nicht. Diese Flugzeuge mit dem NATO-Decknamen **„Backfire-A"**, von denen es keinerlei Fotos gab, bis ein Exemplar im Monino-Museum auftauchte, waren in Wirklichkeit nach einem von Grund auf neuen Entwurf gefertigt, auch wenn sie die Fahrwerksbehälter der „Blinder" behalten hatten und sich in vielerlei Hinsicht von den späteren Serienversionen unterschieden. Die nachfolgende **Tu-22M-2 „Backfire-B"** stellte eine fortentwickelte Ausführung dar mit weiter gespannten Außenflügeln, geändertem Seitenleitwerk, neukonzipiertem Fahrwerk, damit die großen Schachtkörper der **Tu-22** entfallen konnten, und Flugbetankungsrohr. Der Heckturm war mit zwei doppelrohrigen GSch-23L-Kanonen bestückt. Die **„Backfire-B"** erhielt ein Turbofan-Nachbrennertriebwerkspaar Kusnezow NK-22 mit einer Nennleistung von je 215 kN Nachbrennerschub. Der späteren **Tu-22M-3** mit NK-25-Triebwerken teilte die NATO den Decknamen **„Backfire-C"** zu. Diese Version hat einen an der Unterseite abgeflachten Bugkonus für das Radargerät „Down Beat", einen neuen Heckwaffenturm und ein Drehstartgestell im Bombenschacht. Schätzungsweise 350 Exemplare befinden sich im Einsatzbestand der DA (240) und der AV-MF (110).

***Tupolew Tu-22M „Backfire-A" der sowjetischen Seeluftstreitkräfte zu Beginn der achtziger Jahre***

**TECHNISCHE DATEN (geschätzt)**

**Tupolew Tu-22M-3 „Backfire-C"**

**Typ:** mittelschwerer Bomber/Seeaufklärer/Flugkörperträger
**Triebwerke:** zwei Turbofan-Nachbrennertriebwerke Kusnezow NK-25 je 245,2 kN Nachbrennerschub
**Leistung:** Höchstgeschwindigkeit in optimaler Höhe 2000 km/h oder Mach 1,88; Einsatzradius mit typischer Waffenzuladung 1187 km
**Gewicht:** max. Startmasse 126.400 kg
**Abmessungen:** Spannweite, ungepfeilt 34,28 m und gepfeilt 23,30 m; Länge 42,46 m; ungepfeilte Tragflügelfläche 183,58 m²
**Bewaffnung:** Einzelkanone GSch-23L mit Zweierrohrbündel im Heckturm und zwei Lenkflugkörpern Kh-22 (AS-4 „Kitchen") oder vier Kh-15P (AS-16 „Kickback") an Trägern unter dem starren Flügelkasten und sechs Kh-15P im Drehstartgestell des Waffenschachts oder angeblich bis zu 24.000 kg an Bomben intern und an Mehrfachträgern unter den Luftkanälen; die übliche Waffenlast besteht aus einer einzigen Kh-22 oder 12.000 kg an Bomben

# Tupolew Tu-28P

Ende der fünfziger Jahre sah sich die Sowjetunion mit dem potentiellen Problem konfrontiert, subsonische, mit Abstandsflugkörpern bewaffnete Kampfflugzeuge des Westens abfangen zu müssen, bevor diese ihre Langstreckenwaffen starten könnten. Die Anforderung verlangte ein Muster beträchtlicher Größe, und die für diese Aufgabe entwickelte **Tupolew Tu-28P** ist tatsächlich der weltweit größte Allwetterabfangjäger. Das neue Überschallflugzeug, vom Prototyp **Tu-98** aus der Mitte der fünfziger Jahre abgeleitet, wurde bei Tupolew als **Tu-102** geführt. Die beiden 1961 erstmals in der Öffentlichkeit gezeigten Prototypen erhielten den NATO-Meldenamen **„Fiddler-A"**. Die **Tu-102** ging jedoch nicht in Serie, sondern diente unter der Bezeichnung **Tu-128** als Ausgangsprodukt für einen Langstreckenabfangjäger, der zu Beginn der sechziger Jahre in Serie und Mitte der sechziger Jahre als **Tu-28P** in Dienst ging. Dieser Typ wurde der Öffentlichkeit erst am sowjetischen Tag der Luftfahrt des Jahres 1967 vorgestellt und von der NATO **„Fiddler-B"** genannt. Die **Tu-28P**, ausgelegt als Mitteldecker mit gepfeiltem Trag- und Leitwerk, hat zwei Nachbrennerstrahltriebwerke, ist mit zwei Mann hintereinander besetzt und führt vier mächtige Luft-Luft-Lenkflugkörper AA-5 "Ash" mit. Man nimmt an, daß dieser Typ 1968 der VVS zugeführt wurde.

***Tupolew Tu-28P „Fiddler-A" der IA-PVO (sowjetische Truppen der Landesluftverteidigung), in den siebziger Jahren in der UdSSR stationiert***

**TECHNISCHE DATEN (geschätzt)**

**Tupolew Tu-28P**

**Typ:** Langstreckenabfangjäger
**Triebwerke:** zwei Nachbrennerstrahltriebwerke Ljulka AL-21F je 11.200 kg Schub
**Leistung:** Höchstgeschwindigkeit 1850 km/h oder Mach 1,74 in 11.000 m Höhe; Dienstgipfelhöhe 20.000 m; Reichweite 5000 km
**Gewicht:** max. Startmasse 40.000 kg
**Abmessungen:** Spannweite 18,10 m; Länge 27,20 m
**Bewaffnung:** vier Luft-Luft-Lenkflugkörper AA-5 „Ash"

# Tupolew Tu-95 und -142

Die **Tu-95** war ein indirekter Abkömmling der Boeing B-29, der über die **Tupolew Tu-4**, die verfeinerte **Tu-80** und die größere **Tu-85** entwickelt und für die DA-Fernfliegerkräfte der Sowjetunion als strategischer Interkontinentalbomber geschaffen wurde. Diese Rolle füllen die jüngsten Varianten auch heute noch aus. Der Entwurf der **Tu-95** entstand vor 1952, und ihre allgemeine Auslegung glich derjenigen der **Tu-16**, doch sie war viel größer und hatte vier Kusnezow-Propellerturbinen NK-12, deren Tests 1953 anliefen. Das Muster, das als Prototyp erstmals 1954 flog, erhielt die Dienstbezeichnung **Tu-20**, doch diese geriet bald in Vergessenheit. Die Auslieferungen an die DA begannen 1955. In einer Zeit, in der Strahl- und Mantelstromtriebwerke die Hauptantriebsquellen für erstrangige Militärflugzeuge darstellen, erscheint es fast unglaublich, daß die **Tu-95** mit dem NATO-Kodenamen **„Bear"** nach fast 40 Dienstjahren noch immer zum aktiven Einsatzbestand zählt. Ihre Turboprop-Triebwerke verleihen ihr eine hohe Geschwindigkeit sowie eine große Reichweite und Flugdauer. Ihre Größe ermöglicht zudem den Einbau umfangreicher Radargeräte und die Bewaffnung mit den größten Luft-Boden-Flugkörpern und Bomben im russischen Arsenal. Die Bezeichnung **Tu-142** tragen neugebaute Seeaufklärungsversionen für die AV-MF. Als einseitige Maßnahme zur Rüstungsbegrenzung ließ Präsident Jelzin ihre Produktion einstellen.

### TECHNISCHE DATEN
**Tupolew Tu-95MS „Bear-H"**

**Typ:** Langstreckenbomber
**Triebwerke:** vier Propellerturbinen Kusnezow NK-12M je 10.889 kW (14.795 PS) Äquivalentleistung
**Leistung:** (geschätzt) Höchstgeschwindigkeit 815 km/h in 12.495 m Höhe; max. Reichweite mit typischer Bombenlast 12.550 km
**Gewicht:** max. Startmasse 188.000 kg
**Abmessungen:** Spannweite 51,10 m; Länge (ohne Tankrohr) 48,50 m; Höhe 12,12 m; Tragflügelfläche 310,50 m$^2$
**Bewaffnung:** zwei 23-mm-Kanonen NR-23 im Heckturm und eine maximale Bombenlast von 11.340 kg

***Die T-95 „Bear-D" ist eine umgebaute „Bear-A". Ein gemeinsames Merkmal aller „Bear" sind die Fahrwerksbehälter hinter den inneren Triebwerken.***

**Varianten**
**Tu-95/1:** Prototyp mit Kusnezow-Propellerturbinen 2TV-2F je 8832 kW (12.000 PS); Erstflug 1952; wurde zerstört
**Tu-95/2:** Prototyp mit TV-12-Turbinen gleicher Leistung; Erstflug 1955
**Tu-95M „Bear-A":** Originalserienversion des strategischen Bombers mit internem Waffenschacht für konventionelle oder nukleare Freifallwaffen
**Tu-95U „Bear-A":** zur Ausbildung umgerüstete Bomber, häufig mit rotem Rumpfband zur SALT-Verifikation
**Tu-95K:** experimentelle Umrüstmaschinen zum Absetzen der MiG 19 SM-20 aus der Luft im Rahmen der Erprobung des Flugkörpersystems K-20
**Tu-95K-20 „Bear-B":** erstmals 1961 beobachtet; generell wie „Bear-A", aber mit großem, abgeflachtem Bugradar anstelle des verglasten Bugkonus und Luft-Boden-Flugkörper AS-3 „Kangaroo" in einer Vertiefung unter dem Rumpf; spätere Maschinen mit dem überschallschnellen Lenkflugkörper AS-6 „Kingfish" hießen Tu-95M-5; Flugzeuge mit bugmontierter Luftbetankungssonde hatten die Bezeichnung Tu-95KD
**Tu-95KM „Bear-C":** erstmals 1964 gesichtet; generell wie „Bear-B"
**Tu-95RT „Bear-D":** See-/Elektronikaufklärungsversion mit umfangreichen Multi-Sensorenpaletten und Flugbetankungsrohr; verglaster Bug und Radome unter dem Kinn und unter dem Bauch
**Tu-95MR „Bear-E":** Seeaufklärungsversion, vermutlich umgerüstete Tu-95M; Palette mit sieben Kamerasätzen im Waffenschacht; Flugbetankungsrohr
**Tu-95K-22 „Bear-G":** umgebaute „Bear-B" und „Bear-C" mit der für die AS-4 nötigen Avionik
**Tu-95M-55:** nicht identifizierter Flugkörperträger; möglicherweise nicht in Dienst gestellt
**Tu-95MS „Bear-H":** neugebaute Trägerplattform für den Marschflugkörper AS-X-15 mit einer Reichweite von 3000 km; bei der NATO als „Bear-H" bekannte Varianten sind keine Umrüstungen, sondern neugebaute Flugzeuge aus Taganrog; Tu-95MS-6 können sechs Flugkörper im internen Drehgestell aufnehmen; Tu-95MS-16 haben das gleiche interne Drehstartgestell und Unterflügelpylonen für zwei weitere Marschflugkörper zwischen Rumpf und inneren Triebwerken sowie nochmals drei zwischen inneren und äußeren Triebwerken
**Tu-95MR „Bear-J":** neugebaute Flugzeuge (oder umgerüstete Tu-142M?) mit einem an der Seitenflossenkappe vorgerecktem Dorn und Windengehäuse unter dem Rumpf für eine nachgeschleppte Längstwellendrahtantenne; wird für ein Kommunikationsrelaisflugzeug nach Art der TACAMO gehalten
**Tu-96:** nicht geflogener Hochgeschwindigkeitsbomber mit NK-16-Propellerturbinen
**Tu-119:** nicht geflogene Umrüstversion der Tu-95M zur Erprobung eines Kernantriebs
**Tu-142 „Bear-F" und „F Mod 1":** fortschrittliche U-Boot-Abwehrversion mit etwa zwei Meter längerem Rumpf zur Aufnahme von diversen Avioniksystemen und Sonarbojen; Glasbug und Radome ähnlich wie bei der Tu-95RT; erweitertes Tankvolumen
**Tu-142M „Bear-F Mods 2-4":** nochmals verbesserte U-Boot-Abwehrversionen mit neuem, um weitere 25 cm gestrecktem Rumpf; neukonzipiertes, höher angeordnetes Cockpit und abwärts geneigte Luftbetankungssonde; Mod 3 mit MAD-Stachel am hinteren Ende der Seitenflossenkappe und aufgeräumtem Hinterrumpf; Mod 4 ist ähnlich, aber mit aufgestülptem Bugradom im Zentrum des transparenten Konus, neuartiger Multisensorenantennengruppe unter dem Bug und neuen EW-Antennen unter dem Heck; nach Indien exportiert; Tu-142M-Varianten sind keine Umrüstungen, sondern neugebaute Flugzeuge aus Taganrog
**Tu-142LL:** zum Triebwerksversuchsträger umgerüstete „Bear-F Mod 3"; das zu testende Triebwerk ist in einer Gondel unter dem Mittelrumpf installiert

# Tupolew Tu-104

Aeroflot benötigte Anfang der fünfziger Jahre dringend ein modernes Verkehrsflugzeug mit größerer Passagierkapazität, Reichweite und Geschwindigkeit als bei den im Dienst befindlichen Maschinen. Das Tupolew-Konstruktionsbüro entwikkelte daraufhin die **Tupolew Tu-104**, eine minimal geänderte zivile Ausführung des Bombers **Tu-16**, die im Grunde lediglich einen neuen, druckbelüfteten Rumpf einführte. Der Prototyp flog erstmals am 17. Juni 1955, und im Sommer des nächsten Jahres ging das Muster bei der Aeroflot in Dienst. Die für 50 Passagiere ausgelegte **Tu-104**, ausgerüstet mit zwei Mikulin-Strahltriebwerken je 6750 kg Schub, wurde zunächst auf der Strecke Moskau – Irkutsk eingesetzt und verkürzte die Flugzeit sofort um mehr als die Hälfte, so daß das mittlere Streckennetz eine völlige Umgestaltung erfuhr. Der Antrieb wechselte später zum 8700 kg schubstarken Mikulin AM-3M, das auch die verbesserte **Tu-104A** mit einer für 70 Personen eingerichteten Kabine versorgte. Die fortgeführte Entwicklung des Mikulin-Triebwerks ermutigte dazu, die **Tu-104B** mit einem um 1,21 m gestreckten Rumpf einzuführen, der eine Standardbestuhlung für 100 Passagiere ermöglichte. Sie nahm am 15. April 1959 den Liniendienst auf. Als die Produktion im Jahr darauf endete, waren etwa 200 **Tu-104** aller Versionen gebaut, die bei der Aeroflot bis 1981 zuverlässig Dienst leisteten.

Die Bezeichnungen **Tu-104D** und **Tu-104V** betrafen **Tu-104A**, die ohne Rumpfstreckung nachträglich auf 100 beziehungsweise 88 Passagiersitze umgestellt wurden. Sechs an die tschechoslowakische Fluglinie CSA gelieferte Maschinen waren im Grunde **Tu-104A** mit 81 Passagiersitzen. Einige **Tu-104** nutzte die VVS zur Ausbildung von Kosmonauten im schwerelosen Flug und zum Transport von Personal. Ein Exemplar mit zugespitzter Flugzeugnase diente als Wetterforschungsflugzeug. Die **Tu-104E** erflog mit einer Nutzlast von 15 Tonnen einen Rekord über 2000 km. Die NATO teilte der **Tu-104** den Meldenamen **„Camel"** zu. Mindestens ein Exemplar wurde auf der Fertigungsstraße zum Prototyp **Tu-110** mit vier Strahltriebwerken in den Flächenansätzen umgestaltet. Sie ging an die VVS, nachdem die Aeroflot sie trotz besserer Wirtschaftlichkeit, kürzerer Pistenlängen für Start und Landung sowie überlegener Flugleistungen und Steuereigenschaften abgelehnt hatte.

***Die Tu-104B war eine verbesserte Version der Tu-104 mit schubstärkeren Triebwerken und drei zusätzlichen kleinen, ein wenig erhöht im Bereich der Tragflügel angeordneten Kabinenfenstern.***

### TECHNISCHE DATEN
**Tupolew Tu-104B**

**Typ:** Mittelstreckenverkehrsflugzeug
**Triebwerke:** zwei Strahltriebwerke Mikulin AM-3M je 9700 kg Schub
**Leistung:** Höchstgeschwindigkeit 950 km/h in 10.000 m Höhe; Dienstgipfelhöhe 11.500 m; Reichweite mit max. Nutzlast 2650 km
**Gewicht:** Leermasse 41.600 kg; max. Startmasse 76.000 kg
**Abmessungen:** Spannweite 34,54 m; Länge 40,05 m; Höhe 11,90 m; Tragflügelfläche 183,50 m$^2$

# Tupolew Tu-114 und Tu-126

Ebenso erfolgreich, wie die militärische Tu-16 zum Mittelstreckenverkehrsflugzeug für die Aeroflot umgebaut wurde, verlief die Umwandlung der Tu-95 zum Langstreckenverkehrsmuster mit interkontinentaler Reichweite. In chronologischer Reihenfolge flog zunächst die Tupolew **Tu-116** (Ende 1956), praktisch eine entmilitarisierte **Tu-20** ohne Waffenschacht und Heckturm, deren Hinterrumpf zu einer Passagierkabine mit 24/30 Sitzen ausgebaut war. Diese Maschine diente zur Erprobung des Antriebs in der zivilen Luftfahrt und zur Bewertung von Flughäfen auf den geplanten Strekken. Es folgten zwei ähnliche Flugzeuge, und alle drei wurden von der Aeroflot unter der Bezeichnung **Tu-114D** übernommen und zur Streckenerprobung sowie für Werbezwecke verwendet. Die echte **Tu-114** (NATO-Name **„Cleat“**) hatte eine geänderte Auslegung und führte einen neuen Rumpf mit kreisrundem Querschnitt und einer Bestuhlung für 220 Passagiere (enge Anordnung), 170 Passagiere (Standard) beziehungsweise 120 Personen (Nonstoplangstreckenflüge) ein. Die erste **Tu-114** flog ab 3. Oktober 1957, und 25 bis 30 Exemplare gingen ab 1961 bei der Aeroflot in Dienst. Am 9. April 1960 hatte die **Tu-114** nachgewiesen, daß sie das schnellste Propellerflugzeug der Welt war, als eine Maschine eine Nutzlast von 25.000 kg über einen Rundkurs von 5000 km trug und dabei einen bis jetzt unübertroffenen Geschwindigkeitsrekord von 877,212 km/h aufstellte. Neben ihrer Verwendung auf heimischen Fernrouten flog die **Tu-114** auch nach Kanada, Indien und Japan, wurde aber ab 1971 nach und nach ausgemustert.

Ein militärischer Abkömmling der **Tu-114** war die **Tu-126** mit dem NATO-Kodenamen **„Moss“**. Man nimmt an, daß es sich hierbei um modifizierte, ehemalige Aeroflot-Airliner handelte, die zur Frühwarnung und Führung von Kampfflugzeugen mit einer umlaufenden Radarschüssel auf dem Rumpfrücken ausgerüstet waren. Diese Maschinen haben außerdem eine Luftbetankungssonde und zahlreiche Wülste und Höcker, die Teile ihrer Einsatzausrüstung bergen. Die einstige Passagierkabine bietet reichlich Platz für umfassende Kommunikations-, Radar- und Signalverarbeitungsanlagen.

**TECHNISCHE DATEN**

**Tupolew Tu-114**

**Typ:** Langstreckenverkehrsflugzeug
**Triebwerke:** vier Propellerturbinen Kusnezow NK-12MV je 10.889 kW (14.795 PS) Äquivalentleistung
**Leistung:** max. Reisegeschwindigkeit 770 km/h; Dienstgipfelhöhe 12.000 m; Reichweite mit max. Nutzlast 6200 km
**Gewicht:** Leermasse 91.000 kg; max. Startmasse 171.000 kg
**Abmessungen:** Spannweite 51,10 m; Länge 54,10 m; Tragflügelfläche 311,10 m²

***Wie sein Halbbruder Tu-20 war der Airliner Tu-114 ein bestechendes Flugzeug. Das Muster unterschied sich von der Tu-95 durch sein bis zum Rumpf nach unten gerücktes Höhenleitwerk.***

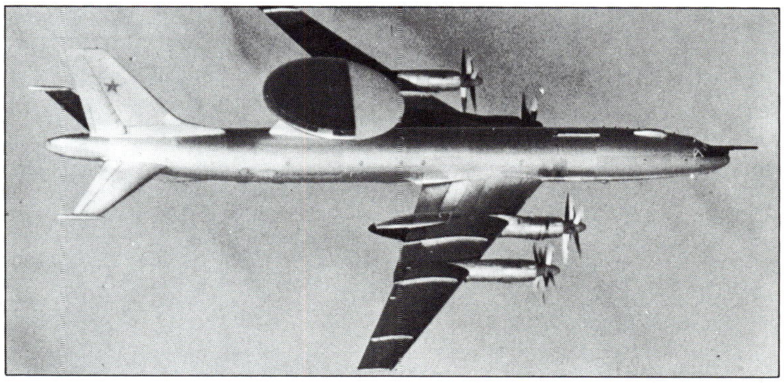

***Der inzwischen ausgemusterte AWACS-Typ Tu-126 besaß wahrscheinlich ein höheres Leistungsvermögen, als es die USA eingestanden.***

# Tupolew Tu-124

Der Aeroflot-Bedarf an einem Kurz-/Mittelstreckenverkehrsflugzeug als Ersatz für die Iljuschin Il-14 führte zu einem Entwurf, der einer verkleinerten Ausgabe der Tu-104 gleichkam. Der Prototyp **Tupolew Tu-124** flog erstmals im Juni 1960, fünf Jahre nach der Tu-104, und brachte eine Reihe von Verfeinerungen der Aerodynamik und Bordsysteme sowie neuentwickelte und wesentlich effizientere Bläsertriebwerke. Die Zweiwellenmantelstromtriebwerke Solowjew D-20P waren sogar weltweit die ersten Aggregate dieser Art, die in ein Kurz-/Mittelstreckenverkehrsmuster eingebaut wurden. **Tu-124** mit Sitzplätzen für 44 Passagiere gingen am 2. Oktober 1962 bei der Aeroflot in Dienst, doch die Hauptserienversion war die **Tu-124V**. Varianten waren die **Tu-124K** und die **Tu-124K2** mit Luxusbestuhlung für 36 beziehungsweise 22 Fluggäste. Rund 100 solcher Flugzeuge wurden produziert, darunter drei für die tschechische CSA und zwei für die DDR-Gesellschaft Interflug. Aeroflot hat ihre **Tu-124** inzwischen außer Dienst gestellt. Einige Exemplare fanden eine militärische Verwendung. Die NATO führt diesen Typ unter dem Namen **„Cookpot“**.

***Die Tupolew Tu-124 war eine kleinere Ausführung der Tu-104. Sie wurde von ökonomischeren Mantelstrom- statt Strahltriebwerken angetrieben.***
***Dies ist eine von drei Maschinen des Typs, die im Dienst der tschechischen Staatslinie CSA flogen.***

**TECHNISCHE DATEN**

**Tupolew Tu-124V**

**Typ:** Kurz-/Mittelstreckenverkehrsflugzeug
**Triebwerke:** zwei Turbofan-Triebwerke Solowjew D-20P je 5400 kg Schub
**Leistung:** Höchstgeschwindigkeit 970 km/h in 8000 m Höhe; Dienstgipfelhöhe 11.700 m; Reichweite mit max. Nutzlast 1220 km
**Gewicht:** Leermasse 22.500 kg; max. Startmasse 38.000 kg
**Abmessungen:** Spannweite 25,55 m; Länge 30,58 m; Höhe 8,08 m; Tragflügelfläche 119,00 m²

# Tupolew Tu-134

Die **Tu-134** mit dem NATO-Decknamen „Crusty“ war im Kern eine Ableitung der Tu-124 mit modernem T-Leitwerk. Ihre Auslegung mit wirtschaftlicheren Triebwerken am Heck sollte nicht nur die Aerodynamik verbessern, sondern auch den Kabinenlärm mindern. Das neue Muster, zunächst als **Tu-124A** bezeichnet, unterschied sich vom Original durch eine größere Spannweite, einen längeren Klappenfahrweg, zweiteilige Querruder und einen geringfügig verlängerten Rumpf. Die ersten beiden Prototypen entstanden durch den Umbau

**TECHNISCHE DATEN**

**Tupolew Tu-134A**

**Typ:** Kurz-/Mittelstreckenverkehrsflugzeug
**Triebwerke:** zwei Mantelstromtriebwerke Solowjew D-30-II je 30,26 kN Schub
**Leistung:** max. Reisegeschwindigkeit 885 km/h; Dienstgipfelhöhe 11.890 m; Reichweite mit max. Nutzlast 1890 km
**Gewicht:** Leermasse 29.050 kg; max. Startmasse 47.000 kg
**Abmessungen:** Spannweite 29 m; Länge 37,05 m

***Diese frühe Tu-134 der Aeroflot im typisch „flachen“ Landeanflug, wie ihn osteuropäische Piloten bevorzugen, zeigt das Tupolew-Emblem.***

noch nicht komplettierter **Tu-124**, und der erste von ihnen absolvierte 1962 seinen Jungfernflug. In der Zwischenzeit hatte man die Bezeichnung **Tu-134** eingeführt. Die ursprüngliche Auslegung für 64 Passagiere und eine vierköpfige Besatzung (zwei Flugzeugführer, ein Navigator und ein Steward) wurde bald auf 72 in Zwei-Klassen-Konfiguration geändert.

Die verbesserte **Tu-134A** führte ein Hilfstriebwerk (APU), verstärkte Tragflügel und einen um 2,70 m gestreckten Rumpf ein. Verschiedene Kabinenauslegungen, alle mit 28 Sitzen im hinteren Abteil, ermöglichten die Beförderung von maximal 84 Personen. Bei der **Tu-134A2** wurde der traditionelle Bomberglasbug abgeschafft, und die **Tu-134A3** brachte Sitze in Leichtbauweise, die die Platzkapazität auf 96 steigerten, sowie leistungsstärkere Solowjew-Triebwerke D-30 Serie III. Bei der **Tu-134B** entfiel der Navigator im Cockpit, aber der Flugingenieur blieb. Viele Exemplare wurden für Erprobungs- und Forschungsvorhaben sowie für diverse andere Aufgaben umgerüstet, darunter die **Tu-134UBL** zur Ausbildung von Tu-160-Besatzungen und die **Tu-134BSh** mit einem Tu-22M-Radargerät im Bug zur Schulung von Navigatoren.

***Als VIP-Transportflugzeug fand die Tupolew Tu-134 Anklang bei WP-Nationen, darunter Polen, der Tschechoslowakei und Ungarn.***

# Tupolew Tu-144

Die Entwurfsarbeiten an der **Tupolew Tu-144** begannen Anfang der sechziger Jahre, und der Prototyp (**SSSR-68001**) flog erstmals am 31. Dezember 1968. Das Muster ähnelte in Auslegung und Leistung der Aérospatiale/British Aerospace Concorde und wies ein gleichartiges ogivales Deltatragwerk mit hinten gruppierten Triebwerken sowie eine absenkbare Nase auf, die die Sicht der Crew im Langsamflug verbesserte. Die Serienversion, standardmäßig für eine dreiköpfige Flugbesatzung und 140 Passagiere ausgelegt, nahm am 26. Dezember 1975 Streckenerprobungsflüge mit Fracht zwischen Moskau und Alma Ata auf. Diese Variante hatte auch einziehbare, aber ansonsten nichtlenkbare Canard-Vorflügel, einen längeren Rumpf, überarbeitete Triebwerkslufteinläufe sowie eine erhöhte Spannweite, und die Schleudersitze der Piloten waren abgeschafft. Vom 22. Februar 1977 an wurde die **Tu-144** in einer Serie von 50 Flügen zwischen Moskau und Chabarowsk erprobt, und am 1. November 1977 nahm sie den Passagierdienst zwischen Moskau und Alma Ata auf. Diese Flüge stellte man nach einem Unfall mit tödlichem Ausgang für die Besatzung am 1. Juni 1978 wieder ein. Die ganzen achtziger bis Anfang der neunziger Jahre flog eine kleine Zahl **Tu-144** sporadisch im Test- und Erprobungsdienst. Ein Exemplar wurde für ein amerikanisch-russisches Hochgeschwindigkeitsflugforschungsprogramm in Schukowski wieder flugtüchtig gemacht. Es soll von Ende 1996 bis ins Jahr 1997 hinein zum Einsatz kommen.

***Die Tupolew Tu-144 „Charger", die aufgrund von Problemen mit der Aerodynamik und Teilen der Bordsysteme längst ausgemustert wurde, kam als erstes überschallschnelles Passagierflugzeug in die Luft.***

**TECHNISCHE DATEN**
**Tupolew Tu-144 (Serienversion)**
**Typ:** Überschallverkehrsflugzeug
**Triebwerke:** vier Turbofan-Triebwerke Kusnezow NK-144 je 20.000 kg Nachbrennerschub
**Leistung:** max. Reisegeschwindigkeit 2500 km/h oder Mach 2,35; max. Betriebshöhe 18.000 m; Reichweite mit max. Nutzlast 6500 km
**Gewicht:** Leermasse 85.000 kg; max. Startmasse 180.000 kg
**Abmessungen:** Spannweite 28,80 m; Länge 65,70 m; Tragflügelfläche 438,00 $m^2$

# Tupolew Tu-154

Die **Tupolew Tu-154** (NATO-Meldename **„Careless"**) wurde als Ersatz für Muster wie die An-10, die Tu-104 und die Il-18 entwickelt.

Ihre Konfiguration erinnert an die der Boeing 727, aber die **Tu-154** ist größer und hat stärkere Triebwerke. Das Hauptfahrwerk mit sechs Rädern am Achsträger pro Baugruppe zieht in die für Tupolew-Muster typischen Gondeln an der Flügelhinterkante ein.

Die ersten Exemplare flogen 1971 mit Kusnezow-Bläsertriebwerken NK-8-T je 9500 kg Schub. Aeroflot nahm am 8. Februar 1972 den regulären Betrieb mit der **Tu-154** auf.

Zu den verbesserten Versionen, die seitdem eingeführt wurden, zählen die **Tu-154A** und die **Tu-154B**, beide mit schubstärkeren Triebwerken, erweitertem Tankvolumen und gesteigerten Flugleistungen sowie höherer Zuverlässigkeit, die **Tu-154B-2** mit fortschrittlicherer Bordausrüstung und leistungsgesteigerten Triebwerken, die **Tu-154C** als Nurfrachtversion und die **Tu-154M** (anfangs **Tu-164** bezeichnet) mit auf 10.600 kg Schub gedrosselten Solowjew D-30KU-154II, einem umkonstruierten Höhenleitwerk und anderen Verfeinerungen.

Jüngere Varianten sind die **Tu-154S**, angeboten als eine zum Nurfrachtflugzeug umgerüstete **Tu-154B**, aber theoretisc auch als neugebautes Flugzeug erhältlic Die **Tu-156** ist als fliegender Prüfstand ein Spezialversion für den Antrieb mit fläss gem Wasserstoff. Der Erstflug dieser Ma schine erfolgte unter der Bezeichnun **Tu-155** im Jahr 1988.

Ferner gibt es die **Tu-154M2**, umgeste auf Perm-/Solowjew-Turbofan-Triebwerk PS-90A. Dieses Muster ist noch im Flug z erproben.

***Tupolew Tu-154B-2 der ungarischen Staatslinie Malev.***

**TECHNISCHE DATEN**
**Tupolew Tu-154A**
**Typ:** Mittelstreckenverkehrsflugzeug
**Triebwerke:** drei Mantelstromtriebwerke Kusnezow NK-8-2U je 10.500 kg Schub
**Leistung:** Reisegeschwindigkeit 900 km/h; Dienstgipfelhöhe 12.000 m; Reichweite mit max. Nutzlast 2.750 km
**Gewicht:** Leermasse 50.775 kg; Startmasse 94.000 kg
**Abmessungen:** Spannweite 37,55 m; Länge 47,90 m

## Tupolew Tu-160 bis Vickers Typ 71 Serie Vixen

**Auch in den jetzigen GUS-Staaten existiert Tupolew weiter, braucht nun allerdings mehr Exporte. Eines der ersten Kampfflugzeuge von Vickers war der „Gunbus", für dessen Bau 1928 ein eigenes Werk gegründet wurde, welches später dann für die sich entwickelnde RAF Standardbomber wie die Virginia, und andere Typen, baute.**

# Tupolew Tu-160

Dieses Muster, das unter dem Titel **Flugzeug 70** entworfen und später als **Tu-160** (NATO-Kodename **„Blackjack"**) bezeichnet wurde, ist das größte Kriegsflugzeug der Welt und das sowjetische Gegenstück zur amerikanischen B-1. Letzterer ähnelt die **Tu-160** zwar in der Grundauslegung, aber sie beherrscht Eindringeinsätze in großer Höhe ebenso gut wie in geringer Höhe mit Geländefolgeradar. Achtzehn solcher Bomber sind einsatzbereit bei einem Regiment, das man vorübergehend auf einen Stützpunkt in der Ukraine verlegt hatte. Als die Ukraine unabhängig wurde, behielt sie die Flugzeuge zunächst, will sie aber an Rußland zurückgeben. Weitere vier Exemplare befinden sich definitiv auf einem russischen Flugplatz und einige Erprobungsmaschinen in Schukowski.

***Diese ungestrichene Tu-160 der russischen Luftstreitkräfte startet von der Piste des Schukowski-Luftfahrzeug-Testzentrums bei Moskau. Im Hintergrund stehen andere Tupolew-Muster.***

**TECHNISCHE DATEN**
**Tupolew Tu-160 „Blackjack"**

**Typ:** superschwerer Bomber
**Triebwerke:** vier Turbofan-Nachbrennertriebwerke Samara Trud NK-321 je 245,2 kN Nachbrennerschub
**Leistung:** Höchstgeschwindigkeit in optimaler Höhe 2000 km/h oder Mach 1,88; Einsatzradius mit typischer Waffenlast 12.000 km
**Gewicht:** max. Startmasse 275.000 kg
**Abmessungen:** Spannweite, ungepfeilt 55,70 m und gepfeilt 35,60 m; Länge 54,10 m
**Bewaffnung:** interne Tandem-Waffenschachts mit Drehstartgestellen für zwölf Kurzstrecken-Angriffsraketen Ch-15P (AS-16 „Kickback") oder sechs Marschflugkörper RK-55 (AS-15 „Kent"); alternativ können bis zu 16.330 kg an Freifallbomben mitgeführt werden

# Tupolew Tu-204

Die als Ersatz für das Kurz-/Mittelstreckenverkehrsflugzeug Tu-154 konzipierte **Tu-204** sollte eigentlich deren T-Leitwerk behalten (wie es interessanterweise auch die Boeing 757 aufwies, von der sich das Tupolew-Konstruktionsbüro eindeutig hatte leiten lassen). Von Anfang an beabsichtigte Tupolew, umfassend Verbundwerkstoffe (vor allem im Bereich des Leitwerks) zu verwenden und das neue Muster um einen neuen, superkritischen Tragflügel mit generösen Auftriebshilfen herum zu konstruieren. Als Antrieb waren Turbofan-Triebwerke unter den Flügeln vorgesehen, die FBW-Steuerung sollte dreifach (mit analoger FBW-Reserveanlage statt einer mechanischen) ausgelegt und das Cockpit nach dem modernen gläsernen Konzept gestaltet werden und ein niedrig eingebrachter Kabinenboden für mehr Bewegungsfreiheit in Schulterhöhe sorgen.

Angetrieben von einem Turbofan-Paar Perm/Solowjew PS-90AT mit je 157 kN absolvierte der Prototyp am 2. Januar 1989 seinen Jungfernflug, der sich durch die verspätete Lieferung der Triebwerke verzögert hatte. Die Triebwerke selbst bewährten sich bei der anfänglichen Erprobung gut und wiesen eine bemerkenswerte Wirtschaftlichkeit nach. Die größeren sowjetischen Triebwerke (ein Kompromiß zwischen dem Bedarf der Il-96 an größeren und der **Tu-204** an kleineren Aggregaten) verbrannten Treibstoff 27 Prozent schneller pro Passagier an Bord, was teilweise auf die niedrigere, höchstzulässige Startmasse der **Tu-204** zurückzuführen war. Die **Tu-204** darf mit einer Zweimannbesatzung fliegen, doch das Flugdeck ist auch für einen zusätzlichen Flugingenieur eingerichtet. Die ersten Serienmaschinen erhielten die Bezeichnung **Tu-204-100**.

Für die Inneneinrichtung bestehen drei Grundauslegungen, alle mit Einzelgang. Die erste Konfiguration bietet Platz für 190 Passagiere (zwölf in Vierersitzreihen in der ersten Klasse, 35 in Sechsersitzreihen in der Business Class und 143 in Sechsersitzreihen in der Touristenklasse), die zweite für 196 Fluggäste (zwölf in der ersten Klasse und 184 in der Touristenklasse) und die dritte für 214 Touristensitze.

Eine schwerere Langstreckenversion, für die zunächst Mantelstromtriebwerke Progress D-18T oder westliche Produkte wie das PW4000 oder ummantelte UHB-Motoren (Ultra High Bypass) vorgesehen waren, wurde zurückgestellt, während ein anderes Projekt zur **Tu-204-200** heranreifte. Letztere profitierte davon, daß man sie mit nichtsowjetischen Triebwerken anbot. Das erste dieser Aggregate war das Rolls-Royce RB.211-535 mit einer Nennleistung von 193 kN, von dem im Dezember 1990 ein Modell für Installationstests geliefert wurde. Der Rolls-Royce-motorisierte Prototyp **Tu-204-220** flog erstmals am 14. August 1992. Die Maschinen mit Rolls-Royce-Antrieb sind mit Avioniksystemen ausgestattet, die Sextant Avionique geliefert und eingerüstet hat. Als zweites westliches Triebwerk steht das PW2037 von Pratt & Whitney mit 185,5 kN Schub zur Wahl. Für die **Tu-204-230** mit PW-Antrieb wurden Avionikgeräte von Honeywell vorgeschlagen. General Electric und SNECMA haben einen neuen Bläser für das vorhandene PS-90 angeboten, was eine vierte Wahlmöglichkeit für die **Tu-204-200** ergäbe. Die Grundserie **200** wird vom Perm PS-90-AT angetrieben.

Zu den **Tu-204**-Betreibern zählen Aeroflot und Orel Avia, während Bravia ein Baulos zum Weiterverkauf bestellt hat. Der **Tu-204**-Entwurf wurde maßstäblich verkleinert, um die noch nicht geflogene Tu-334 mit T-Leitwerk und Hecktriebwerken zu produzieren.

***Die Rolls-Royce-motorisierte Tu-204-220 wird von der britisch-russischen Firma Bravia vermarktet. Das Gemeinschaftsunternehmen hat 30 Maschinen bestellt, um sie an andere Fluggesellschaften zu vermieten.***

**TECHNISCHE DATEN**
**Tupolew Tu-204**

**Typ:** Mittelstreckenpassagierflugzeug
**Triebwerke:** zwei Mantelstromtriebwerke Perm/Solowjew PS-90AT je 157 kN
**Leistung:** Reisegeschwindigkeit 850 km/h in 12.000 m Höhe; Reichweite mit max. Nutzlast 3850 km
**Gewicht:** Leermasse 59.000 kg; max. Startmasse 110.755 kg
**Abmessungen:** Spannweite 42 m; Länge 46,22 m; Höhe 13,88 m; Tragflügelfläche 182,40 m²

# Utva-Flugzeuge

Das jugoslawische Unternehmen Fabrica Aviona Utva flog 1956 den Prototyp eines viersitzigen, abgestrebten Kabinenhochdeckers mit der Bezeichnung **UTVA-56**. Die von einem Lycoming GO-435-C2B2 mit 194 kW (264 PS) angetriebene Maschine diente als Musterflugzeug für die fortentwickelte **UTVA-60**, die den 201 kW (273 PS) starken Motor GO-480-B1A6 einführte. Dieses Modell wurde in mehreren Versionen gebaut, darunter als viersitziges Mehrzweckgrundflugzeug **U-60-AT1**, als ähnlich ausgeführte **U-60-AT2** mit Doppelsteuer, als Agrarvariante **U-60-AG**, als Sanitätsflugzeug **U-60-AM** für zwei liegende Patienten und einen Betreuer sowie als **U-60H**, eine **U-60-AT1**-Variante mit Schwimmwerk. 1965 flog Utva den Prototyp einer auf landwirtschaftliche Dienste spezialisierten Version, die **UTVA-65 Privrednik**, bei der man Trag- und Leitwerk sowie das Fahrgestell der **UTVA-60** mit einem neuen Rumpf kombiniert hatte. Die **UTVA-65** war als **UTVA-65 Privrednik-GO** und als **UTVA-65 Privrednik-IO** mit den Lycoming-Motortypen GO-480-G1A6 (220 kW/299 PS) beziehungsweise IO-540-K1A5 (224 kW/305 PS) erhältlich. Beide wurden 1973 von der **UTVA-65 Super Privrednik-350** abgelöst, die den Lycoming IGO-540-A1C mit 261 kW (355 PS) erhielt. Ende der sechziger Jahre brachte Utva unter der Bezeichnung **UTVA-66** eine weiterentwickelte Version der **UTVA-60** heraus, bei der etliche Verbesserungen und der aufgeladene GSO-480-B1J6 für ein höheres Leistungspotential sorgten. Neben der Grundversion **UTVA-66** bot man das Sanitätsflugzeug **UTVA-66-AM**, das Schwimmerflugzeug **UTVA-66H** und ab 1974 das bewaffnete Mehrzweckmilitärflugzeug **UTVA-66V** an. Die aktuelle Produktion dieser Firma konzentriert sich auf den Tiefdecker **UTVA-75**, ausgelegt als Schul-/Reiseflugzeug mit zwei Sitzen nebeneinander in einer geschlossenen Kabine. Bis Anfang 1993 waren weit über 200 solcher Flugzeuge gebaut, und unter der Bezeichnung **UTVA-75A** gab es diesen Typ auch als Viersitzer. Die jüngste **UTVA-75**-Serienversion, angetrieben von einem Vierzylinder-Boxermotor Avco Lycoming IO-360-BIF mit 134 kW (182 PS), hat eine Spannweite von 9,73 m und erreicht eine Spitzengeschwindigkeit von 215 km/h. Beide Tragflügel sind punktuell verstärkt, so daß für die militärische Ausbildung eine leichte Waffenlast mitgeführt werden kann.

Die **UTVA-75** ist auch zum Segelflugzeugschlepp geeignet. Der Bürgerkrieg im ehemaligen Jugoslawien setzte jeglicher Produktion ziviler Luftfahrzeuge durch diese Firma vorerst ein Ende.

***Eckwerte der UTVA-60 waren eine Spannweite von 11,40 m, ein höchstzulässiges Startgewicht von 1815 kg und eine Höchstgeschwindigkeit von 230 km/h im Reiseflug über eine Distanz von 750 km.***

# VFW-Fokker VAK 191B und VFW 614

Das bundesdeutsche Unternehmen Flugtechnische Werke GmbH und Fokker in den Niederlanden wurden 1969 zu gleichen Teilen Partner der Zentralgesellschaft VFW-Fokker GmbH, waren aber weiterhin als selbständige Unternehmen VFW-Fokker in Deutschland und als Fokker-VFW in den Niederlanden tätig. Am 10. September 1971 flog bei VFW-Fokker der erste von drei Prototypen eines experimentellen Senkrecht-/Kurzstreckenstarteinsitzers für Erdkampf und Aufklärung mit der Bezeichnung **VFW-Fokker VAK 191B**. Dieser Schulterdeckerpfeilflügler hatte eine herkömmliche Auslegung, abgesehen vom Antrieb, der zwei Hubtriebwerke Rolls-Royce RB.162-81 für den Senkrechtflug und ein Mantelstromtriebwerk Rolls-Royce/MTU RB.193-12 mit Strahlumlenkung zum Vortrieb umfaßte. Dieses Programm wurde Mitte der siebziger Jahre beendet.

Mit finanzieller Unterstützung durch die Bundesregierung nahm VFW-Fokker die Konstruktion und Entwicklung von drei Prototypen eines zweistrahligen Kurzstreckenverkehrsflugzeugs mit der Bezeichnung **VFW 614** auf. Das erste Musterflugzeug flog ab 14. Juli 1971, und die Zulassung erfolgte am 23. August 1974. Der Jungfernflug des ersten Serienexemplars fand am 28. April 1975 statt. Die **VFW 614** war ein freitragender Tiefdecker mit mäßig gepfeiltem Trag- und Leitwerk, der 40 bis 44 Passagieren Platz bot und dessen Reisegeschwindigkeit 705 km/h betrug. Das einzige ungewöhnliche Auslegungsmerkmal stellte die Installation der beiden Turbofan-Triebwerke Rolls-Royce/SNECMA M45H Mk 501 mit je 32 kN Schub dar, die man mit Pylonen oben auf die Tragflügel montiert hatte. Da Bestellungen über nur 16 Flugzeuge von Air Alsace (drei), Cimber Air (zwei), Touraine Air Transport (acht) und der Luftwaffe (drei) eingingen, war die Produktion der **VFW 614** unwirtschaftlich und wurde Anfang 1978 nach der Fertigstellung der georderten Maschinen beendet.

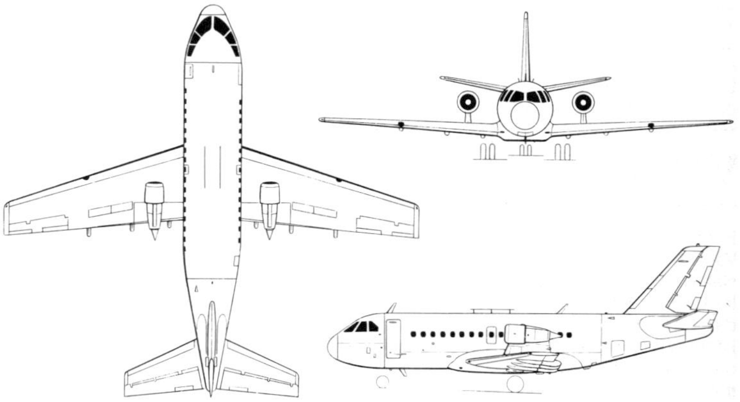

***VFW-Fokker 614***

***Der V/STOL-Jäger VFW-Fokker VAK 191B gehörte zu den anspruchsvollsten Luftfahrzeugprojekten Deutschlands nach dem Zweiten Weltkrieg. Vorn und hinten im langen Rumpf war je ein Hubtriebwerk und in der Mitte ein Marschtriebwerk mit Schwenkdüsen angeordnet. Die Spannweite betrug nur 6,16 m und die höchstzulässige Masse zum Senkrechtstart 8000 kg. Die kleine Tragfläche beeinträchtigte die STOL-Leistung.***

# VL-Flugzeuge

Die finnische Flugzeugfirma Valtion Lentokonetehdas (VL) entstand 1928 durch eine Neufirmierung der bisherigen IVL (Ilmailuvoimen Lentokonetehdas). Ihre ersten Aktivitäten umfaßten die Herstellung des offenen Doppeldeckers **Sääski II** für Osakeyhtio Sääski (etwa zehn Exemplare) und der geringfügig verbesserten **Sääski IIA** (rund 24 Flugzeuge). Der erste VL-eigene Entwurf, der serienmäßig gefertigt wurde, hieß **VL Kotka II** (sechs Exemplare). Dieser kleinen Serie ging der Prototyp **Kotka I** zur Erprobung voraus. Die **Kotka II** war ein zweisitziger Seeaufklärungsdoppeldekker, der von einem Wright-Sternmotor R-1820-E Cyclone mit 429 kW (583 PS) angetrieben wurde. Der Typ blieb bis 1944 im Einsatz. Als nächstes erschien eine Serie von drei Schulflugzeugtypen. Den Anfang machte die **Tuisku**, ein bewaffneter Schuldoppeldecker für Fortgeschrittene, an dessen Prototyp von 1933 sich als erste Serienversion die **Tuisku I** (13 Exemplare) sowie als zweite und letzte Ausführung die verbesserte **Tuisku II** (16 Exemplare) anschlossen. 1935 erschien die **Viima I** (ein Prototyp und ein Serienexemplar), ein zweisitziges Grundschul- oder Verbindungsflugzeug, das in der Serienausführung **Viima II** (22 Exemplare) vom Siemens-Halske-Sternmotor Sh.14A mit 110 kW (150 PS) angetrieben wurde. Wichtiger aber war das Tiefdeckerschulflugzeug **Pyry** (Gewitter) für Fortgeschrittene. Auf den Prototyp **Pyry I** von 1939 folgten 40 seriengefertigte **Pyry II** mit dem 313 kW (426 PS) starken Wright-Sternmotor R-975-E3. VL konstruierte und produzierte nur einen einzigen Kampfflugzeugtyp, die **Myrsky** (Sturm). Der Prototyp von 1942 war ein Jagdeinsitzer in der Auslegung eines Tiefdeckers mit Einziehfahrwerk. Ihm folgten eine Vorserie mit drei **Myrsky I** und die verbesserte Serienversion **Myrsky II** (47 Jäger). Den Antrieb mit 794 kW (1080 PS) lieferte die Lizenzversion des Sternmotors Pratt & Whitney R-1830-S1C3-G Twin Wasp, und die Bewaffnung bestand aus vier 12,7-mm-Browning-Maschinengewehren. Die **Myrsky II** hatte eine Spannweite von 11 m und erreichte eine Höchstgeschwindigkeit von 530 km/h in optimaler Höhe. Zehn verbesserte **Myrsky III** wurden vor Kriegsende nicht mehr fertig, aber VL flog den Prototyp **Pyörremyrsky** (Wirbelsturm) mit 185 kW (1475 PS) starkem V-Reihenmotor Daimler-Benz DB 605.

***Die Tuisku (Schneesturm) war der erste militärische Schulflugzeugtyp von VL.***

# Vachmistrow-Bordjäger-Konzepte

Einer der ersten Verfechter von Jagdflugzeugen, die von Bombern zur Abwehr über Feindgebiet mitgeführt werden sollten, war Wladimir S. Vachmistrow. Sein erstes Hukkepackprojekt **Z-1** bestand aus einem Tupolew-Bomber TB-1 und je einem Tupolew-Jäger I-4 auf den Tragflächen. Diese Kombination flog erstmals am 3. Dezember 1931 und wurde bei mehreren Gelegenheiten erfolgreich erprobt. Die Entwicklung setzte sich mit der **Z-1a** in Form einer TB-1 und zwei Tupolew-Bordjägern I-5 sowie mit der **Z-2** fort, bei der ein Tupolew-Bomber TB-3 je eine I-5 auf den Flügeln und einen dritten Bordjäger auf dem Rumpf trug. Ein bedeutender Fortschritt gelang mit der **Z-5**, da die TB-3 diesmal mit einem Trapez unter dem Rumpf ausgerüstet war, in das sich ein entsprechend vorbereiteter Grigorowitsch-Jäger I-Z im Flug einhaken konnte. Am 23. März 1935 erfolgte die weltweit erste Ankopplung zweier Starrflügler. Dieses Ereignis stützte die Vorstellung, daß Bomber einen Jäger zum eigenen Schutz in weitentfernte Zielgebiete mitführen und ihn nach dem erfolgreichen Einsatz wieder einfangen könnte. Im Verlauf weiterer Erprobungen, auch außerhalb der Sowjetunion, zeigte sich jedoch, daß dieses Konzept nicht praktikabel war. Die Vachmistrow-Experimente wurden fortgeführt mit der **Z-6**, bei der eine TB-3 je einen Polikarpow-Jäger I-16 unter den Flügeln trug, und mit der ähnlichen **Z-7**, die eine dritte I-16 am Unterrumpftrapez in der Luft aufnehmen konnte. Das erstaunlichste Experiment erfolgte 1935 mit dem Trägerflugzeug Aviamatka, einer TB-3/AM-34 mit je einer I-16 auf und je einer I-5 unter den Flügeln. Zudem konnte die Aviamatka im Flug ein Trapez unter dem Rumpf absenken, in das sich ein I-Z-Jäger einkoppelte. Alle fünf Jäger wurden dann gleichzeitig in der Luft abgesetzt. Ihren Höhepunkt fand die Arbeit Vachmistrows in der Aufstellung eines Einsatzverbandes mit sechs Trägerflugzeugen TB-3/AM-34 und zwölf I-16-Jägern, die man zur Beladung mit je einer 250-kg-Bombe modifiziert und in **SPB** umbenannt hatte.

***Bei dieser als „Vachmistrow-Bukett" bekannten Flugvorführung flogen 1935 sechs Maschinen als Einheit: eine Tupolew TB-3 mit zwei Polikarpow I-5 auf und zwei Polikarpow I-16 unter den Flügeln sowie einer Grigorowitsch I-Z am Trapez unter dem Rumpf.***

# Valmet-Flugzeuge

Bald nach dem Zweiten Weltkrieg wurde Valtion Lentokonetehdas (VL) von dem staatlichen Großunternehmen Valtion Metallitehaat Lentokonetehdas übernommen, das seit 1958 in der Kurzform Valmet Oy bekannt ist. Das erste Nachkriegsprodukt des Unternehmens war der Prototyp **Valmet VH-1**, ein zweisitziger Eindecker und Fortgeschrittenentrainer mit Einziehfahrwerk und 537 kW (730 PS) starkem Sternmotor Bristol Mercury VIII. Der erstmals am 6. Februar 1951 geflogene Typ wurde für die finnische Luftwaffe zunächst als **VH-2 Vihuri** (Windstoß) gebaut, und es folgte die verbesserte **VH-3**. Alle diese Schulflugzeuge waren bis Ende 1956 ausgeliefert. Seither hat Valmet für die finnische Luftwaffe die Aérospatiale CM.170 Magister in Lizenz gefertigt sowie zwölf Saab 35XS Draken zusammengebaut und war noch bis vor kurzem mit der Lizenzproduktion von 46 der insgesamt 50 BAe Hawk Mk 51 befaßt.

Auf einen Auftrag der finnischen Luftwaffe von 1973 hin konstruierte, entwickelte und produzierte Valmet die **Valmet L-70 Miltrainer**, von der Luftwaffe auf den Namen **Vinka** getauft. Der freitragende Tiefdecker mit starrem Bugradfahrwerk nimmt Fluglehrer und Schüler nebeneinander in einer geschlossenen Kabine auf, und den Antrieb besorgt ein Vierzylinder-Boxermotor der Marke Avco Lycoming AE-IO-360-A1B6 mit 149 kW (203 PS). Nach der erfolgreichen Erprobung des Prototyps, der erstmals am 1. Juli 1975 flog, wurden 30 **Vinka**-Serienmaschinen gebaut und bis Ende 1982 an die finnische Luftwaffe geliefert.

1983 führte die **Vinka** zur **L-80TP Turbo Trainer**, die im wesentlichen eine **L-70** mit Einziehfahrwerk und 268 kW (365 PS) starker Allison-Propellerturbine 250B-17D war. Bis die **L-80TP** flog, hatte man sie in **L-90TP Redigo** umbenannt. Das erste Flugzeug (**OH-VTP**) kam am 1. Juli 1986 mit dem Allison-Originaltriebwerk in die Luft, aber die zweite Maschine erhielt die leistungsstärkere, wenn auch auf 313 kW (426 WPS) gedrosselte Propellerturbine Turboméca TP 319. Diese Maschine ging bei einem Unfall im August 1988 verloren, aber im September 1991 stellte die finnische Luftfahrtbehörde dem Typ schließlich die Zulassung aus. Zum endgültigen Triebwerk für die Serie wurde die stärkere Allison-Turbine 250-B17F bestimmt. Die erste Bestellung hatte die Ilmavoimat 1989 mit zehn Maschinen erteilt, die den Übergang auf den Hawk-Strahltrainer erleichtern sollten. Von Kunden im Ausland folgten Aufträge über 18 weitere Flugzeuge.

***Die L-90TP ist für Belastungen mit +7 g und −3,5 g zugelassen. Zero-Zero-Schleudersitze für die Besatzung gibt es als Sonderausstattung.***

| TECHNISCHE DATEN |
| --- |
| **Valmet L-90TP Redigo** |
| **Typ:** zweisitziges, militärisches Turboprop-Schulflugzeug |
| **Triebwerk:** eine Propellerturbine Allison 250-B17F, deren Leistung auf 313 kW (426 WPS) gedrosselt ist |
| **Leistung:** Höchstgeschwindigkeit im Horizontalflug 415 km/h; Dienstgipfelhöhe 7620 m; Reichweite mit max. Treibstoffmenge in 6000 m Höhe 1400 km |
| **Gewicht:** Rüstmasse 950 kg; max. Startmasse (mit Außenlasten) 1900 kg |
| **Abmessungen:** Spannweite 10,60 m; Gesamtlänge 8,53 m; Gesamthöhe 3,20 m |
| **Bewaffnung:** sechs Unterflügelstationen für eine Gesamtlast von 1100 kg an MG-, Raketen- und Aufklärungsbehältern |

***Die Valmet L-70, hier der Prototyp Leko-70, hat eine Spannweite von 9,85 m, ein Höchststartgewicht von 1200 kg und eine Spitzengeschwindigkeit von 240 km/h in Meereshöhe.***

# Vertol Modell 42 und Modell 44

1954 wurde die Vertol Aircraft Company (Canada) Ltd. gegründet, um die Wartung und Grundüberholung der Piasecki-Hubschrauber (später Vertol) H-21 der Royal Canadian Air Force durchzuführen. Die Firma unternahm eine tiefgreifende Umrüstung von acht RCAF H-21 für die zivile Luftfahrt.

Diese Helikopter **Vertol Modell 42A**, angetrieben vom Wright R-1820-103 mit 1063 kW (1445 PS), wurden zum Transport von 19 Passagieren oder 1279 kg an interner Fracht beziehungsweise 2268 kg an der Lastschlinge ausgerüstet und flogen bei Spartan Air Services zur Versorgung der zentralkanadischen Radarfrühwarnkette.

Als die Piasecki Helicopter Corporation 1956 zur Vertol Aircraft Corporation umgewandelt wurde, leitete man die Entwicklung ziviler Versionen des H-21 unter der Firmenbezeichnung **Vertol Modell 44** ein. Für den Antrieb sorgte der Wright-Sternmotor 977C9 HD1 Cyclone mit einer Nennleistung von 1063 kW (1445 PS). Diese Hubschrauber waren in drei Ausführungen erhältlich, dem **Modell 44A** als Mehrzwecktransporthubschrauber für Fracht beziehungsweise für 19 Zivilpassagiere, 20 Soldaten, zwölf Krankentragen und zwei medizinische Betreuer oder eine 2500 kg schwere Außenlast, dem **Modell 44B**, einem Standardverkehrshubschrauber mit einer Airliner-Kabine für maximal 15 Fluggäste, und dem **Modell 44C**, einem VIP-Verkehrshubschrauber. Diese Maschinen verfügten über eine individuell ausgelegte Inneneinrichtung.

Die an New York Airways und an die schwedische Marine gelieferten Exemplare des **Modells 44B** hatten eine abgedichtete Rumpfwanne und Gumminotschwimmer oberhalb des normalen Fahrwerks, um notfalls auf dem Wasser operieren zu können.

Auch für Kanadas Spartan Air Services wurden drei Maschinen des **Modells 44B** gebaut. Ihre Aufgabe war es, das **Modell 42A** bei der Unterstützung der Frühwarnradarkette zu ergänzen.

# Vickers F.B.5

Die große und weithin bekannte Waffen-, Maschinen- und Schiffsbauunternehmensgruppe Vickers Ltd. richtete Anfang 1911 eine luftfahrttechnische Abteilung ein. Diese fertigte zunächst acht unterschiedliche Schulterdecker, die von den französischen R.E.P.-Mustern des Hauses Esnault-Pelterie abgeleitet waren. Bei einem Waffenhersteller mit Luftfahrzeugabteilung konnte es nicht verwundern, daß die Admiralität ihn mit der Konstruktion eines bewaffneten Jagddoppeldeckers zu Versuchszwecken beauftragte. So entstand die **Vickers E.F.B.1** (Experimental Fighting Biplane), die die militärischen Entwürfe dieses Unternehmens einleitete. Der Doppeldecker ungleicher Spannweite hatte eine zentrale Gondel mit zwei offenen Cockpits in Tandemanordnung und einem 60 kW (82 PS) starken Wolseley-Flugmotor im Heck, der einen Druckpropeller antrieb. Zu seinem starren Schleifspornfahrgestell gehörte auch eine weit über die Haupträder nach vorn ragende Kufe, um die Gefahr des Vornüberkippens bei der Landung zu verringern. Das Leitwerk war an unverkleideten, mit Draht verspannten Stahlrohrheckauslegern befestigt. Als dieser Versuchsjäger 1913 auf der Luftfahrtschau im Olympia-Ausstellungszentrum in London gezeigt wurde, erregte er wegen seiner Bewaffnung mit einem beweglich im Frontcockpit gelagerten Vickers-Maschinengewehr einiges Aufsehen, stürzte aber während der Luftfahrtschau ab.

Die ähnlichen, jedoch verbesserten **E.F.B.2** und **E.F.B.3** hingegen flogen erfolgreich unter dem Antrieb ihres 74 kW (100 PS) starken Gnome-Umlaufmotors, und die Admiralität erteilte einen Auftrag über sechs **E.F.B.4.** Vor ihrer Fertigstellung übernahm das War Office die Beschaffung. Der Produktion des ersten Militärflugzeugs dieses Unternehmens ging ein Prototyp **E.F.B.5** voraus, die **F.B.5 Gunbus**, von der über 200 Exemplare gebaut wurden. Der Typ kam hauptsächlich beim RFC zum Einsatz. Im Laufe der Produktion kam es zu Detailverbesserungen, und das unhandliche Vickers-MG mit Gurtmunition der frühen Jäger wurde durch das leichtere, auf einer Drehstütze gelagerte Lewis-MG mit Trommelmagazin ersetzt. Die vom Gnome-Monosoupape-Umlaufmotor mit 74 kW (100 PS) angetriebene und 11,13 m weit gespannte **Gunbus** erreichte eine Höchstgeschwindigkeit von 113 km/h in optimaler Höhe und konnte vier Stunden und 30 Minuten in der Luft bleiben. Versuchsversionen der **F.B.5** flogen erstmals 1915, darunter eine Maschine mit einem Clerget-Umlaufmotor, der 81 kW (110 PS) erzeugte, und zwei mit dem 112 kW (152 PS) starken Smith-Sternmotor. Weitere Exemplare wurden nicht gebaut. Allerdings bauten S.A. Darracq et Cie in Suresnes, Frankreich, und A/S Nielson & Winthers in Kopenhagen, Dänemark, die **F.B.5** in Lizenz.

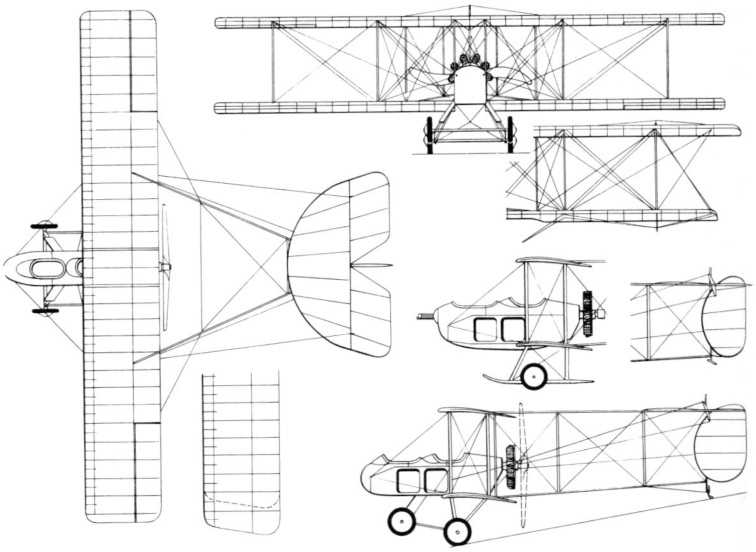

***Vickers E.F.B.2 (Teilansichten: Modelle mit MG)***

# Vickers F.B.14

Der zweisitzige Jagdaufklärer **Vickers F.B.14** war als herkömmlicher Doppeldecker mit zwei offenen Tandemcockpits und starrem Schleifspornfahrgestell ausgelegt. Den Ausgangspunkt seines Entwurfs aber bildete der neue BHP-Reihenmotor (Beardmore, Halford und Pullinger) mit 171 kW (234 PS). Die Prototypzelle, wie bei der F.B.5 ein Stahlrohrgerüst, stand ab Mitte 1916 zum Einbau des BHP-Motors bereit, aber seine Entwicklung schien sich noch weiter hinauszuzögern, so daß die Maschine statt dessen mit einem 119 kW (162 PS) starken Beardmore-Motor zum Erstflug startete. Es überraschte kaum, daß ihre Leistung weit hinter den Erwartungen zurückblieb, und als Vickers dann noch Probleme mit der Zuverlässigkeit des Beardmore-Triebwerks bekam, wurde das Gros der etwa 50 Serienflugzeuge ohne Motor an das RFC geliefert. Vickers hatte ein Exemplar mit einem älteren, verläßlicheren Beardmore-Motor getestet, der aber nur 89 kW (121 PS) entwickelte, so daß die Flugleistungen weit unter den akzeptablen Werten lagen.

Anschließende Schritte zur Lösung des leidigen Triebwerksproblems führten zur **F.B.14A** (V-Motor Lorraine-Dietrich mit 110 kW/150 PS), zur **F.B.14D** (V-Motor Rolls-Royce Mk IV mit 185 kW/253 PS) und zur **F.B.14F** (RAF 4a mit 112 kW/152 PS). Die Maschine mit Rolls-Royce-Antrieb zeigte die bei weitem beste Leistung: eine Spitzengeschwindigkeit von 180 km/h in optimaler Höhe.

Da die **F.B.14** der zeitgleichen Bristol F2.B bei weitem unterlegen war, wurde sie nicht weiterverfolgt.

***Die Vickers F.B.14 selbst (hier in modifizierter Form mit geradliniger Seitenflossennasenkante, Pilotenkopfstütze und ausgerundetem Rumpfrücken) war nicht erfolgreich, aber sie bildete die strukturelle Basis für die meisten Zugpropellerdoppeldecker dieses Herstellers.***

# Vickers F.B.19

Die von den experimentellen Erkundungsjägern **E.S.1** und **E.S.2** (**Experimental Scout**) abgeleitete **Vickers F.B.19 Mk I** war ein schmucker, stämmiger Jagdeinsitzer mit gleich weit gespannten, aber ungestaffelten Doppeldeckerflügeln und einem Umlaufmotor Gnome Monosoupape oder Le Rhône mit 74 kW (100 PS) beziehungsweise 81 kW (110 PS). Ergänzt wurde dieses Muster durch die **F.B.19 Mk II** mit gegeneinander versetzten Tragflügelpaaren und Clerget- oder Le-Rhône-Umlaufmotor. Sowohl die **Mk I** als auch die **Mk II** waren mit einem einzelnen Vickers-Maschinengewehr bewaffnet, das von einem Vickers-Challenger-Unterbrechergetriebe so synchronisiert wurde, daß es durch den Propellerkreis feuern konnte. Rund 50 **F.B.19 Mk I** und zwölf **F.B.19 Mk II** entstanden für das RFC, aber beide Typen kamen nur kurzzeitig an der Westfront und in Nahost zum Einsatz, weil sie den meisten Jägern der Gegenseite unterlegen waren. Einige Exemplare dienten noch zur Heimatverteidigung, aber die Mehrzahl landete bei Ausbildungseinheiten.

Nach der Bewertung einer **Mk I** in Rußland wurde ein weiteres Dutzend **Mk II** für diese Nation produziert, aber es ist nicht gewiß, ob diese Flugzeuge jemals in Dienst gingen. Die winzige **F.B.19 Mk I** mit Monosoupape-Motor, die nur eine Spannweite von 7,32 m und eine Länge von 5,54 m hatte, konnte in 3050 m Höhe auf 164 km/h beschleunigen und somit am schnellsten fliegen.

***Die Vickers F.B.19 Mk II unterschied sich von der Mk I durch die Staffelung des Doppeldekkertragwerks.***

# Vickers F.B.27 Vimy, Vimy Commercial und Vernon

Der Prototypbomber **Vickers F.B.27 Vimy** (**B9952**) flog erstmals am 30. November 1917. Wie die de Havilland D.H.10 Amiens und die Handley Page V/1500 sollte auch dieses Muster die RAF mit einem strategischen Bomber versorgen, der Industriekomplexe in Deutschland zerschlagen konnte. Einige Exemplare aller drei Typen trafen zwar noch vor dem Waffenstillstand des 11. November 1918 in Frankreich ein, aber keiner von ihnen flog echte Kampfeinsätze im Ersten Weltkrieg. Der erste **Vimy**-Prototyp, ausgelegt als Doppeldecker mit entsprechend konfiguriertem Leitwerk und einer dreiköpfigen Besatzung, wurde von zwei Hispano-Suiza-Motoren je 154 kW (210 PS) angetrieben, der zweite von Sunbeam Maoris je 194 kW (264 PS), der dritte von Fiat A-12 je 221 kW (300 PS) und der vierte von Rolls-Royce Eagle VIII je 268 kW (364 PS), die man dann zum Standard erhob. Die **F.B.27A Vimy Mk II** bestimmte man zur großmaßstäblichen Serienfertigung, aber infolge von Auftragsstornierungen gegen Kriegsende wurden nur etwa 230 Exemplare fertiggestellt. Erst im Juli 1919 befand sich die **Vimy** im regulären RAF-Einsatz, zunächst bei No. 58 Squadron in Ägypten, dann auch bei anderen Einheiten in Nahost und in Großbritannien. Die **Vimy** hielt sich bei den Bomberstaffeln bis die Vickers Virginia sie 1924/25 verdrängte. No. 502 Squadron in Nordirland flog diesen Typ aber noch bis 1929. Außer den Maschinen der No. 502 Squadron wurden rund 80 **Vimy** ab 1925 auf Sternmotoren Armstrong Siddeley Jaguar oder Bristol Jupiter umgestellt und Flugschulen sowie der Fallschirmjägerausbildungseinheit auf dem RAF-Fliegerhorst Henlow zugeführt. In der Luftfahrtgeschichte hat die **Vimy** einen festen Platz durch ihre Pionierflüge. Dazu gehörten die erste Nonstop-Überquerung des Nordatlantiks von West nach Ost durch John Alcock und Arthur Whitten Brown, der erste Flug von England nach Australien durch Ross und Keith Smith und ihre Crew und schließlich der Versuch von Pierre van Ryneveld und Christopher Q. Brand, von England nach Südafrika zu fliegen, dessen Schlußetappe (Bulawayo – Kapstadt) mit einer D.H.9 durchgeführt wurde. Im Januar 1919 begann Vickers mit der Weiterentwicklung der **Vimy** für die zivile Luftfahrt und führte bei der **Vimy Commercial** einen neuen, größer bemessenen Rumpf für eine Kabine mit zehn Sitzplätzen ein, behielt als Antrieb aber die beiden Rolls-Royce Eagle VIII bei. Auf den erstmals am 13. April 1919 geflogenen Prototyp folgten 43 Serienmaschinen für China (40) und Instone Air Line, Grands Express Aériens sowie die UdSSR (je ein Exemplar). Fünf generell ähnlich ausgelegte Flugzeuge, aber mit Ladeluke im Bug, wurden für die RAF als **Vimy Ambulance** gebaut und für vier liegende oder acht sitzfähige Patienten und zwei medizinische Betreuer eingerichtet. Der letzte Sprößling des **Vimy-/Vimy-Commercial**-Stammes war die **Vickers Vernon**, ein Bomber/Transporter, den die RAF ab 1921 für Polizeiaktionen im Irak einsetzte. Die von No. 45 und No. 70 Squadron mit Standort Hinaidi geflogenen Maschinen erfüllten nicht nur ihre eigentlichen Aufgaben, sondern bewährten sich auch als Sanitätsflugzeuge und spielten eine wichtige Rolle bei der Einführung der Luftpoststrecke Kairo – Bagdad. Die **Vernon Mk I** (20 Exemplare) unterschied sich kaum von der **Vimy Commercial**, aber in die **Vernon Mk II** (25) waren Napier Lion II je 336 kW (457 PS) eingebaut, und die **Vernon Mk III** (zehn) hatte Napier Lion III, ein erweitertes Tankvolumen und ein Ölfederbeinfahrwerk. Die **Vernon** wurde 1927 von der Victoria abgelöst.

***Vickers Vimy Ambulance der RAF, Anfang der zwanziger Jahre im Nahen Osten stationiert***

### TECHNISCHE DATEN
**Vickers Vimy Mk II**

**Typ:** schwerer Bomber
**Triebwerke:** zwei V-Reihenmotoren Rolls-Royce Eagle VIII je 268 kW (364 PS)
**Leistung:** Höchstgeschwindigkeit 166 km/h in Meereshöhe; Dienstgipfelhöhe 2135 m; max. Reichweite 1448 km
**Gewicht:** Leermasse 3222 kg; max. Startmasse 4937 kg
**Abmessungen:** Spannweite 20,75 m; Länge 13,27 m; Höhe 4,76 m; Tragflügelfläche 122,44 m²
**Bewaffnung:** je ein 7,7-mm-Lewis-Maschinengewehr auf Scarff-Ring im Bug- und Mittschiffsgefechtsstand sowie eine Bombenlast von 1123 kg an externen Halterungen

# Vickers Typ 54 Viking, Typ 78 Vulture und Typ 83 Vanellus

1918 konstruierte Vickers ein leichtes Amphibienflugzeug mit Trag- und Leitwerk in Doppeldeckerausführung. Der von der Tochterfirma S. E. Saunders gefertigte Consuta-Sperrholzbootsrumpf enthielt eine geschlossene Kabine für vier Fluggäste. Der Motor, ein Rolls-Royce Falcon mit 205 kW (279 PS), war an Streben unter den Oberflügel gehängt und trieb einen Druckpropeller an. Die Maschine, genannt **Vickers Viking**, flog erstmals Ende 1919, mußte aber bereits am 18. Dezember 1919 notlanden. Dabei kam der berühmte Chefpilot des Unternehmens, Sir John Alcock, ums Leben. Aus dieser **Viking I** wurde eine Serie von Flugzeugen mit progressiven Verbesserungen entwickelt, die vor allem den Bootsrumpf (einige hatten offene Cockpits) und den Motortyp betrafen. Auf die Einzelexemplare **Viking II** (Rolls-Royce Eagle VIII mit 268 kW/364 PS) und **Viking III** (Napier Lion mit 336 kW/457 PS) folgte die Serienversion **Typ 54 Viking IV**. Von den insgesamt 26 unter mehreren Typnummern verkauften Flugzeugen gingen Exemplare an die Streitkräfte Argentiniens, Kanadas, Frankreichs, Japans und der Niederlande. Das Schicksal wollte es, daß der wie Sir John Alcock für einen Vickers-Vimy-Pionierflug zum Ritter geschlagene Sir Ross Smith bei einem Unfall mit einer **Viking IV** am 13. April 1922 getötet wurde. Die letzte Version war die **Viking V** mit Napier-Lion-Motor, von der zwei Exemplare für das im Irak stationierte RAF-Kontingent gebaut wurden.

Das Muster, das die **Viking VI** mit neukonstruiertem Tragwerk und Napier-Lion-Motor hätte werden sollen, erhielt die Bezeichnung **Typ 78 Vulture I**. Ein zweites Exemplar mit Rolls-Royce Eagle IX (268 kW/364 PS) wurde **Typ 95 Vulture II** genannt und später ebenfalls auf den Napier Lion ummotorisiert. Mit diesen beiden Flugzeugen versuchte man 1924, einen Flug rund um den Globus zu unternehmen, der aber scheiterte. Die letzte Maschine der **Viking**-Serie, zunächst als **Viking VII**, aber später als **Typ 83 Vanellus** bezeichnet, war ein Einzelexemplar zur Prüfung durch die RAF als dreisitziges Flottenspähflugzeug (Pilot, Beobachter/Bordschütze und Nurschütze). Von seinen Vorgängern unterschied sich dieses Modell vor allem durch sein Eindeckerleitwerk. Die **Viking IV** hatte eine Spannweite von 15,24 m.

***Mit dieser Vickers Viking VI (Vulture II), hier in Hinaidi abgebildet, versuchten Squadron Leader A. S. C. McLean und seine zweiköpfige Crew 1924 einen Flug rund um die Erde zu unternehmen, der jedoch mit einem Absturz in Birma endete.***

# Vickers Typ 56 Victoria, Typ 264 Valentia und Typ 72 Vanguard

Das vom Virginia-Bomber abgeleitete militärische Transportflugzeug **Vickers Victoria** nimmt einen ehrenvollen Platz in der RAF-Geschichte ein, da es in den Jahren 1928/29 586 Personen von Kabul nach Peschawar evakuierte. Im April 1921 wurden zwei **Victoria**-Musterflugzeuge in Auftrag gegeben, von denen das erste (**J6860**) mit der Bezeichnung **Typ 56 Victoria Mk I** am 22. August 1922 zum Jungfernflug startete. Es handelte sich um einen riesigen Doppeldecker mit einheitlicher Spannweite und Doppeldeckerleitwerk, angetrieben von zwei Napier Lion IXA je 336 kW (457 PS). Der Großraumrumpf nahm im offenen Bugcockpit zwei Besatzungsmitglieder und in der geschlossenen Kabine bis zu 23 Soldaten mit kompletter Ausrüstung auf. Das zweite Musterexemplar, **Typ 81 Victoria Mk II**, flog im Januar 1923, und die erste Serienversion **Typ 117 Victoria Mk III** erhielt leicht gepfeilte Außenflügel mit schwacher V-Stellung und zunächst Lion-II-Motoren je 336 kW (457 PS). Die Bezeichnung **Typ 145 Victoria Mk IV** galt einem Prototyp, der eine metallene Grundstruktur der Tragflügel einführte. Ihm folgte die letzte in Großserie gefertigte Version **Typ 169 Victoria Mk V** mit der gleichen Flügelstruktur und Napier Lion VIIB je 425 kW (578 PS), aber ohne starre Seitenleitwerksflächen. Als letzte seriengefertigte Version erschien **Typ 262 Victoria Mk VI** mit Bristol-Sternmotoren Pegasus IIL3 je 464 kW (631 PS). Bei Produktionsende waren 97 **Victoria**, die Prototypen eingerechnet, gebaut.

Der Erfolg der **Victoria Mk VI** zog Aufträge über neue Maschinen mit diesem Antrieb nach sich, und 28 Exemplare wurden unter der Bezeichnung **Typ 264 Valentia** gefertigt. Zudem paßte man 54 **Victoria** nachträglich dem **Valentia**-Standard an und ordnete eine kleine Zahl mit Pegasus-IIM3-Motoren (474 kW/645 PS) der gleichen Typkennung zu. Bei Ausbruch des Zweiten Weltkriegs verfügte die RAF über 60 **Valentia**, von denen viele bis 1941 im Einsatz blieben. Im Irak dienten zwei Maschinen sogar bis Mai 1944.

Das Einzelexemplar einer zivilen Variante mit der Bezeichnung **Typ 72 Vanguard** konnte 23 Passagiere befördern, wurde von zwei Napier Lion (später als **Typ 103 Vanguard** von Rolls-Royce Condor III je 485 kW/660 PS) angetrieben und ging im Mai 1928 bei Imperial Airways in Dienst. Ende 1928 wurde die Maschine bei einem Unfall zerstört, als sie nach einer Modifikation des Leitwerks als **Typ 170 Vanguard** Testflüge absolvierte.

***Nur eine einzige Verkehrsmaschine Vickers Vanguard, die stark der Victoria ähnelte, wurde für Imperial Airways gebaut.***

### TECHNISCHE DATEN
**Vickers Valentia**

**Typ:** Truppentransporter
**Triebwerke:** zwei Sternmotoren Bristol Pegasus IIL3 je 464 kW (631 PS)
**Leistung:** Höchstgeschwindigkeit 193 km/h in 1525 m Höhe; Dienstgipfelhöhe 4955 m; Reichweite 1287 km
**Gewicht:** Leermasse 4964 kg; max. Startmasse 8845 kg
**Abmessungen:** Spannweite 26,62 m; Länge 18,14 m; Höhe 5,41 m
**Bewaffnung:** unter den Tragflügeln konnten Gehänge für eine maximale Bombenlast von 998 kg angebracht werden

## Vickers Typ 57 Virginia

***Vickers Virginia Mk VII der No. 7 Squadron, RAF, Ende der zwanziger Jahre in Worthy Down stationiert***

Der Prototyp (**J6856**) **Vickers Typ 57 Virginia** startete am 24. November 1922 zum Jungfernflug. Dieses Muster, ein großer Doppeldecker, der sich in der Konstruktion kaum von der in der Endphase des Ersten Weltkriegs entworfenen und entwickelten Vickers Vimy unterschied, wurde zum Rückgrat der schweren Nachtbomberstaffeln der RAF in der Zeit zwischen den beiden Weltkriegen. Von 1924 bis Mitte der dreißiger Jahre diente die **Virginia** bei den Einsatzverbänden und anschließend noch zur Fallschirmjägerausbildung in Henlow. Als die Produktion auslief, waren 124 solcher Bomber für die RAF vom Band gerollt.

Als erste von zehn Varianten erschien der Originalprototyp **Virginia Mk I**, angetrieben von zwei Napier Lion je 336 kW (457 PS). Als diese Motoren später durch Rolls-Royce Condor III ersetzt wurden, erhielt das Musterflugzeug die Bezeichnung **Typ 96 Virginia Mk I**. Anschließend verlieh man ihm einen längeren Rumpf mit neukonstruiertem Vorderteil und MG-Gefechtsständen (fighting tops) an der Flügelhinterkante. Diese Änderungen ergaben den neuen Prototyp mit der Bezeichnung **Typ 115 Virginia Mk VIII**. Dieses Flugzeug wurde in der Folgezeit zum **Typ 129 Virginia Mk VII** und schließlich noch zur **Virginia Mk X** umgebaut.

Der zweite Musterbomber, genannt **Typ 76 Virginia Mk II**, unterschied sich durch den Einbau von Napier-Lion-Motoren und hatte einen längeren Bug, der die Effektivität des Bombenschützen verbessern sollte. Nach Tests beim Hersteller und der Erprobung durch die Truppe wurde dieses Exemplar, wie der erste Prototyp, dem Standard **Virginia Mk VII** und zum Schluß dem Standard **Virginia Mk X** angepaßt. **Typ 79 Virginia Mk III**, gebaut Ende 1922 im Auftrag des Air Ministry, glich der **Virginia Mk II** in ihrer ursprünglichen Form, hob sich von ihr aber durch Doppelsteuer, Bombengehänge unter den Flügeln und Napier Lion II je 349 kW (475 PS) ab. Fast identisch mit der **Mk III** war der **Typ 99 Virginia Mk IV** mit zusätzlichen Ausrüstungskomponenten und gesteigerter Bombenkapazität. Ein Exemplar diente zur Erprobung eines dritten (mittleren) Seitenruders im Doppeldeckerleitwerk, das auch die erste Hauptserienversion **Typ 100 Virginia Mk V** (22 Bomber), kennzeichnete. **Typ 108 Virginia Mk VI** (25 Serienbomber) brachte Änderungen an Klapptechnik und Verspannung der Tragflügel, und sechs **Virginia Mk V** wurden diesem Standard angeglichen. Die zweite **Virginia Mk III** kehrte zum Hersteller zurück, um einen neukonstruierten Bug zu erhalten, der das Sichtfeld des Piloten ausweiten sollte. Gleichzeitig ließ man alle mit der **Mk VI** erreichten Verbesserungen in die Maschine einfließen und verlieh ihr zur Stärkung der Stabilität einen längeren Hinterrumpf sowie eine leichte Flügelpfeilung. In dieser Form diente sie als Prototyp **Typ 112 Virginia Mk VII**, an den sich elf Serienbomber sowie 38 Umrüstexemplare älterer Versionen anschlossen. **Typ 128 Virginia Mk IX** (acht neugebaute Bomber und 27 Umrüstexemplare) führte automatische Vorflügel, Radbremsen und einen Heckschützengefechtsstand ein. Die Schlußversion **Typ 139 Virginia Mk X** (50 neugebaute und 53 umgerüstete Bomber) brachte dem Muster eine Ganzmetallgrundstruktur.

### TECHNISCHE DATEN
**Vickers Virginia Mk X**

**Typ:** schwerer Nachtbomber
**Triebwerke:** zwei Kolbenmotoren Napier Lion VB W-12 je 433 kW (589 PS)
**Leistung:** Höchstgeschwindigkeit 174 km/h in 1525 m Höhe; Dienstgipfelhöhe 4725 m; Reichweite 1585 km
**Gewicht:** Leermasse 4377 kg; max. Startmasse 7983 kg
**Abmessungen:** Spannweite 26,72 m; Länge 81,97 m; Höhe 5,54 m; Tragflügelfläche 202,34 m$^2$
**Bewaffnung:** einzelnes 7,7-mm-Maschinengewehr Lewis im Bug und Lewis-Zwillings-MG im Heck sowie bis zu 1361 kg Bomben

## Vickers Typ 61 Vulcan

Anfang 1921 begann die Konstruktion des Verkehrsflugzeugs **Vickers Vulcan**. Der 14,94 m weit gespannte Doppeldecker hatte einen oval geschnittenen Rumpf, der den Raum zwischen Ober- und Unterflügel komplett ausfüllte. Der Pilot war in einem offenen Cockpit vor dem Oberflügel untergebracht, und tiefer dahinter befand sich eine geräumige Kabine für sechs bis acht Fluggäste. Um den Verkaufspreis möglichst niedrig zu halten, wurden in die ersten sechs Maschinen (**Typ 61**) Rolls-Royce Eagle VIII aus Kriegsüberschußbeständen eingebaut. Da die Eagle-Nennleistung von nur 268 kW (364 PS) jedoch etliche Probleme aufwarf, rüstete man die beiden letzten Exemplare (**Typ 74**) mit dem 336 kW (457 PS) starken Napier Lion aus. Eine Maschine wurde als Frachter (**Typ 63**) zur Bewertung durch das Air Ministry fertiggestellt, doch anschließend wieder zum Passagierflugzeug rückgerüstet. Sie flog neben einem mit einem Eagle motorisierten Exemplar und den beiden Flugzeugen mit Napier Lion für Imperial Airways auf deren europäischen Strecken. Die stark eingeschränkte Zuverlässigkeit der **Vulcan** ließ ihre Dienstzeit recht kurz ausfallen, und nur eines oder zwei Exemplare erreichte die zweite Hälfte der zwanziger Jahre.

***G-EBFC war eine von Imperial Airways bestellte Vulcan. Typ 74 hatte ein Höchststartgewicht von 3062 kg und eine Spitzengeschwindigkeit von 180 km/h.***

## Vickers Typ 71 Vixen

In Eigeninitiative leitete Vickers 1922 die Konstruktion und Entwicklung eines zweisitzigen Militärdoppeldeckers ein, der auf diverse Rollen anpaßbar sein sollte. Der Prototyp mit der Bezeichnung **Vickers Typ 71 Vixen Mk I** flog zu Beginn des Jahres 1923, angetrieben von einem Napier Lion I mit 336 kW (457 PS). Nach der amtlichen Erprobung wurde angeregt, das Muster zum Tagbomber umzugestalten. Die **Vixen I** erhielt daraufhin einen längeren Rumpf und eine rollenspezifische Ausrüstung zur Prüfung unter der neuen Bezeichnung **Typ 87 Vixen Mk II**. Trotz zufriedenstellender Ergebnisse befand man den Typ als besser geeignet zur bewaffneten Aufklärung. Das Air Ministry bestellte sechs solcher Flugzeuge unter der Bezeichnung **Vickers Typ 94 Venture**, die aber in der ihnen zugedachten Rolle nicht akzeptiert und statt dessen verschiedenen RAF-Einheiten zu Versuchszwecken überstellt wurden.

Die anhaltende Entwicklung der **Vixen** führte zum **Typ 91 Vixen Mk III**, bei dem es sich im Kern um eine Variante der **Venture** mit größerer Tragflügelfläche und höher komprimiertem Lion-II-Motor für eine bessere Höhenleistung handelte. Dieses Muster wurde sowohl als Land- wie als Seeflugzeug bewertet. 1924 erhielt die **Vixen Mk III** einen gestreckten Rumpf und einen Rolls-Royce Condor III, was die neue Bezeichnung **Typ 105 Vixen Mk IV** nach sich zog. Später in diesem Jahr wurde das Flugzeug mit demselben 485-kW-Motor, aber nochmals geänderter Zelle in **Typ 126 Vixen Mk VI** umbenannt.

***Die Vixen stammte von der F.B.14 ab und ebnete den Weg für die meisten einmotorigen Vickers-Doppeldecker mit Zugpropeller in der Zeit zwischen den Weltkriegen.***

Den größten Erfolg mit der **Vixen** erzielte Vickers in Übersee. So wurden zehn **Vixen Mk I** mit Napier-Lion-Motor als **Typ 93 Valparaiso Mk I** und vier weitere mit Rolls-Royce Eagle als **Typ 92 Valparaiso Mk II** für Portugal gebaut. 1929 ging eines dieser Flugzeuge zum Einbau eines Gnome-Rhône Jupiter VIa zum Hersteller zurück. Nach Rücklieferung und Erprobung dieser Maschine durch die portugiesische Luftwaffe wurden mindestens 13 weitere Exemplare mit diesem Triebwerk in Portugal lizenzgefertigt und alle unter der Bezeichnung **Typ 168 Valparaiso Mk III** zusammengefaßt. Chile erwarb eine einzelne **Valparaiso Mk I** zur Truppenerprobung und beschaffte 1925 18 solcher Maschinen, die, geringfügig geändert und mit dem Lion-V-Motor (373 kW/507 PS) ausgerüstet, die Bezeichnung **Typ 116 Vixen Mk V** erhielten.

Die im Ausland betriebenen **Vixen** zeigten jedoch mit der Zeit Probleme im Bereich von Trag- und Leitwerk, deren Grundstruktur aus Holz bestand, und so plante man die Entwicklung einer Ganzmetallkernzelle mit der Bezeichnung **Vixen Mk VII**. Diese Version erhielt jedoch die Be zeichnung **Typ 130 Vivid**, und parallel da zu wurde eine andere Variante mit metalle nem Flugwerk als **Typ 131 Valiant** gebaut Beide blieben Einzelexemplare, die **Vivid** mit einem hochkomprimierten Lion V (373 kW/507 PS) und die **Valiant** mit einem 339 kW (461 PS) starken Bristol Jupiter V Die **Vivid** flog anschließend als Schwimmerflugzeug. Sie wurde von einem Napie Lion XI angetrieben, der 403 kW (548 PS erzeugte.

## Vickers Typ 113 Vespa bis Vought F-8 Crusader

**Mitte der 30er Jahre hatte Vickers sich den innovativen Ingenieur Sir Barnes Wallis geholt. Vought (anfangs als Chance Vought firmierend) baute einige der besten Flugzeuge, über welche die amerikanischen Streitkräfte je verfügten. Die trägerstationierten Crusader und Corsair II leisteten hervorragende Dienste im Vietnamkrieg.**

# Vickers Typ 113 Vespa

Die **Vickers Typ 113 Vespa Mk I**, die erstmals im September 1925 flog, wurde auf Firmenkosten entsprechend den in Unterlage 30/24 festgelegten Anforderungen des Air Ministry für ein Heeresunterstützungsflugzeug konstruiert. Der Doppeldecker hatte ein gutgestaffeltes Tragwerk ungleicher Spannweite, offene Cockpits in Tandemanordnung und einen Bristol-Sternmotor Jupiter IV als Antrieb. Da die **Vespa** mit diesem Triebwerk eindeutig untermotorisiert war, baute man einen 339 kW (461 PS) starken Jupiter VI ein. Nach Beschädigungen bei einem Unfall im Juni 1926 erhielt die Maschine im Zuge der Reparatur Tragflügel mit einer metallenen Grundstruktur und die neue Bezeichnung **Typ 119 Vespa Mk II**. Diese Version wurde zwar mit Erfolg erprobt, doch eine Bestellung für die RAF blieb aus. 1929 gingen jedoch sechs **Typ 149 Vespa Mk III** mit einer Reihe von Verbesserungen am Flugwerk nach Bolivien, und im selben Jahr wurden vier Maschinen mit dem 365 kW (496 PS) starken Armstrong Siddeley Jaguar VIC als **Typ 193 Vespa Mk IV** für das Irish Army Air Corps bestellt und anschließend vier weitere Exemplare mit einigen Verbesserungen und der Bezeichnung **Typ 208 Vespa Mk V** für Irland gefertigt. 1930 hob man die **Vespa Mk II** auf einen ähnlichen Standard wie den der irischen **Vespa Mk IV** an, baute einen Jupiter VIIF mit 395 kW (537 PS) ein und nannte sie **Typ 210 Vespa Mk VI**. Sie wurde für Vorführungen in China verwendet, nach ihrer Rückkehr nach England mit dem Ladermotor Bristol Pegasus „S" ausgerüstet und in **Typ 250 Vespa Mk VII** umbezeichnet. Am 16. September 1932 stellte die **Vespa Mk VII** mit 13.404 m einen neuen Höhenweltrekord auf. Daraufhin kaufte das Air Ministry das Flugzeug für die RAE zur Höhenflugforschung.

***Das Foto zeigt eine Vickers Vespa IV in Brooklands vor der Auslieferung an das auf Casement Aerodrome, Baldonnel, stationierte Irish Air Corps. Flügel und Stiele dieser Version waren aus Metall gefertigt.***

# Vickers Typ 120 Vendace

Das Einzelexemplar **Vickers Typ 120 Vendace Mk I** basierte auf den Vorgaben des Air Ministry in Spezifikation 5A/24 für ein Schwimmerschulflugzeug. Der recht konventionell ausgelegte Doppeldecker hatte gleich weit gespannte, aber beiklappbare Ober- und Unterflügel, offene Tandemcockpits und einen Rolls-Royce Falcon III mit 205 kW (279 PS) als Antrieb. Die offiziell sowohl als Land- wie als Schwimmerflugzeug erprobte Maschine wurde für weitere Experimente übernommen, aber nicht zur Serienfertigung bestimmt. 1928 baute die Firma in Eigeninitiative einen **Typ 133 Vendace Mk II** mit 224 kW (305 PS) starkem ADC-Nimbus-Motor und verkaufte die Maschine nach Südamerika. Das ungewöhnlich konzipierte Fahrgestell der **Vickers Vendace I** zielte auf ihre eigentliche Verwendung als Schwimmerflugzeug ab. Der Kraftstoff war in zwei stromlinienförmigen Behältern auf dem Mittelstück des Oberflügels untergebracht. In der Ausführung als Landflugzeug hatte die **Vendace I** eine Spannweite von 13,59 m, ein Höchstgewicht von 1576 kg und eine Spitzengeschwindigkeit von 188 km/h.

***Die ungewöhnliche Fahrwerksauslegung der Vickers Vendace I ergab sich aus der Zielsetzung, diesen Typ mit Schwimmwerk nutzen zu können. Der gesamte Kraftstoffvorrat war in zwei stromlinienförmigen Oberflügeltanks enthalten.***

# Vickers Typ 121 Wibault (Baureihe)

Der französische Konstrukteur Michel Wibault, der für Vickers als beratender Ingenieur arbeitete, regte die patentierte Vickers-Wibault-Leichtmetallbauweise an. Ihr Hauptmerkmal war die Verwendung von Wellblechteilen für die Außenhaut, die sich für Wartungs- und Reparaturzwecke mühelos entfernen ließen. Wibault hatte Avions Michel Wibault gegründet, und Vickers bestellte bei dieser Firma ein Einzelexemplar der **Wibault 7**, um es als Vorführflugzeug zu nutzen. Es unterschied sich von der französischen Standardversion durch sein Vickers-Fahrgestell und einen 336 kW (457 PS) starken Bristol-Sternmotor Jupiter VI. 1926 fertigte Vickers 26 generell ähnliche Flugzeuge für die chinesische Luftwaffe, die unter der Bezeichnung **Vickers Typ 121 Wibault Scout** zusammengefaßt wurden. Der Prototyp **Vickers Typ 125 Vireo**, ein Jagdeinsitzer für den schiffsgestützten Einsatz mit Schwimm- oder Radfahrwerk, zeigte eine ähnliche Bauweise. Die **Vireo**, die erstmals im März 1928 unter dem Antrieb eines Armstrong Siddeley Lynx IV (172 kW/234 PS) flog, wurde zwar amtlich geprüft, brachte aber keinen Serienauftrag ein. Nur wenig erfolgreicher war das abgestrebte Hochdecker-Verkehrsflugzeug **Vickers Viastra**, das die gleiche Konstruktion aufwies. Die Mustermaschine **Typ 160 Viastra I**, angetrieben von drei Armstrong Siddeley Lynx Major je 201 kW (273 PS), startete am 1. Oktober 1930 zum Erstflug. West Australian Airways erteilte einen Auftrag über drei solche zwölfsitzigen Flugzeuge. Die ersten beiden Exemplare dieses Trios wurden von zwei Bristol Jupiter XIF je 391 kW (532 PS) angetrieben und **Typ 198 Viastra II** genannt, während die dritte Maschine nur einen Jupiter XIF und die Bezeichnung **Typ 203 Viastra VI** erhielt. Da die **Viastra II** außerstande war, mit nur einem Motor die Höhe zu halten, wurde die Bestellung für die **Viastra VI** später widerrufen, die Maschine aber dennoch fertiggestellt. Die Bezeichnung **Typ 199 Viastra III** fiel an den ursprünglichen Prototyp, nachdem man ihn auf zwei Armstrong Siddeley Jaguar VIC umgestellt hatte. Als er später mit drei Jupiter VIFM flog, wurde aus ihm **Typ 220 Viastra VIII**. Den Schluß dieser Baureihe bildete das Einzelexemplar **Typ 259 Viastra X** mit zwei Bristol-Pegasus-Motoren, das als VIP-Transportflugzeug für His Royal Highness The Prince of Wales entstand und erstmals im April 1933 flog. Die Maschine diente allerdings meist im Auftrag des Air Ministry für Funkexperimente.

***Der Vickers-Jagdeinsitzer Vireo hatte eine Spannweite von 10,67 m, erreichte eine Spitzengeschwindigkeit von 193 km/h und war mit einem 7,7-mm-Maschinengewehr-Paar bewaffnet.***

***G-ACCC, die einzige Vickers Viastra X, war ein weiteres Beispiel für die Bauweise Wibaults. Ihre 21,34 m weit gespannten Tragflügel hatten mächtige Vorflügel. Das Flugzeug sollte für VIP-Flüge des Prince of Wales dienen.***

# Vickers Typ 123 Scout

Der Doppeldecker **Vickers Typ 123 Scout**, ein in Eigeninitiative entwickelter Jagdeinsitzer, flog erstmals am 9. November 1926 unter dem Antrieb eines V-Motors der Marke Hispano-Suiza T52 mit 298 kW (405 PS). Da seine Leistung als unzureichend beurteilt wurde, stimmte man das Flugwerk auf den Einbau eines 373 kW (507 PS) starken Rolls-Royce F.XIS ab, der zur Umbezeichnung in **Typ 141 Scout** führte. Das neue Muster nahm 1928 an der Ausschreibung F.21/26 des Air Ministry für einen Jagdeinsitzer teil, blieb aber in der Heimat unbeachtet. Bolivien hingegen bestellte für seine Luftwaffe 1929 sechs Maschinen, genannt **Typ 143 Bolivian Scout**, die grundsätzlich dem **Typ 141** glichen, doch einen 336 kW (457 PS) starken Sternmotor Bristol Jupiter VIA, ein geändertes Fahrgestell und etliche andere Modifikationen aufwiesen. Die ab Januar 1930 ausgelieferten Jagd-Doppeldecker befand die bolivianische Luftwaffe als äußerst zufriedenstellend.

***In den zwanziger und dreißiger Jahren wurden Vickers-Militärflugzeuge in relativ großen Serien ins Ausland verkauft. Diese Paradeaufstellung in Bolivien zeigt vier Bolivian Scout (rechts) und zwei Vickers Vespa.***

# Vickers Typ 132 Vildebeest und Typ 266 Vincent

Die **Vickers Vildebeest**, gedacht als Nachfolger für den Tag-/Torpedobomber Hawker Horsley bei der RAF, war ein herkömmlicher Doppeldecker gleicher Spannweite mit starrem Heckradfahrgestell und Einzelmotor. Die Mustermaschine **Typ 132** flog erstmals im April 1928 mit einem 343 kW (466 PS) starken Bristol-Sternmotor Jupiter VIII.

Mit den **Typen 192, 194** und **209** wurden jedoch diverse andere Motortypen getestet, um das ständig auftretende Überhitzungsproblem zu lösen. Dies erreichte man schließlich bei **Typ 214** durch den Einbau eines neuen Bristol-Motors mit der Bezeichnung XFBM, der später zum Pegasus weiterentwickelt wurde.

Die Produktion für die RAF umfaßte vier Grundmodelle: die erste Serienversion **Typ 244 Vildebeest Mk I** mit dem Pegasus-I-Triebwerk, **Typ 258 Vildebeest Mk II** mit dem neuen Pegasus IIM3, der 492 kW (669 PS) abgab, **Typ 277 Vildebeest Mk III** mit geändertem hinterem Cockpit, das diese Version zum Dreisitzer machte, und die letzte Serienversion mit 18 Exemplaren, **Typ 286 Vildebeest Mk IV**, angetrieben von einem 615 kW (836 PS) starken Bristol Perseus VIII, der dieses Flugzeug zum weltweit ersten mit schiebergesteuertem Ladungswechsel machte.

Die **Vildebeest Mk I** wurde 1933 bei der RAF in Dienst gestellt, und bei Ausbruch des Zweiten Weltkriegs befanden sich noch etwa 100 Maschinen in der Truppenverwendung. Im Kampf kam der Typ 1942 zuletzt gegen japanische Streitkräfte in Singapur zum Einsatz. Von 183 **Vildebeest**, die Vickers gebaut hatte, gingen 39 an die RNZAF, und weitere 26 **Typ 245** mit Hispano-V-12-Motor wurden in Spanien in Lizenz gefertigt.

Um den Bedarf an einem dreisitzigen Mehrzweckflugzeug zu decken, das die Fairey IIIF und die Westland Wapiti bei der RAF ablösen sollte, wählte das Air Ministry eine modifizierte Version der **Vildebeest**, genannt **Vickers Typ 266 Vincent**. Die direkt von der **Vildebeest Mk III** abgeleitete **Vincent** (als Prototyp hatte eine umgerüstete **Vildebeest Mk I** gedient) unterschied sich vom Original durch einen zusätzlichen Kraftstofftank, den sie anstelle des Torpedos mitführte, sowie durch Spezialausrüstungen und einen Haken zur Aufnahme von Meldungen in der Rolle als Heeresverbindungsflugzeug.

Die bei der RAF Ende 1934 in Dienst gestellte **Vincent** kam in Aden, Ägypten, Indien, Irak, Kenia und Sudan zum Einsatz. Von insgesamt 197 gebauten Exemplaren befand sich rund die Hälfte bei Kriegsausbruch noch bei der Truppe und leistete treue Dienste.

Geringe Stückzahlen der **Vincent** wurden auch an die RNZAF und an den Irak geliefert, wo der Typ noch bis 1941 im Einsatz blieb.

***Vickers Vincent der Royal New Zealand Air Force im Jahr 1940***

## TECHNISCHE DATEN
**Vickers Vildebeest Mk IV**

**Typ:** zweisitziger Torpedobomber
**Triebwerk:** ein schiebergesteuerter Sternmotor Bristol Perseus VIII mit 615 kW (836 PS)
**Leistung:** Höchstgeschwindigkeit 251 km/h in 1525 m Höhe; Dienstgipfelhöhe 5180 m; Reichweite mit max. Nutzlast 1014 km
**Gewicht:** Leermasse 2143 kg; max. Startmasse 3856 kg
**Abmessungen:** Spannweite 14,94 m; Länge 11,48 m; Höhe 4,47 m; Tragflügelfläche 67,63 m²
**Bewaffnung:** ein vorwärtsfeuerndes Vickers-Maschinengewehr und ein schwenkbares Lewis-Maschinengewehr im hinteren Cockpit, beide vom Kaliber 7,7 mm, und ein 457-mm-Torpedo oder 454 kg an Bomben

# Vickers Typ 134 Vellore und Typ 212 Vellox

**Vickers Typ 134 Vellore Mk I** war ein großer Doppeldecker gleicher Spannweite, bestimmt zum Transport von Luftfracht. Er hatte als Antrieb einen Bristol-Sternmotor Jupiter IX mit 391 kW (532 PS), ein vor dem Tragwerk angeordnetes, offenes Cockpit, das zwei Personen nebeneinander Platz bot, sowie einen dahinter und tiefer angeordneten großen Frachtraum. Die Maschine wurde 1929 während eines Fluges von England nach Australien auf einen Armstrong Siddeley Jaguar VI umgestellt, doch dieses Unterfangen endete mit einer Bruchlandung und Totalschaden. Die Bezeichnung **Vellore Mk II** blieb ungenutzt, aber man baute zwei zweimotorige Versionen als **Typ 172 Vellore Mk III** und **Typ 173 Vellore Mk IV**, beide mit Bristol-Sternmotoren Jupiter XIF je 391 kW (532 PS). Der letzte Sproß dieses Stammes war **Typ 212 Vellox**, vorgesehen als Verkehrsflugzeug mit einer Kabine für einen Steward und zehn Passagiere. Dieses Einzelexemplar flog erstmals am 23. Januar 1934, angetrieben von zwei Bristol-Sternmotoren Pegasus IM3 mit je 447 kW (608 PS).

***Die Vickers Vellore I ist hier in der Originalausführung mit dem sauber eingearbeiteten Bristol-Jupiter-Sternmotor zu sehen. In dieser Form hatte die Vellore I eine Spannweite von 23,16 m, ein Gesamtgewicht von 4309 kg und eine Höchstgeschwindigkeit von 183 km/h.***

# Vickers Typ 246 Wellesley

1933 begann Vickers mit der Konstruktion eines Prototypdoppeldeckers entsprechend der Spezifikation G.4/31 des Air Ministry für einen allgemeinen Torpedobomber. Selbständig baute die Firma parallel dazu nach denselben Vorgaben einen Eindecker, dessen Auslegung weitgehend auf der geodätischen Leichtmetallbauweise basierte, wie sie Barnes N. Wallis entwickelt hatte. Als die RAF den Eindecker **Ty** **246** prüfte, zeigte er sich dem Doppe decker **Typ 253** weit überlegen, und s folgte im September 1935 ein Erstauftra über 96 Eindecker, genannt **Vickers Ty**

281 **Wellesley**. Als die Produktion der endgültigen Version **Typ 287 Wellesley Mk I** im Mai 1938 endete, waren insgesamt 176 Exemplare gebaut. Die Indienststellung

> **TECHNISCHE DATEN**
> **Vickers Wellesley Mk I**
> **Typ:** zweisitziger, mittlerer Bomber
> **Triebwerk:** ein Sternmotor Bristol Pegasus XX mit 690 kW (938 PS)
> **Leistung:** Höchstgeschwindigkeit 367 km/h in 6005 m Höhe; Dienstgipfelhöhe 10.060 m; Reichweite mit max. Nutzlast 1786 km
> **Gewicht:** Leermasse 2889 kg; max. Startmasse 5035 kg
> **Abmessungen:** Spannweite 22,73 m; Länge 11,96 m; Höhe 3,76 m; Tragflügelfläche 58,53 m²
> **Bewaffnung:** ein vorwärtsfeuerndes Vickers-Maschinengewehr, Kaliber 7,7 mm, und ein schwenkbares Vickers-MG „K“ im hinteren Cockpit sowie Bomben bis zu 907 kg an Pylonen unter den Flügeln

***Vickers Wellesley Mk I der No. 76 Squadron, 1938 in Finningley stationiert.***

hatte im April 1937 bei No. 76 Squadron begonnen.

Die **Wellesley** machte sich 1938 einen Namen, als zwei von drei **Typ 292** (Pegasus XXII) der RAF Long-Range Development Flight unter der Führung von Squadron Leader R. Kellett erfolgreich einen Nonstopflug über 11.520,4 km von Ismailia in Ägypten nach Darwin in Australien abschlossen und damit einen absoluten Streckenweltrekord aufstellten, der bis 1945 unangefochten blieb.

Bei Ausbruch des Zweiten Weltkriegs befanden sich noch rund 100 **Wellesley** bei RAF-Verbänden in Nahost im Dienst, die in einer späteren Phase auch Kampfeinsätze gegen italienische Truppen flogen.

Im Aufklärungsdienst über See hielt sich der Typ noch bis 1941.

Andere **Wellesley**-Modelle waren **Typ 289** als Testträger für den Hercules-Sternmotor HE15 und **Typ 291**, der zur Blindflugschulung diente. **Typ 294** war eine Ausführung mit verstärkten Tragflügeln und **Typ 402** wurde von der Firma als experimenteller Dreisitzer eingesetzt.

# Vickers Typ 271 Wellington

Die Erfahrungen, die Vickers mit der geodätischen Konstruktion der Wellesley gesammelt hatte, zeigten ihren Wert, als die Firma ihr Angebot für einen mittleren Tagbomber nach Spezifikation B.9/32 des Air Ministry vorlegte und einen Auftrag zum Bau eines B.9/32-Prototyps errang. Diese **Vickers Wellington**, ein Mitteldecker mit einziehbarem Spornradfahrwerk und zwei Sternmotoren Bristol Pegasus X je 682 kW (927 PS), flog erstmals am 15. Juni 1936. Die zufriedenstellende Ersterprobung zog am 15. August 1936 eine Bestellung über 180 Serienbomber **Wellington Mk I** nach sich, auf die noch viele folgen sollten. Die ersten Exemplare gingen im Oktober 1938 bei No. 9 Squadron in Dienst, und bei Ausbruch des Zweiten Weltkriegs im September des folgenden Jahres waren acht Staffeln komplett und andere teilweise mit diesem Typ ausgerüstet. Als die Produktion im Oktober 1945 endete, hatten insgesamt 11.461 **Wellington** aller Versionen die Werkhalle verlassen.

Dieser Typ, der nach der amerikanischen Comic-Figur namens J. Wellington Wimpey den Spitznamen **„Wimpey“** erhielt, bildete während der ersten Hälfte des Zweiten Weltkriegs das Fundament für Luftoperationen des RAF Bomber Command über Europa und spielte eine entscheidende Rolle in der Atlantikschlacht.

In der Zeit dazwischen waren **Wellington**-Bomber am ersten Luftangriff auf Deutschland im Zweiten Weltkrieg beteiligt, doch nachdem sie als Tagbomber unannehmbare Verluste erlitten hatten, wechselten sie ab 18. Dezember 1939 zu Nachteinsätzen über. **Wellington** bildeten den Kern des ersten „1000-Bomber-Angriffs“, zerstörten Magnetminen des Gegners, legten Minensperren in feindlichen Gewässern und dienten als Testträger für eine Vielzahl unterschiedlicher Motortypen sowie für ein noch größeres Spektrum an Bordwaffen, zu denen auch die von Barnes Wallis erfundenen Rollbomben gehören.

Die **„Wimpey“** erfüllte noch zu Beginn der fünfziger Jahre eine wichtige Ausbildungsrolle.

**Varianten**
**Prototypen und Serien**

**Typ 271:** erster Prototyp, geflogen am 15. Juni 1936
**Typ 285 Wellington Mk I:** Vorserienprototyp mit Pegasus-X-Motoren, Erstflug am 23. Dezember 1937
**Typ 290 Wellington Mk I:** erste Serienversion (183 Bomber) mit Pegasus XVIII je 746 kW (1014 PS), Vickers-Waffentürmen und „Kehrbesen“ unter dem Bauch
**Typ 408 Wellington Mk IA:** Serienversion (187 Exemplare) mit Pegasus XVIII, Nash-&-Thompson-Drehtürmen und „Kehrbesen“
**Typ 416 Wellington Mk IC:** Serienversion; 2685 Exemplare
**Typ 423:** Bezeichnung aller zur Beladung mit einer 1814 kg schweren Bombe umgebauten Bomber; seitliche MG-Gefechtsstände und kein „Kehrbesen“
**Typ 298 Wellington Mk II:** Prototyp mit Merlin-X-Motoren je 854 kW (1161 PS); Erstflug am 3. März 1939
**Typ 406 Wellington B.Mk II:** Serienversion mit Merlin X; 400 Exemplare
**Typ 299 Wellington Mk III:** zwei Prototypen, einer mit Hercules HE1.SM und der andere mit Hercules-III-Motoren
**Typ 417 Wellington B.Mk III:** Serienbomber (1517 Exemplare) mit Hercules XI je 1119 kW (1522 PS)
**Typ 410 Wellington Mk IV:** Prototyp mit Sternmotoren Twin Wasp von Pratt & Whitney
**Typ 424 Wellington B.Mk IV:** Serienbomber (220 Exemplare) mit Twin Wasp
**Typ 421 Wellington Mk V:** Prototyp eines Höhenbombers mit Hercules-III-Motoren
**Typ 407 Wellington Mk V:** Prototyp eines Höhenbombers mit Hercules-VIII-Motoren
**Typ 432 Wellington Mk VI:** Prototyp mit verschiedenen Motortypen Rolls-Royce Merlin
**Typ 442 Wellington B.Mk VI:** Serienbomber (63 Exemplare) mit Sperry-Bombenvisier; Typ 449 hießen zwei seriengefertigte Wellington Mk VIG
**Typ 429 Wellington GR.Mk VIII:** Serienversion (397 Exemplare) mit Pegasus-XVIII-Motoren; 58 mit Leigh Light; vorbereitet für Waffen zur Bekämpfung von Unterseebooten und einige für Torpedos
**Typ 437 Wellington Mk IX:** einzelner Prototyp eines Transportflugzeugs, umgerüstet aus einer Mk IA mit Hercules-XVI-Motoren
**Typ 440 Wellington B.Mk X:** Serienversion (3803 Exemplare) mit Hercules VI oder XVI; Typ 619 hießen nach dem Krieg zu Wellington T.Mk 10 umgerüstete Flugzeuge; einige Exemplare wurden an Frankreich und sechs 1946 an die griechische Luftwaffe verkauft
**Typ 454 Wellington Mk IX:** Prototyp mit Suchradar ASV.Mk II und Hercules VI/XVI-Motoren; Typ 459 mit ASV.Mk III
**Typ 458 Wellington GR.Mk XI:** Serienversion (180 Exemplare) mit ASV.Mk III und Hercules VI/XVI
**Typ 455 Wellington GR.Mk XII:** Serienversion (58 Exemplare) mit Leigh-Suchscheinwerfer, ASV.Mk III und Hercules VI/XVI; 1946 einige GR.Mk XII an Frankreich verkauft
**Typ 466 Wellington GR.Mk XIII:** Serienversion (844 Exemplare) mit Hercules XVI
**Typ 467 Wellington GR.Mk XIV:** Serienversion (841 Exemplare) mit Hercules XVI; viele Exemplare 1944/45 Frankreich zur Verfügung gestellt und einige 1946 an Frankreich verkauft

***Die Vickers Wellington Mk I war im Vergleich zu den Nachfolgemustern mit lediglich fünf kleinkalibrigen MGs in Bug-, Heck- und Bauchgefechtsständen recht leicht bewaffnet.***

***Waffenwarte machen vor dem Beladen des Waffenschachts die Zünder der Bomben scharf. Nach beträchtlichen Verlusten bei Tagbombardierungen reifte die Wellington zum Nachtbomber heran.***

**Umrüstungen**
**Wellington C.Mk XV:** zu Transportflugzeugen umgerüstete Wellington Mk IA
**Wellington C.Mk XVI:** zu Transportflugzeugen umgerüstete Wellington Mk IC
**Typ 487 Wellington T.Mk XVII:** anhand von Vickers-Bausätzen zu Schulflugzeugen mit Abfangradar und Hercules-XVII-Motoren umgerüstete Wellington
**Typ 490 Wellington T.Mk XVIII:** Serienversion (80 Exemplare) und umgerüstete Wellington Mk XI; Hercules XVI

**TECHNISCHE DATEN**
**Vickers Wellington B.Mk III**
**Typ:** mittlerer Bomber für eine sechsköpfige Besatzung
**Triebwerke:** zwei Sternmotoren Bristol Hercules XI je 1119 kW (1522 PS)
**Leistung:** Höchstgeschwindigkeit 410 km/h in 3810 m Höhe; Dienstgipfelhöhe 5790 m; Reichweite 2478 km mit 2041 kg an Bomben
**Gewicht:** Leermasse 8417 kg; max. Startmasse 13.381 kg
**Abmessungen:** Spannweite 26,26 m; Länge 18,54 m; Höhe 5,31 m
**Bewaffnung:** acht 7,7-mm-Maschinengewehre (zwei im Bug und vier im Heckdrehturm sowie je eines in seitlichen Gefechtsständen) und eine Höchstlast von 2041 kg an Bomben oder eine 1814-kg-Bombe

**Wellington T.Mk XIX:** zu Schulflugzeugen umgerüstete Wellington Mk X

**Versuchsflugzeuge**
**Typ 416 Wellington (II):** Probeeinbau einer Vickers-40-mm-Kanone in den Rükken des Originalprototyps Wellington Mk II und Unterteilung des Seitenleitwerks in zwei Flossen
**Typ 418 Wellington DWI.Mk I:** zur Detonation von Minen umgebautes Flugzeug
**Typ 419 Wellington DWI.Mk II:** ein zur Detonation von Minen umgebautes Flugzeug; zusätzliche Energieanlage Gipsy Six
**Typ 435 Wellington Mk IC:** ein zur Bewertung von Turbinlite umgerüstetes Flugzeug
**Typ 439 Wellington Mk II:** Probeeinbau einer Vickers-40-mm-Kanone in den Bug einer Wellington Mk II
**Typ 443 Wellington Mk V:** Versuchsträger des Hercules VIII
**Typ 445 Wellington (II):** Testträger eines Whittle-Strahltriebwerks W2B/23 im Rumpfheck
**Typ 470** und **Typ 486** waren **Wellington Mk II** mit Whittle W2B beziehungsweise W2/700
**Typ 478 Wellington Mk X:** ein Flugzeug mit versuchsweise eingebauten Hercules-100-Motoren
**Typ 602 Wellington Mk X:** ein Flugzeug als Erprobungsträger für Rolls-Royce-Propellerturbinen Dart
**Wellington Mk III:** Schlepper der Lastensegler Hadrian, Hotspur und Horsa

# Vickers Typ 284 Warwick

**Vickers Typ 284 Warwick** wurde als schwerer Bomber nach Spezifikation B.1/35 entworfen, um den mittelschweren Wellington-Bomber zu ergänzen. Durch den Mangel an geeigneten Hochleistungsmotoren für diese größere und schwerere Version verzögerte sich der Erstflug bis zum 13. August 1939. Die Leistung mit zwei Vulture-Motoren von Rolls-Royce enttäuschte, und der zweite Musterbomber, **Typ 401**, flog am 5. April 1940 mit Bristol-Centaurus-Triebwerken. Er zeigte eine gesteigerte Leistung, doch inzwischen hatte man den Einbau des Pratt & Whitney Double Wasp beschlossen. Dies hatte zur Folge, daß nochmals gut ein Jahr verging, bis der Double-Wasp-Prototyp in die Luft kam. Inzwischen wurde der Typ in der ihm zugedachten Originalrolle nicht mehr benötigt, denn die Handley Page Halifax und die Short Stirling befanden sich bereits im Dienst, und die Avro Lancaster sollte bald folgen. Vickers entwickelte die **Warwick** daher für Luft-/Seenotrettungs-, Wetteraufklärungs- und Transportdienste sowie zur Bekämpfung von Unterseebooten, doch die letztgenannte Rolle übte die Maschine erst nach dem Zweiten Weltkrieg aus. Trotz des schwierigen Starts wurden noch insgesamt 845 **Warwick**-Flugzeuge aller Versionen gebaut, die Prototypen mit eingerechnet. Sie leisteten wertvolle Dienste.

**Varianten**
**Warwick B.Mk I:** ursprünglich geplante Bomberserienversion; nur 16 von 150 bestellten Exemplaren gebaut und für eine Vielzahl von Testzwecken verwendet
**Warwick C.Mk I:** 14 zu Transportflugzeugen Typ 456 umgebaute Warwick B.Mk I zum Dienst bei BOAC auf deren Nordafrika- und Mittelmeerstrecken; später No. 167 Squadron überstellt
**Warwick ASR:** 40 zur Luft-/Seenotrettung umgerüstete Warwick B.Mk I; konnten zwei Lindholme-Lebensrettungssätze mitführen, ohne ihre Bomberkapazität einzubüßen
**Warwick ASR (Stage A):** zehn zur Luft-/Seenotrettung umgerüstete Warwick B.Mk I; konnten ein Rettungsboot Mk I und zwei Lindholme-Notausrüstungssätze mitführen
**Warwick ASR (Stage B):** 20 zur Luft-/Seenotrettung umgerüstete Warwick B.Mk I; Rettungsausrüstung wie oben plus Suchradar und Heckgeschützturm
**Warwick ASR.Mk I (Typ 462):** reine Luft-/Seenotrettungsversion mit Rettungsboot Mk I oder Mk II; 205 Exemplare mit Pratt & Whitney Double Wasp R-2800-S1A4G je 1380 kW (1877 PS)
**Warwick ASR.Mk VI (Typ 485):** letzte Luft-/Seenotrettungsversion; 94 Exemplare; wie Warwick ASR.Mk I, aber mit Double Wasp R-2800-2SBG
**Warwick B.Mk II:** einzelner Musterbomber Typ 413 mit Bristol-Centaurus-Motoren, der durch Umrüstung einer Warwick B.Mk I entstand
**Warwick GR.Mk II (Typ 469):** Serienversion für allgemeine Aufklärung; 118 Exemplare mit zwei Bristol-Centaurus-Motoren
**Warwick GR.Mk II Met:** Wetteraufklärungsvariante der Warwick GR.Mk II; 14 Exemplare
**Warwick C.Mk III (Typ 460):** Version zum Personen- und Frachttransport; 100 Exemplare; konnte in VIP-Ausführung acht bis zehn Personen, ansonsten 24 Soldaten mit kompletter Ausrüstung oder eine entsprechende Frachtmenge befördern

**TECHNISCHE DATEN**
**Vickers Warwick GR.Mk II**
**Typ:** allgemeines Aufklärungsflugzeug mit sechs Mann Besatzung
**Triebwerke:** zwei schiebergesteuerte Sternmotoren Bristol Centaurus VI je 1864 kW (2535 PS)
**Leistung:** Höchstgeschwindigkeit 422 km/h in 610 m Höhe; Dienstgipfelhöhe 5790 m; Reichweite 3460 km
**Gewicht:** Leermasse 14.118 kg; max. Startmasse 23.247 kg
**Abmessungen:** Spannweite 29,48 m; Länge 20,88 m; Höhe 5,64 m
**Bewaffnung:** acht 7,7-mm-Maschinengewehre Browning in Bug- und Rückenturm (je zwei) und im Vierlingsheckturm sowie eine maximale Waffenlast von 6917 kg

**Warwick GR.Mk V (Typ 474):** letzte Serienversion; 210 Exemplare und ein Versuchsflugzeug wurden gebaut; Muster mit für ASV-Radar modifiziertem Bug und Leigh-Suchscheinwerfer sowie U-Jagdausrüstung

***PN811, eine der zuletzt gebauten Warwick, ging als GR.Mk V an No. 179 Squadron des RAF Coastal Command. Ähnlich wie die GR.Mk II war sie mit einem ASV-Suchradar ausgerüstet.***

# Vickers Typ 491 Viking, Typ 607 Valetta, Typ 648 Varsity

Der Brabazon-Ausschuß hatte Empfehlungen für die Nachkriegsproduktion britischer Verkehrsflugzeuge erarbeitet, doch für die Zeit bis zu ihrer Verfügbarkeit war keine Vorsorge getroffen. Um diese Periode zu überbrücken, wählte die britische Regierung unter anderem eine zivile Ausführung der Vickers Wellington, die zunächst als **Vickers Typ 491 VC1** (**Vickers Commercial 1**) bezeichnet und später **Viking** genannt wurde. Das Muster verband die stoffbespannten Außenflügel, die Motorgondeln und das Fahrwerk der Wellington mit 1249 kW (1699 PS) starken Motoren Bristol Hercules 130 und einem neuen Rumpf in Schalenbauweise, der einer dreiköpfigen Flugbesatzung, einer Stewardeß und 21 Passagieren Platz bot. Der Prototyp (**G-AGOK**) flog erstmals am 22. Juni 1945, die Musterzulassung erfolgte am 24. April 1946, und BEA führte die **Viking** am 1. September 1946 auf der Strecke London – Kopenhagen ein.

Die erste Serienversion (19 Exemplare) war die **Viking IA** mit Hercules 630 je 1260 kW (1713 PS). Es folgten die **Viking I** (31), die ein in Schalenbauweise gefertigtes Trag- und Leitwerk einführte, und die Hauptserienversion **Viking IB** (113 Flugzeuge) mit einem um 71 cm verlängerten Vorderrumpf für insgesamt 24 Passagiersitze (später sogar 36) sowie Hercules 634-Motoren gleicher Nennleistung. Bis die **Viking** 1974 schließlich aus dem Verkehr gezogen wurde, hatte sie bei Betrei

**TECHNISCHE DATEN**
**Vickers Viking IB**
**Typ:** Verkehrsflugzeug
**Triebwerke:** zwei schiebergesteuerte Sternmotoren Bristol Hercules 634 je 1260 kW (1713 PS)
**Leistung:** max. Reisegeschwindigkeit 338 km/h in 1830 m Höhe; Dienstgipfelhöhe 7240 m; Reichweite mit max. Nutzlast 837 km
**Gewicht:** Leermasse 10.546 kg; max. Startmasse 15.354 kg
**Abmessungen:** Spannweite 27,20 m; Länge 19,86 m; Höhe 5,94 m; Tragflügelfläche 81,94 m²

***Die Varsity T.Mk I war die erste Crew-Ausbildungsversion der RAF, ausgerüstet mit Bugradfahrwerk anstelle der Spornradausführung der Viking und der Valetta. Die Unterrumpfgondel faßte 24 Übungsbomben.***

bern in Afrika, Argentinien, Dänemark, Irland, Frankreich, Westdeutschland, Indien, Irak, Südrhodesien, Trinidad und Großbritannien gedient. Erwähnenswert ist eine **Viking** (**G-AJPH**), die als Prüfstand für das Strahltriebwerk Rolls-Royce Nene verwendet wurde. Sie war die erste Verkehrsmaschine der Welt mit reinem Strahlantrieb.

Unter der Bezeichnung **Typ 607 Valetta** stellte die RAF eine militärische Variante der **Viking** in Dienst, die sich vom Verkehrsmuster in erster Linie durch einen verstärkten Kabinenboden, große Ladeluken und 1473 kW (2003 PS) starke Hercules-230-Motoren unterschied. Über 250 **Valetta** wurden gebaut, darunter die **Valetta C.Mk 1** für Sanitäts-, Frachttransport-, Lastenseglerschlepp-, Truppentransport- und Versorgungsdienste aus der Luft, die **Valetta C.Mk 2** als VIP-Transportflugzeug für neun bis 15 Personen und die **Valetta T.Mk 3** als fliegendes Klassenzimmer für Navigatorenanwärter. Die zweite Militärversion war das Besatzungsschulflugzeug **Typ 648 Varsity T.Mk 1**, das den Crew-Trainer Wellington T.Mk 10 bei der RAF ablöste. Von der Standard-**Viking** hob sich die **Varsity** durch eine größere Spannweite, ein einziehbares Bugradfahrwerk und eine Anbauwanne unter dem Rumpf für einen Bombenschützen und 24 Übungsbomben ab. Bis zur Einstellung der Produktion im Jahr 1954 entstanden 160 **Varsity T.Mk 1** für die RAF, von denen viele noch in den siebziger Jahren Dienst leisteten.

***Vickers Valetta C.Mk 1 der No. 242 Operational Conversion Unit des RAF Transport Command, Ende der vierziger Jahre***

# Vickers Typ 630 Viscount

Die **Vickers VC.2 Viscount**, die auf den Empfehlungen des Brabazon-Komitees für britische Nachkriegsverkehrsflugzeuge beruhte, war an der IIB-Richtlinie für ein 24sitziges Kurz-/Mittelstreckenverkehrsflugzeug mit Turboprop-Antrieb ausgerichtet. Dieser Entwurf ergab das 32sitzige Musterexemplar **Typ 630** mit vier Rolls-Royce-Propellerturbinen Dart RDa.l Mk 502 je 738 kW (1004 WPS). Der erstmals am 16. Juli 1948 geflogene Prototyp fand kein kommerzielles Interesse, zumal BEA gerade die Ambassador beschafft hatte. Gespräche mit BEA führten zum **Typ 700 Viscount** mit einer druckbelüfteten Kabine für 40 bis 59 Passagiere und vier Dart Mk 506 mit je 1044 kW (1420 WPS) oder Dart Mk 510 je 1193 kW (1622 WPS) für den **Typ 700D**. Die letztgenannten Turbinen lieferten den Antrieb für den **Typ 800** mit gestrecktem Rumpf für 65 bis 71 Fluggäste. Das letzte Modell, **Typ 810**, erhielt Dart 525 und eine verstärkte Zelle zum Betrieb mit höherem Fluggewicht.

Am 29. Juli 1950 weihte das Musterflugzeug **Typ 630** den weltweit ersten planmäßigen Passagierdienst einer turbinengetriebenen Verkehrsmaschine ein. Diese Flüge zwischen London und Paris währten allerdings nur zwei Wochen.

Der am 17. April 1953 zugelassene **Typ 700** eröffnete am darauffolgenden Tag Linienflüge zwischen London und Zypern, und die positive Reaktion des Betreibers und der Passagiere in bezug auf Leistung und Komfort zog verschiedene Großaufträge nach sich.

Eine Zeitlang schien es sogar so, als sei die **Viscount** in den von den USA beherrschten Marktsektor für Verkehrsflugzeuge eingebrochen, doch diese Erwartungen waren verfrüht. Mit insgesamt 444 Exemplaren hielt die **Viscount** aber dennoch bei Einstellung ihrer Produktion im Jahr 1964 den Rekord als meistgebauter britischer Airliner.

Angesichts der überwältigenden Ausbreitung strahlgetriebener Muster wirkte der Typ zwar überholt, bestritt aber in beträchtlicher Zahl die ganzen siebziger und achtziger Jahre hindurch noch Liniendienste. Die Dart-Propellerturbinen von Rolls-Royce waren zuverlässig und anspruchslos in der Wartung, und den Passagieren bot die **Viscount** ein hohes Maß an Komfort. 1996 flogen noch etwa sechs Exemplare im Frachtdienst.

### TECHNISCHE DATEN
**Vickers Typ 810 Viscount**

**Typ:** Kurz-/Mittelstreckenverkehrsflugzeug
**Triebwerke:** vier Propellerturbinen Rolls-Royce Dart RDa.7/1 Mk 525 mit einer Äquivalentleistung von je 1566 kW (2130 PS)
**Leistung:** max. Reisegeschwindigkeit 563 km/h in 6095 m Höhe; Dienstgipfelhöhe 7620 m; Reichweite mit max. Nutzlast und ohne Reserven 2776 km
**Gewicht:** Leermasse 18.854 kg; max. Startmasse 32.885 kg
**Abmessungen:** Spannweite 28,56 m; Länge 26,11 m; Höhe 8,15 m

***PK-MVG der Merpati Nusantara Airlines war eine Vickers Viscount 828, die als eine der letzten Serienmaschinen gebaut wurde, ursprünglich für All Nippon Airways.***

# Vickers Typ 667 Valiant

Die technischen Entwicklungen des Zweiten Weltkriegs und insbesondere der Einsatz von Nuklearwaffen über Hiroshima und Nagasaki machten Großbritannien klar, daß die RAF eine neue Fernbombergeneration brauchte, wenn die Nation eine effektive Atombomberstreitmacht besitzen wollte.

So kam es zur Entwicklung der RAF-V-Bomberflotte, als deren erster Vertreter 1955 die **Vickers Typ 667 Valiant** in Dienst gestellt wurde. Dieses auf den Anforderungen der Spezifikation B.9/48 basierende Muster war ein freitragender Hochdecker mit gemischter Flügelpfeilung, einer druckbelüfteten Kabine für fünf Besatzungsmitglieder und mit vier Strahltriebwerken.

Der **Valiant**-Prototyp (**WB210**) flog erstmals am 18. Mai 1951, angetrieben von vier Rolls-Royce RA.3 Avon je 28,9 kN Schub, fing aber am 12. Januar 1952 Feuer, das sich nicht mehr unter Kontrolle bringen ließ. Die Entwicklung wurde mit dem zweiten Musterbomber fortgesetzt, der am 11. April 1952 mit vier 33,3 kN Schub starken RA.7 Avon zum Erstflug startete.

Der erste von fünf Vorserienfernbombern **Typ 674 Valiant B.Mk 1** kam am 22. Dezember 1953 in die Luft. Dieser Typ hinterließ bei der Farnborough-Luftfahrtschau im September 1955 einen nachhaltigen Eindruck, als zwölf Exemplare von No. 138 Squadron im Paradeflug über den Platz donnerten.

Im Suezkrieg Ende 1956 wurde die **Valiant** operationell zum Abwurf von Sprengbomben eingesetzt, am 11. Oktober 1956 warf sie die erste Atombombe Großbritanniens über Maralinga in Südaustralien ab, und am 15. Mai 1957 klinkte sie die erste thermonukleare Waffe dieser Nation über dem Pazifischen Ozean aus. Als die **Valiant**-Produktion im August 1957 endete, waren einschließlich der Prototypen 107 Exemplare gebaut. Von diesen Maschinen gingen 104 an die RAF.

Mit der Entwicklung von Boden-Luft-Flugabwehrraketen änderte sich die Rolle der V-Force: Statt in großer Höhe sollte sie nunmehr im Tiefflug in den gegnerischen Luftraum eindringen. Bei der **Valiant** beschleunigte dies die Ermüdung des Flügelholmmaterials, was im Januar 1965 zur Ausmusterung führte.

**Varianten**

**Valiant B.Mk 1 (Typ 706):** erste Fernbomberserienversion; 36 Exemplare, einschließlich der fünf Vorserienbomber; eine Maschine diente als Prüfstand für den Pegasus-Motor

**Valiant B(PR).Mk 1 (Typ 710):** strategische Aufklärungsversion; elf Exemplare gebaut

**Valiant B(PR)K.Mk 1 (Typ 733):** Mehrzweckversion, einsetzbar als Bomber, Aufklärer und Lufttanker; 13 Exemplare gebaut

**Valiant BK.Mk 1 (Typ 758):** Bomber-/Tankerversion; 44 Exemplare

**Valiant B.Mk 2:** einziger Musterbomber vom Typ 667; weitreichend umkonstruierte Version mit längerem Bug, stärkeren Tragflächen und überarbeitetem Fahrwerk; wies in Meereshöhe eine Geschwindigkeit von 891 km/h gegenüber 666 km/h bei der Valiant B.Mk 1 auf

### TECHNISCHE DATEN
**Vickers Valiant B.Mk 1**

**Typ:** Langstreckenbomber
**Triebwerke:** vier Strahltriebwerke Rolls-Royce RA.28 Avon 204/205 je 44,7 kN Schub
**Leistung:** Höchstgeschwindigkeit 912 km/h in 9145 m Höhe; Dienstgipfelhöhe 16.460 m; Höchstreichweite 7242 km
**Gewicht:** Leermasse 34.419 kg; max. Startmasse 63.503 kg
**Abmessungen:** Spannweite 34,85 m; Länge 32,99 m; Höhe 9,80 m; Tragflügelfläche 219,43 $m^2$
**Bewaffnung:** keine Abwehrwaffen; konventionelle oder nukleare Waffen im Internschacht bis zu einer Last von 9525 kg

***XD827 wurde als einer von insgesamt 44 gebauten Lufttankern Vickers Valiant BK.Mk I an die RAF ausgeliefert. Auf diesem Foto fehlen allerdings die zugehörigen Unterflügeltanks.***

# Vickers Typ 950 Vanguard

Um BEA mit einem Airliner für rund 100 Passagiere zur Nachfolge der Vickers Viscount zu versorgen, entwarf Vickers den **Typ 870**. Sowohl BEA als auch Trans-Canada Air Lines waren an einem Muster dieser Kategorie interessiert, und der **Typ 950** wurde geschaffen, um den Forderungen beider Gesellschaften zu genügen. Dies war ein attraktives Flugzeug, das zweifellos einen größeren kommerziellen Erfolg mit Strahltriebwerken statt Propellerturbinen erzielt hätte, die damals gerade auf breiter Front dem Düsenantrieb weichen mußten. Ihr niedriger Treibstoffverbrauch gewann erst Ende der siebziger Jahre an Bedeutung. Nur zwei Aufträge über insgesamt 43 Flugzeuge gingen ein. Der erste kam von BEA und umfaßte 20 **Typ 951 Vanguard** für eine dreiköpfige Flugbesatzung, zwei Flugbegleiter und 126 Passagiere. Diese Bestellung wurde aber nachträglich geändert, so daß nur sechs Exemplare als **Typ 951** entstanden und die übrigen 14 als **Typ 953** mit unveränderter Besatzungsstärke, aber mit Sitzen für 135 Passagiere. Alle 20 Maschinen erhielten als Antrieb vier Rolls-Royce-Propellerturbinen Tyne RTy.1 Mk 506 je 3717 äkW (5055 äPS). Den zweiten Auftrag erteilte Trans-Canada, die insgesamt 23 **Typ 952 Vanguard** mit einer leistungsstärkeren Version des Tyne-Triebwerks, strukturellen Verstärkungen zum Betrieb mit höherem Gewicht sowie Kabinenraum für eine fünfköpfige Besatzung und 139 Passagiere beschaffte. Der **950**-Prototyp flog erstmals am 20. Januar 1959, und sowohl BEA als auch Trans-Canada stellten die **Vanguard** Anfang 1961 in Dienst. Ein Exemplar von Trans-Canada wurde später zum Nurfrachtflugzeug Cargoliner umgebaut, und BEA-**Vanguard**, die ähnliche Umrüstungen erfuhren, nannte man **Merchantman**. Das letzte dieser Frachtflugzeuge wurde 1996 aus dem Verkehr gezogen.

***G-APES war eine ehemalige BEA-Vanguard Typ 953, die zum Nurfrachter Typ 953C Merchantman umgebaut wurde. Air Bridge setzte diese speziell zum Transport von Rennpferden ausgerüstete Maschine von East Midlands aus ein. Ihre Aufgabe hat inzwischen eine Lockheed L.188 Electra übernommen.***

**TECHNISCHE DATEN**
**Vickers Typ 952 Vanguard**

**Typ:** Kurz-/Mittelstreckenverkehrsflugzeug
**Triebwerke:** vier Propellerturbinen Rolls-Royce Tyne RTy.11 Mk 512 mit einer Äquivalentleistung von je 4135 kW (5623 PS)
**Leistung:** max. Reisegeschwindigkeit 684 km/h in 6095 m Höhe; Dienstgipfelhöhe 9145 m; Reichweite mit max. Nutzlast und ohne Reserven 2945 km
**Gewicht:** Rüstmasse 37.421 kg; max. Startmasse 63.977 kg
**Abmessungen:** Spannweite 36,14 m; Länge 37,45 m; Höhe 10,64 m; Tragflügelfläche 141,86 m²

# Vickers Typ 1100 VC10 und Typ 1150 Super VC10

Als BOAC 1957 einen Airliner forderte, der in der Lage wäre, eine Nutzlast von 15.422 kg über Entfernungen von bis zu 4000 Meilen (6437 km) auf ihren Commonwealth-Strecken zu befördern, entwarf Vickers den **Typ 1100 VC**. BOAC flog hochgelegene Flughäfen in heißen Klimazonen mit relativ kurzen Betriebspisten an, und da das Muster auf diese Bedingungen zugeschnitten war, konnte es auf wirtschaftlicher Basis mit der Boeing 707 nicht konkurrieren. Diese Tatsache änderte weder der großräumige Rumpf mit Druckausgleich, rundem Querschnitt und Sechserquersitzreihen noch die Installation der Triebwerke im Heck, wie sie Sud-Aviation mit der Caravelle eingeführt hatte, die sauber durchkonstruierten und effizient gepfeilten Tragflügel, die mit Hochauftriebshilfen ausgestattet sowie völlig ungestört vom Luftwiderstand durch Triebwerksgondeln und deren Stiele waren, oder das durchweg gepfeilte T-Leitwerk, das vom Düsenstrahl unbeeinträchtigt blieb. Der Prototyp (**G-ARTA**) startete am 19. Juni 1962 zum Erstflug, die Musterzulassung erging am 23. April 1964, und sechs Tage später führte BOAC den **Typ 1101 VC10** auf der Verbindung London – Lagos ein. Die Produktion der **VC10** umfaßte **Typ 1101** (zwölf) für BOAC mit vier Rolls-Royce Conway RCo 42 je 93,5 kN Schub, der mit einer zehnköpfigen Crew und 115 Passagieren im Klassenmix oder 135 in der Touristenklasse flog, den ähnlichen **Typ 1102** (zwei) für Ghana Airways, deren zweites Exemplar eine große Frachttür erhielt, **Typ 1103** (drei) für British United Airways, der der zweiten Maschine des **Typs 1102** glich, **Typ 1106** (14) für das RAF Support Command als Mehrzweckflugzeug mit der Dienstbezeichnung **VC10 C.Mk 1**, überarbeiteten Tragflächen, schubstärkeren Conway RCo 43 und erhöhter Treibstoffkapazität sowie das Einzelexemplar **Typ 1109**, eine Umrüstung des Prototyps **1100**, den man für den Verkauf mit Tragflächen wie beim **Typ 1106** ausgestattet hatte.

Eine weiterentwickelte Version erschien mit **Typ 1150 Super VC10**, der einen um 3,96 m verlängerten Rumpf, ein erweitertes Tankvolumen und Rolls-Royce-Triebwerke Conway RCo 43 einführte. Zwei Varianten wurden produziert, **Typ 1151** (17) für BOAC mit 16 Erster-Klasse-Sitzen und 123 Economy-Plätzen sowie **Typ 1154** (fünf) für East African Airways, der eine große Frachttür aufwies und für den gemischten Fracht-/Passagierverkehr ausgelegt war. Am 1. April 1965 nahm BOAC mit der **Super VC10** den Dienst auf der Strecke London – New York auf. Als British Airways, die Nachfolgerin von BOAC, am 29. März 1981 den letzten Linienflug mit diesem Typ durchführte, hatte die kleine Flotte aus **VC10** und **Super VC10** über 13 Millionen Passagiere unfallfrei befördert.

Nachdem der Typ endgültig aus der zivilen Luftfahrt ausgeschieden war, kaufte die britische Regierung etliche Exemplare auf, um sie zu Lufttankern für die RAF umbau en zu lassen. Zunächst erfolgten neun Um rüstungen, darunter fünf **Typ 1101 VC1** und vier **Typ 1154 Super VC10**, die im RAF Dienst die Bezeichnungen **VC10 K.Mk 2** beziehungsweise **VC10 K.Mk 3** erhielter Der erste Lufttanker **VC10 K.Mk 2** flog an 22. Juni 1983. Alle **VC10** der RAF wurder auf das Conway Mk 550B (Mk 301) unte Wegfall der Schubumkehrer an den äuße ren Triebwerken standardisiert. Alle kör nen zudem mit einem Luftbetankungsroh am Bug ausgerüstet werden. Bei der Ope ration „Desert Storm" kamen die Masch nen von No. 101 Squadron intensiv zum Ei satz. Fünf Exemplare, die früher auf der RAF-Fliegerhorst Abingdon eingelage waren, wurden auf den Standard **VC1 K.Mk 4** gebracht. Diese Ausführun gleicht in etwa der **K.Mk 3**, allerdings ohn Rumpftanks. Die erste Auslieferung erfol te 1993. Im Jahr 1996 waren alle 13 in Briz Norton stationierten **VC10 C.Mk 1** auf de Lufttankerstandard **C.Mk 1(K)** mit anba baren Unterflügelbetankungsbehälter Mk 17 umgerüstet.

***Vickers VC10 C.Mk 1 der No. 10 Squadron, RAF, Anfang der achtziger Jahre in Brize Norton stationiert.***

**TECHNISCHE DATEN**
**Vickers Typ 1151 Super VC10**

**Typ:** Langstreckenverkehrsflugzeug
**Triebwerke:** vier Mantelstromtriebwerke Rolls-Royce Conway RCo 43D Mk 550 je 97 kN Schub
**Leistung:** max. Reisegeschwindigkeit 935 km/h in 9450 m Höhe; wirtschaftliche Reisegeschwindigkeit 885 km/h in 11.580 m Höhe; Reichweite mit max. Nutzlast 7596 km
**Gewicht:** Leermasse 71.937 kg; max. Startmasse 151.953 kg
**Abmessungen:** Spannweite 44,55 m; Länge 52,32 m; Höhe 12,04 m

# Victa Airtourer

Die von Henry Millicer konstruierte **Victa Airtourer** war ein Leichtflugzeug in der Auslegung eines Tiefdeckers mit einer geschlossenen Kabine für zwei Personen nebeneinander. Der Prototyp flog erstmals am 31. März 1959, angetrieben von einem Continental-Boxermotor A65 mit 48 kW (65 PS). Die ersten Serienversionen waren

***Diese Victa Airtourer T3 wurde 1965/66 in Großbritannien von Glos-Air in Staverton gebaut. Der Typ hat eine Spannweite von 7,92 m, ein Höchstgewicht von 862 kg und eine Reisegeschwindigkeit von 222 km/h.***

die **Airtourer 100** (Continental O-200-A mit 75 kW/100 HP/102 PS) und die **Airtourer T2** (Avco Lycoming O-235-C2A mit 86 kW/117 PS), von denen die australische Firma Victa Consolidated Industries Pty Ltd. insgesamt 170 Exemplare baute, bevor sie 1966 die weltweiten Produktionsrechte an die Aero Engine Services Ltd. (AESL) in Neuseeland veräußerte. AESL schloß sich später mit Air Parts (NZ) Ltd. zu New Zealand Aerospace Industries Ltd. zusammen und setzte die Herstellung der **Airtourer** mit weiteren 80 Maschinen bis 1974 fort. Hierzu zählten die Versionen **Airtourer T3** (Rolls-Royce Continental mit 97 kW/ 132 PS), **Airtourer T4** (Avco Lycoming O-320-E2A mit 112 kW/152 PS) und die ähnliche **Airtourer T5**. Die viersitzige Zivilversion **Aircruiser CT/2** fand nicht genügend Käufer für eine Serie. **CT-4 Airtrainer** hieß eine militärische Version der **Airtourer**, von der 96 Exemplare zwischen 1972 und 1977 entstanden.

AESL wurde von Pacific Aerospace aufgekauft, die im Sommer 1990 die Fertigungsstrecke wiedereröffnete, nachdem Aufträge über acht **CT-4B** eingegangen waren.

# Voisin-Luftfahrzeuge

Kurz vor dem Ende des 19. Jahrhunderts begannen die französischen Brüder Charles und Gabriel Voisin mit dem experimentellen Drachenbau und verliehen den 1905 von Ernest Archdeacon und Louis Blériot entworfenen und konstruierten Gleitfluggeräten auf Doppelschwimmern eine modifizierte Form der Hargrave-Kastendrachenstruktur. Im Jahr darauf gründeten sie die Firma Les Frères Voisin in Billancourt, wo sie zwei generell ähnliche Luftfahrzeuge konstruierten. Beide Flugmaschinen waren als Doppeldecker mit einem kastenförmigen Schwanz ausgelegt, der bereits ein Ruder enthielt, und in beiden Fällen trieben Kleinmotoren Druckschrauben an. Die progressive Entwicklung dieses Grundkonzepts bildete den Schwerpunkt der vielfältigen Tätigkeit des Unternehmens vor dem Ersten Weltkrieg. Keines dieser Luftfahrzeuge war erfolgreich. Das erste wurde überhaupt nicht geflogen, und dem zweiten für Léon Delagrange gebauten Exemplar gelangen 1907 nur einige Lufthopser. Einen Fortschritt bedeutete die für Henry Farman gefertigte **Voisin-Farman I**, angetrieben von einem Antoinette-Motor mit 37 kW (50 PS). Sie steigerte sich von einem 771-Meter-Flug im Oktober 1907 über einen inoffiziellen 1030-Meter-Rundflug im November bis zu einem 1000 m langen Rundflug am 13. Januar 1908. Es folgten Modifikationen des Grundmodells. Erst 1914 begannen sie mit neuen Konstruktionen.

***Die Voisin Icare, hier auf ein unschönes Landchassis gesetzt, war als Flugboot für einen Piloten und sechs Fluggäste konstruiert. Ihre Spannweite betrug 22 m, und den Antrieb besorgte ein 147 kW (200 PS) starker Clerget-Motor.***

# Voisin-Luftfahrzeuge 1914 bis 1918

Alle Voisin-Doppeldecker, die während des Ersten Weltkriegs in Dienst gestellt wurden, zeigten die gleiche typische Grundauslegung: eine kurze Rumpfgondel für zwei Mann Besatzung, ein Druckpropeller am Gondelheck und ein hohes, schlankes Seitenruder, angelenkt an einem Senkrechtstab, der seinerseits über zwei lange Rohrauslegerpaare mit dem Ober- und dem Unterflügel verbunden war. Das Fahrgestell bestand aus zwei an der Gondel befestigten Radpaaren in Tandemanordnung.

**Voisin Typ 1913** oder **13,5 Mètres** (nach der Spannweite benannt) kam bei Ausbruch der Feindseligkeiten für kurze Zeit bei den Escadrilles V.14 und V.21 der Aéronautique Militaire zum Einsatz. Das als **Typ L** bekannte Muster wurde entweder vom Umlaufmotor Le Rhône 9C mit 88 kW (120 PS) oder dem Gnome 7A mit 52 kW (70 PS) angetrieben. In beiden Fällen betrug die Höchstgeschwindigkeit 94 km/h. Diesen zwei Versionen teilte die französische Armee, bei der sich etwa 70 Exemplare im Dienst befanden, nachträglich die Bezeichnung **Typ I** beziehungsweise **Typ II** zu. Weitere Maschinen wurden nach Rußland geliefert.

Der Musterdoppeldecker **Typ LA** oder **Typ III** flog im Februar 1914, angetrieben vom Salmson-Motor M9 (Canton-Unné) mit 88 kW (120 PS). Er war schwerer als seine Vorgänger und mit einem einzelnen Maschinengewehr bewaffnet, das der Beobachter bediente. Am 5. Oktober 1914 meldeten die Franzosen ihren ersten Luftsieg, als ein **Typ LA** eine deutsche Aviatik B.I abschoß. Eine Version des **Typs LA**, ausgerüstet mit drei Schwimmern, flog bei der französischen Marine. Im April 1915 ging **Typ LAS** mit geändertem Flugwerk in Serie. Fast 1000 französische Exemplare vom **Typ III** wurden gebaut. Die britische Firma Savage fertigte 50 solcher Doppeldecker in Lizenz, und in Rußland produzierte das Unternehmen Duks ebenfalls große Stückzahlen. Spätere Flugzeuge erhielten Schächte zum Abwurf von bis zu 60 kg schweren Bomben. Bis dahin hatte man Granaten und Stahlpfeile („fléchettes“) im Cockpit mitgeführt und seitlich herausgeschleudert. Mit dem **Typ III** war die im September 1914 aufgestellte 1. Groupe de Bombardement ausgerüstet. Diese Gruppe flog viele Angriffe bei Tageslicht gegen Ziele hinter den deutschen Linien.

Der **Typ IV Ca.2**, bewaffnet mit einer 37-mm-Kanone Hotchkiss, wurde in den Versionen **Typ LB** und **Typ LBS** entsprechend den **LA-** und **LAS**-Varianten des **Typs III** gebaut. **Typ V** und **Typ VI** von 1916 hatten Salmson-Motoren mit 110 kW (150 PS) und teilten die **LAS**-Werkskennung des **Typs III**. Rund 450 Exemplare wurden gefertigt und weitgehend zu Nachtbombardierungen verwendet, da man den **Voisin**-Tagangriffen mit konzentrierten Kräften durch übermäßige Verluste ab Herbst 1915 ein Ende gesetzt hatte. In Turin fertigte die Firma S.I.T. insgesamt 112 Exemplare dieses **Voisin**-Typs in verschiedenen Ausführungen, darunter eine mit dem 118 kW (160 PS) starken Motor Isotta-Fraschini V.4B.

Mitte 1916 begann **Voisin** mit der Produktion von 103 zweisitzigen Beobachtungsflugzeugen vom **Typ VII** (**Kategorie A.2**), dessen Antrieb ein Renault 8G mit 132 kW (180 PS) lieferte. **Typ VIII** vom Herbst 1916 wurde in zwei Versionen gefertigt. Das Gros der rund 1100 Exemplare waren zweisitzige Nachtbomber **Typ LAP**, die eine offensive Waffenlast von 180 kg mitführen konnten, und den kleineren Anteil stellte der **Typ LBP**, wegen seiner Hotchkiss-37-mm-Kanone „avion canon“ genannt. Der **Typ VIII** hatte eine größere, kantig geformte Besatzungsgondel und wurde vom Peugeot 8Aa angetrieben, dessen Leistung von 162 kW (220 PS) ihm zu einer Spitzengeschwindigkeit von 118 km/h verhalf. **Typ LAR** vom September 1917 war ein zweisitziger Nachtbomber, der eine Bombenlast von 300 kg verkraftete, und die 37-mm-Kanonen-Variante hieß **Typ LBR**.

Die Gondel wurde nochmals geändert, die Struktur durchweg verstärkt und ein 206 kW (280 PS) starker Renault-Motor 12Fe eingebaut, die die Höchstgeschwindigkeit geringfügig auf 130 km/h erhöhte. Bis zum Kriegsende im November 1918 waren praktisch alle französischen Nachtbombereinheiten mit **Voisin**-Doppeldeckern ausgerüstet. **Typ X** war ein Sanitätsflugzeug, das erst nach dem Krieg erschien und rund 900mal gebaut wurde.

Zu den in dieser Zeit getesteten Versuchsflugzeugen zählten der einmotorige **Typ M** mit herkömmlichem Rumpf und einem knapp unter dem Oberflügel montierten Motor, **Typ O** mit je einem Motor in Bug und Heck der Rumpfgondel und ein viermotoriger Dreidecker mit schlankem Rumpf. Der letzte, 1920 gebaute **Voisin**-Typ, war eine Fortentwicklung des vorausgegangenen Dreideckers und als Nachtbomber oder als Verkehrsmuster vorgesehen.

***Die veraltete Konfiguration der Voisin-Flugzeuge im Ersten Weltkrieg verdeutlicht diese Maschine vom Typ LAS der No. 2 Wing des RNAS, die hier 1915 über Imbros fotografiert wurde. Ihre Höchstgeschwindigkeit betrug 105 km/h in Meereshöhe.***

# Vought A-7 Corsair II

Dieser überaus erfolgreiche Jagdbomber ging auf eine Forderung der US Navy für einen Nachfolger der Douglas A-4 Skyhawk zurück. Am 19. März 1964 erhielt die Firma Vought einen Auftrag über drei Prototypen mit der USN-Dienstbezeichnung **A-7** und ließ den Namen ihres berühmten Jägers aus der Kriegszeit wiederaufleben, indem sie dieses Muster **Vought Corsair II** taufte. Eine der Vorgaben der Spezifikation hatte darin bestanden, daß das neue Flugzeug auf einem existierenden Typ beruhen sollte, um die Kosten zu senken und die Auslieferung zu beschleunigen. Die **A-7** war zwar grundsätzlich ähnlich ausgelegt wie die F-8 Crusader (allerdings ohne deren im Einstellwinkel veränderliche Tragflügel), doch in Wirklichkeit ein völlig neuer Entwurf ohne weitreichende Gemeinsamkeiten bei den strukturellen Baugruppen. Der erste Prototyp flog am 27. September 1965, fast vier Wochen vor dem Zeitplan, und die Zuschleusung an die Marine begann am 14. Oktober 1966. Nicht einmal vier Monate später, am 1. Februar 1967, war US Navy Squadron VA-147 als erste Staffel mit der **Corsair II** einsatzbereit. Schon lange vorher, im Dezember 1965, hatte sich auch die USAF für die Beschaffung einer Version der **A-7** als taktischem Kampfflugzeug entschieden. Die hauptsächliche Abweichung war die Wahl des von Allison produzierten Rolls-Royce Spey anstelle des Pratt & Whitney-TF30-Turbofan-Triebwerks, wie es die **A-7** der Navy besaß.

Im Vietnamkrieg flogen 27 **Corsair II**-Staffeln der US Navy über 90.000 Kampfeinsätze, und auch die USAF verwendete den Typ auf diesem Kriegsschauplatz, jedoch in wesentlich geringerem Umfang. 1993 waren die letzten **A7-D** und **A-7K** bei Einheiten der amerikanischen Luftwaffen-Nationalgarde ausgeschieden. Die US Navy hatte ebenfalls **A-7** ausgemustert, aber bei der Operation „Desert Storm“ kamen ihre beiden letzten Staffeln noch intensiv zum Einsatz. Nach ihrer Rückkehr in die Vereinigten Staaten wurden auch sie aufgelöst. Die **Corsair II** ging im Export nach Griechenland und Portugal. Während die portugiesischen Flugzeuge durch grundüberholte F-16A ersetzt werden, hat Griechenland zusätzlich ein bedeutendes Kontingent ehemaliger USN-**Corsair II** übernommen, die bei einigen Staffeln an die Stelle der Mirage F1 traten.

**TECHNISCHE DATEN**
**Vought A-7E Corsair II**
**Typ:** trägergestützter Kampfbomber
**Triebwerk:** ein Turbofan-Triebwerk Allison TF41-A-2 (vom Rolls-Royce Spey abgeleitet) mit 6577 kg Schub
**Leistung:** Höchstgeschwindigkeit ohne Außenlasten 1123 km/h in Meereshöhe; taktischer Einsatzradius mit typischer Waffenlast 1127 km
**Gewicht:** Leermasse 8841 kg; max. Startmasse 19.051 kg
**Abmessungen:** Spannweite 11,81 m; Länge 14,06 m; Höhe 4,90 m; Tragflügelfläche 34,84 m²
**Bewaffnung:** eine 20-mm-Kanone M61A1 mit mehreren Rohren im Bündel und bis zu 6804 kg an gemischten Außenlasten

**Varianten**
**A-7A:** erste USN-Serienversion mit 5148 kg Schub starkem Turbofan-Triebwerk TF30-P-6; 199 Exemplare
**A-7B:** zweite USN-Serienversion, erst mit TF30-P-8, dann mit TF30-P-480 per Nachrüstung; 196 Exemplare
**A-7C:** dritte USN-Serienversion mit TF30-P-408 und Avionik der späteren A-7E; 67 Exemplare
**A-7D:** USAF-Serienversion mit TF41-A-1 (Spey), M61-Kanone, Luftbetankungsstutzen und fortschrittlichem Navigations-/Waffeneinsatzsystem; automatische Manöverklappen und Laserzielverfolger „Pave Penny" durch Nachrüstung; 459 Exemplare
**A-7E:** Hauptserienversion der USN auf Basis der A-7D, aber mit schubstärkerem TF41-A-2 (Spey); Vorwärtssichtinfrarotgerät (FLIR) per Nachrüstung
**A-7H:** landgestützte Version der A-7E für die griechische Luftwaffe; 60 Exemplare
**A-7K:** zweisitzige Ausbildungsversion der A-7D für die US Air National Guard; eine umgebaute A-7D und 31 Serienflugzeuge
**A-7P:** generalüberholte A-7A mit TF30-P-408 für Portugal; zunächst 20 Exportflugzeuge, dann Anschlußauftrag über 30 weitere, grundüberholte Maschinen, darunter sechs zweisitzige Strahltrainer
**TA-7C:** zu doppelsitzigen Strahltrainern umgebaute A-7B und A-7C
**TA-7H:** zweisitzige Trainerversion der A-7H für Griechenland; fünf Exemplare
**YA-7E** oder **YA-7H:** Bezeichnungen des zweisitzigen Prototyps V-159

***Die konzeptionell mit der Vought F-8 Crusader verwandte, aber dennoch durchweg neukonstruierte A-7 Corsair II war ein wertvolles leichtes Kampfflugzeug im Arsenal der US Navy und der USAF. In zahlreichen als Wettbewerb ausgetragenen Bomben- und Schießübungen bewies die Corsair II, daß sie zu den genauesten Jagdbombern gehörte, die je gebaut wurden.***

# Vought F-8 Crusader

Auf eine Forderung der US Navy von 1952 für einen überschallschnellen Luftüberlegenheitsjäger gingen acht Entwurfsangebote ein, und im Mai 1953 erhielt das Vought-Modell den Zuschlag in Verbindung mit einem Auftrag über zwei Prototypen **Vought XF8U-1**. Die beiklappbaren Hochdeckertragflügel dieses Musters wichen insofern von der Norm ab, als ihr Einstellwinkel veränderlich war. Das an der Nasenkante angehobene Tragwerk bewirkte, daß der Rumpf im Langsamflug fast waagrecht in der Luft lag und der Pilot eine bessere Sicht nach vorn hatte, etwa beim Anflug zur Trägerlandung. Der erste Prototyp flog am 25. März 1955, und die Zuführung der Erstserie **F8U-1** an die US Navy Squadron VF-32 begann im März 1957. Von der Vergabe des Prototypauftrags an gerechnet, hatte die Entwicklung somit nur knapp vier Jahre gedauert, eine recht kurze Zeitspanne für ein neues trägergestütztes Jagdflugzeug mit hohem Überschallpotential. Die **Crusader** blieb acht Jahre lang in der Produktion, und die letzte Serie von 48 **F-8E (FN)** für die französische Marine wurde im Januar 1965 ausgeliefert. Die **Crusader** versorgte die US Navy und das Marine Corps mit einem wertvollen Kampfflugzeug, das im Vietnamkrieg intensiv zum Einsatz kam. Die letzten **RF-8**-Aufklärer des USMC schieden erst Ende der achtziger Jahre aus dem Dienst. Auch die an die Philippinen gelieferten Exemplare wurden damals ausgemustert und eingelagert. Die französische Marine hingegen modernisiert derzeit 17 **Crusader**, um die Zeit bis zum Eintreffen der Rafale M zu überbrücken.

**TECHNISCHE DATEN**
**Vought F-8E Crusader**
**Typ:** trägergestütztes Jagdflugzeug
**Triebwerk:** ein Strahltriebwerk Pratt & Whitney J57-P-20A mit 80,1 kN Schub
**Leistung:** Höchstgeschwindigkeit rund Mach 1,8 oder 1802 km/h in 12.190 m Höhe; Dienstgipfelhöhe 17.680 m; Reichweite 1609 km
**Gewicht:** max. Startmasse 15.422 kg
**Abmessungen:** Spannweite 10,72 m; Länge 16,61 m; Höhe 4,80 m
**Bewaffnung:** vier 20-mm-Kanonen Colt-Browning, zwei Sidewinder-Lenkflugkörper und Raketenpack unter dem Rumpf oder vier Sidewinder-Lenkflugkörper und zwei 907-kg-Bomben oder zwei Luft-Boden-Flugkörper Bullpup oder 24 Luft-Boden-Raketen Zuni an zwei Stationen unter den Flügeln

**Varianten**
**XF8U-1** (später **XF-8A**): zwei noch unbewaffnete Originalprototypen mit 6713 kg Schub starkem P&W-Strahltriebwerk J57-P-11
**F8U-1** (später **F-8A**): erste Serienversion, größtenteils mit 7348 kg Schub starkem J57-P-4A; bewaffnet mit vier 20-mm-Kanonen und Raketen in rumpfmontierten Paketen; Sidewinder-Lenkflugkörper durch Nachrüstung; 318 Exemplare
**YF8U-1** (später **YF-8A**): neue Bezeichnung einer zur Fortentwicklung und Erprobung genutzten F8U-1
**YF8U-1E** (später **YF-8B**): neue Bezeichnung einer zum Prototyp für die F8U-1E umgerüsteten F8U-1
**F8U-1E** (später **F-8B**): Serienversion der F8U-1 mit eingeschränkter Allwettertauglichkeit; 130 Exemplare
**F8U-1D** (später **DF-8A**): Bezeichnung von F8U-1 nach dem Umbau zu Drohnenleitflugzeugen
**F8U-1KD** (später **QF-8A**): zu Zieldrohnen umgebaute F8U-1
**YF8U-1P** (später **YRF-8A**): versuchsweise zu Luftbildaufklärern umfunktionierte F8U-1
**F8U-1P** (später **RF-8A**): auf Luftbildaufklärung spezialisierte Version der F8U-1 mit Kameraschacht im Vorderrumpf unter Wegfall der Bordwaffen
**XF8U-1T:** zum Prototyp eines Doppelsitzers für die Waffen- und Einsatzausbildung umgerüstete XF8U-2NE (s. u.); J57-P-20 mit 72 kN Schub und nur zwei Bordkanonen; im Einsatz als Trainer F8U-1T (später TF-8A) bezeichnet
**YF8U-2** (später **YF-8C**): neue Bezeichnung zweier zur Flugerprobung des J57-P-16 mit 75,2 kN Schub genutzter F8U-1
**F8U-2** (später **F-8C**): Serienversion mit J57-P-16 und doppelten Kielflossen; 187 Exemplare
**F8U-2N** (später **F-8D**): Serienversion mit 80,1 kN Schub starkem J57-P-20, größerer Treibstoffkapazität und Vorrichtungen für vier Sidewinder-Lenkflugkörper; 152 Exemplare
**YF8U-2N** (später **YF-8D**): Bezeichnung von zur Entwicklung der Version F8U-2N genutzten Flugzeugen
**XF8U-2NE:** zum Prototyp der F8U-2NE umgebaute F8U-1; später zum Mustertrainer XF8U-1T umgebaut (s. o.)
**F8U-2NE** (später **F-8E**): verbesserte Serienversion; J57-P-20A mit 80,1 kN Schub, fortschrittlichem Bordradar und Unterflügelpylonen für zwei Luft-Boden-Flugkörper AGM-12 Bullpup oder 1814 kg an Bomben; 286 Exemplare
**F8U-3:** umkonstruierte Version, von der fünf Exemplare gebaut, aber nur drei zur Vergleichsbewertung mit der F4H Phantom geflogen wurden; Sidewinder- oder Sparrow-III-Lenkwaffen und J75-P-5A oder J75-P-6 mit 109 kN beziehungsweise 115,7 kN Schub; neuentworfener Triebwerkslufteinlauf und Kielflossen zur Stärkung der Längsstabilität in großer Höhe, die beim Start und bei der Landung in die Horizontale geregelt werden
**F-8E (FN):** Version der F-8E für die französische Marine; angeblasene Klappen und Verbesserungen anderer Auftriebshilfen
**DF-8F:** zu Drohnenleitflugzeugen umgebaute F-8A
**RF-8G:** neue Bezeichnung von 73 RF-8A nach Generalüberholung; verstärkte Zelle, zusätzliche Kielflossen und J57-P-20A
**F-8H:** 89 umgebaute F-8D mit verstärkter Zelle und angeblasenen Klappen
**F-8J, F-8K** und **F-8L:** wie F-8H umgebaute F-8E (136), F-8C (87) und F-8B (61)

***Die Vought F-8 Crusader war ein trägergestütztes Jagdflugzeug, das eine gute Reichweite mit supersonischer Dauergeschwindigkeit verband. Die Hubtechnik des Tragwerks zur Änderung des Anstellwinkels ist hier deutlich zu erkennen.***

# Vought O2U und O3U/SU Corsair bis Vultee V-84 (XP-54)

**Die Vultee Aircraft Corporation fusionierte im März 1943 mit der Consolidated Air zur Consolidated-Vultee Aircraft Corporation (Convair), einem Riesenkonzern mit 100 000 Arbeitskräften. Im ersten Jahr waren das Produktionsziel mehr als 10 000 Flugzeuge.**

## Vought O2U und O3U/SU Corsair

Das erste Muster mit dem berühmten Namen **Vought Corsair** war die **O2U**. Sie stellte allerdings kaum mehr als eine fortentwickelte Version der **UO/FU**-Serie mit einem durchweg aus Stahlrohr konstruierten Rumpfgerüst und Wasp-Sternmotor von Pratt & Whitney dar. Die Auslieferung an die US Navy begann 1927, und insgesamt 291 **Corsair** in verschiedenen Ausführungen wurden gebaut.

Ab 1930 wich die **O2U** bei der US Navy der **O3U Corsair**, die im Kern der **O2U-4** glich. Ein Exemplar erhielt jedoch versuchsweise das Grumman-Amphibienschwimmwerk. **O3U**-Flugzeuge, denen man später die Typkennung **SU** zuordnete, brachten es auf eine Auflage von insgesamt 289 Maschinen für die US Navy. Bis zum Eintritt der USA in den Zweiten Weltkrieg hatte man diese **Corsair**-Doppeldecker vom Einsatz abgezogen, aber 141 Exemplare waren noch in nachgeordnete Rollen eingebunden. Die Naval Aircraft Factory baute einige **O3U-6** für Versuche zu unbemannten, funkgesteuerten Luftfahrzeugen mit einem starren Bugradfahrgestell, das Start und Landung vereinfachen sollte. Exportversionen umfaßten die **Corsair V-65F** für die argentinische Marine, die **V-80P** für die Luftstreitkräfte Perus und die **V-85G** für Deutschland.

**Varianten**

**O2U-1:** zwei Prototypen, gefolgt von 130 Serienflugzeugen mit auswechselbarem Rad/Schwimmerfahrwerk, Sternmotor Pratt & Whitney R-1340-88 Wasp (336 kW/457 PS) und einer Bewaffnung aus einem vorwärtsfeuernden und zwei 7,62-mm-Maschinengewehren im hinteren Cockpit
**O2U-2:** Version mit weiter gespanntem Oberflügel und anderen Verbesserungen am Tragwerk und Sternmotor R-1340-B; 37 Exemplare, davon 31 für die Navy und sechs für die US Coast Guard
**O2U-3:** wie O2U-2 mit geänderten Druck- und Zuggliedern des Tragwerks, umkonstruiertem Leitwerk und R-1340-C; 80 Exemplare
**O2U-4:** wie O2U-3, aber mit geänderter Ausrüstung; 42 Exemplare
**O3U-1:** generell wie O2U-4, aber mit dem an einer O2U-4 getesteten Grumman-Amphibienfahrwerk; 87 Exemplare
**O3U-2:** verbesserte Version mit insgesamt stärkerer Zelle, teilweise überarbeitetem Flugwerk, neu konstruiertem Leitwerk und dem R-1690 Hornet von Pratt & Whitney; 29 Exemplare; kurz nach der Indienststellung in SU-1 umbezeichnet
**O3U-3:** wie O3U-2, aber mit dem 410 kW (558 PS) starken R-1340-12; 76 Exemplare
**O3U-4:** generell wie O3U-3, aber mit R-1690-42; 65 Exemplare, davon 45 als SU-2 und 20 als SU-3 mit Niederdruckreifen ausgeliefert
**XO3U-5:** mit Sternmotor Pratt & Whitney GR-1535 getestete SU-2
**XO3U-6:** Prototyp der Version O3U-6 in Form einer umgerüsteten O3U-3
**O3U-6:** Serienversion der XO3U-6 mit NACA-Motorverkleidung und geschlossenen Cockpits; 32 Exemplare, je zur Hälfte mit R-1340-12 und R-1340-18
**SU-1:** neue Bezeichnung der O3U-2
**SU-2:** neue Bezeichnung der O3U-4
**SU-3:** neue Bezeichnung der O3U-4 mit Niederdruckreifen
**SU-4:** Serienversion der SU-2; 20 Exemplare

***Die O3U-3 wurde auf den großen US-Kriegsschiffen eingesetzt. Dieses Exemplar war der USS Colorado zugeordnet.***

**TECHNISCHE DATEN**
**Vought SU-4 Corsair**

**Typ:** zweisitziges Erkundungsflugzeug
**Triebwerk:** ein Sternmotor Pratt & Whitney R-1690-42 Hornet mit 447 kW (608 PS)
**Leistung:** Höchstgeschwindigkeit 269 km/h in Meereshöhe; Dienstgipfelhöhe 5670 m; Reichweite 1094 km
**Gewicht:** Leermasse 1502 kg; max. Startmasse 2161 kg
**Abmessungen:** Spannweite 10,97 m; Länge 8,37 m; Höhe 3,45 m; Tragflügelfläche 31,31 m²
**Bewaffnung:** drei 7,62-mm-Maschinengewehre, eines nach vorn feuernd und zwei im hinteren Cockpit auf Drehlafette

## Vought OS2U Kingfisher

Die **Vought VS-310 Kingfisher**, die die zuvor von Vought für die US Navy gebauten Corsair-Doppeldecker O3U ersetzen sollte, war durch neue Konstruktionsmerkmale gekennzeichnet wie etwa das Punktschweißverfahren. Die Prüfung des Entwurfsangebots zog einen Auftrag der US Navy zum Bau eines Prototyps nach sich, der vom Sternmotor Pratt & Whitney R-9854 mit 336 kW (457 PS) angetrieben wurde. In der Auslegung eines Landflugzeugs kam er im März 1938 und in der vorgesehenen Ausführung eines Schwimmerflugzeugs am 19. Mai 1938 in die Luft. Der erfolgreiche Abschluß der amtlichen Erprobung führte zum ersten Serienauftrag für die **OS2U-1 Kingfisher**, die ab August 1940 als die ersten katapultstartfähigen Eindeckerbeobachtungsflugzeuge der US Navy in Dienst gestellt wurde. Die in recht großen Stückzahlen produzierte **Kingfisher** bewährte sich nicht nur als Erkundungs- und Beobachtungsflugzeug im schiffsgestützten Einsatz, sondern auch bei den an der Küstenlinie stationierten Patrouillenstaffeln der US Navy in der U-Boot-Abwehr und im Luft-/Seenotrettungsdienst. Der Typ flog auch bei der Royal Navy, die 100 Exemplare auf der Grundlage des Lend-Lease-Abkommens erhalten hatte und sie als **Kingfisher Mk I** per Katapultstart zur Aufklärung und zur Ausbildung einsetzte. Andere **Kingfisher** wurden nach Argentinien (neun), Chile (15), in die Dominikanische Republik (drei), nach Mexiko (sechs) und Uruguay (sechs) geliefert. 24 Exemplare, die sich auf dem Wege nach Niederländisch-Indien befanden, wurden in Australien abgesetzt, nachdem diese Inseln von den Japanern überrannt worden waren, und 18 dienten bei der RAAF.

***Die Vought OS2U Kingfisher, die bei der US Navy auf die Corsair desselben Herstellers folgte, konnte mit starrem Heckradfahrgestell betrieben werden. Gewöhnlich flog sie aber mit Schwimmern im Beobachtungs- und Luft-/Seenotrettungsdienst.***

**TECHNISCHE DATEN**
**Vought OS2U-3 Kingfisher**

**Typ:** zweisitziges Beobachtungsflugzeug
**Triebwerk:** ein Sternmotor Pratt & Whitney R-985-AN-2 mit 336 kW (457 PS)
**Leistung:** Höchstgeschwindigkeit 264 km/h in 1675 m Höhe; Dienstgipfelhöhe 3960 m; Reichweite 1296 km
**Gewicht:** Leermasse 1870 kg; max. Startmasse 2722 kg
**Abmessungen:** Spannweite 10,95 m; Länge 10,31 m; Höhe 4,61 m
**Bewaffnung:** zwei 7,62-mm-Maschinengewehre (eines vorwärtsfeuernd und eines auf Drehstütze im hinteren Cockpit) und zwei 45-kg- oder 147-kg-Bomben an Pylonen unter den Flügeln

**Varianten**

**XOS2U-1:** Original-Prototyp mit Sternmotor Pratt & Whitney R-985-4
**OS2U-1:** erste Serienversion mit 336 kW (457 PS) starkem R-985-48; 54 Exemplare
**OS2U-2:** Serienversion mit geänderter Bordausrüstung und R-985-50 gleicher Leistung; 158 Exemplare
**OS2U-3:** Hauptserienversion mit selbstversiegelnden Kraftstofftanks, Panzerschutz und R-985-AN-2 gleicher Leistung; 1006 Exemplare
**OS2N-1:** von der Naval Aircraft Factory gebaute Version; wie OS2U-3, aber einige mit dem R-985-AN-8; 300 Exemplare
**XOS2U-4:** Prototypumrüstung einer OS2U-2 mit geänderten Tragflügeln geringerer Tiefe; keine Serienfertigung

## Vought SBU

Der erstmals im Mai 1933 geflogene Prototyp Vought **XF3U-1** wurde nach den Vorgaben der US Navy für einen zweisitzigen Jagddoppeldecker konstruiert und von einem Pratt & Whitney R-1535-80-Sternmotor mit 522 kW (710 PS) angetrieben. Nach Abschluß der Erprobung forderte man den Hersteller jedoch auf, dieses herkömmliche Muster unter der neuen Bezeichnung **XSBU-1** zum Erkundungsbomber umzugestalten. Die Hauptunterschiede zu **XF3U-1** bestanden im verstärkten Tragwerk größerer Flügelfläche, einer erhöhten Kapazität für Internkraftstoff und dem Geschirr für eine 227-kg-Bombe unter dem Rumpf. Nach weiteren Tests ab Juni 1934 erging ein Auftrag über 84 Serienflugzeuge **SBU-1**, deren Auslieferung am 20. November 1935 anlief. Auf diese Serie, die dem Prototyp weitgehend glich, folgte die **SBU-2** (40 Exemplare), die den 559 kW (760 PS) starken R-1535-98 einführte. Der Prototyp **XSBU-1** wurde zum Motorprüfstand umgearbeitet, und unter der Herstellerbezeichnung **V-142A** baute man einige Exemplare für den Export nach Argentinien. Dieser letzte Doppeldeckertyp, den Vought für die US Navy herstellte, flog noch 1941 bei der US Navy Reserve. Bei einer Spannweite von 10,13 m hatte die **SBU-1** eine Höchstgeschwindigkeit von 330 km/h in 2715 m Höhe. Beide Versionen waren mit Browning 7,62-mm-Maschinengewehren bewaffnet, eines vorwärtsfeuernd und eines auf Drehstütze im hinteren Cockpit, und konnten zudem eine 227-kg-Bombe mitführen.

***Dieses Flugzeug, durch seine Seriennummer als die erste Vought SBU-1 ausgewiesen, läßt erkennen, wie sauber der Pratt-&-Whitney-Sternmotor R-1535 eingebaut und über die volle Länge rundum abgedeckt ist. Die zweisitzige SBU von 1932 war Voughts letzter Doppeldekkerentwurf für die US Navy und eigentlich als Jäger gedacht, wurde aber ausschließlich als Erkundungsbomber eingesetzt.***

# Vought SB2U Vindicator

Ende 1934 erhielt Vought einen Auftrag der US Navy über zwei Prototypen, den Eindekker **Vought XSB2U-1** und zur vergleichenden Bewertung den Doppeldecker **XSB-3U-1**, um den Bedarf an einem neuen trägergestützten Erkundungsbomber abzudecken. Beide Maschinen wurden im Frühsommer 1936 getestet, und da an der Überlegenheit des Eindeckers kein Zweifel bestand, wurde am 26. Oktober 1936 eine Erstserie von 54 **SB2U-1** bestellt. Die enge Verwandtschaft dieses Musters mit der **Vought SBU** ist durch die Tatsache belegt, daß der Prototyp **XSB3U-1** im Grunde eine **SBU-1** mit Einziehfahrwerk war. Die **SB2U-1** hob sich aber durch eine Ganzmetall-Grundstruktur ab, die teilweise mit Stoff bespannt und teilweise blechbeplankt war, durch Außenflügel, die sich zum Abstellen auf Flugzeugträgerdecks beiklappen ließen, Fanghaken unter dem Hinterrumpf und den Sternmotor R-1535-96 Twin Wasp Junior von Pratt & Whitney mit 615 kW (836 PS).

Anschlußaufträge für die US Navy betrafen die generell ähnliche **SB2U-2** (58 Exemplare) und die **SB2U-3** (57 Exemplare), die Panzerschutz, ein größeres Tankvolumen, den Motortyp R-1535-02 und eine schwerere Bewaffnung einführte. Dies waren die ersten Modelle, die den Beinamen **Vindicator** erhielten.

Eine **SB2U-2**, die mit Zwillingsschwimmern geprüft wurde, erhielt die Testbezeichnung **XSB2U-3**. Mit der **SB2U** ausgerüstete Staffeln der US Navy kämpften 1942 im Pazifikraum und nahmen auch an der Schlacht bei Midway teil. Wegen ihrer hohen Verletzlichkeit gegenüber japanischen Jägern wie der Mitsubishi A6M zog man sie jedoch schon sehr bald wieder vom Fronteinsatz ab.

Unter der Herstellerbezeichnung **V-156B** baute und lieferte Vought 24 von 40 bestellten Maschinen an die französische Marine, von denen einige bei der Kapitulation Frankreichs in deutsche Hand fielen. Fünfzig entsprechende Flugzeuge mit der Bezeichnung **V-156B-1** entstanden für die britische Fleet Air Arm, die ihnen nach der Bewertung die Dienstbezeichnung **Chesapeake Mk I** zuwies, und alle dienten der Einsatzausbildung durch No. 728 und No. 811 Squadron.

**TECHNISCHE DATEN**
**Vought SB2U-3 Vindicator**
**Typ:** trägergestützter Aufklärer/Kampfbomber
**Triebwerk:** ein Sternmotor Pratt & Whitney R-1535-02 Twin Wasp Junior mit 615 kW (836 PS)
**Leistung:** Höchstgeschwindigkeit 391 km/h in 2895 m Höhe; Dienstgipfelhöhe 7195 m; Reichweite 1802 km
**Gewicht:** Leermasse 2556 kg; max. Startmasse 4273 kg
**Abmessungen:** Spannweite 12,80 m; Länge 10,36 m; Höhe 3,12 m; Tragflügelfläche 28,33 m²
**Bewaffnung:** zwei 12,7-mm-Maschinengewehre (eines vorwärtsfeuernd und eines auf Drehlafette im hinteren Cockpit) und eine Höchstlast von 454 kg an Bomben

***Vought SB2U-2 des Führers der 5. Section der Bombing Squadron VB-2, im Juli 1939 an Bord der USS Lexington eingesetzt.***

# Vought VE-7/VE-9 und VO/FU

Die amerikanische Firma Lewis & Vought auf Long Island, New York, konstruierte und flog im Sommer 1918 das Doppeldeckerschulflugzeug **Lewis & Vought VE-7** mit offenen Cockpits in Tandemanordnung und einem 112 kW (152 PS) starken Wright-Hispano-Flugmotor. Kurz nach dem Ersten Weltkrieg beschaffte die US Navy insgesamt 128 Exemplare in verschiedenen Varianten, die von Vought und von der Naval Aircraft Factory (NAF) gebaut wurden. Diese Doppeldecker hatten den 134 kW (182 PS) starken Motortyp Wright-Hispano E-2. Es folgte die verbesserte **VE-9**, von der 42 Exemplare je zur Hälfte für die US Navy und für die US Army entstanden. Die anschließende Entwicklung ergab die **UO**, deren Zelle grundsätzlich derjenigen der **VE**-Serie entsprach, aber einige Verfeinerungen (z. B. Seitenleitwerk/Ruder) aufwies. Den Antrieb lieferte zunächst der Lawrence-Sternmotor J-1 oder J-3 mit 149 kW (203 PS) und später der Wright-Sternmotor J-1 oder J-3, doch ab 1927 wurden viele Exemplare auf den Wright J-5 mit 164 kW (223 PS) ummotorisiert. Die abschließende Entwicklung ergab einen Auftrag über 20 **UO-3**, katapultstartfähige Jagdeinsitzerschwimmerflugzeuge, die aber noch vor ihrer Auslieferung in **FU-1** umbenannt wurden. Abgesehen von der ein- statt doppelsitzigen Auslegung unterschied sich die **FU-1** von den Vorgängermodellen durch einige strukturelle Verfeinerungen, eine kleinere Seitenflosse, einen Kompressor zur Leistungssteigerung und durch eine Bewaffnung aus vorwärtsfeuernden 7,62-mm-Maschinengewehren.

Viele dieser ausgezeichneten und wohlkonstruierten Flugzeuge blieben in nachgeordneten Rollen noch bis Anfang der dreißiger Jahre im Dienst.

**TECHNISCHE DATEN**
**Vought UO-1 (Landflugzeug)**
**Typ:** Beobachtungsflugzeug
**Triebwerk:** ein Sternmotor Wright J-3 mit 149 kW (203 PS)
**Leistung:** Höchstgeschwindigkeit 200 km/h in Meereshöhe; Dienstgipfelhöhe 5730 m; Reichweite 626 km
**Gewicht:** Leermasse 678 kg; max. Startmasse 1046 kg
**Abmessungen:** Spannweite 10,45 m; Länge 7,45 m; Höhe 2,67 m; Tragflügelfläche 26,92 m²

**Varianten**
**VE-7:** erste Serienversion; zweisitziges Standardschulflugzeug, von dem die US Navy 20 Exemplare von Vought und 16 von der NAF erhielt
**VE-7G:** Bordschützenausbildungsflugzeug mit einem synchronisierten Vickers-Maschinengewehr vorn und einem 7,62-mm-Lewis-MG auf Drehstütze im hinteren Cockpit; 19 Exemplare wurden von der NAF gebaut
**VE-7GF:** Bezeichnung einer VE-7G mit Schwimmwerk
**VE-7H:** Seeflugzeugversion mit Einzelschwimmer; neun von der NAF gebaute Exemplare
**VE-7S:** neue Bezeichnung einer VE-7 nach dem Umbau zum Jagdeinsitzer
**VE-7SF:** Jagdeinsitzerversion mit Schwimmwerk; 40 Exemplare von Vought und 24 von der NAF
**VE-7SH:** VE-7SF mit Einzelschwimmer
**VE-8:** Variante der VE-7 für Testzwecke; Einzelexemplar
**VE-9:** verbesserte Version mit Wright-Hispano-Motor E-3 (134 kW/182 PS); 42 von Vought gebaute Exemplare und eine umgerüstete VE-7

***Die UO-1, hier ein Exemplar der Katapultfluggruppe an Bord der USS Tennessee, konnte mit Radfahrgestell oder Schwimmwerk betrieben werden.***

**VE-9H:** Beobachtungsversion der VE-9 mit Einzelschwimmer; vier von Vought gebaute Exemplare
**UO-1:** aus der VE-9 entwickeltes, zweisitziges Beobachtungsflugzeug; wahlweise mit Radfahrgestell oder Zwillingsschwimmern; 141 von Vought gebaute Exemplare
**UO-2:** neue Bezeichnung einer UO-1 nach dem Umbau zum Rennflugzeug
**UO-3:** Originalbezeichnung der FU-1
**UO-4:** zwei Exemplare für die US Coast Guard; ähnlich wie UO-1, aber mit Wright J-5 (168 kW/228 PS) und dem geänderten Tragwerk der UO-3/FU-1
**UO-5:** neue Bezeichnung von 15 UO-1, nach der Umrüstung auf den Wright J-5 und das Tragwerk der UO-3/FU-1
**FU-1:** katapultstartfähiges Jagdeinsitzerschwimmerflugzeug, als UO-3 bestellt, aber noch vor Beginn der Auslieferung im Jahr 1927 in FU-1 umbezeichnet
**FU-2:** neue Bezeichnung der FU-1 nach dem Umbau zum zweisitzigen Schulflugzeug

# Vultee V-1A

Der Prototyp **Vultee V-1**, den Gerard F. Vultee entworfen und die Airplane Development Corporation gebaut hatte, war ein Ganzmetalleindecker in Schalenbauweise für einen Piloten und sechs Passagiere. Das Musterflugzeug mit nach innen einklappenden Hauptfahrwerksbeinen hinterließ bei seinem Erstflug am 19. Februar 1933 einen nachhaltigen Eindruck. Die Serienversion **V-1A** führte einen breiteren und längeren Rumpf für zwei Besatzungsmitglieder und acht Fluggäste ein, ferner eine teilweise geänderte Struktur und einen Wright-Sternmotor SR-1820-F2 Cyclone, der 559 kW (760 PS) abgab. Insgesamt 24 **V-1A** waren gefertigt, als die Produktion Anfang 1936 endete.

Der (für einen zweiten Piloten umgebaute) **V-1**-Prototyp und acht **V-1A** wurden 1934 von American Airlines gekauft, aber zwei Jahre später wieder abgestoßen, als die Gesellschaft zu zweimotorigen Verkehrsflugzeugen wechselte. Die meisten **V-1A** gingen an Privatunternehmen und wohlhabende Einzelpersonen. Die Sowjetunion kaufte eine **V-1A** mit Zwillingsschwimmern, und mit einem anderen Exemplar wurde der erste Flug von New York nach London und zurück versucht. Diese Maschine flog später auf seiten der Nationalisten im Spanischen Bürgerkrieg. In diesem Konflikt nutzte die republikanische Luftwaffe sieben **V-1A**, die einst American Airlines gehört hatten. Von Kampfeinsätzen blieben sie allerdings weitgehend verschont, und vier Exemplare fielen bei Kriegsende in die Hände der Nationalisten. Die **V-1A** hatte eine Spannweite von 15,24 m, eine Höchstgeschwindigkeit von 362 km/h und eine Reichweite von 1609 km.

***Die Vultee V-1A war, typisch für die moderne Luftfahrzeuggeneration jener Zeit, in Schalenbauweise konstruiert und mit einem komplett einziehbaren Fahrwerk ausgestattet. Ihre höchstzulässige Abflugmasse betrug 3856 kg.***

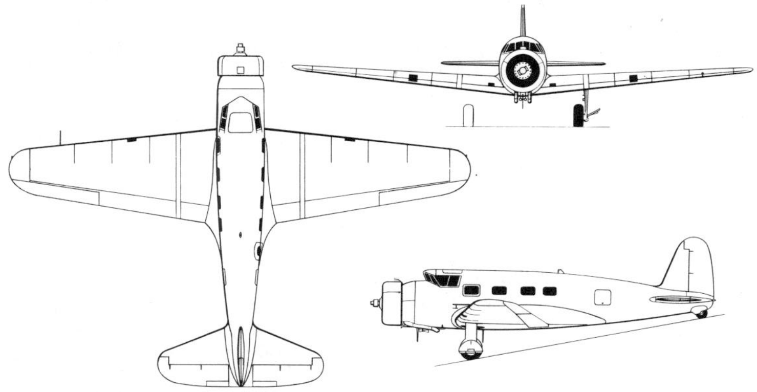

***Vultee V-1A***

# Vultee V-11 und V-12

Der Prototyp des Kampfbombers **Vultee V-11** flog im Sommer 1935, stürzte aber im September desselben Jahres ab. Das Muster hatte die Tragflügel und das Fahrgestell der V-1A, aber ein modifiziertes Leitwerk und einen völlig neuen Rumpf, der im Querschnitt elliptisch geformt war und eine dreiköpfige Besatzung hintereinander in einem erhöhten Cockpit unter einer langen Gitterhaube aufnahm. Bald darauf flog der Prototyp **V-11G**, der sich vor allem darin unterschied, daß der ursprüngliche Cyclone-Motor durch die neue 746 kW (1015 PS) starke Bauart SGR-1820-G2 Cyclone ersetzt war. Potentiellen Kunden wurde zudem der dreisitzige Prototyp **V-11GB** angeboten.

Die nationalistische Regierung Chinas bestellte 30 **V-11G**, die bei einigen Kämpfen gegen den Vormarsch japanischer Truppen zum Einsatz kamen, und die Sowjetunion ein Musterexemplar **V-11GB**, um den Typ anschließend als **BSh** in Lizenz zu fertigen. Die dortige Produktion wurde allerdings schon nach dem 31. Exemplar eingestellt. Dies war vor allem darauf zurückzuführen, daß man die Leistung mit dem M-62-Motor, der nur 677 kW (920 PS) abgab, als unzureichend ansah, zumal mit Blick auf den für unbedingt notwendig gehaltenen Panzerschutz. Die sowjetischen Maschinen wurden daraufhin in **PS-43** umbezeichnet und als Hochgeschwindigkeitspostflugzeuge verwendet. Die Exemplare, die bis zum Zweiten Weltkrieg durchgehalten hatten, flogen im militärischen Verbindungsdienst. Die Türkei beschaffte 40 **V-11GB**, die 1937 dem 2. Regiment der Luftstreitkräfte dieser Nation zugeführt wurden, und Brasilien kaufte 18 **V-11GB** in Standardausführung sowie acht Exemplare einer Seeflugzeugversion.

***Die Vultee V-11GB war eng an die V-11G angelehnt, hatte aber einen sauber eingepaßten, fahrbaren MG-Gefechtsstand an der Unterseite des Hinterrumpfs.***

Beeindruckt von den Exportaufträgen, beschaffte das US Army Air Corps sieben **V-11GB** zur eingehenden Prüfung unter der Dienstbezeichnung **YA-19**. Diese Maschinen wurden 1939 ausgeliefert und zwei von ihnen zu Motortestträgern umgebaut, die **XA-19A** mit einem Versuchsmotor Avco Lycoming O-1230-1, der 951 kW (1293 PS) erzeugte, und die **XA-19B** mit dem 1342 kW (1825 PS) starken Double Wasp R-2800-1 von Pratt & Whitney.

Die 1939 geflogene fortentwickelte Version **V-12** wies aerodynamische Verbesserungen und den leistungsstärkeren Pratt & Whitney Twin Wasp auf. Die chinesischen Nationalisten orderten ein Exemplar, das zur Aufnahme eines Wright Cyclone 9 (783 kW/1065 PS) modifiziert war und die Bezeichnung **V-12C** erhielt. Die Bewaffnung bestand aus zwei 12,7-mm-Maschinengewehren sowie vier 7,62-mm-MGs, und der interne Bombenschacht faßte 490 kg an Bomben. Die Chinesen bauten anschließend im CAMCO-Werk in Loiwing 25 **V-12C** in Lizenz, bevor sie auf die leistungsfähigere **V-12D** aufmerksam wurden, die einen neu umkonstruierten Rumpf, den Wright GR-2600-A5B mit 1193 kW (1622 PS) und eine Bewaffnung wie die **V-12C** bot. Zwei Musterflugzeuge gingen nach China, und die Lizenzfertigung von 50 Exemplaren lief an, bis das CAMCO-Werk bei einem Luftangriff der Japaner beschädigt wurde.

### TECHNISCHE DATEN
**Vultee V-11GB**

**Typ:** dreisitziges Angriffsflugzeug
**Triebwerk:** ein Sternmotor Wright SGR-1820-G2 Cyclone mit 746 kW (1015 PS)
**Leistung:** Höchstgeschwindigkeit 369 km/h; Dienstgipfelhöhe 7010 m; Reichweite 1971 km
**Gewicht:** Rüstmasse 2801 kg; max. Startmasse 5188 kg
**Abmessungen:** Spannweite 15,24 m; Länge 11,42 m; Höhe 3,05 m; Tragflügelfläche 35,67 m²
**Bewaffnung:** sechs 7,62-mm-Maschinengewehre Browning und eine interne Höchstlast von 272 kg an Bomben

# /ultee V-48 (P-66 Vanguard)

ie **Vultee V-48** war eine Entwicklung des rundschulflugzeugs **BT-13** zum Jagdein-itzer mit der gleichen Grundauslegung, ber mit Einziehfahrwerk, einsitziger Kan-l und Pratt-&-Whitney-Sternmotor -1830-S4C4-G. Letzterer war anfangs zur rringerung des Luftwiderstands eng ver-eidet, und seine Leistung von 895 kW 217 PS) mußte über eine verlängerte Wel- zum Propeller übertragen werden. Der **anguard** getaufte Versuchsjäger flog stmals im September 1939, doch schon ald traten beim Motor Überhitzungspro-eme auf.

Unter Inkaufnahme eines minimal reduzierten Luftwiderstands entschied man sich, beim zweiten Prototyp **V-48X**, der am 11. Februar 1940 in die Luft kam, zum üblichen Motoreinbau zurückzukehren. Fünf Tage zuvor hatte das Unternehmen einen schwedischen Auftrag über 144 solcher

***Der späte Serienstandard des Jägers Vultee V-48C, der erstmals 1939 flog, war durch eine zurückgenommene Verglasung hinter dem schiebbaren Haubenteil gekennzeichnet.***

## TECHNISCHE DATEN
**Vultee P-66 Vanguard**

**Typ:** Jagdeinsitzer
**Triebwerk:** ein Sternmotor Pratt & Whitney R-1830-33 Twin Wasp mit 895 kW (1217 PS)
**Leistung:** Höchstgeschwindigkeit 547 km/h in 4600 m Höhe; Dienstgipfelhöhe 8595 m
**Gewicht:** Leermasse 2375 kg; max. Startmasse 3349 kg
**Abmessungen:** Spannweite 10,97 m; Länge 8,66 m; Höhe 2,87 m
**Bewaffnung:** sechs Maschinengewehre

Flugzeuge erhalten, und der Serien-Prototyp **V-48C** hob am 6. September 1940 zum Erstflug ab.

Ein amerikanisches Embargo gegen Schweden verhinderte jedoch die Auslieferung, und die Jäger wurden Großbritannien angeboten.

Die RAF lehnte das Muster nach Prüfung zweier Exemplare ab, und statt dessen gelangten 129 Maschinen im Rahmen von Lend-Lease zur chinesischen Luftwaffe. Die übrigen übernahm die USAAF und verwendete sie als **P-66** zur Schulung fortgeschrittener Jagdpiloten.

# Vultee V-72 (A-31/A-35 Vengeance)

Die **Vultee V-72** stellte eine konsequente Fortentwicklung des Grundentwurfs **V-11/V-12** dar, und da inzwischen bekannt war, wie erfolgreich man das Sturzflugbombenabwurfverfahren im Spanischen Bürgerkrieg praktiziert hatte, wollte man auch die **V-72** dazu befähigen. Diese Entwicklung wurde 1940 von einer britischen Beschaffungskommission begrüßt, die sehr wohl um die Wirkung deutscher Strurzkampfbomber wußte, und sie gab über 700 solcher Flugzeuge in Auftrag. Die von Northrop und Vultee (nicht genügend Produktionskapazität) gebauten Maschinen erhielten von der RAF die Bezeichnung **Vengeance Mk I** beziehungsweise **Vengeance Mk IIB**. Nach der Verabschiedung des Lend-Lease-Gesetzes im Jahr 1941 bestellte die USAAF weitere 300 Exemplare für Großbritannien als **A-31**. Diese von Northrop und Vultee gefertigten Sturzkampfbomber hießen im RAF-Dienst

***Vultee A-35B Vengeance der GB 1/32 der Freien Französischen Luftstreitkräfte, 1943 in Nordafrika stationiert.***

**Vengeance Mk IA** beziehungsweise **Vengeance Mk III**. In der Luftschlacht um England hatte sich jedoch die Verletzlichkeit der Junkers Ju 87 gegenüber britischen Jägern gezeigt, und der RAF war somit klar, daß die **Vengeance** für den Kampfeinsatz in Europa nicht taugte.

Als die USA in den Zweiten Weltkrieg eintraten, requirierte die USAAF 243 Exemplare des für Großbritannien bestimmten Kontingents und stellte sie als **V-72** in Dienst. Vultee baute anschließend 99 Flugzeuge mit der Dienstbezeichnung **A-35A**, die sich in der Bewaffnung und Ausrüstung von der vorausgegangenen Version unterschieden, und nochmals 831 **A-35B** mit stärkerer Bewaffnung und dem Wright-Motor R-2600-13. Von dieser Gesamtzahl wurden 29 nach Brasilien und 562 nach Großbritannien geliefert, wo man sie **Vengeance Mk IV** nannte. Die RAF gab einige Exemplare an die RAAF weiter und rüstete zudem eine kleine Zahl zu Zielschleppflugzeugen **Vengeance TT.Mk IV** um. Fast alle Maschinen der USAAF wurden ebenfalls in diese Rolle einbezogen. Die Varianten umfaßten die **XA-31A** als Bodenprüfstand, die zur **XA-31B** wurde, als sie zur Erprobung des 2237 kW (3042 PS) starken Pratt & Whitney XR-4360-1 Wasp Major diente, und fünf **XA-31C**, die durch Umrüstung der **A-31** als Testträger für den Wright-Sternmotor R-3350-13/-17 Cyclone (1640 kW/2230 PS) entstanden.

## TECHNISCHE DATEN
**Vultee A-35B Vengeance**

**Typ:** zweisitziger Sturzkampfbomber
**Triebwerk:** ein Sternmotor Wright R-2600-13 Cyclone mit 1268 kW (1724 PS)
**Leistung:** Höchstgeschwindigkeit 449 km/h in 4115 m Höhe; Dienstgipfelhöhe 6795 m; Reichweite 3701 km
**Gewicht:** Leermasse 4672 kg; max. Startmasse 7439 kg
**Abmessungen:** Spannweite 14,63 m; Länge 12,12 m; Höhe 4,67 m; Tragflügelfläche 30,84 m²
**Bewaffnung:** sechs 12,7-mm-Maschinengewehre und 907 kg an Bomben

# Vultee V-74

1938 prüfte das US Army Air Corps das Kampffliegergrundschulflugzeug **Vultee V-54**. Das Muster wurde zwar als ideal für diese Aufgabe, aber gleichzeitig auch als zu kompliziert und übermotorisiert eingestuft. Vultee entwickelte daraufhin die **V-74**, einen freitragenden Tiefdecker mit starrem Spornradfahrgestell, der zwei Personen hintereinander unter einem durchgehenden Kabinendach aufnehmen konnte und standardmäßig mit Doppelsteuer sowie Blindfluginstrumentierung ausgerüstet war. Die zufriedenstellende Erprobung zog im September 1939 einen Auftrag über 300 Flugzeuge nach sich, seinerzeit die größte Order, die die US Army jemals für einen Grundschulflugzeugtyp vergeben hatte. Die nachfolgende Produktion steigerte den Umfang auf 11.537 Flugzeuge, was die **V-74** in den USA zu einem der meistverbreiteten Trainer des Zweiten Weltkriegs machte. Der ersten Version mit der USAAC-Bezeichnung **BT-13** und dem Beinamen **Valiant** folgte die **BT-13A** (6407 Exemplare), die sich nur in Details unterschied und von einer Variante des Sternmotors R-985 Wasp Junior angetrieben wurde. Danach erschienen die **BT-13B** (1125 Exemplare) mit geänderter Bordelektrik und die **BT-15** (1693 Exemplare), die infolge eines Engpasses beim R-985 Wasp den Wright R-975-11 Whirlwind (336 kW 457 PS) erhielt. Von dieser Gesamtmenge wurden 1350 **BT-13A** und 650 **BT-13B** zu US Navy überstellt, die ihnen die Bezeichnung **SNV-1** beziehungsweise **SNV-2** zuordnete. Unter dem Titel **XBT-16B** wurde eine **BT-13A** mit einem Kunststoffrumpf ausgestattet. Sobald der Zweite Weltkrieg beendet war, stellten die USAAF und die US Navy alle Versionen außer Dienst.

***Die Vultee Valiant ist heute zwar kaum noch bekannt, war aber für die USA im Zweiten Weltkrieg von höchster Bedeutung. Das Foto zeigt eine BT-13, die gebräuchlichste Version dieses Grundschulflugzeugs.***

## TECHNISCHE DATEN
**Vultee BT-13A Valiant**

**Typ:** Grundschulflugzeug
**Triebwerk:** ein Sternmotor Pratt & Whitney R-985-AN-1 Wasp Junior mit 336 kW (457 PS)
**Leistung:** Höchstgeschwindigkeit 290 km/h; Dienstgipfelhöhe 6600 m; Reichweite 1167 km
**Gewicht:** Leermasse 1531 kg; max. Startmasse 2039 kg
**Abmessungen:** Spannweite 12,80 m; Länge 8,79 m; Höhe 3,51 m; Tragflügelfläche 22,20 m²

# Vultee V-84 (XP-54)

Unter der Bezeichnung **XP-54** baute Vultee zwei Prototypen des Jagdeinsitzers **Vultee V-84** in der Auslegung eines Tiefdeckers mit doppelten Leitwerksträgern und einziehbarem Bugradfahrwerk. Der Pilot saß in einer Druckkabine, und im Heck war ein H-Typ-Kolbenmotor Avco Lycoming XH-2470-1 montiert, der seine Leistung von 1715 kW (2332 PS) auf einen Vierblattdruckpropeller abgab. Der Versuchsjäger **XP-54** flog erstmals am 15. Januar 1943 und wies eine Spitzengeschwindigkeit von 649 km/h nach.

***Die XP-54 wurde für den im Krieg abgehaltenen Jagdflugzeugwettbewerb R-40C konstruiert, der den Herstellern völlig freie Hand ließ und folglich einige unorthodoxe Muster hervorbrachte. Die „Swoose Goose" genannte Vultee XP-54 schlug den Curtiss-Mitbewerber XP-55. Gewichtszuwachs und die Unzuverlässigkeit des Lycoming verwehrten die Serienproduktion.***

# Waco-Doppeldecker bis Westland Scout und Wasp

**Waco war einer der ehrgeizigsten und auch erfolgreichsten Flugzeugbauer der Zwischenkriegszeit. Es ist also schon einigermaßen verwunderlich, daß das Werk nach dem Zweiten Weltkrieg heftig um eine dominierende Position kämpfen mußte. Im Ersten Weltkrieg baute Westland die D.H.9-Bomber. Noch 1939 schoß einer ihrer Vielzweck-Lysander eine deutsche Heinkel ab.**

## Waco-Doppeldecker

Anfang der zwanziger Jahre gründete eine Gruppe begeisterter Flieger in den USA die Weaver Aircraft Co., genannt Waco.

Als erste bedeutsame Maschine erschien 1922 die dreisitzige **Waco Modell 6** mit einem 67 kW (91 PS) starken Curtiss-Flugmotor OX-5, und 1923 folgte das verbesserte **Modell 7**. **Modell 8** von 1924 war ein achtsitziger Kabinen-Doppeldecker, der von einem Hall-Scott Liberty Six mit 149 kW (203 PS) angetrieben wurde. Den eigentlichen Durchbruch aber schaffte **Modell 9**, von dem die Firma 1925 47 und im Jahr darauf sogar 164 Exemplare baute. 1927 löste **Modell 10** das **Modell 9** ab, und allein in jenem Jahr wurden rund 370 Exemplare mit verschiedenen Motortypen bis hin zum Wright Whirlwind mit 224 kW (305 PS) produziert. Eine dieser Maschinen mit Whirlwind-Sternmotor gewann 1928 die USA National Air Tour, eine Zuverlässigkeits- und Leistungsprüfung über 10.140 km. Inzwischen hatte sich Waco zum größten Hersteller ziviler Luftfahrzeuge in den USA entwickelt. Die Verwendung umkonstruierter, trapezförmiger Tragflügel ergab das leistungsgesteigerte **Modell 10-T**, das häufig an Kunstflug- und Rennveranstaltungen teilnahm.

Da es mehr als 110 Varianten der Waco-Doppeldecker gab, ist es unmöglich, sie alle aufzuzählen. Ab 1930 führte man Typkennungen mit drei Buchstaben ein, von denen der erste den Motortyp, der zweite den Grundtyp des Flugwerks und der dritte die Serie bezeichnete. In einigen Fällen wurden Buchstaben oder Zahlen angehängt, um Subvarianten weiter zu identifizieren. 1931 drang Waco mit dem **Modell QDC**, einem Viersitzer mit 123 kW (167 PS) starkem Continental-Motor, auf den Marktsektor für Kabinendoppeldecker vor. Dies sollte sich als kluger Schachzug erweisen, auch wenn das Unternehmen weiterhin eine reichhaltige Modellpalette mit offenen Cockpits für die allgemeine Luftfahrt und die Sportfliegerei produzierte. Das dreisitzige **Modell UBF** mit einem 157 kW (214 PS) erzeugenden Continental-Motor von 1932 ist insofern erwähnenswert, als die US Navy 1934 unter der Bezeichnung **XJW-1** zwei Exemplare beschaffte und zur Umschulung im Rahmen der Bordjäger-Experimente mit dem Luftschiff USS Macon verwendete. Waco setzte in den folgenden Jahren die Produktion mit einer Vielzahl an Modellen fort, die alle unterschiedliche Bezeichnungen erhielten, aber sich von außen teilweise kaum voneinander unterschieden.

Zwischen 1934 und 1937 entwickelte Waco **Modell-D**-Serienflugzeuge für militärische Zwecke. Das Angebot umfaßte Versionen mit Motoren von 186 bis 366 kW (253 bis 498 PS) als Schul-, Jagd- und Bombenflugzeuge. **Modell WHD** war ein firmeneigener Vorführdoppeldecker mit Unterrumpfhalterungen für eine 113-kg-Bombe und einem starren, vorwärtsfeuernden Maschinengewehr auf dem Unterflügel sowie einem schwenkbaren MG im hinteren Cockpit. Dieses Exemplar wurde nach Nicaragua verkauft. Eine Reihe anderer Maschinen ging an kleine Luftstreitkräfte mit begrenztem Etat (wie etwa Kuba), und Indien verwendete Serienflugzeuge des **Modells F** zur Schulung. Das **Modell UMF** vom Sommer 1934 war ein dreisitziger Doppeldecker mit offenen Cockpits, angetrieben von einem Continental mit 157 kW (214 PS) oder einem Jacobs L-4 mit 168 kW (228 PS).

Das im April 1934 zugelassene **Modell YKC** mit dem neuen 168 kW (228 PS) starken Motor Jacobs L-4 wurde bald zum Bestseller des Unternehmens. Aus ihm ging das **Modell ZKS-6** mit Jacobs-Motor L-5 (213 kW/290 PS) hervor, das bis 1937 in der Fertigung blieb.

Die Maschinen der neuen Serie vier/fünfsitziger Modelle **Custom Cabin**, die 1935 erschien, waren etwas größer und innen komfortabler ausgestattet als die Vorgänger, verkauften sich aber trotz ihres höheren Preises gut. Am beliebtesten war das **Modell YOC**, das den L-4 (168 kW/228 PS) erhielt, aber für das neuere **Modell YOC-1** wählte man den L-5 (213 kW/290 PS). Die brasilianische Regierung entschied sich für das **Modell CPF** von 1935 für Ausbildungszwecke, und von den 41 gebauten Flugzeugen ging nur eines nicht an Brasilien. Diese zweisitzigen Doppeldecker mit offenen Cockpits hatten den Wright-Sternmotor R-760-E mit 186 kW (253 PS). 30 Exemplare wurden in Kisten verpackt an das brasilianische Heer und zehn mit Edo-Schwimmern an die Marine dieses Landes geliefert. Als **Modell YOC-6** erschien wiederum ein vier-/fünfsitziger **Custom-Cabin**-Doppeldecker, angeboten mit sieben verschiedenen Motortypen, von denen der stärkste der 246 kW (335 PS) leistende Jacobs L-6 war. Mehrere Exemplare wurden nach Kanada exportiert, größtenteils **Modell ZQC-6** mit dem Jacobs L-5 (213 kW/290 PS). Einige dieser Maschinen hatten zusätzliche Türen und dienten als Transportflugzeuge für bis zu 363 kg Fracht. Zu den anderen Varianten zählte das **Modell YQC-6** mit dem Jacobs L-4 (168 kW/228 PS) für Indien. Ende 1936 befanden sich über 1140 Waco-Flugzeuge im aktiven Einsatz.

1937 wurde **Modell YKS-7/ZKS-7** mit Jacobs-Motoren eingeführt, die 168 kW (228 PS) beziehungsweise 213 kW (290 PS) abgaben. Die erstgenannte Ausführung kam besser an und hielt sich folglich bis 1941 in der Produktion. Vier Maschinen flogen bei der USAAF, davon zwei **YKS-7** mit der Dienstbezeichnung **UC-72K** und zwei **ZKS-7** mit der Dienstbezeichnung **UC-72M**. **Modell EGC-7** von 1937 mit Wright-Sternmotor R-760-E2 wurde vom brasilianischen Heer bestellt, das 1938/39 insgesamt 30 Exemplare übernahm. Im Jahr darauf erwarb die brasilianische Regierung ein Produktionsrecht für dieses Muster. Das 1937 vorgestellte Schulflugzeug **Modell UPF-7** mit offenen Cockpits erwies sich für Waco als wahre Goldgrube. Das Muster, zunächst als zwei-/dreisitziges Sportflugzeug mit 164 kW (250 PS) starkem Continental-Motor W-670K angeboten, kam zu einer Zeit heraus, als derartige Typen bereits nicht mehr aktuell waren, aber das Heeresfliegerkorps von Guatemala beschaffte sechs Exemplare als **Modell VPF-7** mit einem Continental-Motor, der 179 kW (243 PS) erzeugte. Etliche Flugschulen, darunter auch die Boeing School of Aeronautics, erwarben das **Modell VPF-7**, und die USAAF prüfte ein Exemplar unter der Bezeichnung **XPT-14**, um anschließend 13 **YPT-14** (später **PT-14**) in Dienst zu stellen. Einer 1942 zum Wehrdienst eingezogenen **UPF-7** wurde die Bezeichnung **PT-14A** zugeteilt. Das Civilian Pilot Training Program (CPTP) der US-Regierung aus dem Jahre 1939 stellte riesige Summen zur Schulung ziviler Flugzeugführer für den Kriegsfall bereit, und das Programm wurde bei verschiedenen Ausbildungseinrichtungen und Lehrinstitutionen ausgeführt. Der Bedarf an Standard-Schulflugzeugen führte zu Aufträgen über 600 **UPF-7** für das CTPC, und die Civil Aeronautics Authority bestellte für ihre eigene Fluggruppe 31 Exemplare. Für das CPTP wurden ferner 20 viersitzige Kabinendoppeldecker **VKS-7F** beschafft, angetrieben vom Continental W-670 mit 179 kW (243 PS). Eine **UPF-7** fliegt nach wie vor in den USA mit einem 373 kW (507 PS) starken P&W-Motor und ist bei Kunstflugvorführungen ein ernsthafter Rivale für die Stearman-Maschinen. Kurz erwähnt werden sollte auch das **Modell EGC-8** von 1937, weil eines der sieben gebauten Exemplare zum Testträger des Sechszylinder-Reihenmotors Menasco wurde und Howard Hughes diese Maschine danach als Geschenk für einen seiner Geschäftspartner kaufte. Sie wurde später restauriert, erhielt den Originalstandard **EGC-8** mit Wright-Sternmotor R-760 (239 kW/325 PS) zurück und gewann 1980 beim Fly-In der EAA in Oshkosh, Wisconsin, den Contemporary-Age-Outstanding-Closed-Cockpit-Preis.

Das **Modell JHD** von 1937 war ein für kleinere Luftstreitkräfte bestimmter Doppeldecker, der zwei Personen im geschlossenen Cockpit aufnehmen und vielfältige militärische Ausrüstungen mitführen konnte. Seinen Antrieb lieferte ein Wright R-975 mit 272 kW (370 PS). Es ging jedoch von der Regierung Uruguays nur ein Auftrag über sechs Flugzeuge ein, die im Januar geliefert wurden. Bei dem experimentellen viersitzigen Kabinendoppeldecker **ZVN** brach Waco mit seiner Tradition und führte ein Bugradfahrwerk ein. Damit war die Maschine leichter zu fliegen und konnte von kleineren Flugfeldern starten als Typen mit Spornrad. Sie ging als **Modell ZVN-8** (Jacobs L-5 mit 213 kW/290 PS) und als **Modell AVN-8** (Jacobs L-6 mit 224 kW/305 PS) in Serie. Insgesamt 20 Exemplare wurden gebaut, von denen einige bei der USAAF (drei **AVN-8** als **UC-72J** und eine **ZVN-8** als **UC-72L**) flogen. Das britische Air Ministry kaufte eine **ZVN-8** zur Prüfung des Bugradfahrwerks.

Der letzte Kabinendoppeldecker von Waco war das **Modell E**, das 1939 zum Erstflug abhob. Inzwischen hatte **Modell UPF-7** einen großen Teil der Produktionskapazität belegt, aber dennoch entstanden zwischen 1939 und 1942 knapp 30 Exemplare des **Modells E** in drei Versionen, dem **Modell ARE** (L-6MB mit 224 kW/305 PS), dem **Modell HRE** (Lycoming R-680 mit 213 kW/290 PS) und dem **Modell SRE** (Pratt & Whitney Wasp Junior mit 298 kW/405 PS). Letzteres war das beliebteste Muster, genannt **Aristocrat**. Insgesamt 44 Waco in 16 unterschiedlichen Modellen, darunter einige mit Bugradfahrgestell, waren zum Militärdienst eingezogen worden. Sie erhielten die Bezeichnung **UC-72Q** und kamen zum Einsatz.

***Die CUC-2 war ein typischer Vertreter der „Custom"-Doppeldecker mit schnittiger Seitenflosse und kürzer gespannten Unterflügeln.***

***Die im Krieg von zivilen Flugschulen genutzte Waco UPF-7 war ein robustes, zuverlässiges Flugzeug, das auch die rauhe Behandlung durch Fluganwärter gut verkraftete.***

# Waco-Muster nach dem Zweiten Weltkrieg

Nach dem Krieg wollte sich Waco auf dem Marktsektor für Leichtflugzeuge etablieren und flog im März 1947 den Prototyp des viersitzigen Musters **Waco Aristocraft**. Der Ganzmetallhochdecker mit geteiltem Seitenleitwerk und Einziehfahrwerk wurde von einem Franklin-Motor angetrieben, dessen Leistung von 160 kW (218 PS) ein Druckpropeller am Rumpfheck umsetzte. Es gingen rund 300 Aufträge ein, aber die anfängliche Erprobung zeigte, daß noch hohe Entwicklungskosten zu erwarten waren. Dies und das Überangebot an Leichtflugzeugen führte zum Abbruch des Programms. Waco zog sich vom Flugzeugbau zurück und konzentrierte sich auf die Herstellung anderer Produkte. Ende der sechziger Jahre versuchte das Unternehmen nochmals auf dem Luftfahrzeugsektor Fuß zu fassen und plante, Lizenzversionen der französischen SOCATA Rallye sowie der italienischen SIAI-Marchetti SA.202 und SF.260 zu vertreiben. Aber auch dieses Vorhaben zerschlug sich, vermutlich wegen der übermäßigen Konkurrenz. Für Waco-Muster bedeutete dies aber dennoch nicht das endgültige Aus, denn 1983 griff die Classic Aircraft Corporation in Lansing, Michigan, den Doppeldecker **YMF-3** wieder auf. Nachdem Classic herausgefunden hatte, daß alle Waco-Musterzulassungen auf die FAA übergegangen waren, baute die Firma die **Waco Classic F-5** und flog ein Musterexemplar im November 1986. Seitdem ist die **YMF Super** mit erweitertem Frontcockpit hinzugekommen, und bis Ende 1993 waren 50 Flugzeuge beider Typen ausgeliefert. Classic bietet die **YMF Super** zum „Flyaway-Preis" von 196.000 US-Dollar an.

# Wassmer-Flugzeuge

Die französische Société des Etablissements Benjamin Wassmer gründete eine Luftfahrzeuggruppe, die ihre Tätigkeit mit der Lizenzfertigung der Jodel D.112 aufnahm. Danach entwickelte Wassmer eine De-Luxe-Version als **Wassmer D.120 Paris-Nice**, die von einem Vierzylinder-Boxermotor Continental C90-12F mit 71 kW (97 PS) angetrieben wurde. Als erster eigenständiger Entwurf dieses Unternehmens erschien die **Wassmer WA-40 Super IV**, ein viersitziger Kabineneindekker, dessen Antrieb ein Avco Lycoming O-360-A1A mit 134 kW (182 PS) lieferte. Der Prototyp flog erstmals am 8. Juni 1959. 1965 wurde eine weitere Variante mit starrem Fahrgestell als **WA-41 Baladou** vorgestellt. Im Jahr darauf flog ein neuer Leichtflugzeug-Kabineneindecker für vier Personen. Bei der Konstruktion dieses Prototyps mit der Bezeichnung **WA-50** hatte man viel Glasfasermaterial verwendet und das Fahrgestell einziehbar ausgeführt. Die daraus entwickelten Serienversionen erhielten jedoch ein starres Bugradfahrwerk. Dabei handelte es sich um die **WA-51 Pacific** (Avco Lycoming O-320-E2A mit 112 kW/152 PS), die **WA-52 Europa** (IO-320-B1A mit 119 kW/162 PS) und die **WA-54 Atlantic** (Avco Lycoming O-360-A mit 134 kW/182 PS und weitere Verbesserungen). Der letzte Wassmer-Entwurf, die **WA-80 Piranha**, war ein Schulflugzeug mit zwei Sitzen nebeneinander. Das Muster kam im November 1975 in die Luft, angetrieben von einem Vierzylinder-Boxermotor Rolls-Royce Continental O-200-A mit 75 kW (102 PS). Schon im März 1967 hatte Wassmer den Prototyp **WA-4/21**, eine Fortentwicklung der **WA-40/-41**, in die Luft gebracht und 1971 mit Siren SA ein Gemeinschaftsunternehmen zur Produktion eines Ganzmetallabkömmlings der **WA-4/21** gegründet. Dieses Projekt reifte zur **Cerva CE.43 Guépard** heran, von der 43 Exemplare gebaut waren, als Wassmer 1977 in Konkurs ging. Am 1. Februar 1978 gründete die Société Siren eine neue Firma, die Issoire Aviation, die die Konkursmasse erwarb und mit der Herstellung der Segelflugzeuge **E-75** und **D-77** begann.

***Die Wassmer WA-51 Pacific stammt zwar von der WA-40 ab, sieht aber aufgrund ihrer Glasfaserbauweise völlig anders aus.***

# Watanabe E9W

Das Unternehmen Watanabe Ironworks nahm 1931 die Flugzeugproduktion auf. Als erster firmeneigener Entwurf entstand die **Watanabe E9W1**, ein kleines Aufklärungsseeflugzeug zum Einsatz von Unterseebooten aus. Zur Unterbringung in einem kleinen Hangar auf dem Deck des U-Boots ließ sich die **E9W1** mühelos demontieren und zum Start wieder zusammensetzen. Der mit zwei Schwimmern ausgerüstete Doppeldecker ungleicher Spannweite war für eine zweiköpfige Besatzung ausgelegt und mit nur einem 7,7-mm-Maschinengewehr bewaffnet, das der Beobachter bediente. Auf den Prototyp, der 1934/35 im Flug erprobt wurde, folgten 32 Serienmaschinen, die als **Marinetyp 96 Kleines Aufklärungsseeflugzeug** in Dienst gingen. Das letzte Exemplar wurde 1940 ausgeliefert. Die **E9W1** diente auf mehreren U-Booten der japanischen Flotte, bis man sie durch den Eindecker E14Y1 ersetzte. 1942 teilten die Alliierten der **E9W1** den Decknamen **„Slim"** zu. Die **E9W1** wurde vom Hitachi-Sternmotor Tempu II mit 221 kW (300 PS) angetrieben, hatte eine Spannweite von 10 m und erreichte eine Höchstgeschwindigkeit von 232 km/h. Andere Watanabe-Entwürfe aus dieser Zeit umfaßten das Aufklärungsseeflugzeug **WS-103S**, von dem Siam (Thailand) 1938 sieben Exemplare kaufte, und die Ausbildungsschwimmerflugzeuge **K6W1** sowie **K8W1**. Je drei Exemplare wurden 1937 und 1938 der japanischen Marine zu Testzwecken zugeführt.

***Die E9W war so konstruiert, daß sie in einen kleinen Hangar auf großen Unterseebooten paßte. Sie gehörte zu den gelungenen Entwürfen dieser Art.***

# Weiss-Luftfahrzeuge

Die Firma Manfred Weiss nahm 1928 den Flugzeugbau auf und fertigte zunächst den Fokker-Doppeldecker **C.V** für die LüH (geheime ungarische Fliegertruppe). Es folgten das Udet-Übungsflugzeug **U.12 Flamingo** und 80 Exemplare der **Hungária**, einer Weiterentwicklung der **U.12**, in fünf Ausführungen.

Die **Weiss WM-10 Olyv („Bussard")**, ein einstieliger Doppeldeckerzweisitzer, flog in Prototypform erstmals im September 1931 unter dem Antrieb des von der Firma selbst produzierten Motors MW Sport I mit 74 kW (100 PS), erhielt aber im November den 88 kW (120 PS) starken Sport II und gleichzeitig ein verbessertes Fahrwerk. Die **WM-10** wurde offiziell zur Ausbildung von Anfängern eingeführt, und 1933 kamen acht **WM-10a** zur Auslieferung. Das letzte Flugwerk, modifiziert zur Aufnahme eines Sport III mit 96 kW (130 PS), ergab die **WM-13** mit erhöhter Kraftstoffkapazität, die die begrenzte Reichweite der **WM-10** erweiterte. Die meisten **WM-10** wurden nachträglich dem Standard **WM-13** angepaßt. Die **WM-13** mit einer Spannweite von 9,50 m erreichte eine Spitzengeschwindigkeit von 190 km/h.

Fünf Maschinen mit neuer Zelle und Siemens-Motor Sh.12 dienten mit der Bezeichnung **EM-10** Einsatzverbänden zur Schulung im Kunstflug. 1938 wurden die noch verbliebenen **WM-10** auf den Siemens ummotorisiert und alle Maschinen unter dem Titel **WM-10** zusammengefaßt. Sie flogen bis 1941 als Anfängertrainer. Die drei Exemplare, die dann noch existierten, gingen an eine paramilitärische Organisation Ungarns zum Schleppen von Segelflugzeugen.

Der leichte Bomber-/Aufklärerdoppeldecker **WM-16A Budapest** wurde aus der **Fokker C.V** entwickelt. Den Antrieb der neun 1935 ausgelieferten Maschinen besorgte ein Gnome-Rhône-Sternmotor K-9 mit 405 kW (550 PS). Im Jahr darauf folgten neun **WM-16B** mit dem von Weiss produzierten Gnome-Rhône K-14, der 633 kW (860 PS) erzeugte und ihnen eine Spitzengeschwindigkeit von 310 km/h ermöglichte.

Dem Einzelexemplar des Grundschulflugzeugs **WM-20** von 1937, angetrieben vom Sternmotor K-7 mit 236 kW (320 PS), schloß sich der Prototyp **WM-21 Sólyom („Falke")** an, bei dem es sich im Grunde um eine modifizierte **WM-16B** handelte. Man hatte die Grundkonstruktion für den militärischen Betrieb vereinfacht und beispielsweise das Heckrad der **Budapes** durch einen Schleifsporn ersetzt, um s die Landestrecke auf Grasplätzen zu ve kürzen. Die Struktur war zudem verstärk und die Instrumentierung verbessert. Di 12,90 m weit gespannte **WM-21**, angetrie ben vom 640 kW (870 PS) starken Sterr motor WM-14A (aus dem Gnome-Rhôn K14 entwickelt), erreichte eine Höchstg

***Die WM-21 Sólyom war ein unscheinbarer Doppeldecker, der zunächst als Frontbomber und anschließend als Schulflugzeug diente.***

schwindigkeit von 320 km/h. Die Bewaffnung bestand aus drei 7,9-mm-Maschinengewehren Gebauer sowie aus zwölf 10-kg-Splitterbomben und 120 1-kg-Brandgranaten. Insgesamt 128 **Sólyom**-Doppeldecker wurden gebaut, davon 25 von Manfred Weiss, 43 von MAVAG und 60 von MWG. Sie flogen ab 1939 bei Nahaufklärungsstaffeln, bis man im Frühjahr 1944 auch die beiden letzten Einheiten umrüstete. Zu dem Zeitpunkt dienten rund 80 **Sólyom** als Fortgeschrittenenschulflugzeuge, und diese Rolle füllte der Typ noch bis 1945 aus. Im Siebenbürgenkonflikt von 1940 patrouillierten **WM-21** an der Grenze nach Rumänien, aber ihr operationeller Einsatz erfolgte erst im April 1941 bei der Invasion Jugoslawiens durch die Achsenmächte. Damals waren sechs Staffeln und zwei unabhängige Teilstaffeln mit diesem Typ ausgerüstet. Ab Juni 1941 wurden die Maschinen umfassend in Gefechte einbezogen, indem sie ungarische Heereseinheiten in der Ukraine unterstützten.

## Welch OW

Man würde Orin Welch nicht gerecht, wollte man seine **Welch OW** nur als häßlichen, kleinen Eindecker abtun, denn er hatte alles daran gesetzt, ein preisgünstiges und funktionelles Leichtflugzeug für „den Mann auf der Straße" zu schaffen. Das Ergebnis war ein abgestrebter Hochdecker mit geschlossener Kabine für zwei Personen, der sich mit verschiedenen Motortypen ausstatten ließ. Zu den zugelassenen Versionen zählten die **OW-5M**, hauptsächlich mit dem Vierzylinder-Boxermotor A-40-4 von Continental (30 kW/41 PS), die **OW-6M** mit dem 28 kW (38 PS) starken Aeronca E-113-B und die **OW-7M** mit einem von Orin Welch selbst konstruierten Motor O-2, der 36 kW (49 PS) lieferte. Ende der dreißiger Jahre betrug die Produktion insgesamt rund 20 Flugzeuge, größtenteils **OW-5M** mit dem Continental-Motor. Sie hatte eine Spannweite von 10,49 m und eine Spitzengeschwindigkeit von 145 km/h.

***Die Welch OW-5M aus den frühen dreißiger Jahren, die ein wenig an die Aeronca-Leichtflugzeugserie C-3 erinnerte, war auf Einfachheit im Betrieb und in der Wartung ausgerichtet.***

## Westland 30

***Westland 30 der Airspur***

Mit der Bezeichnung **Westland 30** (anfangs **WG 30**) entwickelte das Unternehmen ab 1976 eine erweiterte zweimotorige Version des **Lynx**-Hubschraubers für die zivile Luftfahrt. Westland vermutete einen Bedarf für diesen Typ in VIP-, Passagier- und Frachtkonfiguration sowie zur allgemeinen Unterstützung im Off-Shore-Betrieb. Ein Musterhubschrauber (**G-BGHF**) flog erstmals am 10. April 1979. Das CAA- und FAA-Lufttüchtigkeitszeugnis für die Grundserienversion **Serie 100**, angetrieben von zwei Wellenturbinen Rolls-Royce Gem Mk 41-1 je 846 kW (1150 WPS), erging 1982. Im Vergleich zum **Lynx** bot der **Westland 30** eine stark erweiterte Kabine, einen größeren Hauptrotor, eine erhöhte Treibstoffkapazität und ein neues Flugsteuerungssystem. Im Januar 1984 erschien die **Serie 100-60** mit Gem 60-3 je 960 kW (1278 WPS). Die **Serie 200**, die ab 1983 flog, hatte statt der Rolls-Royce-Turbinen zwei CT7-2B von General Electric je 1277 kW (1737 WPS). Die **Serie 300** von 1986 war entweder mit General Electric CT7 oder Rolls-Royce Turboméca RTM 322 erhältlich, für eine höhere Startmasse zugelassen und mit BERP-Rotorblättern aus Verbundwerkstoff sowie auf Wunsch mit EFIS-Cockpit ausgestattet. Zudem bot diese Ausführung erheblich reduzierte Lärm- und Vibrationspegel. Mit **TT30** und **TT300** wurden auch zwei taktische Transportversionen für das Militär entwickelt, doch diese errangen noch weniger Erfolg als die Zivilhubschrauber.

British Airways bestellte zwei Hubschrauber zur Lieferung im Jahr 1982 und erhielt 1983 noch ein drittes Exemplar. Weitere 16 Helikopter, größtenteils per Leasingvertrag übernommene Maschinen der **Serien 100** und **100-60**, gingen an mehrere Betreiber in den Vereinigten Staaten wie PanAm/Omniflight (für Flüge zwischen John F. Kennedy Airport, Newark und dem Zentrum von New York) und Airspur. Bis Anfang 1984 waren nur 19 Bestellungen eingegangen. 1986 erhielt Westland den letzten und zugleich größten Auftrag über 21 Hubschrauber der **Serie 100-60** für die Indische Helicopter Corporation. Finanziert wurde diese Beschaffung weitgehend mit britischen Subventionen. Die Produktion endete 1988 mit der Fertigstellung des 38. Exemplars. Aus der indischen Helicopter Corporation wurde Pawan Hans, und die 19 verbliebenen **Westland 30-160** dieser Firma sind in Delhi und in Bombay eingelagert, da wiederholte Verkaufsbemühungen gescheitert waren.

## Westland IV und Wessex

Das leichte Verkehrsflugzeug **Westland IV** von 1928 war ein abgestrebter Hochdecker mit zunächst drei ADC-Reihenmotoren Cirrus Mk III je 71 kW (97 PS). Seine zweiköpfige Besatzung saß in einem von der viersitzigen Kabine getrennten, geschlossenen Cockpit. Nach dem Erstflug am 22. Februar 1929 erschien eine zweite Maschine mit ADC-Motoren Cirrus Hermes I, die je 78 kW (106 PS) erzeugten. Zwei weitere Exemplare wurden mit Sternmotoren vom Typ Armstrong Siddeley Genet Major I gleicher Leistung fertiggestellt und **Wessex** genannt. Die beiden **Westland IV** brachte man anschließend auf den gleichen Standard.

Die Firma baute noch sechs weitere **Wessex**, beplankte aber die letzten vier im Bereich des Vorderrumpfs mit Blech und rüstete den stärkeren Genet Major IA ein. Eine dieser Maschinen, die für die Portsmouth, Southsea and Isle of Wight Aviation flog, hatte einen verkleinerten Gepäckraum, um sechs Passagiere aufnehmen zu können. Diese Flugzeuge erwiesen sich als sehr zuverlässig, und die meisten leisteten mehrere Jahre lang zuverlässige Dienste. Die beiden letzten Exemplare, eingesetzt bei Air Pilots Training in Hamble, wurden erst 1940 ausgemustert. Die späten **Wessex**-Versionen hatten eine Spannweite von 17,53 m und eine Spitzengeschwindigkeit von 196 km/h.

***Die von drei Sternmotoren Genet Major I angetriebene Westland Wessex flog mit einer Reisegeschwindigkeit von 161 km/h.***

## Westland Dragonfly und Widgeon

Verhandlungen zwischen Westland Aircraft (England) und Sikorsky (USA) im Sommer 1946 ergaben eine Lizenzvereinbarung zum Bau des Sikorsky-Hubschraubers **S-51** in Großbritannien. Der Typ wurde aus Baugruppen britischer Fertigung zusammengesetzt und mit Ausnahme einer Variante vom Alvis Leonides angetrieben. Der erste zivile **Westland/Sikorsky WS-51** flog am 5. Oktober 1948 und erhielt am 24. Juli 1951 als erster Hubschrauber britischer Produktion das Lufttüchtigkeitszeugnis. 1950 hatte man die erste Hubschrauberstaffel der Royal Navy, No. 705 Squadron mit einer **Dragonfly HR.Mk 1** genannten Version aufgestellt.

***Der Westland Widgeon, im wesentlichen eine Weiterentwicklung des S-51A von Sikorsky, wurde von einem Sternmotor Alvis Leonides mit 388 kW (528 PS) angetrieben. Der Durchmesser des Hauptrotors betrug 14,99 m und die Reisegeschwindigkeit 142 km/h.***

Auf den **Dragonfly**, von dem 133 Exemplare gebaut wurden, folgte die weiterentwickelte Version **Westland Widgeon**. Ihr Prototyp war ein umgerüsteter **Dragonfly** mit fünf Sitzplätzen, der die verbesserten Rotoren des Sikorsky S-55 einführte. Insgesamt 14 **Widgeon**-Hubschrauber wurden gefertigt.

**TECHNISCHE DATEN**
**Westland Dragonfly HR.Mk 1**
**Typ:** ASR-Marinehubschrauber
**Triebwerk:** ein Sternmotor Alvis Leonides 50 mit 403 kW (548 PS)
**Leistung:** Höchstgeschwindigkeit 153 km/h in Meereshöhe; Dienstgipfelhöhe 3780 m; Reichweite 483 km
**Gewicht:** Leermasse 1987 kg; max. Startmasse 2663 kg
**Abmessungen:** Hauptrotordurchmesser 14,63 m; Länge bei laufenden Rotoren 17,54 m; Höhe 3,95 m; Hauptrotorkreisfläche 168,11 m²

**Varianten**
**Dragonfly HR.Mk 1:** erste Luft-/Seenotrettungsversion (ASR) mit Sternmotor Alvis Leonides 50 für die Royal Navy
**Dragonfly HC.Mk 2:** ähnlich wie Dragonfly HR.Mk 1, aber für die RAF zum Ausfliegen von Verwundeten ausgerüstet
**Dragonfly HR.Mk 3:** ASR-Hauptserienversion für die Royal Navy 58 Exemplare; generell wie Dragonfly HR.Mk 1, aber mit Ganzmetallrotor
**Dragonfly HC.Mk 4:** Verwundeten-Bergungsversion für die RAF, ähnlich wie Dragonfly HR.Mk 3
**Dragonfly HR.Mk 5:** letzte ASR-Version für die Royal Navy, ähnlich HR.Mk 3
**Westland/Sikorsky Mk 1A:** Zivilhubschrauber mit 388 kW (528 PS) starkem Alvis Leonides 521/1
**Westland/Sikorsky Mk 1B:** Zivilversion ähnlich dem Mk 1A, aber mit P&W-Sternmotor R-985-B4 Wasp Junior (336 kW/457 PS)

# Westland Limousine

Mit dem Ende des Ersten Weltkriegs und der Aussicht auf eine Ausweitung des zivilen Luftverkehrs konstruierte Westland Aircraft ein leichtes Doppeldeckerverkehrsflugzeug für drei Passagiere in einer geschlossenen Kabine. Dahinter saß der Pilot so, daß sein Kopf aus dem Kabinendach herausragte.

Das erste Exemplar dieses Musters, genannt **Westland Limousine I**, flog im Juli 1919 unter dem Antrieb eines Rolls-Royce Falcon III, der als Standardmotor galt, aber letztlich bei nur zwei der vier nachfolgenden **Limousine II** verwendet wurde. Nachdem man ein Exemplar zunächst mit einem 306 kW (416 PS) starken Cosmos-Jupiter-Sternmotor erprobt hatte, baute man in die beiden anderen **Limousine II** V-Motoren Hispano-Suiza mit 224 kW (305 PS) ein.

Zur Teilnahme an der Commercial Aeroplane Competition des Air Ministry von 1920 wurde eine größere Ausführung für einen Piloten und fünf Passagiere als **Limousine III** gefertigt, deren Antrieb ein Napier Lion mit 336 kW (457 PS) lieferte. Diese Maschine gewann den vom Air Ministry ausgelobten Preis in ihrer Klasse, aber dennoch wurde nur noch eine weitere **Limousine III** produziert. Die vom Rolls-Royce Falcon III mit 205 kW (279 PS) angetriebene **Limousine II** hatte eine Spannweite von 11,51 m, eine Spitzengeschwindigkeit von 161 km/h und eine Reichweite von 644 km.

***Die Westland Limousine III von 1920 war eine größere Ausgabe der vorausgegangenen Limousine-Verkehrsflugzeuge mit einer Spannweite von 16,46 m und einer Höchstgeschwindigkeit von 190 km/h.***

# Westland Lynx

Einer der drei Hubschraubertypen, die unter die Kooperationsvereinbarung von Aérospatiale und Westland aus dem Jahre 1968 fielen, war der **Westland Lynx**, ursprünglich für marinespezifische Rollen und für Teilaufgaben der zivilen Luftfahrt gedacht. Es zeigte sich jedoch bald, daß sich der Typ für eine breite Palette militärischer Operationen eignete, und dies zog ein ausgedehntes Entwicklungsprogramm mit den Bezeichnungen **Army** und **Navy Lynx** nach sich. Die Produktionsanteile waren im Verhältnis 70:30 zwischen Westland und Aérospatiale aufgeteilt. Der erste von sechs Prototypen flog am 21. März 1971, gefolgt von sieben Vorserienhubschraubern zur Beschleunigung der Entwicklung. Die truppendienstliche Erprobung begann 1976 bei No. 700L Naval Air Squadron, RNAS Yeovilton in England, einer gemeinsamen Prüfstaffel der Royal Navy und der Königlich Niederländischen Marine. Mitte 1977 wurde eine entsprechende Heeresfliegererprobungsstaffel in Middle Wallop aufgestellt. Im Dezember 1977 gingen die ersten **Lynx**-Hubschrauber bei britischen Heeresfliegereinheiten in der Bundesrepublik Deutschland in Dienst. Der erste **Lynx**-Verband der Royal Navy (No. 702 Sqn) erreichte im Dezember 1977 die Einsatzbereitschaft. Die heute von Westland produzierten Hubschrauber dieses Typs sind verbesserte Heeres- und Marine-**Lynx**, bekannt als **Battlefield Lynx** beziehungsweise **Super Lynx** (alle Versionen werden unten näher beschrieben). Bis Anfang 1996 entstanden 389 **Army** und **Navy Lynx** für Abnehmer in 17 Ländern.

***Der Lynx AH.Mk 1 war die erste Serienversion für das britische Heer. Diese Hubschrauber erhielten nachträglich den höherwertigen Standard AH.Mk 7.***

**TECHNISCHE DATEN**
**Westland Lynx HAS.Mk 2**
**Typ:** Mehrzweckmarinehubschrauber
**Triebwerke:** zwei Wellenturbinen Rolls-Royce Gem 2 je 671 kW (912 WPS)
**Leistung:** max. Marschgeschwindigkeit 232 km/h; max. Standardreichweite 593 km
**Gewicht:** Leermasse 2740 kg; max. Startmasse 4763 kg
**Abmessungen:** Hauptrotordurchmesser 12,80 m; Länge bei laufenden Rotoren 15,16 m; Höhe 3,59 m; Hauptrotorkreisfläche 128,71 m²
**Bewaffnung:** kann (je nach Auftrag) Kanonen, Wasserbomben, Lenkwaffen, Raketen und Torpedos umfassen

**Varianten**
**Lynx AH.Mk 1:** Mehrzweckhubschrauber mit Kufenfahrgestell für das britische Heer: geeignet für Panzerabwehr, Angriff, bewaffneten Begleitschutz, Bergung von Verwundeten, logistische Unterstützung, Aufklärung, taktischen Truppentransport, SAR-Dienst und als fliegende Befehlsstelle; 113 Exemplare; AH.Mk 1GT ist eine Vorversion des AH.Mk 7
**Lynx HAS.Mk 2:** Mehrzweckhubschrauber der Royal Navy mit nichteinziehbarem Bugradfahrwerk und beiklappbarem Heckrotorträger; geeignet für U-Jagd, Schiffsbekämpfung, Feuerunterstützung, Verbindung, Aufklärung, SAR, Truppentransport und Versorgung Küste-Schiff/Schiff-Küste
**Lynx Mk 2 (FN):** Version für die französische Marine; gleicht generell dem HAS.Mk 2
**Lynx HAS.Mk 3:** zweite U-Jagdversion für die Royal Navy; Wellenturbinen Rolls-Royce Gem 41-1 je 835 kW (1135 WPS) und darauf abgestimmte Leistungsübertragung; Suchradar GEC-Marconi Seaspray im Bug; 23 Exemplare zwischen März 1982 und April 1985 ausgeliefert und 53 verbliebene HAS.Mk 2 bis 1989 auf diesen Standard umgerüstet; eine nochmals verbesserte Variante heißt HAS.Mk 3S
**Lynx HAS.Mk 3 ICE:** zwei für Arktis-Einsätze der Royal Navy ausgerüstete Hubschrauber
**Lynx HAS.Mk 3 GM:** inoffizielle Bezeichnung von 19 Gulf-Modification-Hubschraubern, bestimmt zum Patrouillendienst der Kriegsflotte am Persischen Golf
**Lynx HAS.Mk ACTS:** Phase II des aktuellen Nachrüstungsprogramms, die dem Marine-Lynx die taktische Systemzentrale RAMS 4000 einbringt
**Lynx HAS.Mk 4 (FN):** Version mit dem Antrieb des Lynx HAS.Mk 3 für die französische Marine
**Lynx AH.Mk 5:** Version ähnlich dem AH.Mk 1; drei Exemplare mit leistungsgesteigerten Gem-Turbinen für das britische Verteidigungsministerium/Beschaffungsamt
**Lynx AH.Mk 7:** aktuelle, verbesserte Einsatzversion beim britischen Heer; kastenförmige Abgaskammern, Hauptrotor aus Verbundwerkstoff und entgegengesetzt drehender Heckrotor; ab März 1988 erfolgte die Umrüstung aller verbliebenen AH.Mk 1 zum Standard AH.Mk 7 durch die Marinewerft in Fleetlands
**Lynx HAS.Mk 8:** neueste Version für die Royal Navy; 15 neugebaute und 45 umgerüstete Hubschrauber, ausgerüstet mit internem MAD und verbesserten Rotoren, Avionik- sowie ESM-Systemen; Seaspray-Radar unter dem Kinn, damit Wärmebilderzeuger GEC-Marconi Sea Owl dessen Platz im Bug einnehmen konnte; erste Auslieferungen erfolgten 1994; Exportversion heißt Super Lynx
**Lynx AH.Mk 9:** neueste Gefechtsfeldversion für das britische Heer; ausgerüstet mit Bugradfahrwerk; 16 neue Hubschrauber bestellt und Mittel zur Umrüstung von acht AH.Mk 7 bewilligt; Exportversion heißt Battlefield Lynx
**Lynx Mk 21:** Version für die brasilianische Marine; gleicht dem Lynx HAS.Mk 2
**Lynx Mk 22:** nicht gebaute Version für die ägyptische Marine
**Lynx Mk 23:** Version für die argentinische Marine; gleicht dem HAS.Mk 2
**Lynx Mk 24:** nicht gebaute Marineversion für den Irak
**Lynx Mk 25:** Version für die Königlich Niederländische Marine, die ihr die Bezeichnung UH-14A zuordnete; ähnlich wie HAS.Mk 2
**Lynx Mk 26:** nicht gebaute, unbewaffnete Heeresversion für den Irak
**Lynx Mk 27:** Version für die Königlich Niederländische Marine, die ihr die Bezeichnung UH-14B zuordnete; leistungsstärkere Gem-Turbinen; neun Exemplare ausgeliefert
**Lynx Mk 28:** Polizeiversion für Katar; generell wie Lynx AH.Mk 1, aber mit stärkeren Gem-Wellenturbinen 47-1
**Lynx Mk 80:** Version für die Königlich Dänische Marine; gleicht dem Lynx HAS.Mk 2; acht Hubschrauber
**Lynx Mk 81:** Version für die Königlich Niederländische Marine, die ihr die Bezeichnung UH-14C zuordnete; leistungsstärkere Gem-Turbinen und MAD-Geschirr; einige zu SH-14B umgerüstet durch Ausbau des MAD und Einbau des Sonars; acht Exemplare

**SH-14D:** fünf UH-14A und acht SH-14C der holländischen Marine, ausgerüstet mit Alcatel-Tauchsonar, UHF-Funkgeräten, Radarwarnempfänger, FLIR, GPS, Funkhöhenmesser, Rotorblättern aus Verbundmaterial und Gem-Wellenturbinen Mk 42
**Lynx Mk 82:** nicht gebaute Heeresversion für Ägypten
**Lynx Mk 83:** nicht gebaute Heeresversion für Saudi-Arabien
**Lynx Mk 84:** nicht gebaute Heeresversion für Katar
**Lynx Mk 85:** nicht gebaute Heeresversion für die VAE
**Lynx Mk 86:** Version für die Küstenwache der Königlich Norwegischen Luftwaffe; ähnlich wie HAS.Mk 2; sechs Exemplare ausgeliefert
**Lynx Mk 87:** vom Handelsembargo betroffene Version für die argentinische Marine; ähnlich wie Lynx Mk 23, aber mit leistungsstärkeren Wellenturbinen
**Lynx Mk 88:** Version für die deutsche Bundesmarine; gleicht dem Lynx Mk 86; 19 Exemplare mit Sonarausrüstung
**Lynx Mk 89:** Version für die nigerianische Marine; drei Exemplare
**Lynx Mk 90:** nachbestellter Einzelhubschrauber für die dänische Marine; 1988 ausgeliefert
**Super Lynx Mk 95:** fünf Hubschrauber für die portugiesische Marine; entsprechen HAS.Mk 8; ab 1993 ausgeliefert
**Super Lynx Mk 99:** zwölf Hubschrauber für die südkoreanische Marine; entsprechen HAS.Mk 8; zwischen 1989 und 1991 ausgeliefert;
**Battlefield Lynx 800:** auf LHTEC-Wellenturbinen T800 ummotorisierte Ausführung des AH.Mk 9; Projekt 1992 beendet

# Westland Lysander

Die **Westland Lysander**, das wohl bekannteste Westland-Produkt, basierte auf dem Forderungskatalog A.39/34 des Air Ministry für ein Heeresverbindungsmuster. Dieser abgestrebte Hochdecker war unverwechselbar durch seine kleinen Stummelflügel für Waffen und andere Lasten an den Fahrwerksbeinen. Die beiden Besatzungsmitglieder saßen in einer geschlossenen Kabine, und den Antrieb besorgte ein Sternmotor Bristol Mercury. Der erste von zwei Prototypen absolvierte seinen Jungfernflug am 15. Juni 1936, und die erfolgreiche Erprobung zog einen Auftrag über 144 Flugzeuge nach sich. Der Typ ging im Juni 1938 bei No. 16 Squadron, RAF, in Dienst, und die Produktion belief sich auf insgesamt 1652 Exemplare. **Lysander** waren die ersten britischen Flugzeuge, die zu Beginn des Zweiten Weltkriegs in Frankreich stationiert wurden, und die letzten, die bei der Evakuierung von Dünkirchen zum Einsatz kamen. Sie nahmen zudem an Kämpfen in Burma, Ägypten, Griechenland, Indien und Palästina teil. Nach ihrem Abzug von der Front spielten sie weiterhin eine wichtige Rolle bei Geheimoperationen hinter den feindlichen Linien und leisteten wertvolle Beiträge im Zielschlepp- sowie im Luft- und Seenotrettungsdienst.

***Westland Lysander Mk II der türkischen Luftwaffe, 1940 in Yesilköy stationiert***

**TECHNISCHE DATEN**
**Westland Lysander Mk III**

**Typ:** Heeresverbindungsflugzeug
**Triebwerk:** ein Sternmotor Bristol Mercury XX mit 649 kW (883 PS)
**Leistung:** Höchstgeschwindigkeit 341 km/h in 1525 m Höhe; Dienstgipfelhöhe 6555 m; Reichweite 966 km
**Gewicht:** Leermasse 1980 kg; max. Startmasse 2866 kg
**Abmessungen:** Spannweite 15,24 m; Länge 9,30 m; Höhe 4,42 m; Tragflügelfläche 24,15 m²
**Bewaffnung:** vier 7,7-mm-Maschinengewehre Browning (je eines in den Radkästen und zwei auf einer Drehstütze im hinteren Cockpit) sowie eine Höchstlast von 227 kg an Bomben

**Varianten**
**Lysander Mk I:** erste Serienversion mit dem 664 kW (903 PS) starken Bristol-Sternmotor Mercury XII; 169 Exemplare
**Lysander Mk II:** ähnlich wie Lysander Mk I, aber mit 675 kW (918 PS) starkem Bristol Perseus XII; ausgeliefert an Frankreich (eine), Irland (sechs) und Türkei (36); etwa 20 Maschinen später der freien französischen Luftflotte zur Verfügung gestellt; ein Exemplar an die National Steel Car Corporation (später Victory Aircraft) in Malton, Ontario, geliefert als Muster für die Lizenzproduktion von 75 Flugzeugen mit Perseus-XII-Motor
**Lysander Mk III:** ähnlich wie Lysander Mk I, aber mit Sternmotor Bristol Mercury XX; 367 Exemplare von Westland, weitere 150 in Kanada lizenzgefertigt
**Lysander Mk IIIA:** ähnlich wie Lysander Mk III, aber mit Mercury 30 und zusätzlichem Maschinengewehr im hinteren Cockpit; 347 Exemplare
**Lysander Mk IIISCW:** für geheime Operationen umgebaute Lysander Mk III und Mk IIIA; flogen Agenten in und aus Feindesland; zusätzliche Kraftstofftanks und backbord eingearbeitete Einstiegsleiter hinter dem Cockpit
**Lysander TT.Mk I:** Bezeichnung von Lysander Mk I nach Umrüstung zu Zielschleppflugzeugen
**Lysander TT.Mk II:** Bezeichnung von Lysander Mk II nach Umrüstung zu Zielschleppflugzeugen
**Lysander TT.Mk III:** Bezeichnung von Lysander Mk I/II/III nach Umrüstung zu Zielschleppflugzeugen
**Lysander TT.Mk IIIA:** 100 neue Zielschleppflugzeuge mit Mercury 30

# Westland Scout und Wasp

Um den britischen Markt für Drehflügler fester in den Griff zu bekommen, kaufte Westland im August 1959 Saunders-Roe Ltd. auf. Saro selbst hatte im Januar 1951 die Cierva Autogiro Company übernommen und die Entwicklung des Leichthubschraubers Cierva Skeeter fortgeführt. Die Erfahrung mit der Produktion dieses Musters führte zu den Prototypen **Saunders-Roe P.531**, von denen der erste am 20. Juli 1958 in die Luft kam. Es folgte eine Bestellung des Army Air Corps über Vorserienmaschinen **P.531-2 Mk 1**. Nach einer umfassenden Bewertung wurde dieser fünfsitzige Mehrzweckleichthubschrauber als **Scout AH.Mk 1** in die Serienfertigung genommen, Anfang 1963 in Dienst gestellt und in insgesamt 150 Exemplaren gebaut. Darüber hinaus wurden geringe Stückzahlen auch für die Royal Australian Navy, die Königlich Jordanische Luftwaffe und für die Polizeiorganisationen von Bahrein und Uganda gefertigt. Eine Parallelentwicklung des **P.531** ergab die Produktion des **Wasp HAS.Mk 1** (ursprünglich **Sea Scout HAS.Mk 1** genannt) für die Royal Navy. Vom Heeres-**Scout** unterschied sich der Marine-**Wasp** durch ein Vierpunktradfahrgestell anstelle der Kufen und durch die Möglichkeit, die Rotorblätter zu bündeln und das Heck beizuklappen, um die Unterbringung an Bord von Schiffen zu erleichtern. Insgesamt 98 **Wasp**-Hubschrauber wurden für die Royal Navy gebaut und ab Sommer 1963 in Dienst gestellt. Auch die Seestreitkräfte Brasiliens, der Niederlande, Neuseelands und Südafrikas erhielten diesen Typ. Mit einer auf 783 kW (1065 WPS) gedrosselten Wellenturbine Rolls-Royce/Bristol Nimbus 103 oder 104 erreichte der **Westland Wasp** eine Höchstgeschwindigkeit von 193 km/h in Meereshöhe. Zehn vormals holländische Hubschrauber stießen zur indonesischen Marine, nachdem Westland sie grundüberholt hatte, und fliegen auch heute noch, ebenso wie die der neuseeländischen Marine. Die letzten **Scout** der British Army wurden 1994 außer Dienst gestellt.

***Seine Panzerabwehrfähigkeiten verdankte der Scout zunächst dem drahtgelenkten Flugkörpertyp SS.11 und dann der SS.12.***

***Ein früher Wasp unternimmt hier Decklandungen an Bord der HMS Nubian als Teil der Seetüchtigkeitsprüfung dieses Typs.***

# Westland Sea King und Commando bis Yakovlev Yak-1

**Mit der kurzzeitigen Ausnahme der Bristol-Typen und einer jüngsten Präferenz für den McDonnell-Douglas-Hubschrauber AH-64 Apache war Westland seit 1950 stets der einzige Lieferant von Drehflüglern für die britischen Streitkräfte gewesen. Die Brüder Wright wurden berühmt für ihre herausragenden Pionierleistungen im Motorflug.**

## Westland Sea King und Commando

Eine 1959 mit Sikorsky getroffene Lizenzvereinbarung gestattete es Westland, die Zelle und das Rotorsystem des Sikorsky SH-3 Sea King als Grundlage für einen neuen U-Jagd-Hubschrauber der Royal Navy zu verwenden. Nach Erprobung und Bewertung von Prototyp- und Vorserienhubschraubern, die Westland mit Teilen aus der Produktion von Sikorsky zusammengebaut hatte, kam am 7. Mai 1969 der erste seriengefertigte **Westland Sea King HAS.Mk 1** in die Luft, und noch im selben Jahr wurde der Typ in Dienst gestellt. Zu diesem Zeitpunkt glich der **Sea King HAS.Mk 1** dem **Sikorsky Sea King**, aber seinen Antrieb lieferten zwei Rolls-Royce-Wellenturbinen Gnome H.1400. Noch bedeutsamer war, daß Westland die große Kabine zum taktischen Gefechtsstand für ASW-Operationen ausgebaut hatte, so daß der britische **Sea King** als unabhängiges Element in der U-Boot-Abwehr fungieren konnte. Anschließende Entwicklungen haben diesen Hubschrauber beträchtlich verändert.

Westland baute mit dem **Commando** auch eine taktische Version, die sich zum Frachttransport, zur Bergung von Verwundeten, für Logistik und zum Truppentransport (maximal 28 Soldaten) eignet. Die verschiedenen Varianten sind unten im einzelnen aufgeführt. Bis 1996 wurden insgesamt 328 **Sea King** und **Commando** ausgeliefert.

***Westland Sea King HAR.Mk 3 der No. 202 Squadron, RAF, 1982 während des Falklandkriegs im Südatlantik eingesetzt***

**Varianten**

**Sea King HAS.Mk 1:** erste U-Jagd-Version für die Royal Navy, die ihr später den Standard Sea King HAS.Mk 2 zukommen ließ; 56 Exemplare

**Sea King HAS.Mk 2:** ASW-/SAR-Version mit leistungsgesteigerten Gnome-Turbinen H.1400-1 für die Royal Navy; 21 Exemplare

**Sea King HAR.Mk 3:** SAR-Version mit Gnome H.1400-1 für die Royal Air Force; 16 Exemplare 1979 und nochmals drei 1985 ausgeliefert; der Einbau wesentlich verbesserter Avioniksysteme, Navigations- und Funkgeräte ergab den höherwertigen Standard HAR.Mk 3A

**Sea King HC.Mk 4:** Version des Commando Mk 2 für die Royal Navy; kombiniert den bündelbaren Hauptrotor und die beiklappbare Heckbaugruppe des Sea King, das starre Fahrwerk des Commando und Gnome-Turbinen H.1400-1; letztes Exemplar 1990 ausgeliefert; insgesamt 89 Exemplare, davon einige für den Golfkrieg mit Radarwarnempfänger, den Anflug von Lenkwaffen anzeigenden Systemen, Düppel-/Leuchtfackelwerfern, taktischen Navigationsgeräten und nachtsichtbrillentauglichem Cockpit modifiziert

**Sea King Mk 4X:** zwei generell dem HC.Mk 4 gleichende Hubschrauber für Entwicklungsvorhaben des RAE Farnborough

**Sea King HAS.Mk 5:** weiterentwickelte ASW-/SAR-Version mit Gnome H.1400-1 und fortschrittlicher Avionik für die Royal Navy; alle Sea King HAS.Mk 2 auf diesen Standard nachgerüstet und 30 neugebaute Hubschrauber zwischen 1980 und 1986 ausgeliefert

**Sea King HAS.Mk 6:** wesentlich verbesserte U-Jagd-Version für die Royal Navy; fünf Umrüsthubschrauber Mk 5 und 25 neugebaute Exemplare

**Sea King Mk 41:** SAR-Version mit H.1400-Wellenturbinen für die deutsche Bundesmarine

**Sea King Mk 42:** ASW-Version mit H.1400 für die indische Marine

**Sea King Mk 42A:** ASW-Version mit H.1400-1 für die indische Marine

**Sea King Mk 42B:** Schiffsbekämpfungsversion mit H.1400-1 für die indische Marine; vorbereitet zur Bewaffnung mit dem Lenkflugkörper Sea Eagle

**Sea King Mk 43:** SAR-Version mit H.1400 für die norwegische Luftwaffe

**Sea King Mk 43A:** SAR-Version mit H.1400-1 für den Einsatz bei der norwegischen Luftwaffe

**Sea King Mk 45:** ASW-Version mit H.1400 für die pakistanische Marine

**Sea King Mk 47:** ASW-Version mit H.1400-1, von Saudi-Arabien für die ägyptische Marine bestellt

**Sea King Mk 48:** SAR-Version mit H.1400-1 für den Einsatz bei der belgischen Luftwaffe

**Sea King Mk 50:** Mehrzweckversion für die Royal Australian Navy; Fortentwicklung des Sea King HAS.Mk 1 mit H.1400-1; zwei 1983 nachbestellte zusätzliche Exemplare erhielten die Bezeichnung Sea King Mk 50A

**Commando Mk 1:** Version mit H.1400, von Saudi-Arabien für die ägyptische Luftwaffe bestellt

**Commando Mk 2:** Version mit H.1400-1 für die ägyptische Luftwaffe

**Commando Mk 2A:** wie Commando Mk 2 für die Luftwaffe des Emirats Katar bestimmtes Muster

**Commando Mk 2B:** wie Commando Mk 2 mit VIP-Inneneinrichtung für die ägyptische Luftwaffe

**Commando Mk 2C:** wie Commando Mk 2B für die Luftwaffe des Emirats Katar

**TECHNISCHE DATEN**

**Westland Sea King HAS.Mk 5**

**Typ:** Hubschrauber zur U-Boot-Abwehr

**Triebwerke:** zwei Wellenturbinen Rolls-Royce Gnome H.1400-1 je 1238 kW (1684 WPS)

**Leistung:** Marschgeschwindigkeit 208 km/h in Meereshöhe; Reichweite mit max. Standardtreibstoffmenge 1230 km

**Gewicht:** Rüstmasse 6202 kg; max. Startmasse 9525 kg

**Abmessungen:** Hauptrotordurchmesser 18,90 m; Länge bei laufenden Rotoren 22,15 m; Höhe 4,72 m; Hauptrotorkreisfläche 280,47 $m^2$

**Bewaffnung:** vier Torpedos Mk 46 oder vier Wasserbomben Mk 11

***Im Unterschied zu den amerikanischen Pendants kann der Westland Sea King dank seiner modernen Sensorik, Analysesysteme und wirkungsvollen Bewaffnung autonom operieren, indem er feindliche U-Boote ortet und sofort zum Angriff übergeht.***

## Westland Walrus

Als die Royal Navy 1919 den Sofortbedarf an einem dreisitzigen Beobachtungs-/Aufklärungsflugzeug anmeldete, bot sich als beste Lösung ein Umbau der de Havilland D.H.9A an. Der als **Armstrong Whitworth Tadpole** gefertigte Prototyp hatte die klar umrissenen Rumpflinien der D.H.9A verloren, da sich das nötige interne Raumvolumen zur Unterbringung einer dritten Person nur durch Auswölbung nach oben und unten erreichen ließ. Den Zuschlag erhielt die Firma Westland, die schließlich 36 **Westland Walrus** bauen sollte.

Diese Flugzeuge unterschieden sich von der D.H.9A durch eine Reihe von Änderungen. Dazu zählten ein 336 kW (457 PS) starker Napier-Lion-II-Motor, ein abwerfbares Hauptfahrwerk, Schwimmkörper, Fanggeschirr für die damals üblichen vorderen und hinteren Deckseile, einfach zu demontierende Flügel für die Unterbringung an Bord von Schiffen und die Bewaffnung mit einem synchronisierten 7,7-mm-Vickers-Maschinengewehr sowie einem oder zwei Lewis-MGs auf der hinteren Scarff-Lafette. Ansonsten glich die **Walrus** grundsätzlich der D.H.9A, doch der Lion-Motor verhalf ihr zu einer Spitzengeschwindigkeit von 200 km/h.

## Westland Wapiti

Die Spezifikation 26/27 des Air Ministry für ein Allzweckflugzeug leitete die bescheidene Neuausrüstung der RAF nach dem Ersten Weltkrieg ein. Da nur begrenzte Haushaltsmittel zur Verfügung standen, war die Verwendung eines hohen Anteils an Komponenten der de Havilland D.H.9A vorgeschrieben.

Westland hatte für Airco den Prototyp der D.H.9A entwickelt (und war Hauptauftragnehmer für diese Version der D.H.9), so daß sich dieser Hersteller im Vorteil gegenüber der Konkurrenz befand und den Erstauftrag über 25 Serienflugzeuge **Westland Wapiti** erhielt.

An den Erstflug des Musterflugzeugs im März 1927 schloß sich die Indienststellung dieses Typs bei No. 84 Squadron im Irak an. Die **Wapiti**, ein konventioneller Doppeldecker mit offenen Tandemcockpits, wurde in mehreren Versionen für die RAF gebaut. Von den insgesamt 517 Exemplaren leisteten bei Ausbruch des Zweiten Weltkriegs noch rund 80 in Indien Dienst.

**Varianten**
**Wapiti Mk I:** erste Serienversion; verfügte über einen Bristol-Sternmotor Jupiter VI (313 kW/425 PS)
**Wapiti Mk IA:** verbesserte Ausführung mit dem 358 kW (487 PS) starken Jupiter VIIIF und Handley-Page-Vorflügeln; außer den RAF-Maschinen wurden insgesamt 38 Exemplare für die Royal Australian Air Force gefertigt
**Wapiti Mk IB:** ähnlich der Wapiti Mk IA, aber mit geteiltem Hauptfahrwerk; RAF-Exemplare später vom Jupiter VIIIF auf den Armstrong Siddeley Panther mit 410 kW (558 PS) umgestellt; vier Exemplare nach Südafrika geliefert
**Wapiti Mk II:** weiterentwickelte Version mit Ganzmetallgrundstruktur
**Wapiti Mk IIA:** Hauptserienversion mit geänderter Flügelkonstruktion; zum Betrieb mit Radfahrgestell und Schwimmwerk geeignet
**Wapiti Mk III:** südafrikanische Lizenzversion; 27 Flugzeuge ähnlich der Wapiti Mk IIA mit Armstrong Siddeley Jaguar VI (365 kW/496 PS)
**Wapiti Mk V:** aus der projektierten Wapiti Mk IV entwickelte Version mit gestrecktem Rumpf und etlichen Verfeinerungen; angetrieben vom Bristol Jupiter VIIIF mit 410 kW (558 PS)
**Wapiti MK VI:** Schulversion mit Doppelsteuer; 16 Exemplare
**Wapiti Mk VII:** zunächst eine Wapiti Mk V, genutzt unter der Bezeichnung Houston-Wallace beziehungsweise P.V.6; das Muster wurde dann zum Versuchsflugzeug Wapiti VII umgerüstet
**Wapiti Mk VIII:** aus der projektierten Wapiti Mk IV entwickelte Version mit Armstrong Siddeley Jaguar VI (382 kW/520 PS); vier Exemplare für die zentralchinesische Regierung gebaut

***Westland Wapiti Mk IA der Royal Australian Air Force, in den vierziger Jahren zum Schleppen von Segelflugzeugen eingesetzt***

**TECHNISCHE DATEN**
**Westland Wapiti Mk IIA**
**Typ:** Mehrzweckmilitärflugzeug
**Triebwerk:** ein Sternmotor Bristol Jupiter VIII oder VIIIF mit 358 kW (487 PS)
**Leistung:** Höchstgeschwindigkeit 225 km/h in 1525 m Höhe; Dienstgipfelhöhe 6280 m
**Gewicht:** Leermasse 1728 kg
**Abmessungen:** Spannweite 14,15 m; Länge 9,65 m; Höhe 3,61 m; Tragflügelfläche 43,48 m²
**Bewaffnung:** ein Vickers-und ein oder zwei Lewis-MGs auf Scarff-Ring über dem hinteren Cockpit, alle vom Kaliber 7,7 mm

# Westland Welkin

Die 1940 vom Air Ministry erhobene Forderung für einen Höhenjäger ergab den Entwurf **Westland P.14**, der zu einem Auftrag über **Welkin**-Prototypen zur Prüfung im Vergleichsfliegen gegen den Vickers-Typ 432 führte.

Die **Welkin** war ein freitragender Mitteldecker mit einziehbarem Heckradfahrwerk, zwei Rolls-Royce Merlin-Motoren als Antrieb und einer druckbelüfteten Kabine für den Piloten.

Der erste dieser Westland-Versuchsjäger flog ab 1. November 1942. Die 1943 durchgeführten Vergleichsprüfungen, bei denen die **Welkin** im simulierten Gefecht gegen eine de Havilland Mosquito Mk IX in 10.670 m Höhe und gegen eine andere **Welkin** in Höhen von bis zu 12.190 m antrat, zeigten schnell die hohe Qualität dieses Musters auf. Dies zog anschließend einen Serienauftrag über 100 Welkin Mk I nach sich.

Etwa 80 Exemplare waren gebaut, als man die Beschaffung stoppte, da die erwarteten deutschen Luftangriffe in großer Höhe ausblieben.

Keines dieser Flugzeuge wurde den Jagdfliegern zugeführt, sondern alle dienten der Höhenflugforschung.

Eine umgerüstete **Welkin Mk I** ergab den Einzelprototyp **Welkin NF.Mk II**, in dessen verlängerter Flugzeugnase ein Abfangradar eingebaut war. Der Typ wurde aber nicht seriengefertigt.

Die **Welkin Mk I** mit einer Spannweite von 21,34 m und zwei Rolls-Royce 72/73 oder 76/77 je 932 kW (1267 PS) hatte eine Spitzengeschwindigkeit von 663 km/h in 7925 m Höhe und eine Dienstgipfelhöhe von 13.410 m.

***Welkin-Höhenjäger wurden nicht in Dienst gestellt, weil eine Gefährdung Englands durch deutsche Höhenbomber ausblieb und die Welkin nicht so agil war, wie erhofft.***

# Westland Wessex

Der Erfolg der Firma Westland mit dem Whirlwind zog Lizenzverhandlungen mit Sikorsky zum Bau des S-58 nach sich, denn Westland nahm an, daß dieser etwas größere Hubschraubertyp mit neuem Turbinenantrieb ein hervorragendes Entwicklungspotential besäße. Ein Einzelexemplar wurde importiert und zunächst durch den Einbau einer Napier-Wellenturbine Gazelle NGa.11 mit 820 kW (1115 WPS) modifiziert.

**TECHNISCHE DATEN**
**Westland Wessex HC.Mk 2**
**Typ:** taktischer Transport-/Truppentransporthubschrauber
**Triebwerke:** zwei gekoppelte Wellenturbinen Bristol Siddeley Gnome Mk 110 und Mk 111 je 1007 kW (1369 WPS)
**Leistung:** Höchstgeschwindigkeit 212 km/h in Meereshöhe; Reichweite mit max. Treibstoffmenge 769 km
**Gewicht:** Leermasse 3767 kg; max. Startmasse 6123 kg
**Abmessungen:** Hauptrotordurchmesser 17,07 m; Länge bei laufenden Rotoren 20,04 m; Höhe 4,93 m; Hauptrotorkreisfläche 228,81 m²
**Bewaffnung:** Lenkflugkörper Nord SS.11, wenn zur Panzerabwehr eingesetzt

Der Prototyp und die Vorserienhubschrauber des **Westland Wessex** erhielten jedoch die 1081 kW (1470 WPS) starke Turbine Napier Gazelle Mk 161. Die erste Serienversion für die Royal Navy ging ab dem 4. Juli 1961 in Dienst, und in der Folgezeit wurde das Muster in mehreren Varianten produziert. 1996 befand sich der **Wessex** noch bei No. 28 Squadron (bis 1997), bei No. 32 (The Royal) Squadron und bei einigen SAR-Einheiten im Einsatz.

**Varianten**
**Wessex HAS.Mk 1:** ASW-Version der Royal Navy mit Napier Gazelle Mk 161
**Wessex HC.Mk 2:** fortentwickelte Hochleistungsversion des Wessex HAS.Mk 1 für die RAF mit zwei gekoppelten Wellenturbinen Bristol Siddeley Gnome Mk 110/Mk 111 je 1007 kW (1369 WPS); primär zum Truppentransport (16 Soldaten) und im Sanitätsdienst (acht Tragen) verwendet
**Wessex HAS.Mk 3:** fortschrittliche ASW-Version der Royal Navy mit Napier Gazelle Mk 165 (1193 kW/1622 WPS) und umfassender Flugsteuerungsautomatik
**Wessex HC.Mk 4:** zwei Wessex wie HC.Mk 2, aber mit VIP-Inneneinrichtung zum Einsatz durch „The Queen's Flight", der Flugbereitschaft für die königliche Familie
**Wessex HU.Mk 5:** Sturmtruppentransporthubschrauber für die Royal Marine Commandos; glich weitgehend dem Wessex HC Mk 2
**Wessex HAS.Mk 31:** 27 für die Royal Australian Navy gebaute Hubschrauber; ähnlich wie Wessex HAS.Mk 1, aber mit 1174 kW (1597 WPS) auf 1148 kW (1561 WPS) gedrosselten Napier Gazelle Mk 162; ausgeliefert ab August 1962 und nach der Einrüstung eines aktualisierten ASW-Pakets in Wessex HAS.Mk 31B umbenannt
**Wessex Mk 52:** zwölf Hubschrauber, ähnlich dem Wessex HC.Mk 2 für die irakische Luftwaffe
**Wessex Mk 53:** drei Hubschrauber, ähnlich dem Wessex HC.Mk 2 für die Luftwaffe Ghanas
**Wessex Mk 54:** ein dem Wessex HC.Mk 2 entsprechender Hubschrauber für Brunei
**Wessex Mk 60:** Zivilversion für zehn bis 16 Passagiere oder für 15 Personen im Rettungseinsatz oder als Sanitätshubschrauber für acht liegende und zwei sitzfähige Patienten sowie einen Betreuer

***In der Ausführung HU.Mk 5 war der Wessex das Standardtransportmittel für Kommandotrupps der Royal Marines, wie hier bei einer Übung in Norwegen.***

# Westland Whirlwind

Prägnante Erkennungsmerkmale der **Westland Whirlwind I** waren zwei riesige Motorgondeln, die diesen Jäger zu beherrschen schienen, und ein kreuzförmiges Leitwerk. Das Muster basierte auf der Spezifikation F.37/35 des Air Ministry. Der erste von zwei Prototypen kam am 11. Oktober 1938 in die Luft, doch wegen Entwicklungsschwierigkeiten mit dem Peregrine-Motor von Rolls-Royce konnte der Typ erst im Juni 1940 bei No. 263 Squadron und noch später bei No. 137 in Dienst gestellt werden. Die **Whirlwind**, der erste zweimotorige RAF-Jagdeinsitzer, verband eine ausgezeichnete Manövrierbarkeit und Hochgeschwindigkeit im Tiefflug mit der enormen Feuerkraft von vier 20-mm-Bugkanonen, so daß sie eine wertvolle Ergänzung für das Arsenal des Fighter Command bedeutete.

Dank der hohen Tieffluggeschwindigkeit, der enormen Feuerkraft und einer Reichweite von knapp 1300 km bei Standardtreibstoffzuladung eignete sie sich perfekt zum Begleitschutz für leichte Bomber. Nachdem man diese Jäger 1942 mit externen Bombengehängen zu **Whirlwind Mk IA** modifiziert hatte, flogen sie intensive „Rhubarb"-Einsätze gegen Ziele auf der anderen Seite des Ärmelkanals. Allerdings traten Probleme auf, die die Produktionsziffer auf 112 Maschinen begrenzten. So erwiesen sich die Peregrine-Motoren, mit denen kein anderer Typ ausgerüstet war, als unzuverlässig, und überdies verlangte die **Whirlwind** eine sehr hohe Landegeschwindigkeit, was die Zahl der Flugfelder, die sie benutzen konnte, stark einschränkte.

Der Typ war daher bereits 1943 von den Einsatzverbänden abgezogen.

***Westland Whirlwind Mk I der No. 263 Squadron, RAF***

# Westland Whirlwind (Hubschrauber)

Der anhaltende Erfolg von Westland auf dem Helikoptermarkt wurde durch den Abschluß eines weiteren Lizenzabkommens mit Sikorsky im November 1950 gesichert. Der neue Vertrag deckte die Herstellung des Sikorsky S-55 für die britischen Streitkräfte und bestimmte andere Nationen ab. Bevor die Produktion bei Westland anlief, erhielt die Royal Navy im Rahmen des gegenseitigen Militärhilfeprogramms 25 Sikorsky S-55 aus den Vereinigten Staaten, davon zehn Exemplare mit dem 447 kW (608 PS) starken Sternmotor Pratt & Whitney R-1340-40 und 15 mit dem Wright-Motor R-1300-3, der 522 kW (710 PS) erzeugte. Ihre Bezeichnungen lauteten **Whirlwind HAR.Mk 21** beziehungsweise **Whirlwind HAS.Mk 22**.

**TECHNISCHE DATEN**
**Westland Whirlwind HAR.Mk 10**
**Typ:** Transport-/SAR-Hubschrauber für drei Besatzungsmitglieder und acht Passagiere
**Triebwerk:** eine Wellenturbine Bristol Siddeley Gnome H.1400 mit 783 kW (1065 WPS)
**Leistung:** Marschgeschwindigkeit 167 km/h; Schwebefluggipfelhöhe 4815 m
**Gewicht:** max. Startmasse 3629 kg
**Abmessungen:** Hauptrotordurchmesser 16,15 m; Länge bei laufenden Rotoren 18,94 m; Höhe 4,04 m; Hauptrotorkreisfläche 204,95 m²

**Varianten**
**Whirlwind Srs 1:** erste zivile Serienversion mit R-1340-40 Wasp (447 kW/608 PS) oder R-1300-3 Cyclone (522 kW/710 PS)
**Whirlwind Srs 2:** Zivilversion, ähnlich Srs 1, aber mit Alvis Leonides Major Mk 155 (582 kW/791 PS) oder Mk 755 (auf 559 kW/760 PS gedrosselt)
**Whirlwind Srs 3:** Zivilversion, ähnlich Srs 1 und Srs 2, aber der Prototyp führte Turbinenantrieb in Form der 783 kW (1065 WPS) starken Wellenturbine T58 von General Electric ein; die Serienhubschrauber erhielten die Lizenzversion dieses Triebwerks mit der Bezeichnung Bristol Siddeley Gnome H.1000
**Whirlwind HAR.Mk 1:** Version mit R-1340-40 für die Royal Navy
**Whirlwind HAR.Mk 2:** RAF-Version, ähnlich wie Whirlwind HAR.Mk 1
**Whirlwind HAR.Mk 3:** RN-Version, ähnlich wie Whirlwind HAR.Mk 1, aber mit R-1300-3
**Whirlwind HAR.Mk 4:** RAF-Version zum Truppentransport/SAR-Dienst in Malaya; angetrieben vom R-1340-57 mit 447 kW (608 PS) und geeignet zum Betrieb unter „hohen und heißen" Bedingungen
**Whirlwind HAR.Mk 5:** Version mit dem Triebwerk des zivilen Whirlwind Srs 2; drei Exemplare für die Royal Navy und vier für Österreich
**Whirlwind HAS.Mk 7:** ASW-Version der Royal Navy mit dem gleichen Triebwerk wie im zivilen Whirlwind Srs 2; der erste zur U-Boot-Abwehr eingesetzte Hubschrauber Englands
**Whirlwind HCC.Mk 8:** zwei Hubschrauber mit Alvis Leonides Major Mk 160 (552 kW/750 PS) und VIP-Kabine für „The Queen's Flight"
**Whirlwind HAR.Mk 9:** nachträglich auf Turbinenantrieb (Gnome H.1000) umgestellte Whirlwind HAS.Mk 7 für SAR- und Eismeldedienst
**Whirlwind HAR.Mk 10:** RAF-Version; neugebaute Hubschrauber mit Gnome H.1000 und entsprechend umgerüstete Whirlwind HAR.Mk 2 sowie HAR.Mk 4
**Whirlwind HCC.Mk 12:** zwei Hubschrauber mit Gnome-Wellenturbine H.1400 und VIP-Kabine für „The Queen's Flight"

***Der Westland Whirlwind war der Vorläufer des Wessex, und beide entstanden mit Unterstützung von Sikorsky. Abgebildet ist ein Whirlwind HAR.Mk 10.***

# Westland Widgeon

Ab 1924 erzielte Westland einen bescheidenen Erfolg mit dem zweisitzigen Leichtflugzeug **Westland Widgeon**, das zur Teilnahme an den Two-Seat Light Aeroplane Trials des Air Ministry bestimmt war. Die **Widgeon Mk I** war ein abgestrebter Hochdecker mit offenen Cockpits in Tandemanordnung, angetrieben von einem Sternmotor Blackburne Thrush mit 26 kW (35 PS).

Die Maschine wurde bei diesem Wettbewerb beschädigt, aber repariert und zur **Widgeon Mk II** mit 45 kW (61 PS) starkem Sternmotor Armstrong Siddeley Genet umkonstruiert.

Die erfolgreiche Flugerprobung führte zur Serienfertigung als **Widgeon Mk III**. Insgesamt 30 Exemplare wurden gebaut, darunter einige mit der Herstellerbezeichnung **Widgeon Mk IIIA**, deren Konstruktion leicht geändert war. Ihren Antrieb lieferte eine Vielzahl von Motortypen, wie von den einzelnen Käufern jeweils verlangt, angefangen vom Armstrong Siddeley Genet II mit 56 kW (76 PS) bis hin zum 89 kW (121 PS) erzeugenden Cirrus Hermes II. Angetrieben von einem Motor de Havilland Gipsy I mit 75 kW (102 PS), erreichte die **Widgeon Mk III** eine damals beachtliche Spitzengeschwindigkeit von 174 km/h.

# Westland Wyvern

Der Entwurf **Westland W34**, der letzte militärische Starrflüglertyp dieses Unternehmens, sollte den Vorgaben der Spezifikation N.11/44 für einen offensiven Jagdeinsitzer im Bordeinsatz genügen. Der Forderungskatalog war äußerst anspruchsvoll, und die gestellte Aufgabe wurde noch durch die Festlegung auf den neuen 24-Zylinder-Schiebermotor Eagle von Rolls-Royce erschwert. Zudem verlangte man, daß die Zelle den problemlosen Einbau einer Propellerturbine ermöglichte, sobald diese verfügbar sein würde.

Die **Wyvern** war ein freitragender Tiefdecker in Ganzmetallschalenbauweise mit einziehbarem Spornradfahrwerk. Der erste von sechs Prototypen flog am 12. Dezember 1946, und es folgten zehn Vorserienflugzeuge **Wyvern TF.Mk 1**, ebenfalls mit dem Eagle-Motor, der aber zunächst noch zahlreiche Kinderkrankheiten zu überstehen hatte.

Dadurch zog sich die Flugerprobung derart in die Länge, daß Propellerturbinen lieferbar waren, noch bevor es zur Produktionsentscheidung kam. Von den geprüften Turboprop-Triebwerken wurde das Armstrong Siddeley Python für die 20 Vorserienmaschinen **Wyvern TF.Mk 2** ausgewählt. In dieser Ausführung wurden aber nur 13 Exemplare ausgeliefert und die übrigen nach dem Serienstandard **Wyvern**

***VW867 wurde als Wyvern TF.Mk 2 ausgeliefert und ist hier in der Originalkonfiguration vor der Nachrüstung mit zusätzlichen Seitenflossen zu sehen.***

TF.Mk 4 (später **Wyvern S.Mk 4**) fertiggestellt. Den gleichen Antrieb erhielten die 90 seriengefertigten **Wyvern S.Mk 4**, von denen die ersten rund sechseinhalb Jahre nach dem Erstflug des Prototyps im Mai 1953 bei No. 813 Squadron in Dienst gingen. Später wurden auch No. 827, 830 und 831 Squadron mit diesem Typ ausgerüstet. No. 830 Squadron war die einzige Staffel, die die **Wyvern** während der Suezkrise Ende 1956 im Kampf eingesetzt hat. Die **Wyvern** hielt sich noch bis März 1958 im Dienst, als No. 813 Squadron aufgelöst wurde. Als Variante existierte bei diesem Muster nur der einzelne, zweisitzige Ausbildungsprototyp **Wyvern T.Mk 3**.

# Wibault 7

Das erste von Michel Wibault konstruierte Flugzeug war die Wibault Wib.1, ein Doppeldeckerjagdeinsitzer der Kategorie C.1, angetrieben von einem Hispano-Suiza-Motor 8Be mit 162 kW (220 PS). Für den Ersten Weltkrieg kam die im November 1918 getestete Wib.1 zu spät und ging daher nicht in Serie.

Ende 1919 wurde die Société des Avions Michel Wibault gegründet, und bald erschienen zwei Prototypen: die Wib.2 von 1921, ein großer, zweisitziger Doppeldeckernachtbomber der Kategorie Bu.2, und die Wib.3 von 1923, ein Schirmeindeckerjäger der Kategorie C.1.

Der C.1-Prototyp **Wib.7** von 1924 war ähnlich ausgelegt wie die Wib.3, hatte aber einen Gnome-Rhône-Sternmotor 9Ad mit 353 kW (480 PS). Die wichtigste Neuerung bestand jedoch in einem Ganzmetallkonstruktionssystem, das sich Wibault patentieren ließ.

Die nachfolgende Serienproduktion ergab 60 Jäger **Wib.72** mit stärker abgestrebten Tragflügeln für die französische Aéronautique Militaire. Sie gingen 1929 beim 32. und 35. Régiment d'Aviation in Dijon beziehungsweise Lyon in Dienst. Unterdessen war Wibault als Berater für Vickers in England tätig geworden, und unter der Bezeichnung **Vickers Typ 121** fertigte dieses Unternehmen 26 **Wib.7** für Chile.

Der C.1-Versuchsjäger **Wib.73** von 1927 wurde von einem Lorraine 12Eb mit 331 kW (450 PS) angetrieben. Der geplante Bau dieses Typs in Polen zerschlug sich, als das Unternehmen P.Z.L. im Zeitraum 1929/30 auch drei **Wibault 7** mit Wright-Sternmotor und 25 **Wibault 72** an die polnische Fliegertruppe lieferte. Die **Wib.73** wurde nur an Paraguay verkauft, das sieben Exemplare übernahm. Eine Variante mit verstärktem Rumpf und Fanghaken, die **Wib.74**, ging an die französische Marine zum Bordeinsatz auf dem Flugzeugträger Béarn. Auf 18 **Wib.74** folgten in gleicher Stückzahl kamerabestückte **Wib.75**. Diese Marinejäger flogen bis Ende des Jahres 1937 unter den Escadrilles 7C1 und 7C2.

***Die Wibault 7 von 1924 bestach zwar nicht durch ihr Leistungsvermögen, war aber dennoch ein prächtiger, robust konstruierter und sehr wendiger Jäger, der dem Piloten trotz der ungünstigen Flügelanordnung ein gutes Blickfeld bot.***

# Wibault 280 (Serien)

Der zehnsitzige Passagierflugzeugprototyp **Wibault-Penhoët 280** flog erstmals im November 1930 in Villacoublay. Wibault hatte diesen freitragenden Ganzmetalltiefdecker mit finanzieller Unterstützung der Werft Penhoët in St. Nazaire produziert. Drei Sternmotoren Hispano-Wright 9Qa mit je 221 kW (300 PS) ermöglichten der Maschine gute Leistungen, wichen aber bald dem gleich starken Gnome-Rhône 7Kb, und der so ummotorisierte Prototyp erhielt die Bezeichnung **Wib.281**. Ein zweites Exemplar dieses Typs wurde gebaut und anschließend dem Standard-**Wib.282** angepaßt – als erstes von acht Serienflugzeugen, die drei Gnome-Rhône 7Kd je 258 kW (350 PS) hatten. Diese zwölfsitzigen Maschinen glichen grundsätzlich der **Wib.281**, doch ihre Motoren waren verkleidet.

***Die Baureihe Wibault 280 war für die Entwicklung des zivilen Luftverkehrs im Frankreich der dreißiger Jahre von größter Bedeutung. Das Foto zeigt eine Golden Clipper Wib.282T der Air Union.***

Ein Exemplar flog für die Firma CIDNA, und mehrere andere bedienten 1933 für Air Union die Verbindung Paris – London (Voile d'Or/Golden Clipper). Anfang 1934 übernahm Air France die erste von zehn **Wibault 283**, die über den gleichen Antrieb und die gleiche Passagierkapazität wie das Vorgängermodell, aber ein größeres Tankvolumen verfügten.

# Wideroe C.5 Polar

Der älteste norwegische Flugdienst, die Wideroe's Flyveselskap og Polarfly A/S, baute in ihren Werkstätten einen einmotorigen Allzweckeindecker für den eigenen Bedarf. Diese **Wideroe C.5 Polar** war ein abgestrebter Hochdecker, der mit Schwimmer-, Ski- oder Radfahrgestell betrieben werden konnte und eine geschlossene Kabine für einen Piloten und fünf Passagiere hatte. Die Passagiersitze ließen sich einfach entfernen, um den Innenraum zum Transport von Kranken oder Fracht zu nutzen. Den Antrieb lieferte ein Wright-Sternmotor R-760-E2, dessen Leistung von 261 kW (355 PS) der 13,72 m weit gespannten **Polar** (als Landflugzeug) eine Höchstgeschwindigkeit von 240 km/h verlieh. Die **C.5** wurde 1948 fertiggestellt und eingesetzt, aber nur in kleiner Stückzahl gebaut.

***Die von Birger Hönningstad konstruierte Wideroe Polar ließ sich sowohl mit Radfahrgestell wie mit Schwimmwerk betreiben.***

# Windecker Eagle

Die **Windecker AC-7 Eagle 1** war ein konventioneller Tiefdecker mit einer geschlossenen Kabine für vier Personen.

Der Prototyp, der erstmals am 7. Oktober 1967 flog, gehörte zu den ersten Nurplastikluftfahrzeugen mit einer vollständig aus glasfaserverstärktem Kunststoff (GfK) gefertigten Zelle. Der Serienprototyp mit einziehbarem Bugradfahrwerk und einem Sechszylinder-Boxermotor Continental IO-520-C mit 209 kW (284 PS) kam im Mai 1970 in die Luft, und das erste Serienexemplar wurde am 7. Oktober 1970 ausgeliefert.

Nur eine kleine Stückzahl wurde gebaut, darunter ein Flugzeug mit einem Dreiblattpropeller aus Verbundmaterial, das die USAF unter der Bezeichnung **YE-5B** beschaffte und zur Ermittlung der Radarsignatur von vollständig aus Kunststoff konstruierten Luftfahrzeugen nutzte.

Die **Eagle**, mit einer Spannweite von 9,77 m, konnte auf 340 km/h beschleunigen.

***Die aus Fibaloy gebaute Eagle 1 kam farbig aus der Preßform.***

# Wright-Aeronautical-Luftfahrzeuge

Diese Wright-Flugzeuge gehören einer völlig anderen Klasse an als die Flyer und deren Derivate und umfassen allein vier Doppeldecker, die in Zusammenarbeit mit der US Navy für Flugrennen entwickelt wurden. Dazu gehörten das Landflugzeug **Navy Wright NW-1** von 1922 mit unterschiedlicher und das Seeflugzeug **NW-2** von 1923 mit einheitlicher Spannweite. Beide Muster waren mit einem 485 kW (660 PS) starkem Wright-V-Motor T-2 ausgerüstet.

1923 folgte das Landflugzeug **F2W-1** und 1924 das Seeflugzeug **F2W-2**, beide mit einheitlicher Spannweite und Wright-V-Motor T-3 Tornado, der 582 kW (791 PS) erzeugte. Erwähnt werden sollte auch der Jagdeinsitzerprototyp **XF3W-1 Apache**, den die US Navy 1926 erwarb. Dieser vom Sternmotor Wright P-1 mit 336 kW (457 PS) angetriebene Doppeldecker diente der US Navy als Versuchsträger des Pratt & Whitney-Wasp-Sternmotors (313 kW/425 PS). Die Maschine flog bei diesen Versuchseinsätzen sowohl mit Radfahrgestell als auch mit Schwimmerwerk.

# Luftfahrzeuge der Gebrüder Wright

Die Gebrüder Orville und Wilbur Wright bauten mit der **Wright Flyer** das erste Luftfahrzeug der Welt, das schwerer als Luft war und einen bemannten, motorisierten und gesteuerten Flug durchführte. Dieses Ereignis fand bei Kill Devil Hill in Kitty Hawk, North Carolina, am 17. Dezember 1903 statt, als die **Flyer** mit Orville am Steuer beim ersten von vier an jenem Tag unternommenen Flügen zwölf Sekunden lang in der Luft blieb und dabei eine Entfernung von 36,6 Metern zurücklegte. Beim vierten und letzten Versuch mit Wilbur als Piloten flog die Maschine in 59 Sekunden 260 Meter weit. Kaum jemand kennt die Reihe der Wright-Luftfahrzeuge, die vor und nach der **Flyer** gebaut wurden, und sie sind daher in knapper Form unter dem Abschnitt „Varianten" aufgeführt. In Frankreich, Deutschland und in Großbritannien entstanden 1908, 1909 beziehungsweise 1913 Wright-Unternehmen, und die erste amerikanische Wright Company wurde 1909 gegründet. 1916 schloß sich die Wright Company mit der Firma Glenn L. Martin zur Wright-Martin Aircraft Corporation zusammen. Ein Jahr später zog sich Martin aus diesem Verbund zurück, und das Unternehmen firmierte neu unter dem Titel Wright Aeronautical Corporation.

**Varianten**

**Wright-Segelflugzeuge:** No. 1 (Spannweite 5,18 m) wurde 1900 sowohl als Drachenflieger wie auch als Segelflugzeug erprobt; es folgte No. 2 (Spannweite 6,71 m) mit neuartiger Flügelverwindung zur Quersteuerung; No. 3 (Spannweite 9,78 m)

profitierte von den Ergebnissen der Wright-eigenen Forschung, absolvierte fast 1000 Segelflüge, wurde mit wachsender Erfahrung modifiziert und führte schließlich direkt zur Flyer
**Flyer:** erste Ausführung mit einem von Wright konstruierten 9-kW-Motor (12 PS)
**Flyer II:** ähnlich wie die Flyer, aber mit modifizierten Tragflügeln und einem auf 11 kW (15 PS) hochgetrimmten Motor; galt als nicht sonderlich erfolgreich
**Flyer III:** erstes wirklich praktikables und lenkbares Modell mit dem Motor und dem Propeller der Flyer II; schaffte am 5. Oktober 1905 einen Flug von 39 Minuten und 23 Sekunden Dauer über eine Strecke von 38,9 km
**Modell A:** erster sogenannter Standarddoppeldecker mit Führer- und Mitfliegersitz; angetrieben von einem Wright-Motor mit 22,4 kW (30 PS); Spannweite 12,50 m und Höchstgeschwindigkeit 64 km/h; die US Army kaufte ein Exemplar
**Modell B:** wie Modell A, aber mit 26 kW (35 PS) starkem Wright-Motor, Rad- und Kufenfahrgestell sowie hinten statt vorn angeordneten Höhenrudern; die US Army erwarb zwei Exemplare
**Modell C:** verbesserte Version mit 37 kW (50 PS) starkem Wright-Motor und Doppelsteuer; die US Army beschaffte sieben und die US Navy drei Exemplare; letztere mit 45-kW-Motor (60 PS), doppelten Schwimmkörpern und der Bezeichnung Modell C-H (Hydro)
**Modell D:** einsitzige Ausführung des Modells C; die US Army erwarb zwei Exemplare und nannte sie Modell D Scout
**Modell Ex:** kleinere, einsitzige Version des Modells B für Schauflüge (Exhibition)
**Modell F:** erstes Wright-Muster im modernen Stil; dieser Zweisitzer führte einen Austro-Daimler-Flugmotor mit 66 kW (90 PS) sowie einen Rumpf und ein Leitwerk konventioneller Prägung ein; die US Army erwarb ein Exemplar
**Modell G Aerobat:** von der US Navy beschafftes Einzelexemplar; ähnlich wie Modell F, aber mit Bootskörper anstelle des üblichen Rumpfes
**Modell H-S:** kürzer gespannte Version des Modells F mit dem 45 kW (60 PS) starken Wright-Motor
**Modell K:** schwimmtaugliche Ausführung des Modells F; ein Exemplar für die US Navy
**Modell L:** einsitzige Version des Modells F mit 52-kW-Motor (70 PS)
**Modell R:** auch als Wright-Martin Modell R bekannt; zeigte die für die Zeit um 1916 übliche Konfiguration eines Luftfahrzeugs: unterschiedlich weit gespannte Doppeldeckerflügel, offene Cockpits in Tandemanordnung, starres Schleifspornfahrgestell sowie ein Hall-Scott-Motor mit 92 kW (125 PS) und Zugpropeller; die US Army beschaffte zwölf Exemplare, davon neun als Land- und drei als Wasserflugzeuge

***Die US Navy stiftete einige Verwirrung, indem sie Modell C im Dienst als Modell B führte.***

# Yakovlev – AIR-1 bis AIR-17

Während Alexander Sergejewitsch Jakowlew (Yakovlev in der international gebräuchlichen englischen Umschrift) an der Technischen Luftfahrt-Militärakademie in Moskau arbeitete, konstruierte er in seiner Freizeit sein erstes Luftfahrzeug. Dieser kompakte Doppeldecker mit der Bezeichnung **AIR-1** war als zweisitziges Schulflugzeug ausgelegt und wurde von einem ADC-Cirrus-Motor mit 45 kW (60 PS) angetrieben. Die verbesserte Version **AIR-2** führte auswechselbare Schwimmer ein, und die **AIR-3** war ein abgestrebter Schirmeindecker. Die fortgeführte Entwicklung mit zusätzlichen Kraftstofftanks ergab die **AIR-4**, und eine für den militärischen Verbindungsdienst bestimmte Variante hieß **AIR-8**.

Als **AIR-5** konstruierte Jakowlew 1931 einen abgestrebten Kabinen-Hochdecker mit Wright-Motor Whirlwind. Da die Lizenzproduktion dieses Motors nicht zustande kam, modifizierte man das Muster für den Einbau des heimischen Sternmotors M-11 und nannte es **AIR-6**. Unter der Konstruktionsbürobezeichnung **AIR-14** entstand mit der **UT-1** ein freitragender, kunstflugtauglicher Tiefdecker für den Ausbildungsdienst bei den sowjetischen Luftstreitkräften (VVS). Insgesamt 1241 Maschinen wurden gefertigt und mehrere von ihnen 1942 mit Maschinengewehren und Raketenwerfern eingesetzt. Die von dem freitragenden Tiefdecker **AIR-10** abgeleitete **Ya-20** (**Ja-20** in deutscher Umschrift) war als militärisches Schulflugzeug gedacht. Von diesem Typ mit der VVS-Dienstbezeichnung **UT-2** wurden insgesamt 7243 Exemplare produziert. Jakowlews erste zweimotorige Konstruktion war die **AIR-17** (**UT-3** bei der VVS), ein Tiefdecker zur Ausbildung militärischer Flugbesatzungen, einschließlich Bombenschützen im verglasten Bug. Nur 30 Exemplare wurden gebaut, die mit MV-6-Motoren je 162 kW (220 PS) und zwei 7,7-mm-Maschinengewehren SchKAS ausgerüstet waren.

**TECHNISCHE DATEN**
**Yakovlev UT-2**
**Typ:** Grundschulflugzeug
**Triebwerk:** ein Sternmotor M-11 mit 74 kW (100 PS)
**Leistung:** Höchstgeschwindigkeit 210 km/h; Dienstgipfelhöhe 3500 m; Reichweite 500 km
**Gewicht:** Rüstmasse 616 kg; max. Startmasse 856 kg
**Abmessungen:** Spannweite 10,20 m; Länge 7 m; Tragflügelfläche 17,12 m²

***Für die UdSSR war die UT-2 im Zweiten Weltkrieg von großer Bedeutung als Grundschulflugzeug der roten Luftwaffe.***

# Yakovlev Yak-1

***Yakovlev Yak-1M des 1. „Warszawa“ Jägerregiments der Roten Luftwaffe, Ende 1944 im Raum Warschau eingesetzt.***

Die Konstruktionsarbeiten an der **Yakovlev Yak-1**, einem Abfangjäger für das mittlere Höhenband, begannen im November 1938. Aus diesem Entwurf ging eine Reihe bemerkenswerter Muster hervor, die in riesigen Stückzahlen entstanden und markante Spuren in der Luftfahrtgeschichte hinterließen. Der zunächst als **I-26** bezeichnete Typ hatte hölzerne Tragflügel, einen Rumpf in gemischter Bauweise und Hauptfahrwerksbaugruppen, die einwärts unter die Flügel einklappten. Die **I-26** war ein rassiger Jäger, und die Monteure nannten ihn wegen seiner eleganten Linien bald **Krasawtschik** (**„Schönheit“**). Kurz nach dem Jungfernflug am 13. Januar 1940 ging der erste Versuchsjäger bei einem Unfall mit Todesfolge für den Piloten verloren, aber das Entwicklungsprogramm wurde ohne Unterbrechung mit dem zweiten Prototyp fortgesetzt, der einige Verbesserungen aufwies.

Am Jahresende flog eine Vorserie der **Yak-1**, und bis dahin waren auch die ersten 64 Serienjäger fertiggestellt. Im Laufe der Produktion erfolgten Änderungen, und viele Maschinen der Hauptvarianten wurden ab Anfang 1942 mit weiter gespanntem Tragwerk sowie spitzeren Randbögen gefertigt.

Die **Yak-1B** führte ein neues Kabinendach mit dahinter abgeflachtem Rumpfrücken ein, und bei der **Yak-1M** hatte man eine Gewichtseinsparung erreicht. Viele sowjetische Spitzenpiloten flogen die **Yak-1**, da ab 1942 ein Großteil der „eskadrilli“ diesen Typ einsetzte.

Als die Produktion Mitte 1943 endete, waren insgesamt 8721 Serienjäger aller **Yak-1**-Versionen gebaut.

**TECHNISCHE DATEN**
**Yakovlev Yak-1 (Frühserie)**
**Typ:** Jagdeinsitzer
**Triebwerk:** ein V-Motor M-105P mit 773 kW (1050 PS)
**Leistung:** Höchstgeschwindigkeit 540 km/h in Meereshöhe; Dienstgipfelhöhe 10.000 m; Reichweite 700 km
**Gewicht:** Rüstmasse 2347 kg; max. Startmasse 2847 kg
**Abmessungen:** Spannweite 10 m; Länge 8,47 m; Höhe 2,64 m; Tragflügelfläche 17,15 m²
**Bewaffnung:** eine 20-mm-Kanone SchWAK im Motorgehäuse und ein 12,7-mm-Maschinengewehr UBS im Rumpf sowie zwei 100-kg-Bomben an Gehängen unter den Flügeln

**Varianten**
**I-26:** Bezeichnung zweier Prototypen
**Yak-1:** erste Serienversion; ab Oktober 1941 mit M-105PA-Motor
**Yak-1B:** ging aus einer im Feld vorgenommenen Änderung mit Vollsichtkanzelhaube und abgeflachtem Hinterrumpf hervor; im Juli 1942 offiziell akzeptiert und ab Anfang 1943 in Serie produziert; viele Yak-1B sowie einige Yak-1 und Yak-1M hatten neue, stärker zugespitzte Flügel
**Yak-1M:** modifiziertes Modell mit zahlreichen Änderungen der Struktur zur Gewichtseinsparung; ab Ende 1942 gefertigt; erhielten die bei der Yak-1B eingeführte Haube und den Motortyp M-105PF mit 927 kW (1260 PS); Spitzengeschwindigkeit auf 585 km/h in 3800 m Höhe gesteigert
**I-28:** drei Versuchsjäger mit neuen, kürzer gespannten Tragflügeln und zweistufigem Lader für den Einsatz in großer Höhe; bei der Erprobung im Juni 1942 erreichten diese Flugzeuge 665 km/h in 10.000 m Höhe
**I-30:** zwei Prototypen, die eine verbesserte Ganzmetallausführung des I-28-Flügels und eine schwerere Bewaffnung einführten; einer mit einziehbarem Heckrad
**I-33:** kleine Baureihe, angeblich 1943 mit dem 994 kW (1350 PS) starken M-106-Motor gefertigt; Höchstgeschwindigkeit 610 km/h in 3600 m Höhe; wegen der Unzuverlässigkeit des Triebwerks bald zurückgezogen

## Yakovlev Yak-2 und Yak-4 bis Yakovlev Yak-42

**Alexandr S. Yakovlev , der bis 1939 nur Segel- und Sportflugzeuge gebaut hatte, etablierte sich nach dem Zweiten Weltkrieg als führender Konstrukteur von Militärflugzeugen. Die Gesamtproduktion von Yak-Maschinen betrug mindestens 37 000. Sie waren einfache und leistungsfähige Flugzeuge, die selbst unter fast unmöglichen Bedingungen noch funktionierten.**

# Yakovlev Yak-2 und Yak-4

Der Prototyp des Schnellaufklärers **Yakovlev Ya-22** flog erstmals am 22. Februar 1939, angetrieben von zwei M-103-Motoren. Der zweisitzige Tiefdecker hatte Flügel aus Holz, einen Rumpf in Gemischtbauweise, ein einziehbares Heckradfahrwerk und ein geteiltes Seitenleitwerk. Yakovlev wurde dann angewiesen, das Muster zum Bomber umzugestalten, der die neue Bezeichnung **BB-22** („Blischnij Bombardirowschtschik" – Kurzstreckenbomber) erhielt.

**TECHNISCHE DATEN**
**Yakovlev Yak-4**
**Typ:** leichter Bomber
**Triebwerke:** zwei V-Reihenmotoren Klimow M-105 je 773 kW (1050 PS)
**Leistung:** Höchstgeschwindigkeit 545 km/h; Dienstgipfelhöhe 9500 m; Reichweite 1200 km
**Gewicht:** Rüstmasse 4000 kg; max. Startmasse 5200 kg
**Abmessungen:** Spannweite 14 m; Länge 9,34 m; Tragflügelfläche 29,70 m²
**Bewaffnung:** zwei 7,7-mm-Maschinengewehre SchKAS und eine Höchstlast von 800 kg an Bomben

Dies erforderte wesentliche Änderungen hinsichtlich Besatzungspositionen, Bewaffnung und Kraftstofftankanlage sowie des Einbaus eines internen Bombenschachts. Der erste Serienbomber **BB-22** war am 31. Dezember 1939 fertiggestellt und startete am 20. Februar 1940, ausgerüstet mit Schneekufenfahrgestell, zum Erstflug.

Inzwischen hatte man mit der Produktion in zwei Werken begonnen, und Versuchsvarianten, Aufklärer **R-12** und Langstreckenbegleitjäger **I-29** (oder **BB-22 IS**) wurden zur Flugerprobung vorbereitet. Ende 1940 wurde die **BB-22** in **Yak-2** umbenannt. Mit zwei 707 kW (960 PS) starken V-Reihenmotoren M-103 als Antrieb betrug die Höchstgeschwindigkeit der **Yak-2** in Meereshöhe 530 km/h, die Dienstgipfelhöhe 8300 m und die Reichweite 800 km.

1940 feilte man die Grundkonstruktion weiter aus, um die Positionen der Besatzung und deren Blickfeld sowie den Panzerschutz zu verbessern, führte den Motortyp M-105 und einen besseren Schutz für das Kraftstoffsystem ein und fügte Schlösser für externe Bomben hinzu. Im Herbst 1940 erreichte das daraufhin in **Yak-4** umbezeichnete Muster die Serienfertigung, und von beiden Versionen wurden insgesamt 600 Exemplare gebaut, davon größtenteils **Yak-4**. Im Einsatz erwiesen sich diese Flugzeuge als nicht sonderlich erfolgreich, und viele gingen in den ersten Tagen der deutschen Invasion verloren.

***Yakovlev, der eher für seine Jäger im Zweiten Weltkrieg bekannt war, schuf den ausgezeichneten Leichtbomber Yak-2, hier als BB-22-Prototyp zu sehen.***

# Yakovlev Yak-3

Ende 1941 begannen die Konstruktionsarbeiten an einem Jagdeinsitzer, der den neuen Motortyp VK-107 erhalten sollte. Ferner strebte man einen geringstmöglichen Luftwiderstand, kleine Abmessungen und ein niedriges Gewicht an, um ein manövrierbares und widerstandsfähiges Jagdflugzeug zu schaffen. Die schleppende Entwicklung des neuen Motors und der Zwang zum maximalen Ausstoß von Kriegsflugzeugen, die sich bereits auf den Fertigungsstraßen befanden, führten zu einem vorläufigen Stopp des neuen **Yak-3**-Programms. Ende 1942 wurden neukonstruierte, kleinere Tragflügel mit einer Yak-1M erprobt, und Ende 1943 kam der erste **Yak-3**-Prototyp in die Luft. Man hatte solche Musterjäger zwar bereits probehalber an der Front eingesetzt, doch die ersten **Yak-3**-Serienjäger nahmen erst im Juli 1944 an Operationen der 91. IAP teil. Die **Yak-3** erwies sich als ausgezeichneter Jäger für Kurvenkämpfe in Höhen bis zu 4000 m. Sie bot eine bemerkenswerte Leistungssteigerung, vor allem wenn man bedenkt, daß auf den VK-105PF-2 früherer Yak-Muster zurückgegriffen werden mußte, weil der vorgesehene VK-107 anfangs nicht verfügbar war. Die **Yak-3**, von der insgesamt 4848 Exemplare gebaut wurden, errang hohes Ansehen. Mit diesem Typ war auch im freien Teil Frankreichs der berühmte Verband „Normandie-Niemen" ausgerüstet. Ihr Höchstmaß an Perfektion erreichte die **Yak-3** im August 1944, als der 1251 kW (1700 PS) starke VK-107A-Motor in begrenzter Menge verfügbar wurde, der die Spitzengeschwindigkeit auf 720 km/h in 6000 m Höhe steigen ließ.

**TECHNISCHE DATEN**
**Typ:** Nahbereichsabfangjäger
**Triebwerk:** ein V-Reihenmotor Klimow VK-105PF-2 mit 957 kW (1300 PS)
**Leistung:** Höchstgeschwindigkeit 655 km/h in 3100 m Höhe; Dienstgipfelhöhe 10.700 m; Reichweite 900 km
**Gewicht:** Rüstmasse 2105 kg; max. Startmasse 2660 kg
**Abmessungen:** Spannweite 9,20 m; Länge 8,49 m; Höhe 2,42 m; Tragflügelfläche 14,83 m²
**Bewaffnung:** eine 20-mm-Kanone SchVAK im Motorrücken und zwei synchronisierte 12,7-mm-Maschinengewehre UBS

***Die Yakovlev Yak-3 von Generalmajor G. N. Sacharow, dem Kommandeur der 303. Jagdfliegerdivision der sowjetischen Luftstreitkräfte, im Jahre 1944***

**Varianten**

**Yak-3:** erste Serienversion; der VVS ab Juli 1944 zugeführt
**Yak-3/VK-107A:** etwa 100 Exemplare; eingesetzt 1945
**Yak-3/VK-108:** experimentelle und schnellste Version mit VK-108-Motor; Erstflug am 19. Dezember 1944; wies eine Höchstgeschwindigkeit von 745 km/h in 6000 m Höhe nach
**Yak-3T:** in kleiner Zahl gebauter „Panzerknacker" mit 37-mm-Kanone N-37 und zwei 20-mm-Kanonen B-20S
**Yak-3T-57:** Einzelexemplar der Yak-3T mit 57-mm-Kanone OKB-16-57
**Yak-3P:** Kanonenjäger; kleine Baureihe mit drei 20-mm-Kanonen B-20 und zwei 12,7-mm-Maschinengewehren UBS
**Yak-3RD** (oder **Yak-3D**)**:** Experimentalversion mit Gluschko-Raketentriebwerk RD-1 im Heck
**Yak-3V:** Höhenjägervariante
**Yak-3PD:** Erstflug 1944 mit Ladermotor VK-106; sollte eine Druckkanzel erhalten
**Yak-3U:** umgebautes Flugzeug mit Sternmotor ASch-82FN und B-20-Kanonenpaar; trotzdem leichter als die Yak-3-Standardversion; bei Testflügen ab dem 12. Mai 1945 eine Höchstgeschwindigkeit von 710 km/h in 6100 m Höhe nachgewiesen
**Yak-3TK:** vom VK-107A angetriebene Version; 1945 mit Abgasturbolader getestet
**Yak-3UTI:** Ende 1945 entwickelte Schul- und Übungsversion mit dem Sternmotor Asch-21; wurde schließlich zur Yak-11

# Yakovlev Yak-6 und Yak-8

Der zweimotorige und weitgehend aus Holz konstruierte Tiefdecker **Yakovlev Yak-6**, gedacht als leichtes Mehrzwecktransportflugzeug, kam im Juni 1942 in die Luft. Das Muster war mit einem einziehbaren Heckradfahrwerk ausgestattet und konnte außer zwei Piloten vier Passagiere aufnehmen. Die Version **NBB** (Kurzstreckennachtbomber) hatte externe Gehänge für fünf 100-kg-Bomben unter dem Rumpf und ließ sich mit einem 7,7-mm-Maschinengewehr SchKAS bewaffnen. Die **Yak-6** konnte aber auch zum Transport von Wehrmaterial und Fracht eingerichtet sowie als Sanitäts-, Segelschlepp- und Luftnahunterstützungsflugzeug mit zehn Raketen RS-82 verwendet werden. Der Typ diente zudem der Versorgung von Partisanengruppen. Insgesamt 1000 solcher Flugzeuge wurden produziert.

Die **Yak-6M** war eine verbesserte Version und führte schließlich zu der etwas grö-

**TECHNISCHE DATEN**
**Yakovlev Yak-6**

**Typ:** leichtes militärisches Mehrzwecktransportflugzeug
**Triebwerke:** zwei Sternmotoren M-11F je 103 kW (140 PS)
**Leistung:** Höchstgeschwindigkeit 230 km/h; Dienstgipfelhöhe 3380 m; Reichweite 580 km
**Gewicht:** Rüstmasse 1433 kg; max. Startmasse 2500 kg
**Abmessungen:** Spannweite 14 m; Länge 10,35 m; Tragflügelfläche 29,60 m²

ßeren **Yak-8**, deren Prototyp Anfang 1944 erstmals flog. Dieses Muster war in erster Linie für militärische Zwecke als reiner Transporter für sechs Personen konzipiert. Eine Serienfertigung fand nicht statt.

***Die Yak-6 wurde als billiges Leichttransportflugzeug in recht großen Stückzahlen gebaut.***

# Yakovlev Yak-7

Parallel zur I-26 (oder Ya-26) entwickelte das Yakovlev-Konstruktionsbüro unter der Bezeichnung **Yakovlev Ya-27** eine zweisitzige Ausführung, und eine Vorserienmaschine **I-26** wurde in dieser Konfiguration fertiggestellt. Das Muster sollte nicht nur als Jagdschulflugzeug mit Doppelsteuer dienen, sondern auch als Verbindungs- und Unterstützungsgerät dieser Einheiten. Im Vergleich zur **I-26** hatte man die **Ya-27** deren Tandemkanzeln mit einer länglichen Plexiglashaube abgedeckt waren, einfacher und leichter ausgelegt. Die so entstandene **Yak-7** ging im Mai 1941 in Serie, und es zeigte sich bald, daß sie bessere Flugeigenschaften als die Yak-1-Serienmaschinen besaß.

Dies und der dringende Mehrbedarf an Jägern führten zur Produktion einer einsitzigen Version, die erstmals im Juni 1941 flog. Im Monat darauf wurde dem Jagdeinsitzer offiziell die Bezeichnung **Yak-7A** und dem Zweisitzer die Kennung **Yak-7V** zugeordnet. Bis Ende 1941 hatte ein neuer Einsitzer, die **Yak-7B**, die **A**-Version abgelöst. Bei Produktionsende Anfang 1943 waren von der **Yak-7** insgesamt 6399 Exemplare aller Versionen ausgeliefert, davon rund 1500 **Yak-7V**.

***Yakovlev Yak-7 eines Jagdregiments der sowjetischen Luftstreitkräfte im Jahr 1942***

**Varianten**
**Ya-27:** zweisitziger Prototyp; Umbau eines Vorserienflugzeugs I-26
**Yak-7:** ursprüngliche Bezeichnung für ein in begrenzter Stückzahl gebautes zweisitziges Verbindungs-/Schulflugzeug sowie für den ersten umgebauten Einsitzer
**Yak-7A:** Jagdeinsitzerserienversion mit 773 kW (1050 PS) starkem Motor M-105P, abgedecktem hinteren Cockpit und 10,25 m weit gespannten Tragflügeln
**Yak-7V:** endgültige Bezeichnung des Zweisitzers, der sich im Juli 1941 in großem Maßstab in Serienfertigung befand; gleiche Spannweite wie bei der Yak-7A; einige Yak-7V hatten ein starres Fahrgestell und konnten mit Rädern oder Schneekufen ausgerüstet werden
**Yak-7B:** auf 10 m zurückgenommene Spannweite bei unveränderter Tragflügelfläche; vereinfachtes Fahrwerk und verbesserte Ausrüstung; sehr wichtiger Typ im Flugzeugbestand der VVS, da er sich im Kampf gegen Feindjäger behaupten konnte; rund 5000 Exemplare
**Yak-7D:** Experimentalversion mit Metallholmen im ansonsten hölzernen Tragwerk und erhöhter Kraftstoffkapazität
**Yak-7/M-82:** Version mit umkonstruiertem Vorderrumpf zur Einrüstung des Sternmotors M-82; 1941 getestet; bewaffnet mit einem im Rumpf montierten 12,7-mm-Maschinengewehr UBS und zwei 20-mm-Kanonen SchVAK
**Yak-7T:** zwei mit Kanonenbewaffnung zur Panzerabwehr geprüfte Jäger; einer mit einer 37-mm-Kanone NS-37 und der andere mit einer 45-mm-Kanone NS-45
**Yak-7K:** etliche 1944 von der Truppe für VIP-Transporte umgerüstete Yak-7 mit sehr komfortabler Heckkabine
**Yak-7PVRD:** zwei mit je zwei Staustrahltriebwerken an Trägern unter den Flügeln erprobte Serienjäger; Spitzengeschwindigkeit um 90 km/h erhöht

# Yakovlev Yak-9

Das Musterflugzeug **Yakovlev Yak-9** wurde aus dem Versuchsjäger **Yak-7DI** entwickelt, von dem es sich durch ein geändertes Seitenruder und hölzerne Tragflügel mit Metallholm unterschied. Die Serienversion, die im Sommer 1942 in Produktion ging, erhielt außerdem ein einziehbares Spornrad. Die Zuschleusung an die VVS IAP (Jagdregimenter) begann im Oktober 1942, und bald griff der Typ in die Schlacht um Stalingrad ein. Die ab Februar 1943 gebauten Serienjäger hatten kürzer gespannte Tragflügel mit Duralumin-Rippen und als Antrieb den M-105PF-3 mit 913 kW (1240 PS) statt der bisher verwendeten Motortypen M-105PF und M-105PF-1. Die **Yak-9** operierte mit einem breiten Waffenspektrum, einschließlich sämtlicher Bordkanonentypen, die zu dieser Zeit in der Sowjetunion produziert wurden. 1943 erschienen Varianten, die das Potential der **Yak-9** als Panzerjäger, leichter Bomber und Langstreckeneskortjäger voll entfalteten.

Die zweite Generation der **Yak-9** leitete Ende 1943 der Prototyp **Yak-9U** ein. Er hatte eine neukonstruierte Zelle, Tragflügel mit größerer Spannweite und Fläche sowie den leistungsstärkeren Motor VK-107. Da diese Neuerungen den Schwerpunkt veränderten, waren die Tragflügel ein wenig weiter nach vorn gerückt. Die Produktion der **Yak-9** endete 1946 nach der Auslieferung einer Rekordzahl von 16.769 Flugzeugen. Neben der Sowjetunion waren nach dem Krieg Bulgarien, Polen und Jugoslawien Hauptnutzer dieses Typs.

***Yakovlev Yak-9 von René Schall, Staffelkapitän der 4. Escadrille, GC3 „Normandie-Niemen" der freien französischen Luftstreitkräfte, im Juni 1944 in Dubrowka bei Smolensk stationiert***

**TECHNISCHE DATEN**
**Yakovlev Yak-9U**

**Typ:** Jagdeinsitzer
**Triebwerk:** ein V-Reihenmotor Klimow VK-107A mit 1214 kW (1650 PS)
**Leistung:** Höchstgeschwindigkeit 698 km/h in 5000 m Höhe; Dienstgipfelhöhe 11.900 m; Reichweite 870 km
**Gewicht:** Rüstmasse 2716 kg; max. Startmasse 3098 kg
**Abmessungen:** Spannweite 9,77 m; Länge 8,55 m; Höhe 2,96 m
**Bewaffnung:** eine 20-mm-Kanone MP-20 und zwei 12,7-mm-Maschinengewehre UBS sowie zwei 100-kg-Bomben an Gehängen unter den Flügeln

**Varianten**
**Yak-9:** aus der Yak-7DI entwickelter Prototyp und erste Serienversion ab Sommer 1942; bewaffnet mit einer 20-mm-Kanone SchVAK und einem 12,7-mm-Maschinengewehr UBS sowie sechs RS-82-Raketen oder zwei 100-kg-Bomben (FAB-100)
**Yak-9M:** Standardversion mit Bordkanone und zwei 12,7-mm-Maschinengewehren UBS
**Yak-9D:** Langstreckeneskortjäger mit erweiterter Kraftstofftankanlage, die die Reichweite auf 1330 km erhöhte; neuer Motortyp M-105PF-3; ab Sommer 1943 im Einsatz
**Yak-9T:** im Dezember 1942 geprüfte Version mit Panzerabwehrkanone 11P-37 und Unterflügelhalterungen für Spezialbehälter mit 2,5-kg-Hohlladungsbomben PTAB; andere Yak-9T mit Bordkanonentypen MP-20, VYa-23 und MP-23 W; ab Anfang 1943 im Einsatz
**Yak-9K:** ab 1943 in begrenztem Umfang eingesetzt; 45-mm-Bordkanone
**Yak-9B:** in begrenzter Zahl gebaute Bomberspezialversion mit internem Waffenschacht hinter der Kanzel für vier FAB-100 oder Kanister mit 128 PTAB-Leichtbomben
**Yak-9MPVO:** begrenzte Stückzahl zur Nachtjagd; ausgerüstet mit Suchscheinwerfer und Funkkompaß RPK-10
**Yak-9DD:** Ultralangstreckeneskortjäger; wie Yak-9D, aber mit zusätzlichen Kraftstofftanks, die die Reichweite auf 2200 km erhöhten; zum Begleitschutz schwerer US-Bomber bei Angriffen auf rumänische Öl quellen eingesetzt; flog auch bei der 236. IAD (Jägerdivision) in Bari (Süditali en); operierte eine Zeitlang über Jugosla wien zur Unterstützung dortiger Partisaner
**Yak-9U:** im Dezember 1943 geflogene Prototyp mit Ganzmetallflügelstruktur und M-105PF-2-Motor; ab Ende 1944 lei stungsstärkerer VK-107A in die Serienfert gung eingeführt
**Yak-9UT:** Version der Yak-9U mit selbsttra gender Leichtmetallhaut für die gesamte Zelle; Anfang 1945 in Dienst gestellt
**Yak-9UV:** Tandemzweisitzer zur Umschu lung
**Yak-9P:** hatte außer der im Motor montie ten Kanone eine oder zwei synchronisierte 20-mm-Kanone(n) im Vorderrumpf
**Yak-9R:** taktischer Aufklärer/Luftbildau klärer mit entsprechender Ausrüstung
**Yak-9PD:** experimenteller Höhenjäger m M-105PD-Motor sowie zahnradgetrieb nem Zweistufenlader und 20-mm-Einze kanone als Bewaffnung; eine geringe A zahl vermutlich gegen Ende des Zweite Weltkriegs zur Abwehr deutscher Höhe aufklärer eingesetzt

# Yakovlev Yak-10 und Yak-13

Die einfach gehaltene **Yakovlev Yak-10** war als abgestrebter Kabinenhochdecker in Mischbauweise für vier Personen ausgelegt. Das Muster, das unter der vorläufigen Bezeichnung **Yak-14** Ende 1944 zum Erstflug startete, erbrachte keine guten Leistungen und wurde folglich umkonstruiert. Nach Abschluß der amtlichen Erprobung im Juni 1945 wurden 40 nunmehr als **Yak-10** bezeichnete Flugzeuge für den militärischen Verbindungsdienst gefertigt. Zu den nachfolgenden Varianten zählten die **Yak-10V** mit Doppelsteuer und das Sanitätsflugzeug **Yak-10S**. Das Seeflugzeug **Yak-10G** mit Zwillingsschwimmern ging nicht in Serie, und ein Einzelexemplar der **Yak-10** flog mit Ski-Fahrgestell. Die Standard-**Yak-10** mit dem 107 kW (145 PS) starken M-11FM-Motor brachte es auf eine Spitzengeschwindigkeit von 200 km/h.

***Die Yak-13 wurde zum direkten Vergleich mit dem Hochdecker Yak-10 gebaut. Der 11,50 m weit gespannte Tiefdecker erreichte in Meereshöhe 250 km/h.***

Der freitragende Tiefdecker **Yak-13**, ursprünglich als **Yak-12** bekannt, wurde zum Vergleich mit der **Yak-10** gebaut. Motor, Kabine, Hinterrumpf und Leitwerk dieses Prototyps waren fast mit denen der **Yak-10** identisch, aber mit dem neuen Tragwerk kombiniert. Die **Yak-13** zeigte 1945 bei der Erprobung zwar ordentliche Leistungen, hätte jedoch höhere Fertigungskosten verursacht als der Hochdecker **Yak-10** (eine Auslegung, die die spätere **Yak-12** besaß) und ging daher nicht in Serie.

# Yakovlev Yak-11

Der Prototyp des zweisitzigen Fortgeschrittenenschulflugzeugs **Yakovlev Yak-11** flog erstmals 1945 als **Yak-3UTI**. Die Erprobung wurde mit dem Sternmotor ASch-21 fortgeführt, und 1946 kam ein neuer, verbesserter Prototyp heraus, dessen amtliche Abnahme im Oktober 1946 erfolgreich abgeschlossen war. Das inzwischen als **Yak-11** bezeichnete Muster hatte Metallflügel, einen Rumpf in Mischbauweise, ein komplett einziehbares Heckradfahrgestell und ein durchgehendes, verglastes Kabinendach, unter dem der Fluglehrer und sein Schüler saßen. Seriengefertigte **Yak-11**, bestellt für die VVS, wurden ab Sommer 1947 ausgeliefert. In der Sowjetunion entstanden insgesamt 3859 Exemplare, und die Tschechoslowakei baute ab Oktober 1953 weitere 707 Maschinen mit der Bezeichnung **C-11**. 1958 kam die Version **Yak-11U** mit einziehbarem Bugradfahrwerk heraus. Sie wurde in geringen Stückzahlen in der Sowjetunion wie auch in der Tschechoslowakei gefertigt, wo sie **C-11U** hieß. Die **Yak-11** erwies sich als sehr erfolgreiches Muster. Sie kam umfassend in den Staaten des Warschauer Pakts sowie in Nahost und in China zum Einsatz.

***Die Yak-11 (hier in Form der tschechischen C-11) stammte von der Yak-3 ab.***

**TECHNISCHE DATEN**
**Yakovlev Yak-11**

**Typ:** Fortgeschrittenentrainer/Verbindungsflugzeug
**Triebwerk:** ein Sternmotor vom Typ Schwezow ASch-21 mit 420 kW (570 PS)
**Leistung:** Höchstgeschwindigkeit 465 km/h; Dienstgipfelhöhe 7100 m; Reichweite 1280 km
**Gewicht:** Rüstmasse 1900 kg; max. Startmasse 2440 kg
**Abmessungen:** Spannweite 9,40 m; Länge 8,50 m
**Bewaffnung:** ein synchronisiertes 12,7-mm-Maschinengewehr UBS oder ein 7,7-mm-MG SchKAS

# Yakovlev Yak-12

Der Prototyp **Yak-12**, der Ende 1947 seinen Jungfernflug absolvierte, war ähnlich ausgelegt wie die frühere Yak-10, aber doch ein völlig neuer Entwurf. Die Tragflügel hatten ein anderes Profil, einen weitreichenden, verglasten Rumpf, eine standardmäßig für zwei Personen ausgelegte Kabine mit der Möglichkeit, eine dritte Person auf dem Rücksitz unterzubringen, ein neukonstruiertes Leitwerk, ein für Räder und Skier geeignetes Fahrwerk und als Antrieb einen Sternmotor M-11FR mit 118 kW (160 PS).

Die Serienfertigung lief fast sofort an, und die Flugzeuge wurden der VVS für Artilleriebeobachtungs- und Verbindungsdienste zugeführt. Es schlossen sich Spezialversionen des ursprünglichen Serienmodells an, und als 1950 der stärkere Motortyp AI-14R lieferbar war, führte dies zum Prototyp **Yak-12R**, der im Juni desselben Jahres erstmals flog. Er leitete eine neue Generation ein, deren letztes Modell, die in großen Stückzahlen gebaute viersitzige **Yak-12A**, 1957 in Dienst gestellt wurde. Die Produktion fand zunächst parallel und später ausschließlich in Polen unter der Bezeichnung **PZL 101 Gawron** statt. In China wurden diverse Kopien entwickelt und in Großserien gebaut. Noch immer sind zahlreiche Exemplare im Einsatz, davon viele bei Flugschulen sowie bei Aeroflot und zivilen Luftfahrtbehörden der ehemaligen Sowjetunion.

***Die Yak-12 wurde in großen Stückzahlen in der UdSSR, in Polen und in China produziert.***

**TECHNISCHE DATEN**
**Yakovlev Yak-12A**

**Typ:** Verbindungs- und Mehrzweckflugzeug
**Triebwerk:** ein Sternmotor vom Typ Iwtschenko AI-14R mit 191 kW (260 PS)
**Leistung:** Höchstgeschwindigkeit 230 km/h; Dienstgipfelhöhe 4550 m; Reichweite 1070 km
**Gewicht:** Rüstmasse 1059 kg; max. Startmasse 1588 kg
**Abmessungen:** Spannweite 12,60 m; Länge 9 m; Höhe 2,44 m; Tragflügelfläche 22,66 m$^2$

**Varianten**
**Yak-12:** Originalprototyp und erste Serienflugzeuge; mindestens 300 Exemplare, größtenteils für das Militär
**Yak-12A:** Serienversion mit neukonstruiertem Trag- und Leitwerk; rund 1500 in der Sowjetunion gebaute Exemplare, vorwiegend für die zivile Luftfahrt; bei der VVS als Verbindungsflugzeug
**Yak-12B:** STOL-Experimentalflugzeug mit Doppeldeckertragwerk und 221 kW (300 PS) starkem Sternmotor AI-14RF
**Yak-12GR:** Seeflugzeugversion des Originalserienmusters mit Zwillingsschwimmern und M-11FR-Motor
**Yak-12M:** 1955 eingeführte Version mit gestrecktem Hinterrumpf, wesentlich größeren Leitwerksflächen und einer Kabine mit vier Sitzen; spezielle Varianten für landwirtschaftliche und sanitätsdienstliche Zwecke sowie den Fallschirmspringerdienst; über 1000 Exemplare plus Lizenzfertigung in Polen
**Yak-12R:** erste Version mit AI-12R-Motor; weiter gespannte Tragflügel mit Ganzmetallgrundstruktur; standardmäßig für einen Piloten und zwei Passagiere eingerichtet; rund 2000 Exemplare, größtenteils für die VVS und zivile Luftfahrtbehörden der Sowjetunion; spezielle Varianten für landwirtschaftliche und sanitätsdienstliche Zwecke sowie den leichten Frachttransport; mehrere Versionen in Polen lizenzgefertigt
**Yak-12S:** Sanitätsflugzeug mit M-11FR; Erstflug 1948; konnte eine Krankenliege, einen Sanitäter und ein medizinisches Notpaket aufnehmen
**Yak-12SKh:** Agrarvariante von 1948

# Yakovlev Yak-15

Der erste erfolgreiche Strahljäger im sowjetischen Truppendienst war die **Yakovlev Yak-15**, ein direkter Abkömmling des kolbenmotorgetriebenen Jägers Yak-3. Im neukonstruierten, dicken Vorderrumpf hatte man das Strahltriebwerk RD-10 untergebracht und insgesamt zahlreiche Neuerungen eingeführt, darunter eine strebenfreie Frontscheibe, an die sich eine geblasene Schiebehaube anschloß, und eine stärkere Metallhaut an der Unterseite des Hinterrumpfs zum Schutz gegen die Hitze des Düsenstrahls. Die Entwicklung begann im Februar 1945, doch der Erstflug verzögerte sich trotz vorhergehender Startversuche noch bis zum 24. April 1946. Im August wurde das Muster in Tuschino der Öffentlichkeit vorgestellt. Mit Iwanow am Steuer startete die Maschine an jenem Tag zusammen mit der ersten MiG-9. Im Herbst desselben Jahres waren zwölf Vorserienjäger fertiggestellt, gefolgt von 280 Serienjägern, die der VVS 1947 zugeführt wurden.

Zu den Varianten gehörten das zweisitzige Schulflugzeug **Yak-21** mit Doppelsteuer und das Versuchsmodell **Yak-15U** mit Bugradfahrwerk.

**TECHNISCHE DATEN**
**Yakovlev Yak-15**

**Typ:** einsitziger Düsenjäger
**Triebwerk:** ein Strahltriebwerk RD-10 mit 8,83 kN Schub
**Leistung:** Höchstgeschwindigkeit 786 km/h in 5000 m Höhe; Dienstgipfelhöhe 13.350 m; Reichweite 510 km
**Gewicht:** Rüstmasse 2350 kg; max. Startmasse 2635 kg
**Abmessungen:** Spannweite 9,20 m; Länge 8,78 m; Tragflügelfläche 14,85 m$^2$
**Bewaffnung:** zwei 23-mm-Bugkanonen NS-23

# Yakovlev Yak-17

Der erstmals im Frühjahr 1947 geflogene Prototyp **Yakovlev Yak-17** hob sich von der Yak-15 vor allem durch sein einziehbares Bugradfahrwerk ab. Weitere Verbesserungen bestanden im schubstärkeren Strahltriebwerk RD-10A und in der in Teilbereichen neu konstruierten und verstärkten Zelle. Das Problem der kurzen Reichweite war durch abwerfbare Treibstofftanks an den Flügelenden gelöst. Die Serienproduktion endete 1948 nach dem 430. Flugzeug. Einzelexemplare der **Yak-17** wurden den Luftstreitkräften der Tschechoslowakei und Polens zur Verfügung gestellt. Die **Yak-17UTI** war ein Strahltrainer mit zwei Sitzen hintereinander und Doppelsteuerung. Nach dem Erstflug des Prototyps Mitte 1947 lief die Produktion nahezu sofort an. Die Maschinen dienten bei den sowjetischen Luftstreitkräften, und kleine Baulose gingen an China und Polen.

**TECHNISCHE DATEN**
**Yakovlev Yak-17**
**Typ:** einsitziger Jäger
**Triebwerk:** ein Strahltriebwerk RD-10A mit 9,81 kN Schub
**Leistung:** Höchstgeschwindigkeit 750 km/h in 6000 m Höhe; Dienstgipfelhöhe 12.750 m; Reichweite mit Außentanks 717 km
**Gewicht:** Rüstmasse 2430 kg; max. Startmasse mit Zusatztanks 3323 kg
**Abmessungen und Bewaffnung:** wie Yak-15

***Äußerlich wirkte die Yak-17 wie eine Yak-15 mit einziehbarem Bugradfahrgestell, aber auch innen hatte sich einiges geändert.***

# Yakovlev Yak-18

1943 erhielt das Grundschulflugzeug **Yakovlev UT-2M** eine Reihe von Verbesserungen, wie geschlossene Cockpits und ein modifiziertes Fahrgestell mit Spornrad. Das so geänderte Muster wurde in **UT-2MV** umbezeichnet und aus ihm der Prototyp **Yakovlev Yak-18** entwickelt. Dieses erstmals 1945 geflogene Modell hatte eine Ganzmetallgrundstruktur mit einer Mixtur aus Stoffbespannung und Blechbeplankung. Nach ausgiebiger Erprobung wurde die **Yak-18** Anfang 1947 zur Serienfertigung akzeptiert, und man baute von diesem Grundmodell mehrere tausend Exemplare als Anfängerschulflugzeuge für den militärischen und den zivilen Bereich sowohl in der Sowjetunion als auch in vielen Ländern innerhalb und außerhalb des Warschauer Paktes. Es folgten etliche Weiterentwicklungen, davon wiederum viele in Großserien. Die letzte Version **Yak-18T** war nahezu ein vollständig neues Muster, das ab 1974 in großer Zahl gefertigt wurde und weiterhin in Produktion ist. Bis heute sind über 9000 Exemplare aller Versionen gebaut, und der Typ wird zunehmend in den Westen exportiert.

**TECHNISCHE DATEN**
**Yak-18 (Erstserie)**
**Typ:** Grundschulflugzeug
**Triebwerk:** ein Sternmotor M-11FR mit 118 kW (160 PS)
**Leistung:** Höchstgeschwindigkeit 248 km/h; Dienstgipfelhöhe 4000 m; Reichweite 1050 km
**Gewicht:** Rüstmasse 816 kg; max. Startmasse 1120 kg
**Abmessungen:** Spannweite 10,30 m; Länge 8,07 m; Tragflügelfläche 17 $m^2$

***Mehr als 30 Jahre lang war die Yak-18 das standardmäßige Grundschulflugzeug in der Sowjetunion und ihren „Bruderstaaten". Inzwischen erscheint sie auch im Westen.***

**Varianten**

**Yak-18:** Prototyp und erste Produktionsserie; umfassend von militärischen und zivilen Flugschulen in der Sowjetunion, von DOSAAF-Clubs, im Warschauer Pakt und in mehreren Ländern der dritten Welt eingesetzt; in der Zeit von 1949 bis 1954 stellten zivile sowjetische Yak-18 eine Reihe von FAI-anerkannten Rekorden auf
**Yak-18U:** 1954 geflogener Prototyp; Serienfertigung im Jahr darauf in geringer Stückzahl angelaufen; völlig neues, einziehbares Bugradfahrwerk
**Yak-18A:** 1957 als Yak-20 getesteter Prototyp mit AI-14R (191 kW/260 PS), verstärkter Struktur, größerer Spannweite (10,60 m), geändertem Leitwerk, erweitertem Tankvolumen und zahlreichen anderen Verfeinerungen; in Großserien gefertigt; bei Einstellung der Produktion gegen Ende 1967 waren von dieser und früheren Versionen insgesamt 6760 Exemplare gebaut
**Yak-18P:** auf den Kunstflug spezialisierter, ab 1959 entwickelter Einsitzer; konnte bis zu fünf Minuten lang in Rückenlage fliegen; in zwei Varianten mit unterschiedlicher Cockpitauslegung gebaut; recht erfolgreich an Kunstflugwettbewerben teilgenommen
**Yak-18PM:** fortentwickelte Kunstflugmaschine von 1965; 221 kW (300 PS) starker AI-14RF, nach hinten verlegtes Cockpit und andere Verbesserungen; gewann 1966 die internationale Meisterschaft auf dem Flughafen Tuschino (Moskau)
**Yak-18PS:** wie Yak-18PM, aber mit einziehbarem Heckradfahrwerk; Erstflug 1969
**Yak-18T:** komplett überarbeitetes Passagierflugzeug (für die sowjetische Luftfahrtbehörde GVF), konstruiert ab 1964; die Hauptversion konnte bis zu drei Passagiere mit Gepäck aufnehmen, aber daneben gab es vier Varianten zur Grundschulung, zur weiteren Ausbildung, zum Transport von Post und Fracht (250 kg Nutzlast) sowie zur medizinischen Notversorgung; Serienflugzeuge ab 1974 verfügbar; inzwischen sind mehr als die fünf ursprünglichen Versionen geplant; bis 1993 waren über 2000 Exemplare gebaut; Antrieb der Serienmaschinen durch M-14P-Motor mit 265 kW (360 PS), der eine Spitze von 295 km/h ermöglicht

# Yakovlev Yak-23

Das Yakovlev-Konstruktionsbüro testete bis 1951 zwar etliche Düsenjäger mit faßähnlichem Rumpf, aber den Schwerpunkt bildete die Fortentwicklung des Yak-15-Konzepts, um eine Rückversicherung bieten zu können, falls die anspruchsvollere Mikojan-Gurewitsch MiG-15 eventuell scheitern sollte.

Versuchsjäger, die mit diesem Ziel entwickelt wurden, waren die Yakovlev Yak-19, angetrieben von einem RD-10F und Anfang 1947 im Flug erprobt, die Yak-25, die im Oktober 1947 mit dem schubstärkeren RD-500-Triebwerk flog, der Pfeilflügler Yak-30, der im September 1948 in die Luft kam, und die Yak-50 mit VK-1-Motor, die am 15. Juli 1949 zum Erstflug startete. Sie alle blieben experimentelle Düsenjäger, aber die **Yak-23** mit der bewährten Rumpfauslegung von Yak-15 und Yak-17 wurden zur Serienfertigung entwickelt. Dieser Typ war in Schalenbauweise konstruiert und wartungsfreundlich konzipiert. So ließ sich der gesamte Vorderrumpf beispielsweise mit einigen Handgriffen demontieren. Äußerlich unterschied sich die **Yak-23** von der Yak-17 durch ein wesentlich größeres Seitenleitwerk mit etwas höher angeordneten Höhenflossen und durch Hauptfahrwerksbeine, die viel weiter innen gelagert waren, so daß sie in die Rumpfwanne einziehen konnten.

Der Erstflug des Prototyps fand am 17. Juni 1947 statt, und Anfang 1948 gelangte die kaum geänderte **Yak-23** zur Serienfertigung. Insgesamt 310 Exemplare wurden gebaut, von denen viele für die osteuropäischen Verbündeten flogen, darunter Bulgarien, die Tschechoslowakei (dortige Dienstbezeichnung **S-101**), Polen und Ru[mänien]. Der Strahltrainer **Yak-23UTI** wu[rde] 1949 erprobt, und Rumänien ließ eine[n] Einsitzer zum zweisitzigen Schulflugzeu[g] mit Doppelsteuer umbauen.

**TECHNISCHE DATEN**
**Yakovlev Yak-23**
**Typ:** einsitziger Jäger
**Triebwerk:** ein Strahltriebwerk RD-500 mit 15,59 kN Schub
**Leistung:** Höchstgeschwindigkeit 975 km/h in optimaler Höhe; Dienstgipfelhöhe 14.800 m; Reichweite mit Zusatztanks 1200 km
**Gewicht:** Rüstmasse 2000 kg; max. Startmasse 3036 kg

***Die Yakovlev Yak-23 darf als Höhepunkt der Entwicklung des Grundmusters Yak-15 gelten. Trotz des untergeschlungenen Triebwerks konnte bei diesem ausgefeilten Muster das Bugradfahrwerk komplett in Internschächte einziehen.***

# Yakovlev Yak-24

Als Ende 1951 die Entwicklung des Großtransporthubschraubers **Yakovlev Yak-24** begann, hatte das Konstruktionsteam nur wenig Erfahrung mit Rotorflüglern. Sein Fachwissen beschränkte sich auf den koaxialen EG von 1947 und den Yak-100 von 1949, die beide nicht über das experimentelle Stadium hinausgekommen waren. Die Yakovlev-Fachgruppe sah sich mit erheblichen Schwierigkeiten konfrontiert,

**TECHNISCHE DATEN**
**Yakovlev Yak-24**
**Typ:** militärischer Schwerlasthubschrauber
**Triebwerke:** zwei Sternmotoren Schwezow ASch-82V je 1251 kW (1700 PS)
**Leistung:** Höchstgeschwindigkeit 175 km/h; Dienstgipfelhöhe 4200 m; Reichweite 266 km
**Gewicht:** Rüstmasse 10.607 kg; max. Startmasse 14.270 kg
**Abmessungen:** Rotordurchmesser je 20 m; Rumpflänge 21,34 m; Rotorkreisfläche insgesamt 314,15 $m^2$

***Diese Yak-24 entspricht dem endgültigen Serienstandard mit dem Höhenleitwerk in V-Stellung. Der Typ war zwar nie wirklich erfolgreich, aber dennoch wurden über 100 Exemplare gebaut.***

doch nach ausgiebigen Tests am Boden gelangen mit dem vierten Prototyp ab 3. Juli 1952 Fesselflüge. Nachdem zuständige Ämter andere Prototypen geprüft und abgenommen hatten, lief im April 1955 die Produktion an, und nur vier Monate später wurden am Tag der sowjetischen Luftfahrt auf dem Flughafen Tuschino zur Bewertung bestimmte Exemplare gezeigt. Mindestens 100 solcher Zwillingsrotorhubschrauber wurden gebaut. In ihrem großen Rumpf mit Heckladerampe fanden drei Besatzungsmitglieder und bis zu 30 Soldaten samt Ausrüstung oder 18 liegende Verwundete oder 3000 kg Fracht/Fahrzeuge Platz. Zur Stabilisierung war am Rumpfheck ein Leitwerk in Form von Höhenflossen mit Endplatten montiert, und am Boden stand die Maschine auf einem starren Vierbeinfahrgestell. Der im Dezember 1957 erstmals geflogene **Yak-24UB** wies zahlreiche Verbesserungen auf und ging 1959 in Serie. Diese Version, von der rund 50 Exemplare produziert wurden, konnte 40 Soldaten mit Kampfgepäck/Waffen oder bis zu 3500 kg Fracht transportieren. Der zivile **Yak-24A** von 1960 bot 30 Passagieren Platz, und der **Yak-24K** war ein VIP-Transporthubschrauber mit einer Kabine für neun Personen.

# Yakovlev Yak-25

Der zweistrahlige Allwetter- und Nachtabfangjäger **Yakovlev Yak-25**, der im Juli 1955 am Tag der sowjetischen Luftfahrt in Tuschino vorgestellt wurde, schrieb ein neues Kapitel in der Konstruktionsgeschichte der Yakovlev-Jäger. Das Muster war als Ganzmetallmitteldecker mit zu-

**TECHNISCHE DATEN**
**Yakovlev Yak-25 „Flashlight-A" (Spätserie)**
**Typ:** Allwetter-/Nachtabfangjäger
**Triebwerke:** zwei Strahltriebwerke RD-9 je 27,46 kN Schub
**Leistung:** Höchstgeschwindigkeit 1090 km/h in optimaler Höhe
**Gewicht:** max. Startmasse 11.350 kg
**Abmessungen:** Spannweite 11 m; Länge 15,67 m; Tragflügelfläche 31,50 $m^2$
**Bewaffnung:** zwei vorwärtsfeuernde 37-mm-Kanonen N-37 in Wülsten unter dem Bauch

***Die Yak-25 ist hier vor der Auslieferung in makelloser Metallhaut zu sehen. Das bemerkenswerteste Auslegungsmerkmal dieses Musters war die Anordnung der beiden Strahltriebwerke unter den Flügeln, die den Bugraum für das große Abfangradar frei ließ.***

rückgepfeiltem Trag- und Leitwerk sowie einem Einziehfahrwerk ausgelegt, das aus einem Bugrad, Hauptdoppelrädern unter dem Mittelrumpf und kleinen Stützrädern an den Flügelenden bestand. Den Antrieb des Prototyps und der ersten Serienjäger besorgten zwei Strahltriebwerke AM-5 je 2200 kg Schub. Diese neuen, axial durchströmten und folglich schlanken Flugturbinen waren in widerstandsarmen Gondeln unter die Flügel gehängt. Man nimmt an, daß der erste Prototyp 1953 flog. Ende 1954 befand sich der Typ in der Produktion, und bis zur Einstellung der Fertigung Ende der fünfziger Jahre wurden schätzungsweise knapp 1000 Exemplare gebaut. Die erste Serienversion mit dem NATO-Meldenamen **„Flashlight-A"** war mit zwei Mann besetzt (Pilot und Radarbeobachter). Im Westen bestehen weiterhin Unklarheiten über die Bezeichnungen anschließender Entwicklungen wie des Jagdaufklärerprototyps **„Flashlight-B" (Yak-25R** ?) mit dem zweiten Besatzungsmitglied im Bug und der verbesserten taktischen Aufklärungsversion **„Flashlight-C" (Yak-27P** ?) mit größerer Spannweite und, wie bei den späteren **A**-Serienmaschinen, verbesserten RD-9-Strahltriebwerken in längeren Gondeln. Ein Höhenaufklärer mit ungepfeilten Flügeln und größerer Spannweite (21,50 m), den die NATO als **„Mandrake"** führte, erhielt wahrscheinlich die Herstellerbezeichnung **Yak-25RD** oder **Yak-26**.

# Yakovlev Yak-28

Die **Yakovlev Yak-28**, die erstmals am Tag der Luftfahrt 1961 gesichtet wurde, hatte zwar grundsätzlich die gleiche Auslegung wie die frühere Yak-25 und ihre Verwandten, war aber ein Schulterdecker mit weiter vorgezogenen Flächenansätzen.

**TECHNISCHE DATEN**
**Yakovlev Yak-28P „Firebar" (Spätserie)**
**Typ:** Allwetterabfangjäger
**Triebwerke:** zwei Nachbrenner-Strahltriebwerke Tumanskij R-11 je 60,8 kN Schub
**Leistung:** Höchstgeschwindigkeit 1180 km/h; Dienstgipfelhöhe 16.000 m
**Gewicht:** max. Startmasse 19.000 kg
**Abmessungen:** Spannweite 12,95 m; Länge 23 m; Tragflügelfläche 37,60 $m^2$
**Bewaffnung:** zwei Luft-Luft-Lenkflugkörper AA-2 („Atoll") oder AA-2-2 („Advanced Atoll") oder AA-3 („Anab")

***Die „Brewer-D" war ein Multisensorenaufklärungsflugzeug. Der Waffenschacht der anderen Versionen blieb erhalten, konnte aber mit einer von drei Einsatzpaletten belegt werden.***

Weitere, von außen erkennbare Änderungen an diesem Muster bestanden in Zwillingsrädern an den Tandemfahrwerksbaugruppen (die hintere hatte man weiter in Richtung Heck gerückt, um einen Waffenschacht in die Rumpfwanne einbringen zu können) und im höheren Seitenleitwerk. Hinzu kam ein anderer Triebwerkstyp, der in völlig neukonstruierten Gondeln installiert war.

Die Auslieferung der Serienflugzeuge begann 1962 mit dem allwettertauglichen Abfangjäger **Yak-28P**, dem die NATO den Meldenamen **„Firebar"** zuwies. Das Muster befand sich noch bis vor kurzem in beachtlicher Zahl im Einsatz, hat aber inzwischen in der ehemaligen Sowjetunion ausgedient.

Die **Yak-28I** (NATO: **„Brewer-C"**) für Luftoffensiven mit atomaren Waffen, die vermutlich 1963 in Serie ging, führte eine Position für den Navigator/Bombenschützen im verlängerten Vorderrumpf.

Es folgten der Multisensorenaufklärer **Yak-28R („Brewer-D")** und die als **„Brewer-E" (Yak-28E** ?) bekannte Version für elektronischen Geleitschutz.

Die Variante **Yak-28U („Maestro")** war ein Doppelsitzer zur Einweisung und Umschulung, der durch Umrüstung älterer **Yak-28** entstanden sein könnte.

# Yakovlev Yak-38

Die Entwicklung eines V-/STOL-Kampfflugzeugs für die neue „Kiew"-Klasse der sowjetischen Flugzeugträger begann Anfang der sechziger Jahre. Intensive Untersuchungen mündeten in etlichen Forschungsflugzeugen **Yakovlev Yak-36 „Freehand"** mit Tandemfahrgestell unter dem Rumpf und ergänzt durch Auslegerbeine an den Flächenenden sowie vermutlich zwei 36,78 kN Schub starken Koliesow-Triebwerken mit Schwenkdüsen. Es stand eine große Schubspanne zur Verfügung, und kräftige Autostabilisierer ermöglichten diesen Versuchsmaschinen einen äußerst stabilen Schwebeflug unter Verwendung von „Strahlrudern" im Heck, an den Flügelenden und an der Spitze einer langen Bugsonde. Die **Yak-36** war kein Einsatzmuster, führte aber direkt zur **Yak-38**. Dieses Muster flog erstmals 1971 (angeblich als **Yak-36MP**) und wurde erstmals 1975 bei der Erprobung an Bord der „Kiew" im Schwarzen Meer beobachtet. Ein internationaler Vertrag verpflichtete die UdSSR, Details über die fliegenden Waffensysteme an Bord dieses Schiffs anzugeben, und sie erklärte, es handle sich um den neuen Jäger **„Yak-36"**. Dies stiftete bei den Auswertern im Westen einige Verwirrung, bis 1984 in osteuropäischen Luftfahrtmagazinen die korrekte Bezeichnung **Yak-38** auftauchte.

Die **Yak-38** erhielt als Antrieb ein 68-kN-Strahltriebwerk Sojus/Tumanskij R27V-300 mit zwei Schwenkdüsen, aber zusätzlich direkt hinter dem Cockpit zwei Koliesow/Rybinsk-Hubtriebwerke RD-36-35FVR je 30 kN in Tandemanordnung. Nachdem ein automatisches Landesystem die Verwendungsreife ermöglicht hatte, konnte das anfangs nur senkrecht startende und landende Muster auch Rollstarts durchführen, indem die Hubtriebwerke zugeschaltet und die hinteren Schubdüsen automatisch „in optimale Stellung während des Startlaufs" geregelt wurden. Gerät die Höhe, die Sinkrate oder die Fluglage der Maschine außerhalb vorgegebener Grenzwerte, wird der Pilot automatisch herauskatapultiert.

Jüngsten Einschätzungen zufolge kann die **Yak-38** in optimaler Höhe eine niedrige Überschallgeschwindigkeit erreichen. Als Jagdbomber hat sie einen Einsatzradius von 185 km im Profil Lo-Lo-Lo oder von 335 km im Profil Hi-Lo-Hi; als Aufklärer ist

***Aus Sicht der Einsatzoffiziere war die Yakovlev Yak-38 „Forger" der russischen Marine dadurch benachteiligt, daß sie nur senkrecht starten und landen konnte und im konventionellen Marschflug zwei unnütze Hubtriebwerke mitführen mußte.***

ihr eine Reichweite von 460 km möglich, und zur Luftraumsicherung vermag sie eine Stunde lang in einer Gefechtsposition von 185 km Entfernung vom Trägerschiff auszuharren. Bis zu vier Außenlastträger unter den Innenflügeln können eine theoretische Höchstlast von rund 2000 kg an Waffen aufnehmen, doch gewöhnlich bleiben zwei Stationen frei. **Yak-38** wurden mit Raketenbehältern vom Typ UB-16-57 und UB-32-57, mit Luft-Luft-Lenkflugkörpern R60 (AA-8 „Aphid"), mit bis zu 500 kg schweren Bomben und diversen Kanonenbehältern beobachtet. Einige modernisierte und neuere Serienflugzeuge mit der Bezeichnung **Yak-38M** lassen sich auch mit Zusatztanks beladen.

Die einzigartigen Betriebs- und Steuereigenschaften der **Yak-38** zwangen zur Konstruktion eines Doppelsitzers für den Ausbildungsdienst. Die entsprechende **Yak-38U** hat Tandemcockpits mit separaten Hauben und einen längeren Bug. Verbesserungen, die nach der Einführung in den Truppendienst erfolgten, brachten dem Typ zusätzliche Ansaugklappen an den Seiten der Hauptlufteinläufe und seitliche Rumpfrückenzäune zur Verhinderung der Rezirkulation von Abgasluft durch die Hubtriebwerke. Der dunkelgrüne Korrosionsschutzanstrich an den Unterseiten blieb erhalten, aber das Dunkelblau der Oberseiten ist einem Grau gewichen. Die Produktion der **„Forger"** war auf etwa 90 Exemplare begrenzt, von denen 37 nachweislich verlorengingen, darunter 32 nach erfolgreichen Schleudersitzausschüssen. Für den Einsatz nimmt jeder Träger eine Staffel mit zwölf Einsitzern und zwei Doppelsitzern an Bord. Berichte, daß die **Yak-38** ausgemustert beziehungsweise auf Dauer vom Deckbetrieb entbunden sei, sind höchstwahrscheinlich verfrüht. Die Minsk und die Noworossijsk wurden zwar eingemottet, aber ein anderer Flugzeugträger der „Kiew"-Klasse (Gorschkow, vormals Baku) befindet sich noch im Dienst.

## Yakovlev Yak-40

Die **Yakovlev Yak-40** wurde Anfang der sechziger Jahre entworfen, um die Zubringerdienste der Lisunow Li-2 (DC-3 sowjetischer Herstellung) zu übernehmen. Der neue Typ mußte in der Lage sein, von Grasplätzen und Behelfspisten aus zu operieren, und erhielt daher niedrig belastete Tragflügel mit hohem Auftriebsbeiwert und zur Erhöhung der Sicherheit drei statt nur zwei Bläsertriebwerke.

### TECHNISCHE DATEN

**Typ:** Kurzstreckenverkehrsflugzeug
**Triebwerke:** drei Mantelstromtriebwerke Iwtschenko AI-25 je 14,7 kN Schub
**Leistung:** max. Reisefluggeschwindigkeit 550 km/h in 7000 m Höhe; Reichweite mit max. Nutzlast 1450 km
**Gewicht:** Leermasse 9400 kg; max. Startmasse 16.000 kg
**Abmessungen:** Spannweite 25 m; Länge 20,36 m; Höhe 6,50 m; Tragflügelfläche 70 m²

Von der Auslegung her ist die **Yak-40** ein freitragender Tiefdecker mit einziehbarem Bugradfahrwerk und heckmontierten Triebwerken, der eine zwei- bis dreiköpfige Besatzung und 32 Passagiere aufnehmen kann.

Eine Tür mit Einbautreppe an der Unterseite des Rumpfhecks und ein bordeigenes Aggregat (APU) zum Anlassen der Triebwerke sowie zur Beheizung und Klimatisierung der Kabine machen die **Yak-40** unabhängig von Bodengeräten.

Der Erstflug des Prototyps fand am 21. Oktober 1966 statt, und am 30. September 1968 nahm der Typ den Liniendienst bei der Aeroflot auf. Als die Produktion 1976 auslief, waren über 800 Exemplare gebaut, von denen sich die Mehrzahl 1993 noch immer bei militärischen und zivilen Haltern im Einsatz befand. Bei den NATO-Staaten

***Die schwach motorisierte Yak-40 ging 1968 bei der Aeroflot in Dienst. Seitdem ist das Muster vielfach exportiert worden.***

wird dieser Typ unter dem Meldenamen **„Codling"** geführt.

In Zusammenarbeit mit Skorost bietet Yakovlev jetzt die Umrüstung zur **Yak-40TL** an. Sie beinhaltet den Ersatz der drei Iwtschenko AI-25 durch zwei Mantelstromtriebwerke LF 507-1N je 31,14 kN Schub von Textron-Lycoming, die eine höhere Reisefluggeschwindigkeit, ein besseres Leistungsvermögen unter „hohen und heißen" Bedingungen und deutlich niedrigere Betriebskosten ermöglichen.

## Yakovlev Yak-42

Als Aeroflot ein Mittelstreckenverkehrsflugzeug zur Ablösung der Iljuschin Il-18 und der Tupolew 134 verlangte, strebte Yakovlev eine verkürzte Entwicklungsdauer durch eine neue Ausgabe seiner Yak-40 mit größerer Sitzplatzkapazität an. Drei Musterflugzeuge wurden gebaut, das erste mit einer Flügelpfeilung von 11° und die beiden anderen mit einer von 23°. Letztere wählte man für das Serienmuster **Yakovlev Yak-42**, das sich von der Yak-40 außerdem durch seine ebenfalls gepfeilten Leitwerksflächen, Zwillingsräder an allen Fahrwerksbaugruppen und schubstärkere Triebwerke unterschied. Frühe Serienmaschinen mit einer Ein-Klassen-Kabine für 120 Passagiere gingen 1980 bei der Aeroflot in Dienst. Für den Regionalverkehr ist eine alternative Version mit 100 Sitzen lieferbar, und die Zulassung einer „gestreckten" Variante für 140 Passagiere dürfte bevorstehen. Der Innenraum ist druckbelüftet, und die Einrichtung erlaubt einen zügigen Wechsel vom Passagier- zum Frachtdienst sowie umgekehrt. Der Typ trägt den NATO-Meldenamen **„Clobber"**.

### TECHNISCHE DATEN

**Typ:** Mittelstreckenverkehrsflugzeug
**Triebwerke:** drei Mantelstromtriebwerke Lotarew D-36 je 63,74 kN Schub
**Leistung:** max. Reisefluggeschwindigkeit 810 km/h; Reichweite mit max. Nutzlast 900 km
**Gewicht:** Leermasse 28.960 kg; max. Startmasse 53.500 kg
**Abmessungen:** Spannweite 34,20 m; Länge 36,38 m; Höhe 9,80 m; Tragflügelfläche 150 m²

Die in Smolensk produzierte **Yak-42** verdrängte Ende 1980 die Tu-134 auf der Strecke Moskau – Krasnodor. Bis Anfang 1993 waren fast 100 Exemplare ausgeliefert, größtenteils an Aeroflot. Es folgten die Versionen **Yak-42D** mit erweitertem Tankvolumen, der 1991 auf der Pariser Luftfahrtschau ausgestellte Triebwerkserprobungsträger **Yak-42E-LL** mit einem Propfan D-236 von ZMKB Progress anstelle des Steuerbordtriebwerks und die Luftbildmeßversion **Yak-42F** mit zwei großen Behältern, in denen sie vermutlich elektrooptische Sensoren mitführte. Derzeit arbeitet Yakovlev an der **Yak-42M**, die auf dem vorhandenen Entwurf basiert, aber einen längeren Rumpf, superkritische Tragflügel mit „Winglets", drei wie bei der DC-10 montierte Triebwerke und ein EFIS-Cockpit aufweist. Die Konstruktion eines Musterflugzeugs lief 1991 an.

***Die Yakovlev Yak-42, eine maßstäblich vergrößerte Ausgabe der Yak-40 mit gepfeiltem Trag- und Leitwerk, hatte eine sehr lange Entwicklungszeit. In der Zukunftsplanung des Herstellers nimmt sie dennoch weiterhin einen wichtigen Platz ein.***

# Yakovlev Yak-41 „Freestyle“ bis Zmaj-Flugzeuge

**Die Yokosuka P1Y Ginga war den späteren Varianten der Ju 88 nach Größe, Motorstärke und Gewicht sehr ähnlich und unzweifelhaft das beste Militärflugzeug Japans im Zweiten Weltkrieg. Der Zeppelin-Staaken R war das größte Fluggerät des Ersten Weltkriegs, eine Konstruktion von Baumann, Hirth und Klein.**

## Yakovlev Yak-41 „Freestyle“

Die **Yak-41** wurde 1975 als supersonischer Ersatz für die Yak-38 entwickelt, um der sowjetischen Marine an Bord von Flugzeugträgern der Klasse „Kiew“ zu dienen. Mitte der achtziger Jahre entdeckte ein Satellit des Westens in Schukowski das neue (und noch nicht geflogene) Muster, und es erhielt den vorläufigen Meldenamen **„Ram-T“**, bis man 1988 den Standarddecknamen **„Freestyle“** bekanntgab. Den ersten von zwei Prototypen zur Flugerprobung (daneben gab es noch zwei statische Zellen für Last- und Ermüdungsversuche) führte Cheftestpilot Andrej Sinizin im März 1989 durch den Jungfernflug. Die OKB-Bezeichnung lautete **Yak-141**, doch sollte diese Maschine je in Dienst gehen, würde die Typkennung **Yak-41** verwendet.

Als sich die Finanzierungsschwierigkeiten steigerten, bemühte sich Yakovlev, das Leistungsvermögen dieses Flugzeugs zu demonstrieren, und OKB-Generalkonstrukteur A. N. Dondukow kündigte an, daß es eine Reihe von FAI-Rekordversuchen für V-/STOL-Typen unternehmen würde. Zwölf solcher Rekorde (bislang alle vom Harrier und dem AV-8B gehalten) wurden 1991 erzielt, darunter maximale Höhen von 13.100 m mit Nutzlasten von 1000 und 2000 kg sowie diverse Steigzeitrekorde mit den gleichen Nutzlastwerten und ein Senkrechtsteiggeschwindigkeitsrekord von 15.000 m/min.

Das Flugerprobungsprogramm lief (bis auf einige Rezirkulationsprobleme) glatt ab, bis im Oktober 1991 der zweite Prototyp, Kodenummer **„77“**, bei einem Landeunfall auf der Gorschkow schwer beschädigt wurde. Der Hinterrumpf war durch einen Triebwerksbrand zerstört und der Vorderrumpf durch den (angeblichen) Rettungsausschuß des Piloten in Mitleidenschaft gezogen worden. Eine Zeitlang hieß es, man wolle die Maschine zum Prototyp **Yak-41M** umkonstruieren, doch die nötigen Mittel wurden nicht bewilligt. Gleichzeitig kürzte man den Gesamtetat, und die sowjetische Marine äußerte Vorbehalte hinsichtlich der „technischen und taktischen Eigenschaften“ dieses Musters. Yakovlev war zuversichtlich und wollte die Entwicklung fortführen, wurde dann aber gezwungen, die Fertigstellung des ersten Zweisitzers abzubrechen. Der erste Prototyp (**„48“**) blieb eingelagert, bis er im September 1992 bei der SBAC-Luftfahrtschau in Farnborough mit der neuen Kodezahl **„141“** auftrat.

### TECHNISCHE DATEN

**Yakovlev Yak-141 „Freestyle“**

**Typ:** V-/STOL-Kampfflugzeug

**Triebwerke:** ein MNKP „Sojus“ R-79V-300 mit 107,67 kN Trockenschub und 152 kN Nachbrennerschub sowie zwei RKBM RD-41 je 41,78 kN Trockenschub

**Leistung:** Höchstgeschwindigkeit im Horizontalflug ohne Außenlasten in 11.000 m Höhe 1800 km/h; Reichweite 2100 km nach Kurzstreckenstart mit Abwurftanks oder 1400 km nach Senkrechtstart ohne Zusatztanks; Dienstgipfelhöhe über 15.000 m

**Gewicht:** max. Kurzstreckenstartmasse 19.500 kg

**Abmessungen:** Spannweite 10,10 m; Breite mit beigeklappten Außenflügeln 5,90 m; Länge 18,30 m; Höhe 5 m

***Mit der Yak-141 hat das Yakovlev-Konstruktionsbüro das erste überschallschnelle V-/STOL-Kampfflugzeug der Welt geschaffen. Die operationellen Probleme, die dieses Projekt in der Praxis aufwirft, stellen jedoch seine ernsthafte Weiterentwicklung in Frage.***

Die **Yak-141** erhielt ein einzelnes Hubmarschtriebwerk Koptitschenko R-79V-300 mit 152 kN, das im Schwebeflug etwa 20 Prozent weniger Schub erzeugt. Die Hauptdüse läßt sich im Vertikalbereich von 95° regeln, um Vorwärtsschub zum Abbremsen oder zur Rückwärtsbewegung im Schwebeflug bereitzustellen. Das Haupttriebwerk wird durch ein Hubtriebwerkspaar Rybinsk/Kusnezow RD-41 (auch mit RD-36 angegeben) je 39 kN Schub verstärkt, das hintereinander mit einem Neigungswinkel von etwa 15° montiert ist. Um den Übergang zum Vorwärtsflug zu erleichtern, können die Düsen bis auf zirka 24° zurück- und zum Bremsschub auf 2° vorausgeschwenkt werden. Bewegliche Lufteinlaß- und Abgasklappen sind direkt hinter dem Cockpit auf dem Rumpfrücken beziehungsweise unter dem Vorderrumpf angeordnet.

Zwillingsstraken und einziehbare Strömungsdämme an der Rumpfunterseite minimieren die (der Schubkraft äußerst abträgliche) Rezirkulation von Abgasen. Die Längssteuerung im Schwebeflug wird nur mit Differentialschub vorgenommen, die üblichen Nicksteuerdüsen fehlen. Die Giersteuerung erfolgt über Zapfluftquerejektoren an den Heckausläufern und die Rollsteuerung mittels „Strahlrudern“ an den Flügelenden. Die Position der Hauptdüse zwischen den hohen, mit Titan ausgekleideten Leitwerksauslegern bietet zum einen die Nähe am Schwerpunktbereich und dämpft zum anderen die Infrarotsignatur des Flugzeugs aus den meisten Richtungen.

Der Kurzstart wird erreicht, indem man die Düse des Haupttriebwerks beim Anrollen auf 65° abwärtsschwenkt und gleichzeitig den Schub der Hubtriebwerke erhöht. Stellt man die Hauptdüse vor dem Start auf 65° ein, hebt die Maschine schon nach 5 m ab. Da bei derartigen Kurzstarts der Nachbrenner zugeschaltet ist, kann der Pistenbelag Hitzeschäden erleiden. Man zieht daher mit Stahlplanken befestigte Oberflächen den üblichen Betonbahnen vor.

Die Kontrollflächen der **„Freestyle“** werden von einer Triplex-FBW-Steuerungsanlage mit mechanischem Notsystem aktiviert. Yakovlev behauptet, daß sie der **Yak-141** ein Maß an Agilität verleiht, wie es die MiG-29 besitzt. In Wirklichkeit ist ihre Manövrierbarkeit aber weitaus weniger eindrucksvoll, obwohl das Haupttriebwerk im Vorwärtsflug vektorisiert werden kann, um der Kurvenradius zu verkleinern oder abrupte Änderungen in allen drei Flugebenen zu vollziehen.

Die **Yak-141** hat angeblich „das gleiche Radar wie die MiG-29“, doch diese Aussage läßt offen, ob das NO-19 des Grundmusters „Fulcrum“ oder das NO-10 der MiG-29M gemeint ist. Die Maschine weist zudem einen Laser-/TV-Zielzuweiser, ein Helmvisiersystem und Avionikgeräte, ähnlich denen der MiG-29 und Su-27, auf. Vier Waffenstationen sind unter den Flügeln eingerichtet, alle innenbords der klappbaren Außenteile, und unter dem Mittelrumpf befindet sich ein fünfter Pylon, der einen widerstandsarmen 2000-Liter-Tank aufnehmen kann. Der zweite Prototyp flog während seiner Erprobung mit Luft-Luft-Lenkflugkörpern vom Typ AA-10 „Alamo“ und AA-11 „Archer“ unter den Flügeln, doch andere Waffen sind ebenfalls möglich, einschließlich der Vympel AAM-AE („AMRAAMski“), vielfältiger Luft-Boden-Flugkörper, Freifallbomben und Raketenbehältern bis zu einer Gesamtlast von 2600 kg. Backbord unter dem Rumpf läßt sich eine 30-mm-Kanone GSch-30-1 mit 120 Schuß Munition installieren.

Die **Yak-141** ist mit dem Swesda-Schleudersitz K-36V in Leichtbauweise ausgerüstet, der vom Piloten oder von einer Automatik, ähnlich der in der Yak-38, ausgelöst werden kann. Die zweite Raketenstufe dieses Schleudersitzes hat eine regelbare Düse für den Ausschuß in geringer Höhe.

Nach der Operation „Wüstensturm“ erarbeitete Yakovlev Studien für eine neue **Yak-141** als landgestütztes STOL-Kampfflugzeug, das imstande sein soll, die irakischen Flugplätze auch nach den Angriffen der Luftstreitkräfte der Koalition zu nutzen. Solch ein Muster, so hoffte man, fände sicher das Interesse der russischen Luftwaffe. Der neue Yak-Senkrechtstarter würde eine schubstärkere Version des R-79, ein kräftigeres Fahrgestell und wirkungsvollere Bremsanlagen (für eine Ausrollstrecke von 120 m) sowie ein erweitertes Tankvolumen für Interntreibstoff erhalten. Hinzu kämen neukonstruierte Tragflächen mit einer betonteren Trapezform im Stil der YF-22 und erweiterten, bis an die Einlauflippe der Triebwerksluftkanäle vorgezogenen Nasenkanten (LERXes), eine strebenfreie, gebogene Frontscheibe und eine geblasene Cockpithaube.

Finanzierungsschwierigkeiten zwangen Yakovlev dazu, nach internationalen Partnern für die weitere Entwicklung aller Varianten dieses Musters zu suchen. Gespräche über dieses Projekt wurden mit Luftfahrtunternehmen Indiens und Südafrikas geführt.

## Yatsenko I-28

Wladimir Yatsenko konstruierte 1938 einen Jagdeinsitzer und erhielt bereits im August desselben Jahres die Genehmigung zum Bau zweier Musterjäger mit der Bezeichnung **I-28**. Die Tragflügel dieses freitragenden Tiefdeckers in Mischbauweise waren leicht geknickt, damit die Beine des Einziehfahrwerks möglichst kurz ausfallen konnten. Der Pilot saß in einer Kanzel mit Schiebehaube, und den Antrieb lieferte ein M-87-Sternmotor mit 699 kW (950 PS). Der Prototyp flog erstmals im Frühjahr 1939, ging aber Mitte des Jahres während der offiziellen Erprobung verloren. Dennoch erfolgte ein Auftrag über 30 Serienjäger und den Einzelprototyp eines Jagdbombers mit der Bezeichnung **I-28Sch**. Erst fünf **I-28** waren fertiggestellt, als das Programm Anfang 1940 abgebrochen wurde. Der zweite Prototyp **I-28**, angetrieben vom M-87B mit 810 kW (1100 PS), erreichte eine Höchstgeschwindigkeit von 421 km/h in Meereshöhe.

***Der M-87-Sternmotor des ersten I-28-Serienjägers war – auf diesem Foto nur schwer zu erkennen – mit einer außerordentlich langen Haube abgedeckt.***

# Yermolayev Yer-2

Der von V. G. Yermolayev, einem ehemaligen Mitglied des Konstruktionsteams der STAL-Flugzeugserie, entworfene Fernbomberprototyp **DB-240** flog erstmals im Juni 1940. Ein zweiter Musterbomber folgte im September, und inzwischen waren bereits Vorbereitungen für die Serienfertigung in Woronesch angelaufen. Nach der Auslieferung von 128 **DB-240** mit der Bezeichnung **Yermolayev Yer-2** führte der deutsche Einmarsch im Juli 1941 jedoch zur Evakuierung der Fabrik. Die **Yer-2** war ein Ganzmetalltiefdecker mit Knickflügeln und Doppelleitwerk. Die Hauptbaugruppen des Spornradfahrgestells zogen in die Gondeln der beiden M-105-Motoren ein, und die Kabine nahm eine vierköpfige Besatzung auf.

Im Herbst 1941 befand sich die **Yer-2** bei zwei Flugregimentern im Einsatz, die Angriffe bis nach Königsberg und Berlin flogen. Da aber eine größere Reichweite erforderlich war, experimentierte man mit AM-35-Motoren (April 1942) und modifizierten Tragflügeln. Nach der Erprobung mit Tscharomsky-Dieselmotoren wurde im Dezember 1943 eine neue Version mit ATsch-30B-Kolbenmotoren zur Serienfertigung im **Yer-2**-Werk freigegeben, das man in Sibirien errichtet hatte. Rund 300 Exemplare der **Yer-2/ATsch-30B** wurden gebaut, die das Rückgrat der sowjetischen Fernbomberverbände bildeten. Diese neue Version brachte etliche Verbesserungen wie einen überarbeiteten Führerraum, ein Bauchmaschinengewehr größeren Kalibers und einen erweiterten Bombenschacht, der sich mit drei 1000-kg-Bomben beladen ließ. Die Höchstgeschwindigkeit dieser Version betrug 446 km/h und ihre Reichweite 5000 km, aber trotz dieses Potentials flogen die **Yer-2** fast nur Naheinsätze gegen Ziele kurz hinter der Front.

***Das Hauptproblem bei der vielversprechenden Yermolayev Yer-2 war die Wahl des richtigen Motortyps. Dieses Exemplar ist mit AM-35-Triebwerken ausgerüstet.***

## TECHNISCHE DATEN

**Yer-2 (erste Serie)**

**Typ:** Fernbomber

**Triebwerke:** zwei V-Reihenmotoren Klimow M-105 je 773 kW (1050 PS)

**Leistung:** Höchstgeschwindigkeit 491 km/h; Dienstgipfelhöhe 7000 m; Reichweite 4000 km

**Gewicht:** Rüstmasse 6500 kg; max. Startmasse 11.920 kg

**Abmessungen:** Spannweite 23 m; Länge 16,34 m; Tragflügelfläche 72 m²

**Bewaffnung:** ein 12,7-mm-Maschinengewehr UBT und zwei 7,7-mm-Maschinengewehre SchKAS sowie eine Bombenlast von bis zu 1000 kg

# Yokosuka-Flugzeuge

Das Erste Technische Marineluftfahrzeugarsenal der Kaiserlich Japanischen Marine in Yokosuka war hauptsächlich mit Forschungsaufgaben und dem Entwurf von Marineflugzeugen befaßt. Nach der Konstruktion mehrerer experimenteller Schwimmerflugzeuge entwickelte Yokosuka mit der **Rogo-Ko** einen zweisitzigen Doppeldeckeraufklärer auf Schwimmern mit einem 149 kW (200 PS) starken Hispano-Suiza-Motor. Von 1917 bis 1920 wurden 218 Exemplare gebaut, größtenteils von Aichi und Nakajima. Die Weiterentwicklung des Schuldoppeldeckers **Igo-Ko** führte zur Produktion von 70 Exemplaren zwischen 1920 und 1922. Es folgte der Doppeldecker **Yokosuka K1Y1**, der 1924 als **Marinetyp 13 Übungsseeflugzeug** in Dienst gestellt und 1928 durch die geringfügig verbesserte Version **K1Y2** ergänzt wurde. Die **Yokosuka K2Y**, die an die Avro 504 erinnerte, flog erstmals 1929 und ging als **Marinetyp 3 Grundschulflugzeug** in Dienst. Von den Versionen **K2Y1** und **K2Y2** entstanden bis 1940 insgesamt 360 Maschinen. Als nächster Trainer erschien die **Yokosuka K4Y**, die 1930 getestet und bis 1940 als **Marinetyp 90 Seeflugzeug/Anfängerschulflugzeug** in 209 Exemplaren gefertigt wurde. Die letzte und bedeutsamste der von Yokosuka konstruierten Schulmaschinen aber war die **Yokosuka K5Y1**, die im Dezember 1933 zum Erstflug startete. Dieses Muster nahm im Januar 1934 als **Marinetyp 93 Zwischentrainer** den Dienst auf und brachte es bis zum Ende des Pazifikkrieges auf eine Produktionszahl von 5770. Die Alliierten führten es unter dem Kodenamen **„Willow“**. Die **K5Y1** wurde in drei Versionen mit Radfahrgestell und Schwimmwerk gebaut. Angetrieben von einem Sternmotor Hitachi Amakaze mit 250 kW (340 PS), erreichte der 11 m weit gespannte Typ eine Spitzengeschwindigkeit von 212 km/h.

In der Kategorie der Aufklärungsflugzeuge konstruierte Yokosuka Mitte der zwanziger Jahre ein Zwillingsschwimmerseeflugzeug in der Auslegung eines Doppeldeckers, das mit einem 298 kW (400 PS) starken Lorraine-Motor als **Marinetyp 14 Aufklärungsseeflugzeug** (**Yokosuka E1Y1**) in Serie ging. Von 1925 bis 1934 wurden insgesamt 320 Exemplare gebaut, darunter einige Varianten wie die **E1Y2-C**, die man zur **Yokosuka E5Y1** weiterentwickelte. Von diesem dreisitzigen Aufklärungsschwimmerflugzeug wurden aber nur 20 Exemplare gefertigt und als **Marinetyp 90-3 Aufklärungsseeflugzeug** in Dienst gestellt. 1929 entwarf und fertigte Yokosuka einen Prototyp und neun Serienmaschinen des leichten Zwillingsschwimmerseeflugzeugs **Yokosuka E6Y1**, dessen offizielle Bezeichnung **Marinetyp 91 Leichtes Aufklärungsseeflugzeug** lautete. Die **E6Y1** war als Doppeldecker konzipiert, der sich möglichst einfach im Deckhangar eines Unterseeboots unterbringen ließ. Mehr Bedeutung in dieser Kategorie kam aber der **Yokosuka E14Y1** zu, von der insgesamt 126 Exemplare als **Marinetyp O Kleines Aufklärungsseeflugzeug** produziert wurden. Diese Flugzeuge im Bordeinsatz hochseetüchtiger U-Boote der japanischen Flotte zeichneten sich durch einige beachtliche Flüge aus: Das auf dem U-Boot 1-7 stationierte Muster erkundete nach dem Angriff auf Pearl Harbor die angerichteten Schäden, und das auf 1-25 war wohl das einzige Luftfahrzeug, schwerer als Luft, das im Zweiten Weltkrieg Bomben auf die USA abwarf. 1934 begannen die Mitarbeiter des Yokosuka-Marinearsenals mit der Konstruktion eines zweimotorigen Flugboots, der **Yokosuka H5Y**, angetrieben von zwei Mitsubishi-Sternmotoren Shinten 21 je 883 kW (1200 PS). Zwischen 1936 und 1940 entstanden insgesamt 20 Exemplare als **Marinetyp 99 Flugboot**, doch ihre Leistung war enttäuschend.

Wesentlich mehr Erfolg erzielten die Yokosuka-Konstrukteure in der Klasse Schlachtflugzeug und mittelschwerer Bomber. Den Anfang machte die noch mittelmäßige **Yokosuka B3Y1**, von der 1933/34 insgesamt 129 Exemplare als **Marinetyp 92 Trägergestützter Kampfbomber** gefertigt wurden. Der dreisitzige, trägergestützte Kampfbomber **Yokosuka B4Y1** sollte einer Forderung von 1934 genügen, und an fünf mit verschiedenen Motortypen geprüfte Prototypen schlossen sich 1937/38 205 Serienflugzeuge an. Diese offiziell als **Marinetyp 96 Trägerkampfbomber** geführten Maschinen dienten nach Pearl Harbor nur noch zur weiteren Ausbildung von Besatzungen. Das letzte Muster dieser Bomberkategorie war die **Yokosuka D3Y**, ein zweisitziger Übungsbomber mit 1148 kW (1560 PS) starkem Mitsubishi-Sternmotor Kinsei 62. Nur zwei Prototypen und drei Serienflugzeuge wurden hergestellt, die die offizielle Bezeichnung **Marinetyp 99 Übungsbomber Myojo** („**Venus**“) trugen.

***Dies ist der Prototyp der E14Y-Baureihe. Die Flugerprobung ergab, daß das Seitenleitwerk völlig unzureichend war, und so erhielten die Serienmaschinen eine neukonstruierte Seitenflosse.***

***Der dreisitzige, trägergestützte Kampfbomber B4Y1 diente in den dreißiger Jahren bei der Truppe, im Zweiten Weltkrieg aber nur noch zur Waffenausbildung.***

***Die Yokosuka H5Y sollte die viermotorige Kawanishi H6K ergänzen, erwiesen sich mit ihren zwei 883 kW (1200 PS) starken Sternmotoren aber als zu schwach.***

# Yokosuka D4Y Suisei

Ende 1938 wurde das Erste Technische Marineluftfahrzeugarsenal in Yokosuka angewiesen, einen einmotorigen Jäger für den Bordeinsatz zu konstruieren, da die Kaiserlich Japanische Marine ein solches Muster dringend benötigte. So entstand der Prototyp **D4Y1**, ein freitragender Tief-/Mitteldecker in Ganzmetallbauweise mit einziehbarem Spornradfahrwerk und einer Kabine für zwei Mann hintereinander unter einer durchgehend transparenten Haube. Er war für den trägergestützten Einsatz ausgelegt, und in die Rumpfstruktur hatte man einen internen Bombenschacht eingearbeitet, der eine 500 kg schwere Einzelbombe aufnehmen konnte. Als Triebwerk war eine Lizenzversion des Daimler-Benz DB601A vorgesehen, doch da dieser Aichi Atsuta nicht rechtzeitig zur Verfügung stand, erhielten die ersten Prototypen importierte DB600G mit 707 kW (960 PS). Obwohl der DB600G eine rund 20 Prozent geringere Antriebskraft hatte, als vom Atsuta zu erwarten, übertrafen die Flugleistungen alle Erwartungen. Die Truppenerprobung deckte jedoch Schwachstellen in der Flügelstruktur auf, und so wurde die erste Serienversion **Marinetyp 2 Trägergestütztes Aufklärungsflugzeug Modell 11 Suisei („Komet")** oder **Yokosuka D4Y1-C** mit wesentlich niedrigeren Belastungswerten auf die Zelle zugelassen als für einen Sturzkampfbomber erforderlich. Die ersten Serienmaschinen kamen im Herbst 1942 zur Auslieferung.

Mit verstärkten Tragflügeln und Sturzflugbremsen wurde die **D4Y1** ab März 1943 seriengefertigt, und innerhalb eines Jahres gingen rund 500 Exemplare in Dienst, die man im Juni 1944 von japanischen Flugzeugträgern aus zur Abwehr alliierter amphibischer Landungsoperationen im Raum der Marianen-Inselgruppe einsetzte. Sie erlitten jedoch hohe Verluste durch alliierte Jäger, da sie ohne Panzerschutz und selbstversiegelnde Brennstofftanks nicht einmal dem Beschuß mit kleinkalibrigen Waffen standhielten. In zahlreichen Versionen wurden insgesamt 2038 Exemplare gebaut, größtenteils von Aichi. Alle waren unter dem alliierten Decknamen **„Judy"** zusammengefaßt.

***Die Yokosuka D4Y Suisei war ein brauchbarer Aufklärer/Kampfbomber, dem sein geringer Panzerschutz zum Nachteil geriet.***

**Varianten**

**D4Y1, Prototypen:** fünf Musterexemplare mit Importmotor Daimler-Benz DB600G (707 kW/960 PS) und einer Bewaffnung aus zwei vorwärtsfeuernden 7,7-mm-Maschinengewehren und einem 7,92-mm-MG zur Abwehr nach hinten

**D4Y1, Vorserie:** generell wie die Prototypen, aber mit 883 kW (1200 PS) starkem Reihenmotor Aichi AEIA Atsuta 32

**D4Y1-C:** Aufklärungsversion der D4Y1 mit Kamera im Hinterrumpf; bewaffnet wie die Prototypen

**D4Y1 Suisei:** erste Sturzkampfbomberserienversion; ähnlich den Prototypen, aber mit verstärkter Zelle und verbesserten Sturzflugbremsen

**D4Y1 Kai:** wie D4Y1 Suisei, aber mit Katapultstartgeschirr

**D4Y2:** verbesserte Version mit AEIP-Atsuta-32-Motor; bewaffnet wie die Prototypen

**D4Y2a:** wie D4Y2, aber mit einer 13-mm-Rohrwaffe statt des heckmontierten 7,92-mm-MGs

**D4Y2-C:** Aufklärungsvariante der D4Y2

**D4Y2a-C:** Aufklärungsvariante der D4Y2a

**D4Y2 Kai:** Bezeichnung der D4Y2 mit Startkatapultbeschlägen

**D4Y2a Kai:** Bezeichnung der D4Y2a mit Startkatapultbeschlägen

**D4Y2-S:** zum Nachtjäger umgerüstete D4Y2 ohne Bombengehänge, Heckmaschinengewehr und trägerspezifische Ausrüstungsteile sowie mit verschlossenem Bombenschacht; einzelne 20-mm-Kanone war so in den Rumpf eingebaut, daß sie schräg hoch nach vorn feuern konnte; einige Maschinen wurden auch mit Luft-Luft-Raketen bewaffnet

**D4Y3:** generell wie D4Y2, aber mit 1148 kW (1560 PS) starkem Sternmotor Mitsubishi MK8P Kinsei

**D4Y3a:** wie oben, aber mit der Bewaffnung der D4Y2a

**D4Y4:** Einsitzerversion der D4Y3 für Selbstopferungseinsatz (Kamikaze); Standardmaschinengewehre für Vorausfeuer und 800-kg-Sprengkörper

### TECHNISCHE DATEN
**Yokosuka D4Y2**

**Typ:** einsitziger, trägergestützter Sturzkampfbomber
**Triebwerk:** ein Reihenmotor (A-Form) Aichi Atsuta 32 mit 1030 kW (1400 PS)
**Leistung:** Höchstgeschwindigkeit 550 km/h in 4750 m Höhe; Dienstgipfelhöhe 10.700 m; Reichweite 1465 km
**Gewicht:** Leermasse 2440 kg; max. Startmasse 4250 kg
**Abmessungen:** Spannweite 11,50 m; Länge 10,22 m; Höhe 3,74 m; Tragflügelfläche 23,60 m²
**Bewaffnung:** zwei nach vorn feuernde 7,7-mm-Maschinengewehre und ein 7,92-mm-MG zur Abwehr nach hinten sowie bis zu 800 kg an Bomben

# Yokosuka MXY7 Ohka

Die **Yokosuka MXY7 Ohka („Kirschblüte")** verdeutlicht die verzweifelten Anstrengungen, mit denen Japan das Inselreich zu verteidigen versuchte. Sie war als ein bemanntes, raketengetriebenes Luftfahrzeug mit einem 1200-kg-Gefechtskopf im Bug geplant und sollte von Trägerflugzeugen zu einem möglichst weiten Gleitflug gestartet werden, um anschließend den Zielendanflug mit hoher Geschwindigkeit unter Raketenantrieb vorzunehmen und im Objekt einzuschlagen. Primäre Gesichtspunkte der Konstruktion waren fertigungstechnische Einfachheit, die Verwendung nicht-strategischer Werkstoffe und eine simple Handhabung.

Im Oktober 1944 wurden die ersten antriebslosen Prototypen getestet, und im Monat darauf fand der erste Flug mit Antrieb statt. Schon vor diesen Versuchen aber hatte man die **MXY7** als **Ohka Modell 11** in die Serienfertigung genommen. Bis März 1945 waren insgesamt 755 Exemplare produziert, und diese Version blieb die einzige, die zum Kampfeinsatz gelangte. Die erste Aktion mit 16 Mitsubishi-Trägerflugzeugen G4M2 scheiterte völlig: Alliierte Jäger zerstörten sämtliche „Mutterflugzeuge", so daß die **Okha** vorzeitig ausgeklinkt wurden und nutzlos vor ihren geplanten Zielen niedergingen. Später gelangen jedoch einige Erfolge, und so wurde am 12. April 1945 beispielsweise der amerikanische Zerstörer USS Mannert L. Abele durch einen Volltreffer versenkt. Inzwischen hatte man die Produktion des **Ohka Modells 11** bereits eingestellt, da feststand, daß die Trägerflugzeuge viel zu langsam und verwundbar waren. Zur Schulung wurde eine unmotorisierte Version, die **Ohka K-1**, entwickelt und gebaut (45 Exemplare). Anschließende Versuche, dieses Waffensystem wirkungsvoller zu gestalten, führten zum **Ohka Modell 22**, das eine reduzierte Spannweite und einen leichteren Gefechtskopf hatte, da es von der viel schnelleren Yokosuka P1Y1 Ginga abgesetzt werden sollte. Beim **Modell 22** waren die Raketen entfallen und durch ein Strahltriebwerk TSU-11 mit einem 74 kW (100 PS) leistenden Vierzylinder-Kolbenmotor-Kompressor ersetzt. Nur noch eine weitere Version wurde gebaut, das zweisitzige Übungsgerät **Ohka Modell 43 K-1 Kai**, das Auftriebsklappen und ausfahrbare Landekufen sowie eine einzige Feststoffrakete erhielt.

***Die Yokosuka MXY7 Ohka hätte zu einer äußerst gefährlichen Waffe werden können, wären die Trägerflugzeuge nicht schon weit vor dem Ziel von Feindjägern abgefangen worden. Abgebildet ist das Modell 22 mit Turbojet-Triebwerk.***

### TECHNISCHE DATEN
**Yokosuka MXY7 Modell 11**

**Typ:** einsitziges Selbstopferungsflugzeug (Kamikaze)
**Triebwerke:** drei Feststoffraketen Typ 4 Mk 1 mit einem Gesamtschub von 800 kg
**Leistung:** Höchstgeschwindigkeit 650 km/h; Reichweite 37 km
**Gewicht:** Leermasse 440 kg; max. Startmasse 2140 kg
**Abmessungen:** Spannweite 5,12 m; Länge 6,07 m; Höhe 1,16 m; Tragflügelfläche 6 m²

# Yokosuka P1Y Ginga

### TECHNISCHE DATEN
**Yokosuka P1Y1 Ginga**

**Typ:** mittlerer Bomber
**Triebwerke:** zwei Sternmotoren Nakajima Homare 11 je 1340 kW (1820 PS)
**Leistung:** Höchstgeschwindigkeit 547 km/h in 5900 m Höhe; Dienstgipfelhöhe 9400 m; Reichweite 5370 km
**Gewicht:** Leermasse 7265 kg; max. Startmasse 13.500 kg
**Abmessungen:** Spannweite 20 m; Länge 15 m; Höhe 4,30 m; Tragflügelfläche 55 m²
**Bewaffnung:** zwei 20-mm-Kanonen (eine vorwärts- und eine rückwärtsfeuernd) sowie eine Bombenlast von 1000 kg oder ein 800-kg-Torpedo

Die Kaiserlich Japanische Marine brauchte einen schnellen, mittelschweren Bomber für Angriffe mit Abwurfwaffen, einschließlich Torpedos, aus dem Tief- und dem Sturzflug heraus und beauftragte das Erste Technische Marineluftfahrzeugarsenal 1940 mit der Konstruktion eines entsprechenden Musters. Das Ergebnis war der Prototyp **Yokosuka P1Y**, der erstmals im August 1943 flog. Dieser Ganzmetallmitteldecker wurde von zwei Nakajima-Sternmotoren NK9B Homare 11 angetrieben und erbrachte zufriedenstellende Leistungen, doch die ganze Dienstzeit war von Wartungsproblemen überschattet. Alle Abhilfeversuche schlugen fehl, so daß sich die Indienststellung des **Marinebomber Ginga Modell 11** bis Anfang 1945 hinauszögerte. Insgesamt 1098 Exemplare wurden von Kawanishi (96) und Nakajima (1002) gebaut. Wäre ausreichend Fachpersonal vorhanden gewesen, um diese Bomber vor jedem Kampfeinsatz zu warten, hätte die **Ginga** einen gefährlichen Gegner abgegeben. So aber verlief die Erprobung der **Ginga („Milchstraße", „Francis"** im Decknamenverzeichnis der Alliierten) in einer Vielzahl alternativer Rollen recht erfolglos, und die Einsatzzeit währte nur sechs Monate bis zum Ende des Pazifikkriegs.

**Varianten**
**P1Y (Prototypen):** sechs Musterflugzeuge, angetrieben vom Nakajima NK9B Homare 11; bewaffnet mit einem nach vorn feuernden 7,7-mm-MG und einer nach hinten feuernden 20-mm-Kanone
**P1Y1 Ginga:** erste Serienversion; wie P1Y, aber mit 20-mm-Kanone anstelle des nach vorn feuernden 7,7-mm-MG
**P1Y1a:** Serienversion mit Nakajima NK9C Homare 12 je 1343 kW (1825 PS), 20-mm-Bugkanone und nach hinten feuerndem 13-mm-Maschinengewehr

***Die P1Y Ginga wurde hastig im Krieg entwickelt. Sie war potentiell kampfstark, aber eine langwierige Entwicklung und gravierende Wartungsprobleme verzögerten die Indienststellung.***

**P1Y1b:** Serienversion wie P1Y1a, aber mit zwei 13-mm-MGs für Rückwärtsfeuer
**P1Y1c:** Serienversion wie P1Y1b, aber mit drittem 13-mm-Maschinengewehr anstelle der Bugkanone
**P1Y1-S:** zu Nachtjägern umgerüstete P1Y1; vier schräg nach vorn feuernde 20-mm-Kanonen und ein 13-mm-MG für Rückwärtsfeuer
**P1Y2-S:** seriengefertigte Nachtjäger mit Mitsubishi-Sternmotoren MK4T-A Kasei 25a je 1362 kW (1850 PS); bewaffnet mit drei 20-mm-Kanonen, davon zwei schräg eingebaut und eine nach hinten feuernd
**P1Y2:** Serienbomber mit dem Antrieb der P1Y2-S und der Bewaffnung der P1Y1
**P1Y2a:** Serienbomber wie die P1Y2, aber mit der Bewaffnung der P1Y1a
**P1Y2b:** Serienbomber wie die P1Y2, aber mit der Bewaffnung der P1Y1b
**P1Y2c:** Serienbomber wie die P1Y2, aber mit der Bewaffnung der P1Y1c

# Zeppelin-Staaken, Riesenflugzeuge

Kurz nach Ausbruch des Ersten Weltkriegs nahm Graf Ferdinand von Zeppelin die Entwicklung schwerer Bomber auf, die – wie er richtig erwartet hatte – von großer Bedeutung für den Kriegseinsatz des Landes waren. Die Konstruktion von Landflugzeugversionen begann unter der Leitung von Professor Baumann, und der erste Typ, die **Zeppelin-Staaken V.G.O.I**, bestimmte die Grundauslegung und das Format aller nachfolgenden Großbomber. Die **V.G.O.I** hatte ein Doppeldeckertrag- und Leitwerk, einen flachseitigen Rumpf und ein starres Schleifspornfahrgestell mit mehreren Rädern an Hauptbeinpaaren sowie einem weiteren Radpaar unter dem Bug. Für den Antrieb sorgten zunächst drei Maybach-Kolbenmotoren Mb.IV je 177 kW (240 PS), zwei davon in Gondeln beiderseits vom Rumpf zwischen Ober- und Unterflügel und einer im Bug. Beim Erstflug am 11. April 1915 zeigte sich, daß die **V.G.O.I** zu schwach motorisiert war, und so wurde sie mit fünf ähnlichen Maybach-Motoren ausgerüstet, in jeder Gondel zwei in Tandemanordnung. Bei der Erprobung stürzte die Maschine jedoch ab.

**TECHNISCHE DATEN**
**Zeppelin-Staaken R.VI**
**Typ:** schwerer Bomber für eine siebenköpfige Besatzung
**Triebwerke:** vier Reihenmotoren Maybach Mb.IV je 180 kW (245 PS) oder Mercedes D.IVa je 191 kW (260 PS)
**Leistung:** Höchstgeschwindigkeit 135 km/h; Dienstgipfelhöhe 4320 m; max. Flugdauer zehn Stunden
**Gewicht:** Leermasse 7921 kg; max. Startmasse 11.848 kg
**Abmessungen:** Spannweite 42,20 m; Länge 22,10 m; Höhe 6,30 m; Tragflügelfläche 332 m²
**Bewaffnung:** vier 7,92-mm-Maschinengewehre Parabellum und für Naheinsätze eine Bombenlast von max. 2000 kg

***Die Zeppelin-Staaken R.IV maß in der Spannweite 42,20 m, wog 13.035 kg und erreichte eine Spitzengeschwindigkeit von 125 km/h. Ihre Abwehrbewaffnung bestand aus sechs oder sieben 7,92-mm-Parabellum-Maschinengewehren.***

Es folgte eine Reihe von Einzelexemplaren. Die dreimotorige **V.G.O.II** glich weitgehend der **V.G.O.I**. Die **V.G.O.III** führte sechs Mercedes-Motoren D.III je 118 kW (160 PS) ein, zwei pro Motorgondel und ein Paar im Bug. Das vierte Flugzeug, ebenfalls sechsmotorig, aber in diesem Fall mit Benz Bz.IV je 162 kW (220 PS) in den Gondeln und Mercedes D.III im Bug, erhielt die Bezeichnung **R.IV** und war somit das erste Exemplar der R-Baureihe (**Riesenflugzeug**). Bei der **R.V** griff man wieder auf Maybach Mb.IV (177 kW/240 PS) zurück (fünf wurden installiert), aber die Serienversion **R.VI**, von der man die erste Maschine im Juni 1917 auslieferte, hatte vier stärkere Motoren, so daß das Bugtriebwerk entfallen konnte. Von diesem Modell wurden insgesamt 18 Exemplare gebaut, eines vom Originalhersteller und die übrigen von Aviatik (sechs), Ostdeutsche Albatros-Werke (vier) und Schütte-Lanz (sieben) im Unterauftrag. 1918 schloß sich die Serienfertigung der **R.XIV** (drei Exemplare) und der **R.XV** (drei Exemplare) an, beide mit fünf Maybach-Motoren Mb.IV. Aviatik entwickelte eine fortschrittliche, viermotorige Version mit je einem 162 kW (220 PS) starken Bz.IVa pro Gondel, die die Bezeichnung **R.XVI (Av)** erhielt. Von ihr sollten drei Exemplare produziert werden, aber bis zum Kriegsende war nur eines fertiggestellt. Zu den Varianten zählten das Einzelexemplar **R.VII**, das sich von der **R.IV** durch zwei Mercedes D.III im Bug und vier Benz Bz.IV in den Gondeln abhob, **Typ L**, ein Zwillingsschwimmerseeflugzeug mit vier Mercedes D.IVa je 191 kW (260 PS), und **Typ 8301** (drei Stück), ebenfalls ein Zwillingsschwimmerseeflugzeug mit dem gleichen Antrieb, aber mit völlig neuem Rumpf. Nach dem Krieg entstand mit der **E.4/20** noch ein weiteres Riesenflugzeug, das sich aber erheblich von denen der Kriegsserie unterschied, da es als Hochdecker mit vier Maybach-Motoren je 180 kW (245 PS) ausgelegt war. Seine zweiköpfige Besatzung saß in offenen Cockpits, und in der Kabine fanden 18 Passagiere Platz. Die alliierte Kontrollkommission verbot das im Herbst 1920 erprobte Verkehrsflugzeug.

***Die R.XV stellte die höchste Entwicklungsstufe der Zeppelin-Staaken-R-Serie dar. Sie hatte eine Standardspannweite von 42,20 m, ein maximales Abfluggewicht von 14.450 kg und dennoch eine Höchstgeschwindigkeit von 130 km/h. Zur Abwehr waren sechs Maschinengewehre eingebaut.***

# Zlin-Muster

Das 1935 gegründete tschechische Unternehmen Zlinska Letecka Akciova Spolecnost war eine Tochterfirma des bekannten Schuhherstellers Bata. Das erste Produkt war der hölzerne Zweisitzer **Zlin XII** in der Auslegung eines Tiefdeckers, angetrieben von einem 33 kW (45 PS) starken Flugmotor Persy II und erhältlich mit offener oder geschlossener Kabine. Es folgte die **Zlin XIII**, ebenfalls ein Zweisitzer ähnlicher Konfiguration, aber mit geschlossener Kabine und 96 kW (130 PS) starkem Walter-Minor-Motor. Die **Zlin XV** von 1939 hatte einen Zlin-Motor Toma 4 (77 kW/105 PSI) und wurde in Varianten mit offenem oder geschlossenem Cockpit angeboten. Die **Zlin 212**, mit der ein neues Bezeichnungssystem begann, war eine Weiterentwicklung der **Zlin XII** zum Übungsflugzeug mit Walter-Mikron-Motor.

***Die aus der Zlin 381 entwickelte Zlin 22 führte als grundlegende Änderung nebeneinander montierte Sitze in einer großen Kabine ein.***

In der Endphase des Zweiten Weltkriegs richtete das Zlin-Werk in Otrokovice eine Fertigungsstraße für die Bücker Bü 181 Bestmann und deren Hirth-Motor ein, die auch nach dem Krieg noch als **Zlin 181** weiterproduziert wurde. Von den rund 180 gebauten Exemplaren dieses Typs gingen die meisten als Schulflugzeuge **C-6** an die tschechoslowakischen Luftstreitkräfte.

Als nächstes wurde die **Zlin 281** mit dem 77 kW (105 PS) starken Zlin Toma 4 entwickelt. Es entstanden rund 100 Exemplare für den zivilen Sektor, bevor die Produktion 1948 zur **Zlin 381** mit dem Walter Minor III gleicher Leistung wechselte. Von ihr wurden 184 Maschinen gebaut, davon viele als **C-106** für die tschechische Luftwaffe und 45 für die ungarischen Luftstreitkräfte. Es gab mehrere Varianten, darunter ein Reiseflugzeug, ein eingeschränkt kunstflugtaugliches Übungsflugzeug sowie eine voll kunstflugtaugliche Version, und eine **Zlin 381** diente zur Erprobung des 110 kW (150 PS) starken Praga-E-Motors. In Ägypten wurde dieses Modell als **Gomhouria Mk 1** mit dem Walter Minor und anschließend als **Gomhouria Mk 2** mit dem Continental C-145 (108 kW/147 PS) lizenzgefertigt. Es folgten mehrere ägyptische Varianten, und die dortige Produktion dieses Typs endete nach über 300 Exemplaren 1979.

1947 trennte sich Zlin von der Auslegung mit Tandemsitzen und produzierte mit der **Zlin 22 Junak** einen hölzernen Kabineneindecker in Schalenbauweise mit zwei Sitzen nebeneinander. Der Prototyp wurde von einem Persy III mit 43 kW (58 PS) angetrieben, doch da man die Produktion dieses Motors einstellte, erhielten die Serienflugzeuge den 55 kW (75 PS) starken Pra ga D und die neue Bezeichnung **Zlin 22D**. Bis die Fertigung 1950 auslief, entstanden rund 200 **Junak**. Die dreisitzige Version **Zlin 22M** hatte den 77 kW (105 PS) starken Walter-Motor Minor 4-III. Von dem Drei-/Viersitzer **Zlin 122** mit Toma-4-Motor (77 kW/105 PS) wurden lediglich zwei Prototypen gebaut.

Auf eine Ausschreibung der tschechischen Luftwaffe für ein Anfängerschulflugzeug hin gingen zwei Angebote ein: die Praga E.112 und die **Zlin 26 Trener**. Nach deren Bewertung im Jahr 1948 erhielt die **Zlin 26** den Zuschlag. Das gemischt aus Holz und Metall konstruierte Muster mit Walter-Motor Minor 4-III (77 kW/105 PS) war der Vorläufer einer ganzen Reihe von Kunstflugeindeckern. Die Nachfolge der **Zlin 26**, die bei der tschechischen Luftwaffe die Dienstbezeichnung **C-5** führte, trat 1953 die vollständig aus Metall konstruierte **Zlin 126 Trener II** mit dem gleichen Motortyp an. Dieses Muster wurde für den heimischen Markt sowie den Export produziert und diente bei der tschechischen Luftwaffe als **C-105**. Die **Zlin 226** von 1955 mit dem 118 kW (160 PS) starken Walter-Motor Minor 6-III wurde zunächst als Segelschleppflugzeug **Z.226B** und im Jahr darauf als **Z.226T Trener-6** (**C-205**) gefertigt. Die Produktion umfaßte insgesamt 252 Exemplare, die in 19 Länder gingen. Der voll kunstflugtaugliche Einsitzer **Z.226A Akrobat** wurde in mehreren Versionen für das In- und das Ausland gebaut. Die konsequente Weiterentwicklung führte zur ähnlich motorisierten **Z.326 Trener-Master**, die 1957 als Prototyp flog und im Grunde eine Version der **Zlin 226** mit Einziehfahrwerk darstellte. Hinzu kam ein Kunstflugeinsitzer dieses Modells, die **Z.326A Akrobat**, und beide Muster waren mit Tanks an den Flügelenden ausrüstbar. Die **Zlin 526**, die erstmals 1966 flog, führte einen Verstellpropeller ein und nahm den Hauptpiloten im hinteren Cockpit auf. Mit der **Z.526A Akrobat** erweiterte sich das Angebot um einen Einsitzer, und eine Weiterentwicklung in Form der **Z.526F** flog erstmals 1968 und erreichte im nächsten Jahr die Musterzulassung. Dieses Modell war standardmäßig mit einem Avia-M137A-Motor ausgerüstet, der 132 kW (180 PS) abgab, aber auf Wunsch des Kunden auch mit anderen Triebwerkstypen erhältlich. Die Reihe endete mit der **Zlin 726**, die ab März 1973 flog und Detailänderungen brachte. Den Hauptunterschied machten die kürzer gespannten Tragflügel sowie metallbeplankte Höhen- und Seitenruder aus. Mit der **Z.726K** erschien ein leistungsstärkeres Modell mit dem Ladermotor Avia M337-AK, der 155 kW (210 PS) erzeugte. Als die Produktion der **Z.26-/726**-Serie 1977 auslief, waren 1452 Exemplare aller Versionen vom Band gerollt. Diese Flugzeugserie erzielte in der Zeit von 1957 bis 1969 zahlreiche Erfolge bei Kunstflugwettbewerben.

***Die Zlin 526 brachte der erfolgreichen Trener-Serie einen Verstellpropeller.***

Während man sich bei der **Z.26**-Familie auf die Kunstflugtüchtigkeit konzentriert hatte, führte der Bedarf an einem Schul- und leichten Reiseflugzeug mit zwei Sitzen nebeneinander zur **Zlin 42**, die im Oktober 1967 als Prototyp in die Luft kam. Die von einem Avia M137A mit 132 kW (180 PS) angetriebene **Zlin 42** erfüllte die Lufttüchtigkeitsforderungen nach FAR Pt 23 in der Kunstflugkategorie und konnte auch als Segelschleppflugzeug verwendet werden. Ein viersitziger Abkömmling, die **Zlin 43**, flog im Dezember 1968 mit einem 155 kW (210 PS) starken Avia M337. Die beiden Typen waren zu 80 Prozent baugleich, und beide erreichten die Serienfertigung. Die Serienversion der **Zlin 42** wurde **Zlin 42M** genannt und in rund 250 Exemplaren gebaut. Zu den Hauptabnehmern gehörte die Deutsche Demokratische Republik, und andere gingen nach Ungarn. Die **Zlin 142** war eine Weiterentwicklung mit dem gleichen Motor wie dem in der **Zlin 43**. Ihre Produktion lief 1981 an, und bis 1993 waren 350 Exemplare ausgeliefert. Das Muster war inzwischen nach FAR Pt 23 und vom kanadischen Department of Transport zugelassen worden. Die Fertigung der **Zlin 43** begann 1972, brachte bis Anfang 1977 aber nur 80 Exemplare hervor und wurde offenbar in jenem Jahr beendet. In der jüngeren Vergangenheit hat Zlin die **Zlin 242** entwickelt, eine vom Lycoming AEIO-360-AIB6 angetriebene Variante der **142** für den amerikanischen Marktsektor. **Zlin 26/726** galten zwar einige Jahre lang als die besten Kunstflugtypen, doch es zeichnete sich ab, daß angesichts der neuen Konkurrenz ein kleineres, wendigeres Muster erforderlich war. Zlin begann daher 1973 mit der Konstruktion der **Zlin 50L**, eines voll kunstflugtauglichen Einsitzers mit 194 kW (264 PS) starkem Avco Lycoming AEIO-540-D4B5. Der Prototyp flog im Juli 1975, und bis zum darauffolgenden März waren zwei weitere Muster- sowie sieben Serienflugzeuge in der Luft. Bei der Kunstflugweltmeisterschaft von 1976 in Kiew belegten **Zlin 50** den zweiten Platz in der Mannschaftswertung und den dritten in der Einzelwertung der Herren. Es wurden rund 80 **Zlin 50L** gebaut, darunter mehrere für Exportabnehmer, und 1981 flog eine Weiterentwicklung, die **Z.50LS**. Der jüngste Sproß ist die **Z50M**, ausgerüstet mit einem Avia-Reihenmotor M137AZ und Verstellpropeller. Die Produktion lief 1989 in kleiner Rate an. Zlin stellt zudem eine turbinengetriebene Version des landwirtschaftlichen Flugzeugs **LET Z-37 Cmelak** her. LET hatte zwar mit der XZ37T bereits im September 1981 eine Turbopropversion, angetrieben von einer Walter-Propellerturbine M601B mit 515 kW (700 WPS), geflogen, aber die neue Zlin-Ausführung mit der Bezeichnung **Z.137T Agro-Turbo** erhielt eine Motorlet-Propellerturbine M601Z mit einer Nennleistung von 357 kW (485 WPS).

***Die Zlin 42 ist zwar in erster Linie als leichtes Reiseflugzeug gedacht, aber doch kunstflugtauglich und auch zum Segelschleppdienst geeignet.***

***Seit ihrer Einführung Mitte der siebziger Jahre belegte die Zlin 50 bei Kunstflugwettbewerben stets die vorderen Ränge.***

# Zmaj-Luftfahrzeuge

Die Fabrika Aeroplana I Hidroplana Zmaj wurde 1927 im jugoslawischen Zemun gegründet und baute zunächst Dewoitine-Jäger **D.1**, Jagdschulflugzeuge **Gourdou-Leseurre** sowie Land- und Seeschulflugzeuge **Hanriot H.32** bzw. **H.41** in Lizenz. Der Chefkonstrukteur des Unternehmens war Rudolf Fizir, dessen erste Entwürfe größtenteils nach dem jeweiligen Triebwerkstyp benannt wurden. Zu den Typen, die sich zwischen 1927 und 1932 in der Produktion befanden, gehörten die **Zmaj Fizir-Maybach**, ein Grundschuldoppeldecker mit 191 kW (260 PS) starkem Maybach-Motor, der Aufklärungsdoppeldecker **Fizir-Wright**, von dem 1929 neun Exemplare mit Wright-Sternmotor Whirlwind (230 kW/313 PS) entstanden, und die **Fizir-Lorraine** von 1932 mit Lorraine-Motor (294 kW/400 PS), die ebenfalls zur Aufklärung/Erkundung bestimmt war. 1932 erschienen auch das Anfängerseeschulflugzeug **Fizir-Mars** in der Auslegung eines Doppeldeckers mit Zwillingsschwimmern und 103 kW (140 PS) starkem Walter-Sternmotor Mars und das Beobachtungsseeflugzeug **Fizir-Jupiter**, angetrieben von einem Gnome-Rhône Jupiter mit 280 kW (380 PS). Zu den weiteren Fizir-Entwürfen, die Zmaj zu jener Zeit baute, zählten die **Nebojsa** („**wackerer Bursche**") von 1930, ein Kabinenreiseflugzeug in Eindeckerauslegung mit 118-kW-Sternmotor (160 PS), und das leichte Amphibienflugzeug **A.F.2** mit einem Walter-Vega-Sternmotor, der 63 kW (85 PS) erzeugte.

In größeren Stückzahlen wurde die aus dem Prototyp **F.P.1** entwickelte **F.P.2** produziert, ein Doppeldeckerschulflugzeug mit einem 309 kW (420 PS) starken Rakovica-Sternmotor (Lizenzversion des Gnome-Rhône K-7). Die vollständig aus Holz konstruierte **F.P.2** ging als Grundschulflugzeug für die jugoslawische Fliegertruppe in Großserie. Die **F.P.2** hatte eine Spannweite von 10,80 m und erreichte eine Spitzengeschwindigkeit von 238 km/h.

***Die in großen Stückzahlen gebaute Zmaj F.N. diente bei jugoslawischen Flugschulen. Dieses Exemplar ist hier nach seiner Erbeutung durch die Italiener zu sehen.***

Ein anderer wichtiger Flugzeugtyp dieses Herstellers war der leichte Übungsdoppeldecker **Zmaj F.N.** für Anfänger, der erstmals 1929 flog. Das Muster ging sowohl bei Zmaj als auch bei Rogozarski in Serie, anfangs mit 88 kW (120 PS) starkem Maybach-Motor, aber später vermehrt mit dem Walter-Sternmotor NZ gleicher Leistung. Ab 1937 wurde eine neue **F.N.** gebaut, die in mehrfacher Hinsicht verbessert worden war. Aus Aufzeichnungen geht hervor, daß sich 1941 bei den Flugzeugführerschulen 1, 2 und 3 der Heeresfliegertruppe noch 140 **F.N.**-Doppeldecker im Dienst befanden. Eine **F.N.** ist im Nationalen Luftfahrtmuseum erhalten. Die **Zmaj F.N.** hatte eine Spannweite von 10,80 m und erreichte eine Höchstgeschwindigkeit von 148 km/h.

# Index der Flugzeugtypen

**Aufklärer/Küsten- und Seewache/ Luftfrühwarnsystem-Flugzeuge**



**Trainer; Turboprop/Kolbenmotor**